城市建设标准专题汇编系列

海绵城市标准汇编

本社　编

中国建筑工业出版社

图书在版编目（CIP）数据

海绵城市标准汇编/中国建筑工业出版社编. —北京：
中国建筑工业出版社，2016.11
（城市建设标准专题汇编系列）
ISBN 978-7-112-19829-0

Ⅰ.①海… Ⅱ.①中… Ⅲ.①城市-防洪工程-标准-汇编-中国 Ⅳ.①TU998.4-65

中国版本图书馆 CIP 数据核字（2016）第 221700 号

责任编辑：何玮珂　孙玉珍　丁洪良

城市建设标准专题汇编系列
海绵城市标准汇编
本社　编
*
中国建筑工业出版社出版、发行（北京西郊百万庄）
各地新华书店、建筑书店经销
北京红光制版公司制版
北京中科印刷有限公司印刷
*
开本：787×1092 毫米　1/16　印张：125½　插页：1　字数：4624 千字
2016 年 11 月第一版　2016 年 11 月第一次印刷
定价：**278.00** 元
ISBN 978-7-112-19829-0
（29351）

出 版 说 明

工程建设标准是建设领域实行科学管理，强化政府宏观调控的基础和手段。它对规范建设市场各方主体行为，确保建设工程质量和安全，促进建设工程技术进步，提高经济效益和社会效益具有重要的作用。

时隔37年，党中央于2015年底召开了“中央城市工作会议”。会议明确了新时期做好城市工作的指导思想、总体思路、重点任务，提出了做好城市工作的具体部署，为今后一段时期的城市工作指明了方向、绘制了蓝图、提供了依据。为深入贯彻中央城市工作会议精神，做好城市建设工作，我们根据中央城市工作会议的精神和住房城乡建设部近年来的重点工作，推出了《城市建设标准专题汇编系列》，为广大管理和工程技术人员提供技术支持。《城市建设标准专题汇编系列》共13分册，分别为：

1.《城市地下综合管廊标准汇编》

2.《海绵城市标准汇编》

3.《智慧城市标准汇编》

4.《装配式建筑标准汇编》

5.《城市垃圾标准汇编》

6.《养老及无障碍标准汇编》

7.《绿色建筑标准汇编》

8.《建筑节能标准汇编》

9.《高性能混凝土标准汇编》

10.《建筑结构检测维修加固标准汇编》

11.《建筑施工与质量验收标准汇编》

12.《建筑施工现场管理标准汇编》

13.《建筑施工安全标准汇编》

本次汇编根据“科学合理，内容准确，突出专题”的原则，参考住房和城乡建设部发布的“工程建设标准体系”，对工程建设中影响面大、使用面广的标准规范进行筛选整合，汇编成上述《城市建设标准专题汇编系列》。各分册中的标准规范均以“条文＋说明”的形式提供，便于读者对照查阅。

需要指出的是，标准规范处于一个不断更新的动态过程，为使广大读者放心地使用以上规范汇编本，我们将在中国建筑工业出版社网站上及时提供标准规范的制订、修订等信息。详情请点击 www. cabp. com. cn 的“规范大全园地”。我们诚恳地希望广大读者对标准规范的出版发行提供宝贵意见，以便于改进我们的工作。

目　录

中华人民共和国国家标准

室外排水设计规范

Code for design of outdoor wastewater engineering

GB 50014—2006

(2016 年版)

主编部门：上海市建设和交通委员会
批准部门：中华人民共和国建设部
施行日期：2 0 0 6 年 6 月 1 日

中华人民共和国住房和城乡建设部
公　告

第1191号

住房城乡建设部关于发布国家标准《室外排水设计规范》局部修订的公告

现批准《室外排水设计规范》GB 50014—2006（2014年版）局部修订的条文，经此次修改的原条文同时废止。

局部修订的条文及具体内容，将刊登在我部有关网站和近期出版的《工程建设标准化》刊物上。

中华人民共和国住房和城乡建设部

2016年6月28日

修订说明

本次局部修订是根据住房和城乡建设部《关于印发2016年工程建设标准规范制订、修订计划的通知》（建标函［2015］274号）的要求，由上海市政工程设计研究总院（集团）有限公司会同有关单位对《室外排水设计规范》GB 50014—2006（2014年版）进行修订而成。

本次修订的主要技术内容是：在宗旨目的中补充规定推进海绵城市建设；补充了超大城市的雨水管渠设计重现期和内涝防治设计重现期的标准等。

本规范中下划线表示修改的内容；用黑体字表示的条文为强制性条文，必须严格执行。

本规范由住房和城乡建设部负责管理和对强制性条文的解释，上海市政工程设计研究总院（集团）有限公司负责具体技术内容的解释。执行过程中如有意见或建议，请寄送至上海市政工程设计研究总院（集团）有限公司《室外给水排水设计规范》国家标准管理组（地址：上海市中山北二路901号，邮编：200092）。

本次局部修订的主编单位、参编单位、主要审查人员：

主编单位： 上海市政工程设计研究总院（集团）有限公司

参编单位： 北京市市政工程设计研究总院
天津市市政工程设计研究院
中国市政工程中南设计研究总院有限公司
中国市政工程西南设计研究总院
中国市政工程东北设计研究总院
中国市政工程西北设计研究院有限公司
中国市政工程华北设计研究总院

主要审查人员： 俞亮鑫　王洪臣　羊寿生
杭世珺　张建频　张善发
杨　凯　章非娟　查眉娉

中华人民共和国住房和城乡建设部
公　告

第 311 号

关于发布国家标准《室外排水设计规范》局部修订的公告

现批准《室外排水设计规范》GB 50014—2006（2011 年版）局部修订的条文，经此次修改的原条文同时废止。其中，第 3.2.2A 条为强制性条文，必须严格执行。

局部修订的条文及具体内容，将刊登在我部有关网站和近期出版的《工程建设标准化》刊物上。

中华人民共和国住房和城乡建设部

2014 年 2 月 10 日

修 订 说 明

本次局部修订是根据住房和城乡建设部《关于请组织开展城市排水相关标准制（修）订工作的函》（建标〔2013〕46 号）的要求，由上海市政工程设计研究总院（集团）有限公司会同有关单位对《室外排水设计规范》GB 50014—2006（2011 年版）进行修订而成。

本次修订的主要技术内容是：补充规定排水工程设计应与相关专项规划协调；补充与内涝防治相关的术语；补充规定提高综合生活污水量总变化系数；补充规定推理公式法计算雨水设计流量的适用范围和采用数学模型法的要求；补充规定以径流量作为地区改建的控制指标，并增加核实地面种类组成和比例的规定；补充规定在有条件的地区采用年最大值法代替年多个样法计算暴雨强度公式；调整雨水管渠设计重现期和合流制系统截流倍数标准；增加内涝防治设计重现期的规定；取消原规范降雨历时计算公式中的折减系数 m；补充规定雨水口的设置和流量计算；补充规定检查井应设置防坠落装置；补充规定立体交叉道路地面径流量计算的要求；补充规定用于径流污染控制雨水调蓄池的容积计算公式和雨水调蓄池出水处理的要求；增加雨水利用设施和内涝防治工程设施的规定；补充规定排水系统检测和控制等。

本规范中下划线表示修改的内容；用黑体字表示的条文为强制性条文，必须严格执行。

本规范由住房和城乡建设部负责管理和对强制性条文的解释，上海市政工程设计研究总院（集团）有限公司负责具体技术内容的解释。执行过程中如有意见或建议，请寄送至上海市政工程设计研究总院（集团）有限公司《室外排水设计规范》国家标准管理组（地址：上海市中山北二路 901 号；邮政编码：200092）。

本次局部修订的主编单位、参编单位、主要起草人和主要审查人：

主编单位：上海市政工程设计研究总院（集团）有限公司

参编单位：北京市市政工程设计研究总院有限公司
天津市市政工程设计研究院
中国市政工程中南设计研究总院有限公司
中国市政工程西南设计研究总院有限公司
中国市政工程东北设计研究总院
中国市政工程西北设计研究院有限公司
中国市政工程华北设计研究总院

主要起草人：张　辰（以下按姓氏笔画为序）
马小蕾　孔令勇　支霞辉
王秀朵　王国英　王立军
厉彦松　卢　峰　付忠志
刘常忠　吕永鹏　吕志成
孙海燕　李　艺　李树苑
李　萍　李成江　吴瑜红
张林韵　杨　红　罗万申

邹伟国　陈　婿　周克钊　　主要审查人：张　杰　侯立安　杭世珺
贺晓红　姚玉健　高　旭　　杨向平　羊寿生　邓培德
梁小光　袁　琳　郭　垒　　王洪臣　宋启元　陈　萌
谢　胜　曾光荣　雷培树　　唐建国　邹慧君　颜学贵
谭学军

中华人民共和国住房和城乡建设部
公　　告

第 1114 号

关于发布国家标准《室外排水设计规范》局部修订的公告

现批准《室外排水设计规范》GB 50014—2006 局部修订的条文，经此次修改的原条文同时废止。

局部修订的条文及具体内容，将刊登在我部有关网站和近期出版的《工程建设标准化》刊物上。

中华人民共和国住房和城乡建设部
二〇一一年八月四日

中华人民共和国建设部
公　　告

第 409 号

建设部关于发布国家标准《室外排水设计规范》的公告

现批准《室外排水设计规范》为国家标准，编号为 GB 50014—2006，自 2006 年 6 月 1 日起实施。其中，第 1.0.6、4.1.4、4.3.3、4.4.6、4.6.1、4.10.3、4.13.2、5.1.3、5.1.9、5.1.11、6.1.8、6.1.18、6.1.19、6.1.23、6.3.9、6.8.22、6.11.4、6.11.8（4）、6.11.13、6.12.3、7.1.3、7.3.8、7.3.9、7.3.11、7.3.13 条为强制性条文，必须严格执行，原《室外排水设计规范》GBJ 14—87 及《工程建设标准局部修订公告》（1997 年第 12 号）同时废止。

本规范由建设部标准定额研究所组织中国计划出版社出版发行。

中华人民共和国建设部
二〇〇六年一月十八日

前　言

本规范根据建设部《关于印发“二〇〇二～二〇〇三年度工程建设国家标准制订、修订计划”的通知》（建标〔2003〕102 号），由上海市建设和交通委员会主管，由上海市政工程设计研究总院主编，对原国家标准《室外排水设计规范》GBJ 14—87（1997 年版）进行全面修订。

本规范修订的主要技术内容有：增加水资源利用（包括再生水回用和雨水收集利用）、术语和符号、非开挖技术和敷设双管、防沉降、截流井、再生水管道和饮用水管道交叉、除臭、生物脱氮除磷、序批式活性污泥法、曝气生物滤池、污水深度处理和回用、污泥处置、检测和控制的内容；调整综合径流系数、生活污水中每人每日的污染物产量、检查井在直线管段的间距、土地处理等内容；补充塑料管的粗糙系数、水泵节能、氧化沟的内容；删除双层沉淀池。

本规范中以黑体字标志的条文为强制性条文，必须严格执行。

本规范由建设部负责管理和对强制性条文的解释，上海市建设和交通委员会负责具体管理，上海市政工程设计研究总院负责具体技术内容的解释。在执行过程中如有需要修改与补充的建议，请将相关资料寄送主编单位上海市政工程设计研究总院《室外排水设计规范》国家标准管理组（地址：上海市中山北二路 901 号，邮政编码：200092），以供今后修订时参考。

本规范主编单位、参编单位和主要起草人：

主 编 单 位：上海市政工程设计研究总院

参 编 单 位：北京市市政工程设计研究总院
中国市政工程东北设计研究院
中国市政工程华北设计研究院
中国市政工程西北设计研究院
中国市政工程中南设计研究院
中国市政工程西南设计研究院
天津市市政工程设计研究院
合肥市市政设计院
深圳市市政工程设计院
哈尔滨工业大学
同济大学
重庆大学

主要起草人：张　辰（以下按姓氏笔画为序）
王秀朵　孔令勇　厉彦松
刘广旭　刘莉萍　刘章富
刘常忠　朱广汉　李　艺
李成江　李春光　李树苑
吴济华　吴瑜红　陈　芸
张玉佩　张　智　杨　健
罗万申　周克钊　周　彤
南　军　姚玉健　常　憬
蒋旨谨　蒋　健　雷培树
熊　杨

目　次

1 总　　则

1.0.1 为使我国的排水工程设计贯彻科学发展观，符合国家的法律法规，推进海绵城市建设，达到防治水污染，改善和保护环境，提高人民健康水平和保障安全的要求，制定本规范。

1.0.2 本规范适用于新建、扩建和改建的城镇、工业区和居住区的永久性的室外排水工程设计。

1.0.3 排水工程设计应以批准的城镇总体规划和排水工程专业规划为主要依据，从全局出发，根据规划年限、工程规模、经济效益、社会效益和环境效益，正确处理城镇中工业与农业、城镇化与非城镇化地区、近期与远期、集中与分散、排放与利用的关系。通过全面论证，做到确能保护环境、节约土地、技术先进、经济合理、安全可靠，适合当地实际情况。

1.0.3A 排水工程设计应依据城镇排水与污水处理规划，并与城市防洪、河道水系、道路交通、园林绿地、环境保护、环境卫生等专项规划和设计相协调。排水设施的设计应根据城镇规划蓝线和水面率的要求，充分利用自然蓄排水设施，并应根据用地性质规定不同地区的高程布置，满足不同地区的排水要求。

1.0.4 排水体制（分流制或合流制）的选择，应符合下列规定：

1 根据城镇的总体规划，结合当地的地形特点、水文条件、水体状况、气候特征、原有排水设施、污水处理程度和处理后出水利用等综合考虑后确定。

2 同一城镇的不同地区可采用不同的排水体制。

3 除降雨量少的干旱地区外，新建地区的排水系统应采用分流制。

4 现有合流制排水系统，应按城镇排水规划的要求，实施雨污分流改造。

5 暂时不具备雨污分流条件的地区，应采取截流、调蓄和处理相结合的措施，提高截流倍数，加强降雨初期的污染防治。

1.0.4A 雨水综合管理应按照低影响开发（LID）理念采用源头削减、过程控制、末端处理的方法进行，控制面源污染、防治内涝灾害、提高雨水利用程度。

1.0.4B 城镇内涝防治应采取工程性和非工程性相结合的综合控制措施。

1.0.5 排水系统设计应综合考虑下列因素：

1 污水的再生利用，污泥的合理处置。

2 与邻近区域内的污水和污泥的处理和处置系统相协调。

3 与邻近区域及区域内给水系统和洪水的排除系统相协调。

4 接纳工业废水并进行集中处理和处置的可能性。

5 适当改造原有排水工程设施，充分发挥其工程效能。

1.0.6 工业废水接入城镇排水系统的水质应按有关标准执行，不应影响城镇排水管渠和污水处理厂等的正常运行；不应对养护管理人员造成危害；不应影响处理后出水的再生利用和安全排放，不应影响污泥的处理和处置。

1.0.7 排水工程设计应在不断总结科研和生产实践经验的基础上，积极采用经过鉴定的、行之有效的新技术、新工艺、新材料、新设备。

1.0.8 排水工程宜采用机械化和自动化设备，对操作繁重、影响安全、危害健康的，应采用机械化和自动化设备。

1.0.9 排水工程的设计，除应按本规范执行外，尚应符合国家现行有关标准和规范的规定。

1.0.10 在地震、湿陷性黄土、膨胀土、多年冻土以及其他特殊地区设计排水工程时，尚应符合国家现行的有关专门规范的规定。

2 术语和符号

2.1 术　　语

2.1.1 排水工程　wastewater engineering，sewerage

收集、输送、处理、再生和处置污水和雨水的工程。

2.1.2 排水系统　waste water engineering system

收集、输送、处理、再生和处置污水和雨水的设施以一定方式组合成的总体。

2.1.3 排水体制　sewerage system

在一个区域内收集、输送污水和雨水的方式，有合流制和分流制两种基本方式。

2.1.4 排水设施　wastewater facilities

排水工程中的管道、构筑物和设备等的统称。

2.1.5 合流制　combined system

用同一管渠系统收集、输送污水和雨水的排水方式。

2.1.5A 合流制管道溢流　combined sewer overflow

合流制排水系统降雨时，超过截流能力的水排入水体的状况。

2.1.6 分流制　separate system

用不同管渠系统分别收集、输送污水和雨水的排水方式。

2.1.7 城镇污水　urban wastewater，sewage

综合生活污水、工业废水和入渗地下水的总称。

2.1.8 城镇污水系统　urban wastewater system

收集、输送、处理、再生和处置城镇污水的设施以一定方式组合成的总体。

2.1.8A 面源污染　diffuse pollution

通过降雨和地表径流冲刷，将大气和地表中的污染物带入受纳水体，使受纳水体遭受污染的现象。

2.1.8B 低影响开发（LID） low impact development

强调城镇开发应减少对环境的冲击，其核心是基于源头控制和延缓冲击负荷的理念，构建与自然相适应的城镇排水系统，合理利用景观空间和采取相应措施对暴雨径流进行控制，减少城镇面源污染。

2.1.9 城镇污水污泥 urban wastewater sludge

城镇污水系统中产生的污泥。

2.1.10 旱流污水 dry weather flow

合流制排水系统晴天时的城镇污水。

2.1.11 生活污水 domestic wastewater, sewage

居民生活产生的污水。

2.1.12 综合生活污水 comprehensive sewage

居民生活和公共服务产生的污水。

2.1.13 工业废水 industrial wastewater

工业企业生产过程产生的废水。

2.1.14 入渗地下水 infiltrated ground water

通过管渠和附属构筑物进入排水管渠的地下水。

2.1.15 总变化系数 peaking factor

最高日最高时污水量与平均日平均时污水量的比值。

2.1.16 径流系数 runoff coefficient

一定汇水面积内地面径流量与降雨量的比值。

2.1.16A 径流量 runoff

降落到地面的雨水，由地面和地下汇流到管渠至受纳水体的流量的统称。径流包括地面径流和地下径流等。在排水工程中，径流量指降水超出一定区域内地面渗透、滞蓄能力后多余水量产生的地面径流量。

2.1.17 暴雨强度 rainfall intensity

单位时间内的降雨量。工程上常用单位时间单位面积内的降雨体积来计，其计量单位以 $L/cs \cdot hm^2$ 表示。

2.1.18 重现期 recurrence interval

在一定长的统计期间内，等于或大于某统计对象出现一次的平均间隔时间。

2.1.18A 雨水管渠设计重现期 recurrence interval for storm sewer design

用于进行雨水管渠设计的暴雨重现期。

2.1.19 降雨历时 duration of rainfall

降雨过程中的任意连续时段。

2.1.20 汇水面积 catchment area

雨水管渠汇集降雨的流域面积。

2.1.20A 内涝 local flooding

强降雨或连续性降雨超过城镇排水能力，导致城镇地面产生积水灾害的现象。

2.1.20B 内涝防治系统 local flooding prevention and control system

用于防止和应对城镇内捞的工程性设施和非工程性措施以一定方式组合成的总体，包括雨水收集、输送、调蓄、行泄、处理和利用的天然和人工设施以及管理措施等。

2.1.20C 内捞防治设计重现期 recurrence interval for local flooding design

用于进行城镇内涝防治系统设计的暴雨重现期，使地面、道路等地区的积水深度不超过一定的标准。内涝防治设计重现期大于雨水管渠设计重现期。

2.1.21 地面集水时间 time of concentration

雨水从相应汇水面积的最远点地面流到雨水管渠入口的时间，简称集水时间。

2.1.22 截流倍数 interception ratio

合流制排水系统在降雨时被截流的雨水径流量与平均旱流污水量的比值。

2.1.23 排水泵站 drainage pumping station

污水泵站、雨水泵站和合流污水泵站的总称。

2.1.24 污水泵站 sewage pumping station

分流制排水系统中，提升污水的泵站。

2.1.25 雨水泵站 storm water pumping station

分流制排水系统中，提升雨水的泵站。

2.1.26 合流污水泵站 combined sewage pumping station

合流制排水系统中，提升合流污水的泵站。

2.1.27 一级处理 primary treatment

污水通过沉淀去降悬浮物的过程。

2.1.28 二级处理 sccondary treatment

污水一级处理后，再用生物方法进一步去除污水中肢体和溶解性有机物的过程。

2.1.29 活性污泥法 activated sludge process, suspended growth process

污水生物处理的一种方法。该法是在人工条件下，对污水中的各类微生物群体进行连续混合和培养，形成悬浮状态的活性污泥。利用活性污泥的生物作用，以分解去除污水中的有机污染物，然后使污泥与水分离，大部分污泥回流到生物反应池，多余部分作为剩余污泥排出活性污泥系统。

2.1.30 生物反应池 biological reaction tank

利用活性污泥法进行污水生物处理的构筑物。反应池内能满足生物活动所需条件，可分厌氧、缺氧和好氧状态。池内保持污泥悬浮并与污水充分混合。

2.1.31 活性污泥 activated sludge

生物反应池中繁殖的含有各种微生物群体的絮状体。

2.1.32 回流污泥 returned sludge

由二次沉淀池分离，回流到生物反应池的活性污泥。

2.1.33 格栅 bar screen

拦截水中较大尺寸漂浮物或其他杂物的装置。

2.1.34 格栅除污机 bar screen machine

用机械的方法，将格栅截留的栅渣清捞出的

机械。

2.1.35 固定式格栅除污机 fixed raking machine

对应每组格栅设置的固定式清捞栅渣的机械。

2.1.36 移动式格栅除污机 mobile raking machine

数组或超宽格栅设置一台移动式清捞栅渣的机械，按一定操作程序轮流清捞栅渣。

2.1.37 沉砂池 grit chamber

去除水中自重较大、能自然沉降的较大粒径砂粒或颗粒的构筑物。

2.1.38 平流沉砂池 horizontal flow grit chamber

污水沿水平方向流动分离砂粒的沉砂池。

2.1.39 曝气沉砂池 aerated grit chamber

空气沿池一侧进入、使水呈螺旋形流动分离砂粒的沉砂池。

2.1.40 旋流沉砂池 vortex-type grit chamber

靠进水形成旋流离心力分离砂粒的沉砂池。

2.1.41 沉淀 sedimentation，settling

利用悬浮物和水的密度差，重力沉降作用去除水中悬浮物的过程。

2.1.42 初次沉淀池 primary settling tank

设在生物处理构筑物前的沉淀池，用以降低污水中的固体物浓度。

2.1.43 二次沉淀池 secondary settling tank

设在生物处理构筑物后，用于污泥与水分离的沉淀池。

2.1.44 平流沉淀池 horizontal settling tank

污水沿水平方向流动，使污水中的固体物沉降的水池。

2.1.45 竖流沉淀池 vertical flow settling tank

污水从中心管进入，水流竖直上升流动，使污水中的固体物沉降的水池。

2.1.46 辐流沉淀池 radial flow settling tank

污水沿径向减速流动，使污水中的固体物沉降的水池。

2.1.47 斜管（板）沉淀池 inclined tube（plate）sedimentation tank

水池中加斜管（板），使污水中的固体物高效沉降的沉淀池。

2.1.48 好氧 aerobic，oxic

污水生物处理中有溶解氧或兼有硝态氮的环境状态。

2.1.49 厌氧 anaerobic

污水生物处理中没有溶解氧和硝态氮的环境状态。

2.1.50 缺氧 anoxic

污水生物处理中溶解氧不足或没有溶解氧但有硝态氮的环境状态。

2.1.51 生物硝化 bio-nitrification

污水生物处理中好氧状态下硝化细菌将氨氮氧化成硝态氮的过程。

2.1.52 生物反硝化 bio-denitrification

污水生物处理中缺氧状态下反硝化菌将硝态氮还原成氮气，去除污水中氮的过程。

2.1.53 混合液回流 mixed liquor recycle

污水生物处理工艺中，生物反应区内的混合液由后端回流至前端的过程。该过程有别于将二沉池沉淀后的污泥回流至生物反应区的过程。

2.1.54 生物除磷 biological phosphorus removal

活性污泥法处理污水时，通过排放聚磷菌较多的剩余污泥，去除污水中磷的过程。

2.1.55 缺氧/好氧脱氮工艺 anoxic/oxic process（A_NO）

污水经过缺氧、好氧交替状态处理，提高总氮去除率的生物处理。

2.1.56 厌氧/好氧除磷工艺 anaerobic/oxic process（A_PO）

污水经过厌氧、好氧交替状态处理，提高总磷去除率的生物处理。

2.1.57 厌氧/缺氧/好氧脱氮除磷工艺 anaerobic/anoxic/ oxic process（AAO，又称 A^2/O）

污水经过厌氧、缺氧、好氧交替状态处理，提高总氮和总磷去除率的生物处理。

2.1.58 序批式活性污泥法 sequencing batch reactor（SBR）

活性污泥法的一种形式。在同一个反应器中，按时间顺序进行进水、反应、沉淀和排水等处理工序。

2.1.59 充水比 fill ratio

序批式活性污泥法工艺一个周期中，进入反应池的污水量与反应池有效容积之比。

2.1.60 总凯氏氮 total Kjeldahl nitrogen（TKN）

有机氮和氨氮之和。

2.1.61 总氮 total nitrogen（TN）

有机氮、氨氮、亚硝酸盐氮和硝酸盐氮的总和。

2.1.62 总磷 total phosphorus（TP）

水体中有机磷和无机磷的总和。

2.1.63 好氧泥龄 oxic sludge age

活性污泥在好氧池中的平均停留时间。

2.1.64 泥龄 sludge age，sludge retention time（SRT）

活性污泥在整个生物反应池中的平均停留时间。

2.1.65 氧化沟 oxidation ditch

活性污泥法的一种形式，其构筑物呈封闭无终端渠形布置，降解去除污水中有机污染物和氮、磷等营养物。

2.1.66 好氧区 oxic zone

生物反应池的充氧区。微生物在好氧区降解有机物和进行硝化反应。

2.1.67 缺氧区 anoxlc zone

生物反应池的非充氧区，且有硝酸盐或亚硝酸盐存在的区域。生物反应池中含有大量硝酸盐、亚硝酸盐，得到充足的有机物时，可在该区内进行脱氮反应。

2.1.68 厌氧区 anaerobic zone

生物反应池的非充氧区，且无硝酸盐或亚硝酸盐存在的区域。聚磷微生物在厌氧区吸收有机物和释放磷。

2.1.69 生物膜法 attached-growth process，biofilm process

污水生物处理的一种方法。该法利用生物膜对有机污染物的吸附和分解作用使污水得到净化。

2.1.70 生物接触氧化 bio-contact oxidation

由浸没在污水中的填料和曝气系统构成的污水处理方法。在有氧条件下，污水与填料表面的生物膜广泛接触，使污水得到净化。

2.1.71 曝气生物滤池 biological aerated filter (BAF)

生物膜法的一种构筑物。由接触氧化和过滤相结合，在有氧条件下，完成污水中有机物氧化、过滤、反冲洗过程，使污水获得净化。又称颗粒填料生物滤池。

2.1.72 生物转盘 rotating biological contactor (RBC)

生物膜法的一种构筑物。由水槽和部分浸没在污水中的旋转盘体组成，盘体表面生长的生物膜反复接触污水和空气中的氧，使污水得到净化。

2.1.73 塔式生物滤池 biotower

生物膜法的一种构筑物。塔内分层布设轻质塑料载体，污水由上往下喷淋，与载体上生物膜及自下向上流动的空气充分接触，使污水得到净化。

2.1.74 低负荷生物滤池 low-rate trickling filters

亦称滴滤池（传统、普通生物滤池）。由于负荷较低，占地较大，净化效果较好，五日生化需氧量去除率可达85%～95%。

2.1.75 高负荷生物滤池 high-rate biological filters

生物滤池的一种形式。通过回流处理水和限制进水有机负荷等措施，提高水力负荷，解决堵塞问题。

2.1.76 五日生化需氧量容积负荷 BOD_5-volumetric loading rate

生物反应池单位容积每天承担的五日生化需氧量千克数。其计量单位以 kg BOD_5/(m^3·d) 表示。

2.1.77 表面负荷 hydraulic loading rate

一种负荷表示方式，指每平方米面积每天所能接受的污水量。

2.1.78 固定布水器 fixed distributor

生物滤池中由固定的布水管和喷嘴等组成的布水装置。

2.1.79 旋转布水器 rotating distributor

由若干条布水管组成的旋转布水装置。它利用从布水管孔口喷出的水流所产生的反作用力，推动布水管绕旋转轴旋转，达到均匀布水的目的。

2.1.80 石料滤料 rock filtering media

用以提供微生物生长的载体并起悬浮物过滤作用的粒状材料，有碎石、卵石、炉渣、陶粒等。

2.1.81 塑料填料 plastic media

用以提供微生物生长的载体，有硬性、软性和半软性填料。

2.1.82 污水自然处理 natural treatment of wastewater

利用自然生物作用的污水处理方法。

2.1.83 土地处理 land treatment

利用土壤、微生物、植物组成的生态污水处理方法。通过该系统营养物质和水分的循环利用，使植物生长繁殖并不断被利用，实现污水的资源化、无害化和稳定化。

2.1.84 稳定塘 stabilization pond，stabi lization lagoon

经过人工适当修整，设围堤和防渗层的污水池塘，通过水生生态系统的物理和生物作用对污水进行自然处理。

2.1.85 灌溉田 sewage farming

利用土地对污水进行自然生物处理的方法。一方面利用污水培育植物，另一方面利用土壤和植物净化污水。

2.1.86 人工湿地 artifical wetland，constructed wetland

利用土地对污水进行自然处理的一种方法。用人工筑成水池或沟槽，种植芦苇类维管束植物或根系发达的水生植物，污水以推流方式与布满生物膜的介质表面和溶解氧进行充分接触，使水得到净化。

2.1.87 污水再生利用 wastewater reuse

污水回收、再生和利用的统称，包括污水净化再用、实现水循环的全过程。

2.1.88 深度处理 advanced treatment

常规处理后设置的处理。

2.1.89 再生水 reclaimed water，reuse water

污水经适当处理后，达到一定的水质标准，满足某种使用要求的水。

2.1.90 膜过滤 membrane filtration

在污水深度处理中，通过渗透膜过滤去除污染物的技术。

2.1.91 颗粒活性炭吸附池 granular activated carbon adsorption tank

池内介质为单一颗粒活性炭的吸附池。

2.1.92 紫外线 ultraviolet (UV)

紫外线是电磁波的一部分，污水消毒用的紫外线波长为200nm～310nm（主要为254nm）的波谱区。

2.1.93 紫外线剂量 ultraviolet dose

照射到生物体上的紫外线量（即紫外线生物验定剂量或紫外线有效剂量），由生物验定测试得到。

2.1.94 污泥处理 sludge treatment

对污泥进行减量化、稳定化和无害化的处理过程，一般包括浓缩、调理、脱水、稳定、干化或焚烧等的加工过程。

2.1.95 污泥处置 sludge disposal

对处理后污泥的最终消纳过程。一般包括土地利用、填埋和建筑材料利用等。

2.1.96 污泥浓缩 sludge thickening

采用重力、气浮或机械的方法降低污泥含水率，减少污泥体积的方法。

2.1.97 污泥脱水 sludge dewatering

浓缩污泥进一步去除大量水分的过程，普遍采用机械的方式。

2.1.98 污泥干化 sludge drying

通过渗滤或蒸发等作用，从浓缩污泥中去除大部分水分的过程。

2.1.99 污泥消化 sludge digestion

通过厌氧或好氧的方法，使污泥中的有机物进行生物降解和稳定的过程。

2.1.100 厌氧消化 anaerobic digestion

使污泥中有机物生物降解和稳定的过程。

2.1.101 好氧消化 aerobic digestion

有氧条件下污泥消化的过程。

2.1.102 中温消化 mesophilic digestion

污泥温度在33℃～35℃时进行的消化过程。

2.1.103 高温消化 thermophilic digestion

污泥温度在53℃～55℃时进行的消化过程。

2.1.104 原污泥 raw sludge

未经处理的初沉污泥、二沉污泥（剩余污泥）或两者混合后的污泥。

2.1.105 初沉污泥 primar ysludge

从初次沉淀池排出的沉淀物。

2.1.106 二沉污泥 secondary sludge

从二次沉淀池、生物反应池（沉淀区或沉淀排泥时段）排出的沉淀物。

2.1.107 剩余污泥 excess activated sludge

从二次沉淀池、生物反应池（沉淀区或沉淀排泥时段）排出系统的活性污泥。

2.1.108 消化污泥 digested sludge

经过厌氧消化或好氧消化的污泥。与原污泥相比，有机物总量有一定程度的降低，污泥性质趋于稳定。

2.1.109 消化池 digester

污泥处理中有机物进行生物降解和稳定的构筑物。

2.1.110 消化时间 digest time

污泥在消化池中的平均停留时间。

2.1.111 挥发性固体 volatile solids

污泥固体物质在600℃时所失去的重量，代表污泥中可通过生物降解的有机物含量水平。

2.1.112 挥发性固体去除率 removal percentage of volatile solids

通过污泥消化，污泥中挥发性有机固体被降解去除的百分比。

2.1.113 挥发性固体容积负荷 cubage load of volatile solids

单位时间内对单位消化池容积投入的原污泥中挥发性固体重量。

2.1.114 污泥气 sludge gas，marsh gas

俗称沼气。在污泥厌氧消化时有机物分解所产生的气体，主要成分为甲烷和二氧化碳，并有少量的氢、氮和硫化氢等。

2.1.115 污泥气燃烧器 sludge gas burner

污泥气燃烧消耗的装置。又称沼气燃烧器。

2.1.116 回火防止器 backfire preventer

防止并阻断回火的装置。在发生事故或系统不稳定的状况下，当管内污泥气压力降低时，燃烧点的火会通过管道向气源方向蔓延，称作回火。

2.1.117 污泥热干化 sludge heat drying

污泥脱水后，在外部加热的条件下，通过传热和传质过程，使污泥中水分随着相变化分离的过程。成为干化产品。

2.1.118 污泥焚烧 sludge incineration

利用焚烧炉将污泥完全矿化为少量灰烬的过程。

2.1.119 污泥综合利用 sludge integrated application

将污泥作为有用的原材料在各种用途上加以利用的方法，是污泥处置的最佳途径。

2.1.120 污泥土地利用 sludge land application

将处理后的污泥作为介质土或土壤改良材料，用于园林绿化、土地改良和农田等场合的处置方式。

2.1.121 污泥农用 sludge farm application

污泥在农业用地上有效利用的处置方式。一般包括污泥经过无害化处理后用于农田、果园、牧草地等。

2.2 符　号

2.2.1 设计流量

Q——设计流量；

Q_d——设计综合生活污水量；

Q_m——设计工业废水量；

Q_s——雨水设计流量；

Q_{dr}——截流井以前的旱流污水量；

Q'——截流井以后管渠的设计流量；

Q'_s——截流井以后汇水面积的雨水设计流量；

Q'_{dr}——截流井以后的旱流污水量；

n_0——截流倍数；

H_1——堰高；

H_2——槽深；

H——槽堰总高；

Q_j——污水截流量；

d——污水截流管管径；

k——修正系数；

A_1，C，b，n——暴雨强度公式中的有关参数；

P——设计重现期；

t——降雨历时；

t_1——地面集水时间；

t_2——管渠内雨水流行时间；

m——折减系数；

q——设计暴雨强度；

Ψ——径流系数；

F——汇水面积；

Q_p——泵站设计流量；

V——调蓄池有效容积；

t_i——调蓄池进水时间；

β——调蓄池容积计算安全系数；

t_o——调蓄池放空时间；

η——调蓄池放空时的排放效率。

2.2.2 水力计算

Q——设计流量；

v——流速；

A——水流有效断面面积；

h——水流深度；

I——水力坡降；

n——粗糙系数；

R——水力半径。

2.2.3 污水处理

Q——设计污水流量；

V——生物反应池容积；

S_o——生物反应池进水五日生化需氧量；

S_e——生物反应池出水五日生化需氧量；

L_S——生物反应池五日生化需氧量污泥负荷；

L_V——生物反应池五日生化需氧量容积负荷；

X——生物反应池内混合液悬浮固体平均浓度；

X_V——生物反应池内混合液挥发性悬浮固体平均浓度；

y——MLSS中MLVSS所占比例；

Y——污泥产率系数；

Y_t——污泥总产率系数；

θ_c——污泥泥龄，活性污泥在生物反应池中的平均停留时间；

θ_{co}——好氧区（池）设计污泥泥龄；

K_d——衰减系数；

K_{dT}——T℃时的衰减系数；

K_{d20}——20℃时的衰减系数；

θ_T——温度系数；

F——安全系数；

η——总处理效率；

T——温度；

f——悬浮固体的污泥转换率；

SS_o——生物反应池进水悬浮物浓度；

SS_e——生物反应池出水悬浮物浓度；

V_n——缺氧区（池）容积；

V_o——好氧区（池）容积；

V_P——厌氧区（池）容积；

N_k——生物反应池进水总凯氏氮浓度；

N_{ke}——生物反应池出水总凯氏氮浓度；

N_t——生物反应池进水总氮浓度；

N_a——生物反应池中氨氮浓度；

N_{te}——生物反应池出水总氮浓度；

N_{oe}——生物反应池出水硝态氮浓度；

ΔX——剩余污泥量；

ΔX_V——排出生物反应池系统的生物污泥量；

K_{de}——脱氮速率；

$K_{de(T)}$——T℃时的脱氮速率；

$K_{de(20)}$——20℃时的脱氮速率；

μ——硝化菌比生长速率；

K_n——硝化作用中氮的半速率常数；

Q_R——回流污泥量；

Q_{Ri}——混合液回流量；

R——污泥回流比；

R_i——混合液回流比；

HRT——生物反应池水力停留时间；

t_P——厌氧区（池）水力停留时间；

O_2——污水需氧量；

O_S——标准状态下污水需氧量；

a——碳的氧当量，当含碳物质以BOD_5计时，取1.47；

b——常数，氧化每公斤氨氮所需氧量，取4.57；

c——常数，细菌细胞的氧当量，取1.42；

E_A——曝气器氧的利用率；

G_S——标准状态下供气量；

t_F——SBR生物反应池每池每周期需要的进水时间；

t——SBR生物反应池一个运行周期需要的时间；

t_R——每个周期反应时间；

t_S——SBR生物反应池沉淀时间；

t_D——SBR生物反应池排水时间；

t_b——SBR生物反应池闲置时间；

m——SBR生物反应池充水比。

2.2.4 污泥处理

t_d——消化时间；

V——消化池总有效容积；

Q_o——每日投入消化池的原污泥量；

L_V——消化池挥发性固体容积负荷；

W_S——每日投入消化池的原污泥中挥发性干固体重量。

3 设计流量和设计水质

3.1 生活污水量和工业废水量

3.1.1 城镇旱流污水设计流量，应按下式计算：

$$Q_{dr} = Q_d + Q_m \quad (3.1.1)$$

式中：Q_{dr}——截流井以前的旱流污水量（L/s）；

Q_d——设计综合生活污水量（L/s）；

Q_m——设计工业废水量（L/s）。

在地下水位较高的地区，应考虑入渗地下水量，其量宜根据测定资料确定。

3.1.2 居民生活污水定额和综合生活污水定额应根据当地采用的用水定额，结合建筑内部给排水设施水平确定，可按当地相关用水定额的80%～90%采用。

3.1.2A 排水系统的设计规模应根据排水系统的规划和普及程度合理确定。

3.1.3 综合生活污水量总变化系数可根据当地实际综合生活污水量变化资料确定。元测定资料时，可按表3.1.3的规定取值。新建分流制排水系统的地区，宜提高综合生活污水量总变化系数；既有地区可结合城区和排水系统改建工程，提高综合生活污水量总变化系数。

表3.1.3 综合生活污水量总变化系数

平均日流量（L/s）	5	15	40	70	100	200	500	≥1000
总变化系数	2.3	2.0	1.8	1.7	1.6	1.5	1.4	1.3

注：当污水平均日流量为中间数值时，总变化系数可用内插法求得。

3.1.4 工业区内生活污水量、沐浴污水量的确定，应符合现行国家标准《建筑给水排水设计规范》GB 50015的有关规定。

3.1.5 工业区内工业废水量和变化系数的确定，应根据工艺特点，并与国家现行的工业用水量有关规定协调。

3.2 雨 水 量

3.2.1 采用推理公式法计算雨水设计流量，应按下式计算。当汇水面积超过$2km^2$时，宜考虑降雨在时空分布的不均匀性和管网汇流过程，采用数学模型法计算雨水设计流量。

$$Q_s = q\Psi F \quad (3.2.1)$$

式中：Q_s——雨水设计流量（L/s）；

q——设计暴雨强度［$L/(s \cdot hm^2)$］；

Ψ——径流系数；

F——汇水面积（hm^2）。

注：当有允许排入雨水管道的生产废水排入雨水管道时，应将其水量计算在内。

3.2.2 应严格执行规划控制的综合径流系数，综合径流系数高于0.7的地区应采用渗透、调蓄等措施。径流系数，可按本规范表3.2.2-1的规定取值，汇水面积的综合径流系数应按地面种类加权平均计算，可按表3.2.2-2的规定取值，并应核实地面种类的组成和比例。

表3.2.2-1 径流系数

地面种类	Ψ
各种屋面、混凝土或沥青路面	0.85～0.95
大块石铺砌路面或沥青表面各种的碎石路面	0.55～0.65
级配碎石路面	0.40～0.50
干砌砖石或碎石路面	0.35～0.40
非铺砌土路面	0.25～0.35
公园或绿地	0.10～0.20

表3.2.2-2 综合径流系数

区域情况	Ψ
城镇建筑密集区	0.60～0.70
城镇建筑较密集区	0.45～0.60
城镇建筑稀疏区	0.20～0.45

3.2.2A 当地区整体改建时，对于相同的设计重现期，改建后的径流量不得超过原有径流量。

3.2.3 设计暴雨强度，应按下式计算：

$$q = \frac{167A_1(1 + C\lg P)}{(t+b)^n} \quad (3.2.3)$$

式中：q——设计暴雨强度［$L/(s \cdot hm^2)$］；

t——降雨历时（min）；

P——设计重现期（年）；

A_1，C，b，n——参数，根据统计方法进行计算确定。

具有20年以上自动雨量记录的地区，排水系统设计暴雨强度公式应采用年最大值法，并按本规范附录A的有关规定编制。

3.2.3A 根据气候变化，宜对暴雨强度公式进行修订。

3.2.4 雨水管渠设计重现期，应根据汇水地区性质、城镇类型、地形特点和气候特征等因素，经技术经济比较后按表3.2.4的规定取值，并应符合下列规定：

1 人口密集、内涝易发且经济条件较好的城镇，宜采用规定的上限；

2 新建地区应按本规定执行，原有地区应结合地区改建、道路建设等更新排水系统，并按本规定执行；

3　同一排水系统可采用不同的设计重现期。

表 3.2.4　雨水管渠设计重现期（年）

城镇类型 \ 城区类型	中心城区	非中心城区	中心城区的重要地区	中心城区地下通道和下沉式广场等
超大城市和特大城市	3～5	2～3	5～10	30～50
大城市	2～5	2～3	5～10	20～30
中等城市和小城市	2～3	2～3	3～5	10～20

注：1　按表中所列重现期设计暴雨强度公式时，均采用年最大值法；

2　雨水管渠应按重力流、满管流计算；

3　超大城市指城区常住人口在1000万以上的城市；特大城市指城区常住人口500万以上1000万以下的城市；大城市指城区常住人口100万以上500万以下的城市；中等城市指城区常住人口50万以上100万以下的城市；小城市指城区常住人口在50万以下的城市（以上包括本数，以下不包括本数）。

3.2.4A　应采取必要的措施防止洪水对城镇排水系统的影响。

3.2.4B　内涝防治设计重现期，应根据城镇类型、积水影响程度和内河水位变化等因素，经技术经济比较后确定，应按表3.2.4B的规定取值，并应符合下列规定：

1　人口密集、内涝易发且经济条件较好的城市，宜采用规定的上限；

2　目前不具备条件的地区可分期达到标准；

3　当地面积水不满足表3.2.4B的要求时，应采取渗透、调蓄、设置雨洪行泄通道和内河整治等措施；

4　对超过内涝设计重现期的暴雨，应采取预警和应急等控制措施。

表 3.2.4B　内涝防治设计重现期

城镇类型	重现期（年）	地面积水设计标准
超大城市和特大城市	50～100	1　居民住宅和工商业建筑物的底层不进水； 2　道路中一条车道的积水深度不超过15cm。
大城市	30～50	
中等城市和小城市	20～30	

注：1　表中所列设计重现期适用于采用年最大值法确定的暴雨强度公式。

2　超大城市指城区常住人口在1000万以上的城市；特大城市指城区常住人口500万以上1000万以下的城市；大城市指城区常住人口100万以上500万以下的城市；中等城市指城区常住人口50万以上100万以下的城市；小城市指城区常住人口在50万以下的城市（以上包括本数，以下不包括本数）。

3.2.5　雨水管渠的降雨历时，应按下式计算：

$$t = t_1 + t_2 \quad (3.2.5)$$

式中：t——降雨历时（min）；

t_1——地面集水时间（min），应根据汇水距离、地形坡度和地面种类计算确定，一般采用5min～15min；

t_2——管渠内雨水流行时间（min）。

3.2.5A　应采取雨水渗透、调蓄等措施，从源头降低雨水径流产生量，延缓出流时间。

3.2.6　当雨水径流量增大，排水管渠的输送能力不能满足要求时，可设雨水调蓄池。

3.3　合流水量

3.3.1　合流管渠的设计流量，应按下式计算：

$$Q = Q_d + Q_m + Q_s = Q_{dr} + Q_s \quad (3.3.1)$$

式中：Q——设计流量（L/s）；

Q_d——设计综合生活污水量（L/s）；

Q_m——设计工业废水量（L/s）；

Q_s——雨水设计流量（L/s）；

Q_{dr}——截流井以前的旱流污水量（L/s）。

3.3.2　截流井以后管渠的设计流量，应按下式计算：

$$Q' = (n_o + 1)Q_{dr} + Q'_s + Q'_{dr} \quad (3.3.2)$$

式中：Q'——截流井以后管渠的设计流量（L/s）；

n_o——截流倍数；

Q'_s——截流井以后汇水面积的雨水设计流量（L/s）；

Q'_{dr}——截流井以后的旱流污水量（L/s）。

3.3.3　截流倍数n_o应根据旱流污水的水质、水量、排放水体的环境容量、水文、气候、经济和排水区域大小等因素经计算确定，宜采用2～5。同一排水系统中可采用不同截流倍数。

3.3.4　合流管道的雨水设计重现期可适当高于同一情况下的雨水管道设计重现期。

3.4　设计水质

3.4.1　城镇污水的设计水质应根据调查资料确定，或参照邻近城镇、类似工业区和居住区的水质确定。无调查资料时，可按下列标准采用：

1　生活污水的五日生化需氧量可按每人每天25g～50g计算。

2　生活污水的悬浮固体量可按每人每天40g～65g计算。

3　生活污水的总氮量可按每人每天5g～11g计算。

4　生活污水的总磷量可按每人每天0.7g～1.4g计算。

5　工业废水的设计水质，可参照类似工业的资料采用，其五日生化需氧量、悬浮固体量、总氮量和总磷量，可折合人口当量计算。

3.4.2 污水厂内生物处理构筑物进水的水温宜为10℃～37℃，pH值宜为6.5～9.5，营养组合比（五日生化需氧量：氮：磷）可为100：5：1。有工业废水进入时，应考虑有害物质的影响。

4 排水管渠和附属构筑物

4.1 一般规定

4.1.1 排水管渠系统应根据城镇总体规划和建设情况统一布置，分期建设。排水管渠断面尺寸应按远期规划的最高日最高时设计流量设计，按现状水量复核，并考虑城镇远景发展的需要。

4.1.2 管渠平面位置和高程，应根据地形、土质、地下水位、道路情况、原有的和规划的地下设施、施工条件以及养护管理方便等因素综合考虑确定。排水干管应布置在排水区域内地势较低或便于雨污水汇集的地带。排水管宜沿城镇道路敷设，并与道路中心线平行，宜设在快车道以外。截流干管宜沿受纳水体岸边布置。管渠高程设计除考虑地形坡度外，还应考虑与其他地下设施的关系以及接户管的连接方便。

4.1.3 管渠材质、管渠构造、管渠基础、管道接口，应根据排水水质、水温、冰冻情况、断面尺寸、管内外所受压力、土质、地下水位、地下水侵蚀性、施工条件及对养护工具的适应性等因素进行选择与设计。

4.1.3A 排水管渠的断面形状应符合下列要求：

1 排水管渠的断面形状应根据设计流量、埋设深度、工程环境条件，同时结合当地施工、制管技术水平和经济、养护管理要求综合确定，宜优先选用成品管。

2 大型和特大型管渠的断面应方便维修、养护和管理。

4.1.4 输送腐蚀性污水的管渠必须采用耐腐蚀材料，其接口及附属构筑物必须采取相应的防腐蚀措施。

4.1.5 当输送易造成管渠内沉析的污水时，管渠形式和断面的确定，必须考虑维护检修的方便。

4.1.6 工业区内经常受有害物质污染的场地雨水，应经预处理达到相应标准后才能排入排水管渠。

4.1.7 排水管渠系统的设计，应以重力流为主，不设或少设提升泵站。当无法采用重力流或重力流不经济时，可采用压力流。

4.1.8 雨水管渠系统设计可结合城镇总体规划，考虑利用水体调蓄雨水，必要时可建人工调蓄和初期雨水处理设施。

4.1.9 污水管道、合流污水管道和附属构筑物应保证其严密性，应进行闭水试验，防止污水外渗和地下水入渗。

4.1.10 当排水管渠出水口受水体水位顶托时，应根据地区重要性和积水所造成的后果，设置潮门、闸门或泵站等设施。

4.1.11 雨水管道系统之间或合流管道系统之间可根据需要设置连通管。必要时可在连通管处设闸槽或闸门。连通管及附近闸门井应考虑维护管理的方便。雨水管道系统与合流管道系统之间不应设置连通管道。

4.1.12 排水管渠系统中，在排水泵站和倒虹管前，宜设置事故排出口。

4.2 水力计算

4.2.1 排水管渠的流量，应按下式计算：

$$Q = Av \tag{4.2.1}$$

式中：Q——设计流量（m^3/s）；

A——水流有效断面面积（m^2）；

v——流速（m/s）。

4.2.2 恒定流条件下排水管渠的流速，应按下式计算：

$$v = \frac{1}{n} R^{\frac{2}{3}} I^{\frac{1}{2}} \tag{4.2.2}$$

式中：v——流速（m/s）；

R——水力半径（m）；

I——水力坡降；

n——粗糙系数。

4.2.3 排水管渠粗糙系数，宜按表4.2.3的规定取值。

表4.2.3 排水管渠粗糙系数

管渠类别	粗糙系数 n
UPVC管、PE管、玻璃钢管	0.009～0.011
石棉水泥管、钢管	0.012
陶土管、铸铁管	0.013
混凝土管、钢筋混凝土管、水泥砂浆抹面渠道	0.013～0.014
浆砌砖渠道	0.015
浆砌块石渠道	0.017
干砌块石渠道	0.020～0.025
土明渠（包括带草皮）	0.025～0.030

4.2.4 排水管渠的最大设计充满度和超高，应符合下列规定：

1 重力流污水管道应按非满流计算，其最大设计充满度，应按表4.2.4的规定取值。

表4.2.4 最大设计充满度

管径或渠高（mm）	最大设计充满度
200～300	0.55
350～450	0.65
500～900	0.70
≥1000	0.75

注：在计算污水管道充满度时，不包括短时突然增加的污水量，但当管径小于或等于300mm时，应按满流复核。

2 雨水管道和合流管道应按满流计算。

3 明渠超高不得小于0.2m。

4.2.5 排水管道的最大设计流速，宜符合下列规定。非金属管道最大设计流速经过试验验证可适当提高。

1 金属管道为10.0m/s。

2 非金属管道为5.0m/s。

4.2.6 排水明渠的最大设计流速，应符合下列规定：

1 当水流深度为0.4m～1.0m时，宜按表4.2.6的规定取值。

表4.2.6 明渠最大设计流速

明渠类别	最大设计流速（m/s）
粗砂或低塑性粉质黏土	0.8
粉质黏土	1.0
黏土	1.2
草皮护面	1.6
干砌块石	2.0
浆砌块石或浆砌砖	3.0
石灰岩和中砂岩	4.0
混凝土	4.0

2 当水流深度在0.4m～1.0m范围以外时，表4.2.6所列最大设计流速宜乘以下列系数：

$h<0.4m$ 0.85；

$1.0<h<2.0m$ 1.25；

$h\geq 2.0m$ 1.40。

注：h为水流深度。

4.2.7 排水管渠的最小设计流速，应符合下列规定：

1 污水管道在设计充满度下为0.6m/s。

2 雨水管道和合流管道在满流时为0.75m/s。

3 明渠为0.4m/s。

4.2.8 污水厂压力输泥管的最小设计流速，可按表4.2.8的规定取值。

表4.2.8 压力输泥管最小设计流速

污泥含水率（%）	最小设计流速（m/s）	
	管径 150mm～250mm	管径 300mm～400mm
90	1.5	1.6
91	1.4	1.5
92	1.3	1.4
93	1.2	1.3
94	1.1	1.2
95	1.0	1.1
96	0.9	1.0
97	0.8	0.9
98	0.7	0.8

4.2.9 排水管道采用压力流时，压力管道的设计流速宜采用0.7m/s～2.0m/s。

4.2.10 排水管道的最小管径与相应最小设计坡度，宜按表4.2.10的规定取值。

表4.2.10 最小管径与相应最小设计坡度

管道类别	最小管径（mm）	相应最小设计坡度
污水管	300	塑料管0.002，其他管0.003
雨水管和合流管	300	塑料管0.002，其他管0.003
雨水口连接管	200	0.01
压力输泥管	150	—
重力输泥管	200	0.01

4.2.11 管道在坡度变陡处，其管径可根据水力计算确定由大改小，但不得超过2级，并不得小于相应条件下的最小管径。

4.3 管 道

4.3.1 不同直径的管道在检查井内的连接，宜采用管顶平接或水面平接。

4.3.2 管道转弯和交接处，其水流转角不应小于90°。

注：当管径小于或等于300mm，跌水水头大于0.3m时，可不受此限制。

4.3.2A 埋地塑料排水管可采用硬聚氯乙烯管、聚乙烯管和玻璃纤维增强塑料夹砂管。

4.3.2B 埋地塑料排水管的使用，应符合下列规定：

1 根据工程条件、材料力学性能和回填材料压实度，按环刚度复核覆土深度。

2 设置在机动车道下的埋地塑料排水管道不应影响道路质量。

3 埋地塑料排水管不应采用刚性基础。

4.3.2C 塑料管应直线敷设，当遇到特殊情况需折线敷设时，应采用柔性连接，其允许偏转角应满足要求。

4.3.3 管道基础应根据管道材质、接口形式和地质条件确定，对地基松软或不均匀沉降地段，管道基础应采取加固措施。

4.3.4 管道接口应根据管道材质和地质条件确定，污水和合流污水管道应采用柔性接口。当管道穿过粉砂、细砂层并在最高地下水位以下，或在地震设防烈度为7度及以上设防区时，必须采用柔性接口。

4.3.4A 当矩形钢筋混凝土箱涵敷设在软土地基或不均匀地层上时，宜采用钢带橡胶止水圈结合上下企口式接口形式。

4.3.5 设计排水管道时，应防止在压力流情况下使接户管发生倒灌。

4.3.6 污水管道和合流管道应根据需要设通风设施。

4.3.7 管顶最小覆土深度，应根据管材强度、外部荷载、土壤冰冻深度和土壤性质等条件，结合当地埋管经验确定。管顶最小覆土深度宜为：人行道下0.6m，车行道下0.7m。

4.3.8 一般情况下，排水管道宜埋设在冰冻线以下。当该地区或条件相似地区有浅埋经验或采取相应措施时，也可埋设在冰冻线以上，其浅埋数值应根据该地区经验确定，但应保证排水管道安全运行。

4.3.9 道路红线宽度超过40m的城镇干道，宜在道路两侧布置排水管道。

4.3.10 重力流管道系统可设排气和排空装置，在倒虹管、长距离直线输送后变化段宜设置排气装置。设计压力管道时，应考虑水锤的影响。在管道的高点以及每隔一定距离处，应设排气装置；排气装置有排气井、排气阀等，排气井的建筑应与周边环境相协调。在管道的低点以及每隔一定距离处，应设排空装置。

4.3.11 承插式压力管道应根据管径、流速、转弯角度、试压标准和接口的摩擦力等因素，通过计算确定是否在垂直或水平方向转弯处设置支墩。

4.3.12 压力管接入自流管渠时，应有消能设施。

4.3.13 管道的施工方法，应根据管道所处土层性质、管径、地下水位、附近地下和地上建筑物等因素，经技术经济比较，确定采用开槽、顶管或盾构施工等。

4.4 检 查 井

4.4.1 检查井的位置，应设在管道交汇处、转弯处、管径或坡度改变处、跌水处以及直线管段上每隔一定距离处。

4.4.1A 污水管、雨水管和合流污水管的检查井井盖应有标识。

4.4.1B 检查井宜采用成品井，污水和合流污水检查井应进行闭水试验。

4.4.2 检查井在直线管段的最大间距应根据疏通方法等具体情况确定，一般宜按表4.4.2的规定取值。

表4.4.2 检查井最大间距

管径或暗渠净高（mm）	最大间距（m）	
	污水管道	雨水（合流）管道
200～400	40	50
500～700	60	70
800～1000	80	90
1100～1500	100	120
1600～2000	120	120

4.4.3 检查井各部尺寸，应符合下列要求：

1 井口、井筒和井室的尺寸应便于养护和检修，爬梯和脚窝的尺寸、位置应便于检修和上下安全。

2 检修室高度在管道埋深许可时宜为1.8m，污水检查井由流槽顶算起，雨水（合流）检查井由管底算起。

4.4.4 检查井井底宜设流槽。污水检查井流槽顶可与0.85倍大管管径处相平，雨水（合流）检查井流槽顶可与0.5倍大管管径处相平。流槽顶部宽度宜满足检修要求。

4.4.5 在管道转弯处，检查井内流槽中心线的弯曲半径应按转角大小和管径大小确定，但不宜小于大管管径。

4.4.6 位于车行道的检查井，应采用具有足够承载力和稳定性良好的井盖与井座。

4.4.6A 设置在主干道上的检查井的井盖基座宜和井体分离。

4.4.7 检查井宜采用具有防盗功能的井盖。位于路面上的井盖，宜与路面持平；位于绿化带内的井盖，不应低于地面。

4.4.7A 排水系统检查井应安装防坠落装置。

4.4.8 在污水干管每隔适当距离的检查井内，需要时可设置闸槽。

4.4.9 接入检查井的支管（接户管或连接管）管径大于300mm时，支管数不宜超过3条。

4.4.10 检查井与管渠接口处，应采取防止不均匀沉降的措施。

4.4.10A 检查井和塑料管道应采用柔性连接。

4.4.11 在排水管道每隔适当距离的检查井内和泵站前一检查井内，宜设置沉泥槽，深度宜为0.3m～0.5m。

4.4.12 在压力管道上应设置压力检查井。

4.4.13 高流速排水管道坡度突然变化的第一座检查井宜采用高流槽排水检查井，并采取增强井筒抗冲击和冲刷能力的措施，井盖宜采用排气井盖。

4.5 跌 水 井

4.5.1 管道跌水水头为1.0m～2.0m时，宜设跌水井；跌水水头大于2.0m时，应设跌水井。管道转弯处不宜设跌水井。

4.5.2 跌水井的进水管管径不大于200mm时，一次跌水水头高度不得大于6m；管径为300mm～600mm时，一次跌水水头高度不宜大于4m。跌水方式可采用竖管或矩形竖槽。管径大于600mm时，其一次跌水水头高度及跌水方式应按水力计算确定。

4.6 水 封 井

4.6.1 当工业废水能产生引起爆炸或火灾的气体时，其管道系统中必须设置水封井。水封井位置应设在产生上述废水的排出口处及其干管上每隔适当距离处。

4.6.1 水封深度不应小于0.25m，井上宜设通风设施，井底应设沉泥槽。

4.6.3 水封井以及同一管道系统中的其他检查井，均不应设在车行道和行人众多的地段，并应适当远离产生明火的场地。

4.7 雨 水 口

4.7.1 雨水口的形式、数量和布置，应按汇水面积所产生的流量、雨水口的泄水能力和道路形式确定。立箅式雨水口的宽度和平箅式雨水口的开孔长度和开孔方向应根据设计流量、道路纵坡和横坡等参数确定。雨水口宜设置污物截留设施，合流制系统中的雨水口应采取防止臭气外溢的措施。

4.7.1A 雨水口和雨水连接管流量应为雨水管渠设计重现期计算流量的1.5倍～3倍。

4.7.2 雨水口间距宜为25m～50m。连接管串联雨水口个数不宜超过3个。雨水口连接管长度不宜超过25m。

4.7.2A 道路横坡坡度不应小于1.5%，平箅式雨水口的箅面标高应比周围路面标高低3cm～5cm，立箅式雨水口进水处路面标高应比周围路面标高低5cm。当设置于下凹式绿地中时，雨水口的箅面标高应根据雨水调蓄设计要求确定，且应高于周围绿地平面标高。

4.7.3 当道路纵坡大于0.02时，雨水口的间距可大于50m，其形式、数量和布置应根据具体情况和计算确定。坡段较短时可在最低点处集中收水，其雨水口的数量或面积应适当增加。

4.7.4 雨水口深度不宜大于1m，并根据需要设置沉泥槽。遇特殊情况需要浅埋时，应采取加固措施。有冻胀影响地区的雨水口深度，可根据当地经验确定。

4.8 截 流 井

4.8.1 截流井的位置，应根据污水截流干管位置、合流管渠位置、溢流管下游水位高程和周围环境等因素确定。

4.8.2 截流井宜采用槽式，也可采用堰式或槽堰结合式。管渠高程允许时，应选用槽式，当选用堰式或槽堰结合式时，堰高和堰长应进行水力计算。

4.8.2A 当污水截流管管径为300mm～600mm时，堰式截流井内各类堰（正堰、斜堰、曲线堰）的堰高，可按下列公式计算：

1 $d=300\text{mm}$，$H_1=(0.233+0.013Q_j)\cdot d\cdot k$ （4.8.2A-1）

2 $d=400\text{mm}$，$H_1=(0.226+0.007Q_j)\cdot d\cdot k$ （4.8.2A-2）

3 $d=500\text{mm}$，$H_1=(0.219+0.004Q_j)\cdot d\cdot k$ （4.8.2A-3）

4 $d=600\text{mm}$，$H_1=(0.202+0.003Q_j)\cdot d\cdot k$ （4.8.2A-4）

5 $Q_j=(1+n_0)\cdot Q_{dr}$ （4.8.2A-5）

式中：H_1——堰高（mm）；

Q_j——污水截流量（L/s）；

d——污水截流管管径（mm）；

k——修正系数，$k=1.1\sim1.3$；

n_0——截流倍数；

Q_{dr}——截流井以前的旱流污水量（L/s）。

4.8.2B 当污水截流管管径为300mm～600mm时，槽式截流井的槽深、槽宽，应按下列公式计算：

$$H_2=63.9\cdot Q_j^{0.43}\cdot k \quad (4.8.2B\text{-}1)$$

式中：H_2——槽深（mm）；

Q_j——污水截流量（L/s）；

k——修正系数，$k=1.1\sim1.3$。

$$B=d \quad (4.8.2B\text{-}2)$$

式中：B——槽宽（mm）；

d——污水截流管管径（mm）。

4.8.2C 槽堰结合式截流井的槽深、堰高，应按下列公式计算：

1 根据地形条件和管道高程允许降落的可能性，确定槽深 H_2。

2 根据截流量，计算确定截流管管径 d。

3 假设 H_1/H_2 比值，按表4.8.2C计算确定槽堰总高 H。

表4.8.2C 槽堰结合式井的槽堰总高计算表

d(mm)	$H_1/H_2\leqslant1.3$	$H_1/H_2>1.3$
300	$H=(4.22Q_j+94.3)\cdot k$	$H=(4.08Q_j+69.9)\cdot k$
400	$H=(3.43Q_j+96.4)\cdot k$	$H=(3.08Q_j+72.3)\cdot k$
500	$H=(2.22Q_j+136.4)\cdot k$	$H=(2.42Q_j+124.0)\cdot k$

4 堰高 H_1，可按下式计算：

$$H_1=H-H_2 \quad (4.8.2C)$$

式中：H_1——堰高（mm）；

H——槽堰总高（mm）；

H_2——槽深（mm）。

5 校核 H_1/H_2 是否符合本条第3款的假设条件，如不符合则改用相应公式重复上述计算。

6 槽宽计算同式（4.8.2B-2）。

4.8.3 截流井溢流水位，应在设计洪水位或受纳管道设计水位以上，当不能满足要求时，应设置闸门等防倒灌设施。

4.8.4 截流井内宜设流量控制设施。

4.9 出 水 口

4.9.1 排水管渠出水口位置、形式和出口流速，应根据受纳水体的水质要求、水体的流量、水位变化幅度、水流方向、波浪状况、稀释自净能力、地形变迁和气候特征等因素确定。

4.9.2 出水口应采取防冲刷、消能、加固等措施，并视需要设置标志。

4.9.3 有冻胀影响地区的出水口，应考虑用耐冻胀材料砌筑，出水口的基础必须设在冰冻线以下。

4.10 立体交叉道路排水

4.10.1 立体交叉道路排水应排除汇水区域的地面径流水和影响道路功能的地下水，其形式应根据当地规划、现场水文地质条件、立交形式等工程特点确定。

4.10.2 立体交叉道路排水系统的设计，应符合下列规定：

1 雨水管渠设计重现期不应小于10年，位于中心城区的重要地区，设计重现期应为20年～30年，同一立体交叉道路的不同部位可采用不同的重现期。

2 地面集水时间应根据道路坡长、坡度和路面粗糙度等计算确定，宜为2min～10min。

3 径流系数宜为0.8～1.0。

4 下穿式立体交叉道路的地面径流，具备自流条件的，可采用自流排除，不具备自流条件的，应设泵站排除。

5 当采用泵站排除地面径流时，应校核泵站及配电设备的安全高度，采取措施防止泵站受淹。

6 下穿式立体交叉道路引道两端应采取措施，控制汇水面积，减少坡底聚水量。立体交叉道路宜采用高水高排、低水低排，且互不连通的系统。

7 宜采取设置调蓄池等综合措施达到规定的设计重现期。

4.10.3 立体交叉地道排水应设独立的排水系统，其出水口必须可靠。

4.10.4 当立体交叉地道工程的最低点位于地下水位以下时，应采取排水或控制地下水的措施。

4.10.5 高架道路雨水口的间距宜为20m～30m。每个雨水口单独用立管引至地面排水系统。雨水口的入口应设置格网。

4.11 倒 虹 管

4.11.1 通过河道的倒虹管，不宜少于两条；通过谷地、旱沟或小河的倒虹管可采用一条。通过障碍物的倒虹管，尚应符合与该障碍物相交的有关规定。

4.11.2 倒虹管的设计，应符合下列要求：

1 最小管径宜为200mm。

2 管内设计流速应大于0.9m/s，并应大于进水管内的流速，当管内设计流速不能满足上述要求时，应增加定期冲洗措施，冲洗时流速不应小于1.2m/s。

3 倒虹管的管顶距规划河底距离一般不宜小于1.0m，通过航运河道时，其位置和管顶距规划河底距离应与当地航运管理部门协商确定，并设置标志，遇冲刷河床应考虑防冲措施。

4 倒虹管宜设置事故排出口。

4.11.3 合流管道设倒虹管时，应按旱流污水量校核流速。

4.11.4 倒虹管进出水井的检修室净高宜高于2m。进出水井较深时，井内应设检修台，其宽度应满足检修要求。当倒虹管为复线时，井盖的中心宜设在各条管道的中心线上。

4.11.5 倒虹管进出水井内应设闸槽或闸门。

4.11.6 倒虹管进水井的前一检查井，应设置沉泥槽。

4.12 渠 道

4.12.1 在地形平坦地区、埋设深度或出水口深度受限制的地区，可采用渠道（明渠或盖板渠）排除雨水。盖板渠宜就地取材，构造宜方便维护，渠壁可与道路侧石联合砌筑。

4.12.2 明渠和盖板渠的底宽，不宜小于0.3m。无铺砌的明渠边坡，应根据不同的地质按表4.12.2的规定取值；用砖石或混凝土块铺砌的明渠可采用1∶0.75～1∶1的边坡。

表4.12.2 明渠边坡值

地质	边坡值
粉砂	1∶3～1∶3.5
松散的细砂、中砂和粗砂	1∶2～1∶2.5
密实的细砂、中砂、粗砂或黏质粉土	1∶1.5～1∶2
粉质黏土或黏土砾石或卵石	1∶1.25～1∶1.5
半岩性土	1∶0.5～1∶1
风化岩石	1∶0.25～1∶0.5
岩石	1∶0.1～1∶0.25

4.12.3 渠道和涵洞连接时，应符合下列要求：

1 渠道接入涵洞时，应考虑断面收缩、流速变化等因素造成明渠水面壅高的影响。

2 涵洞断面应按渠道水面达到设计超高时的泄水量计算。

3 涵洞两端应设挡土墙，并护坡和护底。

4 涵洞宜做成方形，如为圆管时，管底可适当低于渠底，其降低部分不计入过水断面。

4.12.4 渠道和管道连接处应设挡土墙等衔接设施。渠道接入管道处应设置格栅。

4.12.5 明渠转弯处，其中心线的弯曲半径不宜小于设计水面宽度的5倍；盖板渠和铺砌明渠可采用不小于设计水面宽度的2.5倍。

4.13 管 道 综 合

4.13.1 排水管道与其他地下管渠、建筑物、构筑物等相互间的位置，应符合下列要求：

1 敷设和检修管道时，不应互相影响。

2 排水管道损坏时，不应影响附近建筑物、构筑物的基础，不应污染生活饮用水。

4.13.2 污水管道、合流管道与生活给水管道相交时，应敷设在生活给水管道的下面。

4.13.3 排水管道与其他地下管线（或构筑物）水平和垂直的最小净距，应根据两者的类型、高程、施工先后和管线损坏的后果等因素，按当地城镇管道综合规划确定，亦可按本规范附录B采用。

4.13.4 再生水管道与生活给水管道、合流管道和污水管道相交时，应敷设在生活给水管道下面，宜敷设在合流管道和污水管道的上面。

4.14 雨水调蓄池

4.14.1 需要控制面源污染、削减排水管道峰值流量防治地面积水、提高雨水利用程度时，宜设置雨水调蓄池。

4.14.2 雨水调蓄池的设置应尽量利用现有设施。

4.14.3 雨水调蓄池的位置，应根据调蓄目的、排水体制、管网布置、溢流管下游水位高程和周围环境等综合考虑后确定。

4.14.4 用于合流制排水系统的径流污染控制时，雨水调蓄池的有效容积，可按下式计算：

$$V = 3600t_i(n-n_0)Q_{dr}\beta \tag{4.14.4}$$

式中：V——调蓄池有效容积（m^3）；

t_i——调蓄池进水时间（h），宜采用0.5h～1h，当合流制排水系统雨天溢流污水水质在单次降雨事件中无明显初期效应时，宜取上限；反之，可取下限；

n——调蓄池建成运行后的截流倍数，由要求的污染负荷目标削减率、当地截流倍数和截流量占降雨量比例之间的关系求得；

n_0——系统原截流倍数；

Q_{dr}——截流井以前的旱流污水量（m^3/s）；

β——安全系数，可取1.1～1.5。

4.14.4A 用于分流制排水系统径流污染控制时，雨水调蓄池的有效容积，可按下式计算：

$$V = 10DF\Psi\beta \tag{4.14.4A}$$

式中：V——调蓄池有效容积（m^3）；

D——调蓄量（mm），按降雨量计，可取4mm～8mm；

F——汇水面积（hm^2）；

Ψ——径流系数；

β——安全系数，可取1.1～1.5。

4.14.5 用于削减排水管道洪峰流量时，雨水调蓄池的有效容积可按下式计算：

$$V = \left[-\left(\frac{0.65}{n^{1.2}}+\frac{b}{t}\cdot\frac{0.5}{n+0.2}+1.10\right)\lg(\alpha+0.3)+\frac{0.215}{n^{0.15}}\right]\cdot Q\cdot t \tag{4.14.5}$$

式中：V——调蓄池有效容积（m^3）；

α——脱过系数，取值为调蓄池下游设计流量和上游设计流量之比；

Q——调蓄池上游设计流量（m^3/min）；

b、n——暴雨强度公式参数；

t——降雨历时（min），根据式（3.2.5）计算。其中，$m=1$。

4.14.6 用于提高雨水利用程度时，雨水调蓄池的有效容积应根据降雨特征、用水需求和经济效益等确定。

4.14.7 雨水调蓄池的放空时间，可按下式计算：

$$t_o = \frac{V}{3600Q'\eta} \tag{4.14.7}$$

式中：t_o——放空时间（h）；

V——调蓄池有效容积（m^3）；

Q'——下游排水管道或设施的受纳能力（m^3/s）；

η——排放效率，一般可取0.3～0.9。

4.14.8 雨水调蓄池应设置清洗、排气和除臭等附属设施和检修通道。

4.14.9 用于控制径流污染的雨水调蓄池出水应接入污水管网，当下游污水处理系统不能满足雨水调蓄池放空要求时，应设置雨水调蓄池出水处理装置。

4.15 雨水渗透设施

4.15.1 城镇基础设施建设应综合考虑雨水径流量的削减。人行道、停车场和广场等宜采用渗透性铺面，新建地区硬化地面中可渗透地面面积不宜低于40%，有条件的既有地区应对现有硬化地面进行透水性改建；绿地标高宜低于周边地面标高5cm～25cm，形成下凹式绿地。

4.15.2 当场地有条件时，可设置植草沟、渗透池等设施接纳地面径流；地区开发和改建时，宜保留天然可渗透性地面。

4.16 雨水综合利用

4.16.1 雨水综合利用应根据当地水资源情况和经济发展水平合理确定，并应符合下列规定：

1 水资源缺乏、水质性缺水、地下水位下降严重、内涝风险较大的城市和新建地区等宜进行雨水综合利用。

2 雨水经收集、储存、就地处理后可作为冲洗、灌溉、绿化和景观用水等，也可经过自然或人工渗透设施渗入地下，补充地下水资源。

3 雨水利用设施的设计、运行和管理应与城镇内涝防治相协调。

4.16.2 雨水收集利用系统汇水面的选择，应符合下列规定：

1 应选择污染较轻的屋面、广场、人行道等作为汇水面；对屋面雨水进行收集时，宜优先收集绿化屋面和采用环保型材料屋面的雨水。

2 不应选择厕所、垃圾堆场、工业污染场地等作为汇水面。

3 不宜收集利用机动车道路的雨水径流。

4 当不同汇水面的雨水径流水质差异较大时，可分别收集和储存。

4.16.3 对屋面、场地雨水进行收集利用时，应将降雨初期的雨水弃流。弃流的雨水可排入雨水管道，条件允许时，也可就近排入绿地。

4.16.4 雨水利用方式应根据收集量、利用量和卫生要求等综合分析后确定。雨水利用不应影响雨水调蓄设施应对城镇内涝的功能。

4.16.5 雨水利用设施和装置的设计应考虑防腐蚀、防堵塞等。

4.17 内涝防治设施

4.17.1 内涝防治设施应与城镇平面规划、竖向规划和防洪规划相协调，根据当地地形特点、水文条件、气候特征、雨水管渠系统、防洪设施现状和内涝防治要求等综合分析后确定。

4.17.2 内涝防治设施应包括源头控制设施、雨水管渠设施和综合防治设施。

4.17.3 采用绿地和广场等公共设施作为雨水调蓄设施时，应合理设计雨水的进出口，并应设置警示牌。

5 泵 站

5.1 一 般 规 定

5.1.1 排水泵站宜按远期规模设计，水泵机组可按近期规模配置。

5.1.2 排水泵站宜设计为单独的建筑物。

5.1.3 抽送产生易燃易爆和有毒有害气体的污水泵站，必须设计为单独的建筑物，并应采取相应的防护措施。

5.1.4 排水泵站的建筑物和附属设施宜采取防腐蚀措施。

5.1.5 单独设置的泵站与居住房屋和公共建筑物的距离，应满足规划、消防和环保部门的要求。泵站的地面建筑物造型应与周围环境协调，做到适用、经济、美观，泵站内应绿化。

5.1.6 泵站室外地坪标高应按城镇防洪标准确定，并符合规划部门要求；泵房室内地坪应比室外地坪高0.2m～0.3m；易受洪水淹没地区的泵站，其入口处设计地面标高应比设计洪水位高0.5m以上；当不能满足上述要求时，可在入口处设置闸槽等临时防洪措施。

5.1.7 雨水泵站应采用自灌式泵站。污水泵站和合流污水泵站宜采用自灌式泵站。

5.1.8 泵房宜有两个出入口，其中一个应能满足最大设备或部件的进出。

5.1.9 排水泵站供电应按二级负荷设计，特别重要地区的泵站，应按一级负荷设计。当不能满足上述要求时，应设置备用动力设施。

5.1.10 位于居民区和重要地段的污水、合流污水泵站，应设置除臭装置。

5.1.11 自然通风条件差的地下式水泵间应设机械送排风综合系统。

5.1.12 经常有人管理的泵站内，应设隔声值班室并有通信设施。对远离居民点的泵站，应根据需要适当设置工作人员的生活设施。

5.1.13 雨污分流不彻底、短时间难以改建的地区，雨水泵站可设置混接污水截流设施，并应采取措施排入污水处理系统。

5.2 设计流量和设计扬程

5.2.1 污水泵站的设计流量，应按泵站进水总管的最高日最高时流量计算确定。

5.2.2 雨水泵站的设计流量，应按泵站进水总管的设计流量计算确定。当立交道路设有盲沟时，其渗流水量应单独计算。

5.2.3 合流污水泵站的设计流量，应按下列公式计算确定。

1 泵站后设污水截流装置时，按式（3.3.1）计算。

2 泵站前设污水截流装置时，雨水部分和污水部分分别按式（5.2.3-1）和式（5.2.3-2）计算。

1）雨水部分：

$$Q_p = Q_s - n_0 Q_{dr} \qquad (5.2.3\text{-}1)$$

2）污水部分：

$$Q_p = (n_0 + 1) Q_{dr} \qquad (5.2.3\text{-}2)$$

式中：Q_p——泵站设计流量（m^3/s）；

Q_s——雨水设计流量（m^3/s）；

Q_{dr}——旱流污水设计流量（m^3/s）；

n_0——截流倍数。

5.2.4 雨水泵的设计扬程，应根据设计流量时的集水池水位与受纳水体平均水位差和水泵管路系统的水头损失确定。

5.2.5 污水泵和合流污水泵的设计扬程，应根据设计流量时的集水池水位与出水管渠水位差和水泵管路系统的水头损失以及安全水头确定。

5.3 集 水 池

5.3.1 集水池的容积，应根据设计流量、水泵能力和水泵工作情况等因素确定，并应符合下列要求：

1 污水泵站集水池的容积，不应小于最大一台水泵5min的出水量。

注：如水泵机组为自动控制时，每小时开动水泵不得超过6次。

2 雨水泵站集水池的容积，不应小于最大一台水泵30s的出水量。

3 合流污水泵站集水池的容积，不应小于最大一台水泵30s的出水量。

4 污泥泵房集水池的容积，应按一次排入的污泥量和污泥泵抽送能力计算确定。活性污泥泵房集水池的容积，应按排入的回流污泥量、剩余污泥量和污泥泵抽送能力计算确定。

5.3.2 大型合流污水输送泵站集水池的面积，应按管网系统中调压塔原理复核。

5.3.3 流入集水池的污水和雨水均应通过格栅。

5.3.4 雨水泵站和合流污水泵站集水池的设计最高水位，应与进水管管顶相平。当设计进水管道为压力管时，集水池的设计最高水位可高于进水管管顶，但不得使管道上游地面冒水。

5.3.5 污水泵站集水池的设计最高水位，应按进水管充满度计算。

5.3.6 集水池的设计最低水位，应满足所选水泵吸水头的要求。自灌式泵房尚应满足水泵叶轮浸没深度的要求。

5.3.7 泵房应采用正向进水，应考虑改善水泵吸水管的水力条件，减少滞流或涡流。

5.3.8 泵站集水池前，应设置闸门或闸槽；泵站宜设置事故排出口，污水泵站和合流污水泵站设置事故排出口应报有关部门批准。

5.3.9 雨水进水管沉砂量较多地区宜在雨水泵站集水池前设置沉砂设施和清砂设备。

5.3.10 集水池池底应设集水坑，倾向坑的坡度不宜小于10%。

5.3.11 集水池应设冲洗装置，宜设清泥设施。

5.4 泵房设计

Ⅰ 水泵配置

5.4.1 水泵的选择应根据设计流量和所需扬程等因素确定，且应符合下列要求：

1 水泵宜选用同一型号，台数不应少于2台，不宜大于8台。当水量变化很大时，可配置不同规格的水泵，但不宜超过两种，或采用变频调速装置，或采用叶片可调式水泵。

2 污水泵房和合流污水泵房应设备用泵，当工作泵台数不大于4台时，备用泵宜为1台。工作泵台数不小于5台时，备用泵宜为2台；潜水泵房备用泵为2台时，可现场备用1台，库存备用1台。雨水泵房可不设备用泵。立交道路的雨水泵房可视泵房重要性设置备用泵。

5.4.2 选用的水泵宜在满足设计扬程时在高效区运行；在最高工作扬程与最低工作扬程的整个工作范围内应能安全稳定运行。2台以上水泵并联运行合用一根出水管时，应根据水泵特性曲线和管路工作特性曲线验算单台水泵工况，使之符合设计要求。

5.4.3 多级串联的污水泵站和合流污水泵站，应考虑级间调整的影响。

5.4.4 水泵吸水管设计流速宜为0.7m/s～1.5m/s。出水管流速宜为0.8m/s～2.5m/s。

5.4.5 非自灌式水泵应设引水设备，并均宜设备用。小型水泵可设底阀或真空引水设备。

Ⅱ 泵 房

5.4.6 水泵布置宜采用单行排列。

5.4.7 主要机组的布置和通道宽度，应满足机电设备安装、运行和操作的要求，并应符合下列要求：

1 水泵机组基础间的净距不宜小于1.0m。

2 机组突出部分与墙壁的净距不宜小于1.2m。

3 主要通道宽度不宜小于1.5m。

4 配电箱前面通道宽度，低压配电时不宜小于1.5m，高压配电时不宜小于2.0m。当采用在配电箱后面检修时，后面距墙的净距不宜小于1.0m。

5 有电动起重机的泵房内，应有吊运设备的通道。

5.4.8 泵房各层层高，应根据水泵机组、电气设备、起吊装置、安装、运行和检修等因素确定。

5.4.9 泵房起重设备应根据需吊运的最重部件确定。起重量不大于3t，宜选用手动或电动葫芦；起重量大于3t，宜选用电动单梁或双梁起重机。

5.4.10 水泵机组基座，应按水泵要求配置，并应高出地坪0.1m以上。

5.4.11 水泵间与电动机间的层高差超过水泵技术性能中规定的轴长时，应设中间轴承和轴承支架，水泵油箱和填料函处应设操作平台等设施。操作平台工作宽度不应小于0.6m，并应设置栏杆。平台的设置应满足管理人员通行和不妨碍水泵装拆。

5.4.12 泵房内应有排除积水的设施。

5.4.13 泵房内地面敷设管道时，应根据需要设置跨越设施。若架空敷设时，不得跨越电气设备和阻碍通道，通行处的管底距地面不宜小于2.0m。

5.4.14 当泵房为多层时，楼板应设吊物孔，其位置应在起吊设备的工作范围内。吊物孔尺寸应按需起吊最大部件外形尺寸每边放大0.2m以上。

5.4.15 潜水泵上方吊装孔盖板可视环境需要采取密封措施。

5.4.16 水泵因冷却、润滑和密封等需要的冷却用水可接自泵站供水系统，其水量、水压、管路等应按设备要求设置。当冷却水量较大时，应考虑循环利用。

5.5 出水设施

5.5.1 当2台或2台以上水泵合用一根出水管时，每台水泵的出水管上均应设置闸阀，并在闸阀和水泵之间设置止回阀。当污水泵出水管与压力管或压力井相连时，出水管上必须安装止回阀和闸阀等防倒流装置。雨水泵的出水管末端宜设防倒流装置，其上方宜考虑设置起吊设施。

5.5.2 出水压力井的盖板必须密封，所受压力由计算确定。水泵出水压力井必须设透气筒，筒高和断面根据计算确定。

5.5.3 敞开式出水井的井口高度，应满足水体最高水位时开泵形成的高水位，或水泵骤停时水位上升的高度。敞开部分应有安全防护措施。

5.5.4 合流污水泵站宜设试车水回流管，出水井通向河道一侧应安装出水闸门或考虑临时封堵措施。

5.5.5 雨水泵站出水口位置选择，应避让桥梁等水中构筑物，出水口和护坡结构不得影响航道，水流不得冲刷河道和影响航运安全，出口流速宜小于0.5m/s，并取得航运、水利等部门的同意。泵站出水口处应设警示装置。

6 污水处理

6.1 厂址选择和总体布置

6.1.1 污水厂位置的选择，应符合城镇总体规划和排水工程专业规划的要求，并应根据下列因素综合确定：

1 在城镇水体的下游。

2 便于处理后出水回用和安全排放。

3 便于污泥集中处理和处置。

4 在城镇夏季主导风向的下风侧。

5 有良好的工程地质条件。

6 少拆迁，少占地，根据环境评价要求，有一定的卫生防护距离。

7 有扩建的可能。

8 厂区地形不应受洪涝灾害影响，防洪标准不应低于城镇防洪标准，有良好的排水条件。

9 有方便的交通、运输和水电条件。

6.1.2 污水厂的厂区面积，应按项目总规模控制，并做出分期建设的安排，合理确定近期规模，近期工程投入运行一年内水量宜达到近期设计规模的60%。

6.1.3 污水厂的总体布置应根据厂内各建筑物和构筑物的功能和流程要求，结合厂址地形、气候和地质条件，优化运行成本，便于施工、维护和管理等因素，经技术经济比较确定。

6.1.4 污水厂厂区内各建筑物造型应简洁美观，节省材料，选材适当，并应使建筑物和构筑物群体的效果与周围环境协调。

6.1.5 生产管理建筑物和生活设施宜集中布置，其位置和朝向应力求合理，并应与处理构筑物保持一定距离。

6.1.6 污水和污泥的处理构筑物宜根据情况尽可能分别集中布置。处理构筑物的间距应紧凑、合理，符合国家现行的防火规范的要求，并应满足各构筑物的施工、设备安装和埋设各种管道以及养护、维修和管理的要求。

6.1.7 污水厂的工艺流程、竖向设计宜充分利用地形，符合排水通畅、降低能耗、平衡土方的要求。

6.1.8 厂区消防的设计和消化池、贮气罐、污泥气压缩机房、污泥气发电机房、污泥气燃烧装置、污泥气管道、污泥干化装置、污泥焚烧装置及其他危险品仓库等的位置和设计，应符合国家现行有关防火规范的要求。

6.1.9 污水厂内可根据需要，在适当地点设置堆放材料、备件、燃料和废渣等物料及停车的场地。

6.1.10 污水厂应设置通向各构筑物和附属建筑物的必要通道，通道的设计应符合下列要求：

1 主要车行道的宽度：单车道为3.5m～4.0m，双车道为6.0m～7.0m，并应有回车道。

2 车行道的转弯半径宜为6.0m～10.0m。

3 人行道的宽度宜为1.5m～2.0m。

4 通向高架构筑物的扶梯倾角宜采用30°，不宜大于45°。

5 天桥宽度不宜小于1.0m

6 车道、通道的布置应符合国家现行有关防火规范的要求，并应符合当地有关部门的规定。

6.1.11 污水厂周围根据现场条件应设置围墙，其高度不宜小于2.0m。

6.1.12 污水厂的大门尺寸应能容许运输最大设备或部件的车辆出入，并应另设运输废渣的侧门。

6.1.13 污水厂并联运行的处理构筑物间应设均匀配水装置，各处理构筑物系统间宜设可切换的连通管渠。

6.1.14 污水厂内各种管渠应全面安排，避免相互干扰。管道复杂时宜设置管廊。处理构筑物间输水、输泥和输气管线的布置应使管渠长度短、损失小、流行通畅、不易堵塞和便于清通。各污水处理构筑物间的管渠连通，在条件适宜时，应采用明渠。

管廊内宜敷设仪表电缆、电信电缆、电力电缆、给水管、污水管、污泥管、再生水管、压缩空气管等，并设置色标。

管廊内应设通风、照明、广播、电话、火警及可燃气体报警系统、独立的排水系统、吊物孔、人行通道出入口和维护需要的设施等，并应符合国家现行有关防火规范的要求。

6.1.15 污水厂应合理布置处理构筑物的超越管渠。

6.1.16 处理构筑物应设排空设施，排出水应回流处理。

6.1.17 污水厂宜设置再生水处理系统。

6.1.18 厂区的给水系统、再生水系统严禁与处理装置直接连接。

6.1.19 污水厂的供电系统，应按二级负荷设计，重

要的污水厂宜按一级负荷设计。当不能满足上述要求时，应设置备用动力设施。

6.1.20 污水厂附属建筑物的组成及其面积，应根据污水厂的规模，工艺流程，计算机监控系统的水平和管理体制等，结合当地实际情况，本着节约的原则确定，并应符合现行的有关规定。

6.1.21 位于寒冷地区的污水处理构筑物，应有保温防冻措施。

6.1.22 根据维护管理的需要，宜在厂区适当地点设置配电箱、照明、联络电话、冲洗水栓、浴室、厕所等设施。

6.1.23 处理构筑物应设置适用的栏杆、防滑梯等安全措施，高架处理构筑物还应设置避雷设施。

6.2 一 般 规 定

6.2.1 城镇污水处理程度和方法应根据现行的国家和地方的有关排放标准、污染物的来源及性质、排入地表水域环境功能和保护目标确定。

6.2.2 污水厂的处理效率，可按表 6.2.2 的规定取值。

表 6.2.2 污水处理厂的处理效率

处理级别	处理方法	主要工艺	处理效率（%）	
			SS	BOD_5
一级	沉淀法	沉淀（自然沉淀）	40～55	20～30
二级	生物膜法	初次沉淀、生物膜反应、二次沉淀	60～90	65～90
	活性污泥法	初次沉淀、活性污泥反应、二次沉淀	70～90	65～95

注：1 表中 SS 表示悬浮固体量，BOD_5 表示五日生化需氧量。
2 活性污泥法根据水质、工艺流程等情况，可不设置初次沉淀池。

6.2.3 水质和（或）水量变化大的污水厂，宜设置调节水质和（或）水量的设施。

6.2.4 污水处理构筑物的设计流量，应按分期建设的情况分别计算。当污水为自流进入时，应按每期的最高日最高时设计流量计算；当污水为提升进入时，应按每期工作水泵的最大组合流量校核管渠配水能力。生物反应池的设计流量，应根据生物反应池类型和曝气时间确定。曝气时间较长时，设计流量可酌情减少。

6.2.5 合流制处理构筑物，除应按本章有关规定设计外，尚应考虑截留雨水进入后的影响，并应符合下列要求：

1 提升泵站、格栅、沉砂池，按合流设计流量计算。

2 初次沉淀池，宜按旱流污水量设计，用合流设计流量校核，校核的沉淀时间不宜小于 30min。

3 二级处理系统，按旱流污水量设计，必要时考虑一定的合流水量。

4 污泥浓缩池、湿污泥池和消化池的容积，以及污泥脱水规模，应根据合流水量水质计算确定。可按旱流情况加大 10%～20% 计算。

5 管渠应按合流设计流量计算。

6.2.6 各处理构筑物的个（格）数不应少于 2 个（格），并应按并联设计。

6.2.7 处理构筑物中污水的出入口处宜采取整流措施。

6.2.8 污水厂应设置对处理后出水消毒的设施。

6.3 格 栅

6.3.1 污水处理系统或水泵前，必须设置格栅。

6.3.2 格栅栅条间隙宽度，应符合下列要求：

1 粗格栅：机械清除时宜为 16mm～25mm；人工清除时宜为 25mm～40mm。特殊情况下，最大间隙可为 100mm。

2 细格栅：宜为 1.5mm～10mm。

3 水泵前，应根据水泵要求确定。

6.3.3 污水过栅流速宜采用 0.6m/s～1.0m/s。除转鼓式格栅除污机外，机械清除格栅的安装角度宜为 60°～90°。人工清除格栅的安装角度宜为 30°～60°。

6.3.4 格栅除污机，底部前端距井壁尺寸，钢丝绳牵引除污机或移动悬吊葫芦抓斗式除污机应大于 1.5m；链动刮板除污机或回转式固液分离机应大于 1.0m。

6.3.5 格栅上部必须设置工作平台，其高度应高出格栅前最高设计水位 0.5m，工作平台上应有安全和冲洗设施。

6.3.6 格栅工作平台两侧边道宽度宜采用 0.7m～1.0m。工作平台正面过道宽度，采用机械清除时不应小于 1.5m，采用人工清除时不应小于 1.2m。

6.3.7 粗格栅栅渣宜采用带式输送机输送；细格栅栅渣宜采用螺旋输送机输送。

6.3.8 格栅除污机、输送机和压榨脱水机的进出料口宜采用密封形式，根据周围环境情况，可设置除臭处理装置。

6.3.9 格栅间应设置通风设施和有毒有害气体的检测与报警装置。

6.4 沉 砂 池

6.4.1 污水厂应设置沉砂池，按去除相对密度 2.65、粒径 0.2mm 以上的砂粒设计。

6.4.2 平流沉砂池的设计，应符合下列要求：

1 最大流速应为 0.3m/s，最小流速应为 0.15m/s。

2 最高时流量的停留时间不应小于 30s。

3 有效水深不应大于 1.2m，每格宽度不宜小于 0.6m。

6.4.3 曝气沉砂池的设计，应符合下列要求：

1 水平流速宜为 0.1m/s。

2 最高时流量的停留时间应大于 2min。

3 有效水深宜为 2.0m～3.0m，宽深比宜为 1～1.5。

4 处理每立方米污水的曝气量宜为 $0.1m^3$～$0.2m^3$ 空气。

5 进水方向应与池中旋流方向一致，出水方向应与进水方向垂直，并宜设置挡板。

6.4.4 旋流沉砂池的设计，应符合下列要求：

1 最高时流量的停留时间不应小于 30s。

2 设计水力表面负荷宜为 $150m^3/(m^2 \cdot h)$～$200m^3/(m^2 \cdot h)$。

3 有效水深宜为 1.0m～2.0m，池径与池深比宜为 2.0～2.5。

4 池中应设立式桨叶分离机。

6.4.5 污水的沉砂量，可按每立方米污水 0.03L 计算；合流制污水的沉砂量应根据实际情况确定。

6.4.6 砂斗容积不应大于 2d 的沉砂量，采用重力排砂时，砂斗斗壁与水平面的倾角不应小于 55°。

6.4.7 沉砂池除砂宜采用机械方法，并经砂水分离后贮存或外运。采用人工排砂时，排砂管直径不应小于 200mm。排砂管应考虑防堵塞措施。

6.5 沉淀池

Ⅰ 一般规定

6.5.1 沉淀池的设计数据宜按表 6.5.1 的规定取值。斜管（板）沉淀池的表面水力负荷宜按本规范第 6.5.14 条的规定取值。合建式完全混合生物反应池沉淀区的表面水力负荷宜按本规范第 6.6.16 条的规定取值。

表 6.5.1 沉淀池设计数据

沉淀池类型		沉淀时间(h)	表面水力负荷[$m^3/(m^2 \cdot h)$]	每人每日污泥量[g/(人·d)]	污泥含水率(%)	固体负荷[$kg/(m^2 \cdot d)$]
初次沉淀池		0.5～2.0	1.5～4.5	16～36	95～97	—
二次沉淀池	生物膜法后	1.5～4.0	1.0～2.0	10～26	96～98	≤150
	活性污泥法后	1.5～4.0	0.6～1.5	12～32	99.2～99.6	≤150

6.5.2 沉淀池的超高不应小于 0.3m。

6.5.3 沉淀池的有效水深宜采用 2.0m～4.0m。

6.5.4 当采用污泥斗排泥时，每个污泥斗均应设单独的闸阀和排泥管。污泥斗的斜壁与水平面的倾角，方斗宜为 60°，圆斗宜为 55°

6.5.5 初次沉淀池的污泥区容积，除设机械排泥的宜按 4h 的污泥量计算外，宜按不大于 2d 的污泥量计算。活性污泥法处理后的二次沉淀池污泥区容积，宜按不大于 2h 的污泥量计算，并应有连续排泥措施；生物膜法处理后的二次沉淀池污泥区容积，宜按 4h 的污泥量计算。

6.5.6 排泥管的直径不应小于 200mm。

6.5.7 当采用静水压力排泥时，初次沉淀池的静水头不应小于 1.5m；二次沉淀池的静水头，生物膜法处理后不应小于 1.2m，活性污泥法处理池后不应小于 0.9m。

6.5.8 初次沉淀池的出口堰最大负荷不宜大于 2.9L/(s·m)；二次沉淀池的出水堰最大负荷不宜大于 1.7L/(s·m)。

6.5.9 沉淀池应设置浮渣的撇除、输送和处置设施。

Ⅱ 沉淀池

6.5.10 平流沉淀池的设计，应符合下列要求：

1 每格长度与宽度之比不宜小于 4，长度与有效水深之比不宜小于 8，池长不宜大于 60m。

2 宜采用机械排泥，排泥机械的行进速度为 0.3m/min～1.2m/min。

3 缓冲层高度，非机械排泥时为 0.5m，机械排泥时，应根据刮泥板高度确定，且缓冲层上缘宜高出刮泥板 0.3m。

4 池底纵坡不宜小于 0.01。

6.5.11 竖流沉淀池的设计，应符合下列要求：

1 水池直径（或正方形的一边）与有效水深之比不宜大于 3。

2 中心管内流速不宜大于 30mm/s。

3 中心管下口应设有喇叭口和反射板，板底面距泥面不宜小于 0.3m。

6.5.12 辐流沉淀池的设计，应符合下列要求：

1 水池直径（或正方形的一边）与有效水深之比宜为 6～12，水池直径不宜大于 50m。

2 宜采用机械排泥，排泥机械旋转速度宜为 1r/h～3r/h，刮泥板的外缘线速度不宜大于 3m/min。当水池直径（或正方形的一边）较小时也可采用多斗排泥。

3 缓冲层高度，非机械排泥时宜为 0.5m；机械排泥时，应根据刮泥板高度确定，且缓冲层上缘宜高出刮泥板 0.3m。

4 坡向泥斗的底坡不宜小于 0.05。

Ⅲ 斜管（板）沉淀池

6.5.13 当需要挖掘原有沉淀池潜力或建造沉淀池面积受限制时，通过技术经济比较，可采用斜管（板）沉淀池。

6.5.14 升流式异向流斜管（板）沉淀池的设计表面

水力负荷，可按普通沉淀池的设计表面水力负荷的2倍计；但对于二次沉淀池，尚应以固体负荷核算。

6.5.15 升流式异向流斜管（板）沉淀池的设计，应符合下列要求：

1 斜管孔径（或斜板净距）宜为80mm～100mm。

2 斜管（板）斜长宜为1.0m～1.2m。

3 斜管（板）水平倾角宜为60°。

4 斜管（板）区上部水深宜为0.7m～1.0m。

5 斜管（板）区底部缓冲层高度宜为1.0m。

6.5.16 斜管（板）沉淀池应设冲洗设施。

6.6 活性污泥法

Ⅰ 一般规定

6.6.1 根据去除碳源污染物、脱氮、除磷、好氧污泥稳定等不同要求和外部环境条件，选择适宜的活性污泥处理工艺。

6.6.2 根据可能发生的运行条件，设置不同运行方案。

6.6.3 生物反应池的超高，当采用鼓风曝气时为0.5m～1.0m；当采用机械曝气时，其设备操作平台宜高出设计水面0.8m～1.2m。

6.6.4 污水中含有大量产生泡沫的表面活性剂时，应有除泡沫措施。

6.6.5 每组生物反应池在有效水深一半处宜设置放水管。

6.6.6 廊道式生物反应池的池宽与有效水深之比宜采用1∶1～2∶1。有效水深应结合流程设计、地质条件、供氧设施类型和选用风机压力等因素确定，可采用4.0m～6.0m。在条件许可时，水深尚可加大。

6.6.7 生物反应池中的好氧区（池），采用鼓风曝气器时，处理每立方米污水的供气量不应小于$3m^3$。好氧区采用机械曝气器时，混合全池污水所需功率不宜小于$25W/m^3$；氧化沟不宜小于$15W/m^3$。缺氧区（池）、厌氧区（池）应采用机械搅拌，混合功率宜采用$2W/m^3$～$8W/m^3$。机械搅拌器布置的间距、位置，应根据试验资料确定。

6.6.8 生物反应池的设计，应充分考虑冬季低水温对去除碳源污染物、脱氮和除磷的影响，必要时可采取降低负荷、增长泥龄、调整厌氧区（池）及缺氧区（池）水力停留时间和保温或增温等措施。

6.6.9 原污水、回流污泥进入生物反应池的厌氧区（池）、缺氧区（池）时，宜采用淹没入流方式。

Ⅱ 传统活性污泥法

6.6.10 处理城镇污水的生物反应池的主要设计参数，可按表6.6.10的规定取值。

表6.6.10 传统活性污泥法去除碳源污染物的主要设计参数

类别	L_S [kg/(kg·d)]	X (g/L)	L_V [kg/(m^3·d)]	污泥回流比(%)	总处理效率(%)
普通曝气	0.2～0.4	1.5～2.5	0.4～0.9	25～75	90～95
阶段曝气	0.2～0.4	1.5～3.0	0.4～1.2	25～75	85～95
吸附再生曝气	0.2～0.4	2.5～6.0	0.9～1.8	50～100	80～90
合建式完全混合曝气	0.25～0.5	2.0～4.0	0.5～1.8	100～400	80～90

6.6.11 当以去除碳源污染物为主时，生物反应池的容积，可按下列公式计算：

1 按污泥负荷计算：

$$V=\frac{24Q(S_o-S_e)}{1000L_SX} \tag{6.6.11-1}$$

2 按污泥泥龄计算：

$$V=\frac{24QY\theta_c(S_o-S_e)}{1000X_V(1+K_d\theta_c)} \tag{6.6.11-2}$$

式中：V——生物反应池容积（m^3）；

S_o——生物反应池进水五日生化需氧量（mg/L）；

S_e——生物反应池出水五日生化需氧量（mg/L）（当去除率大于90%时可不计入）；

Q——生物反应池的设计流量（m^3/h）；

L_S——生物反应池五日生化需氧量污泥负荷[$kgBOD_5$/（kgMLSS·d）]；

X——生物反应池内混合液悬浮固体平均浓度（gMLSS/L）；

Y——污泥产率系数（$kgVSS/kgBOD_5$），宜根据试验资料确定，无试验资料时，一般取0.4～0.8；

X_V——生物反应池内混合液挥发性悬浮固体平均浓度（gMLVSS/L）；

θ_c——污泥泥龄（d），其数值为0.2～15；

K_d——衰减系数（d^{-1}），20℃的数值为0.04～0.075。

6.6.12 衰减系数K_d值应以当地冬季和夏季的污水温度进行修正，并按下式计算：

$$K_{dT}=K_{d20}\cdot(\theta_T)^{T-20} \tag{6.6.12}$$

式中：K_{dT}——T℃时的衰减系数（d^{-1}）；

K_{d20}——20℃时的衰减系数（d^{-1}）；

T——设计温度（℃）；

θ_T——温度系数，采用1.02～1.06。

6.6.13 生物反应池的始端可设缺氧或厌氧选择区（池），水力停留时间宜采用0.5h～1.0h。

6.6.14 阶段曝气生物反应池宜采取在生物反应池始端1/2～3/4的总长度内设置多个进水口。

6.6.15 吸附再生生物反应池的吸附区和再生区可在

一个反应池内，也可分别由两个反应池组成，并应符合下列要求：

1 吸附区的容积，不应小于生物反应池总容积的1/4，吸附区的停留时间不应小于0.5h。

2 当吸附区和再生区在一个反应池内时，沿生物反应池长度方向应设置多个进水口；进水口的位置应适应吸附区和再生区不同容积比例的需要；进水口的尺寸应按通过全部流量计算。

6.6.16 完全混合生物反应池可分为合建式和分建式。合建式生物反应池的设计，应符合下列要求：

1 生物反应池宜采用圆形，曝气区的有效容积应包括导流区部分。

2 沉淀区的表面水力负荷宜为$0.5m^3/(m^2 \cdot h)$～$1.0m^3/(m^2 \cdot h)$。

Ⅲ 生物脱氮、除磷

6.6.17 进入生物脱氮、除磷系统的污水，应符合下列要求：

1 脱氮时，污水中的五日生化需氧量与总凯氏氮之比宜大于4。

2 除磷时，污水中的五日生化需氧量与总磷之比宜大于17。

3 同时脱氮、除磷时，宜同时满足前两款的要求。

4 好氧区（池）剩余总碱度宜大于70mg/L（以$CaCO_3$计），当进水碱度不能满足上述要求时，应采取增加碱度的措施。

6.6.18 当仅需脱氮时，宜采用缺氧/好氧法（A_NO法）。

1 生物反应池的容积，按本规范第6.6.11条所列公式计算时，反应池中缺氧区（池）的水力停留时间宜为0.5h～3h。

2 生物反应池的容积，采用硝化、反硝化动力学计算时，按下列规定计算。

1） 缺氧区（池）容积，可按下列公式计算：

$$V_n = \frac{0.001Q(N_k - N_{te}) - 0.12\Delta X_V}{K_{de}X} \quad (6.6.18\text{-}1)$$

$$K_{de(T)} = K_{de(20)} 1.08^{(T-20)} \quad (6.6.18\text{-}2)$$

$$\Delta X_V = yY_t \frac{Q(S_o - S_e)}{1000} \quad (6.6.18\text{-}3)$$

式中：V_n——缺氧区（池）容积（m^3）；

Q——生物反应池的设计流量（m^3/d）；

X——生物反应池内混合液悬浮固体平均浓度（gMLSS/L）；

N_k——生物反应池进水总凯氏氮浓度（mg/L）；

N_{te}——生物反应池出水总氮浓度（mg/L）；

ΔX_V——排出生物反应池系统的微生物量（kgMLVSS/d）；

K_{de}——脱氮速率[$(kgNO_3\text{-}N)/(kgMLSS \cdot d)$]，宜根据试验资料确定。无试验资料时，20℃的$K_{de}$值可采用0.03～0.06$(kgNO_3-N)/(kgMLSS \cdot d)$，并按本规范公式（6.6.18-2）进行温度修正；$K_{de(T)}$、$K_{de(20)}$分别为T℃和20℃时的脱氮速率；

T——设计温度（℃）；

Y_t——污泥总产率系数（$kgMLSS/kgBOD_5$），宜根据试验资料确定。无试验资料时，系统有初次沉淀池时取0.3，无初次沉淀池时取0.6～1.0；

y——MLSS中MLVSS所占比例；

S_o——生物反应池进水五日生化需氧量（mg/L）；

S_e——生物反应池出水五日生化需氧量（mg/L）。

2） 好氧区（池）容积，可按下列公式计算：

$$V_o = \frac{Q(S_o - S_e)\theta_{co}Y_t}{1000X} \quad (6.6.18\text{-}4)$$

$$\theta_{co} = F\frac{1}{\mu} \quad (6.6.18\text{-}5)$$

$$\mu = 0.47\frac{N_a}{K_n + N_a}e^{0.098(T-15)} \quad (6.6.18\text{-}6)$$

式中：V_o——好氧区（池）容积（m^3）；

θ_{co}——好氧区（池）设计污泥泥龄（d）；

F——安全系数，为1.5～3.0；

μ——硝化菌比生长速率（d^{-1}）；

N_a——生物反应池中氨氮浓度（mg/L）；

K_n——硝化作用中氮的半速率常数（mg/L）；

T——设计温度（℃）；

0.47——15℃时，硝化菌最大比生长速率（d^{-1}）。

3） 混合液回流量，可按下式计算：

$$Q_{Ri} = \frac{1000V_nK_{de}X}{N_{te} - N_{ke}} - Q_R \quad (6.6.18\text{-}7)$$

式中：Q_{Ri}——混合液回流量（m^3/d），混合液回流比不宜大于400%；

Q_R——回流污泥量（m^3/d）；

N_{ke}——生物反应池出水总凯氏氮浓度（mg/L）；

N_{te}——生物反应池出水总氮浓度（mg/L）。

3 缺氧/好氧法（A_NO法）生物脱氮的主要设计参数，宜根据试验资料确定；无试验资料时，可采用经验数据或按表6.6.18的规定取值。

6.6.19 当仅需除磷时，宜采用厌氧/好氧法（A_PO法）。

1 生物反应池的容积，按本规范第6.6.11条所列公式计算时，反应池中厌氧区（池）和好氧区

（池）之比，宜为1：2～1：3。

2 生物反应池中厌氧区（池）的容积，可按下式计算：

表 6.6.18 缺氧/好氧法（A_NO 法）生物脱氮的主要设计参数

项目		单位	参数值
BOD_5 污泥负荷 L_S		$kgBOD_5/(kgMLSS\cdot d)$	0.05～0.15
总氮负荷率		$kgTN/(kgMLSS\cdot d)$	≤0.05
污泥浓度(MLSS)X		g/L	2.5～4.5
污泥龄 θ_c		d	11～23
污泥产率系数 Y		$kgVSS/kgBOD_5$	0.3～0.6
需氧量 O_2		$kgO_2/kgBOD_5$	1.1～2.0
水力停留时间 HRT		h	8～16
			其中缺氧段 0.5～3.0
污泥回流比 R		%	50～100
混合液回流比 R_i		%	100～400
总处理效率 η	BOD_5	%	90～95
	TN	%	60～85

$$V_P=\frac{t_PQ}{24} \quad (6.6.19\text{-}1)$$

式中：V_P——厌氧区（池）容积（m^3）；

t_P——厌氧区（池）水力停留时间（h），宜为1～2；

Q——设计污水流量（m^3/d）。

3 厌氧/好氧法（A_PO 法）生物除磷的主要设计参数，宜根据试验资料确定；无试验资料时，可采用经验数据或按表 6.6.19 的规定取值。

表 6.6.19 厌氧/好氧法（A_PO 法）生物除磷的主要设计参数

项目		单位	参数值
BOD_5 污泥负荷 L_S		$kgBOD_5/kgMLSS\cdot d$	0.4～0.7
污泥浓度(MLSS)X		g/L	2.0～4.0
污泥龄 θ_c		d	3.5～7
污泥产率系数 Y		$kgVSS/kgBOD_5$	0.4～0.8
污泥含磷率		kgTP/kgVSS	0.03～0.07
需氧量 O_2		$kgO_2/kgBOD_5$	0.7～1.1
水力停留时间 HRT		h	3～8
			其中厌氧段 1～2
			A_P:O=1：2～1：3
污泥回流比 R		%	40～100
总处理效率 η	BOD_5	%	80～90
	TP	%	75～85

4 采用生物除磷处理污水时，剩余污泥宜采用机械浓缩。

5 生物除磷的剩余污泥，采用厌氧消化处理时，输送厌氧消化污泥或污泥脱水滤液的管道，应有除垢措施。对含磷高的液体，宜先除磷再返回污水处理系统。

6.6.20 当需要同时脱氮除磷时，宜采用厌氧/缺氧/好氧法（AAO 法，又称 A^2O 法）。

1 生物反应池的容积，宜按本规范第 6.6.11 条、第 6.6.18 条和第 6.6.19 条的规定计算。

2 厌氧/缺氧/好氧法（AAO 法，又称 A^2O 法）生物脱氮除磷的主要设计参数，宜根据试验资料确定；无试验资料时，可采用经验数据或按表 6.6.20 的规定取值。

表 6.6.20 厌氧/缺氧/好氧法（AAO 法，又称 A^2O 法）生物脱氮除磷的主要设计参数

项目		单位	参数值
BOD_5 污泥负荷 L_S		$kgBOD_5/(kgMLSS\cdot d)$	0.1～0.2
污泥浓度(MLSS)X		g/L	2.5～4.5
污泥龄 θ_c		d	10～20
污泥产率系数 Y		$kgVSS/kgBOD_5$	0.3～0.6
需氧量 O_2		$kgO_2/kgBOD_5$	1.1～1.8
水力停留时间 HRT		h	7～14
			其中厌氧 1～2
			缺氧 0.5～3
污泥回流比 R		%	20～100
混合液回流比 R_i		%	≥200
总处理效率 η	BOD_5	%	85～95
	TP	%	50～75
	TN	%	55～80

3 根据需要，厌氧/缺氧/好氧法（AAO 法，又称 A^2O 法）的工艺流程中，可改变进水和回流污泥的布置形式，调整为前置缺氧区（池）或串联增加缺

氧区（池）和好氧区（池）等变形工艺。

Ⅳ 氧 化 沟

6.6.21 氧化沟前可不设初次沉淀池。

6.6.22 氧化沟前可设置厌氧池。

6.6.23 氧化沟可按两组或多组系列布置，并设置进水配水井。

6.6.24 氧化沟可与二次沉淀池分建或合建。

6.6.25 延时曝气氧化沟的主要设计参数，宜根据试验资料确定，无试验资料时，可按表 6.6.25 的规定取值。

表 6.6.25 延时曝气氧化沟主要设计参数

项目		单位	参数值
污泥浓度(MLSS) X		g/L	2.5～4.5
污泥负荷 L_S		$kgBOD_5/(kgMLSS \cdot d)$	0.03～0.08
污泥龄 θ_c		d	>15
污泥产率系数 Y		$kgVSS/kgBOD_5$	0.3～0.6
需氧量 O_2		$kgO_2/kgBOD_5$	1.5～2.0
水力停留时间 HRT		h	≥16
污泥回流比 R		%	75～150
总处理效率 η	BOD_5	%	>95

6.6.26 当采用氧化沟进行脱氮除磷时，宜符合本规范第 6.6.17 条～第 6.6.20 条的有关规定。

6.6.27 进水和回流污泥点宜设在缺氧区首端，出水点宜设在充氧器后的好氧区。氧化沟的超高与选用的曝气设备类型有关，当采用转刷、转碟时，宜为 0.5m；当采用竖轴表曝机时，宜为 0.6m～0.8m，其设备平台宜高出设计水面 0.8m～1.2m。

6.6.28 氧化沟的有效水深与曝气、混合和推流设备的性能有关，宜采用 3.5m～4.5m。

6.6.29 根据氧化沟渠宽度，弯道处可设置一道或多道导流墙；氧化沟的隔流墙和导流墙宜高出设计水位 0.2m～0.3m。

6.6.30 曝气转刷、转碟宜安装在沟渠直线段的适当位置，曝气转碟也可安装在沟渠的弯道上，竖轴表曝机应安装在沟渠的端部。

6.6.31 氧化沟的走道板和工作平台，应安全、防溅和便于设备维修。

6.6.32 氧化沟内的平均流速宜大于 0.25m/s。

6.6.33 氧化沟系统宜采用自动控制。

Ⅴ 序批式活性污泥法（SBR）

6.6.34 SBR 反应池宜按平均日污水量设计；SBR 反应池前、后的水泵、管道等输水设施应按最高日最高时污水量设计。

6.6.35 SBR 反应池的数量宜不少于 2 个。

6.6.36 SBR 反应池容积，可按下式计算：

$$V=\frac{24QS_o}{1000XL_St_R} \tag{6.6.36}$$

式中：Q——每个周期进水量（m^3）；

t_R——每个周期反应时间（h）。

6.6.37 污泥负荷的取值，以脱氮为主要目标时，宜按本规范表 6.6.18 的规定取值；以除磷为主要目标时，宜按本规范表 6.6.19 的规定取值；同时脱氮除磷时，宜按本规范表 6.6.20 的规定取值。

6.6.38 SBR 工艺各工序的时间，宜按下列规定计算：

1 进水时间，可按下式计算：

$$t_F=\frac{t}{n} \tag{6.6.38-1}$$

式中：t_F——每池每周期所需要的进水时间（h）；

t——一个运行周期需要的时间（h）；

n——每个系列反应池个数。

2 反应时间，可按下式计算：

$$t_R=\frac{24S_o m}{1000L_S X} \tag{6.6.38-2}$$

式中：m——充水比，仅需除磷时宜为 0.25～0.5，需脱氮时宜为 0.15～0.3。

3 沉淀时间 t_S 宜为 1h。

4 排水时间 t_D 宜为 1.0h～1.5h。

5 一个周期所需时间可按下式计算：

$$t=t_R+t_S+t_D+t_b \tag{6.6.38-3}$$

式中：t_b——闲置时间（h）。

6.6.39 每天的周期数宜为正整数。

6.6.40 连续进水时，反应池的进水处应设置导流装置。

6.6.41 反应池宜采用矩形池，水深宜为 4.0m～6.0m；反应池长度与宽度之比：间隙进水时宜为 1∶1～2∶1，连续进水时宜为 2.5∶1～4∶1。

6.6.42 反应池应设置固定式事故排水装置，可设在滗水结束时的水位处。

6.6.43 反应池应采用有防止浮渣流出设施的滗水器；同时，宜有清除浮渣的装置。

6.7 化 学 除 磷

6.7.1 污水经二级处理后，其出水总磷不能达到要求时，可采用化学除磷工艺处理。污水一级处理以及污泥处理过程中产生的液体有除磷要求时，也可采用化学除磷工艺。

6.7.2 化学除磷可采用生物反应池的后置投加、同步投加和前置投加，也可采用多点投加。

6.7.3 化学除磷设计中，药剂的种类、剂量和投加点宜根据试验资料确定。

6.7.4 化学除磷的药剂可采用铝盐、铁盐，也可采用石灰。用铝盐或铁盐作混凝剂时，宜投加离子型聚合电解质作为助凝剂。

6.7.5 采用铝盐或铁盐作混凝剂时，其投加混凝剂与污水中总磷的摩尔比宜为1.5～3。

6.7.6 化学除磷时，应考虑产生的污泥量。

6.7.7 化学除磷时，对接触腐蚀性物质的设备和管道应采取防腐蚀措施。

6.8 供氧设施

6.8.1 生物反应池中好氧区的供氧，应满足污水需氧量、混合和处理效率等要求，宜采用鼓风曝气或表面曝气等方式。

6.8.2 生物反应池中好氧区的污水需氧量，根据去除的五日生化需氧量、氨氮的硝化和除氮等要求，宜按下式计算：

$$O_2 = 0.001aQ(S_o - S_e) - c\Delta X_V + b[0.001Q(N_k - N_{ke}) - 0.12\Delta X_V] - 0.62b[0.001Q(N_t - N_{ke} - N_{oe}) - 0.12\Delta X_V] \quad (6.8.2)$$

式中：O_2——污水需氧量（kgO_2/d）；

Q——生物反应池的进水流量（m^3/d）；

S_o——生物反应池进水五日生化需氧量（mg/L）；

S_e——生物反应池出水五日生化需氧量（mg/L）；

ΔX_V——排出生物反应池系统的微生物量（kg/d）；

N_k——生物反应池进水总凯氏氮浓度（mg/L）；

N_{ke}——生物反应池出水总凯氏氮浓度（mg/L）；

N_t——生物反应池进水总氮浓度（mg/L）；

N_{oe}——生物反应池出水硝态氮浓度（mg/L）；

$0.12\Delta X_V$——排出生物反应池系统的微生物中含氮量（kg/d）；

a——碳的氧当量，当含碳物质以 BOD_5 计时，取1.47；

b——常数，氧化每公斤氨氮所需氧量（kgO_2/kgN），取4.57；

c——常数，细菌细胞的氧当量，取1.42。

去除含碳污染物时，去除每公斤五日生化需氧量可采用 $0.7kgO_2$～$1.2kgO_2$。

6.8.3 选用曝气装置和设备时，应根据设备的特性、位于水面下的深度、水温、污水的氧总转移特性、当地的海拔高度以及预期生物反应池中溶解氧浓度等因素，将计算的污水需氧量换算为标准状态下清水需氧量。

6.8.4 鼓风曝气时，可按下式将标准状态下污水需氧量，换算为标准状态下的供气量。

$$G_S = \frac{O_S}{0.28E_A} \quad (6.8.4)$$

式中：G_S——标准状态下供气量（m^3/h）；

0.28——标准状态（0.1MPa、20℃）下的每立方米空气中含氧量（kgO_2/m^3）；

O_S——标准状态下生物反应池污水需氧量（kgO_2/h）；

E_A——曝气器氧的利用率（%）。

6.8.5 鼓风曝气系统中的曝气器，应选用有较高充氧性能、布气均匀、阻力小、不易堵塞、耐腐蚀、操作管理和维修方便的产品，并应具有不同服务面积、不同空气量、不同曝气水深，在标准状态下的充氧性能及底部流速等技术资料。

6.8.6 曝气器的数量，应根据供氧量和服务面积计算确定。供氧量包括生化反应的需氧量和维持混合液有2mg/L的溶解氧量。

6.8.7 廊道式生物反应池中的曝气器，可满池布置或池侧布置，或沿池长分段渐减布置。

6.8.8 采用表面曝气器供氧时，宜符合下列要求：

1 叶轮的直径与生物反应池（区）的直径（或正方形的一边）之比：倒伞或混流型为1∶3～1∶5，泵型为1∶3.5～1∶7。

2 叶轮线速度为3.5m/s～5.0m/s。

3 生物反应池宜有调节叶轮（转刷、转碟）速度或淹没水深的控制设施。

6.8.9 各种类型的机械曝气设备的充氧能力应根据测定资料或相关技术资料采用。

6.8.10 选用供氧设施时，应考虑冬季溅水、结冰、风沙等气候因素以及噪声、臭气等环境因素。

6.8.11 污水厂采用鼓风曝气时，宜设置单独的鼓风机房。鼓风机房可设有值班室、控制室、配电室和工具室，必要时尚应设置鼓风机冷却系统和隔声的维修场所。

6.8.12 鼓风机的选型应根据使用的风压、单机风量、控制方式、噪声和维修管理等条件确定。选用离心鼓风机时，应详细核算各种工况条件时鼓风机的工作点，不得接近鼓风机的湍振区，并宜设有调节风量的装置。在同一供气系统中，应选用同一类型的鼓风机。并应根据当地海拔高度，最高、最低空气的温度，相对湿度对鼓风机的风量、风压及配置的电动机功率进行校核。

6.8.13 采用污泥气（沼气）燃气发动机作为鼓风机的动力时，可与电动鼓风机共同布置，其间应有隔离措施，并应符合国家现行的防火防爆规范的要求。

6.8.14 计算鼓风机的工作压力时，应考虑进出风管路系统压力损失和使用时阻力增加等因素。输气管道中空气流速宜采用：干支管为10m/s～15m/s；竖管、小支管为4m/s～5m/s。

6.8.15 鼓风机设置的台数，应根据气温、风量、风压、污水量和污染物负荷变化等对供气的需要量而确定。

鼓风机房应设置备用鼓风机，工作鼓风机台数在4台以下时，应设1台备用鼓风机；工作鼓风机台数在4台或4台以上时，应设2台备用鼓风机。备用鼓风机应按设计配置的最大机组考虑。

6.8.16 鼓风机应根据产品本身和空气曝气器的要求，设置不同的空气除尘设施。鼓风机进风管口的位置应根据环境条件而设置，宜高于地面。大型鼓风机房宜采用风道进风，风道转折点宜设整流板。风道应进行防尘处理。进风塔进口宜设置耐腐蚀的百叶窗，并应根据气候条件加设防止雪、雾或水蒸气在过滤器上冻结冰霜的设施。

6.8.17 选择输气管道的管材时，应考虑强度、耐腐蚀性以及膨胀系数。当采用钢管时，管道内外应有不同的耐热、耐腐蚀处理，敷设管道时应考虑温度补偿。当管道置于管廊或室内时，在管外应敷设隔热材料或加做隔热层。

6.8.18 鼓风机与输气管道连接处，宜设置柔性连接管。输气管道的低点应设置排除水分（或油分）的放泄口和清扫管道的排出口；必要时可设置排入大气的放泄口，并应采取消声措施。

6.8.19 生物反应池的输气干管宜采用环状布置。进入生物反应池的输气立管管顶宜高出水面0.5m。在生物反应池水面上的输气管，宜根据需要布置控制阀，在其最高点宜适当设置真空破坏阀。

6.8.20 鼓风机房内的机组布置和起重设备宜符合本规范第5.4.7条和第5.4.9条的规定。

6.8.21 大中型鼓风机应设置单独基础，机组基础间通道宽度不应小于1.5m。

6.8.22 鼓风机房内、外的噪声应分别符合国家现行的《工业企业噪声卫生标准》和《城市区域环境噪声标准》GB 3096的有关规定。

6.9 生物膜法

Ⅰ 一般规定

6.9.1 生物膜法适用于中小规模污水处理。

6.9.2 生物膜法处理污水可单独应用，也可与其他污水处理工艺组合应用。

6.9.3 污水进行生物膜法处理前，宜经沉淀处理。当进水水质或水量波动大时，应设调节池。

6.9.4 生物膜法的处理构筑物应根据当地气温和环境等条件，采取防冻、防臭和灭蝇等措施。

Ⅱ 生物接触氧化池

6.9.5 生物接触氧化池应根据进水水质和处理程度确定采用一段式或二段式。生物接触氧化池平面形状宜为矩形，有效水深宜为3m～5m。生物接触氧化池不宜少于两个，每池可分为两室。

6.9.6 生物接触氧化池中的填料可采用全池布置（底部进水、进气）、两侧布置（中心进气、底部进水）或单侧布置（侧部进气、上部进水），填料应分层安装。

6.9.7 生物接触氧化池应采用对微生物无毒害、易挂膜、质轻、高强度、抗老化、比表面积大和空隙率高的填料。

6.9.8 宜根据生物接触氧化池填料的布置形式布置曝气装置。底部全池曝气时，气水比宜为8∶1。

6.9.9 生物接触氧化池进水应防止短流，出水宜采用堰式出水。

6.9.10 生物接触氧化池底部应设置排泥和放空设施。

6.9.11 生物接触氧化池的五日生化需氧量容积负荷，宜根据试验资料确定，无试验资料时，碳氧化宜为2.0kgBOD_5/(m^3·d)～5.0kgBOD_5/(m^3·d)，碳氧化/硝化宜为0.2kgBOD_5/(m^3·d)～2.0kgBOD_5/(m^3·d)。

Ⅲ 曝气生物滤池

6.9.12 曝气生物滤池的池型可采用上向流或下向流进水方式。

6.9.13 曝气生物滤池前应设沉砂池、初次沉淀池或混凝沉淀池、除油池等预处理设施，也可设置水解调节池，进水悬浮固体浓度不宜大于60mg/L。

6.9.14 曝气生物滤池根据处理程度不同可分为碳氧化、硝化、后置反硝化或前置反硝化等。碳氧化、硝化和反硝化可在单级曝气生物滤池内完成，也可在多级曝气生物滤池内完成。

6.9.15 曝气生物滤池的池体高度宜为5m～7m。

6.9.16 曝气生物滤池宜采用滤头布水布气系统。

6.9.17 曝气生物滤池宜分别设置反冲洗供气和曝气充氧系统。曝气装置可采用单孔膜空气扩散器或穿孔管曝气器。曝气器可设在承托层或滤料层中。

6.9.18 曝气生物滤池宜选用机械强度和化学稳定性好的卵石作承托层，并按一定级配布置。

6.9.19 曝气生物滤池的滤料应具有强度大、不易磨损、孔隙率高、比表面积大、化学物理稳定性好、易挂膜、生物附着性强、比重小、耐冲洗和不易堵塞的性质，宜选用球形轻质多孔陶粒或塑料球形颗粒。

6.9.20 曝气生物滤池的反冲洗宜采用气水联合反冲洗，通过长柄滤头实现。反冲洗空气强度宜为10L/(m^2·s)～15L/(m^2·s)，反冲洗水强度不应超过8L/(m^2·s)。

6.9.21 曝气生物滤池后可不设二次沉淀池。

6.9.22 在碳氧化阶段，曝气生物滤池的污泥产率系数可为0.75 kgVSS/kgBOD_5。

6.9.23 曝气生物滤池的容积负荷宜根据试验资料确

定，无试验资料时，曝气生物滤池的五日生化需氧量容积负荷宜为 $3kgBOD_5/(m^3 \cdot d)$～$6kgBOD_5/(m^3 \cdot d)$，硝化容积负荷（以 NH_3-N 计）宜为 $0.3kgNH_3$-N/$(m^3 \cdot d)$～$0.8kgNH_3$-N/$(m^3 \cdot d)$，反硝化容积负荷（以 NO_3-N 计）宜为 $0.8kgNO_3$-N/$(m^3 \cdot d)$～$4.0kgNO_3$-N/$(m^3 \cdot d)$。

Ⅳ 生物转盘

6.9.24 生物转盘处理工艺流程宜为：初次沉淀池，生物转盘，二次沉淀池。根据污水水量、水质和处理程度等，生物转盘可采用单轴单级式、单轴多级式或多轴多级式布置形式。

6.9.25 生物转盘的盘体材料应质轻、高强度、耐腐蚀、抗老化、易挂膜、比表面积大以及方便安装、养护和运输。

6.9.26 生物转盘的反应槽设计，应符合下列要求：

1 反应槽断面形状应呈半圆形。

2 盘片外缘与槽壁的净距不宜小于 150mm；盘片净距：进水端宜为 25mm～35mm，出水端宜为 10mm～20mm。

3 盘片在槽内的浸没深度不应小于盘片直径的 35%，转轴中心高度应高出水位 150mm 以上。

6.9.27 生物转盘转速宜为 2.0r/min～4.0r/min，盘体外缘线速度宜为 15m/min～19m/min。

6.9.28 生物转盘的转轴强度和挠度必须满足盘体自重和运行过程中附加荷重的要求。

6.9.29 生物转盘的设计负荷宜根据试验资料确定，无试验资料时，五日生化需氧量表面有机负荷，以盘片面积计，宜为 $0.005kgBOD_5/(m^2 \cdot d)$～$0.020kgBOD_5/(m^2 \cdot d)$，首级转盘不宜超过 $0.030kgBOD_5/(m^2 \cdot d)$～$0.040kgBOD_5/(m^2 \cdot d)$；表面水力负荷以盘片面积计，宜为 $0.04m^3/(m^2 \cdot d)$～$0.20m^3/(m^2 \cdot d)$。

Ⅴ 生物滤池

6.9.30 生物滤池的平面形状宜采用圆形或矩形。

6.9.31 生物滤池的填料应质坚、耐腐蚀、高强度、比表面积大、空隙率高，适合就地取材，宜采用碎石、卵石、炉渣、焦炭等无机滤料。用作填料的塑料制品应抗老化，比表面积大，宜为 $100m^2/m^3$～$200m^2/m^3$；空隙率高，宜为 80%～90%。

6.9.32 生物滤池底部空间的高度不应小于 0.6m，沿滤池池壁四周下部应设置自然通风孔，其总面积不应小于池表面积的 1%。

6.9.33 生物滤池的布水装置可采用固定布水器或旋转布水器。

6.9.34 生物滤池的池底应设 1%～2%的坡度坡向集水沟，集水沟以 0.5%～2%的坡度坡向总排水沟，并有冲洗底部排水渠的措施。

6.9.35 低负荷生物滤池采用碎石类填料时，应符合下列要求：

1 滤池下层填料粒径宜为 60mm～100mm，厚 0.2m；上层填料粒径宜为 30mm～50mm，厚 1.3m～1.8m。

2 处理城镇污水时，正常气温下，水力负荷以滤池面积计，宜为 $1m^3/(m^2 \cdot d)$～$3m^3/(m^2 \cdot d)$；五日生化需氧量容积负荷以填料体积计，宜为 $0.15kgBOD_5/(m^3 \cdot d)$～$0.3kgBOD_5/(m^3 \cdot d)$。

6.9.36 高负荷生物滤池宜采用碎石或塑料制品作填料，当采用碎石类填料时，应符合下列要求：

1 滤池下层填料粒径宜为 70mm～100mm，厚 0.2m；上层填料粒径宜为 40mm～70mm，厚度不宜大于 1.8m。

2 处理城镇污水时，正常气温下，水力负荷以滤池面积计，宜为 $10m^3/(m^2 \cdot d)$～$36m^3/(m^2 \cdot d)$；五日生化需氧量容积负荷以填料体积计，宜小于 $1.8kgBOD_5/(m^3 \cdot d)$。

Ⅵ 塔式生物滤池

6.9.37 塔式生物滤池直径宜为 1m～3.5m，直径与高度之比宜为 1∶6～1∶8；填料层厚度宜根据试验资料确定，宜为 8m～12m。

6.9.38 塔式生物滤池的填料应采用轻质材料。

6.9.39 塔式生物滤池填料应分层，每层高度不宜大于 2m，并应便于安装和养护。

6.9.40 塔式生物滤池宜采用自然通风方式。

6.9.41 塔式生物滤池进水的五日生化需氧量值应控制在 500mg/L 以下，否则处理出水应回流。

6.9.42 塔式生物滤池水力负荷和五日生化需氧量容积负荷应根据试验资料确定。无试验资料时，水力负荷宜为 $80m^3/(m^2 \cdot d)$～$200m^3/(m^2 \cdot d)$，五日生化需氧量容积负荷宜为 $1.0kgBOD_5/(m^3 \cdot d)$～$3.0kgBOD_5/(m^3 \cdot d)$。

6.10 回流污泥和剩余污泥

6.10.1 回流污泥设施，宜采用离心泵、混流泵、潜水泵、螺旋泵或空气提升器。当生物处理系统中带有厌氧区（池）、缺氧区（池）时，应选用不易复氧的回流污泥设施。

6.10.2 回流污泥设施宜分别按生物处理系统中的最大污泥回流比和最大混合液回流比计算确定。

回流污泥设备台数不应少于 2 台，并应有备用设备，但空气提升器可不设备用。

回流污泥设备，宜有调节流量的措施。

6.10.3 剩余污泥量，可按下列公式计算：

1 按污泥泥龄计算：

$$\Delta X = \frac{V \cdot X}{\theta_c} \qquad (6.10.3\text{-}1)$$

2　按污泥产率系数、衰减系数及不可生物降解和惰性悬浮物计算：

$$\Delta X = YQ(S_o - S_e) - K_d V X_V + fQ(SS_o - SS_e) \quad (6.10.3\text{-}2)$$

式中：ΔX——剩余污泥量（kgSS/d）；

V——生物反应池的容积（m^3）；

X——生物反应池内混合液悬浮固体平均浓度（gMLSS/L）；

θ_c——污泥泥龄（d）；

Y——污泥产率系数（kgVSS/kgBOD_5），20℃时为0.3～0.8；

Q——设计平均日污水量（m^3/d）；

S_o——生物反应池进水五日生化需氧量（kg/m^3）；

S_e——生物反应池出水五日生化需氧量（kg/m^3）；

K_d——衰减系数（d^{-1}）；

X_V——生物反应池内混合液挥发性悬浮固体平均浓度（gMLVSS/L）；

f——SS的污泥转换率，宜根据试验资料确定，无试验资料时可取0.5gMLSS/gSS～0.7gMLSS/gSS；

SS_o——生物反应池进水悬浮物浓度（kg/m^3）；

SS_e——生物反应池出水悬浮物浓度（kg/m^3）。

6.11　污水自然处理

Ⅰ　一般规定

6.11.1　污水量较小的城镇，在环境影响评价和技术经济比较合理时，宜审慎采用污水自然处理。

6.11.2　污水自然处理必须考虑对周围环境以及水体的影响，不得降低周围环境的质量，应根据区域特点选择适宜的污水自然处理方式。

6.11.3　在环境评价可行的基础上，经技术经济比较，可利用水体的自然净化能力处理或处置污水。

6.11.4　采用土地处理，应采取有效措施，严禁污染地下水。

6.11.5　污水厂二级处理出水水质不能满足要求时，有条件的可采用土地处理或稳定塘等自然处理技术进一步处理。

Ⅱ　稳 定 塘

6.11.6　有可利用的荒地和闲地等条件，技术经济比较合理时，可采用稳定塘处理污水。用作二级处理的稳定塘系统，处理规模不宜大于5000m^3/d。

6.11.7　处理城镇污水时，稳定塘的设计数据应根据试验资料确定。无试验资料时，根据污水水质、处理程度、当地气候和日照等条件，稳定塘的五日生化需氧量总平均表面有机负荷可采用1.5gBOD_5/（m^2·d）～10gBOD_5（m^2·d），总停留时间可采用20d～120d。

6.11.8　稳定塘的设计，应符合下列要求：

1　稳定塘前宜设置格栅，污水含砂量高时宜设置沉砂池。

2　稳定塘串联的级数不宜少于3级，第一级塘有效深度不宜小于3m。

3　推流式稳定塘的进水宜采用多点进水。

4　稳定塘必须有防渗措施，塘址与居民区之间应设置卫生防护带。

5　稳定塘污泥的蓄积量为40L/（年·人）～100L/（年·人），一级塘应分格并联运行，轮换清除污泥。

6.11.9　在多级稳定塘系统的后面可设置养鱼塘，进入养鱼塘的水质必须符合国家现行的有关渔业水质的规定。

Ⅲ　土 地 处 理

6.11.10　有可供利用的土地和适宜的场地条件时，通过环境影响评价和技术经济比较后，可采用适宜的土地处理方式。

6.11.11　污水土地处理的基本方法包括慢速渗滤法（SR）、快速渗滤法（RI）和地面漫流法（OF）等。宜根据土地处理的工艺形式对污水进行预处理。

6.11.12　污水土地处理的水力负荷，应根据试验资料确定，无试验资料时，可按下列范围取值：

1　慢速渗滤0.5m/年～5m/年。

2　快速渗滤5m/年～120m/年。

3　地面漫流3m/年～20m/年。

6.11.13　在集中式给水水源卫生防护带，含水层露头地区，裂隙性岩层和熔岩地区，不得使用污水土地处理。

6.11.14　污水土地处理地区地下水埋深不宜小于1.5m。

6.11.15　采用人工湿地处理污水时，应进行预处理。设计参数宜通过试验资料确定。

6.11.16　土地处理场地距住宅区和公共通道的距离不宜小于100m。

6.11.17　进入灌溉田的污水水质必须符合国家现行有关水质标准的规定。

6.12　污水深度处理和回用

Ⅰ　一般规定

6.12.1　污水再生利用的深度处理工艺应根据水质目标选择，工艺单元的组合形式应进行多方案比较，满足实用、经济、运行稳定的要求。再生水的水质应符合国家现行的水质标准的规定。

6.12.2 污水深度处理工艺单元主要包括：混凝、沉淀（澄清、气浮）、过滤、消毒，必要时可采用活性炭吸附、膜过滤、臭氧氧化和自然处理等工艺单元。

6.12.3 再生水输配到用户的管道严禁与其他管网连接，输送过程中不得降低和影响其他用水的水质。

Ⅱ 深度处理

6.12.4 深度处理工艺的设计参数宜根据试验资料确定，也可参照类似运行经验确定。

6.12.5 深度处理采用混合、絮凝、沉淀工艺时，投药混合设施中平均速度梯度值宜采用 $300s^{-1}$，混合时间宜采用 30s～120s。

6.12.6 絮凝、沉淀、澄清、气浮工艺的设计，宜符合下列要求：

1 絮凝时间为 5min～20min。

2 平流沉淀池的沉淀时间为 2.0h ～4.0h，水平流速为 4.0mm/s～12.0mm/s。

3 斜管沉淀池的上升流速为 0.4mm/s～0.6mm/s。

4 澄清池的上升流速为 0.4mm/s～0.6mm/s。

5 气浮池的设计参数宜根据试验资料确定。

6.12.7 滤池的设计，宜符合下列要求：

1 滤池的构造、滤料组成等宜按现行国家标准《室外给水设计规范》GB 50013 的规定采用。

2 滤池的进水浊度宜小于 10NTU。

3 滤池的滤速应根据滤池进出水水质要求确定，可采用 4m/h～10m/h。

4 滤池的工作周期为 12h～24h。

6.12.8 污水厂二级处理出水经混凝、沉淀、过滤后，仍不能达到再生水水质要求时，可采用活性炭吸附处理。

6.12.9 活性炭吸附处理的设计，宜符合下列要求：

1 采用活性炭吸附工艺时，宜进行静态或动态试验，合理确定活性炭的用量、接触时间、水力负荷和再生周期。

2 采用活性炭吸附池的设计参数宜根据试验资料确定，无试验资料时，可按下列标准采用：

1）空床接触时间为 20min～30min；

2）炭层厚度为 3m～4m；

3）下向流的空床滤速为 7m/h～12m/h；

4）炭层最终水头损失为 0.4m～1.0m；

5）常温下经常性冲洗时，水冲洗强度为 11L/（m^2·s）～13L/（m^2·s），历时 10min～15min，膨胀率 15%～20%，定期大流量冲洗时，水冲洗强度为 15L/（m^2·s）～18L/（m^2·s），历时 8min～12min，膨胀率为 25%～35%。活性炭再生周期由处理后出水水质是否超过水质目标值确定，经常性冲洗周期宜为 3d～5d。冲洗水可用砂滤水或炭滤水，冲洗水浊度宜小于 5NTU。

3 活性炭吸附罐的设计参数宜根据试验资料确定，无试验资料时，可按下列标准确定：

1）接触时间为 20min～35min；

2）吸附罐的最小高度与直径之比可为 2∶1，罐径为 1m～4m，最小炭层厚度为 3m，宜为 4.5m～6m；

3）升流式水力负荷为 2.5L/（m^2·s）～6.8L/（m^2·s），降流式水力负荷为 2.0L/（m^2·s）～3.3L/（m^2·s）；

4）操作压力每 0.3m 炭层 7kPa。

6.12.10 深度处理的再生水必须进行消毒。

Ⅲ 输配水

6.12.11 再生水管道敷设及其附属设施的设置应符合现行国家标准《室外给水设计规范》GB 50013 的有关规定。

6.12.12 污水深度处理厂宜靠近污水厂和再生水用户。有条件时深度处理设施应与污水厂集中建设。

6.12.13 输配水干管应根据再生水用户的用水特点和安全性要求，合理确定干管的数量，不能断水用户的配水干管不宜少于两条。再生水管道应具有安全和监控水质的措施。

6.12.14 输配水管道材料的选择应根据水压、外部荷载、土壤性质、施工维护和材料供应等条件，经技术经济比较确定。可采用塑料管、承插式预应力钢筋混凝土管和承插式自应力钢筋混凝土管等非金属管道或金属管道。采用金属管道时应进行管道的防腐。

6.13 消毒

Ⅰ 一般规定

6.13.1 城镇污水处理应设置消毒设施。

6.13.2 污水消毒程度应根据污水性质、排放标准或再生水要求确定。

6.13.3 污水宜采用紫外线或二氧化氯消毒，也可用液氯消毒。

6.13.4 消毒设施和有关建筑物的设计，应符合现行国家标准《室外给水设计规范》GB 50013 的有关规定。

Ⅱ 紫外线

6.13.5 污水的紫外线剂量宜根据试验资料或类似运行经验确定；也可按下列标准确定：

1 二级处理的出水为 $15mJ/cm^2$～$22mJ/cm^2$。

2 再生水为 $24mJ/cm^2$～$30mJ/cm^2$。

6.13.6 紫外线照射渠的设计，应符合下列要求：

1 照射渠水流均布，灯管前后的渠长度不宜小于1m。

2　水深应满足灯管的淹没要求。

6.13.7　紫外线照射渠不宜少于2条。当采用1条时，宜设置超越渠。

Ⅲ　二氧化氯和氯

6.13.8　二级处理出水的加氯量应根据试验资料或类似运行经验确定。无试验资料时，二级处理出水可采用6mg/L～15mg/L，再生水的加氯量按卫生学指标和余氯量确定。

6.13.9　二氧化氯或氯消毒后应进行混合和接触，接触时间不应小于30min。

7　污泥处理和处置

7.1　一般规定

7.1.1　城镇污水污泥，应根据地区经济条件和环境条件进行减量化、稳定化和无害化处理，并逐步提高资源化程度。

7.1.2　污泥的处置方式包括作肥料、作建材、作燃料和填埋等，污泥的处理流程应根据污泥的最终处置方式选定。

7.1.3　污泥作肥料时，其有害物质含量应符合国家现行标准的规定。

7.1.4　污泥处理构筑物个数不宜少于2个，按同时工作设计。污泥脱水机械可考虑1台备用。

7.1.5　污泥处理过程中产生的污泥水应返回污水处理构筑物进行处理。

7.1.6　污泥处理过程中产生的臭气，宜收集后进行处理。

7.2　污泥浓缩

7.2.1　浓缩活性污泥时，重力式污泥浓缩池的设计，应符合下列要求：

1　污泥固体负荷宜采用30kg/（m^2·d）～60kg/（m^2·d）。

2　浓缩时间不宜小于12h。

3　由生物反应池后二次沉淀池进入污泥浓缩池的污泥含水率为99.2%～99.6%时，浓缩后污泥含水率可为97%～98%。

4　有效水深宜为4m。

5　采用栅条浓缩机时，其外缘线速度一般宜为1m/min～2m/min，池底坡向泥斗的坡度不宜小于0.05。

7.2.2　污泥浓缩池宜设置去除浮渣的装置。

7.2.3　当采用生物除磷工艺进行污水处理时，不应采用重力浓缩。

7.2.4　当采用机械浓缩设备进行污泥浓缩时，宜根据试验资料或类似运行经验确定设计参数。

7.2.5　污泥浓缩脱水可采用一体化机械。

7.2.6　间歇式污泥浓缩池应设置可排出深度不同的污泥水的设施。

7.3　污泥消化

Ⅰ　一般规定

7.3.1　根据污泥性质、环境要求、工程条件和污泥处置方式，选择经济适用、管理方便的污泥消化工艺，可采用污泥厌氧消化或好氧消化工艺。

7.3.2　污泥经消化处理后，其挥发性固体去除率应大于40%。

Ⅱ　污泥厌氧消化

7.3.3　厌氧消化可采用单级或两级中温消化。单级厌氧消化池（两级厌氧消化池中的第一级）污泥温度应保持33℃～35℃。

有初次沉淀池系统的剩余污泥或类似的污泥，宜与初沉污泥合并进行厌氧消化处理。

7.3.4　单级厌氧消化池（两级厌氧消化池中的第一级）污泥应加热并搅拌，宜有防止浮渣结壳和排出上清液的措施。

采用两级厌氧消化时，一级厌氧消化池与二级厌氧消化池的容积比应根据二级厌氧消化池的运行操作方式，通过技术经济比较确定；二级厌氧消化池可不加热、不搅拌，但应有防止浮渣结壳和排出上清液的措施。

7.3.5　厌氧消化池的总有效容积，应根据厌氧消化时间或挥发性固体容积负荷，按下列公式计算：

$$V = Q_0 \cdot t_d \qquad (7.3.5\text{-}1)$$

$$V = \frac{W_S}{L_V} \qquad (7.3.5\text{-}2)$$

式中：t_d——消化时间，宜为20d～30d；

V——消化池总有效容积（m^3）；

Q_0——每日投入消化池的原污泥量（m^3/d）；

L_V——消化池挥发性固体容积负荷[kgVSS/（m^3·d）]，重力浓缩后的原污泥宜采用0.6kgVSS/(m^3·d)～1.5kgVSS/(m^3·d)，机械浓缩后的高浓度原污泥不应大于2.3kgVSS/(m^3·d)；

W_S——每日投入消化池的原污泥中挥发性干固体重量（kgVSS/d）。

7.3.6　厌氧消化池污泥加热，可采用池外热交换或蒸汽直接加热。厌氧消化池总耗热量应按全年最冷月平均日气温通过热工计算确定，应包括原生污泥加热量、厌氧消化池散热量（包括地上和地下部分）、投配和循环管道散热量等。选择加热设备应考虑10%～20%的富余能力。厌氧消化池及污泥投配和循环管道应进行保温。厌氧消化池内壁应采取防腐措施。

7.3.7 厌氧消化的污泥搅拌宜采用池内机械搅拌或池外循环搅拌，也可采用污泥气搅拌等。每日将全池污泥完全搅拌（循环）的次数不宜少于3次。间歇搅拌时，每次搅拌的时间不宜大于循环周期的一半。

7.3.8 厌氧消化池和污泥气贮罐应密封，并能承受污泥气的工作压力，其气密性试验压力不应小于污泥气工作压力的1.5倍。厌氧消化池和污泥气贮罐应有防止池（罐）内产生超压和负压的措施。

7.3.9 厌氧消化池溢流和表面排渣管出口不得放在室内，并必须有水封装置。厌氧消化池的出气管上，必须设回火防止器。

7.3.10 用于污泥投配、循环、加热、切换控制的设备和阀门设施宜集中布置，室内应设置通风设施。厌氧消化系统的电气集中控制室不宜与存在污泥气泄漏可能的设施合建，场地条件许可时，宜建在防爆区外。

7.3.11 污泥气贮罐、污泥气压缩机房、污泥气阀门控制间、污泥气管道层等可能泄漏污泥气的场所，电机、仪表和照明等电器设备均应符合防爆要求，室内应设置通风设施和污泥气泄漏报警装置。

7.3.12 污泥气贮罐的容积宜根据产气量和用气量计算确定。缺乏相关资料时，可按6h～10h的平均产气量设计。污泥气贮罐内、外壁应采取防腐措施。污泥气管道、污泥气贮罐的设计，应符合现行国家标准《城镇燃气设计规范》GB 50028的规定。

7.3.13 污泥气贮罐超压时不得直接向大气排放，应采用污泥气燃烧器燃烧消耗，燃烧器应采用内燃式。污泥气贮罐的出气管上，必须设回火防止器。

7.3.14 污泥气应综合利用，可用于锅炉、发电和驱动鼓风机等。

7.3.15 根据污泥气的含硫量和用气设备的要求，可设置污泥气脱硫装置。脱硫装置应设在污泥气进入污泥气贮罐之前。

Ⅲ 污泥好氧消化

7.3.16 好氧消化池的总有效容积可按本规范公式（7.3.5-1）或（7.3.5-2）计算。设计参数宜根据试验资料确定。无试验资料时，好氧消化时间宜为10d～20d。挥发性固体容积负荷一般重力浓缩后的原污泥宜为0.7kgVSS/（m^3·d）～2.8kgVSS/（m^3·d）；机械浓缩后的高浓度原污泥，挥发性固体容积负荷不宜大于4.2kgVSS/（m^3·d）。

7.3.17 当气温低于15℃时，好氧消化池宜采取保温加热措施或适当延长消化时间。

7.3.18 好氧消化池中溶解氧浓度，不应低于2mg/L。

7.3.19 好氧消化池采用鼓风曝气时，宜采用中气泡空气扩散装置，鼓风曝气应同时满足细胞自身氧化和搅拌混合的需气量，宜根据试验资料或类似运行经验确定。无试验资料时，可按下列参数确定：剩余污泥的总需气量为0.02m^3空气/（m^3池容·min）～0.04m^3空气/（m^3池容·min）；初沉污泥或混合污泥的总需气量为0.04m^3空气/（m^3池容·min）～0.06m^3空气/（m^3池容·min）。

7.3.20 好氧消化池采用机械表面曝气机时，应根据污泥需氧量、曝气机充氧能力、搅拌混合强度等确定曝气机需用功率，其值宜根据试验资料或类似运行经验确定。当无试验资料时，可按20W（m^3池容）～40W（m^3池容）确定曝气机需用功率。

7.3.21 好氧消化池的有效深度应根据曝气方式确定。当采用鼓风曝气时，应根据鼓风机的输出风压、管路及曝气器的阻力损失确定，宜为5.0m～6.0m；当采用机械表面曝气时，应根据设备的能力确定，宜为3.0m～4.0m。好氧消化池的超高，不宜小于1.0m。

7.3.22 好氧消化池可采用敞口式，寒冷地区应采取保温措施。根据环境评价的要求，采取加盖或除臭措施。

7.3.23 间歇运行的好氧消化池，应设有排出上清液的装置；连续运行的好氧消化池，宜设有排出上清液的装置。

7.4 污泥机械脱水

Ⅰ 一般规定

7.4.1 污泥机械脱水的设计，应符合下列规定：

1 污泥脱水机械的类型，应按污泥的脱水性质和脱水要求，经技术经济比较后选用。

2 污泥进入脱水机前的含水率一般不应大于98%。

3 经消化后的污泥，可根据污水性质和经济效益，考虑在脱水前淘洗。

4 机械脱水间的布置，应按本规范第5章泵房中的有关规定执行，并应考虑泥饼运输设施和通道。

5 脱水后的污泥应设置污泥堆场或污泥料仓贮存，污泥堆场或污泥料仓的容量应根据污泥出路和运输条件等确定。

6 污泥机械脱水间应设置通风设施。每小时换气次数不应小于6次。

7.4.2 污泥在脱水前，应加药调理。污泥加药应符合下列要求：

1 药剂种类应根据污泥的性质和出路等选用，投加量宜根据试验资料或类似运行经验确定。

2 污泥加药后，应立即混合反应，并进入脱水机。

Ⅱ 压滤机

7.4.3 压滤机宜采用带式压滤机、板框压滤机、箱式压滤机或微孔挤压脱水机，其泥饼产率和泥饼含水率，应根据试验资料或类似运行经验确定。泥饼含水率可为75%～80%。

7.4.4 带式压滤机的设计，应符合下列要求：

1 污泥脱水负荷应根据试验资料或类似运行经验确定，污水污泥可按表7.4.4的规定取值。

表7.4.4 污泥脱水负荷

污泥类别	初沉原污泥	初沉消化污泥	混合原污泥	混合消化污泥
污泥脱水负荷[kg/(m·h)]	250	300	150	200

2 应按带式压滤机的要求配置空气压缩机，并至少应有1台备用。

3 应配置冲洗泵，其压力宜采用0.4MPa～0.6MPa，其流量可按5.5m³/[m（带宽）·h]～11m³/[m（带宽）·h]计算，至少应有1台备用。

7.4.5 板框压滤机和箱式压滤机的设计，应符合下列要求：

1 过滤压力为400kPa～600kPa。

2 过滤周期不大于4h。

3 每台压滤机可设污泥压入泵1台，宜选用柱塞泵。

4 压缩空气量为每立方米滤室不小于2m³/min（按标准工况计）。

Ⅲ 离 心 机

7.4.6 离心脱水机房应采取降噪措施。离心脱水机房内外的噪声应符合现行国家标准《工业企业噪声控制设计规范》GBJ 87的规定。

7.4.7 污水污泥采用卧螺离心脱水机脱水时，其分离因数宜小于3000g（g为重力加速度）。

7.4.8 离心脱水机前应设置污泥切割机，切割后的污泥粒径不宜大于8mm。

7.5 污泥输送

7.5.1 脱水污泥的输送一般采用皮带输送机、螺旋输送机和管道输送三种形式。

7.5.2 皮带输送机输送污泥，其倾角应小于20°。

7.5.3 螺旋输送机输送污泥，其倾角宜小于30°，且宜采用无轴螺旋输送机。

7.5.4 管道输送污泥，弯头的转弯半径不应小于5倍管径。

7.6 污泥干化焚烧

7.6.1 在有条件的地区，污泥干化宜采用干化场；其他地区，污泥干化宜采用热干化。

7.6.2 污泥干化场的污泥固体负荷，宜根据污泥性质、年平均气温、降雨量和蒸发量等因素，参照相似地区经验确定。

7.6.3 污泥干化场分块数不宜少于3块；围堤高度宜为0.5m～1.0m，顶宽0.5m～0.7m。

7.6.4 污泥干化场宜设人工排水层。

7.6.5 除特殊情况外，人工排水层下应设不透水层，不透水层应坡向排水设施，坡度宜为0.01～0.02。

7.6.6 污泥干化场宜设排除上层污泥水的设施。

7.6.7 污泥的热干化和焚烧宜集中进行。

7.6.8 采用污泥热干化设备时，应充分考虑产品出路。

7.6.9 污泥热干化和焚烧处理的污泥固体负荷和蒸发量应根据污泥性质、设备性能等因素，参照相似设备运行经验确定。

7.6.10 污泥热干化和焚烧设备宜设置2套；若设1套，应考虑设备检修期间的应急措施，包括污泥贮存设施或其他备用的污泥处理和处置途径。

7.6.11 污泥热干化设备的选型，应根据热干化的实际需要确定。规模较小、污泥含水率较低、连续运行时间较长的热干化设备宜采用间接加热系统，否则宜采用带有污泥混合器和气体循环装置的直接加热系统。

7.6.12 污泥热干化设备的能源，宜采用污泥气。

7.6.13 热干化车间和热干化产品贮存设施，应符合国家现行有关防火规范的要求。

7.6.14 在已有或拟建垃圾焚烧设施、水泥窑炉、火力发电锅炉等设施的地区，污泥宜与垃圾同时焚烧，或掺在水泥窑炉、火力发电锅炉的燃料煤中焚烧。

7.6.15 污泥焚烧的工艺，应根据污泥热值确定，宜采用循环流化床工艺。

7.6.16 污泥热干化产品、污泥焚烧灰应妥善保存、利用或处置。

7.6.17 污泥热干化尾气和焚烧烟气，应处理达标后排放。

7.6.18 污泥干化场及其附近，应设置长期监测地下水质量的设施；污泥热干化厂、污泥焚烧厂及其附近，应设置长期监测空气质量的设施。

7.7 污泥综合利用

7.7.1 污泥的最终处置，宜考虑综合利用。

7.7.2 污泥的综合利用，应因地制宜，考虑农用时应慎重。

7.7.3 污泥的土地利用，应严格控制污泥中和土壤中积累的重金属和其他有毒物质含量。农用污泥，必须符合国家现行有关标准的规定。

8 检测和控制

8.1 一般规定

8.1.1 排水工程运行应进行检测和控制。

8.1.2 排水工程设计应根据工程规模、工艺流程、运行管理要求确定检测和控制的内容。

8.1.3 自动化仪表和控制系统应保证排水系统的安全和可靠，便于运行，改善劳动条件，提高科学管理水平。

8.1.4 计算机控制管理系统宜兼顾现有、新建和规划要求。

8.2 检 测

8.2.1 污水厂进、出水应按国家现行排放标准和环境保护部门的要求，设置相关项目的检测仪表。

8.2.2 下列各处应设置相关监测仪表和报警装置：

1 排水泵站：硫化氢（H_2S）浓度。

2 消化池：污泥气（含 CH_4）浓度。

3 加氯间：氯气（Cl_2）浓度。

8.2.3 排水泵站和污水厂各处理单元宜设置生产控制、运行管理所需的检测和监测仪表。

8.2.4 参与控制和管理的机电设备应设置工作与事故状态的检测装置。

8.2.5 排水管网关键节点应设置流量监测装置。

8.3 控 制

8.3.1 排水泵站宜按集水池的液位变化自动控制运行，宜建立遥测、遥讯和遥控系统。排水管网关键节点流量的监控宜采用自动控制系统。

8.3.2 10万 m^3/d 规模以下的污水厂的主要生产工艺单元，可采用自动控制系统。

8.3.3 10万 m^3/d 及以上规模的污水厂宜采用集中管理监视、分散控制的自动控制系统。

8.3.4 采用成套设备时，设备本身控制宜与系统控制相结合。

8.4 计算机控制管理系统

8.4.1 计算机控制管理系统应有信息收集、处理、控制、管理和安全保护功能。

8.4.2 计算机控制系统的设计，应符合下列要求：

1 宜对监控系统的控制层、监控层和管理层做出合理的配置。

2 应根据工程具体情况，经技术经济比较后选择网络结构和通信速率。

3 对操作系统和开发工具要从运行稳定、易于开发、操作界面方便等多方面综合考虑。

4 根据企业需求和相关基础设施，宜对企业信息化系统做出功能设计。

5 厂级中控室应就近设置电源箱，供电电源应为双回路，直流电源设备应安全可靠。

6 厂、站级控制室面积应视其使用功能设定，并应考虑今后的发展。

7 防雷和接地保护应符合国家现行有关规范的规定。

附录A 暴雨强度公式的编制方法

Ⅰ 年多个样法取样

A.0.1 本方法适用于具有10年以上自动雨量记录的地区。

A.0.2 计算降雨历时采用 5min、10min、15min、20min、30min、45min、60min、90min、120min 共 9 个历时。计算降雨重现期宜按 0.25 年、0.33 年、0.5年、1年、2年、3年、5年、10年统计。资料条件较好时（资料年数≥20年、子样点的排列比较规律），也可统计高于10年的重现期。

A.0.3 取样方法宜采用年多个样法，每年每个历时选择6个～8个最大值，然后不论年次，将每个历时子样按大小次序排列，再从中选择资料年数的3倍～4倍的最大值，作为统计的基础资料。

A.0.4 选取的各历时降雨资料，应采用频率曲线加以调整。当精度要求不太高时，可采用经验频率曲线；当精度要求较高时，可采用皮尔逊Ⅲ型分布曲线或指数分布曲线等理论频率曲线。根据确定的频率曲线，得出重现期、降雨强度和降雨历时三者的关系，即 P、i、t 关系值。

A.0.5 根据 P、i、t 关系值求得 b、m、A_1、C 各个参数，可用解析法、图解与计算结合法或图解法等方法进行。将求得的各参数代入 $q=\frac{167A_1(1+C\lg p)}{(t+b)^n}$，即得当地的暴雨强度公式。

A.0.6 计算抽样误差和暴雨公式均方差。宜按绝对均方差计算，也可辅以相对均方差计算。计算重现期在0.25年～10年时，在一般强度的地方，平均绝对方差不宜大于0.05mm/min。在较大强度的地方，平均相对方差不宜大于5%。

Ⅱ 年最大值法取样

A.0.7 本方法适用于具有20年以上自记雨量记录的地区，有条件的地区可用30年以上的雨量系列，暴雨样本选样方法可采用年最大值法。若在时段内任一时段超过历史最大值，宜进行复核修正。

A.0.8 计算降雨历时采用 5min、10min，15min、20min、30min、45min、60min、90min、120min、150min、180min 共十一个历时。计算降雨重现期宜按2年、3年、5年、10年、20年、30年、50年、100年统计。

A.0.9 选取的各历时降雨资料，应采用经验频率曲线或理论频率曲线加以调整，一般采用理论频率曲线，包括皮尔逊Ⅲ型分布曲线、耿贝尔分布曲线和指数分布曲线。根据确定的频率曲线，得出重现期、降雨强度和降雨历时三者的关系，即 P、i、t 关系值。

A.0.10 根据 p、i、t 的关系值求得 A_1、b、C、n 各个参数。可采用图解法、解析法、图解与计算结合法等方法进行。为提高暴雨强度公式的精度，一般采用高斯-牛顿法。将求得的各个参数代入 $q=\frac{167A_1(1+C\lg p)}{(t+b)^n}$，即得当地的暴雨强度公式。

A.0.11 计算抽样误差和暴雨公式均方差。宜按绝对均方差计算，也可辅以相对均方差计算。计算重现期在2年～20年时，在一般强度的地方，平均绝对方差不宜大于0.05mm/min。在较大强度的地方，平均相对方差不宜大于5%。

附录B 排水管道和其他地下管线（构筑物）的最小净距

表B 排水管道和其他地下管线（构筑物）的最小净距

名称			水平净距（m）	垂直净距（m）
建筑物			见注3	
给水管	$d\leqslant 200$mm		1.0	0.4
	$d>200$mm		1.5	
排水管				0.15
再生水管			0.5	0.4
燃气管	低压	$P\leqslant 0.05$MPa	1.0	0.15
	中压	$0.05\text{MPa}<P\leqslant 0.4$MPa	1.2	0.15
	高压	$0.4\text{MPa}<P\leqslant 0.8$MPa	1.5	0.15
		$0.8\text{MPa}<P\leqslant 1.6$MPa	2.0	0.15
热力管线			1.5	0.15
电力管线			0.5	0.5
电信管线			1.0	直埋 0.5
				管块 0.15
乔木			1.5	
地上柱杆	通信照明及 <10kV		0.5	
	高压铁塔基础边		1.5	
道路侧石边缘			1.5	
铁路钢轨（或坡脚）			5.0	轨底 1.2
电车（轨底）			2.0	1.0
架空管架基础			2.0	
油管			1.5	0.25
压缩空气管			1.5	0.15
氧气管			1.5	0.25
乙炔管			1.5	0.25
电车电缆				0.5
明渠渠底				0.5
涵洞基础底				0.15

注：1 表列数字除注明者外，水平净距均指外壁净距，垂直净距系指下面管道的外顶与上面管道基础底间净距。

2 采取充分措施（如结构措施）后，表列数字可以减小。

3 与建筑物水平净距，管道埋深浅于建筑物基础时，不宜小于2.5m，管道埋深深于建筑物基础时，按计算确定，但不应小于3.0m。

本规范用词说明

1 为便于在执行本规范条文时区别对待，对要求严格程度不同的用词说明如下：

1）表示很严格，非这样做不可的：
正面词采用"必须"，反面词采用"严禁"；

2）表示严格，在正常情况下均应这样做的：
正面词采用"应"，反面词采用"不应"或"不得"；

3）表示允许稍有选择，在条件许可时首先应这样做的：
正面词采用"宜"，反面词采用"不宜"；

4）表示有选择，在一定条件下可以这样做的，采用"可"。

2 条文中指明应按其他有关标准执行的写法为"应符合……的规定"或"应按……执行"。

中华人民共和国国家标准

室外排水设计规范

GB 50014—2006

条 文 说 明

目　次

1 总 则

1.0.1 说明制定本规范的宗旨目的。

1.0.2 规定本规范的适用范围。

本规范只适用于新建、扩建和改建的城镇、工业区和居住区的永久性的室外排水工程设计。

关于村庄、集镇和临时性排水工程，由于村庄、集镇排水的条件和要求具有与城镇不同的特点，而临时性排水工程的标准和要求的安全度要比永久性工程低，故不适用本规范。

关于工业废水，由于已逐步制定了各工业废水的设计规范，故本规范不包括工业废水的内容。

1.0.3 规定排水工程设计的主要依据和基本任务。

1989年12月26日第七届全国人民代表大会常务委员会第十一次会议通过的《中华人民共和国城市规划法》规定，中华人民共和国的一切城镇，都必须制定城镇规划，按照规划实施管理。城镇总体规划包括各项专业规划，排水工程专业规划是城镇总体规划的组成部分。城镇总体规划批准后，必须严格执行；未经原审批部门同意，任何组织和个人不得擅自改变。

据此，本条规定了主要依据。

2000年9月25日中华人民共和国国务院令第293号颁发的《建设工程勘察设计管理条例》规定，设计工作的基本任务是根据建设工程的要求，对建设工程所需的技术、经济、资源、环境等条件进行综合分析、论证，充分体现节地、节水、节能和节材的原则，编制与社会、经济发展水平相适应，经济效益、社会效益和环境效益相统一的设计文件。

据此，本条规定了基本任务和应正确处理的有关方面关系。

1.0.3A 关于排水工程设计与其他专项规划和设计相互协调的规定。

排水工程设施，包括内涝防治设施、雨水调蓄和利用设施，是维持城镇正常运行和资源利用的重要基础设施。在降雨频繁、河网密集或易受内涝灾害的地区，排水工程设施尤为重要。排水工程应与城市防洪、河道水系、道路交通、园林绿地、环境保护和环境卫生等专项规划和设计密切联系，并应与城市平面和竖向规划相互协调。

河道、湖泊、湿地和沟塘等城市自然蓄排水设施是城市内涝防治和排水的重要载体，在城镇平面规划中有明确的规划蓝线和水面率要求，应满足规划中的相关控制指标，根据城市自然蓄排水设施数量、规划蓝线保护和水面率的控制指标要求，合理确定排水设施的建设方案。排水工程设计中应考虑对河湖水系等城市现状受纳水体的保护和利用。

排水设施的设计，应充分考虑城镇竖向规划中的相关指标要求，根据不同地区的排水优先等级确定排水设施与周边地区的高程差；从竖向规划角度考虑内涝防治要求，根据竖向规划要求确定高程差，而不能仅仅根据单项工程的经济性要求进行设计和建设。

1.0.4 规定排水体制选择的原则。

分流制指用不同管渠系统分别收集、输送污水和雨水的排水方式。合流制指用同一管渠系统收集、输送污水和雨水的排水方式。

分流制可根据当地规划的实施情况和经济情况，分期建设。污水由污水收集系统收集并输送到污水厂处理；雨水由雨水系统收集，并就近排入水体，可达到投资低，环境效益高的目的，因此规定除降雨量少的干旱地区外，新建地区应采用分流制，降雨量少一般指年均降雨量300mm以下的地区。旧城区由于历史原因，一般已采用合流制，故规定同一城镇的不同地区可采用不同的排水体制，同时规定现有合流制排水系统应按照规划的要求加大排水管网的改建力度，实施雨污分流改造。暂时不具备雨污分流条件的地区，应提高截流倍数，采取截流、调蓄和处理相结合的措施减少合流污水和降雨初期的污染。

1.0.4A 本条是关于采用低影响开发进行雨水综合管理的规定。

本次修订增加了按照低影响开发（LID）理念进行雨水综合管理的规定。雨水综合管理是指通过源头削减、过程控制、末端处理的方法，控制面源污染、防治内涝灾害、提高雨水利用程度。

面源污染是指通过降雨和地表径流冲刷，将大气和地表中的污染物排入受纳水体，使受纳水体遭受污染的现象。城镇的商业区、居民区、工业区和街道等地表包括大量不透水地面，这些地表积累大量污染物，如油类、盐分、氮、磷、有毒物质和生活垃圾等，在降雨过程中雨水及其形成的地表径流冲刷地面污染物，通过排水管渠或直接进入地表水环境，造成地表水污染，所以应控制面源污染。

城镇化进程的不断推进和高强度开发势必造成城镇下垫面不透水层的增加，导致降雨后径流量增大。城镇规划时，应采用渗透、调蓄等设施减少雨水径流量，减少进入分流制雨水管道和合流制管道的雨水量，减少合流制排水系统溢流次数和溢流量，不仅可有效防治内涝灾害，还可提高雨水利用程度。

雨水资源是陆地淡水资源的主要形式和来源，应提高雨水利用程度。具体措施包括屋顶绿化、雨水蓄渗、下凹式绿地、透水路面等。有条件的地区应设置雨水渗透设施，削减雨水径流量，雨水渗透涵养地下水也是雨水资源的利用。

1.0.4B 关于采取综合措施进行内涝防治的规定。

城镇内涝防治措施包括工程性措施和非工程性措施。通过源头控制、排水管网完善、城镇涝水行泄通道建设和优化运行管理等综合措施防治城镇内涝。工程性措施，包括建设雨水渗透设施、调蓄设施、利用设施和雨水行泄通道，还包括对市政排水管网和泵站进行改造、对城市内河进行整治等。非工程性措施包括建立内涝防治设施的运行监控体系、预警应急机制以及相应法律法规等。

1.0.5 规定了进行排水系统设计时，从较大范围综合考虑的若干因素。

1 根据国内外经验，污水和污泥可作为有用资源，应考虑综合利用，但在考虑综合利用和处置污水污泥时，首先应对其卫生安全性、技术可靠性、经济合理性等情况进行全面论证和评价。

2 与邻近区域内的污水和污泥的处理和处置系统相协调包括：

一个区域的排水系统可能影响邻近区域，特别是影响下游区域的环境质量，故在确定该区的处理水平和处置方案时，必须在较大区域范围内综合考虑；

根据排水专业规划，有几个区域同时或几乎同时建设时，应考虑合并处理和处置的可能性，因为它的经济效益可能更好，但施工时间较长，实现较困难。前苏联和日本都有类似规定。

3 如设计排水区域内尚需考虑给水和防洪问题时，污水排水工程应与给水工程协调，雨水排水工程应与防洪工程协调，以节省总造价。

4 根据国内外经验，工业废水只要符合条件，以集中至城镇排水系统一起处理较为经济合理。

5 在扩建和改建排水工程时，对原有排水工程设施利用与否应通过调查做出决定。

1.0.6 规定工业废水接入城镇排水系统的水质要求。

从全局着眼，工业企业有责任根据本企业废水水质进行预处理，使工业废水接入城镇排水系统后，对城镇排水管渠不阻塞，不损坏，不产生易燃、易爆和有毒有害气体，不传播致病菌和病原体，不危害操作养护人员，不妨碍污水的生物处理，不影响处理后出水的再生利用和安全排放，不影响污泥的处理和处置。排入城镇排水系统的污水水质，必须符合现行的《污水综合排放标准》GB 8978、《污水排入城市下水道水质标准》CJ 3082 等有关标准的规定。

1.0.7 规定排水工程设计采用新技术应遵循的主要原则。

规范应及时地将新技术纳入。凡是在国内普遍推广、行之有效、积有完整的可靠科学数据的新技术，都应积极纳入。随着科学技术的发展，新技术还会不断涌现。规范不应阻碍或抑制新技术的发展，为此，鼓励积极采用经过鉴定、节地节能、经济高效的新技术。

1.0.8 规定采用排水工程设备机械化和自动化程度的主要原则。

由于排水工程操作人员劳动强度较大，同时，有些构筑物，如污水泵站的格栅井、污泥脱水机房和污泥厌氧消化池等会产生硫化氢、污泥气等有毒有害和易燃易爆气体，为保障操作人员身体健康和人身安全，规定排水工程宜采用机械化和自动化设备，对操作繁重、影响安全、危害健康的，应采用机械化和自动化设备。

1.0.9 关于排水工程尚应执行的有关标准和规范的规定。

有关标准、规范有：《建筑物防雷设计规范》GB 50057、《建筑设计防火规范》GBJ 16、《城镇污水处理厂污染物排放标准》GB 18918 和《工业企业噪声控制设计规范》GBJ 87 等。

为保障操作人员和仪器设备安全，根据《建筑物防雷设计规范》GB 50057 的规定，监控设施等必须采取接地和防雷措施。

由于排水工程的污水中可能含有易燃易爆物质，根据《建筑设计防火规范》GBJ 16 的规定，建筑物应按二级耐火等级考虑。建筑物构件的燃烧性能和耐火极限以及室内设置的消防设施均应符合《建筑设计防火规范》GBJ 16 的规定。

排水工程可能会散发恶臭气体，污染周围环境，设计时应对散发的臭气进行收集和净化，或建设绿化带并设有一定的防护距离，以符合《城镇污水处理厂污染物排放标准》GB 18918 的规定。

鼓风机尤其是罗茨鼓风机会产生超标的噪声，应首先从声源上进行控制，选用低噪声的设备，同时采用隔声、消声、吸声和隔振等措施，以符合《工业企业噪声控制设计规范》GBJ 87 的规定。

1.0.10 关于在特殊地区设计排水工程尚应同时符合有关专门规范的规定。

3 设计流量和设计水质

3.1 生活污水量和工业废水量

3.1.1 规定城镇旱流污水设计流量的计算公式。

设计综合生活污水量 Q_d 和设计工业废水量 Q_m 均以平均日流量计。

城镇旱流污水，由综合生活污水和工业废水组成。综合生活污水由居民生活污水和公共建筑污水组成。居民生活污水指居民日常生活中洗涤、冲厕、洗澡等产生的污水。公共建筑污水指娱乐场所、宾馆、浴室、商业网点、学校和办公楼等产生的污水。

规定地下水位较高地区考虑入渗地下水量的原则。

因当地土质、地下水位、管道和接口材料以及施工质量、管道运行时间等因素的影响，当地下水位高于排水管渠时，排水系统设计应适当考虑入渗地下水量。入渗地下水量宜根据测定资料确定，一般按单位管长和管径的入渗地下水量计，也可按平均日综合生活污水和工业废水总量的10%～15%计，还可按每天每单位服务面积入渗的地下水量计。中国市政工程中南设计研究院和广州市市政园林局测定过管径为1000mm～1350mm的新铺钢筋混凝土管入渗地下水量，结果为：地下水位高于管底3.2m，入渗量为$94m^3/(km \cdot d)$；高于管底4.2m，入渗量为$196m^3/(km \cdot d)$；高于管底6m，入渗量为$800m^3/(km \cdot d)$；高于管底6.9m，入渗量为$1850m^3/(km \cdot d)$。上海某泵站冬夏两次测定，冬季为$3800m^3/(km^2 \cdot d)$，夏季为$6300m^3/(km^2 \cdot d)$；日本《下水道设施设计指南与解说》（日本下水道协会，2001年，以下简称日本指南）规定采用经验数据，按日最大综合污水量的10%～20%计；英国《污水处理厂》BSEN 12255（以下简称英国标准）建议按观测现有管道的夜间流量进行估算；德国ATV标准（德国废水工程协会，2000年，以下简称德国ATV）规定入渗水量不大于$0.15L/(s \cdot hm^2)$，如大于则应采取措施减少入渗；美国按$0.01m^3/(d \cdot mm\text{-}km)$～$1.0m^3/(d \cdot mm\text{-}km)$（mm为管径，km为管长）计，或按$0.2m^3/(hm^2 \cdot d)$～$28m^3/(hm^2 \cdot d)$计。

在地下水位较高的地区，水力计算时，公式（3.1.1）后应加入入渗地下水量Q_u，即$Q_{dr}=Q_d+Q_m+Q_u$。

3.1.2 本条规定居民生活污水定额和综合生活污水定额的确定原则。

按用水定额确定污水定额时，建筑内部给排水设施水平较高的地区，可按用水定额的90%计，一般水平的可按用水定额的80%计。"排水系统普及程度等因素"移至第3.1.2A条。

3.1.2A 本条是关于排水系统规模确定的规定。

排水系统作为重要的市政基础设施，应按照一次规划、分期实施和先地下、后地上的建设规律进行。地下管道应按远期规模设计，污水处理系统应根据排水系统的发展规划和普及程度合理确定近远期规模。

3.1.3 关于综合生活污水量总变化系数的规定。

我国现行综合生活污水量总变化系数参考了全国各地51座污水厂总变化系数取值资料，按照污水平均日流量数值而制定。国外大多按照人口总数来确定综合生活污水量总变化系数，并设定最小值。例如，日本采用Babbitt公式，即$K=5/(P/1000)^{0.2}$（P为人口总数，下同），规定中等规模以上的城市，K值取1.3～1.8，小规模城市K值取1.5以上，也有超过2.0以上的情况；美国十州标准（Ten States Standards）采用Baumann公式确定综合生活污水量总变化系数，即$K=1+14/[4+(P/1000)]^{0.5}$，当人口总数超过10万时，$K$值取最小值2.0；美国加利福尼亚州采用类似Babbitt公式，即$K=5.453/P^{0.0963}$，当人口总数超过10万时，K值取最小值1.8。

与发达国家相比较，我国目前的综合生活污水量总变化系数取值偏低。本次修订提出，为有效控制降雨初期的雨水污染，针对新建分流制地区，应根据排水总体规划，参照国外先进和有效的标准，宜适当提高综合生活污水量总变化系数；既有地区，根据当地排水系统的实际改建需要，综合生活污水量总变化系数也可适当提高。本次修订暂不对表3.1.3做具体改动。

3.1.4 规定工业区内生活污水量、沐浴污水量的确定原则。

3.1.5 规定工业废水量及变化系数的确定原则。

我国是一个水资源短缺的国家，城市缺水问题尤为突出，国家对水资源的开发利用和保护十分重视，有关部门制定了各工业的用水量规定，排水工程设计时，应与之相协调。

3.2 雨 水 量

3.2.1 规定雨水设计流量的计算方法。

我国目前采用恒定均匀流推理公式，即用式（3.2.1）计算雨水设计流量。恒定均匀流推理公式基于以下假设：降雨在整个汇水面积上的分布是均匀的；降雨强度在选定的降雨时段内均匀不变；汇水面积随集流时间增长的速度为常数，因此推理公式适用于较小规模排水系统的计算，当应用于较大规模排水系统的计算时会产生较大误差。随着技术的进步，管渠直径的放大、水泵能力的提高，排水系统汇水流域面积逐步扩大应该修正推理公式的精确度。发达国家已采用数学模型模拟降雨过程，把排水管渠作为一个系统考虑，并用数学模型对管网进行管理。美国一些城市规定的推理公式适用范围分别为：奥斯汀$4km^2$，芝加哥$0.8km^2$，纽约$1.6km^2$，丹佛$6.4km^2$且汇流时间小于10min；欧盟的排水设计规范要求当排水系统面积大于$2km^2$或汇流时间大于15min时，应采用非恒定流模拟进行城市雨水管网水力计算。在总结国内外资料的基础上，本次修订提出当汇水面积超过$2km^2$时，雨水设计流量宜采用数学模型进行确定。

排水工程设计常用的数学模型一般由降雨模型、产流模型、汇流模型、管网水动力模型等一系列模型组成，涵盖了排水系统的多个环节。数学模型可以考虑向一降雨事件中降雨强度在不同时间和空间的分布情况，因而可以更加准确地反映地表径流的产生过程和径流流量，也便于与后续的管网水动力学模型衔接。

数学模型中用到的设计暴雨资料包括设计暴雨量和设计暴雨过程，即雨型。设计暴雨量可按城市暴雨强度公式计算，设计暴雨过程可按以下三种方法确定：

1）设计暴雨统计模型。结合编制城市暴雨强度公式的采样过程，收集降雨过程资料和雨峰位置，根据常用重现期部分的降雨资料，采用统计分析方法确定设计降雨过程。

2）芝加哥降雨模型。根据自记雨量资料统计分析城市暴雨强度公式，同时采集雨峰位置系数，雨峰位置系数取值为降雨雨峰位置除以降雨总历时。

3）当地水利部门推荐的降雨模型。采用当地水利部门推荐的设计降雨雨型资料，必要时需做适当修正，并摈弃超过24h的长历时降雨。

排水工程设计常用的产、汇流计算方法包括扣损法、径流系数法和单位线法（Unit Hydrograph）等。扣损法是参考径流形成的物理过程，扣除集水区蒸发、植被截留、低洼地面积蓄和土壤下渗等损失之后所形成径流过程的计算方法。降雨强度和下渗在地面径流的产生过程中具有决定性的作用，而低洼地面积蓄量和蒸发量一般较小，因此在城市暴雨计算中常常被忽略。Horton模型或Green-Ampt模型常被用来描述土壤下渗能力随时间变化的过程。当缺乏详细的土壤下渗系数等资料，或模拟城镇建筑较密集的地区时，可以将汇水面积划分成多个片区，采用径流系数法，即式（3.2.1）计算每个片区产生的径流，然后运用数学模型模拟地面漫流和雨水在管道的流动，以每个管段的最大峰值流量作为设计雨水量。单位线是指单位时段内均匀分布的单位净雨量在流域出口断面形成的地面径流过程线，利用单位线推求汇流过程线的方法称为单位线法。单位线可根据出流断面的实测流量通过倍比、叠加等数学方法生成，也可以通过解析公式如线性水库模型来获得。目前，单位线法在我国排水工程设计中应用较少。

采用数学模型进行排水系统设计时，除应按本规范执行外，还应满足当地的地方设计标准，应对模型的适用条件和假定参数做详细分析和评估。当建立管道系统的数学模型时，应对系统的平面布置、管径和标高等参数进行核实，并运用实测资料对模型进行校正。

3.2.2 规定综合径流系数的确定原则。

小区的开发，应体现低影响开发的理念，不应由市政设施的不断扩建与之适应，而应在小区内进行源头控制。本条规定了应严格执行规划控制的综合径流系数，还提出了综合径流系数高于0.7的地区应采用渗透、调蓄等措施。

本次修订增加了应核实地面种类的组成和比例的规定，可以采用的方法包括遥感监测、实地勘测等。

表3.2.2-1列出按地面种类分列的径流系数Ψ值。表3.2.2-2列出按区域情况分列的综合径流系数Ψ值。国内一些地区采用的综合径流系数见表1。《日本下水道设计指南》推荐的综合径流系数见表2。

3.2.2A 关于以径流量作为地区改建控制指标的规定。

表1 国内一些地区采用的综合径流系数

城市	综合径流系数
北京	0.5～0.7
上海	0.5～0.8
天津	0.45～0.6
乌兰浩特	0.5
南京	0.5～0.7
杭州	0.6～0.8
扬州	0.5～0.8
宜昌	0.65～0.8
南宁	0.5～0.75
柳州	0.4～0.8
深圳	旧城区：0.7～0.8 新城区：0.6～0.7

表2 《日本下水道设计指南》推荐的综合径流系数

区域情况	Ψ
空地非常少的商业区或类似的住宅区	0.80
有若干室外作业场等透水地面的工厂或有若干庭院的住宅区	0.65
房产公司住宅区之类的中等住宅区或单户住宅多的地区	0.50
庭院多的高级住宅区或夹有耕地的郊区	0.35

本条为强制性条文。本次修订提出以径流量作为地区开发改建控制指标的规定。地区开发应充分体现低影响开发理念，除应执行规划控制的综合径流系数指标外，还应执行径流量控制指标。规定整体改建地区应采取措施确保改建后的径流量不超过原有径流量。可采取的综合措施包括建设下凹式绿地，设置植草沟、渗透池等，人行道、停车场、广场和小区道路等可采用渗透性路面，促进雨水下渗，既达到雨水资源综合利用的目的，又不增加径流量。

3.2.3 关于设计暴雨强度的计算公式的规定。

目前我国各地已积累了完整的自动雨量记录资料，可采用数理统计法计算确定暴雨强度公式。本条所列的计算公式为我国目前普遍采用的计算公式。

水文统计学的取样方法有年最大值法和非年最大值法两类，国际上的发展趋势是采用年最大值法。日本在具有20年以上雨量记录的地区采用年最大值法，在不足20年雨量记录的地区采用非年最大值法，年多个样法是非年最大值法中的一种。由于以前国内自记雨量资料不多，因此多采用年多个样法。现在我国许多地区已具有40年以上的自记雨量资料，具备采用年最大值法的条件。所以，规定具有20年以上自动雨量记录的地区，应采用年最大值法。

3.2.4 雨水管渠设计重现期，应根据汇水地区性质、城镇类型、地形特点和气候特征等因素，经技术经济比较后确定。原《室外排水设计规范》GB 50014—2006（2011年版）中虽然将一般地区的雨水管渠设计重现期调整为1年～3年，但与发达国家相比较，我国设计标准仍偏低。

表3为我国目前雨水管渠设计重现期与发达国家和地区的对比情况。美国、日本等国在城镇内涝防治设施上投入较大，城镇雨水管渠设计重现期一般采用5年～10年。美国各州还将排水干管系统的设计重现期规定为100年，排水系统的其他设施分别具有不同的设计重现期。日本也将设计重现期不断提高，《日本下水道设计指南》（2009年版）中规定，排水系统设计重现期在10年内应提高到10年～15年。所以本次修订提出按照地区性质和城镇类型，并结合地形特点和气候特征等因素，经技术经济比较后，适当提高我国雨水管渠的设计重现期，并与发达国家标准基本一致。

本次修订中表3.2.4的城镇类型根据2014年11月20日国务院下发的《国务院关于调整城市规模划分标准的通知》（国发［2014］51号）进行调整，增加超大城市。城镇类型划分为"超大城市和特大城市"、"大城市"和"中等城市和小城市"。城区类型则分为"中心城区"、"非中心城区"、"中心城区的重要地区"和"中心城区的地下通道和下沉式广场"。其中，中心城区重要地区主要指行政中心、交通枢纽、学校、医院和商业聚集区等。

根据我国目前城市发展现状，并参照国外相关标准，将"中心城区地下通道和下沉式广场等"单独列出。以德国、美国为例，德国给水废水和废弃物协会（ATV-DVWK）推荐的设计标准（ATV-A118）中规定：地下铁道/地下通道的设计重现期为5年～20年。我国上海市虹桥商务区的规划中，将下沉式广场的设计重现期规定为50年。由于中心城区地下通道和下沉式广场的汇水面积可以控制，且一般不能与城镇内涝防治系统相结合，因此采用的设计重现期应与内涝防治设计重现期相协调。

表3 我国当前雨水管渠设计重现期与发达国家和地区的对比

国家（地区）	设计暴雨重现期
中国大陆	一般地区1年～3年、重要地区3年～5年、特别重要地区10年
中国香港	高度利用的农业用地2年～5年；农村排水，包括开拓地项目的内部排水系统10年；城市排水支线系统50年
美国	居住区2年～15年，一般取10年。商业和高价值地区10年～100年
欧盟	农村地区1年、居民区2年、城市中心/工业区/商业区5年
英国	30年
日本	3年～10年，10年内应提高至10年～15年
澳大利亚	高密度开发的办公、商业和工业区20年～50年；其他地区以及住宅区为10年；较低密度的居民区和开放地区为5年
新加坡	一般管渠、次要排水设施、小河道5年一遇，新加坡河等主干河流50年～100年一遇，机场、隧道等重要基础设施和地区50年一遇

3.2.4A 关于防止洪水对城镇影响的规定。

由于全球气候变化，特大暴雨发生频率越来越高，引发洪水灾害频繁，为保障城镇居民生活和工厂企业运行正常，在城镇防洪体系中应采取措施防止洪水对城镇排水系统的影响而造成内涝。措施有设置泄洪通道，城镇设置圩垸等。

3.2.4B 城镇内涝防治的主要目的是将降雨期间的地面积水控制在可接受的范围。鉴于我国还没有专门针对内涝防治的设计标准，本规范表3.2.4B列出了内涝防治设计重现期和积水深度标准，用以规范和指导内涝防治设施的设计。

本次修订根据2014年11月20日国务院下发的《国务院关于调整城市规模划分标准的通知》（国发［2014］51号）调整了表3.2.4B的城镇类型划分，增加了超大城市。

根据内涝防治设计重现期校核地面积水排除能力时，应根据当地历史数据合理确定用于校核的降雨历时及该时段内的降雨量分布情况，有条件的地区宜采用数学模型计算。如校核结果不符合要求，应调整设计，包括放大管径、增设渗透设施、建设调蓄段或调蓄池等。执行表3.2.4B标准时，雨水管渠按压力流计算，即雨水管渠应处于超载状态。

表3.2.4B"地面积水设计标准"中的道路积水深度是指该车道路面标高最低处的积水深度。当路面积水深度超过15cm时，车道可能因机动车熄火而完全中断，因此表3.2.4B规定每条道路至少应有一条车道的积水深度不超过15cm。发达国家和我国部分城市已有类似的规定，如美国丹佛市规定：当降雨强度不超过10年一遇时，非主干道路（collector）中央的积水深度不应超过15cm，主干道路和高速公路的中央不应有积水；当降雨强度为100年一遇时，非主干道路中央的积水深度不应超过30cm，主干道路和

高速公路中央不应有积水。上海市关于市政道路积水的标准是：路边积水深度大于15cm（即与道路侧石齐平），或道路中心积水时间大于1h，积水范围超过$50m^2$。

发达国家和地区的城市内涝防治系统包含雨水管渠、坡地、道路、河道和调蓄设施等所有雨水径流可能流经的地区。美国和澳大利亚的内涝防治设计重现期为100年或大于100年，英国为30年～100年，香港城市主干管为200年，郊区主排水渠为50年。

图1引自《日本下水道设计指南》（2001年版）中日本横滨市鹤见川地区的“不同设计重现期标准的综合应对措施”。图1反映了该地区从单一的城市排水管道排水系统到包含雨水管渠、内河和流域调蓄等综合应对措施在内的内涝防治系统的发展历程。当采用雨水调蓄设施中的排水管道调蓄应对措施时，该地区的设计重现期可达10年一遇，可排除50mm/h的降雨；当采用雨水调蓄设施和利用内河调蓄应对措施时，设计重现期可进一步提高到40年一遇；在此基础上再利用流域调蓄时，可应对150年一遇的降雨。

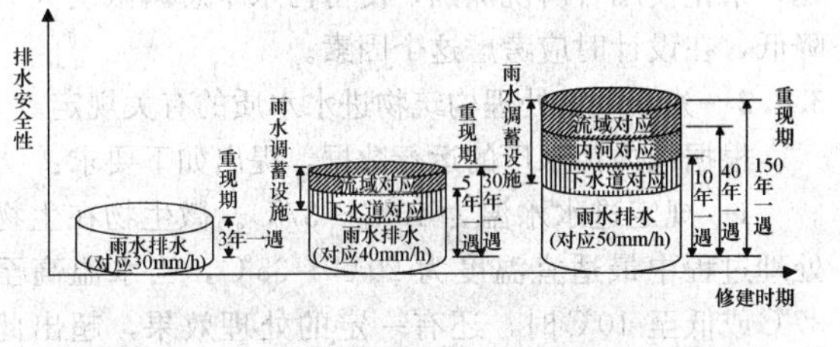

图1　不同设计重现期标准的综合应对措施

（鹤见川地区）

欧盟室外排水系统排放标准（BS EN 752：2008）见表3A和表3B。该标准中，“设计暴雨重现期（Design Storm Frequency）”与我国雨水管渠设计重现期相对应；“设计洪水重现期（Design Flooding Frequency）”与我国的内涝防治设计重现期概念相近。

表3A　欧盟推荐设计暴雨重现期

（Design Storm Frequency）

地点	设计暴雨重现期	
	重现期（年）	超过1年一遇的概率
农村地区	1	100%
居民区	2	50%
城市中心/工业区/商业区	5	20%
地下铁路/地下通道	10	10%

表3B　欧盟推荐设计洪水重现期

（Design Flooding Frequency）

地点	设计洪水重现期	
	重现期（年）	超过1年一遇的概率
农村地区	10	10%
居民区	20	5%
城市中心/工业区/商业区	30	3%
地下铁路/地下通道	50	2%

根据我国内涝防治整体现状，各地区应采取渗透、调蓄、设置行泄通道和内河整治等措施，积极应对可能出现的超过雨水管渠设计重现期的暴雨，保障城镇安全运行。

3.2.5　规定雨水管渠降雨历时的计算公式。

本次修订取消了原《室外排水设计规范》GB 50014—2006（2011年版）降雨历时计算公式中的折减系数m。折减系数m是根据前苏联的相关研究成果提出的数据。近年来，我国许多地区发生严重内涝，给人民生活和生产造成了极不利影响。为防止或减少类似事件，有必要提高城镇排水管渠设计标准，而采用降雨历时计算公式中的折减系数降低了设计标准。发达国家一般不采用折减系数。为有效应对日益频发的城镇暴雨内涝灾害，提高我国城镇排水安全性，本次修订取消折减系数m。

根据国内资料，地面集水时间采用的数据，大多不经计算，按经验确定。在地面平坦、地面种类接近、降雨强度相差不大的情况下，地面集水距离是决定集水时间长短的主要因素；地面集水距离的合理范围是50m～150m，采用的集水时间为5min～15min。国外常用的地面集水时间见表4。

表4　国外常用的地面集水时间

资料来源	工程情况	t_1（min）
《日本下水道设计指南》	人口密度大的地区	5
	人口密度小的地区	10
	平均	7
	干线	5
	支线	7～10
美国土木工程学会	全部铺装，排水管道完备的密集地区	5
	地面坡度较小的发展区	10～15
	平坦的住宅区	20～30

3.2.5A　关于延缓出流时间的规定。

采用就地渗透、调蓄、延缓径流出流时间等措施，延缓出流时间，降低暴雨径流量。渗透措施包括采用透水地面、下凹式绿地、生态水池、调蓄池等，延缓径流出流时间措施如屋面绿化和屋面雨水就地综合利用等。

3.2.6 关于可设雨水调蓄池的规定。

随着城镇化的发展，雨水径流量增大，排水管渠的输送能力可能不能满足需要。为提高排水安全性，一种经济的做法是结合城镇绿地、运动场等公共设施，设雨水调蓄池。

3.3 合 流 水 量

3.3.1 规定合流管渠设计流量的计算公式。

设计综合生活污水量 Q_d 和设计工业废水量 Q_m 均以平均日流量计。

3.3.2 规定截流井以后管渠流量的计算公式。

3.3.3 规定截流倍数的选用原则。

截流倍数的设置直接影响环境效益和经济效益，其取值应综合考虑受纳水体的水质要求、受纳水体的自净能力、城市类型、人口密度和降雨量等因素。当合流制排水系统具有排水能力较大的合流管渠时，可采用较小的截流倍数，或设置一定容量的调蓄设施。根据国外资料，英国截流倍数为 5，德国为 4，美国一般为 1.5～5。我国的截流倍数与发达国家相比偏低，有的城市截流倍数仅为 0.5。本次修订为有效降低初期雨水污染，将截流倍数 n_0 提高为 2～5。

3.3.4 确定合流管道雨水设计重现期的原则。

合流管道的短期积水会污染环境，散发臭味，引起较严重的后果，故合流管道的雨水设计重现期可适当高于同一情况下的雨水管道设计重现期。

3.4 设 计 水 质

3.4.1 关于设计水质的有关规定。

根据 1990 年以来全国 37 座污水处理厂的设计资料，每人每日五日生化需氧量的范围为 20g/(人·d)～67.5g/(人·d)，集中在 25g/(人·d)～50g/(人·d)，占总数的 76%；每人每日悬浮固体的范围为 28.6g/(人·d)～114g/(人·d)，集中在 40g/(人·d)～65g/(人·d)，占总数的 73%；每人每日总氮的范围为 4.5g/(人·d)～14.7g/(人·d)，集中在 5g/(人·d)～11g/(人·d)，占总数的 88%；每人每日总磷的范围为 0.6g/(人·d)～1.9g/(人·d)，集中在 0.7g/(人·d)～1.4g/(人·d)，占总数的 81%。《室外排水设计规范》GBJ 14—87（1997 年版）规定五日生化需氧量和悬浮固体的范围分别为 25g/(人·d)～30g/(人·d)和 35g/(人·d)～50g/(人·d)，由于污水浓度随生活水平提高而增大，同时我国幅员辽阔，各地发展不平衡，故与《室外排水设计规范》GBJ 14—87(1997 年版)相比，数值相对提高，范围扩大。本规范规定五日生化需氧量、悬浮固体、总氮和总磷的范围分别为 25g/(人·d)～50g/(人·d)、40g/(人·d)～65g/(人·d)、5g/(人·d)～11g/(人·d)和 0.7g/(人·d)～1.4g/(人·d)。一些国家的水质指标比较见表 5。

表 5 一些国家的水质指标比较 [g/(人·d)]

国家	五日生化需氧量 BOD_5	悬浮固体 SS	总氮 TN	总磷 TP
埃及	27～41	41～68	8～14	0.4～0.6
印度	27～41	—	—	—
日本	40～45	—	1～3	0.15～0.4
土耳其	27～50	41～68	8～14	0.4～2.0
美国	50～120	60～150	9～22	2.7～4.5
德国	55～68	82～96	11～16	1.2～1.6
原规范	25～30	35～50	—	—
本规范	25～50	40～65	5～11	0.7～1.4

我国有些地方，如深圳，为解决水体富营养问题，禁止使用含磷洗涤剂，使得污水中总磷浓度大为降低，在设计时应考虑这个因素。

3.4.2 关于生物处理构筑物进水水质的有关规定。

根据国内污水厂的运行数据，提出如下要求：

1 规定进水水温为 10℃～37℃。微生物在生物处理过程中最适宜温度为 20℃～35℃，当水温高至 37℃或低至 10℃时，还有一定的处理效果，超出此范围时，处理效率即显著下降。

2 规定进水的 pH 值宜为 6.5～9.5。在处理构筑物内污水的最适宜 pH 值为 7～8，当 pH 值低于 6.5 或高于 9.5 时，微生物的活动能力下降。

3 规定营养组合比（五日生化需氧量：氮：磷）为 100：5：1。一般而言，生活污水中氮、磷能满足生物处理的需要；当城镇污水中某些工业废水占较大比例时，微生物营养可能不足，为保证生物处理的效果，需人工添加至足量。为保证处理效果，有害物质不宜超过表 6 规定的允许浓度。

表 6 生物处理构筑物进水中有害物质允许浓度

序号	有害物质名称	允许浓度（mg/L）
1	三价铬	3
2	六价铬	0.5
3	铜	1
4	锌	5
5	镍	2
6	铅	0.5

续表6

序号	有害物质名称	允许浓度（mg/L）
7	镉	0.1
8	铁	10
9	锑	0.2
10	汞	0.01
11	砷	0.2
12	石油类	50
13	烷基苯磺酸盐	15
14	拉开粉	100
15	硫化物（以S计）	20
16	氯化钠	4000

注：表中允许浓度为持续性浓度，一般可按日平均浓度计。

4 排水管渠和附属构筑物

4.1 一般规定

4.1.1 规定排水管渠的布置和设计原则。

排水管渠（包括输送污水和雨水的管道、明渠、盖板渠、暗渠）的系统设计，应按城镇总体规划和分期建设情况，全面考虑，统一布置，逐步实施。

管渠一般使用年限较长，改建困难，如仅根据当前需要设计，不考虑规划，在发展过程中会造成被动和浪费；但是如按规划一次建成设计，不考虑分期建设，也会不适当地扩大建设规模，增加投资拆迁和其他方面的困难。为减少扩建时废弃管渠的数量，排水管渠的断面尺寸应根据排水规划，并考虑城镇远景发展需要确定；同时应接近期水量复核最小流速，防止流速过小造成淤积。规划期限应与城镇总体规划期限相一致。

本条对排水管渠的设计期限作了重要规定，即需要考虑“远景”水量。

4.1.2 规定管渠具体设计时在平面布置和高程确定上应考虑的原则。

一般情况下，管渠布置应与其他地下设施综合考虑。污水管渠通常布置在道路人行道、绿化带或慢车道下，尽量避开快车道，如不可避免时，应充分考虑施工对交通和路面的影响。敷设的管道应是可巡视的，要有巡视养护通道。排水管渠在城镇道路下的埋设位置应符合《城市工程管线综合规划规范》GB 50289的规定。

4.1.3 规定管渠材质、管渠构造、管渠基础、管道接口的选定原则。

管渠采用的材料一般有混凝土、钢筋混凝土、陶土、石棉水泥、塑料、球墨铸铁、钢以及土明渠等。管渠基础有砂石基础、混凝土基础、土弧基础等。管道接口有柔性接口和刚性接口等，应根据影响因素进行选择。

4.1.3A 关于排水管渠断面形状的规定。

排水管渠断面形状应综合考虑下列因素后确定：受力稳定性好；断面过水流量大，在不淤流速下不发生沉淀；工程综合造价经济；便于冲洗和清通。

排水工程常用管渠的断面形状有圆形、矩形、梯形和卵形等。圆形断面有较好的水力性能，结构强度高，使用材料经济，便于预制，因此是最常用的一种断面形式。

矩形断面可以就地浇筑或砌筑，并可按需要调节深度，以增大排水量。排水管道工程中采用箱涵的主要因素有：受当地制管技术、施工环境条件和施工设备等限制，超出其能力的即用现浇箱涵；在地势较为平坦地区，采用矩形断面箱涵敷设，可减少埋深。

梯形断面适用于明渠。

卵形断面适用于流量变化大的场合，合流制排水系统可采用卵形断面。

4.1.4 关于管渠防腐蚀措施的规定。

输送腐蚀性污水的管渠、检查井和接口必须采取相应的防腐蚀措施，以保证管渠系统的使用寿命。

4.1.5 关于管渠考虑维护检修方便的规定。

某些污水易造成管渠内沉析，或因结垢、微生物和纤维类黏结而堵塞管道，因而管渠形式和附属构筑物的确定，必须考虑维护检修方便，必要时要考虑更换的可能。

4.1.6 关于工业区内雨水的规定。

工业区内经常受有害物质污染的露天场地，下雨时，地面径流水夹带有害物质，若直接泄入水体，势必造成水体的污染，故应经过预处理后，达到排入城镇下水道标准，才能排入排水管渠。

4.1.7 关于重力流和压力流的规定。

提出排水管渠应以重力流为主的要求，当排水管道翻越高地或长距离输水等情况时，可采用压力流。

4.1.8 关于雨水调蓄的规定。

目前城镇的公园湖泊、景观河道等有作为雨水调蓄水体和设施的可能性，雨水管渠的设计，可考虑利用这些条件，以节省工程投资。

本条增加了“必要时可建人工调蓄和初期雨水处理设施”的内容。

4.1.9 规定污水管道、合流污水管道和附属构筑物应保证其严密性的要求。

为用词确切，本次修订增加了“合流污水管道”，同时将“密实性”改为“严密性”。污水管道设计为保证其严密性，应进行闭水试验，防止污水外泄污染环境，并防止地下水通过管道、接口和附属构筑物入渗，同时也可防止雨水管渠的渗漏造成道路沉陷。

4.1.10 关于管渠出水口的规定。

管渠出水口的设计水位应高于或等于排放水体的设计洪水位。当低于时，应采取适当工程措施。

4.1.11 关于连通管的规定。

在分流制和合流制排水系统并存的地区，为防止系统之间的雨污混接，本次修订增加了"雨水管道系统与合流管道系统之间不应设置连通管道"的规定。

由于各个雨水管道系统或各个合流管道系统的汇水面积、集水时间均不相同，高峰流量不会同时发生，如在两个雨水管道系统或两个合流管道系统之间适当位置设置连通管，可相互调剂水量，改善地区排水情况。

为了便于控制和防止管道检修时污水或雨水从连通管倒流，可设置闸槽或闸门并应考虑检修和养护的方便。

4.1.12 关于事故排出口的规定。

考虑事故、停电或检修时，排水要有出路。

4.2 水力计算

4.2.1 规定排水管渠流量的计算公式。

补充了流量计算公式。

4.2.2 规定排水管渠流速的水力计算公式。

排水管渠的水力计算根据流态可以分为恒定流和非恒定流两种，本条规定了恒定流条件下的流速计算公式，非恒定流计算条件下的排水管渠流速计算应根据具体数学模型确定。

4.2.3 规定排水管渠的粗糙系数。

根据《建筑排水硬聚氯乙烯管道工程技术规程》CJJ/T 29 和《玻璃纤维缠绕增强固性树脂夹砂压力管》JC/T 838，UPVC管和玻璃钢管的粗糙系数 n 均为0.009。根据调查，HDPE 管的粗糙系数 n 为0.009。因此，本条规定 UPVC 管、PE 管和玻璃钢管的粗糙系数 $n=0.009\sim0.01$。具体设计时，可根据管道加工方法和管道使用条件等确定。

4.2.4 关于管渠最大设计充满度的规定。

4.2.5 规定排水管道的最大设计流速。

非金属管种类繁多，耐冲刷等性能各异。我国幅员辽阔，各地地形差异较大。山城重庆有些管渠的埋设坡度达到10%以上，甚至达到20%，实践证明，在污水计算流速达到最大设计流速3倍或以上的情况下，部分钢筋混凝土管和硬聚氯乙烯管等非金属管道仍可正常工作。南宁市某排水系统，采用钢筋混凝土管，管径为1800mm，最高流速为7.2m/s，技入运行后无破损，管道和接口无渗水，管内基本无淤泥沉积，使用效果良好。根据塑料管道试验结果，分别采用含7%和14%石英砂、流速为7.0m/s的水对聚乙烯管和钢管进行试验对比，结果显示聚乙烯管的耐磨性优于铜管。根据以上情况，规定通过试验验证，可适当提高非金属管道最大设计流速。

4.2.6 规定排水明渠的最大设计流速。

4.2.7 规定排水管渠的最小设计流速。

含有金属、矿物固体或重油杂质等的污水管道，其最小设计流速宜适当加大。

当起点污水管段中的流速不能满足条文中的规定时，应按本规范表4.2.10的规定取值。

设计流速不满足最小设计流速时，应增设清淤措施。

4.2.8 规定压力输泥管的最小设计流速。

4.2.9 规定压力管道的设计流速。

压力管道在排水工程泵站输水中较为适用。使用压力管道，可以减少埋深、缩小管径、便于施工。但应综合考虑管材强度，压力管道长度，水流条件等因素，确定经济流速。

4.2.10 规定在不同条件下管道的最小管径和相应的最小设计坡度。

随着城镇建设发展，街道楼房增多，排水量增大，应适当增大最小管径，并调整最小设计坡度。

常用管径的最小设计坡度，可按设计充满度下不淤流速控制，当管道坡度不能满足不淤流速要求时，应有防淤、清淤措施。通常管径的最小设计坡度见表7。

表7 常用管径的最小设计坡度
（钢筋混凝土管非满流）

管径（mm）	最小设计坡度
400	0.0015
500	0.0012
600	0.0010
800	0.0008
1000	0.0006
1200	0.0006
1400	0.0005
1500	0.0005

4.2.11 规定管道在坡度变陡处管径变化的处理原则。

4.3 管 道

4.3.1 规定不同直径的管道在检查井内的连接方式。

采用管顶平接，可便利施工，但可能增加管道埋深；采用管道内按设计水面平接，可减少埋深，但施工不便，易发生误差。设计时应因地制宜选用不同的连接方式。

4.3.2A 关于采用埋地塑料排水管道种类的规定。

近些年，我国排水工程中采用较多的埋地塑料排水管道品种主要有硬聚氯乙烯管、聚乙烯管和玻璃纤维增强塑料夹砂管等。

根据工程使用情况，管材类型、范围和接口形式如下：

1 硬聚氯乙烯管（UPVC），管径主要使用范围为225mm～400mm，承插式橡胶圈接口；

2 聚乙烯管（PE管，包括高密度聚乙烯HDPE管），管径主要使用范围为500mm～1000mm，承插式橡胶圈接口；

3 玻璃纤维增强塑料夹砂管（RAM管），管径主要使用范围为600mm～2000mm，承插式橡胶圈接口。

随着经济、技术的发展，还可以采用符合质量要求的其他塑料管道。

4.3.2B 关于埋地塑料排水管的使用规定。

埋地塑料排水管道是柔性管道，依据"管土共同作用"理论，如采用刚性基础会破坏回填土的连续性，引起管壁应力变化，并可能超出管材的极限抗拉强度导致管道破坏。

4.3.2C 关于敷设塑料管的有关规定。

试验表明：柔性连接时，加筋管的接口转角5°时无渗漏；双壁波纹管的接口转角7°～9°时无渗漏。由于不同管材采用的密封橡胶圈形式各异，密封效果差异很大，故允许偏转角应满足不渗漏的要求。

4.3.3 关于管道基础的规定。

为了防止污水外泄污染环境，防止地下水入渗，以及保证污水管道使用年限，管道基础的处理非常重要，对排水管道的基础处理应严格执行国家相关标准的规定。对于各种化学制品管材，也应严格按照相关施工规范处理好管道基础。

4.3.4 关于管道接口的规定。

本次修订取消了可采用刚性接口的规定，将污水和合流污水管的接口从"宜选用柔性接口"改为"应采用柔性接口"，防止污水外渗污染地下水。同时将"地震设防烈度为8度设防区时，应采用柔性接口"调整为"地震设防烈度为7度及以上设防区时，必须采用柔性接口"，以提高管道接口标准。

4.3.4A 关于矩形箱涵接口的有关规定。

钢筋混凝土箱涵一般采用平接口，抗地基不均匀沉降能力较差，在顶部覆土和附加荷载的作用下，易引起箱涵接口上、下严重错位和翘曲变形，造成箱涵接口止水带的变形，形成箱涵混凝土与橡胶接口止水带之间的空隙，严重的会使止水带拉裂，最终导致漏水。钢带橡胶止水圈采用复合型止水带，突破了原橡胶止水带的单一材料结构形式，具有较好的抗渗漏性能。箱涵接口采用上下企口抗错位的新结构形式，能限制接口上下错位和翘曲变形。

上海市污水治理二期工程敷设的41km的矩形箱涵，采用钢带橡胶止水圈，经过20多年的运行，除外环线施工时堆土较大，超出设计值造成漏水外，其余均未发现接口渗漏现象。

4.3.5 关于防止接户管发生倒灌溢水的规定。

明确指出设计排水管道时，应防止在压力流情况下使接户管发生倒灌溢水。

4.3.6 关于污水管道和合流管道设通风设施的规定。

为防止发生人员中毒、爆炸起火等事故，应排除管道内产生的有毒有害气体，为此，根据管道内产生气体情况、水力条件、周围环境，在下列地点可考虑设通风设施：

在管道充满度较高的管段内；

设有沉泥槽处；

管道转弯处；

倒虹管进、出水处；

管道高程有突变处。

4.3.7 规定管顶最小覆土深度。

一般情况下，宜执行最小覆土深度的规定：人行道下0.6m，车行道下0.7m。不能执行上述规定时，需对管道采取加固措施。

4.3.8 关于管道浅埋的规定。

一般情况下，排水管道埋设在冰冻线以下，有利于安全运行。当有可靠依据时，也可埋设在冰冻线以上。这样，可节省投资，但增加了运行风险，应综合比较确定。

4.3.9 关于城镇干道两侧布置排水管道的规定。

本规范第4.7.2条规定："雨水口连接管长度不宜超过25m"，为与之协调，本次修订将"道路红线宽度超过50m的城镇干道"调整为"道路红线宽度超过40m的城镇干道"。道路红线宽度超过40m的城镇干道，宜在道路两侧布置排水管道，减少横穿管，降低管道埋深。

4.3.10 关于管道应设防止水锤、排气和排空装置的规定。

重力流管道在倒虹管、长距离直线输送后变化段会产生气体的逸出，为防止产生气阻现象，宜设置排气装置。

当压力管道内流速较大或管路很长时应有消除水锤的措施。为使压力管道内空气流通、压力稳定，防止污水中产生的气体逸出后在高点堵塞管道，需设排气装置。上海市合流污水工程的直线压力管道约1km～2km设1座透气井，透气管面积约为管道断面的1/8～1/10，实际运行中取得较好的效果。

为考虑检修，故需在管道低点设排空装置。

4.3.11 关于压力管道设置支墩的规定。

对流速较大的压力管道，应保证管道在交叉或转弯处的稳定。由于液体流动方向突变所产生的冲力或离心力，可能造成管道本身在垂直或水平方向发生位移，为避免影响输水，需经过计算确定是否设置支墩及其位置和大小。

4.3.12 关于设置消能设施的规定。

4.3.13 关于管道施工方法的规定。

4.4 检 查 井

4.4.1A 关于井盖标识的规定。

一般建筑物和小区均采用分流制排水系统。为防止接出管道误接，产生雨污混接现象，应在井盖上分别标识“雨”和“污”，合流污水管应标识“污”。

4.4.1B 关于检查井采用成品井和闭水试验的规定。

为防止渗漏、提高工程质量、加快建设进度，制定本条规定。条件许可时，检查井宜采用钢筋混凝土成品井或塑料成品井，不应使用实心黏土砖砌检查井。污水和合流污水检查井应进行闭水试验，防止污水外渗。

4.4.2 关于检查井最大间距的规定。

根据国内排水设计、管理部门意见以及调查资料，考虑管渠养护工具的发展，重新规定了检查井的最大间距。

根据有关部门意见，为适应养护技术发展的新形势，将检查井的最大间距普遍加大一档，但以 120m 为限。此项变动具有很大的工程意义。随着城镇范围的扩大，排水设施标准的提高，有些城镇出现口径大于 2000mm 的排水管渠。此类管渠内的净高度可允许养护工人或机械进入管渠内检查养护。为此，在不影响用户接管的前提下，其检查井最大间距可不受表 4.4.2 规定的限制。大城市干道上的大直径直线管段，检查井最大间距可按养护机械的要求确定。检查井最大间距大于表 4.4.2 数据的管段应设置冲洗设施。

4.4.3 规定检查井设计的具体要求。

据管理单位反映，在设计检查井时尚应注意以下问题：

在我国北方及中部地区，在冬季检修时，因工人操作时多穿棉衣，井口、井筒小于 700mm 时，出入不便，对需要经常检修的井，井口、井筒大于 800mm 为宜；

以往爬梯发生事故较多，爬梯设计应牢固、防腐蚀，便于上下操作。砖砌检查井内不宜设钢筋爬梯；井内检修室高度，是根据一般工人可直立操作而规定的。

4.4.4 关于检查井流槽的规定。

总结各地经验，为创造良好的水流条件，宜在检查井内设置流槽。流槽顶部宽度应便于在井内养护操作，一般为 0.15m～0.20m，随管径、井深增加，宽度还需加大。

4.4.5 规定流槽转弯的弯曲半径。

为创造良好的水力条件，流槽转弯的弯曲半径不宜太小。

4.4.6 关于检查井安全性的规定。

位于车行道的检查井，必须在任何车辆荷重下，包括在道路碾压机荷重下，确保井盖井座牢固安全，同时应具有良好的稳定性，防止车速过快造成井盖振动。

4.4.6A 关于检查井井盖基座的规定。

采用井盖基座和井体分离的检查井，可避免不均匀沉降时对交通的影响。

4.4.7 关于检查井防盗等方面的规定。

井盖应有防盗功能，保证井盖不被盗窃丢失，避免发生伤亡事故。

在道路以外的检查井，尤其在绿化带时，为防止地面径流水从井盖流入井内，井盖可高出地面，但不能妨碍观瞻。

4.4.7A 关于检查井安装防坠落装置的规定。

为避免在检查井盖损坏或缺失时发生行人坠落检查井的事故，规定污水、雨水和合流污水检查井应安装防坠落装置。防坠落装置应牢固可靠，具有一定的承重能力（≥100kg），并具备较大的过水能力，避免暴雨期间雨水从井底涌出时被冲走。目前国内已使用的检查井防坠落装置包括防坠落网、防坠落井箅等。

4.4.8 关于检查井内设置闸槽的规定。

根据北京、上海等地经验，在污水干管中，当流量和流速都较大，检修管道需放空时，采用草袋等措施断流，困难较多，为了方便检修，故规定可设置闸槽。

4.4.9 规定接入检查井的支管数。

支管是指接户管等小管径管道。检查井接入管径大于 300mm 以上的支管过多，维护管理工人会操作不便，故予以规定。管径小于 300mm 的支管对维护管理影响不大，在符合结构安全条件下适当将支管集中，有利于减少检查井数量和维护工作量。

4.4.10 规定检查井与管渠接口处的处置措施。

在地基松软或不均匀沉降地段，检查井与管渠接口处常发生断裂。处理办法：做好检查井与管渠的地基和基础处理，防止两者产生不均匀沉降；在检查井与管渠接口处，采用柔性连接，消除地基不均匀沉降的影响。

4.4.10A 关于检查井和塑料管连接的有关规定。

为适应检查井和管道间的不均匀沉降和变形要求而制定本条规定。

4.4.11 关于检查井设沉泥槽的规定。

沉泥槽设置的目的是为了便于将养护时从管道内清除的污泥，从检查井中用工具清除。应根据各地情况，在每隔一定距离的检查井和泵站前一检查井设沉泥槽，对管径小于 600mm 的管道，距离可适当缩短。

4.4.12 关于压力检查井的规定。

4.4.13 关于管道坡度变化时检查井的设施规定。

检查井内采用高流槽，可使急速下泄的水流在流槽内顺利通过，避免使用普通低流槽产生的水流溢出而发生冲刷井壁的现象。

管道坡度变化较大处，水流速度发生突变，流速差产生的冲击力会对检查井产生较大的推动力，宜采取增强井筒抗冲击和冲刷能力的措施。

水在流动时会挟带管内气体一起流动，呈气水两相流，气水冲刷和上升气泡的振动反复冲刷管道内壁，使管道内壁易破碎、脱落、积气。在流速突变处，急速的气水两相撞击井壁，气水迅速分离，气体上升冲击井盖，产生较大的上升顶力。某机场排水管道坡度突变处的检查井井盖曾被气体顶起，造成井盖变形和损坏。

4.5 跌 水 井

4.5.1 规定采用跌水井的条件。

据各地调查，支管接入跌水井水头为1.0m左右时，一般不设跌水井。化工部某设计院一般在跌水水头大于2.0m时才设跌水井；沈阳某设计院亦有类似意见。上海某设计院反映，上海未用过跌水井。据此，本条作了较灵活的规定。

4.5.2 规定跌水井的跌水水头高度和跌水方式。

4.6 水 封 井

4.6.1 规定设置水封井的条件。

水封井是一旦废水中产生的气体发生爆炸或火灾时，防止通过管道蔓延的重要安全装置。国内石油化工厂、油品库和油品转运站等含有易燃易爆的工业废水管渠系统中均设置水封井。

当其他管道必须与输送易燃易爆废水的管道连接时，其连接处也应设置水封井。

4.6.2 规定水封井内水封深度等。

水封深度与管径、流量和废水含易燃易爆物质的浓度有关，水封深度不应小于0.25m。

水封井设置通风管可将井内有害气体及时排出，其直径不得小于100mm。设置时应注意：

1 避开锅炉房或其他明火装置。

2 不得靠近操作台或通风机进口。

3 通风管有足够的高度，使有害气体在大气中充分扩散。

4 通风管处设立标志，避免工作人员靠近。

水封井底设置沉泥槽，是为了养护方便，其深度一般采用0.3m～0.5m。

4.6.3 规定水封井的位置。

水封井位置应考虑一旦管道内发生爆炸时造成的影响最小，故不应设在车行道和行人众多的地段。

4.7 雨 水 口

4.7.1 规定雨水口设计应考虑的因素。

雨水口的形式主要有立箅式和平箅式两类。平箅式雨水口水流通畅，但暴雨时易被树枝等杂物堵塞，影响收水能力。立箅式雨水口不易堵塞，但有的城镇因逐年维修道路，路面加高，使立箅断面减小，影响收水能力。各地可根据具体情况和经验确定适宜的雨水口形式。

雨水口布置应根据地形和汇水面积确定，同时本次修订补充规定立箅式雨水口的宽度和平箅式雨水口的开孔长度应根据设计流量、道路纵坡和横坡等参数确定，以避免有的地区不经计算，完全按道路长度均匀布置，雨水口尺寸也按经验选择，造成投资浪费或排水不畅。

规定雨水口宜设污物截留设施，目的是减少由地表径流产生的非溶解性污染物进入受纳水体。合流制系统中的雨水口，为避免出现由污水产生的臭气外溢的现象，应采取设置水封或投加药剂等措施，防止臭气外溢。

4.7.1A 关于雨水口和雨水连管流量设计的规定。

雨水口易被路面垃圾和杂物堵塞，平箅雨水口在设计中应考虑50%被堵塞，立箅式雨水口应考虑10%被堵塞。在暴雨期间排除道路积水的过程中，雨水管道一般处于承压状态，其所能排除的水量要大于重力流情况下的设计流量，因此本次修订规定雨水口和雨水连接管流量按照雨水管渠设计重现期所计算流量的1.5倍～3倍计，通过提高路面进入地下排水系统的径流量，缓解道路积水。

4.7.2 规定雨水口间距和连接管长度等。

根据各地设计、管理的经验和建议，确定雨水口间距、连接管横向雨水口串联的个数和雨水口连接管的长度。

为保证路面雨水宣泄通畅，又便于维护，雨水口只宜横向串联，不应横、纵向一起串联。

对于低洼和易积水地段，雨水径流面积大，径流量较一般为多，如有植物落叶，容易造成雨水口的堵塞。为提高收水速度，需根据实际情况适当增加雨水口，或采用带侧边进水的联合式雨水口和道路横沟。

4.7.2A 关于道路横坡坡度和雨水口进水处标高的规定。

为就近排除道路积水，规定道路横坡坡度不应小于1.5%，平箅式雨水口的箅面标高应比附近路面标高低3cm～5cm，立箅式雨水口进水处路面标高应比周围路面标高低5cm，有助于雨水口对径流的截流。在下凹式绿地中，雨水口的箅面标高应高于周边绿地，以增强下凹式绿地对雨水的渗透和调蓄作用。

4.7.3 关于道路纵坡较大时的雨水口设计的规定。

根据各地经验，对丘陵地区、立交道路引道等，当道路纵坡大于0.02时，因纵坡大于横坡，雨水流入雨水口少，故沿途可少设或不设雨水口。坡段较短（一般在300m以内）时，往往在道路低点处集中收水，较为经济合理。

4.7.4 规定雨水口的深度。

雨水口不宜过深，若埋设较深会给养护带来困难，并增加投资。故规定雨水口深度不宜大于1m。

雨水口深度指雨水口井盖至连接管管底的距离，不包括沉泥槽深度。

在交通繁忙行人稠密的地区，根据各地养护经验，可设置沉泥槽。

4.8 截流井

4.8.1 关于截流井位置的规定。

截流井一般设在合流管渠的入河口前，也有的设在城区内，将旧有合流支线接入新建分流制系统。溢流管出口的下游水位包括受纳水体的水位或受纳管渠的水位。

4.8.2 关于截流井形式选择的规定。

国内常用的截流井形式是槽式和堰式。据调查，北京市的槽式和堰式截流井占截流井总数的 80.4%。槽堰式截流井兼有槽式和堰式的优点，也可选用。

槽式截流井的截流效果好，不影响合流管渠排水能力，当管渠高程允许时，应选用。

4.8.2A 关于堰式截流井堰高计算公式的规定。

本规定采用《合流制系统污水截流井设计规程》CECS 91：97 中"堰式截流井"的设计规定。

4.8.2B 关于槽式截流井槽深、槽宽计算公式的规定。

本规定采用《合流制系统污水截流井设计规程》CECS 91：97 中"槽式截流井"的设计规定。

4.8.2C 关于槽堰结合式截流井槽深、堰高计算公式的规定。

本规定采用《合流制系统污水截流井设计规程》CECS 91：97 中"槽堰结合式截流井"的设计规定。

4.8.3 关于截流井溢流水位的规定。

截流井溢流水位，应在接口下游洪水位或受纳管道设计水位以上，以防止下游水倒灌，否则溢流管道上应设置闸门等防倒灌设施。

4.8.4 关于截流井流量控制的规定。

4.9 出水口

4.9.1 规定管渠出水口设计应考虑的因素。

排水出水口的设计要求是：

1 对航运、给水等水体原有的各种用途无不良影响。

2 能使排水迅速与水体混合，不妨碍景观和影响环境。

3 岸滩稳定，河床变化不大，结构安全，施工方便。

出水口的设计包括位置、形式、出口流速等，是一个比较复杂的问题，情况不同，差异很大，很难做出具体规定。本条仅根据上述要求，提出应综合考虑的各种因素。由于它牵涉面比较广，设计应取得规划、卫生、环保、航运等有关部门同意，如原有水体系鱼类通道，或重要水产资源基地，还应取得相关部门同意。

4.9.2 关于出水口结构处理的规定。

据北京、上海等地经验，一般仅设翼墙的出口，在较大流量和无断流的河道上，易受水流冲刷，致底部掏空，甚至底板折断损坏，并危及岸坡，为此规定应采取防冲、加固措施。一般在出水口底部打桩，或加深齿墙。当出水口跌水水头较大时，尚应考虑消能。

4.9.3 关于在冻胀地区的出水口设计的规定。

在有冻胀影响的地区，凡采用砖砌的出水口，一般 3 年～5 年即损坏。北京地区采用浆砌块石，未因冻胀而损坏，故设计时应采取块石等耐冻胀材料砌筑。

据东北地区调查，凡基础在冰冻线上的，大多冻胀损坏；在冰冻线下的，一般完好，如长春市伊通河出水口等。

4.10 立体交叉道路排水

4.10.1 规定立体交叉道路排水的设计原则及任务。

立体交叉道路排水主要任务是解决降雨的地面径流和影响道路功能的地下水的排除，一般不考虑降雪的影响。对个别雪量大的地区应进行融雪流量校核。

4.10.2 关于立体交叉道路排水系统设计的规定。

立体交叉道路的下穿部分往往是所处汇水区域最低洼的部分，雨水径流汇流至此后再无其他出路，只能通过泵站强排至附近河湖等水体或雨水管道中，如果排水不及时，必然会引起严重积水。国外相关标准中均对立体交叉道路排水系统设计重现期有较高要求，美国联邦高速公路管理局规定，高速公路"低洼点"（包括下立交）的设计标准为最低 50 年一遇。原《室外排水设计规范》GB 50014－2006（2011 年版）对立体交叉道路的排水设计重现期的规定偏低，因此，本次修订参照发达国家和我国部分城市的经验，将立体交叉道路的排水系统设计重现期规定为不小于 10 年，位于中心城区的重要地区，设计重现期为 20 年～30 年。对同一立交道路的不同部位可采用不同重现期。

本次修订提出集水时间宜为 2min～10min。因为立体交叉道路坡度大（一般是 2%～5%），坡长较短（100m～300m），集水时间常常小于 5min。鉴于道路设计千差万别，坡度、坡长均各不相同，应通过计算确定集水时间。当道路形状较为规则，边界条件较为明确时，可采用公式 4.2.2（曼宁公式）计算；当道路形状不规则或边界条件不明确时，可按照坡面汇流参照下式计算：

$$t_1 = 1.445\left(\frac{n \cdot L}{\sqrt{i}}\right)^{0.467}$$

合理确定立体交叉道路排水系统的汇水面积、高水高排、低水低排，并采取有效地防止高水进入低水系统的拦截措施，是排除立体交叉道路（尤其是下穿式立体交叉道路）积水的关键问题。例如某立交地道排水，由于对高水拦截无效，造成高于设计径流量的径流水进入地道，超过泵站排水能力，造成积水。

下穿式立体交叉道路的排水泵站为保证在设计重现期内的降雨期间水泵能正常启动和运转，应对排水泵站及配电设备的安全高度进行计算校核。当不具备将泵站整体地面标高抬高的条件时，应提高配电设备设置高度。

为满足规定的设计重现期要求，应采取调蓄等措施应对。超过设计重现期的暴雨将产生内涝，应采取包括非工程性措施在内的综合应对措施。

4.10.3 规定立体交叉地道排水的出水口必须可靠。

立体交叉地道排水的可靠程度取决于排水系统出水口的畅通无阻，故立体交叉地道排水应设独立系统，尽量不要利用其他排水管渠排出。

4.10.4 关于治理主体交叉地道地下水的规定。

据天津、上海等地设计经验，应全面详细调查工程所在地的水文、地质、气候资料，以便确定排出或控制地下水的设施，一般推荐盲沟收集排除地下水，或设泵站排除地下水；也可采取控制地下水进入措施。

4.10.5 关于高架道路雨水口的规定。

4.11 倒 虹 管

4.11.1 规定倒虹管设置的条数。

倒虹管宜设置两条以上，以便一条发生故障时，另一条可继续使用。平时也能逐条清通。通过谷地、旱沟或小河时，因维修难度不大，可以采用一条。

通过铁路、航运河道、公路等障碍物时，应符合与该障碍物相交的有关规定。

4.11.2 规定倒虹管的设计参数及有关注意事项。

我国以往设计，都采用倒虹管内流速应大于0.9m/s，并大于进水管内流速，如达不到时，定期冲洗的水流流速不应小于1.2m/s。此次调查中未发现问题。日本指南规定：倒虹管内的流速，应比进水管渠增加20%～30%，与本规范规定基本一致。

倒虹管在穿过航运河道时，必须与当地航运管理等部门协商，确定河道规划的有关情况，对冲刷河道还应考虑抛石等防冲措施。

为考虑倒虹管道检修时排水，倒虹管进水端宜设置事故排出口。

4.11.3 关于合流制倒虹管设计的规定。

鉴于合流制中旱流污水量与设计合流污水量数值差异极大，根据天津、北京等地设计经验，合流管道的倒虹管应对旱流污水量进行流速校核，当不能达到最小流速0.9m/s时，应采取相应的技术措施。

为保证合流制倒虹管在旱流和合流情况下均能正常运行，设计中对合流制倒虹管可设两条，分别使用于旱季旱流和雨季合流两种情况。

4.11.4 关于倒虹管检查井的规定。

4.11.5 规定倒虹管进出水井内应设闸槽或闸门。

设计闸槽或闸门时必须确保在事故发生或维修时，能顺利发挥其作用。

4.11.6 规定在倒虹管进水井前一检查井内设置沉泥槽。

其作用是沉淀泥土、杂物，保证管道内水流通畅。

4.12 渠 道

4.12.1 规定渠道的应用条件。

4.12.2 规定渠道的设计参数。

4.12.3 规定渠道和涵洞连接时的要求。

4.12.4 规定渠道和管道连接处的衔接措施。

4.12.5 规定渠道的弯曲半径。

本条规定是为保证渠道内水流有良好的水力条件。

4.13 管道综合

4.13.1 规定排水管道与其他地下管线和构筑物等相互间位置的要求。

当地下管道多时，不仅应考虑到排水管道不应与其他管道互相影响，而且要考虑经常维护方便。

4.13.2 规定排水管道与生活给水管道相交时的要求。

目的是防止污染生活给水管道。

4.13.3 规定排水管道与其他地下管线水平和垂直的最小净距。

排水管道与其他地下管线（或构筑物）水平和垂直的最小净距，应由城镇规划部门或工业企业内部管道综合部门根据其管线类型、数量、高程、可敷设管线的地位大小等因素制定管道综合设计确定。附录B的规定是指一般情况下的最小间距，供管道综合时参考。

4.13.4 规定再生水管道与生活给水管道、合流管道和污水管道相交时的要求。

为避免污染生活给水管道，再生水管道应敷设在生活给水管道的下面，当不能满足时，必须有防止污染生活给水管道的措施。为避免污染再生水管道，再生水管道宜敷设在合流管道和污水管道的上面。

4.14 雨水调蓄池

4.14.1 关于雨水调蓄池设置的规定。

雨水调蓄池的设置有三种目的，即控制面源污染、防治内涝灾害和提高雨水利用程度。

有些城镇地区合流制排水系统溢流污染物或分流制排水系统排放的初期雨水已成为内河的主要污染源，在排水系统雨水排放口附近设置雨水调蓄池，可将污染物浓度较高的溢流污染或初期雨水暂时储存在调蓄池中，待降雨结束后，再将储存的雨污水通过污水管道输送至污水处理厂，达到控制面源污染、保护水体水质的目的。

随着城镇化的发展，雨水径流量增大，将雨水径流的高峰流量暂时储存在调蓄池中，待流量下降后，再从调蓄池中将水排出，以削减洪峰流量，降低下游雨水干管的管径，提高区域的排水标准和防涝能力，减少内涝灾害。

雨水利用工程中，为满足雨水利用的要求而设置调蓄池储存雨水，储存的雨水净化后可综合利用。

4.14.2 关于利用已有设施建设雨水调蓄池的规定。

充分利用现有河道、池塘、人工湖、景观水池等设施建设雨水调蓄池，可降低建设费用，取得良好的社会效益。

4.14.3 关于雨水调蓄池位置的规定。

根据调蓄池在排水系统中的位置，可分为末端调蓄池和中间调蓄池。末端调蓄池位于排水系统的末端，主要用于城镇面源污染控制，如上海市成都北路调蓄池。中间调蓄池位于一个排水系统的起端或中间位置，可用于削减洪峰流量和提高雨水利用程度。当用于削减洪峰流量时，调蓄池一般设置于系统干管之前，以减少排水系统达标改造工程量；当用于雨水利用储存时，调蓄池应靠近用水量较大的地方，以减少雨水利用管渠的工程量。

4.14.4 关于用于控制合流制系统径流污染的雨水调蓄池有效容积计算的规定。

雨水调蓄池用于控制径流污染时，有效容积应根据气候特征、排水体制、汇水面积、服务人口和受纳水体的水质要求、水体的流量、稀释自净能力等确定。本条规定的方法为截流倍数计算法。可将当地旱流污水量转化为当量降雨强度，从而使系统截流倍数和降雨强度相对应，溢流量即为大于该降雨强度的降雨量。根据当地降雨特性参数的统计分析，拟合当地截流倍数和截流量占降雨量比例之间的关系。

截流倍数计算法是一种简化计算方法，该方法建立在降雨事件为均匀降雨的基础上，且假设调蓄池的运行时间不小于发生溢流的降雨历时，以及调蓄池的放空时间小于两场降雨的间隔，而实际情况下，很难满足上述假设。因此，以截流倍数计算法得到的调蓄池容积偏小，计算得到的调蓄池容积在实际运行过程中发挥的效益小于设定的调蓄效益，在设计中应乘以安全系数 β。

德国、日本、美国、澳大利亚等国家均将雨水调蓄池作为合流制排水系统溢流污染控制的主要措施。德国设计规范《合流污水箱涵暴雨削减装置指针》(ATV A128) 中以合流制排水系统排入水体负荷不大于分流制排水系统为目标，根据降雨量、地面径流污染负荷、旱流污水浓度等参数确定雨水调蓄池容积。

4.14.4A 关于用于分流制排水系统控制径流污染的雨水调蓄池有效容积计算的规定。

雨水调蓄池有效容积的确定应综合考虑当地降雨特征、受纳水体的环境容量、降雨初期的雨水水质水量特征、排水系统服务面积和下游污水处理系统的受纳能力等因素。

国外有研究认为，1h 雨量达到 12.7mm 的降雨能冲刷掉 90%以上的地表污染物；同济大学对上海芙蓉江、水城路等地区的雨水地面径流研究表明，在降雨量达到 10mm 时，径流水质已基本稳定；国内还有研究认为一般控制量在 6mm～8mm 可控制 60%～80%的污染量。因此，结合我国实际情况，调蓄量可取 4mm～8mm。

4.14.5 关于雨水调蓄池用于削减峰值流量时容积计算的规定。

雨水调蓄池用于削减峰值流量时，有效容积应根据排水标准和下游雨水管道负荷确定。本条规定的方法为脱过流量法，适用于高峰流量入池调蓄，低流量时脱过。式 (4.14.5) 可用于 $q=A/(t+b)^n$、$q=A/t^n$、$q=A/(t+b)$ 三种降雨强度公式。

4.14.6 关于雨水调蓄池用于收集利用雨水时容积计算的规定。

雨水调蓄池容积可通过数学模型，根据流量过程线计算。为简化计算，用于雨水收集储存的调蓄池也可根据当地气候资料，按一定设计重现期降雨量（如 24h 最大降雨量）计算。合理确定雨水调蓄池容积是一个十分重要且复杂的问题，除了调蓄目的外，还需要根据投资效益等综合考虑。

4.14.7 关于雨水调蓄池最小放空时间的规定。

调蓄池的放空方式包括重力放空和水泵压力放空两种。有条件时，应采用重力放空。对于地下封闭式调蓄池，可采用重力放空和水泵压力放空相结合的方式，以降低能耗。

设计中应合理确定放空水泵启动的设计水位，避免在重力放空的后半段放空流速过小，影响调蓄池的放空时间。

雨水调蓄池的放空时间直接影响调蓄池的使用效率，是调蓄池设计中必须考虑的一个重要参数。调蓄池的放空时间和放空方式密切相关，同时取决于下游管道的排水能力和雨水利用设施的流量。考虑降低能耗、排水安全等方面的因素，式 (4.14.7) 引入排放效率 η，η 可取 0.3～0.9。算得调蓄池放空时间后，应对调蓄池的使用效率进行复核，如不能满足要求，应重新考虑放空方式，缩短放空时间。

4.14.8 关于雨水调蓄池附属设施和检修通道的规定。

雨水调蓄池使用一定时间后，特别是当调蓄池用于面源污染控制或削减排水管道峰值流量时，易沉淀积泥。因此，雨水调蓄池应设置清洗设施。清洗方式可分为人工清洗和水力清洗，人工清洗危险性大且费力，一般采用水力清洗，人工清洗为辅助手段。对于矩形池，可采用水力冲洗翻斗或水力自清洗装置；对于圆形池，可通过入水口和底部构造设计，形成进水自冲洗，或采用径向水力清洗装置。

对全地下调蓄池来说，为防止有害气体在调蓄池内积聚，应提供有效的通风排气装置。经验表明，每小时4次～6次的空气交换量可以实现良好的通风排气效果。若需采用除臭设备时，设备选型应考虑调蓄池间歇运行、长时间空置的情况，除臭设备的运行应能和调蓄池工况相匹配。

所有顶部封闭的大型地下调蓄池都需要设置维修人员和设备进出的检修孔，并在调蓄池内部设置单独的检查通道。检查通道一般设在调蓄池最高水位以上。

4.14.9 关于控制径流污染的雨水调蓄池的出水的规定。

降雨停止后，用于控制径流污染调蓄池的出水，一般接入下游污水管道输送至污水厂处理后排放。当下游污水系统在旱季时就已达到满负荷运行或下游污水系统的容量不能满足调蓄池放空速度的要求时，应将调蓄池出水处理后排放。国内外常用的处理装置包括格栅、旋流分离器、混凝沉淀池等，处理排放标准应考虑受纳水体的环境容量后确定。

4.15 雨水渗透设施

4.15.1 关于城镇基础设施雨水径流量削减的规定。

多孔渗透性铺面有整体浇注多孔沥青或混凝土，也有组件式混凝土砌块。有关资料表明，组件式混凝土砌块铺面的效果较好，堵塞时只需简单清理并将铺面砌块中的沙土换掉，处理效果就可恢复。整体浇注多孔沥青或混凝土在开始使用时效果较好，1年～2年后会堵塞，且难以修复。

绿地标高宜低于周围地面适当深度，形成下凹式绿地，可削减绿地本身的径流，同时周围地面的径流能流入绿地下渗。下凹式绿地设计的关键是调整好绿地与周边道路和雨水口的高程关系，即路面标高高于绿地标高，雨水口设在绿地中或绿地和道路交界处，雨水口标高高于绿地标高而低于路面标高。如果道路坡度适合时可以直接利用路面作为溢流坎，使非绿地铺装表面产生的径流汇入下凹式绿地入渗，待绿地蓄满水后再流入雨水口。

本次修订补充规定新建地区硬化地面的可渗透地面面积所占比例不宜低于40%，有条件的既有地区应对现有硬化地面进行透水性改建。

下凹式绿地标高应低于周边地面5cm～25cm。过浅则蓄水能力不够；过深则导致植被长时间浸泡水中，影响某些植被正常生长。底部设排水沟的大型集中式下凹绿地可不受此限制。

4.15.2 关于接纳雨水径流的渗透设施设置的规定。

雨水渗透设施特别是地面入渗增加了深层土壤的含水量，使土壤力学性能改变，可能会影响道路、建筑物或构筑物的基础。因此，建设雨水渗透设施时，需对场地的土壤条件进行调查研究，正确设置雨水渗透设施，避免影响城镇基础设施、建筑物和构筑物的正常使用。

植草沟是指植被覆盖的开放式排水系统，一般呈梯形或浅碟形布置，深度较浅，植被一般为草皮。该系统能够收集一定的径流量，具有输送功能。雨水径流进入植草沟后首先下渗而不是直接排入下游管道或受纳水体，是一种生态型的雨水收集、输送和净化系统。渗透池可设置于广场、绿地的地下，或利用天然洼地，通过管渠接纳服务范围内的地面径流，使雨水滞留并渗入地下，超过渗透池滞留能力的雨水通过溢流管排入市政雨水管道，可削减服务范围内的径流量和径流峰值。

4.16 雨水综合利用

4.16.1 规定雨水利用的基本原则和方式。

随着城镇化和经济的高速发展，我国水资源不足、内涝频发和城市生态安全等问题日益突出，雨水利用逐渐受到关注，因此，水资源缺乏、水质性缺水、地下水位下降严重、内涝风险较大的城镇和新建开发区等应优先雨水利用。

雨水利用包括直接利用和间接利用。雨水直接利用是指雨水经收集、储存、就地处理等过程后用于冲洗、灌溉、绿化和景观等；雨水间接利用是指通过雨水渗透设施把雨水转化为土壤水，其设施主要有地面渗透、埋地渗透管渠和渗透池等。雨水利用、污染控制和内涝防治是城镇雨水综合管理的组成部分，在源头雨水径流削减、过程蓄排控制等阶段的不少工程措施是具有多种功能的，如源头渗透、回用设施，既能控制雨水径流量和污染负荷，起到内涝防治和控制污染的作用，又能实现雨水利用。

4.16.2 关于雨水收集利用系统汇水面选择的规定。

选择污染较轻的汇水面的目的是减少雨水渗透和净化处理设施的难度和造价，因此应选择屋面、广场、人行道等作为汇水面，不应选择工业污染场地和垃圾堆场、厕所等区域作为汇水面，不宜收集有机污染和重金属污染较为严重的机动车道路的雨水径流。

4.16.3 关于雨水收集利用系统降雨初期的雨水弃流的规定。

由于降雨初期的雨水污染程度高，处理难度大，因此应弃流。弃流装置有多种方式，可采用分散式处理，如在单个落水管下安装分离设备；也可采用在调蓄池前设置专用弃流池的方式。一般情况下，弃流雨水可排入市政雨水管道，当弃流雨水污染物浓度不高，绿地土壤的渗透能力和植物品种在耐淹方面条件允许时，弃流雨水也可排入绿地。

4.16.4 关于雨水利用方式的规定。

雨水利用方式应根据雨水的收集利用量和相关指标要求综合考虑，在确定雨水利用方式时，应首先考虑雨水调蓄设施应对城镇内涝的要求，不应干扰和妨碍其防治城镇内涝的基本功能。

4.16.5 关于雨水利用设计的规定。

雨水水质受大气和汇水面的影响，含有一定量的有机物、悬浮物、营养物质和重金属等。可按污水系统设计方法，采取防腐、防堵措施。

4.17 内涝防治设施

4.17.1 关于内涝防治设施设置的规定。

目前国外发达国家和地区普遍制定了较为完善的内涝灾害风险管理策略，在编制内涝风险评估的基础上，确定内涝防治设施的布置和规模。内涝风险评估采用数学模型，根据地形特点、水文条件、水体状况、城镇雨水管渠系统等因素，评估不同降雨强度下，城镇地面产生积水灾害的情况。

为保障城镇在内涝防治设计重现期标准下不受灾，应根据内涝风险评估结果，在排水能力较弱或径流量较大的地方设置内涝防治设施。

内涝防治设施应根据城镇自然蓄排水设施数量、规划蓝线保护和水面率的控制指标要求，并结合城镇竖向规划中的相关指标要求进行合理布置。

4.17.2 关于内涝防治设施种类的规定。

源头控制设施包括雨水渗透、雨水收集利用等，在设施类型上和城镇雨水利用一致，但当用于内涝防治时，其设施规模应根据内涝防治标准确定。

综合防治设施包括城市水体（自然河湖、沟渠、湿地等）、绿地、广场、道路、调蓄池和大型管渠等。当降雨超过雨水管渠设计能力时，城镇河湖、景观水体、下凹式绿地和城市广场等公共设施可作为临时雨水调蓄设施；内河、沟渠、经过设计预留的道路、道路两侧局部区域和其他排水通道可作为雨水行泄通道；在地表排水或调蓄无法实施的情况下，可采用设置于地下的调蓄池、大型管渠等设施。

4.17.3 关于采用绿地和广场等公共设施作为雨水调蓄设施的规定。

当采用绿地和广场等作为雨水调蓄设施时，不应对设施原有功能造成损害；应专门设计雨水的进出口，防止雨水对绿地和广场造成严重冲刷侵蚀或雨水长时间滞留。

当采用绿地和广场等作为雨水调蓄设施时，应设置指示牌，标明该设施成为雨水调蓄设施的启动条件、可能被淹没的区域和目前的功能状态等，以确保人员安全撤离。

5 泵 站

5.1 一 般 规 定

5.1.1 关于排水泵站远近期设计原则的规定。

排水泵站应根据排水工程专业规划所确定的远近期规模设计。考虑到排水泵站多为地下构筑物，土建部分如按近期设计，则远期扩建较为困难。因此，规定泵站主要构筑物的土建部分宜按远期规模一次设计建成，水泵机组可按近期规模配置，根据需要，随时添装机组。

5.1.2 关于排水泵站设计为单独的建筑物的规定。

由于排水泵站抽送污水时会产生臭气和噪声，对周围环境造成影响，故宜设计为单独的建筑物。

5.1.3 关于抽送产生易燃易爆和有毒有害气体的污水泵站必须设计为单独建筑物的规定。采取相应的防护措施为：

1 应有良好的通风设备。

2 采用防火防爆的照明、电机和电气设备。

3 有毒气体监测和报警设施。

4 与其他建筑物有一定的防护距离。

5.1.4 关于排水泵站防腐蚀的规定。

排水泵站的特征是潮湿和散发各种气体，极易腐蚀周围物体，因此其建筑物和附属设施宜采取防腐蚀措施。其措施一般为设备和配件采用耐腐蚀材料或涂防腐涂料，栏杆和扶梯等采用玻璃钢等耐腐蚀材料。

5.1.5 关于排水泵站防护距离和建筑物造型的规定。

排水泵站的卫生防护距离涉及周围居民的居住质量，在当前广大居民环保意识增强的情况下，尤其显得必要，故作此规定。

泵站地面建筑物的建筑造型应与周围环境协调、和谐、统一。上海、广州、青岛等地的某些泵站，因地制宜的建筑造型深受周围居民欢迎。

5.1.6 关于泵站地面标高的规定。

主要为防止泵站淹水。易受洪水淹没地区的泵站应保证洪水期间水泵能正常运转，一般采取的防洪措施为：

1 泵站地面标高填高。这需要大量土方，并可能造成与周围地面高差较大，影响交通运输。

2 泵房室内地坪标高抬高。可减少填土土方量，但可能造成泵房地坪与泵站地面高差较大，影响日常管理维修工作。

3 泵站或泵房入口处筑高或设闸槽等。仅在入口处筑高可适当降低泵房的室内地坪标高，但可能影响交通运输和日常管理维修工作。通常采用在入口处设闸槽、在防洪期间加闸板等，作为临时防洪措施。

5.1.7 关于泵站类型的规定。

由于雨水泵的特征是流量大、扬程低、吸水能力小，根据多年来的实践经验，应采用自灌式泵站。污水泵站和合流污水泵站宜采用自灌式，若采用非自灌式，保养较困难。

5.1.8 关于泵房出入口的规定。

泵房宜有两个出入口；其中一个应能满足最大设备和部件进出，且应与车行道连通，目的是方便设备吊装和运输。

5.1.9 关于排水泵站供电负荷等级的规定。

供电负荷是根据其重要性和中断供电所造成的损失或影响程度来划分的。若突然中断供电，造成较大经济损失，给城镇生活带来较大影响者应采用二级负荷设计。若突然中断供电，造成重大经济损失，使城镇生活带来重大影响者应采用一级负荷设计。二级负荷宜由二回路供电，二路互为备用或一路常用一路备用。根据《供配电系统设计规范》GB 50052 的规定，二级负荷的供电系统，对小型负荷或供电确有困难地区，也容许一回路专线供电，但应从严掌握。一级负荷应两个电源供电，当一个电源发生故障时，另一个电源不应同时受到损坏。上海合流污水治理一期和二期工程中，大型输水泵站 35kV 变电站都按一级负荷设计。

5.1.10 关于除臭的规定。

污水、合流污水泵站的格栅井及污水敞开部分，有臭气逸出，影响周围环境。对位于居民区和重要地段的泵站，应设置除臭装置。目前我国应用的臭气处理装置有生物除臭装置、活性炭除臭装置、化学除臭装置等。

5.1.11 关于水泵间设机械通风的规定。

地下式泵房在水泵间有顶板结构时，其自然通风条件差，应设置机械送排风综合系统排除可能产生的有害气体以及泵房内的余热、余湿，以保障操作人员的生命安全和健康。通风换气次数一般为 5 次/h～10 次/h，通风换气体积以地面为界。当地下式泵房的水泵间为无顶板结构，或为地面层泵房时，则可视通风条件和要求，确定通风方式。送排风口应合理布置，防止气流短路。

自然通风条件较好的地下式水泵间或地面层泵房，宜采用自然通风。当自然通风不能满足要求时，可采用自然进风、机械排风方式进行通风。

自然通风条件一般的地下式泵房或潜水泵房的集水池，可不设通风装置。但在检修时，应设临时送排风设施。通风换气次数不小于 5 次/h。

5.1.12 关于管理人员辅助设施的规定。

隔声值班室是指在泵房内单独隔开一间，供值班人员工作、休息等用，备有通信设施，便于与外界的联络。对远离居民点的泵站，应适当设置管理人员的生活设施，一般可在泵站内设置供居住用的建筑。

5.1.13 关于雨水泵站设置混接污水截流设施的规定。

目前我国许多地区都采用合流制和分流制并存的排水制度，还有一些地区雨污分流不彻底，短期内又难以完成改建。市政排水管网雨污水管道混接一方面降低了现有污水系统设施的收集处理率，另一方面又造成了对周围水体环境的污染。雨污混接方式主要有建筑物内部洗涤水接入雨水管、建筑物污废水出户管接入雨水管、化粪池出水管接入雨水管、市政污水管接入雨水管等。

以上海为例，目前存在雨污混接的多个分流制排水系统中，旱流污水往往通过分流制排水系统的雨水泵站排入河道。为减少雨污混接对河道的污染，《上海市城镇雨水系统专业规划》提出在分流制排水系统的雨水泵站内增设截流设施，旱季将混接的旱流污水全部截流，纳入污水系统处理后排放，远期这些设施可用于截流分流制排水系统降雨初期的雨水。目前上海市中心城区已有多座设有旱流污水截流设施的雨水泵站投入使用。

5.2 设计流量和设计扬程

5.2.1 关于污水泵站设计流量的规定。

由于泵站需不停地提升、输送流入污水管渠内的污水，应采用最高日最高时流量作为污水泵站的设计流量。

5.2.2 关于雨水泵站设计流量的规定。

5.2.3 关于合流污水泵站设计流量的规定。

5.2.4 关于雨水泵设计扬程的规定。

受纳水体水位以及集水池水位的不同组合，可组成不同的扬程。受纳水体水位的常水位或平均潮位与设计流量下集水池设计水位之差加上管路系统的水头损失为设计扬程。受纳水体水位的低水位或平均低潮位与集水池设计最高水位之差加上管路系统的水头损失为最低工作扬程。受纳水体水位的高水位或防汛潮位与集水池设计最低水位之差加上管路系统的水头损失为最高工作扬程。

5.2.5 关于污水泵、合流污水泵设计扬程的规定。

出水管渠水位以及集水池水位的不同组合，可组成不同的扬程。设计平均流量时出水管渠水位与集水池设计水位之差加上管路系统水头损失和安全水头为设计扬程。设计最小流量时出水管渠水位与集水池设计最高水位之差加上管路系统水头损失和安全水头为最低工作扬程。设计最大流量时出水管渠水位与集水池设计最低水位之差加上管路系统水头损失和安全水头为最高工作扬程。安全水头一般为 0.3m～0.5m。

5.3 集 水 池

5.3.1 关于集水池有效容积的规定。

为了泵站正常运行，集水池的贮水部分必须有适当的有效容积。集水池的设计最高水位与设计最低水位之间的容积为有效容积。集水池有效容积的计算范围，除集水池本身外，可以向上游推算到格栅部位。如容积过小，则水泵开停频繁；容积过大，则增加工程造价。对污水泵站应控制单台泵开停次数不大于6次/h。对污水中途泵站，其下游泵站集水池容积，应与上游泵站工作相匹配，防止集水池壅水和开空车。雨水泵站和合流污水泵站集水池容积，由于雨水进水管部分可作为贮水容积考虑，仅规定不应小于最大一台水泵30s的出水量。间隙使用的泵房集水池，应按一次排入的水、泥量和水泵抽送能力计算。

5.3.2 关于集水池面积的规定。

大型合流污水泵站，尤其是多级串联泵站，当水泵突然停运或失负时，系统中的水流由动能转为势能，下游集水池会产生壅水现象，上壅高度与集水池面积有关，应复核水流不壅出地面。

5.3.3 关于设置格栅的规定。

集水池前设置格栅是用以截留大块的悬浮或漂浮的污物，以保护水泵叶轮和管配件，避免堵塞或磨损，保证水泵正常运行。

5.3.4 关于雨水泵站和合流污水泵站集水池设计最高水位的规定。

我国的雨水泵站运行时，部分受压情况较多，其进水水位高于管顶，设计时，考虑此因素，故最高水位可高于进水管管顶，但应复核，控制最高水位不得使管道上游的地面冒水。

5.3.5 关于污水泵站集水池设计最高水位的规定。

5.3.6 关于集水池设计最低水位的规定。

水泵吸水管或潜水泵的淹没深度，如达不到该产品的要求，则会将空气吸入，或出现冷却不够等，造成汽蚀或过热等问题，影响泵站正常运行。

5.3.7 关于泵房进水方式和集水池布置的规定。

泵房正向进水，是使水流顺畅，流速均匀的主要条件。侧向进水易形成集水池下游端的水泵吸水管处水流不稳，流量不均，对水泵运行不利，故应避免。由于进水条件对泵房运行极为重要，必要时，$15m^3/s$以上泵站宜通过水力模型试验确定进水布置方式；$5m^3/s \sim 15m^3/s$的泵站宜通过数学模型计算确定进水布置方式。

集水池的布置会直接影响水泵吸水的水流条件。水流条件差，会出现滞流或涡流，不利水泵运行；会引起汽蚀作用，水泵特性改变，效率下降，出水量减少，电动机超载运行；会造成运行不稳定，产生噪声和振动，增加能耗。

集水池的设计一般应注意下列几点：

1 水泵吸水管或叶轮应有足够的淹没深度，防止空气吸入，或形成涡流时吸入空气。

2 泵的吸入喇叭口与池底保持所要求的距离。

3 水流应均匀顺畅无旋涡地流进泵吸水管，每台水泵的进水。水流条件基本相同，水流不要突然扩大或改变方向。

4 集水池进口流速和水泵吸入口处的流速尽可能缓慢。

5.3.8 关于设置闸门或闸槽和事故排出口的规定。

为了便于清洗集水池或检修水泵，泵站集水池前应设闸门或闸槽。泵站前宜设置事故排出口，供泵站检修时使用。为防止水污染和保护环境，规定设置事故排出口应报有关部门批准。

5.3.9 关于沉砂设施的规定。

有些地区雨水管道内常有大量砂粒流入，为保护水泵，减少对水泵叶轮的磨损，在雨水进水管砂粒量较多的地区宜在集水池前设置沉砂设施和清砂设备。上海某一泵站设有沉砂池，长期运行良好。上海另一泵站，由于无沉砂设施，曾发生水泵被淤埋或进水管渠断面减小、流量减少的情况。青岛市的雨水泵站大多设有沉砂设施。

5.3.10 关于集水坑的规定。

5.3.11 关于集水池设冲洗装置的规定。

5.4 泵 房 设 计

Ⅰ 水 泵 配 置

5.4.1 关于水泵选用和台数的规定。

1 一座泵房内的水泵，如型号规格相同，则运行管理、维修养护均较方便。其工作泵的配置宜为2台～8台。台数少于2台，如遇故障，影响太大；台数大于8台，则进出水条件可能不良，影响运行管理。当流量变化大时，可配置不同规格的水泵，大小搭配，但不宜超过两种；也可采用变频调速装置或叶片可调式水泵。

2 污水泵房和合流污水泵房的备用泵台数，应根据下列情况考虑：

1）地区的重要性：不允许间断排水的重要政治、经济、文化和重要的工业企业等地区的泵房，应有较高的水泵备用率。

2）泵房的特殊性：是指泵房在排水系统中的特殊地位。如多级串联排水的泵房，其中一座泵房因故不能工作时，会影响整个排水区域的排水，故应适当提高备用率。

3）工作泵的型号：当采用橡胶轴承的轴流泵抽送污水时，因橡胶轴承等容易磨损，造成检修工作繁重，也需要适当提高水泵备用率。

4）台数较多的泵房，相应的损坏次数也较多，故备用台数应有所增加。

5）水泵制造质量的提高，检修率下降，可减少备用率。

但是备用泵增多，会增加投资和维护工作，综合考虑后作此规定。由于潜水泵调换方便，当备用泵为2台时，可现场备用1台，库存备用1台，以减小土建规模。

雨水泵的年利用小时数很低，故雨水泵一般可不设备用泵，但应在非雨季做好维护保养工作。

立交道路雨水泵站可视泵站重要性设备用泵，但必须保证道路不积水，以免影响交通。

5.4.2 关于按设计扬程配泵的规定。

根据对已建泵站的调查，水泵扬程普遍按集水池最低水位与排出水体最高水位之差，再计入水泵管路系统的水头损失确定。由于出水最高水位出现概率甚少，导致水泵大部分工作时段的工况较差。本条规定了选用的水泵宜满足设计扬程时在高效区运行。此外，最高工作扬程与最低工作扬程，应在所选水泵的安全、稳定的运行范围内。由于各类水泵的特性不一，按上列扬程配泵如超出稳定运行范围，则以最高工作扬程时能安全稳定运行为控制工况。

5.4.3 关于多级串联泵站考虑级间调整的规定。

多级串联的污水泵站和合流污水泵站，受多级串联后的工作制度、流量搭配等的影响较大，故应考虑级间调整的影响。

5.4.4 规定了吸水管和出水管的流速。

水泵吸水管和出水管流速不宜过大，以减少水头损失和保证水泵正常运行。如水泵的进出口管管径较小，则应配置渐扩管进行过渡，使流速在本规范规定的范围内。

5.4.5 关于非自灌式水泵设引水设备的规定。

当水泵为非自灌式工作时，应设引水设备。引水设备有真空泵或水射器抽气引水，也可采用密闭水箱注水。当采用真空泵引水时，在真空泵与水泵之间应设置气水分离箱。

Ⅱ 泵　房

5.4.6 关于水泵布置的规定。

水泵的布置是泵站的关键。水泵一般宜采用单行排列，这样对运行、维护有利，且进出水方便。

5.4.7 关于机组布置的规定。

主要机组的间距和通道的宽度应满足安全防护和便于操作、检修的需要，应保证水泵轴或电动机转子在检修时能够拆卸。

5.4.8 关于泵房层高的规定。

5.4.9 关于泵房起重设备的规定。

5.4.10 关于水泵机组基座的规定。

基座尺寸随水泵形式和规格而不同，应按水泵的要求配置。基座高出地坪 0.1m 以上是为了在机房少量淹水时，不影响机组正常工作。

5.4.11 关于操作平台的规定。

当泵房较深，选用立式泵时，水泵间地坪与电动机间地坪的高差超过水泵允许的最大轴长值时，一种方法是将电动机间建成半地下式；另一种方法是设置中间轴承和轴承支架以及人工操作平台等辅助设施。从电动机及水泵运转稳定性出发，轴长不宜太长，采用前一种方法较好，但从电动机散热方面考虑，后一种方法较好。本条对后一种方法做出了规定。

5.4.12 关于泵房排除积水的规定。

水泵间地坪应设集水沟排除地面积水，其地坪宜以1%坡向集水沟，并在集水沟内设抽吸积水的水泵。

5.4.13 关于泵房内敷设管道的有关规定。

泵房内管道敷设在地面上时，为方便操作人员巡回工作，可采用活动踏梯或活络平台作为跨越设施。

当泵房内管道为架空敷设时，为不妨碍电气设备的检修和阻碍通道，规定不得跨越电气设备，通行处的管底距地面不小于 2.0m。

5.4.14 关于泵房内设吊物孔的有关规定。

5.4.15 关于潜水泵的环境保护和改善操作环境的规定。

5.4.16 关于水泵冷却水的有关规定。

冷却水是相对洁净的水，应考虑循环利用。

5.5 出 水 设 施

5.5.1 关于出水管的有关规定。

污水管出水管上应设置止回阀和闸阀。雨水泵出水管末端设置防倒流装置的目的是在水泵突然停运时，防止出水管的水流倒灌，或水泵发生故障时检修方便，我国目前使用的防倒流装置有拍门、堰门、柔性止回阀等。

雨水泵出水管的防倒流装置上方，应按防倒流装置的重量考虑是否设置起吊装置，以方便拆装和维修。一种做法是设工字钢，在使用时安装起吊装置，以防锈蚀。

5.5.2 关于出水压力井的有关规定。

出水压力井的井压，按水泵的流量和扬程计算确定。出水压力井上设透气筒、可释放水锤能量，防止水锤损坏管道和压力井。透气筒高度和断面根据计算确定，且透气筒不宜设在室内。压力井的井座、井盖及螺栓应采用防锈材料，以利装拆。

5.5.3 关于敞开式出水井的有关规定。

敞开式出水井的井口高度，应根据河道最高水位加上开泵时的水流壅高，或停泵时壅高水位确定。

5.5.4 关于试车水回流管的有关规定。

合流污水泵站试车时，关闭出水井内通向河道一侧的出水闸门或临时封堵出水井，可把泵出的水通过管道回至集水池。回流管管径宜按最大一台水泵的流量确定。

5.5.5 关于泵站出水口的有关规定。

雨水泵站出水口流量较大，应避让桥梁等水中构筑物，出水口和护坡结构不得影响航行，出水口流速宜控制在 0.5m/s 以下。出水口的位置、流速控制、消能设施、警示标志等，应事先征求当地航运、水利、港务和市政等有关部门的同意，并按要求设置有关设施。

6 污水处理

6.1 厂址选择和总体布置

6.1.1 规定厂址选择应考虑的主要因素。

污水厂位置的选择必须在城镇总体规划和排水工程专业规划的指导下进行，以保证总体的社会效益、环境效益和经济效益。

1 污水厂在城镇水体的位置应选在城镇水体下游的某一区段，污水厂处理后出水排入该河段，对该水体上、下游水源的影响最小。污水厂位置由于某些因素，不能设在城镇水体的下游时，出水口应设在城镇水体的下游。

2 根据目前发展需要新增条文。

3 根据污泥处理和处置的需要新增条文。

4 污水厂在城镇的方位，应选在对周围居民点的环境质量影响最小的方位，一般位于夏季主导风向的下风侧。

5 厂址的良好工程地质条件，包括土质、地基承载力和地下水位等因素，可为工程的设计、施工、管理和节省造价提供有利条件。

6 根据我国耕田少、人口多的实际情况，选厂址时应尽量少拆迁、少占农田，使污水厂工程易于上马。同时新增条文规定“根据环境评价要求”应与附近居民点有一定的卫生防护距离，并予绿化。

7 有扩建的可能是指厂址的区域面积不仅应考虑规划期的需要，尚应考虑满足不可预见的将来扩建的可能。

8 厂址的防洪和排水问题必须重视，一般不应在淹水区建污水厂，当必须在可能受洪水威胁的地区建厂时，应采取防洪措施。另外，有良好的排水条件，可节省建造费用。新增条文规定防洪标准“不应低于城镇防洪标准”。

9 为缩短污水厂建造周期和有利于污水厂的日常管理，应有方便的交通、运输和水电条件。

6.1.2 关于污水厂工程项目建设用地和近期规模的规定。

污水厂工程项目建设用地必须贯彻“十分珍惜、合理利用土地和切实保护耕地”的基本国策。考虑到城镇污水量的增加趋势较快，污水厂的建造周期较长，污水厂厂区面积应按项目总规模确定。同时，应根据现状水量和排水收集系统的建设周期合理确定近期规模。尽可能近期少拆迁、少占农田，做出合理的分期建设、分期征地的安排。规定既保证了污水厂在远期扩建的可能性，又利于工程建设在短期内见效，近期工程投入运行一年内水量宜达到近期设计规模的60%，以确保建成后污水设施充分发挥投资效益和运行效益。

6.1.3 关于污水厂总体布置的规定。

根据污水厂的处理级别（一级处理或二级处理）、处理工艺（活性污泥法或生物膜法）和污泥处理流程（浓缩、消化、脱水、干化、焚烧以及污泥气利用等），各种构筑物的形状、大小及其组合，结合厂址地形、气候和地质条件等，可有各种总体布置形式，必须综合确定。总体布置恰当，可为今后施工、维护和管理等提供良好条件。

6.1.4 规定污水厂在建筑美学方面应考虑的主要因素。

污水厂建设在满足经济实用的前提下，应适当考虑美观。除在厂区进行必要的绿化、美化外，应根据污水厂内建筑物和构筑物的特点，使各建筑物之间、建筑物和构筑物之间、污水厂和周围环境之间均达到建筑美学的和谐一致。

6.1.5 关于生产管理建筑物和生活设施布置原则的规定。

城镇污水包括生活污水和一部分工业废水，往往散发臭味和对人体健康有害的气体。另外，在生物处理构筑物附近的空气中，细菌芽孢数量也较多。所以，处理构筑物附近的空气质量相对较差。为此，生产管理建筑物和生活设施应与处理构筑物保持一定距离，并尽可能集中布置，便于以绿化等措施隔离开来，保证管理人员有良好的工作环境，避免影响正常工作。办公室、化验室和食堂等的位置，应处于夏季主导风向的上风侧，朝向东南。

6.1.6 规定处理构筑物的布置原则。

污水和污泥处理构筑物各有不同的处理功能和操作、维护、管理要求，分别集中布置有利于管理。合理的布置可保证施工安装、操作运行、管理维护安全方便，并减少占地面积。

6.1.7 规定污水厂工艺流程竖向设计的主要考虑因素。

6.1.8 规定厂区消防和消化池等构筑物的防火防爆要求。

消化池、贮气罐、污泥气燃烧装置、污泥气管道等是易燃易爆构筑物，应符合国家现行的《建筑设计防火规范》GBJ 16的有关规定。

6.1.9 关于堆场和停车场的规定。

堆放场地，尤其是堆放废渣（如泥饼和煤渣）的场地，宜设置在较隐蔽处，不宜设在主干道两侧。

6.1.10 关于厂区通道的规定。

污水厂厂区的通道应根据通向构筑物和建筑物的功能要求，如运输、检查、维护和管理的需要设置。通道包括双车道、单车道、人行道、扶梯和人行天桥等。根据管理部门意见，扶梯不宜太陡，尤其是通行频繁的扶梯，宜利于搬重物上下扶梯。

单车道宽度由3.5m修改为3.5m～4.0m，双车道宽度仍为6.0m～7.0m，转弯半径修改为6.0m～10.0m，增加扶梯倾角“宜采用30°”的规定。

6.1.11 关于污水厂围墙的规定。

根据污水厂的安全要求，污水厂周围应设围墙，高度不宜太低，一般不低于2.0m。

6.1.12 关于污水厂门的规定。

6.1.13 关于配水装置和连通管渠的规定。

并联运行的处理构筑物间的配水是否均匀，直接影响构筑物能否达到设计水量和处理效果，所以设计时应重视配水装置。配水装置一般采用堰或配水井等方式。

构筑物系统之间设可切换的连通管渠，可灵活组合各组运行系列，同时，便于操作人员观察、调节和维护。

6.1.14 规定污水厂内管渠设计应考虑的主要因素。

污水厂内管渠较多，设计时应全面安排，可防止错、漏、碰、缺。在管道复杂时宜设置管廊，利于检查维修。管渠尺寸应按可能通过的最高时流量计算确定，并按最低时流量复核，防止发生沉积。明渠的水头损失小，不易堵塞，便于清理，一般情况应尽量采用明渠。合理的管渠设计和布置可保障污水厂运行的安全、可靠、稳定，节省经常费用。本条增加管廊内设置的内容。

6.1.15 关于超越管渠的规定。

污水厂内合理布置超越管渠，可使水流越过某处理构筑物，而流至其后续构筑物。其合理布置应保证在构筑物维护和紧急修理以及发生其他特殊情况时，对出水水质影响小，并能迅速恢复正常运行。

6.1.16 关于处理构筑物排空设施的规定。

考虑到处理构筑物的维护检修，应设排空设施。为了保护环境，排空水应回流处理，不应直接排入水体，并应有防止倒灌的措施，确保其他构筑物的安全运行。排空设施有构筑物底部预埋排水管道和临时设泵抽水两种。

6.1.17 关于污水厂设置再生水处理系统的规定。

我国是一个水资源短缺的国家。城镇污水具有易于收集处理、数量巨大的特点，可作为城市第二水源。因此，设置再生水处理系统，实现污水资源化，对保障安全供水具有重要的战略意义。

6.1.18 规定严禁污染给水系统、再生水系统。

防止污染给水系统、再生水系统的措施，一般为通过空气间隙和设中间贮存池，然后再与处理装置衔接。本条文增加有关再生水设置的内容。

6.1.19 关于污水厂供电负荷等级的规定。

考虑到污水厂中断供电可能对该地区的政治、经济、生活和周围环境等造成不良影响，污水厂的供电负荷等级应按二级设计。本条文增加重要的污水厂宜按一级负荷设计的内容。重要的污水厂是指中断供电对该地区的政治、经济、生活和周围环境等造成重大影响者。

6.1.20 关于污水厂附属建筑物的组成及其面积应考虑的主要原则。

确定污水厂附属建筑物的组成及其面积的影响因素较复杂，如各地的管理体制不一，检修协作条件不同，污水厂的规模和工艺流程不同等，目前尚难规定统一的标准。目前许多污水厂设有计算机控制系统，减少了工作人员及附属构筑物建筑面积。本条文增加“计算机监控系统的水平”的因素。

《城镇污水处理厂附属建筑和附属设备设计标准》CJJ 31，规定了污水厂附属建筑物的组成及其面积，可作为参考。

6.1.21 关于污水厂保温防冻的规定。

为了保证寒冷地区的污水厂在冬季能正常运行，有关的处理构筑物、管渠和其他设施应有保温防冻措施。一般有池上加盖、池内加热、建于房屋内等，视当地气温和处理构筑物的运行要求而定。

6.1.22 关于污水厂维护管理所需设施的规定。

根据国内污水厂的实践经验，为了有利于维护管理，应在厂区内适当地点设置一定的辅助设施，一般有巡回检查和取样等有关地点所需的照明，维修所需的配电箱，巡回检查或维修时联络用的电话，冲洗用的给水栓、浴室、厕所等。

6.1.23 关于处理构筑物安全设施的规定。

6.2 一 般 规 定

6.2.1 规定污水处理程度和方法的确定原则。

6.2.2 规定污水厂处理效率的范围。

根据国内污水厂处理效率的实践数据，并参考国外资料制定。

一级处理的处理效率主要是沉淀池的处理效率，未计入格栅和沉砂池的处理效率。二级处理的处理效率包括一级处理。

6.2.3 关于在污水厂中设置调节设施的规定。

美国《污水处理设施》（1997年，以下简称美国十州标准）规定，在水质、水量变化大的污水厂中，应考虑设置调节设施。据调查，国内有些生活小区的污水厂，由于其水质、水量变化很大，致使生物处理效果无法保证。本条据此制定。

6.2.4 关于污水处理构筑物设计流量的规定。

污水处理构筑物设计，应根据污水厂的远期规模和分期建设的情况统一安排，按每期污水量设计，并考虑到分期扩建的可能性和灵活性，有利于工程建设在短期内见效。设计流量按分期建设的各期最高日最高时设计流量计算。当污水为提升进入时，还需按每期工作水泵的最大组合流量校核管渠输水能力。

关于生物反应池设计流量，根据国内设计经验，认为生物反应池如完全按最高日最高时设计流量计算，不尽合理。实际上当生物反应地采用的曝气时间较长时，生物反应池对进水流量和有机负荷变化都有一定的调节能力，故规定设计流量可酌情减少。

一般曝气时间超过5h，即可认为曝气时间较长。

6.2.5 关于合流制处理构筑物设计的规定。

对合流制处理构筑物应考虑雨水进入后的影响。目前国内尚无成熟的经验。本条是参照美、日、前苏联等国有关规定，沿用原规范有关条文而制定的。

1 格栅和沉砂池按合流设计流量计算，即按旱流污水量和截留雨水量的总水量计算。

2 初次沉淀池一般按旱流污水量设计，保证旱流时的沉淀效果。降雨时，容许降低沉淀效果，故用合流设计水量校核，此时沉淀时间可适当缩短，但不宜小于30min。前苏联《室外排水工程设计规范》(1974年，以下简称前苏联规范）规定不应小于0.75h～1.0h。

3 二级处理构筑物按旱流污水量设计，有的地区为保护降雨时的河流水质，要求改善污水厂出水水质，可考虑对一定流量的合流水量进行二级处理。前苏联规范规定，二级处理构筑物按合流水量设计，并按旱流水量校核。

4 污泥处理设施应相应加大，根据前苏联规范规定，一般比旱流情况加大10%～20%。

5 管渠应按合流设计流量计算。

6.2.6 规定处理构筑物个（格）数和布置的原则。

根据国内污水厂的设计和运行经验，处理构筑物的个（格）数，不应少于2个（格），利于检修维护；同时按并联的系列设计，可使污水的运行更为可靠、灵活和合理。

6.2.7 关于处理构筑物污水的出入口处设计的规定。

处理构筑物中污水的入口和出口处设置整流措施，使整个断面布水均匀，并能保持稳定的池水面，保证处理效率。

6.2.8 关于污水厂设置消毒设施的规定。

根据国家有关排放标准的要求设置消毒设施。消毒设施的选型，应根据消毒效果、消毒剂的供应、消毒后的二次污染、操作管理、运行成本等综合考虑后决定。

6.3 格 栅

6.3.1 规定设置格栅的要求。

在污水中混有纤维、木材、塑料制品和纸张等大小不同的杂物。为了防止水泵和处理构筑物的机械设备和管道被磨损或堵塞，使后续处理流程能顺利进行，作此规定。

6.3.2 关于格栅栅条间隙宽度的规定。

根据调查，本条规定粗格栅栅条间隙宽度：机械清除时为16mm～25mm，人工清除时为25mm～40mm，特殊情况下最大栅条间隙可采用100mm。

根据调查，细格栅栅条间隙宽度为1.5mm～10mm，超细格栅栅条间隙宽度为0.2mm～1.5mm，本条规定细格栅栅条间隙宽度为1.5mm～10mm。

水泵前，格栅除污机栅条间隙宽度应根据水泵进口口径按表8选用。对于阶梯式格栅除污机、回转式固液分离机和转鼓式格栅除污机的栅条间隙或栅孔可按需要确定。

表8 栅条间隙

水泵口径(mm)	<200	250～450	500～900	1000～3500
栅条间隙(mm)	15～20	30～40	40～80	80～100

如泵站较深，泵前格栅机械清除或人工清除比较复杂，可在泵前设置仅为保护水泵正常运转的、空隙宽度较大的粗格栅（宽度根据水泵要求，国外资料认为可大到100mm）以减少栅渣量，并在处理构筑物前设置间隙宽度较小的细格栅，保证后续工序的顺利进行。这样既便于维修养护，技资也不会增加。

6.3.3 关于污水过栅流速和格栅倾角的规定。

过栅流速是参照国外资料制定的。前苏联规范为0.8m/s～1.0m/s，日本指南为0.45m/s，美国《污水处理厂设计手册》(1998年，以下简称美国污水厂手册）为0.6m/s～1.2m/s，法国《水处理手册》(1978年，以下简称法国手册）为0.6m/s～1.0m/s。本规范规定为0.6m/s～1.0m/s。

格栅倾角是根据国内外采用的数据而制定的。除转鼓式格栅除污机外，其资料见表9。

表9 格栅倾角

资料来源	格栅倾角	
	人工清除	机械清除
国内污水厂	一般为45°～75°	
日本指南	45°～60°	70°左右
美国污水厂手册	30°～45°	40°～90°
本规范	30°～60°	60°～90°

6.3.4 关于格栅除污机底部前端距井壁尺寸的规定。

钢丝绳牵引格栅除污机和移动悬吊葫芦抓斗式格栅除污机应考虑耙斗尺寸和安装人员的工作位置，其他类型格栅除污机由于齿耙尺寸较小，其尺寸可适当减小。

6.3.5 关于设置格栅工作平台的规定。

本条规定为便于清除栅渣和养护格栅。

6.3.6 关于格栅工作平台过道宽度的规定。

本条是根据国内污水厂养护管理的实践经验而制定的。

6.3.7 关于栅渣输送的规定。

栅渣通过机械输送、压榨脱水外运的方式，在国内新建的大中污水厂中已得到应用。关于栅渣的输送设备采用：一般粗格栅渣宜采用带式输送机，细格栅渣宜采用螺旋输送机；对输送距离大于8.0m宜采用带式输送机，对距离较短的宜采用螺旋输送机；而当污水中有较大的杂质时，不管输送距离长短，均以采用皮带输送机为宜。

6.3.8 关于污水预处理构筑物臭味去除的规定。

一般情况下污水预处理构筑物，散发的臭味较大，格栅除污机、输送机和压榨脱水机的进出料口宜采用密封形式。根据污水提升泵站、污水厂的周围环境情况，确定是否需要设置除臭装置。

6.3.9 关于格栅间设置通风设施的规定。

为改善格栅间的操作条件和确保操作人员安全，需设置通风设施和有毒有害气体的检测与报警装置。

6.4 沉砂池

6.4.1 关于设置沉砂池的规定。

一般情况下，由于在污水系统中有些井盖密封不严，有些支管连接不合理以及部分家庭院落和工业企业雨水进入污水管，在污水中会含有相当数量的砂粒等杂质。设置沉砂池可以避免后续处理构筑物和机械设备的磨损，减少管渠和处理构筑物内的沉积，避免重力排泥困难，防止对生物处理系统和污泥处理系统运行的干扰。

6.4.2 关于平流沉砂池设计的规定。

本条是根据国内污水厂的试验资料和管理经验，并参照国外有关资料而制定。平流沉砂池应符合下列要求：

1 最大流速应为0.3m/s，最小流速应为0.15m/s。在此流速范围内可避免已沉淀的砂粒再次翻起，也可避免污水中的有机物大量沉淀，能有效地去除相对密度2.65、粒径0.2mm以上的砂粒。

2 最高时流量的停留时间至少应为30s，日本指南推荐30s～60s

3 从养护方便考虑，规定每格宽度不宜小于0.6m。有效水深在理论上与沉砂效率无关，前苏联规范规定为0.25m～1.0m，本条规定不应大于1.2m。

6.4.3 关于曝气沉砂池设计的规定。

本条是根据国内的实践数据，参照国外资料而制定，其资料见表10。

表10 曝气沉砂池设计数据

设计数据 / 资料来源	旋流速度(m/s)	水平流速(m/s)	最高时流量停留时间(mm)	有效水深(m)	宽深比	曝气量	进水方向	出水方向
上海某污水厂	0.25～0.3		2	2.1	1	$0.07m^3/m^3$	与池中旋流方向一致	与进水方向垂直，淹没式出水口
北京某污水厂	0.3	0.056	2～6	1.5	1	$0.115m^3/m^3$	与池中旋流方向一致	与进水方向垂直，淹没式出水口
北京某中试厂	0.25	0.075	3～15(考虑预曝气)	2	1	$0.1m^3/m^3$	与池中旋流方向一致	与进水方向垂直，淹没式出水口
天津某污水厂			6	3.6	1	$0.2m^3/m^3$	淹没孔	溢流堰
美国污水厂手册			1～3			$16.7m^3/(m^2·h)$～$44.6m^3/(m^2·h)$	使污水在空气作用下直接形成旋流	应与进水成直角，并在靠近出口处应考虑设挡板
前苏联规范		0.08～0.12			1～1.5	$3m^3/(m^2·h)$～$5m^3/(m^2·h)$	与水在沉砂池中的旋流方向一致	淹没式出水口
日本指南			1～2	2～3		$1m^3/m^3$～$2m^3/m^3$		
本规范		0.1	>2	2～3	1～1.5	$0.1m^3/m^3$～$0.2m^3/m^3$	应与池中旋流方向一致	应与进水方向垂直，并宜设置挡板

6.4.4 关于旋流沉砂池设计的规定

本条是根据国内的实践数据，参照国外资料而制定。

6.4.5 关于污水沉砂量的规定。

污水的沉砂量，根据北京、上海、青岛等城市的实践数据，分别为：$0.02L/m^3$、$0.02L/m^3$、$0.11L/m^3$，污水沉砂量的含水率为60%，密度为$1500kg/m^3$。参照国外资料，本条规定沉砂量为$0.03L/m^3$，国外资料见表11。

表 11 各国沉砂量情况

资料来源	单位	数值	说明
日本指南	L/m³（污水）	0.0005～0.05	分流制污水
		0.005～0.05	分流制雨水
		0.005～0.05	合流制污水
		0.001～0.05	合流制雨水
美国污水厂手册	L/m³（污水）	0.004～0.037	合流制
	L/（人·d）	0.004～0.018	合流制
前苏联规范	L/（人·d）（污水）	0.02	相当于 0.05（L/m³）～0.09L/m³（污水）
德国 ATV	L/（人·年）	0.02～0.2	年平均 0.06
		2～5	
本规范	L/m³（污水）	0.03	

6.4.6 关于砂斗容积和砂斗壁倾角的规定。

根据国内沉砂池的运行经验，砂斗容积一般不超过 2d 的沉砂量；当采用重力排砂时，砂斗壁倾角不应小于 55°，国外也有类似规定。

6.4.7 关于沉砂池除砂的规定。

从国内外的实践经验表明，沉砂池的除砂一般采用砂泵或空气提升泵等机械方法，沉砂经砂水分离后，干砂在贮砂池或晒砂场贮存或直接装车外运。由于排砂的不连续性，重力或机械排砂方法均会发生排砂管堵塞现象，在设计中应考虑水力冲洗等防堵塞措施。考虑到排砂管易堵，规定人工排砂时，排砂管直径不应小于 200mm。

6.5 沉 淀 池

Ⅰ 一 般 规 定

6.5.1 关于沉淀池设计的规定。

为使用方便和易于比较，根据目前国内的实践经验并参照美国、日本等的资料，沉淀池以表面水力负荷为主要设计参数。按表面水力负荷设计沉淀池时，应校核固体负荷、沉淀时间和沉淀池各部分主要尺寸的关系，使之相互协调。表 12 为国外有关表面水力负荷和沉淀时间的取值范围。

按《城镇污水处理厂污染物排放标准》GB 18918 要求，对排放的污水应进行脱氮除磷处理，为保证较高的脱氮除磷效果，初次沉淀池的处理效果不宜太高，以维持足够碳氮和碳磷的比例。通过函调返回资料统计分析，建议适当缩短初次沉淀池的沉淀时间。当沉淀池的有效水深为 2.0m～4.0m 时，初次沉淀池的沉淀时间为 0.5h～2.0h，其相应的表面水力负荷为 1.5m³/(m²·h)～4.5m³/(m²·h)；二次沉淀池活性污泥法后的沉淀时间为 1.5h～4.0h，其相应的表面水力负荷为 0.6m³/(m²·h)～1.5m³/(m²·h)。

沉淀池的污泥量是根据每人每日 SS 和 BOD_5 数值，按沉淀池沉淀效率经理论推算求得。

表 12 表面水力负荷和沉淀时间取值范围

资料来源	沉淀时间（h）	表面水力负荷 [m³/(m²·d)]	说明
日本指南	1.5	35～70	分流制初次沉淀池
	0.5～3.0	25～50	合流制初次沉淀池
	4.0～5.0	20～30	二次沉淀池
美国十州标准	1.5～2.5	60～120	初次沉淀池
	2.0～3.5	37～49	二次沉淀池
	1.5～2.5	80～120	初次沉淀池
	2.0～3.5	40～64	二次沉淀池
德国 ATV	0.5～0.8	2.5～4.0*	化学沉淀池
	0.5～1.0	2.5～4.0*	初次沉淀池
	1.7～2.5	0.8～1.5*	二次沉淀池

注：单位为 m³/（m²·h）。

污泥含水率，按国内污水厂的实践数据制定。

6.5.2 关于沉淀池超高的规定。

沉淀池的超高按国内污水厂实践经验取 0.3m～0.5m。

6.5.3 关于沉淀池有效水深的规定。

沉淀池的沉淀效率由池的表面积决定，与池深无多大关系，因此宁可采用浅池。但实际上若水深过浅，则因水流会引起污泥的扰动，使污泥上浮。温度、风等外界影响也会使沉淀效率降低。若水池过深，会造成投资增加。有效水深一般以 2.0m～4.0m 为宜。

6.5.4 规定采用污泥斗排泥的要求。

本条是根据国内实践经验制定，国外规范也有类似规定。每个泥斗分别设闸阀和排泥管，目的是便于控制排泥。

6.5.5 关于污泥区容积的规定。

本条是根据国内实践数据，并参照国外规范而制定。污泥区容积包括污泥斗和池底贮泥部分的容积。

6.5.6 关于排泥管直径的规定。

6.5.7 关于静水压力排泥的若干规定。

本条是根据国内实践数据，并参照国外规范而制定。

6.5.8 关于沉淀池出水堰最大负荷的规定。

参照国外资料，规定了出水堰最大负荷，各种类型的沉淀池都宜遵守。

6.5.9 关于撇渣设施的规定。

据调查，初次沉淀池和二次沉淀池出流处会有浮渣积聚，为防止浮渣随出水溢出，影响出水水质，应设撇除、输送和处置设施。

Ⅱ 沉 淀 池

6.5.10 关于平流沉淀池设计的规定。

1 长宽比和长深比的要求。长宽比过小，水流不易均匀平稳，过大会增加池中水平流速，二者都影响沉淀效率。长宽比值日本指南规定为3～5，英、美资料建议也是3～5，本规范规定为不宜小于4。长深比前苏联规范规定为8～12，本条规定为不宜小于8。池长不宜大于60m。

2 排泥机械行进速度的要求。据国内外资料介绍，链条刮板式的行进速度一般为0.3m/min～1.2m/min，通常为0.6m/min。

3 缓冲层高度的要求。参照前苏联规范制定。

4 池底纵坡的要求。设刮泥机时的池底纵坡不宜小于0.01。日本指南规定为0.01～0.02。

按表面水力负荷设计平流沉淀池时，可按水平流速进行校核。平流沉淀池的最大水平流速：初次沉淀池为7mm/s，二次沉淀池为5mm/s。

6.5.11 关于竖流沉淀池设计的规定。

1 径深比的要求。根据竖流沉淀池的流态特征，径深比不宜大于3。

2 中心管内流速不宜过大，防止影响沉淀区的沉淀作用。

3 中心管下口设喇叭口和反射板，以消除进入沉淀区的水流能量，保证沉淀效果。

6.5.12 关于辐流沉淀池设计的规定。

1 径深比的要求。根据辐流沉淀池的流态特征，径深比宜为6～12。日本指南和前苏联规范都规定为6～12，沉淀效果较好，本条文采用6～12。为减少风对沉淀效果的影响，池径宜小于50m。

2 排泥方式及排泥机械的要求。近年来，国内各地区设计的辐流沉淀池，其直径都较大，配有中心传动或周边驱动的桁架式刮泥机，已取得成功经验。故规定宜采用机械排泥。参照日本指南，规定排泥机械旋转速度为1r/h～3r/h，刮泥板的外缘线速度不大于3m/min。当池子直径较小，且无配套的排泥机械时，可考虑多斗排泥，但管理较麻烦。

Ⅲ 斜管（板）沉淀池

6.5.13 规定斜管（板）沉淀池的采用条件。

据调查，国内城镇污水厂采用斜管（板）沉淀池作为初次沉淀池和二次沉淀池，积有生产实践经验，认为在用地紧张，需要挖掘原有沉淀池的潜力，或需要压缩沉淀池面积等条件下，通过技术经济比较，可采用斜管（板）沉淀池。

6.5.14 关于升流式异向流斜管（板）沉淀池负荷的规定。

根据理论计算，升流式异向流斜管（板）沉淀池的表面水力负荷可比普通沉淀池大几倍，但国内污水厂多年生产运行实践表明，升流式异向流斜管（板）沉淀池的设计表面水力负荷不宜过大，不然沉淀效果不稳定，宜按普通沉淀池设计表面负荷的2倍计。据调查，斜管（板）二次沉淀池的沉淀效果不太稳定，为防止泛泥，本条规定对于斜管（板）二次沉淀池，应以固体负荷核算。

6.5.15 关于升流式异向流斜管（板）沉淀池设计的规定。

本条是根据国内污水厂斜管（板）沉淀池采用的设计参数和运行情况而做出的相应规定。

1 斜管孔径（或斜板净距）为45mm～100mm，一般为80mm，本条规定宜为80mm～100mm。

2 斜管（板）斜长宜为1.0m～1.2m。

3 斜管（板）倾角宜为60°。

4 斜管（板）区上部水深为0.5m～0.7m，本条规定宜为0.7m～1.0m。

5 底部缓冲层高度0.5m～1.2m，本条规定宜为1.0m。

6.5.16 规定斜管（板）沉淀池设冲洗设施的要求。

根据国内生产实践经验，斜管内和斜板上有积泥现象，为保证斜管（板）沉淀池的正常稳定运行，本条规定应设冲洗设施。

6.6 活性污泥法

Ⅰ 一 般 规 定

6.6.1 关于活性污泥处理工艺选择的规定。

外部环境条件，一般指操作管理要求，包括水量、水质、占地、供电、地质、水文、设备供应等。

6.6.2 关于运行方案的规定。

运行条件一般指进水负荷和特性，以及污水温度、大气温度、湿度、沙尘暴、初期运行条件等。

6.6.3 规定生物反应池的超高。

6.6.4 关于除泡沫的规定。

目前常用的消除泡沫措施有水喷淋和投加消泡剂等方法。

6.6.5 关于设置放水管的规定。

生物反应池投产初期采用间歇曝气培养活性污泥时，静沉后用作排除上清液。

6.6.6 规定廊道式生物反应池的宽深比和有效水深。

本条适用于推流式运行的廊道式生物反应池。生物反应池的池宽与水深之比为1～2，曝气装置沿一侧布置时，生物反应池混合液的旋流前进的水力状态较好。有效水深4.0m～6.0m是根据国内鼓风机的风压能力，并考虑尽量降低生物反应池占地面积而确定的。当条件许可时也可采用较大水深，目前国内一些大型污水厂采用的水深为6.0m，也有一些污水厂采用的水深超过6.0m。

6.6.7 关于生物反应池中好氧区（池）、缺氧区

(池)、厌氧区(池)混合全池污水最小曝气量及最小搅拌功率的规定。

缺氧区(池)、厌氧区(池)的搅拌功率:在《污水处理新工艺与设计计算实例》一书中推荐取 $3W/m^3$,美国污水厂手册推荐取 $5W/m^3$ ~ $8W/m^3$,中国市政工程西南设计研究院曾采用过 $2W/m^3$。本规范建议为 $2W/m^3$ ~ $8W/m^3$。所需功率均以曝气器配置功率表示。

其他设计参数沿用原规范有关条文的数据。

6.6.8 关于低温条件的规定。

我国的寒冷地区,冬季水温一般在 6℃~10℃,短时间可能为 4℃~6℃;应核算污水处理过程中,低气温对污水温度的影响。

当污水温度低于 10℃时,应按《寒冷地区污水活性污泥法处理设计规程))CECS 111 的有关规定修正设计计算数据。

6.6.9 关于入流方式的规定。

规定污水进入厌氧区(池)、缺氧区(池)时,采用淹没式入流方式的目的是避免引起复氧。

Ⅱ 传统活性污泥法

6.6.10 规定生物反应池的主要设计数据。

有关设计数据是根据我国污水厂回流污泥浓度一般为 4g/L~ 8g/L 的情况确定的。如回流污泥浓度不在上述范围时,可适当修正。当处理效率可以降低时、负荷可适当增大。当进水五日生化需氧量低于一般城镇污水时,负荷尚应适当减小。

生物反应池主要设计数据中,容积负荷 L_V 与污泥负荷 L_S 和污泥浓度 X 相关;同时又必须按生物反应池实际运行规律来确定数据,即不可无依据地将本规范规定的 L_S 和 X 取端值相乘以确定最大的容积负荷 L_V。

Q 为反应池设计流量,不包括污泥回流量。

X 为反应池内混合液悬浮固体 MLSS 的平均浓度,它适用于推流式、完全混合式生物反应池。吸附再生反应池的 X,是根据吸附区的混合液悬浮固体和再生区的混合液悬浮固体,按这两个区的容积进行加权平均得出的理论数据。

6.6.11 规定生物反应池容积的计算公式。

污泥负荷计算公式中,原来是按进水五日生化需氧量计算,现在修改为按去除的五日生化需氧量计算。

由于目前很少采用按容积负荷计算生物反应池的容积,因此将原规范中按容积负荷计算的公式列入条文说明中以备方案校核、比较时参考使用,以及采用容积负荷指标时计算容积之用。按容积负荷计算生物反应池的容积时,可采用下式:

$$V=\frac{24S_oQ}{1000L_V}$$

式中:L_V——生物反应池的五日生化需氧量容积负荷,$kgBOD_5/(m^3 \cdot d)$。

6.6.12 关于衰减系数的规定。

衰减系数 K_d 值与温度有关,列出了温度修正公式。

6.6.13 关于生物反应池始端设置缺氧选择区(池)或厌氧选择区(池)的规定。

其作用是改善污泥性质,防止污泥膨胀。

6.6.14 关于阶段曝气生物反应池的规定。

本条是根据国内外有关阶段曝气法的资料而制定。阶段曝气的特点是污水沿池的始端 1/2~3/4 长度内分数点进入(即进水口分布在两廊道生物反应池的第一条廊道内,三廊道生物反应池的前两条廊道内,四廊道生物反应池的前三条廊道内),尽量使反应池混合液的氧利用率接近均匀,所以容积负荷比普通生物反应池大。

6.6.15 关于吸附再生生物反应池的规定。

根据国内污水厂的运行经验,参照国外有关资料,规定吸附再生生物反应池吸附区和再生区的容积和停留时间。它的特点是回流污泥先在再生区作较长时间的曝气,然后与污水在吸附区充分混合,作较短时间接触,但一般不小于 0.5h。

6.6.16 关于合建式完全混合生物反应池的规定。

1 据资料介绍,一般生物反应池的平均耗氧速率为 30mg/(L·h)~40mg/(L·h)。根据对上海某污水厂和湖北某印染厂污水站的生物反应池回流缝处测定实际的溶解氧,表明污泥室的溶解氧浓度不一定能满足生物反应池所需的耗氧速率,为安全计,合建式完全混合反应池曝气部分的容积包括导流区,但不包括污泥室容积。

2 根据国内运行经验,沉淀区的沉淀效果易受曝气区的影响。为了保证出水水质,沉淀区表面水力负荷宜为 $0.5m^3/(m^2 \cdot h)$~$1.0m^3/(m^2 \cdot h)$。

Ⅲ 生物脱氮、除磷

6.6.17 关于生物脱氮、除磷系统污水的水质规定。

1 污水的五日生化需氧量与总凯氏氮之比是影响脱氮效果的重要因素之一。异养性反硝化菌在呼吸时,以有机基质作为电子供体,硝态氮作为电子受体,即反硝化时需消耗有机物。青岛等地污水厂运行实践表明,当污水中五日生化需氧量与总凯氏氮之比大于 4 时,可达理想脱氮效果;五日生化需氧量与总凯氏氮之比小于 4 时,脱氮效果不好。五日生化需氧量与总凯氏氮之比过小时,需外加碳源才能达到理想的脱氮效果。外加碳源可采用甲醇,它被分解后产生二氧化碳和水,不会留下任何难以分解的中间产物。由于城镇污水水量大,外加甲醇的费用较大,有些污水厂将淀粉厂、制糖厂、酿造厂等排出的高浓度有机废水作为外加碳源,取得了良好效果。当五日生化需氧量与总凯氏氮之比为4或略小于4时，可不设初次沉淀池或缩短污水在初次沉淀池中的停留时间，以增大进生物反应池污水中五日生化需氧量与氮的比值。

2 生物除磷由吸磷和放磷两个过程组成，积磷菌在厌氧放磷时，伴随着溶解性可快速生物降解的有机物在菌体内储存。若放磷时无溶解性可快速生物降解的有机物在菌体内储存，则积磷菌在进入好氧环境中并不吸磷，此类放磷为无效放磷。生物脱氮和除磷都需有机碳，在有机碳不足，尤其是溶解性可快速生物降解的有机碳不足时，反硝化菌与积磷菌争夺碳源，会竞争性地抑制放磷。

污水的五日生化需氧量与总磷之比是影响除磷效果的重要因素之一。若比值过低，积磷菌在厌氧池放磷时释放的能量不能很好地被用来吸收和贮藏溶解性有机物，影响该类细菌在好氧池的吸磷，从而使出水磷浓度升高。广州地区的一些污水厂，在五日生化需氧量与总磷之比为17及以上时，取得了良好的除磷效果。

3 若五日生化需氧量与总凯氏氮之比小于4，则难以完全脱氮而导致系统中存在一定的硝态氮的残余量，这样即使污水中五日生化需氧量与总磷之比大于17，其生物除磷的效果也将受到影响。

4 一般地说，积磷菌、反硝化菌和硝化细菌生长的最佳pH值在中性或弱碱性范围，当pH值偏离最佳值时，反应速度逐渐下降，碱度起着缓冲作用。污水厂生产实践表明，为使好氧池的pH值维持在中性附近，池中剩余总碱度宜大于70mg/L。每克氨氮氧化成硝态氮需消耗7.14g碱度，大大消耗了混合液的碱度。反硝化时，还原1g硝态氮成氮气，理论上可回收3.57g碱度，此外，去除1g五日生化需氧量可以产生0.3g碱度。出水剩余总碱度可按下式计算，剩余总碱度＝进水总碱度＋0.3×五日生化需氧量去除量＋3×反硝化脱氮量－7.14×硝化氮量，式中3为美国EPA（美国环境保护署）推荐的还原1g硝态氮可回收3g碱度。当进水碱度较小，硝化消耗碱度后，好氧池剩余碱度小于70mg/L，可增加缺氧池容积，以增加回收碱度量。在要求硝化的氨氮量较多时，可布置成多段缺氧/好氧形式。在该形式下，第一个好氧池仅氧化部分氨氮，消耗部分碱度，经第二个缺氧池回收碱度后再进入第二个好氧池消耗部分碱度，这样可减少对进水碱度的需要量。

6.6.18 关于生物脱氮的规定。

生物脱氮由硝化和反硝化两个生物化学过程组成。氨氮在好氧池中通过硝化细菌作用被氧化成硝态氮，硝态氮在缺氧池中通过反硝化菌作用被还原成氮气逸出。硝化菌是化能自养菌，需在好氧环境中氧化氨氮获得生长所需能量；反硝化菌是兼性异养菌，它们利用有机物作为电子供体，硝态氮作为电子最终受体，将硝态氮还原成气态氮。由此可见，为了发生反硝化作用，必须具备下列条件：①有硝态氮；②有有机碳；③基本无溶解氧（溶解氧会消耗有机物）。为了有硝态氮，处理系统应采用较长泥龄和较低负荷。缺氧/好氧法可满足上述要求，适于脱氮。

1 缺氧/好氧生物反应池的容积计算，可采用本规范第6.6.11条生物去除碳源污染物的计算方法。根据经验，缺氧区（池）的水力停留时间宜为0.5h～3h。

2 式（6.6.18-1）介绍了缺氧池容积的计算方法，式中0.12为微生物中氮的分数。反硝化速率K_{de}与混合液回流比、进水水质、温度和污泥中反硝化菌的比例等因素有关。混合液回流量大，带入缺氧池的溶解氧多，K_{de}取低值；进水有机物浓度高且较易生物降解时，K_{de}取高值。

温度变化可用式（6.6.18-2）修正，式中1.08为温度修正系数。

由于原污水总悬浮固体中的一部分沉积到污泥中，结果产生的污泥将大于由有机物降解产生的污泥，在许多不设初次沉淀池的处理工艺中更甚。因此，在确定污泥总产率系数时，必须考虑原污水中总悬浮固体的含量，否则，计算所得的剩余污泥量往往偏小。污泥总产率系数随温度、泥龄和内源衰减系数变化而变化，不是一个常数。对于某种生活污水，有初次沉淀池和无初次沉淀池时，泥龄-污泥总产率曲线分别示于图2和图3。

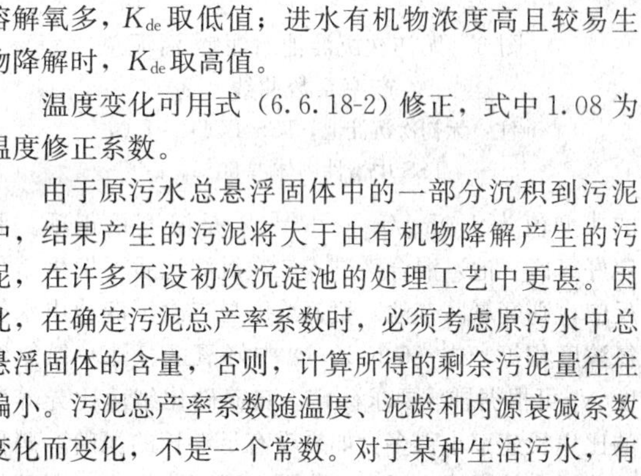

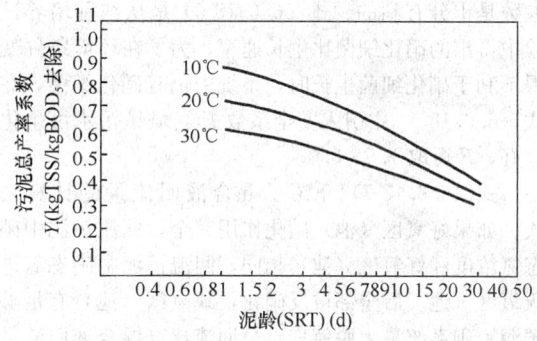

图2 有初次沉淀池时泥龄-污泥总产率系数曲线

注：有初次沉淀池．TSS去除60%，初次沉淀池出流中有30%的惰性物质，原污水的COD/BOD_5为1.5～2.0，TSS/BOD_5为0.8～1.2。

TSS/BOD_5反映了原污水中总悬浮固体与五日生化需氧量之比，比值大，剩余污泥量大，即Y_t值大。泥龄θ_c影响污泥的衰减，泥龄长，污泥衰减多，即Y_t值小。温度影响污泥总产率系数，温度高，Y_t值小。

式（6.6.18-4）介绍了好氧区（池）容积的计算公式。式（6.6.18-6）为计算硝化细菌比生长速率的公式，0.47为15℃时硝化细菌最大比生长速率；硝化作用中氮的半速率常数K_n是硝化细菌比生长速率等于硝化细菌最大比生长速率一半时氮的浓度，K_n

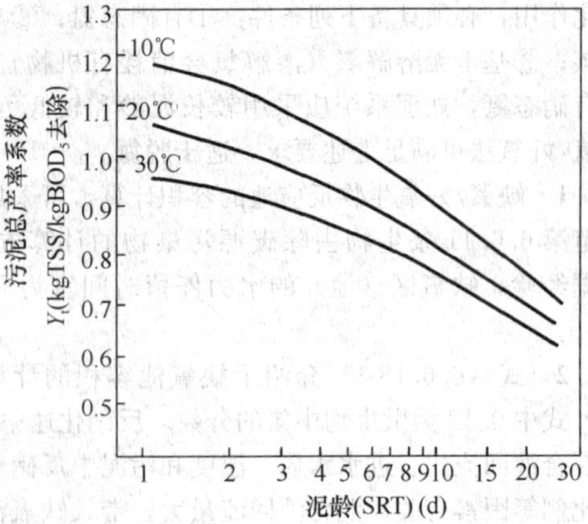

图3 无初次沉淀池时泥龄-污泥总产率系数曲线

注：无初次沉淀池，$TSS/BOD_5=1.0$，TSS中惰性固体占50%。

的典型值为1.0mg/L；$e^{0.098(T-15)}$是温度校正项。假定好氧区（池）混合液进入二次沉淀池后不发生硝化反应，则好氧区（池）氨氮浓度与二次沉淀池出水氨氮浓度相等，式（6.6.18-6）中好氧区（池）氨氮浓度N_a可根据排放要求确定。自养硝化细菌比异养菌的比生长速率小得多，如果没有足够长的泥龄，硝化细菌就会从系统中流失。为了保证硝化发生，泥龄须大于$1/\mu$。在需要硝化的场合，以泥龄作为基本设计参数是十分有利的。式（6.6.18-6）是从纯种培养试验中得出的硝化细菌比生长速率。为了在环境条件变得不利于硝化细菌生长时，系统中仍有硝化细菌，在式（6.6.18-5）中引入安全系数F，城镇污水可生化性好，F可取1.5～3.0。

式（6.6.18-7）介绍了混合液回流量的计算公式。如果好氧区（池）硝化作用完全，回流污泥中硝态氮浓度和好氧区（池）相同，回流污泥中硝态氮进厌氧区（池）后全部被反硝化，缺氧区（池）有足够碳源，则系统最大脱氮率是总回流比（混合液回流量加上回流污泥量与进水流量之比）r的函数，$r=(Q_{Ri}+Q_R)/Q$，最大脱氮率$=r/(1+r)$。由公式可知，增大总回流比可提高脱氮效果，但是，总回流比为4时，再增加回流比，对脱氮效果的提高不大。总回流比过大，会使系统由推流式趋于完全混合式，导致污泥性状变差；在进水浓度较低时，会使缺氧区（池）氧化还原电位（ORP）升高，导致反硝化速率降低。上海市政工程设计研究院观察到总回流比从1.5上升到2.5，ORP从−218mV上升到−192mV，反硝化速率从$0.08kgNO_3/(kgVSS\cdot d)$下降到$0.038kgNO_3/(kgVSS\cdot d)$。回流污泥量的确定，除计算外，还应综合考虑提供硝酸盐和反硝化速率等方面的因素。

3 在设计中虽然可以从参考文献中获得一些动力学数据，但由于污水的情况千差万别，因此只有试验数据才最符合实际情况，有条件时应通过试验获取数据。若无试验条件时，可通过相似水质、相似工艺的污水厂，获取数据。生物脱氮时，由于硝化细菌世代时间较长，要取得较好脱氮效果，需较长泥龄。以脱氮为主要目标时，泥龄可取11d～23d。相应的五日生化需氧量污泥负荷较低、污泥产率较低、需氧量较大，水力停留时间也较长。表6.6.18所列设计参数为经验数据。

6.6.19 关于生物除磷的规定。

生物除磷必须具备下列条件：①厌氧（无硝态氮）；②有机碳。厌氧/好氧法可满足上述要求，适于除磷。

1 厌氧/好氧生物反应池的容积计算，根据经验可采用本规范第6.6.11条生物去除碳源污染物的计算方法，并根据经验确定厌氧和好氧各段的容积比。

2 在厌氧区（池）中先发生脱氮反应消耗硝态氮，然后积磷菌释放磷，释磷过程中释放的能量可用于其吸收和贮藏溶解性有机物。若厌氧区（池）停留时间小于1h，磷释放不完全，会影响磷的去除率，综合考虑除磷效率和经济性，规定厌氧区（池）停留时间为1h～2h。在只除磷的厌氧/好氧系统中，由于无硝态氮和积磷菌争夺有机物，厌氧池停留时间可取下限。

3 活性污泥中积磷菌在厌氧环境中会释放出磷，在好氧环境中会吸收超过其正常生长所需的磷。通过排放富磷剩余污泥，可比普通活性污泥法从污水中去除更多的磷。由此可见，缩短泥龄，即增加排泥量可提高磷的去除率。以除磷为主要目的时，泥龄可取3.5d～7.0d。表6.6.19所列设计参数为经验数据。

4 除磷工艺的剩余污泥在污泥浓缩池中浓缩时会因厌氧放出大量磷酸盐，用机械法浓缩污泥可缩短浓缩时间，减少磷酸盐析出量。

5 生物除磷工艺的剩余活性污泥厌氧消化时会产生大量灰白色的磷酸盐沉积物，这种沉积物极易堵塞管道。青岛某污水厂采用AAO（又称A^2O）工艺处理污水，该厂在消化池出泥管、后浓缩池进泥管、后浓缩池上清液管道和污泥脱水后滤液管道中均发现灰白色沉积物，弯管处尤甚，严重影响了正常运行。这种灰白色沉积物质地坚硬，不溶于水；经盐酸浸泡，无法去除。该厂在这些管道的转弯处增加了法兰，还拟对消化池出泥管进行改造，将原有的内置式管道改为外部管道，便于经常冲洗保养。污泥脱水滤液和第二级消化池上清液，磷浓度十分高，如不除磷，直接回到集水池，则磷从水中转移到泥中，再从泥中转移到水中，只是在处理系统中循环，严重影响了磷的去除效率。这类磷酸盐宜采用化学法去除。

6.6.20 关于生物同时脱氮除磷的规定。

生物同时脱氮除磷，要求系统具有厌氧、缺氧和好氧环境。厌氧/缺氧/好氧法可满足这一条件。

脱氮和除磷是相互影响的。脱氮要求较低负荷和较长泥龄，除磷却要求较高负荷和较短泥龄。脱氮要求有较多硝酸盐供反硝化，而硝酸盐不利于除磷。设计生物反应池各区（池）容积时，应根据氮、磷的排放标准等要求，寻找合适的平衡点。

脱氮和除磷对泥龄、污泥负荷和好氧停留时间的要求是相反的。在需同时脱氮除磷时，综合考虑泥龄的影响后，可取10d～20d。本规范表6.6.20所列设计参数为经验数据。

AAO（又称 A^2O）工艺中，当脱氮效果好时，除磷效果较差。反之亦然，不能同时取得较好的效果。针对这些存在的问题，可对工艺流程进行变形改进，调整泥龄、水力停留时间等设计参数，改变进水和回流污泥等布置形式，从而进一步提高脱氮除磷效果。图4为一些变形的工艺流程。

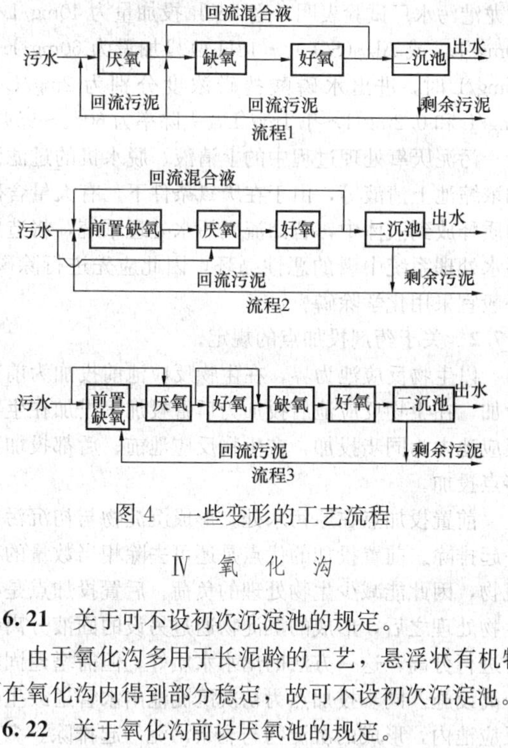

图4　一些变形的工艺流程

Ⅳ　氧　化　沟

6.6.21　关于可不设初次沉淀池的规定。

由于氧化沟多用于长泥龄的工艺，悬浮状有机物可在氧化沟内得到部分稳定，故可不设初次沉淀池。

6.6.22　关于氧化沟前设厌氧池的规定。

氧化沟前设置厌氧池可提高系统的除磷功能。

6.6.23　关于设置配水井的规定。

在交替式运行的氧化沟中，需设置进水配水井，井内设闸或溢流堰，按设计程序变换进出水水流方向；当有两组及其以上平行运行的系列时，也需设置进水配水井，以保证均匀配水。

6.6.24　关于与二次沉淀池分建或合建的规定。

按构造特征和运行方式的不同，氧化沟可分为多种类型，其中有连续运行、与二次沉淀池分建的氧化沟，如Carrousel型多沟串联系统氧化沟、Orbal同心圆或椭圆形氧化沟、DE型交替式氧化沟等；也有集曝气、沉淀于一体的氧化沟，又称合建式氧化沟，如船式一体化氧化沟、T型交替式氧化沟等。

6.6.25　关于延时曝气氧化沟的主要设计参数的规定。

6.6.26　关于氧化沟进行脱氮除磷的规定。

6.6.27　关于氧化沟进出水布置和超高的规定。

进水和回流污泥从缺氧区首端进入，有利于反硝化脱氮。出水宜在充氧器后的好氧区，是为了防止二次沉淀池中出现厌氧状态。

6.6.28　关于有效水深的规定。

随着曝气设备不断改进，氧化沟的有效水深也在变化。过去，一般为0.9m～1.5m；现在，当采用转刷时，不宜大于3.5m；当采用转碟、竖轴表曝机时，不宜大于4.5m。

6.6.29　关于导流墙、隔流墙的规定。

6.6.30　关于曝气设备安装部位的规定。

6.6.31　关于走道板和工作平台的规定。

6.6.32　关于平均流速的规定。

为了保证活性污泥处于悬浮状态，国内外普遍采用沟内平均流速0.25m/s～0.35m/s。日本指南规定，沟内平均流速为0.25m/s，本规范规定宜大于0.25m/s。为改善沟内流速分布，可在曝气设备上、下游设置导流墙。

6.6.33　关于自动控制的规定。

氧化沟自动控制系统可采用时间程序控制，也可采用溶解氧或氧化还原电位（ORP）控制。在特定位置设置溶解氧探头，可根据池中溶解氧浓度控制曝气设备的开关，有利于满足运行要求，且可最大限度地节约动力。

对于交替运行的氧化沟，宜设置溶解氧控制系统，控制曝气转刷的连续、间歇或变速转动，以满足不同阶段的溶解氧浓度要求或根据设定的模式进行运行。

Ⅴ　序批式活性污泥法（SBR）

6.6.34　关于设计污水量的规定。

由于进水时可均衡水量变化，且反应池对水质变化有较大的缓冲能力，故规定反应池的设计污水量为平均日污水量。为顺利输送污水并保证处理效果，对反应池前后的水泵、管道等输水设施做出按最高日最高时污水量设计的规定。

6.6.35　关于反应池数量的规定。

考虑到清洗和检修等情况，SBR反应池的数量不宜少于2个。但水量较小（小于500m^3/d）时，设2个反应池不经济，或当投产初期污水量较小、采用低负荷连续进水方式时，可建1个反应池。

6.6.36　规定反应池容积的计算公式。

6.6.37　规定污泥负荷的选用范围。

除负荷外，充水比和周期数等参数均对脱氮除磷有影响，设计时，要综合考虑各种因素。

6.6.38 关于SBR工艺各工序时间的规定。

SBR工艺是按周期运行的，每个周期包括进水、反应（厌氧、缺氧、好氧）、沉淀、排水和闲置五个工序，前四个工序是必需工序。

进水时间指开始向反应池进水至进水完成的一段时间。在此期间可根据具体情况进行曝气（好氧反应）、搅拌（厌氧、缺氧反应）、沉淀、排水或闲置。若一个处理系统有 n 个反应池，连续地将污水流入各个池内，依次对各池污水进行处理，假设在进水工序不进行沉淀和排水，一个周期的时间为 t，则进水时间应为 t/n。

非好氧反应时间内，发生反硝化反应及放磷反应。运行时可增减闲置时间调整非好氧反应时间。

式（6.6.38-2）中充水比的含义是每个周期进水体积与反应池容积之比。充水比的倒数减1，可理解为回流比；充水比小，相当于回流比大。要取得较好的脱氮效果，充水比要小；但充水比过小，反而不利，可参见本规范条文说明6.6.18。

排水目的是排除沉淀后的上清液，直至达到开始向反应池进水时的最低水位。排水可采用滗水器，所用时间由滗水器的能力决定。排水时间可通过增加滗水器台数或加大溢流负荷来缩短。但是，缩短了排水时间将增加后续处理构筑物（如消毒池等）的容积和增大排水管管径。综合两者关系，排水时间宜为1.0h～1.5h。

闲置不是一个必需的工序，可以省略。在闲置期间，根据处理要求，可以进水、好氧反应、非好氧反应以及排除剩余污泥等。闲置时间的长短由进水流量和各工序的时间安排等因素决定。

6.6.39 规定每天的运行周期数。

为了便于运行管理，做此规定。

6.6.40 关于导流装置的规定。

由于污水的进入会搅动活性污泥，此外，若进水发生短流会造成出水水质恶化，因此应设置导流装置。

6.6.41 关于反应池池形的规定。

矩形反应池可布置紧凑，占地少。水深应根据鼓风机出风压力确定。如果反应池水深过大，排出水的深度相应增大，则固液分离所需时间就长。同时，受滗水器结构限制，滗水不能过多；如果反应池水深过小，由于受活性污泥界面以上最小水深（保护高度）限制，排出比小，不经济。综合以上考虑，规定完全混合型反应池水深宜为4.0m～6.0m。连续进水时，如反应池长宽比过大，流速大，会带出污泥；长宽比过小，会因短流而造成出水水质下降，故长宽比宜为2.5：1～4：1。

6.6.42 关于事故排水装置的规定。

滗水器故障时，可用事故排水装置应急。固定式排水装置结构简单，十分适合作事故排水装置。

6.6.43 关于浮渣的规定。

由于SBR工艺一般不设初次沉淀池，浮渣和污染物会流入反应池。为了不使反应池水面上的浮渣随处理水一起流出，首先应设沉砂池、除渣池（或极细格栅）等预处理设施，其次应采用有挡板的滗水器。反应池应有撇渣机等浮渣清除装置，否则反应池表面会积累浮渣，影响环境和处理效果。

6.7 化学除磷

6.7.1 关于化学除磷应用范围的规定。

《城镇污水处理厂污染物排放标准》GB 18918规定的总磷的排放标准：当达到一级A标准时，在2005年12月31日前建设的污水厂为1mg/L，2006年1月1日起建设的污水厂为0.5mg/L。一般城镇污水经生物除磷后，较难达到后者的标准，故可辅以化学除磷，以满足出水水质的要求。

强化一级处理，可去除污水中绝大部分磷。上海白龙港污水厂试验表明，当 $FeCl_3$ 投加量为40mg/L～80mg/L，或 $Al_2(SO_4)_3 \cdot 18H_2O$ 投加量为60mg/L～80mg/L时，进出水磷酸盐磷浓度分别为2mg/L～9mg/L和0.2mg/L～1.1mg/L，去除率为60%～95%。

污泥厌氧处理过程中的上清液、脱水机的过滤液和浓缩池上清液等，由于在厌氧条件下，有大量含磷物质释放到液体中，若回流入污水处理系统，将造成污水处理系统中磷的恶性循环，因此应先进行除磷，一般宜采用化学除磷。

6.7.2 关于药剂投加点的规定。

以生物反应池为界，在生物反应池前投加为前置投加，在生物反应池后投加为后置投加，投加在生物反应池内为同步投加，在生物反应池前、后都投加为多点投加。

前置投加点在原污水处，形成沉淀物与初沉污泥一起排除。前置投加的优点是还可去除相当数量的有机物，因此能减少生物处理的负荷。后置投加点是在生物处理之后，形成的沉淀物通过另设的固液分离装置进行分离，这一方法的出水水质好，但需增建固液分离设施。同步投加点为初次沉淀池出水管道或生物反应池内，形成的沉淀物与剩余污泥一起排除。多点投加点是在沉砂池、生物反应池和固液分离设施等位置投加药剂，其可以降低投药总量，增加运行的灵活性。由于pH值的影响，不可采用石灰作混凝剂。在需要硝化的场合，要注意铁、铝对硝化菌的影响。

6.7.3 关于药剂种类、剂量和投加点宜根据试验确定的规定。

由于污水水质和环境条件各异，因而宜根据试验确定最佳药剂种类、剂量和投加点。

6.7.4 关于化学除磷药剂的规定。

铝盐有硫酸铝、铝酸钠和聚合铝等，其中硫酸铝较常用。铁盐有三氯化铁、氯化亚铁、硫酸铁和硫酸亚铁等，其中三氯化铁最常用。

采用铝盐或铁盐除磷时，主要生成难溶性的磷酸铝或磷酸铁，其投加量与污水中总磷量成正比。可用于生物反应池的前置、后置和同步投加。采用亚铁盐需先氧化成铁盐后才能取得最大除磷效果，因此其一般不作为后置技加的混凝剂，在前置投加时，一般投加在曝气沉砂池中，以使亚铁盐迅速氧化成铁盐。采用石灰除磷时，生成 $Ca_5(PO_4)_3OH$ 沉淀，其溶解度与 pH 值有关，因而所需石灰量取决于污水的碱度，而不是含磷量。石灰作混凝剂不能用于同步除磷，只能用于前置或后置除磷。石灰用于前置除磷后污水 pH 值较高，进生物处理系统前需调节 pH 值；石灰用于后置除磷时，处理后的出水必须调节 pH 值才能满足排放要求；石灰还可用于污泥厌氧释磷池或污泥处理过程中产生的富磷上清液的除磷。用石灰除磷，污泥量较铝盐或铁盐大很多，因而很少采用。加入少量阴离子、阳离子或阴阳离子聚合电解质，如聚丙烯酰胺（PAM），作为助凝剂，有利于分散的游离金属磷酸盐絮体混凝和沉淀。

6.7.5 关于铝盐或铁盐作混凝剂时，投加量的规定。

理论上，三价铝和铁离子与等摩尔磷酸反应生成磷酸铝和磷酸铁。由于污水中成分极其复杂，含有大量阴离子，铝、铁离子会与它们反应，从而消耗混凝剂，根据经验投加时其摩尔比宜为 1.5～3。

6.7.6 关于应考虑污泥量的规定。

化学除磷时会产生较多的污泥。采用铝盐或铁盐作混凝剂时，前置投加，污泥量增加 40%～75%；后置投加，污泥量增加 20%～35%；同步投加，污泥量增加 15%～50%。采用石灰作混凝剂时，前置投加，污泥量增加 150%～500%；后置投加，污泥量增加 130%～145%。

6.7.7 规定了接触腐蚀性物质的设备应采取防腐蚀措施。

三氯化铁、氯化亚铁、硫酸铁和硫酸亚铁都具有很强的腐蚀性；硫酸铝固体在干燥条件下没有腐蚀性，但硫酸铝液体却有很强的腐蚀性，故做此规定。

6.8 供 氧 设 施

Ⅰ 一 般 规 定

6.8.1 规定生物反应池供氧设施的功能和曝气方式。

供氧设施的功能应同时满足污水需氧量、活性污泥与污水的混合和相应的处理效率等要求。

6.8.2 规定污水需氧量的计算公式。

公式右边第一项为去除含碳污染物的需氧量，第二项为剩余污泥氧当量，第三项为氧化氨氮需氧量，第四项为反硝化脱氮回收的氧量。若处理系统仅为去除碳源污染物则 b 为零，只计第一项和第二项。

总凯氏氮（TKN）包括有机氮和氨氮。有机氮可通过水解脱氨基而生成氨氮，此过程为氨化作用。氨化作用对氮原子而言化合价不变，并无氧化还原反应发生。故采用氧化 1kg 氨氮需 4.57kg 氧来计算 TKN 降低所需要的氧量。

反硝化反应可采用下列公式表示：

$$5C+2H_2O+4NO_3^- \rightarrow 2N_2+4OH^- +5CO_2$$

由此可知：4 个 NO_3^- 还原成 2 个 N_2，可使 5 个有机碳氧化成 CO_2，相当于耗去 5 个 O_2，而从反应式 $4NH_4^+ +8O_2 \rightarrow 4NO_3^- +8H^+ +4H_2O$ 可知，4 个氨氮氧化成 4 个 NO_3^- 需消耗 8 个 O_2，故反硝化时氧的回收率为 5/8=0.62。

1.42 为细菌细胞的氧当量，若用 $C_5H_7NO_2$ 表示细菌细胞，则氧化 1 个 $C_5H_7NO_2$ 分子需 5 个氧分子，即 160/113=1.42（$kgO_2/kgVSS$）。

含碳物质氧化的需氧量，也可采用经验数据，参照国内外研究成果和国内污水厂生物反应池污水需氧量数据，综合分析为去除 1kg 五日生化需氧量需 0.7kg～1.2kgO_2。

6.8.3 规定生物反应池标准状态下污水需氧量的计算。

同一曝气器在不同压力、不同水温、不同水质时性能不同，曝气器的充氧性能数据是指单个曝气器标准状态下之值（即 0.1MPa，20℃清水）。生物反应池污水需氧量，不是 0.1MPa20℃清水中的需氧量，为了计算曝气器的数量，必须将污水需氧量换成标准状态下的值。

6.8.4 规定空气供气量的计算公式。

6.8.5 规定选用空气曝气系统中曝气器的原则。

6.8.6 规定曝气器数量的计算方法及应考虑的事项。

6.8.7 规定曝气器的布置方式。

20 世纪 70 年代前曝气器基本是在水池一侧布置，近年来多为满池布置。沿池长分段渐减布置，效果更佳。

6.8.8 规定采用表面曝气器供氧的要求。

叶轮使用应与池型相匹配，才可获得良好的效果，根据国内外运行经验作了相应的规定：

1 叶轮直径与生物反应池直径之比，根据国内运行经验，较小直径的泵型叶轮的影响范围达不到叶轮直径的 4 倍，故适当调整为 1∶3.5～1∶7。

2 根据国内实际使用情况，叶轮线速度在 3.5m/s～5.0m/s 范围内，效果较好。小于 3.5m/s，提升效果降低，故本条规定为 3.5m/s～5.0m/s。

3 控制叶轮供氧量的措施，根据国内外的运行经验，一般有调节叶轮速度、控制生物反应池出口水位和升降叶轮改变淹没水深等。

6.8.9 规定采用机械曝气设备充氧能力的原则。

目前多数曝气叶轮、转刷、转碟和各种射流曝气器均为非标准型产品，该类产品的供氧能力应根据测定资料或相关技术资料采用。

6.8.10 规定选用供氧设施时，应注意的内容。

本条是根据近几年设计、运行管理经验而提出的。

6.8.11 规定鼓风机房的设置方式及机房内的主要设施。

目前国内有露天式风机站，根据多年运行经验，考虑鼓风机的噪声影响及操作管理的方便，规定污水厂一般宜设置独立鼓风机房，并设置辅助设施。离心式鼓风机需设冷却装置，应考虑设置的位置。

6.8.12 规定鼓风机选型的基本原则。

目前在污水厂中常用的鼓风机有单级高速离心式鼓风机，多级离心式鼓风机和容积式罗茨鼓风机。

离心式鼓风机噪声相对较低。调节风量的方法，目前大多采用在进口调节，操作简便。它的特性是压力条件及气体相对密度变化时对送风量及动力影响很大，所以应考虑风压和空气温度的变动带来的影响。离心式鼓风机宜用于水深不变的生物反应池。

罗茨鼓风机的噪声较大。为防止风压异常上升，应设置防止超负荷的装置。生物反应池的水深在运行中变化时，采用罗茨鼓风机较为适用。

6.8.13 规定污泥气（沼气）鼓风机布置应考虑的事项。

6.8.14 规定计算鼓风机工作压力时应考虑的事项。

6.8.15 规定确定工作和备用鼓风机数量的原则。

工作鼓风机台数，按平均风量配置时，需加设备用鼓风机。根据污水厂管理部门的经验，一般认为如按最大风量配置工作鼓风机时，可不设备用机组。

6.8.16 规定了空气除尘器选择的原则。

气体中固体微粒含量，罗茨鼓风机不应大于100mg/m³，离心式鼓风机不应大于10mg/m³。微粒最大尺寸不应大于气缸内各相对运动部件的最小工作间隙之半。空气曝气器对空气除尘也有要求，钟罩式、平板式微孔曝气器，固体微粒含量应小于15mg/m³；中大气泡曝气器可采用粗效除尘器。

在进风口设置的防止在过滤器上冻结冰霜的措施，一般是加热处理。

6.8.17 规定输气管道管材的基本要求。

6.8.18 关于鼓风机输气管道的规定。

6.8.19 关于生物反应池输气管道的布置规定。

生物反应池输气干管，环状布置可提高供气的安全性。为防止鼓风机突然停止运转，使池内水回灌进入输气管中，规定了应采取的措施。

6.8.20 规定鼓风机房内机组布置和起重设备的设计标准。

鼓风机机组布置宜符合本规范第5.4.7条对水泵机组布置的规定；鼓风机房起重设备宜符合本规范第5.4.9条对泵房起重设备的规定。

6.8.21 规定大中型鼓风机基础设置原则。

为了发生振动时，不影响鼓风机房的建筑安全，做此规定。

6.8.22 规定鼓风机房设计应遵守的噪声标准。

降低噪声污染的主要措施，应从噪声源着手，特别是选用低噪声鼓风机，再配以消声措施。

6.9 生物膜法

Ⅰ 一般规定

6.9.1 规定了生物膜法的适用范围。

生物膜法目前国内均用于中小规模的污水处理，根据《城市污水处理工程项目建设标准》的规定，一般适用于日处理污水量在Ⅲ类以下规模的二级污水厂。该工艺具有抗冲击负荷、易管理、处理效果稳定等特点。生物膜法包括浸没式生物膜法（生物接触氧化池、曝气生物滤池）、半浸没式生物膜法（生物转盘）和非浸没式生物膜法（高负荷生物滤池、低负荷生物滤池、塔式生物滤池）等。其中浸没式生物膜法具有占地面积小，五日生化需氧量容积负荷高，运行成本低，处理效率高等特点，近年来在污水二级处理中被较多采用。半浸没式、非浸没式生物膜法最大特点是运行费用低，约为活性污泥法的1/3～1/2，但卫生条件较差及处理程度较低，占地较大，所以阻碍了其发展，可因地制宜采用。

6.9.2 关于生物膜法工艺应用的规定。

生物膜法在污水二级处理中可以适应高浓度或低浓度污水，可以单独应用，也可以与其他生物处理工艺组合应用，如上海某污水处理厂采用厌氧生物反应池、生物接触氧化池和生物滤池组合工艺处理污水。

6.9.3 关于生物膜法前处理的规定。

国内外资料表明，污水进入生物膜处理构筑物前，应进行沉淀处理，以尽量减少进水的悬浮物质，从而防止填料堵塞，保证处理构筑物的正常运行。当进水水质或水量波动大时，应设调节池，停留时间根据一天中水量或水质波动情况确定。

6.9.4 关于生物膜法的处理构筑物采取防冻、防臭和灭蝇等措施的规定。

在冬季较寒冷的地区应采取防冻措施，如将生物转盘设在室内。

生物膜法处理构筑物的除臭一般采用生物过滤法、湿式吸收氧化法去除硫化氢等恶臭气体。塔式生物滤池可采用顶部喷淋，生物转盘可以从水槽底部进水的方法减少臭气。

生物滤池易孳生滤池蝇，可定期关闭滤池出口阀门，让滤池填料淹水一段时间，杀死幼蝇。

Ⅱ 生物接触氧化池

6.9.5 关于生物接触氧化池布置形式的原则规定。

污水经初次沉淀池处理后可进一段接触氧化池，也可进两段或两段以上串联的接触氧化池，以达到较高质量的处理水。

6.9.6 关于生物接触氧化池填料布置的规定。

填料床的填料层高度应结合填料种类、流程布置等因素确定。每层厚度由填料品种确定，一般不宜超过 1.5m。

6.9.7 规定生物接触氧化池填料的选用原则。

目前国内常用的填料有：整体型、悬浮型和悬挂型，其技术性能见表 13。

表 13 常用填料技术性能

项目 \ 填料名称		整体型		悬浮型		悬挂型	
		立体网状	蜂窝直管	ϕ50×50mm柱状	内置式悬浮填料	半软性填料	弹性立体填料
比表面积（m^2/m^3）		50～110	74～100	278	650～700	80～120	116～133
空隙率（%）		95～99	99～98	90～97		>96	—
成品重量（kg/m^3）		20	45～38	7.6	内置纤维束数 12束/个≥40g/个 纤维束重量 1.6g/个～2.0g/个	3.6kg/m～6.7kg/m	2.7kg/m～4.99kg/m
挂膜重量（kg/m^3）		190～316	—	—		4.8g/片～5.2g/片	
填充率（%）		30～40	50～70	60～80	堆积数量 1000 个/m^3 产品直径 ϕ100	100	100
填料容积负荷［kgCOD/（m^3·d）］	正常负荷	4.4	—	3～4.5	1.5～2.0	2～3	2～2.5
	冲击负荷	5.7	—	4～6	3	5	—
安装条件		整体	整体	悬浮	悬浮	吊装	吊装
支架形式		平格栅	平格栅	绳网	绳网	框架或上下固定	框架或上下固定

6.9.8 规定生物接触氧化池的曝气方式。

生物接触氧化池有池底均布曝气方式、侧部进气方式、池上面安装表面曝气器充氧方式（池中心为曝气区）、射流曝气充氧方式等。一般常采用池底均布曝气方式，该方式曝气均匀，氧转移率高，对生物膜搅动充分，生物膜的更新快。常用的曝气器有中微孔曝气软管、穿孔管、微孔曝气等，其安装要求见《鼓风曝气系统设计规程》CECS 97。

6.9.9 关于生物接触氧化池进、出水方式的规定。

6.9.10 规定生物接触氧化池排泥和放空设施。

生物接触氧化池底部设置排泥斗和放空设施，以利于排除池底积泥和方便维护。

6.9.11 关于生物接触氧化池的五日生化需氧量容积负荷的规定。

该数据是根据国内经验，参照国外标准而制定。生物接触氧化池典型负荷率见表 14，此表摘自英国标准。

表 14 生物接触氧化池的典型负荷

处理要求	工艺要求	容积负荷	
		$kgBOD_5$/（m^3·d）	$kgNH_4^+$-N/（m^3·d）
碳氧化	高负荷	2～5	—
碳氧化/硝化	高负荷	0.5～2	0.1～0.4
三级硝化	高负荷	<20mgBOD/L*	0.2～1.0

注：*装置进水浓度。

Ⅲ 曝气生物滤池

6.9.12 关于曝气生物滤池池型的规定。

曝气生物滤池由池体、布水系统、布气系统、承托层、填料层和反冲洗系统等组成。曝气生物滤池的池型有上向流曝气生物滤池（池底进水，水流与空气同向运行）和下向流曝气生物滤池（滤池上部进水，水流与空气逆向运行）两种。

6.9.13 关于设预处理设施的规定。

污水经预处理后使悬浮固体浓度降低，再进入曝气生物滤池，有利于减少反冲洗次数和保证滤池的运行。如进水有机物被度较高，污水经沉淀后可进入水解调节池进行水质水量的调节，同时也提高了污水的可生化性。

6.9.14 关于曝气生物滤池处理程度的规定。

多级曝气生物滤池中，第一级曝气生物滤池以碳氧化为主；第二级曝气生物滤池主要对污水中的氨氮进行硝化；第三级曝气生物滤池主要为反硝化除氮，也可在第二级滤池出水中投加碳源和铁盐或铝盐同时进行反硝化脱氮除磷。

6.9.15 关于曝气生物滤池池体高度的规定。

曝气生物滤池的池体高度宜为 5m～7m，由配水区、承托层、滤料层、清水区的高度和超高等组成。

6.9.16 关于曝气生物滤池布水布气系统的规定。

曝气生物滤池的布水布气系统有滤头布水布气系统、栅型承托板布水布气系统和穿孔管布水布气系统。根据调查研究，城镇污水处理宜采用滤头布水布气系统。

6.9.17 关于曝气生物滤池布气系统的规定。

曝气生物滤池的布气系统包括曝气充氧系统和进行气/水联合反冲洗时的供气系统。曝气充氧量由计算得出，一般比活性污泥法低30%～40%。

6.9.18 关于曝气生物滤池承托层的规定。

曝气生物滤池承托层采用的材质应具有良好的机械强度和化学稳定性，一般选用卵石作承托层。用卵石作承托层其级配自上而下：卵石直径2mm～4mm，4mm～8mm，8mm～16mm，卵石层高度50mm，100mm，100mm。

6.9.19 关于曝气生物滤池滤料的规定。

生物滤池的滤料应选择比表面积大、空隙率高、吸附性强、密度合适、质轻且有足够机械强度的材料。根据资料和工程运行经验，宜选用粒径5mm左右的均质陶粒及塑料球形颗粒，常用滤料的物理特性见表15。

表15 常用滤料的物理特性

名　称	物理特性							
	比表面积 (m^3/g)	总孔体积 (m^3/g)	松散容重 (g/L)	磨损率 (%)	堆积密度 (g/cm^3)	堆积空隙率 (%)	粒内孔隙率 (%)	粒径 (mm)
黏土陶粒	4.89	0.39	875	≤3	0.7～1.0	>42	>30	3～5
页岩陶粒	3.99	0.103	976					
沸石	0.46	0.0269	830					
膨胀球形黏土	3.98		密度1550 (kg/m^3)	1.5				3.5～6.2

6.9.20 关于曝气生物滤池反冲洗系统的规定。

曝气生物滤池反冲洗通过滤板和固定其上的长柄滤头来实现，由单独气冲洗、气水联合反冲洗、单独水洗三个过程组成。反冲洗周期，根据水质参数和滤料层阻力加以控制，一般24h为一周期，反冲洗水量为进水水量的8%左右。反冲洗出水平均悬浮固体可达600mg/L。

6.9.21 关于曝气生物滤池后不设二次沉淀池的规定。

6.9.22 关于曝气生物滤池污泥产率的规定。

6.9.23 关于曝气生物滤池容积负荷的规定。

表16为曝气生物滤池的有关负荷，20℃时，硝化和反硝化的最大容积负荷分别小于2kgNH₃-N/(m³·d)和5kgNO₃-N/(m³·d)；推荐值分别为0.3kgNH₃-N/(m³·d)～0.8kgNH₃-N/(m³·d)和0.8kgNO₃-N/(m³·d)～4.0kgNO₃-N/(m₃·d)。

表16 曝气生物滤池典型容积负荷

负荷类别	碳氧化	硝化	反硝化
水力负荷 [$m^3/(m^2\cdot h)$]	2～10	2～10	
最大容积负荷 [$kgX/(m^3\cdot d)$]	3～6 3～6	<1.5 (10℃) <2.0 (20℃)	<2 (10℃) <5 (20℃)

注：碳氧化、硝化和反硝化时，X分别代表五日生化需氧量、氨氮和硝态氮。

Ⅳ 生物转盘

6.9.24 关于生物转盘的一般规定。

生物转盘可分为单轴单级式、单轴多级式和多轴多级式。对单轴转盘，可在槽内设隔板分段；对多轴转盘，可以轴或槽分段。

6.9.25 规定生物转盘盘体的材料。

盘体材料应轻质、高强度、比表面积大、易于挂膜、使用寿命长和便于安装运输。盘体宜由高密度聚乙烯、聚氯乙烯或聚酯玻璃钢等制成。

6.9.26 关于生物转盘反应槽设计的规定。

1 反应槽的断面形状呈半圆形，可与盘体外形基本吻合。

2 盘体外缘与槽壁净距的要求是为了保证盘体外缘的通风。盘片净距取决于盘片直径和生物膜厚度，一般为10mm～35mm，污水浓度高，取上限值，以免生物膜造成堵塞。如采用多级转盘，则前数级的盘片间距为25mm～35mm，后数级为10mm～20mm。

3 为确保处理效率，盘片在槽内的浸没深度不应小于盘片直径的35%。水槽容积与盘片总面积的比值，影响着水在槽中的平均停留时间，一般采用5L/m²～9L/m²。

6.9.27 关于生物转盘转速的规定。

生物转盘转速宜为2.0r/min～4.0r/min，转速过高有损于设备的机械强度，同时在盘片上易产生较大的剪切力，易使生物膜过早剥离。一般对于小直径转盘的线速度采用15m/min；中大直径转盘采用19m/min。

6.9.28 关于生物转盘转轴强度和挠度的规定。

生物转盘的转轴强度和挠度必须满足盘体自重、生物膜和附着水重量形成的挠度及启动时扭矩的要求。

6.9.29 规定生物转盘的设计负荷。

国内生物转盘大都应用于处理工业废水，国外生物转盘用于处理城镇污水已有成熟的经验。生物转盘的五日生化需氧量表面有机负荷宜根据试验资料确定，一般处理城镇污水五日生化需氧量表面有机负荷为0.005kgBOD₅/(m²·d)～0.020kgBOD₅/(m²·d)。国外资料：要求出水BOD₅≤60mg/L时，表面有机负荷为 0.020kgBOD$_5$/（m^2·d）～0.040kgBOD$_5$/（m^2·d）；要求出水 BOD$_5$≤30mg/L 时，表面有机负荷为 0.010kgBOD$_5$/（m^2·d）～0.020kgBOD$_5$/（m^2·d）。水力负荷一般为 0.04m^3/（m^2·d）～0.2m^3/（m^2·d）。生物转盘的典型负荷见表 17，此表摘自英国标准。

表 17 生物转盘的典型负荷

处理要求	工艺类型	第一阶段(级)表面有机负荷[kg/(m^2·d)]*	平均表面有机负荷[kg/(m^2·d)]
部分处理	高负荷	≤0.04	≤0.01
碳氧化	低负荷	≤0.03	≤0.005
碳氧化/硝化	低负荷	≤0.03	≤0.002

注：* 这里的单位只限于多阶段（级）系统。第一阶段（级）的负荷率应低于推荐值以防止膜的过度增长并使臭味降低到最小。

Ⅴ 生物滤池

6.9.30 关于生物滤池池形的规定。

生物滤池由池体、填料、布水装置和排水系统等四部分组成，可为圆形，也可为矩形。

6.9.31 关于生物滤池填料的规定。

滤池填料应高强度、耐腐蚀、比表面积大、空隙率高和使用寿命长。对碎石、卵石、炉渣等无机滤料可就地取材。聚乙烯、聚苯乙烯、聚酰胺等材料制成的填料如波纹板、多孔筛装板、塑料蜂窝等具有比表面积大和空隙率高的优点，近年来被大量应用。

6.9.32 关于生物滤池通风构造的规定。

滤池通风好坏是影响处理效率的重要因素，前苏联规范规定池底部空间高度不应小于 0.6m，沿池壁四周下部应设自然通风孔，其总面积不应小于滤池表面积的 1%。

6.9.33 关于生物滤池布水设备的规定。

生物滤池布水的原则，应使污水均匀分布在整个滤池表面上，这样有利于提高滤池的处理效果。布水装置可采用间歇喷洒布水系统或旋转式布水器。高负荷生物滤池多采用旋转式布水器，该装置由固定的进水竖管、配水短管和可以转动的布水横管组成。每根横管的断面积由设计流量和流速决定；布水横管的根数取决于滤池和水力负荷的大小，水量大时可采用 4 根，一般用 2 根。

6.9.34 关于生物滤池的底板坡度和冲洗底部排水渠的规定。

前苏联规范规定底板坡度为 1%，日本指南规定底板坡度为 1%～2%。为排除底部可能沉积的污泥，规定应有冲洗底部排水渠的措施，以保持滤池良好的通风条件。

6.9.35 关于低负荷生物滤池设计参数的规定。

低负荷生物滤池的水力负荷和容积负荷，日本指南规定水力负荷为 1m^3/(m^2·d)～3m^3/(m^2·d)，五日生化需氧量容积负荷不应大于 0.3kgBOD$_5$/(m^3·d)，美国污水厂手册规定水力负荷为 0.9m^3/(m^2·d)～3.7m^3/(m^2·d)，五日生化需氧量容积负荷为 0.08 kgBOD$_5$/(m^3·d)～0.4kgBOD$_5$/(m^3·d)。

6.9.36 关于高负荷生物滤池的设计参数的规定。

高负荷生物滤池的水力负荷和容积负荷，日本指南规定水力负荷为 10m^3/（m^2·d）～25m^3/（m^2·d），五日生化需氧量容积负荷不应大于 1.2 kgBOD$_5$/（m^3·d），美国污水厂手册规定水力负荷为 10m^3/（m^2·d）～35m^3/（m^2·d），五日生化需氧量容积负荷为 0.4kgBOD$_5$/（m^3·d）～4.8kgBOD$_5$/（m^3·d）。国外生物滤池设计标准见表 18、表 19。

采用塑料制品为填料时，滤层厚度、水力负荷和容积负荷可提高，具体设计数据应根据试验资料而定。当生物滤池水力负荷小于规定的数值时，应采取回流；当原水有机物浓度高于或处理水达不到水质排放标准时，应采用回流。

德国、美国生物滤池设计标准见表 18；生物滤池典型负荷见表 19，表 19 摘自英国标准。

表 18 国外生物滤池设计标准

负荷范围	低	中	一般	高
有机物的容积负荷[gBOD$_5$/（m^3·d）]	200 80～400*	200～450 240～480*	450～750 400～480*	>750 >480*
水力负荷（m/h）	大约 0.2	0.4～0.8	0.6～1.2	>1.2
预计 BOD$_5$ 出水浓度(mg/L)	<20	<25	20～40	30～50

注：* 为美国污水厂手册数据。

表 19 生物滤池典型负荷

处理要求	工艺类型	填料的比表面积(m^2/m^3)	容积负荷 kgBOD/(m^3·d)	容积负荷 kgNH$_4^+$－N/(m^3·d)	水力负荷[m^3/(m^2·h)]
部分处理	高负荷	40～100	0.5～5	—	0.2～2
碳氧化/硝化	低负荷	80～200	0.05～5	0.01～0.05	0.03～0.1
三级硝化	低负荷	150～200	<40mgBOD/L*	0.04～0.2	0.2～1

注：* 为装置进水浓度。

Ⅵ 塔式生物滤池

6.9.37 关于塔式生物滤池池体结构的规定。

塔式生物滤池由塔身、填料、布水系统以及通风、排水装置组成。据国内资料，为达到一定的出水水质，在一定塔高限值内，塔高与进水浓度呈线性关系。处理效率随着填料层总厚度的增加而增加，但当填料层总厚度超过某一数值后，处理效率提高极微，因而是不经济的。故本条规定，填料层厚度直根据试验资料确定，一般宜为8m～12m。

6.9.38 关于塔式生物滤池填料选用的规定。

填料一般采用轻质制品，国内常用的有纸蜂窝、玻璃钢蜂窝和聚乙烯斜交错波纹板等，国外推荐使用的填料有波纹塑料板、聚苯乙烯蜂窝等。

6.9.39 关于塔式生物滤池填料分层的规定。

塔式生物滤池填料分层，是使填料荷重分层负担，每层高不宜大于2m，以免压碎填料。塔顶高出最上层填料表面0.5m左右，以免风吹影响污水的均匀分布。

6.9.40 关于塔式生物滤池通风方式的规定。

6.9.41 关于塔式生物滤池的进水水质的规定。

塔式生物滤池的进水五日生化需氧量宜控制在500mg/L以下，否则较高的五日生化需氧量容积负荷会使生物膜生长迅速，易造成填料堵塞；回流处理水后，高的水力负荷使生物膜受到强烈的冲刷而不断脱落与更新，不易造成填料堵塞。

6.9.42 关于塔式生物滤池设计负荷的规定。

美国污水厂手册介绍塑料填料塔式生物滤池的五日生化需氧量容积负荷为4.8kgBOD$_5$/（m^3·d），法国手册介绍塑料生物塔式滤池的五日生化需氧量容积负荷为1kg/（m^3·d）～5kg/（m^3·d）。

6.10 回流污泥和剩余污泥

6.10.1 规定回流污泥设备可用的种类。

增补了生物脱氮除磷处理系统中选用回流污泥提升设备时应注意的事项。减少提升过程中的复氧，可使厌氧段和缺氧段的溶解氧值尽可能低，以利脱氮和除磷。

6.10.2 规定确定回流污泥设备工作和备用数量的原则。

6.10.3 关于剩余污泥量计算公式的规定。

式（6.10.3-1）中，剩余污泥量与泥龄成反比关系。

式（6.10.3-2）中的Y值为污泥产率系数。理论上污泥产率系数是指单位五日生化需氧量降解后产生的微生物量。

由于微生物在内源呼吸时要自我分解一部分，其值随内源衰减系数（泥龄、温度等因素的函数）和泥龄变化而变化，不是一个常数。

污泥产率系数Y，采用活性污泥法去除碳源污染物时为0.4～0.8；采用A_NO法时为0.3～0.6；采用A_PO法时为0.4～0.8；采用AAO法时为0.3～0.6，范围为0.3～0.8。本次修订将取值下限调整为0.3。

由于原污水中有相当量的惰性悬浮固体，它们原封不动地沉积到污泥中，在许多不设初次沉淀池的处理工艺中其值更甚。计算剩余污泥量必须考虑原水中惰性悬浮固体的含量，否则计算所得的剩余污泥量往往偏小。由于水质差异很大，因此悬浮固体的污泥转换率相差也很大。德国废水工程协会（ATV）推荐取0.6。日本指南推荐取0.9～1.0。

2003年11月，北京市市政工程设计研究总院和北京城市排水集团有限责任公司以高碑店污水处理厂为研究对象，进行了污泥处理系统的分析与研究，污水厂的剩余污泥平均产率为1.21kgMLSS/kgBOD$_5$～1.52kgMLSS/kgBOD$_5$。建议设计参数可选择1kgMLSS/kgBOD$_5$～1.5kgMLSS/kgBOD$_5$，经过核算悬浮固体的污泥转换率大于0.7。

悬浮固体的污泥转换率，有条件时可根据试验确定，或参照相似水质污水处理厂的实测数据。当无试验条件时可取0.5gMLSS/gSS～0.7gMLSS/gSS。

活性污泥中，自养菌所占比例极小，故可忽略不计。出水中的悬浮物没有单独计入。若出水的悬浮物含量过高时，可自行斟酌计入。

6.11 污水自然处理

Ⅰ 一般规定

6.11.1 关于选用污水自然处理原则的规定。

污水自然处理主要依靠自然的净化能力，因此必须严格进行环境影响评价，通过技术经济比较后确定。污水自然处理对环境的依赖性强，所以从建设规模上考虑，一般仅应用在污水量较小的小城镇。

6.11.2 关于污水自然处理的环境影响和方式的规定。

污水自然处理是利用环境的净化能力进行污水处理的方法，因此，当设计不合理时会破坏环境质量，所以建设污水自然处理设施时应充分考虑环境因素，不得降低周围环境的质量。污水自然处理的方式较多，必须结合当地的自然环境条件，进行多方案的比较，在技术经济可行、满足环境评价、满足生态环境和社会环境要求的基础上，选择适宜的污水自然处理方式。

6.11.3 关于利用水体的自然净化能力处理或处置污水的规定。

江河海洋等大水体有一定的污水自然净化能力，合理有效的利用，有利于减少工程投资和运行费用，改善环境。但是，如果排放的污染物量超过水体的自净能力，会影响水体的水质，造成水质恶化。要利用水环境的环境容量，必须控制合理的污染物排放量。因此，在确定是否采用污水排海排江等大水体处理或处置污水时必须进行环境影响评价，避免对水体造成不利的影响。

6.11.4 规定土地处理禁止污染地下水的原则。

土地处理是利用土地对污水进行处理，处理方式、土壤的性质、厚度等自然条件是可能影响地下水水质的因素。因此采用土地处理时，必须首先考虑不影响地下水水质，不能满足要求时，应采取措施防止对地下水的污染。

6.11.5 关于污水自然处理在污水深度处理方面应用的规定。

自然处理的工程投资和运行费用较低。城镇污水二级处理的出水水质一般污染物浓度较低，所以有条件时可考虑采用自然处理方法进行深度处理。这样，不仅可改善水质，还能够恢复水体的生态功能。

Ⅱ 稳定塘

6.11.6 关于稳定塘选用原则和建设规模的规定。

在进行污水处理规划设计时，对地理环境合适的城镇，以及中、小城镇和干旱、半干旱地区，可考虑采用荒地、废地、劣质地，以及坑塘、洼地，建设稳定塘污水处理系统。

稳定塘是人工的接近自然的生态系统，它具有管理方便、能耗少等优点，但有占地面积大等缺点。选用稳定塘时，必须考虑当地是否有足够的土地可供利用，并应对工程投资和运行费用做全面的经济比较。国外稳定塘一般用于处理小水量的污水。如日本因稳定塘占地面积大，不推广应用；英国限定稳定塘用于三级处理；美国 5000 座稳定塘的处理污水总量为 $898.9\times10^4m^3/d$，平均 $1798m^3/d$，仅 135 座大于 $3785m^3/d$。我国地少价高，稳定塘占地约为活性污泥法二级处理厂用地面积的 13.3 倍～66.7 倍，因此，稳定塘的建设规模不宜大于 $5000m^3/d$。

6.11.7 关于稳定塘表面有机物负荷和停留时间的规定。

冰封期长的地区，其总停留时间应适当延长；曝气塘的有机负荷和停留时间不受本条规定的限制。

温度、光照等气候因素对稳定塘处理效果的影响十分重要，将决定稳定塘的负荷能力、处理效果以及塘内优势细菌、藻类及其他水生生物的种群。

稳定塘的五日生化需氧量总平均表面负荷与冬季平均气温有关，气温高时，五日生化需氧量负荷较高，气温低时，五日生化需氧量负荷较低。为保证出水水质，冬季平均气温在 0℃以下时，总水力停留时间以不少于塘面封冻期为宜。本条的表面有机负荷和停留时间适用于好氧稳定塘和兼性稳定塘。表 20 为几种稳定塘的典型设计参数。

6.11.8 关于稳定塘设计的规定。

1 污水进入稳定塘前，宜进行预处理。预处理一般为物理处理，其目的在于尽量去除水中杂质或不利于后续处理的物质，减少塘中的积泥。

污水流量小于 $1000m^3/d$ 的小型稳定塘前一般可不设沉淀池，否则，增加了塘外处理污泥的困难。处理大水量的稳定塘前，可设沉淀池，防止稳定塘塘底沉积大量污泥，减少塘的容积。

表 20 稳定塘典型设计参数

塘类型	表面有机负荷 [$gBOD_5/(m^2\cdot d)$]	水力停留时间 (d)	水深 (m)	BOD_5去除率 (%)
好氧稳定塘	4～12	10～40	1.0～1.5	80～95
兼性稳定塘	1～10	25～80	1.5～2.5	60～85
厌氧稳定塘	15～100	5～30	2.5～5	20～70
曝气稳定塘	3～30	3～20	2.5～5	80～95
深度处理稳定塘	2～10	4～12	0.6～1.0	30～50

2 有关资料表明：对几个稳定塘进行串联模型实验，单塘处理效率 76.8%，两塘处理效率 80.9%，三塘处理效率 83.4%，四塘处理效率 84.6%，因此，本条规定稳定塘串联的级数一般不少于 3 级。

第一级塘的底泥增长较快，约占全塘系统的 30%～50%，一级塘下部需用于储泥。深塘暴露于空气的面积小，保温效果好。因此，本条规定第一级塘的有效水深不宜小于 3m。

3 当只设一个进水口和一个出水口并把进水口和出水口设在长度方向中心线上时，则短流严重，容积利用系数可低至 0.36。进水口与出水口离得太近，也会使塘内存在很大死水区。为取得较好的水力条件和运转效果，推流式稳定塘宜采用多个进水口装置，出水口尽可能布置在距进水口远一点的位置上。风能使塘产生环流，为减小这种环流，进出水口轴线布置在与当地主导风向相垂直的方向上，也可以利用导流墙，减小风产生环流的影响。

4 稳定塘的卫生要求。

没有防渗层的稳定塘很可能影响和污染地下水。稳定塘必须采取防渗措施，包括自然防渗和人工防渗。

稳定塘在春初秋末容易散发臭气，对人健康不利。所以，塘址应在居民区主导风向的下风侧，并与住宅区之间设置卫生防护带，以降低影响。

5 关于稳定塘底泥的规定。

根据资料，各地区的稳定塘的底泥量分别为：武汉 68L/（年・人）～78L/（年・人）、印度 74L/（年・人）～156L/（年・人）、美国 30L/（年・人）～91L/（年・人）、加拿大 91L/（年・人）～146L/（年・人），一般可按 100L/（年・人）取值，五年后大约稳定在 40L/（年・人）的水平。

第一级塘的底泥增长较快，污泥最多，应考虑排泥或清淤措施。为清除污泥时不影响运行，一级塘可分格并联运行。

6.11.9 规定稳定塘系统中养鱼塘的设置及水质要求。

多级稳定塘处理的最后出水中，一般含有藻类、浮游生物，可作鱼饵，在其后可设置养鱼塘，但水质必须符合现行国家标准《渔业水质标准》GB 11607的规定。

Ⅲ 土地处理

6.11.10 规定土地处理的采用条件。

水资源不足是当前许多国家和地区共同面临的问题，应将污水处理与利用相结合。随着污水处理技术的发展，污水处理的途径不是单一的，而是多途径的。土地处理是实现污水资源化的重要途径，具有投资省、管理方便、能耗低、运行费用少和处理效果稳定等优点，但有占地面积大、受气候影响大等缺点。选用土地处理时，必须考虑当地是否有合适的场地，并应对工程的环境影响、投资、运行费用和效益做全面的分析比较。

6.11.11 关于污水土地处理的方法和预处理的规定。

基本的污水土地处理法包括慢速渗滤法（包括污水灌溉）、快速渗滤法、地面漫流法三大主要类型。其中以慢速渗滤法发展历史最长，用途最广。表21为几种污水土地处理系统典型的场地条件。

表21 污水土地处理系统典型的场地条件

项目	慢速渗滤法	快速渗滤法	地面漫流法
土层厚度(m)	>0.6	>1.5	>0.3
地面坡度(%)	种作物时不超过20；不种作物时不超过40；林地无要求	无要求	2%～8%
土壤类型	粉砂、细砂、黏土1、粉质黏土	粉砂、细砂、中砂、粗砂	黏土2、粉质黏土
土壤渗透率(cm/h)	中等 ≥0.15	高 ≥5.0	低 ≤0.5
气候限制	寒冷季节常需蓄水	可终年运行	寒冷季节常需蓄水

注：1 表中黏土1粒组百分含量为：黏粒（<0.002mm）27.5%～40%，粉粒（0.002mm～0.05mm）15%～52.5%，砂粒（0.05mm～2.0mm）20%～45%。

2 表中黏土2粒组百分含量为：黏粒（<0.002mm）40%～100%，粉粒（0.002mm～0.05mm）0%～40%，砂粒（0.05mm～2.0mm）0%～45%。

3 粉质黏土粒组百分含量为：黏粒（<0.002mm）0%～20%，粉粒（0.002mm～0.05mm）0%～50%，砂粒（0.05mm～2.0mm）42.5%～85%。

早期的污水土地处理（如污水灌概），污水未经预处理就直接用于灌溉田，致使农田遭受有机毒物和重金属不同程度的污染，个别灌溉区生态环境受到破坏。为保证污水土地处理的正常运行，保证工程实施的环境效益和社会效益，本条规定污水土地处理之前需经过预处理。污水预处理的程度和方式应当综合污水水质、土壤性质、污水土地处理的方法、处理后水质要求以及场地周围环境条件等因素确定。

慢速渗滤系统的污水预处理程度对污水负荷的影响极小；快速渗滤系统和地面漫流系统，经过预处理的污水水质越好，其污水负荷越高。

几种常用的污水土地处理系统要求的最低预处理方式见表22。

表22 土地处理的最低水平预处理工艺

项目	慢速渗滤	快速渗滤	地面漫流
最低水平的预处理方式	一级沉淀	一级沉淀	格栅和沉砂

6.11.12 规定污水土地处理的水力负荷。

一般污水土地处理的水力负荷宜根据试验资料确定；没有资料时应根据实践经验，结合当地条件确定。本条根据美国1995年至2000年间的有关设计手册，结合我国研究结果，提出几种基本的土地处理方法的水力负荷。

污水土地处理系统一般都是根据现有的经验进行设计，通过对现有土地处理系统成功运行经验的研究和总结，引导出具有普遍意义的设计参数和计算公式，在此基础上进行新系统的设计。

6.11.13 规定不允许进行污水土地处理的地区。

有关污水土地处理地区与给水水源的防护距离，在现行国家标准《生活饮用水卫生标准)）GB 5749中已有规定。

6.11.14 关于地下水最小埋藏深度的规定。

选择污水灌溉地点时，如地下水埋藏深度过浅，易被污水污染。前苏联规范规定地下水埋深不小于1.5m，澳大利亚新南威尔斯州污染控制委员会制定的《土壤处理污水条例》中规定，污水灌溉地点的地下水埋藏深度不小于1.5m，本规范规定不宜小于1.5m。

6.11.15 关于人工湿地处理污水的有关规定。

人工湿地系统水质净化技术是一种生态工程方法。其基本原理是在一定的填料上种植特定的湿地植物，从而建立起一个人工湿地生态系统，当污水通过系统时，经砂石、土壤过滤，植物根际的多种微生物活动，污水的污染物质和营养物质被系统吸收、转化或分解，从而使水质得到净化。

用人工湿地处理污水的技术已经在全球广泛运用，使得水可以再利用，同时还可以保护天然湿地，减少天然湿地水的损失。马来西亚最早运用人工湿地处理污水。他们在1999年建造了650hm^2的人工湿地，这是热带最大面积的人工淡水湿地。建造人工湿地的目的就是仿效天然湿地的功能，以满足人的需要。湿地植物和微生物是污水处理的主要因子。

经过人工湿地系统处理后的出水水质可以达到地面水水质标准，因此它实际上是一种深度处理的方法。处理后的水可以直接排入饮用水源或景观用水的湖泊、水库或河流中。因此，特别适合饮用水源或景观用水区附近的生活污水的处理或直接对受污染水体的水进行处理，或者为这些水体提供清洁的水源补充。

人工湿地处理污水是土地处理的一种，一般要进行预处理。处理城镇污水的最低预处理为一级处理，对直接处理受污染水体的可根据水体情况确定，一般应设置格栅。

人工湿地处理污水采用的类型包括地表流湿地、潜流湿地、垂直流湿地及其组合，一般将处理污水与景观相结合。因人工湿地处理污水的目标不同，目前国内人工湿地的实际数据差距较大，因此，设计参数宜由试验确定，也可以参照相似条件的经验确定。

6.11.16 规定污水土地处理场地距住宅和公共通道的最小距离。

一般污水土地处理区的臭味较大，蚊蝇较多。根据国内实际情况，并参考国外资料，对污水土地处理场地距住宅和公共通道之间规定最小距离，有条件的应尽量加大间距，并用防护林隔开。

6.11.17 规定污水用于灌溉田的水质要求。

污水土地处理主要依靠土壤及植物的生物作用和物理作用净化污水，但实施和管理不善会对环境带来不利的影响，包括污染土壤、作物或植物以及地下水水源等。

我国现行国家标准《农田灌概水质标准》GB 5084 对有害物质允许浓度以及含有病原体污水的处理要求均做出规定，必须遵照执行。

6.12 污水深度处理和回用

Ⅰ 一 般 规 定

6.12.1 关于城市污水再生利用的深度处理工艺选择原则和水质要求的规定。

污水再生利用的目标不同，其水质标准也不同。根据《城市污水再生利用分类》GB/T 18919 的规定，城市污水再生利用类别共分为五类，包括农、林、牧、渔业用水，城镇杂用水，工业用水，环境用水，补充水源水。污水再生利用时，其水质应符合以上标准及其他相关标准的规定。深度处理工艺应根据水质目标进行选择，保证经济和有效。

6.12.2 关于污水深度处理工艺单元形式的规定。

本条列出常规条件下城镇污水深度处理的主要工艺形式，其中，膜过滤包括：微滤、超滤、纳滤、反渗透、电渗析等，不同膜过滤工艺去除污染物分子量大小和对预处理要求不同。

进行污水深度处理时，可采用其中的 1 个单元或几种单元的组合，也可采用其他的处理技术。

6.12.3 关于再生水输配中的安全规定。

再生水水质是保证污水回用工程安全运行的重要基础，其水质介于饮用水和城镇污水厂出厂水之间，为避免对饮用水和再生水水质的影响，再生水输配管道不得与其他管道相连接，尤其是严禁与城市饮用水管道连接。

Ⅱ 深 度 处 理

6.12.4 规定深度处理工艺设计参数确定的原则。

设计参数的采用，目前国内的经验相对较少，所以规定宜通过试验资料确定或参照相似地区的实际设计和运行经验确定。

6.12.5 关于混合设施的规定。

混合是混凝剂被迅速均匀地分布于整个水体的过程。在混合阶段中胶体颗粒间的排斥力被消除或其亲水性被破坏，使颗粒具有相互接触而吸附的性能。根据国外资料，混合时间可采用 30s～120s。

6.12.6 关于深度处理工艺基本处理单元设计参数取值范围的规定。

污水处理出水的水质特点与给水处理的原水水质有较大的差异，因此实际的设计参数不完全一致。

如美国南太和湖石灰作混凝剂的絮凝（空气搅拌）时间为 5min、沉淀（圆形辐流式）表面水力负荷为 1.6m^3/（m^2·h），上升流速为 0.44mm/s；美国加利福尼亚州橘县给水区深度处理厂的絮凝（机械絮凝）时间为 30min、沉淀（斜管）表面水力负荷为 2.65m^3/（m^2·h），上升流速为 0.74mm/s；科罗拉多泉污水深度处理厂处理二级处理出水，用于灌溉及工业回用，澄清池上升流速为 0.57mm/s～0.63mm/s；《室外给水设计规范》GB 50013 规定不同形式的絮凝时间为 10min～30min；平流沉淀池水平流速为 10mm/s～25mm/s，沉淀时间为 1.5h～3.0h；斜管沉淀表面负荷为 5m^3/（m^2·h）～9m^3/（m^2·h），机械搅拌澄清池上升流速为 0.8mm/s～1.0mm/s，水力澄清池上升流速为 0.7mm/s～0.9mm/s；《污水再生利用工程设计规范》GB 50335 规定絮凝时间为 10min～15min，平流沉淀池沉淀时间为 2.0h～4.0h，水平流速为 4.0mm/s～10.0mm/s，澄清池上升流速为 0.4mm/s～0.6mm/s。

污水的絮凝时间较天然水絮凝时间短，形成的絮体较轻，不易沉淀，宜根据实际运行经验，提出混凝沉淀设计参数。

6.12.7 关于滤池设计参数的规定。

用于污水深度处理的滤池与给水处理的池形没有大的差异，因此，在污水深度处理中可以参照给水处理的滤池设计参数进行选用。

滤池的设计参数，主要根据目前国内外的实际运行情况和《污水再生利用工程设计规范》GB 50335 以及有关资料的内容确定。

6.12.8 关于采用活性炭吸附处理的规定。

因活性炭吸附处理的投资和运行费用相对较高，所以，在城镇污水再生利用中应慎重采用。在常规的深度处理工艺不能满足再生水水质要求或对水质有特殊要求时，为进一步提高水质，可采用活性炭吸附处理工艺。

6.12.9 规定活性炭吸附池设计参数的取值原则。

活性炭吸附池的设计参数原则上应根据原水和再生水水质要求，根据试验资料或结合实际运行资料确定。本条按有关规范提出了正常情况下可采用的参数。

6.12.10 关于再生水消毒的规定。

根据再生水水质标准，对不同目标的再生水均有余氯和卫生学指标的规定，因此再生水必须进行消毒。

Ⅲ 输 配 水

6.12.11 关于再生水管道及其附属设施设置的规定。

再生水管道和给水管道的铺设原则上无大的差异，因此，再生水输配管道设计可参照现行国家标准《室外给水设计规范》GB 50013 执行。

6.12.12 关于污水深度处理厂设置位置的原则规定。

为减少污水厂出水的输送距离，便于深度处理设施的管理，一般宜与城镇污水厂集中建设；同时，污水深度处理设施应尽量靠近再生水用户，以节省输配水管道的长度。

6.12.13 关于再生水输配管道安全性的原则规定。

再生水输配水管道的数量和布置与用户的用水特点及重要性有密切关系，一般比城镇供水的保证率低，应具体分析实际情况合理确定。

6.12.14 关于再生水输配管道材料选用原则的规定。

6.13 消 毒

Ⅰ 一 般 规 定

6.13.1 规定污水处理应设置消毒设施。

2000 年 5 月，国家发布的《城市污水处理及污染防治技术政策》规定：为保证公共卫生安全，防止传染性疾病传播，城镇污水处理应设置消毒设施。本条据此规定。

6.13.2 关于污水消毒程度的规定。

6.13.3 关于污水消毒方法的规定。

为避免或减少消毒时产生的二次污染物，消毒宜采用紫外线法和二氧化氯法。2003 年 4 月至 5 月，清华大学等对北京市的高碑店等 6 座污水处理厂出水的消毒试验表明：紫外线消毒不产生副产物，二氧化氯消毒产生的副产物不到氯消毒产生的 10％。

6.13.4 关于消毒设施和有关建筑物设计的规定。

Ⅱ 紫 外 线

6.13.5 关于污水的紫外线剂量的规定。

污水的紫外线剂量应为生物体吸收至足量的紫外线剂量（生物验定剂量或有效剂量），以往用理论公式计算。由于污水的成分复杂且变化大，实践表明理论值比实际需要值低很多，为此，美国《紫外线消毒手册》（EPA，2003 年）已推荐用经独立第三方验证的紫外线生物验定剂量作为紫外线剂量。据此，做此规定。

一些病原体进行不同程度灭活时所需紫外线剂量资料见表 23。

表 23 灭活一些病原体的紫外线剂量（mJ/cm^2）

病原体的灭活程度 病原体	90％	99％	99.9％	99.99％
隐孢子虫		＜10	＜19	
贾第虫		＜5		
霍乱弧菌	0.8	1.4	2.2	2.9
痢疾志贺氏病毒	0.5	1.2	2.0	3.0
埃希氏病菌	1.5	2.8	4.1	5.6
伤寒沙门氏菌	1.8～2.7	4.1～4.8	5.5～6.4	7.1～8.2
伤寒志贺氏病菌	3.2	4.9	6.5	8.2
致肠炎沙门氏菌	5	7	9	10
肝炎病毒	4.1～5.5	8.2～14	12～22	16～30
脊髓灰质炎病毒	4～6	8.7～14	14～23	21～30
柯萨奇病毒 B5 病毒	6.9	14	22	30
轮状病毒 SAⅡ	7.1～9.1	15～19	23～26	31～36

一些城镇污水厂消毒的紫外线剂量见表 24。

表 24 一些城镇污水厂消毒的紫外线剂量

厂 名	拟消毒的水	紫外线剂量（mJ/cm^2）	建成时间（年）
上海市长桥污水厂	A_NO 二级出水	21.4	2001
上海市龙华污水厂	二级出水	21.6	2002
无锡市新城污水厂	二级出水	17.6	2002
深圳市大工业区污水厂（一期）	二级出水	18.6	2003
苏州市新区第二污水厂	二级出水	17.6	2003
上海市闵行污水处理厂	A_NO 二级出水	15.0	1999

6.13.6 关于紫外线照射渠的规定。

为控制合理的水流流态，充分发挥照射效果，做出本规定。

6.13.7 关于超越渠的规定。

根据运行经验，当采用 1 条照射渠时，宜设置超越渠，以利于检修维护。

Ⅲ　二氧化氯和氯

6.13.8　关于污水加氯量的规定。

2002 年 7 月，国家首次发布了城镇污水厂的生物污染物排放指标，按此要求的加氯量，应根据试验资料或类似生产运行经验确定。

2003 年北京市高碑店等 6 座污水厂二级出水的氯法消毒实测表明：加氯量为 6mg/L～ 9mg/L 时，出水粪大肠菌群数可在 7300 个/L 以下。据此，无试验资料时，本条规定二级处理出水的加氯量为 6mg/L～15mg/L 。

二氧化氯和氯的加量均按有效氯计。

6.13.9　关于混合接触时间的规定。

在紊流条件下，二氧化氯或氯能在较短的接触时间内对污水达到最大的杀菌率。但考虑到接触池中水流可能发生死角和短流，因此，为了提高和保证消毒效果，规定二氧化氯或氯消毒的接触时间不应小于 30min。

7　污泥处理和处置

7.1　一 般 规 定

7.1.1　规定城镇污水污泥的处理和处置的基本原则。

我国幅员辽阔，地区经济条件、环境条件差异很大，因此采用的污泥处理和处置技术也存在很大的差异，但是城镇污水污泥处理和处置的基本原则和目的是一致的。

城镇污水污泥的减量化处理包括使污泥的体积减小和污泥的质量减少，前者可采用污泥浓缩、脱水、干化等技术，后者可采用污泥消化、污泥焚烧等技术。

城镇污水污泥的稳定化处理是指使污泥得到稳定(不易腐败)，以利于对污泥做进一步处理和利用。可以达到或部分达到减轻污泥重量，减少污泥体积，产生沼气、回收资源，改善污泥脱水性能，减少致病菌数量，降低污泥臭味等目的。实现污泥稳定可采用厌氧消化、好氧消化、污泥堆肥、加碱稳定、加热干化、焚烧等技术。

城镇污水污泥的无害化处理是指减少污泥中的致病菌数量和寄生虫卵数量，降低污泥臭味，广义的无害化处理还包括污泥稳定。

污泥处置应逐步提高污泥的资源化程度，变废为宝，例如用作肥料、燃料和建材等，做到污泥处理和处置的可持续发展。

7.1.2　规定城镇污水污泥处理技术的选用。

目前城镇污水污泥的处理技术种类繁多，采用何种技术对城镇污水污泥进行处理应与污泥的最终处置方式相适应，并经过技术经济比较确定。

例如城镇污水污泥用作肥料，应该进行稳定化、无害化处理，根据运输条件和施肥操作工艺确定是否进行减量处理，如果是人工施肥则应考虑进行脱水处理，而机械化施肥则可以不经脱水直接施用，需要作较长时间的贮存则宜进行加热干化。

7.1.3　规定农用污泥的要求。

城镇污水污泥中含有重金属、致病菌、寄生虫卵等有害物质，为保证污泥用作农田肥料的安全性，应按照国家现行标准严格限制工业企业排入城镇下水道的重金属等有害物质含量，同时还应按照国家现行标准加强对污泥中有害物质的检测。

7.1.4　规定污泥处理构筑物的最少个数。

考虑到构筑物检修的需要和运转中会出现故障等因素，各种污泥处理构筑物和设备均不宜只设 1 个。据调查，我国大多数污水厂的污泥浓缩池、消化池等至少为 2 个，同时工作；污泥脱水机械台数一般不少于 2 台，其中包括备用。当污泥量很少时，可为 1 台。国外设计规范和设计手册，也有类似规定。

7.1.5　关于污泥水处理的规定。

污泥水含有较多污染物，其浓度一般比原污水还高，若不经处理直接排放，势必污染水体，形成二次污染。因此，污泥处理过程中产生的污泥水均应进行处理，不得直接排放。

污泥水一般返回至污水厂进口，与进水混合后一并处理。若条件允许，也可送入初次沉淀池或生物处理构筑物进行处理。必要时，剩余污泥产生的污泥水应进行化学除磷后再返回污水处理构筑物。

7.1.6　规定污泥处理过程中产生臭气的处理原则。

7.2　污 泥 浓 缩

7.2.1　关于重力式污泥浓缩池浓缩活性污泥的规定。

1　根据调查，目前我国的污泥浓缩池的固体负荷见表 25。原规范规定的 30kg/（m^2·d）～60kg/（m^2·d）是合理的。

2　根据调查，现有的污泥浓缩池水力停留时间不低于 12h。

3　根据一些污泥浓缩池的实践经验，浓缩后污泥的含水率往往达不到 97%。故本条规定：当浓缩前含水率为 99.2%～99.6% 时，浓缩后含水率为 97%～98%。

表 25　污泥浓缩池浓缩活性污泥时的水力停留时间与固体负荷

污水厂名称	水力停留时间（h）	固体负荷［kg/（m^2·d）］
苏州新加坡工业园区污水厂	36.5	45.3

续表 25

污水厂名称	水力停留时间（h）	固体负荷［kg/（m²·d）］
常州市城北污水厂	14～18	40
徐州市污水厂	26.6	38.9
唐山南堡开发区污水厂	12.7	26.5
湖州市市北污水厂	33.9	33.5
西宁市污水处理一期工程	24	46
富阳市污水厂	16～17	38

4 浓缩池有效水深采用 4m 的规定不变。

5 栅条浓缩机的外缘线速度的大小，以不影响污泥浓缩为准。我国目前运行的部分重力浓缩池，其浓缩机外缘线速度一般为 1m/min～2m/min 。同时，根据有关污水厂的运行经验，池底坡向泥斗的坡度规定为不小于 0.005。

7.2.2 关于设置去除浮渣装置的规定。

由于污泥在浓缩池内停留时间较长，有可能会因厌氧分解而产生气体，污泥附着该气体上浮到水面，形成浮渣。如不及时排除浮渣，会产生污泥出流。为此，规定宜设置去除浮渣的装置。

7.2.3 关于在污水生物除磷工艺中采用重力浓缩的规定。

污水生物除磷工艺是靠积磷菌在好氧条件下超量吸磷形成富磷污泥，将富磷污泥从系统中排出，达到生物除磷的目的。重力浓缩池因水力停留时间长，污泥在池内会发生厌氧放磷，如果将污泥水直接回流至污水处理系统，将增加污水处理的磷负荷，降低生物除磷的效果。因此，应将重力浓缩过程中产生的污泥水进行除磷后再返回水处理构筑物进行处理。

7.2.4 关于采用机械浓缩的规定。

调查表明，目前一些城镇污水厂已经采用机械式污泥浓缩设备浓缩污水污泥，例如采用带式浓缩机、螺压式浓缩机、转筒式浓缩机等。鉴于污泥浓缩机械设备种类较多，各设备生产厂家提供的技术参数不尽相同。因此宜根据试验资料确定设计参数，无试验资料时，按类似运行经验（污泥性质相似、单台设备处理能力相似）合理选用设计参数。

7.2.5 关于一体化污泥浓缩脱水机械的规定。

目前，污泥浓缩脱水一体化机械已经应用于工程中。对这类一体化机械的规定可分别按照本规范浓缩部分和脱水部分的有关条文执行。

7.2.6 关于排除污泥水的规定。

污泥在间歇式污泥浓缩池为静止沉淀，一般情况下污泥水在上层，浓缩污泥在下层。但经日晒或贮存时间较长后，部分污泥可能腐化上浮，形成浮渣，变为中间是污泥水，上、下层是浓缩污泥。此外，污泥贮存深度也有不同。为此，本条规定应设置可排除深度不同的污泥水的设施。

7.3 污 泥 消 化

Ⅰ 一 般 规 定

7.3.1 规定污泥消化可采用厌氧消化或好氧消化两种方法。

应根据污泥性质、环境要求、工程条件和污泥处置方式，选择经济适用、管理便利的污泥消化工艺。

污泥厌氧消化系统由于投资和运行费用相对较省、工艺条件（污泥温度）稳定、可回收能源（污泥气综合利用）、占地较小等原因，采用比较广泛；但工艺过程的危险性较大。

污泥好氧消化系统由于投资和运行费用相对较高、占地面积较大、工艺条件（污泥温度）随气温变化波动较大、冬季运行效果较差、能耗高等原因，采用较少；但好氧消化工艺具有有机物去除率较高、处理后污泥品质好、处理场地环境状况较好、工艺过程没有危险性等优点。污泥好氧消化后，氮的去除率可达 60%，磷的去除率可达 90%，上清液回流到污水处理系统后，不会增加污水脱氮除磷的负荷。

一般在污泥量较少的小型污水处理厂（国外资料报道当污水厂规模小于 1.8 万 m^3/d 时，好氧消化的投资可能低于厌氧消化），或由于受工业废水的影响，污泥进行厌氧消化有困难时，可考虑采用好氧消化工艺。

7.3.2 规定污泥消化应达到的挥发性固体去除率。

据有关文献介绍，污泥完全厌氧消化的挥发性固体分解率最高可达到 80%。对于充分搅拌、连续工作、运行良好的厌氧消化池，在有限消化时间（20d～30d）内，挥发性固体分解率可达到 40%～50%。

据有关文献介绍，污泥完全好氧消化的挥发性固体分解率最高可达到 80%。对于运行良好的好氧消化池，在有限消化时间（15d～25d）内，挥发性固体分解率可达到 50%。

据调查资料，我国现有的厌氧或好氧消化池设计有机固体分解率在 40%～50%，实际运行基本达到 40%《城镇污水处理厂污染物排放标准》GB 18918 规定，污泥稳定化控制指标中有机物降解率应大于 40%，本规范也规定挥发性固体去除率应大于 40%。

Ⅱ 污泥厌氧消化

7.3.3 规定污泥厌氧消化方法和基本运行条件。

污泥厌氧消化的方法，有高温厌氧消化和中温厌氧消化两种。高温厌氧消化耗能较高，一般情况下不经济。国外采用较少，国内尚无实例，故未列入。

在不延长总消化时间的前提下，两级中温厌氧消化对有机固体的分解率并无提高。一般由于第二级的静置沉降和不加热，一方面提高了出池污泥的浓度，减少污泥脱水的规模和投资；另一方面提高了产气量，减少运行费用。但近年来随着污泥浓缩脱水技术的发展，污泥的中温厌氧消化多采用一级。因此规定可采用单级或两级中温厌氧消化。设计时应通过技术经济比较确定。

厌氧消化池（两级厌氧消化中的第一级）的污泥温度，不但是设计参数，而且是重要的运行参数，故由原规范中的“采用”改为“保持”。

有初次沉淀池的系统，剩余污泥的碳氮比大约只有5或更低，单独进行厌氧消化比较困难，故规定宜与初沉污泥合并进行厌氧消化处理。“类似污泥”指当采用长泥龄的污水处理系统时，即便不设初次沉淀池，由于细菌的内源呼吸消耗，二次沉淀池排出的剩余污泥的碳氮比也很低，厌氧消化也难于进行。

当采用相当于延时曝气工艺的污水处理系统时，剩余污泥的碳氮比更低，污泥已经基本稳定，没有必要再进行厌氧消化处理。

7.3.4 规定厌氧消化池对加热、搅拌、排除上清液的设计要求和两级消化的容积比。

一级厌氧消化池与二级厌氧消化池的容积比多采用2∶1，与二级厌氧消化池的运行控制方式和后续的污泥浓缩设施有关，应通过技术经济比较确定。当连续或自控排出二级消化池中的上清液，或设有后续污泥浓缩池时，容积比可以适当加大，但不宜大于4∶1；当非连续或非自控排出二级消化池中的上清液，或不设置后续污泥浓缩池时，容积比可适当减小，但不宜小于2∶1。

对二级消化池，由于可以不搅拌，运行时常有污泥浮渣在表面结壳，影响上清液的排出，所以增加了有关防止浮渣结壳的要求。本条规定的是国内外通常采用的方法。

7.3.5 规定厌氧消化池容积确定的方法和相关参数。

采用浓缩池重力浓缩后的污泥，其含水率在96%～98%之间。经测算，当消化时间在20d～30d时，相应的厌氧消化池挥发性固体容积负荷为0.5kgVSS/（m^3·d）～1.5kgVSS/（m^3·d），沿用原规范推荐值0.6kgVSS/（m^3·d）～1.5kgVSS/（m^3·d），是比较符合实际的。

对要求除磷的污水厂，污泥应当采用机械浓缩。采用机械浓缩时，进入厌氧消化池的污泥含水率一般在94%～96%之间，原污泥容积减少较多。当厌氧消化时间仍采用20d～30d时，厌氧消化池总容积相应减小。经测算，这种情况下厌氧消化池的挥发性固体容积负荷为0.9kgVSS/（m^3·d）～2.3kgVSS/（m·d）。所以规定当采用高浓度原污泥时，挥发性固体容积负荷不宜大于2.3kgVSS/（m^3·d）。

当进入厌氧消化池的原污泥浓度增加时，经过一定时间的运行，厌氧消化池中活性微生物浓度同步增加。即同样容积的厌氧消化池，能够分解的有机物总量相应增加。根据国外相关资料，对于更高含固率的原污泥，高负荷厌氧消化池的挥发性固体容积负荷可达2.4kgVSS/（m^3·d）～6.4kgVSS/（m^3·d），说明本条的规定还是留有余地的。污泥厌氧消化池挥发性固体容积负荷测算见表26。

表26 污泥厌氧消化池挥发性固体容积负荷测算

参数名称＼方案序号	一	二	三	四	五	六	七	八	九	十
原污泥干固体量（kgSS/d）	100	100	100	100	100	100	100	100	100	100
污泥消化时间(d)	30	30	30	30	30	20	20	20	20	20
原污泥含水率(%)	98	97	96	95	94	98	97	96	95	94
原污泥体积(m^3/d)	5.0	3.3	2.5	2.0	1.7	5.0	3.3	2.5	2.0	1.7
挥发性干固体比例(%)	70	70	70	70	75	70	70	70	70	75
挥发性干固体重量（kgVSS/d）	79	70	70	70	75	70	70	70	70	75
消化池总有效容积(m^3)	150	100	75	60	50	100	67	50	40	33
挥发性固体容积负荷[kgVSS/(m^3·d)]	0.47	0.70	0.93	1.17	1.50	0.7	1.05	1.40	1.75	2.25

7.3.6 规定厌氧消化池污泥加热的方法和保温防腐要求。

随着技术的进步，近年来新设计的污泥厌氧消化池，大多采用污泥池外热交换方式加热，有的扩建项目仍沿用了蒸汽直接加热方式。原规范列举的其他污泥加热方式，实际上均属于蒸汽直接加热，但太具体化，故取消。

规定了热工计算的条件、内容和设备选型的要求。

厌氧消化污泥和污泥气对混凝土或钢结构存在较大的腐蚀破坏作用，为延长使用年限，池内壁应当进行防腐处理。

7.3.7 规定厌氧消化池污泥搅拌的方法和设备配置要求。

由于用于污泥气搅拌的污泥气压缩设备比较昂贵，系统运行管理比较复杂，耗能高，安全性较差，因此本规范推荐采用池内机械搅拌或池外循环搅拌，但并不排除采用污泥气搅拌的可能性。

原规范对连续搅拌的搅拌（循环）次数没有规定，导致设备选型时缺乏依据。本次修编参照间歇搅拌的常规做法（5h～10h搅拌一次），规定每日搅拌（循环）次数不宜少于3次，相当于至少每8h（每班）完全搅拌一次。

间歇搅拌时，规定每次搅拌的时间不宜大于循环周期的一半（按每日3次考虑，相当于每次搅拌的时间4h以下），主要是考虑设备配置和操作的合理性。如果规定时间太短，设备投资增加太多；如果规定时间太长，接近循环周期时，间歇搅拌就失去了意义。

7.3.8 关于污泥厌氧消化池和污泥气贮罐的密封及压力控制的规定。

污泥厌氧消化系统在运行时，厌氧消化池和污泥气贮罐是用管道连通的，所以厌氧消化池的工作内压一般与污泥气贮罐的工作压力相同。《给水排水构筑物施工及验收规范》）GBJ 141－90要求厌氧消化池应进行气密性试验，但未规定气密性试验的压力，实际操作有困难。故增加该项要求，规定气密性试验压力按污泥气工作压力的1.5倍确定。

为防止超压或负压造成的破坏，厌氧消化池和污泥气贮罐设计时应采取相应的措施（如设置超压或负压检测、报警与释放装置，放空、排泥和排水阀应采用双阀等），规定防止超压或负压的操作程序。如果操作不当，浮动盖式的厌氧消化池和污泥气贮罐也有可能发生超压或负压，故将原规范中的"固定盖式消化池"改为"厌氧消化池"。

7.3.9 关于污泥厌氧消化池安全的设计规定。

厌氧消化池溢流或表面排渣管排渣时，均有可能发生污泥气外地，放在室内（指经常有人活动或值守的房间或设备间内，不包括户外专用于排渣、溢流的井室）可能发生爆炸，危及人身安全。水封的作用是减少污泥气泄漏，并避免空气进入厌氧消化池影响消化条件。

为防止污泥气管道着火而引起厌氧消化池爆炸，规定厌氧消化池的出气管上应设回火防止器。

7.3.10 关于污泥厌氧消化系统合理布置的规定。

为便于管理和减少通风装置的数量，相关设备宜集中布置，室内应设通风设施。

电气设备引发火灾或爆炸的危险性较大，如全部采用防爆型则投资较高，因此规定电气集中控制室不宜与存在污泥气泄漏可能的设施合建，场地条件许可时，宜建在防爆区外。

7.3.11 关于通风报警和防爆的设计规定。

存放或使用污泥气的贮罐、压缩机房、阀门控制间、管道层等场所，均存在污泥气泄漏的可能，规定这些场所的电机、仪表和照明等电器设备均应符合防爆要求，若处于室内时，应设置通风设施和污泥气泄漏报警装置。

7.3.12 关于污泥气贮罐容积和安全设计的规定。

污泥气贮罐的容积原则上应根据产气量和用气情况经计算确定，但由于污泥气产量的计算带有估算的性质，用气设备也可能不按预定的时序工作，计算结果的可靠性不够。实际设计大多按6h～10h的平均产气量采用。

污泥气对钢或混凝土结构存在较大的腐蚀破坏作用，为延长使用年限，贮罐的内外壁均应当进行防腐处理。

污泥气贮罐和管道贮存输送介质的性质与城镇燃气相近，其设计应符合现行国家标准《城镇燃气设计规范》GB 50028的要求。

7.3.13 关于污泥气燃烧排放和安全的设计规定。

为防止大气污染和火灾，多余的污泥气必须燃烧消耗。由于外燃式燃烧器明火外露，在遇大风时易形成火苗或火星飞落，可能导致火灾，故规定燃烧器应采用内燃式。

为防止用气设备回火或输气管道着火而引起污泥气贮罐爆炸，规定污泥气贮罐的出气管上应设回火防止器。

7.3.14 规定污泥气应当综合利用。

污水厂的污泥气一般多用于污泥气锅炉的燃料，也有用于发电和驱动鼓风机的。

7.3.15 关于设置污泥气脱硫装置的规定。

经调查，有些污水厂由于没有设置污泥气脱硫装置，使污泥气内燃机（用于发电和驱动鼓风机）不能正常运行或影响设备的使用寿命。当污泥气的含硫量高于用气设备的要求时，应当设置污泥气脱硫装置。为减少污泥气中的硫化氢等对污泥气贮罐的腐蚀，规定脱硫装置应设在污泥气进入污泥气贮罐之前，尽量靠近厌氧消化池。

Ⅲ 污泥好氧消化

7.3.16 规定好氧消化池容积确定的方法和相关参数。

好氧消化池的设计经验比较缺乏，故规定好氧消化池的总有效容积，宜根据试验资料和技术经济比较确定。

据国内外文献资料介绍，污泥好氧消化时间，对二沉污泥（剩余污泥）为10d～15d，对混合污泥为15d～20d（个别资料推荐15d～25d）；污泥好氧消化的挥发性固体容积负荷一般为0.38kgVSS/（m^3·d）～2.24kgVSS/（m^3·d）。

在上述资料中，对于挥发性固体容积负荷，所推荐的下限值显然是针对未经浓缩的原污泥，含固率和容积负荷偏低，不经济；上限值是针对消化时间20d的情况，未包括消化时间10d的情况，因此在时间上不配套。

根据测算，在10d～20d的消化时间内，当处理一般重力浓缩后的原污泥（含水率在96%～98%之间）时，相应的挥发性固体容积负荷为0.7kgVSS/（m^3·d）～2.8kgVSS/（m^3·d）；当处理经机械浓缩后的原污泥（含水率在94%～96%之间）时，相应的挥发性固体容积负荷为1.4kgVSS/（m^3·d）～4.2kgVSS/（m^3·d）。

因此本规范推荐，好氧消化时间宜采用10d～

20d。一般重力浓缩后的原污泥，挥发性固体容积负荷宜采用0.7kgVSS/（m^3·d）～2.8kgVSS/（m^3·d）；机械浓缩后的高浓度原污泥，挥发性固体容积负荷不宜大于4.2kgVSS/（m^3·d）。污泥好氧消化池挥发性固体容积负荷测算见表27。

表27　污泥好氧消化池挥发性固体容积负荷测算

参数名称 \ 方案序号	一	二	三	四	五	六	七	八	九	十
原污泥干固体量（kgSS/d）	100	100	100	100	100	100	100	100	100	100
污泥消化时间(d)	20	20	20	20	20	10	10	10	10	10
原污泥含水率(%)	98	97	96	95	94	98	97	96	95	94
原污泥体积(m^3/d)	5.0	3.3	2.5	2.0	1.7	5.0	3.3	2.5	2.0	1.7
挥发性干固体比例(%)	70	70	70	70	70	70	70	70	70	70
挥发性干固体重量（kgVSS/d）	70	70	70	70	70	70	70	70	70	70
消化池总有效容积(m^3)	100	67	50	40	33	50	33	25	20	17
挥发性固体容积负荷［kgVSS/(m^3·d)］	0.7	1.05	1.40	1.75	2.10	1.4	2.10	2.80	3.50	4.20

7.3.17　关于好氧消化池污泥温度的规定。

好氧消化过程为放热反应，池内污泥温度高于投入的原污泥温度，当气温在15℃时，泥温一般在20℃左右。

根据好氧消化时间和温度的关系，当气温20℃时，活性污泥的消化时间约需要16d～18d，当气温低于15℃时，活性污泥的消化时间需要20d以上，混合污泥则需要更长的消化时间。

因此规定当气温低于15℃时，宜采取保温、加热措施或适当延长消化时间。

7.3.18　规定好氧消化池中溶解氧浓度。

好氧消化池中溶解氧的浓度，是一个十分重要的运行控制参数。

溶解氧浓度2mg/L是维持活性污泥中细菌内源呼吸反应的最低需求，也是通常衡量活性污泥处于好氧/缺氧状态的界限参数。好氧消化应保持污泥始终处于好氧状态下，即应保持好氧消化池中溶解氧浓度不小于2mg/L。

溶解氧浓度，可采用在线仪表测定，并通过控制曝气量进行调节。

7.3.19　规定好氧消化池采用鼓风曝气时，需气量的参数取值范围。

好氧消化池采用鼓风曝气时，应同时满足细胞自身氧化需气量和搅拌混合需气量。宜根据试验资料或类似工程经验确定。

根据工程经验和文献记载，一般情况下，剩余污泥的细胞自身氧化需气量为0.015m^3空气/(m^3池容·min)～0.02m^3空气/(m^3池容·min)，搅拌混合需气量为0.02m^3空气/(m^3池容·min)～0.04m^3空气/(m^3池容·min)；初沉污泥或混合污泥的细胞自身氧化需气量为0.025m^3空气/(m^3池容·min)～0.03m^3空气/(m^3池容·min)，搅拌混合需气量为0.04m^3空气/(m^3池容·min)～0.06m^3空气/(m^3池容·min)。

可见污泥好氧消化采用鼓风曝气时，搅拌混合需气量大于细胞自身氧化需气量，因此以混合搅拌需气量作为好氧消化池供气量设计控制参数。

采用鼓风曝气时，空气扩散装置不必追求很高的氧转移率。微孔曝气器的空气洁净度要求高、易堵塞、气压损失较大、造价较高、维护管理工作量较大、混合搅拌作用较弱，因此好氧消化池宜采用中气泡空气扩散装置，如穿孔管、中气泡曝气盘等。

7.3.20　规定好氧消化池采用机械表面曝气时，需用功率的取值方法。

好氧消化池采用机械表面曝气时，应根据污泥需氧量、曝气机充氧能力、搅拌混合强度等确定需用功率，宜根据试验资料或类似工程经验确定。

当缺乏资料时，表面曝气机所需功率可根据原污泥含水率选用。原污泥含水率高于98%时，可采用14W/（m^3池容）～20W/（m^3池容）；原污泥含水率为94%～98%时，可采用20W/（m^3池容）～40W/（m^3池容）。

因好氧消化的原污泥含水率一般在98%以下，因此表面曝气机功率宜采用20W/（m^3池容）～40W/（m^3池容）。原污泥含水率较低时，宜采用较大的曝气机功率。

7.3.21　关于好氧消化池深度的规定。

好氧消化池的有效深度，应根据曝气方式确定。

当采用鼓风曝气时，应根据鼓风机的输出风压、管路和曝气器的阻力损失来确定，一般鼓风机的出口风压约为55kPa～65kPa，有效深度宜采用5.0m～6.0m。

当采用机械表面曝气时，应根据设备的能力来确定，即按设备的提升深度设计有效深度，一般为3.0m～4.0m。

采用鼓风曝气时，易形成较高的泡沫层；采用机械表面曝气时，污泥飞溅和液面波动较大。所以好氧消化池的超高不宜小于1.0m。

7.3.22　关于好氧消化池加盖的规定。

好氧消化池一般采用敞口式，但在寒冷地区，污泥温度太低不利于好氧消化反应的进行，甚至可能结冰，因此应加盖并采取保温措施。

大气环境的要求较高时，应根据环境评价的要求确定好氧消化池是否加盖和采取除臭措施。

7.3.23　关于好氧消化池排除上清液的规定。

间歇运行的好氧消化池，一般其后不设泥水分离装置。在停止曝气期间利用静置沉淀实现泥水分离，因此消化池本身应设有排出上清液的措施，如各种可调或浮动堰式的排水装置。

连续运行的好氧消化池，一般其后设有泥水分离装置。正常运行时，消化池本身不具泥水分离功能，可不使用上清液排出装置。但考虑检修等其他因素，宜设排出上清液的措施，如各种分层放水装置。

7.4 污泥机械脱水

Ⅰ 一般规定

7.4.1 关于污泥机械脱水设计的规定。

1 污泥脱水机械，国内较成熟的有压滤机和离心脱水机等，应根据污泥的脱水性质和脱水要求，以及当前产品供应情况经技术经济比较后选用。污泥脱水性质的指标有比阻、黏滞度、粒度等。脱水要求，指对泥饼含水率的要求。

2 进入脱水机的污泥含水率大小，对泥饼产率影响较大。在一定条件下，泥饼产率与污泥含水率成反比关系。根据国内调查资料（见表28），规定污泥进入脱水机的含水率一般不大于98%。当含水率大于98%时，应对污泥进行预处理，以降低其含水率。

表28 国内进入脱水机的污泥含水率

使用单位	污泥种类	脱水机类型	进入脱水机的污泥含水率（%）
上海某织袜厂	活性污泥	板泥压滤机	98.5～99
四川某维尼纶厂	活性污泥	折带式真空过滤机	95.8
辽阳某化纤厂	活性污泥	箱式压滤机	98.1
北京某印染厂	接触氧化后加药混凝沉淀污泥	自动板框压滤机	96～97
北京某油毡原纸厂	气浮污泥	带式压滤机	93～95
哈尔滨某毛织厂	电解浮泥	自动板框压滤机	94～97
上海某污水厂	活性污泥	刮刀式真空过滤机	97
北京某污水厂	消化的初沉污泥	刮刀式真空过滤机	91.2～92.7
上海污水处理厂试验组	活性污泥	真空过滤机和板框压滤机	95.8～98.7
上海某涤纶厂	活性污泥	折带式真空过滤机	98.0～98.5
上海某厂污水站	活性污泥	折带式真空过滤机	95.0～98.0
上海某印染厂	活性污泥	板框压滤机	97.0
元锡某印染厂	活性污泥	板框压滤机	97.4

3 据国外资料介绍，消化污泥碱度过高，采用经处理后的废水淘洗，可降低污泥碱度，从而节省某些药剂的投药量，提高脱水效率。前苏联规范规定，消化后的生活污水污泥，真空过滤之前应进行淘洗。日本指南规定，污水污泥在真空过滤和加压过滤之前要进行淘选，淘选后的碱度低于600mg/L。国内四川某维尼纶厂污水处理站利用二次沉淀池出水进行剩余活性污泥淘洗试验，结果表明：当淘洗水倍数为1～2时，比阻降低率约15%～30%，提高了过滤效率。但淘洗并不能降低所有药剂的使用量。同时，淘洗后的水需要处理（如返回污水处理构筑物）。为此规定：经消化后污泥，可根据污泥性质和经济效益考虑在脱水前淘洗。

4 根据脱水间机组与泵房机组的布置相似的特点，脱水间的布置可按本规范第5章泵房的有关规定执行。有关规定指机组的布置与通道宽度、起重设备和机房高度等。除此以外，还应考虑污泥运输的设施和通道。

5 据调查，国内污水厂一般设有污泥堆场或污泥料仓，也有用车立即运走的，由于目前国内污泥的出路尚未妥善解决，贮存时间等亦无规律性，故堆放容量仅作原则规定。

6 脱水间内一般臭气较大，为改善工作环境，脱水间应有通风设施。脱水间的臭气因污泥性质、混凝剂种类和脱水机的构造不同而异，每小时换气次数不应小于6次。对于采用离心脱水机或封闭式压滤机或在压滤机上设有抽气罩的脱水机房可适当减少换气次数。

7.4.2 关于污泥脱水前加药调理的规定。

为了改善污泥的脱水性质，污泥脱水前应加药调理。

1 无机混凝剂不宜单独用于脱水机脱水前的污泥调理，原因是形成的絮体细小，重力脱水难于形成泥饼，压榨脱水时污泥颗粒漏网严重，固体回收率很低。用有机高分子混凝剂（如阳离子聚丙烯酰胺）形成的絮体粗大，适用于污水厂污泥机械脱水。阳离子型聚丙烯酰胺适用于带负电荷、胶体粒径小于0.1μ的污水污泥。其混凝原理一般认为是电荷中和与吸附架桥双重作用的结果。阳离子型聚丙烯酰胺还能与带负电的溶解物进行反应，生成不溶性盐，因此它还有除浊脱色作用。经它调理后的污泥滤液均为无色透明，泥水分离效果良好。聚丙烯酰胺与铝盐、铁盐联合使用，可以减少其用于中和电荷的量，从而降低药剂费用。但联合使用却增加了管道、泵、阀门、贮药罐等设备，使一次性投资增加并使管理复杂化。聚丙烯酰胺是否与铝盐铁盐联合使用应通过试验，并经技术经济比较后确定。

2 污泥加药以后，应立即混合反应，并进入脱水机，这不仅有利于污泥的凝聚，而且会减小构筑物的容积。

Ⅱ 压 滤 机

7.4.3 关于不同型式的压滤机的泥饼的产率和含水率的规定。

目前，国内用于污水污泥脱水的压滤机有带式压滤机、板框压滤机、箱式压滤机和微孔挤压脱水机。

由于各种污泥的脱水性质不同，泥饼的产率和含水率变化较大，所以应根据试验资料或参照相似污泥的数据确定。本条所列出的含水率，是根据国内调查资料和参照国外规范而制定的。

日本指南从脱水泥饼的处理及泥饼焚烧经济性考虑，规定泥饼含水率宜为75%；天津某污水厂消化污泥经压滤机脱水后，泥饼含水率为70%～80%，平均为75%；上海某污水厂混合污泥经压滤机脱水后，泥饼含水率为73.4%～75.9%。

7.4.4 关于带式压滤机的规定。

1 本规范使用污泥脱水负荷的术语，其含义为每米带宽每小时能处理污泥干物质的公斤数。该负荷因污泥类别、含水率、滤带速度、张力以及混凝剂品种、用量不同而异；应根据试验资料或类似运行经验确定，也可按表7.4.4估计。表中混合原污泥为初沉污泥与二沉污泥的混合污泥，混合消化污泥为初沉污泥与二沉污泥混合消化后的污泥。

日本指南建议对浓缩污泥及消化污泥的污泥脱水负荷采用90kg/（m·h）～150kg/（m·h）；杭州某污水厂用2m带宽的压滤机对初沉消化污泥脱水，污泥脱水负荷为300kg/（m·h）～500kg/（m·h）；上海某污水厂用1m带宽的压滤机对混合原污泥脱水，污泥脱水负荷为150kg/（m·h）～224kg/（m·h）；天津某污水厂用3m带宽的压滤机对混合消化污泥脱水，污泥脱水负荷为207kg/（m·h）～247kg/（m·h）。

2 若压滤机滤布的张紧和调正由压缩空气与其控制系统实现，在空气压力低于某一值时，压滤机将停止工作。应按压滤机的要求，配置空气压缩机。为在检查和故障维修时脱水机间能正常运行，至少应有1台备用机。

3 上海某污水厂采用压力为0.4MPa～0.6MPa的冲洗水冲洗带式压滤机滤布，运行结果表明，压力稍高，结果稍好。

天津某污水厂推荐滤布冲洗水压为0.5MPa～0.6MPa。

上海某污水厂用带宽为1m的带式压滤机进行混合污泥脱水，每米带宽每小时需$7m^3$～$11m^3$冲洗水。天津某污水厂用带宽3m的带式压滤机对混合消化污泥脱水，每米带宽每小时需$5.5m^3$～$7.5m^3$冲洗水。为降低成本，可用再生水作冲洗水；天津某污水厂用再生水冲洗，取得较好效果。

为在检查和维修故障时脱水间能正常运行，至少应有1台备用泵。

7.4.5 规定板框压滤机和箱式压滤机的设计要求。

1 过滤压力，哈尔滨某厂污水站的自动板框压滤机和吉林某厂污水站的箱式压滤机均为500kPa，辽阳某厂污水站的箱式压滤机为500kPa～600kPa，北京某厂污水站的自动板框压滤机为600kPa。日本指南为400kPa～500kPa。据此，本条规定为400kPa～600kPa。

2 过滤周期，吉林某厂污水站的箱式压滤机为3h～4.5h；辽阳某厂污水站的箱式压滤机为3.5h；北京某厂污水站的自动板框压滤机为3h～4h。据此，本条规定为不大于4h。

3 污泥压入泵，国内使用离心泵、往复泵或柱塞泵。北京某厂污水站采用柱塞泵，使用效果较好。日本指南规定可用无堵塞构造的离心泵、往复泵或柱塞泵。

4 我国现有配置的压缩空气量，每立方米滤室一般为$1.4m^3/min$～$3.0m^3/min$。日本指南为每立方米滤室$2m^3/min$（按标准工况计）。

Ⅲ 离 心 机

7.4.6 规定了离心脱水机房噪声应符合的标准。

因为《工业企业噪声控制设计规范》GBJ 87规定了生产车间及作业场所的噪声限制值和厂内声源辐射至厂界的噪声A声级的限制值，故规定离心脱水机房噪声应符合此标准。

7.4.7 关于所选用的卧螺离心机分离因数的规定。

目前国内用于污水污泥脱水的离心机多为卧螺离心机。离心脱水是以离心力强化脱水效率，虽然分离因数大脱水效果好，但并不成比例，达到临界值后分离因数再大脱水效果也无多大提高，而动力消耗几乎成比例增加，运行费用大幅度提高，机械磨损、噪声也随之增大。而且随着转速的增加，对污泥絮体的剪切力也增大，大的絮体易被剪碎而破坏，影响污泥干物质的回收率。

国内污水处理厂卧螺离心机进行污泥脱水采用的分离因数如下：

深圳滨河污水厂为2115*g*；洛阳涧西污水厂为2115*g*；仪征化纤污水厂为1700*g*；上海曹杨污水厂为1224*g*；云南个旧污水厂为1450*g*；武汉汤逊湖污水厂为2950*g*；辽宁葫芦岛市污水厂为2950*g*；上海白龙港污水厂（一级强化处理）为3200*g*；香港昂船洲污水厂（一级强化处理）为3200*g*。

由于随污泥性质、离心机大小的不同，其分离因数的取值也有一定的差别。为此，本条规定污水污泥的卧螺离心机脱水的分离因数宜小于3000g。对于初沉和一级强化处理等有机质含量相对较低的污泥，可适当提高其分离因数。

7.4.8 对离心机进泥粒径的规定。

为避免污泥中的长纤维缠绕离心机螺旋以及纤维裹挟污泥成较大的球状体后堵塞离心机排泥孔，一般认为当纤维长度小于8mm时已不具备裹挟污泥成为大的球状体的条件。为此，本条规定离心脱水机前应设置污泥切割机，切割后的污泥粒径不宜大于 8mm。

7.5 污泥输送

7.5.1 关于脱水污泥输送形式的规定。

规定了脱水污泥通常采用的三种输送形式：皮带输送机输送、螺旋输送机输送和管道输送。

7.5.2 关于皮带运输机输送污泥的规定。

皮带运输机倾角超过 20°，泥饼会在皮带上发生滑动。

7.5.3 关于螺旋输送机输送污泥的规定。

如果螺旋输送机倾角过大，会导致污泥下滑而影响污泥脱水间的正常工作。如果采用有轴螺旋输送机，由于轴和螺旋叶片之间形成了相对于无轴螺旋输送机而言较为密闭的空间，在输送污泥过程中对污泥的挤压与搅动更为剧烈，易于使污泥中的表面吸附水、间歇水和毛细结合水外溢，增加污泥的流动性，在污泥的运输过程中容易造成污泥的滴漏，污染沿途环境。为此，做出本条规定。

7.5.4 关于管道输送污泥的规定。

由于污泥管道输送的局部阻力系数大，为降低污泥输送泵的扬程，同时为避免污泥在管道中发生堵死现象，参照《浆体长距离管道输送工程设计规程》CECS 98 的相关规定，同时考虑到污水厂污泥的管道输送距离较短，而脱水机房场地有限，不利于管道进行大幅度转角布置，做出本条规定。

7.6 污泥干化焚烧

7.6.1 关于污泥干化总体原则的规定。

根据国内外多年的污泥处理和处置实践，污泥在很多情况下都需要进行干化处理。

污泥自然干化，可以节约能源，降低运行成本，但要求降雨量少、蒸发量大、可使用的土地多、环境要求相对宽松等条件，故受到一定限制。在美国的加利福尼亚州，自然干化是普遍采用的污泥脱水和干化方法，1988 年占 32%，1998 年增加到 39%，其中科罗拉多地区超过 80%的污水处理厂采用干化场作为首选工艺。

污泥人工干化，采用最多的是热干化。大连开发区、秦皇岛、徐州等污水厂已经采用热干化工艺烘干污泥，并制造复合肥。深圳的污泥热干化工程，目前已着手开展。

7.6.2 关于污泥干化场固体负荷量的原则规定。

污泥干化场的污泥主要靠渗滤、撇除上层污泥水和蒸发达到干化。渗滤和撇除上层污泥水主要受污泥的含水率、黏滞度等性质的影响，而蒸发则主要视当地自然气候条件，如平均气温、降雨量和蒸发量等因素而定。由于各地污泥性质和自然条件不同，所以，建议固体负荷量宜充分考虑当地污泥性质和自然条件，参照相似地区的经验确定。在北方地区，应考虑结冰期间干化场储存污泥的能力。

7.6.3 规定干化场块数的划分和围堤尺寸。

干化场划分块数不宜少于 3 块，是考虑进泥、干化和出泥能够轮换进行，从而提高干化场的使用效率。围堤高度是考虑贮泥量和超高的需要，顶宽是考虑人行的需要。

7.6.4 关于人工排水层的规定。

对脱水性能好的污泥而言，设置人工排水层有利于污泥水的渗滤，从而加速污泥干化。我国已建干化场大多设有人工排水层，国外规范也都建议设人工排水层。

7.6.5 关于设不透水层的规定。

为了防止污泥水入渗土壤深层和地下水，造成二次污染，故规定在干化场的排水层下面应设置不透水层。某些地下水较深、地基岩土渗透性较差的地区，在当地卫生管理部门允许时，才可考虑不设不透水层。本条与原规范相比，加大了设立不透水层的强制力度。

7.6.6 规定了宜设排除上层污泥水的设施。

污泥在干化场脱水干化是一个污泥沉降浓缩、析出污泥水的过程，及时将这部分污泥水排除，可以加速污泥脱水，有利于提高干化场的效率。

7.6.7 规定污泥热干化和焚烧宜集中进行。

单个污水处理厂的污泥量可能较少，集中干化焚烧处理更经济、更利于保证质量、更便于管理。

7.6.8 规定污泥热干化应充分考虑产品出路。

污泥热干化成本较高，故应充分考虑产品的出路，以提高热干化工程的经济效益。

7.6.9 关于污泥热干化和焚烧的污泥负荷量原则的规定。

污泥热干化和焚烧在国内属于新兴的技术，经验不足。污泥含水率等性质，对热干化的污泥负荷量有显著影响。污泥热干化的设备类型很多，性能各异，因此，需要根据污泥性质、设备性能，并参照相似设备的运行参数进行污泥负荷量设计。

7.6.10 规定热干化和焚烧设备的套数。

热干化和焚烧设备宜设置 2 套，是为了保证设备检修期间污水厂的正常运行。由于设备投资较大，可仅设 1 套，但应考虑必要的应急措施，在设备检修时，保证污水厂仍然能够正常运行。

7.6.11 关于热干化设备选型的原则规定。

热干化设备种类很多，如直接加热转鼓式干化器、气体循环、间接加热回转室、流化床等，目前国内应用经验不足，只能根据热干化的实际需要和国外经验确定。

国内热干化设备安装运行情况见表 29。

1995 年以前国外应用直接加热转鼓式干化器较多，干化后得到稳定的球形颗粒产品，但尾气量大，处理费用昂贵。

1995～1999 年出现了间接加热系统，尾气量要小得多，但干化器内部磨损严重且难以生产出颗粒状产品。气体循环技术使转鼓中的氧气含量保持在10%以下，提高了安全性。间接加热回转室适用于中小型污水处理厂。此外还出现了机械脱水和热干化一体化的技术，即真空过滤带式干化系统和离心脱水干化系统。

表 29 国内热干化设备安装运行情况

污水厂名称	上海市石洞口污水厂	天津市咸阳路污水厂
所在地（省、市、县）	上海	天津
污水规模（万 m³/d）	40	45
污水处理工艺	一体化活性污泥处理工艺	A/O
投产时间	2003 年	2004 年
污泥规模（t/d）	64	73
设备型号	流化床污泥干燥机	间接加热碟片式干燥机
进泥含水率（%）	70	75
出泥含水率（%）	≤10	＜10
燃料种类/消耗量	干化污泥	沼气、天然气

2000 年以后的美国热干化设备，出现了以蒸汽为热源的流化床干化设备，带有产品过筛返混系统，其产品的性状良好，与转鼓式干化器是相似的。蒸汽锅炉（或废热蒸汽）和流化床有逐渐取代热风锅炉和转鼓之势。转鼓式干化器仍将继续扮演重要角色，同时也向设备精、处理量大的方向发展。干料返混系统能够生产出可销售的生物固体产品。

简单的间接加热系统受制于设备本身的大小，较适合于小到中等规模的处理量；带有污泥混合器和气体循环装置的直接加热系统，是中到大规模处理量的较佳选择。

7.6.12 规定热干化设备能源的选择。

消化池污泥气是污泥消化的副产品，无需购买，故越来越多的热干化设备以污泥气作为能源，但直接加热系统仍多采用天然气。

7.6.13 关于热干化设备安全的规定。

污水污泥产生的粉尘是 St1 级的爆炸粉尘，具有潜在的粉尘爆炸的危险，干化设施和贮料仓内的干化产品也可能会自燃。在欧美已经发生了多起干化器爆炸、着火和附属设施着火的事件。因此，应高度重视污泥干化设备的安全性。

7.6.14 规定优先考虑污泥与垃圾或燃料煤同时焚烧。

由于污泥的热值偏低，单独焚烧具有一定难度，故宜考虑与热值较高的垃圾或燃料煤同时焚烧。

7.6.15 关于污泥焚烧工艺的规定。

初沉污泥的有机物含量一般在 55%～70%之间，剩余污泥的有机物含量一般在 70%～85%之间，污泥经厌氧消化处理后，其中 40%的有机物已经转化为污泥气，有机物含量降低。

污泥具有一定的热值，但仅为标准煤的 30%～60%，低于木材，与泥煤、煤矸石接近，见表 30。

由于污泥的热值与煤矸石接近，故污泥焚烧工艺可以在一定程度上借鉴煤矸石焚烧工艺。

表 30 污泥和燃料的热值

材料		热值（kJ/kg）		
		脱水后	干化后	无水
燃料	标准煤			29300
	木材			19000
	泥煤			18000
	煤矸石			≤12550
污泥	初沉污泥			10715～18920
	二沉污泥			13295～15215
	混合污泥			12005～16957
上海石洞口污水厂	混合污泥			11078～15818
北京高碑店	原污泥			9830～14360
	消化污泥			11120
	消化污泥与浓缩污泥混合			10980～11910
天津纪庄子	污泥	559(75%水分)	12603(水分 6.80)	13823
	污泥(放置时间较长)	1346(75%水分)	13873(水分 7.78)	15257
天津东郊	污泥	1672(75%水分)	12895(水分 7.74)	14187
	污泥(放置时间较长)	1718(75%水分)	13134(水分 7.36)	14375

早期建设的煤矸石电厂基本以鼓泡型流化床锅炉为主，这种锅炉热效率低，不利于消烟脱硫。20 世纪 90 年代以来，循环流化床锅炉逐步取代了鼓泡型流化床锅炉，成为煤矸石电厂的首选锅炉，逐步从 35t/h 发展到 70t/h，合资生产的已达到 240t/h，热效率提高 5%～15%。现在由于采取了防磨措施，循环流化床锅炉连续运行小时普遍超过 2000h。“九五”期间，国家通过国债、技改等渠道，对大型煤矸石电厂，尤其是 220t/h 以上的燃煤矸石循环流化床锅炉，给予了重点倾斜。

1998 年 2 月 12 日，国家经贸委、煤炭部、财政部、电力部、建设部、国家税务总局、国家土地管理局、国家建材局八部委以国经贸资〔1998〕80 号文件印发了《煤矸石综合利用管理办法》，其中第十四条要求，新建煤矸石电厂应采用循环流化床锅炉。

国内污泥焚烧工程较少，仅收集到上海市石洞口污水厂的情况，也采用流化床焚烧炉工艺，见表31。

表31 国内污泥焚烧情况

污水厂名称	上海市石洞口污水厂
所在地（省、市、县）	上海
污水规模（万 m^3/d）	40
污水处理工艺	一体化活性污泥处理工艺
投产时间（年）	2003
污泥规模（m^3/d）	213（脱水污泥）
设备型号	流化床焚烧炉
进泥含水率（%）	≤10
灰分产量（t/d）	42（约）
燃料种类/消耗量	干化污泥
预热温度（℃）	136
焚烧温度（℃）	≥850
焚烧时间（min）	炉内烟气有效停留时间＞2s

7.6.16 关于污泥热干化产品和污泥焚烧灰处置的规定。

部分污泥热干化产品遇水将再次成为含水污泥，污泥焚烧灰含有较多的重金属和放射性物质，处置不当会造成二次污染，所以都必须妥善保存、利用或最终处置。

7.6.17 规定污泥热干化尾气和焚烧烟气必须达标排放。

污泥热干化的尾气，含有臭气和其他污染物质；污泥焚烧的烟气，含有危害人民身体健康的污染物质。二者如不处理或处理不当，可能对大气产生严重污染，故规定应达标排放。

7.6.18 关于污泥干化场、污泥热干化厂和污泥焚烧厂环境监测的规定。

污泥干化场可能污染地下水，污泥热干化厂和焚烧厂可能污染大气，故规定应设置相应的长期环境监测设施。

7.7 污泥综合利用

7.7.1 关于污泥最终处置的规定。

污水污泥是一种宝贵的资源，含有丰富的营养成分，为植物生长所需要，同时含有大量的有机物，可以改良土壤或回收能源。

污泥综合利用既可以充分利用资源，同时又节约了最终处置费用。国外已经把满足土地利用要求的污水污泥改称为“生物固体（biosolids）”。

7.7.2 关于污泥综合利用的规定。

由于污泥中含有丰富的有机质，可以改良土壤。污泥土地利用维持了有机物→土壤→农作物→城镇→污水→污泥→土壤的良性大循环，无疑是污泥处置最合理的方式。以前，国外污泥大量用于填埋，但近年来呈显著下降趋势，污泥综合利用则呈急剧上升趋势。

美国1998年污泥处置的主要方法为土地利用占61.2%，其次是土地填埋占13.4%，堆肥占12.6%，焚烧占6.7%，表面处置占4.0%，贮存占1.6%，其他占0.4%。目前，在美国污泥土地利用已经代替填埋成为最主要的污泥处置方式。

加拿大土地利用的污泥数量，占了将近一半，显著高于其他技术，这与美国的情况类似。

英国1998年前42%的污泥最终处置出路是农用，另有30%的污泥排海，但目前欧共体已禁止污泥排海。

德国目前污泥处置以脱水污泥填埋为主，部分农用，将来的趋势是污泥干化或焚烧后再利用或填埋。

目前，日本正在进行区域集中的污泥处理处置工作，污泥处理处置的主要途径是减量后堆肥农用或焚烧、熔融成炉渣，制成建材，其余部分委托给民间团体处理处置。日本是国外仅有的污水污泥土地利用程度较小的发达国家。

我国的污泥处置以填埋为主，堆肥、复合肥研究不少，但生产规模很小。国内污泥综合利用实例不多，仅调查到一例，正是土地利用，见表32。

表32 污泥综合利用情况

污水厂名称		富阳市污水处理厂
所在地（省、市、县）		浙江、杭州、富阳
污水规模（万 m^3/d）		2
污水处理工艺		粗、细格栅—沉砂—回转式氧化沟—二次沉淀池
投产时间（年）		1999
污泥规模（t/d）		3
污泥含水率（%）		80±2
直接农业利用	施肥方式	与土地原土混合掺和，种植热带作物
	农作物	培养苗木
	农作物生长情况说明	效果不错

我国是一个农业大国，由于化肥的广泛应用，使得土壤有机质逐年下降，迫切需要施用污水污泥这样的有机肥料。但是，污泥中的重金属和其他有毒物质是污泥土地利用的最大障碍，一旦不慎造成污染，后果严重且难以挽回，因此，污泥农用不得不慎之又慎。

美国30年前的预处理计划保证了城镇污水污泥中的重金属含量达标，为污泥土地利用铺平了道路；10年前的503污泥规则进一步保证了污泥土地利用的安全性，免除了任何后顾之忧。由此可见，中国的污泥农用还有相当长的路要走。

污泥直接土地利用是国内外污泥处置技术发展的

必然趋势。但是，我国在污水污泥直接土地利用之前尚有一个过渡时期，这就是污泥干化、堆肥、造粒（包括复合肥）等处理后的污泥产品的推广使用，让使用者有一个学习和适应的过程，培育市场，同时逐步健全污泥土地利用的法规和管理制度。

7.7.3 规定污泥的土地利用应严格控制重金属和其他有毒物质含量。

借鉴国外污泥土地利用的成功经验，首先必须对工业废水进行严格的预处理，杜绝重金属和其他有毒物质进入污水污泥，污水污泥利用必须符合相关国家标准的要求。同时，必须对施用污泥的土壤中积累的重金属和其他有毒物质含量进行监测和控制，严格保证污泥土地利用的安全性。这一过程，必须长期坚持不懈，不能期望一蹴而就。

8 检测和控制

8.1 一般规定

8.1.1 规定排水工程应进行检测和控制。

排水工程检测和控制内容很广，原规范无此章节，此次编制主要确定一些设计原则，仪表和控制系统的技术标准应符合国家或有关部门的技术规定和标准。本章中所提到的检测均指在线仪表检测。建设规模在1万m^3/d以下的工程可视具体情况决定。

8.1.2 规定检测和控制内容的确定原则。

排水工程检测和控制内容应根据原水水质、采用的工艺、处理后的水质，并结合当地生产运行管理要求和投资情况确定。有条件时，可优先采用综合控制管理系统，系统的配置标准可视建设规模、污水处理级别、经济条件等因素合理确定。

8.1.3 规定自动化仪表和控制系统的使用原则。

自动化仪表和控制系统的使用应有利于排水工程技术和生产管理水平的提高；自动化仪表和控制设计应以保证出厂水质、节能、经济、实用、保障安全运行、科学管理为原则；自动化仪表和控制方案的确定，应通过调查研究，经过技术经济比较后确定。

8.1.4 规定计算机控制系统的选择原则。

根据工程所包含的内容及要求选择系统类型，系统选择要兼顾现有和今后发展。

8.2 检　　测

8.2.1 关于污水厂进、出水检测的规定。

污水厂进水应检测水压（水位）、流量、温度、pH值和悬浮固体量（SS），可根据进水水质增加一些必要的检测仪表，BOD_5等分析仪表价格较高，应慎重选用。

污水厂出水应检测流量、pH值、悬浮固体量（SS）及其他相关水质参数。BOD_5、总磷、总氮仪表价格较高，应慎重选用。

8.2.2 关于污水厂操作人员工作安全的监测规定。

排水泵站内必须配置H_2S监测仪，供监测可能产生的有害气体，并采取防患措施。泵站的格栅井下部，水泵间底部等易积聚H_2S的地方，可采用移动式H_2S监测仪监测，也可安装在线式H_2S监测仪及报警装置。

消化池控制室必须设置污泥气泄漏浓度监测及报警装置，并采取相应防患措施。

加氯间必须设置氯气泄漏浓度监测及报警装置，并采取相应防患措施。

8.2.3 关于排水泵站和污水厂各个处理单元运行、控制、管理设置检测仪表的规定。

排水泵站：排水泵站应检测集水池或水泵吸水池水位、提升水量及水泵电机工作相关的参数，并纳入该泵站自控系统。为便于管理，大型雨水泵站和合流污水泵站（流量不小于$15m^3/s$），宜设置自记雨量计，其设置条件应符合国家相关的规定，并根据需要确定是否纳入该泵站自控系统。

污水厂：污水处理一般包括一级及二级处理，几种常用污水处理工艺的检测项目可按表33设置。

3 污水深度处理和回用：应根据深度处理工艺和再生水水质要求检测。出水通常检测流量、压力、余氯、pH值、悬浮固体量（SS）、浊度及其他相关水质参数。检测的目的是保证回用水的供水安全，可根据出水水质增加一些必要的检测。BOD_5、总磷、总氮仪表价格较高，应慎重选用。

4 加药和消毒：加药系统应根据投加方式及控制方式确定所需要的检测项目。消毒应视所采用的消毒方法确定安全生产运行及控制操作所需要的检测项目。

5 污泥处理应视其处理工艺确定检测项目。据调查，运行和管理部门都认为消化池需设置必要的检测仪表，以便及时掌握运行工况，否则会给运行管理带来许多困难，难于保证运行效果，同时，有利于积累原始运行资料。近年来随着大量引进国外先进技术，污水污泥测控技术和设备不断完善，提高了污泥厌氧消化的工艺控制自动化水平。采用重力浓缩和污泥厌氧消化时，可按表34确定检测项目。

8.2.4 关于检测机电设备工况的规定。

机电设备的工作状况与工作时间、故障次数与原因对控制及运行管理非常重要，随着排水工程自动化水平的提高，应检测机电设备的状态。

8.2.5 关于排水管网关键节点设置检测和监测装置的规定。

排水管网关键节点指排水泵站、主要污水和雨水排放口、管网中流量可能发生剧烈变化的位置等。

表 33　常用污水处理工艺检测项目

处理级别	处理方法		检测项目	备　注
一级处理	沉淀法		粗、细格栅前后水位（差）； 初次沉淀池污泥界面或污泥浓度及排泥量	为改善格栅间的操作条件，一般均采用格栅前后水位差来自动控制格栅的运行
二级处理	活性污泥法	传统活性污泥法	生物反应池：活性污泥浓度（MLSS）、溶解氧（DO）、供气量、污泥回流量、剩余污泥量； 二次沉淀池：泥水界面	只对各个工艺提出检测内容，而不作具体数量及位置的要求，便于设计的灵活应用
		厌氧/缺氧/好氧法（生物脱氮、除磷）	生物反应池：活性污泥浓度（MLSS）、溶解氧（DO）、供气量、氧化还原电位（ORP）、混合液回流量、污泥回流量、剩余污泥量； 二次沉淀池：泥水界面	
		氧化沟法	氧化沟：活性污泥浓度（MLSS）、溶解氧（DO）、氧化还原电位（ORP）、污泥回流量、剩余污泥量； 二次沉淀池：泥水界面	
		序批式活性污泥法（SBR）	液位、活性污泥浓度（MLSS）、溶解氧（DO）、氧化还原电位（ORP）、污泥排放量	
	生物膜法	曝气生物滤池	单格溶解氧、过滤水头损失	
		生物接触氧化池、生物转盘、生物滤池	溶解氧（DO）	只提出了一个常规参数溶解氧的检测，实际工程设计中可根据具体要求配置

表 34　污泥重力浓缩和消化工艺检测项目

污泥处理构筑物	检测项目	备　注
浓缩池	泥位、污泥浓度	
消化池	消化池：污泥气压力（正压、负压），污泥气量，污泥温度、液位、pH 值； 污泥投配和循环系统：压力，污泥流量； 污泥加热单元：热媒和污泥进出口温度	压力报警，污泥气泄漏报警
贮气罐	压力（正压、负压）	

8.3　控　　制

8.3.1　关于排水泵站和排水管网控制原则的规定。

排水泵站的运行管理应在保证运行安全的条件下实现自动控制。为便于生产调度管理，宜建立遥测、遥讯和遥控系统。

8.3.2　关于 10 万 m^3/d 规模以下污水厂控制原则的规定。

10 万 m^3/d 规模以下的污水厂可采用计算机数据采集系统与仪表检测系统，对主要工艺单元可采用自动控制。

序批式活性污泥法（SBR）处理工艺，用可编程序控制器，按时间控制，并根据污水流量变化进行调整。

氧化沟处理工艺，用时间程序自动控制运行，用溶解氧或氧化还原电位（ORP）控制曝气量，有利于满足运行要求，且可最大限度地节约动力。

8.3.3　关于 10 万 m^3/d 及以上规模污水厂控制原则的规定。

10 万 m^3/d 及以上规模的污水厂生产管理与控制的自动化宜为：计算机控制系统应能够监视主要设备的运行工况与工艺参数，提供实时数据传输、图形显示、控制设定调节、趋势显示、超限报警及制作报表等功能，对主要生产过程实现自动控制。目前，我国污水厂的生产管理与自动化已具有一定水平，且逐步提高。经济条件不允许时，可采用分期建设的原则，分阶段逐步实现自动控制。

8.3.4 关于成套设备控制的规定。

成套设备本身带有控制及仪表装置时，设计应完成与外部控制系统的通信接口。

8.4 计算机控制管理系统

8.4.1 规定计算机控制管理系统的功能。

此条是对系统功能的总体要求。

8.4.2 关于计算机控制管理系统设计原则的规定。

中华人民共和国国家标准

建筑给水排水设计规范

Code for design of building water supply and drainage

GB 50015—2003

（2009年版）

主编部门：上海市城乡建设和交通委员会
批准部门：中华人民共和国住房和城乡建设部
施行日期：2 0 0 3 年 9 月 1 日

中华人民共和国住房和城乡建设部
公　告

第409号

关于发布国家标准
《建筑给水排水设计规范》局部修订的公告

现批准《建筑给水排水设计规范》GB 50015—2003局部修订的条文，自2010年4月1日起实施。其中，第3.2.3A、3.2.4、3.2.4A、3.2.4C、3.2.5、3.2.5A、3.2.5B、3.2.5C、3.2.6、3.2.10、3.9.14、3.9.18A、3.9.20A、3.9.24、4.2.6、4.3.3A、4.3.4、4.3.6、4.3.6A、4.5.10A条为强制性条文，必须严格执行。经此次修改的原条文同时废止。

局部修订的条文及具体内容，将刊登在我部有关网站和近期出版的《工程建设标准化》刊物上。

中华人民共和国住房和城乡建设部

二〇〇九年十月二十日

修　订　说　明

根据原建设部《关于印发〈2007年工程建设标准规范制订、修订计划（第一批）〉的通知》（建标〔2007〕第125号）的要求，本规范由上海现代建筑设计（集团）有限公司会同有关单位对《建筑给水排水设计规范》GB 50015—2003进行修订而成。

本规范局部修订，遵照建标〔1994〕第219号《关于印发〈工程建设标准局部修订管理办法〉的通知》的要求，在广泛征求原规范颁布后在工程建设中执行情况和对原规范局部修订的建议，以及对个别条文涉及的技术参数进行测试、产品调研等工作的基础上，经有关部门共同审查定稿。

本次局部修订主要内容：

1. 调整生活饮用水管道防回流污染措施的适用条件，补充由生活饮用水及生活、生产合用管道供给回流污染高危场所和设备的防回流污染要求。补充倒流防止器、真空破坏器的设置要求。

2. 补充叠压供水、太阳能和热泵热水供应等节能技术原则规定。

3. 完善居住小区设计流量计算。

4. 对同层排水管道设计提出要求。

5. 推荐具有防涸功能的新型地漏，禁用钟罩（扣碗）式地漏。

6. 根据科研测试成果，调整通气系统不同设置条件下排水立管最大设计排水能力，并补充自循环通气系统设计内容。

7. 根据雨水管道的设计流态，确立雨水立管和雨水斗设计泄流量。

8. 修改热水供应设计小时耗热量计算参数。

9. 协调补充管道直饮水系统设计参数。

本规范中下划线为修改的内容；用黑体字表示的条文为强制性条文，必须严格执行。

本规范由住房和城乡建设部负责管理和对强制性条文的解释，由主编单位负责对具体技术内容的解释。在执行过程中，请各单位结合工程实践，认真总结经验，并将意见和建议寄送上海现代建筑设计（集团）有限公司国家标准《建筑给水排水设计规范》管理组（地址：上海市石门二路258号，邮政编码：200041，E-mail：GB 50015-2003@163.com）。

本次局部修订的主编单位：上海现代建筑设计（集团）有限公司

本次局部修订的参编单位：中国建筑设计研究院

本次局部修订的主要起草人：张　淼　刘振印　冯旭东　徐　凤

本次局部修订的审查人：方汝清　赵力军　赵世明　赵　锂　王冠军　方玉妹　崔长起　程宏伟　王　研　王增长　郑克白　黄晓家　张　勤　王　珏　朱建荣

中华人民共和国建设部
公　　告

第138号

建设部关于发布国家标准《建筑给水排水设计规范》的公告

现批准《建筑给水排水设计规范》为国家标准，编号为GB 50015—2003，自2003年9月1日起实施。其中，第3.2.1、3.2.3、3.2.4、3.2.5、3.2.6、3.2.9、3.2.10、3.2.14、3.5.8、3.9.1、3.9.3、3.9.4、3.9.9、3.9.12、3.9.14、3.9.22、3.9.24、3.9.27、4.2.6、4.3.5、4.3.6、4.3.13、4.3.19、4.5.9、4.8.4、4.8.8、5.4.5、5.4.20条为强制性条文，必须严格执行。原《建筑给水排水设计规范》GBJ 15—88同时废止。

本规范由建设部标准定额研究所组织中国计划出版社出版发行。

中华人民共和国建设部

二〇〇三年四月十五日

前　　言

本规范系根据建设部建标〔1998〕94号文《关于印发"一九九八年工程建设国家标准制订、修订计划（第一批）"的通知》，由上海市建设和管理委员会主管，上海现代建筑设计（集团）有限公司主编，中国建筑设计研究院、广东省建筑设计研究院参编，对原国家标准《建筑给水排水设计规范》GBJ 15—88进行全面修订。本规范编制过程中总结了近年来建筑给水排水工程的设计经验，对重大问题开展专题研讨，提出了征求意见稿，在广泛征求全国有关设计、科研、大专院校的专家、学者和设计人员意见的基础上，经编制组认真研究分析编制而成。

本规范修订的主要技术内容有：①补充了居住小区给水排水设计内容。②调整和补充了住宅、公共建筑用水定额。③补充了管道连接防污染措施。④补充了新型管材应用技术。⑤住宅给水秒流量计算采用概率修正公式。⑥统一各种材质管道水力计算公式。⑦补充了水上游乐池水循环处理内容。⑧补充了冷却塔及水循环设计内容。⑨删去了推荐性标准在医院污水、游泳池给水排水等方面已有的细节内容，保留了原则性、安全性及卫生方面的条文。⑩删除了生产工艺给水排水的有关条文。⑪补充了屋面雨水压力流计算参数。⑫调整了集中热水供应设计小时耗热量计算公式的适用范围。⑬删除了自然循环热水管道系统的计算。⑭补充了新型热水机组、加热器的有关应用技术要点和参数。⑮补充了饮用净水管道系统的有关内容。

本规范将来需要进行局部修订时，有关局部修订的信息和条文内容将刊登在《工程建设标准化》杂志上。

本规范中以黑体字标志的条文为强制性条文，必须严格执行。

本规范由建设部负责管理和对强制性条文的解释，上海市建设和管理委员会负责具体管理，上海现代建筑设计（集团）有限公司负责具体技术内容的解释。在使用过程中如有需要修改与补充的建议，请将有关资料寄送上海现代建筑设计（集团）有限公司（上海市石门二路258号现代建筑设计大厦国家标准《建筑给水排水设计规范》管理组，邮政编码：200041），以供修订时参考。

本规范主编单位、参编单位和主要起草人：

主 编 单 位：上海现代建筑设计（集团）有限公司

参 编 单 位：中国建筑设计研究院
　　　　　　广东省建筑设计研究院

主要起草人：张　森　刘振印　何冠钦　冯旭东　桑鲁青

目　次

Contents

1 总 则

1.0.1 为保证建筑给水排水设计质量，使设计符合安全、卫生、适用、经济等基本要求，制定本规范。

1.0.2 本规范适用于居住小区、公共建筑区、民用建筑给水排水设计，亦适用于工业建筑生活给水排水和厂房屋面雨水排水设计。

但设计下列工程时，还应按现行的有关专门规范或规定执行：

1 湿陷性黄土、多年冻土和胀缩土等地区的建筑物；

2 抗震设防烈度超过9度的建筑物；

3 矿泉水疗、人防建筑；

4 工业生产给水排水；

5 建筑中水和雨水利用。

1.0.3 建筑给水排水设计，应在满足使用要求的同时还应为施工安装、操作管理、维修检测以及安全保护等提供便利条件。

1.0.4 建筑给水排水工程设计，除执行本规范外，尚应符合国家现行的有关标准、规范的要求。

2 术语、符号

2.1 术 语

2.1.1 生活饮用水 drinking water

水质符合生活饮用水卫生标准的用于日常饮用、洗涤的水。

2.1.2 生活杂用水 non-drinking water

用于冲洗便器、汽车，浇洒道路、浇灌绿化，补充空调循环用水的非饮用水。

2.1.3 小时变化系数 hourly variation coefficient

最高日最大时用水量与平均时用水量的比值。

2.1.4 最大时用水量 maximum hourly water consumption

最高日最大用水时段内的小时用水量。

2.1.4A 平均时用水量 average hourly water consumption

最高日用水时段内的平均小时用水量。

2.1.5 回流污染 backflow pollution

由虹吸回流或背压回流对生活给水系统造成的污染。

2.1.5A 背压回流 back-pressure back flow

给水管道内上游失压导致下游有压的非饮用水或其他液体、混合物进入生活给水管道系统的现象。

2.1.5B 虹吸回流 siphonage back flow

给水管道内负压引起卫生器具、受水容器中的水或液体混合物倒流入生活给水系统的现象。

2.1.6 空气间隙 air gap

在给水系统中，管道出水口或水嘴口的最低点与用水设备溢流水位间的垂直空间距离；在排水系统中，间接排水的设备或容器的排出管口最低点与受水器溢流水位间的垂直空间距离。

2.1.7 溢流边缘 flood-level rim

指由此溢流的容器上边缘。

2.1.7A 倒流防止器 backflow preventer

一种采用止回部件组成的可防止给水管道水流倒流的装置。

2.1.7B 真空破坏器 vacuum breaker

一种可导入大气压消除给水管道内水流因虹吸而倒流的装置。

2.1.8 引入管 service pipe

将室外给水管引入建筑物或由市政管道引入至小区给水管网的管段。

2.1.9 接户管 inter-building pipe

布置在建筑物周围，直接与建筑物引入管和排出管相接的给水排水管道。

2.1.10 入户管（进户管） inlet pipe

住宅内生活给水管道进入住户至水表的管段。

2.1.11 竖向分区 vertical division zone

建筑给水系统中，在垂直向分成若干供水区。

2.1.12 并联供水 parallel water supply

建筑物各竖向给水分区有独立增（减）压系统供水的方式。

2.1.13 串联供水 series water supply

建筑物各竖向给水分区，逐区串级增（减）压供水的方式。

2.1.13A 叠压供水 pressure superposed water supply

利用室外给水管网余压直接抽水再增压的二次供水方式。

2.1.14 明设 exposed installation

室内管道明露布置的方法。

2.1.15 暗设 concealed installation，embedded installation

室内管道布置在墙体管槽、管道井或管沟内，或者由建筑装饰隐蔽的敷设方法。

2.1.16 分水器 manifold

集中控制多支路供水的管道附件。

2.1.17 （此条删除）

2.1.18 （此条删除）

2.1.19 线胀系数 coefficient of line-expansion

温度每增加1℃时，管线单位长度的增量。

2.1.20 卫生器具 plumbing fixture，fixture

供水并接受、排出污废水或污物的容器或装置。

2.1.21 卫生器具当量 fixture unit

以某一卫生器具流量（给水流量或排水流量）值为基数，其他卫生器具的流量（给水流量或排水流量）值与其的比值。

2.1.22 额定流量 nominal flow

卫生器具配水出口在单位时间内流出的规定水量。

2.1.23 设计流量 design flow

给水或排水某种时段的平均流量作为建筑给排水管道系统设计依据。

2.1.24 水头损失 head loss

水通过管渠、设备、构筑物等引起的能耗。

2.1.25 气压给水 pneumatic water supply

由水泵和压力罐以及一些附件组成，水泵将水压入压力罐，依靠罐内的压缩空气压力，自动调节供水流量和保持供水压力的供水方式。

2.1.26 配水点 points of distribution

给水系统中的用水点。

2.1.27 循环周期 circulating period

循环水系统构筑物和输水管道内的有效水容积与单位时间内循环量的比值。

2.1.28 反冲洗 backwash

当滤料层截污到一定程度时，用较强的水流逆向对滤料进行冲洗。

2.1.29 历年平均不保证时 unassured hour for average year

累计历年不保证总小时数的年平均值。

2.1.30 水质稳定处理 stabilization treatment of water quality

为保持循环冷却水中的碳酸钙和二氧化碳的浓度达到平衡状态(既不产生碳酸钙沉淀而结垢,也不因其溶解而腐蚀),并抑制微生物生长而采用的水处理工艺。

2.1.31 浓缩倍数 cycle of concentration

循环冷却水的含盐浓度与补充水的含盐浓度的比值。

2.1.32 自灌 self-priming

水泵启动时水靠重力充入泵体的引水方式。

2.1.33 水景 waterscape,fountain

人工建造的水体景观。

2.1.34 生活污水 domestic sewage

居民日常生活中排泄的粪便污水。

2.1.35 生活废水 domestic wastewater

居民日常生活中排泄的洗涤水。

2.1.36 生活排水 domestic drainage

居民在日常生活中排出的生活污水和生活废水的总称。

2.1.37 排出管 building drain,outlet pipe

从建筑物内至室外检查井的排水横管段。

2.1.38 立管 vertical pipe,riser,stack

呈垂直或与垂线夹角小于45°的管道。

2.1.39 横管 horizontal pipe

呈水平或与水平线夹角小于45°的管道。其中连接器具排水管至排水立管的横管段称横支管;连接若干根排水立管至排出管的横管段称横干管。

2.1.40 清扫口 cleanout

装在排水横管上,用于清扫排水管的配件。

2.1.41 检查口 check hole,check pipe

带有可开启检查盖的配件,装设在排水立管及较长横管段上,作检查和清通之用。

2.1.42 存水弯 trap

在卫生器具内部或器具排水管段上设置的一种内有水封的配件。

2.1.43 水封 water seal

在装置中有一定高度的水柱,防止排水管系统中气体窜入室内。

2.1.44 H管 H pipe

连接排水立管与通气立管形如H的专用配件。

2.1.45 通气管 vent pipe,vent

为使排水系统内空气流通,压力稳定,防止水封破坏而设置的与大气相通的管道。

2.1.46 伸顶通气管 stack vent

排水立管与最上层排水横支管连接处向上垂直延伸至室外通气用的管道。

2.1.47 专用通气立管 specific vent stack

仅与排水立管连接,为排水立管内空气流通而设置的垂直通气管道。

2.1.48 汇合通气管 vent headers

连接数根通气立管或排水立管顶端通气部分,并延伸至室外接通大气的通气管段。

2.1.49 主通气立管 main vent stack

连接环形通气管和排水立管,为排水横支管和排水立管内空气流通而设置的垂直管道。

2.1.50 副通气立管 secondary vent stack,assistant vent stack

仅与环形通气管连接,为使排水横支管内空气流通而设置的通气立管。

2.1.51 环形通气管 loop vent

在多个卫生器具的排水横支管上,从最始端的两个卫生器具之间接出至主通气立管或副通气立管的通气管段。

2.1.52 器具通气管 fixture vent

卫生器具存水弯出口端接至主通气管的管段。

2.1.53 结合通气管 yoke vent

排水立管与通气立管的连接管段。

2.1.53A 自循环通气 self-circulation venting

通气立管在顶端、层间和排水立管相连,在底端与排出管连接,排水时在管道内产生的正负压通过连接的通气管道迂回补气而达到平衡的通气方式。

2.1.54 间接排水 indirect drain

设备或容器的排水管道与排水系统非直接连接,其间留有空气间隙。

2.1.54A 真空排水 vacuum drain

利用真空设备使排水管道内产生一定真空度,利用空气输送介质的排水方式。

2.1.54B 同层排水 same-floor drain

排水横支管布置在排水层或室外,器具排水管不穿楼层的排水方式。

2.1.55 覆土深度 covered depth

埋地管道管顶至地表面的垂直距离。

2.1.55A 埋设深度 buried depth

埋地排水管道内底至地表面的垂直距离。

2.1.56 水流偏转角 angle of turning flow

水流原来的流向与其改变后的流向之间的夹角。

2.1.57 充满度 depth ratio

水流在管渠中的充满程度,管道以水深与管径之比值表示,渠道以水深与渠高之比值表示。

2.1.58 隔油池 grease tank

分隔、拦集生活废水中油脂物质的小型处理构筑物。

2.1.58A 隔油器 grease interceptor

分隔、拦集生活废水中油脂的装置。

2.1.59 降温池 cooling tank

降低排水温度的小型处理构筑物。

2.1.60 化粪池 septic tank

将生活污水分格沉淀,并对污泥进行厌氧消化的小型处理构筑物。

2.1.61 中水 reclaimed water

各种排水经适当处理达到规定的水质标准后回用的水。

2.1.62 医院污水 hospital sewage

医院、医疗卫生机构中被病原体污染了的水。

2.1.63 一级处理 primary treatment

又称机械处理。采用机械方法对污水进行初级处理。

2.1.64 二级处理 secondary treatment

由机械处理和生物化学或化学处理组成的污水处理过程。

2.1.65 换气次数 time of air change

通风系统单位时间内送风或排风体积与室内空间体积之比。

2.1.66 暴雨强度 rainfall intensity

单位时间内的降雨量。

2.1.67 重现期 recurrence interval

经一定长的雨量观测资料统计分析,等于或大于某暴雨强度的降雨出现一次的平均间隔时间。其单位通常以年表示。

2.1.68 降雨历时 duration of rainfall

降雨过程中的任意连续时段。

2.1.69 地面集水时间 inlet time

雨水从相应汇水面积的最远点地表径流到雨水管渠入口的时

间。简称集水时间。

2.1.70 管内流行时间 time of flow

雨水在管渠中流行的时间。简称流行时间。

2.1.71 汇水面积 catchment area

雨水管渠汇集降雨的面积。

2.1.72 重力流雨水排水系统 gravity building drainage system

按重力流设计的屋面雨水排水系统。

2.1.73 满管压力流雨水排水系统 full pressure storm system

按满管压力流原理设计管道内雨水流量、压力等可得到有效控制和平衡的屋面雨水排水系统。

2.1.74 雨水口 gulley, gutter inlet

将地面雨水导入雨水管渠的带格栅的集水口。

2.1.75 雨落水管 downspout, leader

敷设在建筑物外墙，用于排除屋面雨水的排水立管。

2.1.76 悬吊管 hung pipe

悬吊在屋架、楼板和梁下或架空在柱上的雨水横管。

2.1.77 雨水斗 roof drain

将建筑物屋面的雨水导入雨水立管的装置。

2.1.78 径流系数 run-off coefficient

一定汇水面积的径流雨水量与降雨量的比值。

2.1.79 集中热水供应系统 central hot water supply system

供给一幢(不含单幢别墅)或数幢建筑物所需热水的系统。

2.1.79A 全日热水供应系统 all day hot water supply system

在全日、工作班或营业时间内不间断供应热水的系统。

2.1.79B 定时热水供应系统 fixed time hot water supply system

在全日、工作班或营业时间内某一时段供应热水的系统。

2.1.80 局部热水供应系统 local hot water supply system

供给单个或数个配水点所需热水的供应系统。

2.1.81 开式热水供应系统 open hot water system

热水管系与大气相通的热水供应系统。

2.1.82 闭式热水供应系统 closed hot water supply system

热水管系不与大气相通的热水供应系统。

2.1.83 单管热水供应系统 single line hot water system, tempered water system

用一根管道供单一温度，用水点不再调节水温的热水系统。

2.1.83A 热泵热水供应系统 heat pump hot water system

通过热泵机组运行吸收环境低温热能制备和供应热水的系统。

2.1.83B 水源热泵 water-source heat pump

以水或添加防冻剂的水溶液为低温热源的热泵。

2.1.83C 空气源热泵 air-source heat pump

以环境空气为低温热源的热泵。

2.1.84 热源 heat source

用以制取热水的能源。

2.1.85 热媒 heat medium

热传递载体。常为热水、蒸汽、烟气。

2.1.86 废热 waste heat

工业生产过程中排放的带有热量的废弃物质，如废蒸汽、高温废水(液)、高温烟气等。

2.1.86A 太阳能保证率 solar fraction

系统中由太阳能部分提供的热量除以系统总负荷。

2.1.86B 太阳辐照量 solar irradiation

接收到太阳辐射能的面密度。

2.1.86C 燃油(气)热水机组 fuel oil(gas) hot water heaters

由燃烧器、水加热炉体(炉体水套与大气相通，呈常压状态)和燃油(气)供应系统等组成的设备组合体。

2.1.87 设计小时耗热量 design heat consumption of maximum hour

热水供应系统中用水设备、器具最大时段内的小时耗热量。

2.1.87A 设计小时供热量 design heat supply of maximum hour

热水供应系统中加热设备最大时段内的小时产热量。

2.1.88 同程热水供应系统 reversed return hot water system

对应每个配水点的供水与回水管路长度之和基本相等的热水供应系统。

2.1.89 第一循环系统 heat carrier circulation system

集中热水供应系统中，锅炉与水加热器或热水机组与热水贮水器之间组成的热媒循环系统。

2.1.89A 第二循环系统 hot water circulation system

集中热水供应系统中，水加热器或热水贮水器与热水配水点之间组成的热水循环系统。

2.1.90 上行下给式 downfeed system

给水横干管位于配水管网的上部，通过立管向下给水的方式。

2.1.91 下行上给式 upfeed system

给水横干管位于配水管网的下部，通过立管向上给水的方式。

2.1.92 回水管 return pipe

在热水循环管系中仅通过循环流量的管段。

2.1.93 管道直饮水系统 pipe portable water system

原水经深度净化处理，通过管道输送，供人们直接饮用的供水系统。

2.1.94 水质阻垢缓蚀处理 water quality treatment of scale-inhibitor & corrosion-delay

采用电、磁、化学稳定剂等物理、化学方法稳定水中钙、镁离子，使其在一定的条件下不形成水垢，延缓对加热设备或管道的腐蚀的水质处理。

2.2 符 号

2.2.1 流量、流速

q_L——给水用水定额；

q_g——给水流量；

q_o——卫生器具给水或排水额定流量；

q_p——排水流量；

q_w——每人每日计算污水量；

q_n——每人每日计算污泥量；

q_r——热水用水定额；

q_{rjd}——集热器单位采光面积平均每日产热水量；

q_{gz}——单位采光面积集热器对应的工质流量；

q_{rh}——设计小时热水量；

q_h——卫生器具热水的小时用水定额；

q_x——循环流量；

q_{max}——最大流量；

q_{bc}——补充水水量；

q_y——设计雨水流量；

q_j——设计暴雨强度；

q_z——冷却塔蒸发损失水量；

q_b——水泵出流量；

v——管道内的平均水流速度。

2.2.2 水压、水头损失

h_p——循环流量通过配水管网的水头损失；

h_{jx}——集热系统循环管道的沿程与局部阻力损失；

h_j——循环流量流经集热器的阻力损失；

h_e——循环流量经集热水加热器的阻力损失；

h_z——集热器与贮热水箱之间的几何高差；

h_f——附加压力；

h_x——循环流量通过回水管网的水头损失；

H_{xr}——第一循环管的自然压力值；

H_b——水泵扬程；

H_x——循环泵扬程；

I——水力坡度；

i——管道单位长度的水头损失；

P——压力；

R——水力半径。

2.2.3 几何特征

A——水流有效断面积；

A_j——集热器总面积；

A_{jz}——直接加热集热器总面积；

A_{jj}——间接加热集热器总面积；

d_j——管道计算内径；

F_{jr}——加热面积；

F_w——汇水面积；

h、H——高度；

V——容积；

V_q——气压水罐总容积；

V_{q1}——气压水罐水容积；

V_{q2}——气压水罐的调节容积；

V_w——化粪池污水部分容积；

V_n——化粪池污泥部分容积；

V_r——总贮热容积；

V_{rx}——贮热水箱有效容积；

V_p——膨胀水箱的有效容积；

V_e——膨胀罐的容积；

V_s——热水管道系统内的水容量。

2.2.4 计算系数

b——卫生器具同时给水、排水百分数及卫生器具同时使用百分数；

b_f——化粪池使用人数百分数；

b_x——新鲜污泥含水率；

b_n——浓缩后污泥含水率；

C_h——海澄-威廉系数；

C_r——热水供应系数的热损失系数；

f——太阳能保证率；

$F_R U_L$——集热器热损失系数；

K——传热系数；

K_h——小时变化系数；

M——折减系数；

M_s——污泥发酵后体积缩减系数；

N_n——浓缩倍数；

n——管道粗糙系数；

U——卫生器具给水当量的同时出流概率；

U_o——最大用水时卫生器具给水当量平均出流概率；

α、k——根据建筑物用途而定的系数；

α_a、k_1、k_2——安全系数；

α_b——气压水罐工作压力比；

α_c——对应 U_o 的系数；

β——气压水罐的容积系数；

ε——结垢和热媒分布不均匀影响传热效率的系数；

η_j——集热器年平均集热效率；

η_l——贮水箱和管路的热损失率；

η——有效贮热容积系数；

Ψ——径流系数。

2.2.5 热量、温度、比重和时间

C——水的比热；

J_t——集热器采光面上年平均日太阳辐照量；

Q_g——设计小时供热量；

Q_h——设计小时耗热量；

Q_s——配水管道的热损失；

t——降雨历时；

t_1——地面集流时间；

t_2——管渠内雨水流行时间；

t_n——污泥清掏周期；

t_w——污水在化粪池中停留时间；

t_r——热水温度；

t_l——冷水温度；

t_c——被加热水初温；

t_z——被加热水终温；

Δt_j——计算温度差；

t_{mc}——热媒初温；

t_{mz}——热媒终温；

Δt——温度差；

T——持续时间；

T_o——贮热时间；

T_1——热泵机组设计工作时间；

ρ_l——冷水密度；

ρ_r——热水密度；

ρ_f——加热前加热贮热设备内的水的密度；

ρ_1——贮水器回水的密度；

ρ_2——锅炉或水加热器出水的密度。

2.2.6 其他

m——用水计算单位数；

N_g——管段的卫生器具给水当量总数；

N_P——管段的卫生器具排水当量总数；

n_o——同类型卫生器具数；

n_q——水泵启动次数。

3 给　水

3.1 用水定额和水压

3.1.1 小区给水设计用水量，应根据下列用水量确定：

1 居民生活用水量；

2 公共建筑用水量；

3 绿化用水量；

4 水景、娱乐设施用水量；

5 道路、广场用水量；

6 公用设施用水量；

7 未预见用水量及管网漏失水量；

8 消防用水量。

注：消防用水量仅用于校核管网计算，不计入正常用水量。

3.1.2 居住小区的居民生活用水量，应按小区人口和本规范表 3.1.9 规定的住宅最高日生活用水定额经计算确定。

3.1.3 居住小区内的公共建筑用水量，应按其使用性质、规模采用本规范表 3.1.10 中的用水定额经计算确定。

3.1.4 绿化浇灌用水定额应根据气候条件、植物种类、土壤理化性状、浇灌方式和管理制度等因素综合确定。当无相关资料时，小

区绿化浇灌用水定额可按浇灌面积1.0L/m²·d～3.0L/m²·d计算，干旱地区可酌情增加。公共游泳池、水上游乐池和水景用水量可按本规范第3.9.17、3.9.18、3.11.2条的规定确定。

3.1.5 小区道路、广场的浇洒用水定额可按浇洒面积2.0L/m²·d～3.0L/m²·d计算。

3.1.6 小区消防用水量和水压及火灾延续时间，应按现行国家标准《建筑设计防火规范》GB 50016及《高层民用建筑设计防火规范》GB 50045确定。

3.1.7 小区管网漏失水量和未预见水量之和可按最高日用水量的10%～15%计。

3.1.8 居住小区内的公用设施用水量，应由该设施的管理部门提供用水量计算参数，当无重大公用设施时，不另计用水量。

3.1.9 住宅的最高日生活用水定额及小时变化系数，可根据住宅类别、建筑标准、卫生器具设置标准按表3.1.9确定。

表3.1.9 住宅最高日生活用水定额及小时变化系数

住宅类别		卫生器具设置标准	用水定额（L/人·d）	小时变化系数 K_h
普通住宅	Ⅰ	有大便器、洗涤盆	85～150	3.0～2.5
	Ⅱ	有大便器、洗脸盆、洗涤盆、洗衣机、热水器和沐浴设备	130～300	2.8～2.3
	Ⅲ	有大便器、洗脸盆、洗涤盆、洗衣机、集中热水供应（或家用热水机组）和沐浴设备	180～320	2.5～2.0
别墅		有大便器、洗脸盆、洗涤盆、洗衣机、洒水栓，家用热水机组和沐浴设备	200～350	2.3～1.8

注：1 当地主管部门对住宅生活用水定额有具体规定时，应按当地规定执行。
2 别墅用水定额中含庭院绿化用水和汽车洗车用水。

3.1.10 宿舍、旅馆等公共建筑的生活用水定额及小时变化系数，根据卫生器具完善程度和区域条件，可按表3.1.10确定。

表3.1.10 宿舍、旅馆和公共建筑生活用水定额及小时变化系数

序号	建筑物名称	单位	最高日生活用水定额（L）	使用时数（h）	小时变化系数 K_h
1	宿舍 Ⅰ类、Ⅱ类 Ⅲ类、Ⅳ类	 每人每日 每人每日	 150～200 100～150	 24 24	 3.0～2.5 3.5～3.0
2	招待所、培训中心、普通旅馆 设公用盥洗室 设公用盥洗室、淋浴室 设公用盥洗室、淋浴室、洗衣室 设单独卫生间、公用洗衣室	 每人每日 每人每日 每人每日 每人每日	 50～100 80～130 100～150 120～200	24	3.0～2.5
3	酒店式公寓	每人每日	200～300	24	2.5～2.0
4	宾馆客房 旅客 员工	 每床位每日 每人每日	 250～400 80～100	24	2.5～2.0
5	医院住院部 设公用盥洗室 设公用盥洗室、淋浴室 设单独卫生间 医务人员 门诊部、诊疗所 疗养院、休养所住房部	 每床位每日 每床位每日 每床位每日 每人每班 每病人每次 每床位每日	 100～200 150～250 250～400 150～250 10～15 200～300	 24 24 24 8 8～12 24	 2.5～2.0 2.5～2.0 2.5～2.0 2.0～1.5 1.5～1.2 2.0～1.5
6	养老院、托老所 全托 日托	 每人每日 每人每日	 100～150 50～80	 24 10	 2.5～2.0 2.0
7	幼儿园、托儿所 有住宿 无住宿	 每儿童每日 每儿童每日	 50～100 30～50	 24 10	 3.0～2.5 2.0
8	公共浴室 淋浴 浴盆、淋浴 桑拿浴（淋浴、按摩池）	 每顾客每次 每顾客每次 每顾客每次	 100 120～150 150～200	 12 12 12	 2.0～1.5
9	理发室、美容院	每顾客每次	40～100	12	2.0～1.5
10	洗衣房	每kg干衣	40～80	8	1.5～1.2

续表3.1.10

序号	建筑物名称	单位	最高日生活用水定额（L）	使用时数（h）	小时变化系数 K_h
11	餐饮业 中餐酒楼 快餐店、职工及学生食堂 酒吧、咖啡馆、茶座、卡拉OK房	 每顾客每次 每顾客每次 每顾客每次	 40～60 20～25 5～15	 10～12 12～16 8～18	1.5～1.2
12	商场 员工及顾客	每m²营业厅面积每日	5～8	12	1.5～1.2
13	图书馆	每人每次	5～10	8～10	1.5～1.2
14	书店	每m²营业厅面积每日	3～6	8～12	1.5～1.2
15	办公楼	每人每班	30～50	8～10	1.5～1.2
16	教学、实验楼 中小学校 高等院校	 每学生每日 每学生每日	 20～40 40～50	 8～9 8～9	 1.5～1.2 1.5～1.2
17	电影院、剧院	每观众每场	3～5	3	1.5～1.2
18	会展中心（博物馆、展览馆）	每m²展厅面积每日	3～6	8～16	1.5～1.2
19	健身中心	每人每次	30～50	8～12	1.5～1.2
20	体育场（馆） 运动员淋浴 观众	 每人每次 每人每场	 30～40 3	 4 4	 3.0～2.0 1.2
21	会议厅	每座位每次	6～8	4	1.5～1.2
22	航站楼、客运站旅客	每人次	3～6	8～16	1.5～1.2
23	菜市场地面冲洗及保鲜用水	每m²每日	10～20	8～10	2.5～2.0
24	停车库地面冲洗水	每m²每次	2～3	6～8	1.0

注：1 除养老院、托儿所、幼儿园的用水定额中含食堂用水，其他均不含食堂用水。
2 除注明外，均不含员工生活用水，员工用水定额为每人每班40L～60L。
3 医疗建筑用水中已含医疗用水。
4 空调用水应另计。

3.1.11 建筑物室内、外消防用水量，供水延续时间，供水水压等，应根据现行国家有关消防规范执行。

3.1.12 工业企业建筑，管理人员的生活用水定额可取30L/人·班～50L/人·班，车间工人的生活用水定额应根据车间性质确定，宜采用30L/人·班～50L/人·班；用水时间宜取8h，小时变化系数宜取2.5～1.5。

工业企业建筑淋浴用水定额，应根据现行国家标准《工业企业设计卫生标准》GBZ 1中车间的卫生特征分级确定，可采用40L/人·次～60L/人·次，延续供水时间宜取1h。

3.1.13 汽车冲洗用水定额应根据冲洗方式，以及车辆用途、道路路面等级和沾污程度等确定，可按表3.1.13计算。

表3.1.13 汽车冲洗用水定额(L/辆·次)

冲洗方式	高压水枪冲洗	循环用水冲洗补水	抹车、微水冲洗	蒸汽冲洗
轿车	40～60	20～30	10～15	3～5
公共汽车 载重汽车	80～120	40～60	15～30	—

注：当汽车冲洗设备用水定额有特殊要求时，其值应按产品要求确定。

3.1.14 卫生器具的给水额定流量、当量、连接管径和最低工作压力应按表3.1.14确定。

表3.1.14 卫生器具的给水额定流量、当量、连接管公称管径和最低工作压力

序号	给水配件名称	额定流量（L/s）	当量	连接管公称管径（mm）	最低工作压力（MPa）
1	洗涤盆、拖布盆、盥洗槽 单阀水嘴 单阀水嘴 混合水嘴	 0.15～0.20 0.30～0.40 0.15～0.20(0.14)	 0.75～1.00 1.50～2.00 0.75～1.00(0.70)	 15 20 15	0.050

续表 3.1.14

序号	给水配件名称	额定流量（L/s）	当量	连接管公称管径（mm）	最低工作压力（MPa）
2	洗脸盆				
	单阀水嘴	0.15	0.75	15	0.050
	混合水嘴	0.15(0.10)	0.75(0.50)	15	
3	洗手盆				
	感应水嘴	0.10	0.50	15	0.050
	混合水嘴	0.15(0.10)	0.75(0.50)	15	
4	浴盆				
	单阀水嘴	0.20	1.00	15	0.050
	混合水嘴(含带淋浴转换器)	0.24(0.20)	1.20(1.00)	15	0.050～0.070
5	淋浴器				
	混合阀	0.15(0.10)	0.75(0.50)	15	0.050～0.100
6	大便器				
	冲洗水箱浮球阀	0.10	0.50	15	0.020
	延时自闭式冲洗阀	1.20	6.00	25	0.100～0.150
7	小便器				
	手动或自动自闭式冲洗阀	0.10	0.50	15	0.050
	自动冲洗水箱进水阀	0.10	0.50	15	0.020
8	小便槽穿孔冲洗管（每 m 长）	0.05	0.25	15～20	0.015
9	净身盆冲洗水嘴	0.10(0.07)	0.50(0.35)	15	0.050
10	医院倒便器	0.20	1.00	15	0.050
11	实验室化验水嘴（鹅颈）				
	单联	0.07	0.35	15	0.020
	双联	0.15	0.75	15	0.020
	三联	0.20	1.00	15	0.020
12	饮水器喷嘴	0.05	0.25	15	0.050
13	洒水栓	0.40	2.00	20	0.050～0.100
		0.70	3.50	25	0.050～0.100
14	室内地面冲洗水嘴	0.20	1.00	15	0.050
15	家用洗衣机水嘴	0.20	1.00	15	0.050

注：1 表中括弧内的数值系在有热水供应时，单独计算冷水或热水时使用。

2 当浴盆上附设淋浴器时，或混合水嘴有淋浴器转换开关时，其额定流量和当量只计水嘴，不计淋浴器。但水压应按淋浴器计。

3 家用燃气热水器，所需水压按产品要求和热水供应系统最不利配水点所需工作压力确定。

4 绿地的自动喷灌应按产品要求设计。

5 当卫生器具给水配件所需额定流量和最低工作压力有特殊要求时，其值应按产品要求确定。

3.1.14A 卫生器具和配件应符合国家现行标准《节水型生活用水器具》CJ 164 的有关要求。

3.1.14B 公共场所卫生间的洗手盆宜采用感应式水嘴或自闭式水嘴等限流节水装置。

3.1.14C 公共场所卫生间的小便器宜采用感应式或延时自闭式冲洗阀。

3.2 水质和防水质污染

3.2.1 生活饮用水系统的水质，应符合现行国家标准《生活饮用水卫生标准》GB 5749 的要求。

3.2.2 当采用中水为生活杂用水时，生活杂用水系统的水质应符合现行国家标准《城市污水再生利用 城市杂用水水质》GB/T 18920 的要求。

3.2.3 城镇给水管道严禁与自备水源的供水管道直接连接。

3.2.3A 中水、回用雨水等非生活饮用水管道严禁与生活饮用水管道连接。

3.2.4 生活饮用水不得因管道内产生虹吸、背压回流而受污染。

3.2.4A 卫生器具和用水设备、构筑物等的生活饮用水管配水件出水口应符合下列规定：

1 出水口不得被任何液体或杂质所淹没；

2 出水口高出承接用水容器溢流边缘的最小空气间隙，不得小于出水口直径的 2.5 倍。

3.2.4B 生活饮用水水池（箱）的进水管口的最低点高出溢流边缘的空气间隙应等于进水管管径，但最小不应小于 25mm，最大可不大于 150mm。当进水管从最高水位以上进入水池（箱），管口为淹没出流时应采取真空破坏器等防虹吸回流措施。

注：不存在虹吸回流的低位生活饮用水贮水池，其进水管不受本条限制，但进水管仍宜从最高水面以上进入水池。

3.2.4C 从生活饮用水管网向消防、中水和雨水回用水等其他用水的贮水池（箱）补水时，其进水管口最低点高出溢流边缘的空气间隙不应小于 150mm。

3.2.5 从生活饮用水管道上直接供下列用水管道时，应在这些用水管道的下列部位设置倒流防止器：

1 从城镇给水管网的不同管段接出两路及两路以上的引入管，且与城镇给水管形成环状管网的小区或建筑物，在其引入管上；

2 从城镇生活给水管网直接抽水的水泵的吸水管上；

3 利用城镇给水管网水压且小区引入管无防回流设施时，向商用的锅炉、热水机组、水加热器、气压水罐等有压容器或密闭容器注水的进水管上。

3.2.5A 从小区或建筑物内生活饮用水管道系统上接至下列用水管道或设备时，应设置倒流防止器：

1 单独接出消防用水管道时，在消防用水管道的起端；

2 从生活饮用水贮水池抽水的消防水泵出水管上。

3.2.5B 生活饮用水管道系统上接至下列含有对健康有危害物质等有害有毒场所或设备时，应设置倒流防止设施：

1 贮存池（罐）、装置、设备的连接管上；

2 化工剂罐区、化工车间、实验楼（医药、病理、生化）等除按本条第 1 款设置外，还应在其引入管上设置空气间隙。

3.2.5C 从小区或建筑物内生活饮用水管道上直接接出下列用水管道时，应在这些用水管道上设置真空破坏器：

1 当游泳池、水上游乐池、按摩池、水景池、循环冷却水集水池等的充水或补水管道出口与溢流水位之间的空气间隙小于出口管径 2.5 倍时，在其充（补）水管上；

2 不含有化学药剂的绿地喷灌系统，当喷头为地下式或自动升降式时，在其管道起端；

3 消防（软管）卷盘；

4 出口接软管的冲洗水嘴与给水管道连接处。

3.2.5D 空气间隙、倒流防止器和真空破坏器的选择，应根据回流性质、回流污染的危害程度按本规范附录 A 确定。

注：在给水管道防回流设施的设置点，不应重复设置。

3.2.6 严禁生活饮用水管道与大便器（槽）、小便斗（槽）采用非专用冲洗阀直接连接冲洗。

3.2.7 生活饮用水管道应避开毒物污染区，当条件限制不能避开时，应采取防护措施。

3.2.8 供单体建筑的生活饮用水池（箱）应与其他用水的水池（箱）分开设置。

3.2.8A 当小区的生活贮水量大于消防贮水量时，小区的生活用水贮水池与消防用贮水池可合并设置，合并贮水池有效容积的贮水设计更新周期不得大于 48h。

3.2.9 埋地式生活饮用水贮水池周围 10m 以内，不得有化粪池、污水处理构筑物、渗水井、垃圾堆放点等污染源；周围 2m 以内不得有污水管和污染物。当达不到此要求时，应采取防污染的措施。

3.2.10 建筑物内的生活饮用水水池（箱）体，应采用独立结构形式，不得利用建筑物的本体结构作为水池（箱）的壁板、底板及顶盖。

生活饮用水水池（箱）与其他用水水池（箱）并列设置时，应有各自独立的分隔墙。

3.2.11 建筑物内的生活饮用水水池（箱）宜设在专用房间内，其上层的房间不应有厕所、浴室、盥洗室、厨房、污水处理间等。

3.2.12 生活饮用水水池（箱）的构造和配管，应符合下列规定：

1 人孔、通气管、溢流管应有防止生物进入水池（箱）的措施；

2 进水管宜在水池（箱）的溢流水位以上接入；

3 进出水管布置不得产生水流短路，必要时应设导流装置；

4 不得接纳消防管道试压水、泄压水等回流水或溢流水；

5 泄水管和溢流管的排水应符合本规范第4.3.13条的规定；

6 水池(箱)材质、衬砌材料和内壁涂料，不得影响水质。

3.2.13 当生活饮用水水池(箱)内的贮水48h内不能得到更新时，应设置水消毒处理装置。

3.2.14 在非饮用水管道上接出水嘴或取水短管时，应采取防止误饮误用的措施。

3.3 系统选择

3.3.1 小区的室外给水系统，其水量应满足小区内全部用水的要求，其水压应满足最不利配水点的水压要求。

小区的室外给水系统，应尽量利用城镇给水管网的水压直接供水。当城镇给水管网的水压、水量不足时，应设置贮水调节和加压装置。

3.3.1A 小区给水系统设计应综合利用各种水资源，宜实行分质供水，充分利用再生水、雨水等非传统水源；优先采用循环和重复利用给水系统。

3.3.2 小区的加压给水系统，应根据小区的规模、建筑高度和建筑物的分布等因素确定加压站的数量、规模和水压。

3.3.2A 当采用直接从城镇给水管网吸水的叠压供水时，应符合下列要求：

1 叠压供水设计方案应经当地供水行政主管部门及供水部门批准认可；

2 叠压供水的调速泵机组的扬程应按吸水端城镇给水管网允许最低水压确定；泵组出水量应符合本规范第3.8.2条的规定；叠压供水系统在用户正常用水情况下不得断水；

注：当城镇给水管网用水低谷时段的水压能满足最不利用水点水压要求时，可设置旁通管，由城镇给水管网直接供水。

3 叠压供水当配置气压给水设备时，应符合本规范第3.8.5条的规定；当配置低位水箱时，其贮水有效容积应按给水管网不允许低水压抽水时段的用水量确定，并应采取技术措施保证贮水在水箱中停留时间不得超过12h；

4 叠压供水设备的技术性能应符合现行国家及行业标准的要求。

3.3.3 建筑物内的给水系统宜按下列要求确定：

1 应利用室外给水管网的水压直接供水。当室外给水管网的水压和(或)水量不足时，应根据卫生安全、经济节能的原则选用贮水调节和加压供水方案；

2 给水系统的竖向分区应根据建筑物用途、层数、使用要求、材料设备性能、维护管理、节约供水、能耗等因素综合确定；

3 不同使用性质或计费的给水系统，应在引入管后分成各自独立的给水管网。

3.3.4 卫生器具给水配件承受的最大工作压力，不得大于0.6MPa。

3.3.5 高层建筑生活给水系统应竖向分区，竖向分区压力应符合下列要求：

1 各分区最低卫生器具配水点处的静水压不宜大于0.45MPa；

2 静水压大于0.35MPa的入户管(或配水横管)，宜设减压或调压设施；

3 各分区最不利配水点的水压，应满足用水水压要求。

3.3.5A 居住建筑入户管给水压力不应大于0.35MPa。

3.3.6 建筑高度不超过100m的建筑的生活给水系统，宜采用垂直分区并联供水或分区减压的供水方式；建筑高度超过100m的建筑，宜采用垂直串联供水方式。

3.4 管材、附件和水表

3.4.1 给水系统采用的管材和管件，应符合国家现行有关产品标准的要求。管材和管件的工作压力不得大于产品标准公称压力或标称的允许工作压力。

3.4.2 小区室外埋地给水管道采用的管材，应具有耐腐蚀和能承受相应地面荷载的能力。可采用塑料给水管、有衬里的铸铁给水管、经可靠防腐处理的钢管。管内壁的防腐材料，应符合现行的国家有关卫生标准的要求。

3.4.3 室内的给水管道，应选用耐腐蚀和安装连接方便可靠的管材，可采用塑料给水管、塑料和金属复合管、铜管、不锈钢管及经可靠防腐处理的钢管。

注：高层建筑给水立管不宜采用塑料管。

3.4.4 给水管道上使用的各类阀门的材质，应耐腐蚀和耐压。根据管径大小和所承受压力的等级及使用温度，可采用全铜、全不锈钢、铁壳铜芯和全塑阀门等。

3.4.5 给水管道的下列部位应设置阀门：

1 小区给水管道从城镇给水管道的引入管段上；

2 小区室外环状管网的节点处，应按分隔要求设置；环状管段过长时，宜设置分段阀门；

3 从小区给水干管上接出的支管起端或接户管起端；

4 入户管、水表前和各分支立管；

5 室内给水管道向住户、公用卫生间等接出的配水管起端；

6 水池(箱)、加压泵房、加热器、减压阀、倒流防止器等处应按安装要求配置。

3.4.6 给水管道上使用的阀门，应根据使用要求按下列原则选型：

1 需调节流量、水压时，宜采用调节阀、截止阀；

2 要求水流阻力小的部位宜采用闸板阀、球阀、半球阀；

3 安装空间小的场所，宜采用蝶阀、球阀；

4 水流需双向流动的管段上，不得使用截止阀；

5 口径较大的水泵，出水管上宜采用多功能阀。

3.4.7 给水管道的下列管段上应设置止回阀：

注：装有倒流防止器的管段，不需再装止回阀。

1 直接从城镇给水管网接入小区或建筑物的引入管上；

2 密闭的水加热器或用水设备的进水管上；

3 每台水泵出水管上；

4 进出水管合用一条管道的水箱、水塔和高地水池的出水管段上。

3.4.8 止回阀的阀型选择，应根据止回阀的安装部位、阀前水压、关闭后的密闭性能要求和关闭时引发的水锤大小等因素确定，并应符合下列要求：

1 阀前水压小的部位，宜选用旋启式、球式和梭式止回阀；

2 关闭后密闭性能要求严密的部位，宜选用有关闭弹簧的止回阀；

3 要求削弱关闭水锤的部位，宜选用速闭消声止回阀或有阻尼装置的缓闭止回阀；

4 止回阀的阀瓣或阀芯，应能在重力或弹簧力作用下自行关闭；

5 管网最小压力或水箱最低水位应能自动开启止回阀。

3.4.8A 倒流防止器设置位置应满足下列要求：

1 不应装在有腐蚀性和污染的环境；

2 排水口不得直接接至排水管，应采用间接排水；

3 应安装在便于维护的地方，不得安装在可能结冻或被水淹没的场所。

3.4.8B 真空破坏器设置位置应满足下列要求：

1 不应装在有腐蚀性和污染的环境；

2 应直接安装于配水支管的最高点，其位置高出最高用水点或最高溢流水位的垂直高度，压力型不得小于300mm，大气型不得小于150mm；

3 真空破坏器的进气口应向下。

3.4.9 给水管网的压力高于配水点允许的最高使用压力时，应设置减压阀，减压阀的配置应符合下列要求：

1 比例式减压阀的减压比不宜大于3∶1；当采用减压比大于3∶1时，应避开气蚀区。可调式减压阀的阀前与阀后的最大压差不宜大于0.4MPa，要求环境安静的场所不应大于0.3MPa；当最大压差超过规定值时，宜串联设置；

2 阀后配水件处的最大压力应按减压阀失效情况下进行校核，其压力不应大于配水件的产品标准规定的水压试验压力；

注：1 当减压阀串联使用时，按其中一个失效情况下，计算阀后最高压力；

2 配水件的试验压力应按其工作压力的1.5倍计。

3 减压阀前的水压宜保持稳定，阀前的管道不宜兼作配水管；

4 当阀后压力允许波动时，宜采用比例式减压阀；当阀后压力要求稳定时，宜采用可调式减压阀；

5 当在供水保证率要求高、停水会引起重大经济损失的给水管道上设置减压阀时，宜采用两个减压阀，并联设置，不得设置旁通管。

3.4.10 减压阀的设置应符合下列要求：

1 减压阀的公称直径宜与管道管径相一致；

2 减压阀前应设阀门和过滤器；需拆卸阀体才能检修的减压阀后，应设管道伸缩器；检修时阀后水会倒流时，阀后应设阀门；

3 减压阀节点处的前后应装设压力表；

4 比例式减压阀宜垂直安装，可调式减压阀宜水平安装；

5 设置减压阀的部位，应便于管道过滤器的排污和减压阀的检修，地面宜有排水设施。

3.4.11 当给水管网存在短时超压工况，且短时超压会引起使用不安全时，应设置泄压阀。泄压阀的设置应符合下列要求：

1 泄压阀前应设置阀门；

2 泄压阀的泄水口应连接管道，泄压水宜排入非生活用水水池，当直接排放时，可排入集水井或排水沟。

3.4.12 安全阀阀前不得设置阀门，泄压口应连接管道将泄压水(气)引至安全地点排放。

3.4.13 给水管道的下列部位应设置排气装置：

1 间歇性使用的给水管网，其管网末端和最高点应设置自动排气阀；

2 给水管网有明显起伏积聚空气的管段，宜在该段的峰点设自动排气阀或手动阀门排气；

3 气压给水装置，当采用自动补气式气压水罐时，其配水管网的最高点应设自动排气阀。

3.4.14 给水系统的调节水池(箱)，除进水能自动控制切断进水外，其进水管上应设自动水位控制阀，水位控制阀的公称直径应与进水管管径一致。

3.4.15 给水管道的下列部位应设置管道过滤器：

1 减压阀、泄压阀、自动水位控制阀，温度调节阀等阀件前应设置；

2 水加热器的进水管上，换热装置的循环冷却水进水管上宜设置；

3 水泵吸水管上宜设置；

4 (此款删除)。

注：过滤器的滤网应采用耐腐蚀材料，滤网网孔尺寸应按使用要求确定。

3.4.16 建筑物的引入管，住宅的入户管及公用建筑物内需计量水量的水管上均应设置水表。

3.4.17 住宅的分户水表宜相对集中读数，且宜设置于户外；对设在户内的水表，宜采用远传水表或IC卡水表等智能化水表。

3.4.18 水表口径的确定应符合以下规定：

1 (此款删除)；

2 用水量均匀的生活给水系统的水表应以给水设计流量选定水表的常用流量；

3 用水量不均匀的生活给水系统的水表应以给水设计流量选定水表的过载流量；

4 在消防时除生活用水外尚需通过消防流量的水表，应以生活用水的设计流量叠加消防流量进行校核，校核流量不应大于水表的过载流量。

3.4.19 水表应装设在观察方便，不冻结，不被任何液体及杂质所淹没和不易受损处。

注：各种有累计水量功能的流量计，均可替代水表。

3.4.20 给水加压系统，应根据水泵扬程、管道走向、环境噪音要求等因素，设置水锤消除装置。

3.4.21 隔音防噪要求严格的场所，给水管道的支架应采用隔振支架；配水管起端宜设置水锤吸纳装置；配水支管与卫生器具配水件的连接宜采用软管连接。

3.5 管道布置和敷设

3.5.1 小区的室外给水管网，宜布置成环状网，或与城镇给水管连接成环状网。环状给水管网与城镇给水管的连接管不宜少于两条。

3.5.2 小区的室外给水管道应沿区内道路敷设，宜平行于建筑物敷设在人行道、慢车道或草地下；管道外壁距建筑物外墙的净距不宜小于1m，且不得影响建筑物的基础。

小区的室外给水管道与其他地下管线及乔木之间的最小净距，应符合本规范附录B的规定。

3.5.2A 室外给水管道与污水管道交叉时，给水管道应敷设在上面，且接口不应重叠；当给水管道敷设在下面时，应设置钢套管，钢套管的两端应采用防水材料封闭。

3.5.3 室外给水管道的覆土深度，应根据土壤冰冻深度、车辆荷载、管道材质及管道交叉等因素确定。管顶最小覆土深度不得小于土壤冰冻线以下0.15m，行车道下的管线覆土深度不宜小于0.70m。

3.5.4 室外给水管道上的阀门，宜设置阀门井或阀门套筒。

3.5.5 敷设在室外综合管廊(沟)内的给水管道，宜在热水、热力管道下方，冷冻管和排水管的上方。给水管道与各种管道之间的净距，应满足安装操作的需要，且不宜小于0.3m。

室内冷、热水管上、下平行敷设时，冷水管应在热水管下方。卫生器具的冷水连接管，应在热水连接管的右侧。

生活给水管道不宜与输送易燃、可燃或有害的液体或气体的管道同管廊(沟)敷设。

3.5.6 室内生活给水管道宜布置成枝状管网，单向供水。

3.5.7 室内给水管道不应穿越变配电房、电梯机房、通信机房、大中型计算机房、计算机网络中心、音像库房等遇水会损坏设备和引发事故的房间，并应避免在生产设备、配电柜上方通过。

室内给水管道的布置，不得妨碍生产操作、交通运输和建筑物的使用。

3.5.8 室内给水管道不得布置在遇水会引起燃烧、爆炸的原料、产品和设备的上面。

3.5.9 埋地敷设的给水管道应避免布置在可能受重物压坏处。管道不得穿越生产设备基础，在特殊情况下必须穿越时，应采取有效的保护措施。

3.5.10 给水管道不得敷设在烟道、风道、电梯井内、排水沟内。给水管道不宜穿越橱窗、壁柜。给水管道不得穿过大便槽和小便槽，且立管离大、小便槽端部不得小于0.5m。

3.5.11 给水管道不宜穿越伸缩缝、沉降缝、变形缝。如必须穿越时，应设置补偿管道伸缩和剪切变形的装置。

3.5.12 塑料给水管道在室内宜暗设。明设时立管应布置在不易受撞击处，如不能避免时，应在管外加保护措施。

3.5.13 塑料给水管道不得布置在灶台上边缘；明设的塑料给水立管距灶台边缘不得小于 0.4m，距燃气热水器边缘不宜小于 0.2m。达不到此要求时，应有保护措施。

塑料给水管道不得与水加热器或热水炉直接连接，应有不小于 0.4m 的金属管段过渡。

3.5.14 室内给水管道上的各种阀门，宜装设在便于检修和便于操作的位置。

3.5.15 建筑物内埋地敷设的生活给水管与排水管之间的最小净距，平行埋设时不宜小于 0.50m；交叉埋设时不应小于 0.15m，且给水管应在排水管的上面。

3.5.16 给水管道的伸缩补偿装置，应按直线长度、管材的线胀系数、环境温度和管内水温的变化、管道节点的允许位移量等因素经计算确定。应利用管道自身的折角补偿温度变形。

3.5.17 当给水管道结露会影响环境，引起装饰、物品等受损害时，给水管道应做防结露保冷层，防结露保冷层的计算和构造，可按现行国家标准《设备及管道保冷技术通则》GB/T 11790 执行。

3.5.18 给水管道暗设时，应符合下列要求：

1 不得直接敷设在建筑物结构层内；

2 干管和立管应敷设在吊顶、管井、管窿内，支管宜敷设在楼（地）面的垫层内或沿墙敷设在管槽内；

3 敷设在垫层或墙体管槽内的给水支管的外径不宜大于 25mm；

4 敷设在垫层或墙体管槽内的给水管管材宜采用塑料、金属与塑料复合管材或耐腐蚀的金属管材；

5 敷设在垫层或墙体管槽内的管材，不得有卡套式或卡环式接口，柔性管材宜采用分水器向各卫生器具配水，中途不得有连接配件，两端接口应明露。

3.5.19 管道井的尺寸，应根据管道数量、管径大小、排列方式、维修条件，结合建筑平面和结构形式等合理确定。需进人维修管道的管井，其维修人员的工作通道净宽度不宜小于 0.6m。管道井应每层设外开检修门。

管道井的井壁和检修门的耐火极限和管道井的竖向防火隔断应符合消防规范的规定。

3.5.20 给水管道应避免穿越人防地下室，必须穿越时应按现行国家标准《人民防空地下室设计规范》GB 50038 的要求设置防护阀门等措施。

3.5.21 需要泄空的给水管道，其横管宜设有 0.002～0.005 的坡度坡向泄水装置。

3.5.22 给水管道穿越下列部位或接管时，应设置防水套管：

1 穿越地下室或地下构筑物的外墙处；

2 穿越屋面处；

注：有可靠的防水措施时，可不设套管。

3 穿越钢筋混凝土水池（箱）的壁板或底板连接管道时。

3.5.23 明设的给水立管穿越楼板时，应采取防水措施。

3.5.24 在室外明设的给水管道，应避免受阳光直接照射，塑料给水管还应有有效保护措施；在结冻地区应做保温层，保温层的外壳应密封防渗。

3.5.25 敷设在有可能结冻的房间、地下室及管井、管沟等处的给水管道应有防冻措施。

3.6 设计流量和管道水力计算

3.6.1 居住小区的室外给水管道的设计流量应根据管段服务人数、用水定额及卫生器具设置标准等因素确定，并应符合下列规定：

1 服务人数小于等于表 3.6.1 中数值的室外给水管段，其住宅应按本规范第 3.6.3、3.6.4 条计算管段流量；居住小区内配套的文体、餐饮娱乐、商铺及市场等设施应按本规范第 3.6.5 条、第 3.6.6 条的规定计算节点流量；

2 服务人数大于表 3.6.1 中数值的给水干管，住宅应按本规范第 3.1.9 条的规定计算最大时用水量为管段流量；居住小区内配套的文体、餐饮娱乐、商铺及市场等设施的生活给水设计流量，应按本规范第 3.1.10 条计算最大时用水量为节点流量；

表 3.6.1 居住小区室外给水管道设计流量计算人数

$q_L K_h$ \ 每户 N_g	3	4	5	6	7	8	9	10
350	10200	9600	8900	8200	7600	—	—	—
400	9100	8700	8100	7600	7100	6650	—	—
450	8200	7900	7500	7100	6650	6250	5900	—
500	7400	7200	6900	6600	6250	5900	5600	5350
550	6700	6700	6400	6200	5900	5600	5350	5100
600	6100	6100	6000	5800	5550	5300	5050	4850
650	5600	5700	5600	5400	5250	5000	4800	4650
700	5200	5300	5200	5100	4950	4800	4600	4450

注：1 当居住小区内含多种住宅类别及户内 N_g 不同时，可采用加权平均法计算。

2 表内数据可用内插法。

3 居住小区内配套的文教、医疗保健、社区管理等设施，以及绿化和景观用水、道路及广场洒水、公共设施用水等，均以平均时用水量计算节点流量。

注：凡不属于居住小区配套的公共建筑均应另计。

3.6.1A 小区室外直供给水管道应按本规范第 3.6.1 条、第 3.6.5 条、第 3.6.6 条计算管段流量；当建筑设有水箱（池）时，应以建筑引入管设计流量作为室外计算给水管段节点流量。

3.6.1B 小区的给水引入管的设计流量，应符合下列要求：

1 小区给水引入管的设计流量应按本规范第 3.6.1 条、第 3.6.1A 条的规定计算，并应考虑未预计水量和管网漏失量；

2 不少于两条引入管的小区室外环状给水管网，当其中一条发生故障时，其余的引入管应能保证不小于 70% 的流量；

3 当小区室外给水管网为支状布置时，小区引入管的管径不应小于室外给水干管的管径；

4 小区环状管道宜管径相同。

3.6.2 居住小区的室外生活、消防合用给水管道，应按本规范第 3.6.1 条规定计算设计流量（淋浴用水量可按 15% 计算，绿化、道路及广场浇洒用水可不计算在内），再叠加区内一次火灾的最大消防流量（有消防贮水和专用消防管道供水的部分应扣除），并应对管道进行水力计算校核，管道末梢的室外消火栓从地面算起的水压，不得低于 0.1MPa。

设有室外消火栓的室外给水管道，管径不得小于 100mm。

3.6.3 建筑物的给水引入管的设计流量，应符合下列要求：

1 当建筑物内的生活用水全部由室外管网直接供水时，应取建筑物内的生活用水设计秒流量；

2 当建筑物内的生活用水全部自行加压供给时，引入管的设计流量应为贮水调节池的设计补水量；设计补水量不宜大于建筑物最高日最大时用水量，且不得小于建筑物最高日平均时用水量；

3 当建筑物内的生活用水既有室外管网直接供水，又有自行加压供水时，应按本条第 1、2 款计算设计流量后，将两者叠加作为引入管的设计流量。

3.6.4 住宅建筑的生活给水管道的设计秒流量，应按下列步骤和方法计算：

1 根据住宅配置的卫生器具给水当量、使用人数、用水定额、使用时数及小时变化系数，可按式(3.6.4-1)计算出最大用水时卫生器具给水当量平均出流概率：

$$U_o=\frac{100q_L mK_h}{0.2\cdot N_g\cdot T\cdot 3600}(\%) \quad (3.6.4\text{-}1)$$

式中：U_o——生活给水管道的最大用水时卫生器具给水当量平均出流概率(%)；

q_L——最高用水日的用水定额，按本规范表3.1.9取用；

m——每户用水人数；

K_h——小时变化系数，按本规范表3.1.9取用；

N_g——每户设置的卫生器具给水当量数；

T——用水时数(h)；

0.2——一个卫生器具给水当量的额定流量(L/s)。

2 根据计算管段上的卫生器具给水当量总数，可按式(3.6.4-2)计算得出该管段的卫生器具给水当量的同时出流概率：

$$U=100\frac{1+\alpha_c(N_g-1)^{0.49}}{\sqrt{N_g}}(\%) \quad (3.6.4\text{-}2)$$

式中：U——计算管段的卫生器具给水当量同时出流概率(%)；

α_c——对应于不同U_o的系数，查本规范附录C中表C；

N_g——计算管段的卫生器具给水当量总数。

3 根据计算管段上的卫生器具给水当量同时出流概率，可按式(3.6.4-3)计算该管段的设计秒流量：

$$q_g=0.2\cdot U\cdot N_g \quad (3.6.4\text{-}3)$$

式中：q_g——计算管段的设计秒流量(L/s)。

注：1 为了计算快速、方便，在计算出U_o后，即可根据计算管段的N_g值从附录E的计算表中直接查得给水设计秒流量q_g，该表可用内插法；

2 当计算管段的卫生器具给水当量总数超过表E中的最大值时，其设计流量应取最大时用水量。

4 给水干管有两条或两条以上具有不同最大用水时卫生器具给水当量平均出流概率的给水支管时，该管段的最大用水时卫生器具给水当量平均出流概率应按式(3.6.4.-4)计算：

$$\bar{U}_o=\frac{\sum U_{oi}N_{gi}}{\sum N_{gi}} \quad (3.6.4\text{-}4)$$

式中：$\bar{U}_o$——给水干管的卫生器具给水当量平均出流概率；

U_{oi}——支管的最大用水时卫生器具给水当量平均出流概率；

N_{gi}——相应支管的卫生器具给水当量总数。

3.6.5 宿舍(Ⅰ、Ⅱ类)、旅馆、宾馆、酒店式公寓、医院、疗养院、幼儿园、养老院、办公楼、商场、图书馆、书店、客运站、航站楼、会展中心、中小学教学楼、公共厕所等建筑的生活给水设计秒流量，应按下式计算：

$$q_g=0.2\alpha\sqrt{N_g} \quad (3.6.5)$$

式中：q_g——计算管段的给水设计秒流量(L/s)；

N_g——计算管段的卫生器具给水当量总数；

α——根据建筑物用途而定的系数，应按表3.6.5采用。

注：1 如计算值小于该管段上一个最大卫生器具给水额定流量时，应采用一个最大的卫生器具给水额定流量作为设计秒流量；

2 如计算值大于该管段上按卫生器具给水额定流量累加所得流量值时，应按卫生器具给水额定流量累加所得流量值采用；

3 有大便器延时自闭冲洗阀的给水管段，大便器延时自闭冲洗阀的给水当量均以0.5计，计算得到的q_g附加1.20L/s的流量后，为该管段的给水设计秒流量；

4 综合楼建筑的α值应按加权平均法计算。

表3.6.5 根据建筑物用途而定的系数值(α值)

建筑物名称	α值
幼儿园、托儿所、养老院	1.2
门诊部、诊疗所	1.4
办公楼、商场	1.5
图书馆	1.6
书店	1.7
学校	1.8
医院、疗养院、休养所	2.0
酒店式公寓	2.2
宿舍(Ⅰ、Ⅱ类)、旅馆、招待所、宾馆	2.5
客运站、航站楼、会展中心、公共厕所	3.0

3.6.6 宿舍(Ⅲ、Ⅳ类)、工业企业的生活间、公共浴室、职工食堂或营业餐馆的厨房、体育场馆、剧院、普通理化实验室等建筑的生活给水管道的设计秒流量，应按下式计算：

$$q_g=\sum q_o n_o b \quad (3.6.6)$$

式中：q_g——计算管段的给水设计秒流量(L/s)；

q_o——同类型的一个卫生器具给水额定流量(L/s)；

n_o——同类型卫生器具数；

b——同类型卫生器具的同时给水百分数，按本规范表3.6.6-1～表3.6.6-3采用。

注：1 如计算值小于该管段上一个最大卫生器具给水额定流量时，应采用一个最大的卫生器具给水额定流量作为设计秒流量；

2 大便器自闭式冲洗阀应单列计算，当单列计算值小于1.2L/s时，以1.2L/s计；大于1.2L/s时，以计算值计。

表3.6.6-1 宿舍(Ⅲ、Ⅳ类)、工业企业生活间、公共浴室、影剧院、体育场馆等卫生器具同时给水百分数(%)

卫生器具名称	宿舍(Ⅲ、Ⅳ类)	工业企业生活间	公共浴室	影剧院	体育场馆
洗涤盆(池)	—	33	15	15	15
洗手盆	—	50	50	50	70(50)
洗脸盆、盥洗槽水嘴	5～100	60～100	60～100	50	80
浴盆	—	—	50	—	—
无间隔淋浴器	20～100	100	100	—	100
有间隔淋浴器	5～80	80	60～80	(60～80)	(60～100)
大便器冲洗水箱	5～70	30	20	50(20)	70(20)
大便槽自动冲洗水箱	100	100	—	100	100
大便器自闭式冲洗阀	1～2	2	2	10(2)	5(2)
小便器自闭式冲洗阀	2～10	10	10	50(10)	70(10)
小便器(槽)自动冲洗水箱	—	100	100	100	100
净身盆	—	33	—	—	—
饮水器	—	30～60	30	30	30
小卖部洗涤盆	—	—	50	50	50

注：1 表中括号内的数值系电影院、剧院的化妆间，体育场馆的运动员休息室使用；

2 健身中心的卫生间，可采用本表体育场馆运动员休息室的同时给水百分率。

表3.6.6-2 职工食堂、营业餐馆厨房设备同时给水百分数(%)

厨房设备名称	同时给水百分数
洗涤盆(池)	70
煮锅	60
生产性洗涤机	40
器皿洗涤机	90
开水器	50
蒸汽发生器	100
灶台水嘴	30

注：职工或学生饭堂的洗碗台水嘴，按100%同时给水，但不与厨房用水叠加。

表 3.6.6-3　实验室化验水嘴同时给水百分数(%)

化验水嘴名称	同时给水百分数	
	科研教学实验室	生产实验室
单联化验水嘴	20	30
双联或三联化验水嘴	30	50

3.6.7　建筑物内生活用水最大小时用水量，应按本规范表 3.1.9 和表 3.1.10 的规定计算确定。

3.6.8　住宅的入户管，公称直径不宜小于 20mm。

3.6.9　生活给水管道的水流速度，宜按表 3.6.9 采用。

表 3.6.9　生活给水管道的水流速度

公称直径(mm)	15～20	25～40	50～70	≥80
水流速度(m/s)	≤1.0	≤1.2	≤1.5	≤1.8

3.6.10　给水管道的沿程水头损失可按下式计算：

$$i=105C_h^{-1.85}d_j^{-4.87}q_g^{1.85} \quad (3.6.10)$$

式中：i——管道单位长度水头损失(kPa/m)；

d_j——管道计算内径(m)；

q_g——给水设计流量(m^3/s)；

C_h——海澄—威廉系数。

各种塑料管、内衬(涂)塑管 $C_h=140$；

铜管、不锈钢管 $C_h=130$；

内衬水泥、树脂的铸铁管 $C_h=130$；

普通钢管、铸铁管 $C_h=100$。

3.6.11　生活给水管道的配水管的局部水头损失，宜按管道的连接方式，采用管(配)件当量长度法计算。当管道的管(配)件当量长度资料不足时，可按下列管件的连接状况，按管网的沿程水头损失的百分数取值：

1　管(配)件内径与管道内径一致，采用三通分水时，取 25%～30%；采用分水器分水时，取 15%～20%；

2　管(配)件内径略大于管道内径，采用三通分水时，取 50%～60%；采用分水器分水时，取 30%～35%；

3　管(配)件内径略小于管道内径，管(配)件的插口插入管口内连接，采用三通分水时，取 70%～80%；采用分水器分水时，取 35%～40%。

注：阀门和螺纹管件的摩阻损失可按附录 D 确定。

3.6.12　水表的水头损失，应按选用产品所给定的压力损失值计算。在未确定具体产品时，可按下列情况取用：

1　住宅入户管上的水表，宜取 0.01MPa；

2　建筑物或小区引入管上的水表，在生活用水工况时，宜取 0.03MPa；在校核消防工况时，宜取 0.05MPa。

3.6.13　比例式减压阀的水头损失，阀后动水压宜按阀后静水压的 80%～90%采用。

3.6.14　管道过滤器的局部水头损失，宜取 0.01MPa。

3.6.15　倒流防止器、真空破坏器的局部水头损失，应按相应产品测试参数确定。

3.7　水塔、水箱、贮水池

3.7.1　小区采用水塔作为生活用水的调节构筑物时，应符合下列规定：

1　水塔的有效容积应经计算确定；

2　有冻结危险的水塔应有保温防冻措施。

3.7.2　小区生活用贮水池设计应符合下列规定：

1　小区生活用贮水池的有效容积应根据生活用水调节量和安全贮水量等确定，并应符合下列规定：

1)生活用水调节量应按流入量和供出量的变化曲线经计算确定，资料不足时可按小区最高日生活用水量的 15%～20%确定；

2)安全贮水量应根据城镇供水制度、供水可靠程度及小区对供水的保证要求确定；

3)当生活用水贮水池贮存消防用水时，消防贮水量应按国家现行的有关消防规范执行。

2　贮水池宜分成容积基本相等的两格。

3.7.3　建筑物内的生活用水低位贮水池(箱)应符合下列规定：

1　贮水池(箱)的有效容积应按进水量与用水量变化曲线经计算确定；当资料不足时，宜按建筑物最高日用水量的 20%～25%确定；

2　池(箱)外壁与建筑本体结构墙面或其他池壁之间的净距，应满足施工或装配的要求，无管道的侧面，净距不宜小于 0.7m；安装有管道的侧面，净距不宜小于 1.0m，且管道外壁与建筑本体墙面之间的通道宽度不宜小于 0.6m；设有人孔的池顶，顶板面与上面建筑本体板底的净空不应小于 0.8m；

3　贮水池(箱)不宜毗邻电气用房和居住用房或在其下方；

4　贮水池内宜设有水泵吸水坑，吸水坑的大小和深度，应满足水泵或水泵吸水管的安装要求。

3.7.4　无调节要求的加压给水系统，可设置吸水井，吸水井的有效容积不应小于水泵 3min 的设计流量。吸水井的其他要求应符合本规范第 3.7.3 条的规定。

3.7.5　生活用水高位水箱应符合下列规定：

1　由城镇给水管网夜间直接进水的高位水箱的生活用水调节容积，宜按用水人数和最高日用水定额确定；由水泵联动提升进水的水箱的生活用水调节容积，不宜小于最大用水时水量的 50%；

2　高位水箱箱壁与水箱间墙壁及箱顶与水箱间顶面的净距应符合本规范第 3.7.3 条第 2 款的规定，箱底与水箱间地面板的净距，当有管道敷设时不宜小于 0.8m；

3　水箱的设置高度(以底板面计)应满足最高层用户的用水水压要求，当达不到要求时，宜采取管道增压措施。

3.7.6　建筑物贮水池(箱)应设置在通风良好、不结冻的房间内。

3.7.7　水塔、水池、水箱等构筑物应设进水管、出水管、溢流管、泄水管和信号装置，并应符合下列要求：

1　水池(箱)设置和管道布置应符合本规范第 3.2.9～3.2.13条有关防止水质污染的规定；

2　进、出水管宜分别设置，并应采取防止短路的措施；

3　当利用城镇给水管网压力直接进水时，应设置自动水位控制阀，控制阀直径应与进水管管径相同，当采用直接作用式浮球阀时不宜少于两个，且进水管标高应一致；

4　当水箱采用水泵加压进水时，应设置水箱水位自动控制水泵开、停的装置。当一组水泵供给多个水箱进水时，在进水管上宜装设电讯号控制阀，由水位监控设备实现自动控制；

5　溢流管宜采用水平喇叭口集水；喇叭口下的垂直管段不宜小于 4 倍溢流管管径。溢流管的管径，应按能排泄水塔(池、箱)的最大入流量确定，并宜比进水管管径大一级；

6　泄水管的管径，应按水池(箱)泄空时间和泄水受体排泄能力确定。当水池(箱)中的水不能以重力自流泄空时，应设置移动或固定的提升装置；

7　水塔、水池应设水位监视和溢流报警装置，水箱宜设置水位监视和溢流报警装置。信息应传至监控中心。

3.7.8　生活用水中途转输水箱的转输调节容积宜取转输水泵 5min～10min 的流量。

3.8　增压设备、泵房

3.8.1　选择生活给水系统的加压水泵，应遵守下列规定：

1　水泵的 Q～H 特性曲线，应是随流量的增大，扬程逐渐下降的曲线；

注：对 Q～H 特性曲线存在有上升段的水泵，应分析在运行工况中不会出现不稳定工作时方可采用。

2 应根据管网水力计算进行选泵，水泵应在其高效区内运行；

3 生活加压给水系统的水泵机组应设备用泵，备用泵的供水能力不应小于最大一台运行水泵的供水能力。水泵宜自动切换交替运行。

3.8.2 小区的给水加压泵站，当给水管网无调节设施时，宜采用调速泵组或额定转速泵编组运行供水。泵组的最大出水量不应小于小区生活给水设计流量，生活与消防合用给水管道系统还应按本规范第3.6.2条以消防工况校核。

3.8.3 建筑物内采用高位水箱调节的生活给水系统时，水泵的最大出水量不应小于最大小时用水量。

3.8.4 生活给水系统采用调速泵组供水时，应按系统最大设计流量选泵，调速泵在额定转速时的工作点，应位于水泵高效区的末端。

3.8.4A 变频调速泵组电源应可靠，并宜采用双电源或双回路供电方式。

3.8.5 生活给水系统采用气压给水设备供水时，应符合下列规定：

1 气压水罐内的最低工作压力，应满足管网最不利处的配水点所需水压；

2 气压水罐内的最高工作压力，不得使管网最大水压处配水点的水压大于0.55MPa；

3 水泵（或泵组）的流量（以气压水罐内的平均压力计，其对应的水泵扬程的流量），不应小于给水系统最大小时用水量的1.2倍；

4 气压水罐的调节容积应按下式计算：

$$V_{q2}=\frac{\alpha_a q_b}{4n_q} \tag{3.8.5-1}$$

式中：V_{q2}——气压水罐的调节容积（m^3）；

q_b——水泵（或泵组）的出流量（m^3/h）；

α_a——安全系数，宜取1.0～1.3；

n_q——水泵在1h内的启动次数，宜采用6次～8次。

5 气压水罐的总容积应按下式计算：

$$V_q=\frac{\beta V_{q1}}{1-\alpha_b} \tag{3.8.5-2}$$

式中：V_q——气压水罐总容积（m^3）；

V_{q1}——气压水罐的水容积（m^3），应大于或等于调节容量；

α_b——气压水罐内的工作压力比（以绝对压力计），宜采用0.65～0.85；

β——气压水罐的容积系数，隔膜式气压水罐取1.05。

3.8.6 水泵宜自灌吸水，卧式离心泵的泵顶放气孔、立式多级离心泵吸水端第一级（段）泵体可置于最低设计水位标高以下，每台水泵宜设置单独从水池吸水的吸水管。吸水管内的流速宜采用1.0m/s～1.2m/s；吸水管口应设置喇叭口。喇叭口宜向下，低于水池最低水位不宜小于0.3m，当达不到此要求时，应采取防止空气被吸入的措施。

吸水管喇叭口至池底的净距，不应小于0.8倍吸水管管径，且不应小于0.1m；吸水管喇叭口边缘与池壁的净距不宜小于1.5倍吸水管管径；吸水管与吸水管之间的净距，不宜小于3.5倍吸水管管径（管径以相邻两者的平均值计）。

注：当水池水位不能满足水泵自灌启动水位时，应有防止水泵空载启动的保护措施。

3.8.7 当每台水泵单独从水池吸水有困难时，可采用单独从吸水总管上自灌吸水，吸水总管应符合下列规定：

1 吸水总管伸入水池的引水管不宜少于2条，当一条引水管发生故障时，其余引水管应能通过全部设计流量。每条引水管上应设闸门；

注：水池有独立的两个及以上的分格，每格有一条引水管，可视为有两条以上引水管。

2 引水管宜设向下的喇叭口，喇叭口的设置应符合本规范第3.8.6条中吸水管喇叭口的相应规定，但喇叭口低于水池最低水位的距离不宜小于0.3m；

3 吸水总管内的流速应小于1.2m/s；

4 水泵吸水管与吸水总管的连接，应采用管顶平接，或高出管顶连接。

3.8.8 自吸式水泵每台应设置独立从水池吸水的吸水管。水泵以水池最低水位计算的允许安装高度，应根据当地的大气压力、最高水温时的饱和蒸汽压、水泵的汽蚀余量、水池最低水位和吸水管路的水头损失，经计算确定，并应有安全余量。安全余量应不小于0.3m。

3.8.9 每台水泵的出水管上，应装设压力表、止回阀和阀门（符合多功能阀安装条件的出水管，可用多功能阀取代止回阀和阀门），必要时应设置水锤消除装置。自灌式吸水的水泵吸水管上应装设阀门，并宜装设管道过滤器。

3.8.10 小区独立设置的水泵房，宜靠近用水大户。水泵机组的运行噪声应符合现行国家标准《城市区域环境噪声标准》GB 3096的要求。

3.8.11 民用建筑物内设置的生活给水泵房不应毗邻居住用房或在其上层或下层，水泵机组宜设在水池的侧面、下方，单台泵可设于水池内或管道内，其运行噪声应符合现行国家标准《民用建筑隔声设计规范》GB 10070的规定。

3.8.12 建筑物内的给水泵房，应采用下列减振防噪措施：

1 应选用低噪声水泵机组；

2 吸水管和出水管上应设置减振装置；

3 水泵机组的基础应设置减振装置；

4 管道支架、吊架和管道穿墙、楼板处，应采取防止固体传声措施；

5 必要时，泵房的墙壁和天花应采取隔音吸音处理。

3.8.13 设置水泵的房间，应设排水设施；通风应良好，不得结冻。

3.8.14 水泵机组的布置，应符合表3.8.14规定。

表3.8.14 水泵机组外轮廓面与墙和相邻机组间的间距

电动机额定功率（kW）	水泵机组外廓面与墙面之间最小间距（m）	相邻水泵机组外轮廓面之间最小距离（m）
≤22	0.8	0.4
>22～<55	1.0	0.8
≥55～≤160	1.2	1.2

注：1 水泵侧面有管道时，外轮廓面计至管道外壁面。

2 水泵机组是指水泵与电动机的联合体，或已安装在金属座架上的多台水泵组合体。

3.8.15 水泵基础高出地面的高度应便于水泵安装，不应小于0.10m；泵房内管道管外底距地面或管沟底面的距离，当管径小于等于150mm时，不应小于0.20m；当管径大于等于200mm时，不应小于0.25m。

3.8.16 泵房内宜有检修水泵的场地，检修场地尺寸宜按水泵或电机外形尺寸四周有不小于0.7m的通道确定。泵房内配电柜和控制柜前面通道宽度不宜小于1.5m。泵房内宜设置手动起重设备。

3.9 游泳池与水上游乐池

3.9.1 （此条删除）

3.9.2 游泳池和水上游乐池的池水水质应符合我国现行标准《游泳池水质标准》CJ 244的要求。

3.9.2A 世界级比赛用和有特殊要求的游泳池的池水水质标准，除应满足本规范第3.9.2条的要求外，还应符合国际游泳协会(FINA)的相关要求。

3.9.3 游泳池和水上游乐池的初次充水和使用过程中的补充水水质，应符合现行国家标准《生活饮用水卫生标准》GB 5749的要求。

3.9.4 游泳池和水上游乐池的淋浴等生活用水水质，应符合现行国家标准《生活饮用水卫生标准》GB 5749的要求。

3.9.5 游泳池和水上游乐池水应循环使用。游泳池和水上游乐池的池水循环周期应根据池的类型、用途、池水容积、水深、游泳负荷等因数确定，可按表3.9.5采用。

表 3.9.5 游泳池和水上游乐池的循环周期

序号	类型	用途		循环周期(h)
1	专用游泳池	比赛池		4～5
2		花样游泳池		6～8
3		跳水池		8～10
4		训练池		4～6
5	公共游泳池	成人池		4～6
6		儿童池		1～2
7	水上游乐池	戏水池	成人池	4
8			幼儿池	<1
9		造浪池		2
10		滑道跌落池		6
11	家庭游泳池			6～8

注：池水的循环次数可按每日使用时间与循环周期的比值确定。

3.9.6 不同使用功能的游泳池应分别设置各自独立的循环系统。水上游乐池循环水系统应根据水质、水温、水压和使用功能等因素，设计成一个或若干个独立的循环系统。

3.9.7 循环水应经过滤、加药和消毒等净化处理，必要时还应进行加热。

3.9.8 循环水的预净化应在循环水泵的吸水管上装设毛发聚集器。

3.9.8A 循环水净化工艺流程应根据游泳池和水上游乐池的用途、水质要求、游泳负荷、消毒方法等因素经技术经济比较后确定。

3.9.9 水上游乐池滑道润滑水系统的循环水泵，必须设置备用泵。

3.9.10 循环水过滤宜采用压力过滤器，压力过滤器应符合下列要求：

1 过滤器的滤速应根据泳池的类型、滤料种类确定。专用游泳池、公共游泳池、水上游乐池等宜采用滤速15m/h～25m/h石英砂中速过滤器或硅藻土低速过滤器；

2 过滤器的个数及单个过滤器面积，应根据循环流量的大小、运行维护等情况，通过技术经济比较确定，且不宜少于两个；

3 过滤器宜采用水进行反冲洗，石英砂过滤器宜采用气、水组合反冲洗。过滤器反冲洗宜采用游泳池水；当采用生活饮用水时，冲洗管道不得与利用城镇给水管网水压的给水管道直接连接。

3.9.11 循环水在净化过程中应投加下列药剂：

1 过滤前应投加混凝剂；

2 根据消毒剂品种，宜在消毒前投加pH值调节剂；

3 应根据气候条件和池水水质变化，不定期地间断式投加除藻剂；

4 应根据池水的pH值、总碱度、钙硬度、总溶解固体等水质参数，投加水质平衡药剂。

3.9.12 游泳池和水上游乐池的池水必须进行消毒杀菌处理。

3.9.13 消毒剂的选用应符合下列要求：

1 杀菌消毒能力强，并有持续杀菌功能；

2 不造成水和环境污染，不改变池水水质；

3 对人体无刺激或刺激性很小；

4 对建筑结构、设备和管道无腐蚀或轻微腐蚀；

5 费用低，且能就地取材。

3.9.14 使用瓶装氯气消毒时，氯气必须采用负压自动投加方式，严禁将氯直接注入游泳池水中的投加方式。加氯间应设置防毒、防火和防爆装置，并应符合国家现行有关标准的规定。

3.9.15 游泳池和水上游乐池的池水设计温度应根据池的类型按表3.9.15确定：

表 3.9.15 游泳池和水上游乐池的池水设计温度

序号	场所	池的类型	池的用途		池水设计温度(℃)
1	室内池	专用游泳池	比赛池、花样游泳池		25～27
2			跳水池		27～28
3			训练池		25～27
4		公共游泳池	成人池		27～28
5			儿童池		28～29
6		水上游乐池	戏水池	成人池	27～28
7				幼儿池	29～30
8			滑道跌落池		27～28
9	室外池	有加热设备			26～28
10		无加热设备			≥23

3.9.16 游泳池和水上游乐池水加热所需热量应经计算确定，加热方式宜采用间接式。并应优先采用余热和废热、太阳能等天然热能作为热源。

3.9.17 游泳池和水上游乐池的初次充水时间，应根据使用性质、城镇给水条件等确定，游泳池不宜超过48h；水上游乐池不宜超过72h。

3.9.18 游泳池和水上游乐池的补充水量可按表3.9.18确定。大型游泳池和水上游乐池应采用平衡水池或补充水箱间接补水。

表 3.9.18 游泳池和水上游乐池的补充水量

序号	池的类型和特征		每日补充水量占池水容积的百分数(%)
1	比赛池、训练池、跳水池	室内	3～5
		室外	5～10
2	公共游泳池、水上游乐池	室内	5～10
		室外	10～15
3	儿童游泳池、幼儿戏水池	室内	≥15
		室外	≥20
4	家庭游泳池	室内	3
		室外	5

注：游泳池和水上游乐池的最小补充水量应保证一个月内池水全部更新一次。

3.9.18A 家庭游泳池等小型游泳池当采用生活饮用水直接补(充)水时，补充水管应采取有效的防止回流污染的措施。

3.9.19 顺流式、混合式循环给水方式的游泳池和水上游乐池宜设置平衡水位的平衡水池；逆流式循环给水方式的游泳池和水上游乐池应设置平衡水量的均衡水池。

3.9.20 游泳池和水上游乐池进水口、回水口的数量应满足循环流量的要求，设置位置应使游泳池内水流均匀、不产生涡流和短流。

3.9.20A 游泳池和水上游乐池的进水口、池底回水口和泄水口的格栅孔隙的大小，应防止卡入游泳者手指、脚趾。泄水口的数量应满足不会产生负压造成对人体的伤害。

3.9.20B 采用池底回水的游泳池和水上游乐池的回水口数量，不应少于2个/座。其格栅孔隙的水流速度不应大于0.2m/s。

3.9.21 游泳池和水上游乐池的泄水口，应设置在池底的最低处。游泳池应设置池岸式溢流水槽。

3.9.22 进入公共游泳池和水上游乐池的通道，应设置浸脚消毒池。

3.9.23 游泳池和水上游乐池的管道、设备、容器和附件，均应采用耐腐蚀材质或内壁涂衬耐腐蚀材料。其材质与涂衬材料应符合有关卫生标准要求。

3.9.24 比赛用跳水池必须设置水面制波和喷水装置。

3.9.25 跳水池的水面波浪应为均匀波纹小浪，浪高宜为25mm

～40mm。

3.9.25A 跳水池起泡制波和安全保护气浪采用的压缩空气，应低温、洁净、不含杂质、无油污和异味。

3.9.26 （此条删除）。

3.9.27 （此条删除）。

3.10 循环冷却水及冷却塔

3.10.1 设计循环冷却水系统时应符合下列要求：

1 循环冷却水系统宜采用敞开式，当需采用间接换热时，可采用密闭式；

2 对于水温、水质、运行等要求差别较大的设备，循环冷却水系统宜分开设置；

3 敞开式循环冷却水系统的水质应满足被冷却设备的水质要求；

4 设备、管道设计时应能使循环系统的余压充分利用；

5 冷却水的热量宜回收利用；

6 当建筑物内有需要全年供冷的区域，在冬季气候条件适宜时宜利用冷却塔作为冷源提供空调用冷水。

3.10.2 冷却塔设计计算所选用的空气干球温度和湿球温度，应与所服务的空调等系统的设计空气干球温度和湿球温度相吻合，应采用历年平均不保证50h的干球温度和湿球温度。

3.10.3 冷却塔位置的选择应根据下列因素综合确定：

1 气流应通畅，湿热空气回流影响小，且应布置在建筑物的最小频率风向的上风侧；

2 冷却塔不应布置在热源、废气和烟气排放口附近，不宜布置在高大建筑物中间的狭长地带上；

3 冷却塔与相邻建筑物之间的距离，除满足塔的通风要求外，还应考虑噪声、飘水等对建筑物的影响。

3.10.4 选用成品冷却塔时，应符合下列要求：

1 按生产厂家提供的热力特性曲线选定，设计循环水量不宜超过冷却塔的额定水量；当循环水量达不到额定水量的80%时，应对冷却塔的配水系统进行校核；

2 冷却塔应冷效高、能源省、噪声低、重量轻、体积小、寿命长、安装维护简单、飘水少；

3 材料应为阻燃型，并应符合防火要求；

4 数量宜与冷却水用水设备的数量、控制运行相匹配；

5 塔的形状应按建筑要求，占地面积及设置地点确定；

6 当冷却塔的布置不能满足本规范第3.10.3条的规定时，应采取相应的技术措施，并对塔的热力性能进行校核。

3.10.4A 当可能有冻结危险时，冬季运行的冷却塔应采取防冻措施。

3.10.5 冷却塔的布置，应符合下列要求：

1 冷却塔宜单排布置；当需多排布置时，塔排之间的距离应保证塔排同时工作时的进风量；

2 单侧进风塔的进风面宜面向夏季主导风向；双侧进风塔的进风面宜平行夏季主导风向；

3 冷却塔进风侧离建筑物的距离，宜大于塔进风口高度的2倍；冷却塔的四周除满足通风要求和管道安装位置外，还应留有检修通道；通道净距不宜小于1.0m。

3.10.6 冷却塔应设置在专用的基础上，不得直接设置在楼板或屋面上。

3.10.7 环境对噪声要求较高时，冷却塔可采取下列措施：

1 冷却塔的位置宜远离对噪声敏感的区域；

2 应采用低噪声型或超低噪声型冷却塔；

3 进水管、出水管、补充水管上应设置隔振防噪装置；

4 冷却塔基础应设置隔振装置；

5 建筑上应采取隔声吸音屏障。

3.10.8 循环水泵的台数宜与冷水机组相匹配。循环水泵的出水量应按冷却水循环水量确定，扬程应按设备和管网循环水压要求确定，并应复核水泵泵壳承压能力。

3.10.9 冷却塔循环管道的流速，宜采用下列数值：

1 循环干管管径小于等于250mm时，应为1.5m/s～2.0m/s；管径大于250mm、小于500mm时，应为2.0m/s～2.5m/s；管径大于等于500mm时，应为2.5m/s～3.0m/s；

2 当循环水泵从冷却塔集水池中吸水时，吸水管的流速宜采用1.0m/s～1.2m/s；当循环水泵直接从循环管道吸水，且吸水管直径小于等于250mm时，流速宜为1.0m/s～1.5m/s，当吸水管直径大于250mm时，流速宜为1.5m/s～2.0m/s。水泵出水管的流速可采用循环干管下限流速。

3.10.10 冷却塔集水池的设计，应符合下列要求：

1 集水池容积应按下列第1)项、第2)项因素的水量之和确定，并应满足第3)项的要求：

1)布水装置和淋水填料的附着水量，宜按循环水量的1.2%～1.5%确定；

2)停泵时因重力流入的管道水容量；

3)水泵吸水口所需最小淹没深度应根据吸水管内流速确定，当流速小于等于0.6m/s时，最小淹没深度不应小于0.3m；当流速为1.2m/s时，最小淹没深度不应小于0.6m。

2 当选用成品冷却塔时，应按本条第1款的规定，对其集水盘的容积进行核算，当不满足要求时，应加大集水盘深度或另设集水池；

3 不设集水池的多台冷却塔并联使用时，各塔的集水盘宜设连通管；当无法设置连通管时，回水横干管的管径应放大一级；连通管、回水管与各塔出水管的连接应为管顶平接；塔的出水口应采取防止空气吸入的措施；

4 每台（组）冷却塔应分别设置补充水管、泄水管、排污及溢流管；补水方式宜采用浮球阀或补充水箱。

当多台冷却塔共用集水池时，可设置一套补充水管、泄水管、排污及溢流管。

3.10.11 冷却塔补充水量可按下式计算：

$$q_{bc}=q_z\frac{N_n}{N_n-1} \tag{3.10.11}$$

式中：q_{bc}——补充水水量（m^3/h）；

q_z——蒸发损失水量（m^3/h）；

N_n——浓缩倍数，设计浓缩倍数不宜小于3.0。

注：对于建筑物空调、冷冻设备的补充水量，应按冷却水循环水量的1%～2%确定。

3.10.11A 冷却塔补充水总管上应设置水表等计量装置。

3.10.12 建筑空调系统的循环冷却水系统应有过滤、缓蚀、阻垢、杀菌、灭藻等水处理措施。

3.10.13 旁流处理水量可根据去除悬浮物或溶解固体分别计算。当采用过滤处理去除悬浮物时，过滤水量宜为冷却水循环水量的1%～5%。

3.11 水　　景

3.11.1 水景的水质应符合相关的水景的水质标准。当无法满足时，应进行水质净化处理。

3.11.2 水景用水应循环使用。循环系统的补充水量应根据蒸发、飘失、渗漏、排污等损失确定，室内工程宜取循环水流量的1%～3%；室外工程宜取循环水流量的3%～5%。

3.11.3 水景工程应根据喷头造型分组布置喷头。喷泉每组独立运行的喷头，其规格宜相同。

3.11.4 （此条删除）

3.11.5 水景工程循环水泵宜采用潜水泵，并应直接设置于水池底。娱乐性水景的供人涉水区域，不应设置水泵。

水景工程循环水泵宜按不同特性的喷头、喷水系统分开设置。水景工程循环水泵的流量和扬程应按所选喷头形式、喷水高度、喷嘴直径和数量，以及管道系统的水头损失等经计算确定。

3.11.6 当水景水池采用生活饮用水作为补充水时，应采取防止回流污染的措施，补水管上应设置用水计量装置。

3.11.7 有水位控制和补水要求的水景水池应设置补充水管、溢流管、泄水管等管道。在池的周围宜设排水设施。

3.11.8 水景工程的运行方式可根据工程要求设计成手控、程控或声控。控制柜应按电气工程要求，设置于控制室内。控制室应干燥、通风。

3.11.9 瀑布、涌泉、溪流等水景工程设计，应符合下列要求：

1 设计循环流量应为计算流量的1.2倍；

2 水池设置应符合本规范第3.11.6条和第3.11.7条的要求；

3 电器控制可设置于附近小室内。

3.11.10 水景工程宜采用不锈钢等耐腐蚀管材。

4 排　水

4.1 系统选择

4.1.1 小区排水系统应采用生活排水与雨水分流制排水。

4.1.2 建筑物内下列情况下宜采用生活污水与生活废水分流的排水系统：

1 建筑物使用性质对卫生标准要求较高时；

2 生活废水量较大，且环卫部门要求生活污水需经化粪池处理后才能排入城镇排水管道时；

3 生活废水需回收利用时。

4.1.3 下列建筑排水应单独排水至水处理或回收构筑物：

1 职工食堂、营业餐厅的厨房含有大量油脂的洗涤废水；

2 机械自动洗车台冲洗水；

3 含有大量致病菌，放射性元素超过排放标准的医院污水；

4 水温超过40℃的锅炉、水加热器等加热设备排水；

5 用作回用水水源的生活排水；

6 实验室有害有毒废水。

4.1.4 建筑物雨水管道应单独设置，雨水回收利用可按现行国家标准《建筑与小区雨水利用技术规范》GB 50400执行。

4.2 卫生器具及存水弯

4.2.1 卫生器具的设置数量，应符合现行的有关设计标准、规范或规定的要求。

4.2.2 卫生器具的材质和技术要求，均应符合现行的有关产品标准的规定。

4.2.3 大便器选用应根据使用对象、设置场所、建筑标准等因素确定，且均应选用节水型大便器。

4.2.4 （此条删除）

4.2.5 （此条删除）

4.2.6 当构造内无存水弯的卫生器具与生活污水管道或其他可能产生有害气体的排水管道连接时，必须在排水口以下设存水弯。存水弯的水封深度不得小于50mm。严禁采用活动机械密封替代水封。

4.2.7 医疗卫生机构内门诊、病房、化验室、试验室等处不在同一房间内的卫生器具不得共用存水弯。

4.2.7A 卫生器具排水管段上不得重复设置水封。

4.2.8 卫生器具的安装高度可按表4.2.8确定。

表 4.2.8 卫生器具的安装高度

序号	卫生器具名称	卫生器具边缘离地高度(mm)	
		居住和公共建筑	幼儿园
1	架空式污水盆(池)(至上边缘)	800	800
2	落地式污水盆(池)(至上边缘)	500	500
3	洗涤盆(池)(至上边缘)	800	800
4	洗手盆(至上边缘)	800	500
5	洗脸盆(至上边缘)	800	500
6	盥洗槽(至上边缘)	800	500
7	浴 盆(至上边缘)	480	—
	残障人用浴盆(至上边缘)	450	—
	按摩浴盆(至上边缘)	450	—
	淋浴盆(至上边缘)	100	—
8	蹲、坐式大便器(从台阶面至高水箱底)	1800	1800
9	蹲式大便器(从台阶面至低水箱底)	900	900
10	坐式大便器(至低水箱底)		
	外露排出管式	510	—
	虹吸喷射式	470	370
	冲落式	510	—
	旋涡连体式	250	—
11	坐式大便器(至上边缘)		
	外露排出管式	400	—
	旋涡连体式	360	—
	残障人用	450	—
12	蹲便器(至上边缘)		
	2踏步	320	—
	1踏步	200～270	—
13	大便槽(从台阶面至冲洗水箱底)	不低于2000	—
14	立式小便器(至受水部分上边缘)	100	—
15	挂式小便器(至受水部分上边缘)	600	450
16	小便槽(至台阶面)	200	150
17	化验盆(至上边缘)	800	—
18	净身器(至上边缘)	360	—
19	饮水器(至上边缘)	1000	—

4.3 管道布置和敷设

4.3.1 小区排水管的布置应根据小区规划、地形标高、排水流向，按管线短、埋深小、尽可能自流排出的原则确定。当排水管道不能以重力自流排入市政排水管道时，应设置排水泵房。

注：特殊情况下，经技术经济比较合理时，可采用真空排水系统。

4.3.2 小区排水管道最小覆土深度应根据道路的行车等级、管材受压强度、地基承载力等因素经计算确定，并应符合下列要求：

1 小区干道和小区组团道路下的管道，其覆土深度不宜小于0.70m；

2 生活污水接户管道埋设深度不得高于土壤冰冻线以上0.15m，且覆土深度不宜小于0.30m。

注：当采用埋地塑料管道时，排出管埋设深度可不高于土壤冰冻线以上0.50m。

4.3.3 建筑物内排水管道布置应符合下列要求：

1 自卫生器具至排出管的距离应最短，管道转弯应最少；

2 排水立管宜靠近排水量最大的排水点；

3 排水管道不得敷设在对生产工艺或卫生有特殊要求的生产厂房内，以及食品和贵重商品仓库、通风小室、电气机房和电梯机房内；

4 排水管道不得穿过沉降缝、伸缩缝、变形缝、烟道和风道；当排水管道必须穿过沉降缝、伸缩缝和变形缝时，应采取相应技术措施；

5 排水埋地管道，不得布置在可能受重物压坏处或穿越生产设备基础；

6 排水管道不得穿越住宅客厅、餐厅，并不宜靠近与卧室相邻的内墙；

7 排水管道不宜穿越橱窗、壁柜；

8 塑料排水立管应避免布置在易受机械撞击处；当不能避免时，应采取保护措施；

9 塑料排水管应避免布置在热源附近；当不能避免，并导致管道表面受热温度大于60℃时，应采取隔热措施；塑料排水立管与家用灶具边净距不得小于0.4m；

10 当排水管道外表面可能结露时，应根据建筑物性质和使用要求，采取防结露措施。

4.3.3A 排水管道不得穿越卧室。

4.3.4 排水管道不得穿越生活饮用水池部位的上方。

4.3.5 室内排水管道不得布置在遇水会引起燃烧、爆炸的原料、产品和设备的上面。

4.3.6 排水横管不得布置在食堂、饮食业厨房的主副食操作、烹调和备餐的上方。当受条件限制不能避免时，应采取防护措施。

4.3.6A 厨房间和卫生间的排水立管应分别设置。

4.3.7 排水管道宜在地下或楼板填层中埋设或在地面上、楼板下明设。当建筑有要求时，可在管槽、管道井、管窿、管沟或吊顶、架空层内暗设，但应便于安装和检修。在气温较高、全年不结冻的地区，可沿建筑物外墙敷设。

4.3.8 下列情况下卫生器具排水横支管应设置同层排水：

1 住宅卫生间的卫生器具排水管要求不穿越楼板进入他户时；

2 按本规范第4.3.3A条～第4.3.6条的规定受条件限制时。

4.3.8A 住宅卫生间同层排水形式应根据卫生间空间、卫生器具布置、室外环境气温等因素，经技术经济比较确定。

4.3.8B 同层排水设计应符合下列要求：

1 地漏设置应符合本规范第4.5.7条～第4.5.10A条的要求；

2 排水管道管径、坡度和最大设计充满度应符合本规范第4.4.9、4.4.10、4.4.12条的要求；

3 器具排水横支管布置和设置标高不得造成排水滞留、地漏冒溢；

4 埋设于填层中的管道不得采用橡胶圈密封接口；

5 当排水横支管设置在沟槽内时，回填材料、面层应能承载器具、设备的荷载；

6 卫生间地坪应采取可靠的防渗漏措施。

4.3.9 室内管道的连接应符合下列规定：

1 卫生器具排水管与排水横支管垂直连接，宜采用90°斜三通；

2 排水管道的横管与立管连接，宜采用45°斜三通或45°斜四通和顺水三通或顺水四通；

3 排水立管与排出管端部的连接，宜采用两个45°弯头、弯曲半径不小于4倍管径的90°弯头或90°变径弯头；

4 排水立管应避免在轴线偏置；当受条件限制时，宜用乙字管或两个45°弯头连接；

5 当排水支管、排水立管接入横干管时，应在横干管管顶或其两侧45°范围内采用45°斜三通接入。

4.3.10 塑料排水管道应根据其管道的伸缩量设置伸缩节，伸缩节宜设置在汇合配件处。排水横管应设置专用伸缩节。

注：1 当排水管道采用橡胶密封配件时，可不设伸缩节；

2 室内、外埋地管道可不设伸缩节。

4.3.11 当建筑塑料排水管穿越楼层、防火墙、管道井井壁时，应根据建筑物性质、管径和设置条件以及穿越部位防火等级等要求设置阻火装置。

4.3.12 靠近排水立管底部的排水支管连接，应符合下列要求：

1 排水立管最低排水横支管与立管连接处距排水立管管底垂直距离不得小于表4.3.12的规定；

表4.3.12 最低横支管与立管连接处至立管管底的最小垂直距离

立管连接卫生器具的层数	垂直距离(m)	
	仅设伸顶通气	设通气立管
≤4	0.45	按配件最小安装尺寸确定
5～6	0.75	
7～12	1.20	
13～19	3.00	0.75
≥20	3.00	1.20

注：单根排水立管的排出管宜与排水立管相同管径。

2 排水支管连接在排出管或排水横干管上时，连接点距立管底部下游水平距离不得小于1.5m；

3 横支管接入横干管竖直转向管段时，连接点距转向处以下不得小于0.6m；

4 下列情况下底层排水支管应单独排至室外检查井或采取有效的防反压措施：

1)当靠近排水立管底部的排水支管的连接不能满足本条第1、2款的要求时；

2)在距排水立管底部1.5m距离之内的排出管、排水横管有90°水平转弯管段时。

4.3.12A 当排水立管采用内螺旋管时，排水立管底部宜采用长弯变径接头，且排出管管径宜放大一号。

4.3.13 下列构筑物和设备的排水管不得与污废水管道系统直接连接，应采取间接排水的方式：

1 生活饮用水贮水箱(池)的泄水管和溢流管；

2 开水器、热水器排水；

3 医疗灭菌消毒设备的排水；

4 蒸发式冷却器、空调设备冷凝水的排水；

5 贮存食品或饮料的冷藏库房的地面排水和冷风机溶霜水盘的排水。

4.3.14 设备间接排水宜排入邻近的洗涤盆、地漏。无法满足时，可设置排水明沟、排水漏斗或容器。间接排水的漏斗或容器不得产生溅水、溢流，并应布置在容易检查、清洁的位置。

4.3.15 间接排水口最小空气间隙，宜按表4.3.15确定。

表4.3.15 间接排水口最小空气间隙

间接排水管管径(mm)	排水口最小空气间隙(mm)
≤25	50
32～50	100
>50	150

注：饮料用贮水箱的间接排水口最小空气间隙，不得小于150mm。

4.3.16 生活废水在下列情况下，可采用有盖的排水沟排除：

1 废水中含有大量悬浮物或沉淀物需经常冲洗；

2 设备排水支管很多，用管道连接有困难；

3 设备排水点的位置不固定；

4 地面需要经常冲洗。

4.3.17 当废水中可能夹带纤维或有大块物体时，应在排水管道连接处设置格栅或带网筐地漏。

4.3.18 室外排水管的连接应符合下列要求：

1 排水管与排水管之间的连接，应设检查井连接；

2 室外排水管，除有水流跌落差以外，宜管顶平接；

3 排出管管顶标高不得低于室外接户管管顶标高；

4 连接处的水流偏转角不得大于90°。当排水管管径小于等于300mm且跌落差大于0.3m时，可不受角度的限制。

4.3.19 室内排水沟与室外排水管道连接处，应设水封装置。

4.3.20 排水管穿过地下室外墙或地下构筑物的墙壁处，应采取防水措施。

4.3.21 当建筑物沉降可能导致排出管倒坡时，应采取防倒坡措施。

4.3.22 排水管道在穿越楼层设套管且立管底部架空时，应在立管底部设支墩或其他固定措施。地下室立管与排水横管转弯处也应设置支墩或固定措施。

4.4 排水管道水力计算

4.4.1 小区生活排水系统排水定额宜为其相应的生活给水系统用水定额的85%～95%。

小区生活排水系统小时变化系数应与其相应的生活给水系统小时变化系数相同，按本规范第3.1.2条和第3.1.3条确定。

4.4.2 公共建筑生活排水定额和小时变化系数应与公共建筑生活给水用水定额和小时变化系数相同按本规范第3.1.10条规定确定。

4.4.3 居住小区内生活排水的设计流量应按住宅生活排水最大小时流量与公共建筑生活排水最大小时流量之和确定。

4.4.4 卫生器具排水的流量、当量和排水管的管径应按表4.4.4确定。

表4.4.4 卫生器具排水的流量、当量和排水管的管径

序号	卫生器具名称	排水流量(L/s)	当量	排水管管径(mm)
1	洗涤盆、污水盆(池)	0.33	1.00	50
2	餐厅、厨房洗菜盆(池)			
	单格洗涤盆(池)	0.67	2.00	50
	双格洗涤盆(池)	1.00	3.00	50
3	盥洗槽(每个水嘴)	0.33	1.00	50～75
4	洗手盆	0.10	0.30	32～50
5	洗脸盆	0.25	0.75	32～50
6	浴盆	1.00	3.00	50
7	淋浴器	0.15	0.45	50
8	大便器			
	冲洗水箱	1.50	4.50	100
	自闭式冲洗阀	1.20	3.60	100
9	医用倒便器	1.50	4.50	100
10	小便器			
	自闭式冲洗阀	0.10	0.30	40～50
	感应式冲洗阀	0.10	0.30	40～50
11	大便槽			
	≤4个蹲位	2.50	7.50	100
	>4个蹲位	3.00	9.00	150
12	小便槽(每米长)			
	自动冲洗水箱	0.17	0.50	—
13	化验盆(无塞)	0.20	0.60	40～50
14	净身器	0.10	0.30	40～50
15	饮水器	0.05	0.15	25～50
16	家用洗衣机	0.50	1.50	50

注：家用洗衣机下排水软管直径为30mm，上排水软管内径为19mm。

4.4.5 住宅、宿舍(Ⅰ、Ⅱ类)、旅馆、宾馆、酒店式公寓、医院、疗养院、幼儿园、养老院、办公楼、商场、图书馆、书店、客运中心、航站楼、会展中心、中小学教学楼、食堂或营业餐厅等建筑生活排水管道设计秒流量，应按下式计算：

$$q_p = 0.12\alpha\sqrt{N_p} + q_{max} \quad (4.4.5)$$

式中：q_p——计算管段排水设计秒流量(L/s)；

N_p——计算管段的卫生器具排水当量总数；

α——根据建筑物用途而定的系数，按表4.4.5确定；

q_{max}——计算管段上最大一个卫生器具的排水流量(L/s)。

表4.4.5 根据建筑物用途而定的系数α值

建筑物名称	宿舍(Ⅰ、Ⅱ类)、住宅、宾馆、酒店式公寓、医院、疗养院、幼儿园、养老院的卫生间	旅馆和其他公共建筑的盥洗室和厕所间
α值	1.5	2.0～2.5

注：当计算所得流量值大于该管段上按卫生器具排水流量累加值时，应按卫生器具排水流量累加值计。

4.4.6 宿舍(Ⅲ、Ⅳ类)、工业企业生活间、公共浴室、洗衣房、职工食堂或营业餐厅的厨房、实验室、影剧院、体育场(馆)等建筑的生活管道排水设计秒流量，应按下式计算：

$$q_p = \sum q_o n_o b \quad (4.4.6)$$

式中：q_o——同类型的一个卫生器具排水流量(L/s)；

n_o——同类型卫生器具数；

b——卫生器具的同时排水百分数，按本规范第3.6.6条采用。冲洗水箱大便器的同时排水百分数应按12%计算。

注：当计算排水流量小于一个大便器排水流量时，应按一个大便器的排水流量计算。

4.4.7 排水横管的水力计算，应按下列公式计算：

$$q_p = A \cdot v \quad (4.4.7\text{-}1)$$

$$v = \frac{1}{n} R^{2/3} I^{1/2} \quad (4.4.7\text{-}2)$$

式中：A——管道在设计充满度的过水断面(m^2)；

v——速度(m/s)；

R——水力半径(m)；

I——水力坡度，采用排水管的坡度；

n——粗糙系数。铸铁管为0.013；混凝土管、钢筋混凝土管为0.013～0.014；钢管为0.012；塑料管为0.009。

4.4.8 小区室外生活排水管道最小管径、最小设计坡度和最大设计充满度宜按表4.4.8确定。

表4.4.8 小区室外生活排水管道最小管径、最小设计坡度和最大设计充满度

管别	管材	最小管径(mm)	最小设计坡度	最大设计充满度
接户管	埋地塑料管	160	0.005	0.5
支管	埋地塑料管	160	0.005	
干管	埋地塑料管	200	0.004	

注：1 接户管管径不得小于建筑物排出管管径。

2 化粪池与其连接的第一个检查井的污水管最小设计坡度取值：管径150mm宜为0.010～0.012；管径200mm宜为0.010。

4.4.9 建筑物内生活排水铸铁管道的最小坡度和最大设计充满度，宜按表4.4.9确定。

表4.4.9 建筑物内生活排水铸铁管道的最小坡度和最大设计充满度

管径(mm)	通用坡度	最小坡度	最大设计充满度
50	0.035	0.025	0.5
75	0.025	0.015	
100	0.020	0.012	
125	0.015	0.010	
150	0.010	0.007	0.6
200	0.008	0.005	

4.4.10 建筑排水塑料管粘接、熔接连接的排水横支管的标准坡度应为0.026。胶圈密封连接排水横管的坡度可按本规范表4.4.10调整。

表 4.4.10 建筑排水塑料管排水横管的最小坡度、通用坡度和最大设计充满度

外径(mm)	通用坡度	最小坡度	最大设计充满度
50	0.025	0.0120	0.5
75	0.015	0.0070	
110	0.012	0.0040	
125	0.010	0.0035	
160	0.007	0.0030	0.6
200	0.005	0.0030	
250	0.005	0.0030	
315	0.005	0.0030	

4.4.11 生活排水立管的最大设计排水能力，应按表4.4.11确定。立管管径不得小于所连接的横支管管径。

表 4.4.11 生活排水立管最大设计排水能力

排水立管系统类型			最大设计排水能力(L/s) 排水立管管径(mm) 50	75	100 (110)	125	150 (160)
伸顶通气	立管与横支管连接配件	90°顺水三通	0.8	1.3	3.2	4.0	5.7
		45°斜三通	1.0	1.7	4.0	5.2	7.4
专用通气	专用通气管75mm	结合通气管每层连接	—	—	5.5	—	—
		结合通气管隔层连接	—	3.0	4.4	—	—
	专用通气管100mm	结合通气管每层连接	—	—	8.8	—	—
		结合通气管隔层连接	—	—	4.8	—	—
主、副通气立管+环形通气管			—	—	11.5	—	—
自循环通气	专用通气形式		—	—	4.4	—	—
	环形通气形式		—	—	5.9	—	—
特殊单立管	混合器		—	—	4.5	—	—
	内螺旋管+旋流器	普通型	—	1.7	3.5	—	8.0
		加强型	—	—	6.3	—	—

注：排水层数在15层以上时，宜乘0.9系数。

4.4.12 大便器排水管最小管径不得小于100mm。

4.4.13 建筑物内排出管最小管径不得小于50mm。

4.4.14 多层住宅厨房间的立管管径不宜小于75mm。

4.4.15 下列场所设置排水横管时，管径的确定应符合下列要求：

1 当建筑底层无通气的排水管道与其楼层管道分开单独排出时，其排水横支管管径可按表4.4.15确定；

表 4.4.15 无通气的底层单独排出的排水横支管最大设计排水能力

排水横支管管径(mm)	50	75	100	125	150
最大设计排水能力(L/s)	1.0	1.7	2.5	3.5	4.8

2 当公共食堂厨房内的污水采用管道排除时，其管径应比计算管径大一级，但干管管径不得小于100mm，支管管径不得小于75mm；

3 医院污物洗涤盆(池)和污水盆(池)的排水管管径，不得小于75mm；

4 小便槽或连接3个及3个以上的小便器，其污水支管管径不宜小于75mm；

5 浴池的泄水管宜采用100mm。

4.5 管材、附件和检查井

4.5.1 排水管材选择应符合下列要求：

1 小区室外排水管道，应优先采用埋地排水塑料管；

2 建筑内部排水管道应采用建筑排水塑料管及管件或柔性接口机制排水铸铁管及相应管件；

3 当连续排水温度大于40℃时，应采用金属排水管或耐热塑料排水管；

4 压力排水管道可采用耐压塑料管、金属管或钢塑复合管。

4.5.2 室外排水管道的连接在下列情况下应设置检查井：

1 在管道转弯和连接处；

2 在管道的管径、坡度改变处。

4.5.2A 小区生活排水检查井应优先采用塑料排水检查井。

4.5.3 室外生活排水管道管径小于等于160mm时，检查井间距不宜大于30m；管径大于等于200mm时，检查井间距不宜大于40m。

4.5.4 生活排水管道不宜在建筑物内设检查井。当必须设置时，应采取密封措施。

4.5.5 检查井的内径应根据所连接的管道管径、数量和埋设深度确定。

4.5.6 生活排水管道的检查井内应有导流槽。

4.5.7 厕所、盥洗室等需经常从地面排水的房间，应设置地漏。

4.5.8 地漏应设置在易溅水的器具附近地面的最低处。

4.5.8A 住宅套内应按洗衣机位置设置洗衣机排水专用地漏或洗衣机排水存水弯，排水管道不得接入室内雨水管道。

4.5.9 带水封的地漏水封深度不得小于50mm。

4.5.10 地漏的选择应符合下列要求：

1 应优先采用具有防涸功能的地漏；

2 在无安静要求和无须设置环形通气管、器具通气管的场所，可采用多通道地漏；

3 食堂、厨房和公共浴室等排水宜设置网框式地漏。

4.5.10A 严禁采用钟罩(扣碗)式地漏。

4.5.11 淋浴室内地漏的排水负荷，可按表4.5.11确定。当用排水沟排水时，8个淋浴器可设置一个直径为100mm的地漏。

表 4.5.11 淋浴室地漏管径

淋浴器数量(个)	地漏管径(mm)
1～2	50
3	75
4～5	100

4.5.12 在生活排水管道上，应按下列规定设置检查口和清扫口：

1 铸铁排水立管上检查口之间的距离不宜大于10m，塑料排水立管宜每六层设置一个检查口；但在建筑物最低层和设有卫生器具的二层以上建筑物的最高层，应设置检查口，当立管水平拐弯或有乙字管时，在该层立管拐弯处和乙字管的上部应设检查口；

2 在连接2个及2个以上的大便器或3个及3个以上卫生器具的铸铁排水横管上，宜设置清扫口；

在连接4个及4个以上的大便器的塑料排水横管上宜设置清扫口；

3 在水流偏转角大于45°的排水横管上，应设检查口或清扫口；

注：可采用带清扫口的转角配件替代。

4 当排水立管底部或排出管上的清扫口至室外检查井中心的最大长度大于表4.5.12-1的数值时，应在排出管上设清扫口；

表 4.5.12-1 排水立管或排出管上的清扫口至室外检查井中心的最大长度

管径(mm)	50	75	100	100以上
最大长度(m)	10	12	15	20

5 排水横管的直线管段上检查口或清扫口之间的最大距离，应符合表4.5.12-2的规定。

表 4.5.12-2 排水横管的直线管段上检查口或清扫口之间的最大距离

管径(mm)	清扫设备种类	距离(m) 生活废水	生活污水
50～75	检查口	15	12
	清扫口	10	8
100～150	检查口	20	15
	清扫口	15	10
200	检查口	25	20

4.5.13 在排水管道上设置清扫口，应符合下列规定：

1 在排水横管上设清扫口，宜将清扫口设置在楼板或地坪上，且与地面相平；排水横管起点的清扫口与其端部相垂直的墙面的距离不得小于0.2m；

注：当排水横管悬吊在转换层或地下室顶板下设置清扫口有困难时，可用检查口替代清扫口。

2　排水管起点设置堵头代替清扫口时，堵头与墙面应有不小于0.4m的距离；

注：可利用带清扫口弯头配件代替清扫口。

3　在管径小于100mm的排水管道上设置清扫口，其尺寸应与管道同径；管径等于或大于100mm的排水管道上设置清扫口，应采用100mm直径清扫口；

4　铸铁排水管道设置的清扫口，其材质应为铜质；硬聚氯乙烯管道上设置的清扫口应与管道相同材质；

5　排水横管连接清扫口的连接管及管件应与清扫口同径，并采用45°斜三通和45°弯头或由两个45°弯头组合的管件。

4.5.14　在排水管上设置检查口应符合下列规定：

1　立管上设置检查口，应在地（楼）面以上1.00m，并应高于该层卫生器具上边缘0.15m；

2　埋地横管上设置检查口时，检查口应设在砖砌的井内；

注：可采用密闭塑料排水检查井替代检查口。

3　地下室立管上设置检查口时，检查口应设置在立管底部之上；

4　立管上检查口检查盖应面向便于检查清扫的方位；横干管上的检查口应垂直向上。

4.6　通　气　管

4.6.1　生活排水管道的立管顶端，应设置伸顶通气管。

4.6.1A　当遇特殊情况，伸顶通气管无法伸出屋面时，可设置下列通气方式：

1　当设置侧墙通气时，通气管口应符合本规范第4.6.10条第2款的要求；

2　在室内设置成汇合通气管后应在侧墙伸出延伸至屋面以上；

3　当本条第1、2款无法实施时，可设置自循环通气管道系统。

4.6.2　下列情况下应设置通气立管或特殊配件单立管排水系统：

1　生活排水立管所承担的卫生器具排水设计流量，当超过本规范表4.4.11中仅设伸顶通气管的排水立管最大设计排水能力时；

2　建筑标准要求较高的多层住宅、公共建筑、10层及10层以上高层建筑卫生间的生活污水立管应设置通气立管。

4.6.3　下列排水管段应设置环形通气管：

1　连接4个及4个以上卫生器具且横支管的长度大于12m的排水横支管；

2　连接6个及6个以上大便器的污水横支管；

3　设有器具通气管。

4.6.4　对卫生、安静要求较高的建筑物内，生活排水管道宜设置器具通气管。

4.6.5　建筑物内各层的排水管道上设有环形通气管时，应设置连接各层环形通气管的主通气立管或副通气立管。

4.6.6　（此条删除）

4.6.7　通气立管不得接纳器具污水、废水和雨水，不得与风道和烟道连接。

4.6.8　在建筑物内不得设置吸气阀替代通气管。

4.6.9　通气管和排水管的连接，应遵守下列规定：

1　器具通气管应设在存水弯出口端；在横支管上设环形通气管时，应在其最始端的两个卫生器具之间接出，并应在排水支管中心线以上与排水支管呈垂直或45°连接；

2　器具通气管、环形通气管应在卫生器具上边缘以上不小于0.15m处按不小于0.01的上升坡度与通气立管相连；

3　专用通气立管和主通气立管的上端可在最高层卫生器具上边缘以上不小于0.15m或检查口以上与排水立管通气部分以斜三通连接；下端应在最低排水横支管以下与排水立管以斜三通连接；

4　结合通气管宜每层或隔层与专用通气立管、排水立管连接，与主通气立管、排水立管连接不宜多于8层；结合通气管下端宜在排水横支管以下与排水立管以斜三通连接；上端可在卫生器具上边缘以上不小于0.15m处与通气立管以斜三通连接；

5　当用H管件替代结合通气管时，H管与通气管的连接点应设在卫生器具上边缘以上不小于0.15m处；

6　当污水立管与废水立管合用一根通气立管时，H管配件可隔层分别与污水立管和废水立管连接；但最低横支管连接点以下应装设结合通气管。

4.6.9A　自循环通气系统，当采取专用通气立管与排水立管连接时，应符合下列要求：

1　顶端应在卫生器具上边缘以上不小于0.15m处采用两个90°弯头相连；

2　通气立管应每层按本规范第4.6.9条第4、5款的规定与排水立管相连；

3　通气立管下端应在排水横干管或排出管上采用倒顺水三通或倒斜三通相接。

4.6.9B　自循环通气系统，当采取环形通气管与排水横支管连接时，应符合下列要求：

1　通气立管的顶端应按本规范第4.6.9A条第1款的要求连接；

2　每层排水支管下游端接出环形通气管，应在高出卫生器具上边缘不小于0.15m与通气立管相接；横支管连接卫生器具较多且横支管较长并符合本规范第4.6.3条设置环形通气管的要求时，应在横支管上按本规范第4.6.9条第1、2款的要求连接环形通气管；

3　结合通气管的连接应符合本规范第4.6.9条第4款的要求；

4　通气立管底部应按本规范第4.6.9A条第3款的要求连接。

4.6.9C　建筑物设置自循环通气的排水系统时，宜在其室外接户管的起始检查井上设置管径不小于100mm的通气管。

当通气管延伸至建筑物外墙时，通气管口应符合本规范第4.6.10条第2款的要求；当设置在其他隐蔽部位时，应高出地面不小于2m。

4.6.10　高出屋面的通气管设置应符合下列要求：

1　通气管高出屋面不得小于0.3m，且应大于最大积雪厚度，通气管顶端应装设风帽或网罩；

注：屋顶有隔热层时，应从隔热层板面算起。

2　在通气管口周围4m以内有门窗时，通气管口应高出窗顶0.6m或引向无门窗一侧；

3　在经常有人停留的平屋面上，通气管口应高出屋面2m，当伸顶通气管为金属管材时，应根据防雷要求设置防雷装置；

4　通气管口不宜设在建筑物挑出部分（如屋檐檐口、阳台和雨篷等）的下面。

4.6.11　通气管的最小管径不宜小于排水管管径的1/2，并可按表4.6.11确定。

表4.6.11　通气管最小管径

通气管名称	排水管管径（mm）				
	50	75	100	125	150
器具通气管	32	—	50	50	—
环形通气管	32	40	50	50	—
通气立管	40	50	75	100	100

注：1　表中通气立管系指专用通气立管、主通气立管、副通气立管。

2　自循环通气立管管径应与排水立管管径相等。

4.6.12　通气立管长度在50m以上时，其管径应与排水立管管径相同。

4.6.13 通气立管长度小于等于 50m 且两根及两根以上排水立管同时与一根通气立管相连，应以最大一根排水立管按本规范表 4.6.11 确定通气立管管径，且其管径不宜小于其余任何一根排水立管管径。

4.6.14 结合通气管的管径不宜小于与其连接的通气立管管径。

4.6.15 伸顶通气管管径应与排水立管管径相同。但在最冷月平均气温低于－13°C 的地区，应在室内平顶或吊顶以下 0.3m 处将管径放大一级。

4.6.16 当两根或两根以上污水立管的通气管汇合连接时，汇合通气管的断面积应为最大一根通气管的断面积加其余通气管断面积之和的 0.25 倍。

4.6.17 通气管的管材，可采用塑料管、柔性接口排水铸铁管等。

4.7 污水泵和集水池

4.7.1 污水泵房应建成单独构筑物，并应有卫生防护隔离带。泵房设计应按现行国家标准《室外排水设计规范》GB 50014 执行。

4.7.2 建筑物地下室生活排水应设置污水集水池和污水泵提升排至室外检查井。地下室地坪排水应设集水坑和提升装置。

4.7.3 污水泵宜设置排水管单独排至室外，排出管的横管段应有坡度坡向出口。当 2 台或 2 台以上水泵共用一条出水管时，应在每台水泵出水管上装设阀门和止回阀；单台水泵排水有可能产生倒灌时，应设置止回阀。

4.7.4 公共建筑内应以每个生活污水集水池为单元设置一台备用泵。

注：地下室、设备机房、车库冲洗地面的排水，当有 2 台及 2 台以上排水泵时可不设备用泵。

4.7.5 当集水池不能设事故排出管时，污水泵应有不间断的动力供应。

注：当能关闭污水进水管时，可不设不间断动力供应。

4.7.6 污水水泵的启闭，应设置自动控制装置。多台水泵可并联交替或分段投入运行。

4.7.7 污水水泵流量、扬程的选择应符合下列规定：

1 小区污水水泵的流量应按小区最大小时生活排水流量选定；

2 建筑物内的污水水泵的流量应按生活排水设计秒流量选定；当有排水量调节时，可按生活排水最大小时流量选定；

3 当集水池接纳水池溢流水、泄空水时，应按水池溢流量、泄流量与排入集水池的其他排水量中大者选择水泵机组；

4 水泵扬程应按提升高度、管路系统水头损失、另附加 2m～3m 流出水头计算。

4.7.8 集水池设计应符合下列规定：

1 集水池有效容积不宜小于最大一台污水泵 5min 的出水量，且污水泵每小时启动次数不宜超过 6 次；

2 集水池除满足有效容积外，还应满足水泵设置、水位控制器、格栅等安装、检查要求；

3 集水池设计最低水位，应满足水泵吸水要求；

4 当污水集水池设置在室内地下室时，池盖应密封，并设通气管系；室内有敞开的污水集水池时，应设强制通风装置；

5 集水池底宜有不小于 0.05 坡度坡向泵位；集水坑的深度及平面尺寸，应按水泵类型而定；

6 集水池底宜设置自冲管；

7 集水池应设置水位指示装置，必要时应设置超警戒水位报警装置，并将信号引至物业管理中心。

4.7.9 生活排水调节池的有效容积不得大于 6h 生活排水平均小时流量。

4.7.10 污水泵、阀门、管道等应选择耐腐蚀、大流通量、不易堵塞的设备器材。

4.8 小型生活污水处理

4.8.1 职工食堂和营业餐厅的含油污水，应经除油装置后方许排入污水管道。

4.8.2 隔油池设计应符合下列规定：

1 污水流量应按设计秒流量计算；

2 含食用油污水在池内的流速不得大于 0.005m/s；

3 含食用油污水在池内停留时间宜为 2min～10min；

4 人工除油的隔油池内存油部分的容积，不得小于该池有效容积的 25%；

5 隔油池应设活动盖板；进水管应考虑有清通的可能；

6 隔油池出水管管底至池底的深度，不得小于 0.6m。

4.8.2A 隔油器设计应符合下列规定：

1 隔油器内应有拦截固体残渣装置，并便于清理；

2 容器内宜设置气浮、加热、过滤等油水分离装置；

3 隔油器应设置超越管，超越管管径与进水管管径应相同；

4 密闭式隔油器应设置通气管，通气管应单独接至室外；

5 隔油器设置在设备间时，设备间应有通风排气装置，且换气次数不宜小于 15 次/时。

4.8.3 降温池的设计应符合下列规定：

1 温度高于 40℃ 的排水，应优先考虑将所含热量回收利用，如不可能或回收不合理时，在排入城镇排水管道之前应设降温池；降温池应设置于室外；

2 降温宜采用较高温度排水与冷水在池内混合的方法进行。冷却水应尽量利用低温废水；所需冷却水量应按热平衡方法计算；

3 降温池的容积应按下列规定确定：

1)间断排放污水时，应按一次最大排水量与所需冷却水量的总和计算有效容积；

2)连续排放污水时，应保证污水与冷却水能充分混合。

4 降温池管道设置应符合下列要求：

1)有压高温污水进水管口宜装设消音设施，有两次蒸发时，管口应露出水面向上并应采取防止烫伤人的措施；无两次蒸发时，管口宜插进水中深度 200mm 以上；

2)冷却水与高温水混合可采用穿孔管喷洒，当采用生活饮用水做冷却水时，应采取防回流污染措施；

3)降温池虹吸排水管管口应设在水池底部；

4)应设通气管，通气管排出口设置位置应符合安全、环保要求。

4.8.4 化粪池距离地下取水构筑物不得小于 30m。

4.8.5 化粪池的设置应符合下列要求：

1 化粪池宜设置在接户管的下游端，便于机动车清掏的位置；

2 化粪池池外壁距建筑物外墙不宜小于 5m，并不得影响建筑物基础。

注：当受条件限制化粪池设置于建筑物内时，应采取通气、防臭和防爆措施。

4.8.6 化粪池有效容积应为污水部分和污泥部分容积之和，并宜按下列公式计算：

$$V=V_w+V_n \tag{4.8.6-1}$$

$$V_w=\frac{m\cdot b_f\cdot q_w\cdot t_w}{24\times1000} \tag{4.8.6-2}$$

$$V_n=\frac{m\cdot b_f\cdot q_n\cdot t_n\cdot(1-b_x)\cdot M_s\times1.2}{(1-b_n)\times1000} \tag{4.8.6-3}$$

式中：V_w——化粪池污水部分容积(m^3)；

V_n——化粪池污泥部分容积(m^3)；

q_w——每人每日计算污水量(L/人·d)见表 4.8.6-1；

表 4.8.6-1 化粪池每人每日计算污水量

分类	生活污水与生活废水合流排入	生活污水单独排入
每人每日污水量(L)	(0.85～0.95)用水量	15～20

t_w——污水在池中停留时间(h),应根据污水量确定,宜采用12h～24h;

q_n——每人每日计算污泥量(L/人·d),见表4.8.6-2;

表 4.8.6-2 化粪池每人每日计算污泥量(L)

建筑物分类	生活污水与生活废水合流排入	生活污水单独排入
有住宿的建筑物	0.7	0.4
人员逗留时间大于4h并小于等于10h的建筑物	0.3	0.2
人员逗留时间小于等于4h的建筑物	0.1	0.07

t_n——污泥清掏周期应根据污水温度和当地气候条件确定,宜采用(3～12)个月;

b_x——新鲜污泥含水率可按95%计算;

b_n——发酵浓缩后的污泥含水率可按90%计算;

M_s——污泥发酵后体积缩减系数宜取0.8;

1.2——清掏后遗留20%的容积系数;

m——化粪池服务总人数;

b_f——化粪池实际使用人数占总人数的百分数,可按表4.8.6-3确定。

表 4.8.6-3 化粪池使用人数百分数

建筑物名称	百分数(%)
医院、疗养院、养老院、幼儿园(有住宿)	100
住宅、宿舍、旅馆	70
办公楼、教学楼、试验楼、工业企业生活间	40
职工食堂、餐饮业、影剧院、体育场(馆)、商场和其他场所(按座位)	5～10

4.8.7 化粪池的构造,应符合下列要求:

1 化粪池的长度与深度、宽度的比例应按污水中悬浮物的沉降条件和积存数量,经水力计算确定。但深度(水面至池底)不得小于1.30m,宽度不得小于0.75m,长度不得小于1.00m,圆形化粪池直径不得小于1.00m;

2 双格化粪池第一格的容量宜为计算总容量的75%;三格化粪池第一格的容量宜为总容量的60%,第二格和第三格各宜为总容量的20%;

3 化粪池格与格、池与连接井之间应设通气孔洞;

4 化粪池进水口、出水口应设置连接井与进水管、出水管相接;

5 化粪池进水管口应设导流装置,出水口处及格与格之间应设拦截污泥浮渣的设施;

6 化粪池池壁和池底,应防止渗漏;

7 化粪池顶板上应设有人孔和盖板。

4.8.8 **医院污水必须进行消毒处理。**

4.8.8A 医院污水处理后的水质,按排放条件应符合现行国家标准《医疗机构水污染物排放标准》GB 18466的有关规定。

4.8.9 医院污水处理流程应根据污水性质、排放条件等因素确定,当排入终端已建有正常运行的二级污水处理厂的城市下水道时,宜采用一级处理;直接或间接排入地表水体或海域时,应采用二级处理。

4.8.10 医院污水处理构筑物与病房、医疗室、住宅等之间应设置卫生防护隔离带。

4.8.11 传染病房的污水经消毒后方可与普通病房污水进行合并处理。

4.8.12 当医院污水排入下列水体时,除应符合本规范第4.8.8A条规定外,还应根据受水体的要求进行深度水处理:

1 现行国家标准《地表水环境质量标准》GB 3838中规定的Ⅰ、Ⅱ类水域和Ⅲ类水域的饮用水保护区和游泳区;

2 现行国家标准《海水水质标准》GB 3097中规定的一、二类海域;

3 经消毒处理后的污水,当排入娱乐和体育用水水体、渔业用水水体时,还应符合国家现行有关标准要求。

4.8.13 化粪池作为医院污水消毒前的预处理时,化粪池的容积宜按污水在池内停留时间24h～36h计算,污泥清掏周期宜为0.5a～1.0a。

4.8.14 医院污水消毒宜采用氯消毒(成品次氯酸钠、氯片、漂白粉、漂粉精或液氯)。当运输或供应困难时,可采用现场制备次氯酸钠、化学法制备二氧化氯消毒方式。

当有特殊要求并经技术经济比较合理时,可采用臭氧消毒法。

4.8.14A 采用氯消毒后的污水,当直接排入地表水体和海域时,应进行脱氯处理,处理后的余氯应小于0.5mg/L。

4.8.15 医院建筑内含放射性物质、重金属及其他有毒、有害物质的污水,当不符合排放标准时,需进行单独处理达标后,方可排入医院污水处理站或城市排水管道。

4.8.16 医院污水处理系统的污泥,宜由城市环卫部门按危险废物集中处置。当城镇无集中处置条件时,可采用高温堆肥或石灰消化方法处理。

4.8.17 生活污水处理设施的工艺流程应根据污水性质、回用或排放要求确定。

4.8.18 生活污水处理设施的设置应符合下列要求:

1 宜靠近接入市政管道的排放点;

2 建筑小区处理站的位置宜在常年最小频率的上风向,且应用绿化带与建筑物隔开;

3 处理站宜设置在绿地、停车坪及室外空地的地下;

4 处理站当布置在建筑地下室时,应有专用隔间;

5 处理站与给水泵站及清水池水平距离不得小于10m。

4.8.19 设置生活污水处理设施的房间或地下室应有良好的通风系统,当处理构筑物为敞开式时,每小时换气次数不宜小于15次,当处理设施有盖板时,每小时换气次数不宜小于5次。

4.8.19A 生活污水处理设施应设超越管。

4.8.20 生活污水处理应设置排臭系统,其排放口位置应避免对周围人、畜、植物造成危害和影响。

4.8.20A 医院污水处理站排臭系统宜进行除臭、除味处理。处理后应达到现行国家标准《医疗机构水污染物排放标准》GB 18466中规定的处理站周边大气污染物最高允许浓度。

4.8.21 生活污水处理构筑物机械运行噪声不得超过现行国家标准《城市区域环境噪声标准》GB 3096和《民用建筑隔声设计规范》GB 10070的有关要求。对建筑物内运行噪声较大的机械应设独立隔间。

4.9 雨 水

4.9.1 屋面雨水排水系统应迅速、及时地将屋面雨水排至室外雨水管渠或地面。

4.9.2 设计雨水流量应按下式计算:

$$q_y = \frac{q_j \Psi F_w}{10000} \tag{4.9.2}$$

式中:q_y——设计雨水流量(L/s);

q_j——设计暴雨强度(L/s·hm²);

Ψ——径流系数;

F_w——汇水面积(m²)。

注:当采用天沟集水且沟檐溢水会流入室内时,设计暴雨强度应乘以1.5的系数。

4.9.3 设计暴雨强度应按当地或相邻地区暴雨强度公式计算确定。

4.9.4 建筑屋面、小区的雨水管道的设计降雨历时,可按下列规定确定：

1 屋面雨水排水管道设计降雨历时应按5min计算；

2 小区雨水管道设计降雨历时应按下式计算：

$$t=t_1+Mt_2 \quad (4.9.4)$$

式中：t——降雨历时(min)；

t_1——地面集水时间(min)，视距离长短、地形坡度和地面铺盖情况而定，可选用5min～10min；

M——折减系数，小区支管和接户管：$M=1$；小区干管：暗管$M=2$，明沟$M=1.2$；

t_2——排水管内雨水流行时间(min)。

4.9.5 屋面雨水排水管道的排水设计重现期应根据建筑物的重要程度、汇水区域性质、地形特点、气象特征等因素确定，各种汇水区域的设计重现期不宜小于表4.9.5的规定值。

表4.9.5 各种汇水区域的设计重现期量

汇水区域名称		设计重现期(a)
室外场地	小区	1～3
	车站、码头、机场的基地	2～5
	下沉式广场、地下车库坡道出入口	5～50
屋 面	一般性建筑物屋面	2～5
	重要公共建筑屋面	≥10

注：1 工业厂房屋面雨水排水设计重现期应根据生产工艺、重要程度等因素确定。

2 下沉式广场设计重现期应根据广场的构造、重要程度、短期积水即能引起较严重后果等因素确定。

4.9.6 各种屋面、地面的雨水径流系数可按表4.9.6采用。

表4.9.6 径流系数

屋面、地面种类	Ψ
屋面	0.90～1.00
混凝土和沥青路面	0.90
块石路面	0.60
级配碎石路面	0.45
干砖及碎石路面	0.40
非铺砌地面	0.30
公园绿地	0.15

注：各种汇水面积的综合径流系数应加权平均计算。

4.9.7 雨水汇水面积应按地面、屋面水平投影面积计算。高出屋面的毗邻侧墙，应附加其最大受雨面正投影的一半作为有效汇水面积计算。窗井、贴近高层建筑外墙的地下汽车库出入口坡道应附加其高出部分侧墙面积的1/2。

4.9.8 建筑屋面雨水排水工程应设置溢流口、溢流堰、溢流管系等溢流设施。溢流排水不得危害建筑设施和行人安全。

4.9.9 一般建筑的重力流屋面雨水排水工程与溢流设施的总排水能力不应小于10年重现期的雨水量。重要公共建筑、高层建筑的屋面雨水排水工程与溢流设施的总排水能力不应小于其50年重现期的雨水量。

4.9.10 建筑屋面雨水管道设计流态宜符合下列状态：

1 檐沟外排水宜按重力流设计；

2 长天沟外排水宜按满管压力流设计；

3 高层建筑屋面雨水排水宜按重力流设计；

4 工业厂房、库房、公共建筑的大型屋面雨水排水宜按满管压力流设计。

4.9.11 高层建筑裙房屋面的雨水应单独排放。

4.9.12 高层建筑阳台排水系统应单独设置，多层建筑阳台雨水宜单独设置。阳台雨水立管底部应间接排水。

注：当生活阳台设有生活排水设备及地漏时，可不另设阳台雨水排水地漏。

4.9.13 当屋面雨水管道按满管压力流排水设计时，同一系统的雨水斗宜在同一水平面上。

4.9.14 屋面排水系统应设置雨水斗。不同设计排水流态、排水特征的屋面雨水排水系统应选用相应的雨水斗。

4.9.15 雨水斗的设置位置应根据屋面汇水情况并结合建筑结构承载、管系敷设等因素确定。

4.9.16 雨水斗的设计排水负荷应根据各种雨水斗的特性，并结合屋面排水条件等情况设计确定，可按表4.9.16选用。

表4.9.16 屋面雨水斗的最大泄流量(L/s)

雨水斗规格(mm)		50	75	100	125	150
重力流排水系统	重力流雨水斗泄流量	—	5.6	10.0	—	23.0
	87型雨水斗泄流量	—	8.0	12.0	—	26.0
满管压力流排水系统	雨水斗泄流量	6.0～18.0	12.0～32.0	25.0～70.0	60.0～120.0	100.0～140.0

注：满管压力流雨水斗应根据不同型号的具体产品确定其最大泄流量。

4.9.17 天沟布置应以伸缩缝、沉降缝、变形缝为分界。

4.9.18 天沟坡度不宜小于0.003。

注：金属屋面的水平金属长天沟可无坡度。

4.9.19 小区内雨水口的布置应根据地形、建筑物位置，沿道路布置。下列部位宜布置雨水口：

1 道路交汇处和路面最低点；

2 建筑物单元出入口与道路交界处；

3 建筑雨落水管附近；

4 小区空地、绿地的低洼点；

5 地下坡道入口处(结合带格栅的排水沟一并处理)。

4.9.20 重力流屋面雨水排水管系的悬吊管应按非满流设计，其充满度不宜大于0.8，管内流速不宜小于0.75m/s。

4.9.21 重力流屋面雨水排水管系的埋地管可按满流排水设计，管内流速不宜小于0.75m/s。

4.9.22 重力流屋面雨水排水立管的最大设计泄流量，应按表4.9.22确定。

表4.9.22 重力流屋面雨水排水立管的泄流量

铸铁管		塑料管		钢管	
公称直径(mm)	最大泄流量(L/s)	公称外径×壁厚(mm)	最大泄流量(L/s)	公称外径×壁厚(mm)	最大泄流量(L/s)
75	4.30	75×2.3	4.50	108×4	9.40
100	9.50	90×3.2	7.40	133×4	17.10
		110×3.2	12.80		
125	17.00	125×3.2	18.30	159×4.5	27.80
		125×3.7	18.00	168×6	30.80
150	27.80	160×4.0	35.50	219×6	65.50
		160×4.7	34.70		
200	60.00	200×4.9	64.60	245×6	89.80
		200×5.9	62.80		
250	108.00	250×6.2	117.00	273×7	119.10
		250×7.3	114.10		
300	176.00	315×7.7	217.00	325×7	194.00
—	—	315×9.2	211.00	—	—

4.9.22A 满管压力流屋面雨水排水管道管径应经过计算确定。

4.9.23 小区雨水管道宜按满管重力流设计，管内流速不宜小于0.75m/s。

4.9.24 满管压力流屋面雨水排水管道应符合下列规定：

1 悬吊管中心线与雨水斗出口的高差宜大于1.0m；

2 悬吊管设计流速不宜小于1m/s，立管设计流速不宜大于10m/s；

3 雨水排水管道总水头损失与流出水头之和不得大于雨水管进、出口的几何高差；

4 悬吊管水头损失不得大于 80kPa；

5 满管压力流排水管系各节点的上游不同支路的计算水头损失之差，在管径小于等于 DN75 时，不应大于 10kPa；在管径大于等于 DN100 时，不应大于 5kPa；

6 满管压力流排水管系出口应放大管径，其出口水流速度不宜大于 1.8m/s，当其出口水流速度大于 1.8m/s 时，应采取消能措施。

4.9.25 各种雨水管道的最小管径和横管的最小设计坡度宜按表 4.9.25 确定。

表 4.9.25 雨水管道的最小管径和横管的最小设计坡度

管别	最小管径（mm）	横管最小设计坡度	
		铸铁管、钢管	塑料管
建筑外墙雨落水管	75(75)	—	—
雨水排水立管	100(110)	—	—
重力流排水悬吊管、埋地管	100(110)	0.01	0.0050
满管压力流屋面排水悬吊管	50(50)	0.00	0.0000
小区建筑物周围雨水接户管	200(225)	—	0.0030
小区道路下干管、支管	300(315)	—	0.0015
13#沟头的雨水口的连接管	150(160)	—	0.0100

注：表中铸铁管管径为公称直径，括号内数据为塑料管外径。

4.9.26 雨水排水管材选用应符合下列规定：

1 重力流排水系统多层建筑宜采用建筑排水塑料管，高层建筑宜采用耐腐蚀的金属管、承压塑料管；

2 满管压力流排水系统宜采用内壁较光滑的带内衬的承压排水铸铁管、承压塑料管和钢塑复合管等，其管材工作压力应大于建筑物净高度产生的静水压。用于满管压力流排水的塑料管，其管材抗环变形外压力应大于 0.15MPa；

3 小区雨水排水系统可选用埋地塑料管、混凝土管或钢筋混凝土管、铸铁管等。

4.9.27 建筑屋面各汇水范围内，雨水排水立管不宜少于 2 根。

4.9.28 重力流屋面雨水排水管系，悬吊管管径不得小于雨水斗连接管的管径，立管管径不得小于悬吊管的管径。

4.9.29 满管压力流屋面雨水排水管系，立管管径应经计算确定，可小于上游横管管径。

4.9.30 屋面雨水排水管的转向处宜作顺水连接。

4.9.31 屋面排水管系应根据管道直线长度、工作环境、选用管材等情况设置必要的伸缩装置。

4.9.32 重力流雨水排水系统中长度大于 15m 的雨水悬吊管，应设检查口，其间距不宜大于 20m，且应布置在便于维修操作处。

4.9.33 有埋地排出管的屋面雨水排出管系，立管底部宜设检查口。

4.9.34 雨水检查井的最大间距可按表 4.9.34 确定。

表 4.9.34 雨水检查井的最大间距

管径(mm)	最大间距(m)
150(160)	30
200～300(200～315)	40
400(400)	50
≥500(500)	70

注：括号内数据为塑料管外径。

4.9.35 寒冷地区，雨水立管宜布置在室内。

4.9.36 雨水管应牢固地固定在建筑物的承重结构上。

4.9.36A 下沉式广场地面排水、地下车库出入口的明沟排水，应设置雨水集水池和排水泵提升排至室外雨水检查井。

4.9.36B 雨水集水池和排水泵设计应符合下列要求：

1 排水泵的流量应按排入集水池的设计雨水量确定；

2 排水泵不应少于 2 台，不宜大于 8 台，紧急情况下可同时使用；

3 雨水排水泵应有不间断的动力供应；

4 下沉式广场地面排水集水池的有效容积，不应小于最大一台排水泵 30 s 的出水量；

5 地下车库出入口的明沟排水集水池的有效容积，不应小于最大一台排水泵 5min 的出水量。

5 热水及饮水供应

5.1 用水定额、水温和水质

5.1.1 热水用水定额根据卫生器具完善程度和地区条件，应按表 5.1.1-1 确定。

表 5.1.1-1 热水用水定额

序号	建筑物名称	单位	最高日用水定额(L)	使用时间(h)
1	住宅 有自备热水供应和沐浴设备 有集中热水供应和沐浴设备	 每人每日 每人每日	 40～80 60～100	 24 24
2	别墅	每人每日	70～110	24
3	酒店式公寓	每人每日	80～100	24
4	宿舍 Ⅰ类、Ⅱ类 Ⅲ类、Ⅳ类	 每人每日 每人每日	 70～100 40～80	24 或定时供应
5	招待所、培训中心、普通旅馆 设公用盥洗室 设公用盥洗室、淋浴室 设公用盥洗室、淋浴室、洗衣室 设单独卫生间、公用洗衣室	 每人每日 每人每日 每人每日 每人每日	 25～40 40～60 50～80 60～100	24 或定时供应
6	宾馆 客房 旅客 员工	 每床位每日 每人每日	 120～160 40～50	24
7	医院住院部 设公用盥洗室 设公用盥洗室、淋浴室 设单独卫生间 医务人员 门诊部、诊疗所 疗养院、休养所住房部	 每床位每日 每床位每日 每床位每日 每人每班 每病人每次 每床位每日	 60～100 70～130 110～200 70～130 7～13 100～160	24 8 24
8	养老院	每床位每日	50～70	24
9	幼儿园、托儿所 有住宿 无住宿	 每儿童每日 每儿童每日	 20～40 10～15	 24 10
10	公共浴室 淋浴 淋浴、浴盆 桑拿浴（淋浴、按摩池）	 每顾客每次 每顾客每次 每顾客每次	 40～60 60～80 70～100	12
11	理发室、美容院	每顾客每次	10～15	12
12	洗衣房	每公斤干衣	15～30	8
13	餐饮业 营业餐厅 快餐店、职工及学生食堂 酒吧、咖啡厅、茶座、卡拉 OK 房	 每顾客每次 每顾客每次 每顾客每次	 15～20 7～10 3～8	 10～12 12～16 8～18
14	办公楼	每人每班	5～10	8
15	健身中心	每人每次	15～25	12
16	体育场(馆) 运动员淋浴	 每人每次	 17～26	 4
17	会议厅	每座位每次	2～3	4

注：1 热水温度按 60℃计。
2 表内所列用水定额均已包括在本规范表 3.1.9、表 3.1.10 中。
3 本表以 60℃热水水温为计算温度，卫生器具的使用水温见表 5.1.1-2。

卫生器具的一次和小时热水用水量和水温应按表 5.1.1-2 确定。

表 5.1.1-2　卫生器具的一次和小时热水用水定额及水温

序号	卫生器具名称	一次用水量（L）	小时用水量（L）	使用水温（℃）
1	住宅、旅馆、别墅、宾馆、酒店式公寓			
	带有淋浴器的浴盆	150	300	40
	无淋浴器的浴盆	125	250	40
	淋浴器	70～100	140～200	37～40
	洗脸盆、盥洗槽水嘴	3	30	30
	洗涤盆(池)	—	180	50
2	宿舍、招待所、培训中心			
	淋浴器：有淋浴小间	70～100	210～300	37～40
	无淋浴小间	—	450	37～40
	盥洗槽水嘴	3～5	50～80	30
3	餐饮业			
	洗涤盆(池)	—	250	50
	洗脸盆 工作人员用	3	60	30
	顾客用	—	120	30
	淋浴器	40	400	37～40
4	幼儿园、托儿所			
	浴盆：幼儿园	100	400	35
	托儿所	30	120	35
	淋浴器：幼儿园	30	180	35
	托儿所	15	90	35
	盥洗槽水嘴	15	25	30
	洗涤盆(池)	—	180	50
5	医院、疗养院、休养所			
	洗手盆	—	15～25	35
	洗涤盆(池)	—	300	50
	淋浴器	—	200～300	37～40
	浴盆	125～150	250～300	40
6	公共浴室			
	浴盆	125	250	40
	淋浴器：有淋浴小间	100～150	200～300	37～40
	无淋浴小间	—	450～540	37～40
	洗脸盆	5	50～80	35
7	办公楼 洗手盆	—	50～100	35
8	理发室 美容院 洗脸盆	—	35	35
9	实验室			
	洗脸盆	—	60	50
	洗手盆	—	15～25	30
10	剧场			
	淋浴器	60	200～400	37～40
	演员用洗脸盆	5	80	35
11	体育场馆 淋浴器	30	300	35
12	工业企业生活间			
	淋浴器：一般车间	40	360～540	37～40
	脏车间	60	180～480	40
	洗脸盆或盥洗槽水嘴：一般车间	3	90～120	30
	脏车间	5	100～150	35
13	净身器	10～15	120～180	30

注：一般车间指现行国家标准《工业企业设计卫生标准》GBZ 1 中规定的 3、4 级卫生特征的车间，脏车间指该标准中规定的 1、2 级卫生特征的车间。

5.1.2　生活热水水质的水质指标，应符合现行国家标准《生活饮用水卫生标准》GB 5749 的要求。

5.1.3　集中热水供应系统的原水的水处理，应根据水质、水量、水温、水加热设备的构造、使用要求等因素经技术经济比较按下列规定确定：

1　当洗衣房日用热水量（按 60℃计）大于或等于 $10m^3$ 且原水总硬度（以碳酸钙计）大于 300mg/L 时，应进行水质软化处理；原水总硬度（以碳酸钙计）为 150mg/L～300mg/L 时，宜进行水质软化处理；

2　其他生活日用热水量（按 60℃计）大于或等于 $10m^3$ 且原水总硬度（以碳酸钙计）大于 300mg/L 时，宜进行水质软化或阻垢缓蚀处理；

3　经软化处理后的水质总硬度宜为：

1）洗衣房用水：50mg/L～100mg/L；

2）其他用水：75mg/L～150mg/L；

4　水质阻垢缓蚀处理应根据水的硬度、适用流速、温度、作用时间或有效长度及工作电压等选择合适的物理处理或化学稳定剂处理方法；

5　当系统对溶解氧控制要求较高时，宜采取除氧措施。

5.1.4　冷水的计算温度，应以当地最冷月平均水温资料确定。当无水温资料时，可按表 5.1.4 采用。

表 5.1.4　冷水计算温度(℃)

区域	省、市、自治区、行政区		地面水	地下水
东北	黑龙江		4	6～10
	吉林		4	6～10
	辽宁	大部	4	6～10
		南部	4	10～15
华北	北京		4	10～15
	天津		4	10～15
	河北	北部	4	6～10
		大部	4	10～15
	山西	北部	4	6～10
		大部	4	10～15
	内蒙古		4	6～10
西北	陕西	偏北	4	6～10
		大部	4	10～15
		秦岭以南	7	15～20
	甘肃	南部	4	10～15
		秦岭以南	7	15～20
	青海	偏东	4	10～15
	宁夏	偏东	4	6～10
		南部	4	10～15
	新疆	北疆	5	10～11
		南疆	—	12
		乌鲁木齐	8	12
东南	山东		4	10～15
	上海		5	15～20
	浙江		5	15～20

区域	省、市、自治区、行政区		地面水	地下水
东南	江苏	偏北	4	10～15
		大部	5	15～20
	江西	大部	5	15～20
	安徽	大部	5	15～20
	福建	北部	5	15～20
		南部	10～15	20
	台湾		10～15	20
中南	河南	北部	4	10～15
		南部	5	15～20
	湖北	东部	5	15～20
		西部	7	15～20
	湖南	东部	5	15～20
		西部	7	15～20
	广东、港澳		10～15	20
	海南		15～20	17～22
西南	重庆		7	15～20
	贵州		7	15～20
	四川	大部	7	15～20
	云南	大部	7	15～20
		南部	10～15	20
	广西	大部	10～15	20
		偏北	7	15～20
	西藏		—	5

5.1.5　直接供应热水的热水锅炉、热水机组或水加热器出口的最高水温和配水点的最低水温可按表 5.1.5 采用。

表 5.1.5　直接供应热水的热水锅炉、热水机组或水加热器出口的最高水温和配水点的最低水温(℃)

水质处理情况	热水锅炉、热水机组或水加热器出口的最高水温	配水点的最低水温
原水水质无需软化处理，原水水质需水质处理且有水质处理	75	50
原水水质需水质处理但未进行水质处理	60	50

5.1.5A　设置集中热水供应系统的住宅，配水点的水温不应低于 45℃。

5.2　热水供应系统选择

5.2.1　热水供应系统的选择，应根据使用要求、耗热量及用水点分布情况，结合热源条件确定。

5.2.2　集中热水供应系统的热源，宜首先利用工业余热、废热、地热。

注：1　利用废热锅炉制备热媒时，引入其内的废气、烟气温度不宜低于 400℃；

2　当以地热为热源时，应按地热水的水温、水质和水压，采取相应的技术措施。

5.2.2A　当日照时数大于 1400h/年且年太阳辐射量大于 $4200MJ/m^2$ 及年极端最低气温不低于－45℃的地区，宜优先采用太阳能作为热水供应热源。

5.2.2B　具备可再生低温能源的下列地区可采用热泵热水供应系统：

1　在夏热冬暖地区，宜采用空气源热泵热水供应系统；

2　在地下水源充沛、水文地质条件适宜，并能保证回灌的地区，宜采用地下水源热泵热水供应系统；

3　在沿江、沿海、沿湖、地表水源充足，水文地质条件适宜，及有条件利用城市污水、再生水的地区，宜采用地表水源热泵热水供应系统。

注：当采用地下水源和地表水源时，应经当地水务主管部门批准，必要时应进行生

态环境、水质卫生方面的评估。

5.2.3 当没有条件利用工业余热、废热、地热或太阳能等自然热源时，宜优先采用能保证全年供热的热力管网作为集中热水供应的热媒。

5.2.4 当区域性锅炉房或附近的锅炉房能充分供给蒸汽或高温水时，宜采用蒸汽或高温水作集中热水供应系统的热媒。

5.2.5 当本规范第5.2.2～5.2.4条所述热源无可利用时，可设燃油（气）热水机组或电蓄热设备等供给集中热水供应系统的热源或直接供给热水。

5.2.6 局部热水供应系统的热源宜采用太阳能及电能、燃气、蒸汽等。

5.2.7 升温后的冷却水，当其水质符合本规范第5.1.2条规定的要求时，可作为生活用热水。

5.2.8 利用废热（废气、烟气、高温无毒废液等）作为热媒时，应采取下列措施：

1 加热设备应防腐，其构造应便于清理水垢和杂物；

2 应采取措施防止热媒管道渗漏而污染水质；

3 应采取措施消除废气压力波动和除油。

5.2.9 采用蒸汽直接通入水中或采取汽水混合设备的加热方式时，宜用于开式热水供应系统，并应符合下列要求：

1 蒸汽中不得含油质及有害物质；

2 加热时应采用消声混合器，所产生的噪声应符合现行国家标准《城市区域环境噪声标准》GB 3096的要求；

3 当不回收凝结水经技术经济比较合理时；

4 应采取防止热水倒流至蒸汽管道的措施。

5.2.10 集中热水供应系统应设热水循环管道，其设置应符合下列要求：

1 热水供应系统应保证干管和立管中的热水循环；

2 要求随时取得不低于规定温度的热水的建筑物，应保证支管中的热水循环，或有保证支管中热水温度的措施；

3 循环系统应设循环泵，并应采取机械循环。

5.2.10A 设有三个或三个以上卫生间的住宅、别墅的局部热水供应系统当采用共用水加热设备时，宜设热水回水管及循环泵。

5.2.11 建筑物内集中热水供应系统的热水循环管道宜采用同程布置的方式；当采用同程布置困难时，应采取保证干管和立管循环效果的措施。

5.2.11A 居住小区内集中热水供应系统的热水循环管道宜根据建筑物的布置、各单体建筑物内热水循环管道布置的差异等，采取保证循环效果的适宜措施。

5.2.12 设有集中热水供应系统的建筑物中，用水量较大的浴室、洗衣房、厨房等，宜设单独的热水管网。热水为定时供应且个别用户对热水供应时间有特殊要求时，宜设置单独的热水管网或局部加热设备。

5.2.13 高层建筑热水系统的分区，应遵循如下原则：

1 应与给水系统的分区一致，各区水加热器、贮水罐的进水均应由同区的给水系统专管供应；当不能满足时，应采取保证系统冷、热水压力平衡的措施；

2 当采用减压阀分区时，除应满足本规范第3.4.10条的要求外，尚应保证各分区热水的循环。

5.2.14 当给水管道的水压变化较大且用水点要求水压稳定时，宜采用开式热水供应系统或采取稳压措施。

5.2.15 当卫生设备设有冷热水混合器或混合龙头时，冷、热水供应系统在配水点处应有相近的水压。

5.2.16 公共浴室淋浴器出水水温应稳定，并宜采取下列措施：

1 采用开式热水供应系统；

2 给水额定流量较大的用水设备的管道，应与淋浴配水管道分开；

3 多于3个淋浴器的配水管道，宜布置成环形；

4 成组淋浴器的配水管的沿程水头损失，当淋浴器少于或等于6个时，可采用每米不大于300Pa；当淋浴器多于6个时，可采用每米不大于350Pa。配水管不宜变径，且其最小管径不得小于25mm；

5 工业企业生活间和学校的淋浴室，宜采用单管热水供应系统。单管热水供应系统应采取保证热水水温稳定的技术措施。

注：公共浴室不宜采用公用浴池沐浴的方式；当必须采用时，则应设循环水处理系统及消毒设备。

5.2.16A 养老院、精神病医院、幼儿园、监狱等建筑的淋浴和浴盆设备的热水管道应采取防烫伤措施。

5.3 耗热量、热水量和加热设备供热量的计算

5.3.1 设计小时耗热量的计算应符合下列要求：

1 设有集中热水供应系统的居住小区的设计小时耗热量应按下列规定计算：

1）当居住小区内配套公共设施的最大用水时时段与住宅的最大用水时时段一致时，应按两者的设计小时耗热量叠加计算；

2）当居住小区内配套公共设施的最大用水时时段与住宅的最大用水时时段不一致时，应按住宅的设计小时耗热量加配套公共设施的平均小时耗热量叠加计算。

2 全日供应热水的宿舍（Ⅰ、Ⅱ类）、住宅、别墅、酒店式公寓、招待所、培训中心、旅馆、宾馆的客房（不含员工）、医院住院部、养老院、幼儿园、托儿所（有住宿）、办公楼等建筑的集中热水供应系统的设计小时耗热量应按下式计算：

$$Q_h = K_h \frac{m q_r C (t_r - t_l) \rho_r}{T} \quad (5.3.1\text{-}1)$$

式中：Q_h——设计小时耗热量（kJ/h）；

m——用水计算单位数（人数或床位数）；

q_r——热水用水定额（L/人·d或L/床·d），按本规范表5.1.1采用；

C——水的比热，$C=4.187$（kJ/kg·℃）；

t_r——热水温度，$t_r=60$（℃）；

t_l——冷水温度，按本规范表5.1.4选用；

ρ_r——热水密度（kg/L）；

T——每日使用时间（h），按本规范表5.1.1采用；

K_h——小时变化系数，可按表5.3.1采用。

表5.3.1 热水小时变化系数 K_h 值

类别	住宅	别墅	酒店式公寓	宿舍（Ⅰ、Ⅱ类）	招待所培训中心、普通旅馆	宾馆	医院、疗养院	幼儿园托儿所	养老院
热水用水定额[L/人（床）·d]	60～100	70～110	80～100	70～100	25～50 40～60 50～80 60～100	120～160	60～100 70～130 110～200 100～160	20～40	50～70
使用人（床）数	≤100～≥6000	≤100～≥6000	≤150～≥1200	≤150～≥1200	≤150～≥1200	≤150～≥1200	≤50～≥1000	≤50～≥1000	≤50～≥1000
K_h	4.8～2.75	4.21～2.47	4.00～2.58	4.80～3.20	3.84～3.00	3.33～2.60	3.63～2.56	4.80～3.20	3.20～2.74

注：1 K_h应根据热水用水定额高低、使用人（床）数多少取值，当热水用水定额高、使用人（床）数多时取低值，反之取高值，使用人（床）数小于等于下限值及大于等于上限值的，K_h就取下限值及上限值，中间值可用内插法求得；

2 设有全日集中热水供应系统的办公楼、公共浴室等表中未列入的其他类建筑的K_h值可按本规范表3.1.10中给水的小时变化系数选值。

3 定时供应热水的住宅、旅馆、医院及工业企业生活间、公共浴室、宿舍(Ⅲ、Ⅳ类)、剧院化妆间、体育馆(场)运动员休息室等建筑的集中热水供应系统的设计小时耗热量应按下式计算：

$$Q_h = \sum q_h (t_r - t_l) \rho_r n_o b C \qquad (5.3.1\text{-}2)$$

式中：Q_h——设计小时耗热量(kJ/h)；

q_h——卫生器具热水的小时用水定额(L/h)，按本规范表5.1.1-2采用；

C——水的比热，$C=4.187$(kJ/kg·℃)；

t_r——热水温度(℃)，按本规范表5.1.1-2采用；

t_l——冷水温度(℃)，按本规范表5.1.4采用；

ρ_r——热水密度(kg/L)；

n_o——同类型卫生器具数；

b——卫生器具的同时使用百分数：住宅、旅馆，医院、疗养院病房，卫生间内浴盆或淋浴器可按70%～100%计，其他器具不计，但定时连续供水时间应大于等于2h。工业企业生活间、公共浴室、学校、剧院、体育馆(场)等的浴室内的淋浴器和洗脸盆均按100%计。住宅一户设有多个卫生间时，可按一个卫生间计算。

4 具有多个不同使用热水部门的单一建筑或具有多种使用功能的综合性建筑，当其热水由同一热水供应系统供应时，设计小时耗热量，可按同一时间内出现用水高峰的主要用水部门的设计小时耗热量加其他用水部门的平均小时耗热量计算。

5.3.2 设计小时热水量可按下式计算：

$$q_{rh} = \frac{Q_h}{(t_r - t_l) C \rho_r} \qquad (5.3.2)$$

式中：q_{rh}——设计小时热水量(L/h)；

Q_h——设计小时耗热量(kJ/h)；

t_r——设计热水温度(℃)；

t_l——设计冷水温度(℃)。

5.3.3 全日集中热水供应系统中，锅炉、水加热设备的设计小时供热量应根据日热水用量小时变化曲线、加热方式及锅炉、水加热设备的工作制度经积分曲线计算确定。当无条件时，可按下列原则确定：

1 容积式水加热器或贮热容积与其相当的水加热器、燃油(气)热水机组应按下式计算：

$$Q_g = Q_h - \frac{\eta V_r}{T} (t_r - t_l) C \rho_r \qquad (5.3.3)$$

式中：Q_g——容积式水加热器(含导流型容积式水加热器)的设计小时供热量(kJ/h)；

Q_h——设计小时耗热量(kJ/h)；

η——有效贮热容积系数；容积式水加热器$\eta=0.7\sim0.8$，导流型容积式水加热器$\eta=0.8\sim0.9$；

第一循环系统为自然循环时，卧式贮热水罐$\eta=0.80\sim0.85$；立式贮热水罐$\eta=0.85\sim0.90$；

第一循环系统为机械循环时，卧、立式贮热水罐$\eta=1.0$；

V_r——总贮热容积(L)；

T——设计小时耗热量持续时间(h)，$T=2h\sim4h$；

t_r——热水温度(℃)，按设计水加热器出水温度或贮水温度计算；

t_l——冷水温度(℃)，按本规范表5.1.4采用。

注：当Q_g计算值小于平均小时耗热量时，Q_g应取平均小时耗热量。

2 半容积式水加热器或贮热容积与其相当的水加热器、燃油(气)热水机组的设计小时供热量应按设计小时耗热量计算；

3 半即热式、快速式水加热器及其他无贮热容积的水加热设备的设计小时供热量应按设计秒流量所需耗热量计算。

5.4 水的加热和贮存

5.4.1 水加热设备应根据使用特点、耗热量、热源、维护管理及卫生防菌等因素选择，并应符合下列要求：

1 热效率高，换热效果好、节能、节省设备用房；

2 生活热水侧阻力损失小，有利于整个系统冷、热水压力的平衡；

3 安全可靠、构造简单、操作维修方便。

5.4.2 选用水加热设备还应遵循下列原则：

1 当采用自备热源时，宜采用直接供应热水的燃油(气)热水机组，亦可采用间接供应热水的自带换热器的燃油(气)热水机组或外配容积式、半容积式水加热器的燃油(气)热水机组；

2 燃油(气)热水机组除应满足本规范第5.4.1条的要求之外，还应具备燃料燃烧完全、消烟除尘、机组水套通大气、自动控制水温、火焰传感、自动报警等功能；

3 当采用蒸气、高温水为热媒时，应结合用水的均匀性、给水水质硬度、热媒的供应能力、系统对冷热水压力平衡稳定的要求及设备所带温控安全装置的灵敏度、可靠性等经综合技术经济比较后选择间接水加热设备；

4 当热源为太阳能时，其水加热系统应根据冷水水质硬度、气候条件、冷热水压力平衡要求、节能、节水、维护管理等经技术经济比较确定；

5 在电源供应充沛的地方可采用电热水器。

5.4.2A 太阳能加热系统的设计应符合下列要求：

1 太阳能集热器应符合下列要求：

1)太阳能集热器的设置应和建筑专业统一规划协调，并在满足水加热系统要求的同时不得影响结构安全和建筑美观；

2)集热器的安装方位、朝向、倾角和间距等应符合现行国家标准《民用建筑太阳能热水系统应用技术规范》GB 50364的要求；

3)集热器总面积应根据日用水量、当地年平均日太阳辐照量和集热器集热效率等因素按下列公式计算：

直接加热供水系统的集热器总面积可按下式计算：

$$A_{jz} = \frac{q_r m C \rho_r (t_r - t_l) f}{J_t \eta_j (1 - \eta_l)} \qquad (5.4.2A\text{-}1)$$

式中：A_{jz}——直接加热集热器总面积(m²)；

q_r——设计日用热水量(L/d)，按不高于本规范表5.1.1-1热水用水定额中下限取值；

m——用水单位数；

t_r——热水温度(℃)，$t_r=60$℃；

t_l——冷水温度(℃)，按本规范表5.1.4采用；

J_t——集热器采光面上年平均日太阳辐照量(kJ/m²·d)；

f——太阳能保证率，根据系统使用期内的太阳辐照量、系统经济性和用户要求等因素综合考虑后确定，取30%～80%；

η_j——集热器年平均集热效率，按集热器产品实测数据确定，经验值为45%～50%；

η_l——贮水箱和管路的热损失率，取15%～30%。

间接加热供水系统的集热器总面积可按下式计算：

$$A_{jj} = A_{jz} \left(1 + \frac{F_R U_L \cdot A_{jz}}{K \cdot F_{jr}}\right) \qquad (5.4.2A\text{-}2)$$

式中：A_{jj}——间接加热集热器总面积(m²)；

$F_R U_L$——集热器热损失系数[kJ/(m²·℃·h)]；

平板型可取14.4[kJ/(m²·℃·h)]～21.6[kJ/(m²·℃·h)]；

真空管型可取3.6[kJ/(m²·℃·h)]～7.2[kJ/(m²·℃·h)]，具体数值根据集热器产品的实测结果确定；

K——水加热器传热系数[kJ/(m²·℃·h)]；

F_{jr}——水加热器加热面积(m²)。

4)太阳能集热系统贮热水箱有效容积可按下式计算：

$$V_{rx}=q_{rjd}\cdot A_j \quad (5.4.2A\text{-}3)$$

式中：V_{rx}——贮热水箱有效容积(L)；

A_j——集热器总面积(m^2)；

q_{rjd}——集热器单位采光面积平均每日产热水量[L/(m^2·d)]，根据集热器产品的实测结果确定。无条件时，根据当地太阳辐照量、集热器集热性能、集热面积的大小等因素按下列原则确定：直接供水系统 q_{rjd}=40L/(m^2·d)～100L/(m^2·d)；间接供水系统 q_{rjd}=30L/(m^2·d)～70L/(m^2·d)。

2 强制循环的太阳能集热系统应设循环泵。循环泵的流量扬程计算应符合下列要求：

1)循环泵的流量可按下式计算：

$$q_x=q_{gz}\cdot A_j \quad (5.4.2A\text{-}4)$$

式中：q_x——集热系统循环流量(L/s)；

q_{gz}——单位采光面积集热器对应的工质流量[L/(s·m^2)]，按集热器产品实测数据确定。无条件时，可取0.015 L/(s·m^2)～0.020L/(s·m^2)。

2)开式直接加热太阳能集热系统循环泵的扬程应按下式计算：

$$H_x=h_{jx}+h_j+h_z+h_f \quad (5.4.2A\text{-}5)$$

式中：H_x——循环泵扬程(kPa)；

h_{jx}——集热系统循环管道的沿程与局部阻力损失(kPa)；

h_j——循环流量流经集热器的阻力损失(kPa)；

h_z——集热器顶与贮热水箱最低水位之间的几何高差(kPa)；

h_f——附加压力(kPa)，取20kPa～50kPa。

3)闭式间接加热太阳能集热系统循环泵的扬程应按下式计算：

$$H_x=h_{jx}+h_e+h_j+h_f \quad (5.4.2A\text{-}6)$$

式中：h_e——循环流量经集热水加热器的阻力损失(MPa)。

3 集热水加热器的水加热面积应按本规范式(5.4.6)计算确定，其中热媒与被加热水的计算温度差 Δt_j 可按5℃～10℃取值；

4 太阳能热水供应系统应设辅助热源及其加热设施。其设计计算应符合下列要求：

1)辅助能源宜因地制宜选择城市热力管网、燃气、燃油、电、热泵等；

2)辅助热源的供热量应按本规范第5.3.3条设计计算；

3)辅助热源及其水加热设施应结合热源条件、系统型式及太阳能供热的不稳定状态等因素，经技术经济比较后合理选择、配置；

4)辅助热源加热设备应根据热源种类及其供水水质、冷热水系统型式等选用直接加热或间接加热设备；

5)辅助热源的控制应在保证充分利用太阳能集热量的条件下，根据不同的热水供水方式采用手动控制、全日自动控制或定时自动控制。

5.4.2B 当采用热泵机组供应热水时，其设计应符合下列要求：

1 水源热泵热水供应系统设计应符合下列要求：

1)水源热泵宜优先考虑以空调冷却水等水质较好、水温较高且水量、水温稳定的废水为热源；

2)水源总水量应按供热量、水源温度和热泵机组性能等综合因素确定；

3)水源热泵的设计小时供热量应按下式计算：

$$Q_g=k_1\frac{mq_rC(t_r-t_l)\rho_r}{T_1} \quad (5.4.2B\text{-}1)$$

式中：Q_g——水源热泵设计小时供热量(kJ/h)；

q_r——热水用水定额(L/人·d或L/床·d)，按不高于本规范表5.1.1-1和表5.1.1-2中用水定额中下限取值；

m——用水计算单位数(人数或床位数)；

t_r——热水温度，t_r=60(℃)；

t_l——冷水温度，按本规范表5.1.4选用；

T_1——热泵机组设计工作时间(h/d)，取12h～20h；

k_1——安全系数，k_1=1.05～1.10。

4)水源水质应满足热泵机组或换热器的水质要求，当其不满足时，应采取有效的过滤、沉淀、灭藻、阻垢、缓蚀等处理措施。当以污废水为水源时，应作相应污水、废水处理；

5)水源热泵制备热水可根据水质硬度、冷水和热水供应系统的型式等经技术经济比较后采用直接供水或作热媒间接换热供水；

6)水源热泵热水供应系统应设置贮热水箱(罐)，其总贮热水容积为：全日制集中热水供应系统贮热水箱(罐)总容积，应根据日耗热量、热泵持续工作时间及热泵工作时间内耗热量等因素确定，当其因素不确定时宜按下式计算：

$$V_r=k_2\frac{(Q_h-Q_g)T}{\eta(t_r-t_l)C\rho_r} \quad (5.4.2B\text{-}2)$$

式中：Q_h——设计小时耗热量(kJ/h)；

Q_g——设计小时供热量(kJ/h)；

V_r——贮热水箱(罐)总容积(L)；

T——设计小时耗热量持续时间(h)；

η——有效贮热容积系数，贮热水箱、卧式贮热水罐 η=0.80～0.85，立式贮热水罐 η=0.85～0.90；

k_2——安全系数，k_2=1.10～1.20。

定时热水供应系统的贮热水箱(罐)的有效容积宜为定时供应最大时段的全部热水量；

7)水源热泵换热系统设计应符合现行国家标准《地源热泵系统工程技术规范》GB 50366的相关规定。

2 空气源热泵热水供应系统设计应符合下列要求：

1)空气源热泵热水供应系统设置辅助热源应按下列原则确定：

最冷月平均气温不小于10℃的地区，可不设辅助热源；

最冷月平均气温小于10℃且不小于0℃时，宜设置辅助热源；

2)空气源热泵辅助热源应就地获取，经过经济技术比较，选用投资省、低能耗热源；

注：经技术经济比较合理时，采暖季节宜由燃煤(气)锅炉、热力管网的高温水或电力作为热水供应辅助热源。

3)空气源热泵的供热量可按本规范式(5.4.2B-1)计算确定；当设辅助热源时，宜按当地农历春分、秋分所在月的平均气温和冷水供水温度计算；当不设辅助热源时，应按当地最冷月平均气温和冷水供水温度计算；

4)空气源热泵水加热贮热设备的有效容积，可根据制备热水的方式按本条第1款第6)项确定。

5.4.3 医院热水供应系统的锅炉或水加热器不得少于2台，其他建筑的热水供应系统的水加热设备不宜少于2台，一台检修时，其余各台的总供热能力不得小于设计小时耗热量的50%。

医院建筑不得采用有滞水区的容积式水加热器。

5.4.4 当选用局部热水供应设备时，应符合下列要求：

1 选用设备应综合考虑热源条件、建筑物性质、安装位置、安全要求及设备性能特点等因素；

2 需同时供给多个卫生器具或设备热水时，宜选用带贮热容积的加热设备；

3 当地太阳能资源充足时，宜选用太阳能热水器或太阳能辅以电加热的热水器；

4　热水器不应安装在易燃物堆放或对燃气管、表或电气设备产生影响及有腐蚀性气体和灰尘多的地方。

5.4.5　燃气热水器、电热水器必须带有保证使用安全的装置。严禁在浴室内安装直接排气式燃气热水器等在使用空间内积聚有害气体的加热设备。

5.4.6　水加热器的加热面积，应按下式计算：

$$F_{jr}=\frac{C_r Q_g}{\varepsilon K \Delta t_j} \quad (5.4.6)$$

式中：F_{jr}——水加热器的加热面积（m^2）；

Q_g——设计小时供热量（kJ/h）；

K——传热系数[kJ/（m^2·℃·h）]；

ε——由于水垢和热媒分布不均匀影响传热效率的系数，采用0.6～0.8；

Δt_j——热媒与被加热水的计算温度差（℃），按本规范第5.4.7条的规定确定；

C_r——热水供应系统的热损失系数，取1.10～1.15。

5.4.7　水加热器热媒与被加热水的计算温度差应按下列公式计算：

1　容积式水加热器、导流型容积式水加热器、半容积式水加热器：

$$\Delta t_j=\frac{t_{mc}+t_{mz}}{2}-\frac{t_c+t_z}{2} \quad (5.4.7\text{-}1)$$

式中：Δt_j——计算温度差（℃）；

t_{mc}、t_{mz}——热媒的初温和终温（℃）；

t_c、t_z——被加热水的初温和终温（℃）。

2　快速式水加热器、半即热式水加热器

$$\Delta t_j=\frac{\Delta t_{max}-\Delta t_{min}}{\ln\frac{\Delta t_{max}}{\Delta t_{min}}} \quad (5.4.7\text{-}2)$$

式中：Δt_j——计算温度差（℃）；

Δt_{max}——热媒与被加热水在水加热器一端的最大温度差（℃）；

Δt_{min}——热媒与被加热水在水加热器另一端的最小温度差（℃）。

5.4.8　热媒的计算温度应符合下列规定：

1　热媒为饱和蒸汽时的热媒初温、终温的计算：

热媒的初温 t_{mc}：当热媒为压力大于70kPa的饱和蒸汽时，t_{mc} 按饱和蒸汽温度计算；压力小于或等于70kPa时，t_{mc} 按100℃计算；

热媒的终温 t_{mz}：应由经热工性能测定的产品提供；可按：容积式水加热器的 $t_{mz}=t_{mc}$；导流型容积式水加热器、半容积式水加热器、半即热式水加热器的 t_{mz}=50℃～90℃；

2　热媒为热水时，热媒的初温应按热媒供水的最低温度计算；热媒的终温应由经热工性能测定的产品提供；当热媒初温 t_{mc}=70℃～100℃时，其终温可按：容积式水加热器的 t_{mz}=60℃～85℃；导流型容积式水加热器、半容积式水加热器、半即热式水加热器的 t_{mz}= 50℃～80℃；

3　热媒为热力管网的热水时，热媒的计算温度应按热力管网供回水的最低温度计算，但热媒的初温与被加热水的终温的温度差，不得小于10℃。

5.4.9　容积式水加热器或加热水箱的容积附加系数应符合下列规定：

1　容积式水加热器、导流型容积式水加热器、贮热水箱的计算容积的附加系数应按本规范式（5.3.3）中的有效贮热容积系数 η 计算；

2　当采用半容积式水加热器或带有强制罐内水循环装置的容积式水加热器时，其计算容积可不附加。

5.4.10　集中热水供应系统的贮水器容积应根据日用热水小时变化曲线及锅炉、水加热器的工作制度和供热能力以及自动温度控制装置等因素按积分曲线计算确定，并应符合下列规定：

1　容积式水加热器或加热水箱、半容积式水加热器的贮热量不得小于表5.4.10的要求；

表5.4.10　水加热器的贮热量

加热设备	以蒸汽和95℃以上的热水为热媒时		以≤95℃的热水为热媒时	
	工业企业淋浴室	其他建筑物	工业企业淋浴室	其他建筑物
容积式水加热器或加热水箱	≥30minQ_h	≥45minQ_h	≥60minQ_h	≥90minQ_h
导流型容积式水加热器	≥20minQ_h	≥30minQ_h	≥30minQ_h	≥40minQ_h
半容积式水加热器	≥15minQ_h	≥15minQ_h	≥15minQ_h	≥20minQ_h

注：1　燃油（气）热水机组所配贮热器，贮热量宜根据热媒供应情况按导流型容积式水加热器或半容积式水加热器确定。

2　表中 Q_h 为设计小时耗热量（kJ/h）。

2　半即热式、快速式水加热器，当热媒按设计秒流量供应且有完善可靠的温度自动控制装置时，可不设贮水器；当其不具备上述条件时，应设贮水器；贮热量宜根据热媒供应情况按导流型容积式水加热器或半容积式水加热器确定；

3　太阳能热水供应系统的水加热器、贮热水箱（罐）的贮热水量可按本规范式（5.4.2A-3）计算确定，水源、空气源热泵热水供应系统的水加热器、贮热水箱（罐）的贮热水量可按本规范第5.4.2B条第1款第6）项确定。

5.4.11　在设有高位加热贮热水箱的连续加热的热水供应系统中，应设置冷水补给水箱。

注：当有冷水箱可补给热水供应系统冷水时，可不另设冷水补给水箱。

5.4.12　冷水补给水箱的设置高度（以水箱底计算）应保证最不利处的配水点所需水压。

5.4.13　冷水补给水管的设置，应符合下列要求：

1　冷水补给水管的管径，应按热水供应系统的设计秒流量确定；

2　冷水补给水管除供给加热设备、加热水箱、热水贮水器外，不宜再供其他用水；

3　有第一循环的热水供应系统，冷水补给水管应接入热水贮水罐，不得接入第一循环的回水管、锅炉或热水机组。

5.4.14　热水箱应加盖，并应设溢流管、泄水管和引出室外的通气管。热水箱溢流水位超出冷水补水箱的水位高度，应按热水膨胀量计算。泄水管、溢流管不得与排水管道直接连接。

5.4.15　水加热设备和贮热设备罐体，应根据水质情况及使用要求采用耐腐蚀材料制作或在钢制罐体内表面作衬、涂、镀防腐材料处理。

5.4.16　水加热设备的布置，应符合下列要求：

1　容积式、导流型容积式、半容积式水加热器的一侧应有净宽不小于0.7m的通道，前端应留有抽出加热盘管的位置；

2　水加热器上部附件的最高点至建筑结构最低点的净距，应满足检修的要求，并不得小于0.2m，房间净高不得低于2.2m。

5.4.16A　热泵机组布置应符合下列规定：

1　水源热泵机组布置应符合下列要求：

1）热泵机房应合理布置设备和运输通道，并预留安装孔、洞；

2）机组距墙的净距不宜小于1.0m，机组之间及机组与其他设备之间的净距不宜小于1.2m，机组与配电柜之间净距不宜小于1.5m；

3）机组与其上方管道、烟道或电缆桥架的净距不宜小于1.0m；

4）机组应按产品要求在其一端留有不小于蒸发器、冷凝器长度的检修位置。

2　空气源热泵机组布置应符合下列要求：

1）机组不得布置在通风条件差、环境噪声控制严及人员密集的场所；

2)机组进风面距遮挡物宜大于 1.5m，控制面距墙宜大于 1.2m，顶部出风的机组，其上部净空宜大于 4.5m；

3)机组进风面相对布置时，其间距宜大于 3.0m。

注：小型机组布置时，本款第 2)项、第 3)项中尺寸要求可适当减少。

5.4.17 燃油(气)热水机组机房的布置应符合下列要求：

1 燃油(气)热水机组机房宜与其他建筑物分离独立设置。当机房设在建筑物内时，不应设置在人员密集场所的上、下或贴邻，并应设对外的安全出口；

2 机房的布置应满足设备的安装、运行和检修要求，其前方应留不少于机组长度 2/3 的空间，后方应留 0.8m～1.5m 的空间，两侧通道宽度应为机组宽度，且不应小于 1.0m。机组最上部部件(烟囱除外)至机房顶板梁底净距不宜小于 0.8m；

3 机房与燃油(气)机组配套的日用油箱、贮油罐等的布置和供油、供气管道的敷设均应符合有关消防、安全的要求。

5.4.18 设置锅炉、燃油(气)热水机组、水加热器、贮热器的房间，应便于泄水、防止污水倒灌，并应有良好的通风和照明。

5.4.19 在设有膨胀管的开式热水供应系统中，膨胀管的设置应符合下列要求：

1 当热水系统由生活饮用高位水箱补水时，可将膨胀管引至同一建筑物的非生活饮用水箱的上空，其高度应按下式计算：

$$h=H\left(\frac{\rho_l}{\rho_r}-1\right) \qquad (5.4.19\text{-}1)$$

式中：h——膨胀管高出生活饮用高位水箱水面的垂直高度(m)；

H——锅炉、水加热器底部至生活饮用高位水箱水面的高度(m)；

ρ_l——冷水密度(kg/m³)；

ρ_r——热水密度(kg/m³)。

膨胀管出口离接入水箱水面的高度不应少于 100mm。

2 当热水供水系统上设置膨胀水箱时，膨胀水箱水面高出系统冷水补给水箱水面的高度应按式(5.4.19-1)计算，其容积应按下式计算：

$$V_p=0.0006\Delta t V_s \qquad (5.4.19\text{-}2)$$

式中：V_p——膨胀水箱有效容积(L)；

Δt——系统内水的最大温差(℃)；

V_s——系统内的水容量(L)。

注：按 5.4.19-1 式计算时，h 为膨胀水箱水面高出系统冷水补给水箱水面的垂直高度(m)。

3 当膨胀管有冻结可能时，应采取保温措施；

4 膨胀管的最小管径应按表 5.4.19 确定。

表 5.4.19 膨胀管的最小管径

锅炉或水加热器的传热面积(m²)	<10	≥10 且<15	≥15 且<20	≥20
膨胀管最小管径(mm)	25	32	40	50

注：对多台锅炉或水加热器，宜分设膨胀管。

5.4.20 膨胀管上严禁装设阀门。

5.4.21 在闭式热水供应系统中，应设置压力式膨胀罐、泄压阀，并应符合下列要求：

1 日用热水量小于等于30m³ 的热水供应系统可采用安全阀等泄压的措施；

2 日用热水量大于30m³ 的热水供应系统应设置压力式膨胀罐；膨胀罐的总容积应按下式计算：

$$V_e=\frac{(\rho_f-\rho_r)P_2}{(P_2-P_1)\rho_r}V_s \qquad (5.4.21)$$

式中：V_e——膨胀罐的总容积(m³)；

ρ_f——加热前加热、贮热设备内水的密度(kg/m³)，定时供应热水的系统宜按冷水温度确定；全日集中热水供应系统宜按热水回水温度确定；

ρ_r——热水的密度(kg/m³)；

P_1——膨胀罐处管内水压力(MPa，绝对压力)，为管内工作压力加 0.1(MPa)；

P_2——膨胀罐处管内最大允许压力(MPa，绝对压力)，其数值可取1.10P_1；

V_S——系统内热水总容积(m³)。

注：应校核 P_2 值，并不应大于水加热器的额定工作压力。

3 膨胀罐宜设置在加热设备的热水循环回水管上。

5.4.21A 太阳能集中热水供应系统，应采取可靠的防止集热器和贮热水箱(罐)贮水过热的措施。在闭式系统中，应设膨胀罐、安全阀，有冰冻可能的系统还应采取可靠的集热系统防冻措施。

5.5 管网计算

5.5.1 设有集中热水供应系统的居住小区室外热水干管的设计流量可按本规范第 3.6.1 条的规定计算确定。

建筑物的热水引入管应按该建筑物相应热水供水系统总干管的设计秒流量确定。

5.5.2 建筑物内热水供水管网的设计秒流量可分别按本规范第 3.6.4 条、第 3.6.5 条和第 3.6.6 条计算。

5.5.3 卫生器具热水给水额定流量、当量、支管管径和最低工作压力，应符合本规范第 3.1.14 条的规定。

5.5.4 热水管网的水头损失计算应遵守下列规定：

1 单位长度水头损失，应按本规范第 3.6.10 条确定，但管道的计算内径 d_j 应考虑结垢和腐蚀引起的过水断面缩小的因素；

2 局部水头损失，可按本规范按第 3.6.11 条的规定计算。

5.5.5 全日热水供应系统的热水循环流量应按下式计算：

$$q_x=\frac{Q_s}{C\rho_r\Delta t} \qquad (5.5.5)$$

式中：q_x——全日供应热水的循环流量(L/h)；

Q_s——配水管道的热损失(kJ/h)，经计算确定，可按单体建筑：(3%～5%)Q_h；小区：(4%～6%)Q_h；

Δt——配水管道的热水温度差(℃)，按系统大小确定。可按单体建筑 5℃～10℃；小区 6℃～12℃。

5.5.6 定时热水供应系统的热水循环流量可按循环管网中的水每小时循环 2 次～4 次计算。

5.5.7 热水供应系统中，锅炉或水加热器的出水温度与配水点的最低水温的温度差，单体建筑不得大于 10℃，建筑小区不得大于 12℃。

5.5.8 热水管道的流速，宜按表 5.5.8 选用。

表 5.5.8 热水管道的流速

公称直径(mm)	15～20	25～40	≥50
流速(m/s)	≤0.8	≤1.0	≤1.2

5.5.9 热水供应系统的循环回水管管径，应按管路的循环流量经水力计算确定。

5.5.10 机械循环的热水供应系统，其循环水泵的确定应遵守下列规定：

1 水泵的出水量应为循环流量；

2 水泵的扬程应按下式计算：

$$H_b=h_p+h_x \qquad (5.5.10)$$

式中：H_b——循环水泵的扬程(kPa)；

h_p——循环水量通过配水管网的水头损失(kPa)；

h_x——循环水量通过回水管网的水头损失(kPa)。

注：当采用半即热式水加热器或快速水加热器时，水泵扬程尚应计算水加热器的水头损失。

3 循环水泵应选用热水泵，水泵壳体承受的工作压力不得小于其所承受的静水压力加水泵扬程；

4 循环水泵宜设备用泵，交替运行；

5 全日制热水供应系统的循环水泵应由泵前回水管的温度控制开停。

5.5.11 热水加压泵的布置应符合本规范第 3.8 节的要求。

5.5.12 第一循环管的自然压力值，应按下式计算：

$$H_{xr}=10\cdot\Delta h(\rho_1-\rho_2) \tag{5.5.12}$$

式中：H_{xr}——第一循环管的自然压力值(Pa)；

Δh——锅炉或水加热器中心与贮水器中心的标高差(m)；

ρ_1——贮水器回水的密度(kg/m^3)；

ρ_2——锅炉或水加热器出水的密度(kg/m^3)。

5.6 管材、附件和管道敷设

5.6.1 热水系统采用的管材和管件，应符合现行有关产品的国家标准和行业标准的要求。管道的工作压力和工作温度不得大于产品标准标定的允许工作压力和工作温度。

5.6.2 热水管道应选用耐腐蚀和安装连接方便可靠的管材，可采用薄壁铜管、薄壁不锈钢管、塑料热水管、塑料和金属复合热水管等。

当采用塑料热水管或塑料和金属复合热水管材时应符合下列要求：

1 管道的工作压力应按相应温度下的许用工作压力选择；

2 设备机房内的管道不应采用塑料热水管。

5.6.3 热水管道系统，应有补偿管道热胀冷缩的措施。

5.6.4 上行下给式系统配水干管最高点应设排气装置，下行上给式配水系统，可利用最高配水点放气，系统最低点应设泄水装置。

5.6.5 当下行上给式系统设有循环管道时，其回水立管可在最高配水点以下(约0.5m)与配水立管连接。上行下给式系统可将循环管道与各立管连接。

5.6.6 热水系统上各类阀门的材质及阀型应符合本规范第3.4.4条、第3.4.5条、第3.4.7条、第3.4.9条、第3.4.10条的规定。

5.6.7 热水管网应在下列管段上装设阀门：

1 与配水、回水干管连接的分干管；

2 配水立管和回水立管；

3 从立管接出的支管；

4 室内热水管道向住户、公用卫生间等接出的配水管的起端；

5 与水加热设备、水处理设备及温度、压力等控制阀件连接处的管段上按其安装要求配置阀门。

5.6.8 热水管网上在下列管段上，应装止回阀：

1 水加热器或贮水罐的冷水供水管；

注：当水加热器或贮水罐的冷水供水管上安装倒流防止器时，应采取保证系统冷热水供水压力平衡的措施。

2 机械循环的第二循环系统回水管；

3 冷热水混水器的冷、热水供水管。

5.6.9 水加热设备的出水温度应根据其有无贮热调节容积分别采用不同温级精度要求的自动温度控制装置。

5.6.10 水加热设备的上部、热媒进出口管上、贮热水罐和冷热水混合器上应装温度计、压力表；热水循环的进水管上应装温度计及控制循环泵开停的温度传感器；热水箱应装温度计、水位计；压力容器设备应装安全阀，安全阀的接管直径应经计算确定，并应符合锅炉及压力容器的有关规定，安全阀的泄水管应引至安全处且在泄水管上不得装设阀门。

5.6.11 当需计量热水总用水量时，可在水加热设备的冷水供水管上装冷水表，对成组和个别用水点可在专供支管上装设热水水表。有集中供应热水的住宅应装设分户热水水表。水表的选型、计算及设置应符合本规范第3.4.17条～第3.4.19条的规定。

5.6.12 热水横管的敷设坡度不宜小于0.003。

5.6.13 塑料热水管宜暗设，明设时立管宜布置在不受撞击处，当不能避免时，应在管外加保护措施。

5.6.14 热水锅炉、燃油(气)热水机组、水加热设备、贮水器、分(集)水器、热水输(配)水、循环回水干(立)管应做保温，保温层的厚度应经计算确定。

5.6.15 热水管穿越建筑物墙壁、楼板和基础处应加套管，穿越屋面及地下室外墙时应加防水套管。

5.6.16 热水管道的敷设还应按本规范第3.5节中有关条款执行。

5.6.17 用蒸汽作热媒间接加热的水加热器、开水器的凝结水回水管上应每台设备设疏水器，当水加热器的换热能确保凝结水回水温度小于等于80℃时，可不装疏水器。蒸汽立管最低处、蒸汽管下凹处的下部宜设疏水器。

5.6.18 疏水器口径应经计算确定，其前应装过滤器，其旁不宜附设旁通阀。

5.7 饮水供应

5.7.1 饮水定额及小时变化系数，根据建筑物的性质和地区的条件，应按表5.7.1确定。

表 5.7.1 饮水定额及小时变化系数

建筑物名称	单位	饮水定额(L)	K_h
热车间	每人每班	3～5	1.5
一般车间	每人每班	2～4	1.5
工厂生活间	每人每班	1～2	1.5
办公楼	每人每班	1～2	1.5
宿舍	每人每日	1～2	1.5
教学楼	每学生每日	1～2	2.0
医院	每病床每日	2～3	1.5
影剧院	每观众每场	0.2	1.0
招待所、旅馆	每客人每日	2～3	1.5
体育馆(场)	每观众每场	0.2	1.0

注：小时变化系数系指饮水供应时间内的变化系数。

5.7.2 设有管道直饮水的建筑最高日管道直饮水定额可按表5.7.2采用。

表 5.7.2 最高日直饮水定额

用水场所	单位	最高日直饮水定额
住宅楼	L/(人·日)	2.0～2.5
办公楼	L/(人·班)	1.0～2.0
教学楼	L/(人·日)	1.0～2.0
旅馆	L/(床·日)	2.0～3.0

注：1 此定额仅为饮用水量。

2 经济发达地区的居民住宅楼可提高至4L/(人·日)～5L/(人·日)。

3 最高日管道直饮水定额亦可根据用户要求确定。

5.7.3 管道直饮水系统应满足下列要求：

1 管道直饮水应对原水进行深度净化处理，其水质应符合国家现行标准《饮用净水水质标准》CJ 94的规定；

2 管道直饮水水嘴额定流量宜为0.04 L/s～0.06L/s，最低工作压力不得小于0.03MPa；

3 管道直饮水系统必须独立设置；

4 管道直饮水宜采用调速泵组直接供水或处理设备置于屋顶的水箱重力式供水方式；

5 高层建筑管道直饮水系统应竖向分区，各分区最低处配水点的静水压：住宅不宜大于0.35MPa；办公楼不宜大于0.40MPa，且最不利配水点处的水压，应满足用水水压的要求；

6 管道直饮水应设循环管道，其供、回水管网应同程布置，循环管网内水的停留时间不应超过12h；从立管接至配水龙头的支管管段长度不宜大于3m；

7 管道直饮水系统配水管的设计秒流量应按下式计算：

$$q_g=mq_o \tag{5.7.3}$$

式中：q_g——计算管段的设计秒流量(L/s)；

q_o——饮水水嘴额定流量，q_o=0.04L/s～0.06L/s；

m——计算管段上同时使用饮水水嘴的数量，根据其水嘴数量可按本规范附录F确定。

8 管道直饮水系统配水管的水头损失，应按本规范第3.6.10条、第3.6.11条的规定计算。

5.7.4 开水供应应满足下列要求：

1 开水计算温度应按100℃计算，冷水计算温度应符合本规范第5.1.4条的规定；

2 开水器的通气管应引至室外；

3 配水水嘴宜为旋塞；

4 开水器应装设温度计和水位计，开水锅炉应装设温度计，必要时还应装设沸水箱或安全阀。

5.7.5 当中小学校、体育场（馆）等公共建筑设饮水器时，应符合下列要求：

1 以温水或自来水为源水的直饮水，应进行过滤和消毒处理；

2 应设循环管道，循环回水应经消毒处理；

3 饮水器的喷嘴应倾斜安装并设有防护装置，喷嘴孔的高度应保证排水管堵塞时不被淹没；

4 应使同组喷嘴压力一致；

5 饮水器应采用不锈钢、铜镀铬或瓷质、搪瓷制品，其表面应光洁易于清洗。

5.7.6 饮水管道应选用耐腐蚀、内表面光滑、符合食品级卫生要求的薄壁不锈钢管、薄壁铜管、优质塑料管。开水管道应选用许用工作温度大于100℃的金属管材。

5.7.7 阀门、水表、管道连接件、密封材料、配水水嘴等选用材质均应符合食品级卫生要求，并与管材匹配。

5.7.8 饮水供应点的设置，应符合下列要求：

1 不得设在易污染的地点，对于经常产生有害气体或粉尘的车间，应设在不受污染的生活间或小室内；

2 位置应便于取用、检修和清扫，并应保证良好的通风和照明；

3 楼房内饮水供应点的位置，可根据实际情况加以选定。

5.7.9 开水间、饮水处理间应设给水管、排污排水用地漏。给水管管径可按设计小时饮水量计算。开水器、开水炉排污、排水管道应采用金属排水管或耐热塑料排水管。

附录A 回流污染的危害程度及防回流设施选择

A.0.1 生活饮用水回流污染危害程度应符合表A.0.1的规定。

表A.0.1 生活饮用水回流污染危害程度

生活饮用水与之连接场所、管道、设备		回流污染危害程度		
		低	中	高
贮存有害有毒液体的罐区		—	—	√
化学液槽生产流水线		—	—	√
含放射性材料加工及核反应堆		—	—	√
加工或制造毒性化学物的车间		—	—	√
化学、病理、动物试验室		—	—	√
医疗机构医疗器械清洗间		—	—	√
尸体解剖、屠宰车间		—	—	√
其他有毒有害污染场所和设备		—	—	√
消防	消火栓系统	—	√	—
	湿式喷淋系统、水喷雾灭火系统	—	√	—
	简易喷淋系统	√	—	—
	泡沫灭火系统	—	—	√
	软管卷盘	—	√	—
	消防水箱（池）补水	—	√	—
	消防水泵直接吸水	—	√	—

续表A.0.1

生活饮用水与之连接场所、管道、设备	回流污染危害程度		
	低	中	高
中水、雨水等再生水水箱（池）补水	—	√	—
生活饮用水水箱（池）补水	√	—	—
小区生活饮用水引入管	√	—	—
生活饮用水有温、有压容器	√	—	—
叠压供水	√	—	—
卫生器具、洗涤设备给水	—	√	—
游泳池补水、水上游乐池等	—	√	—
循环冷却水集水池等	—	—	√
水景补水	—	√	—
注入杀虫剂等药剂喷灌系统	—	—	√
无注入任何药剂的喷灌系统	√	—	—
畜禽饮水系统	—	√	—
冲洗道路、汽车冲洗软管	√	—	—
垃圾中转站冲洗给水栓	—	—	√

A.0.2 防回流设施应按表A.0.2选择。

表A.0.2 防回流设施选择

防回流设施	回流污染危害程度					
	低		中		高	
	虹吸回流	背压回流	虹吸回流	背压回流	虹吸回流	背压回流
空气间隙	√	—	√	—	√	—
减压型倒流防止器	√	√	√	√	√	√
低阻力倒流防止器	√	√	√	√	—	—
双止回阀倒流防止器	—	√	—	—	—	—
压力型真空破坏器	√	—	√	—	√	—
大气型真空破坏器	√	—	—	—	—	—

附录B 居住小区地下管线（构筑物）间最小净距

表B 居住小区地下管线（构筑物）间最小净距

种类 \ 净距(m) \ 种类	给水管		污水管		雨水管	
	水平	垂直	水平	垂直	水平	垂直
给水管	0.5～1.0	0.10～0.15	0.8～1.5	0.10～0.15	0.8～1.5	0.10～0.15
污水管	0.8～1.5	0.10～0.15	0.8～1.5	0.10～0.15	0.8～1.5	0.10～0.15
雨水管	0.8～1.5	0.10～0.15	0.8～1.5	0.10～0.15	0.8～1.5	0.10～0.15
低压煤气管	0.5～1.0	0.10～0.15	1.0	0.10～0.15	1.0	0.10～0.15
直埋式热水管	1.0	0.10～0.15	1.0	0.10～0.15	1.0	0.10～0.15
热力管沟	0.5～1.0	—	1.0	—	1.0	—
乔木中心	1.0	—	1.5	—	1.5	—
电力电缆	1.0	直埋0.50 穿管0.25	1.0	直埋0.50 穿管0.25	1.0	直埋0.50 穿管0.25
通信电缆	1.0	直埋0.50 穿管0.15	1.0	直埋0.50 穿管0.15	1.0	直埋0.50 穿管0.15
通信及照明电缆	0.5	—	1.0	—	1.0	—

注：1 净距指管外壁距离，管道交叉设套管时指套管外壁距离，直埋式热力管指保温管壳外壁距离；

2 电力电缆在道路的东侧（南北方向的路）或南侧（东西方向的路）；通信电缆在道路的西侧或北侧。均应在人行道下。

附录 C 给水管段卫生器具给水当量同时出流概率计算式 α_c 系数取值表

表 C $U_o \sim \alpha_c$ 值对应表

U_o(%)	α_c
1.0	0.00323
1.5	0.00697
2.0	0.01097
2.5	0.01512
3.0	0.01939
3.5	0.02374
4.0	0.02816
4.5	0.03263
5.0	0.03715
6.0	0.04629
7.0	0.05555
8.0	0.06489

附录 D 阀门和螺纹管件的摩阻损失的折算补偿长度

表 D 阀门和螺纹管件的摩阻损失的折算补偿长度

管件内径(mm)	各种管件的折算管道长度(m)						
	90°标准弯头	45°标准弯头	标准三通90°转角流	三通直向流	闸板阀	球阀	角阀
9.5	0.3	0.2	0.5	0.1	0.1	2.4	1.2
12.7	0.6	0.4	0.9	0.2	0.1	4.6	2.4
19.1	0.8	0.5	1.2	0.2	0.2	6.1	3.6
25.4	0.9	0.5	1.5	0.3	0.2	7.6	4.6
31.8	1.2	0.7	1.8	0.4	0.2	10.6	5.5
38.1	1.5	0.9	2.1	0.5	0.3	13.7	6.7
50.8	2.1	1.2	3.0	0.6	0.4	16.7	8.5
63.5	2.4	1.5	3.6	0.8	0.5	19.8	10.3
76.2	3.0	1.8	4.6	0.9	0.6	24.3	12.2
101.6	4.3	2.4	6.4	1.2	0.8	38.0	16.7
127	5.2	3.0	7.6	1.5	1.0	42.6	21.3
152.4	6.1	3.6	9.1	1.8	1.2	50.2	24.3

注:本表的螺纹接口是指管件无凹口的螺纹,即管件与管道在连接点内径有突变,管件内径大于管道内径。当管件为凹口螺纹,或管件与管道为等径焊接,其折算补偿长度取本表值的 1/2。

附录 E 给水管段设计秒流量计算表

表 E-1 给水管段设计秒流量计算表[U(%);q(L/s)]

U_o	1.0		1.5		2.0		2.5	
N_g	U	q	U	q	U	q	U	q
1	100.00	0.20	100.00	0.20	100.00	0.20	100.00	0.20
2	70.94	0.28	71.20	0.28	71.49	0.29	71.78	0.29
3	58.00	0.35	58.30	0.35	58.62	0.35	58.96	0.35
4	50.28	0.40	50.60	0.40	50.94	0.41	51.32	0.41
5	45.01	0.45	45.34	0.45	45.69	0.46	46.06	0.46
6	41.10	0.49	41.45	0.50	41.81	0.50	42.18	0.51
7	38.09	0.53	38.43	0.54	38.79	0.54	39.17	0.55
8	35.65	0.57	35.99	0.58	36.36	0.58	36.74	0.59
9	33.63	0.61	33.98	0.61	34.35	0.62	34.73	0.63
10	31.92	0.64	32.27	0.65	32.64	0.65	33.03	0.66
11	30.45	0.67	30.80	0.68	31.17	0.69	31.56	0.69
12	29.17	0.70	29.52	0.71	29.89	0.72	30.28	0.73
13	28.04	0.73	28.39	0.74	28.76	0.75	29.15	0.76
14	27.03	0.76	27.38	0.77	27.76	0.78	28.15	0.79
15	26.12	0.78	26.48	0.79	26.85	0.81	27.24	0.82
16	25.30	0.81	25.66	0.82	26.03	0.83	26.42	0.85
17	24.56	0.83	24.91	0.85	25.29	0.86	25.68	0.87
18	23.88	0.86	24.23	0.87	24.61	0.89	25.00	0.90
19	23.25	0.88	23.60	0.90	23.98	0.91	24.37	0.93
20	22.67	0.91	23.02	0.92	23.40	0.94	23.79	0.95
22	21.63	0.95	21.98	0.97	22.36	0.98	22.75	1.00
24	20.72	0.99	21.07	1.01	21.45	1.03	21.85	1.05
26	19.92	1.04	21.27	1.05	20.65	1.07	21.05	1.09
28	19.21	1.08	19.56	1.10	19.94	1.12	20.33	1.14
30	18.56	1.11	18.92	1.14	19.30	1.16	19.69	1.18
32	17.99	1.15	18.34	1.17	18.72	1.20	19.12	1.22
34	17.46	1.19	17.81	1.21	18.19	1.24	18.59	1.26
36	16.97	1.22	17.33	1.25	17.71	1.28	18.11	1.30
38	16.53	1.26	16.89	1.28	17.27	1.31	17.66	1.34
40	16.12	1.29	16.48	1.32	16.86	1.35	17.25	1.38
42	15.74	1.32	16.09	1.35	16.47	1.38	16.87	1.42
44	15.38	1.35	15.74	1.39	16.12	1.42	16.52	1.45
46	15.05	1.38	15.41	1.42	15.79	1.45	16.18	1.49
48	14.74	1.42	15.10	1.45	15.48	1.49	15.87	1.52
50	14.45	1.45	14.81	1.48	15.19	1.52	15.58	1.56
55	13.79	1.52	14.15	1.56	14.53	1.60	14.92	1.64
60	13.22	1.59	13.57	1.63	13.95	1.67	14.35	1.72
65	12.71	1.65	13.07	1.70	13.45	1.75	13.84	1.80
70	12.26	1.72	12.62	1.77	13.00	1.82	13.39	1.87
75	11.85	1.78	12.21	1.83	12.59	1.89	12.99	1.95
80	11.49	1.84	11.84	1.89	12.22	1.96	12.62	2.02
85	11.05	1.90	11.51	1.96	11.89	2.02	12.28	2.09
90	10.85	1.95	11.20	2.02	11.58	2.09	11.98	2.16
95	10.57	2.01	10.92	2.08	11.30	2.15	11.70	2.22
100	10.31	2.06	10.66	2.13	11.05	2.21	11.44	2.29
110	9.84	2.17	10.20	2.24	10.58	2.33	10.97	2.41
120	9.44	2.26	9.79	2.35	10.17	2.44	10.56	2.54
130	9.08	2.36	9.43	2.45	9.81	2.55	10.21	2.65
140	8.76	2.45	9.11	2.55	9.49	2.66	9.89	2.77

续表 E-1

U_o	1.0		1.5		2.0		2.5	
N_g	U	q	U	q	U	q	U	q
150	8.47	2.54	8.83	2.65	9.20	2.76	9.60	2.88
160	8.21	2.63	8.57	2.74	8.94	2.86	9.34	2.99
170	7.98	2.71	8.33	2.83	8.71	2.96	9.10	3.09
180	7.76	2.79	8.11	2.92	8.49	3.06	8.89	3.20
190	7.56	2.87	7.91	3.01	8.29	3.15	8.69	3.30
200	7.38	2.95	7.73	3.09	7.11	3.24	8.50	3.40
220	7.05	3.10	7.40	3.26	7.78	3.42	8.17	3.60
240	6.76	3.25	7.11	3.41	7.49	3.60	6.88	3.78
260	6.51	3.28	6.86	3.57	7.24	3.76	6.63	3.97
280	6.28	3.52	6.63	3.72	7.01	3.93	6.40	4.15
300	6.08	3.65	6.43	3.86	6.81	4.08	6.20	4.32
320	5.89	3.77	6.25	4.00	6.62	4.24	6.02	4.49
340	5.73	3.89	6.08	4.13	6.46	4.39	6.85	4.66
360	5.57	4.01	5.93	4.27	6.30	4.54	6.69	4.82
380	5.43	4.13	5.79	4.40	6.16	4.68	6.55	4.98
400	5.30	4.24	5.66	4.52	6.03	4.83	6.42	5.14
420	5.18	4.35	5.54	4.65	5.91	4.96	6.30	5.29
440	5.07	4.46	5.42	4.77	5.80	5.10	6.19	5.45
460	4.97	4.57	5.32	4.89	5.69	5.24	6.08	5.60
480	4.87	4.67	5.22	5.01	5.59	5.37	5.98	5.75
500	4.78	4.78	5.13	5.13	5.50	5.50	5.89	5.89
550	4.57	5.02	4.92	5.41	5.29	5.82	5.68	6.25
600	4.39	5.26	4.74	5.68	5.11	6.13	5.50	6.60
650	4.23	5.49	4.58	5.95	4.95	6.43	5.34	6.94
700	4.08	5.72	4.43	6.20	4.81	6.73	5.19	7.27
750	3.95	5.93	4.30	6.46	4.68	7.02	5.07	7.60
800	3.84	6.14	4.19	6.70	4.56	7.30	4.95	7.92
850	3.73	6.34	4.08	6.94	4.45	7.57	4.84	8.23
900	3.64	6.54	3.98	7.17	4.36	7.84	4.75	8.54
950	3.55	6.74	3.90	7.40	4.27	8.11	4.66	8.85
1000	3.46	6.93	3.81	7.63	4.19	8.37	4.57	9.15
1100	3.32	7.30	3.66	8.06	4.04	8.88	4.42	9.73
1200	3.09	7.65	3.54	8.49	3.91	9.38	4.29	10.31
1300	3.07	7.99	3.42	8.90	3.79	9.86	4.18	10.87
1400	2.97	8.33	3.32	9.30	3.69	10.34	4.08	11.42
1500	2.88	8.65	3.23	9.69	3.60	10.80	3.99	11.96
1600	2.80	8.96	3.15	10.07	3.52	11.26	3.90	12.49
1700	2.73	9.27	3.07	10.45	3.44	11.71	3.83	13.02
1800	2.66	9.57	3.00	10.81	3.37	12.15	3.76	13.53
1900	2.59	9.86	2.94	11.17	3.31	12.58	3.70	14.04
2000	2.54	10.14	2.88	11.53	3.25	13.01	3.64	14.55
2200	2.43	10.70	2.78	12.22	3.15	13.85	3.53	15.54
2400	2.34	11.23	2.69	12.89	3.06	14.67	3.44	16.51
2600	2.26	11.75	2.61	13.55	2.97	15.47	3.36	17.46
2800	2.19	12.26	2.53	14.19	2.90	16.25	3.29	18.40
3000	2.12	12.75	2.47	14.81	2.84	17.03	3.22	19.33
3200	2.07	13.22	2.41	15.43	2.78	17.79	3.16	20.24
3400	2.01	13.69	2.36	16.03	2.73	18.54	3.11	21.14
3600	1.96	14.15	2.13	16.62	2.68	19.27	3.06	22.03
3800	1.92	14.59	2.26	17.21	2.63	20.00	3.01	22.91
4000	1.88	15.03	2.22	17.78	2.59	20.72	2.97	23.78

续表 E-1

U_o	1.0		1.5		2.0		2.5	
N_g	U	q	U	q	U	q	U	q
4200	1.84	15.46	2.18	18.35	2.55	21.43	2.93	24.64
4400	1.80	15.88	2.15	18.91	2.52	22.14	2.90	25.50
4600	1.77	16.30	2.12	19.46	2.48	22.84	2.86	26.35
4800	1.74	16.71	2.08	20.00	2.45	13.53	2.83	27.19
5000	1.71	17.11	2.05	20.54	2.42	24.21	2.80	28.03
5500	1.65	18.10	1.99	21.87	2.35	25.90	2.74	30.09
6000	1.59	19.05	1.93	23.16	2.30	27.55	2.68	32.12
6500	1.54	19.97	1.88	24.43	2.24	29.18	2.63	34.13
7000	1.49	20.88	1.83	25.67	2.20	30.78	2.58	36.11
7500	1.45	21.76	1.79	26.88	2.16	32.36	2.54	38.06
8000	1.41	22.62	1.76	28.08	2.12	33.92	2.50	40.00
8500	1.38	23.46	1.72	29.26	2.09	35.47	—	—
9000	1.35	24.29	1.69	30.43	2.06	36.99	—	—
9500	1.32	25.1	1.66	31.58	2.03	38.50	—	—
10000	1.29	25.9	1.64	32.72	2.00	40.00	—	—
11000	1.25	27.46	1.59	34.95	—	—	—	—
12000	1.21	28.97	1.55	37.14	—	—	—	—
13000	1.17	30.45	1.51	39.29	—	—	—	—
14000	1.14	31.89	N_g=13333		—	—	—	—
15000	1.11	33.31	U=1.50		—	—	—	—
16000	1.08	34.69	q=40.00		—	—	—	—
17000	1.06	36.05	—	—	—	—	—	—
18000	1.04	37.39	—	—	—	—	—	—
19000	1.02	38.70	—	—	—	—	—	—
20000	1.00	40.00	—	—	—	—	—	—

表 E-2 给水管段设计秒流量计算表[U(%);q(L/s)]

U_o	3.0		3.5		4.0		4.5	
N_g	U	q	U	q	U	q	U	q
1	100.00	0.20	100.00	0.20	100.00	0.20	100.00	0.20
2	72.08	0.29	72.39	0.29	72.70	0.29	73.02	0.29
3	59.31	0.36	59.66	0.36	60.02	0.36	60.38	0.36
4	51.66	0.41	52.03	0.42	52.41	0.42	52.80	0.42
5	46.43	0.46	46.82	0.47	47.21	0.47	47.60	0.48
6	42.57	0.51	42.96	0.52	43.35	0.52	43.76	0.53
7	39.56	0.55	39.96	0.56	40.36	0.57	40.76	0.57
8	37.13	0.59	37.53	0.60	37.94	0.61	38.35	0.61
9	35.12	0.63	35.53	0.64	35.93	0.65	36.35	0.65
10	33.42	0.67	33.83	0.68	34.24	0.68	34.65	0.69
11	31.96	0.70	32.36	0.71	32.77	0.72	33.19	0.73
12	30.68	0.74	31.09	0.75	31.50	0.76	31.92	0.77
13	29.55	0.77	29.96	0.78	30.37	0.79	30.79	0.80
14	28.55	0.80	28.96	0.81	29.37	0.82	29.79	0.83
15	27.64	0.83	28.05	0.84	28.47	0.85	28.89	0.87
16	26.83	0.86	27.24	0.87	27.65	0.88	28.08	0.90
17	26.08	0.89	26.49	0.90	26.91	0.91	27.33	0.93
18	25.40	0.91	25.81	0.93	26.23	0.94	26.65	0.96
19	24.77	0.94	25.19	0.96	25.60	0.97	26.03	0.99
20	24.20	0.97	24.61	0.98	25.03	1.00	25.45	1.02
22	23.16	1.02	23.57	1.04	23.99	1.06	24.41	1.07
24	22.25	1.07	22.66	1.09	23.08	1.11	23.51	1.13
26	21.45	1.12	21.87	1.14	22.29	1.16	22.71	1.18
28	20.74	1.16	21.15	1.18	21.57	1.21	22.00	1.23

续表 E-2

U_o	3.0		3.5		4.0		4.5	
N_g	U	q	U	q	U	q	U	q
30	20.10	1.21	20.51	1.23	20.93	1.26	21.36	1.28
32	19.52	1.25	19.94	1.28	20.36	1.30	20.78	1.33
34	18.99	1.29	19.41	1.32	19.83	1.35	20.25	1.38
36	18.51	1.33	18.93	1.36	19.35	1.39	19.77	1.42
38	18.07	1.37	18.48	1.40	18.90	1.44	19.33	1.47
40	17.66	1.41	18.07	1.45	18.49	1.48	18.92	1.51
42	17.28	1.45	17.69	1.49	18.11	1.52	18.54	1.56
44	16.92	1.49	17.34	1.53	17.76	1.56	18.18	1.60
46	16.59	1.53	17.00	1.56	17.43	1.60	17.85	1.64
48	16.28	1.56	16.69	1.60	17.11	1.54	17.54	1.68
50	15.99	1.60	16.40	1.64	16.82	1.68	17.25	1.73
55	15.33	1.69	15.74	1.73	16.17	1.78	16.59	1.82
60	14.76	1.77	15.17	1.82	15.59	1.87	16.02	1.92
65	14.25	1.85	14.66	1.91	15.08	1.96	15.51	2.02
70	13.80	1.93	14.21	1.99	14.63	2.05	15.06	2.11
75	13.39	2.01	13.81	2.07	14.23	2.13	14.65	2.20
80	13.02	2.08	13.44	2.15	13.86	2.22	14.28	2.29
85	12.69	2.16	13.10	2.23	13.52	2.30	13.95	2.37
90	12.38	2.23	12.80	2.30	13.22	2.38	13.64	2.46
95	12.10	2.30	12.52	2.38	12.94	2.46	13.36	2.54
100	11.84	2.37	12.26	2.45	12.68	2.54	13.10	2.62
110	11.38	2.50	11.79	2.59	12.21	2.69	12.63	2.78
120	10.97	2.63	11.38	2.73	11.80	2.83	12.23	2.93
130	10.61	2.76	11.02	2.87	11.44	2.98	11.87	3.09
140	10.29	2.88	10.70	3.00	11.12	3.11	11.55	3.23
150	10.00	3.00	10.42	3.12	10.83	3.25	11.26	3.38
160	9.74	3.12	10.16	3.25	10.57	3.38	11.00	3.52
170	9.51	3.23	9.92	3.37	10.34	3.51	10.76	3.66
180	9.29	3.34	9.70	3.49	10.12	3.64	10.54	3.80
190	9.09	3.45	9.50	3.61	9.92	3.77	10.34	3.93
200	8.91	3.56	9.32	3.73	9.74	3.89	10.16	4.06
220	8.57	3.77	8.99	3.95	9.40	4.14	9.83	4.32
240	8.29	3.98	8.70	4.17	9.12	4.38	9.54	4.58
260	8.03	4.18	8.44	4.39	8.86	4.61	9.28	4.83
280	7.81	4.37	8.22	4.60	8.63	4.83	9.06	5.07
300	7.60	4.56	8.01	4.81	8.43	5.06	8.85	5.31
320	7.42	4.75	7.83	5.02	8.24	5.28	8.67	5.55
340	7.25	4.93	7.66	5.21	8.08	5.49	8.50	5.78
360	7.10	5.11	7.51	5.40	7.92	5.70	8.34	6.01
380	6.95	5.29	7.36	5.60	7.78	5.91	8.20	6.23
400	6.82	5.46	7.23	5.79	7.65	6.12	8.07	6.46
420	6.70	5.63	7.11	5.97	7.53	6.32	7.95	6.68
440	6.59	5.80	7.00	6.16	7.41	6.52	7.83	6.89
460	6.48	5.97	6.89	6.34	7.31	6.72	7.73	7.11
480	6.39	6.13	6.79	6.52	7.21	6.92	7.63	7.32
500	6.29	6.29	6.70	6.70	7.12	7.12	7.54	7.54

续表 E-2

U_o	3.0		3.5		4.0		4.5	
N_g	U	q	U	q	U	q	U	q
550	6.08	6.69	6.49	7.14	6.91	7.60	7.32	8.06
600	5.90	7.08	6.31	7.57	6.72	8.07	7.14	8.57
650	5.74	7.46	6.15	7.99	6.56	8.53	6.98	9.08
700	5.59	7.83	6.00	8.40	6.42	8.98	6.83	9.57
750	5.46	8.20	5.87	8.81	6.29	9.43	6.70	10.06
800	5.35	8.56	5.75	9.21	6.17	9.87	6.59	10.54
850	5.24	8.91	5.65	9.60	6.06	10.30	6.48	11.01
900	5.14	9.26	5.55	9.99	5.96	10.73	6.38	11.48
950	5.05	9.60	5.46	10.37	5.87	11.16	6.29	11.95
1000	4.97	9.94	5.38	10.75	5.79	11.58	6.21	12.41
1100	4.82	10.61	5.23	11.50	5.64	12.41	6.06	13.32
1200	4.69	11.26	5.10	12.23	5.51	13.22	5.93	14.22
1300	4.58	11.90	4.98	12.95	5.39	14.02	5.81	15.11
1400	4.48	12.53	4.88	13.66	5.29	14.81	5.71	15.98
1500	4.38	13.15	4.79	14.36	5.20	15.60	5.61	16.84
1600	4.30	13.76	4.70	15.05	5.11	16.37	5.53	17.70
1700	4.22	14.36	4.63	15.74	5.04	17.13	5.45	18.54
1800	4.16	14.96	4.56	16.41	4.97	17.89	5.38	19.38
1900	4.09	15.55	4.49	17.08	4.90	18.64	5.32	20.21
2000	4.03	16.13	4.44	17.74	4.85	19.38	5.26	21.04
2200	3.93	17.28	4.33	19.05	4.74	20.85	5.15	22.67
2400	3.83	18.41	4.24	20.34	4.65	22.30	5.06	24.29
2600	3.75	19.52	4.16	21.61	4.56	23.73	4.98	25.88
2800	3.68	20.61	4.08	22.86	4.49	25.15	4.90	27.46
3000	3.62	21.69	4.02	24.10	4.42	26.55	4.84	29.02
3200	3.56	22.76	3.96	25.33	4.36	27.94	4.78	30.58
3400	3.50	23.81	3.90	26.54	4.31	29.31	4.72	32.12
3600	3.45	24.86	3.85	27.75	4.26	31.68	4.67	33.64
3800	3.41	25.90	3.81	28.94	4.22	32.03	4.63	35.16
4000	3.37	26.92	3.77	30.13	4.17	33.38	4.58	36.67
4200	3.33	27.94	3.73	31.30	4.13	34.72	4.54	38.17
4400	3.29	28.95	3.69	32.47	4.10	36.05	4.51	39.67
4600	3.26	29.96	3.66	33.64	4.06	37.37		
4800	3.22	30.95	3.62	34.79	4.03	38.69	N_g=4444 U=4.50 q=40.00	
5000	3.19	31.95	3.59	35.94	4.00	40.40		
5500	3.13	34.40	3.53	38.79	—	—	—	—
6000	3.07	36.82			—	—	—	—
6500	3.02	39.21	N_g=5714 U=3.50 q=40.00		—	—	—	—
6667	3.00	40.00			—	—	—	—

表 E-3　给水管段设计秒流量计算表[U(%);q(L/s)]

U_o	5.0		6.0		7.0		8.0	
N_g	U	q	U	q	U	q	U	q
1	100.00	0.20	100.00	0.20	100.00	0.20	100.00	0.20
2	73.33	0.29	73.98	0.30	74.64	0.30	75.30	0.30
3	60.75	0.36	61.49	0.37	62.24	0.37	63.00	0.38
4	53.18	0.43	53.97	0.43	54.76	0.44	55.56	0.44
5	48.00	0.48	48.80	0.49	49.62	0.50	50.45	0.50
6	44.16	0.53	44.98	0.54	45.81	0.55	46.65	0.56
7	41.17	0.58	42.01	0.59	42.85	0.60	43.70	0.61
8	38.76	0.62	39.60	0.63	40.45	0.65	41.31	0.66
9	36.76	0.66	37.61	0.68	38.46	0.69	39.33	0.71
10	35.07	0.70	35.92	0.72	36.78	0.74	37.65	0.75
11	33.61	0.74	34.46	0.76	35.33	0.78	36.20	0.80
12	32.34	0.78	33.19	0.80	34.06	0.82	34.93	0.84
13	31.22	0.81	32.07	0.83	32.94	0.96	33.82	0.88
14	30.22	0.85	31.07	0.87	31.94	0.89	32.82	0.92
15	29.32	0.88	30.18	0.91	31.05	0.93	31.93	0.96
16	28.50	0.91	29.36	0.94	30.23	0.97	31.12	1.00
17	27.76	0.94	28.62	0.97	29.50	1.00	30.38	1.03
18	27.08	0.97	27.94	1.01	28.82	1.04	29.70	1.07
19	26.45	1.01	27.32	1.04	28.19	1.07	29.08	1.10
20	25.88	1.04	26.74	1.07	27.62	1.10	28.50	1.14
22	24.84	1.09	25.71	1.13	26.58	1.17	27.47	1.21
24	23.94	1.15	24.80	1.19	25.68	1.23	26.57	1.28
26	23.14	1.20	24.01	1.25	24.98	1.29	25.77	1.34
28	22.43	1.26	23.30	1.30	24.18	1.35	25.06	1.40
30	21.79	1.31	22.66	1.36	23.54	1.41	24.43	1.47
32	21.21	1.36	22.08	1.41	22.96	1.47	23.85	1.53
34	20.68	1.41	21.55	1.47	22.43	1.53	23.32	1.59
36	20.20	1.45	21.07	1.52	21.95	1.58	22.84	1.64
38	19.76	1.50	20.63	1.57	21.51	1.63	22.40	1.70
40	19.35	1.55	20.22	1.62	21.10	1.69	21.99	1.76
42	18.97	1.59	19.84	1.67	20.72	1.74	21.61	1.82
44	18.61	1.64	19.48	1.71	20.36	1.79	21.25	1.87
46	18.28	1.68	19.15	1.76	21.03	1.84	20.92	1.92
48	17.97	1.73	18.84	1.81	19.72	1.89	20.61	1.98
50	17.68	1.77	18.55	1.86	19.43	2.94	20.32	2.03
55	17.02	1.87	17.89	1.97	18.77	2.07	19.66	2.16
60	16.45	1.97	17.32	2.08	18.20	2.18	19.08	2.29
65	15.94	2.07	16.81	2.19	17.69	2.30	18.58	2.42
70	15.49	2.17	16.36	2.29	17.24	2.41	18.13	2.54
75	15.08	2.26	15.95	2.39	16.83	2.52	17.72	2.66
80	14.71	2.35	15.58	2.49	16.46	2.63	17.35	2.78
85	14.38	2.44	15.25	2.59	16.13	2.74	17.02	2.89
90	14.07	2.53	14.94	2.69	15.82	2.85	16.71	3.01
95	13.79	2.62	14.66	2.79	15.54	3.95	16.43	3.12
100	13.53	2.71	14.40	2.88	15.28	3.06	16.17	3.23
110	13.06	2.87	13.93	3.06	14.81	3.26	15.70	3.45
120	12.66	3.04	13.52	3.25	14.40	3.46	15.29	3.67
130	12.30	3.20	13.16	3.42	14.04	3.65	14.93	3.88
140	11.97	3.35	12.84	3.60	13.72	4.84	14.61	4.09
150	11.69	3.51	12.55	3.77	13.43	4.03	14.32	4.30

续表 E-3

U_o	5.0		6.0		7.0		8.0	
N_g	U	q	U	q	U	q	U	q
160	11.43	3.66	12.29	3.93	13.17	4.21	14.06	4.50
170	11.19	3.80	12.05	4.10	12.93	4.40	13.82	4.70
180	10.97	3.95	11.84	4.26	12.71	4.58	13.60	4.90
190	10.77	4.09	11.64	4.42	12.51	4.75	13.40	5.09
200	10.59	4.23	11.45	4.58	12.33	4.93	13.21	5.28
220	10.25	4.51	11.12	4.89	11.99	5.28	12.88	5.67
240	9.96	4.78	10.83	5.20	11.70	5.62	12.59	6.04
260	9.71	5.05	10.57	5.50	11.45	5.95	12.33	6.41
280	9.48	5.31	10.34	5.79	11.22	6.28	12.10	6.78
300	9.28	5.57	10.14	6.08	11.01	6.61	11.89	7.14
320	9.09	5.82	9.95	6.37	10.83	6.93	11.71	7.49
340	8.92	6.07	9.78	6.65	10.66	7.25	11.54	7.84
360	8.77	6.31	9.63	6.93	10.56	7.56	11.38	8.19
380	8.63	6.56	9.49	7.21	10.36	7.87	11.24	8.54
400	8.49	6.80	9.35	7.48	10.23	8.18	11.10	8.88
420	8.37	7.03	9.23	7.76	10.10	8.49	10.98	9.22
440	8.26	7.27	9.12	8.02	9.99	8.79	10.87	9.56
460	8.15	7.50	9.01	8.29	9.88	9.09	10.76	9.90
480	8.05	7.73	9.91	8.56	9.78	9.39	10.66	10.23
500	7.96	7.96	8.82	8.82	9.69	9.69	10.56	10.56
550	7.75	8.52	8.61	9.47	9.47	10.42	10.35	11.39
600	7.56	9.08	8.42	10.11	9.29	11.15	10.16	12.20
650	7.40	9.62	8.26	10.74	9.12	11.86	10.00	13.00
700	7.26	10.16	8.11	11.36	8.98	12.57	9.85	13.79
750	7.13	10.69	7.98	11.97	8.85	13.27	9.72	14.58
800	7.01	11.21	7.86	12.58	8.73	13.96	9.60	15.36
850	6.90	11.73	7.75	13.18	8.62	14.65	9.49	16.14
900	6.80	12.24	7.66	13.78	8.52	15.34	9.39	16.91
950	6.71	12.75	7.56	14.37	8.43	16.01	9.30	17.67
1000	6.63	12.26	7.48	14.96	8.34	16.69	9.22	18.43
1100	6.48	14.25	7.33	16.12	8.19	18.02	9.06	19.94
1200	6.35	15.23	7.20	17.27	8.06	19.34	8.93	21.43
1300	6.23	16.20	7.08	18.41	7.94	20.65	8.81	22.91
1400	6.13	17.15	6.98	19.53	7.84	21.95	8.71	24.38
1500	6.03	18.10	6.88	20.65	7.74	23.23	8.61	25.84
1600	5.95	19.04	6.80	21.76	7.66	24.51	8.53	27.28
1700	5.87	19.97	6.72	22.85	7.58	25.77	8.45	28.72
1800	5.80	10.89	6.65	23.94	7.51	27.03	8.38	30.15
1900	5.74	21.80	6.59	25.03	7.44	28.29	8.31	31.58
2000	5.68	22.71	6.53	26.10	7.38	29.53	8.25	33.00
2200	5.57	24.51	6.42	28.24	7.27	32.01	8.14	35.81
2400	5.48	26.29	6.32	30.35	7.18	34.46	8.04	38.60
2600	5.39	28.05	6.24	32.45	7.10	36.89	N_g=2500 U=8.00 q=40.00	
2800	5.32	29.80	6.17	34.52	7.02	39.31		
3000	5.25	31.35	6.10	36.59	N_g=2857 U=7.00 q=40.00			
3200	5.19	33.24	6.04	38.64			—	—
3400	5.14	34.95	N_g=3333 U=6.00 q=40.00				—	—
3600	5.09	36.64			—	—	—	—
3800	5.04	38.33			—	—	—	—
4000	5.00	40.00	—	—	—	—	—	—

附录F 饮用水嘴同时使用数量计算

F.0.1 当计算管段上饮水水嘴数量 $n_o \leqslant 24$ 个时，同时使用数量 m 可按表F.0.1取值。

表F.0.1 计算管段上饮水水嘴数量 $n_o \leqslant 24$ 个时的 m 值

水嘴数量 n_o(个)	1	2	3～8	9～24
使用数量 m(个)	1	2	3	4

F.0.2 当计算管段上饮水水嘴数量 $n_o > 24$ 个时，同时使用数量 m 按表F.0.2取值。

表F.0.2 计算管段上饮水水嘴数量 $n_o > 24$ 个时的 m 值(个)

n_o \ m \ P_o	0.010	0.015	0.020	0.025	0.030	0.035	0.040	0.045	0.050	0.055	0.060	0.065	0.070	0.075	0.080	0.085	0.090	0.095	0.100
25	—	—	—	—	—	4	4	4	4	5	5	5	5	5	6	6	6	6	6
50	—	—	4	4	5	5	6	6	7	7	7	8	8	9	9	9	10	10	10
75	—	4	5	6	6	7	8	8	9	9	10	10	11	11	12	13	13	14	14
100	4	5	6	7	8	8	9	10	11	11	12	13	13	14	15	16	16	17	18
125	4	6	7	8	9	10	11	12	13	13	14	15	16	17	18	18	19	20	21
150	5	6	8	9	10	11	12	13	14	15	16	17	18	19	20	21	22	23	24
175	5	7	8	10	11	12	14	15	16	17	18	20	21	22	23	24	25	26	27
200	6	8	9	11	12	14	15	16	18	19	20	22	23	24	25	27	28	29	30
225	6	8	10	12	13	15	16	18	19	21	22	24	25	27	28	29	31	32	34
250	7	9	11	13	14	16	18	19	21	23	24	26	27	29	31	32	34	35	37
275	7	9	12	14	15	17	19	21	23	25	26	28	30	31	33	35	36	38	40
300	8	10	12	14	16	18	21	22	24	25	28	30	32	34	36	37	39	41	43
325	8	11	13	15	18	20	22	24	26	28	30	32	34	36	38	40	42	44	46
350	8	11	14	16	19	21	23	25	28	30	32	34	36	38	40	42	45	47	49
375	9	12	14	17	20	22	24	27	29	32	34	36	38	41	43	45	47	49	52
400	9	12	15	18	21	23	26	28	31	33	36	38	40	43	45	48	50	52	55
425	10	13	16	19	22	24	27	30	32	35	37	40	43	45	48	50	53	55	57
450	10	13	17	20	23	25	28	31	34	37	39	42	45	47	50	53	55	58	60
475	10	14	17	20	24	27	30	33	35	38	41	44	47	50	52	55	58	61	63
500	11	14	18	21	25	28	31	34	37	40	43	46	49	52	55	58	60	63	66

注：P_o 为水嘴同时使用概率。

F.0.3 水嘴同时使用概率可按下式计算：

$$P_o = \frac{\alpha q_d}{1800 n_o q_o} \qquad (F.0.3)$$

式中：α——经验系数，住宅楼取0.22，办公楼取0.27，教学楼取0.45，旅馆取0.15；

q_d——系统最高日直饮水量(L/d)；

n_o——水嘴数量(个)；

q_o——水嘴额定流量。

注：当 n_o 值与表中数据不符时，可用差值法求得 m。

本规范用词说明

1 为便于在执行本规范条文时区别对待，对要求严格程度不同的用词说明如下：

1)表示很严格，非这样做不可的：

正面词采用“必须”，反面词采用“严禁”；

2)表示严格，在正常情况下均应这样做的：

正面词采用“应”，反面词采用“不应”或“不得”；

3)表示允许稍有选择，在条件许可时首先应这样做的：

正面词采用“宜”，反面词采用“不宜”；

4)表示有选择，在一定条件下可以这样做的，采用“可”。

2 条文中指明应按其他有关标准执行的写法为：“应符合……的规定”或“应按……执行”。

引用标准名录

《室外排水设计规范》GB 50014

《建筑设计防火规范》GB 50016

《人民防空地下室设计规范》GB 50038

《高层民用建筑设计防火规范》GB 50045

《民用建筑太阳能热水系统应用技术规范》GB 50364

《地源热泵系统工程技术规范》GB 50366

《建筑与小区雨水利用技术规范》GB 50400

《城市区域环境噪声标准》GB 3096

《海水水质标准》GB 3097

《地表水环境质量标准》GB 3838

《生活饮用水卫生标准》GB 5749

《民用建筑隔声设计规范》GB 10070

《医疗机构水污染物排放标准》GB 18466

《工业企业设计卫生标准》GBZ 1

《设备及管道保冷技术通则》GB/T 11790

《城市污水再生利用 城市杂用水水质》GB/T 18920

《饮用净水水质标准》CJ 94

《节水型生活用水器具》CJ 164

《游泳池水质标准》CJ 244

中华人民共和国国家标准

建筑给水排水设计规范

GB 50015—2003

(2009 年版)

条 文 说 明

目　次

1 总 则

1.0.2 本条是原规范条文的修改，明确了本规范的适用范围。随着我国诸如会展区、金融区、高新科技开发区、大学城等兴建，形成以展馆、办公楼、教学楼等为主体，以为其配套的服务行业建筑为辅的公建区。公建小区给排水设计属于建筑给排水设计范畴，公建小区给排水设计亦应符合国家标准《建筑给水排水设计规范》的要求，为此，在规范局部修订之际，将公建小区给排水设计主要内容列入本规范。另雨水利用已有国家标准《建筑与小区雨水利用技术规范》GB 50400，本规范不重复其相关内容。

3 给 水

3.1 用水定额和水压

3.1.4 目前各地为促进城市可持续发展、加强城市生态环境建设、创造良好的人居环境，以种植树木和植物造景为主，努力建成景观优美的绿地，建设山清水秀、自然和谐的山水园林城市。在各工程项目的设计中绿化浇灌用水量占有一定的比重。充分利用当地降水、采用节水浇灌技术是绿化浇灌节水的重要措施。确定绿化浇灌用水定额涉及的因素较多，本条提供的数据仅根据以往工程的经验提出，由于我国幅员辽阔，各地应根据当地不同的气候条件、种植的植物种类、土壤理化性状、浇灌方式和制度等因素综合确定。

3.1.10 表 3.1.10 中将宿舍单列。根据工程反馈的信息，宿舍用水时间特别集中，经收集到的论文和测试资料分析，供水不足的现象主要集中在宿舍设置集中或相对集中的盥洗间和卫生间，并且供水不足的原因不仅采用用水疏散型平方根法流量计算公式，其用水定额 q_L、小时变化系数 K_h 偏小也是原因之一，为此作如下修订：

1 宿舍用水定额单列，并适当提高用水量标准和 K_h 值系数；

2 宿舍分类按国家现行标准《宿舍建筑设计规范》JGJ 36—2005 进行分类：

Ⅰ类——博士研究生、教师和企业科技人员，每居室 1 人，有单独卫生间；

Ⅱ类——高等院校的硕士研究生，每居室 2 人，有单独卫生间；

Ⅲ类——高等院校的本、专科学生，每居室 3 人～4 人，有相对集中卫生间；

Ⅳ类——中等院校的学生和工厂企业的职工，每居室 6 人～8 人，集中盥洗卫生间。

根据反馈意见在表 3.1.10 中增列了酒店式公寓、图书馆、书店、会展中心的用水定额。

3.1.13 传统的洗车方法用清水冲洗后，水就排入排水管道，既增加了洗车成本，又大量浪费水资源。近年来随着我国汽车工业的蓬勃发展和车辆的家庭普及，以及各地政府加强了节约用水管理，一些既节水又环保的洗车方式纷纷出现。表 3.1.13 删除了消耗水量大的软管冲洗方式的用水定额，补充了微水冲洗、蒸汽冲洗等节水型冲洗方式的用水定额。

3.1.14 由于给水配件构造的改进与更新，出现了更舒适、更节水的卫生器具。当选用的卫生器具的给水额定流量和最低工作压力与本表不相符时，可按产品要求设计。故增加了表 3.1.14 注 5。

3.1.14A 中华人民共和国城镇建设行业标准《节水型生活用水器具》CJ 164—2002 已于 2002 年 10 月 1 日起正式实施，节水型生活用水器具是指“满足相同的饮用、厨用、洁厕、洗浴、洗衣等用水功能的前提下，较同类常规产品能减少用水量的器件、用具”。针对水嘴（水龙头）、便器及便器系统、便器冲洗阀、淋浴器、家用洗衣机五种常用的生活用水器具的流量（或用水量）的上限作出了相应的规定。

3.1.14B、3.1.14C 洗手盆感应式水嘴和小便器感应式冲洗阀在离开使用状态后，在一定时间内会自动断水，用于公共场所的卫生间时不仅节水，而且卫生。洗手盆自闭式水嘴和小便器延时自闭式冲洗阀可限定每次给水量和给水时间的功能具有较好的节水性能。

3.2 水质和防水质污染

3.2.2 现行国家标准《城市污水再生利用 城市杂用水水质》GB/T 18920是在原城镇建设行业标准《生活杂用水水质标准》CJ/T 48—1999 的基础上制定的，并在该标准实施之日起将原城镇建设行业标准 CJ/T 48—1999 同时废止。本条作相应修改。

3.2.3 所谓自备水源供水管道，即设计工程基地内设有一套从水源（非城镇给水管网，可以是地表水或地下水）取水，经水质处理后供基地内生活、生产和消防用水的供水系统。

城市给水管道（即城市自来水管道）严禁与用户的自备水源的供水管道直接连接，这是国际上通用的规定。当用户需要将城市给水作为自备水源的备用水或补充水时，只能将城市给水管道的水放入自备水源的贮水（或调节）池，经自备系统加压后使用。放水口与水池溢流水位之间必须有有效的空气隔断。

本规定与自备水源水质是否符合或优于城市给水水质无关。

3.2.3A 用生活饮用水作为中水、回用雨水补充水时，不应用管道连接（即使装倒流防止器也不允许），应补入中水、回用雨水贮存池内，且应有本规范第 3.2.4C 条规定的空气间隙。

3.2.4 造成生活饮用水管内回流的原因具体可分为虹吸回流和背压回流两种情况。虹吸回流是由于供水系统供水端压力降低或产生负压（真空或部分真空）而引起的回流。例如，由于附近管网救火、爆管、修理造成的供水中断。背压回流是由于供水系统的下游压力变化，用水端的水压高于供水端的水压，出现大于上游压力而引起的回流，可能出现在热水或压力供水等系统中。例如，锅炉的供水压力低于锅炉的运行压力时，锅炉内的水会回流入供水管道。因为回流现象的产生而造成生活饮用水系统的水质劣化，称之为回流污染，也称倒流污染。

防止回流污染产生的技术措施一般可采用空气隔断、倒流防止器、真空破坏器等措施和装置。

3.2.4A 本条文明确对于卫生器具或用水设备的防止回流污染要求。已经从配水口流出的并经洗涤过的污废水，不得因生活饮用水水管产生负压而被吸回生活饮用水管道，使生活饮用水水质受到严重污染，这种事故是必须严格防止的。

3.2.4B 本条文明确了生活饮用水水池（箱）补水时的防止回流污染要求。本条文空气间隙仍以高出溢流边缘的高度来控制。对于管径小于 25mm 的进水管，空气间隙不能小于 25mm；对于管径在 25mm～150mm 的进水管，空气间隙等于管径；管径大于 150mm 的进水管，空气间隙可取 150mm，这是经过测算的，当进水管径为 350mm 时，喇叭口上的溢流水深约为 149mm。而建筑给水水池（箱）进水管管径大于 200mm 者已少见。生活饮用水水池（箱）进水管采用淹没出流的目的是为了降低进水的噪声，但如果进水管不采取相应的技术措施会产生虹吸回流。应在进水管顶安装真空破坏器。

3.2.4C 本条文明确了消防水、中水和雨水回用水池（箱）补水时的防止回流污染要求。贮存消防用水的贮水池(箱)内贮水的水质虽低于生活饮用水水池(箱),但与本规范第3.2.4A条中"卫生器具和用水设备"内的"液体"或"杂质"是有区别的,同时消防水池补水管的管径较大,因此进水管口的最低点高出溢流边缘的空气间隙高度控制在不小于150mm。

3.2.5 本条的规定属城镇生活饮用水管道与小区或建筑物的生活饮用水管道连接。第1款补充了有两路进水的建筑物。第2款系针对叠压供水系统。第3款针对商用有温有压容器设备的,住宅户内使用的热水机组(含热水器、热水炉)不受本条款约束。如果建筑小区引入管上已设置了防回流设施(即空气间隙、倒流防止器),可不在小区内商用有温有压容器设备的进水管上重复设置。

3.2.5A 本条规定属于生活饮用水与消防用水管道的连接。第1款中接出消防管道不含室外生活饮用水给水管道接出的室外消火栓那一段短管。第2款是对小区生活用水与消防用水合用贮水池中抽水的消防水泵,由于倒流防止器阻力较大,水泵吸程有限,故倒流防止器可装在水泵的出水管上。

3.2.5B 本条为新增条文。属于生活饮用水与有害有毒污染的场所和设备的连接。第1款是关于与设备、设施的连接;第2款是关于有害有毒污染的场所。实施双重设防要求,目的是防止防护区域内交叉污染。

3.2.5C 本条为新增条文。生活饮用水给水管道中存在负压虹吸回流的可能,而解决方法就是设真空破坏器,消除管道内真空度而使其断流。在本条第1款~第4款所提到的场合中均存在负压虹吸回流的可能性。

3.2.5D 本条规定了倒流防止设施选择原则,系参考了国外回流污染危险等级,根据我国倒流防止器产品市场供应情况确定。

防止回流污染可采取空气间隙、倒流防止器、真空破坏器等措施和装置。选择防回流设施要考虑的因素有:

1 回流性质:

1)虹吸回流,系正常供水出口端为自由出流(或末端有控制调节阀),由于供水端突然失压等原因产生一定真空度,使下游端的卫生器具或容器等使用过的水或被污染了的水回流到供水管道系统;

2)背压回流,由于水泵、锅炉、压力罐等增压设施或高位水箱等末端水压超过供水管道压力时产生的回流。

2 回流而造成危害程度。本规范参照国内外标准基础上确定低、中、高三档:

1)低危险级:回流造成损害不至于危害公众健康,对生活饮用水在感官上造成不利影响;

2)中危险级:回流造成对公众健康有潜在损害;

3)高危险级:回流造成对公众生命和健康产生严重危害。

生活饮用水回流污染危害程度划分和倒流防止设施的选择详见本规范附录表A.0.1、A.0.2。

3.2.6 国家标准《二次供水设施卫生规范》GB 17051—1997第5.2条规定:"二次供水设施管道不得与大便器(槽)、小便斗直接连接,须采用冲洗水箱或用空气隔断冲洗阀。"本条文与该标准协调一致,严禁生活饮用水管道与大便器(槽)采用普通阀门直接连接冲洗。

3.2.7 主要针对生活饮用水水质安全的重要性而提出的规定。由于有毒污染的危害性较大,有毒污染区域内的环境情况较为复杂,一旦穿越有毒污染区域内的生活饮用水管道产生爆管、维修等情况,极有可能会影响与之连接的其他生活饮用水管道内的水质安全,在规划和设计过程中应尽量避开。当无法避免时,可采用独立明管铺设,加强管材强度和防腐蚀、防冻等级,避开道路设置等减少管道损坏和便于管理的措施;重点管理和监护。

3.2.8 本条局部修订只局限于供单体建筑生活水箱(池)与消防水箱(池)必须分开设置。

3.2.8A 本条为新增条文。规定了小区生活贮水池与消防贮水池合并设置的条件,两个条件必须同时满足方能合并。小区生活贮水池有效容积按本规范第3.7.2条第1款的要求确定。

3.2.9 国家标准《二次供水设施卫生规范》17051—1997第5.5条规定:"蓄水池周围10m以内不得有渗水坑和堆放的垃圾等污染源。水箱周围2m内不应有污水管线及污染物。"本条文与该标准协调一致。

3.2.10 本条对生活饮用水水池(箱)体结构要求:明确与建筑本体结构完全脱开,生活饮用水水池(箱)体不论什么材质均应与其他用水水池(箱)不共用分隔墙。本次局部修订删除了"隔墙与隔墙之间应有排水措施"的要求。

3.2.11 位于地下室的生活饮用水池设在专用房间内,有利于水池配管及仪表的保护,防止非管理人员误操作而引发事故。生活饮用水贮水池上方,应是洁净且干燥的用房,不应设置厕所、浴室、盥洗室、厨房、污水处理间等需经常冲洗地面的用房,以免楼板产生渗漏时污染生活饮用水水质。

3.2.12 本条贯彻执行现行国家标准《生活饮用水卫生标准》GB 5749,规定给水配件取水达标的要求。加强二次供水防污染措施,将水池(箱)的构造和配管的有关要求归纳后分别列出。

1 人孔的盖与盖座之间的缝隙是昆虫进入水池(箱)的主要通道,人孔盖与盖座要吻合和紧密,并用富有弹性的无毒发泡材料嵌在接缝处。暴露在外的人孔盖要有锁(外围有围护措施,已能防止非管理人员进入者除外)。

通气管口和溢流管是外界生物人侵的通道,所谓生物指由空气中灰尘携带(细菌、病毒、孢子)、蚊子、爬虫、老鼠、麻雀等,这些是造成水箱(池)的水质污染因素之一,所以要采取过滤、隔断等防生物人侵的措施。

2 进水管要在高出水池(箱)溢流水位以上进入水池(箱),是为了防止进水管出现压力倒流或破坏进水管可能出现虹吸倒流时管内真空的需要。

以城市给水作为水源的消防贮水池(箱),除本条第1款只需防昆虫、老鼠等人侵外,第2、3、5款的规定也可适用。

设置在地下室中的水池,尤其是设置在地下二层或以下的水池,当池中的最高水位比建筑物的给水引入管管底低300mm以上时,此水池可被认为不会产生虹吸倒流。

3.2.13 水池(箱)内的水停留时间超过48h,一般被认为水中的余氯已挥发完了,故应进行再消毒。本规范与现行国家标准《二次供水设施卫生规范》GB 17051的要求一致。

3.2.14 这是为了防止误饮误用,国内外相关法规中都有此规定。一般做法是挂牌,牌上写上"非饮用水"、"此水不能喝"等字样,还应配有英文,如"No Drinking"或"Can't Drinking Water"。

3.3 系统选择

3.3.1A 合理地利用水资源,避免水的损失和浪费,是保证我国国民经济和社会发展的重要战略问题。建筑给水设计时应贯彻减量化、再利用、再循环的原则,综合利用各种水资源。

3.3.2A 管网叠压供水设备是近年来发展起来的一种新的供水设备,具有可利用城镇给水管网的水压而节约能耗,设备占地较小,节省机房面积等优点,在工程中得到了一定的应用。但是作为供水设备的一种形式,叠压供水设备也是有其特定的使用条件和技术要求。

1 叠压供水设备在城镇给水管网能满足用户的流量要求,而不能满足所需的水压要求,设备运行后不会对管网的其他用户产生不利影响的地区使用。各地供水行政主管部门(如水务局)及供水部门(如自来水公司)会根据当地的供水情况提出使用条件要求,北京市、天津市等均有具体的规定和要求。中国工程建设协会标准《管网叠压供水技术规程》CECS 221第3.0.5条对此也作了明确的规定:"供水管网经常性停水的区域;供水管网可资利用水头过低的区域；供水管网供水压力波动过大的区域；使用管网叠压供水设备后，对周边现有（或规划）用户用水会造成严重影响的区域；现有供水管网供水总量不能满足用水需求的区域；供水管网管径偏小的区域；供水行政主管部门及供水部门认为不宜使用管网叠压供水设备的其他区域”等七种区域不得采用管网叠压供水技术。因此，当采用叠压供水设备直接从城镇给水管网吸水的设计方案时，要遵守当地供水行政主管部门及供水部门的有关规定，并将设计方案报请该部门批准认可。未经当地供水行政主管部门及供水部门的允许，不得擅自在城市供水管网中设置、使用管网叠压供水设备。

2 由于城镇给水管网的压力是波动的，而小区供水系统的所需用水量也发生着变化，为保证管网叠压供水设备的节能效果，宜采用变频调速泵组加压供水。在确定叠压供水装置水泵扬程以城镇供水管网限定的最低水压为依据，此水压值各地供水部门都有规定，更不允许出现负压。叠压供水装置中设置许多保护装置，在受到城镇供水工况变化的影响，保护装置作用造成断水，这应该采取措施，避免供水中断。

补充了注的规定。充分利用城镇供水的资用水头。

3 为应对城镇供水工况变化的影响，当城镇给水管网压力下降至最低设定时，防止叠压供水设备对附近其他用户的影响及小区供水安全，部分叠压供水设备在水泵吸水管一侧设置调节水箱。由城镇给水管网接入的引入管，同时与水泵吸水口和调节水箱进水浮球阀连接，而水泵吸水口同时与城镇给水管网引入管和调节水箱连接。正常情况下水泵直接从城镇给水管网吸水加压后向小区给水系统供水，当城镇给水管网压力下降至最低设定值时，关闭城镇给水管网引入管上的阀门，水泵从调节水箱吸水加压后向室内系统供水，从而达到向小区给水系统不间断供水的要求。但是，在选用这类设备时，要注意水泵的实际工况对供水安全和节能效果的影响。如水泵从调节水箱吸水时，水泵的扬程必须满足最不利用水点的压力；而当城镇管网串联加压时，由于城镇管网的余压，变频调速泵组的实际扬程要比前者小。因此，叠压供水设备选型时变频调速泵组的扬程应以城镇供水最不利水压确定，同时应校核调节水箱的最低水位时变频调速泵组的工作点仍应在高效区内，并且关注叠压泵组对所需提升水压值不高的多层建筑供水系统运行时的安全性。同时，低位贮水池有效贮存容积为城镇供水管网限定的最低水压以下时段（不能叠压供水）小区所需用水量，以策安全供水。由于城镇供水工况变化莫测，低位贮水池的水可能得不到更新而变质，所以规定贮水在水箱中停留时间不得超过12h。

4 由于叠压供水设备有其特定的使用条件和技术要求，应符合现行国家和行业标准的要求。

3.3.3 建筑物内给水系统除要按不同使用性质或计费的给水系统在引入管后分成各自独立的给水管网，还要在条件许可时采用分质供水，充分利用中水、雨水回用等再生水资源；尽可能利用室外给水管网的水压直接供水；给水系统的竖向分区应根据建筑物用途、层数、使用要求、材料设备性能、维护管理、节约供水能耗等因素综合确定。

3.3.5 高层建筑生活给水系统竖向分区要根据建筑物用途、建筑高度、材料设备性能等因素综合确定。分区供水的目的不仅为了防止损坏给水配件，同时可避免过高的供水压力造成用水不必要的浪费。

对供水区域较大多层建筑的生活给水系统，有时也会出现超出本条分区压力的规定。一旦产生入户管压力、最不利点压力等超出本条规定时，也要为满足本条文的有关规定采取相应的技术措施。

3.3.5A 本条为新增内容，系与国家标准《住宅建筑规范》GB 50368—2005有关内容相协调。

3.3.6 建筑高度不超过100m的高层建筑，一般低层部分采用市政水压直接供水，中区和高区优先采用加压至屋顶水箱（或分区水箱），再自流分区减压供水的方式，也可采用一组调速泵供水，这就是垂直分区并联供水系统，分区内再用减压阀局部调压。

对建筑高度超过100m的高层建筑，若仍采用并联供水方式，其输水管道承压过大，存在不安全隐患，而串联供水可化解此矛盾。垂直串联供水可设中间转输水箱，也可不设中间转输水箱，在采用调速泵组供水的前提下，中间转输水箱已失去调节水量的功能，只剩下防止水压回传的功能，而此功能可用管道倒流防止器替代。不设中间转输水箱，又可减少一个水质污染的环节和节省建筑面积。

3.4 管材、附件和水表

3.4.1 在工程建设给水系统中使用的管材、管件，必须符合现行产品标准的要求。

管件的允许工作压力，除取决于管材、管件的承压能力外，还与管道接口能承受的拉力有关。这三个允许工作压力中的最低者，为管道系统的允许工作压力。

3.4.2 埋地的给水管道，既要承受管内的水压力，又要承受地面荷载的压力。管内壁要耐水的腐蚀，管外壁要耐地下水及土壤的腐蚀。目前使用较多的有塑料给水管，球墨铸铁给水管，有衬里的铸铁给水管。当必须使用钢管时，要特别注意钢管的内外防腐处理，防腐处理常见的有衬塑、涂塑或涂防腐涂料（注意：镀锌层不是防腐层，而是防锈层，所以镀锌钢管也必须做防腐处理）。

3.4.3 室内的给水管道，选用时应考虑其耐腐蚀性能，连接方便可靠，接口耐久不渗漏，管材的温度变形，抗老化性能等因素综合确定。当地主管部门对给水管材的采用有规定时，应予遵守。

可用于室内给水管道的管材品种很多，纯塑料的塑料管和薄壁（或薄层）金属与塑料复合的复合管材均被视为塑料类管材。薄壁铜管，薄壁不锈钢管，衬（涂）塑钢管被视为金属管材。各种新型的给水管材，大多编制有推荐性技术规程，可为设计、施工安装和验收提供依据。

根据工程实践经验，塑料给水管由于线胀系数大，又无消除线胀的伸缩节，用作高层建筑给水立管，在支管连接处累积变形大，容易断裂漏水。故立管推荐采用金属管或钢塑复合管。

3.4.4 给水管道上的阀门的工作压力等级，应等于或大于其所在管段的管道工作压力。阀门的材质，必须耐腐蚀，经久耐用。镀铜的铁杆、铁芯阀门，不应使用。

3.4.5 本条第5款中删除了关于在“配水支管上配水点在3个及3个以上时应设置”阀门的要求。本规范2003版第3.4.5条第5款的要求在住户、公用卫生间等接出的配水管起端，接有3个及3个以上配水点的支管上设置阀门，导致设置阀门过多。

3.4.6 调节阀是专门用于调节流量和压力的阀门，常用在需调节流量或水压的配水管段上。

蝶阀，尤其是小口径的蝶阀，其阀瓣占据流道截面的比例较大，故水流阻力较大。且易挂积杂物和纤维。

水泵吸水管的阻力大小对水泵的出水流量影响较大，故宜采用闸板阀。球阀和半球阀的过水断面为全口径，阻力最小。

多功能阀兼有闸阀和止回的功能，故一般装在口径较大的水泵的出水管上。

截止阀内的阀芯，有控制并截断水流的功能，故不能安装在双向流动的管段上。

3.4.7 止回阀只是引导水流单向流动的阀门，不是防止倒流污染的有效装置。此概念是选用止回阀还是选用管道倒流防止器的原则。管道倒流防止器具有止回阀的功能，而止回阀则不具备管道倒流防止器的功能，所以设有管道倒流防止器后，就不需再设止回阀。

1 此款明确只在直接从城镇给水管接入的引入管上。

2　此款明确密闭的水加热器或用水设备的进水管上，应设置止回阀(如根据本规范3.2.5条已设置倒流防止器，不需再设止回阀)。由于住宅使用的热水机组容积均较小，无热水循环时发生倒流的可能性较小，故住宅户内没有设置热水循环的贮水容积不大于200L的热水机组，可不设止回阀。

4　此款明确了水箱、水塔当进出水管为一条时，为防止底部进水，在底部出水的管段上应装止回阀。

3.4.8　本条列出了选择止回阀阀型时应综合考虑的因素。

止回阀的开启压力与止回阀关闭状态时的密封性能有关，关闭状态密封性好的，开启压力就大，反之就小。

开启压力一般大于开启后水流正常流动时的局部水头损失。

速闭消声止回阀和阻尼缓闭止回阀都有削弱停泵水锤的作用，但两者削弱停泵水锤的机理不同，一般速闭消声止回阀用于小口径水泵，阻尼缓闭止回阀用于大口径水泵。

止回阀的阀瓣或阀芯，在水流停止流动时，应能在重力或弹簧力作用下自行关闭，也就是说重力或弹簧力的作用方向与阀瓣或阀芯的关闭运动方向要一致，才能使阀瓣或阀芯关闭。一般来说卧式升降式止回阀和阻尼缓闭止回阀及多功能阀只能安装在水平管上，立式升降式止回阀不能安装在水平管上，其他的止回阀均可安装在水平管上或水流方向自下而上的立管上。水流方向自上而下的立管，不应安装止回阀，因其阀瓣不能自行关闭，起不到止回作用。止回阀在使用中应满足在管网最小压力或水箱最低水位应能自动开启。

3.4.8A、3.4.8B　新增条文。正确的设置位置是保证管道倒流防止器和真空破坏器使用的重要保证条件。本条系引用国外标准中对倒流防止器和真空破坏器设置要求。从倒流防止器和真空破坏器本身安全卫生防护要求确定的。

3.4.9　本条规定是为了防止给水管网使用减压阀后可能出现的安全隐患。

1　限制比例式减压阀的减压比和可调式减压阀的减压差，是为了防止阀内产生汽蚀损坏减压阀和减少振动及噪声。本条第1款补充了减压比较大及减压压差较大时采取的措施。

2　防止减压阀失效时，阀后卫生器具给水栓受损坏。

3　阀前水压稳定，阀后水压才能稳定。

4　减压阀并联设置的作用只是为了当一个阀失效时，将其关闭检修，使管路不需停水检修。减压阀若设旁通管，因旁通管上的阀门渗漏会导致减压阀减压作用失效，故不得设置旁通管。

3.4.11　泄压阀的泄流量大，给水管网超压是因管网的用水量太少，使向管网供水的水泵的工作点上移而引起的，泄压阀的泄压动作压力比供水水泵的最高供水压力小，泄压时水泵仍不断将水供入管网，所以泄压阀动作时是要连续泄水，直到管网用水量等于泄水量时才停止泄水复位。泄压阀的泄水流量要按水泵H-Q特性曲线上泄压压力对应的流量确定。

生活给水管网出现超压的情况，只有在管网采用额定转速水泵直接供水时(尤其是直接串联供水时)出现。

泄压水排入非生活用水水池，既可利用水池存水消能，也可避免水的浪费；如直接排入雨水道，要有消能措施，防止冲坏连接管和检查井。

3.4.12　安全阀的泄流量很小，适用于压力容器因超温引起的超压泄压，容器的进水压力小于安全阀的泄压动作压力，故在泄压时没有补充水进入容器，所以安全阀只要泄走少量的水，容器内的压力即可下降恢复正常。泄压口接管将泄压水(汽)引至安全地点排放，是为了防止高温水(汽)烫伤人。

3.4.15　给水管道系统如果串联重复设置管道过滤器，不仅增加工程费用，且增加了阻力需消耗更多的能耗。因此，当在减压阀、自动水位控制阀、温度调节阀等阀件前，已设置了管道过滤器，则水加热器的进水管和水泵吸水管等处的管道过滤器可不必再设置。

3.4.18　本条文删除了原第1款。水表直径的确定应按原第2款～第4款的计算结果，《建筑给水排水设计规范》97版第2.5.8A条也无此要求，如将"宜"放在第1款易造成误解，故删除。

国家产品标准《封闭满管道中水流量的测量饮用冷水水表和热水水表　第1部分：规范》GB/T 778.1—2007等效采用ISO 4064.1—2005的技术内容。其名词术语也与原GB 778—84不同。用"常用流量"替代原来"额定流量"；"过载流量"替代"最大流量"。

常用流量系水表在正常工作条件即稳定或间隙流动下，最佳使用流量。对于用水量在计算时段时用水量相对均匀的给水系统，如用水量相对集中的工业企业生活间、公共浴室、洗衣房、公共食堂、体育场等建筑物，用水密集，其设计秒流量与最大小时平均流量折算成秒流量相差不大，应以设计秒流量来选用水表的常用流量；而对于住宅、旅馆、医院等用水疏散型的建筑物，其设计秒流量系最大日最大时中某几分钟高峰用水时段的平均秒流量，如按此选用水表的常用流量，则水表很多时段均在比常用流量小或小得很多的情况下运行；且水表口径选得很大。为此，这类建筑宜按给水系统的设计秒流量选用水表的过载流量较合理。

居住小区由于人数多、规模大，虽然按设计秒流量计算，但已接近最大用水时的平均秒流量。以此流量选择小区引入管水表的常用流量。如引入管为2条及2条以上时，则应平均分摊流量。该生活给水设计流量还应按消防规范的要求叠加区内一次火灾的最大消防流量校核，不应大于水表的过载流量。

3.5　管道布置和敷设

3.5.1　将本条后半段有关引入管流量的规定移至3.6节归并。

3.5.2　居住小区室外管线要进行管线综合设计，管线与管线之间、管线与建筑物或乔木之间的最小水平净距，以及管线交叉敷设时的最小垂直净距，应符合附录B的要求。当小区内的道路宽度小，管线在道路下排列困难时，可将部分管线移至绿地内。

3.5.2A　本条系新增条文，根据国家标准《室外给水排水设计规范》GB 50013－2006第7.3.6条的规定，并根据小区道路狭窄的特点，不具体规定钢套管伸出与排水管交叉点的长度。

3.5.5　原条文关于"室内冷、热水管垂直平行敷设时，冷水管应在热水管右侧"的要求不够严谨，一些设计人员反映难以把握。因此本条文作了修改，明确为卫生器具进水接管时，冷水的连接管应在热水连接管的右侧。

3.5.8　本条规定室内给水管道敷设的位置不能由于管道的漏水或结露产生的凝结水造成对安全的严重隐患，产生对财物的重大损害。

遇水燃烧物质系指凡是能与水发生剧烈反应放出可燃气体，同时放出大量热量，使可燃气体温度猛升到自燃点，从而引起燃烧爆炸的物质，都称为遇水燃烧物质。遇水燃烧物质按遇水或受潮后发生反应的强烈程度及其危害的大小，划分为两个级别：

一级遇水燃烧物质，与水或酸反应时速度快，能放出大量的易燃气体，热量大，极易引起自燃或爆炸。如锂、钠、钾、铷、锶、铯、钡等金属及其氢化物等。

二级遇水燃烧物质，与水或酸反应时的速度比较缓慢，放出的热量也比较少，产生的可燃气体，一般需要有水源接触，才能发生燃烧或爆炸。如金属钙、氢化铝、硼氢化钾、锌粉等。

在实际生产、储存与使用中，将遇水燃烧物质都归为甲类火灾危险品。在储存危险品的仓库设计中，应避免将给水管道(含消防给水管道)布置在上述危险品堆放区域的上方。

3.5.12　塑料给水管道在室内明装敷设时易受碰撞而损坏，也发生过被人为割伤，尤其是设在公共场所的立管更易受此威胁，因此提倡在室内暗装。另一方面，在室内虽一般不受到阳光直射(除了位置不当)，但暴露在光线下和流通的空气中仍比暗装时易老化。立管不在管井或管窿内敷设时，可在管外加套管，或覆盖铁丝网后用水泥砂浆封闭。户内支管可采用直埋在楼(地)面垫层或墙体管槽内。

3.5.13 塑料给水管道不得布置在灶台上边缘，是为了防止炉灶口喷出的火焰及辐射热损坏管道。燃气热水器虽无火焰喷出，但其燃烧部位外面仍有较高的辐射热，所以不应靠近。

塑料给水管道不应与水加热器或热水炉直接连接，以防炉体或加热器的过热温度直接传给管道而损害管道，一般应经不少于0.4m的金属管过渡后再连接。

3.5.16 给水管道因温度变化而引起伸缩，必须予以补偿，过去因使用金属管材，其线膨胀系数较小，在管道直线长度不大的情况下，伸缩量不大而不被重视。在给水管道采用塑料管时，塑料管的线膨胀系数是钢管的7倍～10倍。因此必须予以重视，如无妥善的伸缩补偿措施，将会导致塑料管道的不规则拱起弯曲，甚至断裂等质量事故。常用的补偿方法就是利用管道自身的折角变形来补偿温度变形。

3.5.17 给水管道的防结露计算是比较复杂的问题，它与水温、管材的导热系数和壁厚、空气的温度和相对湿度，保冷层的材质和导热系数等有关。如资料不足时，可借用当地空调冷冻水小型支管的保冷层做法。

在采用金属给水管出现结露的地区，塑料给水管同样也会出现结露，仍需做保冷层。

3.5.18 给水管道不论管材是金属管还是塑料管(含复合管)，均不得直接埋设在建筑结构层内。如一定要埋设时，必须在管外设置套管，这可以解决在套管内敷设和更换管道的技术问题，且要经结构工种的同意，确认埋在结构层内的套管不会降低建筑结构的安全可靠性。

小管径的配水支管，可以直接埋设在楼板面的垫层内，或在非承重墙体上开凿的管槽内(当墙体材料强度低不能开槽时，可将管道贴墙面安装后抹厚墙体)。这种直埋安装的管道外径，受垫层厚度或管槽深度的限制，一般外径不宜大于25mm。

直埋敷设的管道，除管内壁要求具有优良的防腐性能外，其外壁还要具有抗水泥腐蚀的能力，以确保管道使用的耐久性。

采用卡套式或卡环式接口的交联聚乙烯管，铝塑复合管，为了避免直埋管因接口渗漏而维修困难，故要求直埋管段不应中途接驳或用三通分水配水，应采用软态给水塑料管分水器集中配水，管接口均应明露在外，以便检修。

3.5.24 室外明设的管道，在结冻地区无疑要做保温层，在非结冻地区亦宜做保温层，以防止管道受阳光照射后管内水温高，导致用水时水温忽热忽冷，水温升高管内的水受到了"热污染"，还给细菌繁殖提供了良好的环境。

室外明设的塑料给水管道不需保温时，亦应有遮光措施，以防塑料老化缩短使用寿命。

3.6 设计流量和管道水力计算

3.6.1 原规范2003版设计流量计算存在下列问题：

1 3000人以上支状管道计算无依据；

2 3000人以下环状管道计算无依据；

3 在3000人前提下按设计秒流量式(3.6.4)计算和按最大小时平均流量计算得到两种结果；

4 居住小区给水支管按最大小时平均秒流量计算偏小，与住宅按概率法计算设计秒流量不能衔接；

5 公共建筑区给水管道计算无依据。

通过研究分析，对《建筑给水排水设计规范》GB 50015—2003版的居住小区给水管道设计秒流量概率公式和按最大小时平均流量计算方法进行比对，从而找到两种计算方法衔接点。此衔接点(即居住小区给水管道服务人数)与住宅最高日用水量定额 q_L、用水小时变化系数 K_h、每户卫生器具当量数 N 有关。为此确定居住小区给水管道设计流量计算准则，表3.6.1中的人数就是两种计算方法的衔接点：

1 居住小区给水管道服务人数小于等于衔接点(人数)时，住宅按3.6.4概率公式计算设计秒流量作为管段流量，居住小区配套设施(文体、餐饮娱乐、商铺及市场)按3.6.5平方根法公式和3.6.6同时用水百分数法公式计算设计秒流量作为节点流量；

2 居住小区给水干管服务人数大于衔接点(人数)时，住宅按最大小时平均流量计算作为管段流量，居住小区配套设施(文体、餐饮娱乐、商铺及市场)的规模与小区规模成正比，另一方面其最大用水时时段与住宅的最大用水时时段基本重合，故这部分流量按最大小时平均流量计算作为节点流量；

3 小区内配套的文教、医疗保健、社区管理等设施的用水时间(寄宿学校除外)与住宅的最大用水时并不重合，以及绿化和景观用水、道路及广场洒水、公共设施用水等都与住宅最大用水时不重合，均以平均小时流量计算节点流量是有安全余量的。

3.6.1A 本条系新增条文，规定了小区室外给水管道直供和非直供的计算方法。

3.6.1B 本条规定了小区引入管的计算原则。

1 此款的规定系与本规范第3.1.7条相呼应，漏失水量和未预见水量应在引入管计算流量基础上乘1.10～1.15系数。

2 此款系由原第3.5.1条后半段移至本条。

3 此款规定是为了保证小区室外给水管网的供水能力，当支状布置时引入管的管径不应小于室外给水干管的管径。

4 此款规定小区环状管道管径相同，一是简化计算，二是安全供水。

3.6.2 居住小区的室外生活与消防合用给水管道，必须按国家标准《建筑设计防火规范》GB 50016—2006第8.1.4条规定，在最大用水时生活用水设计流量上叠加消防流量进行复核，复核结果应满足管网末梢的室外消火栓从地面算起的流出水头不低于0.10MPa。

本条规定的消防流量按小区内一次火灾的最大消防流量计，这是根据居住小区人口不大于15000人确定的，与现行国家标准《建筑设计防火规范》GB 50016中规定的，居住人口在2.5万人以下，火灾次数以一次计相对应。

3.6.3 高层建筑的室内给水系统，一般都是低层区由室外给水管网直接供水，室外给水管网水压供不上的楼层，由建筑物内的加压系统供水。加压系统设有调节贮水池，其补水量经计算确定，一般介于平均用水时流量与最大用水时流量之间。所以建筑物的给水引入管的设计秒流量，就由直接供水部分的设计秒流量加上加压部分的补水流量组成。

3.6.4 生活给水管道设计秒流量计算按用水特点分两种类型：一种为分散型，如住宅、宿舍(Ⅰ、Ⅱ类)、旅馆、酒店式公寓、医院、幼儿园、办公楼、学校等，其用水特点是用水时间长，用水设备使用情况不集中，卫生器具的同时出流百分数(出流率)随卫生器具的增加而减少；另一种是密集型，如宿舍(Ⅲ、Ⅳ类)、工业企业的生活间、公共浴室、洗衣房、公共食堂、实验室、影剧院、体育场等，采用同时给水百分数计算方法。而对分散型中的住宅的设计秒流量计算方法，采用了以概率法为基础的计算方法。对于公建部分，仍采用原规范平方根法计算。式3.6.4-1和式3.6.4-2分子中需乘以100，才与附录E中 U 和 U_0 相吻合。

由于概率法中的随机事件应是同一事件，也就是说应是每一种卫生器具分别计算，然后再计算它们的组合的概率，本条的计算法将卫生器具给水当量作为随机事件是运用了"模糊"的概念，要求纳入计算的卫生器具的额定流量基本相等。因此大便器延时自闭冲洗阀就不能将它的折算给水当量直接纳入计算，而只能将计算结果附加1.20L/s流量后作为设计流量。

式3.6.4-4是概率法中的一个基本公式，也就是加权平均法的基本公式，使用本公式时应注意：

1　本公式只适用于各支管的最大用水时发生在同一时段的给水管道。而对最大用水时并不发生在同一时段的给水管道，应将设计秒流量小的支管的平均用水时平均秒流量与设计秒流量大的支管的设计秒流量叠加成干管的设计秒流量。第3.6.1条的居住小区室外给水管道设计流量就是采用此原则。

2　本公式只适用于枝状管网的计算，不适用于环状管网的管段设计流量的确定。

3.6.6　将Ⅲ、Ⅳ类宿舍归为用水密集型建筑。

其卫生器具同时给水百分数随器具数增多而减少。实际应用中，需根据用水集中情况、冷热水是否有计费措施等情况选择上限或下限值。

对于Ⅲ类宿舍设有单独卫生间时，可按表1选用。对于Ⅳ类宿舍设置单独卫生间的情况由于并不合理，本表格未予列入。

表1　宿舍(Ⅲ类、单独卫生间)的卫生器具同时给水百分数(%)

卫生器具数量 卫生器具名称	1～30	31～50	51～100	101～250	251～500	501～1000	1001～3000	3000以上
洗脸盆、盥洗槽水嘴	60～100	45～60	35～45	25～35	20～25	17～20	15～17	5～15
有间隔淋浴器	60～80	45～60	35～45	25～35	20～25	17～20	15～17	5～15
大便器冲洗水箱	60～70	40～60	30～40	22～30	18～22	15～18	11～15	5～11

对于Ⅲ、Ⅳ类宿舍设有集中卫生间时，可按表2选用：

表2　宿舍(Ⅲ、Ⅳ类，集中卫生间)的卫生器具同时给水百分数(%)

卫生器具数量 卫生器具名称	1～30	31～50	51～100	101～200	201～500	501～1000	1000以上
洗涤盆(池)	—	—	—	—	—	—	—
洗手盆	—	—	—	—	—	—	—
洗脸盆、盥洗槽水嘴	80～100	75～80	70～75	55～70	45～55	40～45	20～40
浴盆	—	—	—	—	—	—	—
无间隔淋浴器	100	80～100	75～80	60～75	50～60	40～50	20～40
有间隔淋浴器	80	75～80	60～75	50～60	40～50	35～40	20～35
大便器冲洗水箱	70	65～70	55～65	45～55	40～45	35～40	20～35
大便槽自动冲洗水箱	100	100	100	100	100	100	100
大便器自闭式冲洗阀	2	2	2	1～2	1	1	1
小便槽自动冲洗水箱	100	100	100	100	100	100	100
小便器自闭式冲洗阀	10	9～10	8～9	6～7	5～6	4～5	2～4

3.6.7　规定了最大用水小时的用水量，按本规范表3.1.9和表3.1.10中用水定额，使用时数和小时变化系数经计算确定，以便确定调节设备的进水管径等。

3.6.8　住宅的入户管径不宜小于20mm，这是根据住宅户型和卫生器具配置标准经计算而得出的。

3.6.10　海澄－威廉公式是目前许多国家用于供水管道水力计算的公式。它的主要特点是，可以利用海澄－威廉系数的调整，适应不同粗糙系数管道的水力计算。

3.6.11　给水管道的局部水头损失，当管件的内径与管道的内径在接口处一致时，水流在接口处流线平滑无突变，其局部水头损失最小。当管件的内径大于或小于管道内径时，水流在接口处的流线都产生突然放大和突然缩小的突变，其局部水头损失约为内径无突变的光滑连接的2倍。所以本条只按连接条件区分，而不按管材区分。

本条提供的按沿程水头损失百分比取值，只适用于配水管，不适用于给水干管。

配水管采用分水器集中配水，既可减少接口及减小局部水头损失，又可削减卫生器具用水时的相互干扰，获得较稳定的出口水压。

3.6.15　倒流防止器的水头损失，应包括第一阀瓣开启压力和第二阀瓣开启压力加上水流通过倒流防止器过水通道的局部水头损失。由于各生产企业产品的参数不一，各种规格型号的产品局部水头损失都不一样，设计选用时要求提供经权威测试机构检测的倒流防止器的水头损失曲线。

真空破坏器的水头损失值，也应经权威测试机构检测的参数作为设计依据。

3.7　水塔、水箱、贮水池

3.7.2　本条第1款修订了原规范规定。将原"居住小区加压泵站的贮水池"改为对小区贮水池容积的规定。根据中国工程建设协会标准《居住小区给水排水设计规范》CECS 57：94第3.7.6条的规定："贮水池的有效容积，应根据居住小区生活用水的调蓄贮水量、安全贮水量和消防贮水量确定。"生活用水的调蓄贮水量仍保留原规范规定。安全贮水量考虑因素：一是最低水位不能见底，需留有一定水深的安全量，一般最低水位距池底不小于0.5m。二是市政管网供水可靠性。市政引入管根数、同侧引入与不同侧引入，可能发生事故时段的贮水量，如市政管道因爆管等原因，检修断水。三是小区建筑用水的重要程度，如医院院区、不允许断水的工业、科技园区等。安全贮水量一般由设计人员根据具体情况确定。在生活与消防合用的小区贮水池，消防用水的贮水量依据现行的消防规范确定。

本条第2款规定贮水池宜分成容积基本相等的两格，是为了清洗水池时可不停止供水。

3.7.3　建筑物内的生活用水贮水池，不宜毗邻电气用房和居住用房或在其下方，除防止水池渗漏造成损害外，还考虑水池产生的噪声对周围房间的影响。所以其他有安静要求的房间，也不应与贮水池毗邻或在其下方。

3.7.6　本条提出不论所在地区冬季是否结冻，高位水箱应设置在水箱间。目的是为了改善水箱周围的卫生环境，保护水箱水质。在非结冻地区的不保温水箱，存在受阳光照射而水温升高的问题，将导致箱内水的余氯加速挥发，细菌繁殖加快，水质受到"热污染"，一旦引发"军团病"，就威胁到用户的生命安全。

3.7.7　高位水箱的进、出水管不宜采用一条管，即进水管不能兼做出水配水管，这种配管方式会造成水箱内死水区大，尤其是当进水压力基本可满足用户水压要求，进入水箱的水很少时，箱内的水得不到更新(如利用市政水压供水的调节水箱，夏季水压不足，冬季水压已够)，水质恶化。当然这种配管在进水管起端必须安装管道倒流防止器。否则就产生倒流污染，甚至箱内的水会流空，用户没水用。

由于直接作用式浮球阀出口是进水管断面40%，故需设置2个，且要求进水管标高一致，可避免2个浮球阀受浮力不一致而容易损坏漏水的现象。

由于城市给水管网直接供给调节水池(箱)时，只能利用池(箱)的水位控制其启闭，水位控制阀能实现其启闭自动化。但对由单台加压设备向单个调节水箱供水的情况，则由水箱的水位通过液位传感信号控制加压设备的启闭，不应在水箱进水管上设置水位控制阀，否则造成控制阀冲击振动而损坏。对于一组水泵同时供给多个水箱的供水工况，损坏几率较高的是与水箱进水管相同管径的直接作用式浮球阀，而应在每个水箱中设置水位传感器，通过水位监控仪实现水位自动控制。这类阀门有电磁先导水力控制阀、电动阀等，故在条文中不强调一定要用电动阀。

溢流管的溢流量是随溢流水位升高而增加，一般常规做法是溢流管比水箱进水管管径大一级，管顶采用喇叭口(1：1.5～1：2.0喇叭口)集水，是有明显的溢流堰的水流特性，然后经垂直管段后转弯穿池壁出池外。

水池(箱)泄水出路有室外雨水检查井、地下室排水沟(应间接排水)、屋面雨水天沟等，其排泄能力有大小，不能一视同仁。一般情况比进水管小一级管径，至少不应小于50mm。

当水池埋地较深，无法设置泄水管时，应采用潜水给水泵提升泄水。如配有水泵机组时，可利用增加水泵出水管管段接出泄水管的方法，工程中实为有效的办法。

在工程中由于自动水位控制阀失灵，水池（箱）溢水造成水资源浪费，特别是地下室的贮水池溢水造成财产损失的事故屡见不鲜。贮水构筑物设置水位监视、报警和控制仪器和设备很有必要，目前国内此类产品性能可靠，已广泛应用。地下有淹没可能的地下泵房，有的对水池的进水阀提出双重控制要求（如：先导阀采用浮球阀＋电磁阀），同时，对泵房排水提出防淹没的排水能力要求。

报警水位与最高水位和溢流水位之间关系：报警水位应高出最高水位50mm左右，小水箱可小一些，大水箱可取大一些。报警水位距溢流水位一般约50mm，如进水管径大，进水流量大，报警后需人工关闭或电动关闭时，应给予紧急关闭的时间，一般报警水位距溢流水位250mm～300mm。

3.7.8 高层建筑采用垂直串联供水时，传统的做法是设置中途转输水箱。中途转输水箱有两个作用，一是调节初级泵与次级泵的流量差，一般都是初级泵的流量大于或等于次级泵的流量，为了防止初级泵每小时启动次数不大于6次，故中途转输水箱的容积宜取次级泵的5min～10min流量；二是防止次级泵停泵时，次级管网的水压回传（只要次级泵出口止回阀渗漏，静水压就回传），中途转输水箱可将回传水压消除，保护初级泵不受损害。

3.8 增压设备、泵房

3.8.1 选择生活给水系统的加压水泵时，必须对水泵的Q-H特性曲线进行分析，应选择特性曲线为随流量增大其扬程逐渐下降的水泵，这样的泵工作稳定，并联使用时可靠。Q-H特性曲线存在有上升段（即零流量时的扬程不是最高扬程，随流量增大扬程也升高，扬程升至峰值后，流量再增大扬程又开始下降，Q-H特性曲线的前段就出现一个向上拱起的弓形上升段的水泵）。这种泵单泵工作，且工作点扬程低于零流量扬程时，水泵可稳定工作。如工作点在上升段范围内，水泵工作就不稳定。这种水泵并联时，先启动的水泵工作正常，后启动的水泵往往出现有压无流的空转。因此本条规定，选择的水泵必须要能稳定工作。

生活给水的加压泵是长期不停地工作的，水泵产品的效率对节约能耗、降低运行费用起着关键作用。因此，选泵时应选择效率高的泵型，且管网特性曲线所要求的水泵工作点，应位于水泵效率曲线的高效区内。

在通常情况下，一个给水加压系统宜由同一型号的水泵组合并联工作。最大流量时由2台～3台（时变化系数为1.5～2.0的系统可用2台；时变化系数2.0～3.0的系统用3台）水泵并联供水。若系统有持续较长的时段处于接近零流量状态时，可另配备小型泵用于此时段的供水。

水泵自动切换交替运行，可避免备用泵因长期不运行而泵内的水滞留变质或锈蚀卡死不转的问题。

3.8.2 小区的给水加压泵站，当给水管网无调节设施时，应采用由水泵功能来调节，以节约电耗。大多采用调速泵组供水方式。当泵站规模较大、供水的时变化系数不大时，或管网有一定容量的调节措施时，亦可采用额定转速工频水泵编组运行的供水方式。

小区的室外生活与消防合用给水管网的水量、水压，在消防时应满足消防车从室外消火栓取水灭火的要求。以最大用水时的生活用水量叠加消防流量，复核管网末梢的室外消火栓的水压，其水压应达到以地面标高算起的流出水头不小于0.1MPa的要求。如果计算结果为工作泵全部在额定转速下运行还达不到要求时，可采取更改水泵选型或增多水泵台数的办法。

3.8.3 建筑物内采用高位水箱调节供水的系统，水泵由高位水箱中的水位控制其启动或停止，当高位水箱的调节容量（启动泵时箱内的存水一般不小于5min用水量）不小于0.5h最大用水时水量的情况下，可按最大用水时流量选择水泵流量；当高位水箱的有效调节容量较小时，应以大于最大用水时的平均流量选泵。

3.8.4 在本规范第3.8.1条的说明中已明确生活给水系统的调速泵组在最大供水量时是多台泵并联供水的，本条规定在选泵时，管网水力特性曲线与水泵为额定转速时的并联曲线的交点，即工作点，它所对应的泵组总出水量，应等于或略大于管网的最大设计流量。本次局部修订将“设计秒流量”改成“最大设计流量”，系根据本规范第3.6.1条规定，当小区规模大时，要按本规范第3.1.9条计算的最大用水时流量为设计流量。由于管网“最大设计流量”出现的几率相当小，水泵大部分运行工况在小于“最大设计流量”工作点，此总出水量对应的单泵工作点，应处于水泵高效区的末端（右端）。这样选泵才能使水泵在高效区内运行。

3.8.4A 因为变频调速泵供水没有调节、贮存容积，一旦停电水泵停转，即无法继续供水。因此，强调该供水方式的电源应可靠是十分必要的。

3.8.6 生活给水的加压水泵宜采用自灌吸水，非自灌吸水的水泵给自动控制带来困难，并使加压系统的可靠性差，应尽量避免采用。若需要采用时，应有可靠的自动灌水或引水措施。

生活给水水泵的自灌吸水，并不要求水泵位于贮水池最低水位以下。自灌吸水水泵不可能在贮水池最低水位启动。因此，贮水池应按满足水泵自灌要求设定一个启泵水位，水位在启泵水位以上时，允许启动水泵，水位在启泵水位以下，不允许水泵启动，但已经在运行的水泵应继续运行，达到贮水池最低水位时自动停泵（只要吸程满足要求，甚至在最低水位之下还可继续运行）。因此，卧式离心泵的泵顶放气孔、立式多级离心泵吸水端第一级（段）泵体可置于最低设计水位标高以下。

贮水池的启泵水位，在一般情况下，宜取1/3贮水池总水深。

贮水池的最低水位是以水泵吸水管喇叭口的最小淹没水深确定的。淹没水深不足时，就产生空气旋涡漏斗，水面上的空气经旋涡漏斗被吸入水泵，对水泵造成损害。影响最小淹没水深的因素很多，目前尚无确切的计算方法，本条规定的吸水喇叭口的水深不宜小于0.3m是以建筑给水系统中使用的水泵均不大，吸水管管径不大于200mm而定的，当吸水管管径大于200mm时，应相应加深水深，可按管径每增大100mm，水深加深0.1m计。

对于吸水喇叭口上水深达不到0.3m的情况，常用的办法是在喇叭口缘加设水平防涡板，防涡板的直径为喇叭口缘直径的2倍，即吸水管管径为1D，喇叭口缘直径为2D，防涡板外径为4D。

本条中其他有关吸水管的安装尺寸要求，是为水泵工作时能正常吸水，并避免相邻水泵之间的互相干扰。

3.8.7 水泵从吸水总管吸水，吸水总管又伸入水池吸水，这种做法已被普遍采用，尤其是水池有独立的两格时，可增加水泵工作的灵活性，泵房内的管道布置也可简化和规则。

吸水总管伸入水池的引水管不少于2条，每条引水管能通过全部设计流量，引水管上应设阀门，是从安全角度出发规定的。

为了水泵能正常自灌，且在运行过程中，吸水总管内勿积聚空气，保证水泵能正常和连续运行，吸水总管管顶应低于水池启动水位，水泵吸水管与吸水总管的连接应采用管顶平接或高出管顶连接。

采用吸水总管，水泵的自灌条件不变，与单独吸水管时的条件相同。

采用吸水总管时，吸水总管喇叭口的最小淹没水深允许为0.3m，是考虑吸水总管的口径比单独吸水管大，喇叭口处的趋近流速就有降低。但若在喇叭口按本规范第3.8.6条说明中的办法增设防涡板将会更好。

吸水总管中的流速不宜大，否则会引起水泵互相间的吸水干扰，但也不宜低于0.8m/s，以免吸水总管过粗。

3.8.8 自吸式水泵或非自灌吸水的水泵，应进行允许安装高度的计算，是为了防止盲目设计引起事故。即使是自灌吸水的水泵，当启泵水位与最低水位相差较大时，也应作安装高度的校核计算。

3.8.16 本条文增加了泵房内靠墙安装的挂墙式、落地式配电柜和控制柜前面通道宽度要求，如采用的配电柜和控制柜是后开门检修形式的，配电柜和控制柜后面检修通道的宽度要求见相应电气规范的要求。

3.9 游泳池与水上游乐池

3.9.2～3.9.2A 我国原采用的游泳池水质标准为国家标准《游泳场所卫生标准》GB 9667—1996，是游泳池池水的最低卫生要求。实施以来反映指标过低，不能够满足大型游泳比赛的水质要求，与国外游泳池水质标准规定项目相差较大；但如完全执行国际泳联(FINA)水质卫生标准的要求，有些指标过高，不符合我国的国情。原建设部于2007年3月8日批准发布了城镇建设行业标准《游泳池水质标准》CJ 244—2007，于2007年10月1日起实施。该标准水质要求如下：

1 游泳池原水和补充水水质必须符合现行国家标准《生活饮用水卫生标准》GB 5749的要求。

2 游泳池池水水质基本要求：池水的感官性状良好，池水中不能含有病原微生物，池水中所含化学物质不得危害人体健康。

3 游泳池池水水质检验项目及限值应符合表3的规定。

表3 游泳池池水水质常规检验项目及限值

序号	项 目	限 值
1	浑浊度	≤1NTU
2	pH值	7.0～7.8
3	尿素	≤3.5mg/L
4	菌落总数(36℃±1℃,48h)	≤200CFU/mL
5	总大肠菌群(36℃±1℃,24h)	每100mL不得检出
6	游离性余氯	0.2mg/L～1.0mg/L
7	化合性余氯	≤0.4mg/L
8	臭氧(采用臭氧消毒时)	≤0.2mg/m^{3}以下(水面上空气中)
9	水温	23℃～30℃

4 游泳池池水水质非常规检验项目及限值应符合表4的规定。

表4 游泳池池水水质非常规检验项目及限值

序号	项 目	限 值
1	溶解性总固体(TDS)	≤原水TDS+1500mg/L
2	氧化还原电位(ORP)	≥650mV
3	氰尿酸	≤150mg/L
4	三卤甲烷(THM)	≤200μg/L

5 常规检验微生物超标或发生污染事故时，池水还应按当地卫生部门要求的附加水质检测内容和非常规微生物检测内容进行检测。

6 标准中未列入的消毒剂和消毒方式，其使用及检测应按当地卫生部门相关要求执行。但用作国际比赛的泳池还应符合国际游泳协会(FINA)关于游泳池池水水质卫生标准的规定。

3.9.5 游泳池的池水使用有定期换水、定期补水、直流供水、定期循环供水、连续循环供水等多种方式。由于水资源是十分宝贵的，节约用水是节约能源的一个重要组成部分，通常情况下游泳池池水均应循环使用。

在一定水质标准要求下，影响游泳池和水上游乐池的池水循环周期的因素有池的类型(跳水、比赛、训练等)、用途(营业、内部、群众性、专业性等)、池水容积、水深、使用时间、使用对象(运动员、成人、儿童)、游泳负荷(游泳负荷是指任何时间内游泳池内为保证游泳者舒适、安全所允许容纳的人数。现采用"游泳负荷"代替原条文中的"使用人数"更加贴切。)和游泳池的环境(室内、露天等)及经济条件等。在没有大量可靠的累计数据时，一般可按表3.9.5采用。

池水的循环周期决定游泳池的循环水量如下式(1)：

$$Q=V/T \tag{1}$$

式中：V——池水容积(m^3)；

T——循环周期(h)。

3.9.6 一个完善的水上游乐池不仅具有多种功能的运动休闲项目达到健身目的，还应利用各种特殊装置模拟自然水流形态增加趣味性，而且根据水上游乐池的艺术特征和特定的环境要求，因势就形，融入自然。要达到各项功能的预定效果，应根据各自的水质、水温和使用功能要求，设计成独立的循环系统和水质净化系统。

3.9.7 游泳池池水的净化工艺应包括预净化(设置毛发聚集器)和过滤两个部分。

3.9.8A 本条规定了确定泳池净化工艺要考虑的因素。

3.9.9 为滑道表面供水的目的是起到润滑作用，避免下滑游客因无水而擦伤皮肤发生安全事故，故循环水泵必须设置备用泵。

3.9.10 过滤是游泳池和水上游乐池池水净化的关键性工序。目前采用的过滤设备主要有石英砂压力过滤器、硅藻土过滤器、多层滤料过滤器等。石英砂滤料过滤器具有过滤效率高、纳污能力强、再生简单、滤料经济易获得，且能适应公共游泳池和水上游乐池负荷变化幅度大等特点，故在国内、外得到较广泛的应用。

过滤速度由滤料的组成和级配、滤料层厚度、出水水质等因素决定。本条根据公共游泳池和水上游乐池人数负荷不均匀、池水易脏等特点，规定采用中速过滤；比赛游泳池和专用游泳池虽然使用人数较少，人员相对稳定，但在非比赛和非训练期间一般都向公众开放，通过提高使用率而产生较好的社会效益和经济效益，因此也宜采用中速过滤；家庭游泳池由于人数负荷少、人员较稳定，为节省投资可选用较高的滤速。

滤池反冲洗强度有一定要求并实施自动化，由于市政给水管网水压有变化，利用其水压反冲洗，会影响冲洗效果。

3.9.12 消毒杀菌是游泳池水处理中极重要的步骤。游泳池池水因循环使用，水中细菌会不断增加，必须投加消毒剂以减少水中细菌数量，使水质符合卫生要求。

3.9.13 消毒剂选择、消毒方法、投加量等应根据游泳池和水上游乐池的使用性质确定。如公共游泳池与水上游乐池的人员构成复杂，有成人也有儿童，人们的卫生习惯也不相同；而家庭游泳池和家庭及宾馆客房的按摩池人员较单一，使用人数较少。两者在消毒剂选择、消毒方法等方面可能完全不同。本规范仅对消毒剂选择作了原则性的规定。

3.9.14 氯气是很有效的消毒剂。在我国，大型游泳池以往都采用氯气消毒，虽然保证了消毒效果，但也带来了一些难以克服的问题。氯气是有毒气体，在处理、贮存和使用的过程中必须注意安全问题。

氯气投加系统只有处于真空(即负压)状态下，才能保证氯气不会向外泄漏，保证人员的安全。

3.9.16 按照中央关于发展循环经济，建设节约型社会的要求，国家将可再生能源的开发利用列为能源发展的优先领域。根据此要求，本条增加了游泳池水加热时应优先采用再生能源的内容。同时，随着太阳能用于游泳池水加热技术的日益成熟，已被越来越多的用户接受。近几年来，在北京、上海、广东、浙江、福建、山西、昆明、南宁、哈尔滨等省市都有成功应用的实例。

3.9.18A 家庭游泳池等小型游泳池一般不设置平(均)衡水箱及补水水箱，通常采用生活饮用水直接补(充)水的方式。为防止污染城市自来水，规定直接用生活饮用水做补(充)水时要设倒流防止器等防止回流污染的措施。

3.9.20A 条文是关于进水口、回水口和泄水口的要求。它们对保证池水的有效循环和水净化处理效果十分重要。规定格栅空隙的宽度是考虑防止游泳者手指、脚趾被卡人造成伤害;控制回(泄)水口流速避免产生负压造成吸住幼儿四肢,发生安全事故。具体数值和要求可参考行业标准《游泳池给水排水工程技术规程》CJJ 122—2008 的有关规定。

3.9.22 为保证游泳池和水上游乐池的池水不被污染,防止池水产生传染病菌,必须在游泳池和水上游乐池的入口处设置浸脚消毒池,使每一位游泳者或游乐者在进入池子之前,对脚部进行洗净消毒。

3.9.24 跳水池的水表面利用人工方法制造一定高度的水波浪,是为了防止跳水池的水表面产生眩光,使跳水运动员从跳台(板)起跳后在空中完成各种动作的过程中,能准确地识别水面位置,从而保证空中动作的完成和不发生被水击伤或摔伤等现象。

3.9.25A 增加了跳水池制波和安全保护气浪采用压缩空气品质的原则要求。

3.9.26 戏水池的水深在建筑专业决定池体设计时是必需确定的,此处不宜再做要求,故将原条文删除。

3.9.27 原条文关于儿童游泳池的水深、不同年龄段所用池子合建时应用栏杆分隔等要求,均属于建筑专业设计要求,此处不宜再做要求,故将原条文删除。

3.10 循环冷却水及冷却塔

3.10.1

1 循环冷却水系统通常以循环水是否与空气直接接触而分为密闭式和敞开式系统,民用建筑空气调节系统一般可采用敞开式循环冷却水系统。当暖通专业采用内循环方式供冷(内部)供热(外部及新风)时(水环热泵),以及高档办公楼出租时需提供用于客户计算机房等常年供冷区域的各局部空调共用的冷却水系统(租户冷却水)等情况时,采用间接换热方式的冷却水系统,此时的冷却水系统通常采用密闭式。

5 随着我国对节能节水的日益重视,冷水机组的冷凝废热应通过冷却水尽可能加以利用,如夏季作为生活热水的预热热源。

3.10.2 民用建筑空调系统的冷却塔设计计算时所选用的空气干球温度和湿球温度,应与所服务的空调等系统的设计空气干球温度和湿球温度相吻合。本条规定依据:国家标准《采暖通风与空气调节设计规范》GB 50019—2003 第 3.2.7 条规定"夏季空气调节室外计算干球温度,应采用历年平均不保证 50h 的干球温度",第 3.2.8 条规定"夏季空气调节室外计算湿球温度,应采用历年平均不保证 50h 的湿球温度"。

3.10.4 在实际工程设计中,由于受建筑物的约束,冷却塔的布置很可能不能满足第 3.10.3 条文的规定。当采用多台塔双排布置时,不仅需考虑湿热空气回流对冷效的影响,还应考虑多台塔及塔排之间的干扰影响(回流是指机械通风冷却塔运行时,从冷却塔排出的湿热空气,一部分又回到进风口,重新进入塔内;干扰是指进塔空气中掺入了一部分从其他冷却塔排出的湿热空气)。这时候,必须对选用的成品冷却器的热力性能进行校核,并采取相应的技术措施,如提高汽水比等。

3.10.4A 供暖室外计算温度在 0℃以下的地区,冬季运行的冷却塔应采取防冻措施。

3.10.8 设计中,通常采用冷却塔、循环水泵的台数与冷冻机组数量相匹配。

循环水泵的流量应按冷却水循环水量确定,水泵的扬程应根据冷冻机组和循环管网的水压损失、冷却塔进水的水压要求、冷却水提升净高度之和确定。

当建筑物高度较高,且冷却塔设置在建筑物的屋顶上,循环水泵设置在地下室内,这时水泵所承受的静水压强远大于所选用的循环水泵的扬程。由于水泵泵壳的耐压能力是根据水泵的扬程作为参数设计的,所以遇到上述情况时,必须复核水泵泵壳的承压能力。

3.10.10 不设集水池的多台冷却塔并联使用时,各塔的集水盘之间设置连通管是为了各集水盘中的水位保持基本一致,防止空气进入循环水系统。在一些工程项目中由于受客观条件的限制,而无法设置连通管,此时应放大回水横干管的管径。

3.10.11 冷却水在循环过程中,共有三部分水量损失,即:蒸发损失水量、排污损失水量、风吹损失水量,在敞开式循环冷却水系统中,为维持系统的水量平衡,补充水量应等于上述三部分损失水量之和。

循环冷却水通过冷却塔时水分不断蒸发,因为蒸发掉的水中不含盐分,所以随着蒸发过程的进行,循环水中的溶解盐类不断被浓缩,含盐量不断增加。为了将循环水中含盐量维持在某一个浓度,必须排掉一部分冷却水,同时为维持循环过程中的水量平衡,需不断地向系统内补充新鲜水。补充的新鲜水的含盐量和经过浓缩过程的循环水的含盐量是不相同的,后者与前者的比值称为浓缩倍数 N_n。由于蒸发损失水量不等于零,N_n 值永远大于 1,即循环水的含盐量总大于补充新鲜水的含盐量。浓缩倍数 N_n 越大,在蒸发损失水量、风吹损失水量,排污损失水量越小的条件下,补充水量就越小。由此看来,提高浓缩倍数,可节约补充水量和减少排污水量;同时,也减少了随排污水量而流失的系统中的水质稳定药剂量。但是浓缩倍数也不能提得过高,如果采用过高的浓缩倍数,不仅水中有害离子氯根或垢离子钙、镁等将产生腐蚀或结垢倾向;而且浓缩倍数高了,增加了水在系统中的停留时间,不利于微生物的控制。因此,考虑节水、加药量等多种因素,浓缩倍数必须控制在一个适当的范围内。一般建筑用冷却塔循环冷却水系统的设计浓缩倍数控制在 3.0 以上比较经济合理。

3.10.11A 本条系新增条文,贯彻执行国家标准《公共建筑节能设计标准》GB 50189—2005 的有关要求而规定。

3.10.12 民用建筑空调的敞开式循环冷却水系统中,影响循环水水质稳定的因素有:

1 在循环过程中,水在冷却塔内和空气充分接触,使水中的溶解氧得到补充,达到饱和;水中的溶解氧是造成金属电化学腐蚀的主要因素;

2 水在冷却塔内蒸发,使循环水中含盐量逐渐增加,加上水中二氧化碳在塔中解析逸散,使水中碳酸钙在传热面上结垢析出的倾向增加;

3 冷却水和空气接触,吸收了空气中大量的灰尘、泥沙、微生物及其孢子,使系统的污泥增加。冷却塔内的光照、适宜的温度、充足的氧和养分都有利于细菌和藻类的生长,从而使系统黏泥增加,在换热器内沉积下来,形成了黏泥的危害。

在敞开式循环冷却水系统中,冷却水吸收热量后,经冷却塔与大气直接接触,二氧化碳逸散,溶解氧和浊度增加,水中溶解盐类浓度增加以及工艺介质的泄漏等,使循环冷却水质恶化,给系统带来结垢腐蚀、污泥和菌藻等问题。冷却水的循环对换热器带来的腐蚀、结垢和黏泥影响比采用直流系统严重得多。如果不加以处理,将发生换热设备的水流阻力加大,水泵的电耗增加,传热效率降低,造成换热器腐蚀并泄漏等。因此,民用建筑空调系统的循环冷却水应该进行水质稳定处理,主要任务是去除悬浮物、控制泥垢及结垢、控制腐蚀及微生物等四个方面。当循环冷却水系统达到一定规模时,除了必须配置的冷却塔、循环水泵、管网、放空装置、补水装置、温度计等外,还应配置水质稳定处理和杀菌灭藻、旁滤器等装置,以保证系统能够有效和经济地运行。

在密闭式循环冷却水系统中,水在系统中不与空气接触,不受阳光照射,结垢与微生物控制不是主要问题,但腐蚀问题仍然存在。可能产生的泄漏、补充水带入的氧气、各种不同金属材料引起的电偶腐蚀，以及各种微生物（特别是在厌氧区微生物）的生长都将引起腐蚀。

3.10.13 旁流处理的目的是保持循环水水质，使循环冷却水系统在满足浓缩倍数条件下有效和经济地运行。旁流水就是取部分循环水量按要求进行处理后，仍返回系统。旁流处理方法可分去除悬浮固体和溶解固体两类，但在民用建筑空调系统中通常是去除循环水中的悬浮固体。因为从空气中带进系统的悬浮杂质以及微生物繁殖所产生的黏泥，补充水中的泥沙、黏土、难溶盐类，循环水中的腐蚀产物、菌藻、冷冻介质的渗漏等因素使循环水的浊度增加，仅依靠加大排污量是不能彻底解决的，也是不经济的。旁流处理的方法同一般给水处理的有关方法，旁流水量需根据去除悬浮物或溶解固体的对象而分别计算确定。当采用过滤处理去除悬浮物时，过滤水量宜为冷却水循环水量的1%～5%。

3.11 水 景

3.11.1 原国家标准《景观娱乐用水水质标准》GB 12941—91 现已作废。我国于 2007 年 6 月发布了中国工程建设协会标准《水景喷泉工程技术规程》CECS 218：2007，该规程对水景工程的水源、充水、补水的水质根据其不同功能确定作了较明确的规定：

1 人体非全身性接触的娱乐性景观环境用水水质，应符合国家标准《地表水环境质量标准》GB 3838—2002 中规定的Ⅳ类标准；

2 人体非直接接触的观赏性景观环境用水水质应符合国家标准《地表水环境质量标准》GB 3838—2002 中规定的Ⅴ类标准；

3 高压人工造雾系统水源水质应符合现行国家标准《生活饮用水卫生标准》GB 5749 或《地表水环境质量标准》GB 3838 规定；

4 高压人工造雾设备的出水水质应符合现行国家标准《生活饮用水卫生标准》GB 5749 的规定；

5 旱泉、水旱泉的出水水质应符合现行国家标准《生活饮用水卫生标准》GB 5749 的规定；

6 在水资源匮乏地区，如采用再生水作为初次充水或补水水源，其水质不应低于现行国家标准《城市污水再生利用 景观环境用水水质》GB/T 18921 的规定。

当水景工程的水质无法满足上述规定时，应进行水质净化处理。

3.11.2 本条确定了循环式供水的水景工程的补充水量标准，调整了室外工程循环水补充水量的上限值。对于非循环式供水的镜湖、珠泉等静水景观，建议每月排空放水 1 次～2 次。

3.11.3 水景工程设计应根据具体工程的自然条件、周围环境及建筑艺术的综合要求确定，喷头的选型、数量及位置是实现水景花型构思的重要保证。采用不同造型的喷头分组布置，并配置恰当的水量、水压及控制要求，可使喷水姿态变幻莫测，此起彼伏，有条不紊。

3.11.4 由于喷头布置、水景造型设计、配管设计和施工，均由水景专业公司包揽，故删除本条。

3.11.5 水景循环水泵常用的有卧式离心泵及潜水泵。由于潜水泵的微型化及喷泉花型的复杂化，越来越多的水景工程采用潜水泵直接设置于水池底部或更深的吸水坑内，就地供水。但娱乐性水景的供人涉水区域，不应设置水泵，这是出于安全考虑。大型水景亦可采用卧式离心泵及潜水泵联合供水，以满足不同的要求。

3.11.7 水景水池设置溢水口的目的是维持一定的水位和进行表面排污、保持水面清洁；大型水景设置一个溢水口不能满足要求时，可设若干个均匀布置在水池内。泄水口是为了水池便于清扫、检修和防止停用时水质腐败或结冰，应尽可能采用重力泄水。由于水在喷射过程中的飞溅和水滴被风吹失池外是不可能完全避免的，故在喷水池的周围应设排水设施。

3.11.8 为了改善水景的观赏效果，设计中往往采用各种不同的运行控制方法，通常有手动控制、程序控制和音响控制。简单的水景仅单纯变换水流的姿态，一般采用的方法有改变喷头前的进水压力、移动喷头的位置、改变喷头的方向等。随着控制技术的发展，水景不仅可以使水流姿态、照明颜色和照度不断变化，而且可使丰富多彩、变化莫测的水姿、照明随着音乐的旋律、节奏同步变化，这需要采用复杂的自动控制措施。

3.11.10 用于水景工程的管道通常直接敷设在水池内，故应选用耐腐蚀的管材。对于室外水景工程，采用不锈钢管和铜管是比较理想的，唯一的缺点是价格比较昂贵；用于室内水景工程和小型移动式水景可采用塑料给水管。

4 排 水

4.1 系统选择

4.1.1 新建小区采用分流制排水系统，是指生活排水与雨水排水系统分成两个排水系统。随着我国对水环境保护力度加大，城市污水处理率大大提高，市政污水管道系统亦日趋完善，为小区生活排水系统的建立提供了可靠的基础。但目前我国尚有城市还没有污水处理厂或小区生活污水尚不能纳入时，小区内的生活污水亦应建立生活排水管道系统，生活污水进行处理后排入城市雨水管道，待今后城市污水处理厂兴建和市政污水管道建造完善后，再接入。

4.1.2 在建筑物内把生活污水（大小便污水）与生活废水（洗涤废水）分成两个排水系统。由于生活污水特别是大便器排水是属瞬时洪峰流态，容易在排水管道中造成较大的压力波动，有可能在水封强度较为薄弱的洗脸盆、地漏等环节造成破坏水封，而相对来说洗涤废水排水属连续流，排水平稳。为防止窜臭味，故建筑标准较高时，宜生活污水与生活废水分流。

由于生活污水中的有机物比起生活废水中的有机物多得多，生活废水与生活污水分流的目的是提高粪便污水处理的效果，减小化粪池的容积，化粪池不仅起沉淀污物的作用，而且在厌氧菌的作用下起腐化发酵分解有机物的作用。如将大量生活废水排入化粪池，则不利于有机物厌氧分解的条件；但当生活废水量少时也不必将建筑物的排水系统设计成生活污水和生活废水分流系统。有的城镇虽有污水处理厂（站），但随着城镇建设发展已不堪重负，故环卫部门要求生活污水经化粪池处理后再排入市政管网，以减轻城镇污水处理的压力。

如小区或建筑物要建立中水系统，应优先采用优质生活废水，这些生活废水应用单独的排水系统收集作为中水的水源。各类建筑生活废水的排水量比例及水质可参见现行国家标准《建筑中水设计规范》GB 50336。

4.1.3 本条规定了在设置生活排水系统时，对局部受到油脂、致病菌、放射性元素、温度和有机溶剂等污染的排水应设置单独排水系统将其收集处理。机械自动洗车台冲洗水含有大量泥沙，经处理后的水循环使用。用作中水水源的生活排水，应设置单独的排水系统排入中水原水集水池。

4.2 卫生器具及存水弯

4.2.2 本条规定要求设计人员在选用卫生器具及附件时应掌握和了解这些产品标准的要求，以便在工程中把握住产品质量，对保证工程质量将有很重要的意义。

4.2.3 大便器的节水是原建设部 2007 年第 659 号公告《建设事业"十一五"推广应用和限制禁止使用技术（第一批）》第 79 项在住

宅建筑中大力推广 6L 冲洗水量的大便器。

4.2.6 本规定是建筑给排水设计安全卫生的重要保证，必须严格执行。

从目前的排水管道运行状况证明，存水弯、水封盒、水封井等的水封装置能有效地隔断排水管道内的有害有毒气体窜入室内，从而保证室内环境卫生，保障人民身心健康，防止中毒窒息事故发生。

存水弯水封必须保证一定深度，考虑到水封蒸发损失、自虹吸损失以及管道内气压波动等因素，国外规范均规定卫生器具存水弯水封深度为 50mm～100mm。

水封深度不得小于 50mm 的规定是依据国际上对污水、废水、通气的重力排水管道系统（DWV）排水时内压波动不致于把存水弯水封破坏的要求。在工程中发现以活动的机械密封替代水封，这是十分危险的做法，一是活动的机械寿命问题，二是排水中杂物卡堵问题，保证不了"可靠密封"，为此以活动的机械密封替代水封的做法应予禁止。

4.2.7 本条规定的目的是防止两个不同病区或医疗室的空气通过器具排水管的连接互相串通，以致产生病菌传染。

4.2.7A 针对排水设计中的误区及工程运行反馈信息而做此规定。有人认为设置双水封能加强水封保护，隔绝排水管道中有害气体，结果适得其反，双水封会形成气塞，造成气阻现象，排水不畅且产生排水噪声。如在排出管上加装水封，楼上卫生器具排水时，会造成下层卫生器具冒泡、泛溢、水封破坏等现象。

4.3 管道布置和敷设

4.3.1 本条规定了小区排水管道布置的原则。

本条增加了在不能按重力自流排水的场所，应设置提升泵站。注中规定可采用真空排水的方式。真空排水具有不受地形、埋深等因素制约，但真空机械、真空器具比较昂贵，故应进行技术经济比较。另在地下水位较高的地区，埋地管道和检查井应采取有效的防渗技术措施。

4.3.2 本条增加了一个第 2 款的注。本款规定是为防止混凝土排水管的刚性混凝土基础因冰冻而损坏，而埋地塑料排水管的基础是砂垫层柔性基础，具有抗冻性能。另外，塑料排水管具有保温性能，建筑排出管排水温度接近室温，在坡降 0.5m 的管段内，排水不会结冻。本条注系根据寒冷地带工程运行经验，可减少管道埋深，具有较好的经济效益。

4.3.3 本条第 4 款对排水管道穿越沉降缝、伸缩缝和变形缝的规定留有必须穿越的余地。工程中建筑布局造成排水管道非穿越沉降缝、伸缩缝和变形缝不可，随着橡胶密封排水管材、管件的开发及产品应市，将这些配件优化组合可适应建筑变形、沉降，但变形沉降后的排水管道不得平坡或倒坡。

本条第 6 款中补充了排水管不得穿越住宅客厅、餐厅的规定，排水管也包括雨水管。客厅、餐厅也有卫生、安静要求，排水管穿厅的事例，群众投诉的案例时有发生，这是与建筑设计未协调好的缘故。

4.3.3A 卧室是住宅卫生、安静要求最高，故单列为强制性条文。排水管道不得穿越卧室任何部位，包括卧室内壁柜。

4.3.4 本条升为强制性条文。穿越水池上方的一般是悬吊在水池上方的排水横管。

4.3.5 本条为强制性条文。遇水燃烧物质系指凡是能与水发生剧烈反应放出可燃气体，同时放出大量热量，使可燃气体温度猛升到自燃点，从而引起燃烧爆炸的物质，都称为遇水燃烧物质。遇水燃烧物质按遇水或受潮后发生反应的强烈程度及其危害的大小，划分为两个级别。

一级遇水燃烧物质，与水或酸反应时速度快，能放出大量的易燃气体，热量大，极易引起自燃或爆炸。如锂、钠、钾、铷、锶、铯、钡等金属及其氢化物等。

二级遇水燃烧物质，与水或酸反应时的速度比较缓慢，放出的热量也比较少，产生的可燃气体，一般需要有水源接触，才能发生燃烧或爆炸。如金属钙、氢化铝、硼氢化钾、锌粉等。

在实际生产、储存与使用中，将遇水燃烧物质都归为甲类火灾危险品。

在储存危险品的仓库设计中，应避免将排水管道（含雨水管道）布置在上述危险品堆放区域的上方。

4.3.6 由于排水横管可能渗漏，和受厨房湿热空气影响，管外表易结露滴水，造成污染食品的安全卫生事故。因此，在设计方案阶段就应该避免卫生间布置在厨房间的主副食操作、烹调和备餐的上方。当建筑设计不能避免时，排水横支管设计成同层排水。改建的建筑设计，应在排水支管下方设防水隔离板或排水槽。

4.3.6A 本条引用现行国家标准《住宅建筑规范》GB 50368 的第 8.2.7 条。

4.3.8 本条规定了同层排水的适用条件。

4.3.8A 本条规定了同层排水形式选用的原则。目前同层排水形式有：装饰墙敷设、外墙敷设、局部降板填充层敷设、全降板填充层敷设、全降板架空层敷设。各种形式均有优缺点，设计人员可根据具体工程情况确定。

4.3.8B 本条规定了同层排水的设计原则。①地漏在同层排水中较难处理，为了排除地面积水，地漏应设置在易溅水的卫生器具附近，既要满足水封深度又要有良好的水力自清流速，所以只有在楼层全降板或局部降板以及立管外墙敷设的情况下才能做到。②排水通畅是同层排水的核心，因此排水管管径、坡度、设计充满度均应符合本规范有关条文规定，刻意地为少降板而放小坡度，甚至平坡，为日后管道埋下堵塞隐患。③埋设于填层中的管道接口应严密不得渗漏且能经受时间考验，粘接和熔接的管道连接方式应推荐采用。④卫生器具排水性能与其排水口至排水横支管之间落差有关，过小的落差会造成卫生器具排水滞留。如洗衣机排水排入地漏，地漏排水落差过小，则会产生泛溢，浴盆、淋浴盆排水落差过小，排水滞留积水。⑤本条第 5、6 款系给排水专业人员向建筑、结构专业提要求。卫生间同层排水的地坪曾发生由于未考虑楼面负荷而塌陷，故楼面应考虑卫生器具静荷载（盛水浴盆）、洗衣机（尤其滚桶式）动荷载。楼面防水处理至关重要，特别对于局部降板和全降板，如处理不当，降板的填（架空）层变成蓄污层，造成污染。

4.3.9 本条规定的目的在于改善管道内水力条件，避免管道堵塞，方便使用。污水管道经常发生堵塞的部位一般在管道的拐弯或接口处，故对此连接作了规定。

4.3.10 塑料管伸缩节设置在水流汇合配件（如三通、四通）附近，可使横支管或器具排水管不因为立管或横支管的伸缩而产生错向位移，配件处的剪切应力很小，甚至可忽略不计，保证排水管道长时期运行。

排水管道如采用橡胶密封配件时，配件每个接口均有可伸缩余量，故无须再设伸缩节。

4.3.11 建筑塑料排水管穿越楼层设置阻火装置的目的是防止火灾蔓延，是根据我国模拟火灾试验和塑料管道贯穿孔洞的防火封堵耐火试验成果确定。穿越楼层塑料排水管同时具备下列条件时才设阻火装置：①高层建筑；② 管道外径大于等于 110mm 时；③立管明设，或立管虽暗设但管道井内不是每层防火封隔。

横管穿越防火墙时，不论高层建筑还是多层建筑，不论管径大小，不论明设还是暗设（一般暗设不具备防火功能）必须设置阻火装置。

阻火装置设置位置：立管的穿越楼板处的下方；管道井内是隔层防火封隔时，支管接入立管穿越管道井壁处；横管穿越防火墙的两侧。

建筑阻火圈的耐火极限应与贯穿部位的建筑构件的耐火极限相同。

4.3.12 根据国内外的科研测试证明，污水立管的水流流速大，而污水排出管的水流流速小，在立管底部管道内产生正压值，这个正压区能使靠近立管底部的卫生器具内的水封遭受破坏，卫生器具内发生冒泡、满溢现象，在许多工程中都出现上述情况，严重影响使用。立管底部的正压值与立管的高度、排水立管通气状况和排出管的阻力有关。为此，连接于立管的最低横支管或连接在排出管、排水横干管上的排水支管应与立管底部保持一定的距离，本条表 4.3.12 参照国外规范数据并结合我国工程设计实践确定。本次局部修订补充了有通气立管的情况下的最低横支管距立管底部最小距离。根据日本 50m 高的测试塔和在中国 12 层测试平台，对符合现行国家标准《建筑排水用硬聚氯乙烯(PVC-U)管材》GB/T 5836.1的平壁管材排水立管装置进行长流水和瞬间排水测试显示，立管底部、排出管放大管径后对底部正压改善甚微，盲目放大排出管的管径，适得其反，降低流速，减小管道内水流充满度，污物易淤积而造成堵塞，故表 4.3.12 的注删除放大管径的做法，推荐排出管与立管同径。

最低横支管单独排出是解决立管底部造成正压影响最低层卫生器具使用的最有效的方法。另外，最低横支管单独排出时，其排水能力受本规范第 4.4.15 条第 1 款的制约。

第 2 款条文只规定横支管连接在排出管或排水横干管上时，连接点距立管底部下游水平距离最低要求。

第 4 款第 2)项系新增内容。根据对排水立管通水能力测试，在排出管上距立管底部 1.5m 范围内的管段如有 90°拐弯时增加了排出管的阻力，无论伸顶通气还是设有专用通气立管均在排水立管底部产生较大反压，在这个管段内不应再接入支管，故排出管宜径直排至室外检查井。

4.3.12A 本条系根据对内螺旋排水立管测试结果显示，由于在内螺旋管中水流旋转，造成在排出管中水流翻滚而产生较大正压，经放大排出管管径后，正压明显减弱。

4.3.13 本条参阅美国、日本规范并结合我国国情的要求对采取间接排水的设备或容器作了规定。所谓间接排水，即卫生设备或容器排出管与排水管道不直接连接，这样卫生器具或容器与排水管道系统不但有存水弯隔气，而且还有一段空气间隔。在存水弯水封可能被破坏的情况下也不致使卫生设备或容器与排水管道连通，而使污蚀气体进入设备或容器。采取这类安全卫生措施，主要针对贮存饮用水、饮料和食品等卫生要求高的设备或容器的排水。空调机冷凝水排水虽排至雨水系统，但雨水系统也存在有害气体和臭气，排水管道直接与雨水检查井连接，造成臭气窜入卧室，污染室内空气的工程事例不少。

4.3.18 本条第 4 款水流偏转角不得大于 90°，才能保证畅通的水力条件，避免水流相互干扰。但当落差大于 0.3m 时，水流转弯角度的影响已不明显，故水流落差大于 0.3m、管径小于等于 300mm 时，不受水流转角的影响。

4.3.19 室内排水沟与室外排水管道连接，往往忽视隔绝室外管道中有毒气体通过明沟窜入室内，污染室内环境卫生。有效的方法，就是设置水封井或存水弯。

4.3.22 本条规定排水立管底部架空设置支墩等固定措施。第一种情况下，由于立管穿越楼板设套管，属非固定支承，层间支承也属活动支承，管道有相当重量作用于立管底部，故必须坚固支承。第二种情况虽每层固定支承，但在地下室立管与排水横管 90°转弯，属悬臂管道，立管中污水下落在底部水流方向改变，产生冲击和横向分力，造成抖动，故需支承固定。立管与排水横干管三通连接或立管靠外墙内侧敷设，排出管悬臂段很短时，则不必支承。

4.4 排水管道水力计算

4.4.1 小区生活排水系统的排水定额要比其相应的生活给水系统用水定额小，其原因是，蒸发损失，小区埋地管道渗漏。应考虑的因素是：大城市的小区取高值，小区埋地管采用塑料排水管、塑料检查井取高值，小区地下水位高取高值。

4.4.4 为便于计算，表 4.4.4 中"大便器冲洗水箱"的排水流量和当量统一为 1.5L/s 和 4.5，因为给排水设计时，尚未知坐便器的类型，且各种品牌的坐便器的排水技术参数都有差异。节水型便器的应用，冲洗流量也有下降。

4.4.5、4.4.6 本次局部修订规范给水章节已将"集体宿舍"划为Ⅰ、Ⅱ类用水疏散型和Ⅲ、Ⅳ类用水集中型，故排水章节亦相应作调整。

4.4.8 根据原建设部 2007 年第 659 号公告《建设事业"十一五"推广应用和限制禁止使用技术(第一批)》规定：排水管管径小于 500mm 不得采用平口或企口承插的混凝土、钢筋混凝土管，故表 4.4.8 中删去混凝土管一栏的最小管径。增补本条注 2 系摘自中国工程建设协会标准《居住小区给水排水设计规范》CECS 57：94。

4.4.10 本条规定了建筑排水塑料管排水横支管、横干管的坡度。横支管的标准坡度由管件三通和弯头连接的管轴线夹角 88.5°决定，换算成坡度为 0.026，粘接系列承口的锥度只有 30′，相当于坡度 0.0087，硬性调坡会影响接口质量。而胶圈密封的接口允许有 2° 的角度偏转，相当于坡度 0.0349，故可以调坡。横干管如按配件的轴线夹角而定，势必造成横干管坡度过大，在技术层布置困难，为此横干管可采用胶圈密封调整坡度。表 4.4.10 中补充了 de50mm、de75mm、de250mm、de315mm 的横管的最小坡度、最大设计充满度；同时增加了各种管径的通用坡度，此参数取自现行国家标准《建筑给水排水及采暖工程施工质量验收规范》GB 50242。

4.4.11 本条根据"排水立管排水能力"的研究报告进行修订：以国内历次对排水立管排水能力的测试数据整理分析，确定 ±400Pa为排水立管气压最大值标准，引入与本规范生活排水管道设计秒流量计算公式相匹配的"设计排水能力"概念，以仅伸顶通气的 *DN*100 排水立管承担 9 层住宅排水当量 88(每层大便器、浴盆、洗脸盆、洗衣机各一件)为边界条件，对各种通气模式下排水立管排水能力测试值进行比对，确定排水立管排水能力设计值。同时考虑对排水立管排水能力的影响因素，如通气立管管径、结合通气管的布置、排水支管接入排水立管连接配件的角度、立管管材及特殊配件、排水层高度等因素，将原规范表 4.4.11-1～4.4.11-4 归并成一个表。补充了自循环通气的两种通气模式(专用通气、环形通气)下的排水立管排水能力，删除了不通气立管排水能力参数。

普通型内螺旋管、旋流器是指螺旋管内壁有 6 根凸状螺旋筋，螺距约 2m，旋流器无扩容；加强型内螺旋管螺旋肋数量是普通型的 1.0 倍～1.5 倍，螺距缩小 1/2 以上，旋流器有扩容且有导流叶片。

4.4.14 根据工程经验，在住宅厨房排水中含杂物、油腻较多，立管容易堵塞，或通道弯窄，有时发生洗涤盆冒泡现象。适当放大立管管径，有利于排水、通气。

4.4.15 本条根据工程实践经验总结，对一些排水管道管径无须经过计算作适当放大。

第 1 款对底层无通气排水管道单独排出时所能承担的负荷值作了规定。本次局部修订调整了 *DN*100、*DN*125、*DN*150 的排水支管所能承担的负荷值，与本规范第 4.6.3 条第 2 款相协调。

4.5 管材、附件和检查井

4.5.1 本条第 1 款根据原建设部 2007 年第 659 号公告《建设事

业“十一五”推广应用和限制禁止使用技术(第一批)》中推广应用技术第128项“推广埋地塑料排水管”；限制使用第18项“小于等于 *DN*500mm 排水管道限制使用混凝土管”的规定。故本条推荐在居住小区内采用埋地塑料排水管。

第4款是新增条文。

4.5.2A 本条系新增条文，根据原建设部2007年第659号公告《建设事业“十一五”推广应用和限制禁止使用技术(第一批)》第128项规定，优先采用塑料检查井。塑料检查井具有节地、节能、节材、环保以及施工快捷等优点，具有较好的经济效益、社会效益和环境效益。

4.5.3 本条按现行国家标准《室外排水设计规范》GB 50014有关生活污水管道检查井间距的条文进行修改。

4.5.7 本次局部修订不强调在卫生间设地漏。在不经常从地面排水的场所设置地漏，地漏水封干涸丧失，易造成室内环境污染。住宅卫生间除设有洗衣机下排水时才设置地漏外，一般不经常从地面排水；公共建筑卫生间有专门清洁人员打扫，一般也不经常从地面排水。为消除卫生器具连接软管爆管的隐患，推荐采用不锈钢波纹连接管。

4.5.8A 本条针对在住宅工作阳台设置洗衣机的排水接入雨水地漏排入雨水管道的现象而规定。洗衣机排水地漏(包括洗衣机给水栓)设置位置的依据是建筑设计平面图，其排水应排入生活排水管道系统，而不应排入雨水管道系统，否则含磷的洗涤剂废水污染水体。为避免在工作阳台设置过多的地漏和排水立管，允许工作阳台洗衣机排水地漏接纳工作阳台雨水。工作阳台未表明设置洗衣机时，阳台地漏应按排除雨水设计，地漏排水排入雨水立管，并按本规范第4.9.12条的规定立管底部应间接排水。

4.5.9 本条规定了地漏的水封深度，是根据国外规范条文制定的。50mm水封深度是确定重力流排水系统的通气管管径和排水管管径的基础参数，是最小深度。

4.5.10 **1** 此款系根据原建设部建标标函[2006]第31号“关于请组织开展《建筑给水排水设计规范》等三项国家标准局部修订的函”重点推荐新型地漏的要求，即具有密封防涸功能的地漏。2003年非典流行，地漏存水弯水封蒸发干涸是传播非典病毒途径之一，目前研发的防涸地漏中，以磁性密封较为新颖实用，地面有排水时能利用水的重力打开排水，排完积水后能利用永磁铁磁性自动恢复密封，且防涸性能好，故予以推荐。

2 此款系新增内容。补充了采用多通道地漏设置的条件。由于卫生器具排水使地漏水封不断地得到补充水，水封避免干涸，但由于卫生器具排水时在多通道地漏处产生排水噪声，因此这类地漏适合在安静要求不高的场所设置。

4.5.10A 本条系新增内容。美国规范早已将钟罩式地漏划为禁用之列，钟罩式地漏具有水力条件差、易淤积堵塞等弊端，为清通淤积泥沙垃圾，钟罩(扣碗)移位，水封干涸，下水道有害气体窜入室内，污染环境，损害健康，此类现象普遍，应予禁用。

4.5.13 本条第1款增加了注。排出管悬吊在地下室楼板下时，如按本条第1款要求设置清扫口，则清扫口设在底楼室内地坪，不便于设置和清通。故宜用检查口替代清扫口，但检查口的设置应符合本规范第4.5.14条第4款的要求。

4.6 通 气 管

4.6.1 设置伸顶通气管有两大作用：①排除室外排水管道中污浊的有害气体至大气中；②平衡管道内正负压，保护卫生器具水封。在正常的情况下，每根排水立管应延伸至屋顶之上通大气。故在有条件伸顶通气时一定要设置。本条规定在特殊情况下，如体育场(馆)、剧院等屋顶特殊结构材料，通气管无法穿越屋面伸顶时，首先应采用侧墙通气和汇合通气，在上述通气方式仍无法实施时才采用自循环通气替代原规范的不通气立管。不通气立管排水能力小，不能满足要求，根据“排水立管排水能力研究报告”中测试数据显示，自循环通气的排水立管的排水能力大于伸顶通气的排水立管排水能力。

4.6.2 本条将原条文“设置专用通气立管”改成“设置通气立管”，涵盖了设置主、副通气立管的内容。同时增加了特殊配件单立管排水系统。特殊单立管中的混合器(又称苏维脱)、加强型旋流器的单立管排水系统具有较大的通水能力，但单立管排水系统一般用于污废水合流，且无器具通气和环形通气的排水横支管的排水系统。

4.6.3～4.6.5 环形通气管，曾称辅助通气管，是参照日本、美国、英国规范移用过来的，一般在公共建筑集中的卫生间或盥洗室内横支管上承担的卫生器具数量超过允许负荷时才设置。设置环形通气管时，必须用主通气立管或副通气立管逐层将环形通气管连接。器具通气管一般在卫生和防噪要求较高的建筑物的卫生间设置。为明确起见特绘图(图1)说明几种典型的通气形式。

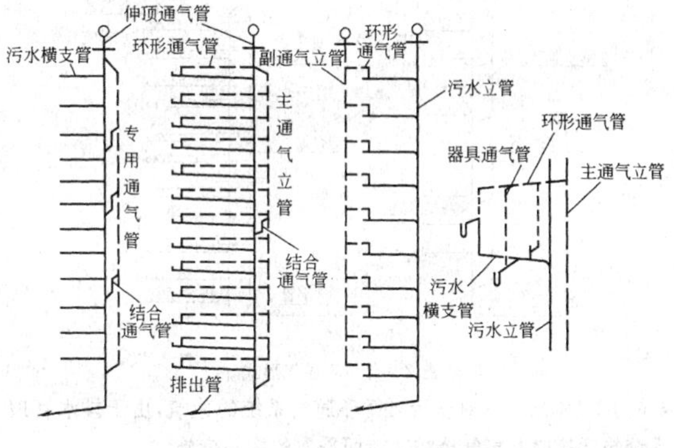

图1 几种典型的通气形式

主通气立管、副通气立管与专用通气立管效果一致，设置了环形通气管、主通气立管或副通气立管，就不必设置专用通气立管。

4.6.6 本条移至4.6.1条，侧墙通气和汇合通气，只是在伸顶通气管无法伸出屋面时才设置。

4.6.7 通气管只能作通气用。如接纳其他排水，则会减小通气断面，还会对排水立管内造成新的压力波动。通气管与风道连接，通气管中污浊的气体通过通风管污染室内环境。通气管与烟道连接，将会使高温烟窜入通气管，损坏通气管。

4.6.8 通气管起到了保护水封的作用，且在室内通气管道属全封闭固定密封。而吸气阀由于其密封材料采用塑料、橡胶之类材质，属活动机械密封且气密性不严，年久老化失灵将会导致排水管道中的有害气体窜入室内又无法察觉，存在安全隐患，同时失去排除室外排水管道中污浊的有害气体至大气中的功能，故吸气阀不能替代通气管。

4.6.9 本条规定了通气管与排水管道连接方式。

1 此款规定了器具通气管接在存水弯出口端，以防止排水支管可能产生自虹吸导致破坏器具存水弯的水封。环形通气管之所以在最始端两个卫生器具间的横支管上接出，是因为横支管的尽端要设置清扫口的缘故。同时规定凡通气管从横支管接出时，要在横支管中心线以上垂直或成45°范围内接出，目的是防止器具排水时，污废水倒流入通气管。

2 此款规定了通气支管与通气立管的连接处应高于卫生器具上边缘0.15m，以便卫生器具横支管发生堵塞时能及时发现，同时不能让污水进入通气管。

3 此款规定了通气立管与排水立管最上端和最下端的连接要求。

4 此款规定了结合通气管与通气立管和排水立管连接要求，一般在进人的管道井中，应该按此连接方式。

5 此款规定了在空间狭小不进人的管窿内，用 H 管替代结合通气管，其连接点遵循原则与第 2 款一致。

4.6.9A 本条系新增条文，是自循环通气的连接方式之一。本条系根据"排水立管排水能力测试"的研究报告确定。测试数据显示：①自循环通气立管与排水立管每层连接比隔层连接的通水能力大；②自循环通气立管底部与排水立管按本规范 4.6.9 条的规定连接，其通水能力很小，相当于不通气立管的通水能力。自循环通气立管底部与排出管相连接，其通水能力大增，将立管底部的正压值和立管上部的负压值通过循环通气管把两者相互抵消。通气管与排出管以倒顺水三通和倒斜三通连接是为了顺自循环气流，减小气流在配件处的阻力。自循环通气形式见图 2。

4.6.9B 本条系新增条文，是自循环通气的连接方式之二。本条系根据"排水立管排水能力测试"的研究报告确定。测试数据显示：自循环通气立管相当于主通气立管通过环形通气管与排水横支管相连，其通水能力大于专用通气立管连接方式。

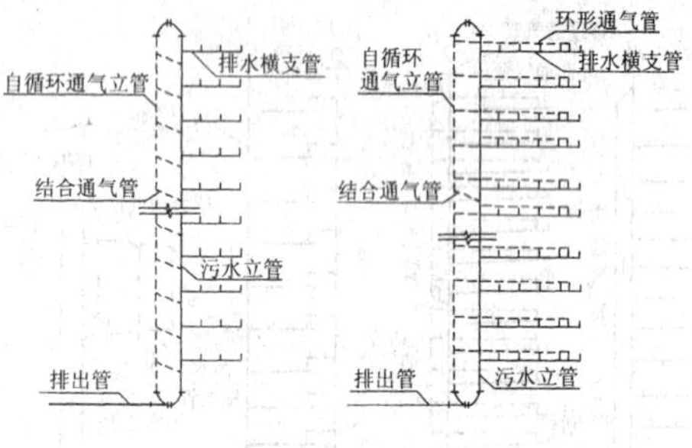

图 2 自循环通气形式

4.6.9C 本条系针对设置自循环通气系统的建筑，由于排水管道系统缺乏排除有害气体的功能而采取的弥补措施。

4.6.10 住宅有跃层设计，应特别注意通气管口距跃层窗口距离，防止空气污染。

4.6.11～4.6.16 规定了通气管管径的确定。包括伸顶通气管、通气立管、环形通气管、器具通气管、结合通气管和汇合通气管。表 4.6.11 补充了注 2，自循环通气立管是补气主通道，缩小通气立管管径，其排水立管的排水能力大幅度下降。

4.7 污水泵和集水池

4.7.3 污水泵压出水管内呈有压流，不应排入室内生活排水重力管道内，应单独设置压力管道排至室外检查井。由于污水泵间断运行，停泵后积存在出户横管内的污水也应自流排出，避免积污。

4.7.4 水泵机组运转一定时间后应进行检修，一是避免发生运行故障，二是易损零件及时更换，为了不影响建筑排水，应设一台备用机组。备用机组是预先设计安装在泵房内还是置于仓库备用，要视工作水泵的台数，建筑物的重要性，企业或事业单位的维修力量等因素确定。一般应预先设计安装在泵房污水池内为妥。

公共建筑在地下室设置污水集水池，一般分散设置，故应在每个污水集水池设置提升泵和备用泵。由于地下室地面排水虽然有多个集水池，但均有排水沟连通，故不必在每个集水池中设置备用泵。

4.7.6 备用泵可每隔一定时间与工作泵交替或分段投入运行，防止备用机组由于长期搁置而锈蚀不能运行，失去备用意义。

4.7.7 本条增设第 3 款，明确了集水池如接纳水池溢水、泄空水时，排水泵流量的确定原则。设于地下室的水池的溢流量视进水阀控制的可靠程度确定，如在液位水力控制阀前装电动阀等双阀串联控制，一旦液位水力控制阀失灵，水池中水位上升至报警水位时，电动阀启动关闭，水池的溢流量可不予考虑。如仅水力控制阀单阀控制，则水池溢流量即水池进水量。水池的泄流量可按水泵吸水最低水位确定。

4.7.8 本条第 1、2 款为确定集水池的有效容积。集水池容积不宜小于最大一台污水泵 5min 的出水量是下限值，一般设计时应比此值要大些，以策安全。集水池容积还要以水泵自动启闭次数不宜大于 6 次来校核。水泵启动过于频繁，影响电机电器的寿命。"不大于 6 次"的规定系原规范的条文。

除了上述内容外，还要考虑安装检修等方面的要求。

第 4 款的规定是环保要求。污水集水池中散发大量臭气等有害气体应及时排至高空。强制排风装置不应该造成对有人类活动的场所空气污染。

第 6 款冲洗管应利用污水泵出口的压力，返回集水池内进行冲洗；不得用生活饮用水管道接人集水池进行冲洗，否则容易造成污水回流污染饮用水水质。

4.7.9 生活排水调节池不是水处理构筑物，只起污水量贮存调节作用。本条规定目的是防止污水在集水池停留时间过长产生沉淀腐化。

4.8 小型生活污水处理

4.8.1、4.8.2 本条仅适用于室外隔油池的设计，不适用于产品化的隔油设备。

公共食堂、饮食业的食用油脂的污水排入下水道时，随着水温下降，污水挟带的油脂颗粒便开始凝固，并附着在管壁上，逐渐缩小管道断面，最后完全堵塞管道。如某大饭店曾发生油脂堵塞管道后污水从卫生器具处外溢的事故，不得不拆换管道。由此可见，设置隔油池是十分必要的。设置隔油池后还可回收废油脂，制造工业用油脂，变害为利。污水在隔油池内的流速控制在 0.005m/s 之内，有利于油脂颗粒上浮。污水在池内的停留时间的选择，可根据建筑物性质确定，用油量较多者取上限值，用油量较少者取下限值。参照实践经验，存油部分的容积不宜小于该池有效容积的 25%；隔油池的有效容积可根据厨房洗涤废水的流量和废水在池内停留时间决定，其有效容积是指隔油池出口管管底标高以下的池容积。存油部分容积是指出水挡板的下端至水面油水分离室的容积。

4.8.2A 由于隔油器为成品，隔油器内设置固体残渣拦截、油水分离装置，隔油器的容积比隔油池的容积小许多，故隔油器可设置于室内，可根据含油脂废水量按产品样本选用，本条新增了密闭式隔油器应设置通气管，通气管应单独接至室外，隔油器单独设置的设备间的通风换气次数的规定，目的是保持室内环境卫生。

4.8.3 根据现行行业标准《城市污水排入下水道水质标准》CJ 3083 的规定："工业废水排入城市排水管道的污水温度小于 40℃"的要求而制订了本条文。当排水温度高于 40℃时，会蒸发大量气体，清理管道的操作劳动条件差，影响工人身体健康，故必须降温后才能排入城市下水道。根据排水的热焓量，通过技术经济比较确有回收价值时，应优先考虑。采用冷却水降温时所需冷水量按热平衡方法计算，即：

$$Q_{\text{冷}} \geqslant \frac{Q_{\text{排}}(t_{\text{排}}-40)}{40-t_{\text{冷}}} \qquad (2)$$

式(2)为一般热平衡计算公式，故不列于规范正文。

4.8.4 本条系根据原国家标准《生活饮用水卫生标准》GB 5749—85 的规定"以地下水为水源时，水井周围 30m 的范围内，不得设置渗水厕所、渗水坑、粪坑、垃圾堆和废渣堆等污染源"。化粪池一般采用砖砌水泥沙浆抹面，防渗性差，对于地下水取水构筑物而言亦属于污染源，故保留原规范强制性条文。

4.8.5 化粪池距建筑物距离不宜小于 5m，以保持环境卫生的最低要求。根据各地来函意见，一般都不能达到这一要求，主要原因是由于建筑用地有限，连5m距离都不能达到，考虑在化粪池挖掘土方时，以不影响已建房屋基础为准，应与土建专业协调，保证建筑安全，防止建筑基础产生不均匀沉陷。一些建筑物沿规划的红线建造，连化粪池设置的位置也没有，在这种情况下只能设于地下室或室内楼梯间底下，但一定要做好通气、防臭、防爆措施。

4.8.6 本条作如下修改：①补充了化粪池计算公式。②依据节水型器具推广应用，生活污水单独排入化粪池的每人每日计算污水量作相应调整；生活污废水合流的排水量按本规范第4.1.1条确定。③根据人员在建筑物中逗留的时间多少确定化粪池每人每日计算污泥量，使设计更合理。④对于职工食堂、餐饮业、影剧院、体育场(馆)、商场和其他场所的化粪池使用人数百分数由10%调整至5%～10%，人员多者取小值；人员少者取大值。

化粪池其余设计参数，如污水在化粪池内停留时间、化粪池的清掏周期等均保留原规范的规定。

4.8.7 化粪池的构造尺寸理论上与平流式沉淀池一样，根据水流速度、沉降速度通过水力计算就可以确定沉淀部分的空间，再考虑污泥积存的数量确定污泥占有空间，最终选择长、宽、高三者的比例。从水力沉降效果来说，化粪池浅些、狭长些沉淀效果更好，但这对施工带来不便，且化粪池单位空间材料耗量大。对于某些建筑物污水量少，算出的化粪池尺寸很小，无法施工。实际上污水在化粪池中的水流状态并非按常规沉淀池的沉淀曲线运行，水流非常复杂。故本条除规定化粪池的最小尺寸外，还要有一个长、宽、高的合适的比例。

化粪池入口处设置导流装置，格与格之间设置拦截污泥浮渣的措施，目的是保护污泥浮渣层隔氧功能不被破坏，保证污泥在缺氧的条件下腐化发酵，一般采用三通管件和乙字弯管件。化粪池的通气很重要，因为化粪池内有机物在腐化发酵过程中分解出各种有害气体和可燃性气体，如硫化氢、甲烷等，及时将这些气体通过管道排至室外大气中去，避免发生爆炸、燃烧、中毒和污染环境的事故发生。故本条规定不但化粪池格与格之间应设通气孔洞，而且在化粪池与连接井之间也应设置通气孔洞。

4.8.8 医院(包括传染病医院、综合医院、专科医院、疗养病院)和医疗卫生研究机构等病原体(病毒、细菌、螺旋体和原虫等)污染了污水，如不经过消毒处理，会污染水源、传染疾病、危害很大。为了保护人民身体健康，医院污水必须进行消毒处理后才能排放。

4.8.9 本条规定医院污水选择处理流程的原则。医院污水与普通生活污水主要区别在于前者带有大量致病菌，其BOD_5与SS基本类同。如城市有污水处理厂且有城镇污水管道时，污水排入城镇污水管道前主要任务是消毒杀菌，除当地环保部门另有要求外，宜采用一级处理。当医院污水排至地表水体时，则应根据排入水体的要求进行二级处理或深度处理。

4.8.10 医院污水处理构筑物在处理污水过程中有臭味、氯气等有害气体溢出的地方，如靠近病房、住宅等居住建筑的人口密集之处，对人们身心健康有影响，故应有一定防护距离。由于医院一般在城市市区，占地面积有限，有的医院甚至用地十分紧张，故防护距离具体数据不能规定，只作提示。所谓隔离带即为围墙、绿化带等。

4.8.11 传染病房的污水主要指肝炎、痢疾、肺结核病等污水。在现行国家标准《医疗机构水污染物排放标准》GB 18466中规定总余氯量、粪便大肠菌群数、采用氯化消毒时的接触时间均不同。如将一般污水与肠道病毒污水一同处理时，则加氯量均应按传染病污水处理的投加量，这样会增加医院污水处理经常运转费用。如果将传染病污水单独处理，这样既能保证传染病污水的消毒效果，又能节省经常运行费用，减轻消毒后造成的二次污染。当然这样也会增加医院污水处理构筑物的基建投资，故要进行经济技术的比较后方能确定。

4.8.12 本条补充引用现行国家标准《医疗机构水污染物排放标准》GB 18466中相关条文。

4.8.13 化粪池已广泛应用于医院污水消毒前的预处理。为改善化粪池出水水质，生活废水、医疗洗涤水，不能排入化粪池中，而应经筛网拦截杂物后直接排入调节池和消毒池消毒。据日本资料介绍：用作医院污水消毒处理的化粪池要比用于一般的生活污水处理的化粪池有效容积大2倍～3倍，本条规定是参照日本资料。

4.8.14 本条规定推荐医院污水消毒采用加氯法。由于氯的货源充沛、价格低、消毒效果好，且消毒后污水中保持一定的余氯，能抑制和杀灭污水中残留的病菌，已广泛应用于医院污水的消毒。如有成品次氯酸钠供应，则应优先考虑采用，但应为成品次氯酸钠的运输和贮存创造一定的条件。液氯投配要求安全操作，如操作不慎，有泄漏可能，会危及人身安全。但因其成本低、运行费省，已在大中型医院污水处理中广泛采用。漂白粉存在含氯量低、操作条件差、投加后有残渣等缺点，一般用于县级医院及乡镇卫生所的污水污物消毒处理；氯片和漂粉精具有投配方便、操作安全的特点，但价格贵，适用于小型的局部污水消毒处理；电解食盐溶液现场制备次氯酸钠和化学法制备二氧化氯消毒剂的方法与液氯投加法相比，比较安全，但因其消耗电能，经常运行费用比液氯贵。因此，只在某些地区，即液氯或成品次氯酸钠供应或运输有困难，或者消毒构筑物与居住建筑毗邻有安全要求时，才考虑使用。

氯化消毒法处理后的水含有余氯，余氯主要以有机氯化物形式存在，排入水体对生物有一定的毒害。因此，对于污水排放到要求高的水体时，应采用臭氧消毒法，臭氧是极强的氧化剂，它能杀灭氯所不能杀灭的病毒等致病菌。消毒后的污水臭氧分解还原成氧气，对水体有增氧作用。

4.8.14A 本条补充引用现行国家标准《医疗机构水污染物排放标准》GB 18466中相关条文。

4.8.15 医院污水中除含有细菌、病毒、虫卵等致病的病原体外，还含有放射性同位素。如在临床医疗部门使用同位素药杯、注射器，高强度放射性同位素分装时的移液管、试管等器皿清洗的废水，以碘131、碘132为最多，放射性元素一般要经过处理后才能达到排放标准，一般的处理方法有衰变法、凝聚沉淀法、稀释法等。医院污水中含有的酚，来源于医院消毒剂采用煤酚皂，还有铬、汞、氰甲苯等重金属离子、有毒有害物质，这些物质大都来源于医院的检验室、消毒室废液，其处理方法包括将其收集专门处理或委托专门处理机构处理。

4.8.16 医院污水处理系统产生污泥中含有大量细菌和虫卵，必须进行处置，不应随意堆放和填埋，应由城市环卫部门统一集中处置。在城镇无条件集中处置时，采用高温堆肥和石灰消化法，实践证明也是有效的。

4.8.18～4.8.21 对生活污水处理构筑物的设置的环保要求。生活污水处理构筑物会产生以下污染：①空气污染；②污水渗透污染地下水池；③噪声污染。

生活污水处理站距给水泵站及清水池水平距离不得小于10m的规定，是按原国家标准《生活饮用水卫生标准》GB 5749—85要求确定。生活污水处理设施一般设置于建筑物地下室或绿地之下。设置于建筑物地下室的设施有成套产品，也有现浇混凝土构筑物。成套产品一般为封闭式，除设备本身有排气系统外，地下室本身应设置通风装置，换气次数参照污水泵房的通风要求；而现浇式混凝土构筑物一般为敞开式，其换气次数系根据实际运行工程中应用的参数。

由于生活污水处理设施置于地下室或建筑物邻近的绿地之下，为了保护周围环境的卫生，除臭系统不能缺少，目前既经济又解决问题的方法包括：①设置排风机和排风管，将臭气引至屋顶以上高空排放；②将臭气引至土壤层进行吸附除臭；采用臭氧装置除臭，除臭效果好，但投资大耗电量大。不论采取什么处理方法，处理后应达到现行国家标准《医疗机构水污染物排放标准》GB 18466 中规定的处理站周边大气污染物最高允许浓度。

生活污水处理设施一般采用生物接触氧化，鼓风曝气。鼓风机运行过程中产生的噪声达 100dB 左右。因此，进行隔声降噪措施是必要的，一般安装鼓风机的房间要进行隔声设计。特别是进气口应设消声装置，才能达到现行国家标准《城市区域环境噪声标准》GB 3096 和《民用建筑隔声设计规范》GB 10070 中规定的数值。

4.9 雨　　水

4.9.1 为减少屋面承载和渗漏，屋面不应积水，也不应考虑屋面有调蓄雨水的功能。

4.9.2 本次规范修订中采纳修改意见，增加了“当采用天沟集水且沟檐溢水会流入室内时，暴雨强度应乘以 1.5 的系数”的注，以策安全。1.5 的系数是参照国家标准《建筑与小区雨水利用工程技术规范》GB 50400—2006 第 4.2.5 条的有关规定。

4.9.5 原规范设计重现期为 1 年，是因为当时未能解决满管压力流排水问题，对于大型建筑物屋面排水，当选用的设计重现期超过一年时，工程实施存在困难。目前，满管压力流排水技术已基本成熟，通过上海浦东国际机场、北京机场四机位机库、上海浦东科技城、江苏昆山科技博览中心等建筑屋面排水工程的实践及参照国外有关标准，提出了各类建筑屋面排水重现期的设计标准。

本次规范修订中，增加了下沉式广场和地下车库坡道出入口雨水排水的设计重现期。下沉式广场地势低，一旦暴雨降临容易产生积水，则呈水塘或者水池，殃及下沉式广场附属建筑和设施，故取较大重现期。重现期取值参照了国家标准《地铁设计规范》GB 50157—2003 的有关规定。也可根据下沉式广场的结构构造、重要程度、短期积水可能引起较严重后果等因素确定其重现期。

对于一般性建筑物屋面、重要公共建筑屋面的划分，可参考建筑防火规范的相关内容。特别需要注意的是当下大雨或者屋面雨水排水系统阻塞，可能造成雨水溢入室内造成严重后果时，应取上限值。如：医院的手术室、重要的通信设施、受潮时会发生有毒或可燃烟气物质的贮藏库、收藏杰出艺术品的楼宇等。

4.9.6 本条补充了屋面径流系数 1.0 的内容。随着建筑材料的不断发展，建筑屋面的表面层材料多种多样，在现行国家标准《屋面工程技术规范》GB 50345 中屋面分类有：卷材防水屋面、涂膜防水屋面、刚性防水屋面、保温隔热屋面、瓦屋面等。种植屋面类型的屋面有少量的渗水，径流系数可取 0.9；金属板材屋面无渗水，径流系数可取 1.0。

4.9.7 本条规定雨水汇水面积按屋面的汇水面积投影面积计算，还需考虑高层建筑高出裙房屋面的侧墙面（最大受雨面）的雨水排到裙房屋面上；窗井及高层建筑地下汽车库出入口的侧墙，由于风力吹动，造成侧墙兜水，因此，将此类侧墙面积的 1/2 纳入其下方屋面（地面）排水的汇水面积。

4.9.8 受经济条件限制，管系排水能力是相对按一定重现期设计的，因此，为建筑安全考虑，超设计重现期的雨水应有出路。目前的技术水平，设置溢流设施是最有效的。

4.9.9 按本规范第 4.9.1 条的原则，屋面不应积水，超设计重现期的雨水应由溢流设施排放。本条规定了屋面雨水管道的排水系统和溢流设施宣泄雨水能力，两者合计应具备的最小排水能力。

4.9.10 檐沟排水常用于多层住宅或建筑体量与之相似的一般民用建筑，其屋顶面积较小，建筑四周排水出路多，立管设置要服从建筑立面美观要求，故宜采用重力流排水。

长天沟外排水常用于多跨工业厂房，汇水面积大，厂房内生产工艺要求不允许设置雨水悬吊管，由于外排水立管设置数量少，只有采用压力流排水，方可利用其管系通水能力大的特点，将具有一定重现期的屋面雨水排除。

高层建筑，汇水面积较小，采用重力流排水，增加一根立管，便有可能成倍增加屋面的排水重现期，增大雨水管系的宣泄能力。因此，建议采用重力排水。

工业厂房、库房、公共建筑通常是汇水面积较大，可敷设立管的地方却较少，只有充分发挥每根立管的作用，方能较好地排除屋面雨水，因此，应积极采用满管压力流排水。

4.9.11 为杜绝高层建筑屋面雨水从裙房屋面溢出，裙房屋面排水管系应单独设置。

4.9.12 为杜绝屋面雨水从阳台溢出，阳台排水管系应单独设置。住宅屋面雨水排水立管虽都按重力流设计，但当遇超重现期的暴雨时，其立管上端会产生较大负压，可将与其连接的存水弯水封抽吸掉；其立管下端会产生较大正压，雨水可从阳台地漏中冒溢。只有在雨水立管每层设置雨水漏斗，阳台雨水排入漏斗，雨水立管底部自由出流的情况下，才可考虑屋面雨水与阳台雨水合流，但这可能产生雨水排水噪声的弊端。由于阳台雨水地漏不可能经常及时接纳阳台上的雨水，水封不能保证，而小区及城市雨水管道系统聚集臭味通过雨水管道扩散至阳台。为防止阳台地漏泛臭，阳台雨水排水系统不应与庭院雨水排水管渠直接相接，应采用间接排水。

当阳台设有洗衣机时，用作洗衣机排水的地漏排水管道应接入污水立管，见本规范第 4.5.8A 条。这种情况下由于飘进阳台的雨水毕竟少量，故可不再另设雨水立管和排除地面雨水的地漏，洗衣机排水地漏可以兼做地面排水地漏，可减少阳台的排水立管和地漏数量。

4.9.14～4.9.16 雨水斗是控制屋面排水状态的重要设备，屋面雨水排水系统应根据不同的系统采用相应的雨水斗。重力流排水系统应采用重力流雨水斗，不可用平篦或通气帽等替代雨水斗，避免造成排水不通畅或管道吸瘪的现象发生。我国 65 型和 87 型雨水斗基本上抄袭苏联 BP 型雨水斗，其构造必然形成掺气两相流，其掺气量和泄水量随着管系变化而变化，不符合伯努里定律，属于不稳定无控流态，在多斗架空系统中，各斗泄流量无法实现平衡。我国经多次模拟试验推导的屋面雨水排水掺气两相流公式，不具备普遍性，本次修订将 87 型雨水斗归于重力流雨水斗，以策安全。满管压力流排水系统应采用专用雨水斗。

重力流雨水斗、满管压力流雨水斗最大泄水量取自国内产品测试数据，87 型雨水斗最大泄水量数据摘自国家建筑标准设计图集 09S302。

4.9.18 一般金属屋面采用金属长天沟，施工时金属钢板之间焊接连接。当建筑屋面构造有坡度时，天沟沟底顺建筑屋面的坡度可以做出坡度。当建筑屋面构造无坡度时，天沟沟底的坡度难以实施，故可无坡度，靠天沟水位差进行排水。

4.9.22 表 4.9.22 中数据是排水立管充水率为 0.35 的水膜重力流理论计算值。考虑到屋面重力流排水的安全因素，表中的最大泄流量修改为原最大泄流量的 0.8 倍。

4.9.24 本条是保障满管压力流排水状态的基本措施。

一场暴雨的降雨过程是由小到大，再由大到小，即使是满管压力流屋面雨水排水系统，在降雨初期仍是重力流，靠雨水斗出口到悬吊管中心线高差的水力坡降排水，故悬吊管中心线与雨水斗出口应有一定的高差，并应进行计算复核，避免造成屋面积水溢流，甚至发生屋面坍塌事故。

4.9.25 为防止屋面雨水管道堵塞和淤积，特别对最小管径和横管最小敷设坡度作出规定。

4.9.26 屋面设计排水能力是相对的，屋面溢流工程不能将超设计重现期的雨水及时排除时，屋面积水，斗前水深加大，重力流排水管系一定会转为满管压力流。因此，高层建筑屋面雨水排水管宜采用承压塑料管和耐腐蚀的金属管。

悬吊管是屋面雨水满管压力流排水的瓶颈，其排水动力为立管泄流产生的有限负压和雨水斗底与悬吊管的高差之和，选择内壁光滑的承压管，有利于提高排水管系的排水能力。

满管压力流排水系统抗负压的要求，具体为：

高密度聚乙烯管　　　$b \geqslant 0.039D$

聚丙烯管　　　　　　$b \geqslant 0.035D$

ABS管　　　　　　　$b \geqslant 0.032D$

聚氯乙烯管　　　　　$b \geqslant 0.026D$

（b——壁厚，D——管外径）

4.9.27 为避免一根排水立管发生故障，屋面排水系统瘫痪，建议屋面排水立管不得少于两根。

4.9.28 为使排水流畅，重力流排水管系下游管道管径不得小于上游管道管径。

4.9.29 在满管压力流屋面排水系统中，立管流速是形成管系压力流排水的重要条件之一，立管管径应经计算确定，且流速不应小于2.2m/s。

4.9.30 顺水连接有利于重力流排水顺畅、压力流排水阻力损失小，因此，屋面排水管的转向处，宜作顺水连接。

4.9.31 随着屋面排水管材选用范围的增大，屋面排水管道设计也应考虑管道的伸缩问题。

4.9.32、4.9.33 为使管道堵塞时能得到清通，屋面排水管道应设必要的检查口和清扫口。当屋面雨水排水采用重力流系统时，雨水立管的底部宜设检查口；当屋面雨水排水采用满管压力流排水时，按系统设计的要求设置检查口。立管检查口的位置，一般距离地（楼）面以上1.0m。

4.9.34 雨水检查井的最大间距，参照国家标准《室外排水设计规范》GB 50014—2006第4.4.2条进行修订。

4.9.36B 下沉式广场地面排水集水池的有效容积不小于最大一台排水泵30s的出水量，地下车库出入口的明沟排水集水池的有效容积不小于最大一台排水泵5min的出水量，参照了国家标准《室外排水设计规范》GB 50014—2006的有关规定。排水泵不间断动力供应，可以采用双电源或双回路供电。

5 热水及饮水供应

5.1 用水定额、水温和水质

5.1.1 我国是一个缺水的国家，尤其是北方地区严重缺水，因此，在考虑人民生活水平提高的同时，在满足基本使用要求的前提下，本规范热水定额编制中体现了"节水"这个重大原则。由于热水定额的幅度较大，可以根据地区水资源情况，酌情选值，一般缺水地区应选定额的低值。本次局部修订与给水章表3.1.10相对应，将宿舍单列，补充了酒店式公寓的热水用水定额。

5.1.3 将原条文中的"水质稳定处理"改为"水质阻垢缓蚀处理"。国内目前用于生活热水系统水质处理的物理处理设备、设施或化学稳定剂，能达到稳定水质的效果者很少，同时为避免与国家标准《室外给水设计规范》GB 50013—2006中术语"水质稳定处理"的概念混淆。因此将原"水质稳定处理"改为"水质阻垢缓蚀处理"。

5.1.4 本条系将原表5.1.4重新修正编排整理，并补充了港澳、新疆和西藏等地区的冷水计算温度。

5.1.5 热水供水温度以控制在55℃～60℃之间为好，因温度大于60℃时，一是将加速设备与管道的结垢和腐蚀，二是系统热损失增大耗能，三是供水的安全性降低，而温度小于55℃时，则不易杀死滋生在温水中的各种细菌，尤其是军团菌之类致病菌。表5.1.5中最高温度75℃，是考虑一些个别情况下，如专供洗涤用（一般洗涤盆、洗涤池用水温度为50℃～60℃）的水加热设备的出口温度，在原水水质许可或有可靠水质处理措施的条件下，为满足特殊使用要求可适当提高。

5.1.5A 本条摘自现行国家标准《住宅建筑规范》GB 50368—2005。

5.2 热水供应系统选择

5.2.2 本条规定了集中供应系统热源选择的原则。

节约能源是我国的基本国策，在设计中应对工程基地附近进行调查研究，全面考虑热源的选择：

首先应考虑利用工业的余热、废热、地热和太阳能。如广州、福州等地均有利用地热水作为热水供应的水源。以太阳能为热源的集中热水供应系统，由于受日照时间和风雪雨露等气候影响，不能全天候工作，在要求热水供应不间断的场所，应另行增设辅助热源，用以辅助太阳能热水器的供应工况，使太阳能热水器在不能供热或供热不足时能予以补充。

地热在我国分布较广，是一项极有价值的资源，有条件时，应优先加以考虑。但地热水按其生成条件不同，其水温、水质、水量和水压有很大区别，应采取相应的各不相同的技术措施，如：

1 当地热水的水质不符合生活热水水质要求应进行水质处理；

2 当水质对钢材有腐蚀时，应对水泵、管道和贮水装置等采用耐腐蚀材料或采取防腐蚀措施；

3 当水量不能满足设计秒流量或最大小时流量时，应采用贮存调节装置；

4 当地热水不能满足用水点水压要求时，应采用水泵将地热水抽吸提升或加压输送至各用水点。

地热水的热、质利用应尽量充分，有条件时，应考虑综合利用，如先将地热水用于发电再用于采暖空调；或先用于理疗和生活用水再用作养殖业和农田灌溉等。

5.2.2A 太阳能是取之不尽用之不竭的能源，近年来太阳能的利用已有很大发展，在日照较长的地区取得的效果更佳。本条日照时数、年太阳辐射量参数摘自国家标准《民用建筑太阳能热水系统应用技术规范》GB 50364—2005中第三等级的"资源一般"区域。

5.2.2B 采用水源热泵、空气源热泵制备生活热水，近年来在国内有一些工程应用实例。它是一种新型能源，当合理应用该项技术时，节能效果显著。但选用这种热源时，应注意水源、空气源的适用条件及配备质量可靠的热泵机组。

5.2.3 热力网和区域性锅炉应是新规划区供热的方向，对节约能源和减少环境污染都有较大的好处，应予推广。

5.2.5 为保护环境，消除燃煤锅炉工作时产生的废气、废渣、烟尘对环境的污染，改善司炉工的操作环境，提高设备效率，燃油、燃气常压热水锅炉（又称燃油燃气热水机组）已在全国各地许多工程的集中生活热水系统中推广应用，取得了较好的效果。

用电能制备生活热水，最方便、最简洁，且无二氧化碳排放，但电的热功当量较低，而且我国总体的电力供应紧张，因此，除个别电源供应充沛的地方用于集中生活热水系统的热水制备外，一般用于太阳能等可再生能源局部热水供应系统的辅助能源。

5.2.6 局部热水供应系统的热源宜首先考虑无污染的太阳能热源，在当地日照条件较差或其他条件限制采用太阳能热水器时，可视当地能源供应情况，在经技术经济比较后确定采用电能、燃气或蒸汽为热源。

5.2.8 规定了利用烟气、废气、高温无毒废液等作为热水供应系统的热媒时，应采取的技术措施。

5.2.9 蒸汽直接通入水中的加热方式，开口的蒸汽管直接插在水中，在加热时，蒸汽压力大于开式加热水箱的水头，蒸汽从开口的蒸汽管进入水箱，在不加热时，蒸汽管内压力骤降，为防止加热水箱内的水倒流至蒸汽管，应采取防止热水倒流的措施，如提高蒸汽管标高、设置止回装置等。

蒸汽直接通入水中的加热方式，会产生较高的噪声，影响人们的工作、生活和休息，如采用消声混合器，可大大降低加热时的噪声，将噪声控制在允许范围内，因此，条文明确提出要求。

采用汽-水混合设备的加热方式，将城市管网供给的蒸汽与冷水混合直接供给生活热水，较好地解决了大系统回收凝结水的难题，但采用这种水加热方式，必须保证稳定的蒸汽压力和供水压力，保证安全可靠的温度控制，否则，应在其后加贮热设备，以保证安全供水。

5.2.10 本条对集中热水供应系统设置回水循环管作出规定。

1 强调了凡集中热水供应系统考虑节水和使用的要求均应设热水回水管道，保证热水在管道中循环。

2 所有循环系统均应保证立管和干管中热水的循环。对于要求随时取得合适温度的热水的建筑物，则应保证支管中的热水循环，或有保证支管中热水温度的措施。保证支管中的热水循环问题，在工程设计中要真正实现支管循环，有很大的难度，一是计量问题，二是循环管的连接问题。解决支管中热水保温问题的另一途径是采用自控电伴热的方式。已有一些工程采用这种方法。

5.2.10A 设有多个卫生间的住宅、别墅采用一个热水器（机组）供给热水时，因热水支管不设热水循环管道，则每使用一次水要放走很多冷水，因此，本规范修订时，对此种局部热水供应系统保证循环效果予以强调。

5.2.11 集中热水供应系统采用管路同程布置的方式对于防止系统中热水短路循环，保证整个系统的循环效果，各用水点能随时取到所需温度的热水，对节水、节能有着重要的作用。

根据工程实践，小区集中热水供应系统循环管道采用同程布置很困难，因此，此次局部修订时，将其限定为建筑物内的热水循环管道的布置要求。

采用同程布置的最终目的，是保证循环不短路，尽量减少开启水嘴时放冷水的时间。根据近年来的工程实践，在一定条件下采用温控阀、限流阀和导流三通等方法亦可达到保证循环效果的目的。因此，将原条文中的"应"改为"宜"采用同程布置的方式。但"应"改为"宜"并非降低标准，无论采用何种管道布置方式均须保证干管和立管的循环效果。

居住小区热水循环管道可采用分设小循环泵，在一定条件下设温控阀、限流阀、导流三通等措施保证循环效果。

设循环泵，强调采用机械循环，是保证系统中热水循环效果的另一重要措施。

5.2.12 对用水集中、用水量又大的部门，推荐采用设单独热水管网供水或采用局部加热设备。

在大型公共建筑中，一般均设有洗衣房、厨房、集中浴室等，这些部门用水量大，用水时间与其他用水点也不尽一致，且对热水供应系统的稳定性影响很大，故其供水管网宜与其他系统分开设置。

5.2.13 此条对高层建筑热水系统分区作了规定。

1 生活热水主要用于盥洗、淋浴，而这二者均是通过冷、热水混合后调到所需使用温度。因此，热水供水系统应与冷水系统竖向分区一致，保证系统内冷、热水的压力平衡，达到节水、节能、用水舒适的目的。

原则上，高层建筑设集中供应热水系统时应分区设水加热器，其进水均应由相应分区的给水系统设专管供应，以保证热水系统压力的相对稳定。如确有困难时，有的单幢高层住宅的集中热水供应系统，只能采用一个或一组水加热器供整幢楼热水时，可相应地采用质量可靠的减压阀等管道附件来解决系统冷热水压力平衡的问题。

2 减压阀大量应用在给水热水系统上，对于简化给水热水系统起了很大作用，但在应用实践中也出了一些问题。当减压阀用于热水系统分区时，除满足本规范第3.4.9、3.4.10条要求之外，其密封部分材质应按热水温度要求选择，尤其要注意保证各区热水的循环效果。

图3为减压阀安装在热水系统的三个不同图式：

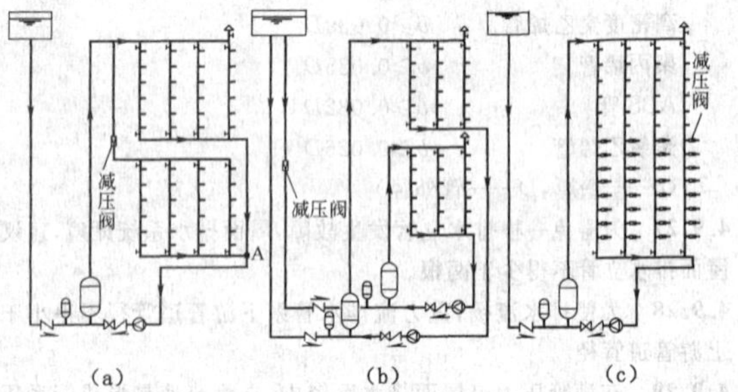

图3 减压阀设置

图3(a)为高低两区共用一加热供热系统，分区减压阀设在低区的热水供水立管上，这样高低区热水回水汇合至图中"A"点时，由于低区系统经过了减压，其压力将低于高区，即低区管网中的热水就循环不了。解决的办法只能在高区回水干管上也加一减压阀，减压值与低区供水管上减压阀的减压值相同，然后再把循环泵的扬程加上系统所减掉的压力值。这样做固然可以实现整个系统的循环，但有意加大水泵扬程，即造成耗能不经济，也将造成系统运行的不稳定。

图3(b)为高低区分设水加热器的系统，两区水加热器均由高区冷水高位水箱供水，低区热水供水系统的减压阀设在低区水加热器的冷水供水管上。这种系统布置与减压阀设置形式是比较合适的。

图3(c)为高低区共用一集中热水供应系统的另一种图式。减压阀均设在分户支管上，不影响立管和干管的循环。这种图式相比图3(a)、(b)的优点是系统不需要另外采取措施就能保证循环系统正常工作。缺点是低区一家一户均需设减压阀，减压阀数量多，要求质量可靠。

5.2.14 开式热水供应系统即带高位热水箱的供水系统。系统的水压由高位热水箱的水位决定，不受市政给水管网压力变化及水加热设备阻力变化等的影响，可保证系统水压的相对稳定和供水安全可靠。

减压稳压阀取代高位热水箱应用于集中热水供应系统中，将大大简化热水系统。

5.2.15 本条对热水配水点处水压作出了规定。

工程实际中，由于冷水热水管径不一致，管长不同，尤其是当用高位冷水箱通过设在地下室的水加热器再返上供给高区热水时，热水管路要比冷水管长得多。这样相应的阻力损失也就要比冷水管大。另外，热水还须附加通过水加热设备的阻力。因此，要做到冷水热水在同一点压力相同是不可能的。只能达到冷热水水压相近。

"相近"绝不意味着降低要求。因为供水系统内水压的不稳定，将使冷热水混合器或混合龙头的出水温度波动很大，不仅浪费水，使用不方便，有时还会造成烫伤事故。从国内一些工程实践看，条文中"相近"的含义一般以冷热水供水压差小于等于0.01MPa为宜。在集中热水供应系统的设计中要特别注意两点：一是热水供水管路的阻力损失要与冷水供水阻力损失平衡。二是水加热设备的阻力损失宜小于等于0.01MPa。

5.2.16 本条规定公共浴室热水供应的设计要求。

公共浴室热水供应设计，普遍存在两个问题：①热水来不及供应，使水温骤降；②淋浴器出水水温忽冷忽热，很难调节。

造成第一个问题的原因是在建筑设计时，设计的淋浴器数量过少，不能满足实际使用需要，因此，一般采用延长淋浴室开放时间和加大淋浴器用水定额来解决，这样就造成加热设备供热出现供不应求的局面。造成第二个问题的原因是浴室管网设计不够合理。本条仅对集中浴室管网设计的问题提出四项措施，供设计中参照执行。

1 此款的规定，推荐采用开式热水供应系统，水压稳定，不受室外给水管网水压变化影响；便于调节冷热水混合水嘴的出水温度，避免水压高，造成淋浴器实际出水量大于设计水量，既浪费水量，又造成贮水器容积不够用而影响使用。

2　此款的规定，是为了避免因浴盆、浴池、洗涤池等用水量大的卫生器具启闭时，引起淋浴器管网的压力变化过大，以致造成淋浴器出水温度不稳定。

3　此款的规定，是为了在较多的淋浴器之间启闭阀门变化时减少相互影响，要求配水管布置成环状。

4　此款的规定，是为了使淋浴器在使用调节时不致造成管道内水头损失有明显的变化，影响淋浴器的使用。

5　此款规定，主要是为了从根本上解决淋浴器出水温度忽高忽低难于调节的问题，达到方便使用、节约用水的目的。由于出水温度不能随使用者的习惯自行调节，故不宜用于淋浴时间较长的公共浴室。而对工业企业生活间的淋浴室，由于工作人员下班后淋浴的目的是冲洗汗水、灰尘，淋浴时间较短，采用这种单管供水方式较适宜。

5.2.16A　针对弱势群体和特殊使用场所防烫伤要求而作此规定。

5.3　耗热量、热水量和加热设备供热量的计算

5.3.1　本条在下列方面进行了局部修订：

1　将原规范耗热量单位由“W”(即J/s)改成“kJ/h”，便于计算。

2　设计小时变化系数 K_h 的重新编制：

1)热水小时变化系数 K_h 存在的问题：

原规范中热水小时变化系数 K_h 存在与给水的小时变化系数不匹配及计算值偏大的问题，是热水部分多年来一直未解决的难题。原规范中给水的 K_h 是按用水定额大小变化取值的。且其值小变化范围小，如住宅(含别墅)K_h＝1.8～3.0，而热水的 K_h 是按使用热水的人数或单位数的变化取值的，其值相对给水的 K_h 大，且变化范围也大，如住宅、别墅 K_h＝2.34～5.12。这样在工程设计中，当使用热水的人数少或较少时，就会出现热水的设计小时用水量高于给水(含热水水量)的设计小时用水量，这显然是不合理的。

热水的 K_h 偏大带来的另一问题是热源、水加热、储热设备大，不经济，使用效率低，耗能。

2)此次编制中，对 K_h 的修编做了下述工作：

(1)通过对北京蓝堡小区、伯宁花园两个小区集中生活热水供应系统三个月的逐日逐时热水用水量实测，并经数据分析整理后得出该两个小区集中生活热水系统的实际 K_h 值。

(2)参考有关论文中对生活热水最大小时耗热量及修正现有 K_h 值的分析、推理，在设定给水小时变化系数 K_h 准确的基础上，对 K_h 进行了推导计算。其计算公式为：

$$K_h=\frac{q_L}{q_r}\alpha K_L \tag{3}$$

式中：K_h——热水小时变化系数；

q_L——给水用水定额(L/人·d或L/床·d)；

q_r——热水用水定额(L/人·d或L/床·d)；

α——60℃热水用水量占使用热水(使用水温为37℃～40℃时热水)用水量的比值，α＝0.43～0.64；

K_L——给水小时变化系数，见本规范表3.1.10。

(3)K_h 计算示例：

某医院设公用盥洗室、淋浴室采用全日集中热水供应系统，设有病床800张，60℃热水用水定额取110L/床·d，试计算热水系统的 K_h 值。

计算步骤：

1　查表5.3.1，医院的 K_h＝3.63～2.56；

2　按800床位、110L/床·d定额内插法计算系统的 K_h 值：

$$K_h=3.63-\left(\frac{800-50}{1000-50}\right)\left(\frac{110-70}{130-70}\right)\times(3.63-2.56)$$
$$=3.63-0.79\times0.67\times1.07$$
$$=3.06$$

3　将式(5.3.1-1)中的分母86400改为 T，是因为全日供应热水的时间不都是24h，因此将86400(＝3600s/h×24h)改为 T(T 按本规范表5.1.1中的每日使用时间取值)更为准确。

5.3.3　本条对水加热设备的供热量(间接加热时所需热媒的供热量)作了如下具体规定：

1　容积式水加热器或贮热容积相当的水加热器、燃油(气)热水机组的供热量按式(4)计算：

$$Q_g=Q_h-\frac{\eta V_r}{T}(t_r-t_l)C\rho_r \tag{4}$$

该式是参照《美国1989年管道工程资料手册》《ASPE DataBook》的相关公式改写而成的。原公式为 $Q_t=R+\frac{MS_t}{d}$

式中：Q_t——可提供的热水流量(L/s)；

R——水加热器加热的流量(L/s)；

M——可以使用的热水占罐体容积之比；

S_t——总贮水容积(L)；

d——高峰用水持续时间(h)。

对照美国公式，式(4)中的 Q_g、Q_h、T 分别相当于美国公式的 R、Q_t 和 d，而 η、V_r 则相当于美国公式的 MS_t。

式(4)的意义为，带有相当量贮热容积的水加热设备供热时，提供系统的设计小时耗热量由两部分组成：一部分是设计小时耗热量时间段内热媒的供热量 Q_g；一部分是供给设计小时耗热量前水加热设备内已贮存好的热量。即式(4)的后半部分：$\frac{\eta V_r}{T}(t_r-t_l)C\rho_r$

采用这个公式比较合理地解决了热媒供热量，即锅炉容量与水加热贮热设备之间的搭配关系。即前者大，后者可小，或前者小后者可大。避免了以往设计中不管水加热设备的贮热容积有多大，锅炉均按设计小时耗热量来选择，从而引起锅炉和水加热设备两者均偏大，利用率低，不合理不经济的现象。但当 Q_g 计算值小于平均小时耗热量时，Q_g 按平均小时耗热量取值。

2　半容积式水加热器或贮热容积相当的水加热器、热水机组的供热量按设计小时耗热量计算。

由于半容积式水加热器的贮水容积只有容积式水加热器的1/2～1/3，甚至更小些，主要起调节稳定温度的作用，防止设备出水时冷时热。在调节供水量方面，只能调节设计小时耗热量与设计秒流量之间的差值，即保证在2min～5min高峰秒流量时不断热水。而这部分贮热水容积对于设计小时耗热量本身的调节作用很小，可以忽略不计。因此，半容积式水加热器的热媒供热量或贮热容积与其相当的水加热机组的供热量即按设计小时耗热量计算。

3　半即热式、快速式水加热器及其他无贮热容积的水加热设备的供热量按设计秒流量计算。

半即热式等水加热设备其贮热容积一般不足2min的设计小时耗热量所需的贮热容积，对于进入设备内的被加热水的温度与水量基本上起不到任何调节平衡作用。因此，其供热量应按设计秒流量所需的耗热量供给。

5.4　水的加热和贮存

5.4.1　该条为水加热设备提出下列三点基本要求：

1　热效率高，换热效果好，节能、节省设备用房。

这一款是对水加热设备的主要性能——热工性能提出一个总的要求。作为一个水加热换热设备，其首要条件当然应该是热效率高，换热效果好，节能。具体来说，对于热水机组其燃烧效率一般应在85％以上，烟气出口温度一般应在200℃左右，烟气黑度等

应满足消烟除尘的有关要求。对于间接加热的水加热器在保证被加热水温度及设计流量工况下，当汽—水换热，且饱和蒸汽压力为0.2MPa～0.6MPa时，凝结水出水温度为50℃～70℃的条件下，传热系数K=5400kJ/(m²·℃·h)～10800kJ/(m²·℃·h)；当水-水换热时，且热媒为80℃～95℃的热水时，热媒温降为20℃～30℃，传热系数K=2160kJ/(m²·℃·h)～4320kJ/(m²·℃·h)。

这一款的另一点是提出水加热设备还必须体型小，节省设备用房。

2 生活热水侧阻力损失小，有利于整个系统冷、热水压力的平衡。

生活用热水大部分用于沐浴与盥洗。而沐浴与盥洗都是通过冷热水混合器或混合龙头来实施的。其冷、热水压力需平衡、稳定的问题已在本规范第5.2.15条文说明中作了详细说明。以往有不少工程因采用不合适的水加热设备出现过系统冷热水压力波动大的问题，耗水耗能且使用不舒适。个别工程出现了顶层热水上不去的问题。因此，建议水加热设备被加热水侧的阻力损失宜小于或等于0.01MPa。

3 安全可靠、构造简单、操作维修方便。

水加热设备的安全可靠性能包括两方面的内容，一是设备本身的安全，如不能承压的热水机组，承压后就成了锅炉；间接加热设备应按压力容器设计和加工，并有相应的安全装置。二是被加热水的温度必须得到有效可靠的控制，否则容易发生烫伤的事故。

构造简单、操作维修方便、生活热水侧阻力损失小是生活用热水加热设备区别其他型式的换热设备的主要特点。

因为生活热水的源水一般是不经处理的自来水，具有一定硬度，近年来虽有各种物理的、化学的简易阻垢处理方法，但均不能保证其真正的使用效果。一些设备自称能自动除垢，既缺乏理论依据，又得不到实践的验证。而目前市场上一些水加热设备安装就位后，已很难有检修的余地，更有甚者，有的水加热设备的换热盘管根本无法拆卸更换，这些都将给使用者带来极大的麻烦，因此，本款特提出此要求。

5.4.2

1 当自备热源采用燃油(气)等燃料的热水机组制备生活用热水时，从提高换热效率、减少热损失和简化换热设备角度考虑，无疑是以采用直接供应热水的加热方式为佳。但燃油(气)热水机组直接供应热水时，一般均配置调节贮热用的热水箱。加了贮热水箱的燃油(气)热水机组供应热水系统就有可能变得复杂了。一是热水箱要有合适的位置安放。二是当无法在屋顶设热水箱采用重力供水系统时，热水箱一般随燃油(气)热水机组一起放在地下室或底层，这样热水系统无法利用冷水系统的供水压力，需另设热水加压系统，冷水、热水不同压力源，难以保证系统中冷热水压力的平衡。因此，本条后半部分补充了“亦可采用间接供应热水的自带换热器的燃油(气)热水机组或外配容积式、半容积式水加热器的燃油(气)热水机组”的内容。

间接供热的缺点是二次换热，增加了换热设备，增大了热损失，但对于无法设置屋顶热水箱的热水系统比较适用。它能利用冷水系统的供水压力，无须另设热水加压系统。有利于整个系统冷、热水压力的平衡。

2 此款从环境保护、消烟除尘、安全保证等方面对燃油(气)热水机组提出的几点要求。有关燃油(气)热水机组的一些技术要求等详见工程建设协会标准《燃油、燃气热水机组生活热水供应设计规程》CECS 134：2002。

3 此款是指选择间接水加热设备时应考虑的因素：

1)用水的均匀性、热媒的供应能力直接影响水加热设备的换热、贮热能力的选择计算。用水较均匀，热媒供应能力充足，一般可选用贮热容积较小的半容积式水加热器。反之，可选用导流型容积式水加热器等贮热容积较大的水加热设备。

2)给水硬度对水加热设备的选择也有较大影响。我国北方地区都以地下水为水源，水质硬度大，而用作生活热水的源水一般不经软化处理。因此，不宜采用板式换热器之类，板与板间隙太小，或其他换热管束之间间距小于等于10mm的快速水加热设备来制备生活热水。否则，阻力太大，且难于清垢。

3)当用水器具主要为淋浴器及冷热水混合水嘴时，则系统对冷热水压力的平衡要求高，选用水加热设备时须充分考虑这一因素。

4)设备所带温控、安全装置的灵敏度、可靠性是安全供水、安全使用设备的必要保证。国内曾发生过多次因温控阀质量不好出水温度过高而烫伤人的事故。尤其是在汽-水换热时，贮热容积小的快速水加热设备升温速度往往1min之内能上升20℃～30℃，没有高灵敏度、高可靠性的温控装置很难将这样的水加热设备用于热水供应系统中。

半即热式水加热器，其换热部分实质上是一个快速换热器。但它与普通快速换热器之根本区别在于它有一套完整、灵敏、可靠的温度安全控制装置，可保证安全供水。目前市场上有些同类产品，恰恰是温控这套最关键的装置达不到半即热式水加热器温控装置之要求。因此，设计选用这种占地面积省、换热效果好的水加热设备时需注意如下三个使用条件：

一是热媒供应能满足热水设计秒流量供热量之要求。

二是有灵敏、可靠的温度压力控制装置，保证安全供水。应有验证的方法和保证的措施。

三是被加热水侧的阻力损失不影响系统的冷热水压力平衡和稳定。

4 本款为新增款项，在设计太阳能热水供应系统时，太阳能集热系统采用自然循环还是强制循环，是直接供水还是间接供水，应根据条文中所列条件进行技术经济比较，以确定合理可靠的热水供应系统。

5 本款规定在电源供应充沛的地方可采用电热水器。此款是补充条款，体现我国近年来CO_2减排、清洁能源发展利用趋势。

5.4.2A 本条第1款第1)项强调设计布置太阳能集热器时应和建筑、结构等专业密切配合。

本条第1款第3)、4)项和第2款第1)～3)项规定了太阳能热水供应系统的主要设计参数。太阳能热源具有低密度、不稳定、不可控制的特点，因此其供热量、贮热量及相应贮热设备、水加热器及循环泵等的设计计算均不能采用常规热源系统的设计参数。本条所提供的参数摘自国家标准《民用建筑太阳能热水系统应用技术规范》GB 50364—2005等技术文件。

本条第4款系针对太阳能热源的特点提出其设计辅助热源时应考虑的因素。

5.4.2B 本条第1款为设计水源热泵热水供应系统时的设计要素。

本条第1款第1)项的规定适合于春、夏、秋季均有制冷空调宾馆等，生活热水由热泵散热端(空调冷却水)制备热水。热泵热效率COP值最高，节能效果显著。具体设计应与空调专业结合，特别在冬季供暖期的辅助热源设计，应供暖和热水供应综合考虑。

本条第1款第2)项为水源总水量的计算，水源充足且允许利用是设计水源热泵热水系统的前提条件。其总水量与水源热泵机组的供热量、贮热设备贮热量、水源的温度及机组的性能系数(COP)值等密切相关。

本条第1款第5)项指水源热泵制备的热水是直接供水，还是经水加热器换热间接供水，应按当地冷水水质硬度、冷热水系统压力平衡、热泵机组出水温度以及相应的性能系数COP值等条件综合考虑确定。

本条第1款第6)项规定了水源热泵贮热水箱(罐)贮热水容积的计算。由于热泵机组一次投资费用高，适当增大贮热容积，可采用较小型的机组，既经济又可减轻对水源的供水、循环流量的要求。其比较合理的计算宜采用日耗热量减热泵日持续工作时间内的耗热量作为贮热水箱(罐)的贮热容积,如热泵利用谷电时段内制备热水,当这段时间用热水量接近于零时,则贮热容积等于日耗热量。当无法按此计算时,全日制集中热水供应系统的贮热水箱(罐)有效容积可按本规范式(5.4.2B-2)计算。对于定时热水供应系统的贮热水箱(罐)有效容积,则应为定时供应水的时段全部热水用量。

本条第2款第1)项规定了设计空气源热泵热水供应系统的主要原则。①适宜于冬暖夏热的地方应用;②炎热高温地区即最冷月平均气温大于等于10℃的地区,一般可不设辅助热源;最冷月平均气温位于10℃～0℃之间者宜设辅助热源;③空气源热泵的性能参数COP值受空气温度、湿度变化的影响大,因此无辅助热源者应按最不利条件即当地最冷月平均气温和冷水温度作为设计依据;有辅助热源者,则可按当地春分、秋分所在月的平均气温和冷水供水温度设计,以合理经济地选用热泵机组。

本条第2款第4)项规定了空气源热泵贮热水箱(罐)容积的确定,参照水源热泵的贮热水箱(罐)容积的计算方法。

5.4.3 规定医院的热水供应系统的锅炉或加热器不得少于2台,当一台检修时,其余各台的总供应能力不得小于设计小时耗热量的50%。

由于医院手术室、产房、器械洗涤等部门要求经常有热水供应,不能有意外的中断,否则将会影响正常的工作,而其他如盥洗、淋浴、门诊等部门的热水用水时间都比较集中,而且是有规律的,有的是早、中、晚;有的是在白天8h工作时间内。若只选用一台锅炉或加热器,当发生故障时,就无法供应热水,这对手术室、产房等有特殊要求的房间,就将影响工作的进行。如选用2台锅炉或加热器,当其中一台不能供应热水时,另一台仍能继续工作,保证个别有特殊要求的部门不致中断热水供应,故规定选择加热设备时应不得少于2台,主要考虑了互为备用的因素。

对于小型医院(指50床以下),由于热水量较小,设置的2台锅炉或水加热器,根据其构造情况,每台的供热能力可按设计小时耗热量计算。

医院建筑不得采用有滞水区的容积式水加热器,因为医院是各种致病细菌滋生繁殖最适宜的地方,带有滞水区的容积式水加热器,其滞水区的水温一般在20℃～30℃之间,是细菌繁殖生长最适宜的环境,国外早已有从这种带滞水区的容积式水加热器中发现过军团菌等致人体生命危险病菌的报道。

5.4.4

1 此款为选择局部加热设备的总原则。首先要因地制宜按太阳能、电能、燃气等热源来选择局部加热设备,另外还要结合建筑物的性质、使用对象、操作管理条件,安装位置、采用燃气与电加热时的安全装置等因素综合考虑。

2 当局部水加热器供给多个用水器具同时使用时,宜带有贮热调节容积,以减少热源的瞬时负荷。尤其是电加热器,如果完全按即热即用没有一点贮热容积作用调节时,则供一个$q=0.15$L/s的标准淋浴器当冷水温度为10℃时的电热水器其功率约为18kW,显然作为局部热水器供多个器具同时用,没有调贮容积是很不合适的。

3 当以太阳能作热源时,为保证没有太阳的时候不断热水,应有辅助热源,而以用电热作辅助热源最为简便可行。

5.4.5 本条为强制性条文,特别强调采用燃气热水器和电热水器的安全问题。国内发生过多起燃气热水器漏气中毒致人身亡的事故,因此,选用这些局部加热设备时一定要按其产品标准,相关的安全技术通则,安装及验收规程等中的有关要求进行设计。

5.4.6 规定水加热器的加热面积的计算公式,该公式是计算水加热器的加热面积的通用公式。

公式中C_r为热水供应系统的热损失系数,设计中可根据设备的功率和系统的大小及保温效果选择,一般取1.10～1.15。

公式中ε考虑由于水垢等因素影响传热系数K值的附加系数。从调查资料看,水加热器结垢现象比较严重,在无简单、行之有效的水处理方法的情况下,加热管束要避免水垢的产生是很困难的,结垢的多少取决于水质及运行情况。由于水垢的导热性能很差[水垢的导热系数为2.2kJ/(m²·℃·h)～9.3 kJ/(m²·℃·h)],因而加热器往往受水垢的影响导致加热器传热效率的降低。因此,在计算加热器的传热系数时应附加一个系数。

加热器传热系数K值的附加系数ε为0.6～0.8,是引用国外的资料。

5.4.7 本条规定热媒与被加热水的计算温度差的计算公式。

1 容积式水加热器、导流型容积式水加热器、半容积式水加热器的计算温度差是采用算术平均温度差计算的。因在容积式水加热器里,水温是逐渐、均匀的升高,主要是靠对流传热,即加热盘管设置在加热器的底部,冷水自下部受热上升,对流循环使加热器内的水全部加热,同时在容积式加热器内有一定的调节容积,计算温度差粗略一点影响不大。

2 快速式水加热器、半即热式水加热器的计算温度差是采用平均对数温度差的计算公式。因在快速式水加热器里,水主要是靠传导传热,水在加热器内是不停留的、无调节容积,因此,加热器的计算温差应精确些。

3 对快速水加热器式(5.4.7-2)的说明:

快速水加热器有逆流式和顺流式两种换热工况,前者比后者换热效果好,因此生活热水采用的快速水加热器或半即热式水加热器基本上均采用如图4所示的逆流式换热。

式(5.4.7-2)中的Δt_{max}(热媒与被加热水在水加热器一端的最大温度差)与Δt_{min}(热媒与被加热水在水加热器另一端的最小温度差)如图4所示。

$\Delta t_{max}=t_{mc}-t_z$或$\Delta t_{max}=t_{mz}-t_c$;

$\Delta t_{min}=t_{mz}-t_c$或$\Delta t_{min}=t_{mc}-t_z$

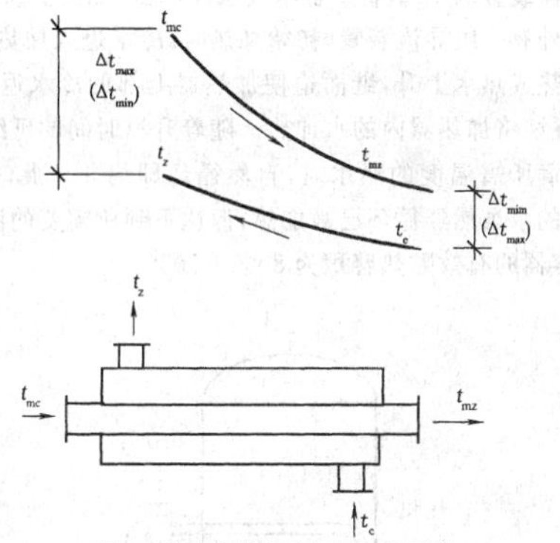

图4 快速换热器水加热工况示意

5.4.8 本条规定了热媒的计算温度。

热媒的初温和终温是决定水加热器加热面积大小的主要因素之一,从热工理论上讲,饱和蒸汽温度随蒸汽压力不同而相应改变。

当蒸汽压力(相对压力)小于等于70kPa时,蒸汽压力和蒸汽温度变化情况见表5。

表5 蒸汽压力和蒸汽温度变化表[蒸汽压力(相对压力)≤70kPa时]

蒸汽压力(kPa)	10	20	30	40	50	60	70
饱和蒸汽温度(℃)	101.7	104.25	106.56	108.74	110.79	112.73	114.57

当蒸汽压力大于70kPa时,蒸汽压力(相对压力)和蒸汽温度变化情况见表6。

表6 蒸汽压力和蒸汽温度变化表[蒸汽压力(相对压力)>70kPa时]

蒸汽压力(kPa)	80	90	100	120	140	160	180	200
饱和蒸汽温度(℃)	116.33	118.01	119.62	122.65	125.46	128.08	130.55	132.88

从以上数据可知,当蒸汽压力小于70kPa时,其温度变化差

值不大，而且在实际应用时，为了克服系统阻力将蒸汽送至用汽点并保证一定的压力，一般蒸汽压力都要保持在 30kPa～40kPa，这时的温度为 106.56℃和 108.74℃，与 100℃的差值仅为 6℃～8℃，也就是说对加热器的影响不大。为了简化计算，故统一按 100℃计算。

当蒸汽压力大于 70kPa 时，蒸汽温度应按饱和蒸汽温度计算，因高压蒸汽热焓值高，若也取 100℃为计算蒸汽温度，则计算加热面积偏大造成浪费。

热媒初温与被加热水终温的温差值是决定加热器加热面积的主要因素。当温差减小时，加热面积就要增加，两者成反比例的关系。当热媒为热力网的热水，应按热力网供、回水的最低温度计算的规定，是考虑最不利的情况，如北京市的热力网的供水温度冬季为 70℃～130℃；夏季为 40℃～70℃。规定热媒初温与被加热水的终温的温差不得小于 10℃是考虑了技术经济因素。本次局部修订对热媒初温、终温的计算作出了较具体的规定。条文中推荐的热媒为饱和蒸汽与热水时的热媒初温、终温的参数，均由经热工性能测定的产品所提供，可在设计计算中采用。

5.4.9 容积式水加热器、半容积式水加热器与加热水箱等水加热设备设置贮存调节容积之目的，就是为了保证系统达到设计小时流量与设计秒流量用水时均能平稳供给所需温度的热水，即系统的设计小时流量与设计秒流量是由热媒在这段时间内加热的热水量与贮热容器已贮存的热水量两者联合供给的。不同结构型式和加热工艺的水加热设备，其贮热容积部分贮热大致可以分下列两种情况：

1 传统的 U 型管式容积式水加热器，由于设备本身构造要求，加热 U 型盘管离容器底有相当一段高度(如图 5 所示)。当冷水由下进、热水从上出时，U 型盘管以下部分的水不能加热，存在 20%～30%的冷水滞水区，即有效贮热容积为总容积的 70%～80%。

带导流装置的 U 型管式容积式水加热器(如图 6 所示)，在 U 型管盘管外有一组导流装置，初始加热时，冷水进入加热器的导流筒内被加热成热水上升，继而迫使加热器上部的冷水返下形成自然循环，逐渐将加热器内的水加热。随着升温时间的延续，当加热器上部充满所需温度的热水时，自然循环即终止。此时，位于 U 型管下部的水虽然经循环已被加热，但达不到所需要的温度，按热量计算，容器的有效贮热容积为 80%～90%。

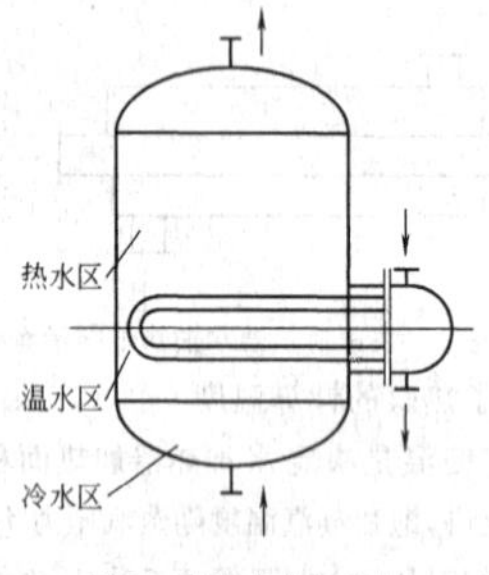

图 5 容积式水加热器

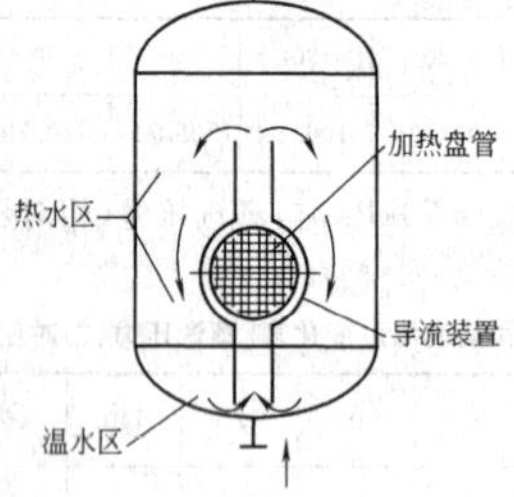

图 6 带导流装置的容积式水加热器

2 半容积式水加热器实质上是一个经改进的快速式水加热器插入一个贮热容器内组成的设备。它与容积式水加热器构造上最大的区别就是：前者的加热与贮热两部分是完全分开的，而后者的加热与贮热连在一起。半容积式水加热器的工作过程是：水加热器加热好的水经连通管输送至贮热容器内，因而，贮热容器内贮存的全是所需温度的热水，计算水加热器容积时不需要考虑附加容积。

有的容积式水加热器为了解决底部存在冷水滞水区的问题，设备自设了一套体外循环泵，如图 7 所示，定时循环以消除其冷水滞水区达到全部贮存所需温度的热水的目的。

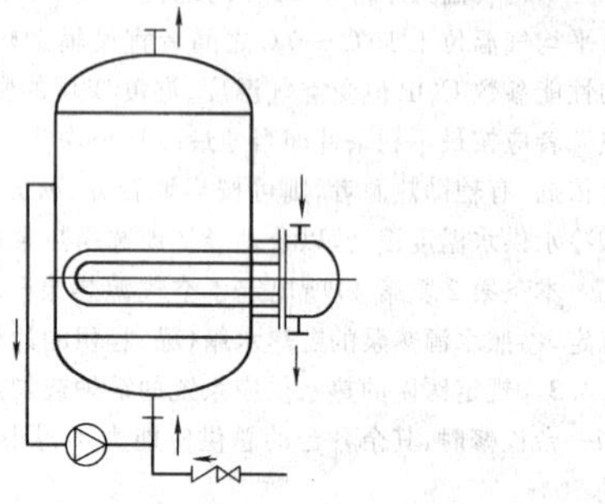

图 7 带外循环的容积式水加热器

浮动盘管为换热元件的水加热器的容积附加系数，可参照本条第 1 款的规定采用。

一般立式浮动盘管型容积式水加热器，盘管靠底布置时，其计算容积可按附加 5%～10%考虑。

5.4.10 规定了水加热器的贮热量。

1 将“半即热式水加热器”的使用条件提到更为重要的位置，以杜绝和减少因此而发生的不安全事故。

2 贮水器的容积，理应根据日热水用水量小时变化曲线设计计算确定。由于目前很难取得这种曲线，所以设计计算时应根据热源品种，热源充沛程度、水加热设备的加热能力，以及用水均匀性、管理情况等因素综合考虑确定。若热源的供给与水加热设备的产热量能完全满足热水管网设计秒流量的要求，而且水加热设备有一套可靠、灵活的安全温度压力控制装置，能确保供水的绝对安全，则无须设贮热容积。

自动温度控制装置的可靠性与灵敏度是能否实现水加热设备不要贮热调节容积的关键附件。据国内外多种产品的实测，真正能达到此要求者甚少。因此，除个别已在国内经长期使用考验的无贮热的水加热设备外，一般设计仍以考虑一定贮热容积为宜。

3 本规范表 5.4.10 划分为以蒸汽和 95℃以上的热水为热媒及以小于或等于 95℃热水为热媒两种换热工况，分别计算贮热量。

1)汽-水换热的效果要比水-水换热效果优越得多，相同换热面积的条件下，其换热量前者可为后者的 3 倍～9 倍。当热媒水温度高时与汽-水换热差距小一点，当热媒水温度低时(如有的热网水夏天供 70℃左右的水)，则与汽-水换热差距大于 10 倍。在这种热媒条件差的条件下，本规范表 5.4.10 中容积式水加热器、半容积式水加热器的贮热量值已为最低值。

2)从传统型容积式水加热器的升温时间及国内导流型容积式水加热器、半容积式水加热器实测升温时间来看(见表 7)，本规范表 5.4.10 中，“95℃”热水为热媒时贮热量数据并不算保守。

表 7 水加热器升温时间

加热设备	热媒水温度(℃)	升温时间(13℃升至 55℃)
容积式水加热器	70～80	>2h
导流型容积式水加热器	70～80	≈40min
U 型管式半容积式水加热器	70～80	20min～25min
浮动盘管式半容积式水加热器	70～80	≈20min

本条第 3 款为新增条款。针对非传统热源(太阳能、水源、空气源)热水供应系统的贮热容积计算方法，不能采用传统热源(蒸

汽、高温水)热水供应系统的贮热容积计算方法。

5.4.14 该条对热水箱配件的设置作了规定。热水箱加盖板是防止受空气中的尘土、杂物污染,并避免热气四溢。泄水管是为了在清洗、检修时泄空,将通气管引至室外是避免热气溢在室内。

5.4.15 水加热设备、贮热设备贮存有一定温度的热水,水中溶解氧析出较多,当加热设备、贮热设备采用钢板制作时,氧腐蚀比较严重,易恶化水质和污染卫生器具。这种情况在我国以水质较软的地面水为水源的南方地区更为突出。因此,水加热设备和贮热设备宜根据水质条件采用耐腐蚀材料(如不锈钢、不锈钢复合板)制作或作内表面的衬涂处理。当水中氯离子含量较高时宜采用钢板衬铜,或采用316L不锈钢壳体。衬涂处理时应注意两点,一是衬涂材质应符合现行有关卫生标准的要求,二是衬涂工艺必须符合相关规定,保证衬涂牢固。

5.4.16 本条文第1款只限定容积式、导流型容积式、半容积式水加热器这三种贮热容积的水加热器的一侧应有净宽不小于0.7m的通道,前端应留有抽出加热盘管的位置。理由是无贮热容积的半即热式、快速式水加热器一般体型比前者小得多,其加热盘管不一定从前端抽出,可以从上从下两头抽出,也可以整体放倒或移出机房外检修(当然机房的布置还需考虑人行道及管道连接等的空间)。而容积式水加热器等带贮热容积的设备,体型一般均较高大,一般设备固定就很难整体移动,而水加热设备的核心部分加热盘管受水质、水温引起的结垢、腐蚀影响传热效果及制造加工不善出现问题是很难避免的,因此,在水加热器前端,即加热盘管装入水加热器的一侧必须留出能抽出加热盘管的距离,以供加热盘管清理水垢或检修之用。同时本款也提醒设计人员在选用这种带贮热容积的水加热设备时必须考察其加热盘管能否从侧面抽出来,是否具备清垢检修条件。

5.4.16A 本条对水源热泵机组的布置作出了规定,因机组体形大,需预留安装孔洞及运输通道,且应留有抽出蒸发器、冷凝器盘管的空间。第2款针对空气源热泵需要良好的气流条件,且风机噪声大的特点,提出了机组的布置要求,机组一般布置在屋顶或室外。

5.4.17 本条对燃油(气)热水机组的布置作了一些原则规定。

5.4.19 本条对膨胀管的设置作了具体规定。

1 设有高位冷水箱供水的热水系统设膨胀管时,不得将膨胀管返至高位冷水箱上空,目的是防止热水系统中的水体升温膨胀时,将膨胀的水量返至生活用冷水箱,引起该水箱内水体的热污染。解决的办法是将膨胀管引至其他非生活饮用水箱的上空。因一般多层、高层建筑大多有消防专用高位水箱,有的还有中水水箱等,这些非生活饮用水箱的上空都可接纳膨胀管的泄水。

在开式热水供应系统中,为防止热水箱的水因受热膨胀而流失,规定热水箱溢流水位超出冷水补给水箱的水位高度应按膨胀量确定(见图8),其高度 h 按式(5)计算:

$$h=H\left(\frac{\rho_l}{\rho_r}-1\right) \tag{5}$$

式中:h——热水箱溢流水位超出补给水箱水面的高度(m);

ρ_l——冷水箱补给水箱内水的平均密度(kg/m³);

ρ_r——热水箱内热水平均密度(kg/m³);

H——热水箱箱底距冷水补给水箱水面的高度(m)。

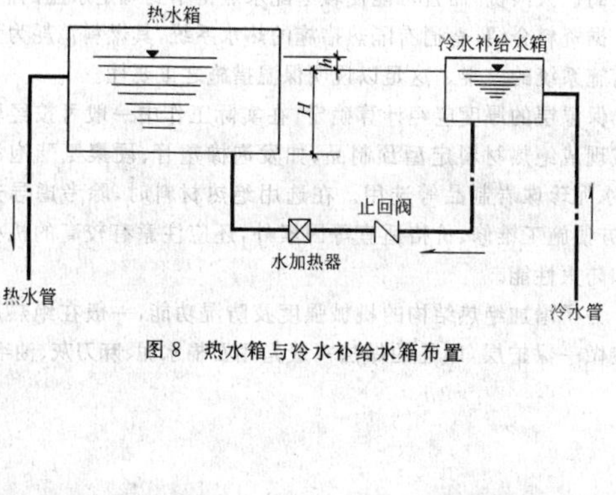

图8 热水箱与冷水补给水箱布置

2 本次局部修订,将原规范中式(5.4.19-3)中的 ρ_h 更正为 ρ_l,并取消该式,引用了式(5.4.19-1)。

5.4.20 膨胀管上严禁设置阀门是确保热水供应系统的安全措施。当开式热水供应系统有多台锅炉或水加热器时,为便于运行和维修亦应分别设置。

5.4.21

1 将第"1"、"2"款中日用热水量由10m³ 改为30m³。日用热水量为10m³ 的集中热水供应系统为设计小时热水量只有1.0m³/h~1.5m³/h的小系统,其系统的膨胀水量亦少,以此作为是否设膨胀罐的标准,要求过高。因此将日用热水量10m³ 提高到30m³。

2 原式(5.4.21)中的 $P_2=1.05P_1$,是依据"压力容器"有关规定确定的。但在本规范试行三年多来,不少工程反映,按此计算,膨胀罐偏大,为此将其修正为 $P_2=1.10P_1$。经此修正,膨胀罐的容积将近减半。但在选用水加热、贮热容器时,应满足其工作压力 $(P_1-0.1)\times1.1<1.05P_3$($P_3$ 为容器的设计工作压力,1.05系数是压力容器安全阀泄压为设计工作压力1.05倍)的要求。例:选用水加热器的设计工作压力(相对压力)$P_3=0.6$MPa,则系统的工作压力(相对压力)应为:$(P_1-0.1)=(1.05/1.1)\times0.6=0.573$MPa,故绝对压力 $P_1\leqslant0.673$MPa。

5.4.21A 据国外资料介绍,在阳光强烈的夏天,集热器及连接管道内的水温可能达到100℃~200℃,因此集热器、贮热水箱(罐)及相应管道、管件、阀门等均应采取防过热措施,一般采用遮阳、散热冷却和排泄高温水。选用相应的耐热材质,闭式系统则要设膨胀罐、安全阀等泄压、泄水的安全设施。有冰冻可能的系统应采用加防冻液或热循环等措施,保证系统安全使用。

5.5 管网计算

5.5.1 设有集中热水供应系统的小区室外热水干管管径设计流量计算,与小区给水的水力计算一致。而单幢建筑物的引入管需保证其系统的设计秒流量,即引入管应按该建筑物热水供水系统总干管的设计秒流量计算选择管径。

5.5.5 本条所列式5.5.5中的参数 Q_s 与 Δt 在原规范所列数值的基础上增加了小区配水管网的热损失比率。

5.5.6 本条对定时供应热水系统的循环流量的计算作了规定。

定时供应热水系统的循环流量是按1h内循环管网中的水循环次数而定的。据调研,一般定时循环热水供应系统的循环泵大都在供应热水前半小时开始运转,直到把水加热至规定温度,循环泵即停止工作。因定时供应热水的情况下,用水较集中,故在供应热水时,不考虑热水循环。循环泵的选择可按每小时将管网中的水循环2次~4次计算,其上、下限的选择,可依系统的大小和水泵产品情况等确定。

5.5.10 本条对循环水泵的选用和设置作了规定。

1 本款为机械循环时,循环水泵流量的确定。

2 本款为机械循环时,循环水泵扬程的计算。

3 此款规定了循环水泵必须选用热水专用泵。另外,热水循环水泵的扬程只用于克服热水循环时的水头损失,热水循环流量很小,水泵扬程很低。但一般循环水泵和水加热设备一起均位于热水管网系统的最低处(即一般水加热设备机房位于底层或地下室),因此,循环水泵的扬程不大,但它所承受管网的静水压力值较大,尤其是高层建筑的热水系统更为突出。国内曾有一些工程使用的热水循环泵因其未考虑这部分静水压力而发生爆裂事故,所以热水循环水泵泵壳承受的工作压力一定要按其承受的静水压力加水泵扬程两部分叠加考虑。

5.6 管材、附件和管道敷设

5.6.2 本条对热水系统选用管材作了规定。

1 根据国家有关部门关于"在城镇新建住宅中,禁止使用冷镀锌钢管用于室内给水管道，并根据当地实际情况逐步限制禁止使用热镀锌钢管，推广应用铝塑复合管、交联聚乙烯（PE-X）管、三型无规共聚聚丙烯（PP-R）管、耐热聚乙烯管（PERT）等新型管材，有条件的地方也可推广应用铜管”的规定，本条推荐作为热水管道的管材排列顺序为：薄壁铜管、薄壁不锈钢管、塑料热水管、塑料和金属复合热水管等。

2 当选用塑料热水管或塑料和金属复合热水管材时，本条还作了下述规定：

1）第1款中管道的工作压力应按相应温度下的许用工作压力选择。塑料管材不同于钢管，能承受的压力受温度的影响很大。管内介质温度升高则其承受的压力骤降，因此，必须按相应介质温度下所需承受的工作压力来选择管材。

2）设备机房内的管道不应采用塑料热水管。

设备机房内的管道安装维修时，可能要经常碰撞，有时可能还要站人，一般塑料管材质脆怕撞击，所以不宜用作机房的连接管道。

此外还有两点需予以注意：

第一点，管件宜采用和管道相同的材质。不同的材料有不同的伸缩变形系数。塑料的伸缩系数一般比金属的伸缩系数要大得多。由于热水系统中水的冷热变化将引起塑料管道的较大伸缩，如采用的管件为金属材质，则由于管件、管道两者伸缩系数不同，而又未采取弥补措施，就可能在使用中出现接头处胀缩漏水的问题。因此，采用塑料管时，管道与管件宜为相同材质。

第二点，定时供应热水不宜选用塑料热水管。定时供应热水不同于全日供应热水的地方，主要是系统内水温周期性冷热变化大，即周期性的引起管道伸缩变化大。这对于伸缩变化大的塑料管是不合适的。

5.6.3 热水管道因受热膨胀会产生伸长，如管道无自由伸缩的余地，则使管道内承受超过管道所许可的内应力，致使管道弯曲甚至破裂，并对管道两端固定支架产生很大推力。为了减释管道在膨胀时的内应力，设计时应尽量利用管道的自然转弯，当直线管段较长（含水平与垂直管段）不能依靠自然补偿来解决膨胀伸长量时，应设置伸缩器。铜管、不锈钢管及塑料管的膨胀系数均不相同，设计计算中应分别按不同管材在管道上合理布置伸缩器。

5.6.4 规定热水系统中应装设排气和泄水装置。

在热水系统中，由于热水在管道内不断析出气体（溶解氧及二氧化碳），会使管内积气，如不及时排除，不但阻碍管道内的水流还加速管道内壁的腐蚀。为了使热水供应系统能正常运行，故应在热水管道积聚空气的地方装自动放气阀或带手动放气阀的集气罐。在下行上给式系统中，一般可利用最高配水点放气，不另设排气装置。

据调查，在上行下给式的系统中管道的腐蚀较严重。管道的腐蚀与系统中不及时排除空气有关。故建议把横干管的坡度增加到1%，以加速水中析出的空气集中到集气器。若下行上给式系统当最高配水点不经常使用时，空气就由回水立管带到横干管中而引起管道腐蚀。

由此可见，热水系统的放气装置不但是为了防止气堵影响系统供水，也是防止管道腐蚀的一项措施。

在热水系统的最低点设泄水装置是为了放空系统中的水，以便维修。如在系统的最低处有配水点时，则可利用最低配水点泄水而不另设泄水装置。

5.6.8 本条对止回阀在热水系统中的设置位置作了规定。

1 此款规定，是为了防止加热设备的升压或由于冷水管网水压降低产生倒流，使设备内热水回流至冷水管网产生热污染和安全事故。第1款后加一个注，由于倒流防止器阻力大，如水加热贮热设备的冷水管上安装了倒流防止器，而不采取相应措施，将会产生用水点处冷热水压力的不平衡。一般工程中可采用冷热水系统均通过同一倒流防止器的方法解决此问题。

2 此款规定，是为了防止冷水进入热水系统，以保证配水点的供水温度。

3 此款规定，是为了防止冷、热水通过混合器相互串水而影响其他设备的正常使用。如设计成组混合器时，则止回阀可装在冷、热水的干管上。

5.6.9 本条对水加热器设置温度自动控制装置作了规定。

1 规定了所有水加热器均应设自动温度控制装置来控制调节出水温度。理由是为了节能节水，安全供水。人工控制温度，由于人工控制受人员素质、热媒、用水变化等多种因素之影响，水加热器出水水温得不到有效控制，尤其是汽—水换热设备，有的加热器内水温长期达80℃以上，设备用不到一年就报废。因此，本条规定凡水加热器均应装自动温度控制装置。

2 自动温度控制阀的温度探测部分（一般为温包）设置部位应视水加热器本身结构确定。对于容积式、半容积式水加热器，将温包放在出水口处是不合适的，因为当温包反应此处温度的变化时，罐体内的水温早已变了，自动温度控制阀再动作为时已晚。

3 自动温度控制阀应根据水加热器的类型，即有无贮存调节容积及容积的相对大小来确定相应的温度控制范围。根据半即热式水加热器产品标准等的规定，不同水加热器对自动温度控制阀的温度控制级别范围如表8所示。

表8 水加热器温度控制级别范围

水加热设备	自动温度控制阀温级范围（℃）
容积式水加热器、导流型容积式水加热器	±5
半容积式水加热器	±4
半即热式水加热器	±3

注：半即热式水加热器除装自动温度控制阀外，还需有配套的其他温度调节与安全装置。

5.6.10 水加热设备的上部，热媒进出水管、贮热水罐和冷热水混合器上装温度计、压力表等，是便于操作人员观察设备及系统运行情况，做好运行记录，并可以减少、避免不安全事故。

承压容器上装设安全阀是劳动部门和压力容器有关规定的要求，也是闭式热水系统上一项必要的安全措施。用于热水系统的安全阀可按泄掉系统温升膨胀产生的压力来计算，其开启压力一般可为热水系统最高工作压力的1.05倍。安全阀的型式一般可选用微启式弹簧安全阀。

5.6.11 热水系统上装设水表是为了节约用水及运行管理计费和累计用水量的要求。对于集中热水供应系统，为计量系统热水总用水量可用冷水表装在水加热设备的冷水进水管上，这是因为国内生产较大型的热水表的厂家较少，且品种不全，故用冷水表代替。但需在水加热器与冷水表之间装设止回阀，防止热水升温膨胀回流时损坏水表。

分户计量热水用水量时，则可使用热水表。

5.6.13 为适应建筑装修的要求，塑料热水管宜暗设。塑料热水管材材质较脆，怕撞击、怕紫外线照射，且其刚度（硬度）较差，不宜明装。对于外径 D_e 小于或等于25mm的聚丁烯管、改性聚丙烯管、交联聚乙烯管等柔性管一般可以将管道直埋在建筑垫层内，但不允许将管道直接埋在钢筋混凝土结构墙板内。埋在垫层内的管道不应有接头。外径 D_e 大于或等于32mm的塑料热水管可敷设在管井或吊顶内。

5.6.14 热水系统的设备与管道若不采取保温措施，不仅会造成能源的极大浪费，而且可能使较远配水点得不到规定水温的热水。

据资料介绍，普通有隔热措施的热水系统，其燃料消耗为无隔热措施系统的一半。这足以说明保温措施之重要性。

保温层的厚度应经计算确定，在实际工作中一般可按经验数据或现成绝热材料定型预制品，如发泡橡塑管、硬聚氨酯泡沫塑料、水泥珍珠岩制品等选用。在选用绝热材料时，除考虑导热系数、方便施工维修、价格适宜等因素外，还应注意有较高的机械强度和防火性能。

为了增加绝热结构的机械强度及防湿功能，一般在绝热层外都应做一保护层，以往的做法一般是用石棉水泥、麻刀灰、油毛毡、玻璃布、铝箔等作保护层。比较讲究的做法是用金属薄板作保护层。

5.6.15 热水管道穿越楼板时应加套管是为了防止管道膨胀伸缩移动造成管外壁四周出现缝隙，引起上层漏水至下层的事故。一般套管内径应比通过热水管的外径大2号～3号，中间填不燃烧材料再用沥青油膏之类的软密封防水填料灌平。套管高出地面大于等于20mm。

5.6.17 本条规定了用蒸汽作热媒的间接式水加热设备的凝结水回水管上应设疏水器。目的是保证热媒管道汽水分离，蒸汽畅通，不产生汽水撞击，延长设备使用寿命。

生活用水很不均匀，绝大部分时间，水加热器不在设计工况下工作，尤其是在水加热器初始升温或在很少用水的情况下升温时，由于一般温控装置难以根据水加热器内热水温升情况或被加热水流量大小来调节阀门开启度，因而此时的凝结水出水温度可能很高。对于这种用水不均匀又无灵敏可靠温控装置的水加热设备，当以饱和蒸汽为热媒时，均宜在凝结水出水管上装疏水器。

每台设备各自装疏水器是为了防止水加热器热媒阻力不同(即背压不同)相互影响疏水器工作的效果。

5.6.18 本条规定了疏水器的口径不能直接按凝结水管管径选择，应按其最大排水量，进、出口最大压差，附加系数三个因素计算确定。

为了保证疏水器的使用效果，应在其前加过滤器。不宜附设旁通管，目的是为了杜绝疏水器该维修时不维修，开启旁通，疏水器形同虚设。但对于只有偶尔情况下才出现大于等于80℃高温凝结水(一般情况低于80℃)的管路亦可设旁通，即正常运行时凝结水从旁通管路走，特殊情况下凝结水经疏水器走。

5.7 饮水供应

5.7.2、5.7.3、5.7.3A 依据行业标准《管道直饮水系统技术规程》CJJ 110—2006相关内容进行了全面修正，与其协调一致，并将原条文中的“饮用净水系统”改为“管道直饮水系统”。

饮水主要用于人员饮用，也有的将其用于煮饭、淘米、洗涤瓜果蔬菜及冲洗餐具等。个人饮水量多少与经济水平、生活习惯、水嘴水流特性及当地气候条件等多项因素有关。

根据资料介绍，本条推荐住宅最高日直饮水定额为2.0L/人·d～2.5L/人·d。北方地区可按低限取值，南方经济发达地区可按高限取值。办公楼为1.0L/人·d～2.0L/人·d。

5.7.3 本条对直饮水系统的水质、水嘴流率、供水系统方式、循环管网的设置及设计秒流量计算等分别作了规定。

1 直饮水一般均以市政给水为原水，经过深度处理方法制备而成，其水质应符合国家现行标准《饮用净水水质标准》CJ 94的要求。

管道直饮水系统水量小、水质要求高，目前常采用膜技术对其进行深度处理。膜处理又分成微滤(MF)、超滤(UF)、纳滤(NF)和反渗透膜(RO)四种方法。可视原水水质条件、工作压力、产品水的回收率及出水水质要求等因素进行选择。膜处理前设机械过滤器等前处理，膜处理后应进行消毒灭菌等后处理。

2 管道直饮水的用水量小，且其价格比一般生活给水贵得多，为了尽量避免饮水的浪费，直饮水不能采用一般额定流量大的水嘴，而宜采用额定流量为0.04L/s左右的专用水嘴，其最低工作压力相应为0.03MPa。专用水嘴的流量、压力值是“建筑和居住小区优质饮水供应技术”课题组实测市场上一种不锈钢鹅颈水嘴后推荐的参数。

4 推荐管道直饮水系统采用变频机组直接供水的方式。其目的是避免采用高位水箱贮水难以保证循环效果和直饮水水质的问题，同时，采用变频机组供水，还可使所有设备均集中在设备间，便于管理控制。

5 高层建筑管道直饮水系统竖向分区，基本同生活给水分区。有条件时分区的范围宜比生活给水分区小一点，这样更有利于节水。

分区的方法可采用减压阀，因饮水水质好，减压阀前可不加截污器。

6 管道直饮水必须设循环管道，并应保证干管和立管中饮水的有效循环，其目的是防止管网中长时间滞流的饮水在管道接头、阀门等局部不光滑处由于细菌繁殖或微粒集聚等因素而产生水质污染和恶化的后果。循环回水系统一方面把系统中各种污染物及时去掉，控制水质的下降，同时又缩短了水在配水管网中的停留时间，借以抑制水中微生物的繁殖。关于循环流量的确定，国内设置管道直饮水系统的地方采用的参数均不相同。本条规定“循环管网内水的停留不应超过12h”是根据国家现行标准《管道直饮水系统技术规程》CJJ 110—2006的条文编写的。

循环管网应同程布置，保证整个系统的循环效果。

由于循环系统很难实现支管循环，因此，从立管接至配水龙头的支管管段长度应尽量短，一般不宜超过3m。

7 饮用净水系统配水管的设计秒流量公式$q_g=q_o m$是《管道直饮水系统技术规程》CJJ 110—2006所推荐的公式。

式中m为计算管段上同时使用水嘴的数量。当水嘴数量在24个及24个以下时，m值可按本规范附录F表F.0.1直接取值；当水嘴数量大于24个时，在按公式F.0.2计算取得水嘴使用概率P_o值后查附录F表F.0.2取值。

5.7.6 本条对饮水管的材质提出了具体要求，并首推薄壁不锈钢管作为饮水管管材。其理由是薄壁不锈钢管具有下列优点：①强度高且受温度变化的影响很小；②热传导率低，只有镀锌钢管的1/4，铜管的1/25；③耐腐蚀性能强；④管壁光滑卫生性能好，且阻力小。当然用不锈钢管材一般比其他管材贵，但据资料分析：薄壁型不锈钢管用于工程中，比PP-R或铝塑管只贵10%左右，比用铜管的价格低。因此，对于饮用水这种要求保证水质较严的管网系统，推荐采用薄壁不锈钢管是比较合适的。

中华人民共和国国家标准

给水排水工程构筑物结构设计规范

Structural design code for special structures of water supply and waste water engineering

GB 50069—2002

批准部门：中华人民共和国建设部
施行日期：2 0 0 3 年 3 月 1 日

中华人民共和国建设部
公　　告

第91号

建设部关于发布国家标准《给水排水工程构筑物结构设计规范》的公告

现批准《给水排水工程构筑物结构设计规范》为国家标准，编号为GB 50069—2002，自2003年3月1日起实施。其中，第3.0.1、3.0.2、3.0.5、3.0.6、3.0.7、3.0.9、4.3.3、5.2.1、5.2.3、5.3.1、5.3.2、5.3.3、5.3.4、6.1.3、6.3.1、6.3.4条为强制性条文，必须严格执行。原《给水排水工程结构设计规范》GBJ 69—84中的相应内容同时废止。

本规范由建设部标准定额研究所组织中国建筑工业出版社出版发行。

中华人民共和国建设部

二〇〇二年十一月二十六日

前　　言

本规范根据建设部（92）建标字第16号文的要求，对原规范《给水排水工程结构设计规范》GBJ 69—84作了修订。由北京市规划委员会为主编部门，北京市市政工程设计研究总院为主编单位，会同有关设计单位共同完成。原规范颁布实施至今已15年，在工程实践中效果良好。这次修订主要是由于下列两方面的原因：

（一）结构设计理论模式和方法有重要改进

GBJ 69—84属于通用设计规范，各类结构（混凝土、砌体等）的截面设计均应遵循本规范的要求。我国于1984年发布《建筑结构设计统一标准》GBJ 68—84（修订版为《建筑结构可靠度设计统一标准》GB 50068—2001）后，1992年又颁发了《工程结构可靠度设计统一标准》GB 50153—92。在这两本标准中，规定了结构设计均采用以概率理论为基础的极限状态设计方法，替代原规范采用的单一安全系数极限状态设计方法，据此，有关结构设计的各种标准、规范均作了修订，例如《混凝土结构设计规范》、《砌体结构设计规范》等。因此，《给水排水工程结构设计规范》GBJ 69—84也必须进行修订，以与相关的标准、规范协调一致。

（二）原规范GBJ 69—84内容过于综合，不利于促进技术进步

原规范GBJ 69—84为了适应当时的急需，在内容上力求能概括给水排水工程的各种结构，不仅列入了水池、沉井、水塔等构筑物，还包括各种不同材料的管道结构。这样处理虽然满足了当时的工程应用，但从长远来看不利于发展，不利于促进技术进步。我国实行改革开放以来，通过交流和引进国外先进技术，在科学技术领域有了长足进步，这就需要对原标准、规范不断进行修订或增补。由于原规范的内容过于综合，往往造成不能及时将行之有效的先进技术反映进去，从而降低了它应有的指导作用。在这次修订GBJ 69—84时，原则上是尽量减少综合性，以利于及时更新和完善。为此将原规范分割为以下两部分，共10本标准：

1. 国家标准

（1）《给水排水工程构筑物结构设计规范》；

（2）《给水排水工程管道结构设计规范》。

2. 中国工程建设标准化协会标准

（1）《给水排水工程钢筋混凝土水池结构设计规程》；

（2）《给水排水工程水塔结构设计规程》；

（3）《给水排水工程钢筋混凝土沉井结构设计规程》；

（4）《给水排水工程埋地钢管管道结构设计规程》；

（5）《给水排水工程埋地铸铁管管道结构设计规程》；

（6）《给水排水工程埋地预制混凝土圆形管管道结构设计规程》；

（7）《给水排水工程埋地管芯缠丝预应力混凝土

管和预应力钢筒混凝土管管道结构设计规程》；

(8)《给水排水工程埋地矩形管管道结构设计规程》。

本规范主要是针对给水排水工程构筑物结构设计中的一些共性要求作出规定，包括适用范围、主要符号、材料性能要求、各种作用的标准值、作用的分项系数和组合系数、承载能力和正常使用极限状态，以及构造要求等。这些共性规定将在协会标准中得到遵循，贯彻实施。

本规范由建设部负责管理和对强制性条文的解释，由北京市市政工程设计研究总院负责对具体技术内容的解释。请各单位在执行本规范过程中，注意总结经验和积累资料，随时将发现的问题和意见寄交北京市市政工程设计研究总院（100045），以供今后修订时参考。

本规范编制单位和主要起草人名单

主编单位：北京市市政工程设计研究总院

参编单位：中国市政工程中南设计研究院、中国市政工程西北设计研究院、中国市政工程西南设计研究院、中国市政工程东北设计研究院、上海市政工程设计研究院、天津市市政工程设计研究院、湖南大学、铁道部专业设计院。

主要起草人：沈世杰、刘雨生（以下按姓氏笔画排列）

王文贤、王憬山、冯龙度、刘健行、苏发怀、陈世江、沈宜强、宋绍先、钟启承、郭天木、葛春辉、翟荣申、潘家多

目　次

1 总 则

1.0.1 为了在给水排水工程构筑物结构设计中贯彻执行国家的技术经济政策，达到技术先进、经济合理、安全适用、确保质量，制定本规范。

1.0.2 本规范适用于城镇公用设施和工业企业中一般给水排水工程构筑物的结构设计；不适用于工业企业中具有特殊要求的给水排水工程构筑物的结构设计。

1.0.3 贮水或水处理构筑物、地下构筑物，一般宜采用钢筋混凝土结构；当容量较小且安全等级低于二级时，可采用砖石结构。

在最冷月平均气温低于－3℃的地区，外露的贮水或水处理构筑物不得采用砖砌结构。

1.0.4 本规范系根据国家标准《建筑结构可靠度设计统一标准》GB 50068—2001 和《工程结构可靠度设计统一标准》GB 50153—92 规定的原则制定。

1.0.5 按本规范设计时，对于一般荷载的确定、构件截面计算和地基基础设计等，应按现行有关标准的规定执行。对于建造在地震区、湿陷性黄土或膨胀土等地区的给水排水工程构筑物的结构设计，尚应符合现行有关标准的规定。

2 主要符号

2.0.1 作用和作用效应

$F_{ep,k}$、$F'_{ep,k}$——地下水位以上、以下的侧向土压力标准值；

$F_{dw,k}$——流水压力标准值；

$q_{fw,k}$——地下水的浮托力标准值；

F_{lk}——冰压力标准值；

f_l——冰的极限抗压强度；

f_{lm}——冰的极限弯曲抗压强度；

S——作用效应组合设计值；

w_{max}——钢筋混凝土构件的最大裂缝宽度；

γ_s——回填土的重力密度；

γ_{s0}——原状土的重力密度。

2.0.2 材料性能

Fi——混凝土的抗冻等级；

Si——混凝土的抗渗等级；

α_c——混凝土的线膨胀系数；

β_c——混凝土的热交换系数；

λ_c——混凝土的导热系数。

2.0.3 几何参数

A_n——构件的混凝土净截面面积；

A_0——构件的换算截面面积；

A_s——钢筋混凝土构件的受拉区纵向钢筋截面面积；

e_0——纵向轴力对截面重心的偏心距；

H_s——覆土高度；

t_l——冰厚；

W_0——构件换算截面受拉边缘的弹性抵抗矩；

Z_w——自地面至地下水位的距离。

2.0.4 计算系数及其他

K_a——主动土压力系数；

K_f——水流力系数；

K_s——设计稳定性抗力系数；

m_p——取水头部迎水流面的体型系数；

n_d——淹没深度影响系数；

n_s——竖向土压力系数；

T_a——壁板外侧的大气温度；

T_m——壁板内侧介质的计算温度；

Δt——壁板的内、外侧壁面温差；

α_{ct}——混凝土拉应力限制系数；

α_E——钢筋的弹性模量与混凝土弹性模量的比值；

γ——受拉区混凝土的塑性影响系数；

η_{fw}——地下水浮托力折减系数；

ν——受拉钢筋表面形状系数；

ψ——裂缝间纵向受拉钢筋应变不均匀系数；

ψ_c——可变作用的组合值系数；

ψ_q——可变作用的准永久值系数。

3 材 料

3.0.1 贮水或水处理构筑物、地下构筑物的混凝土强度等级不应低于C25。

3.0.2 混凝土、钢筋的设计指标应按《混凝土结构设计规范》GB 50010 的规定采用；砖石砌体的设计指标应按《砌体结构设计规范》GB 50003 的规定采用；钢材、钢铸件的设计指标应按《钢结构设计规范》GB 50017 的规定采用。

3.0.3 钢筋混凝土构筑物的抗渗，宜以混凝土本身的密实性满足抗渗要求。构筑物混凝土的抗渗等级要求应按表 3.0.3 采用。

混凝土的抗渗等级，应根据试验确定。相应混凝土的骨料应选择良好级配；水灰比不应大于 0.50。

表 3.0.3 混凝土抗渗等级 Si 的规定

最大作用水头与混凝土壁、板厚度之比值 i_w	抗渗等级 Si
＜10	S4
10～30	S6
＞30	S8

注：抗渗等级 Si 的定义系指龄期为 28d 的混凝土试件，施加 $i\times0.1$MPa 水压后满足不渗水指标。

3.0.4 贮水或水处理构筑物、地下构筑物的混凝土，当满足抗渗要求时，一般可不作其他抗渗、防腐处理；对接触侵蚀性介质的混凝土，应按现行的有关规范或进行专门试验确定防腐措施。

3.0.5 贮水或水处理构筑物、地下构筑物的混凝土，其含碱量最大限值应符合《混凝土碱含量限值标准》CECS 53 的规定。

3.0.6 最冷月平均气温低于−3℃的地区，外露的钢筋混凝土构筑物的混凝土应具有良好的抗冻性能，并应按表 3.0.6 的要求采用。混凝土的抗冻等级应进行试验确定。

表 3.0.6 混凝土抗冻等级 *Fi* 的规定

结构类别 / 工作条件 / 气候条件	地表水取水头部 冻融循环总次数 ≥100	地表水取水头部 冻融循环总次数 ＜100	其他：地表水取水头部的水位涨落区以上部位及外露的水池等
最冷月平均气温低于−10℃	F300	F250	F200
最冷月平均气温在−3～−10℃	F250	F200	F150

注：1 混凝土抗冻等级 F*i* 系指龄期为 28d 的混凝土试件，在进行相应要求冻融循环总次数 *i* 次作用后，其强度降低不大于 25%，重量损失不超过 5%；
2 气温应根据连续 5 年以上的实测资料，统计其平均值确定；
3 冻融循环总次数系指一年内气温从+3℃以上降至−3℃以下，然后回升至+3℃以上的交替次数；对于地表水取水头部，尚应考虑一年中月平均气温低于−3℃期间，因水位涨落而产生的冻融交替次数，此时水位每涨落一次应按一次冻融计算。

3.0.7 贮水或水处理构筑物、地下构筑物的混凝土，不得采用氯盐作为防冻、早强的掺合料。

3.0.8 在混凝土配制中采用外加剂时，应符合《混凝土外加剂应用技术规范》GBJ 119 的规定。并应根据试验鉴定，确定其适用性及相应的掺合量。

3.0.9 混凝土用水泥宜采用普通硅酸盐水泥；当考**虑冻融作用时，不得采用火山灰质硅酸盐水泥和粉煤灰硅酸盐水泥；受侵蚀介质影响的混凝土，应根据侵蚀性质选用。**

3.0.10 混凝土热工系数，可按表 3.0.10 采用。

表 3.0.10 混凝土热工系数

系数名称	工作条件	系数值
线膨胀系数 α_c	温度在 0～100℃范围内	1×10⁻⁵ (1/℃)
导热系数 λ_c	构件两侧表面与空气接触	1.55 [W/(m·K)]
	构件一侧表面与空气接触，另一侧表面与水接触	2.03 [W/(m·K)]
热交换系数 β_c	冬季混凝土表面与空气之间	23.26 [W/(m^2·K)]
	夏季混凝土表面与空气之间	17.44 [W/(m^2·K)]

3.0.11 贮水或水处理构筑物、地下构筑物的砖石砌体材料，应符合下列要求：

1 砖应采用普通粘土机制砖，其强度等级不应低于 MU10；

2 石材强度等级不应低于 MU30；

3 砌筑砂浆应采用水泥砂浆，并不应低于 M10。

4 结构上的作用

4.1 作用分类和作用代表值

4.1.1 结构上的作用可分为三类：永久作用、可变作用和偶然作用。

4.1.2 永久作用应包括：结构和永久设备的自重、土的竖向压力和侧向压力、构筑物内部的盛水压力、结构的预加应力、地基的不均匀沉降。

4.1.3 可变作用应包括：楼面和屋面上的活荷载、吊车荷载、雪荷载、风荷载、地表或地下水的压力（侧压力、浮托力）、流水压力、融冰压力、结构构件的温、湿度变化作用。

4.1.4 偶然作用，系指在使用期间不一定出现，但发生时其值很大且持续时间较短，例如高压容器的爆炸力等，应根据工程实际情况确定需要计入的偶然发生的作用。

4.1.5 结构设计时，对不同的作用应采用不同的代表值：对永久作用，应采用标准值作为代表值；对可变作用，应根据设计要求采用标准值、组合值或准永久值作为代表值。

作用的标准值，应为设计采用的基本代表值。

4.1.6 当结构承受两种或两种以上可变作用时，在承载能力极限状态设计或正常使用极限状态按短期效应标准组合设计中，对可变作用应取其标准值和组合值作为代表值。

可变作用组合值，应为可变作用标准值乘以作用组合系数。

4.1.7 当正常使用极限状态按长期效应准永久组合设计时，对可变作用应采用准永久值作为代表值。

可变作用准永久值，应为可变作用的标准值乘以作用的准永久值系数。

4.1.8 使结构或构件产生不可忽略的加速度的作用，应按动态作用考虑，一般可将动态作用简化为静态作用乘以动力系数后按静态作用计算。

4.2 永久作用标准值

4.2.1 结构自重的标准值，可按结构构件的设计尺寸与相应材料单位体积的自重计算确定。对常用材料和构件，其自重可按现行《建筑结构荷载规范》GB 50009 的规定采用。

永久性设备的自重标准值、可按该设备的样本提供的数据采用。

4.2.2 直接支承轴流泵电动机、机械表面曝气设备的梁系，设备转动部分的自重及由其传递的轴向力应乘以动力系数后作为标准值。动力系数可取 2.0。

4.2.3 作用在地下构筑物上竖向土压力标准值，应按下式计算：

$$F_{sv,k}=n_s\gamma_s H_s \qquad (4.2.3)$$

式中 $F_{sv,k}$——竖向土压力（kN/m^2）；

n_s——竖向土压力系数，一般可取 1.0，当构筑物的平面尺寸长宽比大于 10 时，n_s 宜取 1.2；

γ_s——回填土的重力密度（kN/m^3）；可按 $18kN/m^3$ 采用；

H_s——地下构筑物顶板上的覆土高度（m）。

4.2.4 作用在开槽施工地下构筑物上的侧向土压力标准值，应按下列规定确定（图 4.2.4）：

1 应按主动土压力计算；

2 当地面平整、构筑物位于地下水位以上部分的主动土压力标准值可按下式计算（图 4.2.4）：

$$F_{ep,k}=K_a\gamma_s z \qquad (4.2.4\text{-}1)$$

构筑物位于地下水位以下部分的侧壁上的压力应为主动土压力与地下水静水压力之和，此时主动土压力标准值可按下式计算（图 4.2.4）：

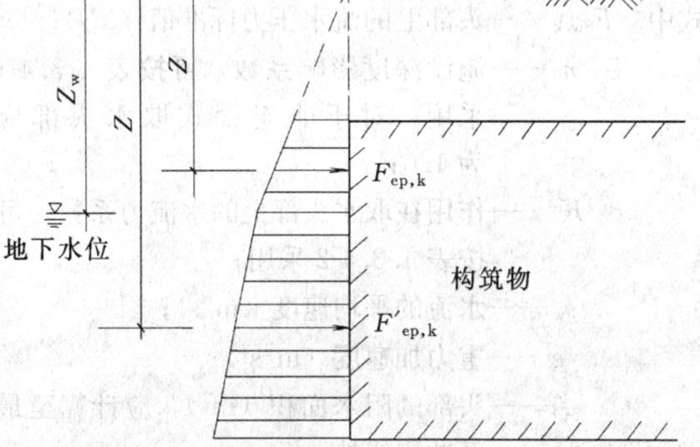

图 4.2.4 侧壁上的主动土压力分布图

$$F'_{ep,k}=K_a[\gamma_s z_w+\gamma'_s(z-z_w)] \qquad (4.2.4\text{-}2)$$

上列式中 $F_{ep,k}$——地下水位以上的主动土压力（kN/m^2）；

$F'_{ep,k}$——地下水位以下的主动土压力（kN/m^2）；

K_a——主动土压力系数，应根据土的抗剪强度确定，当缺乏试验资料时，对砂类土或粉土可取$\frac{1}{3}$；对粘性土可取$\frac{1}{3}\sim\frac{1}{4}$；

z——自地面至计算截面处的深度(m)；

z_w——自地面至地下水位的距离（m）；

γ'_s——地下水位以下回填土的有效重度（kN/m^3），可按 $10kN/m^3$ 采用。

4.2.5 作用在沉井构筑物侧壁上的主动土压力标准值，可按公式 4.2.4-1 或 4.2.4-2 计算，此时应取 $\gamma_s=\gamma_{so}$。位于多层土层中的侧壁上的主动土压力标准值，可按下式计算：

$$F_{epn,k}=K_{an}\left[\sum_{1}^{n-1}\gamma_{soi}h_i+\gamma_{son}\left(z_n-\sum_{1}^{n-1}h_i\right)\right] \qquad (4.2.5)$$

式中 $F_{epn,k}$——第 n 层土层中，距地面 z_n 深度处侧壁上的主动土压力（kN/m^2）；

γ_{soi}——i 层土的天然状态重度（kN/m^3）；当位于地下水位以下时应取有效重度；

γ_{son}——第 n 层土的天然状态重度（kN/m^3）；当位于地下水位以下时应取有效重度；

h_i——i 层土层的厚度（m）；

z_n——自地面至计算截面处的深度（m）；

K_{an}——第 n 层土的主动土压力系数。

4.2.6 构筑物内的水压力应按设计水位的静水压力计算，对给水处理构筑物，水的重度标准值，可取 $10kN/m^3$ 采用；对污水处理构筑物，水的重度标准值，可取 $10\sim10.8kN/m^3$ 采用。

注：机械表面曝气池内的设计水位，应计入水面波动的影响。

4.2.7 施加在结构构件上的预加应力标准值，应按预应力钢筋的张拉控制应力值扣除相应张拉工艺的各项应力损失采用。张拉控制应力值应按现行《混凝土结构设计规范》GB 50010 的有关规定确定。

注：当对构件作承载能力极限状态计算，预加应力为不利作用时，由钢筋松弛和混凝土收缩、徐变引起的应力损失不应扣除。

4.2.8 地基不均匀沉降引起的永久作用标准值，其沉降量及沉降差应按现行《建筑地基基础设计规范》

GB 50007 的有关规定计算确定。

4.3 可变作用标准值、准永久值系数

4.3.1 构筑物楼面和屋面的活荷载及其准永久值系数，应按表 4.3.1 采用。

表 4.3.1 构筑物楼面和屋面的活荷载及其准永久值系数 ψ_q

项序	构筑物部位	活荷载标准值（kN/m²）	准永久值系数 ψ_q
1	不上人的屋面、贮水或水处理构筑物的顶盖	0.7	0.0
2	上人屋面或顶盖	2.0	0.4
3	操作平台或泵房等楼面	2.0	0.5
4	楼梯或走道板	2.0	0.4
5	操作平台、楼梯的栏杆	水平向 1.0kN/m	0.0

注：1 对水池顶盖，尚应根据施工或运行条件验算施工机械设备荷载或运输车辆荷载；
2 对操作平台、泵房等楼面，尚应根据实际情况验算设备、运输工具、堆放物料等局部集中荷载；
3 对预制楼梯踏步，尚应按集中活荷载标准值 1.5kN 验算。

4.3.2 吊车荷载、雪荷载、风荷载的标准值及其准永久值系数，应按《建筑结构荷载规范》GB 50009 的规定采用。

确定水塔风荷载标准值时，整体计算的风载体型系数 μ_s 应按下列规定采用：

1 倒锥形水箱的风载体型系数应为＋0.7；

2 圆柱形水箱或支筒的风载体型系数应为＋0.7；

3 钢筋混凝土构架式支承结构的梁、柱的风载体型系数应为＋1.3。

4.3.3 地表水或地下水对构筑物的作用标准值应按下列规定采用：

1 构筑物侧壁上的水压力，应按静水压力计算；

2 水压力标准值的相应设计水位，应根据勘察部门和水文部门提供的数据采用：可能出现的最高和最低水位，对地表水位宜按 1%频率统计分析确定；对地下水位应综合考虑近期内变化及构筑物设计基准期内可能的发展趋势确定。

3 水压力标准值的相应设计水位，应根据对结构的作用效应确定取最低水位或最高水位。当取最高水位时，相应的准永久值系数对地表水可取常年洪水位与最高水位的比值，对地下水可取平均水位与最高水位的比值。

4 地表水或地下水对结构作用的浮托力，其标准值应按最高水位确定，并应按下式计算：

$$q_{fw,k} = \gamma_w h_w \eta_{fw} \tag{4.3.3}$$

式中 $q_{fw,k}$——构筑物基础底面上的浮托力标准值（kN/m²）；
γ_w——水的重度（kN/m³）；可按 10kN/m³ 采用；
h_w——地表水或地下水的最高水位至基础底面（不包括垫层）计算部位的距离（m）；
η_{fw}——浮托力折减系数，对非岩质地基应取 1.0；对岩石地基应按其破碎程度确定，当基底设置滑动层时，应取 1.0。

注：1 当构筑物基底位于地表滞水层内，又无排除上层滞水措施时，基础底面上的浮托力仍应按式 4.3.3 计算确定。
2 当构筑物两侧水位不等时，基础底面上的浮托力可按沿基底直线变化计算。

4.3.4 作用在取水构筑物头部上的流水压力标准值，应根据设计水位按下式计算确定（图 4.3.4）：

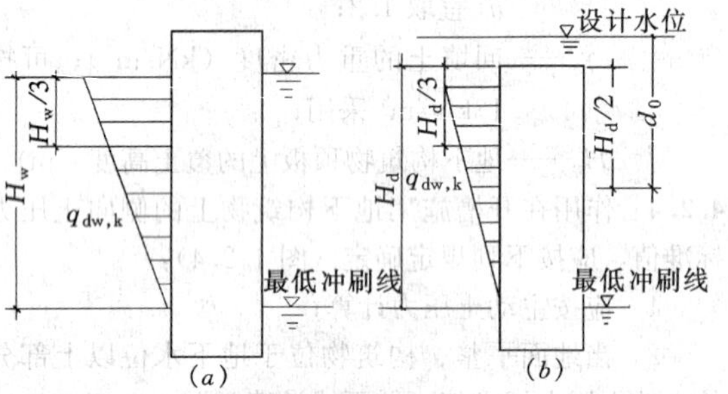

图 4.3.4 作用在取水头部上的流水压力图
（a）非淹没式；（b）淹没式

$$F_{dw,k} = n_d K_f \frac{\gamma_w \nu_w^2}{2g} A \tag{4.3.4}$$

式中 $F_{dw,k}$——头部上的流水压力标准值（kN）；
n_d——淹没深度影响系数，可按表 4.3.4-1 采用；对于非淹没式取水头部应为 1.0；
K_f——作用在取水头部上的水流力系数，可按表 4.3.4-2 采用；
ν_w——水流的平均速度（m/s）；
g——重力加速度（m/s²）；
A——头部的阻水面积（m²），应计算至最低冲刷线处。

表 4.3.4-1 淹没深度影响系数 n_d

$\frac{d_0}{H_d}$	0.50	1.00	1.50	2.00	2.25	2.50	3.00	3.50	4.00	5.00	≥6.00
n_d	0.70	0.89	0.96	0.99	1.00	0.99	0.99	0.97	0.95	0.88	0.84
注：表中 d_0 为取水头部中心至水面的距离；H_d 为取水头部最低冲刷线以上的高度。											

表 4.3.4-2 取水头部上的水流力系数 K_f

头部体型	方形	矩形	圆形	尖端形	长圆形
K_f	1.47	1.28	0.78	0.69	0.59

流水压力的准永久值系数，应按 4.3.3 中 3 的规定确定。

4.3.5 河道内融流冰块作用在取水头部上的压力，其标准值可按下列规定确定：

1 作用在具有竖直边缘头部上的融冰压力，可按下式计算：

$$F_{Ik}=m_h f_I b t_I \quad (4.3.5\text{-}1)$$

2 作用在具有倾斜破冰棱的头部上的融冰压力，可按下式计算：

$$F_{Iv,k}=f_{Iw} b t_I^2 \quad (4.3.5\text{-}2)$$

$$F_{Ih,k}=f_{Iw} b t_I^2 \mathrm{tg}\theta \quad (4.3.5\text{-}3)$$

式中 F_{Ik}——竖直边缘头部上的融冰压力标准值(kN)；

m_h——取水头部迎水流面的体型系数，方形时为 1.0；圆形时为 0.9；尖端形时应按表 4.3.5 采用；

f_I——冰的极限抗压强度（kN/m^2），当初融流冰水位时可按 $750kN/m^2$ 采用；

t_I——冰厚（m），应按实际情况确定；

$F_{Iv,k}$——竖向冰压力标准值（kN）；

$F_{Ih,k}$——水平向冰压力标准值（kN）；

b——取水头部在设计流冰水位线上的宽度（m）；

f_{Iw}——冰的弯曲抗压极限强度（kN/m^2），可按 $0.7f_I$ 采用；

θ——破冰棱对水平线的倾角（°）。

表 4.3.5 尖端形取水头部体形系数 m_h

尖端形取水头部迎水流向角度	45°	60°	75°	90°	120°
m_h	0.60	0.65	0.69	0.73	0.81

3 融冰压力的准永久值系数 ψ_q，对东北地区和新疆北部地区可取 $\psi_q=0.5$；对其他地区可取 $\psi_q=0$。

4.3.6 贮水或水处理构筑物的温度变化作用（包括湿度变化的当量温差）标准值，可按下列规定确定：

1 暴露在大气中的构筑物壁板的壁面温差，应按下式计算：

$$\Delta t=\frac{\frac{h}{\lambda_i}}{\frac{1}{\beta_i}+\frac{h}{\lambda_i}}(T_m-T_o) \quad (4.3.6)$$

式中 Δt——壁板的内、外侧壁面温差（℃）；

h——壁板的厚度（m）；

λ_i——i 材质的壁板的导热系数[W/(m·K)]；

β_i——i 材质壁板与空气间的热交换系数 [$W/(m^2 \cdot K)$]；

T_m——壁板内侧介质的计算温度（℃）；可按年最低月的平均水温采用；

T_a——壁板外侧的大气温度（℃）；可按当地年最低月的统计平均温度采用。

2 暴露在大气中的构筑物壁板的壁面湿度当量温差 Δt，应按 10℃ 采用。

3 温度、湿度变化作用的准永久值系数 ψ_q 宜取 1.0 计算。

注：1 对地下构筑物或设有保温措施的构筑物，一般可不计算温度、湿度变化作用；

2 暴露在大气中有圆形构筑物和符合本规范有关伸缩变形缝构造要求的矩形构筑物壁板，一般可不计算温、湿度变化对壁板中面的作用。

5 基本设计规定

5.1 一般规定

5.1.1 本规范采用以概率理论为基础的极限状态设计方法，以可靠指标度量结构构件的可靠度；按承载能力极限状态计算时，除对结构整体稳定验算外均采用以分项系数的设计表达式进行设计。

5.1.2 本规范采用的极限状态设计方法，对结构设计应计算下列两类极限状态：

1 承载能力极限状态：应包括对结构构件的承载力（包括压曲失稳）计算、结构整体失稳（滑移及倾覆、上浮）验算。

2 正常使用极限状态：应包括对需要控制变形的结构构件的变形验算，使用上要求不出现裂缝的抗裂度验算，使用上需要限制裂缝宽度的验算等。

5.1.3 结构内力分析，均应按弹性体系计算，不考虑由非弹性变形所产生的塑性内力重分布。

5.1.4 结构构件的截面承载力计算，应按我国现行设计规范《混凝土结构设计规范》GB 50010 或《砌体结构设计规范》GB 50003、《钢结构设计规范》GB 50017 的规定执行。

5.1.5 构筑物的地基计算（承载力、变形、稳定），应按我国现行设计规范《建筑地基基础设计规范》GB 50007 的规定执行。

5.1.6 结构构件按承载能力极限状态进行强度计算时，结构上的各项作用均应采用作用设计值。

作用设计值，应为作用分项系数与作用代表值的乘积。

5.1.7 结构构件按正常使用极限状态验算时，结构上的各项作用均应采用作用代表值。

5.1.8 对构筑物进行结构设计时，根据《工程结构可靠度设计统一标准》GB 50153的规定，应按结构破坏可能产生的后果的严重性确定安全等级，按二级执行。对重要工程的关键构筑物，其安全等级可提高一级执行，但应报有关主管部门批准或业主认可。

5.2 承载能力极限状态计算规定

5.2.1 对结构构件作强度计算时，应采用下列极限状态计算表达式：

$$\gamma_0 S \leqslant R \tag{5.2.1}$$

式中 γ_0——结构重要性系数，对安全等级为一、二、三级的结构构件，应分别取1.1、1.0、0.9；

S——作用效应的基本组合设计值；

R——结构构件抗力的设计值，应按《混凝土结构设计规范》GB 50010、《砌体结构设计规范》GB 50003、《钢结构设计规范》GB 50017的规定确定。

5.2.2 作用效应的基本组合设计值，应按下列规定确定：

1 对于贮水池、水处理构筑物、地下构筑物等可不计算风荷载效应，其作用效应的基本组合设计值，应按下式计算：

$$S=\sum_{i=1}^{m}\gamma_{Gi}C_{Gi}G_{ik}+\gamma_{Q1}C_{Q1}Q_{1k}+\psi_c\sum_{j=2}^{n}\gamma_{Qj}C_{Qj}Q_{jk} \tag{5.2.2-1}$$

式中 C_{ik}——第i个永久作用的标准值；

C_{Gi}——第i个永久作用的作用效应系数；

γ_{Gi}——第i个永久作用的分项系数，当作用效应对结构不利时，对结构和设备自重应取1.2，其他永久作用应取1.27；当作用效应对结构有利时，均应取1.0；

Q_{jk}——第j个可变作用的标准值；

C_{Qj}——第j个可变作用的作用效应系数；

γ_{Q1}、γ_{Qj}——第1个和第j个可变作用的分项系数，对地表水或地下水的作用应作为第一可变作用取1.27，对其他可变作用应取1.40；

ψ_c——可变作用的组合值系数，可取0.90计算。

2 对水塔等构筑物，应计入风荷载效应，当进行整体分析时，其作用效应的基本组合设计值，应按下式计算：

$$S=\sum_{i=1}^{n}\gamma_{Gi}\cdot C_{Gi}\cdot G_{ik}+1.4\left(G_{Ql}\cdot Q_{lk}+0.6\sum_{j=2}^{n}C_{Qj}\cdot Q_{jk}\right) \tag{5.2.2-2}$$

式中 C_{Q1}、Q_{1k}——第一可变作用的作用效应系数、作用标准值，第一可变作用应为风荷载。

5.2.3 构筑物在基本组合作用下的设计稳定性抗力系数 K_s 不应小于表5.2.3的规定。验算时，抵抗力应只计入永久作用，可变作用和侧壁上的摩擦力不应计入；抵抗力和滑动、倾覆力应均采用标准值。

表5.2.3 构筑物的设计稳定性抗力系数 K_s

失稳特征	设计稳定性抗力系数 K_s
沿基底或沿齿墙底面连同齿墙间土体滑动	1.30
沿地基内深层滑动（圆弧面滑动）	1.20
倾覆	1.50
上浮	1.05

5.2.4 对挡土（水）墙、水塔等构筑物基底的地基反力，可按直线分布计算。基底边缘的最小压力，不宜出现负值（拉力）。

5.3 正常使用极限状态验算规定

5.3.1 对正常使用极限状态，结构构件应分别按作用短期效应的标准组合或长期效应的准永久组合进行验算，并应保证满足变形、抗裂度、裂缝开展宽度、应力等计算值不超过相应的规定限值。

5.3.2 对混凝土贮水或水质净化处理等构筑物，当在组合作用下，构件截面处于轴心受拉或小偏心受拉（全面处于受拉）状态时，应按不出现裂缝控制；并应取作用短期效应的标准组合进行验算。

5.3.3 对钢筋混凝土贮水或水质净化处理等构筑物，当在组合作用下，构件截面处于受弯或大偏心受压、受拉状态时，应按限制裂缝宽度控制；并应取作用长期效应的准永久组合进行验算。

5.3.4 钢筋混凝土构筑物构件的最大裂缝宽度限值，应符合表5.3.4的规定。

表5.3.4 钢筋混凝土构筑物构件的最大裂缝宽度限值 w_{max}

类别	部位及环境条件	w_{max}（mm）
水处理构筑物、水池、水塔	清水池、给水水质净化处理构筑物	0.25
	污水处理构筑物、水塔的水柜	0.20
泵房	贮水间、格栅间	0.20
	其他地面以下部分	0.25
取水头部	常水位以下部分	0.25
	常水位以上湿度变化部分	0.20

注：沉井结构的施工阶段最大裂缝宽度限值可取0.25mm。

5.3.5 电机层楼面的支承梁应按作用的长期效应的准永久组合进行变形计算，其允许挠度应符合下式要求：

$$w_v \leqslant \frac{l_0}{750} \quad (5.3.5)$$

式中 w_v——支承梁的允许挠度（cm）；

l_0——支承梁的计算跨度（cm）。

5.3.6 对于正常使用极限状态，作用效应的标准组合设计值 S_s 和作用效应的准永久组合设计值 S_d，应分别按下列公式确定：

1 标准组合

$$S_d = \sum_{i=1}^{m} G_{Gi} \cdot G_{ik} + G_{Q1} \cdot Q_{1k} + \psi_c \sum_{j=2}^{n} C_{Qj} \cdot Q_{jk} \quad (5.3.6\text{-}1)$$

对水塔等构筑物，当计入风荷载时可取 $\psi_c = 0.6$；当不计入风荷载时，应为

$$S_d = \sum_{i=1}^{m} G_{Gi} \cdot G_{ik} + \sum_{j=1}^{n} C_{Qj} \cdot Q_{jk} \quad (5.3.6\text{-}2)$$

2 准永久组合

$$S_d = \sum_{i=1}^{m} G_{Gi} \cdot G_{ik} + \sum_{j=1}^{n} C_{Qj} \cdot \psi_{qj} \cdot Q_{jk} \quad (5.3.6\text{-}3)$$

式中 ψ_{qj}——第 j 个可变作用的准永久值系数。

5.3.7 对钢筋混凝土构筑物，当其构件在标准组合作用下处于轴心受拉或小偏心受拉的受力状态时，应按下列公式进行抗裂度验算：

1 对轴心受拉构件应满足：

$$\frac{N_k}{A_0} \leqslant \alpha_{ct} f_{tk} \quad (5.3.7\text{-}1)$$

式中 N_k——构件在标准组合下计算截面上的纵向力（N）；

f_{tk}——混凝土轴心抗拉强度标准值（N/mm^2），应按现行《混凝土结构设计规范》GB 50010 的规定采用；

A_0——计算截面的换算截面面积（mm^2）；

α_{ct}——混凝土拉应力限制系数，可取 0.87。

2 对偏心受拉构件应满足：

$$N_k \left(\frac{e_0}{\gamma W_0} + \frac{1}{A_0} \right) \leqslant \alpha_{ct} f_{tk} \quad (5.3.7\text{-}2)$$

式中 e_0——纵向力对截面重心的偏心距（mm）；

W_0——构件换算截面受拉边缘的弹性抵抗矩（mm^3）；

γ——截面抵抗矩塑性系数，对矩形截面为 1.75。

5.3.8 对于预应力混凝土结构的抗裂验算，应满足下式要求：

$$\alpha_{cp} \sigma_{sk} - \sigma_{pc} \leqslant 0 \quad (5.3.8)$$

式中 σ_{sk}——在标准组合作用下，计算截面的边缘法向应力（N/mm^2）；

σ_{pc}——扣除全部预应力损失后，计算截面上的预压应力（N/mm^2）；

α_{cp}——预压效应系数，对现浇混凝土结构可取 1.15；对预制拼装结构可取 1.25。

5.3.9 钢筋混凝土构筑物的各部位构件，在准永久组合作用下处于受弯、大偏心受压或大偏心受拉状态时，其可能出现的最大裂缝宽度可按附录 A 计算确定，并应符合 5.3.4 的要求。

6 基本构造要求

6.1 一般规定

6.1.1 贮水或水处理构筑物一般宜按地下式建造；当按地面式建造时，严寒地区宜设置保温设施。

6.1.2 钢筋混凝土贮水或水处理构筑物，除水槽和水塔等高架贮水池外，其壁、底板厚度均不宜小于 20cm。

6.1.3 构筑物各部位构件内，受力钢筋的混凝土保护层最小厚度（从钢筋的外缘处起），应符合表 6.1.3 的规定。

表 6.1.3 钢筋的混凝土保护层最小厚度（mm）

构件类别	工作条件	保护层最小厚度
墙、板、壳	与水、土接触或高湿度	30
	与污水接触或受水气影响	35
梁、柱	与水、土接触或高湿度	35
	与污水接触或受水气影响	40
基础、底板	有垫层的下层筋	40
	无垫层的下层筋	70

注：1 墙、板、壳内的分布筋的混凝土净保护层最小厚度不应小于 20mm；梁、柱内箍筋的混凝土净保护层最小厚度不应小于 25mm；

2 表列保护层厚度系按混凝土等级不低于 C25 给出，当采用混凝土等级低于 C25 时，保护层厚度尚应增加 5mm；

3 不与水、土接触或不受水气影响的构件，其钢筋的混凝土保护层的最小厚度，应按现行的《混凝土结构设计规范》GB 50010 的有关规定采用；

4 当构筑物位于沿海环境，受盐雾侵蚀显著时，构件的最外层钢筋的混凝土最小保护层厚度不应少于 45mm；

5 当构筑物的构件外表设有水泥砂浆抹面或其他涂料等质量确有保证的保护措施时，表列要求的钢筋的混凝土保护层厚度可酌量减小，但不得低于处于正常环境的要求。

6.1.4 钢筋混凝土墙（壁）的拐角及与顶、底板的交接处，宜设置腋角。腋角的边宽不应小于150mm，并应配置构造钢筋，一般可按墙或顶、底板截面内受力钢筋的50%采用。

6.2 变形缝和施工缝

6.2.1 大型矩形构筑物的长度、宽度较大时，应设置适应温度变化作用的伸缩缝。伸缩缝的间距可按表6.2.1的规定采用。

表 6.2.1 矩形构筑物的伸缩缝最大间距（m）

结构类别 \ 工作条件 \ 地基类别		岩基		土基	
		露天	地下式或有保温措施	露天	地下式或有保温措施
砌体	砖	30		40	
	石	10		15	
现浇混凝土		5	8	8	15
钢筋混凝土	装配整体式	20	30	30	40
	现浇	15	20	20	30

注：1 对于地下式或有保温措施的构筑物，应考虑施工条件及温度、湿度环境等因素，外露时间较长时，应按露天条件设置伸缩缝；
2 当有经验时，例如在混凝土中施加可靠的外加剂或浇筑混凝土时设置后浇带，减少其收缩变形，此时构筑物的伸缩缝间距可根据经验确定，不受表列数值限制。

6.2.2 当构筑物的地基土有显著变化或承受的荷载差别较大时，应设置沉降缝加以分割。

6.2.3 构筑物的伸缩缝或沉降缝应做成贯通式，在同一剖面上连同基础或底板断开。伸缩缝的缝宽不宜小于20mm；沉降缝的缝宽不应小于30mm。

6.2.4 钢筋混凝土构筑物的伸缩缝和沉降缝的构造，应符合下列要求：

1 缝处的防水构造应由止水板材、填缝材料和嵌缝材料组成；

2 止水板材宜采用橡胶或塑料止水带，止水带与构件混凝土表面的距离不宜小于止水带埋入混凝土内的长度，当构件的厚度较小时，宜在缝的端部局部加厚，并宜在加厚截面的突缘外侧设置可压缩性板材；

3 填缝材料应采用具有适应变形功能的板材；

4 嵌缝材料应采用具有适应变形功能、与混凝土表面粘结牢固的柔性材料，并具有在环境介质中不老化、不变质的性能。

6.2.5 位于岩石地基上的构筑物，其底板与地基间应设置可滑动层构造。

6.2.6 混凝土或钢筋混凝土构筑物的施工缝设置，应符合下列要求：

1 施工缝宜设置在构件受力较小的截面处；

2 施工缝处应有可靠的措施保证先后浇筑的混凝土间良好固结，必要时宜加设止水构造。

6.3 钢筋和埋件

6.3.1 钢筋混凝土构筑物的各部位构件的受力钢筋，应符合下列规定：

1 受力钢筋的最小配筋百分率，应符合现行《混凝土结构设计规范》GB 50010的有关规定；

2 受力钢筋宜采用直径较小的钢筋配置；每米宽度的墙、板内，受力钢筋不宜少于4根，且不超过10根。

6.3.2 现浇钢筋混凝土矩形构筑物的各构件的水平向构造钢筋，应符合下列规定：

1 当构件的截面厚度小于、等于50cm时，其里、外侧构造钢筋的配筋百分率均不应小于0.15%。

2 当构件的截面厚度大于50cm时，其里、外侧均可按截面厚度50cm配置0.15%构造钢筋。

6.3.3 钢筋混凝土墙（壁）的拐角处的钢筋，应有足够的长度锚入相邻的墙（壁）内；锚固长度应自墙（壁）的内侧表面起算。

6.3.4 钢筋的接头应符合下列要求：

1 对具有抗裂性要求的构件（处于轴心受拉或小偏心受拉状态），其受力钢筋不应采用非焊接的搭接接头；

2 受力钢筋的接头应优先采用焊接接头，非焊接的搭接接头应设置在构件受力较小处；

3 受力钢筋的接头位置，应按现行《混凝土结构设计规范》GB 50010的规定相互错开；如必要时，同一截面处的绑扎钢筋的搭接接头面积百分率可加大到50%，相应的搭接长度应增加30%。

6.3.5 钢筋混凝土构筑物各部位构件上的预埋件，其锚筋面积及构造要求，除应按现行《混凝土结构设计规范》GB 50010的有关规定确定外，尚应符合下列要求：

1 预埋件的锚板厚度应附加腐蚀裕度；

2 预埋件的外露部分，必须作可靠的防腐保护。

6.4 开孔处加固

6.4.1 钢筋混凝土构筑物的开孔处，应按下列规定采取加强措施：

1 当开孔的直径或宽度大于300mm但不超过1000mm时，孔口的每侧沿受力钢筋方向应配置加强钢筋，其钢筋截面积不应小于开孔切断的受力钢筋截面积的75%；对矩形孔口的四周尚应加设斜筋；对圆形孔口尚应加设环筋。

2 当开孔的直径或宽度大于1000mm时，宜对孔口四周加设肋梁；当开孔的直径或宽度大于构筑物壁、板计算跨度的$\frac{1}{4}$时，宜对孔口设置边梁，梁内配筋应按计算确定。

6.4.2 砖砌体的开孔处，应按下列规定采取加强措施：

1 砖砌体的开孔处宜采用砌筑砖券加强。砖券厚度，对直径小于1000mm的孔口，不应小于120mm；对直径大于1000mm的孔口，不应小于240mm。

2 石砌体的开孔处，宜采用局部浇筑混凝土加强。

附录A 钢筋混凝土矩形截面处于受弯或大偏心受拉（压）状态时的最大裂缝宽度计算

A.0.1 受弯、大偏心受拉或受压构件的最大裂缝宽度，可按下列公式计算：

$$w_{max}=1.8\psi\frac{\sigma_{sq}}{E_s}\left(1.5c+0.11\frac{d}{\rho_{te}}\right)(1+\alpha_1)\cdot\nu \quad (A.0.1\text{-}1)$$

$$\psi=1.1-\frac{0.65f_{tk}}{\rho_{te}\sigma_{sq}\alpha_2} \quad (A.0.1\text{-}2)$$

式中 w_{max}——最大裂缝宽度（mm）；

ψ——裂缝间受拉钢筋应变不均匀系数，当$\psi<0.4$时，应取0.4；当$\psi>1.0$时，应取1.0；

σ_{sq}——按长期效应准永久组合作用计算的截面纵向受拉钢筋应力（N/mm^2）；

E_s——钢筋的弹性模量（N/mm^2）；

c——最外层纵向受拉钢筋的混凝土净保护层厚度（mm）；

d——纵向受拉钢筋直径（mm）；当采用不同直径的钢筋时，应取$d=\frac{4A_s}{u}$；u为纵向受拉钢筋截面的总周长（mm）；

ρ_{te}——以有效受拉混凝土截面面积计算的纵向受拉钢筋配筋率，即$\rho_{te}=\frac{A_s}{0.5bh}$；$b$为截面计算宽度，$h$为截面计算高度；$A_s$为受拉钢筋的截面面积（$mm^2$），对偏心受拉构件应取偏心力一侧的钢筋截面面积；

α_1——系数，对受弯、大偏心受压构件可取$\alpha_1=0$；对大偏心受拉构件可取$\alpha_1=0.28\left[\frac{1}{1+\frac{2e_0}{h_0}}\right]$；

ν——纵向受拉钢筋表面特征系数，对光面钢筋应取1.0；对变形钢筋应取0.7；

f_{tk}——混凝土轴心抗拉强度标准值（N/mm^2）；

α_2——系数，对受弯构件可取$\alpha_2=1.0$；对大偏心受压构件可取$\alpha_2=1-0.2\frac{h_0}{e_0}$；对大偏心受拉构件可取$\alpha_2=1+0.35\frac{h_0}{e_0}$。

A.0.2 受弯、大偏心受压、大偏心受拉构件的计算截面纵向受拉钢筋应力σ_{sq}，可按下列公式计算：

1 受弯构件的纵向受拉钢筋应力

$$\sigma_{sq}=\frac{M_q}{0.87A_sh_0} \quad (A.0.2\text{-}1)$$

式中 M_q——在长期效应准永久组合作用下，计算截面处的弯矩（N-mm）；

h_0——计算截面的有效高度（mm）。

2 大偏心受压构件的纵向受拉钢筋应力

$$\sigma_{sq}=\frac{M_q-0.35N_q(h_0-0.3e_0)}{0.87A_sh_0} \quad (A.0.2\text{-}2)$$

式中 N_q——在长期效应准永久组合作用下，计算截面上的纵向力（N）；

e_0——纵向力对截面重心的偏心距（mm）。

3 大偏心受拉构件的纵向钢筋应力

$$\sigma_{ls}=\frac{M_q+0.5N_q(h_0-a')}{A_s(h_0-a')} \quad (A.0.2\text{-}3)$$

式中 a'——位于偏心力一侧的钢筋至截面近侧边缘的距离（mm）。

附录B 本规范用词说明

B.0.1 为便于在执行本规范条文时区别对待，对要求严格程度不同的用词说明如下：

1 表示很严格，非这样做不可的：
正面词采用“必须”，反面词采用“严禁”。

2 表示严格，在正常情况下均应这样做的：
正面词采用“应”，反面词采用“不应”或“不得”。

3 表示允许稍有选择，在条件许可时首先应这样做的：
正面词采用“宜”或“可”，反面词采用“不宜”。

B.0.2 条文中指定应按其他有关标准、规范执行时，写法为“应符合……规定”。

中华人民共和国国家标准

给水排水工程构筑物结构设计规范

GB 50069—2002

条 文 说 明

目　次

1 总　　则

1.0.1～1.0.5 主要是针对本规范的适用范围，给出了明确规定。同时明确了本规范的修订系遵照我国现行标准《工程结构可靠度设计统一标准》GB 50153—92进行的，亦即在结构设计理论模式和方法上，统一采用了以概率理论为基础的极限状态设计方法。

针对适用范围，主要从工程性质、结构类型以及和其他规范的关系等方面，做出了明确规定。其考虑与原规范GBJ 69—84是一致的，只是排除了有关地下管道结构的内容。

1　工程性质

在《总则》中，阐明了本规范系适用于城镇公用设施和工业企业中的一般给水排水工程设施的构筑物结构设计，排除了某些特殊工程中相应设施的结构设计。主要是考虑到给水排水工程作为生命线工程的重要内容，涉及面较广，除城镇公用设施外，各行业情况比较复杂，在安全性和可靠度要求方面会存在不同要求，本规范很难概括。遇到这种情况，可以不受本规范的约束，可以按照某特定条件的要求，另行拟订设计标准，当然也不排除很多技术问题可以参照本规范实施。

2　结构类型

关于结构类型，在大量的给水排水工程构筑物中，主要是采用混凝土结构（广义的，包括钢筋混凝土和预应力混凝土结构），只是在一些小型的工程中，限于经济条件和地区条件，也还采用砖石结构。自20世纪60年代开始，通过对已建工程的总结，明确了贮水或水处理构筑物以及各种位于地下、水下的防水结构，采用砌体结构很难做到很好地符合设计使用标准，在渗、漏水方面难能完善达标；同时在工程投资上，采用砌体结构并无可取的经济效益（各部位构件截面加大、附加防水构造措施等）。另外，在砌体结构的静力计算方面，也存在一定的问题。在给水排水工程的构筑物结构中，多为板、壳结构，其受力状态多属平面问题，甚至需要进行空间分析，这就有别于一般按构件的计算，需要涉及砌体的双向受力的力学性参数，对不同的砌体材料如何合理可靠地确定，目前尚缺乏依据。如果再考虑为提高砌体的防水性能，采用浇筑混凝土夹层等组合结构，此时将涉及两者共同工作的若干力学参数，情况将更为复杂，尚缺乏可资总结的可靠经验。反之，如果不考虑这些因素，完全按照杆件结构分析，则构件的截面厚度将大为增加，与工程实际条件不符，规范这样处理显然将是不恰当的。

据此，本规范明确了对于给水排水工程中的贮水或水处理构筑物、地下构筑物，一般宜采用混凝土结构，仅当容量较小时可采用砌体结构。此时对砌体结构的设计，可根据各地区的实践经验，参照混凝土结构的有关规定进行具体设计。

3　本规范与其他规范的关系

在《总则》中明确了本规范与其他规范的关系。

本规范属于专业规范的范畴，其任务是解决有关给水排水工程中有关构筑物结构设计的特定问题。因此对于有关结构设计的可靠度标准、荷载标准、构件截面设计以及地基基础设计等，均就根据我国现行的相关标准、规范执行，例如《砌体结构设计规范》、《混凝土结构设计规范》、《建筑地基基础设计规范》等。本规范主要是针对一些特定问题，作了补充规定，以确保给水排水工程中构筑物的结构设计，达到技术先进、安全适用、确保质量的目标。

此外，本规范还明确了对于承受偶遇作用或建造在特殊地基上的给水排水工程构筑物的结构设计（例如地震区的强烈地面运动作用、湿陷性黄土地区、膨胀土地区等），应遵照我国现行的相关标准、规范执行，本规范不作引入。

2 主 要 符 号

2.0.1～2.0.4 主要针对有关给水排水工程构筑物结构设计中一些常用的符号，做出了统一规定，以供有关给水排水工程中各项构筑物结构设计规范中共同遵照使用。

本规范中对主要符号的统一规定，系依据下列原则：

1　一般均按《建筑结构设计术语和符号标准》GB/T 50083—97的规定采用；

2　相关标准、规范已采用的符号，在本规范中均直接引用；

3　在不与上述一、二相关的条件下，尽量沿用原规范已用符号。

3 材　　料

3.0.1 这一条是针对贮水或水处理构筑物、地下构筑物的混凝土强度等级提出了要求，比之原规范要求稍高。主要是根据工程实践总结，一般盛水构筑物或地下构筑物的防渗，以混凝土的水密性自防水为主，这样满足承载力要求的混凝土等级，往往与抗渗要求不协调，实际工程用混凝土等级将取决于抗渗要求；同时考虑到近几年来的混凝土制筑工艺，多转向商品化、泵送，加上多生产高标号水泥，导致实际采用的混凝土等级偏高。据此，规范修订时将混凝土等级结合工程实际予以适当提高，以使在承载力设计中能够获得充分利用，避免相互脱节。

3.0.2 本条内容与原规范的提法是一致的，只是将离心悬辊工艺的混凝土等有关要求删去，因为这种混凝土成型工艺在给水排水工程中，仅在管道制作中应用，所以这方面的内容将列入《给水排水工程管道结构设计规范》中。

3.0.3 关于构筑物混凝土抗渗的要求，与原规范的要求相同，以构筑物承受的最大水头与构件混凝土厚度的比值为指标，确定应采用的混凝土抗渗等级。原规范考虑了国内施工单位可能由于试验设备的限制，对混凝土抗渗等级的试验会产生困难，从而给出了变通做法，在修订时本条删去了这一内容。主要是在实施中了解到一般正规的施工单位都拥有试验设备，不存在试验有困难；而一些承接转包的非正规施工单位，不但无试验设备，而且技术力量较弱，施工质量欠佳。为此在确保混凝土的水密性问题上，应从严要求，一概通过试验核定混凝土的配比，可靠保证构筑物的防渗性能。

3.0.4、3.0.7、3.0.8 条文保持原规范的要求。其内容主要从保证结构的耐久性考虑，混凝土内掺加氯盐后将形成氯化物溶液，增强其导电性；加速产生电化学腐蚀，严重影响结构耐久性。

这方面在国外有关标准中都有类似的规定。例如《英国贮液构筑物实施规范》（BS 5337—1976）中，对混凝土的拌合料及其他掺合料就明确规定："不得使用氯化钙或含有氯化物的拌合料，其他掺合料仅在工程师许可时方可应用"；日本土木学会 1977 年编制的《日本混凝土与钢筋混凝土规范》，在第二十一章"冬季混凝土施工"中，同样也明确规定："不得采用食盐或其他药剂，借以降低混凝土的冻结温度"。

3.0.5 这一条内容是根据近几年来工程实践反映的问题而制订的，主要是防止混凝土在潮湿土在潮湿环境下产生异常膨胀而导致破坏。这种异常膨胀来源于水泥中的碱与活性骨料发生化学反应形成，因此条文引用了《混凝土碱含量限值标准》（CECS 53：93），对控制混凝土中的碱含量和选用非活性骨料作出规定。这个问题在国外早已引起重视，英、美、日、加拿大等国均对此进行过大量的研究，并据此提出要求。我国 CECS 53：93 拟订的标准，即系在参照国外研究资料的基础上进行的。

3.0.6 本条与抗渗等级相似，用以控制混凝土必要的抗冻性能，采用抗冻等级多年来已是国内行之有效的方法。结合原规范 GBJ 69—84 实施以来，反映了对一般贮液构筑物规定的抗冻等级偏低，在实际工程中尤其是应用商品混凝土的水灰比偏高时，出现了混凝土抗冻不足而酥裂现象，同时也反映了构筑物阳面冻融条件的不利影响，为此在这次修订时适当提高了混凝土的抗冻等级。

3.0.9 原规范 GBJ 69—84 中有此内容，但系以附注的形式给出。在这次修订时，结合工程实际应用情况予以独立条文明确。主要是强调了对有水密性要求的混凝土，提出了选择水泥材料品种的要求。从结构耐久性考虑，普通硅酸盐水泥制作的混凝土，其碳化平均率最低，较之其他品种的水泥对保证结构耐久性更有利，按有关研究资料提供的数据如表 3.0.9 所示。

表 3.0.9 各种水泥品种混凝土的相对平均碳化率

水泥品种	普通水泥	矿渣水泥	火山灰水泥	粉煤灰水泥
碳化平均率	1	1.4	1.7	1.9

3.0.10 关于混凝土材料热工系数的规定，与原规范 GBJ 69—84 是一致的，本次修订时仅对各项系数的计量单位，按我国现行法定计量单位作了换算。

3.0.11 本文内容保持原规范的要求。主要是针对砌体材料提出了规定，对砌体的砌筑砂浆强调应采用水泥砂浆，考虑到白灰系属气硬性材料，用于高湿度环境的结构不妥，难能保证达到应有的强度要求。对于砂浆的强度等级条文未作具体规定，但从施工砌筑操作要求，一般不宜低于 M5，即使用 M5 其和易性仍然是比较差的，习惯上均沿用不低于 M7.5 相当于水灰比 1：4 较为合适，本规范给予适当提高，规定采用 M10，以使与《砌体结构设计规范》协调一致。

4 结构上的作用

4.1 一 般 规 定

4.1.1 本条是针对给水排水工程构筑物常遇的各种作用，根据其性质和出现的条件，作了区分为永久作用和可变作用的规定。

其中，关于构筑物内的盛水压力，本条规定按永久作用考虑。这对滤池、清水池等构筑物的内盛水情况是有差别的，这些池子在运行时水位不是没有变化的，但出现最高水位的时间要占整个设计基准期的 2/3 以上，同时其作用效应将占 90%以上，对壁板甚至是 100%，因此以列为永久性作用为宜。至于其满足可靠度要求的设计参数，可根据工程经验校核获得，与原规范要求取得较好的协调。

4.1.2～4.1.4 主要对作用中有些荷载的设计代表值、标准值、相关标准、规范中已作了规定，本规范中不再另订，应予直接引用。

4.2 永久作用的标准值

4.2.2 对于电动机的动力影响，保持了原规范的要求，主要考虑在给水排水工程中应用的电动机容量不大，因此可简化为静力计算。

4.2.3 本条对作用地下地构筑物上的竖向土压力计算做出了规定。

原规范 GBJ 69—84 中给出的计算公式，经工程实践证明是适宜的。其中竖向土压力系数 n_s 值，原规范按不同施工条件给出，主要是针对地下管道上的竖向土压力。这次修订时在编制内容上将构筑物与地下管道分别制订，因此 n_s 值一般应为 1.0，当遇到狭长型构筑物即其长宽比大于10时，竖向土压力可能出现与地下管道这种线状结构相类似的情况，即将由于沟槽内回填沉陷不均而在构筑物顶部形成竖向土压力的增大。

4.2.4 条文对地下构筑物上的侧土压力计算作了规定。主要是保持了原规范的计算公式，按回填土的主动土压力考虑，并按习惯上使用的朗金氏主动土压计算模式给出，应用较为方便。

土对构筑物形成的压力，可以有主动土压力、静止土压力、被动土压力三种情况。被动土压力的产生，相当于土体被动受到挤压而达到极限平衡状态，这实际上要求构筑物产生较大的侧向位移，在工程上一般是不允许的，即使对某些结构（拱结构的支座、顶进结构的后背等）需要利用被动土压力时，也经常留有足够的余度，避免结构产生过大的侧移。静止土压力相当于结构和土体都不产生任何变形的情况，这在一般施工条件下是不成立的。同时工程实践也同上述的古典土压力理论模式有差别，结构物外侧的土体并非半无限均匀介质，而是基槽回填土。一般回填土的密实度要差一些，即使回填土的密实度良好，试验证明其抗剪强度也低于原状土，主要在于土的结构内聚力消失，不能在短时期内恢复。因此基槽内回填土内形成主动极限平衡状态，并不真正需要结构物沿土压方向产生位移或转动，安全可以由于结构物外侧土体的抗剪强度不同而自行向结构物方向的变形，很多试验已证明这种变形不需很显著，即可使土体达到主动极限平衡状态，对构筑物形成主动土压力。

条文对位于地下水位以下的土压力计算，做出了具体规定：对土的重度取有效重度，即扣去浮力的作用；除计算土压力外，还应另行计算地下水的静水压力，即认为在地下水位以下的土体中存在连续的自由水，它们在一般压力下可视作不可压缩的，因此其侧压力系数应为1.0。这种计算原则为国内、外极大多数工程技术人员所采用。例如日本的《预应力混凝土清水池标准设计书及编制说明》中，对土压力计算的规定为："用朗金公式计算作用在水池上的土压力。如水池必须建在地下水位以下时，除用浮容重外，还要考虑水压力"。我国高教部试用教材《地基及基础》(1980年，华南工学院、南京工学院主编和天津大学、哈尔滨建工学院主编的两本）中，亦均介绍了按这一原则的计算方法。

针对位于地下水位以下的土压力计算问题，有些资料介绍了直接取土的饱和容重乘以侧压力系数计算；也有些资料认为水压力可只计算土内孔隙部分的水压力等。应该指出这些方法都是不妥的，前者忽略了土中存在自由水，其泊桑系数为0.5，相应的侧压系数应为1.0，后者将自由水视作在土体中不连续，这是缺乏根据并且也与水压力的计算和分布相矛盾的。同时必须指出这两种计算方法均减少了静水压力的实际数值，实质上导致降低了结构的可靠度。

4.2.5 针对沉井结构上的土压力计算，条文的规定与原规范的要求是一致的。沉井在下沉过程中不可能完全紧贴土体，因此周围土体仍将处于主动极限平衡状态，按主动土压力计算是恰当的，只是土的重度应按天然状态考虑。

4.2.6 本条系关于池内水压力的计算规定。只是明确了表面曝气池内的盛水压力，应考虑水面波动影响，实际上可按池壁齐顶水压计算。

4.3 可变作用标准值、准永久值系数

本节内容中关于作用标准值的采用，均保持了原规范的规定，仅作了以下补充：

1 对地表水和地下水的压力，提出应考虑的条件，即地表水位宜按1%频率统计确定，地下水位则根据近期变化及补给发展趋势确定。同时规定了相应的准永久值系数的采用。这些规定主要是保证结构安全，避免在50年使用期由于地表水或地下水的压力变化，导致构筑物损坏。

2 对于融冰压力的准永久值系数，按不同地区分别作了规定。东北地区和新疆北部气温低、冰冻期长，因此准永久值系数取0.5，而我国其他地区冰冻期短，相应的准永久值系数可取零。

3 对于温、湿度变化作用，暴露在大气中的构筑物长年承受，只是程度不同，例如冬、夏季甚于春、秋，并且冬季以温差为主，温差影响很小，夏季则相反，保温、湿度作用总是存在的，因此条文规定相应的准永久值系数可取1.0计算。

5 基本设计规定

5.1 一 般 规 定

5.1.1、5.1.2 本条明确规定这次修订的规范系采用以概率理论为基础的极限状态设计方法。并规定了在结构设计中应考虑满足承载能力和正常使用两种极限状态。

对于给水排水工程的各种构筑物，主要是处于盛水或潮湿环境，因此防渗、防漏和耐久性是必须考虑的。满足正常使用要求时，控制裂缝开展是必要的，对于圆形构筑物或矩形构筑物的某些部位（例如长壁水池的角隅处），其受力状态多属轴拉或小偏心受拉，即整个截面处于受拉状态，这就需要控制其裂缝出现；更多的构件将处于受弯，大偏心受力状态，从耐久性要求，需要限制其裂缝开展宽度，防止钢筋锈蚀影响构筑物的使用年限，这里也包括混凝土的抗渗，抗冻以及钢筋保护层厚度等要求。另外，在某些情况下，也需要控制构件的过大变位，例如轴流泵电机层的支承结构，变位过大时将导致传动轴的寿命受损以及能耗增加、功效降低。

5.1.3 本条规定了对各种构筑物进行结构内力分析时的要求。主要是根据给水排水工程中构筑物的正常运行特点，从抗渗、耐久性的要求，不允许结构内力达到塑性重分布状态，明确按内力处于弹性阶段的弹性体系进行结构分析。

5.1.4～5.1.8 条文主要明确与相应现行设计规范的衔接。同时规定了一般给水排水工程中的各种构筑物，其重要性等级应按二级采用，当有特殊要求时，可以提高等级，但相应工程投资将增加，应报工程主管部门批准。

5.2 承载能力极限状态计算规定

5.2.1、5.2.2 条文按我国现行规范《建筑结构可靠度设计统一标准》GB 50068—2001、《工程结构可靠度设计统一标准》GB 50153 的规定，给出了设计表达式。其中有关结构构件抗力的设计值，明确应按相应的专业结构设计规范规定的值采用。

1 对于作用分项系数的拟定，这次修订中尚缺乏足够的实测统计数据，因此主要还以工程校核法确定，即以原规范 GBJ 69—84 行之有效的作用效应为基础，使修订后的作用效应能与之相接轨。

对于结构自重的分项系数，均按原规范的单一安全系数，通过工程校核，维持原水准确定，即取 1.20 采用。

考虑到在给水排水工程中，不少构筑物的受力条件，均以永久作用为主，因此对构筑物内的盛水压力和外部土压力的作用分项系数，均规定采用 1.27，以使与原规范的作用效应衔接。

按原规范 GBJ 69—84，盛水压力取齐顶计算时，安全系数可乘以附加安全系数 0.9。当以受弯构件为例时，安全系数 $K=0.9\times1.4=1.26$。此时可得。

$$1.26M_G=\mu bh_0^2\left(1-\frac{\mu R_g}{2R_w}\right)R_g \quad (5.2.2\text{-}1)$$

式中 M_G——永久作用盛水压力的作用效应；

μ——构件的截面受拉钢筋配筋百分率；

b——构件截面的计算宽度；

h_0——构件截面的计算有效高度；

R_g——受拉钢筋的抗拉强度设计值；

R_w——混凝土的弯曲抗压强度设计值。

按 GBJ 10—89 计算时，可得

$$\gamma_G M_G=\rho bh_0^2\left(1-\frac{\rho f_y}{2f_{cm}}\right)f_y \quad (5.2.2\text{-}2)$$

式中 ρ、f_y、f_{cm}同 μ、R_g、R_w。

如果令 $\mu=\rho$ 时，可得分项系数 γ_G 为：

$$\gamma_G=\frac{1.2bf_y\left(\frac{\rho f_y}{2f_{cm}}\right)}{R_g\left(1-\frac{\mu R_g}{2R_w}\right)} \quad (5.2.2\text{-}3)$$

以 200# 混凝土、Ⅱ级钢为例，则：

$R_g=340\text{N/mm}^2$；$R_w=14\text{N/mm}^2$；

$f_y=310\text{N/mm}^2$；$f_{cm}=10\text{N/mm}^2$。

代入式（5.2.2-3）可得：

$$\gamma_G=\frac{390.6(1-15.50\rho)}{340(1-12.14\rho)} \quad (5.2.2\text{-}4)$$

在不同的 ρ 值下的变化如表 5.2.2 所示。

表 5.2.2 ρ-γ_G 表

ρ（%）	0.2	0.4	0.6	0.8	1.0	1.2
γ_G	1.140	1.133	1.124	1.115	1.105	1.095

如果盛水压力取设计水位，相应单一安全系数 $K=1.4$ 时，上表 5.2.2 内 $\rho=0.2\%$时的 $\gamma_G=1.27$。此值不仅对受弯构件，对轴拉、偏心受力、受剪等构件均可适用。

当构件同时承受永久作用和可变作用时，仍以受弯构件为例，此时按原规范：

$$K(M_G+M_Q)=\mu bh_0^2(1-\mu R_g/2R_w)R_g \quad (5.2.2\text{-}5)$$

按 GBJ 10—89：

$$\gamma_G M_G+\gamma_Q M_Q=\rho bh_0^2\left(1-\frac{\rho f_y}{2f_{cm}}\right)f_y \quad (5.2.2\text{-}6)$$

令 $\eta=M_Q/M_G$，则

$$K(M_G+M_Q)=K(1+\eta)M_G$$

$$\gamma_G M_G+\gamma_G M_Q=(\gamma_G+\eta\gamma_Q)M_G$$

$$\frac{(\gamma_G+\eta\gamma_Q)}{K(1+\eta)}=\frac{f_y\left(1-\frac{\rho f_y}{2f_{cm}}\right)}{R_g\left(1-\frac{\mu R_g}{2R_w}\right)} \quad (5.2.2\text{-}7)$$

以式（5.2.2-3）代入式（5.2.2-7）可得：

$$\gamma_Q=\frac{(1+\eta)\gamma_G-\gamma_G}{\eta}=\gamma_G \quad (5.2.2\text{-}8)$$

以工程校核前提来看，式（5.2.2-8）是符合式（5.2.2-5）的。γ_G 值是随配筋率 ρ 而变的，对给水排水工程中的板、壳结构，ρ 值很少超过 1%，因此取 $\gamma_Q=1.27$ 与原规范相比，不会带来很大的出入，一般都在 3%以内，稍偏于安全。但考虑与《工程结构可靠度设计统一标准》GB 50153 相协调，条文对 γ_Q 仍取 1.40，并与组合系数配套使用。

2 对于地下水或地表水压力的作用分项系数，考虑到很多情况是与土压力并存的，并且对构筑物壁板的作用效应是主要的，一般应为第一可变作用，因此可与土压力计算相协调，取该项系数 $\gamma_Q=1.27$，方便设计应用（可由受水位变动引起土、水压力同时变动）。

3 关于组合系数 ψ_C 的取值，同样根据工程校核的原则，为此取 $\gamma_Q=1.4$，$\psi_C=0.9$，最终结果符合上述式（5.2.2-8），与原规划协调一致。仅当可变作用只有一项温、湿度变化时，相应的可变作用效应比原规范提高了 1.10 倍，这是考虑到温、湿度变化在实践中往往难以精确计算，也是结构出现裂缝的主要因素，为此适当地提高应该认为需要的。同样，对水塔设计中的风荷载，保持了原规范中的考虑，适当提高了要求。

4 关于满足可靠度指标的要求，上述换算系通过原规范依据的《钢筋混凝土结构设计规范》TJ 10—74 与其修编的《混凝土结构设计规范》GBJ 10—89 对此获得，基于后者是满足要求的，因此也可确认换算后的各项系数，同样可满足应具备的可靠度指标。

5.2.3 关于构筑物设计稳定抗力系数的规定

构筑物的稳定性验算，包括抗浮、抗滑动和抗倾覆，除抗浮与地下水有关外，后两者均与地基土的物理力学性参数直接相关。目前在稳定设计方法方面，尚很不统一，尽管在《建筑结构设计统一标准》GB 50068、《工程结构设计统一标准》GB 50153—92 及《建筑结构荷载规范》GB 50009 中，规定了稳定性验算同样按多系数极限状态进行，但现行的《建筑地基基础设计规范》GB 50007，仍采用单一抗力系数的极限状态设计方法。对此考虑到原规范 GBJ 69—84 给出的验算方法，亦以 GBJ 7 为基础，并且地基土的物理力学性参数的统计资料尚不完善，因此在这次修订时仍保持原规范 GBJ 69—84 的规定，待今后条件成熟后再行局部修订，以策安全。

5.2.4 本条规定保持了原规范的要求。

5.3 正常使用极限状态验算规定

5.3.1～5.3.3 正常使用极限状态验算，包括运行要求，观感要求，尤其是耐久性（使用寿命）要求。条文对验算内容及相应的作用组合条件做出了规定：当构件在组合作用下，截面处于全截面受拉状态（轴拉或小偏心受拉）时，一旦应力超过其抗拉强度时，截面将出现贯通裂缝，这对盛水构筑物是不能允许的，对此应按抗裂度验算，限制裂缝出现，相应作用组合应按短期效应的标准组合作为验算条件；当构件在组合作用下，截面处于压弯或拉弯状态（受弯、大偏心受拉或偏心受压）时，可以允许截面出现裂缝，但需要从耐久性考虑，限制裂缝的最大宽度，避免钢筋的锈蚀，此时相应的作用组合可按长期效应的准永久组合作为验算条件。

5.3.4 关于构件截面最大裂缝宽度限值的规定。

条文基本上仍采用了原规范 GBJ 69—84 的规定值，因为这些限值在实践中证明是合适的。仅对沉井结构的最大裂缝限值作了修订，主要考虑到原规范仅对沉井的施工阶段作用效应作了规定，允许裂宽偏大，这样对使用阶段来说不一定是合适的，因此这次修订时与其他构筑物的衡量标准协调一致，允许裂宽适当减小，确保结构的使用寿命。

5.3.5 本条对于泵房内电机层的支承梁变形限值，维持原规范 GBJ 69—84 的要求，实践证明它对保证电机正常运行、节约耗电是适宜的。

5.3.6 条文对正常使用极限状态给出了作用效应计算通式。结合给水排水工程的具体情况，考虑了长期作用效应和短期作用效应两种计算式，分别针对构件不同的受力条件，与本节 5.3.2 及 5.3.3 的规定协调一致。

5.3.7～5.3.8 条文给出了钢筋混凝土构件处于轴心受拉或小偏心受力状态时，相应的抗裂度验算公式。条文根据工程实践经验和原规范的规定，拟定了混凝土拉应力限制系数 α_{ct} 的取值。即根据工程校准法，可通过下式计算：

$$\alpha_{ct} f_{tk} = R_f / K_f \qquad (5.3.7\text{-}1)$$

式中 f_{tk}——《混凝土结构设计规范》GBJ 10—89 中的混凝土抗拉强度标准值；

R_f——《钢筋混凝土结构设计规范》TJ 10—74 中混凝土抗裂设计强度；

K_f——抗裂安全系数，取 1.25。

按 TJ 10—74，对混凝土的抗裂设计强度按 200mm 立方体试验强度的平均值减 1.0 倍标准差采用，即

$$R_f = 0.5\mu_{fcu(200)}^{2/3}(1-\delta_f)$$

以混凝土标号 R^b 表示，则可得

$$R^b = \mu f_{cu(200)}(1-\delta_f)$$

$$R_f = 0.5\left(\frac{R^b}{1-\delta_f}\right)^{2/3}(1-\delta_f)$$

$$= 0.5(R^b)^{2/3}(1-\delta_f)^{1/3} \qquad (5.3.7\text{-}2)$$

按 GBJ 10—89，试块改为 150mm 立方体（考虑与国际接轨），混凝土的各项强度标准值取其试验平均值减去 1.645 倍标准差，并统一采用量钢 N/mm²，则可得：

$$\mu_{fcu(200)} = 0.95\mu_{fcu(150)}$$

$$f_{tk} = 0.5(0.95\mu_{fcu(150)})^{2/3}(0.1)^{1/3}(1-1.645\delta_f)$$

$$= 0.23\left(\frac{f_{cu,k}}{1-1.645\delta_f}\right)^{2/3}(1-1.645\delta_f)$$

$$= 0.23 f_{cu,k}^{2/3}(1-1.645\delta_f)^{1/3} \qquad (5.3.7\text{-}3)$$

对于标准差 δ_f 值，当$R^b \leqslant 200$；$\delta_f \leqslant 0.167$

$250 \leqslant R^b \leqslant 400$；$\delta_f = 0.145$

以此代入式（5.3.7-2）及式（5.3.7-3），计算结果可列于表 5.3.7 作为新、旧对比。

表 5.3.7 R_f/f_{tk}对比表

TJ 10—74	R^b（kgf/cm²）	220	270	320	370	420
	R_f（N/mm²）	1.70	2.00	2.20	2.45	2.65
GBJ 10—89	f_{cuk}（N/mm²）	C 20	C 25	C 30	C 35	C 40
	f_{tk}（N/mm²）	1.50	1.75	2.00	2.25	2.45
$R_f/f_{tk} \cdot k_f$	R_f/f_{tk}	1.13	1.14	1.10	1.09	1.08
	α_{ct}	0.90	0.91	0.88	0.87	0.86

从表 5.3.7 所列 α_{ct} 的数据，在给水排水工程中混凝土的等级不可能超过 C40，为此条文规定可取 0.87 采用，与原规范的抗裂安全要求基本上协调一致。

5.3.9 本条对于预应力混凝土结构的抗裂验算，基本上按照原规范的要求。以往在给水排水工程中，对贮水构筑物的预加应力均要求设计荷载作用下，构件截面上保持一定的剩余压应力。此次修订时，对预制装配结构仍保持了原规范的规定，即取预压效应系数 $\alpha_{cp}=1.25$；对现浇混凝土结构适当降低了 α_{cp} 值，采用 1.15，仍留有足够的剩余压应力，应该认为对结构的安全可靠还是有充分保证的。

6 基本构造要求

本章大部分条文的内容和要求，均保持原规范 GBJ 69—84 的规定，下面仅对修订后有增补或局部修改的条文加以说明。

6.1 一 般 规 定

6.1.2 对贮水或水处理构筑物的壁和底板厚度规定了不小于 20cm。主要是从保证施工质量和构筑物的耐久性考虑，这类构筑物的钢筋净保护层厚度不宜太小，也就决定了构件的厚度不宜太小，否则难能做好混凝土的振捣密实性，就会影响其水密性要求，并且将不利于钢筋的锈蚀，从而影响构筑物的使用寿命。

6.1.3 关于钢筋最小保护层厚度的规定

钢筋的最小保护层厚度比之原规范 GBJ 69—84 稍有增加，主要是从构筑物的耐久性考虑。钢筋混凝土结构的使用寿命通常取决于钢筋的严重锈蚀而导致破坏。钢筋锈蚀可有集中锈蚀和均匀锈蚀两种情况，前者发生于裂缝处，加大保护层厚度可以延长碳化时间，亦即对结构的使用寿命提高了保证率。

同时，对比国外标准，例如 BS 8007 是针对盛水构筑物的技术规范，对钢筋的保护层厚度最小是 40mm，比之我国标准要大一些。另外，对钢筋保护层厚度取稍大一些，有利于混凝土（钢筋与模板间）的振捣，对混凝土的水密性是有好处，也就提高了施工质量的保证率。

6.2 对变形缝和施工缝的构造要求

6.2.1 关于大型矩形构筑物的伸缩缝间距要求，原规范 GBJ 69—84 的规定在实践中是可行的，为此在修订时仍予引用。考虑到近年来混凝土中的掺合料发展较快，有一些微膨胀型掺合料对减少混凝土的温、湿度收缩可望收到成效，因此在条文中加注了如果有这方面的使用经验，可以适当扩大伸缩缝的间距。

6.2.4 对钢筋混凝土构筑物的伸缩缝和沉降缝的构造，在原规范条文要求的基础上稍作了补充，明确了应由止水板材、填缝材料和嵌缝材料组成，并对后两者的性能提出了要求。

6.2.5 本条对建于岩基上的大型构筑物，规定了底板下应设置滑动层的要求。主要是考虑到底板混凝土如果直接浇筑在基岩上，两者粘结力很强，当混凝土收缩时很难避免产生裂缝，仅以减少伸缩缝的间距还难能奏效，应设置滑动层为妥。

6.2.6 本条除保留原规范要求外，对施工缝处先后浇筑的混凝土的界面结合，指出应保证做到良好固结，必要时如施工操作条件较差处应考虑设置止水构造，即在该处加设止水板，避免造成渗漏。

6.3 关于钢筋和埋件的构造规定

6.3.4 本条中有关钢筋的接头，除要求满足不开裂构件的钢筋接头应采用焊接和钢筋接头位置应设在构件受力较小处外，对接头在同一截面处的错开百分率，容许采用 50%的规定，但要求搭接长度适当增加。这在国外标准中亦有类似的做法，目的在于方便施工，虽然钢筋用量稍有增加，但对钢筋加工和绑扎工序都缩减了工作量，也就加速了施工进度，从总体考虑可认为在一定的条件下还是可取的。

附录 A 钢筋混凝土矩形截面处于受弯或大偏心受拉（压）状态时的最大裂缝宽度计算

本附录对最大裂缝宽度的计算规定，基本上保持了原规范的要求，仅作了如下的修改及说明。

1 对裂缝间受拉钢筋应变不均匀系数 ψ 的表达式，与《混凝土结构设计规范》GB 50010 作了协调，统一了计算公式。实际上这两种表达式是一致的。如以受弯构件为例：

$$\psi=1.1\left(1-\frac{0.235R_{f}bh^{2}}{M\alpha_{\psi}}\right) \qquad (附 A-1)$$

受弯时取 $M=0.87A_{s}\sigma_{s}h_{0}$，$\alpha_{\psi}=1.0$

$$h\approx 1.1h_{0}$$

代入（附 A-1）式可得

$$\psi=1.1\left(1-\frac{0.235R_{f}bh\times 1.1h_{0}}{0.87A_{s}\sigma_{s}h_{0}}\right)$$

$$=1.1\left(1-\frac{0.29f_{tk}}{A_{s}\sigma_{s}/bh}\right)$$

$$=1.1\left(1-\frac{2\times 0.297f_{tk}}{2A_{s}\sigma_{s}/bh}\right)=1.1-\frac{0.65f_{tk}}{\rho_{te}\sigma_{s}}$$

2 补充了对钢筋保护层厚度的影响因素。此项因素国外很重视，认为对结构的总体耐久性至关重要，为此条文对原规范中的 l_f 作了修改，即：

$$l_f = \left(b + 0.06\frac{d}{\mu}\right) = \left(6 + 0.06\frac{d}{\frac{0.5}{0.5}\cdot\frac{A_s}{bh/1.1}}\right)$$

$$= \left(6 + 0.109\frac{d}{\rho_{te}}\right) = 1.5C + 0.11d/\rho_{te}$$

式中 C 为钢筋净保护层厚度，当 $C=40$mm 时，即与原规范一致；当 $C<40$mm 时，将稍低于原规范计算数据，但与工程实践反映相比还是符合的。

3 原规范给出的计算公式，对构件处于受弯、偏心受力（压、拉）状态是连续的，应该认为是较为合理的，为此本规范修订时保持了原规范的基本计算模式。

中华人民共和国国家标准

水位观测标准

Standard for stage observation

GB/T 50138—2010

主编部门：中 华 人 民 共 和 国 水 利 部

批准部门：中华人民共和国住房和城乡建设部

施行日期：2 0 1 0 年 1 2 月 1 日

中华人民共和国住房和城乡建设部
公　　告

第 641 号

关于发布国家标准《水位观测标准》的公告

现批准《水位观测标准》为国家标准，编号为 GB/T 50138—2010，自 2010 年 12 月 1 日起实施。原《水位观测标准》GBJ 138—90 同时废止。

本标准由我部标准定额研究所组织中国计划出版社出版发行。

中华人民共和国住房和城乡建设部

二〇一〇年五月三十一日

前　言

本标准是根据原建设部《关于印发〈2006 年工程建设标准规范制订、修订计划（第一批）的通知〉》（建标〔2006〕77 号）的要求，由水利部长江水利委员会水文局会同有关单位，在原《水位观测标准》GBJ 138—90 的基础上修订完成的。

本标准共分 8 章和 5 个附录，主要技术内容包括：总则、水位站、水位观测基本设施布设、水位观测设备、水位的人工观测、水位的自动监测、水位观测结果的计算与订正、水位观测的误差控制等。

本标准修订的主要技术内容是：(1) 特殊情况下水位观测设施的布设；(2) 水位自动监测的相关内容。

本标准由住房和城乡建设部负责管理和对强制性条文的解释，水利部负责日常管理工作，水利部水文局负责具体技术内容的解释。本标准在执行过程中，请各单位注意总结经验、积累资料，随时将有关意见和建议反馈给水利部水文局（地址：北京市宣武区白广路 2 条 2 号，邮政编码：100053），以便修订时参考。

本规范主编单位、参编单位、主要起草人和主要审查人：

主 编 单 位：水利部长江水利委员会水文局

参 编 单 位：国家海洋局标准计量中心
四川交通设计研究院
水利部黄河水利委员会水文局
水利部珠江水利委员会水文局
湖北省水文水资源局
湖南省水文水资源勘测局

主要起草人：刘东生　陈松生　魏进春
周凤珍　段文超　梅军亚
许永辉　李正最　晏建奇
何传金　和晓应　沈鸿金
康寿岭　张国学

主要审查人：朱晓原　石　凝　虞志坚
李　里　张留柱

目　次

Contents

1 总 则

1.0.1 为统一我国水位站布设、水位观测设施设备的建设与管理、水位的观测与数据处理等方面的技术要求，保证水位观测成果的质量，制定本标准。

1.0.2 本标准适用于河流、湖泊、水库、人工河渠、海滨、感潮河段等水域的水位观测。

1.0.3 本标准所使用的量和单位除明确的外，均使用国际通用的量和单位。

1.0.4 水位观测的时间应统一采用北京标准时。

1.0.5 水位观测除应执行本标准外，尚应执行国家现行有关标准的规定。

2 水 位 站

2.1 站址的选择

2.1.1 水位站的站址应满足建站目的和观测精度要求，宜选择在观测方便和靠近城镇或居民点的地点，兼顾交通、通信条件，并应符合下列规定：

1 河道水位站宜选择在河道顺直、河床稳定和水流集中的河段；

2 湖泊出口水位站应设在出流断面以上水流平稳处，堰闸水位站和湖泊、水库内的水位站宜选择在岸坡稳定、水位有代表性的地点；

3 河口潮水位站宜选择在河床平坦、不易冲淤，河岸稳定、不易受风浪直接冲击的地点。

2.1.2 水位站的站址必须避开滑坡、泥石流的影响。

2.1.3 水位站的选址方案，应根据查勘取得的河道地形地质、河床演变规律、水文特征、水力条件和水位站工作条件等资料，经技术经济综合论证后确定。

2.1.4 水位站升级成水文站时，其站址应根据水文站的要求进行选择。

2.2 地形测量和大断面测量

2.2.1 水位站可只进行简易地形测量，测量范围、测绘内容和方法应符合国家现行标准《水文普通测量规范》SL 58的有关规定。

2.2.2 水位站的简易地形测量应在设站初期进行，以后在河道、地形、地貌有显著变化时，可根据变化情况进行全部或局部重测。当该地区已测有适合测站应用的地形图时，可根据需要只进行补充测绘。

2.2.3 基本水尺断面和比降水尺断面根据需要进行大断面测量时，测量范围和方法应符合国家现行标准《水文普通测量规范》SL 58的有关规定。对湖泊水位站、潮水位站、库区水位站，可根据需要在水尺所在岸边施测部分断面；大断面资料无使用要求或施测困难时，可不测。

2.3 水位站的撤销和断面迁移

2.3.1 基本水位站应保持相对稳定。当受水工程、人类活动、地质灾害等影响严重，丧失了原有的功能，可以撤销。撤销后不应影响站网的结构和整体功能，否则应进行补充或调整。

2.3.2 测站基本水尺断面宜保持固定。当河岸崩裂、淘刷而不能进行观测，或当河道发生较大变动，受到回水及其他影响，使原断面不能进行观测或水位失去代表性时，经流域机构或省级主管部门批准后，可迁移断面。

2.3.3 迁移的新断面应设在原断面附近。有条件时，应与原断面水位进行比测。比测的水位变幅应达到多年平均水位变幅的75%以上，并应包括涨落过程的各级水位，且满足绘制同时水位相关线的需要。

2.3.4 当新旧断面水位变化规律不一致或比测困难时，可作为新设站处理。

2.4 测 站 考 证

2.4.1 水位站应在建站初期进行考证并编制测站考证簿。以后遇有变动，应在当年对变动部分及时补充修订。

2.4.2 测站考证应包括下列主要内容：

1 测站位置；

2 测站沿革；

3 测站自然地理概况；

4 测站附近河流情况；

5 测站断面布设与变动情况；

6 测站引据水准点、基本水准点、校核水准点、基面及其变动情况；

7 测站水位观测设备的设置及其变动情况；

8 观测时制及其变更情况；

9 测站上下游附近主要水利工程基本情况；

10 历史最高、最低水位及其发生日期；

11 观测项目及其变动情况；

12 测站附近河流形势及测站位置图、测站地形图或简易地形图、大断面图、水位观测设备布设图及其他必要的图表。

3 水位观测基本设施布设

3.1 基 面

3.1.1 测站应将第一次使用的基面冻结下来，作为冻结基面。

3.1.2 新设的水位站应采用与上、下游测站相一致的基面，并作为本站冻结基面。对不具备与上下游站联测条件的测站，可先采用假定基面，待条件具备时再联测。

3.1.3 当发生地震、滑坡、溃坝、泥石流等大范围突发性地质灾害，需要紧急观测水位时，可采用假定基面。

3.1.4 测站采用的基面应及时与现行的国家高程基准相联测，各项水位、高程资料中应写明采用基面与国家高程基准之间的换算关系。

3.2 水 准 点

3.2.1 测站水准点分基本水准点和校核水准点两种，均应设置在地形稳定、便于引测和保护的地点，并应符合下列规定：

1 基本水准点应设置在测站附近历年最高水位以上或堤防背河侧；

2 测站宜在不同的位置设置3个基本水准点。基本水准点相互间距宜为300m～500m。当测站5km以内设有国家水准点时，可只设1个基本水准点，国家水准点可直接作为基本水准点使用；

3 当基本水准点离水尺断面较远时，可设置校核水准点；当测站只设有1个基本水准点时，应再设置适当数量的校核水准点；

4 测站水准点应统一编号，以后无论其高程是否变动，都不应改变其编号，必要时可加辅助编号；

5 当发生地震、滑坡、地面沉降等现象时，应尽快对水准点进行校核和恢复。

3.2.2 水准点标石的型式选择和埋设应符合本标准附录A的规定。

3.2.3 水准点高程测量应符合下列规定：

1 基本水准点除列入国家一、二、三等水准网的以外，其高程应从国家三等及以上水准点用不低于三等水准引测。引据点一经选用，不得随意更换；

2 校核水准点应从基本水准点采用三等水准接测。当条件不具备时，可采用四等水准接测；

3 基本水准点应5年～10年校测一次，稳定性较差或对水位精度要求较高的测站应3年～5年校测一次；校核水准点应每年校测1次。当有变动迹象时，应及时校测；

4 当上、下比降断面附近分别设有校核水准点，且基本水准点向两个校核水准点分别引测的测距之和与两个校核点之间的测距相比相差不大时，应分别引测；当相差较大时，可从基本水准点先引测一个，再联测另一个。

3.3 水 尺 断 面

3.3.1 基本水尺断面的布设应符合下列规定：

1 基本水尺断面应避开涡流、回流等影响；

2 河道水位站的基本水尺断面，宜设在河床稳定、水流集中的顺直河段中间，并与流向垂直；

3 堰闸水位站的上游基本水尺断面应设在堰闸水流平稳处，与堰闸的距离不宜小于最大水头的3倍～5倍；下游基本水尺断面应设在堰闸下游水流平稳处，距消能设备末端的距离不宜小于消能设备总长的3倍～5倍；

4 水库库区水位站的基本水尺，应设在坝上游岸坡稳定、水流平稳且水位有代表性的地点。当坝上水位不能代表闸上水位时，应另设闸上水尺。当需用坝下水位推流时，应在坝下游水流平稳处设置水尺断面；

5 湖泊水位站的基本水尺断面应设在有代表性的水流平稳处；

6 感潮河段水位站的基本水尺断面宜选在河岸稳定、不易冲淤、不易受风浪直接冲击的地点；

7 当发生地震、滑坡、溃坝、泥石流等突发性灾害，造成河道堵塞需要观测水位时，基本水尺断面的布设可视观测目的要求和现场具体情况而定。

3.3.2 比降水尺断面的布设应符合下列规定：

1 要求进行比降观测的水文测站，应在基本水尺断面的上下游分别设置比降水尺断面。当受地形限制时，可用基本水尺断面兼作比降上或下断面；

2 上、下比降断面间不应有外水流入、内水流出，且河底坡降和水面比降均无明显转折；上、下比降断面的间距应使测得比降的综合不确定度不超过15%；

3 比降水尺断面的间距应使测量的往返不符值小于测段距离的0.1%。

3.3.3 各种水尺断面应避开易发生崩塌、滑坡的地点。

4 水位观测设备

4.1 水位的人工观测设备

4.1.1 水位的人工观测设备可包括水尺、测针式水位计和悬锤式水位计。

4.1.2 水尺分直立式、倾斜式、矮桩式等形式。选择水尺形式时，应优先选用直立式水尺；当直立式水尺设置或观读有困难时，可选用倾斜式水尺或其他观测方式；在易受流冰、航运、浮运或漂浮物等冲击以及岸坡平坦的断面，可选用矮桩式水尺；当断面情况复杂时，可按不同的水位级设置不同形式的水尺。

4.1.3 水尺面宽不宜小于5cm。水尺刻度应清晰，最小刻度应为1cm，误差不应大于0.5mm，当水尺长度在0.5m以下时，累积误差不得超过0.5mm；当水尺长度在0.5m以上时，累积误差不得超过长度的1‰。数字应清楚且大小适宜，数字的下边缘应靠近相应的刻度处。刻度、数字、底板的色彩对比应鲜明，且不易褪色和剥落。

4.1.4 水尺的布设应符合下列规定：

1 水尺设置的位置应便于观测人员接近和直接

观读水位。在风浪较大的地区，宜设置静水设施；

2 水尺观读范围，应高于测站历年最高水位0.5m以上、低于测站历年最低水位0.5m以下。当水位超出水尺的观读范围时，应及时增设水尺；

3 同一组基本水尺，宜设置在同一断面线上。当因地形限制或其他原因不能设置在同一断面线时，其最上游与最下游水尺的水位落差不应超过1cm；

4 同一组比降水尺，如不能设置在同一断面线上，偏离断面线的距离不得超过5m，同时任何两支水尺的顺流向距离不得超过上、下比降断面间距的1/200；

5 相邻两支水尺的观测范围应有不小于0.1m的重合；当风浪经常性较大时，重合部分可适当增大；

6 当发生地震、滑坡、溃坝、泥石流等突发性地质灾害，需要紧急观测水位时，水尺的布设可视观测目的要求和地理条件而定。

4.1.5 水尺的编号应符合下列规定：

1 对设置的水尺应统一编号。各种编号的排列顺序应为组号、脚号、支号、支号辅助号。组号代表水尺名称，脚号代表同类水尺的不同位置，支号代表同一组水尺中从岸上向河心依次排列的次序，支号辅助号代表该支水尺零点高程的变动次数或在原处改设的次数。当在原设一组水尺中增加水尺时，应从原组水尺中最后排列的支号连续排列。当某支水尺被毁，新设水尺的相对位置不变时，应在支号后面加辅助号，并用连接符"—"与支号连接；

2 水尺代号代表水尺的不同位置。各种水尺代号应符合表4.1.5的规定；

表4.1.5 水尺代号

类别	代 号	意 义
组号	P	基本水尺
	C	流速仪测流断面水尺
	S	比降水尺
	B	其他专用或辅助水尺
脚号	u	设于上游的
	l	设于下游的
	a、b、c……	一个断面上有多股水流时，自左岸开始的

注：1 设在重合断面上的水尺编号，按P/C/S/B顺序，选用前面一个，当基本水尺兼作流速仪测流断面水尺时，组号用"P"；

2 必要时，可另行规定其他组号。

3 当设立临时水尺时，在组号前面应加符号"T"，支号应按设立的先后次序排列，当校测后定为正式水尺时，应按正式水尺统一编号；

4 当水尺变动较大时，可经一定时期后将全组水尺重新编号，一般情况下一年重编一次；

5 水尺编号的标识应清晰直观。直立式水尺宜标在靠桩上部，矮桩式水尺宜标在桩顶，倾斜式水尺宜标在斜面上的明显位置。

4.1.6 直立式水尺的安装应符合下列规定：

1 直立式水尺的水尺板应固定在垂直的靠桩上，靠桩宜呈流线型，可用型钢、铁管或钢筋混凝土等材料制作，也可采用直径10cm～20cm木桩。当采用木桩时，表面应做防腐处理。安装时，应将靠桩浇注在稳固的岩石或水泥护坡上，或直接将靠桩打入河床；

2 靠桩入土深度应大于1m。松软土层或冻土层地带，宜埋设至松土层或冻土层以下至少0.5m；在淤泥河床上，入土深度不宜小于靠桩在河底以上高度的1.5倍；

3 在阻水作用小的坚固岩石或混凝土块石的河岸、桥墩、水工建筑物上，可直接刻绘刻度或安装水尺板；

4 水尺应与水平面垂直，安装时应吊垂线校正。

4.1.7 矮桩式水尺的安装应符合下列规定：

1 矮桩入土深度与直立式水尺靠桩相同，桩顶应高出床面10cm～20cm，木质矮桩顶面宜打入直径为2cm～3cm的金属圆头钉，用于放置测尺；

2 两相邻桩顶的高差宜在0.4m～0.8m之间，平坦岸坡宜在0.2m～0.4m之间；

3 淤积严重的地方，不宜设矮桩式水尺。

4.1.8 倾斜式水尺的安装应符合下列规定：

1 倾斜式水尺的坡度应大于30°；

2 倾斜式水尺应将金属板固紧在岩石岸坡上或水工建筑物的斜坡上，按斜线与垂线长度的换算，在金属板上刻画尺度，或直接在水工建筑物的斜面上刻画，刻度面的坡度应均匀，刻度面应光滑；

3 倾斜式水尺宜每间隔2m～4m设置零点高程校核点。

4.1.9 临时水尺的设置和安装应符合下列规定：

1 发生下列情况之一时，应及时设置临时水尺：

1）原水尺损坏；

2）原水尺冻实；

3）原水尺处干涸；

4）断面出现分流且分流流量超出总流量的20%；

5）发生特大洪水或特枯水位，超出原设水尺的观读范围；

6）分洪溃口；

7）其他特殊情况。

2 临时水尺可采用直立式或矮桩式，并应保证在使用期间牢固可靠；

3 当发生特大洪水、特枯水位或水尺处干涸冻实时，临时水尺应在原水尺失效前设置；

4 当在观测水位时才发现观测设备损坏时，可立即打一个木桩至水下，使桩顶与水面齐平或在附近的固定建筑物、岩石上刻上标记，先用校测水尺零点高程的方法测得水位，然后再及时设法恢复观测设备。

4.1.10 水尺设置后，应按下列规定测定其零点高程：

1 水尺零点高程的测量应按四等水准的要求进行，当受条件限制时，水尺零点高程测量高差不符值和视线长度可按表4.1.10执行；

表4.1.10 水尺零点高程测量允许高差不符值和视线长度

同尺黑红面读数差(mm)	同站黑红面所测高差之差(mm)	往返不符值(mm)		视线长度视距(m)		单站前后视距不等差(m)
		不平坦	平坦	不平坦	平坦	
3	5	$\pm3\sqrt{n}$	$\pm4\sqrt{n}$	5～50	50～100	≤5

注：1 采用单面尺时，变换仪器高度前后所测两尺高差之差与同站黑红面所测高差之差限差相同。

2 n为单程仪器站数，当往返站数不等时，取平均值计算。

3 测量过程中应注意不使前后视距不等差累积增大。

2 往返两次水准测量应由校核水准点开始推算各测点高程。往返两次测量水尺零点高程之差，在允许误差之内时，以两次所测高程的平均值为水尺零点高程；当超出允许误差时，应予重测。

4.1.11 水尺零点高程校测的频次与时机应以能掌握水尺零点高程的变化情况、取得准确而连续的水位资料为原则，并应符合下列规定：

1 每年年初或汛前应校测全部水尺，汛后应校测本年度洪水到达过的水尺；库区站应根据水库的蓄水过程选择适当的时机进行水尺校测；

2 有封冻的测站，还应在每年封冻前和解冻后校测全部水尺。当汛后与封冻、汛前与解冻相隔时间很短时，可以适当减少校测次数；

3 冲淤严重或漂浮物较多的测站，在每次洪水过后，应及时校测洪水到达过的水尺；

4 当发现水尺变动或在整理水位观测成果时发现水尺零点高程有疑问，应及时进行校测。

4.1.12 校测水尺零点高程时，当校测前后高程相差不超过本次测量的允许不符值，或虽超过允许不符值，但基本水尺小于10mm、比降水尺小于5mm时，其水尺零点高程应采用校测前的高程；当校测前后高程之差超过该次测量的允许不符值，且基本水尺大于10mm、比降水尺大于5mm时，经复测确认后应采用校测后的高程，并应及时查明水尺变动的原因及时间，确定水位的改正方法，并订正有关水位。

4.1.13 水尺零点高程应记至1mm。当对计算水位无特殊要求时，其采用值可记至1cm。

4.1.14 人工观测的水位计包括测针式和悬锤式两种。测针式水位计适用于有测流建筑物或有较好的静水湾、静水井的水位站；悬锤式水位计适用于断面附近有坚固陡岸、桥梁或水工建筑物的岸壁可以利用的水位站。

4.1.15 测针式水位计的设置应符合下列规定：

1 宜能测到历年最高和最低水位。若测不到时，应配置其他观测设备；

2 当同一断面需要设置两个以上水位计时，水位计可设置在不同高程的一系列基准板或台座上，但应处在同一断面线上；当受条件限制达不到此要求时，各水位计偏离断面线的距离不宜超过1m；

3 安装时，应将水位计支架紧固在用钢筋混凝土或水泥浇注的台座上，测杆应垂直，可用吊垂线调整，并可加装简单的电器设备来判断和指示针尖是否恰好接触水面。

4.1.16 悬锤式水位计的设置应符合下列规定：

1 宜能测到历年最高、最低水位。若测不到时，应配置其他观测设备；

2 应设置在水流平顺无阻水影响的地方；

3 安装时，支架应紧固在坚固的基础上，滚筒轴线应与水面平行，悬锤重量应能拉直悬索。安装后，应进行严格的率定，并定期检查测索引出的有效长度与计数器或刻度盘读数的一致性，其误差应控制在±1cm范围内。

4.1.17 测针式和悬锤式水位计的基准板或基准点的高程测量应与水尺零点高程测量的要求相同。其编号方法可按水尺编号的有关规定执行。

4.2 水位的自动监测设备

4.2.1 水位的自动监测设备包括纸介质模拟自记水位计和数字自记水位计。采用纸介质模拟自记水位计的技术要求应符合本标准附录B的规定。

4.2.2 选用的自记水位计应符合国家现行有关标准的规定，使用的自记水位计应选择合格产品，并应符合国家水文质检部门的准入许可要求。

4.2.3 测站应根据水位观测的任务、要求及河流特性、河道地形、河床组成、断面形状或河岸地貌以及水位或潮水位变幅、涨落率、泥沙等情况，选择合适的自记水位计。

4.2.4 用于水位自动观测的各类水位传感器应符合下列规定：

1 环境条件应符合下列规定：

1）工作环境温度应为－20℃～＋50℃；

2）工作环境相对湿度应为95％。

2 技术参数应符合下列规定：

1）分辨力应为0.1cm、1.0cm；

2）测量范围宜为0～10m、0～20m、0～40m；

3）能适应的水位变率不宜低于40cm/min，对有特殊要求的不应低于100cm/min；

4）测量允许误差应符合表4.2.4的规定。

表 4.2.4 自记水位计允许测量误差

水位量程 ΔZ（m）	≤10	10＜ΔZ≤15	＞15
综合误差（cm）	2	2‰ · ΔZ	3
室内测定保证率（%）	95	95	95

注：表中的综合误差是指室内测试时，传感器误差、传动误差、仪器本身及其他误差综合反应的总误差。各栏指标是根据水位资料的精度要求，并适当考虑我国目前水文仪器制造水平而确定的。

3 其他要求：

1）电源宜采用直流供电，电源电压在额定电压的－15%～＋20%间波动时，仪器应正常工作；

2）传感器及输出信号线应有防雷电抗干扰措施；

3）应采取波浪抑制措施，传感器的输出应稳定；

4）浮子式水位计平均无故障工作时间（MTBF）不应小于 25000h，其他类型水位计平均无故障工作时间（MTBF）不应小于 8000h。

4.2.5 数据采集终端平均无故障工作时间（MTBF）应符合下列规定：

1 具有现场存储 1 年以上水位数据的功能；存储的数据可进行现场下载，其格式满足水文资料的整编要求；

2 计时误差每月应小于 2min；

3 具有低功耗和高可靠性。在正常维护条件下，数据采集终端平均无故障工作时间（MTBF）不应小于 25000h；

4 具有扩展传感器接口；

5 可工作在定时采集、事件采集等多种数据采集模式；

6 具有人工置数功能，通过人工置数装置可在现场读取数据、设置参数、校准时钟；

7 现场存储的水位值可记至 1cm，有特殊要求的记至 1mm。时间应记至 1min；

8 同时连接两种不同型号水位传感器时，在水位接头时应能自动切换至选择使用的传感器，并同时校验两传感器水位差是否在规定范围内；

9 有人值守站应具有显示当前及以前不少于 12 个时段整点水位值和相应时间的功能；

10 每一存储值宜是存储时刻前后多次采样的算术平均值，山溪性河流或水位涨落急剧时采样次数可适当减少。

4.2.6 数据遥测终端除应符合本标准第 4.2.5 条的规定外，还应符合下列规定：

1 可工作在定时自报、事件自报或随机查询应答等多种工作模式；当水位变化 1cm 或达到设定的时间间隔时，能自动采集、存储和发送水位数据；在定时间隔内，当水位变化超过设定值时，具有加密测次、加密发报的功能，并可响应中心站召测指令发送数据；并应具有发送人工观测水位、工作状态等信息功能；

2 支持远程下载数据、远程参数设置、远程时钟校准；

3 水位信息传输方式可采用两种不同的传输信道，要互为备份。主、备信道应具备自动切换功能；

4 通信方式可根据测站当地的通信资源和通信条件，通过信道测试后合理选择。

4.2.7 自记水位计宜能测记到本站最高和最低水位。当受条件限制，一套自记水位计不能测记全变幅水位时，可同时配置多套自记水位计或其他水位观测设备。两套设备之间的水位观测值应有不小于 0.1m 的重合，且处在同一断面线上。

4.2.8 各种水位传感器的安装应符合下列规定：

1 安装应牢固，不易受水流冲击或风力冲击的影响；

2 压力式水位传感器的探头感应面应与流向平行；

3 以水面作为观测对象的传感器的安装，其发射方向宜垂直于水面；

4 波浪较大的测站，应采取波浪抑制措施；

5 对采用设备固定点高程进行初始值设置的测站，设备固定点高程的测量精度应不低于四等水准测量精度。

4.2.9 自记水位计安装前，应按其说明书的要求进行全面的检查和测试。

4.2.10 自记水位计安装测试完成后，应进行下列基本参数设置：

1 时钟设置应以北京标准时间进行设置；

2 水位初始值设置应根据人工观测水位与同时刻自记水位计观测值的差值确定水位初始值；

3 采集段次设置可根据水位站的观测任务和报汛要求进行设置，其观测频次不应低于人工观测的要求。

4.2.11 条件具备时，可建立自动测报系统。自动测报系统应能满足基本资料收集和报汛的要求。

4.2.12 当发生地震、滑坡、溃坝、泥石流等突发性地质灾害，需要紧急观测水位时，自记水位计的设计与安装可根据观测目的要求和地理条件确定。

5 水位的人工观测

5.1 一般规定

5.1.1 水位的基本定时观测时间为北京标准时间 8 时。在西部地区，冬季或枯水期 8 时观测有困难的，可根据情况，经主管领导机关批准，改在其他时间定时观测。每天应将使用的时钟与北京标准时间校对一次，时间误差不应超过本标准表 B.1.1 的规定。

5.1.2 水位宜读记至 1cm。当上、下比降断面的水位差小于0.2m时，比降水位应读记至 0.5cm；时间应记录至 1min。

5.1.3 水位观测的段次应根据河流特性及水位涨落变化情况合理分布，以测到完整的水位变化过程，满足日平均水位计算、各项特征值统计、水文资料整编和水情拍报的要求为原则。在峰顶、峰谷及水位变化过程转折处应布有测次；水位涨落急剧时，应加密测次。

5.1.4 当水位的涨落需要换水尺观测时，应对两支相邻水尺同时比测一次。换尺频繁时期，当能确定水尺零点高程无变动时，每次换尺可不比测。当比测的水位差不超过 2cm 时，以平均值作为观测的水位。当比测的水位差超过 2cm 时，应查明原因或校测水尺零点高程。当能判明某支水尺观测不准确时，可选用较准确的那支水尺读数计算水位，并应在未选用的记录数值上加一圆括号。应详细记录选用水位数值的依据并详细记录，将记录结果填入本标准表 C.1.5-4 的规定填入备注栏内。

5.1.5 观测人员应携带观测记载簿准时测记水位，不应提前、追记、涂改、套改、擦改和伪造。

5.1.6 水位观测报表的编制及填写，应符合本标准附录 C 的规定。

5.2 河道站的水位观测

5.2.1 基本水尺水位的观测次数应符合下列规定：

1 水位平稳时，每日 8 时观测一次。稳定封冻期没有冰塞现象且水位平稳时，可每 2d～5d 观测一次，但月初、月末两天应观测；

2 水位变化缓慢时，每日应在 8 时、20 时观测两次，冬季或枯水期 20 时观测确有困难的站，经主管领导机关批准，可提前至其他时间观测；

3 水位变化较大或出现较缓慢的峰谷时，每日应在 2 时、8 时、14 时、20 时观测四次；

4 洪水期或水位变化急剧时期，应每 1h～6h 观测一次，暴涨暴落时，应根据需要增为每 30min 或若干分钟观测一次，以能测得各次峰、谷和完整的水位变化过程为原则；

5 结冰、流冰和发生冰凌堆积、冰塞的时期，应增加测次，以能测得完整的水位变化过程为原则；

6 结冰河流在封冻和解冻初期，出现冰凌堵塞，且堵、溃变化频繁的测站，应按本条第 4 款的规定观测；

7 冰雪融水补给的河流，水位出现日周期变化在测得完整变化过程的基础上，经过分析可精简测次，每隔一定时期应观测一次全过程进行验证；

8 枯水期使用临时断面水位推算流量的小河站，当基本水尺水位无独立使用价值时，可在此期间停测；

9 当上、下游受人类活动影响或分洪、决口而造成水位变化急剧时，应及时增加观测次数。

5.2.2 比降水尺水位的观测应符合下列规定：

1 受变动回水影响，需要比降资料作为推算流量的辅助资料的测站，应在测流和定时观测基本水尺水位的同时，观测比降水尺水位；

2 需要取得河床糙率资料时，应在测流的开始和终了观测比降水尺水位；

3 采用比降——面积法推流的测站，应按流量测次的要求观测比降水尺水位，并同时观测基本水尺水位；

4 当比降资料是用于其他目的时，其测次应根据收集资料的目的合理安排；

5 比降水尺水位宜由两名观测员同时观测。水位变化缓慢时，也可由一人观测，观测步骤应为：先观读上（或下）比降水尺读数，后观读下（或上）比降水尺读数，再返回观读一次上（或下）比降水尺读数，取上（或下）比降水尺的均值作为与下（或上）比降水尺的同时水位计算比降。往返两次的时间应基本相等。

5.2.3 畅流期水位观测方法应符合下列规定：

1 水面平稳时，直接读取水面截于水尺上的读数；有波浪时，应读记波浪峰、谷两个读数的均值；

2 采用矮桩式水尺时，测尺应垂直放在桩顶固定点上观读。当水面低于桩顶且下部未设水尺时，应将测尺底部触及水面，读取与桩顶固定点齐平的读数，并应在记录的数字前加负号；

3 采用悬锤式或测针式水位计时，应使悬锤或测针恰抵水面，读取固定点至水面的高度，并应在记录的数字前加负号。

5.2.4 冰期水位观测方法应符合下列规定：

1 封冻期观测水位，应将水尺周围的冰层打开，捞除碎冰，待水面平静后观读自由水面的水位；

2 打开冰孔后，当水面起伏不息时，应测记平均水位；当自由水面低于冰层底面时，应按畅流期水位观测方法观测。当水从孔中冒出向冰上四面溢流时，应待水面回落平稳后观测；当水面不能回落时，可筑冰堰，待水面平稳后观测，或避开流水处另设新水尺进行观测；

3 当发生全断面冰上流水时，应将冰层打开，观测自由水面的水位，并量取冰上水深；当水下已冻实时，可直接观读冰上水位；

4 当发生冰层水时，应将各个冰层逐一打开，然后再观测自由水面水位。当上述情况只是断面上的局部现象时，应避开这些地点重新凿孔，设尺观测；

5　当水尺处冻实时，应向河心方向另打冰孔，找出流水位置，增设水尺进行观测；当全断面冻实时，可停测，记录冻实时间；

6　当出现本条第2款～第5款所述冰情时，应在水位记载簿中注明。

5.3　水库、湖泊、堰闸站的水位观测

5.3.1　水库库区站基本水尺水位的观测次数，应按河道站的要求布置，并应在水库涵闸放水和洪水入库以及水库泄洪时，根据水位变化情况加密测次。水库坝下站基本水尺水位的测次，应按河道站的要求布置，并应在水库泄洪开始和泄洪终止前、后加密测次。

5.3.2　湖泊水位站的测次可按河道站的规定布置。

5.3.3　堰闸上、下游基本水尺水位应同时观测，测次应按河道站的要求布置，并应在每次闸门开启前后加密测次。

5.3.4　用堰闸测流的测站，在观测水位的同时应观测闸门的开启高度、孔数及流态，并应符合下列规定：

1　应分别记载各闸孔的编号及垂直开启高度。当各孔流态一致而开启高度不一致时，应计算其平均高度。各孔宽度相同时，应采用算术平均法；各孔宽度不相同时，应采用宽度加权平均法；

2　闸门开启高度读至1cm，当闸门提出水面后，仅记“提出水面”；

3　弧形闸门的开启高度应换算成垂直高度，换算方法应按本标准附录D的规定执行；

4　当闸门开启高度用悬吊闸门的钢丝绳收放长度计算时，应对关闸时钢丝绳松弛所造成的读数误差进行改正；

5　叠梁式闸门应测记堰顶高程，当有多个闸孔时，应计算平均堰顶高程。各孔宽度相同时，应采用算术平均法计算；对各孔宽度不同的，应采用宽度加权平均法计算；

6　堰闸出流的流态分为自由式堰流、自由式孔流、淹没式堰流、淹没式孔流和半淹没式孔流。流态记载可简写为“自堰”、“自孔”、“淹堰”、“淹孔”、“半淹孔”或分别以符号“○y”、“○k”、“●y”、“●k”、“◒k”表示；

7　流态可用目测。不易识别时，可用水力学方法计算确定。

5.4　潮水位站的水位观测

5.4.1　潮水位观测的次数应以能观测到潮汐变化的全过程并满足水情拍报的要求为原则。

5.4.2　一般水位站应每隔1h或30min在整点或半点时观测一次，在高、低潮前后，应每隔5min～15min观测一次，应能测到高、低潮水位及其出现时间。

5.4.3　当受台风或风暴潮影响，潮汐正常变化规律发生变化时，应在台风或风暴潮影响期间加密测次；当受混合潮或副振动影响，高、低潮过后，潮水位出现1次～2次小的涨落起伏时，应加密测次。

5.4.4　已有多年连续观测资料，基本掌握潮汐变化规律且无显著的日潮不等现象的测站，白天可按第5.4.2条、第5.4.3条的规定进行观测，夜间可只在高、低潮出现前、后1h内进行观测，缺测部分可根据情况用直线或按比例插补。

5.4.5　对临时测站，当资料应用上不需要掌握潮水位的全部变化过程时，可仅在高、低潮前后一段时间加密测次，并应观测到高、低潮前、后一段时间内的潮水位涨落变化情况。

5.4.6　观测潮水位时，可同时观测流向、风向、风力、水面起伏度。若测站附近有闸门控制的河流汇入或流出而影响水位变化时，应在备注栏注明闸门的开关情况。

5.4.7　封冻期应破冰观测高、低潮水位。

5.4.8　不受潮汐影响时期，可按河道站的要求布置测次。

5.5　枯水位观测

5.5.1　河道接近干涸或断流时，应密切注视水情变化，并记录干涸或断流起讫时间。

5.5.2　河道水位站在接近最低水位期间时，应根据需要增加测次，以测得最低水位及其出现时间。

5.6　高洪水位观测

5.6.1　高洪水位级的划分应符合国家现行有关标准的规定。

5.6.2　高洪期间，应采用多种方案，以测得洪峰水位及水位变化过程。各种测验方案应确保生产安全。

5.6.3　当漏测洪峰水位时，应及时在断面附近找出两个以上的可靠洪痕，以四等水准测定其高程，取其均值作为洪峰水位，并判断出现的时间，在水位观测记载簿的备注栏中说明情况。

5.6.4　当遇特大洪水或洪水漫滩漫堤时，应在断面附近另选适当地点设置临时水尺；当附近有稳固的建筑物或粗壮的大树、电线杆等时，可在上面安装水尺板进行观测；也可在高于水面的建筑物上找一个固定点向下测定水位，零点高程可待水位退下后再进行测量。

5.7　附属项目的观测

5.7.1　风向、风力观测应符合下列规定：

1　风向、风力观测宜采用器测法，无条件采用器测法的测站可采用目测；

2　风向应以磁方位表示，方位符号应按表5.7.1-1的规定统一采用；

表 5.7.1-1　方位符号

方位	北	东北	东	东南	南	西南	西	西北
符号	N	NE	E	SE	S	SW	W	NW

3　目测风力等级可按表 5.7.1-2 估测。

表 5.7.1-2　风力等级

风力等级	名称	陆上地物征象	相当于平地 10m 高处的风速（m/s）	
			范围	中数
0	无风	静，烟直上	0～0.2	0
1	软风	烟能表示风向，树叶略有摇动	0.3～1.5	1
2	轻风	人面感觉有风，树叶有微响，旗子开始飘动，高的草开始摇动	1.6～3.3	2
3	微风	树叶及小枝摇动不息，旗子展开，高的草摇动不息	3.4～5.4	4
4	和风	能吹起地面灰尘和纸张，树枝动摇，高的草呈波浪起伏	5.5～7.9	7
5	清劲风	有叶的小树摇摆，内陆的水面有小波，高的草波浪起伏明显	8.0～10.7	9
6	强风	大树枝摇动，电线呼呼有声，撑伞困难，高的草不时倾伏于地	10.8～13.8	12
7	疾风	全树摇动，大树枝弯下来，迎风步行感觉不便	13.9～17.1	16
8	大风	可折毁小树枝，人迎风前行感觉阻力甚大	17.2～20.7	19
9	烈风	草房遭受破坏，屋瓦被掀起，大树枝可折断	20.8～24.4	23
10	狂风	树木可被吹倒，一般建筑物遭破坏	24.5～28.4	26
11	暴风	大树可被吹倒，一般建筑物遭严重破坏	28.5～32.6	31
12	飓风	陆上少见，其摧毁力极大	＞32.6	

5.7.2　水面起伏度观测应符合下列规定：

1　水面起伏度应以水尺处的波浪变幅为准，按表 5.7.2 的规定分级记载。对水库、湖泊和潮水位站，当起伏度达到 4 级时，应加测波高，并应记在记载簿的备注栏内；

表 5.7.2　水面起伏度分级

水面起伏度级别	0	1	2	3	4
波浪变幅（cm）	≤2	3～10	11～30	31～60	＞60

2　当水尺设有静水设备时，水面起伏度应由静水设备内实际发生的变幅确定，并按本标准表 C.1.5-4 要求编制的水位记载表的备注栏中加以说明。

5.7.3　风向、风力和水面起伏度的观测，可根据需要及河流特性确定。

5.7.4　流向观测应符合下列规定：

1　对有顺、逆流的测站，应测记流向；

2　流向采用浮标或漂浮物确定，当岸边与中泓流向不一致时，应以中泓为准；

3　顺流、逆流、停滞分别应以“∧”、“∨”、“×”符号记载。

5.7.5　当发生下列现象时，应在水位记载簿备注栏中予以详细记载并及时上报：

1　风暴潮、漫滩、分流串沟、回水顶托、干涸断流、流冰、冰塞、浮运木材和航运对水流阻塞等；

2　水库、堤防、闸坝、桥梁等建筑物的修建或损坏，人工改道、开渠引水或引洪疏洪、分洪决口、河岸坍塌、滑坡、泥石流等。

6　水位的自动监测

6.1　自动监测设备的检查和使用

6.1.1　自记水位计应根据测站观测任务的变化及时设置下列有关参数：

1　定时采集段次；

2　加密采集测次的条件。

6.1.2　水位自动监测设备在使用过程中应按下列规定，到现场进行检查和维护：

1　定期检查宜在汛前、汛中、汛后对系统进行 3 次全面检查维护。定期检查时，应对系统的运行状态进行全面的检查和测试；

2　不定期检查可结合日常维护情况或根据远程监控信息进行不定期检查。主要是专项检查和检修，也可做全面检查，视具体情况而定；

3　日常维护主要是保持机房和测验环境的整洁等，保持系统始终处于良好的工作环境和工作状态；

4　驻测站宜配备维修技术人员和常用的备品备件，常见故障应能自行维修。不具备维修条件的测站，一旦出现故障由中心站派人排除。为缩短维修时间，中心站应储备必要的备品备件，以能尽快更换部件、排除故障；

5　现场维护时，应下载数据作为备份。若条件许可，也可远程下载数据。

6.1.3　采用纸介质模拟记录的自记水位计的使用和检查应符合本标准附录 B 的有关规定。

6.2　自记水位计的比测

6.2.1　新安装的自记水位计或改变仪器类型时应进行比测。比测合格后，方可正式使用。

6.2.2　比测时，可按水位变幅分几个测段分别进行，每段比测次数应在 30 次以上。

6.2.3 比测结果应符合下列规定：

1 一般水位站，置信水平95%的综合不确定度应为3cm，系统误差应为±1cm；波浪问题突出的近海地区水位站，综合不确定度可放宽至5cm；

2 机械钟的走时误差不应超过本标准表B.1.1普通级的规定。石英钟走时误差不应超过本标准表B.1.1精密级的规定。

6.2.4 在比测合格的水位变幅内，自记水位计可正式使用，比测资料可作为正式资料。

6.2.5 不具备比测条件的无人值守站可只进行校测。

6.3 自记水位计的校测

6.3.1 自记水位计的校测应定期或不定期进行，校测频次可根据仪器稳定程度、水位涨落率和巡测条件等确定。每次校测时，应记录校测时间、校测水位值、自记水位值、是否重新设置水位初始值等信息，作为水位资料整编的依据。

6.3.2 自记水位计的校测可选用下列方法：

1 设有水尺的自动监测站，可采用水尺观测值进行校测；

2 未设置水尺的自动监测站，可采用水准测量的方法进行校测，也可采用悬锤式水位计、测针式水位计进行校测；

3 采用纸记录的自记水位计的水位校测应符合本标准附录B的有关规定。

6.3.3 当校测水位与自记水位系统偏差超出±2cm范围时，应经确认后重新设置水位初始值。

7 水位观测结果的计算与订正

7.1 水位的订正与摘录

7.1.1 当水尺零点高程变动大于1cm时，应查明变动原因及时间，并对有关的水位记录进行订正。

7.1.2 水尺零点高程变动的时间，可根据绘制的本站与上、下游站的逐时水位过程线或相关线比较分析确定。

7.1.3 当能确定水尺零点高程突变时的水位（图7.1.3）时，水位在变动前应采用原测高程，校测后应采用新测高程，变动开始至校测期间应加一订正数。

7.1.4 当已确定水尺零点高程渐变时的水位（图7.1.4）时，水位在变动前应采用原测高程，校测后应采用新测高程，渐变期间的水位按时间比例订正，渐变终止至校测期间的水位应加同一订正数。

7.1.5 自记水位计的自记水位值和时间与校核值之差超过下列误差范围时，应进行订正：

1 河道站，自记水位与校核水位系统偏差超出±2cm范围，时间误差超过2min；采用纸介质模拟

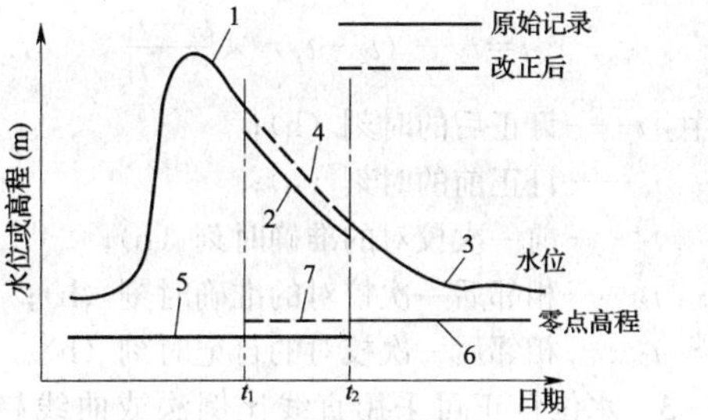

图7.1.3 水尺零点高程突变时水位

1、2、3—原始记录水位过程线；4—改正后的水位过程线；5—校测前水尺零点高程；6—校测后水尺零点高程；7—改正后的水尺零点高程；t_1—水尺零点高程变动时间；t_2—校测水尺零点高程时间

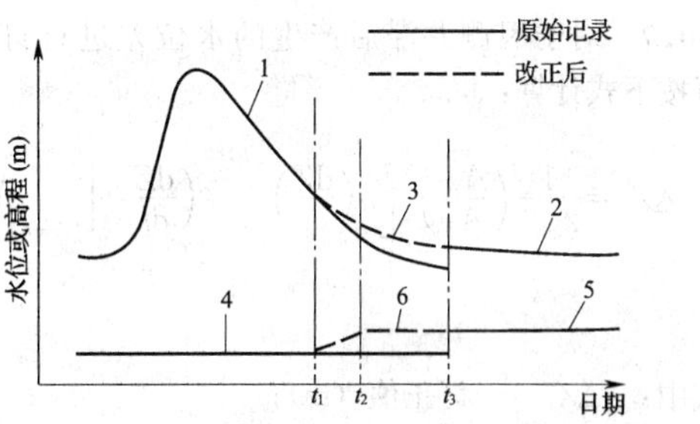

图7.1.4 水尺零点高程渐变时水位

1、2—原始记录水位过程线；3—改正后的水位过程线；4—校测前水尺零点高程；5—校测后水尺零点高程；6—改正后的水尺零点高程；t_1、t_2—水尺零点高程变动起讫时间；t_3—校测水尺零点高程时间

自记水位计时，计时误差应按本标准附录B.1.1条执行；

2 资料用于潮汐预报的潮水位站，当使用精度较高的自记水位计时，水位误差超过1cm，时间误差超过1min；

3 当堰闸站采用闸上、下游同时水位推流且水位差很小时，可按推流精度的要求确定时间和水位误差的订正界限。

7.1.6 当时间和水位误差同时超过规定时，应先做时间订正，再做水位订正。订正方法应符合下列规定：

1 初始值订正应按设置的时间确定各订正时段后，根据订正值按时间先后逐时段按下式订正：

$$Z=Z_0+\Delta Z \qquad (7.1.6\text{-}1)$$

式中：Z——订正后的水位（m）；

Z_0——订正前的水位（m）；

ΔZ——订正值（m），初始值设置偏大时为负值，偏小时为正值。

2 时间订正可采用直线比例法，并应按下式计算：

$$t=t_0+(t_2-t_3)\times\frac{t_0-t_1}{t_3-t_1} \quad (7.1.6\text{-}2)$$

式中：t——订正后的时刻（h）；

t_0——订正前的时刻（h）；

t_1——前一次校对的准确时刻（h）；

t_2——相邻后一次校对的准确时刻（h）；

t_3——相邻后一次校对的自记时刻（h）。

3 水位订正可采用直线比例法或曲线趋势法。当采用直线比例法订正时，可按下式计算：

$$Z=Z_0+(Z'-Z'')\times\frac{t-t_1}{t_2-t_1} \quad (7.1.6\text{-}3)$$

式中：Z——订正后的水位（m）；

Z_0——订正前的水位（m）；

Z'——t_2 时刻校核水尺水位（m）；

Z''——t_2 时刻自记记录的水位（m）。

7.1.7 对于因测井滞后产生的水位差进行订正时，可按下式计算：

$$\Delta Z_1=\frac{1}{2gc^2}\left(\frac{A_W}{A_P}\right)^2\left[\alpha\left(\frac{dZ}{dt}\right)^2-\beta\left(\frac{dZ}{dt}\bigg|_{t=0}\right)^2\right] \quad (7.1.7)$$

式中：ΔZ_1——订正值（m）；

g——重力加速度（9.81m/s²）；

c——流量系数；

A_W——测井截面积（m²）；

A_P——进水管截面积（m²）；

$\frac{dZ}{dt}$——订正时刻测井内的水位变率（m/s）；

$\frac{dZ}{dt}\Big|_{t=0}$——换纸时刻测井内的水位变率（m/s）；

α、β——分别为$\frac{dZ}{dt}$、$\frac{dZ}{dt}\Big|_{t=0}$的系数。当$\frac{dZ}{dt}>0$时，α 取＋1；$\frac{dZ}{dt}<0$ 时，α 取－1。当$\frac{dZ}{dt}\Big|_{t=0}>0$ 时，β 取＋1；$\frac{dZ}{dt}\Big|_{t=0}<0$ 时，β 取－1。

7.1.8 对测井内外含沙量不同而产生的水位差进行订正时，可按下式计算：

$$\Delta Z_2=\left(\frac{1}{\rho_0}-\frac{1}{\rho}\right)(h_0C_{s0}-h_tC_{st})/1000 \quad (7.1.8)$$

式中：ΔZ_2——订正值（m）；

ρ_0——清水密度（1.00t/m³）；

ρ——泥沙密度（t/m³）；

h_0、h_t——分别为换纸时刻、订正时刻进水管的水头（m）；

C_{s0}、C_{st}——分别为换纸时刻、订正时刻测井外含沙量（kg/m³）；

9 当水位过程出现中断时，应进行插补。插补方法应符合现行有关标准的规定。无法插补时，可作缺测处理。

7.1.10 当水位自动监测值为瞬时值，且水位过程呈锯齿状时，可采用中心线平滑方法进行处理。

7.1.11 自记水位计的数据摘录应在订正后进行，摘录的成果应能反应水位变化的完整过程，并满足计算日平均水位、统计特征值和推算流量的需要。

7.2 水位计算

7.2.1 日平均水位应按下列规定进行计算：

1 一日内水位变化平稳，只观测一次水位时，该次水位值即为当日的日平均水位；

2 一日内观测一次以上水位者，可采用算术平均法或面积包围法计算日平均水位；

3 当采用算术平均法或其他方法与面积包围法计算的结果相差超过 2cm 时，应采用面积包围法计算；

4 面积包围法计算日平均水位（图 7.2.1）可按下式：

$$\bar{Z}=\frac{1}{48}[Z_0a+Z_1(a+b)+Z_2(b+c)+\cdots+Z_{n-1}(m+n)+Z_nn] \quad (7.2.1)$$

式中：$\bar{Z}$——日平均水位（m）；

a、b、$c\cdots n$——观测时距（h）；

Z_0、Z_1、$Z_2\cdots Z_n$——相应时刻的水位值（m）。当无零时或 24 时实测水位时，应根据前后相邻水位直线插补求得。

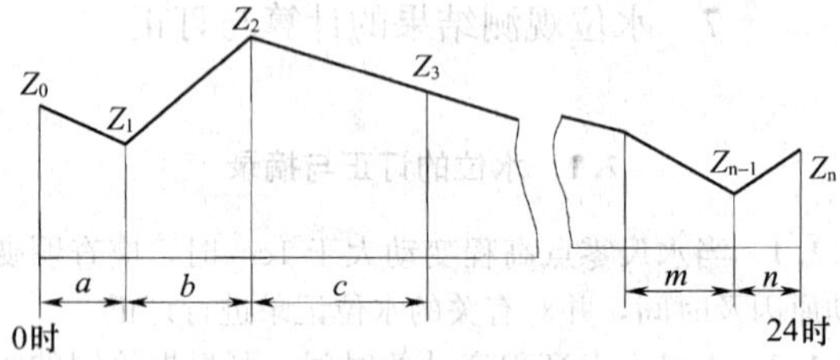

图 7.2.1 面积包围法计算日平均水位示意图

5 每 2d～5d 观测一次水位时，其未观测水位的各日日平均水位可按直线插补求得。当一日内有部分时间河干或连底冻结，其余时间有水时，不计算日平均水位，但应在水位记载簿中注明情况。

6 日平均水位无使用价值的测站可不计算。

7.2.2 水面比降应以万分率表示，并可按下式计算：

$$S=\frac{Z_u-Z_l}{L}\times10000 \quad (7.2.2)$$

式中：S——水面比降（‱）；

Z_u——上比降断面水位（m）；

Z_l——下比降断面水位（m）；

L——上下比降断面间距（m）。

7.2.3 高、低潮水位和对应潮时的挑选应符合下列

规定：

1 高、低潮水位及其对应潮时应从实测的潮水位或订正后的自记潮水位中挑选；

2 选取潮汐涨落一周期内潮位的最高值为高潮潮高，其对应的时间为高潮潮时；

3 选取潮汐涨落一周期内潮位的最低值为低潮潮高，其对应的时间为低潮潮时；

4 当高（或低）潮发生平潮或停潮现象但未超过60min时，可将平潮或停潮中间位置作为高（或低）潮潮高，其对应的时间为高（或低）潮潮时；当超过60min时，应根据涨、落潮历时分析确定高（或低）潮潮时，或参考相邻站的相应水位加以确定；

5 当潮汐过程线波动幅度超过10cm，且时间超过2h，应作为一个高潮（或低潮）；

6 当一个潮期内出现两个峰（或谷）时，应对照前后涨、落潮历时及上、下游潮水位，选取出现时刻较合理的高、低潮水位，并应符合下列规定：

1）一般情况下应选取较高（或较低）的峰（或谷）作为高（或低）潮高与潮时；

2）当两个峰（或谷）的高度相等即平行峰（或谷），两峰（或谷）宽度不一样时，选宽度较大的峰（或谷）为潮高与潮时；

3）当两个峰（或谷）的宽度一样，可选取先出现的峰（或谷）为潮高和潮时，另一个峰（或谷）可在按本标准表C.1.5-7的格式要求编制的潮水位逐日统计表的备注栏内注明高度和时刻；

4）当为月、年最高（或最低）值时，可在按本标准表C.1.5-8和表C.1.5-16的格式要求编制的月统计表和月报表的备注栏内注明；

7 当高（或低）潮出现多峰（或谷）型时，若有多个峰（或谷），则高（或低）潮潮高与潮时可挑选在与最高（或低）峰（或谷）高度差不大于1cm，且比最高（或低）潮峰（或谷）更靠近中间位置的峰（或谷）处；

8 当各次高（或低）潮的出现时间有超前或滞后现象时，应以实测为准，并应在潮水位逐日统计表的备注栏内说明原因；

9 在半日潮型河口地区，当高潮或低潮不明显时，可根据潮差大小来确定是否挑选高、低潮：当潮差小于0.02m时，可以不挑选高、低潮。

7.2.4 高、低潮间隙的统计计算应符合下列规定：

1 一个太阴日出现两次潮的测站，高、低潮间隙可将高潮和低潮出现时刻分别减去相应的月上中天或月下中天时刻求得。一个太阴日只有一次潮的测站，高、低潮间隙可将高潮和低潮出现时刻分别减去相应的月上中天时刻求得；

2 河口附近的测站，算出的月潮间隙应为正值。并应符合下列规定：

1）当高潮提早出现在相应的月中天以前时，算出的月潮间隙应为负值，当这种情况很少，且对月平均高潮间隙计算的影响不大时，可作为月潮间隙处理；

2）当对月平均高潮间隙计算影响较大时，不宜计算月潮间隙或计算而不作月平均统计；

3 离河口较远的测站，当月上（或下）中天所产生的高潮，推迟到相邻的月下（或上）中天前或后的附近一段时间出现时，月潮间隙不宜计算；当需要计算时，该站的月潮间隙应按照河口附近测站计算月潮间隙所对应的月上中天或月下中天来计算；

4 月内无涨潮流出现的测站，月潮间隙不宜作统计；

5 月上（或下）中天可根据国家海洋局有关资料查算或根据格林威治的月上（或下）中天时推算。当采用格林威治的月上（或下）中天推算时，可按下列各式计算：

1）采用格林威治的月上中天及月下中天计算时：

$$t_c = t_n - \frac{(t_n - t'_n - 12)\ l_c}{180} - \frac{l_c - l_n}{15} \tag{7.2.4-1}$$

式中：t_c——某地某日的月上(或下)中天出现时间(h)；

t_n——格林威治同日相应的月上（或下）中天出现时间（h）；

t'_n——格林威治相应的前一个月下（或上）中天出现时间（h）；

l_c——某站所在地的经度（°）；

l_n——某站所根据的标准时区经度（°）。

2）采用格林威治的前后两个月上（或下）中天计算时：

$$t_c = t_n - \frac{(t_n - t''_n)\ l_c}{360} - \frac{l_c - l_n}{15} \tag{7.2.4-2}$$

式中：t''_n——格林威治相应的前一日的月上（或下）中天时间（h）；

天文年的历时换算为世界时可减去换算值。

7.2.5 水位观测不确定度估算应符合本标准附录E的规定。

8 水位观测的误差控制

8.1 人工观测水位的误差控制

8.1.1 观测员在观测水位时，身体应蹲下，使视线尽量与水面平行，以减少折光产生的误差。

8.1.2 有波浪时，可采取下列方法尽量减少因波浪产生的误差：

1 利用水面的暂时平静进行观读，或者观读峰、谷水位，取其平均值；

2 波浪较大时，可先套好静水箱再进行观测；

3 多次观读，取其平均值。

8.1.3 当水尺水位受到阻水影响时，应尽可能先排除阻水因素，再进行观测。

8.1.4 观测用的时钟应及时校对，以减少时钟走时误差。

8.2 自记水位的误差控制

8.2.1 水位传感器的误差可采用下列措施进行控制：

1 安装使用前可采用室内标定的方式进行参数率定；

2 运行期间应按有关规定进行人工校测。

8.2.2 水位初始值设置误差可采用下列方法进行控制：

1 对采用人工观测水位进行水位初始值设置的测站，宜选择水位较为平稳、波浪较小等时机进行人工观测，并采用多次观测的平均值进行初始值设置；

2 对采用设备固定点高程进行初始值设置的测站，应定期校测；

3 对水位初始值误差超出规定范围的水位监测过程，应采用本标准第7.1.6条规定的方法进行初始值订正。

8.2.3 温度、含沙量、含盐度等环境因素变化引起的误差可采用下列方法进行控制：

1 对支持温度、含沙量、含盐度等环境因素设置，并具有自动调整参数的设备，可根据环境因素变化情况进行设置，以减少因环境因素变化引起的水位监测误差；

2 对不支持温度、含沙量、含盐度等环境因素设置的设备，可采用人工观测水位重新标定参数，以减少环境因素变化引起的水位监测误差。

8.2.4 对时钟引起的误差可采用下列方法进行控制：

1 定期对时；

2 时钟误差超出规定，可采用本标准第7.1.6条规定的方法进行时间订正。

8.2.5 对水位波动引起的误差可采用下列方法进行控制：

1 可采用短时段内多次采样的平均值作为水位值；

2 对不支持短时段内多次采样平均值的测站，可对水位过程进行适当平滑、滤波。

8.2.6 对水位涨率及含沙量引起的测井水位误差，可采用下列方法进行控制：

1 水位测井设计应符合国家现行标准《水位观测平台技术标准》SL 384的有关规定；

2 对有条件的测站可通过试验确定水位涨率及含沙量引起的测井水位误差变化规律，据以订正水位涨率引起的水位观测误差。

8.2.7 校核水尺水位的不确定度应控制在1.0cm以内。

附录A 水准标石的型式与埋设

A.0.1 水准标石类型应主要有混凝土普通水准标石、岩层普通水准标石、混凝土柱普通水准标石、钢管普通水准标石、爆破型混凝土柱普通水准标石、螺旋钢管标石和墙脚水准标石等。

A.0.2 标石设置时应根据当地的实际条件，选择适合型式，并按下列规定设置埋设：

1 混凝土普通水准标石（图A.0.2-1），可适用于土层不冻或最大冻土深度小于0.8m的地区。在翻浆、沼泽和盐碱地区使用时，需加涂沥青，以防腐蚀；

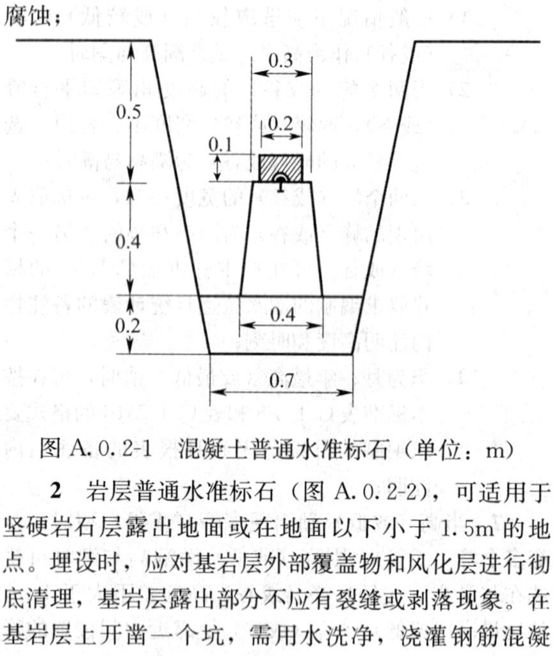

图A.0.2-1 混凝土普通水准标石（单位：m）

2 岩层普通水准标石（图A.0.2-2），可适用于坚硬岩石层露出地面或在地面以下小于1.5m的地点。埋设时，应对基岩层外部覆盖物和风化层进行彻底清理，基岩层露出部分不应有裂缝或剥落现象。在基岩层上开凿一个坑，需用水洗净，浇灌钢筋混凝土，其埋坑的深度应不小于0.5m；

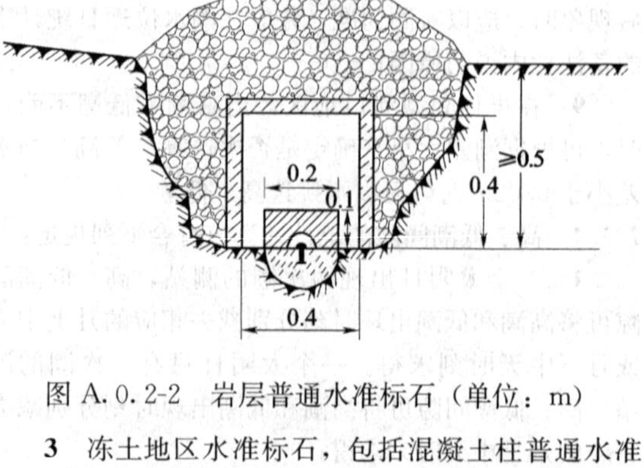

图A.0.2-2 岩层普通水准标石（单位：m）

3 冻土地区水准标石，包括混凝土柱普通水准标石、钢管普通水准标石、爆破型混凝土柱普通水准标石（图 A.0.2-5）等三种类型，皆可适用于冻土深度大于 0.8m 的地区，并应符合下列规定：

1）混凝土柱普通水准标石（图 A.0.2-3），由横断面为0.2m×0.2m 的方柱体或直径为 0.2m 的圆柱体与底盘组成；

2）钢管普通水准标石（图 A.0.2-4），由外径不小于0.06m、管壁厚度不小于 0.003m 的钢管与混凝土基座组成，钢管内灌满水泥沙浆，表面需涂抹沥青，并用旧布和麻线包扎，然后再涂一层沥青；

3）在永久冻土地区埋设水准标石，允许用定向爆破技术将坑底扩成球形或其他规则形状，现场浇灌基座，利用土模浇灌柱石（图 A.0.2-5）或插入钢管（图 A.0.2-6），基座至少在最大冻土深度以下 0.5m；

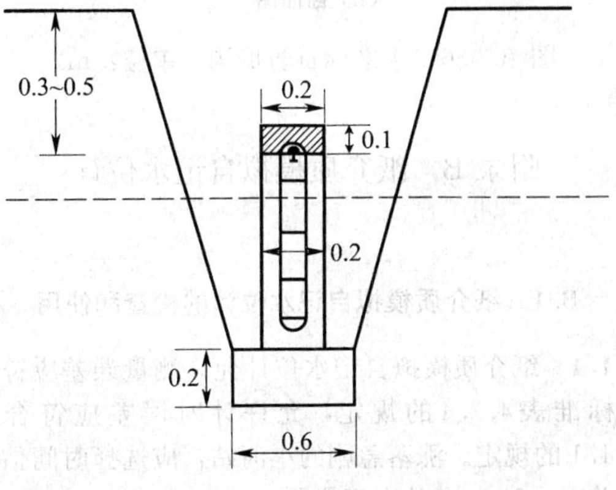

图 A.0.2-3　混凝土柱普通水准标石（单位：m）

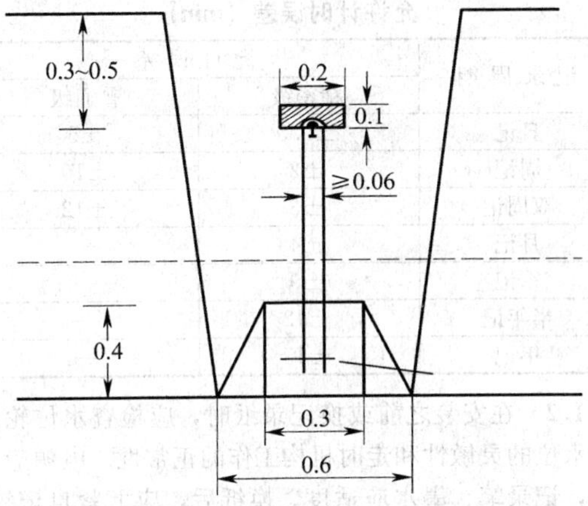

图 A.0.2-4　钢管普通水准标石（单位：m）

4　螺旋钢管标石（图 A.0.2-7），可适用于沙漠或流沙地区。埋设时，应将螺旋纹的钢管旋入流沙层以下的土壤中，使水准标志露出地面。钢管在距地面以下 1.0m 处，用栓钉将木制根络固结在钢管上，以增加钢管的稳定性。标石埋设地点应选在植物丛生的地方，并在正北方 5m 处埋设木桩作为指标位置；

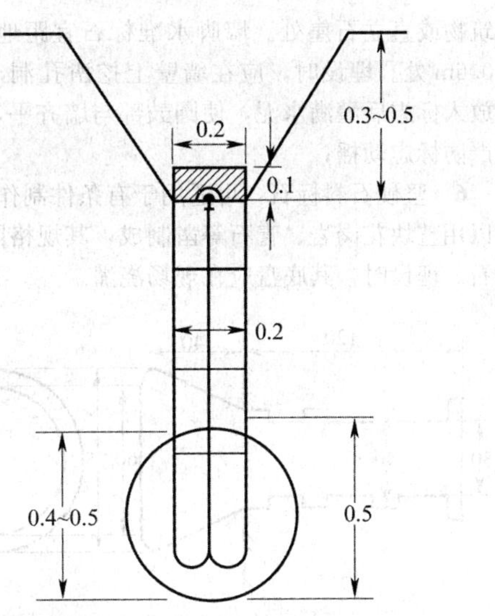

图 A.0.2-5　爆破型混凝土柱普通水准标石（单位：m）

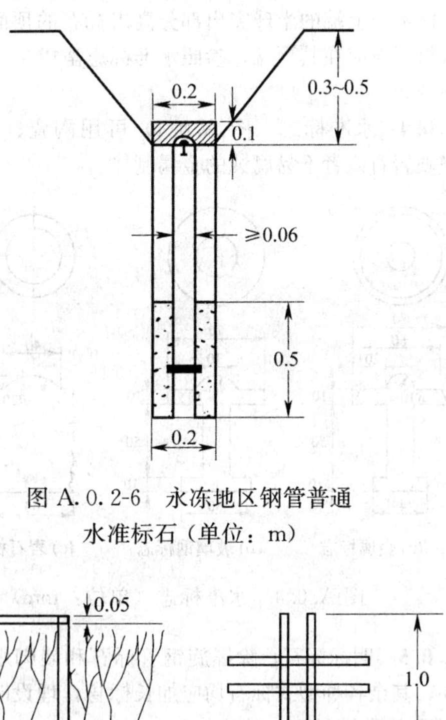

图 A.0.2-6　永冻地区钢管普通水准标石（单位：m）

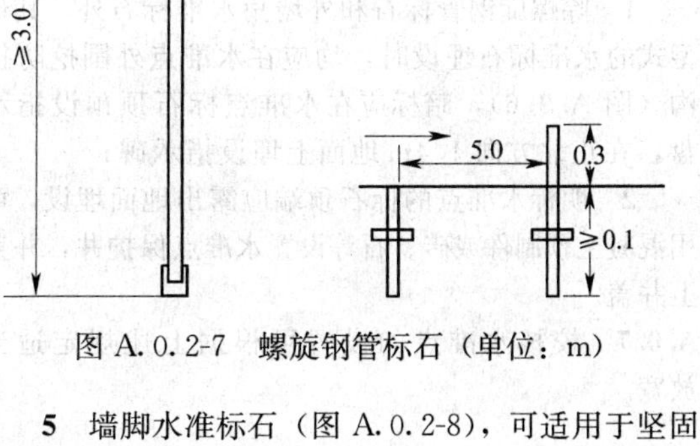

图 A.0.2-7　螺旋钢管标石（单位：m）

5　墙脚水准标石（图 A.0.2-8），可适用于坚固建筑物或直立石崖处。墙脚水准标石宜距地面0.4m～0.6m处。埋设时，应在墙壁上挖凿孔洞，洗净浸润放入标志后灌满水泥，使圆鼓部与墙齐平，未凝固前严防标志动摇；

6 坚硬石料标石，可适用于有条件制作的地区，可以用整块花岗岩、青石等凿制成，其规格同混凝土标石。埋设时，其底盘应在现场浇灌。

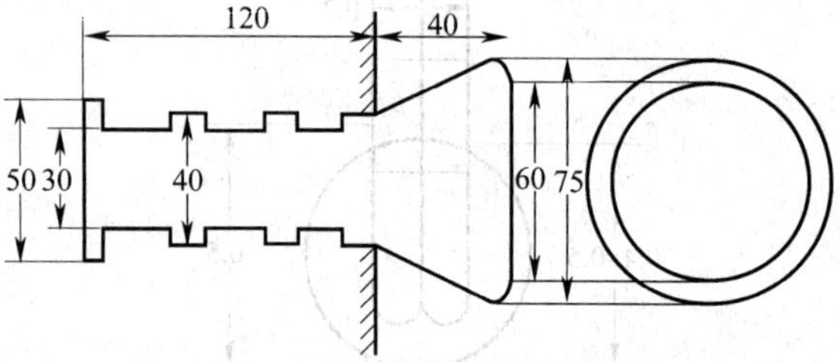

图A.0.2-8 墙脚水准标石（单位：mm）

A.0.3 水准标石顶端中央应镶嵌特制的水准标志，并使标志上端的半球突出部分高出标石的顶面。坚硬石料标石应在其顶端，参照水准标志凿成半球状突出部分。

A.0.4 水准标志（图A.0.4）可用陶瓷、玻璃钢、坚硬岩石或者不易腐蚀的金属制作。

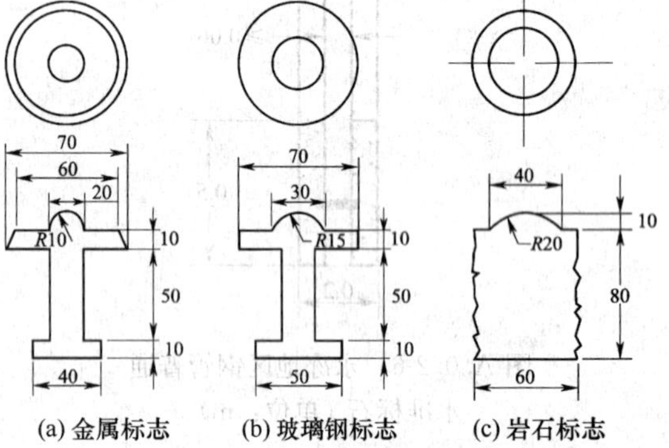

图A.0.4 水准标志（单位：mm）

A.0.5 明标标石，除螺旋钢管标石和墙脚水准标石外，其余各种型式标石均应加长标身，埋设时，标石顶端应露出地面0.1m～0.2m。

A.0.6 水准点的外部整饰应符合下列规定：

1 除螺旋钢管标石和外墙角水准标石外，其他型式的水准标石埋设时，均应在水准点外围挖防护沟（图A.0.6），暗标应在水准点标石顶预设指示盘，在正北方向1.4m地面上埋设指示碑；

2 明标水准点的标石顶端应露出地面埋设，可用混凝土预制件或砖、石等设置水准点保护井，并盖上井盖。

A.0.7 校核水准点的设置可根据上述规定适当放宽。

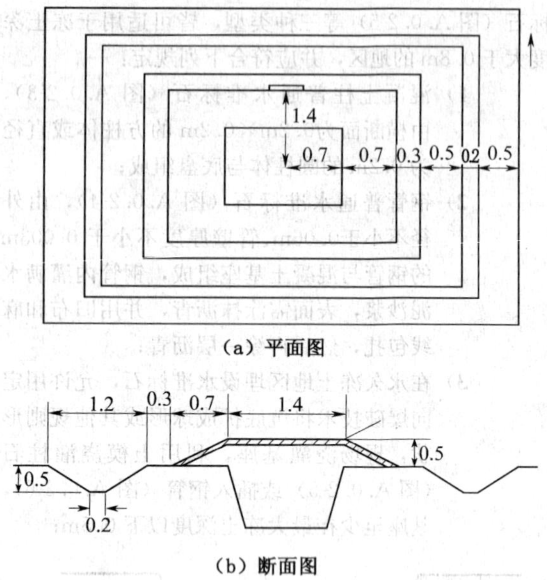

图A.0.6 水准标石防护沟（单位：m）

附录B 纸介质模拟自记水位计

B.1 纸介质模拟自记水位计的检查和使用

B.1.1 纸介质模拟自记水位计允许测量误差应符合本标准表4.2.4的规定，允许计时误差应符合表B.1.1的规定。涨落急剧的小河站，应选择时间估读误差在±2min内的自记仪器。

表B.1.1 纸介质模拟自记水位计允许计时误差（min）

记录周期	允许误差	
	精密级	普通级
日记	±0.5	±5
周记	±2	±10
双周记	±3	±12
月记	±4	—
季记	±9	—
半年记	±12	—
年记	±15	—

B.1.2 在安装之前或换记录纸时，应检查水位轮感应水位的灵敏性和走时机构工作的正常性。电源应充足，记录笔、墨水应适度。换纸后，应上紧自记钟，将自记笔尖调整到当时的准确时间和水位坐标上，观察1min～5min，待一切正常后方可离开，当出现故障时应及时排除。

B.1.3 应按记录周期定时换纸，并应注明换纸时间与校核水位。当换纸恰逢水位急剧变化或高、低潮时，可适当延迟换纸时间。

B.1.4 应按下列规定定时进行校测和检查：

1 使用日记式自记水位计时，每日8时定时校测一次；资料用于潮汐预报的潮水位站应每日 8 时、20 时校测两次。当一日水位变化较大时，应根据水位变化情况适当增加校测次数；

2 使用长周期自记水位计时，对周记和双周记式自记水位计应每 7d 校测一次，对其他长期自记水位计应在使用初期根据需要加强校测，当运行稳定后，可根据情况适当减少校测次数；

3 校测水位时，应在自记纸的时间坐标上画一短线。需要测记附属项目的站，应在观测校核水位的同时观测附属项目。

B.2 纸介质模拟自记水位计记录的订正与摘录

B.2.1 纸介质模拟自记水位计记录的订正除应符合本标准第7.1.5、7.1.6 和 7.1.7 条的有关规定外，还应符合下列规定：

1 取回自记纸后，应检查记录纸上有关栏目，当漏填或错写时，应补填或纠正。当记录呈锯齿时，应用红色铅笔通过中心位置画一细线；当记录呈阶梯形时，应用红色铅笔按形成原因加以订正；

2 当记录曲线中断不超过 3h 且不是水位转折时期时，一般测站可按曲线的趋势用红色铅笔以虚线插补描绘；潮水位站可按曲线的趋势并参考前一天的自记曲线，用红色铅笔以虚线插补描绘。当中断时间较长或跨峰时，不宜描绘，其中断时间的水位，可采用曲线趋势法或相关曲线法插补计算，并应在按本标准附表C.1.5-5的格式要求编制的水位记录摘录表的资料备注栏中注明。

B.2.2 纸介质模拟自记水位计记录的摘录应符合下列规定：

1 摘录应在订正后进行，摘录的成果应能反应水位变化的完整过程，并应满足计算日平均水位、统计特征值和推算流量的需要；

2 水位变化不大且变率均匀时，可按等时距摘录；水位变化急剧且变率不均匀时，应加摘转折点。摘录的时刻宜选择在 6min 的整数倍处。8 时水位应摘录。当需要用面积包围法计算日平均水位时，零时和 24 时的水位应摘录。摘录点应在记录线上逐一标出，并应注明水位值；

3 潮水位站应摘录高、低潮水位及其出现时刻。对具有代表性的大潮以及受洪水影响的最大洪峰，在较大转折点处应选点摘录。观测憩流时，应摘录断面平均憩流时刻的相应水位。沿海及河口附近测站，当有需要时，应加摘每小时的潮水位。

附录 C 报表的编制

C.1 一般规定

C.1.1 本标准各类报表格式，可根据情况作适当调整，但同一流域机构、省（市、区）和部门的报表格式应统一。

C.1.2 报表格式中规定的栏目可根据情况增加，但不宜减少。

C.1.3 水位观测记载簿及水面比降、堰闸水位记载簿应以硬铅笔用阿拉伯数字在现场随测随记。记录应真实、准确、清晰，每次观测数字在记载表中填记后，应就地复测一次。当发现第一次观测记录数字有错误时，应用斜线画去，但画去的数字应能认出，并应在下一横行的相应栏中填写复测的数字，严禁擦改、涂改、套改。

C.1.4 各项原始观测记载簿的整理和计算应及时进行。原始观测记载簿应每月或数月或全年装订成册，妥善保存。

C.1.5 报表格式应符合下列规定：

1 各类报表的编号及规格应符合表 C.1.5-1 的规定；

2 水（潮）位观测记载簿的封面及其中各表的格式应分别符合表 C.1.5-2～表 C.1.5-9 的要求；

3 水面比降（堰闸水位）观测记载簿的封面及其中各表的格式应分别符合表 C.1.5-10～表 C.1.5-15 的规定；

4 潮水位观测月报表的格式应符合表 C.1.5-16 的规定。

表 C.1.5-1 各类报表编号及规格

报表类别	报表名称	报表编号	规格
观测	一、水（潮）位观测记载簿	20 水（潮）位 1-6	A4
	1. 封面	20 水（潮）位 1-6	A4
	2. 观测应用的设备和水尺零点（或固定点等）高程说明	20 水（潮）位 1	A4
	3. 基本水尺水（潮）位记载表	20 水（潮）位 2	A4
	4. 自记水（潮）位记录摘录表	20 水（潮）位 3	A4
	5. 水位月统计表	20 水位 4	A4
	6. 潮水位逐日统计表	20 潮位 4	A4
	7. 潮水位月统计表	20 潮位 5	A4
	8. 观测人员记载、检查和审核人员意见表	20 水（潮）位 6	A4
	二、水面比降（堰闸水位）观测记载簿	20 位 7-11	A4
	1. 封面	20 位 7-11	A4
	2. 观测应用的设备和水尺零点（或固定点等）高程说明	20 位 7	A4
	3. 比降水尺水位记载表	20 位 8	A4
	4. 堰闸水尺水位记载表	20 位 9	A4
	5. 堰闸水位月统计表	20 位 10	A4
	6 观测人员记载、检查和审核人员意见表	20 位 11	A4
整理	三、潮水位观测月报表	20 位 12	A4

表 C.1.5-2 ________站水（潮）位观测记载簿（封面格式）

（机关名称）________________测站编码________________

（包括附属项目）

流域：________水系：________河名：________

________省（市、区）________县（市、区）

________乡（镇、街道）

20____年________月份

观测：________校核：________（　　月　　日）

站长（质检员）：____________（　　月　　日）

共________页　　20　水（潮）位 1-6

表 C.1.5-3 观测应用的设备和水尺零点（或固定点等）高程说明表（____基面以上米数）

______基面在____基面（基准）以上____ m　　第__页

水尺高程变动的日期、原因，校测水尺和设置临时水尺的情况记载

20　水（潮）位 1

表 C.1.5-4 ________站基本水尺水（潮）位记载表

______年____月份　　　　第____页

日	时：分	水尺编号	水尺零点（或固定点）高程（m）	水尺读数（m）	水位（m）	日平均水位（m）	流向	风及起伏度	备注

20　水（潮）位 2

表 C.1.5-5 ________站自记水（潮）位记录摘录表

仪器型号______　______年____月份　第____页

日	时：分	自记水位（m）	校核水尺水位（m）	水位订正数（m）	订正后水位（m）	日平均水位（m）	备注

20　水（潮）位 3

表 C.1.5-6 ________站水位月统计表

______年____月份　　　　第____页

项目	总数	平均	最高	日期	最低	日期
水位（m）						
不确定度	无波浪		一般波浪		较大波浪	
综合不确定度						
随机不确定度						
备注						

20　水位 4

表 C.1.5-7 ________站潮水位逐日统计表

______年____月份　　　　第____页

日期	阴历		潮别	潮水位（m）	时：分	月上（下）中天时	间隙（h）	潮差（m）	历时（h）	备注
	月	日								
			低潮							
			高潮							
			低潮							
			高潮							
			低潮							
			高潮							
			低潮							
			高潮							
			低潮							

20　潮位 4

表 C.1.5-8 ________站潮水位月统计表

______年____月份　　　　　　　　第____页

项目		总数	次数	平均	最高或最大	日	时	分	阴历		最低或最小	日	时	分	阴历	
									月	日					月	日
潮位(m)	高潮															
	低潮															
间隙(h)	高潮															
	低潮															
潮差(m)	涨潮															
	落潮															
历时(h)	涨潮															
	落潮															

不确定度	无波浪	一般波浪	较大波浪
综合不确定度			
随机不确定度			
备注			

20　潮位 5

表 C.1.5-9　观测人员记载、检查和审核人员意见表

观测人员记载	检查人员意见	审核人员意见
	检查______	审核______
	20　年　月　日	20　年　月　日

20　水（潮）位 6

表 C.1.5-10 ________站水面比降（堰闸水位）观测记载簿

（机关名称）____________测站编码____________

流域：__________水系：__________河名：__________

____省（市、区）____县（市、区）____乡（镇、街道）

20________年________月份

观测________（　月　日）

校核________（　月　日）

站长（质检员）________（　月　日）

共____页　20　位 7-11

表 C.1.5-11　观测应用的设备和水尺零点（或固定点等）高程说明表

（____基面以上米数）

______基面在______基面（基准）以上______m

第____页

水尺高程变动的日期、原因，校测水尺和设置临时水尺的情况记载

20　位 7

表 C.1.5-12 ______站比降水尺水位记载表

比降水尺断面间距____m____年___月份　第____页

日	时分	基本水尺水位(m)	流向	上（下）比降水尺								下（上）比降水尺					水位差(m)	水面比降(10^{-4})	备注
				编号	水尺零点高程(m)	第一次读数(m)	风及起伏度	第二次读数(m)	风及起伏度	读数平均(m)	水位(m)	编号	水尺零点高程(m)	读数(m)	风及起伏度	水位(m)			

20　位 8

表 C.1.5-13 ______站堰闸水尺水位记载表

______年____月份　　　　　　　　第____页

日	时分	流向	闸上、下水尺							闸上、下水尺				水位差(m)	闸孔编号	开启高度(m)	流态	平均开启高度(m)	备注
			风及起伏度	水尺编号	第一次读数(m)	第二次读数(m)	读数平均(m)	水位(m)	日平均水位(m)	水尺编号	读数(m)	水位(m)	日平均(m)						

20　位 9

表 C.1.5-14 ______站堰闸水位月统计表

______年______月份　　　　第____页

项目	总数	平均	最高	日期	最低	日期
闸上水位（m）						
闸下水位（m）						
不确定度	无波浪		一般波浪		较大波浪	
综合不确定度						
随机不确定度						
备注						

20　位 10

表 C.1.5-15　观测人员记载、检查和审核人员意见表

观测人员记载	检查人员意见	审核人员意见
	检查__________	审核__________
	20　年　月　日	20　年　月　日

20　位 11

表 C. 1. 5-16　________站　　年　月潮水位观测月报表　　基面________单位：m

日期		潮时																								总计	平均	高潮		低潮		高潮		低潮	
		0	1	2	3	4	5	6	7	8	9	10	11	12	13	14	15	16	17	18	19	20	21	22	23			潮时	潮高	潮时	潮高	潮时	潮高	潮时	潮高
公历	农历	潮高																																	
1																																			
2																																			
3																																			
4																																			
5																																			
6																																			
7																																			
8																																			
9																																			
10																																			
11																																			
12																																			
13																																			
14																																			
15																																			
16																																			
17																																			
18																																			
19																																			
20																																			
21																																			
22																																			
23																																			
24																																			
25																																			
26																																			
27																																			
28																																			
29																																			
30																																			
31																																			

备注：	项目	时间	统计			
	最高高潮潮高	潮时　日　时　分	月总数			
	最低高潮潮高	潮时　日　时　分	月平均			
	最高低潮潮高	潮时　日　时　分	平均高潮潮高		平均低潮潮高	
	最低低潮潮高	潮时　日　时　分	平均潮差	最大潮差		最小潮差

20　位 12

C.2 填制说明

C.2.1 水位观测记载簿封面（20 水（潮）位1-6）的填写应符合下列规定：

1 “共______页”应用阿拉伯数字填写本月水位观测记载簿的实际页数；

2 “站名”应填写测站名称的全称；

3 “流域”、“水系”、“河名”应根据流域机构或资料汇编刊印机构统一划分的名称填写流域和水系，河名则填写基本水尺所在河流的名称；

4 “省（市、区）”、“县（市、区）”、“乡（镇、街道）”应填写测站基本水尺断面水尺所在岸的行政区划名称；

5 “年、月份”应填写本记载簿中观测资料的年度和月份。年份应记四位数，月份应记两位数。月份不足两位时，在个位数前加“0”。

C.2.2 观测应用的设备和水尺零点（或固定点等）高程说明，水尺高程变动的日期、原因，校测时水尺的情况及设置临时水尺情况等记载表（20 水（潮）位1）的填写应符合下列规定：

1 “基面以上米数”应填写测站所采用的基面名称；

2 “基面在______基面（基准）以上”应填写测站所采用的冻结基面或测站基面与现行的国家高程基面的换算关系；

3 “水尺高程变动的日期、原因，校测水尺和设置临时水尺的情况记载”应由测量者和测站观测人员根据校测结果及观测现场了解的情况，共同填写。

C.2.3 基本水尺水位记载表（20 水（潮）位2）的填写应符合下列规定：

1 “日”、“时：分”应填写两位数字，小于两位数时，应在个位数前加“0”；

2 “水尺编号”应填写该次所读的水尺的编号；

3 “水尺零点（或固定点）高程”应填写该水尺或固定点的应用高程；

4 “水尺读数”、“水位”应填写该次观读的水尺读数及计算出的水位。当换尺比测时，应按本标准第6.1.4条的规定填记。不参加日平均水位计算的水位，应用铅笔在数值下方画一横线；选为月特征值的最高水位（或潮水位站选为高潮的水位），应用红铅笔在数值下方画一横线；选为月特征值的最低水位（或潮水位站选为低潮的水位），应用蓝铅笔在数值下方画一横线。

5 “日平均水位”应填入该日第一次观测时间的相应栏内。用自记水位计观测的站，本栏不填，应改在“自记水位记录摘录表”上填写。有顺逆流的站，当全日逆流或一日兼有逆流、停滞时，应在日平均水位右侧加记“V”符号；当全日停滞时，应加记“×”符号；当一日兼有顺逆流、停滞时，加记“⋁⋀”符号；当全日顺流或一日兼有顺流、停滞时，可不另外加记顺流符号；

6 “流向”、“风及起伏度”应按测站任务书中规定，需要进行流向或风及起伏度等附属项目观测时，应在每次观测水位的同时测记。应用英文字母表示风向，风力记在字母的左边，水面起伏度记在右边；

7 “备注”可记载影响水情的有关现象以及其他需要记载的事项。

C.2.4 自记水位记录摘录表（20 水（潮）位3）的填写应符合下列规定：

1 “仪器型号”应填写测站观测应用的自记水位计的类型；

2 “自记水位”应填写由自记仪上读得并经过时间订正后的相应水位数值；

3 “校核水尺水位”应从基本水尺水位记载表内摘录；

4 “水位订正数”应按本标准第7.1.6条的规定填写；

5 “订正后水位”应填写“自记水位”与“水位订正数”的代数和；

6 “日平均水位”填写方法同基本水尺水位记载表。

C.2.5 水位月统计表（20 水位4）的填写应符合下列规定：

1 “总数”应填写一月内各日日平均水位之总和，当一月内记录不全时应加括号；

2 “平均”应填写月总数除以本月日数之商。当发生河干、连底冻或记录不全时，不宜计算月平均水位，应在该栏填写“河干”、“连底冻”或“不全”；

3 “最高”、“最低”及“日期”应填写在全月瞬时水位记录中挑选的最高、最低水位及其发生日期。当最高、最低水位出现数次时，应挑选最初出现的一次填入。当本月记录不全时，应在所选特征水位不加任何符号数值上加一括号。当发生河干或连底冻现象时，应在最低水位栏填记“河干”或“连底冻”及其发生日期。当一月内“河干”及“连底冻”现象都有发生时，最低水位栏可只填“河干”；

4 “不确定度”应填入按本标准附录E规定的方法进行估算的结果；

5 “备注”应记载临时委托旁人代理观测情况及其他有关事项。

C.2.6 潮水位逐日统计表（20 潮位4）的填写应符合下列规定：

1 “高潮”、“低潮”及其出现的日期（包括阴历月、日）和时分，应从基本水尺水位记载表或自记水位记录摘录表中抄录；

2 “月上（下）中天时”、“间隙”应根据本标准第7.2.4条的规定计算，并填写在高低潮相应的栏内。当整编机关无此要求时，可不计算；

3 “潮差”即相邻的高（低）潮与低（高）潮水位之差，分涨潮潮差和落潮潮差。涨潮潮差为高潮水位减去前相邻低潮水位，填写在该高潮水位对应的潮差栏中；落潮潮差为高潮水位减去其后相邻的低潮水位，填写在低潮水位对应的潮差栏中。当月末最后一个特征潮位（高或低潮位）是高潮位时，则该高潮位与其后相邻低潮位相减所得的落潮潮差仍填写在本月的潮差栏内；

4 “历时”即相邻的高（低）潮与低（高）潮出现的时间间隔，分涨潮历时和落潮历时，涨潮历时为高潮位出现时间与其前相邻低潮位出现时间之间隔，填写在该高潮对应的历时栏中；落潮历时为高潮位出现时间与其后相邻低潮位出现时间之间隔，填写在该低潮对应的历时栏中。当月末最后一个特征潮位（高或低潮位）是高潮位时，则该高潮位出现时间与其后相邻低潮位出现时间之间隔即落潮历时，仍填写在本月的历时栏内；

5 受洪水影响时段的填写应符合下列规定：半日潮的测站，当前、后两个低潮水位的时距超过两个潮期时，可作为受洪水影响处理；在受洪水影响潮汐现象消失期间，宜将各日的最高、最低水位及出现时分依时序填入“潮水位”、“时分”栏；在“潮别”栏划去“高潮”、“低潮”，即任其空白；当受洪水影响时间很长（数天、半月或更长时间），按每日摘录最高、最低水位，重复很多作用不大时，可只摘录洪水涨落转折点的峰谷水位及其出现日期和时分，涨（退）水过程中各日的“水位”、“时分”均不摘填入表内。当全月都受洪水影响时，则本月可不编制本表，受洪水影响期间的“间隙”、“潮差”、“历时”均任其空白。

C.2.7 潮水位月统计表（20　潮位 5）的填写应符合下列规定：

1 高、低潮位总数分别为本月高、低潮位的代数和；次数为本月高或低潮位出现的次数；平均则为总数除以次数之商。最高、最低潮位在本月高潮位和低潮位挑选；当本月受洪水影响时，则按本条第 4、5 款规定的方法挑选；其出现日期对应的阴历月份若为闰月时，应在月份数前面加“闰”字；

2 高、低潮间隙的总数、次数、平均和最高、最低及其出现日期，与高、低潮潮位的统计方法相同；

3 潮差和历时的“总数”、“次数”、“平均”可根据本标准C.1.5-7潮水位逐日统计表（20　潮位 4）的资料，分别计算涨（落）潮的潮差和历时的总数、次数、平均，并填入相应的栏内。但其最大（最小）潮差和历时的出现日期，则由对应的高潮出现日期来确定；

4 一月中部分日期因受洪水影响没有潮汐现象但其他日期仍有潮汐现象时，各个项目仍应进行月统计。挑选高潮最高与低潮最低时，潮汐消失期间逐日最高、最低水位也要参加统计。其他项目则只根据有潮汐现象期间的资料进行统计。只要资料没有残缺，统计的数字上均不加括号。资料有残缺时，只选极值，按一般规则加括号或不加括号，不算平均值，在平均栏填写“—”符号；

5 当全月潮汐现象消失时，则月统计栏只统计填入全月的最高和最低水位，其余各栏任其空白；

6 “备注”栏主要说明特殊潮汐现象，受洪水影响、潮汐现象消失的起讫时间，有关资料精度、断面迁移及其他应说明的特殊事项。

C.2.8 观测人员记载、检查和审核人员意见表（20　水（潮）位 6）的填写应符合下列规定：

1 “观测人员记载”应记载临时委托旁人代理观测情况，以及对水位观测精度有影响的其他事项；

2 “检查人员意见”应由检查人员在测站检查工作时填写；

3 “审核人员意见”应由审核人员在进行资料审核时填写。

C.2.9 水面比降（堰闸水位）观测记载簿封面（20　位 7-11）的填写应符合下列规定：

1 当封面用于水面比降观测记载簿时，应将“堰闸水位”四字划去；当封面用于堰闸水位观测记载簿时，应将“水面比降”四字划去。当比降水尺分开观测记载时，应在站名后标明上或下水尺，并加上括号；

2 其他各项的填写同水位观测记载簿封面。

C.2.10 观测应用的设备和水尺零点（或固定点）高程说明：水尺高程变动的日期、原因、校测水尺的情况及设置临时水尺情况等记载表（20　位 7）的填写应符合本标准第 C.2.2 条的规定。

C.2.11 比降水尺水位记载表（20　位 8）的填写应符合下列规定：

1 “上、下比降水尺间距离”应填写上、下比降水尺断面间的水平距离；

2 “上（下）比降水尺”应根据实际观测方法、次序，分别将“上”字或“下”字划去；

3 “上（下）比降水尺读数”的填写应符合下列规定：当由两人同时观读上（下）比降水尺时，“第二次读数”和“读数平均”两栏可不填；当上（下）比降水尺分别由两人观测时，应分别记载，观测后，再将其中一本的观测记录抄入另一本中，两本记载簿都应按月合并装订，妥善保存。当采用自记水位计观测时，其“读数”、“读数平均”和“风及起伏度”各栏可不填，水位可由自记水位摘录表中抄录；

4 “水位差”应填写上（下）比降水尺同时水位之差；

5 “水面比降”应填写水位差与上下水尺断面

间距之商；

6 其他各栏的填法应同基本水尺水位记载表。

C.2.12 堰闸水尺水位记载表（20 位 9）的填写应符合下列规定：

1 “闸孔编号”、“开启高度”、“流态”、“平均开启高度”的填写方法应符合本标准第 6.3.4 条的规定；

2 “流向”、“风及起伏度”、“日平均水位”的填法同基本水尺水位记载表；

3 其他各栏的填写方法同比降水尺水位记载表。

C.2.13 堰闸水位月统计表（20 位 10）的填写同本标准第 C.2.5 条的规定。

C.2.14 观测人员记载、检查和审核人员意见表（20 位 11）的填写应符合下列规定：

1 “观测人员记载”应记载临时委托旁人代理观测情况，以及对水位观测精度有影响的其他事项；

2 “检查人员意见”应由检查人员在测站检查工作时填写；

3 “审核人员意见”应由审核人员在进行资料审核时填写。

C.2.15 潮水位观测月报表（20 位 12）的填写应符合下列规定：

1 农历日期应填写在对应的公历日期旁。每月公历 1 日对应的农历日期应注明月份，月和日用“-”隔开。公历进入新的一年，农历的年份可不注明；

2 各正点潮高及高潮或低潮潮高、潮时，应从基本水尺潮位记载表或经潮高、潮时订正后的自记记录仪器上抄录。高潮或低潮应按出现时间顺序填入。当某日缺少高潮或低潮时，其高潮或低潮及其相应的潮时栏内任其空白；

3 月最高（低）高潮潮高、月最高（低）低潮潮高及其相应潮时、月平均高潮潮高和低潮潮高等的统计同潮水位月统计表（20 潮位 5）的统计方法；

4 月平均潮差应为月平均高潮潮高与月平均低潮潮高之差；月最大潮差应取全月中相邻的高潮或低潮潮高之差的最大值，挑选时应考虑上月最末的一个潮。

附录 D 弧形闸门开启高度的换算

D.0.1 若能方便地观测到闸门开启移动的角度时，弧形闸门(图 D.0.1)开启高度可按下式计算：

$$e=2R\sin\frac{\alpha}{2}\cos\left(\varphi-\frac{\alpha}{2}\right) \quad \text{(D.0.1)}$$

式中：e——弧形闸门开启高度（m）；

R——弧形闸门门臂长（m）；

α——弧形闸门移动角度（°）；

φ——关闸时闸门底至弧形连线与水平线的夹角（°），可从设计图上量得。

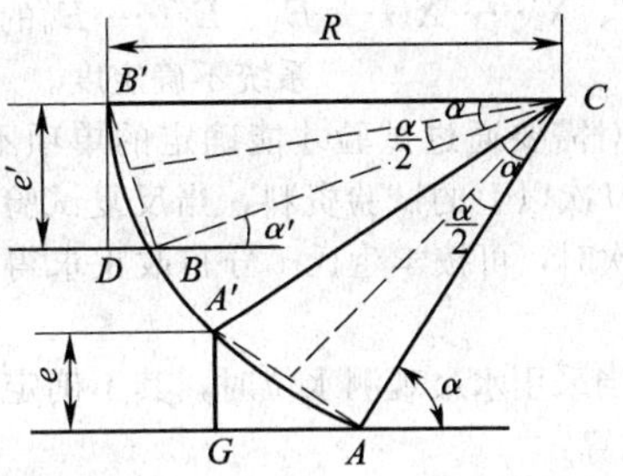

图 D.0.1 弧形闸门示意图

A、B—闸门关闭时闸门度、闸门顶的位置；

A′、B′—闸门开启时闸门度、闸门顶的位置；

e—闸门开启高度（m）；e'—闸门顶移动的垂直高度（m）

D.0.2 若不能方便地观测到闸门开启移动的角度时，可选取若干个角度值，分别计算闸门开启高度和闸门顶移动的垂直高度，并点绘两者的关系线，从线上查出闸门开启高度为 0.1、0.2……m 时相应的闸门顶移动的垂直高度，以 B 点为零点，按各闸门顶移动的垂直高度刻画在岸墙或闸墩上，并注记相应的闸门开启高度值。闸门顶移动的垂直高度可按下式计算：

$$e'=2R\sin\frac{\alpha}{2}\cos\left(\varphi'-\frac{\alpha}{2}\right) \quad \text{(D.0.2)}$$

式中：e'——弧形闸门顶移动的垂直高度（m）；

φ'——开闸时闸门顶至弧形连线与水平线的夹角（°），可从设计图上量得。

附录 E 水位观测不确定度的估算

E.0.1 水位观测的不确定度应以绝对量值衡量，并应按正态分布，置信水平应取 95%。

E.0.2 在估算水位观测不确定度之前，应先分析各个独立的误差来源及其误差性质。对定系统误差，可采用适当的方法对测量值进行修正；对不定系统误差和随机误差，应按误差传递与综合理论分别估算随机不确定度和系统不确定度，然后估算水位观测的综合不确定度。

E.0.3 水位观测总随机不确定度和总系统不确定度分别按下式计算：

1 当水位观测的随机误差有相互独立的若干项 E_1'、E_2'……E_n'，水位观测总随机不确定度应按下式计算：

$$X_Z'=\sqrt{X_1'^2+X_2'^2+\cdots\cdots+X_n'^2} \quad \text{(E.0.3-1)}$$

式中：X_1'、X_2'……X_n'——E_1'、E_2'……E_n' 的各单项的随机不确定度。

2 当水位观测的不定系统误差有相互独立的若干项 E_1''、E_2''……E_n'' 时，水位观测总系统不确定度应按下式计算：

$$X_Z''=\sqrt{X_1''^2+X_2''^2+\cdots\cdots+X_n''^2} \quad \text{(E.0.3-2)}$$

式中：X_1''、X_2''……X_n''——E_1''、E_2''……E_n''的各单项的系统不确定度。

E.0.4 对需要通过试验才能确定的单项不确定度，应收集30次以上的试验资料，当反复试验有困难而少于30次时，可按学生氏t分布改正求得单项不确定度。

E.0.5 当采用水尺观测水位时，其不确定度可按下列方法估算：

1 当采用水尺观测水位时，其误差来源应考虑水尺零点高程测量的不定系统误差、水尺刻画的不定系统误差和水尺观读的随机误差。对上述三项误差因素，可看作相互独立，水位观测综合不确定度应由水尺零点高程测量系统不确定度、水尺刻画系统不确定度和水尺观读随机不确定度三项合成。

2 水尺零点高程的系统不确定度，可通过收集试验资料进行估算，或根据测定水尺零点高程时所采用的水准测量精密等级取相应的标准差按下式估算：

$$X_l''=2S\sqrt{L} \tag{E.0.5-1}$$

式中：S——水准测量1K线路往返测量的标准差（mm）；三等水准为6mm，四等水准为10mm；

L——往返测量或左右路线所算得之测段、路线的平均长度（km）；

当水尺零点高程是按本标准表4.1.10的规定测定时，其系统不确定度可取$3\sqrt{n}$或$4\sqrt{n}$计算。

3 水尺刻画系统不确定度，可按水尺长度的1‰估算。

4 水尺观读随机不确定度，可采用具有代表性测站所收集的试验资料估算。应分无波浪、一般波浪和较大波浪三种情况，在水位基本无变化的5min～20min内连续观读水尺30次以上。

1） 水尺观读标准差可按下式计算：

$$S_g=\sqrt{\frac{\sum_{i=1}^{N}(P_i-\bar{P})^2}{N-1}} \tag{E.0.5-2}$$

式中：P_i——第i次水尺读数（m）；

$\bar{P}$——N次水尺读数的平均值（m）；

N——观读次数。

2） 水尺观读随机不确定度可按下式计算，与P_i、$\bar{P}$具有相同的量纲：

$$X_g'=2S_g \tag{E.0.5-3}$$

3） 当观读次数N少于30次时，水尺观读随机不确定度应按下式计算：

$$X_g'=tS_g \tag{E.0.5-4}$$

式中：t——学生氏t分布改正系数。

5 水尺读数可采用多次观读值的平均值，当观读N次时，水尺观读随机不确定度应按下式计算：

$$X_g'=\frac{X_g'}{\sqrt{N}} \tag{E.0.5-5}$$

6 不确定度可按下列方法估算：

1） 随机不确定度应按下式计算：

$$(X_Z')_{95}=X_g'=2\sqrt{\frac{\sum_{i=1}^{N}(P_i-\bar{P})^2}{N-1}} \tag{E.0.5-6}$$

式中：$(X_Z')_{95}$——置信水平为95%的随机不确定度。

2） 系统不确定度应按下式计算：

$$X_Z''=\sqrt{X_l''^2+X_c''^2} \tag{E.0.5-7}$$

式中：X_c''——水尺刻画系统不确定度，可按水尺长度的1‰估算。

3） 综合不确定度应按下式计算：

$$X_Z=\sqrt{(X_Z')_{95}^2+X_Z''^2} \tag{E.0.5-8}$$

E.0.6 采用自动监测设备监测水位时，其不确定度应按下列方法估算：

1 系统不确定度应按下式计算：

$$X_y''=\frac{\sum_{i=1}^{N}(P_{yi}-P_i)}{N} \tag{E.0.6-1}$$

式中：P_{yi}——自动监测水位；

P_i——人工校测水位；

N——校测次数。

2 随机不确定度应按下式计算：

$$X_y'=2\sqrt{\frac{\sum_{i=1}^{N}(P_{yi}-P_i-X_y'')^2}{N-1}} \tag{E.0.6-2}$$

3 综合不确定度按下式计算：

$$X_Z=\sqrt{X_y'^2+X_Y''^2} \tag{E.0.6-3}$$

E.0.7 用水尺观测水位的综合不确定度和随机不确定度成果，可分别按无波浪、一般波浪和较大波浪三种情况提出。并宜记入按本标准表C.1.5-6的格式要求编制的水位观测统计表中，水位自动监测站可只填写自动监测设备的系统不确定度和随机不确定度成果。

本标准用词说明

1 为便于在执行本标准条文时区别对待，对要求严格程度不同的用词说明如下：

1） 表示很严格，非这样做不可的：
正面词采用“必须”，反面词采用“严禁”；

2） 表示严格，在正常情况下均应这样做的：
正面词采用“应”，反面词采用“不应”或“不得”；

3） 表示允许稍有选择，在条件许可时首先应这样做的：

正面词采用“宜”，反面词采用“不宜”；

4）表示有选择，在一定条件下可以这样做的，采用“可”。

2 条文中指明应按其他有关标准执行的写法为：“应符合……的规定”或“应按……执行”。

引用标准名录

《水文普通测量规范》SL 58—93

《水位观测平台技术标准》SL 384—2007

中华人民共和国国家标准

水位观测标准

GB/T 50138—2010

条 文 说 明

修 订 说 明

《水位观测标准》GBJ 138—90 自 1990 年颁布以来，在规范水位观测的技术要求、提高水位观测资料的成果质量方面发挥了重要作用。但随着科学技术的进步和水文事业的发展，大量新技术、新设备广泛应用于水文领域，水位观测的设施设备及其相关技术有了很大的变化，尤其是《水文基础设施建设及技术装备标准》的颁布实施及基于先进通信技术的自动测报技术的推广应用和站队结合管理模式的逐步实施，原标准的一些规定已经不能适用现代技术条件下的水位观测工作。

原标准主编单位：长江水利委员会水文局；原标准参编单位：水利部水文司、国家海洋局海洋技术研究所、国家海洋局东海分局、交通部水运规划设计院；原标准主要编制人员：王本宸、张长清、陈宏藩、朱晓原、吴德莱、李洪泽、沈勤业。

2006 年 3 月，主编单位提出了标准的编写提纲初稿，经有关专家审查通过后，编制组开始着手标准的编制工作。2007 年 3 月完成了初稿；2007 年 10 月，完成了征求意见稿；2008 年 10 月，完成了送审稿；12 月形成了报批稿。

本标准遵循“先进性、实用性、科学性、严谨性”的原则，紧密结合我国当前水位观测和水文现代化进步的需要，重点对以下内容进行了修改：

（1）水位自动监测的相关内容。着重介绍了目前在水位观测领域比较成熟、应用比较广泛的新仪器、新设备，并对重要技术指标进行了明确的规定；

（2）结合汶川大地震中水位观测的实际应用情况，增加了特殊情况下水位观测设施的布设及观测的相关条款；

（3）根据内容的变化和新的国家标准编写规则的要求，对原标准的结构进行了较大调整；

（4）与其他标准、规范如《水文资料整编规范》、《水文普通测量规范》、《国家三、四等水准测量规范》、《水文基础设施建设及技术装备标准》等一致性的修改；

（5）对自动报汛站、巡测站的技术要求作出了明确规定，以保障成果质量。

目　次

1 总 则

1.0.4 为保持水位资料的连续性，统一全国水文工作采用的时制，便于与气象部门交流资料，本条规定水位观测的时间应统一采用北京标准时。

2 水 位 站

2.1 站址的选择

2.1.1 河道水位站（河道水位站是为区别于湖泊、水库、潮水位站而命名）要求尽量选择在河道顺直、河床稳定、水流集中的河段。因为顺直河段水面横比降小，回流死水较少发生，水位具有代表性，同时也便于设置观测设备，方便观测。

2.1.2 为保障水文职工的人身安全和国家财产安全，此条规定在水位站选址时应避开易发生滑坡、泥石流的地点。

2.1.3 水位站站址的选择是否合适，不仅影响水位观测成果的质量，而且涉及职工和国家财产的安全。因此本条规定水位站在建立前，应当进行现场查勘等工作，以了解河道地形、河床演变、水文特征、水力条件及测站工作条件等情况，为选择站址提供必要的依据。

2.2 地形测量和大断面测量

2.2.1 水位站地形图平面控制精度要求不高，采用视距导线或罗盘仪导线，角度用经纬仪半测回或罗盘仪的最小刻度测定基本上能满足使用要求。

水位站地形图的高程控制要求较高，因此要求用四等水准。但水准点、高程控制点和基本测验设施以外测点的高程容易变动，用四等水准测量无多大意义，故规定一般用视距高差测定即可。

3 水位观测基本设施布设

3.1 基 面

3.1.1 为了避免水位高程资料的混乱，保持历年资料的连续一致，防止使用资料时发生差错，本条规定测站的水位高程资料应采用冻结基面或测站基面。

3.1.2 对新设的水位站，为了便于上、下游测站水位的对照比较，满足规划设计、防汛和水文预报的需要，本条规定采用上、下游一致的基面。对不具备与上、下游站联测条件的测站，如无水准网，或受交通条件、通信条件限制等，可先采用假定基面，条件具备时，再联测并统一基面。

3.2 水 准 点

3.2.1 测站的基本水准点是测站的高程控制点，不仅据以引测校核水准点和其他固定点高程，而且起着控制和固定测站基面的作用。为确保测站基面的稳定，常用基本水准点可做成明标；非常用基本水准点，可做成暗标，并妥善保护。基本水准点相互间距不宜小于300m，以避免局部地形的变化影响，但也不宜大于500m，否则将增大引测误差。

3.2.3 据以引测测站基本水准点高程的国家水准点，即为测站引据水准点。引据水准点一经选用，如无特殊情况，不得随意更换。

比降的精度取决于水位落差的精度，而水位落差的精度除观读误差外，还有水尺零点高程测量的偶然误差，它直接与比降上、下断面两处校核水准点高程接测的相对精度有关，所以应从基本水准点先引测其中一个，再连测另一个。这样有利于提高水位落差的观测精度。当基本水准点处于上下比降断面校核水准点之间时，由于分别向两个校核水准点接测的线路之和与两个校核水准点之间的距离相近，因而应分别引测。

3.3 水 尺 断 面

3.3.2 对本条第2、3款说明如下：

2 不确定度为一区间，一种被测量的物理量的真值可望以一定的概率处在这个区间内。用不确定度来描述误差特征较为确切合理。

3 比降水尺断面间距的测量误差，除往返测量不符值外，直接影响它的还有比降水尺偏离断面线的程度。从这两个因素对影响比降水尺断面间距误差的大小看，本条与本标准第4.1.4条第4款的规定相比较，将测量往返不符值规定为0.1%较之单方面地从严规定测量不符值要更恰当。

3.3.3 人的生命高于一切，本条规定主要是从安全生产的角度考虑的。

4 水位观测设备

4.1 水位的人工观测设备

4.1.8 倾斜式水尺的尺度刻画可采用下列两种方法：

1 用测定水尺零点高程的水准测量方法在水尺板或斜面上均匀测定几条高程控制线，然后按比例内插需要的分划刻度；

2 先测出斜面与水平面的夹角，然后按照斜面长度与垂直长度的换算关系绘制水尺刻度。

4.1.10 国际标准对水尺零点高程的测量精度要求很高，ISO 1100/1中规定“从测站水准点测至水尺的不确定度不应超过±1.0mm”。鉴于我国目前大部分测站

仍只有相当于 S_3 级系列的水准仪，所以本标准规定应用四等水准，并考虑到一些测站受地形条件限制或只有相当于 S_{10} 级系列的水准仪，本标准规定，当受条件限制时，可执行表 4.1.10 的规定。

4.1.15 设置两台以上测针式水位计时，可根据水位变化情况，将水位计设置于不同高程的一系列基准板或台座上，轮换卸装使用，也可将其与水尺结合使用。由于使用测针式水位计的最大优点是能获得精度较高的资料，因而规定设置测针式水位计允许偏离断面线的距离不宜超过 1m，否则将失去采用设置测针式水位计的意义。

4.2 水位的自动监测设备

4.2.1 纸介质模拟自记水位计，随着水文事业的发展将逐步被淘汰，因而将其技术要求放入附录中。

4.2.2 鉴于当前某些仪器由于未经严格的鉴定，其可靠性和精度往往达不到规定的指标。为了保证水位资料的精度，本标准规定，选用的自记水位计，应是经过有关部门鉴定，符合现行国家有关有效标准的产品。

4.2.4 对本条第 3 款第 2 项说明如下：

为保障职工人身安全和仪器设备的正常运转，规定自记水位计应采取必须的防雷电措施。

4.2.6 对本条第 4 款说明如下：

常用于水位信息传输的通信方式有超短波通信（VHF）、移动通信（GPRS/GSM）、电话通信（PSTN）以及卫星通信等。

4.2.7 多套自记水位计或观测设备不一定是同一种自记水位计，可以是几种自记水位计或观测设备的组合。

4.2.8 对本条第 3、4 款说明如下：

3 以水面作为观测对象的传感器包括超声波水位计、雷达水位计、激光水位计等。

4 波浪抑制措施包括静水装置或二次仪表中增设的阻尼装置、数字滤波等。

4.2.10 对本条第 2 款说明如下：

水位初始值是水位计运行之初设定的水位值。

4.2.11 水文自动测报系统是应用遥测、电子计算机和通信等先进技术，独立完成水位等水文信息的收集、存储、分析、传输和处理。其使用的设备包括：传感器、固态存储器、通信设备、遥测终端机、中继机、通信控制机、计算机及其外设和电源等主要设备，以及避雷装置、人工置数装置等。水位传感器有浮子式水位计、压力式水位计、雷达水位计、激光水位计、超声波水位计、振弦式水位计等。其中压力水位计需要进行参数率定才能使用。《水文自动测报系统技术规范》SL 61—2003 对系统的各种设备（包括水位自动监测设备）的技术指标、接口标准、安装要求有详细规定。

5 水位的人工观测

5.1 一 般 规 定

5.1.2 水位读记至 1cm 已能满足一定的精度要求。但当上、下比降断面的水位差很小时，记至 0.5cm，以提高比降观测精度。

5.2 河道站的水位观测

5.2.1 对本条第 9 款说明如下：

关于水位变化平稳、缓慢、较大和急剧的界线划分，可按测站以往采用的方法掌握。

5.4 潮水位站的水位观测

5.4.8 潮汐是海水受日、月等天体引力作用而产生的周期性水面升降现象，气象因子和河川径流等也会影响潮汐的变化。在潮汐涨落变化过程中，水位上升的过程称涨潮，水位下降的过程称落潮。涨潮至最高水位称为高潮，落潮至最低水位称为低潮。在高潮和低潮时，水面有短时间停止涨落的现象称为平潮。相邻的高潮和低潮之差称为潮差，从高潮前一相邻低潮的潮差成为涨潮落差。从高潮至下一相邻的低潮的潮差称为落潮落差。前后连续两次高潮或低潮的间隔时间为潮期，从高潮至前一相邻低潮的间隔时间称为涨潮历时，从高潮至下一相邻低潮的间隔时间称为落潮历时。

潮汐使得水面不断地反复升降变化。但一般逐次出现的高潮和低潮的潮位不会完全相等，沿海一些半日周期的潮汐，在一个潮日（平均为 24h50min）内发生的两次潮汐变化常有较明显的差异，前后相邻两次高潮或低潮的潮位都不相等，潮期历时亦不相同。这种一日之间所发生的两潮不规则现象称为日潮不等。

5.5 枯水位观测

枯水期的水位资料对航运、灌溉、发电、供水非常重要，尤其对某些特征水位及其出现时间，其影响更大，因此应对各个观测环节严格要求，以保证枯水期的水位观测精度和满足各项需要。但枯水期观测往往易被忽视，所以本标准单列一节加以规定，以引起重视。

5.6 高洪水位观测

5.6.2 高洪期间，尤其是特大洪水出现时，保障职工人身安全仍然是第一位的。测站应根据本站洪水特性，研究多种测洪方案，既要保证安全，又要测获洪峰水位和洪水过程。

5.7 附属项目的观测

5.7.2 一般测站的水面起伏度不会大于4级，可按表分级记载，但在水库、湖泊和潮水位站常有4级以上的水面起伏度发生，有的波浪变幅甚至达数米，如果都记为4级显然不妥，故要求同时测记波高。

对水位观读精度有影响的主要是水尺附近的水面起伏度。因此，当水尺设有静水设备时，应测记静水设备内的水面起伏度。

6 水位的自动监测

6.1 自动监测设备的检查和使用

6.1.1 测站在汛期、枯水期、高洪时期的观测要求可能不同，应根据需要对观测段次、加密采集测次的条件进行重新设置，以满足生产需要。

6.1.2 现场定期检查应注意下列事项：

1 检查遥测设备与各种电缆的连接是否完好，是否存在因漏水或沿电缆、电源线入口进水造成故障；

2 检查蓄电池的密封性是否保持完好；

3 测量太阳能电池的开路电压、短路电流是否满足要求，并检查接线是否正常；

4 注意检查天线、馈线设施，保证接头紧固，天线和馈线安装牢固，防水措施可靠，输出功率及系统驻波系数符合设计要求，避雷针、同轴避雷器等防雷装置的安装正确；

5 完成一个站点的设备安装后，有条件应使用多功能测试仪等辅助设备，对测站设备作一次全面的检查，主要包括各项参数的正确设置；模拟传感器参数变化、数据遥测终端发送数据、固态存储数据、中心站接收数据、中心站读出固态存储数据均应一致。

7 水位观测结果的计算与订正

7.1 水位的订正与摘录

7.1.10 自记水位的订正，应以校核水尺水位为准。水位变化不大或水位变化虽大，而水位变率变化不大者，一般用直线比例法订正即可；水位变率变化较大者，应分析原因，分段处理，各段分别采用合适的方法订正。

有些潮水位站需要为潮汐预报提供资料，而潮汐预报所用的资料精度要求较高，因此对这些潮水位站，时间误差超过1min应进行订正，水位误差超过1cm应进行订正。这类潮水位站在选取水位观测仪器时，应注意选择时间坐标比例较大者。

7.2 水位计算

7.2.3 对本条第5、6、7款说明如下：

第5、6、7款所说的这几种情况一般出现在测站附近有河流汇入或流出，或有闸门控制的河涌突然开（关）闸门，或有较大风浪影响或有副振动时。此时，应根据水位观测记录的情况或上、下游站高（低）潮水位和历时等情况，进行分析判断。

第6款中所说的“当一次潮期内出现两个峰（谷）时”，不包括在涨落过程中出现小的起伏。

附录B 纸介质模拟自记水位计

B.2 纸介质模拟自记水位计记录的订正与摘录

B.2.2 水位摘录转折点的时刻，应尽量选择在6min的整数倍处，主要是为了计算方便。8时水位之所以应摘录，是因为8时是水位的基本定时观测时间。当水位基本定时观测时间改在其他时间时，应摘录相应时间的水位。

附录C 报表的编制

C.2.1 对本条第2、5款说明如下：

2 “站名”应填写测站名称的全称。如汉口（武汉关）、湘阴（二）、陆水水库（坝上）等。

5 “年、月份”应填写本记载簿中观测资料的年度和月份。年份应记四位数，月份应记两位数。月份不足两位时，在个位数前加“0”。如“2006年08月”。

C.2.2 对本条第1、2款说明如下：

1 “基面以上米数”应填写测站所采用的基面名称。如“冻结基面”、“测站基面”。

2 “基面在______基准以上”应填写测站所采用的冻结基面或测站基面与现行的国家高程基面的换算关系。如“冻结基面在1985国家高程基准以上−0.276m”，当换算关系有变动时，应在表的下面一行横栏内加以说明。

C.2.3 对本条第1、6款说明如下：

1 “日”、“时：分”应填写两位数字，小于两位数时，应在个位数前加“0”。如“06日13时06分”。

6 “流向”、“风及起伏度”记录方法应用英文字母表示风向，风力记在字母的左边，水面起伏度记在右边。如：北风四级，水尺处发生起伏约20cm的波浪，则记为“4N2”。前后两次符号相同时，不应省略，即不能以“”” 代替。

C.2.7 对本条第3款说明如下：

3 潮差和历时的“总数”、“次数”、“平均”可根据潮水位逐日统计表（20　潮位4）的资料，分别计算涨（落）潮的潮差和历时的总数、次数、平均，并填入相应的栏内，但其最大（最小）潮差和历时的出现日期，则由对应的高潮出现日期来确定，如：某月最大涨潮潮差由低潮位－1.20m（22日22：30）和下一个相邻的高潮位0.98m（23日7：00）计算而得2.18m，则其出现日期为该月的23日，而非22日，因为该涨潮潮差对应的高潮位出现在23日。

C.2.15 对本条第1款说明如下：

1 农历日期应填写在对应的公历日期旁。每月公历1日对应的农历日期应注明月份，月和日用“-”隔开，如“六月廿三日”填写为“06-23”。

中华人民共和国国家标准

给水排水构筑物工程施工及验收规范

Code for construction and acceptance of water and sewerage structures

GB 50141—2008

主编部门：中华人民共和国住房和城乡建设部
批准部门：中华人民共和国住房和城乡建设部
施行日期：2 0 0 9 年 5 月 1 日

中华人民共和国住房和城乡建设部
公　　告

第133号

关于发布国家标准《给水排水构筑物工程施工及验收规范》的公告

现批准《给水排水构筑物工程施工及验收规范》为国家标准，编号为GB 50141—2008，自2009年5月1日起实施。其中，第1.0.3、3.1.10、3.1.16、3.2.8、6.1.4、7.3.12（4）、8.1.6条（款）为强制性条文，必须严格执行。原《给水排水构筑物施工及验收规范》GBJ 141－90同时废止。

本规范由我部标准定额研究所组织中国建筑工业出版社出版发行。

中华人民共和国住房和城乡建设部
2008年10月15日

前　　言

本规范根据建设部“关于印发《二零零四年工程建设国家标准制定、修订计划》的通知”（建标［2004］67号）的要求，由北京市政建设集团有限责任公司会同有关单位对《给水排水构筑物施工及验收规范》GBJ 141－90进行修订而成。

在修订过程中，编制组进行了深入的调查研究和专题研讨，总结了我国各地给水排水构筑物工程施工与质量验收的实践经验，坚持了“验评分离、强化验收、完善手段、过程控制”的指导原则，参考了有关国内外相关规范，并以多种形式广泛征求了有关单位的意见，最后经审查定稿。

本规范规定的主要内容有：给水排水构筑物工程及其分项工程施工技术、质量、施工安全方面规定；施工质量验收的标准、内容和程序。

本规范中以黑体字标志的条文为强制性条文，必须严格执行。

本规范由住房和城乡建设部负责管理和对强制性条文的解释，由北京市政建设集团有限责任公司负责具体技术内容的解释。为了提高规范质量，请各单位在执行本规范的过程中，总结经验和积累资料，随时将发现的问题和意见寄北京市政建设集团有限责任公司。地址：北京市海淀区三虎桥路6号，邮编：100044；E-mail：kjb@bmec.cn；以供今后修订时参考。

本规范主编单位、参编单位和主要起草人：

主编单位：北京市政建设集团有限责任公司

参编单位：北京市市政四建设工程有限责任公司
上海市建设工程质量监督站公用事业分站
天津市市政公路管理局
北京市自来水设计公司
北京城市排水集团有限责任公司
天津市自来水集团有限公司
北京市市政工程管理处
上海市第二市政工程有限公司
北京建筑工程学院
西安市市政设计研究院
重庆大学
广东工业大学
武汉市水务局
武汉市给排水工程设计院有限公司

主要起草人：焦永达　于清军　苏耀军
王洪臣　杨　毅　姚慧健
曹洪林　张　勤　李俊奇
蔡　达　范曙明　袁观洁
王金良　包安文　岳秀平
王和平　吴进科　游青城
葛金科　孙连元　刘　青

目　次

1 总　　则

1.0.1 为加强给水、排水（以下简称给排水）构筑物工程施工管理，规范施工技术，统一施工质量检验、验收标准，确保工程质量，制定本规范。

1.0.2 本规范适用于新建、扩建和改建城镇公用设施和工业企业中常规的给排水构筑物工程的施工与验收。不适用于工业企业中具有特殊要求的给排水构筑物工程施工与验收。

1.0.3 给排水构筑物工程所用的原材料、半成品、成品等产品的品种、规格、性能必须符合国家有关标准的规定和设计要求；接触饮用水的产品必须符合有关卫生要求。严禁使用国家明令淘汰、禁用的产品。

1.0.4 给排水构筑物工程施工与验收，除应符合本规范的规定外，尚应符合国家现行有关标准的规定。

2 术　　语

2.0.1 围堰　cofferdam

在施工期间围护基坑，挡住河（江、海、湖）水，避免主体构筑物直接在水体中施工的导流挡水设施。

2.0.2 施工降排水　construction drainage

在进行土方开挖或构筑物施工时，为保持基坑或沟槽内在无水影响的环境条件下施工，而进行的降排水工作。常用方法有明排水和井点降排水两种。

2.0.3 明排水　drainage by open channel

将流入基坑或沟槽内的地表或地下水汇集到集水井，然后用水泵抽走的排水方式。

2.0.4 井点降排水　drainage by well points

又称井点降水。在基坑内或沟槽周边设置滤水管（井），在基坑（沟槽）开挖前和开挖过程中，用抽吸设备不断从滤水管（井）中抽水，使地下水位降低至坑（槽）底以下，满足干地施工条件的、人工降低地下水位的排水方式。井点类型包括轻型井点、喷射井点、电渗井点、管井井点和深水泵井点等。

2.0.5 施工缝　construction joint

混凝土浇筑施工时，由于技术或施工组织上的原因，不能一次连续浇筑时，而在预先选定的停歇位置留置的搭接面或后浇带。

2.0.6 后浇带　post-placed strip

在浇筑大体积混凝土构筑物时设置的后浇筑的施工缝。

2.0.7 变形缝　deformation joint

为适应温度变化作用、地基沉陷作用和地震破坏作用引起水平和竖向变位而设置的构造缝。包括伸缩缝、沉降缝和防震缝。

2.0.8 止水带　water stopping band; water sealing band

在构筑物或管渠相邻部分或分段接缝间，用以防止接缝面产生渗漏的带状设施，其材质类型有金属、橡胶、塑料等。

2.0.9 沉井　open caisson

在地面上先制作井筒（井室），然后在井筒（井室）内挖土，使井筒（井室）靠自重或外力下沉至设计标高，再实施封底和内部工程的施工方法。

2.0.10 装配式混凝土构筑物　prefabricated concrete cistern

以预制钢筋混凝土池壁等构件或半成品为主，拼装而成的钢筋混凝土构筑物。

2.0.11 预应力混凝土构筑物　prestressed concrete cistern

由配置受力的预应力钢筋通过张拉或其他方法在外荷载作用前预先施加内应力的混凝土构筑物。

2.0.12 塘体构筑物　ponding cistern

以防渗膜或土为主进行防渗处理的水处理或调蓄构筑物。包括稳定塘、湿地、暴雨滞留塘等。

2.0.13 取水构筑物　intake structure

给水系统中，取集、输送原水而设置的各种构筑物的总称。

2.0.14 排放构筑物　outlet structure

排水系统中，处置、排放污水而设置的各种构筑物的总称。

2.0.15 水处理构筑物　water（waste water）treatment structure

给水（排水）系统中，对原水（污水）进行水质处理、污泥处置而设置的各种构筑物的总称。

2.0.16 调蓄池构筑物　adjusting structure

给水（排水）系统中，平衡调配（调节）与输送、分配处理水量而设置的各种构筑物的总称。

2.0.17 满水试验　watering test

水池结构施工完毕后，以水为介质对其进行的严密性试验。

2.0.18 气密性试验　air tightness test

消化池满水试验合格后，在设计水位条件下以空气为介质对其进行的气密性试验。

3 基 本 规 定

3.1 施工基本规定

3.1.1 施工单位应具备相应的施工资质，施工人员应具有相应资格。施工项目质量控制应有相应的施工技术标准、质量管理体系、质量控制和检验制度。

3.1.2 施工前应熟悉和审查施工图纸，掌握设计意图与要求。实行自审、会审（交底）和签证制度；对施工图有疑问或发现差错时，应及时提出意见和建议。需变更设计时，应按照相应程序报审，经相关单位签证认定后实施。

3.1.3 施工前应根据工程需要进行下列调查研究：

1 现场地形、地貌、建（构）筑物、各种管线、其他设施及障碍物情况；

2 工程地质和水文地质资料；

3 气象资料；

4 工程用地、交通运输、疏导及其环境条件；

5 施工供水、排水、通信、供电和其他动力条件；

6 工程材料、施工机械、主要设备和特种物资情况；

7 在地表水水体中或岸边施工时，应掌握地表水的水文和航运资料；在寒冷地区施工时，尚应掌握地表水的冻结资料和土层冰冻资料；

8 与施工有关的其他情况和资料。

3.1.4 开工前应编制施工组织设计，关键的分项、分部工程应分别编制专项施工方案。施工组织设计和专项施工方案必须按规定程序审批后执行，有变更时应办理变更审批。

3.1.5 施工组织设计应包括保证工程质量、安全、工期，保护环境、降低成本的措施，并应根据施工特点，采取下列特殊措施：

1 地下、半地下构筑物应采取防止地表水流进基坑和地下水排水中断的措施；必要时应对构筑物采取抗浮的应急措施；

2 特殊气候条件下应采取相应施工措施；

3 在地表水水体中或岸边施工时，应采取防汛、防冲刷、防漂浮物、防冰凌的措施以及对防洪堤的保护措施；

4 沉井和基坑施工降排水，应对其影响范围内的原有建（构）筑物进行沉降观测，必要时采取防护措施。

3.1.6 给排水构筑物施工时，应按"先地下后地上、先深后浅"的顺序施工，并应防止各构筑物交叉施工相互干扰。

对建在地表水水体中、岸边及地下水位以下的构筑物，其主体结构宜在枯水期施工；抗渗混凝土宜避开低温及高温季节施工。

3.1.7 施工临时设施应根据工程特点合理设置，并有总体布置方案。对不宜间断施工的项目，应有备用动力和设备。

3.1.8 施工测量应实行施工单位复核制、监理单位复测制，填写相关记录，并符合下列规定：

1 施工前，建设单位应组织有关单位进行现场交桩，施工单位对所交桩复核测量；原测桩有遗失或变位时，应补钉桩校正，并应经相应的技术质量管理部门和人员认定；

2 临时水准点和构筑物轴线控制桩的设置应便于观测且必须牢固，并应采取保护措施；临时水准点的数量不得少于2个；

3 临时水准点、轴线桩及构筑物施工的定位桩、高程桩，必须经过复核方可使用，并应经常校核；

4 与拟建工程衔接的已建构筑物平面位置和高程，开工前必须校测；

5 给排水构筑物工程测量应满足当地规划部门的有关规定。

3.1.9 施工测量的允许偏差应符合表3.1.9的规定，并应满足国家现行标准《工程测量规范》GB 50026和《城市测量规范》CJJ 8的有关规定。有特定要求的构筑物施工测量还应遵守其特殊规定。

表 3.1.9 施工测量允许偏差

序号	项目		允许偏差
1	水准测量高程闭合差	平地	$\pm20\sqrt{L}$ (mm)
		山地	$\pm6\sqrt{n}$ (mm)
2	导线测量方位角闭合差		$24\sqrt{n}$ (″)
3	导线测量相对闭合差		1/5000
4	直接丈量测距的两次较差		1/5000

注：1 L 为水准测量闭合线路的长度（km）；
2 n 为水准或导线测量的测站数。

3.1.10 工程所用主要原材料、半成品、构（配）件、设备等产品，进入施工现场时必须进行进场验收。

进场验收时应检查每批产品的订购合同、质量合格证书、性能检验报告、使用说明书、进口产品的商检报告及证件等，并按国家有关标准规定进行复验，验收合格后方可使用。

混凝土、砂浆、防水涂料等现场配制的材料应经检测合格后使用。

3.1.11 在质量检查、验收中使用的计量器具和检测设备，应经计量检定、校准合格后方可使用；承担材料和设备检测的单位，应具备相应的资质。

3.1.12 所用材料、半成品、构（配）件、设备等在运输、保管和施工过程中，必须采取有效措施防止损坏、锈蚀或变质。

3.1.13 构筑物的防渗、防腐、防冻层施工应符合国家有关标准的规定和设计要求。

3.1.14 施工单位应做好文明施工，遵守有关环境保护的法律、法规，采取有效措施控制施工现场的各种粉尘、废气、废弃物以及噪声、振动等对环境造成的污染和危害。

3.1.15 施工单位必须取得安全生产许可证，并应遵守有关施工安全、劳动保护、防火、防毒的法律、法规，建立安全管理体系和安全生产责任制，确保安全施工。对高空作业、井下作业、水上作业、水下作业、压力容器等特殊作业，制定专项施工方案。

3.1.16 工程施工质量控制应符合下列规定：

1 各分项工程应按照施工技术标准进行质量控制，分项工程完成后，应进行检验；

2 相关各分项工程之间，应进行交接检验；所有隐蔽分项工程应进行隐蔽验收；未经检验或验收不合格不得进行下道分项工程施工；

3 设备安装前应对有关的设备基础、预埋件、预留孔的位置、高程、尺寸等进行复核。

3.1.17 工程应经过竣工验收合格后，方可投入使用。

3.2 质量验收基本规定

3.2.1 给排水构筑物工程施工质量验收应在施工单位自检合格基础上，按分项工程（验收批）、分部（子分部）工程、单位（子单位）工程的顺序进行，并符合下列规定：

1 工程施工质量应符合本规范和相关专业验收规范的规定；

2 工程施工应符合工程勘察、设计文件的要求；

3 参加工程施工质量验收的各方人员应具备相应的资格；

4 工程质量的验收应在施工单位自行检查、评定合格的基础上进行；

5 隐蔽工程在隐蔽前应由施工单位通知监理单位进行验收，并形成验收文件；

6 涉及结构安全和使用功能的试块、试件和现场检测项目，应按规定进行平行检测或见证取样检测；

7 分项工程（验收批）的质量应按主控项目和一般项目进行验收；每个检查项目的检查数量，除本规范有关条款有明确规定外，应全数检查；

8 对涉及结构安全和使用功能的分部工程应进行试验或检测；

9 承担试验检测的单位应具有相应资质；

10 工程的外观质量应由质量验收人员通过现场检查共同确认。

3.2.2 单位（子单位）工程、分部（子分部）工程、分项工程（验收批）的划分可按本规范附录A确定，质量验收记录应按本规范附录B填写。

3.2.3 分项工程（验收批）质量合格应符合下列规定：

1 主控项目的质量经抽样检验合格；

2 一般项目中的实测（允许偏差）项目抽样检验的合格率应达到80%，且超差点的最大偏差值应在允许偏差值的1.5倍范围内；

3 主要工程材料的进场验收和复验合格，试块、试件检验合格；

4 主要工程材料的质量保证资料以及相关试验检测资料齐全、正确；具有完整的施工操作依据和质量检查记录。

3.2.4 分部（子分部）工程质量验收合格应符合下列规定：

1 分部（子分部）工程所含全部分项工程的质量合格；

2 质量控制资料应完整；

3 分部（子分部）工程中，混凝土强度、混凝土抗渗、地基基础处理、桩基础检测、位置及高程、回填压实等的检验和抽样检测结果应符合本规范有关规定；

4 外观质量验收应符合要求。

3.2.5 单位（子单位）工程质量合格应符合下列规定，必要时应在设备安装、调试后进行单位工程验收：

1 单位（子单位）工程所含全部分部（子分部）工程的质量合格；

2 质量控制资料应完整；

3 单位（子单位）工程所含分部工程有关结构安全及使用功能的检测资料应完整；

4 涉及构筑物水池位置与高程、满水试验、气密性试验、压力管道水压试验、无压管渠严密性试验以及地下水取水构筑物的抽水清洗和产水量测定、地表水活动式取水构筑物的试运行等有关结构安全及使用功能的试验检测、抽查结果应符合规定；

5 外观质量验收应符合要求。

3.2.6 管渠工程的质量验收应符合现行国家标准《给水排水管道工程施工及验收规范》GB 50268的有关规定。

3.2.7 工程质量验收不合格时，应按下列规定处理：

1 经返工返修或更换材料、构件、设备等的分项工程，应重新进行验收；

2 经有相应资质的检测单位检测鉴定能够达到设计要求的分项工程，应予以验收；

3 经有相应资质的检测单位检测鉴定达不到设计要求、但经原设计单位核算认可能够满足结构安全和使用功能要求的分项工程，可予以验收；

4 经返修或加固处理的分项工程、分部（子分部）工程，改变外形尺寸但仍能满足使用要求，可按技术处理方案和协商文件进行验收。

3.2.8 通过返修或加固处理仍不能满足结构安全和使用功能要求的分部（子分部）工程、单位（子单位）工程，严禁验收。

3.2.9 分项工程（验收批）应由专业监理工程师组织施工项目质量负责人等进行验收。

3.2.10 分部工程（子分部）应由总监理工程师组织施工项目负责人及其技术、质量负责人等进行验收。

对于涉及重要部位的地基基础、主体结构、主要设备等分部（子分部）工程，设计和勘察单位工程项目负责人、施工单位技术质量部门负责人应参加验收。

3.2.11 单位工程经施工单位自行检验合格后，应向建设单位提出验收申请。单位工程有分包单位施工时，分包单位对所承包的工程应按本规范的规定进行验收，总承包单位应派人参加，并对分包单位进行管理；分包工程完成后，应及时地将有关资料移交总承包单位。

3.2.12 对符合竣工验收条件的单位（子单位）工程，应由建设单位按规定组织验收。施工、勘察、设计、监理等单位有关负责人应参加验收，该工程的管理或使用单位有关人员也应参加验收。

3.2.13 参加验收各方对工程质量验收意见不一致时，可由工程所在地建设行政主管部门或工程质量监督机构协调解决。

3.2.14 单位工程质量验收合格后，建设单位应按规定将单位工程竣工验收报告和有关文件，报送工程所在地建设行政主管部门备案。

3.2.15 工程竣工验收后，建设单位应将有关文件和技术资料归档。

4 土石方与地基基础

4.1 一 般 规 定

4.1.1 建设单位应向施工单位提供施工影响范围内的地下管线、建（构）筑物及其他公共设施资料，施工单位应采取措施加以保护。

4.1.2 施工前应进行挖、填方的平衡计算，综合考虑土石方运距最短、运程最合理和各个工程项目的合理施工顺序等，做好土石方平衡调配，减少重复挖运。

4.1.3 降排水系统应经检查和试运转，一切正常后方可开始施工。

4.1.4 平整场地的表面坡度应符合设计要求，设计无要求时，流水方向的坡度大于或等于0.2%。

4.1.5 基坑（槽）开挖前，应根据围堰或围护结构的类型、工程水文地质条件、施工工艺和地面荷载等因素制定施工方案，经审批后方可施工。

4.1.6 围堰、围护结构应经验收合格后方可进行基坑开挖。挖至设计高程后应及时组织验收，合格后进入下道工序施工，并应减少基坑裸露时间。基坑验收后应予保护，防止扰动。

4.1.7 深基坑应做好上、下基坑的坡道，保证车辆行驶及施工人员通行安全。

4.1.8 有防汛、防台风要求的基坑必须制定应急措施，确保安全。

4.1.9 施工中应对支护结构、周围环境进行观察和监测，出现异常情况应及时处理，恢复正常后方可继续施工。

4.1.10 基坑开挖至设计高程后应由建设单位会同设计、勘察、施工、监理等单位共同验收；发现岩、土质与勘察报告不符或有其他异常情况时，由建设单位会同上述单位研究确定处理措施。

4.1.11 土石方爆破必须按国家有关部门规定，由具有相应资质的单位进行施工。

4.2 围 堰

4.2.1 围堰施工方案应包括以下主要内容：

1 围堰平面布置图；

2 水体缩窄后的水面曲线和波浪高度验算；

3 围堰的强度和稳定性计算；

4 围堰断面施工图；

5 板桩加工图；

6 围堰施工方法与要求，施工材料和机具选定；

7 拆除围堰方法与要求；

8 堰内排水安全措施。

4.2.2 围堰结构应满足设计要求，构造简单，便于施工、维护和拆除。围堰与构筑物外缘之间，应留有满足施工排水与施工作业要求的宽度。

4.2.3 围堰类型的选择应根据基坑及河道的水文地质、施工方法和装备、环境保护等因素，经技术经济比较后确定。不同围堰类型的适用条件应符合表4.2.3的规定。

表4.2.3 围堰适用条件

序号	围堰类型	适用条件	
		最大水深(m)	最大流速(m/s)
1	土围堰	2.0	0.5
2	草捆土围堰	5.0	3.0
3	袋装土围堰	3.5	2.0
4	木板桩围堰	5.0	3.0
5	双层型钢板桩填芯围堰	10.0	3.0
6	止水钢板桩抛石围堰	—	3.0
7	钻孔桩围堰	—	3.0
8	抛石夯筑芯墙止水围堰	—	3.0

4.2.4 土、袋装土、钢板桩围堰的顶面高程，宜高出施工期间的最高水位0.5～0.7m；草捆土围堰堰顶面高程宜高出施工期的最高水位1.0～1.5m；临近通航水体尚应考虑涌浪高度。

4.2.5 围堰施工和拆除，不得影响航运和污染临近取水水源的水质。

4.2.6 围堰内基坑排水过程中必须随时对围堰进行检查，并应符合下列规定：

1 围堰坑内积水、渗水量应进行测算，并应绘制排水量与下降水位值之间的关系曲线，在堰内设置水位观测标尺进行观测与记录；

2 排水量与水位下降发生异常时，应停止排水，查明原因进行处理后，再重新进行排水；

3 排水后堰内水位不下降，甚至上升时，必须立即停止排水，进行检查；如发现围堰变形、结构不稳定，必须立即向堰内注水，使其恢复至平衡水位后，查明原因并经处理合格后方能抽除堰内水并重新排水。

4.2.7 土、袋装土围堰施工应符合下列规定：

1 填筑前必须清理基底；

2 填筑材料应以黏性土为主；

3 填筑顺序应自岸边起始，双向合拢时，拢口应设置于水深较浅区域；

4 围堰填筑完成后，堰内应进行压渗处理，堰外迎水面进行防冲刷加固；

5 土、袋装土围堰结构尺寸应符合表4.2.7的规定。

表4.2.7 土、袋装土围堰结构尺寸

序号	围堰形式	断面尺寸			堰顶超高（施工期最高水位以上）（m）
		堰顶宽（m）	边坡坡度		
			堰内侧	堰外侧	
1	土围堰	≥1.5	1∶1～1∶3	—	0.5～0.7
2	袋装土围堰	1～2	1∶0.2～1∶1	1∶0.5～1∶1	0.5～0.7

注：表中堰顶宽度指不行驶机动车时的宽度。

4.2.8 钢板桩围堰施工应符合下列规定：

1 选用的钢板桩材质、型号和性能应满足设计要求；

2 悬臂钢板桩，其埋设深度、强度、刚度、稳定性均应经计算、验算；

3 钢板桩搬运起吊时，应防止锁口损坏和由于自重导致变形；在存放期间应防止变形及锁口内积水；

4 钢板桩的接长应以同规格、等强度的材料焊接；焊接时应用夹具夹紧，先焊钢板桩接头，后焊连接钢板；

5 钢板桩的插、打与拆除应符合下列规定：

1）插、打前在锁口内应涂抹防水涂料；

2）吊装钢板桩的吊点结构牢固安全、位置准确；

3）钢板桩在黏土中不宜采用射水法沉桩，锤击时应设桩帽；

4）应设插、打导向装置，最初插、打的钢板桩，应详细检查其平面位置和垂直度；

5）需要接长的钢板桩，其相邻两钢板桩的接头位置，应上下错开不少于1m；

6）钢板桩的转角及封闭，可用焊接连接或骑缝搭接；

7）拆除钢板桩前，堰内外水位应相同，拔桩应由下游开始。

4.2.9 在通航河道上的围堰布置要满足航行的要求，并设置警告标志和警示灯。

4.3 施工降排水

4.3.1 下列工程施工应采取降排水措施：

1 受地表水、地下动水压力作用影响的地下结构工程；

2 采用排水法下沉和封底的沉井工程；

3 基坑底部存在承压含水层，且经验算基底开挖面至承压含水层顶板之间的土体重力不足以平衡承压水水头压力，需要减压降水的工程；

4 基坑位于承压水层中，必须降低承压水水位的工程。

4.3.2 降排水施工准备工作应符合下列规定：

1 收集工程地质、水文地质勘测资料；

2 确定土层稳定性计算参数；

3 制定施工降排水方案，确定施工降排水方法、机具选型及数量；

4 对基坑渗透性的评定和渗水量的估算，以及地基沉降变形的计算；

5 确定变形观测点，水位观测孔（井）的布置；

6 必要时应作抽水试验，验证渗透系数及水力坡降曲线，以保证基坑地下水位降至坑底以下；

7 基坑受承压水影响时，应进行承压水降压计算，对承压水降压的影响进行评估。

4.3.3 施工降排水系统的排水应输送至抽水影响半径范围以外的河道或排水管道。

4.3.4 降排水施工必须采取有效的措施，控制施工降排水对周围构筑物和环境的不良影响。

4.3.5 施工过程中不得间断降排水，并应对降排水系统进行检查和维护；构筑物未具备抗浮条件时，严禁停止降排水。

4.3.6 冬期施工应对降排水系统采取防冻措施，停止抽水时应及时将泵体及进出水管内的存水放空。

4.3.7 明排水施工应符合下列规定：

1 适用于排除地表水或土质坚实、土层渗透系数较小、地下水位较低、水量较少、降水深度在5m以内的基坑（槽）排水；

2 依据工程实际情况按表4.3.7选择具体方式；

表4.3.7 明排水方式选择

序号	排水方式	适用条件
1	明沟与集水井排水	小型及中等面积的基坑（槽）
2	分层明沟排水	可分层施工的较深基坑（槽）
3	深沟排水	大面积场区施工

3 施工时应保证基坑边坡的稳定和地基不被扰动；

4 集水井施工应符合下列规定：

1）宜布置在构筑物基础范围以外，且不得影响基坑的开挖及构筑物施工；

2）基坑面积较大或基坑底部呈倒锥形时，可在基础范围内设置，集水井筒与基础紧密连接，便于封堵；

3）井壁宜加支护；土层稳定且井深不大于1.2m时，可不加支护；

4）处于细砂、粉砂、粉土或粉质黏土等土层时，应采取过滤或封闭措施；封底后的井底高程应低于基坑底，且不宜小于1.2m；

5 排水沟施工应符合下列规定：

1）配合基坑的开挖及时降低深度，其深度不宜小于0.3m；

2）基坑挖至设计高程，渗水量较少时，宜采用盲沟排水；

3）基坑挖至设计高程，渗水量较大时，宜在排水沟内埋设直径150～200mm设有滤水孔的排水管，且排水管两侧和上部应回填卵石或碎石。

4.3.8 井点降水施工应符合下列规定：

1 设计降水深度在基坑（槽）范围内不宜小于基坑（槽）底面以下0.5m，软土地层的设计降水深度宜适当加大；受承压水层影响时，设计降水深度应符合施工方案要求；

2 应根据设计降水深度、地下静水位、土层渗透系数及涌水量按表4.3.8选用井点系统；

3 井点孔的直径应为井点管外径加2倍管外滤层厚度，滤层厚度宜为100～150mm；井点孔应垂直，其深度可略大于井点管所需深度，超深部分可用滤料回填；

4 井点管应居中安装且保持垂直；填滤料时井点管口应临时封堵，滤料沿井点管周围均匀灌入，灌填高度应高出地下静水位；

表4.3.8 井点系统选用条件

序号	井点类别	土层渗透系数(m/d)	降水深度（m）
1	单级轻型井点	0.1～50	3～6
2	多级轻型井点	0.1～50	6～12（由井点层数而定）
3	喷射井点	0.1～2	8～20
4	电渗井点	<0.1	根据选用的井点确定
5	管井井点	20～200	8～30
6	深井井点	10～250	>15

注：多级井点必须注意各级之间设置重复抽吸降水区间。

5 井点管安装后，可进行单井、分组试抽水；根据试抽水的结果，可对井点设计作必要的调整；

6 轻型井点的集水总管底面及抽水设备基座的高程宜尽量降低；

7 井壁管长度允许偏差为±100mm，井点管安装高程的允许偏差为±100mm。

4.3.9 施工降排水终止抽水后，排水井及拔除井点管所留的孔洞，应及时用砂、石等填实；地下静水位以上部分，可用黏土填实。

4.4 基坑开挖与支护

4.4.1 基坑开挖与支护施工方案应包括以下主要内容：

1 施工平面布置图及开挖断面图；

2 挖、运土石方的机械型号、数量；

3 土石方开挖的施工方法；

4 围护与支撑的结构形式，支设、拆除方法及安全措施；

5 基坑边坡以外堆土石方的位置及数量，弃运土石方运输路线及土石方挖运平衡表；

6 开挖机械、运输车辆的行驶线路及斜道设置；

7 支护结构、周围环境的监控量测措施。

4.4.2 施工除符合本章规定外，还应满足现行国家标准《建筑地基基础工程施工质量验收规范》GB 50202、《建筑边坡工程技术规范》GB 50330的相关规定。

4.4.3 基坑底部为倒锥形时，坡度变换处增设控制桩；同时沿圆弧方向的控制桩也应加密。

4.4.4 基坑的边坡应经稳定性验算确定。土质条件良好、地下水位低于基坑底面高程、周围环境条件允许时，深度在5m以内边坡不加支撑时，边坡最陡坡度应符合表4.4.4的规定：

表4.4.4 深度在5m以内的基坑边坡的最陡坡度

序号	土的类别	边坡坡度（高：宽）		
		坡顶无荷载	坡顶有静载	坡顶有动载
1	中密的砂土	1：1.00	1：1.25	1：1.50
2	中密的碎石类土（充填物为砂土）	1：0.75	1：1.00	1：1.25
3	硬塑的粉土	1：0.67	1：0.75	1：1.00
4	中密的碎石类土（充填物为黏性土）	1：0.50	1：0.67	1：0.75
5	硬塑的粉质黏土、黏土	1：0.33	1：0.50	1：0.67
6	老黄土	1：0.10	1：0.25	1：0.33
7	软土（经井点降水后）	1：1.25	—	—

4.4.5 土石方应随挖、随运，宜将适用于回填的土分类堆放备用。

4.4.6 基坑开挖的顺序、方法应符合设计要求，并应遵循“对称平衡、分层分段（块）、限时挖土、限时支撑”的原则。

4.4.7 采用明排水的基坑，当边坡岩土出现裂缝、沉降失稳等征兆时，必须立即停止开挖，进行加固、削坡等处理。

雨期施工基坑边坡不稳定时，其坡度应适度放缓；并应采取保护措施。

4.4.8 设有支撑的基坑，应遵循“开槽支撑、先撑后挖、分层开挖和严禁超挖”的原则开挖，并应按施工方案在基坑边堆置土方；基坑边堆置土方不得超过设计的堆置高度。

4.4.9 基坑的降排水应符合下列规定：

1 降排水系统应于开挖前 2～3 周运行；对深度较大，或对土体有一定固结要求的基坑，运行时间还应适当提前；

2 及时排除基坑积水，有效地防止雨水进入基坑；

3 基坑受承压水影响时，应在开挖前检查承压水的降压情况。

4.4.10 软土地层或地下水位高、承压水水压大、易发生流砂、管涌地区的基坑，必须确保降排水系统有效运行；如发现涌水、流砂、管涌现象，必须立即停止开挖，查明原因并妥善处理后方能继续开挖。

4.4.11 基坑施工中，地基不得扰动或超挖；局部扰动或超挖，并超出允许偏差时，应与设计商定或采取下列处理措施：

1 排水不良发生扰动时，应全部清除扰动部分，用卵石、碎石或级配砾石回填；

2 岩土地基局部超挖时，应全部清除基底碎渣，回填低强度混凝土或碎石。

4.4.12 超固结岩土复合边坡遇水结冰冻融易产生坍滑时，应及时采取措施防止坍塌与滑坡。

4.4.13 开挖深度大于 5m，或地基为软弱土层，地下水渗透系数较大或受场地限制不能放坡开挖时，应采取支护措施。

4.4.14 基坑支护应综合考虑基坑深度及平面尺寸、施工场地及周围环境要求、施工装备、工艺能力及施工工期等因素，并应按照表 4.4.14 选用支护结构。

4.4.15 基坑支护应符合下列规定：

1 支护结构应具有足够的强度、刚度和稳定性；

2 支护部件的型号、尺寸、支撑点的布设位置，各类桩的入土深度及锚杆的长度和直径等应经计算确定；

3 围护墙体、支撑围檩、支撑端头处设置传力构造，围檩及支撑不应偏心受力，围檩集中受力部位应加肋板；

表 4.4.14 支护结构形式及其适用条件

序号	类别	结构形式	适用条件	备注
1	水泥土类	粉喷桩	基坑深度≤6m，土质较密实，侧壁安全等级二、三级基坑	采用单排、多排布置成连续墙体，亦可结合土钉喷射混凝土
		深层搅拌桩	基坑深度≤7m，土层渗透系数较大，侧壁安全等级二、三级基坑	组合成土钉墙，加固边坡同时起隔渗作用
2	钢筋混凝土类	预制桩	基坑深度≤7m，软土层，侧壁安全等级二、三级基坑；周围环境对振动敏感的应采用静力压桩	与粉喷桩、深层搅拌桩结合使用
		钻孔桩	基坑深度≤14m，侧壁安全等级一、二、三级基坑	与锁口梁、围檩、锚杆组合成支护体系，亦可与粉喷、搅拌桩结合
		地下连续墙	基坑深度大于12m，有降水要求，土层及软土层，侧壁安全等级一、二、三级基坑	与地下结构外墙结合，以及楼板梁等结合形成支护体系
3	钢板桩类	型钢组合桩	基坑深度小于8m，软土地基，有降水要求时应与搅拌桩等结合，侧壁安全等级一、二、三级基坑；不宜用于周围环境对沉降敏感的基坑	用单排或双排布置，与锁口梁、围檩、锚杆组成支护体系
		拉森式专用钢板桩	基坑深度小于11m，能满足降水要求，适用侧壁安全等级一、二、三级基坑；不宜用于周围环境对沉降敏感的基坑	布置成弧形、拱形，自行止水
4	木板桩类	木桩	基坑深小于6m，侧壁安全等级三级基坑	木材强度满足要求
		企口板桩	基坑深度小于5m，侧壁安全等级二、三级基坑	木材强度满足要求

4 支护结构设计应根据表 4.4.15 选用相应的侧壁安全等级及重要性系数；

表 4.4.15 基坑侧壁安全等级及重要性系数

序号	安全等级	破坏后果	重要性系数（y_0）
1	一级	支护结构破坏、土体失稳或过大变形对环境及地下结构的影响严重	1.10
2	二级	支护结构破坏、土体失稳或过大变形对环境及地下结构的影响一般	1.00
3	三级	支护结构破坏、土体失稳或过大变形对环境及结构影响轻微	0.90

5 支护不得妨碍基坑开挖及构筑物的施工；

6 支护安装和拆除方便、安全、可靠。

4.4.16 支护的设置应符合下列规定：

1 开挖到规定深度时，应及时安装支护构件；

2 设在基坑中下层的支撑梁及土锚杆，应在挖土至规定深度后及时安装；

3 支护的连接点必须牢固可靠。

4.4.17 支护系统的维护、加固应符合下列规定：

1 土方开挖和结构施工时，不得碰撞或损坏边坡、支护构件，降排水设施等；

2 施工机具设备、材料，应按施工方案均匀堆（停）放；

3 重型施工机械的行驶及停置必须在基坑安全距离以外；

4 做好基坑周边地表水的排泄和地下水的疏导；

5 雨期应覆盖土边坡，防止冲刷、浸润下滑，冬期应防止冻融。

4.4.18 支护出现险情时，必须立即进行处理，并应符合下列规定：

1 支护结构变形过大、变形速率过快时，应在坑底与坑壁间增设斜撑、角撑等；

2 边坡土体裂缝呈现加速趋势，必须立即采取反压坡脚、减载、削坡等安全措施，保持稳定后再行全面加固；

3 坑壁漏水、流砂时，应采取措施进行封堵，封堵失效时必须立即灌注速凝浆液固结土体，阻止水土流失，保护基坑的安全与稳定；

4 基坑周边构筑物出现沉降失稳、裂缝、倾斜等征兆时，必须及时加固处理并采取其他安全措施。

4.4.19 基坑开挖与支护施工应进行量测监控，监测项目、监测控制值应根据设计要求及基坑侧壁安全等级进行选择，并应符合表 4.4.19 的规定。

表 4.4.19 基坑开挖监测项目

侧壁安全等级	地下管线位移	地表土体沉降	周围建（构）筑物沉降	围护结构顶位移	围护结构墙体测斜	支撑轴力	地下水位	支撑立柱隆沉	土压力	孔隙水压力	坑底隆起	土体水平位移	土体分层沉降
一级	√	√	√	√	√	√	√	√	◇	◇	◇	◇	◇
二级	√	√	√	√	√	√	√	◇	◇	◇	◇	◇	◇
三级	√	√	√	√	√	◇	◇	◇	◇	◇	◇	◇	◇

注："√"为必选项目，"◇"为可选项目，可按设计要求选择。

4.5 地 基 基 础

4.5.1 地基基础施工除应执行本规范的规定外，尚应符合国家现行标准《建筑地基基础工程施工质量验收规范》GB 50202、《建筑地基处理技术规范》JGJ 79、《建筑基桩检测技术规范》JGJ 106 的有关规定。

4.5.2 构筑物垫层、基础、底板施工前应对下列项目进行复验，符合设计要求和有关规定后方可进行施工：

1 基底标高及基坑几何尺寸、轴线位置；

2 天然岩土地基及地基处理；

3 复合地基、桩基工程；

4 降排水系统。

4.5.3 地基基础的施工方案应包括下列主要内容：

1 地基处理方式的选择，材料、配比，施工工艺和顺序，施工参数，施工机具，地基强度及承载力检验方法；

2 复合地基桩成桩工艺，材料、配比，施工参数，施工机具，承载力检测要求；

3 工程基础桩成桩施工工艺，材料、配比，施工参数，施工机具，承载力检测要求。

4.5.4 施工前应进行施工场地的整理，满足施工机具的作业要求；并应复核施工测量的轴线、水准点；所有施工机具、仪器仪表应进场验收合格，运行正常、安全可靠。

4.5.5 地基处理施工应符合下列规定：

1 灰土地基、砂石地基和粉煤灰地基：应将表层的浮土清除，并应控制材料配比、含水量、分层厚度及压实度，混合料应搅拌均匀；地层遇有局部软弱土层或孔穴，挖除后用素土或灰土分层填实；

2 强夯处理地基：应将施工场地的积水及时排除，地下水位降低到夯层面以下 2m；施工应控制夯锤落距、次数、夯击位置和夯击范围；强夯处理的范围宜超出构筑物基础，超出范围为加固深度的 1/3～1/2，且不小于 3m；对地基透水性差、含水量高的土层，前后两遍夯击应有 2～4 周的间歇期；

3 注浆加固地基：应根据设计要求及工程具体情况选用浆液材料，并应进行现场试验，确定浆液配比、施工参数及注浆顺序；浆液应搅拌充分、筛网过滤；施工中应严格控制施工参数和注浆顺序；地基承载力、注浆体强度合格率达不到80%时，应进行二次注浆。

4.5.6 复合地基施工应符合下列规定：

1 复合地基桩，应按设计要求进行工艺性试桩，以验证或调整设计参数，并确定施工工艺、技术参数；

2 复合地基桩，应控制所用材料配比，以及桩（孔）位、桩（孔）径、桩长（孔深）、桩（孔）身垂直度的偏差；

3 水泥土搅拌桩，应控制水泥浆注入量、机头喷浆提升速度、搅拌次数；停浆（灰）面宜比设计桩顶高300～500mm；

4 高压旋喷桩，应控制水泥用量、压力、相邻桩位间距、提升速度和旋转速度；并应合理安排成桩施工顺序，详细记录成孔情况；需要扩大加固范围或提高强度时应采取复喷措施；

5 振冲桩，应控制填料粒径、填料用量、水压、振密电流、留振时间和振冲点位置顺序，防止漏振；

6 水泥粉煤灰碎石桩，应控制桩身混合料的配比、坍落度、灌入量和提拔钻杆（或套管）速度、成孔深度；成桩顶标高宜高于设计标高500mm以上；

7 砂桩，应选择适当的成桩方法，控制灌砂量、标高；合理安排成桩施工顺序；

8 土和灰土挤密桩，应控制填料含水量和夯击次数；并应合理安排成桩施工顺序；成桩预留覆盖土层厚度：沉管（锤击、振动）成孔宜为0.50～0.70m，冲击成孔宜为1.20～1.50m；

9 预制桩及灌注桩，应按本规范第4.5.7条的规定执行；

10 复合地基桩施工完成后，应按现行国家标准《建筑地基基础工程施工质量验收规范》GB 50202规定和设计要求，检验桩体强度和地基承载力。

4.5.7 工程基础桩施工应符合下列规定：

1 成桩工艺、技术参数应满足设计要求；必要时应进行承载力或成桩工艺的试桩；

2 所用的工程材料、预制混凝土桩及钢桩、灌注桩的预制钢筋笼及混凝土进场验收合格；

3 混凝土灌注桩，应控制成孔、清渣、钢筋笼放置、灌注混凝土施工，防止坍（缩）孔和钻孔灌注桩护筒周围冒浆现象；端承桩应复验持力层的岩土性能，或按设计要求对桩底进行处理；

4 沉入桩，应控制沉桩的垂直度、贯入度、标高，桩顶的完整性；接桩施工的间歇时间应符合规定，焊接接桩应做10%的焊缝探伤检验；应按施工工艺、技术参数和地形地貌安排施工顺序；施加桩顶的作用力与桩帽、桩垫、桩身的中心轴线应重合；

5 沉入斜桩时，其倾斜角应符合设计要求，并避免影响后沉入桩施工。

4.5.8 抗浮锚杆、抗浮桩施工应符合下列规定：

1 抗浮锚杆，应采取打入式工艺或压浆工艺；成孔机具符合要求；

2 预制抗浮桩，应按设计要求进行桩身抗裂性能检验；

3 抗浮锚杆、抗浮桩，应按设计要求进行抗拔检验。

4.5.9 构筑物的垫层、基础及底板施工应符合下列规定：

1 对地基面层进行清理；

2 清除成桩顶端的预留高出部分和松散部分；

3 对桩顶的钢筋进行整形、处理；

4 按设计要求或有关规定设置变形缝。

4.6 基坑回填

4.6.1 基坑回填应在构筑物的地下部分验收合格后及时进行。不需做满水试验的构筑物，在墙体的强度未达到设计强度以前进行基坑回填时，其允许回填高度应与设计商定。

4.6.2 回填材料应符合设计要求或有关规范规定。

4.6.3 回填前应清除基坑内的杂物、建筑垃圾，并将积水排除干净。

4.6.4 每层回填厚度及压实遍数，应根据土质情况及所用机具，经过现场试验确定，层厚差不得超出100mm。

4.6.5 应均匀回填、分层压实，其压实度应符合本规范表4.7.7的规定和设计要求。

4.6.6 钢、木板桩支撑的基坑回填，支撑的拆除应自下而上逐层进行。基坑填土压实高度达到支撑或土锚杆的高度时，方可拆除该层支撑。拆除后的孔洞及拔出板桩后的孔洞宜用砂填实。

4.6.7 雨期应经常检验回填土的含水量，随填、随压，防止松土淋雨；填土时基坑四周被破坏的土堤及排水沟应及时修复；雨天不宜填土。

4.6.8 冬期在道路或管道通过的部位不得回填冻土，其他部位可均匀掺入冻土，其数量不应超过填土总体积的15%，但冻土的块径不得大于150mm。

4.6.9 基坑回填后，必须保持原有的测量控制桩点和沉降观测桩点；并应继续进行观测直至确认沉降趋于稳定，四周建（构）筑物安全为止。

4.6.10 基坑回填土表面应略高于地面，整平，并利于排水。

4.7 质量验收标准

4.7.1 围堰应符合下列规定：

主 控 项 目

1 围堰结构形式和围堰高度、堰底宽度、堰顶宽度以及悬臂桩式围堰板桩入土深度符合设计要求；

检查方法：观察，检查施工记录、测量记录。

2 堰体稳固，变位、沉降在限定值内，无开裂、塌方、滑坡现象，背水面无线流；

检查方法：观察，检查施工记录、监测记录。

一 般 项 目

3 所用钢板桩、木桩、填筑土石方、围堰用袋等材料符合设计要求和有关标准的规定；

检查方法：观察；检查钢板桩、编织袋、石料等的出厂合格证；检查材料进场验收记录、土质鉴定报告。

4 土、袋装土围堰的边坡应稳定、密实，堰内边坡平整、堰外边坡耐水流冲刷；双层桩填芯围堰的内外桩排列紧密一致，芯内填筑材料应分层压实；止水钢板桩垂直，相邻板桩锁口咬合紧密；

检查方法：观察；检查施工记录。

5 围堰施工允许偏差应符合表 4.7.1 的规定。

表 4.7.1 围堰施工允许偏差

	检查项目	允许偏差（mm）	检查数量		检查方法
			范围	点数	
1	围堰中心轴线位置	50	每10m	1	用经纬仪、钢尺量
2	堰顶高程	不低于设计要求			水准仪测量
3	堰顶宽度	不低于设计要求			钢尺量
4	边坡	不陡于设计要求			钢尺量
5	钢板桩、木桩轴线位置	陆上：100；水上 200			用经纬仪、钢尺量
6	钢板桩顶标高	陆上：100；水上 200			水准仪测量
7	钢板桩、木桩长度	±100	每20根	1	钢尺量
8	钢板桩垂直度	1.0%H，且不大于 100			线锤及直尺量

注：H 指钢板桩的总长度，mm。

4.7.2 基坑开挖应符合下列规定：

主 控 项 目

1 基底不应受浸泡或受冻；天然地基不得扰动、超挖；

检查方法：观察；检查地基处理资料、施工记录。

2 地基承载力应符合设计要求；

检查方法：检查验基（槽）记录；检查地基处理或承载力检验报告、复合地基承载力检验报告、工程桩承载力检验报告。

检查数量：

1）同类型、同处理工艺的地基：不应少于 3 点；1000m² 以上工程，每 100m² 至少应有 1 点；3000m² 以上工程，每 300m² 至少应有 1 点；每个独立基础下不应少于 1 点，条形基础槽，每 20 延米应有 1 点；

2）同类型、同工艺的复合地基：不少于总数的 1%，且不应少于 3 处；有单桩检验要求时，不少于总数的 1%，且至少 3 根；

3）同类型、同工艺的工程基础桩承载力和桩身质量：承载力：采用静载荷试验时，不少于总数的 1%，且不应少于 3 根；当总数少于 50 根时，不应少于 2 根；采用高应变动力检测时，不少于总数的 2%，且不应少于 5 根；

桩身质量：灌注桩，不少于总数的 30%，且不应少于 20 根；其他桩，不少于总数的 20%，且不应少于 10 根。

3 基坑边坡稳定、围护结构安全可靠，无变形、沉降、位移，无线流现象；基底无隆起、沉陷、涌水（砂）等现象；

检查方法：观察；检查监测记录、施工记录。

一 般 项 目

4 基坑边坡护坡完整，无明显渗水现象；围护墙体排列整齐，钢板桩咬合紧密，混凝土墙体结构密实、接缝严密，围檩与支撑牢固可靠；

检查方法：观察；检查施工记录、监测记录。

5 基坑开挖允许偏差应符合表 4.7.2 的规定。

表 4.7.2 基坑开挖允许偏差

	检查项目		允许偏差（mm）	检查数量		检查方法
				范围	点数	
1	平面位置		≤50	每轴	4	经纬仪测量，纵横各二点
2	高程	土方	±20	每 25m²	1	5m×5m 方格网挂线尺量
		石方	+20、−200			
3	平面尺寸		满足设计要求	每座	8	用钢尺量测，坑底、坑顶各 4 点
4	放坡开挖的边坡坡度		满足设计要求	每边	4	用钢尺或坡度尺量测
5	多级放坡的平台宽度		+100，−50	每级	每边 2	用钢尺量测
6	基底表面平整度		20	每 25m²	1	用 2m 靠尺、塞尺量测

4.7.3 基坑围护结构与支撑系统的质量验收应符合现行国家标准《建筑地基基础工程施工质量验收规范》GB 50202 的相关规定及本规范第 4.7.2 条的规定。

4.7.4 地基基础的地基处理、复合地基、工程基础桩的质量验收应符合现行国家标准《建筑地基基础工程施工质量验收规范》GB 50202 的相关规定及本规范第4.7.2条的规定。有抗浮、抗侧向力要求的桩基应按设计要求进行试验。

4.7.5 抗浮锚杆应符合下列规定：

主 控 项 目

1 钢杆件（钢筋、钢绞线等）以及焊接材料、锚头、压浆材料等的材质、规格应符合设计要求；

检查方法：观察，检查出厂质量合格证明、性能检验报告和有关复验报告。

2 锚杆的结构、数量、深度等应符合设计要求；

检查方法：观察，检查施工记录。

3 锚杆抗拔能力、压浆强度等应符合设计要求；

检查方法：检查锚杆的抗拔试验报告、浆液试块强度试验报告。

一 般 项 目

4 锚杆施工允许偏差应符合表4.7.5的规定。

表4.7.5 锚杆施工允许偏差

检查项目		允许偏差（mm）	检查数量		检查方法
			范围	点数	
1	锚固段长度	±30	1根	1	钢尺量测
2	锚杆式锚固体位置	±100	1根	1	钢尺量测
3	钻孔倾斜角度	±1%	10根	1	量测钻机倾角
4	锚杆与构筑物锁定	按设计要求	1根	1	观察、试拔

4.7.6 钢筋混凝土基础工程的模板、钢筋、混凝土及分项工程质量验收应分别符合本规范第6.8.1、6.8.2、6.8.3、6.8.7条的规定。

4.7.7 基坑回填应符合下列规定：

主 控 项 目

1 回填材料应符合设计要求；回填土中不应含有淤泥、腐殖土、有机物，砖、石、木块等杂物，超过本规范第4.6.8条规定的冻土块应清除干净；

检查方法：观察，检查施工记录。

2 回填高度符合设计要求；沟槽不得带水回填，回填应分层夯实；

检查方法：观察，用水准仪检查，检查施工记录。

3 回填时构筑物无损伤、沉降、位移；

检查方法：观察，检查沉降观测记录。

一 般 项 目

4 回填土压实度应符合设计要求，设计无要求时，应符合表4.7.7的规定。

表4.7.7 回填土压实度

检查项目		压实度（%）	检查频率		检查方法
			范围	组数	
1	一般情况下	≥90	构筑物四周回填按50延米/层；大面积回填按500m²/层	1(三点)	环刀法
2	地面有散水等	≥95		1(三点)	环刀法
3	当年回填土上修路、铺设管道	≥93注 ≥95		1(三点)	环刀法

注：表中压实度除标注者外均为轻型击实标准。

5 压实后表面平整、无松散、起皮、裂纹；粗细颗粒分配均匀，不得有砂窝及梅花现象；

检查方式：观察，检查施工记录。

6 回填表面平整度宜为20mm；

检查方法：观察，用靠尺和楔形塞尺量测；检查施工记录。

5 取水与排放构筑物

5.1 一 般 规 定

5.1.1 本章适用于地下水取水构筑物（含大口井、渗渠和管井）、固定式地表水取水构筑物（含岸边式和河床式）、活动式地表水取水构筑物以及岸边和水中排放构筑物的施工与验收。

5.1.2 取水与排放构筑物的施工除符合本章规定外，还应符合下列规定：

1 固定式取水及排放泵房应符合本规范第7章的规定；

2 管井应符合现行国家标准《供水管井技术规范》GB 50296的规定；

3 土石方与地基基础工程应符合本规范第4章的相关规定；

4 混凝土结构工程的钢筋、模板、混凝土分项工程应符合本规范第6章的相关规定；

5 进、出水管渠中，现浇钢筋混凝土管渠工程应符合本规范第6.7节的相关规定；预制管铺设的管渠工程应符合现行国家标准《给水排水管道工程施工及验收规范》GB 50268的相关规定。

5.1.3 施工前应编制施工方案，涉及水上作业时还应征求相关河道、航道和堤防管理部门的意见。

5.1.4 施工场地布置、土石方堆弃、排泥、排废弃物等，不得影响水源环境、水体水质、航运航道，也不得影响堤岸及附近建（构）筑物的正常使用。施工中产生的废料、废液等应妥善处理。

5.1.5 施工应满足下列规定：

1 施工前应建立施工测量控制系统，对施工范围内的河道地形进行校测，并可根据需要设置地面、水上及水下控制桩点；

2 施工船舶、设备的停靠、锚泊及预制件驳运、浮运和施工作业时，应符合河道、航道等管理部门的有关规定，并有专人指挥；施工期间对航运有影响时应设置警告标志和警示灯，夜间施工应有保证通航的照明；

3 水下开挖基坑或沟槽应根据河道的水文、地质、航运等条件，确定水下挖泥、出泥及水下爆破、出渣等施工方案，必要时可进行试挖或试爆；

4 完工后应及时拆除全部施工设施，清理现场，修复原有护堤、护岸等；

5 应按国家航运部门有关规定和设计要求，设置水下构筑物及管道警示标志、水中及水面构筑物的防冲撞设施；

6 宜利用枯水季节进行施工，同时应考虑冰冻影响。

5.1.6 应根据工程环境、施工特点，做好构筑物结构和周围环境监控量测。

5.2 地下水取水构筑物

5.2.1 施工期间应避免地面污水及非取水层水渗入取水层。

5.2.2 施工完毕并经检验合格后，应按下列规定进行抽水清洗：

1 抽水清洗前应将构筑物中的泥沙和其他杂物清除干净；

2 抽水清洗时，大口井应在井中水位降到设计最低动水位以下停止抽水；渗渠应在集水井中水位降到集水管底以下停止抽水，待水位回升至静水位左右应再行抽水；抽水时应取水样，测定含砂量；设备能力已经超过设计产水量而水位未达到上述要求时，可按实际抽水设备的能力抽水清洗；

3 水中的含砂量小于或等于 1/200000（体积比）时，停止抽水清洗；

4 应及时记录抽水清洗时的静水位、水位下降值、含砂量测定结果。

5.2.3 抽水清洗后，应按下列规定测定产水量：

1 测定大口井或渗渠集水井中的静水位；

2 抽出的水应排至降水影响半径范围以外；

3 按设计产水量进行抽水，并测定井中的相应动水位；含水层的水文地质情况与设计不符时，应测定实际产水量及相应的水位；

4 测定产水量时，水位和水量的稳定延续时间应符合设计要求；设计无要求时，岩石地区不少于 8h，松散层地区不少于 4h；

5 宜采用薄壁堰测定产水量；

6 及时记录产水量及其相应的水位下降值检测结果；

7 宜在枯水期测定产水量。

5.2.4 大口井、渗渠施工所用的管节、滤料应符合下列规定：

1 管节的规格、性能及尺寸公差应符合国家相关产品标准的规定；

2 井筒混凝土无漏筋、孔洞、夹渣、疏松现象；

3 辐射管管节的外观应直顺、无残缺、无裂缝，管端光洁平齐且与管节轴线垂直；

4 有裂缝、缺口、露筋的集水管不得使用，进水孔眼数量和总面积的允许偏差应为设计值的±5%；

5 滤料的制备应符合下列规定：

1）滤料的粒径、不均匀系数及性质符合设计要求；

2）严禁使用风化的岩石质滤料；

3）滤料经过筛选检验合格后，按不同规格堆放在干净的场地上，并防止杂物混入；

4）标明堆放的滤料的规格、数量和铺设的层次；

5）滤料在铺设前应冲洗干净；其含泥量不应大于 1.0%（重量比）；

6 铺设大口井或渗渠的反滤层前，应将大口井中或渗渠沟槽中的杂物全部清除，并经检查合格后，方可铺设反滤层；反滤层、滤料层均匀度应符合设计要求；

7 滤料在运输和铺设过程中，应防止不同规格的滤料或其他杂物混入；冬期施工，滤料中不得含有冻块；

8 滤料铺设时，应采用溜槽或其他方法将滤料送至大口井井底或渗渠槽底，不得直接由高处向下倾倒。

5.2.5 大口井施工应符合本规范第 7.3 节规定，并符合下列规定：

1 井筒施工应符合下列规定：

1）井壁进水孔的反滤层必须按设计要求分层铺设，层次分明，装填密实；

2）采用沉井法下沉大口井井筒，在下沉前铺设进水孔反滤层时，应在井壁的内侧将进水孔临时封闭；不得采用泥浆套润滑减阻；

3）井筒下沉就位后应按设计要求整修井底，经检验合格后方可进行下一道工序；

4）井底超挖时应回填，并填至井底设计高程，其中井底进水的大口井，可采用与基底相同的砂砾料或与基底相近的滤料回填；封底的大口井，宜采用粗砂、砾石或卵石等粗颗粒材料回填；

2 井底反滤层铺设应符合下列规定：

1）宜将井中水位降到井底以下；

2）在前一层铺设完毕并经检验合格后，方

可铺设次层；

3）每层厚度不得小于该层的设计厚度；

3 大口井周围散水下回填黏土应符合下列规定：

1）黏土应呈现松散状态，不含有大于50mm的硬土块，且不含有卵石、木块等杂物；

2）不得使用冻土；

3）分层铺设压实，压实度不小于95%；

4）黏土与井壁贴紧，且不漏夯；

4 新建复合井应先施工管井，建成的管井井口应临时封闭牢固；大口井施工时不得碰撞管井，且不得将管井作任何支撑使用。

5.2.6 辐射管施工应符合下列规定：

1 应根据含水层的土质、辐射管的直径、长度、管材以及设备条件等确定施工方法；

2 每根辐射管的施工应连续作业，不宜中断；埋入含水层中，辐射管向出水口应有不小于4‰的坡度；

3 辐射管施工完毕，应采用高压水冲洗；辐射管与预留孔（管）之间的缝隙应封闭牢固，且不得漏砂；

4 锤打法或顶管法施工应符合下列规定：

1）辐射管的入土端应安装顶帽，施力端应安装管帽；

2）锤打施力或顶进千斤顶的作用中心线，与辐射管的中心线同轴；

3）千斤顶的支架应与底板固定；

4）千斤顶的后背布置应符合设计要求；

5 机械钻进法施工应符合下列规定：

1）大口井井壁强度达到设计要求后，方可安装钻机设备；

2）钻机应可靠地固定；

3）钻孔均匀进尺，遇坚硬地层，钻进速度不宜过大；

4）钻进和喷水必须同步，及时冲出钻屑；

6 水射法施工应符合下列规定：

1）水射设备连接牢固，过水通畅，安全可靠，且不得漏水；

2）水压不小于0.3MPa，水枪的喷口流速：中、粗砂层，宜采用15m/s；卵石层，宜采用30m/s；

3）辐射管开始推进时，其入土端宜稍低于外露端；

4）辐射管随水枪射水，缓缓推进。

5.2.7 渗渠施工应符合下列规定：

1 渗渠沟槽施工应符合下列规定：

1）沟槽底及槽壁应平整，槽底中心线至沟槽壁的宽度不得小于中心线至设计反滤层外缘的宽度；

2）采用弧形基础时，其弧形曲线应与集水管的弧度基本吻合；

3）集水管与弧形基础之间的空隙，宜用砂石填充；

2 预制混凝土枕基的现场安装应符合下列规定：

1）枕基应与槽底接触稳定；

2）枕基间铺设的滤料应捣实，并按枕基的弧面最低点整平；

3）枕基位置及其标高应符合设计要求；

3 预制混凝土条形基础现浇管座应符合下列规定：

1）条形基础与槽底接触稳定；

2）条形基础的位置及其标高应符合设计要求；

3）条形基础的上表面凿毛，并冲刷干净；

4）浇筑管座时，在集水管两侧同时浇筑，集水管与条形基础间的三角区应填实，且不得使集水管位移；

4 集水管铺设应符合下列规定：

1）下管前应对集水管作外观检查，下管时不得损伤集水管；

2）铺设前应将管内外清扫干净，且不得有堵塞进水孔眼现象；铺设时应使集水管无进水孔眼部分的中线位于管底，并将集水管固定；

3）集水管铺设的坡度必须符合设计要求；

5 反滤层铺设应符合下列规定：

1）现场浇筑管座混凝土的强度应达到5MPa以上方可铺设反滤层；

2）集水管两侧的反滤层应对称分层铺设，每层厚度不宜超过300mm，且不得使集水管产生位移；

3）每层滤料应厚度均匀，其厚度不得小于该层的设计厚度，各层间层次清晰；

4）分段铺设时，相邻滤层的留茬应呈阶梯形，铺设接头时应层次分明；

5）反滤层铺设完毕应采取保护措施，严禁车辆、行人通行或堆放材料，抛掷杂物；

6 沟槽回填应符合下列规定：

1）反滤层以上的回填土应符合设计要求；当设计无要求时，宜选用不含有害物质、不易堵塞反滤层的砂类土；

2）若槽底以上原土成层分布，宜按原土层顺序回填；

3）回填土时，宜对称于集水管中心线分层回填，并不得破坏反滤层和损伤集水管；

4）冬期回填土时，反滤层以上0.5m范围内，不得回填冻土；

5）回填土应分层夯实；

7 渗渠施工完毕，应清除现场遗留的土方及其他杂物，恢复施工前的河床地形。

5.3 地表水固定式取水构筑物

5.3.1 施工方案应包括以下主要内容：

1 施工平面布置图及纵、横断面图；

2 水中及岸边构筑物、管渠的围堰或基坑（基槽）、沉井施工方案；

3 水下基础工程的施工方法；

4 取水头部等采用预制拼装时，其构件制作，下水与浮运，下沉、定位及固定，水下拼装的技术措施；

5 进水管渠的施工方法以及与构筑物连接的技术措施；

6 施工设备机具的数量、型号以及安全性能要求；

7 水上、水下作业和深基坑作业的安全措施；

8 周围环境、航运安全等的技术措施。

5.3.2 施工方法应根据设计要求和工程具体情况，经技术经济比较后确定。

5.3.3 采用预制取水头部进行浮运沉放施工应符合下列规定：

1 取水头部预制的场地应符合下列规定：

1）场地周围应有足够供堆料、锚固、下滑、牵引以及安装施工机具、机电设备、牵引绳索的地段；

2）地基承载力应满足取水头部的荷载要求，达不到荷载要求时，应对地基进行加固处理；

2 混凝土预制构件的制作应按本规范第 6 章的有关规定执行；

3 预制钢构件的加工、制作、拼装应按现行国家标准《钢结构工程施工质量验收规范》GB 50205 的有关规定执行；

4 预制构件沉放完成后，应按设计要求进行底部结构施工，其混凝土底板宜采用水下混凝土封底。

5.3.4 取水头部水上打桩应符合表 5.3.4 的规定。

表 5.3.4 取水头部水上打桩的尺寸要求

序号	项目		允许偏差(mm)
1	上面有盖梁的轴线位置	垂直于盖梁中心线	150
2		平行于盖梁中心线	200
3	上面无纵横梁的桩轴线位置		1/2 桩径或边长
4	桩顶高程		+100，−50

5.3.5 取水头部浮运前应设置下列测量标志：

1 取水头部中心线的测量标志；

2 取水头部进水管口的中心测量标志；

3 取水头部各角吃水深度的标尺，圆形时为相互垂直两中心线与圆周交点吃水深度的标尺；

4 取水头部基坑定位的水上标志；

5 下沉后，测量标志应仍露出水面。

5.3.6 取水头部浮运前准备工作应符合下列规定：

1 取水头部的混凝土强度达到设计要求，并经验收合格；

2 取水头部清扫干净，水下孔洞全部封闭，不得漏水；

3 拖曳缆绳绑扎牢固；

4 下滑机具安装完毕，并经过试运转；

5 检查取水头部下水后的吃水平衡，不平衡时，应采取浮托或配重措施；

6 浮运拖轮、导向船及测量定位人员均做好准备工作；

7 必要时应进行封航管理。

5.3.7 取水头部的定位，应采用经纬仪三点交叉定位法。岸边的测量标志，应设在水位上涨不被淹没的稳固地段。

5.3.8 取水头部沉放前准备工作应符合下列规定：

1 拆除构件拖航时保护用的临时措施；

2 对构件底面外形轮廓尺寸和基坑坐标、标高进行复测；

3 备好注水、灌浆、接管工作所需的材料，做好预埋螺栓的修整工作；

4 所有操作人员应持证上岗，指挥通信系统应清晰畅通。

5.3.9 取水头部定位后，应进行测量检查，及时按设计要求进行固定。施工期间应对取水头部、进水间等构筑物的进水孔口位置、标高进行测量复核。

5.3.10 水中构筑物施工完成后，应按本规范第 5.4 节的规定和设计要求进行回填、抛石等稳定结构的施工。

5.3.11 河床式取水进水口从进水管道内垂直顶升法施工，应按本规范第 5.5.5 条的规定执行。其取水头部装置应按设计要求进行安装，且位置准确、安装稳固。

5.3.12 岸边取水构筑物的进水口施工应按本规范第 5.5 节规定和设计要求执行。

5.4 地表水活动式取水构筑物

5.4.1 施工方案应包括以下主要内容：

1 取水构筑物施工平面布置图及纵、横断面图；

2 水下抛石方法；

3 浇筑混凝土及预制构件现场组装；

4 缆车或浮船及其联络管组装和试运转；

5 水下打桩；

6 水下安装；

7 水上、水下作业的安全措施。

5.4.2 水下抛石施工应符合下列规定：

1 抛石顶宽不得小于设计要求；

2 抛石时应采用标控位置；宜通过试抛确定水流流速、水深及抛石方法对抛石位置的影响；

3 所用抛石应有良好的级配；

4 抛石施工应由深处向岸堤进行；

5 抛石时应测水深，测量的频率应能指导抛石的正确作业；

6 宜采用断面方格网法控制定点抛石。

5.4.3 水下抛石预留沉量数值宜为抛石厚度的10%～20%；可按当地经验或现场试验确定；在水面附近应进行铺砌或人工抛埋。

5.4.4 对易受水流、波浪、冲淤影响的部位，基床平整后应及时进行下道工序。

5.4.5 斜坡道应自下而上进行施工，现浇混凝土坡度较陡时，应采取防止混凝土下滑的措施。

5.4.6 水位以下的轨道枕、梁、底板采用预制混凝土构件时，应预埋安装测量标志的辅助铁件。

5.4.7 缆车、浮船的接管车斜坡道、斜坡道上框架等结构的施工以及斜坡道上轨枕、轨梁、轨道的铺设，应按设计要求和国家有关规范执行。

5.4.8 缆车、浮船接管车的制作应符合设计要求，并应符合下列规定：

1 钢制构件焊接过程应采取防止变形措施；

2 钢制构件加工完毕应及时进行防腐处理。

5.4.9 摇臂管的钢筋混凝土支墩，应在水位上涨至平台前完成。

5.4.10 摇臂管安装前应及时测量挠度；如挠度超过设计要求，应会同设计单位采取补强措施，复测合格后方可安装。

5.4.11 摇臂管及摇臂接头在安装前应水压试验合格，其试验压力应为设计压力的1.5倍，且不小于0.4MPa。

5.4.12 摇臂接头的铸件材质及零部件加工尺寸应符合设计要求。铸件切削加工后，不得进行导致部位变形的任何补焊。

5.4.13 摇臂接头应在岸上进行试组装调试，使接头能转动灵活。

5.4.14 摇臂管安装应符合下列规定：

1 摇臂接头的岸、船两端组装就位，调试完成；

2 浮船上、下游锚固妥当，并能按施工要求移动泊位；

3 江河流速超过1m/s时应采取安全措施；

4 避开雨天、雪天和五级风以上的天气。

5.4.15 浮船与摇臂管联合试运行前，浮船应验收合格并符合下列规定方可试运行：

1 船上机电设备应按国家有关规范规定安装完毕，且安装检验与设备联动调试应合格；

2 进水口处应有防漂浮物的装置及清理设备；船舷外侧应有防撞击设施；

3 安全设施及防火器材应配置合理、完备，符合船舶管理的有关规定；

4 各水密舱的密封性能良好，所安装的管道、电缆等设施未破坏水密舱的密封效果；

5 抛锚位置应正确，锚链和缆绳强度的安全系数应符合规定，工作正常可靠。

5.4.16 浮船与摇臂管应按下列步骤联动试运行，并做好记录：

1 空载试运行应符合下列规定：

1）配电设备，所有用电设备试运转；

2）测定摇臂管的空载挠度；

3）移动浮船泊位，检查摇臂管水平移动；

4）测定浮船四角干舷高度；

2 满载试运行应符合下列规定：

1）机组应按设计要求连续试运转24h；

2）测定浮船四角干舷高度，船体倾斜度应符合设计要求；设计无要求时，不允许船体向摇臂管方向倾斜；船体向水泵吸水管方向的倾斜度不得超过船宽的2%，且不大于100mm；超过时，应会同有关单位协商处理；船舱底部应无漏水；

3）测定摇臂管的挠度；

4）移动浮船泊位，检查摇臂管的水平移动；

5）检查摇臂接头，有渗漏时应首先调整压盖的紧力；调整压盖无效时，再检查、调整填料涵的尺寸。

5.4.17 缆车、浮船接管车应按下列步骤试运行，并做好记录：

1 配电设备，所有用电设备试运转；

2 移动缆车、浮船接管车行走平稳，出水管与斜坡管连接正常；

3 起重设备试吊合格；

4 水泵机组按设计要求的负荷连续试运转24h；

5 水泵机组运行时，缆车、浮船的振动值应在设计允许的范围内。

5.5 排放构筑物

5.5.1 施工方案应根据工程水文地质条件、设计文件的要求编制，主要内容宜符合本规范第5.3.1条的有关规定，并应包括岸边排放的出水口护坡及护坦、水中排放出水涵渠（管道）和出水口的施工方法。

5.5.2 土石方与地基基础、砌体及混凝土结构施工应符合本规范第4章和第6章的相关规定，并应符合下列规定：

1 基础应建在原状土上，地基松软或被扰动时，应按设计要求处理；

2 排放出水口的泄水孔应畅通，不得倒流；

3 翼墙变形缝应按设计要求设置、施工，位置准确，设缝顺直，上下贯通；

4 翼墙临水面与岸边排放口端面应平顺连接；

5 管道出水口防潮门井的混凝土浇筑前，其预埋件安装应符合防潮门产品的安装要求。

5.5.3 翼墙背后填土应符合本规范第4.6节的规定，并应符合下列规定：

1 在混凝土或砌筑砂浆达到设计抗压强度后，方可进行；

2 填土时，墙后不得有积水；

3 墙后反滤层与填土应同时进行；

4 回填土分层压实。

5.5.4 岸边排放的出水口护坡、护坦施工应符合下列规定：

1 石砌体铺浆砌筑应符合下列规定：

1）水泥砂浆或细石混凝土应按设计强度提高15%，水泥强度等级不低于32.5，细石混凝土的石子粒径不宜大于20mm，并应随拌随用；

2）封砌整齐、坚固，灰浆饱满、嵌缝严密，无掏空、松动现象；

2 石砌体干砌砌筑应符合下列规定：

1）底部应垫稳、填实，严禁架空；

2）砌紧口缝，不得叠砌和浮塞；

3 护坡砌筑的施工顺序应自下而上、分段上升；石块间相互交错，砌体缝隙严密，无通缝；

4 具有框格的砌筑工程，宜先修筑框格，然后砌筑；

5 护坡勾缝应自上而下进行，并应符合本规范第6.5.14条规定；

6 混凝土浇筑护坦应符合下列规定：

1）砂浆、混凝土宜分块、间隔浇筑；

2）砂浆、混凝土在达到设计强度前，不得堆放重物和受强外力；

7 如遇中雨或大雨，应停止施工并有保护措施；

8 水下抛石施工时，按本规范第5.4节的相关规定进行。

5.5.5 水中排放出水口从出水管道内垂直顶升施工，应符合现行国家标准《给水排水管道工程施工及验收规范》GB 50268的规定，并应符合下列规定：

1 顶升立管完成后，应按设计要求稳管、保护；

2 在水下揭去帽盖前，管道内必须灌满水；

3 揭帽盖的安全措施准备就绪；

4 排放头部装置应按设计要求进行安装，且位置准确、安装稳固。

5.5.6 砌筑水泥砂浆、细石混凝土以及混凝土结构的试块验收合格标准应符合下列规定：

1 水泥砂浆应符合本规范第6.5.2、6.5.3条的规定；

2 细石混凝土，每100m³的砌体为一个验收批，应至少检验一次强度；每次应制作试块一组，每组三块；并符合本规范第6.2.8条第6款的规定；

3 混凝土结构的混凝土应符合本规范第6.2.8条的规定。

5.5.7 排放构筑物的施工应符合本规范第5.3节的相关规定。

5.6 进、出水管渠

5.6.1 取水构筑物进水管渠、排放构筑物的出水管渠的施工方案主要内容应包括管渠的施工方法、施工技术措施、水上及水下作业和深基槽作业的安全措施。

5.6.2 进、出水管施工符合现行国家标准《给水排水管道工程施工及验收规范》GB 50268的相关规定，并应符合下列规定：

1 现浇钢筋混凝土结构管渠施工应符合本规范第6.7.7条规定；

2 砌体结构管渠施工应符合本规范第6.7.6条规定；

3 取水构筑物的水下进水管渠，与取水头部连接段设有弯（折）管时，宜采用围堰开槽或沉管法施工；条件允许时，直线段采用顶管法施工，弯（折）管段采用围堰开槽或沉管法施工；

4 水中架空管道应符合下列规定：

1）排架宜采用预制构件进行装配施工，严格控制排架位置及顶面标高；

2）可采用浮拖法、船吊法等进行管道就位；预制管段的拖运、浮运、吊运及下沉按现行国家标准《给水排水管道工程施工及验收规范》GB 50268的相关规定执行；

5 水下管道接口采用管箍连接时，应先在陆地或船上试接和校正；管道在水下连接后，由潜水员检查接头质量，并做好质量检查记录。

5.6.3 沉管采用分段下沉时，应严格控制管段长度；最后一节管段下沉前应进行管位及长度复核。

5.6.4 水下顶管施工应符合现行国家标准《给水排水管道工程施工及验收规范》GB 50268的相关规定，并符合下列规定：

1 利用进水间、出水井等构筑物作为顶管工作井，并采用井壁作顶管后背时，后背设计应获得有关单位同意；

2 后背与千斤顶接触的平面应与管段轴线垂直，其垂直偏差不得超过5mm；

3 顶管机穿墙时应采取防止水、砂涌入工作坑的措施，并宜将工具管前端稍微抬高；

4 顶管过程中应保持顶进进尺土方量与出土量的平衡，并严禁超量排土。

5.6.5 进、出水管渠的位置、坡度符合设计要求，流水通畅。

5.6.6 管渠穿越构筑物的墙体间隙，应按设计要求处理，封填密实、不渗漏。

5.7 质量验收标准

5.7.1 取水与排放构筑物结构中有关钢筋混凝土结构、砖石砌体结构工程的各分项工程质量验收应符合本规范第6.8.1～6.8.9条的有关规定。取水与排放泵房工程的质量验收应符合本规范第7.4节的有关规定。

5.7.2 进、出水管渠中现浇钢筋混凝土、砌体结构的管渠工程质量验收应符合本规范第6.8.11、6.8.12条的规定；预制管铺设的管渠工程质量验收应符合现行国家标准《给水排水管道工程施工及验收规范》GB 50268的相关规定。

5.7.3 大口井应符合下列规定：

主 控 项 目

1 预制管节、滤料的规格、性能应符合国家有关标准、设计要求和本规范第5.2.4条相关规定；

检查方法：观察，检查每批的产品出厂质量合格证明、性能检验报告及有关的复验报告。

2 井筒位置及深度、辐射管布置应符合设计要求；

检查方法：检查施工记录、测量记录。

3 反滤层铺设范围、高度应符合设计要求；

检查方法：观察，检查施工记录、测量记录、滤料用量。

4 抽水清洗、产水量的测定应符合本规范第5.2.2、5.2.3条的规定；

检查方法：检查抽水清洗、产水量的测定记录。

一 般 项 目

5 井筒应平整、洁净、边角整齐，无变形；混凝土表面不得出现有害裂缝，蜂窝麻面面积不得超过总面积的1%；

检查方法：观察，量测表面缺陷。

6 辐射管坡向正确、线形直顺、接口平顺，管内洁净；管与预留孔（管）之间无渗漏水现象；

检查方法：观察。

7 反滤层层数和每层厚度应符合设计要求；

检查方法：观察，检查施工记录。

8 大口井外四周封填材料、厚度等应符合设计要求和本规范第5.2.5条第3款的规定，封填密实；

检查方法：观察，检查封填材料的质量保证资料。

9 预制井筒的制作尺寸允许偏差，应符合表5.7.3-1的规定。

表 5.7.3-1 预制井筒的允许偏差

检查项目			允许偏差(mm)	检查数量		检查方法
				范围	点数	
1	筒平面尺寸	长、宽(L)	±0.5%L，且≤100	每座	长、宽各3	用钢尺量测
2		曲线部分半径(R)	±0.5%R，且≤50	每对应30°圆心角	1	用钢尺量测
3		两对角线差	不超过对角线长的1%	每座	2	用钢尺量测
4	井壁厚度		±15	每座	6	用钢尺量测

10 大口井施工的允许偏差应符合表5.7.3-2的规定。

表 5.7.3-2 大口井施工的允许偏差

检查项目		允许偏差(mm)	检查数量		检查方法
			范围	点数	
1	井筒中心位置	30	每座	1	用经纬仪测量
2	井筒井底高程	±30	每座	1	用水准仪测量
3	井筒倾斜	符合设计要求，且≤50	每座	1	垂线、钢尺量，取最大值
4	表面平整度	≤10	10m	1	用钢尺量测
5	预埋件、预埋管的中心位置	≤5	每件	1	用水准仪测量
6	预留洞的中心位置	≤10	每洞	1	用水准仪测量
7	辐射管坡度	符合设计要求，且≥4‰	每根	1	用水准仪或水平尺测量

5.7.4 渗渠应符合下列规定：

主 控 项 目

1 预制管材、滤料及原材料的规格、性能应符合国家有关标准、设计要求和本规范第5.2.4条相关规定；

检查方法：观察；检查每批的产品出厂质量合格证明、性能检验报告及有关的复验报告。

2 集水管安装的进水孔方向正确，且无堵塞；管道坡度必须符合设计要求；

检查方法：观察；检查施工记录、测量记录。

3 抽水清洗、产水量的测定应符合本规范第5.2.2、5.2.3条的规定；

检查方法：检查抽水清洗、产水量的测定记录。

一 般 项 目

4 集水管道应坡向正确、线形直顺、接口平顺，管内洁净；管道应垫稳，管口间隙应均匀；

检查方法：观察，检查施工记录、测量记录。

5 集水管施工允许偏差应符合表 5.7.4 的规定。

表 5.7.4 渗渠集水管道施工的允许偏差

检查项目			允许偏差（mm）	检查数量		检查方法
				范围	点数	
1	沟槽	高 程	±20	20m	1	用水准仪测量
2		槽底中心线每侧宽	不小于设计宽度			用钢尺量测
3	基础	高程（弧型基础底面、枕基顶面、条形基础顶面）	±15			用水准仪测量
4		中心轴线	20			用经纬仪或挂中线钢尺量测
5		相邻枕基的中心距离	20			用钢尺量
6	管道	轴线位置	10			用经纬仪或挂中线钢尺量测
7		内底高程	±20			用水准仪测量
8		对口间隙	±5	每处		用钢尺量测
9		相邻两管节错口	5			用钢尺量测

注：对口间隙不得大于相邻滤层中的滤料最小直径。

5.7.5 管井应符合下列规定：

主 控 项 目

1 井管、过滤器的类型、规格、性能应符合国家有关标准规定和设计要求；

检查方法：观察；检查每批的产品出厂质量合格证明、性能检验报告。

2 滤料的规格应符合设计要求，其中不符合规格的数量不得超过设计数量的 15%；滤料应不含土或杂物，严禁使用棱角碎石；

检查方法：观察；检查滤料的筛分报告等。

3 井身应圆正、竖直，其直径不得小于设计要求；

检查方法：观察；检查钻井记录、探井检查记录。

4 井管安装稳固，并直立于井口中心、上端口水平；井管安装的偏斜度：小于或等于 100m 的井段，其顶角的偏斜不得超过 1°；大于 100m 的井段，每百米顶角偏斜的递增速度不得超过 1.5°；

检查方法：检查安装记录；用经纬仪、水准仪、垂线等测量。

5 洗井、出水量和水质测定符合国家有关标准的规定和设计要求；

检查方法：按现行国家标准《供水管井技术规范》GB 50296的有关规定执行，检查抽水试验资料和水质检验资料。

一 般 项 目

6 井身的偏斜度应符合本条第 4 款的相关规定；井段的顶角和方位角不得有突变；

检查方法：观察；检查钻井记录、探井检查记录。

7 过滤管安装深度的允许偏差为±300mm；

检查方法：检查安装记录；用水准仪、钢尺测量。

8 填砾的数量及深度符合设计要求；

检查方法：观察；检查施工记录、用料记录。

9 洗井后井内沉淀物的高度应小于井深的 5‰；

检查方法：观察；用水准仪、钢尺测量。

10 管井封闭位置、厚度、封闭材料以及封闭效果符合设计要求；

检查方法：观察；检查施工记录、用料记录。

5.7.6 预制取水头部的制作应符合下列规定：

主 控 项 目

1 工程原材料、预制构件等的产品质量保证资料应齐全，每批的出厂质量合格证明书及各项性能检验报告应符合国家有关标准规定和设计要求；

检查方法：检查产品质量合格证、出厂检验报告和进场复验报告。

2 混凝土结构的强度、抗渗、抗冻性能应符合设计要求；外观无严重质量缺陷；钢制结构的拼接、防腐性能应符合设计要求；结构无变形现象；

检查方法：观察，检查混凝土结构的抗压、抗渗、抗冻试块试验报告，钢制结构的焊接（栓接）质量检验报告、防腐层检测记录；检查技术处理资料。

3 预制构件试拼装经检验合格，进水孔、预留孔及预埋件位置正确；

检查方法：观察，检查试拼装记录、施工记录、隐蔽验收记录。

一 般 项 目

4 混凝土结构表面应光洁平整，洁净，边角整齐；外观质量不宜有一般缺陷；

检查方法：观察；检查技术处理资料。

5 钢制结构防腐层完整，涂装均匀；

检查方法：观察。

6 拼装、沉放的吊环、定位件、测量标记等满足安装要求；

检查方法：观察；检查施工记录。

7 取水头部制作允许偏差应分别符合表 5.7.6-1 和表 5.7.6-2 的规定。

表 5.7.6-1　预制箱式和筒式钢筋混凝土取水头部的允许偏差

检查项目			允许偏差（mm）	检查数量		检查方法
				范围	点数	
1	长、宽(直径)、高度		±20	每构件	各4	用钢尺量各边
2	变形	方形的两对角线差值	对角线长0.5%		2	用钢尺量上下两端面
		圆形的椭圆度	$D_o/200$，且≤20		2	
3	厚　度		+10，−5		8	用钢尺量测
4	表面平整度		10		4	用2m直尺、塞尺量测
5	端面垂直度		8		4	用钢尺量测
6	中心位置	预埋件、预埋管	5	每处	1	
		预留洞	10	每洞	1	

注：D_o 为外径(mm)。

表 5.7.6-2　预制箱式和筒式钢结构取水头部制作的允许偏差

检查项目			允许偏差（mm）		检查数量		检查方法
			箱 式	管 式	范 围	点 数	
1	椭圆度		$D_o/200$，且≤20	$D_o/200$，且≤10	每构件	1	用钢尺量测
2	周长	D_o≤1600	±8	±8		1	用钢尺量测
		D_o>1600	±12	±12		1	用钢尺量测
3	长、宽（多边形边长）、直径、高度		1/200，且≤20	$D_o/200$		长、宽（多边形边长）、直径、高度各1	用钢尺量测
4	端面垂直度		4	5		1	用钢尺量测
5	中心位置	进水管	10	10	每处	1	用钢尺量测
		进水孔	20	20	每洞	1	用钢尺量测

注：D_o 为外径（mm）。

5.7.7　预制取水头部的沉放应符合下列规定：

主 控 项 目

1　沉放安装中所用的原材料、配件等的等级、规格、性能应符合国家有关标准规定和设计要求；

检查方法：检查产品的出厂质量合格证、出厂检验报告和进场复验报告。

2　取水头部的沉放位置、高度以及预制构件之间的连接方式等符合设计要求，拼装位置准确、连接稳固；

检查方法：观察；检查施工记录、测量记录，检查拼接连接的施工检验记录、试验报告；用钢尺、水准仪、经纬仪测量拼接位置。

3　进水孔、进水管口的中心位置符合设计要求；结构无变形、裂缝、歪斜；

检查方法：观察；检查施工记录、测量记录。

一 般 项 目

4　底板结构层厚度、封底混凝土强度应符合设计要求；

检查方法：观察；检查封底混凝土强度报告、施工记录。

5　基坑回填、抛石的范围、高度应符合设计要求；

检查方法：观察，潜水员水下检查；检查施工记录。

6　进水工艺布置、装置安装符合设计要求；钢制结构防腐层无损伤；

检查方法：观察；检查施工记录。

7　警告、警示标志及安全保护设施设置齐全；

检查方法：观察；检查施工记录。

8　取水头部安装的允许偏差应符合表 5.7.7 的规定。

表 5.7.7　取水头部安装的允许偏差

检查项目		允许偏差	检查数量		检查方法
			范围	点数	
1	轴线位置	150mm	每座	2	用经纬仪测量
2	顶面高程	±100mm	每座	4	用水准仪测量
3	水平扭转	1°	每座	1	用经纬仪测量
4	垂直度	1.5‰H，且≤30mm	每座	1	用经纬仪、垂球测量

注：H 为底板至顶面的总高度（mm）。

5.7.8　缆车、浮船式取水构筑物工程的混凝土及砌体结构应符合下列规定：

主 控 项 目

1　所用的原材料、砖石砌块、构件应符合国家有关标准规定和设计要求；

检查方法：检查产品的出厂质量合格证、出厂检验报告和进场复验报告。

2　混凝土强度、砌筑砂浆强度应符合设计要求；

检查方法：检查混凝土结构的抗压、抗冻试块报告，检查砌筑砂浆的抗压强度试块报告。

3　水下基床抛石、反滤层和垫层的铺设范围、厚度应符合设计要求；构筑物结构类型、斜坡道上预制框架装配连接形式、摇臂管支墩数量与布置方式等应符合设计要求；结构稳定、位置正确，无沉降、位移、变形等现象；

检查方法：观察（水下部分潜水员检查）；检查施工记录、测量记录、监测记录。

4　混凝土结构外光内实，外观质量无严重缺陷；砌体结构砌筑完整、灰缝饱满，无明显裂缝、通缝等现象；斜坡道的坡度、水平度满足铺轨要求；

检查方法：观察；检查施工资料。

一 般 项 目

5 混凝土结构外观质量不宜有一般缺陷，砌体结构砌筑齐整、缝宽均匀一致；

检查方法：观察；检查技术资料。

6 缆车、浮船接管车斜坡道现浇混凝土及砌体结构施工的允许偏差应符合表 5.7.8-1 的规定。

表 5.7.8-1 缆车、浮船接管车斜坡道的现浇混凝土和砌体结构施工允许偏差

检查项目			允许偏差(mm)	检查数量		检查方法
				范围	点数	
1	轴线位置		20	每10m	2	用经纬仪测量
2	长度		$\pm L/200$		2	用钢尺量测
3	宽度		±20		1	用钢尺量测
4	厚度		±10		2	用钢尺量测
5	高程	设计枯水位以上	±10		2	用水准仪测量
6		设计枯水位以下	±30		2	用水准仪测量
7	中心位置	预埋件	5	每处	1	用钢尺量测
8		预留件	10		1	用钢尺量测
9	表面平整度		10	每10m	1	用2m直尺、塞尺量测

注：L 为斜坡道总长度（mm）。

7 缆车、浮船接管车斜坡道上现浇钢筋混凝土框架施工的允许偏差应符合表 5.7.8-2 的规定。

表 5.7.8-2 缆车、浮船接管车斜坡道上现浇钢筋混凝土框架施工允许偏差

检查项目			允许偏差(mm)	检查数量		检查方法
				范围	点数	
1	轴线位置		20	每座	2	用经纬仪测量
2	长、宽		±10	每座	各3	用钢尺量长、宽
3	高程		±10	每座	4	用水准仪测量
4	垂直度		$H/200$，且≤15	每座	4	铅垂配合钢尺量测
5	水平度		$L/200$，且≤15	每座	4	用钢尺量测
6	表面平整度		10	每座	4	用2m直尺、塞尺检查
7	中心位置	预埋件	5	每件	1	用钢尺量测
8		预留孔	10	每洞	1	用钢尺量测

注：1 H 为柱的高度（mm）；

2 L 为单梁或板的长度（mm）。

8 缆车、浮船接管车斜坡道上预制钢筋混凝土框架施工的允许偏差应符合表 5.7.8-3 的规定。

表 5.7.8-3 缆车、浮船接管车斜坡道上预制钢筋混凝土框架施工允许偏差

检查项目			允许偏差(mm)			检查数量		检查方法
			板	梁	柱	范围	点数	
1	长度		+10，−5	+10，−5	+5，−10	每件	1	用钢尺量测
2	宽度、高度或厚度		±5	±5	±5	每件	各1	用钢尺量宽度、高度或厚度
3	直顺度		$L/1000$，且≤20	$L/750$，且≤20	$L/750$，且≤20	每件	1	用钢尺量测
4	表面平整度		5	5	5	每件	1	用2m直尺、塞尺量测
5	中心位置	预埋件	5	5	5	每件	1	用钢尺量测
		预留孔	10	10	10	每洞	1	用钢尺量测

注：L 为构件长度（mm）。

9 缆车、浮船接管车斜坡道上预制框架安装的允许偏差应符合表 5.7.8-4 的规定。

10 缆车、浮船接管车斜坡道上钢筋混凝土轨枕、梁及轨道安装应符合表 5.7.8-5 的规定。

表 5.7.8-4 缆车、浮船接管车斜坡道上预制框架安装允许偏差

检查项目		允许偏差(mm)	检查数量		检查方法
			范围	点数	
1	轴线位置	20	每座	2	用经纬仪测量
2	长、宽、高	±10	每座	各2	用钢尺量长、宽、高
3	高程（柱基，柱顶）	±10	每柱	2	用水准仪测量
4	垂直度	$H/200$，且≤10	每座	4	垂球配合钢尺检查
5	水平度	$L/200$，且≤10	每座	2	用钢尺量测

注：1 H 为柱的高度(mm)；

2 L 为单梁或板的长度(mm)。

表 5.7.8-5 缆车、浮船接管车斜坡道上轨枕、梁及轨道安装尺寸要求

检查项目			允许偏差(mm)	检查数量		检查方法
				范围	点数	
1	钢筋混凝土轨枕、轨梁	轴线位置	10	每10m	2	用经纬仪量测
2		高程	+2,−5		2	用水准仪量测
3		中心线间距	±5		1	用钢尺量测
4		接头高差	5	每处	1	用靠尺量测
5		轨梁柱跨间对角线差	15	每跨	2	用钢尺量测
6	轨道	轴线位置	5	每根轨	2	用经纬仪量测
7		高程	±2		2	用水准仪量测
8		同一横截面上两轨高差	2		2	用水准仪量测
9		两轨内距	±2		2	用钢尺量测
10		钢轨接头左、右、上三面错位	1		3	用靠尺、钢尺量

11 摇臂管钢筋混凝土支墩施工的允许偏差应符合表 5.7.8-6 的规定。

表 5.7.8-6 摇臂管钢筋混凝土支墩施工允许偏差

检查项目			允许偏差(mm)	检查数量		检查方法
				范 围	点 数	
1	轴线位置		20	每墩	1	用经纬仪测量
2	长、宽或直径		±20	每墩	1	用钢尺量测
3	曲线部分的半径		±10	每墩	1	用钢尺量测
4	顶面高程		±10	每墩	1	用水准仪测量
5	顶面平整度		10	每墩	1	用水准仪测量
6	中心位置	预埋件	5	每件	1	用钢尺量测
7		预留孔	10	每洞	1	用钢尺量测

5.7.9 缆车、浮船式取水构筑物的接管车与浮船应符合下列规定：

主 控 项 目

1 机电设备、仪器仪表应符合国家有关标准规定和设计要求，浮船接管车、摇臂管等构件、附件应符合本规范第 5.4.8～5.4.13 条的规定和设计要求；

检查方法：观察；检查产品出厂质量报告、进口产品的商检报告及证件等；检查摇臂管及摇臂接头的现场检验记录。

2 缆车、浮船接管车以及浮船上的设备布置、数量应符合设计要求，安装牢固、防腐层完整、构件无变形、各水密舱的密封性能良好；且安装检测、联动调试合格；

检查方法：观察；检查安装记录、检测记录、联动调试记录及报告。

3 摇臂管及摇臂接头的岸、船两端组装就位符合设计要求，调试合格；

检查方法：观察；检查摇臂接头岸上试组装调试记录，安装记录、调试记录。

4 浮船与摇臂管联合试运行以及缆车、浮船接管车试运转符合本规范第 5.4.16～5.4.17 条的规定，各种设备运行情况正常，并符合设计要求；

检查方法：检查试运行报告。

一 般 项 目

5 进水口处的防漂浮物装置及清理设备安装正确；

检查方法：观察，检查安装记录。

6 船舷外侧防撞击设施、锚链和缆绳、安全及消防器材等设置齐全、配备正确；

检查方法：观察，检查安装记录。

7 浮船各部尺寸允许偏差应符合表 5.7.9-1 的规定。

表 5.7.9-1 浮船各部尺寸允许偏差

检查项目			允许偏差(mm)			检查数量		检查方法
			钢船	钢筋混凝土船	木船	范围	点数	
1	长、宽		±15	±20	±20	每船	各 2	用钢尺量测
2	高度		±10	±15	±15	每船	2	用钢尺量测
3	板梁、横隔梁	高度	±5	±5	±5	每件	1	用钢尺量测
4		间距	±5	±10	±10	每件	1	用钢尺量测
5	接头外边缘高差		$\delta/5$，且不大于 2	3	2	每件	1	用钢尺量测
6	机组与设备位置		10	10	10	每件	1	用钢尺量测
7	摇臂管支座中心位置		10	10	10	每支座	1	用钢尺量测

注：δ 为板厚(mm)。

8 缆车、浮船接管车的尺寸允许偏差应符合表5.7.9-2的规定。

表 5.7.9-2 缆车、浮船接管车尺寸允许偏差

	检查项目	允许偏差	检查数量		检查方法
			范围	点数	
1	轮中心距	±1mm	每轮	1	用钢尺量测
2	两对角轮距差	2mm	每组	1	用钢尺量测
3	同侧滚轮直顺偏差	±1mm	每侧	1	用钢尺量测
4	外形尺寸	±5mm	每车	4	用钢尺量测
5	倾斜角	±30′	每车	1	用经纬仪量
6	机组与设备位置	10mm	每件	1	用钢尺量测
7	出水管中心位置	10mm	每管	1	用钢尺量测

注：倾斜角为轮轨接触平面与水平面的倾角。

5.7.10 岸边排放构筑物的出水口应符合下列规定：

主 控 项 目

1 所用原材料、石料、防渗材料符合国家有关标准的规定和设计要求；

检查方法：观察；检查每批的产品出厂质量合格证明、性能检验报告及有关的复验报告。

2 混凝土强度、砌筑砂浆（细石混凝土）强度应符合设计要求；其试块的留置及质量评定应符合本规范第5.5.6条的相关规定；

检查方法：检查混凝土结构的抗压、抗渗、抗冻试块试验报告，检查灌浆砂浆（或细石混凝土）的抗压强度试块试验报告。

3 构筑物结构稳定、位置正确，出水口无倒坡现象；翼墙、护坡等混凝土或砌筑结构的沉降量、位移量应符合设计要求；

检查方法：观察；检查施工记录、测量记录、监测记录。

4 混凝土结构外光内实，外观质量无严重缺陷；砌体结构砌筑完整、灌浆密实，无裂缝、通缝、翘动等现象；

检查方法：观察；检查施工资料。

一 般 项 目

5 混凝土结构外观质量不宜有一般缺陷；砌体结构砌筑齐整，勾缝平整、缝宽均匀一致；抛石的范围、高度应符合设计要求；

检查方法：观察；检查技术处理资料。

6 翼墙反滤层铺筑断面不得小于设计要求，其后背的回填土的压实度不应小于95%；

检查方法：观察；检查回填土的压实度试验报告，检查施工记录。

7 变形缝位置应准确，安设顺直，上下贯通；变形缝的宽度允许偏差为0～5mm；

检查方法：观察；用钢尺随机量测。

8 所有预埋件、预留孔洞、排水孔位置正确；

检查方法：观察。

9 施工允许偏差应符合表5.7.10的规定。

表 5.7.10 岸边排放构筑物的出水口的施工允许偏差

	检查项目			允许偏差（mm）	检查数量		检查方法
					范围	点数	
1	轴线位置	混凝土结构		±10	每段或每10m长	1点	用经纬仪测量
		砌石结构	料 石	±10			
			块石、卵石	±15			
2	翼墙	顶面高程	混凝土结构	±10			用水准仪测量
			砌石结构	±15			
		断面尺寸、厚度	混凝土结构	+10，−5		2点	用钢尺量测
			砌石结构 料石	±15			
			砌石结构 块石	+30，−20			
		墙面垂直度	混凝土结构	1.5%H			用垂线量测
			砌石结构	0.5%H			
3	护坡、护坦	坡面、坡底顶面高程	砌石结构 块石、卵石	±20	每段或每10m长	1点	用水准仪测量
			砌石结构 料 石	±15			
			混凝土结构	±10			
		净空尺寸	砌石结构 块石、卵石	±20		2点	用钢尺量测
			砌石结构 料 石	±10			
			混凝土结构	±10			
		护坡坡度		不大于设计要求		2点	用水准仪测量
		结构厚度		不小于设计要求			用钢尺量测
		坡面、坡底平整度	砌石结构 块石、卵石	20			用2m直尺、塞尺量测
			砌石结构 料 石	15			
			混凝土结构	12			
4	预埋件中心位置			5	每处	1	用钢尺量测
5	预留孔洞中心位置			10	每处	1	用钢尺量测

注：H 系指墙全高（mm）。

5.7.11 水中排放构筑物的出水口应符合下列规定：

主 控 项 目

1 所用预制构件、配件、抛石料符合国家有关标准规定和设计要求；

检查方法：观察；检查每批的产品出厂质量合格证明、性能检验报告及有关的复验报告。

2 出水口的位置、相邻间距及顶面高程应符合设计要求；

检查方法：检查施工记录、测量记录。

3 出水口顶部的出水装置安装牢固、位置正确、出水通畅；

检查方法：观察（潜水员检查）；检查施工记录。

一 般 项 目

4 垂直顶升立管周围采用抛石等稳管保护措施的范围、高度符合设计要求；

检查方法：观察（潜水员检查）；检查施工记录。

5 警告、警示标志及安全保护设施符合设计要求，设置齐全；

检查方法：观察；检查施工记录。

6 钢制构件的防腐措施符合设计要求；

检查方法：观察；检查施工记录、防腐检验记录。

7 施工允许偏差应符合表 5.7.11 的规定。

表 5.7.11 水中排放构筑物的出水口的施工允许偏差

<table>
<tr><th colspan="3" rowspan="2">检查项目</th><th rowspan="2">允许偏差（mm）</th><th colspan="2">检查数量</th><th rowspan="2">检查方法</th></tr>
<tr><th>范围</th><th>点数</th></tr>
<tr><td>1</td><td colspan="2">出水口顶面高程</td><td>±20</td><td rowspan="5">每座</td><td rowspan="5">1 点</td><td>用水准仪测量</td></tr>
<tr><td>2</td><td colspan="2">出水口垂直度</td><td>0.5%H</td><td>用垂线、钢尺量测</td></tr>
<tr><td rowspan="2">3</td><td rowspan="2">出水口中心轴线</td><td>沿水平出水管纵向</td><td>30</td><td rowspan="2">用经纬仪、钢尺测量</td></tr>
<tr><td>沿水平出水管横向</td><td>20</td></tr>
<tr><td>4</td><td colspan="2">相邻出水口间距</td><td>40</td><td>用测距仪测量</td></tr>
</table>

注：H 为垂直顶升管节的总长度（mm）。

5.7.12 固定式岸边取水构筑物的进水口质量验收可按本规范第 5.7.10 条的规定执行。

5.7.13 固定式河床取水构筑物的进水口进水管道内垂直顶升法施工时，其进水口质量验收可参照本规范第 5.7.11 条的规定执行。

6 水处理构筑物

6.1 一 般 规 定

6.1.1 本章适用于净水、污水处理构筑物结构工程施工及验收，亦适用于本规范的其他相关章节的结构工程。

6.1.2 水处理构筑物施工应符合下列规定：

1 编制施工方案时，应根据设计要求和工程实际情况，综合考虑各单体构筑物施工方法和技术措施，合理安排施工顺序，确保各单体构筑物之间的衔接、联系满足设计工艺要求；

2 应做好各单体构筑物不同施工工况条件下的沉降观测；

3 涉及设备安装的预埋件、预留孔洞以及设备基础等有关结构施工，在隐蔽前安装单位应参与复核；设备安装前还应进行交接验收；

4 水处理构筑物底板位于地下水位以下时，应进行抗浮稳定验算；当不能满足要求时，必须采取抗浮措施；

5 满足其相应的工艺设计、运行功能、设备安装的要求。

6.1.3 水处理构筑物的满水试验应符合本规范第 9.2 节的规定，并应符合下列规定：

1 编制试验方案；

2 混凝土或砌筑砂浆强度已达到设计要求；与所试验构筑物连接的已建管道、构筑物的强度符合设计要求；

3 混凝土结构，试验应在防水层、防腐层施工前进行；

4 装配式预应力混凝土结构，试验应在保护层喷涂前进行；

5 砌体结构，设有防水层时，试验应在防水层施工以后；不设有防水层时，试验应在勾缝以后；

6 与构筑物连接的管道、相邻构筑物，应采取相应的防差异沉降的措施；有伸缩补偿装置的，应保持松弛、自由状态；

7 在试验的同时应进行构筑物的外观检查，并对构筑物及连接管道进行沉降量监测；

8 满水试验合格后，应及时按规定进行池壁外和池顶的回填土方等项施工。

6.1.4 水处理构筑物施工完毕必须进行满水试验。消化池满水试验合格后，还应进行气密性试验。

6.1.5 水处理构筑物的防水、防腐、保温层应按设计要求进行施工，施工前应进行基层表面处理。

6.1.6 构筑物的防水、防腐蚀施工应按现行国家标准《地下工程防水技术规范》GB 50108、《建筑防腐蚀工程施工及验收规范》GB 50212 等的相关规定执行。

6.1.7 普通水泥砂浆、掺外加剂水泥砂浆的防水层施工应符合下列规定：

1 宜采用普通硅酸盐水泥、膨胀水泥或矿渣硅酸盐水泥和质地坚硬、级配良好的中砂，砂的含泥量不得超过 1%；

2 施工应符合下列规定：

1）基层表面应清洁、平整、坚实、粗糙；

2）施作水泥砂浆防水层前，基层表面应充分湿润，但不得有积水；

3）水泥砂浆的稠度宜控制在 70～80mm，采用机械喷涂时，水泥砂浆的稠度应经试配确定；

4）掺外加剂的水泥砂浆防水层厚度应符合设计要求，但不宜小于20mm；

5）多层做法刚性防水层宜连续操作，不留施工缝；必须留施工缝时，应留成阶梯茬，按层次顺序，层层搭接；接茬部位距阴阳角的距离不应小于200mm；

6）水泥砂浆应随拌随用；

7）防水层的阴、阳角应为圆弧形；

3 水泥砂浆防水层的操作环境温度不应低于5℃，基层表面应保持0℃以上；

4 水泥砂浆防水层宜在凝结后覆盖并洒水养护14d；冬期应采取防冻措施。

6.1.8 位于构筑物基坑施工影响范围内的管道施工应符合下列规定：

1 应在沟槽回填前进行隐蔽验收，合格后方可进行回填施工；

2 位于基坑中或受基坑施工影响的管道，管道下方的填土或松土必须按设计要求进行夯实，必要时应按设计要求进行地基处理或提高管道结构强度；

3 位于构筑物底板下的管道，沟槽回填应按设计要求进行；回填处理材料可采用灰土、级配砂石或混凝土等。

6.1.9 管道穿过水处理构筑物墙体时，穿墙部位施工应符合设计要求；设计无要求时可预埋防水套管，防水套管的直径应至少比管道直径大50mm。待管道穿过防水套管后，套管与管道空隙应进行防水处理。

6.1.10 构筑物变形缝的止水带应按设计要求选用，并应符合下列规定：

1 塑料或橡胶止水带的形状、尺寸及其材质的物理性能，均应符合国家有关标准规定，且无裂纹、气泡、孔洞；

2 塑料或橡胶止水带对接接头应采用热接，不得采用叠接；接缝应平整牢固，不得有裂口、脱胶现象；T字接头、十字接头和Y字接头，应在工厂加工成型；

3 金属止水带应平整、尺寸准确，其表面的铁锈、油污应清除干净，不得有砂眼、钉孔；

4 金属止水带接头应视其厚度，采用咬接或搭接方式；搭接长度不得小于20mm，咬接或搭接必须采用双面焊接；

5 金属止水带在伸缩缝中的部分应涂防锈和防腐涂料；

6 钢边橡胶止水带等复合止水带应在工厂加工成型。

6.2 现浇钢筋混凝土结构

6.2.1 模板施工前，应根据结构形式、施工工艺、设备和材料供应等条件进行模板及其支架设计。模板及其支架的强度、刚度及稳定性必须满足受力要求。模板设计应包括以下主要内容：

1 模板的形式和材质的选择；

2 模板及其支架的强度、刚度及稳定性计算，其中包括支杆支承面积的计算，受力铁件的垫板厚度及与木材接触面积的计算；

3 防止吊模变形和位移的预防措施；

4 模板及其支架在风载作用下防止倾倒的措施；

5 各部分模板的结构设计，各结合部位的构造，以及预埋件、止水板等的固定方法；

6 隔离剂的选用；

7 模板及其支架的拆除顺序、方法及保证安全措施。

6.2.2 混凝土模板安装应按现行国家标准《混凝土结构工程施工质量验收规范》GB 50204的相关规定执行，并应符合下列规定：

1 池壁与顶板连续施工时，池壁内模立柱不得同时作为顶板模板立柱；顶板支架的斜杆或横向连杆不得与池壁模板的杆件相连接；

2 池壁模板可先安装一侧，绑完钢筋后，随浇筑混凝土随分层安装另一侧模板，或采用一次安装到顶而分层预留操作窗口的施工方法；采用这种方法时，应符合下列规定：

1）分层安装模板，其每层层高不宜超过1.5m；分层留置窗口时，窗口的层高不宜超过3m，水平净距不宜超过1.5m；斜壁的模板及窗口的分层高度应适当减小；

2）有预留孔洞或预埋管时，宜在孔口或管口外径1/4～1/3高度处分层；孔径或管外径小于200mm时，可不受此限制；

3）事先做好分层模板及窗口模板的连接装置，以便迅速安装；安装一层模板或窗口模板的时间不应超过混凝土的初凝时间；

4）分层安装模板或安装窗口模板时，应防止杂物落入模内；

3 安装池壁的最下一层模板时，应在适当位置预留清扫杂物用的窗口；在浇筑混凝土前，应将模板内部清扫干净，经检验合格后，再将窗口封闭；

4 池壁模板施工时，应设置确保墙体直顺和防止浇筑混凝土时模板倾覆的装置；

5 池壁的整体式内模施工，木模板为竖向木纹使用时，除应在浇筑前将模板充分湿透外，并应在模板适当间隔处设置八字缝板；拆模时，应先拆内模；

6 采用穿墙螺栓来平衡混凝土浇筑对模板的侧压力时，应选用两端能拆卸的螺栓，并应符合下列规定：

1）两端能拆卸的螺栓中部宜加焊止水环，且止水环不宜采用圆形；

2）螺栓拆卸后混凝土壁面应留有40～50mm深的锥形槽；

3）在池壁形成的螺栓锥形槽，应采用无收缩、易密实、具有足够强度、与池壁混凝土颜色一致或接近的材料封堵，封堵完毕的穿墙螺栓孔不得有收缩裂缝和湿渍现象；

7 跨度不小于4m的现浇钢筋混凝土梁、板，其模板应按设计要求起拱；设计无具体要求时，起拱度宜为跨度的1/1000～3/1000；

8 设有变形缝的构筑物，其变形缝处的端面模板安装还应符合下列规定：

1）变形缝止水带安装应固定牢固、线形平顺、位置准确；

2）止水带面中心线应与变形缝中心线对正，嵌入混凝土结构端面的位置应符合设计要求；

3）止水带和模板安装中，不得损伤带面，不得在止水带上穿孔或用铁钉固定就位；

4）端面模板安装位置应正确，支撑牢固，无变形、松动、漏缝等现象；

9 固定在模板上的预埋管、预埋件的安装必须牢固，位置准确；安装前应清除铁锈和油污，安装后应做标志；

10 模板支架的立杆和斜杆的支点应垫木板或方木。

6.2.3 混凝土模板的拆除应符合下列规定：

1 整体现浇混凝土的模板支架拆除应符合下列规定：

1）侧模板，应在混凝土强度能保证其表面及棱角不因拆除模板而受损坏时，方可拆除；

2）底模板，应在与结构同条件养护的混凝土试块达到表6.2.3规定强度，方可拆除；

表6.2.3 整体现浇混凝土底模板拆模时所需的混凝土强度

序号	构件类型	构件跨度 L（m）	达到设计的混凝土立方体抗压强度的百分率（%）
1	板	≤2	≥50
		2<L≤8	≥75
		>8	≥100
2	梁、拱、壳	≤8	≥75
		>8	≥100
3	悬臂构件	—	≥100

2 模板拆除时，不应对顶板形成冲击荷载；拆下的模板和支架不得撞击底板顶面和池壁墙面；

3 冬期施工时，池壁模板应在混凝土表面温度与周围气温温差较小时拆除，温差不宜超过15℃，拆模后应立即覆盖保温。

6.2.4 钢筋进场检验以及钢筋加工、连接、安装等应按现行国家标准《混凝土结构工程施工质量验收规范》GB 50204的相关规定执行，并应符合下列规定：

1 浇筑混凝土之前，应进行钢筋隐蔽工程验收，钢筋隐蔽工程验收应包括下列内容：

1）钢筋的品种、规格、数量、位置等；

2）钢筋的连接方式、接头位置、接头数量、接头面积百分率等；

3）预埋件的规格、数量、位置等；

2 受力钢筋的连接方式应符合设计要求，设计无要求时，应优先选择机械连接、焊接；不具备机械连接、焊接连接条件时，可采用绑扎搭接连接；

3 相邻纵向受力钢筋的绑扎接头宜相互错开，绑扎搭接接头中钢筋的横向净距不应小于钢筋直径，且不小于25mm；并符合以下规定：

1）钢筋搭接处，应在中心和两端用钢丝扎牢；

2）钢筋绑扎搭接接头连接区段长度为$1.3L_1$（L_1为搭接长度），凡搭接接头中点位于连接区段长度内的搭接接头均属于同一连接区段；同一连接区段内，纵向钢筋搭接接头面积百分率为该区段内有搭接接头的纵向受力钢筋截面面积的比值（图6.2.4）；

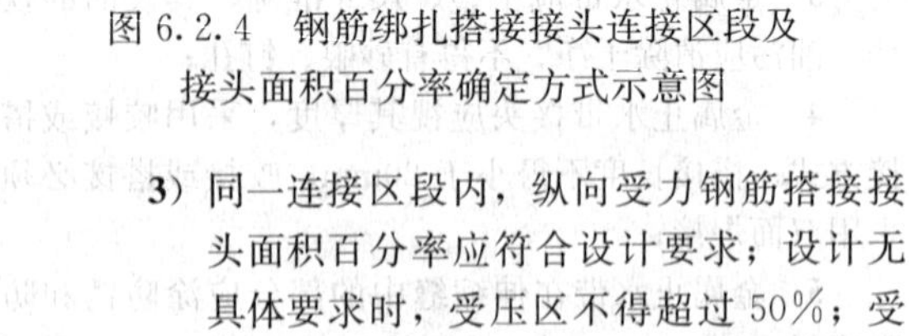

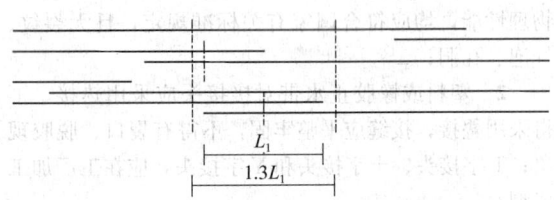

图6.2.4 钢筋绑扎搭接接头连接区段及接头面积百分率确定方式示意图

3）同一连接区段内，纵向受力钢筋搭接接头面积百分率应符合设计要求；设计无具体要求时，受压区不得超过50%；受拉区不得超过25%；池壁底部和顶部与顶板施工缝处的预埋竖向钢筋可按50%控制，并应按本规范规定的受拉区钢筋搭接长度增加30%；

4）设计无要求时，纵向受力钢筋绑扎搭接接头的最小搭接长度应按表6.2.4的规定执行；

表 6.2.4 钢筋绑扎接头的最小搭接长度

序 号	钢筋级别	受拉区	受压区
1	HPB235	$35d_0$	$30d_0$
2	HRB335	$45d_0$	$40d_0$
3	HRB400	$55d_0$	$50d_0$
4	低碳冷拔钢丝	300mm	200mm

注：d_0 为钢筋直径，单位 mm。

4 受力钢筋采取机械连接、焊接连接时，应按设计要求及现行国家标准《混凝土结构工程施工质量验收规范》GB 50204 的相关规定执行；

5 钢筋安装时的保护层厚度应符合现行国家标准《给水排水工程构筑物结构设计规范》GB 50069 的相关规定；保护层厚度尺寸的控制应符合下列规定：

1）钢筋的加工尺寸、模板和钢筋的安装位置应正确；

2）模板支撑体系、钢筋骨架等应安装固定且牢固，确保在施工荷载下不变形、走动；

3）控制保护层的垫块、杆件等尺寸正确、布置合理、支垫稳固；

6 基础、顶板钢筋采取焊接排架的方法固定时，排架固定的间距应根据钢筋的刚度选择；

7 成型的网片或骨架必须稳定牢固，不得有滑动、折断、位移、伸出等情况；

8 变形缝止水带安装部位、预留开孔等处的钢筋应预先制作成型，安装位置准确、尺寸正确、安装牢固；

9 预埋件、预埋螺栓及插筋等，其埋入部分不得超过混凝土结构厚度的 3/4。

6.2.5 混凝土浇筑的施工方案应包括以下主要内容：

1 混凝土配合比设计及外加剂的选择；

2 混凝土的搅拌及运输；

3 混凝土的分仓布置、浇筑顺序、速度及振捣方法；

4 预留施工缝后浇带的位置及要求；

5 预防混凝土施工裂缝的措施；

6 季节性施工的特殊措施；

7 控制工程质量的措施；

8 搅拌、运输及振捣机械的型号与数量。

6.2.6 混凝土原材料的质量控制应按现行国家标准《混凝土结构工程施工质量验收规范》GB 50204 的相关规定执行，并应符合下列规定：

1 主体结构的混凝土宜使用同品种、同强度等级的水泥拌制；也可按底板、池壁、顶板等分别采用同品种、同强度等级的水泥；

2 配制现浇混凝土的水泥应符合下列规定：

1）宜采用普通硅酸盐水泥、火山灰质硅酸盐水泥；掺用外加剂时，可采用矿渣硅酸盐水泥；

2）冬期施工宜采用普通硅酸盐水泥；

3）有抗冻要求的混凝土，宜采用普通硅酸盐水泥，不宜采用火山灰质硅酸盐水泥和粉煤灰硅酸盐水泥；

4）水泥进场时应进行性能指标复验，其质量必须符合现行国家标准《通用硅酸盐水泥》GB 175 等的规定；严禁使用含氯化物的水泥；

5）对水泥质量有怀疑或水泥出厂超过三个月（快硬硅酸盐水泥超过一个月）时，应进行复验，并按复验结果使用；

3 粗、细骨料的质量应符合国家现行标准《混凝土用砂、石质量及检验方法标准》JGJ 52 的规定，且符合下列规定：

1）粗骨料最大颗粒粒径不得大于结构截面最小尺寸的 1/4，不得大于钢筋最小净距的 3/4，同时不宜大于 40mm；采用多级级配时，其规格及级配应通过试验确定；

2）粗骨料的含泥量不应大于 1%，吸水率不应大于 1.5%；

3）混凝土的细骨料，宜采用中、粗砂，其含泥量不应大于 3%；

4 拌制混凝土宜采用对钢筋混凝土的强度及耐久性无影响的洁净水；

5 外加剂的质量及技术指标应符合现行国家标准《混凝土外加剂》GB 8076、《混凝土外加剂应用技术规范》GB 50119 和有关环境保护的规定，并通过试验确定其适用性和用量；不得掺入含有氯盐成分的外加剂；

6 掺用矿物掺合料时，其质量应符合国家有关标准规定，且矿物掺合料的掺量应通过试验确定；

7 混凝土中碱的总含量应符合现行国家标准《给水排水工程构筑物结构设计规范》GB 50069 的规定和设计要求。

6.2.7 混凝土配合比及拌制应符合下列规定：

1 配合比的设计，应保证结构设计要求的强度和抗渗、抗冻性能，并满足施工的要求；

2 配合比应通过计算和试配确定；

3 宜选择具有一定自补偿性能的材料配比；或在满足设计和施工要求的前提下，应适量降低水泥用量；

4 混凝土拌制前，应测定砂、石含水率并根据测试结果调整材料用量，提出施工配合比；

5 首次使用的混凝土配合比应进行开盘鉴定，其工作性质满足设计配合比的要求；开始生产时应至少留置一组标准养护试件，作为验证配合比的依据；

6 混凝土原材料每盘称量的偏差应符合表6.2.7的规定。

表 6.2.7 原材料每盘称量的允许偏差

序　号	材料名称	允许偏差（%）
1	水泥、掺合料	±2
2	粗、细骨料	±3
3	水、外加剂	±2

注：1 各种衡器应定期校验，每次使用前应用进行零点校核，保持计量准确；

2 雨期或含水率有显著变化时，应增加含水率检测次数，并及时调整水和骨料用量。

6.2.8 混凝土试块的留置及混凝土试块验收合格标准应符合下列规定：

1 混凝土试块应在混凝土的浇筑地点随机抽取；

2 混凝土抗压强度试块的留置应符合下列规定：

1）标准试块：每构筑物的同一配合比的混凝土，每工作班、每拌制 $100m^3$ 混凝土为一个验收批，应留置一组，每组三块；当同一部位、同一配合比的混凝土一次连续浇筑超过 $1000m^3$ 时，每拌制 $200m^3$ 混凝土为一个验收批，应留置一组，每组三块；

2）与结构同条件养护的试块：根据施工方案要求，按拆模、施加预应力和施工期间临时荷载等需要的数量留置；

3 抗渗试块的留置应符合下列规定：

1）同一配合比的混凝土，每构筑物按底板、池壁和顶板等部位，每一部位每浇筑 $500m^3$ 混凝土为一个验收批，留置一组，每组六块；

2）同一部位混凝土一次连续浇筑超过 $2000m^3$ 时，每浇筑 $1000m^3$ 混凝土为一个验收批，留置一组，每组六块；

4 抗冻试块的留置应符合下列规定：

1）同一抗冻等级的抗冻混凝土试块每构筑物留置不少于一组；

2）同一个构筑物中，同一抗冻等级抗冻混凝土用量大于 $2000m^3$ 时，每增加 $1000m^3$ 混凝土增加留置一组试块；

5 冬期施工，应增置与结构同条件养护的抗压强度试块两组，一组用于检验混凝土受冻前的强度，另一组用于检验解冻后转入标准养护28d的强度；并应增置抗渗试块一组，用于检验解冻后转入标准养护28d的抗渗性能；

6 混凝土的抗压、抗渗、抗冻试块符合下列要求的，应判定为验收合格：

1）同批混凝土抗压试块的强度应按现行国家标准《混凝土强度检验评定标准》GBJ 107的规定评定，评定结果必须符合设计要求；

2）抗渗试块的抗渗性能不得低于设计要求；

3）抗冻试块在按设计要求的循环次数进行冻融后，其抗压极限强度同检验用的相当龄期的试块抗压极限强度相比较，其降低值不得超过25%；其重量损失不得超过5%。

6.2.9 混凝土的浇筑必须在模板和支架检验符合施工方案要求后，方可进行；入模时应防止离析，连续浇筑时每层浇筑高度应满足振捣密实的要求。

6.2.10 采用振捣器捣实混凝土应符合下列规定：

1 振捣时间，应使混凝土表面呈现浮浆并不再沉落；

2 插入式振捣器的移动间距，不宜大于作用半径的1.5倍；振捣器距离模板不宜大于振捣器作用半径的1/2；并应尽量避免碰撞钢筋、模板、止水带、预埋管（件）等；振捣器宜插入下层混凝土50mm；

3 表面振动器的移动间距，应能使振动器的平板覆盖已振实部分的边缘；

4 浇筑预留孔洞、预埋管、预埋件及止水带等周边混凝土时，应辅以人工插捣。

6.2.11 变形缝处止水带下部以及腋角下部的混凝土浇筑作业，应确保混凝土密实，且止水带不发生位移。

6.2.12 混凝土运输、浇筑及间歇时间不应超过混凝土的初凝时间。同一施工段的混凝土应连续浇筑，并应在底层混凝土初凝之前将上一层混凝土浇筑完毕。底层混凝土初凝后浇筑上一层混凝土时，应留置施工缝。

6.2.13 混凝土底板和顶板，应连续浇筑不得留置施工缝；设计有变形缝时，应按变形缝分仓浇筑。

6.2.14 构筑物池壁的施工缝设置应符合设计要求，设计无要求时，应符合下列规定：

1 池壁与底部相接处的施工缝，宜留在底板上面不小于200mm处；底板与池壁连接有腋角时，宜留在腋角上面不小于200mm处；

2 池壁与顶部相接处的施工缝，宜留在顶板下面不小于200mm处；有腋角时，宜留在腋角下部。

3 构筑物处地下水位或设计运行水位高于底板顶面8m时，施工缝处宜设置高度不小于200mm、厚度不小于3mm的止水钢板。

6.2.15 浇筑施工缝处混凝土应符合下列规定：

1 已浇筑混凝土的抗压强度不应小于2.5MPa；

2 在已硬化的混凝土表面上浇筑时，应凿毛和冲洗干净，并保持湿润，但不得积水；

3 浇筑前，施工缝处应先铺一层与混凝土强度等级相同的水泥砂浆，其厚度宜为15～30mm；

4 混凝土应细致捣实，使新旧混凝土紧密结合。

6.2.16 后浇带浇筑应在两侧混凝土养护不少于42d以后进行，其混凝土技术指标不得低于其两侧混凝土。

6.2.17 浇筑倒锥壳底板或拱顶混凝土时，应由低向高、分层交圈、连续浇筑。

6.2.18 浇筑池壁混凝土时，应分层交圈、连续浇筑。

6.2.19 混凝土浇筑完成后，应按施工方案及时采取有效的养护措施，并应符合下列规定：

1 应在浇筑完成后的12h以内，对混凝土加以覆盖并保湿养护；

2 混凝土浇水养护的时间不得少于14d，保持混凝土处于湿润状态；

3 用塑料布覆盖养护时，敞露的混凝土表面应覆盖严密，并应保持塑料布内有凝结水；

4 混凝土强度达到1.2MPa前，不得在其上踩踏或安装模板及支架；

5 环境最低气温不低于－15℃时，可采用蓄热法养护；对预留孔、洞以及迎风面等容易受冻部位，应加强保温措施。

6.2.20 蒸汽养护时，应使用低压饱和蒸汽均匀加热，最高温度不宜大于30℃；升温速度不宜大于10℃/h；降温速度不宜大于5℃/h。

掺加引气剂的混凝土严禁采取蒸汽养护。

6.2.21 池内加热养护时，池内温度不得低于5℃，且不宜高于15℃，并应洒水养护，保持湿润。池壁外侧应覆盖保温。

6.2.22 水处理构筑物现浇钢筋混凝土不宜采用电热养护。

6.2.23 日最高气温高于30℃施工时，可选用下列措施：

1 骨料经常洒水降温，或加棚盖防晒；

2 掺入缓凝剂；

3 适当增大混凝土的坍落度；

4 利用早晚气温较低的时间浇筑混凝土；

5 混凝土浇筑完毕后及时覆盖养护，防止暴晒，并应增加浇水次数，保持混凝土表面湿润。

6.2.24 冬期浇筑的混凝土冷却前应达到设计要求的临界强度。在满足临界强度情况下，宜降低入模温度。

6.2.25 浇筑大体积混凝土结构时，应有专项施工方案和相应的技术措施。

6.3 装配式混凝土结构

6.3.1 预制装配式混凝土结构施工应符合下列规定：

1 后张法预应力的施工应符合本规范第6.4节的相关规定和设计要求；

2 除按本节规定施工外，还应符合现行国家标准《混凝土结构工程施工质量验收规范》GB 50204的相关规定和设计要求。

6.3.2 构件的堆放应符合下列规定：

1 应按构件的安装部位，配套就近堆放；

2 堆放时，应按设计受力条件支垫并保持稳定；曲梁应采用三点支承；

3 堆放构件的场地，应平整夯实，并有排水措施；

4 构件的标识应朝向外侧。

6.3.3 构件运输及吊装时的混凝土强度应符合设计要求，当设计无要求时，不应低于设计强度的75%。

6.3.4 预制构件与现浇结构之间、预制构件之间的连接应按设计要求进行施工。

6.3.5 现浇混凝土底板的杯槽、杯口安装模板前，应复测杯槽、杯口中心线位置；杯槽、杯口模板必须安装牢固。

6.3.6 杯槽内壁与底板的混凝土应同时浇筑，不应留置施工缝；宜后浇筑杯槽外壁混凝土。

6.3.7 预制构件安装前，应复验合格；有裂缝的构件应进行鉴定。

6.3.8 预制柱、梁及壁板等在安装前应标注中心线，并在杯槽、杯口上标出中心线。

6.3.9 预制构件安装前应将不同类别的构件按预定位置顺序编号，并将与混凝土连接的部位进行凿毛，清除浮渣、松动的混凝土。

6.3.10 构件应按设计位置起吊，曲梁宜采用三点吊装。吊绳与构件平面的交角不应小于45°；小于45°时，应进行强度验算。

6.3.11 构件安装就位后，应采取临时固定措施。曲梁应在梁的跨中设临时支撑，待二次混凝土达到设计强度的75%及以上时，方可拆除支撑。

6.3.12 安装的构件，必须在轴线位置及高程进行校正后焊接或浇筑接头混凝土。

6.3.13 构筑物壁板的接缝施工应符合下列规定：

1 壁板接缝的内模在保证混凝土不离析的条件下，宜一次安装到顶；分段浇筑时，外模应随浇、随支，分段支模高度不宜超过1.5m；

2 浇筑前，接缝的壁板表面应洒水保持湿润，模内应洁净；

3 壁板间的接缝宽度，不宜超过板宽的1/10；缝内浇筑细石混凝土或膨胀性混凝土，其强度等级应符合设计要求；设计无要求时，应比壁板混凝土强度等级提高一级；

4 应根据气温和混凝土温度，选择壁板缝宽较大时进行浇筑；

5 混凝土如有离析现象，应进行二次拌合；

6 混凝土分层浇筑厚度不宜超过250mm，并应采用机械振捣，配合人工捣固。

6.4 预应力混凝土结构

6.4.1 本节适用于下列后张法预应力混凝土结构施工：

1 装配式或现浇预应力混凝土圆形水处理构筑物；

2 不设变形缝、设计附加预应力的现浇混凝土矩形水处理构筑物。

6.4.2 预应力筋、锚具、夹具和连接器的进场检验应按现行国家标准《混凝土结构工程施工质量验收规范》GB 50204 的相关规定和设计要求执行，并应符合下列规定：

1 按设计要求选用预应力筋、锚具、夹具和连接器；

2 无粘结预应力筋应符合下列规定：

1）预应力筋外包层材料，应采用聚乙烯或聚丙烯，严禁使用聚氯乙烯；外包层材料性能应满足国家现行标准《无粘结预应力混凝土结构技术规程》JGJ 92 的要求；

2）预应力筋涂料层应采用专用防腐油脂，其性能应满足国家现行标准《无粘结预应力混凝土结构技术规程》JGJ 92 的要求；

3）必须采用Ⅰ类锚具，锚具规格应根据无粘结预应力筋的品种、张拉吨位以及工程使用情况选用；

3 测定钢丝、钢筋预应力值的仪器和张拉设备应在使用前进行校验、标定；张拉设备的校验期限，不应超过半年；张拉设备出现反常现象或在千斤顶检修后，应重新校检；

4 预应力筋下料应符合下列规定：

1）应采用砂轮锯和切断机切断，不得采用电弧切断；

2）钢丝束两端采用镦头锚具时，同一束中各根钢丝长度差异不应大于钢丝长度的 1/5000，且不应大于 5mm；成组张拉长度不大于 10m 的钢丝时，同组钢丝长度差异不得大于 2mm。

6.4.3 施工过程中应避免电火花损伤预应力筋，受损伤的预应力筋应予以更换；无粘结预应力筋外包层不应破损。

6.4.4 圆形构筑物的环向预应力钢筋的布置和锚固位置应符合设计要求。采用缠丝张拉时，锚具槽应沿构筑物的周长均匀布置，其数量应不少于下列规定：

1 直径小于或等于 25m 时，可采用 4 条；

2 直径大于 25m、小于或等于 50m 时，可采用 6 条；

3 直径大于 50m 可采用 8 条；

4 构筑物底端不能缠丝的部位，应在附近局部加密环向预应力筋。

6.4.5 后张法有粘结预应力筋预留孔道安装和无粘结预应力筋铺设应符合下列规定：

1 应按现行国家标准《混凝土结构工程施工质量验收规范》GB 50204 的相关规定和设计要求执行；

2 有粘结预应力筋的预留孔道，其产品尺寸和性能应符合国家有关标准规定和设计要求；波纹管孔道，安装前其表面应清洁、无锈蚀和油污，安装应稳固；安装后无孔洞、裂缝、变形，接口不应开裂或脱口；

3 无粘结预应力筋施工应符合下列规定：

1）锚固肋数量和布置，应符合设计要求；设计无要求时，应保证张拉段无粘结预应力筋长不超过 50m，且锚固肋数量为双数；

2）安装时，上下相邻两环无粘结预应力筋锚固位置应错开一个锚固肋；以锚固肋数量的一半为无粘结预应力筋分段（张拉段）数量；每段无粘结预应力筋的计算长度应考虑加入一个锚固肋宽度及两端张拉工作长度和锚具长度；

3）应在浇筑混凝土前安装、放置；浇筑混凝土时，严禁踏压撞碰无粘结预应力筋、支撑架以及端部预埋件；

4）无粘结预应力筋不应有死弯，有死弯时必须切断；

5）无粘结预应力筋中严禁有接头；

4 在预留孔洞套管位置的预应力筋布置应符合设计要求。

6.4.6 预应力筋安装完毕，应进行预应力筋隐蔽工程验收，其内容包括：

1 预应力筋的品种、规格、数量、位置等；

2 锚具、连接器的品种、规格、位置、数量等；

3 锚垫板、锚固槽的位置、数量等；

4 预留孔道的规格、数量、位置、形状及灌浆孔、排气兼泌水管设置等；

5 锚固区局部加强构造等。

6.4.7 预应力筋张拉或放张应制定专项施工方案，明确施工组织，确定施工方法、施工顺序、控制应力、安全措施等。

6.4.8 预应力筋张拉或放张时，混凝土强度应符合设计要求；设计无具体要求时，不得低于设计强度的 75%。

6.4.9 圆形构筑物缠丝张拉应符合下列规定：

1 缠丝施加预应力前，应先清除池壁外表面的混凝土浮粒、污物，壁板外侧接缝处宜采用水泥砂浆抹平压光，洒水养护；

2 施加预应力前，应在池壁上标记预应力钢丝、钢筋的位置和次序号；

3 缠绕环向预应力钢丝施工应符合下列规定：

1）预应力钢丝接头应密排绑扎牢固，其搭接长度不应小于250mm；

2）缠绕预应力钢丝，应由池壁顶向下进行，第一圈距池顶的距离应按设计要求或按缠丝机性能确定，并不宜大于500mm；

3）池壁两端不能用绕丝机缠绕的部位，应在顶端和底端附近局部加密或改用电热张拉；

4）池壁缠丝前，在池壁周围，必须设置防护栏杆；已缠绕的钢丝，不得用尖硬或重物撞击；

4 施加预应力时，每缠一盘钢丝应测定一次钢丝应力，并应按本规范附录表C.0.2的规定做记录。

6.4.10 圆形构筑物电热张拉钢筋施工应符合下列规定：

1 张拉前，应根据电工、热工等参数计算伸长值，并应取一环作试张拉，进行验证；

2 预应力筋的弹性模量应由试验确定；

3 张拉可采用螺丝端杆，墩粗头插U形垫板，帮条锚具U形垫板或其他锚具；

4 张拉作业应符合下列规定：

1）张拉顺序，设计无要求时，可由池壁顶端开始，逐环向下；

2）与锚固肋相交处的钢筋应有良好的绝缘处理；

3）端杆螺栓接电源处应除锈，并保持接触紧密；

4）通电前，钢筋应测定初应力，张拉端应刻画伸长标记；

5）通电后，应进行机具、设备、线路绝缘检查，测定电流、电压及通电时间；

6）电热温度不应超过350℃；

7）张拉过程中应采用木锤连续敲打各段钢筋；

8）伸长值控制允许偏差为±6%；经电热达到规定的伸长值后，应立即进行锚固，锚固必须牢固可靠；

9）每一环预应力筋应对称张拉，并不得间断；

10）张拉应一次完成；必须重复张拉时，同一根钢筋的重复次数不得超过3次，当发生裂纹时，应更换预应力筋；

11）张拉过程中，发现钢筋伸长时间超过预计时间过多时，应立即停电检查；

5 应在每环钢筋中选一根钢筋，在其两端和中间附近各设一处测点进行应力值测定；初读数应在钢筋初应力建立后通电前测量，末读数应在断电并冷却后测量；

6 电热张拉应按本规范附录表C.0.3和表C.0.4的规定做记录。

6.4.11 预应力筋保护层的施工应在满水试验合格后、池内满水条件下进行喷浆。喷浆层的厚度，应满足预应力钢筋的净保护层厚度且不应小于20mm。

6.4.12 喷射水泥砂浆预应力筋保护层施工应符合下列规定：

1 水泥砂浆的配制应符合下列规定：

1）砂子粒径不得大于5mm；细度模数应为2.3～3.7，最优含水率应经试验确定；

2）配合比应符合设计要求，或经试验确定；无条件试验时，其灰砂比宜为1：2～1：3；水灰比宜为0.25～0.35；

3）水泥砂浆强度等级应符合设计要求；设计无要求时不应低于M30；

4）砂浆应拌合均匀，随拌随喷；存放时间不得超过2h；

2 喷浆作业应符合下列规定：

1）喷浆前，必须对工作面进行除污、去油、清洗等处理；

2）喷浆机罐内压力宜为0.5MPa，供水压力应相适应；输料管长不宜小于10m；管径不宜小于25mm；

3）应沿池壁的圆周方向自下向上喷浆；喷口至工作面的距离应视回弹及喷层密实情况确定；

4）喷枪应与喷射面保持垂直，受障碍物影响时，喷枪与喷射面夹角不应大于15°；

5）喷浆时应连续，层厚均匀密实；

6）喷浆宜在气温高于15℃时进行，大风、冰冻、降雨或当日气温低于0℃时，不得进行喷浆作业；

3 水泥砂浆保护层凝结后应加遮盖，保持湿润并不应少于14d；

4 在进行下一道分项工程前，应对水泥砂浆保护层进行外观和粘结情况的检查，有空鼓、开裂等缺陷现象时，应凿开检查并修补密实；

5 水泥砂浆试块强度验收应符合本规范第6.5.3条规定，试块留置：喷射作业开始、中间、结束时各留置一组试块，共三组，每组六块；每构筑物、每工作班为一个验收批。

6.4.13 有粘结、无粘结预应力筋的后张法张拉施工应符合下列规定：

1 张拉前，应清理承压板面，检查承压板后面的混凝土质量；

2 张拉顺序应符合设计要求；设计无要求时，可分批、分阶段对称张拉或依次张拉；

3 张拉程序应符合设计要求；设计无要求时，宜符合下列规定：

1）采用具有自锚性能的锚具、普通松弛力筋时，张拉程序为 0→初应力→1.03σ_{con}（锚固）；

2）采用具有自锚性能的锚具、低松弛力筋时，张拉程序为 0→初应力→σ_{con}（持荷 2min 锚固）；

3）采用其他锚具时，张拉程序为 0→初应力→1.05σ_{con}（持荷 2min）→σ_{con}（锚固）；

4 预应力筋张拉时，应采用张拉应力和伸长值双控法，其预应力筋实际伸长值与计算伸长值的允许偏差为±6%，张拉锚固后预应力值与规定的检验值的允许偏差为±5%；

5 张拉过程中应避免预应力筋断裂或滑脱，断裂或滑脱的数量严禁超过同一截面预应力筋总根数的3%，且每束钢丝不得超过一根；

6 张拉端预应力筋的内缩量限值应符合表 6.4.13 的规定；

表 6.4.13 张拉端预应力筋的内缩量限值

锚具类别		内缩量限值（mm）
支承式锚具（镦头锚具等）	螺帽缝隙	1
	每块后加垫板的缝隙	1
锥塞式锚具		5
夹片式锚具	有顶压	5
	无顶压	6～8

7 张拉过程应按本规范附录表 C.0.1 的规定填写张拉记录；

8 预应力筋张拉完毕，宜采用砂轮锯或其他机械方法切断超长部分，严禁采用电弧切断；

9 无粘结预应力张拉应符合下列规定：

1）张拉段无粘结预应力筋长度小于 25m 时，宜采用一端张拉；张拉段无粘结预应力筋长度大于 25m 而小于 50m 时，宜采用两端张拉；张拉段无粘结预应力筋长度大于 50m 时，宜采用分段张拉和锚固；

2）安装张拉设备时，直线的无粘结预应力筋，应使张拉力的作用线与预应力筋中心重合；曲线的无粘结预应力筋，应使张拉力的作用线与预应力筋中心线末端重合；

10 封锚应符合设计要求；设计无要求时应符合下列规定：

1）凸出式锚固端锚具的保护层厚度不应小于 50mm；

2）外露预应力筋的保护层厚度不应小于 50mm；

3）封锚混凝土强度不得低于相应结构混凝土强度，且不得低于 C40。

6.4.14 有粘结预应力筋张拉后应尽早进行孔道灌浆；孔道水泥浆灌浆应符合下列规定：

1 孔道内水泥浆应饱满、密实，宜采用真空灌浆法；

2 水灰比宜为 0.4～0.45，宜掺入 0.01%水泥用量的铝粉；搅拌后 3h 泌水率不宜大于 2%，泌水应能在 24h 内全部重新被水泥浆吸收；

3 水泥浆的抗压强度应符合设计要求；设计无要求时不应小于 30MPa；

4 水泥浆抗压强度的试块留置：每工作班为一个验收批，至少留置一组，每组六块；试块强度验收应符合本规范第 6.5.3 条规定。

6.4.15 预应力筋保护层、孔道灌浆和封锚等所用的水泥砂浆、水泥浆、混凝土，均不得含有氯化物。

6.5 砌体结构

6.5.1 砌体所用的材料，应符合下列规定：

1 机制烧结砖的强度等级不应低于 MU10，其外观质量应符合现行国家标准《烧结普通砖》GB/T 5101 一等品的要求；

2 石材强度等级不应低于 MU30，且质地坚实，无风化剥层和裂纹；

3 砌块的强度等级应符合设计要求；

4 进入现场砖、石等砌块应符合现行国家标准《砌体工程施工质量验收规范》GB 50203 的相关规定，水泥、砂应符合本规范第 6.2.6 条的相关规定；

5 砌筑砂浆应采用水泥砂浆，其强度等级应符合设计要求，且不应低于 M10；

6 应采用机械搅拌砂浆，搅拌时间不得少于 2min，并应在初凝前使用；出现泌水时应拌合均匀后再用。

6.5.2 砌筑砂浆试块留置及验收批：每座砌体水处理构筑物的同一类型、强度等级砂浆，每砌筑 100m^3 砌体的砂浆作为一个验收批，强度值应至少检查一次，每次应留置试块一组；砂浆组成材料有变化时，应增加试块留置数量。

6.5.3 砌筑砂浆试块强度验收时其强度合格标准应符合下列规定：

1 每个构筑物各组试块的抗压强度平均值不得低于设计强度等级所对应的立方体抗压强度；

2 各组试块中的任意一组的强度平均值不得低于设计强度等级所对应的立方体抗压强度的 75%。

6.5.4 砌体结构的砌筑施工除符合本节规定外，还应符合现行国家标准《砌体工程施工质量验收规范》GB 50203 的相关规定和设计要求。

6.5.5 砌筑前应将砖石、砌块表面上的污物和水锈清除。砌石（块）应浇水湿润，砖应用水浸透。

6.5.6 砌体中的预埋管洞口结构应加强，并有防渗措施；设计无要求时，可采用管外包封混凝土法（对于金属管还应加焊止水环后包封）；包封的混凝土抗压强度等级不小于 C25，管外浇筑厚度不应小于 150mm。

6.5.7 砌筑池壁不得用于脚手架支搭。

6.5.8 砌体砌筑完毕，应即进行养护，养护时间不应少于 7d。

6.5.9 砌体水处理构筑物冬期不宜施工。

6.5.10 砖砌池壁施工应符合下列规定：

1 各砖层间应上下错缝，内外搭砌，灰缝均匀一致；

2 水平灰缝厚度和竖向灰缝宽度宜为 10mm，且不小于 8mm、不大于 12mm；圆形池壁，里口灰缝宽度不应小于 5mm；

3 转角或交接处应同时砌筑，对不能同时砌筑而需留置的临时间断处应砌成斜槎，斜槎水平投影长度不得小于高度的 2/3。

6.5.11 砌砖时砂浆应满铺满挤，挤出的砂浆应随时刮平，严禁用水冲浆灌缝，严禁用敲击砌体的方法纠正偏差。

6.5.12 石砌池壁施工应符合下列规定：

1 分皮砌筑，上下错缝，丁、顺搭砌，分层找齐；

2 灰缝厚度：细料石砌体不宜大于 10mm，粗料石砌体不宜大于 20mm；

3 水平缝，宜采用坐浆法；竖向缝，宜采用灌浆法。

6.5.13 砌石位置偏移时，应将料石提起，刮除灰浆后再砌；并应防止碰动邻近料石，不得撬动或敲击。

6.5.14 石砌体的勾缝应符合下列规定：

1 勾缝前，应清扫干净砌体表面上粘结的灰浆、泥污等，并洒水湿润；

2 勾缝灰浆宜采用细砂拌制的 1∶1.5 水泥砂浆；砂浆嵌入深度不应小于 20mm；

3 勾缝宽窄均匀、深浅一致，不得有假缝、通缝、丢缝、断裂和粘结不牢等现象；

4 勾缝完毕应清扫砌体表面粘附的灰浆；

5 勾缝砂浆凝结后，应及时养护。

6.6 塘体结构

6.6.1 塘体基槽施工应符合本规范第 4 章的相关规定和设计要求，并应符合下列规定：

1 开挖时，应严格控制基底高程和边坡坡度；采用机械开挖时，基底和边坡应至少留出 150mm，由人工挖至设计标高和边坡坡度；如局部出现超挖，必须按设计要求进行处理；

2 基底和边坡不得有树根、石块、草皮等杂物，避免受水浸泡和受冻；发现有与勘察报告不符合的土质时，应进行清除，按设计要求处理；

3 基底坡脚线和边坡上口线应修边整齐、顺直；基底应平整，不得有反坡；边坡顶面不得随意堆土。

6.6.2 塘体的衬里、护坡结构施工前，应将施工影响范围的基底面、坡面、坡顶面清理干净，并整平；基底和边坡的土体应密实，其密实度应达到设计要求；坡脚结构应按设计要求进行施工，稳定牢固。

6.6.3 塘体护坡、护坦施工应符合下列规定：

1 护坡类型、结构形式等应按设计要求确定；

2 应由坡底向坡顶依次进行施工；

3 施工应按本规范第 5.5.4 条的相关规定执行。

6.6.4 塘体衬里的类型、结构层应按设计要求进行施工；衬里应完整、平顺、稳定；衬里的施工质量检验应符合设计要求和国家有关规范规定。

6.6.5 塘体防渗施工应符合下列规定：

1 防渗材料性能、规格、质量应按设计要求严格控制；

2 防渗材料应按国家有关标准、规定进行检验；

3 防渗部位应按设计要求进行施工；

4 预埋管的防渗措施应符合设计要求。

6.6.6 塘体混凝土、砌体结构工程施工应符合本规范第 6.2～6.5 节和 6.7 节的相关规定。

6.6.7 与塘体连接的预制管道铺设应符合现行国家标准《给水排水管道工程施工及验收规范》GB 50268 的相关规定。

6.7 附属构筑物

6.7.1 主体构筑物的走道平台、梯道、设备基础、导流墙（槽）、支架、盖板、栏杆等的细部结构工程，各类工艺井（如吸水井、泄空井、浮渣井）、管廊桥架、闸槽、水槽（廊）、堰口、穿孔、孔口等的工艺辅助构筑物工程，以及连接管道、管渠工程等的施工应符合本节的规定。

6.7.2 附属构筑物工程施工应符合下列规定：

1 应合理安排与其相关的构筑物施工顺序，确保结构和施工安全；

2 地基基础受到已建构筑物的施工影响或处于已建构筑物的基坑范围内时，应按设计要求进行地基处理；

3 施工前，应对与其相关的已建构筑物进行测量复核；

4 有关土石方、地基基础、结构等工程施工应按本规范第 4、6 章等的规定进行；

5 应做好相邻构筑物的沉降观测工作。

6.7.3 细部结构、工艺辅助构筑物工程施工应符合下列规定：

1 构筑物水平位置、高程、结构尺寸、工艺尺寸等应符合设计要求；

2 对薄壁混凝土结构或外形复杂的构筑物，采取相应的施工技术措施，确保模板及支架稳固、拼接严密，防止钢筋变形、走动，避免混凝土缺陷的出现；

3 施工中应严格控制过水的堰、口、孔、槽等高程和线形；

4 细部结构与主体结构刚性连接，其变形缝设置应一致、贯通；

5 与已浇筑结构衔接施工时，应调正预留钢筋、插筋，钢筋接头应符合本规范第 6.2.4 条的相关规定；混凝土结合面应按施工缝要求处置；

6 设备基础、穿墙管道、闸槽等采用二次混凝土或灌浆施工时应密实不渗，宜选择具有流动性好、早强快凝的微膨胀混凝土或灌浆材料；

7 穿墙部位施工，其接缝填料、止水措施应符合设计要求。

6.7.4 混凝土试块的留置及混凝土试块验收合格标准应符合本规范第 6.2.8 条的规定，其验收批的确定应符合下列规定：

1 相继连续浇筑，同一混凝土配比、且均一次浇筑成型的若干个附属构筑物，抗压试块每次累计浇筑 $100m^3$ 作为一个验收批留置，无需区分构筑物；抗渗试块亦按每次累计浇筑 $500m^3$ 作为一个验收批留置，无需区分底板、侧墙和顶板；

2 同一混凝土配比的主体和附属构筑物同时浇筑时，应以主体结构为主设验收批，该附属构筑物无需再单独留置试块；

3 设置施工缝、分次浇筑的较大型混凝土附属构筑物，验收批仍应按本规范第 6.2.8 条的规定执行；

4 现浇钢筋混凝土管渠，应按本规范第 6.2.8 条的规定执行；连续浇筑若干节管渠，可按不超过 4 节或 100m 的施工段作为一个验收批留置。

6.7.5 砌筑砂浆试块留置及砂浆试块验收合格标准应符合本规范第 6.5.2、6.5.3 条的规定，其验收批的确定应符合下列规定：

1 构筑物类型相同且单个砌体不足 $30m^3$ 时，该类型构筑物每次累计砌筑 $100m^3$ 作为一个验收批；

2 砌体结构管渠可按两道变形缝之间的施工段作为一个验收批。

6.7.6 砌体结构管渠的施工应符合本规范第 6.5 节的相关规定和设计要求，并应符合下列规定：

1 管渠变形缝施工应符合下列规定：

1）变形缝内应清除干净，两侧应涂刷冷底子油一道；

2）缝内填料应填塞密实；

3）灌注沥青等填料应待灌注底板缝的沥青冷却后，再灌注墙缝，并应连续灌满灌实；

4）缝外墙面铺贴沥青卷材时，应将底层抹平，铺贴平整，不得有拥包现象；

2 砌筑拱圈应符合下列规定：

1）拱胎的模板尺寸应符合施工方案要求，并留出模板伸胀缝，板缝应严实平整；

2）拱胎的安装应稳固，高程准确，拆装简易；

3）砌筑前，拱胎应充分湿润，冲洗干净，并均匀涂刷隔离剂；

4）砌筑应自两侧向拱中心对称进行，灰缝匀称，拱中心位置正确，灰缝砂浆饱满严密；

5）应采用退茬法砌筑，每块砌块退半块留茬，拱圈应在 24h 内封顶，两侧拱圈之间应满铺砂浆，拱顶上不得堆置器材；

3 采用混凝土砌块砌筑拱形管渠或管渠的弯道时，宜采用楔形或扇形砌块；砌体垂直灰缝宽度大于 30mm 时，应采用细石混凝土灌实，混凝土强度等级不应小于 C20；

4 反拱砌筑应符合下列规定：

1）砌筑前，应按设计要求的弧度制作反拱的样板，沿设计轴线每隔 10m 设一块；

2）根据样板挂线，先砌中心的一列砖、石，并找准高程后接砌两侧，灰缝不得凸出砖面，反拱砌筑完成后，应待砂浆强度达到设计抗压强度的 75%时，方可踩压；

3）反拱表面应光滑平顺，高程允许偏差应为±10mm；

5 拱形管渠侧墙砌筑养护完毕安装拱胎前，两侧墙外回填土时，墙内应采取措施，保持墙体稳定；

6 砌筑后的砌体应及时进行养护，并不得遭受冲刷、振动或撞击；砂浆强度达到设计抗压强度的 75%时，方可在无振动条件下拆除拱胎；

7 砌筑结构管渠抹面应符合下列规定：

1）渠体表面粘接的杂物应清理干净，并洒水湿润；

2）水泥砂浆抹面宜分两道，第一道抹面应刮平使表面造成粗糙纹，第二道抹平后，应分两次压实抹光；

3）抹面应压实抹平，施工缝留成阶梯形；接茬时，应先将留茬均匀涂刷水泥浆一道，并依次抹压，使接茬严密；阴阳角应抹成圆角；

4）抹面砂浆终凝后，应及时保持湿润养护，养护时间不宜少于 14d；

8 安装矩形管渠钢筋混凝土盖板应符合下列规定：

1）安装前，墙顶应清扫干净，洒水湿润，

而后铺浆安装；

2）安装的板缝宽度应均匀一致，吊装时应轻放，不得碰撞；

3）盖板就位后，相邻板底错台不应大于10mm，板端压墙长度，允许偏差为±10mm；板缝及板端的三角灰，采用水泥砂浆填实。

6.7.7 现浇钢筋混凝土结构管渠施工应符合本规范第6.2节的规定和设计要求，并应符合下列规定：

1 现浇拱形管渠模板支设时，拱架结构应简单、坚固，便于制作与拆装；倒拱形渠底流水面部分，应使内模略低于设计高程，且拱面模板应圆整光滑；采用木模时，拱面中心宜设八字缝板一块；

2 现浇圆形钢筋混凝土结构管渠模板的支设应符合下列规定：

1）浇筑混凝土基础时，应埋设固定钢筋骨架的架立筋、内模箍筋地锚和外模地锚；

2）基础混凝土抗压强度达到1.2MPa后，应固定钢筋骨架及管内模；

3）管内模尺寸不应小于设计要求，并便于拆装；采用木模时，应在圆内对称位置各设八字缝板一块；浇筑前模板应洒水湿透；

4）管外模直面部分和堵头板应一次支设，直面部分应设八字缝板，弧面部分宜在浇筑过程中支设；外模采用框架固定时，应防止整体结构的纵向扭曲变形；

3 管渠变形缝内止水带的设置位置应准确牢固，与变形缝垂直，与墙体中心对正；架立止水带的钢筋应预先制作成型；

4 管渠钢筋骨架的安设与定位，应在基础混凝土抗压强度达到规定要求后，将钢筋骨架放在预埋架立筋的预定位置，使其平直后与架立筋焊牢；钢筋骨架的段与段之间的纵向钢筋应相间地焊接与绑扎；

5 管渠基础下的砂垫层铺平拍实后，混凝土浇筑前不得踩踏；浇筑管渠基础垫层时，基础面高程宜低于设计基础面，其允许偏差应为0～－10mm；

6 现浇钢筋混凝土矩形管渠的施工缝应留在墙底腋角以上不小于200mm处；侧墙与顶板宜连续浇筑，浇筑至墙顶时，宜间歇1～1.5h后，再继续浇筑顶板；

7 混凝土浇筑不得发生离析现象，管渠两侧应对称浇筑，高差不宜大于300mm；

8 圆形管渠两侧混凝土的浇筑，浇筑到管径之半的高度时，宜间歇1～1.5h后再继续浇筑；

9 现浇钢筋混凝土结构管渠，除应遵守常规的混凝土浇筑与养护要求外，并应符合下列规定：

1）管渠顶及拱顶混凝土的坍落度宜降低10～20mm；

2）宜选用碎石作混凝土的粗骨料；

3）增加二次振捣，顶部厚度不得小于设计值；

4）初凝后抹平压光；

10 浇筑管渠混凝土时，应经常观察模板、支架、钢筋骨架预埋件和预留孔洞，有变形或位移时，应立即修整。

6.7.8 装配式钢筋混凝土结构管渠施工应符合本规范第6.3节的规定和设计要求，并应符合下列规定：

1 装配式管渠的基础与墙体等上部构件采用杯口连接时，杯口宜与基础一次连续浇筑；采用分期浇筑时，其基础面应凿毛并清洗干净后方可浇筑；

2 矩形或拱形构件的安装应符合下列规定：

1）基础杯口混凝土达到设计强度的75%以后，方可进行安装；

2）安装前应将与构件连接部位凿毛清洗，杯底应铺设水泥砂浆；

3）安装时应使构件稳固、接缝间隙符合设计的要求；

3 管渠侧墙两板间的竖向接缝应采用设计要求的材料填实；设计无要求时，宜采用细石混凝土或水泥砂浆填实；

4 后浇杯口混凝土的浇筑，宜在墙体构件间接缝填筑完毕，杯口钢筋绑扎后进行；后浇杯口混凝土达到设计抗压强度的75%以后方可回填土；

5 矩形或拱形构件进行装配施工时，其水平接缝应铺满水泥砂浆，使接缝咬合，且安装后应及时勾抹压实接缝内外面；

6 矩形或拱形构件的填缝或勾缝应先做外缝，后做内缝，并适时洒水养护；内部填缝或勾缝，应在管渠外部回填土后进行；

7 管渠顶板的安装应轻放，不得振裂接缝，并应使顶板缝与墙板缝错开。

6.7.9 管渠的功能性试验应符合现行国家标准《给水排水管道工程施工及验收规范》GB 50268的相关规定。压力管渠水压试验时，其允许渗水量应符合式（6.7.9-1）的规定：

压力管渠：$$Q_1=0.014D_i=0.014\frac{S}{\pi} \quad (6.7.9\text{-}1)$$

无压管渠闭水试验时，其允许渗水量应符合式（6.7.9-2）的规定：

无压管渠：$$Q_2=1.25\sqrt{D_i}=1.25\sqrt{\frac{S}{\pi}} \quad (6.7.9\text{-}2)$$

式中 Q_1——压力管渠允许渗水量[L/(min·km)]；

Q_2——无压管渠允许渗水量[m^3/(24h·km)]；

D_i——管道内径（mm）；

S——管渠的湿周周长（mm）。

6.8 质量验收标准

6.8.1 模板应符合下列规定：

主 控 项 目

1 模板及其支架应满足浇筑混凝土时的承载能力、刚度和稳定性要求，且应安装牢固；

检查方法：观察；检查模板支架设计、验算。

2 各部位的模板安装位置正确、拼缝紧密不漏浆；对拉螺栓、垫块等安装稳固；模板上的预埋件、预留孔洞不得遗漏，且安装牢固；

检查方法：观察；检查模板设计、施工方案。

3 模板清洁、脱模剂涂刷均匀，钢筋和混凝土接茬处无污渍；

检查方法：观察。

一 般 项 目

4 浇筑混凝土前，模板内的杂物应清理干净；钢模板板面不应有明显锈渍；

检查方法：观察。

5 对清水混凝土工程及装饰混凝土工程，应使用能达到设计效果的模板；

检查方法：观察。

6 整体现浇混凝土模板安装允许偏差应符合表6.8.1的规定。

表 6.8.1 整体现浇混凝土水处理构筑物模板安装允许偏差

<table>
<tr><th colspan="4" rowspan="2">检查项目</th><th rowspan="2">允许偏差（mm）</th><th colspan="2">检查数量</th><th rowspan="2">检查方法</th></tr>
<tr><th>范围</th><th>点数</th></tr>
<tr><td>1</td><td colspan="3">相邻板差</td><td>2</td><td>每 20m</td><td>1</td><td>用靠尺量测</td></tr>
<tr><td>2</td><td colspan="3">表面平整度</td><td>3</td><td>每 20m</td><td>1</td><td>用 2m 直尺配合塞尺检查</td></tr>
<tr><td>3</td><td colspan="3">高程</td><td>±5</td><td>每 10m</td><td>1</td><td>用水准仪测量</td></tr>
<tr><td rowspan="2">4</td><td rowspan="2">垂直度</td><td rowspan="2">池壁、柱</td><td>$H \leqslant 5$m</td><td>5</td><td rowspan="2">每 10m（每柱）</td><td>1</td><td rowspan="2">用垂线或经纬仪测量</td></tr>
<tr><td>5m<$H \leqslant$15m</td><td>0.1%H，且≤6</td><td>2</td></tr>
<tr><td rowspan="3">5</td><td rowspan="3">平面尺寸</td><td colspan="2">$L \leqslant 20$m</td><td>±10</td><td rowspan="3">每池（每仓）</td><td>4</td><td rowspan="3">用钢尺量测</td></tr>
<tr><td colspan="2">20m≤L≤50m</td><td>±L/2000</td><td>6</td></tr>
<tr><td colspan="2">$L \geqslant 50$m</td><td>±25</td><td>8</td></tr>
<tr><td rowspan="4">6</td><td rowspan="4">截面尺寸</td><td colspan="2">池壁、顶板</td><td>±3</td><td>每池（每仓）</td><td>4</td><td rowspan="4">用钢尺量测</td></tr>
<tr><td colspan="2">梁、柱</td><td>±3</td><td>每梁柱</td><td>1</td></tr>
<tr><td colspan="2">洞净空</td><td>±5</td><td>每洞</td><td>1</td></tr>
<tr><td colspan="2">槽、沟净空</td><td>±5</td><td>每 10m</td><td>1</td></tr>
</table>

续表 6.8.1

<table>
<tr><th colspan="3" rowspan="2">检查项目</th><th rowspan="2">允许偏差（mm）</th><th colspan="2">检查数量</th><th rowspan="2">检查方法</th></tr>
<tr><th>范围</th><th>点数</th></tr>
<tr><td rowspan="4">7</td><td rowspan="4">轴线位移</td><td>底板</td><td>10</td><td>每侧面</td><td>1</td><td rowspan="4">用经纬仪测量</td></tr>
<tr><td>墙</td><td rowspan="2">5</td><td>每 10m</td><td rowspan="2">1</td></tr>
<tr><td>梁、柱</td><td>每柱</td></tr>
<tr><td>预埋件、预埋管</td><td>3</td><td>每件</td><td>1</td></tr>
<tr><td>8</td><td>中心位置</td><td>预留洞</td><td>5</td><td>每洞</td><td>1</td><td>用钢尺量测</td></tr>
<tr><td rowspan="2">9</td><td rowspan="2">止水带</td><td>中心位移</td><td>5</td><td>每 5m</td><td>1</td><td>用钢尺量测</td></tr>
<tr><td>垂直度</td><td>5</td><td>每 5m</td><td>1</td><td>用垂线配合钢尺量测</td></tr>
</table>

注：1 L 为混凝土底板和池体的长、宽或直径，H 为池壁、柱的高度；

2 止水带指设计为防止变形缝渗水或漏水而设置的阻水装置，不包括施工单位为防止混凝土施工缝漏水而加的止水板；

3 仓指构筑物中由变形缝、施工缝分隔而成的一次浇筑成型的结构单元。

6.8.2 钢筋应符合下列规定：

主 控 项 目

1 进场钢筋的质量保证资料应齐全，每批的出厂质量合格证明书及各项性能检验报告应符合国家有关标准规定和设计要求；受力钢筋的品种、级别、规格和数量必须符合设计要求；钢筋的力学性能检验、化学成分检验等应符合现行国家标准《混凝土结构工程施工质量验收规范》GB 50204 的相关规定；

检查方法：观察；检查每批的产品出厂质量合格证明、性能检验报告及有关的复验报告。

2 钢筋加工时，受力钢筋的弯钩和弯折、箍筋的末端弯钩形式等应符合现行国家标准《混凝土结构工程施工质量验收规范》GB 50204 的相关规定和设计要求；

检查方法：观察；检查施工记录，用钢尺量测。

3 纵向受力钢筋的连接方式应符合设计要求；受力钢筋采用机械连接接头或焊接接头时，其接头应按现行国家标准《混凝土结构工程施工质量验收规范》GB 50204 的相关规定进行力学性能检验；

检查方法：观察；检查施工记录，检查连接材料的产品质量合格证及接头力学性能检验报告。

4 同一连接区段内的受力钢筋，采用机械连接或焊接接头时，接头面积百分率应符合现行国家标准《混凝土结构工程施工质量验收规范》GB 50204 的相关规定；采用绑扎接头时，接头面积百分率及最小搭接长度应符合本规范第6.2.4条第3款的规定；

检查方法：观察；检查施工记录；用钢尺量测（检查数量：底板、侧墙、顶板以及柱、梁、独立基础等部位抽测均不少于20%）。

一 般 项 目

5 钢筋应平直、无损伤，表面不得有裂纹、油污、颗粒状或片状老锈；

检查方法：观察；检查施工记录。

6 成型的网片或骨架应稳定牢固，不得有滑动、折断、位移、伸出等情况；绑扎接头应扎紧并向内折；

检查方法：观察。

7 钢筋安装就位后应稳固，无变形、走动、松散等现象；保护层符合要求；

检查方法：观察。

8 钢筋加工的形状、尺寸应符合设计要求，其偏差应符合表6.8.2-1的规定；

表 6.8.2-1 钢筋加工的允许偏差

检查项目			允许偏差（mm）	检查数量		检查方法
				范 围	点数	
1	受力钢筋成型长度		+5，−10	每批、每一类型抽查1%且不少于3根	1	用钢尺量测
2	弯起钢筋	弯起点位置	±20		1	用钢尺量测
		弯起点高度	0，−10		1	
3	箍筋尺寸		±5		2	用钢尺量测，宽、高各量1点

9 钢筋安装的允许偏差应符合表6.8.2-2的规定。

表 6.8.2-2 钢筋安装位置允许偏差

检查项目			允许偏差（mm）	检查数量		检查方法
				范围	点数	
1	受力钢筋的间距		±10	每5m	1	用钢尺量测
2	受力钢筋的排距		±5	每5m	1	
3	钢筋弯起点位置		20	每5m	1	
4	箍筋、横向钢筋间距	绑扎骨架	±20	每5m	1	
		焊接骨架	±10	每5m	1	
5	圆环钢筋同心度（直径小于3m管状结构）		±10	每3m	1	
6	焊接预埋件	中心线位置	3	每件	1	
		水平高差	±3	每件	1	
7	受力钢筋的保护层	基础	0～+10	每5m	4	
		柱、梁	0～+5	每柱、梁	4	
		板、墙、拱	0～+3	每5m	1	

6.8.3 现浇混凝土应符合下列规定：

主 控 项 目

1 现浇混凝土所用的水泥、细骨料、粗骨料、外加剂等原材料的产品质量保证资料应齐全，每批的出厂质量合格证明书及各项性能检验报告应符合本规范第6.2.6条的规定和设计要求；

检查方法：观察；检查每批的产品出厂质量合格证明、性能检验报告及有关的复验报告。

2 混凝土配合比应满足施工和设计要求；

检查方法：观察；检查混凝土配合比设计，检查试配混凝土的强度、抗渗、抗冻等试验报告；对于商品混凝土还应检查出厂质量合格证明等。

3 结构混凝土的强度、抗渗和抗冻性能应符合设计要求；其试块的留置及质量评定应符合本规范第6.2.8条的相关规定；

检查方法：检查施工记录；检查混凝土试块的试验报告、混凝土质量评定统计报告。

4 混凝土结构应外光内实；施工缝后浇带部位应表面密实，无冷缝、蜂窝、露筋现象，否则应修理补强；

检查方法：观察；检查施工缝处理方案，检查技术处理资料。

5 拆模时的混凝土结构强度应符合本规范第6.2.3条的相关规定和设计要求；

检查方法：观察；检查同条件养护下的混凝土强度试块报告。

一 般 项 目

6 浇筑现场的混凝土坍落度或维勃稠度符合配合比设计要求；

检查方法：观察；检查混凝土坍落度或维勃稠度检验记录，检查施工配合比；检查现场搅拌混凝土原材料的称量记录。

7 模板在浇筑中无变位、变形、漏浆等现象，拆模后无粘模、缺棱掉角及损伤表面等现象；

检查方法：观察；检查施工记录。

8 施工缝后浇带位置应符合设计要求，表面平顺，无明显漏浆、错台、色差等现象；

检查方法：观察；检查施工记录。

9 混凝土表面无明显收缩裂缝；

检查方法：观察；检查混凝土记录。

10 对拉螺栓孔的填封应密实、平整，无收缩现象；

检查方法：观察；检查填封材料的配合比。

6.8.4 装配式混凝土结构的构件安装应符合下列规定：

主 控 项 目

1 装配式混凝土所用的原材料、预制构件等的产品质量保证资料应齐全，每批的出厂质量合格证明书及各项性能检验报告应符合国家有关标准规定和设计要求；

检查方法：观察；检查每批的原材料、构件出厂质量合格证明、性能检验报告及有关的复验报告；对于现场制作的混凝土构件应按本规范第6.8.3条的规定执行。

2 预制构件上的预埋件、插筋、预留孔洞的规格、位置和数量应符合设计要求；

检查方法：观察。

3 预制构件的外观质量不应有严重质量缺陷，且不应有影响结构性能和安装、使用功能的尺寸偏差；

检查方法：观察；检查技术处理方案、资料；用钢尺量测。

4 预制构件与结构之间、预制构件之间的连接应符合设计要求；构件安装应位置准确，垂直、稳固；相邻构件湿接缝及杯口、杯槽填充部位混凝土应密实，无漏筋、孔洞、夹渣、疏松现象；钢筋机械或焊接接头连接可靠；

检查方法：观察；检查预留钢筋机械或焊接接头连接的力学性能检验报告，检查混凝土强度试块试验报告。

5 安装后的构筑物尺寸、表面平整度应满足设计和设备安装及运行的要求；

检查方法：观察；检查安装记录；用钢尺等量测。

一 般 项 目

6 预制构件的混凝土表面应平整、洁净，边角整齐；外观质量不宜有一般缺陷；

检查方法：观察；检查技术处理方案、资料。

7 构件安装时，应将杯口、杯槽内及构件连接面的杂物、污物清理干净，界面处理满足安装要求；

检查方法：观察。

8 现浇混凝土杯口、杯槽内表面应平整、密实；预制构件安装不应出现扭曲、损坏、明显错台等现象；

检查方法：观察。

9 预制构件制作的允许偏差应符合表6.8.4-1的规定；

10 钢筋混凝土池底板及杯口、杯槽的允许偏差应符合表6.8.4-2的规定；

11 预制混凝土构件安装允许偏差应符合表6.8.4-3的规定。

表 6.8.4-1 预制构件制作的允许偏差

	检查项目		允许偏差（mm）板	允许偏差（mm）梁、柱	检查数量 范围	检查数量 点数	检查方法
1	长度		±5	−10	每构件	2	用钢尺量测
2	横截面尺寸	宽	−8	±5			
		高	±5	±5			
		肋宽	+4，−2	—			
		厚	+4，−2	—			
3	板对角线差		10	—		2	用钢尺量测
4	直顺度（或曲梁的曲度）		L/1000，且不大于20	L/750，且不大于20		2	用小线（弧形板）、钢尺量测
5	表面平整度		5	—		2	用2m直尺、塞尺量测
6	预埋件	中心线位置	5	5	每处	1	用钢尺量测
		螺栓位置	5	5			
		螺栓明露长度	+10，−5	+10，−5			
7	预留孔洞中心线位置		5	5		1	用钢尺量测
8	受力钢筋的保护层		+5，−3	+10，−5	每构件	4	用钢尺量测

注：1 L为构件长度（mm）；
2 受力钢筋的保护层偏差，仅在必要时进行检查；
3 横截面尺寸栏内的高，对板系指其肋高。

表 6.8.4-2 装配式钢筋混凝土水处理构筑物底板及杯口、杯槽的允许偏差

	检查项目		允许偏差（mm）	检查数量 范围	检查数量 点数	检查方法
1	圆池半径		±20	每座池	6	用钢尺量测
2	底板轴线位移		10	每座池	2	用经纬仪测量横纵各1点
3	预留杯口、杯槽	轴线位置	8	每5m	1	用钢尺量测
		内底面高程	0，−5	每5m	1	用水准仪测量
		底宽、顶宽	+10，−5	每5m	1	用钢尺量测
4	中心位置偏移	预埋件、预埋管	5	每件	1	用钢尺量测
		预留洞	10	每洞	1	用钢尺量测

表 6.8.4-3 预制壁板（构件）安装允许偏差

检查项目			允许偏差（mm）	检查数量		检查方法
				范围	点数	
1	壁板、墙板、梁、柱中心轴线		5	每块板（每梁、柱）	1	用钢尺量测
2	壁板、墙板、柱高程		±5	每块板（每柱）	1	用水准仪测量测
3	壁板、墙板及柱垂直度	$H\leqslant5$m	5	每块板（每梁、柱）	1	用垂球配合钢尺量测
		$H>5$m	8	每块板（每梁、柱）	1	
4	挑梁高程		−5，0	每梁	1	用水准仪量测
5	壁板、墙板与定位中线半径		±10	每块板	1	用钢尺量测
6	壁板、墙板、拱构件间隙		±10	每处	2	用钢尺量测

注：H 为壁板及柱的全高。

6.8.5 圆形构筑物缠丝张拉预应力混凝土应符合下列规定：

主 控 项 目

1 预应力筋和预应力锚具、夹具、连接器以及保护层所用水泥、砂、外加剂等的产品质量保证资料应齐全，每批的出厂质量合格证明书及各项性能检验报告应符合本规范第 6.4.2 条的相关规定和设计要求；

检查方法：观察；检查每批的原材料出厂质量合格证明、性能检验报告及有关的复验报告。

2 预应力筋的品种、级别、规格、数量、下料、墩头加工以及环向预应力筋和锚具槽的布置、锚固位置必须符合设计要求；

检查方法：观察。

3 缠丝时，构件及拼接处的混凝土强度应符合本规范第 6.4.8 条的规定；

检查方法：观察；检查混凝土强度试块试验报告。

4 缠丝应力应符合设计要求；缠丝过程中预应力筋应无断裂，发生断裂时应将钢丝接好，并在断裂位置左右相邻锚固槽各增加一个锚具；

检查方法：观察；检查张拉记录、应力测量记录，技术处理资料。

5 保护层砂浆的配合比计量准确，其强度、厚度应符合设计要求，并应与预应力筋（钢丝）粘结紧密，无漏喷、脱落现象；

检查方法：观察；检查水泥砂浆强度试块试验报告，检查喷浆施工记录。

一 般 项 目

6 预应力筋展开后应平顺，不得有弯折，表面不应有裂纹、刺、机械损伤、氧化铁皮和油污；

检查方法：观察。

7 预应力锚具、夹具、连接器等的表面应无污物、锈蚀、机械损伤和裂纹；

检查方法：观察。

8 缠丝顺序应符合设计和施工方案要求；各圈预应力筋缠绕与设计位置的偏差不得大于 15mm；

检查方法：观察；检查张拉记录、应力测量记录；每圈预应力筋的位置用钢尺量，并不少于 1 点。

9 保护层表面应密实、平整，无空鼓、开裂等缺陷现象；

检查方法：观察；检查技术处理方案、资料。

10 预应力筋保护层允许偏差应符合表 6.8.5 规定。

表 6.8.5 预应力筋保护层允许偏差

检查项目		允许偏差（mm）	检查数量		检查方法
			范围	点数	
1	平整度	30	每 50m²	1	用 2m 直尺配合塞尺量测
2	厚度	不小于设计值	每 50m²	1	喷浆前埋厚度标记

6.8.6 后张法预应力混凝土应符合下列规定：

主 控 项 目

1 预应力筋和预应力锚具、夹具、连接器以及有粘结预应力筋孔道灌浆所用水泥、砂、外加剂、波纹管等的产品质量保证资料应齐全，每批的出厂质量合格证明书及各项性能检验报告应符合本规范第 6.4.2 条的相关规定和设计要求；

检查方法：观察；检查每批的原材料出厂质量合格证明、性能检验报告及有关的复验报告。

2 预应力筋的品种、级别、规格、数量下料加工必须符合设计要求；

检查方法：观察。

3 张拉时混凝土强度应符合本规范第 6.4.8 条的规定；

检查方法：观察；检查混凝土试块的试验报告。

4 后张法张拉应力和伸长值、断裂或滑脱数量、内缩量等应符合本规范 6.4.13 条第 4、5、6 款的规定和设计要求；

检查方法：观察；检查张拉记录。

5 有粘结预应力筋孔道灌浆应饱满、密实；灌浆水泥砂浆强度应符合设计要求；

检查方法：观察；检查水泥砂浆试块的试验报告。

一 般 项 目

6 有粘结预应力筋应平顺，不得有弯折，表面不应有裂纹、刺、机械损伤、氧化铁皮和油污；无粘结预应力筋护套应光滑，无裂缝和明显褶皱；

检查方法：观察。

7 预应力锚具、夹具、连接器等的表面应无污物、锈蚀、机械损伤和裂纹；波纹管外观应符合本规范第6.4.5条第2款的规定；

检查方法：观察。

8 后张法有粘结预应力筋预留孔道的规格、数量、位置和形状应符合设计要求，并应符合下列规定：

1）预留孔道的位置应牢固，浇筑混凝土时不应出现位移和变形；

2）孔道应平顺，端部的预埋锚垫板应垂直于孔道中心线；

3）成孔用管道应封闭良好，接头应严密且不得漏浆；

4）灌浆孔的间距：预埋波纹管不宜大于30m；抽芯成型孔道不宜大于12m；

5）曲线孔道的曲线波峰部位应设排气（泌水）管，必要时可在最低点设置排水孔；

6）灌浆孔及泌水管的孔径应能保证浆液畅通；

检查方法：观察；用钢尺量。

9 无粘结预应力筋的铺设应符合下列规定：

1）无粘结预应力筋的定位牢固，浇筑混凝土时不应出现移位和变形；

2）端部的预埋锚垫板应垂直于预应力筋；

3）内埋式固定端垫板不应重叠，锚具与垫板应贴紧；

4）无粘结预应力筋成束布置时应能保证混凝土密实并能裹住预应力筋；

5）无粘结预应力筋的护套应完整，局部破损处应采用防水胶带缠绕紧密；

检查方法：观察。

10 预应力筋张拉后与设计位置的偏差不得大于5mm，且不得大于池壁截面短边边长的4%；

检查方法：每工作班检查3%、且不少于3束预应力筋，用钢尺量。

11 封锚的保护层厚度、外露预应力筋的保护层厚度、封锚混凝土强度应符合本规范第6.4.13条第10款的规定；

检查方法：观察；检查封锚混凝土试块的试验报告，检查5%、且不少于5处；预应力筋保护层厚度，用钢尺量。

6.8.7 混凝土结构水处理构筑物应符合下列规定：

主 控 项 目

1 水处理构筑物结构类型、结构尺寸以及预埋件、预留孔洞、止水带等规格、尺寸应符合设计要求；

检查方法：观察；检查施工记录、测量记录、隐蔽验收记录。

2 混凝土强度符合设计要求；混凝土抗渗、抗冻性能符合设计要求；

检查方法：检查配合比报告；检查混凝土抗压、抗渗、抗冻试块试验报告。

3 混凝土结构外观无严重质量缺陷；

检查方法：观察，检查技术处理方案、资料。

4 构筑物外壁不得渗水；

检查方法：观察，检查技术处理方案、资料。

5 构筑物各部位以及预埋件、预留孔洞、止水带等的尺寸、位置、高程、线形等的偏差，不得影响结构性能和水处理工艺平面布置、设备安装、水力条件；

检查方法：观察；检查施工记录、测量放样记录。

一 般 项 目

6 混凝土结构外观不宜有一般质量缺陷；

检查方法：观察；检查技术处理方案、资料。

7 结构无明显湿渍现象；

检查方法：观察。

8 结构表面应光洁和顺、线形流畅；

检查方法：观察。

9 混凝土结构水处理构筑物允许偏差应符合表6.8.7的规定。

表6.8.7 混凝土结构水处理构筑物允许偏差

检查项目			允许偏差（mm）	检查数量		检查方法
				范围	点数	
1	轴线位移	池壁、柱、梁	8	每池壁、柱、梁	2	用经纬仪测量纵横轴线各计1点
2	高程	池壁顶	±10	每10m	1	用水准仪测量
		底板顶		每25m²	1	
		顶板		每25m²	1	
		柱、梁		每柱、梁	1	
3	平面尺寸（池体的长、宽或直径）	L≤20m	±20	长、宽各2；直径各4		用钢尺量测
		20m<L≤50m	±L/1000			
		L>50m	±50			
4	截面尺寸	池壁	+10，−5	每10m	1	用钢尺量测
		底板		每10m	1	
		柱、梁		每柱、梁	1	
		孔、洞、槽内净空	±10	每孔、洞、槽	1	用钢尺量测

续表 6.8.7

检查项目			允许偏差(mm)	检查数量		检查方法
				范围	点数	
5	表面平整度	一般平面	8	每 $25m^2$	1	用2m直尺配合塞尺检查
		轮轨面	5	每10m	1	用水准仪测量
6	墙面垂直度	$H \leqslant 5m$	8	每10m	1	用垂线检查
		$5m < H \leqslant 20m$	$1.5H/1000$	每10m	1	
7	中心线位置偏移	预埋件、预埋管	5	每件	1	用钢尺量测
		预留洞	10	每洞	1	
		水槽	±5	每10m	2	用经纬仪测量纵横轴线各计1点
8	坡度		0.15%	每10m	1	水准仪测量

注：1 H 为池壁全高，L 为池体的长、宽或直径；
2 检查轴线、中心线位置时，应沿纵、横两个方向测量，并取其中的较大值；
3 水处理构筑物所安装的设备有严于本条规定的特殊要求时，应按特殊要求执行，但在水处理构筑物施工前，设计单位必须给予明确。

6.8.8 砖石砌体结构水处理构筑物应符合下列规定：

主 控 项 目

1 砖、石以及砌筑、抹面用的水泥、砂等材料的产品质量保证资料应齐全，每批的出厂质量合格证明书及各项性能检验报告应符合本规范第6.5.1条的相关规定和设计要求；

检查方法：观察；检查产品质量合格证、出厂检验报告和及有关的进场复验报告。

2 砌筑、抹面砂浆配合比应满足施工和本规范第6.5.1条的相关规定；

检查方法：观察；检查砌筑砂浆配合比单及记录；对于商品砌筑砂浆还应检查出厂质量合格证明等。

3 砌筑、抹面砂浆的强度应符合设计要求；其试块的留置及质量评定应符合本规范第6.5.2、6.5.3条的相关规定；

检查方法：检查施工记录；检查砌筑砂浆试块的试验报告。

4 砌体结构各部位的构造形式以及预埋件、预留孔洞、变形缝位置、构造等应符合设计要求；

检查方法：观察；检查施工记录、测量放样记录。

5 砌筑应垂直稳固、位置正确；灰缝必须饱满、密实、完整，无透缝、通缝、开裂等现象；砖砌抹面时，砂浆与基层及各层间应粘结紧密牢固，不得有空鼓及裂纹等现象；

检查方法：观察；检查施工记录，检查技术处理资料。

一 般 项 目

6 砌筑前，砖、石表面应洁净，并充分湿润；

检查方法：观察。

7 砌筑砂浆应灰缝均匀一致、横平竖直，灰缝宽度的允许偏差为±2mm；

检查方法：观察；每20m用钢尺量10皮砖、石砌体进行折算。

8 抹面时，抹面接茬应平整，阴阳角清晰顺直；

检查方法：观察。

9 勾缝应密实，线形平整、深度一致；

检查方法：观察。

10 砖砌体水处理构筑物施工允许偏差应符合表6.8.8-1的规定；

表 6.8.8-1 砖砌体水处理构筑物施工允许偏差

检查项目			允许偏差(mm)	检查数量		检查方法
				范围	点数	
1	轴线位置（池壁、隔墙、柱）		10	各池壁、隔墙、柱	1	用经纬仪测量
2	高程（池壁、隔墙、柱的顶面）		±15	每5m	1	用水准仪测量
3	平面尺寸（池体长、宽或直径）	$L \leqslant 20m$	±20	每池	4	用钢尺量测
		$20 < L \leqslant 50m$	$\pm L/1000$	每池	4	用钢尺量测
4	垂直度（池壁、隔墙、柱）	$H \leqslant 5m$	8	每5m	1	经纬仪测量或吊线配合钢尺量测
		$H > 5m$	$1.5H/1000$	每5m	1	
5	表面平整度	清水	5	每5m	1	用2m直尺配合塞尺量测
		混水	8	每5m	1	
6	中心位置	预埋件、预埋管	5	每件	1	用钢尺量测
		预埋洞	10	每洞	1	用钢尺量测

注：1 L 为池体长、宽或直径；
2 H 为池壁、隔墙或柱的高度。

11 石砌体水处理构筑物施工允许偏差应符合表6.8.8-2的规定。

表 6.8.8-2 石砌体水处理构筑物施工允许偏差

检查项目			允许偏差(mm)	检查数量		检查方法
				范围	点数	
1	轴线位置（池壁）		10	各池壁	1	用经纬仪测量
2	高程（池壁顶面）		±15	每5m	1	用水准仪测量
3	平面尺寸（池体长、宽或直径）	$L \leqslant 20m$	±20	每5m	1	用钢尺量测
		$20 < L \leqslant 50m$	$\pm L/1000$	每5m	1	

续表 6.8.8-2

检查项目			允许偏差（mm）	检查数量		检查方法
				范围	点数	
4	砌体厚度		+10，−5	每 5m	1	用钢尺量测
5	垂直度（池壁）	$H \leqslant 5$m	10	每 5m	1	经纬仪或吊线、钢尺量
		$H > 5$m	2H/1000	每 5m	1	
6	表面平整度	清水	10	每 5m	1	用 2m 直尺配合塞尺量测
		混水	15	每 5m	1	
7	中心位置	预埋件、预埋管	5	每件	1	用钢尺量测
		预埋洞	10	每洞	1	用钢尺量测

注：1 L 为池体长、宽或直径；

2 H 为池壁高度。

6.8.9 构筑物变形缝应符合下列规定：

主 控 项 目

1 构筑物变形缝的止水带、柔性密封材料等的产品质量保证资料应齐全，每批的出厂质量合格证明书及各项性能检验报告应符合本规范第 6.1.10 条的相关规定和设计要求；

检查方法：观察；检查产品质量合格证、出厂检验报告和及有关的进场复验报告。

2 止水带位置应符合设计要求；安装固定稳固，无孔洞、撕裂、扭曲、褶皱等现象；

检查方法：观察，检查施工记录。

3 先行施工一侧的变形缝结构端面应平整、垂直，混凝土或砌筑砂浆应密实，止水带与结构咬合紧密；端面混凝土外观严禁出现严重质量缺陷，且无明显一般质量缺陷；

检查方法：观察。

4 变形缝应贯通，缝宽均匀一致；柔性密封材料嵌填应完整、饱满、密实；

检查方法：观察。

一 般 项 目

5 变形缝结构端面部位施工完成后，止水带应完整，线形直顺，无损坏、走动、褶皱等现象；

检查方法：观察。

6 变形缝内的填缝板应完整，无脱落、缺损现象；

检查方法：观察。

7 柔性密封材料嵌填前缝内应清洁杂物、污物；嵌填应表面平整，其深度应符合设计要求，并与两侧端面粘结紧密；

检查方法：观察。

8 构筑物变形缝施工允许偏差应符合表 6.8.9 的规定。

表 6.8.9 构筑物变形缝施工的允许偏差

检查项目			允许偏差（mm）	检查数量		检查方法
				范围	点数	
1	结构端面平整度		8	每处	1	用 2m 直尺配合塞尺量测
2	结构端面垂直度		2H/1000，且不大于 8	每处	1	用垂线量测
3	变形缝宽度		±3	每处每 2m	1	用钢尺量测
4	止水带长度		不小于设计要求	每根	1	用钢尺量测
5	止水带位置	结构端面	±5	每处每 2m	1	用钢尺量测
		止水带中心	±5			
6	相邻错缝		±5	每处	4	用钢尺量测

注：H 为结构全高（mm）。

6.8.10 塘体结构应符合下列规定：

1 基槽应符合本规范第 4.7.2、4.7.4 条等的规定，且基槽开挖允许偏差应符合表 6.8.10 的规定；

表 6.8.10 塘体结构基槽开挖允许偏差

检查项目		允许偏差（mm）	检查数量		检查方法
			范围	点数	
1	轴线位移	20	每 10m	1	用经纬仪测量
2	基底高程	±20	每 10m	1	用水准仪测量
3	平面尺寸	±20	每 10m	1	用钢尺量测
4	边坡	设计边坡的 0～3% 范围	每 10m	1	用坡度尺测量

2 塘体结构质量应符合本规范第 5.7.10 条等的规定；对于钢筋混凝土工程，其模板、钢筋、混凝土、混凝土结构构筑物还应分别符合本规范第 6.8.1、6.8.2、6.8.3 和 6.8.7 条的规定。

6.8.11 现浇钢筋混凝土、装配式钢筋混凝土管渠应符合下列规定：

1 模板、钢筋、混凝土、构件安装、变形缝应分别符合本规范第 6.8.1～6.8.4 条和 6.8.9 条的规定；

2 混凝土结构管渠应符合本规范第 6.8.7 条的规定，且其允许偏差应符合表 6.8.11 的规定。

表 6.8.11 混凝土结构管渠允许偏差

检查项目		允许偏差（mm）	检查数量		检查方法
			范围	点数	
1	轴线位置	15	每 5m	1	用经纬仪测量
2	渠底高程	±10	每 5m	1	用水准仪测量
3	管、拱圈断面尺寸	不小于设计要求	每 5m	1	用钢尺量测
4	盖板断面尺寸	不小于设计要求	每 5m	1	用钢尺量测
5	墙高	±10	每 5m	1	用钢尺量测
6	渠底中线每侧宽度	±10	每 5m	2	用钢尺量测
7	墙面垂直度	10	每 5m	2	经纬仪或吊线、钢尺检查
8	墙面平整度	10	每 5m	2	用 2m 靠尺检查
9	墙厚	+10，0	每 5m	2	用钢尺量测

注：渠底高程在竣工后的贯通测量允许偏差可按±20mm 执行。

6.8.12 砖石砌体管渠工程的变形缝、砖石砌体结构管渠质量验收应分别符合本规范第 6.8.8、6.8.9 条的规定，且砖石砌体结构管渠的允许偏差应符合表 6.8.12 的规定。

表 6.8.12 砌体管渠施工质量允许偏差

检查项目			允许偏差（mm）				检查数量		检查方法
			砖	料石	块石	混凝土砌块	范围	点数	
1	轴线位置		15	15	20	15	每 5m	1	用经纬仪测量
2	渠底	高程	±10	±20		±10	每 5m	1	用水准仪测量
		中心线每侧宽	±10	±10	±20	±10	每 5m	2	用钢尺量测
3	墙高		±20	±20		±20	每 5m	2	用钢尺量测
4	墙厚		不小于设计要求				每 5m	2	用钢尺量测
5	墙面垂直度		15	15		15	每 5m	2	经纬仪或吊线、钢尺量测
6	墙面平整度		10	20	30	10	每 5m	2	用 2m 靠尺量测
7	拱圈断面尺寸		不小于设计要求				每 5m	2	用钢尺量测

6.8.13 水处理工艺的辅助构筑物工程中，涉及钢筋混凝土结构的模板、钢筋、混凝土、构件安装等的质量验收应分别符合本规范第 6.8.1～6.8.4 条的规定，涉及砖石砌体结构的质量验收应符合本规范第 6.8.8 条的规定。工艺辅助构筑物的质量验收应符合下列规定：

主 控 项 目

1 有关工程材料、型材等的产品质量保证资料应齐全，并符合国家有关标准的规定和设计要求；

检查方法：观察；检查产品质量合格证、出厂检验报告及有关的进场复验报告。

2 位置、高程、结构和工艺线形尺寸、数量等应符合设计要求，满足运行功能；

检查方法：观察；检查施工记录、测量放样记录。

3 混凝土、水泥砂浆抹面等光洁密实、线形和顺，无阻水、滞水现象；

检查方法：观察。

4 堰板、槽板、孔板等安装应平整、牢固，安装位置及高程应准确，接缝应严密；堰顶、穿孔槽、孔眼的底缘在同一水平面上；

检查方法：观察；检查安装记录；用钢尺、水准仪等量测检查。

一 般 项 目

5 工艺辅助构筑物施工允许偏差应符合表 6.8.13 的规定。

表 6.8.13 工艺辅助构筑物施工的允许偏差

检查项目				允许偏差（mm）	检查数量		检查方法
					范围	点数	
1	轴线位置	工艺井		15	每座	1	用经纬仪测量
		板、堰、槽、孔、眼（混凝土结构）		5	每 3m		
2	高程	工艺井井底		±10	每座		用水准仪测量
		板、堰顶、槽底、孔眼中心	混凝土结构	±5	每 3m	1	
			型板安装	±2			
3	净尺寸	工艺井		不小于设计要求	每座	1	用钢尺量测
		槽、孔、眼	混凝土结构	±5	每 3m	1	
			型板安装	±3			
4	墙面垂直度	工艺井		10	每座	2	经纬仪或吊线、钢尺量测
		堰、槽、孔、眼	混凝土结构	1.5H/1000	每 3m	1	
			型板安装	1.0H/1000			
5	墙面平整度	工艺井		10	每座	2	用 2m 靠尺量测；堰顶、槽底用水平仪测量
		板、堰、槽、孔、眼	混凝土结构	5	每 3m	1	
			型板安装	2			
6	墙厚	工艺井		+10，0	每座	2	用钢尺量测
		板、堰、槽、孔、眼的结构		+5，0	每 3m	1	
7	孔眼间距			±5	每处	1	用钢尺量测

注：H 为全高（mm）。

6.8.14 水处理的细部结构工程中涉及模板、钢筋、混凝土、构件安装、砌筑等质量验收应分别符合本规范第 6.8.1～6.8.4 条和 6.8.8 条的规定；混凝土设备基础、闸槽等的质量应符合本规范第7.4.3条的规定；梯道、平台、栏杆、盖板、走道板、设备行走的钢轨轨道等细部结构应符合下列规定：

主 控 项 目

1 原材料、成品构件、配件等的产品质量保证资料应齐全，并符合国家有关标准的规定和设计要求；

检查方法：观察；检查产品质量合格证、出厂检验报告及有关的进场复验报告。

2 位置和高程、线形尺寸、数量等应符合设计要求，安装应稳固可靠；

检查方法：观察；检查施工记录、测量放样记录。

3 固定构件与结构预埋件应连接牢固；活动构件安装平稳可靠、尺寸匹配，无走动、翘动等现象；混凝土结构外观质量无严重缺陷；

检查方法：观察；检查施工记录和有关的检验记录。

4 安全设施应符合国家有关安全生产的规定；

检查方法：观察；检查施工安全技术方案。

一 般 项 目

5 混凝土结构外观质量不宜有一般缺陷，钢制构件防腐完整，活动走道板无变形、松动等现象；

检查方法：观察。

6 梯道、平台、栏杆、盖板（走道板）安装的允许偏差应符合表6.8.14-1的规定；

表6.8.14-1 梯道、平台、栏杆、盖板（走道板）安装的允许偏差

检查项目				允许偏差（mm）	检查数量		检查方法
					范围	点数	
1	楼梯	长、宽		±5	每座	各2	用钢尺量测
		踏步间距		±3	每处	1	用钢尺量测，取最大值
2	平台	长、宽		±5	每处每5m	各1	用钢尺量测
		局部凸凹度		3	每处	1	用1m直尺量测
3	栏杆	直顺度		5	每10m	1	20m小线量测，取最大值
		垂直度		3	每10m	1	用垂线、钢尺量测
4	盖板（走道板）	混凝土盖板	直顺度	10	每5m	1	用20m小线量测，取最大值
			相邻高差	8	每5m	1	用直尺量测，取最大值
		非混凝土盖板	直顺度	5	每5m	1	用20m小线量测，取最大值
			相邻高差	2	每5m	1	用直尺量测，取最大值

7 构筑物上行走的清污设备轨道铺设的允许偏差应符合表6.8.14-2的规定。

表6.8.14-2 轨道铺设的允许偏差

检查项目		允许偏差（mm）	检查数量		检查方法
			范围	点数	
1	轴线位置	5	每10m	1	用经纬仪测量
2	轨顶高程	±2	每10m	1	用水准仪测量
3	两轨间距或圆形轨道的半径	±2	每10m	1	用钢尺量测
4	轨道接头间隙	±0.5	每处	1	用塞尺测量
5	轨道接头左、右、上三面错位	1	每处	1	用靠尺量测

注：1 轴线位置：对平行两直线轨道，应为两平行轨道之间的中线；对圆形轨道，为其圆心位置；

2 平行两直线轨道接头的位置应错开，其错开距离不应等于行走设备前后轮的轮距。

6.8.15 水处理构筑物的水泥砂浆防水层的质量验收应符合现行国家标准《地下防水工程质量验收规范》GB 50208的相关规定。

6.8.16 水处理构筑物的防腐层质量验收应按现行国家标准《建筑防腐蚀工程施工及验收规范》GB 50212的相关规定执行。

6.8.17 水处理构筑物的钢结构工程，应按现行国家标准《钢结构工程施工质量验收规范》GB 50205的相关规定执行。

7 泵　　房

7.1 一 般 规 定

7.1.1 本章适用于给排水工程中的固定式取水（排放）、输送、提升、增压泵房结构工程施工与验收。小型泵房可参照执行。

7.1.2 泵房施工前准备工作应符合下列规定：

1 施工前应对其施工影响范围内的各类建（构）筑物、河岸和管线的基础等情况进行实地详勘调查，根据安全需要采取相应保护措施；

2 复核泵站内泵房以及各单体构筑物的位置坐标、控制点和水准点；泵房及进出水流道、泵房与泵站内进出水构筑物、其他单体构筑物连接的管道或构筑物，其位置、走向、坡度和标高应符合设计要求；

3 分建式泵站施工应与泵站内进出水构筑物、其他单体构筑物、连接管道兼顾，合理安排单体构筑物的施工顺序；合建式泵站，其泵房施工应包括进出水构筑物等；

4 岸边泵房宜在枯水期施工，并应在汛前施工至安全部位；需度汛时，对已建部分应有防护措施。

7.1.3 泵房施工应符合下列规定：

1 土石方与地基基础工程应按本规范第4章的相关规定执行；

2 泵房地下部分的混凝土及砌筑结构工程应按本规范第6章的有关规定执行；

3 泵房地下部分采用沉井法施工时，应符合本规范第7.3节的规定；水中泵房沉井采用浮运法施工时可按本规范第5.3节的相关规定执行；

4 泵房地面建筑部分的结构工程应符合现行国家标准《建筑地面工程施工质量验收规范》GB 50209及其相关专业规范的规定；

5 泵站内与泵房有关的进出水构筑物、其他单体构筑物以及管渠等工程的施工，应按本规范的相关章节规定执行；

6 预制成品管铺设的管道工程应符合现行国家标准《给水排水管道工程施工及验收规范》GB 50268的相关规定。

7.1.4 应采取措施控制泵房与进、出水构筑物和管道之间的不均匀沉降，满足设计要求。

7.1.5 泵房的主体结构、内部装饰工程施工完毕，现场清理干净，且经检验满足设备安装要求后，方可进行设备安装。

7.1.6 泵房施工应制定高空、起重作业及基坑、模板工程等安全技术措施。

7.2 泵房结构

7.2.1 结构施工前应会同设备安装单位，对相关的设备锚栓或锚板的预埋位置、预留孔洞、预埋件等进行检查核对。

7.2.2 底板混凝土施工应符合下列规定：

1 施工前，地基基础验收合格；

2 设计无要求时，垫层厚度不应小于100mm，平面尺寸宜大于底板，混凝土强度等级不应低于C10；

3 混凝土应连续浇筑，不宜分层浇筑或浇筑面较大时，可采用多层阶梯推进法浇筑，其上下两层前后距离不宜小于1.5m，同层的接头部位应充分振捣，不得漏振；

4 在斜面基底上浇筑混凝土时，应从低处开始，逐层升高，并采取措施保持水平分层，防止混凝土向低处流动；

5 混凝土表面应抹平、压实，防止出现浮层和干缩裂缝。

7.2.3 混凝土结构的高、大模板以及流道、渐变段等外形复杂的模板架设与支撑、脚手架搭设、拆除等，应编制专项施工方案并符合设计要求。模板安装中不得遗漏相关的预埋件和预留孔洞，且应安装牢固、位置准确。

7.2.4 与水接触的混凝土结构施工应符合下列规定：

1 应采取技术措施，提高混凝土质量，避免混凝土缺陷的产生；

2 混凝土原材料、配合比、混凝土浇筑及养护等应符合本规范第6.2节的规定；

3 应按设计要求设置施工缝，并宜少设施工缝；

4 混凝土浇筑应从低处开始，按顺序逐层进行，入模混凝土上升高度应一致平衡；

5 混凝土浇筑完毕应及时养护。

7.2.5 钢筋混凝土进、出水流道施工还应符合下列规定：

1 流道模板安装前宜进行预拼装检验；流道的模板、钢筋安装与绑扎应作统一安排，互相协调；

2 曲面、倾斜面层模板底部混凝土应振捣充分，模板面积较大时，应在适当位置开设便于进料和振捣的窗口；

3 变径流道的线形、断面尺寸应按设计要求施工。

7.2.6 平台、楼层、梁、柱、墙等混凝土结构施工缝的设置应符合下列规定：

1 墙、柱底端的施工缝宜设在底板或基础已有混凝土顶面，其上端施工缝宜设在楼板或大梁的下面；与其嵌固连接的楼层板、梁或附墙楼梯等需要分期浇筑时，其施工缝的位置及插筋、嵌槽应会同设计单位商定；

2 与板连成整体的大断面梁，宜整体浇筑；如需分期浇筑，其施工缝宜设在板底面以下20～30mm处，板下有梁托时，应设在梁托下面；

3 有主、次梁的楼板，施工缝应设在次梁跨中1/3范围内；

4 结构复杂的施工缝位置，应按设计要求留置。

7.2.7 水泵与电机等设备基础施工应符合下列规定：

1 钢筋混凝土基础工程应符合本规范第6章的相关规定和设计要求；

2 水泵和电动机的基础与底板混凝土不同时浇筑时，其接触面除应按施工缝处理外，底板应按设计要求预埋钢筋。

7.2.8 水泵与电机安装进行基座二次混凝土及地脚螺栓预留孔灌浆时，应遵守下列规定：

1 浇筑二次混凝土前，应对一次混凝土表面凿毛清理，刷洗干净；

2 地脚螺栓埋入混凝土部分的油污应清除干净；灌浆前应清除灌浆部位全部杂物；

3 地脚螺栓的弯钩底端不应接触孔底，外缘距离孔壁不应小于15mm；振捣密实，不得撞击地脚螺栓；

4 混凝土或砂浆配比应通过试验确定；浇筑厚度大于或等于40mm时，宜采用细石混凝土灌注；小于40mm时，宜采用水泥砂浆灌注；其强度等级均应比基座混凝土设计强度等级提高一级；

5 混凝土或砂浆达到设计强度的75%以后，方可将螺栓对称拧紧；

6 地脚螺栓预埋采用植筋时，应通过试验确定。

7.2.9 平板闸的闸槽安装位置应准确。闸槽定位及埋件固定检查合格后，应及时浇筑混凝土。

7.2.10 采用转动螺旋泵成型螺旋泵槽时，应将槽面压实抹光。槽面与螺旋叶片外缘间的空隙应均匀一致，并不得小于5mm。

7.2.11 泵房进、出水管道穿过墙体时，穿墙管部位应设置防水套管。套管与管道的间隙，应待泵房沉降稳定后再按设计要求进行填封。

7.2.12 在施工的不同阶段，应经常对泵房以及泵站内其他各单体构筑物进行沉降、位移监测。

7.3 沉　　井

7.3.1 泵房沉井施工方案应包括以下主要内容：

1 施工平面布置图及剖面（包括地质剖面）图；

2 采用分节制作或一次制作，分节下沉或一次下沉的措施；

3 沉井制作的地基处理要求及施工方法；

4 刃脚的承垫及抽除的方案设计；

5 沉井制作的模板设计；

6 沉井制作的混凝土施工方案；

7 分阶段计算下沉系数，制定减阻、加荷、防止突沉和超沉措施；

8 排水下沉或不排水下沉的措施；

9 沉井下沉遇到障碍物的处理措施；

10 沉井下沉中的纠偏、控制措施；

11 挖土、出土、运输、堆土或泥浆处理的方法及其设备的选用；

12 封底方法及质量控制的措施；

13 施工安全措施。

7.3.2 沉井施工应有详细的工程地质及水文地质资料和剖面图，并查勘沉井周围有无地下障碍物或其他建（构）筑物、管线等情况；地质勘探钻孔深度应根据施工需要确定，但不得小于沉井刃脚设计高程以下5m。

7.3.3 沉井制作前应做好下列准备工作：

1 按施工方案要求，进行施工平面布置，设定沉井中心桩，轴线控制桩，基坑开挖深度及边坡；

2 沉井施工影响附近建（构）筑物、管线或河岸设施时，应采取控制措施，并应进行沉降和位移监测，测点应设在不受施工干扰和方便测量地方；

3 地下水位应控制在沉井基坑以下0.5m，基坑内的水应及时排除；采用沉井筑岛法制作时，岛面标高应比施工期最高水位高出0.5m以上；

4 基坑开挖应分层有序进行，保持平整和疏干状态。

7.3.4 制作沉井的地基应具有足够的承载力，地基承载力不能满足沉井制作阶段的荷载时，除对地基进行加固等措施外，刃脚的垫层可采用砂垫层上铺垫木或素混凝土，且应符合下列规定：

1 垫层的结构厚度和宽度应根据土体地基承载力、沉井下沉结构高度和结构形式，经计算确定；素混凝土垫层的厚度还应便于沉井下沉前凿除；

2 砂垫层分布在刃脚中心线的两侧范围，应考虑方便抽除垫木；砂垫层宜采用中粗砂，并应分层铺设、分层夯实；

3 垫木铺设应使刃脚底面在同一水平面上，并符合设计起沉标高的要求；平面布置要均匀对称，每根垫木的长度中心应与刃脚底面中心线重合，定位垫木的布置应使沉井有对称的着力点；

4 采用素混凝土垫层时，其强度等级应符合设计要求，表面平整。

7.3.5 沉井刃脚采用砖模时，其底模和斜面部分可采用砂浆、砖砌筑；每隔适当距离砌成垂直缝。砖模表面可采用水泥砂浆抹面，并应涂一层隔离剂。

7.3.6 沉井结构的钢筋、模板、混凝土工程施工应符合本规范第6章的有关规定和设计要求；混凝土应对称、均匀、水平连续分层浇筑，并应防止沉井偏斜。

7.3.7 分节制作沉井时还应符合下列规定：

1 每节制作高度应符合施工方案要求，且第一节制作高度必须高于刃脚部分；井内设有底梁或支撑梁时应与刃脚部分整体浇筑捣实；

2 设计无要求时，混凝土强度应达到设计强度的75%后，方可拆除模板或浇筑后节混凝土；

3 混凝土施工缝处理应采用凹凸缝或设置钢板止水带，施工缝应凿毛并清理干净；内外模板采用对拉螺栓固定时，其对拉螺栓的中间应设置防渗止水片；钢筋密集部位和预留孔底部应辅以人工振捣，保证结构密实；

4 沉井每次接高时各部位的轴线位置应一致、重合，及时做好沉降和位移监测；必要时应对刃脚地基承载力进行验算，并采取相应措施确保地基及结构的稳定；

5 分节制作、分次下沉的沉井，前次下沉后进行后续接高施工应符合下列规定：

1）应验算接高后稳定系数等，并应及时检查沉井的沉降变化情况，严禁在接高施工过程中沉井发生倾斜和突然下沉；

2）后续各节的模板不应支撑于地面上，模板底部应距地面不小于1m。

7.3.8 沉井下沉及封底施工必须严格控制，实施信息化施工；各阶段的下沉系数与稳定系数等应符合施工方案的要求，必要时还应进行涌土和流砂的验算。

7.3.9 沉井下沉方式应根据沉井下沉穿过的工程地质和水文地质条件、下沉深度、周围环境等情况进行确定；施工过程中改变下沉方式时，应与设计协商。

7.3.10 沉井下沉前应做下列准备工作：

1 将井壁、隔墙、底梁等与封底及底板连接部位凿毛；

2 预留孔、洞和预埋管临时封堵，防止渗漏水；

3 在沉井井壁上设置下沉观测标尺、中线和垂线；

4 采用排水下沉需要降低地下水位时，地下水位降水高度应满足下沉施工要求；

5 第一节混凝土强度应达到设计强度，其余各节应达到设计强度的70%；对于分节制作分次下沉的沉井，后续下沉、接高部分混凝土强度应达到设计强度的70%。

7.3.11 凿除混凝土垫层或抽除垫木应符合下列规定：

1 凿除或抽除时，沉井混凝土强度应达到设计要求；

2 凿除混凝土垫层应分区域按顺序对称、均匀、同步凿除；凿断线应与刃脚底边齐平，定位支撑点最后凿除，不得漏凿；凿除的碎块应及时清除，并及时用砂或砂石回填；

3 抽除垫木宜分组、依次、对称、同步进行，每抽出一组，即用砂填实；定位垫木应最后抽除，不得遗漏；

4 第一节沉井设有混凝土底梁或支撑梁时，应先将底梁下的垫层除去。

7.3.12 排水下沉施工应符合下列规定：

1 应采取措施，确保下沉和降低地下水过程中不危及周围建（构）筑物、道路或地下管线，并保证下沉过程和终沉时的坑底稳定；

2 下沉过程中应进行连续排水，保证沉井范围内地层水疏干；

3 挖土应分层、均匀、对称进行；对于有底梁或支撑梁的沉井，其相邻格仓高差不宜超过0.5m；开挖顺序应根据地质条件、下沉阶段、下沉情况综合确定，不得超挖；

4 用抓斗取土时，沉井内严禁站人；对于有底梁或支撑梁的沉井，严禁人员在底梁下穿越。

7.3.13 不排水下沉施工应符合下列规定：

1 沉井内水位应符合施工方案控制水位；下沉有困难时，应根据内外水位、井底开挖几何形状、下沉量及速率、地表沉降等监测资料综合分析调整井内外的水位差；

2 机械设备的配备应满足沉井下沉以及水中开挖、出土等要求，运行正常；废弃土方、泥浆应专门处置，不得随意排放；

3 水中开挖、出土方式应根据井内水深、周围环境控制要求等因素选择。

7.3.14 沉井下沉控制应符合下列规定：

1 下沉应平稳、均衡、缓慢，发生偏斜应通过调整开挖顺序和方式"随挖随纠、动中纠偏"；

2 应按施工方案规定的顺序和方式开挖；

3 沉井下沉影响范围内的地面四周不得堆放任何东西，车辆来往要减少振动；

4 沉井下沉监控测量应符合下列规定：

1）下沉时标高、轴线位移每班至少测量一次，每次下沉稳定后应进行高差和中心位移量的计算；

2）终沉时，每小时测一次，严格控制超沉，沉井封底前自沉速率应小于10mm/8h；

3）如发生异常情况应加密量测；

4）大型沉井应进行结构变形和裂缝观测。

7.3.15 沉井采用辅助方法下沉时，应符合下列规定：

1 沉井外壁采用阶梯形以减少下沉摩擦阻力时，在井外壁与土体之间应有专人随时用黄砂均匀灌入，四周灌入黄砂的高差不应超过500mm；

2 采用触变泥浆套助沉时，应采用自流渗入、管路强制压注补给等方法；触变泥浆的性能应满足施工要求，泥浆补给应及时以保证泥浆液面高度；施工中应采取措施防止泥浆套损坏失效，下沉到位后应进行泥浆置换；

3 采用空气幕助沉时，管路和喷气孔、压气设备及系统装置的设置应满足施工要求；开气应自上而下，停气应缓慢减压，压气与挖土应交替作业；确保施工安全。

7.3.16 沉井采用爆破方法开挖下沉时，应符合国家有关爆破安全的规定。

7.3.17 沉井采用干封底时，应符合下列规定：

1 在井点降水条件下施工的沉井应继续降水，并稳定保持地下水位距坑底不小于0.5m；在沉井封底前应用大石块将刃脚下垫实；

2 封底前应整理好坑底和清除浮泥，对超挖部分应回填砂石至规定标高；

3 采用全断面封底时，混凝土垫层应一次性连续浇筑；有底梁或支撑梁分格封底时，应对称逐格浇筑；

4 钢筋混凝土底板施工前，井内应无渗漏水，且新、老混凝土接触部位凿毛处理，并清理干净；

5 封底前应设置泄水井，底板混凝土强度达到设计强度且满足抗浮要求时，方可封填泄水井、停止降水。

7.3.18 水下封底应符合下列规定：

1 基底的浮泥、沉积物和风化岩块等应清除干净；软土地基应铺设碎石或卵石垫层；

2 混凝土凿毛部位应洗刷干净；

3 浇筑混凝土的导管加工、设置应满足施工要求；

4 浇筑前，每根导管应有足够量的混凝土，浇筑时能一次将导管底埋住；

5 水下混凝土封底的浇筑顺序，应从低处开始，逐渐向周围扩大；井内有隔墙、底梁或混凝土供应量受到限制时，应分格对称浇筑；

6 每根导管的混凝土应连续浇筑，且导管埋入混凝土的深度不宜小于1.0m；各导管间混凝土浇筑面的平均上升速度不应小于0.25m/h；相邻导管间混凝土上升速度宜相近，最终浇筑成的混凝土面应略高于设计高程；

7 水下封底混凝土强度达到设计强度，沉井能满足抗浮要求时，方可将井内水抽除，并凿除表面松散混凝土进行钢筋混凝土底板施工。

7.4 质量验收标准

7.4.1 泵房结构、设备基础、沉井以及沉井封底施工中有关混凝土、砌体结构工程、附属构筑物工程的各分项工程质量验收应符合本规范第6.8节的相关规定。

7.4.2 混凝土及砌体结构泵房应符合下列规定：

主 控 项 目

1 泵房结构类型、结构尺寸、工艺布置平面尺寸及高程等应符合设计要求；

检查方法：观察；检查施工记录、测量记录、隐蔽验收记录。

2 混凝土、砌筑砂浆抗压强度符合设计要求；混凝土抗渗、抗冻性能应符合设计要求；混凝土试块的留置及质量验收应符合本规范第6.2.8条的相关规定，砌筑砂浆试块的留置及质量验收应符合本规范第6.5.2、6.5.3条的相关规定；

检查方法：检查配合比报告；检查混凝土试块抗压、抗渗、抗冻试验报告，检查砌筑砂浆试块抗压试验报告。

3 混凝土结构外观无严重质量缺陷；砌体结构砌筑完整、灌浆密实，无裂缝、通缝等现象；

检查方法：观察；检查施工技术处理资料。

4 井壁、隔墙及底板均不得渗水；电缆沟内不得有湿渍现象；

检查方法：观察。

5 变径流道应线形和顺、表面光洁，断面尺寸不得小于设计要求；

检查方法：观察。

一 般 项 目

6 混凝土结构外观不宜有一般的质量缺陷；砌体结构砌筑齐整，勾缝平整，缝宽一致；

检查方法：观察。

7 结构无明显湿渍现象；

检查方法：观察。

8 导流墙、板、槽、坎及挡水墙、板、墩等表面应光洁和顺、线形流畅；

检查方法：观察。

9 现浇钢筋混凝土及砖石砌筑泵房允许偏差应符合表7.4.2的相关规定。

表7.4.2 现浇钢筋混凝土及砖石砌筑泵房允许偏差

检查项目			允许偏差（mm）				检查数量		检查方法
			混凝土	砖砌体	石砌体 毛料石	石砌体 粗、细料石	范围	点数	
1	轴线位置	底板、墙基	15	10	20	15	每部位	横、纵向各1点	用钢尺、经纬仪测量
		墙、柱、梁	8	10	15	10			
2	高程	垫层、底板、墙、柱、梁	±10	±15			每部位	不少于1点	用水准仪测量
		吊装的支承面	−5	—	—	—			
3	截面尺寸	墙、柱、梁、顶板	+10，−5	—	+20，−10	+10，−5		横、纵向各1点	用钢尺量测
		洞、槽、沟净空	±10	±20					
4	中心位置	预埋件、预埋管	5				每处	横、纵向各1点	用钢尺、水准仪测量
		预留洞	10						
5	平面尺寸（长宽或直径）	$L\leqslant20m$	±20				每部位	横、纵向各1点	用钢尺量测
		$20m<L\leqslant50m$	$\pm L/1000$						
		$50m<L\leqslant250m$	±50						
6	垂直度	$H\leqslant5m$	8	10				1点	用垂球、钢尺量测
		$5m<H\leqslant20m$	$1.5H/1000$	$2H/1000$					
		$H>20m$	30	—					
7	表面平整度	垫层、底板、顶板	10	—				1点	用2m直尺、塞尺量测
		墙、柱、梁	8	清水5 混水8	20	清水10 混水15			

注：L为泵房的长、宽或直径；H为墙、柱等的高度。

7.4.3 泵房设备的混凝土基础及闸槽应符合下列规定：

主 控 项 目

1 所用工程材料的等级、规格、性能应符合国家有关标准的规定和设计要求；

检查方法：检查产品的出厂质量合格证、出厂检验报告和进场复验报告。

2 基础、闸槽以及预埋件、预留孔的位置、尺寸应符合设计要求；水泵和电机分装在两个层间时，各层间板的高程允许偏差应为±10mm；上下层间板安装机电和水泵的预留洞中心位置应在同一垂直线上，其相对偏差应为5mm；

检查方法：观察；检查施工记录、测量记录；用水准仪、经纬仪量测允许偏差。

3 二次混凝土或灌浆材料的强度符合设计要求；采用植筋方式时，其抗拔试验应符合设计要求；

检查方法：检查二次混凝土或灌浆材料的试块强度报告，检查试件试验报告。

4 混凝土外观无严重质量缺陷；

检查方法：观察；检查技术处理资料。

一 般 项 目

5 混凝土外观不宜有一般质量缺陷；表面平整，外光内实；

检查方法：观察；检查技术处理资料。

6 允许偏差应符合表7.4.3的相关规定。

表 7.4.3 设备基础及闸槽的允许偏差

检查项目			允许偏差（mm）	检查数量		检查方法
				范围	点 数	
1	轴线位置	水泵与电动机	8	每座	横、纵向各测1点	用经纬仪测量
		闸槽	5			
2	高程	设备基础	−20	每座	1点	用水准仪测量
		闸槽底槛	±10			
3	闸槽	垂直度	H/1000，且不大于20	每座	两槽各1点	用垂线、钢尺量测
		两闸槽间净距	±5	每座	2点	用钢尺量测
		闸槽扭曲（自身及两槽相对）	2	每座	2点	用垂线、钢尺量测
4	预埋地脚螺栓	顶端高程	+20	每处	1点	用水准仪测量
		中心距	±2	每处	根部、顶部各1点	用钢尺量测
5	预埋活动地脚螺栓锚板	中心位置	5	每处	横、纵向各1点	用经纬仪测量
		高程	+20	每处	1点	用水准仪测量
		水平度(带槽的锚板)	5	每处	1点	用水平尺量测
		水平度（带螺纹的锚板）	2			

续表 7.4.3

检查项目			允许偏差（mm）	检查数量		检查方法
				范围	点 数	
6	基础外形	平面尺寸	±10	每座	横、纵向各1点	用钢尺量测
		水平度	L/200，且不大于10	每处	1点	用水平尺量测
		垂直度	H/200，且不大于10	每处	1点	用垂线、钢尺量测
7	地脚螺栓预留孔	中心位置	8	每处	横、纵向各1点	用经纬仪测量
		深度	+20	每处	1点	用探尺量测
		孔壁垂直度	10	每处	1点	用垂线、钢尺量测
8	闸槽底槛	水平度	3	每处	1点	用水平尺量测
		平整度	2	每处	1点	挂线量测

注：1 L为基础的长或宽（mm）；H为基础、闸槽的高度（mm）；

2 轴线位置允许偏差，对管井是指与管井实际中心的偏差。

7.4.4 沉井制作应符合下列规定：

主 控 项 目

1 所用工程材料的等级、规格、性能应符合国家有关标准的规定和设计要求；

检查方法：检查产品的出厂质量合格证、出厂检验报告和进场复验报告。

2 混凝土强度以及抗渗、抗冻性能应符合设计要求；

检查方法：检查沉井结构混凝土的抗压、抗渗、抗冻试块的试验报告。

3 混凝土外观无严重质量缺陷；

检查方法：观察，检查技术处理资料。

4 制作过程中沉井无变形、开裂现象；

检查方法：观察；检查施工记录、监测记录，检查技术处理资料。

一 般 项 目

5 混凝土外观不宜有一般质量缺陷；

检查方法：观察。

6 垫层厚度、宽度，垫木的规格、数量应符合施工方案的要求；

检查方法：观察；检查施工记录，检查地基承载力检验记录、砂垫层压实度检验记录、混凝土垫层强度试验报告。

7 沉井制作尺寸的允许偏差应符合表7.4.4的规定。

7.4.5 沉井下沉及封底应符合下列规定：

主 控 项 目

1 封底所用工程材料应符合国家有关标准规定和设计要求；

检查方法：检查产品的出厂质量合格证、出厂检验报告和进场复验报告。

2 封底混凝土强度以及抗渗、抗冻性能应符合设计要求；

检查方法：检查封底混凝土的抗压、抗渗、抗冻试块的试验报告。

表 7.4.4 沉井制作尺寸的允许偏差

检查项目			允许偏差（mm）	检查数量		检验方法
				范围	点数	
1	平面尺寸	长 度	±0.5%L，且≤100	每座	每边1点	用钢尺量测
2		宽 度	±0.5%B，且≤50		1	用钢尺量测
3		高 度	±30		方形每边1点 圆形4点	用钢尺量测
4		直径（圆形）	±0.5%D_0，且≤100		2	用钢尺量测（相互垂直）
5		两对角线差	对角线长1%，且≤100		2	用钢尺量测
6	井壁厚度		±15		每10m延长1点	用钢尺量测
7	井壁、隔墙垂直度		≤1%H		方形每边1点 圆形4点	用经纬仪测量，垂线、直尺量测
8	预埋件中心线位置		±10	每件	1点	用钢尺量测
9	预留孔（洞）位移		±10	每处	1点	用钢尺量测

注：L 为沉井长度（mm）；
B 为沉井宽度（mm）；
H 为沉井高度（mm）；
D_0 为沉井外径（mm）。

3 封底前坑底标高应符合设计要求；封底后混凝土底板厚度不得小于设计要求；

检查方法：检查沉井下沉记录、终沉后的沉降监测记录；用水准仪、钢尺或测绳量测坑底和混凝土底板顶面高程。

4 下沉过程及封底时沉井无变形、倾斜、开裂现象；沉井结构无线流现象，底板无渗水现象；

检查方法：观察；检查沉井下沉记录。

一 般 项 目

5 沉井结构无明显渗水现象；底板混凝土外观质量不宜有一般缺陷；

检查方法：观察。

6 沉井下沉阶段的允许偏差应符合表 7.4.5-1 规定。

表 7.4.5-1 沉井下沉阶段的允许偏差

检查项目		允许偏差（mm）	检查数量		检查方法
			范围	点数	
1	沉井四角高差	不大于下沉总深度的1.5%～2.0%，且不大于500	每座	取方井四角或圆井相互垂直处	用水准仪测量（下沉阶段：不少于2次/8h；终沉阶段：1次/h）
2	顶面中心位移	不大于下沉总深度的1.5%，且不大于300		1点	用经纬仪测量（下沉阶段不少于1次/8h；终沉阶段2次/8h）

注：下沉速度较快时应适当增加测量频率。

7 沉井的终沉允许偏差应符合表 7.4.5-2 的相关规定。

表 7.4.5-2 沉井终沉的允许偏差

检查项目		允许偏差（mm）	检查数量		检查方法
			范围	点数	
1	下沉到位后，刃脚平面中心位置	不大于下沉总深度的1%；下沉总深度小于10m时应不大于100	每座	取方井四角或圆井相互垂直处各1点	用经纬仪测量
2	下沉到位后，沉井四角（圆形为相互垂直两直径与周围的交点）中任何两角的刃脚底面高差	不大于该两角间水平距离的1%，且不大于300；两角间水平距离小于10m时应不大于100			用水准仪测量
3	刃脚平均高程	不大于100；地层为软土层时可根据使用条件和施工条件确定		取方井四角或圆井相互垂直处，共4点，取平均值	用水准仪测量

注：下沉总高度，系指下沉前与下沉后刃脚高程之差。

8 调蓄构筑物

8.1 一 般 规 定

8.1.1 本章适用于水塔、水柜、调蓄池（清水池、调节水池、调蓄水池）等给排水调蓄构筑物的施工与验收。

8.1.2 调蓄构筑物工程除按本章规定和设计要求执行外，还应符合下列规定：

1 土石方与地基基础应按本规范第 4 章的相关规定执行；

2 水柜、调蓄池等贮水构筑物的混凝土和砌体工程应按本规范第 6 章的有关规定执行；

3 与调蓄构筑物有关的管道、进出水构筑物和砌体工程等应按本规范的相关章节规定执行。

8.1.3 调蓄构筑物施工前应根据设计要求，复核已建的与调蓄构筑物有关的管道、进出水构筑物的位置坐标、控制点和水准点。施工时应采取相应技术措施、合理安排各构筑物的施工顺序，避免新、老管道、构筑物之间出现影响结构安全、运行功能的差异沉降。

8.1.4 调蓄构筑物施工过程中应编制施工方案，并应包括施工过程中施工影响范围内的建（构）筑物、地下管线等监控量测方案。

8.1.5 调蓄构筑物施工应制定高空、起重作业及基坑支护、模板支架工程等的安全技术措施。

8.1.6 施工完毕的贮水调蓄构筑物必须进行满水试验。

8.1.7 贮水调蓄构筑物的满水试验应符合本规范第6.1.3条的规定，并应编制测定沉降变形的方案，在满水试验过程中，应根据方案测定水池的沉降变形量。

8.2 水　　塔

8.2.1 水塔的基础施工应遵守下列规定：

1 地基处理、工程基础桩应按本规范第4.5节规定和设计要求，进行承载力检测和桩身质量检验；

2 "M"形、球形等组合壳体基础应符合下列规定：

1）基础下的土基应避免扰动；

2）挖土胎时宜按"十"字或"米"字形布置，用特制的靠尺控制，先挖成标准槽，然后向两侧扩挖成型；

3）土胎表面的保护层宜采用1∶3水泥砂浆抹面，其厚度宜为15～20mm，表面应平整密实；浇筑混凝土时不得破坏；

4）混凝土浇筑厚度的允许偏差应为+5、－3mm，混凝土表面应抹压密实；

3 基础的预埋螺栓及滑模支承杆，位置应准确，并必须采取防止发生位移的固定措施。

8.2.2 水塔所有预埋件位置应符合设计要求，设置牢固。

8.2.3 现浇钢筋混凝土圆筒、框架结构的塔身施工应符合下列规定：

1 模板支架安装应符合下列规定：

1）制定模板支架安装、拆卸的专项施工方案；

2）采用滑升模板或"三节模板倒模施工法"时，应符合国家有关规范规定，支撑体系安全可靠；

3）支模前，应核对圆筒或框架基础预埋竖向钢筋的规格、基面的轴线和高程；

4）有控制圆筒或框架垂直度或倾斜度的措施；

5）每节模板的高度不宜超过1.5m；

2 混凝土浇筑应符合下列规定：

1）制定混凝土浇筑工程的专项施工方案；

2）浇筑前，模板、钢筋安装质量应检验合格；混凝土配比符合设计要求；

3）混凝土输送满足浇筑要求，整个浇筑过程中应经常检查模板支撑体系情况；

4）施工缝应凿毛，清理干净；

5）混凝土浇筑完成后应进行养护；

3 模板支架拆卸应符合国家有关规范的规定。

8.2.4 预制钢筋混凝土圆筒结构的塔身装配应符合下列规定：

1 装配前，每节预制塔身的质量验收合格；

2 采用上、下节预埋钢环对接时，其圆度应一致；钢环应设临时拉、撑控制点，上下口调平并找正后，与钢筋焊接；采用预留钢筋搭接时，上下节的预留钢筋应错开；

3 圆筒或框架塔身上口，应标出控制的中心位置；

4 圆筒两端钢环对接的接缝应按设计要求处理；设计无要求时，可采用1∶2水泥砂浆抹压平整；

5 圆筒或框架塔身采用预留钢筋搭接时，其接缝混凝土强度高于主体混凝土一级，表面应抹压平整。

8.2.5 钢架、钢圆筒结构的塔身施工应符合下列规定：

1 制定专项方案，并应有施工安全措施；

2 钢构件的制作、预拼装经验收合格后方可安装；现场拼接组装应符合国家相应规范的规定和设计要求；

3 安装前，钢架或钢圆筒塔身的主杆上应有中线标志；

4 钢构件采用螺栓连接时，应符合下列规定：

1）螺栓孔位不正需扩孔时，扩孔部分应不超过2mm；不得用气割进行穿孔或扩孔；

2）钢架或钢圆筒构件在交叉处遇有间隙时，应装设相应厚度的垫圈或垫板；

3）用螺栓连接构件时，螺杆应与构件面垂直；螺母紧固后，外露丝扣应不少于两扣；剪力的螺栓，其丝扣不得位于连接构件的剪力面内；必须加垫时，每端垫圈不应超过两个；

4）螺栓穿入的方向，水平螺栓应由内向外；垂直螺栓应由下向上；

5）钢架或钢圆筒塔身的全部螺栓应紧固，水柜等设备、装置全部安装以后还应全部复拧；

5 钢构件焊接作业应符合国家有关标准规定和

设计要求；

6 钢构件安装时，螺栓连接、焊接的检验应按设计要求执行；

7 钢结构防腐应按设计要求施工。

8.2.6 预制砌块和砖、石砌体结构的塔身施工还应符合本规范第6.5节的规定和设计要求。

8.2.7 水塔的贮水设施施工应按本规范第8.3节的规定执行。

8.2.8 水塔避雷针的安装应符合下列规定：

1 避雷针安装应垂直，位置准确，安装牢固；

2 接地体和接地线的安装位置应准确，焊接牢固，并应检验接地体的接地电阻；

3 利用塔身钢筋作导线时，应作标志，接头必须焊接牢固，并应检验接地电阻。

8.3 水 柜

8.3.1 水柜在地面预制或装配时应符合下列规定：

1 地基处理符合设计要求；

2 水柜下环梁设置吊杆的预留孔应与塔顶提升装置的吊杆孔位置一致，并垂直对应；

3 水柜满水试验应符合下列规定：

1）水柜在地面进行满水试验时，应对地下室底板及内墙采取防渗漏措施；

2）保温水柜试验，应在保温层施工前进行；

3）充水应分三次进行，每次充水宜为设计水深的1/3，且静置时间不少于3h；

4）充水至设计水深后的观测时间：钢丝网水泥水柜不应少于72h；钢筋混凝土水柜不应少于48h；

5）水柜及其配管穿越部分，均不得渗水、漏水。

8.3.2 水柜的保温层施工应符合下列规定：

1 应在水柜的满水试验合格后进行喷涂或安装；

2 采用装配式保温层时，保温罩上的固定装置应与水柜上预埋件位置一致；

3 采用空气层保温时，保温罩接缝处的水泥砂浆必须填塞密实。

8.3.3 水柜吊装应制定施工方案，并应包括以下主要内容：

1 吊装方式的选定及需用机械的规格、数量；

2 吊装架的设计；

3 吊装杆件的材质、尺寸、构造及数量；

4 保证平稳吊装的措施；

5 吊装安全技术措施。

8.3.4 钢丝网水泥及钢筋混凝土倒锥壳水柜的吊装应符合下列规定：

1 水柜中环梁及其以下部分结构强度达到规定后方可吊装；

2 吊装前应在塔身外壁周围标明水柜底面的坐落位置，并检查吊装架及机电设备等，必须保持完好；

3 应先作吊装试验，将水柜提升至离地面0.2m左右，对各部位进行详细检查，确认完全正常后方可正式吊装；

4 水柜应平稳吊装；

5 吊装水柜下环梁底超过设计高程0.2m；及时垫入支座调平并固定后，使水柜就位与支座焊接牢固。

8.3.5 钢丝网水泥倒锥壳水柜的制作应符合下列规定：

1 施工材料应符合下列规定：

1）宜采用普通硅酸盐水泥，不宜采用矿渣硅酸盐水泥或火山灰质硅酸盐水泥；

2）宜采用细度模量2.0～3.5，最大粒径不宜超过4mm砂，含泥量不得大于2%，云母含量不得大于0.5%；

3）钢丝网的规格应符合设计要求，其网格尺寸应均匀，且网面平直。

2 模板安装可按本规范有关规定执行，其安装允许偏差应符合表8.3.5-1、表8.3.5-2的规定；

表8.3.5-1 钢丝网水泥倒锥壳水柜整体现浇模板安装允许偏差

项　目	允许偏差（mm）
轴线位置（对塔身轴线）	5
高度	±5
平面尺寸	±5
表面平整度（用弧长2m的弧形尺检查）	3

表8.3.5-2 钢丝网水泥倒锥壳水柜预制构件模板安装允许偏差

项　目	允许偏差（mm）
长度	±3
宽度	±2
厚度	±1
预留孔中心位置	2
表面平整度（用2m直尺检查）	3

3 筋网绑扎应符合下列规定：

1）筋网的表面应洁净，无油污和锈蚀；

2）低碳冷拔钢丝的连接不应采用焊接；绑扎时搭接长度不宜小于250mm；

3）纵筋宜用整根钢筋，绑扎须平直，间距均匀；

4）钢丝网应铺平绷紧，不得有波浪、束腰、网泡、丝头外翘等现象；

5）钢丝网的搭接长度，环向不小于100mm，竖向不小于50mm；上下层搭接位置应错开；

6）绑扎结点应按梅花形排列，其间距不宜大于100mm（网边处不大于50mm）；

7）严禁在网面上走动和抛掷物件；

8）绑扎完成后应进行全面检查；

4 水泥砂浆的拌制与使用应符合下列规定：

1）水灰比宜为0.32～0.40；灰砂比宜为1∶1.5～1∶1.7；

2）应拌合均匀，拌合时间不得小于3min；

3）应随拌随用，不宜超过1h，初凝后的砂浆不得使用；

4）抹压中砂浆不得加水稀释或撒干水泥吸水；

5 钢丝网水泥砂浆施工应符合下列规定：

1）抹压砂浆前，应将网层内清理干净；

2）施工顺序应自下而上，由中间向两边（或一边）环圈进行；

3）手工施浆，钢丝网内砂浆应压实抹平，待每个网孔均充满砂浆并稍突出时，方可加抹保护层砂浆并压实抹平；砂浆施工缝及环梁交角处冷缝处应细致操作，交角处宜抹成圆角；

4）机械振动时，应根据构件形状选用适宜的振动器；砂浆应振捣至不再有明显下沉，无气泡逸出，表面出现稀浆时为止；

5）喷浆法施工应符合本规范第6.4.12条的规定；

6）水泥砂浆表面压光应待砂浆的游离水析出后进行；压光宜进行三遍，最后一遍在接近终凝时完成；

7）钢丝网保护层厚度应符合设计要求；设计无要求时，宜为3～5mm；

8）水泥砂浆的抹压宜一次连续成活；不能一次成活时，接头处应在砂浆终凝前拉毛，接茬前应把该处浮渣清除，用水冲洗干净；

6 砂浆试块留置及验收批：每个水柜作为一个验收批，强度值应至少检查一次；每次应在现场制作标准试块三组，其中一组作标准养护，用以检验强度；两组随壳体养护，用以检验脱模、出厂或吊装时的强度；

7 压光成活后及时进行养护，并应符合下列规定：

1）自然养护：应保持砂浆表面充分湿润，养护时间不应少于14d；

2）蒸汽养护：温度与时间应符合表8.3.5-3的规定；

表8.3.5-3 蒸汽养护温度与时间

序号	项目		温度与时间
1	静置期	室温10℃以下	＞12h
		室温10～25℃	＞8h
		室温25℃以上	＞6h
2	升温速度		10～15℃/h
3	恒温		65～70℃，6～8h
4	降温速度		10～15℃/h
5	降温后浸水或覆盖洒水养护		不少于10d

8 水泥砂浆应达到设计强度的70%方可脱模。

8.3.6 预制装配式钢丝网水泥倒锥壳水柜的装配应符合下列规定：

1 预制的钢丝网水泥扇形板构件宜侧放，支架垫木应牢固稳定；

2 装配准备应符合下列规定：

1）下环梁企口面上，应测定每块壳体构件安装的中心位置，并检查其高程；

2）应根据水塔中心线设置构件装配的控制桩，用以控制构件的起立高度及其顶部距水柜中心距离；

3）构件接缝处表面必须凿毛，伸出的连接钢环应调整平顺，灌缝前应冲洗干净，并使接茬面湿润；

3 装配应符合下列规定：

1）吊装时，吊绳与构件接触处应设木垫板；起吊时严禁猛起；吊离地面后应立即检查，确认平稳后，方准提升；

2）宜按一个方向顺序进行装配；构件下端与下环梁拼接的三角缝应衬垫；三角缝的上面缝口应临时封堵，构件的临时支撑点应加垫木板；

3）构件全部装配并经调整就位后，方可固定穿筋；插入预留钢筋环内的两根穿筋，应各与预留钢环靠紧，并使用短钢筋，在接缝中每隔0.5m处与穿筋焊接；

4）中环梁安装模板前，应检查已安装固定的倒锥壳壳体顶部高程，按实测高程作为安装模板控制水平的依据；混凝土浇筑前，应先埋设塔顶栏杆的预埋件和伸入顶盖接缝内的预留钢筋，并采取措施控制其位置；

5）倒锥壳壳体的接缝宜在中环梁混凝土浇筑后进行；接缝宜从下向上浇筑、振动、抹压密实，并应由其中一缝向两边方向进行；

4 水柜顶盖装配前，应先安装和固定上环梁底模，其装配、穿筋、接缝等施工可按照本条的规定执行，但接缝插入穿筋前必须将塔顶栏杆安装好。

8.3.7 钢筋混凝土水柜的施工应符合下列规定：

1　钢筋混凝土水柜的制作应按本规范第6章的相关规定执行，并应符合设计要求；

2　钢筋混凝土倒锥壳水柜的混凝土施工缝宜留在中环梁内；

3　正锥壳顶盖模板的支撑点应与倒锥壳模板的支撑点相对应。

8.3.8　钢水柜的安装应符合下列规定：

1　钢水柜的制作、检验及安装应符合现行国家标准《钢结构工程施工质量验收规范》GB 50205的相关规定和设计要求；对于球形钢水柜还应符合现行国家标准《球形储罐施工及验收规范》GB 50094的相关规定；

2　水柜吊装应视吊装机械性能选用一次吊装，或分柜底、柜壁及顶盖三组吊装；

3　吊装前应先将吊机定位，并试吊；经试吊检验合格后，方可正式吊装；

4　水柜内应在与吊点的相应位置加十字支撑，防止水柜起吊后变形；

5　整体吊装单支筒全钢水塔还应符合下列规定：

1）吊装前，对吊装机具设备及地锚规格，必须指定专人进行检查；

2）主牵引地锚、水塔中心、吊绳、止动地锚四点必须在同一垂直面上；

3）吊装离地时，应作一次全面检查，如发现问题，应落地调整，符合要求后，方可正式吊装；

4）水塔必须一次立起，不得中途停下；立起至70°后，牵引速度应减缓；

5）吊装过程中，现场人员均应远离塔高1.2倍的距离以外；

6）水塔吊装完成，必须紧固地脚螺栓，并安装拉线后，方可上塔解除钢丝绳。

8.4　调　蓄　池

8.4.1　调蓄池工程施工应制定专项施工方案，主要内容应包括基坑开挖与支护、模板支架、混凝土等施工方法及地层变形、周围环境的监测。

8.4.2　相关构筑物、各工艺管道等的施工顺序应先深后浅；地基受扰动或承载力不满足要求时，应按设计要求进行加固处理。

8.4.3　应做好基坑降、排水，施工阶段构筑物的抗浮稳定性不能满足要求时，必须采取抗浮措施。

8.4.4　构筑物的导流、消能、排气、排空等设施应按设计要求施工。

8.4.5　水池、顶板上部表面的防水、防渗、保温等措施应符合本规范第6章的相关规定和设计要求。

8.4.6　地下式构筑物水池满水试验合格后，方可进行防水层施工，并及时进行池壁外和池顶的土方回填施工。

8.4.7　回填土作业应均匀对称，防止不均匀沉降、位移。

8.5　质量验收标准

8.5.1　调蓄构筑物中有关混凝土、砌体结构工程、附属构筑物工程的各分项工程质量验收应符合本规范第6.8节的相关规定。

8.5.2　钢筋混凝土圆筒、框架结构水塔塔身应符合下列规定：

主 控 项 目

1　水塔塔身的结构类型、结构尺寸以及预埋件、预留孔洞等规格应符合设计要求；

检查方法：观察；检查施工记录、测量记录、隐蔽验收记录。

2　混凝土的强度、抗冻性能必须符合设计要求；其试块的留置及质量评定应符合本规范第6.2.8条的相关规定；

检查方法：检查配合比报告；检查混凝土抗压、抗冻试块的试验报告。

3　塔身混凝土结构外观质量无严重缺陷；

检查方法：观察；检查处理方案、资料。

4　塔身各部位的构造形式以及预埋件、预留孔洞位置、构造等应符合设计要求，其尺寸偏差不得影响结构性能和相关构件、设备的安装；

检查方法：观察；检查施工记录、测量放样记录。

一 般 项 目

5　混凝土结构外观质量不宜有一般缺陷；

检查方法：观察；检查处理方案、资料。

6　混凝土表面应平整密实，边角整齐；

检查方法：观察。

7　装配式塔身的预制构件之间的连接应符合设计要求，钢筋连接质量符合国家相关标准的规定；

检查方法：检查施工记录、钢筋接头检验报告。

8　钢筋混凝土圆筒或框架塔身施工的允许偏差应符合表8.5.2的规定。

表8.5.2　钢筋混凝土圆筒或框架塔身施工允许偏差

	检查项目	允许偏差（mm）		检查数量		检查方法
		圆筒塔身	框架塔身	范围	点数	
1	中心垂直度	1.5H/1000，且不大于30	1.5H/1000，且不大于30	每座	1	钢尺配合垂球量测
2	壁厚	−3，+10	−3，+10	每3m高度	4	用钢尺量测
3	框架塔身柱间距和对角线	—	L/500	每柱	1	用钢尺量测

续表 8.5.2

检查项目		允许偏差（mm）		检查数量		检查方法
		圆筒塔身	框架塔身	范围	点数	
4	圆筒塔身直径或框架节点距塔身中心距离	±20	±5	圆筒塔身4；框架塔身每节点1		用钢尺量测
5	内外表面平整度	10	10	每3m高度	2	用弧长为2m的弧形尺量测
6	框架塔身每节柱顶水平高差	—	5	每柱	1	用钢尺量测
7	预埋管、预埋件中心位置	5	5	每件	1	用钢尺测量
8	预留孔洞中心位置	10	10	每洞	1	用钢尺量测

注：H 为圆筒塔身高度（mm）；L 为柱间距或对角线长（mm）。

8.5.3 钢架、钢圆筒结构水塔塔身应符合下列规定：

主 控 项 目

1 钢材、连接材料、钢构件、防腐材料等的产品质量保证资料应齐全，每批的出厂质量合格证明书及各项性能检验报告应符合国家有关标准规定和设计要求；

检查方法：检查产品质量合格证、出厂检验报告和进场复验报告。

2 钢构件的预拼装质量经检验合格；

检查方法：观察；检查预拼装及检验记录。

3 钢构件之间的连接方式、连接检验等符合设计要求，组装应紧密牢固；

检查方法：观察；检查施工记录，检查螺栓连接的力学性能检验记录或焊接质量检验报告。

4 塔身各部位的结构形式以及预埋件、预留孔洞位置、构造等应符合设计要求，其尺寸偏差不得影响结构性能和相关构件、设备的安装；

检查方法：观察；检查施工记录、测量放样记录。

一 般 项 目

5 采用螺栓连接构件时，螺头平面与构件间不得有间隙；螺栓应全部穿入，其穿入的方向符合规范要求；

检查方法：观察；检查施工记录。

6 采用焊接连接构件时，焊缝表面质量符合设计要求；

检查方法：观察；检查焊缝外观质量检验记录。

7 钢结构表面涂层厚度及附着力符合设计要求；涂层外观应均匀，无褶皱、空泡、凝块、透底等现象，与钢构件表面附着紧密；

检查方法：观察；检查厚度及附着力检测记录。

8 钢架及钢圆筒塔身施工的允许偏差应符合表8.5.3的规定。

表 8.5.3 钢架及钢圆筒塔身施工允许偏差

检查项目			允许偏差（mm）		检查数量		检查方法
			钢架塔身	钢圆筒塔身	范围	点数	
1	中心垂直度		$1.5H/1000$，且不大于30	$1.5H/1000$，且不大于30	每座	1	垂球配合钢尺量测
2	柱间距和对角线差		$L/1000$	—	两柱	1	用钢尺量测
3	钢架节点距塔身中心距离		5	—	每节点	1	用钢尺量测
4	塔身直径	$D_0 \leqslant 2m$	—	$+D_0/200$	每座	4	用钢尺量测
		$D_0 > 2m$	—	+10	每座	4	用钢尺量测
5	内外表面平整度		—	10	每3m高度	2	用弧长为2m的弧形尺量测
6	焊接附件及预留孔洞中心位置		5	5	每件（每洞）	1	用钢尺量测

注：H 为钢架或圆筒塔身高度（mm）；
L 为柱间距或对角线长（mm）；
D_0 为圆筒塔外径。

8.5.4 预制砌块和砖、石砌体结构水塔塔身应符合下列规定：

主 控 项 目

1 预制砌块、砖、石、水泥、砂等材料的产品质量保证资料应齐全，每批的出厂质量合格证明书及各项性能检验报告应符合国家有关标准规定和设计要求；

检查方法：观察；检查产品质量合格证、出厂检验报告和进场复验报告。

2 砌筑砂浆配比及强度符合设计要求；其试块的留置及质量评定应符合本规范第6.5.2、6.5.3条的相关规定；

检查方法：检查施工记录，检查砂浆配合比记录、砂浆试块试验报告。

3 砌块砌筑应垂直稳固、位置正确；灰缝或灌缝饱满、严密，无透缝、通缝、开裂现象；

检查方法：观察；检查施工记录，检查技术处理资料。

4 塔身各部位的构造形式以及预埋件、预留孔洞位置、构造等应符合设计要求，其尺寸偏差不得影响结构性能和相关构件、设备的安装；

检查方法：观察；检查施工记录、测量放样记录。

一 般 项 目

5 砌筑前，预制砌块、砖、石表面应洁净，并充分湿润；

检查方法：观察。

6 预制砌块和砖的砌筑砂浆灰缝应均匀一致、横平竖直，灰缝宽度的允许偏差为±2mm；

检查方法：观察；用钢尺随机抽测10皮砖、石砌体进行折算。

7 砌筑进行勾缝时，勾缝应密实，线形平整、深度一致；

检查方法：观察。

8 预制砌块和砖、石砌体塔身施工的允许偏差应符合表8.5.4的规定。

表8.5.4 预制砌块和砖、石砌体塔身施工允许偏差

检查项目			允许偏差（mm）		检查数量		检查方法
			预制砌块、砖砌塔身	石砌塔身	范围	点数	
1	中心垂直度		$1.5H/1000$	$2H/1000$	每座	1	垂球配合钢尺量测
2	壁厚		不小于设计要求	+20 −10	每3m高度	4	用钢尺量测
3	塔身直径	$D_0 \leqslant 5m$	$\pm D_0/100$	$\pm D_0/100$	每座	4	用钢尺量测
		$D_0 > 5m$	±50	±50	每座	4	用钢尺量测
4	内外表面平整度		20	25	每3m高度	2	用弧长为2m的弧形尺检查
5	预埋管、预埋件中心位置		5	5	每件	1	用钢尺量测
6	预留洞中心位置		10	10	每洞	1	用钢尺量测

注：H为塔身高度（mm）；

D_0为塔身截面外径（mm）。

8.5.5 钢丝网水泥、钢筋混凝土倒锥壳水柜和圆筒水柜制作应符合下列规定：

主 控 项 目

1 原材料的产品质量保证资料应齐全，每批的出厂质量合格证明书及各项性能检验报告应符合国家有关标准规定和设计要求；

检查方法：检查产品质量合格证、出厂检验报告和进场复验报告。

2 水柜钢丝网或钢筋的规格数量、各部位结构尺寸和净尺寸以及预埋件、预留孔洞位置、构造等应符合设计要求；其尺寸偏差不得影响结构性能和相关构件、设备的安装；

检查方法：观察；检查施工记录、测量放样记录。

3 砂浆或混凝土强度以及混凝土抗渗、抗冻性能应符合设计要求；砂浆试块的留置应符合本规范第8.3.5条第6款的规定，混凝土试块的留置应符合本规范第6.2.8条的相关规定；

检查方法：检查砂浆抗压强度试块的试验报告，混凝土抗压、抗渗、抗冻试块试验报告。

4 水柜外观质量无严重缺陷；

检查方法：观察；检查加固补强技术资料。

一 般 项 目

5 钢丝网或钢筋安装平整，表面无污物；

检查方法：观察。

6 混凝土水柜外观质量不宜有一般缺陷，钢丝网水柜壳体砂浆不得有空鼓和缺棱掉角，表面不得有露丝、露网、印网和气泡；

检查方法：观察。

7 水柜制作的允许偏差应符合表8.5.5的规定。

表8.5.5 水柜制作的允许偏差

检查项目		允许偏差（mm）	检查数量		检查方法
			范围	点数	
1	轴线位置（对塔身轴线）	10	每座	2	钢尺配合、垂球量测
2	结构厚度	+10，−3	每座	4	用钢尺量测
3	净高度	±10	每座	2	用钢尺量测
4	平面净尺寸	±20	每座	4	用钢尺量测
5	表面平整度	5	每座	2	用弧长为2m的弧形尺检查
6	预埋管、预埋件中心位置	5	每处	1	用钢尺量测
7	预留孔洞中心位置	10	每洞	1	用钢尺量测

8.5.6 钢丝网水泥、钢筋混凝土倒锥壳水柜和圆筒水柜吊装应符合下列规定：

主 控 项 目

1 预制水柜、水柜预制构件等的成品质量经检验、验收符合设计要求；拼装连接所用材料的产品质量保证资料应齐全，每批的出厂质量合格证明书及各项性能检验报告应符合国家有关标准规定和设计要求；

检查方法：观察；检查预制件成品制作的质量保证资料和相关施工检验资料；检查每批原材料的出厂质量合格证明、性能检验报告及有关的复验报告。

2 预制水柜经满水试验合格；水柜预制构件经试拼装检验合格；

检查方法：观察；检查预制水柜的满水试验记录，检查水柜预制构件经试拼装检验记录。

3 钢筋、预埋件、预留孔洞的规格、位置和数量应符合设计要求；

检查方法：观察。

4 水柜与塔身、预制构件之间的拼接方式符合设计要求；构件安装应位置准确，垂直、稳固；相邻构件的钢筋接头连接可靠，湿接缝的混凝土应密实；

检查方法：观察；检查施工记录，检查预留钢筋机械或焊接接头连接的力学性能检验报告，检查混凝土强度试块的试验报告。

5 安装后的水柜位置、高程等应满足设计要求；

检查方法：观察；检查安装记录；用钢尺、水准仪等测量检查。

一 般 项 目

6 构件安装时，应将连接面的杂物、污物清理干净，界面处理满足安装要求；

检查方法：观察。

7 吊装完成后，水柜无变形、裂缝现象，表面应平整、洁净，边角整齐；

检查方法：观察；检查加固补强技术资料。

8 各拼接部位严密、平顺，无损伤、明显错台等现象；

检查方法：观察。

9 防水、防腐、保温层应符合设计要求；表面应完整，无破损等现象；

检查方法：观察；检查施工记录，检查相关的施工检验资料。

10 水柜的吊装施工允许偏差应符合表 8.5.6 的规定。

表 8.5.6 水柜吊装施工允许偏差

检查项目		允许偏差（mm）	检查数量		检查方法
			范围	点数	
1	轴线位置（对塔身轴线）	10	每座	1	垂球、钢尺量测
2	底部高程	±10	每座	1	用水准仪测量
3	装配式水柜净尺寸	±20	每座	4	用钢尺量测
4	装配式水柜表面平整度	10	每 2m 高度	2	用弧长为 2m 的弧形尺检查
5	预埋管、预埋件中心位置	5	每件	1	用钢尺量测
6	预留孔洞中心位置	10	每洞	1	用钢尺量测

8.5.7 钢水柜制作及安装的质量验收应按现行国家标准《钢结构工程施工质量验收规范》GB 50205 的相关规定执行；对于球形钢水柜还应符合现行国家标准《球形储罐施工及验收规范》GB 50094 的相关规定。

8.5.8 清水、调蓄（调节）水池混凝土结构的质量验收应符合本规范第 6.8.7 条的规定。

9 功能性试验

9.1 一 般 规 定

9.1.1 水处理、调蓄构筑物施工完毕后，均应按照设计要求进行功能性试验。

9.1.2 功能性试验须满足本规范第 6.1.3 条的规定，同时还应符合下列条件：

1 池内清理洁净，水池内外壁的缺陷修补完毕；

2 设计预留孔洞、预埋管口及进出水口等已做临时封堵，且经验算能安全承受试验压力；

3 池体抗浮稳定性满足设计要求；

4 试验用充水、充气和排水系统已准备就绪，经检查充水、充气及排水闸门不得渗漏；

5 各项保证试验安全的措施已满足要求；

6 满足设计的其他特殊要求。

9.1.3 功能性试验所需的各种仪器设备应为合格产品，并经具有合法资质的相关部门检验合格。

9.1.4 各种功能性试验应按附录 D、附录 E 填写试验记录。

9.2 满 水 试 验

9.2.1 满水试验的准备应符合下列规定：

1 选定洁净、充足的水源；注水和放水系统设施及安全措施准备完毕；

2 有盖池体顶部的通气孔、人孔盖已安装完毕，必要的防护设施和照明等标志已配备齐全；

3 安装水位观测标尺，标定水位测针；

4 现场测定蒸发量的设备应选用不透水材料制成，试验时固定在水池中；

5 对池体有观测沉降要求时，应选定观测点，并测量记录池体各观测点初始高程。

9.2.2 池内注水应符合下列规定：

1 向池内注水应分三次进行，每次注水为设计水深的 1/3；对大、中型池体，可先注水至池壁底部施工缝以上，检查底板抗渗质量，无明显渗漏时，再继续注水至第一次注水深度；

2 注水时水位上升速度不宜超过 2m/d；相邻两次注水的间隔时间不应小于 24h；

3 每次注水应读 24h 的水位下降值，计算渗水量，在注水过程中和注水以后，应对池体作外观和沉降量检测；发现渗水量或沉降量过大时，应停止注水，待作出妥善处理后方可继续注水；

4 设计有特殊要求时，应按设计要求执行。

9.2.3 水位观测应符合下列规定：

1 利用水位标尺测针观测、记录注水时的水位值；

2 注水至设计水深进行水量测定时，应采用水位测针测定水位，水位测针的读数精确度应达1/10mm；

3 注水至设计水深24h后，开始测读水位测针的初读数；

4 测读水位的初读数与末读数之间的间隔时间应不少于24h；

5 测定时间必须连续。测定的渗水量符合标准时，须连续测定两次以上；测定的渗水量超过允许标准，而以后的渗水量逐渐减少时，可继续延长观测；延长观测的时间应在渗水量符合标准时止。

9.2.4 蒸发量测定应符合下列规定：

1 池体有盖时蒸发量忽略不计；

2 池体无盖时，必须进行蒸发量测定；

3 每次测定水池中水位时，同时测定水箱中的水位。

9.2.5 渗水量计算应符合下列规定：

水池渗水量按下式计算：

$$q=\frac{A_1}{A_2}[(E_1-E_2)-(e_1-e_2)] \quad (9.2.5)$$

式中 q——渗水量 [L/(m^2·d)]；

A_1——水池的水面面积（m^2）；

A_2——水池的浸湿总面积（m^2）；

E_1——水池中水位测针的初读数（mm）；

E_2——测读 E_1 后24h水池中水位测针的末读数（mm）；

e_1——测读 E_1 时水箱中水位测针的读数（mm）；

e_2——测读 E_2 时水箱中水位测针的读数（mm）。

9.2.6 满水试验合格标准应符合下列规定：

1 水池渗水量计算应按池壁（不含内隔墙）和池底的浸湿面积计算；

2 钢筋混凝土结构水池渗水量不得超过2L/(m^2·d)；砌体结构水池渗水量不得超过3L/(m^2·d)。

9.3 气密性试验

9.3.1 气密性试验应符合下列要求：

1 需进行满水试验和气密性试验的池体，应在满水试验合格后，再进行气密性试验；

2 工艺测温孔的加堵封闭、池顶盖板的封闭、安装测温仪、测压仪及充气截门等均已完成；

3 所需的空气压缩机等设备已准备就绪。

9.3.2 试验精确度应符合下列规定：

1 测气压的U形管刻度精确至毫米水柱；

2 测气温的温度计刻度精确至1℃；

3 测量池外大气压力的大气压力计刻度精确至10Pa。

9.3.3 测读气压应符合下列规定：

1 测读池内气压值的初读数与末读数之间的间隔时间应不少于24h；

2 每次测读池内气压的同时，测读池内气温和池外大气压力，并换算成同于池内气压的单位。

9.3.4 池内气压降应按下式计算：

$$P=(P_{d1}+P_{a1})-(P_{d2}+P_{a2})\times\frac{273+t_1}{273+t_2} \quad (9.3.4)$$

式中 P——池内气压降（Pa）；

P_{d1}——池内气压初读数（Pa）；

P_{d2}——池内气压末读数（Pa）；

P_{a1}——测量 P_{d1} 时的相应大气压力（Pa）；

P_{a2}——测量 P_{d2} 时的相应大气压力（Pa）；

t_1——测量 P_{d1} 时的相应池内气温（℃）；

t_2——测量 P_{d2} 时的相应池内气温（℃）。

9.3.5 气密性试验达到下列要求时，应判定为合格：

1 试验压力宜为池体工作压力的1.5倍；

2 24h的气压降不超过试验压力的20%。

附录A 给排水构筑物单位工程、分部工程、分项工程划分

表A 给排水构筑物单位工程、分部工程、分项工程划分表

<table>
<tr><td colspan="2">单位(子单位)工程 / 分项工程 / 分部(子分部)工程</td><td colspan="2">构筑物工程或按独立合同承建的水处理构筑物、管渠、调蓄构筑物、取水构筑物、排放构筑物</td></tr>
<tr><td colspan="2"></td><td>分项工程</td><td>验收批</td></tr>
<tr><td rowspan="2">地基与基础工程</td><td>土石方</td><td>围堰、基坑支护结构（各类围护）、基坑开挖（无支护基坑开挖、有支护基坑开挖）、基坑回填</td><td rowspan="3">1 按不同单体构筑物分别设置分项工程（不设验收批时）；
2 单体构筑物分项工程视需要可设验收批；</td></tr>
<tr><td>地基基础</td><td>地基处理、混凝土基础、桩基础</td></tr>
<tr><td>主体结构工程</td><td>现浇混凝土结构</td><td>底板（钢筋、模板、混凝土）、墙体及内部结构（钢筋、模板、混凝土）、顶板（钢筋、模板、混凝土）、预应力混凝土（后张法预应力混凝土）、变形缝、表面层（防腐层、防水层、保温层等的基面处理、涂衬）、各类单体构筑物</td></tr>
</table>

续表 A

分项工程＼单位(子单位)工程／分部(子分部)工程		构筑物工程或按独立合同承建的水处理构筑物、管渠、调蓄构筑物、取水构筑物、排放构筑物	
		分项工程	验收批
主体结构工程	装配式混凝土结构	预制构件现场制作（钢筋、模板、混凝土）、预制构件安装、圆形构筑物缠丝张拉预应力混凝土、变形缝、表面层（防腐层、防水层、保温层等的基面处理、涂衬）、各类单体构筑物	1 按不同单体构筑物分别设置分项工程（不设验收批时）； 2 单体构筑物分项工程视需要可设验收批；
	砌体结构	砌体（砖、石、预制砌体）、变形缝、表面层（防腐层、防水层、保温层等的基面处理、涂衬）、护坡与护坦、各类单体构筑物	
	钢结构	钢结构现场制作、钢结构预拼装、钢结构安装（焊接、栓接等）、防腐层（基面处理、涂衬）、各类单体构筑物	
附属构筑物工程	细部结构	现浇混凝土结构（钢筋、模板、混凝土）、钢制构件（现场制作、安装、防腐层）、细部结构	3 其他分项工程可按变形缝位置、施工作业面、标高等分为若干个验收批
	工艺辅助构筑物	混凝土结构（钢筋、模板、混凝土）、砌体结构、钢结构（现场制作、安装、防腐层）、工艺辅助构筑物	
	管渠	同主体结构工程的“现浇混凝土结构、装配式混凝土结构、砌体结构”	
进、出水管渠	混凝土结构	同附属构筑物工程的“管渠”	
	预制管铺设	同现行国家标准《给水排水管道工程施工与验收规范》GB 50268	

注：1 单体构筑物工程包括：取水构筑物（取水头部、进水涵渠、进水间、取水泵房等单体构筑物），排放构筑物（排放口、出水涵渠、出水井、排放泵房等单体构筑物），水处理构筑物（泵房、调节配水池、蓄水池、清水池、沉砂池、工艺沉淀池、曝气池、澄清池、滤池、浓缩池、消化池、稳定塘、涵渠等单体构筑物），管渠，调蓄构筑物（增压泵房、提升泵房、调蓄池、水塔、水柜等单体构筑物）；

2 细部结构指主体构筑物的走道平台、梯道、设备基础、导流墙（槽）、支架、盖板等的现浇混凝土或钢结构；对于混凝土结构，与主体结构工程同时连续浇筑施工时，其钢筋、模板、混凝土等分项工程验收，可与主体结构工程合并；

3 各类工艺辅助构筑物指各类工艺井、管廊桥架、闸槽、水槽（廊）、堰口、穿孔、孔口、斜板、导流墙（板）等；对于混凝土和砌体结构，与主体结构工程同时连续浇筑、砌筑施工时，其钢筋、模板、混凝土、砌体等分项工程验收，可与主体结构工程合并；

4 长输管渠的分项工程应按管段长度划分成若干个验收批分项工程，验收批、分项工程质量验收记录表式同现行国家标准《给水排水管道工程施工与验收规范》GB 50268—2008 表 B.0.1 和表 B.0.2；

5 管理用房、配电房、脱水机房、鼓风机房、泵房等的地面建筑工程同现行国家标准《建筑工程施工质量验收统一标准》GB 50300—2001 附录 B 规定。

附录 B 分项、分部、单位工程质量验收记录

B.0.1 分项工程（验收批）的质量验收记录由施工项目部专业质量检查员填写，监理工程师（建设项目专业技术负责人）组织项目部专业质量检查员进行验收，并按表 B.0.1 记录。

表 B.0.1 分项工程（验收批）质量验收记录表

编号：____________

工程名称		分部工程名称		分项工程名称	
施工单位		专业工长		项目经理	
验收批名称、部位					
分包单位		分包项目经理		施工班组长	
主控项目	质量验收规范规定的检查项目及验收标准		施工单位检查评定记录		监理（建设）单位验收记录
	1				
	2				
	3				
	4				
	5			合格率	
	6			合格率	
一般项目	1				
	2				
	3				
	4			合格率	
	5			合格率	
	6			合格率	
施工单位检查评定结果	项目专业质量检查员 年 月 日				
监理（建设）单位验收结论	监理工程师（建设单位项目专业技术负责人） 年 月 日				

B.0.2 分部（子分部）工程质量应由总监理工程师（建设项目专业负责人）组织施工项目经理和有关勘察、设计项目负责人进行验收，并按表 B.0.2 记录。

表 B.0.2　分部（子分部）工程质量验收记录表

编号：______

工程名称			分部工程名称	
施工单位	技术部门负责人		质量部门负责人	
分包单位	分包单位负责人		分包技术负责人	
序号	分项工程名称	验收批数	施工单位检查评定	验收意见
1				
2				
3				
4				
5				
6				
质量控制资料				
安全和功能检验（检测）报告				
观感质量验收				
验收单位	分包单位	项目经理		年　月　日
	施工单位	项目经理		年　月　日
	勘察单位	项目负责人		年　月　日
	设计单位	项目负责人		年　月　日
	监理（建设）单位	总监理工程师 （建设单位项目专业负责人）		年　月　日

B.0.3　单位（子单位）工程质量竣工验收记录由施工单位填写，验收结论由监理（建设）单位填写，综合验收结论由参加验收各方共同商定，建设单位填写，应对工程质量是否符合设计和规范要求及总体质量水平作出评价，并按表 B.0.3-1～表 B.0.3-4 记录。

表 B.0.3-1　单位（子单位）工程质量竣工验收记录表

编号：______

工程名称		工程类型		工程造价	
施工单位		技术负责人		开工日期	
项目经理		项目技术负责人		竣工日期	
序号	项　目	验收记录		验收结论	
1	分部工程	共____分部； 经查符合标准及设计要求____分部			
2	质量控制资料核查	共____项； 经审查符合要求____项； 经核定符合规范要求____项			
3	安全和主要使用功能核查及抽查结果	共核查____项，符合要求____项； 共抽查____项，符合要求____项； 经返工处理符合要求____项			
4	观感质量检验	共抽查____项； 符合要求____项； 不符合要求____项			
5	综合验收结论				
参加验收单位	建设单位	监理单位	施工单位	设计单位	
	（公章） 单位（项目）负责人 年　月　日	（公章） 总监理工程师 年　月　日	（公章） 单位负责人 年　月　日	（公章） 单位（项目）负责人 年　月　日	

表 B.0.3-2　单位（子单位）工程质量控制资料核查表

工程名称		施工单位		
序号		资料名称	份数	核查意见
1	材质质量保证资料	原材料（钢筋、钢绞线、焊材、水泥、砂石、混凝土外加剂、防腐材料、保温材料等）、半成品与成品（橡胶止水带（圈）、预拌商品混凝土、预拌商品砂浆、砌体、钢制构件、混凝土预制构件、预应力锚具等）、设备及配件等的出厂质量合格证明及性能检验报告（进口产品的商检报告）、进场复验报告等		
2	施工检测	①混凝土强度、混凝土抗渗、混凝土抗冻、砂浆强度、钢筋焊接、钢结构焊接、钢结构栓接；②桩基完整性检测、地基处理检测；③回填土压实度；④防腐层、防水层、保温层检验；⑤构筑物沉降、变形观测；⑥围护、围堰监测等		

续表 B.0.3-2

工程名称		施工单位		
序号	资料名称		份数	核查意见
3	结构安全和使用功能性检测	①桩基础动载测试及静载试验、基础承载力检测；②构筑物满水试验、气密性试验；③压力管渠水压试验、无压管渠严密性试验记录；④地下水取水构筑物抽水清洗、产水量测定；⑤地表水取水构筑物的试运行；⑥构筑物位置及高程等		
4	施工测量	①控制桩（副桩）、永久（临时）水准点测量复核；②施工放样复核；③竣工测量		
5	施工技术管理	①施工组织设计（施工大纲）、专题施工方案及批复；②图纸会审、施工技术交底；③设计变更、技术联系单；④质量事故（问题）处理；⑤材料、设备进场验收、计量仪器校核报告；⑥工程会议纪要、洽商记录；⑦施工日记		
6	验收记录	①分项、分部（子分部）、单位（子单位）工程质量验收记录；②隐蔽验收记录		
7	施工记录	①地基基础、地层等加固处理以及降排水；②桩基成桩；③支护结构施工；④沉井下沉；⑤混凝土浇筑；⑥预应力张拉及灌浆；⑦预制构件吊（浮）运、安装；⑧钢结构预拼装；⑨焊条烘焙、焊接热处理；⑩预埋、预留；⑪防腐、防水、保温层基面处理等		
8	竣工图			
结论： 施工项目经理 年 月 日		结论： 总监理工程师 年 月 日		

表 B.0.3-3 单位（子单位）工程观感质量核查表

工程名称			施工单位			
序号	检查项目		抽查质量情况	好	中	差
1	主体构筑物	现浇混凝土结构				
2		装配式混凝土结构				
3		钢结构				
4		砌体结构				
5	附属构筑物	管渠、涵渠、管道				
6		细部结构				
7		工艺辅助结构				
8	变形缝					
9	设备基础					
10	防水、防腐、保温层					
11	预埋件、预留孔（洞）					
12	回填土					
13	装饰					
14	地面建筑：按《建筑工程施工质量验收统一标准》GB 50300－2001 中附录 G.0.1—3 的规定执行					
15	总体布置					
16						
观感质量综合评价						
结论： 施工项目经理 年 月 日			结论： 总监理工程师 年 月 日			

表 B.0.3-4　单位（子单位）工程结构安全和使用功能性检测记录表

工程名称		施工单位	
序号	安全和功能检查项目	资料核查意见	功能抽查结果
1	满水试验、气密性试验记录		—
2	压力管渠水压试验、无压管渠严密性试验记录		—
3	主体构筑物位置及高程测量汇总和抽查检验		
4	工艺辅助构筑物位置及高程测量汇总及抽查检验		
5	混凝土试块抗压强度试验汇总		—
6	水泥砂浆试块抗压强度汇总		—
7	混凝土试块抗渗试验汇总		—
8	混凝土试块抗冻试验汇总		—
9	钢结构焊接无损检测报告汇总		—
10	主体结构实体的混凝土强度抽查检验	按《混凝土结构工施程工质量验收规范》GB 50204—2002 第10.1节的规定执行	
11	主体结构实体的钢筋保护层厚度抽查检验	（同上）	
12	桩基础动测或静载试验报告		—
13	地基基础加固检测报告		—
14	防腐、防水、保温层检测汇总及抽查检验		
15	地下水取水构筑物抽水清洗、产水量测定		—
16	地表水取水构筑物的试运行记录及抽查检验		
17	地面建筑：按《建筑工程施工质量验收统一标准》GB 50300—2001 中附录 G.0.1—3 的规定执行		
结论： 施工项目经理 年　月　日		结论： 总监理工程师 年　月　日	

附录 C　预应力筋张拉记录

C.0.1　预应力筋张拉应按表 C.0.1 记录。

表 C.0.1　预应力筋张拉记录表

预应力筋张拉记录表					编号		
构筑物名称		预应力束编号			张拉日期	年　月　日	
预应力钢筋种类		规格		标准抗拉强度（MPa）		张拉时混凝土强度	MPa
张拉控制应力 σ_k＝		f_{ptk}＝	MPa	张拉时混凝土构件龄期			d
张拉机具设备编号	A端	千斤顶		油泵		压力表	
	B端						
压力值（MPa）		初始应力阶段		控制应力阶段		超张拉应力阶段	
张拉力（kN）							
压力表读数（MPa）	A端						
	B端						
理论伸长值（mm）		计算伸长值（mm）		顶楔时压力表理论读数（MPa）			
实测伸长值（mm）							
阶　段	A端			B端			
	活塞伸出量（mm）	油表读数（MPa）		活塞伸出量（mm）	油表读数（MPa）		
初始应力阶段（σ_0）							
相邻级别阶段（$2\sigma_0$）							
倒　顶							
二次张拉							
超张拉应力阶段							
控制应力阶段							
伸出量差值（mm）	ΔL_A＝			ΔL_B＝			
顶楔时压力表读数							
实测伸长值（mm）	$\Sigma\Delta$＝			伸长值偏差（mm）			
张拉应力偏差（%）							
滑丝、断丝情况							
监理（建设）单位	施工项目						
	技术负责人	施工员	记录人				

C.0.2 缠绕钢丝应力测量应按表C.0.2记录。

表C.0.2 缠绕钢丝应力测量记录表

缠绕钢丝应力测量记录表		编号		
工程名称		构筑物名称		
施工单位		施工日期		年 月 日
构筑物外径		壁板施工		
锚固肋数		钢丝直径		
钢丝环数		每段钢筋长度（m）		
环号	肋号	平均应力（N/mm^2）	应力损失（N/mm^2）	应力损失率（%）
监理（建设）单位	施工项目			
	技术负责人	质检员	测量人	

C.0.3 电热张拉钢筋应按表C.0.3记录。

表C.0.3 电热张拉钢筋记录表

电热张拉钢筋记录表			编号						
工程名称			构筑物名称						
施工单位			施工日期				年 月 日		
构筑物外径			壁板施工						
锚固肋数			钢筋直径						
钢丝环数			每段钢筋长度（m）						
日期（年、月、日）	气温（℃）	环号	肋号	一次电压（V）	一次电流（A）	二次电压（V）	二次电流（A）	钢筋表面温度（℃）	伸长值（mm）
监理（建设）单位	施工项目								
	技术负责人		质检员		测量人				

C.0.4 电热张拉钢筋应力测量应按表C.0.4记录。

表C.0.4 电热张拉钢筋应力测量记录表

电热张拉钢筋应力测量记录表			编号			
工程名称			构筑物名称			
施工单位			施工日期		年 月 日	
构筑物外径			壁板施工			
锚固肋数			钢筋直径			
钢丝环数			每段钢筋长度（m）			
日期（年、月、日）	环号	肋号	测点	应变（mm）		应力（N/mm^2）
				初读数	末读数	
监理（建设）单位	施工项目					
	技术负责人		质检员		测量人	

附录D 满水试验记录

表D 满水试验记录表

构筑物满水试验记录表		编号	
工程名称			
施工单位			
构筑物名称		注水日期	年 月 日
构筑物结构		允许渗水量	$L/(m^2 \cdot d)$
构筑物平面尺寸		水面面积 A_1	m^2
水深		湿润面积 A_2	m^2
测读记录	初读数	末读数	两次读数差
测读时间（年 月 日 时 分）			
构筑物水位 E（mm）			
蒸发水箱水位 e（mm）			
大气温度（℃）			
水 温（℃）			
实际渗水量 q	m^3/d	$L/(m^2 \cdot d)$	占允许量的百分率（%）
试验结论：			
监理（建设）单位	施工项目		
	技术负责人	质检员	测量人

附录E 气密性试验记录

表E 气密性试验记录表

气密性试验记录表			编 号		
工程名称					
施工单位					
池 号			试验日期	年 月 日	
气室顶面直径（m）		顶面面积（m^2）			
气室底面直径（m）		底面面积（m^2）			
气室高度（m）		气室体积（m^3）			
测读记录	初读数	末读数		两次读数差	
测读时间（年 月 日 时 分）					
池内气压（Pa）					
大气压力（Pa）					
池内气温（℃）					
池内水位 E（mm）					
压力降（Pa）					
压力降占试验压力（%）					
备注：					
试验结论：					
监理（建设）单位	施工项目				
	技术负责人	质检员	测量人		

附录F 钢筋混凝土结构外观质量缺陷评定方法

F.0.1 钢筋混凝土结构外观质量缺陷，应根据其对结构性能和使用功能影响的严重程度，按表F.0.1的规定进行评定。

表F.0.1 钢筋混凝土结构外观质量缺陷评定

名称	现 象	严重缺陷	一般缺陷
露筋	钢筋未被混凝土包裹而外露	纵向受力钢筋部位	其他钢筋有少量
蜂窝	混凝土表面缺少水泥砂浆而形成石子外露	结构主要受力部位	其他部位有少量
孔洞	混凝土中孔穴深度和长度超过保护层厚度	结构主要受力部位	其他部位有少量
夹渣	混凝土中夹有杂物且深度超过保护层厚度	结构主要受力部位	其他部位有少量
疏松	混凝土中局部不密实	结构主要受力部位	其他部位有少量
裂缝	缝隙从混凝土表面延伸至混凝土内部	结构主要受力部位有影响结构性能或使用功能的裂缝	其他部位有少量不影响结构性能或使用功能的裂缝
连接部位	结构连接处混凝土缺陷及连接钢筋、连接件松动	连接部位有影响结构传力性能的缺陷	连接部位基础不影响结构传力性能的缺陷
外形	缺棱掉角、棱角不直、翘曲不平、飞边凸肋等	清水混凝土结构有影响使用功能或装饰效果的缺陷	其他混凝土结构不影响使用功能的缺陷
外表	结构表面麻面、掉皮、起砂、沾污等	具有重要装饰效果的清水混凝土结构缺陷	其他混凝土结构不影响使用功能的缺陷

附录G 混凝土构筑物渗漏水程度评定方法

G.0.1 渗漏水程度应按表G.0.1规定进行评定。

表G.0.1 渗漏水程度评定

术语	状况描述与定义	标识符号
湿渍	混凝土构筑物侧壁，呈现明显色泽变化的潮湿斑；在通风条件下潮湿斑可消失，即蒸发量大于渗入量的状态	#
渗水	水从混凝土构筑物侧壁渗出，在外壁上可观察到明显的流挂水膜范围；在通风条件下水膜也不会消失，即渗入量大于蒸发量的状态	○
水珠	悬挂在混凝土构筑物侧壁顶部的水珠、构筑物侧壁渗漏水用细短棒引流并悬挂在其底部的水珠，其滴落间隔时间超过1min；渗漏水用干棉纱能够拭干，但短时间内可观察到擦拭部位从湿润至水渗出的变化	◇
滴漏	悬挂在混凝土构筑物侧壁顶部的水珠、构筑物侧壁渗漏水用细短棒引流并悬挂在其底部的水珠，其滴落速度每分钟至少1滴；渗漏水用干棉纱不易拭干，且短时间内可明显观察到擦拭部位有水渗出和集聚的变化	▽
线流	指渗漏水呈线流、流淌或喷水状态	↓

本规范用词说明

1 为了便于在执行本规范条文时区别对待，对要求严格程度不同的用词说明如下：

表示很严格，非这样做不可的用词：

正面词采用“必须”，反面词采用“严禁”；

表示严格，在正常情况下均应这样做的用词：

正面词采用“应”，反面词采用“不应”或“不得”；

表示允许稍有选择，在条件许可时首先应这样做的用词：

正面词采用“宜”，反面词采用“不宜”；

表示有选择，在一定条件下可以这样做的，采用“可”。

2 规范中指定应按其他有关标准、规范执行时，写法为：“应符合……的规定”或“应按……执行”。

中华人民共和国国家标准

给水排水构筑物工程施工及验收规范

GB 50141—2008

条文说明

目　次

1 总　　则

1.0.1 《给水排水构筑物施工及验收规范》(GBJ 141—90)(以下简称原规范)颁布执行已有18年之久，对我国给水排水(以下简称给排水)构筑物工程建设起到了积极作用。近些年随着国民经济和城市建设的飞速发展，给排水构筑物工程技术的提高，施工机械与材料设备的更新；原规范内容已不能满足当前给排水工程建设的需要。为了规范施工技术，统一施工质量检验、验收标准，确保工程质量，特对原规范进行修订。

修订后的《给水排水构筑物施工及验收规范》称为《给水排水构筑物工程施工及验收规范》(以下简称本规范)定位于指导全国各地区进行给排水构筑物工程施工与验收工作的通用性标准，需确定施工技术、质量、安全要求，并规定检验与验收内容、合格标准及程序，以便指导给排水构筑物工程施工与验收工作。

1.0.2 本规范适用于新建、扩建和改建的城镇公用设施和工业区常用给排水构筑物工程施工及验收，工业企业中具有特殊要求的给排水构筑工程施工及验收，除特殊要求部分外，可参照本规范的规定执行。

1.0.3 本条为强制性条文。给排水构筑物工程所使用的原材料、半成品、成品等产品质量会直接影响工程结构安全、使用功能及环境保护，因此必须符合国家有关的产品标准。为保障人民身体健康，接触生活饮用水产品的卫生性能必须符合国家标准《生活饮用输配水设备及防护材料的安全性评价标准》GB/T 17219规定。本规范推广应用新材料、新技术、新工艺，严禁使用国家明令淘汰、禁用的产品。

1.0.4 给排水构筑物工程建设与施工必须遵守国家的法令法规。工程有具体要求而本规范又无规定时，应执行国家相关规范、标准，或由建设、设计、施工、监理等有关方面协商解决。

2 术　　语

本章给出的18个术语(专用名词)，均为本规范有关章节中所引用的。本规范从给排水构筑物工程施工过程和质量验收实际应用的角度，参照《中国土木建筑百科辞典：工程施工》，全国科学技术名词审定委员会公布《土木工程名词》(科学出版社，2003版)及有关标准、规程的术语赋予其涵义，但涵义不一定是术语的定义。同时还分别给出了相应的推荐性英文术语，该英文术语也不一定是国际通用的标准术语，仅供参考。

3 基本规定

3.1 施工基本规定

3.1.4 本条规定了用于指导工程施工的施工组织设计以及关键的分项、分部工程专项施工方案编制要求和审批的规定。

施工组织设计的核心是施工方案，本规范对施工方案编制主要内容作出规定；对于施工组织设计和施工方案的审批程序，各地、各行业均有不同的具体规定；本规范不便对此进行统一的规定，而强调其内容要求和“按规定程序”审批后执行。

3.1.8、**3.1.9** 此两条文保留了原规范关于施工测量的规定，没有增补内容；主要考虑施工测量已有《工程测量规范》GB 50026和《城市测量规范》CJJ 8等专业规范的具体规定，本规范不便摘录，仅列出行业或专业的基本规定。

3.1.10 本条为强制性条文，规定给排水构筑物工程所用的主要原材料、半成品、构(配)件和设备等产品进入施工现场时必须进行进场验收，并按国家有关标准规定进行复验，验收合格后方可使用。施工现场配制的混凝土、砂浆、防水涂料等应经检测合格后使用。

3.1.16 本条为强制性条文，给出了工程施工质量控制基本规定：

第1款强调工程施工中各分项工程应按照施工技术标准进行质量控制，且在完成后进行检验(自检)；

第2款强调各分项工程之间应进行交接检验(互检)，所有隐蔽分项工程应进行隐蔽验收，规定未经检验或验收不合格不得进行其后分项工程或下道工序。分项工程和工序在概念上应有所不同的，一项分项工程由一道或若干工序组成，不应视同使用。

第3款规定设备安装前必须对基础性工作进行复核检验。

3.2 质量验收基本规定

3.2.1 本条规定给排水构筑物工程施工质量验收基础条件是施工单位自检合格，并应按验收批、分项工程、分部(子分部)工程、单位(子单位)工程依序进行。

本条第7款规定分项工程(验收批)是工程项目验收的基础，分项工程(验收批)验收分为主控项目和一般项目：主控项目，即在构筑工程中的对结构安全和使用功能起决定性作用的检验项目；一般项目，即除主控项目以外的检验项目，通常为现场实测实量的检验项目又称为允许偏差项目。检查方法和检查数量在相关条文中规定，检查数量未规定者，即为全数检查。

本条第10款强调工程的外观质量应由质量验收人员通过现场检查共同确认，这是考虑外观通常是定性的结论，需要验收人员共同确认。

3.2.2 本规范依据各地的工程实践经验将给排水构筑物单位（子单位）工程、分部（子分部）工程、分项工程（验收批）的原则划分列入附录A，有关的质量验收记录表式样列入附录B，以供工程使用时参考。

3.2.3 本条规定了分项工程（验收批）质量验收合格的4项条件：

第1款主控项目，抽样检验或全数检查100%合格。

第2款一般项目，抽样检验的合格率应达到80%，且超差点的最大偏差值应在允许偏差值的1.5倍范围内。

"合格率"的计算公式为：

$$合格率=\frac{同一实测项目中的合格点（组）数}{同一实测项目的应检点（组数）}\times 100\%$$

抽样检查必须按照规定的抽样方案（依据本规范所给出的检查数量），随机地从进场材料、构配件、设备或工程检验项目中，按验收批抽取一定数量的样本所进行的检查。

第3款主要工程材料的进场验收和复验合格，试块、试件检验合格。

第4款主要工程材料的质量保证资料以及相关试验、检测资料齐全、正确；具有完整的施工操作依据和质量检查记录。

3.2.4 本规范规定按不同单体构筑物分别设置分项工程；单体构筑物分项工程视需要可设验收批；其他分项工程可按变形缝位置、施工作业面、标高等分为若干个验收批。

不设验收批时，分项工程为施工质量验收的基础；分部（子分部）工程质量验收合格的基础是分部（子分部）工程所含的分项工程均验收合格。

3.2.7 本条规定了给排水构筑物工程质量验收不合格品处理的具体规定：返修，系指对工程不符合标准的部位采取整修等措施；返工，系指对不符合标准的部位采取的重新制作、重新施工等措施。返修或返工的验收批或分项工程可以重新验收和评定质量合格。正常情况下，不合格品应在验收批检验或验收时发现，并应及时得到处理，否则将影响后续验收批和相关的分项、分部工程的验收。本规范从"强化验收"促进"过程控制"原则出发，规定施工中所有质量隐患必须消灭在萌芽状态。

但是，由于特定原因在验收批检验或验收时未能及时发现质量不符合标准规定，且未能及时处理或为了避免更大的经济损失时，在不影响结构安全和使用功能条件下，可根据不符合规定的程度按本条规定进行处理。采用本条第4款时，验收结论必须说明原因和附相关单位出具的书面文件资料，并且该单位工程不应评定质量合格，只能写明"通过验收"，责任方应承担相应的经济责任。

4 土石方与地基基础

4.1 一般规定

4.1.9 本条强调基坑（槽）土方施工中应对支护结构、周围环境进行监测，出现异常情况应及时处理，待恢复正常后方可继续施工。本条中监测是指沉降观测、变形测量等工程施工安全监测项目。

4.1.10 本条参考了《建筑地基基础工程施工质量验收规范》GB 50202－2002附录A.1.1条"所有建（构）筑物均应进行施工验槽"的规定，基坑开挖中发现岩、土质与建设单位提供的设计勘测资料不符或有其他异常情况时，应由建设单位会同建设、监理、设计、勘测等有关单位共同研究处理，由设计单位提出变更设计。

4.2 围 堰

4.2.3 本规范在原规范基础上增加了工程常用的围堰类型，如双层型钢板桩填芯围堰、止水钢板桩、抛石围堰、钻孔桩围堰、抛石夯筑芯墙止水围堰。土、草捆土、袋装土围堰适用于土质透水性较小的河床；袋装土围堰用袋可根据实际情况选用草袋、麻袋、编织袋等。

4.3 施工降排水

4.3.2 地下水位降低，底层结构会受到一定影响。如果降水期间有泥沙带出，还会引起地层下沉，影响建筑物安全。本条第5款规定设置变形观测点；水位观测是掌握降水效果，保证施工顺利进行的重要环节；因此在设计井点时应同时考虑观测孔的设置。本条第6款规定基坑地下水位应降至坑底以下，通常应不小于500mm。

4.3.7 本条第4款，集水井处于细砂、粉砂、粉土或粉质黏土等土层时，应采取过滤或封闭措施，井壁过滤可采用无砂混凝土管等措施，井底封闭可用木盘或水下浇筑混凝土等措施。

4.3.8 本条文中表4.3.8给出了井点系统选用的主要条件，井点通常分为真空井点、喷射井点、管井三类进行设计，降排水施工应根据设计降水深度（或基坑开挖深度）、地下静水位、土层渗透系数及涌水量等因素，综合考虑选用经济合理、技术可靠、施工方便的降水方法。

4.3.9 本条强调了施工降排水终止抽水后，应及时用砂、石等材料填充排水井及拔除井点管所留的孔洞，防止人、动物不慎坠落。

4.4 基坑开挖与支护

4.4.4 本条的表 4.4.4 给出开挖深度在 5m 以内的基坑可不加支撑时的坡度控制值，以便施工时参考；有成熟施工经验时，可不受本表限制。

本条强调开挖基坑的边坡应通过稳定性分析计算来确定，而不能仅依据施工经验确定；在软土基坑坡顶不宜设置静载或动载，需要设置时，应对土的承载力和边坡的稳定性进行验算。

4.4.8 土质条件或工程环境条件较差设有支撑的基坑，开挖时应遵循“开槽支撑、先撑后挖、分层开挖和严禁超挖”的施工原则。施工过程中，应特别注意基坑边堆置土方不得超过施工方案的设计荷载和堆置高度，以保证支撑结构的安全。

4.4.9 本条规定了基坑开挖前的降排水时限和基本要求：一般情况下应提前 2～3 周；对深度较大，或对土体有一定固结要求的基坑，降排水运行的提前时间还应适当增加。

4.4.14 基坑支护结构应根据工程的具体情况，参照表 4.4.14 依据基坑深度、土质、侧壁安全等级选用支护结构形式。护坡桩一般分为四大类，即水泥土类：粉喷桩、深层搅拌桩；钢筋混凝土类：预制桩、钻孔桩、地下连续墙；钢板桩类：钢组合桩、拉森式专用钢板桩；木板桩类：木桩、企口板桩。除此之外，目前已在工程中应用的还有 SMW 桩等形式。

4.4.15 鉴于工程实践中支护结构设计有时由施工单位进行具体设计，本条对此作出规定。表 4.4.15 参考了《建筑基坑支护技术规程》JGJ 120—99 表 3.1.3。

4.4.19 本条强调围护结构应进行测量监控，表 4.4.19 基坑开挖监测项目是依据本规范第 4.4.15 条基坑边坡（侧壁）安全等级及重要性系数规定的；表 4.4.19 参考了《建筑基坑支护技术规程》JGJ 120—99 表 3.8.3。

4.5 地 基 基 础

4.5.3 工程基础桩通常称为“基桩”，本规范指不需与地基共同承载的桩。

4.5.6 本规范规定了复合地基和桩基施工具体规定，如水泥土搅拌桩、高压旋喷桩、振冲桩、水泥粉煤灰碎石桩、砂桩、土和灰土挤密桩、预制桩及灌注桩，参考了《建筑地基基础工程施工质量验收规范》GB 50202 相关内容。

4.6 基 坑 回 填

4.6.4 回填作业技术参数，如每层填筑厚度及压实遍数，应根据土质情况及所用机具，经过现场试验确定，以保证回填压实满足要求。

4.6.5 压实度，有的规范称为“压实系数”；本规范中的压实度除注明者外，皆以轻型击实试验法求得的最大干密度为100%。

4.6.6 钢、木板桩支护的基坑回填时，应按本条规定拆除钢、木板桩，并对拆除后孔洞及拔出板桩后的孔洞应用砂填实。

4.6.9 本条强调基坑回填后，必须保持原有的测量控制桩点以及沉降观测桩点；并应继续进行观测直至确认沉降趋于稳定，四周建（构）筑物安全无损为止。

4.7 质量验收标准

4.7.1 本条第 2 款规定围堰必须稳固，但工程实践表明：土体变位、沉降也会发生，必须加以限定；无开裂、塌方、滑坡现象，背水面无线漏是堰体安全的基本要求。

4.7.2 本条对基坑开挖和地基处理的质量验收作出具体规定，主控项目的检查方法系指验收时，多数为现场观察或检查施工方案、施工记录、试验报告或检测报告等文件资料；检查数量则指工程项目在隐蔽前的抽查数量。

4.7.7 回填材料为土时，土质应均匀，其含水量应接近最佳含水量（误差不超过 3%）；灰土应严格控制配合比，搅拌均匀，颜色基本一致；压实后表面平整、无松散、起皮、裂纹；天然砂石级配良好，粗细颗粒分配均匀，压实后不得有砂窝及梅花现象。

表 4.7.7 回填土压实度的规定，系在原规范第 4.3.5 条文基础上补充。本规范中压实度的检验点数根据各地工程实践来确定。相对《建筑地基基础工程施工质量验收规范》GB 50202—2002 第 4.1.5 条（强制性条文）控制较为严格。

5 取水与排放构筑物

5.1 一 般 规 定

5.1.2 取水与排放构筑物中进、出水管渠工程，包括现浇钢筋混凝土管渠、涵渠和预制管铺设的管渠、涵渠；本规范统称为管渠。

5.1.5 本条规定了工程施工前应具备的基本条件，特别是临近水体作业，施工船舶、设备的停靠、锚泊及预制件驳运、浮运和施工作业时，应制定水下开挖基坑或沟槽施工方案，必要时可进行试挖或试爆；设置水下构筑物及管道警示标志、水中及水面构筑物的防冲撞设施。

5.2 地下水取水构筑物

5.2.1 地下水取水构筑物施工期间应避免地面污水及非取水层水渗入取水层。如不慎造成取水层污染，应及时采取补救措施。

5.2.2 地下水取水构筑物大口井施工完毕并经检验合格后，应按本条规定进行抽水清洗至水中的含砂量小于或等于 1/200000（体积比），方可停止抽水清洗。

5.2.4 本条第 1 款管节为工厂预制的成品管节；采用无砂混凝土现场制作大口井井筒或渗渠集水管时，应经试验确定其骨料粒径、灰石比和水灰比，并应制定搅拌、浇筑和养护的施工措施，其渗透系数、阻砂能力和强度应不低于设计要求。

5.2.6 本条第 1 款施工方法有锤打法、顶管法、机械水平钻进法、水射法、水射法与锤打法或顶管法的联合以及其他方法；第 4 款（2）要求锤打施力中心线或顶进千斤顶的合力作用中心线与所施做的辐射管的中心线同轴。

5.3 地表水固定式取水构筑物

5.3.1 本条第 3 款水下基坑（槽）开挖，可采用挖泥船、空气吸泥机或爆破法开挖；主体结构施工，可采用围堰法、沉井法等方法；沉井法施工，可采用筑岛法、浮运法施工；沉井的制作、下沉及封底应符合本规范第 7.3 节的要求。

5.4 地表水活动式取水构筑物

5.4.2 本条对水下抛石作业作出具体规定。由于地表水活动式取水构筑物所处河段都是冲刷河段，河岸受水流冲击很大，为保证取水设施的安全，一般都要抛石护岸。护岸区是有一定范围的，施工中要根据设计要求在岸上设置控制标杆，抛石船对着岸上的标杆来控制抛石的位置。

5.4.11 水压试验应按《给水排水管道工程施工及验收规范》GB 50268 的相关规定执行。

5.5 排放构筑物

5.5.3 本条对翼墙背后填土规定：在混凝土或砌筑砂浆达到设计抗压强度后方可进行；填土时，墙后不得有积水；墙后反滤层与填土应同时进行。

5.5.4 本条对岸边排放的出水口护坡、护坦砌筑施工作出规定。石料不得有翘口石、飞口石，翘口石系指顶面不平的砌石，飞口石系指外棱不齐的砌石。浆砌法一般指铺浆法砌筑，要求灰浆饱满、嵌缝严密，无掏空、松动现象；干砌即不用砂浆铺砌，大多采用立砌法，要求砌体缝口紧固，底部应垫稳、填实，严禁架空。

通缝指砌体中上下皮块材搭接长度小于规定数值的竖向灰缝；假缝指砌体仅在表面做灰缝处理的灰缝；丢缝指砌体未做灰缝处理的灰缝。

5.5.6 本条对砌筑细石混凝土结构的试块留置及验收批进行了规定：浆砌石采用细石混凝土，每 $100m^3$ 的砌体为一个验收批，应至少检验一次强度；每次应制作试块一组，每组三块。

5.6 进、出水管渠

5.6.2 进、出水管渠铺设可采用开槽法、沉管法或非开槽法施工。沉管法施工可采用浮拖法、船吊法等进行管道就位；预制管段的拖运、浮运、吊运及下沉应按《给水排水管道工程施工及验收规范》GB 50268 的相关规定执行。

5.7 质量验收标准

5.7.1 本规范将钢筋混凝土结构、砖石砌体结构工程的各分项工程质量验收具体规定列入第 6.8.1～6.8.9 条；各单体构筑物工程的质量验收仅列出其专项规定。

5.7.3 第 5 款规定混凝土表面不得出现有害裂缝。有害裂缝应指附录表 F.0.1 中的严重缺陷的裂缝；本规范中允许偏差按构筑物尺寸，如长（L）、高（H）、半径（R）等的百分比控制时，构筑物尺寸与允许偏差计量单位必须相同。

5.7.6 本条第 4 款参照《混凝土结构工程施工质量验收规范》GB 50204—2002 第 8.2 节规定：一般项目中，外观质量不宜有一般缺陷；已出现的一般缺陷应按技术方案进行处理后重新验收。一般缺陷见本规范附录表 F.0.1 规定。

本规范中 D_o 表示管道或圆形构筑物的外径，D_i 表示内径。预制管铺设的管渠工程质量验收应符合《给水排水管道工程施工及验收规范》GB 50268 的相关规定。

5.7.8 本规范参照《混凝土结构工程施工质量验收规范》GB 50204—2002 第 8.2 节规定：混凝土结构主控项目中，外观质量无严重缺陷；给排水构筑物混凝土结构应比其他构（建）筑物要求严格。

6 水处理构筑物

6.1 一 般 规 定

6.1.1 水处理包括给水处理和污水处理，由于工艺要求，每个单体构筑物都有其相应的、专一的功能要求，并在土建工程结构结束后安装相应处理装置和设备。本章依照分项工程（工序）施工顺序对水处理构筑物施工及验收作出详细的规定。

6.1.3 本条规定了水处理构筑物的满水试验前应具备的基本要求，并规定了混凝土结构、装配式预应力混凝土结构、砌体结构等水处理构筑物满水试验、池壁外和池顶的回填土方等施工顺序；如需倒序施工，必须征得设计等方面同意方可进行。

6.1.4 本条为强制性条文，规定水处理构筑物施工完毕必须进行满水试验，消化池满水试验合格后，还应按本规范第9.3节的规定进行气密性试验。

6.1.7 砂浆的流动性也称为稠度，现场测试采用10s的沉入深度。

6.1.8 本条规定了位于构筑物基坑影响范围内的管道施工应符合的具体要求，强调应在回填前进行隐蔽验收，合格后方可进行回填施工；为保证管道地基承载能力，必要时经过设计的同意，可进行地基加固处理或提高管道结构的强度。

6.1.9 管道穿墙部位的处理应符合设计要求，当设计无具体要求时应按本条规定处理。

6.2 现浇钢筋混凝土结构

6.2.2 本条规定了水处理构筑物的混凝土模板安装不同于其他行业的具体要求。第6款强调了池体混凝土模板对拉螺栓设置的要求。

本条第7款系《混凝土结构工程施工质量验收规范》GB 50204-2002第4.2.5条内容。

6.2.3 本条参考了《混凝土结构工程施工质量验收规范》GB 50204-2002第4.3节的内容，在本规范第6.8.3条第5款进行规定；混凝土模板的拆除施工过程控制应参照《混凝土结构工程施工质量验收规范》GB 50204—2002第4.3节规定执行。

6.2.4 水处理构筑物的钢筋进场检验以及钢筋加工应参照《混凝土结构工程施工质量验收规范》GB 50204—2002第5.1、5.2、5.3节的规定执行。本条仅对钢筋的连接、安装给出具体规定。

钢筋绑扎接头的搭接长度，除应符合本规范表6.2.4要求外，在受拉区不得小于300mm，在受压区不得小于200mm；混凝土设计强度大于15MPa时，其最小搭接长度应按本规范表6.2.4的规定执行；混凝土设计强度为15MPa时，除低碳冷拔钢丝外，最小搭接长度应按表中数值增加$5d_0$；直径大于25mm的带肋钢筋，其最小搭接长度应按表中相应数值乘以系数1.1取用；对环氧树脂涂层的带肋钢筋，其最小搭接长度应按表中相应数值乘以系数1.25取用。

本条第5款强调了钢筋保护层厚度的控制，钢筋保护层最小厚度参见《给水排水工程构筑物结构设计规范》GB 50069-2002第6.1.3条规定；鉴于水处理构筑物的特点，施工过程中从钢筋的加工尺寸到钢筋和模板的安装都必须严格加以控制。

6.2.6 本条参考了《混凝土结构工程施工质量验收规范》GB 50204-2002第7.2节内容，对给排水构筑物工程的混凝土原材料及外加剂、掺合料选择与使用作出规定。特别是强调水池混凝土不得掺入含有氯盐成分的外加剂，外加剂和矿物掺合料的掺量应通过试验确定。混凝土中的碱含量控制参见《混凝土结构设计规范》GB 50010—2002第3.4.2条结构混凝土的基本要求：C25、C30强度等级混凝土的最大碱含量3.0kg/m³；使用非碱活性骨料时，对混凝土中的碱含量可不作限制。拌合用水的水质应符合《混凝土用水标准》JGJ 63规定。

6.2.7 本条规定了混凝土配合比及拌制要求，参考了《混凝土结构工程施工质量验收规范》GB 50204—2002第7.3.2条规定：首次使用的混凝土配合比应进行开盘鉴定，其工作性质满足设计配合比的要求；开始生产时应至少留置一组标准养护试件，作为验证配合比的依据。混凝土试块的尺寸及强度换算系数应按《混凝土结构工程施工质量验收规范》(GB 50204—2002）表7.1.2的规定选用。

6.2.8 本规范结合行业特点，在总结工程实践经验基础上，并参考了北京、上海等地方标准给出了混凝土试块的留置、混凝土试块的验收批和混凝土试块的抗压强度、抗渗性能、抗冻性能的评定应遵循的具体规定；其中试块留置和验收批的规定视不同结构或不同构筑物有所变化；但是试块的抗压强度、抗渗性能、抗冻性能的评定验收应按照本条的规定执行。

6.2.19 水工构筑物混凝土浇筑完毕后，应按施工方案及时采取有效的养护措施。当日平均气温低于5℃时，不得浇水；通常采用塑料布或土工布覆盖洒水养护的方法；混凝土表面不便浇水或使用塑料布时，宜涂刷养护剂；对大体积混凝土的养护，应根据气候条件按施工技术方案采用控温措施；冬期施工环境最低温度不低于−15℃时，可采取蓄热法养护或带模养护等措施。

6.3 装配式混凝土结构

6.3.7 有裂缝的构件应进行技术鉴定，判定其是否属于严重质量缺陷，经过有关处理后能否使用。施工单位提出的技术处理方案，需有关方面进行确认。

6.4 预应力混凝土结构

6.4.2 预应力筋、锚具、夹具和连接器的进场检验应按《混凝土结构工程施工质量验收规范》GB 50204—2002第6.1节和第6.2节规定和设计要求执行；预应力筋端部锚具的制作还应执行其第6.3.5条的规定。

6.4.9 预应力钢丝接头应采用18～20号绑丝绑扎牢固。

6.4.12 本条第5款对喷射水泥砂浆试块留置、验收批作出了具体规定；其质量验收评定应按本规范第6.5.2条和第6.5.3条的规定执行。喷射水泥砂浆试块应采用边长为70.7mm的立方体，每组六块。第1款水泥砂浆用砂的含水率宜为1.5%～5.0%，最优含水率应经试验确定。含泥量小于3%。

6.4.13 本条第3款张拉程序的规定参考了《公路桥涵施工技术规范》JTJ 041—2000第12.10.3条内容。

第4、5、6款参考了《混凝土结构施工质量验收规范》GB 50204—2002第6.4节内容；过程控制时，检查数量应参照执行。

6.4.14 本条第4款水泥浆抗压强度试块制作的具体规定，试块应标准养护28d；试块抗压强度的采用值（代表值）应为一组试块的平均值；当一组试块中的最大值或最小值与平均值相差大于20%时，应取中间4个试块强度的平均值。

6.5 砌体结构

6.5.1 第6款规定砂浆应在初凝前使用，已凝结的砂浆不得使用，且不得掺入新拌制砂浆使用。

6.5.2 本条参考了《砌体工程施工质量验收规范》GB 50203—2002第4.0.12条，规定了砌体水处理构筑物砂浆试块强度的验收批和试块留置数量的规定：同类型、同强度等级的砂浆试块，每砌筑100m^3的砌体作为一个验收批，不足100m^3也应作为一个验收批；每验收批应留置试块一组，每组六块。当砂浆组成材料有变化时，应增试块留置数量。

6.5.3 本条参考了《砌体工程施工质量验收规范》GB 50203—2002第4.0.12条，规定了砌筑砂浆试块验收其强度合格的标准规定：统一验收批各组试块抗压强度的平均值不得低于设计强度等级所对应的立方体抗压强度；各组试块中任意一组的强度平均值不得低于设计强度等级所对应的立方体抗压强度的75%。本规范中除砌筑砂浆试块外，预应力筋保护层、孔道灌浆和封锚等所用的水泥砂浆、水泥浆等试块验收其强度合格的标准也必须执行本条规定；只是试块留置及验收批规定有所不同。

6.5.5 砌筑砌体时，砌石应保持湿润，砖应提前1～2d浇水湿润。

6.5.10 本条第3款的规定参照了《砌体工程施工质量验收规范》GB 50203—2002第5.2.3条（强制性条文）。

6.5.12 本条第1款参考《砌体工程施工质量验收规范》GB 50203—2002第7.1.7条，规定分层找平；每砌3～4皮为一个分层高度，每个分层高度应找平一次。

6.6 塘体结构

6.6.1 塘体构筑物因其施工简便、造价低，近些年来在工程实践中应用较多，如BIOLAKE工艺中的氧化塘；本规范在总结工程实践的基础上作出了规定。基槽施工是塘体构筑物施工关键的分项工程，必须按照本规范第4章的相关规定和设计要求做好基础处理和边坡修整。本条第2款对此进行了规定，边坡应为符合设计要求的原状土，不得人工贴补。

6.6.5 塘体结构水工构筑物防渗施工是塘体结构施工的关键环节，首先应按设计要求控制防渗材料类型、规格、性能、质量；进场的防渗材料应按国家相关标准的规定进行检验，防渗材料施工应按设计要求或参照《城市生活垃圾卫生填埋技术规范》CJJ 17有关规定对连接、焊接部位的施工质量严格控制、检验与验收。

6.7 附属构筑物

6.7.1 本规范的附属构筑物涵盖了主体构筑物以外的所有细部结构、各类工艺井、工艺辅助构筑物工程，以及连接管道、管渠工程等。

6.7.3 本条对细部结构、工艺辅助构筑物工程施工作出具体规定，特别是对薄壁混凝土结构或外形复杂的构筑物，必须采取相应的施工技术措施，确保二次浇筑混凝土的模板及支架稳固、拼接严密，防止钢筋、模板发生变形、走动，避免混凝土出现质量缺陷。第5款规定拟浇筑的细部结构、工艺辅助构筑物混凝土和已浇筑的混凝土主体结构衔接按施工缝处理。

6.7.4 细部结构、工艺辅助构筑物混凝土一次连续浇筑量相对于水处理构筑物要少得多，本节在总结工程实践的基础上对试块的留置及其验收批进行了规定。

6.7.5 参考了相关规范，本节对细部结构、工艺辅助构筑物砌筑砂浆试块留置及其验收批进行了规定。

6.7.6 本条第7款水泥砂浆抹面宜分为两道，是指设计无具体要求，抹面厚度为20mm时，第一道宜厚12～13mm，第二道宜厚7～8mm，两道抹面间隔时间应不小于48h。

6.7.7 本条第1款中规定当使用木模板时，应在适当位置，如拱中心设八字缝板，以消除模板和混凝土的应力。

6.8 质量验收标准

6.8.1 本条所列模板支架质量验收主控项目第2项"各部位的模板安装位置正确、拼缝紧密不漏浆；对拉螺栓、垫块等安装稳固；模板上的预埋件、预留孔洞不得遗漏，且安装牢固；"参考了《混凝土结构工程施工质量验收规范》GB 50204—2002第4.2.6条的规定，在过程控制时，可参照该条规定的检查数量。

6.8.2 进场钢筋的质量检验、钢筋加工应参照《混凝土结构工程施工质量验收规范》GB 50204—2002第5.2节和5.3节的相关规定执行；在过程控制时，可参照该节规定的检查数量。

6.8.5 本条第2款规定圆形构筑物缠丝张拉预应力筋下料、墩头加工必须符合设计要求，设计无具体要求时，应参照《混凝土结构工程施工质量验收规范》GB 50204—2002第6.3节规定执行。

6.8.6 本条第2款规定预应力钢绞线下料加工必须符合设计要求，设计无具体要求时，应参照《混凝土结构工程施工质量验收规范》GB 50204—2002第6.3节规定执行。

6.8.7 本条第4款规定构筑物外壁不得渗水，术语渗水的描述见附录G。

7 泵 房

7.2 泵房结构

7.2.4 本条第4款规定混凝土应分层顺序进行，浇筑时入模混凝土上升高度应一致平衡，并使混凝土能输送到位，不得采用振捣棒的振动长距离驱使混凝土流向低处。

7.2.8 本条第6款规定地脚螺栓预埋采用植筋时，应通过试验确定其技术参数。

7.3 沉 井

7.3.1 近些年来，采用沉井法施工泵房等给排水地下构筑物较多，本规范在总结上海等地实践经验的基础上，对泵房沉井法施工作出较详细的技术规定。

7.3.12 本文第4款为强制条文，是基于近年工程实践经验而作出的规定。

7.3.13 本条第3款规定水中开挖、出土方式应根据井内水深、周围环境控制要求等因素选择。用抓斗水中挖土时，坑底应保持"中心深、四周浅"，并应符合"锅底"状的要求；采用水力机械挖土时，水力吸泥装置应抽取汇流至集泥坑中的泥浆，防止直接抽取土层或局部吸泥过深；当井内水深超过10m、周围环境控制要求较高时，可采用空气吸泥法或水力钻吸法出土。

7.3.14 本条第2款规定应按施工方案规定的顺序和方式开挖，基本要求如下：

1 下沉阶段，应"先中后边"，形成"锅底"状，并控制"锅底"深度；

2 终沉阶段，应"先边后中"，形成"反锅底"状，并随"反锅底"的平缓开挖使沉井缓慢到位。

7.3.15 沉井施工当下沉量及速率（系数）偏小时，应按本条规定的辅助方法助沉。

7.3.18 水下封底浇筑混凝土导管应采用直径为200～300mm的钢管制作，并应有足够的强度和刚度；导管内壁应光滑，管段的接头应密封良好并便于拆装。

导管的数量应由计算确定；导管的有效作用半径可取3～4m，其布置应使各导管的浇筑面积互相覆盖，对边沿或拐角处，可加设导管。

导管设置的位置应准确；每根导管上端应装有数节1.0m长的短管；导管中应设球塞或隔板等隔水装置；导管底端部应尽量靠近坑底，但应保证球塞顺利地放出或隔板完全打开。

7.4 质量验收标准

7.4.5 沉井四角高度差指顶面测得的高差，中心位移指轴心。

8 调蓄构筑物

8.1 一 般 规 定

8.1.1 本规范将水塔、水柜和调蓄池（清水池、调节水池、调蓄水池）等给排水构筑物归类为"调蓄构筑物"。

近年来我国大城市供水系统中采用水塔和钢水柜较少，普遍采用变频高压供水系统。但鉴于各地的发展不均衡，一些地区仍在采用水塔和钢水柜供水系统，本章保留了原规范第九章水塔部分内容。

8.1.6 本条为强制性条文，规定调蓄构筑物施工完成后必须按本规范第9章规定进行满水试验。

8.2 水 塔

8.2.1 内倒锥外正锥组合壳俗称"M"形壳，"M"形和球形等组合壳体基础施工首先控制好土模成型，其次是控制好壳体混凝土厚度；特制的靠尺是指事先放样制成的板靠尺，用来检查控制混凝土厚度。

8.3 水 柜

8.3.1 水柜在地面进行满水试验时，水柜尚无底板，故需对地下室底板及内墙采取防渗漏措施。竣工后可不必再进行满水试验。

8.3.3 水柜吊装应制定施工方案和安全技术方案，以保证施工安全。

8.3.5 本条第3款筋网绑扎可采用22号钢丝或退火钢丝绑扎。

9 功能性试验

9.2 满 水 试 验

9.2.1 本条第5款规定满水试验时，如对池体有沉降观测要求时应设置观测点。

9.2.3 本条第5款规定了渗水量测定符合标准要求时必须测量两次以上，以验证准确性；观测的渗水量超过允许标准要求时，应继续观测；如其后的渗水量逐渐减少，应继续延长观测时间至渗水量符合标准时止。

9.2.4 蒸发量的检测具体要求：①现场测定蒸发量的设备，可采用直径为500mm，高300mm的敞口钢板水箱，并设有测定水位的测针。水箱应经检验，不得渗漏；②水箱应固定在水池中，水箱中充水深度可在200mm左右；③测定水池中水位的同时，测定水箱中的水位；④现场测定蒸发量时，其设备型号、形式、材质等都将对蒸发量产生不同程度的影响，因此，当采用其他方法测定蒸发量时，须经严格试验后确定。

9.2.5 采用式（9.2.5）计算水池渗水量，连续观测时，前次的 E_2、e_2 即为下次的 E_1 及 e_1；按式（9.2.5）计算的结果，渗水量如超过本规范第 9.2.6 条第 2 款的规定标准，应检查出原因所在，处理后重新进行测定。雨天时，不应进行满水试验渗水量的测定。

9.3 气密性试验

9.3.1 本条第 1 款规定试验水池满水试验和气密性试验的顺序，污水处理构筑物中消化池应进行满水试验和气密性试验。

附录 A 给排水构筑物单位工程、分部工程、分项工程划分

给排水构筑物工程检验与验收项目应依照工程合同划分为工程项目、单位工程、单体工程；单位工程可划分为：验收批、分项工程、分部工程。且应按不同单体构筑物分别设置分项工程，单体构筑物分项工程视需要可设验收批；其他分项工程可按变形缝位置、施工作业面、标高等分为若干个验收部位。

本表供工程施工使用，具体验收批、子分部、子单位工程设置应根据工程的具体情况，由施工单位会同建设、设计和监理等单位商定。

附录 B 分项、分部、单位工程质量验收记录

验收批、子分部工程、子单位工程可分别使用分项工程、分部工程和单位工程的质量验收记录表。

附录 F 钢筋混凝土结构外观质量缺陷评定方法

给排水构筑物工程质量验收中观感质量评定，需对钢筋混凝土结构外观质量缺陷较科学地进行评定，表 F.0.1 参考了《混凝土结构工程施工质量验收规范》GB 50204—2002 第 8.1.1 条的相关规定。

附录 G 混凝土构筑物渗漏水程度评定方法

本附录根据工程实践，并参考了相关规范对给排水构筑物渗漏水程度评定的术语和定义进行了规定，以供使用时参考。

中华人民共和国国家标准

城市居住区规划设计规范

GB 50180—93

（2016年版）

主编部门：中华人民共和国建设部

批准部门：中华人民共和国建设部

施行日期：1 9 9 4 年 2 月 1 日

中华人民共和国住房和城乡建设部
公　　告

第1190号

住房城乡建设部关于发布国家标准《城市居住区规划设计规范》局部修订的公告

现批准《城市居住区规划设计规范》GB 50180—93（2002年版）局部修订的条文，经此次修改的原条文同时废止。

局部修订的条文及具体内容，将刊登在我部有关网站和近期出版的《工程建设标准化》刊物上。

中华人民共和国住房和城乡建设部

2016年6月28日

修　订　说　明

本次局部修订是根据住房和城乡建设部《关于请组织开展城市排水相关标准制修订工作的函》（建标标函2013［46］号）的要求，由中国城市规划设计研究院会同有关单位对《城市居住区规划设计规范》GB 50180—93（2012年版）进行修订而成。

本次修订的主要技术内容是：增补符合低影响开发的建设要求，对地下空间使用、绿地与绿化设计、道路设计、竖向设计等内容进行了调整和补充；进一步完善道路规划和停车场库配置要求。

本规范中下划线表示修改的内容；用黑体字表示的条文为强制性条文，必须严格执行。

本规范由住房和城乡建设部负责管理和对强制性条文的解释，由中国城市规划设计研究院负责具体技术内容的解释。执行过程中如有意见或建议，请寄送至中国城市规划设计研究院《城市居住区规划设计规范》国家标准管理组（地址：北京市海淀区车公庄西路5号，邮编：100044）。

本次局部修订的主编单位、参编单位、主要审查人员：

主 编 单 位： 中国城市规划设计研究院

参 编 单 位： 中国建筑技术研究院
北京市城市规划设计研究院

主要审查人员： 张　辰　包琦玮　赵　锂
白伟岚　李俊奇　任心欣

工程建设标准局部修订
公　告

第 31 号

关于国家标准《城市居住区规划设计规范》局部修订的公告

根据建设部《关于印发〈一九九八年工程建设国家标准制订、修订计划（第一批）〉的通知》（建标［1998］94号）的要求，中国城市规划设计研究院会同有关单位对《城市居住区规划设计规范》GB 50180—93进行了局部修订。我部组织有关单位对该规范局部修订的条文进行了共同审查，现予批准，自2002年4月1日起施行。其中，1.0.3、3.0.1、3.0.2、3.0.3、5.0.2（第1款）、5.0.5（第2款）、5.0.6（第1款）、6.0.1、6.0.3、6.0.5、7.0.1、7.0.2（第3款）、7.0.4（第1款的第5项）、7.0.5为强制性条文，必须严格执行。该规范经此次修改的原条文规定同时废止。

中华人民共和国建设部

2002年3月11日

关于发布国家标准《城市居住区规划设计规范》的通知

建标［1993］542号

根据国家计委计综（1987）250号文的要求，由建设部会同有关部门共同制订的《城市居住区规划设计规范》已经有关部门会审，现批准《城市居住区规划设计规范》GB 50180—93为强制性国家标准，自一九九四年二月一日起执行。

本标准由建设部负责管理，具体解释等工作由中国城市规划设计研究院负责，出版发行由建设部标准定额研究所负责组织。

中华人民共和国建设部

1993年7月16日

前　言

根据建设部建标［1998］94号文件《关于印发“一九九八年工程建设标准制定、修订计划”的通知》要求，对现行国家标准《城市居住区规划设计规范》（以下简称规范）进行局部修订。

本次规范修订主要包括以下几个方面：增补老年人设施和停车场(库)的内容；对分级控制规模、指标体系和公共服务设施的部分内容进行了适当调整；进一步调整完善住宅日照间距的有关规定；与相关规范或标准协调，加强了措辞的严谨性。

修订工作针对我国社会经济发展和市场经济改革中出现的新问题，在原有框架基础上对规范进行了补充调整，部分标准有所提高，对涉及法律纠纷较多的条款提出了严格的限定条件，在使用规范过程中需特别加以注意。

本规范由国家标准《城市居住区规划设计规范》管理组负责解释。在实施过程中如发现有需要修改和补充之处，请将意见和有关资料寄送国家标准《城市居住区规划设计规范》管理组（北京市海淀区三里河路9号 中国城市规划设计研究院，邮政编码100037。

本规范主编单位：中国城市规划设计研究院。

本规范参编单位：北京市城市规划设计研究院、中国建筑技术研究院。

主要起草人员：涂英时、吴晟、刘燕辉、杨振华、赵文凯、张播。

其他参加工作人员：刘国园

目　次

1 总 则

1.0.1 为确保居民基本的居住生活环境，经济、合理、有效地使用土地和空间，提高居住区的规划设计质量，制定本规范。

1.0.2 本规范适用于城市居住区的规划设计。

1.0.3 居住区按居住户数或人口规模可分为居住区、小区、组团三级。各级标准控制规模，应符合表1.0.3的规定。

表 1.0.3 居住区分级控制规模

	居住区	小区	组团
户数（户）	10000～16000	3000～5000	300～1000
人口（人）	30000～50000	10000～15000	1000～3000

1.0.3a 居住区的规划布局形式可采用居住区-小区-组团、居住区-组团、小区-组团及独立式组团等多种类型。

1.0.4 居住区的配建设施，必须与居住人口规模相对应。其配建设施的面积总指标，可根据规划布局形式统一安排、灵活使用。

1.0.5 居住区的规划设计，应遵循下列基本原则；

1.0.5.1 符合城市总体规划的要求；

1.0.5.2 符合统一规划、合理布局、因地制宜、综合开发、配套建设的原则；

1.0.5.3 符合所在地经济社会发展水平，民族习俗和传统风貌，气候特点与环境条件；

1.0.5.3a 符合低影响开发的建设要求，充分利用河湖水域，促进雨水的自然积存、自然渗透、自然净化；

1.0.5.4 适应居民的活动规律，综合考虑日照、采光、通风、防灾、配建设施及管理要求，创造安全、卫生、方便、舒适和优美的居住生活环境；

1.0.5.5 为老年人、残疾人的生活和社会活动提供条件；

1.0.5.6 为工业化生产、机械化施工和建筑群体、空间环境多样化创造条件；

1.0.5.7 为商品化经营、社会化管理及分期实施创造条件；

1.0.5.8 充分考虑社会、经济和环境三方面的综合效益。

1.0.6 居住区规划设计除符合本规范外，尚应符合国家现行的有关法律、法规和强制性标准的规定。

2 术语、代号

2.0.1 城市居住区

一般称居住区，泛指不同居住人口规模的居住生活聚居地和特指城市干道或自然分界线所围合，并与居住人口规模（30000～50000人）相对应，配建有一整套较完善的、能满足该区居民物质与文化生活所需的公共服务设施的居住生活聚居地。

2.0.2 居住小区

一般称小区，是指被城市道路或自然分界线所围合，并与居住人口规模（10000～15000人）相对应，配建有一套能满足该区居民基本的物质与文化生活所需的公共服务设施的居住生活聚居地。

2.0.3 居住组团

一般称组团，指一般被小区道路分隔，并与居住人口规模（1000～3000人）相对应，配建有居民所需的基层公共服务设施的居住生活聚居地。

2.0.4 居住区用地（R）

住宅用地、公建用地、道路用地和公共绿地等四项用地的总称。

2.0.5 住宅用地（R01）

住宅建筑基底占地及其四周合理间距内的用地（含宅间绿地和宅间小路等）的总称。

2.0.6 公共服务设施用地（R02）

一般称公建用地，是与居住人口规模相对应配建的、为居民服务和使用的各类设施的用地，应包括建筑基底占地及其所属场院、绿地和配建停车场等。

2.0.7 道路用地（R03）

居住区道路、小区路、组团路及非公建配建的居民汽车地面停放场地。

2.0.8 居住区（级）道路

一般用以划分小区的道路。在大城市中通常与城市支路同级。

2.0.9 小区（级）路

一般用以划分组团的道路。

2.0.10 组团（级）路

上接小区路、下连宅间小路的道路。

2.0.11 宅间小路

住宅建筑之间连接各住宅入口的道路。

2.0.12 公共绿地（R04）

满足规定的日照要求、适合于安排游憩活动设施的、供居民共享的集中绿地，包括居住区公园、小游园和组团绿地及其他块状带状绿地等。

2.0.13 配建设施

与人口规模或与住宅规模相对应配套建设的公共服务设施、道路和公共绿地的总称。

2.0.14 其他用地（E）

规划范围内除居住区用地以外的各种用地，应包括非直接为本区居民配建的道路用地、其他单位用地、保留的自然村或不可建设用地等。

2.0.15 公共活动中心

配套公建相对集中的居住区中心、小区中心和组团中心等。

2.0.16 道路红线

城市道路（含居住区级道路）用地的规划控制线。

2.0.17 建筑线

一般称建筑控制线，是建筑物基底位置的控制线。

2.0.18 日照间距系数

根据日照标准确定的房屋间距与遮挡房屋檐高的比值。

2.0.19 建筑小品

既有功能要求，又具有点缀、装饰和美化作用的、从属于某一建筑空间环境的小体量建筑、游憩观赏设施和指示性标志物等的统称。

2.0.20 住宅平均层数

住宅总建筑面积与住宅基底总面积的比值（层）。

2.0.21 高层住宅（大于等于10层）比例

高层住宅总建筑面积与住宅总建筑面积的比率（%）。

2.0.22 中高层住宅（7～9层）比例

中高层住宅总建筑面积与住宅总建筑面积的比率（%）。

2.0.23 人口毛密度

每公顷居住区用地上容纳的规划人口数量（人/hm^2）。

2.0.24 人口净密度

每公顷住宅用地上容纳的规划人口数量（人/hm^2）。

2.0.25 住宅建筑套密度（毛）

每公顷居住区用地上拥有的住宅建筑套数（套/hm^2）。

2.0.26 住宅建筑套密度（净）

每公顷住宅用地上拥有的住宅建筑套数（套/hm^2）。

2.0.27 住宅建筑面积毛密度

每公顷居住区用地上拥有的住宅建筑面积（万 m^2/hm^2）。

2.0.28 住宅建筑面积净密度

每公顷住宅用地上拥有的住宅建筑面积（万 m^2/hm^2）。

2.0.29 建筑面积毛密度

也称容积率，是每公顷居住区用地上拥有的各类建筑的建筑面积（万m^2/hm^2）或以居住区总建筑面积（万 m^2）与居住区用地（万 m^2）的比值表示。

2.0.30 住宅建筑净密度

住宅建筑基底总面积与住宅用地面积的比率（%）。

2.0.31 建筑密度

居住区用地内，各类建筑的基底总面积与居住区用地面积的比率（%）。

2.0.32 绿地率

居住区用地范围内各类绿地面积的总和占居住区用地面积的比率（%）。

居住区内绿地应包括：公共绿地、宅旁绿地、公共服务设施所属绿地和道路绿地（即道路红线内的绿地），其中包括满足当地植树绿化覆土要求、方便居民出入的地下或半地下建筑的屋顶绿地，不应包括其他屋顶、晒台的人工绿地。

2.0.32a 停车率

指居住区内居民汽车的停车位数量与居住户数的比率（%）。

2.0.32b 地面停车率

居民汽车的地面停车位数量与居住户数的比率（%）。

2.0.33 拆建比

拆除的原有建筑总面积与新建的建筑总面积的比值。

2.0.34 （取消该条）

2.0.35 （取消该条）

3 用地与建筑

3.0.1 居住区规划总用地，应包括居住区用地和其他用地两类。其各类、项用地名称可采用本规范第2章规定的代号标示。

3.0.2 居住区用地构成中，各项用地面积和所占比例应符合下列规定：

3.0.2.1 居住区用地平衡表的格式，应符合本规范附录A，第A.0.5条的要求。参与居住区用地平衡的用地应为构成居住区用地的四项用地，其他用地不参与平衡；

3.0.2.2 居住区内各项用地所占比例的平衡控制指标，应符合表3.0.2的规定。

表3.0.2 居住区用地平衡控制指标（%）

用地构成	居住区	小 区	组 团
1. 住宅用地（R01）	50～60	55～65	70～80
2. 公建用地（R02）	15～25	12～22	6～12
3. 道路用地（R03）	10～18	9～17	7～15
4. 公共绿地（R04）	7.5～18	5～15	3～6
居住区用地（R）	100	100	100

3.0.3 人均居住区用地控制指标，应符合表3.0.3规定。

表 3.0.3　人均居住区用地控制指标　（m^2/人）

居住规模	层　数	建筑气候区划		
		Ⅰ、Ⅱ、Ⅵ、Ⅶ	Ⅲ、Ⅴ	Ⅳ
居住区	低　层	33～47	30～43	28～40
	多　层	20～28	19～27	18～25
	多层、高层	17～26	17～26	17～26
小　区	低　层	30～43	28～40	26～37
	多　层	20～28	19～26	18～25
	中高层	17～24	15～22	14～20
	高　层	10～15	10～15	10～15
组　团	低　层	25～35	23～32	21～30
	多　层	16～23	15～22	14～20
	中高层	14～20	13～18	12～16
	高　层	8～11	8～11	8～11

注：本表各项指标按每户 3.2 人计算。

3.0.4　居住区内建筑应包括住宅建筑和公共服务设施建筑（也称公建）两部分；在居住区规划用地内的其他建筑的设置，应符合无污染不扰民的要求。

4　规划布局与空间环境

4.0.1　居住区的规划布局，应综合考虑周边环境、路网结构、公建与住宅布局、群体组合、地下空间、绿地系统及空间环境等的内在联系，构成一个完善的、相对独立的有机整体，并应遵循下列原则：

4.0.1.1　方便居民生活，有利安全防卫和物业管理；

4.0.1.2　组织与居住人口规模相对应的公共活动中心，方便经营、使用和社会化服务；

4.0.1.3　合理组织人流、车流和车辆停放，创造安全、安静、方便的居住环境；

4.0.1.4　适度开发利用地下空间，合理控制建设用地的不透水面积，留足雨水自然渗透、净化所需的生态空间。

4.0.2　居住区的空间与环境设计，应遵循下列原则：

4.0.2.1　规划布局和建筑应体现地方特色，与周围环境相协调；

4.0.2.2　合理设置公共服务设施，避免烟、气（味）、尘及噪声对居民的污染和干扰；

4.0.2.3　精心设置建筑小品，丰富与美化环境；

4.0.2.4　注重景观和空间的完整性，市政公用站点等宜与住宅或公建结合安排；供电、电讯、路灯等管线宜地下埋设；

4.0.2.5　公共活动空间的环境设计，应处理好建筑、道路、广场、院落、绿地和建筑小品之间及其与人的活动之间的相互关系。

4.0.3　便于寻访、识别和街道命名。

4.0.4　在重点文物保护单位和历史文化保护区保护规划范围内进行住宅建设，其规划设计必须遵循保护规划的指导；居住区内的各级文物保护单位和古树名木必须依法予以保护；在文物保护单位的建设控制地带内的新建建筑和构筑物，不得破坏文物保护单位的环境风貌。

5　住　　宅

5.0.1　住宅建筑的规划设计，应综合考虑用地条件、选型、朝向、间距、绿地、层数与密度、布置方式、群体组合、空间环境和不同使用者的需要等因素确定。

5.0.1A　宜安排一定比例的老年人居住建筑。

5.0.2　住宅间距，应以满足日照要求为基础，综合考虑采光、通风、消防、防灾、管线埋设、视觉卫生等要求确定。

5.0.2.1　住宅日照标准应符合表 5.0.2-1 规定；对于特定情况还应符合下列规定：

（1）老年人居住建筑不应低于冬至日日照 2 小时的标准；

（2）在原设计建筑外增加任何设施不应使相邻住宅原有日照标准降低；

（3）旧区改建的项目内新建住宅日照标准可酌情降低，但不应低于大寒日日照 1 小时的标准。

表 5.0.2-1　住宅建筑日照标准

建筑气候区划	Ⅰ、Ⅱ、Ⅲ、Ⅶ气候区		Ⅳ气候区		Ⅴ、Ⅵ气候区
	大城市	中小城市	大城市	中小城市	
日照标准日	大　寒　日			冬　至　日	
日照时数（h）	≥2	≥3		≥1	
有效日照时间带（h）	8～16			9～15	
日照时间计算起点	底　层　窗　台　面				

注：①建筑气候区划应符合本规范附录 A 第 A.0.1 条的规定。

②底层窗台面是指距室内地坪 0.9m 高的外墙位置。

5.0.2.2　正面间距，可按日照标准确定的不同方位的日照间距系数控制，也可采用表 5.0.2-2 不同方位间距折减系数换算。

表 5.0.2-2　不同方位间距折减换算表

方　位	0°～15°（含）	15°～30°（含）	30°～45°（含）	45°～60°（含）	＞60
折减值	1.00L	0.90L	0.80L	0.90L	0.95L

注：①表中方位为正南向（0°）偏东、偏西的方位角。

②L 为当地正南向住宅的标准日照间距（m）。

③本表指标仅适用于无其他日照遮挡的平行布置条式住宅之间。

5.0.2.3 住宅侧面间距，应符合下列规定：

(1) 条式住宅，多层之间不宜小于 6m；高层与各种层数住宅之间不宜小于 13m；

(2) 高层塔式住宅、多层和中高层点式住宅与侧面有窗的各种层数住宅之间应考虑视觉卫生因素，适当加大间距。

5.0.3 住宅布置，应符合下列规定：

5.0.3.1 选用环境条件优越的地段布置住宅，其布置应合理紧凑；

5.0.3.2 面街布置的住宅，其出入口应避免直接开向城市道路和居住区级道路；

5.0.3.3 在Ⅰ、Ⅱ、Ⅵ、Ⅶ建筑气候区，主要应利于住宅冬季的日照、防寒、保温与防风沙的侵袭；在Ⅲ、Ⅳ建筑气候区，主要应考虑住宅夏季防热和组织自然通风、导风入室的要求；

5.0.3.4 在丘陵和山区，除考虑住宅布置与主导风向的关系外，尚应重视因地形变化而产生的地方风对住宅建筑防寒、保温或自然通风的影响；

5.0.3.5 老年人居住建筑宜靠近相关服务设施和公共绿地。

5.0.4 住宅的设计标准，应符合现行国家标准《住宅设计规范》GB 50096—99 的规定，宜采用多种户型和多种面积标准。

5.0.5 住宅层数，应符合下列规定：

5.0.5.1 根据城市规划要求和综合经济效益，确定经济的住宅层数与合理的层数结构；

5.0.5.2 无电梯住宅不应超过六层。在地形起伏较大的地区，当住宅分层入口时，可按进入住宅后的单程上或下的层数计算。

5.0.6 住宅净密度，应符合下列规定：

5.0.6.1 住宅建筑净密度的最大值，不应超过表 5.0.6-1 规定；

表 5.0.6-1 住宅建筑净密度控制指标（%）

住宅层数	建筑气候区划		
	Ⅰ、Ⅱ、Ⅵ、Ⅶ	Ⅲ、Ⅴ	Ⅳ
低　层	35	40	43
多　层	28	30	32
中高层	25	28	30
高　层	20	20	22

注：混合层取两者的指标值作为控制指标的上、下限值。

5.0.6.2 住宅建筑面积净密度的最大值，不宜超过表 5.0.6-2 规定。

表 5.0.6-2 住宅建筑面积净密度控制指标（万 m^2/hm^2）

住宅层数	建筑气候区别		
	Ⅰ、Ⅱ、Ⅵ、Ⅶ	Ⅲ、Ⅴ	Ⅳ
低　层	1.10	1.20	1.30
多　层	1.70	1.80	1.90
中高层	2.00	2.20	2.40
高　层	3.50	3.50	3.50

注：①混合层取两者的指标值作为控制指标的上、下限值；

②本表不计入地下层面积。

6 公共服务设施

6.0.1 居住区公共服务设施（也称配套公建），应包括：教育、医疗卫生、文化体育、商业服务、金融邮电、社区服务、市政公用和行政管理及其他八类设施。

6.0.2 居住区配套公建的配建水平，必须与居住人口规模相对应。并应与住宅同步规划、同步建设和同时投入使用。

6.0.3 居住区配套公建的项目，应符合本规范附录 A 第 A.0.6 条规定。配建指标，应以表 6.0.3 规定的千人总指标和分类指标控制，并应遵循下列原则：

6.0.3.1 各地应按表 6.0.3 中规定所确定的本规范附录 A 第 A.0.6 条中有关项目及其具体指标控制；

6.0.3.2 本规范附录 A 第 A.0.6 条和表 6.0.3 在使用时可根据规划布局形式和规划用地四周的设施条件，对配建项目进行合理的归并、调整，但不应少于与其居住人口规模相对应的千人总指标；

6.0.3.3 当规划用地内的居住人口规模界于组团和小区之间或小区和居住区之间时，除配建下一级应配建的项目外，还应根据所增人数及规划用地周围的设施条件，增配高一级的有关项目及增加有关指标；

6.0.3.4 （取消该款）

6.0.3.5 （取消该款）

6.0.3.6 旧区改建和城市边缘的居住区，其配建项目与千人总指标可酌情增减，但应符合当地城市规划行政主管部门的有关规定；

6.0.3.7 凡国家确定的一、二类人防重点城市均应按国家人防部门的有关规定配建防空地下室，并应遵循平战结合的原则，与城市地下空间规划相结合，统筹安排。将居住区使用部分的面积，按其使用性质纳入配套公建；

表 6.0.3 公共服务设施控制指标（m^2/千人）

类别 \ 居住规模		居住区 建筑面积	居住区 用地面积	小区 建筑面积	小区 用地面积	组团 建筑面积	组团 用地面积
总指标		1668～3293 (2228～4213)	2172～5559 (2762～6329)	968～2397 (1338～2977)	1091～3835 (1491～4585)	362～856 (703～1356)	488～1058 (868～1578)
其中	教育	600～1200	1000～2400	330～1200	700～2400	160～400	300～500
	医疗卫生 (含医院)	78～198 (178～398)	138～378 (298～548)	38～98	78～228	6～20	12～40
	文体	125～245	225～645	45～75	65～105	18～24	40～60
	商业服务	700～910	600～940	450～570	100～600	150～370	100～400
	社区服务	59～464	76～668	59～292	76～328	19～32	16～28
	金融邮电 (含银行、邮电局)	20～30 (60～80)	25～50	16～22	22～34	—	—
	市政公用 (含居民存车处)	40～150 (460～820)	70～360 (500～960)	30～140 (400～720)	50～140 (450～760)	9～10 (350～510)	20～30 (400～550)
	行政管理及其他	46～96	37～72				

注：①居住区级指标含小区和组团级指标，小区级含组团级指标；
②公共服务设施总用地的控制指标应符合表 3.0.2 规定；
③总指标未含其他类，使用时应根据规划设计要求确定本类面积指标；
④小区医疗卫生类未含门诊所；
⑤市政公用类未含锅炉房，在采暖地区应自选确定。

6.0.3.8 居住区配套公建各项目的设置要求，应符合本规范附录 A 第 A.0.7 条的规定。对其中的服务内容可酌情选用。

6.0.4 居住区配套公建各项目的规划布局，应符合下列规定：

6.0.4.1 根据不同项目的使用性质和居住区的规划布局形式，应采用相对集中与适当分散相结合的方式合理布局。并应利于发挥设施效益，方便经营管理、使用和减少干扰；

6.0.4.2 商业服务与金融邮电、文体等有关项目宜集中布置，形成居住区各级公共活动中心；

6.0.4.3 基层服务设施的设置应方便居民，满足服务半径的要求；

6.0.4.4 配套公建的规划布局和设计应考虑发展需要。

6.0.5 居住区内公共活动中心、集贸市场和人流较多的公共建筑，必须相应配建公共停车场（库），并应符合下列规定：

6.0.5.1 配建公共停车场（库）的停车位控制指标，应符合表 6.0.5 规定；

表 6.0.5 配建公共停车场（库）停车位控制指标

名称	单位	自行车	机动车
公共中心	车位/100m^2 建筑面积	≥7.5	≥0.45
商业中心	车位/100m^2 营业面积	≥7.5	≥0.45
集贸市场	车位/100m^2 营业场地	≥7.5	≥0.30

续表 6.0.5

名称	单位	自行车	机动车
饮食店	车位/100m^2 营业面积	≥3.6	≥0.30
医院、门诊所	车位/100m^2 建筑面积	≥1.5	≥0.30

注：①本表机动车停车车位以小型汽车为标准当量表示；
②其他各型车辆停车位的换算办法，应符合本规范第 11 章中有关规定。

6.0.5.2 配建公共停车场（库）应就近设置，并宜采用地下或多层车库。

7 绿地与绿化

7.0.1 居住区内绿地，应包括公共绿地、宅旁绿地、配套公建所属绿地和道路绿地，其中包括了满足当地植树绿化覆土要求、方便居民出入的地下或半地下建筑的屋顶绿地。

7.0.2 居住区内绿地应符合下列规定：

7.0.2.1 一切可绿化的用地均应绿化，并宜发展垂直绿化；

7.0.2.2 宅间绿地应精心规划与设计；宅间绿地面积的计算办法应符合本规范第 11 章中有关规定；

7.0.2.3 绿地率：新区建设不应低于 30%；旧区改建不宜低于 25%。

7.0.3 居住区内的绿地规划，应根据居住区的规划布局形式、环境特点及用地的具体条件，采用集中与分散相结合，点、线、面相结合的绿地系统。并宜保留和利用规划范围内的已有树木和绿地。

7.0.4　居住区内的公共绿地，应根据居住区不同的规划布局形式设置相应的中心绿地，以及老年人、儿童活动场地和其他的块状、带状公共绿地等，并应符合下列规定：

7.0.4.1　中心绿地的设置应符合下列规定：

（1）符合表7.0.4-1规定，表内“设置内容”可视具体条件选用；

（2）至少应有一个边与相应级别的道路相邻；

（3）绿化面积（含水面）不宜小于70%；

表7.0.4-1　各级中心绿地设置规定

中心绿地名称	设置内容	要求	最小规模（hm^2）
居住区公园	花木草坪、花坛水面、凉亭雕塑、小卖茶座、老幼设施、停车场地和铺装地面等	园内布局应有明确的功能划分	1.00
小游园	花木草坪、花坛水面、雕塑、儿童设施和铺装地面等	园内布局应有一定的功能划分	0.40
组团绿地	花木草坪、桌椅、简易儿童设施等	灵活布局	0.04

（4）便于居民休憩、散步和交往之用，宜采用开敞式，以绿篱或其他通透式院墙栏杆作分隔；

（5）组团绿地的设置应满足有不少于1/3的绿地面积在标准的建筑日照阴影线范围之外的要求，并便于设置儿童游戏设施和适于成人游憩活动。其中院落式组团绿地的设置还应同时满足表7.0.4-2中的各项要求，其面积计算起止界应符合本规范第11章中有关规定。

表7.0.4-2　院落式组团绿地设置规定

封闭型绿地		开敞型绿地	
南侧多层楼	南侧高层楼	南侧多层楼	南侧高层楼
$L \geqslant 1.5L_2$ $L \geqslant 30m$	$L \geqslant 1.5L_2$ $L \geqslant 50m$	$L \geqslant 1.5L_2$ $L \geqslant 30m$	$L \geqslant 1.5L_2$ $L \geqslant 50m$
$S_1 \geqslant 800m^2$	$S_1 \geqslant 1800m^2$	$S_1 \geqslant 500m^2$	$S_1 \geqslant 1200m^2$
$S_2 \geqslant 1000m^2$	$S_2 \geqslant 2000m^2$	$S_2 \geqslant 600m^2$	$S_2 \geqslant 1400m^2$

注：①L——南北两楼正面间距（m）；

L_2——当地住宅的标准日照间距（m）；

S_1——北侧为多层楼的组团绿地面积（m^2）；

S_2——北侧为高层楼的组团绿地面积（m^2）。

②开敞型院落式组团绿地应符合本规范附录A第A.0.4条规定。

7.0.4.2　其他块状带状公共绿地应同时满足宽度不小于8m，面积不小于400m^2和本条第1款（2）、（3）、（4）项及第（5）项中的日照环境要求；

7.0.4.3　公共绿地的位置和规模，应根据规划用地周围的城市级公共绿地的布局综合确定。

7.0.5　居住区内公共绿地的总指标，应根据居住人口规模分别达到：组团不少于0.5m^2/人，小区（含组团）不少于1m^2/人，居住区（含小区与组团）不少于1.5m^2/人，并应根据居住区规划布局形式统一安排、灵活使用。

旧区改建可酌情降低，但不得低于相应指标的70%。

7.0.6　居住区的绿地应结合场地雨水规划进行设计，可根据需要因地制宜地采用兼有调蓄、净化、转输功能的绿化方式。

7.0.7　小游园、小广场等应满足透水要求。

8　道　　路

8.0.1　居住区的道路规划，应遵循下列原则：

8.0.1.1　根据地形、气候、用地规模、用地四周的环境条件、城市交通系统以及居民的出行方式，应选择经济、便捷的道路系统和道路断面形式；

8.0.1.2　小区内道路应满足消防、救护等车辆的通行要求；

8.0.1.3　有利于居住区内各类用地的划分和有机联系，以及建筑物布置的多样化；

8.0.1.4　当公共交通线路引入居住区级道路时，应减少交通噪声对居民的干扰；

8.0.1.5　在地震烈度不低于六度的地区，应考虑防灾救灾要求；

8.0.1.6　满足居住区的日照通风和地下工程管线的埋设要求；

8.0.1.7　城市旧区改建，其道路系统应充分考虑原有道路特点，保留和利用有历史文化价值的街道；

8.0.1.8　应便于居民汽车的通行，同时保证行人、骑车人的安全便利。

8.0.1.9　（取消该款）

8.0.2　居住区内道路可分为：居住区道路、小区路、组团路和宅间小路四级。其道路宽度，应符合下列规定：

8.0.2.1　居住区道路：红线宽度不宜小于20m；

8.0.2.2　小区路：路面宽6～9m，建筑控制线之间的宽度，需敷设供热管线的不宜小于14m；无供热管线的不宜小于10m；

8.0.2.3　组团路：路面宽3～5m；建筑控制线之间的宽度，需敷设供热管线的不宜小于10m；无供热管线的不宜小于8m；

8.0.2.4　宅间小路：路面宽不宜小于2.5m；

8.0.2.5　在多雪地区，应考虑堆积清扫道路积雪的面积，道路宽度可酌情放宽，但应符合当地城市规划行政主管部门的有关规定。

8.0.3 居住区内道路纵坡规定，应符合下列规定：

8.0.3.1 居住区内道路纵坡控制指标应符合表8.0.3的规定；

表 8.0.3 居住区内道路纵坡控制指标（%）

道路类别	最小纵坡	最大纵坡	多雪严寒地区最大纵坡
机动车道	≥0.2	≤8.0 L≤200m	≤5.0 L≤600m
非机动车道	≥0.2	≤3.0 L≤50m	≤2.0 L≤100m
步行道	≥0.2	≤8.0	≤4.0

注：L 为坡长（m）。

8.0.3.2 机动车与非机动车混行的道路，其纵坡宜按非机动车道要求，或分段按非机动车道要求控制。

8.0.4 山区和丘陵地区的道路系统规划设计，应遵循下列原则：

8.0.4.1 车行与人行宜分开设置自成系统；

8.0.4.2 路网格式应因地制宜；

8.0.4.3 主要道路宜平缓；

8.0.4.4 路面可酌情缩窄，但应安排必要的排水边沟和会车位，并应符合当地城市规划行政主管部门的有关规定。

8.0.5 居住区内道路设置，应符合下列规定：

8.0.5.1 小区内主要道路至少应有两个出入口；居住区内主要道路至少应有两个方向与外围道路相连；机动车道对外出入口间距不应小于150m。沿街建筑物长度超过150m时，应设不小于4m×4m的消防车通道。人行出口间距不宜超过80m，当建筑物长度超过80m时，应在底层加设人行通道；

8.0.5.2 居住区内道路与城市道路相接时，其交角不宜小于75°；当居住区内道路坡度较大时，应设缓冲段与城市道路相接；

8.0.5.3 进入组团的道路，既应方便居民出行和利于消防车、救护车的通行，又应维护院落的完整性和利于治安保卫；

8.0.5.4 在居住区内公共活动中心，应设置为残疾人通行的无障碍通道。通行轮椅车的坡道宽度不应小于2.5m，纵坡不应大于2.5%；

8.0.5.5 居住区内尽端式道路的长度不宜大于120m，并应在尽端设不小于12m×12m的回车场地；

8.0.5.6 当居住区内用地坡度大于8%时，应辅以梯步解决竖向交通，并宜在梯步旁附设推行自行车的坡道；

8.0.5.7 在多雪严寒的山坡地区，居住区内道路路面应考虑防滑措施；在地震设防地区，居住区内的主要道路，宜采用柔性路面；

8.0.5.8 居住区内道路边缘至建筑物、构筑物的最小距离，应符合表8.0.5规定；

表 8.0.5 道路边缘至建、构筑物最小距离（m）

道路级别 与建、构筑物关系			居住区道路	小区路	组团路及宅间小路
建筑物面向道路	无出入口	高　层	5.0	3.0	2.0
		多　层	3.0	3.0	2.0
	有出入口		—	5.0	2.5
建筑物山墙面向道路		高　层	4.0	2.0	1.5
		多　层	2.0	2.0	1.5
围墙面向道路		1.5	1.5	1.5	

注：居住区道路的边缘指红线；小区路、组团路及宅间小路的边缘指路面边线。当小区路设有人行便道时，其道路边缘指便道边线。

8.0.5.9 （取消该款）

8.0.6 居住区内必须配套设置居民汽车（含通勤车）停车场、停车库，并应符合下列规定：

8.0.6.1 居民汽车停车率不应小于10%；

8.0.6.2 居住区内地面停车率（居住区内居民汽车的停车位数量与居住户数的比率）不宜超过10%；

8.0.6.3 居民停车场、库的布置应方便居民使用，服务半径不宜大于150m；

8.0.6.4 居民停车场、库的布置应留有必要的发展余地。

8.0.6.5 新建居民区配建停车位应预留充电基础设施安装条件。

8.0.7 居住区内的道路在满足路面路基强度和稳定性等道路的功能性要求前提下，路面宜满足透水要求。地面停车场应满足透水要求。

9 竖　　向

9.0.1 居住区的竖向规划，应包括地形地貌的利用、确定道路控制高程和地面排水规划等内容。

9.0.2 居住区竖向规划设计，应遵循下列原则：

9.0.2.1 合理利用地形地貌，减少土方工程量；

9.0.2.2 各种场地的适用坡度，应符合表9.0.2规定；

表 9.0.2 各种场地的适用坡度（%）

场 地 名 称	适 用 坡 度
密实性地面和广场	0.3～3.0
广场兼停车场	0.2～0.5
室外场地	
1. 儿童游戏场	0.3～2.5
2. 运动场	0.2～0.5
3. 杂用场地	0.3～2.9
绿　　地	0.5～1.0
湿陷性黄土地面	0.5～7.0

9.0.2.3 满足排水管线的埋设要求；

9.0.2.4 避免土壤受冲刷；

9.0.2.5 有利于建筑布置与空间环境的设计；

9.0.2.6 对外联系道路的高程应与城市道路标高相衔接。

9.0.2.7 满足防洪设计要求；

9.0.2.8 满足内涝灾害防治、面源污染控制及雨水资源化利用的要求。

9.0.3 当自然地形坡度大于8%，居住区地面连接形式宜选用台地式，台地之间应用挡土墙或护坡连接。

9.0.4 居住区内地面水的排水系统，应根据地形特点设计。在山区和丘陵地区还必须考虑排洪要求。地面水排水方式的选择，应符合以下规定：

9.0.4.1 居住区内应采用暗沟（管）排除地面水；

9.0.4.2 在埋设地下暗沟（管）极不经济的陡坎、岩石地段，或在山坡冲刷严重，管沟易堵塞的地段，可采用明沟排水。

10 管线综合

10.0.1 居住区内应设置给水、污水、雨水和电力管线，在采用集中供热居住区内还应设置供热管线，同时还应考虑燃气、通讯、电视公用天线、闭路电视、智能化等管线的设置或预留埋设位置。

10.0.2 居住区内各类管线的设置，应编制管线综合规划确定，并应符合下列规定：

10.0.2.1 必须与城市管线衔接；

10.0.2.2 应根据各类管线的不同特性和设置要求综合布置。各类管线相互间的水平与垂直净距，宜符合表10.0.2-1和表10.0.2-2的规定；

表10.0.2-1 各种地下管线之间最小水平净距（m）

管线名称		给水管	排水管	燃气管③			热力管	电力电缆	电信电缆	电信管道
				低压	中压	高压				
排水管		1.5	1.5	—	—	—	—	—	—	—
燃气管③	低压	0.5	1.0	—	—	—	—	—	—	—
	中压	1.0	1.5	—	—	—	—	—	—	—
	高压	1.5	2.0	—	—	—	—	—	—	—
热力管		1.5	1.5	1.0	1.5	2.0	—	—	—	—
电力电缆		0.5	0.5	0.5	1.0	1.5	2.0	—	—	—
电信电缆		1.0	1.0	0.5	1.0	1.5	1.0	0.5	—	—
电信管道		1.0	1.0	1.0	1.0	2.0	1.0	1.2	0.2	—

注：①表中给水管与排水管之间的净距适用于管径小于或等于200mm，当管径大于200mm时应大于或等于3.0m；

②大于或等于10kV的电力电缆与其他任何电力电缆之间应大于或等于0.25m，如加套管，净距可减至0.1m；小于10kV电力电缆之间应大于或等于0.1m；

③低压燃气管的压力为小于或等于0.005MPa，中压为0.005～0.3MPa，高压为0.3～0.8MPa。

表10.0.2-2 各种地下管线之间最小垂直净距（m）

管线名称	给水管	排水管	燃气管	热力管	电力电缆	电信电缆	电信管道
给水管	0.15	—	—	—	—	—	—
排水管	0.40	0.15	—	—	—	—	—
燃气管	0.15	0.15	0.15	—	—	—	—
热力管	0.15	0.15	0.15	0.15	—	—	—
电力电缆	0.15	0.50	0.50	0.50	0.50	—	—
电信电缆	0.20	0.50	0.50	0.15	0.50	0.25	0.25
电信管道	0.10	0.15	0.15	0.15	0.50	0.25	0.25
明沟沟底	0.50	0.50	0.50	0.50	0.50	0.50	0.50
涵洞基底	0.15	0.15	0.15	0.15	0.50	0.20	0.25
铁路轨底	1.00	1.20	1.00	1.20	1.00	1.00	1.00

10.0.2.3 宜采用地下敷设的方式。地下管线的走向，宜沿道路或与主体建筑平行布置，并力求线型顺直、短捷和适当集中，尽量减少转弯，并应使管线之间及管线与道路之间尽量减少交叉；

10.0.2.4 应考虑不影响建筑物安全和防止管线受腐蚀、沉陷、震动及重压。各种管线与建筑物和构筑物之间的最小水平间距，应符合表 10.0.2-3 规定；

表 10.0.2-3 各种管线与建、构筑物之间的最小水平间距（m）

管线名称		建筑物基础	地上杆柱（中心）			铁路（中心）	城市道路侧石边缘	公路边缘
			通信、照明及＜10kV	≤35kV	＞35kV			
给水管		3.00	0.50	3.00		5.00	1.50	1.00
排水管		2.50	0.50	1.50		5.00	1.50	1.00
燃气管	低压	1.50	1.00	5.00	3.75	1.50		1.00
	中压	2.00			3.75	1.50		1.00
	高压	4.00			5.00	2.50		1.00
热力管		直埋 2.5 地沟 0.5	1.00	2.00	3.00	3.75	1.50	1.00
电力电缆		0.60	0.60	0.60	0.60	3.75	1.50	1.00
电信电缆		0.60	0.50	0.60	0.60	3.75	1.50	1.00
电信管道		1.50	1.00	1.00	1.00	3.75	1.50	1.00

注：①表中给水管与城市道路侧石边缘的水平间距 1.00m 适用于管径小于或等于 200mm，当管径大于 200mm 时应大于或等于 1.50m；

②表中给水管与围墙或篱笆的水平间距 1.50m 是适用于管径小于或等于 200mm，当管径大于 200mm 时应大于或等于 2.50m；

③排水管与建筑物基础的水平间距，当埋深浅于建筑物基础时应大于或等于 2.50m；

④表中热力管与建筑物基础的最小水平间距对于管沟敷设的热力管道为 0.50m，对于直埋闭式热力管道管径小于或等于 250mm 时为 2.50m，管径大于或等于 300mm 时为 3.00m 对于直埋开式热力管道为 5.00m。

10.0.2.5 各种管线的埋设顺序应符合下列规定：

（1）离建筑物的水平排序，由近及远宜为：电力管线或电信管线、燃气管、热力管、给水管、雨水管、污水管；

（2）各类管线的垂直排序，由浅入深宜为：电信管线、热力管、小于 10kV 电力电缆、大于 10kV 电力电缆、燃气管、给水管、雨水管、污水管。

10.0.2.6 电力电缆与电信管、缆宜远离，并按照电力电缆在道路东侧或南侧、电信电缆在道路西侧或北侧的原则布置；

10.0.2.7 管线之间遇到矛盾时，应按下列原则处理：

（1）临时管线避让永久管线；

（2）小管线避让大管线；

（3）压力管线避让重力自流管线；

（4）可弯曲管线避让不可弯曲管线。

10.0.2.8 地下管线不宜横穿公共绿地和庭院绿地。与绿化树种间的最小水平净距，宜符合表 10.0.2-4 中的规定。

表 10.0.2-4 管线、其他设施与绿化树种间的最小水平净距（m）

管线名称	最小水平净距	
	至乔木中心	至灌木中心
给水管、闸井	1.5	1.5
污水管、雨水管、探井	1.5	1.5
燃气管、探井	1.2	1.2
电力电缆、电信电缆	1.0	1.0
电信管道	1.5	1.0
热力管	1.5	1.5
地上杆柱（中心）	2.0	2.0
消防龙头	1.5	1.2
道路侧石边缘	0.5	0.5

11 综合技术经济指标

11.0.1 居住区综合技术经济指标的项目应包括必要指标和可选用指标两类，其项目及计量单位应符合表11.0.1规定。

表 11.0.1 综合技术经济指标系列一览表

项目	计量单位	数值	所占比重（%）	人均面积（m^2/人）
居住区规划总用地	hm^2	▲	—	—
1. 居住区用地（R）	hm^2	▲	100	▲
①住宅用地（R01）	hm^2	▲	▲	▲
②公建用地（R02）	hm^2	▲	▲	▲
③道路用地（R03）	hm^2	▲	▲	▲
④公共绿地（R04）	hm^2	▲	▲	▲
2. 其他用地	hm^2	▲	—	—
居住户（套）数	户（套）	▲	—	—
居住人数	人	▲	—	—
户均人口	人/户	▲	—	—
总建筑面积	万 m^2	▲	—	—
1. 居住区用地内建筑总面积	万 m^2	▲	100	▲
①住宅建筑面积	万 m^2	▲	▲	▲
②公建面积	万 m^2	▲	▲	▲
2. 其他建筑面积	万 m^2	△	—	—
住宅平均层数	层	▲	—	—
高层住宅比率	%	△	—	—
中高层住宅比率	%	△	—	—
人口毛密度	人/hm^2	▲	—	—
人口净密度	人/hm^2	△	—	—
住宅建筑套密度（毛）	套/hm^2	▲	—	—
住宅建筑套密度（净）	套/hm^2	▲	—	—
住宅建筑面积毛密度	万 m^2/hm^2	▲	—	—
住宅建筑面积净密度	万 m^2/hm^2	▲	—	—
居住区建筑面积毛密度（容积率）	万 m^2/hm^2	▲	—	—

续表 11.0.1

项目	计量单位	数值	所占比重（%）	人均面积（m^2/人）
停车率	%	▲	—	—
停车位	辆	▲	—	—
地面停车率	%	▲	—	—
地面停车位	辆	▲	—	—
住宅建筑净密度	%	▲	—	—
总建筑密度	%	▲	—	—
绿地率	%	▲	—	—
拆建比	—	△	—	—
年径流总量控制率	%	▲	—	—

注：▲必要指标；△选用指标。

11.0.2 各项指标的计算，应符合下列规定：

11.0.2.1 规划总用地范围应按下列规定确定：

（1）当规划总用地周界为城市道路、居住区（级）道路、小区路或自然分界线时，用地范围划至道路中心线或自然分界线；

（2）当规划总用地与其他用地相邻，用地范围划至双方用地的交界处。

11.0.2.2 底层公建住宅或住宅公建综合楼用地面积应按下列规定确定：

（1）按住宅和公建各占该幢建筑总面积的比例分摊用地，并分别计入住宅用地和公建用地；

（2）底层公建突出于上部住宅或占有专用场院或因公建需要后退红线的用地，均应计入公建用地。

11.0.2.3 底层架空建筑用地面积的确定，应按底层及上部建筑的使用性质及其各占该幢建筑总建筑面积的比例分摊用地面积，并分别计入有关用地内；

11.0.2.4 绿地面积应按下列规定确定：

（1）宅旁（宅间）绿地面积计算的起止界应符合本规范附录A第A.0.2条的规定：绿地边界对宅间路、组团路和小区路算到路边，当小区路设有人行便道时算到便道边，沿居住区路、城市道路则算到红线；距房屋墙脚1.5m；对其他围墙、院墙算到墙脚；

（2）道路绿地面积计算，以道路红线内规划的绿地面积为准进行计算；

（3）院落式组团绿地面积计算起止界应符合本规范附录A第A.0.3条的规定：绿地边界距宅间路、组团路和小区路路边1.0m；当小区路有人行便道时，算到人行便道边；临城市道路、居住区级道路时算到道路红线；距房屋墙脚1.5m；

（4）开敞型院落组团绿地，应符合本规范表7.0.4-2要求；至少有一个面面向小区路，或向建筑控制线宽度不小于10m的组团级主路敞开，并向其开设绿地的主要出入口和满足本规范附录A第A.0.4条的规定；

（5）其他块状、带状公共绿地面积计算的起止界同院落式组团绿地。沿居住区（级）道路、城市道路的公共绿地算到红线。

11.0.2.5 居住区用地内道路用地面积应按下列规定确定：

（1）按与居住人口规模相对应的同级道路及其以下各级道路计算用地面积，外围道路不计入；

（2）居住区（级）道路，按红线宽度计算；

（3）小区路、组团路，按路面宽度计算。当小区路设有人行便道时，人行便道计入道路用地面积；

（4）居民汽车停放场地，按实际占地面积计算；

（5）宅间小路不计入道路用地面积。

11.0.2.6 其他用地面积应按下列规定确定：

（1）规划用地外围的道路算至外围道路的中心线；

（2）规划用地范围内的其他用地，按实际占用面积计算。

11.0.2.7 停车场车位数的确定以小型汽车为标准当量表示，其他各型车辆的停车位，应按表11.0.2中相应的换算系数折算。

表 11.0.2 各型车辆停车位换算系数

车 型	换算系数
微型客、货汽车机动三轮车	0.7
卧车、两吨以下货运汽车	1.0
中型客车、面包车、2～4t货运汽车	2.0
铰接车	3.5

附录A 附图及附表

A.0.1 附图A.0.1 中国建筑气候区划图

A.0.2 附图A.0.2 宅旁（宅间）绿地面积计算起止界示意图

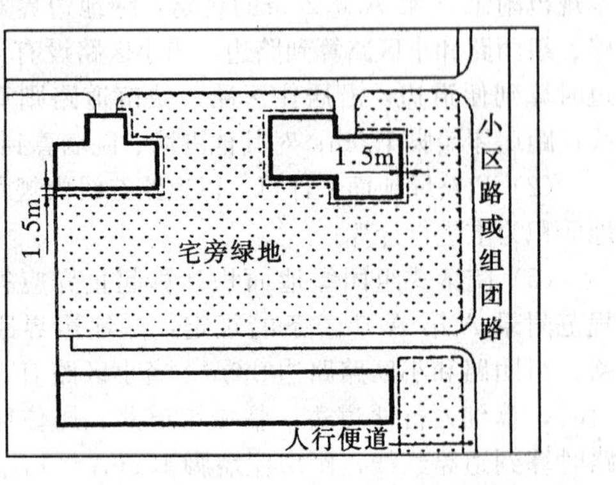

附图A.0.2 宅旁（宅间）绿地面积计算起止界示意图

A.0.3 附图A.0.3 院落式组团绿地面积计算起止界示意图

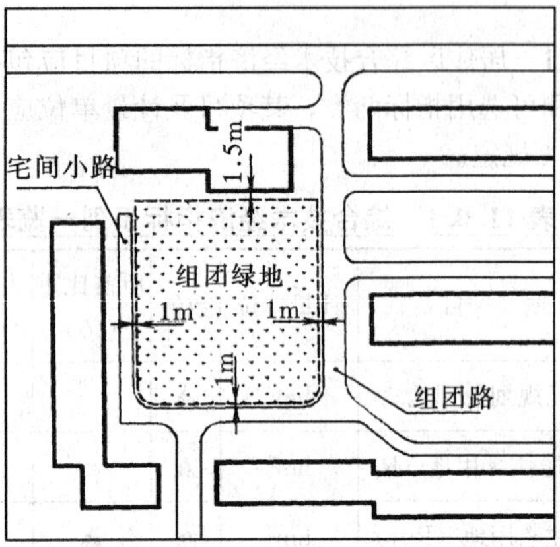

附图A.0.3 院落式组团绿地面积计算起止界示意图

A.0.4 附图A.0.4 开敞型院落式组团绿地示意图

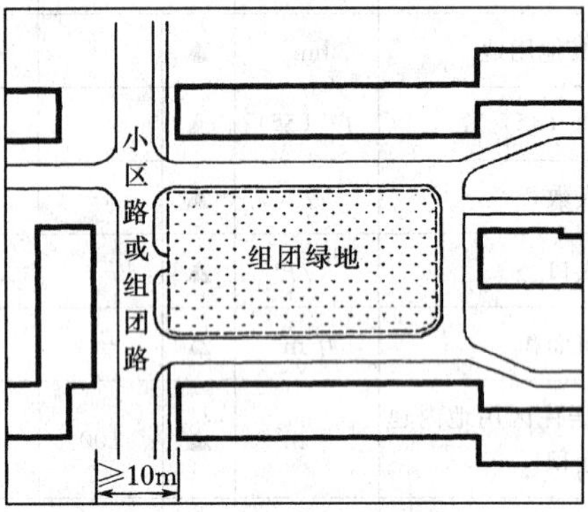

附图A.0.4 开敞型院落式组团绿地示意图

A.0.5 附表A.0.1 居住区用地平衡表

A.0.6 附表A.0.2 公共服务设施项目分级配建表

A.0.7 附表A.0.3 公共服务设施各项目的设置规定

附表 A.0.1 居住区用地平衡表

项 目		面积（公顷）	所占比例（%）	人均面积（m²/人）
一、居住区用地（R）		▲	100	▲
1	住宅用地（R01）	▲	▲	▲
2	公建用地（R02）	▲	▲	▲
3	道路用地（R03）	▲	▲	▲
4	公共绿地（R04）	▲	▲	▲
二、其他用地（E）		△	—	—
居住区规划总用地		△	—	—

注："▲"为参与居住区用地平衡的项目。

附表 A.0.2 公共服务设施分级配建表

类别	项目	居住区	小区	组团
教育	托儿所	—	▲	△
	幼儿园	—	▲	—
	小学	—	▲	—
	中学	▲	—	—
医疗卫生	医院（200—300 床）	▲	—	—
	门诊所	▲	—	—
	卫生站	—	▲	—
	护理院	△	—	—
文化体育	文化活动中心（含青少年、老年活动中心）	▲	—	—
	文化活动站（含青少年、老年活动站）	—	▲	—
	居民运动场、馆	△	—	—
	居民健身设施（含老年户外活动场地）	—	▲	△
商业服务	综合食品店	▲	▲	—
	综合百货店	▲	▲	—
	餐饮	▲	▲	—
	中西药店	▲	△	—
	书店	▲	△	—
	市场	▲	△	—
	便民店	—	—	▲
	其他第三产业设施	▲	▲	—
金融邮电	银行	△	—	—
	储蓄所	—	▲	—
	电信支局	△	—	—
	邮电所	—	▲	—
社区服务	社区服务中心（含老年人服务中心）	—	▲	—
	养老院	△	—	—
	托老所	—	△	—
	残疾人托养所	△	—	—
	治安联防站	—	—	▲
	居（里）委会（社区用房）	—	—	▲
	物业管理	—	▲	—
市政公用	供热站或热交换站	△	△	△
	变电室	—	▲	△
	开闭所	▲	—	—
	路灯配电室	—	▲	—
	燃气调压站	△	△	—
	高压水泵房	—	—	△
	公共厕所	▲	▲	△

续附表 A.0.2

类别	项　　目	居住区	小区	组团
市政公用	垃圾转运站	△	△	—
	垃圾收集点	—	—	▲
	居民存车处	—	—	▲
	居民停车场、库	△	△	△
	公交始末站	△	△	—
	消防站	△	—	—
	燃料供应站	△	△	—
行政管理及其他	街道办事处	▲	—	—
	市政管理机构（所）	▲	—	—
	派出所	▲	—	—
	其他管理用房	▲	△	—
	防空地下室	△②	△②	△②

注：①▲为应配建的项目；△为宜设置的项目。

②在国家确定的一、二类人防重点城市，应按人防有关规定配建防空地下室。

附表 A.0.3　公共服务设施各项目的设置规定

类别	项目名称	服务内容	设　置　规　定	每处一般规模 建筑面积（m^2）	每处一般规模 用地面积（m^2）
教育	（1）托儿所	保教小于3周岁儿童	（1）设于阳光充足，接近公共绿地，便于家长接送的地段 （2）托儿所每班按25座计；幼儿园每班按30座计 （3）服务半径不宜大于300m；层数不宜高于3层 （4）三班和三班以下的托、幼园所，可混合设置，也可附设于其他建筑，但应有独立院落和出入口，四班和四班以上的托、幼园所，其用地均应独立设置 （5）八班和八班以上的托、幼园所，其用地应分别按每座不小于$7m^2$或$9m^2$计 （6）托、幼建筑宜布置于可挡寒风的建筑物的背风面，但其生活用房应满足底层满窗冬至日不小于3h的日照标准 （7）活动场地应有不少于1/2的活动面积在标准的建筑日照阴影线之外	—	4班≥1200 6班≥1400 8班≥1600
	（2）幼儿园	保教学龄前儿童		—	4班≥1500 6班≥2000 8班≥2400
	（3）小学	6～12周岁儿童入学	（1）学生上下学穿越城市道路时，应有相应的安全措施 （2）服务半径不宜大于500m （3）教学楼应满足冬至日不小于2h的日照标准	—	12班≥6000 18班≥7000 24班≥8000
	（4）中学	12～18周岁青少年入学	（1）在拥有3所或3所以上中学的居住区内，应有一所设置400m环行跑道的运动场 （2）服务半径不宜大于1000m （3）教学楼应满足冬至日不小于2h的日照标准	—	18班≥11000 24班≥12000 30班≥14000

续附表 A.0.3

类别	项目名称	服务内容	设 置 规 定	每处一般规模	
				建筑面积（m^2）	用地面积（m^2）
医疗卫生	（5）医院	含社区卫生服务中心	（1）宜设于交通方便，环境较安静地段 （2）10万人左右则应设一所300～400床医院 （3）病房楼应满足冬至日不小于2h的日照标准	12000～18000	15000～25000
医疗卫生	（6）门诊所	或社区卫生服务中心	（1）一般3～5万人设一处，设医院的居住区不再设独立门诊 （2）设于交通便捷、服务距离适中的地段	2000～3000	3000～5000
医疗卫生	（7）卫生站	社区卫生服务站	1～1.5万人设一处	300	500
医疗卫生	<u>（8）护理院</u>	健康状况较差或恢复期老年人日常护理	（1）最佳规模为100～150床位 （2）每床位建筑面积≥$30m^2$ （3）可与社区卫生服务中心合设	3000～4500	—
文化体育	（9）文化活动中心	小型图书馆、科普知识宣传与教育；影视厅、舞厅、游艺厅、球类、棋类活动室；科技活动、各类艺术训练班及青少年和老年人学习活动场地、用房等	宜结合或靠近同级中心绿地安排	4000～6000	8000～12000
文化体育	（10）文化活动站	书报阅览、书画、文娱、健身、音乐欣赏、茶座等主要供青少年和老年人活动	（1）宜结合或靠近同级中心绿地安排 （2）独立性组团也应设置本站	400～600	400～600
文化体育	（11）居民运动场、馆	健身场地	宜设置60～100m直跑道和200m环形跑道及简单的运动设施	—	10000～15000
文化体育	（12）居民健身设施	篮、排球及小型球类场地，儿童及老年人活动场地和其他简单运动设施等	宜结合绿地安排		—
商业服务	（13）综合食品店	粮油、副食、糕点、干鲜果品等	（1）服务半径：居住区不宜大于500m；居住小区不宜大于300m （2）地处山坡地的居住区，其商业服务设施的布点，除满足服务半径的要求外，还应考虑上坡空手，下坡负重的原则	居住区：1500～2500 小　区：800～1500	—
商业服务	（14）综合百货店	日用百货、鞋帽、服装、布匹、五金及家用电器等		居住区：2000～3000 小　区：400～600	—
商业服务	（15）餐饮	主食、早点、快餐、正餐等		—	—

续附表 A.0.3

类别	项目名称	服务内容	设置规定	每处一般规模	
				建筑面积（m^2）	用地面积（m^2）
商业服务	（16）中西药店	汤药、中成药及西药等	（1）服务半径：居住区不宜大于500m；居住小区不宜大于300m （2）地处山坡地的居住区，其商业服务设施的布点，除满足服务半径的要求外，还应考虑上坡空手，下坡负重的原则	200～500	—
	（17）书店	书刊及音像制品		300～1000	—
	（18）市场	以销售农副产品和小商品为主	设置方式应根据气候特点与当地传统的集市要求而定	居住区：1000～1200 小 区：500～1000	居住区：1500～2000 小 区：800～1500
	（19）便民店	小百货、小日杂	宜设于组团的出入口附近	—	—
	（20）其他第三产业设施	零售、洗染、美容美发、照相、影视文化、休闲娱乐、洗浴、旅店、综合修理以及辅助就业设施等	具体项目、规模不限	—	—
金融邮电	（21）银行	分理处	宜与商业服务中心结合或邻近设置	800～1000	400～500
	（22）储蓄所	储蓄为主		100～150	—
	（23）电信支局	电话及相关业务等	根据专业规划需要设置	1000～2500	600～1500
	（24）邮电所	邮电综合业务包括电报、电话、信函、包裹、兑汇和报刊零售等	宜与商业服务中心结合或邻近设置	100～150	—
社区服务	（25）社区服务中心	家政服务、就业指导、中介、咨询服务、代客定票、部分老年人服务设施等	每小区设置一处，居住区也可合并设置	200～300	300～500
	（26）养老院	老年人全托式护理服务	（1）一般规模为150～200床位 （2）每床位建筑面积≥40m^2	—	—
	（27）托老所	老年人日托（餐饮、文娱、健身、医疗保健等）	（1）一般规模为30～50床位 （2）每床位建筑面积20m^2 （3）宜靠近集中绿地安排，可与老年活动中心合并设置	—	—

续附表 A.0.3

类别	项目名称	服务内容	设置规定	每处一般规模	
				建筑面积(m^2)	用地面积(m^2)
社区服务	(28) 残疾人托养所	残疾人全托式护理	—	—	—
社区服务	(29) 治安联防站	—	可与居(里)委会合设	18～30	12～20
社区服务	(30) 居(里)委会(社区用房)	—	300～1000户设一处	30～50	—
社区服务	(31) 物业管理	建筑与设备维修、保安、绿化、环卫管理等	—	300～500	300
市政公用	(32) 供热站或热交换站	—	—	根据采暖方式确定	
市政公用	(33) 变电室	—	每个变电室负荷半径不应大于250m；尽可能设于其他建筑内	30～50	—
市政公用	(34) 开闭所	—	1.2～2.0万户设一所；独立设置	200～300	≥500
市政公用	(35) 路灯配电室	—	可与变电室合设于其他建筑内	20～40	—
市政公用	(36) 燃气调压站	—	按每个中低调压站负荷半径500m设置；无管道燃气地区不设	50	100～120
市政公用	(37) 高压水泵房	—	一般为低水压区住宅加压供水附属工程	40～60	—
市政公用	(38) 公共厕所	—	每1000～1500户设一处；宜设于人流集中处	30～60	60～100
市政公用	(39) 垃圾转运站	—	应采用封闭式设施，力求垃圾存放和转运不外露，当用地规模为0.7～1km^2设一处，每处面积不应小于100m^2，与周围建筑物的间隔不应小于5m	—	—
市政公用	(40) 垃圾收集点	—	服务半径不应大于70m，宜采用分类收集	—	—
市政公用	(41) 居民存车处	存放自行车、摩托车	宜设于组团内或靠近组团设置，可与居(里)委会合设于组团的入口处	1～2辆/户；地上0.8～1.2m^2/辆；地下1.5～1.8m^2/辆	

续附表 A.0.3

类别	项目名称	服务内容	设置规定	每处一般规模	
				建筑面积（m^2）	用地面积（m^2）
市政公用	（42）居民停车场、库	存放机动车	服务半径不宜大于150m	—	—
	（43）公交始末站	—	可根据具体情况设置	—	—
	（44）消防站	—	可根据具体情况设置	—	—
	（45）燃料供应站	煤或罐装燃气	可根据具体情况设置	—	—
行政管理及其他	（46）街道办事处	—	3～5万人设一处	700～1200	300～500
	（47）市政管理机构（所）	供电、供水、雨污水、绿化、环卫等管理与维修	宜合并设置	—	—
	（48）派出所	户籍治安管理	3～5万人设一处；应有独立院落	700～1000	600
	（49）其他管理用房	市场、工商税务、粮食管理等	3～5万人设一处；可结合市场或街道办事处设置	100	—
	（50）防空地下室	掩蔽体、救护站、指挥所等	在国家确定的一、二类人防重点城市中，凡高层建筑下设满堂人防，另以地面建筑面积2%配建。出入口宜设于交通方便的地段，考虑平战结合	—	—

附录B 本规范用词说明

B.0.1 为便于在执行本规范条文时区别对待，对要求严格程度不同的用词说明如下：

B.0.1.1 表示很严格，非这样不可的：

正面词采用“必须”；

反面词采用“严禁”。

B.0.1.2 表示严格，在正常情况下均应这样做的：

正面词采用“应”；

反面词采用“不应”或“不得”。

B.0.1.3 表示允许稍有选择，在条件许可时首先应这样做的：

正面词采用“宜”或“可”；

反面词采用“不宜”。

B.0.2 条文中指定应按其他有关标准、规范执行时，写法为“应符合……的规定”。

附加说明

本规范主编单位、参加单位和主要起草人名单

主 编 单 位：中国城市规划设计研究院

参 加 单 位：北京市城市规划设计研究院

上海市城市规划设计研究院

湖北省城市规划设计研究院

武汉市城市规划设计研究院

黑龙江省城市规划设计研究院

唐山市规划局

重庆市城市规划设计院

常州市规划局

同济大学城市规划设计研究所

主 要 起 草 人：王玮华　吴晟　颜望馥　杨振华
涂英时

主要修编单位：中国城市规划设计研究院

参加修编单位：北京市城市规划设计研究院
中国建筑技术研究院

主 要 起 草 人：涂英时　吴晟　杨振华　刘燕辉
赵文凯　张播

参 加 人 员：刘国园

中华人民共和国国家标准

城市居住区规划设计规范

GB 50180－93

（2002年版）

条 文 说 明

前　言

根据建设部建标［1998］94号文的要求，《城市居住区规划设计规范》由建设部中国城市规划设计研究院负责修编，会同北京市城市规划设计研究院、中国建筑技术研究院共同修订而成。经建设部2002年3月11日以工程建设标准局部修订公告第31号文批准发布。

为便于广大规划、设计、施工、科研、学校和管理等有关单位人员以及城市居民在使用本规范时能正确理解和执行条文规定，《城市居住区规划设计规范》修编小组在原基础上，根据修编内容修订了本规范《条文说明》，供国内有关部门和单位参考。在使用中如发现本条文有欠妥之处请将意见反馈到中国城市规划设计研究院规范办公室，以供今后修改时参考。（通讯地址：北京市三里河路九号，邮政编码：100037）。

建设部

2000年3月

目　次

1 总 则

1.0.1 我国居住区（小区）的实践，始于20世纪50年代后期，1964年原国家经委和1980年原国家建委，在先后颁布的有关城市规划的文件中，对居住区规划的部分定额指标作了规定，1994年第一部正式的《城市居住区规划设计规范》颁布实施。为适应我国社会经济发展、城市居住水平明显提高和住宅市场化逐步完善的新形势，于2000年对本规范进行局部修订，针对实际问题，对原《规范》有所修改和增减条款。

编制本规范的目的，是在总结建国以来已建居住区规划与建设经验的基础上，吸取国外经验，在居住区规划范围的有限空间里，确保居民基本的居住条件与生活环境，经济、合理、有效地使用土地和空间；统一规划内容、统一词解涵义与计算口径等，以提高居住区规划设计的科学性、适用性、先进性与可比性。体现社会、经济和环境三个方面的综合效益。

1.0.2 本规范的适用范围，是城市的居住区规划设计工作，并主要适用于新建区。理由是，城市新建区的规划具有基本统一的规划前提条件，可按统一的口径与要求进行本规范的编制工作，可制定适用性强、覆盖面大的规划原则和基本要求，定性及定量的有关标准，可比、可行又易于掌握，而城市旧城区的居住街坊改造规划与新建区的居住区规划相比，就城市居民对基本的物质与文化生活的要求而言是一致的，对道路及工程管线的敷设的基本要求也有许多共同点，但由于旧城区因所在城市性质、所负职能和复杂的现状条件各异，致使改造规划的前提条件悬殊，要制定全面的有关规定，难度很大。本规范限于人力和具体条件，仅在个别章节里制定了城市旧城区具有共性的若干规定。

1.0.3 居住区根据居住人口规模进行分级配套是居住区规划的基本原则。分级的主要目的是配置满足不同层次居民基本的物质与文化生活所需的相关设施，配置水平的主要依据是人口（户）规模。现行的分级规模符合配套设施的经营和管理的经济合理性。

经对全国大中小城市已建居住区的调查分析，根据与居住人口规模相对应的配套关系，将居住区划分为居住区（30000～50000人、10000～16000户）、小区（10000～15000人、3000～5000户）、组团（1000～3000人、300～1000户）三级规模，科学合理，符合国情。主要依据是：

一、能满足居民基本生活中三个不同层次的要求，即对基层服务设施的要求（组团级），如组团绿地、便民店、停（存）车场库等；对一套基本生活设施的要求（小区级），如小学、社区服务等；对一整套物质与文化生活所需设施的要求（居住区级）如百货商场、门诊所、文化活动中心等；

二、能满足配套设施的设置及经营要求，即配套公建的设置，对自身规模和服务人口数均有一定的要求。本规范的分级规模基本与公建设置要求一致，如一所小学服务人口为一万人以上，正好与小区级人口规模对应等；

三、能与现行的城市的行政管理体制相协调。即组团级居住人口规模与居（里）委会的管辖规模1000～3000人一致，居住区级居住人口规模与街道办事处一般的管辖规模30000～50000人一致，既便于居民生活组织管理，又利于管理设施的配套设置。

1.0.3a 居住区规划布局形式是包括配套含义在内的规划布局结构形式，是属规划设计手法。因而，在满足与人口规模相对应的配建设施总要求的前提下，其规划布局形式，还可采用除本规范所述的其他多种形式，使居住区的规划设计更加丰富多彩、各具特色。

经过大中小城市已建居住区的调研，要合理选用居住区规划布局形式，应综合考虑城市大小、住宅建设量、用地条件与所在区位及配套设施的经营管理要求等因素后确定，切忌不顾当地情况简单套用分级规模的模式。传统的居住区规划模式是按规划组织结构分级划分居住区，一般分为居住区—小区—组团三级结构、居住区—组团和小区—组团两级结构及相对独立的组团等基本类型。实践中，居住区规划的布局形式受各种因素影响，并不都是固定的模式，传统的组织结构今后仍可能会被一些城市采用，新的布局形式也在不断探索中。在满足配套的前提下，鼓励因地制宜、采用灵活规划布局形式以适应城市建设发展的需要。

居住区的分级规模与规划布局形式，是既相关又有区别的两个不同概念。居住区的分级是为了配建与居住人口规模相对应的设施，以满足居民物质与文化生活不同层次的要求，是综合配套意义上的居住区、小区、组团，与实际开发中的地域概念（如小区、花园、街坊等）有区别。

1.0.4 不同居住人口规模的居住区，应配置不同层次的配套设施，才能满足居民基本的物质与文化生活不同层次的要求，因而，配套设施的配建水平与指标必须与居住人口规模相对应，这是对不同规模居住区规划设计的共同要求。在规划布局形式上，则可根据居住区所处城市区位、周围环境和自身规划条件等具体情况灵活掌握。

实际应用中，居住区级配套往往通过上一层次规划来进行控制，如在总体规划、分区规划和控制性详细规划中将与人口规模对应的配建设施总指标根据环境特点、服务范围和规划布局形式进行布置，确定主要公共设施、绿地系统和道路交通组织，形成完整的分级配套体系。

1.0.5 本条是编制居住区规划设计必须遵循的基本原则：

一、居住区是城市的重要组成部分，因而必须根据城市总体规划要求，从全局出发考虑居住区具体的规划设计。

二、居住区规划设计应坚持《城市规划法》提出的"统一规划、合理布局、因地制宜、综合开发、配套建设的原则"。

三、居住区规划设计是在一定的规划用地范围内进行，对其各种规划要素的考虑和确定，如日照标准、房屋间距、密度、建筑布局、道路、绿化和空间环境设计及其组成有机整体等，均与所在城市的特点、所处建筑气候分区、规划用地范围内的现状条件及社会经济发展水平密切相关。在规划设计中应充分考虑、利用和强化已有特点和条件，为整体提高居住区规划设计水平创造条件。

四、城市居民的一生中，约有三分之二以上的时间是在居住区内度过，因而居住区的规划设计必须研究居民的行为轨迹与活动要求，综合考虑居民对物质与文化、生理和心理的需求及确保居民安全的防灾、避灾措施等，以便为居民创造良好的居住生活环境。

五、人口老龄化、人口年龄结构中老年人口比例逐年增长和残疾人占有一定比重，是我国在相当时期内的现实状况。老年人的活动范围随年龄增大逐年缩小，是人生的自然规律；残疾人的活动范围不如健康的人，是生理缺陷所致。因而，为残疾人就近提供工作条件，为老年人和残疾人提供活动、社交的场所，相应的服务设施和方便、安全的居住生活条件，使老人能欢度晚年，使残疾人能与正常人一样享受国家、社会给予的生活保障，应是居住区规划设计中不容忽略的重要问题。

六、住宅建筑标准化，是建筑工业化、施工机械化和促进住宅产业化发展的重要条件，也是加快居住区建设的重要措施之一。但也易因此而造成住宅形体整齐划一、平淡单调。因而，在规划设计中，应充分考虑建筑标准化与施工机械化的要求，同时也要结合规划用地特点，对建筑单体的选型、体量、色调等提出要求，并通过不同的布局手法、群体空间设计等，为建筑群体多样化创造条件。

七、社会、经济、环境三个方面综合效益的高低，应是衡量和评价居住区规划设计优劣的综合标准，也是居住区规划能否付诸实施、居住区基本的居住生活环境能否得到保障的关键所在。而提高三个方面综合效益的基础环节，就是经济、合理、有效地使用规划范围内的土地和空间。统一规划、综合开发、配套建设也是提高三个效益的重要环节。同时，还应考虑适应分期建设的要求，并为商品化经营和社会化管理创造条件。

<u>八、为提升城市在适应环境变化和应对自然灾害等方面具有良好的"弹性"，提升城市生态系统功能和减少城市洪涝灾害的发生，居住区规划应充分结合现状地形地貌进行场地设计与建筑布局，保护并合理利用场地内原有的湿地、坑塘、沟渠，更多地利用自然力量排水；同时控制面源污染，采用渗、滞、蓄、净、用、排等措施，落实自然存积、自然渗透、自然净化的海绵城市的建设要求。</u>

2 术语、代号

术语，是本规范的重要组成部分，也是制定本规范的前提条件之一。

本章内容是对本规范涉及的基本词汇给予统一用词，统一词解或将使用成熟的词汇纳入、肯定，以利于对本规范内容的正确理解和使用。

一、统一用词、统一涵义。就是将尚无统一规定，而需要做有规定的术语给予确切的名称和内涵。

如对本规范的命名，即对"城市居民聚居地"的称呼有称"住宅区"的，也有称"居民区"或"居住区"的均有。几幢住宅或成片住宅，有配套设施的或无配套设施的均可以用以上某一词代之，用词混乱、涵义不清。经分析，要满足城市居民居住生活的基本需要，除住宅外，还必须配建与居住人口规模相对应的公建、道路和公共绿地等设施。从这一基本观点出发，本规范认为，"居住区"一词较其他用词更能准确地反映以居住为主的，有相应配套设施的居住生活聚居地的真实涵义。因此，本规范将需要进行统一规划的不同居住人口规模的城市居民居住生活聚居地统称居住区，并对其涵义给予统一规定。

又如，对居住区用地内的"四项用地"的总称有的称生活居住用地，有的称居住区用地、居住用地、新村用地、新村小区用地等，对第一项用地（住宅建设用地）有的称居住用地，有的称住宅用地。由于称呼混乱、计算口径也不统一，造成规划方案的技术数据可比性差，对方案评审带来困难。本规范根据我国多数地区的使用习惯，并考虑体现用地性质的确切性，把四项用地的总称定为居住区用地，既具有概括居住生活所需的多项功能的涵义，又有别于包含"其他用地"在内的居住区规划总用地和《城市用地分类与规划建设用地标准》中的居住用地。把第一项用地称为住宅用地，则具有明显的单一性，不易混淆。

再如，对反映绿化效果有关的指标用词，以往常用的是"绿化覆盖率"，也有用"绿地率"的，涵义不同，效果不一。经分析，"绿化覆盖率"仅强调规划树木成材后树冠覆盖下的用地面积，而不管其占地面积的实际用途，而所占用地与使用性质还往往不一致。因而，本规范规定统一采用"绿地率"。

此外，居住区用地、其他用地、容积率等均属此类。

二、对成熟的术语纳入、肯定。如住宅建筑密度、住宅建筑面积密度、道路红线、停车率、地面停车率、建筑线等属此类。

三、为便于在居住区规划设计图纸中对规划范围内不同类别用地的标注，特规定了居住区用地平衡表中各类、各项用地的代号，以利于计算和统计。

3 用地与建筑

3.0.1 居住区是城市居民的居住生活聚居地，其用地构成，按功能可分为住宅用地、为本区居民配套建设的公共服务设施用地（也称公建用地）、公共绿地以及把上述三项用地联成一体的道路用地等四项用地，总称居住区用地。在居住区外围的道路用地（如独立组团外围的小区路，独立小区外围的居住区级道路或城市道路、居住区外围的城市干道）或按照城市总体规划要求在居住区规划用地范围内安排的非为居住区配建的公建用地或与居住区功能无直接关系的各类建筑和设施用地，以及保留的单位和自然村及不可建设等用地，统称其他用地。所以，居住区规划总用地包括居住区用地和“其他用地”两部分。这一划分的原则与方法同我国大多数城市的现行办法相一致，也与原国家建委（80）建发城字492号文件的规定基本吻合。

本规范中的“居住区用地”含住宅用地及包括居住区级在内的各级配套的公建用地、公共绿地和道路用地。这是因为居住区、小区、组团是一个完整的体系，构成居住区用地的四项用地均与有关的居住区、小区和组团的居住人口规模相对应，并必须在规划中统一安排、统一核算用地平衡及技术经济指标。

3.0.2、3.0.3 构成居住区用地的四项用地具有一定的比例关系。这一比例关系的合理性以及每一居民平均占有居住区用地面积的数量（人均用地水平），是衡量居住区规划设计是否科学、合理和经济的重要标志，必须在规划设计文件中反映出来。

一、本规范采用“居住区用地平衡表”格式（正文附表A.0.1），与各地现行格式基本一致。但具体平衡内容各地口径不一，如有的将“其他用地”纳入用地平衡，有的不参与平衡等。考虑到“其他用地”既与居住区用地功能无直接关系，也与居住区用地之间无相关规律性，更无可比性，因而不能用来衡量居住区规划设计的合理性与规划水平。据此，本规范采用的用地平衡表，以构成居住区用地的四项用地作平衡因子。人均用地亦只计算居住区用地及其所属各单项用地。“其他用地”不参与用地平衡，也不计入人均用地指标，只在居住区规划总用地中统计其用地数量。

在具体使用“居住区用地平衡表”（正文附表A.0.1）时，要按居住区的实际规模确定表名及相关用地的名称。如规模为小区，则表名相应为“小区用地平衡表”，“一”为“小区用地”，最后一项为“小区规划总用地”。

二、居住区用地平衡控制指标（正文表3.0.2），即居住区中住宅用地、公建用地、道路用地和公共绿地分别占居住区用地的百分比的控制数。影响该指标的因素很多，它与居住区的居住人口规模、所在城市的城市规模，城市经济发展水平以及城市用地紧张状况等都有密切关系。本表（正文表3.0.2）是根据全国不同地区37个大、中、小城市70年代以来规划建设的（含在建的）140余个不同规模居住区和90年代全国不同地区70余个不同规模居住区的调查资料进行综合分析而制订的，并根据90年代全国不同地区70余个不同规模居住区的调查资料进行了修订。

1. 居住区人口规模因直接关系到公共服务设施的配套等级、道路等级和公共绿地等级，且具有规律性，是决定各项用地指标的关键因素。故作为“居住区用地平衡控制指标”的分类依据将其列于表中，即以居住区、小区、组团不同规模表示。

2. 由于各城市的规模、经济发展水平和用地紧张状况不同，致使居住区各项用地指标也不一样。如大城市和一些经济发展水平较高的中小城市要求居住区公共服务设施的标准较高，该项占地的比例相应就高一些；某些中小城市用地条件较好，居住区公共绿地的指标也相应高一些等等。此外，同一城市中也因各居住区所处区位和内、外环境条件、居住区建设标准的不同，各项用地比例也有一定差距。本表综合考虑了这些因素，每一栏的指标数据都确定了一个合理幅度，供各地城市在规划工作中根据具体情况选用。

3. 本表仅考虑了在一般情况下影响控制指标的因素。对某些特殊情况，如因相邻地段缺中小学，需由本区增设，或相邻地段的学校有富余，本小区可不另设学校等。这对本小区（或居住区，或组团）的用地平衡指标影响很大。但这类既无规律性也非由本区自身所决定的特殊因素，本表未予考虑。在使用本规范时，应根据实际情况对某项或某几项指标做酌情增减。

三、人均居住区用地控制指标（正文表3.0.3）即每人平均占有居住区用地面积的控制指标。

1. 本规范综合分析了各种因素后，确定由建筑气候分区、居住区分级规模（居住区、小区、组团三级）和住宅层数等三项主要因素综合控制。理由是，根据90年代全国70余个不同规模居住区资料的分析表明，决定人均居住区用地指标的主要因素，一是建筑气候分区。居住区所处建筑气候分区及地理纬度所决定的日照间距要求的大小不同，对居住密度和相应的人均占地面积也有明显影响；二是居住区居住人口规模。因涉及公共服务设施、道路和公共绿地的配套设置等级不同，一般人均占地，居住区高于小区，小区高于组团；三是住宅层数。一般若住宅层数较高，所能达到的居住密度相应较高，人均所需居住区用地相应就低一些。以上三个因素一般具有明显的规律性，是决定人均居住区用地控制指标的基本因素，为此本规范将它们作为“人均居住区用地控制指标”的分类依据，列于表中。

通过对近十年来不同规模城市的居住区指标分析，大、中、小城市的人均居住区用地指标差异已不如十年前明显，因此，调整后的指标不再将其作为影响因素，指标中的幅度考虑了不同发展水平的差异。

2. 进入90年代后期，很多大中城市的居住区建设较多的采用了配有电梯的中高层住宅，因此，本规范列入相应的用地指标。

3. 表中的住宅层数按层数类型划分为低层、多层、中高层、高层，对各种层数混合形式的居住区、小区、组团等，可采用相应的接近指标。

4. 本表的控制指标对居住区用地具有一定控制作用，一是控制低层，对低层住宅的用地指标，上限不宜太高，以限制建过多的低层特别是平房住宅。二是中高层住宅上下限指标扣得较紧，以限制只有在要求达到一定的密度而多层住宅又达不到所要求的密度时，才考虑建中高层住宅。

5. 表中每项数据都有一个幅度。在使用本表和具体选用指标幅度的数据时，要考虑住宅日照间距、住宅层数或层数结构、住宅建筑面积标准以及该城市的用地紧张程度等主要因素。一般在地理纬度较高的地区（日照间距要求较大）采用上限或接近上限指标，纬度较低的地区采用下限或接近下限指标；住宅建筑面积标准较高的居住区采用上限或接近上限指标；住宅建筑面积标准较低的居住区采用下限或接近下限指标。

3.0.4 这一条仅考虑本章条文内容的完整性，并对第五、第六章的住宅和公共服务设施两章具有承上启下的作用。故本条内容较为概括，仅阐明居住区内建筑的构成，即由居住区自身功能所要求的住宅建筑和为居民生活配建的公共服务设施建筑两部分组成。对居住区规划范围内非属居住区自身功能要求安排或现状保留利用的其他建筑，则提出应符合“无污染、不扰民”为原则的要求，也即应符合城市对居住区用地内的适建建筑的制约性规定，以不影响居民的居住生活环境质量。各部分建筑的详细规定则分别在有关章节中讲述。

4 规划布局与空间环境

4.0.1 居住区规划布局的目的，是要求将规划构思及规划因子：住宅、公建、道路和绿地等，通过不同的规划手法和处理方式，将其全面、系统地组织、安排、落实到规划范围内的恰当位置，使居住区成为有机整体，为居民创造良好的居住生活环境。因而，规划布局的优劣，直接反映规划水平的高低。要提高规划布局水平，就应根据条文中的原则，综合考虑各种因素。除充分利用、合理有效地使用土地和处理好四项用地之间的布局关系外，还应处理好建筑、道路、绿地和空间环境等各方面相互间的关系，以适应居民物质与文化、生理和心理、动和静的要求以及体现地方特色。同时要重视地下空间的开发利用，其是节约集约利用土地的有效方法，但应统一规划、适度开发，为雨水的自然渗透与地下水的补给、减少径流外排留足相应的透水空间。

4.0.2 千人一面、南北不分、平淡无味是许多已建居住区的通病；只讲平面布置，不思空间环境与整体面貌及片面强调住房建设，不求环境质量，也是相当一部分居住区规划与建设存在的主要问题。因而，远远不能适应居民因生活水平与文化素养提高，对居住生活环境质量的要求。为此，本规范特提出了空间与环境设计的问题，即从城市设计角度，结合居住区规划设计特点，提出了创特色和搞好空间与环境设计的五项基本要求：

一、建筑设计和群体布置多样化，是居住区规划设计中应考虑的重要内容。要达到多样化的目的，首先要重视、体现地方特色和建筑物本身的个性，如对建筑单体的选用，南方宜通透，北方宜封闭；对群体的布置，南方宜开敞，以利通风降温，北方宜南敞北闭，以利太阳照射升温和防止北面风沙的侵袭；其次，要根据居住区规划的整体构思，单体结合群体，造型结合色调，平面结合空间综合进行考虑；第三，多样化和空间层次丰富，并不单纯体现在型体多、颜色多和群体组合花样多等方面，还必须强调在协调的前提下，求多样、求丰富、求变化的基本原则，否则只能得到杂乱无章、面貌零乱的效果。

二、公共服务设施是为满足居民生活基本所需而配建的，但若设置不当，将会给居民带来不便或不同程度地影响居民正常的居住与生活。如在住宅楼的底层设置有敲打的修补作业或餐馆，对上部居民的居住与生活将是十分不利的。

三、不注重户外空间，特别是宅间庭院的完整性，是目前居住区规划中经常忽略的问题，如用自行车棚、菜窖、变电室等小建筑塞满了宅间庭院，既影响住户，尤其是老人、儿童户外活动，又使空间面貌极不美观。因而，宜将车棚等小建筑结合住宅或公建安排，或利用地下室或组织在楼内或附帖于楼侧设置，以及力求管线地下埋设等，以保持户外适宜的活动空间及良好景观。

四、居住区中的各种规划因素均有其内在联系，而内在联系的核心就是居民，因而要从满足居民居住生活的要求出发，考虑、安排和处理好建筑、道路、广场、院落、绿地、建筑小品之间及其与人的活动之间，在户外空间的相互关系，使居住区成为有机的整体和空间层次协调丰富的群体。

4.0.3 经调查，在居住区内常常出现老人或小孩外出归家找不到家门，或来访者很难寻找等情况，主要原因是建筑或布局本身无识别标志。因此，在居住区规划布局形式上应有利于街道命名。合理设置建筑小品是增强识别力的有效方法之一，也是美化环境的饰物。但应注意其体型和大小应与周围建筑、庭院尺度相协调。

4.0.4 在重点文物保护单位和历史文化保护区保护规划范围内的住宅建设，包括新建、扩建和改建，其规划设计需要有保护规划的指导，保护规划应是已批准的、具有法律效力的规划文件。居住区内的各级文物保护单位和古树名木必须依照《中华人民共和国文物保护法》和《城市绿化条例》予以保护，居住区应按法规要求进行规划设计。

5 住 宅

5.0.1 本条主要是在居住区分级规模和居住区外部环境条件确定的基础上，对在住宅用地上进行住宅建筑规划提出原则性要求。

住宅用地的条件（如地形、地貌、地物等自然环境条件和当地的用地紧张状况以及对住宅层数与密度的要求）、住宅选型（主要指平面形状、形体和户型）、当地住宅朝向、日照间距标准要求和不同使用者的需要等自然环境因素与客观条件及要求，对住宅建筑的布置方式、组团间的组合方式和大小空间、层次的组织创作都有密切的关系，且互相制约，在规划设计中必须综合考虑。这在正文第5.0.2～5.0.6条中作了具体规定。

5.0.1a 随着人口老龄化的发展，老年人居住建筑应成为现代居住区的一个重要组成部分，由于各地情况的差异，本规范仅提出原则性的规定，各地应结合实际情况，由地方城市规划行政主管部门提出具体指标要求和方式。

5.0.2 住宅建筑间距分正面间距和侧面间距两个方面。凡泛称的住宅间距，系指正面间距。决定住宅建筑间距的因素很多，根据我国所处地理位置与气候状况，以及我国居住区规划实践，说明绝大多数地区只要满足日照要求，其他要求基本都能达到。仅少数地区如纬度低于北纬25°的地区，则将通风、视线干扰等问题作为主要因素。因此，本规范确定住宅建筑间距，仍以满足日照要求为基础，综合考虑采光、通风、消防、管线埋设和视觉卫生与空间环境等要求为原则，这符合我国大多数地区的情况，也考虑了局部地区的其他制约因素。

根据这一原则，本规范确定住宅建筑和公共服务设施中的托、幼、学校、医院病房楼等建筑的正面间距均以日照标准的要求为基本依据，并作了具体规定。侧面间距则以其他因素为主，提出了规定性要求。

一、住宅建筑日照标准

决定居住区住宅建筑日照标准的主要因素，一是所处地理纬度及其气候特征，二是所处城市的规模大小。我国地域广大，南北方纬度差约50余度，同一日照标准的正午影长率相差3～4倍之多，所以在高纬度的北方地区，日照间距要比纬度低的南方地区大得多，达到日照标准的难度也就大得多。

大城市人口集中，因此城市用地紧张的矛盾比一般中小城市要大，这是一个普遍性规律。由此，同一地理纬度的同一日照标准，小城市能达到的中等城市不一定能达到，中等城市能达到的大城市可能很难达到。从全国140余个居住区的调查表明，北纬25°及以南地区如昆明、南宁等城市，现行住宅日照间距已达到或接近冬至日日照1h的标准；北纬30°上下、长江沿岸一带第Ⅱ、Ⅲ建筑气候区的南京、杭州、常州、武汉、沙市、重庆等城市的现行日照间距则仅接近大寒日日照1h；而北纬40°以上、第Ⅰ建筑气候区的长春、沈阳、哈尔滨、牡丹江、齐齐哈尔、佳木斯等城市的现行住宅间距则连大寒日日照1h也未能达到。根据我国的这一实情，本规范日照标准的确定，以综合考虑地理纬度与建筑气候区划和城市规模（大城市与小城市有别）两大因素为基础，考虑实际与可能，以多数地区适当提高日照标准，少数地区（主要是第Ⅴ气候区和纬度较低地区已达到冬至日照1h的城市）不降低现行日照标准，即以分地区分标准为基本原则。同时，在建筑日照标准的计量办法上也力求提高科学性与合理性。本规定较原有标准有几点改进：

1. 改变过去全国各地一律以冬至日为日照标准日，而采用冬至日与大寒日两级标准日。过去，我国有关文件曾规定“冬至日住宅底层日照不少于一小时”。从表1反映的实施情况看全国绝大多数地区的大、中、小城市均未达到这个标准。大多数城市的住宅，冬至日前后首层有一个月至两个月无日照，东北地区大多数城市的住宅，冬至日日照遮挡到三层、四层。这些城市若适当提高日照标准，仍不可能达到首层住宅冬至日有日照的要求，更达不到冬至日日照标准，因而，无法以冬至日为标准日，而只能采用第二档次即大寒日为标准日。据此，本规范采用冬至日和大寒日两级标准。

国际上许多国家也都按其国情采用不同的日照标准日：原苏联北纬58°以北的北部地区以清明（4月5日）为日照标准日（清明日照3小时），北纬48°～58°的中部地区以春分、秋分日（3月21日、9月23日）为标准日，北纬48°以南的南部地区采用雨水日

(2月19日)为标准日(参照前苏联建筑规范 СНИП Ⅱ—6075);原西德的标准日相当于雨水日;欧美、伦敦采用的标准日为3月1日(低于雨水日,高于春、秋分日)等。所以,采用冬至日与大寒日两级标准日,既从国情出发,也符合国际惯例。

2. 随着日照标准日的改变,有效日照时间带也由冬至日的9时至15时一档,相应增加大寒日8时至16时的一档。有效日照时间带系根据日照强度与日照环境效果所确定。实际观察表明,在同样的环境下大寒日上午8时的阳光强度和环境效果与冬至日上午9时相接近。故此,凡以大寒日为日照标准日,有效日照时间带均采用8时至16时;以冬至日为标准日,有效日照时间带均为9时至15时。

有效日照时间带在国际上也不统一,一般均与日照标准日相对应,如原苏联南部地区以雨水日为日照标准日,有效日照时间带为7时至17时;日本的北海道则采用9时至15时,其他地区8时至16时。

综上所述,本规定按建筑气候分区和城市规模大小将日照标准分为三个档次,即第Ⅰ、Ⅱ、Ⅲ、Ⅶ气候区的大城市不低于大寒日日照2h,第Ⅰ、Ⅱ、Ⅲ、Ⅶ气候区的中小城市和第Ⅳ气候区的大城市不低于大寒日日照3h,第Ⅳ气候区的中小城市和第Ⅴ、Ⅵ气候区的各级城市不低于冬至日日照1h。据此规定,比较各地现行日照间距,(表1)第Ⅱ、Ⅲ气候区的大中城市大多由现行的接近大寒日日照1h提高到大寒日日照2h,难度不大;第Ⅳ气候区大城市的日照标准有的保持现行水平,有的略有提高,难度也不大。中小城市的日照标准提高的幅度与大城市提高的幅度有的相当,有的略高一些;第Ⅴ、Ⅵ、Ⅶ气候区的现行日照间距已达到或接近本标准。提高幅度较多的是第Ⅰ气候区中北纬45°以北的哈尔滨、齐齐哈尔等大城市和一些中等城市,其中大城市难度较大一些,但据调查反映,现行日照标准过低,居民反应较大,本规范仅作适当提高是完全必要的,通过努力是可以达到的。

3. 老年人的生理机能、生活规律及其健康需求决定了其活动范围的局限性和对环境的特殊要求,因此,为老年人服务的各项设施要有更高的日照标准,在执行本规定时不附带任何条件。

4. 针对建筑装修和城市商业活动出现的问题,如增设空调机、建筑小品、雕塑、户外广告等已批准的原规划设计中没有的室外固定设施,规范要求其不能使相邻住宅楼、相邻住户的日照标准降低,但栽植的树木不在其列。

5. 旧区改建难是我国城市建设中面临的一大突出问题,正文条文中规定各地旧区改建的日照标准可酌情降低,是指在旧区改建时确实难以达到规定标准才能这样做。为避免在旧区改建中执行本规范时可能出现的偏差,同时也是为了保障居民的切身利益,无论在什么情况下,降低后的日照标准都不得低于大寒日一小时。此外,可酌情降低的规定只适用于各申请建设项目内的新建住宅本身,任何其他情况下的住宅建筑日照标准仍须符合表5.0.3-1的规定。

6. 不同方位的日照间距折减指以日照时数为标准,按不同方位布置的住宅折算成不同日照间距,通常应用于条式平行布置的新建住宅之间。本表作为推荐指标供规划设计人员参考,对于精确的日照间距和复杂的建筑布置形式须另作测算。

表1 全国主要城市不同日照标准的间距系数

序号	城市名称	纬度(北纬)	冬至日		大寒日				现行采用标准
			正午影长率	日照1h	正午影长率	日照1h	日照2h	日照3h	
1	漠河	53°00′	4.14	3.88	3.33	3.11	3.21	3.33	—
2	齐齐哈尔	47°20′	2.86	2.68	2.43	2.27	2.32	2.43	1.8~2.0
3	哈尔滨	45°45′	2.63	2.46	2.25	2.10	2.15	2.24	1.5~1.8
4	长春	43°54′	2.39	2.24	2.07	1.93	1.97	2.06	1.7~1.8
5	乌鲁木齐	43°47′	2.38	2.22	2.06	1.92	1.96	2.04	—
6	多伦	42°12′	2.21	2.06	1.92	1.79	1.83	1.91	—
7	沈阳	41°46′	2.16	2.02	1.88	1.76	1.80	1.87	1.7
8	呼和浩特	40°49′	2.07	1.93	1.81	1.69	1.73	1.80	—
9	大同	40°00′	2.00	1.87	1.75	1.63	1.67	1.74	—
10	北京	39°57′	1.99	1.86	1.75	1.63	1.67	1.74	1.6~1.7
11	喀什	39°32′	1.96	1.83	1.72	1.60	1.64	1.71	—
12	天津	39°06′	1.92	1.80	1.69	1.58	1.61	1.68	1.2~1.5
13	保定	38°53′	1.91	1.78	1.67	1.56	1.60	1.66	—
14	银川	38°29′	1.87	1.75	1.65	1.54	1.58	1.64	1.7~1.8

续表 1

序号	城市名称	纬度（北纬）	冬至日		大寒日				现行采用标准
			正午影长率	日照1h	正午影长率	日照1h	日照2h	日照3h	
15	石家庄	38°04′	1.84	1.72	1.62	1.51	1.55	1.61	1.5
16	太原	37°55′	1.83	1.71	1.61	1.50	1.54	1.60	1.5～1.7
17	济南	36°41′	1.74	1.62	1.54	1.44	1.47	1.53	1.3～1.5
18	西宁	36°35′	1.73	1.62	1.53	1.43	1.47	1.52	—
19	青岛	36°04′	1.70	1.58	1.50	1.40	1.44	1.50	—
20	兰州	36°03′	1.70	1.58	1.50	1.40	1.44	1.49	1.1～1.2;1.4
21	郑州	34°40′	1.61	1.50	1.43	1.33	1.36	1.42	—
22	徐州	34°19′	1.58	1.48	1.41	1.31	1.35	1.40	—
23	西安	34°18′	1.58	1.48	1.41	1.31	1.35	1.40	1.0～1.2
24	蚌埠	32°57′	1.50	1.40	1.34	1.25	1.28	1.34	—
25	南京	32°04′	1.45	1.36	1.30	1.21	1.24	1.30	1.0;1.1～1.8
26	合肥	31°51′	1.44	1.35	1.29	1.20	1.23	1.29	1.2
27	上海	31°12′	1.41	1.32	1.26	1.17	1.21	1.26	0.9～1.1
28	成都	30°40′	1.38	1.29	1.23	1.15	1.18	1.24	1.1
29	武汉	30°38′	1.38	1.29	1.23	1.15	1.18	1.24	0.7～0.9 1.0～1.1
30	杭州	30°19′	1.36	1.27	1.22	1.14	1.17	1.22	0.9～1.0 1.1～1.2
31	拉萨	29°42′	1.33	1.25	1.19	1.11	1.15	1.20	—
32	重庆	29°34′	1.33	1.24	1.19	1.11	1.14	1.19	0.8～1.1
33	南昌	28°40′	1.28	1.20	1.15	1.07	1.11	1.16	—
34	长沙	28°12′	1.26	1.18	1.13	1.06	1.09	1.14	1.0～1.1
35	贵阳	26°35′	1.19	1.11	1.07	1.00	1.03	1.08	—
36	福州	26°05′	1.17	1.10	1.05	0.98	1.01	1.07	—
37	桂林	25°18′	1.14	1.07	1.02	0.96	0.99	1.04	0.7～0.8;1.0
38	昆明	25°02′	1.13	1.06	1.01	0.95	0.98	1.03	0.9～1.0
39	厦门	24°27′	1.11	1.03	0.99	0.93	0.96	1.01	—
40	广州	23°08′	1.06	0.99	0.95	0.89	0.92	0.97	0.5～0.7
41	南宁	22°49′	1.04	0.98	0.94	0.88	0.91	0.96	1.0
42	湛江	21°02′	0.98	0.92	0.88	0.83	0.86	0.91	—
43	海口	20°00′	0.95	0.89	0.85	0.80	0.83	0.88	—

注：①本表按沿纬向平行布置的六层条式住宅（楼高 18.18m，首层窗台距室外地面 1.35m）计算。

②“现行采用标准”为 90 年代初调查数据。

二、住宅建筑侧面间距，除考虑日照因素外，通风、采光、消防，特别是视觉卫生以及管线埋设等要求往往是主要的影响因素。这些因素的情况比较复杂，许多城市都按照自己的情况作了一些规定，但规定的标准和要求差距很大。如高层塔式住宅，其侧面有窗且往往具有正面的功能，故视觉卫生因素所要求的间距比消防要求的最小间距13m大得多。北方一些城市对视觉卫生问题较注重，要求高，一般认为不小于20m较合理，而南方特别是广州等城市因用地紧张难以考虑视觉卫生问题，长此以久也就比较习惯了，未作主要因素考虑，只要满足消防要求即可。中高、多层点式住宅也有类似情况。同时，侧面间距大小对居住区的居住密度影响较大，大多数地区都卡得较紧，因此难以定出一个较为合理而各地又都能接受的规定。

根据上述情况，本规范仅按照国内现行的一般规律，对条式住宅侧面间距做出具体规定；对高层塔式住宅、多层、中高层点式住宅同侧面有窗的各种层数住宅之间的侧面间距，仅提出“应考虑视觉卫生因素，适当加大间距”的原则性要求。具体指标由各城市城市规划行政主管部门自行掌握。

5.0.3 对住宅建筑的规划布置主要从五个方面作了原则性规定。其中面街布置的住宅，主要考虑居民，特别是儿童的出入安全和不干扰城市交通，规定其出入口不得直接开向城市道路或居住区级道路，即住宅出入口与城市道路之间要求有一定的缓冲或分隔，当面街住宅有若干出入口时，可通过宅前小路集中开设出入口。

另外，根据调查老年人的一般独立出行的适宜距离小于300m，因此，在安排老年人住宅时应尽量靠近绿地和相应的设施。

5.0.4 对住宅的户型及面积标准，考虑到为适应住宅商品化发展要求和满足不同层次的居民对不同户型标准的需求，是居住区规划中不可回避的问题，故正文条文中提出，住宅建筑“宜采用多种户型和多种面积标准，并以一般面积标准为主”的原则性要求。

5.0.5、**5.0.6** 本条对住宅建筑的层数与密度分别做出了规定：

一、住宅层数影响到土地开发强度、利用率以及空间环境。由于本规范是对城市局部地段的居住区而言，而不是针对整个城市，因此，规范要求居住区规划考虑住宅层数指标，而经济的住宅层数与合理的层数结构由各城市根据本规定的原则自行确定。

二、住宅建筑净密度越大，即住宅建筑基底占地面积的比例越高，空地率就越低，绿化环境质量也相应降低。所以本指标是决定居住区居住密度和居住环境质量的重要因素，必须合理确定。决定住宅建筑净密度的主要因素是层数和决定建筑日照间距的地理纬度与建筑气候区划。正文表5.0.6-1由建筑气候区划和住宅层数两个因素作为指标的分类依据，其中建筑气候区划按照地理纬度关系分成三组。

鉴于目前我国居住区规划建设中存在建筑密度日趋增高的倾向，而几乎不存在建筑密度过低的现象，为使居住区用地内有合理的空间，以确保居住生活环境质量，故本指标仅对住宅建筑净密度最大值提出控制。对最低值的控制，既缺少标准依据，实际意义也不大，故未作规定。

正文表5.0.6-1中的指标是在对全国140余个居住区的统计资料分类和分析的基础上，综合考虑了国家对城市绿化的有关规定（见第七章）而确定的。

三、住宅建筑面积净密度，是决定居住区居住密度（住宅建筑面积毛密度或人口毛密度）的重要指标。由于居住区用地中，住宅用地具有一定的比例，因而在一定的住宅用地上，住宅建筑面积净密度高，该居住区的居住密度相应也高，反之，居住密度相应越低。

1. 住宅建筑面积净密度的决定因素主要是住宅层数和决定日照间距的地理纬度与建筑气候区。正文表5.0.6-2即由这两项因素作为指标的分类依据。

2. 根据我国居住区规划建设中目前存在的问题和倾向，主要是提高密度以最大可能地提高经济效益，而不顾居住区环境质量。因此，本规范只做出住宅建筑面积净密度最大值的控制指标。同上款理由，也未对最低值作规定。

3. 住宅建筑面积净密度最大值的确定依据：一是不同层数住宅在不同建筑气候区所能达到的最大值。二是考虑居住区基本环境质量要求。正文表5.0.6-2中的低层、多层与中高层三栏的数值，就是根据全国140余个居住区的资料综合分析的基础上，以正文表5.0.6-1中规定为准，再与理论计算值验核后提出的。但高层住宅一栏的指标则主要是根据环境容量确定。虽然住宅建筑面积净密度并不能全面地反映居住区综合环境状况，但却直接反映住宅用地上的、环境容量中的建筑量和人口量。显然，住宅建筑面积净密度过大，就是住宅用地上的环境容量过大，即建房过多、住人过挤，就会影响居住区环境质量——包括空间环境效果和生态环境状况。本规范所定指标系根据北京、上海和广州等大城市的有关规定和实际效果确定，即各建筑气候区的全高层居住小区或组团的住宅建筑面积净密度均不宜超过每公顷3.5万m^2。

6 公共服务设施

6.0.1 公共服务设施是居住区配建设施的总称。原国家建委1980年颁发的《城市规划定额指标暂行规定》中把居住区公共服务设施分成教育、经济、医卫、文体、商业服务、行政管理、其他等七类，但在实际工作中全国各地在分类上差别也很大，有的分成四类，有的分成七、八类；在项目的归类上也不一致，有的将邮电、银行归入商业服务类，有的归入行政管理类，而今市政公用设施配套日趋完善，一般都已把它独立成一类，也有的仍归入其他类；配建的防空地下室、伤残人福利工厂等还没有纳入配套。因此，对居住区规划设计有关公共服务设施的配建水平上难以评审、比较，也无法反映商业服务、教育等某一类的配建水平。为此，在公共服务设施的分类上有必要进行统一。原规范在原国家建委分成七类的基础上，将市政公用设施从其他一类中独立出来，而把防空地下室等归入其他类而成八类。并在分类的名称上，根据习惯直观地把商业、饮食、服务、修理称为商业服务类，把医疗、卫生、保健称为医疗卫生类，把邮电、银行称为金融邮电类，把变电室、高压水泵房等称为市政公用类，把不能归类的合并成一类，称为其他类，即分成教育、医疗卫生、文体、商业服务、金融邮电、市政公用、行政管理和其他八类。随着配套项目的发展和 90 年代社区建设的推进，在本次修编中，把居委会、社区服务中心、老年设施等称为社区服务类，把其他类与行政管理合称为行政管理及其他类，调整后分成教育、医疗卫生、文化体育、商业服务、金融邮电、社区服务、市政公用、行政管理及其他八类。

6.0.2、6.0.3 居住区公共服务设施的配建，主要反映在配建的项目和面积指标两个方面。而这两个方面的确定依据，主要是考虑居民在物质与文化生活方面的多层次需要，以及公共服务设施项目对自身经营管理的要求，即配建项目和面积与其服务的人口规模相对应时，才能方便居民使用和发挥项目最大的经济效益，如一个街道办事处为 3 万至 5 万居民服务，一所小学为 1 万至 1.5 万居民服务，一个居委会为 300 户至 1000 户居民服务。

根据各地居住区规划的实践，为满足 3 万至 5 万居民要有一整套完善的日常生活需要的公共服务设施，应配建派出所、街道办、具有一定规模的综合商业服务、文化活动中心、门诊所等；为满足 1 万至 1.5 万居民要有一套基本生活需要的公共服务设施，应配建托幼、学校、综合商业服务、文化活动站、社区服务等；为满足 300 户至 1000 户居民要有一套基层生活需要的公共服务设施，应配建居委会、居民存车处、便民店等（见正文附表 A.0.2）。

正文附表 A.0.2 是与居住区、小区、组团对应配建的公建项目，也有由于所处地位独立，兼为附近居民服务等可增设的项目。

当居住区的居住人口规模大于组团、小区或居住区时，公共服务设施配建的项目或面积也要相应增加。根据各地的建设实践，当居住人口规模大于组团小于小区时，一般增配相应的小区级配套设施等，使从满足居民基层生活需要经增配若干项目后能满足基本需要；当居住人口规模大于小区小于居住区时，一般增配门诊所和相应的居住区级配套设施等，使从满足居民基本生活需要经增配若干项目后能较完善地满足日常生活的需要；当居住人口规模大于居住区时，可增配医院、银行分理处、邮电支局等，以满足居民多方面日益增长的基本需要。

居住区的公共服务设施不配或少配会给居民生活带来不便，晚建了也会给居民生活造成困难，如不及时配建小学，小学生要回原居住地上学，长途往返十分不便。晚建了派出所就没有地方办理户口迁移等手续或至本区外兼管的派出所去办理，造成管理和使用的不便。因此，满足居民多层次需求的公共服务设施，应按配建的要求进行统一规划，统一建设和统一投入使用，才能达到居民使用方便和经营管理合理的要求。有时因分期建设的需要，初期建设规模不大时，可把有关设施的内容合并，暂设在某一个规划项目内过渡解决，待建成后再恢复正常使用。

当规划用地周围有设施可使用时，配建的项目和面积可酌情减少；当周围的设施不足，需兼为附近居民服务时，配建的项目和面积可相应增加；当处在公交转乘站附近、流动人口多的地方，可增加百货、食品、服装等项目或扩大面积，以兼为流动顾客服务；在严寒地区由于是封闭式的营业或各项目之间有暖廊相连，配建的项目和面积就有所增加。在山地，由于地形的限制，配建的项目或面积也会稍有增加。因此，居住区的公共服务设施可根据现状条件及居住区周围现有的设施情况以及本地的特点可在配建水平上相应增减。

国家一、二类人防重点城市应根据人防规定，结合民用建筑修建防空地下室，应贯彻平战结合原则，战时能防空，平时能民用，如作居民存车或作第三产业用房等，并将其使用部分分别纳入配套公建面积或相关面积之中，以提高投资效益。

公共服务设施各有其自身的专业特点，其设置要求，有的可参考有关的设计手册，如锅炉房、变电室、燃气站等。有的已有国标、行标，可按其要求执行，如中小学建筑设计标准等。但在居住区公共服务设施中大量是小而内容多样的小型项目，虽有一定规律，但还未标准化，因此本条对其设置的规定仅提出一般性的要求，如多少户设置一处，对服务半径、环境、交通的要求、宜独立或与什么项目结合设置等，以便作公共服务设施布点参考（正文附表 A.0.3）。

居住区公共服务设施的配建水平应以每千居民所需的建筑和用地面积（简称千人指标）作控制指标，由于它是一个包含了多种影响因素的综合性指标，因此具有很高的总体控制作用。正文表 6.0.3 是综合分析了不同居住人口、不同配建水平的已建居住区实例，并剔除了不合理因素和特殊情况后制定的。因此，它可以起到总体的控制作用。并可根据居住区、小区、组团不同居住人口规模估算出需配建的公共服务设施总面积，也可对大于组团或小区的居住人口规模所需的配套设施面积进行插入法计算。同时，由于各地的情况千差万别，因而各地在根据自身的经营习惯、需要水平、气候及地形等因素制定本地居住区应配建的公共服务设施具体项目、内容、面积和千人指标的具体规定或实施细则时，应满足本规定对项目和千人总控制指标的要求。

行政管理及其他类中的“其他”是前七类和行政管理设施以外的宜设置的项目，如国家确定的一、二类人防重点城市应配建的防空地下室或由于体制改革，经营管理的发展，今后会出现的其他应配、宜配建的新项目，不能归入上述七类，可暂统归入其他类，但由于各城市应配、宜配建的“其他”项目、面积差异大而目前又难以统计，也无一定规律，故没有确定其控制指标，分类指标和总控制指标中也未包括“其他”指标，在执行时应另加，以便切合实际地指导本地的居住区建设。

在正文附表 A.0.3 中列了各公建的一般规模，这是根据各项目自身的经营管理及经济合理性决定的，供有关项目独立配建时参考。

6.0.4 居住区内公共服务设施是为区内不同年龄和不同职业的居民使用或服务的，因此公建的布局要适应儿童、老人、残疾人、学生、职工等居民的不同要求。同时各公共服务设施又有其自身设置的经济性和要求、方便居民使用等共同特点，从而可将有利经营、互不干扰的有关项目相对集中形成各级公共活动中心。一般由百货商店、专业商店等商业服务项目和银行（储蓄所）、邮电支局（邮政所）等金融邮电项目，文化活动中心等文体建筑组成。根据居民生活需要有的项目要适当分散，符合服务半径、交通方便、安全等要求，如医院、幼托、学校、便民店、居民存车处等。对于可兼为外来人流服务的设施宜设置于内外人流的交汇点附近，以方便使用和提高经济效益。

公共服务设施的布局是与规划布局结构、组团划分、道路和绿化系统反复调整、相互协调后的结果。为此，其布局因规划用地所处的周围物质条件、自身的规模、用地的特征等因素而各具特色。对公共活动中心，可将可连带销售，又互不干扰的项目组合在一个综合体（楼）内，以利综合经营、方便居民和节约用地。

6.0.5 停车场、库属于静态交通设施，它的合理设置与道路网的规划具有同样意义。正文表 6.0.5 中配建停车位控制指标均是最小的配建数值，有条件的地区宜多设一些，以适应居住区内车辆交通的发展需要。

正文表 6.0.5 中的机动车停车位控制指标，是以小型汽车为标准当量表示的。其他各种车型的停车车位数应按正文表 6.0.5 中算出的机动车车位数除以正文表 11.0.2 中相关车型的换算系数，即得出实际停放的机动车车位数。例如，按正文表 6.0.5 的配建停车位指标，应安排 10 辆卧车停车位。若停放微型客货车，可停放 10÷0.7＝14.3 辆；若停放中型客车，则可停放 10÷2＝5 辆。

配建停车场的设置位置要尽量靠近相关的主体建筑或设施，以方便使用及减少对道路上车辆交通的干扰。

为节约用地，在用地紧张地区或楼层较高的公共建筑地段，应尽可能地采用多层停车楼或地下停车库。

7 绿地

7.0.1～7.0.3 该三条总结分析了我国居住区规划的实际经验和存在的涵义不清、计算口径不一等问题，对居住区内绿地组成（分类）、绿地规划的一般要求及规划布局原则和绿地面积的计算方法等作出规定。其中：公共绿地、宅旁绿地、公共服务设施所属绿地和道路绿地等四类绿地（包括满足当地植树绿化覆土要求、方便居民出入的地下建筑或半地下建筑的屋顶绿地）面积的总和占居住区用地总面积的比率即绿地率，是衡量居住区环境质量的重要标志。

确定绿地率指标的主要依据是：(1) 根据我国各地居住区规划实践，达到本指标可确保有较好的空间环境效果；(2) 与原城乡建设环境保护部 1982 年颁发的《城市园林绿化管理暂行条例》的规定“城市新建区的绿化用地，应不低于总用地面积的 30%；旧城改建区的绿化用地，应不低于总用地面积的 25%”相一致；(3) 综合分析了本规范确定的居住区层数、密度、房屋间距等相关指标，本规范的绿地率指标是可行的。

7.0.4 对居住区公共绿地的分级规模、规划要求、有关标准及面积计算办法等做出了规定。其中：

一、按照居住区分级规模及其规划布局形式，设置相应的中心绿地的原则，是按照集中与分散相结合的公共绿地系统的布局构思确定的。这样，既方便居民日常不同层次的游憩活动需要，又利于创造居住区内大小结合、层次丰富的公共活动空间，可取得较好的空间环境效果。

各级中心绿地一般规模的确定，主要考虑一是人流容量，如居住区级中心绿地即居住区公园应考虑 3 万～5 万人的居住区，日常去公园出游的居民量（详见第 7.0.5 条）；二是安排与其规模相应的功能设施所需的场地和游憩空间要求，如居住区级中心绿地中，要为满足明确的功能划分和相应的游憩活动设施所需的用地作安排（正文表 7.0.4-1）。

二、各级中心绿地除应有相应的规模和设施外，其位置也要与其级别相称，即应与其同级的道路相邻，并向其开设主要出入口，以便于居民使用。据此规定，小区级的小游园应与小区级道路相邻，居住区公园应与居住区级道路相邻。而设在组团内、四面邻组团路的绿地，面积再大也只能属组团级的“大绿地”，而不能成为小区级或居住区级中心绿地，否则势将吸引本组团外的超量人流穿越组团甚至居民院落，这样既不便居民游憩活动，且严重干扰组团内居民的安宁环境。

三、正文条文规定各级公共绿地一般应采用“开敞式”。这里有两层意思：其一，居住区各级公共绿地是本区居民的日常游憩共享空间，应方便居民游憩活动并直接为居民使用，应是“福利型”，而不应成为“经营型”。其二，居住区各级公共绿地是居住区空间环境的重要组成部分，应里外浑然一体，在居民视野高度内不能“隔断”。如设院墙也应以绿篱或其他空透式栏杆作分隔，以确保里外通透。

四、组团绿地的设置标准与面积计算办法是目前我国居住区规划中存在的主要问题之一。本规范分析了我国一些城市居住区中居住组团的不同类型、特点和组团绿地的设置方式与存在的问题，对组团绿地的设置标准与面积计算办法做出了规定。

确定组团绿地（包括其他块状、带状绿地）面积标准的基本要素：一要满足日照环境的基本要求，即“应有不少于 1/3 的绿地面积在当地标准的建筑日照阴影线范围之外”；二要满足功能要求，即“要便于设置儿童游戏设施和适于老年人、成人游憩活动”而不干扰居民生活；第三，同时要考虑空间环境的因素，即绿地四邻建筑物的高度及绿地空间的形式——是开敞型还是封闭型等。正文表 7.0.4-2 根据以上三要素对不同类型院落式组团绿地的面积标准的计算做出了规定。

开敞型与封闭型院落式组团绿地的主要区别是，后者四面被住宅建筑围合空间较封闭，故要求其平面与空间尺度应适当加大，而前者则至少有一个面，面向小区路或建筑控制线不小于 10m 的组团路，空间较开敞，故要求的平面与空间尺度可小一些。

五、其他块状、带状公共绿地，如街头绿地、儿童游戏场和设于组团之间的绿地等，一般均为开敞式，四邻空间环境较好，面积可比组团内绿地略小，但根据实践经验，欲满足上述三要素要求，其最小面积不宜小于 400m²；用地宽度不应小于 8m。否则难以设置活动设施和满足基本功能的要求。

7.0.5 确定居住区人均公共绿地面积指标的主要依据是：

一、根据人多地少的国情，特别是在各城市人口不断增长，城市用地日趋紧张的情况下，原国家建委（80）492 号文件中规定的人均公共绿地指标，小区级 1～2m²，居住区级 1～2m²，在执行中实现的少，因而居住区公共绿地现行指标一般较低，甚至没有。从调查的全国 120 余个居住区、小区实例分析，有 40%以上人均公共绿地不足 1m²，如去掉其中不合标准的公共绿地，其比例更高。但近年来许多城市从提高环境质量出发，已强化了绿地要求，有些城市做出了指标规定，一般是：小区不低于 1m²/人，居住区 1～2m²/人左右。据此，本规范根据综合分析后规定：组团绿地不少于 0.5m²/人、小区绿地（含组团）不少于 1m²/人、居住区绿地（含小区、组团）不少于 1.5m²/人。此标准与一些城市的规定和原国家建委规定接近，但比许多城市现行水平有提高。

二、据 1983 年北京市的调查，服务半径为 500m 以内的居住区各级公共绿地，居民（高峰）总出游率为 11%。考虑到人口老龄化的增长和儿童比例递减等综合因素，居住区内公共绿地的出游率今后会有所增长。为此，本规范确定居住区各级公共绿地居民总出游率，按不小于 15%考虑，可适应全国大多数城市中、远期规划的要求。

另据调查，居住区公共绿地（居住区公园、小游园）周转系数为 3；每游人占公园面积 30m²，则居住区公共绿地人均指标为：

$$(15\% \times 30)/3 = 1.5\ (\mathrm{m}^2/人)$$

据此，本规范规定，居住区（含小区、组团级）公共绿地人均指标不小于 1.5m²。

三、根据居住区分级规模及按正文表 7.0.4-1 分级设置中心绿地的要求确定的各级指标，分别占总指标的 1/3 左右，即：

1. 组团级指标人均不小于 0.5 m²，可满足 300～700 户设置一个面积 500～1000m² 以上的组团绿地的要求。

2. 小区级指标人均不小于 0.5m²（即 1～0.5m²），可满足每小区设置一个面积 4000～6000m² 以上的小区级中心绿地（小游园）的要求；

3. 同理，居住区级公园指标人均不小于 0.5m²（即 1.5～1.0m²），可达到每居住区设置一个面积 15000m² 以上的居住区级公园的要求。

根据我国一些城市的居住区规划建设实践，居住区级公园用地在 10000m² 以上，即可建成具有较明确的功能划分、较完善的游憩设施和容纳相应规模的出游人数的基本要求；用地 4000m² 以上的小游园，可以满足有一定的功能划分、一定的游憩活动设施和容纳相应的出游人数的基本要求。所以，正文条文规定居住区级公园一般规模不小于 1hm²，小区级小游园不小于 0.4hm²。

公共绿地指标的具体使用，还应按照所采用的居住区规划组织结构类型确定。如采用居住区—组团两级组织结构的居住区，可在总指标的控制下设置居住区公园和组团绿地两级，也可在两级的基础上增设若干中型（相当于小区级）公共绿地；组团绿地的设置也应按组团布局形式灵活安排。

旧区改建由于用地紧张等因素，可酌情降低，但不得低于相应指标的70%，以保证基本的环境要求。

7.0.6 城市居住区的绿化用地应结合海绵城市建设的“渗、滞、蓄、净、用、排”等低影响开发措施进行设计、建造或改造。居住区规划、建设应充分结合现状条件，对区内雨水的收集与排放进行统筹设计，如充分利用场地原有的坑塘、沟渠、水面，设计为适宜居住区使用的景观水体；采用下凹式绿地、浅草沟、渗透塘、湿塘等绿化方式，但必须注意，承担调蓄功能的绿地应种植抗涝、耐旱性强的植物。这些具有调蓄功能的绿化方式，即可美化居住环境，又可在暴雨时起到调蓄雨水、减少和净化雨水径流的作用，同时提高了居住区绿化用地的综合利用效率。

7.0.7 小游园、小广场等硬质空间应通过设计满足透水要求，实现雨水下渗至土壤或通过疏水、导水设施导入土壤，减少建设行为对自然生态系统的损害。小游园、小广场宜采用透水砖和透水混凝土铺装；小游园或绿地中的步行路还可采用鹅卵石、碎石等透水铺装。

8 道　　路

8.0.1 居住区要为居民提供方便、安全、舒适和优美的居住生活环境，道路规划设计在很大程度上影响到居民出行方便和安全，因而，对此提出了应遵循的基本原则：

一、影响居住区交通组织的因素是多方面的，而其中主要的是居住区的居住人口规模、规划布局形式、用地周围的交通条件、居民出行的方式与行为轨迹和本地区的地理气候条件，以及城市交通系统特征、交通设施发展水平等。在确定道路网的规划中，应避免不顾当地的客观条件，主观地画定不切实际的图形或机械套用某种模式。同时还要综合考虑居住区内各项建筑及设施的布置要求，以使路网分隔的各个地块能合理地安排下不同功能要求的建设内容。

二、居住区内的主要道路应满足：

1. 线型尽可能顺畅，以方便消防、救护、搬家、清运垃圾等机动车辆的转弯和出入；

2. 要使住宅楼的布局与内部道路有密切联系，以利于道路的命名及有规律地编排楼门号，这样就能有效地减少外部人员在寻亲访友中的往返奔波；

3. 良好的道路网应该是在满足交通功能的前提下，尽可能地用最低限度的道路长度和道路用地。因为，方便的交通并不意味着必须有众多横竖交叉的道路，而是需要一个既符合交通要求又结构简明的路网。

三、居住区内部道路担负着分隔地块及联系不同功能用地的双重职能。良好的道路骨架，不仅能为各种设施的合理安排提供适宜的地块，也可为建筑物、公共绿地等的布置及创造有特色的环境空间提供有利条件。同时，公共绿地、建筑及设施的合理布局又必然会反过来影响到道路网的形成。所以，在规划设计中，道路网的规划与建筑、公共绿地及各类设施的布局往往彼此制约、互为因果，只有经过若干次的往复才能确定最佳的道路网格式。

四、随着国民经济的发展，改善城市生活环境已成为大家日益关注的课题。应合理设置公交停靠站，道路两侧的建筑物，尤其是住宅和教育设施等的布置还要尽量减少交通噪声对它们的干扰，通过细致的交通管理创造安全、安宁的居住生活环境。

五、道路规划要与抗震防灾规划相结合。在抗震设防城市的居住区内道路规划必须保证有通畅的疏散通道，并在因地震诱发的如电气火灾、水管破裂、煤气泄漏等次生灾害时，能保证消防、救护、工程救险等车辆的出入。

六、居住区内部道路的走向对通风及日照有很大影响。道路是通风的走廊，合理的道路骨架有利于创造良好的居住卫生环境。经调查，当夏季主导风向对住宅正向入射角不小于15°时，有利于住宅内部通风。同时，居住区内的地上及地下管线一般都顺着道路走向敷设。所以，道路骨架基本上能决定市政管线系统的形成。完善的道路系统不仅利于市政管线的布置，而且能简化管线结构和缩短管线长度。

七、在旧区改建区，道路网的规划要综合考虑旧城市的地上地下建筑及市政条件，避免大拆大改而增加改建投资，对于需重点保护的历史文化名城及有历史价值的传统风貌地段，必须尽量保留原有道路的格局，包括道路宽度和线型、广场出入口、桥涵等，并结合规划要求，使传统的道路格局与现代化城市交通组织及设施（机动车交通、停车场库、立交桥、地铁出入口等）相协调。

8.0.2 居住区内各级道路的宽度，主要根据交通方式、交通工具、交通量及市政管线的敷设要求而定，对于重要地段，还要考虑环境及景观的要求。

居住区级道路是整个居住区内的主干道，要考虑城市公共电、汽车的通行，两边应分别设置有非机动车道及人行道，并应设置一定宽度的绿地种植行道树和草坪花卉（图1），按各种组成部分的合理宽度，居住区级道路的最小宽度不宜小于20m，有条件的地区宜采用30m。机动车道与非机动车道在一般情况下采用混行方式。

小区级道路车行道的最小宽度为6m，如两侧各安排一条宽度为1.5m的人行路，总宽度为9m，即可满足一般功能需要。同时，小区级道路往往又是市政管线埋没的通道，在无供热管线的居住区内，按六

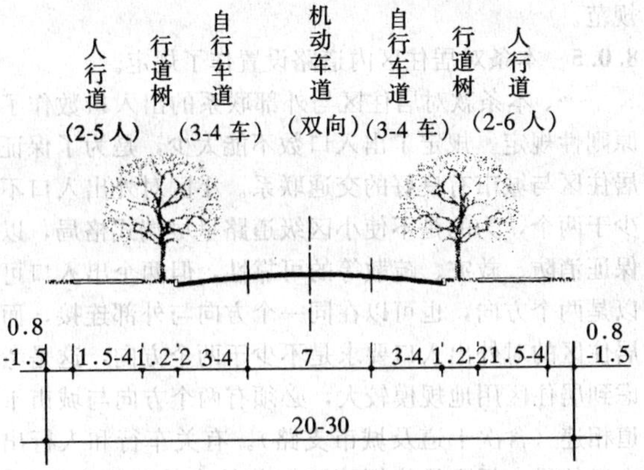

图 1 居住区级道路一般断面（m）

种基本管线的最小水平间距，它们在建筑线之间的最小极限宽度约为 10m（图 2），此距离与小区级道路交通车行、人行所需宽度基本一致。

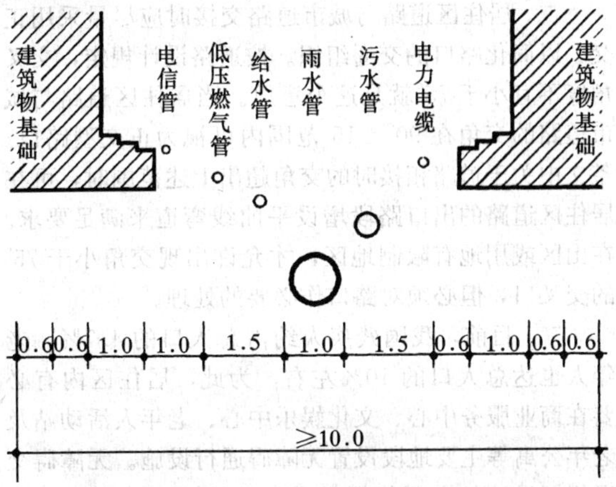

图 2 无供热管线居住区小区级道路市政管线最小埋设走廊宽度（m）

在需敷设供热管线的居住区内，由于要有暖气沟的埋设位置及其左右间距，建筑控制线的最小极限宽度约为 14m。

组团级道路是进出组团的主要通道，路面人车混行，一般按一条自行车道和一条人行带双向计算，路面宽度为 4m。在用地条件有限的地区，最低限度为 3m。在利用路面排水、两侧要砌筑道牙的特殊要求下，路面宽度就要加宽至 5m。这样，在有机动车出入时不影响自行车或行人的正常通行。对组团级道路的地下空间也要满足大部分地下管线的埋设要求，无供热管线的居住区一般要求建筑控制线之间应有 8m 宽度，需敷设供热管线的居住区至少应有 10m 的宽度。

宅间小路为进出住宅的最末一级道路，这一级道路平时主要供居民出入，基本是自行车及人行交通，并要满足清运垃圾、救护和搬运家具等需要。按照居住区内部有关车辆低速缓行的通行宽度要求，轮距宽度在 2～2.5m 之间。所以，宅间小路路面宽度一般为 2.5～3m，最低极限宽度为 2m。这样，正好能容纳双向一辆自行车的交会或一辆中型机动车（如 130 型搬家货车、救护车等）通行。为兼顾必要时大货车、消防车的通行，路面两边至少还要各留出宽度不小于 1m 的路肩。

8.0.3 正文表 8.0.3 中的数据是依据有关道路设计手册，并参考了部分城市实践经验而制定的，其道路最大坡度控制指标是为保证车辆安全行驶的极限值，在一般情况下最好尽量少出现，尤其是在多冰雪地区、地形起伏大及海拔高于 3000m 等地区要严格控制，并要尽量避免出现孤立的道路陡坡。

机动车道的最大纵坡及相应的限制坡长规定，为的是保障司机的正常驾驶状态而不至产生心理紧张，防止事故的产生。据测试，不同纵坡相应的坡长限制值如表 2：

表 2 不同纵坡相应坡长限制值

纵坡（%）	限制坡长（m）	纵坡（%）	限制坡长（m）
5.0～6.0	800	7.0～8.0	300
6.0～7.0	400	8.0～9.0	150

而正文表 8.0.3 中机动车的最大纵坡值 8% 是根据居住区内车速一般为 20～30km/h 情况下的最大适宜数值，如地形允许，要尽量采用更平缓的纵坡或更短的坡长。

关于非机动车道的纵坡限制，主要是根据自行车交通要求确定，它对于我国大部分城市是极为重要的，因为在现阶段，自行车对一般居民来说不仅是出行代步的交通工具，而且也是运载日常物品的运输工具。据普查数据，往往城市越小和公共交通不发达的地区，自行车出行量在全部出行量中所占的比重也越高（山区城市除外），例如：北京 54.0%，唐山 71.2%，延安 82.9%。

根据调查测试，自行车道适用的纵坡及相应的坡长限制值如表 3。

表 3 不同纵坡相应坡长限制值

坡长限制(m) / 行驶方式 / 纵坡（%）	连续行驶	骑行与推行结合
＜0.6	不限制	不限制
0.6～1	130～600	不限制
1～2	50～130	110～250
2～3	＜50	40～100

正文表 8.0.3 采用的自行车道最大纵坡值及相应

的限制坡长即是据此得出的。

需要补充说明的是，在一些专题研究材料及有关的技术规范中，常出现如下的自行车道纵坡及坡长控制数值（表4）：

表4　不同纵坡相应坡长控制值

纵　坡（%）	推荐坡长（m）	限制坡长（m）	极限坡长（m）
2.0	200	400	—
2.5	150	300	—
3.0	120	240	—
3.5	100	200	—
5.0	50	100	200
7.0	—	60	120
9.0	—	30	60

这与正文表8.0.3中数值有较大差距。据了解，表4中的数值大多是以年轻人为主测试而得出。因此考虑到居住区内骑自行车出行对象的年龄包括老、中、青各类居民，所以对于居住区内部的自行车道，应有更大的适应范围。

关于道路最小纵坡值，从驾驶车辆角度出发，道路愈平愈好，但纵坡的最低限还必须保证顺利地排除地面水。不同的路面材料所适用的最小纵坡也是不同的：水泥及沥青混凝土路面不小于0.3%，整齐块石路面不小于0.4%，其他低级路面不小于0.5%。正文表8.0.3是以《城市用地竖向规划规范》（CJJ83—99）为依据提出的。

8.0.4　在山区、丘陵区等地形起伏较大的居住区道路系统的规划要密切注意结合地形，这样才可达到合理、安全、经济的综合效益。

一、由于人行道的适用纵坡范围与车行道是不一样的，在地势起伏大的情况下，人行道可以更容易随坡就势，如与车行道分设，就能更便捷和减少道路工程的土石方量；

二、山区、丘陵区的道路一般都要求顺等高线设置，所以，道路网的格式与平原地区是大不一样的。但是，道路用地面积也会因之适当增加，一般指标可按照正文中表3.0.2中的高限值选用；

三、主要道路因为通行的车辆和行人较多，交通量较大，所以纵坡应尽可能小些，而次要的道路等级较低，为减少土石方量，可以在允许的纵坡范围内取较大的控制值；

四、由于在山区或丘陵区修建道路工程量较大，道路的宽度和建筑控制线之间的宽度，可采用正文中第8.0.2条规定的下限值。但如要设置排水边沟，则必然会加宽道路用地，增加的这部分宽度一般不属于上述条文中规定的道路宽度控制值范围内。设置会车避让路面和排水边沟的具体要求，另参照有关技术规范。

8.0.5　本条对居住区内道路设置作了规定。

一、本条款对居住区与外部联系的出入口数作了原则性规定。规定了出入口数不能太少，是为了保证居住区与城市有良好的交通联系。小区对外出入口不少于两个，为的是不使小区级道路呈尽端式格局，以保证消防、救灾、疏散等的可靠性，但两个出入口可以是两个方向，也可以在同一个方向与外部连接，而居住区的对外出入口要求是不少于两个方向，这是考虑到居住区用地规模较大，必须有两个方向与城市干道相连（含次干道及城市支路）。有关车行和人行出入口的最大间距是依据消防规范的有关条款作出的。正文条文中对人行出口间距规定“当建筑物长度超过80m时，应在底层加设人行通道”，这里提到的人行通道，可以是楼房底层专设的供行人穿行的洞口。如果小区、组团等实施独立管理，也应按规定设置出入口，供应急时使用。

二、居住区道路与城市道路交接时应尽量采用正交，以简化路口的交通组织。按道路设计规定，交叉角度不宜小于75°就是这个意思。当居住区道路与城市道路的交角在90°±15°范围内可视为正交型路口。条文中关于道路相接时的交角超出上述范围时，可在居住区道路的出口路段增设平曲线弯道来满足要求。在山区或用地有限制地区，才允许出现交角小于75°的交叉口，但必须对路口作必要的处理。

三、目前，我国残疾人约占总人口的4.7%，老年人也达总人口的10%左右。为此，居住区内有必要在商业服务中心、文化娱乐中心、老年人活动站及老年公寓等主要地段设置无障碍通行设施。无障碍交通规划设计的主要依据是满足轮椅和盲人的出行需要，具体技术规定详见《为方便残疾人使用的城市道路和建筑设计规范》JGJ 50—88。

四、过长的尽端路会影响行车视线，使车辆交会前不能及早采取避让措施，并影响到自行车与行人的正常通行，对消防、急救等车辆的紧急出入尤为不利。所以在正文条文中对居住区内尽端式道路长度作了规定，其最大长度一般为120m，尽端回车场尺寸，正文条文中提出的12m×12m是最小的控制值，用地有条件时最好按不同的回车方式安排相应规模的回车场（见图3）。

五、条文中提到在地震区，居住区内的主要道路宜采用柔性路面，这是道路工程技术设计的原则规定，与正文第8.0.1条第五款对道路规划的防灾救灾要求不是一个概念。以道路本身技术设计的要求而言，抗震设计设防基本烈度起点为八度；对于地基为软性土层、可液化土层或易发生滑坡的地区，道路抗震设计起点烈度为七度。所谓柔性路面，指的是用沥青混凝土为面层的道路。

六、道路边缘至建筑物、构筑物要保持一定距

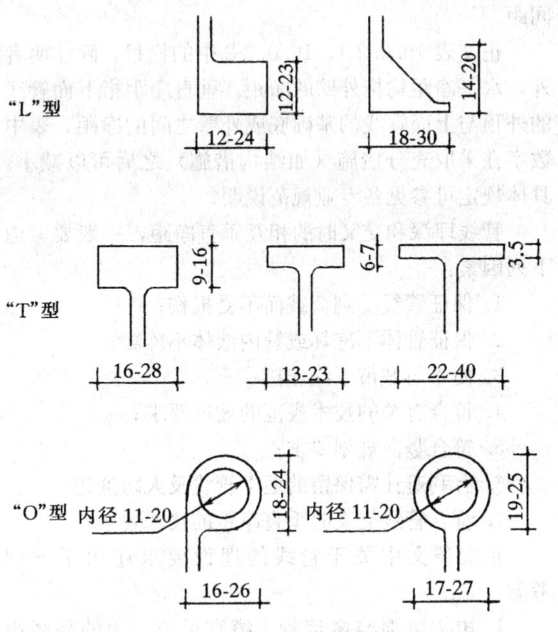

图3 回车场的一般规模（m）

注：图中下限值适用于小汽车（车长 5m，最小转弯半径 5.5m）

上限值适用于大汽车（车长 8～9m，最小转弯半径 10m）

离，主要是考虑在建筑底层开窗开门和行人出入时不影响道路的通行及一旦楼上掉下物品也不影响路上行人和车辆的安全及有利安排地下管线、地面绿化及减少对底层住户的视线干扰等因素而提出的。对有出入口的一面要保持较宽的间距，为的是在人进出建筑物时可以有个缓冲地方，并可在门口临时停放车辆以保障道路的正常交通。

8.0.6 本条对居住区内的居民停车场、库的设置做了规定。

一、我国居民小汽车的使用比例有很快的提高，居住区内居民小汽车的停放已成为普遍问题，居住区居民小汽车包括通勤车、出租汽车及个体运输机动车等的停放场地日益成为居住区内部停车的一个重要组成部分。由于各地经济发展水平不同，生活方式存在较大差异，居民小汽车拥有量相差较大，本规范从全国角度出发，只对一般情况提出指导性指标，控制下限，即停车率≥10%，对于上限指标不做具体规定，可根据实际需要增加，具体指标由地方城市规划行政主管部门制订。在确定停车率较低时，应考虑要留有发展余地。

二、地面停车率是指居民汽车的地面停车位数量与居住户数的比率（%）。有些地方地面停车采用立体方式，对于节约用地具有明显作用。但本规范对地面停车率的控制主要是出于对地面环境的考虑，控制地面停车数量，提出地面停车率不宜超过10%的控制指标，停车率高于10%时，其余部分可采用地下、半地下停车或多层停车楼等方式。因此，地面停车率计算，无论是采用单层还是立体停车方式，均以单层停车数量计算。当采用停车楼的方式时，可在其他用地中平衡指标。

三、停车场（库）的布局应考虑使用方便，服务半径不宜超过150m。通勤车、出租汽车及个体运输机动车等的停放位置一般安排在居住小区或组团出入口附近，以维持小区或组团内部的安全及安宁。

四、为落实国家发改能源［2015］1454号《关于印发〈电动汽车充电基础设施发展指南（2015—2020）〉的通知》要求，增设本条款。考虑我国各城市机动化发展阶段差异较大，电动汽车发展增速状况不同，建议结合地方实际需求情况，新建居住区内的住宅配建停车位优先考虑预留充电基础设施安装条件，按需建设充电基础设施。

8.0.7 城市居住区内的道路应优先考虑道路交通的使用功能，在保证路面路基强度及稳定性等安全性要求的前提下，路面设计宜满足透水功能要求，尽可能采用透水铺装，增加场地透水面积。透水铺装可根据城市地理环境与气候条件选择适宜的做法，例如人行道及车流量和荷载较小的道路、宅间小路可采用透水沥青混凝土铺装，停车场可采用嵌草砖。

9 竖 向

9.0.1、9.0.2 竖向规划设计应综合利用地形地貌及地质条件，因坡就势合理布局道路、建筑、绿地，及顺畅地排除地面水，而不能把竖向规划当作是平整土地、改造地形的简单过程。

居住区内的道路骨架与地势起伏关系很大，往往因此能决定道路线型及走向。建筑物的布局也往往因地形地质的制约而影响其朝向、间距及平面组合，在地形变化较大的地区，一般要求建筑物的长边尽可能顺等高线布置，力争不要过分改变现状等高线的分布规律，而只是局部改变建筑物周围的自然地形。

市政管线，特别是重力自流类管线（如雨水管、污水管、暖气管沟等）与地形高低的关系密切，力求与道路一样顺坡定线。居住区的平面布局只有与竖向规划在方案编制过程中不断彼此配合互相校核，才能使整个居住区的规划方案更切实际逐趋完善。

良好的竖向规划设计方案，必须建立在对现状水系周密的调查研究基础之上。一般在山区或丘陵地带，必须根据居住区所在地域的地面排水系统，确定居住区内规划排水体系，以确保建设地区地面水的排除及安全排洪。

正文表9.0.2中适用坡度是参照有关技术规范及手册编制的。下限值为满足排水要求的最小坡度。

对于广场及场地的竖向设计坡度，往往因使用功能不同或地面材料不同而分别采用适宜的控制值。当广场兼作停车场时，停车区内的坡度不宜过大，以防溜车。据测试，小汽车在不拉手闸的情况下发生溜滑的临界坡度为0.5%。

居住区内场地的高程设计应利于场地雨水的收集与排放，应充分结合建筑布局及雨水利用、排洪防涝进行设计，形成低影响开发雨水系统。

9.0.3 当居住区内的地面坡度超过8%时，地面水对地表土壤及植被的冲刷就严重加剧，行人上下步行也产生困难，就必须整理地形，以台阶式来缓解上述矛盾。无论是坡地式还是台阶式，建筑物的布局及设计、道路和管线的设计都应作好相应的工程处理。

10 管线综合

10.0.1 本条规定了居住区必须统一规划安排四种（无集中供热居住区）至五种（集中供热居住区）基本的工程管线，因为工程管线的埋设都有各自的技术要求，如在规划阶段不留出位置，今后再要增设困难是很大的，即使可以增设，也会影响整个管线系统的合理布局，并增加不必要的投资。在居住区的道路和建筑控制线之间的宽度确定时，都已考虑了这几种基本管线的敷设要求。

在某些地区由于当前的经济条件及生活水平、外部市政配套条件等因素的制约，近期建设中可暂考虑雨污合流排放、分散供热或电力线架空等，但在管线综合中仍要分别把相应的管线及设施一并考虑在内，并预留其埋设位置，以便为今后的发展创造有利条件。随着城市基础设施的不断完善和生活水平的逐步提高，在有条件的地区，还应敷设或预留燃气、通讯等管线甚至热水管、智能化线路等埋设位置。

10.0.2 管线综合是居住区规划设计中必不可少的组成部分。管线综合的目的就是在符合各种管线的技术规范前提下，统筹安排好各自的合理空间，解决诸管线之间或与建筑物、道路和绿化之间的矛盾，使之各得其所，并为各管线的设计、施工及管理提供良好条件。

居住区的管线布局，凡属压力管线均与城市干线网有密切关系，如城市给水管、电力管线、燃气管、暖气管等，管线要与城市干管相衔接；凡重力自流的管线与地区排水方向及城市雨污水干管相关。在进行管线综合时，应与周围的城市市政条件及本区的竖向规划设计互相配合，多加校验，才能使管线综合方案切合实际。

管线的合理间距是根据施工、检修、防压、避免相互干扰及管道表井、检查井大小等因素而决定的。我们综合了有关规划和设计部门编制的管线综合资料，并参考了几个城市的城市规划管理文件，制定了条文中的四个关于管线间距的最小净距表。在不利的地形地质条件、施工条件等地区，亦可用稍宽一些的间距。

正文表10.0.2-1、10.0.2-2中的栏目，除注明者外，水平净距均指外壁的净距。垂直净距指下面管线的外顶与上面管线的基础底或外壁之间的净距。表中数字在采取充分措施（如结构措施）之后可以减小。具体规定可参见各专业规范说明。

管线埋深和交叉时的相互垂直净距，一般要考虑下列因素：

1. 保证管线受到荷载而不受损伤；
2. 保证管体不冻坏或管内液体不冻凝；
3. 便于与城市干线连接；
4. 符合有关的技术规范的坡度要求；
5. 符合竖向规划要求；
6. 有利避让需保留的地下管线及人防通道；
7. 符合管线交叉时垂直净距的技术要求。

正文条文中关于管线的埋设要求还出于下列考虑：

1. 电力电缆与电信管、缆宜远离，为的是减小电力、尤其是高中压电力对电信的干扰，一般将电力电缆布置在道路的东侧或南侧，电信管、缆在道路的西侧或北侧。这样既可简化管线综合方案，又能减少管线交叉时的相互冲突。

2. 地下管线一般应避免横贯或斜穿公共绿地，以避免限制绿地种植和建筑小品的布置。某些管线的埋设还会影响绿化效果，如暖气管会烤死树木，而树根的生长又往往会使有些管线的管壁破裂。如确因规划需要管线必须穿越时，要注意尽量从绿地边缘通过，不要破坏公共绿地的完整性。

11 综合技术经济指标

11.0.1 技术经济指标是从量的方面衡量和评价规划质量和综合效益的重要依据，有现状和规划之分。

目前居住区的技术经济指标一般由两部分组成：土地平衡及主要技术经济指标，但各地现行的技术经济指标的表格不统一，项目有多有少，有的基本数据不全，有的计算依据没有注明。环境质量方面的指标不多。因此，本规范要规定统一的列表格式、内容、必要的指标和计算中采用的标准。

正文表11.0.1为综合技术经济指标表，有必要指标和选用指标之分。即反映基本数据和习惯上要直接引用的数据为必要指标；习惯上较少采用的数据或根据规划需要有可能出现的内容列为可选用指标。

居住区用地包括住宅用地、公共服务设施用地（也称公建用地）、道路用地和公共绿地四项，它们之间存有一定的比例关系，主要反映土地使用的合理性与经济性，它们之间的比例关系及每人平均用地水平是必要的基本指标。在规划范围内还包括一些与居住区没有直接配套关系的其他用地，如外围道路或保留的企事业单位、不能建设的用地、城市级公建用地、城市干道、自然村等，这些都不能参与用地平衡，否则无可比性。但“其他用地”在居住区规划中也必定存在（外围道路），因此它也是一个基本指标。居住区用地加“其他用地”即为居住区规划总用地。

反映居住区规模有用地、建筑与人口（户、套）三个方面内容，除用地外，人口（户、套）、住宅和配建公共服务设施的建筑面积及其总量也是基本数据为必要指标。非配套的其他建筑面积是或有或无，因此，是一个可选用的指标。

平均层数与住宅建筑密度关系密切，是基本数据，属必要指标，高、中高层住宅比例也是住宅建设中的控制标准属必要指标；毛密度由于反映居住区用地中的总指标，反映了在总体上相对的经济合理性，所以它对开发的经济效益，征地的数量等具有很重要的控制作用。住宅建筑套密度是一个日渐被人认识、重视的指标，在详细规划的实施阶段根据户型的比例、标准的要求等去选定住宅类型后，可以通过居住区用地、住宅用地等基本数据计算；住宅建筑面积净密度是与居住区的用地条件、建筑气候分区、日照要求、住宅层数等因素对住宅建设进行控制的指标，是一个实用性强、习惯上也是控制居住区环境质量的重要指标之一，属必要指标；建筑面积毛密度是每公顷居住区用地内住宅和公建的建筑面积之和，它可由居住区用地内的总建筑面积推算出来。由于公建在控制性详细规划阶段还没有进行单体设计而是按指标估算，因配建的公建与住宅建筑面积有一定的比例关系，即住宅是基数，住宅量一确定，配建公建量也相应确定，因而以住宅建筑面积的毛、净密度、建筑面积毛密度（也称容积率）为常用的基本指标。

环境质量主要反映在空地率和绿地率等指标上。与住宅环境最密切的是住宅周围的空地率，习惯上以住宅建筑净密度来反映，即以住宅用地为单位1.00，空地率＝1－住宅建筑净密度。居住区的空地率习惯上以建筑毛密度反映，即居住区的空地率＝1－建筑（毛）密度。住宅建筑净密度和建筑毛密度越低其对应的空地率就越高，为环境质量的提高提供了更多的用地条件。绿地率是反映居住区内可绿化的土地比率，它为搞好环境设计、提高环境质量创造了物质条件，为此都属必要指标。

居住区建筑密度，是居住区内各类建筑的基底总面积与居住区用地面积的比率（%）。是居住区重要的环境指标，属必要指标。

由于旧区改建规划范围内一般都有拆迁，因此“拆建比”在一定程度上可反映开发的经济效益，是旧区改建中的一个必要的指标，在新建居住区中不作为必要的指标。

为了可比及数值的一定精度，除户、套和人口数及其对应的密度数值外，其余数值均采用小数点后两位。

在居住区规划设计中，如采用的统计口径不准确（如把住宅正常间距内的小绿地计入公共绿地）或计算口径不统一，则不能如实地反映规划水平及其经济合理性，也难核实、审评和比较。为此，正文条文是对各类各项用地范围的划定、面积和相关指标的计算口径作出规定。

根据《国务院办公厅关于推进海绵城市建设的指导意见》（国办发［2015］75号）和《住房城乡建设部关于印发海绵城市专项规划编制暂行规定的通知》（建规［2016］50号）要求，“编制城市总体规划、控制性详细规划以及道路、绿地、水等相关专项规划时，要将雨水年径流总量控制率作为其刚性控制指标”。编制或修改控制性详细规划时，应依据海绵城市专项规划中确定的雨水年径流总量控制率等要求，并根据《海绵城市建设设计指南》有关要求，结合所在地实际情况，落实雨水年径流总量控制率等指标。

中华人民共和国国家标准

蓄滞洪区建筑工程技术规范

GB 50181—93

（1998 年版）

主编部门：中华人民共和国建设部
批准部门：中华人民共和国建设部
施行日期：1 9 9 4 年 2 月 1 日

工程建设标准局部修订公告

第14号

国家标准《蓄滞洪区建筑工程技术规范》GB 50181—93，由中国建筑科学研究院会同有关单位进行了局部修订，已经有关部门会审，现批准局部修订的条文，自一九九九年一月十五日起施行，该规范中相应的条文同时废止。现予公告。

中华人民共和国建设部

1998年12月23日

关于发布国家标准《蓄滞洪区建筑工程技术规范》的通知

建标〔1993〕541号

根据国家计委计综〔1986〕2630号文的要求，由中国建筑科学研究院会同有关单位制订的《蓄滞洪区建筑工程技术规范》，已经有关部门会审，现批准《蓄滞洪区建筑工程技术规范》GB 50181—93为强制性国家标准，自一九九四年二月一日起施行。

本规范由建设部负责管理，具体解释等工作由中国建筑科学研究院负责，出版发行由建设部标准定额研究所负责组织。

中华人民共和国建设部

一九九三年七月十六日

编 制 说 明

《蓄滞洪区建筑工程技术规范》系根据国家计委计综〔1986〕2630号文和建设部（1991）建标字727号文的通知，由我部负责主编，具体由中国建筑科学研究院会同有关单位编制而成。

自1988年以来，规范编制组按计划要求，组织了全国设计、科研和大专院校等有关单位有针对性地开展了材料和结构的抗洪试验研究和大量的蓄滞洪区调查实测工作，总结了近年来国内的科研成果和防洪抗洪工程实践，借鉴了国外的先进经验，并广泛征求全国有关单位的意见，经反复修改，最后由我部会同有关部门审查定稿。

本规范共分八章和八个附录。主要内容有：建立了蓄滞洪区建筑工程规划的制定原则和建筑物抗洪设防标准；确定了适合于我国蓄滞洪区及其运用特点的波浪要素计算方法和计算参数选取原则；提出了符合我国建筑特点和经济情况的房屋建筑波浪荷载计算和抗洪设计的理论和方法；针对建筑材料在洪水浸泡后的物理力学性能变化、蓄滞洪区抗洪经验及房屋建筑在水环境下的工作特点，提出对砖砌体房屋、钢筋混凝土房屋和空旷房屋的抗洪设计方法，制定出房屋建筑抗洪构造措施和建筑设计要求；针对地基土浸泡后的承载力降低和可能出现的不均匀沉降，提出相应的基础设计和地基简易处理方法等。

本规范的施行，必须与按1984年国家批准发布的《建筑结构设计统一标准》GBJ 68—84和《建筑结构荷载规范》GBJ 9—87等各种建筑结构设计标准、规范配套使用，不得与未按GBJ 68—84制订、修订的国家各种建筑结构设计标准、规范混用。

为提高规范质量，请各单位在执行本规范的过程中，注意总结经验和积累资料，随时将发现的问题和意见寄交给中国建筑科学研究院（北京市安定门外小黄庄路九号，邮政编码100013），以便今后修订时参考。

中华人民共和国建设部

1992年7月

目　次

主要符号

a、b——杆件截面尺寸；
C_{wa}、C_s、C_L——分别为波浪、安全层楼面及安全层以下楼面可变荷载效应系数；
d——建筑设计水深；
d_0——蓄滞洪计算水深；
d_f——建筑淹没水深；
d_s——风增减水高度；
D——杆件截面直径；
h_{max}——波峰在静水面以上的高度；
h_s——近水面安全层楼板底面的设计高度；
H_m——平均波高；
H——计算波高；
l_{wa}——波长；
$l_{m,wa}$——平均波长；
l_w——风区长度；
L_k——楼面可变荷载标准值；
q——波浪分布荷载；
$Q_{wa,k}$——波浪荷载标准值；
Q_{wa}——波浪荷载；
γ_w——水的重度；
γ_{wa}、γ_s、γ_L——分别为波浪、安全层楼面及安全层以下楼面可变荷载的分项系数；
T_1——蓄滞洪区两次运行间隔时间；
T_m——波浪平均周期；
T_w——计算风速重现期；
V_h、V_v——分别为水质点的水平和竖向运动速度；
V_w——计算风速；
ψ_s、ψ_L——分别为安全层楼面和安全层以下楼面的可变荷载组合值系数。

第一章 总　　则

第1.0.1条 为实施蓄滞洪计划，保障人民生命财产安全，减少经济损失，统一蓄滞洪区建筑工程技术要求，制定本规范。

第1.0.2条 本规范适用于蓄滞洪区建筑工程规划和建筑设计水深不大于8m地区的建筑物(构筑物)抗洪设计和施工。

第1.0.3条 蓄滞洪区建筑工程的规划和抗洪设计，除应遵守本规范的规定外，尚应符合国家现行有关标准、规范的规定。

第二章 蓄滞洪区建筑工程规划

第2.0.1条 建筑工程规划的范围、规模、性质及蓄滞洪目标，应符合蓄滞洪区总体规划的规定。

第2.0.2条 建筑工程规划应根据蓄滞洪区安全建设与管理的要求、所在地理位置、规划面积、地形地貌、蓄滞洪计算水深、人口密度以及社会经济、工业发展等因素制定。

第2.0.3条 建筑场地应选择距道路较近、地势较高、较平坦、场地土质较好且易于排水的地区，并应避开蓄滞洪期间漂浮物易于集结的地区及进洪或退洪主流区。严禁在指定的分洪和退洪口门附近建房。

第2.0.4条 蓄滞洪区内建设占用场地，应符合防洪要求，确保蓄滞洪功能，合理利用土地。

第2.0.5条 在建筑群体中，应设置具有避洪、救灾功能的公共建筑物。

新建的永久性公共建筑物，应采取平顶或其它合理的有利于避洪的建筑结构布置。

满足抗洪设计要求的现有公共建筑物，宜根据需要增设集体避洪场所。

第2.0.6条 避洪场所，可根据淹没水深、人口密度、蓄滞洪机遇等条件，通过经济技术比较，选用避洪房屋、安全区堤防、安全庄台和避水台等。

第2.0.7条 房屋外形、相邻间距和布置，应根据水流、波浪的作用和救生船只通行等因素，进行综合比较确定。

第2.0.8条 村镇和建筑群体四周，应种植防风浪林带。房前屋后宜栽种高杆树木。

第2.0.9条 安全层设置应遵循因地制宜、就地取材、平时使用与防洪减灾相结合的原则；安全层人均设计面积应视蓄滞洪运行期间长短、当地经济情况确定。

第2.0.10条 水厂、发(变)电站以及粮库等生命线系统的关键部门，应设置在避洪安全地带，并应保证在蓄滞洪期间正常运转和使用。

第2.0.11条 集体避洪场所宜设有照明、通讯、卫生防疫等设施，同时应设有饮用水的供水装置。

第三章 建筑抗洪设计基本规定

第一节 一般规定

第3.1.1条 按本规范设计的蓄滞洪区建筑物(构筑物)，在处于建筑设计水深和遭受设计风浪等荷载作用下，应能维持预定的使用功能。

第3.1.2条 蓄滞洪设计水位应符合现行国家有关规定。

蓄滞洪区建筑物抗洪设计和波浪荷载计算所依据的建筑设计水深，应取建筑淹没水深及与其相对应的风增减水高二者之和。

第3.1.3条 建筑结构设计时，应根据建筑物在蓄滞洪期间对抗洪减灾的重要性和结构破坏可能产生危及人的生命、造成经济损失、产生社会影响等后果的严重性，采用不同的抗洪安全等级。建筑物抗洪安全等级应符合表3.1.3的要求。

蓄滞洪区建筑物抗洪安全等级　　表3.1.3

抗洪安全等级	破坏后果	建筑类型
一级	很严重	对抗洪减灾起关键作用的公共建筑物和其它重要建筑物
二级	严重	一般性抗洪减灾建筑物
三级	不严重	蓄滞洪期间不用于人员避洪的其它建筑物

第3.1.4条 建筑结构选型应根据建筑物抗洪安全等级、建筑设计水深、设计风浪要素、蓄滞洪频率、地基、建筑材料等因素进行综合的技术经济比较确定。

第3.1.5条 洪水荷载和其它荷载的组合应符合下列原则：

一、建筑结构抗洪设计应计算蓄滞洪时洪水进入、停留和退出三个阶段可能产生的波浪力、风压力、静水压力、浮托力及救生船只等产生的挤靠力、撞击力等；

二、对实际有可能同时作用在建筑物上的各种荷载，应按最不利情况的荷载组合；

三、对同一建筑物的结构构件计算和整体计算，应按各自的最不利荷载情况分别进行组合。

第3.1.6条 选择适宜的结构体系和基础形式，在建筑物受水浸泡后，应保证其稳定性和使用功能。

建筑结构设计应根据蓄滞洪期间结构材料、装饰材料的物理（自重、体积等）和力学性能等变化，以及退洪后结构自重增加和地基承载力降低等不利情况进行，并选择相应的构造措施。

第3.1.7条 承重墙体应采用烧结普通砖实心砌筑，砖强度等级不应低于MU7.5，砂浆强度等级通过计算确定，但不应小于M5。

严禁使用生土作为承重墙体材料。

第二节 建筑设计

第3.2.1条 建筑体型宜简单。平面形状多转折的建筑物可分成若干平面形状简单的单体建筑。

第3.2.2条 单体建筑的长宽比不宜大于3。

第3.2.3条 室内地面高出室外地面不应小于0.45m。在洪水含泥沙量大的蓄滞洪村镇地区，可根据情况适当抬高室内地面设计高度，以使清淤后的室内地面不低于室外地面。

第3.2.4条 近水面安全层楼（屋）盖板底面设计高度，可根据波峰在静水面以上的高度、风增减水高度和建筑淹没水深确定，并符合下列规定：

一、波峰在静水面以上的高度，可按图3.2.4确定。图中计算波高和建筑设计水深的取值应符合本规范第4.2.6条的规定。

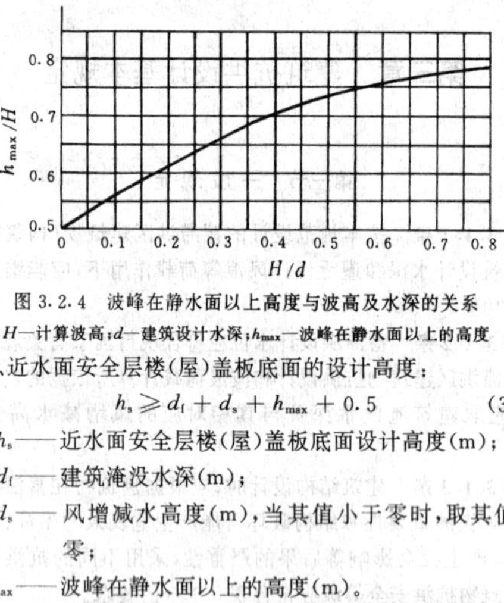

图3.2.4 波峰在静水面以上高度与波高及水深的关系

H—计算波高；d—建筑设计水深；h_{max}—波峰在静水面以上的高度

二、近水面安全层楼（屋）盖板底面的设计高度：

$$h_s \geqslant d_l + d_s + h_{max} + 0.5 \quad (3.2.4)$$

式中 h_s——近水面安全层楼（屋）盖板底面设计高度（m）；

d_l——建筑淹没水深（m）；

d_s——风增减水高度（m），当其值小于零时，取其值等于零；

h_{max}——波峰在静水面以上的高度（m）。

第3.2.5条 水下楼面抗洪设计应按下列原则确定：

一、水下楼面高度与建筑设计水深之差值不宜小于计算波高的1/2。计算波高应按本规范第4.1.5条确定。

二、当不能满足第一款的规定或实际运行的蓄滞洪水位不确定时，应根据波浪上托力与下冲力对楼板的作用进行设计。

第3.2.6条 用作人员避洪的房屋，必须设置通至近水面安全层的室外安全楼梯。抗洪安全等级为一级的房屋，安全楼梯宽度不宜小于1.2m；抗洪安全等级为二级的房屋，可采用简易室外安全楼梯或钢爬梯。

第3.2.7条 蓄滞洪期间进水的建筑物，其门窗洞口设计应有利于洪水出入。

第3.2.8条 安全庄台和避水台的迎水流面和迎风面应设护坡，并应设置行人台阶或坡道。台顶面标高应按蓄滞洪设计水位、风增减水高及安全超高三者之和确定。

第三节 结构计算

第3.3.1条 蓄滞洪区的建筑物，除应按国家现行的有关建筑结构设计规范进行设计外，尚应对蓄滞洪期间的结构承载能力和结构整体稳定性以及退洪后的地基承载能力进行验算。

第3.3.2条 结构验算时，应在房屋的两个主轴方向分别计算与该方向对应的风浪作用；结构整体验算时，各方向的风浪作用，应全部由该方向的抗侧力构件承担。

第3.3.3条 结构设计应采用以概率理论为基础的极限状态方法，并符合下列规定：

一、对于承载能力极限状态，采用荷载效应的基本组合进行设计，并采用下列设计表达式：

$$\gamma_0 S \leqslant R \quad (3.3.3-1)$$

式中 γ_0——结构抗洪重要性系数，对抗洪安全等级为一级、二级、三级的结构构件，可分别取1.1、1.0、0.9；

S——荷载效应的基本组合值；

R——结构抗力的设计值，应按现行国家有关建筑结构设计规范的规定确定；蓄滞洪设计水位以下砖砌体的受剪承载力设计值，尚应乘以折减系数0.8。

二、蓄滞洪期间荷载效应的基本组合值应以下式分项系数的形式表达：

$$S = \gamma_G C_G G_k + \gamma_w C_w W_k + \gamma_{wa} C_{ws} Q_{wa,k} + \gamma_s C_s \psi_s L_{sk} + \gamma_L C_L \psi_L L_k + 0.84 \times (C_{ws} Q_{ws,k} + C_{BC} Q_{BC,k} + C_{BP} Q_{BP,k}) \quad (3.3.3-2)$$

式中 γ_G——永久荷载分项系数；当荷载效应对结构有利时，宜取1.0；当荷载效应对结构不利时，宜取1.2；

γ_w、γ_{wa}、γ_s、γ_L——分别为风、波浪、安全层楼面和安全层以下楼面可变荷载的分项系数，宜取1.4；当楼面可变荷载标准值不小于$4kN/m^2$时，其分项系数可取1.3；

G_k——永久荷载标准值，蓄滞洪期间，其静水面以下部分应减去浮力作用；退洪后，取饱和重度，砖砌体的饱和重度宜按$21kN/m^3$计算；

W_k——风荷载标准值，应按本规范第四章中的波浪计算风速确定，且只作用在静水面以上的结构部分；

L_{sk}——安全层楼面可变荷载标准值，应按各地蓄滞洪期间的实际情况确定，但不宜超过$5kN/m^2$；

L_k——安全层以下楼面可变荷载标准值，应按现行国家标准《建筑结构荷载规范》采用；

$Q_{wa,k}$——波浪荷载标准值，应按本规范第四章第二节确定；

$Q_{ws,k}$——静水压力标准值；

$Q_{BC,k}$、$Q_{BP,k}$——分别为船只系缆力和挤靠力标准值，可按本规范第3.4.2条确定；

C_G、C_w、C_s、C_L、C_{wa}、C_{ws}、C_{BC}、C_{BP}——分别为永久荷载和其它各可变荷载的荷载效应系数；应计算波浪在水平和竖直两个方向上产生的正负效应合成及其相位关系；

ψ_L——安全层以下楼面可变荷载的组合值系数，宜取0.1；

ψ_s——安全层楼面可变荷载的组合值系数，宜取0.6。

第3.3.4条 当需验算结构在蓄滞洪期间的倾覆、漂浮、滑移等整体稳定性时，应采用下列设计表达式：

$$0.9C_k G_k - 1.4C_w W_k - 1.4C_{ws} Q_{wa,k} + 0.6\gamma_s C_s L_{sk} + 0.9C_{ep} F_{ep} \geqslant 0 \quad (3.3.4)$$

式中 γ_s——安全层楼面可变荷载分项系数，应按各地蓄滞洪运行期间的实际情况确定，且取值不应大于0.9；

F_{ep}——基础侧向被动土压力，应按饱和土计算；

C_{ep}——基础侧向被动土压力效应系数。

永久荷载标准值中应包括基础自重和基础上的土重。

在验算结构抗漂浮时，不计入风荷载的影响。

第四节 构造措施及其它

第 3.4.1 条 建筑物应采取下列抗洪措施：

一、钢筋混凝土结构的梁、柱应采用现浇整体式结构；

二、砖砌体结构应采用钢筋混凝土抗浪柱、圈梁、配筋砌体等；

三、空旷房屋应设置完整的支撑系统，屋架与柱顶、支撑与主体结构之间应牢固连接；

四、安全庄台和避水台必须采用分层压实或夯实修筑，其地基处理、填筑材料选取及施工质量控制等，应按本规范第五章第三节有关规定执行。

第 3.4.2 条 室外楼梯设计应符合下列规定：

一、砖砌体房屋的室外楼梯应设独立的柱子和边梁；钢筋混凝土房屋的室外楼梯应与主体结构可靠连接；当采用悬挑式楼梯时应进行风浪荷载验算；

二、避洪房屋应计算船只的停靠作用；对于排水量不大于 3t 的船只，在室外楼梯处宜设置两个系缆栓柱，每个系缆栓柱的系缆力可按 4kN 计算；挤靠力不超过 4kN/m；

三、当设有防止船只撞击的保护措施时，可不计算船只的撞击作用。

第 3.4.3 条 有供水管网的地区，供水管应延伸至安全楼层上；无供水管网的地区，应采取其它供水措施。

第 3.4.4 条 安全层以下的非承重构件、设施、管线和装饰，应便于退洪后检修和重复利用。

第 3.4.5 条 近水面安全层宜设有防止蛇、鼠及其它害虫上爬的设施；在雷击区，避洪安全楼上应设避雷装置。

第 3.4.6 条 建设场地的天然排水系统和植被应充分利用和保护；在房屋周围应采取退洪时可迅速排除积水的措施。

第四章 波浪要素和波浪荷载

第一节 波浪要素

第 4.1.1 条 蓄滞洪区波浪要素应根据当地的环境条件，由实测资料统计确定；当无实测资料时，可根据下列规定计算确定：

一、平均波高：

$$H_m = \frac{0.13V_w^2}{g}\tanh\left[0.7\left(\frac{gd_0}{V_w^2}\right)^{0.7}\right]\tanh\left\{\frac{0.0139(gl_w/V_w^2)^{0.45}}{\tanh\left[0.7(gd_0/V_w^2)^{0.7}\right]}\right\} \quad (4.1.1-1)$$

式中 H_m——平均波高(m)；

V_w——计算风速(m/s)；

l_w——风区长度(m)；

d_0——蓄滞洪计算水深(m)；

g——重力加速度(m/s^2)。

二、波浪平均周期：

$$T_m = 4.0\sqrt{H_m} \quad (4.1.1-2)$$

式中 T_m——波浪平均周期(s)。

三、平均波长 $l_{m,wa}$(m)可根据已知的波浪平均周期 T_m 及蓄滞洪计算水深 d_0 按表 4.1.1 选用。

平均波长(m)与波浪平均周期及蓄滞洪计算水深的关系　表 4.1.1

周期 T_m(s) / 水深 d_0(m)	2.0	2.5	3.0	4.0	5.0	6.0
1.0	5.21	6.89	8.69	11.99	15.23	18.43
1.1	5.36	7.23	9.04	12.52	15.93	19.30
1.2	5.49	7.46	9.36	13.02	16.59	20.12

续表 4.1.1

周期 T_m(s) / 水深 d_0(m)	2.0	2.5	3.0	4.0	5.0	6.0
1.3	5.60	7.67	9.66	13.50	17.22	20.90
1.4	5.70	7.87	9.95	13.94	17.82	21.64
1.5	5.78	8.04	10.21	14.37	18.40	22.36
1.6	5.85	8.20	10.46	14.77	18.95	23.05
1.8	5.96	8.48	10.90	15.53	19.98	24.35
2.0	6.05	8.72	11.30	16.22	20.94	25.57
2.2	6.11	8.91	11.65	16.85	21.84	26.72
2.5	6.16	9.14	12.09	17.71	23.08	28.31
3.0	6.21	9.40	12.67	18.95	24.92	30.71
3.5	6.23	9.55	13.09	19.98	26.52	32.84
4.0	6.23	9.64	13.39	20.85	27.93	34.76
4.5	6.24	9.69	13.60	21.57	29.18	36.49
5.0	6.24	9.72	13.75	22.18	30.29	38.07
6.0	6.24	9.74	13.91	23.11	32.17	40.84
7.0	6.24	9.75	13.99	23.75	33.67	43.19
8.0	6.24	9.75	14.02	24.19	34.86	45.20
9.0	6.24	9.75	14.03	24.47	35.81	49.91
10.0	6.24	9.75	14.03	24.65	36.56	48.38

第 4.1.2 条 蓄滞洪淹没范围内的风区长度和主风向，可按下列规定确定：

一、在计算蓄滞洪区内建筑物附近的风浪时，风区长度取自建筑物逆主风向至水域边界的距离。

二、当逆主风向两侧蓄滞洪水域狭长或边界不规则或水域内有高地、村庄等时，风区长度可按下式计算(图 4.1.2)：

$$l_w = \sum_{j=0}^{\pm6} l_j\cos^2\alpha_j \Big/ \sum_{j=0}^{\pm6}\cos\alpha_j \quad (4.1.2)$$

式中 l_w——风区长度；

l_0——在水域平面上从计算点 A 逆主风向作主射线至水域边界交点的距离；

j——数列序号，取值 0，±1，±2，……±6，其中正号和负号分别表示以主射线为中心线的一侧和另一侧；

α_j——第 j 条射线与主射线之间的夹角，取值 $|j|\alpha$，$\alpha=7.5°$；

l_j——第 j 条射线与水域边界交点至计算点 A 的距离。

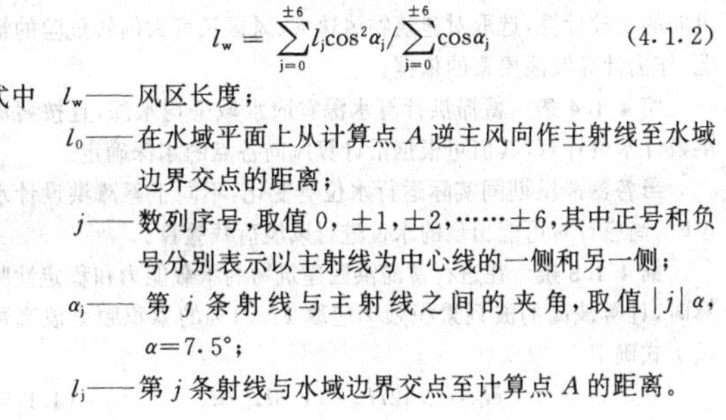

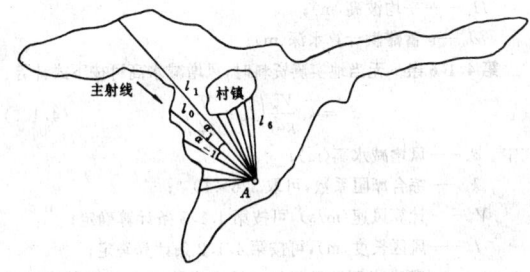

图 4.1.2 风区长度计算

三、主风向应取计算风速对应的方向，其允许偏离角为 ±22.5°；当地没有风向实测资料时，主风向应采用蓄滞洪期常遇大风风向。

第 4.1.3 条 计算风速可按下列规定确定：

一、蓄滞洪期内的计算风速，可根据当地气象实测资料统计或地区经验确定。

二、当地有不少于20年的最大风速实测资料时，可通过对资料的统计分析确定，且以蓄滞洪设计水位以上10m高处蓄滞洪期一遇的10min平均最大风速为统计标准；最大风速的概率分布应按极值Ⅰ型计算。

计算风速按下式确定：

$$V_w = \mu_{vl}(1 + \Phi_T\delta_v) \quad (4.1.3-1)$$

$$\Phi_T = -0.45 - 0.7797\ln\ln\frac{T_w}{T_w - 1} \quad (4.1.3-2)$$

$$T_w = 25/T_l \quad (4.1.3-3)$$

$$\mu_{vl} = \frac{1}{n}\sum_{j=1}^{n}V_j \quad (4.1.3-4)$$

式中 V_w——计算风速(m/s)；

μ_{vl}——蓄滞洪期年最大风速平均值(m/s)；

V_j——蓄滞洪期年最大风速观测值序列(m/s)；

n——观测年数；

T_w——计算风速重现期(a)；

T_l——蓄滞洪区两次运行时间间隔(a)；当T_l不小于20时，宜取20；

δ_v——蓄滞洪期年最大风速序列变异系数，应由计算确定。

三、当地最大风速实测资料少于20年且不少于5年时，仍可按本条第二款确定计算风速，但式(4.1.3－1)中的变异系数δ_v宜取0.151。

四、当地没有风速实测资料时，计算风速可按下式确定：

$$V_w = (35 - 0.6T_l)\sqrt{W_0} \quad (4.1.3-5)$$

式中 W_0——基本风压(kN/m²)，可按现行国家标准《建筑结构荷载规范》确定；

T_l——蓄滞洪区两次运行间隔时间，当T_l大于15时，宜取15；当T_l小于5时，宜取5。

五、有条件时，宜对抗洪安全等级一级的重要建筑物进行不同风向的比较计算，选取对建筑物风速大、风区长度大的较危险的情况，作为计算波浪要素的依据。

第4.1.4条 蓄滞洪计算水深宜取水域平均水深，且按蓄滞洪设计水位计算，其值可根据沿计算风向各点的水深确定。

当各蓄滞洪期间实际运行水位有变化，不同于蓄滞洪设计水位时，尚应针对可能出现的水位进行风浪荷载验算。

第4.1.5条 在进行蓄滞洪区建筑物的承载能力和稳定性验算时，计算波高的波列累积频率应取1%；1%的累积频率波高可按下式确定：

$$H = 2.42H_m - 1.6H_m^2/d_0 \quad (4.1.5)$$

式中 H——计算波高(m)；

H_m——平均波高(m)；

d_0——蓄滞洪计算水深(m)。

第4.1.6条 无当地实测资料时，风增减水高可按下式计算：

$$d_s = k_s\frac{V_w^2}{gd_0}\left(l_w - \frac{l}{2}\right) \quad (4.1.6)$$

式中 d_s——风增减水高(m)；

k_s——综合摩阻系数，可取3.6×10^{-6}；

V_w——计算风速(m/s)，可按第4.1.3条计算确定；

l_w——风区长度(m)，可按第4.1.2条计算确定；

l——背风岸至迎风岸的水域平均长度(m)，当蓄滞洪区水域岸线不规则时，可按第4.1.2条计算确定。

第二节 波浪荷载

第4.2.1条 在计算波浪荷载时，房屋按波浪透过的情况可分下列两类：

一、透空式房屋：波浪透过这类房屋后，波高、波长、波周期基本不变，如垮墙后的框(排)架房屋等；

二、半透空式房屋：房屋迎浪面、背浪面外墙及内墙上的门窗洞口，前后大体对齐且前后各道墙的开洞率大体相同，波浪可部分透过。

第4.2.2条 半透空式房屋的波浪荷载可按下列原则确定：

一、墙面上的压强分布按半透空式房屋的开洞墙体波浪荷载计算方法确定；

二、半透空式房屋波浪荷载，对于杆件的承载能力验算，应按杆件迎浪面实际面积乘以相应的波浪压强计算；对于房屋整体承载能力或稳定性验算，宜按受波浪作用部分的室外墙体毛面积(不扣除门窗孔洞面积)乘以相应的压强分布计算。

第4.2.3条 半透空式房屋的波浪荷载，可按本规范附录二的方法计算。

第4.2.4条 透空式房屋的波浪荷载，可按本规范附录三的方法计算。

第4.2.5条 作用在楼板、阳台板、雨篷板等水平板上的波浪荷载，可按本规范附录四的方法计算。

当计算风速不大于22m/s时，下列情况可不进行楼板波浪荷载验算：

一、符合本规范第3.2.4条第二款规定的安全层楼(屋)盖板；

二、符合本规范第3.2.5条第一款规定的半透空式房屋的水下楼板。

第4.2.6条 确定波浪荷载标准值所采用的计算参数应符合下列规定：

一、波高应取1%累积频率波高，并按本章第4.1.5条确定；

二、波长应取平均波长，并按本章第4.1.1条确定；

三、水深应取建筑设计水深，并按本规范第三章第3.1.2条确定，其中风增减水高应按本章第4.1.6条确定。

第4.2.7条 当水域平面中某计算点上风向有建筑物或防风浪林带，并能有效地削减波浪时，波浪荷载标准值可乘以折减系数0.8。

第五章 地基基础

第一节 一般规定

第5.1.1条 地基勘察方案应针对由于蓄滞洪而产生大面积地下水位上升和降落所引起的地基承载力降低、沉降增加以及局部坍方滑坡等现象，根据建筑物抗洪安全等级、建筑场地工程地质条件的复杂程度和当地建筑经验等因素综合确定，并应查明场地与地基的稳定性、持力层和下卧层的特征及其分布情况、地下水条件等。

第5.1.2条 对于抗洪安全等级为一级的建筑物，勘察工作尚应包括下列内容：

一、查明地层的渗透性、地下水位变化幅度及规律；

二、查明洪水位上升后，地基承载力、压缩性指标的变化；

三、在粉细砂、粉土地层中，评价产生潜蚀、流砂、涌土的可能性；

四、若地基组成为软质岩石、强风化岩石、残积土、崩解性岩土、膨胀性岩土及盐渍岩土，评价由于地下水的大幅度上升及蓄滞洪时洪水浸泡所产生的软化、湿陷、胀缩及化学或机械潜蚀等有害作用的可能性；

五、在冻土地区，特别对于冻土地区的粘性土，评价由于蓄滞洪引起的地下水位上升加剧了地基土的冻胀性，造成基础拱裂、道路翻浆等状况的可能性；

六、判定环境水对建筑材料的腐蚀性。

第5.1.3条 对于抗洪安全等级为三级的建筑物，如邻近已有勘察资料，场地土质条件比较简单，可由勘察单位根据邻近资料写出报告作为设计依据，并应进行相应的基坑(基槽)检验。

第 5.1.4 条 岩土的分类和土性指标的确定应按现行国家标准《建筑地基基础设计规范》执行，并应结合当地经验，根据勘察结果按本规范附录五综合确定地基承载力标准值。

对于多年冻土、膨胀土等特殊土类，尚应符合有关国家现行标准、规范的规定。

第 5.1.5 条 在同一房屋单元内，各基础的荷载、型式、尺寸和埋置深度宜相近。对于多层砖砌体结构的房屋，应采用基础梁，并在平面内联成封闭系统。钢筋混凝土框架结构下的独立基础，宜沿两个主轴方向设置基础系梁。

第二节 设计计算

第 5.2.1 条 基础方案的选择，应根据场地工程地质和水文地质条件、结构类型、材料来源和施工条件等，进行技术经济比较和综合分析后确定。

第 5.2.2 条 基础埋置深度，应按下列因素确定：

一、建筑物的类型和用途，基础的型式和构造；

二、作用在地基上的荷载大小与性质；

三、工程地质和水文地质条件；

四、相邻建筑物的基础埋深；

五、地基土冻胀和融陷的影响；

六、蓄滞洪时建筑物基础可能遭受冲刷的深度。

第 5.2.3 条 当基础位于季节性冻土上时，其最小埋置深度应大于当地实测的冻结深度。对于土的冻结深度和冻胀性均较大的地基，宜采用独立基础、桩基础、自锚式基础（冻层下有扩大板或扩底短桩）。当采用条基时，宜设置非冻胀性垫层，必要时可在基础侧面回填粗砂、中砂、炉渣等非冻胀性散粒材料或采取其它有效措施。

第 5.2.4 条 基础底面积的确定除应按现行国家标准《建筑地基基础设计规范》有关条文执行外，尚应按下列两种情况的最不利组合进行验算：

一、当蓄滞洪时，上部结构受波浪力、风压力等水平荷载的影响传到基础，在洪水位以下的结构与土的自重，宜按浮重度计；

二、退洪后，在淹没水位以下的结构自重，宜按湿重度计；土的自重宜按浮重度计。

土和水的自重分项系数宜取 1。

第 5.2.5 条 在确定基础底面积时，基底压力应满足下列要求：

一、在轴心荷载作用下：

$$p \leqslant f \qquad (5.2.5-1)$$

式中 p——基础底面处的平均压力，应由计算确定；

f——地基承载力，应按现行国家标准《建筑地基基础设计规范》计算确定。

二、在风、波浪和其它偏心荷载等不利组合下：

$$p_{max} \leqslant 1.2f \qquad (5.2.5-2)$$

式中 p_{max}——基础底面边缘最大压力。

第 5.2.6 条 地基基础稳定性的验算，应根据蓄滞洪期间和退洪后的两种情况计算。

第 5.2.7 条 对于支挡结构物，当所支挡的土体为粉砂、粉土或粘性土时，应根据其排水条件及退洪时挡墙后残留的静水压力对支挡结构物的作用，验算支挡结构物的稳定性。

第 5.2.8 条 当采用砖砌体基础时，砖强度等级不宜低于 MU10；砂浆强度等级不宜低于 M5；台阶宽高比的允许值不宜小于 1∶1.50。

第 5.2.9 条 基坑开挖后必须进行施工验槽、钎探（无勘察资料时）。当下卧层有软弱土层或有异常现象时，应做补充钻探并进行处理。

第三节 地基处理

第 5.3.1 条 安全庄台和避水台的填筑，应根据地形地势，选择合适的场地，并应根据蓄滞洪时的稳定性，确定合理坡度，逐步填筑压实到规定高程。当有必要设置防护、加筋材料时，可采用土工合成材料。

第 5.3.2 条 填筑开工前，应选择合适填料，确定填料压实系数和应控制的含水量范围，并根据施工条件等合理选择压实机具，确定铺土厚度和压实遍数等参数。必要时应通过填土压实试验确定。

第 5.3.3 条 当利用填土作为建筑物的地基时，必须分层压实或夯实。压（夯）实填土的密实度、含水量应符合表 5.3.3－1 的规定。压（夯）实填土的承载力标准值应根据试验确定；当无试验数据时，可按表 5.3.3－2 选用。

压（夯）实填土的密实度和含水量　　表 5.3.3－1

填土类别	用　途	压实系数	含水量（%）
Ⅰ	建筑物地基	≥0.95	砂土：充分灌水；粉土和粘性土：W_{op}±2
Ⅱ	安全庄台和避水台	≥0.90	

注：压实系数为土的控制干密度 ρ_d 与最大干密度 ρ_{dmax} 的比值。W_{op} 为最优含水量。

压（夯）实填土承载力标准值 f_k（kPa）　　表 5.3.3－2

Ⅰ类填土	碎石、卵石	砂夹石（其中碎石、卵石占全重 30%～50%）	土夹石（其中碎石、卵石占全重 30%～50%）	粉质粘土、粉土（$8<I_p<14$）
	200～300	200～250	150～200	130～180
Ⅱ类填土	中砂、细砂	粉质粘土、粉土	粘　土	
	110～140	90～120	80～110	

第 5.3.4 条 压实填土的最大干密度宜采用击实试验确定。当压实填土为碎石或卵石时，其最大干密度可取 2.2～2.3t/m^3。

第 5.3.5 条 当利用压实填土作地基时，不得使用淤泥、淤泥土质、耕土、冻土、膨胀性土和有机物含量大于 8% 的土作填料。当采用粗颗粒土作填料时，应选用级配良好的材料。

第 5.3.6 条 填土基底的处理，应符合下列规定：

一、清除树根、淤泥、杂物及积水等，坑穴应分层回填夯实；

二、当填土基底为不很厚的耕植土或松土时，应将基底辗压密实；

三、遇有水田、沟渠或池塘等，应根据实际情况，采用排水疏干，挖除淤泥或抛填块石、砂砾、矿碴等方法处理；

四、当地面坡度不大于 10% 且土质较好时，可不清除基底上的草皮，但应割除长草；当山坡坡度为 10%～20% 时，应清除基底上的草皮，当坡度大于 20% 时，应将基底挖成阶梯形，梯宽度不应小于 1m。

第 5.3.7 条 位于斜坡地段或软弱土层上的压实填土基础，必须验算其稳定性。必要时应采取防止填土沿坡面或滑动面滑动的措施。

第 5.3.8 条 压实填土地基应采取地面排水措施。当填土堵塞原地表水流或地下潜水时，应根据地形和汇水量，做好排水工程。位于填土区的上下水道，应采取防渗、防漏措施。

第 5.3.9 条 压实填土在压实过程中，必须分层检验其干密度和含水量。根据工程需要每 100～500m^2 不应少于 1 个质量检验点。

第 5.3.10 条 当自然地面高程能满足建筑物要求，但地基内有厚度不大的淤泥或泥炭土等局部软土时，应挖除，并用碎石或石碴等回填夯实；当软土厚度较大且分布范围较小时，可设置梁、板等跨越。

当表层软弱土层很薄并且处于稍湿状态时，可直接在原土表面进行夯压处理或选择合适的换填材料作为垫层。对于埋藏不深的软弱土层也可采用换土垫层、重锤夯实、砂桩、碎石桩、灰土桩等方法处理。

第5.3.11条 垫层材料可采用级配良好的砂石、有机质含量不超过5%的素土、体积配合比为2∶8或3∶7的灰土及质地坚硬、性能稳定、无侵蚀性的工业废渣等。

垫层的设计应按现行国家标准《建筑地基基础设计规范》中软弱下卧层验算确定。

第5.3.12条 当地表需要处理的松散土层为碎石土、砂土、粉土、低饱和的粘性土、素填土和杂填土等时，可采用强夯法。对于饱和度较高的粘性土等地基，当有工程经验或试验资料证明采用强夯法有加固效果的也可采用强夯法。

第5.3.13条 当地基软土层厚度较大，难以挖除或挖除不经济时，可采用透水材料，加速排水固结提高地基土强度，此透水材料可使用砂砾、土工合成材料或两者结合使用。但地基稳定性与变形必须经过验算。上部结构施工时应严格控制加载速率，确保工程安全。

第六章 砖砌体房屋

第一节 一般规定

第6.1.1条 本章适用于烧结普通砖实心砌体承重的房屋，承重墙厚度不应小于240mm。

第6.1.2条 砖砌体房屋的结构体系应符合下列要求：

一、宜优先采用纵横墙共同承重方案；

二、横墙的布置宜均匀对称；

三、安全层以下各层楼板不应采用木楼板。

第6.1.3条 安全层以下承重横墙间距不应超过表6.1.3的规定。

承重横墙间距(m)　　表6.1.3

楼(屋)盖类型	房屋两端	房屋中部
装配式	4	11
现浇或装配整体式		15

第6.1.4条 安全层以下房屋的局部高度不宜超过表6.1.4的规定。

安全层以下房屋的局部高度(m)　　表6.1.4

部位	墙厚	高度
楼板或室内地坪、楼梯间休息平台上表面至钢筋混凝土窗台板上表面的高度	0.24	0.75
	0.37	1.00
楼板或屋檐板、楼梯间休息平台下表面至钢筋混凝土过梁下表面的高度	0.24	0.35
	0.37	0.55

第6.1.5条 安全层以下外墙的开洞率不宜小于0.32；洞口大小及分布应均匀；内纵墙和从房屋两端算起的第一道内横墙的开洞率宜与外墙相近。

注：开洞率为洞口面积与墙体毛面积之比。

第6.1.6条 安全层以下承重孤立墙体的中部必须设置钢筋混凝土抗浪柱(以下简称抗浪柱)。

抗洪安全等级为一级的多层房屋，尚应在外墙四角、大房间内外墙交接处、楼梯间横墙与外墙交接处、山墙与内纵墙交接处设置抗浪柱。

注：孤立墙体指两洞口之间的墙体，并且该墙体没有与之相连接的垂直墙体；当有垂直墙体相连接时，称为非孤立墙体。

第二节 计算要点

第6.2.1条 砖砌体房屋的波浪荷载可按本规范附录二的方法确定。

第6.2.2条 在波浪水平荷载作用下的墙体承载能力验算，应符合下列原则：

一、受剪承载能力验算的截面，可取垂直于波峰线且承受波浪水平荷载面积较大或竖向压应力较小的墙段；验算截面的竖向压应力应包括波浪荷载所产生的竖向效应；

二、受弯承载能力验算的截面，可取平行于波峰线且承受波浪压强大或受波浪作用面积大的墙段。

第6.2.3条 墙体截面受剪承载能力可按本规范附录六验算；各墙体承担的剪力设计值可按其等效刚度的比例分配。

第6.2.4条 当计算水深不超过3m，且不开洞的承重横墙间距符合表6.2.4要求时，单层房屋可不进行横墙受剪承载能力验算。

第6.2.5条 抗洪安全等级为一、二级房屋的下列部位墙体，可按本规范附录六进行沿齿缝受弯承载能力验算：

一、非孤立的洞间墙体；

二、中部设置抗浪柱的孤立墙体；

三、房屋四角外边缘至门窗洞边的墙体。

不开洞的承重横墙间距　　表6.2.4

墙厚(m)	横墙长度(m)	承重横墙间距(m)
0.24	≥6	≤6.6
0.37	≥6	≤10.0
	≥7	≤12.0

第6.2.6条 对符合本规范第6.1.5条规定和满足表6.2.6条件的墙体，可不进行受弯承载能力验算。

可不进行受弯承载力验算的墙体条件　　表6.2.6

墙厚(m)	墙宽(m)			计算风速(m/s)	计算水深(m)	风区长度(km)
	房屋四角外边缘至门窗洞边墙体	非孤立的洞间墙体	中部有抗浪柱的孤立墙体			
0.24	0.74	1.25	1.25	≤22.6	≤8	≤20
	0.84	1.50	1.50	≤15.5 ≤19.0 ≤22.6	≤8 ≤6 ≤5	≤20 ≤20 ≤16
0.37	0.96	1.75	1.75	≤22.6	≤8	≤20

第6.2.7条 抗浪柱可按下端嵌固、楼(屋)盖处简支的连续梁设计。

第6.2.8条 对符合第6.1.5条规定且安全层以下层高不大于3.6m、宽度不大于1.5m的孤立墙体，当其抗浪柱符合下列要求时，可不进行验算：

一、断面尺寸不小于240mm×180mm，混凝土强度等级不低于C20；

二、抗浪柱纵向配筋符合表6.2.8的要求；

抗浪柱纵向配筋　　表6.2.8

风速(m/s)	外墙		宽度不大于1.5m的内纵墙及房屋两端第一道内横墙
	墙宽1.25m	墙宽1.50m	
≤12.3	4Φ14(4Φ14)	4Φ16(4Φ14)	4Φ14(4Φ14)

续表 6.2.8

风速 (m/s)	外墙		宽度不大于 1.5m 的内纵墙及房屋两端第一道内横墙
	墙宽 1.25m	墙宽 1.50m	
≤15.5	4Φ16(4Φ16)	4Φ18(4Φ16)	4Φ14(4Φ14)
≤19.0	4Φ18(4Φ16)	4Φ20(4Φ18)	4Φ16(4Φ14)
≤22.6	4Φ20(4Φ18)	4Φ22(4Φ20)	4Φ16(4Φ16)

注：①表中括弧内的数字适用于单层和安全等级为三级的房屋。

②抗浪柱横截面的长边应垂直于墙面。

三、抗浪柱箍筋间距宜符合下列要求：

当纵向配筋为 4Φ18～4Φ22 时，箍筋间距不宜大于 150mm；当纵向配筋为 4Φ14～4Φ16 时，箍筋间距不宜大于 200mm；在柱的上下端各 500mm 范围内箍筋间距不宜大于 100mm。

第三节 构造措施

第 6.3.1 条 抗浪柱的设置应符合下列要求：

一、设置抗浪柱的墙体应先砌墙后浇柱；抗浪柱与墙体连接处应砌成马牙槎，并应沿柱高每隔 500mm 设 2Φ6 拉结钢筋，每边伸至门窗洞边；

二、抗浪柱可不单独设置基础，但应锚入墙体基础内；

三、抗浪柱顶端应伸至近水面安全层楼板，并应与各层的圈梁或楼板有可靠的连接；

四、非孤立墙体的抗浪柱纵向配筋可采用 4Φ14。

第 6.3.2 条 承重墙交接处必须咬槎砌筑；当内外墙交接处未设置抗浪柱时，对抗洪安全等级为一、二级的房屋，应沿墙高每隔 500mm 配置 2Φ6 拉结钢筋，每边深入墙内不宜小于 100mm 或伸至门窗洞边。

第 6.3.3 条 安全层以下后砌非承重墙体应沿墙高每隔 500mm 配置 2Φ6 钢筋与承重墙或柱拉结，并伸入墙内不宜小于 1000mm。后砌非承重墙体顶部应与楼板或梁拉结。

第 6.3.4 条 近水面安全层及其以下装配式钢筋混凝土楼板处的外墙、内纵墙、房屋两端算起的前两道内横墙，应设置钢筋混凝土圈梁。

房屋中部内横墙圈梁可隔间设置。

第 6.3.5 条 钢筋混凝土圈梁构造应符合下列要求：

一、圈梁应闭合；圈梁宜与楼板设在同一标高处或紧靠板底；

二、圈梁的截面高度不应小于 120mm，混凝土强度等级不宜低于 C20；当计算风速不大于 17m/s 时，纵向最小配筋为 4Φ8，最大箍筋间距为 250mm；当计算风速大于 17m/s 且不超过 22.6m/s 时，纵向最小配筋为 4Φ10，最大箍筋间距为 200mm。

第 6.3.6 条 抗洪安全等级为一、二级的房屋，应在安全层以下的下列部位设置钢筋混凝土现浇带：

一、窗台标高处；

二、当内纵墙和房屋两端算起的第一道内横墙门洞上部墙体高度大于本规范表 6.1.4 的规定且不超过 1000mm 时，过梁上表面标高处。

第 6.3.7 条 钢筋混凝土现浇带的截面高度可采用 60mm，宽度不应小于 240mm；混凝土强度等级不宜低于 C20；纵向钢筋不宜小于 2Φ12；并应与抗浪柱或与其相垂直的墙体锚固。

第 6.3.8 条 近水面安全层及其以下的门窗洞口，应采用钢筋混凝土过梁，过梁搁置长度不应小于 240mm。

第 6.3.9 条 当墙体的开洞率不满足本规范第 6.1.5 条的规定时，可在局部采用轻质材料砌筑，且其砂浆强度等级不宜大于 M0.4。

第 6.3.10 条 屋檐高度低于本规范第 3.2.4 条第二款关于安全层楼(屋)盖板底面设计高度规定的坡顶房屋，其屋面构造宜符合本规范第八章的有关规定。

第七章 钢筋混凝土房屋

第一节 一般规定

第 7.1.1 条 钢筋混凝土房屋根据计算风速和蓄滞洪区运用机遇可按半透空式或透空式设计。

第 7.1.2 条 房屋平面内抗侧力构件的布置宜均匀对称。

第 7.1.3 条 框架—剪力墙结构中的剪力墙至少应延伸至近水面安全层楼板，且横向与纵向剪力墙宜相联。

第 7.1.4 条 抗洪安全等级为一、二级房屋的混凝土强度等级不应低于 C25；三级的不应低于 C20。

第 7.1.5 条 半透空式房屋安全层以下填充墙的墙体开洞率、开洞位置及处理方法，宜符合本规范第六章的有关规定。

第 7.1.6 条 透空式房屋的填充墙宜采用轻质材料、低强度等级砂浆砌筑。当采用非轻质材料时，应计入退洪后垮墙墙体重量对楼板的作用。

第二节 计算要点

第 7.2.1 条 在波浪荷载作用下的钢筋混凝土框架，其承载能力和变形的验算应符合下列规定：

一、当砌体填充墙不作为抗侧力构件时，波浪荷载全部由框架承担；

二、当砌体填充墙作为抗侧力构件时，波浪荷载由框架和填充墙共同承担；框架与填充墙之间的协同作用计算方法可按本规范附录七采用。

第 7.2.2 条 安全层以下钢筋混凝土构件裂缝宽度，可按现行国家标准《混凝土结构设计规范》有关规定进行验算；最大裂缝宽度允许值可按室内高湿度环境选用。

第 7.2.3 条 按半透空式房屋设计的框架填充墙，在波浪荷载作用下的墙体受弯承载能力可按本规范附录六验算。

第 7.2.4 条 当风速小于 22.0m/s 时，钢筋混凝土房屋沿边长大于 8m 的方向可不进行整体抗倾覆验算。

第三节 构造措施

第 7.3.1 条 框架梁、柱截面尺寸宜符合下列各项要求：

一、梁截面的高宽比不宜大于 4；

二、梁净跨与截面高度之比不宜小于 4；

三、柱净高与截面高度(圆柱直径)之比不宜小于 4。

第 7.3.2 条 梁端箍筋加密范围及加密区箍筋配置，宜符合下列要求：

一、加密区长度采用梁高的 1.5 倍和 500mm 二者中的较大值；

二、箍筋最大间距采用 1/4 梁高、8 倍纵向钢筋直径和 150mm 三者中的最小值；

三、箍筋最小直径为 8mm；肢距不大于 250mm。

第 7.3.3 条 柱端箍筋加密范围宜按下列规定采用：

一、柱端采用截面高度(圆柱直径)、1/6 柱净高和 500mm 三者中的最大值；

二、底层柱，采用刚性地面上下各 500mm。

第 7.3.4 条 柱加密区和框架节点核芯区的箍筋配置，宜符合下列要求：

一、箍筋最大间距采用 8 倍纵向钢筋直径和 150mm 二者中的小值；角柱的箍筋间距不宜大于 100mm；

二、箍筋最小直径为 8mm；当柱截面尺寸不大于 400mm 时，箍筋直径不小于 6mm；

三、箍筋肢距不大于 250mm，且每隔一根纵向钢筋在两个方向有箍筋约束。

第7.3.5条 半透空式房屋安全层以下砖砌体填充墙，应符合下列要求：

一、施工时必须先砌墙，后浇梁柱；柱与墙体连接处应砌成马牙槎；墙厚不应小于240mm；

二、沿墙体高度每隔500mm设置2Φ6拉结钢筋并伸入柱内；拉结筋在填充墙内的长度不宜小于1000mm或伸至门窗洞边。

第7.3.6条 安全层以下受力钢筋的混凝土保护层最小厚度，应符合表7.3.6的要求。

混凝土保护层最小厚度(mm) 表7.3.6

构件类别	混凝土强度等级	
	≤C20	C25、C30
墙、板	35	25
梁、柱	45	35

板、墙中分布钢筋的保护层厚度不应小于15mm；梁柱中箍筋和构造钢筋的保护层厚度不应小于20mm。

第八章 单层空旷房屋

第一节 一般规定

第8.1.1条 本章适用于俱乐部、礼堂和食堂等空旷的公共建筑。

第8.1.2条 俱乐部、礼堂等公共建筑的附属房屋应具有集体避洪功能。

第8.1.3条 单层空旷房屋的结构布置应符合下列要求：

一、当两侧有附属房屋时，其附属房屋的总高不宜低于大厅檐口高度；

二、当两侧无附属房屋时，大厅的柱应采用钢筋混凝土柱；混凝土强度等级不应低于C25；

三、不得采用无端屋架的山墙承重方案。

第8.1.4条 屋架下弦高度低于本规范第3.2.4条第二款关于近水面安全层楼板底面高度时，应采用有檩体系的轻型屋盖。

第8.1.5条 大厅不宜设置悬挑结构。

第8.1.6条 单层空旷房屋的围护墙宜采用嵌砌式。

第8.1.7条 单层空旷房屋的山墙应设置钢筋混凝土柱和梁，混凝土强度等级不应低于C25。

第二节 计算要点

第8.2.1条 单层空旷房屋，可划分为前厅、后厅、大厅和侧房等若干独立结构，根据其结构类型按本规范有关章节的规定进行验算，但应考虑各独立结构之间的相互影响。

第8.2.2条 两侧无附属房屋的大厅，可取一个典型开间验算；

当围护墙与柱脱开或在波浪荷载作用下墙体能自行垮掉时，可采用透空式房屋计算波浪荷载；

当围护墙与柱、圈梁等有牢固连接，且墙体的开洞率符合本规范第六章有关要求时，可采用半透空式房屋计算波浪荷载。

第8.2.3条 单层空旷房屋山墙的柱和梁应进行平面外抗洪验算。

第三节 构造措施

第8.3.1条 有檩屋盖构件的连接及支撑布置，应符合下列要求：

一、檩条应与屋架牢固连接，并留有搁置长度；

二、当屋架下弦高度小于本规范第3.2.4条第二款关于近水面安全层楼(屋)盖板底面设计高度时，在波浪荷载作用下檩条上的槽瓦、瓦楞铁、石棉瓦等应与檩条脱离；

三、当采用木屋盖时，木望板应稀铺；

四、有檩屋盖的支撑布置宜符合表8.3.1的要求。

有檩屋盖的支撑布置 表8.3.1

支撑名称		屋架下弦高度 h(m)	
		$h \geq h_0$	$h < h_0$
屋架支撑	上弦横向支撑	房屋单元端开间各设一道 天窗开洞范围的两端各增设局部支撑一道	房屋单元端开间及每隔20m设一道
	下弦横向支撑		
	跨中竖向支撑		隔间设置并加下弦通长水平压杆
天窗架支撑	两侧竖向支撑	天窗两端开间及每隔30m各设一道	天窗两端开间及每隔18m各设一道
	上弦横向支撑	天窗两端开间各设一道	

注：h_0为近水面安全层楼(屋)盖板底面设计高度。

第8.3.2条 钢筋混凝土排架柱的箍筋加密区，其箍筋间距不应大于100mm，加密区范围应符合下列要求：

一、柱头取柱顶以下500mm并不小于柱截面长边尺寸；

二、变截面柱取变截面处上、下各300mm；

三、柱根取下柱柱底至室内地坪以上500mm。

第8.3.3条 舞台口的横墙应符合下列要求：

一、舞台口横墙两侧及墙两端应设置钢筋混凝土柱；

二、舞台口横墙应设置钢筋混凝土卧梁，其截面高度不宜小于180mm，并应与屋盖构件有可靠连接；

三、舞台口大梁上不应设置承重墙体。

第8.3.4条 大厅的砌体围护墙应符合下列要求：

一、当采用透空式结构时，围护墙与柱和圈梁不应拉结，且沿墙与柱、圈梁间可设置隔离层；

二、当采用半透空式结构时，围护墙、山墙的开洞率和墙体与柱、圈梁的拉结应符合本规范第六章和第七章的有关规定。

第8.3.5条 砖围护墙的现浇钢筋混凝土圈梁设置，应符合下列要求：

一、大厅柱(墙)顶标高处应设置圈梁一道，圈梁与柱或屋架应牢固连接；圈梁与柱连接的锚拉钢筋不宜小于4Φ12，且锚固长度不宜小于35倍钢筋直径；

二、半透空式房屋沿墙高每隔3m左右增设圈梁一道；

三、圈梁的截面宽度与墙厚相同，高度不应小于180mm；配筋不宜小于4Φ14，箍筋间距不宜大于200mm；

四、对软弱或不均匀地基，应增设基础圈梁一道。

第8.3.6条 大厅与附属房屋不设缝时，在同一标高处应设置封闭圈梁并在交接处连通，墙体交接处沿墙高每隔500mm应设置2Φ6拉结钢筋，且每边深入墙内不宜小于1m。

第8.3.7条 山墙应沿屋面设置钢筋混凝土卧梁，并应与屋盖构件锚拉。

第8.3.8条 山墙的钢筋混凝土柱，其截面与配筋不宜小于排架柱；间距不宜大于4m，并应通到山墙的顶端与卧梁连接。

第8.3.9条 山墙沿墙高每隔3m左右应设钢筋混凝土梁，梁与大厅圈梁应连成封闭形式；梁的截面高度不应小于240mm，其纵向配筋按计算确定；箍筋直径不宜小于8mm，其间距不宜大于100mm。

附录一　本规范名词解释

名 词 解 释　　　　附表 1.1

名　　词	名 词 解 释
蓄滞洪区	为降低洪峰高度，减少洪水对堤防的威胁，国家水行政部门在江河堤外划定的供临时停滞和贮存洪水用的低洼及湖泊地区
蓄滞洪设计水位	国家水行政部门颁发的蓄滞洪区运行最高水位
蓄滞洪计算水深	蓄滞洪设计水位与一个计算风区地面平均高程之差
建筑淹没水深	蓄滞洪设计水位与建筑物室外地坪高程之差
风增减水高度	建筑物所在地风增减水位与蓄滞洪设计水位之差
建筑设计水深	建筑淹没水深与风增减水高度之和
蓄滞洪期	蓄滞洪区在每年汛期内可能用以蓄滞洪水的时段之和
蓄滞洪期最大风速	每年蓄滞洪期内所遇到的蓄滞洪设计水位以上 10m 高处自记 10min 平均最大风速
波浪要素	表示波浪形态和运动特征的物理量，一般指波高、波长、波浪周期和波向等
安全层	避洪房屋中位于蓄滞洪设计水位以上、在蓄滞洪期间作为人员避洪和重要物品堆放场所的楼层或屋盖。安全层可为单层或多层，最靠近静水面的那一层又称为近水面安全层
安全庄台	在洪水淹没较浅地区用岩土垫起的用以建房用的平台
避水台	在洪水淹没较浅地区用岩土垫起的供临时避洪用的平台
透空式房屋	无维护墙或在波浪作用下维护墙已垮掉的框架、排架房屋、波浪透过后，波高、波长、波浪周期基本不变
半透空式房屋	迎浪面、背浪面外墙及内墙上的门窗洞口，前后大体对齐且前后各道墙的开洞率大体相等，波浪可部分通过的房屋
安全超高	防洪建筑物规定部位超出蓄滞洪设计水位加风增减水高二者之和或超出蓄滞洪设计水位加风增减水高加波浪壅高三者之和所规定的余留高度
抗浪柱	设置于砖砌体避洪房屋安全层以下的墙体内与墙体共同承受波浪水平荷载的钢筋混凝土柱
土的浮重度	土的饱和重度与水的重度之差值

附录二　半透空式房屋波浪荷载的计算方法

一、作用于开洞墙面上的波浪荷载分布 q_{zo}、q_{zb} (kN/m^2)(附图 2.1)，当水深 d 大于 2 倍波高时，可按下列公式计算：

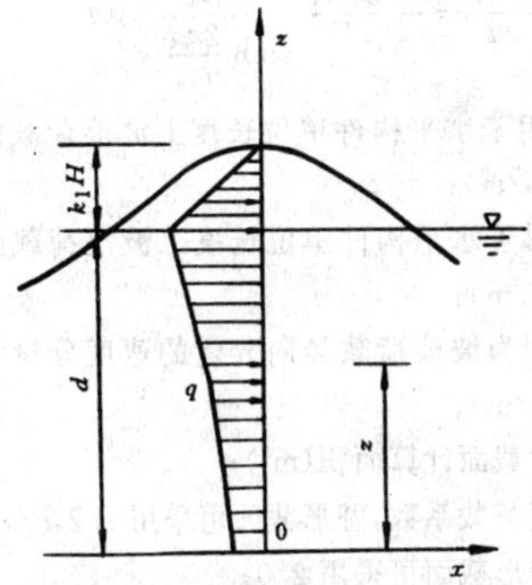

附图 2.1　开洞墙面上的波浪荷载分布

1. 静水位以上($d\leqslant z\leqslant k_1H+d$)：

$$q_{zo}=k_2\gamma[k_1H-(z-d)] \qquad (附 2.1)$$

2. 静水位以下　($0\leqslant z\leqslant d$)：

$$q_{zb}=k_1k_2\gamma H\frac{\cosh\dfrac{2\pi z}{l_{wa}}}{\cosh\dfrac{2\pi d}{l_{wa}}} \qquad (附 2.2)$$

$$k_1=0.5(1+k_r-k_t) \qquad (附 2.3)$$

$$k_t=\sqrt{1-k_r^2} \qquad (附 2.4)$$

式中　q_{zo}——静水位以上作用于开洞墙面上的波浪压强(kN/m^2)；

q_{zb}——静水位以下作用于开洞墙面上的波浪压强(kN/m^2)；

k_1——波浪压强系数；

k_2——与房屋迎浪面相对尺度 b 与 l_{wa} 之比有关的系数，当 b 与 l_{wa} 之比大于 0.8 时，k_2 取 1.0；当 b 与 l_{wa} 之比在 0.2～0.8 之间时，k_2 取 0.75；b 为房屋平行于波峰线的尺寸(m)；

γ——水的重度(kN/m^3)；

z——竖向坐标轴；

k_t——透浪系数；

k_r——波浪反射系数，根据静水位以上 $1.0H$ 至静水位以下 $1.5H$ 范围的房屋迎浪墙面开洞率 μ，按附表 2.1 确定。

波浪反射系数　　　　附表 2.1

开洞率 μ	0.0	0.1	0.2	0.3	0.4
波浪反射系数 k_r	1.00	0.86	0.80	0.77	0.75

二、作用于 z_1 至 z_2 之间开洞墙面单位宽度上的波浪总荷载 Q_{so}、Q_{sb}(kN/m)及其作用点到 z_1 截面的距离 d_{so}、d_{sb}(m)，可按下列公式计算：

1. 静水位以上(附图 2.2a，$d\leqslant z_1<z_2\leqslant k_1H+d$)：

$$Q_{so}=\frac{k_2\gamma}{2}[2(k_1H+d)-z_2-z_1](z_2-z_1) \qquad (附 2.5)$$

$$d_{so}=\frac{[3(k_1H+d)-2z_2-z_1](z_2-z_1)}{3[2(k_1H+d)-z_2-z_1]} \qquad (附 2.6)$$

2. 静水位以下(附图 2.2b，$0\leqslant z_1<z_2\leqslant d$)：

$$Q_{sb}=\frac{k_1k_2\gamma Hl_{wa}}{2\pi\cosh\dfrac{2\pi d}{l_{wa}}}\left[\sinh\frac{2z_2}{l_{wa}}-\sinh\frac{2\pi z_1}{l_{wa}}\right] \qquad (附 2.7)$$

$$d_{sb}=\frac{\dfrac{2\pi}{l_{wa}}(z_2-z_1)\sinh\dfrac{2\pi z_2}{l_{wa}}-\cosh\dfrac{2\pi z_2}{l_{wa}}+\cosh\dfrac{2\pi z_1}{l_{wa}}}{\dfrac{2\pi}{l_{wa}}\left(\sinh\dfrac{2\pi z_2}{l_{wa}}-\sinh\dfrac{2\pi z_1}{l_{wa}}\right)} \qquad (附 2.8)$$

式中　Q_{so}、Q_{sb}——作用于 z_1 至 z_2 之间开洞墙面单位宽度上的波浪总荷载(kN/m)；

d_{so}、d_{sb}——Q_{so}、Q_{sb}作用点至 z_1 截面的距离(m)。

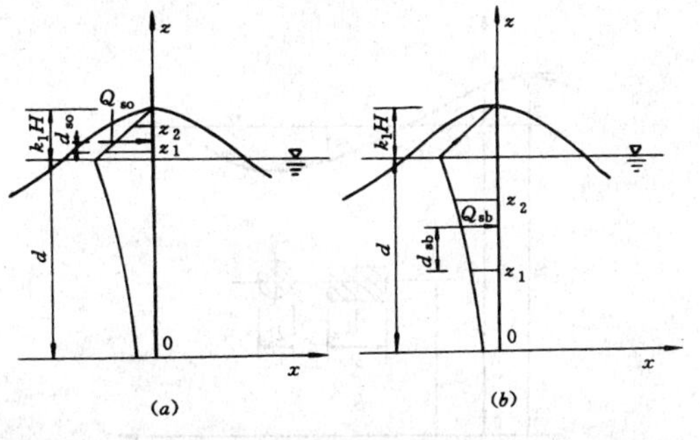

附图 2.2　波浪荷载 Q_{so}、Q_{sb}及其作用位置

附录三 透空式房屋波浪荷载的计算方法

一、作用于建筑物竖向构件及水平构件的波浪荷载分布，当波高 H 不大于 0.2 倍水深且 d 不小于 0.2 倍波长 l_{wa} 或波高 H 大于 0.2 倍水深且水深不小于 0.35 倍波长 l_{wa} 时，可按下列方法计算：

1. 竖向构件。作用于距水底面 z(m)处(附图 3.1a)构件单位长度上的波浪荷载 q_x，当垂直于波峰线的杆件断面尺寸 a 不大于 0.3 倍波长 l_{wa} 且平行于波峰线的杆件断面尺寸 b 不大于 0.2 倍波长 l_{wa} 时，可按下式确定：

$$q_x = q_{xV} + q_{xI} \quad (附 3.1)$$

$$q_{xV} = \frac{\gamma}{2g}\eta_{xV} b V_x |V_x| \quad (附 3.2)$$

$$q_{xI} = \frac{\gamma}{g}\eta_{xI} A_x \frac{\partial V_x}{\partial t} \quad (附 3.3)$$

$$V_x = \frac{\pi H}{T}\frac{\cosh\frac{2\pi z}{l_{wa}}}{\sinh\frac{2\pi d}{l_{wa}}}\cos\omega t \quad (附 3.4)$$

$$\frac{\partial V_x}{\partial t} = -\frac{2\pi^2 H}{T^2}\frac{\cosh\frac{2\pi z}{l_{wa}}}{\sinh\frac{2\pi d}{l_{wa}}}\sin\omega t \quad (附 3.5)$$

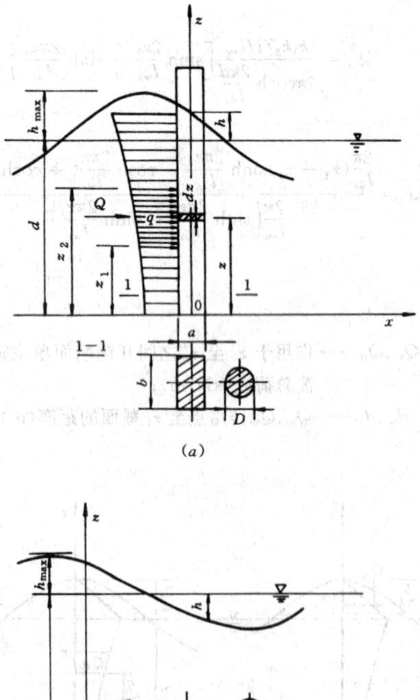

(a)

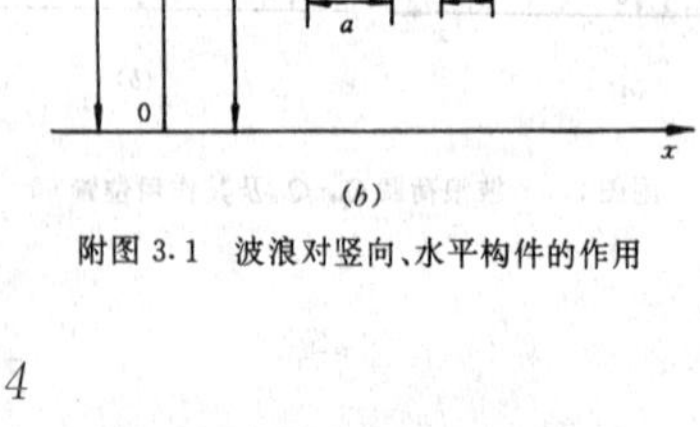

(b)

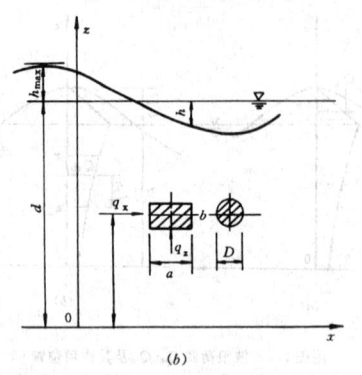

附图 3.1 波浪对竖向、水平构件的作用

式中 q_x——作用于构件单位长度上的波浪荷载(kN/m)；

q_{xV}、q_{xI}——分别为波浪荷载的速度分量和惯性分量(kN/m)；

γ——水的重度(kN/m³)；

b——构件垂直于波向线的尺寸(m)；

A_x——构件截面计算面积(m²)；

η_{xV}——惯性荷载系数，圆形截面可采用 1.2，a/b 不大于 1.5 的矩形截面可采用 2.0；

η_{xI}——速度荷载系数，圆形截面可采用 2.0，a/b 不大于 1.5 的矩形截面可采用 2.2；

V_x、$\frac{\partial V_x}{\partial t}$——分别为水质点运动的水平速度和水平加速度；

ω——圆频率(s⁻¹)，$\omega=2\pi/T$；

t——时间(s)，当波峰通过构件中心线时，$t=0$。

q_x 的最大值 $q_{x\max}$ 按下列两种情况取值：

当 $q_{xV\max}$ 不大于 $0.5q_{xI\max}$ 时：

$$q_{x\max} = q_{xI\max} \quad (附 3.6)$$

此时相位为 $\omega t=270°$。

当 $q_{xV\max}$ 大于 $0.5q_{xI\max}$ 时：

$$q_{x\max} = q_{xV\max}\left(1+0.25\frac{q_{xI\max}^2}{q_{xV\max}^2}\right) \quad (附 3.7)$$

此时相位为 $\omega t=\arcsin(-0.5q_{xI\max}/q_{xV\max})$。

2. 水平构件。作用于距水底面 z(m)处(附图 3.1b)水平构件单位长度上波浪荷载的水平分量 q_x 和竖向分量 q_z(kN/m)，当垂直于波峰线的杆件断面尺寸 a 不大于 0.1 倍波长 l_{wa} 且平行于波峰线的杆件断面尺寸 b 不大于 0.1 倍波长 l_{wa} 时，可按下列公式确定：

(1)水平分量 q_x 仍可由式(附 3.1)至(附 3.3)确定。

(2)竖向分量 q_z 可由下式确定：

$$q_z = q_{zV} + q_{zI} \quad (附 3.8)$$

$$q_{zV} = \frac{\gamma}{2g}\eta_{zV} a V_z |V_z| \quad (附 3.9)$$

$$q_{zI} = \frac{\gamma}{g}\eta_{zI} A_z \frac{\partial V_z}{\partial t} \quad (附 3.10)$$

$$V_z = -\frac{\pi H}{T}\frac{\sinh\frac{2\pi z}{l_{wa}}}{\sinh\frac{2\pi d}{l_{wa}}}\sin\omega t \quad (附 3.11)$$

$$\frac{\partial V_z}{\partial t} = -\frac{2\pi^2 H}{T^2}\frac{\sinh\frac{2\pi z}{l_{wa}}}{\sinh\frac{2\pi d}{l_{wa}}}\cos\omega t \quad (附 3.12)$$

式中 q_x——作用于水平构件单位长度上波浪荷载的水平分量(kN/m)；

q_z——作用于水平构件单位长度上波浪荷载的竖向分量(kN/m)；

q_{zV}、q_{zI}——分别为波浪荷载竖向分量的速度分量和惯性分量(kN/m)；

A_z——构件截面计算面积(m²)；

η_{zV}——速度荷载系数，圆形截面可采用 1.2，b/a 不大于 1.5 的矩形截面可采用 2.0；

η_{zI}——惯性荷载系数，圆形截面可采用 2.0，b/a 不大于 1.5 的矩形截面可采用 2.2；

V_z、$\frac{\partial V_z}{\partial t}$——分别为水质点运动的竖向速度和竖向加速度。

q_z 的最大值 $q_{z\max}$ 按下列两种情况取值：

当 $q_{zV\max}$ 不大于 $0.5q_{zI\max}$ 时：

$$q_{z\max} = q_{zI\max} \quad (附 3.13)$$

此时相位为 $\omega t=0°$。

当 q_{zVmax} 大于 $0.5q_{zImax}$ 时：

$$q_{zmax} = q_{zVmax}\left(1 + 0.25\frac{q_{zImax}^2}{q_{zVmax}^2}\right) \qquad (附 3.14)$$

此时相位为 $\omega t=\arccos(-0.5q_{zImax}/q_{zVmax})$。

(3)作用于水平构件单位长度上的 q(kN/m)一般可按下式确定：

$$q = \sqrt{q_x^2 + q_z^2} \qquad (附 3.15)$$

q 的最大值 q_{max} 可取下列两种组合情况的较大者：

①最大水平荷载时加相应相位的竖向荷载；

②最大竖向荷载时加相应相位的水平荷载。

二、作用于整个竖向构件上的最大速度荷载分量 Q_{xVmax}(kN)和最大惯性荷载分量 Q_{xImax}(kN)，当垂直于波峰线的杆件断面尺寸 a 不大于 0.3 倍波长 l_{wa} 且平行于波峰线的杆件断面尺寸 b 不大于 0.2 倍波长 l_{wa} 时，可按下列方法计算：

1. 对于 z_1 至 z_2 间断面相同的构件，当波高 H 不大于 0.2 倍水深且水深不小于 0.2 倍波长 l_{wa} 或波高 H 大于 0.2 倍水深且水深不小于 0.35 倍波长 l_{wa} 时，作用于该段上的 Q_{xVmax} 和 Q_{xImax} 分别为：

$$Q_{xVmax} = \eta_{xV}\frac{\gamma bH^2}{2}k_1 \qquad (附 3.16)$$

$$Q_{xImax} = \eta_{xI}\frac{\gamma A_x H}{2}k_2 \qquad (附 3.17)$$

$$k_1 = \frac{\frac{4\pi z_2}{l_{wa}} - \frac{4\pi z_1}{l_{wa}} + \sinh\frac{4\pi z_2}{l_{wa}} - \sinh\frac{4\pi z_1}{l_{wa}}}{8\sinh\frac{4\pi d}{l_{wa}}} \qquad (附 3.18)$$

$$k_2 = \frac{\sinh\frac{2\pi z_2}{l_{wa}} - \sinh\frac{2\pi z_1}{l_{wa}}}{\cosh\frac{2\pi d}{l_{wa}}} \qquad (附 3.19)$$

Q_{xVmax} 和 Q_{xImax} 对 z_1 截面的力矩 M_{xVmax} 和 M_{xImax} 分别为：

$$M_{xVmax} = \eta_{xV}\frac{\gamma bH^2 l_{wa}}{2\pi}k_3 \qquad (附 3.20)$$

$$M_{xImax} = \eta_{xI}\frac{\gamma A_x H l_{wa}}{4\pi}k_4 \qquad (附 3.21)$$

$$k_3 = \frac{1}{\sinh\frac{4\pi d}{l_{wa}}}\left[\frac{\pi^2(z_2-z_1)^2}{(2l_{wa})^2} + \frac{\pi(z_2-z_1)}{8l_{wa}}\sinh\frac{4\pi z_2}{l_{wa}}\right.$$
$$\left.-\frac{1}{32}\left(\cosh\frac{4\pi z_2}{l_{wa}} - \cosh\frac{4\pi z_1}{l_{wa}}\right)\right] \qquad (附 3.22)$$

$$k_4 = \frac{1}{\cosh\frac{2\pi d}{l_{wa}}}\left[\frac{2\pi(z_2-z_1)}{l_{wa}}\sinh\frac{2\pi z_2}{l_{wa}}\right.$$
$$\left.-\left(\cosh\frac{2\pi z_2}{l_{wa}} - \cosh\frac{2\pi z_1}{l_{wa}}\right)\right] \qquad (附 3.23)$$

式中 Q_{xVmax}——作用于整个竖向构件上的最大速度荷载分量(kN)；

Q_{xImax}——作用于整个竖向构件上的最大惯性荷载分量(kN)；

M_{xVmax}——Q_{xVmax} 对 z_1 截面的力矩(kN·m)；

M_{xImax}——Q_{xImax} 对 z_1 截面的力矩(kN·m)。

对于等截面构件，在计算 Q_{xVmax} 及其对水底面的力矩 M_{xVmax} 时，z_1 取 0、z_2 取 $d+h_{max}$；而在计算 Q_{xImax} 及其对水底面的力矩 M_{xImax} 时，z_1 取 0、z_2 取 $d+h_{max}-H/2$。其中 h_{max} 为波峰在静水面以上的高度(m)，由本规范第三章确定。

2. 对于 z_1 至 z_2 间截面相同的构件，当波高 H 不大于 0.2 倍水深且水深小于 0.2 倍波长 l_{wa} 或波高 H 大于 0.2 倍水深且水深小于 0.35 倍波长 l_{wa} 时，按本款 1 的规定计算波浪荷载后，对 Q_{xVmax} 乘以系数 α；对 M_{xVmax} 乘以系数 β。α 和 β 可分别由附图 3.2 和附图 3.3 查取。

三、作用于竖向构件上最大水平总波浪荷载 Q_{xmax} 分下列两种情况计算：

1. 当 Q_{xVmax} 不大于 $0.5Q_{xImax}$ 时：

$$Q_{xmax} = Q_{xImax} \qquad (附 3.24)$$

2. 当 Q_{xVmax} 大于 $0.5Q_{xImax}$ 时：

$$Q_{xmax} = Q_{xVmax}\left(1 + 0.25\frac{Q_{xImax}}{Q_{xVmax}}\right) \qquad (附 3.25)$$

对水底面的最大总力矩 M_{xmax} 为：

$$M_{xmax} = M_{xVmax}\left(1 + 0.25\frac{M_{xImax}}{M_{xVmax}}\right) \qquad (附 3.26)$$

式中 Q_{xmax}——作用于竖向构件上最大水平总波浪荷载(kN)；

M_{xmax}——Q_{xmax} 对水底面的最大总力矩(kN·m)。

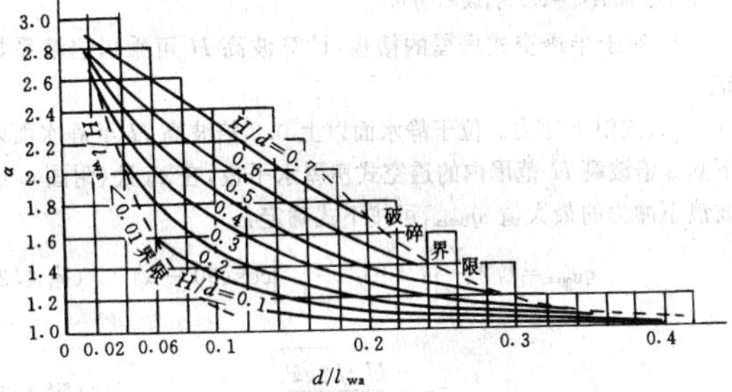

附图 3.2　系数 α

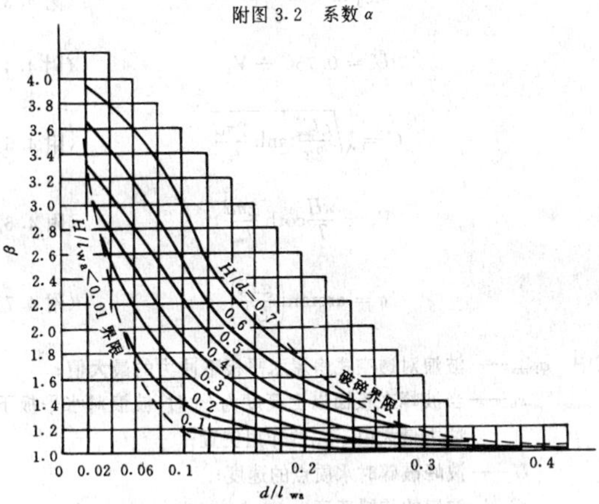

附图 3.3　系数 β

附录四　楼板(阳台板、雨篷板)等水平板波浪荷载的计算方法

一、波浪上托力。位于静水面以上 0.8 倍波高 H 至静水面以下 0.5 倍波高 H 范围内的房屋水平板，其波浪上托力可按下述方法确定：

1. 作用于水平板的波浪上托力平均压强 q_m 可按下式计算：

$$q_m = 0.75k_m\gamma H \qquad (附 4.1)$$

式中 q_m——作用于水平板的波浪上托力平均压强(kN/m²)；

k_m——波浪最大压强系数。根据楼板底面距静水面的相对高度 $\Delta h/H$ 按附表 4.1 确定。当板底位于静水面以上时，Δh 取正值；反之取负值(附图 4.1)。

荷载的分布宽度(沿波浪传播方向)l_0 可取1/8倍波长 l_{wa}。当板长 l_1 不大于1/8倍波长 l_{wa}时,l_0 取 l_1;当板长 l_1 大于1/8倍波长 l_{wa}时,应考虑波浪向前传播时,分布荷载 q_m 向前移动至不同位置的情况。

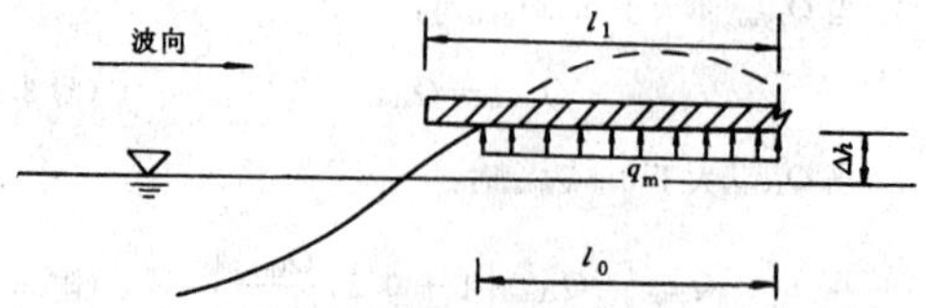

附图4.1 波浪对水平板的上托力

波浪最大压强系数 附表4.1

$\Delta h/H$	−0.5	−0.4	−0.3	−0.2	−0.1	0	0.1
k_m	0.20	0.22	0.28	0.42	0.62	0.90	1.22
$\Delta h/H$	0.2	0.3	0.4	0.5	0.6	0.7	0.8
k_m	1.50	1.16	0.64	0.39	0.21	0.08	0.00

注:当 $\Delta h/H<-0.5$ 时,取 k_m 为0.2。

2. 对于半透空式房屋的楼板,计算波高 H 可乘以透浪系数 k_t。

二、波浪下冲力。位于静水面以上0.8倍波高 H 至静水面以下0.5倍波高 H 范围内的透空式房屋水平板,在 x_B 处(附图4.2)波浪下冲力的最大值 q_{Bmax},可按下式确定:

$$q_{Bmax}=1.7\frac{\gamma}{2g}\left[U^2+\left(\frac{gx_B}{U}\right)^2\right]\cos(90°-\alpha) \quad (附4.2)$$

$$x_B=\frac{U\sqrt{2gz_0}}{g} \quad (附4.3)$$

$$U=0.75C+V_x \quad (附4.4)$$

$$C=\sqrt{\frac{gl_{wa}}{2\pi}\tanh\frac{2\pi d}{l_{wa}}} \quad (附4.5)$$

$$V_x=\frac{\pi H}{T}\coth\frac{2\pi d}{l_{wa}} \quad (附4.6)$$

$$\alpha=\arctan\left(\frac{gx_B}{U^2}\right) \quad (附4.7)$$

式中 q_{Bmax}——波浪对透空式房屋水平板下冲力的最大值;

x_B——当波峰在板面以上高度为 z_0 时,波浪对水平板下冲力最大值 q_{Bmax}的作用位置;

U——波峰破碎时水质点的速度;

C——波浪的传播速度;

V_x——水质点轨道运动的水平分速度;

α——破碎水流与板面的交角。

波浪对水平板的下冲力分布图形可近似取为等腰三角形,即在板的迎浪侧边缘处为零,波浪对水平板下冲力最大值作用位置 x_B 处为 q_{Bmax},$2x_B$ 处为零。

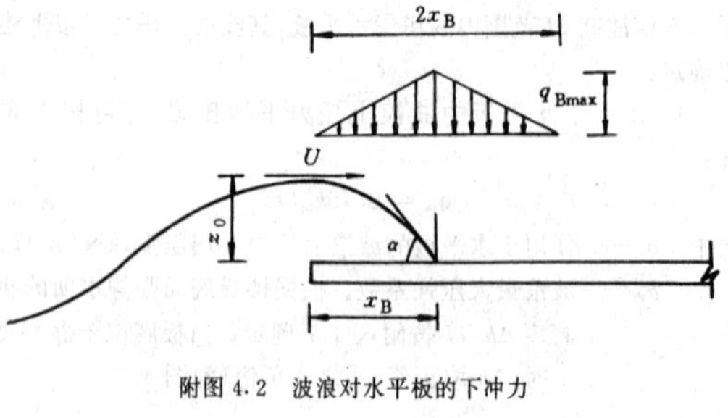

附图4.2 波浪对水平板的下冲力

附录五 地基土的承载力标准值

当根据室内试验的物理、力学指标平均值查表确定地基承载力时,将查表所得地基承载力基本值乘以折减系数0.85,得出地基承载力标准值 f_k。

一、指标试验值应按下式确定:

$$e=\frac{(1+0.01w)G_s\rho_w}{\rho}-1 \quad (附5.1)$$

$$w_s=\frac{e}{G_s}(\%) \quad (附5.2)$$

$$I_P=w_L-w_P \quad (附5.3)$$

$$I_L=\frac{w_s-w_P}{I_P} \quad (附5.4)$$

$$a_{1-2}=\frac{e_1-e_2}{p_2-p_1}=10(e_1-e_2) \quad (附5.5)$$

式中 w、ρ——土的天然含水量与密度;

G_s——土粒相对密度(比重);

ρ_w——水的密度;

e——孔隙比;

w_s——土的饱和含水量;

w_L、w_P——土的液限、塑限含水量;

I_L、I_P——土的液性指数与塑性指数;

p_1、p_2——固结压力,其值分别为100kPa和200kPa;

e_1、e_2——分别对应于压力为100kPa和200kPa时的孔隙比;

a_{1-2}——对应于压力从100kPa至200kPa之间的压缩系数$(MPa)^{-1}$。

二、指标平均值应按下式确定:

$$\mu=\frac{\sum_{i=1}^{n}\mu_i}{n} \quad (附5.6)$$

式中 μ_i——土性指标试验值;

n——统计量。

注:液性指数 I_L 求平均值时,如为负数应按零计。

粉土承载力基本值(kPa) 附表5.1

孔隙比 e \ 土的饱和含水量 w_s(%)	10	15	20	25	30	35	40
0.5	410	390	(365)				
0.6	310	300	280	(270)			
0.7	250	240	225	215	(205)		
0.8	200	190	180	170	(165)		
0.9	160	150	145	140	130	(125)	
1.0	130	125	120	115	110	105	(100)

注:①有括号者仅供内插用;

②在湖、塘、沟、谷与河漫滩地段,新近沉积的粉土,应根据当地实践经验取值。

粘性土承载力基本值(kPa) 附表5.2

孔隙比 e \ 液性指数 I_L	0.00	0.25	0.50	0.75	1.00	1.20
0.5	475	430	390	(360)		
0.6	400	360	325	295	(265)	
0.7	325	295	265	240	210	170
0.8	275	240	220	200	170	135
0.9	230	210	190	170	135	105
1.0	200	180	160	135	115	
1.1		160	135	115	105	

注:①有括号者仅供内插用;

②在湖、塘、沟、谷与河漫滩地段新近沉积的粘性土、第四纪晚更新世(Q_2)及其以前沉积的老粘性土均应根据当地实践经验取值。

沿海地区淤泥和淤泥质土承载力基本值　　附表 5.3

含水量 w_s(%)	36	40	45	50	55	65	75
承载力基本值 f_0(kPa)	100	90	80	70	60	50	40

饱和黄土承载力基本值(kPa)　　附表 5.4

压缩系数 a_{1-2}(MPa)$^{-1}$ \ w_s/w_L	0.8	0.9	1.0	1.1	1.2
0.1	186	180	—	—	—
0.2	175	170	165	—	—
0.3	160	155	150	145	—
0.4	145	140	135	130	125
0.5	130	125	120	115	110
0.6	118	115	110	105	100
0.7	106	100	95	90	85
0.8	—	90	85	80	75
0.9	—	—	75	70	65
1.0	—	—	—	—	55

新近堆积黄土承载力基本值(kPa)　　附表 5.5

a_{1-2}(MPa)$^{-1}$ \ w_s/w_L	0.4	0.5	0.6	0.7	0.8	0.9
0.2	148	143	138	133	128	123
0.4	136	132	126	122	116	112
0.6	125	120	115	110	105	100
0.8	115	110	105	100	95	90
1.0	—	100	95	90	85	80
1.2	—	—	85	80	75	70
1.4	—	—	—	70	65	60

附录六　半透空式房屋墙体承载能力验算

一、开洞墙体沿齿缝受弯承载力计算。当两洞口间墙体的中部有与其相垂直的墙体或有抗浪柱时，可沿洞高取一单位高度的墙体(a_1～a_3)作为悬臂梁(附图 6.1)验算其在波浪荷载作用下沿齿缝的受弯承载力。等效均布荷载可按下式确定：

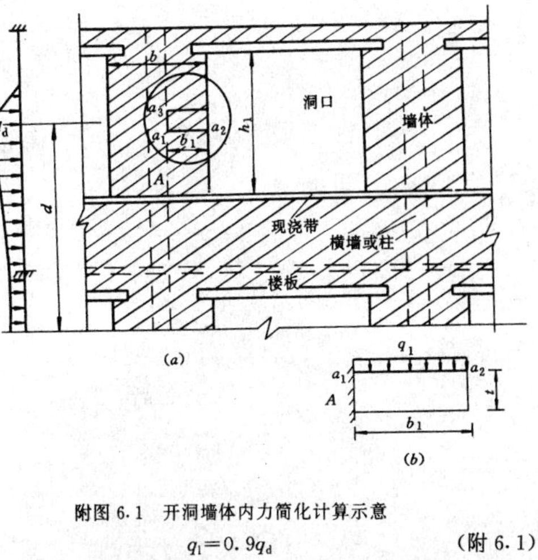

附图 6.1　开洞墙体内力简化计算示意

$$q_l = 0.9q_d \tag{附 6.1}$$

式中　q_l——等效均布荷载(kN/m²)；

q_d——静水面处洞口间墙体所受波浪水平压强(kN/m²)。

二、墙体受剪承载力验算。距水底面 z(m)处墙体截面的受剪承载力可按下式计算：

$$V \leqslant 0.8(f_v + 0.18\sigma_m)A_z \tag{附 6.2}$$

式中　V——墙体剪力设计值；

f_v——墙体的抗剪强度设计值，可按现行国家标准《砌体结构设计规范》取用；

σ_m——重力荷载在 z 处产生的平均压应力；

A_z——z 处墙体的截面面积。

附录七　砖填充墙框架抗洪验算

一、侧移刚度。砖砌体填充墙框架考虑抗侧力作用时，层间侧移刚度可按下列公式确定：

$$K_{fw} = K_f + K_w \tag{附 7.1}$$

$$K_w = 0.9\sum E_w I_w^t / [H_w^3(\psi_m + \gamma\psi_v)] \tag{附 7.2}$$

$$\gamma = 9I_w^t / A_w^t H_w^2 \tag{附 7.3}$$

$$\psi_m = \psi_v = 1 \tag{附 7.4}$$

$$\psi_m = \left(\frac{h}{H_w}\right)^3\left(1 - \frac{I_w^t}{I_w^b}\right) + \frac{I_w^t}{I_w^b} \tag{附 7.5}$$

$$\psi_v = \frac{h}{H_w}\left(1 - \frac{A_w^t}{A_w^b}\right) + \frac{A_w^t}{A_w^b} \tag{附 7.6}$$

式中　K_{fw}——填充墙框架的层间侧移刚度；

K_f——框架的总层间侧移刚度；

K_w——填充墙的总层间侧移刚度，但洞口面积与墙面面积之比大于 60% 的填充墙不考虑；

E_w——填充墙砌体的弹性模量；

H_w——填充砖墙高度；

γ——剪切影响系数；

$A_w^t(A_w^b)$、$I_w^t(I_w^b)$——分别为填充墙水平截面面积和惯性矩，开洞时可采用洞口两侧填充墙相应值之和(附图 7.1，上标 t、b 分别表示顶部和底部)；

ψ_m、ψ_v——洞口影响系数，无洞口时按式(附 7.4)计算；开洞时按式(附 7.5)和式(附 7.6)计算。

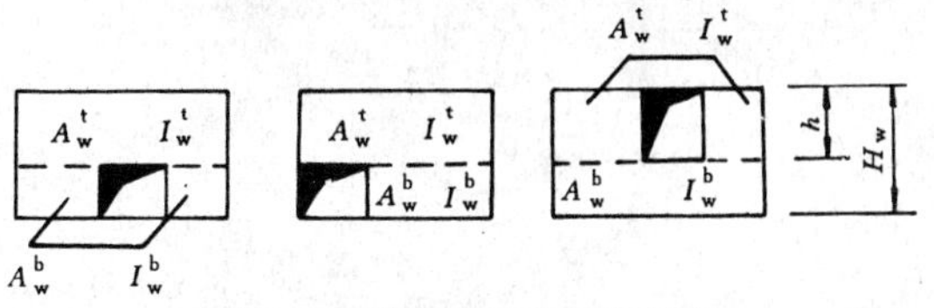

附图 7.1　开洞填充墙截面面积和惯性矩

二、波浪作用效应。

1. 楼层组合的剪力设计值，应按各榀框架和填充框架的层间侧移刚度比例分配，但无填充墙框架承担的剪力设计值，不宜小于对应填充墙框架中框架部分承担的剪力设计值(不包括由填充墙引起的附加剪力)。

2. 填充墙框架的柱轴向压力和剪力，应考虑填充墙引起的附加轴向压力和附加剪力，其值可按下列公式确定：

$$N_f = V_w H_f / l \tag{附 7.7}$$

$$V_f = V_w \tag{附 7.8}$$

式中　N_f——框架柱的附加轴压力设计值；

V_w——填充墙承担的剪力设计值，柱两侧有填充墙时可采用两者的较大值；

H_f——框架的层高；

l——框架的跨度；

V_f——框架柱的附加剪力设计值。

三、截面抗洪验算。填充墙框架的截面抗洪验算，可采用下列设计表达式：

$$V_{fw} \leqslant \sum (M_{cu}^{u} + M_{cu}^{l})/H_{c} + 0.8\sum f_{vF}A_{wo} \quad (附 7.9)$$

$$0.4V_{fw} \leqslant \sum (M_{cu}^{u} + M_{cu}^{l})/H_{c} \quad (附 7.10)$$

$$f_{vF} = \xi_{N} \cdot f_{v} \quad (附 7.11)$$

式中　V_{fw}——填充墙框架承担的剪力设计值；

f_{vF}——砖墙的抗洪抗剪强度设计值；

A_{wo}——砖墙水平截面的计算面积，无洞口可采用1.25倍实际截面面积，有洞口可采用截面净面积，但宽度小于洞口高度1/4的墙肢不考虑；

M_{cu}^{u}、M_{cu}^{l}——分别为框架柱上、下端偏压的正截面承载力设计值，可按现行国家标准《混凝土结构设计规范》的有关公式取等号计算；

H_{c}——柱的计算高度，两侧有填充墙时，可采用柱净高的2/3，两侧有半截填充墙或仅一侧有填充墙时，可采用柱净高；

f_{v}——砖砌体抗剪强度设计值，按现行国家标准《砌体结构设计规范》采用；

ξ_{N}——砖砌体强度正应力影响系数，按附表7.1采用。

砖砌体强度正应力影响系数　　**附表7.1**

σ_0/f_v	0.0	1.0	3.0	5.0	7.0	10.0	15.0
ξ_N	0.8	1.0	1.28	1.50	1.70	1.95	2.32

注：σ_0为对应重力荷载代表值的砌体截面平均压应力。

附录八　本规范用词说明

一、为便于在执行本规范条文时区别对待，对要求严格程度不同的用词说明如下：

1. 表示很严格，非这样做不可的：
正面词采用"必须"；
反面词采用"严禁"。

2. 表示严格，在正常情况下均应这样做的：
正面词采用"应"；
反面词采用"不应"或"不得"。

3. 表示允许稍有选择，在条件许可时首先应这样做的：
正面词采用"宜"或"可"；
反面词采用"不宜"。

二、条文中指明必须按其它有关标准、规范或其它有关规定执行时，写法为"应按……执行"或"应符合……要求（或规定）"。

附加说明

本规范主编单位、参加单位和主要起草人名单

主编单位：中国建筑科学研究院

参加单位：湖南省水利水电科学研究所

主要起草人：王开顺　钟　亮　巩正光　葛学礼　钟吕云　刘立强　蔡建华

中华人民共和国国家标准

蓄滞洪区建筑工程技术规范

GB 50181—93

条 文 说 明

前　言

根据国家计委计综〔1986〕2630号文和建设部(1991)建标字727号文的通知，由中华人民共和国建设部负责主编，具体由中国建筑科学研究院会同有关单位共同编制的国家标准《蓄滞洪区建筑工程技术规范》GB 50181—93，经建设部于1993年7月16日以建标〔1993〕541号文批准发布。

为便于广大设计、施工、科研、学校等有关单位人员在使用本规范时能正确理解和执行条文规定，《蓄滞洪区建筑工程技术规范》编制组根据国家计委关于编制标准、规范条文说明的统一要求，按《蓄滞洪区建筑工程技术规范》的章、节、条顺序，编制了《蓄滞洪区建筑工程技术规范条文说明》，供国内务有关部门和单位参考。在使用中如发现本条文说明有欠妥之处，请将意见直接函寄北京市安定门外小黄庄路中国建筑科学研究院工程抗震所《蓄滞洪区建筑工程技术规范》编制组，邮政编码100013。

目　次

第一章 总 则

第1.0.1条 我国是多暴雨洪水的国家，洪水危害是主要自然灾害之一。建国以来，大江大河多次出现特大洪水，造成很大损失，影响社会安定、经济发展和人民生命安全。因此，防洪是关系国计民生的一件大事。

防御洪水应采取工程与非工程相结合的综合性措施。在较大或特大洪水情况下，为确保重点，还应当按照"牺牲局部、保护全局"的原则，适时地采取蓄洪、滞洪措施，使淹没损失减少到最低限度。同时，要对做出牺牲地区的人民生命财产安全和恢复生活、生产等方面进行妥善的安排。

蓄滞洪区主要指河堤外洪水临时贮存的低洼地区及湖泊等，其中多数历史上就是江河洪水淹没和调蓄的场所，由于人口增长、蓄洪垦殖，逐渐开发利用成为蓄滞洪区。

蓄滞洪区是我国实行综合性防洪措施的重要组成部分，在历次防洪斗争中对保障广大地区的安全和国民经济建设发挥了十分重要的作用。

减轻蓄滞洪区由于蓄滞洪水所造成的损失要靠多方面的努力，其中包括蓄滞洪前期的人员与物资转移，各项工程设施的妥善处置，蓄滞洪期间人员的生活与医疗安排，退洪后的一系列善后工作和生活、生产的恢复等。本规范为蓄滞洪区建筑工程规划和避洪房屋及其它建筑的抗洪设计提供方法和依据，统一蓄滞洪区建筑工程技术要求，以期减轻洪水对建筑工程的破坏，并在蓄滞洪期间给人民提供必需的避洪场所，有利于蓄、滞洪计划的实施。

第1.0.2条 据统计，蓄滞洪区的淹没水深绝大多数不超过7.5m，最深者可达8m，如洞庭湖地区和荆江分洪地区的少量地段。表1.1给出了黄河流域和淮河流域各蓄滞洪区的蓄滞洪淹没水深及其对应的面积。由表可知，黄河流域蓄滞洪区面积计5845平方公里，其中水深在2.5m以下的占38%，水深2.5～7.5m者占62%；淮河流域蓄滞洪区面积计2715.5平方公里，其中水深在2.5m以下者占45%，水深在2.5～7.5m之间者占55%。据此，本规范确定的建筑设计水深不大于8m。

蓄滞洪区基本参数表 **表1.1**

蓄滞洪区		面积 (km^2)	各蓄滞洪水深所占面积(km^2)	
所属流域	名称		$d_0 \leq 2.5m$	$2.5 < d_0 \leq 7.5m$
黄河	大功	2040	965	1075
	北金堤	2316	1248	1068
	东平湖	627		627
	齐河展宽区	106		106
	垦利展宽区	123.3		123.3
大清河	稻屯洼	66.1		66.1
淮河	泥河洼	100	54.8	45.2
	老王坡	123.7	106.7	17
	蒙洼	180	25	155
	城西湖	527.5	91.5	436
	城东湖	378	142	236
	瓦埠湖	729	329	400
	黄墩湖	659	451	208

本条中的建筑物(构筑物)系指可用于避洪的房屋建筑、安全庄台和避水台等。对于房屋建筑，主要涉及安全层以下浸泡于水中部分和波浪所及部分的抗洪设计；对于邻近水面的安全层，在设计标高和建筑、构造方面也作了若干规定。

第1.0.3条 抗洪设计是在正常设计基础上，针对洪水风浪荷载的一种验算性和补充性设计。各类防洪、避水工程，除应满足本规范的要求外，尚应符合国家现行其它有关标准、规范的规定。

第二章 蓄滞洪区建筑工程规划

第2.0.1条 建筑工程规划作为蓄滞洪区总体规划的组成部分，是一个专业规划，其范围、规模、性质及蓄滞洪目标，必须与总体规划一致，并应为蓄滞洪区总体规划的实现在建筑工程抗洪规划和设计方面作出具体规定。

第2.0.2～2.0.3条 本条指出蓄滞洪区制定建筑工程规划应考虑的主要因素以及在蓄滞洪区进行基本建设时，选择建设场地应遵循的原则。

第2.0.5条 在蓄滞洪区，除了各户有自己的避洪安全场所外，每个人口集中的片区或村镇还应建设一定比例的抗洪能力强的公共建筑，如机关、学校、医院、影剧院，以及工业用房等，供指挥联络机构和必要的物资储备、医疗、救济等使用。在遇有超过设计标准的意外大风浪，造成部分居民安全楼遭到破坏时，可供应急之用。

除了要求新建的公共建筑必须具备抗洪救灾能力外，更重要的是充分利用现有的公共建筑物及工业建筑物。经鉴定满足抗洪要求的现有建筑物，应适当改造用以抗洪避难，以减少新建抗洪建筑，节约资金和用地。

第2.0.6条 避洪场所，可根据淹没水深、人口密度、蓄滞洪机遇、当地经济条件及习惯避洪做法，因地制宜地选用避洪房屋、安全区堤防、安全庄台和避水台等多种形式。

一、在蓄滞洪水较深的地区，有计划地指导农民修建避洪房屋，供蓄滞洪期间人员避洪和堆放重要财产及生活必需品；

二、人口密集、地势较高的重要村镇及工商业区，经上级防汛主管部门批准后，可采用安全区的防洪措施。安全区应统一规划，面积不宜过大。安全区堤防应做好护坡，安全区内应设有排水工程；

三、在蓄滞洪机遇较多、淹没水深较浅的地区，可建设安全庄台作为建房区。安全庄台的面积按需要与可能相结合的原则确定。安全庄台填土量大的，应有计划地修建，逐年积累。

避水台只供临时避洪，不作建房区。

本条的内容系参照《蓄滞洪区安全与建设指导纲要》(国发〔1988〕74号)编写的。用堤防圈围的安全区面积不宜过大，以免增加防守困难和影响蓄滞洪水能力。

第2.0.7条 房屋走向布置宜与主要水流、风向的方向一致，避免水流、风、波浪直接正面袭击。房屋间距不宜过小，以利于水流和救生船只通过，减轻波浪作用。

第2.0.8条 根据蓄滞洪区等地的调查经验，建筑群体和村镇四周，在不影响行洪的条件下，一般种植防风浪林带。防风浪林带多由乔木和灌木相混交的方式构成，以能有效地起到削弱风浪作用，其高度和宽度的确定取决于蓄滞洪水深和风浪的大小。房前屋后的高杆树木可布置成井字形或品字形，供搭架子临时就近避洪和防风浪。

第2.0.9条 安全层系指高度在蓄滞洪设计水位以上，在蓄滞洪期间供避洪用的楼层或屋盖。避洪安全层可为单层，亦可为多层。

按本规范设计的企事业单位的职工宿舍楼，蓄滞洪设计水位以上的楼层，平时作为居住层，蓄滞洪期间又可作为安全层使用。

农户和个人组合起来建造的避洪房屋，一般常把顶层作为专供抗洪避水用的安全层。

作为在蓄滞洪期间人员避难及堆放重要物品的场所，安全层的人均设计面积应视蓄滞洪期间长短、当地经济情况而定。

第2.0.11条 这里说的集体避洪场所系泛指，其中包括第2.0.5条和第2.0.6条中提到的避洪房屋、安全庄台、安全区、避水台等。在蓄滞洪期间，应根据这些场所的规模大小及需要，设置照明、通讯、卫生防疫、粪便处理等设施；同时设有饮用水的供应设施，如自来水、人工压杆水井或其他能使水过滤消毒的设施。有供水管网的地区，自来水应引到安全层。

第三章 建筑抗洪设计基本规定

第一节 一般规定

第3.1.1条 本规范的抗洪设计目标为：在达到建筑设计水深和预计可能遭遇到的风浪等荷载作用下，房屋的主体结构和安全层不破坏，以保证抗洪安全等级一级的建筑物维持预定的使用功能，如指挥、通讯不中断，医院具备抢救危重病人的条件；二级建筑物能给人员提供避洪和堆放维持一定期间生活必需品及重要财产的场所；三级建筑物的主体结构受灾程度不超过中等破坏。

对于安全庄台、避水台和挡土墙等，应防止其在蓄滞洪期间发生边坡滑塌和整体失稳。

第3.1.2条 蓄滞洪区设计水位，应按省（自治区）及其以上水行政主管部门审批或颁发的文件所确定的标准执行。

风沿蓄滞洪区某一方向吹过时，在背风岸水域，水位降低；在迎风岸水域，水位增高；从而形成稳定状态的水面线，即风增减水现象。这种现象将使位于迎风岸水域中的建筑物加大淹没水深，同时增加波浪荷载，处在背风岸水域中的建筑物，由于水深减小，风区长度短，风浪不大，有利于建筑物抗洪。

因此，蓄滞洪区建筑物抗洪设计和波浪荷载计算所依据的建筑设计水深，应考虑风增减水高度的影响。建筑设计水深取建筑淹没水深及与其相对应位置处的风增减水高度二者之和。

第3.1.3条 结构的安全等级系指在某种使用状态下使用功能的可靠度而言。就蓄滞洪区的避洪安全房屋来说，其可靠度是指在蓄滞洪期间在设计风浪作用下，房屋结构完成预定的抗洪功能的概率。洪水波浪和地震都是以水平作用为主，但是，抗洪设计的房屋不一定抗地震，同样，按抗震规范设计的房屋也不一定抗洪。

抗洪安全等级一级建筑物是指那些关系到抗洪救灾全局或避洪人员众多的公共房屋建筑，以及其它重要厂房和设施，用于避洪救灾的学校、医院、档案及贵重材料库等。此类建筑物在设计计算和结构构造方面要求严格，以保证在遇到设计洪水和风浪荷载作用时，在维持使用功能方面有较大的可靠度。抗洪安全等级二级的建筑物指一般性抗洪减灾建筑物，如居民避洪房屋等。三级建筑物指蓄滞洪期间不用于人员避洪的其它建筑物。

第3.1.4条 建筑结构选型，可根据建筑设计水深、风浪大小和建筑物抗洪安全等级，在下列结构类型中选取：钢筋混凝土结构、底层钢筋混凝土框架的砖砌体结构、砖砌体结构及其它地方材料结构。

抗洪安全等级一级的建筑物以用钢筋混凝土框架、排架房屋为主。在建筑设计水深小于2.5m的地区，可选取底层为钢筋混凝土框架的砖砌体房屋；当风浪不大且蓄滞洪区运用机遇不多时，亦可采用砖砌体房屋。

抗洪安全等级二级的建筑物，以用砖砌体结构为主；对于水深浪大、运用机遇较多的蓄滞洪区，宜选用钢筋混凝土结构房屋。

第3.1.5条 本条给出了应考虑的洪水荷载及荷载组合原则：

一、应考虑蓄滞洪时，洪水进入、停留和退出三个阶段可能产生的各种荷载以及各荷载不利组合的可能性。在三个阶段中，每个阶段都有遇大风的可能。一般而言，洪水停留阶段的水位最高，时间最长，遇大风的机会最多；但对水下楼板最不利的水位却不一定是最高水位。

二、计算表明，在蓄滞洪计算水深1.0～10m，风速10～25m/s的范围内，不会产生破碎波；超出上述水深与风速范围所产生的破碎波，又不是波浪荷载的控制因素，不会造成严重威胁。因此，就蓄滞洪区的具体情况而言，在建筑抗洪设计中可不计破碎波的作用。

三、蓄滞洪区的设计风浪按50年一遇计算。而灾害性的地震作用在基准期50年内发生的超越概率仅为10%，即475年一遇。因此，蓄滞洪期间大风天气与灾害性地震相遇的概率极小，故不考虑波浪作用与地震作用的组合。

第3.1.6条 试验结果表明，浸泡于水中的烧结普通砖砌体抗剪强度标准值下降20%。蓄滞洪期间，安全层以下的承重砖砌体浸泡于水中，加之由于水中结构自重减轻和波浪上托力的作用，结构竖向压力减小而导致砌体抗剪强度进一步降低。因而验算在风浪作用下结构整体抗剪强度和局部砌体的抗剪强度显得十分必要。同时，蓄滞洪期间房屋自重的减轻对其整体稳定性也带来不利影响。

退洪后，结构材料处于饱和状态，烧结普通砖砌体的吸水率平均为18%；室内其它物品由于吸取大量水分，重量也大大增加。因此，结构的实际重量将比蓄滞洪前增加许多，而地基承载力由于洪水浸泡，又比蓄滞洪前有所下降，故应验算退洪后地基在轴向荷载和偏心荷载作用下的承载能力。

第3.1.7条 空斗砌体墙抗波浪荷载能力低，退洪后墙体内长期滞留水分，不宜作为承重墙体。

生土材料遇水即软化。1991年夏，安徽省六安地区遭受洪水灾害，大量生土墙体房屋经水浸泡2～4小时后，即完全失去承载能力而倒塌。因此，抗洪房屋的承重结构严禁使用生土材料砌筑。

第二节 建筑设计

第3.2.1条 在满足使用和其他要求的前提下，建筑体型应力求简单。简单的建筑体型有利于减小波浪作用、减轻地基不均匀沉降和便于结构处理，有利于房屋抗洪。

平面形状多转折的建筑物，可分成若干平面形状简单的单体。转折处拉开一定距离。如拉开后的两单元必须连接时，应设置能适应差异沉降的连接体或采取其他措施。

第3.2.2条 蓄滞洪区的设计波浪长度一般不超过40m，为减轻风浪对建筑物的作用，建筑物长度不宜超过0.8～1.0倍波长。长宽比的限制是为了提高房屋沿长度方向的整体刚度，以抗御风浪作用。

第3.2.3条 蓄滞洪水退去之后要清淤，首先是室内地面。对于一般乡镇，特别是广大农村的道路、庭院和土地，洪水退后遗留下来的一层泥砂，难以一一清除。这样，经过几次蓄滞洪水，将使室外地面逐渐抬高，而清淤后的室内地面，相对来说，则逐渐降低。

为避免上述情况的出现，对于洪水中泥砂含量多的地区，可根据蓄滞洪机遇的多少及一次蓄滞洪带来的泥砂淤积量，确定在房屋使用寿命期间可能产生的泥砂淤积厚度，以作为室内地面或房屋底层高度的设计依据，使清淤后的室内地面不低于室外地面。这一条是针对不进行室外清淤的广大村镇而设的。

第3.2.4条 近水面安全层楼面高度的确定原则是，既要避开波浪袭击，又不过高，以达到安全、经济的设计目标。本规范式3.2.4中的0.5m为近水面安全层楼板底面在波峰面以上的安全超高。

在迎风岸水域，风增水使水位提高。在确定近水面安全层楼板高度时，风增水高的影响不可忽略。

位于背风岸水域中的建筑物，风减水降低淹没深度，减小水面与水下楼板之间距。这虽将产生波浪加重对水下楼板破坏作用的不利影响，但由于背风岸水域浪高相对较小，上述不利影响可不考虑。

第3.2.5条 静水面附近的波浪下冲力和上托力很大，往往使按常规设计的楼板难以承受。

波浪荷载强度在设计水位处最大，水下楼面的设计高度应尽可能远离设计水位，以减轻波浪下冲力和上托力的破坏作用。蓄滞洪水位确定后，可通过变动室内地面和楼层高度的方法来调整水下楼面标高，使之符合本条第一款的规定。

蓄滞洪实际运用水位不定，达不到蓄滞洪设计水位或不能通过其它方法，例如变动室内地面标高和调整楼层高度等，使水下楼面标高满足本条第一款的要求时，则应采取结构构造措施。

在我国南方，有些蓄滞洪区的钢筋混凝土框架避洪房屋，其维护墙和楼板采取了易为洪水波浪破坏的构造措施。当蓄滞洪水时，在小于设计风浪荷载的作用下，房屋水下部分即成为便于风浪透过的空框架，保证了房屋主体结构安全和安全楼层的使用功能。仿此，对处于静水面附近的楼板，可采取局部活动式的做法，在蓄滞洪期间借助波浪力形成楼板孔洞，以减轻波浪对楼板的破坏作用。

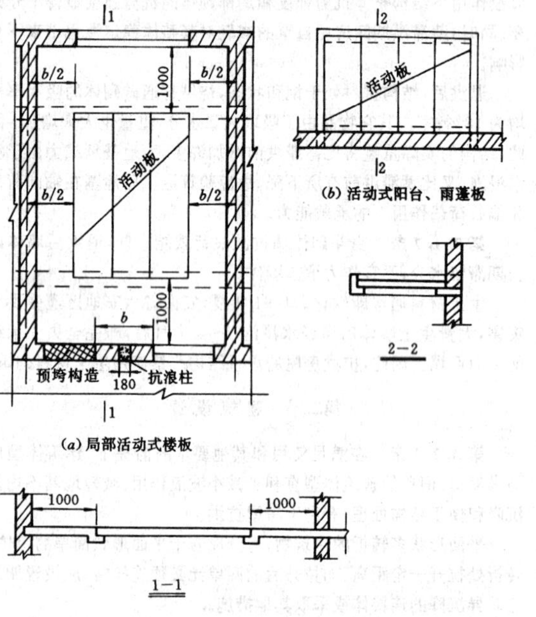

图 3.1 局部活动式楼板和活动式阳台板、雨篷板做法示意

局部活动式楼板，是在楼板内设置一部分与其支承构件及相邻板之间连接构造相对薄弱的预制板。这部分预制板在波浪作用达到预计的最大值之前，即被波浪上托力冲离原位，形成楼板孔洞，使部分波浪透过，从而避免波浪对楼板造成结构性的破坏。

此外，安全层以下作为悬臂板的阳台板和雨篷板，在波浪竖向分量作用下，将产生较大的弯矩，这不仅对悬臂板本身，而且对与之连结的承重结构，特别是承重墙体都将构成威胁。因此，应采取适当措施，如活动式阳台板、活动式雨篷板或减少板的悬挑长度等来减轻波浪破坏作用。

图 3.1 为局部活动式楼板（图 *a*）和活动式阳台板、雨篷板（图 *b*）的做法示意。图中支撑部分与活动板部分之间应设置隔离材料，以便于在波浪作用下二者易于脱离；*b* 为洞口之间墙宽度。

第 3.2.6 条 蓄滞洪期间，室内楼梯已无法使用，需要使用室外楼梯出入安全楼层或供救生船只停靠。室外楼梯宽度决定于使用该楼梯的人数。淹没水深不大、使用人数不多时，例如单层避洪安全房屋，可不设永久性的专用室外楼梯，而在蓄滞洪期间临时增设木梯。

第 3.2.7 条 建筑物可设计成在蓄滞洪期间进水与不进水两种类型。不进水建筑物的门窗洞口应有防水密封措施，及室内的抽水、防潮等设施。此种类型建筑物造价高，不宜于一般民用建筑采用。进水建筑物可利用室内外水压的平衡来减少静水压力和波浪力对建筑物的作用效应。

第 3.2.8 条 本条内容系参照《蓄滞洪区安全与建设指导纲要》（国发〔1988〕74 号）编写的。

第三节 结构计算

第 3.3.3 条 设计表达式 $\gamma_0 S \leqslant R$ 及其各项的表达形式同国家标准《建筑结构设计统一标准》GBJ68－84，此表达式既可用来计算整个结构，也可计算结构构件。

荷载效应系数表示结构或构件的内力（变形）值与产生该内力（变形）值的荷载的比值。

荷载效应组合的设计值系可能同时由某些荷载作用使计算部位产生效应组合的结果，同时根据各荷载的性质（永久的、可变的、偶然的）和可能组合的情况，在组合时分别乘以分项系数 γ 和组合系数 ψ。例如在蓄滞洪期间楼板荷载效应来自楼板永久荷载 G_k、楼面可变荷载（L_k 或 L_{wk}）和波浪荷载 $Q_{w,k}$，而与风载无关。这样在计算楼板荷载效应组合的设计值 S 时，不考虑风荷载。

砖砌体的受剪承载力设计值用于水下时乘以折减系数 0.8 和砖砌体的饱和重度取值 $21kN/m^3$，系根据由水泥混合砂浆砌筑的烧结普通砖砌体试验资料统计而来。

关于楼板荷载，据现行国家标准《建筑结构设计统一标准》，办公楼、住宅、商店等民用建筑楼板活荷载一般分为持久性活荷载 L_{iT} 和临时性活荷载 L_{rT} 两类，前者是经常存在的，如家具等产生的荷载，后者是短暂出现的，如人员临时聚汇的荷载，二者的比值接近于1。在蓄滞洪期间，水下部分楼层中的人员已撤离，余下的家具等，其材料比重大多小于 1，故楼面活荷载基本不存在了。本条取组合值系数 $\psi_l = 0.1$ 是偏于安全的。安全层楼面及退洪后安全层以下楼面可变荷载组合值系数取值 0.6，系据现行国家标准《建筑结构荷载规范》而确定的。

荷载效应根据可能出现的各种情况，取不利组合进行结构验算。

安全楼层可变荷载标准值的确定，取决于各地实际情况，如避洪安全层人均面积、蓄滞洪期间长短、当地经济发达情况及抗洪救灾组织的能力等。本条给定的可变荷载上限 $5kN/m^2$，如按人均面积 $2m^2$ 安全楼层计，则相当于每人占有 10kN 的活荷载；紧急情况下，每平方米站立 7 人，也不会超过 5kN；此外，$5kN/m^2$ 也是现行国家标准《建筑结构荷载规范》中民用建筑楼面均布活荷载给定的标准值中最大的一个值。

永久荷载标准值，其静水面以下部分，在蓄滞洪期间应减去浮力作用，退洪后按饱和重度计算。

在进行波浪荷载验算时，静水面以上部分所受的风荷载，不是建筑结构荷载规范中规定的风，而是计算波浪荷载所用的风，波浪与风相伴生。波浪与风两种荷载，一个作用在水下和波浪所及的水面以上结构部分，一个作用在水面以上结构部分，都是由一种外因所产生。因此，都应算作第一个可变荷载，按规定不必乘以可变荷载组合值系数。

蓄滞洪期间进水的建筑物（构筑物），室内外静水压力多处于平衡状态，在结构抗洪验算时，可不考虑静水压力的影响；而对于蓄滞洪期间不允许进水的建筑物（构筑物），则应计算静水压力对结构的作用。

静水压力、船只系缆力和挤靠力都属可变荷载，按规定，在一般情况下，其分项系数取 1.4；至于荷载组合值系数，当有风荷载参与组合时，取 0.6。式（3.3.3－2）中上述三个可变荷载项的系数 0.84，即为 0.6 与 1.4 之积。

第 3.3.4 条 结构作为刚体验算其整体稳定性时，应考虑基础（包括基础上的土重）部分的自重、侧向地基土对基础的抗力。另外，荷载效应系数 C 也随着计算内容（抗倾覆、抗滑移、抗漂浮）的不同而变化。

结构自重和楼面可变荷载是对结构整体稳定的有利因素。按规定，当验算倾覆和滑移时，对抗倾覆和滑移有利的永久荷载，其分项系数取 0.9；仿此，侧向地基土对基础的抗力分项系数亦取 0.9。至于安全层楼面可变荷载，如前所述，受到安全层人均面积多少，蓄滞洪期间长短及当地抗洪救灾组织能力等诸多因素的影响，考虑到蓄滞洪期间安全层的使用，还可能出现许多对结构整体稳定不利的各种情况，如实际可变荷载达不到设计值，避水人员和物资部分撤离或全部撤离等，因此，各地应根据安全层在蓄滞洪期间的实际使用情况，确定楼面可变荷载分项系数。可变荷载组合值系数，当有风荷载参与组合时，按规定取值0.6。水下楼面可变荷载的情况，在第3.3.3条的条文说明中已提及，其对结构整体稳定的影响可不予考虑，据此，可得到本条正文中式3.3.4中的各系数值。

第四节 构造措施及其他

第3.4.1条 为提高建筑物抗洪水能力，规定了几种主要的结构和施工措施。

一、钢筋混凝土房屋采用现浇整体式结构，以提高整体抗洪能力。

二、砖砌体是一种脆性材料，采用抗浪柱、圈梁、配筋砌体墙等约束措施，一方面可提高砌体强度，同时在砌体裂缝后不致崩塌和散落。

三、支撑系统对于空旷房屋极为重要。支撑系统不完善，往往导致屋盖系统失稳，在蓄滞洪期间发生房屋倒塌性的灾害。因此，在结构布置上要求保证空旷房屋支撑系统的完整性和整体稳定性。

第3.4.2条 建设在某蓄滞洪区内的抗洪实验楼在五级风浪作用下，嵌固于砖砌体内的悬挑式室外楼梯即受到中等以上程度的破坏，在楼梯的嵌固端产生弯曲变形裂缝，各阶梯踏步之间产生剪切变形裂缝。表明悬挑式楼梯在风浪作用下的可靠程度较差，特别在支承楼梯的墙体遭到破坏时，问题将更加严重。

在蓄滞洪期间避洪房屋常需船只用以救生和运送物资，在室外楼梯设计时应考虑风浪天气船只停靠产生的各种作用。

船只停靠室外楼梯的作用有两种，一为船只通过系船缆作用的系缆力，另一为船只直接作用产生的挤靠力和撞击力。当然，这些作用随船只体形和吨位的增加而增大。

经粗略计算可知，对于排水量不大于3t的船只，宜在室外楼梯处设置两个系船缆柱，每个缆柱的系缆力可按4kN计算，挤靠力不超过4kN/m。

撞击力指船只在停靠时对建筑物的撞击作用。排水量不大于3t的船只，可通过设置船只防撞击保护层及在停靠时通过操作的方法减小或避免撞击力，或使撞击力大大低于挤靠力。

第3.4.4条 安全层以下的非承重构件、设施、管线和装修，在设计选型和安设时应注意淹水后损失小，退洪后便于检修和重复利用。如门窗便于拆装，供电、通讯、供水等管道线路明铺，采用金属结构栏杆，部分填充墙可用低强度等级砂浆砌筑或用土坯墙、苇杆隔墙、易于拆装的轻质板墙，粉饰装修廉价美观等。上述构件和设施的重复利用率的确定取决于蓄滞洪频率。

第3.4.5条 蓄滞洪水时，蛇鼠等各种小动物纷纷爬向安全楼层，危及避洪人员安全，在近水面安全层设置防止小动物上爬的设施完全必要。

第四章 波浪要素和波浪荷载

第一节 波浪要素

第4.1.1条 蓄滞洪区的波浪要素(由波高、波长和波浪周期组成)应根据当地环境条件由实测资料确定。当地无波浪要素实测资料时，在选定波浪要素计算方法后，可根据蓄滞洪区的风区长度、计算风速和蓄滞洪计算水深，通过计算确定。

一、波浪要素计算方法的选定。

据统计，波浪要素的计算方法有80余种，这些方法有的适于内陆水域，有的适于海洋，有的可用于任意水深，有的只适于深水。100多年来，随着波浪研究工作的不断深入和时间推移，上述方法中有相当一部分已逐渐被淘汰。

为选取适用于蓄滞洪区波浪要素的计算方法，对宿鸭湖水库实测波高用10种方法的计算结果进行了比较。这10种方法是：莆田站方法、SMB方法、拉布佐夫斯基法、鹤地水库方法、小风区方法、水调所方法、布拉斯拉夫斯基法、安德烈杨诺夫法、官厅水库方法、СНиП Ⅱ－57－75法。实测区的水深2.3～2.5m，风速10～16m/s，风区长度10.4km，计算结果中莆田站法结果最接近实测资料。

对于深水情况，用莆田站法、SMB法、海港水文规范和СНиП Ⅱ－57－75法4种方法对官厅水库和鹤地水库的实测波高进行了对比计算。4种方法的计算曲线基本上都通过实测无量纲波高点分布的中心，且莆田站方法介于其中。此外，用4种方法计算的上述两水库的波浪周期与实测周期相比，也得到类似的结论。

据此，本规范推荐莆田站法作为计算波浪要素的方法，此法已为铁道部、水利部现行有关技术规范采用。

二、波浪要素计算参数的确定。

波浪成长取决于风场(由风区、风速和风时构成)和蓄滞洪计算水深。

风速和风向比较一致的水域划为一个风区。据黄河、淮河和大清河所属13个蓄滞洪区统计，蓄滞洪区平均面积450km²，风区长度20km左右，一般可划为一个风区。

关于风时，我国用以确定波浪对海、河建筑物与岸坡作用的技术规范(CH92－60)和前苏联波浪、冰凌和船舶对水工建筑物的荷载与作用(СНиП Ⅱ－57－75)均规定，当风区长度小于100km时，可不考虑风时的影响。本规范的规定与上述规范一致。实际上，不考虑风时所计算的定常波浪要素对工程结构最为不利，在工程设计上是偏于安全的。

蓄滞洪区计算水深一般在8m以内，多数为3～5m，不属于深水范围。波浪计算应考虑水深的影响。

根据上述原则，在确定风区长度、计算风速和蓄滞洪计算水深等计算参数后，即可按本规范第4.1.1条计算波浪要素。

三、平均波长计算。

考虑水深影响时的波长 $l_{m,wa}$，一般都按下列理论公式用渐近法叠代计算，很不方便。

$$l_{m,wa}=1.56T_m^2\tanh\frac{2\pi d_0}{l_{m,wa}} \tag{4.1}$$

式中 $l_{m,wa}$——平均波长(m)；

T_m——波浪平均周期(s)；

d_0——蓄滞洪计算水深(m)。

本条给出按式4.1叠代计算的波长，并列于本规范表4.1.1。可根据已知的波浪平均周期 T_m(s)和计算水深 d_0(m)，直接由表4.1.1查取或插值计算，也可按式4.1叠代计算。

波浪平均周期表达式4.1.1－2的系数，按莆田试验站应为4.44。根据内陆水域风浪资料验证，当 gl_w/V_w^2 小于1000时，周期可降低10%。原水利电力部《碾压式土石坝设计规范》SDJ218－84采用了这一结果。鉴于上述风区长度和风速条件适用于蓄滞洪区，本条在式4.1.1－2中取系数为4.0。

第4.1.2条 风作用于水域的长度为风区长度。当逆风向两侧蓄滞洪水域较宽时，风区长度为自计算点到逆风向对岸的距离。当逆风向水域岸边界不规则或水域内有高地、村庄时，可按本条第二款的方法确定风区长度。

风区长度及主风向的计算方法，系参照我国现行有关规范及美国内务部垦务局有关资料制定的。

第4.1.3条 计算风速。

一、蓄滞洪期间的大风出现概率。

建筑结构可靠度采用的设计基准期为50年，与此相应，最大风速与蓄滞洪设计水位相组合的风浪荷载应不少于50年一遇。而最大风速的统计年限可根据蓄滞洪区的运用机遇来确定。

在计算不同可变荷载的相遇率时，必须考虑荷载持续时间，除非统计的时间单位小于荷载持续时间。因为，两种可变荷载在同一统计时段内出现，但不一定相遇合。例如，重现期为一年的大风和重现期为一年的洪水，虽然每年都可能出现，但大风可能出现在春季，而洪水可能出现在秋季，因此，不一定相遇合。即使大风与洪水都在同一季节出现，由于大风只持续几天，而蓄滞洪区的运用一般为一个月左右，两种荷载也不一定相遇合。

当两种活荷载之间为统计独立时，其平均相遇率可采用下列近似公式计算：

$$\lambda_{ij} = \lambda_i \lambda_j (\mu_{di} + \mu_{dj}) \tag{4.2}$$

式中 λ_{ij}——荷载i和荷载j的平均相遇率；

λ_i、λ_j——分别为荷载i和荷载j的平均发生率；

μ_{di}、μ_{dj}——分别为荷载i和荷载j的平均持续时间。

一般而言，大风持续时间最多几天，蓄滞洪区运用持续时间常在10d到两个月之内，而每年汛期内可能用以蓄滞洪水的时段，即蓄滞洪期，多在6月至9月，大体4个月左右。故可取大风持续时间与蓄滞洪区运用时间之和约为蓄滞洪期的一半，即：

$$\mu_{dl} + \mu_{dw} = \mu_d/2 \tag{4.3}$$

式中 μ_{dl}——蓄滞洪区平均运用持续时间；

μ_{dw}——大风平均持续时间；

μ_d——蓄滞洪期。

设蓄滞洪区两次运用时间之间隔为T_l年，计算风速的重现期为T_w年，计算风速与蓄滞洪水相组合的风浪荷载为蓄滞洪期50年一遇，即$\lambda_{wl}=1/50$，当以蓄滞洪期为时间统计单位，即$\mu_d=1$时，将上述值及式4.3代入下式：

$$\lambda_{wl} = \lambda_w \lambda_l (\mu_{dl} + \mu_{dw}) \tag{4.4}$$

可得

$$T_w = 25/T_l \tag{4.5}$$

二、风速标准值的确定。

当地有最大风速实测资料时，应先换算得到规定的蓄滞洪期最大风速数据后再进行统计分析。本规范以蓄滞洪设计水位以上10m高处蓄滞洪期一遇的10min平均最大风速为统计标准。

蓄滞洪区的风况（风向、风速等），既取决于大范围的梯度风，也受局部地形地貌影响。

安徽省六安地区6个县（市）的气象站自1981年至1990年10年间的气象资料统计结果表明，在平原和丘陵地区，间距50km以内，风速和风向一般没有大的变化；而靠近山区时，风向可能受到地形影响。

我国的蓄滞洪区，多位于平原或丘陵地带，地势变化对风速影响不大，而且各县大都设有气象站，蓄滞洪区与气象站之间的水平距离一般不会超过50km。因此，在一般情况下，可以认为二者上空的梯度风速一致。当然，当地面粗糙度发生变化或地形变化甚大时，如山峰与山谷之间，则应考虑地形地貌的影响。

波浪计算需用水面以上10m高处的风速。考虑到蓄滞洪水深一般2～5m，尚有许多高杆树林及房屋未被淹没，一般可假定地面粗糙度为中等，即B类。当水深较大，地面植被及建筑物绝大部分被淹没时，地面粗糙度应按A类计算。

三、计算风速的确定。

现行国家标准《建筑结构荷载规范》对风速统一采用比较简单的极值Ⅰ型分布，年极值分布函数$F_y(x)$的表达式为：

$$F_y(x)=\exp\{-\exp[-\alpha(x-u)]\} \tag{4.6}$$

根据独立性假定和同分布假定，可导出T年内的极值分布函数：

$$\begin{aligned}F_T(x)&=[F_y(x)]^T\\&=\exp\{-\exp[-\alpha(x-u_T)]\}\end{aligned} \tag{4.7}$$

$$u_T=u+\frac{\ln T}{\alpha}$$

由此可知，T年内的极值分布仍为极值Ⅰ型，参数α不变，只是峰值u_T相对于年极值分布右移$\ln T/\alpha$。

因此，欲求得不同重现期的风速值，可在年极值分布的基础上通过采取不同分位值的办法来计算。

设T_w年一遇的风速为V_w，则：

$$F_y(V_w)=\frac{T_w-1}{T_w}$$

由式4.6可得：

$$\alpha(V_w-u)=-\ln(-\ln\frac{T_w-1}{T_w})$$

$$V_w=\mu_{vl}(1+\Phi_T\delta_v) \tag{4.8}$$

$$\Phi_T=-\frac{\sqrt{6}}{\pi}\left(\gamma+\ln\ln\frac{T_w}{T_w-1}\right) \tag{4.9}$$

$$\delta_v=\sigma_v/\mu_{vl}$$

$$\sigma_v=\left[\frac{1}{n-1}\sum_{j=1}^{n}(V_j-\mu_{vl})^2\right]^{0.5} \tag{4.10}$$

$$\mu_{vl}=\frac{1}{n}\sum_{j=1}^{n}V_j \tag{4.11}$$

$$u=\mu_{vl}-\gamma/2$$

$$\alpha=\frac{\pi}{\sqrt{6}\,\delta_v}$$

式中u为众值，α为尺度参数。以欧拉数$\gamma=0.5772$代入式4.9，可得：

$$\Phi_T=-0.45-0.7797\ln\ln\frac{T_w}{T_w-1} \tag{4.12}$$

用极值Ⅰ型的方法对风速资料进行统计，只含风速平均值μ_{vl}和标准差σ_v（或变异系数δ_v）两个参数。当有不少于20年的最大风速实测资料时，μ_{vl}和σ_v的抽样误差不大。当风速资料不足20年但不少于5年时，μ_{vl}仍可按式4.11确定，但按式4.10计算的标准差σ_v估值误差较大。此时可根据其它地区风速资料确定。

现行国家标准《建筑结构荷载规范》编制组为确定风荷载标准值，曾对全国各地风速进行了统计分析。由于各地风速统计资料中的参数各不相同，为便于设计使用，统一取：

$$u/V_0=0.7 \tag{4.13}$$

式中 V_0——重现期为30年的最大风速。

由式4.8及4.13可得：

$$\begin{aligned}u&=0.7V_0=0.7\mu_{vl}(1+\Phi_{30}\delta_v)\\&=0.7\mu_{vl}(1+2.18873\delta_v)\end{aligned} \tag{4.14}$$

由众值

$$\begin{aligned}u&=\mu_{vl}-\frac{0.5772}{\alpha}=\mu_{vl}-\frac{0.5772\sqrt{6}}{\pi}\sigma_v\\&=\mu_{vl}(1-0.45\delta_v)\end{aligned} \tag{4.15}$$

对比式4.14和4.15，可得$\delta_v=0.15135$。

因此，在风速资料不足时，可根据现行国家标准《建筑结构荷载规范》背景材料中对风速统计的结果，取变异系数$\delta=0.151$。

当地没有风速实测资料时，可先通过对气象和地形条件的分析，并参照现行国家标准《建筑结构荷载规范》中全国基本风压分布图上的等值线，用插值法确定当地风压W_0，然后再计算风速。

荷载规范给出的最大风压为30年一遇，系按年最大风速数据统计而得，并非蓄滞洪期的风速。因此，当以荷载规范的风压值为基础，确定蓄滞洪期间的最大风速时，不能使用以蓄滞洪期为统计单位的式4.5。

设30年一遇的风速为V_0，则$F_y(V_0)=\frac{29}{30}$，由式4.6可得：

$$\alpha(V_0-u)=-\ln\ln\frac{30}{29}=a_0$$

同理，若T年一遇的风速为V_T，则可得：

$$\alpha(V_T-u)=-\ln\ln\frac{T}{T-1}=a_T \tag{4.16}$$

由上两式得出：

$$\frac{V_T}{V_0}=\frac{u}{V_0}+\frac{a_T}{a_0}\left(1-\frac{u}{V_0}\right)$$

将式 4.13 代入，则：

$$\frac{V_T}{V_0}=0.7+0.3\frac{a_T}{a_0} \quad (4.17)$$

因此，只要求出 a_0 和 a_T 值，即可得 V_T/V_0，而 V_0 可由现行国家标准《建筑结构荷载规范》中查得的基本风压 W_0 换算：

$$V_0=40\sqrt{W_0} \quad (4.18)$$

蓄滞洪区的运用机遇各地相差很大，有的 2～3 年用一次，有的 10 年、20 年甚至 30 年才用一次。为简化计算，将之大体分为两档，5 年以内者为一档，15 年以上者为另一档。15 年以上用一次的蓄滞洪区按洪水 15 年一遇计算，运用间隔时间不超过 5 年的蓄滞洪区按平均 3 年一遇的洪水计算。现已知大风持续时间与蓄滞洪区平均运用持续时间之和平均为两个月。由此，可导出确定蓄滞洪期间波浪荷载的风速计算公式：

$$V_W=(35-0.6T_1)\sqrt{W_0} \quad (4.19)$$

第 4.1.5 条 计算波高的波列累积频率标准取值 1％系参照我国交通部现行标准《港口工程技术规范》中“海港水文”确定的。该规范规定，对于直立墙式、墩柱式的建筑物，其上部结构、墙身和桩基的强度和稳定性计算，波高累积频率取值 1％；当计算基床、护底坡面的稳定性时，取值 5％。

本条式 4.1.5 是计算 1％累积频率波高的近似表达式。表4.1 给出平均波高与蓄滞洪计算水深之比在 0 到 0.5 范围内，按格鲁豪夫斯基-维林斯基分布计算的结果（表中 a 行）与按本条式4.1.5 计算结果（表中 b 行）的对比。由表可见，近似公式的计算误差在 1％以内。

1％累积频率波高与平均波高的关系　　表 4.1

H_m/d_0		0.00	0.05	0.10	0.15	0.20	0.25	0.30	0.35	0.40	0.45	0.50
$H_{1\%}/H_m$	a	2.42	2.34	2.26	2.17	2.09	2.01	1.93	1.85	1.78	1.70	1.63
	b	2.42	2.34	2.26	2.18	2.10	2.02	1.94	1.86	1.78	1.70	1.62

第 4.1.6 条 在封闭水域中，风给水面施加水平剪力，使水体顺风向移动，形成上风水面降低，下风水面升高的水面线，即风增减水现象。

风增水面高度，按我国现行有关标准，其表达式为：

$$S=k_s\frac{V_w^2 l}{2gd_0} \quad (4.20)$$

式中 S——风增水高(m)；

k_s——综合摩阻系数，可取值 3.6×10^{-6}；

V_w——计算风速(m/s)；

l——蓄滞洪区背风岸至迎风岸的平均水域长度(m)；

d_0——蓄滞洪计算水深(m)；

g——重力加速度(m/s²)。

研究表明，风增减水为零的水面线节点位置在平均水域长度的中点附近；水面线平均波降为：

$$I=\frac{k_s V_w^2}{gd_0} \quad (4.21)$$

由此可以导出水域内任一点的风增水（d_s 为正）或风减水（d_s 为负）近似表达式：

$$d_s=\left(l_w-\frac{1}{2}\right)\frac{k_s V_w^2}{gd_0} \quad (4.22)$$

第二节 波浪荷载

第 4.2.1～4.2.2 条 在计算波浪荷载时，蓄滞洪区内的建筑物，一部分可视为透空式结构，如垮墙后的框（排）架结构等。波浪在通过这类结构后，其波高、波长和波周期基本不变；另一部分建筑物如砖砌体房屋、不垮墙的框（排）架结构房屋等，当门窗洞口合理布置（洞口适当加大并前后基本对齐），便于波浪穿过时，可视为半透空式结构。对于半透空式结构，前进中的波浪遇到房屋墙体后，波浪的一部分从窗间墙上反射回来，另一部分穿过门窗洞口进入房内。据按本规范附录二初步估算，当墙体开孔率为 0.3～0.4 时，波浪穿过三道墙体洞口透过房屋后，作用在结构物上的压力强度减少 80％～90％以上。也就是说，穿过房屋的那部分波浪的能量已大部消耗在室内的几道墙体上。当然，在各道墙体上波浪作用的时间是有前有后的。

鉴于上述情况，对于半透空式结构的波浪荷载计算，首先按半透空式结构的开洞墙体波浪荷载计算方法确定墙面上的压力分布；然后，对于窗间墙这样的局部墙体构件，可直接按其迎浪面积乘以相应的波浪压强计算波浪荷载；对于房屋整体，考虑到波浪荷载水平分量已基本全部作用在室内、外的各墙体上，故可按波浪压强分布乘以房屋受波浪作用部分的外墙毛面积（不扣除门窗洞口面积），近似求得房屋整体承受的波浪荷载。

第 4.2.3 条 本条所引用的附录二系参照国内外有关规定制定的，半透空式房屋波浪荷载计算方法中关于透浪、反射表达式及试验结果系引自国内有关单位的研究成果。

第 4.2.4 条 本条所引用的附录三，透空式房屋波浪荷载计算方法，主要参照交通部《港口工程技术规范》JTJ213－87 中“海港水文”和原苏联建筑技术标准与规范《波浪、冰凌和船舶对水工建筑物的荷载与作用》СНиП Ⅱ－57－75 编写的。

第 4.2.5 条 本条所引用的附录四，水平板波浪荷载计算方法中关于波浪上托力计算方法系参照国内有关资料制定的。

当符合第 3.2.4 条第二款的条件时，波浪达不到水面以上安全层楼板底面高度，不必考虑波浪荷载对安全层楼板的作用。

当符合第 3.2.5 条第一款的条件时，由于半透空式房屋墙体对波浪的阻挡作用，水下楼板不会露出水面，大大削弱了波浪下冲力的打击作用。

波浪作用于楼板的上托平均压强 q_m 可用附录四式附 4.1 表示，即 $q_m=0.75k_m\cdot\gamma\cdot H$，式中 k_m 为波浪最大压强系数，γ 为水的重度，H 为波浪高度。由附表 4.1 可知，当水下楼板底面距静水面的高度为波高之半，即 $\Delta h/H=-0.5$ 时，$k_m=0.2$，即作用在楼板的波浪上托力最大压强仅相当于静水面处的 20％。

对于半透空式房屋，作用在楼板上的上托力平均压强 q_m，按附录四（一）和附录二（一）可近似写为：

$$q_{ms}=k_t\cdot q_m$$

式中 k_t 为透浪系数，当墙体开孔率为 0.3 左右时，k_t 约为 0.63，由此可算出在 9 级风作用下波浪平均上托力平均压强为：

$$q_{ms}=0.75\times0.63\times0.2\times23=2.17\text{kN/m}^2$$

考虑到窗过梁及其上部墙体对波浪的阻挡作用，波浪由窗洞口进入房间后的扩散作用，波浪上托力实际值还将小于上述计算值，小于楼板自重，故不必考虑波浪上托力对楼板的影响。

第 4.2.7 条 林带和建筑物能有效地削减和阻挡风浪。当林带较宽、高度适当或建筑物成为群体时，阻浪效果更加明显。

本条中关于“当水域平面图中某计算点上风向有建筑物或防风浪林带，能有效地削减波浪时，波浪荷载标准值可乘以折减系数 0.8”的规定，是综合考虑了洪水灾区受波浪荷载作用的房屋调查结果及波浪对群柱的作用效应等因素而制定的。折减系数取值 0.8，系按群柱效应的近距系数估定。

第五章 地基基础

第一节 一般规定

第 5.1.1～5.1.3 条 这三条是针对蓄滞洪区这一特殊条件

下地质勘察时应注意的事项。第5.1.1条是指的一般情况。第5.1.2条指出了对于抗洪安全等级为一级的建筑物应做的工作，特别强调在水稳性较差或特殊性的地基土(岩)上应注意的问题。第5.1.3条是说明对于三级建筑物允许适当放宽要求。

第5.1.4条 本条规定了岩土分类和确定土性指标的依据为现行国家标准《建筑地基基础设计规范》。为便于各地蓄滞洪区的建筑物兴建，本规范附录五给出了各类地基土的地基承载力标准值。较之《建筑地基基础设计规范》GBJ7－89，这些表的使用已大为简化。

由于蓄滞洪区在全国分布甚广，土质成因、组成和应力历史都很复杂，划归同一类的地基土，其实际性质还可能有较大差距，承载力表所提供的数值不可能细致反映出这些差别，而只能是粗线条的。因之规定应结合当地经验参照使用，并且考虑了由于含水量可能达到饱和状态而使承载力降低的因素。

第5.1.5条 规定了基础布置的原则，除了承载力应予以保证外，着重于防止建筑物的不均匀沉降以避免结构开裂。

第二节　设计计算

第5.2.1～5.2.3条 这三条规定了基础方案选择和确定基础埋置深度的原则，除一般要求以外，特别加上一条考虑蓄滞洪时有可能遭到冲刷、淘空的问题。

对位于冻土上的基础埋深，如按《建筑地基基础设计规范》GBJ7－89，则允许残留部分冻土层厚度。此处考虑到蓄滞洪区有可能地下水位大幅度上升而使冻胀加剧的条件，不采用这一规定。而改为："最小埋深应大于当地实测的冻结深度"，并且推荐了在冻土中使用效果较好的基础形式和防止或减少冻害的措施。

第5.2.4～5.2.6条 地基基础的设计包括荷载组合及相应分项系数的规定；地基承载力、变形和稳定分析所采用指标的确定和计算方法等，这一切都按国家标准GBJ7－89的规定进行。这里需要指出的是考虑蓄滞洪时水平荷载的作用和退洪时残留的高地下水位对于地基承载力的影响。水平荷载的存在使得地基竖向承载力降低。地下水位的增高使土层中表观凝聚力(来自毛细压力或弱的胶结力)丧失，有效重度减小，更降低了地基承载力。此时上部结构的自重在淹没水深以下按饱和重度考虑而加大，地基按有效重度计算以去掉基底下作用着的浮托力影响。

在透水性较好的土层中，或节理发育的岩石地基中，浮托力可按阿基米德原理计算。但在透水性很差的粘性土层中，浮托力作用并没有一个确定的值。实测资料表明，粘性土中结构物受到的浮托力小于静水柱高度。为简化计，此处并不区分出这类情况。

第5.2.7条 挡土墙的工程事故有些是产生在下雨之后，由于墙后排水不良，水压力大幅度增高导致挡墙破坏。因此要考虑水压力的影响。对于边坡稳定，同样要考虑这一点。

在地下水位以下的全部水压力作用在支挡结构物上，此时，土压力按浮重度计算，将土压力和水压力分别计算后相加。当墙内外的水位差大时，还应考虑渗流力的作用，这使主动土压力稍为增加而另一侧被动土压力显著降低，以考虑支挡结构物的稳定的不利影响。

第三节　地基处理

第5.3.1～5.3.2条 安全庄台和避水台建筑，多数在农闲时进行，逐步填高，并有较高的压实填土要求。如为节省耕地面积，减少用土量，需要造成陡坡，则可在土体内一定部位铺放适宜的土工合成(加筋)材料。但地基在饱和状态下应有足够的承载力以保证其稳定性。

为防止蓄滞洪时水流冲刷，对于坡面和基脚处宜用土工织物、土工网或三维植被网等土工合成材料技术进行防护。

第5.3.3～5.3.5条 这三条规定了作为房屋建筑地基的压实填土使用条件、范围和填土压实工程中应考虑的因素等。规定了压实填土所用材料和对于密实度、含水量等的要求。

第5.3.6～5.3.9条 压实填土与基底的紧密结合是确保这类土方工程安全运用的一个重要方面。对位于斜坡上或软弱土层上的压实填土是否稳定也是确保安全的另一个重要方面。条文中规定了验算的必要性，计算方法可参照有关的规范。

把好质量检验关，做好排水工程，是对建筑物安全使用的不可少的保证。

第5.3.10～5.3.12条 这里规定了几种行之有效的简易地基处理方法和适用范围。对于一般中小型建筑物，这些方法所用设备简单，费用较省，易于采用。

第5.3.13条 采用土工复合排水材料(排水带、排水管、袋装砂井等)技术加速排水固结，提高地基承载力是一种行之有效、已积累不少工程经验的方法。

第六章　砖砌体房屋

第一节　一般规定

第6.1.1条 本章要求的承重砌体材料只能采用烧结普通砖，其它如空心砖、砌砖、石料等均不在此列。

计算表明，当承重砖墙的厚度小于240mm时，即使提高砂浆强度等级，也难以承受较大的波浪作用。

第6.1.2条 本条是对本规范第三章的补充，所提出的要求是基于下列原因：

一、由于承重墙体的抗剪、抗弯能力均较非承重墙体高，且波浪荷载的作用方向对房屋来说是任意的，故要求砖砌体房屋尽可能采用纵横墙共同承重的刚性方案。刚性方案应符合现行国家标准《砌体结构设计规范》的规定。

二、纵横墙的布置均匀对称，同一轴线上的窗间墙等宽均匀，可使各墙垛受力基本均匀，避免薄弱部位的破坏。

三、木楼板刚度小，水平荷载传递能力差，在水环境下易产生吸水膨胀、翘曲等现象，不能保持楼板的应有功能。

第6.1.3条 波浪荷载作用于纵墙上，通过楼板传递给横墙，这不但要求横墙有足够的承载能力，同时也要求楼板必须有足够的传递荷载的水平刚度。本条规定是为了保证楼板有足够的传递水平波浪荷载的刚度。

第6.1.4条 计算表明，当窗台以下、过梁以上的墙体超过表6.1.4规定时，在波浪作用下易沿水平缝首先破坏，故作此限值。

第6.1.5条 开洞率为洞口面积与墙体毛面积之比。波浪对墙体的作用与开洞率有直接关系。开洞率越大，墙体所受波浪压强越小，房屋所受到的波浪总荷载也越小，反之亦然。研究表明，当墙体的开洞率过小(如小于0.32)时，作用于墙体上的波浪荷载也将随之增大，墙体的受弯和受剪承载力难以满足，且抗浪柱的截面及配筋将增大，房屋造价也将提高。因此，墙体的开洞率宜在0.32～0.4之间。

内纵墙的开洞率宜与外墙的开洞率大致相同，主要考虑在波浪通过房屋时，使波浪的能量尽可能少地作用在墙体上，这样不仅有利于房屋的局部构件，也有利于房屋整体的抗波浪性能。

波浪作用于开洞山墙进入室内后，尽管其强度有很大的衰减(在开洞率为0.32情况下波浪压强约减小36%)，但仍将危及第一道内横墙的安全，因此要求第一道内横墙仍开设洞口。

第6.1.6条 孤立墙体的中部(即墙体宽度的1/2处)设置抗浪柱是为了确保墙体不首先沿水平通缝弯曲破坏。要求设置在墙宽的1/2处是为了使抗浪柱两侧墙体受载对称。

抗洪安全等级为一级的各层房屋，是蓄滞洪期间用于人员集体避难的重要建筑。在外墙四角、大房间内外墙交接处、楼梯间横墙与外墙交接处、山墙与内纵墙交接处设置抗浪柱，是为了提高这一安全等级房屋的变形能力。

第二节 计算要点

第 6.2.1 条 砖砌体房屋的承载体系为砖砌墙体,承重墙体在波浪荷载作用下应保持原有功能。由于墙体有一定比例的开洞率,属半透空式房屋,因此可按附录二的方法计算作用于砖砌体房屋上的波浪压强和总波浪力。

第 6.2.2 条 砖砌体房屋应按现行国家标准《砌体结构设计规范》进行墙体的受剪、受弯承载力验算。

一、根据一般经验,只需对纵横墙的不利墙段进行受剪承载力验算,不利墙段包括:①承担波浪水平荷载较大的;②竖向压应力较小的;③局部截面较小的墙段。

砌体的抗剪能力与验算截面处的竖向压应力有直接关系。水环境下,影响墙体压力的因素除了房屋自重、水的浮力以外,还有波浪竖向荷载对房屋水平构件(主要是楼板)的上托力。考虑到:①房屋沿纵横两个方向均由多道开洞墙体构成,波浪通过两道以上开洞墙体后,其波浪要素将发生很大变化,难以精确计算作用于楼板各处的上托力;②通常情况下的楼板是不能承受负弯矩作用的,当波浪上托力超过楼板自重时,楼板可能产生破坏。因此,在进行墙体受剪承载力验算和房屋整体抗倾覆验算时,波浪对楼板上托力的值可取楼板的自重(即楼板自重和上托力同时不予考虑)。

二、安全层以下,当各层窗间墙宽度相同时,可只取近静水位层的墙体进行受弯承载力验算。

第 6.2.4～6.2.6 条、第 6.2.8 条 为了设计上的方便,这些条文中给出了特定条件下的设计信息,这些信息可使满足条文要求的房屋设计工作大大简化。当设计上不满足上述条文规定时,设计人员应根据计算来确定这三条中所要求的内容。

第三节 构造措施

第 6.3.1 条 抗浪柱的主要功能是将作用于孤立墙体上的波浪荷载传递给楼板,从而达到保证孤立墙体安全的目的。抗浪柱不必单独设置基础,顶端可只伸到安全层楼板处,并与各层圈梁或楼板有可靠的连接。

先砌墙后浇柱,可使墙柱结合牢固;马牙槎可使柱外露,便于检查柱的施工质量。

第 6.3.2～6.3.3 条 设置墙体间、墙柱间的拉结钢筋,主要是为了加强这些关键部位的连接,改善墙体的抗浪性能。

第 6.3.4～6.3.5 条 圈梁能提高房屋的整体性,特别是对于装配式楼(屋)盖的砖砌体房屋。圈梁与抗浪柱有效的连接可对墙体起到约束作用,是房屋在波浪环境下维持其功能的主要措施之一。

第 6.3.6～6.3.7 条 窗台以下及洞口四角墙体在波浪作用下易首先破坏以致危及其它部位的安全。因此本条规定在窗台标高处设置钢筋混凝土现浇带。

现浇带的主要作用是减小墙体位于楼板处的弯矩,改善洞口四角的受力性能。现浇带不需周边闭合,但需与抗浪柱或与之相垂直的墙体用钢筋锚固。位于窗台处的现浇带可代替窗台板,但位于洞口上方的现浇带不能代替过梁。

第 6.3.9 条 一般情况下,不满足墙体开洞率的主要原因是开洞位置与使用要求有矛盾。因此,根据一些蓄滞洪区的经验,本条提出开洞位置的墙体可采用轻质材料、低标号砂浆砌筑。这种措施也称为局部薄弱构造措施。局部薄弱构造措施实属一种"弃卒保车"之策,是为了保证房屋主体结构的安全采取的一种措施。要求局部薄弱构造在非蓄滞洪期间不影响使用要求,蓄滞洪时易于人为拆除或能很快垮掉,以保证墙体所应有的开洞率。因此要求薄弱构造且采用轻质材料,以免自垮时损坏其它构件,又要求薄弱构造的粘结材料经水浸泡后容易松散。

局部薄弱构造措施的形式在规范中未作统一规定,根据一些蓄滞洪区的建房经验,介绍如下几种形式:

一、当外墙未设门窗时,采用图 6.1(*a*)的薄弱构造;

二、当内墙开洞率小于外墙开洞率时,采用图 6.1(*b*)的薄弱构造。

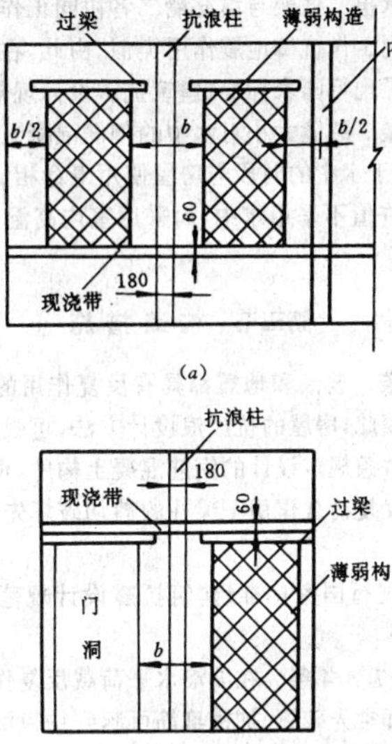

图 6.1 薄弱构造措施

第七章 钢筋混凝土房屋

第一节 一般规定

第 7.1.1 条 钢筋混凝土房屋可根据计算风速和蓄滞洪区运用频率,按半透空式或透空式进行设计。

透空式房屋的设计思想是,房屋水下部分的维护墙和楼板,主要是靠近静水面的维护墙和楼板,在波浪荷载到达设计值之前即脱离主体结构,达到减轻波浪作用和保证安全层使用功能的目标。这种设计方案的特点是,在给定风浪条件下,主体结构所承受的波浪荷载小,但蓄滞洪区房屋损失大;透空式房屋适于在风浪大、蓄滞洪机遇不多的地区建造。

半透空式房屋的优点是:便于设计,蓄滞洪后利于修复和室内财产损失小。这种房屋适于在计算风速不大,例如不超过 22m/s,蓄滞洪机遇多的地区建造。

第 7.1.2 条 波浪荷载的大小与房屋外墙迎浪面面积成正比。当墙面开孔分布均匀时,波浪荷载沿房屋水平方向的分布亦均匀。要求抗侧力构件在房屋平面内均匀对称布置是为了适应波浪荷载的作用特点。

第 7.1.3 条 框架-剪力墙结构主要以剪力墙承受波浪水平荷载,作为抗侧力构件的剪力墙至少应延伸到静水面以上的第一层安全层楼板。

横向剪力墙与纵向剪力墙相联,有利于提高房屋的侧向承载能力和增加房屋整体性。

第 7.1.6 条 本条目的在于垮墙后减小墙体材料对楼板施加的荷载。

第二节 计算要点

第 7.2.1 条 当砖砌体与框架梁柱连接紧密时,可以考虑砖砌体抗侧力的影响,此时墙体也承受一定的侧向力。

波浪和地震，对于建筑物是两种不同类型的外加作用。波浪作用表现为外加面力，其大小与房屋迎浪面墙体面积成正比，地震作用为结构外加变形，表现为体力，其值与房屋重量及房屋动力特性有关。虽然二者作用性质不同，但对于建筑物都是以水平向的分布作用为主。

当框架中的砌体填充墙充当抗侧力构件时，波浪荷载由框架和填充墙共同承担。框架与填充墙二者协同工作抗御波浪荷载的情况与二者协同工作抗御地震作用类似。由此，在计算方法上本规范附录七借鉴了现行国家标准《建筑抗震设计规范》的有关内容。

第 7.2.2 条 裂缝大小对水中的钢筋混凝土构件正常工作有影响，但房屋处于水中的时段与房屋使用寿命相比是暂短的，故最大裂缝宽度允许值不采用水中，而采用室内高湿度环境下的规定值。

第三节 构造措施

第 7.3.1 条 波浪和地震都具有反复作用的特点，而且以水平分量为主。因此，房屋的抗波浪设计方法，可吸取和继承抗震设计的经验。按本条规定设计的钢筋混凝土构件，可避免形成短梁、短柱和在波浪反复荷载作用下梁柱的剪切破坏先于弯曲破坏的可能。

本条参照现行国家标准《建筑抗震设计规范》的有关条文制定。

第 7.3.2～7.3.4 条 在波浪水平荷载反复作用下，框架节点附近的梁柱端部常先破坏。加密箍筋可起到约束混凝土，增加杆件变形能力，延缓框架破坏的作用。

实践表明，箍筋对混凝土的约束作用与含箍量、箍筋形式、箍肢间距等因素有关。一般说来，箍筋含量高的杆件延性好；而在延性要求不变的条件下，螺旋箍等特殊箍筋的配箍量可低于普通矩形箍筋的配箍量；箍筋直径和间距相同时，箍肢间距愈小，则其对混凝土的约束作用愈大。

为使框架梁、柱的纵向钢筋有可靠的锚固，框架梁柱节点核芯区混凝土要具有良好的约束条件，其最小配箍量不应低于柱端的实际配箍量。

上述三条系参照现行国家标准《建筑抗震设计规范》有关条文制定，大体相当于多层和高层钢筋混凝土房屋 7 度抗震设防的构造措施。

第 7.3.5 条 在施工顺序上先砌墙后浇梁柱，以及在框架与填充墙之间设置拉筋，目的在于保证砖填充墙与框架柱之间有可靠连接和框架与填充墙二者的共同作用。

第 7.3.6 条 高湿度环境下保护层的厚度应比正常情况大。此条系参照现行国家标准《混凝土结构设计规范》有关条文制定。

第八章 单层空旷房屋

第一节 一般规定

第 8.1.1～8.1.2 条 单层空旷房屋是一组由不同类型的结构组成的建筑，包含有单层的观众厅和多层的前后厅、两侧附属用房及无侧厅的食堂。

观众厅与前后厅之间、观众厅与两侧厅之间一般不设伸缩缝，因此，根据第三章的要求，布置要对称，并按本章采取措施，使整组建筑形成相互支持和有良好联系的整体体系。

新建俱乐部、礼堂等公共建筑的附属房屋应满足集体避洪的要求，其设计要求和构造措施根据其结构类型按本规范有关规定执行。

第 8.1.3～8.1.7 条 结构选型总的要求是，选用的结构构件应是自身抗洪性能好，且有利于整体抗洪能力的提高。

大厅的房屋高、跨度大，对抗洪极为不利，因此，要求采用钢筋混凝土柱。同时，附属房屋、屋盖选型、构造及非承重隔墙的合理设置，将有利于提高大厅的抗洪能力。

附属房屋的总高一般不宜低于大厅屋檐高度，否则在波浪力的作用下，高出附属房屋的大厅部分可能先行破坏。

单层空旷房屋的山墙一般较高大，且很少开洞，山墙很难承受波浪荷载的冲击，本章对山墙必须设置钢筋混凝土柱和梁作了规定。

考虑到蓄滞洪时风浪的影响，单层空旷房屋尽可能建在地势较高处，使房屋下弦高度不小于本规范第 3.2.4 条关于近水面安全层楼板底面高度的规定，以避免在波浪力作用下因屋盖系统的破坏而引起整个大厅的破坏。

第二节 计算要点

第 8.2.1 条 单层空旷房屋的平面和体型均较复杂，按目前分析水平，尚难进行整体计算分析，为了简化，可将整个房屋划分为若干个部分，分别进行计算，然后从构造上和荷载的局部影响加以考虑。

单层空旷房屋的横向抗洪分析时，考虑附属房屋的结构类型及与大厅的连接方式，选用排架、框排架计算简图。

第 8.2.2 条 两侧无附属房屋的大厅，可根据维护墙与主体结构的连接情况选取波浪荷载计算模式，然后将房屋的总波浪荷载分配到排架柱，采用平面排架简化方法计算。

两侧的附属房屋，根据其结构类型选取计算方法。

第 8.2.3 条 根据宏观调查、山墙抗波浪力计算分析及使用要求，本条规定对单层空旷房屋山墙的柱和梁应进行出平面抗洪验算。

第三节 构造措施

第 8.3.1 条 本条所指的有檩屋盖，主要是波形瓦（包括石棉瓦及槽瓦）屋面。这类屋盖只要设置完整的支撑体系，檩条间以及檩条与屋架间有牢固的拉结，且保证在波浪作用下屋面瓦与檩条脱离，一般均具有一定的抗洪能力。若屋面与檩条的连接过于牢固，当波浪高度超过屋架下弦时，由于波浪力对屋面的冲击作用，将会对檩条、屋架产生较大的破坏，甚至引起整个屋盖系统严重破坏。

第 8.3.2 条 柱子在变位受约束的部位容易出现剪切破坏，增加箍筋，以提高其抗剪能力。

第 8.3.3 条 舞台口两侧墙体为一端自由的高大悬墙，其上搁置的梁亦为悬梁，很不稳定，受力复杂。因此，舞台口墙要加强与大厅屋盖体系的拉结，用钢筋混凝土柱和水平圈梁和卧梁来加强自身的整体性和稳定性。

第 8.3.4 条 当按透空式房屋进行设计时，大厅柱的截面和配筋无法承受墙体传来的荷载。因此，必须使墙体在波浪荷载作用下能自行垮掉。

当按半透空式房屋进行设计时，必须使填充墙体与柱和梁有牢固的连接，但墙体的开洞率应符合第六章的有关要求。

第 8.3.5～8.3.6 条 增设多道圈梁主要是加强房屋的整体性和稳定性。大厅与周围房屋间不设伸缩缝时，交接处受力较大，所以要加强相互间的连接，以增强房屋的整体性。

第 8.3.7～8.3.9 条 山墙是空旷房屋的薄弱部位之一，且开洞少，在波浪荷载的作用下容易外倾、局部倒塌、甚至全部倒塌，因此，要求不得采用山墙承重的方案。为提高山墙的承载力和稳定性，在山墙必须设置抗波浪力的钢筋混凝土柱、梁和卧梁，并加强锚拉措施。

由于使用上的要求，山墙一般不开洞或开洞很少，这对山墙抗洪极为不利，因此应按第六章有关规定，设置洞口或采用薄弱构造措施。

中华人民共和国国家标准

镇 规 划 标 准

Standard for planning of town

GB 50188—2007

主编部门：中华人民共和国建设部
批准部门：中华人民共和国建设部
施行日期：2 0 0 7 年 5 月 1 日

中华人民共和国建设部
公　　告

第553号

建设部关于发布国家标准《镇规划标准》的公告

现批准《镇规划标准》为国家标准，编号为GB 50188—2007，自2007年5月1日起实施。其中，第3.1.1、3.1.2、3.1.3、4.1.3、4.2.2、5.1.1、5.1.3、5.2.1、5.2.2、5.2.3、5.4.4、5.4.5、6.0.4、7.0.4、7.0.5、8.0.1（3）（4）、8.0.2（3）（4）、9.2.3、9.2.5（1）（2）、9.3.3、10.2.5（4）、10.3.6、10.4.6、11.2.2、11.2.6、11.3.4、11.3.6、11.3.7、11.4.4、11.4.5、11.5.4、12.4.3、13.0.1、13.0.4、13.0.5、13.0.6、13.0.7条(款)为强制性条文，必须严格执行。原《村镇规划标准》GB 50188—2006同时废止。

本规范由建设部标准定额研究所组织中国建筑工业出版社出版发行。

中华人民共和国建设部
2007年1月16日

前　　言

根据建设部建标［1999］308号文件的通知要求，标准编制组广泛调查研究，认真总结实践经验，参考有关国际标准和国外先进标准，并在广泛征求意见的基础上，修订了本标准。

本标准的主要内容是：1. 总则；2. 术语；3. 镇村体系和人口预测；4. 用地分类和计算；5. 规划建设用地标准；6. 居住用地规划；7. 公共设施用地规划；8. 生产设施和仓储用地规划；9. 道路交通规划；10. 公用工程设施规划；11. 防灾减灾规划；12. 环境规划；13. 历史文化保护规划；14. 规划制图。

修订的主要技术内容是：在原标准9章的基础上增设了术语、防灾减灾规划、环境规划、历史文化保护规划和规划制图等5章；重点调整了镇村体系和规模分级、规划建设用地标准、公共设施项目配置；公用工程设施规划中增加了燃气工程、供热工程、工程管线综合等3节；并对原有其他各章也作了补充修改。

本标准以黑体字标志的条文为强制性条文，必须严格执行。

本标准由建设部负责管理和对强制性条文的解释，由主编单位负责具体技术内容的解释。

本标准主编单位：中国建筑设计研究院（北京市西直门外车公庄大街19号，邮政编码：100044）。

本标准参编单位：天津市城市规划设计研究院
吉林省城乡规划设计研究院
浙江省城乡规划设计研究院
浙江东华城镇规划建筑设计公司
武汉市城市规划设计研究院
四川省城乡规划设计研究院
宁夏自治区小城镇协会
北京市市政工程科学技术研究所
中国城市规划设计研究院
国家环境保护总局环境规划院

本标准主要起草人：任世英　赵柏年　寿　民
赵保中　孙蕴山　杨斌辉
邓竞成　郑向阳　傅芳生
刘学功　崔招女　胡　桃
乔　兵　沈　纹　徐詠九
刘志刚　陈定外　潘顺昌
赵中枢　何建清　王　宁
赵　辉　冯新刚　卢比志
宗羽飞　吴俊勤　汪　勰
樊　晟　屈　扬　张燕霞
邵爱云　杨金田

目　次

1 总　　则

1.0.1 为了科学地编制镇规划，加强规划建设和组织管理，创造良好的劳动和生活条件，促进城乡经济、社会和环境的协调发展，制定本标准。

1.0.2 本标准适用于全国县级人民政府驻地以外的镇规划，乡规划可按本标准执行。

1.0.3 编制镇规划，除应符合本标准外，尚应符合国家现行有关标准的规定。

2 术　　语

2.0.1 镇　town

经省级人民政府批准设置的镇。

2.0.2 镇域　administrative region of town

镇人民政府行政的地域。

2.0.3 镇区　seat of government of town

镇人民政府驻地的建成区和规划建设发展区。

2.0.4 村庄　village

农村居民生活和生产的聚居点。

2.0.5 县域城镇体系　county seat, town and township system of county

县级人民政府行政地域内，在经济、社会和空间发展中有机联系的城、镇（乡）群体。

2.0.6 镇域镇村体系　town and village system of town

镇人民政府行政地域内，在经济、社会和空间发展中有机联系的镇区和村庄群体。

2.0.7 中心镇　key town

县域城镇体系规划中的各分区内，在经济、社会和空间发展中发挥中心作用的镇。

2.0.8 一般镇　common town

县域城镇体系规划中，中心镇以外的镇。

2.0.9 中心村　key village

镇域镇村体系规划中，设有兼为周围村服务的公共设施的村。

2.0.10 基层村　basic-level village

镇域镇村体系规划中，中心村以外的村。

3 镇村体系和人口预测

3.1 镇村体系和规模分级

3.1.1 镇域镇村体系规划应依据县（市）域城镇体系规划中确定的中心镇、一般镇的性质、职能和发展规模进行制定。

3.1.2 镇域镇村体系规划应包括以下主要内容：

1 调查镇区和村庄的现状，分析其资源和环境等发展条件，预测一、二、三产业的发展前景以及劳力和人口的流向趋势；

2 落实镇区规划人口规模，划定镇区用地规划发展的控制范围；

3 根据产业发展和生活提高的要求，确定中心村和基层村，结合村民意愿，提出村庄的建设调整设想；

4 确定镇域内主要道路交通，公用工程设施、公共服务设施以及生态环境、历史文化保护、防灾减灾防疫系统。

3.1.3 镇区和村庄的规划规模应按人口数量划分为特大、大、中、小型四级。

在进行镇区和村庄规划时，应以规划期末常住人口的数量按表3.1.3的分级确定级别。

表3.1.3 规划规模分级（人）

规划人口规模分级	镇　区	村　庄
特大型	>50000	>1000
大　型	30001～50000	601～1000
中　型	10001～30000	201～600
小　型	≤10000	≤200

3.2 规划人口预测

3.2.1 镇域总人口应为其行政地域内常住人口，常住人口应为户籍、寄住人口数之和，其发展预测宜按下式计算：

$$Q = Q_0(1+K)^n + P$$

式中　Q——总人口预测数（人）；

Q_0——总人口现状数（人）；

K——规划期内人口的自然增长率（%）；

P——规划期内人口的机械增长数（人）；

n——规划期限（年）。

3.2.2 镇区人口规模应以县域城镇体系规划预测的数量为依据，结合镇区具体情况进行核定；村庄人口规模应在镇域镇村体系规划中进行预测。

3.2.3 镇区人口的现状统计和规划预测，应按居住状况和参与社会生活的性质进行分类。镇区规划期内的人口分类预测，宜按表3.2.3的规定计算。

表3.2.3 镇区规划期内人口分类预测

人口类别		统计范围	预测计算
常住人口	户籍人口	户籍在镇区规划用地范围内的人口	按自然增长和机械增长计算
	寄住人口	居住半年以上的外来人口 寄宿在规划用地范围内的学生	按机械增长计算
通勤人口		劳动、学习在镇区内，住在规划范围外的职工、学生等	按机械增长计算
流动人口		出差、探亲、旅游、赶集等临时参与镇区活动的人员	根据调查进行估算

3.2.4 规划期内镇区人口的自然增长应按计划生育的要求进行计算，机械增长宜考虑下列因素进行预测：

1 根据产业发展前景及土地经营情况预测劳力转移时，宜按劳力转化因素对镇域所辖地域范围的土地和劳力进行平衡，预测规划期内劳力的数量，分析镇区类型、发展水平、地方优势、建设条件和政策影响以及外来人口进入情况等因素，确定镇区的人口数量。

2 根据镇区的环境条件预测人口发展规模时，宜按环境容量因素综合分析当地的发展优势、建设条件、环境和生态状况等因素，预测镇区人口的适宜规模。

3 镇区建设项目已经落实、规划期内人口机械增长比较稳定的情况下，可按带眷情况估算人口发展规模；建设项目尚未落实的情况下，可按平均增长预测人口的发展规模。

4 用地分类和计算

4.1 用 地 分 类

4.1.1 镇用地应按土地使用的主要性质划分为：居住用地、公共设施用地、生产设施用地、仓储用地、对外交通用地、道路广场用地、工程设施用地、绿地、水域和其他用地9大类、30小类。

4.1.2 镇用地的类别应采用字母与数字结合的代号，适用于规划文件的编制和用地的统计工作。

4.1.3 镇用地的分类和代号应符合表4.1.3的规定。

表4.1.3 镇用地的分类和代号

类别代号		类别名称	范围
大类	小类		
R		居住用地	各类居住建筑和附属设施及其间距和内部小路、场地、绿化等用地；不包括路面宽度等于和大于6m的道路用地
	R1	一类居住用地	以一～三层为主的居住建筑和附属设施及其间距内的用地，含宅间绿地、宅间路用地；不包括宅基地以外的生产性用地
	R2	二类居住用地	以四层和四层以上为主的居住建筑和附属设施及其间距、宅间路、组群绿化用地
C		公共设施用地	各类公共建筑及其附属设施、内部道路、场地、绿化等用地
	C1	行政管理用地	政府、团体、经济、社会管理机构等用地
	C2	教育机构用地	托儿所、幼儿园、小学、中学及专科院校、成人教育及培训机构等用地

续表4.1.3

类别代号		类别名称	范围
大类	小类		
C	C3	文体科技用地	文化、体育、图书、科技、展览、娱乐、度假、文物、纪念、宗教等设施用地
	C4	医疗保健用地	医疗、防疫、保健、休疗养等机构用地
	C5	商业金融用地	各类商业服务业的店铺，银行、信用、保险等机构，及其附属设施用地
	C6	集贸市场用地	集市贸易的专用建筑和场地；不包括临时占用街道、广场等设摊用地
M		生产设施用地	独立设置的各种生产建筑及其设施和内部道路、场地、绿化等用地
	M1	一类工业用地	对居住和公共环境基本无干扰、无污染的工业，如缝纫、工艺品制作等工业用地
	M2	二类工业用地	对居住和公共环境有一定干扰和污染的工业，如纺织、食品、机械等工业用地
	M3	三类工业用地	对居住和公共环境有严重干扰、污染和易燃易爆的工业，如采矿、冶金、建材、造纸、制革、化工等工业用地
	M4	农业服务设施用地	各类农产品加工和服务设施用地；不包括农业生产建筑用地
W		仓储用地	物资的中转仓库、专业收购和储存建筑、堆场及其附属设施、道路、场地、绿化等用地
	W1	普通仓储用地	存放一般物品的仓储用地
	W2	危险品仓储用地	存放易燃、易爆、剧毒等危险品的仓储用地
T		对外交通用地	镇对外交通的各种设施用地
	T1	公路交通用地	规划范围内的路段、公路站场、附属设施等用地
	T2	其他交通用地	规划范围内的铁路、水路及其他对外交通路段、站场和附属设施等用地

续表 4.1.3

类别代号		类别名称	范围
大类	小类		
S		道路广场用地	规划范围内的道路、广场、停车场等设施用地，不包括各类用地中的单位内部道路和停车场地
	S1	道路用地	规划范围内路面宽度等于和大于6m的各种道路、交叉口等用地
	S2	广场用地	公共活动广场、公共使用的停车场用地，不包括各类用地内部的场地
U		工程设施用地	各类公用工程和环卫设施以及防灾设施用地，包括其建筑物、构筑物及管理、维修设施等用地
	U1	公用工程用地	给水、排水、供电、邮政、通信、燃气、供热、交通管理、加油、维修、殡仪等设施用地
	U2	环卫设施用地	公厕、垃圾站、环卫站、粪便和生活垃圾处理设施等用地
	U3	防灾设施用地	各项防灾设施的用地，包括消防、防洪、防风等
G		绿地	各类公共绿地、防护绿地；不包括各类用地内部的附属绿化用地
	G1	公共绿地	面向公众、有一定游憩设施的绿地，如公园、路旁或临水宽度等于和大于5m的绿地
	G2	防护绿地	用于安全、卫生、防风等的防护绿地
E		水域和其他用地	规划范围内的水域、农林用地、牧草地、未利用地、各类保护区和特殊用地等
	E1	水域	江河、湖泊、水库、沟渠、池塘、滩涂等水域；不包括公园绿地中的水面

续表 4.1.3

类别代号		类别名称	范围
大类	小类		
E	E2	农林用地	以生产为目的的农林用地，如农田、菜地、园地、林地、苗圃、打谷场以及农业生产建筑等
	E3	牧草和养殖用地	生长各种牧草的土地及各种养殖场用地等
	E4	保护区	水源保护区、文物保护区、风景名胜区、自然保护区等
	E5	墓地	
	E6	未利用地	未使用和尚不能使用的裸岩、陡坡地、沙荒地等
	E7	特殊用地	军事、保安等设施用地；不包括部队家属生活区等用地

4.2 用地计算

4.2.1 镇的现状和规划用地应统一按规划范围进行计算。

4.2.2 规划范围应为建设用地以及因发展需要实行规划控制的区域，包括规划确定的预留发展、交通设施、工程设施等用地，以及水源保护区、文物保护区、风景名胜区、自然保护区等。

4.2.3 分片布局的规划用地应分片计算用地，再进行汇总。

4.2.4 现状及规划用地应按平面投影面积计算，用地的计算单位应为公顷（hm^2）。

4.2.5 用地面积计算的精确度应按制图比例尺确定。1∶10000、1∶25000、1∶50000的图纸应取值到个位数；1∶5000的图纸应取值到小数点后一位数；1∶1000、1∶2000的图纸应取值到小数点后两位数。

4.2.6 用地计算表的格式应符合本标准附录A的规定。

5 规划建设用地标准

5.1 一般规定

5.1.1 建设用地应包括本标准表4.1.3用地分类中的居住用地、公共设施用地、生产设施用地、仓储用地、对外交通用地、道路广场用地、工程设施用地和绿地8大类用地之和。

5.1.2 规划的建设用地标准应包括人均建设用地指标、建设用地比例和建设用地选择三部分。

5.1.3 人均建设用地指标应为规划范围内的建设用地面积除以常住人口数量的平均数值。人口统计应与用地统计的范围相一致。

5.2 人均建设用地指标

5.2.1 人均建设用地指标应按表5.2.1的规定分为四级。

表5.2.1 人均建设用地指标分级

级 别	一	二	三	四
人均建设用地指标（m^2/人）	＞60～≤80	＞80～≤100	＞100～≤120	＞120～≤140

5.2.2 新建镇区的规划人均建设用地指标应按表5.2.1中第二级确定；当地处现行国家标准《建筑气候区划标准》GB 50178的Ⅰ、Ⅶ建筑气候区时，可按第三级确定；在各建筑气候区内均不得采用第一、四级人均建设用地指标。

5.2.3 对现有的镇区进行规划时，其规划人均建设用地指标应在现状人均建设用地指标的基础上，按表5.2.3规定的幅度进行调整。第四级用地指标可用于Ⅰ、Ⅶ建筑气候区的现有镇区。

表5.2.3 规划人均建设用地指标

现状人均建设用地指标（m^2/人）	规划调整幅度（m^2/人）
≤60	增0～15
＞60～≤80	增0～10
＞80～≤100	增、减0～10
＞100～≤120	减0～10
＞120～≤140	减0～15
＞140	减至140以内

注：规划调整幅度是指规划人均建设用地指标对现状人均建设用地指标的增减数值。

5.2.4 地多人少的边远地区的镇区，可根据所在省、自治区人民政府规定的建设用地指标确定。

5.3 建设用地比例

5.3.1 镇区规划中的居住、公共设施、道路广场、以及绿地中的公共绿地四类用地占建设用地的比例宜符合表5.3.1的规定。

表5.3.1 建设用地比例

类别代号	类别名称	占建设用地比例（%）	
		中心镇镇区	一般镇镇区
R	居住用地	28～38	33～43
C	公共设施用地	12～20	10～18
S	道路广场用地	11～19	10～17
G1	公共绿地	8～12	6～10
四类用地之和		64～84	65～85

5.3.2 邻近旅游区及现状绿地较多的镇区，其公共绿地所占建设用地的比例可大于所占比例的上限。

5.4 建设用地选择

5.4.1 建设用地的选择应根据区位和自然条件、占地的数量和质量、现有建筑和工程设施的拆迁和利用、交通运输条件、建设投资和经营费用、环境质量和社会效益以及具有发展余地等因素，经过技术经济比较，择优确定。

5.4.2 建设用地宜选在生产作业区附近，并应充分利用原有用地调整挖潜，同土地利用总体规划相协调。需要扩大用地规模时，宜选择荒地、薄地，不占或少占耕地、林地和牧草地。

5.4.3 建设用地宜选在水源充足，水质良好，便于排水、通风和地质条件适宜的地段。

5.4.4 建设用地应符合下列规定：

1 应避开河洪、海潮、山洪、泥石流、滑坡、风灾、发震断裂等灾害影响以及生态敏感的地段；

2 应避开水源保护区、文物保护区、自然保护区和风景名胜区；

3 应避开有开采价值的地下资源和地下采空区以及文物埋藏区。

5.4.5 在不良地质地带严禁布置居住、教育、医疗及其他公众密集活动的建设项目。因特殊需要布置本条严禁建设以外的项目时，应避免改变原有地形、地貌和自然排水体系，并应制订整治方案和防止引发地质灾害的具体措施。

5.4.6 建设用地应避免被铁路、重要公路、高压输电线路、输油管线和输气管线等所穿越。

5.4.7 位于或邻近各类保护区的镇区，宜通过规划，减少对保护区的干扰。

6 居住用地规划

6.0.1 居住用地占建设用地的比例应符合本标准5.3的规定。

6.0.2 居住用地的选址应有利生产，方便生活，具有适宜的卫生条件和建设条件，并应符合下列规定：

1 应布置在大气污染源的常年最小风向频率的下风侧以及水污染源的上游；

2 应与生产劳动地点联系方便，又不相互干扰；

3 位于丘陵和山区时，应优先选用向阳坡和通风良好的地段。

6.0.3 居住用地的规划应符合下列规定：

1 应按照镇区用地布局的要求，综合考虑相邻用地的功能、道路交通等因素进行规划；

2 根据不同的住户需求和住宅类型，宜相对集中布置。

6.0.4 居住建筑的布置应根据气候、用地条件和使用要求，确定建筑的标准、类型、层数、朝向、间距、群体组合、绿地系统和空间环境，并应符合下列规定：

1 应符合所在省、自治区、直辖市人民政府规定的镇区住宅用地面积标准和容积率指标，以及居住建筑的朝向和日照间距系数；

2 应满足自然通风要求，在现行国家标准《建筑气候区划标准》GB 50178 的Ⅱ、Ⅲ、Ⅳ气候区，居住建筑的朝向应符合夏季防热和组织自然通风的要求。

6.0.5 居住组群的规划应遵循方便居民使用、住宅类型多样、优化居住环境、体现地方特色的原则，应综合考虑空间组织、组群绿地、服务设施、道路系统、停车场地、管线敷设等的要求，区别不同的建设条件进行规划，并应符合下列规定：

1 新建居住组群的规划，镇区住宅宜以多层为主，并应具有配套的服务设施；

2 旧区居住街巷的改建规划，应因地制宜体现传统特色和控制住户总量，并应改善道路交通、完善公用工程和服务设施，搞好环境绿化。

7 公共设施用地规划

7.0.1 公共设施按其使用性质分为行政管理、教育机构、文体科技、医疗保健、商业金融和集贸市场六类，其项目的配置应符合表 7.0.1 的规定。

表 7.0.1 公共设施项目配置

类别	项目	中心镇	一般镇
一、行政管理	1. 党政、团体机构	●	●
	2. 法庭	○	—
	3. 各专项管理机构	●	●
	4. 居委会	●	●
二、教育机构	5. 专科院校	○	—
	6. 职业学校、成人教育及培训机构	○	○
	7. 高级中学	●	○
	8. 初级中学	●	●
	9. 小学	●	●
	10. 幼儿园、托儿所	●	●

续表 7.0.1

类别	项目	中心镇	一般镇
三、文体科技	11. 文化站（室）、青少年及老年之家	●	●
	12. 体育场馆	●	○
	13. 科技站	●	○
	14. 图书馆、展览馆、博物馆	●	○
	15. 影剧院、游乐健身场	●	○
	16. 广播电视台（站）	●	○
四、医疗保健	17. 计划生育站（组）	●	●
	18. 防疫站、卫生监督站	●	●
	19. 医院、卫生院、保健站	●	○
	20. 休疗养院	○	—
	21. 专科诊所	○	○
五、商业金融	22. 百货店、食品店、超市	●	●
	23. 生产资料、建材、日杂商店	●	●
	24. 粮油店	●	●
	25. 药店	●	●
	26. 燃料店（站）	●	●
	27. 文化用品店	●	●
	28. 书店	●	●
	29. 综合商店	●	●
	30. 宾馆、旅店	●	○
	31. 饭店、饮食店、茶馆	●	●
	32. 理发馆、浴室、照相馆	●	●
	33. 综合服务站	●	●
	34. 银行、信用社、保险机构	●	○
六、集贸市场	35. 百货市场	●	●
	36. 蔬菜、果品、副食市场	●	●
	37. 粮油、土特产、畜、禽、水产市场	根据镇的特点和发展需要设置	
	38. 燃料、建材家具、生产资料市场		
	39. 其他专业市场		

注：表中●——应设的项目；○——可设的项目。

7.0.2 公共设施的用地占建设用地的比例应符合本标准5.3的规定。

7.0.3 教育和医疗保健机构必须独立选址，其他公共设施宜相对集中布置，形成公共活动中心。

7.0.4 学校、幼儿园、托儿所的用地，应设在阳光充足、环境安静、远离污染和不危及学生、儿童安全的地段，距离铁路干线应大于300m，主要入口不应开向公路。

7.0.5 医院、卫生院、防疫站的选址，应方便使用和避开人流和车流量大的地段，并应满足突发灾害事件的应急要求。

7.0.6 集贸市场用地应综合考虑交通、环境与节约用地等因素进行布置，并应符合下列规定：

1 集贸市场用地的选址应有利于人流和商品的集散，并不得占用公路、主要干路、车站、码头、桥头等交通量大的地段；不应布置在文体、教育、医疗机构等人员密集场所的出入口附近和妨碍消防车辆通行的地段；影响镇容环境和易燃易爆的商品市场，应设在集镇的边缘，并应符合卫生、安全防护的要求。

2 集贸市场用地的面积应按平集规模确定，并应安排好大集时临时占用的场地，休集时应考虑设施和用地的综合利用。

8 生产设施和仓储用地规划

8.0.1 工业生产用地应根据其生产经营的需要和对生活环境的影响程度进行选址和布置，并应符合下列规定：

1 一类工业用地可布置在居住用地或公共设施用地附近；

2 二、三类工业用地应布置在常年最小风向频率的上风侧及河流的下游，并应符合现行国家标准《村镇规划卫生标准》GB 18055的有关规定；

3 新建工业项目应集中建设在规划的工业用地中；

4 对已造成污染的二类、三类工业项目必须迁建或调整转产。

8.0.2 镇区工业用地的规划布局应符合下列规定：

1 同类型的工业用地应集中分类布置，协作密切的生产项目应邻近布置，相互干扰的生产项目应予分隔；

2 应紧凑布置建筑，宜建设多层厂房；

3 应有可靠的能源、供水和排水条件，以及便利的交通和通信设施；

4 公用工程设施和科技信息等项目宜共建共享；

5 应设置防护绿带和绿化厂区；

6 应为后续发展留有余地。

8.0.3 农业生产及其服务设施用地的选址和布置应符合下列规定：

1 农机站、农产品加工厂等的选址应方便作业、运输和管理；

2 养殖类的生产厂（场）等的选址应满足卫生和防疫要求，布置在镇区和村庄常年盛行风向的侧风位和通风、排水条件良好的地段，并应符合现行国家标准《村镇规划卫生标准》GB 18055的有关规定；

3 兽医站应布置在镇区的边缘。

8.0.4 仓库及堆场用地的选址和布置应符合下列规定：

1 应按存储物品的性质和主要服务对象进行选址；

2 宜设在镇区边缘交通方便的地段；

3 性质相同的仓库宜合并布置，共建服务设施；

4 粮、棉、油类、木材、农药等易燃易爆和危险品仓库严禁布置在镇区人口密集区，与生产建筑、公共建筑、居住建筑的距离应符合环保和安全的要求。

9 道路交通规划

9.1 一般规定

9.1.1 道路交通规划主要应包括镇区内部的道路交通、镇域内镇区和村庄之间的道路交通以及对外交通的规划。

9.1.2 镇的道路交通规划应依据县域或地区道路交通规划的统一部署进行规划。

9.1.3 道路交通规划应根据镇用地的功能、交通的流向和流量，结合自然条件和现状特点，确定镇区内部的道路系统，以及镇域内镇区和村庄之间的道路交通系统，应解决好与区域公路、铁路、水路等交通干线的衔接，并应有利于镇区和村庄的发展、建筑布置和管线敷设。

9.2 镇区道路规划

9.2.1 镇区的道路应分为主干路、干路、支路、巷路四级。

9.2.2 道路广场用地占建设用地的比例应符合本标准5.3的规定。

9.2.3 镇区道路中各级道路的规划技术指标应符合表9.2.3的规定。

表9.2.3 镇区道路规划技术指标

规划技术指标	道路级别			
	主干路	干路	支路	巷路
计算行车速度(km/h)	40	30	20	—
道路红线宽度(m)	24～36	16～24	10～14	—

续表 9.2.3

规划技术指标	道路级别			
	主干路	干路	支路	巷路
车行道宽度（m）	14～24	10～14	6～7	3.5
每侧人行道宽度（m）	4～6	3～5	0～3	0
道路间距（m）	≥500	250～500	120～300	60～150

9.2.4 镇区道路系统的组成应根据镇的规模分级和发展需求按表 9.2.4 确定。

表 9.2.4 镇区道路系统组成

规划规模分级	道路级别			
	主干路	干路	支路	巷路
特大、大型	●	●	●	●
中　型	○	●	●	●
小　型	—	○	●	●

注：表中●——应设的级别；○——可设的级别。

9.2.5 镇区道路应根据用地地形、道路现状和规划布局的要求，按道路的功能性质进行布置，并应符合下列规定：

1 连接工厂、仓库、车站、码头、货场等以货运为主的道路不应穿越镇区的中心地段；

2 文体娱乐、商业服务等大型公共建筑出入口处应设置人流、车辆集散场地；

3 商业、文化、服务设施集中的路段，可布置为商业步行街，根据集散要求应设置停车场地，紧急疏散出口的间距不得大于 160m；

4 人行道路宜布置无障碍设施。

9.3 对外交通规划

9.3.1 镇域内的道路交通规划应满足镇区与村庄间的车行、人行以及农机通行的需要。

9.3.2 镇域的道路系统应与公路、铁路、水运等对外交通设施相互协调，并应配置相应的站场、码头、停车场等设施，公路、铁路、水运等用地及防护地段应符合国家现行的有关标准的规定。

9.3.3 高速公路和一级公路的用地范围应与镇区建设用地范围之间预留发展所需的距离。

规划中的二、三级公路不应穿过镇区和村庄内部，对于现状穿过镇区和村庄的二、三级公路应在规划中进行调整。

10 公用工程设施规划

10.1 一般规定

10.1.1 公用工程设施规划主要应包括给水、排水、供电、通信、燃气、供热、工程管线综合和用地竖向规划。

10.1.2 镇的公用工程设施规划应依据县域或地区公用工程设施规划的统一部署进行规划。

10.2 给水工程规划

10.2.1 给水工程规划中的集中式给水主要应包括确定用水量、水质标准、水源及卫生防护、水质净化、给水设施、管网布置；分散式给水主要应包括确定用水量、水质标准、水源及卫生防护、取水设施。

10.2.2 集中式给水的用水量应包括生活、生产、消防、浇洒道路和绿化用水量，管网漏水量和未预见水量，并应符合下列规定：

1 生活用水量的计算：

1）居住建筑的生活用水量可根据现行国家标准《建筑气候区划标准》GB 50178 的所在区域按表 10.2.2 进行预测；

表 10.2.2 居住建筑的生活用水量指标（L/人·d）

建筑气候区划	镇　区	镇区外
Ⅲ、Ⅳ、Ⅴ区	100～200	80～160
Ⅰ、Ⅱ区	80～160	60～120
Ⅵ、Ⅶ区	70～140	50～100

2）公共建筑的生活用水量应符合现行国家标准《建筑给水排水设计规范》GB 50015 的有关规定，也可按居住建筑生活用水量的 8%～25%进行估算。

2 生产用水量应包括工业用水量、农业服务设施用水量，可按所在省、自治区、直辖市人民政府的有关规定进行计算。

3 消防用水量应符合现行国家标准《建筑设计防火规范》GB 50016 的有关规定。

4 浇洒道路和绿地的用水量可根据当地条件确定。

5 管网漏失水量及未预见水量可按最高日用水量的 15%～25%计算。

10.2.3 给水工程规划的用水量也可按表 10.2.3 中人均综合用水量指标预测。

表 10.2.3 人均综合用水量指标（L/人·d）

建筑气候区划	镇　区	镇区外
Ⅲ、Ⅳ、Ⅴ区	150～350	120～260
Ⅰ、Ⅱ区	120～250	100～200
Ⅵ、Ⅶ区	100～200	70～160

注：1 表中为规划期最高日用水量指标，已包括管网漏失及未预见水量；

2 有特殊情况的镇区，应根据用水实际情况，酌情增减用水量指标。

10.2.4 生活饮用水的水质应符合现行国家标准《生活饮用水卫生标准》GB 5749 的有关规定。

10.2.5 水源的选择应符合下列规定：

1 水量应充足，水质应符合使用要求；

2 应便于水源卫生防护；

3 生活饮用水、取水、净水、输配水设施应做到安全、经济和具备施工条件；

4 选择地下水作为给水水源时，不得超量开采；选择地表水作为给水水源时，其枯水期的保证率不得低于 90%；

5 水资源匮乏的镇应设置天然降水的收集贮存设施。

10.2.6 给水管网系统的布置和干管的走向应与给水的主要流向一致，并应以最短距离向用水大户供水。给水干管最不利点的最小服务水头，单层建筑物可按 10～15m 计算，建筑物每增加一层应增压 3m。

10.3 排水工程规划

10.3.1 排水工程规划主要应包括确定排水量、排水体制、排放标准、排水系统布置、污水处理设施。

10.3.2 排水量应包括污水量、雨水量，污水量应包括生活污水量和生产污水量。排水量可按下列规定计算：

1 生活污水量可按生活用水量的 75%～85%进行计算；

2 生产污水量及变化系数可按产品种类、生产工艺特点和用水量确定，也可按生产用水量的 75%～90%进行计算；

3 雨水量可按邻近城市的标准计算。

10.3.3 排水体制宜选择分流制；条件不具备可选择合流制，但在污水排入管网系统前应采用化粪池、生活污水净化沼气池等方法预处理。

10.3.4 污水排放应符合现行国家标准《污水综合排放标准》GB 8978 的有关规定；污水用于农田灌溉应符合现行国家标准《农田灌溉水质标准》GB 5084 的有关规定。

10.3.5 布置排水管渠时，雨水应充分利用地面径流和沟渠排除；污水应通过管道或暗渠排放，雨水、污水的管、渠均应按重力流设计。

10.3.6 污水采用集中处理时，污水处理厂的位置应选在镇区的下游，靠近受纳水体或农田灌溉区。

10.3.7 利用中水应符合现行国家标准《建筑中水设计规范》GB 50336 和《污水再生利用工程设计规范》GB 50335的有关规定。

10.4 供电工程规划

10.4.1 供电工程规划主要应包括预测用电负荷，确定供电电源、电压等级、供电线路、供电设施。

10.4.2 供电负荷的计算应包括生产和公共设施用电、居民生活用电。

用电负荷可采用现状年人均综合用电指标乘以增长率进行预测。

规划期末年人均综合用电量可按下式计算：

$$Q = Q_1(1+K)^n$$

式中 Q——规划期末年人均综合用电量(kWh/人·a)；

Q_1——现状年人均综合用电量（kWh/人·a)；

K——年人均综合用电量增长率（%）；

n——规划期限（年）。

K 值可依据人口增长和各产业发展速度分阶段进行预测。

10.4.3 变电所的选址应做到线路进出方便和接近负荷中心。变电所规划用地面积控制指标可根据表 10.4.3 选定。

表 10.4.3 变电所规划用地面积指标

变压等级（kV）一次电压/二次电压	主变压器容量 [kVA/台（组）]	变电所结构形式及用地面积（m^2）	
		户外式用地面积	半户外式用地面积
110（66/10）	20～63/2～3	3500～5500	1500～3000
35/10	5.6～31.5/2～3	2000～3500	1000～2000

10.4.4 电网规划应符合下列规定：

1 镇区电网电压等级宜定为 110、66、35、10kV 和 380/220V，采用其中 2～3 级和二个变压层次；

2 电网规划应明确分层分区的供电范围，各级电压、供电线路输送功率和输送距离应符合表 10.4.4 的规定。

表 10.4.4 电力线路的输送功率、输送距离及线路走廊宽度

线路电压（kV）	线路结构	输送功率（kW）	输送距离（km）	线路走廊宽度（m）
0.22	架空线	50 以下	0.15 以下	—
	电缆线	100 以下	0.20 以下	—
0.38	架空线	100 以下	0.50 以下	—
	电缆线	175 以下	0.60 以下	—
10	架空线	3000 以下	8～15	—
	电缆线	5000 以下	10 以下	—
35	架空线	2000～10000	20～40	12～20
66、110	架空线	10000～50000	50～150	15～25

10.4.5 供电线路的设置应符合下列规定：

1 架空电力线路应根据地形、地貌特点和网络规划，沿道路、河渠和绿化带架设；路径宜短捷、顺直，并应减少同道路、河流、铁路的交叉；

2 设置35kV及以上高压架空电力线路应规划专用线路走廊（表10.4.4），并不得穿越镇区中心、文物保护区、风景名胜区和危险品仓库等地段；

3 镇区的中、低压架空电力线路应同杆架设，镇区繁华地段和旅游景区宜采用埋地敷设电缆；

4 电力线路之间应减少交叉、跨越，并不得对弱电产生干扰；

5 变电站出线宜将工业线路和农业线路分开设置。

10.4.6 重要工程设施、医疗单位、用电大户和救灾中心应设专用线路供电，并应设置备用电源。

10.4.7 结合地区特点，应充分利用小型水力、风力和太阳能等能源。

10.5 通信工程规划

10.5.1 通信工程规划主要应包括电信、邮政、广播、电视的规划。

10.5.2 电信工程规划应包括确定用户数量、局（所）位置、发展规模和管线布置。

1 电话用户预测应在现状基础上，结合当地的经济社会发展需求，确定电话用户普及率（部/百人）；

2 电信局（所）的选址宜设在环境安全和交通方便的地段；

3 通信线路规划应依据发展状况确定，宜采用埋地管道敷设，电信线路布置应符合下列规定：

1）应避开易受洪水淹没、河岸塌陷、土坡塌方以及有严重污染的地区；

2）应便于架设、巡察和检修；

3）宜设在电力线走向的道路另一侧。

10.5.3 邮政局（所）址的选择应利于邮件运输、方便用户使用。

10.5.4 广播、电视线路应与电信线路统筹规划。

10.6 燃气工程规划

10.6.1 燃气工程规划主要应包括确定燃气种类、供气方式、供气规模、供气范围、管网布置和供气设施。

10.6.2 燃气工程规划应根据不同地区的燃料资源和能源结构的情况确定燃气种类。

1 靠近石油或天然气产地、原油炼制地、输气管沿线以及焦炭、煤炭产地的镇，宜选用天然气、液化石油气、人工煤气等矿物质气；

2 远离石油或天然气产地、原油炼制地、输气管线、煤炭产地的镇区和村庄，宜选用沼气、农作物秸秆制气等生物质气。

10.6.3 矿物质气中的集中式燃气用气量应包括居住建筑（炊事、洗浴、采暖等）用气量、公共设施用气量和生产用气量。

1 居住建筑和公共设施的用气量应根据统计数据分析确定；

2 生产用气量可根据实际燃料消耗量折算，也可按同行业的用气量指标确定。

10.6.4 液化石油气供应基地的规模应根据供应用户类别、户数等用气量指标确定；每个瓶装供应站一般供应5000～7000户，不宜超过10000户。

供应基地的站址应选择在地势平坦开阔和全年最小频率风向的上风侧，并应避开地震带和雷区等地段。

供应基地和瓶装供应站的位置与镇区各项用地和设施的安全防护距离应符合现行国家标准《城镇燃气设计规范》GB 50028的有关规定。

10.6.5 选用沼气或农作物秸秆制气应根据原料品种与产气量，确定供应范围，并应做好沼水、沼渣的综合利用。

10.7 供热工程规划

10.7.1 供热工程规划主要应包括确定热源、供热方式、供热量，布置管网和供热设施。

10.7.2 供热工程规划应根据采暖地区的经济和能源状况，充分考虑热能的综合利用，确定供热方式。

1 能源消耗较多时可采用集中供热；

2 一般地区可采用分散供热，并应预留集中供热的管线位置。

10.7.3 集中供热的负荷应包括生活用热和生产用热。

1 建筑采暖负荷应符合国家现行标准《采暖通风与空气调节设计规范》GB 50019、《公共建筑节能设计标准》GB 50189、《民用建筑节能设计标准（采暖居住建筑部分）》JGJ 26的有关规定，并应符合所在省、自治区、直辖市人民政府有关建筑采暖的规定；

2 生活热水负荷应根据当地经济条件、生活水平和生活习俗计算确定；

3 生产用热的供热负荷应依据生产性质计算确定。

10.7.4 集中供热规划应根据各地的情况选择锅炉房、热电厂、工业余热、地热、热泵、垃圾焚化厂等不同方式供热。

10.7.5 供热工程规划，应充分考虑以下可再生能源的利用：

1 日照充足的地区可采用太阳能供热；

2 冬季需采暖、夏季需降温的地区根据水文地质条件可设置地源热泵系统。

10.7.6 供热管网的规划可按现行行业标准《城市热力网设计规范》CJJ 34的有关规定执行。

10.8 工程管线综合规划

10.8.1 镇区工程管线综合规划可按现行国家标准《城市工程管线综合规划规范》GB 50289 的有关规定执行。

10.9 用地竖向规划

10.9.1 镇区建设用地的竖向规划应包括下列内容：

1 应确定建筑物、构筑物、场地、道路、排水沟等的规划控制标高；

2 应确定地面排水方式及排水构筑物；

3 应估算土石方挖填工程量，进行土方初平衡，合理确定取土和弃土的地点。

10.9.2 建设用地的竖向规划应符合下列规定：

1 应充分利用自然地形地貌，减少土石方工程量，宜保留原有绿地和水面；

2 应有利于地面排水及防洪、排涝，避免土壤受冲刷；

3 应有利于建筑布置、工程管线敷设及景观环境设计；

4 应符合道路、广场的设计坡度要求。

10.9.3 建设用地的地面排水应根据地形特点、降水量和汇水面积等因素，划分排水区域，确定坡向和坡度及管沟系统。

11 防灾减灾规划

11.1 一 般 规 定

11.1.1 防灾减灾规划主要应包括消防、防洪、抗震防灾和防风减灾的规划。

11.1.2 镇的防灾减灾规划应依据县域或地区防灾减灾规划的统一部署进行规划。

11.2 消 防 规 划

11.2.1 消防规划主要应包括消防安全布局和确定消防站、消防给水、消防通信、消防车通道、消防装备。

11.2.2 消防安全布局应符合下列规定：

1 生产和储存易燃、易爆物品的工厂、仓库、堆场和储罐等应设置在镇区边缘或相对独立的安全地带；

2 生产和储存易燃、易爆物品的工厂、仓库、堆场、储罐以及燃油、燃气供应站等与居住、医疗、教育、集会、娱乐、市场等建筑之间的防火间距不应小于 50m；

3 现状中影响消防安全的工厂、仓库、堆场和储罐等应迁移或改造，耐火等级低的建筑密集区应开辟防火隔离带和消防车通道，增设消防水源。

11.2.3 消防给水应符合下列规定：

1 具备给水管网条件时，其管网及消火栓的布置、水量、水压应符合现行国家标准《建筑设计防火规范》GB 50016 的有关规定；

2 不具备给水管网条件时应利用河湖、池塘、水渠等水源规划建设消防给水设施；

3 给水管网或天然水源不能满足消防用水时，宜设置消防水池，寒冷地区的消防水池应采取防冻措施。

11.2.4 消防站的设置应根据镇的规模、区域位置和发展状况等因素确定，并应符合下列规定：

1 特大、大型镇区消防站的位置应以接到报警 5min 内消防队到辖区边缘为准，并应设在辖区内的适中位置和便于消防车辆迅速出动的地段；消防站的建设用地面积、建筑及装备标准可按《城市消防站建设标准》的规定执行；消防站的主体建筑距离学校、幼儿园、托儿所、医院、影剧院、集贸市场等公共设施的主要疏散口的距离不应小于 50m。

2 中、小型镇区尚不具备建设消防站时，可设置消防值班室，配备消防通信设备和灭火设施。

11.2.5 消防车通道之间的距离不宜超过 160m，路面宽度不得小于 4m，当消防车通道上空有障碍物跨越道路时，路面与障碍物之间的净高不得小于 4m。

11.2.6 镇区应设置火警电话。特大、大型镇区火警线路不应少于两对，中、小型镇区不应少于一对。

镇区消防站应与县级消防站、邻近地区消防站，以及镇区供水、供电、供气等部门建立消防通信联网。

11.3 防 洪 规 划

11.3.1 镇域防洪规划应与当地江河流域、农田水利、水土保持、绿化造林等的规划相结合，统一整治河道，修建堤坝、圩垸和蓄、滞洪区等工程防洪措施。

11.3.2 镇域防洪规划应根据洪灾类型（河洪、海潮、山洪和泥石流）选用相应的防洪标准及防洪措施，实行工程防洪措施与非工程防洪措施相结合，组成完整的防洪体系。

11.3.3 镇域防洪规划应按现行国家标准《防洪标准》GB 50201 的有关规定执行；镇区防洪规划除应执行本标准外，尚应符合现行行业标准《城市防洪工程设计规范》CJJ 50 的有关规定。

邻近大型或重要工矿企业、交通运输设施、动力设施、通信设施、文物古迹和旅游设施等防护对象的镇，当不能分别进行设防时，应按就高不就低的原则确定设防标准及设置防洪设施。

11.3.4 修建围埝、安全台、避水台等就地避洪安全设施时，其位置应避开分洪口、主流顶冲和深水区，其安全超高值应符合表 11.3.4 的规定。

表 11.3.4 就地避洪安全设施的安全超高

安全设施	安置人口（人）	安全超高(m)
围埝	地位重要、防护面大、人口≥10000 的密集区	>2.0
	≥10000	2.0～1.5
	1000～<10000	1.5～1.0
	<1000	1.0
安全台、避水台	≥1000	1.5～1.0
	<1000	1.0～0.5

注：安全超高是指在蓄、滞洪时的最高洪水位以上，考虑水面浪高等因素，避洪安全设施需要增加的富余高度。

11.3.5 各类建筑和工程设施内设置安全层或建造其他避洪设施时，应根据避洪人员数量统一进行规划，并应符合现行国家标准《蓄滞洪区建筑工程技术规范》GB 50181 的有关规定。

11.3.6 易受内涝灾害的镇，其排涝工程应与排水工程统一规划。

11.3.7 防洪规划应设置救援系统，包括应急疏散点、医疗救护、物资储备和报警装置等。

11.4 抗震防灾规划

11.4.1 抗震防灾规划主要应包括建设用地评估和工程抗震、生命线工程和重要设施、防止地震次生灾害以及避震疏散的措施。

11.4.2 在抗震设防区进行规划时，应符合现行国家标准《中国地震动参数区划图》GB 18306 和《建筑抗震设计规范》GB 50011 等的有关规定，选择对抗震有利的地段，避开不利地段，严禁在危险地段规划居住建筑和人员密集的建设项目。

11.4.3 工程抗震应符合下列规定：

1 新建建筑物、构筑物和工程设施应按国家和地方现行有关标准进行设防；

2 现有建筑物、构筑物和工程设施应按国家和地方现行有关标准进行鉴定，提出抗震加固、改建和拆迁的意见。

11.4.4 生命线工程和重要设施，包括交通、通信、供水、供电、能源、消防、医疗和食品供应等应进行统筹规划，并应符合下列规定：

1 道路、供水、供电等工程应采取环网布置方式；

2 镇区人员密集的地段应设置不同方向的四个出入口；

3 抗震防灾指挥机构应设置备用电源。

11.4.5 生产和贮存具有发生地震的次生灾害源，包括产生火灾、爆炸和溢出剧毒、细菌、放射物等单位，应采取以下措施：

1 次生灾害严重的，应迁出镇区和村庄；

2 次生灾害不严重的，应采取防止灾害蔓延的措施；

3 人员密集活动区不得建有次生灾害源的工程。

11.4.6 避震疏散场地应根据疏散人口的数量规划，疏散场地应与广场、绿地等综合考虑，并应符合下列规定：

1 应避开次生灾害严重的地段，并应具备明显的标志和良好的交通条件；

2 镇区每一疏散场地的面积不宜小于 $4000m^2$；

3 人均疏散场地面积不宜小于 $3m^2$；

4 疏散人群至疏散场地的距离不宜大于 500m；

5 主要疏散场地应具备临时供电、供水并符合卫生要求。

11.5 防风减灾规划

11.5.1 易形成风灾地区的镇区选址应避开与风向一致的谷口、山口等易形成风灾的地段。

11.5.2 易形成风灾地区的镇区规划，其建筑物的规划设计除应符合现行国家标准《建筑结构荷载规范》GB 50009 的有关规定外，尚应符合下列规定：

1 建筑物宜成组成片布置；

2 迎风地段宜布置刚度大的建筑物，体型力求简洁规整，建筑物的长边应同风向平行布置；

3 不宜孤立布置高耸建筑物。

11.5.3 易形成风灾地区的镇区应在迎风方向的边缘选种密集型的防护林带。

11.5.4 易形成台风灾害地区的镇区规划应符合下列规定：

1 滨海地区、岛屿应修建抵御风暴潮冲击的堤坝；

2 确保风后暴雨及时排除，应按国家和省、自治区、直辖市气象部门提供的年登陆台风最大降水量和日最大降水量，统一规划建设排水体系；

3 应建立台风预报信息网，配备医疗和救援设施。

11.5.5 宜充分利用风力资源，因地制宜地利用风能建设能源转换和能源储存设施。

12 环境规划

12.1 一般规定

12.1.1 环境规划主要应包括生产污染防治、环境卫生、环境绿化和景观的规划。

12.1.2 镇的环境规划应依据县域或地区环境规划的统一部署进行规划。

12.2 生产污染防治规划

12.2.1 生产污染防治规划主要应包括生产的污染控

制和排放污染物的治理。

12.2.2 新建生产项目应相对集中布置，与相邻用地间设置隔离带，其卫生防护距离应符合现行国家标准《村镇规划卫生标准》GB 18055 和本标准第 8 章的有关规定。

12.2.3 空气环境质量应符合现行国家标准《环境空气质量标准》GB 3095 的有关规定。

12.2.4 地表水环境质量应符合现行国家标准《地表水环境质量标准》GB 3838 的有关规定，并应符合本标准 10.3.4～10.3.6 的规定。

12.2.5 地下水质量应符合现行国家标准《地下水质量标准》GB/T 14848 的有关规定。

12.2.6 土壤环境质量应符合现行国家标准《土壤环境质量标准》GB 15618 的有关规定。

12.2.7 生产中的固体废弃物的处理场设置应进行环境影响评价，并宜逐步实现资源化和综合利用。

12.3 环境卫生规划

12.3.1 环境卫生规划应符合现行国家标准《村镇规划卫生标准》GB 18055 的有关规定。

12.3.2 垃圾转运站的规划宜符合下列规定：

1 宜设置在靠近服务区域的中心或垃圾产量集中和交通方便的地方；

2 生活垃圾日产量可按每人 1.0～1.2kg 计算。

12.3.3 镇区应设置垃圾收集容器（垃圾箱），每一收集容器（垃圾箱）的服务半径宜为 50～80m。镇区垃圾应逐步实现分类收集、封闭运输、无害化处理和资源化利用。

12.3.4 居民粪便的处理应符合现行国家标准《粪便无害化卫生标准》GB 7959 的有关规定。

12.3.5 镇区主要街道两侧、公共设施以及市场、公园和旅游景点等人群密集场所宜设置节水型公共厕所。

12.3.6 镇区应设置环卫站，其规划占地面积可根据规划人口每万人 0.10～0.15hm^2 计算。

12.4 环境绿化规划

12.4.1 镇区环境绿化规划应根据地形地貌、现状绿地的特点和生态环境建设的要求，结合用地布局，统一安排公共绿地、防护绿地、各类用地中的附属绿地，以及镇区周围环境的绿化，形成绿地系统。

12.4.2 公共绿地主要应包括镇区级公园、街区公共绿地，以及路旁、水旁宽度大于 5m 的绿带，公共绿地在建设用地中的比例宜符合本标准 5.3 的规定。

12.4.3 防护绿地应根据卫生和安全防护功能的要求，规划布置水源保护区防护绿地、工矿企业防护绿带、养殖业的卫生隔离带、铁路和公路防护绿带、高压电力线路走廊绿化和防风林带等。

12.4.4 镇区建设用地中公共绿地之外的各类用地中的附属绿地宜结合用地中的建筑、道路和其他设施布置的要求，采取多种绿地形式进行规划。

12.4.5 对镇区生态环境质量、居民休闲生活、景观和生物多样性保护有影响的邻近地域，包括水源保护区、自然保护区、风景名胜区、文物保护区、观光农业区、垃圾填埋场地应统筹进行环境绿化规划。

12.4.6 栽植树木花草应结合绿地功能选择适于本地生长的品种，并应根据其根系、高度、生长特点等，确定与建筑物、工程设施以及地面上下管线间的栽植距离。

12.5 景观规划

12.5.1 景观规划主要应包括镇区容貌和影响其周边环境的规划。

12.5.2 镇区景观规划应充分运用地形地貌、山川河湖等自然条件，以及历史形成的物质基础和人文特征，结合现状建设条件和居民审美需求，创造优美、清新、自然、和谐、富于地方特色和时代特征的生活和工作环境，体现其协调性和整体性。

12.5.3 镇区景观规划应符合下列规定：

1 应结合自然环境、传统风格、创造富于变化的空间布局，突出地方特色；

2 建筑物、构筑物、工程设施的群体和个体的形象、风格、比例、尺度、色彩等应相互协调；

3 地名及其标志的设置应规范化；

4 道路、广场、建筑的标志和符号、杆线和灯具、广告和标语、绿化和小品，应力求形式简洁、色彩和谐、易于识别。

13 历史文化保护规划

13.0.1 镇、村历史文化保护规划必须体现历史的真实性、生活的延续性、风貌的完整性，贯彻科学利用、永续利用的原则。

13.0.2 镇、村历史文化保护规划应依据县域规划的基本要求和原则进行编制。

13.0.3 镇、村历史文化保护规划应纳入镇、村规划。镇区的用地布局、发展用地选择、各项设施的选址、道路与工程管网的选线，应有利于镇、村历史文化的保护。

13.0.4 镇、村历史文化保护规划应结合经济、社会和历史背景，全面深入调查历史文化遗产的历史和现状，依据其历史、科学、艺术等价值，确定保护的目标、具体保护的内容和重点，并应划定保护范围：包括核心保护区、风貌控制区、协调发展区三个层次，制订不同范围的保护管制措施。

13.0.5 镇、村历史文化保护规划的主要内容应包括：

1 历史空间格局和传统建筑风貌；

2 与历史文化密切相关的山体、水系、地形、地物、古树名木等要素；

3 反映历史风貌的其他不可移动的历史文物，体现民俗精华、传统庆典活动的场地和固定设施等。

13.0.6 划定镇、村历史文化保护范围的界线应符合下列规定：

1 确定文物古迹或历史建筑的现状用地边界应包括：

1）街道、广场、河流等处视线所及范围内的建筑用地边界或外观界面；

2）构成历史风貌与保护对象相互依存的自然景观边界。

2 保存完好的镇区和村庄应整体划定为保护范围。

13.0.7 镇、村历史文化保护范围内应严格保护该地区历史风貌，维护其整体格局及空间尺度，并应制定建筑物、构筑物和环境要素的维修、改善与整治方案，以及重要节点的整治方案。

13.0.8 镇、村历史文化保护范围的外围应划定风貌控制区的边界线，并应严格控制建筑的性质、高度、体量、色彩及形式。根据需要并划定协调发展区的界线。

13.0.9 镇、村历史文化保护范围内增建设施的外观和绿化布局必须严格符合历史风貌的保护要求。

13.0.10 镇、村历史文化保护范围内应限定居住人口数量，改善居民生活环境，并应建立可靠的防灾和安全体系。

14 规 划 制 图

14.0.1 规划图纸绘制应符合下列规定：

1 规划图纸应标注图题、图界、指北针和风象玫瑰、比例和比例尺、规划期限、图例、署名、编制日期和图标等内容。

2 规划图例宜按本标准附录B“规划图例”的规定绘制。

附录A 用地计算表

附表A 用地计算表

类别代号	用地名称	现状年人			规划年人		
		面积（hm^2）	比例（%）	人均（m^2/人）	面积（hm^2）	比例（%）	人均（m^2/人）
R							
R1 R2							

续附表A

类别代号	用地名称	现状年人			规划年人		
		面积（hm^2）	比例（%）	人均（m^2/人）	面积（hm^2）	比例（%）	人均（m^2/人）
C							
C1 C2 C3 C4 C5 C6							
M							
M1 M2 M3 M4							
W							
W1 W2							
T							
T1 T2							
S							
S1 S2							
U							
U1 U2 U3							
G							
G1 G2							
建设用地			100			100	
E							
E1 E2 E3 E4 E5 E6 E7							
规划范围面积（hm^2）							

附录B 规 划 图 例

附表 B.0.1 用地图例

代号	项 目	单 色	彩 色
R	居住用地		 51
R1	一类居住用地	加注代码 R1	
R2	二类居住用地	加注代码 R2	
C	公共设施用地		 10
C1	行政管理用地	C 加注符号	
	居委、村委、政府	㊍居 ㊍村 ★	居 村 ★ 10
C2	教育机构用地		 31
	幼儿园、托儿所	C2 加注 幼	幼
	小学	小	小
	中学	中	中
	大、中专、技校	大 专 技	大 专 技
C3	文体科技用地	C 加注符号	
	文化、图书、科技	文 科 图	文 科 图
	影剧院、展览馆	影 展	影 展
	体育场 （依实际比例绘出）	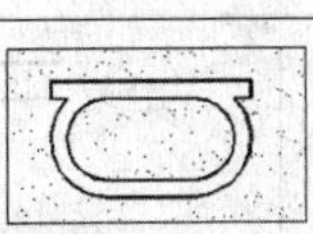	 102

续附表 B.0.1

代号	项　　目	单　　色	彩　　色
C4	医疗保健用地	C 加注符号	
	医院、卫生院		 10
	休、疗养院		
C5	商业金融用地	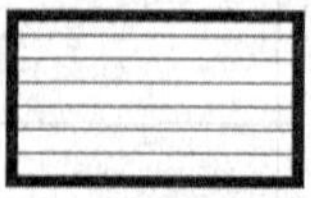	 10
C6	集贸市场用地	C 加注 	C 加注 
M	生产设施用地		 34
M1	一类工业用地	加注代码 M1	
M2	二类工业用地	加注代码 M2	
M3	三类工业用地	加注代码 M3	
M4	农业服务设施用地	加注代码 M4 或符号	
	兽医站		 32
W	仓储用地		 181
W1	普通仓储用地		
W2	危险品仓储用地	加注符号 W2	
T	对外交通用地	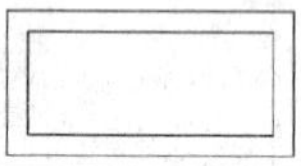	 253
T1	公路交通用地	加注符号	
	汽车站		
T2	其他交通用地		
	铁路站场		
	水运码头		
S	道路广场用地	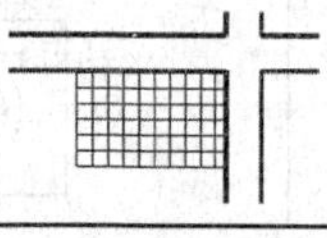	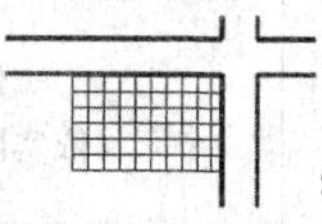 8

续附表 B.0.1

代号	项　目	单　色	彩　色
	停车场	P	P 8
U	工程设施用地		153
U1	公用工程用地	加注符号	
	自来水厂		131
	泵站、污水泵站		131 34
	污水处理场		34
	供、变电站（所）		10
	邮政、电信局（所）	邮 电	邮 电
	广播、电视站		
	气源厂、汽化站	m m_a	m m_a
	沼气池		
	热力站		
	风能站		
	殡仪设施		
	加油站		
U2	环卫设施用地	加注符号	
	公共厕所	WC	WC
	环卫站、 垃圾收集点、 转运站	H	H 34
	垃圾处理场		34

续附表 B.0.1

代号	项　目	单　色	彩　色
U3	防灾设施用地	加注符号	
	消防站		
	防洪堤、围埝	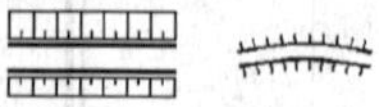	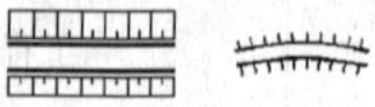
G	绿地		
G1	公共绿地	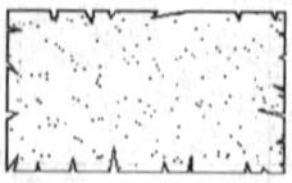	 72
G2	防护绿地	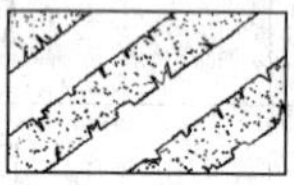	 80
E	水域和其他用地		
E1	水域		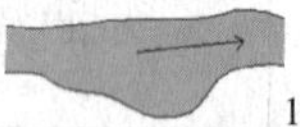 131
	水产养殖	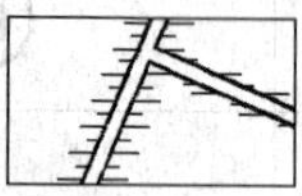	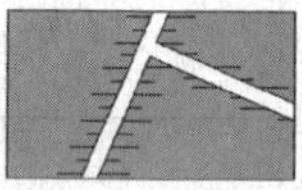 130
	盐田、盐场	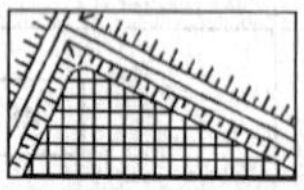	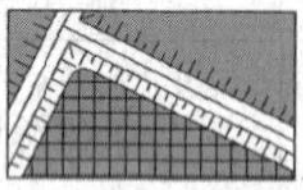 130
E2	农林用地		
	旱地	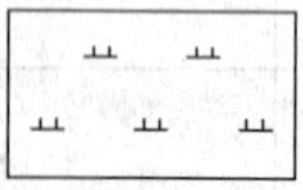	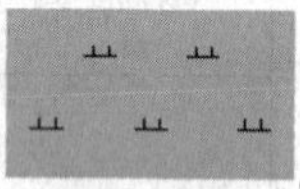 60
	水田	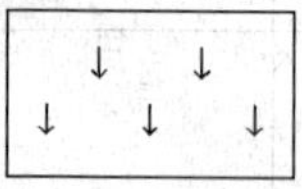	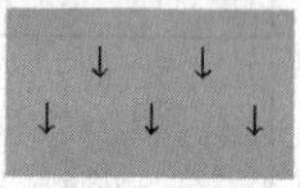 60
	菜地	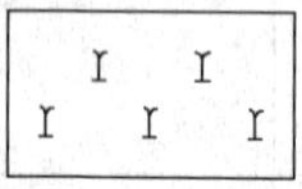	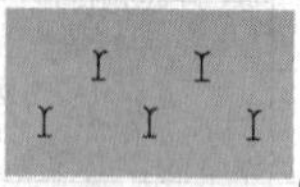 60
	果园	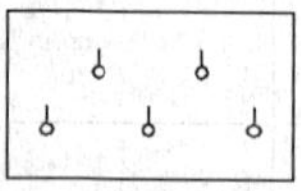	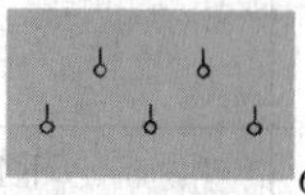 60
	苗圃	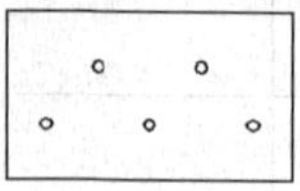	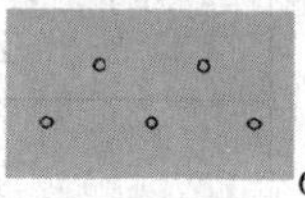 60
	林地	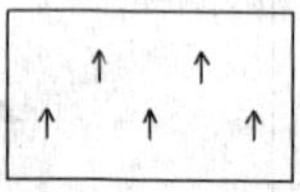	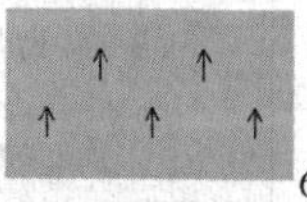 60
	打谷场		 60

续附表 B.0.1

代号	项　目	单　色	彩　色
E3	牧草和养殖用地	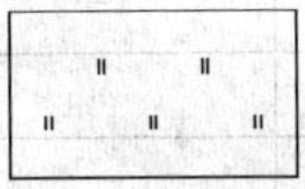	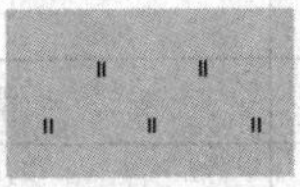 61
	饲养场	加注鸡猪牛等符号	
E4	保护区	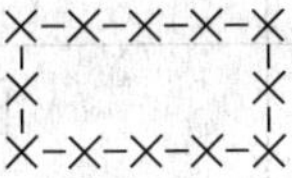	 64
E5	墓地	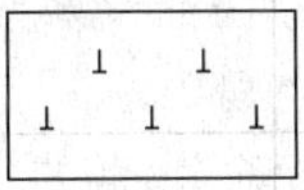	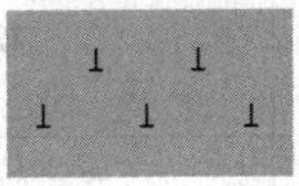 60
E6	未利用地	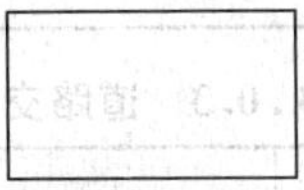	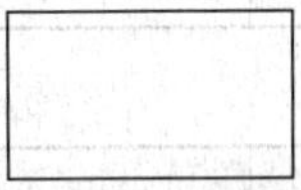
E7	特殊用地		 64

附表 B.0.2　建筑图例

代号	项　目	现　状	规　划
B	建筑物及质量评定	注：字母 a、b、c 表示建筑质量好、中、差，数字表示建筑层数，写在右下角	注：数字表示建筑层数，平房不需表示，写在左下角
B1	居住建筑	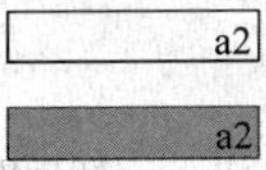 40	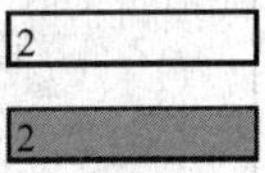 40
B2	公共建筑	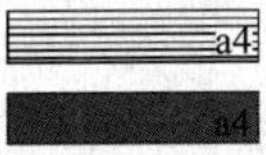 10	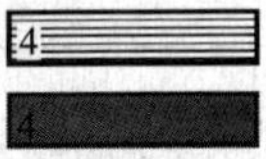 10
B3	生产建筑	 34	 34
B4	仓储建筑	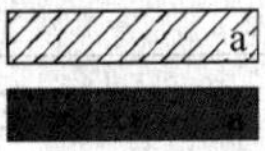 190	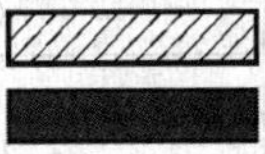 190
F	篱、墙及其他		
F1	围墙	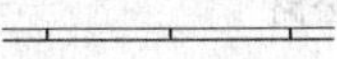	
F2	栅栏	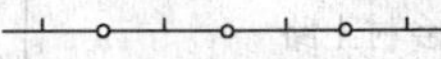	

续附表 B.0.2

代号	项　目	现　状	规　划
F3	篱笆	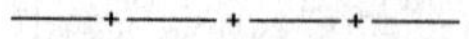	
F4	灌木篱笆	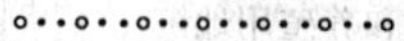	
F5	挡土墙		
F6	文物古迹		
	古建筑		应标明古建名称
	古遗址	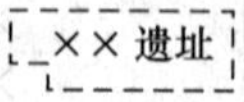	应标明遗址名称
	保护范围		指文物本身的范围
F7	古树名木		

附表 B.0.3　道路交通及工程设施图例

代号	项　目	现　状	规　划
S0	道路工程		
S11	道路平面 红线、车行道、中心线、中心点坐标、标高、纵坡	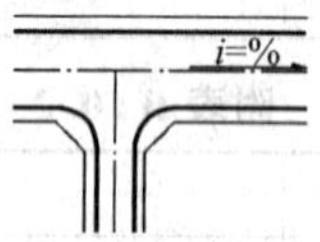	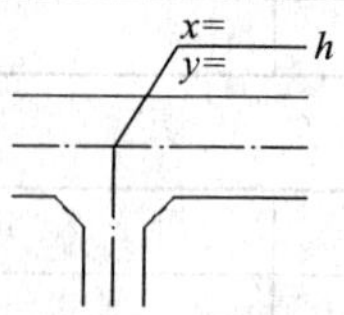
S12	道路平曲线	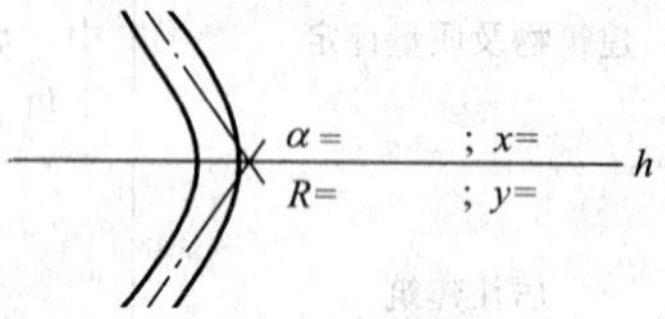 注：α—转折角度；$\frac{x}{y}$—折点坐标 R—平曲线半径（m）；h—折点标高	
S13	道路交叉口 红线、车行道、中心线、交叉口坐标及标高、缘石半径	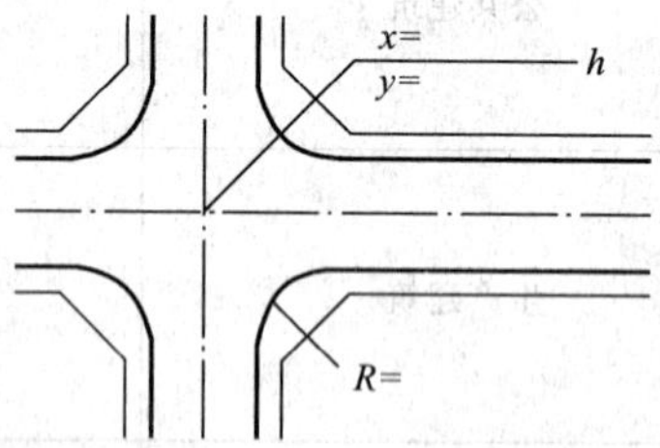	
T0	对外交通		
T11	高速公路	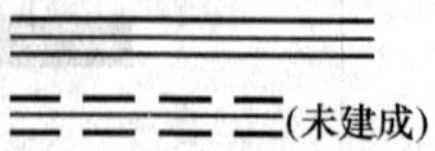	
T12	公路		
T13	乡村土路		

续附表 B.0.3

代号	项目	现状	规划
T14	人行小路		
T15	路堤	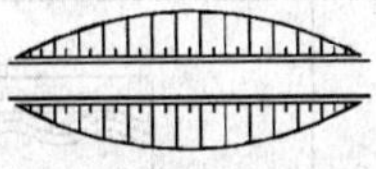	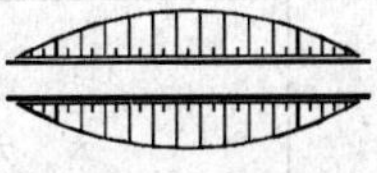
T16	路堑	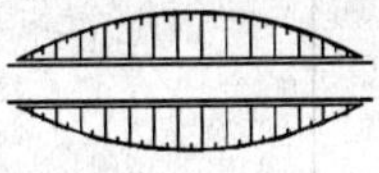	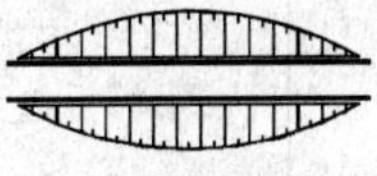
T17	公路桥梁	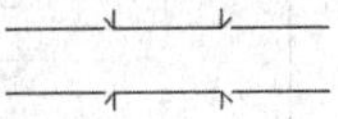	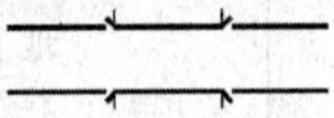
T18	公路涵洞、涵管	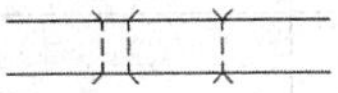	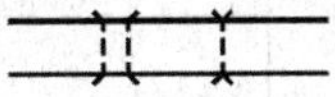
T19	公路隧道		
T21	铁路线		
T22	铁路桥	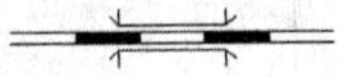	
T23	铁路隧道	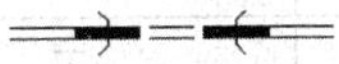	
T24	铁路涵洞、涵管		
T31	公路铁路 平交道口	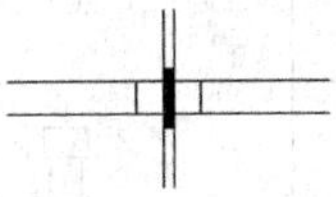	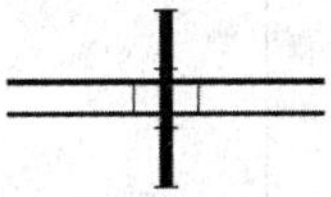
T32	公路铁路跨线桥 公路上行	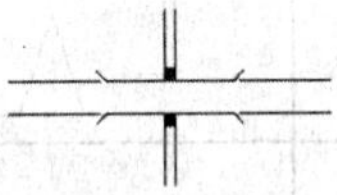	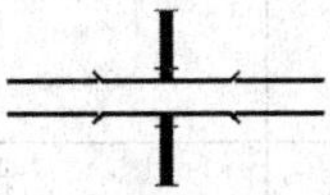
T33	公路铁路跨线桥 公路下行	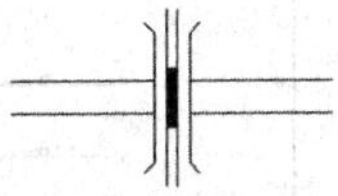	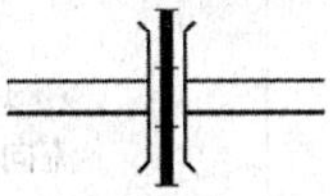
T34	公路跨线桥	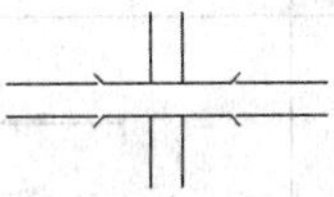	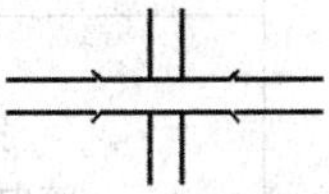
T35	铁路跨线桥	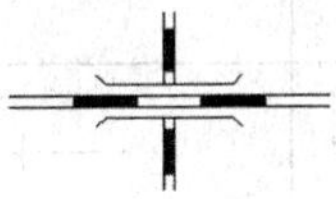	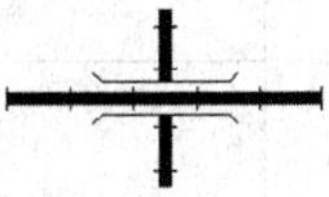
T41	港口		
T42	水运航线	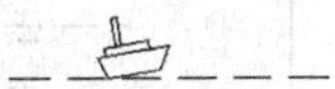	
T51	航空港、机场	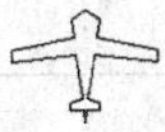	

续附表 B.0.3

代号	项目	现状	规划
U11	给水工程		
	水源地	131	130
	地上供水管线	DN200 140	DN 200 140
	地下供水管线	DN 200 140	DN 200 140
	输水槽（渡槽）	140	
	消火栓	140	140
	水井	140	140
	水塔	140	140
	水闸	140	140
U12	排水工程		
	排水明沟 流向、沟底纵坡	6‰ 6‰ 3	6‰ 6‰ 3
	排水暗沟 流向、沟底纵坡	6‰ 6‰ 3	6‰ 6‰ 3
	地下污水管线	34	D400 D400 34
	地下雨水管线	3	D500 D500 3
U13	供电工程		

续附表 B.0.3

代号	项　　目	现　　状	规　　划
	高压电力线走廊	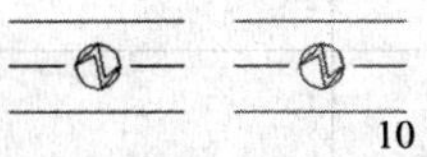	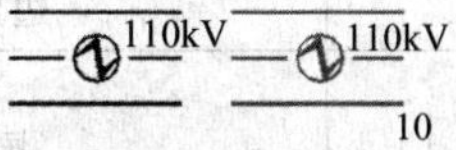
	架空高压电力线	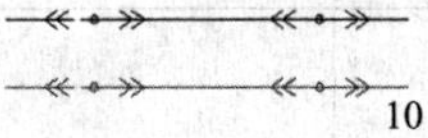	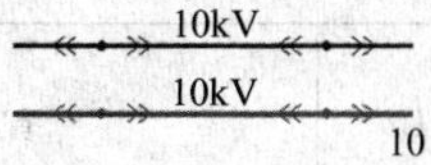
	架空低压电力线	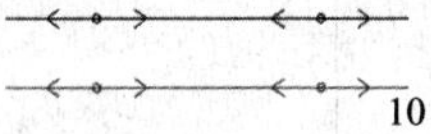	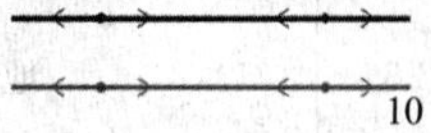
	地下高压电缆	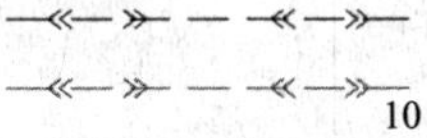	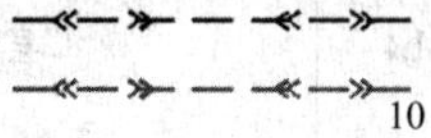
	地下低压电缆	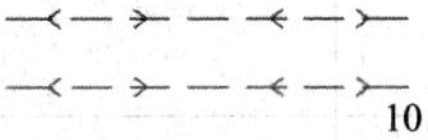	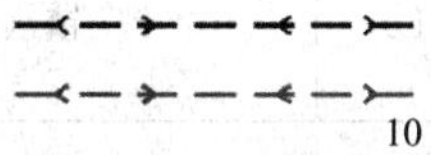
	变压器		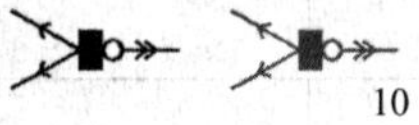
U14	通信工程		
	架空电信电缆		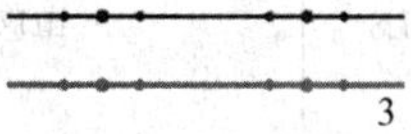
	地下电信电缆	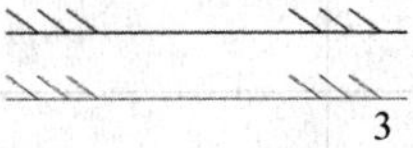	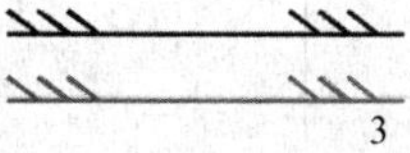
U15	其他管线工程		
	供热管线	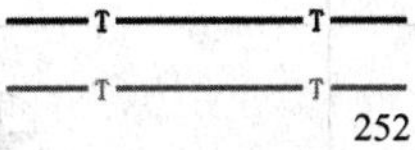	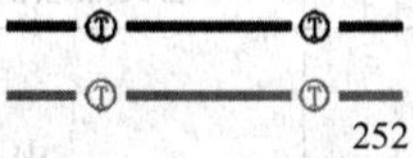
	工业管线	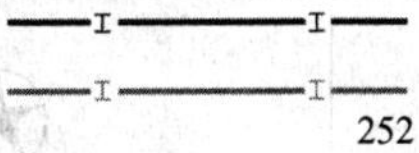	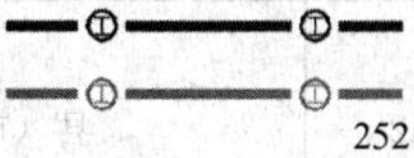
	燃气管线	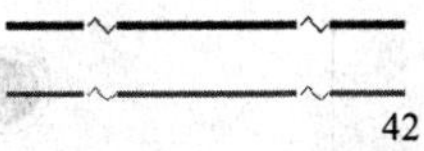	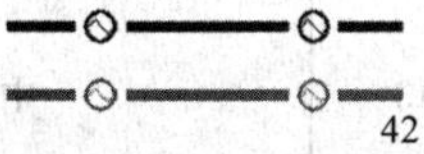
	石油管线		

附表 B.0.4　地域图例

代号	项目	单色/彩色	
L	边界线		
L1	国界	 200	
L2	省级界	 200	
L3	地级界	 200	
L4	县级界	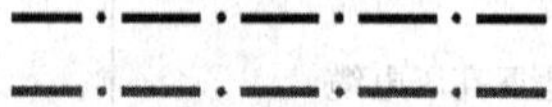 200	
L5	镇（乡）界	 200	
L6	村界	 200	
L7	保护区界	 74	
L8	镇区规划界		 221
L9	村庄规划界		 221
L10	用地发展方向		 221
A	居民点层次、人口及用地		
A1	中心城市	 10 北京市 (人) (hm^2)	
A2	县（市）驻地	 10 甘泉县 (人) (hm^2)	
A3	中心镇	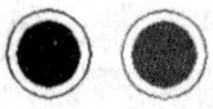 10 太和镇 (人) (hm^2)	
A4	一般镇	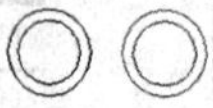 10 赤湖镇 (人) (hm^2)	

续附表 B.0.4

代号	项　　目	单色/彩色	
A5	中心村	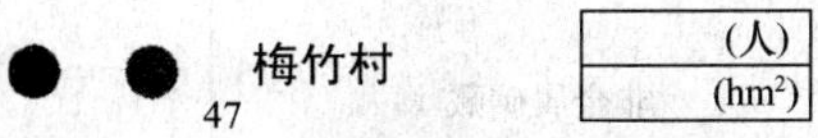	
A6	基层村	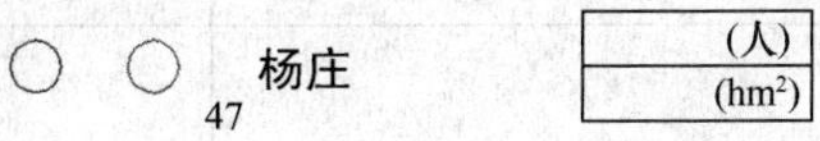	
Z	区域用地与资源分析		
Z1	适于修建的用地	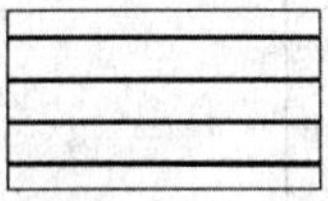	
Z2	需采取工程措施的用地	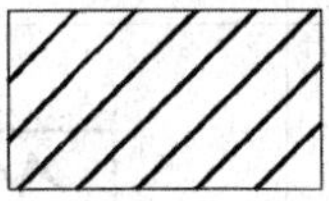	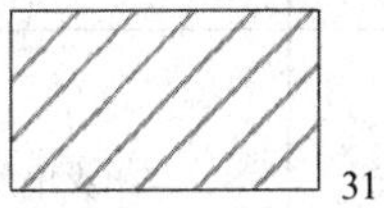
Z3	不适于修建的用地	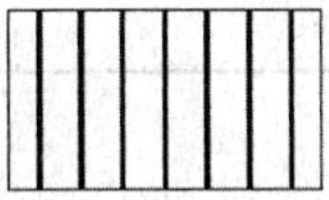	
Z4	土壤耐压范围	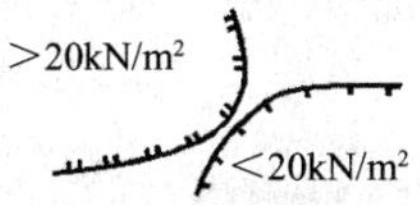	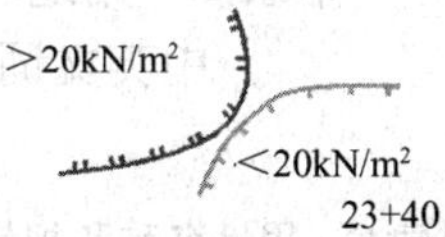
Z5	地下水等深范围	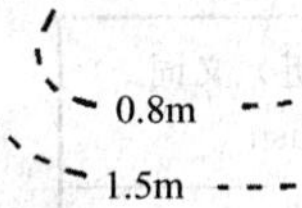	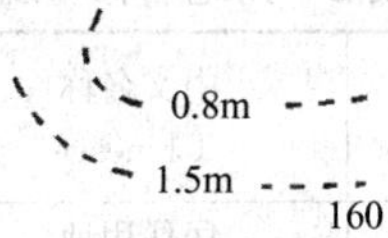
Z6	洪水淹没范围 （100年、50年、20年） 及标高	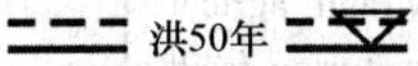	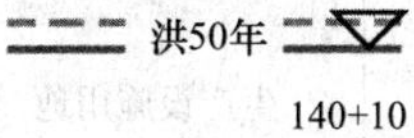
Z7	滑坡范围		虚线内为滑坡范围
Z8	泥石流范围	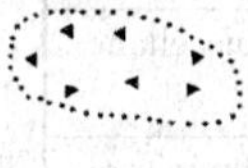	小点之内为泥石流边界
Z9	地下采空区		小点围合内为地下采空区范围
Z10	地面沉降区		小点围合内为地面沉降范围
Z11	金属矿藏		框内注明资源成分

续附表 B.0.4

代号	项目	单色/彩色	
Z12	非金属矿藏	Si	框内注明资源成分
Z13	地热		圈内注明地热温度
Z14	石油井、天然气井		
Z15	火电站、水电站	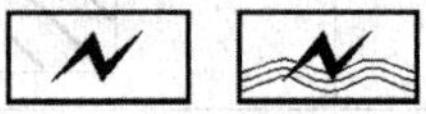	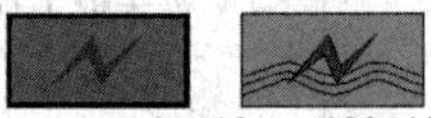 21+10 130+10

附录 C 用地名称和规划图例中英文词汇对照表

附表 C 用地名称和规划图例中英文词汇对照表

代号 Codes	中文名称 Chinese	英文同（近）义词 English
R	居住用地	Residential land
C	公共设施用地	Public facilities
M	生产设施用地	Industry and agriculture manufacturing facilities land
W	仓储用地	Warehouse land
T	对外交通用地	Transportation land
S	道路广场用地	Roads and Squares
U	工程设施用地	Municipal utilities
G	绿地	Green space
E	水域和其他用地	Waters and miscellaneous
A	居民点层次	Settlement administrative levels
B	房屋建筑	Building
F	篱、墙	Fence，Wall
L	边界线	Boundary line
Z	区域用地与资源分析	Analysis for zonal land and resources

本标准用词说明

1 为便于在执行本标准条文时区别对待，对要求严格程度不同的用词说明如下：

1）表示很严格，非这样做不可的：
正面词采用“必须”，反面词采用“严禁”；

2）表示严格，在正常情况下均应这样做的：
正面词采用“应”，反面词采用“不应”或“不得”；

3）表示允许稍有选择，在条件许可时首先应这样做的：
正面词采用“宜”，反面词采用“不宜”；
表示有选择，在一定条件下可以这样做的，采用“可”。

2 条文中指明应按其他有关标准执行时的写法为：
“应符合……规定”或“应按……执行”。

中华人民共和国国家标准

镇规划标准

GB 50188—2007

条文说明

前　言

《镇规划标准》GB 50188—2007 经建设部 2007 年 1 月 16 日以第 553 号公告批准发布。

本标准第一版《村镇规划标准》GB 50188—93 的主编单位是：中国建筑技术发展研究中心村镇规划设计研究所，参编单位是：四川省城乡规划设计研究院、吉林省城乡规划设计研究院、天津市城乡规划设计院、武汉市城市规划设计研究院、浙江省村镇建设研究会、陕西省村镇建设研究会。

为便于广大设计、施工、科研、学校等有关单位有关人员在使用本标准时能正确理解和执行条文规定，《镇规划标准》编制组按章、节、条顺序编制了本标准的条文说明，供使用者参考。在使用中如发现本标准条文和说明有不妥之处，请将意见函寄中国建筑设计研究院城镇规划设计研究院（北京市西直门外车公庄大街 19 号，邮政编码：100044）。

目　次

1 总　　则

1.0.1 系统制订和不断完善有关镇规划的标准，是加强镇规划建设工作，使之科学化、规范化的一项重要内容。

这次修订是在总结《村镇规划标准》GB 50188—93颁布十多年来我国村镇规划建设事业发展变化的基础上，特别是镇的数量迅速增加和建设质量不断提高，镇的发展变化对于改变农村面貌和推进农村的现代化建设，加速我国城镇化的进程，日益显示出其重要性，而进行修编的。

规划是建设的先导，提高镇的规划水平，目的是为广大居民创造良好的生活和生产环境。为此，这次修订，除完善了已有的规划标准外，同时增补了有关内容，从而为规划编制和组织管理工作提供更为全面和更加严格的技术标准，以促进我国城乡经济、社会和环境的协调发展。

1.0.2 为适应镇的建设发展形势，本标准的名称改为镇规划标准，其适用范围为全国县级人民政府驻地以外的镇的规划，乡的规划可按本标准执行。

由于县级人民政府驻地镇与其他镇虽同为镇建制，但两者从其管辖的地域规模、性质职能、机构设置和发展前景来看却截然不同，两者并不处在同一层次，因此，本标准不适用于县级人民政府驻地镇。

乡规划可按本标准执行，是由于我国的镇与乡同为我国基层政权机构，且都实行以镇（乡）管村的行政体制，随着我国乡村城镇化的进展、体制的改革，使编制的规划得以延续，避免因行政建制的变更而重新进行规划。

1.0.3 本标准是一项综合性的通用标准，内容涉及多种专业，这些专业都颁布了相应的专业标准和规范。因此，编制镇规划时，除应执行本标准的规定外，还应遵守国家现行有关标准的规定。

3 镇村体系和人口预测

3.1 镇村体系和规模分级

3.1.1 镇的发展建设与其周围地域特别是县级人民政府行政地域（以下简称县域）的经济、社会发展具有密切的联系，因而必须依据县域范围的城镇体系规划，对其性质职能及发展规模合理进行定位与定量，划分为中心镇和一般镇。

3.1.2 镇村体系是县域以下一定地域内相互联系和协调发展的聚居点群体。这些聚居点在政治、经济、文化、生活等方面是相互联系和彼此依托的群体网络系统。随着行政体制的改革，商品经济的发展，科学文化的提高，镇与村之间的联系和影响将会日益增强。部分公共设施、公用工程设施和环境建设等也将做到城乡统筹、共建共享，以取得更好的经济、社会、环境效益。

本条规定了镇域镇村体系规划的主要内容。

综合各地有关镇域镇村体系层次的划分情况，自上而下依次可分为中心镇、一般镇、中心村和基层村等四个层次。

1 镇与村在体系中的职能，既有行政职能，也有经济与社会职能。

2 就一个县域的范围而言，上述镇村的四个层次，一般是齐全的。在一个镇所辖地域范围内，一般只有一个中心镇或一个一般镇，即两者不同时存在；中心村和基层村也有类似的情况，例如在北方平原地区，村庄人口聚集的规模较大，每个村庄都设有中心村级的基本生活设施，全部划定为中心村，而可以没有基层村这一层次。在规划中各地要根据镇与村的职能和特征进行具体分析，因地制宜地划分层次。

3.1.3 在镇、村层次划分的基础上，进一步按人口规模进行分级，为镇、村规划中确定各类建筑和设施的配置、建设的规模和标准，规划的编制程序、方法和要求等提供依据。表 3.1.3 所列镇区和村庄人口规模分级的要点是：

1 根据镇村体系中的居民点类别，对镇区、村庄的现状与发展趋势，分别按其规划人口的规模划分为特大、大、中、小型四级，以便确定其各项规划指标、建设项目和基础设施的配置等。

2 为统一计算口径，表中的人口规模均以每个镇区或村庄的规划范围内的规划期末常住人口数为准，而非其所辖地域范围内所有居民点的人口总和。

由于行政区划调整、镇乡合并等情况，根据规划的要求，如镇区采取组团式布局时，其镇区人口规模应为各组团的人口之和。

3 依据全国人口的统计资料和规划发展前景以及各省、自治区、直辖市对镇区和村庄人口规模分级情况，通过对不同的分级方案进行比较，确定了常住人口规模分级的定量数值。人口规模分级采用 1、3、5 和 2、6、10 的等差级数，数字系列简明，镇区规模符合全国各地的规划情况，村庄规模的现状平均值位于中型的中位值附近。考虑到我国的地域差异，镇区规模不再区分中心镇与一般镇，村庄规模不再区分中心村与基层村。同时，规定了小型的镇区和村庄的人口规模不封底，特大型的镇区和村庄的人口规模不封顶，以适应我国不同地区的镇区和村庄人口规模相差悬殊和发展不平衡的特点。

3.2 规划人口预测

3.2.1 规划期间人口规模的发展预测，主要是依据发展前景的需要，分析建设条件的可能，考虑人口的自然增长、机械增长和富余劳动力等情况，对到达规划期末的人口进行测算。规划人口规模预测的内容，包括对镇域总人口、镇区和各个村庄人口规模进行预测，目的是为确定建设用地、设施配置等各项规划内容提供依据。

镇域总人口是指该镇所辖地域范围内所有常住人口的总和，根据国家统计部门的规定，常住人口包括户籍人口和寄住半年以上的外来人口。本标准提出的采用综合分析法作为人口发展预测的方法，是目前各地进行镇和村规划普遍采用的一种比较符合实际的计算方法。其特点是，在计算人口时，将自然增长和机械增长两部分叠加。采取这种方法预测人口规模，符合我国镇和村人口的实际情况。

计算公式中的自然增长率 K 和机械增长数 P 可以是负值，即负增长。

关于人口自然增长率的取值，不仅要根据当地的计划生育规划指标，还要考虑用当地人口年龄与性别的构成情况加以校核，以使预测结果更加符合实际。

关于人口机械增长的数值，要根据本地区的具体情况确定。一般来说，在自然资源、地理位置、建设条件等具有较大优势、经济发展较快的镇，有可能接纳外地人员进入本镇工作；对于靠近城市、工矿区、耕地较少的镇，则可能有部分劳动力进入城市或转入工矿区，甚至部分转至外地工作。

3.2.2 规定了镇区人口规模要依据县域城镇体系规划中预测的数值，结合镇区情况加以核定。村庄人口应在镇域镇村体系规划中预测。

3.2.3 不同类型的人口，对各类用地和设施有着不同的需求和影响。为了反映镇村人口类型的实际情况，在规划中进行现状人口统计和规划人口预测时，本条规定了镇区人口按其居住的状况和参与社会生活的性质进行分类计算。

根据镇区人口的特点，常住人口都是居住的主体。其中包括本镇区户籍的居民和寄住半年以上的外来人口以及寄宿学生。参与镇区内社会生活的还有定时进入镇区的通勤工人、学生，差旅和探亲的流动人口，以及数量可观的赶集人员。为了统一概念，便于统计，镇区人口分为常住人口、通勤人口和流动人口三类。

1 常住人口是指户籍人口、居住半年以上的外来人口和寄宿学生。常住人口是镇区人口的主体。常住人口的数量决定了居住用地面积，也是确定建设用地规模和基础设施配置的主要依据。

2 通勤人口是指劳动、学习在镇区规划范围内，而户籍和居住在镇区外的职工和学生。这部分人对镇区内的部分公共建筑、基础设施以及生产设施的规模有较大的影响。

3 流动人口是指出差、旅游、探亲和赶集等临时参与镇区社会活动的人员。这部分人对一些公共设施、集贸市场、道路交通都有影响。

为使镇区人口规模的预测更加符合当地实际情况，规定了按人口类别分别计算其自然增长、机械增长和估算发展变化，以利于进一步分别计算各类用地规模。表 3.2.3 提出了各类人口预测的计算内容：

1 人口自然增长的计算，包括规划范围内的户籍人口，不包括居住半年以上的外来人口。

2 人口机械增长的计算，包括规划范围内的常住人口和通勤人口，但由于其情况的不同可分别计算。

3 流动人口的发展变化要分别进行计算或估算。虽然不作为人口规模的基数，由于影响用地的规模和设施的配置，也是确定人均建设用地指标的因素。

3.2.4 关于镇区人口机械增长的预测，总结各地的经验，本标准提出了根据劳力转化、环境容量、职工带眷或平均增长等因素进行预测，各地在进行村镇规划时，要结合当地的具体情况选择一种或多种因素进行综合分析。其中环境容量因素，需要充分分析当地的发展优势，并综合考虑建设条件（包括用地、供水、能源等）以及生态环境状况等客观制约条件，预测远景的合理发展规模，以避免造成建设的“超载”现象。

4 用地分类和计算

4.1 用 地 分 类

4.1.1 针对各地在编制镇规划时，用地的分类和名称不一，计算差异较大，导致数据与指标可比性差，不利于规范规划和管理工作，本标准统一了用地的分类和名称，共分 9 大类、30 小类，这一分类具有以下特点：

1 概念明确、系统性强、易于掌握。

2 既同城市用地分类方法大致相同，又具有镇用地的特点。

3 有利于用地的定量分析，便于制订定额指标。

4 既同国家建设主管部门颁布的有关规定的精神一致，又同各地编制的镇规划以及制订的定额指标的分类基本相符。

以下就使用中的几种情况加以说明：

1 土地使用性质单一时，可明确归类。

2 一个单位的用地内，兼有两种以上性质的建筑和用地时，要分清主从关系，按其主要使用性能归类。如工厂内附属的办公、招待所等，则划为工业用地；如中学运动场，晚间、假日为居民使用，仍划为中学用地；又如镇属体育场兼为中小学使用，则划为文体科技用地小类。

3 一幢建筑内具有多种功能，该建筑用地具有多种使用性质时，要按其主要功能的性质归类。

4 一个单位或一幢建筑具有两种使用性质，而不分主次，如在平面上可划分地段界线时分别归类；若在平面上相互重叠，不能划分界线时，要按地面层的主要使用性能，作为用地分类的依据。

为适应镇区规划深度的要求，规定了将9大类用地按项目的功能再划分为30小类。

4.1.2 关于用地的分类代号的使用规定。类别代号中的大类以英文同（近）义词的字头表示，小类则在字头右边附加阿拉伯数字表示，供绘制图纸和编制文件时使用，也便于国际交流。

4.1.3 表4.1.3用地的分类和代号，对各类用地的范围均作了明确规定。现就有关用地分类的一些问题说明如下：

1 关于居住用地

为了区别不同类型的居住用地标准，有利于在规划中节约用地，本次修订根据近年来的实践进行了局部调整，将居住用地划分为一类居住用地和二类居住用地两小类。

2 关于公共设施用地

鉴于各地对公共设施的小类划分差别较大，现统一分为行政管理、教育机构、文体科技、医疗保健、商业金融和集贸市场六小类。

由于教育机构在公共建筑用地中占的比例较大，且与人口年龄构成以及提高人口素质密切相关，因而单独设小类。

集贸市场虽属商业性质，但与一般商业机构有较大不同，在用地布局和道路交通等方面具有不同要求，其用地规模与常住人口规模无直接关系，并在不同镇区的集贸市场的经营内容与方式，占地数量与选址等都有很大差异，因此单独设小类。

医疗保健的内容包括医疗、防疫、保健、休疗养等机构用地。

公用事业中的变电所、电信局（所）、公共厕所、垃圾站、消防站等设施均划入工程设施用地大类之中，不作为居住用地的配套公建，也不在公共建筑中设小类，而是将其归入工程设施用地。

考虑到民族习俗和国际惯例，将宗教用地划入公共设施用地中的文体科技小类。

位于大型风景名胜区内的文物古迹，同风景名胜区一起划入水域和其他用地大类。

3 生产设施用地

工业用地按其对居住和公共环境的干扰与污染程度分为三小类，以利于规划中的用地布局，并单设农业服务设施用地小类。包括镇区中的农业服务设施用地，如各类农产品加工包装厂、农机站、兽医站等，而不包括农业中直接进行生产的用地，如育秧房、打谷场、各类种植和养殖厂（场）等，将其归入农林用地之中，不参与建设用地的平衡。

4 关于仓储用地

将仓储用地分为普通仓储用地和危险品仓储用地两小类。

5 关于对外交通用地

对外交通用地分为公路交通用地和其他交通用地两小类。

6 关于道路广场用地

道路广场用地，包括道路用地和广场用地两小类。为兼顾镇区内不同的道路情况和规划深度的要求，作了如下规定：

对于路面宽度等于和大于6m的道路，均计入道路用地，路面宽度小于6m的小路，不计入道路用地，而计入该小路所服务的用地之中，以利于用地布局中各类用地面积的计算。

对于兼有公路和镇区道路双重功能时，可将其用地面积的各半，分别计入对外交通用地和道路广场用地。

7 工程设施用地，根据其功能不同划分为公用工程、环卫设施和防灾设施三小类用地。其中公用工程用地中的殡仪设施，包括殡仪馆、火化场、骨灰堂，不包括墓地。

8 绿地

绿地分为公共绿地和防护绿地两类，而不包括苗木、花圃等，因其属于农林生产用地，不参与建设用地平衡。考虑到镇与村中称公共绿地更为贴切，本次修订中未参照《城市绿地分类标准》CJJ/T 85采用"公园绿地"一词。

9 水域和其他用地

包括不参与建设用地平衡的水域、农林用地、牧草和养殖用地、各类保护区、墓地、未利用地、特殊用地共7小类。

4.2 用地计算

4.2.1 现状用地和规划用地，规定统一按规划范围进行统计，以利于分析比较在规划期内土地利用的变化，既增强了用地统计工作的科学性，又便于比较在规划期内土地利用的变化，也便于规划方案的比较和选定。应该说明，以往在统计用地时，现状用地多按建成区范围统计，而规划用地则按规划范围统计。两者统计范围不一致，只能了解两者的不同数值，而不知新增建设用地的原来使用功能的变化情况。在规划图中，将规划范围明确用一条封闭的点画线表示出来，这个范围既是统计范围，也是用地规划的工作范围。

4.2.2 规定了规划用地范围是建设用地以及因发展需要实行规划控制的区域。

4.2.3 规定了分片布置的镇区用地的计算方法。

4.2.4 规定了镇区用地面积的计算要求和计量单位，要按平面图进行量算。山丘、斜坡均按平面投影面积计算，而不按表面面积计算。

4.2.5 规定了根据图纸比例尺确定统计的精确度。

4.2.6 规定了镇区用地计算的统一表式，以利于不同镇用地间的对比分析。由于该表包括了建设用地平衡和规划范围统计两部分内容，因此表名定为用地计算表。

5 规划建设用地标准

5.1 一 般 规 定

5.1.1 镇建设用地是指参与建设用地平衡和指标计算的用地，即镇用地分类表4.1.3中前八大类用地之和。第九大类“水域和其他用地”，不属于建设用地的范围，不参与建设用地的平衡和指标的计算。

5.1.2 为了节约用地、合理用地、节约投资、优化环境，对规划建设用地制订了严格的控制标准。

镇规划建设用地的标准包括数量和质量两个方面的内容，具体分为人均建设用地指标、建设用地比例和建设用地选择三项。

5.1.3 规定计算建设用地标准时的人口数量以规划范围内的常住人口为准。人口统计范围必须与用地统计范围一致。镇区规划范围内的常住人口包括户籍和寄住两种人口的人数。

需要说明，镇区的通勤人口和流动人口虽然对建设用地规模和构成有影响，但同常住人口相比，对建设用地的影响仍然是局部的、暂时的。为简化计算起见，对于这部分流动性强、变化幅度大的人数，要根据实际情况，除对某些公共建筑、生产建筑和基础设施用地予以考虑外，可在确定规划建设用地的指标级别的幅度中，适当提高取值或调整用地比例予以解决。

5.2 人均建设用地指标

5.2.1 我国幅员辽阔，自然环境、生产条件、风俗习惯多样，致使现状人均用地水平差异很大，难于在规划期内合理调整到位，这就决定了在规划中，需要制订不同的用地标准。具体情况如下：

根据有关部门提供的统计资料，一些省、自治区、直辖市（以下简称省）之间1991年的镇区现状人均用地幅度相差约10倍（64～647m²/人），2001年人均用地幅度减少到约6倍（84～509m²/人），2005年则减少到5倍多（72.4～387m²/人）。这一情况表明，镇区人均建设用地偏小的省人均用地有所增加，用地偏大的省人均用地则在减少，其发展趋势是合理的。其中，全国约70%的省的镇区现状人均建设用地为80～160m²/人。再从开展镇规划的情况看，全国大多数省制订的镇建设用地指标和规划建设实例都能控制在80～120m²/人之间。基于这一情况，本着严格控制建设用地的原则，这次修订将原标准规定的用地指标总区间值50～150m²/人内划分的五个级别，取消了其中的50～60m²/人和大于150m²/人的指标。将标准的总区间调整为60～140m²/人内，划分为四个级别。

5.2.2 由于大型工程项目等的兴建，需要选址新建的镇区，在条件许可时，本着既合理又节约的原则进行规划，人均建设用地指标可在表5.2.1中第二级（80～100m²/人）的范围内确定。在纬度偏北的Ⅰ、Ⅶ建筑气候区，建筑日照要求建筑间距大，用地标准可按第三级（100～120m²/人）范围内确定。在各建筑气候分区内，新建镇区均不得采用第一、四级人均建设用地指标。［附“中国建筑气候区划图”。摘自《建筑气候区划标准》GB 50178］

5.2.3 考虑到在10～20年的规划期限内，各地镇区的发展建设主要是在现状的基础上进行的。因此，在编制规划时，要以现状人均建设用地水平为基础，通过调整逐步达到合理。为严格控制用地，按表5.2.3及本条的规定，在确定规划建设用地指标时，该指标要同时符合指标级别和允许调整幅度的两项规定要求。

关于人均建设用地指标调整的原则如下：①对于现状用地偏紧、小于60m²/人的应增加；②对于现状用地在60～80m²/人区间的，各地根据土地的状况，可适当增加；③对于现状用地在80～100m²/人区间的，可适当增加或减少；④对于现状用地在100～140m²/人区间的，可适当压缩；⑤对于现状用地大于140m²/人的，要压缩到140m²/人以内。

第四级用地指标，只能用于Ⅰ、Ⅶ建筑气候区的现有镇区。

有关现状人均建设用地及其可采用的规划人均建设用地指标和相应地允许现状调整幅度，均在表5.2.3中作了规定。总的调整幅度一般控制在－15～＋15m²/人范围内，主要是考虑到在10～20年规划期间，一般建设用地指标不可能大幅度增减，而是根据本镇区的具体条件，逐步调整达到合理。

5.2.4 考虑到边远地区地多人少的镇区用地现状，不做出具体规定，可根据所在省、自治区制定的地方性标准确定。

5.3 建设用地比例

5.3.1 建设用地比例是人均建设用地标准的辅助指标，是反映规划用地内部各项用地数量的比例是否合理的重要标志。因此，在编制规划时，要调整各类建设用地的比例，使其用地达到合理。表5.3.1中确定的居住、公共设施、道路广场和公共绿地四类用地占建设用地的比例是总结多年来进行镇区规划建设的一些实例，并参照各地制订的用地比例标准的基础上提出的。通过对镇用地资料的分析表明，上述四类用地所占的比例具有一定的规律性，规定的幅度基本上可

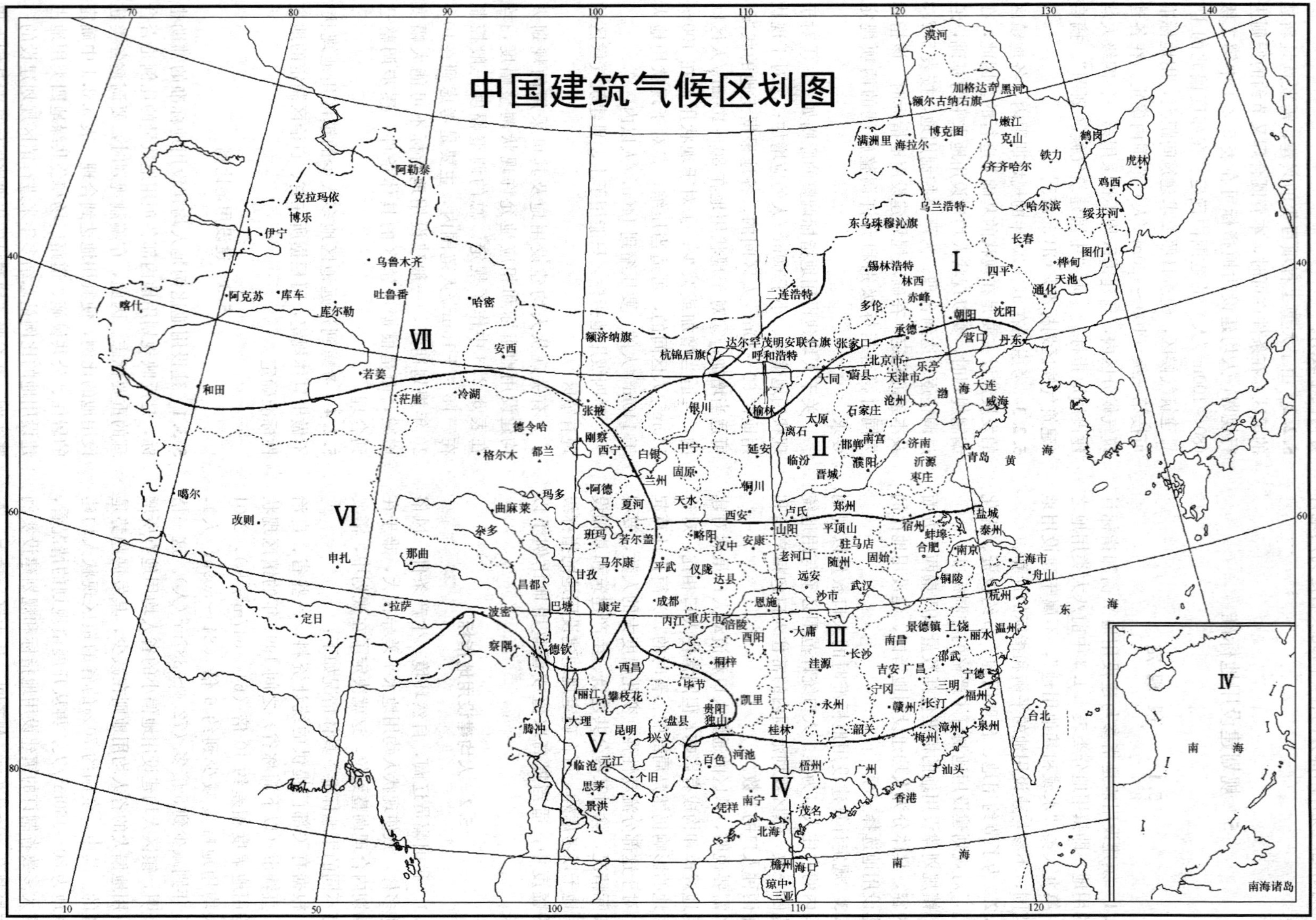

附图　中国建筑气候区划图

以达到用地结构的合理，而其他类的用地比例，由于不同类型的镇区的生产设施、对外交通等用地的情况相差极为悬殊，其建设条件差异又较大，可按具体情况因地制宜加以确定，本标准不作规定。

对于通勤人口和流动人口较多的中心镇的镇区，其公共设施用地所占比例宜选取规定幅度内的较大值。

表 5.3.1 规定了居住、公共设施、道路广场和公共绿地四类用地总和在建设用地中的适宜比例。需要说明，规划四类用地的比例要结合实际加以确定，不能同时都取上限或下限。

5.3.2 本条是对某些具有特殊建设要求的镇区，在选用表 5.3.1 中的建设用地比例时，作出的一些特殊规定。

5.4 建设用地选择

本节提出了选择建设用地要遵守的规定。其中 5.4.4 所述的生态敏感的地段是指生态敏感与脆弱的地区，如沙尘暴源区、荒漠中的绿洲、严重缺水地区、珍稀动植物栖息地或特殊生态系统、天然林、热带雨林、红树林、珊瑚礁、鱼虾产卵场、重要湿地和天然渔场等。5.4.5 所指的不良地质地带是指对建设项目具有直接危害和潜在威胁的滑坡、泥石流、崩塌以及岩溶、土洞的发育地段等。

6 居住用地规划

6.0.1 为适应我国各地镇区居住建筑差别的特点，居民住宅用地的面积标准，应在符合本标准 5.3 建设用地比例的规定范围内。

6.0.2～6.0.4 关于居住用地的选址和规划布置中要遵守的规定。根据各省、自治区、直辖市对本辖区范围内不同地区、不同类别的住户制定的用地面积、容积率指标、朝向、间距等标准结合本镇区的具体情况予以确定。

6.0.5 本次修订提出了“居住组群”规划的要求，是针对镇区居住用地规模与城市居住区相比要小得多，一次性建设开发的规模相对也小。“居住组群”是为了适应镇区发展建设要求，按不同居住人口规模而建设的居住建筑群体，其规模及组织形式具有因地制宜的特点。在居住用地规划中，根据方便居民使用、优化居住环境、集约利用资源、住宅类型多样、体现地方特色等原则，结合不同的地区、周围环境和建设条件，组织住宅空间，配置服务设施，以及布置绿地、道路交通和管线等，以提高居住用地的规划水平。

7 公共设施用地规划

7.0.1 镇区公共设施项目的配置，主要依据镇的层次和类型，并充分发挥其地位职能的作用而定。本标准按照分级配置的原则，在综合各地规划建设实践的基础上，参照近年来一些省、自治区、直辖市对镇公建项目配置的有关规定，调整制定了表 7.0.1 的项目内容。表中按镇的层次，提出了配置的项目，按其使用性质分为行政管理、教育机构、文体科技、医疗保健、商业金融、集贸市场六类，共 39 个项目。考虑到镇区的地位、层次的不同，规定了应设置和可设置的项目，供各地在规划时选定。

7.0.2 镇区公共设施的用地面积指标应在符合本标准 5.3 建设用地比例的规定范围内，考虑到各地建设情况的差异，在保证配置基本设施的前提下，逐步加以完善。

7.0.3～7.0.6 对各类公共设施用地的选址和规划的基本要求。其中 7.0.6 有关集贸市场的场地布置、市场选型应符合现行行业标准《乡镇集贸市场规划设计标准》CJJ/T 87 的有关规定。

8 生产设施和仓储用地规划

8.0.1 对工业生产用地的选址和布置的要求。按照生产经营的特点和对生活环境的影响程度，分别对无污染、轻度污染和严重污染三类情况，规定了选址要求。

根据工业应逐步向镇区工业用地集中的原则，对现有工业布局应进行必要的调整，规定了新建和扩建的二、三类工业应按规划的要求向工业用地集中。

对已造成污染的工厂规定了必须迁建或调整转产等的要求。

8.0.2 对镇区工业用地的规划布局和技术要求。包括：集约布置、节约和合理用地，一些基础设施的共建共享，环境绿化，以及预留发展用地等。

8.0.3 对一些农业生产和服务设施用地的选择和布置的要求。

1 规定农机站、农产品加工厂等的选址要求。

2 规定畜禽、水产等养殖类的生产厂（场）的选址，必须达到卫生防疫要求，并严格防止对生活环境的污染和干扰。

3 规定兽医站要布置在镇区的边缘，并应满足卫生和防疫的要求等。

8.0.4 对仓库及堆场用地的选址和布置的技术要求。对易燃易爆和危险品的仓库选址，应符合防火、环保、卫生和安全的有关规定。

9 道路交通规划

9.2 镇区道路规划

9.2.1 将镇区的道路按使用功能和通行能力划分为

主干路、干路、支路、巷路，不再称为一、二、三、四级，以避免与公路等级名称相混淆。

9.2.3 表9.2.3规定了镇区道路规划技术指标为计算行车速度、道路红线宽度、车行道宽度、人行道宽度及道路间距等五项设计指标。其中主干路的道路红线宽度由原标准的24～32m调整为24～36m，理由是：①考虑镇区发展需要和“节地”要求适当增加；②与《城市道路交通规划设计规范》GB 50220的规定基本协调。

9.2.4 规划镇区道路系统，要根据镇区的规模按表9.2.4的规定进行配置。表中应设的级别，是指在一般情况下，应该设置道路的级别；可设的级别是指在必要的情况下，可以设置的道路级别。

9.3 对外交通规划

9.3.1 镇域内道路规划的要求。

9.3.2 镇域的道路规划要与对外交通的各项设施协调配置，统筹安排客运和货运的站场、码头，以及为其服务的广场和停车场等设施。依据的主要标准包括：《公路工程技术标准》JTJ 001、《公路路线设计规范》JTJ 011、《公路环境保护设计规范》JTJ/T 006、《汽车客运站建筑设计规范》JGJ 60、《铁路线路设计规范》GB 50090、《铁路车站及枢纽设计规范》GB 50091、《铁路旅客车站建筑设计规范》GB 50226、《河港工程设计规范》GB 50192、《港口客运站建筑设计规范》JGJ 86等。

9.3.3 公路穿过镇区、村庄，影响通行能力，易造成安全事故，规划中应对穿过镇区和村庄的不同等级的公路进行调整。

10 公用工程设施规划

10.2 给水工程规划

10.2.2 给水工程规划中的集中式给水包括的内容和用水量计算的要求。镇区规划用水量应包括生活、生产、消防、浇洒道路和绿化用水量，管网漏失水和未预见水量。其中，生活用水包括居住建筑和公共建筑的生活用水，生产用水包括工业用水和农业服务设施用水。各部分用水量，分别按以下要求计算：

1 生活用水量的计算：

1）居住建筑生活用水量，按表10.2.2进行预测。表10.2.2、表10.2.3中“镇区外”一栏系指规划范围内给水设施统建共享的村庄用水量指标。

2）公共建筑的生活用水量。由于镇区公共建筑与城市公共建筑的功能、设施及要求等，没有实质性差别，所以可按现行国家标准《建筑给水排水设计规范》GB 50015的有关规定执行。为了便于规划操作，公共建筑的生活用水量也可按居住建筑生活用水量的8%～25%计算。

2 生产用水量的计算：

工业和农业服务设施用水量可按所在省、自治区、直辖市人民政府的有关规定进行计算。

3 消防用水量按现行国家标准《建筑设计防火规范》GB 50016的有关规定计算。

4 浇洒道路和绿化用水量。由于我国各地镇区的经济条件、建设标准、规模等差异很大，其用水量可按当地条件确定，不作具体规定。

5 在计算最高日用水量（即设计供水能力）时，要充分考虑管网漏失因素和未预见因素。管网漏失水量和未预见水量可按最高日用水量的15%～25%合并计算。

10.2.6 规定了给水干管布置走向要与给水的主要流向一致，并以最短距离向用水大户供水，以便降低工程投资，提高供水的保证率。本条还规定了给水干管的最小服务水头的要求。

10.3 排水工程规划

10.3.2 规定了排水工程规划包括的内容和排水量计算的要求。

排水分为生活污水、生产污水、径流的雨水和冰雪融化水，后者可统称雨水。

生活污水量可按生活用水量的75%～85%估算。

生产污水量及变化系数，要根据工业产品的种类、生产工艺特点和用水量确定。为便于操作，也可按生产用水量的75%～90%进行估算。水的重复利用率高的工业取下限值。

雨水量与当地自然条件、气候特征有关，可按邻近城市的相应标准计算。

10.3.3 排水体制选择的技术要求。

排水体制宜选择分流制。条件不具备的镇区可选择合流制。为保护环境，减少污染，污水排入管网系统前，要采用化粪池、生活污水净化沼气池等进行预处理。

对现有排水系统的改造，可创造条件，逐步向分流制过渡。

10.3.6 本条是对污水处理厂厂址选择的要求。

10.4 供电工程规划

10.4.2 镇所辖地区内的用电负荷，因其地理位置、经济社会发展与建设水平、人口规模及居民生活水平的不同，可采用现状人均综合用电指标乘以增长率进行预测较为实际。增长率应根据历年来增长情况并考虑发展趋势等因素加以确定。K值为年综合用电增长率，一般为5%～8%，位于发达地区的镇可取较小值，地处发展地区的镇可取较大值，K值也可根据规划期内的发展速度分阶段进行预测。同时还可根据当地实际情况，采用其他预测方法进行校核。

10.4.4 供配电系统如果结线复杂、层次过多，不仅管理不便、操作复杂，而且由于串联元件过多，元件故障和操作错误而产生事故的可能性也随之增加，因此要求合理地确定电压等级、输送距离，划分用电分区范围，以减少变电层次，优化网络结构。本条还规定了高压线路走廊宽度，表10.4.4中未列入的220kV、330kV、500kV电压，其线路走廊宽度分别为30～40m、35～45m、60～75m。

10.4.7 本条要求结合地方条件，因地制宜地确定电源，实行能源互补，开发小水电、风力和太阳能发电等能源。

10.6 燃气工程规划

10.6.2 目前常用燃气主要有矿物质气和生物质气两大类：矿物质气主要有天然气、液化石油气、焦炉煤气等。生物质气主要包括沼气和秸秆制气等。

矿物质气品质好，质量稳定，供应可靠，但要求具有一定的规模以及较高的资金投入和运行管理。生物质气燃烧放热值较低、质量不稳定，均为可再生资源，且资金投入少，运行管理要求不高，适合小规模建设。燃气工程的规划应根据资源情况确定燃气种类。

10.6.5 沼气的制备需要一定的条件，如温度对沼气的产生量有很大的影响，许多地区建设的沼气设施不能保证全年有效供应。农作物秸秆制气，也受秸秆数量、存放条件等的限制，因此在规划中应考虑与其他能源的互补，同时还应考虑制气后所产生的沼液、沼渣、炭灰等的综合利用。

10.7 供热工程规划

10.7.2 集中供热具有热效率高、对环境影响小、供热稳定、品质高的优点，但其初投资和运行管理费用较高；分散供热的热效率低、对环境影响较大，可按需分别设置，管理运行较简单，因此采暖地区应根据不同经济发展情况确定供热方式。

10.9 用地竖向规划

10.9.1、10.9.2 规定了建设用地竖向规划的内容和基本要求。其中在进行土方平衡时，要确定取土和弃土的地点，以避免乱挖乱弃，防止毁损农田、破坏自然地貌、造成水土流失。

10.9.3 规定了建设用地中，组织地面排水的一些要求。

11 防灾减灾规划

11.2 消防规划

11.2.2 提出了用地布局中满足消防安全的基本要求。

1 对生产和储存易燃、易爆物品的工厂、仓库、堆场等设施的布置要求。

2 对现状中影响消防安全的工厂、仓库、堆场和储罐等要迁移或改造，并对耐火等级低的建筑和居民密集区提出了改善消防安全条件的要求。

3 规定了生产和储存易燃、易爆物品的工厂、仓库、堆场储罐以及燃油、燃气供应站等与居住、医疗、教育、集会、娱乐、市场等大量人流活动设施的防火最小距离。

11.2.3 规定了消防给水的要求：

1 对具备给水管网的镇，提出了建设消防给水的要求。

2 对不具备给水管网的镇，提出了解决消防给水的办法。

3 对天然水源或给水管网不能满足消防给水以及对寒冷地区消防给水的要求。

11.2.4 对不同规模的镇，设置消防站、消防值班室、义务消防队的具体要求，按《城市消防站建设标准》中对消防站的责任区面积、建设用地所作的规定：标准型普通消防站的责任区面积不应大于$7km^2$，建设用地面积$2400～4500m^2$；小型普通消防站的责任区面积不应大于$4km^2$，建设用地面积$400～1400m^2$。

11.3 防洪规划

11.3.2 防洪措施要根据洪水类型确定。按洪灾成因可分为河洪、海潮、山洪和泥石流等类型。河洪一般应以堤防为主，配合水库、分（滞）洪、河道整治等措施组成防洪体系；海潮则以堤防、挡潮闸为主，配合排涝措施组成防洪体系；山洪和泥石流工程措施要同水土保持措施相结合等。

防洪措施要体现综合治理的原则，实行工程防洪措施与非工程防洪措施相结合。

11.3.3 在现行国家标准《防洪标准》GB 50201中，对于城镇、乡村分别规定了不同等级的防洪标准，城镇防洪规划要根据所在地区的具体情况，按照规定的防洪标准设防。镇如果靠近大型或重要工矿企业、交通运输设施、动力设施、通信设施、文物古迹和旅游设施等防护对象，并且又不能分别进行防护时，该防护区的防洪标准要按其中较高者加以确定。同时，镇区防洪规划尚应符合现行行业标准《城市防洪工程设计规范》CJJ 50的有关规定。

11.3.4 位于易发生洪灾地区的镇，设置就地避洪安全设施，要根据镇域防洪规划的需要，按其地位的重要程度以及安置人口的数量，因地制宜地选择修建围埝、安全台、避水台等不同类型的就地避洪安全设施，本条对就地设置的避洪安全设施的位置选择和安全超高提出了要求。该安全超高的数值要按蓄、滞洪时的最高洪水位，考虑水面的浪高及设施的重要程度等因素按表 11.3.4 确定。

11.3.5 在各项建筑和工程设施内，根据镇域防洪规划需要设置安全层作为避洪时，要根据避洪人员数量进行统筹规划，并应符合现行国家标准《蓄滞洪区建筑工程技术规范》GB 50181 的有关规定。

11.3.6 在易发生内涝灾害的地区，既要注重镇域的防洪，又要重视镇区的防涝问题。为确保建设区内能够迅速排除涝水，需要综合规划和整治排水体系。

11.4 抗震防灾规划

11.4.2 规定在处于地震设防区内进行镇的规划，必须遵守现行国家标准《中国地震动参数区划图》GB 18306和《建筑抗震设计规范》GB 50011 的有关规定，选择对抗震有利的地段，避开不利地段，严禁在危险地段布置人口密集的项目。

11.4.3

1 在工程抗震规划中规定了对新建建筑物、构筑物和工程设施要按国家现行的有关抗震标准进行设防。依据的主要标准包括：《建筑抗震设计规范》GB 50011、《构筑物抗震设计规范》GB 50191、《室外给水排水和燃气热力工程抗震设计规范》GB 50032，以及有关电力、通信、水运、铁路、公路等工程抗震设计规范。

同时，还要遵守所在省、自治区、直辖市现行的有关工程抗震设计标准的规定。

2 在工程抗震规划中规定了对现有建筑物、构筑物和工程设施要按国家现行的有关标准进行鉴定，并提出抗震加固、改建和拆迁的意见。依据的主要标准包括：《建筑抗震鉴定标准》GB 50023、《工业构筑物抗震鉴定标准》GBJ 117、《室外给水排水工程设施抗震鉴定标准》GBJ 43、《室外煤气热力工程设施抗震鉴定标准》GBJ 44、《建筑抗震设防分类标准》GB 50223，以及有关其他工程设施鉴定和设防分类标准。

同时，还要遵守所在省、自治区、直辖市现行的有关工程鉴定和设防分类标准的规定。

11.4.4 规定了抗震防灾的生命线工程和重要设施要进行统筹规划，并要符合本条规定的各项具体要求。

11.4.5 提出了生产和储存具有产生地震次生灾害源的单位及其预防措施，并根据次生灾害的严重程度，规定了必须采取的具体措施。

11.5 防风减灾规划

11.5.1 规定了易形成风灾的地区，镇区建设用地要避开同风向一致的天然谷口、山口等容易形成风灾的地段，因大风气流被突然压缩，急剧增大风速，会造成巨大风压或风吸力而形成灾害。

11.5.2 规定了对建筑的规划设计要遵守的各项要求，以尽量减少强大风速的袭击，降低建筑物本身受到的风压或风吸力。

11.5.3 在易形成风灾地区的镇区边缘种植密集型防护林带，防止被风拔起，需要加大树种的根基深度。同时，处于逆风向的电线杆、电线塔和其他高耸构筑物，均易被风拔起、折断和刮倒。因此，在易形成风灾地区的镇区规划建设，必须考虑加强对风的抗侧拉、抗折和抗拔力。

11.5.4 为抵御台风引起的海浪、狂风和暴雨，对处于台风袭击地区的镇区规划，应在滨海、岛屿地区首先考虑修建抵御风暴潮的堤坝，统一规划排水体系，及时排除台风带来的暴雨水。同时，要建立台风预报信息网，配备必要的救援设施。

11.5.5 规定了充分利用风力资源，因地制宜地建设能源转换和储存设施，是节约能源、推广清洁能源、实行能源互补的重要手段。

12 环 境 规 划

12.2 生产污染防治规划

12.2.1～12.2.7 分别规定了生产污染防治中关于生产项目布置、空气环境质量、地表水环境质量、地下水环境质量、土壤环境质量、固体废弃物处理等应执行的国家现行标准。

12.3 环境卫生规划

12.3.2 规定了垃圾转运站设置的要求。转运站的位置宜靠近服务区域的中心或垃圾产量多和交通方便的地方。生活垃圾日产量可按每人 1.0～1.2kg 计算。

12.3.3 规定了镇区生活垃圾收集、运输、处理和利用的要求。

12.3.4 由于粪便中含有危害人群健康的病菌、病毒和寄生虫卵，规定了对居民粪便的处理要符合现行国家标准《粪便无害化卫生标准》GB 7959 的要求。

12.3.5 规定了镇区设置公共厕所的地点，并宜设置节水型公共厕所。

12.4 环境绿化规划

12.4.1～12.4.4 对镇区绿化规划的原则和各项绿地规划的具体要求。

12.4.5 对于镇区建设用地以外的水域和其他用地中对镇区环境产生影响的部分，也应统筹进行环境绿化规划，以达到优化生态环境的目标。

12.5 景 观 规 划

12.5.1 镇的景观是展示镇形象的重要组成部分，规划内容包括镇区内的容貌和影响镇貌的周边环境的规划。

12.5.2 镇区景观规划的要求主要是充分运用自然条

件和历史形成的物质基础以及人文特征，结合现实建设的条件和居民审美要求，进行综合考虑和统一规划，为居民塑造具有时代特征、富有地方特色、体现优美和谐的生活和工作环境。

13 历史文化保护规划

13.0.1 本条确定保护规划应遵循的原则。

13.0.2 镇、村历史文化保护规划应依据县域规划的基本要求和原则进行编制。

13.0.3 本条说明了镇、村历史文化保护规划是镇、村规划不可分割的部分，在镇、村规划中的每个环节都与历史文化保护是密不可分。对于确认为历史文化名镇（村）的应严格按本章进行规划。

13.0.4 镇、村历史文化保护规划要结合经济、社会和历史背景，全面深入调查历史文化遗产的历史和现状，依据其历史、科学、艺术等价值，遵循保护历史真实载体，保护历史环境，科学利用、永续利用的原则，确定保护目标、保护内容、保护重点和保护措施，以利于从整体上保护风貌特色和文化特征。

13.0.5 镇、村历史文化保护规划的内容主要包括：

1 历史空间格局和传统建筑风貌；

2 与历史发展和文化传统形成有联系的自然和人文环境景观要素，如山体、水系、地形、地物、古树名木等；

3 反映传统风貌的不可移动的历史文物，体现民俗精华、传统庆典活动的场地和固定设施等。

13.0.6 镇、村历史文化保护范围的具体边界应因地制宜进行划定：一是文物古迹或历史建筑现状的用地边界，在保护对象的主要视线景观通道的主要观景点向外眺望时，其视线可及处的建筑应被划入保护范围，包括街道、广场、河流等处视线所及范围内的建筑用地边界和外观边界；二是与保护对象的整体风貌相互依存的自然景观和环境，如山体、树木、林地、水体、河道和农田等，也应划入保护范围。

对保存完好的镇区和村庄的整体风貌，应当将其整体划为保护范围。

13.0.7 镇、村历史文化保护的主要目标是保护它的整体风貌、历史格局和空间尺度。保护规划应对保护对象制订相应的保护原则和保护要求。对与其风貌有冲突的建筑物、构筑物和环境要素提出在外观、材料、色彩、高度和体量等方面的整治要求。对其重要节点、建筑物、构筑物以及公共空间提出保护与整治规划。

13.0.8 镇、村历史文化保护范围的外围划出一定范围的风貌控制区的具体边界，是为了确保历史文化保护范围内风貌的完整。在风貌控制区内，为了避免在保护范围边界两侧形成两种截然不同甚至相互冲突的形象，有必要对保护区周围的建设活动进行严格的控制管理。

13.0.9 在镇、村历史文化保护范围内增建的设施，应该从尺度、形式、色彩、材料、风格等方面同历史文化协调一致，绿化的布局应符合当地的历史传统。

13.0.10 镇、村历史文化保护范围多数是居民日常生活的场所，普遍存在居住人口密集和基础设施不完善的状况。为了确保在保护范围内环境的协调，需要限定居住人口的数量，并逐步完善基础设施和公共服务设施，改善居民的生活环境，满足居民现代生活的需要。同时，为了保护历史文化遗产的安全，应建立可靠的防灾和安全体系。

14 规 划 制 图

14.0.1 为使镇的规划图纸达到完整、准确、清晰、美观，提高制图质量与效率，利于计算机制图软件研制，满足规划设计和建设管理等要求，规定了规划图纸绘制应标注的内容，以及规划使用的图例。其各项规定是在总结各地镇域和镇区规划图纸绘制的基础上，参照现行行业标准《城市规划制图标准》CJJ/T 97和有关专业的制图标准，结合镇规划的特点而编制的。

附录B“规划图例”内容包括：

1 用地图例——主要用于镇区用地布局规划；

2 建筑图例——主要用于建筑质量调查和近期建设的详细规划；

3 道路交通及工程设施图例——主要用于各项工程设施规划；

4 地域图例——主要用于区位分析、镇村体系规划、用地分析等。

根据不同图纸的绘制要求，图例分为单色和彩色两种，并按计算机制图的要求，在图例的右下角标注了采用“Auto CAD”中256种颜色的色标数字作为参考。

中华人民共和国国家标准

防 洪 标 准

Standard for flood control

GB 50201—2014

主编部门：中 华 人 民 共 和 国 水 利 部
批准部门：中华人民共和国住房和城乡建设部
施行日期：2 0 1 5 年 5 月 1 日

中华人民共和国住房和城乡建设部
公　告

第 545 号

住房城乡建设部关于发布国家标准《防洪标准》的公告

现批准《防洪标准》为国家标准，编号为 GB 50201—2014，自 2015 年 5 月 1 日起实施。其中，第 5.0.4、6.1.2、6.2.2、6.3.5、6.5.4、7.2.4、11.3.1、11.3.3、11.8.3 条为强制性条文，必须严格执行。原国家标准《防洪标准》GB 50201—94 同时废止。

本标准由我部标准定额研究所组织中国计划出版社出版发行。

中华人民共和国住房和城乡建设部

2014 年 6 月 23 日

前　言

本标准是根据原建设部《关于印发〈2007 年工程建设标准规范制订、修订计划（第一批）〉的通知》（建标〔2007〕125 号）的要求，由水利部水利水电规划设计总院会同黄河勘测规划设计有限公司，在原国家标准《防洪标准》GB 50201—94 的基础上修订而成的。

本标准在修订过程中，修订组认真总结了原国家标准《防洪标准》GB 50201—94 实施以来的经验，借鉴了其他一些国家的防洪标准，吸纳了国内部分行业相关技术标准，同时参考了流域防洪规划和区域防洪规划成果，结合我国经济社会发展状况，在广泛征求有关单位意见和建议的基础上，通过多次研究、讨论，最后经审查定稿。

本标准共分 11 章，主要内容包括总则、术语、基本规定、防洪保护区、工矿企业、交通运输设施、电力设施、环境保护设施、通信设施、文物古迹和旅游设施、水利水电工程。

本次修订的主要内容有：

1. 增加了“术语”、“基本规定”、“防洪保护区”和“环境保护设施”四章，将原“城市”和“乡村”两章并入“防洪保护区”一章；

2. 在“交通运输设施”一章中取消了“木材水运工程”一节，在“电力设施”一章中增加了“核电厂”一节，在“水利水电工程”一章中增加了“拦河水闸工程”一节。

本标准中以黑体字标志的条文为强制性条文，必须严格执行。

本标准由住房和城乡建设部负责管理和对强制性条文的解释，由水利部负责日常管理工作，由水利部水利水电规划设计总院负责具体技术内容的解释。在本标准执行过程中，希望各单位结合工程实践和科学研究，认真总结经验，注意积累资料，如发现需要修改和补充之处，请及时将意见和有关资料寄交水利部水利水电规划设计总院（地址：北京市西城区六铺炕北小街 2—1 号，邮政编码：100120），以供今后修订时参考。

本标准主编单位、主要起草人和主要审查人：

主 编 单 位： 水利部水利水电规划设计总院
黄河勘测规划设计有限公司

主要起草人： 梅锦山　侯传河　李小燕　吴海亮　张志红　李爱玲　王　勇　李维涛　洪　建　王　煜　王府义　李荣容　刘　娟　王国安　温善章　周　健

主要审查人： 汪　洪　高安泽　朱尔明　焦居仁　李代鑫　曾肇京　富曾慈　胡训润　陈效国　谭培伦　丁留谦　刘九夫

目　次

Contents

1 总 则

1.0.1 为适应国民经济各部门、各地区的防洪要求和防洪建设需要,保护人民生命财产的防洪安全,制定本标准。

1.0.2 本标准适用于防洪保护区、工矿企业、交通运输设施、电力设施、环境保护设施、通信设施、文物古迹和旅游设施、水利水电工程等防护对象,防御暴雨洪水、融雪洪水、雨雪混合洪水和海岸、河口地区防御潮水的规划、设计、施工和运行管理工作。

1.0.3 各类防护对象的防洪标准除应符合本标准外,尚应符合国家现行有关标准的规定。

2 术 语

2.0.1 防护对象 flood protection object

防洪保护对象的简称,指受到洪(潮)水威胁需要进行防洪保护的对象。

2.0.2 防洪保护区 flood protection area

洪(潮)水泛滥可能淹及且需要防洪工程设施保护的区域。

2.0.3 防护等级 grade of flood protection

对于同一类型的防护对象,为了便于针对其规模或性质确定相应的防洪标准,从防洪角度根据一些特性指标将其划分的若干等级。

2.0.4 当量经济规模 equivalent economic scale

防洪保护区人均 GDP 指数与人口的乘积。

2.0.5 可能最大洪水 probable maximum flood

在河流设计断面以上,水文气象上可能发生的、一定历时的、近似于物理上限的洪水。

3 基本规定

3.0.1 防护对象的防洪标准应以防御的洪水或潮水的重现期表示;对于特别重要的防护对象,可采用可能最大洪水表示。防洪标准可根据不同防护对象的需要,采用设计一级或设计、校核两级。

3.0.2 各类防护对象的防洪标准应根据经济、社会、政治、环境等因素对防洪安全的要求,统筹协调局部与整体、近期与长远及上下游、左右岸、干支流的关系,通过综合分析论证确定。有条件时,宜进行不同防洪标准所可能减免的洪灾经济损失与所需的防洪费用的对比分析。

3.0.3 同一防洪保护区受不同河流、湖泊或海洋洪水威胁时,宜根据不同河流、湖泊或海洋洪水灾害的轻重程度分别确定相应的防洪标准。

3.0.4 防洪保护区内的防护对象,当要求的防洪标准高于防洪保护区的防洪标准,且能进行单独防护时,该防护对象的防洪标准应单独确定,并应采取单独的防护措施。

3.0.5 当防洪保护区内有两种以上的防护对象,且不能分别进行防护时,该防洪保护区的防洪标准应按防洪保护区和主要防护对象中要求较高者确定。

3.0.6 对于影响公共防洪安全的防护对象,应按自身和公共防洪安全两者要求的防洪标准中较高者确定。

3.0.7 防洪工程规划确定的兼有防洪作用的路基、围墙等建筑物、构筑物,其防洪标准应按防洪保护区和该建筑物、构筑物的防洪标准中较高者确定。

3.0.8 下列防护对象的防洪标准,经论证可提高或降低:

1 遭受洪灾或失事后损失巨大、影响十分严重的防护对象,可提高防洪标准;

2 遭受洪灾或失事后损失和影响均较小、使用期限较短及临时性的防护对象,可降低防洪标准。

3.0.9 按本标准规定的防洪标准进行防洪建设,经论证确有困难时,可在报请主管部门批准后,分期实施、逐步达到。

4 防洪保护区

4.1 一般规定

4.1.1 在确定防洪标准时,应分析受洪水威胁地区的洪水特征、地形条件,以及河流、堤防、道路或其他地物的分隔作用,可以分为几个部分单独进行防护时,应划分为独立的防洪保护区,各个防洪保护区的防洪标准应分别确定。

4.1.2 划分防洪保护区防护等级的人口、耕地、经济指标的统计范围,应采用相应标准洪水的淹没范围。

4.2 城市防护区

4.2.1 城市防护区应根据政治、经济地位的重要性、常住人口或当量经济规模指标分为四个防护等级,其防护等级和防洪标准应按表 4.2.1 确定。

表 4.2.1 城市防护区的防护等级和防洪标准

防护等级	重要性	常住人口(万人)	当量经济规模(万人)	防洪标准[重现期(年)]
Ⅰ	特别重要	≥150	≥300	≥200
Ⅱ	重要	<150,≥50	<300,≥100	200~100
Ⅲ	比较重要	<50,≥20	<100,≥40	100~50
Ⅳ	一般	<20	<40	50~20

注:当量经济规模为城市防护区人均 GDP 指数与人口的乘积,人均 GDP 指数为城市防护区人均 GDP 与同期全国人均 GDP 的比值。

4.2.2 位于平原、湖洼地区的城市防护区,当需要防御持续时间较长的江河洪水或湖泊高水位时,其防洪标准可取本标准表 4.2.1 规定中的较高值。

4.2.3 位于滨海地区的防护等级为Ⅲ等及以上的城市防护区,当按本标准表 4.2.1 的防洪标准确定的设计高潮位低于当地历史最高潮位时,还应采用当地历史最高潮位进行校核。

4.3 乡村防护区

4.3.1 乡村防护区应根据人口或耕地面积分为四个防护等级,其防护等级和防洪标准应按表 4.3.1 确定。

表 4.3.1 乡村防护区的防护等级和防洪标准

防护等级	人 口(万人)	耕地面积(万亩)	防洪标准[重现期(年)]
Ⅰ	≥150	≥300	100~50
Ⅱ	<150,≥50	<300,≥100	50~30
Ⅲ	<50,≥20	<100,≥30	30~20
Ⅳ	<20	<30	20~10

4.3.2 人口密集、乡镇企业较发达或农作物高产的乡村防护区,其防洪标准可提高。地广人稀或淹没损失较小的乡村防护区,其防洪标准可降低。

4.3.3 蓄、滞洪区的分洪运用标准和区内安全设施的建设标准,应根据批准的江河流域防洪规划的要求分析确定。

5 工矿企业

5.0.1 冶金、煤炭、石油、化工、电子、建材、机械、轻工、纺织、医药等工矿企业应根据规模分为四个防护等级,其防护等级和防洪标准应按表5.0.1确定。对于有特殊要求的工矿企业，还应根据行业相关规定，结合自身特点经分析论证确定防洪标准。

表 5.0.1 工矿企业的防护等级和防洪标准

防护等级	工矿企业规模	防洪标准[重现期(年)]
Ⅰ	特大型	200～100
Ⅱ	大型	100～50
Ⅲ	中型	50～20
Ⅳ	小型	20～10

注：各类工矿企业的规模按国家现行规定划分。

5.0.2 滨海区中型及以上的工矿企业，当按本标准表5.0.1的防洪标准确定的设计高潮位低于当地历史最高潮位时，还应采用当地历史最高潮位进行校核。

5.0.3 工矿企业还应根据遭受洪灾后的损失和影响程度，按下列规定确定防洪标准：

1 当工矿企业遭受洪水淹没后，损失巨大，影响严重，恢复生产所需时间较长时，其防洪标准可取本标准表5.0.1规定的上限或提高一个等级；

2 当工矿企业遭受洪灾后，其损失和影响较小，很快可恢复生产时，其防洪标准可按本标准表5.0.1规定的下限确定；

3 地下采矿业的坑口、井口等重要部位，应按本标准表5.0.1规定的防洪标准提高一个等级进行校核，或采取专门的防护措施。

5.0.4 当工矿企业遭受洪水淹没后，可能爆炸或导致毒液、毒气、放射性等有害物质大量泄漏、扩散时，其防洪标准应符合下列规定：

1 对于中、小型工矿企业，应采用本标准表5.0.1中Ⅰ等的防洪标准；

2 对于特大、大型工矿企业，除采用本标准表5.0.1中Ⅰ等的上限防洪标准外，尚应采取专门的防护措施；

3 对于核工业和与核安全有关的厂区、车间及专门设施，应采用高于200年一遇的防洪标准。

6 交通运输设施

6.1 铁 路

6.1.1 国家标准轨距铁路的各类建筑物、构筑物，应根据铁路在路网中的重要性和预测的近期年客货运量分为两个防护等级，其防护等级和防洪标准应按表6.1.1确定。

表 6.1.1 国家标准轨距铁路各类建筑物、构筑物的防护等级和防洪标准

防护等级	铁路等级	铁路在路网中的作用、性质	近期年客货运量(Mt)	防洪标准[重现期(年)] 设计 路基	涵洞	桥梁	校核 技术复杂、修复困难或重要的大桥和特大桥
Ⅰ	客运专线	以客运为主的高速铁路	—	100	100	100	300
	Ⅰ	在铁路网中起骨干作用的铁路	≥20				
	Ⅱ	在铁路网中起联络、辅助作用的铁路	<20，≥10				
Ⅱ	Ⅲ	为某一地区或企业服务的铁路	<10，≥5	50	50	50	100
	Ⅳ	为某一地区或企业服务的铁路	<5				

注：1 近期指交付运营后的第10年；

2 年客货运量为重车方向的运量，每天一对旅客列车按1.0Mt年货运量折算。

6.1.2 经过行、蓄、滞洪区铁路的防洪标准，应结合所在河段、地区的行、蓄、滞洪区的要求确定，不得影响行、蓄、滞洪区的正常运用。

6.1.3 工矿企业专用标准轨距铁路的防洪标准，应根据本标准表6.1.1并结合工矿企业的防洪要求确定。

6.2 公 路

6.2.1 公路的各类建筑物、构筑物应根据公路的功能和相应的交通量分为四个防护等级，其防护等级和防洪标准应按表6.2.1确定。

表 6.2.1 公路各类建筑物、构筑物的防护等级和防洪标准

防护等级	公路等级	分等指标	防洪标准[重现期(年)] 路基	桥涵 特大桥	大、中桥	小桥	涵洞及小型排水构筑物	隧道 特长隧道	长隧道	中、短隧道
Ⅰ	高速	专供汽车分向、分车道行驶并应全部控制出入的多车道公路，年平均日交通量为25000辆～100000辆	100	300	100	100	100	100	100	100
	一级	供汽车分向、分车道行驶，并可根据需要控制出入的多车道公路，年平均日交通量为15000辆～55000辆								
Ⅱ	二级	供汽车行驶的双车道公路，年平均日交通量为5000辆～15000辆	50	100	100	50	50	100	50	50
Ⅲ	三级	供汽车行驶的双车道公路，年平均日交通量为2000辆～6000辆	25	100	50	25	25	50	50	25
Ⅳ	四级	供汽车行驶的双车道或单车道公路，双车道年平均日交通量2000辆以下，单车道年平均日交通量400辆以下	—	100	50	25	—	50	25	25

注：年平均日交通量指将各种汽车折合成小客车后的交通量。

6.2.2 经过行、蓄、滞洪区公路的防洪标准，应结合所在河段、地区的行、蓄、滞洪区的要求确定，不得影响行、蓄、滞洪区的正常运用。

6.3 航 运

6.3.1 河港主要港区的陆域，应根据重要性和受淹损失程度分为三个防护等级，其防护等级和防洪标准应按表6.3.1确定。

表 6.3.1 河港主要港区陆域的防护等级和防洪标准

防护等级	重要性和受淹损失程度	防洪标准[重现期(年)] 河网、平原河流	山区河流
Ⅰ	直辖市、省会、首府和重要城市的主要港区陆域，受淹后损失巨大	100～50	50～20
Ⅱ	比较重要城市的主要港区陆域，受淹后损失较大	50～20	20～10
Ⅲ	一般城镇的主要港区陆域，受淹后损失较小	20～10	10～5

注：码头的防洪标准根据相关行业标准确定。

6.3.2 内河航道上的通航建筑物，应根据可通航内河船舶的吨级分为四个防护等级，其防护等级和防洪标准应按表6.3.2和所在水域的防洪要求确定。

表6.3.2 内河航道通航建筑物的防护等级和防洪标准

防护等级	通航建筑物级别	船舶吨级(t)	防洪标准[重现期(年)]
Ⅰ	Ⅰ	3000	100～50
Ⅱ	Ⅱ	2000	50～20
Ⅲ	Ⅲ、Ⅳ	1000、500	20～10
Ⅳ	Ⅴ～Ⅶ	300、100、50	10～5

注：1 船舶吨级按船舶设计载重吨确定；

2 船舶吨级3000t以上通航建筑物的防护等级按Ⅰ等确定。

6.3.3 海港主要港区的陆域，应根据港口的重要性和受淹损失程度分为三个防护等级，其防护等级和防洪标准应按表6.3.3确定。

表6.3.3 海港主要港区陆域的防护等级和防洪标准

防护等级	重要性和受淹损失程度	防洪标准[重现期(年)]
Ⅰ	重要的港区陆域，受淹后损失巨大	200～100
Ⅱ	比较重要港区陆域，受淹后损失较大	100～50
Ⅲ	一般港区陆域，受淹后损失较小	50～20

6.3.4 当按本标准表6.3.3的防洪标准确定的海港主要港区陆域的设计高潮位低于当地历史最高潮位时，应采用当地历史最高潮位进行校核。有掩护的Ⅲ等海港主要港区陆域的防洪标准，可按50年一遇的高潮位进行校核。

6.3.5 当河(海)港区陆域的防洪工程是城镇防洪工程的组成部分时，其防洪标准不应低于该城镇的防洪标准。

6.4 民用机场

6.4.1 民用机场应根据重要程度和飞行区指标分为三个防护等级，其防护等级和防洪标准应按表6.4.1确定。

表6.4.1 民用机场的防护等级和防洪标准

防护等级	重要程度	飞行区指标	防洪标准[重现期(年)]
Ⅰ	特别重要的国际机场	4D及以上	≥100
Ⅱ	重要的国内干线机场及一般的国际机场	4C、3C	≥50
Ⅲ	一般的国内支线机场	3C以下	≥20

6.4.2 对于防护等级为Ⅰ等、年旅客吞吐量大于或等于1000万人次的民用运输机场，还应按300年一遇的防洪标准进行校核；对于防护等级为Ⅱ等、年旅客吞吐量大于或等于200万人次的民用运输机场，还应按100年一遇的防洪标准进行校核。

6.4.3 民用机场的防洪标准不应低于所在城市的防洪标准。

6.5 管道工程

6.5.1 穿越和跨越有洪水威胁水域的输油、输气等管道工程，应根据工程规模分为三个防护等级，其防护等级和防洪标准应按表6.5.1及所穿越和跨越水域的防洪要求确定。

表6.5.1 输油、输气等管道工程的防护等级和防洪标准

防护等级	工程规模	防洪标准[重现期(年)]
Ⅰ	大型	100
Ⅱ	中型	50
Ⅲ	小型	20

注：输水管道工程的防护等级和防洪标准，按本标准第11章的有关规定确定。

6.5.2 对于特别重要的大型管道工程，经分析论证可采用大于100年一遇的防洪标准进行校核。

6.5.3 从洪水期冲刷较剧烈的水域底部穿过的输油、输气等管道工程，其埋深应同时满足相应防洪标准洪水的冲刷深度和规划疏浚深度，并应预留安全埋深。

6.5.4 经过行、蓄、滞洪区的管道工程的防洪标准，应结合所在河段、地区的行、蓄、滞洪区的要求确定，不得影响行、蓄、滞洪区的正常运用。

7 电力设施

7.1 火电厂

7.1.1 火电厂厂区应根据规划容量分为三个防护等级，其防护等级和防洪标准应按表7.1.1确定。

表7.1.1 火电厂厂区的防护等级和防洪标准

防护等级	规划容量(MW)	防洪标准[重现期(年)]
Ⅰ	＞2400	≥100
Ⅱ	400～2400	≥100
Ⅲ	＜400	≥50

注：对于风暴潮影响严重地区的海滨Ⅰ级火电厂厂区，防洪标准取200年一遇。

7.1.2 工矿企业自备火电厂厂区的防洪标准应与该工矿企业的防洪标准相适应。

7.1.3 供热型火电厂厂区的防洪标准应与供热对象的防洪标准相适应。

7.1.4 火电厂地表水岸边泵房应根据火电厂规模分为两个防护等级，其防护等级和防洪标准应按表7.1.4确定。

表7.1.4 火电厂地表水岸边泵房的防护等级和防洪标准

防护等级	火电厂规模	防洪标准[重现期(年)]	
		设计	校核
Ⅰ	大中型	100	1000
Ⅱ	小型	50	100

7.2 核电厂

7.2.1 核电厂与核安全相关物项的防洪标准应为设计基准洪水，设计基准洪水应根据可能影响厂址安全的各种严重洪水事件及其可能的不利组合，并结合厂址特征综合分析确定。

7.2.2 可能影响核电厂厂址安全的严重洪水事件，应包括天文潮高潮位、海平面异常、风暴潮增水、假潮增水、海啸或湖涌增水、径流洪水、溃坝洪水、波浪，以及其他因素引起的洪水等。

7.2.3 对于滨海、滨河和河口核电厂，应根据厂址的自然条件，分别确定可能影响厂址安全的严重洪水事件，并应按相关规定进行组合，应选择最大值作为设计基准洪水位。

7.2.4 最终确定的核电厂设计基准洪水位不应低于有水文记录或历史上的最高洪水位。

7.3 高压、超高压和特高压输变电设施

7.3.1 35kV及以上的高压、超高压和特高压架空输电线路基础，应根据电压分为四个防护等级，其防护等级和防洪标准应按表7.3.1确定。大跨越架空输电线路的防洪标准可经分析论证提高。

表7.3.1 高压、超高压和特高压架空输电线路的防护等级和防洪标准

防护等级	电压(kV)	防洪标准[重现期(年)]
Ⅰ	1000、±800	100
Ⅱ	750、±660、±500	50
Ⅲ	500、330	30
Ⅳ	≤220、≥35	20～10

7.3.2 35kV及以上的高压、超高压和特高压变电设施，应根据电压分为三个防护等级，其防护等级和防洪标准应按表7.3.2确定。

表7.3.2 高压和超高压变电设施的防护等级和防洪标准

防护等级	电压(kV)	防洪标准[重现期(年)]
Ⅰ	≥500	≥100
Ⅱ	<500，≥220	100
Ⅲ	<220，≥35	50

7.3.3 工矿企业专用高压输变电设施的防洪标准，应与该工矿企业的防洪标准相适应。

8 环境保护设施

8.1 尾矿库工程

8.1.1 工矿企业尾矿库工程主要建筑物的防护等级和防洪标准，应符合现行国家标准《尾矿设施设计规范》GB 50863的有关规定。

8.1.2 尾矿库失事将对下游重要的居民区、工矿企业或交通干线造成严重灾害时，经论证其防护等级可提高一等。

8.1.3 储存铀矿等有放射性和有害尾矿，失事后可能对环境造成极其严重危害的尾矿库，其防洪标准应予以提高，必要时其后期防洪标准可采用可能最大洪水。

8.2 贮灰场工程

8.2.1 火电厂山谷贮灰场工程，应根据工程规模分为三个防护等级，其防护等级和防洪标准应按表8.2.1确定。

表8.2.1 火电厂山谷贮灰场工程的防护等级和防洪标准

防护等级	灰场级别	工程规模		防洪标准[重现期(年)]	
		总容积(亿 m^3)	最终坝高(m)	设计	校核
Ⅰ	一	>1.0	>70	100	500
Ⅱ	二	≤1.0，>0.1	≤70，>50	50	200
Ⅲ	三	≤0.1	≤50，>30	30	100

注：当根据最终坝高与总容积确定的等级不同时，以高者为准。当级差大于一个级别时，按高者降低一个级别确定。

8.2.2 当山谷贮灰场下游有重要的居民区、工矿企业或交通干线时，经论证其防护等级可提高一等，并应选取相应的防洪标准。

8.2.3 火电厂滩涂贮灰场围堤工程，应根据总容积分为两个防护等级，其防护等级和防洪标准应按表8.2.3确定。贮灰场围堤为河(海)堤的一部分时，其设计防洪标准不应低于堤防工程的标准。

表8.2.3 火电厂滩涂贮灰场围堤工程的防护等级和防洪标准

防护等级	灰场级别	总容积(万 m^3)	堤外防洪标准[重现期(年)]		堤内防洪标准[重现期(年)]	
			设计	校核	设计	校核
Ⅰ	一	>1000	50	100~200	50	200
Ⅱ	二	≤1000	30	100	30	100

注：堤内指贮灰侧。

8.2.4 其他类型贮灰场的防洪标准可结合自身特点，按火电厂贮灰场或尾矿库的规定，经分析论证确定。

8.3 垃圾处理工程

8.3.1 城市生活垃圾卫生填埋工程应根据工程建设规模分为三个防护等级，其防护等级和防洪标准应按表8.3.1确定，并不得低于当地的防洪标准。

表8.3.1 城市生活垃圾卫生填埋工程的防护等级和防洪标准

防护等级	填埋场建设规模(万 m^3)	防洪标准[重现期(年)]	
		设计	校核
Ⅰ	>500	50	100
Ⅱ	200~500	20	50
Ⅲ	<200	10	20

8.3.2 医疗废物化学消毒与微波消毒集中处理工程，厂区应达到100年一遇的防洪标准。

8.3.3 危险废物集中焚烧处置工程，厂区应达到100年一遇的防洪标准。

9 通信设施

9.0.1 公用长途通信线路，应根据重要程度和设施内容分为三个防护等级，其防护等级和防洪标准应按表9.0.1确定。

表9.0.1 公用长途通信线路的防护等级和防洪标准

防护等级	重要程度和设施内容	防洪标准[重现期(年)]
Ⅰ	国际干线，首都至各省会(首府、直辖市)的线路，省会(首府、直辖市)之间的线路	100
Ⅱ	省会(首府、直辖市)至各地(市、州)的线路，各地(市、州)之间的重要线路	50
Ⅲ	各地(市、州)之间的一般线路，地(市、州)至各县的线路，各县之间的线路	30

9.0.2 公用通信局、所，应根据重要程度和设施内容分为两个防护等级，其防护等级和防洪标准应按表9.0.2确定。

表9.0.2 公用通信局、所的防护等级和防洪标准

防护等级	重要程度和设施内容	防洪标准[重现期(年)]
Ⅰ	省会(首府、直辖市)及省会以上城市的电信枢纽楼，重要市内电话局，长途干线郊外站，海缆登陆局	100
Ⅱ	省会(首府、直辖市)以下城市的电信枢纽楼，一般市内电话局	50

9.0.3 公用通信台、站，应根据重要程度和设施内容分为两个防护等级，其防护等级和防洪标准应按表9.0.3确定。

表9.0.3 公用通信台、站的防护等级和防洪标准

防护等级	重要程度和设施内容	防洪标准[重现期(年)]
Ⅰ	国际通信短波无线电台，大型和中型卫星通信地球站，1级和2级光缆和微波通信干线链路接力站(包括终端、中继站、郊外站等)	100
Ⅱ	国内通信短波无线电台、小型卫星通信地球站、光缆和微波中继站	50

9.0.4 交通运输、水利水电工程及电力设施等专用的通信设施，其防洪标准应根据服务对象的要求确定。

10 文物古迹和旅游设施

10.1 文物古迹

10.1.1 不耐淹的文物古迹，应根据文物保护的级别分为三个防护等级，其防护等级和防洪标准应按表10.1.1确定。

表 10.1.1 文物古迹的防护等级和防洪标准

防护等级	文物保护的级别	防洪标准[重现期(年)]
Ⅰ	世界级、国家级	≥100
Ⅱ	省(自治区、直辖市)级	100～50
Ⅲ	市、县级	50～20

注：世界级文物指列入《世界遗产名录》的世界文化遗产以及世界文化和自然双遗产中的文化遗产部分。

10.1.2 对于特别重要的文物古迹，其防洪标准经充分论证和主管部门批准后可提高。

10.2 旅游设施

10.2.1 受洪水威胁的旅游设施，应根据景源的级别、旅游价值、知名度和受淹损失程度分为三个防护等级，其防护等级和防洪标准应按表10.2.1确定。

表 10.2.1 旅游设施的防护等级和防洪标准

防护等级	景源级别	旅游价值、知名度和受淹损失程度	防洪标准[重现期(年)]
Ⅰ	特级、一级	世界或国家保护价值，知名度高，受淹后损失巨大	100～50
Ⅱ	二级	省级保护价值，知名度较高，受淹后损失较大	50～30
Ⅲ	三级、四级	市县级或一般保护价值，知名度较低，受淹后损失较小	30～10

10.2.2 供游览的文物古迹的防洪标准，应根据其防护等级按本标准表10.1.1和表10.2.1中较高者确定。

11 水利水电工程

11.1 水利水电工程等别

11.1.1 水利水电工程的等别，应根据工程规模、效益和在经济社会中的重要性，按其综合利用任务和功能类别或不同工程类型予以确定。

11.1.2 水利水电工程的等别，应按承担的任务和功能类别确定，并应符合下列规定：

1 防洪、治涝工程的等别，应根据其保护对象的重要性和受益面积，按表11.1.2-1确定。

表 11.1.2-1 防洪、治涝工程的等别

工程等别	防洪		治涝
	城镇及工矿企业的重要性	保护农田面积(万亩)	治涝面积(万亩)
Ⅰ	特别重要	≥500	≥200
Ⅱ	重要	<500，≥100	<200，≥60
Ⅲ	比较重要	<100，≥30	<60，≥15
Ⅳ	一般	<30，≥5	<15，≥3
Ⅴ		<5	<3

2 供水、灌溉、发电工程的等别，应根据其供水规模、供水对象的重要性、灌溉面积和装机容量，按表11.1.2-2确定。

表 11.1.2-2 供水、灌溉、发电工程的等别

工程等别	工程规模	供水			灌溉	发电
		供水对象的重要性	引水流量(m^3/s)	年引水量(亿m^3)	灌溉面积(万亩)	装机容量(MW)
Ⅰ	特大型	特别重要	≥50	≥10	≥150	≥1200
Ⅱ	大型	重要	<50，≥10	<10，≥3	<150，≥50	<1200，≥300
Ⅲ	中型	比较重要	<10，≥3	<3，≥1	<50，≥5	<300，≥50
Ⅳ	小型	一般	<3，≥1	<1，≥0.3	<5，≥0.5	<50，≥10
Ⅴ			<1	<0.3	<0.5	<10

注：1 跨流域、水系、区域的调水工程纳入供水工程统一确定；

2 供水工程的引水流量指渠首设计引水流量，年引水量指渠首多年平均年引水量；

3 灌溉面积指设计灌溉面积。

3 水库枢纽工程上的通航工程的等别，应根据其航道等级和设计通航船舶吨级，按表11.1.2-3确定。

表 11.1.2-3 通航工程的等别

工程等别	航道等级	设计通航船舶吨级(t)
Ⅰ	Ⅰ	3000
Ⅱ	Ⅱ	2000
	Ⅲ	1000
Ⅲ	Ⅳ	500
Ⅳ	Ⅴ	300
Ⅴ	Ⅵ	100
	Ⅶ	50

注：1 设计通航船舶吨级系指通过通航建筑物的最大船舶载重吨，当为船队通过时指组成船队的最大驳船载重吨；

2 跨省际Ⅴ级航道上的渠化枢纽工程等别提高一等。

11.1.3 以城市供水为主的工程，应按供水对象的重要性、引水流量和年引水量三个指标拟定工程等别，确定等别时应至少有两项指标符合要求。以农业灌溉为主的供水工程，应按灌溉面积指标确定工程等别。

11.1.4 水库、拦河水闸、灌排泵站与引水枢纽工程的等别，应根据工程规模按表11.1.4确定。

表 11.1.4 水库、拦河水闸、灌排泵站与引水枢纽工程的等别

工程等别	工程规模	水库工程	拦河水闸工程	灌溉与排水工程		
				泵站工程		引水枢纽
		总库容(亿m^3)	过闸流量(m^3/s)	装机流量(m^3/s)	装机功率(MW)	引水流量(m^3/s)
Ⅰ	大(1)型	≥10	≥5000	≥200	≥30	≥200
Ⅱ	大(2)型	<10，≥1.0	<5000，≥1000	<200，≥50	<30，≥10	<200，≥50
Ⅲ	中型	<1.0，≥0.10	<1000，≥100	<50，≥10	<10，≥1	<50，≥10
Ⅳ	小(1)型	<0.10，≥0.01	<100，≥20	<10，≥2	<1，≥0.1	<10，≥2
Ⅴ	小(2)型	<0.01，≥0.001	<20	<2	<0.1	<2

注：1 水库总库容指水库最高水位以下的静库容，洪水期基本恢复天然状态的水库枢纽总库容采用正常蓄水位以下的静库容；

2 拦河水闸工程指平原区的水闸枢纽工程，过闸流量为按校核洪水标准泄洪时的水闸下泄流量；

3 灌溉引水枢纽工程包括拦河或顺河向布置的灌溉取水枢纽，引水流量采用设计流量；

4 泵站工程指灌溉、排水(涝)的提水泵站，其装机流量、装机功率指包括备用机组在内的单站指标；由多级或多座泵站联合组成的泵站系统工程的等别，可按其系统的规模指标确定。

11.1.5　当按工程任务、功能类别或工程类型确定的等别不同时，其等别应按高者确定。

11.2　水利水电工程建筑物级别

11.2.1　水利水电工程的永久性水工建筑物的级别，应根据其所属工程的等别、作用和重要性，按表11.2.1确定。

表11.2.1　永久性水工建筑物的级别

工程等别	水工建筑物级别	
	主要建筑物	次要建筑物
Ⅰ	1	3
Ⅱ	2	3
Ⅲ	3	4
Ⅳ	4	5
Ⅴ	5	5

11.2.2　失事后损失巨大或影响十分严重的水利水电工程的2级～5级主要永久性水工建筑物，经过论证并报主管部门批准，可提高一级，设计洪水标准相应提高；失事后造成损失不大的水利水电工程的1级～4级主要永久性水工建筑物，经过论证并报主管部门批准，可降低一级。

11.2.3　水库大坝的2级、3级永久性水工建筑物，坝高超过规定指标时，其级别可提高一级，但防洪标准可不提高。

11.2.4　当永久性水工建筑物基础的工程地质条件特别复杂或采用实践经验较少的新型结构时，对2级～5级建筑物可提高一级设计，但防洪标准可不提高。

11.2.5　平原区水闸工程的级别，应根据其所属工程的等别按本标准表11.2.1确定。山区、丘陵区水利水电枢纽中的水闸级别，应根据其所属枢纽工程的等别和水闸自身的重要性按本标准表11.2.1确定。位于防洪(挡潮)堤上的水闸，其级别不得低于防洪(挡潮)堤的级别。

11.2.6　供水工程利用现有河道输水时，河道堤防级别应根据供水工程的等别、现有河道堤防级别、输水位抬高可能造成的影响等因素综合确定，但不得低于现有河道堤防级别。

11.2.7　灌溉渠道或排水沟，以及与灌排有关的水闸、渡槽、倒虹吸、涵洞、隧洞等建筑物的级别，应按现行国家标准《灌溉与排水工程设计规范》GB 50288的有关规定执行。

11.3　水库工程

11.3.1　水库工程水工建筑物的防洪标准，应根据其级别和坝型，按表11.3.1确定。

表11.3.1　水库工程水工建筑物的防洪标准

水工建筑物级别	防洪标准[重现期(年)]				
	山区、丘陵区			平原区、滨海区	
	设计	校核		设计	校核
		混凝土坝、浆砌石坝	土坝、堆石坝		
1	1000～500	5000～2000	可能最大洪水(PMF)或10000～5000	300～100	2000～1000
2	500～100	2000～1000	5000～2000	100～50	1000～300
3	100～50	1000～500	2000～1000	50～20	300～100
4	50～30	500～200	1000～300	20～10	100～50
5	30～20	200～100	300～200	10	50～20

11.3.2　当山区、丘陵区的水库枢纽工程挡水建筑物的挡水高度低于15m，且上下游最大水头差小于10m时，其防洪标准宜按平原区、滨海区的规定确定；当平原区、滨海区的水库枢纽工程挡水建筑物的挡水高度高于15m，且上下游最大水头差大于10m时，其防洪标准宜按山区、丘陵区的规定确定。

11.3.3　土石坝一旦失事将对下游造成特别重大的灾害时，1级建筑物的校核洪水标准应采用可能最大洪水或10000年一遇。

11.3.4　土石坝一旦失事将对下游造成特别重大的灾害时，2级～4级建筑物的校核洪水标准可提高一级。

11.3.5　混凝土坝和浆砌石坝，洪水漫顶可能造成极其严重的损失时，1级挡水和泄水建筑物的校核洪水标准，经过专门论证并报主管部门批准后，可采用可能最大洪水或10000年一遇。

11.3.6　低水头或失事后损失不大的水库工程的1级～4级挡水和泄水建筑物，经过专门论证并报主管部门批准后，其校核洪水标准可降低一级。

11.3.7　规划拟建的梯级水库，其上下游水库的防洪标准应相互协调、统筹规划、合理确定。

11.4　水电站工程

11.4.1　水电站工程挡水、泄水建筑物的防洪标准，应按本标准表11.3.1确定。

11.4.2　水电站厂房的防洪标准，应根据其级别按表11.4.2确定。河床式水电站厂房作为挡水建筑物时，其防洪标准应与主要挡水建筑物的防洪标准相一致。水电站副厂房、主变压器场、开关站和进厂交通等建筑物的防洪标准可按表11.4.2确定。

表11.4.2　水电站厂房的防洪标准

水电站厂房级别	防洪标准[重现期(年)]	
	设　计	校　核
1	200	1000
2	200～100	500
3	100～50	200
4	50～30	100
5	30～20	50

11.4.3　抽水蓄能电站的上、下水库水工建筑物防洪标准，可按本标准表11.3.1确定。库容较小，失事后对下游危害不大，且修复较容易时，其水工建筑物的防洪标准可根据电站厂房的级别按本标准表11.4.2确定。

11.5　拦河水闸工程

11.5.1　拦河水闸工程水工建筑物的防洪标准，应根据其级别并结合所在流域防洪规划规定的任务，按表11.5.1确定。

表11.5.1　拦河水闸工程水工建筑物的防洪标准

水工建筑物级别	防洪标准[重现期(年)]	
	设　计	校　核
1	100～50	300～200
2	50～30	200～100
3	30～20	100～50
4	20～10	50～30
5	10	30～20

11.5.2　挡潮闸工程水工建筑物的防潮标准，应根据其级别按表11.5.2确定。

表11.5.2　挡潮闸工程水工建筑物的防潮标准

水工建筑物级别	设计防潮标准[重现期(年)]
1	≥100
2	100～50
3	50～20
4	20～10
5	10

11.5.3　对于挡潮闸1级～2级建筑物，确定的设计潮水位低

于当地历史最高潮水位时，应采用当地历史最高潮水位进行校核。

11.5.4 位于防洪(潮)堤上的水闸，其防洪(潮)标准不得低于所在堤防的防洪(潮)标准。

11.6 灌溉与排水工程

11.6.1 灌溉与排水工程中调蓄水库的防洪标准，应按本标准表11.3.1确定。

11.6.2 灌溉与排水工程中引水枢纽、泵站等主要建筑物的防洪标准，应根据其级别按表11.6.2确定。

表11.6.2 引水枢纽、泵站等主要建筑物的防洪标准

水工建筑物级别	防洪标准[重现期(年)]	
	设　计	校　核
1	100～50	300～200
2	50～30	200～100
3	30～20	100～50
4	20～10	50～30
5	10	30～20

11.6.3 灌溉渠道或排水沟以及与灌排有关的水闸、渡槽、倒虹吸、涵洞、隧洞等建筑物的防洪标准，应根据其级别，按现行国家标准《灌溉与排水工程设计规范》GB 50288的有关规定执行。

11.7 供水工程

11.7.1 供水工程中调蓄水库的防洪标准，应按本标准表11.3.1确定。

11.7.2 供水工程中引水枢纽、输水工程、泵站等水工建筑物的防洪标准，应根据其级别按表11.7.2确定。

表11.7.2 供水工程水工建筑物的防洪标准

水工建筑物级别	防洪标准[重现期(年)]	
	设　计	校　核
1	100～50	300～200
2	50～30	200～100
3	30～20	100～50
4	20～10	50～30
5	10	30～20

11.7.3 供水工程利用现有河道输水时，其防洪标准应根据工程等别、原河道防洪标准、输水位抬高可能造成的影响等因素综合确定，但不得低于原河道的防洪标准。新开挖输水渠的防洪标准可按供水工程等别、所经过区域的防洪标准及洪水特性等综合确定。

11.7.4 供水工程输水渠穿越河流的交叉建筑物防洪标准，应根据工程等别、所穿越河道的水文特性和防洪要求等综合分析确定；特别重要的交叉建筑物的防洪标准经专门论证可提高。穿越堤防的建筑物防洪标准不应低于所在堤防的防洪标准。

11.8 堤防工程

11.8.1 堤防工程的防洪标准，应根据其保护对象或防洪保护区的防洪标准，以及流域规划的要求分析确定。

11.8.2 蓄、滞洪区堤防工程的防洪标准应根据流域规划的要求分析确定。

11.8.3 堤防工程上的闸、涵、泵站等建筑物及其他构筑物的设计防洪标准，不应低于堤防工程的防洪标准，并应留有安全裕度。

本标准用词说明

1 为便于在执行本标准条文时区别对待，对要求严格程度不同的用词说明如下：

1)表示很严格，非这样做不可的：

正面词采用“必须”，反面词采用“严禁”；

2)表示严格，在正常情况下均应这样做的：

正面词采用“应”，反面词采用“不应”或“不得”；

3)表示允许稍有选择，在条件许可时首先应这样做的：

正面词采用“宜”，反面词采用“不宜”；

4)表示有选择，在一定条件下可以这样做的，采用“可”。

2 条文中指明应按其他有关标准执行的写法为：“应符合……的规定”或“应按……执行”。

引用标准名录

《灌溉与排水工程设计规范》GB 50288

《尾矿设施设计规范》GB 50863

中华人民共和国国家标准

防　洪　标　准

GB 50201—2014

条　文　说　明

修订说明

《防洪标准》GB 50201—2014，经住房和城乡建设部2014年6月23日以第545号公告批准发布。

本标准是在《防洪标准》GB 50201—94的基础上修订而成的，上一版的主编单位是水利水电规划设计总院，参编单位是水利部黄河水利委员会、水利部松辽水利委员会、水利部珠江水利委员会、水利电力部天津勘测设计院、安徽省水利水电勘测设计院、水利部水利管理司、河海大学水利经济研究所、水利电力信息研究所、水利部南京水文水资源研究所，主要起草人是陈清濂、王中礼、滕炜芬、徐诒九、王国安、温善章、李文山、叶林宜、朱杰、尤家煌、程炳元、张英、戴树声、高又生、金懋高、骆承政。

为便于广大规划、设计、施工、管理、科研、学校等单位有关人员在使用本标准时能正确理解和执行条文规定，《防洪标准》编制组按章、节、条顺序编制了本标准的条文说明，对条文规定的目的、依据以及执行中需注意的有关事项进行了说明，还着重对强制性条文的强制性理由作了解释。但是，本条文说明不具备与标准正文同等的法律效力，仅供使用者作为理解和把握标准规定的参考。

目　次

1 总 则

1.0.1 洪水泛滥是一种危害很大的自然灾害，防御洪水、减免洪灾损失是国家的一项重要任务。为了适应国民经济各部门、各地区的防洪要求和防洪建设需要，保护人民生命财产的防洪安全，原国家技术监督局和建设部于1994年联合发布了《防洪标准》GB 50201—94(以下简称原标准)，成为我国各部门、各地区确定防洪标准的重要依据，在与防洪有关的规划、设计、施工和运行管理工作中发挥了重要的指导作用。原标准修订过程中在全国范围内开展了广泛的调研，其中绝大多数部门和专家认为，该标准的体系结构、以等级划分为主体的方法、等级划分数量、防洪标准取值和相关规定等基本适应我国的国情。

为了更好地适应我国经济社会发展需要，根据住房和城乡建设部与水利部的安排，对原标准部分内容进行修订，形成本标准。

本标准考虑我国现阶段的经济社会条件和可持续发展要求，参照其他一些国家的防洪标准，按照具有一定的防洪安全度、承担一定的风险、经济上基本合理、技术上切实可行的原则，在原标准和各部门现行规定的基础上，经综合分析研究，调整补充部分内容。随着经济社会的发展、科学技术的进步、国家财力的增强、防洪安全要求的提高，本标准也应相应地进行修订。

1.0.2 本条规定本标准的适用范围是：

(1)防洪保护区和工矿企业、交通运输设施等国民经济主要部门的防护对象。

(2)防御暴雨洪水、融雪洪水和雨雪混合洪水，海岸、河口地区防御潮水。

(3)防洪工程设施的规划、设计、施工和运行管理等阶段。

防洪保护区主要用以约束、规范城市和乡村防护区防洪标准的确定。其他防护对象类型的划分方法基本沿用了原标准，但增加了“环境保护设施”类型。根据《中国城市统计年鉴——2009》，全国有建制城市655座，其中地级以上的城市287座，县级建制市368座。据有关统计资料，我国目前有建制镇2万多个，全国平均每个建制镇约3.8万人。由于镇的规模较小，一个防护区内一般有多个镇，故本标准不再单独设立镇的防洪标准。

我国的洪水根据其成因可分为许多类型，由暴雨形成的洪水称为暴雨洪水，由冰雪融化形成的洪水称为融雪洪水，由降雨和融雪形成的洪水称为雨雪混合洪水。我国大部分地区都可能发生暴雨洪水，这类洪水的范围最广、造成的灾害最严重。我国的西部、北部以及中、南部的高山地区，融雪和雨雪混合洪水也会造成一定的灾害。本标准主要是针对防御这三类洪水制订的。

我国大陆海岸线和岛屿海岸线的总长度超过3万km，沿海地区除受河流洪水的威胁外，由风暴潮引起的灾害也很大。防潮和防洪相似，滨海地区的防洪、防潮又常有联系，为适应这类地区防洪、防潮建设的需要，本标准一并作了规定。防洪、防潮比较起来，防洪更为普遍，为简明起见，将防洪、防潮统称为防洪，本标准简称为《防洪标准》。

由于山崩、滑坡、冰凌以及泥石流等也可引发洪水，造成灾害，有时危害很大。目前对于这类洪水的研究较少，制订防御标准的条件还不成熟；2004年国土资源部中国地质调查局编制完成了现行国家标准《泥石流灾害防治工程设计规范》DZ/T 0239，但对泥石流拦挡坝的防洪标准缺乏明确的可操作的要求，故本标准未对上述类型洪水的防洪标准作出具体规定。

2 术 语

2.0.1 防护对象可以是某一具体的对象，如工矿企业、铁路、公路、火电厂等，从广义上理解也可以是包含了多个防护对象的某一区域，即防洪保护区。

2.0.2 《中华人民共和国防洪法》(2009年8月27日修订)第二十九条规定，“防洪保护区是指在防洪标准内受防洪工程设施保护的地区”。按照这一定义，防洪保护区的防洪标准已经确定。本标准是要根据不同量级洪水淹没的范围、人口、耕地等指标确定防洪保护区的防洪标准，故本标准将防洪保护区定义为“洪(潮)水泛滥可能淹及且需要防洪工程设施保护的区域”。这样的定义既保持了与防洪法定义的一致性，也较好地满足了本标准的要求。

2.0.3 为制订防护对象的防洪标准而划分的防护等级与行业标准中划分的工程等级在应用目的、划分方法、等级数量上有所差异，两者可能相对应，也可能不对应，为了避免应用中可能出现的混淆，本标准采用防护等级的概念。防护等级采用罗马数字Ⅰ、Ⅱ、Ⅲ……表示。

2.0.4 近年来，在应用原标准和本次修订调研的过程中，要求在确定防洪标准时考虑经济因素的呼声较高。自20世纪改革开放以来，我国经济发展十分迅速，若采用GDP总量作为防护等级的划分指标可能造成防洪标准变化过快，缺乏稳定性。根据水利水电规划设计总院组织有关单位2009年完成的《水工程防洪潮标准及关键技术研究》的成果，逐年统计分析全国地级以上城市人均GDP与全国人均GDP的比值(称为人均GDP指数)，并按其比值的大小顺序排列，发现该指标不仅反映了经济发展水平的相对高低，而且排列顺序比较稳定，同时为便于操作，采用防洪保护区人均GDP指数与该防护区人口数量的乘积作为划分防洪保护区防护等级时的经济指标，本标准将其定义为当量经济规模，该指标的量纲与自然人口的量纲一致。当量经济规模可以表述为：防护区人口×(防护区人均GDP/全国人均GDP)，由此可以看出，当量经济规模虽然量纲与人口相同，但它反映的是一定人口规模条件下，防护区相对经济规模的大小。

2.0.5 可能最大洪水，英文简称为PMF。定义中强调了可能最大洪水是采用水文气象学的原理和方法求得。

3 基本规定

3.0.1 我国洪水年际间变差很大，要防御一切洪水，彻底消灭洪水灾害，需付出很大代价，从经济、生态环境等角度来看也是不合理的。目前我国和世界许多国家是根据防护对象的规模、重要性和洪灾损失轻重程度，确定适度的防洪标准，以该标准相应的洪水作为防洪规划、设计、施工和运行管理的依据。

本标准中“防洪标准”是指防护对象防御洪水能力相应的洪水标准。沿海地区的防潮标准用潮位的重现期来表示。

国内外表示防护对象防洪标准的方式主要有以下三种：

(1)以洪水的重现期(N)或出现频率(P)表示。它比较科学、直观地反映了洪水出现几率和防护对象的安全度，目前，包括我国在内的很多国家普遍采用。

(2)以可能最大洪水(PMF)表示。通常有两种做法：一种是按水库失事风险的高低，把标准分为三级：最高一级用PMF，中间一级用暴雨洪水，最低一级用频率洪水，取50年一遇～100年一遇。这种方法在美国、加拿大、巴西、印度等国应用较多，但该法是分段采用不同的方法确定防洪标准，且准确计算可能最大洪水目前还比较困难。另一种是把PMF从高到低分级，如依次采用PMF、3/4PMF、1/2PMF、1/3PMF四级。这种对PMF打折扣的方法，随意性较大，而且防洪安全度也不明确，目前已很少采用。

(3)以调查、实测的某次大洪水或适当加成表示。用这种方式表示防洪标准不很明确，其洪水的大小与调查、实测期的长短和该时期洪水状况有关，适当加成任意性很大。由于历史的原因，我国目前一些较大的河流，如汉江仍采用典型年洪水作为设防标准，但是随着水文、气象资料的积累和洪水分析计算技术水平的提高，这种方式将会较少采用。

根据上述三种表示方式的特点和应用情况，本标准统一采用洪水的重现期表示防护对象的防洪标准，如50年一遇、100年一遇等。对于特别重要的少数防护对象如大型水库等，一旦遭受洪水灾害，损失特别严重或将造成难以挽回的影响，为保证其防洪的绝对安全，本条规定这类防护对象可采用可能最大洪水表示。为照顾历史习惯，目前在一些地区仍采用典型年洪水作为防洪标准也是可以的。

我国各部门现行的防洪标准，有的规定设计一级标准，有的规定设计和校核两级标准。考虑上述两种形式在各部门长期运用的实际情况，本标准未加以统一，规定根据不同防护对象的需要，可采用设计一级标准，也可采用设计、校核两级标准。

设计标准，是指当发生小于或等于该标准洪水时，应保证防护对象的安全或防洪设施的正常运行。校核标准是指遇该标准相应的洪水时，采取非常运用措施，在保障主要防护对象和主要建筑物安全的前提下，允许次要建筑物局部或不同程度的损坏、次要防护对象受到一定的损失。

3.0.2 防护对象根据其安全要求和防洪性质可分为以下三类：

(1)自身无防洪能力需要采取防洪措施保护其安全的对象，如防洪保护区(包括城市和乡村防护区)、工矿企业、民用机场、文物古迹和旅游设施以及位于洪泛区的各类经济设施等。

(2)受洪水威胁需要保护自身防洪安全的对象，如修建在河流、湖泊上的水利水电工程、桥梁以及跨越河流、湖泊的线路、管道等，自身需要具有一定的防洪安全标准，影响河流行洪或失事后对上下游会造成人为灾害的，还应满足行洪和影响对象的安全要求。

(3)保障自身和其他防护对象防洪安全的对象，如堤防和有防洪任务的水库等，它应具有不低于其保护对象防洪安全要求的标准。

我国地域辽阔，各地区间自然、社会、经济等条件的差异很大；对一个流域而言，有时候提高上游的防洪标准可能会加重下游的负担，一岸提高防洪标准可能会加重另一岸的防洪负担，提高支流的防洪标准可能会加重干流的防洪负担，堤防加固和河道疏挖等工程措施尤为如此。为使选定的防洪标准更符合各地区的实际，本条作了"应根据经济、社会、政治、环境等因素对防洪安全的要求，统筹协调局部与整体、近期与长远及上下游、左右岸、干支流的关系，通过综合分析论证确定"的原则规定。这是我国多年防洪建设和许多国家的基本经验，使用本标准时应很好地贯彻这个原则。

为保障防护对象的防洪安全，需投入资金进行防洪建设和维持其正常运行。防洪标准高，需投资多，但安全度高，风险小；防洪标准低，需投资少，而安全度相应低，需承担的风险大。选定防洪标准，在很大程度上是如何处理好防洪安全和防洪效益的关系。进行不同防洪标准可减免的洪灾经济损失(或称为防洪效益)与需投入的防洪费用(包括建设投资和年运行费)的对比分析论证，选定防洪标准是合理可行的方法，但考虑估算防洪经济效益较困难，需进行较多的调查、分析和研究，防洪效益除可减免的洪灾经济损失外，还有社会、政治、环境等多方面的效益，这些效益很难定量并用经济价值量计算。基于以上原因，本条对采用经济分析方法确定防洪标准未作硬性规定，提倡有条件时尽量进行这一工作。

国内外相关研究人员围绕防洪标准确定方法开展了大量的探索研究工作，如防洪风险分析方法、综合评价模型方法等，这些方法在生产实践中普遍推广应用尚有一定的难度，因此对采用这些方法确定防洪标准也未作硬性规定。考虑为了推进相关研究进展，在有条件时，宜采用其他分析方法作为辅助手段合理确定防洪标准。

3.0.3 同一个防洪保护区，有可能受到多条河流(或湖泊、海洋)的洪水威胁，其洪水影响范围、洪灾轻重程度等可能有所差异，为体现效益、风险、成本相协调的原则，本条规定宜根据不同河流(或湖泊、海洋)的洪灾损失情况分别确定相应的防洪标准。同一防护区(或防护对象)受多条河流(或湖泊、海洋)洪水威胁有两种情况：一种是防洪保护区的围堤是由干、支流堤防组成，这种情况通常是采用干、支流不同标准的洪水进行组合计算水面线，然后取其外包线作为规划设计的依据；另一种是防护区涉及多条河流，但它们并不形成统一的防护区的围堤。在我国，同一防护区(或防护对象)有多个防洪标准的实例较多，如北京市对永定河的防洪标准高于100年一遇，潮白河的防洪标准为50年一遇；开封市对黄河的防洪标准为100年一遇，惠济河的防洪标准为20年一遇。

3.0.4～3.0.7 这四条是考虑防洪安全事关重大，按防洪标准宜"就高不就低"的原则制订的。

第3.0.4条主要是依据《中华人民共和国防洪法》(2009年8月27日修订)第四十九条的规定"受洪水威胁地区的油田、管道、铁路、公路、矿山、电力、电信等企业、事业单位应当自筹资金，兴建必要的防洪自保工程"而制订的。上述以"线"或"点"形式存在的防护对象，通过抬高基础高程或进行围护等专门的防护措施，比较容易达到规定的防洪标准，因此规定防洪保护区内的此类防护对象能自保的应以自保为主。

第3.0.6条中"影响公共防洪安全的防护对象"，主要是指修建在河流上的桥梁与水利水电工程等。这类防护对象对其他防护对象的防洪安全有一定的影响，特别是一旦失事，影响更大，所以除需保证自身的防洪安全外，还应保证公共防洪安全。

3.0.8 为适应某些特殊防护对象的需要，本条作了可适当提高或降低防洪标准的原则规定。

本条中"遭受洪灾或失事后损失巨大"是针对关系国计民生，遭受洪灾或失事后损失巨大的防护对象，如特别重要的军事基地或军事设施，特别重要的科研基地或科研设施，特别重要的工矿企业或经济设施，下游有人口密集、经济发达的城镇的水库等。

"影响十分严重"是针对遭受洪灾后会引起严重的爆炸、燃烧、剧毒扩散和核污染，对社会、经济、环境影响十分严重的防护对象。

"遭受洪灾或失事后损失和影响均较小"是指防护对象规模相对小、遭受洪灾后损失较小、影响范围不大的情况，如下游为戈壁沙漠或距海很近以及远离人口稠密区的水库，规模较小、设备简陋、修复容易的工矿企业等。

"使用期限较短及临时性"是针对非永久性的防护对象，如临时性的仓库、季节性生产的工矿企业、为施工服务的临时性工程等。这类防护对象使用期短，适当降低防洪标准，承担一定风险，在经济上是合理的。

3.0.9 进行防洪建设需要投入一定的资金，特别是防洪标准较高的防护对象，需要修建的防洪工程设施的工程量大、投资多，有时难以一次达到。本条主要是针对这类情况作的灵活规定，"可在报请主管部门批准后，分期实施、逐步达到"。主管部门审批时，要慎重对待，应避免初期防洪标准过低和分期间隔时间过长。

4 防洪保护区

4.1 一般规定

4.1.1 "防洪保护区"是本次修订新设置的一章，吸纳了原标准第2章"城市"和第3章"乡村"的主要内容，并根据需要增加了"一般规定"一节。

本标准所涉及的防洪保护对象中，工矿企业、交通运输、动力、通信、环保、文物等设施和水利水电工程等都是一个比较具体的"点"或"线"的对象，而城市和乡村往往是包含了上述多个或多类"点"或"线"在内的"面"的对象，更多具有平面区域的特征，故本标准将城市和乡村合并成防洪保护区一章。在江河防洪的总体布局中，防洪保护区占有十分重要的地位，为了突出防洪保护区的概念，本章对防洪保护区的划分和分等指标的统计提出了一些具体要求。

洪水泛滥可能淹及的区域与该区域的河流水系和地形、地物分布特点等自然条件密切相关，在某些情况下洪水淹没的范围可能仅仅是该区域的一部分，根据地形、地物进行防洪分区，然后根据各分区的社会经济情况确定防洪标准更具有合理性。在划分防洪保护区时，通常的做法是按自然条件能够分区防护时，应按照自然条件进行分区；当按自然条件不能完全分区防护时，只要适当辅以工程措施即易于分区防护的，仍应尽量分区防护；当分区防护比较困难时，应进行技术经济比较论证，合理确定防洪保护区范围。

4.1.2 不同标准（或不同量级）的洪水其淹没范围一般会有所不同，用于确定防洪标准的分等指标也会有所不同。在确定防洪保护区，特别是在确定依山坡而建的城市保护区的防洪标准时这种特点尤为明显，此时若仍以城市整体指标作为确定防洪标准的依据就不尽合理，本条规定是为了消除这种不合理而制订的。但是分等指标的统计范围"应采用相应标准洪水的淹没范围"的要求给确定防洪标准带来了一些困难。具体操作可以先计算不同标准（量级）洪水淹没的范围及对应的人口、耕地等指标，并绘制成曲线，然后在该曲线上查找符合表 4.2.1 或表 4.3.1 要求的对应点（或线段），这样的点（或线段）可能有多个，其中对应于表中的较高的防洪标准即为所求的防洪标准。

分等指标的统计除了与淹没范围有关外，还与统计年限有关，如现状水平年和规划水平年等。采用现状水平年，资料比较可靠，也便于全国统一掌握、横向比较，操作简便，但没有考虑未来发展的要求，防洪工程属于基础设施，理应考虑未来发展的要求提前建设。若采用规划水平年，因规划水平年和用于确定防洪标准的各项指标在不断变动，加之各地制订发展规划时因人而异的现象较普遍，这将导致同一地区的防洪标准波动过大过快，不利于防洪工程建设。鉴于以上原因，加之采用何种水平年可在规划设计阶段统一考虑，故本标准对统计资料采用的水平年没有作出具体规定。

4.2 城市防护区

4.2.1 城市往往是一定区域范围内政治、经济、文化、交通、人口等的中心所在或集中之地，城市的防洪安全是经济发展和社会稳定的关键因素之一。我国现行的城市统计年鉴中，城市是指建制市，是一种行政区划概念，包括直辖市、副省级市、地级市和县级市。我国现有县级行政区近 3000 个，但县级建制市只有 368 个，考虑到县级行政区所在地城镇在维持区域经济社会正常运行方面具有重要的地位和我国县级行政区现有防洪工程的实际情况，本标准认为在制订非县级建制市的县级行政区所在地城镇防洪标准时宜按照城市对待。近年来，各地都规划或建有规模不等、功能不一的工业园区或开发区，这些区域或位于城市防护区内，或位于城市防护区外。对位于城市防护区以内的，可随同城市一起确定防洪标准；对位于城市防护区以外的，可根据工矿企业规模的大小和重要程度拟定防洪标准，故本标准未对工业园区或开发区作专门规定。

截止到 2008 年 12 月，已有河北、辽宁、江苏、山东、重庆等 13 个省、自治区、直辖市相继出台了以取消"农业户口"和"非农业户口"二元户口性质，统一城乡户口登记制度为主要内容的改革措施。另外，目前大城市和经济发达城市的外来常住人口占总人口的比例较大，如深圳市 2010 年底的常住人口约 1036 万，其中户籍人口仅有 251 万，外来常住人口所占比例超过 75%。从现状和发展趋势上看，"非农业人口"已不适宜作为城市人口统计口径。故本次修订采用了"常住人口"的统计口径。

防洪标准除了与受灾人口的关系极为密切之外，与保护范围内的经济规模也有着密不可分的关系。在标准修订的调研过程中，一些经济发达地区对防洪标准提出了较高的要求。为了适应上述实际情况，本次修订在"城市防护区"中引入了"当量经济规模"这一反映区域相对经济规模的指标，与其他指标并列，确定防护等级。

根据水利部水利水电规划设计总院等单位完成的《水工程防洪潮标准及关键技术研究》成果，1998—2007 年全国地级及以上城市市辖区的人均 GDP，与相应年份的全国人均 GDP 对比可知，两者的比值稳定在 2.2 左右，考虑其他小型城市的因素后，比值可能会有所下降。为了便于操作，对于各防护等级的"当量经济规模"的取值采用了相应等级人口指标取值的 2 倍。按照《中国城市统计年鉴》提供的数据对地级及以上城市进行测算，与套用原标准相比，防护等级提高的城市数量占总数的 8%左右。

本次修订保留了防护等级划分的"重要性"指标。对于城市来讲，直辖市、省会城市、计划单列市等往往是国家或省区的政治、经济、文化中心，一旦发生洪灾，除了自身的损失外，对国家或省区的间接影响较大，还有可能造成较大的政治影响。其他如少数民族居住区、重要的文化古城、交通枢纽城市、工业重镇、军事要地等也应加强对洪水的防御。

根据标准修订过程中的调研情况以及与国外防洪标准的对比分析结果，原标准中关于城市各防护等级防洪标准的取值是基本合适的，在生产实践中已经得到了广泛应用和检验，本次修订基本未作调整。

表 4.2.1 中Ⅰ等的防洪标准取值未规定上限，是因为客观上存在着以下情况：一是有些防护区或防护对象，逐级标准的洪水位、潮水位增幅很小，提高防洪标准需要增加的投入不大；二是一些河流在修建水库，分洪道，蓄、滞洪区等防洪设施后，下游保护对象的防洪标准得到大幅度提高，已远高于应达到的防洪标准；三是一些防护区遭受洪灾的损失巨大、影响严重，从防洪安全角度考虑，需要较高的防洪标准；四是受技术经济条件的制约，即使没有规定上限，规划设计时也不会无限制地提高防洪标准。我国大城市现行的防洪标准大多在 100 年一遇～200 年一遇，少数城市防洪标准为 300 年一遇，通过修建专用防洪工程设施使之超过 300 年一遇的极少遇到。

4.2.2 我国南方平原地区具有洪水持续时间长的特点，如长江中游及洞庭湖、鄱阳湖等河流或湖泊，一次洪水过程往往要持续 1 个月～2 个月，甚至更长，淹没水深常达 5m～10m，位于这些平原、洼地的城市，一旦遭受洪灾，经济损失巨大，后果严重，有必要采用较高的防洪标准。另外，堤防工程受到高水位长时间的浸泡，容易出现险情，且堵复困难。考虑上述实际情况制订本条。

4.2.3 我国沿海地区经济发达、人口稠密，潮水泛滥会严重威胁人民生命财产安全，并造成淡水资源被污染、土地盐碱化等次生灾害，对当地生产、生活和生态环境的影响较大。为保障滨海区的中等及以上城市的防洪安全，参照航运部门和沿海地区一些城市目前采用的有关规定制订本条。

4.3 乡村防护区

4.3.1 乡村防护区人口和耕地面积指标的取值，基本沿用了原标准。根据以往调查结果，参照 2008—2009 年国务院批复的我国主要江河流域防洪规划成果中防洪保护区的数据统计资料，并考虑与城市指标的协调性，各防护等级的取值是基本合理的。

考虑到我国的实际情况，乡村防护区人口指标的统计口径与城市防护区有所区别。除乡镇企业发达的城郊和沿海地区以外，我国大部分乡村的外出务工人员较多，但其耕地和主要财产仍在乡村，需要进行防洪保护，故在乡村防护区的人口统计中不宜扣除外出务工人员数量。

据统计，我国人均耕地面积约 1.5 亩（按全国人口平均）；耕地面积在 50 万亩～150 万亩的乡村防护区，人口一般为 20 万人～100 万人；耕地面积在 150 万亩～300 万亩的乡村防护区，人口一般为 100 万人～200 万人；南、北方地区的人均耕地相差较多。为了体现我国南、北方的较大差异，并考虑粮食安全问题，仍保留了耕地面积指标。从原标准中乡村耕地面积与人口的对应关系来看，各防护等级的取值是基本合理的，本次修订未作调整。

根据标准修订过程中的调研、咨询情况以及与国外防洪标准的对比分析结果，原标准中关于乡村各防护等级防洪标准的取值基本适合中国国情，在生产实践中已经得到了广泛应用，具有一定的适应性，本次修订基本未作调整。

4.3.2 乡村防护区经济指标统计的难度较大，考虑标准的易操作性，本次修订未引入"当量经济规模"指标。但相同人口或耕地面积的乡村防护区，其不同地区的经济情况可能相差较大，本条是为了适应这种情况而作的补充规定。

4.3.3 我国许多河流的洪水，峰高量大，单靠堤防或水库等工程措施来防御比较大的洪水，往往不经济或不可能。我国长江、淮河、黄河、海河等流域都利用低洼地区作为较大洪水时的临时性的蓄、滞洪区。这类地区比较特殊，是为了保"大局"而舍弃的"小局"，其防洪（运用）标准不同于一般地区，应按照江河流域规划部署的蓄、滞洪水的要求确定，本条是针对这类地区制订的专门规定。

5 工矿企业

5.0.1 在2011年工信部、国家统计局、发展改革委、财政部研究制定的《中小企业划型标准规定》（工信部联企业〔2011〕300号）中，中小企业根据企业从业人员、营业收入、资产总额等指标划分为中型、小型、微型三种类型，其中的中型企业标准上限即为大型企业标准的下限。考虑到目前部分行业仍然沿用"特大型企业"的概念，而微型企业的规模较小，本标准沿用特大型、大型、中型和小型四级企业标准。原标准中各防护等级工矿企业的防洪标准，通过调查分析并参考相关行业标准和防洪保护区的防洪标准，其规定是基本合理的，可继续沿用。

工矿企业的类型较多，特点各异，对防洪的要求也不尽相同，因此对于一些特殊的工矿企业，还应根据行业相关规定，结合自身特点经分析论证确定防洪标准。如现行国家标准《水泥工厂设计规范》GB 50295—2008第3.1.10条中，要求水泥工厂的防洪标准应符合国家现行《防洪标准》GB 50201的规定，新型干法水泥工厂还应符合表1的规定。

表1 新型干法水泥工厂防洪标准

级　别	工厂规模	防洪标准[重现期(年)]
Ⅰ	大型	≥100
Ⅱ	中型	50～100
Ⅲ	小型	25～50

5.0.2 我国滨海地区开发力度大，工矿企业多，稍遇风暴潮造成的海水淹没损失大，为保障沿海的中型和中型以上工矿企业的防洪安全，本条规定"当按本标准表5.0.1的防洪标准确定的设计高潮位低于当地历史最高潮位时，还应采用当地历史最高潮位进行校核"，是根据我国滨海地区开发现状、工矿企业的防洪经验并参照相关部门的规定制订的。

5.0.3 工矿企业的门类繁多，防护等级相同的工矿企业，遭受洪水淹没的损失及生产能力恢复差别很大。为适应这些情况，本条规定"遭受洪水淹没后，损失巨大"时，应选用"表5.0.1规定的上限或提高一个等级"，以保证其具有较高的防洪安全度；反之，可采用较低的防洪标准。本条第1款、第2款的主要目的在于既要保证防洪安全，又要尽量节省防洪建设的费用。

采矿业的坑口或井口，一旦遭受洪水淹没，损失严重，恢复往往也很困难，有的还威胁人身生命安全。本条第3款是为了保证其具有较高的防洪安全度，根据国内外的防洪经验制订的。是提高一个等级进行校核，或是采取专门的防护措施，可根据各矿的情况具体分析选定。

5.0.4 对于遭受洪水淹没会引起爆炸，导致有害物质大量泄漏，或将造成重大人身伤亡的工矿企业，其防洪安全比一般的工矿企业更为重要，因此将本条定为强制性条文。

核工业企业和与核安全有关的厂区、车间及专门设施，一旦失事，将对周围人体和环境带来异常严重的放射性污染，应确保其防洪安全，这是参照国外和我国的现状制订的。鉴于核电厂的重要性，在本标准第7.2节中作了专门规定。

6 交通运输设施

6.1 铁　路

6.1.1 本条中的铁路等级是按照2006年发布实施的现行国家标准《铁路线路设计规范》GB 50090—2006的第1.0.4条制订的。目前，我国铁路客运专线建设飞速发展，到2009年底已建成和正在建设的项目达23个，根据《中长期铁路网调整规划》，到2020年客运专线及城际铁路建设规模将达到1.6万km以上，因此根据铁道部防洪办的建议，从发展前景和重要性考虑，将高速铁路客运专线纳入到本标准中，与Ⅰ、Ⅱ级铁路的防护等级相同。

国家标准轨距Ⅰ、Ⅱ级铁路各类建筑物、构筑物的防洪标准是按照铁道部颁布的现行行业标准《铁路路基设计规范》TB 10001—2005第3.0.1条和《铁路桥涵设计基本规范》TB 10002.1—2005第1.0.7条的规定制订的。其中，现行行业标准《铁路路基设计规范》TB 10001规定：Ⅰ、Ⅱ级铁路的路肩高程，当受洪水位或潮水位控制时，设计洪水频率标准应采用1/100。当观测洪水（含调查洪水）频率小于设计洪水频率时，应按观测洪水频率设计；当观测洪水频率小于1/300时，应按1/300频率设计。滨海路堤的设计潮水位，应采用重现期为100年一遇的高潮位；当滨海路堤兼作水运码头时，还应按水运码头设计要求确定设计最低潮位。现行行业标准《铁路桥涵设计基本规范》TB 10002.1中对桥涵的防洪标准规定见表2，同时规定，若观测洪水（包括调查洪水）频率小于表列标准的洪水频率时，应按观测洪水频率设计，但当观测洪水频率小于下列频率时，应按下列频率设计：Ⅰ、Ⅱ级铁路的特大桥及大中桥为1/300，小桥及涵洞为1/100。铁路桥梁按其长度分为：特大桥（桥长500m以上）、大桥（桥长100m以上至500m）、中桥（桥长20m以上至100m）和小桥（桥长20m及以下）。以上这些规定，本标准未一一列入，可直接参照相关规范。

表2 铁路桥涵洪水频率标准

铁路等级	设计洪水频率		检算洪水频率
	桥梁	涵洞	特大桥（或大桥）属于技术复杂、修复困难或重要者
Ⅰ、Ⅱ	1/100	1/100	1/300

Ⅲ、Ⅳ级铁路是为某一地区或企业服务的铁路，其防洪标准主要参照原标准的规定，根据铁道部防洪办的意见制订。

6.1.2 本条为强制性条文。行、蓄、滞洪区是我国主要江河防洪体系的重要组成部分，如果行、蓄、滞洪区内存在碍洪设施，在发生大洪水或特大洪水需要进行行洪或分洪运用时，这些碍洪设施将影响行、蓄、滞洪区正常功能的发挥，从而增加干流河道的防洪压力，有可能造成不必要的洪水灾害，给人民生命财产带来重大损失。因此，经过行洪和蓄、滞洪区的铁路各类建筑物、构筑物，除了要保护铁路各类建筑物、构筑物自身的防洪安全外，还要考虑所在行、蓄、滞洪区的防洪运用要求和安全。当铁路的防洪标准高于所在河段、地区的行、蓄、滞洪区的防洪标准时，应按铁路的防洪要求确定其防洪标准；反之，应按行、蓄、滞洪区的防洪运用要求确定铁路的防洪标准，以保证行、蓄、滞洪区的正常运用。

6.1.3 工矿企业的专用铁路，其运量、线路长度和使用年限的差别很大，表6.1.1中虽然给出了防护等级和相应的防洪标准，但尚应结合工矿企业的防洪要求确定。一般情况下，重要的工矿企业，防洪标准高的，其专用铁路的防洪标准相应高些；反之，则相应低些。

6.2 公 路

6.2.1 本条中的公路等级是按照现行行业标准《公路路线设计规范》JTG D20—2006 中第 2.1.1 条的规定制订的。现行行业标准《公路路线设计规范》JTG D20 中不再区分汽车专用公路和一般公路，而是统一划分为 5 个等级，据此对原标准进行了相应调整。公路路基、桥涵、隧道等建筑物、构筑物的防洪标准是在原标准的基础上，分别根据现行行业标准《公路路基设计规范》JTG D30—2004 第 1.0.8 条、《公路桥涵设计通用规范》JTG D60—2004 第 3.1.7条、《公路隧道设计规范》JTG D70—2004 第 4.2.5 条的规定制订的。

现行行业标准《公路桥涵设计通用规范》JTG D60 规定，二级公路上的特大桥及三、四级公路上的大桥，在水势猛急、河床易于冲刷的情况下，可提高一级洪水频率验算基础冲刷深度。现行行业标准《公路隧道设计规范》JTG D70 规定，公路隧道设计洪水频率标准，当观测洪水高于标准值时，应按观测洪水设计；当观测洪水的频率在高速公路、一级公路超过 1/300，二级公路超过 1/100，三、四级公路超过 1/50 时，则应分别采用 1/300、1/100 和 1/50 的设计频率。限于篇幅，本标准未一一列入上述规定，应用时可按照相关规范执行。

公路桥涵分类参照现行行业标准《公路桥涵设计通用规范》JTG D60 的规定，见表 3。

表 3 公路桥涵分类

桥涵分类	多孔跨径总长 L(m)	单孔跨径 L_K(m)
特大桥	$L>1000$	$L_K>150$
大桥	$100\leqslant L\leqslant 1000$	$40\leqslant L_K\leqslant 150$
中桥	$30<L<100$	$20\leqslant L_K<40$
小桥	$8\leqslant L\leqslant 30$	$5\leqslant L_K<20$
涵洞	—	$L_K<5$

6.2.2 本条为强制性条文。经过行、蓄、滞洪区的公路，其性质与铁路相同，可参照本标准第 6.1.2 条的规定处理。

6.3 航 运

6.3.1 河港工程主要港区的陆域，包括码头、仓库、货物堆放场、办公楼及生活住宅区等，除码头外，本次修订继续沿用原规定。

关于码头的等级和防洪标准，现行行业标准《河港工程总体设计规范》JTJ 212—2006 中第 3.4.1 条作了规定，可直接参照该规范。

6.3.2 根据现行国家标准《内河通航标准》GB 50139—2004 第 3.0.1 条和第 4.1.1 条的规定，内河航道和船闸应按船舶吨级划分为 7 级，第 6.3.2 条和第 6.4.2 条对通航建筑物的通航水位进行了规定。因此参照原标准第 5.3.3 条对船闸的规定和现行国家标准《内河通航标准》GB 50139—2004 第 6.4.2 条对枢纽通航建筑物的规定制订本条。

内河航道上的部分通航建筑物同时具有挡洪功能，对此类通航建筑物的防洪标准，应按通航建筑物和挡水建筑物确定的防洪标准中取高者。

6.3.3 海港主要港区的陆域，防护等级划分的依据与本标准第 6.3.1 条相同，以其重要性和遭受潮水淹没后的损失程度划分为三个防护等级。各防护等级港区陆域的防洪标准主要是参照现有沿海港口的防潮能力综合分析制订的。

6.3.4 沿海多数地区年最高高潮位的变差较小，一般情况下，防洪标准提高一级增加的防潮费用也较小。本条是根据航运主管部门的意见，为保障港区的防洪安全而制订的。

6.3.5 本条为强制性条文。根据我国实际情况，部分河(海)港陆域的防洪工程为城镇防洪工程的组成部分，为了保证城镇的防洪安全，其防洪标准应与河(海)堤所保护城镇的防洪标准相适应。

6.4 民用机场

6.4.1～6.4.3 《民用机场工程项目建设标准》建标 105—2008 第七条和第八条分别对民用机场的飞行区和旅客航站区进行了等级划分，其中飞行区按指标Ⅰ和指标Ⅱ进行分级。

飞行区指标Ⅰ按拟使用机场跑道的各类飞机中最长的基准飞行场地长度，分为 1、2、3、4 四个等级，根据表 4 确定。

飞行区指标Ⅱ按使用该机场飞行的各类飞机中的最大翼展或最大起落架外轮外侧边的间距，分为 A、B、C、D、E、F 六个等级，两者中取其较高等级，根据表 5 确定。

根据《民用机场工程项目建设标准》建标 105—2008 第九十三条规定，机场设置截洪沟、防洪堤及其他防洪设施，不应低于所在城市的防洪标准，并应满足表 6 中的设计洪水标准。

表 4 民用机场飞行区指标Ⅰ

飞行区指标Ⅰ	飞机基准飞行场地长度(m)
1	<800
2	≥800，<1200
3	≥1200，<1800
4	≥1800

表 4 中飞机基准飞行场地长度指在标准条件下，即海拔为零、国家标准大气压、气温为 15℃、无风、跑道坡度为零的情况下，以该机型规定的最大起飞质量所需的最短飞行场地长度。

表 5 民用机场飞行区指标Ⅱ

飞行区指标 Ⅱ	翼展(m)	主起落架外轮外侧间距(m)
A	<15	<4.5
B	≥15，<24	≥4.5，<6
C	≥24，<36	≥6，<9
D	≥36，<52	≥9，<14
E	≥52，<65	≥9，<14
F	≥65，<80	≥14，<16

表 6 民用机场设计洪水标准

飞行区指标	防洪标准[重现期(年)]
3C 以下	≥20
3C、4C	≥50
4D、4E、4F	≥100

表 6 与原标准相比，各等级的防洪标准基本协调。参考原标准第 5.4.1 条的机场重要程度指标，制订本标准第 6.4.1 条。同时考虑到飞行区指标不能充分反映民用运输机场的重要程度和对公共安全的影响，本次修订根据民航部门的意见，在按机场重要程度和飞行区指标划分防护等级的基础上，按照旅客航站区年旅客吞吐量指标确定Ⅰ、Ⅱ防护等级的校核标准，据此制订本标准第 6.4.2 条。

6.5 管道工程

6.5.1 本条根据国家标准《油气输送管道穿越工程设计规范》GB 50423—2007 第 3.3.4 条、《油气输送管道跨越工程设计规范》GB 50459—2009 第 3.1.2 条的规定制订，其工程等级划分指标见表 7 和表 8。上述规范规定的防洪标准与原标准一致。

表 7 管道穿越工程等级

工程等级	多年平均水位的水面宽度(m)	相应水深(m)
大型	≥200	不计水深
	≥100，<200	≥5

续表 7

工程等级	多年平均水位的水面宽度(m)	相应水深(m)
中型	≥100,<200	<5
	≥40,<100	不计水深
小型	<40	不计水深

表 8 管道跨越工程等级

工程等级	总跨长度(m)	主跨长度(m)
大型	≥300	≥150
中型	100~300	50~150
小型	<100	<50

石油天然气管道站场工程的防洪标准可根据规模大小参照工矿企业的防洪标准确定。

输水管道工程按照本标准第 11 章的相关规定确定防洪标准。

6.5.2 对于特别重要的大型管道工程，一旦损坏的影响面较广、损失巨大，其防洪标准也可大于 100 年一遇，如西气东输管道工程的设计洪水标准为 100 年一遇，校核洪水标准为 300 年一遇等。

6.5.3 大洪水时，水域往往发生程度不同的冲淤变化，部分河流、湖泊需按规划要求进行疏浚，为了防止洪水将管道冲断或疏浚对管道造成影响，保证正常供油、供气，本条规定从水域底部穿过的输油、输气等管道工程，其埋深应同时满足相应防洪标准洪水的冲刷深度和规划疏浚深度，并预留安全埋深。根据国家标准《油气输送管道穿越工程设计规范》GB 50423—2013 第 3.3.6 条和第 4.1.2条的规定，大、中、小型管道安全埋深分别不小于 1.2m、1.0m、0.8m。

6.5.4 本条为强制性条文。经过行、蓄、滞洪区的管道工程，其性质与铁路、公路相同，可参照本标准第 6.1.2 条的规定处理。

7 电力设施

7.1 火电厂

7.1.1 本条根据现行国家标准《大中型火力发电厂设计规范》GB 50660—2011 第 4.3.14 条中表 4.3.14 火力发电厂的等级和厂区防洪标准制订。与原标准相比，防护等级划分的装机容量指标的取值有变化，各防护等级的防洪标准也有所调整。

7.1.2、7.1.3 工矿企业的自备电厂是提供本企业生产的电源，不同类型、不同规模的工矿企业对供电的可靠性要求不同，因此制订第 7.1.2 条。供热型火电厂为其供热范围内的企事业单位及居民区集中供热，其防洪标准也应与服务对象的防洪标准相适应。执行时，可根据具体情况分析研究确定。

7.1.4 本条根据现行国家标准《大中型火力发电厂设计规范》GB 50660—2011 第 17.4.5 条(强制性条文)和《小型火力发电厂设计规范》GB 50049—2011 第 18.3.3 条制订。根据现行国家标准《大中型火力发电厂设计规范》GB 50660—2011 第 1.0.2 条规定的适用范围，大中型火电厂指蒸汽初参数超高压及以上、单台机组容量在 125MW 及以上、采用直接燃烧方式、主要燃用固体化石燃料的火力发电厂工程；根据现行国家标准《小型火力发电厂设计规范》GB 50049—2011 第 1.0.2 条规定的适用范围，小型火电厂指高温高压及以下参数、单机容量在 125MW 以下、采用直接燃烧方式、主要燃用固体化石燃料的火力发电厂工程。

7.2 核电厂

7.2.1～7.2.4 核电厂按厂址的位置分为滨海核电厂、河口核电厂和滨河核电厂。本次修订引用核电厂设计中的设计基准洪水的表述方法。

本节是根据国家核安全局 1989 年 7 月发布的《滨河核电厂厂址设计基准洪水的确定》HAD 101/08、《滨海核电厂厂址设计基准洪水的确定》HAD 101/09 和 2011 年 2 月发布的现行国家标准《核电厂工程水文技术规范》GB/T 50663—2011 第 4 章的规定制订的。滨海核电厂、河口核电厂和滨河核电厂由于厂址的自然和边界条件不同，确定设计基准洪水位时所考虑的独立事件及可能的组合事件也有所不同，具体使用时应按照上述有关规范确定。

第 7.2.4 条为强制性条文。核电厂不同于一般的防护对象，出现事故的危害和影响往往非常严重，与其他防护对象相比具有一定的特殊性。厂址有水文记录或历史上的最高洪水位，是实际曾经达到的洪水位，考虑核电厂的防洪安全问题事关重大，其设计基准洪水不应低于该值。

与核安全无关设施的防洪标准应执行现行行业标准《火力发电厂设计技术规程》DL 5000 的有关规定。

7.3 高压、超高压和特高压输变电设施

7.3.1 本标准中高压、超高压和特高压架空输电线路的防洪标准是对架空输电线路的基础防护要求。现行国家标准《110kV～750kV 架空输电线路设计规范》GB 50545—2010 第 12.0.8 条的条文说明规定：洪水冲刷、流水动压力等计算时洪水频率：500kV 大跨越杆塔基础可采用 50 年一遇；500kV 输电线路和 110kV～330kV 大跨越杆塔基础可采用 30 年一遇；其他电压等级输电线路和无冲刷、无漂浮物的内涝积水地区的杆塔基础可采用 5 年一遇；当有特殊要求时，应遵循相关标准确定。对 750kV 未作规定。本次修订主要参照上述规定并结合电力部门意见制订本条，其中将 35kV～220kV 等级的防洪标准由 5 年一遇提高到 10 年一遇～20 年一遇；同时考虑到我国西北地区尚没有 500kV 电压等级，其电网的主网就是 330kV，因此其防护等级与 500kV 电压等级一致，防洪标准为 30 年一遇。

高压、超高压和特高压架空输电线路导线部分的防洪要求可按相关行业的标准确定。

7.3.2 行业标准《220kV～500kV 变电所设计技术规程》DL/T 5218—2005 第 5.0.7 条规定：所址设计标高宜高出频率为 1% 的高水位之上，否则应有可靠的防洪措施。现行行业标准《变电所总布置设计技术规程》DL/T 5056—2007 第 6.1.1 条规定：220kV 枢纽变电站及 220kV 以上电压等级的变电站，站区场地设计标高应高于频率为 1% 的洪水水位或历史最高内涝水位；其他电压等级的变电站站区场地设计标高应高于频率为 2% 的洪水水位或历史最高内涝水位。根据以上规定并参照原标准第 7.0.5 条制订本条。

7.3.3 工矿企业专用高压输变电设施是为该工矿企业服务的。本条规定其"防洪标准，应与该工矿企业的防洪标准相适应"。执行时，可根据具体情况分析研究确定。

8 环境保护设施

8.1 尾矿库工程

8.1.2 在原标准第 4.0.6 条的基础上，根据现行国家标准《尾矿设施设计规范》GB 50863—2013 第 3.3 节制订本条。

8.1.3 本条根据现行行业标准《尾矿库安全技术规程》AQ 2006—2005 第 5.4.3 条的规定制订。对储存铀矿等有放射性和有害尾矿的尾矿库，失事后可能对环境造成极其严重的危害，应按

照与核安全有关的规定确定防洪标准，或采取特殊的防护措施，确保其安全。

8.2 贮灰场工程

8.2.1～8.2.3 贮灰场是指燃煤火电厂、冶炼厂等用于储存排出的粉煤灰和炉渣的场地，我国燃煤火电厂和贮灰场数量众多。为了贮灰挡水，贮灰场需要修筑围挡堤坝并设置泄洪设施。

这三条主要是根据现行行业标准《火力发电厂水工设计规范》DL/T 5339—2006第17.1.4条和《火力发电厂灰渣筑坝设计规范》DL/T 5045—2006第4.2.3条、第4.2.4条的规定制订的。

8.2.4 与燃煤火电厂的灰渣相比，其他类型的灰渣具有不同的特性，对环境的危害程度差异较大，因此制订本条。

8.3 垃圾处理工程

8.3.1 目前，我国城市人均生活垃圾产生量约为1kg/d，垃圾填埋场的数量在大量增加。洪水对垃圾填埋场的威胁主要表现在对填埋垃圾的冲失，造成垃圾渗滤液污染地表、地下水和其他危害，作为一个潜在的环境污染源，其防洪问题也越来越重要。

本条主要依据现行国家标准《生活垃圾卫生填埋处理技术规范》GB 50869的有关规定制订。经征求有关环境保护部门的意见，增加了Ⅲ等的防洪标准。

8.3.2 本条根据现行行业标准《医疗废物化学消毒集中处理工程技术规范(试行)》HJ/T 228—2006第5.3.3条第3款和《医疗废物微波消毒集中处理工程技术规范(试行)》HJ/T 229—2006第5.3.3条第3款的规定制订。

8.3.3 本条根据现行行业标准《危险废物集中焚烧处理工程建设技术规范》HJ/T 176—2005第4.2.3条第3款的规定制订。

9 通信设施

9.0.1～9.0.3 现行行业标准《电信专用房屋设计规范》YD 5003—2010第4.0.1条第4款规定：局、站址的防洪标准应符合《防洪标准》GB 50201—94的要求；特别重要的及重要的电信专用房屋防洪标准等级为Ⅰ级，重现期(年)为100年；其余的电信专用房屋为Ⅱ级，重现期(年)为50年。因此，本次修订基本沿用了原标准的分类、分等方法和防洪标准。

为了保障通信设施的防洪安全，对位于或经过易受洪水冲刷地区的杆、塔等设施的基础，还应考虑遭遇相应洪水的冲刷深度；跨越河流、湖泊和经过蓄、滞洪区的架空明线，应高出设计洪水位。本条对此均未作规定，执行时可参照有关规定确定。

参照现行行业标准《电信专用房屋设计规范》YD 5003第2章名词术语，在表9.0.3中增加了光缆中继站，并将表格名称中的“公用无线电通信台、站”修改为“公用通信台、站”。

9.0.4 除公用通信设施外，交通运输、水利水电以及动力等部门也有一些专用或特殊用途的通信设施。为了保障这些通信设施的畅通，也需要保证其防洪安全，本条是针对这些通信设施所作的规定。一般情况下，可采用与其服务对象相应的防洪标准或特殊要求的防洪标准，也可参照本标准表9.0.1的规定，结合所服务部门的要求分析确定，在遭遇设计防洪标准的洪水时，通信设施可畅通，专用部门可正常运行。

10 文物古迹和旅游设施

10.1 文物古迹

10.1.1 根据《中华人民共和国文物保护法》，古文化遗址、古墓葬、古建筑等不可移动文物，根据它们的历史、艺术、科学价值，可以分别确定为全国重点文物保护单位，省级文物保护单位，市、县级文物保护单位，与原标准中对文物古迹的等级划分方法一致，可继续沿用。

至2010年8月，中国已有40处自然文化遗址和自然景观被列入《世界遗产名录》，其中文化遗产25项，自然遗产8项，文化和自然双重遗产4项，文化景观3项。因此，本次修订在Ⅰ等文物古迹中增加了“世界级”一项，是指列入《世界遗产名录》的世界文化遗产以及世界文化和自然双遗产中的文化遗产部分。

各防护等级的防洪标准仍沿用原标准的规定。

10.1.2 本条根据原标准第9.0.1条的规定制订。考虑许多文物古迹一旦受淹损毁，往往很难恢复和补救，因此本条规定对于特别重要的、又不耐淹的文物古迹，其防洪标准可适当提高。执行时，可根据文物古迹的具体情况分析研究确定。

10.2 旅游设施

10.2.1 本条对旅游设施防护等级的划分是参照现行国家标准《风景名胜区规划规范 》GB 50298和现行行业标准《风景名胜区分类标准》CJJ/T 121的相关规定制订的，防洪标准则沿用了原标准第9.0.2条的规定。具体使用时，可将依托世界自然文化遗产和国家级的风景名胜区、自然保护区、森林公园、地质公园、历史文化名城(镇)等的景区列入防护等级Ⅰ级，将依托省级的上述景区列入防护等级Ⅱ级，其他景区列入防护等级Ⅲ级。

10.2.2 许多文物古迹同时也是旅游景点。这类防护对象的防洪标准，本条规定应根据其防护等级，按两者防洪标准中较高的选取，其目的在于使该防护对象具有较高的防洪安全度，以保护文物古迹，促进旅游业的发展。

11 水利水电工程

11.1 水利水电工程等别

11.1.1 水利水电工程按其规模、效益及在经济社会中的重要性确定等别，然后再对水工建筑物根据其所属工程的等别、作用和重要性等进行分级，这种先分等再分级的做法在我国已应用了几十年，证明在工程实践中是可行的，本标准仍继续采用。水利水电工程的等别是确定水工建筑物级别和设计洪水标准的依据与基础，反映了工程防洪安全和结构安全的要求。现有水利水电工程技术规范中关于工程等别划分的标准，有些是按照水利水电工程所承担的任务和服务功能类别及效益划分，如防洪工程、灌溉工程、供水工程、治涝工程、发电工程、通航工程等；还有一些是按工程类型划分，如水库工程、水电站工程、水闸工程、泵站工程、渠道工程以及堤防工程等。本条是在原标准第6.1.1条的基础上，综合考虑近年颁布的现行行业标准《水利水电工程等级划分及洪水标准》SL 252、现行行业标准《水电枢纽工程等级划分及设计安全标准》DL 5180、现行国家标准《堤防工程设计规范》GB 50286、现行行业标准《水闸设计规范》SL 265、现行国家标准《灌溉与排水工程设计规范》GB 50288、现行行业标准《渠化工程枢纽总体设计规范》JTS 182—1等规范的有关规定，补充了按水利水电工程综合利用任务和功能类别或不同工程类型来确定工程等别的规定。

现行行业标准《水利水电工程等级划分及洪水标准》SL 252—2000 的表 2.1.1 中将各类工程都分为大(1)、大(2)或小(1)、小(2)型；原标准中表 6.1.1 的标题容易被理解为表中的内容都是指枢纽工程的任务。鉴于目前许多防洪、治涝、供水、灌溉等工程都是单独立项，并不一定都含有水库和枢纽工程，同时也很少将防洪、治涝等工程按大(1)、大(2)或小(1)、小(2)型分等，因此，本次修订对防洪、治涝、灌溉、供水、发电、航运等工程不考虑按大(1)、大(2)或小(1)、小(2)型进行分等。

水利水电工程按建筑物级别确定防洪标准，该标准是为保障水工建筑物自身防洪和结构安全要求设定的指标，在原标准中将建筑物的洪水标准称为“防洪标准”，现行行业标准《水利水电工程等级划分及洪水标准》SL 252 中称为“洪水标准”，现行行业标准《水电枢纽工程等级划分及设计安全标准》DL 5180 中称为“洪水设计标准”。本次修订对上述不同的名称进行了研究讨论，从延续原标准的提法考虑，为统一起见，仍采用“防洪标准”的提法。

11.1.2 本条按不同开发任务和服务功能类别，提出对防洪、治涝工程及供水、灌溉、发电、通航等工程进行分等的指标体系。

防洪、治涝、灌溉分等指标仍采用原标准第 6.1.1 条的规定，其中Ⅴ等工程的分解指标由“≤”改为“<”；此外，防洪分等指标中反映城市及工矿企业的重要性指标按本标准第 4 章和第 5 章的规定执行，具体可参考表 9 确定。

表 9 城市及工矿企业的重要性指标

重要性指标		特别重要	重要	比较重要	一般
城市	常住人口(万人)	≥150	<150,≥50	<50,≥20	<20
	当量经济规模(万人)	≥300	<300,≥100	<100,≥40	<40
工矿企业	规模	特大型	大型	中型	小型
	货币指标(亿元)	≥50	<50,≥5	<5,≥0.5	<0.5

表 9 中货币指标为年销售收入和资产总额，两者均必须满足要求。

供水工程的等别参照原标准第 6.1.1 条和现行行业标准《调水工程设计导则》SL 430—2008 的第 9.2.1 条制订，供水工程中包括本流域和河流、本区域引供水工程及跨流域、跨水系、跨区域调水工程。原标准和现行行业标准《调水工程设计导则》SL 430 将供水工程等别划分为 4 等，其中Ⅳ等工程对应的工程年引水量为 1 亿 m^3。鉴于国内县级城市年用水量大多不超过 1 亿 m^3，供水量较少的乡镇集中供水工程也日渐增多，本条将小型供水工程分成两等，供水工程的等别指标增加到 5 等。对于供水对象的重要性，按照本标准第 4 章的规定，将原来第Ⅲ等对应的“中等”修改为“比较重要”，以与第Ⅰ、第Ⅱ等的“特别重要”、“重要”相衔接。现行行业标准《调水工程设计导则》SL 430 中，Ⅲ等与Ⅳ等工程按设计引水流量 $2m^3/s$ 和年引水量 1 亿 m^3 进行划分，鉴于引水流量 $2m^3/s$ 所对应的最大年引水量仅能达到 0.63 亿 m^3，即现行行业标准《调水工程设计导则》SL 430 中的流量规模与水量规模不匹配，本次修订时将Ⅲ等工程的流量规模调整为 $\geq 3m^3/s$、$<10m^3/s$，将Ⅳ等工程的流量规模调整为 $\geq 1m^3/s$、$<3m^3/s$，并将流量 $<1m^3/s$、引水量 <0.3 亿 m^3 的供水工程划分为Ⅴ等工程。

水电站工程的开发方式有堤坝式、引水式等，水力发电工程(包括抽水蓄能电站)的等别参照现行行业标准《水电枢纽工程等级划分及设计安全标准》DL 5180—2003 第 5.0.1 条，以装机容量作为分等指标。

供水、灌溉、发电工程根据其流量、水量、灌溉面积、装机容量等为社会服务的功能性指标进行分等。按照习惯用法，对原标准和现行行业标准《水利水电工程等级划分及洪水标准》SL 252 的有关提法进行了整合，将大(1)型改为特大型，大(2)型改为大型，小(1)型和小(2)型统称为小型。

水库枢纽中通航工程的等别划分参照现行行业标准《渠化工程枢纽总体设计规范》JTS 182—1 的规定制订，采用航道等级和通航船舶吨级等指标进行分等。

11.1.3 城市生活和工业用水过程比较均匀，与引水流量相比，年引水量更能反映工程的特性和重要性与效益；同时，为提高供水的可靠性，大部分城市都采用多水源供水方式，单个水源工程的供水规模不一定很大，但如果某个水源出现问题，对城市生产生活的直接和间接影响范围会较大，为此，城市供水工程的等别要采用多指标分析确定。农业灌溉受作物生长期需水和自然降雨影响较大，用水过程不均匀，有时灌溉面积相近的灌区，灌溉流量和水量差异较大，因此宜按灌溉面积指标来确定工程等别。

11.1.4 对于水库、拦河水闸及灌溉与排水工程中的引水枢纽、泵站等不同类型工程，其等别分别按库容、过闸流量、引水流量、装机功率等工程规模指标划分确定。

水库总库容通常采用校核洪水位以下的静库容，但一些低水头径流式水库和航运(电)枢纽为减少库区淹没，在洪水期往往采取敞泄运用方式，基本恢复天然行洪状态，使水库洪水位低于枯水期正常蓄水位，此类水库和航运(电)枢纽的总库容采用正常蓄水位以下的静库容。

拦河水闸工程的等别参照现行行业标准《水利水电工程等级划分及洪水标准》SL 252—2000 第 2.1.3 条和《水闸设计规范》SL 265—2001 第 2.1.1 条制订，以过闸流量为分等指标。

灌溉工程的引水枢纽和承担灌、排任务的泵站工程，其等别分别参照现行国家标准《灌溉与排水工程设计规范》GB 50288—99 第 2.0.2 条、第 2.0.3 条和现行行业标准《水利水电工程等级划分及洪水标准》SL 252—2000 第 2.1.4 条制订。

11.1.5 水利水电工程按其综合利用任务和功能类别或不同工程类型确定的等别不相同时，从保证工程安全的角度，其整体工程的等别应按其中最高等别确定。如低水头径流式电站工程，由于水库库容较小，按水库规模确定的工程等别较低，而按装机容量规模确定的等别可能较高，对于此类工程的等别，应按其中高的等别确定。

11.2 水利水电工程建筑物级别

11.2.1 水利水电工程建筑物的级别反映了对建筑物的不同技术要求和安全要求。水利水电工程永久性水工建筑物指工程运行期间使用的建筑物。按其在工程中发挥的作用和失事后对整个工程安全影响程度的不同，分为主要建筑物和次要建筑物。本条分别参照原标准第 6.1.2 条和现行行业标准《水利水电工程等级划分及洪水标准》SL 252—2000 第 2.2.1 条制订。取消了原标准中对临时性水工建筑物级别的规定，临时工程的级别可按照现行行业标准《水利水电工程等级划分及洪水标准》SL 252 确定。

鉴于堤防工程是为了保护防护对象的安全而修建的，其防洪标准实际上是被保护对象的防洪标准，其级别是由被保护对象的防洪标准确定的，与其他水利水电工程根据级别确定防洪标准的方法有所不同。堤防的级别可根据现行国家标准《堤防工程设计规范》GB 50286 和现行行业标准《海堤工程设计规范》SL 435 的有关规定执行。

11.2.2 本条参照现行行业标准《水利水电工程等级划分及洪水标准》SL 252—2000 第 2.2.2 条、《水电枢纽工程等级划分及设计安全标准》DL 5180—2003 第 5.0.4 条制订。从保证下游人民生命财产安全、提高工程安全可靠性考虑，对失事后果影响重大的 2 级～5 级永久性水工建筑物，经过论证并报主管部门批准，可将建筑物级别提高一级，设计洪水标准也相应提高。1 级～4 级主要永久性水工建筑物，如果失事后果影响不大，经专门论证并报主管部门批准，可降低一级。

11.2.3 本条参照现行行业标准《水利水电工程等级划分及洪水标准》SL 252—2000 第 2.2.3 条和《水电枢纽工程等级划分及设

计安全标准》DL 5180—2003 第 5.0.5 条综合制订。水库大坝的高度与风险成正比，因此对于 2、3 级永久性水工建筑物，如坝高超过规定指标，其级别可提高一级。现行行业标准《水利水电工程等级划分及洪水标准》SL 252 和《水电枢纽工程等级划分及设计安全标准》DL 5180 两规范中对大坝提高级别的坝高指标规定有所不同(见表 10)，设计中可根据具体情况论证确定。由于坝高指标主要影响工程的结构安全，提高一级只涉及调整结构设计的安全参数，不改变调整设计洪水标准。

表 10 水库大坝坝高提高级别指标比较

级别	坝型	坝高(m)	
		SL 252—2000	DL 5180—2003
2	土石坝	90	100
	混凝土坝、浆砌石坝	130	150
3	土石坝	70	80
	混凝土坝、浆砌石坝	100	120

11.2.4 本条参照现行行业标准《水利水电工程等级划分及洪水标准》SL 252—2000 第 2.2.4 条和《水电枢纽工程等级划分及设计安全标准》DL 5180—2003 第 5.0.6 条综合制订。

11.2.5 平原区的拦河水闸多为独立水闸或闸坝式枢纽，可按水闸工程自身规模相应的等级确定级别；山丘区的水闸大多为水库、水电站枢纽中的水工建筑物，在按水库、水电站枢纽确定工程等别后，可根据水闸在该枢纽工程中的作用和重要性确定水闸建筑物的级别。本条参照现行行业标准《水闸设计规范》SL 265—2001 第 2.1.5 条制订。

11.2.6 本条参照现行行业标准《调水工程设计导则》SL 430—2008 第 9.2.5 条制订。供水(调水)工程有时利用天然河道输水，河道的堤防要满足供水工程输水和行洪排涝的要求。河道堤防的级别要根据河道具有的防洪任务和原河道堤防级别、供水工程的等别、输水位抬高可能造成的影响等因素综合确定。

11.3 水库工程

11.3.1 本条为强制性条文，沿用了原标准第 6.2.1 条的内容。水库工程为了满足防洪、发电、供水等的需要，壅高了坝址以上水位，并拦蓄了大量来水，水库工程一旦溃决失事，将形成溃坝洪水，破坏力很大，对工程自身和下游的防护对象造成不可估量的损失，因此应确保水库工程达到规定的防洪标准。

根据本标准规定，山区、丘陵区土石坝水库的 1 级建筑物校核洪水标准采用可能最大洪水(PMF)或 10000 年一遇～5000 年一遇。有专家研究提出，我国目前采用的频率分析法计算设计洪水基本沿用前苏联的经验，但前苏联的洪水是以融雪洪水为主，其洪水变差系数 C_v 较小(约 90% 的河流 C_v 在 0.60 以下)，而我国洪水以暴雨洪水为主，洪水变差系数 C_v 较大，采用频率分析法计算得出的设计洪水可能偏大，尤其对山区、丘陵区 1 级建筑物校核洪水标准影响较大，建议当采用频率分析法计算设计洪水时，如洪水变差系数 $C_v \geqslant 0.6$，土石坝 1 级建筑物的校核洪水标准可取规范规定的下限值，即取 5000 年一遇。

也有专家建议将表 11.3.1 中山丘区土石坝 5 级建筑物的校核洪水标准由 300 年一遇～200 年一遇调整为 300 年一遇～100 年一遇，即降低标准的下限。主要理由是：

(1)从我国水库垮坝情况来看，在 1954—2006 年的 52 年间，因各种原因垮掉的小(2)型水库 2692 座，其中真正因超标准洪水漫坝而垮塌的水库仅 263 座，占小(2)型水库总数(约 7 万座)的 0.38%。我国现行的按频率分析法计算的设计洪水成果偏大，设计偏于安全。

(2)我国现有小型水库实际防洪标准达标率较低，达标建设投资较大。

本次修编，根据多数专家意见并经编制组讨论，从安全的角度，对山丘区土石坝 1 级和 5 级建筑物的校核洪水标准仍维持原标准的规定。对于山丘区土石坝 1 级建筑物的校核洪水计算方法，因可能最大洪水(PMF)与频率分析法在计算理论和方法上都不相同，在选择采用频率法的重现期 10000 年一遇洪水还是采用 PMF 时，应根据计算成果的合理性来确定：当用水文气象法求得的 PMF 较为合理时，则采用 PMF；当用频率分析法求得的重现期 10000 年一遇洪水较为合理时，则采用重现期 10000 年一遇洪水；当两者可靠程度相同时，为安全起见，应采用其中较大者。

11.3.2 本条参照现行行业标准《水利水电工程等级划分及洪水标准》SL 252—2000 第 3.1.2 条和《水电枢纽工程等级划分及设计安全标准》DL 5180—2003 第 6.0.2 条制订。

11.3.3、11.3.4 土石坝遭遇洪水漫顶失事后垮坝速度很快，其后果严重，防洪标准一般应高于其他坝型，特别是在其下游又有重要的居民区或工矿企业等设施时，坝体一旦失事，将对下游造成重大灾害。为保证下游的安全或具有较高的安全度，本次修订仍维持原标准第 6.2.2 条的要求，并将第 11.3.3 条定为强制性条文。

根据《国家突发公共事件总体应急预案》(2006 年 1 月发布并实施)制定的《特别重大、重大突发公共事件分级标准(试行)》中，对各类特别重大灾害和事故均有明确的界定。其中属于特别重大水灾害范围的有：一个流域发生特大洪水；大江大河干流重要河段堤防发生决口；重点大型水库发生垮坝；洪水造成铁路繁忙干线、国家高速公路网和主要航道中断，48h 无法恢复通行等。属于特别重大气象灾害的有：特大暴雨、大雪、龙卷风、沙尘暴、台风等极端天气气候事件影响重要城市和 50 平方公里以上较大区域，造成 30 人以上死亡，或 5000 万元以上经济损失的气象灾害。属于特别重大海洋灾害的有：风暴潮、巨浪、海啸、赤潮、海冰等造成 30 人以上死亡，或 5000 万元以上经济损失的海洋灾害；对沿海重要城市或者 50 平方公里以上较大区域经济、社会和群众生产、生活等造成特别严重影响的海洋灾害。水库工程设计时，可根据坝址下游溃坝洪水淹没影响范围内的人口、设施等情况，参照上述特别重大灾害的表述和指标进行界定。

有专家通过对水坝失事的后果与危害程度、死亡人数、直接和间接经济损失、社会环境影响，以及损失的不可恢复或不可以实体补偿等风险分析，与国外防洪标准确定方法和成果比较，认为目前我国大坝设计洪水标准偏低，建议提高风险度较高的中型水库防洪标准，将失事后可能对下游造成特别重大灾害的土石坝 2 级～3 级建筑物的校核洪水标准可提高一级或二级，4 级～5 级建筑物的校核洪水标准提高一级。

根据多数专家意见并经编制组讨论，仍维持原标准的规定：土石坝一旦失事将对下游造成特别重大的灾害时，1 级建筑物的校核洪水标准应采用可能最大洪水或 10000 年一遇；2 级～4 级建筑物的校核洪水标准可提高一级。

11.3.5 混凝土坝和浆砌石坝抗御洪水漫顶的能力强于土石坝，一般不会因漫顶而造成坝体溃决。但漫顶洪水能量较大，易造成坝基和两岸冲刷，导致基础失稳而失事。因此，如果 1 级建筑物的下游有重要居民区或设施时，保证其安全是很必要的。本条规定对混凝土坝、浆砌石坝的 1 级建筑物校核洪水标准采用可能最大洪水或 10000 年一遇洪水的条件及工作程序提出了要求。

11.3.6 低水头或失事后损失不大的水库枢纽工程，对于其挡水和泄水建筑物，其防洪标准太高无太大必要。本条规定"经过专门论证并报主管部门批准后，其校核洪水标准可降低一级"。

11.3.7 我国大部分河流都有梯级水库。根据我国 1954—2006 年的垮坝资料统计，因上游水库垮坝而引起下游水库连锁溃坝的事件共有 131 起，故对此问题必须高度重视。本条针对因梯级水库防洪标准不协调而可能导致发生连锁溃坝的情况，参照现行行业标准《水利水电工程等级划分及洪水标准》SL 252—2000 第 3.1.3 条和《水电枢纽工程等级划分及设计安全标准》DL 5180—2003 第 6.0.3 条的规定，对梯级水库防洪标准的确定提出原则性规定。

11.4 水电站工程

11.4.1 本条参照现行行业标准《水利水电工程等级划分及洪水标准》SL 252—2000 第 3.2.1 条和第 3.3.1 条的规定以及《水电枢纽工程等级划分及设计安全标准》DL 5180—2003 第 6.0.4 条和第 6.0.10 条的规定制订。

11.4.2 为了使水电站厂房与水库工程的设计洪水标准相协调，本条参照现行行业标准《水利水电工程等级划分及洪水标准》SL 252—2000 第 3.2.5 条的规定和《水电枢纽工程等级划分及设计安全标准》DL 5180—2003 第 6.0.9 条的规定，对原标准中水电站厂房的设计洪水标准进行了调整，表 11.4.2 中水电站厂房 3 级～5 级的设计洪水标准增加了下限。原标准、现行行业标准《水利水电工程等级划分及洪水标准》SL 252 和《水电枢纽工程等级划分及设计安全标准》DL 5180 对水电站厂房标准的规定详见表 11。

表 11 各标准对水电站厂房防洪标准的规定

水电站厂房级别	防洪标准[重现期(年)]					
	GB 50201—94		SL 252—2000		DL 5180—2003	
	设计	校核	设计	校核	设计	校核
1	＞200	1000	200	1000	200	1000
2	200～100	500	200～100	500	200～100	500
3	100	200	100～50	200	100～50	200
4	50	100	50～30	100	50～30	100
5	30	50	30～20	50	30～20	50

11.5 拦河水闸工程

11.5.1 拦河水闸具有调节水位、控制流量和宣泄洪水等功能，水闸工程可分为平原区拦河水闸枢纽工程、山区丘陵区水利水电枢纽中的水闸、灌排渠系上的水闸、位于防洪(挡潮)堤上的水闸和位于潮汐河口上的挡潮闸等五种类型。本章拦河水闸工程主要指平原区拦河水闸和潮汐河口挡潮闸。

平原区拦河水闸的防洪标准是根据现行行业标准《水利水电工程等级划分及洪水标准》SL 252—2000 第 3.3.1 条制订的。

对于有泄洪任务的拦河水闸工程，由过闸流量确定工程等级，进而确定的水闸防洪标准与该流量相应的河流洪水标准可能不一致。鉴于该问题比较复杂，本标准对此未作具体规定，在实际工作中可根据具体情况综合分析确定。

11.5.2 潮汐河口段的水闸要考虑外海和内河双向挡水及宣泄内河洪水的要求，其水位、流量受海洋潮汐和河流洪水的双重影响。挡潮闸的内河防洪标准可按表 11.5.1 确定。本条中的防潮标准是根据现行行业标准《水闸设计规范》SL 265—2001 第 2.2.2 条制订的，将原标准第 6.4.3 条规定的 4、5 级建筑物防潮标准 20 年～10 年，调整为 4 级 20 年～10 年，5 级 10 年。

11.6 灌溉与排水工程

11.6.1 本条采用了现行国家标准《灌溉与排水工程设计规范》GB 50288—99 第 3.3.1 条的规定。

11.6.2 本条采用了现行国家标准《灌溉与排水工程设计规范》GB 50288—99 第 3.3.2 条关于引水、提水枢纽工程建筑物防洪标准的规定。与原标准相比，设计洪水标准是一致的，增加了校核洪水标准。

11.6.3 灌溉与排水工程除蓄水、引水、提水等主要建筑物外，灌区内还需布置大量的灌溉渠道、排水(洪)沟渠及水闸、渡槽、倒虹吸、涵洞、隧洞、渠道泵站、跌水与陡坡等灌排建筑物，这些建筑物的重要性一般低于蓄水和渠首引水、提水枢纽等主要工程，限于篇幅，本标准对此未作具体规定，实际应用中可按现行国家标准《灌溉与排水工程设计规范》GB 50288 的有关规定执行。

11.7 供水工程

11.7.1 我国水资源的分布极不均匀，很多地区存在缺水问题，需要修建大量的城乡供水工程。跨流域调水工程作为重要的区域水资源配置基础设施，随着国家经济社会发展和工程建设水平的提高，也得到了快速发展，如已建的江苏江水北调工程、天津引滦入津工程和山东引黄济青工程等取得了显著的经济效益、社会效益和环境效益，目前正在实施南水北调东线和中线工程。供水工程包括本流域、本区域供水工程和跨流域调水工程，本节对原标准和现行行业标准《调水工程设计导则》SL 430 的有关规定进行了综合。

供水工程的主要永久性水工建筑物包括引水工程、调蓄工程(包括水源水库和沿线调蓄水库)、输水工程(渠道、隧洞、管道、埋涵等)、提水工程(泵站)等，有些工程还包括净水厂和配水工程。其中调蓄水库可按“11.3 水库工程”的有关规定执行。

11.7.2 本条以原标准第 6.3.1 条和现行行业标准《调水工程设计导则》SL 430—2008 第 9.2.8 条的规定为基础，提出了供水工程除调蓄水库以外的其他主要建筑物的防洪标准的有关规定。根据供水工程等别和建筑物级别，增加了 5 级建筑物的防洪标准。

11.7.3 供水工程经常利用现有河道输水，如果现有河道承担行洪排涝功能，利用河段的防洪标准可采用根据流域或区域规划确定的河流防洪标准，通过对河道防洪水位、流量和供水的水位、流量进行综合分析与协调，以此确定防洪标准。新开挖的输水渠一般可作为被防护对象，根据供水工程的重要性和规模并结合周边防护区的整体防洪要求，经综合分析后予以确定。

11.7.4 输水渠道跨越天然河道或天然河道穿越输水渠道的渡槽、倒虹吸、涵洞、箱涵等建筑物，统称为河渠交叉建筑物。河渠交叉建筑物的防洪标准应根据输水渠设计流量规模、穿越河道的水文特性、交叉建筑物的重要性等因素综合分析确定，对特别重要的交叉建筑物的防洪标准应进行专门论证并可适当提高。如南水北调中线，总干渠工程从湖北丹江口水库引水，引水设计流量为 $350m^3/s$，加大流量为 $420m^3/s$。该工程为Ⅰ等工程，总干渠渠道及各类交叉建筑物和控制工程等主要建筑物按 1 级建筑物设计，在确定各渠段设计洪水标准时，根据工程具体情况，将总干渠穿黄河工程的防洪标准确定为 300 年一遇洪水设计，1000 年一遇洪水校核；穿越其他较大河流(控制面积≥$20km^2$)的交叉建筑物按 100 年一遇洪水设计，300 年一遇洪水校核；较小河流(控制面积＜$20km^2$)的交叉建筑物按 50 年一遇洪水设计，200 年一遇洪水校核。

11.8 堤防工程

11.8.1 堤防工程是为了保护防护对象的安全而修建的，其自身并无特殊的防洪要求。在我国的现有防洪体系中，同一个保护对象往往采用堤库结合等多种措施来防护，堤防工程的实际挡洪标准与流域规划的防洪工程体系有关，故本条规定根据保护对象或防洪保护区的防洪标准以及流域规划的要求分析确定。

本条中的流域规划包括流域综合规划、流域防洪规划和流域蓄、滞洪区专项规划。

11.8.2 本条引用了现行国家标准《堤防工程设计规范》GB 50286—2013 第 3.1.1 条的规定。

11.8.3 在原标准第 6.4.2 条的基础上，参照现行国家标准《堤防工程设计规范》GB 50286、现行行业标准《海堤工程设计规范》SL 435 的有关规定制订。我国堤防工程大部分是土堤或土石混合堤，加高、加固相对比较容易，而水闸、涵洞、泵站等建筑物及其他构筑物一般为钢筋混凝土、混凝土或浆砌石结构，加高、改建比较困难；堤防工程自身的防洪安全直接关系到防护区人民生命财产和生态环境的安全，其与建筑物的接合部在洪水通过时易出现险情，引起溃决。因此本条对这些建筑物的设计防洪标准提出了较高的要求，并列为强制性条文。

中华人民共和国国家标准

给水排水管道工程施工及验收规范

Code for construction and acceptance of
water and sewerage pipeline works

GB 50268—2008

主编部门：中华人民共和国住房和城乡建设部
批准部门：中华人民共和国住房和城乡建设部
施行日期：2 0 0 9 年 5 月 1 日

中华人民共和国住房和城乡建设部
公　　告

第 132 号

关于发布国家标准《给水排水管道工程施工及验收规范》的公告

现批准《给水排水管道工程施工及验收规范》为国家标准，编号为 GB 50268－2008，自 2009 年 5 月 1 日起实施。其中，第 1.0.3、3.1.9、3.1.15、3.2.8、9.1.10、9.1.11 条为强制性条文，必须严格执行。原《给水排水管道工程施工及验收规范》GB 50268－97 和《市政排水管渠工程质量检验评定标准》CJJ 3－90同时废止。

本规范由我部标准定额研究所组织中国建筑工业出版社出版发行。

中华人民共和国住房和城乡建设部

2008 年 10 月 15 日

前　　言

本规范根据建设部《关于印发〈二〇〇四年工程建设国家标准制订、修订计划〉的通知》（建标［2004］67 号）的要求，由北京市政建设集团有限责任公司会同有关单位对《给水排水管道工程施工及验收规范》GB 50268－97 进行修订而成。

在修订过程中，编制组进行了的深入的调查研究和专题研讨，总结了我国各地给水排水管道工程施工与质量验收的实践经验，坚持了“验评分离、强化验收、完善手段、过程控制”的指导原则，参考了有关国内外相关规范，并以多种形式广泛征求了有关单位的意见，最后经审查定稿。

本规范规定的主要内容有：总则、术语、基本规定、土石方与地基处理、开槽施工管道主体结构、不开槽施工管道主体结构、沉管和桥管施工主体结构、管道附属构筑物、管道功能性试验及附录。

本规范中以黑体字标志的条文为强制性条文，必须严格执行。

本规范由住房和城乡建设部负责管理和对强制性条文的解释，由北京市政建设集团有限责任公司负责具体技术内容的解释。为了提高规范质量，请各单位在执行本规范的过程中，注意总结经验和积累资料，随时将发现的问题和意见寄交北京市政建设集团有限责任公司（地址：北京市海淀区三虎桥路 6 号，邮编：100044；E-mail：kjb@bmec.cn）；以供今后修订时参考。

本规范主编单位、参编单位和主要起草人：

主 编 单 位：北京市政建设集团有限责任公司

参 编 单 位：上海市建设工程质量监督站公用事业分站
北京城市排水集团有限责任公司
天津市市政公路管理局
北京市自来水设计公司
天津市自来水集团有限公司
北京市市政工程管理处
北京市市政四建设工程有限责任公司
上海市第二市政工程有限公司
北京建筑工程学院
广东工业大学
重庆大学
西安市市政设计研究院
武汉市水务局
武汉市给排水工程设计院有限公司
新兴铸管股份有限公司

主要起草人：焦永达　苏耀军　杨　毅　王洪臣
于清军　李　强　郑进玉　曹洪林
李俊奇　岳秀平　王和平　蔡　达
袁观洁　张　勤　王金良　刘彦林
游青城　葛金科　孙连元　李绍海
刘　青

目　次

1 总 则

1.0.1 为加强给水、排水（以下简称给排水）管道工程施工管理，规范施工技术，统一施工质量检验、验收标准，确保工程质量，制定本规范。

1.0.2 本规范适用于新建、扩建和改建城镇公共设施和工业企业的室外给排水管道工程的施工及验收；不适用于工业企业中具有特殊要求的给排水管道施工及验收。

1.0.3 给排水管道工程所用的原材料、半成品、成品等产品的品种、规格、性能必须符合国家有关标准的规定和设计要求；接触饮用水的产品必须符合有关卫生要求。严禁使用国家明令淘汰、禁用的产品。

1.0.4 给排水管道工程施工与验收，除应符合本规范的规定外，尚应符合国家现行有关标准的规定。

2 术 语

2.0.1 压力管道 pressure pipeline

本规范指工作压力大于或等于 0.1MPa 的给排水管道。

2.0.2 无压管道 non-pressure pipeline

本规范指工作压力小于 0.1MPa 的给排水管道。

2.0.3 刚性管道 rigid pipeline

主要依靠管体材料强度支撑外力的管道，在外荷载作用下其变形很小，管道的失效是由于管壁强度的控制。本规范指钢筋混凝土、预（自）应力混凝土管道和预应力钢筒混凝土管道。

2.0.4 柔性管道 flexible pipeline

在外荷载作用下变形显著的管道，竖向荷载大部分由管道两侧土体所产生的弹性抗力所平衡，管道的失效通常由变形造成而不是管壁的破坏。本规范主要指钢管、化学建材管和柔性接口的球墨铸铁管管道。

2.0.5 刚性接口 rigid joint of pipelines

不能承受一定量的轴向线变位和相对角变位的管道接口，如用水泥类材料密封或用法兰连接的管道接口。

2.0.6 柔性接口 flexible joint of pipelines

能承受一定量的轴向线变位和相对角变位的管道接口，如用橡胶圈等材料密封连接的管道接口。

2.0.7 化学建材管 chemical material pipelines

本规范指玻璃纤维管或玻璃纤维增强热固性塑料管（简称玻璃钢管）、硬聚氯乙烯管（UPVC）、聚乙烯管（PE）、聚丙烯管（PP）及其钢塑复合管的统称。

2.0.8 管渠 canal；ditch；channel

指采用砖、石、混凝土砌块砌筑的，钢筋混凝土现场浇筑的或采用钢筋混凝土预制构件装配的矩形、拱形等异型（非圆形）断面的输水通道。

2.0.9 开槽施工 trench installation

从地表开挖沟槽，在沟槽内敷设管道（渠）的施工方法。

2.0.10 不开槽施工 trenchless installation

在管道沿线地面下开挖成形的洞内敷设或浇筑管道（渠）的施工方法，有顶管法、盾构法、浅埋暗挖法、定向钻法、夯管法等。

2.0.11 管道交叉处理 pipeline cross processing

指施工管道与既有管线相交或相距较近时，为保证施工安全和既有管线运行安全所进行的必要的施工处理。

2.0.12 顶管法 pipe jacking method

借助于顶推装置，将预制管节顶入土中的地下管道不开槽施工方法。

2.0.13 盾构法 shield method

采用盾构机在地层中掘进的同时，拼装预制管片或现浇混凝土构筑地下管道的不开槽施工方法。

2.0.14 浅埋暗挖法 shallow undercutting method

利用土层在开挖过程中短时间的自稳能力，采取适当的支护措施，使围岩或土层表面形成密贴型薄壁支护结构的不开槽施工方法。

2.0.15 定向钻法 directional drilling method

利用水平钻孔机钻进小口径的导向孔，然后用回扩钻头扩大钻孔，同时将管道拉入孔内的不开槽施工方法。

2.0.16 夯管法 pipe ramming method

利用夯管锤（气动夯锤）将管节夯入地层中的地下管道不开槽施工方法。

2.0.17 沉管法 sunken pipeline method；immersed pipeline method

将组装成一定长度的管段或钢筋混凝土密封管段沉入水底或水底开挖的沟槽内的水底管道铺设方法，又称沉埋法或预制管段沉埋法。

2.0.18 桥管法 bridging pipeline method

以桥梁形式跨越河道、湖泊、海域、铁路、公路、山谷等天然或人工障碍专用的管道铺设方法。

2.0.19 工作井 working shaft

用顶管、盾构、浅埋暗挖等不开槽施工法施工时，从地面竖直开挖至管道底部的辅助通道，也称为工作坑、竖井等。

2.0.20 管道严密性试验 leak test

对已敷设好的管道用液体或气体检查管道渗漏情况的试验统称。

2.0.21 压力管道水压试验 water pressure test for pressure pipeline

以水为介质，对已敷设的压力管道采用满水后加压的方法，来检验在规定的压力值时管道是否发生结构破坏以及是否符合规定的允许渗水量（或允许压力降）标准的试验。

2.0.22 无压管道闭水试验 water obturation test for non-pressure pipeline

以水为介质对已敷设重力流管道（渠）所做的严密性试验。

2.0.23 无压管道闭气试验 pneumatic pressure test for nonpressure pipeline

以气体为介质对已敷设管道所做的严密性试验。

3 基 本 规 定

3.1 施工基本规定

3.1.1 从事给排水管道工程的施工单位应具备相应的施工资质，施工人员应具备相应的资格。给排水管道工程施工和质量管理应具有相应的施工技术标准。

3.1.2 施工单位应建立、健全施工技术、质量、安全生产等管理体系，制订各项施工管理规定，并贯彻执行。

3.1.3 施工单位应按照合同文件、设计文件和有关规范、标准要求，根据建设单位提供的施工界域内地下管线等构（建）筑物资料、工程水文地质资料，组织有关施工技术管理人员深入沿线调查，掌握现场实际情况，做好施工准备工作。

3.1.4 施工单位应熟悉和审查施工图纸，掌握设计意图与要求，实行自审、会审（交底）和签证制度；发现施工图有疑问、差错时，应及时提出意见和建议；如需变更设计，应按照相应程序报审，经相关单位签证认定后实施。

3.1.5 施工单位在开工前应编制施工组织设计，对关键的分项、分部工程应分别编制专项施工方案。施工组织设计、专项施工方案必须按规定程序审批后执行，有变更时要办理变更审批。

3.1.6 施工临时设施应根据工程特点合理设置，并有总体布置方案。对不宜间断施工的项目，应有备用动力和设备。

3.1.7 施工测量应实行施工单位复核制、监理单位复测制，填写相关记录，并符合下列规定：

1 施工前，建设单位应组织有关单位进行现场交桩，施工单位对所交桩进行复核测量；原测桩有遗失或变位时，应及时补钉桩校正，并应经相应的技术质量管理部门和人员认定；

2 临时水准点和管道轴线控制桩的设置应便于观测、不易被扰动且必须牢固，并应采取保护措施；开槽铺设管道的沿线临时水准点，每200m不宜少于1个；

3 临时水准点、管道轴线控制桩、高程桩，必须经过复核方可使用，并应经常校核；

4 不开槽施工管道，沉管、桥管等工程的临时水准点、管道轴线控制桩，应根据施工方案进行设置，并及时校核；

5 对既有管道、构（建）筑物与拟建工程衔接的平面位置和高程，开工前必须校测。

3.1.8 施工测量的允许偏差，应符合表3.1.8的规定，并应满足国家现行标准《工程测量规范》GB 50026和《城市测量规范》CJJ 8的有关规定；对有特定要求的管道还应遵守其特殊规定。

表 3.1.8 施工测量的允许偏差

项　目		允许偏差
水准测量高程闭合差	平　地	$\pm 20\sqrt{L}$ (mm)
	山地	$\pm 6\sqrt{n}$ (mm)
导线测量方位角闭合差		$40\sqrt{n}$ (″)
导线测量相对闭合差	开槽施工管道	1/1000
	其他方法施工管道	1/3000
直接丈量测距的两次较差		1/5000

注：1 L 为水准测量闭合线路的长度（km）；

2 n 为水准或导线测量的测站数。

3.1.9 工程所用的管材、管道附件、构（配）件和主要原材料等产品进入施工现场时必须进行进场验收并妥善保管。进场验收时应检查每批产品的订购合同、质量合格证书、性能检验报告、使用说明书、进口产品的商检报告及证件等，并按国家有关标准规定进行复验，验收合格后方可使用。

3.1.10 现场配制的混凝土、砂浆、防腐与防水涂料等工程材料应经检测合格后方可使用。

3.1.11 所用管节、半成品、构（配）件等在运输、保管和施工过程中，必须采取有效措施防止其损坏、锈蚀或变质。

3.1.12 施工单位必须遵守国家和地方政府有关环境保护的法律、法规，采取有效措施控制施工现场的各种粉尘、废气、废弃物以及噪声、振动等对环境造成的污染和危害。

3.1.13 施工单位必须取得安全生产许可证，并应遵守有关施工安全、劳动保护、防火、防毒的法律、法规，建立安全管理体系和安全生产责任制，确保安全施工。对不开槽施工、过江河管道或深基槽等特殊作业，应制定专项施工方案。

3.1.14 在质量检验、验收中使用的计量器具和检测设备，必须经计量检定、校准合格后方可使用。承担材料和设备检测的单位，应具备相应的资质。

3.1.15 给排水管道工程施工质量控制应符合下列规定：

1 各分项工程应按照施工技术标准进行质量控制，每分项工程完成后，必须进行检验；

2 相关各分项工程之间，必须进行交接检验，所有隐蔽分项工程必须进行隐蔽验收，未经检验或验收不合格不得进行下道分项工程。

3.1.16 管道附属设备安装前应对有关的设备基础、预埋件、预留孔的位置、高程、尺寸等进行复核。

3.1.17 施工单位应按照相应的施工技术标准对工程施工质量进行全过程控制，建设单位、勘察单位、设计单位、监理单位等各方应按有关规定对工程质量进行管理。

3.1.18 工程应经过竣工验收合格后，方可投入使用。

3.2 质量验收基本规定

3.2.1 给排水管道工程施工质量验收应在施工单位自检基础上，按验收批、分项工程、分部（子分部）工程、单位（子单位）工程的顺序进行，并应符合下列规定：

1 工程施工质量应符合本规范和相关专业验收规范的规定；

2 工程施工质量应符合工程勘察、设计文件的要求；

3 参加工程施工质量验收的各方人员应具备相应的资格；

4 工程施工质量的验收应在施工单位自行检查，评定合格的基础上进行；

5 隐蔽工程在隐蔽前应由施工单位通知监理等单位进行验收，并形成验收文件；

6 涉及结构安全和使用功能的试块、试件和现场检测项目，应按规定进行平行检测或见证取样检测；

7 验收批的质量应按主控项目和一般项目进行验收；每个检查项目的检查数量，除本规范有关条款有明确规定外，应全数检查；

8 对涉及结构安全和使用功能的分部工程应进行试验或检测；

9 承担检测的单位应具有相应资质；

10 外观质量应由质量验收人员通过现场检查共同确认。

3.2.2 单位（子单位）工程、分部（子分部）工程、分项工程和验收批的划分可按本规范附录A在工程施工前确定，质量验收记录应按本规范附录B填写。

3.2.3 验收批质量验收合格应符合下列规定：

1 主控项目的质量经抽样检验合格；

2 一般项目中的实测（允许偏差）项目抽样检验的合格率应达到80%，且超差点的最大偏差值应在允许偏差值的1.5倍范围内；

3 主要工程材料的进场验收和复验合格，试块、试件检验合格；

4 主要工程材料的质量保证资料以及相关试验检测资料齐全、正确；具有完整的施工操作依据和质量检查记录。

3.2.4 分项工程质量验收合格应符合下列规定：

1 分项工程所含的验收批质量验收全部合格；

2 分项工程所含的验收批的质量验收记录应完整、正确；有关质量保证资料和试验检测资料应齐全、正确。

3.2.5 分部（子分部）工程质量验收合格应符合下列规定：

1 分部（子分部）工程所含分项工程的质量验收全部合格；

2 质量控制资料应完整；

3 分部（子分部）工程中，地基基础处理、桩基础检测、混凝土强度、混凝土抗渗、管道接口连接、管道位置及高程、金属管道防腐层、水压试验、严密性试验、管道设备安装调试、阴极保护安装测试、回填压实等的检验和抽样检测结果应符合本规范的有关规定；

4 外观质量验收应符合要求。

3.2.6 单位（子单位）工程质量验收合格应符合下列规定：

1 单位（子单位）工程所含分部（子分部）工程的质量验收全部合格；

2 质量控制资料应完整；

3 单位（子单位）工程所含分部（子分部）工程有关安全及使用功能的检测资料应完整；

4 涉及金属管道的外防腐层、钢管阴极保护系统、管道设备运行、管道位置及高程等的试验检测、抽查结果以及管道使用功能试验应符合本规范规定；

5 外观质量验收应符合要求。

3.2.7 给排水管道工程质量验收不合格时，应按下列规定处理：

1 经返工重做或更换管节、管件、管道设备等的验收批，应重新进行验收；

2 经有相应资质的检测单位检测鉴定能够达到设计要求的验收批，应予以验收；

3 经有相应资质的检测单位检测鉴定达不到设计要求，但经原设计单位验算认可，能够满足结构安全和使用功能要求的验收批，可予以验收；

4 经返修或加固处理的分项工程、分部（子分部）工程，改变外形尺寸但仍能满足结构安全和使用功能要求，可按技术处理方案文件和协商文件进行验收。

3.2.8 通过返修或加固处理仍不能满足结构安全或使用功能要求的分部（子分部）工程、单位（子单位）工程，严禁验收。

3.2.9 验收批及分项工程应由专业监理工程师组织施工项目的技术负责人（专业质量检查员）等进行验收。

3.2.10 分部（子分部）工程应由专业监理工程师组织施工项目质量负责人等进行验收。

对于涉及重要部位的地基基础、主体结构、非开挖管道、桥管、沉管等分部（子分部）工程，设计和勘察单位工程项目负责人、施工单位技术质量部门负责人应参加验收。

3.2.11 单位工程经施工单位自行检验合格后，应由施工单位向建设单位提出验收申请。单位工程有分包单位施工时，分包单位对所承包的工程应按本规范的规定进行验收，验收时总承包单位应派人参加；分包工程完成后，应及时地将有关资料移交总承包单位。

3.2.12 对符合竣工验收条件的单位工程，应由建设单位按规定组织验收。施工、勘察、设计、监理等单位等有关负责人以及该工程的管理或使用单位有关人员应参加验收。

3.2.13 参加验收各方对工程质量验收意见不一致时，可由工程所在地建设行政主管部门或工程质量监督机构协调解决。

3.2.14 单位工程质量验收合格后，建设单位应按规定将竣工验收报告和有关文件，报工程所在地建设行政主管部门备案。

3.2.15 工程竣工验收后，建设单位应将有关文件和技术资料归档。

4 土石方与地基处理

4.1 一般规定

4.1.1 建设单位应向施工单位提供施工影响范围内地下管线（构筑物）及其他公共设施资料，施工单位应采取措施加以保护。

4.1.2 给排水管道工程的土方施工，除应符合本章规定外，涉及围堰、深基（槽）坑开挖与围护、地基处理等工程，还应符合现行国家标准《给水排水构筑物工程施工及验收规范》GB 50141及国家相关标准的规定。

4.1.3 沟槽的开挖、支护方式应根据工程地质条件、施工方法、周围环境等要求进行技术经济比较，确保施工安全和环境保护要求。

4.1.4 沟槽断面的选择与确定应符合下列规定：

1 槽底宽、槽深、分层开挖高度、各层边坡及层间留台宽度等，应方便管道结构施工，确保施工质量和安全，并尽可能减少挖方和占地；

2 做好土（石）方平衡调配，尽可能避免重复挖运；大断面深沟槽开挖时，应编制专项施工方案；

3 沟槽外侧应设置截水沟及排水沟，防止雨水浸泡沟槽。

4.1.5 沟槽开挖至设计高程后应由建设单位会同设计、勘察、施工、监理单位共同验槽；发现岩、土质与勘察报告不符或有其他异常情况时，由建设单位会同上述单位研究处理措施。

4.1.6 沟槽支护应根据沟槽的土质、地下水位、沟槽断面、荷载条件等因素进行设计；施工单位应按设计要求进行支护。

4.1.7 土石方爆破施工必须按国家有关部门的规定，由有相应资质的单位进行施工。

4.1.8 管道交叉处理应符合下列规定：

1 应满足管道间最小净距的要求，且按有压管道避让无压管道、支管道避让干线管道、小口径管道避让大口径管道的原则处理；

2 新建给排水管道与其他管道交叉时，应按设计要求处理；施工过程中对既有管道进行临时保护时，所采取的措施应征求有关单位意见；

3 新建给排水管道与既有管道交叉部位的回填压实度应符合设计要求，并应使回填材料与被支承管道贴紧密实。

4.1.9 给排水管道铺设完毕并经检验合格后，应及时回填沟槽。回填前，应符合下列规定：

1 预制钢筋混凝土管道的现浇筑基础的混凝土强度、水泥砂浆接口的水泥砂浆强度不应小于5MPa；

2 现浇钢筋混凝土管渠的强度应达到设计要求；

3 混合结构的矩形或拱形管渠，砌体的水泥砂浆强度应达到设计要求；

4 井室、雨水口及其他附属构筑物的现浇混凝土强度或砌体水泥砂浆强度应达到设计要求；

5 回填时采取防止管道发生位移或损伤的措施；

6 化学建材管道或管径大于900mm的钢管、球墨铸铁管等柔性管道在沟槽回填前，应采取措施控制管道的竖向变形；

7 雨期应采取措施防止管道漂浮。

4.2 施工降排水

4.2.1 对有地下水影响的土方施工，应根据工程规模、工程地质、水文地质、周围环境等要求，制定施工降排水方案，方案应包括以下主要内容：

1 降排水量计算；

2 降排水方法的选定；

3 排水系统的平面和竖向布置，观测系统的平面布置以及抽水机械的选型和数量；

4 降水井的构造，井点系统的组合与构造，排放管渠的构造、断面和坡度；

5 电渗排水所采用的设施及电极；

6 沿线地下和地上管线、周边构（建）筑物的保护和施工安全措施。

4.2.2 设计降水深度在基坑（槽）范围内不应小于基坑（槽）底面以下0.5m。

4.2.3 降水井的平面布置应符合下列规定：

1 在沟槽两侧应根据计算确定采用单排或双排降水井，在沟槽端部，降水井外延长度应为沟槽宽度的1～2倍；

2 在地下水补给方向可加密，在地下水排泄方向可减少。

4.2.4 降水深度必要时应进行现场抽水试验，以验证并完善降排水方案。

4.2.5 采取明沟排水施工时，排水井宜布置在沟槽范围以外，其间距不宜大于150m。

4.2.6 施工降排水终止抽水后，降水井及拔除井点管所留的孔洞，应及时用砂石等填实；地下水静水位以上部分，可采用黏土填实。

4.2.7 施工单位应采取有效措施控制施工降排水对周边环境的影响。

4.3 沟槽开挖与支护

4.3.1 沟槽开挖与支护的施工方案主要内容应包括：

1 沟槽施工平面布置图及开挖断面图；

2 沟槽形式、开挖方法及堆土要求；

3 无支护沟槽的边坡要求；有支护沟槽的支撑形式、结构、支拆方法及安全措施；

4 施工设备机具的型号、数量及作业要求；

5 不良土质地段沟槽开挖时采取的护坡和防止沟槽坍塌的安全技术措施；

6 施工安全、文明施工、沿线管线及构（建）筑物保护要求等。

4.3.2 沟槽底部的开挖宽度，应符合设计要求；设计无要求时，可按下式计算确定：

$$B = D_o + 2(b_1 + b_2 + b_3) \quad (4.3.2)$$

式中 B——管道沟槽底部的开挖宽度（mm）；

D_o——管外径（mm）；

b_1——管道一侧的工作面宽度（mm），可按表4.3.2选取；

b_2——有支撑要求时，管道一侧的支撑厚度，可取150～200mm；

b_3——现场浇筑混凝土或钢筋混凝土管渠一侧模板的厚度（mm）。

表4.3.2 管道一侧的工作面宽度

管道的外径 D_o（mm）	管道一侧的工作面宽度 b_1（mm）		
	混凝土类管道		金属类管道、化学建材管道
$D_o \leqslant 500$	刚性接口	400	300
	柔性接口	300	
$500 < D_o \leqslant 1000$	刚性接口	500	400
	柔性接口	400	
$1000 < D_o \leqslant 1500$	刚性接口	600	500
	柔性接口	500	

续表4.3.2

管道的外径 D_o（mm）	管道一侧的工作面宽度 b_1（mm）		
	混凝土类管道		金属类管道、化学建材管道
$1500 < D_o \leqslant 3000$	刚性接口	800～1000	700
	柔性接口	600	

注：1 槽底需设排水沟时，b_1应适当增加；

2 管道有现场施工的外防水层时，b_1宜取800mm；

3 采用机械回填管道侧面时，b_1需满足机械作业的宽度要求。

4.3.3 地质条件良好、土质均匀、地下水位低于沟槽底面高程，且开挖深度在5m以内、沟槽不设支撑时，沟槽边坡最陡坡度应符合表4.3.3的规定。

表4.3.3 深度在5m以内的沟槽边坡的最陡坡度

土的类别	边坡坡度（高：宽）		
	坡顶无荷载	坡顶有静载	坡顶有动载
中密的砂土	1：1.00	1：1.25	1：1.50
中密的碎石类土（充填物为砂土）	1：0.75	1：1.00	1：1.25
硬塑的粉土	1：0.67	1：0.75	1：1.00
中密的碎石类土（充填物为黏性土）	1：0.50	1：0.67	1：0.75
硬塑的粉质黏土、黏土	1：0.33	1：0.50	1：0.67
老黄土	1：0.10	1：0.25	1：0.33
软土（经井点降水后）	1：1.25	—	—

4.3.4 沟槽每侧临时堆土或施加其他荷载时，应符合下列规定：

1 不得影响建（构）筑物、各种管线和其他设施的安全；

2 不得掩埋消火栓、管道闸阀、雨水口、测量标志以及各种地下管道的井盖，且不得妨碍其正常使用；

3 堆土距沟槽边缘不小于0.8m，且高度不应超过1.5m；沟槽边堆置土方不得超过设计堆置高度。

4.3.5 沟槽挖深较大时，应确定分层开挖的深度，并符合下列规定：

1 人工开挖沟槽的槽深超过3m时应分层开挖，每层的深度不超过2m；

2 人工开挖多层沟槽的层间留台宽度：放坡开槽时不应小于0.8m，直槽时不应小于0.5m，安装井点设备时不应小于1.5m；

3 采用机械挖槽时，沟槽分层的深度按机械性能确定。

4.3.6 采用坡度板控制槽底高程和坡度时，应符合下列规定：

1 坡度板选用有一定刚度且不易变形的材料制作，其设置应牢固；

2 对于平面上呈直线的管道，坡度板设置的间距不宜大于15m；对于曲线管道，坡度板间距应加密；井室位置、折点和变坡点处，应增设坡度板；

3 坡度板距槽底的高度不宜大于3m。

4.3.7 沟槽的开挖应符合下列规定：

1 沟槽的开挖断面应符合施工组织设计（方案）的要求。槽底原状地基土不得扰动，机械开挖时槽底预留200～300mm土层由人工开挖至设计高程，整平；

2 槽底不得受水浸泡或受冻，槽底局部扰动或受水浸泡时，宜采用天然级配砂砾石或石灰土回填；槽底扰动土层为湿陷性黄土时，应按设计要求进行地基处理；

3 槽底土层为杂填土、腐蚀性土时，应全部挖除并按设计要求进行地基处理；

4 槽壁平顺，边坡坡度符合施工方案的规定；

5 在沟槽边坡稳固后设置供施工人员上下沟槽的安全梯。

4.3.8 采用撑板支撑应经计算确定撑板构件的规格尺寸，且应符合下列规定：

1 木撑板构件规格应符合下列规定：

1）撑板厚度不宜小于50mm，长度不宜小于4m；

2）横梁或纵梁宜为方木，其断面不宜小于150mm×150mm；

3）横撑宜为圆木，其梢径不宜小于100mm；

2 撑板支撑的横梁、纵梁和横撑布置应符合下列规定：

1）每根横梁或纵梁不得少于2根横撑；

2）横撑的水平间距宜为1.5～2.0m；

3）横撑的垂直间距不宜大于1.5m；

4）横撑影响下管时，应有相应的替撑措施或采用其他有效的支撑结构；

3 撑板支撑应随挖土及时安装；

4 在软土或其他不稳定土层中采用横排撑板支撑时，开始支撑的沟槽开挖深度不得超过1.0m；开挖与支撑交替进行，每次交替的深度宜为0.4～0.8m；

5 横梁、纵梁和横撑的安装应符合下列规定：

1）横梁应水平，纵梁应垂直，且与撑板密贴，连接牢固；

2）横撑应水平，与横梁或纵梁垂直，且支紧、牢固；

3）采用横排撑板支撑，遇有柔性管道横穿沟槽时，管道下面的撑板上缘应紧贴管道安装；管道上面的撑板下缘距管道顶面不宜小于100mm；

4）承托翻土板的横撑必须加固，翻土板的铺设应平整，与横撑的连接应牢固。

4.3.9 采用钢板桩支撑，应符合下列规定：

1 构件的规格尺寸经计算确定；

2 通过计算确定钢板桩的入土深度和横撑的位置与断面；

3 采用型钢作横梁时，横梁与钢板桩之间的缝应采用木板垫实，横梁、横撑与钢板桩连接牢固。

4.3.10 沟槽支撑应符合以下规定：

1 支撑应经常检查，发现支撑构件有弯曲、松动、移位或劈裂等迹象时，应及时处理；雨期及春季解冻时期应加强检查；

2 拆除支撑前，应对沟槽两侧的建筑物、构筑物和槽壁进行安全检查，并应制定拆除支撑的作业要求和安全措施；

3 施工人员应由安全梯上下沟槽，不得攀登支撑。

4.3.11 拆除撑板应符合下列规定：

1 支撑的拆除应与回填土的填筑高度配合进行，且在拆除后应及时回填；

2 对于设置排水沟的沟槽，应从两座相邻排水井的分水线向两端延伸拆除；

3 对于多层支撑沟槽，应待下层回填完成后再拆除其上层槽的支撑；

4 拆除单层密排撑板支撑时，应先回填至下层横撑底面，再拆除下层横撑，待回填至半槽以上，再拆除上层横撑；一次拆除有危险时，宜采取替换拆撑法拆除支撑。

4.3.12 拆除钢板桩应符合下列规定：

1 在回填达到规定要求高度后，方可拔除钢板桩；

2 钢板桩拔除后应及时回填桩孔；

3 回填桩孔时应采取措施填实；采用砂灌回填时，非湿陷性黄土地区可冲水助沉；有地面沉降控制要求时，宜采取边拔桩边注浆等措施。

4.3.13 铺设柔性管道的沟槽，支撑的拆除应按设计要求进行。

4.4 地 基 处 理

4.4.1 管道地基应符合设计要求，管道天然地基的强度不能满足设计要求时应按设计要求加固。

4.4.2 槽底局部超挖或发生扰动时，处理应符合下列规定：

1 超挖深度不超过150mm时，可用挖槽原土回填夯实，其压实度不应低于原地基土的密实度；

2 槽底地基土壤含水量较大，不适于压实时，应采取换填等有效措施。

4.4.3 排水不良造成地基土扰动时，可按以下方法处理：

1 扰动深度在 100mm 以内，宜填天然级配砂石或砂砾处理；

2 扰动深度在 300mm 以内，但下部坚硬时，宜填卵石或块石，再用砾石填充空隙并找平表面。

4.4.4 设计要求换填时，应按要求清槽，并经检查合格；回填材料应符合设计要求或有关规定。

4.4.5 灰土地基、砂石地基和粉煤灰地基施工前必须按本规范第 4.4.1 条规定验槽并处理。

4.4.6 采用其他方法进行管道地基处理时，应满足国家有关规范规定和设计要求。

4.4.7 柔性管道处理宜采用砂桩、搅拌桩等复合地基。

4.5 沟 槽 回 填

4.5.1 沟槽回填管道应符合以下规定：

1 压力管道水压试验前，除接口外，管道两侧及管顶以上回填高度不应小于 0.5m；水压试验合格后，应及时回填沟槽的其余部分；

2 无压管道在闭水或闭气试验合格后应及时回填。

4.5.2 管道沟槽回填应符合下列规定：

1 沟槽内砖、石、木块等杂物清除干净；

2 沟槽内不得有积水；

3 保持降排水系统正常运行，不得带水回填。

4.5.3 井室、雨水口及其他附属构筑物周围回填应符合下列规定：

1 井室周围的回填，应与管道沟槽回填同时进行；不便同时进行时，应留台阶形接茬；

2 井室周围回填压实时应沿井室中心对称进行，且不得漏夯；

3 回填材料压实后应与井壁紧贴；

4 路面范围内的井室周围，应采用石灰土、砂、砂砾等材料回填，其回填宽度不宜小于 400mm；

5 严禁在槽壁取土回填。

4.5.4 除设计有要求外，回填材料应符合下列规定：

1 采用土回填时，应符合下列规定：

1）槽底至管顶以上 500mm 范围内，土中不得含有机物、冻土以及大于 50mm 的砖、石等硬块；在抹带接口处、防腐绝缘层或电缆周围，应采用细粒土回填；

2）冬期回填时管顶以上 500mm 范围以外可均匀掺入冻土，其数量不得超过填土总体积的 15%，且冻块尺寸不得超过 100mm；

3）回填土的含水量，宜按土类和采用的压实工具控制在最佳含水率±2%范围内；

2 采用石灰土、砂、砂砾等材料回填时，其质量应符合设计要求或有关标准规定。

4.5.5 每层回填土的虚铺厚度，应根据所采用的压实机具按表 4.5.5 的规定选取。

表 4.5.5 每层回填土的虚铺厚度

压实机具	虚铺厚度（mm）
木夯、铁夯	≤200
轻型压实设备	200～250
压路机	200～300
振动压路机	≤400

4.5.6 回填土或其他回填材料运入槽内时不得损伤管道及其接口，并应符合下列规定：

1 根据每层虚铺厚度的用量将回填材料运至槽内，且不得在影响压实的范围内堆料；

2 管道两侧和管顶以上 500mm 范围内的回填材料，应由沟槽两侧对称运入槽内，不得直接回填在管道上；回填其他部位时，应均匀运入槽内，不得集中推入；

3 需要拌合的回填材料，应在运入槽内前拌合均匀，不得在槽内拌合。

4.5.7 回填作业每层土的压实遍数，按压实度要求、压实工具、虚铺厚度和含水量，应经现场试验确定。

4.5.8 采用重型压实机械压实或较重车辆在回填土上行驶时，管道顶部以上应有一定厚度的压实回填土，其最小厚度应按压实机械的规格和管道的设计承载力，通过计算确定。

4.5.9 软土、湿陷性黄土、膨胀土、冻土等地区的沟槽回填，应符合设计要求和当地工程标准规定。

4.5.10 刚性管道沟槽回填的压实作业应符合下列规定：

1 回填压实应逐层进行，且不得损伤管道；

2 管道两侧和管顶以上 500mm 范围内胸腔夯实，应采用轻型压实机具，管道两侧压实面的高差不应超过 300mm；

3 管道基础为土弧基础时，应填实管道支撑角范围内腋角部位；压实时，管道两侧应对称进行，且不得使管道位移或损伤；

4 同一沟槽中有双排或多排管道的基础底面位于同一高程时，管道之间的回填压实应与管道与槽壁之间的回填压实对称进行；

5 同一沟槽中有双排或多排管道但基础底面的高程不同时，应先回填基础较低的沟槽；回填至较高基础底面高程后，再按上一款规定回填；

6 分段回填压实时，相邻段的接茬应呈台阶形，且不得漏夯；

7 采用轻型压实设备时，应夯夯相连；采用压路机时，碾压的重叠宽度不得小于 200mm；

8 采用压路机、振动压路机等压实机械压实时，其行驶速度不得超过 2km/h；

9 接口工作坑回填时底部凹坑应先回填压实至管底，然后与沟槽同步回填。

4.5.11 柔性管道的沟槽回填作业应符合下列规定：

1 回填前，检查管道有无损伤或变形，有损伤的管道应修复或更换；

2 管内径大于 800mm 的柔性管道，回填施工时应在管内设有竖向支撑；

3 管基有效支承角范围应采用中粗砂填充密实，与管壁紧密接触，不得用土或其他材料填充；

4 管道半径以下回填时应采取防止管道上浮、位移的措施；

5 管道回填时间宜在一昼夜中气温最低时段，从管道两侧同时回填，同时夯实；

6 沟槽回填从管底基础部位开始到管顶以上 500mm 范围内，必须采用人工回填；管顶 500mm 以上部位，可用机械从管道轴线两侧同时夯实；每层回填高度应不大于 200mm；

7 管道位于车行道下，铺设后即修筑路面或管道位于软土地层以及低洼、沼泽、地下水位高地段时，沟槽回填宜先用中、粗砂将管底腋角部位填充密实后，再用中、粗砂分层回填到管顶以上 500mm；

8 回填作业的现场试验段长度应为一个井段或不少于 50m，因工程因素变化改变回填方式时，应重新进行现场试验。

4.5.12 柔性管道回填至设计高程时，应在 12～24h 内测量并记录管道变形率，管道变形率应符合设计要求；设计无要求时，钢管或球墨铸铁管道变形率应不超过 2%，化学建材管道变形率应不超过 3%；当超过时，应采取下列处理措施：

1 当钢管或球墨铸铁管道变形率超过 2%，但不超过 3%时；化学建材管道变形率超过 3%，但不超过 5%时；应采取下列处理措施：

1）挖出回填材料至露出管径 85%处，管道周围内应人工挖掘以避免损伤管壁；

2）挖出管节局部有损伤时，应进行修复或更换；

3）重新夯实管道底部的回填材料；

4）选用适合回填材料按本规范第 4.5.11 条的规定重新回填施工，直至设计高程；

5）按本条规定重新检测管道变形率。

2 钢管或球墨铸铁管道的变形率超过 3%时，化学建材管道变形率超过 5%时，应挖出管道，并会同设计单位研究处理。

4.5.13 管道埋设的管顶覆土最小厚度应符合设计要求，且满足当地冻土层厚度要求；管顶覆土回填压实度达不到设计要求时应与设计协商进行处理。

4.6 质量验收标准

4.6.1 沟槽开挖与地基处理应符合下列规定：

主 控 项 目

1 原状地基土不得扰动、受水浸泡或受冻；

检查方法：观察，检查施工记录。

2 地基承载力应满足设计要求；

检查方法：观察，检查地基承载力试验报告。

3 进行地基处理时，压实度、厚度满足设计要求；

检查方法：按设计或规定要求进行检查，检查检测记录、试验报告。

一 般 项 目

4 沟槽开挖的允许偏差应符合表 4.6.1 的规定。

表 4.6.1 沟槽开挖的允许偏差

序号	检查项目	允许偏差（mm）		检查数量		检查方法
				范围	点数	
1	槽底高程	土方	±20	两井之间	3	用水准仪测量
		石方	+20、−200			
2	槽底中线每侧宽度	不小于规定		两井之间	6	挂中线用钢尺量测，每侧计 3 点
3	沟槽边坡	不陡于规定		两井之间	6	用坡度尺量测，每侧计 3 点

4.6.2 沟槽支护应符合现行国家标准《建筑地基基础工程施工质量验收规范》GB 50202 的相关规定，对于撑板、钢板桩支撑还应符合下列规定：

主 控 项 目

1 支撑方式、支撑材料符合设计要求；

检查方法：观察，检查施工方案。

2 支护结构强度、刚度、稳定性符合设计要求；

检查方法：观察，检查施工方案、施工记录。

一 般 项 目

3 横撑不得妨碍下管和稳管；

检查方法：观察。

4 支撑构件安装应牢固、安全可靠，位置正确；

检查方法：观察。

5 支撑后，沟槽中心线每侧的净宽不应小于施工方案设计要求；

检查方法：观察，用钢尺量测。

6 钢板桩的轴线位移不得大于 50mm；垂直度不得大于 1.5%；

检查方法：观察，用小线、垂球量测。

4.6.3 沟槽回填应符合下列规定：

主 控 项 目

1 回填材料符合设计要求；

检查方法：观察；按国家有关规范的规定和设计要求进行检查，检查检测报告。

检查数量：条件相同的回填材料，每铺筑 1000m²，应取样一次，每次取样至少应做两组测试；回填材料条件变化或来源变化时，应分别取样检测。

2 沟槽不得带水回填，回填应密实；

检查方法：观察，检查施工记录。

3 柔性管道的变形率不得超过设计要求或本规范第 4.5.12 条的规定，管壁不得出现纵向隆起、环向扁平和其他变形情况；

检查方法：观察，方便时用钢尺直接量测，不方便时用圆度测试板或芯轴仪在管内拖拉量测管道变形率；检查记录，检查技术处理资料；

检查数量：试验段（或初始 50m）不少于 3 处，每 100m 正常作业段（取起点、中间点、终点近处各一点），每处平行测量 3 个断面，取其平均值。

4 回填土压实度应符合设计要求，设计无要求时，应符合表 4.6.3-1、表 4.6.3-2 的规定。柔性管道沟槽回填部位与压实度见图 4.6.3。

一 般 项 目

5 回填应达到设计高程，表面应平整；

检查方法：观察，有疑问处用水准仪测量。

6 回填时管道及附属构筑物无损伤、沉降、位移；

检查方法：观察，有疑问处用水准仪测量。

表 4.6.3-1 刚性管道沟槽回填土压实度

<table>
<tr><th rowspan="2">序号</th><th rowspan="2" colspan="4">项　目</th><th colspan="2">最低压实度（%）</th><th colspan="2">检查数量</th><th rowspan="2">检查方法</th></tr>
<tr><th>重型击实标准</th><th>轻型击实标准</th><th>范围</th><th>点数</th></tr>
<tr><td>1</td><td colspan="4">石灰土类垫层</td><td>93</td><td>95</td><td>100m</td><td rowspan="16">每层每侧一组（每组 3 点）</td><td rowspan="16">用环刀法检查或采用现行国家标准《土工试验方法标准》GB/T 50123 中其他方法</td></tr>
<tr><td rowspan="4">2</td><td rowspan="15">沟槽在路基范围外</td><td rowspan="2">胸腔部分</td><td colspan="2">管　侧</td><td>87</td><td>90</td><td rowspan="15">两井之间或 1000m²</td></tr>
<tr><td colspan="2">管顶以上 500mm</td><td colspan="2">87±2（轻型）</td></tr>
<tr><td colspan="3">其余部分</td><td colspan="2">≥90（轻型）或按设计要求</td></tr>
<tr><td colspan="3">农田或绿地范围表层 500mm 范围内</td><td colspan="2">不宜压实，预留沉降量，表面整平</td></tr>
<tr><td rowspan="11">3</td><td colspan="2" rowspan="2">胸腔部分</td><td>管侧</td><td>87</td><td>90</td></tr>
<tr><td>管顶以上 250mm</td><td colspan="2">87±2（轻型）</td></tr>
<tr><td rowspan="9">由路槽底算起的深度范围（mm）</td><td rowspan="3">≤800</td><td>快速路及主干路</td><td>95</td><td>98</td></tr>
<tr><td>次干路</td><td>93</td><td>95</td></tr>
<tr><td>支路</td><td>90</td><td>92</td></tr>
<tr><td rowspan="3">>800～1500</td><td>快速路及主干路</td><td>93</td><td>95</td></tr>
<tr><td>次干路</td><td>90</td><td>92</td></tr>
<tr><td>支路</td><td>87</td><td>90</td></tr>
<tr><td rowspan="3">>1500</td><td>快速路及主干路</td><td>87</td><td>90</td></tr>
<tr><td>次干路</td><td>87</td><td>90</td></tr>
<tr><td>支路</td><td>87</td><td>90</td></tr>
</table>

注：表中重型击实标准的压实度和轻型击实标准的压实度，分别以相应的标准击实试验法求得的最大干密度为 100%。

表 4.6.3-2 柔性管道沟槽回填土压实度

槽内部位		压实度（%）	回填材料	检查数量		检查方法
				范围	点数	
管道基础	管底基础	≥90	中、粗砂	—	—	用环刀法检查或采用现行国家标准《土工试验方法标准》GB/T 50123 中其他方法
	管道有效支撑角范围	≥95		每 100m	每层每侧一组（每组 3 点）	
管道两侧		≥95	中、粗砂、碎石屑，最大粒径小于 40mm 的砂砾或符合要求的原土	两井之间或每 1000m²		
管顶以上 500mm	管道两侧	≥90				
	管道上部	85±2				
管顶 500～1000mm		≥90	原土回填			

注：回填土的压实度，除设计要求用重型击实标准外，其他皆以轻型击实标准试验获得最大干密度为 100%。

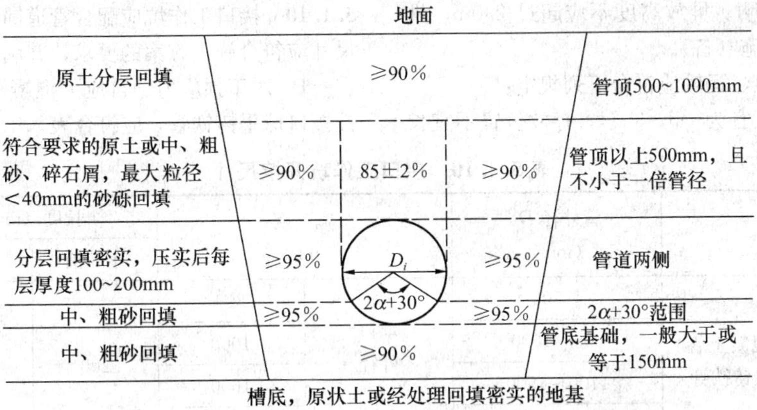

图 4.6.3 柔性管道沟槽回填部位与压实度示意图

5 开槽施工管道主体结构

5.1 一 般 规 定

5.1.1 本章适用于预制成品管开槽施工的给排水管道工程。管渠施工应按现行国家标准《给水排水构筑物工程施工及验收规范》GB 50141 的相关规定执行。

5.1.2 管道各部位结构和构造形式、所用管节、管件及主要工程材料等应符合设计要求。

5.1.3 管节和管件装卸时应轻装轻放，运输时应垫稳、绑牢，不得相互撞击，接口及钢管的内外防腐层应采取保护措施。

金属管、化学建材管及管件吊装时，应采用柔韧的绳索、兜身吊带或专用工具；采用钢丝绳或铁链时不得直接接触管节。

5.1.4 管节堆放宜选用平整、坚实的场地；堆放时必须垫稳，防止滚动，堆放层高可按照产品技术标准或生产厂家的要求；如无其他规定时应符合表 5.1.4 的规定，使用管节时必须自上而下依次搬运。

表 5.1.4 管节堆放层数与层高

管材种类	管径 D_o（mm）							
	100～150	200～250	300～400	400～500	500～600	600～700	800～1200	≥1400
自应力混凝土管	7 层	5 层	4 层	3 层	—	—	—	—
预应力混凝土管	—	—	—	—	4 层	3 层	2 层	1 层
钢管、球墨铸铁管	层高≤3m							
预应力钢筒混凝土管	—	—	—	—	—	3 层	2 层	1 层或立放
硬聚氯乙烯管、聚乙烯管	8 层	5 层	4 层	4 层	3 层	3 层	—	—
玻璃钢管	—	7 层	5 层	4 层	—	3 层	2 层	1 层

注：D_o 为管外径。

5.1.5 化学建材管节、管件贮存、运输过程中应采取防止变形措施，并符合下列规定：

1 长途运输时，可采用套装方式装运，套装的管节间应设有衬垫材料，并应相对固定，严禁在运输过程中发生管与管之间、管与其他物体之间的碰撞；

2 管节、管件运输时，全部直管宜设有支架，散装件运输应采用带挡板的平台和车辆均匀堆放，承插口管节及管件应分插口、承口两端交替堆放整齐，两侧加支垫，保持平稳；

3 管节、管件搬运时，应小心轻放，不得抛、摔、拖管以及受剧烈撞击和被锐物划伤；

4 管节、管件应堆放在温度一般不超过40℃，并远离热源及带有腐蚀性试剂或溶剂的地方；室外堆放不应长期露天曝晒。堆放高度不应超过2.0m，堆放附近应有消防设施（备）。

5.1.6 橡胶圈贮存、运输应符合下列规定：

1 贮存的温度宜为−5～30℃，存放位置不宜长期受紫外线光源照射，离热源距离应不小于1m；

2 不得将橡胶圈与溶剂、易挥发物、油脂或对橡胶产生不良影响的物品放在一起；

3 在贮存、运输中不得长期受挤压。

5.1.7 管道安装前，宜将管节、管件按施工方案的要求摆放，摆放的位置应便于起吊及运送。

5.1.8 起重机下管时，起重机架设的位置不得影响沟槽边坡的稳定；起重机在架空高压输电线路附近作业时，与线路间的安全距离应符合电业管理部门的规定。

5.1.9 管道应在沟槽地基、管基质量检验合格后安装；安装时宜自下游开始，承口应朝向施工前进的方向。

5.1.10 接口工作坑应配合管道铺设及时开挖，开挖尺寸应符合施工方案的要求，并满足下列规定：

1 对于预应力、自应力混凝土管以及滑入式柔性接口球墨铸铁管，应符合表5.1.10的规定；

表 5.1.10 接口工作坑开挖尺寸

管材种类	管外径 D_o（mm）	宽度（mm）		长度（mm） 承口前	长度（mm） 承口后	深度（mm）
预应力、自应力混凝土管、滑入式柔性接口球墨铸铁管	≤500	承口外径加	800	200	承口长度加200	200
	600～1000		1000			400
	1100～1500		1600			450
	>1600		1800			500

2 对于钢管焊接接口、球墨铸铁管机械式柔性接口及法兰接口，接口处开挖尺寸应满足操作人员和连接工具的安装作业空间要求，并便于检验人员的检查。

5.1.11 管节下入沟槽时，不得与槽壁支撑及槽下的管道相互碰撞；沟内运管不得扰动原状地基。

5.1.12 合槽施工时，应先安装埋设较深的管道，当回填土高程与邻近管道基础高程相同时，再安装相邻的管道。

5.1.13 管道安装时，应将管节的中心及高程逐节调整正确，安装后的管节应进行复测，合格后方可进行下一工序的施工。

5.1.14 管道安装时，应随时清除管道内的杂物，暂时停止安装时，两端应临时封堵。

5.1.15 雨期施工应采取以下措施：

1 合理缩短开槽长度，及时砌筑检查井，暂时中断安装的管道及与河道相连通的管口应临时封堵；已安装的管道验收后应及时回填；

2 制定槽边雨水径流疏导、槽内排水及防止漂管事故的应急措施；

3 刚性接口作业宜避开雨天。

5.1.16 冬期施工不得使用冻硬的橡胶圈。

5.1.17 地面坡度大于18%，且采用机械法施工时，应采取措施防止施工设备倾翻。

5.1.18 安装柔性接口的管道，其纵坡大于18%时；或安装刚性接口的管道，其纵坡大于36%时，应采取防止管道下滑的措施。

5.1.19 压力管道上的阀门，安装前应逐个进行启闭检验。

5.1.20 钢管内、外防腐层遭受损伤或局部未做防腐层的部位，下管前应修补，修补的质量应符合本规范第5.4节的有关规定。

5.1.21 露天或埋设在对橡胶圈有腐蚀作用的土质及地下水中的柔性接口，应采用对橡胶圈无不良影响的柔性密封材料，封堵外露橡胶圈的接口缝隙。

5.1.22 管道保温层的施工应符合下列规定：

1 在管道焊接、水压试验合格后进行；

2 法兰两侧应留有间隙，每侧间隙的宽度为螺栓长加20～30mm；

3 保温层与滑动支座、吊架、支架处应留出空隙；

4 硬质保温结构，应留伸缩缝；

5 施工期间，不得使保温材料受潮；

6 保温层伸缩缝宽度的允许偏差应为±5mm；

7 保温层厚度允许偏差应符合表5.1.22的规定。

表 5.1.22 保温层厚度的允许偏差

项　目	允许偏差	
厚度（mm）	瓦块制品	+5%
	柔性材料	+8%

5.1.23 污水和雨、污水合流的金属管道内表面，应按国家有关规范的规定和设计要求进行防腐层施工。

5.1.24 管道与法兰接口两侧相邻的第一至第二个刚性接口或焊接接口，待法兰螺栓紧固后方可施工。

5.1.25 管道安装完成后，应按相关规定和设计要求设置管道位置标识。

5.2 管道基础

5.2.1 管道基础采用原状地基时，施工应符合下列规定：

1 原状土地基局部超挖或扰动时应按本规范第4.4节的有关规定进行处理；岩石地基局部超挖时，应将基底碎渣全部清理，回填低强度等级混凝土或粒径10～15mm的砂石回填夯实；

2 原状地基为岩石或坚硬土层时，管道下方应铺设砂垫层，其厚度应符合表5.2.1的规定；

表 5.2.1 砂垫层厚度

管道种类/管外径	垫层厚度（mm）		
	$D_o \leqslant 500$	$500 < D_o \leqslant 1000$	$D_o > 1000$
柔性管道	≥100	≥150	≥200
柔性接口的刚性管道	150～200		

3 非永冻土地区，管道不得铺设在冻结的地基上；管道安装过程中，应防止地基冻胀。

5.2.2 混凝土基础施工应符合下列规定：

1 平基与管座的模板，可一次或两次支设，每次支设高度宜略高于混凝土的浇筑高度；

2 平基、管座的混凝土设计无要求时，宜采用强度等级不低于C15的低坍落度混凝土；

3 管座与平基分层浇筑时，应先将平基凿毛冲洗干净，并将平基与管体相接触的腋角部位，用同强度等级的水泥砂浆填满、捣实后，再浇筑混凝土，使管体与管座混凝土结合严密；

4 管座与平基采用垫块法一次浇筑时，必须先从一侧灌注混凝土，对侧的混凝土高过管底与灌注侧混凝土高度相同时，两侧再同时浇筑，并保持两侧混凝土高度一致；

5 管道基础应按设计要求留变形缝，变形缝的位置应与柔性接口相一致；

6 管道平基与井室基础宜同时浇筑；跌落水井上游接近井基础的一段应砌砖加固，并将平基混凝土浇至井基础边缘；

7 混凝土浇筑中应防止离析；浇筑后应进行养护，强度低于1.2MPa时不得承受荷载。

5.2.3 砂石基础施工应符合下列规定：

1 铺设前应先对槽底进行检查，槽底高程及槽宽须符合设计要求，且不应有积水和软泥；

2 柔性管道的基础结构设计无要求时，宜铺设厚度不小于100mm的中粗砂垫层；软土地基宜铺垫一层厚度不小于150mm的砂砾或5～40mm粒径碎石，其表面再铺厚度不小于50mm的中、粗砂垫层；

3 柔性接口的刚性管道的基础结构，设计无要求时一般土质地段可铺设砂垫层，亦可铺设25mm以下粒径碎石，表面再铺20mm厚的砂垫层（中、粗砂），垫层总厚度应符合表5.2.3的规定；

表 5.2.3 柔性接口刚性管道砂石垫层总厚度

管径（D_o）	垫层总厚度（mm）
300～800	150
900～1200	200
1350～1500	250

4 管道有效支承角范围必须用中、粗砂填充插捣密实，与管底紧密接触，不得用其他材料填充。

5.3 钢管安装

5.3.1 管道安装应符合现行国家标准《工业金属管道工程施工及验收规范》GB 50235、《现场设备、工业管道焊接工程施工及验收规范》GB 50236等规范的规定，并应符合下列规定：

1 对首次采用的钢材、焊接材料、焊接方法或焊接工艺，施工单位必须在施焊前按设计要求和有关规定进行焊接试验，并应根据试验结果编制焊接工艺指导书；

2 焊工必须按规定经相关部门考试合格后持证上岗，并应根据经过评定的焊接工艺指导书进行施焊；

3 沟槽内焊接时，应采取有效技术措施保证管道底部的焊缝质量。

5.3.2 管节的材料、规格、压力等级等应符合设计要求，管节宜工厂预制，现场加工应符合下列规定：

1 管节表面应无斑疤、裂纹、严重锈蚀等缺陷；

2 焊缝外观质量应符合表5.3.2-1的规定，焊缝无损检验合格；

表 5.3.2-1 焊缝的外观质量

项　目	技术要求
外观	不得有熔化金属流到焊缝外未熔化的母材上，焊缝和热影响区表面不得有裂纹、气孔、弧坑和灰渣等缺陷；表面光顺、均匀、焊道与母材应平缓过渡
宽度	应焊出坡口边缘2～3mm

续表 5.3.2-1

项　目	技 术 要 求
表面余高	应小于或等于 1+0.2 倍坡口边缘宽度，且不大于 4mm
咬边	深度应小于或等于 0.5mm，焊缝两侧咬边总长不得超过焊缝长度的 10%，且连续长不应大于 100mm
错边	应小于或等于 0.2t，且不应大于 2mm
未焊满	不允许

注：t 为壁厚（mm）。

3　直焊缝卷管管节几何尺寸允许偏差应符合表 5.3.2-2 的规定；

表 5.3.2-2　直焊缝卷管管节几何尺寸的允许偏差

项　目	允 许 偏 差（mm）	
周　长	$D_i \leqslant 600$	±2.0
	$D_i > 600$	±0.0035D_i
圆　度	管端 0.005D_i；其他部位 0.01D_i	
端面垂直度	0.001D_i，且不大于 1.5	
弧　度	用弧长 $\pi D_i/6$ 的弧形板量测于管内壁或外壁纵缝处形成的间隙，其间隙为 0.1t+2，且不大于 4，距管端 200mm 纵缝处的间隙不大于 2	

注：D_i 为管内径（mm），t 为壁厚（mm）。

4　同一管节允许有两条纵缝，管径大于或等于 600mm 时，纵向焊缝的间距应大于 300mm；管径小于 600mm 时，其间距应大于 100mm。

5.3.3　管道安装前，管节应逐根测量、编号，宜选用管径相差最小的管节组对对接。

5.3.4　下管前应先检查管节的内外防腐层，合格后方可下管。

5.3.5　管节组成管段下管时，管段的长度、吊距，应根据管径、壁厚、外防腐层材料的种类及下管方法确定。

5.3.6　弯管起弯点至接口的距离不得小于管径，且不得小于 100mm。

5.3.7　管节组对焊接时应先修口、清根，管端端面的坡口角度、钝边、间隙，应符合设计要求，设计无要求时应符合表 5.3.7 的规定；不得在对口间隙夹焊帮条或用加热法缩小间隙施焊。

表 5.3.7　电弧焊管端倒角各部尺寸

倒角形式		间隙 b（mm）	钝边 p（mm）	坡口角度 α（°）
图　示	壁厚 t（mm）			
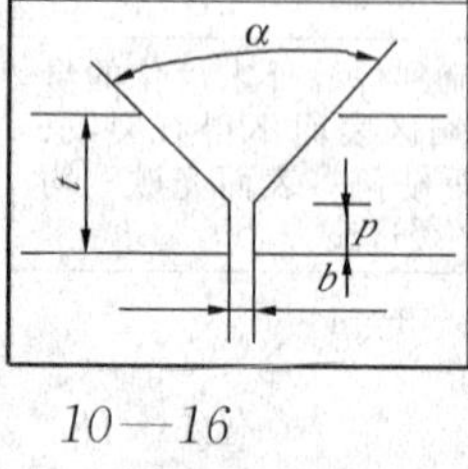	4~9	1.5~3.0	1.0~1.5	60~70
	10~26	2.0~4.0	1.0~2.0	60±5

5.3.8　对口时应使内壁齐平，错口的允许偏差应为壁厚的 20%，且不得大于 2mm。

5.3.9　对口时纵、环向焊缝的位置应符合下列规定：

1　纵向焊缝应放在管道中心垂线上半圆的 45°左右处；

2　纵向焊缝应错开，管径小于 600mm 时，错开的间距不得小于 100mm；管径大于或等于 600mm 时，错开的间距不得小于 300mm；

3　有加固环的钢管，加固环的对焊焊缝应与管节纵向焊缝错开，其间距不应小于 100mm；加固环距管节的环向焊缝不应小于 50mm；

4　环向焊缝距支架净距离不应小于 100mm；

5　直管管段两相邻环向焊缝的间距不应小于 200mm，并不应小于管节的外径；

6　管道任何位置不得有十字形焊缝。

5.3.10　不同壁厚的管节对口时，管壁厚度相差不宜大于 3mm。不同管径的管节相连时，两管径相差大于小管管径的 15%时，可用渐缩管连接。渐缩管的长度不应小于两管径差值的 2 倍，且不应小于 200mm。

5.3.11　管道上开孔应符合下列规定：

1　不得在干管的纵向、环向焊缝处开孔；

2　管道上任何位置不得开方孔；

3　不得在短节上或管件上开孔；

4　开孔处的加固补强应符合设计要求。

5.3.12　直线管段不宜采用长度小于 800mm 的短节拼接。

5.3.13　组合钢管固定口焊接及两管段间的闭合焊接，应在无阳光直照和气温较低时施焊；采用柔性接口代替闭合焊接时，应与设计协商确定。

5.3.14　在寒冷或恶劣环境下焊接应符合下列规定：

1　清除管道上的冰、雪、霜等；

2　工作环境的风力大于 5 级、雪天或相对湿度大于 90%时，应采取保护措施；

3　焊接时，应使焊缝可自由伸缩，并应使焊口缓慢降温；

4　冬期焊接时，应根据环境温度进行预热处理，并应符合表 5.3.14 的规定。

表 5.3.14　冬期焊接预热的规定

钢　号	环境温度（℃）	预热宽度（mm）	预热达到温度（℃）
含碳量≤0.2%碳素钢	≤−20	焊口每侧不小于 40	100~150
0.2%<含碳量<0.3%	≤−10		
16Mn	≤0		100~200

5.3.15　钢管对口检查合格后，方可进行接口定位焊接。定位焊接采用点焊时，应符合下列规定：

1　点焊焊条应采用与接口焊接相同的焊条；

2 点焊时，应对称施焊，其焊缝厚度应与第一层焊接厚度一致；

3 钢管的纵向焊缝及螺旋焊缝处不得点焊；

4 点焊长度与间距应符合表 5.3.15 的规定。

表 5.3.15 点焊长度与间距

管外径 D_o（mm）	点焊长度（mm）	环向点焊点（处）
350～500	50～60	5
600～700	60～70	6
≥800	80～100	点焊间距不宜大于 400mm

5.3.16 焊接方式应符合设计和焊接工艺评定的要求，管径大于 800mm 时，应采用双面焊。

5.3.17 管道对接时，环向焊缝的检验应符合下列规定：

1 检查前应清除焊缝的渣皮、飞溅物；

2 应在无损检测前进行外观质量检查，并应符合本规范表 5.3.2-1 的规定；

3 无损探伤检测方法应按设计要求选用；

4 无损检测取样数量与质量要求应按设计要求执行；设计无要求时，压力管道的取样数量应不小于焊缝量的 10%；

5 不合格的焊缝应返修，返修次数不得超过 3 次。

5.3.18 钢管采用螺纹连接时，管节的切口断面应平整，偏差不得超过一扣；丝扣应光洁，不得有毛刺、乱扣、断扣，缺扣总长不得超过丝扣全长的 10%；接口紧固后宜露出 2～3 扣螺纹。

5.3.19 管道采用法兰连接时，应符合下列规定：

1 法兰应与管道保持同心，两法兰间应平行；

2 螺栓应使用相同规格，且安装方向应一致；螺栓应对称紧固，紧固好的螺栓应露出螺母之外；

3 与法兰接口两侧相邻的第一至第二个刚性接口或焊接接口，待法兰螺栓紧固后方可施工；

4 法兰接口埋入土中时，应采取防腐措施。

5.4 钢管内外防腐

5.4.1 管体的内外防腐层宜在工厂内完成，现场连接的补口按设计要求处理。

5.4.2 水泥砂浆内防腐层应符合下列规定：

1 施工前应具备的条件应符合下列要求：

1）管道内壁的浮锈、氧化皮、焊渣、油污等，应彻底清除干净；焊缝突起高度不得大于防腐层设计厚度的 1/3；

2）现场施做内防腐的管道，应在管道试验、土方回填验收合格，且管道变形基本稳定后进行；

3）内防腐层的材料质量应符合设计要求；

2 内防腐层施工应符合下列规定：

1）水泥砂浆内防腐层可采用机械喷涂、人工抹压、拖筒或离心预制法施工；工厂预制时，在运输、安装、回填土过程中，不得损坏水泥砂浆内防腐层；

2）管道端点或施工中断时，应预留搭茬；

3）水泥砂浆抗压强度符合设计要求，且不应低于 30MPa；

4）采用人工抹压法施工时，应分层抹压；

5）水泥砂浆内防腐层成形后，应立即将管道封堵，终凝后进行潮湿养护；普通硅酸盐水泥砂浆养护时间不应少于 7d，矿渣硅酸盐水泥砂浆不应少于 14d；通水前应继续封堵，保持湿润；

3 水泥砂浆内防腐层厚度应符合表 5.4.2 的规定。

表 5.4.2 钢管水泥砂浆内防腐层厚度要求

管径 D_i（mm）	厚度（mm）	
	机械喷涂	手工涂抹
500～700	8	—
800～1000	10	—
1100～1500	12	14
1600～1800	14	16
2000～2200	15	17
2400～2600	16	18
2600 以上	18	20

5.4.3 液体环氧涂料内防腐层应符合下列规定：

1 施工前具备的条件应符合下列规定：

1）宜采用喷（抛）射除锈，除锈等级应不低于《涂装前钢材表面锈蚀等级和除锈等级》GB/T 8923 中规定的 Sa2 级；内表面经喷（抛）射处理后，应用清洁、干燥、无油的压缩空气将管道内部的砂粒、尘埃、锈粉等微尘清除干净；

2）管道内表面处理后，应在钢管两端 60～100mm 范围内涂刷硅酸锌或其他可焊性防锈涂料，干膜厚度为 20～40μm；

2 内防腐层的材料质量应符合设计要求；

3 内防腐层施工应符合下列规定：

1）应按涂料生产厂家产品说明书的规定配制涂料，不宜加稀释剂；

2）涂料使用前应搅拌均匀；

3）宜采用高压无气喷涂工艺，在工艺条件受限时，可采用空气喷涂或挤涂工艺；

4）应调整好工艺参数且稳定后，方可正式涂敷；防腐层应平整、光滑，无流挂、无划痕等；涂敷过程中应随时监测湿膜厚度；

5）环境相对湿度大于85%时，应对钢管除湿后方可作业；严禁在雨、雪、雾及风沙等气候条件下露天作业。

5.4.4 埋地管道外防腐层应符合设计要求，其构造应符合表5.4.4-1、表5.4.4-2及表5.4.4-3的规定。

表5.4.4-1 石油沥青涂料外防腐层构造

材料种类	普通级（三油二布）		加强级（四油三布）		特加强级（五油四布）	
	构造	厚度（mm）	构造	厚度（mm）	构造	厚度（mm）
石油沥青涂料	（1）底料一层 （2）沥青（厚度≥1.5mm） （3）玻璃布一层 （4）沥青（厚度1.0～1.5mm） （5）玻璃布一层 （6）沥青（厚度1.0～1.5mm） （7）聚氯乙烯工业薄膜一层	≥4.0	（1）底料一层 （2）沥青（厚度≥1.5mm） （3）玻璃布一层 （4）沥青（厚度1.0～1.5mm） （5）玻璃布一层 （6）沥青（厚度1.0～1.5mm） （7）玻璃布一层 （8）沥青（厚度1.0～1.5mm） （9）聚氯乙烯工业薄膜一层	≥5.5	（1）底料一层 （2）沥青（厚度≥1.5mm） （3）玻璃布一层 （4）沥青（厚度1.0～1.5mm） （5）玻璃布一层 （6）沥青（厚度1.0～1.5mm） （7）玻璃布一层 （8）沥青（厚度1.0～1.5mm） （9）玻璃布一层 （10）沥青（厚度1.0～1.5mm） （11）聚氯乙烯工业薄膜一层	≥7.0

表5.4.4-2 环氧煤沥青涂料外防腐层构造

材料种类	普通级（三油）		加强级（四油一布）		特加强级（六油二布）	
	构造	厚度（mm）	构造	厚度（mm）	构造	厚度（mm）
环氧煤沥青涂料	（1）底料 （2）面料 （3）面料 （4）面料	≥0.3	（1）底料 （2）面料 （3）面料 （4）玻璃布 （5）面料 （6）面料	≥0.4	（1）底料 （2）面料 （3）面料 （4）玻璃布 （5）面料 （6）面料 （7）玻璃布 （8）面料 （9）面料	≥0.6

表5.4.4-3 环氧树脂玻璃钢外防腐层构造

材料种类	加强级	
	构造	厚度（mm）
环氧树脂玻璃钢	（1）底层树脂 （2）面层树脂 （3）玻璃布 （4）面层树脂 （5）玻璃布 （6）面层树脂 （7）面层树脂	≥3

5.4.5 石油沥青涂料外防腐层施工应符合下列规定：

1 涂底料前管体表面应清除油垢、灰渣、铁锈；人工除氧化皮、铁锈时，其质量标准应达St3级；喷砂或化学除锈时，其质量标准应达Sa2.5级；

2 涂底料时基面应干燥，基面除锈后与涂底料的间隔时间不得超过8h。涂刷应均匀、饱满，涂层不得有凝块、起泡现象，底料厚度宜为0.1～0.2mm，管两端150～250mm范围内不得涂刷；

3 沥青涂料熬制温度宜在230℃左右，最高温度不得超过250℃，熬制时间宜控制在4～5h，每锅料应抽样检查，其性能应符合表5.4.5的规定；

表5.4.5 石油沥青涂料性能

项目	性能指标
软化点（环球法）	≥125℃
针入度（25℃，100g）	5～20（1/10mm）
延度（25℃）	≥10mm

注：软化点、针入度、延度的试验方法应符合国家相关标准规定。

4 沥青涂料应涂刷在洁净、干燥的底料上，常温下刷沥青涂料时，应在涂底料后24h之内实施；沥青涂料涂刷温度以200～230℃为宜；

5 涂沥青后应立即缠绕玻璃布，玻璃布的压边宽度应为20～30mm，接头搭接长度应为100～150mm，各层搭接接头应相互错开，玻璃布的油浸透率应达到95%以上，不得出现大于50mm×50mm的空白；管端或施工中断处应留出长150～250mm的缓坡型搭茬；

6 包扎聚氯乙烯膜保护层作业时，不得有摺皱、脱壳现象；压边宽度应为 20～30mm，搭接长度应为 100～150mm；

7 沟槽内管道接口处施工，应在焊接、试压合格后进行，接茬处应粘结牢固、严密。

5.4.6 环氧煤沥青外防腐层施工应符合下列规定：

1 管节表面应符合本规范第 5.4.5 条第 1 款的规定；焊接表面应光滑无刺、无焊瘤、棱角；

2 应按产品说明书的规定配制涂料；

3 底料应在表面除锈合格后尽快涂刷，空气湿度过大时，应立即涂刷，涂刷应均匀，不得漏涂；管两端 100～150mm 范围内不涂刷，或在涂底料之前，在该部位涂刷可焊涂料或硅酸锌涂料，干膜厚度不应小于 25μm；

4 面料涂刷和包扎玻璃布，应在底料表干后、固化前进行，底料与第一道面料涂刷的间隔时间不得超过 24h。

5.4.7 雨期、冬期石油沥青及环氧煤沥青涂料外防腐层施工应符合下列规定：

1 环境温度低于 5℃时，不宜采用环氧煤沥青涂料；采用石油沥青涂料时，应采取冬期施工措施；环境温度低于－15℃或相对湿度大于 85%时，未采取措施不得进行施工；

2 不得在雨、雾、雪或 5 级以上大风环境露天施工；

3 已涂刷石油沥青防腐层的管道，炎热天气下不宜直接受阳光照射；冬期气温等于或低于沥青涂料脆化温度时，不得起吊、运输和铺设；脆化温度试验应符合现行国家标准《石油沥青脆点测定法 弗拉斯法》GB/T 4510 的规定。

5.4.8 环氧树脂玻璃钢外防腐层施工应符合下列规定：

1 管节表面应符合本规范第 5.4.5 条第 1 款的规定；焊接表面应光滑无刺、无焊瘤、无棱角；

2 应按产品说明书的规定配制环氧树脂；

3 现场施工可采用手糊法，具体可分为间断法或连续法；

4 间断法每次铺衬间断时应检查玻璃布衬层的质量，合格后再涂刷下一层；

5 连续法作业，连续铺衬到设计要求的层数或厚度，并应自然养护 24h，然后进行面层树脂的施工；

6 玻璃布除刷涂树脂外，可采用玻璃布的树脂浸揉法；

7 环氧树脂玻璃钢的养护期不应少于 7d。

5.4.9 外防腐层的外观、厚度、电火花试验、粘结力应符合设计要求，设计无要求时应符合表 5.4.9 的规定。

表 5.4.9 外防腐层的外观、厚度、电火花试验、粘结力的技术要求

材料种类	防腐等级	构造	厚度 (mm)	外观	电火花试验		粘结力
石油沥青涂料	普通级	三油二布	≥4.0	外观均匀无褶皱、空泡、凝块	16kV	用电火花检漏仪检查无打火花现象	以夹角为 45°～60°边长 40～50mm 的切口，从角尖端撕开防腐层；首层沥青层应 100%地粘附在管道的外表面
	加强级	四油三布	≥5.5		18kV		
	特加强级	五油四布	≥7.0		20kV		
环氧煤沥青涂料	普通级	三油	≥0.3		2kV		以小刀割开一舌形切口，用力撕开切口处的防腐层，管道表面仍为漆皮所覆盖，不得露出金属表面
	加强级	四油一布	≥0.4		2.5kV		
	特加强级	六油二布	≥0.6		3kV		
环氧树脂玻璃钢	加强级	—	≥3	外观平整光滑、色泽均匀，无脱层、起壳和固化不完全等缺陷	3～3.5kV		以小刀割开一舌形切口，用力撕开切口处的防腐层，管道表面仍为漆皮所覆盖，不得露出金属表面

注：聚氨酯（PU）外防腐涂层可按本规范附录 H 选择。

5.4.10 防腐管在下沟槽前应进行检验，检验不合格应修补至合格。沟槽内的管道，其补口防腐层应经检验合格后方可回填。

5.4.11 阴极保护施工应与管道施工同步进行。

5.4.12 阴极保护系统的阳极的种类、性能、数量、分布与连接方式，测试装置和电源设备应符合国家有关标准的规定和设计要求。

5.4.13 牺牲阳极保护法的施工应符合下列规定：

1 根据工程条件确定阳极施工方式，立式阳极宜采用钻孔法施工，卧式阳极宜采用开槽法施工；

2 牺牲阳极使用之前，应对表面进行处理，清除表面的氧化膜及油污；

3 阳极连接电缆的埋设深度不应小于0.7m，四周应垫有50～100mm厚的细砂，砂的顶部应覆盖水泥护板或砖，敷设电缆要留有一定富裕量；

4 阳极电缆可以直接焊接到被保护管道上，也可通过测试桩中的连接片相连。与钢质管道相连接的电缆应采用铝热焊接技术，焊点应重新进行防腐绝缘处理，防腐材料、等级应与原有覆盖层一致；

5 电缆和阳极钢芯宜采用焊接连接，双边焊缝长度不得小于50mm；电缆与阳极钢芯焊接后，应采取防止连接部位断裂的保护措施；

6 阳极端面、电缆连接部位及钢芯均要防腐、绝缘；

7 填料包可在室内或现场包装，其厚度不应小于50mm；并应保证阳极四周的填料包厚度一致、密实；预包装的袋子须用棉麻织品，不得使用人造纤维织品；

8 填包料应调拌均匀，不得混入石块、泥土、杂草等；阳极埋地后应充分灌水，并达到饱和；

9 阳极埋设位置一般距管道外壁3～5m，不宜小于0.3m，埋设深度（阳极顶部距地面）不应小于1m。

5.4.14 外加电流阴极保护法的施工应符合下列规定：

1 联合保护的平行管道可同沟敷设；均压线间距和规格应根据管道电压降、管道间距离及管道防腐层质量等因素综合考虑；

2 非联合保护的平行管道间距，不宜小于10m；间距小于10m时，后施工的管道及其两端各延伸10m的管段做加强级防腐层；

3 被保护管道与其他地下管道交叉时，两者间垂直净距不应小于0.3m；小于0.3m时，应设有坚固的绝缘隔离物，并应在交叉点两侧各延伸10m以上的管段上做加强级防腐层；

4 被保护管道与埋地通信电缆平行敷设时，两者间距离不宜小于10m；小于10m时，后施工的管道或电缆按本条第2款的规定执行；

5 被保护管道与供电电缆交叉时，两者间垂直净距不应小于0.5m；同时应在交叉点两侧各延伸10m以上的管道和电缆段上做加强级防腐层。

5.4.15 阴极保护绝缘处理应符合下列规定：

1 绝缘垫片应在干净、干燥的条件下安装，并应配对供应或在现场扩孔；

2 法兰面应清洁、平直、无毛刺并正确定位；

3 在安装绝缘套筒时，应确保法兰准直；除一侧绝缘的法兰外，绝缘套筒长度应包括两个垫圈的厚度；

4 连接螺栓在螺母下应设有绝缘垫圈；

5 绝缘法兰组装后应对装置的绝缘性能按国家现行标准《埋地钢质管道阴极保护参数测试方法》SY/T 0023进行检测；

6 阴极保护系统安装后，应按国家现行标准《埋地钢质管道阴极保护参数测试方法》SY/T 0023的规定进行测试，测试结果应符合规范的规定和设计要求。

5.5 球墨铸铁管安装

5.5.1 管节及管件的规格、尺寸公差、性能应符合国家有关标准规定和设计要求，进入施工现场时其外观质量应符合下列规定：

1 管节及管件表面不得有裂纹，不得有妨碍使用的凹凸不平的缺陷；

2 采用橡胶圈柔性接口的球墨铸铁管，承口的内工作面和插口的外工作面应光滑、轮廓清晰，不得有影响接口密封性的缺陷。

5.5.2 管节及管件下沟槽前，应清除承口内部的油污、飞刺、铸砂及凹凸不平的铸瘤；柔性接口铸铁管及管件承口的内工作面、插口的外工作面应修整光滑，不得有沟槽、凸脊缺陷；有裂纹的管节及管件不得使用。

5.5.3 沿直线安装管道时，宜选用管径公差组合最小的管节组对连接，确保接口的环向间隙应均匀。

5.5.4 采用滑入式或机械式柔性接口时，橡胶圈的质量、性能、细部尺寸，应符合国家有关球墨铸铁管及管件标准的规定，并应符合本规范第5.6.5条的规定。

5.5.5 橡胶圈安装经检验合格后，方可进行管道安装。

5.5.6 安装滑入式橡胶圈接口时，推入深度应达到标记环，并复查与其相邻已安好的第一至第二个接口推入深度。

5.5.7 安装机械式柔性接口时，应使插口与承口法兰压盖的轴线相重合；螺栓安装方向应一致，用扭矩扳手均匀、对称地紧固。

5.5.8 管道沿曲线安装时，接口的允许转角应符合表5.5.8的规定。

表5.5.8 沿曲线安装接口的允许转角

管径 D_i（mm）	允许转角（°）
75～600	3
700～800	2
≥900	1

5.6 钢筋混凝土管及预（自）应力混凝土管安装

5.6.1 管节的规格、性能、外观质量及尺寸公差应符合国家有关标准的规定。

5.6.2 管节安装前应进行外观检查，发现裂缝、保护层脱落、空鼓、接口掉角等缺陷，应修补并经鉴定合格后方可使用。

5.6.3 管节安装前应将管内外清扫干净，安装时应使管道中心及内底高程符合设计要求，稳管时必须采取措施防止管道发生滚动。

5.6.4 采用混凝土基础时，管道中心、高程复验合格后，应按本规范第5.2.2条的规定及时浇筑管座混凝土。

5.6.5 柔性接口形式应符合设计要求，橡胶圈应符合下列规定：

1 材质应符合相关规范的规定；

2 应由管材厂配套供应；

3 外观应光滑平整，不得有裂缝、破损、气孔、重皮等缺陷；

4 每个橡胶圈的接头不得超过2个。

5.6.6 柔性接口的钢筋混凝土管、预（自）应力混凝土管安装前，承口内工作面、插口外工作面应清洗干净；套在插口上的橡胶圈应平直、无扭曲，应正确就位；橡胶圈表面和承口工作面应涂刷无腐蚀性的润滑剂；安装后放松外力，管节回弹不得大于10mm，且橡胶圈应在承、插口工作面上。

5.6.7 刚性接口的钢筋混凝土管道，钢丝网水泥砂浆抹带接口材料应符合下列规定：

1 选用粒径0.5～1.5mm，含泥量不大于3%的洁净砂；

2 选用网格10mm×10mm、丝径为20号的钢丝网；

3 水泥砂浆配比满足设计要求。

5.6.8 刚性接口的钢筋混凝土管道施工应符合下列规定：

1 抹带前应将管口的外壁凿毛、洗净；

2 钢丝网端头应在浇筑混凝土管座时插入混凝土内，在混凝土初凝前，分层抹压钢丝网水泥砂浆抹带；

3 抹带完成后应立即用吸水性强的材料覆盖，3～4h后洒水养护；

4 水泥砂浆填缝及抹带接口作业时落入管道内的接口材料应清除；管径大于或等于700mm时，应采用水泥砂浆将管道内接口部位抹平、压光；管径小于700mm时，填缝后应立即拖平。

5.6.9 钢筋混凝土管沿直线安装时，管口间的纵向间隙应符合设计及产品标准要求，无明确要求时应符合表5.6.9-1的规定；预（自）应力混凝土管沿曲线安装时，管口间的纵向间隙最小处不得小于5mm，接口转角应符合表5.6.9-2的规定。

表 5.6.9-1 钢筋混凝土管管口间的纵向间隙

管材种类	接口类型	管内径 D_i（mm）	纵向间隙（mm）
钢筋混凝土管	平口、企口	500～600	1.0～5.0
		≥700	7.0～15
	承插式乙型口	600～3000	5.0～1.5

表 5.6.9-2 预（自）应力混凝土管沿曲线安装接口的允许转角

管材种类	管内径 D_i（mm）	允许转角（°）
预应力混凝土管	500～700	1.5
	800～1400	1.0
	1600～3000	0.5
自应力混凝土管	500～800	1.5

5.6.10 预（自）应力混凝土管不得截断使用。

5.6.11 井室内暂时不接支线的预留管（孔）应封堵。

5.6.12 预（自）应力混凝土管道采用金属管件连接时，管件应进行防腐处理。

5.7 预应力钢筒混凝土管安装

5.7.1 管节及管件的规格、性能应符合国家有关标准的规定和设计要求，进入施工现场时其外观质量应符合下列规定：

1 内壁混凝土表面平整光洁；承插口钢环工作面光洁干净；内衬式管（简称衬筒管）内表面不应出现浮渣、露石和严重的浮浆；埋置式管（简称埋筒管）内表面不应出现气泡、孔洞、凹坑以及蜂窝、麻面等不密实的现象；

2 管内表面出现的环向裂缝或者螺旋状裂缝宽度不应大于0.5mm（浮浆裂缝除外）；距离管的插口端300mm范围内出现的环向裂缝宽度不应大于1.5mm；管内表面不得出现长度大于150mm的纵向可见裂缝；

3 管端面混凝土不应有缺料、掉角、孔洞等缺陷。端面应齐平、光滑、并与轴线垂直。端面垂直度应符合表5.7.1的规定；

表 5.7.1 管端面垂直度

管内径 D_i（mm）	管端面垂直度的允许偏差（mm）
600～1200	6
1400～3000	9
3200～4000	13

4 外保护层不得出现空鼓、裂缝及剥落；

5 橡胶圈应符合本规范第5.6.5条规定。

5.7.2 承插式橡胶圈柔性接口施工时应符合下列规定：

1　清理管道承口内侧、插口外部凹槽等连接部位和橡胶圈；

2　将橡胶圈套入插口上的凹槽内，保证橡胶圈在凹槽内受力均匀、没有扭曲翻转现象；

3　用配套的润滑剂涂擦在承口内侧和橡胶圈上，检查涂覆是否完好；

4　在插口上按要求做好安装标记，以便检查插入是否到位；

5　接口安装时，将插口一次插入承口内，达到安装标记为止；

6　安装时接头和管端应保持清洁；

7　安装就位，放松紧管器具后进行下列检查：

1）复核管节的高程和中心线；

2）用特定钢尺插入承插口之间检查橡胶圈各部的环向位置，确认橡胶圈在同一深度；

3）接口处承口周围不应被胀裂；

4）橡胶圈应无脱槽、挤出等现象；

5）沿直线安装时，插口端面与承口底部的轴向间隙应大于5mm，且不大于表5.7.2规定的数值。

表 5.7.2　管口间的最大轴向间隙

管内径 D_i（mm）	内衬式管（衬筒管）		埋置式管（埋筒管）	
	单胶圈（mm）	双胶圈（mm）	单胶圈（mm）	双胶圈（mm）
600～1400	15	—	—	—
1200～1400	—	25	—	—
1200～4000	—	—	25	25

5.7.3　采用钢制管件连接时，管件应进行防腐处理。

5.7.4　现场合拢应符合以下规定：

1　安装过程中，应严格控制合拢处上、下游管道接装长度、中心位移偏差；

2　合拢位置宜选择在设有人孔或设备安装孔的配件附近；

3　不允许在管道转折处合拢；

4　现场合拢施工焊接不宜在当日高温时段进行。

5.7.5　管道需曲线铺设时，接口的最大允许偏转角度应符合设计要求，设计无要求时应不大于表5.7.5规定的数值。

表 5.7.5　预应力钢筒混凝土管沿曲线安装接口的最大允许偏转角

管材种类	管内径 D_i（mm）	允许平面转角（°）
预应力钢筒混凝土管	600～1000	1.5
	1200～2000	1.0
	2200～4000	0.5

5.8　玻璃钢管安装

5.8.1　管节及管件的规格、性能应符合国家有关标准的规定和设计要求，进入施工现场时其外观质量应符合下列规定：

1　内、外径偏差、承口深度（安装标记环）、有效长度、管壁厚度、管端面垂直度等应符合产品标准规定；

2　内、外表面应光滑平整，无划痕、分层、针孔、杂质、破碎等现象；

3　管端面应平齐、无毛刺等缺陷；

4　橡胶圈应符合本规范第5.6.5条的规定。

5.8.2　接口连接、管道安装除应符合本规范第5.7.2条的规定外，还应符合下列规定：

1　采用套筒式连接的，应清除套筒内侧和插口外侧的污渍和附着物；

2　管道安装就位后，套筒式或承插式接口周围不应有明显变形和胀破；

3　施工过程中应防止管节受损伤，避免内表层和外保护层剥落；

4　检查井、透气井、阀门井等附属构筑物或水平折角处的管节，应采取避免不均匀沉降造成接口转角过大的措施；

5　混凝土或砌筑结构等构筑物墙体内的管节，可采取设置橡胶圈或中介层法等措施，管外壁与构筑物墙体的交界面密实、不渗漏。

5.8.3　管道曲线铺设时，接口的允许转角不得大于表5.8.3的规定。

表 5.8.3　沿曲线安装的接口允许转角

管内径 D_i（mm）	允许转角（°）	
	承插式接口	套筒式接口
400～500	1.5	3.0
$500<D_i\leqslant1000$	1.0	2.0
$1000<D_i\leqslant1800$	1.0	1.0
$D_i>1800$	0.5	0.5

5.9　硬聚氯乙烯管、聚乙烯管及其复合管安装

5.9.1　管节及管件的规格、性能应符合国家有关标准的规定和设计要求，进入施工现场时其外观质量应符合下列规定：

1　不得有影响结构安全、使用功能及接口连接的质量缺陷；

2　内、外壁光滑、平整，无气泡、无裂纹、无脱皮和严重的冷斑及明显的痕纹、凹陷；

3　管节不得有异向弯曲，端口应平整；

4　橡胶圈应符合本规范第5.6.5条的规定。

5.9.2 管道铺设应符合下列规定：

1 采用承插式（或套筒式）接口时，宜人工布管且在沟槽内连接；槽深大于3m或管外径大于400mm的管道，宜用非金属绳索兜住管节下管；严禁将管节翻滚抛入槽中；

2 采用电熔、热熔接口时，宜在沟槽边上将管道分段连接后以弹性铺管法移入沟槽；移入沟槽时，管道表面不得有明显的划痕。

5.9.3 管道连接应符合下列规定：

1 承插式柔性连接、套筒（带或套）连接、法兰连接、卡箍连接等方法采用的密封件、套筒件、法兰、紧固件等配套管件，必须由管节生产厂家配套供应；电熔连接、热熔连接应采用专用电器设备、挤出焊接设备和工具进行施工；

2 管道连接时必须对连接部位、密封件、套筒等配件清理干净，套筒（带或套）连接、法兰连接、卡箍连接用的钢制套筒、法兰、卡箍、螺栓等金属制品应根据现场土质并参照相关标准采取防腐措施；

3 承插式柔性接口连接宜在当日温度较高时进行，插口端不宜插到承口底部，应留出不小于10mm的伸缩空隙，插入前应在插口端外壁做出插入深度标记；插入完毕后，承插口周围空隙均匀，连接的管道平直；

4 电熔连接、热熔连接、套筒（带或套）连接、法兰连接、卡箍连接应在当日温度较低或接近最低时进行；电熔连接、热熔连接时电热设备的温度控制、时间控制，挤出焊接时对焊接设备的操作等，必须严格按接头的技术指标和设备的操作程序进行；接头处应有沿管节圆周平滑对称的外翻边，内翻边应铲平；

5 管道与井室宜采用柔性连接，连接方式符合设计要求；设计无要求时，可采用承插管件连接或中介层做法；

6 管道系统设置的弯头、三通、变径处应采用混凝土支墩或金属卡箍拉杆等技术措施；在消火栓及闸阀的底部应加垫混凝土支墩；非锁紧型承插连接管道，每根管节应有3点以上的固定措施；

7 安装完的管道中心线及高程调整合格后，即将管底有效支撑角范围用中粗砂回填密实，不得用土或其他材料回填。

5.10 质量验收标准

5.10.1 管道基础应符合下列规定：

主 控 项 目

1 原状地基的承载力符合设计要求；

检查方法：观察，检查地基处理强度或承载力检验报告、复合地基承载力检验报告。

2 混凝土基础的强度符合设计要求；

检验数量：混凝土验收批与试块留置按照现行国家标准《给水排水构筑物工程施工及验收规范》GB 50141-2008第6.2.8条第2款执行；

检查方法：混凝土基础的混凝土强度验收应符合现行国家标准《混凝土强度检验评定标准》GBJ 107的有关规定。

3 砂石基础的压实度符合设计要求或本规范的规定；

检查方法：检查砂石材料的质量保证资料、压实度试验报告。

一 般 项 目

4 原状地基、砂石基础与管道外壁间接触均匀，无空隙；

检查方法：观察，检查施工记录。

5 混凝土基础外光内实，无严重缺陷；混凝土基础的钢筋数量、位置正确；

检查方法：观察，检查钢筋质量保证资料，检查施工记录。

6 管道基础的允许偏差应符合表5.10.1的规定。

表5.10.1 管道基础的允许偏差

序号	检查项目			允许偏差（mm）	检查数量 范围	检查数量 点数	检查方法
1	垫层	中线每侧宽度		不小于设计要求	每个验收批	每10m测1点，且不少于3点	挂中心线钢尺检查，每侧一点
		高程	压力管道	±30			水准仪测量
			无压管道	0，−15			
		厚度		不小于设计要求			钢尺量测
2	混凝土基础、管座	平基	中线每侧宽度	+10，0			挂中心线钢尺量测每侧一点
			高程	0，−15			水准仪测量
			厚度	不小于设计要求			钢尺量测
		管座	肩宽	+10，−5			钢尺量测，挂高程线钢尺量测，每侧一点
			肩高	±20			

续表 5.10.1

序号	检查项目			允许偏差（mm）	检查数量		检查方法
					范围	点数	
3	土（砂及砂砾）基础	高程	压力管道	±30	每个验收批	每10m测1点，且不少于3点	水准仪测量
			无压管道	0，−15			
		平基厚度		不小于设计要求			钢尺量测
		土弧基础腋角高度		不小于设计要求			钢尺量测

5.10.2 钢管接口连接应符合下列规定：

主 控 项 目

1 管节及管件、焊接材料等的质量应符合本规范第5.3.2条的规定；

检查方法：检查产品质量保证资料；检查成品管进场验收记录，检查现场制作管的加工记录。

2 接口焊缝坡口应符合本规范第5.3.7条的规定；

检查方法：逐口检查，用量规量测；检查坡口记录。

3 焊口错边符合本规范第5.3.8条的规定，焊口无十字型焊缝；

检查方法：逐口检查，用长300mm的直尺在接口内壁周围顺序贴靠量测错边量。

4 焊口焊接质量应符合本规范第5.3.17条的规定和设计要求；

检查方法：逐口观察，按设计要求进行抽检；检查焊缝质量检测报告。

5 法兰接口的法兰应与管道同心，螺栓自由穿入，高强度螺栓的终拧扭矩应符合设计要求和有关标准的规定；

检查方法：逐口检查；用扭矩扳手等检查；检查螺栓拧紧记录。

一 般 项 目

6 接口组对时，纵、环缝位置应符合本规范第5.3.9条的规定；

检查方法：逐口检查；检查组对检验记录；用钢尺量测。

7 管节组对前，坡口及内外侧焊接影响范围内表面应无油、漆、垢、锈、毛刺等污物；

检查方法：观察；检查管道组对检验记录。

8 不同壁厚的管节对接应符合本规范第5.3.10条的规定；

检查方法：逐口检查，用焊缝量规、钢尺量测；检查管道组对检验记录。

9 焊缝层次有明确规定时，焊接层数、每层厚度及层间温度应符合焊接作业指导书的规定，且层间焊缝质量均应合格；

检查方法：逐个检查；对照设计文件、焊接作业指导书检查每层焊缝检验记录。

10 法兰中轴线与管道中轴线的允许偏差应符合：D_i小于或等于300mm时，允许偏差小于或等于1mm；D_i大于300mm时，允许偏差小于或等于2mm；

检查方法：逐个接口检查；用钢尺、角尺等量测。

11 连接的法兰之间应保持平行，其允许偏差不大于法兰外径的1.5‰，且不大于2mm；螺孔中心允许偏差应为孔径的5%；

检查方法：逐口检查；用钢尺、塞尺等量测。

5.10.3 钢管内防腐层应符合下列规定：

主 控 项 目

1 内防腐层材料应符合国家相关标准的规定和设计要求；给水管道内防腐层材料的卫生性能应符合国家相关标准的规定；

检查方法：对照产品标准和设计文件，检查产品质量保证资料；检查成品管进场验收记录。

2 水泥砂浆抗压强度符合设计要求，且不低于30MPa；

检查方法：检查砂浆配合比、抗压强度试块报告。

3 液体环氧涂料内防腐层表面应平整、光滑，无气泡、无划痕等，湿膜应无流淌现象；

检查方法：观察，检查施工记录。

一 般 项 目

4 水泥砂浆防腐层的厚度及表面缺陷的允许偏差应符合表5.10.3-1的规定。

5 液体环氧涂料内防腐层的厚度、电火花试验应符合表5.10.3-2的规定。

表 5.10.3-1　水泥砂浆防腐层厚度及表面缺陷的允许偏差

<table>
<tr><td colspan="2" rowspan="2">检查项目</td><td colspan="2" rowspan="2">允许偏差</td><td colspan="2">检查数量</td><td rowspan="2">检查方法</td></tr>
<tr><td>范围</td><td>点数</td></tr>
<tr><td>1</td><td>裂缝宽度</td><td colspan="2">≤0.8</td><td rowspan="10">管节</td><td rowspan="2">每处</td><td>用裂缝观测仪测量</td></tr>
<tr><td>2</td><td>裂缝沿管道纵向长度</td><td colspan="2">≤管道的周长，且≤2.0m</td><td>钢尺量测</td></tr>
<tr><td>3</td><td>平整度</td><td colspan="2"><2</td><td rowspan="7">取两个截面，每个截面测 2 点，取偏差值最大 1 点</td><td>用 300mm 长的直尺量测</td></tr>
<tr><td rowspan="3">4</td><td rowspan="3">防腐层厚度</td><td>$D_i≤1000$</td><td>±2</td><td rowspan="3">用测厚仪测量</td></tr>
<tr><td>$1000<D_i≤1800$</td><td>±3</td></tr>
<tr><td>$D_i>1800$</td><td>+4，−3</td></tr>
<tr><td rowspan="3">5</td><td rowspan="3">麻点、空窝等表面缺陷的深度</td><td>$D_i≤1000$</td><td>2</td><td rowspan="3">用直钢丝或探尺量测</td></tr>
<tr><td>$1000<D_i≤1800$</td><td>3</td></tr>
<tr><td>$D_i>1800$</td><td>4</td></tr>
<tr><td>6</td><td>缺陷面积</td><td colspan="2">≤500mm²</td><td>每处</td><td>用钢尺量测</td></tr>
<tr><td>7</td><td>空鼓面积</td><td colspan="2">不得超过 2 处，且每处≤10000mm²</td><td>每平方米</td><td>用小锤轻击砂浆表面，用钢尺量测</td></tr>
</table>

注：1　表中单位除注明者外，均为 mm；
　　2　工厂涂覆管节，每批抽查 20%；施工现场涂覆管节，逐根检查。

表 5.10.3-2　液体环氧涂料内防腐层厚度及电火花试验规定

<table>
<tr><td colspan="2" rowspan="2">检查项目</td><td colspan="2" rowspan="2">允许偏差（mm）</td><td colspan="2">检查数量</td><td rowspan="2">检查方法</td></tr>
<tr><td>范围</td><td>点数</td></tr>
<tr><td rowspan="3">1</td><td rowspan="3">干膜厚度（μm）</td><td>普通级</td><td>≥200</td><td rowspan="3">每根（节）管</td><td rowspan="3">两个断面，各 4 点</td><td rowspan="3">用测厚仪测量</td></tr>
<tr><td>加强级</td><td>≥250</td></tr>
<tr><td>特加强级</td><td>≥300</td></tr>
<tr><td rowspan="3">2</td><td rowspan="3">电火花试验漏点数</td><td>普通级</td><td>3</td><td rowspan="3">个/m²</td><td rowspan="3">连续检测</td><td rowspan="3">用电火花检漏仪测量，检漏电压值根据涂层厚度按 5V/μm 计算，检漏仪探头移动速度不大于 0.3m/s</td></tr>
<tr><td>加强级</td><td>1</td></tr>
<tr><td>特加强级</td><td>0</td></tr>
</table>

注：1　焊缝处的防腐层厚度不得低于管节防腐层规定厚度的 80%；
　　2　凡漏点检测不合格的防腐层都应补涂，直至合格。

5.10.4　钢管外防腐层应符合下列规定：

主 控 项 目

1　外防腐层材料（包括补口、修补材料）、结构等应符合国家相关标准的规定和设计要求；

检查方法：对照产品标准和设计文件，检查产品质量保证资料；检查成品管进场验收记录。

2　外防腐层的的厚度、电火花检漏、粘结力应符合表 5.10.4 的规定。

表 5.10.4　外绝缘防腐层厚度、电火花检漏、粘结力验收标准

<table>
<tr><td colspan="2" rowspan="2">检查项目</td><td rowspan="2">允许偏差</td><td colspan="3">检 查 数 量</td><td rowspan="2">检查方法</td></tr>
<tr><td>防腐成品管</td><td>补　口</td><td>补　伤</td></tr>
<tr><td>1</td><td>厚度</td><td rowspan="3">符合本规范第 5.4.9 条的相关规定</td><td>每 20 根 1 组（不足 20 根按 1 组），每组抽查 1 根。测管两端和中间共 3 个截面，每截面测互相垂直的 4 点</td><td>逐个检测，每个随机抽查 1 个截面，每个截面测互相垂直的 4 点</td><td>逐个检测，每处随机测 1 点</td><td>用测厚仪测量</td></tr>
<tr><td>2</td><td>电火花检漏</td><td>全数检查</td><td>全数检查</td><td>全数检查</td><td>用电火花检漏仪逐根连续测量</td></tr>
<tr><td>3</td><td>粘结力</td><td>每 20 根为 1 组（不足 20 根按 1 组），每组抽 1 根，每根 1 处</td><td>每 20 个补口抽 1 处</td><td>—</td><td>按本规范表 5.4.9 规定，用小刀切割观察</td></tr>
</table>

注：按组抽检时，若被检测点不合格，则该组应加倍抽检；若加倍抽检仍不合格，则该组为不合格。

一 般 项 目

3 钢管表面除锈质量等级应符合设计要求；

检查方法：观察；检查防腐管生产厂提供的除锈等级报告，对照典型样板照片检查每个补口处的除锈质量，检查补口处除锈施工方案。

4 管道外防腐层（包括补口、补伤）的外观质量应符合本规范第5.4.9条的相关规定；

检查方法：观察；检查施工记录。

5 管体外防腐材料搭接、补口搭接、补伤搭接应符合要求；

检查方法：观察；检查施工记录。

5.10.5 钢管阴极保护工程质量应符合下列规定：

主 控 项 目

1 钢管阴极保护所用的材料、设备等应符合国家有关标准的规定和设计要求；

检查方法：对照产品相关标准和设计文件，检查产品质量保证资料；检查成品管进场验收记录。

2 管道系统的电绝缘性、电连续性经检测满足阴极保护的要求；

检查方法：阴极保护施工前应全线检查；检查绝缘部位的绝缘测试记录、跨接线的连接记录；用电火花检漏仪、高阻电压表、兆欧表测电绝缘性，万用表测跨线等的电连续性。

3 阴极保护的系统参数测试应符合下列规定：

1）设计无要求时，在施加阴极电流的情况下，测得管/地电位应小于或等于－850mV（相对于铜—饱和硫酸铜参比电极）；

2）管道表面与同土壤接触的稳定的参比电极之间阴极极化电位值最小为100mV；

3）土壤或水中含有硫酸盐还原菌，且硫酸根含量大于0.5%时，通电保护电位应小于或等于－950mV（相对于铜—饱和硫酸铜参比电极）；

4）被保护体埋置于干燥的或充气的高电阻率（大于500Ω·m）土壤中时，测得的极化电位小于或等于－750mV（相对于铜—饱和硫酸铜参比电极）；

检查方法：按国家现行标准《埋地钢质管道阴极保护参数测试方法》SY/T 0023的规定测试；检查阴极保护系统运行参数测试记录。

一 般 项 目

4 管道系统中阳极、辅助阳极的安装应符合本规范第5.4.13、5.4.14条的规定；

检查方法：逐个检查；用钢尺或经纬仪、水准仪测量。

5 所有连接点应按规定做好防腐处理，与管道连接处的防腐材料应与管道相同；

检查方法：逐个检查；检查防腐材料质量合格证明、性能检验报告；检查施工记录、施工测试记录。

6 阴极保护系统的测试装置及附属设施的安装应符合下列规定：

1）测试桩埋设位置应符合设计要求，顶面高出地面400mm以上；

2）电缆、引线铺设应符合设计要求，所有引线应保持一定松弛度，并连接可靠牢固；

3）接线盒内各类电缆应接线正确，测试桩的舱门应启闭灵活、密封良好；

4）检查片的材质应与被保护管道的材质相同，其制作尺寸、设置数量、埋设位置应符合设计要求，且埋深与管道底部相同，距管道外壁不小于300mm；

5）参比电极的选用、埋设深度应符合设计要求；

检查方法：逐个观察（用钢尺量测辅助检查）；检查测试纪录和测试报告。

5.10.6 球墨铸铁管接口连接应符合下列规定：

主 控 项 目

1 管节及管件的产品质量应符合本规范第5.5.1条的规定；

检查方法：检查产品质量保证资料，检查成品管进场验收记录。

2 承插接口连接时，两管节中轴线应保持同心，承口、插口部位无破损、变形、开裂；插口推入深度应符合要求；

检查方法：逐个观察；检查施工记录。

3 法兰接口连接时，插口与承口法兰压盖的纵向轴线一致，连接螺栓终拧扭矩应符合设计或产品使用说明要求；接口连接后，连接部位及连接件应无变形、破损；

检查方法：逐个接口检查，用扭矩扳手检查；检查螺栓拧紧记录。

4 橡胶圈安装位置应准确，不得扭曲、外露；沿圆周各点应与承口端面等距，其允许偏差应为±3mm；

检查方法：观察，用探尺检查；检查施工记录。

一 般 项 目

5 连接后管节间平顺，接口无突起、突弯、轴向位移现象；

检查方法：观察；检查施工测量记录。

6 接口的环向间隙应均匀，承插口间的纵向间隙不应小于3mm；

检查方法：观察，用塞尺、钢尺检查。

7 法兰接口的压兰、螺栓和螺母等连接件应规格型号一致，采用钢制螺栓和螺母时，防腐处理应符合设计要求；

检查方法：逐个接口检查；检查螺栓和螺母质量合格证明书、性能检验报告。

8 管道沿曲线安装时，接口转角应符合本规范第5.5.8条的规定；

检查方法：用直尺量测曲线段接口。

5.10.7 钢筋混凝土管、预（自）应力混凝土管、预应力钢筒混凝土管接口连接应符合下列规定：

主 控 项 目

1 管及管件、橡胶圈的产品质量应符合本规范第5.6.1、5.6.2、5.6.5和5.7.1条的规定；

检查方法：检查产品质量保证资料；检查成品管进场验收记录。

2 柔性接口的橡胶圈位置正确，无扭曲、外露现象；承口、插口无破损、开裂；双道橡胶圈的单口水压试验合格；

检查方法：观察，用探尺检查；检查单口水压试验记录。

3 刚性接口的强度符合设计要求，不得有开裂、空鼓、脱落现象；

检查方法：观察；检查水泥砂浆、混凝土试块的抗压强度试验报告。

一 般 项 目

4 柔性接口的安装位置正确，其纵向间隙应符合本规范第5.6.9、5.7.2条的相关规定；

检查方法：逐个检查，用钢尺量测；检查施工记录。

5 刚性接口的宽度、厚度符合设计要求；其相邻管接口错口允许偏差：D_i 小于700mm时，应在施工中自检；D_i 大于700mm，小于或等于1000mm时，应不大于3mm；D_i 大于1000mm时，应不大于5mm；

检查方法：两井之间取3点，用钢尺、塞尺量测；检查施工记录。

6 管道沿曲线安装时，接口转角应符合本规范第5.6.9、5.7.5条的相关规定；

检查方法：用直尺量测曲线段接口。

7 管道接口的填缝应符合设计要求，密实、光洁、平整；

检查方法：观察，检查填缝材料质量保证资料、配合比记录。

5.10.8 化学建材管接口连接应符合下列规定：

主 控 项 目

1 管节及管件、橡胶圈等的产品质量应符合本规范第5.8.1、5.9.1条的规定；

检查方法：检查产品质量保证资料；检查成品管进场验收记录。

2 承插、套筒式连接时，承口、插口部位及套筒连接紧密，无破损、变形、开裂等现象；插入后胶圈应位置正确，无扭曲等现象；双道橡胶圈的单口水压试验合格；

检查方法：逐个接口检查；检查施工方案及施工记录，单口水压试验记录；用钢尺、探尺量测。

3 聚乙烯管、聚丙烯管接口熔焊连接应符合下列规定：

1）焊缝应完整，无缺损和变形现象；焊缝连接应紧密，无气孔、鼓泡和裂缝；电熔连接的电阻丝不裸露；

2）熔焊焊缝焊接力学性能不低于母材；

3）热熔对接连接后应形成凸缘，且凸缘形状大小均匀一致，无气孔、鼓泡和裂缝；接头处有沿管节圆周平滑对称的外翻边，外翻边最低处的深度不低于管节外表面；管壁内翻边应铲平；对接错边量不大于管材壁厚的10%，且不大于3mm。

检查方法：观察；检查熔焊连接工艺试验报告和焊接作业指导书，检查熔焊连接施工记录、熔焊外观质量检验记录、焊接力学性能检测报告。

检查数量：外观质量全数检查；熔焊焊缝焊接力学性能试验每200个接头不少于1组；现场进行破坏性检验或翻边切除检验（可任选一种）时，现场破坏性检验每50个接头不少于1个，现场内翻边切除检验每50个接头不少于3个；单位工程中接头数量不足50个时，仅做熔焊焊缝焊接力学性能试验，可不做现场检验。

4 卡箍连接、法兰连接、钢塑过渡接头连接时，应连接件齐全、位置正确、安装牢固，连接部位无扭曲、变形；

检查方法：逐个检查。

一 般 项 目

5 承插、套筒式接口的插入深度应符合要求，相邻管口的纵向间隙应不小于10mm；环向间隙应均匀一致；

检查方法：逐口检查，用钢尺量测；检查施工记录。

6 承插式管道沿曲线安装时的接口转角，玻璃钢管的不应大于本规范第5.8.3条的规定；聚乙烯管、聚丙烯管的接口转角应不大于1.5°；硬聚氯乙烯管的接口转角应不大于1.0°；

检查方法：用直尺量测曲线段接口；检查施工记录。

7 熔焊连接设备的控制参数满足焊接工艺要求；设备与待连接管的接触面无污物，设备及组合件组装正确、牢固、吻合；焊后冷却期间接口未受外力影响；

检查方法：观察，检查专用熔焊设备质量合格证明书、校检报告，检查熔焊记录。

8 卡箍连接、法兰连接、钢塑过渡连接件的钢制部分以及钢制螺栓、螺母、垫圈的防腐要求应符合设计要求；

检查方法：逐个检查；检查产品质量合格证明书、检验报告。

5.10.9 管道铺设应符合下列规定：

主 控 项 目

1 管道埋设深度、轴线位置应符合设计要求，无压力管道严禁倒坡；

检查方法：检查施工记录、测量记录。

2 刚性管道无结构贯通裂缝和明显缺损情况；

检查方法：观察，检查技术资料。

3 柔性管道的管壁不得出现纵向隆起、环向扁平和其他变形情况；

检查方法：观察，检查施工记录、测量记录。

4 管道铺设安装必须稳固，管道安装后应线形平直；

检查方法：观察，检查测量记录。

一 般 项 目

5 管道内应光洁平整，无杂物、油污；管道无明显渗水和水珠现象；

检查方法：观察，渗漏水程度检查按本规范附录F第F.0.3条执行。

6 管道与井室洞口之间无渗漏水；

检查方法：逐井观察，检查施工记录。

7 管道内外防腐层完整，无破损现象；

检查方法：观察，检查施工记录。

8 钢管管道开孔应符合本规范第5.3.11条的规定；

检查方法：逐个观察，检查施工记录。

9 闸阀安装应牢固、严密，启闭灵活，与管道轴线垂直；

检查方法：观察检查，检查施工记录。

10 管道铺设的允许偏差应符合表5.10.9的规定。

表5.10.9 管道铺设的允许偏差（mm）

检查项目			允许偏差		检查数量		检查方法
					范围	点数	
1	水平轴线		无压管道	15	每节管	1点	经纬仪测量或挂中线用钢尺量测
			压力管道	30			
2	管底高程	$D_i \leq$ 1000	无压管道	±10			水准仪测量
			压力管道	±30			
		$D_i >$ 1000	无压管道	±15			
			压力管道	±30			

6 不开槽施工管道主体结构

6.1 一 般 规 定

6.1.1 本章适用于采用顶管、盾构、浅埋暗挖、地表式水平定向钻及夯管等方法进行不开槽施工的室外给排水管道工程。

6.1.2 施工前应进行现场调查研究，并对建设单位提供的工程沿线的有关工程地质、水文地质和周围环境情况，以及沿线地下与地上管线、周边建（构）筑物、障碍物及其他设施的详细资料进行核实确认；必要时应进行坑探。

6.1.3 施工前应编制施工方案，包括下列主要内容：

1 顶管法施工方案包括下列主要内容：

1）顶进方法比选和顶管段单元长度的确定；

2）顶管机选型及各类设备的规格、型号及数量；

3）工作井位置选择、结构类型及其洞口封门设计；

4）管节、接口选型及检验，内外防腐处理；

5）顶管进、出洞口技术措施，地基改良措施；

6）顶力计算、后背设计和中继间设置；

7）减阻剂选择及相应技术措施；

8）施工测量、纠偏的方法；

9）曲线顶进及垂直顶升的技术控制及措施；

10）地表及构筑物变形与形变监测和控制措施；

11）安全技术措施、应急预案。

2 盾构法施工方案包括下列主要内容：

1）盾构机的选型与安装方案；

2）工作井的位置选择、结构形式、洞门封门设计；

3）盾构基座设计，以及始发工作井后背布置形式；

4）管片的拼装、防水及注浆方案；

5）盾构进、出洞口的技术措施，以及地基、地层加固措施；

6）掘进施工工艺、技术管理方案；

7）垂直运输、水平运输方式及管道内断面布置；

8）掘进施工测量及纠偏措施；

9）地表变形及周围环境保护的要求、监测和控制措施；

10）安全技术措施、应急预案。

3 浅埋暗挖法施工方案包括下列主要内容：

1）土层加固措施和开挖方案；

2）施工降排水方案；

3）工作井的位置选择、结构类型及其洞口封门的设计、井内布置；

4）施工程序（步序）设计；

5）垂直运输、水平运输方式及管道内断面布置；

6）结构安全和环境安全、保护的要求、监测和控制措施；

7）安全技术措施、应急预案。

4 地表式定向钻法施工方案包括下列主要内容：

1）定向钻的入土点、出土点位置选择；

2）钻进轨迹设计（入土角、出土角、管道轴向曲率半径要求）；

3）确定终孔孔径及扩孔次数，计算管道回拖力，管材的选用；

4）定向钻机、钻头、钻杆及扩孔头、拉管头等的选用；

5）护孔减阻泥浆的配制及泥浆系统的布置；

6）地面管道布置走向及管道材质、组对拼装、防腐层要求；

7）导向定位系统设备的选择及施工探测（测量）技术要求、控制措施；

8）周围环境保护及监控措施。

5 夯管法施工方案包括下列主要内容：

1）工作井位置选择、结构类型、尺寸要求及其进、出洞口技术措施；

2）计算锤击力，确定管材、规格；

3）夯管锤及辅助设备的选用及作业要求；

4）减阻技术措施；

5）管组对焊接、防腐层施工要求，外防腐层的保护措施；

6）施工测量技术要求、控制措施；

7）管内土排除方式；

8）周围环境控制要求及监控措施；

9）安全技术措施、应急预案。

6.1.4 不开槽施工方法选择应符合下列规定：

1 顶管顶进方法的选择，应根据工程设计要求、工程水文地质条件、周围环境和现场条件，经技术经济比较后确定，并应符合下列规定：

1）采用敞口式（手掘式）顶管机时，应将地下水位降至管底以下不小于0.5m处，并应采取措施，防止其他水源进入顶管的管道；

2）周围环境要求控制地层变形、或无降水条件时，宜采用封闭式的土压平衡或泥水平衡顶管机施工；

3）穿越建（构）筑物、铁路、公路、重要管线和防汛墙等时，应制订相应的保护措施；

4）小口径的金属管道，无地层变形控制要求且顶力满足施工要求时，可采用一次顶进的挤密土层顶管法。

2 盾构机选型，应根据工程设计要求（管道的外径、埋深和长度），工程水文地质条件，施工现场及周围环境安全等要求，经技术经济比较确定。

3 浅埋暗挖施工方案的选择，应根据工程设计（隧道断面和结构形式、埋深、长度），工程水文地质条件，施工现场和周围环境安全等要求，经过技术经济比较后确定。

4 定向钻机的回转扭矩和回拖力确定，应根据终孔孔径、轴向曲率半径、管道长度，结合工程水文地质和现场周围环境条件，经过技术经济比较综合考虑后确定，并应有一定的安全储备；导向探测仪的配置应根据定向钻机类型、穿越障碍物类型、探测深度和现场探测条件选用。

5 夯管锤的锤击力应根据管径、钢管力学性能、管道长度，结合工程地质、水文地质和周围环境条件，经过技术经济比较后确定，并应有一定的安全储备。

6 工作井宜设置在检查井等附属构筑物的位置。

6.1.5 施工前应根据工程水文地质条件、现场施工条件、周围环境等因素，进行安全风险评估；并制定防止发生事故以及事故处理的应急预案，备足应急抢险设备、器材等物资。

6.1.6 根据工程设计、施工方法、工程水文地质条件，对邻近建（构）筑物、管线，应采用土体加固或其他有效的保护措施。

6.1.7 根据设计要求、工程特点及有关规定，对管（隧）道沿线影响范围地表或地下管线等建（构）筑物设置观测点，进行监控测量。监控测量的信息应及时反馈，以指导施工，发现问题及时处理。

6.1.8 监控测量的控制点（桩）设置应符合本规范第3.1.7条的规定，每次测量前应对控制点（桩）进行复核，如有扰动，应进行校正或重新补设。

6.1.9 施工设备、装置应满足施工要求，并应符合下列规定：

1 施工设备、主要配套设备和辅助系统安装完成后，应经试运行及安全性检验，合格后方可掘进作业；

2 操作人员应经过培训，掌握设备操作要领，熟悉施工方法、各项技术参数，考试合格方可上岗；

3 管（隧）道内涉及的水平运输设备、注浆系统、喷浆系统以及其他辅助系统应满足施工技术要求和安全、文明施工要求；

4 施工供电应设置双路电源，并能自动切换；动力、照明应分路供电，作业面移动照明应采用低压供电；

5 采用顶管、盾构、浅埋暗挖法施工的管道工程，应根据管（隧）道长度、施工方法和设备条件等确定管（隧）道内通风系统模式；设备供排风能力、管（隧）道内人员作业环境等还应满足国家有关标准规定；

6 采用起重设备或垂直运输系统时，应符合下列规定：

1）起重设备必须经过起重荷载计算；

2）使用前应按有关规定进行检查验收，合格后方可使用；

3）起重作业前应试吊，吊离地面100mm左右时，应检查重物捆扎情况和制动性能，确认安全后方可起吊；起吊时工作井内严禁站人，当吊运重物下井距作业面底部小于500mm时，操作人员方可近前工作；

4）严禁超负荷使用；

5）工作井上、下作业时必须有联络信号；

7 所有设备、装置在使用中应按规定定期检查、维修和保养。

6.1.10 顶管施工的管节应符合下列规定：

1 管节的规格及其接口连接形式应符合设计要求；

2 钢筋混凝土成品管质量应符合国家现行标准《混凝土和钢筋混凝土排水管》GB/T 11836、《顶进施工法用钢筋混凝土排水管》JC/T 640的规定，管节及接口的抗渗性能应符合设计要求；

3 钢管制作质量应符合本规范第5章的相关规定和设计要求，且焊缝等级应不低于Ⅱ级；外防腐结构层满足设计要求，顶进时不得被土体磨损；

4 双插口、钢承口钢筋混凝土管钢材部分制作与防腐应按钢管要求执行；

5 玻璃钢管质量应符合国家有关标准的规定；

6 橡胶圈应符合本规范第5.6.5条规定及设计要求，与管节粘附牢固、表面平顺；

7 衬垫的厚度应根据管径大小和顶进情况选定。

6.1.11 盾构管片的结构形式、制作材料、防水措施应符合设计要求，并应满足下列规定：

1 铸铁管片、钢制管片应在专业工厂中生产；

2 现场预制钢筋混凝土管片时，应按管片生产的工艺流程，合理布置场地、管片养护装置等；

3 钢筋混凝土管片的生产，应进行生产条件检查和试生产检验，合格后方可正式批量生产；

4 管片堆放的场地应平整，管片端部应用枕木垫实；

5 管片内弧面向上叠放时不宜超过3层，侧卧堆放时不得超过4层，内弧面不得向下叠放，否则应采取相应的安全措施；

6 施工现场管片安装的螺栓连接件、防水密封条及其他防水材料应配套存放，妥善保存，不得混用。

6.1.12 浅埋暗挖法施工的工程材料应符合设计和施工方案要求。

6.1.13 水平定向法施工，应根据设计要求选用聚乙烯管或钢管；夯管法施工采用钢管，管材的规格、性能还应满足施工方案要求；成品管产品质量应符合本规范第5章的相关规定和设计要求，且符合下列规定：

1 钢管接口应焊接，聚乙烯管接口应熔接；

2 钢管的焊缝等级应不低于Ⅱ级；钢管外防腐结构层及接口处的补口材质应满足设计要求，外防腐层不应被土体磨损或增设牺牲保护层；

3 钻定向钻施工时，轴向最大回拖力和最小曲率半径的确定应满足管材力学性能要求，钢管的管径与壁厚之比不应大于100，聚乙烯管标准尺寸比宜为SDR11；

4 夯管施工时，轴向最大锤击力的确定应满足管材力学性能要求，其管壁厚度应符合设计和施工要求；管节的圆度不应大于0.005管内径，管端面垂直度不应大于0.001管内径、且不大于1.5mm。

6.1.14 施工中应做好掘进、管道轴线跟踪测量记录。

6.1.15 管道的功能性试验符合本规范第9章的规定。

6.2 工作井

6.2.1 工作井的结构必须满足井壁支护以及顶管（顶进工作井）、盾构（始发工作井）推进后座力作用等施工要求，其位置选择应符合下列规定：

1 宜选择在管道井室位置；

2 便于排水、排泥、出土和运输；

3 尽量避开现有构（建）筑物，减小施工扰动对周围环境的影响；

4 顶管单向顶进时宜设在下游一侧。

6.2.2 工作井围护结构应根据工程水文地质条件、邻近建（构）筑物、地下与地上管线情况，以及结构受力、施工安全等要求，经技术经济比较后确定。

6.2.3 工作井施工应遵守下列规定：

1 编制专项施工方案；

2 应根据工作井的尺寸、结构形式、环境条件等因素确定支护（撑）形式；

3 土方开挖过程中，应遵循“开槽支撑、先撑后挖、分层开挖，严禁超挖”的原则进行开挖与支撑；

4 井底应保证稳定和干燥，并应及时封底；

5 井底封底前，应设置集水坑，坑上应设有盖；封闭集水坑时应进行抗浮验算；

6 在地面井口周围应设置安全护栏、防汛墙和防雨设施；

7 井内应设置便于上、下的安全通道。

6.2.4 顶管的顶进工作井、盾构的始发工作井的后背墙施工应符合下列规定：

1 后背墙结构强度与刚度必须满足顶管、盾构最大允许顶力和设计要求；

2 后背墙平面与掘进轴线应保持垂直，表面应坚实平整，能有效地传递作用力；

3 施工前必须对后背土体进行允许抗力的验算，验算通不过时应对后背土体加固，以满足施工安全、周围环境保护要求；

4 顶管的顶进工作井后背墙还应符合下列规定：

1）上、下游两段管道有折角时，还应对后背墙结构及布置进行设计；

2）装配式后背墙宜采用方木、型钢或钢板等组装，底端宜在工作坑底以下且不小于500mm；组装构件应规格一致、紧贴固定；后背土体壁面应与后背墙贴紧，有孔隙时应采用砂石料填塞密实；

3）无原土作后背墙时，宜就地取材设计结构简单、稳定可靠、拆除方便的人工后背墙；

4）利用已顶进完毕的管道作后背时，待顶管道的最大允许顶力应小于已顶管道的外壁摩擦阻力；后背钢板与管口端面之间应衬垫缓冲材料，并应采取措施保护已顶入管道的接口不受损伤。

6.2.5 工作井尺寸应结合施工场地、施工管理、洞门拆除、测量及垂直运输等要求确定，且应符合下列规定：

1 顶管工作井应符合下列规定：

1）应根据顶管机安装和拆卸、管节长度和外径尺寸、千斤顶工作长度、后背墙设置、垂直运土工作面、人员作业空间和顶进作业管理等要求确定平面尺寸；

2）深度应满足顶管机导轨安装、导轨基础厚度、洞口防水处理、管接口连接等要求；顶混凝土管时，洞圈最低处距底板顶面距离不宜小于600mm；顶钢管时，还应留有底部人工焊接的作业高度。

2 盾构工作井应符合下列规定：

1）平面尺寸应满足盾构安装和拆卸、洞门拆除、后背墙设置、施工车架或临时平台、测量及垂直运输要求；

2）深度应满足盾构基座安装、洞口防水处理、井与管道连接方式要求，洞圈最低处距底板顶面距离宜大于600mm。

3 浅埋暗挖竖井的平面尺寸和深度应根据施工设备布置、土石方和材料运输、施工人员出入、施工排水等的需要以及设计要求进行确定。

6.2.6 工作井洞口施工应符合下列规定：

1 预留进、出洞口的位置应符合设计和施工方案的要求；

2 洞口土层不稳定时，应对土体进行改良，进出洞施工前应检查改良后的土体强度和渗漏水情况；

3 设置临时封门时，应考虑周围土层变形控制和施工安全等要求。封门应拆除方便，拆除时应减小对洞门土层的扰动；

4 顶管或盾构施工的洞口应符合下列规定：

1）洞口应设置止水装置，止水装置联结环板应与工作井壁内的预埋件焊接牢固，且用胶凝材料封堵；

2）采用钢管做预埋顶管洞口时，钢管外宜加焊止水环；

3）在软弱地层，洞口外缘宜设支撑点；

5 浅埋暗挖施工的洞口影响范围的土层应进行预加固处理。

6.2.7 顶管的顶进工作井内布置及设备安装、运行应符合下列规定：

1 导轨应采用钢质材料，其强度和刚度应满足施工要求；导轨安装的坡度应与设计坡度一致。

2 顶铁应符合下列规定：

1）顶铁的强度、刚度应满足最大允许顶力要求；安装轴线应与管道轴线平行、对称，顶铁在导轨上滑动平稳、且无阻滞现象，以使传力均匀和受力稳定；

2）顶铁与管端面之间应采用缓冲材料衬垫，并宜采用与管端面吻合的U形或环形顶铁；

3）顶进作业时，作业人员不得在顶铁上方及侧面停留，并应随时观察顶铁有无异常现象。

3 千斤顶、油泵等主顶进装置应符合下列规定：

1）千斤顶宜固定在支架上，并与管道中心的垂线对称，其合力的作用点应在管道中心的垂线上；千斤顶对称布置且规格应相同；

2）千斤顶的油路应并联，每台千斤顶应有进油、回油的控制系统；油泵应与千斤顶相匹配，并应有备用油泵；高压油管应顺直、转角少；

3）千斤顶、油泵、换向阀及连接高压油管等安装完毕，应进行试运转；整个系统应满足耐压、无泄漏要求，千斤顶推进速度、行程和各千斤顶同步性应符合施工要求；

4）初始顶进应缓慢进行，待各接触部位密合后，再按正常顶进速度顶进；顶进中若发现油压突然增高，应立即停止顶进，检查原因并经处理后方可继续顶进；

5）千斤顶活塞退回时，油压不得过大，速度不得过快。

6.2.8 盾构始发工作井内布置及设备安装、运行应符合下列规定：

1 盾构基座应符合下列规定：

1） 钢筋混凝土结构或钢结构，并置于工作井底板上；其结构应能承载盾构自重和其他附加荷载；

2） 盾构基座上的导轨应根据管道的设计轴线和施工要求确定夹角、平面轴线、顶面高程和坡度。

2 盾构安装应符合下列规定：

1） 根据运输和进入工作井吊装条件，盾构可整体或解体运入现场，吊装时应采取防止变形的措施；

2） 盾构在工作井内安装应达到安装精度要求，并根据施工要求就位在基座导轨上；

3） 盾构掘进前，应进行试运转验收，验收合格方可使用。

3 始发工作井的盾构后座采用管片衬砌、顶撑组装时，应符合下列规定：

1） 后座管片衬砌应根据施工情况确定开口环和闭口环的数量，其后座管片的后端面应与轴线垂直，与后背墙贴紧；

2） 开口尺寸应结合受力要求和进出材料尺寸而定；

3） 洞口处的后座管片应为闭口环，第一环闭口环脱出盾尾时，其上部与后背墙之间应设置顶撑，确保盾构顶力传至工作井后背墙；

4） 盾构掘进至一定距离、管片外壁与土体的摩擦力能够平衡盾构掘进反力时，为提高施工速度可拆除盾构后座，安装施工平台和水平运输装置。

4 工作井应设置施工工作平台。

6.3 顶　管

6.3.1 顶管施工应根据工程具体情况采用下列技术措施：

1 一次顶进距离大于100m时，应采用中继间技术；

2 在砂砾层或卵石层顶管时，应采取管节外表面熔蜡措施、触变泥浆技术等减少顶进阻力和稳定周围土体；

3 长距离顶管应采用激光定向等测量控制技术。

6.3.2 计算施工顶力时，应综合考虑管节材质、顶进工作井后背墙结构的允许最大荷载、顶进设备能力、施工技术措施等因素。施工最大顶力应大于顶进阻力，但不得超过管材或工作井后背墙的允许顶力。

6.3.3 施工最大顶力有可能超过允许顶力时，应采取减少顶进阻力、增设中继间等施工技术措施。

6.3.4 顶进阻力计算应按当地的经验公式，或按式（6.3.4）计算：

$$F_p = \pi D_o L f_k + N_F \qquad (6.3.4)$$

式中 F_p——顶进阻力（kN）；

D_o——管道的外径（m）；

L——管道设计顶进长度（m）；

f_k——管道外壁与土的单位面积平均摩阻力（kN/m^2），通过试验确定；对于采用触变泥浆减阻技术的宜按表6.3.4-2选用；

N_F——顶管机的迎面阻力（kN）；不同类型顶管机的迎面阻力宜按表6.3.4-1选择计算式。

表 6.3.4-1 顶管机迎面阻力（N_F）的计算公式

顶进方式	迎面阻力（kN）	式中符号
敞开式	$N_F=\pi(D_g-t)tR$	t——工具管刃脚厚度（m）
挤压式	$N_F=\frac{\pi}{4}D_g^2(1-e)R$	e——开口率
网格挤压	$N_F=\frac{\pi}{4}D_g^2\alpha R$	α——网格截面参数，取 $\alpha=0.6\sim1.0$
气压平衡式	$N_F=\frac{\pi}{4}D_g^2(\alpha R+P_n)$	P_n——气压强度（kN/m^2）
土压平衡和泥水平衡	$N_F=\frac{\pi}{4}D_g^2P$	P——控制土压力

注：1 D_g——顶管机外径（mm）；
2 R——挤压阻力（kN/m^2），取 $R=300\sim500kN/m^2$。

表 6.3.4-2 采用触变泥浆的管外壁单位面积平均摩擦阻力 f（kN/m^2）

土类 管材	黏性土	粉土	粉、细砂土	中、粗砂土
钢筋混凝土管	3.0～5.0	5.0～8.0	8.0～11.0	11.0～16.0
钢　管	3.0～4.0	4.0～7.0	7.0～10.0	10.0～13.0

注：当触变泥浆技术成熟可靠、管外壁能形成和保持稳定、连续的泥浆套时，f 值可直接取 $3.0\sim5.0kN/m^2$。

6.3.5 开始顶进前应检查下列内容，确认条件具备时方可开始顶进。

1 全部设备经过检查、试运转；

2 顶管机在导轨上的中心线、坡度和高程应符合要求；

3　防止流动性土或地下水由洞口进入工作井的技术措施；

4　拆除洞口封门的准备措施。

6.3.6　顶管进、出工作井时应根据工程地质和水文地质条件、埋设深度、周围环境和顶进方法，选择技术经济合理的技术措施，并应符合下列规定：

1　应保证顶管进、出工作井和顶进过程中洞圈周围的土体稳定；

2　应考虑顶管机的切削能力；

3　洞口周围土体含地下水时，若条件允许可采取降水措施，或采取注浆等措施加固土体以封堵地下水；在拆除封门时，顶管机外壁与工作井洞圈之间应设置洞口止水装置，防止顶进施工时泥水渗入工作井；

4　工作井洞口封门拆除应符合下列规定：

1）钢板桩工作井，可拔起或切割钢板桩露出洞口，并采取措施防止洞口上方的钢板桩下落；

2）工作井的围护结构为沉井工作井时，应先拆除洞圈内侧的临时封门，再拆除井壁外侧的封板或其他封填物；

3）在不稳定土层中顶管时，封门拆除后应将顶管机立即顶入土层；

5　拆除封门后，顶管机应连续顶进，直至洞口及止水装置发挥作用为止；

6　在工作井洞口范围可预埋注浆管，管道进入土体之前可预先注浆。

6.3.7　顶进作业应符合下列规定：

1　应根据土质条件、周围环境控制要求、顶进方法、各项顶进参数和监控数据、顶管机工作性能等，确定顶进、开挖、出土的作业顺序和调整顶进参数；

2　掘进过程中应严格量测监控，实施信息化施工，确保开挖掘进工作面的土体稳定和土（泥水）压力平衡；并控制顶进速度、挖土和出土量，减少土体扰动和地层变形；

3　采用敞口式（手工掘进）顶管机，在允许超挖的稳定土层中正常顶进时，管下部135°范围内不得超挖；管顶以上超挖量不得大于15mm（见图6.3.7）；

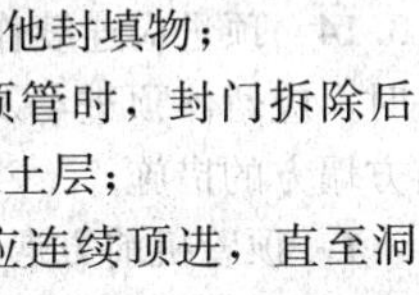

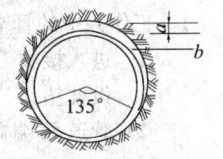

图6.3.7　超挖示意图
a—最大超挖量；
b—允许超挖范围

4　管道顶进过程中，应遵循“勤测量、勤纠偏、微纠偏”的原则，控制顶管机前进方向和姿态，并应根据测量结果分析偏差产生的原因和发展趋势，确定纠偏的措施；

5　开始顶进阶段，应严格控制顶进的速度和方向；

6　进入接收工作井前应提前进行顶管机位置和姿态测量，并根据进口位置提前进行调整；

7　在软土层中顶进混凝土管时，为防止管节飘移，宜将前3～5节管体与顶管机联成一体；

8　钢筋混凝土管接口应保证橡胶圈正确就位；钢管接口焊接完成后，应进行防腐层补口施工，焊接及防腐层检验合格后方可顶进；

9　应严格控制管道线形，对于柔性接口管道，其相邻管间转角不得大于该管材的允许转角。

6.3.8　施工的测量与纠偏应符合下列规定：

1　施工过程中应对管道水平轴线和高程、顶管机姿态等进行测量，并及时对测量控制基准点进行复核；发生偏差时应及时纠正；

2　顶进施工测量前应对井内的测量控制基准点进行复核；发生工作井位移、沉降、变形时应及时对基准点进行复核；

3　管道水平轴线和高程测量应符合下列规定：

1）出顶进工作井进入土层，每顶进300mm，测量不应少于一次；正常顶进时，每顶进1000mm，测量不应少于一次；

2）进入接收工作井前30m应增加测量，每顶进300mm，测量不应少于一次；

3）全段顶完后，应在每个管节接口处测量其水平轴线和高程；有错口时，应测出相对高差；

4）纠偏量较大、或频繁纠偏时应增加测量次数；

5）测量记录应完整、清晰；

4　距离较长的顶管，宜采用计算机辅助的导线法（自动测量导向系统）进行测量；在管道内增设中间测站进行常规人工测量时，宜采用少设测站的长导线法，每次测量均应对中间测站进行复核；

5　纠偏应符合下列规定：

1）顶管过程中应绘制顶管机水平与高程轨迹图、顶力变化曲线图、管节编号图，随时掌握顶进方向和趋势；

2）在顶进中及时纠偏；

3）采用小角度纠偏方式；

4）纠偏时开挖面土体应保持稳定；采用挖土纠偏方式，超挖量应符合地层变形控制和施工设计要求；

5）刀盘式顶管机应有纠正顶管机旋转措施。

6.3.9　采用中继间顶进时，其设计顶力、设置数量和位置应符合施工方案，并应符合下列规定：

1　设计顶力严禁超过管材允许顶力；

2　第一个中继间的设计顶力，应保证其允许最大顶力能克服前方管道的外壁摩擦阻力及顶管机的迎面阻力之和；而后续中继间设计顶力应克服两个中继间之间的管道外壁摩擦阻力；

3　确定中继间位置时，应留有足够的顶力安全系数，第一个中继间位置应根据经验确定并提前安装，同时考虑正面阻力反弹，防止地面沉降；

4　中继间密封装置宜采用径向可调形式，密封配合面的加工精度和密封材料的质量应满足要求；

5　超深、超长距离顶管工程，中继间应具有可更换密封止水圈的功能。

6.3.10　中继间的安装、运行、拆除应符合下列规定：

1　中继间壳体应有足够的刚度；其千斤顶的数量应根据该段施工长度的顶力计算确定，并沿周长均匀分布安装；其伸缩行程应满足施工和中继间结构受力的要求；

2　中继间外壳在伸缩时，滑动部分应具有止水性能和耐磨性，且滑动时无阻滞；

3　中继间安装前应检查各部件，确认正常后方可安装；安装完毕应通过试运转检验后方可使用；

4　中继间的启动和拆除应由前向后依次进行；

5　拆除中继间时，应具有对接接头的措施；中继间的外壳若不拆除，应在安装前进行防腐处理。

6.3.11　触变泥浆注浆工艺应符合下列规定：

1　注浆工艺方案应包括下列内容：

1）泥浆配比、注浆量及压力的确定；

2）制备和输送泥浆的设备及其安装；

3）注浆工艺、注浆系统及注浆孔的布置；

2　确保顶进时管外壁和土体之间的间隙能形成稳定、连续的泥浆套；

3　泥浆材料的选择、组成和技术指标要求，应经现场试验确定；顶管机尾部同步注浆宜选择黏度较高、失水量小、稳定性好的材料；补浆的材料宜黏滞小、流动性好；

4　触变泥浆应搅拌均匀，并具有下列性能：

1）在输送和注浆过程中应呈胶状液体，具有相应的流动性；

2）注浆后经一定的静置时间应呈胶凝状，具有一定的固结强度；

3）管道顶进时，触变泥浆被扰动后胶凝结构破坏，但应呈胶状液体；

4）触变泥浆材料对环境无危害；

5　顶管机尾部的后续几节管节应连续设置注浆孔；

6　应遵循"同步注浆与补浆相结合"和"先注后顶、随顶随注、及时补浆"的原则，制定合理的注浆工艺；

7　施工中应对触变泥浆的黏度、重度、pH 值，注浆压力，注浆量进行检测。

6.3.12　触变泥浆注浆系统应符合下列规定：

1　制浆装置容积应满足形成泥浆套的需要；

2　注浆泵宜选用液压泵、活塞泵或螺杆泵；

3　注浆管应根据顶管长度和注浆孔位置设置，管接头拆卸方便、密封可靠；

4　注浆孔的布置按管道直径大小确定，每个断面可设置3～5个；相邻断面上的注浆孔可平行布置或交错布置；每个注浆孔宜安装球阀，在顶管机尾部和其他适当位置的注浆孔管道上应设置压力表；

5　注浆前，应检查注浆装置水密性；注浆时压力应逐步升至控制压力；注浆遇有机械故障、管路堵塞、接头渗漏等情况时，经处理后方可继续顶进。

6.3.13　根据工程实际情况正确选择顶管机，顶进中对地层变形的控制应符合下列要求：

1　通过信息化施工，优化顶进的控制参数，使地层变形最小；

2　采用同步注浆和补浆，及时填充管外壁与土体之间的施工间隙，避免管道外壁土体扰动；

3　发生偏差应及时纠偏；

4　避免管节接口、中继间、工作井洞口及顶管机尾部等部位的水土流失和泥浆渗漏，并确保管节接口端面完好；

5　保持开挖量与出土量的平衡。

6.3.14　顶进应连续作业，顶进过程中遇下列情况之一时，应暂停顶进，及时处理，并应采取防止顶管机前方塌方的措施。

1　顶管机前方遇到障碍；

2　后背墙变形严重；

3　顶铁发生扭曲现象；

4　管位偏差过大且纠偏无效；

5　顶力超过管材的允许顶力；

6　油泵、油路发生异常现象；

7　管节接缝、中继间渗漏泥水、泥浆；

8　地层、邻近建（构）筑物、管线等周围环境的变形量超出控制允许值。

6.3.15　顶管穿越铁路、公路或其他设施时，除符合本规范的有关规定外，尚应遵守铁路、公路或其他设施的有关技术安全的规定。

6.3.16　顶管管道贯通后应做好下列工作：

1　工作井中的管端应按下列规定处理：

1）进入接收工作井的顶管机和管端下部应设枕垫；

2）管道两端露在工作井中的长度不小于0.5m，且不得有接口；

3）工作井中露出的混凝土管道端部应及时浇筑混凝土基础；

2　顶管结束后进行触变泥浆置换时，应采取下列措施：

1）采用水泥砂浆、粉煤灰水泥砂浆等易于固结或稳定性较好的浆液置换泥浆填充管外侧超挖、塌落等原因造成的空隙；

2）拆除注浆管路后，将管道上的注浆孔封

闭严密；

3）将全部注浆设备清洗干净；

3 钢筋混凝土管顶进结束后，管道内的管节接口间隙应按设计要求处理；设计无要求时，可采用弹性密封膏密封，其表面应抹平、不得凸入管内。

6.3.17 钢筋混凝土管曲线顶管应符合下列规定：

1 顶进阻力计算宜采用当地的经验公式确定；无经验公式时，可按相同条件下直线顶管的顶进阻力进行估算，并考虑曲线段管外壁增加的侧向摩阻力以及顶进作用力轴向传递中的损失影响。

2 最小曲率半径计算应符合下列规定：

1）应考虑管道周围土体承载力、施工顶力传递、管节接口形式、管径、管节长度、管口端面木衬垫厚度等因素；

2）按式（6.3.17）计算；不能满足公式计算结果时，可采取减小预制管管节长度的方法使之满足：

$$\tan\alpha = l/R_{min} = \Delta S/D_o \quad (6.3.17)$$

式中 α——曲线顶管时，相邻管节之间接口的控制允许转角（°）一般取管节接口最大允许转角的1/2，F型钢承口的管节宜小于0.3°；

R_{min}——最小曲率半径（m）；

l——预制管管节长度（m）；

D_o——管外径（m）；

ΔS——相邻管节之间接口允许的最大间隙与最小间隙之差（m）；其值与不同管节接口形式的控制允许转角和衬垫弹性模量有关。

3 所用的管节接口在一定角变位时应保持良好的密封性能要求，对于F型钢承口可增加钢套环承插长度；衬垫可选用无硬节松木板，其厚度应保证管节接口端面受力均匀。

4 曲线顶进应符合下列规定：

1）采用触变泥浆技术措施，并检查验证泥浆套形成情况；

2）根据顶进阻力计算中继间的数量和位置；并考虑轴向顶力、轴线调整的需要，缩短第一个中继间与顶管机以及后续中继间之间的间距；

3）顶进初始时，应保持一定长度的直线段，然后逐渐过渡到曲线段；

4）曲线段前几节管接口处可预埋钢板、预设拉杆，以备控制和保持接口张开量；对于软土层或曲率半径较小的顶管，可在顶管机后续管节的每个接口间隙位置，预设间隙调整器，形成整体弯曲弧度导向管段；

5）采用敞口式（手掘进）顶管机时，在弯曲轴线内侧可进行超挖；超挖量的大小应考虑弯曲段的曲率半径、管径、管长度等因素，满足地层变形控制和设计要求，并应经现场试验确定。

5 施工测量应符合本规范第6.3.8条的规定，并符合下列规定：

1）宜采用计算机辅助的导线法（自动测量导向系统）进行跟踪、快速测量；

2）顶进时，顶管机位置及姿态测量每米不应少于1次；

3）每顶入一节管，其水平轴线及高程测量不应少于3次。

6.3.18 管道的垂直顶升施工应符合下列规定：

1 垂直顶升范围内的特殊管段，其结构形式应符合设计要求，结构强度、刚度和管段变形情况应满足承载顶升反力的要求；特殊管段土基应进行强度、稳定性验算，并根据验算结果采取相应的土体加固措施；

2 顶进的特殊管段位置应准确，开孔管节在水平顶进时应采取防旋转的措施，保证顶升口的垂直度、中心位置满足设计和垂直顶升要求；开孔管节与相邻管节应连结牢固；

3 垂直顶升设备的安装应符合下列规定：

1）顶升架应有足够的刚度、强度，其高度和平面尺寸应满足人员作业和垂直管节安装要求，并操作简便；

2）传力底梁座安装时，应保证其底面与水平管道有足够的均匀接触面积，使顶升反力均匀传递到相邻的数节水平管节上；底梁座上的支架应对称布置；

3）顶升架安装定位时，顶升架千斤顶合力中心与水平开孔管顶升口中心宜同轴心和垂直；顶升液压系统应进行安装调试；

4 顶升前应检查下列施工事项，合格后方可顶升：

1）垂直立管的管节制作完成后应进行试拼装，并对合格管节进行组对编号；

2）垂直立管顶升前应进行防水、防腐蚀处理；

3）水平开孔管节的顶升口设置止水框装置且安装位置准确，并与相邻管节连接成整体；止水框装置与立管之间应安装止水嵌条，止水嵌条压紧程度可采用设置螺栓及方钢调节；

4）垂直立管的顶头管节应设置转换装置（转向法兰），确保顶头管节就位后顶升前，进行顶升口帽盖与水平管脱离并与顶头管相连的转换过程中不发生泥、水渗漏；

5）垂直顶升设备安装经检查、调试合格；

5 垂直顶升应符合下列规定：

1）应按垂直立管的管节组对编号顺序依次进行；

2）立管管节就位时应位置正确，并保证管节与止水框装置内圈的周围间隙均匀一致，止水嵌条止水可靠；

3）立管管节应平稳、垂直向上顶升；顶升各千斤顶行程应同步、匀速，并避免顶块偏心受力；

4）垂直立管的管节间接口连接正确、牢固，止水可靠；

5）应有防止垂直立管后退和管节下滑的措施；

6 垂直顶升完成后，应完成下列工作：

1）做好与水平开口管节顶升口的接口处理，确保底座管节与水平管连接强度可靠；

2）立管进行防腐和阴极保护施工；

3）管道内应清洁干净，无杂物；

7 垂直顶升管在水下揭去帽盖时，必须在水平管道内灌满水并按设计要求采取立管稳管保护及揭帽盖安全措施后进行；

8 外露的钢制构件防腐应符合设计要求。

6.4 盾 构

6.4.1 盾构施工应根据设计要求和工程具体情况确定盾构类型、施工工艺，布设管片生产及地下、地面生产辅助设施，做好施工准备工作。

6.4.2 钢筋混凝土管片生产应符合有关规范的规定和设计要求，并应符合下列规定：

1 模具、钢筋骨架按有关规定验收合格；

2 经过试验确定混凝土配合比，普通防水混凝土坍落度不宜大于70mm；水、水泥、外掺剂用量偏差应控制在±2%；粗、细骨料用量允许偏差应为±3%；

3 混凝土保护层厚度较大时，应设置防表面混凝土收缩的钢筋网片；

4 混凝土振捣密实，且不得碰钢模芯棒、钢筋、钢模及预埋件等；外弧面收水时应保证表面光洁、无明显收缩裂缝；

5 管片养护应根据具体情况选用蒸汽养护、水池养护或自然养护。

6.4.3 在脱模、吊运、堆放等过程中，应避免碰伤管片。

6.4.4 管片应按拼装顺序编号排列堆放。管片粘贴防水密封条前应将槽内清理干净；粘贴时应牢固、平整、严密，位置准确，不得有起鼓、超长和缺口等现象；粘贴后应采取防雨、防潮、防晒等措施。

6.4.5 盾构进、出工作井施工应符合下列规定：

1 土层不稳定时需对洞口土体进行加固，盾构出始发工作井前应对经加固的洞口土体进行检查；

2 出始发工作井拆除封门前应将盾构靠近洞口，拆除后应将盾构迅速推入土层内，缩短正面土层的暴露时间；洞圈与管片外壁之间应及时安装洞口止水密封装置；

3 盾构出工作井后的50～100环内，应加强管道轴线测量和地层变形监测；并应根据盾构进入土层阶段的施工参数，调整和优化下阶段的掘进作业要求；

4 进接收工作井阶段应降低正面土压力，拆除封门时应停止推进，确保封门的安全拆除；封门拆除后盾构应尽快推进和拼装管片，缩短进接受工作井时间；盾构到达接收工作井后应及时对洞圈间隙进行封闭；

5 盾构进接收工作井前100环应进行轴线、洞门中心位置测量，根据测量情况及时调整盾构推进姿态和方向。

6.4.6 盾构掘进应符合下列规定：

1 应根据盾构机类型采取相应的开挖面稳定方法，确保前方土体稳定；

2 盾构掘进轴线按设计要求进行控制，每掘进一环应对盾构姿态、衬砌位置进行测量；

3 在掘进中逐步纠偏，并采用小角度纠偏方式；

4 根据地层情况、设计轴线、埋深、盾构机类型等因素确定推进千斤顶的编组；

5 根据地质、埋深、地面的建筑设施及地面的隆沉值等情况，及时调整盾构的施工参数和掘进速度；

6 掘进中遇有停止推进且间歇时间较长时，应采取维持开挖面稳定的措施；

7 在拼装管片或盾构掘进停歇时，应采取防止盾构后退的措施；

8 推进中盾构旋转角度偏大时，应采取纠正的措施；

9 根据盾构选型、施工现场环境，合理选择土方输送方式和机械设备；

10 盾构掘进每次达到1/3管道长度时，对已建管道部分的贯通测量不少于一次；曲线管道还应增加贯通测量次数；

11 应根据盾构类型和施工要求做好各项施工、掘进、设备和装置运行的管理工作。

6.4.7 盾构掘进中遇有下列情况之一，应停止掘进，查明原因并采取有效措施：

1 盾构位置偏离设计轴线过大；

2 管片严重碎裂和渗漏水；

3 盾构前方开挖面发生坍塌或地表隆沉严重；

4 遭遇地下不明障碍物或意外的地质变化；

5 盾构旋转角度过大，影响正常施工；

6 盾构扭矩或顶力异常。

6.4.8 管片拼装应符合下列规定：

1 管片下井前应进行防水处理，管片与连接件等应有专人检查，配套送至工作面，拼装前应检查管片编组编号；

2 千斤顶顶出长度应满足管片拼装要求；

3 拼装前应清理盾尾底部，并检查拼装机运转是否正常；拼装机在旋转时，操作人员应退出管片拼装作业范围；

4 每环中的第一块拼装定位准确，自下而上，左右交叉对称依次拼装，最后封顶成环；

5 逐块初拧管片环向和纵向螺栓，成环后环面应平整；管片脱出盾尾后应再次复紧螺栓；

6 拼装时保持盾构姿态稳定，防止盾构后退、变坡变向；

7 拼装成环后应进行质量检测，并记录填写报表；

8 防止损伤管片防水密封条、防水涂料及衬垫；有损伤或挤出、脱槽、扭曲时，及时修补或调换；

9 防止管片损伤，并控制相邻管片间环面平整度、整环管片的圆度、环缝及纵缝的拼接质量，所有螺栓连接件应安装齐全并及时检查复紧。

6.4.9 盾构掘进中应采用注浆以利于管片衬砌结构稳定，注浆应符合下列规定：

1 根据注浆目的选择浆液材料，沉降量控制要求较高的工程不宜用惰性浆液；浆液的配合比及性能应经试验确定；

2 同步注浆时，注浆作业应与盾构掘进同步，及时充填管片脱出盾尾后形成的空隙，并应根据变形监测情况控制好注浆压力和注浆量；

3 注浆量控制宜大于环形空隙体积的150%，压力宜为0.2～0.5MPa；并宜多孔注浆；注浆后应及时将注浆孔封闭；

4 注浆前应对注浆孔、注浆管路和设备进行检查；注浆结束及时清洗管路及注浆设备。

6.4.10 盾构法施工及环境保护的监控内容应包括：地表隆沉、管道轴线监测，以及地下管道保护、地面建（构）筑物变形的量测等。有特殊要求时还应进行管道结构内力、分层土体变位、孔隙水压力的测量。施工监测情况应及时反馈，并指导施工。

6.4.11 盾构施工中对已成形管道轴线和地表变形进行监测应符合表6.4.11的规定。穿越重要建（构）筑物、公路及铁路时，应连续监测。

表6.4.11 盾构掘进施工的管道轴线、地表变形监测的规定

测量项目	量测工具	测点布置	监测频率
地表变形	水准仪	每5m设一个监测点，每30m设一个监测断面；必要时须加密	盾构前方20m、后方30m，监测2次/d；盾构后方50m，监测1次/2d；盾构后方＞50m，测1次/7d
管道轴线	水准仪、经纬仪、钢尺	每5～10环设一个监测断面	工作面后10环，监测1次/d；工作面后50环，监测1次/2d；工作面后＞50环，监测1次/7d

6.4.12 盾构施工的给排水管道应按设计要求施做现浇钢筋混凝土二次衬砌；现浇钢筋混凝土二次衬砌前应隐蔽验收合格，并应符合下列规定：

1 所有螺栓应拧紧到位，螺栓与螺栓孔之间的防水垫圈无缺漏；

2 所有预埋件、螺栓孔、螺栓手孔等进行防水、防腐处理；

3 管道如有渗漏水，应及时封堵处理；

4 管片拼装接缝应进行嵌缝处理；

5 管道内清理干净，并进行防水层处理。

6.4.13 现浇钢筋混凝土二次衬砌应符合下列规定：

1 衬砌的断面形式、结构形式和厚度，以及衬砌的变形缝位置和构造符合设计要求；

2 钢筋混凝土施工应符合现行国家标准《混凝土结构工程施工质量验收规范》GB 50204和《给水排水构筑物工程施工及验收规范》GB 50141的有关规定；

3 衬砌分次浇筑成型时，应“先下后上、左右对称、最后拱顶”的顺序分块施工；

4 下拱式非全断面衬砌时，应对无内衬部位的一次衬砌管片螺栓手孔封堵抹平。

6.4.14 全断面的钢筋混凝土二次衬砌，宜采用台车滑模浇筑，其施工应符合下列规定：

1 组合钢拱模板的强度、刚度，应能承受泵送混凝土荷载和辅助振捣荷载，并应确保台车滑模在拆卸、移动、安装等施工条件下不变形；

2 使用前模板表面应清理并均匀涂刷混凝土隔离剂，安装应牢固，位置正确；与已浇筑完成的内衬搭接宽度不宜小于200mm，另一端面封堵模板与管片的缝隙应封闭；台车滑模应设置辅助振捣；

3 钢筋骨架焊接应牢固，符合设计要求；

4 采用和易性良好、坍落度适当的泵送混凝土，泵送前应不产生离析；

5 衬砌应一次浇筑成型，并应符合下列要求：

1）泵送导管应水平设置在顶部，插入深度宜为台车滑模长度的2/3，且不小于3m；

2）混凝土浇筑应左右对称、高度基本一致，并应视情况采取辅助振捣；

3）泵送压力升高或顶部导管管口被混凝土埋入超过2m时，导管可边泵送边缓慢退出；导管管口至台车滑模端部时，应快速拔出导管并封堵；

4）混凝土达到规定的强度方可拆模；拆模和台车滑模移动时不得损伤已浇筑混凝土；

5）混凝土缺陷应及时修补。

6.5 浅埋暗挖

6.5.1 按工程结构、水文地质、周围环境情况选择施工方案。

6.5.2 按设计要求和施工方案做好加固土层和降排水等开挖施工准备。

6.5.3 开挖前的土层加固应符合下列规定：

1 超前小导管加固土层应符合下列规定：

1）宜采用顺直，长度3～4m，直径40～50mm的钢管；

2）沿拱部轮廓线外侧设置，间距、孔位、孔深、孔径符合设计要求；

3）小导管的后端应支承在已设置的钢格栅上，其前端应嵌固在土层中，前后两排小导管的重叠长度不应小于1m；

4）小导管外插角不应大于15°；

2 超前小导管加固的浆液应依据土层类型，通过试验选定；

3 水玻璃、改性水玻璃浆液与注浆应符合下列规定：

1）应取样进行注浆效果检查，未达要求时，应调整浆液或调整小导管间距；

2）砂层中注浆宜定量控制，注浆量应经渗透试验确定；

3）注浆压力宜控制在0.15～0.3MPa之间，最大不得超过0.5MPa，每孔稳压时间不得小于2min；

4）注浆应有序，自一端起跳孔顺序注浆，并观察有无串孔现象，发生串孔时应封闭相邻孔；

5）注浆后，根据浆液类型及其加固试验效果，确定土层开挖时间；通常4～8h后方可开挖；

4 钢筋锚杆加固土层应符合下列规定：

1）稳定洞体时采用的锚杆类型、锚杆间距、锚杆长度及排列方式，应符合施工方案的要求；

2）锚杆孔距允许偏差：普通锚杆±100mm；预应力锚杆±200mm；

3）灌浆锚杆孔内应砂浆饱满，砂浆配比及强度符合设计要求；

4）锚杆安装经验收合格后，应及时填写记录；

5）锚杆试验要求：同批每100根为一组，每组3根，同批试件抗拔力平均值不得小于设计锚固力值。

6.5.4 土方开挖应符合下列规定：

1 宜用激光准直仪控制中线和隧道断面仪控制外轮廓线；

2 按设计要求确定开挖方式，内径小于3m的管道，宜用正台阶法或全断面开挖；

3 每开挖一榀钢拱架的间距，应及时支护、喷锚、闭合，严禁超挖；

4 土层变化较大时，应及时控制开挖长度；在稳定性较差的地层中，应采用保留核心土的开挖方法，核心土的长度不宜小于2.5m；

5 在稳定性差的地层中停止开挖，或停止作业时间较长时，应及时喷射混凝土封闭开挖面；

6 相向开挖的两个开挖面相距约2倍管（隧）径时，应停止一个开挖面作业，进行封闭；由另一开挖面作贯通开挖。

6.5.5 初期衬砌施工应符合下列规定：

1 混凝土的强度符合设计要求，且宜采用湿喷方式；

2 按设计要求设置变形缝，且变形缝间距不宜大于15m；

3 支护钢格栅、钢架以及钢筋网的加工、安装符合设计要求；运输、堆放应采取防止变形措施；安装前应除锈，并抽样试拼装，合格后方可使用；

4 喷射混凝土施工前应做好下列准备工作：

1）钢格栅、钢架及钢筋网安装检查合格；

2）埋设控制喷射混凝土厚度的标志；

3）检查管道开挖断面尺寸，清除松动的浮石、土块和杂物；

4）作业区的通风、照明设置符合规定；

5）做好排、降水；疏干地层的积、渗水；

5 喷射混凝土原材料及配合比应符合下列规定：

1）宜选用硅酸盐水泥或普通硅酸盐水泥；

2）细骨料应采用中砂或粗砂，细度模数宜大于2.5，含水率宜控制在5%～7%；采用防粘料的喷射机时，砂的含水率宜为7%～10%；

3）粗骨料应采用卵石或碎石，粒径不宜大于15mm；

4）骨料级配应符合表6.5.5规定；

表6.5.5 骨料通过各筛径的累计质量百分数

骨料通过量（%）	筛孔直径（mm）							
	0.15	0.30	0.60	1.20	2.50	5.00	10.00	15.00
优	5～7	10～15	17～22	23～31	34～43	50～60	73～82	100
良	4～8	5～22	13～31	18～41	26～54	40～70	62～90	100

5）应使用非碱活性骨料；使用碱活性骨料时，混凝土的总含碱量不应大于3kg/m³；

6）速凝剂质量合格且用前应进行试验，初凝时间不应大于5min，终凝时间不应大于10min；

7）拌合用水应符合混凝土用水标准；

8）应控制水灰比；

6 干拌混合料应符合下列规定：

1）水泥与砂石质量比宜为1∶4.0～1∶4.5，砂率宜取45%～55%；速凝剂掺量应通过试验确定；

2）原材料按重量计，其称量允许偏差：水泥和速凝剂均为±2%，砂和石均为±3%；

3）混合料应搅拌均匀，随用随拌；掺有速凝剂的干拌混合料的存放时间不应超过20min；

7 喷射混凝土作业应符合下列规定：

1）工作面平整、光滑、无干斑或流淌滑坠现象；喷射作业分段、分层进行，喷射顺序由下而上；

2）喷射混凝土时，喷头应保持垂直于工作面，喷头距工作面不宜大于1m；

3）采取措施减少喷射混凝土回弹损失；

4）一次喷射混凝土的厚度：侧壁宜为60～100mm，拱部宜为50～60mm；分层喷射时，应在前一层喷混凝土终凝后进行；

5）钢格栅、钢架、钢筋网的喷射混凝土保护层不应小于20mm；

6）应在喷射混凝土终凝2h后进行养护，时间不小于14d；冬期不得用水养护；混凝土强度低于6MPa时不得受冻；

7）冬期作业区环境温度不低于5℃；混合料及水进入喷射机口温度不低于5℃；

8 喷射混凝土设备应符合下列规定：

1）输送能力和输送距离应满足施工要求；

2）应满足喷射机工作风压及耗风量的要求；

3）输送管应能承受0.8MPa以上压力，并有良好的耐磨性能；

4）应保证供水系统喷头处水压不低于0.15～0.20MPa；

5）应及时检查、清理、维护机械设备系统，使设备处于良好状况；

9 操作人员应穿着安全防护衣具；

10 初期衬砌应尽早闭合，混凝土达到设计强度后，应及时进行背后注浆，以防止土体扰动造成土层沉降；

11 大断面分部开挖应设置临时支护。

6.5.6 施工监控量测应符合下列规定：

1 监控量测包括下列主要项目：

1）开挖面土质和支护状态的观察；

2）拱顶、地表下沉值；

3）拱脚的水平收敛值。

2 测点应紧跟工作面，离工作面距离不宜大于2m，且宜在工作面开挖以后24h测得初始值。

3 量测频率应根据监测数据变化趋势等具体情况确定和调整；量测数据应及时绘制成时态曲线，并注明当时管（隧）道施工情况以分析测点变形规律。

4 监控量测信息及时反馈，指导施工。

6.5.7 防水层施工应符合下列规定：

1 应在初期支护基本稳定，且衬砌检查合格后进行；

2 防水层材料应符合设计要求，排水管道工程宜采用柔性防水层；

3 清理混凝土表面，剔除尖、突部位，并用水泥砂浆压实、找平，防水层铺设基面凹凸高差不应大于50mm，基面阴阳角应处理成圆角或钝角，圆弧半径不宜小于50mm；

4 初期衬砌表面塑料类衬垫应符合下列规定：

1）衬垫材料应直顺，用垫圈固定，钉牢在基面上；固定衬垫的垫圈，应与防水卷材同材质，并焊接牢固；

2）衬垫固定时宜交错布置，间距应符合设计要求；固定钉距防水卷材外边缘的距离不应小于0.5m；

3）衬垫材料搭接宽度不宜小于500mm；

5 防水卷材铺设时应符合下列规定：

1）牢固地固定在初期衬砌面上；采用软塑料类防水卷材时，宜采用热焊固定在垫圈上；

2）采用专用热合机焊接；双焊缝搭接，焊缝应均匀连续，焊缝的宽度不应小于10mm；

3）宜环向铺设，环向与纵向搭接宽度不应小于100mm；

4）相邻两幅防水卷材的接缝应错开布置，并错开结构转角处，且错开距离不宜小于600mm；

5）焊缝不得有漏焊、假焊、焊焦、焊穿等现象；焊缝应经充气试验，合格条件为：气压0.15MPa，经3min其下降值不大于20%。

6.5.8 二次衬砌施工应符合下列规定：

1 在防水层验收合格后，结构变形基本稳定的条件下施作；

2 采取措施保护防水层完好；

3 伸缩缝应根据设计设置，并与初期支护变形缝位置重合；止水带安装应在两侧加设支撑筋，并固定牢固，浇筑混凝土时不得有移动位置、卷边、跑灰等现象；

4 模板施工应符合下列规定：

1）模板和支架的强度、刚度和稳定性应满足设计要求，使用前应经过检查，重复使用时应经修整；

2）模板支架预留沉落量为：0～30mm；

3）模板接缝拼接严密，不得漏浆；

4）变形缝端头模板处的填缝中心应与初期支护变形缝位置重合，端头模板支设应垂直、牢固；

5 混凝土浇筑应符合下列规定：

1）应按施工方案划分浇筑部位；

2）灌筑前，应对设立模板的外形尺寸、中线、标高、各种预埋件等进行隐蔽工程检查，并填写记录；检查合格后，方可进行灌筑；

3）应从下向上浇筑，各部位应对称浇筑振捣密实，且振捣器不得触及防水层；

4）应采取措施做好施工缝处理；

6 泵送混凝土应符合下列规定：

1）坍落度为60～200mm；

2）碎石级配，骨料最大粒径≤25mm；

3）减水型、缓凝型外加剂，其掺量应经试验确定；掺加防水剂、微膨胀剂时应以动态运转试验控制掺量；

4）骨料的含碱量控制符合本规范第6.5.5条的规定；

7 拆模时间应根据结构断面形式及混凝土达到的强度确定；矩形断面，侧墙应达到设计强度的70%；顶板应达到100%。

6.6 定向钻及夯管

6.6.1 定向钻及夯管施工应根据设计要求和施工方案组织实施。

6.6.2 定向钻施工前应检查下列内容，确认条件具备时方可开始钻进：

1 设备、人员应符合下列要求：

1）设备应安装牢固、稳定，钻机导轨与水平面的夹角符合入土角要求；

2）钻机系统、动力系统、泥浆系统等调试合格；

3）导向控制系统安装正确，校核合格，信号稳定；

4）钻进、导向探测系统的操作人员经培训合格；

2 管道的轴向曲率应符合设计要求、管材轴向弹性性能和成孔稳定性的要求；

3 按施工方案确定入土角、出土角；

4 无压管道从竖向曲线过渡至直线后，应设置控制井；控制井的设置应结合检查井、入土点、出土点位置综合考虑，并在导向孔钻进前施工完成；

5 进、出控制井洞口范围的土体应稳固；

6 最大控制回拖力应满足管材力学性能和设备能力要求，总回拖阻力的计算可按式(6.6.2-1)进行：

$$P = P_1 + P_F \qquad (6.6.2\text{-}1)$$

$$P_F = \pi D_k^2 R_a / 4 \qquad (6.6.2\text{-}2)$$

$$P_1 = \pi D_o L f_1 \qquad (6.6.2\text{-}3)$$

式中 P——总回拖阻力（kN）；

P_F——扩孔钻头迎面阻力（kN）；

P_1——管外壁周围摩擦阻力（kN）；

D_k——扩孔钻头外径（m），一般取管道外径1.2～1.5倍；

D_o——管节外径（m）；

R_a——迎面土挤压力（kN/m²）；一般情况下，黏性土可取500～600kN/m²，砂性土可取800～1000kN/m²；

L——回拖管段总长度（m）；

f_1——管节外壁单位面积的平均摩擦阻力（kN/m²），可按本规范表6.3.4-2中的钢管取值；

7 回拖管段的地面布置应符合下列要求：

1）待回拖管段应布置在出土点一侧，沿管道轴线方向组对连接；

2）布管场地应满足管段拼接长度要求；

3）管段的组对拼接、钢管的防腐层施工、钢管接口焊接无损检验应符合本规范第5章的相关规定和设计要求；

4）管段回拖前预水压试验应合格；

8 应根据工程具体情况选择导向探测系统。

6.6.3 夯管施工前应检查下列内容，确认条件具备时方可开始夯进。

1 工作井结构施工符合要求，其尺寸应满足单节管长安装、接口焊接作业、夯管锤及辅助设备布置、气动软管弯曲等要求；

2 气动系统、各类辅助系统的选择及布置符合要求，管路连接结构安全、无泄漏，阀门及仪器仪表的安装和使用安全可靠；

3 工作井内的导轨安装方向与管道轴线一致，安装稳固、直顺，确保夯进过程中导轨无位移和变形；

4 成品钢管及外防腐层质量检验合格，接口外防腐层补口材料准备就绪；

5 连接器与穿孔机、钢管刚性连接牢固、位置正确、中心轴线一致，第一节钢管顶入端的管靴制作和安装符合要求；

6 设备、系统经检验、调试合格后方可使用；滑块与导轨面接触平顺、移动平稳；

7 进、出洞口范围土体稳定。

6.6.4 定向钻施工应符合下列规定：

1 导向孔钻进应符合下列规定：

1）钻机必须先进行试运转，确定各部分运转正常后方可钻进；

2）第一根钻杆入土钻进时，应采取轻压慢转的方式，稳定钻进导入位置和保证入土角；且入土段和出土段应为直线钻进，其直线长度宜控制在20m左右；

3）钻孔时应匀速钻进，并严格控制钻进给进力和钻进方向；

4）每进一根钻杆应进行钻进距离、深度、侧向位移等的导向探测，曲线段和有相邻管线段应加密探测；

5）保持钻头正确姿态，发生偏差应及时纠正，且采用小角度逐步纠偏；钻孔的轨迹偏差不得大于终孔直径，超出误差允许范围宜退回进行纠偏；

6）绘制钻孔轨迹平面、剖面图；

2 扩孔应符合下列规定：

1）从出土点向入土点回扩，扩孔器与钻杆连接应牢固；

2）根据管径、管道曲率半径、地层条件、扩孔器类型等确定一次或分次扩孔方式；分次扩孔时每次回扩的级差宜控制在100～150mm，终孔孔径宜控制在回拖管节外径的1.2～1.5倍；

3）严格控制回拉力、转速、泥浆流量等技术参数，确保成孔稳定和线形要求，无坍孔、缩孔等现象；

4）扩孔孔径达到终孔要求后应及时进行回拖管道施工；

3 回拖应符合下列规定：

1）从出土点向入土点回拖；

2）回拖管段的质量、拖拉装置安装及其与管段连接等经检验合格后，方可进行拖管；

3）严格控制钻机回拖力、扭矩、泥浆流量、回拖速率等技术参数，严禁硬拉硬拖；

4）回拖过程中应有发送装置，避免管段与地面直接接触和减小摩擦力；发送装置可采用水力发送沟、滚筒管架发送道等形式，并确保进入地层前的管段曲率半径在允许范围内；

4 定向钻施工的泥浆（液）配制应符合下列规定：

1）导向钻进、扩孔及回拖时，及时向孔内注入泥浆（液）；

2）泥浆（液）的材料、配比和技术性能指标应满足施工要求，并可根据地层条件、钻头技术要求、施工步骤进行调整；

3）泥浆（液）应在专用的搅拌装置中配制，并通过泥浆循环池使用；从钻孔中返回的泥浆经处理后回用，剩余泥浆应妥善处置；

4）泥浆（液）的压力和流量应按施工步骤分别进行控制；

5 出现下列情况时，必须停止作业，待问题解决后方可继续作业：

1）设备无法正常运行或损坏，钻机导轨、工作井变形；

2）钻进轨迹发生突变、钻杆发生过度弯曲；

3）回转扭矩、回拖力等突变，钻杆扭曲过大或拉断；

4）坍孔、缩孔；

5）待回拖管表面及钢管外防腐层损伤；

6）遇到未预见的障碍物或意外的地质变化；

7）地层、邻近建（构）筑物、管线等周围环境的变形量超出控制允许值。

6.6.5 夯管施工应符合下列规定：

1 第一节管入土层时应检查设备运行工作情况，并控制管道轴线位置；每夯入1m应进行轴线测量，其偏差控制在15mm以内；

2 后续管节夯进应符合下列规定：

1）第一节管夯至规定位置后，将连接器与第一节管分离，吊入第二节管进行与第一节管接口焊接；

2）后续管节每次夯进前，应待已夯入管与吊入管的管节接口焊接完成，按设计要求进行焊缝质量检验和外防腐层补口施工后，方可与连接器及穿孔机连接夯进施工；

3）后续管节与夯入管节连接时，管节组对拼接、焊缝和补口等质量应检验合格，并控制管节轴线，避免偏移、弯曲；

4）夯管时，应将第一节管夯入接收工作井不少于500mm，并检查露出部分管节的外防腐层及管口损伤情况；

3 管节夯进过程中应严格控制气动压力、夯进速率，气压必须控制在穿孔机工作气压定值内；并应及时检查导轨变形情况以及设备运行、连接器连接、导轨面与滑块接触情况等；

4 夯管完成后进行排土作业，排土方式采用人工结合机械方式排土；小口径管道可采用气压、水压方法；排土完成后应进行余土、残土的清理；

5 出现下列情况时，必须停止作业，待问题解决后方可继续作业：

1）设备无法正常运行或损坏，导轨、工作

井变形；

2）气动压力超出规定值；

3）穿孔机在正常的工作气压、频率、冲击功等条件下，管节无法夯入或变形、开裂；

4）钢管夯入速率突变；

5）连接器损伤、管节接口破坏；

6）遇到未预见的障碍物或意外的地质变化；

7）地层、邻近建（构）筑物、管线等周围环境的变形量超出控制值。

6.6.6 定向钻和夯管施工管道贯通后应做好下列工作：

1 检查露出管节的外观、管节外防腐层的损伤情况；

2 工作井洞口与管外壁之间进行封闭、防渗处理；

3 定向钻管道轴向伸长量经校测应符合管材性能要求，并应等待24h后方能与已敷设的上下游管道连接；

4 定向钻施工的无压力管道，应对管道周围的钻进泥浆（液）进行置换改良，减少管道后期沉降量；

5 夯管施工管道应进行贯通测量和检查，并按本规范第5.4节的规定和设计要求进行内防腐施工。

6.6.7 定向钻和夯管施工过程监测和保护应符合下列规定：

1 定向钻的入土点、出土点以及夯管的起始、接收工作井设有专人联系和有效的联系方式；

2 定向钻施工时，应做好待回拖管段的检查、保护工作；

3 根据地质条件、周围环境、施工方式等，对沿线地面、建（构）筑物、管线等进行监测，并做好保护工作。

6.7 质量验收标准

6.7.1 工作井的围护结构、井内结构施工质量验收标准应按现行国家标准《建筑地基基础工程施工质量验收规范》GB 50202、《给水排水构筑物工程施工及验收规范》GB 50141的相关规定执行。

6.7.2 工作井应符合下列规定：

主 控 项 目

1 工程原材料、成品、半成品的产品质量应符合国家相关标准规定和设计要求；

检查方法：检查产品质量合格证、出厂检验报告和进场复验报告。

2 工作井结构的强度、刚度和尺寸应满足设计要求，结构无滴漏和线流现象；

检查方法：观察按本规范附录F第F.0.3条的规定逐座进行检查，检查施工记录。

3 混凝土结构的抗压强度等级、抗渗等级符合设计要求；

检查数量：每根钻孔灌柱桩、每幅地下连续墙混凝土为一个验收批，抗压强度、抗渗试块应各留置一组；沉井及其他现浇结构的同一配合比混凝土，每工作班且每浇筑$100m^3$为一个验收批，抗压强度试块留置不应少于1组；每浇筑$500m^3$混凝土抗渗试块留置不应少于1组；

检查方法：检查混凝土浇筑记录，检查试块的抗压强度、抗渗试验报告。

一 般 项 目

4 结构无明显渗水和水珠现象；

检查方法：按本规范附录F第F.0.3条的规定逐座观察。

5 顶管顶进工作井、盾构始发工作井的后背墙应坚实、平整；后座与井壁后背墙联系紧密；

检查方法：逐个观察；检查相关施工记录。

6 两导轨应顺直、平行、等高，盾构基座及导轨的夹角符合规定；导轨与基座连接应牢固可靠，不得在使用中产生位移；

检查方法：逐个观察、量测。

7 工作井施工的允许偏差应符合表6.7.2的规定。

表6.7.2 工作井施工的允许偏差

<table>
<tr><th colspan="4" rowspan="2">检查项目</th><th rowspan="2">允许偏差(mm)</th><th colspan="2">检查数量</th><th rowspan="2">检查方法</th></tr>
<tr><th>范围</th><th>点 数</th></tr>
<tr><td rowspan="6">1</td><td rowspan="6">井内导轨安装</td><td rowspan="2">顶面高程</td><td>顶管、夯管</td><td>+3,0</td><td rowspan="6">每座</td><td rowspan="2">每根导轨2点</td><td rowspan="2">用水准仪测量、水平尺量测</td></tr>
<tr><td>盾构</td><td>+5,0</td></tr>
<tr><td rowspan="2">中心水平位置</td><td>顶管、夯管</td><td>3</td><td rowspan="2">每根导轨2点</td><td rowspan="2">用经纬仪测量</td></tr>
<tr><td>盾构</td><td>5</td></tr>
<tr><td rowspan="2">两轨间距</td><td>顶管、夯管</td><td>±2</td><td rowspan="2">2个断面</td><td rowspan="2">用钢尺量测</td></tr>
<tr><td>盾构</td><td>±5</td></tr>
<tr><td rowspan="2">2</td><td rowspan="2">盾构后座管片</td><td colspan="2">高 程</td><td>±10</td><td rowspan="2">每环底部</td><td>1点</td><td rowspan="2">用水准仪测量</td></tr>
<tr><td colspan="2">水平轴线</td><td>±10</td><td>1点</td></tr>
<tr><td rowspan="2">3</td><td rowspan="2">井尺寸</td><td>矩形</td><td>每侧长、宽</td><td rowspan="2">不小于设计要求</td><td rowspan="2">每座</td><td rowspan="2">2点</td><td rowspan="2">挂中线用尺量测</td></tr>
<tr><td>圆形</td><td>半径</td></tr>
<tr><td rowspan="2">4</td><td colspan="2" rowspan="2">进、出井预留洞口</td><td>中心位置</td><td>20</td><td rowspan="2">每个</td><td>竖、水平各1点</td><td>用经纬仪测量</td></tr>
<tr><td>内径尺寸</td><td>±20</td><td>垂直向各1点</td><td>用钢尺量测</td></tr>
<tr><td>5</td><td colspan="3">井底板高程</td><td>±30</td><td>每座</td><td>4点</td><td>用水准仪测量</td></tr>
<tr><td rowspan="2">6</td><td colspan="2" rowspan="2">顶管、盾构工作井后背墙</td><td>垂直度</td><td>0.1%H</td><td rowspan="2">每座</td><td rowspan="2">1点</td><td rowspan="2">用垂线、角尺量测</td></tr>
<tr><td>水平扭转度</td><td>0.1%L</td></tr>
</table>

注：H为后背墙的高度(mm)；L为后背墙的长度(mm)。

6.7.3 顶管管道应符合下列规定：

主 控 项 目

1 管节及附件等工程材料的产品质量应符合国家有关标准的规定和设计要求；

检查方法：检查产品质量合格证明书、各项性能检验报告，检查产品制造原材料质量保证资料；检查产品进场验收记录。

2 接口橡胶圈安装位置正确，无位移、脱落现象；钢管的接口焊接质量应符合本规范第5章的相关规定，焊缝无损探伤检验符合设计要求；

检查方法：逐个接口观察；检查钢管接口焊接检验报告。

3 无压管道的管底坡度无明显反坡现象；曲线顶管的实际曲率半径符合设计要求；

检查方法：观察；检查顶进施工记录、测量记录。

4 管道接口端部应无破损、顶裂现象，接口处无滴漏；

检查方法：逐节观察，其中渗漏水程度检查按本规范附录F第F.0.3条执行。

一 般 项 目

5 管道内应线形平顺、无突变、变形现象；一般缺陷部位，应修补密实、表面光洁；管道无明显渗水和水珠现象；

检查方法：按本规范附录F第F.0.3条、附录G的规定逐节观察。

6 管道与工作井出、进洞口的间隙连接牢固，洞口无渗漏水；

检查方法：观察每个洞口。

7 钢管防腐层及焊缝处的外防腐层及内防腐层质量验收合格；

检查方法：观察；按本规范第5章的相关规定进行检查。

8 有内防腐层的钢筋混凝土管道，防腐层应完整、附着紧密；

检查方法：观察。

9 管道内应清洁，无杂物、油污；

检查方法：观察。

10 顶管施工贯通后管道的允许偏差应符合表6.7.3的规定。

表 6.7.3 顶管施工贯通后管道的允许偏差

检查项目				允许偏差（mm）	检查数量		检查方法
					范围	点数	
1	直线顶管水平轴线	顶进长度＜300m		50	每节管	1点	用经纬仪测量或挂中线用尺量测
		300m≤顶进长度＜1000m		100			
		顶进长度≥1000m		$L/10$			

续表 6.7.3

检查项目				允许偏差（mm）	检查数量		检查方法
					范围	点数	
2	直线顶管内底高程	顶进长度＜300m	D_i＜1500	＋30，－40	每管节	1点	用水准仪或水平仪测量
			D_i≥1500	＋40，－50			
		300m≤顶进长度＜1000m		＋60，－80			用水准仪测量
		顶进长度≥1000m		＋80，－100			
3	曲线顶管水平轴线	R≤$150D_i$	水平曲线	150			用经纬仪测量
			竖曲线	150			
			复合曲线	200			
		R＞$150D_i$	水平曲线	150			
			竖曲线	150			
			复合曲线	150			
4	曲线顶管内底高程	R≤$150D_i$	水平曲线	＋100，－150			用水准仪测量
			竖曲线	＋150，－200			
			复合曲线	±200			
		R＞$150D_i$	水平曲线	＋100，－150			
			竖曲线	＋100，－150			
			复合曲线	±200			
5	相邻管间错口	钢管、玻璃钢管		≤2			用钢尺量测，见本规范第4.6.3条的有关规定
		钢筋混凝土管		15%壁厚，且≤20			
6	钢筋混凝土管曲线顶管相邻管间接口的最大间隙与最小间隙之差			≤ΔS			
7	钢管、玻璃钢管道竖向变形			≤$0.03D_i$			
8	对顶时两端错口			50			

注：D_i为管道内径（mm）；L为顶进长度（mm）；ΔS为曲线顶管相邻管节接口允许的最大间隙与最小间隙之差（mm）；R为曲线顶管的设计曲率半径（mm）。

6.7.4 垂直顶升管道应符合下列规定：

主 控 项 目

1 管节及附件的产品质量应符合国家相关标准的规定和设计要求；

检查方法：检查产品质量合格证明书、各项性能检验报告，检查产品制造原材料质量保证资料；检查产品进场验收记录。

2 管道直顺，无破损现象；水平特殊管节及相邻管节无变形、破损现象；顶升管道底座与水平特殊管节的连接符合设计要求；

检查方法：逐个观察，检查施工记录。

3 管道防水、防腐蚀处理符合设计要求；无滴漏和线流现象；

检查方法：逐个观察；检查施工记录，渗漏水程度检查按本规范附录F第F.0.3条执行。

一般项目

4 管节接口连接件安装正确、完整；

检查方法：逐个观察；检查施工记录。

5 防水、防腐层完整，阴极保护装置符合设计要求；

检查方法：逐个观察，检查防水、防腐材料技术资料、施工记录。

6 管道无明显渗水和水珠现象；

检查方法：按本规范附录F第F.0.3条的规定逐节观察。

7 水平管道内垂直顶升施工的允许偏差应符合表6.7.4的规定。

表6.7.4 水平管道内垂直顶升施工的允许偏差

检查项目			允许偏差(mm)	检查数量		检查方法
				范围	点数	
1	顶升管帽盖顶面高程		±20	每根	1点	用水准仪测量
2	顶升管管节安装	管节垂直度	≤1.5‰H	每节	各1点	用垂线量
		管节连接端面平行度	≤1.5‰D_0，且≤2			用钢尺、角尺等量测
3	顶升管节间错口		≤20			用钢尺量测
4	顶升管道垂直度		0.5%H	每根	1点	用垂线量
5	顶升管的中心轴线	沿水平管纵向	30	顶头、底座管节	各1点	用经纬仪测量或钢尺量测
		沿水平管横向	20			
6	开口管顶升口中心轴线	沿水平管纵向	40	每处	1点	
		沿水平管横向	30			

注：H为垂直顶升管总长度（mm）；D_0为垂直顶升管外径（mm）。

6.7.5 盾构管片制作应符合下列规定：

主控项目

1 工厂预制管片的产品质量应符合国家相关标准的规定和设计要求；

检查方法：检查产品质量合格证明书、各项性能检验报告，检查制造产品的原材料质量保证资料。

2 现场制作的管片应符合下列规定：

1）原材料的产品应符合国家相关标准的规定和设计要求；

2）管片的钢模制作的允许偏差应符合表6.7.5-1的规定；

检查方法：检查产品质量合格证明书、各项性能检验报告、进场复验报告；管片的钢模制作允许偏差按表6.7.5-1的规定执行。

3 管片的混凝土强度等级、抗渗等级符合设计要求；

检查方法：检查混凝土抗压强度、抗渗试块报告。

表6.7.5-1 管片的钢模制作的允许偏差

检查项目		允许偏差	检查数量		检查方法
			范围	点数	
1	宽度	±0.4mm	每块钢模	6点	用专用量轨、卡尺及钢尺等量测
2	弧弦长	±0.4mm		2点	
3	底座夹角	±1°		4点	
4	纵环向芯棒中心距	±0.5mm		全检	
5	内腔高度	±1mm		3点	

检查数量：同一配合比当天同一班组或每浇筑5环管片混凝土为一个验收批，留置抗压强度试块1组；每生产10环管片混凝土应留置抗渗试块1组。

4 管片表面应平整，外观质量无严重缺陷、且无裂缝；铸铁管片或钢制管片无影响结构和拼装的质量缺陷；

检查方法：逐个观察；检查产品进场验收记录。

5 单块管片尺寸的允许偏差应符合表6.7.5-2的规定。

表6.7.5-2 单块管片尺寸的允许偏差

检查项目		允许偏差(mm)	检查数量		检查方法
			范围	点 数	
1	宽度	±1	每块	内、外侧各3点	用卡尺、钢尺、直尺、角尺、专用弧形板量测
2	弧弦长	±1		两端面各1点	
3	管片的厚度	+3，−1		3点	
4	环面平整度	0.2		2点	
5	内、外环面与端面垂直度	1		4点	
6	螺栓孔位置	±1		3点	
7	螺栓孔直径	±1		3点	

6 钢筋混凝土管片抗渗试验应符合设计要求；

检查方法：将单块管片放置在专用试验架上，按设计要求水压恒压2h，渗水深度不得超过管片厚度的1/5为合格。

检查数量：工厂预制管片，每生产50环应抽查1块管片做抗渗试验；连续三次合格时则改为每生产100环抽查1块管片，再连续三次合格则最终改为200环抽查1块管片做抗渗试验；如出现一次不合格，则恢复每50环抽查1块管片，并按上述抽查要求进行试验。

现场生产管片，当天同一班组或每浇筑5环管片，应抽查1块管片做抗渗试验。

7 管片进行水平组合拼装检验时应符合表6.7.5-3的规定。

表 6.7.5-3 管片水平组合拼装检验的允许偏差

检查项目		允许偏差（mm）	检查数量		检查方法
			范围	点数	
1	环缝间隙	≤2	每条缝	6点	插片检查
2	纵缝间隙	≤2		6点	插片检查
3	成环后内径（不放衬垫）	±2	每环	4点	用钢尺量测
4	成环后外径（不放衬垫）	+4，−2		4点	用钢尺量测
5	纵、环向螺栓穿进后，螺栓杆与螺孔的间隙	$(D_1-D_2)<2$	每处	各1点	插钢丝检查

注：D_1 为螺孔直径，D_2 为螺栓杆直径，单位：mm。

检查数量：每套钢模（或铸铁、钢制管片）先生产3环进行水平拼装检验，合格后试生产100环再抽查3环进行水平拼装检验；合格后正式生产时，每生产200环应抽查3环进行水平拼装检验；管片正式生产后出现一次不合格时，则应加倍检验。

一 般 项 目

8 钢筋混凝土管片无缺棱、掉边、麻面和露筋，表面无明显气泡和一般质量缺陷；铸铁管片或钢制管片防腐层完整；

检查方法：逐个观察；检查产品进场验收记录。

9 管片预埋件齐全，预埋孔完整、位置正确；

检查方法：观察；检查产品进场验收记录。

10 防水密封条安装凹槽表面光洁，线形直顺；

检查方法：逐个观察。

11 管片的钢筋骨架制作的允许偏差应符合表6.7.5-4的规定。

表 6.7.5-4 钢筋混凝土管片的钢筋骨架制作的允许偏差

检查项目		允许偏差（mm）	检查数量		检查方法
			范围	点　数	
1	主筋间距	±10	每榀	4点	用卡尺、钢尺量测
2	骨架长、宽、高	+5，−10		各2点	
3	环、纵向螺栓孔	畅通、内圆面平整		每处1点	
4	主筋保护层	±3		4点	
5	分布筋长度	±10		4点	
6	分布筋间距	±5		4点	
7	箍筋间距	±10		4点	
8	预埋件位置	±5		每处1点	

6.7.6 盾构掘进和管片拼装应符合下列规定：

主 控 项 目

1 管片防水密封条性能符合设计要求，粘贴牢固、平整、无缺损，防水垫圈无遗漏；

检查方法：逐个观察，检查防水密封条质量保证资料。

2 环、纵向螺栓及连接件的力学性能符合设计要求，螺栓应全部穿入，拧紧力矩应符合设计要求；

检查方法：逐个观察；检查螺栓及连接件的材料质量保证资料、复试报告，检查拼装拧紧记录。

3 钢筋混凝土管片拼装无内外贯穿裂缝，表面无大于0.2mm的推顶裂缝以及混凝土剥落和露筋现象；铸铁、钢制管片无变形、破损；

检查方法：逐片观察，用裂缝观察仪检查裂缝宽度。

4 管道无线漏、滴漏水现象；

检查方法：按本规范附录F第F.0.3条的规定，全数观察。

5 管道线形平顺，无突变现象；圆环无明显变形；

检查方法：观察。

一 般 项 目

6 管道无明显渗水；

检查方法：按本规范附录F第F.0.3条的规定全数观察。

7 钢筋混凝土管片表面不宜有一般质量缺陷；铸铁、钢制管片防腐层完好；

检查方法：全数观察，其中一般质量缺陷判定按本规范附录G的规定执行。

8 钢筋混凝土管片的螺栓手孔封堵时不得有剥落现象，且封堵混凝土强度符合设计要求；

检查方法：观察；检查封堵混凝土的抗压强度试块试验报告。

9 管片在盾尾内管片拼装成环的允许偏差应符合表6.7.6-1的规定。

表 6.7.6-1 在盾尾内管片拼装成环的允许偏差

检查项目			允许偏差（mm）	检查数量		检查方法
				范围	点数	
1	环缝张开		≤2	每环	1	插片检查
2	纵缝张开		≤2			插片检查
3	衬砌环直径圆度		$5‰D_i$		4	用钢尺量测
4	相邻管片间的高差	环向	5			用钢尺量测
		纵向	6			
5	成环环底高程		±100		1	用水准仪测量
6	成环中心水平轴线		±100			用经纬仪测量

注：环缝、纵缝张开的允许偏差仅指直线段。

10　管道贯通后的允许偏差应符合表 6.7.6-2 的规定。

表 6.7.6-2　管道贯通后的允许偏差

检查项目			允许偏差（mm）	检查数量		检查方法
				范围	点数	
1	相邻管片间的高差	环向	15	每5环	4	用钢尺量测
		纵向	20			
2	环缝张开		2		1	插片检查
3	纵缝张开		2			
4	衬砌环直径圆度		$8‰D_i$		4	用钢尺量测
5	管底高程	输水管道	±150		1	用水准仪测量
		套管或管廊	±100			
6	管道中心水平轴线		±150			用经纬仪测量

注：环缝、纵缝张开的允许偏差仅指直线段。

6.7.7　盾构施工管道的钢筋混凝土二次衬砌应符合下列规定：

主 控 项 目

1　钢筋数量、规格应符合设计要求；

检查方法：检查每批钢筋的质量保证资料和进场复验报告。

2　混凝土强度等级、抗渗等级符合设计要求；

检查方法：检查混凝土抗压强度、抗渗试块报告；

检查数量：同一配合比，每连续浇筑一次混凝土为一验收批，应留置抗压、抗渗试块各1组。

3　混凝土外观质量无严重缺陷；

检查方法：按本规范附录 G 的规定逐段观察；检查施工技术资料。

4　防水处理符合设计要求，管道无滴漏、线漏现象；

检查方法：按本规范附录 F 第 F.0.3 条的规定观察；检查防水材料质量保证资料、施工记录、施工技术资料。

一 般 项 目

5　变形缝位置符合设计要求，且通缝、垂直；

检查方法：逐个观察。

6　拆模后无隐筋现象，混凝土不宜有一般质量缺陷；

检查方法：按本规范附录 G 的规定逐段观察；检查施工技术资料。

7　管道线形平顺，表面平整、光洁；管道无明显渗水现象；

检查方法：全数观察。

8　钢筋混凝土衬砌施工质量的允许偏差应符合表 6.7.7 的规定。

表 6.7.7　钢筋混凝土衬砌施工质量的允许偏差

	检查项目	允许偏差（mm）	检查数量		检查方法
			范围	点数	
1	内径	±20	每榀	不少于1点	用钢尺量测
2	内衬壁厚	±15		不少于2点	
3	主钢筋保护层厚度	±5		不少于4点	
4	变形缝相邻高差	10		不少于1点	
5	管底高程	±100		不少于1点	用水准仪测量
6	管道中心水平轴线	±100			用经纬仪测量
7	表面平整度	10			沿管道轴向用2m直尺量测
8	管道直顺度	15	每20m	1点	沿管道轴向用20m小线测

6.7.8　浅埋暗挖管道的土层开挖应符合下列规定：

主 控 项 目

1　开挖方法必须符合施工方案要求，开挖土层稳定；

检查方法：全过程检查；检查施工方案、施工技术资料、施工和监测记录。

2　开挖断面尺寸不得小于设计要求，且轮廓圆顺；若出现超挖，其超挖允许值不得超出现行国家标准《地下铁道工程施工及验收规范》GB 50299 的规定；

检查方法：检查每个开挖断面；检查设计文件、施工方案、施工技术资料、施工记录。

一 般 项 目

3　土层开挖的允许偏差应符合表 6.7.8 的规定。

表 6.7.8　土层开挖的允许偏差

序号	检查项目	允许偏差（mm）	检查数量		检查方法
			范围	点数	
1	轴线偏差	±30	每榀	4	挂中心线用尺量每侧2点
2	高程	±30	每榀	1	用水准仪测量

注：管道高度大于3m时，轴线偏差每侧测量3点。

4　小导管注浆加固质量符合设计要求；

检查方法：全过程检查，检查施工技术资料、施工记录。

6.7.9　浅埋暗挖管道的初期衬砌应符合下列规定：

主 控 项 目

1　支护钢格栅、钢架的加工、安装应符合下列

规定：

1）每批钢筋、型钢材料规格、尺寸、焊接质量应符合设计要求；

2）每榀钢格栅、钢架的结构形式，以及部件拼装的整体结构尺寸应符合设计要求，且无变形；

检查方法：观察；检查材料质量保证资料，检查加工记录。

2 钢筋网安装应符合下列规定：

1）每批钢筋材料规格、尺寸应符合设计要求；

2）每片钢筋网加工、制作尺寸应符合设计要求，且无变形；

检查方法：观察；检查材料质量保证资料。

3 初期衬砌喷射混凝土应符合下列规定：

1）每批水泥、骨料、水、外加剂等原材料，其产品质量应符合国家标准的规定和设计要求；

2）混凝土抗压强度应符合设计要求；

检查方法：检查材料质量保证资料、混凝土试件抗压和抗渗试验报告。

检查数量：混凝土标准养护试块，同一配合比，管道拱部和侧墙每 20m 混凝土为一验收批，抗压强度试块各留置一组；同一配合比，每 40m 管道混凝土留置抗渗试块一组。

一 般 项 目

4 初期支护钢格栅、钢架的加工、安装应符合下列规定：

1）每榀钢格栅各节点连接必须牢固，表面无焊渣；

2）每榀钢格栅与壁面应楔紧，底脚支垫稳固，相邻格栅的纵向连接必须绑扎牢固；

3）钢格栅、钢架的加工与安装的允许偏差符合表 6.7.9-1 的规定。

表 6.7.9-1　钢格栅、钢架的加工与安装的允许偏差

检查项目				允许偏差	检查数量		检查方法
					范围	点数	
1	加工	拱架（顶拱、墙拱）	矢高及弧长	+200mm	每榀	2	用钢尺量测
			墙架长度	±20mm		1	
			拱、墙架横断面（高、宽）	+100mm		2	
		格栅组装后外轮廓尺寸	高度	±30mm		1	
			宽度	±20mm		2	
			扭曲度	≤20mm		3	

续表 6.7.9-1

检查项目				允许偏差	检查数量		检查方法
					范围	点数	
2	安装	横向和纵向位置		横向±30mm，纵向±50mm	每榀	2	用钢尺量测
		垂直度		5‰		2	用垂球及钢尺量测
		高程		±30mm		2	用水准仪测量
		与管道中线倾角		≤2°		1	用经纬仪测量
		间距	格栅	±100mm		每处1	用钢尺量测
			钢架	±50mm		每处1	

注：首榀钢格栅应经检验合格后，方可投入批量生产。

检查方法：观察；检查制造、加工记录，按表 6.7.9-1 的规定检查允许偏差。

5 钢筋网安装应符合下列规定：

1）钢筋网必须与钢筋格栅、钢架或锚杆连接牢固；

2）钢筋网加工、铺设的允许偏差应符合表 6.7.9-2 的规定。

表 6.7.9-2　钢筋网加工、铺设的允许偏差

检查项目			允许偏差（mm）	检查数量		检查方法
				范围	点数	
1	钢筋网加工	钢筋间距	±10	片	2	用钢尺量测
		钢筋搭接长	±15			
2	钢筋网铺设	搭接长度	≥200	一榀钢拱架长度	4	用钢尺量测
		保护层	符合设计要求		2	用垂球及尺量测

检查方法：观察；按表 6.7.9-2 的规定检查允许偏差。

6 初期衬砌喷射混凝土应符合下列规定：

1）喷射混凝土层表面应保持平顺、密实，且无裂缝、无脱落、无漏喷、无露筋、无空鼓、无渗漏水等现象；

2）初期衬砌喷射混凝土质量的允许偏差符合表 6.7.9-3 的规定。

表 6.7.9-3 初期衬砌喷射混凝土质量的允许偏差

检查项目		允许偏差（mm）	检查数量		检查方法
			范围	点数	
1	平整度	≤30	每 20m	2	用 2m 靠尺和塞尺量测
2	矢、弦比	≯1/6	每 20m	1 个断面	用尺量测
3	喷射混凝土层厚度	见表注 1	每 20m	1 个断面	钻孔法或其他有效方法，并见表注 2

注：1 喷射混凝土层厚度允许偏差，60%以上检查点厚度不小于设计厚度，其余点处的最小厚度不小于设计厚度的 1/2；厚度总平均值不小于设计厚度；
2 每 20m 管道检查一个断面，每断面以拱部中线开始，每间隔 2～3m 设一个点，但每一检查断面的拱部不应少于 3 个点，总计不应少于 5 个点。

检查方法：观察；按表 6.7.9-3 的规定检查允许偏差。

6.7.10 浅埋暗挖管道的防水层应符合下列规定：

主 控 项 目

1 每批的防水层及衬垫材料品种、规格必须符合设计要求；

检查方法：观察；检查产品质量合格证明、性能检验报告等。

一 般 项 目

2 双焊缝焊接，焊缝宽度不小于 10mm，且均匀连续，不得有漏焊、假焊、焊焦、焊穿等现象；

检查方法：观察；检查施工记录。

3 防水层铺设质量的允许偏差符合表 6.7.10 的规定。

表 6.7.10 防水层铺设质量的允许偏差

检查项目		允许偏差（mm）	检查数量		检查方法
			范围	点数	
1	基面平整度	≤50	每 5m	2	用 2m 直尺量取最大值
2	卷材环向与纵向搭接宽度	≥100			用钢尺量测
3	衬垫搭接宽度	≥50			

注：本表防水层系低密度聚乙烯（LDPE）卷材。

6.7.11 浅埋暗挖管道的二次衬砌应符合下列规定：

主 控 项 目

1 原材料的产品质量保证资料应齐全，每生产批次的出厂质量合格证明书及各项性能检验报告应符合国家相关标准规定和设计要求；

检查方法：检查产品质量合格证明书、各项性能检验报告、进场复验报告。

2 伸缩缝的设置必须根据设计要求，并应与初期支护变形缝位置重合；

检查方法：逐缝观察；对照设计文件检查。

3 混凝土抗压、抗渗等级必须符合设计要求。

检查数量：

1）同一配比，每浇筑一次垫层混凝土为一验收批，抗压强度试块各留置一组；同一配比，每浇筑管道每 30m 混凝土为一验收批，抗压强度试块留置 2 组（其中 1 组作为 28d 强度）；如需要与结构同条件养护的试块，其留置组数可根据需要确定；

2）同一配比，每浇筑管道每 30m 混凝土为一验收批，留置抗渗试块 1 组；

检查方法：检查混凝土抗压、抗渗试件的试验报告。

一 般 项 目

4 模板和支架的强度、刚度和稳定性，外观尺寸、中线、标高、预埋件必须满足设计要求；模板接缝应拼接严密，不得漏浆；

检查方法：检查施工记录、测量记录。

5 止水带安装牢固，浇筑混凝土时，不得产生移动、卷边、漏灰现象；

检查方法：逐个观察。

6 混凝土表面光洁、密实，防水层完整不漏水；

检查方法：逐段观察。

7 二次衬砌模板安装质量、混凝土施工的允许偏差应分别符合表 6.7.11-1、表 6.7.11-2 的规定。

表 6.7.11-1 二次衬砌模板安装质量的允许偏差

检查项目		允许偏差	检查数量		检查方法
			范围	点数	
1	拱部高程（设计标高加预留沉降量）	±10mm	每 20m	1	用水准仪测量
2	横向（以中线为准）	±10mm	每 20m	2	用钢尺量测
3	侧模垂直度	≤3‰	每截面	2	垂球及钢尺量测
4	相邻两块模板表面高低差	≤2mm	每 5m	2	用尺量测取较大值

注：本表项目只适用分项工程检验，不适用分部及单位工程质量验收。

表 6.7.11-2 二次衬砌混凝土施工的允许偏差

序号	检查项目	允许偏差（mm）	检查数量		检查方法
			范围	点数	
1	中线	≤30	每 5m	2	用经纬仪测量，每侧计 1 点
2	高程	+20，−30	每 20m	1	用水准仪测量

6.7.12 定向钻施工管道应符合下列规定：

主 控 项 目

1 管节、防腐层等工程材料的产品质量应符合国家相关标准的规定和设计要求；

检查方法：检查产品质量保证资料；检查产品进场验收记录。

2 管节组对拼接、钢管外防腐层（包括焊口补口）的质量经检验（验收）合格；

检查方法：管节及接口全数观察；按本规范第 5 章的相关规定进行检查。

3 钢管接口焊接、聚乙烯管、聚丙烯管接口熔焊检验符合设计要求，管道预水压试验合格；

检查方法：接口逐个观察；检查焊接检验报告和管道预水压试验记录，其中管道预水压试验应按本规范第 7.1.7 条第 7 款的规定执行。

4 管段回拖后的线形应平顺、无突变、变形现象，实际曲率半径符合设计要求；

检查方法：观察；检查钻进、扩孔、回拖施工记录、探测记录。

一 般 项 目

5 导向孔钻进、扩孔、管段回拖及钻进泥浆（液）等符合施工方案要求；

检查方法：检查施工方案，检查相关施工记录和泥浆（液）性能检验记录。

6 管段回拖力、扭矩、回拖速度等应符合施工方案要求，回拖力无突升或突降现象；

检查方法：观察；检查施工方案，检查回拖记录。

7 布管和发送管段时，钢管防腐层无损伤，管段无变形；回拖后拉出暴露的管段防腐层结构应完整、附着紧密；

检查方法：观察。

8 定向钻施工管道的允许偏差应符合表 6.7.12 的规定。

表 6.7.12 定向钻施工管道的允许偏差

<table>
<tr><th colspan="4" rowspan="2">检查项目</th><th rowspan="2">允许偏差（mm）</th><th colspan="2">检查数量</th><th rowspan="2">检查方法</th></tr>
<tr><th>范围</th><th>点数</th></tr>
<tr><td rowspan="2">1</td><td rowspan="2">入土点位置</td><td colspan="2">平面轴向、平面横向</td><td>20</td><td rowspan="6">每入、出土点</td><td rowspan="6">各1点</td><td rowspan="6">用经纬仪、水准仪测量、用钢尺量测</td></tr>
<tr><td colspan="2">垂直向高程</td><td>±20</td></tr>
<tr><td rowspan="4">2</td><td rowspan="4">出土点位置</td><td colspan="2">平面轴向</td><td>500</td></tr>
<tr><td colspan="2">平面横向</td><td>1/2 倍 D_i</td></tr>
<tr><td rowspan="2">垂直向高程</td><td>压力管道</td><td>±1/2 倍 D_i</td></tr>
<tr><td>无压管道</td><td>±20</td></tr>
</table>

续表 6.7.12

<table>
<tr><th colspan="4" rowspan="2">检查项目</th><th rowspan="2">允许偏差（mm）</th><th colspan="2">检查数量</th><th rowspan="2">检查方法</th></tr>
<tr><th>范围</th><th>点数</th></tr>
<tr><td rowspan="3">3</td><td rowspan="3">管道位置</td><td colspan="2">水平轴线</td><td>1/2 倍 D_i</td><td rowspan="3">每节管</td><td rowspan="3">不少于1点</td><td rowspan="3">用导向探测仪检查</td></tr>
<tr><td rowspan="2">管道内底高程</td><td>压力管道</td><td>±1/2 倍 D_i</td></tr>
<tr><td>无压管道</td><td>+20，−30</td></tr>
<tr><td rowspan="2">4</td><td rowspan="2">控制井</td><td colspan="2">井中心轴向、横向位置</td><td>20</td><td rowspan="2">每座</td><td rowspan="2">各1点</td><td rowspan="2">用经纬仪、水准仪测量、钢尺量测</td></tr>
<tr><td colspan="2">井内洞口中心位置</td><td>20</td></tr>
</table>

注：D_i 为管道内径（mm）。

6.7.13 夯管施工管道应符合下列规定：

主 控 项 目

1 管节、焊材、防腐层等工程材料的产品应符合国家相关标准的规定和设计要求；

检查方法：检查产品质量合格证明书、各项性能检验报告，检查产品制造原材料质量保证资料；检查产品进场验收记录。

2 钢管组对拼接、外防腐层（包括焊口补口）的质量经检验（验收）合格；钢管接口焊接检验符合设计要求；

检查方法：全数观察；按本规范第 5 章的相关规定进行检查，检查焊接检验报告。

3 管道线形应平顺、无变形、裂缝、突起、突弯、破损现象；管道无明显渗水现象；

检查方法：观察，其中渗漏水程度按本规范附录 F 第 F.0.3 条的规定观察。

一 般 项 目

4 管内应清理干净，无杂物、余土、污泥、油污等；内防腐层的质量经检验（验收）合格；

检查方法：观察；按本规范第 5 章的相关规定进行内防腐层检查。

5 夯出的管节外防腐结构层完整、附着紧密，无明显划伤、破损等现象；

检查方法：观察；检查施工记录。

6 夯入的起始管节，其轴向水平位置、管中心高程的允许偏差应控制在±20mm 范围内；

检查方法：用经纬仪、水准仪测量；检查施工记录。

7 夯锤的锤击力、夯进速度应符合施工方案要求；承受锤击的管端部无变形、开裂、残缺等现象，并满足接口组对焊接的要求；

检查方法：逐节检查；用钢尺、卡尺、焊缝量规等测量管端部；检查施工技术方案，检查夯进施工记录。

8 夯管贯通后的管道的允许偏差应符合表

6.7.13 的规定。

表 6.7.13 夯管贯通后的管道的允许偏差

检查项目			允许偏差 (mm)	检查数量		检查方法
				范围	点数	
1	轴线水平位移		80	每管节	1点	用经纬仪测量或挂中线用钢尺量测
2	管道内底高程	D_i< 1500	40			用水准仪测量
		D_i≥ 1500	60			
3	相邻管间错口		≤2			用钢尺量测

注：1 D_i 为管道内径（mm）。

2 D_i≤700mm 时，检查项目 1 和 2 可直接测量管道两端，检查项目 3 可检查施工记录。

7 沉管和桥管施工主体结构

7.1 一般规定

7.1.1 穿越水体的管道施工方法，应根据水下管道长度和管径、水体深度、水体流速、水底土质、航运要求、管道使用年限、潮汐和风浪情况等因素确定。

7.1.2 施工前应结合工程详细勘察报告、水文气象资料和设计施工图纸，进行现场调查研究，掌握工程沿线的有关工程地质、水文地质和周围环境情况和资料，以及沿线地下和地上管线、建（构）筑物、障碍物及其他设施的详细资料。

7.1.3 施工场地布置、土石方堆弃及成槽排出的土石方等，不得影响航运、航道及水利灌溉。施工中，对危及的堤岸、管线和建筑物应采取保护措施。

7.1.4 沉管和桥管施工方案应征求相关河道管理等部门的意见。施工船舶、水上设备的停靠、锚泊、作业及管道施工时，应符合航政、航道等部门的有关规定，并有专人指挥。

7.1.5 施工前应对施工范围内及河道地形进行校测，建立施工测量控制系统，并可根据需要设置水上、水下控制桩。设置在河道两岸的管道中线控制桩及临时水准点，每侧不应少于 2 个，且应设在稳固地段和便于观测的位置，并采取保护措施。

7.1.6 管段吊运时，其吊点、牵引点位置宜设置管段保护装置，起吊缆绳不宜直接捆绑在管壁上。

7.1.7 管节进行陆上组对拼装应符合下列规定：

1 作业环境和组对拼装场地应满足接口连接和防腐层施工要求；

2 浮运法沉管施工，应选择溜放下管方便的场地；底拖法沉管施工，组对拼装管段的轴线宜与发送时的管段轴线一致；

3 管节组对拼装时应校核沉管及桥管的长度；分段沉放水下连接的沉管，其每段长度应保证水下接口的纵向间隙符合设计和安装连接要求；分段吊装拼接的桥管，其每段接口拼接位置应符合设计和吊装要求；

4 钢管、聚乙烯管、聚丙烯管组对拼装的接口连接应符合本规范第 5 章的有关规定，且钢管接口的焊接方法和焊缝质量等级应符合设计要求；

5 钢管内、外防腐层施工应符合本规范第 5 章相关规定和设计要求；

6 沉管施工时，管节组对拼装完成后，应对管道（段）进行预水压试验，合格后方可进行管节接口的防腐处理和沉管铺设；

7 组对拼装后管道（段）预水压试验应按设计要求进行，设计无要求时，试验压力应为工作压力的 2 倍，且不得小于 1.0MPa，试验压力达到规定值后保持恒压 10min，不得有降压和渗水现象。

7.1.8 沉管施工采用斜管连接时，其斜坡地段的现浇混凝土基础施工，应自下而上进行浇筑，并采取防止混凝土下滑的措施。

7.1.9 沉管和桥管段与斜管段之间应采用弯管连接。钢制弯头处的加强措施应符合设计要求；钢筋混凝土弯头可现浇或预制，混凝土强度和抗渗性能不应低于设计要求。

7.1.10 与陆上管道连接的弯管，在支墩施工前应按设计要求对弯管进行临时固定，以免发生位移、沉降。

7.1.11 沉管和桥管工程的管道功能性试验应符合下列规定：

1 给水管道宜单独进行水压试验，并应符合本规范第 9 章的相关规定；

2 超过 1km 的管道，可不分段进行整体水压试验；

3 大口径钢筋混凝土沉管，也可按本规范附录 F 的规定进行检查。

7.1.12 处于通航河道时，夜间施工应有保证通航的照明。沉管应按国家航运部门有关规定设置浮标或在两岸设置标志牌，标明水下管线的位置；桥管应按国家航运部门的有关规定和设计要求设置防冲撞的设施或标志，桥管结构底部高程应满足通航要求。

7.2 沉　　管

7.2.1 沉管施工方法的选择，应根据管道所处河流的工程水文地质、气象、航运交通等条件，周边环境、建（构）筑物、管线，以及设计要求和施工技术能力等因素，经技术经济比较后确定；不同施工方法的适应性宜满足下列规定：

1 水文和气象变化相对稳定，水流速度相对较小时，可采用水面浮运法；

2 水文和气象变化不稳定、沉管距离较长、水流速度相对较大时，可采用铺管船法；

3 水文和气象变化不稳定，且水流速度相对较大、沉管长度相对较短时，可采用底拖法；

4 预制钢筋混凝土管沉管工程，应采用浮运法；且管节浮运、系驳、沉放、对接施工时水文和气象等条件宜满足：风速小于10m/s、波高小于0.5m、流速小于0.8m/s、能见度大于1000m。

7.2.2 沉管施工中应根据设计要求、现场情况及施工能力采用下列施工技术措施：

1 水面浮运法可采取下列措施：

1）整体组对拼装、整体浮运、整体沉放；

2）分段组对拼装、分段浮运，管间接口在水上连接后整体沉放；

3）分段组对拼装、分段浮运，沉放后管段间接口在水下连接；

2 铺管船法的发送船应设置管段接口连接装置、发送装置；发送后的水中悬浮部分管段，可采用管托架或浮球等方法控制管道轴向弯曲变形；

3 底拖法的发送可采取水力发送沟、小平台发送道、滚筒管架发送道或修筑牵引道等方式；

4 预制钢筋混凝土管沉放的水下管道接口，可采用水力压接法柔性接口、浇筑钢筋混凝土刚性接口等形式；

5 利用管道自身弹性能力进行沉管铺设时，管道及管道接口应具有相应的力学性能要求。

7.2.3 沉管工程施工方案应包括以下主要内容：

1 施工平面布置图及剖面图；

2 沉管施工方法的选择及相应的技术要求；

3 陆上管节组对拼装方法；分段沉管铺设时管道接口的水下或水上连接方法；铺管船铺设时待发送管与已发送管的接口连接及质量检验方案；

4 水下成槽、管道基础施工方法；

5 稳管、回填方法；

6 船只设备及管道的水上、水下定位方法；

7 沉管施工各阶段的管道浮力计算，并根据施工方法进行施工各阶段的管道强度、刚度、稳定性验算；

8 管道（段）下沉测量控制方法；

9 施工机械设备数量与型号的配备；

10 水上运输航线的确定，通航管理措施；

11 施工场地临时供电、供水、通讯等设计；

12 水上、水下等安全作业和航运安全的保证措施；

13 预制钢筋混凝土管沉管工程，还应包括：临时干坞施工、钢筋混凝土管节制作、管道基础处理、接口连接、最终接口处理等施工技术方案。

7.2.4 沉管基槽浚挖应符合下列规定：

1 水下基槽浚挖前，应对管位进行测量放样复核，开挖成槽过程中应及时进行复测；

2 根据工程地质和水文条件因素，以及水上交通和周围环境要求，结合基槽设计要求选用浚挖方式和船舶设备；

3 基槽采用爆破成槽时，应进行试爆确定爆破施工方式，并符合下列规定：

1）炸药量计算和布置，药桩（药包）的规格、埋设要求和防水措施等，应符合国家相关标准的规定和施工方案的要求；

2）爆破线路的设计和施工、爆破器材的性能和质量、爆破安全措施的制定和实施，应符合国家相关标准的规定；

3）爆破时，应有专人指挥；

4 基槽底部宽度和边坡应根据工程具体情况进行确定，必要时进行试挖；基槽底部宽度和边坡应符合下列规定：

1）河床岩土层相当稳定河水流速度小、回淤量小，且浚挖施工对土层扰动影响较小时，底部宽度可按式（7.2.4）的规定确定，边坡可按表7.2.4的规定确定；

$$B \geqslant D_o + 2b + 1000 \qquad (7.2.4)$$

式中 B——管道基槽底部的开挖宽度（mm）；

D_o——管外径（mm）；

b——管道外壁保护层及沉管附加物等宽度（mm）。

表 7.2.4 沉管基槽底部宽度和边坡尺寸

岩土类别	底部宽度（mm）	边坡	
		浚挖深度<2.5m	浚挖深度≥2.5m
淤泥、粉砂、细砂	D_o+2b+ 2500～4000	1∶3.5～4.0	1∶5.0～6.0
砂质粉土、中砂、粗砂	D_o+2b+ 2000～4000	1∶3.0～3.5	1∶3.5～5.0
砂土、含卵砾石土	D_o+2b+ 1800～3000	1∶2.5～3.0	1∶3.0～4.0
黏质粉土	D_o+2b+ 1500～3000	1∶2.0～2.5	1∶2.5～3.5
黏土	D_o+2b+ 1200～3000	1∶1.5～2.0	1∶2.0～3.0
岩石	D_o+2b+ 1200～2000	1∶0.5	1∶1.0

2）在回淤较大的水域，或河床岩土层不稳定、河水流速度较大时，应根据试挖实测情况确定浚挖成槽尺寸，必要时沉管前应对基槽进行二次清淤；

3）浚挖缺乏相关试验资料和经验资料时，基槽底部宽度可按表 7.2.4 的规定进行控制；

5 基槽浚挖深度应符合设计要求，超挖时应采用砂或砾石填补；

6 基槽经检验合格后应及时进行管基施工和管道沉放。

7.2.5 沉管管基处理应符合下列规定：

1 管道及管道接口的基础，所用材料和结构形式应符合设计要求，投料位置应准确；

2 基槽宜设置基础高程标志，整平时可由潜水员或专用刮平装置进行水下粗平和细平；

3 管基顶面高程和宽度应符合设计要求；

4 采用管座、桩基时，施工应符合国家相关标准、规范的规定，管座、基础桩位置和顶面高程应符合设计和施工要求。

7.2.6 组对拼装管道（段）的沉放应符合下列规定：

1 水面浮运法施工前，组对拼装管道下水浮运时，应符合下列规定：

1）岸上的管节组对拼装完成后进行溜放下水作业时，可采用起重吊装、专用发送装置、牵引拖管、滑移滚管等方法下水，对于潮汐河流还可利用潮汐水位差下水；

2）下水前，管道（段）两端管口应进行封堵；采用堵板封堵时，应在堵板上设置进水管、排气管和阀门；

3）管道（段）溜放下水、浮运、拖运作业时应采取措施防止管道（段）防腐层损伤，局部损坏时应及时修补；

4）管道（段）浮运时，浮运所承受浮力不足以使管漂浮时，可在两旁系结刚性浮筒、柔性浮囊或捆绑竹、木材等；管道（段）浮运应适时进行测量定位；

5）管道（段）采用起重浮吊吊装时，应正确选择吊点，并进行吊装应力与变形验算；

6）应采取措施防止管道（段）产生超过允许的轴向扭曲、环向变形、纵向弯曲等现象，并避免外力损伤；

2 水面浮运至沉放位置时，在沉放前应做好下列准备工作：

1）管道（段）沉放定位标志已按规定设置；

2）基槽浚挖及管基处理经检查符合要求；

3）管道（段）和工作船缆绳绑扎牢固，船只锚泊稳定；起重设备布置及安装完毕，试运转良好；

4）灌水设备及排气阀门齐全完好；

5）采用压重助沉时，压重装置应安装准确、稳固；

6）潜水员装备完毕，做好下水准备；

3 水面浮运法施工，管道（段）沉放时，应符合下列规定：

1）测量定位准确，并在沉放中经常校测；

2）管道（段）充水时同时排气，充水应缓慢、适量，并应保证排气通畅；

3）应控制沉放速度，确保管道（段）整体均匀、缓慢下沉；

4）两端起重设备在吊装时应保持管道（段）水平，并同步沉放于基槽底，管道（段）稳固后，再撤走起重设备；

5）及时做好管道（段）沉放记录；

4 采用水面浮运法，分段沉放管道（段），水上连接接口时，应符合下列规定：

1）两连接管段接口的外形尺寸、坡口、组对、焊接检验等应符合本规范第 5 章的有关规定和设计要求；

2）在浮箱或船上进行接口连接时，应将浮箱或船只锚泊固定，并设置专用的管道（段）扶正、对中装置；

3）采用浮箱法连接时，浮箱内接口连接的作业空间应满足操作要求，并应防止进水；沿管道轴线方向应设置与管径匹配的弧形管托，且止水严密；浮箱及进水、排水装置安装、运行可靠，并由专人指挥操作；

4）管道接口完成后应按设计要求进行防腐处理；

5 采用水面浮运法，分段沉放管道（段），水下连接接口时，应符合下列规定：

1）分段管道水下接口连接形式应符合设计要求，沉放前连接面及连接件经检查合格；

2）采用管夹抱箍连接时，管夹下半部分可在管道沉放前，由潜水员固定在接口管座上或安装在先行沉放管段的下部；两分段管道沉放就位后，将管夹上半部分与下半部分对合，并由潜水员进行水下螺栓安装固定；

3）采用法兰连接时，两分段管道沉放就位后，法兰螺栓应全部穿入，并由潜水员进行水下螺栓安装固定；

4）管夹与管道外壁、以及法兰表面的止水密封圈应设置正确；

6 铺管船法施工应符合下列规定：

1）发送管道（段）的专用铺管船只及其管道（段）接口连接、管道（段）发送、水中托浮、锚泊定位等装置经检查符合要求；应设置专用的管道（段）扶正和对中装置，防止受风浪影响而影响组装拼接；

2）管道（段）发送前应对基槽断面尺寸、轴线及槽底高程进行测量复核；待发送管与已发送管的接口连接及防腐层施工质量应经检验合格；铺管船应经测量定位；

3）管道（段）发送时铺管船航行应满足管道轴线控制要求，航行应缓慢平稳；应及时检查设备运行、管道（段）状况；管道（段）弯曲不应超过管材允许弹性弯曲要求；管道（段）发送平稳，管道（段）及防腐层无变形、损伤现象；

4）及时做好发送管及接口拼装、管位测量等沉管记录；

7 底拖法施工应符合下列规定：

1）管道（段）底拖牵引设备的选用，应根据牵引力的大小、管材力学性能等要求确定，且牵引功率不应低于最大牵引力的1.2倍；牵引钢丝绳应按最大牵引力选用，其安全系数不应小于3.5；所有牵引装置、系统应安装正确、稳定安全；

2）管道（段）底拖牵引前应对基槽断面尺寸、轴线及槽底高程进行测量复核；发送装置、牵引道等设置满足施工要求；牵引钢丝绳位于管沟内，并与管道轴线一致；

3）管道（段）牵引时应缓慢均匀，牵引力严禁超过最大牵引力和管材力学性能要求，钢丝绳在牵引过程中应避免扭缠；

4）应跟踪检查牵引设备运行、钢丝绳、管道状况，及时测量管位，发现异常应及时纠正；

5）及时做好牵引速率、牵引力、管位测量等沉管记录。

8 管道沉放完成后，应检查下列内容，并做好记录：

1）检查管底与沟底接触的均匀程度和紧密性，管下如有冲刷，应采用砂或砾石铺填；

2）检查接口连接情况；

3）测量管道高程和位置。

7.2.7 预制钢筋混凝土管的沉放应符合下列规定：

1 干坞结构形式应根据设计和施工方案确定，构筑干坞应遵守下列规定：

1）基坑、围堰施工和验收应符合现行国家标准《给水排水构筑物工程施工及验收规范》GB 50141、《建筑地基基础工程施工质量验收规范》GB 50202 等的有关规定和设计要求，且边坡稳定性应满足干坞放水和抽水的要求；

2）干坞平面尺寸应满足钢筋混凝土管节制作、主要设备、工程材料堆放和运输的布置需要；干坞深度应保证管节制作后浮运前的安装工作和浮运出坞的要求，并留出富余水深；

3）干坞地基强度应满足管节制作要求；表面应设置起浮层，保证干坞进水时管节能顺利起浮；坞底表面允许偏差控制：平整度为10mm、相邻板块高差为5mm、高程为±10mm；

2 钢筋混凝土管节制作应符合下列规定：

1）垫层及管节施工应满足设计要求和有关规定；

2）混凝土原材料选用、配合比设计、混凝土拌制及浇筑应符合现行国家标准《给水排水构筑物工程施工及验收规范》GB 50141 的有关规定，并满足强度和抗渗设计要求；

3）混凝土体积较大的管节预制，宜采用低水化热配合比；应按大体积混凝土施工要求制定施工方案，严格控制混凝土配合比、入模浇筑温度、初凝时间、内外温差等；

4）管节防水处理、施工缝处理等应符合现行国家标准《地下工程防水技术规范》GB 50108 规定和设计要求；

5）接口尺寸满足水下连接要求；采用水力压接法施工的柔性接口，管端部钢壳制作应符合现行国家标准《钢结构工程施工质量验收规范》GB 50205 的有关规定和设计要求；

6）管节抗渗检验时，应按设计要求进行预水压试验，亦可在干坞中放水按本规范附录F的规定在管节内检查渗水情况；

3 预制管节的混凝土强度、抗渗性能、管节渗漏检验达到设计要求后，方可进水浮运；

4 钢筋混凝土管节（段）两端封墙及压载施工应符合下列规定：

1）封墙结构应符合设计要求，位置不宜设置在管节（段）接口施工范围内、并便于拆除；

2）封墙应设置排水阀、进气阀，并根据需

要设置人孔；所有预留洞口应设止水装置；

3）压载装置应满足设计和施工方案要求并便于装拆，布置应对称、配重应一致；

5 沉管基槽浚挖及管基处理施工应符合本规范第7.2.4条和第7.2.5条的规定，采用砂石基础时厚度可根据施工经验留出压实虚厚，管节（段）沉放前应再次清除槽底回淤、异物；在基槽断面方向两侧可打两排短桩设置高程导轨，便于控制基础整平施工；

6 管节（段）在浮起后出坞前，管节（段）四角干舷若有高差、倾斜，可通过分舱压载调整，严禁倾斜出坞；

7 管节（段）浮运、沉放应符合下列规定：

1）根据工程具体情况，并考虑对水下周围环境及水面交通的影响因素，选用管节（段）拖运、系驳、沉放、水下对接方式和配备相关设备；

2）管节（段）浮运到位后应进行测量定位，工作船只设备等应定位锚泊，并做好下沉前的准备工作；

3）管节（段）下沉前应设置接口对接控制标志并进行复核测量；下沉时应控制管节（段）轴向位置、已沉放管节（段）与待沉放管节（段）间的纵向间距，确保接口准确对接；

4）所有沉放设备、系统经检查运行可靠，管段定位、锚碇系统设置可靠；

5）沉放应分初步下沉、靠拢下沉和着地下沉阶段，严格按施工方案执行，并应连续测量和及时调整压载；

6）沉放作业应考虑管节的惯性运行影响，下沉应缓慢均匀，压载应平稳同步，管节（段）受力应均匀稳定、无变形损伤；

7）管节（段）下沉应听从指挥；

8 管节（段）下沉后的水下接口连接应符合下列规定：

1）采用水力压接法施工柔性接口时，其主要施工程序可见图7.2.7，在压接完成前应保证管节（段）轴向位置稳定，并悬浮在管基上；

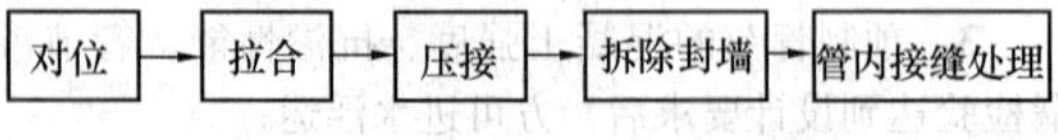

图7.2.7 水力压接法主要施工程序

2）采用刚性接口钢筋混凝土管施工时，应符合设计要求和现行国家标准《地下工程防水技术规范》GB 50108等的规定；施工前应根据底板、侧墙、顶板的不同施工要求以及防水要求分别制定相应的施工技术方案。

7.2.8 管节（段）沉放经检查合格后应及时进行稳管和回填，防止管道漂移，并应符合下列规定：

1 采用压重、投抛砂石、浇筑水下混凝土或其他锚固方式等进行稳管施工时，应符合下列规定：

1）对水流冲刷较大、易产生紊流、施工中对河床扰动较大等之处，以及沉管拐弯、分段接口连接等部位，沉放完成后应先进行稳管施工；

2）应采取保护措施，不得损伤管道及其防腐层；

3）预制钢筋混凝土管沉管施工，应进行稳管与基础二次处理，以确保管道稳定；

2 回填施工时，应符合下列规定：

1）回填材料应符合设计要求，回填应均匀、并不得损伤管道；水下部位应连续回填至满槽，水上部位应分层回填夯实；

2）回填高度应符合设计要求，并满足防止水流冲刷、通航和河道疏浚要求；

3）采用吹填回土时，吹填土质应符合设计要求，取土位置及要求应征得航运管理部门的同意，且不得影响沉管管道；

3 应及时做好稳管和回填的施工及测量记录。

7.3 桥　管

7.3.1 本节适用于自承式平管桥的给排水钢管道跨越工程施工。

7.3.2 桥管管道施工应根据工程具体情况确定施工方法，管道安装可采取整体吊装、分段悬臂拼装、在搭设的临时支架上拼装等方法。

桥管的下部结构、地基与基础及护岸等工程施工和验收应符合桥梁工程的有关国家标准、规范的规定。

7.3.3 桥管工程施工方案应包括以下主要内容：

1 施工平面布置图及剖面图；

2 桥管吊装施工方法的选择及相应的技术要求；

3 吊装前地上管节组对拼装方法；

4 管道支架安装方法；

5 施工各阶段的管道强度、刚度、稳定性验算；

6 管道吊装测量控制方法；

7 施工机械设备数量与型号的配备；

8 水上运输航线的确定，通航管理措施；

9 施工场地临时供电、供水、通信等设计；

10 水上、水下等安全作业和航运安全的保证措施。

7.3.4 桥管管道安装铺设前准备工作应符合下列规定：

1 桥管的地基与基础、下部结构工程经验收合格，并满足管道安装条件；

2 墩台顶面高程、中线及孔跨径，经检查满足设计和管道安装要求；与管道支架底座连接的支承结构、预埋件已找正合格；

3 应对不同施工工况条件下临时支架、支承结构、吊机能力等进行强度、刚度及稳定性验算；

4 待安装的管节（段）应符合下列规定：

1）钢管组对拼装及管件、配件、支架等经检验合格；

2）分段拼装的钢管，其焊接接口的坡口加工、预拼装的组对满足焊接工艺、设计和施工吊装要求；

3）钢管除锈、涂装等处理符合有关规定；

4）表面附着污物已清除；

5 已按施工方案完成各项准备工作。

7.3.5 施工中应对管节（段）的吊点和其他受力点位置进行强度、稳定性和变形验算，必要时应采取加固措施。

7.3.6 管节（段）移运和堆放，应有相应的安全保护措施，避免管体损伤；堆放场地平整夯实，支承点与吊点位置一致。

7.3.7 管道支架安装应符合下列规定：

1 支架安装完成后方可进行管道施工；

2 支架底座的支承结构、预埋件等的加工、安装应符合设计要求，且连接牢固；

3 管道支架安装应符合下列规定：

1）支架与管道的接触面应平整、洁净；

2）有伸缩补偿装置时，固定支架与管道固定之前，应先进行补偿装置安装及预拉伸（或压缩）；

3）导向支架或滑动支架安装应无歪斜、卡涩现象；安装位置应从支承面中心向位移反方向偏移，偏移量应符合设计要求，设计无要求时宜为设计位移值的1/2；

4）弹簧支架的弹簧高度应符合设计要求，弹簧应调整至冷态值，其临时固定装置应待管道安装及管道试验完成后方可拆除。

7.3.8 管节（段）吊装应符合下列规定：

1 吊装设备的安装与使用必须符合起重吊装的有关规定，吊运作业时必须遵守有关安全操作技术规定；

2 吊点位置应符合设计要求，设计无要求时应根据施工条件计算确定；

3 采用吊环起吊时，吊环应顺直；吊绳与起吊管道轴向夹角小于60°时，应设置吊架或扁担使吊环尽可能垂直受力；

4 管节（段）吊装就位、支撑稳固后，方可卸去吊钩；就位后不能形成稳定的结构体系时，应进行临时支承固定；

5 利用河道进行船吊起重作业时应遵守当地河道管理部门的有关规定，确保水上作业和航运的安全；

6 按规定做好管节（段）吊装施工监测，发现问题及时处理。

7.3.9 桥管采用分段拼装时还应符合下列规定：

1 高空焊接拼装作业时应设置防风、防雨设施，并做好安全防护措施；

2 分段悬臂拼装时，每管段轴线安装的挠度曲线变化应符合设计要求；

3 管段间拼装焊接应符合下列规定：

1）接口组对及定位应符合国家现行标准的有关规定和设计要求，不得强力组对施焊；

2）临时支承、固定措施可靠，避免施焊时该处焊缝出现不利的施工附加应力；

3）采用闭合、合拢焊接时，施工技术要求、作业环境应符合设计及施工方案要求；

4）管道拼装完成后方可拆除临时支承、固定设施；

4 应进行管道位置、挠度的跟踪测量，必要时应进行应力跟踪测量。

7.3.10 钢管管道外防腐层的涂装前基面处理及涂装施工应符合设计要求。

7.4 质量验收标准

7.4.1 沉管基槽浚挖及管基处理应符合下列规定：

主 控 项 目

1 沉管基槽中心位置和浚挖深度符合设计要求；

检查方法：检查施工测量记录、浚挖记录。

2 沉管基槽处理、管基结构形式应符合设计要求；

检查方法：可由潜水员水下检查；检查施工记录、施工资料。

一 般 项 目

3 浚挖成槽后基槽应稳定，沉管前基底回淤量不大于设计和施工方案要求，基槽边坡不陡于本规范的有关规定；

检查方法：检查施工记录、施工技术资料；必要时水下检查。

4 管基处理所用的工程材料规格、数量等符合设计要求；

检查方法：检查施工记录、施工技术资料。

5 沉管基槽浚挖及管基处理的允许偏差应符合表7.4.1的规定。

表 7.4.1　沉管基槽浚挖及管基处理的允许偏差

检查项目			允许偏差（mm）	检查数量 范围	检查数量 点数	检查方法
1	基槽底部高程	土	0，－300	每 5～10m 取一个断面	基槽宽度不大于 5m 时测 1点；基槽宽度大于 5m 时测不少于 2 点	用回声测深仪、多波束仪、测深图检查；或用水准仪、经纬仪测量、钢尺量测定位标志，潜水员检查
		石	0，－500			
2	整平后基础顶面高程	压力管道	0，－200			
		无压管道	0，－100			
3	基槽底部宽度		不小于规定		1点	
4	基槽水平轴线		100			
5	基础宽度		不小于设计要求			
6	整平后基础平整度	砂基础	50			潜水员检查，用刮平尺量测
		砾石基础	150			

7.4.2　组对拼装管道（段）的沉放应符合下列规定：

主 控 项 目

1　管节、防腐层等工程材料的产品质量保证资料齐全，各项性能检验报告应符合相关国家相关标准的规定和设计要求；

检查方法：检查产品质量合格证明书、各项性能检验报告，检查产品制造原材料质量保证资料；检查产品进场验收记录。

2　陆上组对拼装管道（段）的接口连接和钢管防腐层（包括焊口、补口）的质量经验收合格；钢管接口焊接、聚乙烯管、接口熔焊检验符合设计要求，管道预水压试验合格；

检查方法：管道（段）及接口全数观察，按本规范第5章的相关规定进行检查；检查焊接检验报告和管道预水压试验记录，其中管道预水压试验应按本规范第7.1.7条第7款的规定执行。

3　管道（段）下沉均匀、平稳，无轴向扭曲、环向变形和明显轴向突弯等现象；水上、水下的接口连接质量经检验符合设计要求；

检查方法：观察；检查沉放施工记录及相关检测记录；检查水上、水下的接口连接检验报告等。

一 般 项 目

4　沉放前管道（段）及防腐层无损伤，无变形；

检查方法：观察，检查施工记录。

5　对于分段沉放管道，其水上、水下的接口防腐质量检验合格；

检查方法：逐个检查接口连接及防腐的施工记录、检验记录。

6　沉放后管底与沟底接触均匀和紧密；

检查方法：检查沉放记录；必要时由潜水员检查。

7　沉管下沉铺设的允许偏差应符合表 7.4.2 的规定。

表 7.4.2　沉管下沉铺设的允许偏差

检查项目			允许偏差（mm）	检查数量 范围	检查数量 点数	检查方法
1	管道高程	压力管道	0，－200	每10m	1点	用回声测深仪、多波束仪、测深图检查；或用水准仪、经纬仪测量、钢尺量测定位标志
		无压管道	0，－100			
2	管道水平轴线位置		50	每10m	1点	

7.4.3　沉放的预制钢筋混凝土管节制作应符合下列规定：

主 控 项 目

1　原材料的产品质量保证资料齐全，各项性能检验报告应符合国家相关标准的规定和设计要求；

检查方法：检查产品质量合格证明书、各项性能检验报告、进场复验报告。

2　钢筋混凝土管节制作中的钢筋、模板、混凝土质量经验收合格；

检查方法：按国家有关规范的规定和设计要求进行检查。

3　混凝土强度、抗渗性能应符合设计要求；

检查方法：检查混凝土浇筑记录，检查试块的抗压强度、抗渗试验报告。

检查数量：底板、侧墙、顶板、后浇带等每部位的混凝土，每工作班不应少于1组、且每浇筑 $100m^3$ 为一验收批，抗压强度试块留置不应少于1组；每浇筑 $500m^3$ 混凝土及每后浇带为一验收批，抗渗试块留置不应少于1组。

4　混凝土管节无严重质量缺陷；

检查方法：按本规范附录 G 的规定进行观察，

对可见的裂缝用裂缝观察仪检测；检查技术处理方案。

5 管节抗渗检验时无线流、滴漏和明显渗水现象；经检测平均渗漏量满足设计要求；

检查方法：逐节检查；进行预水压渗漏试验；检查渗漏检验记录。

一般项目

6 混凝土重度应符合设计要求，其允许偏差为：$+0.01t/m^3$，$-0.02t/m^3$；

检查方法：检查混凝土试块重度检测报告，检查原材料质量保证资料、施工记录等。

7 预制结构的外观质量不宜有一般缺陷，防水层结构符合设计要求；

检查方法：观察；按本规范附录G的规定检查，检查施工记录。

8 钢筋混凝土管节预制的允许偏差应符合表7.4.3的规定。

表7.4.3 钢筋混凝土管节预制的允许偏差

检查项目			允许偏差（mm）	检查数量		检查方法
				范围	点数	
1	外包尺寸	长	±10	每10m	各4点	用钢尺量测
		宽	±10			
		高	±5			
2	结构厚度	底板、顶板	±5	每部位	各4点	
		侧墙	±5			
3	断面对角线尺寸差		0.5%L	两端面	各2点	
4	管节内净空尺寸	净宽	±10	每10m	各4点	
		净高	±10			
5	顶板、底板、外侧墙的主钢筋保护层厚度		±5	每10m	各4点	
6	平整度		5	每10m	2点	用2m直尺量测
7	垂直度		10	每10m	2点	用垂线测

注：L为断面对角线长（mm）。

7.4.4 沉放的预制钢筋混凝土管节接口预制加工（水力压接法）应符合下列规定：

主控项目

1 端部钢壳材质、焊缝质量等级应符合设计要求；

检查方法：检查钢壳制造材料的质量保证资料、焊缝质量检验报告。

2 端部钢壳端面加工成型的允许偏差应符合表7.4.4-1的规定。

表7.4.4-1 端部钢壳端面加工成型的允许偏差

检查项目		允许偏差（mm）	检查数量		检查方法
			范围	点数	
1	不平整度	<5，且每延米内<1	每个钢壳的钢板面、端面	每2m各1点	用2m直尺量测
2	垂直度	<5		两侧、中间各1点	用垂线吊测全高
3	端面竖向倾斜度	<5	每个钢壳	两侧、中间各2点	全站仪测量或吊垂线测端面上下外缘两点之差

3　专用的柔性接口橡胶圈材质及相关性能应符合相关规范规定和设计要求，其外观质量应符合表7.4.4-2的规定；

表7.4.4-2　橡胶圈外观质量要求

缺陷名称	中间部分	边翼部分
气泡	直径≤1mm气泡，不超过3处/m	直径≤2mm气泡，不超过3处/m
杂质	面积≤4mm²气泡，不超过3处/m	面积≤8mm²气泡，不超过3处/m
凹痕	不允许	允许有深度不超过0.5mm、面积不大于10mm²的凹痕，不超过2处/m
接缝	不允许有裂口及"海绵"现象；高度≤1.5mm的凸起，不超过2处/m	
中心偏心	中心孔周边对称部位厚度差不超过1mm	

检查方法：观察；检查每批橡胶圈的质量合格证明、性能检验报告。

一 般 项 目

4　按设计要求进行端部钢壳的制作与安装；

检查方法：逐个观察；检查钢壳的制作与安装记录。

5　钢壳防腐处理符合设计要求；

检查方法：观察；检查钢壳防腐材料的质量保证资料，检查除锈、涂装记录。

6　柔性接口橡胶圈安装位置正确，安装完成后处于松弛状态，并完整地附着在钢端面上；

检查方法：逐个观察。

7.4.5　预制钢筋混凝土管的沉放应符合下列规定：

主 控 项 目

1　沉放前、后管道无变形、受损；沉放及接口连接后管道无滴漏、线漏和明显渗水现象；

检查方法：观察，按本规范附录F第F.0.3条的规定检查渗漏水程度；检查管道沉放、接口连接施工记录。

2　沉放后，对于无裂缝设计的沉管严禁有任何裂缝；对于有裂缝设计的沉管，其表面裂缝宽度、深度应符合设计要求；

检查方法：观察，对可见的裂缝用裂缝观察仪检测；检查技术处理方案。

3　接口连接形式符合设计文件要求；柔性接口无渗水现象；混凝土刚性接口密实、无裂缝，无滴漏、线漏和明显渗水现象；

检查方法：逐个观察；检查技术处理方案。

一 般 项 目

4　管道及接口防水处理符合设计要求；

检查方法：观察；检查防水处理施工记录。

5　管节下沉均匀、平稳，无轴向扭曲、环向变形、纵向弯曲等现象；

检查方法：观察；检查沉放施工记录。

6　管道与沟底接触均匀和紧密；

检查方法：潜水员检查；检查沉放施工及测量记录。

7　钢筋混凝土管沉放的允许偏差应符合表7.4.5的规定。

表7.4.5　钢筋混凝土管沉放的允许偏差

	检查项目		允许偏差（mm）	检查数量		检查方法
				范围	点数	
1	管道高程	压力管道	0，－200	每10m	1点	用水准仪、经纬仪、测深仪测量或全站仪测量
		无压管道	0，－100			
2	沉放后管节四角高差		50	每管节	4点	
3	管道水平轴线位置		50	每10m	1点	
4	接口连接的对接错口		20	每接口每面	各1点	用钢尺量测

7.4.6　沉管的稳管及回填应符合下列规定：

主 控 项 目

1　稳管、管基二次处理、回填时所用的材料应符合设计要求；

检查方法：观察；检查材料相关的质量保证资料。

2　稳管、管基二次处理、回填应符合设计要求，管道未发生漂浮和位移现象；

检查方法：观察；检查稳管、管基二次处理、回填施工记录。

一 般 项 目

3　管道未受外力影响而发生变形、破坏；

检查方法：观察。

4　二次处理后管基承载力符合设计要求；

检查方法：检查二次处理检验报告及记录。

5　基槽回填应两侧均匀，管顶回填高度符合设计要求。

检查方法：观察，用水准仪或测深仪每10m测1点检测回填高度；检查回填施工、检测记录。

7.4.7　桥管管道的基础、下部结构工程的施工质量应按国家现行标准《城市桥梁工程施工与质量验收规范》CJJ 2的相关规定和设计要求验收。

7.4.8　桥管管道应符合下列规定：

主 控 项 目

1 管材、防腐层等工程材料的产品质量保证资料齐全，各项性能检验报告应符合相关国家标准的规定和设计要求；

检查方法：检查产品质量合格证明书、各项性能检验报告，检查产品制造原材料质量保证资料；检查产品进场验收记录。

2 钢管组对拼装和防腐层（包括焊口补口）的质量经验收合格；钢管接口焊接检验符合设计要求；

检查方法：管节及接口全数观察；按本规范第5章的相关规定进行检查，检查焊接检验报告。

3 钢管预拼装尺寸的允许偏差应符合表7.4.8-1的规定。

表 7.4.8-1 钢管预拼装尺寸的允许偏差

检查项目	允许偏差（mm）	检查数量		检查方法
		范围	点数	
长度	±3	每件	2点	用钢尺量测
管口端面圆度	$D_o/500$，且≤5	每端面	1点	
管口端面与管道轴线的垂直度	$D_o/500$，且≤3	每端面	1点	用焊缝量规测量
侧弯曲矢高	$L/1500$，且≤5	每件	1点	用拉线、吊线和钢尺量测
跨中起拱度	$\pm L/5000$	每件	1点	
对口错边	$t/10$，且≤2	每件	3点	用焊缝量规、游标卡尺测量

注：L为管道长度（mm）；t为管道壁厚（mm）。

4 桥管位置应符合设计要求，安装方式正确，且安装牢固、结构可靠、管道无变形和裂缝等现象；

检查方法：观察，检查相关施工记录。

一 般 项 目

5 桥管的基础、下部结构工程的施工质量经验收合格；

检查方法：按国家有关规范的规定和设计要求进行检查，检查其施工验收记录。

6 管道安装条件经检查验收合格，满足安装要求；

检查方法：观察；检查施工方案、管道安装条件交接验收记录。

7 桥管钢管分段拼装焊接时，接口的坡口加工、焊缝质量等级应符合焊接工艺和设计要求；

检查方法：观察，检查接口的坡口加工记录、焊缝质量检验报告。

8 管道支架规格、尺寸等，应符合设计要求；支架应安装牢固、位置正确，工作状况及性能符合设计文件和产品安装说明的要求；

检查方法：观察；检查相关质量保证及技术资料、安装记录、检验报告等。

9 桥管管道安装的允许偏差应符合表7.4.8-2的规定。

表 7.4.8-2 桥管管道安装的允许偏差

检查项目			允许偏差（mm）	检查数量		检查方法
				范围	点数	
1	支架	顶面高程	±5	每件	1点	用水准仪测量
		中心位置（轴向、横向）	10		各1点	用经纬仪测量，或挂中线用钢尺量测
		水平度	$L/1500$		2点	用水准仪测量
2	管道水平轴线位置		10	每跨	2点	用经纬仪测量
3	管道中部垂直上拱矢高		10		1点	用水准仪测量，或拉线和钢尺量测
4	支架地脚螺栓（锚栓）中心位移		5	每件	1点	用经纬仪测量，或挂中线用钢尺量测
5	活动支架的偏移量		符合设计要求			用钢尺量测
6	弹簧支架	工作圈数	≤半圈			观察检查
		在自由状态下，弹簧各圈节距	≤平均节距10%			用钢尺量测
		两端支承面与弹簧轴线垂直度	≤自由高度10%			挂中线用钢尺量测
7	支架处的管道顶部高程		±10			用水准仪测量

注：L为支架底座的边长（mm）。

10 钢管涂装材料、涂层厚度及附着力符合设计要求；涂层外观应均匀，无褶皱、空泡、凝块、透底等现象，与钢管表面附着紧密，色标符合规定；

检查方法：观察；用5～10倍的放大镜检查；用测厚仪量测厚度。

检查数量：涂层干膜厚度每5m测1个断面，每个断面测相互垂直的4个点；其实测厚度平均值不得低于设计要求，且小于设计要求厚度的点数不应大于10%，最小实测厚度不应低于设计要求的90%。

8 管道附属构筑物

8.1 一 般 规 定

8.1.1 本章适用于给排水管道工程中的各类井室、

支墩、雨水口工程。管道工程中涉及的小型抽升泵房及其取水口、排放口构筑物应符合现行国家标准《给水排水构筑物工程施工及验收规范》GB 50141 的有关规定。

8.1.2 管道附属构筑物的位置、结构类型和构造尺寸等应按设计要求施工。

8.1.3 管道附属构筑物的施工除应符合本章规定外，其砌筑结构、混凝土结构施工还应符合国家有关规范规定。

8.1.4 管道附属构筑物的基础（包括支墩侧基）应建在原状土上，当原状土地基松软或被扰动时，应按设计要求进行地基处理。

8.1.5 施工中应采取相应的技术措施，避免管道主体结构与附属构筑物之间产生过大差异沉降，而致使结构开裂、变形、破坏。

8.1.6 管道接口不得包覆在附属构筑物的结构内部。

8.2 井　　室

8.2.1 井室的混凝土基础应与管道基础同时浇筑；施工应满足本规范第 5.2.2 条的规定。

8.2.2 管道穿过井壁的施工应符合设计要求；设计无要求时应符合下列规定：

1 混凝土类管道、金属类无压管道，其管外壁与砌筑井壁洞圈之间为刚性连接时水泥砂浆应坐浆饱满、密实；

2 金属类压力管道，井壁洞圈应预设套管，管道外壁与套管的间隙应四周均匀一致，其间隙宜采用柔性或半柔性材料填嵌密实；

3 化学建材管道宜采用中介层法与井壁洞圈连接；

4 对于现浇混凝土结构井室，井壁洞圈应振捣密实；

5 排水管道接入检查井时，管口外缘与井内壁平齐；接入管径大于 300mm 时，对于砌筑结构井室应砌砖圈加固。

8.2.3 砌筑结构的井室施工应符合下列规定：

1 砌筑前砌块应充分湿润；砌筑砂浆配合比符合设计要求，现场拌制应拌合均匀、随用随拌；

2 排水管道检查井内的流槽，宜与井壁同时进行砌筑；

3 砌块应垂直砌筑，需收口砌筑时，应按设计要求的位置设置钢筋混凝土梁进行收口；圆井采用砌块逐层砌筑收口，四面收口时每层收进不应大于 30mm，偏心收口时每层收进不应大于 50mm；

4 砌块砌筑时，铺浆应饱满，灰浆与砌块四周粘结紧密、不得漏浆，上下砌块应错缝砌筑；

5 砌筑时应同时安装踏步，踏步安装后在砌筑砂浆未达到规定抗压强度前不得踩踏；

6 内外井壁应采用水泥砂浆勾缝；有抹面要求时，抹面应分层压实。

8.2.4 预制装配式结构的井室施工应符合下列规定：

1 预制构件及其配件经检验符合设计和安装要求；

2 预制构件装配位置和尺寸正确，安装牢固；

3 采用水泥砂浆接缝时，企口坐浆与竖缝灌浆应饱满，装配后的接缝砂浆凝结硬化期间应加强养护，并不得受外力碰撞或震动；

4 设有橡胶密封圈时，胶圈应安装稳固，止水严密可靠；

5 设有预留短管的预制构件，其与管道的连接应按本规范第 5 章的有关规定执行；

6 底板与井室、井室与盖板之间的拼缝，水泥砂浆应填塞严密，抹角光滑平整。

8.2.5 现浇钢筋混凝土结构的井室施工应符合下列规定：

1 浇筑前，钢筋、模板工程经检验合格，混凝土配合比满足设计要求；

2 振捣密实，无漏振、走模、漏浆等现象；

3 及时进行养护，强度等级未达设计要求不得受力；

4 浇筑时应同时安装踏步，踏步安装后在混凝土未达到规定抗压强度前不得踩踏。

8.2.6 有支、连管接入的井室，应在井室施工的同时安装预留支、连管，预留管的管径、方向、高程应符合设计要求，管与井壁衔接处应严密；排水检查井的预留管管口宜采用低强度砂浆砌筑封口抹平。

8.2.7 井室施工达到设计高程后，应及时浇筑或安装井圈，井圈应以水泥砂浆坐浆并安放平稳。

8.2.8 井室内部处理应符合下列规定：

1 预留孔、预埋件应符合设计和管道施工工艺要求；

2 排水检查井的流槽表面应平顺、圆滑、光洁，并与上下游管道底部接顺；

3 透气井及排水落水井、跌水井的工艺尺寸应按设计要求进行施工；

4 阀门井的井底距承口或法兰盘下缘以及井壁与承口或法兰盘外缘应留有安装作业空间，其尺寸应符合设计要求；

5 不开槽法施工的管道，工作井作为管道井室使用时，其洞口处理及井内布置应符合设计要求。

8.2.9 给排水井盖选用的型号、材质应符合设计要求，设计未要求时，宜采用复合材料井盖，行业标志明显；道路上的井室必须使用重型井盖，装配稳固。

8.2.10 井室周围回填土必须符合设计要求和本规范第 4 章的有关规定。

8.3 支　　墩

8.3.1 管节及管件的支墩和锚定结构位置准确，锚定牢固。钢制锚固件必须采取相应的防腐处理。

8.3.2 支墩应在坚固的地基上修筑。无原状土作后背墙时，应采取措施保证支墩在受力情况下，不致破坏管道接口。采用砌筑支墩时，原状土与支墩之间应采用砂浆填塞。

8.3.3 支墩应在管节接口做完、管节位置固定后修筑。

8.3.4 支墩施工前，应将支墩部位的管节、管件表面清理干净。

8.3.5 支墩宜采用混凝土浇筑，其强度等级不应低于 C15。采用砌筑结构时，水泥砂浆强度不应低于 M7.5。

8.3.6 管节安装过程中的临时固定支架，应在支墩的砌筑砂浆或混凝土达到规定强度后方可拆除。

8.3.7 管道及管件支墩施工完毕，并达到强度要求后方可进行水压试验。

8.4 雨水口

8.4.1 雨水口的位置及深度应符合设计要求。

8.4.2 基础施工应符合下列规定：

1 开挖雨水口槽及雨水管支管槽，每侧宜留出 300～500mm 的施工宽度；

2 槽底应夯实并及时浇筑混凝土基础；

3 采用预制雨水口时，基础顶面宜铺设 20～30mm 厚的砂垫层。

8.4.3 雨水口砌筑应符合下列规定：

1 管端面在雨水口内的露出长度，不得大于 20mm，管端面应完整无破损；

2 砌筑时，灰浆应饱满，随砌、随勾缝，抹面应压实；

3 雨水口底部应用水泥砂浆抹出雨水口泛水坡；

4 砌筑完成后雨水口内应保持清洁，及时加盖，保证安全。

8.4.4 预制雨水口安装应牢固，位置平正，并符合本规范第 8.4.3 条第 1 款的规定。

8.4.5 雨水口与检查井的连接管的坡度应符合设计要求，管道铺设应符合本规范第 5 章的有关规定。

8.4.6 位于道路下的雨水口、雨水支、连管应根据设计要求浇筑混凝土基础。坐落于道路基层内的雨水支连管应作 C25 级混凝土全包封，且包封混凝土达到 75%设计强度前，不得放行交通。

8.4.7 井框、井箅应完整无损、安装平稳、牢固。

8.4.8 井周回填土应符合设计要求和本规范第 4 章的有关规定。

8.5 质量验收标准

8.5.1 井室应符合下列要求：

主 控 项 目

1 所用的原材料、预制构件的质量应符合国家有关标准的规定和设计要求；

检查方法：检查产品质量合格证明书、各项性能检验报告、进场验收记录。

2 砌筑水泥砂浆强度、结构混凝土强度符合设计要求；

检查方法：检查水泥砂浆强度、混凝土抗压强度试块试验报告。

检查数量：每 50m³ 砌体或混凝土每浇筑 1 个台班一组试块。

3 砌筑结构应灰浆饱满、灰缝平直，不得有通缝、瞎缝；预制装配式结构应坐浆、灌浆饱满密实，无裂缝；混凝土结构无严重质量缺陷；井室无渗水、水珠现象；

检查方法：逐个观察。

一 般 项 目

4 井壁抹面应密实平整，不得有空鼓，裂缝等现象；混凝土无明显一般质量缺陷；井室无明显湿渍现象；

检查方法：逐个观察。

5 井内部构造符合设计和水力工艺要求，且部位位置及尺寸正确，无建筑垃圾等杂物；检查井流槽应平顺、圆滑、光洁；

检查方法：逐个观察。

6 井室内踏步位置正确、牢固；

检查方法：逐个观察，用钢尺量测。

7 井盖、座规格符合设计要求，安装稳固；

检查方法：逐个观察。

8 井室的允许偏差应符合表 8.5.1 的规定。

表 8.5.1 井室的允许偏差

<table>
<tr><th colspan="4" rowspan="2">检查项目</th><th rowspan="2">允许偏差（mm）</th><th colspan="2">检查数量</th><th rowspan="2">检查方法</th></tr>
<tr><th>范围</th><th>点数</th></tr>
<tr><td>1</td><td colspan="3">平面轴线位置（轴向、垂直轴向）</td><td>15</td><td rowspan="9">每座</td><td>2</td><td>用钢尺量测、经纬仪测量</td></tr>
<tr><td>2</td><td colspan="3">结构断面尺寸</td><td>+10，0</td><td>2</td><td>用钢尺量测</td></tr>
<tr><td rowspan="2">3</td><td rowspan="2">井室尺寸</td><td colspan="2">长、宽</td><td rowspan="2">±20</td><td rowspan="2">2</td><td rowspan="2">用钢尺量测</td></tr>
<tr><td colspan="2">直径</td></tr>
<tr><td rowspan="2">4</td><td rowspan="2">井口高程</td><td colspan="2">农田或绿地</td><td>+20</td><td rowspan="2">1</td><td rowspan="6">用水准仪测量</td></tr>
<tr><td colspan="2">路面</td><td>与道路规定一致</td></tr>
<tr><td rowspan="4">5</td><td rowspan="4">井底高程</td><td rowspan="2">开槽法管道铺设</td><td>$D_i \leqslant 1000$</td><td>±10</td><td rowspan="4">2</td></tr>
<tr><td>$D_i > 1000$</td><td>±15</td></tr>
<tr><td rowspan="2">不开槽法管道铺设</td><td>$D_i < 1500$</td><td>+10，−20</td></tr>
<tr><td>$D_i \geqslant 1500$</td><td>+20，−40</td></tr>
</table>

续表 8.5.1

检查项目			允许偏差（mm）	检查数量		检查方法
				范围	点数	
6	踏步安装	水平及垂直间距、外露长度	±10	每座	1	用尺量测偏差较大值
7	脚窝	高、宽、深	±10			
8	流槽宽度		+10			

8.5.2 雨水口及支、连管应符合下列要求：

主 控 项 目

1 所用的原材料、预制构件的质量应符合国家有关标准的规定和设计要求；

检查方法：检查产品质量合格证明书、各项性能检验报告、进场验收记录。

2 雨水口位置正确，深度符合设计要求，安装不得歪扭；

检查方法：逐个观察，用水准仪、钢尺量测。

3 井框、井箅应完整、无损，安装平稳、牢固；支、连管应直顺，无倒坡、错口及破损现象；

检查数量：全数观察。

4 井内、连接管道内无线漏、滴漏现象；

检查数量：全数观察。

一 般 项 目

5 雨水口砌筑勾缝应直顺、坚实，不得漏勾、脱落；内、外壁抹面平整光洁；

检查数量：全数观察。

6 支、连管内清洁、流水通畅，无明显渗水现象；

检查数量：全数观察。

7 雨水口、支管的允许偏差应符合表 8.5.2 的规定。

表 8.5.2 雨水口、支管的允许偏差

检查项目		允许偏差（mm）	检查数量		检查方法
			范围	点数	
1	井框、井箅吻合	≤10	每座	1	用钢尺量测较大值（高度、深度亦可用水准仪测量）
2	井口与路面高差	−5，0			
3	雨水口位置与道路边线平行	≤10			
4	井内尺寸	长、宽：+20，0 深：0，−20			
5	井内支、连管管口底高度	0，−20			

8.5.3 支墩应符合下列要求：

主 控 项 目

1 所用的原材料质量应符合国家有关标准的规定和设计要求；

检查方法：检查产品质量合格证明书、各项性能检验报告、进场验收记录。

2 支墩地基承载力、位置符合设计要求；支墩无位移、沉降；

检查方法：全数观察；检查施工记录、施工测量记录、地基处理技术资料。

3 砌筑水泥砂浆强度、结构混凝土强度符合设计要求；

检查方法：检查水泥砂浆强度、混凝土抗压强度试块试验报告。

检查数量：每 $50m^3$ 砌体或混凝土每浇筑 1 个台班一组试块。

一 般 项 目

4 混凝土支墩应表面平整、密实；砖砌支墩应灰缝饱满，无通缝现象，其表面抹灰应平整、密实；

检查方法：逐个观察。

5 支墩支承面与管道外壁接触紧密，无松动、滑移现象；

检查方法：全数观察。

6 管道支墩的允许偏差应符合表 8.5.3 的规定。

表 8.5.3 管道支墩的允许偏差

检查项目		允许偏差（mm）	检查数量		检查方法
			范围	点数	
1	平面轴线位置（轴向、垂直轴向）	15	每座	2	用钢尺量测或经纬仪测量
2	支撑面中心高程	±15		1	用水准仪测量
3	结构断面尺寸（长、宽、厚）	+10，0		3	用钢尺量测

9 管道功能性试验

9.1 一 般 规 定

9.1.1 给排水管道安装完成后应按下列要求进行管道功能性试验：

1 压力管道应按本规范第 9.2 节的规定进行压力管道水压试验，试验分为预试验和主试验阶段；试验合格的判定依据分为允许压力降值和允许渗水量值，按设计要求确定；设计无要求时，应根据工程实际情况，选用其中一项值或同时采用两项值作为试验合格的最终判定依据；

2 无压管道应按本规范第9.3、9.4节的规定进行管道的严密性试验，严密性试验分为闭水试验和闭气试验，按设计要求确定；设计无要求时，应根据实际情况选择闭水试验或闭气试验进行管道功能性试验；

3 压力管道水压试验进行实际渗水量测定时，宜采用附录C注水法。

9.1.2 管道功能性试验涉及水压、气压作业时，应有安全防护措施，作业人员应按相关安全作业规程进行操作。管道水压试验和冲洗消毒排出的水，应及时排放至规定地点，不得影响周围环境和造成积水，并应采取措施确保人员、交通通行和附近设施的安全。

9.1.3 压力管道水压试验或闭水试验前，应做好水源的引接、排水的疏导等方案。

9.1.4 向管道内注水应从下游缓慢注入，注入时在试验管段上游的管顶及管段中的高点应设置排气阀，将管道内的气体排除。

9.1.5 冬期进行压力管道水压或闭水试验时，应采取防冻措施。

9.1.6 单口水压试验合格的大口径球墨铸铁管、玻璃钢管、预应力钢筒混凝土管或预应力混凝土管等管道，设计无要求时应符合下列要求：

1 压力管道可免去预试验阶段，而直接进行主试验阶段；

2 无压管道应认同严密性试验合格，无需进行闭水或闭气试验。

9.1.7 全断面整体现浇的钢筋混凝土无压管渠处于地下水位以下时，除设计有要求外，管渠的混凝土强度、抗渗性能检验合格，并按本规范附录F的规定进行检查符合设计要求时，可不必进行闭水试验。

9.1.8 管道采用两种（或两种以上）管材时，宜按不同管材分别进行试验；不具备分别试验的条件必须组合试验，且设计无具体要求时，应采用不同管材的管段中试验控制最严的标准进行试验。

9.1.9 管道的试验长度除本规范规定和设计另有要求外，压力管道水压试验的管段长度不宜大于1.0km；无压力管道的闭水试验，条件允许时可一次试验不超过5个连续井段；对于无法分段试验的管道，应由工程有关方面根据工程具体情况确定。

9.1.10 给水管道必须水压试验合格，并网运行前进行冲洗与消毒，经检验水质达到标准后，方可允许并网通水投入运行。

9.1.11 污水、雨污水合流管道及湿陷土、膨胀土、流砂地区的雨水管道，必须经严密性试验合格后方可投入运行。

9.2 压力管道水压试验

9.2.1 水压试验前，施工单位应编制的试验方案，其内容应包括：

1 后背及堵板的设计；

2 进水管路、排气孔及排水孔的设计；

3 加压设备、压力计的选择及安装的设计；

4 排水疏导措施；

5 升压分级的划分及观测制度的规定；

6 试验管段的稳定措施和安全措施。

9.2.2 试验管段的后背应符合下列规定：

1 后背应设在原状土或人工后背上，土质松软时应采取加固措施；

2 后背墙面应平整并与管道轴线垂直。

9.2.3 采用钢管、化学建材管的压力管道，管道中最后一个焊接接口完毕一个小时以上方可进行水压试验。

9.2.4 水压试验管道内径大于或等于600mm时，试验管段端部的第一个接口应采用柔性接口，或采用特制的柔性接口堵板。

9.2.5 水压试验采用的设备、仪表规格及其安装应符合下列规定：

1 采用弹簧压力计时，精度不低于1.5级，最大量程宜为试验压力的1.3～1.5倍，表壳的公称直径不宜小于150mm，使用前经校正并具有符合规定的检定证书；

2 水泵、压力计应安装在试验段的两端部与管道轴线相垂直的支管上。

9.2.6 开槽施工管道试验前，附属设备安装应符合下列规定：

1 非隐蔽管道的固定设施已按设计要求安装合格；

2 管道附属设备已按要求紧固、锚固合格；

3 管件的支墩、锚固设施混凝土强度已达到设计强度；

4 未设置支墩、锚固设施的管件，应采取加固措施并检查合格。

9.2.7 水压试验前，管道回填土应符合下列规定：

1 管道安装检查合格后，应按本规范第4.5.1条第1款的规定回填土；

2 管道顶部回填土宜留出接口位置以便检查渗漏处。

9.2.8 水压试验前准备工作应符合下列规定：

1 试验管段所有敞口应封闭，不得有渗漏水现象；

2 试验管段不得用闸阀做堵板，不得含有消火栓、水锤消除器、安全阀等附件；

3 水压试验前应清除管道内的杂物。

9.2.9 试验管段注满水后，宜在不大于工作压力条件下充分浸泡后再进行水压试验，浸泡时间应符合表9.2.9的规定：

表9.2.9 压力管道水压试验前浸泡时间

管材种类	管道内径 D_i（mm）	浸泡时间（h）
球墨铸铁管（有水泥砂浆衬里）	D_i	≥24
钢管（有水泥砂浆衬里）	D_i	≥24
化学建材管	D_i	≥24
现浇钢筋混凝土管渠	D_i≤1000	≥48
	D_i>1000	≥72
预（自）应力混凝土管、预应力钢筒混凝土管	D_i≤1000	≥48
	D_i>1000	≥72

9.2.10 水压试验应符合下列规定：

1 试验压力应按表9.2.10-1选择确定。

表9.2.10-1 压力管道水压试验的试验压力（MPa）

管材种类	工作压力P	试验压力
钢管	P	P+0.5，且不小于0.9
球墨铸铁管	≤0.5	2P
	>0.5	P+0.5
预(自)应力混凝土管、预应力钢筒混凝土管	≤0.6	1.5P
	>0.6	P+0.3
现浇钢筋混凝土管渠	≥0.1	1.5P
化学建材管	≥0.1	1.5P，且不小于0.8

2 预试验阶段：将管道内水压缓缓地升至试验压力并稳压30min，期间如有压力下降可注水补压，但不得高于试验压力；检查管道接口、配件等处有无漏水、损坏现象；有漏水、损坏现象时应及时停止试压，查明原因并采取相应措施后重新试压。

3 主试验阶段：停止注水补压，稳定15min；当15min后压力下降不超过表9.2.10-2中所列允许压力降数值时，将试验压力降至工作压力并保持恒压30min，进行外观检查若无漏水现象，则水压试验合格。

表9.2.10-2 压力管道水压试验的允许压力降（MPa）

管材种类	试验压力	允许压力降
钢管	P+0.5，且不小于0.9	0
球墨铸铁管	2P	0.03
	P+0.5	
预（自）应力钢筋混凝土管、预应力钢筒混凝土管	1.5P	
	P+0.3	
现浇钢筋混凝土管渠	1.5P	
化学建材管	1.5P，且不小于0.8	0.02

4 管道升压时，管道的气体应排除；升压过程中，发现弹簧压力计表针摆动、不稳，且升压较慢时，应重新排气后再升压。

5 应分级升压，每升一级应检查后背、支墩、管身及接口，无异常现象时再继续升压。

6 水压试验过程中，后背顶撑、管道两端严禁站人。

7 水压试验时，严禁修补缺陷；遇有缺陷时，应做出标记，卸压后修补。

9.2.11 压力管道采用允许渗水量进行最终合格判定依据时，实测渗水量应小于或等于表9.2.11的规定及下列公式规定的允许渗水量。

表9.2.11 压力管道水压试验的允许渗水量

管道内径 D_i(mm)	允许渗水量(L/min·km)		
	焊接接口钢管	球墨铸铁管、玻璃钢管	预(自)应力混凝土管、预应力钢筒混凝土管
100	0.28	0.70	1.40
150	0.42	1.05	1.72
200	0.56	1.40	1.98
300	0.85	1.70	2.42
400	1.00	1.95	2.80
600	1.20	2.40	3.14
800	1.35	2.70	3.96
900	1.45	2.90	4.20
1000	1.50	3.00	4.42
1200	1.65	3.30	4.70
1400	1.75	—	5.00

1 当管道内径大于表9.2.11规定时，实测渗水量应小于或等于按下列公式计算的允许渗水量：

钢管：

$$q=0.05\sqrt{D_i} \tag{9.2.11-1}$$

球墨铸铁管（玻璃钢管）：

$$q=0.1\sqrt{D_i} \tag{9.2.11-2}$$

预（自）应力混凝土管、预应力钢筒混凝土管：

$$q=0.14\sqrt{D_i} \tag{9.2.11-3}$$

2 现浇钢筋混凝土管渠实测渗水量应小于或等于按下式计算的允许渗水量：

$$q=0.014D_i \tag{9.2.11-4}$$

3 硬聚氯乙烯管实测渗水量应小于或等于按下式计算的允许渗水量：

$$q=3\cdot\frac{D_i}{25}\cdot\frac{P}{0.3\alpha}\cdot\frac{1}{1440} \tag{9.2.11-5}$$

式中 q——允许渗水量（L/min·km）；

D_i——管道内径（mm）；

P——压力管道的工作压力（MPa）；

α——温度—压力折减系数；当试验水温0°～25°时，α取1；25°～35°时，α取0.8；35°～45°时，α取0.63。

9.2.12 聚乙烯管、聚丙烯管及其复合管的水压试验除应符合本规范第9.2.10条的规定外，其预试验、主试验阶段应按下列规定执行：

1 预试验阶段：按本规范第9.2.10条第2款的规定完成后，应停止注水补压并稳定30min；当30min后压力下降不超过试验压力的70%，则预试验结束；否则重新注水补压并稳定30min再进行观测，直至30min后压力下降不超过试验压力的70%。

2 主试验阶段应符合下列规定：

1） 在预试验阶段结束后，迅速将管道泄水降压，降压量为试验压力的10%～15%；期间应准确计量降压所泄出的水量（ΔV），并按下试计算允许泄出的最大水量ΔV_{max}：

$$\Delta V_{max}=1.2V\Delta P\left(\frac{1}{E_w}+\frac{D_i}{e_n E_p}\right) \quad (9.2.12)$$

式中 V——试压管段总容积（L）；

ΔP——降压量（MPa）；

E_w——水的体积模量，不同水温时E_w值可按表9.2.12采用；

E_p——管材弹性模量（MPa），与水温及试压时间有关；

D_i——管材内径（m）；

e_n——管材公称壁厚（m）。

ΔV小于或等于ΔV_{max}时，则按本款的第（2）、（3）、（4）项进行作业；ΔV大于ΔV_{max}时应停止试压，排除管内过量空气再从预试验阶段开始重新试验。

表9.2.12 温度与体积模量关系

温度（℃）	体积模量（MPa）	温度（℃）	体积模量（MPa）
5	2080	20	2170
10	2110	25	2210
15	2140	30	2230

2） 每隔3min记录一次管道剩余压力，应记录30min；30min内管道剩余压力有上升趋势时，则水压试验结果合格。

3） 30min内管道剩余压力无上升趋势时，则应持续观察60min；整个90min内压力下降不超过0.02MPa，则水压试验结果合格。

4） 主试验阶段上述两条均不能满足时，则水压试验结果不合格，应查明原因并采取相应措施后再重新组织试压。

9.2.13 大口径球墨铸铁管、玻璃钢管及预应力钢筒混凝土管道的接口单口水压试验应符合下列规定：

1 安装时应注意将单口水压试验用的进水口（管材出厂时已加工）置于管道顶部；

2 管道接口连接完毕后进行单口水压试验，试验压力为管道设计压力的2倍，且不得小于0.2MPa；

3 试压采用手提式打压泵，管道连接后将试压嘴固定在管道承口的试压孔上，连接试压泵，将压力升至试验压力，恒压2min，无压力降为合格；

4 试压合格后，取下试压嘴，在试压孔上拧上M10×20mm不锈钢螺栓并拧紧；

5 水压试验时应先排净水压腔内的空气；

6 单口试压不合格且确认是接口漏水时，应马上拔出管节，找出原因，重新安装，直至符合要求为止。

9.3 无压管道的闭水试验

9.3.1 闭水试验法应按设计要求和试验方案进行。

9.3.2 试验管段应按井距分隔，抽样选取，带井试验。

9.3.3 无压管道闭水试验时，试验管段应符合下列规定：

1 管道及检查井外观质量已验收合格；

2 管道未回填土且沟槽内无积水；

3 全部预留孔应封堵，不得渗水；

4 管道两端堵板承载力经核算应大于水压力的合力；除预留进出水管外，应封堵坚固，不得渗水；

5 顶管施工，其注浆孔封堵且管口按设计要求处理完毕，地下水位于管底以下。

9.3.4 管道闭水试验应符合下列规定：

1 试验段上游设计水头不超过管顶内壁时，试验水头应以试验段上游管顶内壁加2m计；

2 试验段上游设计水头超过管顶内壁时，试验水头应以试验段上游设计水头加2m计；

3 计算出的试验水头小于10m，但已超过上游检查井井口时，试验水头应以上游检查井井口高度为准；

4 管道闭水试验应按本规范附录D（闭水法试验）进行。

9.3.5 管道闭水试验时，应进行外观检查，不得有漏水现象，且符合下列规定时，管道闭水试验为合格：

1 实测渗水量小于或等于表9.3.5规定的允许渗水量；

2 管道内径大于表9.3.5规定时，实测渗水量应小于或等于按下式计算的允许渗水量；

$$q=1.25\sqrt{D_i} \quad (9.3.5\text{-}1)$$

3 异型截面管道的允许渗水量可按周长折算为圆形管道计；

4 化学建材管道的实测渗水量应小于或等于按下式计算的允许渗水量。

$$q=0.0046D_i \quad (9.3.5\text{-}2)$$

式中 q——允许渗水量（m^3/24h·km）；

D_i——管道内径（mm）。

表 9.3.5 无压管道闭水试验允许渗水量

管材	管道内径 D_i（mm）	允许渗水量 [m^3/(24h·km)]
钢筋混凝土管	200	17.60
	300	21.62
	400	25.00
	500	27.95
	600	30.60
	700	33.00
	800	35.35
	900	37.50
	1000	39.52
	1100	41.45
	1200	43.30
	1300	45.00
	1400	46.70
	1500	48.40
	1600	50.00
	1700	51.50
	1800	53.00
	1900	54.48
	2000	55.90

9.3.6 管道内径大于 700mm 时，可按管道井段数量抽样选取 1/3 进行试验；试验不合格时，抽样井段数量应在原抽样基础上加倍进行试验。

9.3.7 不开槽施工的内径大于或等于 1500mm 钢筋混凝土管道，设计无要求且地下水位高于管道顶部时，可采用内渗法测渗水量；渗漏水量测方法按附录 F 的规定进行，符合下列规定时，则管道抗渗性能满足要求，不必再进行闭水试验：

1 管壁不得有线流、滴漏现象；

2 对有水珠、渗水部位应进行抗渗处理；

3 管道内渗水量允许值 $q \leqslant 2[L/(m^2 \cdot d)]$。

9.4 无压管道的闭气试验

9.4.1 闭气试验适用于混凝土类的无压管道在回填土前进行的严密性试验。

9.4.2 闭气试验时，地下水位应低于管外底 150mm，环境温度为－15～50℃。

9.4.3 下雨时不得进行闭气试验。

9.4.4 闭气试验合格标准应符合下列规定：

1 规定标准闭气试验时间符合表 9.4.4 的规定，管内实测气体压力 $P \geqslant 1500$Pa 则管道闭气试验合格。

表 9.4.4 钢筋混凝土无压管道闭气检验规定标准闭气时间

管道 DN (mm)	管内气体压力（Pa）		规定标准闭气时间 S（″）
	起点压力	终点压力	
300	—	—	1′45″
400			2′30″
500	2000	≥1500	3′15″
600			4′45″
700			6′15″
800			7′15″
900			8′30″
1000			10′30″
1100			12′15″
1200			15′
1300			16′45″
1400			19′
1500			20′45″
1600			22′30″
1700			24′
1800			25′45″
1900			28′
2000			30′
2100			32′30″
2200			35′

2 被检测管道内径大于或等于 1600mm 时，应记录测试时管内气体温度（℃）的起始值 T_1 及终止值 T_2，并将达到标准闭气时间时膜盒表显示的管内压力值 P 记录，用下列公式加以修正，修正后管内气体压降值为 ΔP：

$$\Delta P = 103300 - (P + 101300)(273 + T_1)/(273 + T_2) \tag{9.4.4}$$

ΔP 如果小于 500Pa，管道闭气试验合格。

3 管道闭气试验不合格时，应进行漏气检查、修补后复检。

4 闭气试验装置及程序见附录 E。

9.5 给水管道冲洗与消毒

9.5.1 给水管道冲洗与消毒应符合下列要求：

1 给水管道严禁取用污染水源进行水压试验、冲洗，施工管段处于污染水水域较近时，必须严格控制污染水进入管道；如不慎污染管道，应由水质检测部门对管道污染水进行化验，并按其要求在管道并网运行前进行冲洗与消毒；

2 管道冲洗与消毒应编制实施方案；

3 施工单位应在建设单位、管理单位的配合下进行冲洗与消毒；

4 冲洗时，应避开用水高峰，冲洗流速不小于 1.0m/s，连续冲洗。

9.5.2 给水管道冲洗消毒准备工作应符合下列规定：

1 用于冲洗管道的清洁水源已经确定；

2 消毒方法和用品已经确定，并准备就绪；

3 排水管道已安装完毕，并保证畅通、安全；

4 冲洗管段末端已设置方便、安全的取样口；

5 照明和维护等措施已经落实。

9.5.3 管道冲洗与消毒应符合下列规定：

1 管道第一次冲洗应用清洁水冲洗至出水口水样浊度小于 3NTU 为止，冲洗流速应大于 1.0m/s。

2 管道第二次冲洗应在第一次冲洗后，用有效氯离子含量不低于 20mg/L 的清洁水浸泡 24h 后，再用清洁水进行第二次冲洗直至水质检测、管理部门取样化验合格为止。

附录 A　给排水管道工程分项、分部、单位工程划分

表 A　给排水管道工程分项、分部、单位工程划分表

单位工程（子单位工程）			开（挖）槽施工的管道工程、大型顶管工程、盾构管道工程、浅埋暗挖管道工程、大型沉管工程、大型桥管工程	
分部工程（子分部工程）			分项工程	验　收　批
土方工程			沟槽土方（沟槽开挖、沟槽支撑、沟槽回填）、基坑土方（基坑开挖、基坑支护、基坑回填）	与下列验收批对应
管道主体工程	预制管开槽施工主体结构	金属类管、混凝土类管、预应力钢筒混凝土管、化学建材管	管道基础、管道接口连接、管道铺设、管道防腐层（管道内防腐层、钢管外防腐层）、钢管阴极保护	可选择下列方式划分：①按流水施工长度；②排水管道按井段；③给水管道按一定长度连续施工段或自然划分段（路段）；④其他便于过程质量控制方法
管道主体工程	管渠（廊）	现浇钢筋混凝土管渠、装配式混凝土管渠、砌筑管渠	管道基础、现浇钢筋混凝土管渠（钢筋、模板、混凝土、变形缝）、装配式混凝土管渠（预制构件安装、变形缝）、砌筑管渠（砖石砌筑、变形缝）、管道内防腐层、管廊内管道安装	每节管渠（廊）或每个流水施工段管渠（廊）
管道主体工程	不开槽施工主体结构	工作井	工作井围护结构、工作井	每座井
管道主体工程	不开槽施工主体结构	顶管	管道接口连接、顶管管道（钢筋混凝土管、钢管）、管道防腐层（管道内防腐层、钢管外防腐层）、钢管阴极保护、垂直顶升	顶管顶进：每100m；垂直顶升：每个顶升管

续表 A

管道主体工程	不开槽施工主体结构	盾构	管片制作、掘进及管片拼装、二次内衬（钢筋、混凝土）、管道防腐层、垂直顶升	盾构掘进：每100环；二次内衬：每施工作业断面；垂直顶升：每个顶升管
管道主体工程	不开槽施工主体结构	浅埋暗挖	土层开挖、初期衬砌、防水层、二次内衬、管道防腐层、垂直顶升	暗挖：每施工作业断面；垂直顶升：每个顶升管
管道主体工程	不开槽施工主体结构	定向钻	管道接口连接、定向钻管道、钢管防腐层（内防腐层、外防腐层）、钢管阴极保护	每 100m
管道主体工程	不开槽施工主体结构	夯管	管道接口连接、夯管管道、钢管防腐层（内防腐层、外防腐层）、钢管阴极保护	每 100m
管道主体工程	沉管	组对拼装沉管	基槽浚挖及管基处理、管道接口连接、管道防腐层、管道沉放、稳管及回填	每 100m（分段拼装按每段，且不大于 100m）
管道主体工程	沉管	预制钢筋混凝土沉管	基槽浚挖及管基处理、预制钢筋混凝土管节制作（钢筋、模板、混凝土）、管节接口预制加工、管道沉放、稳管及回填	每节预制钢筋混凝土管
管道主体工程	桥管		管道接口连接、管道防腐层（内防腐层、外防腐层）、桥管管道	每跨或每100m；分段拼装按每跨或每段，且不大于 100m
附属构筑物工程			井室（现浇混凝土结构、砖砌结构、预制拼装结构）、雨水口及支连管、支墩	同一结构类型的附属构筑物不大于 10 个

注：1　大型顶管工程、大型沉管工程、大型桥管工程及盾构、浅埋暗挖管道工程，可设独立的单位工程；

2　大型顶管工程：指管道一次顶进长度大于 300m 的管道工程；

3　大型沉管工程：指预制钢筋混凝土管沉管工程；对于成品管组对拼装的沉管工程，应为多年平均水位水面宽度不小于 200m，或多年平均水位水面宽度 100～200m 之间，且相应水深不小于 5m；

4　大型桥管工程：总跨长度不小于 300m 或主跨长度不小于 100m；

5　土方工程中涉及地基处理、基坑支护等，可按现行国家标准《建筑地基基础工程施工质量验收规范》GB 50202 等相关规定执行；

6　桥管的地基与基础、下部结构工程，可按桥梁工程规范的有关规定执行；

7　工作井的地基与基础、围护结构工程，可按现行国家标准《建筑地基基础工程施工质量验收规范》GB 50202、《混凝土结构工程施工质量验收规范》GB 50204、《地下防水工程质量验收规范》GB 50208、《给水排水构筑物工程施工及验收规范》GB 50141 等相关规定执行。

附录B　分项、分部、单位工程质量验收记录

B.0.1　验收批的质量验收记录由施工项目专业质量检查员填写，监理工程师（建设项目专业技术负责人）组织施工项目专业质量检查员进行验收，并按表B.0.1记录。

表B.0.1　分项工程（验收批）质量验收记录表

编号：__________

工程名称		分部工程名称		分项工程名称	
施工单位		专业工长		项目经理	
验收批名称、部位					
分包单位		分包项目经理		施工班组长	

	质量验收规范规定的检查项目及验收标准		施工单位检查评定记录	监理（建设）单位验收记录
主控项目	1			
	2			
	3			
	4			
	5			合格率
	6			合格率
一般项目	1			
	2			
	3			
	4			合格率
	5			合格率
	6			合格率

施工单位检查评定结果	项目专业质量检查员：　　　　年　月　日
监理（建设）单位验收结论	监理工程师（建设单位项目专业技术负责人）　　　　年　月　日

B.0.2 分项工程质量应由监理工程师（建设项目专业技术负责人）组织施工项目技术负责人等进行验收，并按表 B.0.2 记录。

表 B.0.2 分项工程质量验收记录表

编号：__________

工程名称		分项工程名称		验收批数	
施工单位		项目经理		项目技术负责人	
分包单位		分包单位负责人		施工班组长	
序号	验收批名称、部位	施工单位检查评定结果	监理（建设）单位验收结论		
1					
2					
3					
4					
5					
6					
7					
8					
9					
10					
11					
12					
13					
14					
15					
16					
17					
18					
19					
检查结论	施工项目 技术负责人： 年 月 日	验收结论	监理工程师 （建设项目专业技术负责人） 年 月 日		

B.0.3 分部（子分部）工程质量应由总监理工程师和建设项目专业负责人、组织施工项目经理和有关单位项目负责人进行验收，并按表B.0.3记录。

表B.0.3 分部（子分部）工程质量验收记录表

编号：__________

工程名称				分部工程名称	
施工单位		技术部门负责人		质量部门负责人	
分包单位		分包单位负责人		分包技术负责人	
序号	分项工程名称	验收批数	施工单位检查评定	验收意见	
1					
2					
3					
4					
5					
6					
7					
8					
9					
质量控制资料					
安全和功能检验（检测）报告					
观感质量验收					
验收单位	分包单位	项目经理		年 月 日	
	施工单位	项目经理		年 月 日	
	设计单位	项目负责人		年 月 日	
	监理单位	总监理工程师		年 月 日	
	建设单位	项目负责人（专业技术负责人）		年 月 日	

B.0.4 单位（子单位）工程质量竣工验收应按表 B.0.4-1～表 B.0.4-4 记录。单位（子单位）工程质量竣工验收记录由施工单位填写，验收结论由监理（建设）单位填写，综合验收结论由参加验收各方共同商定，建设单位填写；并应对工程质量是否符合规范规定和设计要求及总体质量水平做出评价。

表 B.0.4-1 单位（子单位）工程质量竣工验收记录表

编号：________

<table>
<tr><td colspan="2">工程名称</td><td></td><td>类型</td><td></td><td>工程造价</td><td></td></tr>
<tr><td colspan="2">施工单位</td><td></td><td>技术负责人</td><td></td><td>开工日期</td><td></td></tr>
<tr><td colspan="2">项目经理</td><td></td><td>项目技术负责人</td><td></td><td>竣工日期</td><td></td></tr>
<tr><td>序号</td><td>项目</td><td colspan="3">验收记录</td><td colspan="2">验收结论</td></tr>
<tr><td>1</td><td>分部工程</td><td colspan="3">共　　分部，经查　　分部
符合标准及设计要求　　分部</td><td colspan="2"></td></tr>
<tr><td>2</td><td>质量控制资料核查</td><td colspan="3">共　项，经审查符合要求　　项，
经核定符合规范规定　　项</td><td colspan="2"></td></tr>
<tr><td>3</td><td>安全和主要使用功能核查及抽查结果</td><td colspan="3">共核查　　项，符合要求　　项，
共抽查　　项，符合要求　　项，
经返工处理符合要求　　项</td><td colspan="2"></td></tr>
<tr><td>4</td><td>观感质量检验</td><td colspan="3">共抽查　　项，符合要求　　项，
不符合要求　　项</td><td colspan="2"></td></tr>
<tr><td>5</td><td>综合验收结论</td><td colspan="5"></td></tr>
<tr><td rowspan="2">参加验收单位</td><td colspan="2">建设单位</td><td colspan="2">设计单位</td><td>施工单位</td><td>监理单位</td></tr>
<tr><td colspan="2">（公章）
项目负责人
年　月　日</td><td colspan="2">（公章）
项目负责人
年　月　日</td><td>（公章）
项目负责人
年　月　日</td><td>（公章）
总监理工程师
年　月　日</td></tr>
</table>

B.0.4-2　单位（子单位）工程质量控制资料核查表

<table>
<tr><td colspan="2">工程名称</td><td></td><td>施工单位</td><td colspan="2"></td></tr>
<tr><td>序号</td><td colspan="3">资料名称</td><td>份数</td><td>核查意见</td></tr>
<tr><td>1</td><td>材质质量保证资料</td><td colspan="2">①管节、管件、管道设备及管配件等；②防腐层材料、阴极保护设备及材料；③钢材、焊材、水泥、砂石、橡胶止水圈、混凝土、砖、混凝土外加剂、钢制构件、混凝土预制构件</td><td></td><td></td></tr>
<tr><td>2</td><td>施工检测</td><td colspan="2">①管道接口连接质量检测（钢管焊接无损探伤检验、法兰或压兰螺栓拧紧力矩检测、熔焊检验）；②内外防腐层（包括补口、补伤）防腐检测；③预水压试验；④混凝土强度、混凝土抗渗、混凝土抗冻、砂浆强度、钢筋焊接；⑤回填土压实度；⑥柔性管道环向变形检测；⑦不开槽施工土层加固、支护及施工变形等测量；⑧管道设备安装测试；⑨阴极保护安装测试；⑩桩基完整性检测、地基处理检测</td><td></td><td></td></tr>
<tr><td>3</td><td>结构安全和使用功能性检测</td><td colspan="2">①管道水压试验；②给水管道冲洗消毒；③管道位置及高程；④浅埋暗挖管道、盾构管片拼装变形测量；⑤混凝土结构管道渗漏水调查；⑥管道及抽升泵站设备（或系统）调试、电气设备电试；⑦阴极保护系统测试；⑧桩基动测、静载试验</td><td></td><td></td></tr>
<tr><td>4</td><td>施工测量</td><td colspan="2">①控制桩（副桩）、永久（临时）水准点测量复核；②施工放样复核；③竣工测量</td><td></td><td></td></tr>
<tr><td>5</td><td>施工技术管理</td><td colspan="2">①施工组织设计（施工方案）、专题施工方案及批复；②焊接工艺评定及作业指导书；③图纸会审、施工技术交底；④设计变更、技术联系单；⑤质量事故（问题）处理；⑥材料、设备进场验收；计量仪器校核报告；⑦工程会议纪要；⑧施工日记</td><td></td><td></td></tr>
<tr><td>6</td><td>验收记录</td><td colspan="2">①验收批、分项、分部（子分部）、单位（子单位）工程质量验收记录；②隐蔽验收记录</td><td></td><td></td></tr>
<tr><td>7</td><td>施工记录</td><td colspan="2">①接口组对拼装、焊接、拴接、熔接；②地基基础、地层等加固处理；③桩基成桩；④支护结构施工；⑤沉井下沉；⑥混凝土浇筑；⑦管道设备安装；⑧顶进（掘进、钻进、夯进）；⑨沉管沉放及桥管吊装；⑩焊条烘陪、焊接热处理；⑪防腐层补口补伤等</td><td></td><td></td></tr>
<tr><td>8</td><td>竣工图</td><td colspan="2"></td><td></td><td></td></tr>
<tr><td colspan="3">结论：

施工项目经理：
年　月　日</td><td colspan="3">结论：

总监理工程师：
年　月　日</td></tr>
</table>

表 B.0.4-3　单位（子单位）工程观感质量核查表

工程名称			施工单位			
序号	检查项目		抽查质量情况	好	中	差
1	管道工程	管道、管道附件位、附属构筑物位置				
2		管道设备				
3		附属构筑物				
4		大口径管道（渠、廊）：管道内部、管廊内管道安装				
5		地上管道（桥管、架空管、虹吸管）及承重结构				
6		回填土				
7	顶管、盾构、浅埋暗挖、定向钻、夯管	管道结构				
8		防水、防腐				
9		管缝（变形缝）				
10		进、出洞口				
11		工作坑（井）				
12		管道线形				
13		附属构筑物				
14	抽升泵站	下部结构				
15		地面建筑				
16		水泵机电设备、管道安装及基础支架				
17		防水、防腐				
18		附属设施、工艺				
观感质量综合评价						
结论： 施工项目经理： 年　月　日			结论： 总监理工程师： 年　月　日			

注：地面建筑宜符合现行国家标准《建筑工程施工质量验收统一标准》GB 50300 的有关规定。

表 B.0.4-4　单位（子单位）工程结构安全和使用功能性检测记录表

工程名称		施工单位	
序号	安全和功能检查项目	资料核查意见	功能抽查结果
1	压力管道水压试验（无压力管道严密性试验）记录		
2	给水管道冲洗消毒记录及报告		
3	阀门安装及运行功能调试报告及抽查检验		
4	其他管道设备安装调试报告及功能检测		
5	管道位置高程及管道变形测量及汇总		
6	阴极保护安装及系统测试报告及抽查检验		
7	防腐绝缘检测汇总及抽查检验		
8	钢管焊接无损检测报告汇总		
9	混凝土试块抗压强度试验汇总		
10	混凝土试块抗渗、抗冻试验汇总		
11	地基基础加固检测报告		
12	桥管桩基础动测或静载试验报告		
13	混凝土结构管道渗漏水调查记录		
14	抽升泵站的地面建筑		
15	其他		
结论： 施工项目经理： 年　月　日		结论： 总监理工程师： 年　月　日	

注：抽升泵站的地面建筑宜符合现行国家标准《建筑工程施工质量验收统一标准》GB 50300 的有关规定。

附录C 注水法试验

C.0.1 压力升至试验压力后开始计时，每当压力下降，应及时向管道内补水，但最大压降不得大于0.03MPa，保持管道试验压力恒定，恒压延续时间不得少于2h，并计量恒压时间内补入试验管段内的水量。

C.0.2 实测渗水量应按式（C.0.1）计算：

$$q=\frac{W}{T\cdot L}\times 1000 \tag{C.0.1}$$

式中 q——实测渗水量（L/min·km）；

W——恒压时间内补入管道的水量（L）；

T——从开始计时至保持恒压结束的时间（min）；

L——试验管段的长度（m）。

C.0.3 注水法试验应进行记录，记录表格宜符合表C.0.3的规定。

表C.0.3 注水法试验记录表

工程名称			试验日期		年　月　日	
桩号及地段						
管道内径（mm）	管材种类		接口种类		试验段长度（m）	
工作压力（MPa）	试验压力（MPa）		15min降压值（MPa）		允许渗水量[L/(min·km)]	
渗水量测定记录	次数	达到试验压力的时间 t_1	恒压结束时间 t_2	恒压时间 T(min)	恒压时间内补入的水量 W(L)	实测渗水量 q[L/(min·m)]
	1					
	2					
	3					
	4					
	5					
	折合平均实测渗水量[L/(min·km)]					
外观						
评语						

施工单位：　　　　试验负责人：

监理单位：　　　　设计单位：

建设单位：　　　　记录员：

附录D 闭水法试验

D.0.1 闭水法试验应符合下列程序：

1 试验管段灌满水后浸泡时间不应少于24h；

2 试验水头应按本规范第9.3.4条的规定确定；

3 试验水头达规定水头时开始计时，观测管道的渗水量，直至观测结束时，应不断地向试验管段内补水，保持试验水头恒定。渗水量的观测时间不得小于30min；

4 实测渗水量应按下式计算：

$$q=\frac{W}{T\cdot L} \tag{D.0.1}$$

式中 q——实测渗水量[L/(min·m)]；

W——补水量（L）；

T——实测渗水观测时间（min）；

L——试验管段的长度（m）。

D.0.2 闭水试验应作记录，记录表格应符合表D.0.2的规定。

表D.0.2 管道闭水试验记录表

工程名称			试验日期		年　月　日	
桩号及地段						
管道内径（mm）	管材种类		接口种类		试验段长度（m）	
试验段上游设计水头（m）	试验水头（m）		允许渗水量[m³/(24h·km)]			
渗水量测定记录	次数	观测起始时间 T_1	观测结束时间 T_2	恒压时间 T(min)	恒压时间内补入的水量 W(L)	实测渗水量 q[L/(min·m)]
	1					
	2					
	3					
	折合平均实测渗水量[m³/(24h·km)]					
外观记录						
评语						

施工单位：　　　　试验负责人：

监理单位：　　　　设计单位：

建设单位：　　　　记录员：

附录E 闭气法试验

E.0.1 将进行闭气检验的排水管道两端用管堵密封，然后向管道内填充空气至一定的压力，在规定闭气时间测定管道内气体的压降值。检验装置如图E.0.1所示。

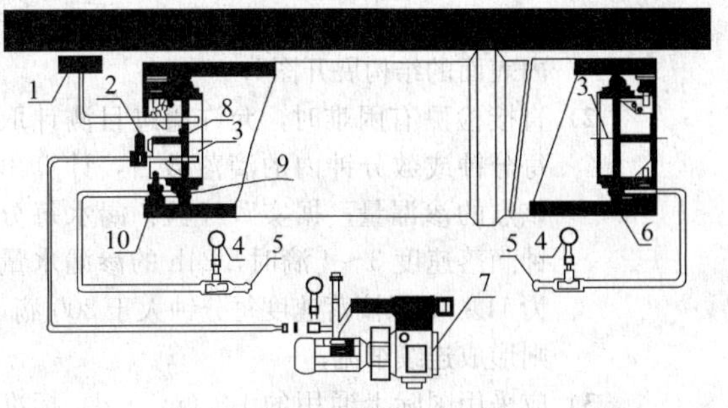

图 E.0.1 排水管道闭气检验装置图

1—膜盒压力表；2—气阀；3—管堵塑料封板；
4—压力表；5—充气嘴；6—混凝土排水管道；
7—空气压缩机；8—温度传感器；
9—密封胶圈；10—管堵支撑脚

E.0.2 检验步骤应符合下列规定：

1 对闭气试验的排水管道两端管口与管堵接触部分的内壁应进行处理，使其洁净磨光；

2 调整管堵支撑脚，分别将管堵安装在管道内部两端，每端接上压力表和充气罐，如图 E.0.1 所示；

3 用打气筒向管堵密封胶圈内充气加压，观察压力表显示至 0.05～0.20MPa，且不宜超过 0.20MPa，将管道密封；锁紧管堵支撑脚，将其固定；

4 用空气压缩机向管道内充气，膜盒表显示管道内气体压力至 3000Pa，关闭气阀，使气体趋于稳定，记录膜盒表读数从 3000Pa 降至 2000Pa 历时不应少于 5min；气压下降较快，可适当补气；下降太慢，可适当放气；

5 膜盒表显示管道内气体压力达到 2000Pa 时开始计时，在满足该管径的标准闭气时间规定（见本规范表 9.4.4），计时结束，记录此时管内实测气体压力 P，如 $P \geqslant 1500$Pa 则管道闭气试验合格，反之为不合格；管道闭气试验记录表见表 E.0.2；

表 E.0.2 管道闭气检验记录表

工程名称					
施工单位					
起止井号	号井段至＿＿＿号井段＿＿＿共＿＿＿m				
管径	φ＿＿mm＿＿管		接口种类		
试验日期		试验次数	第＿次 共＿次	环境温度	℃
标准闭气时间(s)					
≥1600mm 管道的内压修正	起始温度 T_1(s)	终止温度 T_2(s)	标准闭气时间时的管内压力值 P(Pa)	修正后管内气体压降值 ΔP(Pa)	
检验结果					

施工单位：　　　　　　　　　试验负责人：
监理单位：　　　　　　　　　设计单位：
建设单位：　　　　　　　　　记录员：

6 管道闭气检验完毕，必须先排除管道内气体，再排除管堵密封圈内气体，最后卸下管堵；

7 管道闭气检验工艺流程应符合图 E.0.2 规定。

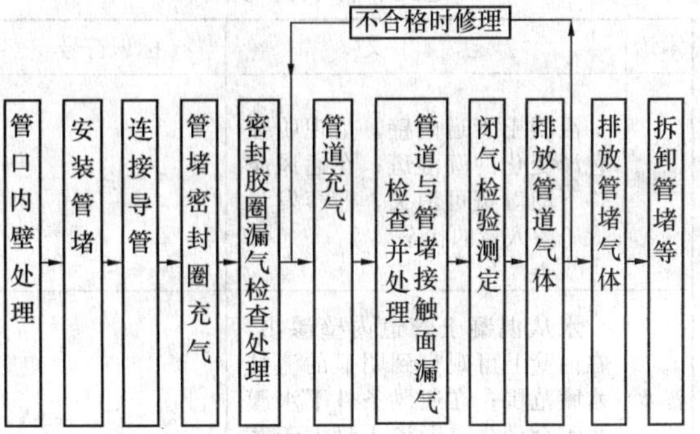

图 E.0.2 管道闭气检验工艺流程图

E.0.3 漏气检查应符合下列规定：

1 管堵密封胶圈严禁漏气。

检查方法：管堵密封胶圈充气达到规定压力值 2min 后，应无压降。在试验过程中应注意检查和进行必要的补气。

2 管道内气体趋于稳定过程中，用喷雾器喷洒发泡液检查管道漏气情况。

检查方法：检查管堵对管口的密封，不得出现气泡；检查管口及管壁漏气，发现漏气应及时用密封修补材料封堵或作相应处理；漏气部位较多时，管内压力下降较快，要及时进行补气，以便作详细检查。

附录 F 混凝土结构无压管道渗水量测与评定方法

F.0.1 混凝土结构无压管道渗水量测与评定适用于下列条件：

1 大口径（$D_i \geqslant 1500$mm）钢筋混凝土结构的无压管道；

2 地下水位高于管道顶部；

3 检查结果应符合设计要求的防水等级标准；无设计要求时，不得有滴漏、线流现象。

F.0.2 漏水调查应符合下列规定：

1 施工单位应提供管道工程的“管内表面的结构展开图”；

2 “管内表面的结构展开图”应按下列要求进行详细标示：

1）检查中发现的裂缝，并标明其位置、宽度、长度和渗漏水程度；

2）经修补、堵漏的渗漏水部位；

3）有渗漏水，但满足设计防水等级标准允许渗漏要求而无需修补的部位；

3 经检查、核对标示好的“管内表面的结构展开图”应纳入竣工验收资料。

F.0.3 渗漏水程度描述使用的术语、定义和标识符号，可按表F.0.3采用。

表F.0.3 渗漏水程度描述使用的术语、定义和标识符号

术语	定义	标识符号
湿渍	混凝土管道内壁，呈现明显色泽变化的潮湿斑；在通风条件下潮湿斑可消失，即蒸发量大于渗入量的状态	#
渗水	水从混凝土管道内壁渗出，在内壁上可观察到明显的流挂水膜范围；在通风条件下水膜也不会消失，即渗入量大于蒸发量的状态	○
水珠	悬挂在混凝土管道内壁顶部的水珠、管道内侧壁渗漏水用细短棒引流并悬挂在其底部的水珠，其滴落间隔时间超过1min；渗漏水用干棉纱能够拭干，但短时间内可观察到擦拭部位从湿润至水渗出的变化	◇
滴漏	悬挂在混凝土管道内壁顶部的水珠、管道内侧壁渗漏水用细短棒引流并悬挂在其底部的水珠，其滴落速度每min至少1滴；渗漏水用干棉纱不易拭干，且短时间内可明显观察到擦拭部位有水渗出和集聚的变化	▽
线流	指渗漏水呈线流、流淌或喷水状态	↓

F.0.4 管道内有结露现象时，不宜进行渗漏水检测。

F.0.5 管道内壁表面渗漏水程度宜采用下列检测方法：

1 湿渍点：用手触摸湿斑，无水分浸润感觉；用吸墨纸或报纸贴附，纸不变颜色；检查时，用粉笔勾划出施渍范围，然后用钢尺测量长宽并计算面积，标示在“管内表面的结构展开图”；

2 渗水点：用手触摸可感觉到水分浸润，手上会沾有水分；用吸墨纸或报纸贴附，纸会浸润变颜色；检查时，要用粉笔勾划出渗水范围，然后用钢尺测量长宽并计算面积，标示在“管内表面的结构展开图”；

3 水珠、滴漏、线流等漏水点宜采用下列方法检测：

1）管道顶部可直接用有刻度的容器收集测量；侧壁或底部可用带有密封缘口的规定尺寸方框，安装在测量的部位，将渗漏水导入量测容器内或直接量测方框内的水位；计算单位时间的渗漏水量（单位为L/min或L/h等），并将每个漏水点位置、单位时间的渗漏水量标示在“管内表面的结构展开图”；

2）直接检测有困难时，允许通过目测计取每分钟或数分钟内的滴落数目，计算出该点的渗漏量；据实践经验：漏水每分钟滴落速度3～4滴时，24h的渗漏水量为1L；如果滴落速度每分钟大于300滴，则形成连续细流；

3）应采用国际上通用的L/（m^2·d）标准单位；

4）管道内壁表面积等于管道内周长与管道延长的乘积。

F.0.6 管道总渗漏水量的量测可采用下列方法，并应通过计算换算成L/（m^2·d）标准单位：

1 集水井积水量测法：测量在设定时间内的集水井水位上升数值，通过计算得出渗漏水量；

2 管道最低处积水量测法：测量在设定时间内的最低处水位上升数值，通过计算得出渗漏水量；

3 有流动水的管道内设量水堰法：量测水堰上开设的V形槽口水流量，然后计算得出渗漏水量；

4 通过专用排水泵的运转，计算专用排水泵的工作时间、排水量，并将排水量换算成渗漏量。

附录G 钢筋混凝土结构外观质量缺陷评定方法

G.0.1 钢筋混凝土结构外观质量缺陷，应根据其对结构性能和使用功能影响的严重程度，按表G.0.1的规定进行评定。

表G.0.1 钢筋混凝土结构外观质量缺陷评定

名称	现象	严重缺陷	一般缺陷
露筋	钢筋未被混凝土包裹而外露	纵向受力钢筋部位	其他钢筋有少量
蜂窝	混凝土表面缺少水泥砂浆而形成石子外露	结构主要受力部位	其他部位有少量
孔洞	混凝土中孔穴深度和长度超过保护层厚度	结构主要受力部位	其他部位有少量
夹渣	混凝土中夹有杂物且深度超过保护层厚度	结构主要受力部位	其他部位有少量
疏松	混凝土中局部不密实	结构主要受力部位	其他部位有少量
裂缝	缝隙从混凝土表面延伸至混凝土内部	结构主要受力部位有影响结构性能或使用功能的裂缝	其他部位有少量不影响结构性能或使用功能的裂缝

续表 G.0.1

名称	现　象	严重缺陷	一般缺陷
连接部位	结构连接处混凝土缺陷及连接钢筋、连接件松动	连接部位有影响结构传力性能的缺陷	连接部位基础不影响结构传力性能的缺陷
外形	缺棱掉角、棱角不直、翘曲不平、飞边凸肋等	清水混凝土结构有影响使用功能或装饰效果的缺陷	其他混凝土结构不影响使用功能的缺陷
外表	结构表面麻面、掉皮、起砂、沾污等	具有重要装饰效果的清水混凝土结构缺陷	其他混凝土结构不影响使用功能的缺陷

附录 H　聚氨酯（PU）涂层

H.1　聚氨酯涂料

H.1.1　聚氨酯涂料防腐层的性能应符合表 H.1.1 的规定。

表 H.1.1　聚氨酯涂料防腐层性能

序号	项　目	性能指标	试验方法
1	附着力(级)	≤2	SY/T 0315
2	阴极剥离(65℃,48h)(mm)	≤12	SY/T 0315
3	耐冲击(J/m)	≥5	SY/T 0315
4	抗弯曲(1.5°)	涂层无裂纹和分层	SY/T 0315
5	耐磨性(Cs17 砂轮，1kg，1000 转)(mg)	≤100	GB/T 1768
6	吸水性(24h,%)	≤3	GB/T 1034
7	硬度(Shore D)	≥65	GB/T 2411
8	耐盐雾(1000h)	涂层完好	GB/T 1771
9	电气强度(MV/m)	≥20	GB/T 1408.1
10	体积电阻率(Ω·m)	1×10^{13}	GB/T 1410
11	耐化学介质腐蚀(10%硫酸、30%氯化钠、30%氢氧化钠、2 号柴油,30d)	涂层完整、无起泡、无脱落	GB 9274

H.1.2　聚氨酯涂料应有出厂质量证明书及检验报告、使用说明书、出厂合格证等技术资料。用于输送饮用水管道内壁或与人体接触的聚氨酯涂料，应有国家合法部门出具的适用于饮用水的检验报告等证明文件。

H.1.3　聚氨酯涂料应包装完好，并在包装上标明制造商名称、产品名称、型号、批号、产品数量、生产日期及有效期等。

H.1.4　涂敷作业应按制造厂家提供的使用说明书的要求存放聚氨酯涂料。

H.1.5　对每种牌（型）号的聚氨酯涂料，在使用前均应由合法检测部门按本标准规定的性能项目进行检验。

H.1.6　涂敷作业应对每一生产批聚氨酯涂料按规定的聚氨酯指标主要性能进行质量复检。不合格的涂料不能用于涂敷。

H.2　涂 敷 工 艺

H.2.1　表面预处理应符合下列规定：

1　钢材除锈等级应达到现行国家标准《涂装前钢材表面锈蚀等级和除锈等级》GB 8923—1988 中规定的 Sa2$\frac{1}{2}$级的要求，表面锈纹深度达到 40～100μm。

2　表面温度应高于露点温度 3℃以上，且相对湿度应低于 85%，方可进行除锈作业。

3　除锈合格的表面一般应在 8h 内进行防腐层的涂敷，如果出现返锈，必须重新进行表面处理。

H.2.2　外防腐层涂敷应符合下列规定：

1　涂敷环境条件：表面温度应高于露点温度 3℃以上，相对湿度应低于 85%，方可进行涂敷作业。环境温度与管节温度应维持在制造厂家所建议的范围内。雨、雪、雾、风沙等气候条件下，应停止防腐层的露天作业。

2　管材及涂敷材料的加热：需要对被涂敷的管节进行加热时，应限制在制造厂家所规定的温度限值之内，并保证管节表面不被污染。加热方法及加热温度应依照制造厂家的建议。

3　涂敷方法：应按制造厂家的技术说明书进行涂敷，可使用手工涂刷或双组分高压无气热喷涂设备进行喷涂。

4　涂敷间隔：每道防腐层喷涂之间的时间间隔应小于制造厂家技术说明书的规定值。

5　复涂：

1）涂敷厚度未达到规定厚度时，且未超过制造厂家所规定的可复涂时间，可再涂敷同种涂料以达到规定的厚度，但不得有分层现象；

2）已超过制造厂家所规定的可复涂时间的防腐层，必须全部清除干净，重新涂敷。

6　管端预留长度按照设计要求执行。

H.3　涂层质量检验

H.3.1　涂层质量应按制造厂家标示的涂料固化所需时间进行固化检查，防腐层不得有未干硬或黏腻性、潮湿或黏稠区域。

H.3.2 防腐层外观应全部目视检查，防腐层上不得出现尖锐的突出部、龟裂、气泡和分层等缺陷，微量凹陷、小点或皱褶的面积不超过总面积的10%可视为合格。

H.3.3 防腐层厚度应采用磁性测厚仪逐根测量。内防腐层检测距管口大于150mm范围内的两个截面，外防腐层随机抽取三个截面。每个截面测量上、下、左、右四点的防腐层厚度。所有结果符合表H.3.3规定或设计要求值为合格。

表 H.3.3 无溶剂聚氨酯涂料内外防腐层的厚度

管材	外防腐层厚度	内防腐层厚度
钢管	≥500μm	≥500μm
焊缝处防腐层的厚度，不得低于管本体防腐层规定厚度的80%		

H.3.4 防腐层检漏应采用电火花检漏仪对防腐层面积进行100%检漏，检漏电压为5V/μm，发现漏点及时修补。

本规范用词说明

1 为了便于在执行本规范条文时区别对待，对要求严格程度不同的用词说明如下：

1) 表示很严格，非这样做不可的用词：
正面词采用“必须”，反面词采用“严禁”；

2) 表示严格，在正常情况下均应这样做的用词：
正面词采用“应”，反面词采用“不应”或“不得”；

3) 表示允许稍有选择，在条件许可时首先应这样做的用词：
正面词采用“宜”，反面词采用“不宜”；
表示有选择，在一定条件下可以这样做的，采用“可”。

2 条文中指定应按其他有关标准、规范执行时，写法为：“应符合……的规定”或“应按……执行”。

中华人民共和国国家标准

给水排水管道工程施工及验收规范

GB 50268—2008

条 文 说 明

目　次

1 总 则

1.0.1 《给水排水管道工程施工及验收规范》GB 50268—97（以下简称原“规范”）颁布执行已有11年之久，对我国给排水管道工程建设起到了积极作用。近些年来随着国民经济和城市建设的飞速发展，给排水管道工程技术的提高，施工机械与设备的更新，管材品种及结构的发展；原“规范”的内容已不能满足当前给排水管道工程建设与施工的需要。为了规范施工技术，统一施工质量检验、验收标准，确保工程质量；特对原“规范”进行修订，并将《市政排水管渠工程质量检验评定标准》CJJ 3内容纳入《给水排水管道工程施工及验收规范》。

修订后的《给水排水管道工程施工及验收规范》（以下简称本规范）定位于指导全国各地区进行给排水管道工程施工与验收工作的通用性标准，需要明确施工（含技术、质量、安全）要求，对检验与验收的工程项目划分、检验与验收合格标准及组织程序做出具体规定。

1.0.2 本规范适用于房屋建筑外部的给排水管道工程，其主要针对城镇和工业区常用的开槽施工的管道，不开槽施工的管道，桥管、沉管管道及附属构筑物等工程的施工要求及验收标准进行规定。

1.0.3 本条为强制性条文。给排水管道工程所使用的管材、管道附件及其他材料的品种类型较多、产品规格不统一，产品质量会直接影响工程结构安全使用功能及环境保护。为此，管材、管件及其他材料必须符合国家有关的产品标准。为保障人民身体健康，供应生活饮用水管道的卫生性能必须符合国家标准《生活饮用水输配水设备及防护材料的安全性评价标准》GB/T 17219规定。本规范推倡应用新材料、新技术、新工艺，严禁使用国家明令淘汰、禁用的产品。

1.0.4 给排水管道工程建设与施工必须遵守国家的法令法规。当工程有具体要求而本规范又无规定时，应执行国家相关规范、标准，或由建设、设计、施工、监理等有关方面协商解决。

本规范所引用的国家有关规范、规程、标准均为现行且有效的，条文中给出编号，以便于使用时查找。

2 术 语

2.0.1 压力管道沿用了原“规范”的术语，定义为管道内输送的介质是在压力状态下运行，工作压力大于或等于0.1MPa的给排水管道；并以此来界定压力管道和无压管道。

2.0.3～2.0.6 刚性管道、柔性管道、刚性接口和柔性接口的术语参考了《管道工程结构常用术语》CECS 83：96和《给水排水工程管道结构设计规范》GB 50332－2002；在结构设计上柔性管道、刚性管道的区分主要是考虑或不考虑管道和管周土体弹性抗力共同承担荷载。柔性管道失效通常由管道的环向变形过大造成，因而在工程施工涉及到基础处理与回填要求不同。

2.0.7 化学（又称化工）建材管的术语参考了《给水排水工程管道结构设计规范》GB 50332－2002，将施工安装方式类似的硬聚氯乙烯管（UPVC）、聚乙烯管（HDPE）、玻璃纤维管或玻璃纤维增强热固性塑料管（FRP）、钢塑复合管等管材统称为“化学建材管”，而不涉及其他类别（如PB、ABS等管材）的“化学管材”；并将玻璃纤维管或玻璃纤维增强热固性塑料管简称为“玻璃钢管”，以便于工程施工应用。

2.0.17 沉管法主要有：浮运法（或漂浮敷设法）指管道在水面浮运（拖）到位后下沉的施工方法；底拖法（或牵引敷设法）指管道从水底拖入槽内的施工方法；铺管船法指管道在船只上发送并通过船只沿规定线路进行下沉的施工方法。

2.0.20～2.0.23 给水排水管道的功能性试验包括管道严密性试验（leak test）和管道的水压试验（water pressure test）。管道严密性试验应包括管道闭水试验（water obturation test）和管道闭气试验（pneumatic pressure test）。本规范分别给出了水压试验、闭水试验和闭气试验的术语解释。

其他术语从工程实践实际应用的角度，参照《给水排水设计基本术语标准》GBJ 125、《管道工程结构常用术语》CECS 83：96及有关标准、规程中的术语赋予其涵义，但涵义不一定是术语的定义。同时还分别给出了相应的推荐性英文术语，该英文术语也不一定是国际通用的标准术语，仅供参考。

3 基 本 规 定

3.1 施工基本规定

3.1.1 本条规定从事给排水管道工程的施工单位应具备相应的施工资质，施工人员应具备相应的资格；给排水管道工程施工和质量管理应具有相应的施工技术标准；这些都是工程施工管理和质量控制的基本规定。

3.1.3 本条根据给排水管道工程施工的特点，强调施工准备中对现场沿线及周围环境进行调查，以便了解并掌握地下管线等建（构）筑物真实资料；是基于近年来的工程实践经验与教训而作出的规定。

3.1.4 工程施工项目应实行自审、会审（交底）和签证制度，这是工程施工准备中重要环节；发现施工图有疑问、差错时，应及时提出意见和建议；如需变更设计，应按照相应程序报审，经相关单位签证认定后实施。

3.1.5 本条为强制性条文，对施工组织设计和施工方案的编制以及审批程序做出规定。施工组织设计的核心是施工方案，本规范重点对施工方案做出具体规定；对于施工组织设计和施工方案审批程序，各地、各行业均有不同的规定，本规范不宜对此进行统一的规定，而强调其内容要求和按"规定程序"审批后执行。

3.1.7、3.1.8 为施工测量条文，原"规范"列为施工准备内容。本次修订没有增加更多内容，主要考虑施工测量已有《工程测量规范》GB 50026 和《城市测量规范》CJJ 8 的具体规定，本规范仅列出专业的基本规定。

3.1.9 本条为强制性条文，规定工程所用的管材、管件、构（配）件和主要原材料等产品应执行进场验收制和复验制，验收合格后方可使用。

3.1.13 根据住房和城乡建设部的有关规定，施工单位必须取得安全生产许可证；且对安全风险较高的分项工程和特种作业应制定专项施工方案。

3.1.15 本条为强制性条文，给出了给排水管道工程施工质量控制基本规定：

第1款强调工程施工中各分项工程应按照施工技术标准进行质量控制，且在完成后进行检验（自检）；

第2款强调各分项工程之间应进行交接检验（互检），所有隐蔽分项工程应进行隐蔽验收，规定未经检验或验收不合格不得进行其后分项工程或下道工序。分项工程和工序在概念上应有所不同的，一项分项工程由一道或若干工序组成，不应视同使用。

3.2 质量验收基本规定

3.2.1 本条规定给排水管道工程施工质量验收基础条件是施工单位自检合格，并应按验收批、分项工程、分部（子分部）工程、单位（子单位）工程依序进行。

本条第7款规定验收批是工程项目验收的基础，验收分为主控项目和一般项目。主控项目，即在管道工程中的对结构安全和使用功能起决定性作用的检验项目，一般项目，即除主控项目以外的检验项目，通常为现场实测实量的检验项目又称为允许偏差项目。检查方法和检查数量在相关条文中规定，检查数量未规定者，即为全数检查。

本条第10款强调工程的外观质量应由质量验收人员通过现场检查共同确认，这是考虑外观（观感）质量通常是定性的结论，需要验收人员共同确认。

3.2.2 给排水管道工程的特点是线形构筑物工程，通常采用分期投资建设，工程招标时将一条管线分成若干单位工程；工程规模大小决定了工程项目的划分，规模较小的工程通常不划分验收批。本规范附录A给出了单位（子单位）工程、分部（子分部）工程、分项工程和验收批的原则划分，以供使用时参考。应强调的是在工程具体应用时应按照工程施工合同或有关规定，在工程施工前由有关方共同确认。附录B在总结给水排水管道工程多年来实践的基础上，列出了有关的质量验收记录表样式及填写要求。

3.2.3 本条规定了验收批质量验收合格的4项条件：

第1款主控项目，抽样检验或全数检查100%合格；

第2款一般项目，抽样检验的合格率应达到80%，且超差点的最大偏差值应在允许偏差值的1.5倍范围内；

"合格率"的计算公式为：

$$合格率=\frac{同一实测项目中的合格点（组）数}{同一实测项目的应检点（组数）}\times100\%$$

抽样检验必须按照规定的抽样方案（依据本规范所给出的检查数量），随机地从进场材料、构配件、设备或工程检验项目中，按验收批抽取一定数量的样本所进行的检验。

第3款主要工程材料的进场验收和复验合格，试块、试件检验合格；

第4款主要工程材料的质量保证资料以及相关试验检测资料齐全、正确；具有完整的施工操作依据和质量检查记录。

3.2.4 本条规定了分项工程质量验收合格的条件是分项工程所含的验收批均验收合格。当工程不设验收批时，分项工程即为质量验收基础；其验收合格条件应按本规范第3.2.3条规定执行。

3.2.5 当工程规模较大时，可考虑设置子分部工程，其质量验收合格条件同分部工程。

3.2.6 当工程规模较大时，可考虑设置子单位工程，其质量验收合格条件同单位工程。

3.2.7 本条规定了给排水管道工程质量验收不合格品处理的具体规定：返修，系指对工程不符合标准的部位采取整修等措施；返工，系指对不符合标准的部位采取的重新制作、重新施工等措施。返工或返修的验收批或分项工程可以重新验收和评定质量合格。正常情况下，不合格品应在验收批检验或验收时发现，并应及时得到处理，否则将影响后续验收批和相关的分项、分部工程的验收。本规范从"强化验收"促进"过程控制"原则出发，规定施工中所有质量隐患必须消灭在萌芽状态。

但是，由于特定原因在验收批检验或验收时未能及时发现质量不符合标准规定，且未能及时处理或为了避免经济的更大损失时，在不影响结构安全和使用功能条件下，可根据不符合标准的程度按本条规定进行处理。采用本条第4款时，验收结论必须说明原因和附相关单位出具的书面文件资料，并且该单位工程不应评定质量合格，只能写明"通过验收"，责任方应承担相应的经济责任。

3.2.8 本条是强制性条文，强调通过返修或加固处理仍不能满足结构安全或使用要求的分部（子分部）工程、单位（子单位）工程，严禁验收。

3.2.11 本规范规定分包工程验收时，施工单位应派人参加；施工单位系指施工承包单位或总承包单位。

3.2.14 建设单位应依据国务院第279号令《建设工程质量管理条例》及建设部第78号令《房屋建筑工程和市政基础设施工程竣工验收备案管理暂行办法》以及各地方的有关法规规章等规定，报工程所在地建设行政管理部门或其他有关部门办理竣工备案手续。

4 土石方与地基处理

4.1 一 般 规 定

4.1.1 本条系根据《中华人民共和国建筑法》第四十条"建设单位应当向建筑施工企业提供与施工现场相关的地下管线资料，建筑施工企业应当采取措施加以保护"的规定制定的。

4.1.2 本规范保留了对撑板、钢板桩沟槽施工的支撑有关内容，大型给排水管道工程还涉及到围堰、深基槽围护、地基处理等工程，应执行现行国家标准《给水排水构筑物施工及验收规范》GB 50141、《建筑地基基础工程施工质量验收规范》GB 50202的规定。

4.1.4 管道沟槽断面通常分为直槽、梯形槽，大型管道、深埋管道和综合管道应采取分层（步）开挖、分层放坡，并应编制专项施工方案和制定切实可行的安全技术措施；大型管道划分见第4.5.11条的条文说明。

4.1.5 按照《建筑地基基础工程施工质量验收规范》GB 50202—2002附录A.1.1条"所有建（构）筑物均应进行施工验槽"规定，基（槽）坑开挖中发现岩、土质与建设单位提供的设计勘测资料不符或有其他异常情况时，应由建设单位会同建设、设计、勘察、监理等有关单位共同研究处理，由设计单位提出变更设计。

4.1.8 给排水管道施工时，经常与已建的或同时施工的给水、排水、煤气、热力、电缆等地下管道交叉；这些交叉的处理应由设计单位给出具体设计，施工单位按照设计要求施工。

但是，已建管道尤其是管径较小的管道通常在开挖沟槽时才发现；在这种情况下，施工单位应征得设计同意按照本条规定，进行管道交叉处理施工。

4.2 施工降排水

4.2.1 本条对施工降排水方案主要内容作出了具体规定，强调城市施工中降排水应对沿线地下和地上管线、建（构）筑物进行保护，以确保施工安全；降排水方案应经过技术经济比选，必要时应经过专家论证。

4.2.3 本条按照《建筑与市政降水工程技术规范》JGJ/T 111对管道沟槽降水井的平面布置作出具体规定。通常，降水井应在管道沟槽的两侧布置。

4.2.6 本条强调施工降排水终止抽水后，应及时用砂、石等材料填充排水井及拔除井点管所留的孔洞，以防止人、动物不慎坠落，酿成事故。

4.3 沟槽开挖与支护

4.3.1 沟槽开挖与支护的施工，通常采用木板桩和钢板桩，沟槽回填时应按照本规范规定拆除；在软土层或邻近建（构）筑物等情况下施工时，应采取喷锚支护、灌注桩等围护形式。

4.3.2 管道开挖宽度应符合设计要求，设计无具体要求时，本条给出计算公式和参考宽度（表4.3.2管道一侧的工作面宽度）；表4.3.2在原"规范"表3.2.1基础上根据工程实践经验进行了修改。混凝土类管指钢筋混凝土管、预（自）应力混凝土管和预应力钢筒混凝土管；金属类管指钢管和球墨铸铁管。

本规范中：D_o表示管外径或公称外径，D_i表示管内径或公称内径。

4.3.3 本条参照现行国家标准《岩土工程勘察规范》GB 50021规定，取消了原"规范"中"轻亚黏土"的类别；表4.3.3给出了沟槽的坡度控制值，供施工时参考；有当地施工经验时，可不必受表中数值约束。

4.3.4 本条对沟槽每侧堆土或施加其他荷载作出规定，堆土高度应在施工方案中作出设计；软土层沟槽坡顶不宜设置静载或动载；需要设置时，应对土的承载力和边坡的稳定性进行验算。

4.3.5 本条保留了原"规范"人工开挖的规定，现在沟槽开挖大多采用机械，因机械性能不同，沟槽的分层（步）开挖深度和留台宽度也不同，应在施工方案中确定。

4.3.7 本条对沟槽的开挖进行了具体规定，强调开挖断面应符合施工组织设计（方案）的要求和采用天然地基时槽底原状土不得扰动；机械开挖时或不能连续施工时，沟槽底应预留200～300mm由人工开挖、清槽。

4.3.9 采用钢板桩支撑可采用槽钢、工字钢或定型钢板桩，选择悬臂、单锚、或多层横撑等形式支撑。

4.3.13 铺设柔性管道的沟槽支撑采用打入钢板桩、木板桩等支撑系统，拔桩用砂土回填板桩留下的孔缝时，对柔性管两侧土的弹性抗力要有保证；对此，国外相关规范也在讨论是否应拔桩的问题。

4.4 地 基 处 理

4.4.2 施工时应采取措施避免沟槽超挖，遇有某种原因，造成槽底局部超挖且不超过 150mm 时，施工单位可按本条规定处理。

4.4.3 施工过程因排水不良造成地基土扰动，不超过本条规定时，可按本条规定处理。

4.4.7 化学建材管等柔性管道，应采用砂桩、搅拌桩等复合地基处理，不能采用预制桩基础，也不能采取浇筑混凝土刚性基础和 360°满封混凝土等处理方法。

4.5 沟槽回填

4.5.3 本条中第 5 款不仅指井室、雨水口及其他附属构筑物周围回填，也指管道回填。

4.5.4 回填材料质量直接影响到管道施工质量，必须严格控制；本条对回填材料质量作出具体规定。

4.5.5 本条文表 4.5.5 压实工具中未列蛙式夯，尽管其目前在工程中还在使用，但因蛙式夯易引起安全问题且压实效果差，属于限制使用的机具，故本规范规定采用震动夯等轻型压实机具。

4.5.7 本条规定正式回填前应按压实度要求经现场试验确定压实工具、虚铺厚度、含水量、每层土的压实遍数等施工参数。

4.5.11 本条对柔性管道的沟槽回填的作出具体规定。

第 2 款强调内径大于 800mm 的柔性管道，回填施工中宜在管内设竖向支撑，本规范参考相关规范的规定，主要是考虑施工时人工进入管道拆装支撑的因素。

第 3 款管基有效支承角系指 2α 加 30°。管道基础中心角（2α）是设计计算得出的，加 30°是考虑到施工作业的不利因素影响而采取的保险措施；该部位回填应采用木夯等机具夯实。

第 8 款规定柔性管道回填作业前进行现场试验的试验段长度应为一个井段或不少于 50m。其目的在于验证管材、回填料、压实机具及压实参数，以减少其后的补救处理发生机率，是基于各地的工程实践经验规定的。

4.5.12 本条规定了柔性管道回填至设计高度时，应在 12～24h 之内应检测管道变形率，并规定了管道变形率控制指标及超过控制指标的处理措施。

柔性管在工程施工过程中允许有一定的变形，但这种变形必须不影响管道的使用安全；其变形指的是管体在垂直方向上直径的变化，又称为“管道径向挠曲值”、“管道径向直径变形率”或“管道竖向变形率”，本规范通称为“管道变形率”。“管道变形率”可分为“安装（初始）变形”和“使用（长期）变形”。“安装（初始）变形”反映了管道铺设的技术质量；“使用（长期）变形”反映了管道的管-土系统对土壤和其他荷载的适应程度，又称为“允许变形”。因此控制管道的长期变形量，首先应控制管道的初始变形量。

本规范所称管道变形率系指管道的初始变形量；在埋地柔性管道允许的变形范围内，竖向管道直径的减少和横向管道直径的增加大致相等，因此在施工过程中通常检验竖向管道直径的变形量。

我国目前关于柔性管道变形率的检测研究资料报道较少。欧洲标准（ENV1046：2001）规定，柔性管的初始变形率应控制在 2%～4%的范围内；澳大利亚、新西兰标准［AS/NZS2566.1（增补 1：1998）］规定，柔性管的初始变形率不应超过 4%；考虑柔性管道变形率与时间的关系，欲控制管道的长期变形率，其初始变形率不得超过管道长期变形率的 2/3。

依据《给水排水工程管道结构设计规范》GB 50332－2002 第 4.3.2 条给出的金属管道和化学建材管道设计的变形允许值，本规范规定：钢管或球墨铸铁管道变形率应不超过 2%，化学建材管道变形率应不超过 3%；当钢管或球墨铸铁管道变形率超过 2%，但不超过 3%时；化学建材管道变形率超过 3%，但不超过 5%时；应采取更换回填材料或改变压实方法等处理措施。

当钢管或球墨铸铁管道变形率超过 3%，化学建材管道变形率超过 5%时；应采取更换管材等处理措施。

本规范中：d 表示天，h 表示小时，min 表示分钟，s 表示秒。

4.5.13 本条规定给排水管道覆土厚度符合设计要求，管顶最小覆土厚度应满足当地冰冻厚度要求；因条件限制，刚性管道的管顶覆土无法满足上述要求时，或管顶覆土压实度达不到本规范第 4.6.3 条的规定，应由设计单位提出处理方案，可采用混凝土包封或具有结构强度的其他材料回填；柔性管道的管顶覆土无法满足上述要求时，应按设计要求或有关规定进行处理，可采用套管方法，不得采用包封混凝土的处理方法。

4.6 质量验收标准

4.6.1 本规范规定了检查（验）项目的检查方法和检查数量（抽样频率）；主控项目的现场检查方法多数为观察或简单量测，验收时应检查施工记录、检测记录或试验报告等质量保证资料；除有注明外应为全数检查，因此全数检查的检查项目只列出检查方法。

一般项目的检查数量（抽样频率）应根据检验项目的特性来确定抽样范围和应抽取的点数，按所规定的检查方法检查；有些项目现场检查也采取观察和简单量测的检查方法。

4.6.2 沟槽支护和支撑检查项目应作为过程检查，不宜作为工程验收项目。

4.6.3 本条第 3 款柔性管道变形率的检查方法：方

便时用钢尺量测或钻入管道用钢尺直接量测；不方便时可采用圆度测试板或芯轴仪在管道内拖拉量测；也可采用光学电测法测变形率，光学电测仪或芯轴仪已有定型产品。检查数量参考了北京市工程建设标准《高密度聚乙烯排水管道工程施工与验收技术规程》DBJ 01－94－2005。

计算管道变形率（%）：变形率＝（管内径－垂直方向实际内径）/管内径×100%

第4款回填土压实度应符合设计要求，当设计无要求时，应采用表4.6.3-1和表4.6.3-2规定。表4.6.3-2的规定参考了北京市工程建设标准《高密度聚乙烯排水管道工程施工与验收技术规程》DBJ 01－94－2005规定柔性管道处于城市车行道路范围管顶覆土不宜小于1.0m，对管顶以上500～1000mm（或由管顶至路槽底算起1.0m的深度范围）覆土压实度作出规定。

给水排水管道沟槽回填和压实的目的，除埋设管道后应恢复原地貌外，更重要的是起到保护管道结构的作用。若在沟槽回填土上修筑路面，除符合本条规定外，还应满足道路工程回填压实要求；遇有矛盾时应由设计单位提出处理方案。

压实度又称为压实系数，评价压实度的标准有轻型击实和重型击实两种标准。在《城镇道路工程施工及验收规范》CJJ 1中以重型击实标准为准，并给出了相应的轻型标准。本规范对刚性管道的沟槽回填土的压实度，也给出这两种标准的规定。需要说明的是给排水管道沟槽回填土的压实多采用轻型压实工具，且习惯上以轻型击实标准为准；本规范中除注明者外，皆以轻型击实试验法求得的最大干密度为100%。

图4.6.3中"管顶以上500mm，且不小于一倍管径"系指小口径管道；中、大口径管道应经试验确定。

5 开槽施工管道主体结构

5.1 一般规定

5.1.2 本规范中，管节系指成品管预制生产长度的单根管；管段指施工过程将一定数量单根管连接成的管段；管道指管节或管段按设计要求铺设安装完毕的管道。

5.1.4 本条规定了不同管材的管节堆放层数与层高，本规范表5.1.4管节堆放层数与层高的规定取自工程实践的经验资料，供无具体规定时参照执行。

5.1.23 本条规定污水和雨、污水合流的金属管道内表面，应按国家有关规范的规定和设计要求设置防腐层；防腐层可在预制时设置，也可在现场施工。国外的相关规范对钢筋混凝土管道也有设置防腐层的要求，以便提高钢筋混凝土管道的防腐性能。

5.1.25 根据国家有关规范规定，给排水管道安装完成后，应按相关规定和设计要求设置管道位置标识带，以便检查与维护。

5.2 管道基础

5.2.1 原状土地基，又称为天然地基，指既符合设计要求，施工过程中又未被扰动的地基。表5.2.1中对柔性接口刚性管道不分管径规定了垫层厚度，是来自工程实践经验。

5.2.2 本条保留了原"规范"的混凝土基础及水泥砂浆抹带的接口内容，主要用于钢筋混凝土平口管排水管道工程，这类管道必须采用混凝土或钢筋混凝土基础来提高管材的支承强度和解决接口问题。

新的《混凝土低压排水管》JC/T 923－2003颁布以来，各种预应力混凝土管都已被广泛用于排水管道；钢筋混凝土管的接口也普遍采用了承插口、企口及钢套筒等插入方式连接，采用橡胶圈的柔性接头钢筋混凝土管，不但施工简便，缩短了施工工期，且抵抗地基变形能力强。现浇混凝土基础的排水管道已非主流，且呈淘汰趋势；虽然无筋的混凝土平口管在有些地区仍在采用，但是本规范作为新修编的国家规范依据有关规定删除了无筋的混凝土平口管内容。

5.2.3 本条对砂石基础施工作出了具体的规定，近些年来给排水管道，包括钢管、球墨铸铁管、化学建材管、钢筋混凝土管、预（自）应力混凝土管道工程已广泛采用弧形土基；开槽施工的弧形土基做法通常都用砂石回填，所以国内通称为"砂石基础"；砂石也属于岩土类，因此砂石基础实际上也是土基础。

弧形土基的回填要求，对刚性管道和柔性管道在腋角以下部分都是一样的，差别在于管道两侧回填土的压实度，柔性管道要求达到95%，刚性管道要求达到90%。本条规定管道的有效支承角范围必须用中、粗砂回填，主要考虑其有利于管周的力传递；现场有条件时也可使用砂性土，但应与设计协商。

5.3 钢管安装

5.3.2 本规范中"圆度"是指同端管口相互垂直的最大直径与最小直径之差与管道内径 D_i 的比值，也称为不圆度或椭圆度。

5.3.7 给排水管道钢管的对接焊口多为V形坡口，本条参考了《工业金属管道工程施工及验收规范》GB 50235－1997中第5.0.5条和附录B.0.1的内容；清根即对坡口及其内外表面进行清理，应参照《工业金属管道工程施工及验收规范》GB 50235－1997中表5.0.5的规定执行。

5.3.9 本条第5款"直管管段两相邻环向焊缝的间距不应小于200mm"，来自原"规范"的第4.2.9.5条"并不应小于管节的外径"并参考了《工业金属管道工程施工及验收规范》GB 50235－1997 第 5.0.2.1 条规定，以便解决实际工程应用不同规范规定的矛盾，且避免焊缝过于集中。

5.3.17 本规范规定钢管管道焊缝质量检测应首先进行外观检验，外观质量应符合本规范表 5.3.2-1 规定。无损检测应符合《压力设备无损检测第 2 部分 射线检测》JB/T 4730.2－2005 和《压力设备无损检测 第 3 部分 超声检测》JB/T 4730.3－2005 的有关规定，检测方法主要有射线检测和超声检测。本条第 6 款保留了原"规范"的规定，不合格的焊缝应返修，返修次数不得超过 3 次；相关规范规定返修次数不得超过 2 次。

5.4 钢管内外防腐

5.4.2 本条参考了《埋地给水钢管道水泥砂浆衬里技术标准》CECS 10：89 的规定，对机械喷涂和手工涂抹施工的钢管水泥砂浆内防腐层厚度及偏差进行规定，见本规范表 5.4.2 钢管水泥砂浆内防腐层厚度要求。

5.4.3 液体环氧类涂料已广泛应用于钢管管道内防腐层，本条新增关于液体环氧涂料内防腐层施工的具体规定。

5.4.4 本条保留了原"规范"的表 5.4.4-1、表 5.4.4-2，新增了表 5.4.4-3，并将聚氨酯（PU）涂层作为附录 H，以供工程施工选用。

防腐层构造：普通级（三油二布）、加强级（四油三布）、特加强级（五油四布）中油指所用涂料，布指玻璃布等衬布。

5.4.8 环氧树脂玻璃布防腐层俗称为环氧树脂玻璃钢外防腐层，本规范采用俗称是为便于施工应用。

手糊法是涂刷环氧树脂施工常采取的简便方法，即作业人员带上防护手套蘸取环氧树脂直接涂抹管外壁施做防腐层，施工质量较易控制；手糊法又可分为间断法和连续法施工方式。

间断法施工要求：

1 在基层的表面均匀地涂刷底料，不得有漏涂、流挂等缺陷；

2 用腻子修平基层的凹陷处，自然固化不宜少于 24h，修平表面后，进行玻璃布衬层施工；

3 施工程序：先在基层上均匀涂刷一层环氧树脂，随即衬上一层玻璃布，玻璃布必须贴实，使胶料浸入布的纤维内，且无气泡；树脂应饱满并应固化 24h；修整表面后，再按上述程序铺衬至设计要求的层数或厚度；

4 每次铺衬间断应检查玻璃布衬层的质量，当有毛刺、脱层和气泡等缺陷时，应进行修补；同层玻璃布的搭接宽度不应小于 50mm，上下两层的接缝应错开，错开距离不得小于 50mm，阴阳角处应增加一至二层玻璃布；均匀涂刷面层树脂，待第一层硬化后，再涂刷下一层。

连续法施工作业程序与间断法相同。

玻璃布的树脂浸揉法，即将玻璃布放置在配好的树脂里浸泡揉挤，使玻璃布完全浸透，将玻璃布拉平进行贴衬的方法。

5.4.11～5.4.15 为本规范新增的内容。阴极保护法又分为牺牲阳极保护法和外加电流阴极保护法（又称强制电流阴极保护）；本规范参照相关规范对阴极保护工程施工作出了具体规定。

5.5 球墨铸铁管安装

5.5.1 目前由于球墨铸铁管的抗腐蚀性能、耐久性能优越，已逐渐取代大口径钢管普遍应用，接口形式为橡胶圈接口；采用刚性接口的灰口铸铁管已被淘汰，故本规范删除了灰口铸铁管的相关内容。

5.5.6 滑入式（对单推入式）橡胶圈接口安装时，推入深度应达到标记环，应复查与其相邻已安好的第一至第二个接口推入深度，防止已安好的接口拔出或错位；或采用其他措施保证已安好的接口不发生变位。

5.6 钢筋混凝土管及预（自）应力混凝土管安装

5.6.1 本条强调管材应符合国家有关标准的规定。混凝土管、陶土管属于小口径管，混凝土管基本为平口管，陶土管生产精度差；这两种管材本身强度低，抗变形能力差，施工周期长，已不能满足城市排水工程建设发展的需要；上海、北京等许多城市建设主管部门已经明令用化学建材管取代混凝土管、陶土管。尽管混凝土管、陶土管在有些地区还在应用，但数量逐渐减少；属于国家限制使用和逐步淘汰产品，故本规范不再列入其内容。

5.6.5 管道柔性接口的橡胶圈又称为密封胶圈、止水胶圈，其截面为圆形（通常称为"O"橡胶圈）或楔形等截面形式，本规范统称为橡胶圈。本条第 1 款规定橡胶圈材质应符合相关规范的要求，其基本物理力学性能：邵氏硬度 55～62，拉伸强度大于 13MPa，拉断伸长率大于 300%，使用温度－40℃至 60℃，老化系数不应小于 0.8（70℃，144h）。本条第 3、4 款是对管材厂配套供应的橡胶圈外观质量检查的规定。

5.6.6 圆形橡胶圈应滚动就位于工作面，楔形等橡胶圈应设置在插口端，滑动就位于工作面，为方便插接应涂抹润滑剂。

5.6.9 目前钢筋混凝土管、预（自）应力管已普遍采用承插乙型口，本条中表 5.6.9-1 取消了"原规范"承插甲型口的规定。

5.7 预应力钢筒混凝土管安装

本规范新增了预应力钢筒混凝土管（PCCP）安装施工内容，在工程实践基础上参考了《预应力钢筒混凝土管》GB/T 19685－2005 有关内容编制而成。

5.7.1 预应力钢筒混凝土管（PCCP）分为内衬式预应力钢筒混凝土管和埋置式预应力钢筒混凝土管。内衬式预应力钢筒混凝土管简称为内衬式管或衬筒管，通常采用离心工艺生产；埋置式预应力钢筒混凝土管简称为埋置式管或埋筒管，一般采用立式振动成型工艺生产。

第 2 款对管内表面裂缝作出规定，管内表面不允许出现影响使用寿命的有害裂缝；但实践表明内衬层超过一定厚度时，总会出现一些裂缝，应加以限制。

5.7.2 本条第 7 款所指的特定钢尺，也称钢制测隙规，其要求：厚 0.4～0.5mm，宽 15mm，长 200mm 以上；将其插入承插口之间检查橡胶圈各部的环向位置，是否在插口环的凹槽内，橡胶圈是否在同一深度，间隙是否符合要求。

5.7.4 分段施工必然形成现场合拢。本条对预应力钢筒混凝土管（PCCP）现场合拢施工做出规定，除正确选择位置外，施工应严格控制合拢处上、下游管道接装长度、中心位移偏差以便形成直管对接合拢。

5.8 玻璃钢管安装

玻璃钢管因其良好的抗腐蚀性能，轻质高强的物理力学性能，近些年来在给排水管道工程中得到了推广应用；其中玻璃纤维增强树脂夹砂管（RPMP）较多，玻璃纤维增强树脂管（RTRP）要少一些。玻璃钢管虽然同属于化学建材管类，但在工程施工方面与其他化学建材管区别较大，故单列一节。施工的要求和验收标准，来自北京、广州、江苏等地区的工程实践经验，并参考了有关规范、标准。

5.8.2 玻璃钢管接口连接有承插式和套筒式两种方式，承插式连接应符合本规范第 5.7.2 条的规定，套筒式连接应符合本条第 1 款规定。通过混凝土或砌筑结构等构筑物墙体内的管道，可设置橡胶止水圈或采用中介层法等措施，以保证管外壁与构筑物墙体的交界面密实、不渗漏。中介层法参见《埋地硬聚氯乙烯排水管道工程技术规程》CECS 122 附录 H。

5.9 硬聚氯乙烯管、聚乙烯管及其复合管安装

5.9.1 鉴于硬聚氯乙烯管（UPVC）、聚乙烯管（HDPE）及其复合管目前市场上品种繁多，规格不统一，产品质量参差不齐；有必要对进入施工现场的管节、管件的外观质量逐根进行检验。

5.9.3 本条关于管道连接的规定参考了《埋地聚乙烯排水管道工程技术规程》CECS 164、《埋地硬聚氯乙烯给水管道工程技术规程》CECS 17、《埋地聚乙烯给水管道工程技术规程》CJJ 101 等相关规范、规程。硬聚氯乙烯、聚乙烯管及其复合管安装管道连接方式较多，大同小异，本规范把重点放在检验与验收标准方面。

本规范规定电熔连接、热熔连接应采用专用电器设备、挤出焊接设备和工具进行施工。据调研目前建筑市场的实际情况，一般施工单位并不具备符合要求的连接设备和专业焊工，为保证施工的质量，本条规定应由管材生产厂家直接安装作业或提供设备并进行连接作业的技术指导。连接需要的润滑剂等辅助材料，宜由管材供应厂家配套提供。

卡箍连接方式，在北京等地区应用较多；卡箍通常称为哈夫件，系英文 HALF 的译音；本规范采用“卡箍”术语取代了通常所称的“哈夫件”。

5.10 质量验收标准

5.10.1 本条第 2 款规定混凝土基础的混凝土验收批及试块的留置应符合现行国家标准《给水排水构筑物工程施工及验收规范》GB 50141－2008 第 6.2.8 条第 2 款混凝土抗压强度试块的留置应符合的规定：

1 标准试块：每构筑物的同一配合比的混凝土，每工作班、每拌制 $100m^3$ 混凝土为一个验收批，应留置一组，每组三块；当同一部位、同一配合比的混凝土一次连续浇筑超过 $1000m^3$ 时，每拌制 $200m^3$ 混凝土为一个验收批，应留置一组，每组三块；

2 与结构同条件养护的试块：根据施工设计要求，按拆模、施加预应力和施工期间临时荷载等需要的数量留置；

本条第 6 款规定了开槽施工管道垫层和土基高程的允许偏差，对此国外相应的施工标准中都没有具体规定；按实际施工情况，同样的管材，同样的基础，无压管和压力管应是相同的；表 5.10.1 中分为无压管道和压力管道采用了不同的标准，主要是考虑到无压管道重力流对高程控制的要求较高一些；相对而言采用混凝土基础，管道的高程比较好掌握；弧形土基类的高程较难掌握。

5.10.2 本规范将施工质量标准要求多列入有关条文，质量验收标准中仅列出检验项目及其质量验收的检验方法和检验数量；本条中所指量规或扭矩扳手等检查专用工具的要求见相关规范标准。

5.10.4 将钢管外防腐层的厚度、电火花检漏、粘结力均列为主控项目，表 5.10.4 为表 5.4.9 技术要求的相应验收质量标准。本规范中产品质量保证资料应包括产品的质量合格证明书、各项性能检验报告，产品制造原材料质量检测鉴定等资料。

5.10.8 化学建材管连接质量验收标准主控项目中，特别规定了熔焊连接的质量检验与验收标准，现场破坏性检验或翻边切除检验具体要求如下：

1 现场破坏性检验：将焊接区从管道上切割下来，并锯成三条等分试件，焊接断面应无气孔和脱焊；然后分别将三条试件的切除面弯曲成 180°，焊接断面应无裂缝；

2 翻边切除检验：使用专用工具切除翻边突起

部分，翻边应实心和圆滑，根部较宽；翻边底面无杂质、气孔、扭曲和损坏；弯曲后不应有裂纹，焊接处不应有连接线；

3 上述检验中若有不合格的则应加倍抽检，加倍检验仍不合格时应停止焊接，查明原因进行整改后方可施焊。

5.10.9 管道铺设反映了开槽施工管道的整体质量，不论何种管材，除接口作为重点控制外，均对其轴线、高程和外观质量作出规定，并作为隐检项目进行验收记录。

本条将无压管道严禁倒坡作为主控质量项目，严于国外相关规范的规定。

6 不开槽施工管道主体结构

6.1 一般规定

6.1.2 本条强调不开槽施工前应进行现场沿线的调查，仔细核对建设单位提供的工程勘察报告，特别是已有地下管线和构筑物应人工挖探孔（通称坑探）确定其准确位置，以免施工造成损坏。

6.1.3 本规范将不开槽施工的始发井、接受井、竖井通称为工作井，进出工作井是施工过程的关键环节；鉴于各地、不同行业对进出工作井的定义不统一，本规范规定在工作井内，施工设备按设计高程及坡度井从壁预留洞口进入土层的施工过程定义为“出工作井”；反之，施工设备从土层中进入工作井壁预留洞口并完全脱离预留洞口的过程定义为“进工作井”。

本规范所称的顶管机包括机械顶管的机头和人工顶管的工具管。

6.1.4 不开槽法施工的工程选择适当的施工方法是工程顺利实施的关键，本条规定分别给出了顶管法、盾构法、浅埋暗挖法、地表式水平定向钻法及夯管法等施工方法应考虑的主要因素。

6.1.7 不开槽施工，必须根据设计要求、工程特点及有关规定，对管（隧）道沿线影响范围地表或地下管线等建（构）筑物设置观测点，进行监控测量。监控测量的信息应及时反馈，以指导施工，发现问题及时处理。

6.1.8 本条对不开槽法施工应设置的完整、可靠的地面与地下量测点（桩）在本规范第3.1.7条基础上进行了规定。

6.1.10 鉴于顶管施工的钢筋混凝土管已推广采用钢承口和双插口接头，本条第4款对接头的钢制部分提出防腐的要求。

6.2 工作井

6.2.2 工作井的围护结构应考虑工程水文地质条件、工程环境、结构受力、施工安全等因素，并经技术经济比较选用钢木支撑、喷锚支护、钢板桩、钻孔灌柱桩、加筋水泥土搅拌桩、沉井、地下连续墙等形式。

6.2.3 根据有关规定超过5m深的工作井均应制定专项施工方案，并根据受力条件和便于施工等因素设计井内支撑，选择支撑结构体系和材料；支撑应形成封闭式框架，矩形工作井的四角应加斜撑，圆形工作井应加圈梁支撑。

6.2.4 本条第4款规定顶管工作井、盾构始发工作井后背墙的施工应遵守的具体规定。装配式后背墙指用方木、型钢、钢板或其他材料加工的构件，在现场组合而成的后背墙。人工后背墙指钢板桩、沉井和连续墙等非原状土后背墙。

6.3 顶管

6.3.1 本规范所指的长距离顶管是指一次顶进长度300m以上并设置中继间的顶管施工。

6.3.2 本条规定了顶管施工顶力应满足的条件，一般来说只要顶进的顶力大于顶进的阻力，管道就能正常顶进。顶进的阻力增大时，由于管节和工作坑后背墙的结构性能不可能无限制（也没有必要）的增加，继续增加顶力也毫无意义，更何况顶进设备的自身能力也有一定的限度。因此在确定施工最大允许顶力时，应综合考虑管材力学性能、工作坑后背墙结构的允许最大荷载、顶进设备能力、施工技术措施等因素。

6.3.3 本条规定施工最大顶力有可能超过管材或工作井的允许顶力时，必须考虑采用中继间和管道外壁润滑减阻等施工技术措施，计算应留出一定的安全系数，以确保顶管施工顺利进行。

6.3.4 由于地质条件的复杂、多变等不确定因素，顶进阻力计算（也可称为估算）很复杂，且实践性很强，因此本条规定，应首先采用当地的应用成熟的经验公式。当无当地的经验公式时，可采用本条给出的计算公式（6.3.4）进行计算。该公式与原“规范”公式（6.4.8）不同点在于：

1 本规范公式（6.3.4），顶力即顶进阻力 F_p 为顶进 L 长度的管道外壁摩擦阻力（$\pi D_o L f_k$）与工具管迎面阻力（N_F）两部分之和。原“规范”公式（6.4.8），顶力为 L 长度的管道自重与周围土层之间的阻力、L 长度的管道周围土压力对管道产生的阻力和工具管迎面阻力三部分之和。

2 本规范公式（6.3.4）中 f_k 为管道外壁与土的单位面积平均摩阻力，单位为 kN/m^2，通过试验确定，有表可查；对于采用触变泥浆减阻技术的可参照表6.3.4-2选用；原“规范”公式（6.4.8），则需计算管道自重与土压力之和，然后乘以 f_k 摩擦系数。

3 本规范公式（6.3.4），N_F 为顶管机的迎面阻力，单位为kN。不同类型顶管机的迎面阻力可参照

表6.3.4-1选择计算式。原“规范”公式（6.4.8）中顶管机迎面阻力 P_f 需按照原“规范”表6.4.8-2计算。

经工程实践计算对比证明，本规范的计算公式计算较为简便、实用。

6.3.8 本条第1款规定施工过程中应对管道水平轴线和高程、顶管机姿态等进行测量，并及时对测量控制基准点进行复核，以便发现偏差；顶管机姿态应包括其轴线空间位置、垂直方向倾角、水平方向偏转角、机身自转的转角。

第5款规定了纠偏基本要领：及时纠偏和小角度纠偏；挖土纠偏和调整顶进合力方向纠偏；刀盘式顶管机纠偏时，可采用调整挖土方法、调整顶进合力方向、改变切削刀盘的转动方向、在管内相对于机头旋转的反向增加配重等措施。

6.3.11 触变泥浆注浆工艺要求是保证顶进时管道外壁与土体之间形成稳定的、连续的泥浆套，其效果可通过顶力降低程度来验证。

6.3.12 触变泥浆注浆系统应由拌浆装置、注浆装置、注浆管道系统等组成，本条给出其布置、安装和运行的基本规定；制浆装置容积计算时宜按5～10倍管道外壁与其周围土层之间环形间隙的体积来设置拌浆装置、注浆装置。

6.3.16 本条第3款规定了顶管顶进结束后，须进行泥浆置换；特别是管道穿越道路、铁路等重要设施时，填充注浆后应进行雷达探测等方法检测。

6.3.17 本条给出了管道曲线顶进顶力计算和最小曲率半径的计算，以及顶进的具体规定。管节接口的最大允许转角有表可查或在产品技术参数中提供。曲线顶管的测量是很关键的，除采用先进仪器设备外，还应由专业测绘单位承担，以保证曲线顶进的顺利进行。

6.4 盾　　构

6.4.14 盾构施工的给排水隧道（本规范统称为管道）应能承受内压，应按设计要求施作现浇钢筋混凝土二次衬砌，本节对二次衬砌施工进行了具体规定，体现了给排水管道工程的专业特点。

6.5 浅埋暗挖

6.5.1 本条规定浅埋暗挖法施工应按工程结构、水文地质、周围环境情况选择正确的施工方案。本次修编过程中，对暗挖法（含浅埋暗挖）施工给排水管道是有不同见解的；争论所在是暗挖法的初次衬砌不能计入结构永久性受力，因此暗挖法施工的给排水管道的工程投资将会增加。但考虑到各地采用暗挖法施工给排水管道工程已很普遍，为控制暗挖法施工给排水管道工程的施工质量，本规范在各地实践基础上给出具体的规定。

6.5.3 本条第1款给出超前小导管加固注浆规定，在砂卵石中超前小导管长度宜为2～3m，管径也应小些；采用双排小导管时，第2排管的外插角应大于15°；当现场不具备注浆量试验条件时，砂层注浆量每延米导管注浆液宜控制在30～50L范围。

6.5.5 本条中第7款喷射混凝土作业规定，分层喷射混凝土作业时，应在前一层喷混凝土终凝后进行；若在终凝1h后再进行喷射时，喷层表面应用水汽清洗。

本条第10款初次衬砌结构背后注浆应符合下列要求：

1 背后注浆作业距开挖面的距离不宜小于5m；

2 注浆管宜在拱顶至两侧起拱线以上的范围内布置；

3 浆液材料、配合比和注浆压力应符合设计或施工方案的要求。

本条第11款规定大断面开挖时应根据施工需要施作临时仰拱或横隔板等临时性支护措施，并应在初期衬砌完成后拆除。

6.5.6 本条中监控量测时态曲线分析与隧道受力状态评价可参考如下规定：

1 时态曲线呈现下列特征，可认为管道受力基本稳定：

1）拱脚水平收敛速度小于0.2mm/d；

2）拱顶垂直位移速度小于0.1mm/d。

2 时态曲线呈现下列特征，应认为管道尚处于不稳定状态，应及时采取措施：

1）时态曲线的变化没有变缓的趋势；

2）量测数据有突变或不断增大的趋势；

3）支护变形过大或出现明显的受力裂缝。

6.6 定向钻及夯管

6.6.1 本规范的定向钻系指地表式定向钻，给排水管道工程应用定向钻机铺设小、中口径管道，长度可达数百米。通常用于均质黏性土地层，不适用于杂填土、自稳能力差的砂性土层、砾石层、岩石或坚硬夹层中钻进。

夯管法指在不开挖沟槽的条件下，在工作井中利用夯管锤（气动夯锤）将钢管按管道设计轴线直接夯入地层中（通过撞击管道传力托架直接把管道顶进地下，不需要设置反作用力墙），实现不开挖铺管。夯进过程中，土体进入管内，待管道贯通后将管内土体清出。夯管法施工一般采用钢管，接口为焊接连接方式；通常用于短距离（小于70m）的中、小口径管道的铺设。该方法对土层的适应性较强，当周围施工环境许可时也用于大口径管道铺设。

6.6.2 本条具体规定了定向钻施工前应做好各项准备工作，包括设备、人员、施工技术参数、管道的地面布置，确认条件具备时方可开始钻进。应根据工程具体情况选择导向探测系统，包括无缆式地表定位导向系统或有缆式地表定位导向系统，在计算机辅助下随钻随测，以指导施工。

6.6.5 本条第4款关于夯管排土的具体要求如下：

1 排土过程中应设专人指挥，禁止非作业人员在工作井附近逗留；

2 采用人工排土时应保证管内通风有效；

3 采用气压、水压排土时，在安全影响区范围内应进行全封闭作业；作业中无漏气、漏水现象，严禁管内土喷溅排出；

4 采用气压、水压排土时，加压处的管口必须加固和密闭；严禁采用加压排出剩余土。

6.7 质量验收标准

6.7.2 虽然工作井不属于工程的结构，但作为施工的临时结构物对工程施工安全、质量的保证起到关键作用，必须进行控制。

混凝土的抗压、抗渗、抗冻试块应按《给水排水构筑物工程施工及验收规范》GB 50141－2008 第6.2.8条第6款的规定进行评定：

1 同批混凝土抗压试块的强度应按现行国家标准《混凝土强度检验评定标准》GBJ 107 的规定评定，评定结果必须符合设计要求；

2 抗渗试块的抗渗性能不得低于设计要求；

3 抗冻试块在按设计要求的循环次数进行冻融后，其抗压极限强度同检验用的相当龄期的试块抗压极限强度相比较，其降低值不得超过25%；其重量损失不得超过5%。

6.7.3 本条系顶管施工的给排水管道的质量验收标准，不适用于施工套管的管道质量验收。

本条第3款规定顶管施工的无压力管道的管底坡度无明显反坡现象，无明显反坡系指不得影响重力流或管道维护，检查时可通过现场观察或简单量测方法判定。

本条第4款“接口处无滴漏”系指管道处于地下水包裹时检验项目。

表6.7.3第6项中 $\Delta S = l \times D_o / R_{min}$；其中 l 为管节长度，D_o 为管节外径；R_{min} 为顶管的最小曲率半径。ΔS 可按本规范式（6.3.17）推导出，一般可按1/2的木衬垫厚度取值。

6.7.5 盾构管片制作质量检验分为工厂预制、现场制作进行控制，有条件时应采用工厂预制盾构管片。

6.7.6 本规范的盾构掘进和管片拼装质量标准有别于现行国家标准《地下铁道工程施工及验收规范》GB 50299，体现了给排水管道工程的专业特点。

6.7.7 本条第2款对盾构施工管道的二次衬砌钢筋混凝土试块留置与验收批作出规定；第3款外观质量无严重缺陷的判定应参照附录G的规定。

6.7.8～6.7.11 浅埋暗挖施工的管道施工质量按分项工程施工顺序为：土层开挖——初期衬砌——防水层——二次衬砌，并分别给出质量验收标准，在指标的控制上有别于其他专业工程；表6.7.10中防水层材料指低密度聚乙烯（LDPE）卷材，采用其他卷材和涂膜施工防水层时，应按照现行国家标准《地下铁道工程施工及验收规范》GB 50299 的有关规定执行。

7 沉管和桥管施工主体结构

7.1 一 般 规 定

7.1.1 在河流等水域施工给排水工程管道，应根据工程水文地质等具体情况选择明挖铺设管道施工和水下铺设管道施工。前者的管道铺设可采取开槽施工法；而后者可采用浮运法、拖运法等施工方法，将已经组装拼接好的管道（如钢管、或化学建材管）直接沉入河底；并视工程具体情况不留或仅留少数接口在水上（或水下）连接。对于管内水压较小的管道（如取水管、排放管等），目前也采用预制钢筋混凝土管分节下沉、水下接口连接的方法施工。沉管法分为以下几种：浮运法（或漂浮敷设法）指管道在水面浮运（拖）到位后下沉的施工方法，又称为浮拖法；底拖法（或牵引敷设法）指管道从水底拖入槽内的施工方法；铺管船法指管道在船只上发送并通过船只沿规定线路进行下沉的施工方法，铺管船法也应属于浮运法的一种，但其施工技术与常规的水面浮运法有很大的不同。钢筋混凝土管沉管也应属于浮运法，只是管材和管道形成的方式不同。

近些年来在江河、湖海中进行沉管施工的工程越来越多，且工程施工难度的增加，水面浮运法施工的局限性很难满足一些特殊沉管工程的施工要求（如漂管要求水流速度小于0.2m/s以下）；可采用底拖法、铺管船法、钢筋混凝土管沉放等施工方法，以适应给排水管道穿越水域的工程施工需要。

本规范是在总结了国内给水管道过江工程、海底引水管道等工程的施工经验基础上编制的有关铺管船法施工内容。

底拖法参考了《原油和天然气输送管道穿跨越工程设计规范 穿越工程》SY/T 0015.1 和《石油天然气管道穿越工程施工及验收规范》SY/T 4079 的相关规定。

本规范编制中除了总结有关给排水管道工程的施工经验外，还借鉴了公路沉管隧道工程的施工经验。

由于沉管施工涉及水下、水面作业，工程技术要求高、设备使用多、施工安全和航运安全控制等复杂因素，沉管施工方法确定后，还应根据施工现场条件、工程地质和水文条件、航运交通，以及设计要求和施工技术能力，制定相应的施工技术措施，保证沉管施工质量。

7.1.11 本条第1款规定采用沉管或桥管给水管道部分宜单独进行水压试验，并应符合本规范第9章的相关规定；第2款规定应根据工程具体情况，不必受

1km 的管道试验长度限制，可不分段进行整体水压试验；第 3 款规定大口径钢筋混凝土管沉放管道可在铺设后可按本规范内渗法和附录 F 的规定进行管道严密性检验。

7.2 沉　管

7.2.2 沉管施工中管道整体组对拼装、整体浮运、整体沉放时，可称管道（段）；分段（节）组对拼装、分段（节）浮运，分段（节）管间接口在水上连接后整体沉放时，水上连接前应称为管段（节），水上连接后整体沉放也应称其为管道（段）沉放；沉放管道（段）水下接口连接安装后应称其为管道。

7.2.4 本条中式（7.2.4）和表 7.2.4 的规定参考了相关资料，管道外壁保护层及沉管附加物在管道两侧都有，计算开挖宽度应取 $2b$；表 7.2.4 中数据不包括回淤量、潜水员潜水操作宽度；若遇流砂，底部宽度和边坡应根据施工方法确定；浚挖时，若对河床扰动较小可采用表中低值，反之则取大值；当采用挖泥船开挖时，底部宽度和边坡还应考虑挖泥船类型、斗容积、定位方法等因素。

7.2.6 本条第 6 款第 3）项管道（段）弯曲包括发送装置处形成的管道（段）“拱弯”与发送后水中管道（段）形成的“垂弯”，均不应超过管材允许弹性弯曲要求。

7.3 桥　管

7.3.2 桥管管道施工应根据工程具体情况确定施工方法，管道安装可采取整体吊装、分段悬臂拼装、在搭设的临时支架上拼装等方法。桥管管道施工方法的选择，应根据工程规模、桥管位置、管道吊装场地和方法、河流水文条件、航运交通、周边环境等条件，以及设计要求和施工技术能力等因素，经技术经济比较后确定。

桥管的下部结构、地基与基础及护岸等工程施工和验收应按照国家现行标准《城市桥梁工程施工及验收规范》CJJ 2 相关规定。

7.3.7～7.3.10 条文参考了工业管道桥管的施工要求，对支架和支座施工作出规定；支架主要承重，支座强调固定方式。管道安装按整体吊装、分段悬臂拼装、在搭设的临时支架上拼装等不同施工方式作出规定。

7.4 质量验收标准

7.4.3 预制钢筋混凝土沉放的管节制作第 3 款规定了试块留置与验收批；第 5 款对管节水压试验时逐节进行的外观检验作出规定。

7.4.4 本条第 3 款对橡胶圈材质及相关性能应符合相关规范的规定和设计要求作了规定，表 7.4.4-2 是针对沉放的预制钢筋混凝土管节采用水力压接法接口预制加工的专用橡胶圈的外观检查。

8 管道附属构筑物

8.1 一 般 规 定

8.1.1 原“规范”内容包括检查井、雨水口、进出水口构筑物 和支墩，本规范内容涵盖了给排水管道工程中的各类井室、支墩、雨水口工程。管道工程中涉及的小型抽升泵房及其取水口、排放口构筑物纳入了现行国家标准《给水排水构筑物工程施工及验收规范》GB 50141 的有关内容。

8.1.3 本规范规定给排水管道附属构筑物的专业施工要求，砌体结构、混凝土结构施工基本要求应符合现行国家标准《砌体工程施工质量验收规范》GB 50203、《混凝土结构工程施工质量验收规范》GB 50204 及《给水排水构筑物工程施工及验收规范》GB 50141 的有关规定，本规范不再一一列出。

8.2 井　室

8.2.2 本条对设计无要求时混凝土类管道、金属类压力（无压）管道和化学建材管道穿过井壁的施工作出具体规定。

8.5 质量验收标准

8.5.1 本条第 2 款给出了砌筑砂浆试块留置的验收批的规定，试块强度进行质量评定应符合现行国家标准《给水排水构筑物工程施工及验收规范》GB 50141－2008 第 6.5.3 条的规定：

1 同品种同强度等级砂浆，各组试块的抗压强度平均值不得低于设计强度所对应的立方体抗压强度；

2 各组试块中的任意一组的强度平均值不得低于设计强度等级所对应的立方体抗压强度的 0.75 倍；

3 砂浆强度按每座构筑物工程内同品种同强度为同一验收批；每座构筑物工程中同品种同强度按取样规定仅有一组试块时，该组试块抗压强度的平均值不得低于设计强度所对应的立方体抗压强度；

4 砂浆强度应为标准养护条件下，龄期为 28d 的试块抗压强度试验结果为准。

9 管道功能性试验

9.1 一 般 规 定

9.1.1 管道功能性试验作为给排水管道施工质量验收的主控项目，应在管道安装完成后进行。

本条第 1 款总结了北京、上海、天津等城市工程实践经验，并参考了《埋地聚乙烯给水管道工程技术规程》CJJ 101－2004 中第 7.2 节的内容，规定压力管道水压试验分为预试验和主试验阶段，取代了原“规范”的强度试验和严密性试验；并规定试验合格的判定依据分为允许压力降值和允许渗水量值。此次修订主要考虑以下情况：

1）近些年来给水工程普遍采用的球墨铸铁管、钢管、玻璃钢管和预应力钢筒混凝土管，管材本身内在质量和接口形式有了很大的改进，水压强度试验合格后为检验管材质量为主要目的的严密性试验已非必要；而对于现浇混凝土结构或浅埋暗挖法施工的管道严密性试验还是有必要；前者试验合格的判定依据应使用允许压力降值；后者试验合格的判定依据宜采用允许压力降值和允许渗水量值；

2）原“规范”第 10.2.13.4 条已引用试验压力降作为判定管道水压试验和严密性试验合格的依据；

3）北京、上海、天津等城市近些年的工程实践已普遍采用试验压力降作为判定管道水压试验合格的依据；

4）试验方法应尽可能避免繁琐和不必要的资源浪费。

本规范规定试验合格的判定依据应根据设计要求来确定，通常工程设计文件都对管道试验作出具体规定；设计无要求时，应根据工程实际情况，选用允许压力降值和允许渗水量值中一项值或同时采用两项值作为试验合格的最终判定依据。

本条第 2 款规定无压管道的严密性试验分为闭水试验和闭气试验，也是基于天津、北京、石家庄、太原、西安等城市或地区的工程实践经验。鉴于通常工程设计文件都对管道试验作出具体要求，本规范规定无压管道的严密性试验由设计要求确定；设计无要求时，有关方面应根据实际情况选择闭水试验或闭气试验进行管道功能性试验。

本条第 3 款规定压力管道水压试验进行实际渗水量测定时，采用附录 C 注水法；根据各城市或地区的工程实践经验，取消了原“规范”放水法试验的规定，主要考虑其操作性较差，不便应用。

9.1.6 单口水压试验合格的大口径球墨铸铁管、玻璃钢管、预应力钢筒混凝土管或预应力混凝土管道，检验其管材质量和接口质量的预试验阶段和严密性试验已非必要；本条规定设计无要求时，压力管道无需进行预试验阶段，而直接进行主试验阶段；无压管道可认同为严密性试验合格，免去闭水试验或闭气试验。这是基于各地工程实践经验制定的，以避免水资源浪费和节约工程成本。

9.1.7 本规范规定全断面整体现浇的钢筋混凝土排水管渠处于地下水位以下或采用不开槽施工时，除设计有要求外，当管渠的混凝土强度、抗渗性能检验合格，按本规范附录 F 的规定进行内渗法检查；符合设计要求时，可免去管渠的闭水试验。各地的工程实践表明：内渗法和闭水试验都可检验混凝土管道的严密性，只要管径足够允许人员进入、计量方法准确得当，内渗法试验更易于操作，且避免了水资源浪费。

9.1.8 本条规定当管道采用两种（或两种以上）管材时，且每种管材的管段长度具备单独试验条件时，可分别按其管材所规定的试验压力、允许压力降和（或）允许渗水量分别进行试验；管道不具备分别试验的条件必须组合试验时，且设计无具体要求时，应遵守从严的原则选用不同管材中的管道长度最长、试验控制最严的标准进行试验。

9.1.9 除本规范和设计另有要求外，本条规定管道的试验长度。压力管道水压试验的管段长度不宜大于 1.0km；无压管道闭水试验管段长度不宜超过 5 个连续井段。这是主要考虑便于试验操作而进行的原则性规定；对于无法分段试验的如海底管道、倒虹吸管道等应由工程有关方面根据工程具体情况确定管道的试验长度。

9.1.10 本条作为强制性条文，规定给水管道必须水压试验合格，生活饮用水并网前进行冲洗与消毒，水质经检验达到国家有关标准规定后，方可投入运行。

9.1.11 本条作为强制性条文，规定污水、雨污水合流管道及湿陷土、膨胀土、流沙地区的雨水管道，必须经严密性试验合格方可回填、投入运行。

9.2 压力管道水压试验

9.2.9 本条规定了待试验管道的浸泡时间（见表 9.2.9），系在原“规范”第 10.2.8 条内容基础上的修订补充；据工程实践将有水泥砂浆衬里的球墨铸铁管、钢管的浸泡时间由“≥48h”降低到“≥24h”。

9.2.10 本条规定了压力管道水压试验程序和合格标准。

第 1 款中表 9.2.10-1 给出了不同管材管道的试验压力，预应力钢筒混凝土管与预（自）应力钢筋混凝土管试验压力相同，化学建材管试验压力参考了《埋地聚乙烯给水管道工程技术规程》CJJ 101－2004 中第 7.1.3 条的规定。

第 2 款规定预试验程序和要求，参考国外相关标准，预试验主要目的是在试验压力下检查管道接口、配件等处有无漏水、损坏现象；发现有无漏水、损坏现象应停止试压；并查明原因采取相应措施后重新试压。预试验对于保证主试验成功是完全必要的。

第 3 款规定了主试验程序和要求，表 9.2.10-2 中所列允许压力降数值取自北京、上海、天津等城市的工程实践数据和《埋地聚乙烯给水管道工程技术规程》CJJ 101；原“规范”中钢管、球墨铸铁管、钢筋混凝土类管三大类管道允许压力降数值为 0.05MPa，表 9.2.10-2 中数值严于原“规范”第

10.2.13.5 条的规定。

9.2.11 本条保留了原“规范”10.2.13 基本内容，以供管道水压试验采用允许渗水量进行最终合格判定依据时使用；并给出内径 100～1400mm 钢管、球墨铸铁管、钢筋混凝土类管三大类管道允许渗水量表，以及内径大于 1400mm 管道允许渗水量的计算公式。

本条第 2 和第 3 款分别为现浇钢筋混凝土管渠和硬聚氯乙烯管道允许渗水量的计算公式，来自原“规范”第 10.2.13.3 条和《埋地硬聚氯乙烯给水管道工程技术规程》CECS 17 的相关规定。

9.2.12 本条引用了《埋地聚乙烯给水管道工程技术规程》CJJ 101－2004 中第 7.2 节的内容，对聚乙烯管及其复合管的水压试验作出规定，并依据工程实践经验，将停止注水稳定时间由 60min 减至 30min。本规范中其他化学建材管道也可参照本条规定执行。

9.3 无压管道的闭水试验

9.3.5 本条第 1、2 和 3 款管道闭水试验允许渗水量计算公式沿用了原“规范”的计算公式。

第 4 款给出的化学建材管道的允许渗水量式计算公式系采用《埋地硬聚氯乙烯排水管道工程技术规程》CECS 122：2001 中允许渗水量标准，也是参照美国《PVC 管设计施工手册》执行的。

9.3.6 依据各地的反馈意见，本条删除了原“规范”在“水源缺乏的地区”的限定；但同时补充规定：试验不合格时，抽样井段数量应在原抽样基础上加倍进行试验。

9.3.7 本规范规定：内径大于或等于 1500mm 混凝土结构管道，包括顶管、有二次衬砌结构盾构或浅埋暗挖施工管道，当地下水位高于管道顶部可采用内渗法（又称内闭水试验）检验，渗水量检测方法可按本规范附录 F 的规定选择。

本条第 2、3 款中术语可参照本规范附录 F 的规定。

本条第 3 款内渗法允许渗漏水量标准定为：$q\leqslant 2[L/(m^2\cdot d)]$，在总结北京等城市工程实践基础上，参考了《地下工程防水技术规范》GB 50108 第 3.2.1 条四级防水等级标准而制定的。

北京市地方工程建设标准较严些，允许渗漏水量 $q\leqslant 0.1[L/(m^2\cdot d)]$；工程实际应用表明现场的渗漏量检测难以操作。

对于同样管径的顶管工程，采用本条外闭水试验标准要比采用本规范第 9.3.5 条内闭水试验的允许渗水量小得多，在工程实际选用时应加以注意。

9.4 无压管道的闭气试验

9.4.1 本规范规定闭气试验适用于混凝土类的无压管道在回填土前进行的严密性试验，不适用于无地下水的顶管施工的管道；北京地区已进行了无地下水的顶管施工的管道闭气试验工程性研究，但作为标准尚不够成熟，还不能用来指导工程应用。

9.4.4 本条在专家论证的基础上引用了天津市工程建设标准《混凝土排水管道工程检验标准》（备案号 J 10454－2004）的规定，而天津市工程建设标准《混凝土排水管道工程检验标准》（备案号 J 10454－2004）是基于原“规范”公式（10.3.5）即本规范式（9.3.5-1）经对比试验和工程实践得出的闭气标准，在工程应用时务请注意其基本要求。

9.5 给水管道冲洗与消毒

9.5.3 本条保留了原“规范”基本内容，并依据北京等城市的管道冲洗与消毒实践经验给出具体规定；管道第一次冲洗，又称为冲浊；管道第二次冲洗，又称为冲毒。有效氯离子含量，北京地区一般为 25～50mg/L，各地也各有所不同，20mg/L 为规定的最低值。

附录 A 给排水管道工程分项、分部、单位工程划分

为了便于工程实际应用，本规范编制了“给排水管道工程分项、分部、单位工程划分表”，施工单位可根据工程的具体情况，会同有关方面在施工前或在施工组织设计阶段进行具体划分。

中小型管道工程的工程检验项目可按附录 A 进行分项、分部、单位工程划分。

附录 B 分项、分部、单位工程质量验收记录

给排水管道工程的验收在设验收批时，验收批的验收是工程质量验收的最小单位，是分项工程乃至整个给水排水管道工程质量验收的基础。

各分项工程检查项目合格以外，还应对该分部工程进行外观质量评价、以及对涉及结构安全和使用功能的分部工程进行施工检测和试验。

本规范中“子分部”、“子单位”工程，主要是针对一些大型的、综合性、多专业施工队伍、多工种的给水排水管道工程，这类工程可能同时包含了多种施工方式和部位（如有开槽敷设、顶管、沉管、泵站工程等），为了便于施工质量的过程控制和质量管理而设置的。

单位工程验收也称竣工验收，是在其所含的各分部工程验收合格的基础上进行，是给排水管道工程投入使用前的最后一次验收，也是最重要的验收。

本规范给出了验收批、分项工程、分部工程、单位工程的质量验收记录表，以统一记录表的格式、内容和方式；其中各分项工程验收批验收记录表根据附录 B 的通用表式，还可根据该通用表样，结合本规范

各章节的质量验收要求，制订不同分项工程验收批的专用表样，以便于施工检验与验收使用。

附录C 注水法试验

本规范规定压力管道的水压试验应采用注水法试验，内容系在原“规范”附录A基础上修订的。

附录D 闭水法试验

本规范规定无压管道可选用闭水试验，并沿用了原“规范”附录B内容。

附录E 闭气法试验

本规范规定钢筋混凝土类无压管道可选用闭气试验，引用了天津市工程建设标准《混凝土排水管道工程检验标准》（备案号J 10 454－2004）的部分内容。

附录F 混凝土结构无压管道渗水量测与评定方法

附录F较详细地介绍了混凝土结构无压管道渗漏水调查、量测方法、计算公式，主要内容来自各地工程实践经验，并参考了《地下防水工程质量验收规范》GB 50208－2002附录C的规定以及北京、上海等地区的工程建设标准。

附录G 钢筋混凝土结构外观质量缺陷评定方法

给排水管道工程现浇混凝土施工质量验收中外观（观感）质量评定，需对钢筋混凝土结构外观质量缺陷较科学地进行评定，表G.0.1参考了《混凝土结构工程施工质量验收规范》GB 50204－2002第8.1.1条的相关规定。

附录H 聚氨酯（PU）涂层

鉴于目前给水管道工程已有聚氨酯（PU）涂层用作钢管外防腐层的工程实例，为方便应用，将这部分内容列入本规范附录H。

中华人民共和国国家标准

堤防工程设计规范

Code for design of levee project

GB 50286—2013

主编部门：中 华 人 民 共 和 国 水 利 部
批准部门：中华人民共和国住房和城乡建设部
施行日期：2 0 1 3 年 5 月 1 日

中华人民共和国住房和城乡建设部
公　　告

第1578号

住房城乡建设部关于发布国家标准《堤防工程设计规范》的公告

现批准《堤防工程设计规范》为国家标准，编号为GB 50268—2013，自2013年5月1日起实施。其中，第7.2.4、7.2.5、10.1.3条为强制性条文，必须严格执行。原国家标准《堤防工程设计规范》GB 50286—98同时废止。

本规范由我部标准定额研究所组织中国计划出版社出版发行。

中华人民共和国住房和城乡建设部

2012年12月25日

前　　言

本规范是根据原建设部《关于印发〈二〇〇二～二〇〇三年度工程建设国家标准制定、修订计划〉的通知》（建标〔2003〕102号）的要求，对原国家标准《堤防工程设计规范》GB 50286—98进行修订而成的。

本规范在修订过程中，修订组对我国堤防工程建设情况进行了广泛调查研究，征求了堤防工程设计、科研、施工及管理等单位和专家的意见，收集了国内外相关资料，结合堤防工程建设的需要，对关键性技术问题开展了专题论证，最后经审查定稿。

本规范共分13章和6个附录，主要内容包括：总则，术语，堤防工程的级别及设计标准，基本资料，堤线布置及堤型选择，堤基处理，堤身设计，护岸工程设计，堤防稳定计算，堤防与各类建筑物、构筑物的连接，堤防工程的加固、扩建与改建，安全监测设计，堤防工程管理设计等。

与原规范相比，本次修订的主要技术内容包括：

（1）增加第2章术语、第12章安全监测设计。

（2）第6章中增加堤基垂直防渗的内容。

（3）第9章中增加抗倾稳定计算的内容。

（4）第13章中增加管理体制和机构设置、工程管理范围和保护范围、工程运行管理的内容。

（5）附录E中增加堤基的排水减压沟、防洪墙底部渗流计算的内容。

本规范中以黑体字标志的条文为强制性条文，必须严格执行。

本规范由住房和城乡建设部负责管理和对强制性条文的解释，由水利部负责日常管理工作，由水利部水利水电规划设计总院负责具体技术内容的解释。各单位在执行过程中，应认真总结实践经验，积累资料，将有关意见和建议寄送水利部水利水电规划设计总院（地址：北京市西城区六铺炕北小街2—1号，邮政编码：100011），以供修订时参考。

本规范主编单位、参编单位、主要起草人和主要审查人：

主 编 单 位：水利部水利水电规划设计总院

参 编 单 位：长江勘测规划设计研究院
黑龙江省水利水电勘测设计研究院
长江科学院
黄河勘测规划设计有限公司
湖北省水利水电规划勘测设计院
河海大学
水利部防洪抗旱减灾工程技术研究中心

主要起草人：梅锦山　李维涛　刘加海　张明光
余文畴　姜家荃　蒋　肖　管枫年
戴春胜　刘亚丽　张家发　刘克传
王府义　张艳春　丁留谦　宋春山
徐文仲　郭　浩　潘少华　周欣华

主要审查人：刘志明　肖向红　刘咏峰　匡少涛
付成伟　何孝俅　杨光煦　马贵生
胡一三　郑永良　郭东浦　何华松
戴力群　王　雷　郭　辉　胡　强
闫振真　周雪晴　袁文喜　胡永林
黄锦林

目　次

Contents

1 总　　则

1.0.1 为适应堤防工程建设的需要，统一堤防工程设计标准和技术要求，做到技术先进、经济合理、安全适用，使堤防工程有效地防御洪（潮）水危害，制定本规范。

1.0.2 本规范适用于新建、加固、扩建、改建堤防工程的设计。

1.0.3 堤防工程设计应以流域、区域综合规划或防洪（潮）规划为依据。城市防洪堤工程设计还应与城市总体规划相协调。

1.0.4 堤防工程设计应具备可靠的气象水文、水系水域、地形地质、生态环境及社会经济等基本资料。堤防工程加固、扩建设计还应具备堤防工程现状及运用情况等资料。

1.0.5 堤防工程设计应满足稳定、应力、变形、渗流控制等方面的要求，还应兼顾河道生态、周边环境及景观要求。

1.0.6 堤防工程设计应贯彻因地制宜、就地取材的原则，并结合工程具体情况，采用安全、经济的新技术、新工艺、新材料。

1.0.7 位于地震动峰值加速度 0.10g 及以上地区的 1 级堤防工程，经主管部门批准，应进行抗震设计。

1.0.8 堤防工程设计除应符合本规范外，尚应符合国家现行标准的有关规定。

2 术　　语

2.0.1 戗台　　berm

为保障堤防工程安全，对堤身较高的堤段，在堤坡适当部位设置的具有一定宽度的平台。

2.0.2 防浪墙　　wave wall

为防止波浪翻越堤顶而在堤顶挡水前沿设置的墙体。

2.0.3 护坡　　slope protection

防止堤防边坡受水流、雨水、风浪的冲刷侵蚀而修筑的坡面保护设施。

2.0.4 护岸工程　　bank protection works

为防止岸滩冲蚀而修建的平顺护岸、丁坝、矶头、顺坝等防护工程。

2.0.5 减压井　　relief well

为降低堤防、闸、坝等建筑物下游覆盖层的渗透压力而设置的井式减压排渗设施。

2.0.6 治导线　　regulation line

河道整治后在设计流量下的平面轮廓线。

2.0.7 穿堤建筑物　　buildings through levee

以引、排水为目的，从堤身或堤基穿过的管、涵、闸等水利建筑物的总称。

2.0.8 临堤建筑物　　buildings near levee

在河道堤防管理范围或堤脚线以外修建的不穿越堤身、堤脚的建筑物。

2.0.9 跨堤建筑物　　buildings across levee

跨越堤防的建筑物。

2.0.10 决口　　breach

堤防由于填筑物料、填筑质量、高程等缺陷在水流的作用下冲蚀坍塌，形成缺口，造成水流出的现象。

2.0.11 设计枯水位　　low water

用于护岸工程设计护坡与护脚的分界，通常选取为枯水期水位的多年平均值或相应于某一重现期的枯水位。

3 堤防工程的级别及设计标准

3.1 堤防工程的防洪标准及级别

3.1.1 堤防工程保护对象的防洪标准应按现行国家标准《防洪标准》GB 50201 的有关规定执行。堤防工程的防洪标准应根据保护区内保护对象的防洪标准和经审批的流域防洪规划、区域防洪规划综合研究确定，并应符合下列规定：

1 保护区仅依靠堤防工程达到其防洪标准时，堤防工程的防洪标准应根据保护区内防洪标准较高的保护对象的防洪标准确定。

2 保护区依靠包括堤防工程在内的多项防洪工程组成的防洪体系达到其防洪标准时，堤防工程的防洪标准应按经审批的流域防洪规划、区域防洪规划中堤防工程所承担的防洪任务确定。

3 蓄、滞洪区堤防工程的防洪标准应根据经审批的流域防洪规划、区域防洪规划的要求确定。

3.1.2 根据保护对象的重要程度和失事后遭受洪灾损失的影响程度，可适当降低或提高堤防工程的防洪标准。当采用低于或高于规定的防洪标准时，应进行论证并报水行政主管部门批准。

3.1.3 堤防工程的级别应根据确定的保护对象的防洪标准，按表 3.1.3 的规定确定。

表 3.1.3　堤防工程的级别

防洪标准[重现期（年）]	≥100	<100 且≥50	<50 且≥30	<30 且≥20	<20 且≥10
堤防工程的级别	1	2	3	4	5

3.1.4 遭受洪（潮）灾或失事后损失巨大、影响十分严重的堤防工程，其级别可适当提高；遭受洪（潮）灾或失事后损失及影响较小或使用期限较短的临时堤防工程，其级别可适当降低。提高或降低堤防工程级别时，1 级、2 级堤防工程应报国务院水行政主管部门批准，3 级及以下堤防工程应报流域机构或省级水行政主管部门批准。

3.1.5 堤防工程上的闸、涵、泵站等建筑物及其他构筑物的设计防洪标准，不应低于堤防工程的防洪标准。

3.2 安全加高值及稳定安全系数

3.2.1 堤防工程的安全加高值应按表 3.2.1 的规定确定。1 级堤防工程重要堤段的安全加高值，经过论证可适当加大，但不得大于 1.5 m。山区河流洪水历时较短时，可适当降低安全加高值。

表 3.2.1　堤防工程的安全加高值

堤防工程的级别		1	2	3	4	5
安全加高值（m）	不允许越浪的堤防	1.0	0.8	0.7	0.6	0.5
	允许越浪的堤防	0.5	0.4	0.4	0.3	0.3

3.2.2 防止渗透变形的允许水力比降应以土的临界比降除以安全系数确定，无黏性土的安全系数应为 1.5～2.0，黏性土的安全系数不应小于 2.0。无试验资料时，对于渗流出口无滤层的情况，无黏性土的允许水力比降可按表 3.2.2 选用，有滤层的情况可适当提高，特别重要的堤段，其允许水力比降应根据试验的临界比降确定。

表 3.2.2　无黏性土渗流出口的允许水力比降

渗透变形形式	流土型			过渡型	管涌型	
	$C_u \leqslant 3$	$3 < C_u \leqslant 5$	$C_u > 5$		级配连续	级配不连续
允许水力比降	0.25～0.35	0.35～0.50	0.50～0.80	0.25～0.40	0.15～0.25	0.10～0.20

注：C_u 为土的不均匀系数。

3.2.3 土堤边坡抗滑稳定采用瑞典圆弧法或简化毕肖普法计算时，安全系数不应小于表3.2.3的规定。

表3.2.3 土堤边坡抗滑稳定安全系数

堤防工程级别			1	2	3	4	5
安全系数	瑞典圆弧法	正常运用条件	1.30	1.25	1.20	1.15	1.10
		非常运用条件Ⅰ	1.20	1.15	1.10	1.05	1.05
		非常运用条件Ⅱ	1.10	1.05	1.05	1.00	1.00
	简化毕肖普法	正常运用条件	1.50	1.35	1.30	1.25	1.20
		非常运用条件Ⅰ	1.30	1.25	1.20	1.15	1.10
		非常运用条件Ⅱ	1.20	1.15	1.15	1.10	1.05

注：运用条件详见本规范第9.2.2条。

3.2.4 软弱地基上土堤的抗滑稳定安全系数，当难以达到规定数值时，经过论证，并报行业主管部门批准后，可适当降低。

3.2.5 防洪墙沿基底面的抗滑稳定安全系数不应小于表3.2.5的规定。岩基上防洪墙采用抗剪断公式计算抗滑稳定时，防洪墙沿基底面的抗滑稳定安全系数正常运用条件不应小于3.00，非常运用条件Ⅰ不应小于2.50，非常运用条件Ⅱ不应小于2.30。

表3.2.5 防洪墙沿基底面的抗滑稳定安全系数

地基性质		岩基				土基			
堤防工程级别		1	2	3	4、5	1	2	3	4、5
安全系数	正常运用条件	1.15	1.10	1.08	1.05	1.35	1.30	1.25	1.20
	非常运用条件Ⅰ	1.05	1.05	1.03	1.00	1.20	1.15	1.10	1.05
	非常运用条件Ⅱ	1.03	1.03	1.00	1.00	1.10	1.05	1.05	1.00

3.2.6 土基上防洪墙基底应力的最大值与最小值之比，不应大于表3.2.6规定的允许值。

表3.2.6 土基上防洪墙基底应力的最大值与最小值之比的允许值

地基土质	荷载组合	
	基本组合	特殊组合
松软	1.50	2.00
中等坚实	2.00	2.50
坚实	2.50	3.00

3.2.7 岩基上防洪墙抗倾覆稳定安全系数不应小于表3.2.7的规定。

表3.2.7 岩基上防洪墙抗倾覆稳定安全系数

堤防工程级别		1	2	3	4	5
安全系数	正常运用条件	1.60	1.55	1.50	1.45	1.40
	非常运用条件Ⅰ	1.50	1.45	1.40	1.35	1.30
	非常运用条件Ⅱ	1.40	1.35	1.30	1.25	1.20

4 基本资料

4.1 气象与水文

4.1.1 堤防工程设计应具备气温、风况、蒸发、降水、水位、流量、流速、泥沙、潮汐、波浪、冰情、冻土、地下水等气象、水文资料。

4.1.2 堤防工程设计应具备与工程有关地区的水系分布、水域分布、河势演变和冲淤变化等资料。

4.2 社会经济

4.2.1 堤防工程设计应具备堤防保护区及堤防工程区的社会经济资料。

4.2.2 堤防工程保护区的社会经济资料应包括下列主要内容：

1 面积、耕地、人口、城镇分布等社会概况。

2 农林牧副渔业、工矿企业、交通、能源、通信、文化设施等行业的规模、资产、产量、产值等国民经济概况。

3 生态环境状况。

4 历史洪、涝、潮灾害情况。

5 相关社会经济发展规划。

4.2.3 堤防工程建设区和料场区的社会经济资料应包括下列主要内容：

1 面积、地类、人口、房屋、固定资产等。

2 农林牧副渔业、工矿企业、交通、通信、文化教育等设施。

3 文物古迹、旅游设施、墓地等。

4.3 工程地形

4.3.1 堤防工程不同设计阶段的地形测量资料应符合表4.3.1的规定。

表4.3.1 堤防工程设计各设计阶段的测图要求

图别	建筑物类别	设计阶段	比例尺	图幅范围及断面间距	备注
地形图	堤防及护岸	规划	1:10000～1:50000	横向自堤中心线向两侧带状展开100m～300m，纵向应闭合至自然高地或已建堤防、路、渠堤	砂基及双层地基背水侧应适当加宽，以涵盖压、盖重范围。临水侧为侵蚀性滩岸时，宜扩至深泓或侵蚀线外
		可行性研究、初步设计	1:1000～1:10000		
	交叉建筑物		1:200～1:500	包括建筑物进出口及两岸连接范围	初步设计比例尺宜取大比例尺
纵断面图	堤防		竖向1:100～1:200	—	初步设计宜取大比例尺。堤线长度超过100km时，横向比例尺可采用1:25000～1:50000
			横向1:1000～1:10000	—	
横断面图	堤防及护岸		竖向1:100	新建堤防每100m～200m测一断面，测宽200m～600m。加固堤防及护岸每50m～100m测一断面，测宽200m～600m	初步设计断面间隔宜取大比例尺。曲线段断面间距宜缩小。横断面宽度超过500m时，横向比例尺可采用1:2000。老堤加固横向比例尺可采用1:200
			横向1:500～1:1000		

4.3.2 新建堤防工程应提供堤中心线纵断面图；加固、扩建堤防工程应同时提供堤顶及临水、背水堤脚线纵断面图。

4.4 工程地质

4.4.1 3级及以上堤防工程设计的工程地质及筑堤材料资料，应符合现行行业标准《堤防工程地质勘察规程》SL 188的有关规定。4级、5级堤防工程设计的工程地质及筑堤材料资料可适当简化。

4.4.2 堤防工程设计应充分利用已有堤防工程及堤线上修建工程的地质勘测资料，并应收集险工地段的历史和现状险情资料，同时应查明历史险工段和决口堤段的范围、地层结构、防汛抢险和堵口采用的材料等情况。

5 堤线布置及堤型选择

5.1 堤线布置

5.1.1 堤线布置应根据防洪规划，地形、地质条件，河流或海岸线变迁，结合现有及拟建建筑物的位置、施工条件、已有工程状况以及征地拆迁、文物保护、行政区划等因素，经过技术经济比较后综合分析确定。

5.1.2 堤线布置应符合下列原则：

1 堤线布置应与河势相适应，并宜与大洪水的主流线大致平行。

2 堤线布置应力求平顺，相邻堤段间应平缓连接，不应采用折线或急弯。

3 堤线应布置在占压耕地、拆迁房屋少的地带，并宜避开文物遗址，同时应有利于防汛抢险和工程管理。

4 湖堤、海堤线布置宜避开强风或暴潮正面袭击。

5 城市防洪堤的堤线布置应与市政设施相协调。

6 堤防工程宜利用现有堤防和有利地形，修筑在土质较好、比较稳定的滩岸上，应留有适当宽度的滩地，宜避开软弱地基、深水地带、古河道、强透水地基。

5.1.3 海涂围堤、河口堤防及其他重要堤段的堤线布置，应与地区经济社会发展规划相协调，并应分析论证对生态环境和社会经济的影响，必要时应进行模型试验后分析确定。

5.2 堤距确定

5.2.1 新建或改建河堤的堤距应根据流域防洪规划分河段确定，上下游、左右岸应统筹兼顾。

5.2.2 河堤堤距应根据河道的地形、地质条件，水文泥沙特性，河床演变特点，冲淤变化规律，经济社会长远发展、生态环境保护要求和不同堤距的技术经济指标，并综合权衡有关自然因素和社会因素后分析确定。

5.2.3 受山嘴、矶头或其他建筑物、构筑物等影响，排洪能力明显小于上、下游的窄河段，应采取清除障碍或展宽堤距的措施。

5.3 堤型选择

5.3.1 堤防工程的形式应根据堤段所在的地理位置、重要程度、堤址地质、筑堤材料、水流及风浪特性、施工条件、运用和管理要求、环境景观、工程造价等因素，经过技术经济比较，综合确定。

5.3.2 加固、改建、扩建的堤防，应结合原有堤型、筑堤材料等因素选择堤型。

5.3.3 城市防洪堤应结合城市总体规划、市政设施建设、城市景观与亲水性等选择堤型。

5.3.4 相邻堤段采用不同堤型时，堤型变换处应做好连接处理。

6 堤基处理

6.1 一般规定

6.1.1 堤基处理应根据堤防工程级别、堤高、堤基条件和渗流控制要求，选择经济合理的方案。

6.1.2 堤基处理应符合下列要求：

1 渗流控制应保证堤基及背水侧堤脚外土层的渗透稳定。

2 堤基应满足静力稳定要求，按抗震要求设计的堤防还应满足抗震动力稳定要求。

3 竣工后堤基和堤身的总沉降量和不均匀沉降量不应影响堤防的安全和运用。

6.1.3 堤基处理应探明堤基中的暗沟、古河道、塌陷区、动物巢穴、墓坑、窑洞、坑塘、井窖、房基、杂填土等隐患，并应采取处理措施。

6.2 软弱堤基处理

6.2.1 软弱堤基处理应研究软黏土、湿陷性黄土、易液化土、膨胀土、泥炭土和分散性黏土等软弱堤基的物理力学特性和渗透性，并应分析其对工程可能产生的影响。

6.2.2 堤基中浅埋的薄层软黏土宜挖除。当厚度较大难以挖除或挖除不经济时，可采用铺垫透水材料加速排水和扩散应力、在堤脚外设置压载、打排水井或塑料排水带、放缓堤坡、控制施工加荷速率等方法进行处理。垫层、排水井等可按本规范附录A的规定确定。

6.2.3 当软黏土堤基采用铺垫透水材料加速排水固结时，其透水材料可使用砂砾、碎石、土工织物，也可结合使用。在防渗体部位应避免造成渗流通道。

6.2.4 在软黏土堤基上采用连续施工法修筑堤防，当填筑高度达到或超过软土堤基所能承载的高度时，可在堤脚外设置压载。一级压载不满足要求时，可采用两级压载，压载的高度和宽度应由稳定计算确定。

6.2.5 软黏土堤基可采用排水砂井和塑料排水带等加速固结，排水井应与透水垫层结合使用。在软黏土层下有承压水并危及堤防安全时，应避免排水井穿透软黏土层。

6.2.6 在软黏土地基上筑堤，可采用控制填土速率的方法。填土速率和间歇时间应通过计算、试验或结合类似工程分析确定。

6.2.7 在软黏土地基上修筑重要的堤防，可采用振冲法或搅拌桩等方法加固堤基。

6.2.8 在湿陷性黄土地基上修筑堤防，可采用预先浸水法或表面重锤夯实法处理。在强湿陷性黄土地基上修建较高或重要的堤防，应专门研究处理措施。

6.2.9 对于必须处理的可液化土层，当挖除有困难或挖除不经济时，可采取人工加密的措施处理。对于浅层的可液化土层，可采用表面振动压密等措施处理；对于深层的可液化土层，可采用振冲、强夯、围封、设置砂石桩加强堤基排水等方法处理。

6.2.10 泥炭土无法避开且又不可能挖除时，应根据泥炭土的压缩性采取碎石桩、填石强夯等相应的措施，有条件时，应进行室内试验和试验性填筑。

6.2.11 膨胀土堤基，在查清膨胀土性质和分布范围的基础上，必要时应采用挖除、表层防护等方法处理。

6.2.12 分散性黏土堤基，在堤身防渗体以下部分应掺入石灰，石灰掺量应根据土质情况由试验确定，其重量比可采用2%～4%；均质土堤处理深度可采用0.2m～0.3m，心墙或斜墙土石堤在防渗体下处理深度可采用1.0m～1.2m。在防渗体下游部位可采用满足保护分散性黏土要求的滤层。

6.3 透水堤基处理

6.3.1 表层透水堤基处理可采用截水槽、铺盖、地下防渗墙及灌浆截渗等方法处理。

6.3.2 浅层透水堤基宜采用黏性土截水槽截渗。截水槽底部应达到相对不透水层，截水槽宜采用与堤身防渗体相同的土料填筑，其压实密度不应小于堤体的同类土料。截水槽的底宽应根据回填土料、下卧的相对不透水层的允许渗透比降及施工条件确定。

6.3.3 透水层较厚且临水侧有稳定滩地的堤基，宜采用铺盖防渗措施。铺盖的长度和断面应通过计算确定。计算时，应计算下卧层及铺盖本身的渗透稳定。当利用天然弱透水层作为防渗铺盖时，应查明天然弱透水层及下卧透水层的分布、厚度、级配、渗透系数和允许渗透比降等情况，在天然铺盖不足的部位应采取人工铺盖补强措施。缺乏铺盖土料时，可采用土工膜或复合土工膜，在其表面应设保护层及排气排水系统。

6.3.4 经技术经济比较，透水堤基可设置地下防渗墙时，防渗墙的设计应符合本规范第6.6节的要求。

6.3.5 需要在砂砾石堤基内进行灌浆截渗时，应通过室内及现场试验确定堤基的可灌性，并应按现行行业标准《水工建筑物水泥灌浆施工技术规范》SL 62的有关规定执行。可灌性判别可采用本规范附录A的方法。

6.4 多层堤基处理

6.4.1 对多层堤基，可采用堤防临水侧垂直截渗，堤背水侧加盖重、减压沟、减压井等处理措施，也可多种措施结合使用。

6.4.2 表层弱透水层较厚的堤基，宜采用盖重处理措施。盖重宜采用透水材料。计算可采用本规范附录A的方法。

6.4.3 表层弱透水层较薄、下卧的透水层基本均匀且厚度足够时，宜采用减压沟处理措施。减压沟可采用明沟，也可采用暗沟。

6.4.4 弱透水层下卧的透水层呈层状沉积、各向异性且强透水层位于地基下部或其间夹有黏土薄层和透镜体时，宜采用减压井处理措施，应根据渗流控制要求和地层情况，结合施工等因素，合理确定井距和井深。

6.4.5 减压沟、减压井宜靠近堤防背水侧坡脚或在盖重末端设置。

6.5 岩石堤基的防渗处理

6.5.1 当岩石堤基有下列情况之一时，应进行防渗处理：

1 强风化或裂隙发育的岩石，可能使岩石或堤体受到渗透破坏的。

2 因岩溶等原因，渗水量过大，可能危及堤防安全的。

6.5.2 当岩石堤基强烈风化可能使堤基或堤身受到渗透破坏时，防渗体下的岩石裂隙应采用砂浆或混凝土封堵，并应在防渗体下游设置滤层；非防渗体下宜采用滤料覆盖。

6.5.3 对岩溶地区，应在查清岩溶发育情况的基础上，根据当地材料情况，填塞漏水通道。必要时，可加防渗铺盖。

6.5.4 当岩石堤基需设置灌浆帷幕时，可按现行行业标准《水工建筑物水泥灌浆施工技术规范》SL 62的有关规定执行。

6.6 堤基垂直防渗

6.6.1 防渗墙宜布置在堤基中心区或临水侧堤脚附近处，当堤基和堤身均需采取渗控措施时，防渗墙应结合堤身防渗要求布置。

6.6.2 防渗墙可采用悬挂式、半封闭式或封闭式等形式。防渗墙的具体形式应在分析渗流控制效果和对地下水环境的影响后综合确定。

6.6.3 防渗墙深度应满足渗透稳定的要求。半封闭式和封闭式防渗墙深入相对不透水层的深度不应小于1.0m，当相对不透水层为基岩时，防渗墙深入相对不透水层的深度不宜小于0.5m。

6.6.4 黏土、水泥土、混凝土、塑性混凝土、自凝灰浆、固化灰浆和土工合成材料等，均可作为防渗墙墙体材料。采用土工合成材料时，其厚度不应小于0.5mm，采用其他材料时，墙体的厚度可按下式计算，并应结合施工要求综合分析确定：

$$D=\frac{\Delta H}{J_{允}} \tag{6.6.4}$$

式中：D——墙体厚度(m)；

ΔH——上、下游水头差(m)；

$J_{允}$——墙体材料的允许比降。

7 堤身设计

7.1 一般规定

7.1.1 堤身的结构设计应经济实用、就地取材、便于施工和维护，并应满足防汛和管理的要求。

7.1.2 堤身设计应依据堤基条件、筑堤材料及运行要求分段进行。堤身各部位的结构与尺寸，应经稳定计算和技术经济比较后确定。

7.1.3 土堤堤身设计应包括堤身断面布置、填筑标准、堤顶高程、堤顶结构、堤坡与戗台、护坡与坡面排水、防渗与排水设施等。防洪墙设计应包括墙身结构形式、墙顶高程和基础轮廓尺寸及防渗、排水设施等。

7.1.4 通过古河道、堤防决口堵复、海堤港汊堵口等地段的堤身断面，应根据水流、堤基、施工方法及筑堤材料等条件，结合各地的实践经验，经专门研究后确定。

7.2 筑堤材料与填筑标准

7.2.1 土料、石料及砂砾料等筑堤材料的选择，应符合下列规定：

1 均质土堤的土料宜选用黏粒含量为10%～35%、塑性指数为7～20的黏性土，且不得含植物根茎、砖瓦垃圾等杂质；填筑土料含水率与最优含水率的允许偏差为±3%；铺盖、心墙、斜墙等防渗体宜选用防渗性能好的土；堤后盖重宜选用砂性土。

2 砌墙及护坡的石料应质地坚硬，冻融损失率应小于1%，石料外形应规整，边长比宜小于4。护坡石料粒径应满足抗冲要求，填筑石料最大粒径应满足施工要求。

3 垫层和反滤层的砂砾料宜为连续级配、耐风化、水稳定性好。砂砾料用于反滤时含泥量宜小于10%。

7.2.2 下列土不宜作堤身填筑土料，当需要时，应采取相应的处理措施：

1 淤泥类土、天然含水率不符合要求或黏粒含量过多的黏土。

2 冻土块、杂填土。

3 水稳定性差的膨胀土、分散性土等。

7.2.3 土堤的填筑标准应根据堤防级别、堤身结构、土料特性、自然条件、施工机具及施工方法等因素，综合分析确定。

7.2.4 黏性土土堤的填筑标准应按压实度确定。压实度值应符合下列规定：

1 1级堤防不应小于0.95。

2 2级和堤身高度不低于6m的3级堤防不应小于0.93。

3 堤身高度低于6m的3级及3级以下堤防不应小于0.91。

7.2.5 无黏性土土堤的填筑标准应按相对密度确定，1级、2级和堤身高度不低于6m的3级堤防不应小于0.65，堤身高度低于6m的3级及3级以下堤防不应小于0.60。有抗震要求的堤防应按现行行业标准《水工建筑物抗震设计规范》SL 203的有关规定执行。

7.2.6 用石渣料作堤身填料时，其固体体积率宜大于76%，相对孔隙率不宜大于24%。

7.2.7 决口堵复、港汊堵口、水中筑堤、软弱堤基上的土堤，设计填筑标准应根据采用的施工方法、土料性质等条件，并结合已建成的类似堤防工程的填筑标准分析确定。

7.3 堤顶高程

7.3.1 堤顶高程应按设计洪水位或设计高潮位加堤顶超高确定。设计洪水位应按现行行业标准《水利工程水利计算规范》SL 104的有关规定计算。设计高潮位应按本规范附录B计算。堤顶超高应按下式计算：

$$Y=R+e+A \tag{7.3.1}$$

式中：Y——堤顶超高(m)；

R——设计波浪爬高(m)，可按本规范附录C计算确定；

e——设计风壅水面高度(m)，可按本规范附录C计算确定；对于海堤，当设计高潮位中包括风壅水面高度时，不另计；

A——安全加高值，按本规范表3.2.1确定(m)。

7.3.2 流冰期易发生冰塞、冰坝的河段，堤顶高程除应按本规范第7.3.1条的规定计算外，尚应根据历史凌汛水位和风浪情况进行专门分析论证后确定。

7.3.3 当土堤临水侧堤肩设有防浪墙时，防浪墙顶高程计算应与本规范第7.3.1条堤顶高程计算相同，但土堤顶面高程应高出设计水位 0.5m 以上。

7.3.4 土堤应预留沉降量。沉降量可根据堤基地质、堤身土质及填筑密度等因素分析确定，宜取堤高的 3%～5%。当有下列情况之一时，沉降量应按本规范第 9.3 节的规定计算：

1 土堤高度大于 10m。

2 堤基为软弱土层。

3 因筑堤材料、施工条件等限制而导致压实度较低的土堤。

7.3.5 区域沉降量较大的地区，在本规范第 7.3.4 条预留沉降量的基础上，可适当增加预留沉降量。

7.4 土堤堤顶结构

7.4.1 堤顶宽度应根据防汛、管理、施工、构造及其他要求确定。堤顶宽度，1 级堤防不宜小于 8m；2 级堤防不宜小于 6m；3 级及以下堤防不宜小于 3m。

7.4.2 回车场、避车道、存料场可在堤顶设计宽度以外设置，其具体布置及尺寸可根据需要确定。

7.4.3 上堤坡道的位置、坡度、顶宽、结构等可根据需要确定。临水侧上堤坡道宜顺水流方向布置。

7.4.4 堤顶路面结构应根据防汛、管理的要求，并结合堤身土质、气象、是否允许越浪等条件进行选择。

7.4.5 堤顶应向一侧或两侧倾斜，坡度宜采用 2%～3%。

7.4.6 防浪墙可采用浆砌石、混凝土等结构形式。防浪墙净高不宜超过 1.2m，埋置深度应满足稳定和抗冻要求。风浪大的海堤、湖堤的防浪墙临水侧可做成反弧曲面。防浪墙应设置变形缝，并应进行强度和稳定性核算。

7.5 堤坡与戗台

7.5.1 堤坡应根据堤防级别、堤身结构、堤基、筑堤土质、风浪情况、护坡形式、堤高、施工及运用条件，经稳定计算确定。1 级、2 级土堤的堤坡不宜陡于 1∶3。

7.5.2 戗台应根据堤身稳定、管理、排水、施工的需要分析确定。堤高超过 6m 时，背水侧宜设置戗台，戗台的宽度不宜小于 1.5m。

7.5.3 风浪大的堤段临水侧宜设置消浪平台，其宽度可为设计浪高的 1 倍～2 倍，且不宜小于 3m。消浪平台应采用浆砌大块石、竖砌条石、混凝土等进行防护。

7.6 护坡与坡面排水

7.6.1 护坡的结构形式应安全实用、便于施工和维护。对不同堤段或同一坡面的不同部位可选用不同的护坡形式。

7.6.2 临水侧护坡的形式应根据风浪大小、近堤水流、潮流情况，结合堤防级别、堤高、堤身与堤基土质等因素确定。通航河流船行波作用较强烈的堤段应分析船行波的作用和影响。背水侧护坡的形式应根据当地的暴雨强度、越浪要求，并结合堤高和土质情况确定。

7.6.3 土堤堤坡宜采用草皮等生态护坡；受水流冲刷或风浪作用强烈的堤段，临水侧坡面可采用砌石、混凝土等护坡形式。

7.6.4 护坡的结构尺寸可按本规范附录 D 进行计算。高度低于 3m 的堤防，其护坡结构尺寸可按已建同类堤防选定。

7.6.5 砌石、混凝土等护坡与土体之间应设置垫层。垫层可采用砂、砾石或碎石、石渣和土工织物，砂石垫层厚度不应小于 0.1m。风浪大的堤段的护坡垫层可适当加厚。

7.6.6 浆砌石、混凝土等护坡应设置排水孔，孔径可为 50mm～100mm，孔距可为 2m～3m，宜呈梅花形布置。浆砌石、混凝土护坡应设置变形缝。

7.6.7 砌石、混凝土护坡在堤脚、戗台或消浪平台两侧或改变坡度处，均应设置基座，堤脚处基座埋深不宜小于 0.5m，护坡与堤顶相交处应牢固封顶，封顶宽度可为 0.5m～1.0m。

7.6.8 海堤临水侧可采用斜坡式、陡墙式或复合式防护形式，并应根据堤身、堤基、堤前水深、风浪大小以及材料、施工等因素经技术经济比较确定。陡墙式护坡宜采用重力挡土墙结构，其断面尺寸应由稳定和强度计算确定。砌置深度不宜小于 1.0m，墙与土体之间应设置过渡层，过渡层可由砂砾、碎石或石渣填筑，其厚度可为 0.5m～1.0m。复合式护坡宜结合变坡设置平台，平台的高程应根据消浪要求确定。

7.6.9 风浪强烈的海堤临水侧坡面的防护宜采用混凝土或钢筋混凝土异型块体，异型块体的结构及布置可根据消浪的要求，经计算确定。重要堤段应通过试验确定。

7.6.10 高于 6m 的土堤受雨水冲刷严重时，宜在堤顶、堤坡、堤脚以及堤坡与山坡或其他建筑物结合部设置排水设施。

7.6.11 平行堤轴线的排水沟可设在戗台内侧或近堤脚处。坡面竖向排水沟可每隔 50m～100m 设置一条，并应与平行堤轴向的排水沟连通。排水沟可采用混凝土或砌石结构，其尺寸与底坡坡度可由计算或结合已有工程的经验确定。

7.7 防渗与排水设施

7.7.1 堤身防渗的结构形式应根据渗流计算及技术经济比较合理确定。堤身防渗宜采用均质土堤形式，也可采用心墙、斜墙或其他防渗墙形式。防渗材料可采用黏土、混凝土、沥青混凝土、土工膜等材料。堤身排水可采用深入背水坡脚或贴坡滤层。滤层材料可采用砂、砾料或土工织物等材料。

7.7.2 堤身的防渗体应满足渗透稳定以及施工与构造的要求。

7.7.3 堤身的防渗与排水体的布设应与堤基防渗与排水设施统筹布置，并应使堤身防渗和堤基防渗紧密结合。

7.7.4 防渗体的顶部应高出设计水位 0.5m。

7.7.5 土质防渗体的断面应自上而下逐渐加厚。顶部的水平宽度不宜小于 1m，底部厚度不宜小于堤前设计水深的 1/4。砂、砾石排水体的厚度或顶宽不宜小于 1m。

7.7.6 土质防渗体的顶部和斜墙的临水侧应设置保护层。保护层的厚度不应小于当地冻结深度。

7.7.7 采用土工膜作为堤身防渗材料时，可用斜向或垂直铺塑形式，土工膜与土工织物的使用应符合现行国家标准《土工合成材料应用技术规范》GB 50290 的有关规定。

7.7.8 堤身采用贴坡排水时，排水体的顶部应高出浸润线出逸点 0.5m～1.0m。

7.8 防　洪　墙

7.8.1 城市、工矿区等修建土堤受限制的地段，可采用防洪墙。防洪墙宜采用钢筋混凝土结构，当高度不大时，可采用混凝土或浆砌石结构。墙顶高程应按本规范第 7.3.1 条计算确定。

7.8.2 防洪墙可采用重力式、悬臂式、扶臂式、加筋式、空箱式等结构形式。

7.8.3 防洪墙应按本规范第 9 章的规定进行抗倾、抗滑和地基整体稳定计算。地基稳定、承载力、变形不满足要求时，应对地基进行加固或调整防洪墙基础尺寸。地基加固可采取置换、复合地基、桩基等措施。

7.8.4 防洪墙应满足强度和抗渗要求。结构强度计算应按现行行业标准《水工混凝土结构设计规范》SL 191 的有关规定执行。钢筋混凝土、混凝土、浆砌石等材料建筑的防洪墙，其底部的渗流计算可用改进阻力系数法，计算方法应符合本规范附录 E 的规定。

7.8.5 防洪墙基础埋置深度应满足抗冲刷和冻结深度的要求。

7.8.6 防洪墙应设置变形缝，钢筋混凝土墙缝距宜为 15m～20m，混凝土及浆砌石墙宜为 10m～15m。地基土质、墙高、外部荷载、墙体断面结构变化处，应增设变形缝，变形缝应设止水。

8 护岸工程设计

8.1 一般规定

8.1.1 河岸受水流、潮汐、风浪作用可能发生冲刷破坏影响堤防安全时，应采取防护措施。护岸工程的设计应统筹兼顾、合理布局，并宜采用工程措施与生物措施相结合的方式进行防护。

8.1.2 护岸工程可选用下列形式：

1 坡式护岸。

2 坝式护岸。

3 墙式护岸。

4 其他形式护岸。

8.1.3 护岸工程的结构、材料应符合下列要求：

1 应坚固耐久，抗冲刷、抗磨损性能应强。

2 适应河床变形能力应强。

3 应便于施工、修复、加固。

4 应就地取材，并应经济合理。

8.1.4 护岸的位置和长度应根据水流、潮汐、风浪特性，以及河床演变及河岸崩塌情况等综合分析确定。

8.1.5 护岸工程的上部护坡，其顶部应与滩面相平或略高于滩面。护岸工程的下部护脚延伸范围应符合下列规定：

1 在深泓近岸段应延伸至深泓线，并应满足河床最大冲刷深度的要求。河床最大冲刷深度应按本规范附录D计算。

2 在水流平顺、岸坡较缓段，宜护至坡度为1：3～1：4的缓坡河床处。

8.1.6 护坡与护脚应以设计枯水位为界。设计枯水位可按月平均水位最低的三个月的平均值计算。

8.1.7 无滩或窄滩段护岸工程与堤身防护工程的连接应良好。

8.2 坡式护岸

8.2.1 坡式护岸可分为上部护坡和下部护脚。上部护坡的结构形式应根据河岸地质条件和地下水活动情况，采用干砌石、浆砌石、混凝土预制块、现浇混凝土板、模袋混凝土等，经技术经济比较选定。下部护脚部分的结构形式应根据岸坡地形地质情况、水流条件和材料来源，采用抛石、石笼、柴枕、柴排、土工织物枕、软体排、模袋混凝土排、铰链混凝土排、钢筋混凝土块体、混合形式等，经技术经济比较选定。

8.2.2 护坡工程可根据岸坡的地形、地质条件、岸坡稳定及管理要求设置枯水平台，枯水平台顶部高程应高于设计枯水位0.5m～1.0m，宽度可为1m～2m。当枯水平台以上坡身高度大于6m时，宜设置宽度不小于1m的戗台。

8.2.3 护坡厚度可按本规范附录D计算确定。砌石护坡石层的厚度宜为0.25m～0.30m，混凝土预制块或模袋混凝土的厚度宜为0.10m～0.12m。砂砾石垫层厚度宜为0.10m～0.15m，粒径可为2mm～30mm。当滩面有排水要求时，坡面应设置排水沟。

8.2.4 抛石护脚应符合下列要求：

1 抛石粒径应根据水深、流速情况，按本规范附录D的有关规定计算或根据已建工程分析确定。

2 抛石厚度不宜小于抛石粒径的2倍，水深流急处宜增大。

3 抛石护脚的坡度宜缓于1：1.5。

8.2.5 柴枕护脚应符合下列要求：

1 柴枕护脚的顶端应位于多年平均最低水位处，其上应加抛接坡石，厚度宜为0.8m～1.0m；柴枕外脚应加抛压脚块石或石笼等。

2 柴枕的规格应根据防护要求和施工条件确定，枕长可为10m～15m，枕径可为0.5m～1.0m，柴、石体积比宜为7：3；柴枕可为单层抛护，也可根据需要抛两层或三层；单层抛护的柴枕，其上压石厚度宜为0.5m～0.8m。

8.2.6 柴排护脚应符合下列要求：

1 采用柴排护脚的岸坡不应陡于1：2.5，排体顶端应位于多年平均最低水位处，其上应加抛接坡石，厚度宜为0.8m～1.0m。

2 柴排垂直流向的排体长度应满足在河床发生最大冲刷时，排体下沉后仍能保持缓于1：2.5的坡度。

3 相邻排体之间的搭接应以上游排覆盖下游排，其搭接长度不宜小于1.5m。

8.2.7 土工织物枕及土工织物软体排护脚可根据水深、流速、河岸及附近河床土质情况，采用单个土工织物枕抛护，可3个～5个土工织物枕抛护，也可土工织物枕与土工织物垫层构成软体排形式防护，并应符合下列要求：

1 土工织物材料应具有抗拉、抗磨、耐酸碱、抗老化等性能，孔径应满足反滤要求。

2 当护岸土体自然坡度陡于1：2且坡面不平顺有大的坑洼起伏及块石等尖锐物时，不宜采用土工织物枕及土工织物软体排。

3 土工织物枕、土工织物排的顶端应位于多年平均最低水位以下，其上应加抛接坡石，厚度宜为0.8m～1.0m。

4 土工织物软体排垂直流向的排体长度应满足在河床发生最大冲刷时，排体随河床变形后坡度不应陡于1：2.5。

5 土工织物软体排垫层顺水流方向的搭接长度不宜小于1.5m，并应采用顺水流方向上游垫布压下游垫布的搭接方式。

6 排体护脚处及其上、下端宜加抛块石。

8.2.8 铰链混凝土排护脚应符合下列要求：

1 排的顶端应位于多年平均最低水位处，其上应加抛接坡石，厚度宜为0.8m～1.0m。

2 混凝土板厚度应根据水深、流速经防冲稳定计算确定。

3 沉排垂直于流向的排体长度应符合本规范第8.2.7条的规定。

4 顺水流向沉排宽度应根据沉排规模、施工技术要求确定。

5 排体之间的搭接应以上游排覆盖下游排，搭接长度不宜小于1.5m。

6 排的顶端可用钢链系在固定的系排梁或桩墩上，排体坡脚处及其上、下端宜加抛块石。

8.3 坝式护岸

8.3.1 坝式护岸布置可选用丁坝、顺坝及丁坝、顺坝相结合的勾头丁坝等形式。坝式护岸可按结构材料、坝高及与水流、潮流流向关系，选用透水或不透水、淹没或非淹没、正挑、下挑或上挑等形式。

8.3.2 坝式护岸应按治理要求依河岸修建。丁坝坝头和顺坝坝线的位置不得超越规划的治导线。

8.3.3 丁坝的平面布置应根据整治规划、水流流势、河岸冲刷情况和已建同类工程的经验确定，必要时，应通过河工模型试验验证。丁坝的平面布置应符合下列要求：

1 丁坝的长度应根据河岸与治导线距离确定。

2 丁坝的间距可为坝长的1倍～3倍；河口与滨海地区的丁坝，其间距可为坝长的3倍～8倍。

3 非淹没丁坝宜采用下挑形式布置，坝轴线与水流流向的夹角可采用30°～60°；潮汐河口与滨海地区的丁坝，其坝轴线宜垂直于潮流方向。

8.3.4 丁坝可采用抛石丁坝、土心丁坝、沉排丁坝等结构形式。丁坝的结构尺寸应根据水流条件、运用要求、稳定需要、已建同类工程的经验分析确定，并应符合下列要求：

1 抛石丁坝坝顶的宽度宜采用1.0m～3.0m，坝的上、下游坡度不宜陡于1：1.5，坝头坡度宜采用1：2.5～1：3.0。

2　土心丁坝坝顶的宽度宜采用5m～10m，坝的上、下游护砌坡度宜缓于1∶1，护砌厚度可采用0.5m～1.0m；坝头部分宜采用抛石或石笼。

3　沉排丁坝坝顶宽宜采用2.0m～4.0m，坝的上、下游坡度宜采用1∶1～1∶1.5；护底层的沉排宽度应加宽，其宽度应满足河床最大冲刷深度的要求。

8.3.5　土心丁坝在土与护坡之间应设置垫层。垫层可采用砂砾石，厚度不应小于0.15m；也可采用土工织物上铺砂砾石保护层，保护层厚度不应小于0.1m。

8.3.6　在中细砂组成的河床修建丁坝，坝根与岸滩衔接处应加强防护；坝头处和坝上、下游侧宜采用沉排护底，沉排的铺设宽度应满足河床产生最大冲刷深度情况下坝体不受破坏的要求。丁坝局部冲刷深度的计算应符合本规范附录D的有关规定。

8.3.7　不透水淹没式丁坝的坝顶面宜做成坝根斜向河心的纵坡，其坡度可为1%～3%。

8.3.8　河口与滨海地区用于消浪保滩的顺坝宜布置在滩岸前沿，顺坝坝顶高程宜高于平均高潮位，迎浪面可根据风浪情况采用不同形式的异形块体。顺坝与滩岸之间可设置透水格坝。

8.4　墙 式 护 岸

8.4.1　对河道狭窄、堤防临水侧无滩易受水流冲刷、保护对象重要、受地形条件或已建建筑物限制的河岸，宜采用墙式护岸。

8.4.2　墙式护岸的结构形式可采用直立式、陡坡式、折线式等。墙体结构材料可采用钢筋混凝土、混凝土、浆砌石、石笼等，断面尺寸及墙基嵌入河岸坡脚的深度，应根据具体情况及河岸整体稳定计算分析确定。在水流冲刷严重的河岸应采取护基措施。

8.4.3　墙式护岸在墙后与岸坡之间宜回填砂砾石。墙体应设置排水孔，排水孔处应设置反滤层。在水流冲刷严重的河岸，墙后回填体的顶面应采取防冲措施。

8.4.4　墙式护岸沿长度方向应设置变形缝，钢筋混凝土结构护岸分缝间距可为15m～20m，混凝土、浆砌石结构护岸分缝间距可为10m～15m。在地基条件改变处应增设变形缝，墙基压缩变形量较大时应适当减小分缝间距。

8.4.5　墙式护岸墙基可采用地下连续墙、沉井或桩基，结构材料可采用钢筋混凝土或混凝土，其断面结构尺寸应根据结构应力分析计算确定。

8.5　其他护岸形式

8.5.1　护岸形式可采用桩式护岸维护陡岸的稳定、保护坡脚不受强烈水流的淘刷、促淤保堤。

8.5.2　桩式护岸的材料可采用木桩、钢桩、预制钢筋混凝土桩、大孔径钢筋混凝土桩等。桩式护岸应符合下列要求：

1　桩的长度、直径、入土深度、桩距、材料、结构等应根据水深、流速、泥沙、地质等情况，通过计算或已建工程运用经验分析确定；桩的布置可采用1排桩～3排桩，排距可采用2.0m～4.0m。

2　桩可选用透水式和不透水式；透水式桩间应以横梁连系并挂尼龙网、铅丝网、竹柳编篱等构成屏蔽式桩坝；桩间及桩与坡脚之间可抛块石、混凝土预制块等护桩护底防冲。

8.5.3　具有卵石、砂卵石河床的中、小型河流在水浅流缓处，可采用杩槎坝。杩槎坝可采用木、竹、钢、钢筋混凝土杆件做杩槎支架，可选择块石或土、砂、石等作为填筑料，构成透水或不透水的杩槎坝。

8.5.4　有条件的河岸应采取植树、植草等生物防护措施，可设置防浪林台、防浪林带、草皮护坡等。防浪林台及防浪林带的宽度、树种、树的行距、株距，应根据水势、水位、流速、风浪情况确定，并应满足消浪、促淤、固土保岸等要求。

8.5.5　用于河岸防护的树、草品种，应根据当地的气候、水文、地形、土壤等条件及生态环境要求选择。

8.5.6　在发生强烈崩岸形成大尺度崩窝影响堤防和有关设施安全的情况下，对崩窝的整治可采用促淤保滩或锁口回填还坡还滩的工程措施。

8.5.7　崩窝的促淤保滩工程可由上、下游裹头、锁口坝、窝内护坡以及必要的沉树等组成。上、下游裹头可采用抛石；锁口坝可根据水流情况采用沉梢坝、堆石坝或袋装土坝；窝内护坡工程应根据岸坡土质和险情选择适当的形式。

8.5.8　崩窝的锁口回填还坡还滩工程由上、下游裹头、锁口坝、岸坡填筑和护脚、护坡组成。上、下游裹头设计应符合本规范第8.5.7条的规定。锁口坝坝心枯水位以下可用袋装中砂或中细砂填筑，枯水位以上可用黏性土填筑并压实；锁口坝护坡枯水位以下可采用抛石，枯水位以上可采用预制混凝土板等，并应做导渗设施；当边坡陡于1∶2时，应进行稳定计算。

9　堤防稳定计算

9.1　渗流及渗透稳定计算

9.1.1　堤防应进行渗流及渗透稳定计算，计算求得渗流场内的水头、压力、比降、渗流量等水力要素，应进行渗透稳定分析，并应选择经济合理的防渗、排水设计方案或加固补强方案。

9.1.2　土堤渗流计算断面应具有代表性，并应进行下列计算，计算应符合本规范附录E的有关规定：

1　应核算在设计洪水或设计高潮持续时间内浸润线的位置，当在背水侧堤坡逸出时，应计算出逸点的位置、逸出段与背水侧堤基表面的出逸比降。

2　当堤身、堤基土渗透系数大于或等于1×10^{-3}cm/s时，应计算渗流量。

3　应计算洪水或潮水水位降落时临水侧堤身内的自由水位。

9.1.3　河、湖的堤防渗流计算应计算下列水位的组合：

1　临水侧为设计洪水位，背水侧为相应水位。

2　临水侧为设计洪水位，背水侧为低水位或无水。

3　洪水降落时对临水侧堤坡稳定最不利的情况。

9.1.4　感潮河流河口段的堤防渗流计算应计算下列水位的组合：

1　以设计潮水位或台风期大潮平均高潮位作为临海侧水位，背海侧水位为相应的水位、低水位或无水等情况。

2　以大潮平均高潮位计算渗流浸润线。

3　以平均潮位计算渗流量。

4　潮位降落时对临水侧堤坡稳定最不利的情况。

9.1.5　进行渗流计算时，对比较复杂的地基情况可作适当简化，并应符合下列规定：

1　对于渗透系数相差5倍以内的相邻薄土层可视为一层，可采用加权平均的渗透系数作为计算依据。

2　双层结构地基，当下卧土层的渗透系数小于上层土层的渗透系数100倍及以上时，可将下卧土层视为不透水层；表层为弱透水层时，可按双层地基计算。

3　当直接与堤底连接的地基土层的渗透系数大于堤身的渗透系数100倍及以上时，可视为堤身不透水，可仅对堤基进行渗流计算。

9.1.6　渗透稳定应进行下列判断和计算：

1　土的渗透变形类型。

2　堤身和堤基土体的渗透稳定。

3　堤防背水侧渗流出逸段的渗透稳定。

9.1.7　土的渗透变形类型的判定，应按现行国家标准《水利水电工程地质勘察规范》GB 50487的有关规定执行。

9.1.8　背水侧堤坡及地基表面逸出段的渗流比降应小于允许比降；当出逸比降大于允许比降时，应采取反滤、压重等保护措施。

9.2 抗滑和抗倾稳定计算

9.2.1 堤防工程设计应根据不同堤段的防洪任务、工程级别、地形地质条件，结合堤身的结构形式、高度和填筑材料等因素，选择有代表性的断面进行抗滑和抗倾稳定计算。

9.2.2 堤防抗滑稳定计算可分为正常运用条件和非常运用条件，计算内容应符合表9.2.2的规定。

表9.2.2 堤防抗滑稳定计算内容

计算工况		计算内容
正常运用条件		设计洪水位下的稳定渗流期或不稳定渗流期的背水侧堤坡；设计洪水位骤降期的临水侧堤坡
非常运用条件	非常运用条件Ⅰ	施工期的临水、背水侧堤坡
	非常运用条件Ⅱ	多年平均水位时遭遇地震；其他稀遇荷载的临水、背水侧堤坡

9.2.3 多雨地区的土堤应根据填筑土的渗透和堤坡防护条件，核算长期降雨期堤坡的抗滑稳定性，其安全系数可按非常运用条件Ⅰ采用。

9.2.4 土堤抗滑稳定计算可采用瑞典圆弧法或简化毕肖普法。当堤基存在较薄软弱土层时，宜采用改良圆弧法。土堤抗滑稳定计算应符合本规范附录F的规定，其抗滑稳定的安全系数应符合本规范第3.2节的有关规定。

9.2.5 土的抗剪强度应根据各种运用条件选用，并应符合本规范附录F的规定。

9.2.6 作用在防洪墙上的荷载可分为基本荷载和特殊荷载。基本荷载应包括自重、设计洪水位或多年平均水位时的静水压力、扬压力及风浪压力、土压力、冰压力以及其他出现机会较多的荷载；特殊荷载应包括地震荷载以及其他稀遇荷载。

9.2.7 防洪墙设计的荷载组合可分为正常运用条件和非常运用条件。正常运用条件应由基本荷载组合；非常运用条件应由基本荷载和一种或几种特殊荷载组合；应根据各种荷载同时出现的可能性，选择不利的情况进行计算。

9.2.8 防洪墙的抗滑和抗倾覆稳定安全系数计算应符合本规范附录F的有关规定。其安全系数不应小于本规范表3.2.5和表3.2.7规定的数值。

9.2.9 防洪墙在各种荷载组合的条件下，基底的最大压应力应小于地基的允许承载力。土基上的防洪墙基底的压应力最大值与最小值之比的允许值，不应大于本规范表3.2.6规定的数值。

9.2.10 岩基上的防洪墙基底不应出现拉应力。土基上的防洪墙除应计算堤身或沿基底面的抗滑稳定性外，还应核算堤身与堤基整体的抗滑稳定性。

9.3 沉降计算

9.3.1 沉降量计算应包括堤顶中心线处堤身和堤基的最终沉降量。

9.3.2 堤防设计应根据堤基的地质条件、土层的压缩性、堤身的断面尺寸和荷载分为若干段，每段应选取代表性断面进行沉降量计算。

9.3.3 堤身和堤基的最终沉降量，可按下式计算：

$$S = m\sum_{i=1}^{n}\left(\frac{e_{1i}-e_{2i}}{1+e_{1i}}h_i\right) \tag{9.3.3}$$

式中：S——最终沉降量(mm)；

n——压缩层范围的土层数；

e_{1i}——第 i 土层在平均自重应力作用下的孔隙比；

e_{2i}——第 i 土层在平均自重应力和平均附加应力共同作用下的孔隙比；

h_i——第 i 土层的厚度(mm)；

m——修正系数，可取1.0，软土地基可采用1.3～1.6。

9.3.4 堤基压缩层的计算厚度，可按下式确定：

$$\frac{\sigma_z}{\sigma_B}=0.2 \tag{9.3.4}$$

式中：σ_B——堤基计算层面处土的自重应力(kPa)；

σ_z——堤基计算层面处土的附加应力(kPa)。

9.3.5 实际压缩层的厚度小于本规范公式(9.3.4)的计算值时，应按实际压缩层的厚度计算其沉降量。

10 堤防与各类建筑物、构筑物的连接

10.1 一般规定

10.1.1 与堤防交叉的各类建筑物、构筑物，宜选用跨越的形式。需要穿堤的建筑物、构筑物，应合理规划，并应减少其数量。

10.1.2 与堤防交叉、连接的各类建筑物、构筑物，应根据自身的结构特点、运用要求、堤防工程的级别和结构等情况，选择安全合理的位置和交叉、连接结构形式。

10.1.3 修建与堤防交叉、连接的各类建筑物、构筑物，应进行洪水影响评价，不得影响堤防的管理运用和防汛安全。

10.1.4 位于淤积性河段中的堤防和穿堤、临堤建筑物和构筑物的设计，应按设计使用年限计及淤积影响。

10.2 穿堤建筑物、构筑物

10.2.1 穿堤的建筑物、构筑物的底部高程宜高于堤防设计洪水位，当在设计洪水位以下时，应设置能满足防洪要求的闸门或阀门，并应能在防洪要求的时限内关闭。压力管道，热力管道，输送易燃、易爆流体的各类管道，宜跨堤布设，并应采取相应的安全防护措施。确需穿过堤防时，应进行专门论证。

10.2.2 穿堤的涵闸、泵站、船闸等建筑物、构筑物的设计，应符合下列要求：

1 位置应选择在水流流态平顺、岸坡稳定且不影响行洪安全的堤段。

2 应采用整体性强、刚度大的结构。

3 荷载、结构布置宜对称，基底压力的偏心距应小。

4 结构分块、止水等对不均匀沉降的适应性应好。

5 应减小过流引起的震动。

6 进出口引水、消能结构应合理可靠。

7 边墙与两侧堤身连接的布置应能满足堤身、堤基稳定和防止接触冲刷的要求。

10.2.3 穿堤建筑物、构筑物与土堤的接合部应满足渗透稳定要求，在建筑物、构筑物外围应设置截流环或刺墙等，渗流出口应设置反滤排水。

10.2.4 穿堤建筑物、构筑物宜建在坚硬、紧密的天然地基上。其基础应沿长度方向，在结构断面或地基条件改变处应设置变形缝和止水。

10.2.5 穿堤建筑物、构筑物周围的回填土干密度不应低于堤防工程设计的要求。

10.2.6 穿堤建筑物、构筑物与土堤的接合部周围受水流冲刷、淘刷的堤身和堤岸部位，应采取防护措施。

10.2.7 采用顶管法施工修建穿堤建筑物、构筑物时，应选择土质坚实的堤段进行，沿管壁不得超挖，其接触面应进行充填灌浆处理。

10.2.8 当堤防工程扩建加高时，应对穿堤的各类建筑物、构筑物按新的设计条件进行验算，并应符合下列要求：

1 应满足防洪要求。

2　运用工况应良好。

3　应满足结构强度要求。

4　外周的覆盖土层应满足设计要求的厚度和密实度。

5　分段的接头和止水应良好。

6　外周与土堤结合部应满足渗透稳定要求。

7　当不能满足本条第1款～第6款的要求时，应进行加固、改建或拆除重建。

10.2.9　当陆上交通确需穿堤时，应在穿堤部位设置挡水交通闸，并应设置闸门及启闭设施。

10.3　临堤建筑物、构筑物

10.3.1　设在临水侧的临堤码头、港口、泵站等建筑物、构筑物的位置，应选择在水流平顺、岸坡稳定的堤段，并应符合岸线整治规划的要求，不得破坏堤防的渗控措施，不得影响河段的行洪安全。

10.3.2　临堤建筑物、构筑物自身应满足稳定、安全的要求。与堤防连接时，不应降低堤顶高程，不应削弱堤身设计断面，连接部位应采取加固措施。

10.3.3　临堤建筑物、构筑物与土堤接合部周围受水流冲刷、淘刷的堤身和堤岸部位，应采取防护措施。

10.4　跨堤建筑物、构筑物

10.4.1　桥梁、渡槽、管道等跨堤建筑物、构筑物，其支墩不应布置在堤身设计断面以内。

10.4.2　跨堤建筑物、构筑物与堤顶之间的净空高度，应满足交通、防汛抢险、管理维修等方面的要求。

11　堤防工程的加固、扩建与改建

11.1　一般规定

11.1.1　已建的堤防、穿堤建筑物或护岸等工程的防洪标准不满足要求或存在安全隐患或需调整堤线时，经论证应进行加固、扩建或改建。

11.1.2　堤防安全评价应包括现状调查分析、现场检测和复核计算工作。具体工作内容应符合下列规定：

1　收集堤防建设、运行及出险情况等历史资料。

2　对安全监测资料进行分析，开展检测和隐患探测工作，必要时还应补充勘测、试验工作。

3　复核堤顶高度、堤坡的抗滑稳定、堤身堤基渗透稳定、堤岸的稳定及穿堤建筑物安全等。

4　在本条第1款～第3款工作的基础上对已建堤防进行安全评价。

11.2　加固与扩建

11.2.1　加固与扩建设计应按不同堤段存在问题的特点分段进行，应经技术经济比较提出不同堤段的加固与扩建方案。

11.2.2　堤身出现局部滑塌时，宜开挖后重新填筑压实，必要时可放缓堤坡。

11.2.3　堤身存在较大范围裂缝、孔洞、松土层或堤防与穿堤建筑物结合部出现贯穿性裂缝时，应开挖后回填密实。难以开挖部分宜采用充填灌浆、锥探灌浆、劈裂灌浆进行加固。当需结合灌浆消灭白蚁时，可在浆液中掺入适量的灭蚁药物。

11.2.4　堤身断面不能满足抗滑稳定或渗透稳定要求或堤顶宽度不满足防洪抢险需要的堤段，可用填筑压实法或机械吹填法帮宽堤身或加修戗台。

11.2.5　当堤身渗径不足且帮宽加戗受场地限制时，可在临水坡增建黏土或其他防渗材料构成的斜墙，也可采用塑性混凝土截渗墙、高压定喷墙、土工膜截渗，必要时，应在堤背水坡脚加修砂石或土工织物排水。

11.2.6　堤基渗透稳定不能满足要求时，宜采用临水侧防渗铺盖、垂直防渗、背水侧盖重、排水减压沟(井)等加固处理。

11.2.7　修建于透水地基或双层、多层地基上的堤防，经渗流计算，堤防背水坡或背水侧地面渗流出逸比降不能满足本规范第9.1节的规定或洪水期曾出现过严重渗漏、管涌或流土破坏险情时，应按本规范第6.3节、第6.4节和附录A的有关规定采取加固措施，并应符合下列要求：

1　堤基两侧地面的天然黏性土层因近堤取土遭受破坏时，迎水坡侧宜用黏性土回填加固，背水坡侧宜用砂性土回填加固。

2　堤基黏性土覆盖层较薄时，可在背水侧堤脚外施加盖重，也可设置减压沟或埋设塑料微孔排水管，其位置、深度和断面尺寸应由计算确定。

3　堤基下卧的透水层不深时，宜采用垂直截渗墙加固。

4　覆盖层较厚且下卧强透水层较深的堤基，可在背水堤脚外设置减压井。其井径、井深和井距等，应由计算确定。减压井井管和滤网材料的选择，应满足防腐蚀和防止化学淤堵的要求。

5　当堤背水侧地面需施加盖重时，可采用压实填筑法或吹填法。其盖重材料宜采用透水性大于堤基覆盖层的透水土料。盖重厚度可按本规范公式(A.3.1)计算确定。盖重范围应由计算并结合已发生险情的实际部位综合分析确定。

11.2.8　遭受强风暴潮或洪水严重破坏的堤防，应及时加固修复。因块石重量偏小或砌筑厚度不足而遭受破坏的砌石护坡，加固时，应采用坚硬大块石并加大砌体厚度，新老砌体应牢固结合。堤脚遭受淘刷或堤基、堤坡坍滑的堤段，可采用土石填塘固基或增设平台、放缓边坡等措施进行加固。

11.2.9　防洪墙的加固措施应根据原有墙的结构形式、河道情况、航运要求、墙后道路及施工条件等进行技术经济比较后确定，并应符合下列要求：

1　墙基渗径不足时，宜在临水侧增设铺盖或垂直截渗墙。

2　墙的整体抗滑稳定不足时，可在墙的临水侧或背水侧增设齿墙或戗台，也可修阻滑板或在墙基前沿加打钢筋混凝土桩或钢板桩。

3　墙身断面强度不足时，应加固墙体。需在原砌石墙临水面加贴钢筋混凝土墙面时，应将原墙面凿毛，并应插设锚固钢筋；加固钢筋混凝土墙体时，应将老墙体临水面碳化层凿除，新加钢筋与原墙体钢筋应焊接牢固，新加混凝土层厚不应小于0.20m。

4　墙体及基础变形缝止水破坏失效时，应修复或重新设置。

11.2.10　土堤宜采用临水侧帮宽加高。当临水侧滩面狭窄或有防护工程时，可采用背水侧帮宽加高，堤弯过急段可两侧或一侧帮宽加高。靠近城镇、工矿区或取土占地受限制的堤段，宜采取在土堤顶增设防浪墙或在堤脚加挡土墙的方式加高。

11.2.11　砌石或混凝土防洪墙加高应符合下列要求：

1　墙的整体抗滑稳定、渗透稳定、断面尺寸和结构强度均有较大裕度时，可在原墙身顶部直接加高。

2　墙的整体抗滑稳定或渗透稳定不足但墙身断面尺寸和结构强度有较大裕度时，应加固堤基、接高墙身。

3　墙的整体抗滑稳定、渗透稳定、断面尺寸和结构强度均不足时，应结合加高全面进行加固，无法加固时，应拆除重建。

11.2.12　堤防扩建时对新老堤防的结合部位及穿堤建筑物与堤身连接的部位，应进行专门设计。经核算不能满足要求时，应采取加固措施。

11.2.13　土堤扩建所用的土料应与原堤身土料的特性相近，当土料特性差别较大时，应增设过渡层。扩建所用土料的填筑标准不应低于原堤身的填筑标准。

11.3 改　建

11.3.1 当现有堤防存在下列情况时，经分析论证，可进行改建：

1 堤距过窄或局部形成卡口，影响洪水的正常宣泄。

2 主流逼岸，堤身坍塌，难以固守。

3 海涂冲淤变化较大，需调整堤线位置。

4 原堤线走向不合理。

5 原堤身存在严重问题，难以加固。

6 其他有必要改建时。

11.3.2 改建堤段应按新建堤防进行设计。

11.3.3 改建堤段应与原有堤段平顺连接，改建堤段的断面结构与原堤段不相同时，结合部位应设置渐变段。

12 安全监测设计

12.0.1 堤防工程设计应根据堤防工程的级别、水文气象、地形地质条件以及堤型及工程运用要求设置必要的安全监测设施。安全监测设施的设置应符合有效、可靠、牢固、方便及经济合理的原则。

12.0.2 堤防工程安全监测设计内容应包括设置监测项目、布置监测设施、拟定监测方法、提出整理分析监测资料的技术要求。

12.0.3 监测设施应符合下列要求：

1 选定监测项目和监测点布设应能够反映工程运行的主要工作状况。

2 监测的断面和部位应选择有代表性的堤段，并应做到一种设施多种用途。

3 在特殊堤段或地形地质条件复杂的堤段，可根据需要适当增加监测项目和监测断面。

4 监测点应具有较好的交通、照明等条件，且应有安全保护措施。

5 应选择技术先进、实用方便的监测仪器、设备。

12.0.4 堤防工程可设置下列一般性安全监测项目：

1 堤身垂直位移、水平位移。

2 水位、潮位。

3 堤身浸润线。

4 堤基渗透压力、渗透流量。

5 表面观测，包括裂缝、滑坡、坍塌、隆起、渗透变形及表面侵蚀破坏等。

12.0.5 1级、2级堤防可根据工程安全和管理运行的需要，有选择地设置下列专门性安全监测项目：

1 近岸河床的冲淤变化。

2 护岸工程的变化。

3 河道水流形态及河势变化。

4 滩岸地下水的出逸情况。

5 冰情。

6 波浪。

13 堤防工程管理设计

13.1 一 般 规 定

13.1.1 堤防工程管理设计应为堤防工程正常运用、工程安全和充分发挥工程效益创造条件，促进堤防工程管理规范化、现代化，提高管理水平。

13.1.2 堤防工程管理设施应与主体工程同步建设，并应同时投入运用。

13.1.3 堤防工程管理设计应按工程级别、运行管理需要进行，应包括下列设计内容：

1 工程管理范围和保护范围。

2 根据管理体制、岗位设置和人员编制，明确管理设施要求。

3 交通与通信设施。

4 其他维护管理设施。

5 管理单位生产、生活区建设。

13.1.4 堤防工程管理设计应以加强管理、提高效率、健全责任制为原则。

13.1.5 堤防工程管理设计应依据国家对水利工程的分类、定性原则，以及工程级别、规模、功能和管理任务，并结合行政区域划分进行。

13.1.6 大中型穿堤、跨堤交叉建筑物可单独进行管理设计，沿堤防的小型穿堤建筑物可按属地实行统一管理设计。

13.1.7 堤防工程运行期管理设计应根据工程任务提出调度运用原则，明确各项工程设施管理要求；应测算年运行费并说明资金来源。

13.1.8 加固、改建和扩建堤防工程的管理设计，应根据本规范的规定，在原有管理基础上补充、完善。

13.2 工程管理范围和保护范围

13.2.1 堤防工程管理范围应包括下列工程和设施的建筑场地和管理用地：

1 堤身及防渗导渗工程。

2 堤临、背水侧护堤地。

3 穿堤、跨堤交叉建筑物。

4 监测、交通、通信等附属工程设施。

5 护岸工程。

6 管理单位生产、生活区。

13.2.2 护堤地宽度应从堤脚计起，并应根据工程级别结合当地的自然条件、历史习惯和土地资源开发利用等情况综合分析确定。背水侧护堤地宽度可按表13.2.2确定，临水侧护堤地宽度可结合河道管理需要及工程实际情况确定。大江大河重要堤防、城市防洪堤、重点险工险段的堤背水侧护堤地宽度，可根据具体情况调整确定。

表 13.2.2 护堤地宽度

工程级别	1	2、3	4、5
护堤地宽度(m)	30～20	20～10	10～5

13.2.3 堤防工程保护范围的宽度应自背水侧紧临护堤地边界线计起，并应根据工程级别按表13.2.3确定；临水侧宽度可结合河道管理需要及工程实际情况确定。

表 13.2.3 堤防工程保护范围

工程级别	1	2、3	4、5
保护范围宽度(m)	300～200	200～100	100～50

13.2.4 在堤防的保护范围内不得从事开挖土方、打井、爆破等危害工程安全的活动。

13.3 交通与通信设施

13.3.1 堤防工程设计应为管理单位配备必要的交通和通信设施。

13.3.2 堤防工程的交通设施应符合下列要求：

1 应充分利用现有的交通道路。

2 交通运输能力应满足正常管理和防洪抢险的物资运输和人员交通的需要。

3 应满足各管理区、段与生产管理、生活区之间的正常联系。

4 对内交通与对外交通应合理衔接。

5 当有水运条件时，应充分利用水运和水陆联运。堤防工程管理的专用码头、渡口、船只，应根据经常性管理及防汛抢险需要设置。

13.3.3 上堤防汛专用道路宜沿堤线每 10km～15km 布置一条，并应与公路干线相连接。

13.3.4 堤顶防汛道路的宽度，1 级堤防工程应满足双车道行车要求，其他堤防工程应满足单车道行驶的最小宽度。当堤顶宽度小于 6m 时，应按一定距离设置坡道或错车段。

13.3.5 交通道路应设置安全、维修、养护及管理等设施，路口应设置安全管理标志和限行设施。

13.3.6 管理单位应配置必要的通信设施。通信设施应满足管理单位与防汛指挥部门之间信息传输迅速、准确、可靠的要求。通信系统建设应以利用当地公共通信设施为主。

13.4 其他管理维护设施

13.4.1 防浪林带、防护林带宜在堤防的临、背水侧护堤地范围内设置。堤身和戗台范围内不宜种植树木。

13.4.2 堤防工程的重要堤段和险工段应按维修管理及防汛抢险的需要，在堤防的背水侧设堆料平台。

13.4.3 堤防工程管理单位的生产管理和生活设施应包括生产办公设施、生产附属设施、生活设施、环境绿化设施等。地处偏僻乡村、交通闭塞的管理单位，可选择附近的城镇区建立后方生活基地。

13.4.4 3 级及以上的堤防工程应沿堤线设置防汛屋，其间距、面积应按实际需要确定。

13.4.5 堤防工程应按行政区划和分段管理范围设立界碑和里程桩。堤防的管理范围应设立界标。

附录 A 堤基处理计算

A.1 软 弱 堤 基

A.1.1 堤基软土的固结可采用铺垫法。垫层可采用砂石、土工织物，也可砂石和土工织物结合使用。垫层厚度宜根据计算确定，可采用下列厚度：

1 砂垫层应为 0.5m～1.0m，碎石或砾石垫层应大于 0.7m。

2 土工织物垫层应满足堤基土的反滤要求。

A.1.2 在天然软土地基上用连续施工方法修筑石堤时，其容许施加荷载可按下式计算：

$$P=5.52\frac{C_u}{k} \tag{A.1.2}$$

式中：P——容许施加荷载（kN/m^2）；

C_u——天然地基不排水抗剪强度（kN/m^2），由无侧限三轴不排水剪试验或原位十字板剪切试验测定；

k——安全系数，宜采用 1.1～1.5。

A.1.3 排水井法应符合下列要求：

1 排水砂井宜以等边三角形布设。对采用打入钢管施工的砂井，陆上施工井径宜采用 200mm～300mm，水上施工井径宜采用 300mm～400mm；井距应按一定范围的井径比确定，工程上常用的井径比应为 6～8。袋装砂井井径宜为 100mm，井径比宜为 10～20。

2 设计时可将塑料排水带按下式换算成相当直径的砂井后，按砂井方案计算：

$$D_p=\alpha\frac{2(b+\delta)}{\pi} \tag{A.1.3}$$

式中：D_p——换算成砂井直径（mm）；

b——塑料排水板宽度（mm）；

δ——塑料排水板厚度（mm）；

α——换算系数，可采用 0.75。

A.2 透 水 堤 基

A.2.1 砂砾石堤基灌浆宜先按可灌比判别其可灌性。可灌比大于 10 时可灌注水泥黏土浆，可灌比小于等于 10 时可灌注黏土浆。可灌比可用下式计算：

$$M=\frac{D_{15}}{d_{85}} \tag{A.2.1}$$

式中：M——可灌比；

D_{15}——受灌地层中 15% 的颗粒小于该粒径（mm）；

d_{85}——灌注材料中 85% 的颗粒小于该粒径（mm）。

A.2.2 灌浆帷幕厚度可按下式作初步估算：

$$T=\frac{H}{J} \tag{A.2.2}$$

式中：T——灌浆帷幕厚度（m）；

H——最大作用水头（m）；

J——帷幕的允许比降，对一般水泥黏土浆可采用 $J\leqslant 3$。

A.3 多 层 堤 基

A.3.1 土石堤背水侧各点的透水盖重厚度可按下式计算（图 A）：

$$t_i=\frac{Kh_i\rho_w-(G_s-1)(1-n)t_1\rho_w}{\rho} \tag{A.3.1}$$

式中：t_i——i 处的盖重厚度（m）；

h_i——根据渗流计算求得的 i 处的表层弱透水层承压水头，可按本规范附录 E 计算（m）；

G_s——表层弱透水层土粒的比重；

n——表层弱透水层土粒的孔隙率；

t_1——表层弱透水层厚度（m）；

ρ——盖重土石料的密度（kg/m^3）；

ρ_w——水的密度（kg/m^3）；

K——盖重安全系数，当强透水层可能出现的破坏形式为管涌时，K 可取 1.5，当强透水层可能出现的破坏形式为流土时，K 可取 2.0。

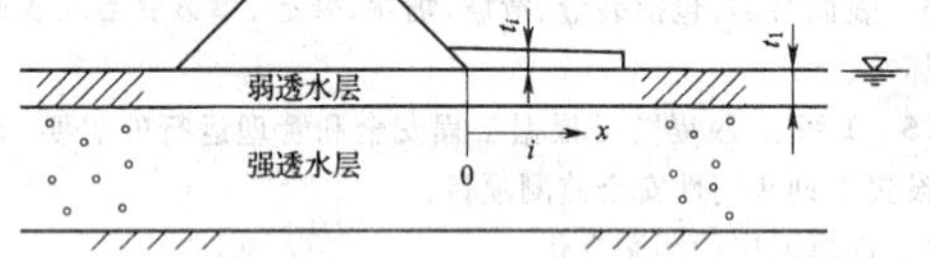

图 A 盖重厚度计算

附录 B 设计潮位计算

B.0.1 设计重现期的潮位应采用频率分析的方法确定，应具有不少于连续 20 年的年最高潮位资料，并应调查历史上出现的特高潮位。

B.0.2 设计重现期潮位频率分析的线型，在海岸地区宜采用极值Ⅰ型分布曲线；在感潮河段宜采用皮尔逊Ⅲ型分布曲线。经过分析论证，也可采用其他线型进行潮位频率分析计算。

B.0.3 按极值Ⅰ型分布律进行频率分析时，应符合下列规定：

1 对 n 年连续的年最高潮位系列 h_i，可按下列公式计算统计

参数和频率为 P 的高潮位：

$$\bar{h}=\frac{1}{n}\sum_{i=1}^{n}h_i \tag{B.0.3-1}$$

$$S=\sqrt{\frac{1}{n}\sum_{i=1}^{n}h_i^2-\bar{h}^2} \tag{B.0.3-2}$$

$$h_P=\bar{h}+\lambda_{Pn}S \tag{B.0.3-3}$$

式中：$\bar{h}$——潮位系列的均值；

S——潮位系列的均方差；

h_P——频率为 P 的高潮位；

λ_{Pn}——与频率 P 及资料年数 n 有关的系数，可按表 B.0.3 确定。

2　对在 n 年连续的年最高潮位系列外，应根据调查在考证期 N 年中有 a 个特高潮位，其年最高潮位均值 $\bar{h}$ 和均方差 S 可按下列公式计算确定，在确定 λ_{Pn} 时的资料年数应取为 N：

$$\bar{h}=\frac{1}{N}\left(\sum_{j=1}^{a}h_j+\frac{N-a}{n}\sum_{i=1}^{n}h_i\right) \tag{B.0.3-4}$$

$$S=\sqrt{\frac{1}{N}\left(\sum_{j=1}^{a}h_j^2+\frac{N-a}{n}\sum_{i=1}^{n}h_i^2\right)-\bar{h}^2} \tag{B.0.3-5}$$

式中：h_j——特高潮位值（$j=1,2,\cdots,a$）；

h_i——连续年最高潮位系列（$i=1,2,\cdots,n$）。

B.0.4　按皮尔逊Ⅲ型分布律进行频率分析时，统计参数应符合下列规定：

1　对 n 年连续的年最高潮位系列 h_i，其均值 $\bar{h}$ 可按本规范公式(B.0.3-1)计算，离差系数 C_v 可按下式计算：

$$C_v=\sqrt{\frac{1}{n-1}\sum_{i=1}^{n}\left(\frac{h_i}{\bar{h}}-1\right)^2} \tag{B.0.4-1}$$

2　对在 n 年连续的年最高潮位系列外，应根据调查在考证期 N 年中有特高潮位 a 个，其年最高潮位均值可按本规范公式(B.0.3-4)计算确定，离差系数 C_v 可按下式计算确定：

$$C_v=\sqrt{\frac{1}{N-1}\left[\sum_{j=1}^{a}\left(\frac{h_j}{\bar{h}}-1\right)^2+\frac{N-a}{n}\sum_{i=1}^{n}\left(\frac{h_i}{\bar{h}}-1\right)^2\right]} \tag{B.0.4-2}$$

B.0.5　频率分析的经验频率计算应符合下列规定：

1　n 年连续的年最高潮位系列，按递减次序排列的第 m 项潮位的经验频率 P_m 可按下式计算确定：

$$P_m=\frac{m}{n+1}\quad(m=1,2,\cdots,n) \tag{B.0.5-1}$$

2　在 n 年连续的年最高潮位系列外，根据调查在考证期 N 年中有 a 个特高潮位，其连续潮位系列的经验频率可按本规范公式(B.0.5-1)计算确定，第 M 项特高潮位的经验频率 P_M 可按下式计算确定：

$$P_M=\frac{M}{N+1}\quad(M=1,2,\cdots,a) \tag{B.0.5-2}$$

表 B.0.3　极值Ⅰ型分布律的 λ_{Pn}

年数 n	频率 P(%)											
	0.1	0.2	0.5	1	2	4	5	10	25	50	75	90
8	7.103	6.336	5.321	4.551	3.779	3.001	2.749	1.953	0.842	−0.130	−0.897	−1.458
9	6.909	6.162	5.174	4.425	3.673	2.916	2.670	1.895	0.814	−0.133	−0.879	−1.426
10	6.752	6.021	5.055	4.322	3.587	2.847	2.606	1.848	0.790	−0.136	−0.865	−1.400
11	6.622	5.905	4.957	4.238	3.516	2.789	2.553	1.809	0.771	−0.138	−0.854	−1.378
12	6.513	5.807	4.874	4.166	3.456	2.741	2.509	1.777	0.755	−0.139	−0.844	−1.360
13	6.418	5.723	4.802	4.105	3.404	2.699	2.470	1.748	0.741	−0.141	−0.836	−1.345
14	6.337	5.650	4.741	4.052	3.360	2.663	2.437	1.724	0.729	−0.142	−0.829	−1.331
15	6.266	5.586	4.687	4.005	3.321	2.632	2.408	1.703	0.718	−0.143	−0.823	−1.320
16	6.196	5.523	4.634	3.959	3.283	2.601	2.379	1.682	0.708	−0.145	−0.817	−1.308
17	6.137	5.471	4.589	3.921	3.250	2.575	2.355	1.664	0.699	−0.146	−0.811	−1.299
18	6.087	5.426	4.551	3.888	3.223	2.552	2.335	1.649	0.692	−0.146	−0.807	−1.291
19	6.043	5.387	4.518	3.860	3.199	2.533	2.317	1.636	0.685	−0.147	−0.803	−1.283
20	6.006	5.354	4.490	3.836	3.179	2.517	2.302	1.625	0.680	−0.148	−0.800	−1.277
22	5.933	5.288	4.435	3.788	3.138	2.484	2.272	1.603	0.669	−0.149	−0.794	−1.265
24	5.870	5.232	4.387	3.747	3.104	2.457	2.246	1.584	0.659	−0.150	−0.788	−1.255
26	5.816	5.183	4.346	3.711	3.074	2.433	2.224	1.568	0.651	−0.151	−0.783	−1.246
28	5.769	5.141	4.310	3.681	3.048	2.412	2.205	1.553	0.644	−0.152	−0.799	−1.239
30	5.727	5.104	4.279	3.653	3.026	2.393	2.188	1.541	0.638	−0.153	−0.766	−1.232
35	5.642	5.027	4.214	3.598	2.979	2.356	2.153	1.515	0.625	−0.154	−0.768	−1.218
40	5.576	4.968	4.164	3.554	2.942	2.326	2.126	1.495	0.615	−0.155	−0.762	−1.208
45	5.522	4.920	4.123	3.519	2.913	2.303	2.104	1.479	0.607	−0.156	−0.758	−1.198
50	5.479	4.881	4.090	3.491	2.889	2.283	2.086	1.466	0.601	−0.157	−0.754	−1.191

续表 B.0.3

年数 n	频率 P(%)											
	0.1	0.2	0.5	1	2	4	5	10	25	50	75	90
60	5.410	4.820	4.038	3.446	2.852	2.253	2.059	1.446	0.591	−0.158	−0.748	−1.180
70	5.359	4.774	4.000	3.413	2.824	2.230	2.038	1.430	0.583	−0.159	−0.744	−1.172
80	5.319	4.738	3.970	3.387	2.802	2.213	2.022	1.419	0.577	−0.159	−0.740	−1.165
90	5.287	4.709	3.945	3.366	2.784	2.199	2.008	1.409	0.572	−0.160	−0.737	−1.160
100	5.261	4.686	3.925	3.349	2.770	2.187	1.998	1.401	0.568	−0.160	−0.735	−1.155
200	5.130	4.568	3.826	3.263	2.698	2.129	1.944	1.362	0.549	−0.162	−0.723	−1.134
500	5.032	4.481	3.752	3.200	2.645	2.086	1.905	1.333	0.535	−0.164	−0.714	−1.117
1000	4.992	4.445	3.722	3.174	2.623	2.069	1.889	1.321	0.529	−0.164	−0.710	−1.110
∞	4.936	4.395	3.679	3.137	2.592	2.044	1.886	1.305	0.520	−0.164	−0.705	−1.110

B.0.6 只具有短期潮位观测资料的工程地点，当该地与邻近长期站的潮汐性质相似，经过分析论证，可采用相关分析的方法确定工程地点的设计潮位。

B.0.7 风暴潮危害严重地区的3级及以上堤防工程，宜对风暴潮的影响进行专门分析。

附录C 波浪计算

C.1 波浪要素确定

C.1.1 计算风浪的风速、风向、风区长度、风时与水域水深的取值，应符合下列规定：

1 风速应采用水面以上10m高度处的自记10min平均风速。

2 计算风浪的主风向宜在计算堤段处的向岸风的方位角中选定，其允许偏差为±22.5°。

3 当计算风向两侧较宽广、水域周界比较规则时，风区长度可采用由计算点逆风向量到对岸的距离；当水域周界不规则、水域中有岛屿或有转弯、汊道时，风区长度可采用等效风区长度 F_e[图C.1.1(a)、图C.1.1(b)、图C.1.1(c)]，F_e 可按下列公式计算确定：

$$F_e = \frac{\sum_i r_i \cos^2\alpha_i}{\sum_i \cos\alpha_i} \qquad \text{(C.1.1-1)}$$

$$\alpha_i = i\Delta\alpha \qquad \text{(C.1.1-2)}$$

式中：r_i——在风向两侧各45°范围内，每隔 $\Delta\alpha$ 由计算点引到对岸的射线长度(m)；

α_i——射线 r_i 与主风向上射线 r_0 之间的夹角(°)。计算时可取 $\Delta\alpha=7.5°(i=0,\pm1,\pm2,\cdots,\pm6)$。

4 当风区长度 F 小于或等于100km时，可不计风时的影响。

5 水深可按风区内水域平均深度确定。当风区内水域的水深变化较小时，水域平均深度可按计算风向的水下地形剖面图确定。

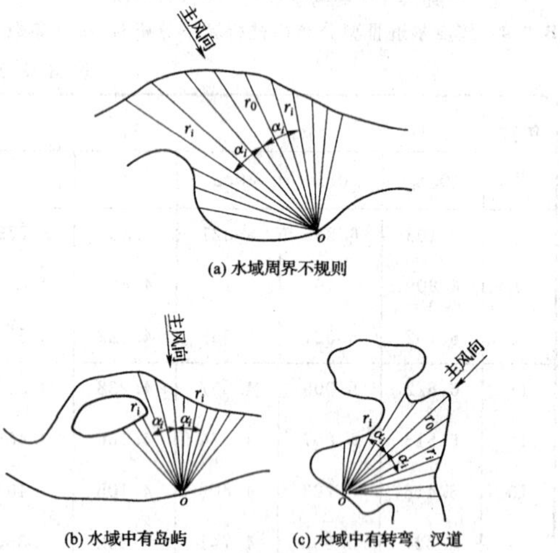

(a) 水域周界不规则
(b) 水域中有岛屿
(c) 水域中有转弯、汊道

图C.1.1 等效风区长度计算

C.1.2 风浪要素可按下列公式计算确定：

$$\frac{g\bar{H}}{V^2} = 0.13\text{th}\left[0.7\left(\frac{gd}{V^2}\right)^{0.7}\right]\text{th}\left\{\frac{0.0018\left(\frac{gF}{V^2}\right)^{0.45}}{0.13\text{th}\left[0.7\left(\frac{gd}{V^2}\right)^{0.7}\right]}\right\} \qquad \text{(C.1.2-1)}$$

$$\frac{g\bar{T}}{V} = 13.9\left(\frac{g\bar{H}}{V^2}\right)^{0.5} \qquad \text{(C.1.2-2)}$$

$$\frac{gt_{\min}}{V} = 168\left(\frac{g\bar{T}}{V}\right)^{3.45} \qquad \text{(C.1.2-3)}$$

式中：$\bar{H}$——平均波高(m)；

$\bar{T}$——平均波周期(s)；

V——计算风速(m/s)；

F——风区长度(m)；

d——水域的平均水深(m)；

g——重力加速度；

$t_{\min}$——风浪达到定常状态的最小风时(s)。

C.1.3 不规则波波列中，累积频率为 P 的波高 H_P 与平均波高 $\bar{H}$ 的比值 $H_P/\bar{H}$ 可按表C.1.3确定。

表 C.1.3 不同累积频率波高换算

$\bar{H}/d$	P(%)									
	0.1	1	2	3	4	5	10	13	20	50
0	2.97	2.42	2.23	2.11	2.02	1.95	1.71	1.61	1.43	0.94
0.1	2.70	2.26	2.09	2.00	1.92	1.86	1.65	1.56	1.41	0.96
0.2	2.46	2.09	1.96	1.88	1.81	1.76	1.59	1.51	1.37	0.98
0.3	2.23	1.93	1.82	1.76	1.70	1.66	1.52	1.45	1.34	1.00
0.4	2.01	1.78	1.69	1.64	1.60	1.56	1.44	1.39	1.30	1.01
0.5	1.80	1.63	1.56	1.52	1.49	1.46	1.37	1.33	1.25	1.01

C.1.4 不规则波的周期可采用平均波周期 $\bar{T}$ 表示，按平均波周期计算的波长 L 可按下式确定：

$$L=\frac{g\bar{T}^2}{2\pi}\mathrm{th}\frac{2\pi d}{L} \tag{C.1.4}$$

C.1.5 设计波浪推算应符合下列规定：

1 对河、湖堤防，设计波浪要素可采用风速推算的方法，并应按本规范第 C.1.2 条计算确定。设计波浪的计算风速还可采用历年汛期最大风速平均值的 1.5 倍。

2 对河口、海岸堤防，可按下列方法确定：

1)当工程地点有 20 年以上的长期测波资料时，设计波高可采用年最大波高系列进行频率分析的方法确定，其重现期可采用设计潮位的重现期。

2)当工程地点无长期测波资料时，在风区长度不大于 100km 条件下，设计波浪要素可采用风速推算的方法，并按本规范第 C.1.2 条计算确定，计算风速重现期可采用设计潮位的重现期。在开敞水域条件下，可采用历史地面天气图确定风场，并采用风场推算风浪要素方法确定设计波高。

3)与设计波高对应的波周期，对有限水域可按本规范公式(C.1.2-2)计算确定；对开敞水域宜通过分析确定。

C.1.6 近岸波浪浅水变形计算应符合下列规定：

1 波浪向近岸浅水区传播时，可假定平均波周期不变，任意水深处的波长可按本规范公式(C.1.4)或本规范表 C.1.6 确定。

2 浅水区任意水深处的波高应按浅水变形计算确定。当水底坡度平缓，且波浪传播距离较长时，浅水变形计算宜计入底摩阻的影响。

3 浅水波浪变形计算得到的设计波高不应大于该处水深条件下的极限波高。

C.2 风壅水面高度计算

C.2.1 有限风区水域的风壅水面高度可按下式计算：

$$e=\frac{KV^2F}{2gd}\cos\beta \tag{C.2.1}$$

式中：e——计算点的风壅水面高度(m)；

K——综合摩阻系数，可取 3.6×10^{-6}；

V——设计风速，按计算波浪的风速确定；

F——由计算点逆风向量到对岸的距离(m)；

d——水域的平均水深(m)；

β——风向与堤轴线的法线的夹角(°)。

C.2.2 对水深小、风区长度大的水域风壅水面高度计算，宜进行专门分析确定。

表 C.1.6 波长-周期、水深关系

水深(m)	周期(s)													
	2	3	4	5	6	7	8	9	10	12	14	16	18	20
1.0	5.21	8.68	11.99	15.23	18.43	21.61	24.78	27.94	31.10					
2.0	6.04	11.30	16.22	20.94	25.57	30.14	34.68	39.19	43.68					
3.0	6.21	12.67	18.95	24.92	30.71	36.40	42.02	47.59	53.14					
4.0	6.23	13.39	20.85	27.93	34.76	41.42	47.99	54.49	60.94					
5.0		13.75	22.19	30.30	38.07	45.64	53.06	60.39	67.66	82.05	96.32	110.57	124.73	138.87
6.0		13.92	23.12	32.17	40.85	49.25	57.48	65.58	73.60	89.44	105.17	120.79	136.35	151.86
7.0		13.99	23.76	33.67	43.20	52.40	61.39	70.22	78.94	96.00	113.20	130.13	146.97	163.75
8.0		14.02	24.19	34.87	45.21	55.18	64.88	74.20	83.79	102.31	120.60	138.74	156.78	174.76
9.0		14.03	24.48	35.82	46.92	57.62	68.03	78.21	88.24	107.99	127.46	146.75	165.94	185.05
10.0		14.04	24.56	36.58	48.39	59.80	70.88	81.70	92.34	113.27	133.87	154.28	174.55	194.72
12.0		14.05	24.85	37.62	50.71	63.46	75.82	87.88	99.70	112.86	145.60	168.00	190.39	212.58
14.0			24.92	38.24	52.40	66.38	79.95	93.17	106.11	131.39	156.14	180.56	204.77	228.83
16.0			24.95	38.59	53.60	68.69	83.42	97.75	111.75	139.05	165.71	191.98	217.97	243.78
18.0			24.97	38.78	54.44	70.52	86.32	101.72	116.75	145.99	174.49	202.50	230.20	257.67
20.0				38.89	55.02	71.95	88.76	105.18	121.20	152.32	182.57	212.27	241.60	270.67
22.0				38.95	55.42	73.07	90.80	108.19	125.17	158.10	190.07	221.40	252.29	282.88
24.0				38.98	55.68	73.92	92.50	110.81	128.71	163.42	197.04	229.95	262.56	294.42
26.0				39.00	55.86	74.58	93.50	113.09	131.88	168.31	203.55	237.99	271.87	305.37
28.0				39.00	55.97	75.07	95.06	115.06	134.72	172.82	209.64	245.57	280.89	315.78
30.0				39.01	56.05	75.44	96.02	116.77	137.25	176.99	215.35	252.75	289.47	325.70
32.0					56.09	75.72	96.79	118.25	139.51	180.84	220.72	259.54	297.63	335.19
34.0					56.12	75.92	97.42	119.52	141.52	184.40	225.77	265.99	305.42	344.27
36.0					56.14	76.07	97.93	120.61	143.32	187.70	230.52	272.12	312.87	352.99
38.0					56.16	76.18	98.34	121.53	144.91	190.74	234.99	277.96	319.99	361.35
40.0					56.17	76.26	98.66	122.33	146.32	193.56	239.22	283.30	326.82	369.41

续表 C.1.6

水深(m)	周期(s)													
	2	3	4	5	6	7	8	9	10	12	14	16	18	20
42.0					56.17	76.32	98.92	123.00	147.57	196.17	243.20	288.82	333.37	377.16
44.0					56.17	76.36	99.13	123.56	148.67	198.58	246.96	293.88	339.67	384.63
46.0					56.18	76.39	99.29	124.04	149.64	200.81	250.51	298.70	345.71	391.84
48.0						76.41	99.42	124.11	150.49	202.87	253.87	303.32	351.53	398.81
50.0						76.43	99.52	124.78	151.24	204.76	257.04	307.73	357.12	405.54
55.0						76.45	99.71	125.49	152.93	208.88	264.21	317.93	370.23	421.43
60.0						76.46	99.78	125.78	158.76	212.22	270.42	327.07	382.19	436.09
65.0						76.47	99.82	126.02	154.49	214.91	275.80	335.25	393.12	449.66
70.0							99.85	126.17	155.00	217.06	280.43	342.59	403.13	462.24
深水波	6.24	14.05	24.97	39.02	56.19	76.47	99.88	126.42	156.07	224.74	305.89	399.54	505.67	624.28

注：表中波长单位为 m。

C.3 波浪爬高计算

C.3.1 在风的直接作用下，正向来波在单一斜坡上的波浪爬高可按下列要求确定：

1 当斜坡坡率 $m=1.5\sim5.0$、$\bar{H}/L\geqslant0.025$ 时，可按下列公式计算：

$$R_{P}=\frac{K_{\Delta}K_{V}K_{P}}{\sqrt{1+m^{2}}}\sqrt{\bar{H}L} \qquad (C.3.1\text{-}1)$$

$$m=\cot\alpha \qquad (C.3.1\text{-}2)$$

式中：R_P——累积频率为 P 的波浪爬高(m)；

K_Δ——斜坡的糙率及渗透性系数，根据护面类型按表 C.3.1-1 确定；

K_V——经验系数，可根据风速 V(m/s)、堤前水深 d(m)、重力加速度 g(m/s²)组成的无维量 $V/\sqrt{gd}$，按表 C.3.1-2 确定；

K_P——表示 R_P 和平均爬高 $\bar{R}$ 比值 $R_P/\bar{R}$ 的爬高累积频率换算系数，可按表 C.3.1-3 确定。对不允许越浪的堤防，爬高累积频率宜取 2%；对允许越浪的堤防，应根据越浪量大小，采取相应的防护措施；

m——斜坡坡率；

α——斜坡坡角(°)；

$\bar{H}$——堤前波浪的平均波高(m)；

L——堤前波浪的平均波长(m)。

2 当 $m\leqslant1.0$、$\bar{H}/L\geqslant0.025$ 时，可按下式计算：

$$R_{P}=K_{\Delta}K_{V}K_{P}R_{0}\bar{H} \qquad (C.3.1\text{-}3)$$

式中：R_0——无风情况下，光滑不透水护面($K_\Delta=1$)、$\bar{H}=1$m 时的爬高值(m)，可按表 C.3.1-4 确定。

3 当 $1.0<m<1.5$ 时，可由 $m=1.0$ 和 $m=1.5$ 的计算值按内插法确定。

表 C.3.1-1 斜坡的糙率及渗透性系数 K_Δ

护面类型	K_Δ
光滑不透水护面(沥青混凝土、混凝土)	1.0
混凝土板	0.95
草皮	0.90
砌石	0.80
抛填两层块石(不透水堤心)	0.60～0.65
抛填两层块石(透水堤心)	0.50～0.55

注：$m\leqslant1.0$，砌石护面取 $K_\Delta=1.0$。

表 C.3.1-2 经验系数 K_V

$V/\sqrt{gd}$	≤1	1.5	2	2.5	3	3.5	4	≥5
K_V	1	1.02	1.08	1.16	1.22	1.25	1.28	1.30

表 C.3.1-3 爬高累积频率换算系数 K_P

$\bar{H}/d$	P(%)									
	0.1	1	2	3	4	5	10	13	20	50
<0.1	2.66	2.23	2.07	1.97	1.90	1.84	1.64	1.54	1.39	0.96
0.1～0.3	2.44	2.08	1.94	1.86	1.80	1.75	1.57	1.48	1.36	0.97
>0.3	2.13	1.86	1.76	1.70	1.65	1.61	1.48	1.40	1.31	0.99

表 C.3.1-4 R_0 值

$m=\cot\alpha$	0	0.5	1.0
R_0	1.24	1.45	2.20

C.3.2 带有平台的复式斜坡堤(图 C.3.2)的波浪爬高，可先确定该断面的折算坡率 m_e，再按坡率为 m_e 的单坡断面确定其爬高。折算坡率 m_e 可按下列公式计算：

1 当 $\Delta m=(m_下-m_上)=0$ 时：

$$m_{e}=m_{上}\left(1-4.0\frac{|d_{w}|}{L}\right)K_{b} \qquad (C.3.2\text{-}1)$$

$$K_{b}=1+3\frac{B}{L} \qquad (C.3.2\text{-}2)$$

2 当 $\Delta m>0$ 时：

$$m_{e}=(m_{上}+0.3\Delta m-0.1\Delta m^{2})\left(1-4.5\frac{d_{w}}{L}\right)K_{b} \qquad (C.3.2\text{-}3)$$

3 当 $\Delta m<0$ 时：

$$m_{e}=(m_{上}+0.5\Delta m+0.08\Delta m^{2})\left(1+3.0\frac{d_{w}}{L}\right)K_{b} \qquad (C.3.2\text{-}4)$$

式中：$m_上$——平台以上的斜坡坡率；

$m_下$——平台以下的斜坡坡率；

d_w——平台的水深，当平台在静水位以下时取正值；平台在静水位以上时取负值(图 C.3.2)；$|d_w|$表示取绝对值(m)；

B——平台宽度(m)；

L——波长(m)。

折算坡率法适用条件：$m_上=1.0\sim4.0$，$m_下=1.5\sim3.0$，$d_w/L=-0.025\sim+0.025$，$0.05<B/L\leqslant0.25$。

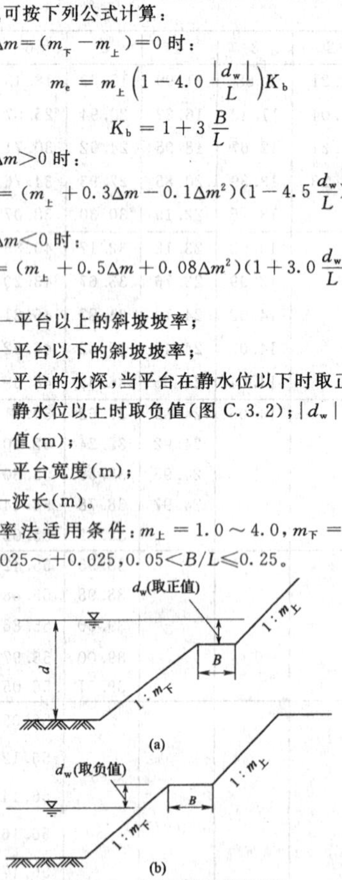

图 C.3.2 带平台的复式斜坡堤

C.3.3 当来波波向线与堤轴线的法线成β角时，波浪爬高应乘以系数K_β，当堤坡坡率$m \geqslant 1$时，K_β可按表C.3.3确定。

表 C.3.3 系数 K_β

β(°)	≤15	20	30	40	50	60	90
K_β	1	0.96	0.92	0.87	0.82	0.76	0.6

C.3.4 1级、2级堤防或断面形状复杂的复式堤防的波浪爬高，宜通过模型试验验证。

附录D 护岸计算

D.1 岸坡抗滑稳定计算

D.1.1 坡式护岸的稳定计算应包括整体稳定和边坡内部稳定计算，并应符合下列要求：

1 整体稳定计算应包括护岸及岸坡基础土的滑动和沿护坡底面的滑动。护岸及岸坡基础土的滑动可采用本规范附录F的方法计算。沿护坡底面的滑动可简化成沿护坡底面通过堤基的折线整体滑动（图D.1.1-1）。土体BCD的稳定安全系数可按下列公式计算：

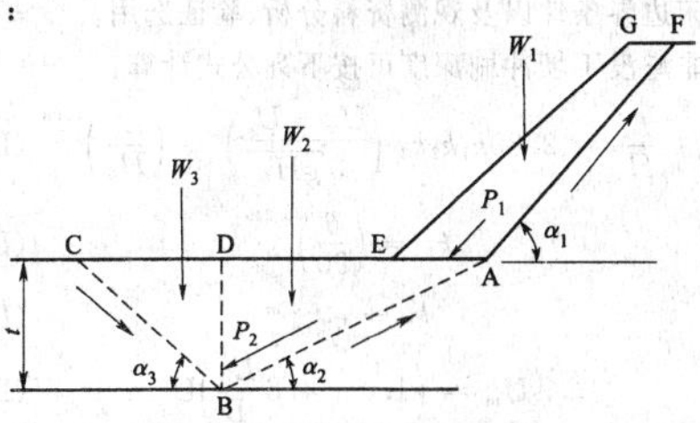

图 D.1.1-1 边坡整体滑动计算

$$K=\frac{W_3\sin\alpha_3+W_3\cos\alpha_3\tan\varphi+ct/\sin\alpha_3+P_2\sin(\alpha_2+\alpha_3)}{P_2\cos(\alpha_2+\alpha_3)} \tag{D.1.1-1}$$

$$P_1=KW_1\sin\alpha_1-f_1W_1\cos\alpha_1 \tag{D.1.1-2}$$

$$P_2=KW_2\sin\alpha_2+KP_1\cos(\alpha_1-\alpha_2)-W_2\cos\alpha_2\tan\varphi-ct/\sin\alpha_2-P_1\sin(\alpha_1-\alpha_2)\tan\varphi \tag{D.1.1-3}$$

式中：K——抗滑安全系数；

P_1——滑动体GEAF沿滑动面FA方向的下滑力；

P_2——滑动体ABD沿滑动面AB方向的下滑力；

f_1——护坡与土坡的摩擦系数；

φ——基础土的内摩擦角(°)；

c——基础土的凝聚力(kN/m²)；

t——滑动深度(m)；

W_1——护坡体重量(kN)；

W_2——基础滑动体ABD重量(kN)；

W_3——基础滑动体BCD重量(kN)；

α_1、α_2、α_3——滑动面FA、AB、BC与水平面的夹角。

2 当坡式护岸自身结构不紧密或埋置较深不易发生整体滑动时，应进行护坡内部的稳定计算（图D.1.1-2）。枯水期水位较低，全滑动面为abc折线时，维持极限平衡所需的护坡体内部摩擦系数f_2值和石护坡稳定安全系数K可按下列公式计算：

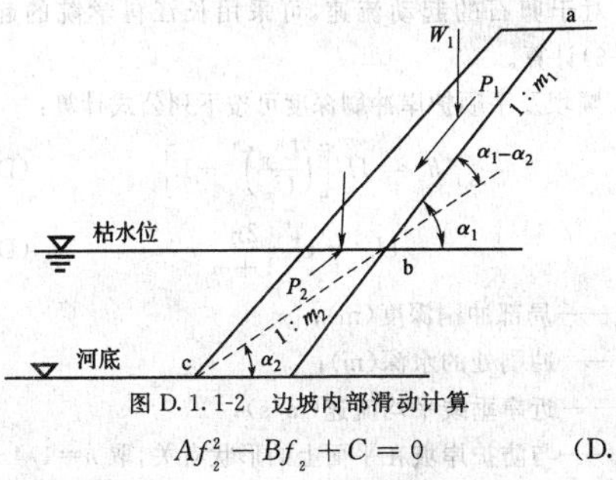

图 D.1.1-2 边坡内部滑动计算

$$Af_2^2-Bf_2+C=0 \tag{D.1.1-4}$$

$$A=\frac{nm_1(m_2-m_1)}{\sqrt{1+m_1^2}} \tag{D.1.1-5}$$

$$B=\frac{m_2W_2}{W_1}\sqrt{1+m_1^2}+\frac{m_2-m_1}{\sqrt{1+m_1^2}}+\frac{n(m_1^2m_2+m_1)}{\sqrt{1+m_1^2}} \tag{D.1.1-6}$$

$$C=\frac{W_2}{W_1}\sqrt{1+m_1^2}+\frac{1+m_1m_2}{\sqrt{1+m_1^2}} \tag{D.1.1-7}$$

$$n=\frac{f_1}{f_2} \tag{D.1.1-8}$$

$$K=\frac{\tan\varphi}{f_2} \tag{D.1.1-9}$$

式中：m_1——折点b以上护坡内坡的坡率；

m_2——折点b以下滑动面的坡率；

f_1——护坡和基土之间的摩擦系数；

f_2——护坡材料的内摩擦系数；

φ——护坡体内摩擦角。

D.1.2 重力挡墙结构稳定性计算应符合下列要求：

1 抗滑稳定（图D.1.2-1）可按下列公式验算：

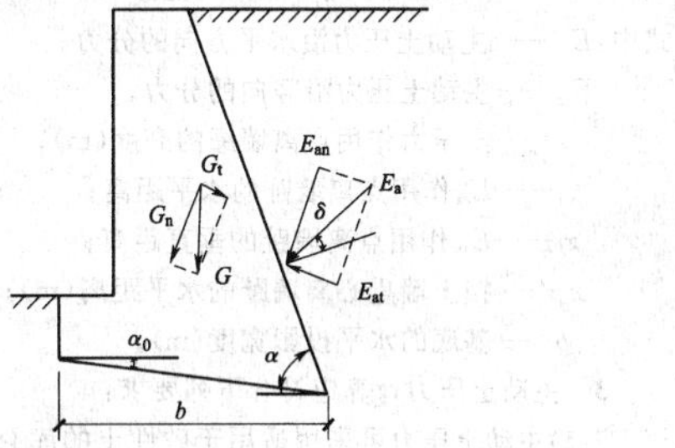

图 D.1.2-1 有限填土土压力计算

$$F_{抗滑}=\frac{(G_n+E_{an})\mu}{E_{at}-G_t} \tag{D.1.2-1}$$

$$G_n=G\cos\alpha_0 \tag{D.1.2-2}$$

$$G_t=G\sin\alpha_0 \tag{D.1.2-3}$$

$$E_{at}=E_a\sin(\alpha-\alpha_0-\delta) \tag{D.1.2-4}$$

$$E_{an}=E_a\cos(\alpha-\alpha_0-\delta) \tag{D.1.2-5}$$

式中：G——挡土墙每延米自重(kN)；

E_a——主动土压力(kN)；

α_0——挡土墙基底的倾角(°)；

α——挡土墙背的倾角(°)；

δ——土对挡土墙墙背的摩擦角(°)，可按表D.1.2-1选用；

μ——土对挡土墙基底的摩擦系数，由试验确定，也可按表D.1.2-2选用。

表 D.1.2-1 土对挡土墙墙背的摩擦角 δ

挡土墙情况	摩擦角δ
墙背平滑，排水不良	$(0\sim0.33)\varphi_k$
墙背粗糙，排水良好	$(0.33\sim0.50)\varphi_k$
墙背很粗糙，排水良好	$(0.50\sim0.67)\varphi_k$
墙背与填土间不可能滑动	$(0.67\sim1.00)\varphi_k$

注：φ_k为墙背填土的内摩擦角标准值。

表 D.1.2-2 土对挡土墙基底的摩擦系数 μ

土的类别		摩擦系数μ
黏性土	可塑	0.25～0.30
	硬塑	0.30～0.35
	坚硬	0.35～0.45
粉土		0.30～0.40
中砂粗砂砾砂		0.40～0.50
碎石土		0.40～0.60
软质岩		0.40～0.60
表面粗糙的硬质岩		0.65～0.75

注：1 对易风化的软质岩和塑性指数I_p大于22的黏性土，基底摩擦系数应通过试验确定。

2 对碎石土，可根据其密实程度、填充物状况、风化程度等确定。

2 抗倾覆稳定(图 D.1.2-2)应按下式验算：

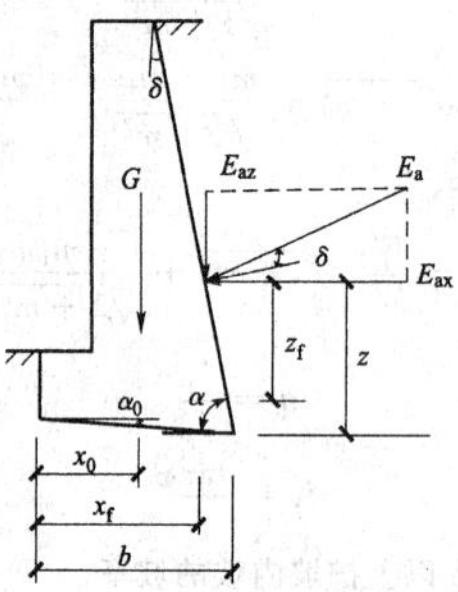

图 D.1.2-2 挡土墙抗倾覆稳定验算

$$F_{抗倾} = (Gx_0 + E_{az}x_f)/E_{ax}z_f \quad (D.1.2\text{-}6)$$

$$E_{ax} = E_a\sin(\alpha - \delta) \quad (D.1.2\text{-}7)$$

$$E_{az} = E_a\cos(\alpha - \delta) \quad (D.1.2\text{-}8)$$

$$x_f = b - z\cot\alpha \quad (D.1.2\text{-}9)$$

$$z_f = z - b\cot\alpha_0 \quad (D.1.2\text{-}10)$$

式中：E_{ax}——主动土压力沿水平方向的分力；

E_{az}——主动土压力沿竖向的分力；

z——土压力作用点离墙踵的高度(m)；

x_f——E_{az}作用点离墙趾的水平距离；

z_f——E_{ax}作用点离墙趾的垂直距离；

x_0——挡土墙重心离墙趾的水平距离(m)；

b——基底的水平投影宽度(m)。

3 主动土压力计算应符合下列要求：

1)主动土压力可采用适用于砂性土的库仑公式，可按下列公式计算：

$$E = \frac{1}{2}\gamma H(H + 2h_0k_q)k \quad (D.1.2\text{-}11)$$

$$h_0 = \frac{q}{\gamma} \quad (D.1.2\text{-}12)$$

$$k_q = \frac{\cos\alpha\cos\beta}{\cos(\alpha - \beta)} \quad (D.1.2\text{-}13)$$

$$k = \frac{\cos^2(\varphi - \alpha)}{\left[1 + \sqrt{\dfrac{\sin(\varphi + \delta)\sin(\varphi - \beta)}{\sin(90° - \alpha - \delta)\cos(\alpha - \beta)}}\right]^2 \sin(90° - \alpha - \delta)\cos^2\alpha} \quad (D.1.2\text{-}14)$$

式中：E——主动土压力；

k_q——均布荷载分布系数；

γ、φ——填土的容重(kN/m^3)和内摩擦角(°)；

α——墙背与竖直线所成的倾角(°)，墙背仰斜时，α 为负值；墙背俯斜时，α 为正值；

δ——外摩擦角，土与墙背间的摩擦角(°)；

β——填土表面与水平线所成的坡角(°)；

k——主动土压力系数；

q——均布荷载(kN/m^2)；

h_0——外荷等代土层高度(m)；

H——墙背填土高度(m)。

2)库仑公式用于黏性土时，通过加大土内摩擦角，采用等值内摩擦角(φ_D)将黏着力(C)包括进去，可采用下式计算：

$$\tan\left(45° - \frac{\varphi_D}{2}\right) = \sqrt{\frac{\gamma H^2\tan^2\left(45° - \dfrac{\varphi}{2}\right) - 4CH\tan^2\left(45° - \dfrac{\varphi}{2}\right) + \dfrac{4C^2}{\gamma}}{\gamma H^2}} \quad (D.1.2\text{-}15)$$

3)重力式坝岸砌体背坡若呈折线型式，可分段计算主动土压力，计算段以上土体按均布荷载情况处理，并按公式(D.1.2-2)计算。

4)堤防按地震设防时，重力式护岸主动土压力库仑计算公式应采用下列公式：

$$E = \frac{1}{2}\frac{\gamma}{\cos\varepsilon}H(H + 2h_0k_q)k \quad (D.1.2\text{-}16)$$

$$k = \frac{\cos^2(\varphi - \alpha - \varepsilon)}{\cos^2(\alpha + \varepsilon)\cos(\alpha + \delta + \varepsilon)\left[1 + \sqrt{\dfrac{\sin(\varphi + \delta)\sin(\varphi - \beta - \varepsilon)}{\cos(\alpha + \delta + \varepsilon)\cos(\alpha - \beta)}}\right]^2} \quad (D.1.2\text{-}17)$$

式中：ε——地震角，$\varepsilon = \tan^{-1}\mu$，可按表 D.1.2-3 取值。

表 D.1.2-3 地震角 ε 及地震系数 μ

地震烈度	7 度	8 度	9 度
地震系数 μ	1/40	1/20	1/10
地震角 ε	1°25′	3°	6°

D.2 护岸工程冲刷深度计算

D.2.1 丁坝冲刷深度计算应符合下列规定：

1 丁坝冲刷深度与水流、河床组成、丁坝形状与尺寸以及所处河段的具体位置等因素有关，其冲刷深度计算公式应根据水流条件、河床边界条件以及观测资料分析、验证选用。

2 非淹没丁坝冲刷深度可按下列公式计算：

$$\frac{h_s}{H_0} = 2.80k_1k_2k_3\left(\frac{U_m - U_c}{\sqrt{gH_0}}\right)^{0.75}\left(\frac{L_D}{H_0}\right)^{0.08} \quad (D.2.1\text{-}1)$$

$$k_1 = \left(\frac{\theta}{90}\right)^{0.246} \quad (D.2.1\text{-}2)$$

$$k_3 = e^{-0.07m} \quad (D.2.1\text{-}3)$$

$$U_m = \left(1.0 + 4.8\frac{L_D}{B}\right)U \quad (D.2.1\text{-}4)$$

$$U_c = \left(\frac{H_0}{d_{50}}\right)^{0.14}\sqrt{17.6\frac{\gamma_s - \gamma}{\gamma}d_{50} + 0.000000605\frac{10 + H_0}{d_{50}^{0.72}}} \quad (D.2.1\text{-}5)$$

$$U_c = 1.08\sqrt{gd_{50}\frac{\gamma_s - \gamma}{\gamma}}\left(\frac{H_0}{d_{50}}\right)^{\frac{1}{7}} \quad (D.2.1\text{-}6)$$

式中：h_s——冲刷深度(m)；

k_1、k_2、k_3——丁坝与水流方向的交角 θ、守护段的平面形态及丁坝坝头的坡比对冲刷深度影响的修正系数。位于弯曲河段凹岸的单丁坝，$k_2 = 1.34$；位于过渡段或顺直段的单丁坝，$k_2 = 1.00$；

m——丁坝坝头坡率；

U_m——坝头最大流速(m/s)；

U——行近流速(m/s)；

L_D——丁坝的有效长度(m)；

B——河宽(m)；

U_c——泥沙起动流速(m/s)，对于黏性与砂质河床可采用张瑞瑾公式(D.2.1-5)计算；

d_{50}——床沙的中值粒径(m)；

H_0——行近水流水深(m)；

γ_s、γ——泥沙与水的容重(kN/m^3)；

g——重力加速度(m/s^2)。

3 对于卵石的起动流速，可采用长江科学院的起动公式(D.2.1-6)计算。

D.2.2 顺坝及平顺护岸冲刷深度可按下列公式计算：

$$h_s = H_0\left[\left(\frac{U_{cp}}{U_c}\right)^n - 1\right] \quad (D.2.2\text{-}1)$$

$$U_{cp} = U\frac{2\eta}{1 + \eta} \quad (D.2.2\text{-}2)$$

式中：h_s——局部冲刷深度(m)；

H_0——冲刷处的水深(m)；

U_{cp}——近岸垂线平均流速(m/s)；

n——与防护岸坡在平面上的形状有关，取 $n = 1/4 \sim 1/6$；

η——水流流速不均匀系数，根据水流流向与岸坡交角α查表D.2.2采用。

表D.2.2 水流流速不均匀系数

α	≤15°	20°	30°	40°	50°	60°	70°	80°	90°
η	1.00	1.25	1.50	1.75	2.00	2.25	2.50	2.75	3.00

D.3 护坡护脚计算

D.3.1 斜坡干砌块石护坡的斜坡坡率为1.5～5.0时，护坡厚度可按下列公式计算：

$$t = K_1 \frac{\gamma}{\gamma_b - \gamma} \frac{H}{\sqrt{m}} \sqrt[3]{\frac{L}{H}} \quad \text{(D.3.1-1)}$$

$$m = \cot\alpha \quad \text{(D.3.1-2)}$$

式中：t——斜坡干砌块石护坡厚度(m)；

K_1——系数，对一般干砌石可取0.266，对砌方石、条石取0.225；

γ_b——块石的容重(kN/m³)；

γ——水的容重(kN/m³)；

H——计算波高(m)，当$d/L \geqslant 0.125$，取$H_{4\%}$，当$d/L < 0.125$，取$H_{13\%}$，d为堤前或岸坡前水深(m)；

L——波长(m)；

m——斜坡坡率。

D.3.2 采用人工块体或经过分选的块石作为斜坡堤的护坡面层且斜坡坡率为1.5～5.0时，波浪作用下单个块体、块石的质量Q及护面层厚度，可按下列公式计算：

$$Q = 0.1 \frac{\gamma_b H^3}{K_D \left(\frac{\gamma_b}{\gamma} - 1\right)^3 m} \quad \text{(D.3.2-1)}$$

$$t = nc \left(\frac{Q}{0.1\gamma_b}\right)^{\frac{1}{3}} \quad \text{(D.3.2-2)}$$

式中：Q——主要护面层的护面块体、块石个体质量(t)，当护面由两层块石组成，则块石质量可在$0.75Q$～$1.25Q$范围内，但应有50%以上的块石质量大于Q；

γ_b——人工块体或块石的容重(kN/m³)；

γ——水的容重(kN/m³)；

H——设计波高(m)，当平均波高与水深的比值$\bar{H}/d < 0.3$时，宜采用$H_{5\%}$；当$\bar{H}/d \geqslant 0.3$时，宜采用$H_{13\%}$；

K_D——稳定系数，可按表D.3.2-1确定；

t——块体或块石护面层厚度(m)；

n——护面块体或块石的层数；

c——系数，可按表D.3.2-2确定。

表D.3.2-1 稳定系数K_D

护面类型	构造型式	K_D	备注
块石	抛填二层	4.0	—
块石	安放(立放)一层	5.5	—
方块	抛填二层	5.0	—
四脚锥体	安放二层	8.5	—
四脚空心方块	安放二层	14	—
扭工字块体	安放二层	18	$H \geqslant 7.5$m
扭工字块体	安放二层	24	$H < 7.5$m

表D.3.2-2 系数c

护面类型	构造型式	c	备注
块石	抛填二层	1.0	—
块石	安放(立放)一层	1.3～1.4	—
四脚锥体	安放二层	1.0	—
扭工字块体	安放二层	1.2	定点随机安放
扭工字块体	安放二层	1.1	规则安放

D.3.3 混凝土板作为土堤护面时，满足混凝土板整体稳定所需的护面板厚度可按下式确定：

$$t = \eta H \sqrt{\frac{\gamma}{\gamma_b - \gamma} \frac{L}{Bm}} \quad \text{(D.3.3)}$$

式中：t——混凝土护面板厚度(m)；

η——系数，对开缝板可取0.075；对上部为开缝板，下部为闭缝板可取0.10；

H——计算波高，取$H_{1\%}$(m)；

γ_b——混凝土板的容重(kN/m³)；

γ——水的容重(kN/m³)；

L——波长(m)；

B——沿斜坡方向(垂直于水边线)的护面板长度(m)。

D.3.4 在水流作用下，防护工程护坡、护脚块石保持稳定的抗冲粒径(折算粒径)可按下列公式计算：

$$d = \frac{V^2}{C^2 2g \frac{\gamma_s - \gamma}{\gamma}} \quad \text{(D.3.4-1)}$$

$$W = \frac{\pi}{6}\gamma_s d^3 \quad \text{(D.3.4-2)}$$

式中：d——折算粒径(m)，按球型折算；

W——石块重量(kN)；

V——水流流速(m/s)；

g——重力加速度(m/s²)；

C——石块运动的稳定系数；水平底坡$C=1.2$，倾斜底坡$C=0.9$；

γ_s——石块的容重(kN/m³)；

γ——水的容重(kN/m³)。

附录E 渗流计算

E.1 一般规定

E.1.1 本附录适用于最常用的均质土堤的渗流计算，其他类型堤防的渗流计算可按有关规定执行。

E.1.2 渗流计算可根据实际情况分为不稳定渗流计算和稳定渗流计算。大江大河(湖泊)的堤防或中小河流重要的堤段可按稳定渗流根据公式法计算，重要堤防的渗流计算宜采用有限元法。

E.2 不透水堤基均质土堤渗流计算

E.2.1 下游坡无排水设备或有贴坡式排水时，可按下列公式进行渗流计算(图E.2.1)：

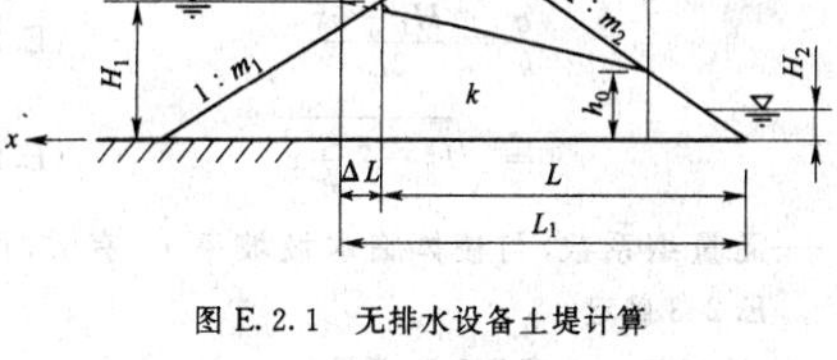

图E.2.1 无排水设备土堤计算

$$\frac{q}{k} = \frac{H_1^2 - h_0^2}{2(L_1 - m_2 h_0)} \quad \text{(E.2.1-1)}$$

$$\frac{q}{k} = \frac{h_0 - H_2}{m_2 + 0.5}\left[1 + \frac{H_2}{h_0 - H_2 + \frac{m_2 H_2}{2(m_2+0.5)^2}}\right] \quad \text{(E.2.1-2)}$$

$$L_1 = L + \Delta L \qquad (E.2.1\text{-}3)$$

$$\Delta L = \frac{m_1}{2m_1+1}H_1 \qquad (E.2.1\text{-}4)$$

$$y = \sqrt{h_0^2 + 2\frac{q}{k}x} \qquad (E.2.1\text{-}5)$$

式中：q——单位宽度渗流量[$m^3/(s \cdot m)$]；

k——堤身渗透系数(m/s)；

H_1——上游水位(m)；

H_2——下游水位(m)；

h_0——下游出逸点高度(m)；

m_1——上游坡坡率；

m_2——下游坡坡率；

L——上游水位与上游堤坡交点距下游堤脚或排水体上游端部的水平距离(m)；

ΔL——上游水位与堤身浸润线延长线交点距上游水位与上游堤坡交点的水平距离(m)；

L_1——渗流总长度(m)；

y——浸润线上任意一点距下游堤脚的垂直高度(m)；

x——浸润线上任意一点距出逸点的水平距离(m)。

E.2.2 下游有褥垫式排水时，可按下列公式进行渗流计算(图E.2.2)：

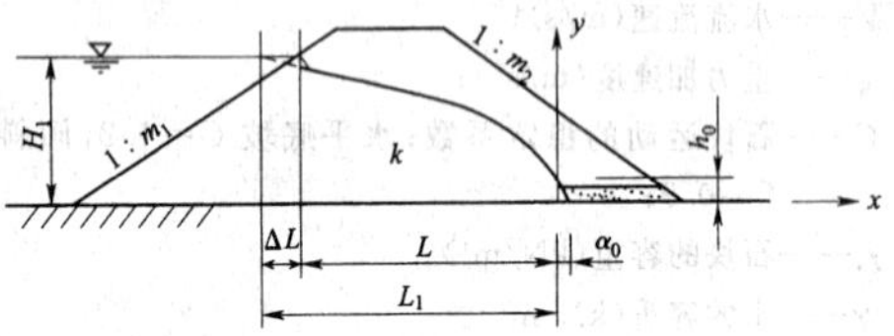

图 E.2.2 有褥垫式排水土堤计算

$$h_0 = \sqrt{L_1^2 + H_1^2} - L_1 \qquad (E.2.2\text{-}1)$$

$$\frac{q}{k} = h_0 = \sqrt{L_1^2 + H_1^2} - L_1 \qquad (E.2.2\text{-}2)$$

$$\alpha_0 = \frac{1}{2}h_0 \qquad (E.2.2\text{-}3)$$

$$y = \sqrt{h_0^2 - 2h_0 x} \qquad (E.2.2\text{-}4)$$

式中：α_0——褥垫式排水体的工作长度(m)。

E.2.3 下游有排水棱体时，可按下列公式进行渗流计算(图E.2.3)：

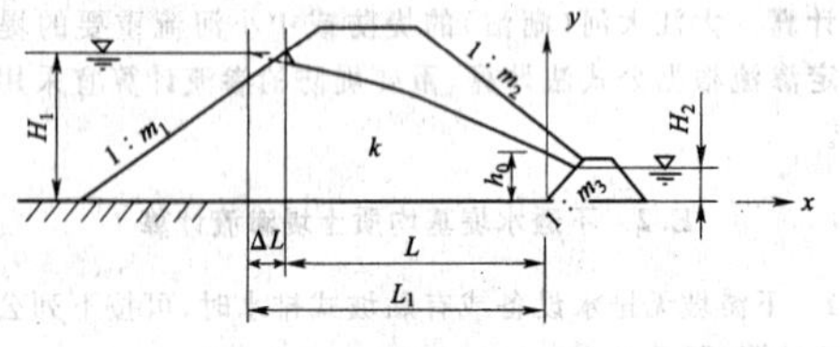

图 E.2.3 有排水棱体土堤计算

$$h_0 = H_2 + \sqrt{(cL_1)^2 + (H_1 - H_2)^2} - cL_1 \qquad (E.2.3\text{-}1)$$

$$\frac{q}{k} = \frac{H_1^2 - h_0^2}{2L_1} \qquad (E.2.3\text{-}2)$$

$$y = \sqrt{h_0^2 - 2\frac{q}{k}x} \qquad (E.2.3\text{-}3)$$

式中：c——无量纲系数，与棱体临水坡坡率 m_3 有关，可查表E.2.3确定。

表 E.2.3 系数 c

m_3	0	0.5	1	1.5	2	2.5	3	∞
c	1.347	1.248	1.183	1.142	1.115	1.098	1.085	1.000

E.3 透水堤基均质土堤渗流计算

E.3.1 透水堤基上的均质土堤应将堤身和堤基的渗流量分开计算，堤身、堤基单位宽度渗流量之和可按下式计算(图E.3.1)：

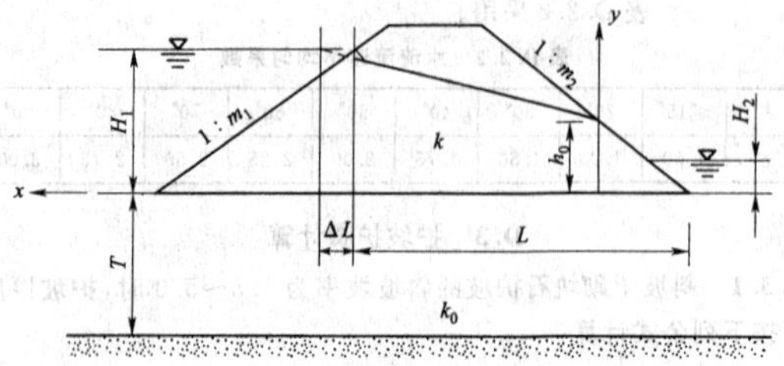

图 E.3.1 透水地基均质土堤计算

$$q = q_D + k_0\frac{(H_1 - H_2)T}{L + m_1 H_1 + 0.88T} \qquad (E.3.1)$$

式中：q——堤身、堤基单位宽度渗流量之和[$m^3/(s \cdot m)$]；

q_D——不透水地基上求得的相同排水形式的均质土堤单位宽度渗流量[$m^3/(s \cdot m)$]。

E.3.2 计算透水地基上的均质土堤的浸润线时，应根据下游不同的排水形式首先计算特征水深，然后再计算浸润线。特征水深和浸润线计算应符合下列规定：

1 下游坡有贴坡排水或无排水设备时，特征水深可按下列公式计算：

1) 当 $k > k_0$ 时(k 为堤身渗透系数，k_0 为地基渗透系数)：

$$h_0 - H_2 = q\Bigg/\left\{\frac{k}{m_2+0.5}\left[1+\frac{(m_2+0.5)H_2}{(m_2+0.5)(h_0-H_2)+\dfrac{m_2 H_2}{2(m_2+0.5)}}\right] + \frac{k_0 T}{(m_2+0.5)(h_0-H_2)+m_2 H_2+0.44T}\right\} \qquad (E.3.2\text{-}1)$$

2) 当 $k \leqslant k_0$ 时：

$$h_0 - H_2 = q\Bigg/\left\{\frac{k}{m_2}\left[1+\frac{(m_2+0.5)H_2}{(m_2+0.5)(h_0-H_2)+0.5H_2}\right] + \frac{k_0 T}{m_2 h_0 + 0.44T}\right\} \qquad (E.3.2\text{-}2)$$

2 下游有褥垫式排水($H_2 = 0$)时，特征水深可按下式计算：

$$h_0 = \frac{q}{k + \dfrac{k_0}{0.44}} \qquad (E.3.2\text{-}3)$$

3 下游有排水棱体时，特征水深可按下列公式计算：

1) 下游有水($H_2 \neq 0$)时：

$$(0.44k + m_3 k_0)h_0^2 - (0.44qm_3 + k_0 m_3 H_2)h_0 - 0.44kH_2^2 = 0 \qquad (E.3.2\text{-}4)$$

2) 下游无水($H_2 = 0$)时：

$$h_0 = \frac{0.44qm_3}{0.44k + m_3 k_0} \qquad (E.3.2\text{-}5)$$

4 求得特征水深 h_0 后，无论堤身采用何种排水形式，浸润线均可按下列公式计算：

$$x = k_0 T\frac{y - h_0}{q'} + k\frac{y^2 - h_0^2}{2q'} \qquad (E.3.2\text{-}6)$$

$$q' = k\frac{H_1^2 - h_0^2}{2\left(L + \dfrac{m_1}{2m_1+1}H_1 - m_2 h_0\right)} + k_0 T\frac{H_1 - h_0}{L + m_1 H_1 - m_2 h_0} \qquad (E.3.2\text{-}7)$$

5 对于采用褥垫式排水和排水棱体的土堤，可取 $m_2 = 0$。

E.4 不稳定渗流计算

E.4.1 堤防在挡水过程中，未能形成稳定渗流时，可按不稳定渗流计算(图E.4.1)。渗流在背水坡脚出现所需时间 T 可按下列公式计算：

$$T = \frac{n_0 H}{4k}\left(m_1 + m_2 + \frac{b'}{H}\right)^2 \qquad (E.4.1\text{-}1)$$

$$n_0 = n(1 - S_w\%) \qquad (E.4.1\text{-}2)$$

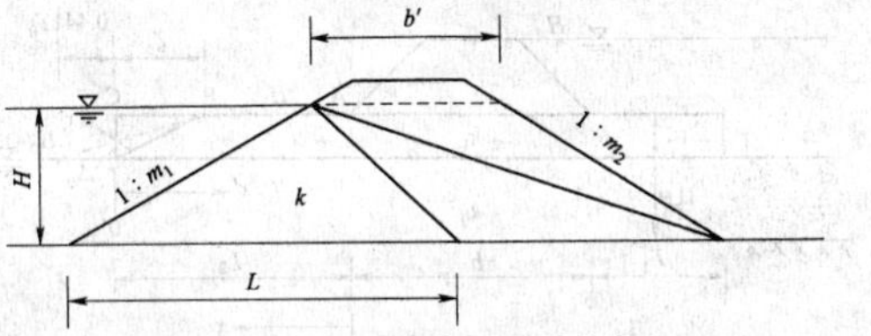

图 E.4.1　不稳定渗流浸润线计算

式中：k——堤身渗透系数，采用大值平均值或试验数据中的较大值(m/s)；

n_0——土的有效孔隙率；

n——孔隙率；

$S_w\%$——饱和度。

E.4.2　当洪水持续时间 $t<T$ 时，应计算浸润线锋面距迎水坡脚距离 L，可按下式计算：

$$L=2\sqrt{\frac{kHt}{n_0}} \tag{E.4.2}$$

E.5　背水坡渗流出口比降计算

E.5.1　不透水地基上均质土堤坡面渗流比降计算应符合下列规定：

1　下游无水($H_2=0$)(图 E.5.1-1)时，渗出点 A 点、堤坡与不透水面交点 B 点的渗流比降可分别按下列公式计算：

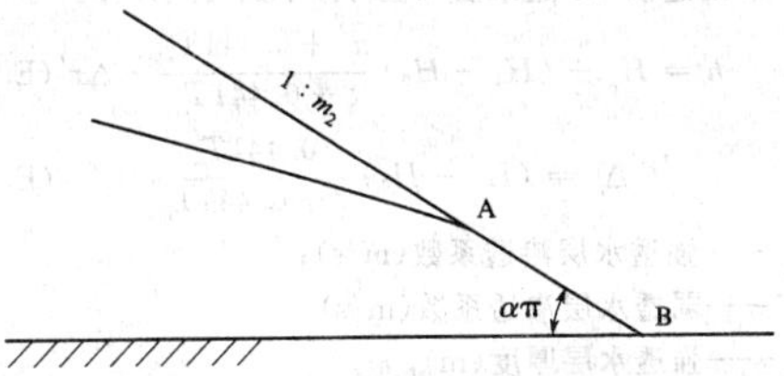

图 E.5.1-1　下游无水计算($\alpha\pi$ 以弧度角计)

$$J_0=\sin\alpha\pi=\frac{1}{\sqrt{1+m_2^2}} \tag{E.5.1-1}$$

$$J_0=\tan\alpha\pi=\frac{1}{m_2} \tag{E.5.1-2}$$

式中：J_0——下游无水背水坡出口比降。

A、B 两点之间的渗流比降按线性插值确定。

2　下游有水(图 E.5.1-2)时，可按下列公式计算：

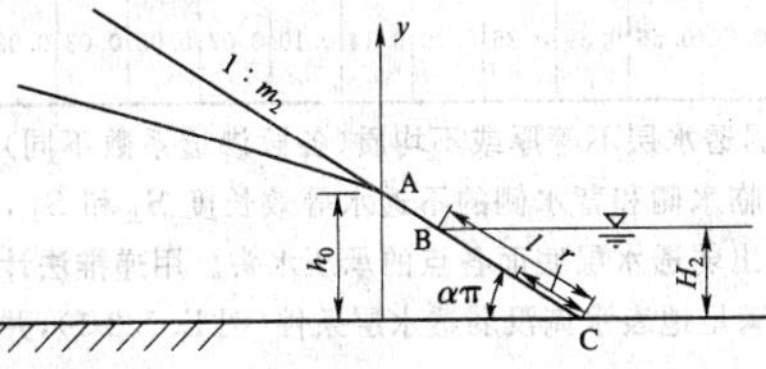

图 E.5.1-2　下游有水计算($\alpha\pi$ 以弧度角计)

1) 渗出段 AB，可按下列公式计算：

$$J=J_0\left(\frac{h_0-H_2}{y-H_2}\right)^n\ (y\geqslant H_2, H_2\neq 0) \tag{E.5.1-3}$$

$$J_0=\sin\alpha\pi=\frac{1}{\sqrt{1+m_2^2}} \tag{E.5.1-4}$$

$$n=0.25\frac{H_2}{h_0} \tag{E.5.1-5}$$

式中：J——下游有水背水坡出口比降。

2) 浸没段 BC，可按下列公式计算：

$$J=\frac{\alpha_0}{1+b_0\dfrac{H_2}{h_0-H_2}}\left(\frac{\gamma}{l}\right)^{\frac{1}{2\alpha}-1} \tag{E.5.1-6}$$

或

$$J=\frac{\alpha_0}{1+b_0\dfrac{H_2}{h_0-H_2}}\left(\frac{y}{H_2}\right)^{\frac{1}{2\alpha}-1} \tag{E.5.1-7}$$

$$\alpha_0=\frac{1}{2\alpha(m_2+0.5)\sqrt{1+m_2^2}} \tag{E.5.1-8}$$

$$b_0=\frac{m_2}{2(m_2+0.5)^2} \tag{E.5.1-9}$$

式中：α_0、b_0——系数；

$\alpha\pi$——坡面的坡角(以弧度计)。

3) 公式(E.5.1-6)、公式(E.5.1-7)的适用范围为 $\frac{r}{l}$ 或 $\frac{y}{H_2}\leqslant 0.95$。

E.5.2　透水地基均质土堤坡面渗流比降计算应符合下列规定：

1　下游无水($H_2=0$)(图 E.5.2-1)时，沿渗出段 AB、沿地基段 BC 的渗流比降可分别按下列公式计算：

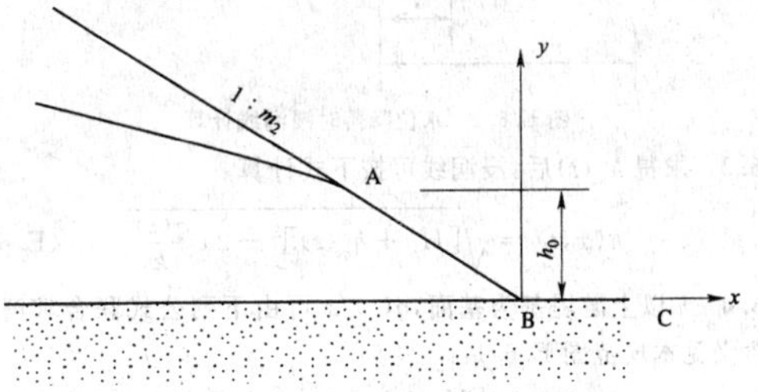

图 E.5.2-1　透水地基下游无水计算

$$J=\frac{1}{\sqrt{1+m_2^2}}\left(\frac{h_0}{y}\right)^{0.25} \tag{E.5.2-1}$$

$$J=\frac{1}{2\sqrt{m_2}}\sqrt{\frac{h_0}{x}} \tag{E.5.2-2}$$

2　下游有水(图 E.5.2-2)时，沿渗出段 AB 的渗流比降采用本规范公式(E.5.2-1)计算，沿浸没坡 BC、沿浸没地基面 CD 的渗流比降可分别按下列公式计算：

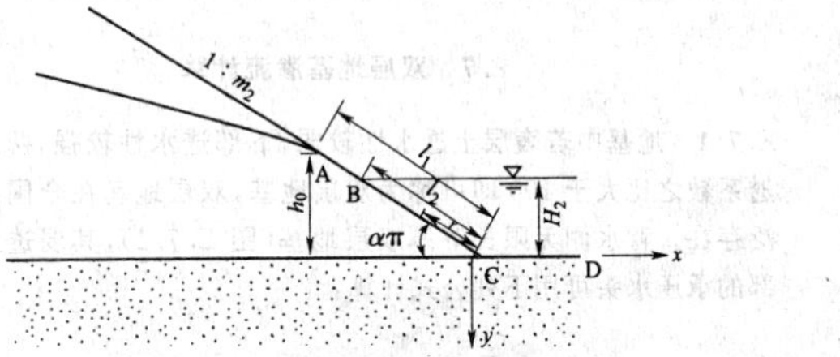

图 E.5.2-2　透水地基下游有水计算($\alpha\pi$ 以弧度角计)

$$J=\frac{\alpha_1(h_0-H_2)}{2\gamma^{\alpha\alpha 1}\sqrt{(l_1^{\alpha_1}-l_2^{\alpha 1})(l_2^{\alpha 1}-\gamma^{\alpha 1})}} \tag{E.5.2-3}$$

$$\alpha_1=\frac{1}{1+\alpha} \tag{E.5.2-4}$$

$$J=\frac{\alpha_1(h_0-H_2)}{2x^{\alpha\alpha_1}\sqrt{(l_1^{\alpha 1}-l_2^{\alpha 1})(l_2^{\alpha 1}+x^{\alpha_1})}} \tag{E.5.2-5}$$

E.6　水位降落时均质土堤的浸润线

E.6.1　当 $k/\mu/V$ 小于或等于 1/10 时，可按水位开始降落前的浸润线位置进行堤坡稳定分析；当 $k/\mu/V$ 大于 60 时，可不进行上游坡的水位降落稳定计算；当 $k/\mu/V$ 大于 1/10 且小于或等于 60 时，应进行上游坡的稳定分析，按照缓降过程计算浸润线下降的位置(图 E.6.1)。k 为土体的渗透系数(m/d)；V 为水位降落的速度；μ 为土体的给水度，按公式(E.6.1-1)计算：

$$\mu=\alpha n \tag{E.6.1-1}$$

$$\alpha=113.7\times 0.0001175^{0.607^{(6+\lg k)}} \tag{E.6.1-2}$$

式中：k——土体的渗透系数(cm/s)；

n——土体的孔隙率。

E.6.2　均质土堤水位下降时浸润线位置可按下式近似计算：

$$\frac{h_0(t)}{H}=1-0.31\left(\frac{t}{T}\right)\left(\frac{k}{\mu V}\right)^{\frac{1}{4}} \tag{E.6.2}$$

式中：H——降距(图 E.6.1)(m)；

T——水位从初始位置至降落到堤脚或降落到最大降距所需的时间(s)；

t——计算时刻距始降时刻的时间间隔(s)，t 小于或等于 T。

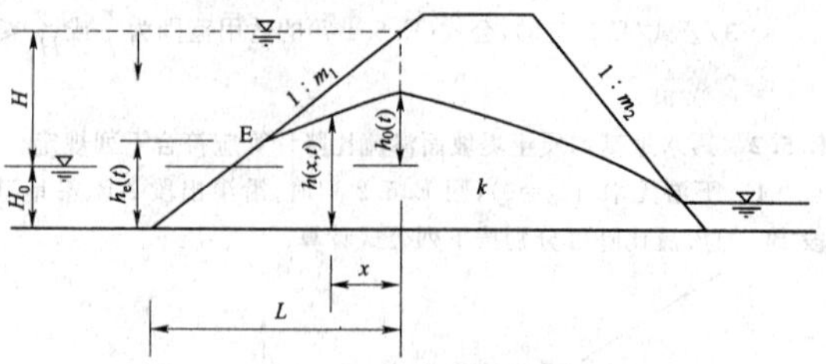

图 E.6.1 水位降落时浸润线计算

E.6.3 求得 $h_0(t)$后，浸润线可按下式计算：

$$h(x,t)=\sqrt{[H_0+h_0(t)]^2-2x\frac{q(t)}{k}} \tag{E.6.3}$$

E.6.4 h 以上游堤基为基面，$q(t)/k$ 可由下列公式联合求解，符号含义见本规范图 E.6.1：

$$\frac{q(t)}{k}=\frac{[H_0+h_0(t)]^2-h_e(t)^2}{2[L-m_1h_e(t)]} \tag{E.6.4-1}$$

$$\frac{q(t)}{k}=\frac{h_e(t)-H_0}{m_1}\left[1+\ln\frac{h_e(t)}{h_e(t)-H_0}\right] \tag{E.6.4-2}$$

式中：$q(t)$——表示 t 时刻由上游坡出渗的流量(m^3/s)；

$h_e(t)$——表示 t 时刻上游坡出渗点高度(m)。

E.6.5 解联立方程可用一组 $h_e(t)$ 值[$H_0<h_e(t)<(H_0+h_0(t))$]分别代入本规范公式(E.6.4-1)和公式(E.6.4-2)，分别画出两条曲线，曲线的交点即为解，可求得 $h_e(t)$和 $q(t)/k$。

E.7 双层地基渗流计算

E.7.1 地基中若表层土透水性较弱，下部透水性较强，两层的渗透系数之比大于100即可称为双层地基，双层地基在全国各地广泛存在。背水侧无限长等厚双层地基(图 E.7.1)，其弱透水层底部的承压水头可用下列公式计算：

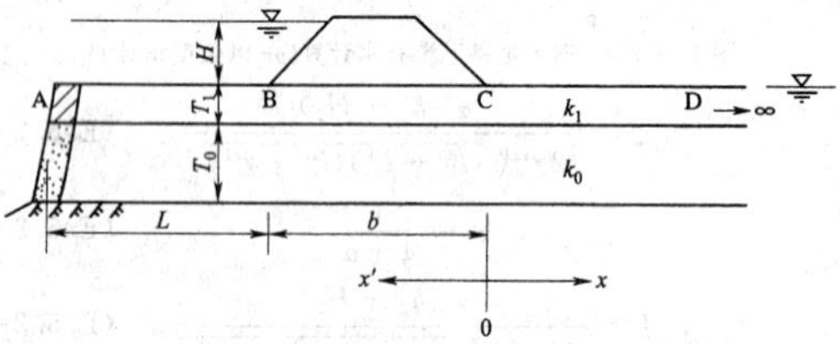

图 E.7.1 背水侧无限长等厚双层地基渗流计算

CD 段：
$$h=\frac{H}{1+Ab+\text{th}AL}e^{-Ax} \tag{E.7.1-1}$$

BC 段：
$$h=\frac{H}{1+Ab+\text{th}AL}(1+Ax') \tag{E.7.1-2}$$

式中：h——弱透水底部承压水头(m)；

A——越流系数。

$$A=\sqrt{\frac{k_1}{k_0T_1T_0}}$$

E.7.2 透水地基上弱透水层等厚有限长(图 E.7.2)可用下列方法计算弱透水层底下透水层水位：

1 可用下列公式试算 ζ，确定出逸段与非出逸段的分界点：

$$\frac{H-H_1}{\frac{1}{A}\text{th}A(L_1+d')+b+\frac{1}{A}\text{th}A(L_2-\zeta)}\frac{1}{\text{ch}A(L_2-\zeta)}=\frac{H_1-H_0}{\zeta+0.441T_0} \tag{E.7.2-1}$$

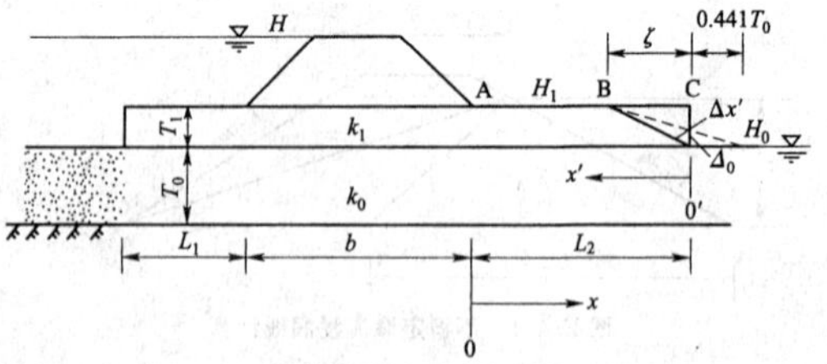

图 E.7.2 透水地基上弱透水层等厚有限长计算

$$A=\sqrt{\frac{k_1}{k_0t_0T_1}} \tag{E.7.2-2}$$

$$d'=\frac{1}{A}\text{arth}A(0.441T_0)\qquad[\text{适用于}A(0.441T_0)<1] \tag{E.7.2-3}$$

2 出逸段 AB 透水层水位可按下式计算：

$$h=H_1+\frac{(H-H_1)\frac{1}{A}\text{th}A(L_2-\zeta)}{\frac{1}{A}\text{th}A(L_1+d')+b+\frac{1}{A}\text{th}A(L_2-\zeta)}\frac{\text{sh}A(L_2-\zeta-x)}{\text{sh}A(L_2-\zeta)} \tag{E.7.2-4}$$

式中：th、ch、sh——双曲线函数；

arth——反双曲线函数。

3 非出逸段 BC 透水层水位可按下列公式计算：

$$h=H_0+(H_1-H_0)\frac{x'+0.441T_0}{\zeta+0.441T_0}-\Delta x' \tag{E.7.2-5}$$

$$\Delta_0=(H_1-H_0)\frac{0.441T_0}{\zeta+0.441T_0} \tag{E.7.2-6}$$

式中：k_0——强透水层渗透系数(m/s)；

k_1——弱透水层渗透系数(m/s)；

T_0——强透水层厚度(m)；

T_1——弱透水层厚度(m)；

x——AB 段横坐标；

x'——BC 段横坐标；

$\Delta x'$——可根据表 E.7.2 计算求得。

表 E.7.2 $\Delta x'$计算

x'/T_0	0	0.1	0.2	0.3	0.4	0.5	0.6	0.7	0.8	0.9	1.0	1.1	1.2	1.3
$\Delta x'/\Delta_0$	1.00	0.76	0.56	0.39	0.26	0.19	0.14	0.10	0.07	0.05	0.03	0.02	0.01	0

E.7.3 弱透水层不等厚或不均质(各段渗透系数不同)可用递推公式求得临水侧和背水侧的不透水等效长度 $S_上$和 $S_下$，再按不透水底板求出弱透水层底面各点的承压水头。用递推法计算背水侧 $S_下$时，应满足地表水淹没弱透水层条件(图 E.7.3-1)，并应符合下列规定：

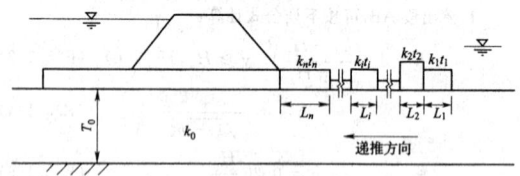

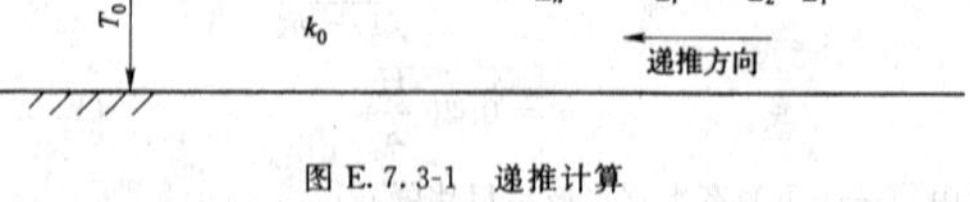

图 E.7.3-1 递推计算

1 越流系数可按下式计算：

$$A_i=\sqrt{\frac{k_i}{k_0T_0t_i}} \tag{E.7.3-1}$$

式中：A_i——第 i 段的双层地基越流系数；

k_0——强透水层的渗透系数(m/s)；

T_0——强透水层的厚度(m)；

k_i——第 i 段弱透水层的渗透系数(m/s)；

t_i——第 i 段弱透水层的厚度(m)。

2 递推公式可按下列公式计算：

$$D_{i-1}=\frac{\frac{1}{A_i}+S_{i-1}}{\frac{1}{A_i}-S_{i-1}} \quad \text{(E. 7. 3-2)}$$

$$S_i=\frac{1}{A_i}\frac{D_{i-1}e^{\beta_i}-1}{D_{i-1}e^{\beta_i}+1} \quad \text{(E. 7. 3-3)}$$

$$\beta_i=2A_iL_i \quad \text{(E. 7. 3-4)}$$

3 采用公式(E. 7. 3-2)和公式(E. 7. 3-3)递推临水侧等效长度时，从临水侧向背水侧递推，一直推到堤脚，所得 S 值即为临水侧的等效长度 $S_上$；背水侧从背水侧向临水侧递推，如图 E. 7. 3-1 所示，方法同前，算出背水侧等效长度 $S_下$，递推过程如图 E. 7. 3-2 所示。

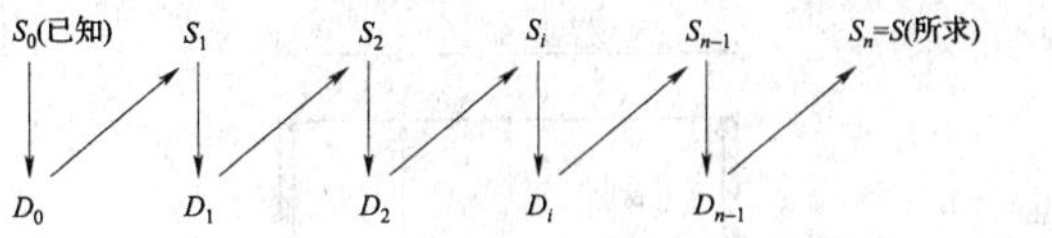

图 E. 7. 3-2 临水侧等效长度递推过程

4 弱透水层无限长时，$S_0=0$；弱透水层为有限长时，在弱透水层端部 $S_0=0.441T_0$。

5 弱透水层渗透系数没有变化和等厚时，可只要递推一次就推到堤前。渗透系数或厚度有变化时，应按不同渗透系数或不同厚度分段递推。

6 求得 $S_上$、$S_下$ 以后，可用下列公式求出背水侧弱透水层下各点的承压水头(图 E. 7. 4-1)：

$$h=\frac{S_下-x}{S_上+b+S_下}H \quad \text{(E. 7. 3-5)}$$

$$0\leqslant x\leqslant S_下 \quad \text{(E. 7. 3-6)}$$

式中：$S_上$——临水侧等效长度；

$S_下$——背水侧等效长度。

E. 7. 4 加盖重以后，如盖重材料的渗透系数很大，通过弱透水层的渗透水能畅通排出，可不再核算。如果加盖重材料的渗透系数不是很大，则加盖重后等效长度应加长，应采用递推公式重新计算盖重(图 E. 7. 4-1、图 E. 7. 4-2)，可按下列方法具体计算：

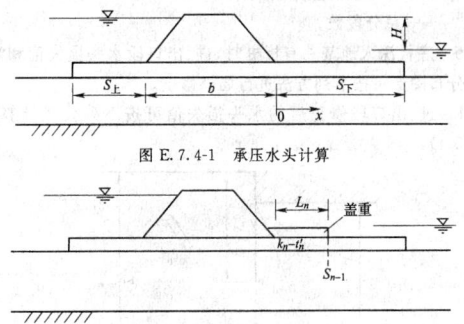

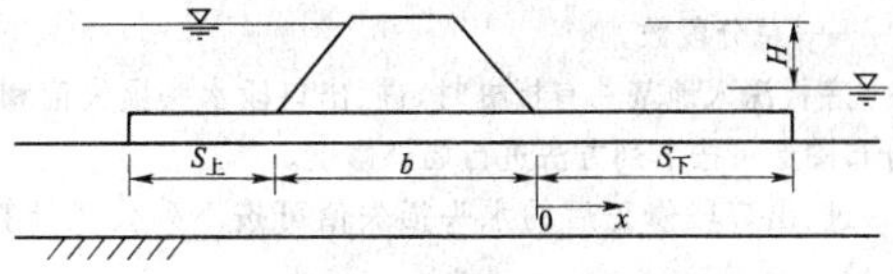

图 E. 7. 4-1 承压水头计算

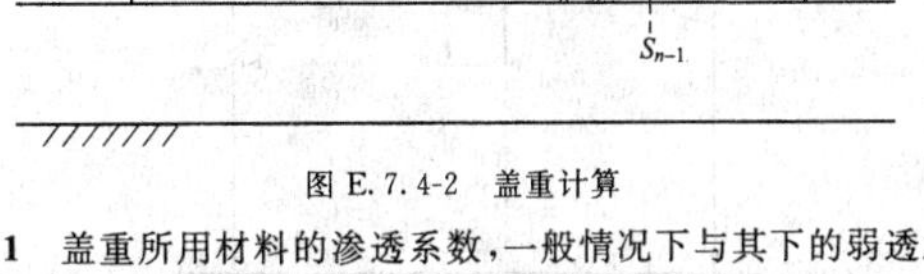

图 E. 7. 4-2 盖重计算

1 盖重所用材料的渗透系数，一般情况下与其下的弱透水层不同，如 n 段弱透水层的渗透系数和厚度为 k_n、t_n，首先把盖重材料的 k'、t' 换算成与其下的弱透水层相同渗透系数的厚度 t'_1，$t'_1=\frac{k_n}{k'}t'$，使 $t'=t'_n+t'_1$，再以 k_n、t'_n 和前一段 S_{n-1} 为参数代入递推公式计算，可按下列公式计算：

$$A_n=\sqrt{\frac{k_n}{k_0T_0t'_n}} \quad \text{(E. 7. 4-1)}$$

$$D_{n-1}=\frac{\frac{1}{A_n}+S_{n-1}}{\frac{1}{A_n}-S_{n-1}} \quad \text{(E. 7. 4-2)}$$

$$S_n=\frac{1}{A}\frac{D_{n-1}e^{\beta_n}-1}{D_{n-1}e^{\beta_n}+1} \quad \text{(E. 7. 4-3)}$$

$$\beta_n=2A_nL_n \quad \text{(E. 7. 4-4)}$$

2 盖重如做成梯形，可划分成若干个阶梯形等厚的段落，逐段递推，分段越多越精确。

3 求得加盖重的等效长度以后，采用本规范公式(E. 7. 3-5)求得各点承压水头，核算盖重段及盖重后各段的渗透及抗浮稳定。

E. 7. 5 堤基排水减压沟的沟半顶宽 $b\leqslant0.3T$(T 为透水层厚度)、沟深 $S\leqslant0.3T$ 时，可采用半理论半经验计算方法进行计算。可按下列方法具体计算。

1 排水减压沟的正、反对称流态如图 E. 7. 5 所示。

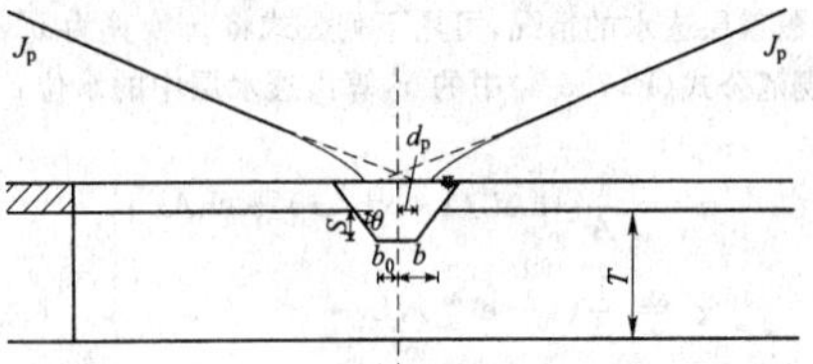

(a) 正对称流态

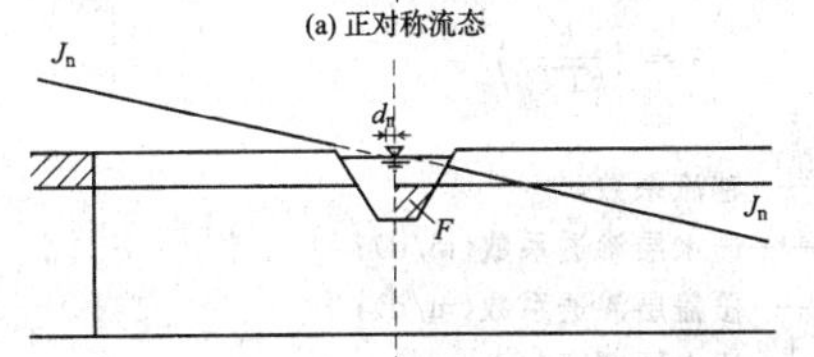

(b) 反对称流态

图 E. 7. 5 减压沟的正反对称流态示意

b_0—沟的半底宽(m)；b—沟的半顶宽(m)；S—沟深(m)；

J_p—正对称流的水力比降；J_n—反对称流的水力比降；

θ—边坡倾角(°)；T—透水层厚度(m)；F—半沟断面面积(m^2)；

d_p—正对称流的附加渗径长度(m)；d_n—反对称流的附加渗径长度(m)

2 附加渗径长度可按下列公式计算：

$$\left.\begin{aligned}
d_p&=\frac{T}{\pi}\ln\frac{1}{2.5\left[\bar{b}+\bar{S}^2+3.5\frac{1+\bar{b}^2-\bar{S}^2}{(\bar{b}\bar{S})^{1.4}}\bar{F}^{2.4}\right]}\\
d_n&=-T\frac{\pi}{4}\left[\bar{b}(1-0.2\bar{b}^2)\right]^{2-\frac{1.4\bar{F}\sin\theta}{\bar{b}\sqrt{\bar{S}}}}\\
\bar{b}&=\frac{b}{T},\bar{S}=\frac{S}{T},\bar{F}=\frac{F}{T^2}
\end{aligned}\right\} \quad \text{(E. 7. 5-1)}$$

3 覆盖层不透水，或渗透系数甚小的情况，正、反对称流的水力比降可按下列公式计算：

$$\left.\begin{aligned}
J_p(L_1+d_p)+J_n(L_1+d_n)&=H_1\\
J_p(L_2+d_p)-J_n(L_2+d_n)&=H_2
\end{aligned}\right\} \quad \text{(E. 7. 5-2)}$$

式中：H_1——设沟水位为零的上游水位(m)；

H_2——设沟水位为零的下游水位(m)；

L_1——沟中心至上游边界距离(m)；

L_2——沟中心至下游边界距离(m)。

4 覆盖层不透水，或渗透系数甚小的情况，渗透流量可按下列公式计算：

$$\left.\begin{aligned}
q_1&=(J_p+J_n)kT\\
q_2&=(J_p-J_n)kT\\
q&=q_1+q_2=2J_pkT
\end{aligned}\right\} \quad \text{(E. 7. 5-3)}$$

式中：k——透水层渗透系数(m/d)；

q_1——上游入沟单宽流量[$m^3/(d\cdot m)$]；

q_2——下游入沟单宽流量[$m^3/(d\cdot m)$]。

5 覆盖层不透水，或渗透系数甚小的情况，透水层的水位分布可按下列公式计算：

$$\left.\begin{aligned}
h_1&=J_p(x+d_p)+J_n(x+d_n)\\
h_2&=J_p(x+d_p)-J_n(x+d_n)
\end{aligned}\right\} \quad \text{(E. 7. 5-4)}$$

式中：h_1——沟上游透水层的水位分布(m)；

h_2——沟下游透水层的水位分布(m)；

x——离沟中心的距离(m)。

6 下游无限延伸，$L_2=\infty$，或沟下游离沟边 T 以远区域砂层尖灭封闭时，应为 $J_p=J_n$，$q_1=q$，$q_2=0$，正反对称流的水力比降和沟下游砂层的剩余水位 h_t，可按下列公式计算：

$$\left.\begin{aligned} J_p &= J_n = \frac{H_1}{2L_1+d_p+d_n} \\ h_t &= H_2 = \frac{d_p-d_n}{2L_1+d_p+d_n}H_1 \end{aligned}\right\} \qquad (E.7.5\text{-}5)$$

7 覆盖层透水的情况，可用下列公式将 x 换算为 x'，再用 x' 代替本规范公式(E.7.5-4)中的 x，算出透水层中的水位：

$$\left.\begin{aligned} x' &= \frac{1}{A}[\mathrm{th}AL(1-\mathrm{ch}Ax)+\mathrm{sh}Ax] \\ x' &= \frac{1}{A}(1-e^{-Ax}),L\to\infty \\ A &= \left(\frac{k'}{kTT'}\right)^{\frac{1}{2}} \end{aligned}\right\} \qquad (E.7.5\text{-}6)$$

式中：A——越流系数；

k——透水层渗透系数(m/d)；

k'——覆盖层渗透系数(m/d)；

T——透水层厚度(m)；

T'——覆盖层厚度(m)；

L——计算上游时用 L_1，计算下游时用 L_2。

E.8 防洪墙底部渗流计算

E.8.1 防洪墙底部渗流计算可采用阻力系数法(图 E.8.1)。

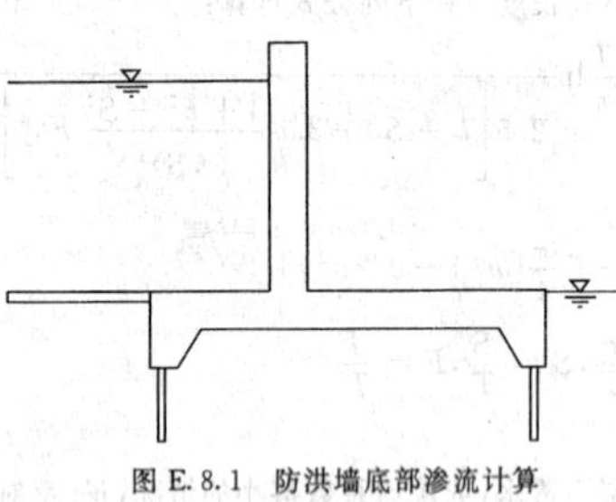

图 E.8.1 防洪墙底部渗流计算

E.8.2 防洪墙地基的有效深度可按下列公式计算：

当 $\frac{L_0}{S_0}\geqslant 5$ 时：

$$T_e = 0.5L_0 \qquad (E.8.2\text{-}1)$$

当 $\frac{L_0}{S_0}<5$ 时：

$$T_e = \frac{5L_0}{1.6\frac{L_0}{S_0}+2} \qquad (E.8.2\text{-}2)$$

式中：T_e——土基上底板的地基有效深度，T_e 值大于地基实际深度时，应按地基实际深度采用(m)；

L_0——地下轮廓的水平投影长度(m)；

S_0——地下轮廓的垂直投影长度(m)。

E.8.3 分段阻力系数可按下列公式计算：

1 进、出口段(图 E.8.3-1)可按下式计算：

$$\xi_0 = 1.5\left(\frac{S}{T}\right)^{\frac{3}{2}}+0.441 \qquad (E.8.3\text{-}1)$$

式中：ξ_0——进、出口段的阻力系数；

S——板桩或齿墙的入土深度(m)；

T——地基透水层深度(m)。

2 内部垂直段(图 E.8.3-2)可按下式计算：

$$\xi_y = \frac{2}{\pi}\ln\cot\left[\frac{\pi}{4}\left(1-\frac{S}{T}\right)\right] \qquad (E.8.3\text{-}2)$$

式中：ξ_y——内部垂直段的阻力系数。

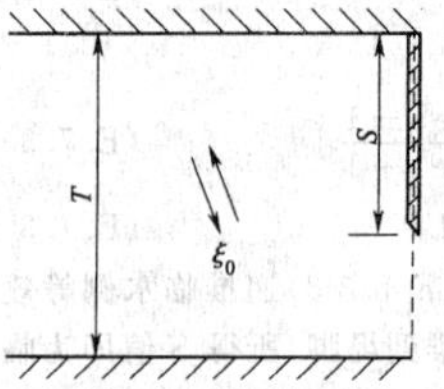

图 E.8.3-1 进、出口段

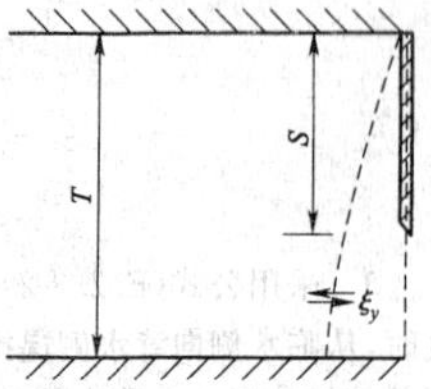

图 E.8.3-2 内部垂直段

3 水平段(图 E.8.3-3)可按下式计算：

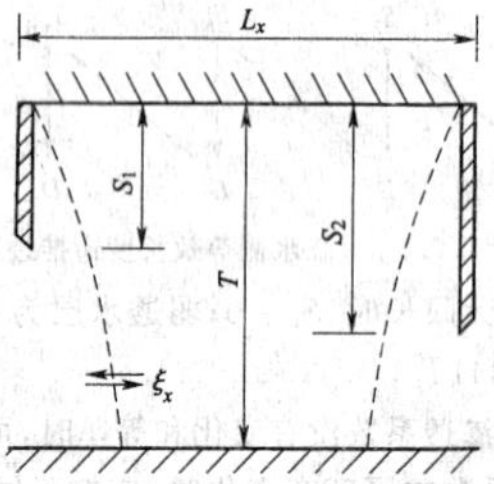

图 E.8.3-3 水平段

$$\xi_x = \frac{L_x-0.7(S_1+S_2)}{T}$$

式中：ξ_x——水平段的阻力系数；

L_x——水平段长度(m)；

S_1、S_2——进、出口段板桩或齿墙的入土深度(m)。

E.8.4 各分段水头损失值可按下列公式计算：

$$h_i = \xi_i\frac{H}{\sum_{i=1}^{n}\xi_i} \qquad (E.8.4\text{-}1)$$

$$H = h_1+h_2+h_3+\cdots+h_n = \sum h_i \qquad (E.8.4\text{-}2)$$

式中：h_i——各分段水头损失值(m)；

ξ_i——各分段的阻力系数；

n——总分段数。

E.8.5 底板深入地基并有板桩时，进、出口段水头损失值和渗透压力分布图形可按下列方法进行局部修正。

1 进、出口段修正后的水头损失值可按下列公式计算(图 E.8.5-1)：

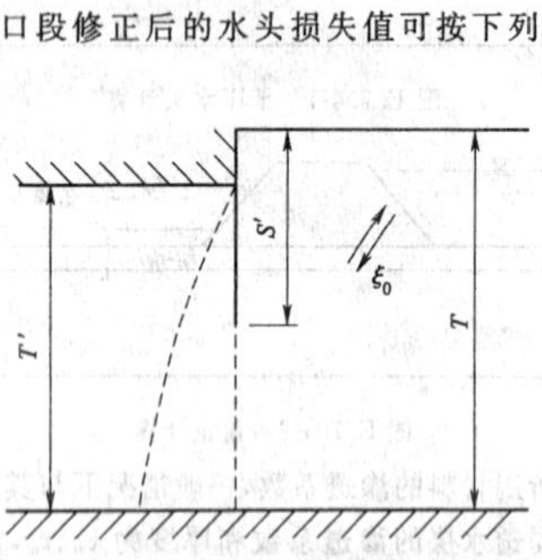

图 E.8.5-1 进、出口段修正后的水头损失值

$$h_0' = \beta' h_0 \qquad (E.8.5\text{-}1)$$

$$h_0 = \sum_{i=1}^{n}h_i \qquad (E.8.5\text{-}2)$$

$$\beta' = 1.21-\frac{1}{\left[12\left(\frac{T'}{T}\right)^2+2\right]\left(\frac{S'}{T}+0.059\right)} \qquad (E.8.5\text{-}3)$$

式中：h_0'——进、出口段修正后的水头损失值(m)；

h_0——进、出口段水头损失值(m)；

β'——阻力修正系数，当计算的 $\beta'\geqslant 1.0$ 时，采用 $\beta'=1.0$；

S'——底板埋深与板桩入土深度之和(m)；

T'——板桩另一侧地基透水层深度(m)。

2 修正后水头损失的减小值可按下式计算：

$$\Delta h = (1-\beta')h_0 \tag{E.8.5-4}$$

式中：Δh——修正后水头损失的减小值(m)。

3 水力比降呈急变形式的长度可按下式计算：

$$L_x' = \frac{\dfrac{\Delta h}{H}T}{\sum\limits_{i=1}^{n}\xi_i} \tag{E.8.5-5}$$

式中：L_x'——水力比降呈急变形式的长度(m)。

4 出口段渗透压力分布图形可按图 E.8.5-2 进行修正。

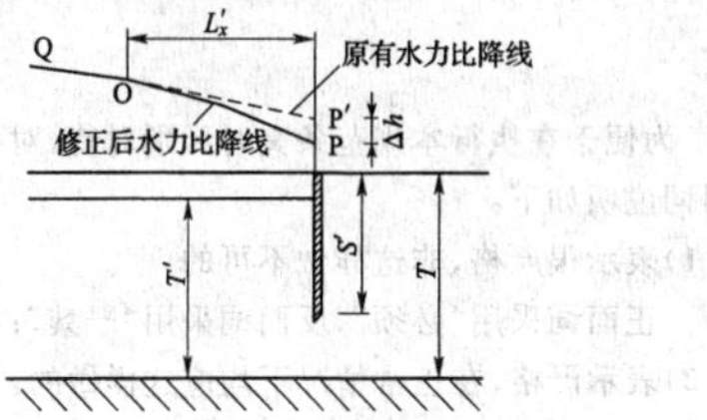

图 E.8.5-2 出口段渗透压力分布

QP'—原有水力比降线

E.8.6 进、出口段齿墙不规则部位可按下列方法进行修正(图 E.8.6)。

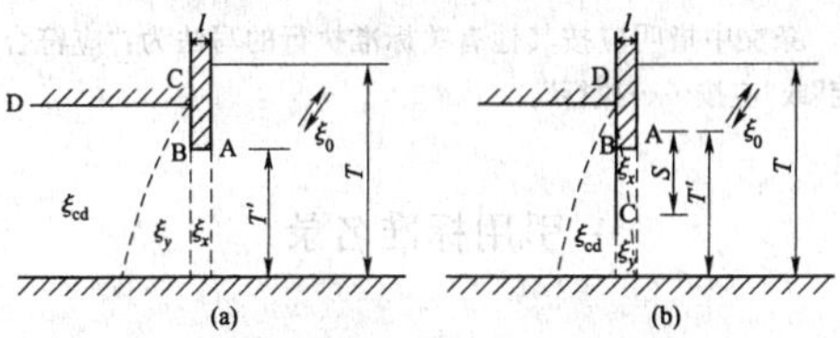

图 E.8.6 进、出口段齿墙不规则部位渗流修正计算简图

1 当 $h_x \geqslant \Delta h$ 时，可按下式进行修正：

$$h_x' = h_x + \Delta h \tag{E.8.6-1}$$

式中：h_x——水平段的水头损失值(m)；

h_x'——修正后的水平段水头损失值(m)。

2 当 $h_x < \Delta h$ 时，可按下列情况分别进行修正：

1)若 $h_x + h_y \geqslant \Delta h$，可按下列公式进行修正：

$$h_x' = 2h_x \tag{E.8.6-2}$$

$$h_y' = h_y + \Delta h - h_x \tag{E.8.6-3}$$

式中：h_y——内部垂直段的水头损失值(m)；

h_y'——修正后的内部垂直段水头损失值(m)。

2)若 $h_x + h_y < \Delta h$，可按本规范公式(E.8.6-2)和下列公式进行修正：

$$h_y' = 2h_y \tag{E.8.6-4}$$

$$h_{CD}' = h_{CD} + \Delta h - (h_x + h_y) \tag{E.8.6-5}$$

式中：h_{CD}——图 E.8.6-1 和图 E.8.6-2 中 CD 段的水头损失值(m)；

h_{CD}'——修正后的 CD 段水头损失值(m)。

E.8.7 出口段渗流比降值可按下式计算：

$$J = \frac{h_0'}{S'} \tag{E.8.7}$$

附录 F 抗滑稳定计算

F.0.1 稳定渗流期应采用有效应力法，施工期可采用总应力法，外水位降落期可同时采用有效应力法和总应力法，并应以较小的安全系数为准。

F.0.2 土的抗剪强度指标可用三轴压缩试验测定，亦可用直剪试验测定，应按现行行业标准《土工试验规程》SL 237 规定进行。抗剪强度指标的测定和应用方法可按表 F.0.1 选用。当堤基为饱和黏性土，并以较快的速度填筑堤身时，可采用快剪或不排水剪的现场十字板强度指标。

表 F.0.1 土的抗剪试验方法和强度指标

堤的工作状态	强度计算方法	使用仪器	试验方法与代号	强度指标
施工期	总应力法	直剪仪	快剪(Q)	c_u，φ_u
		三轴仪	不排水剪(UU)	
稳定渗流期	有效应力法	直剪仪	慢剪(S)	c'，φ'
		三轴仪	固结排水剪(CD)，或固结不排水剪测孔隙压力(CU)	
水位降落期	有效应力法	直剪仪	慢剪(S)	c'，φ'
		三轴仪	固结排水剪(CD)，或固结不排水剪测孔隙压力(CU)	
	总应力法	直剪仪	固结快剪(R)	c_{cu}，φ_{cu}
		三轴仪	固结不排水剪(CU)	

F.0.3 圆弧滑动(图 F.0.3)稳定可按下列公式计算：

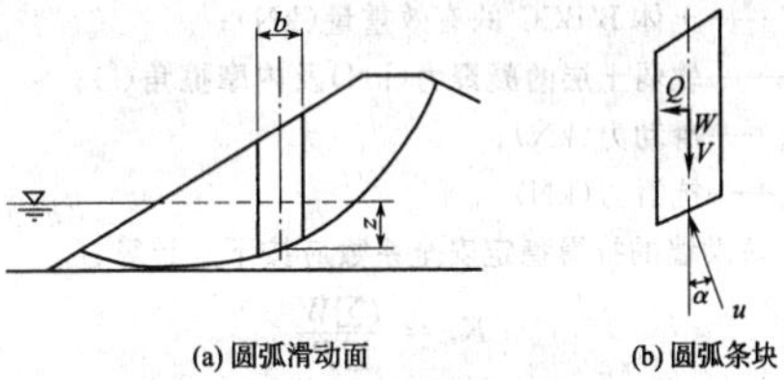

图 F.0.3 圆弧滑动条分法计算

1 瑞典圆弧法可按下式计算：

$$K = \frac{\sum\{[(W \pm V)\cos\alpha - ub\sec\alpha - Q\sin\alpha]\tan\varphi' + c'b\sec\alpha\}}{\sum[(W \pm V)\sin\alpha + M_C/R]} \tag{F.0.3-1}$$

2 简化毕肖普法可按下式计算：

$$K = \frac{\sum\{[(W \pm V)\sec\alpha - ub\sec\alpha]\tan\varphi' + c'b\sec\alpha\}/(1 + \tan\alpha\tan\varphi'/K)}{\sum[(W \pm V)\sin\alpha + M_C/R]} \tag{F.0.3-2}$$

式中：W——土条重量(kN)；

Q、V——水平和垂直地震惯性力(V 向上为负，向下为正)(kN)；

u——作用于土条底面的孔隙压力(kN/m²)；

α——条块重力线与通过此条块底面中点的半径之间的夹角(°)；

b——土条宽度(m)；

c'、φ'——土条底面的有效凝聚力(kN/m²)和有效内摩擦角(°)；

M_C——水平地震惯性力对圆心的力矩(kN·m)；

R——圆弧半径(m)。

F.0.4 运用本规范公式(F.0.3-1)、公式(F.0.3-2)时，应符合下列规定：

1 静力计算时，地震惯性力应等于零。

2 施工期，堤坡条块应为实重(设计干容重加含水率)。如堤基有地下水存在时，条块重应为 $W = W_1 + W_2$。W_1 应为地下水位以上条块湿重，W_2 应为地下水位以下条块浮重。采用总应力法计算，孔隙压力应为 $u = 0$，c'、φ' 应采用 c_u、φ_u。

3 稳定渗流期用有效应力法计算，孔隙压力 u 应用 $u - \gamma_w Z$ 代替。u 应为稳定渗流期的孔隙压力，条块重应为 $W = W_1 + W_2$。W_1 应为外水位以上条块实重，浸润线以上为湿重，浸润线和外水位之间应为饱和重；W_2 应为外水位以下条块浮重。

4 水位降落期，用有效应力法计算时，应按降落后的水位计算，方法应符合本条第3款的规定。用总应力法时，c'、φ'应采用c_{cu}、φ_{cu}；分子应采用水位降落前条块重$W=W_1+W_2$，W_1应为外水位以上条块湿重，W_2应为外水位以下条块浮重，u应用$u_i-\gamma_w Z$代替，u_i应为水位降落前孔隙压力；分母应采用库水位降落后条块重$W=W_1+W_2$，W_1应为外水位以上条块实重，浸润线以上应为湿重，浸润线和外水位之间应为饱和重，W_2应为外水位以下条块浮重。

F.0.5 改良圆弧法计算堤坡稳定安全系数可用下列公式计算（图F.0.5）：

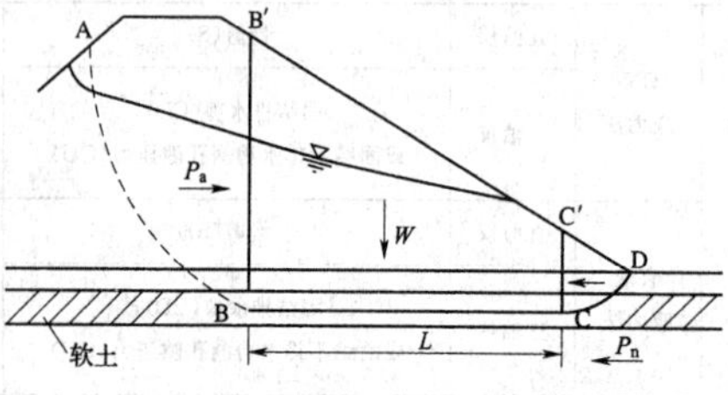

图F.0.5 改良圆弧法计算

$$K=\frac{P_n+S}{P_a} \tag{F.0.5-1}$$

$$S=W\tan\varphi+cL \tag{F.0.5-2}$$

式中：W——土体B'BCC'的有效重量（kN）；

c、φ——软弱土层的凝聚力（kN）及内摩擦角（°）；

P_a——滑动力（kN）；

P_n——抗滑力（kN）。

F.0.6 防洪墙的抗滑稳定安全系数应按下式计算：

$$K_c=\frac{f\sum W}{\sum P} \tag{F.0.6}$$

式中：K_c——抗滑稳定安全系数；

$\sum W$——作用于墙体上的全部垂直力的总和（kN）；

$\sum P$——作用于墙体上的全部水平力的总和（kN）；

f——底板与堤基之间的摩擦系数。

F.0.7 防洪墙的抗倾稳定安全系数应按下式计算：

$$K_0=\frac{\sum M_V}{\sum M_H} \tag{F.0.7}$$

式中：K_0——抗倾稳定安全系数；

M_V——抗倾覆力矩（kN·m）；

M_H——倾覆力矩（kN·m）。

F.0.8 防洪墙基底压应力应按下式计算：

$$\sigma_{max,min}=\frac{\sum G}{A}\pm\frac{\sum M}{\sum W} \tag{F.0.8}$$

式中：$\sigma_{max,min}$——基底的最大和最小压应力（kPa）；

$\sum G$——垂直荷载（kN）；

A——底板面积（m^2）；

$\sum M$——荷载对底板形心轴的力矩（kN·m）；

$\sum W$——底板的截面系数（m^3）。

本规范用词说明

1 为便于在执行本规范条文时区别对待，对要求严格程度不同的用词说明如下：

1）表示很严格，非这样做不可的：

正面词采用"必须"，反面词采用"严禁"；

2）表示严格，在正常情况下均应这样做的：

正面词采用"应"，反面词采用"不应"或"不得"；

3）表示允许稍有选择，在条件许可时首先应这样做的：

正面词采用"宜"，反面词采用"不宜"；

4）表示有选择，在一定条件下可以这样做的，采用"可"。

2 条文中指明应按其他有关标准执行的写法为："应符合……的规定"或"应按……执行"。

引用标准名录

《防洪标准》GB 50201

《土工合成材料应用技术规范》GB 50290

《水利水电工程地质勘察规范》GB 50487

《水工建筑物水泥灌浆施工技术规范》SL 62

《水利工程水利计算规范》SL 104

《堤防工程地质勘察规程》SL 188

《水工混凝土结构设计规范》SL 191

《水工建筑物抗震设计规范》SL 203

《土工试验规程》SL 237

中华人民共和国国家标准

堤防工程设计规范

GB 50286—2013

条 文 说 明

修 订 说 明

本规范系根据建设部关于印发《二〇〇二～二〇〇三年度工程建设国家标准制定、修订计划》的通知（建标〔2003〕102号）的要求，在《堤防工程设计规范》GB 50286—98的基础上，由水利水电规划设计总院为主编单位，长江勘测规划设计研究院、黑龙江省水利水电勘测设计研究院为副主编单位，会同湖北省水利水电勘测设计院、山东黄河勘测设计研究院、河海大学共同编制完成。

修订工作中以原《堤防工程设计规范》GB 50286—98为基础，坚持科学性、先进性和实用性原则；在本规范中，既要有原则规定，又要体现一定的灵活性；既要反映我国近年来堤防工程设计中成熟的技术成果和经验，又要借鉴并吸收国外先进经验和新理论、新技术；既要结合我国堤防工程规划设计的实际需要，又要体现国内和国际上21世纪以来的最新技术水平。

编制组于2007年初完成本规范修订征求意见稿，水利部水利水电规划设计总院印发水总科〔2007〕526号"关于征求《堤防工程设计规范（征求意见稿）》意见的函"，向相关单位或专家征求意见，根据收到的反馈意见，编制组对征求意见稿进行修改完善，于2010年5月完成了本规范送审稿。

本规范是在《堤防工程设计规范》GB 50286—98的基础上修订的，上一版的主编单位是水利水电规划设计总院，参编单位是水利部黄河水利委员会、广西壮族自治区水利厅、黑龙江省水利水电勘测设计研究院、河南黄河河务局、山东黄河勘测设计院、江苏省水利勘测设计院、湖北省水利勘测设计院、湖南省水利勘测设计院、广东省水利勘测设计院、河海大学、水利部信息研究所等，主要起草人员是王中礼、宾光楣、宋玉杰、徐泳九、王观平、于强生、潘少华、王庆升、杨树林、邬为民、罗桂芬、温义怀、陈银太、李继涛、闫悦玲、谢尤龙、韩丽宇。修订工作中对规范内容进行了丰富和调整，规范由11章调整为13章，主要变化情况：增加第2章术语、第12章安全监测设计两章内容；第6章中增加堤基垂直防渗相关规定的内容；第9章中增加抗倾稳定计算相关规定的内容；第10章中增加临堤建筑物、构筑物相关规定的内容；第13章中增加管理体制和机构设置、工程管理范围和保护范围、工程运行管理等相关规定的内容，取消了原第11章观测设施内容，整合防汛抢险设施、生产管理与生活设施内容为其他管理维护设施；附录E中增加堤基的排水减压沟、防洪墙底部渗流计算相关规定的内容。

为便于广大设计、施工、科研、学校等单位有关人员在使用本规范时能正确理解和执行条文规定，《堤防工程设计规范》修订组按章、节、条顺序编制了本规范的条文说明，对条文规定的目的、依据以及执行中需注意的有关事项进行了说明（还着重对强制性条文的强制性理由做了解释）。但是，本条文说明不具备与规范正文同等的法律效力，仅供使用者作为理解和把握规范规定的参考。

目　次

1 总　　则

1.0.1 堤防是抵御洪(潮)水危害的重要工程措施,在历次抗洪、潮灾害中发挥了巨大的作用。1998年,长江、松花江发生大洪水,同年10月建设部发布了《堤防工程设计规范》GB 50286—98,嗣后,我国开展了大规模的堤防建设。本规范是在原规范的基础上,总结近年来堤防建设的经验,对原规范进行修订而成的。

1.0.2 我国堤防种类繁多,按抵御水体类别可分为河堤、湖堤、海堤,按筑堤材料可分为土堤、砌石堤、土石混合堤、钢筋混凝土防洪墙等,按工程建设性质又有新建堤防及老堤的加固、扩建及改建之分。本条规定的适用范围是充分考虑我国堤防工程的不同类别及新、老堤建设的具体情况,使本规范有较好的通用性和可操作性。

1.0.4 基本资料收集、整理和分析工作,是做好堤防工程设计的前提,根据各设计阶段不同的精度要求,要有针对性地开展工作。水利工程按基建程序通常规定有项目建议书、可行性研究、初步设计、技施设计和施工详图等设计阶段。不同的设计阶段对资料的要求既有相异之处,又有相互联系和各设计阶段通用的地方。在收集、整理和分析资料时,既要注意各设计阶段对资料精度要求,又要通盘考虑,尽可能避免重复,以达到在满足设计要求前提下减少资料收集的工作量。为了保证基本资料完整性和可靠性,需要对收集、整理的基本资料进行分析验证工作。

1.0.5 随着社会经济的发展,人们对河流的生态与环境,对河岸的亲水性及景观等提出了越来越高的要求,人水和谐的理念越来越受到人们的重视,在本条中除规定堤防工程设计应满足稳定渗流、变形等直接涉及工程安全的基本要求外,还对在堤防工程的防渗、护坡、堤防高度及结构形式等方面应考虑生态、环境、景观这一共性要求作了原则规定。

1.0.6 我国堤防工程堤线长,保护范围广,堤防所在地区自然环境、社会经济等条件存在很大差异。在堤防工程设计中应根据当地实际情况,认真贯彻因地制宜、就地取材的原则,以达到在保证工程质量的前提下降低工程造价的目的。

随着科学技术的不断进步,新技术、新工艺、新材料不断涌现,本条对堤防工程设计中采用新技术、新工艺、新材料作了原则性规定,在具体设计中还是要根据工程实际情况具体分析,既安全又经济。

1.0.7 本条对位于地震动峰值加速度 $0.10g$ 及其以上地区的堤防工程抗震设防作了限定性规定。一是堤防工程遭遇大洪水的几率小,高水位运行时间一般较短,而遇大洪水、高水位、同时又遭遇烈度7度及以上地震的几率更小;二是堤防工程线路长,全面采用抗震设防措施代价高,根据我国国情,从实际出发,仅对1级堤防工程,经上级主管部门批准后,进行抗震设防设计。

1.0.8 堤防工程涉及国民经济多个部门和专业,主要涉及水利水电、城建、交通、铁道、地质等部门和有关专业。因此本条作了除满足本规范规定外,还要符合国家现行有关标准的规定。

3 堤防工程的级别及设计标准

3.1 堤防工程的防洪标准及级别

3.1.1 堤防工程是为保护对象的防洪安全而修建的,其自身并无特殊的防洪要求。原规范规定堤防工程的防洪标准由保护对象的防洪标准确定,实际上一个保护对象的防洪标准通常是由多项工程措施组成的防洪体系来实现的。本规范对多项工程措施组成的防洪体系中的堤防工程及蓄滞洪区堤防防洪标准的确定分别作了原则规定。

3.1.3 原规范规定堤防的级别由堤防的防洪标准确定,当保护对象的防洪标准由多项工程措施来实现时,堤防的防洪标准一般低于保护对象的防洪标准。本规范规定堤防的级别以确定的保护对象的防洪标准确定。例如某保护区的防洪标准为100年一遇,按照流域防洪规划,发生100年一遇洪水时,由上游水库工程承担调洪、蓄洪任务,水库下泄流量相当于30年一遇洪水的洪峰流量,此时河道堤防工程承担的防洪任务为30年一遇洪水,堤防工程的防洪标准亦应确定为30年一遇。按照本条规定,堤防工程的级别应按照其保护对象100年一遇的防洪标准确定为1级。蓄滞洪区堤防的级别根据经审批的流域防洪规划或区域防洪规划确定。

3.1.5 我国堤防工程大部分是土堤或土石混合堤,加高、加固相对比较容易,而水闸、涵洞、泵站等建筑物及其他构筑物,一般为钢筋混凝土、混凝土或浆砌石结构,加高、改建比较困难;堤防工程与建筑物的结合部在洪水通过时易出现险情,引起溃决,因此本条对这些建筑物的设计防洪标准提出了较高的要求。

3.2 安全加高值及稳定安全系数

3.2.1 表3.2.1参考了《水利水电枢纽工程等级划分及洪水标准》SL 252及《碾压式土石坝设计规范》SL 274,考虑到堤防高度较土坝低,加上堤防加高一般比土坝容易,本规范采用的安全加高值比土坝低一级,即使是1级堤防的重要堤段,其安全加高值经过论证后,也没有超过1级土坝的安全加高值。

3.2.2 渗透变形的允许水力比降是以土的临界比降除以安全系数确定的。通常情况下,流土破坏是土体整体破坏,对堤防危害较大,安全系数可取2.0。管涌是土粒在孔隙中移动流失使土体发生破坏的一种现象,通常情况下,在刚开始发生管涌时,土体还有一定的承受水力比降的潜力,安全系数可取为1.5。表3.2.2是按照《水利水电工程地质勘察规范》GB 50487—2008选用的。黏性土的临界比降应通过试验确定。

3.2.3 土坝通常比堤防高,且经常挡水,抗滑稳定安全要求比较高,但堤防线路长,地质勘探工作不可能像土坝那样详细,试验资料的代表性也有限,施工土料不一定完全符合设计要求,施工质量又不易控制,堤防坡脚还存在被水流冲刷而引起塌坡的可能等。考虑到堤防工程的上述特点,本规范规定的抗滑稳定安全系数与碾压土石坝的抗滑稳定安全系数基本相同。

土堤边坡抗滑稳定计算的方法较多,目前最常用的是瑞典圆弧法和简化毕肖普法。瑞典圆弧法不计算条块间的作用力,计算简单,也积累了较丰富的经验,但理论上不如毕肖普法完备。简化毕肖普法考虑了条块间的作用力,理论上比较完备,精度较高,但计算工作量较大。简化毕肖普法因为考虑了条块间的作用力,其安全系数与瑞典圆弧法有所不同。在1993年对《碾压式土石坝设计规范》SDJ 218—84的年修改和补充规定中指出:"简化毕肖普法比瑞典圆弧法坝坡稳定最小安全系数可提高5%~10%"。《碾压式土石坝设计规范》SL 274—2001规定采用瑞典圆弧法计算坝坡抗滑稳定安全系数时,1级坝正常运用条件最小安全系数应不小于1.30,其他情况安全系数应比采用简化毕肖普法计算时的安全系数减小8%。表3.2.3中简化毕肖普法的安全系数与《碾压式土石坝设计规范》SL 274—2001相同。

与瑞典圆弧法相比,简化毕肖普法更符合实际,目前,计算机已基本普及,本次修订在瑞典圆弧法的基础上,又推荐了简化毕肖普法。

3.2.7 本条适用于1级、2级堤防土基上的防洪墙在基底应力满足地基允许承载力要求的情况下,为避免地基产生过大沉降变形而提出的控制条件。对于3级及3级以下堤防或1级、2级堤防遭受地震及其他稀遇荷载作用的情况,基底应力比值可适当增大;对于地基特别坚硬或可压缩土层较薄时,可不受表3.2.7控制,但不允许出现拉应力。

4 基本资料

4.1 气象与水文

4.1.1 除本条规定的水位、潮位等普遍需要的基本资料外，还可根据设计需要，有针对性地搜集其他相关资料。例如：堤身、堤基土质抗冲性能较弱的，需要收集江河流速资料；多泥沙河流需要收集泥沙及河床淤积资料；湖堤、海堤及大江大河堤防，需要收集风浪资料；我国东南部多雨地区，需要收集施工期降雨天数及降雨强度资料；我国季节冻土分布面积较大，还有少部分多年冻土地区，冻土对堤防及建筑物会产生破坏作用，冻土地区的堤防设计还应收集冰情、施工期气温及冻深等资料。

本条所需的各种水位、潮位，要满足确定堤顶高程和堤身断面、核算堤坡稳定和堤身堤基渗流稳定以及确定护坡上下限等方面设计和计算的需要。

4.1.2 与堤防工程有关地区的水系、水域分布和治理情况、河势演变和冲淤变化等资料，是堤线布置、堤型选择、堤身设计、堤基处理及堤岸防护等重要依据，堤防工程中的交叉排水建筑物设计需提供排水分区、排水模数及排水规划等方面资料，本条对收集、整理上述内容的资料作了原则规定。

4.2 社会经济

4.2.2 本条规定了对堤防工程保护区应具有的社会经济资料，是堤防工程设计中分析确定堤防级别的重要依据，也是进行堤防工程经济效益分析和环境影响评价所需要的基本资料。堤防保护区除提供现有社会经济状况外，还应提供保护区有关经济发展资料。

4.2.3 本条规定了对堤防工程建设区和料场区应具有的社会经济资料，是堤防工程设计时进行堤线比选、工程投资估算、挖压占地、房屋拆迁及移民安置的基本资料。除堤防工程占地涉及土地、房屋等外，还应包括料场占地等资料。

4.3 工程地形

4.3.1 本条是根据《水利水电工程测量规范(规划设计阶段)》SL 197—97的规定，结合堤防工程设计需要而制定。

地形图的比例尺，在规划选线阶段，一般可以利用大多数筑堤地区的现有的1：10000或1：50000地形图进行工作；定线测量是确定堤线、测算工程量、统计挖压拆迁以及施工场地布置的基本依据，需测1：1000～1：10000专用带状地形图，堤线条带地形图比例尺常用1：2000；对交叉建筑物，则需要测较大比例尺的地形图，常用比例尺为1：200～1：500。带状地形图的宽度需要满足初步设计(包括防渗、排渗区及护岸工程范围)、施工图设计(包括料场区和工场布置区范围)及管理(包括护堤地范围)的要求。为了对塌岸段采取防护措施，有时还有测量水下地形的要求。为了精确统计挖压拆迁数量和类别，应尽可能用航测与一般地面测图互相印证，以保证地物边界和物种形象的可靠性。

纵断面图比例尺是按照《水利水电工程测量规范(规划设计阶段)》SL 197—97的要求并结合堤防工程特点而确定，原则上一个纵断面图尽可能布置在一幅图纸上，同时又能满足有关文字注记的要求。

横断面图的间距，除根据不同设计阶段不同精度要求外，还需使断面具有代表性，通常应在堤防走向的曲线段以及地形、地质变化较大处和堤身断面变化处插补添加一些横断面图。本条规定的横断面图的比例尺是总结各地实践经验后确定的。

4.3.2 纵断面图的绘制一般可利用横断面图资料点绘，但当两横断面之间有沟汊或堤埂等特殊地形时，应据实反映于纵断面图上。

4.4 工程地质

4.4.1 《堤防工程地质勘察规程》SL 188中的工程地质勘察报告，其工程地质及筑堤材料资料项目内容覆盖面比较全面，各地在堤防工程设计时，除工程地质剖面图等普遍需要的资料外，需根据本工程的地理特点，有针对性地选择项目进行勘探、试验。

5 堤线布置及堤型选择

5.1 堤线布置

5.1.1 本条列举堤线布置中需要考虑的各种因素，这些因素在不同的地点对堤线选择有不同的影响，因而需要综合考虑。

5.2 堤距确定

5.2.1 河流的不同河段，设计洪水流量往往有较大的差别，地质、地形、施工条件也不尽相同，因而堤距需要分河段进行设计。

5.2.2 在一定的设计洪水条件下，设计堤距与设计堤高是相互关联的。堤距越近，保护的范围越大，但堤身越高，工程量增加，而且水流流速增大，堤防易于发生险情，险工也越长。所以，需要比较研究。一般的方法如下：

(1)假定若干个堤距，根据堤线选择的原则，在河道两岸进行堤线布置。

(2)根据地形或断面资料，用水力学方法，分别计算设计条件下各控制断面的水位、流速等要素。

(3)对于多沙河流还需考虑洪水过程中的河床冲淤及各设计水平年的淤积程度。

(4)分别绘制不同堤距的沿程设计水面线。

(5)根据规定的超高及计算的水面线，确定设计堤顶高程线。

(6)根据地形资料和设计的堤防断面，计算工程量。

(7)比较不同堤距的堤防工程技术经济指标，选定堤高及堤距。

5.3 堤型选择

5.3.1 根据我国大江大河已建堤防工程的实际情况，按筑堤材料，堤型可分为土堤、石堤、混凝土或钢筋混凝土防洪墙、分区填筑的混合材料堤等；按堤身断面形式，堤型可分为斜坡式堤、直墙式堤或直斜复合式堤等；按防渗体形式，堤型可分为均质土堤、斜墙式、心墙式和土工膜土堤等。

土堤是我国江河、湖、海防洪广为采用的堤型。土堤具有就近取材、便于施工、能适应堤基变形、便于加修改建、投资较少等特点，堤防设计中往往作为首选堤型。目前我国多数堤防采用均质土堤，但是它体积大、占地多，易受水流、风浪破坏，因而一些重要海堤和城市防洪堤，采用了其他堤型。

5.3.2 根据我国主要江河堤防的建设情况，本条规定了加固、改建、扩建堤防设计中应考虑的因素。

5.3.4 同一条堤线中，根据各堤段具体情况，分别采用不同堤型是比较常见的，但不同堤型的接合部易出现质量问题，危及防洪安全，因而本条强调了不同堤型的接合部要认真处理。

6 堤基处理

6.1 一般规定

6.1.2 《碾压式土石坝设计规范》SL 274—2001对沉降量的规定："竣工后的坝顶沉降量不宜大于坝高的1%"。这规定对堤防来说要求过高。据调查了解，各省新建堤防的沉降量多数超过

5%，海堤沉降量更大。所以，本条只原则性提出“竣工后堤基和堤身的总沉降量和不均匀沉降量不应影响堤防安全和运用”。

6.1.3 我国的堤防大多是历史形成的，因此，有些地基中常存有墓坑、窑洞、井窖、房基、杂填土等，还有天然暗沟和动物巢穴等，若不探明并加以处理，会降低堤基强度和发生严重渗漏，危及工程安全。

6.2 软弱堤基处理

6.2.2 软弱堤基采用铺垫透水垫层的很多，单独或综合使用铺垫透水材料、在堤脚外加压载、打排水井和控制填土加荷速率等是我国海堤和土石坝软基处理的常用方法，并普遍取得较好效果。单独使用一种措施的如：福建大官板围垦工程海堤用排水砂井，浙江湖陈港高13m的堆石坝用砂石排水垫层，浙江宁波大目涂围海工程海堤和北仑港电厂灰坝用土工织物排水垫层，浙江溪口水库高22m的土坝和英雄水库土坝用压载，苏北里运河土堤用控制填土速率措施。采用综合措施的如：杜湖水库高17m的土坝用砂井加压载，秦山核电站海堤、浙江乍浦海堤、浙江青珠农场围垦海堤、厦门东渡港二期围堰、连云港吹填围堰、深圳赤湾防波堤等用土工织物上加压载。

6.2.5 为加速软黏土地基的排水固结，以往多采用砂井作为垂直排水通道。20世纪70年代以来，应用塑料排水带插入土中作为垂直排水通道在国内外已得到广泛应用。软土层下有承压水时，如排水井穿透软土层，会使承压水大量涌出，造成堤基淹没和基础破坏的严重后果，所以应避免排水井穿透软土层。

6.2.10 泥炭地层在我国东北分布很广，筑堤很难避开。原黑龙江国营农场总局曾在泥炭层地基上修筑土坝已运用多年，资料见黑龙江国营农场总局勘测设计院的《泥炭层地基筑坝的试验与实践》，刊于《坝基基础处理汇编》(东北地区水利科技协作组，1983年6月)。

6.2.12 分散性黏土在我国多有发现，黑龙江省中部引嫩、南部引嫩等工程都遇到分散性黏土。黑龙江省南部引嫩工程土坝上的分散性黏土经多年试验研究，处理后已正常运用多年。美国陆军工程师团1978年编制的《堤防设计与施工手册》亦推荐采用掺石灰和加滤层的方法处理。

6.3 透水堤基处理

6.3.3 铺盖是国内外常用的防渗措施之一。长江无为大堤中的惠生堤用长度为30m的黏土铺盖防渗，经多次洪水考验，卓有成效。黑龙江省齐齐哈尔等城市防洪堤中的砂基砂堤有用复合土工膜或编织涂膜土工布防渗的，效果很好。

6.3.4 从20世纪80年代开始，我国在透水堤基上采用截渗墙防渗的堤段逐渐增多，如：山东黄河河务局在济南市附近的黄河大堤上，用该局研制的联合回转钻机矩形造孔设备建造地下连续截渗墙；哈尔滨市1974年在松花江大堤上，用高压喷射灌浆建造截渗墙；江苏省在淮河骆马湖南堤加固中，用“射水法”建造地下混凝土防渗墙。

1998年长江、松花江洪水后，在大规模的堤防建设中，对位于城镇段、村庄密集段及其他一些重要堤段，采用截渗墙防渗的现象较为普遍。我国是一个土地资源相对紧缺的国家，采用防渗墙防渗，可少占耕地，节约土地资源。

6.4 多层堤基处理

6.4.1 对于双层和多层结构堤基，减压井是有效措施之一，但长期运用可能引起淤堵。安徽长江同马大堤，透水层厚100m，表层为弱透水层，为确保同马大堤在设计洪水位下防渗安全，在汇口、乔墩、朱墩、甘家桥四段用减压井处理，共设67口减压井，已运用多年。近几年的调查、试验研究和工程实践表明，通过完善结构设计、提高施工和运行管理水平可以延缓减压井的淤堵。安徽省安庆江堤、湖北省荆南长江干堤采用了长江科学院研究提出的过滤器可拆换式减压井结构设计，在减压井淤堵后可以通过更换其过滤器而恢复功能。

安徽省淮河和长江堤防、肇庆市西江堤防均有采用盖重处理的先例。

多层地基处理在水库土坝实例较多，如河南白龟山水库和河北黄壁庄水库土坝采用盖重和减压井综合处理措施，均经多年运用，效果良好。

6.5 岩石堤基的防渗处理

6.5.2 岩基上的土堤主要应防止岩石裂隙、沿岩基面的渗水冲蚀岩石和堤身，深层处理投资太大而且也没有必要，所以堤基以表面处理为主。本条规定应在防渗体下采用砂浆或混凝土封堵岩石裂隙，并在防渗体下游侧设置滤层防止细颗粒被带出，非防渗体部分用滤料覆盖即可。

6.6 堤基垂直防渗

6.6.1 对于新建堤防工程或堤身质量和防渗效果较好的已建堤防工程，堤基垂直防渗工程可以在临水侧堤脚或临水侧平台上布置。对于堤身质量较差的已建堤防工程，通常是结合堤身加固处理在堤中心线或临水侧堤肩处布置垂直防渗工程。

6.6.2、6.6.3 防渗墙的底部仍在相对强透水层中的称为悬挂式防渗墙，防渗墙穿过相对强透水层，底部位于相对弱透水层的称为半封闭式或全封闭防渗墙。全封闭式与半封闭式的不同在于全封闭式防渗墙底部所在的相对弱透水层下面没有相对强透水层，半封闭式防渗墙底部所在的弱透水层下面仍有相对强透水层存在。

全封闭式防渗墙的渗流控制效果较好。半封闭式防渗墙的渗流控制效果取决于中间依托层的厚度、渗透性和依托层下相对透水层的渗透性与厚度。悬挂式防渗墙的渗控效果不明显，但悬挂式防渗墙可以减少基底的平均比降，可延缓渗透变形的扩展，对堤防的安全有一定的帮助。

南京水利科学研究院的研究认为，悬挂式防渗墙的布局和深度应以求得较大的垂直效率(垂直渗流比降 J_y/水平渗流比降 J_x)为目标。

防渗墙可设置在图1中1的位置，因为受堤身渗流的影响，此处的渗流比降较大。为施工方便也可移至图1中2的位置。研究认为悬挂式防渗墙设置在堤的迎水坡的堤脚处(如图1中3的位置)效果更好，在防渗墙附近需修筑防渗平台，如图1所示。研究的结果认为，如贯入度 $S/T=0.5$，设置在中间防渗墙的垂直效率(J_y/J_x)只有1左右，如设置在一端(如图1中3的位置)，垂直效率较高，约为3，如在两端(图1中的3和4的位置)各设置1道悬挂式防渗墙，垂直效率可达4～8。

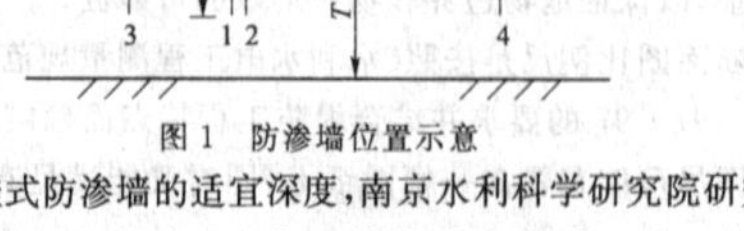

图1 防渗墙位置示意

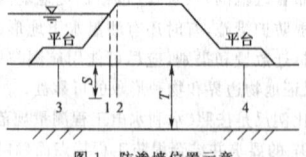

关于悬挂式防渗墙的适宜深度，南京水利科学研究院研究结果认为，从垂直效率看，设在迎水侧一端的防渗墙，贯入度 $S/T=0.5$ 时垂直效率最低，更深或更浅的垂直效率都渐增。对于透水层较浅的可采用较大的贯入度，对透水层深厚的可采用较小的贯入度，如不能满足设计要求时，可结合背水侧的盖重来满足渗控要求。

自然情况下，江河岸边的地下水和江河水是连通并相互补充的，江河水位高时，江河水补充地下水，江河水位低时，地下水补充江河水，悬挂式防渗墙未截断地下水的通道，对自然生态环境影响较小。半封闭或全封闭防渗墙对地下水位有一定影响。根据长江水利委员会长江科学院的观察研究，半封闭式和全封闭式防渗墙将使汛期堤防附近的地下水位低于无防渗墙时的水位，在枯水季节，离堤一定范围内的地下水位比无防渗墙时高，但半封闭式防渗墙不会使枯水季节的地下水位抬高至排涝深度以内，全封闭式防渗墙会在有限范围(研究案例为离堤400m)内使地下水位抬高至排涝深度以内。当堤防保护区作为一个水文地质单元仅向堤外径流排泄和向大气蒸发排泄时，不宜布置全封闭防渗墙将该水文地质单元的径流排泄途径完全截断。

6.6.4 防渗墙的厚度与墙体材料和施工工法有一定的关系。常见的防渗墙施工工法和墙体材料有：置换成墙工法形成黏土、塑性混凝土或土工膜防渗墙(体)；搅拌成墙工法形成水泥土防渗墙；挤压注浆成墙工法形成黏土或水泥防渗墙(体)；高压喷浆成墙工法用水泥浆液凝结土层中的颗粒形成防渗墙(体)。

置换成墙工法是人工或利用机械在松散土层中开槽并填充具有防渗能力的材料从而形成一道连续的防渗墙。使用的防渗材料有黏土、塑性混凝土或土工膜；开槽机具和方法包括液压抓斗法、射水法、锯槽法等。液压抓斗法是用抓斗抓去土层中的土，借助泥浆护壁形成槽孔，再浇注塑性混凝土防渗墙。射水法是利用高速泥浆水流来切割破坏土层结构，水土混合回流(溢出或者抽出)地面，泥浆固壁，同时利用机具进一步破坏土层并切割修整孔壁形成具有一定规格尺寸的槽孔，然后浇筑建成地下塑性混凝土连续墙体。锯槽法是锯槽机刀具在土层中往复切削，泥浆固壁，形成槽孔后建筑塑性混凝土防渗墙。

搅拌成墙工法是用搅拌机具将松散土层与注入的水泥浆一起搅拌，使土体固结成水泥土桩，桩与桩相割搭接形成厚度和渗透性满足防渗要求的水泥土防渗墙。搅拌机有单头、双头、三头搅拌机，目前更已发展到五头、六头搅拌机。水泥土是在土料中掺入水泥等混合后重新胶结的材料。

挤压注浆成墙工法是通过设备将刀具或模具挤压到土体中，起拔时形成空间并同时注入浆液建造防渗墙的方法，振动切槽法和振动沉模法是其典型。振动切槽法是利用大功率振动器将振管连接的切头振动挤入土层，在挤入和提升切头的同时，从切头底部喷出水泥浆，然后用切头副刀在相邻已成浆槽内振动搅拌和导向，建成连续完整的防渗墙。振动沉模法挤入土层的振头是一带有尖刃的空腔楔形体，上端与模板连接但有活门隔开，提升振头时活门打开，模板内的浆液注入提升后腾出的槽孔内形成防渗体。

高压喷浆成墙工法是利用能量高度集中的射流冲切掺搅地层，并将随之带入的浆液与土层中颗粒混合凝结、形成防渗固结体的方法。高压喷浆又分单管、双管和三管法，其中双管法和三管法适用于防渗加固工程。根据喷浆形式又分为定喷、摆喷和旋喷，定喷适用于粉土和砂土，摆喷、旋喷适用于粉土、砂土、砾石和卵(碎)石地层。

7 堤身设计

7.1 一般规定

7.1.1 我国幅员辽阔，堤防工程堤线长，其所处的地形、地质、地貌差别较大；堤防的施工、管理、防汛等往往是专业队伍与群众相结合，所以结构设计应尽量适应这些特点。

7.1.2 沿堤线的堤基及其他自然条件具有复杂多变等特点。堤身设计需要分段进行，参照条件相近的堤防设计经验，拟出若干个标准断面，进行稳定计算，再经技术经济比较后确定设计断面。

7.1.3 堤身一般是指临、背水堤脚线之间地面以上建筑的挡水体。堤高应从清基后的原地面算起。

7.1.4 新堤通过古河道、堤防决口堵复、海堤港汊堵口等地段，水流、地基、筑堤材料及各地的施工方法有很大差异，需要在各地行之有效的经验的基础上研究制定设计方案。

7.2 筑堤材料与填筑标准

7.2.1 堤防工程大部分为土堤，少部分为土石复合堤，城市防洪还有混凝土防洪墙，故筑堤材料主要是土料，其次是复合堤的砌石墙和防浪墙及块石护坡用的石料，以及护坡垫层或复合堤过渡层用的砂砾料。

堤防工程大部分为土堤，而且路线长，总方量大，土料场比较分散，沿线可采土层厚度和土料含水率不一，这就决定了筑堤土料类型和质量不均；另外大部分堤防为短期阻挡洪水。堤防工程的特点决定了可用土料的选择范围不能限制太窄，可用填筑土料的范围不宜要求太严。原规范规定黏粒含量宜为15%～30%，本次修订将土料黏粒含量放宽至10%～35%。根据工程实践经验，均质土堤黏粒(粒径小于0.005mm)含量在10%～35%范围内时容易压实，对含水率不太敏感，处理含水率(增加或减少)相对容易。黏粒含量过高的黏土不易压实，容易干裂，对天然含水率比较敏感，不好处理。

为与国标和最新的行业标准相协调一致，本次修订删去了原规范中的“亚黏土”的提法。土堤填筑的含水率指标应考虑可用土料的天然含水率、施工季节等条件，要求尽量接近最优含水率。根据资料分析，当填筑土含水率与最优含水率的差值在3%时，压实干密度差约在5%左右。为不使压实干密度太低，规定含水率与最优含水率差值不宜超过3%，亦不宜小于−3%。具体应用可考虑取土场的客观条件及其他技术、经济方面的因素分析而定。

质地坚硬的石料可通过肉眼或按现行国家标准《岩土工程勘察规范》GB 50021—2009附录A进行判别。

7.2.2 淤泥或自然含水率高且黏粒含量过多的黏土主要是施工不便，不易保证填筑质量，对含水率比较敏感。膨胀土遇水易膨胀而强度降低，失水易裂缝和形成干硬土块。冻土块不易压碎，含水率一般偏高，填筑往往不密实；融化后抗剪强度显著降低，对稳定不利；融化时还有融沉问题，使堤身附加沉降加大。

本条取消了原规范规定的粉细砂不宜作为堤身筑堤土料的限制，是考虑到尽管粉细砂土料存在抗剪强度低、防渗和抗冲性能差等问题，但在堤防沿线附近地区粉细砂大量存在，往往难以找到更合适的筑堤土料。大量工程运用实践表明，在一些缺少黏性土料的堤段，只要在设计中采取合理有效的工程措施，粉细砂筑堤还是可行的。如在松花江、嫩江流域的堤防建设中，有粉细砂筑堤的堤段约占总长的1/4，通过采用放缓边坡、外包黏性土和加强背坡排水等措施可满足堤防建设要求；在黄河堤防淤背固堤工程中采用包边盖顶的方法进行堤防加固。对于一些重要的粉细砂堤段，上游坡采用混凝土进行护坡等。

7.2.3 土料的填筑质量需使其具有足够的抗剪强度和较小的渗透性、压缩性，填筑质量的主要标准是土的密实度和均匀性。对不同等级、不同土料填筑的土堤确定合理的压实度，才能使堤防断面设计经济合理。

7.2.4～7.2.6 黏性土堤填筑设计压实度定义如下：

$$P_{ds}=\frac{\rho_{ds}}{\rho_{dmax}} \tag{1}$$

式中：P_{ds}——设计压实度；

ρ_{ds}——设计压实干密度(kg/m³)；

ρ_{dmax}——标准击实试验最大干密度(kg/m³)。

标准击实试验按现行国家标准《土工试验方法标准》GB/T 50123—1999中规定的轻型击实试验方法进行。

在我国，大量堤防工程是采用压实法填筑的。在原规范中，考虑到我国各地的实际施工条件和经验，根据原《碾压式土石坝设计规范》SDJ 218—84的填筑标准进行适当降低，针对各级堤防的重要性，对1级堤防压实度不应小于0.94；2级和超过6m的3级堤防不应小于0.92；低于6m的3级及以下堤防不应小于0.90。

目前，原《碾压式土石坝设计规范》SDJ 218—84已修订为《碾压式土石坝设计规范》SL 274—2001，其中对于黏性土的压实度与原规范相比有所提高，大约提高了0.015倍，这是综合考虑了击实试验方法、实际施工压实水平和压实度推算的影响而确定的。

堤防是我国防洪工程体系中的重要组成部分，在我国堤防工程中，碾压式土堤占有相当大的比重，而且堤身相对不高，断面要比土石坝的断面单薄很多，施工场地狭小。特别是老堤加高培厚的工程，施工场面就更加窄小，较大的施工机械和设备难以应用；又因堤防工程有路线长的特点，一般都是沿堤线附近就近取土上堤填筑。随着我国经济的发展，堤防施工由过去的大规模群众性施工逐步转变为机械化施工、专业化施工，借鉴于现行国家标准《碾压式土石坝设计规范》SL 274—2001中填筑土料填筑标准的提高，堤防工程黏性土的压实标准适当提高，针对各级堤防的重要性，对1级堤防压实度不小于0.95；2级和堤身高度不低于6m的3级堤防不小于0.93；低于6m的3级及以下堤防为0.91。

无黏性土填筑设计压实相对密度定义如下：

$$D_{r,ds}=\frac{e_{max}-e_{ds}}{e_{max}-e_{min}} \tag{2}$$

式中：$D_{r,ds}$——设计压实相对密度；

e_{ds}——设计压实孔隙比；

e_{max}、e_{min}——试验最大、最小孔隙比。

相对密度试验按现行国家标准《土工试验方法标准》GB/T 50123—1999规定的方法进行。

堤防填筑密实程度关系着堤防安全，涉及防洪保护对象的防洪安全，因此，第7.2.4条、第7.2.5条定义为强制性条文。

7.2.7 条文中提及的堤段通常是在软土地基上或水中填筑，施工方法和断面结构都需根据各地具体条件和当地材料、施工经验等因地制宜地选择，是否压实和压实密度也需根据具体情况确定。

7.3 堤顶高程

7.3.1 本条将原规范规定的"1级、2级堤防的堤顶超高值不应小于2.0m"删去，是从更加科学的角度出发，考虑到堤防主要只在汛期挡水，堤顶超高由计算确定，并和流域规划整体协调，左右岸、上下游统筹考虑。

在堤防工程设计中，由于水文观测资料系列的局限性、河流冲淤变化、主流位置改变、堤顶磨损和风雨侵蚀等，设计堤顶高程需有一定的安全加高值。安全加高值不含施工预留的沉降加高、波浪爬高及壅水高。

7.3.2 我国北方黄河内蒙古和山东河段以及东北一些河流，由于特殊的地理、气候条件，在开河流冰期，时常在河道卡口段或急弯处，冰凌堆积形成冰塞、冰坝，使上游河道水位急剧壅高，往往对两岸堤防造成严重威胁，个别年份甚至会导致一些堤段漫堤决口，损失严重，因此对这些地方的堤防，除按本规范第7.3.1条规定分析计算确定堤顶高程外，尚应收集分析历史流冰期卡冰壅水水位和风浪资料，进行分析论证，综合研究合理确定该河段堤防的堤顶高程。

7.3.3 堤顶设有防浪墙时，土堤顶需高出设计洪水位以上，使堤身浸润线以上有一定的保护土层，堤面得以保持干燥。

7.3.4 土堤竣工后还会发生固结沉降，为保持设计高程，在设计时需预留沉降量。沉降量包括堤身沉降和堤基沉降，一般压实较好的堤防，沉降量也较小。考虑到我国目前堤防施工的机械化水平和施工质量有较大提高，本次修订将原规范规定的预留沉降量宜取堤高的3%～8%改为3%～5%。

较高堤防软弱地基上筑堤、无法压实或压实较差的土堤，沉降过程较长且沉降量较大，故对这些条件下的堤防和堤基要求按本规范第9.3节有关规定计算沉降量。

7.4 土堤堤顶结构

7.4.1 土堤堤顶宽度需满足防汛抢险时交通需要，对1级堤防规定顶宽不宜小于8m，2级堤防不宜小于6m，主要为满足防汛抢险交通和机械化抢险作业要求。我国各地气候条件、土质、交通状况都不相同，如背水侧有平行堤防的交通道路，堤顶宽就可以减小；堤身高度大，土质为少黏性土的，可适当增加堤宽。

7.4.2 本条是指不能满足按第7.4.1条规定要求，而增加堤顶宽度在结构和经济方面都不合理时，可采用设回车场、避车道、存料场等办法解决。

7.4.3 上堤坡道是根据防汛、工程管理和群众生产生活需要而适当设置的。临水侧上堤坡道为避免行洪阻水和形成挑流冲刷堤防，规定宜顺水流方向布置。

7.4.4 堤顶路面作为管理和防汛交通道路使用，我国各地一般情况是：黏性土堤路面铺砂石；砂性土或砂壤土路面要求盖黏性土，防止风雨剥蚀和流失。重要的堤段，近年来建沥青或混凝土路面的较多，但要注意堤防加高、扩建的可能性和技术措施。

7.4.6 在城镇附近场地受限制或取土困难的条件下，修防浪墙往往是经济合理的。新建防浪墙需在堤身沉降基本完成后进行。对于有斜坡式护岸的堤防，防浪墙基础一般要和护坡分开，并设置在稳定的堤身上，以防止因护坡的滑动造成防浪墙的倾覆。

7.5 堤坡与戗台

7.5.1 土堤堤坡需满足施工、管理和稳定的要求。据国内外堤防资料，堤坡一般为1：2.5～1：3.0，堤身为轻砂壤土时，稳定渗流从堤坡逸出，其稳定安全坡度约为1：5。1级、2级土堤大多为江河干流和湖堤的重要堤段，堤坡不宜陡于1：3.0。

海堤临水侧的坡度一般根据所采用的护坡形式而定。

7.5.2 堤防是否设戗台，各国做法不一。美国、加拿大等考虑机械化施工的方便，主张缓坡不设戗台，背水坡基本上平行浸润线。我国堤防考虑管理和防汛需要，较高的土堤通常在背坡堤顶2m～3m以下设戗台。

7.5.3 风浪、潮汐侵袭比较严重的海堤、湖堤，结合临水坡护坡结构设置消浪平台，可以减小波浪爬高，增强堤身的稳定性。

据浙江省试验资料，当平台宽度为波高的1.0倍～2.0倍时，一般不小于3m，且效果较好。平台高程位于静水位附近时，波浪爬高值较小。单折坡式断面，折坡点高程在静水位或接近静水位时，下坡陡者较下坡平缓者爬高值小。消浪平台是集中消能的部位，根据经验，平台前沿转角处要特别注意加固，一般用浆砌大块石或整体现浇混凝土修筑，并需留有足够的排水孔。

7.6 护坡与坡面排水

7.6.1、7.6.2 临水堤坡主要防水流冲刷、波浪淘刷、冰和漂浮物的撞击破坏；背水堤坡主要防雨水冲刷等。海堤可能允许越浪，土堤两面都需要防冲刷，可根据需要选用护坡形式。

7.6.3 1级、2级堤防为江河湖海干堤或重要支流堤，水流冲刷或风浪作用强烈的重要堤段，临水堤坡一般采用砌石、混凝土或土工织物模袋混凝土等标准较高的护坡形式。一般情况下，临水、背水堤坡均可采用水泥土、草皮等造价较低的护坡形式。根据淮河经验，壤土堤防临水面的草皮护坡，可抗御4级以下风浪和流速2m/s以下的水流冲刷。

我国各地有许多适用于当地条件的护坡形式，凡行之有效的，在设计中也可选用。

7.6.4 受风浪、水流、潮汐等侵袭严重的堤防砌石护坡，其结构尺寸都要进行计算，以确保护坡的稳定可靠和经济合理。

对3级以下堤防或对高度低于3m的1级、2级堤防，其护坡结构尺寸主要根据构造和施工需要确定，一般可参照同类堤防的护坡加以选定。

7.6.5 通常河堤挡水时间短，波浪不大，护坡下做一般垫层即能满足要求。有些风浪大、挡水时间长的堤防，如海堤和部分湖堤防，加厚垫层对护坡安全非常重要。

7.6.6 对于短期靠水的堤防，排水孔可设至近堤脚，对于经常靠水的堤防，要设至中常水位附近。

护坡设置变形缝是为适应护坡的沉降和温度变形。堤身填筑质量一般不均匀，沉降量也有差异，所以变形缝间距宜小些。

7.6.7 堤脚坡面转折处护坡受力复杂，且极易影响护坡的稳定，故在这些部位应设置坚固的基座。

护坡和堤顶交界处易形成雨水顺垫层的渗流通道，造成堤身的冲刷，所以应设封顶。

7.6.8 防止风浪、潮汐的破坏，是海堤安全的关键。所以海堤一般都设有较坚固的上部护坡和防浪墙。根据浙江等省海堤建设经验，海堤护坡形式一般为斜坡式、陡墙式和复合式三种。应根据当地土质、材料、堤高及其他自然条件综合考虑，因地制宜地选用。1级、2级的海堤及较高的海堤护坡，常用复合式护坡形式。

7.6.10 堤面排水设施是为安全排泄降雨径流而设置的，因降雨造成堤身严重冲刷的堤防，宜考虑设置堤面排水设施。

7.6.11 排水系统布置和尺寸应根据降雨资料分析计算，也可按堤防管理经验确定，要注意和堤脚外排水系统的连接。

7.7 防渗与排水设施

7.7.1 土堤一般尽可能选取均质断面，只有当筑堤土料渗透性较强，不能满足渗流稳定要求时，才考虑设防渗或排水设施。适宜作防渗和排水的材料很多，需本着安全可靠、就地取材的原则选取。

7.7.2、7.7.3 堤身防渗主要是满足堤的渗透稳定要求。对于渗流量，只要不影响安全，一般无要求。堤身防渗和排水设施与堤基防渗和排水设施需统筹布设，共同组成完整的防渗体系，以确保安全。

7.7.5 堤防若为人工施工，防渗与排水体最小尺寸一般为1m。若是机械施工，顶部最小宽度需根据所用施工机械的要求确定。

7.7.6 本条主要是考虑防止因冻胀破坏防渗体而影响堤防安全。

7.7.7 土工膜和土工织物种类很多，国内外在堤坝工程中已广泛采用。为保证土工膜和工土织物长期的防渗、排水作用，主要应防老化和机械、生物破坏，做好施工接缝。

堤防加固工程的堤身垂直防渗常采用劈裂灌浆、钻探(锥探)灌浆、垂直铺塑等措施。劈裂灌浆沿堤顶轴线单排布孔，利用灌浆压力将堤身沿其走向劈开并灌浆，从而在堤身内沿其走向形成一厚度为10cm左右的防渗幕，同时还具有压密堤身和充填洞穴的作用，可获得事半功倍的效果，该方法已经在许多堤防和土坝中得到应用，效果明显。锥探灌浆是处理堤身隐患的一个比较有效的方法。垂直铺塑是用土工防渗膜作为防渗材料的一种垂直防渗技术，对解决堤身散浸、集中渗流、堤脚附近的渗透破坏等效果显著，而且造价较低，该项技术已在黄河、长江等堤防工程中得到成功应用。

7.7.8 当堤身浸润线很低和堤身背水侧无水时，可采用贴坡排水。贴坡排水构造简单、节省材料、便于维修，但不能降低浸润线。当堤身背水侧有水时，可采用棱体排水。棱体排水可降低浸润线，防止渗透变形；但石料用量较大、费用较高，检修也较困难。

7.8 防 洪 墙

7.8.1 城市、工矿区等由于土地昂贵，拆迁占地或取土困难等限制，采用防洪墙挡洪往往是经济合理的，因此在我国一些大中城市和重要工矿区广泛采用。

7.8.4 防洪墙基底不透水轮廓线主要由渗透稳定要求确定，不满足要求时，需采取加长渗径的措施。

7.8.6 为保证墙体和基础防渗系统可靠工作，变形缝应设止水。止水材料需根据墙的级别进行选择。

8 护岸工程设计

8.1 一 般 规 定

8.1.1 河岸防护按岸与堤的相对关系可大致分为三类：一类是在堤临水侧无滩或滩极窄，要依附堤身和堤基修建护坡与护脚的防护工程，一般称为险工；第二类是堤临水侧虽然有滩，但滩地不宽，滩地受水流淘刷危及堤的安全，因而需要修建的依附滩岸的防护工程；第三类是堤临水侧滩地较宽，但为了保护滩地，或是控制河势而需要修建的依附滩岸的防护工程。第一类和第二类都是直接为了保护堤的安全而修建，因而统称为护岸工程。

护岸工程是堤防工程的重要组成部分，是保障堤防安全的前沿工程。本规范主要是针对第一类和第二类情况的堤岸防护，对第三类情况的护岸设计，可以参照本规范的要求。

护岸工程设计应符合防洪规划及河道整治工程规划的要求，工程布局应因势利导，统筹兼顾上下游、左右岸的利益，如防洪、航运、港埠、取水、工矿企业、农田水利等的要求。

修建护岸工程应尽量不缩窄过洪断面，不造成汛期洪水位较大抬高，凡适宜修平顺护岸的则不修丁坝，尤其不宜修长丁坝。

护岸要尽量采取工程措施与生物措施相结合的方法，以达到经济合理并有利于环境保护的效果。

生物防护是一种有效的防护措施，具有投资省、易实施、效果好的优点，要因地制宜采用树、草进行防护。对水深较浅、流速较小的堤段，通常多采用生物防护措施。

8.1.2 护岸工程在布局、形式、结构、材料等方面，各具不同特点，需根据具体情况分析研究采用。护岸工程按形式一般分为以下四类：

(1)坡式护岸。用抗冲材料直接铺敷在岸坡一定范围形成连续的覆盖式护岸，对河床边界形态改变较小，对近岸水流的影响也较小，是一种常见的护岸形式。我国长江中下游河道水深流急，总结经验认为最宜采用平顺护岸形式。我国许多中小河流堤防、湖堤及部分海堤均采用平顺坡式护岸，起到了很好的作用。

(2)坝式护岸。依托河岸修建丁坝、顺坝、勾头丁坝导引水流离岸，防止水流、潮汐、风浪直接冲刷、侵蚀河岸，危及堤防安全，是一种间断性的有重点的护岸形式，有调整水流作用，在一定条件下常为一些河岸、海岸防护所采用。我国黄河下游，因泥沙淤积，河床宽浅，主流游荡、摆动频繁，较普遍地采用丁坝、垛(短丁坝、矶头)以及坝间辅以平顺护岸的防护工程布局。长江在河口段江面宽阔、水浅流缓，也多采用丁坝、顺坝、勾头丁坝挑流促淤，取得了保滩护岸的效果。

(3)墙式护岸。顺河岸设置，具有断面小占地少的优点，但要求地基满足一定的承载能力。墙式护岸多用于狭窄河段和城市防洪堤。

(4)其他防护形式。包括坡式与墙式相结合的混合形式、桩式护岸、杩槎坝、生物工程等。桩式护岸，我国海堤过去采用较多，如钱塘江和长江采用木桩或石桩护岸有悠久历史，美国密西西比河中游还保留不少木桩堆石坝，黄河下游近年来修筑了钢筋混凝土试验桩坝。生物工程有活柳坝、植草防护等。

以上工程形式分类不是绝对的，各类相互有一定交叉，如坝式护岸在坝的本身护坡部分可以采取坡式，也可采用墙式，坝式护岸也可采用桩丁坝、桩顺坝、活柳坝等，墙式护岸也可采用桩墙式等。

8.1.3 护岸工程经常受水流、潮汐、风浪的作用需要经常维修加固，甚至抢险维护，工程量大，又有时限性，因此本条提出了对护岸工程在结构、材料方面的技术要求。

8.1.4 护岸的位置和长度不仅关系到工程规模，而且与河势的控制及调整密切相关，需在河床演变分析的基础上，在首先保证堤防安全的前提下结合河势控制要求确定。

8.1.6 护岸工程以设计枯水位分界，上部和下部工程情况不同，上部护坡工程除受水流冲刷作用外，还受波浪的冲击及地下水外渗侵蚀，同时处在水位变动区；下部护脚工程一般经常受到水流冲刷和淘刷，是护岸工程的根基，关系着防护工程的稳定。因此，上部及下部工程在形式、结构材料等方面一般都不相同。

通常情况下，上部护坡工程顶部与滩面相平或略高于滩面，以保证滩沿的稳定；下部护脚工程延伸适应近岸河床的冲刷，以保证护岸工程的整体稳定。

8.2 坡式护岸

8.2.1 上部护坡工程目前采用得最多的仍然是干砌石，它有较好的排水性能，且有利于岸坡的稳定；混凝土预制板护坡施工方便；浆砌石、现浇混凝土板、模袋混凝土排整体性强，抗风浪和船行波性能强。下部护脚工程仍以抛石采用最多，它能很好地适应近岸河床冲深；各种结构的排体护脚因其整体性而具有较强的保护作用，如在前沿抛石适应河床变形，则效果更好。

8.2.2 枯水平台和马道的设置，除考虑管理维护需要外，最主要的是要满足稳定的需要。当护坡工程达到一定的高度时，需进行边坡稳定计算，为设置枯水平台或马道提供技术依据。

8.2.4 抛石护脚是古今中外广泛采用的结构形式。据有关资料，湖北荆江大堤护岸工程，岸坡为1：2.0，水深超过20m，利用粒径为0.2m～0.45m的块石，在垂线平均流速为2.5m/s～4.5m/s的水流作用下，岸坡是稳定的。湖南洞庭湖护岸情况也表明，块石护坡的稳定边坡约为1：2.0，为稳定河床和护脚，在深泓逼岸处应抛至深泓处。

在岸坡缓于1：3和流速不大的情况下，抛石也可采用较小的粒径，如江苏镇江市的江心洲头护岸，采用块石质量为5kg～50kg，约相当于粒径为0.15m～0.33m，稳定效果也较好。

8.2.5、8.2.6 柴枕和柴排是传统的护岸形式，造价低，可就地取材，各地都有许多经验。柴排的排型和沉排面积可根据基本技术要求、施工条件及历年使用经验确定。

8.2.7 土工织物枕、土工织物软体护脚排是一种土工织物袋装沙土充填物护岸，为了使其具有防渗、反滤、保土、防淤堵作用，要求土工织物孔径满足 $d_{95} \leqslant 0.5D_{85}$，$d_{95}$ 为土工织物孔径中小于该孔径保证率为95%的孔径值；D_{85} 为充填物粒径大于该粒径的重量占85%的粒径值。

土工织物枕、土工织物软体排护脚自1980年荆州地区长江修防处在长江中游开始试验，已先后在长江上车湾新河和下荆江后洲等处使用，黄河和松花江护岸也有应用，都取得了一定的效果。本条要求主要是根据长江中下游护岸工程经验总结提出的。对于岸坡很陡、岸床坑洼多或有块石等尖锐物、停靠船舶，以及施工时流速大于1.5m/s的，不宜采用土工织物枕及土工织物软体排护脚。

8.2.8 在工程实践中，铰链混凝土排也可与土工织物结合使用，由铺敷于岸床的土工织物及上压的铰接混凝土板组成。排端铺在多年平均最低枯水位处，岸坡一般缓于1：2.5，最低枯水位以上接护坡石。混凝土块因有铰接串联，能适应坡脚河床一定的变形。

美国密西西比河早在1931年即开始采用铰链混凝土排，已成为广泛采用的定型结构，由块长122cm、宽36cm、厚7.6cm的加筋混凝土板在现场连接组成。

长江一些护岸工程也采用了铰链混凝土排。1984年长江武汉河段天兴洲护岸采用了铰链混凝土板聚酯纤维布沉排。混凝土板尺寸为100cm×40cm×8cm，板的纵横间距为25cm，用 ϕ12 钢筋环相互连接，每块排体顺流向宽度为22m～25m，垂直流向长度为94m，相邻排体重叠2.25m，排体重110kg/m²，能承受流速3m/s水流冲刷，排体系于岸坡上预安的混凝土墩（地梁）上，沉排以上用水泥土护裹，使用效果良好。

在沉排修建河段不容许船舶抛锚，以防刺破土工织物布及钩住铰链牵动排体。

8.3 坝式护岸

8.3.1 勾头丁坝由丁坝和勾头组成，勾头是丁坝坝头折向顺水流方向的延伸部分。勾头丁坝用于河口与滨海地区受潮流和风浪双重作用的滩岸，与丁坝一样成群布置，兼有保滩和促淤的效果。上海市在杭州湾入口金山嘴兴建的勾头丁坝，在勾头长度封闭坝间缺口达45%～70%时，保滩促淤效果较好。

在坝式护岸中，透水坝比不透水坝缓流促淤效果更好；下挑丁坝局部冲刷坑的深度与范围较正挑和上挑丁坝要小。

8.3.2 河流的治导线是确定护岸工程位置的依据，因为治导线是依据防洪规划和河道整治规则确定的，体现了统筹兼顾上下游、左右岸各部门的利益要求。切忌根据局部塌岸孤立修建工程、不顾整体影响的做法。丁坝和勾头丁坝宜成组布置，坝头和勾头部分应在治导线上，以发挥坝群的整体功能。黄河下游总结了“以坝垛护弯、以弯导流”的布局经验。长江口中实施的丁坝布置均遵循了丁坝坝头连接平顺，导引近岸水流离开滩岸。美国密西西比河进行防洪结合航运进行整治，防护工程严格遵循治导线布置，效果很好。

8.3.3 丁坝的布置是关系整体布局的问题，应按整治规划原则结合具体情况确定。本条吸收了国内外丁坝修建经验，提出技术要求和量化指标。

1 丁坝长度决定于岸边至治导线的距离，如尚未作出系统的整治规划，则应兼顾上下游、左右岸要求，按有利于导引水流的原则确定坝长，一般坝长不宜大于50m～100m，如离岸较远，可修土坝作为丁坝生根的场所，在黄河下游称之为连坝。

2 丁坝间距的确定应遵循充分发挥每道丁坝的掩护作用，又使坝间不发生冲刷的原则，即下一道丁坝的壅水刚好达到上一道丁坝。丁坝间距与坝长及水流（潮流）流向变化有关，一般水流流向变化大时，丁坝间距宜小，具体可通过公式计算。黄河下游丁坝间距一般采用坝长的1倍～1.2倍，长江下游潮汐河口区采用1.5倍～3.0倍，我国海堤前的造滩丁坝一般采用2倍～4倍，有的采用6倍～8倍，美国密西西比河为1.5倍～2.5倍，欧洲一些河流为2倍～3倍。

3 丁坝坝轴线与水流（潮流）方向夹角应根据具体情况决定。非淹没不透水丁坝一般采用下挑式，使水流平顺，坝前冲刷坑浅，有利于航运。黄河下游修建的大量丁坝均为下挑式，坝轴线与水流方向夹角一般为30°～45°。感潮河口段，为适应两个相反方向交替来流，应修建正挑丁坝。强潮海岸，坝轴线宜垂直于强潮流方向，在强潮流方向与已建海堤线几乎正交时，应在距海堤一定距离修筑淹没式顺坝，常处于水下的潜丁坝应采用上挑式，以促成坝间淤积。

8.3.4～8.3.6 丁坝以抛石丁坝及土心坝外围护砌体构成土心丁坝这两种结构最常采用。坝的形式、结构尺寸根据具体条件进行稳定计算并结合已建工程经验分析确定。

土心丁坝在土体外的护砌部分一般采用护坡式，重力式砌石防护要求有较好的基础，地基承载力低影响稳定性，一般不宜采用。黄河下游的重力式砌石防护丁坝在加高改建中已逐步改为护坡式。

土心丁坝的坝顶宽度除满足结构和稳定要求外，还应满足运用要求，如防汛抢险交通及堆放料物需要，因此条文规定的坝顶宽幅度较大，可根据具体情况选用。

沉排的整体性好，适应河床变形能力强，对于中细砂河床或在水深流急处修建的丁坝，局部冲刷深度大，冲刷发展快，采用沉排护脚及基床能有效地保护坝体安全。

过去河工采用柴排较多，但因施工技术复杂，护脚工程已较少采用，现主要用于丁坝护底。近年来沉排结构材料方面有新的进展，已多采用新型材料制作软体排，如由土工织物、绳和混凝土块组成排体或由土工织物枕及枕垫组成排体，这类新型结构沉排较为简单，施工效率较高，护脚、护底效果比较好。

8.3.7 不透水丁坝，尤其是较长的丁坝及淹没丁坝坝面应设向河心倾斜的纵坡，以便坝顶在淹没时逐步漫水，以减弱对水流产生的紊乱。美国密西西比河丁坝坝顶纵坡坡度采用2%，日本河流潜坝顶纵坡坡度采用1%～10%，我国钱塘江海堤丁坝坝顶纵坡坡度采用1%～3%。

8.3.8 本条列出顺坝的布置与设计。由于不同河口的形态、滩地地形地质条件、潮汐和波浪力作用以及泥沙条件等都有较大差别，因此在河口及滨海地区旨在消浪保滩或促淤造滩的顺坝，其设计均应根据具体情况和当地工程经验分析确定，还可参照海堤设计有关导则。

8.4 墙式护岸

8.4.1 墙式护岸为重力式挡土墙护岸，对地基要求较高，造价也较高，因而主要用于堤前无滩、水域较窄、防护对象重要又需防护的堤段，如城市、重要工业区等。

8.4.2 墙式护岸断面在满足稳定要求的前提下，宜尽量小些，以减少占地，墙基嵌入河岸坡脚一定深度对墙体和河岸整体抗滑稳定和抗冲刷有利，如冲刷深度大，则应采取护基措施。

8.4.3 墙与岸坡之间可回填砂砾石，因砂砾石内摩擦角较大，可减少侧压力。在波浪波高和波速较大、冲刷严重的岸段(包括滨海岸滩等)，为了保护墙后回填料的完整和墙式护岸的整体稳定安全，应将护墙顶及回填料顶面采用整体式混凝土结构或其他防冲措施加以防护。

8.4.5 本条提出了墙式护岸嵌入岸坡较深时采用的结构形式，要求具有一定强度，满足结构抗剪、抗弯等设计要求。

8.5 其他护岸形式

8.5.1 阻滑桩在抢险中使用较多。在正常护岸工程中，只有当削坡、减载、压脚等措施都受到条件限制时，才考虑采用阻滑桩。

护岸桩在以往传统工程中用得较多，如著名的钱塘江海塘等，目前逐渐被板桩或地下连续墙等所替代，已较少使用。

沿海地区桩坝促淤保滩试验工程较多，效果均较好。黄河下游花园口险工采用了大直径透水桩坝，试验也是成功的。

河南省澧河马庄、朱寺和丁湾南等几处险工治理工程中采用粉喷桩作为护险工程基础，运用至今接近十年，效果也比较好，基本达到设计要求。

8.5.3 杩槎坝由杩槎支架及挡水两部分组成。一般适合在水深小于4m、流速小于3m/s的卵石或砂卵石河床上采用，可做成丁坝、顺坝、勾头丁坝的透水或不透水坝。

杩槎系用三根、四根杆件，一头绑扎在一起，另一头撑开，杆件以横杆固定、承载重物，如块石、柳石包、柳淤包等，即构成杩槎。

杩槎相连形成挡水面，可抛石或土、石筑成透水或不透水的杩槎坝。

杩槎可就地取材，造价低廉，易建易拆，可修筑成永久性或临时性工程。四川省岷江修筑都江堰时已采用杩槎坝截流、导流。

江西省近年来采用的正六边体透水框架也属杩槎的一种形式，在长江和抚河护岸取得了好的效果。

8.5.4 河、湖的低滩可栽植柳树、芦苇、水杉，河口与滨海地区低滩滩面和潮间带可栽植红树林、芦苇以及草本植物，如大米草、互花米草、水杨柳、寒台草、咸冰草等，既消浪又能促淤。

8.5.6 大尺度崩窝是一种特殊的崩岸形式，具有尺度很大(崩进岸滩内可达数百米，但有的口门较小，俗称"口袋型"崩窝)、发展很快的特点，常对堤防和岸滩设施造成较大危害。长江中下游大崩窝的治理采用两种措施：一是保滩促淤，一是锁口回填还滩还坡。两者共同的工程措施都需要修建裹头和锁口坝；不同的是，前者只需在崩窝的周边进行护坡，窝内缓流促淤，维持崩窝的平面形态；后者则需在窝内回填还滩，并作平顺护岸工程。

8.5.7 根据长江中下游河道崩窝的治理经验，崩窝促淤保滩工程上、下游裹头的宽度一般采用平顺抛石护脚宽度的1.2倍，抛石平均厚度一般采用1.5m～1.8m。对于其他河流，崩窝促淤保滩工程上、下游裹头的宽度与厚度可根据崩窝治理的具体情况确定。

9 堤防稳定计算

9.1 渗流及渗透稳定计算

9.1.2、9.1.3 大江大湖堤防，汛期挡水时间长，能形成稳定渗流浸润线，海堤及有些江、湖堤防挡水时间短，在汛期往往未能形成稳定渗流。因此，应根据实际情况按稳定渗流计算或不稳定渗流计算浸润线及渗流稳定性。

9.1.4 本条是根据我国沿海各地的海堤设计和参考国外有关设计规程的规定编写的。

9.2 抗滑和抗倾稳定计算

9.2.1 堤防的堤线很长，应根据不同堤段的断面形式、高度及地质情况，结合渗流计算需要，选定具有代表性的断面进行分析。

对地形、地质条件复杂或险工段，其计算断面可以适当地加密，如黄河大堤荆隆宫堤段加固初步设计中，堤线长为3.0km，历史上先后九次决口，堤身下形成老口门，填土混杂，设计中选取了6个断面进行稳定计算。

9.2.2 堤防抗滑稳定设计条件应根据其所处的工作状况和作用力的性质分为正常运用条件和非常运用条件，其中非常运用条件分两种情况：施工期和多年平均水位遭遇地震。原规范非常运用条件的两种工况采用一个安全系数，由于地震荷载大，一般情况下堤坡的稳定安全均由地震情况控制，施工期情况不控制，这是不合理的。本次修订将施工期情况列为非常运用条件Ⅰ，多年平均水位遭遇地震列为非常运用条件Ⅱ，并分别列出两种非常运用条件的安全系数。

9.2.3 我国的堤防工程堤坡普遍采用草皮护坡，不设排水设备，雨水可以渗入堤身土体内，当汛期江河发生洪水时，有可能遭遇长期降雨，在降雨量较大的情况下，对填土渗透系数较大($k>1\times10^{-4}$cm/s)的堤身，含水率达到饱和状态的土层较厚，甚至使浸润线抬高时，应验算堤坡的稳定性。

9.2.4 原规范推荐采用瑞典圆弧法，本规范在瑞典圆弧法的基础上，又推荐了简化毕肖普法。详细说明见条文说明第2.2.3条。

9.2.5 确定土的抗剪强度的方法有总应力法和有效应力法两种，本规范将两种方法并列，对于重要的堤防宜采用有效应力法，但采用有效应力法必须计算或测量出土体中有关部位的孔隙压力，并要求用三轴仪进行试验，目前能进行三轴仪试验的单位尚不普遍。据调查了解，多数工程堤坡稳定分析时，采用总应力法，抗剪强度是由直剪仪进行固结快剪或快剪得出的，由于这种试验方法与分析方法比较简单，故应用较广。用总应力法计算堤坡稳定的关键是正确选择最能反映现场条件的试验方法，以期得到符合实际的结果，选择的依据为：

(1)土体或地基的排水条件，包括土的渗透性、弱透水土层厚薄情况，以及边界条件。

(2)加荷前土体的固结完成情况。

(3)施工加荷速度。

当地基为饱和黏性土时，因其透水性差，固结速度慢，而堤身填土施工期较短，一般为一枯水季完成，在进行稳定分析时，宜采用直剪仪的快剪(或三轴仪不排水剪)。

当堤身已建成多年,又要在其上加高培厚,在验算地震期或水位降落时的堤坡稳定时,可采用直剪仪固结快剪或三轴仪固结不排水剪强度指标。

9.2.9 根据调查资料,结合其他水工建筑物实际运行情况,本条规定控制防洪墙基底最大压应力应小于地基的允许承载力,且基底压力的不均匀系数不应过大。

9.3 沉降计算

9.3.1～9.3.4 国内堤防工程堤身高度一般为5m～10m,最高者为15m左右。堤基多为黏土、壤土、砂壤土等压缩性较小的土层,在堤身荷载作用下不会产生很大的沉降量。若堤身填土施工质量能达到设计要求,堤身由于固结引起的沉降量亦是较小的。然而当堤基为软土层,或堤身较高,施工质量比较差,施工期短时,堤防在竣工以后还会继续发生较大的沉降。因此,在设计时应计算沉降量,并根据实践经验,预留沉降超高,以保证在沉降终了时,堤顶高程能达到设计值。

分层总和法是最常用的沉降量计算方法,该方法简明实用,计算结果能满足要求。

10 堤防与各类建筑物、构筑物的连接

10.1 一般规定

10.1.1 建筑物、构筑物穿过堤身必将增加堤防的不安全因素,所以应尽量避免穿堤形式而选用跨越形式。当有穿堤需要时,则应尽量减少穿堤的建筑物、构筑物数量,有条件的采取合并、扩建的办法处理,对于影响防洪安全的应废除或重建。

10.1.2 穿堤建筑物、构筑物位置应根据地质条件和防洪安全确定。连接构造应选择技术成熟、运用良好的结构,对新结构的采用应有分析,并应有安全保证措施。

10.1.3 修建与堤防交叉、连接的各类建筑物、构筑物,直接涉及堤防及防洪保护对象的防洪安全,因此,本条定义为强制性条文。

根据《中华人民共和国水法》、《中华人民共和国防洪法》有关规定,修建与堤防交叉、连接的各类建筑物、构筑物,应进行洪水影响评价,并报有关水行政主管部门审批。在洪水影响评价中,应评价与堤防交叉、连接的各类建筑物、构筑物对防汛安全和堤防管理运用的影响程度。

10.2 穿堤建筑物、构筑物

10.2.1 各类穿堤建筑物、构筑物应按防洪要求在一定时间内关闭防洪(防潮)闸门,避免洪水(防潮)倒灌堤内造成淹没损失。

压力管道使用时将会产生震动,且有可能在洪水期沿管壁与土堤结合处产生渗水。各类加热管道,如供热管道等,将会造成管周填土干裂,影响堤防安全。输送易燃、易爆流体的各类管道,如油管、天然气管等,如发生爆炸将会对堤防造成破坏,如发生泄露将会对水体造成污染。因此应采取安全可靠的防护措施。

10.2.3 设置截流环、刺墙,可以延长渗径长度和改变渗流方向;在下游设反滤排水,可以有效地防止接触面渗透破坏。

10.2.4 穿堤建筑物、构筑物的变形对堤防的安全影响极大。为了减少基础的不均匀沉降变形,穿堤建筑物、构筑物宜建于坚硬、紧密的天然地基上,如建在人工处理地基上,则应采取措施使其安全可靠。

10.2.6 穿堤建筑物、构筑物将会不同程度地改变其所在处的河道的水流条件,使其上游或下游的堤身或岸坡发生冲刷,应通过分析确定防护范围和防护措施。

10.2.8 原有的涵闸、管道等穿堤建筑物、构筑物,在堤防工程扩建加高设计的同时应进行运行检测或安全鉴定,收集原始勘察设计资料,并按新的设计条件进行验算复核。如不满足设计要求,应考虑进行加固、改建或拆除重建。

10.3 临堤建筑物、构筑物

10.3.1 设在临水侧的临堤码头、港口、泵站等建筑物、构筑物将会使近岸地段的河道冲淤条件发生改变,严重的将会对下游河势造成不利影响。因此,其位置应选择在水流平顺、岸坡稳定的堤段,并应符合岸线整治规划的要求,以减少其对河段防洪安全的不利影响。

10.3.2 临堤建筑物、构筑物不宜考虑与堤身联合挡土或挡水,其自身应满足稳定安全要求。

不削弱堤身设计断面是指堤身稳定性、防洪高度等方面不应低于原堤设计标准。

10.4 跨堤建筑物、构筑物

10.4.1 为了堤防的稳定和防洪安全运用,并且不影响堤防的加固和扩建,跨堤建筑物、构筑物的支墩应布置在堤身设计断面之外。

由于堤顶、临水坡是堤防工程稳定和管理运用的主要部位,因此,不应在此部位布置支墩等建筑,避免产生不良影响。

10.4.2 跨堤建筑物、构筑物与堤顶之间的净空高度应满足其本身和堤防的使用要求,并且应考虑堤防长远规划的要求。如果净空高度不能满足要求,则应采取其他有效措施,例如可在堤防背水侧傍堤坡修筑路堤,以满足堤防交通、防汛抢险、管理维修等方面的要求。

11 堤防工程的加固、扩建与改建

11.1 一般规定

11.1.1 我国现有的堤防大多是在民堤的基础上,经历年逐渐加高培厚而成。限于当时的社会状况和技术条件,加上长期来人类活动和自然界的破坏,使堤防的堤身或堤基存在各种隐患、险情。为满足防洪要求,需对堤防进行加固、扩建或改建。

11.1.2 堤防工程安全评价要对现有堤防的质量和运行管理进行评价;要对堤防的防洪标准、结构安全、渗流安全等进行复核和评价。安全评价要在充分调查研究和必要的检测包括勘探的基础上进行。本条主要提出了堤防安全评价前期工作的要求及安全评价的主要内容,可按现行行业标准《水库大坝安全评价导则》SL 258、《水闸安全鉴定规定》SL 214执行。

11.2 加固与扩建

11.2.3 充填式灌浆在全国各地各类堤防加固中广为应用。对锥孔所贯穿的堤身裂缝、洞穴、局部虚土层等,经过充填灌浆,一般均可充填密实。对于灌浆加固的堤段,要首先进行堤身隐患探测,在查明情况的前提下,有针对性地进行布孔充填灌浆,以提高灌浆效果,节省投资。

根据山东等地在堤坝进行劈裂灌浆的检测表明,对填筑不密实或内部隐患较多的均质堤,采用粉质壤土沿堤顶中心轴线布孔进行劈裂灌浆,可以形成防渗帷幕,浆幕厚5cm～10cm,最厚15cm,对提高堤身的抗渗稳定性有显著效果。

11.2.4 吹填固堤在我国各地已广泛应用。在堤身背水侧吹填戗台或盖重,以壤土、砂壤土和砂土为宜,排水固结快,吹填土质均匀密实,且具有较好透水性。吹填黏土,自然条件下排水固结需时2.5年～3年或更长,施工期吹填体易产生滑动失稳,运用中表层土体干缩裂缝,下部仍呈流塑状态,故吹填尽量不用黏土

为宜。

11.2.7 近堤取土挖穿不透水层的现象在各地堤防修建中经常发生，这不仅减短了渗径且形成堤根低洼积水，甚至形成行洪串沟危及堤的安全。在堤防加固中，要重视近堤取土塘坑的回填，恢复天然覆盖层的完整效用，并在今后修堤施工及堤防管理中，对近堤取土应严加禁止。

调查多处减压井的实际运用和管理情况，发现在运用数年后即出现淤堵和效率衰减现象。试验研究表明，减压井的淤堵是以铁质淤堵为主，伴有钙质淤堵。金属材料的井管由于本身的腐蚀加速了淤堵过程，减压井的间歇运行特点，使其淤堵更为严重。需采用耐腐蚀和防止化学淤堵的井管和滤网，必要时要进行洗井，以改善减压井的淤堵，延长其使用寿命。

盖重的宽度除进行必要的计算外，需重视对堤背地面历史渗透破坏险情的实地调查。盖重宽度通常应不小于历史险情出现的范围。长江荆江大堤控制宽度为200m，此宽度可控制历史渗透险情的90%以上，对堤临水侧有民垸的宽滩堤段，则控制宽度为100m。长江安徽同马大堤盖重宽度为100m。江西赣江赣东大堤堤后盖重宽度为100m左右。黄河下游堤防吹填固堤宽度险工堤段为100m，平工段为50m。

11.2.9 城市防洪墙的加固需结合城市的交通道路、航运码头、园林建设等统筹安排，并进行技术经济比较后确定工程设计方案。

防洪墙的加固需按本规范要求进行整体抗滑、抗倾稳定、渗透稳定和墙体断面的强度计算，并达到本规范要求的安全度。在加固设计中，对新旧墙体的结合面应进行处理，采用可靠的锚固连接措施，保证两者整体工作。变形缝止水破坏的应修复，保证可靠工作。

11.3 改 建

11.3.1～11.3.3 我国堤防多为历史形成，在某些堤段，堤线布局往往不尽合理，需要进行适当的调整。堤线的裁弯取直、退堤或进堤均属局部堤段的改建。由于城镇发展需要，可清除原有土堤重建防洪墙，或者老防洪墙年久损坏严重，难以加固，亦可拆除重建。堤防的改建应综合考虑，经分析论证确定。

改建的堤段应按照新建堤防的要求设计和施工。同时设计时应与两端的堤段平顺连接，且结合部位应按照有关规范的要求设计和施工。

12 安全监测设计

12.0.1、12.0.2 安全监测设施是为了监视堤防工程及其附属建筑物运行安全，掌握工程各部位的工作情况和形态变化而设置的。一旦发现有不正常现象，其可即时分析原因，采取防护措施，保证工程安全运行。同时，可通过原形监测积累资料，检验设计的正确性和合理性，也可为科研积累资料，以提高设计水平。

这两条要求根据堤防工程的具体条件设置必要的安全监测项目，并提出了安全监测设计的内容。

12.0.4 安全监测设施要根据工程级别、地形地质及结构形式等条件，按照工程管理运用的实际需要与可能进行设计。凡属工程一般性运用需要监测的项目列为一般性监测，侧重于科研、设计需要或特殊需要的监测项目列为专门性监测。本条根据我国堤防工程设计和管理经验，提出了堤防工程一般应设置的监测项目。

12.0.5 我国堤防众多，其地理条件、工程等级及使用功能等都不一样。因此，本条提出了根据工程的需要，可选择性设置专门性监测项目。

13 堤防工程管理设计

13.1 一 般 规 定

13.1.1 水利部于1981年颁发了《关于水利工程设计、施工为管理创造必要条件的若干规定》，1996年又颁布了《堤防工程管理设计规范》SL 171—96和《水闸工程管理设计规范》SL 170—96。2004年水利部、财政部联合颁布了《水利工程管理单位定岗标准》。

13.1.4～13.1.6 堤防工程的管理体制和机构设置是一项政策性很强的工作，国家有相关规定和政策，条文仅对设计的原则作了规定。

13.1.8 我国堤防建设工程大多是对现有堤防进行加固、改建和扩建。本条说明对现有堤防工程进行加固、改建和扩建时，也应按照本规范补充、完善管理设施。

13.2 工程管理范围和保护范围

13.2.1～13.2.4 本节主要按照现行行业标准《堤防工程管理设计规范》SL 171有关章节的主要内容列出。为减少占用土地资源，本次修订对护堤地宽度作了调整。

13.3 交通与通信设施

13.3.1～13.3.5 建立必要的内外交通体系是保证堤防工程管理和抗洪抢险的必要条件，也是堤防工程管理设计的重要组成部分。应结合施工临时交通，统一规划和布置，特别是远离交通干线和城镇的堤防工程更应重视。

13.3.6 实践证明，抗洪抢险的成败很大程度上决定于通信系统的效率，而效率又取决于通信系统的质量、标准。全国各地重要堤防工程的通信网普遍设置专用的有线和无线两种以上的通信方式，对原有的陈旧、落后设备和线路应采取更新改造和完善配套等措施，使防汛指挥中心能及时获得信息，准确、迅速地处理各种险情。

13.4 其他管理维护设施

13.4.1 堤防工程管理设施，除了观测、交通和通信设施外，在堤防的临、背水侧护堤地范围内设置防浪林带、防护林带，对保护堤防安全和生态环境是非常必要的。本条主要对其提出了具体要求。

13.4.2 为了保证抗洪抢险的顺利进行，在堤防背水侧设置平台，储备一定数量的抗洪抢险所需的土、石料；在重要堤段和险工段配备照明设备；重要堤防管理单位配备必要的测量、探测仪器和交通工具等都是非常必要的。

13.4.3、13.4.4 过去，堤防工程建设与堤防管理单位生产、生活设施建设不配套，不同步，投资渠道不落实，致使不少基层管理单位的生产、生活设施基础差、标准低，严重制约了管理水平的提高，影响了职工队伍的稳定。近几年来，堤防管理工作得到了加强，管理单位的生产、生活设施得到较大改善。为了使堤防工程管理单位的生产、生活设施建设进一步规范化、制度化，本次修订在水利工程相关管理规范的基础上，本规范亦作进一步补充了一些原则性规定。

附录A 堤基处理计算

A.1 软 弱 地 基

A.1.1 土工织物垫层可限制土的不均匀沉降，对地基土有隔离作用，并有利于孔隙水压力的消散，同时能使地基土的位移场和剪应变在较大区域内有所改善。土工织物垫层对堤身稳定能提供一定的抗滑力，但作用不是很大，根据有关文献报道，稳定安全系数一般仅能提高0.02～0.06。

根据土工布在滑动稳定中所起作用的假设，有两种抗拉力的计算模型，其计算方法如下。

(1)荷兰计算模型。假设在滑弧面，土工布产生与滑弧相适应的扭曲，认为土工布的拉力方向与滑弧相切，见图2。计算公式为：

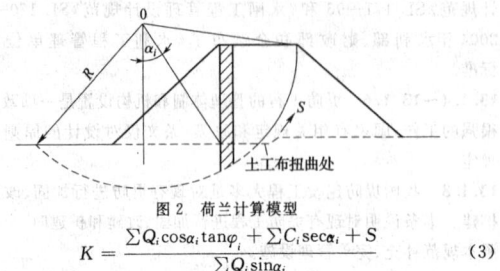

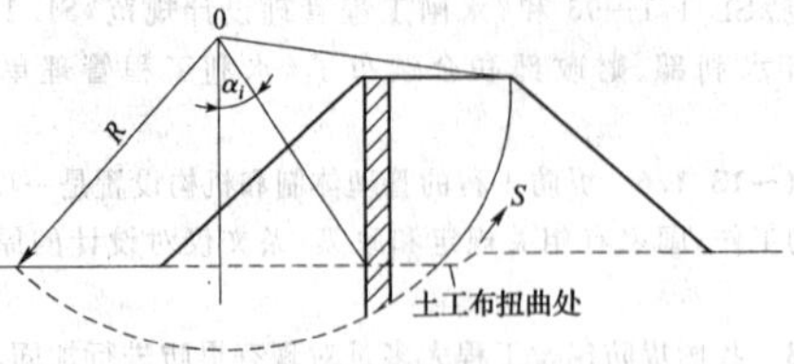

图2 荷兰计算模型

$$K=\frac{\sum Q_i\cos\alpha_i\tan\varphi_i+\sum C_i\sec\alpha_i+S}{\sum Q_i\sin\alpha_i}\qquad(3)$$

(2)瑞典计算模型。假设土工布产生的拉力按铺设方向不变，由于土工布拉力 S 的存在，产生两个稳定力矩 Sa 和 $S\tan\varphi\cdot b$，见图3。计算公式为：

$$K=\frac{(\sum Q_i\cos\alpha_i\tan\varphi_i+\sum C_i\sec\alpha_i)R+S(a+b\tan\varphi)}{R\sum Q_i\sin\alpha_i}\qquad(4)$$

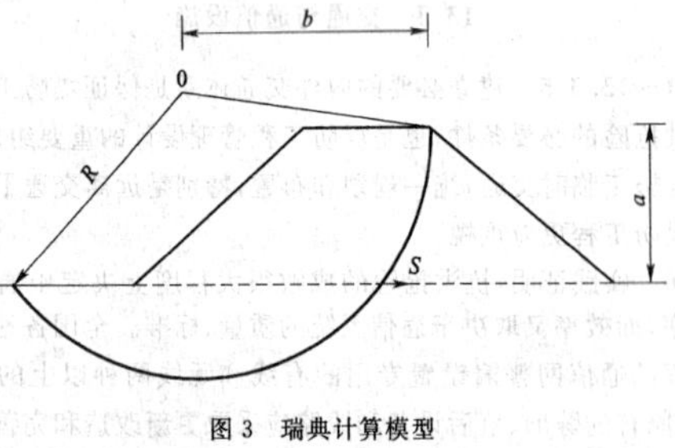

图3 瑞典计算模型

上述式中：K——圆弧滑动稳定安全系数，一般取 $K=1.2\sim1.5$；

Q——条块重(kN)；

α_i——滑弧圆心垂线与通过条块底面中点的半径的夹角(°)；

φ_i、C_i——土体内摩擦角(°)和凝聚力(kN/m²)；

φ——填土的内摩擦角(°)；

S——单位宽度土工布抗拉力(kN/m)。

以上两式中，式(3)较常用。关于 S 的取值，一般认为堤防发生滑弧破坏时，土体开裂的应变量最多只能达到10%，土工织物相应的变形并未达到极限断裂变形，所以按土工织物允许相对变形的8%时所提供的抗拉力作为 S 值计算。

A.1.3 塑料排水板的换算公式中的换算系数 α 值，不少参考书和有些规范都建议无试验资料时，可取 $\alpha=0.75\sim1.00$，在完全不考虑排水板体内水头损失时，取 $\alpha=1.00$，实际上是达不到的。换算系数 α 应通过试验求得。从目前很多的现场试验资料来看，施工长度在10m左右、挠度在10%以下的排水板，适当的 α 值为0.60～0.90。对标准型，即宽度 $b=100$mm、厚度 $\delta=3$mm～4mm的塑料排水板，取 $\alpha=0.75$ 比较适宜。

附录B 设计潮位计算

B.0.1 海岸、河口地区堤防工程的设计潮位，过去由于资料较少，常采用历史最高潮位作为设计潮位，但各地的历史最高潮位所相应的重现期出入较大，作为统一标准不能体现工程的等级，是不合适的。频率分析确定设计潮位的方法，目前在沿海堤防设计中已普遍采用，一些省、区已纳入地方的海堤设计规程，本规范也规定此法。

关于潮位资料的最短年限，是参考国内有关规范及考虑现有实际情况拟定的。根据对国内6个长期验潮站(50年以上)的潮位资料验证比较，采用20年潮位资料与采用长期全系列资料推算重现期50年的高潮位，两者相差在0.2m以内。

B.0.2 本条对频率分析的线型做了规定。潮位频率分析采用的线型，目前一般采用极值Ⅰ型分布或P-Ⅲ型分布。据验证，海岸港口潮位资料一般以极值Ⅰ型适线较好，但对感潮河段潮位资料的验证，一般以P-Ⅲ型拟合较好。由于我国幅员辽阔，影响沿海潮汐的因素复杂，各地潮汐情况差别较大，每种线型也都有一定局限性，因此在某些情况下，经过分析论证，也可以采用适合当地情况的线型。

B.0.3～B.0.5 条文中给出频率分析方法和相应公式，仅列出了极值Ⅰ型分布律的数表，P-Ⅲ型分布的频率表因篇幅过多未予列入，可在一般水文手册中查到。

考虑历史上出现的特高潮位对频率分析结果的影响甚大，特高潮位的考证期、序位的不确定度比实测潮位资料大，因而对特高潮位值、考证期及其序位应予分析论证，在适线调整、参数计算时应慎重对待，以便提高频率分析的精度。

经验频率计算采用了常用的期望值公式。

B.0.6 对缺乏长期潮位资料的情况，如果邻近地点有长期潮汐资料，且潮汐性质相似(包括风暴潮增减水影响、受河流径流影响等)，则可采用相关分析方法推算工程地点的设计潮位，但需有适当的论证。

B.0.7 对风暴潮影响严重地区的3级及以上堤防，除了本附录规定的频率分析方法确定设计潮位外，需采用其他方法进行比较论证，以确定堤防的设计潮位。

附录C 波浪计算

C.1 波浪要素确定

C.1.1 风浪是指因风作用形成，并且仍然在风影响下的一种波浪，本条对计算风浪时成浪因素的取值做了规定。

1 风速取值标准为水面上10m高度处的风速，与国内外规范一致。对风速时距，考虑20世纪70年代以后国内气象站普遍采用自记风速仪，一般为自记10min平均风速，因此本规范也采用此风速。对于陆上台站的风速资料，一般尚需根据台站特点进行修正，如台站与水域的距离远近、隐蔽情况、位置高低等，将风速资料修正为水面上10m高度处的标准风速。

2 观测风速资料是按16个方位记录的，风浪计算一般选择向岸风中风速较大、风区较长的方位作为计算主风向，有时需通过计算比较才能选定。在风浪计算中，一般认为在±22.5°范围内的风向和波向是一致的，因此，年最大风速统计一般可以在计算方向及左右±22.5°范围内选取，即进行风向归并，但若相邻45°的风向都进行统计，则每一风向只能归并一次。

3 有限水域的风区确定，当水域周界不规则、水域中有岛屿时，或在河道的转弯、汊道处，常采用等效风区(也称有效风区)或组成波能量叠加的方法进行波浪计算。根据对长江口两个测波站实测资料验证，两种方法计算结果差别不大，由于等效风区法计算简便，本规范采用了该方法。

4 当风区长度较短时，风浪一般可达定常状态，风浪要素受制于风区而与风时无关，当风区长度不大于100km时，可不考虑风作用延时的影响。

C.1.2 风浪要素计算方法采用莆田试验站方法。该法在沿海堤防设计中已得到广泛应用，现行行业标准《碾压式土石坝设计规范》SL 274—2001 等也采用该法。国内一些测波资料（包括浙江5个沿海岸站和4个沿海岛站、长江口以及一些内陆湖泊、水库等）验证表明，该法符合程度还是比较好的。

河道中风浪观测资料甚少，因此国内外在河道风浪计算时仍沿用基于海域、水库或湖泊观测资料整理的经验公式。据实测资料验证，这些风浪计算方法用于河道风浪计算时，其误差一般较用于海湾、湖泊或水库风浪计算的误差大。同时，验证还表明计算误差的大小和风向与水流的夹角大小有关，当风向与水流向大致垂直时，误差相对较小，当风向与水流向大致平行时，误差较大。

按莆田试验站方法计算时，由已知的风速 V、风区长度 F 和水深 d，可按公式（C.1.2-1）、公式（C.1.2-2）确定定常状态的风浪要素 $\bar{H}$、$\bar{T}$。由公式（C.1.2-3）可确定风浪达到定常状态所需的风时 $t_{\min}$。

C.1.3 工程计算中需进行不同累积频率波高换算，为此需利用波高的统计分布，本规范采用了格鲁霍夫斯基-维林斯基分布，其累积概率函数 $F(H)$ 表示为：

$$F(H) = \exp\left[-\frac{\pi}{4\left(1+\frac{H^*}{\sqrt{2\pi}}\right)}\left(\frac{H}{\bar{H}}\right)^{\frac{2}{1-H^*}}\right] \tag{5}$$

式中：$H^*=H/d$，为反映水深影响的参数。表 C.1.3 是根据公式（5）给出的，由表 C.1.3 可以进行不同累积频率波高的换算。当 $H^*=0$ 时，式（5）变为深水情况的瑞利分布。对波高统计特征值，本规范只采用累积频率波高 H_P，另一类统计特征值，即部分大波均值 $H_{1/n}$（如 $H_{1/3}$、$H_{1/10}$ 等），本规范没有列入，但两种统计特征值是可以换算的，如 $H_{1/3}\approx H_{13\%}$，$H_{1/10}\approx H_{4\%}$ 等。

C.1.4 对不规则波周期，本规范采用平均周期表示，与国内有关规范一致。

C.1.5 本条对设计波浪的确定作了规定。

1 对河、湖堤防工程，设计波浪一般按风速推算，风速的取值标准是参考现行行业标准《碾压式土石坝设计规范》SL 274—2001 拟定的。

2 对河口、海岸堤防工程，可分为两种情况：

（1）当工程地点有长期测波资料时，根据实测资料某一特征波高（如 $H_{4\%}$ 等）的年最大值系列进行频率分析得出。系列最短年限取为 20 年，对频率分析采用的线型未作规定，国内目前常采用 P-Ⅲ 型分布，国外一般采用韦伯分布、对数正态分布、极值Ⅰ型分布等，需对适线情况进行分析后采用。参考浙江省的经验，设计波高的重现期采用与设计潮位相同的重现期。

（2）当工程地点无长期测波资料时，一般需根据风场资料推算设计重现期波浪。对风区不大于 100km 的情况，可利用风速资料进行频率分析，计算风速的重现期可采用设计潮位的重现期，再按风浪要素计算方法确定设计重现期波浪要素，此时假定波浪重现期和风速重现期相同。对开敞水域情况，可利用地面天气图确定风场，然后再确定波浪要素。

3 与设计重现期波高对应的波周期确定可分为两种情况。对有限水域可利用波要素公式（C.1.2-2）计算；对于开敞海岸，由于有涌浪的影响，按式（C.1.2-2）计算的周期一般偏小，此时需对波周期资料进行分析后采用。

C.1.6 波浪向浅水岸区传播，应进行波浪浅水变形计算，包括考虑波浪的浅水、折射等效应，直至确定建筑物所在位置的波要素。

C.2 风壅水面高度计算

C.2.1 在确定内陆水域堤防高程时，需要考虑风壅水面高度。在海岸、河口地区，采用实测潮位资料进行频率分析时，若潮位中包含了风壅水面高度，此时不再进行此项计算。

风壅水面高度计算，目前各国规范采用计算公式基本相同，但综合摩阻系数 K 有一定差别，如表 1 所示。本附录采用了《碾压式土石坝设计规范》SL 274—2001 的 K 值。

表 1 综合摩阻系数比较

来　源	K	说　明
海滨防护手册	3.34×10^{-6}	美国海岸工程研究中心编，梁其荀、方钜译，海洋出版社，1988 年版
荷兰须得海公式	3.56×10^{-6}	
美国内务部垦务局标准 NO.13	4.04×10^{-6}	
前苏联规范 CHиπ2.06,02-82 *	4.2×10^{-6}	$V=20$m/s
《碾压式土石坝设计规范》SL 274—2001	6.0×10^{-6}	$V=30$m/s
	3.6×10^{-6}	
水工设计手册第 4 卷（土石坝）	3.6×10^{-6}	水利电力出版社，1984 年版

C.2.2 本规范确定风壅水面高度的公式对水深小、风区大的情况计算值偏大较多，在此情况下，一般宜进行专门分析，以便得到比较符合实际情况的风壅水面高度。

C.3 波浪爬高计算

C.3.1 本条规定适用于单坡的波浪爬高计算。在 $m=1.5\sim5.0$ 范围，采用莆田试验站方法，该法在土坝及堤防设计中得到广泛应用。在 $m\leqslant1.0$ 范围，表 C.3.1-4 中的 R_0 值是根据国内外现有规范给出的，由于堤坡较陡时，波陡的影响较小，略去波陡的影响。在 $1.0<m<1.5$ 范围，可按内插法确定，这样可使两种方法衔接。

计算爬高原采用的糙率及渗透系数 K_Δ 大都源自 20 世纪五六十年代的小比尺规则波试验成果。近十多年来，根据国外一些大比尺的不规则波试验结果，有些 K_Δ 值稍有增大。本次修订也做了一些调整。

关于波浪爬高统计分布采用了韦伯分布，其分布参数是根据莆田试验站实测资料确定的。南京水利科学研究院的室内不规则波试验也证实爬高分布可采用韦伯分布。

对不允许越浪的堤防爬高累积频率取 2% 的规定，系参考了国外（荷兰等西欧国家）和国内浙江等省的有关规定选取的，考虑到堤防顶高程确定时还有安全加高值，因此可认为在此情况下不会有整片爬升水流越堤的，但应注意到在风的作用下，仍会有飞溅水体越过。对按允许越浪设计的堤防，需按越浪量的大小采取相应防护措施，除前坡防护外，对堤顶和后坡亦需加以防护，设置排水沟等。

C.3.2 复式斜坡堤防的波浪爬高计算，过去国内常采用培什金法、向金法、塞维尔假想斜坡试算方法，但前两种方法使用条件有较多限制，而塞维尔方法又需通过逐次逼近，使用不方便。本附录的计算方法是基于室内规则波试验得出的，并有一些现场资料及不规则波试验资料验证，计算比较方便，且已在一些沿海省区制定的海堤规程中应用。条文中注明的适用条件，是根据试验参数变化范围并结合近年来一些验算结果重新拟定的。

C.3.3 根据现场观测和室内试验，斜向波作用的爬高一般较正向波作用的爬高小，因此需对正向波的计算结果加以修正。附录表 C.3.3 的修正系数，是夏依坦根据现场资料给出的。近年来国外一些不规则波试验结果表明，有时小角度来波的越浪量大于正向来波的越浪量，因而对 $\beta\leqslant15°$，取修正系数 $K_\beta=1$，即不进行斜向修正。

附录 D 护岸计算

D.1 岸坡抗滑稳定计算

D.1.1 坡式护岸的稳定应考虑进行护坡连同地基的整体滑动稳

定及护坡体内部的稳定等两类验算。

对于沿护坡底面通过地基整体滑动的护坡稳定计算，其地基部分也应是圆弧滑动破坏。但是，一般的护坡基础较浅，滑动面也不深，所以，为简便起见，基础部分沿地基滑动可简化为折线状，用极限平衡法进行计算。

如图4所示，护坡AF沿FABC面的滑动，可简化成BCD土体的极限平衡问题，其平衡方程为：

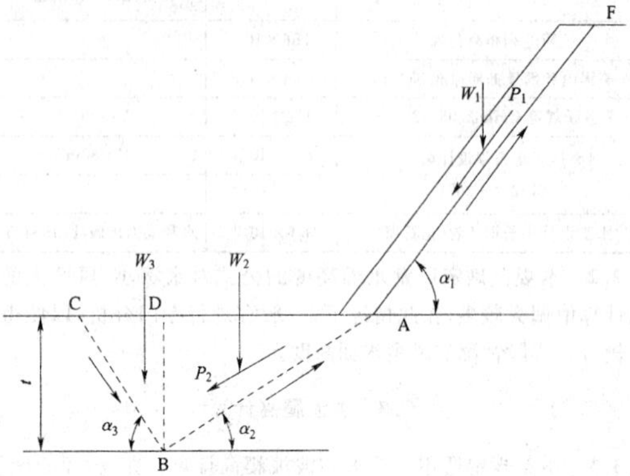

图4 边坡整体滑动计算

$$W_3\sin\alpha_3 + W_3\cos\alpha_3\tan\varphi + ct/\sin\alpha_3 + P_2\sin(\alpha_2+\alpha_3)\tan\varphi = P_2\cos(\alpha_2+\alpha_3) \tag{6}$$

土体BCD的稳定安全系数为：

$$K = \frac{W_3\sin\alpha_3 + W_3\cos\alpha_3\tan\varphi + P_2\sin(\alpha_2+\alpha_3)\tan\varphi + ct/\sin(\alpha_3)}{P_2\cos(\alpha_2+\alpha_3)} \tag{7}$$

上述式中：c、φ——地基土的黏聚力和摩擦角；α_1、α_2、α_3见图4。

P_2可由土体ABD的极限平衡方程求出：

$$P_2 = W_2\sin\alpha_2 - W_2\cos\alpha_2\tan\varphi - ct/\sin\alpha_2 + P_1\cos(\alpha_1-\alpha_2) \tag{8}$$

P_1同样由FA的极限平衡方程求出：

$$P_1 = W_1\sin\alpha_1 - f_1W_1\cos\alpha_1 \tag{9}$$

式中：f_1——护坡和坡底的滑动摩擦系数。

计算时可以通过先假定B，求相应的K，从而求出最危险的滑动面。

滑动面为折线FABC（图D.1.1-1），假定沿FABC整体滑动的安全系数为K时，滑动体FAEG、ABD、BCD分别称为第1、2、3块滑动体，其相应的块体抗滑稳定安全系数为K_1、K_2、K。枯水期水位较低时易发生沿抗剪强度较低的接触面的不稳定破坏（图D.1.1-2）。

D.1.2 重力式护岸系指堤身、堤基以及丁坝护砌采用重力式护砌结构形式的防护工程。

重力式护岸稳定计算应包括整体滑动稳定计算和按挡土墙的抗滑、抗倾、地基应力计算。整体滑动稳定计算可采用瑞典圆弧法进行，计算应考虑工程可能发生的最大冲深对稳定的影响。具体计算应按本规范附录D的规定采用。

重力式护岸按挡土墙进行稳定性计算，土压力计算本规范推荐采用库仑理论公式进行，对两个具体计算问题做了处理：

(1)由于防护工程重力式护岸靠土一侧有采用台阶、变坡等各种形式的情况，因此根据变化情况沿垂向分段计算土压力，对计算段以上土体及其他荷载按均布荷载处理。

(2)当土体为黏性土时，通过加大土内摩擦角的办法将黏着力的影响包含于公式中。

黄河下游一些堤坡、丁坝护坡采用了重力式护岸的防护形式。在坝、岸稳定计算中土压力计算近年一直采用库仑理论公式，还比较可行。因此本规范予以推荐采用。

D.2 护岸工程冲刷深度计算

D.2.1、D.2.2 防护工程进行冲刷深度的计算和分析可为堤岸防护稳定、防冲备石、防汛抢险提供基本依据。目前国内外研究提出的计算堤岸防护工程冲刷深度的公式繁多，各有侧重，各公式计算的差值也较大，需结合工程的具体情况采用。本节公式是根据长江、黄河、珠江及其他河流常采用的一些公式提出的。

D.3 护坡护脚计算

D.3.1 砌石护坡面层设计一般按厚度控制。过去干砌块石厚度计算一般采用向金法、培什金法和港口规范法。向金法在$L/H=15$前后计算值发生突变，不够合理。港口规范法在$m<2$时计算值一般偏大。培什金法计算值一般居中，计算简便。

工程中干砌块石有砌方石（包括条石）和一般块石之分。培什金公式系数为0.225，是对砌方石而言，根据向金资料，砌方石的砌块石系数相差18%，据此，将培什金砌石公式原系数提高18%，作为一般砌石的系数（0.266）。

关于波高累积频率选用，各规范不尽相同，本附录根据室内不规则波试验结果，对不同相对水深d/L做了相应的规定。

D.3.2 关于人工块体和经过分选块石的抛石护坡计算，采用了国内外广泛使用的哈得逊公式。

D.3.3 混凝土护面板的整体稳定计算采用了向金公式，与现行行业标准《碾压式土石坝设计规范》SL 274—2001一致。本条规定的公式仅适用于均质土堤护坡的情况，对土堤临水面有抛石体，在抛石体上铺放混凝土板的情况不宜采用。

D.3.4 在水流作用下，防护工程采用抛石护坡、护脚，其块石保持稳定的抗冲粒径（按块石折算成圆球形之直径）和重量计算公式很多。本条介绍的公式除考虑水流流速这一主要因素外，还考虑了块石容重、底坡情况、水流流向等，比较符合实际情况，亦可根据各地具体情况选用其他公式计算。

附录E 渗流计算

E.1 一般规定

E.1.2 多数堤防的挡水是季节性的，在挡水时间内不一定能形成稳定渗流的浸润线，渗流计算宜根据实际情况考虑不稳定渗流或稳定渗流情况。偏于安全考虑，本条规定大江大河（湖泊）的堤防或中小河流重要堤段可按稳定渗流计算。

E.2 不透水堤基均质土堤渗流计算

E.2.3 公式（E.2.3-1）中的系数c由安徽省水利科学研究所吴世余专家按苏联法尔科维奇的公式导出的新的双重级数精细计算所得。

E.3 透水堤基均质土堤渗流计算

E.3.2 本条所述建立在有限深透水地基上均质土堤渗流计算方法，也可以推广应用到无限深透水地基情况的计算。因为地基深度变化引起浸润线位置的改变，仅在一定深度范围内显著，当地基更深时，浸润线位置实际上已不再改变。因此可以根据试验资料和计算比较，选择地基的有效深度，当地基大于有效深度时，浸润线位置不再改变。地基的有效深度T_e可取为：

$$T_e = (0.5\sim1.0)(L+m_1H_1) \tag{10}$$

因此，当地基的实际深度$T\leqslant T_e$时，按实有地基深度T计算，当$T>T_e$时，按有效深计T_e计算。有效深度T_e仅为计算浸润线位置时使用，计算渗透量仍按实际深度T计算。

E.4 不稳定渗流计算

E.4.1、E.4.2 本节所述的不稳定渗流计算的一套计算公式，由安徽省水利科学研究所吴世余专家推导。这套公式与《渗流计算分析与控制》(毛昶熙主编,中国水利水电出版社,2003 年,第二版)一书中介绍的莱茵河堤中应用的公式基本一致,但比这两处的公式简单,这套公式已经同行专家评审认可。

不稳定渗流计算的基本假定是堤基不透水、浸润线锋面近似地呈直线状、略去非饱和土的张力势。

E.5 背水坡渗流出口比降计算

E.5.1、E.5.2 渗流出口比降是校核背水坡渗流稳定的重要数据,坡面由于受渗透力作用产生的局部破坏,极易危及下游坡的整体安全,在设计中应该充分重视。下游渗流出口比降,精确解计算极为复杂,本节提供的公式是以某些简单条件下的精确解和试验资料为依据,对所研究的问题作近似假定求得的。一些公式在靠近水边线(下游有水)或坡脚(下游无水)时计算得的比降为无穷大,这说明这些公式在水边线或坡脚附近有局限性,也说明在这些部位的坡面最容易发生渗透破坏,在设计中应特别注意。

E.6 水位降落时均质土堤的浸润线

E.6.1 当 $k/\mu/V \leqslant 1/10$ 时,堤身内渗流自由面在水位降落后仍保持有总水头的 90%左右,故可近似认为堤身浸润线基本保持原位置不变,这种情况对上游堤坡的稳定最为不利,为了偏于安全,可以按照水位开始降落前的浸润线位置进行堤坡稳定分析。当 $k/\mu/V > 60$ 时,为缓慢下降,此时堤身渗流自由面保持总水头 10%以下,已不至于影响堤坡稳定,因此,一般不需要进行上游坡的水位降落稳定计算。只有在 $1/10 < k/\mu/V \leqslant 60$ 的范围内,浸润线的下降介于上述的两种情况之间,为进行上游坡的稳定分析,应按照缓降过程计算浸润线下降的位置。

E.7 双层地基渗流计算

E.7.2 双层堤基弱透水层等厚有限长计算公式是根据《多层地基和减压沟井的渗流计算理论》(水利出版社,1980 年)中的公式推导的。经用南京水利科学研究院的"土坝二向渗流计算的有限方法电算程序"的电算成果核算,用这套公式计算结果与电算结果完全符合。

E.7.3、E.7.4 递推公式来自《粘土铺盖》(徐尚璧著,水利电力出版社,1988 年)。公式是根据本奈特(P. T. Bennett)的基本假定,按水位淹没弱透水层推导的。递推公式可用来计算不等厚或不均质(各段渗透系数不同)弱透水层和各种盖重计算。经用南京水利科学研究院的"土坝二向渗流计算的有限方法电算程序"电算结果核算,在满足水位淹没弱透水层的条件下,递推公式计算结果与电算结果一致。

E.7.5 排水减压沟这一套半理论半经验的计算式是由安徽省水利科学研究院吴世余专家提供的,全文为《小断面排水减压沟的渗流计算》,刊于河海大学《水利水电科技进展》2002 年第 4 期。

排水减压沟的理论计算就是吴世余专家推导的,见《多层地基和减压沟井的渗流计算理论》(水利出版社,1980 年)。因理论计算太复杂不宜作为规范的附录,特请吴世余专家为本规范推导了一套半理论半经验的计算式,计算简便并有足够的精度,适用于所有常见的各种沟型。这套计算式中的公式(E.7.5-1)附加渗径长度计算为经验的,其余计算式均为理论计算。公式(E.7.5-1)和理论计算比较,d_p 的相对误差平均为±2%,最大为±7%,绝对值差最大为 $0.03T$;d_n 的相对误差为±2%,最大为±9%,绝对值差最大为 $0.01T$。详细比较结果见《小断面排水减压沟的渗流计算》(《水利水电科技进展》,2002 年第 4 期)。

E.8 防洪墙底部渗流计算

E.8.1～E.8.7 本节根据改进阻力系数法编写。1936 年巴甫洛夫斯基提出用分段法计算建筑物底板下的渗流。1957 年丘加也夫根据巴甫洛夫斯基分段法的精神和努麦罗夫渐近线法对急变区计算的理论提出了阻力系数法。改进阻力系数法是我国学者毛昶熙、周保中 1980 年提出的。该法综合巴氏与丘氏的分段特点,沿板桩线或垂直壁面分成左右侧的段,虽然分段增多,但能够算得下板桩或截墙底部角点水头,从而可估算出口比降。同时对地下轮廓中的斜坡和短截墙凸起部给出了局部修正方法。经过实例计算比较证明精度较高,并已在国内得到推广。

以直线连接各分段计算点的水头值,即得渗透压力的分布图形。

图 E.8.5-2 中的 QP′为原有水力比降线,根据公式(E.8.5-4)和公式(E.8.5-5)计算的 Δh 和 L_x' 值,分别定出 P 点和 O 点,连接 QOP,即为修正后的水力比降线。

以直线连接修正后的各分段计算点的水头值,即得修正后的渗透压力分布图形。

附录 F 抗滑稳定计算

F.0.1、F.0.2 做堤防抗滑稳定分析时,土的抗剪强度指标可采用三轴抗剪强度、直剪强度。抗剪强度计算方法有有效应力法和总应力法两种。有效应力法适用于堤防的各个时期,即施工期、稳定渗流期及外水位降落期,其有效强度指标测定和取值比较稳定可靠,所以可作为基本方法。总应力法主要用于施工期,也可用于水位降落期。这是因为施工期可以认为孔隙压力不消散,因此用直接快剪(渗透系数小于 1×10^{-7} cm/s 或压缩系数小于 $0.2\mathrm{MPa}^{-1}$)或三轴不排水剪测定不固结不排水的强度指标 c_u、φ_u。在外水位降落期,堤身黏性填土已经固结和饱和,水位降落时认为黏性填土是不排水的,孔隙压力不消散,与固结不排水试验情况相似,因而规定可采用饱和固结不排水剪的总强度指标 c_{cu}、φ_{cu}。

关于堤身内孔隙压力的估算:稳定渗流期堤身和堤基中的孔隙压力可根据流网计算;堤坡外水位降落时孔隙压力的计算方法可分为两大类:无黏性土可根据水位降落期临水侧堤身浸润线位置和流网图计算孔隙压力;对于可压缩的饱和黏性土,水位降落后条块底面中点的孔隙压力可简化采用公式 $u=\gamma_w(h-h')$,式中 h 为条块底面中点以上土料的高度,h' 为稳定渗流期水流至条块底面中点的水头损失。

F.0.3 瑞典圆弧法和简化毕肖普法为近年来堤防抗滑稳定计算中普遍采用的两种刚体极限平衡法。最早的瑞典圆弧法是不计条块间作用力的方法,计算简单,已积累了丰富的经验,但理论上有缺陷,且当孔隙压力较大和地基软弱时误差较大。简化毕肖普法计及条块间作用力,能反映土体滑动土条之间的客观状况,但计算比瑞典圆弧法复杂。由于计算机的广泛应用,使得计及条块间作用力方法的计算变得比较简单,容易实现,而且在确定强度指标及选取合适的安全系数方面也积累了不少经验,国内已有很多单位编出了电算程序,使用很方便。

F.0.6、F.0.7 本规范推荐防洪墙抗滑、抗倾稳定计算公式是水工建筑物设计中通用的公式,如溢洪道、水闸、挡土墙、泵站、重力坝等设计规范中均用此进行稳定计算。

鉴于堤防工程大部分是修建在土基上,本规范仅列出坐落在土基上的防洪墙抗滑稳定计算公式。对于修建在岩基上的防洪墙,可结合工程实际情况,采用相关标准进行抗滑稳定计算。

中华人民共和国国家标准

城市排水工程规划规范

Code of urban wastewater engineering planning

GB 50318—2000

主编部门：中华人民共和国建设部
批准部门：中华人民共和国建设部
施行日期：2 0 0 1 年 6 月 1 日

关于发布国家标准《城市排水工程规划规范》的通知

建标［2000］282号

根据国家计委《一九九二年工程建设标准制订、修订计划》（计综合［1992］490号）的要求，由我部会同有关单位共同制订的《城市排水工程规划规范》，经有关部门会审，批准为国家标准，编号为GB 50318—2000，自2001年6月1日起施行。

本规范由我部负责管理，陕西省城乡规划设计研究院负责具体解释工作，建设部标准定额研究所组织中国建筑工业出版社出版发行。

中华人民共和国建设部

2000年12月21日

前　言

本规范是根据国家计委计综合［1992］490号文件《一九九二年工程建设标准制订、修订计划》的要求，由建设部负责编制而成。经建设部2000年12月21日以建标［2000］282号文批准发布。

在本规范的编制过程中，规范编制组在总结实践经验和科研成果的基础上，主要对城市排水规划范围和排水体制、排水量和规模、排水系统布局、排水泵站、污水处理厂、污水处理与利用等方面作了规定，并广泛征求了全国有关单位的意见，最后由我部会同有关部门审查定稿。

在本规范执行过程中，希望各有关单位结合工程实践和科学研究，认真总结经验、注意积累资料，如发现需要修改和补充之处，请将意见和有关资料寄交陕西省城乡规划设计研究院（通信地址：西安市金花北路8号，邮编710032），以供今后修订时参考。

本规范主编单位：陕西省城乡规划设计研究院

参 编 单 位：浙江省城乡规划设计研究院
大连市规划设计研究院
昆明市规划设计研究院

主要起草人：韩文斌　张明生　李小林　潘伯堂　赵　萍　曹世法　付文清　张　华　刘绍治　李美英

目　次

1 总　　则

1.0.1 为在城市排水工程规划中贯彻执行国家的有关法规和技术经济政策，提高城市排水工程规划的编制质量，制定本规范。

1.0.2 本规范适用于城市总体规划的排水工程规划。

1.0.3 城市排水工程规划期限应与城市总体规划期限一致。在城市排水工程规划中应重视近期建设规划，且应考虑城市远景发展的需要。

1.0.4 城市排水工程规划的主要内容应包括：划定城市排水范围、预测城市排水量、确定排水体制、进行排水系统布局；原则确定处理后污水污泥出路和处理程度；确定排水枢纽工程的位置、建设规模和用地。

1.0.5 城市排水工程规划应贯彻“全面规划、合理布局、综合利用、保护环境、造福人民”的方针。

1.0.6 城市排水工程设施用地应按规划期规模控制，节约用地，保护耕地。

1.0.7 城市排水工程规划应与给水工程、环境保护、道路交通、竖向、水系、防洪以及其他专业规划相协调。

1.0.8 城市排水工程规划除应符合本规范外，尚应符合国家现行的有关强制性标准的规定。

2 排水范围和排水体制

2.1 排 水 范 围

2.1.1 城市排水工程规划范围应与城市总体规划范围一致。

2.1.2 当城市污水处理厂或污水排出口设在城市规划区范围以外时，应将污水处理厂或污水排出口及其连接的排水管渠纳入城市排水工程规划范围。涉及邻近城市时，应进行协调，统一规划。

2.1.3 位于城市规划区范围以外的城镇，其污水需要接入规划城市污水系统时，应进行统一规划。

2.2 排 水 体 制

2.2.1 城市排水体制应分为分流制与合流制两种基本类型。

2.2.2 城市排水体制应根据城市总体规划、环境保护要求，当地自然条件（地理位置、地形及气候）和废水受纳体条件，结合城市污水的水质、水量及城市原有排水设施情况，经综合分析比较确定。同一个城市的不同地区可采用不同的排水体制。

2.2.3 新建城市、扩建新区、新开发区或旧城改造地区的排水系统应采用分流制。在有条件的城市可采用截流初期雨水的分流制排水系统。

2.2.4 合流制排水体制应适用于条件特殊的城市，且应采用截流式合流制。

3 排水量和规模

3.1 城市污水量

3.1.1 城市污水量应由城市给水工程统一供水的用户和自备水源供水的用户排出的城市综合生活污水量和工业废水量组成。

3.1.2 城市污水量宜根据城市综合用水量（平均日）乘以城市污水排放系数确定。

3.1.3 城市综合生活污水量宜根据城市综合生活用水量（平均日）乘以城市综合生活污水排放系数确定。

3.1.4 城市工业废水量宜根据城市工业用水量（平均日）乘以城市工业废水排放系数，或由城市污水量减去城市综合生活污水量确定。

3.1.5 污水排放系数应是在一定的计量时间（年）内的污水排放量与用水量（平均日）的比值。

按城市污水性质的不同可分为：城市污水排放系数、城市综合生活污水排放系数和城市工业废水排放系数。

3.1.6 当规划城市供水量、排水量统计分析资料缺乏时，城市分类污水排放系数可根据城市居住、公共设施和分类工业用地的布局，结合以下因素，按表3.1.6的规定确定。

1　城市污水排放系数应根据城市综合生活用水量和工业用水量之和占城市供水总量的比例确定。

2　城市综合生活污水排放系数应根据城市规划的居住水平、给水排水设施完善程度与城市排水设施规划普及率，结合第三产业产值在国内生产总值中的比重确定。

3　城市工业废水排放系数应根据城市的工业结构和生产设备、工艺先进程度及城市排水设施普及率确定。

表 3.1.6　城市分类污水排放系数

城市污水分类	污水排放系数
城市污水	0.70～0.80
城市综合生活污水	0.80～0.90
城市工业废水	0.70～0.90

注：工业废水排放系数不含石油、天然气开采业和煤炭与其他矿采选业以及电力蒸汽热水产供业废水排放系数，其数据应按厂、矿区的气候、水文地质条件和废水利用、排放方式确定。

3.1.7 在城市总体规划阶段城市不同性质用地污水量可按照《城市给水工程规划规范》（GB 50282）中不同性质用地用水量乘以相应的分类污水排放系数确

定。

3.1.8 当城市污水由市政污水系统或独立污水系统分别排放时，其污水系统的污水量应分别按其污水系统服务面积内的不同性质用地的用水量乘以相应的分类污水排放系数后相加确定。

3.1.9 在地下水位较高地区，计算污水量时宜适当考虑地下水渗入量。

3.1.10 城市污水量的总变化系数，应按下列原则确定：

1 城市综合生活污水量总变化系数，应按《室外排水设计规范》(GBJ 14) 表 2.1.2 确定。

2 工业废水量总变化系数，应根据规划城市的具体情况，按行业工业废水排放规律分析确定，或参照条件相似城市的分析成果确定。

3.2 城市雨水量

3.2.1 城市雨水量计算应与城市防洪、排涝系统规划相协调。

3.2.2 雨水量应按下式计算确定：

$$Q=q\cdot\psi\cdot F \qquad (3.2.2)$$

式中 Q——雨水量 (L/s)；

q——暴雨强度 (L/(s·ha))；

ψ——径流系数；

F——汇水面积 (ha)。

3.2.3 城市暴雨强度计算应采用当地的城市暴雨强度公式。当规划城市无上述资料时，可采用地理环境及气候相似的邻近城市的暴雨强度公式。

3.2.4 径流系数 (ψ) 可按表 3.2.4 确定。

表 3.2.4 径流系数

区 域 情 况	径流系数 (ψ)
城市建筑密集区（城市中心区）	0.60～0.85
城市建筑较密集区（一般规划区）	0.45～0.60
城市建筑稀疏区（公园、绿地等）	0.20～0.45

3.2.5 城市雨水规划重现期，应根据城市性质、重要性以及汇水地区类型（广场、干道、居住区）、地形特点和气候条件等因素确定。在同一排水系统中可采用同一重现期或不同重现期。

重要干道、重要地区或短期积水能引起严重后果的地区，重现期宜采用 3～5 年，其他地区重现期宜采用 1～3 年。特别重要地区和次要地区或排水条件好的地区规划重现期可酌情增减。

3.2.6 当生产废水排入雨水系统时，应将其水量计入雨水量中。

3.3 城市合流水量

3.3.1 城市合流管道的总流量、溢流井以后管段的流量估算和溢流井截流倍数 n_0 以及合流管道的雨水量重现期的确定可参照《室外排水设计规范》(GBJ 14)“合流水量”有关条文。

3.3.2 截流初期雨水的分流制排水系统的污水干管总流量应按下列公式估算：

$$Q_z=Q_s+Q_g+Q_{cy} \qquad (3.3.2)$$

式中 Q_z——总流量 (L/s)；

Q_s——综合生活污水量 (L/s)；

Q_g——工业废水量 (L/s)；

Q_{cy}——初期雨水量 (L/s)。

3.4 排 水 规 模

3.4.1 城市污水工程规模和污水处理厂规模应根据平均日污水量确定。

3.4.2 城市雨水工程规模应根据城市雨水汇水面积和暴雨强度确定。

4 排 水 系 统

4.1 城市废水受纳体

4.1.1 城市废水受纳体应是接纳城市雨水和达标排放污水的地域，包括水体和土地。

受纳水体应是天然江、河、湖、海和人工水库、运河等地面水体。

受纳土地应是荒地、废地、劣质地、湿地以及坑、塘、淀洼等。

4.1.2 城市废水受纳体应符合下列条件：

1 污水受纳水体应符合经批准的水域功能类别的环境保护要求，现有水体或采取引水增容后水体应具有足够的环境容量。

雨水受纳水体应有足够的排泄能力或容量。

2 受纳土地应具有足够的容量，同时不应污染环境、影响城市发展及农业生产。

4.1.3 城市废水受纳体宜在城市规划区范围内或跨区选择，应根据城市性质、规模和城市的地理位置、当地的自然条件，结合城市的具体情况，经综合分析比较确定。

4.2 排水分区与系统布局

4.2.1 排水分区应根据城市总体规划布局，结合城市废水受纳体位置进行划分。

4.2.2 污水系统应根据城市规划布局，结合竖向规划和道路布局、坡向以及城市污水受纳体和污水处理厂位置进行流域划分和系统布局。

城市污水处理厂的规划布局应根据城市规模、布局及城市污水系统分布，结合城市污水受纳体位置、环境容量和处理后污水、污泥出路，经综合评价后确定。

4.2.3 雨水系统应根据城市规划布局、地形，结合竖向规划和城市废水受纳体位置，按照就近分散、自流排放的原则进行流域划分和系统布局。

应充分利用城市中的洼地、池塘和湖泊调节雨水径流，必要时可建人工调节池。

城市排水自流排放困难地区的雨水，可采用雨水泵站或与城市排涝系统相结合的方式排放。

4.2.4 截流式合流制排水系统应综合雨、污水系统布局的要求进行流域划分和系统布局，并应重视截流干管（渠）和溢流井位置的合理布局。

4.3 排水系统的安全性

4.3.1 排水工程中的厂、站不宜设置在不良地质地段和洪水淹没、内涝低洼地区。当必须在上述地段设置厂、站时，应采取可靠防护措施，其设防标准不应低于所在城市设防的相应等级。

4.3.2 污水处理厂和排水泵站供电应采用二级负荷。

4.3.3 雨水管道、合流管道出水口当受水体水位顶托时，应根据地区重要性和积水所造成的后果，设置潮门、闸门或排水泵站等设施。

4.3.4 污水管渠系统应设置事故出口。

4.3.5 排水系统的抗震要求应按《室外给水排水和煤气热力工程抗震设计规范》（TJ 32）及《室外给水排水工程设施抗震鉴定标准》（GBJ 43）执行。

5 排水管渠

5.0.1 排水管渠应以重力流为主，宜顺坡敷设，不设或少设排水泵站。当排水管遇有翻越高地、穿越河流、软土地基、长距离输送污水等情况，无法采用重力流或重力流不经济时，可采用压力流。

5.0.2 排水干管应布置在排水区域内地势较低或便于雨、污水汇集的地带。

5.0.3 排水管宜沿规划城市道路敷设，并与道路中心线平行。

5.0.4 排水管道穿越河流、铁路、高速公路、地下建（构）筑物或其他障碍时，应选择经济合理路线。

5.0.5 截流式合流制的截流干管宜沿受纳水体岸边布置。

5.0.6 排水管道在城市道路下的埋设位置应符合《城市工程管线综合规划规范》（GB 50289）的规定。

5.0.7 城市排水管渠断面尺寸应根据规划期排水规划的最大秒流量，并考虑城市远景发展的需要确定。

6 排水泵站

6.0.1 当排水系统中需设置排水泵站时，泵站建设用地按建设规模、泵站性质确定，其用地指标宜按表6.0.1-1和6.0.1-2规定。

表 6.0.1-1 雨水泵站规划用地指标（$m^2 \cdot s/L$）

建设规模	雨水流量（L/s）			
	20000以上	10000～20000	5000～10000	1000～5000
用地指标	0.4～0.6	0.5～0.7	0.6～0.8	0.8～1.1

注：1. 用地指标是按生产必须的土地面积。
2. 雨水泵站规模按最大秒流量计。
3. 本指标未包括站区周围绿化带用地。
4. 合流泵站可参考雨水泵站指标。

表 6.0.1-2 污水泵站规划用地指标（$m^2 \cdot s/L$）

建设规模	污水流量（L/s）				
	2000以上	1000～2000	600～1000	300～600	100～300
用地指标	1.5～3.0	2.0～4.0	2.5～5.0	3.0～6.0	4.0～7.0

注：1. 用地指标是按生产必须的土地面积。
2. 污水泵站规模按最大秒流量计。
3. 本指标未包括站区周围绿化带用地。

6.0.2 排水泵站结合周围环境条件，应与居住、公共设施建筑保持必要的防护距离。

7 污水处理与利用

7.1 污水利用与排放

7.1.1 水资源不足的城市宜合理利用经处理后符合标准的污水作为工业用水、生活杂用水及河湖环境景观用水和农业灌溉用水等。

7.1.2 在制定污水利用规划方案时，应做到技术可靠、经济合理和环境不受影响。

7.1.3 未被利用的污水应经处理达标后排入城市废水受纳体，排入受纳水体的污水排放标准应符合《污水综合排放标准》（GB 8978）的要求。在条件允许的情况下，也可排入受纳土地。

7.2 污水处理

7.2.1 城市综合生活污水与工业废水排入城市污水系统的水质均应符合《污水排入城市下水道水质标准》（CJ 3082）的要求。

7.2.2 城市污水的处理程度应根据进厂污水的水质、水量和处理后污水的出路（利用或排放）确定。

污水利用应按用户用水的水质标准确定处理程度。

污水排入水体应视受纳水体水域使用功能的环境保护要求，结合受纳水体的环境容量，按污染物总量控制与浓度控制相结合的原则确定处理程度。

7.2.3 污水处理的方法应根据需要处理的程度确定，城市污水处理一般应达到二级生化处理标准。

7.3 城市污水处理厂

7.3.1 城市污水处理厂位置的选择宜符合下列要求：

1　在城市水系的下游并应符合供水水源防护要求；

2　在城市夏季最小频率风向的上风侧；

3　与城市规划居住、公共设施保持一定的卫生防护距离；

4　靠近污水、污泥的排放和利用地段；

5　应有方便的交通、运输和水电条件。

7.3.2　城市污水处理厂规划用地指标宜根据规划期建设规模和处理级别按照表7.3.2的规定确定。

表7.3.2　城市污水处理厂规划用地指标

（$m^2 \cdot d/m^3$）

建设规模	污水量（m^3/d）				
	20万以上	10～20万	5～10万	2～5万	1～2万
用地指标	一级污水处理指标				
	0.3～0.5	0.4～0.6	0.5～0.8	0.6～1.0	0.6～1.4
	二级污水处理指标（一）				
	0.5～0.8	0.6～0.9	0.8～1.2	1.0～1.5	1.0～2.0
	二级污水处理指标（二）				
	0.6～1.0	0.8～1.2	1.0～2.5	2.5～4.0	4.0～6.0

注：1. 用地指标是按生产必须的土地面积计算。

2. 本指标未包括厂区周围绿化带用地。

3. 处理级别以工艺流程划分。

一级处理工艺流程大体为泵房、沉砂、沉淀及污泥浓缩、干化处理等。

二级处理（一），其工艺流程大体为泵房、沉砂、初次沉淀、曝气、二次沉淀及污泥浓缩、干化处理等。

二级处理（二），其工艺流程大体为泵房、沉砂、初次沉淀、曝气、二次沉淀、消毒及污泥提升、浓缩、消化、脱水及沼气利用等。

4. 本用地指标不包括进厂污水浓度较高及深度处理的用地，需要时可视情况增加。

7.3.3　污水处理厂周围应设置一定宽度的防护距离，减少对周围环境的不利影响。

7.4　污泥处置

7.4.1　城市污水处理厂污泥必须进行处置，应综合利用、化害为利或采取其他措施减少对城市环境的污染。

7.4.2　达到《农用污泥中污染物控制标准》（GB 4282）要求的城市污水处理厂污泥，可用作农业肥料，但不宜用于蔬菜地和当年放牧的草地。

7.4.3　符合《城市生活垃圾卫生填埋技术标准》（CJJ 17）规定的城市污水处理厂污泥可与城市生活垃圾合并处置，也可另设填埋场单独处置，应经综合评价后确定。

7.4.4　城市污水处理厂污泥用于填充洼地、焚烧或其他处置方法，均应符合相应的有关规定，不得污染环境。

本规范用词说明

一、执行本规范条文时，对于要求严格程度的用词，说明如下，以便在执行中区别对待。

1. 表示很严格，非这样做不可的用词
正面词采用“必须”，反面词采用“严禁”；

2. 表示严格，在正常情况下均应这样做的用词
正面词采用“应”，反面词采用“不应”或“不得”；

3. 表示允许稍有选择，在条件许可时首先应这样做的用词
正面词采用“宜”，反面词采用“不宜”。

4. 表示有选择，在一定条件下可以这样的，采用“可”。

二、条文中指明必须按其他有关标准和规范执行的写法为：“应按……执行”或“应符合……要求或规定”。

中华人民共和国国家标准

城市排水工程规划规范

GB 50318—2000

条 文 说 明

前　言

根据国家计委计综合［1992］490号文的要求，《城市排水工程规划规范》由建设部主编，具体由陕西省城乡规划设计研究院会同浙江省城乡规划设计研究院、大连市规划设计研究院、昆明市规划设计研究院等单位共同编制而成。经建设部2000年12月21日以建标［2000］282号文批准发布。

为便于广大城市规划的设计、管理、教学、科研等有关单位人员在使用本规范时能正确理解和执行本规范，《城市排水工程规划规范》编制组根据国家计委关于编制标准、规范条文说明的统一要求，按《城市排水工程规划规范》的章、节、条的顺序，编制了条文说明，供国内有关部门和单位参考。在使用中如发现有不够完善之处，请将意见函寄陕西省城乡规划设计研究院，以供今后修改时参考。

通信地址：西安市金花北路8号

邮政编码：710032。

本条文说明仅供部门和单位执行本标准时使用，不得翻印。

目　次

1 总　　则

1.0.1 阐明编制本规范的目的。20 世纪 80 年代以来，我国城市规划事业发展迅速，积累了丰富的实践经验，但在制定城市规划各项法规、标准上起步较晚，明显落后于发展需要。由于没有相应的国家标准，全国各地城市规划设计单位在编制城市排水工程规划时出现内容、深度不一，这种状况不利于城市排水工程规划编制水平的提高，不利于排水工程规划的审查和管理工作，同时也影响了城市正常、有序的建设和发展。

随着国家《城市规划法》、《环境保护法》、《水污染防治法》等一系列法规的颁布和《污水综合排放标准》、《地面水环境质量标准》、《城市污水处理厂污水污泥排放标准》以及《生活杂用水水质标准》等一系列标准的实施，人们的法制观念日渐加强，城市规划相应法规的制定迫在眉睫；现在《城市给水工程规范》及其他专业规划规范都已陆续颁布实施，为完善城市规划法规体系，必须制定《城市排水工程规划规范》，以规范城市排水工程规划编制工作。

同时，本规范具体体现了国家在排水工程中的技术经济政策和保护环境、造福人民、实施城市可持续发展的基本国策，保证了排水工程规划的合理性、可行性、先进性和经济性，是为城市排水工程规划制定的一份法规性文件。

1.0.2 规定本规范的适用范围。本规范适用于设市城市总体规划阶段的排水工程规划。建制镇总体规划的排水工程规划可执行本规范。

本规范主要为整个城市的排水工程规划编制工作提供依据，在宏观决策、超前性以及对城市排水系统的总体布局等方面区别于现行的各类排水设计规范，在编制城市修建性详细规划时可参考设计规范进行。

1.0.3 城市排水工程规划的规划期限与城市总体规划期限相一致，设市城市一般为 20 年，建制镇一般为 15～20 年。

城市排水设施是城市基础设施的重要组成部分，是维护城市正常活动和改善生态环境，促进社会、经济可持续发展的必备条件。规划目标的实现和提高城市排水设施普及率、污水处理达标排放率等都不是一个短时期能解决的问题，需几个规划期才能完成。因此，城市排水工程规划应具有较长期的时效，以满足城市不同发展阶段的需要。本条明确规定了城市排水工程规划不仅要重视近期建设规划，而且还应考虑城市远景发展的需要。

城市排水工程近期建设规划是城市排水工程规划的重要组成部分，是实施排水工程规划的阶段性规划，是城市排水工程规划的具体化及其实施的必要步骤。通过近期建设规划，可以起到对城市排水工程规划进一步的修改和补充作用，同时也为城市近期建设和管理乃至详细规划和单项设计提供依据。

城市排水工程近期建设规划应以规划期规划目标为指导，对近期建设目标、发展布局以及城市近期需要建设项目的实施作出统筹安排。近期建设规划要有一定的超前性，并应注意城市排水系统的逐步形成，为城市污水处理厂的建成、使用创造条件。

排水工程规划要考虑城市发展、变化的需要，不但规划要近、远期结合，而且要考虑城市远景发展的需要。城市排水出口与污水受纳体的确定都不应影响下游城市或远景规划城市的建设和发展。城市排水系统的布局也应具有弹性，为城市远景发展留有余地。

1.0.4 规定城市排水工程规划的主要任务和规划内容。城市排水工程规划的内容是根据《城市规划编制办法实施细则》的有关要求确定的。

在确定排水体制、进行排水系统布局时，应拟定城市排水方案，确定雨、污水排除方式，提出对旧城原排水设施的利用与改造方案和在规划期限内排水设施的建设要求。

在确定污水排放标准时，应从污水受纳体的全局着眼，既符合近期的可能，又要不影响远期的发展。采取有效措施，包括加大处理力度、控制或减少污染物数量、充分利用受纳体的环境容量，使污水排放污染物与受纳水体的环境容量相平衡，达到保护自然资源，改善环境的目的。

1.0.5 本条规定在城市排水工程规划中应贯彻环境保护方面的有关方针，还应执行“预防为主，综合治理”以及环境保护方面的有关法规、标准和技术政策。

在城市总体规划时应根据规划城市的资源、经济和自然条件以及科技水平，优化产业结构和工业结构，并在用地规划时给以合理布局，尽可能减少污染源。在排水工程规划中应对城市所有雨、污水系统进行全面规划，对排水设施进行合理布局，对污水、污泥的处理、处置应执行“综合利用，化害为利，保护环境，造福人民”的原则。

在城市排水工程规划中，对“水污染防治七字技术要点”也可作为参考，其内容如下：

保——保护城市集中饮用水源；

截——完善城市排水系统，达到清、污分流，为集中合理和科学排放打下基础；

治——点源治理与集中治理相结合，以集中治理优先，对特殊污染物和地理位置不便集中治理的企业实行分散点源治理；

管——强化环境管理，建立管理制度，采取有力措施以管促治；

用——污水资源化，综合利用，节省水资源，减少污水排放；

引——引水冲污、加大水体流（容）量、增大环境容量，改善水质；

排——污水科学排放，污水经一级处理科学排海、排江，利用环境容量，减少污水治理费用。

1.0.6 规定了城市排水工程设施用地的规划原则。城市排水工程设施用地应按规划期规模一次规划，确定用地位置、用地面积，根据城市发展的需要分期建设。

排水设施用地的位置选择应符合规划要求，并考虑今后发展的可能；用地面积要根据规模和工艺流程、卫生防护的要求全面考虑，一次划定控制使用。

基于我国人口多，可耕地面积少的国情，排水设施用地从选址定点到确定用地面积都应贯彻“节约用地，保护耕地”的原则。

1.0.7 城市排水工程规划除应符合总体规划的要求外，并应与其他各项专业规划协调一致。

城市排水工程规划与城市给水工程规划之间关系紧密，排水工程规划的污水量、污水处理程度和受纳水体及污水出口应与给水工程规划的用水量、回用再生水的水质、水量和水源地及其卫生防护区相协调。

城市排水工程规划的受纳水体与城市水系规划、城市防洪规划相关，应与规划水系的功能和防洪的设计水位相协调。

城市排水工程规划的管渠多沿城市道路敷设，应与城市规划道路的布局和宽度相协调。

城市排水工程规划受纳水体、出水口应与城市环境保护规划水体的水域功能分区及环境保护要求相协调。

城市排水工程规划中排水管渠的布置和泵站、污水处理厂位置的确定应与城市竖向规划相协调。

城市排水工程规划除应与以上提到的几项专业规划协调一致外，与其他各项专业规划也应协调好。

1.0.8 提出排水工程规划除执行《城市规划法》、《环境保护法》、《水污染防治法》及本规范外，还需同时执行相关标准、规范的规定。目前主要的有以下这些标准和规范。

1.《城市给水工程规划规范》GB 50282—98

2.《污水综合排放标准》GB 8978—1996

3.《地面水环境质量标准》GB 3838—88

4.《城市污水处理厂污水污泥排放标准》CJ 3025—93

5.《生活杂用水水质标准》GB 2501—89

6.《景观娱乐用水水质标准》GB 12941—91

7.《农田灌溉水质标准》GB 5084—85

8.《海水水质标准》GB 3097—1997

9.《农用污泥中污染物控制标准》GB 4282—84

10.《室外排水设计规范》GBJ 14—87

11.《给水排水基本术语标准》GBJ 125—89

12.《城市用地分类与规划建设用地标准》GBJ 137—90

13.《城市生活垃圾卫生填埋技术标准》CJJ 17—88

14.《室外给水排水和煤气热力工程抗震设计规范》TJ 32—78

15.《室外给水排水工程设施抗震鉴定标准》GBJ 43—82

16.《城市工程管线综合规划规范》GB 50289—98

17.《污水排入城市下水道水质标准》CJ 3082—1999

18.《城市规划基本术语标准》GB/T 50280—98

19.《城市竖向规划规范》CJJ83—99

2 排水范围和排水体制

2.1 排水范围

2.1.1 城市总体规划包括的城市中心区及其各组团，凡需要建设排水设施的地区均应进行排水工程规划。其中雨水汇水面积因受地形、分水线以及流域水系出流方向的影响，确定时需与城市防洪、水系规划相协调，也可超出城市规划范围。

2.1.2、2.1.3 这两条明确规定设在城市规划区以外规划城市的排水设施和城市规划区以外的城镇污水需接入规划城市污水系统时，应纳入城市排水范围进行统一规划。

保护城市环境，防止污染水体应从全流域着手。城市水体上游的污水应就地处理达标排放，如无此条件，在可能的条件下可接入规划城市进行统一规划处理。规划城市产生的污水应处理达标后排入水体，但对水体下游的现有城市或远景规划城市也不应影响其建设和发展，要从全局着想，促进全社会的可持续发展。

2.2 排水体制

2.2.1 指出排水体制的基本分类。在城市排水工程规划中，可根据规划城市的实际情况选择排水体制。

分流制排水系统：当生活污水、工业废水和雨水、融雪水及其它废水用两个或两个以上的排水管渠来收集和输送时，称为分流制排水系统。其中收集和输送生活污水和工业废水（或生产污水）的系统称为污水排水系统；收集和输送雨水、融雪水、生产废水和其它废水的称雨水排水系统；只排除工业废水的称工业废水排水系统。

2.2.2 提出排水体制选择的依据。排水体制在城市的不同发展阶段和经济条件下，同一城市的不同地区，可采用不同的排水体制。经济条件好的城市，可采用分流制，经济条件差而自身条件好的可采用部分分流制、部分合流制，待有条件时再建完全分流制。

2.2.3 提出了新建城市、扩建新区、新开发区或旧城改造地区的排水系统宜采用分流制的要求；同时也提出了在有条件的城市可布设截流初期雨水的分流制排水系统的合理性，以适应城市发展的更高要求。

2.2.4 提出了合流制排水系统的适用条件。同时也提出了在旧城改造中宜将原合流制直泄式排水系统改造成截流式合流制。

采用合流制排水系统在基建投资、维护管理等方面可显示出其优越性，但其最大的缺点是增大了污水处理厂规模和污水处理的难度。因此，只有在具备了以下条件的地区和城市方可采用合流制排水系统。

1. 雨水稀少的地区。

2. 排水区域内有一处或多处水量充沛的水体，环境容量大，一定量的混合污水溢入水体后，对水体污染危害程度在允许范围内。

3. 街道狭窄，两侧建设比较完善，地下管线多，且施工复杂，没有条件修建分流制排水系统。

4. 在经济发达地区的城市，水体环境要求很高，雨、污水均需处理。

在旧城改造中，宜将原合流制排水系统改造为分流制。但是，由于将原直泄式合流制改为分流制，并非容易，改建投资大，影响面广，往往短期内很难实现。而将原合流制排水系统保留，沿河修建截流干管和溢流井，将污水和部分雨水送往污水处理厂，经处理达标后排入受纳水体。这样改造，其投资小，而且较容易实现。

3 排水量和规模

3.1 城市污水量

3.1.1 说明城市污水量的组成

城市污水量即城市全社会污水排放量，包括城市给水工程统一供水的用户和自备水源供水用户排出的污水量。

城市污水量主要包括城市生活污水量和工业废水量。还有少量其他污水（市政、公用设施及其他用水产生的污水）因其数量小和排除方式的特殊性无法进行统计，可忽略不计。

3.1.2 提出城市污水量估算方法。

城市污水量主要用于确定城市污水总规模。城市综合（平均日）用水量即城市供水总量，包括市政、公用设施及其他用水量及管网漏失水量。采用《城市给水工程规划规范》（GB 50282）表 2.2.3-1 或表 2.2.3-2 的“城市单位综合用水量指标”或“城市单位建设用地综合用水量指标”估算城市污水量时，应注意按规划城市的用水特点将“最高日”用水量换算成“平均日”用水量。

3.1.3 提出城市综合生活污水量的估算方法。

采用《城市给水工程规划规范》（GB 50282）表 2.2.4 的“人均综合生活用水量指标”估算城市综合生活污水量时，应注意按规划城市的用水特点将“最高日”用水量换算成“平均日”用水量。

3.1.4 提出工业废水量估算方法。

为城市平均日工业用水量（不含工业重复利用水量）即工业新鲜用水量或称工业补充水量。

在城市工业废水量估算中，当工业用水量资料不易取得时，也可采用将已经估算出的城市污水量减去城市综合生活污水量，可以得出较为接近的城市工业废水量。

3.1.5 解释污水排放系数的含义。

3.1.6 提出城市分类污水排放系数的取值原则，规定城市分类污水排放系数的取值范围，列于表 3.1.6 中供城市污水量预测时选用。

城市分类污水排放系数的推算是根据 1991～1995 年国家建设部《城市建设统计年报》中经选择的 172 个城市（城市规模、区域划分以及城市的选取均与《城市给水工程规划规范》（GB 50282）“综合用水指标研究”相一致，并增加了 1995 年资料）的有关城市用水量和污水排放量资料和 1990 年国家环境保护总局《环境统计年报》、1996 年国家环境保护总局 38 个城市《环年综 1 表》（即《各地区“三废”排放及处理利用情况表》）的不同工业行业用新鲜水量与工业废水排放量资料以及 1994 年城市给水、排水工程规划规范编制组全国函调资料和国内外部分城市排水工程规划设计污水量预测采用的排放系数，经分析计算综合确定的。

分析计算成果显示，城市不同污水现状排放系数与城市规模、所在地区无明显规律，同时三种类型的工业废水现状排放系数也无明显规律。因此我们认为，影响城市分类污水排放系数大小的主要因素应是建筑室内排水设施的完善程度和各工业行业生产工艺、设备及技术、管理水平以及城市排水设施普及率。

城市排水设施普及率，在编制排水工程规划时都已明确，一般要求规划期末在排水工程规划范围内都应达到 100%，如有规定达不到这一标准时，可按规划普及率考虑。

各工业行业生产工艺、设备和技术、管理水平，可根据规划城市总体规划的工业布局、要求及新、老工业情况进行综合评价，将其定为先进、较先进和一般三种类型，分别确定相应的工业废水排放系数。

城市综合生活污水排放系数可根据总体规划对居住、公共设施等建筑物室内给、排水设施水平的要求，结合保留的现状，对整个城市进行综合评价，确定出规划城市建筑室内排水设施完善程度，也可分区确定。

城市建筑室内排水设施的完善程度可分为三种类型：

建筑室内排水设施完善：用水设施齐全，排水设施配套，污水收集率高。

建筑室内排水设施较完善：用水设施较齐全，排水设施配套，污水收集率较高。

建筑室内排水设施一般：用水设施能满足生活的基本要求，排水设施配套，主要污水均能排入污水系统。

工业废水排放系数不含石油、天然气开采业和其他矿与煤炭采选业以及电力蒸汽热水产供业的工业废水排放系数，因以上三个行业生产条件特殊，其工业废水排放系数与其他工业行业出入较大，应根据当地厂、矿区的气候、水文地质条件和废水利用、排放合理确定，单独进行以上三个行业的工业废水量估算。再加入到前面估算的工业废水量中即为全部工业废水量。

城市污水量由于不包括其他污水量，因此在按城市供水总量估算城市污水量时其污水排放系数就应小于城市生活污水和工业废水的排放系数。其系数应结合城市生活用水量与工业用水量之和占城市供水总量的比例在表 3.2.3 数据范围内进行合理确定。

3.1.7 提出城市总体规划阶段不同性质用地污水量估算方法。在污水量估算时应将《城市给水工程规划规范》（GB 50282）中的不同性质用地的用水指标由最高日用水量转换成平均日用水量。

城市居住用地和公共设施用地污水量可按相应的用水量乘城市综合生活污水排放系数。

城市工业用地工业废水量可按相应用水量乘以工业废水排放系数。

其他用地污、废水量可根据用水性质、水量和产生污、废水的数量及其出路分别确定。

3.1.8 提出城市污水系统包括市政污水系统和独立污水系统以及污水系统污水量的计算方法。工矿企业或大型公共设施因其水质、水量特殊或其他原因不便利用市政污水系统时，可建独立污水系统，污水经处理达标后排入受纳水体。

污水系统计算污水量包括城市综合生活污水量和生产污水量（工业废水量减去排入雨水系统或直接排入水体的生产废水量）。

3.1.9 在地下水位较高地区，污水系统在水量估算时，宜考虑地下水渗入量。因当地土质、管道及其接口材料和施工质量等因素，一般均存在地下水渗入现象。但具体在不同情况下渗入量的确定国内尚无成熟资料，国外个别国家也只有经验数据。日本采用每人每日最大污水量 10%～20%。据专业杂志介绍，上海浦东城市化地区地下水渗入量采用 $1000m^3/(km^2 \cdot d)$，具体规划时按计算污水量的 10% 考虑。因此，建议各规划城市应根据当地的水文地质情况，结合管道和接口采用的材料以及施工质量按当地经验确定。

3.1.10 该条规定出了城市综合污水、生活污水和工业废水量总变化系数的选值原则。

城市综合生活污水量总变化系数由于没有新的研究成果，应继续沿用《室外排水设计规范》（GBJ 14—87）（1997 年局部修订）表 2.1.2-1 采用。为使用方便摘录如下：

表 2.1.2 生活污水量总变化系数

污水平均流量（L/s）	5	15	40	70	100	200	500	≥1000
总变化系数	2.3	2.0	1.8	1.7	1.6	1.5	1.4	1.3

城市工业废水量总变化系数：由于工业企业的工业废水量及总变化系数随各行业类型、采用的原料、生产工艺特点和管理水平等有很大的差异，我国一直没有统一规定。最新大专院校教材《排水工程》在论述工业废水量计算中提出一些数据供参考：工业废水量日变化系数为 1.0，时变化系数分六个行业提出不同值：

冶金工业：1.0～1.1　　纺织工业：1.5～2.0

制革工业：1.5～2.0　　化学工业：1.3～1.5

食品工业：1.5～2.0　　造纸工业：1.3～1.8

以上数据与我国 1958 年建筑工业出版社出版的《给水排水工程设计手册》（第二篇：排水工程）关于工业企业生产污水的变化系数一节中提出的时变化系数值基本一致（除纺织工业为 $K_{时}=1.0\sim1.15$ 不同外）。同时又提出如果有两个及两个以上工厂的生产污水排入同一个干管时，各厂最大污水量的排出时间、集中在同一个时间的可能性不大，并且各工厂距离干管的长度不一（系指总干管而言），故在计算中如无各厂详细变化资料，应将各工厂的污水量相加后再乘一折减系数 C。

工厂数目		C
2～3	约为：	0.95～1.00
3～4		0.85～0.95
4～5		0.80～0.85
5 以上		0.70～0.80

以上《给水排水工程设计手册》上的数据来源为前苏联资料。

工业用水量取决于工业企业对工业废水重复利用的方式；工业废水排放量取决于工业企业重复利用的程度。

随着环境保护要求的提高和人们对节水的重视，据国内外有关资料显示，工业企业对工业废水的重复利用率有达到 90% 以上的可能，工业废水有向零排放发展的趋势。因此，城市污水成分有以综合生活污水为主的可能。

3.2 城市雨水量

3.2.1 城市防洪、排涝系统是防止雨水径流危害城市安全的主要工程设施，也是城市废水排放的受纳水体。城市防洪工程是解决外来雨洪（河洪和山洪）对城市的威胁；城市排涝工程是解决城市范围内雨水过多或超标准暴雨以及外来径流注入，城市雨水工程无法解决而建造的规模较大的排水工程，一般属于农田排水或防洪工程范围。

如果城市防洪、排涝系统不完善，只靠城市排水工程解决不了城市遭受雨洪威胁的可能。因此应相互协调，按各自功能充分发挥其作用。

3.2.2 雨水量的估算，采用现行的常规计算办法，即各国广泛采用的合理化法，也称极限强度法。经多年使用实践证明，方法是可行的，成果是较可靠的，理论上有发展、实践上也积累了丰富的经验，只需在使用中注意采纳成功经验、合理地选用适合规划城市具体条件的参数。

3.2.3 城市暴雨强度公式，在城市雨水量估算中，宜采用规划城市近期编制的公式，当规划城市无上述资料时，可参照地理环境及气候相似的邻近城市暴雨强度公式。

3.2.4 径流系数，在城市雨水量估算中宜采用城市综合径流系数。全国不少城市都有自己城市在进行雨水径流量计算中采用的不同情况下的径流系数，我们认为在城市总体规划阶段的排水工程规划中宜采用城市综合径流系数，即按规划建筑密度将城市用地分为城市中心区、一般规划区和不同绿地等，按不同的区域，分别确定不同的径流系数。在选定城市雨水量估算综合径流系数时，应考虑城市的发展，以城市规划期末的建筑密度为准，并考虑到其他少量污水量的进入，取值不可偏小。

3.2.5 规定城市雨水管渠规划重现期的选定原则和依据

规划重现期的选定，根据规划的特点，宜粗不宜细。应根据城市性质的重要性，结合汇水地区的特点选定。排水标准确定应与城市政治、经济地位相协调，并随着地区政治、经济地位的变化不断提高。重要干道、重要地区或短期积水能引起严重后果的地区，重现期宜采用3～5年，其他地区可采用1～3年，在特殊地区还可采用更高的标准，如北京天安门广场的雨水管道，是按10年重现期设计的。在一些次要地区或排水条件好的地区重现期可适当降低。

3.2.6 指出当有生产废水排入雨水管渠时，应将排入的水量计算在管渠设计流量中。

3.3 城市合流水量

3.3.1 本条内容与《室外排水设计规范》（GBJ 14—87）（1997年局部修订）第二章第三节合流水量内容相似。其条文说明也可参照GBJ 14—87（1997年局部修订）的本节说明。

3.3.2 提出了截流初期雨水的分流制污水管道总流量的估算方法。

初期雨水量主要指“雨水流量过程线”中从降雨开始至最大雨水流量形成之前涨水曲线中水量较小的一段时间的雨水量。估算此雨水流量的时段、重现期应根据规划城市的降雨特征、雨型并结合城市规划污水处理厂的承受能力和城市水体环境保护要求综合分析确定。初期雨水流量的确定，主要取决于形成初期雨水时段内的平均降雨强度和汇水面积。

3.4 排水规模

3.4.1 提出城市污水工程规模和污水处理厂规模的确定原则。

3.4.2 提出城市雨水工程规模确定的原则。

4 排水系统

4.1 城市废水受纳体

4.1.1 明确了城市雨水和达标排放的污水可以排入受纳水体，也可排入受纳土地。污水达标排入受纳水体的标准为水体环境容量或《污水综合排放标准》（GB 8978），排入受纳土地的标准为城市环境保护要求。

4.1.2 明确了城市废水受纳体应具备的条件。现有受纳水体的环境容量不能满足时，可采取一定的工程措施如引水增容等，以达到应有的环境容量。

受纳土地应具有足够的容量，并应全面论证，不可盲目决定；在蒸发、渗漏达不到年水量平衡时，还应考虑汇入水体的出路。

4.1.3 明确了城市废水受纳体选择的原则。能在城市规划区范围内解决的就不要跨区解决；跨区选定城市废水受纳体要与当地有关部门协商解决。城市废水受纳体的最后选定应充分考虑两种方案的有利条件和不利因素，经综合分析比较确定，受纳水体能够满足污水排放的需求，尽量不要使用受纳土地，如受纳土地需要部分污水，在不影响环境要求和城市发展的前提下，也可解决部分污水的出路。

达标排放的污水在城市环境允许的条件下也可排入平常水量不足的季节性河流，作为景观水体。

4.2 排水分区与系统布局

4.2.1 指出城市排水系统应分区布局。根据城市总体规划用地布局，结合城市废水受纳体位置将城市用地分为若干个分区（包括独立排水系统）进行排水系统布局，根据分区规模和废水受纳体分布，一个分区可以是一个排水系统，也可以是几个排水系统。

4.2.2 指出城市污水系统布局的原则和依据以及污水处理厂规划布局要求。

污水流域划分和系统布局都必须按地形变化趋势进行；地形变化是确定污水汇集、输送、排放的条件。小范围地形变化是划分流域的依据，大的地形变化趋势是确定污水系统的条件。

城市污水处理厂是分散布置还是集中布置，或者采用区域污水系统，应根据城市地形和排水分区分布，结合污水污泥处理后的出路和污水受纳体的环境容量通过技术经济比较确定。一般大中城市，用地布局分散，地形变化较大，宜分散布置；小城市布局集中，地形起伏不大，宜采用集中布置；沿一条河流布局的带状城市沿岸有多个组团（或小城镇），污水量都不大，宜集中在下游建一座污水处理厂，从经济、管理和环境保护等方面都是可取的。

4.2.3 提出城市雨水系统布局原则和依据以及雨水调节池在雨水系统中的使用要求。

城市雨水应充分利用排水分区内的地形，就近排入湖泊、排洪沟渠、水体或湿地和坑、塘、淀洼等受纳体。

在城市雨水系统中设雨水调节池，不仅可以缩小下游管渠断面，减小泵站规模，节约投资，还有利于改善城市环境。

4.2.4 提出截流式合流制排水系统布局的原则和依据，并对截流干管（渠）和溢流井位置的布局提出了要求。截流干管和溢流井位置布局的合理与否，关系到经济、实用和效果，应结合管渠系统布置和环境要求综合比较确定。

4.3 排水系统的安全性

4.3.1 城市排水工程是城市的重要基础设施之一，在选择用地时必须注意地质条件和洪水淹没或排水困难的问题，能避开的一定要避开，实在无法避开的应采用可靠的防护措施，保证排水设施在安全条件下正常使用。

4.3.2 提出了城市污水处理厂和排水泵站的供电要求。《民用建筑电气设计规范》(JGJ/T16) 规定：

电力负荷级别是根据供电可靠性及中断供电在政治、经济上所造成的损失或影响的程度确定的。

考虑到城市污水处理厂停电可能对该地区的政治、经济、生活和周围环境等造成不良影响而确定。

排水泵站在中断供电后将会对局部地区、单位在政治、经济上造成较大的损失而确定的。

《室外排水设计规范》(GBJ14) 和《城市污水处理项目建设标准》对城市污水处理厂和排水泵站的供电均采用二级负荷。

上述规范还规定：二级负荷的供电系统应做到当发生电力变压器故障或线路常见故障时不致中断供电（或中断后能迅速恢复）。在负荷较小或地区供电条件困难时，二级负荷可由一回 6kV 及其以上专用架空线供电。为防万一可设自备电源（油机或专线供电）。

4.3.3 提出雨水管道、合流管道出水口当受水体水位顶托时按不同情况设置潮门、闸门或排水泵站的规定。

污水处理厂、排水泵站设超越管渠和事故出口在《室外排水设计规范》(GBJ 14) 中已有规定，可在设计时考虑。

4.3.4 城市长距离输送污水的管渠应在合适地段增设事故出口，以防下游管渠发生故障，造成污水漫溢，影响城市环境卫生。

4.3.5 提出排水系统的抗震要求和设防标准。在城市排水工程规划中选定排水设施用地时，应予以考虑，以保证在城市发生地震灾害中的正常使用。

5 排水管渠

5.0.1 提出城市排水管渠应以重力流为主的要求和压力流使用的条件。

5.0.2 提出排水干管布置的要求。

5.0.3 提出排水管道宜沿规划道路敷设的要求。

污水管道通常布置在污水量大或地下管线较少一侧的人行道、绿化带或慢车道下，尽量避开快车道。

根据《城市工程管线综合规划规范》(GB 50289) 中 2.2.5 规定，当规划道路红线宽度 $B \geqslant 50$m 时，可考虑在道路两侧各设一条雨、污水管线，便于污水收集，减少管道穿越道路的次数，有利于管道维护。

5.0.4 明确了管渠穿越河流、铁路、高速公路、地下建（构）筑物或其他障碍物时，线路走向、位置的选择既要合理，又便于今后管理维修。

倒虹管规划应参照《室外排水设计规范》(GBJ 14) 有关章节的规定。

5.0.5 提出截流式合流制截流干管设置的最佳位置。沿水体岸边敷设，既可缩短排水管渠的长度，使溢流雨水很快排入水体，同时又便于出水口的管理。为了减少污染，保护环境，溢流井的设置尽可能位于受纳水体的下游，截流倍数以采用 2～3 倍为宜，环境容量小的水体（水库或湖泊）其截流倍数可选大值；环境容量大的水体（海域或大江、大河）可选较小的值。具体布置应视管渠系统布局和环境要求，经综合比较确定。

5.0.6 提出排水管道在城市道路下的埋设位置应符合国家标准《城市工程管线综合规划规范》(GB 50289) 的规定要求。

5.0.7 提出排水管渠断面尺寸确定的原则。既要满足排泄规划期排水规模的需要，并应考虑城市发展水量的增加，提高管渠的适用年限，尽量减少改造的次数。据有关资料介绍，近 30 年来我国许多城市的排水管道都出现超负荷运行现象，除注意在估算城市排水量时采用符合规划期实际情况的污水排放系数和雨水径流系数外，还应给城市发展及其他水量排入留有余地，因此应将最大充满度适当减小。

6 排水泵站

6.0.1 提出排水泵站的规划用地指标。此指标系《全国市政工程投资估算指标》(HGZ 47—102—96)中4B-1-2雨污水泵站综合指标规定的用地指标，分列于本规范表6.0.1-1和6.0.2-2中，供规划时选择使用。雨、污水合流泵站用地可参考雨水泵站指标。

1996年发布的《全国市政工程投资估算指标》比1988年发布的《城市基础设施工程投资估算指标》在“排水泵站”用地指标有所增大，在使用中应结合规划城市的具体情况，按照排水泵站选址的水文地质条件和可想到的内部配套建（构）筑物布置的情况及平面形状、结构形式等合理选用用地指标。

6.0.2 提出排水泵站与规划居住、公共设施建筑保持必要的防护距离，并进行绿化的要求。

具体的距离量化应根据泵站性质、规模、污染程度以及施工及当地自然条件等因素综合确定。

中国建筑工业出版社1984年出版的《苏联城市规划设计手册》规定“泵站到住宅的距离应不小于20米”；中国建筑工业出版社1986年出版的《给水排水设计手册》第5册（城市排水）规定泵站与住宅间距不得小于30米；洪嘉年高工主编的《给水排水常用规范详解手册》中谈到：“我国曾经规定泵站与居住房屋和公共建筑的距离一般不小于25米，但根据上海、天津等城市经验，在建成区内的泵站一般均未达到25米的要求，而周围居民也无不良反映”。

鉴于以上情况，现又无这方面的科研成果供采用，《室外排水设计规范》也无量化，经与有关环境保护部门的专家研究，认为“距离”的量化应视规划城市的具体条件、经环境评价后确定，在有条件的情况下可适当大些。

7 污水处理与利用

7.1 污水利用与排放

7.1.1 城市污水是一种资源，在水资源不足的城市宜合理利用污水经再生处理后作为城市用水的补充。根据城市的需要和处理条件确定其用途。

7.1.2 在制定污水回用方案时，应对技术可靠性、经济合理性和环境影响等情况进行全面论证和评价，做到稳妥可靠，不留后患，不得盲目行事。

7.1.3 对不能利用或利用不经济的城市污水应达标处理后排入城市污水受纳体。排入受纳土地的污水需经处理后达到二级生化标准或满足城市环境保护的要求。

7.2 污水处理

7.2.1 提出确定城市污水处理程度的依据。污水处理程度应根据进厂污水的水质、水量和处理后的出路分别确定。

受纳水体的环境容量因水体类型、水量大小和水力条件的不同各异。受纳水体的环境容量是一种自然资源，当环境容量大于污水排放污染物的要求时，应充分发挥这一自然资源的作用，以节省环保资金；当环境容量小于污水排放污染物的要求时，根据实际情况，采取相应的措施，包括削荷减污、加大处理力度以及用工程措施增大水体环境容量，使污水排放与受纳水体环境容量相平衡。城市污水处理厂的污水处理程度，应根据规划城市的具体情况，经技术经济比较确定。

7.2.2 《城市污水处理厂污水污泥排放标准》（CJ 3025—93）是国家建设部颁布的一项城镇建设行业标准，规定了城市污水处理厂排放污水、污泥标准及检测、排放与监督等要求，适用于全国各地城市污水处理厂。

全国各地城市污水处理厂应积极、严格执行该标准，按各城市的实际情况对污水进行处理达标排放，为城市的水污染防治，保护水资源，改变城市环境，促进城市可持续发展将起到有力的推动作用。

7.3 城市污水处理厂

7.3.1 提出城市污水处理厂位置选择的依据和应考虑的因素。

污水处理厂位置应根据城市污水处理厂的规划布局，结合规范条文提出的五项因素，按城市的实际情况综合选择确定。规范条文中提出的五项因素，不一定都能满足，在厂址选择中要抓住主要矛盾。当风向要求与河流下游条件有矛盾时，应先满足河流下游条件，再采取加强厂区卫生管理和适当加大卫生防护距离等措施来解决因风向造成污染的问题。

城市污水处理厂与规划居住、公共设施建筑之间的卫生防护距离影响因素很多，除与污水处理厂在河流上、下游和城市夏季主导风向有关外，还与污水处理采用的工艺、厂址是规划新址还是在建成区插建以及污染程度都有关系，总之关系复杂，很难量化，因此在本规范未作具体规定。

中国建筑工业出版社1986年出版的《给水排水设计手册》第5册（城市排水）及中国建筑工业出版社1992年出版的高等学校（城市规划专业学生用）试用教材《城市给水排水》（第二版）中均规定“厂址应与城镇工业区、居住区保持约300米以上距离”。

鉴于到目前为止，没有成熟和借鉴的指标供采用，《室外排水设计规范》也无量化。经与有关环境保护部门的专家研究，认为“距离”的量化应视规划城市的具体条件，经环境评价确定。在有条件的情况下可适当大些。

7.3.2 提出城市污水处理厂的规划用地指标。此指标系《全国市政工程估算指标》(HGZ 47—102—96)中4B-1-1污水处理厂综合指标规定的用地指标，列于本规范表7.3.2中，供规划时选择使用。在选择用地指标时应考虑规划城市具体情况和布局特点。

7.3.3 提出在污水处理厂周围应设置防护绿带的要求。

污水处理厂在城市中既是污染物处理的设施，同时在生产过程中也会产生一定的污染，除厂区在平面布置时应考虑生产区与生活服务区分别集中布置，采用以绿化等措施隔离开来，保证管理人员有良好的工作环境，增进职工的身体健康外，还应在厂区外围设置一定宽度（不小于10米）的防护绿带，以美化污水处理厂和减轻对厂区周围环境的污染。

7.4 污泥处置

7.4.1 提出了城市污水处理厂污泥处置的原则和要求。城市污水处理厂污泥应综合利用，化害为利，未被利用的污泥应妥善处置，不得污染环境。

7.4.2 提出了城市污水处理厂污泥用作农业肥料的条件和注意事项（详见《农用污泥中污染物控制标准》(GB 4282)）。

7.4.3 提出城市污水处理厂污泥填埋的要求。

7.4.4 提出城市污水处理厂污泥用于填充洼地、焚烧或其他处置方法应遵循的原则。

中华人民共和国国家标准

给水排水工程管道结构设计规范

Structural design code for pipelines of water supply and waste water engineering

GB 50332—2002

批准部门：中华人民共和国建设部
施行日期：2 0 0 3 年 3 月 1 日

中华人民共和国建设部
公　告

第92号

建设部关于发布国家标准《给水排水工程管道结构设计规范》的公告

现批准《给水排水工程管道结构设计规范》为国家标准，编号为GB 50332—2002，自2003年3月1日起实施。其中，第4.1.7、4.2.2、4.2.10、4.2.11、4.2.13、4.3.2、4.3.3、4.3.4、5.0.3、5.0.4、5.0.5、5.0.11、5.0.13、5.0.14、5.0.16条为强制性条文，必须严格执行。原《给水排水工程结构设计规范》GBJ 69—84中的相应内容同时废止。

本规范由建设部标准定额研究所组织中国建筑工业出版社出版发行。

中华人民共和国建设部

二〇〇二年十一月二十六日

前　言

本规范根据建设部（92）建标字第16号文的要求，对原规范《给水排水工程结构设计规范》GBJ 69—84作了修订。由北京市规划委员会为主编部门，北京市市政工程设计研究总院为主编单位，会同有关设计单位共同完成。原规范颁布实施至今已15年，在工程实践中效果良好。这次修订主要是由于下列两方面的原因：

（一）结构设计理论模式和方法有重要改进

GBJ 69—84属于通用设计规范，各类结构（混凝土、砌体等）的截面设计均应遵循本规范的要求。我国于1984年发布《建筑结构设计统一标准》GBJ 68—84（修订版为《建筑结构可靠度设计统一标准》GB 50068—2001）后，1992年又颁发了《工程结构可靠度设计统一标准》GB 50153—92。在这两本标准中，规定了结构设计均采用以概率理论为基础的极限状态设计方法，替代原规范采用的单一安全系数极限状态设计方法。据此，有关结构设计的各种标准、规范均作了修订，例如《混凝土结构设计规范》、《砌体结构设计规范》等。因此，《给水排水工程结构设计规范》GBJ 69—84也必须进行修订，以与相关的标准、规范协调一致。

（二）原规范GBJ 69—84内容过于综合，不利于促进技术进步

原规范GBJ 69—84为了适应当时的急需，在内容上力求能概括给水排水工程的各种结构，不仅列入了水池、沉井、水塔等构筑物，还包括各种不同材料的管道结构。这样处理虽然满足了当时的工程应用，但从长远来看不利于发展，不利于促进技术进步。我国实行改革开放以来，通过交流和引进国外先进技术，在科学技术领域有了长足进步，这就需要对原标准、规范不断进行修订或增补。由于原规范的内容过于综合，往往造成不能及时将行之有效的先进技术反映进去，从而降低了它应有的指导作用。在这次修订GBJ 69—84时，原则上是尽量减少综合性，以利于及时更新和完善。为此将原规范分割为以下两部分，共10本标准：

1. 国家标准

（1）《给水排水工程构筑物结构设计规范》；

（2）《给水排水工程管道结构设计规范》。

2. 中国工程建设标准化协会标准

（1）《给水排水工程钢筋混凝土水池结构设计规程》；

（2）《给水排水工程水塔结构设计规程》；

（3）《给水排水工程钢筋混凝土沉井结构设计规程》；

（4）《给水排水工程埋地钢管管道结构设计规程》；

（5）《给水排水工程埋地铸铁管管道结构设计规程》；

（6）《给水排水工程埋地预制混凝土圆形管管道结构设计规程》；

（7）《给水排水工程埋地管芯缠丝预应力混凝土管和预应力钢筒混凝土管管道结构设计规程》；

（8）《给水排水工程埋地矩形管管道结构设计规

程》。

本规范主要是针对给水排水工程各类管道结构设计中的一些共性要求作出规定，包括适用范围、主要符号、材料性能要求、各种作用的标准值、作用的分项系数和组合系数、承载能力和正常使用极限状态，以及构造要求等。这些共性规定将在协会标准中得到遵循，贯彻实施。

本规范由建设部负责管理和对强制性条文的解释，由北京市市政工程设计研究总院负责对具体技术内容的解释。请各单位在执行本规范过程中，注意总结经验和积累资料，随时将发现的问题和意见寄交北京市市政工程设计研究总院（100045），以供今后修订时参考。

本规范编制单位和主要起草人名单

主编单位：北京市市政工程设计研究总院

参编单位：中国市政工程中南设计研究院、中国市政工程西北设计研究院、中国市政工程西南设计研究院、中国市政工程东北设计研究院、上海市政工程设计研究院、天津市市政工程设计研究院、湖南大学。

主要起草人：沈世杰　刘雨生（以下按姓氏笔画排列）

王文贤　王憬山　冯龙度　刘健行

苏发怀　陈世江　沈宜强　钟启承

郭天木　葛春辉　翟荣申　潘家多

目　次

1 总　　则

1.0.1 为了在给水排水工程管道结构设计中，贯彻执行国家的技术经济政策，达到技术先进、经济合理、安全适用、确保质量，特制定本规范。

1.0.2 本规范适用于城镇公用设施和工业企业中的一般给水排水工程管道的结构设计，不适用于工业企业中具有特殊要求的给水排水工程管道的结构设计。

1.0.3 本规范系根据我国《建筑结构可靠度设计统一标准》GB 50068—2001 和《工程结构可靠度设计统一标准》GB 50153—92 规定的原则进行制定的。

1.0.4 按本规范设计时，有关构件截面计算和地基基础设计等，应按相应的国家标准的规定执行。

对于建造在地震区、湿陷性黄土或膨胀土等地区的给水排水工程管道结构设计，尚应符合我国现行的有关标准的规定。

2 主 要 符 号

2.1 管道上的作用

F_{vk}——管道内的真空压力标准值；

$F_{cr,k}$——管壁截面失稳的临界压力标准值；

q_{vk}——地面车辆轮压传递到管顶处的单位面积竖向压力标准值；

$F_{ep,k}$——主动土压力标准值；

F_{pk}——被动土压力标准值；

F_{wk}——管道内工作压力标准值；

$F_{wd,k}$——管道的设计内水压力标准值；

$Q_{vi,k}$——地面车辆的 i 个车轮所承担的单个轮压标准值；

S——作用效应组合设计值；

$F_{sv,k}$——每延长米管道上管顶的竖向土压力标准值。

2.2 几 何 参 数

A_0——管道计算截面的换算截面面积；

a——单个车轮的着地分布长度；

B_c——矩形管道的外缘宽度；

b——单个车轮的着地分布宽度；

D_0——圆形管道的计算直径；

D_1——圆形管道的外径；

d_i——相邻两个车轮间的净距；

e_0——纵向力对截面重心的偏心距；

H_s——管顶至设计地面的覆土高度；

h_0——钢筋混凝土计算截面的有效高度；

L_e——管道纵向承受轮压影响的有效长度；

L_p——轮压传递至管顶处沿管道纵向的影响长度；

r_0——圆形管道的计算半径；

t——管壁厚度；

μ——受拉钢筋截面的总周长；

W_0——管道换算截面受拉边缘的弹性抵抗矩；

$w_{d,max}$——管道的最大竖向变形；

w_{max}——钢筋混凝土计算截面的最大裂缝宽度。

2.3 计 算 系 数

C_c——填埋式土压力系数；

C_d——开槽施工土压力系数；

C_j——不开槽施工土压力系数；

C_G——永久作用的作用效应系数；

C_Q——可变作用的作用效应系数；

D_l——变形滞后效应系数；

E_p——管材弹性模量；

E_d——管侧土的综合变形模量；

K_a——主动土压力系数；

K_d——管道变形系数；

K_p——被动土压力系数；

K_s——设计稳定性抗力系数；

α_{ct}——混凝土拉应力限制系数；

α_s——管道结构与管周土体的刚度比；

γ——受拉区混凝土的塑性影响系数；

γ_G——永久作用分项系数；

γ_0——管道的重要性系数；

γ_Q——可变作用分项系数；

μ_d——动力系数；

ν_p——管材的泊桑比；

ρ——钢筋混凝土管道计算截面处钢筋的配筋率；

ψ——钢筋混凝土管道计算裂缝间受拉钢筋应变不均匀系数；

ψ_c——可变作用的组合值系数；

ψ_q——可变作用的准永久值系数。

3 管道结构上的作用

3.1 作用分类和作用代表值

3.1.1 管道结构上的作用，按其性质可分为永久作用和可变作用两类：

1 永久作用应包括结构自重、土压力（竖向和侧向）、预加应力、管道内的水重、地基的不均匀沉降。

2 可变作用应包括地面人群荷载、地面堆积荷载、地面车辆荷载、温度变化、压力管道内的静水压（运行工作压力或设计内水压力）、管道运行时可能出现的真空压力、地表水或地下水的作用。

3.1.2 结构设计时，对不同的作用应采用不同的代表值。

对永久作用，应采用标准值作为代表值；对可变作用，应根据设计要求采用标准值、组合值或准永久值作为代表值。

可变作用组合值，应为可变作用标准值乘以作用组合系数；可变作用准永久值，应为可变作用标准值乘以作用的准永久值系数。

3.1.3 当管道结构承受两种或两种以上可变作用时，承载能力极限状态设计或正常使用极限状态按短期效应的标准组合设计，可变作用应采用标准值和组合值作为代表值。

3.1.4 正常使用极限状态考虑长期效应按准永久组合设计，可变作用应采用准永久值作为代表值。

3.2 永久作用标准值

3.2.1 结构自重，可按结构构件的设计尺寸与相应的材料单位体积的自重计算确定。对常用材料及其制作件，其自重可按现行国家标准《建筑结构荷载规范》GB 50009 的规定采用。

3.2.2 作用在地下管道上的竖向土压力，其标准值应根据管道埋设方式及条件按附录 B 确定。

3.2.3 作用在地下管道上的侧向土压力，其标准值应按下列公式确定：

1 侧向土压力应按主动土压力计算；

2 侧向土压力沿圆形管道管侧的分布可视作均匀分布，其计算值可按管道中心处确定；

3 对埋设在地下水位以上的管道，其侧向土压力可按下式计算：

$$F_{ep,k} = K_a \gamma_s z \quad (3.2.3\text{-}1)$$

式中 $F_{ep,k}$——管侧土压力标准值（kN/m^2）；

K_a——主动土压力系数，应根据土的抗剪强度确定；当缺乏试验数据时，对砂类土或粉土可取 $\frac{1}{3}$；对粘性土可取 $\frac{1}{3} \sim \frac{1}{4}$；

γ_s——管侧土的重力密度（kN/m^3），一般可取 18 kN/m^3；

Z——自地面至计算截面处的深度（m），对圆形管道可取自地面至管中心处的深度。

4 对于埋置在地下水位以下的管道，管体上的侧向压力应为主动土压力与地下水静水压力之和；此时，侧向土压力可按下式计算：

$$F_{ep,k} = K_a [\gamma_s z_w + \gamma'_s (z - z_w)] \quad (3.2.3\text{-}2)$$

式中 γ'_s——地下水位以下管侧土的有效重度（kN/m^3），可按 10kN/m^3 采用；

Z_w——自地面至地下水位的距离（m）。

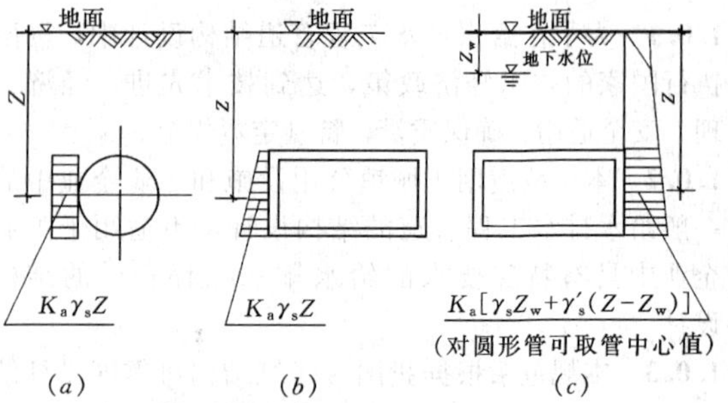

图 3.2.3 作用在管道上的侧向土压力

(a) 圆形管道（无地下水）；

(b) 矩形管道（无地下水）；

(c) 管道埋设在地下水位以下

3.2.4 管道中的水重标准值，可按水的重力密度为 10kN/m^3 计算。

3.2.5 预应力混凝土管道结构上的预加应力标准值，应为预应力钢筋的张拉控制应力值扣除相应张拉工艺的各项应力损失。张拉控制应力值，应按现行国家标准《混凝土结构设计规范》GB 50010 的有关规定确定。

3.2.6 对敷设在地基土有显著变化段的管道，需计算地基不均匀沉降，其标准值应按现行国家标准《建筑地基基础设计规范》GB 50007 的有关规定计算确定。

3.3 可变作用标准值、准永久值系数

3.3.1 地面人群荷载标准值可取 4kN/m^2 计算；其准永久值系数 ψ_q 可取 ψ_q=0.3。

3.3.2 地面堆积荷载标准值可取 10kN/m^2 计算；其准永久值系数可取 ψ_q=0.5。

3.3.3 地面车辆荷载对地下管道的影响作用，其标准值可按附录 C 确定；其准永久值系数应取 ψ_q=0.5。

3.3.4 压力管道内的静水压力标准值应取设计内水压力计算，其标准值应根据管道材质及运行工作内水压力按表 3.3.4 的规定采用；相应准永久值系数可取 ψ_q=0.7，但不得小于工作内水压力。

3.3.5 埋设在地表水或地下水以下的管道，应计算作用在管道上的静水压力（包括浮托力），相应的设计水位应根据勘察部门和水文部门提供的数据采用。其标准值及准永久值系数 ψ_q 的确定，应符合下列规定：

1 地表水的静水压力水位宜按设计频率 1% 采用。相应准永久值系数，当按最高洪水位计算时，可取常年洪水位与最高洪水位的比值。

表 3.3.4 压力管道内的设计内水压力标准值 $F_{wd,k}$

管道类别	工作压力 F_{wk}(10^{-1}MPa)	设计内水压力 (MPa)
钢 管	F_{wk}	$F_{wk}+0.5\geqslant0.9$
铸铁管	$F_{wk}\leqslant5$	$2F_{wk}$
	$F_{wk}>5$	$F_{wk}+0.5$
混凝土管	F_{wk}	(1.4～1.5) F_{wk}
化学管材	F_{wk}	(1.4～1.5) F_{wk}

注：1 工业企业中低压运行的管道，其设计内水压力可取工作压力的 1.25 倍，但不得小于0.4MPa。

2 混凝土管包括钢筋混凝土管、预应力混凝土管、预应力钢筒混凝土管。

3 化学管材管道包括硬聚氯乙烯圆管（UPVC)、聚乙烯圆管（PE)、玻璃纤维增强塑料管（GRP、FRP）等。

4 铸铁管包括普通灰口铸铁管、球墨铸铁管、未经退火处理的球态铸铁管等。

5 当管线上没有可靠的调压装置时，设计内水压力可按具体情况确定。

2 地下水的静水压力水位，应综合考虑近期内变化的统计数据及对设计基准期内发展趋势的变化综合分析，确定其可能出现的最高及最低水位。

应根据对结构的作用效应，选用最高或最低水位。相应的准永久值系数，当采用最高水位时，可取平均水位与最高水位的比值；当采用最低水位时，应取 1.0 计算。

3 地表水或地下水的重度标准值，可取 10 kN/m³ 计算。

3.3.6 压力管道在运行过程中可能出现的真空压力 F_v，其标准值可取 0.05MPa 计算；相应的准永久值系数可取 $\psi_q=0$。

3.3.7 对埋地管道采用焊接、粘接或熔接连接时，其闭合温度作用的标准值可按±25℃温差采用；相应的准永久值系数可取 $\psi_q=1.0$ 计算。

3.3.8 对架空管道，当采用焊接、粘接或熔接连接时，其闭合温度作用的标准值可按具体工况条件确定；相应的准永久值系数可取 $\psi_q=0.5$ 计算。

3.3.9 露天架空管道上的风荷载和雪荷载，其标准值及准永久值系数应按现行国家标准《建筑结构荷载规范》GB 50009 的有关规定确定。

4 基本设计规定

4.1 一 般 规 定

4.1.1 本规范采用以概率理论为基础的极限状态设计方法，以可靠指标度量结构构件的可靠度，除对管道验算整体稳定外，均采用含分项系数的设计表达式进行设计。

4.1.2 管道结构设计应计算下列两种极限状态：

1 承载能力极限状态：对应于管道结构达到最大承载能力，管体或连接构件因材料强度被超过而破坏；管道结构因过量变形而不能继续承载或丧失稳定（如横截面压屈等)；管道结构作为刚体失去平衡（横向滑移、上浮等)。

2 正常使用极限状态：对应于管道结构符合正常使用或耐久性能的某项规定限值；影响正常使用的变形量限值；影响耐久性能的控制开裂或局部裂缝宽度限值等。

4.1.3 管道结构的计算分析模型应按下列原则确定：

1 对于埋设于地下的矩形或拱形管道结构，均应属刚性管道；当其净宽大于 3.0m 时，应按管道结构与地基土共同作用的模型进行静力计算。

2 对于埋设于地下的圆形管道结构。应根据管道结构刚度与管周土体刚度的比值 α_s，判别为刚性管道或柔性管道，以此确定管道结构的计算分析模型：

当 $\alpha_s\geqslant1$ 时，应按刚性管道计算；

当 $\alpha_s<1$ 时，应按柔性管道计算。

4.1.4 圆形管道结构与管周土体刚度的比值 α_s 可按下式确定：

$$\alpha_s=\frac{E_p}{E_d}\left(\frac{t}{r_0}\right)^3 \quad (4.1.4)$$

式中 E_p——管材的弹性模量（MPa)；

E_d——管侧土的变形综合模量（MPa)，应由试验确定，如无试验数据时，可按附录 A 采用；

t——圆管的管壁厚（mm)；

r_0——圆管结构的计算半径（mm)，即自管中心至管壁中线的距离。

4.1.5 对管道的结构设计应包括管体、管座（管道基础）及连接构造；对埋设于地下的管道，尚应包括管周各部位回填土的密实度设计要求。

4.1.6 对管道结构的内力分析，均应按弹性体系计算，不考虑由非弹性变形所引起的塑性内力重分布。

4.1.7 对管道结构应根据环境条件和输送介质的性能，设置内、外防腐构造。用于给水工程输送饮用水的管道，其内防腐材料必须符合有关卫生标准的要求，确保对人体健康无害。

4.2 承载能力极限状态计算规定

4.2.1 管道结构按承载能力极限状态进行强度计算时，应采用作用效应的基本组合。结构上的各项作用均应采用作用设计值。作用设计值，应为作用代表值与作用分项系数的乘积。

4.2.2 管道结构的强度计算应采用下列极限状态计算表达式：

$$\gamma_0 S \leqslant R \tag{4.2.2}$$

式中 γ_0——管道的重要性系数，应根据表（4.2.2）的规定采用；

S——作用效应组合的设计值；

R——管道结构的抗力强度设计值。

表 4.2.2 管道的重要性系数 γ_0

管道类别 / 重要性系数	给水管道		排水管道	
	输水管	配水管	污水管	雨水管
γ_0	1.1	1.0	1.0	0.9

注：1 当输水管道设计为双线或设有调蓄设施时，可采用 $\gamma_0=1.0$。

2 排水管道中的雨水、污水合流管，γ_0 值应按污水管采用。

4.2.3 作用效应的组合设计值，应按下式确定：

$$S=\sum_{i=1}^{m}\gamma_{Gi}C_{Gi}G_{ik}+\gamma_{Q1}C_{Q1}Q_{1k}+\psi_c\sum_{j=2}^{n}\gamma_{Qj}C_{Qj}G_{jk}$$

式中 G_{ik}——第 i 个永久作用标准值；

C_{Gi}——第 i 个永久作用的作用效应系数；

γ_{Gi}——第 i 个永久作用的分项系数；

Q_{1k}——第 1 个可变作用标准值，该作用应为地下水或地表水产生的压力；

Q_{jk}——第 j 个可变作用的标准值；

γ_{Q1}、γ_{Qj}——分别为第 1 个和第 j 个可变作用的分项系数；

C_{Q1}、C_{Qj}——分别为第 1 个和第 j 个可变作用的作用效应系数；

ψ_c——可变作用的组合系数。

注：作用效应系数为结构在作用下产生的效应（如内力、应力等）与该作用的比值，可按结构力学方法确定。

4.2.4 管道结构强度标准值、设计值的确定，应符合下列要求：

1 对钢管道、砌体结构管道、钢筋混凝土矩形管道和架空管道的支承结构等现场制作的管道结构，其强度标准值和设计值应按相应的现行国家标准《钢结构设计规范》、《砌体结构设计规范》、《混凝土结构设计规范》等的规定确定。

2 对各种材料和相应的成型工艺制作的圆管，其强度标准值应按相应的产品行业标准采用；对尚无制定行业标准的新产品，则应由制造厂方提供，并应附有可靠的技术鉴定证明。

4.2.5 永久作用的分项系数，应按下列规定采用：

1 当作用效应对结构不利时，除结构自重应取 1.20 外，其余各项作用均应取 1.27 计算；

2 当作用效应对结构有利时，均应取 1.00 计算。

4.2.6 可变作用的分项系数，应按下列规定采用：

1 对可变作用中的地表水或地下水压力，其分项系数应取 1.27；

2 对可变作用中的地面人群荷载、堆积荷载、车辆荷载、温度变化、管道设计内水压力、真空压力，其分项系数应取 1.40。

4.2.7 可变作用的组合系数 ψ_c，应采用 0.90 计算。

4.2.8 对管道结构的管壁截面进行强度计算时，应符合下列要求：

1 对沿线采用柔性接口连接的管道，计算管壁截面强度时，应计算在组合作用下，环向内力所产生的应力；

2 对沿线采用焊接、粘接或熔接连接的管道，计算管壁截面强度时，除应计算在组合作用下的环向内力外，尚应计算管壁的纵向内力，并核算环向与纵向内力的组合折算应力；

3 对沿线柔性接口连接的管道，当其接口处设有刚度较大的压环约束时，该处附近的管壁截面，亦应计算管壁的纵向内力，并核算在环向与纵向内力作用下的组合折算应力。

4.2.9 管壁截面由环向与纵向内力作用下的组合折算应力，可按下式计算：

$$\sigma_i=\sqrt{\sigma_{\theta i}^2+\sigma_{Xi}^2-\sigma_{\theta i}\sigma_{Xi}} \tag{4.2.9}$$

式中 σ_i——管壁 i 截面处的折算应力（N/mm²）；

$\sigma_{\theta i}$——管壁 i 截面处由组合作用产生的环向应力（N/mm²）；

σ_{Xi}——管壁 i 截面处由组合作用产生的纵向应力（N/mm²）。

4.2.10 对埋设在地表水或地下水以下的管道，应根据设计条件计算管道结构的抗浮稳定。计算时各项作用均应取标准值，并应满足抗浮稳定性抗力系数不低于 1.10。

4.2.11 对埋设在地下的柔性管道，应根据各项作用的不利组合，计算管壁截面的环向稳定性。计算时各项作用均应取标准值，并应满足环向稳定性抗力系数 K_s 不低于 2.0。

4.2.12 埋地柔性管道的管壁截面环向稳定性计算，应符合下式要求：

$$F_{cr,k}\geqslant K_s\left(\frac{F_{sv,k}}{D_0}+q_{vk}+F_{vk}\right) \tag{4.2.12-1}$$

$$F_{cr,k}=\frac{2E_p(n^2-1)}{3(1-\nu_p^2)}\left(\frac{t}{D_0}\right)^3+\frac{E_d}{2(n^2-1)(1+\nu_s^2)} \tag{4.2.12-2}$$

式中 $F_{cr,k}$——管壁截面失稳的临界压力标准值（N/mm^2）；

q_{vk}——地面车辆轮压传递到管顶处的竖向压力标准值（N/mm^2）；

F_{vk}——管内真空压力标准值（N/mm^2）；

ν_p——管材的泊桑比；

ν_s——管侧回填土的泊桑比；

D_0——管道的计算直径（mm），可取管壁中线距离；

n——管壁失稳时的折绉波数，其取值应使 $F_{cr,k}$ 为最小值，并为等于、大于 2.0 的整数。

4.2.13 对非整体连接的管道，在其敷设方向改变处，应作抗滑稳定验算。抗滑稳定应按下列规定验算：

1 对各项作用均取标准值计算；

2 对稳定有利的作用，只计入永久作用（包括由永久作用形成的摩阻力）；

3 对沿滑动方向一侧的土压力可按被动土压力计算；

4 抗滑验算的稳定性抗力系数不应小于 1.5。

4.2.14 被动土压力标准值可按下式计算：

$$F_{pk}=\gamma_s z\cdot tg^2\left(45°+\frac{\varphi}{2}\right) \quad (4.2.14)$$

式中 φ——土的内摩擦角，应根据试验确定，当无试验数据时，可取 30°计算。

4.3 正常使用极限状态验算规定

4.3.1 管道结构的正常使用极限状态计算，应包括变形、抗裂度和裂缝开展宽度，并应控制其计算值不超过相应的限定值。

4.3.2 柔性管道的变形允许值，应符合下列要求：

1 采用水泥砂浆等刚性材料作为防腐内衬的金属管道，在组合作用下的最大竖向变形不应超过 $0.02\sim0.03D_0$；

2 采用延性良好的防腐涂料作为内衬的金属管道，在组合作用下的最大竖向变形不应超过 $0.03\sim0.04D_0$；

3 化学建材管道，在组合作用下的最大竖向变形不应超过 $0.05D_0$。

4.3.3 对于刚性管道，其钢筋混凝土结构构件在组合作用下，计算截面的受力状态处于受弯、大偏心受压或受拉时，截面允许出现的最大裂缝宽度，不应大于 0.2mm。

4.3.4 对于刚性管道，其混凝土结构构件在组合作用下，计算截面的受力状态处于轴心受拉或小偏心受拉时，截面设计应按不允许裂缝出现控制。

4.3.5 结构构件按正常使用极限状态验算时，作用效应均应采用作用代表值计算。

4.3.6 对混凝土结构构件截面按控制裂缝出现设计时，应按短期效应的标准组合作用计算。作用效应的标准组合设计值，应按下式确定：

$$S_d=\sum_{i=1}^{m}C_{Gi}G_{ik}+C_{Q1}Q_{1k}+\psi_c\sum_{j=2}^{n}C_{Qj}Q_{jk} \quad (4.3.6)$$

4.3.7 对钢筋混凝土结构构件的裂缝展开宽度，应按准永久组合作用计算。作用效应的准永久组合设计值，应按下式确定：

$$S_d=\sum_{i=1}^{m}C_{Gi}G_{ik}+\sum_{j=1}^{n}C_{qj}\psi_{qj}Q_{jk} \quad (4.3.7)$$

式中 ψ_{qj}——相应 j 项可变作用的准永久值系数，应按本规范 3.3 的有关规定采用。

4.3.8 对柔性管道在组合作用下的变形，应按准永久组合作用计算，并应按下式计算其变形量：

$$w_{d,max}=D_l\frac{K_d r_0^3(F_{sv,k}+2\psi_q q_{vk}r_0)}{E_p I_p+0.061E_d r_0^3} \quad (4.3.8)$$

式中 $w_{d,max}$——管道在组合作用下的最大竖向变形（mm），并应符合 4.3.2 的要求；

D_l——变形滞后效应系数，可取 1.00～1.50 计算；

K_d——管道变形系数，应按管的敷设基础中心角确定；对土弧基础，当中心角为 90°、120°时，分别可采用 0.096、0.089；

$F_{sv,k}$——每延长米管道上管顶的竖向土压力标准值（kN/mm），可按附录 B 计算；

q_{vk}——地面车辆轮压传递到管顶处的竖向压力标准值（kN/mm），可按附录 C 计算；

I_p——管壁的单位长度截面惯性矩（mm^4/mm）。

4.3.9 对刚性管道，其钢筋混凝土构件在标准组合作用下的截面控制裂缝出现计算，应按下列规定计算：

1 当计算截面处于轴心受拉状态时，应满足下式要求：

$$\frac{N_k}{A_0}\leqslant\alpha_{ct}\cdot f_{tk} \quad (4.3.9\text{-}1)$$

式中 N_k——在标准组合作用下计算截面上的轴向力（N）；

A_0——计算截面的换算截面积（mm^2）；

f_{tk}——构件混凝土的抗拉强度标准值（N/mm^2），应按现行国家标准《混凝土结构设计规范》GB 50010 的规定确定；

α_{ct}——混凝土拉应力限制系数，可取 0.87。

2 当计算截面处于小偏心受拉状态时，应满足下式要求：

$$N_k\left(\frac{e_0}{\gamma W_0}+\frac{1}{A_0}\right)\leqslant\alpha_{ct}f_{tk} \quad (4.3.9\text{-}2)$$

式中 e_0——计算截面上的轴向力对截面重心的偏心距（mm）；

W_0——换算截面受拉边缘的弹性抵抗矩（mm^3）；

γ——计算截面受拉区混凝土的塑性影响系数，对矩形截面可取 1.75。

4.3.10 对预应力混凝土结构的管道，在标准组合作用下的控制裂缝出现计算，应满足下式要求：

$$\alpha_{cp}\sigma_{sk}-\sigma_{pc}\leqslant\alpha_{ct}f_{tk} \quad (4.3.10)$$

式中 σ_{sk}——在标准组合作用下，计算截面上的边缘最大拉应力（N/mm^2）；

σ_{pc}——扣除全部预应力损失后，计算截面上的预压应力（N/mm^2）；

α_{cp}——预压效应系数，可取 1.25。

4.3.11 对刚性管道，其钢筋混凝土结构构件在准永久组合作用下，计算截面处于受弯、大偏心受压或大偏心受拉状态时，最大裂缝宽度可按附录 D 计算，并应符合 4.3.3 的要求。

5 基本构造要求

5.0.1 对圆形管道的接口宜采用柔性连接。当条件限制时，管道沿线应根据地基土质情况适当配置柔性连接接口。对敷设在地震区的管道，应根据相应的抗震设计规范要求执行。

5.0.2 对现浇钢筋混凝土矩形管道、混合结构矩形管道，沿线应设置变形缝。变形缝应贯通全截面，缝距不宜超过 25m；缝处应设置防水措施（例如止水带、密封材料）。

注：当积累可靠实践经验，在混凝土配制及养护等方面具有相应的技术措施时，变形缝间距可适当加大。

5.0.3 对预应力混凝土圆管，应施加纵向预加应力，其值不应低于相应环向有效预压应力的 20%。

5.0.4 现浇矩形钢筋混凝土管道和混合结构管道中的钢筋混凝土构件，其各部位受力钢筋的净保护层厚度，不应小于表 5.0.4 的规定。

表 5.0.4 钢筋的净保护层最小厚度（mm）

管道类别 \ 钢筋部位 \ 构件类别	顶板		侧壁		底板	
	上层	下层	内侧	外侧	上层	下层
给水、雨水	30	30	30	30	30	40
污水、合流	30	40	40	35	40	40

注：1 底板下应设有混凝土垫层；
2 当地下水有侵蚀性时，顶板上层及侧壁外侧筋的净保护层厚度尚应按侵蚀等级予以加厚；
3 构件内分布钢筋的混凝土净保护层厚度不应小于 20mm。

5.0.5 对于厂制成品的钢筋混凝土或预应力混凝土圆管，其钢筋的净保护层厚度，当壁厚为 8～100mm 时不应小于 12mm；当壁厚大于 100mm 时不应小于 20mm。

5.0.6 对矩形管道的钢筋混凝土构件，其纵向钢筋的总配筋量不宜低于 0.3%的配筋率。当位于软弱地基上时，其顶、底板纵向钢筋的配筋量尚应适当增加。

5.0.7 对矩形钢筋混凝土压力管道，顶、底板与侧墙连接处应设置腋角，并配置与受力筋相同直径的斜筋，斜筋的截面面积可为受力钢筋的截面面积的 50%。

5.0.8 管道各部位的现浇钢筋混凝土构件，其混凝土抗渗性能应符合表 5.0.8 要求的抗渗等级。

表 5.0.8 混凝土抗渗等级

最大作用水头与构件厚度比值 i_w	＜10	10～30	＞30
混凝土抗渗等级 Si	S4	S6	S8

注：抗渗标号 Si 的定义系指龄期为 28d 的混凝土试件，施加 $i\times10^2$kPa 水压后满足不渗水指标。

5.0.9 厂制混凝土压力管道的抗渗性能，应满足在设计内水压力作用下不渗水。

5.0.10 砌体结构的抗渗，应设置可靠的构造措施满足在使用条件下不渗水。

5.0.11 在最冷月平均气温低于－3℃的地区，露明敷设的管道和排水管道的进、出口处不少于 10m 长度的管道结构，不得采用粘土砖砌体。

5.0.12 在最冷月平均气温低于－3℃的地区，露明的钢筋混凝土管道应具有良好的抗冻性能，其混凝土的抗冻等级不应低于 F200。

注：混凝土的抗冻等级 Fi，系指龄期为 28 天的混凝土试件经冻融循环 i 次作用后，其强度降低不超过 25%，重量损失不超过 5%。冻融循环次数系指从＋3℃以上降低－3℃以下，然后回升至＋3℃以上的交替次数。

5.0.13 混凝土中的碱含量最大限值，应符合《混凝土碱含量限值标准》CECS 53 的规定。

5.0.14 钢管管壁的设计厚度，应根据计算需要的厚度另加腐蚀构造厚度。此项构造厚度不应小于 2mm。

5.0.15 铸铁管的设计壁厚应按下式采用：

$$t=0.975t_p-1.5 \quad (5.0.15)$$

式中 t——设计壁厚（mm）；

t_p——铸铁管的产品壁厚（mm）。

5.0.16 埋地管道的回填土应予压实，其压实系数 λ_c 应符合下列规定：

1 对圆形柔性管道弧形土基敷设时，管底垫层的压实系数应根据设计要求采用，控制在 85%～

90%；相应管两侧（包括腋部）的压实系数不应低于90%～95%。

2 对圆形刚性管道和矩形管道，其两侧回填土的压实系数不应低于90%。

3 对管顶以上的回填土，其压实系数应根据地面要求确定；当修筑道路时，应满足路基的要求。

附录A 管侧回填土的综合变形模量

A.0.1 管侧土的综合变形模量应根据管侧回填土的土质、压实密度和基槽两侧原状土的土质，综合评价确定。

A.0.2 管侧土的综合变形模量 E_d 可按下列公式计算：

$$E_d = \zeta \cdot E_e \quad (A.0.2\text{-}1)$$

$$\zeta = \frac{1}{\alpha_1 + \alpha_2\left(\frac{E_e}{E_n}\right)} \quad (A.0.2\text{-}2)$$

式中 E_e——管侧回填土在要求压实密度时相应的变形模量(MPa)，应根据试验确定；当缺乏试验数据时，可参照表A.0.2-1采用；

E_n——基槽两侧原状土的变形模量（MPa），应根据试验确定；当缺乏试验数据时，可参照表A.0.2-1采用；

ζ——综合修正系数；

α_1、α_2——与 B_r（管中心处槽宽）和 D_1（管外径）的比值有关的计算参数，可按表A.0.2-2确定。

表A.0.2-1 管侧回填土和槽侧原状土的变形模量（MPa）

土的类别 ＼ 回填土压实系数（%）	85	90	95	100
原状土标准贯入锤击数 $N_{63.5}$	$4<N\leqslant14$	$14<N\leqslant24$	$24<N\leqslant50$	>50
砾石、碎石	5	7	10	20
砂砾、砂卵石、细粒土含量不大于12%	3	5	7	14
砂砾、砂卵石、细粒土含量大于12%	1	3	5	10
粘性土或粉土（W_L<50%）砂粒含量大于25%	1	3	5	10

续表A.0.2-1

土的类别 ＼ 回填土压实系数（%）	85	90	95	100
原状土标准贯入锤击数 $N_{63.5}$	$4<N\leqslant14$	$14<N\leqslant24$	$24<N\leqslant50$	>50
粘性土或粉土（W_L<50%）砂粒含量小于25%		1	3	7

注：1 表中数值适用于10m以内覆土，对覆土超过10m时，上表数值偏低；
2 回填土的变形模量 E_e 可按要求的压实系数采用；表中的压实系数（%）系指设计要求回填土压实后的干密度与该土在相同压实能量下的最大干密度的比值；
3 基槽两侧原状土的变形模量 E_n 可按标准贯入度试验的锤击数确定；
4 W_L 为粘性土的液限；
5 细粒土系指粒径小于0.075mm的土；
6 砂粒系指粒径为0.075～2.0mm的土。

表A.0.2-2 计算参数 α_1 及 α_2

$\frac{B_r}{D_1}$	1.5	2.0	2.5	3.0	4.0	5.0
α_1	0.252	0.435	0.572	0.680	0.838	0.948
α_2	0.748	0.565	0.428	0.320	0.162	0.052

A.0.3 对于填埋式敷设的管道，当 $\frac{B_r}{D_1}>5$ 时，应取 $\zeta=1.0$ 计算。此时 B_r 应为管中心处按设计要求达到的压实密度的填土宽度。

附录B 管顶竖向土压力标准值的确定

B.0.1 埋地管道的管顶竖向土压力标准值，应根据管道的敷设条件和施工方法分别计算确定。

B.0.2 对埋设在地面下的刚性管道，管顶竖向土压力可按下列规定计算：

1 当设计地面高于原状地面，管顶竖向土压力标准值应按下式计算：

$$F_{sv,k} = C_c \gamma_s H_s B_c \quad (B.0.2\text{-}1)$$

式中 $F_{sv,k}$——每延长米管道上管顶的竖向土压力标准值（kN/m）；

C_c——填埋式土压力系数，与 $\frac{H_s}{B_c}$、管底地基土及回填土的力学性能有关，一般可取1.20～1.40计算；

γ_s——回填土的重力密度（kN/m³）；

H_s——管顶至设计地面的覆土高度（m）；

B_c——管道的外缘宽度（m），当为圆管时，应以管外径 D_1 替代。

2　对由设计地面开槽施工的管道，管顶竖向土压力标准值可按下式计算：

$$F_{sv,k}=C_d\gamma_s H_s B_c \qquad (B.0.2\text{-}2)$$

式中　C_d——开槽施工土压力系数，与开槽宽有关，一般可取1.2计算。

B.0.3　对不开槽、顶进施工的管道，管顶竖向土压力标准值可按下式计算：

$$F_{sv,k}=C_j\gamma_s B_t D_1 \qquad (B.0.3\text{-}1)$$

$$B_t=D_1\left[1+\mathrm{tg}\left(45^\circ-\frac{\varphi}{2}\right)\right] \qquad (B.0.3\text{-}2)$$

$$C_j=\frac{1-\exp\left(-2K_a\mu\frac{H_s}{B_t}\right)}{2K_a\mu} \qquad (B.0.3\text{-}3)$$

式中　C_j——不开槽施工土压力系数；

B_t——管顶上部土层压力传递至管顶处的影响宽度（m）；

$K_a\mu$——管顶以上原状土的主动土压力系数和内摩擦系数的乘积，对一般土质条件可取$K_a\mu=0.19$计算；

φ——管侧土的内摩擦角，如无试验数据时可取$\varphi=30^\circ$计算。

B.0.4　对开槽敷设的埋地柔性管道，管顶的竖向土压力标准值应按下式计算：

$$W_{ck}=\gamma_s H_s D_1 \qquad (B.0.2\text{-}4)$$

附录C　地面车辆荷载对管道作用标准值的计算方法

C.0.1　地面车辆荷载对管道上的作用，包括地面行驶的各种车辆，其载重等级、规格型式应根据地面运行要求确定。

C.0.2　地面车辆荷载传递到埋地管道顶部的竖向压力标准值，可按下列方法确定：

1　单个轮压传递到管道顶部的竖向压力标准值可按下式计算（图C.0.2-1）：

$$q_{vk}=\frac{\mu_d Q_{vi,k}}{(a_i+1.4H)(b_i+1.4H)} \qquad (C.0.2\text{-}1)$$

式中　q_{vk}——轮压传递到管顶处的竖向压力标准值（kN/m^2）；

$Q_{vi,k}$——车辆的i个车轮承担的单个轮压标准值（kN）；

a_i——i个车轮的着地分布长度（m）；

b_i——i个车轮的着地分布宽度（m）；

H——自车行地面至管顶的深度（m）；

μ_D——动力系数，可按表（C.0.2）采用。

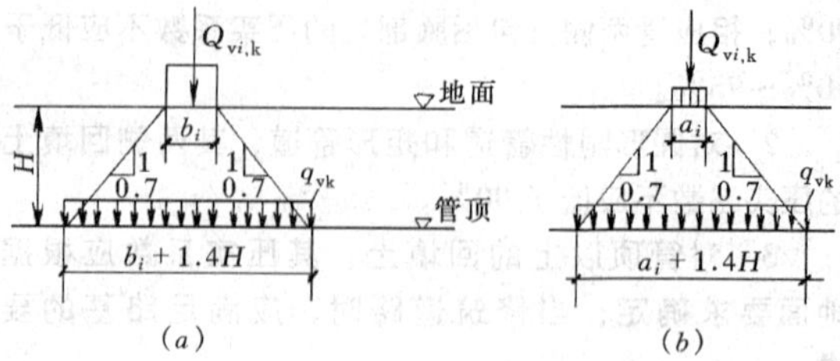

图C.0.2-1　单个轮压的传递分布图

（a）顺轮胎着地宽度的分布；

（b）顺轮胎着地长度的分布

2　两个以上单排轮压综合影响传递到管道顶部的竖向压力标准值，可按下式计算（图C.0.2-2）：

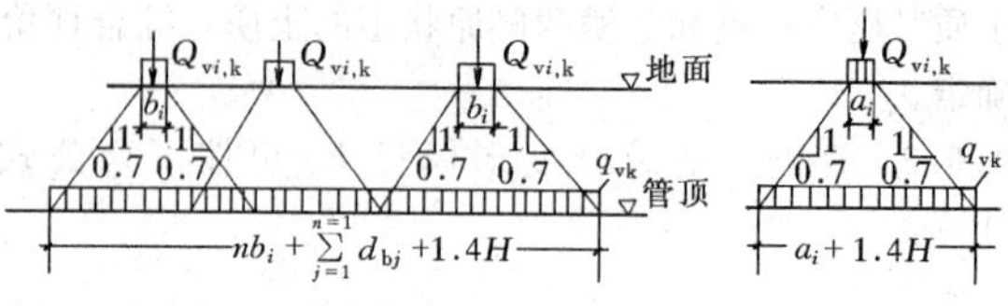

图C.0.2-2　两个以上单排轮压综合影响的传递分布图

（a）顺轮胎着地宽度的分布；

（b）顺轮胎着地长度的分布

$$q_{vk}=\frac{\mu_d nQ_{vi,k}}{(a_i+1.4H)\left(nb_i+\sum_{j=1}^{n-1}d_{bj}+1.4H\right)} \qquad (C.0.2\text{-}2)$$

式中　n——车轮的总数量；

d_{bj}——沿车轮着地分布宽度方向，相邻两个车轮间的净距（m）。

表C.0.2　动力系数μ_D

地面在管顶(m)	0.25	0.30	0.40	0.50	0.60	≥0.70
动力系数μ_D	1.30	1.25	1.20	1.15	1.05	1.00

3　多排轮压综合影响传递到管道顶部的竖向压力标准值，可按下式计算：

$$q_{vk}=\frac{\mu_d\sum_{i=1}^{n}Q_{vi,k}}{\left(\sum_{i=1}^{m_a}a_i+\sum_{j=1}^{m_a-1}d_{aj}+1.4H\right)\left(\sum_{i=1}^{m_b}b_i+\sum_{j=1}^{m_b-1}d_{bj}+1.4H\right)} \qquad (B.0.2.3)$$

式中　m_a——沿车轮着地分布宽度方向的车轮排数；

m_b——沿车轮着地分布长度方向的车轮排数；

d_{aj}——沿车轮着地分布长度方向，相邻两个车轮间的净距（m）。

C.0.3　当刚性管道为整体式结构时，地面车辆荷载的影响应考虑结构的整体作用，此时作用在管道上的竖向压力标准值可按下式计算（图C.0.3）：

$$q_{ve,k}=q_{vk}\frac{L_p}{L_e} \qquad (C.0.3)$$

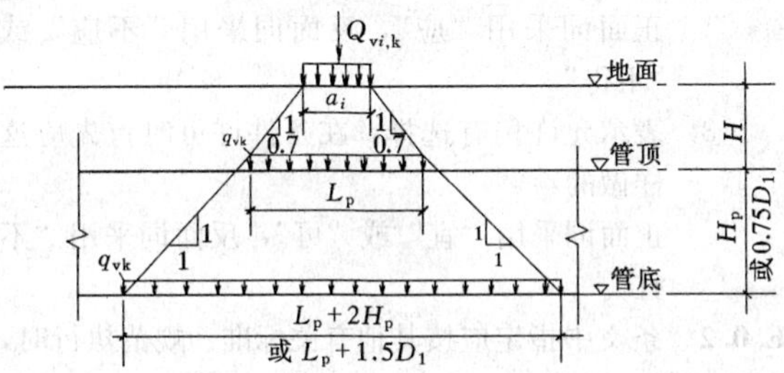

图 C.0.3 考虑结构整体作用时车辆荷载的竖向压力传递分布

式中 $q_{ve,k}$——考虑管道整体作用时管道上的竖向压力(kN/m^2);

L_p——轮压传递到管顶处沿管道纵向的影响长度(m);

L_e——管道纵向承受轮压影响的有效长度(m),对圆形管道可取 $L_e=L_e+1.5D_1$;对矩形管道可取 $L_e=L_p+2H_p$,H_p 为管道高度(m)。

C.0.4 当地面设有刚性混凝土路面时,一般可不计地面车辆轮压对下部埋设管道的影响,但应计算路基施工时运料车辆和辗压机械的轮压作用影响,计算公式同(C.0.2-1)或(C.0.2-2)。

C.0.5 地面运行车辆的载重、车轮布局、运行排列等规定,应按行业标准《公路桥涵设计通用规范》JTJ 021 的规定采用。

附录 D 钢筋混凝土矩形截面处于受弯或大偏心受拉(压)状态时的最大裂缝宽度计算

D.0.1 受弯、大偏心受拉或受压构件的最大裂缝宽度,可按下列公式计算:

$$w_{max}=1.8\psi\frac{\sigma_{sq}}{E_s}\left(1.5c+0.11\frac{d}{\rho_{te}}\right)(1+\alpha_1)\cdot\nu \qquad (D.0.1\text{-}1)$$

$$\psi=1.1-\frac{0.65f_{tk}}{p_{te}\sigma_{sq}\alpha_2} \qquad (D.0.1\text{-}2)$$

式中 w_{max}——最大裂缝宽度(mm);

ψ——裂缝间受拉钢筋应变不均匀系数,当 $\psi<0.4$ 时,应取 0.4;当 $\psi>1.0$ 时,应取 1.0;

σ_{sq}——按长期效应准永久组合作用计算的截面纵向受拉钢筋应力(N/mm^2);

E_s——钢筋的弹性模量(N/mm^2);

c——最外层纵向受拉钢筋的混凝土净保护层厚度(mm);

d——纵向受拉钢筋直径(mm);当采用不同直径的钢筋时,应取 $d=\frac{4A_s}{u}$;u 为纵向受拉钢筋截面的总周长(mm);

ρ_{te}——以有效受拉混凝土截面面积计算的纵向受拉钢筋配筋率,即 $\rho_{te}=\frac{A_s}{0.5bh}$;$b$ 为截面计算宽度,h 为截面计算高度;A_s 为受拉钢筋的截面面积(mm^2),对偏心受拉构件应取偏心力一侧的钢筋截面面积;

α_1——系数,对受弯、大偏心受压构件可取 $\alpha_1=0$;对大偏心受拉构件可取 $\alpha_1=0.28\left[\frac{1}{1+\frac{2e_0}{h_0}}\right]$;

ν——纵向受拉钢筋表面特征系数,对光面钢筋应取 1.0;对变形钢筋应取 0.7;

f_{tk}——混凝土轴心抗拉强度标准值(N/mm^2);

α_2——系数,对受弯构件可取 $\alpha_2=1.0$;对大偏心受压构件可取 $\alpha_2=1-0.2\frac{h_0}{e_0}$;对大偏心受拉构件可取 $\alpha_2=1+0.35\frac{h_0}{e_0}$。

D.0.2 受弯、大偏心受压、大偏心受拉构件的计算截面纵向受拉钢筋应力 σ_{sq},可按下列公式计算:

1 受弯构件的纵向受拉钢筋应力

$$\sigma_{sq}=\frac{M_q}{0.87A_sh_0} \qquad (A.0.2\text{-}1)$$

式中 M_q——在长期效应准永久组合作用下,计算截面处的弯矩(N·mm);

h_0——计算截面的有效高度(mm)。

2 大偏心受压构件的纵向受拉钢筋应力

$$\sigma_{sq}=\frac{M_q-0.35N_q(h_0-0.3e_0)}{0.87A_sh_0} \qquad (A.0.2\text{-}2)$$

式中 N_q——在长期效应准永久组合作用下,计算截面上的纵向力(N);

e_0——纵向力对截面重心的偏心距(mm)。

3 大偏心受拉构件的纵向钢筋应力

$$\sigma_{sq}=\frac{M_q+0.5N_q(h_0-a')}{A_s(h_0-a')} \qquad (A.0.2\text{-}3)$$

式中 a'——位于偏心力一侧的钢筋至截面近侧边缘的距离(mm)。

附录E 本规范用词说明

E.0.1 为便于在执行本规范条文时区别对待，对要求严格程度不同的用词说明如下：

1 表示很严格，非这样做不可的：

正面词采用“必须”，反面词采用“严禁”。

2 表示严格，在正常情况下均应这样做的：

正面词采用“应”，反面词采用“不应”或“不得”。

3 表示允许稍有选择，在条件许可时首先应这样做的：

正面词采用“宜”或“可”，反面词采用“不宜”。

E.0.2 条文中指定应按其他有关标准、规范执行时，写法为“应符合……规定”。

中华人民共和国国家标准

给水排水工程管道结构设计规范

GB 50332—2002

条 文 说 明

目　　次

1 总 则

1.0.1 本条主要阐明本规范的内容，系针对给水排水工程中的各种管道结构设计，本属原规范《给水排水工程结构设计规范》GBJ 69—84 中有关管道结构部分。给水排水工程中应用的管道结构的材质、形状、制管工艺及连接构造型式众多，20 世纪 90 年代中，国内各地区又引进、开发了新的管材，例如各种化学管材（UPVC、FRP、PE 等）和预应力钢筒混凝土管（PCCP）等，随着科学技术的不断持续发展，新颖材料的不断开拓，新的管材、管道结构也会随之涌现和发展，据此有必要将有关管道结构的内容，从原规范中分离出来，既方便工程技术人员的应用，也便于今后修订。考虑管道结构的材质众多，物理力学性能、结构构造、成型工艺各异，工程设计所需要控制的内容不同，例如对金属管道和非金属管道的要求、非金属管道中化学管材和混凝土管材的要求等，都是不相同的，因此应按不同材质的管道结构，分别独立制订规范，这样也可与国际上的工程建设标准、规范体系相协调，便于管理和更新。

据此，还必须考虑到在满足给水排水工程中使用功能的基础上，各种不同材质的管道结构，应具有相对统一的标准，主要是有关荷载（作用）的合理确定和结构可靠度标准。本条明确本规范的内容是适用各种材质管道结构，而并非针对某种材质的管道结构。即本规范内容将针对各种材质管道结构的共性要求作出规定，提供作为编制不同材质管道结构设计规范时的统一标准依据，切实贯彻国家的技术经济政策。

1.0.2 给水排水工程的涉及面很广，除城镇公用设施外，多类工业企业中同样需要，条文明确规定本规范的内容仅适用于工业企业中一般性的给水排水工程，而工业企业中有特殊要求的工程，可以不受本规范的约束（例如需要提高结构可靠度标准或需考虑特殊的荷载项目等）。

1.0.3 本条明确了本规范的编制原则。由于管道结构埋于地下，在运行过程中检测较为困难，因此各方面的统计数据十分不足，本规范仅根据《工程结构可靠度设计统一标准》GB 50153 规定的原则，通过工程校准制订。

1.0.4 本条明确了本规范与其他技术标准、规范的衔接关系，便于工程技术人员掌握应用。

2 主 要 符 号

本章关于本规范中应用的主要符号，依据下列原则确定：

1 原规范 GBJ 69—84 中已经采用，当与《建筑结构术语和符号标准》GB/T 50083—97 的规定无矛盾时，尽量保留；否则按 GB/T 50083—97 的规定修改；

2 其他专业技术标准、规范已经采用并颁发的符号，本规范尽量引用；

3 国际上广为采用的符号（如覆土的竖向压力等），本规范尽量引用；

4 原规范 GBJ 69—84 中某些符号的角标采用拼音字母，本规范均转换为英文字母。

3 管道结构上的作用

3.1 作用分类和作用代表值

本节内容系依据《工程结构可靠度设计统一标准》GB 50153—92 的规定制订。对作用的分类中，将地表水或地下水的作用列为可变作用，因为地表水或地下水的水位变化较多，不仅每年不同，而且一年内也有丰水期和枯水期之分，对管道结构的作用是变化的。

3.2 永久作用标准值

本节关于永久作用标准值的确定，基本上保持了原规范的规定，仅对不开槽施工时土压力的标准值，改用了国际上通用的太沙基计算模型，其结果与原规范引用原苏联普氏卸力拱模型相差有限，具体说明见附录 B。

3.3 可变作用标准值、准永久值系数

本节关于可变作用标准值的确定，基本上保持了原规范的规定，仅对下列各项作了修改和补充：

1 对地表水作用规定了应与水域的水位协调确定，在一般情况下可按设计频率 1% 的相应水位，确定地表水对管道结构的作用。同时对其准永久值系数的确定作了简化，即当按最高洪水位计算时，可取常年洪水位与最高洪水位的比值，实际上认为 1% 频率最高洪水位出现的历时很短，计算结构长期作用效应时可不考虑。

2 对地下水作用的确定，条文着重于要考虑其可能变化的情况，不能仅按进行勘探时的地下水位确定地下水作用，因为地下水位不仅在一年内随降水影响变动，还要受附近水域补给的影响，例如附近河湖水位变化、鱼塘等养殖水场、农田等灌溉等，需要综合考虑这些因素，核定地下水位的变化情况，合理、可靠地确定其对结构的作用。相应的准永久值系数的确定，同样采取了简化的方法，只是考虑到最高水位的历时要比之地表水长，为此给予了适当的提高。

3 关于压力管道在运行过程中出现的真空压力，考虑其历时甚短，因此在计算长期作用效应时，条文规定可以不予计入。

4 对于采用焊接、粘接或熔接连接的埋地或架空管道，其闭合温差相应的准永久值系数的确定，主要考虑了历时的因素。埋地管道的最大闭合温差历时相对长些，从安全计规定了可取1.0；架空管道主要与日照影响有关，为此可取0.5采用。

4 基本设计规定

4.1 一般规定

4.1.1、4.1.2 条文明确规定本规范的制订系根据《工程结构可靠度设计统一标准》GB 50153—92及《建筑结构可靠度设计统一标准》GB 50068—2001规定的原则，采用以概率理论为基础的极限状态设计方法。在具体编制中，考虑到统计数据的掌握不足，主要以工程校准法进行。其中关于管道结构的整体稳定验算，涉及地基土质的物理力学性能，其参数变异更甚，条文规定仍可按单一抗力系数方法进行设计验算。

条文规定管道结构均应按承载能力和正常使用两种极限状态进行设计计算。前者确保管道结构不致发生强度不足而破坏以及结构失稳而丧失承载能力；后者控制管道结构在运行期间的安全可靠和必要的耐久性，其使用寿命符合规定要求。

4.1.3 本条对管道结构的计算分析模型，作了原则规定。

1 对埋地的矩形或拱型管道，当其净宽较大时，管顶覆土等荷载通过侧墙、底板传递到地基，不可能形成均匀分布。如仍按底板下地基均布反力计算时，管道结构内力会出现较大的误差（尤其是底板的内力）。据此条文规定此时分析结构内力应按结构与地基土共同工作的模型进行计算，亦即应按弹性地基上的框（排）架结构分析内力，以使获得较为合理的结果。

本项规定在原规范中，控制管道净宽为4.0m作为限界，本次修改为3.0m，这是考虑到实际上净宽4.0m时，底板内力的误差还比较大，为此适当改变了净宽的限界条件。

2 条文对于埋地的圆形管道结构，规定了首先应对该圆管的相对刚度进行判别，即验算圆管的结构刚度与管周土体刚度的比值，以此判别圆管属于刚性管还是柔性管。前者可以不计圆管结构的变形影响；后者则应予考虑圆管结构变形引起管周土体的弹性抗力。两者的结构计算模型完全不同，为此条文要求先行判别确认。

在一般情况下，金属和化学管材的圆管属于柔性管范畴；钢筋混凝土、预应力混凝土和配有加劲肋构造的管材，通常属于刚性管一类。但也有可能当特大口径的圆管，采用非金属的薄壁管材时，也会归入柔性管的范畴。

4.1.4 条文对管、土刚度比值 a_s 给出了具体计算公式，便于工程技术人员应用。

当管顶作用均布压力 p 时，如不计管自重则可得管顶的变位为：

$$\Delta p = \frac{p(2\gamma_0)\gamma_0^3}{12E_pI_p} = \frac{p(2\gamma_0)\gamma_0^3}{E_pt^3} \qquad (4.1.4\text{-}1)$$

在相同压力下，管周土体（柱）在管顶处的变位为：

$$\Delta s = \frac{q(2\gamma_0)}{E_d} \qquad (4.1.4\text{-}2)$$

式中 γ_0——圆管的计算半径；

t——圆管的管壁厚；

E_p——圆管管材的弹性模量；

E_d——考虑管周回填土及槽边原状土影响的综合变形模量。

根据上列两式，当 $\Delta p < \Delta s$ 属刚性管；$\Delta p > \Delta s$ 则属柔性管，将两式归整后可得条文内所列判别式。

4.1.5 本条明确规定了对管道的结构设计，应综合考虑管体、管道的基础做法、管体间的连接构造以及埋地管道的回填土密实度要求。管体的承载能力除了与基础构造密切相关外，管体外的回填土质量同样十分重要，尤其对柔性管更是如此，回填土的弹抗作用有助于提高管体的承载能力，因此对不同刚度的管体应采取不同密实度要求的回填土，柔性管两侧的回填土需要密实度较高的回填土，以提供可靠的弹性抗力；但对不设管座的管体底部，其土基的压实密度却不宜过高，以免减少管底的支承接触面，使管体内力增加，承载能力降低。为此条文要求对回填土的密实度控制，应列入设计内容，各部位的控制要求应根据设计需要加以明确。对这方面的要求，国外相应规范都十分重视，甚至附以详图对管体四周的回填土要求，分区标示具体做法。

4.1.6 本条对管道结构的内力分析，明确应按弹性体系计算，不能考虑非弹性变形后的塑性内力重分布，主要在于管道结构必须保证其良好的水密性以及可靠的使用寿命。

4.1.7 条文针对管道结构的运行条件，从耐久性考虑，规定了需要进行内、外防腐的要求。同时，还对输送饮用水的管道，规定了其内防腐材料必须符合有关卫生标准的要求。这一点是十分重要的，对内防腐材料判定是否符合卫生标准，必须持有省级以上指定的检测部门的正式检测报告，以确保对人体健康无害。

4.2 承载能力极限状态计算规定

4.2.1～4.2.3 条文系根据多系数极限状态的计算模式作了规定。其中关于管道的重要性系数 γ_0，在原规范的基础上作了调整。原规范对地下管道按结构材质的不同，给定了强度设计调整系数，与工程实践不能完全协调，例如某些重要的生命线管道，由于其承受的荷载（主要是内水压力）不大，也可能采用钢筋混凝土结构。为此条文改为以管道的运行功能区分不同的可靠度要求，对排水工程中的雨水管道，保持了原规范的规定；对其他功能的管道适当作了提高，亦即不再降低水准。同时，对给水工程中的输水管道，如果单线敷设，并未设调蓄设施时，从供水水源的重要功能考虑，条文规定了应予提高标准。

4.2.4 本条规定了各种管道材质的强度标准值和设计值的确定依据。其中考虑到20世纪90年代以后，国内引进的新颖管材品种繁多，有些管材国内尚未制订相应的技术标准，对此在一般情况下，工程实践应用较为困难，如果有必要使用时，则强度指标由厂方提供（通常依据其企业标准），对此条文要求应具备可靠的技术鉴定证明，由依法指定的检测单位出具。

4.2.5～4.2.7 条文规定了各项作用的分项系数和可变作用的组合系数。

这些系数主要是通过工程校准制定的，与原规范的要求协调一致。其中关于混凝土结构的工程校准，可参阅《给水排水工程构筑物结构设计规范》的相应部分说明。必须指出，对其他材质的管道结构，不一定完全取得协调，对此，应在统一分项系数和组合系数的前提下，各种不同材质的管道结构可根据工程校准的原则，自行制定相应必要的调整系数。

4.2.8～4.2.9 条文对管道结构强度计算的要求，保持了原规范的规定。

4.2.10～4.2.13 条文给出了关于管道结构几种失稳状态的验算规定。基本上保持了原规范的要求，仅就以下几点作了修改和补充。

1 对管道的上浮稳定，关于整个管道破坏，原规范仅要求安全系数1.05，实践中普遍认为偏低，因为无论是地表水或地下水的水位，变异性大，设计中很难精确计算，因此条文给予了适当提高，稳定安全系数应控制在不低于1.10。

2 对柔性管道的环向截面稳定计算，原规范系参照原苏联1958年制定的《地下钢管设计技术条件和规范》，引用前苏联学者 E. A. НигоЛай 对于圆管失稳临界压力的解答，其分析模型系考虑了圆管周围360°全部管壁上的正、负土抗力作用。对比国外不少相应的规范则沿用 R・V・Mises 获得的明管临界压力公式。此次条文修改时，感到原规范依据的计算模型考虑管周土的负抗作用，是很值得推敲的，通常都不考虑土的负效应（即承拉作用），为此条文给出了不计管周土负抗作用的计算公式，以使更加符合工程实际情况。应该指出这种计算模型，日本藤田博爱氏于1961年就曾经推荐应用（日本“水道协会”杂志第318号）。

根据失稳临界压力计算模型的修改，不计管周土的负抗力作用后，相应的稳定安全系数也作了适当调整，取稳定安全系数不低于2.0。

3 条文补充了对非整体连接管道的抗滑动稳定验算规定。并在计算抗滑阻力时，规定可按被动土压力计算，但此时抗滑安全系数不宜低于1.50，以免产生过大的位移。

4.3 正常使用极限状态计算

4.3.1 本条对管道结构正常使用条件下的极限状态计算内容作了规定。这些要求主要针对管道结构的耐久性，保证其使用年限，提高工程投资效益。

4.3.2 本条对柔性管道的允许变形量作了规定。原规范仅对水泥砂浆内衬作出规定，控制管道的最大竖向变形量不宜超过0.02D。从工程实践来看，此项允许变形量与水泥砂浆的配制及操作成型工艺密切相关，例如手工涂抹和机械成型，其质量差异显著；砂浆配制掺入适量的纤维等增强抗力材料，将改善砂浆的延性性能等。据此，条文对水泥砂浆内衬的允许变形量，规定可以有一定的幅度，供工程技术人员对应采用。

此外，条文还结合近十年来防腐内衬材料的引进和开拓，管材品种的多种开发，增补了对防腐涂料内衬和化学管材的允许变形量的规定，这些规定与国外相应标准的要求基本上协调一致。

4.3.3～4.3.7 条文对钢筋混凝土管道结构的使用阶段截面计算做出了规定，这些要求和原规范的规定是协调一致的。

1 当在组合作用下，截面处于受弯或大偏心受压、拉时，应控制其最大裂缝宽度，不应大于0.2mm，确保结构的耐久性，符合使用年限的要求。同时明确此时可按长期效应的准永久组合作用计算。

2 当在组合作用下，截面处于轴心受拉或小偏心受拉时，应控制截面的裂缝出现，此时一旦形成开裂即将贯通全截面，直接影响管道结构的水密性要求和正常使用，因此相应的作用组合应取短期效应的标准组合作用计算。

4.3.8 本条对柔性管道的变形计算给出了规定，相应的组合作用应取长期效应的准永久组合作用计算。

原规范规定的计算模型系按原苏联1958年《地下钢管设计技术条件和规范》采用。该计算模型由前苏联学者 Л. М. ЕмеЛьянов 提出，其理念系依照地下柔性管道的受载程序拟定，即管子在沟槽中安装后，沟槽回填土使管体首先受到侧土压力使柔性管产生变形，向土体方向的变形导致土体的弹性抗力，据此计算管体在竖向、侧向土压力和弹性土抗

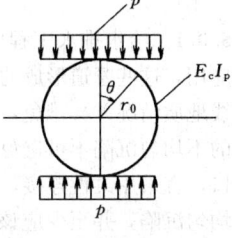

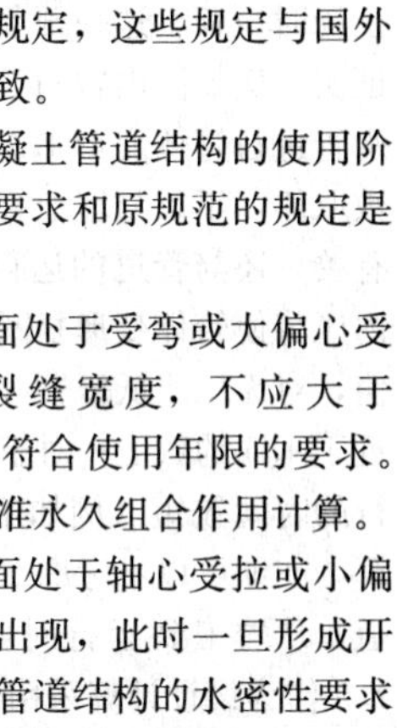

图 4.3.8

力作用下管体的变形。

如图4.3.8所示，当管体上下受到相等的均布压力p时，管体上任一点半径向位移ω为：

$$\omega=\frac{p\gamma_0^4}{12E_cI_p}\cos2\theta$$

按此式可得管顶和管侧的变位置是相同的。当管体仅受到侧向土压力时，亦将产生变形，其方向则与竖向土压作用相反。由于管侧土压力值要小于竖向土压力（例如1/3），因此管体的最终变形还取决于竖向土压力导致的变形形态。

应该认为原规范引用的计算模型在理念上还是清楚的，但与通常的弹性地基上结构的计算模型不相协调，后者的结构上的受力，只需计算结构上受到的组合作用以及由此形成的弹性地基反力。美国spangler氏即是按此理念提出了计算模型，获得国际上广为应用。据此条文修改为采用spangler计算模型，以使在柔性管的变形计算方法上与国际沟通，协调一致。

另外，在条文给定的计算变形公式中，引入了变形滞后效应系数D_L。此项系数取1.0～1.5，主要是管侧土体并非理想的弹性体，在抗力的长期作用下，土体会产生变形或松弛，管侧回填土的压实密度越高，滞后变形效应越显著，粘性土的滞后变形比砂性土历时更长，这一现象已被国内、外工程实践检测所证实（例如国内曾对北京市第九水厂DN2600mm输水管进行管体变形追踪检测）。显然此项变形滞后系数取值，不仅与埋地管道覆土竣工到投入运行的时间有关，还与管道的运行功能相关，如果是压力运行，内压将使管体变形复圆。因此，对变形滞后系数的取值，对无压或低压管（内压在0.2MPa以内）应取接近于1.5的数值；对于压力运行管道，竣工所投入运行的时间较短（例如不超过3个月），则可取1.0计算，亦即可以不考虑滞后变形的因素；对压力运行管道，从竣工到运行时间较长时，则可取$1.0<D_L<1.5$作为设计计算采用值。

4.3.9～4.3.11 有关条文规定可参阅《给水排水工程构筑物结构设计规范》相应条文的说明。

5 基本构造要求

5.0.1 给水排水工程中，各种材质的圆形管道广泛应用，这些管道形成的城市生命线管网涉及面广，沿线地质情况差异难免，埋深及覆土也多变，可能出现的不均匀沉陷不可避免。据此条文规定这些圆管的接口，宜采用柔性连接，以适应各种不同因素产生的不均匀沉陷，并至少应该在地基土质变化处设置柔口。此外，敷设在地震区的管道，则应根据抗震规范要求，沿线设置必要数量的柔性连接，以适应地震行波对管道引起的变位。

5.0.2 本条对现浇矩形钢筋混凝土管道（含混合结构中的现浇钢筋混凝土构件）的变形缝间距做出了规定，主要是考虑混凝土浇筑成型过程中的水化热影响。同时指出，如果当混凝土配制及养护方面具备相应的技术措施，例如掺加适量的微膨胀性能外加剂等，变形缝的间距可适当加长，但以不超过一倍（即50m）为好。

5.0.3 本条对预应力混凝土圆管的纵向预加应力，规定不宜低于环向有效预压应力的20%。主要考虑环向预压应力所引起的泊桑效应，如果管体纵向不施加相应的预加应力，管体纵向强度将降低，还不如普通钢筋混凝土强度，这对管体受力很不利，容易引发出现环向开裂，影响运行时的水密性要求及使用寿命。

5.0.4 本条对现浇钢筋混凝土结构的钢筋净保护层最小厚度作了规定。主要依据管道各部位构件的环境条件确定。例如对污水和合流管道的内侧钢筋，其保护层厚度作了适当增加，尤其是顶板下层筋的保护层厚度，考虑硫化氢气体的腐蚀更甚于接触污水本身。从耐久性考虑，国外对钢筋保护层厚度都取值较大，一般均采用$1\frac{3}{4}$英寸，条文基于原规范的取值，尽量避免过多增加工程投资，仅对污水、合流管的顶板下层筋保护层厚度，调整到接近国际上的通用水准。

5.0.5 条文对厂制的钢筋混凝土或预应力混凝土圆管的钢筋净保护层厚度的规定，主要考虑这些圆管的混凝土等级较高，一般都在C30以上，并且其制管成型工艺（离心、悬辊、芯模振动及高压喷射砂浆保护层等），对混凝土的密实性和砂浆的粘结性能较好；同时这些规定也与相应的产品标准可以取得协调。

5.0.6～5.0.16 条文的规定基本上保持了原规范的要求，仅作了如下补充与修改。

1 关于结构材质抗冻性能的要求，原规范以最冷月平均气温低于（－5℃）作为地区划分界限，实践证明此界限温度取值偏低，并与水工结构方面的规范协调一致，修改为以（－3℃）作界限指标，适当提高了抗冻要求。

2 增加了对混凝土中含碱量的限值控制，以确保结构的耐久性，符合使用年限要求。近十多年来国内多起发现碱集料反应对混凝土构件的损坏（国外20世纪40年代就已提出），严重影响了结构的使用寿命。这种事故主要是混凝土中的碱含量与砂、石等集料中的碱活性矿物，在混凝土凝固后缓慢发生化学反应，产生胶凝物质，吸收水分后产生膨胀，导致混凝土损坏。据此条文作了规定，应符合《混凝土碱含量标准》CECS3—93的要求。

3 条文对埋地管道各部位的回填土密实度要求，在原规范规定的基础上，作了进一步具体化，可方便工程技术人员应用，提高对管道结构的设计可靠度。

附录A 管侧回填土的综合变形模量

关于本附录的内容说明如下：

1 在柔性管道的计算中，需要应用管侧土的变形模量，原规范对此仅考虑了管侧回填土的密实度，以此确定相应的变形模量。实际上管侧土的抗力还会受到槽帮原状土土质的影响，国外相应的规范内（例如澳大利亚和美国的水道协会）已计入了这一因素，在计算中采用了考虑原状土性能后的综合变形模量。

2 本规范认为以综合变形模量替代以往采用的回填土变形模量是合理的，因此在本附录中引入并规定采用。

3 本附录在引入国外计算模式的基础上，进行了归整与简化，给出了实用计算参数，便于工程实践应用。

附录B 管顶竖向土压力标准值的确定

本附录内容基本上保持了原规范的规定，仅就以下两个方面作了修改：

1 针对当前城市建设的飞速发展，立交桥的建设得到广泛应用。随之出现不少管道上的设计地面标高远高于原状地面，此时管道承受的覆土压力，已非开槽沟埋式条件，有时甚至接近完全上埋式情况。据此，本附录补充了相应计算要求，规定对覆土压力系数的取值应适当提高，一般可取1.40。

2 对不开槽施工管道的管顶竖向压力，原规范采用原苏联学者M. M. Прототиякунов的计算模型，在一定的覆土高度条件下，管顶土层将形成“卸力拱”，管顶承受的竖向土压力将取决于卸力土拱的高度。目前国际上通用的计算模型系由美国学者太沙基提出，该模型的理念认为管体的受力条件类似于“沟埋式”敷管，管顶覆土的变形大于两侧土体的变形，管顶土体重量将通过剪力传递扩散给管两侧土体，据此即可获得本附录给出的计算公式：

$$F_{sv} = \lambda_c D_1 \quad \text{(附 B-1)}$$

$$\lambda_c = \frac{\gamma_s B_t}{2K_a \cdot \mu}\left[1 - \exp(-2K_a \cdot \mu \cdot H_s/B_t)\right] \quad \text{(附 B-2)}$$

上述计算公式的推导过程及卸力拱的计算，参阅原规范编制说明。

按式（附B-2），太沙基认为当土体处于极限平衡时，土的侧压力系数$K_a \approx 1.0$，则当管顶覆土高度接近两倍卸力拱高度h_g（$h_g = B_t/2\text{tg}\phi$）时，式（附B-2）中［I－exp（$-2K_a\mu \cdot H_s/B_t$）］的影响已较小，如果忽略不计，太沙基计算模型和卸力拱计算模型的计算结果，可以协调一致的。

本附录根据以上分析对比，并考虑与国际接轨，方便工程技术人员与国外标准规范沟通，对不开槽施工管道的管顶竖向土压力计算，采用太沙基计算模型替代卸力拱计算模型。

附录C 地面车辆荷载对管道作用标准值的计算方法

本附录的内容保持原规范的各项规定。仅对整体式结构的刚性管道（一般指钢筋混凝土或预应力混凝土管道），附录规定了由车辆荷载作用在管道上的竖向压力，可通过结构的整体性，从管顶沿结构进行再扩散，使扩散范围内的管道结构共同来承担地面车辆荷载的作用，充分体现结构的整体作用。

附录D 钢筋混凝土矩形截面处于受弯或大偏心受拉（压）状态时的最大裂缝宽度计算

本附录内容基础上保持了原规范的规定，其计算公式的转换推导过程，可参阅《给水排水工程构筑物结构设计规范》的相应说明。

中华人民共和国国家标准

污水再生利用工程设计规范

Code for design of wastewater reclamation and reuse

GB 50335—2002

主编部门：中华人民共和国建设部
批准部门：中华人民共和国建设部
施行日期：2003年03月01日

中华人民共和国建设部
公　　告

第104号

建设部关于发布国家标准《污水再生利用工程设计规范》的公告

现批准《污水再生利用工程设计规范》为国家标准，编号为GB 50335—2002，自2003年3月1日起实施。其中，第1.0.5、5.0.6、5.0.10、5.0.12、6.2.3、7.0.3、7.0.5、7.0.6、7.0.7条为强制性条文，必须严格执行。

本规范由建设部标准定额研究所组织中国建筑工业出版社出版发行。

中华人民共和国建设部

2003年1月10日

前　　言

本规范是根据建设部建标［2002］85号文的要求，由中国市政工程东北设计研究院、上海市政工程设计研究院会同有关设计研究单位共同编制而成的。

在规范的编制过程中，编制组进行了广泛的调查研究，认真总结了我国污水回用的科研成果和实践经验，同时参考并借鉴了国外有关法规和标准，并广泛征求了全国有关单位和专家的意见，几经讨论修改，最后由建设部组织有关专家审查定稿。

本规范主要规定的内容有：方案设计的基本规定，再生水水源，回用分类和水质控制指标，回用系统，再生处理工艺与构筑物设计，安全措施和监测控制。

本规范中以黑体字排版的条文为强制性条文，必须严格执行。本规范由建设部负责管理和对强制性条文的解释，中国市政工程东北设计研究院负责具体技术内容的解释。在执行过程中，希望各单位结合工程实践和科学研究，认真总结经验，注意积累资料。如发现需要修改和补充之处，请将意见和有关资料寄交中国市政工程东北设计研究院（地址：长春市工农大路8号，邮编：130021，传真：0431-5652579），以供今后修订时参考。

本规范编制单位和主要起草人名单

主编单位：中国市政工程东北设计研究院

副主编单位：上海市政工程设计研究院

参编单位：建设部城市建设研究院
北京市市政工程设计研究总院
中国市政工程华北设计研究院
中国石化北京设计院
国家电力公司热工研究院

主要起草人：周　彤　张　杰　陈树勤　姜云海
卜义惠　厉彦松　洪嘉年　朱广汉
吕士健　杭世珺　方先金　陈　立
范　洁　林雪芸　杨宝红　齐芳菲
陈立学

目　　次

1 总　　则

1.0.1 为贯彻我国水资源发展战略和水污染防治对策，缓解我国水资源紧缺状况，促进污水资源化，保障城市建设和经济建设的可持续发展，使污水再生利用工程设计做到安全可靠，技术先进，经济实用，制定本规范。

1.0.2 本规范适用于以农业用水、工业用水、城镇杂用水、景观环境用水等为再生利用目标的新建、扩建和改建的污水再生利用工程设计。

1.0.3 污水再生利用工程设计以城市总体规划为主要依据，从全局出发，正确处理城市境外调水与开发利用污水资源的关系，污水排放与污水再生利用的关系，以及集中与分散、新建与扩建、近期与远期的关系。通过全面调查论证，确保经过处理的城市污水得到充分利用。

1.0.4 污水再生利用工程设计应做好对用户的调查工作，明确用水对象的水质水量要求。工程设计之前，宜进行污水再生利用试验，或借鉴已建工程的运转经验，以选择合理的再生处理工艺。

1.0.5 污水再生利用工程应确保水质水量安全可靠。

1.0.6 污水再生利用工程设计除应符合本规范外，尚应符合国家现行有关标准、规范的规定。

2 术　　语

2.0.1 污水再生利用　wastewater reclamation and reuse，water recycling

污水再生利用为污水回收、再生和利用的统称，包括污水净化再用、实现水循环的全过程。

2.0.2 二级强化处理　upgraded secondary treatment

既能去除污水中含碳有机物，也能脱氮除磷的二级处理工艺。

2.0.3 深度处理　advanced treatment

进一步去除二级处理未能完全去除的污水中杂质的净化过程。深度处理通常由以下单元技术优化组合而成：混凝、沉淀（澄清、气浮）、过滤、活性炭吸附、脱氨、离子交换、膜技术、膜-生物反应器、曝气生物滤池、臭氧氧化、消毒及自然净化系统等。

2.0.4 再生水　reclamed water，recycled water

再生水系指污水经适当处理后，达到一定的水质指标，满足某种使用要求，可以进行有益使用的水。

2.0.5 再生水厂　water reclamation plant，water recycling plant

生产再生水的水处理厂。

2.0.6 微孔过滤　micro-porous filter

孔径为 0.1～0.2μm 的滤膜过滤装置的统称，简称微滤（MF）。

3 方案设计基本规定

3.0.1 污水再生利用工程方案设计应包括：

1 确定再生水水源；确定再生水用户、工程规模和水质要求；

2 确定再生水厂的厂址、处理工艺方案和输送再生水的管线布置；

3 确定用户配套设施；

4 进行相应的工程估算、投资效益分析和风险评价等。

3.0.2 排入城市排水系统的城市污水，可作为再生水水源。严禁将放射性废水作为再生水水源。

3.0.3 再生水水源的设计水质，应根据污水收集区域现有水质和预期水质变化情况综合确定。

再生水水源水质应符合现行的《污水排入城市下道水质标准》（CJ 3082）、《生物处理构筑物进水中有害物质允许浓度》（GBJ 14）和《污水综合排放标准》（GB 8978）的要求。

当再生水厂水源为二级处理出水时，可参照二级处理厂出水标准，确定设计水质。

3.0.4 再生水用户的确定可分为以下三个阶段：

1 调查阶段：收集可供再生利用的水量以及可能使用再生水的全部潜在用户的资料。

2 筛选阶段：按潜在用户的用水量大小、水质要求和经济条件等因素筛选出若干候选用户。

3 确定用户阶段：细化每个候选用户的输水线路和蓄水量等方面的要求，根据技术经济分析，确定用户。

3.0.5 污水再生利用工程方案中需提出再生水用户备用水源方案。

3.0.6 根据各用户的水量水质要求和具体位置分布情况，确定再生水厂的规模、布局，再生水厂的选址、数量和处理深度，再生水输水管线的布置等。再生水厂宜靠近再生水水源收集区和再生水用户集中地区。再生水厂可设在城市污水处理厂内或厂外，也可设在工业区内或某一特定用户内。

3.0.7 对回用工程各种方案应进行技术经济比选，确定最佳方案。技术经济比选应符合技术先进可靠、经济合理、因地制宜的原则，保证总体的社会效益、经济效益和环境效益。

4 污水再生利用分类和水质控制指标

4.1 污水再生利用分类

4.1.1 城市污水再生利用按用途分类见表 4.1.1。

表 4.1.1 城市污水再生利用类别

序号	分 类	范 围	示 例
1	农、林、牧、渔业用水	农田灌溉	种籽与育种、粮食与饲料作物、经济作物
		造林育苗	种籽、苗木、苗圃、观赏植物
		畜牧养殖	畜牧、家畜、家禽
		水产养殖	淡水养殖
2	城市杂用水	城市绿化	公共绿地、住宅小区绿化
		冲厕	厕所便器冲洗
		道路清扫	城市道路的冲洗及喷洒
		车辆冲洗	各种车辆冲洗
		建筑施工	施工场地清扫、浇洒、灰尘抑制、混凝土制备与养护、施工中的混凝土构件和建筑物冲洗
		消防	消火栓、消防水炮
3	工业用水	冷却用水	直流式、循环式
		洗涤用水	冲渣、冲灰、消烟除尘、清洗
		锅炉用水	中压、低压锅炉
		工艺用水	溶料、水浴、蒸煮、漂洗、水力开采、水力输送、增湿、稀释、搅拌、选矿、油田回注
		产品用水	浆料、化工制剂、涂料
4	环境用水	娱乐性景观环境用水	娱乐性景观河道、景观湖泊及水景
		观赏性景观环境用水	观赏性景观河道、景观湖泊及水景
		湿地环境用水	恢复自然湿地、营造人工湿地
5	补充水源水	补充地表水	河流、湖泊
		补充地下水	水源补给、防止海水入侵、防止地面沉降

4.2 水质控制指标

4.2.1 再生水用于农田灌溉时，其水质应符合国家现行的《农田灌溉水质标准》(GB 5084) 的规定。

4.2.2 再生水用于工业冷却用水，当无试验数据与成熟经验时，其水质可按表 4.2.2 指标控制，并综合确定敞开式循环水系统换热设备的材质和结构型式、浓缩倍数、水处理药剂等。确有必要时，也可对再生水进行补充处理。

表 4.2.2 再生水用作冷却用水的水质控制指标

序号	项目 \ 标准值 \ 分类		直流冷却水	循环冷却系统补充水
1	pH		6.0～9.0	6.5～9.0
2	SS (mg/L)	≤	30	—
3	浊度（NTU）	≤	—	5
4	BOD_5（mg/L）	≤	30	10
5	CODcr（mg/L）	≤	—	60
6	铁（mg/L）	≤	—	0.3
7	锰（mg/L）	≤	—	0.2
8	Cl^-（mg/L）	≤	300	250
9	总硬度（以 $CaCO_3$ 计 mg/L）	≤	850	450
10	总碱度（以 $CaCO_3$ 计 mg/L）	≤	500	350
11	氨氮（mg/L）	≤	—	10①
12	总磷（以 P 计 mg/L）	≤	—	1
13	溶解性总固体（mg/L）	≤	1000	1000
14	游离余氯（mg/L）		末端 0.1～0.2	末端 0.1～0.2
15	粪大肠菌群（个/L）	≤	2000	2000

① 当循环冷却系统为铜材换热器时，循环冷却系统水中的氨氮指标应小于 1mg/L。

4.2.3 再生水用于工业用水中的洗涤用水、锅炉用水、工艺用水、油田注水时，其水质应达到相应的水质标准。当无相应标准时，可通过试验、类比调查或参照以天然水为水源的水质标准确定。

4.2.4 再生水用于城市用水中的冲厕、道路清扫、消防、城市绿化、车辆冲洗、建筑施工等城市杂用水时，其水质可按表 4.2.4 指标控制。

表 4.2.4 城镇杂用水水质控制指标

序号	指标 \ 项目		冲厕	道路清扫消防	城市绿化	车辆冲洗	建筑施工
1	pH		6.0～9.0				
2	色度（度）	≤	30				
3	嗅		无不快感				
	浊度（NTU）	≤	5	10	10	5	20
4	溶解性总固体（mg/L）	≤	1500	1500	1000	1000	—
5	五日生化需氧量（BOD_5）(mg/L)	≤	10	15	20	10	15
6	氨氮(mg/L)	≤	10	10	20	10	20
7	阴离子表面活性剂(mg/L)	≤	1.0	1.0	1.0	0.5	1.0

续表 4.2.4

序号	项目 / 指标	冲厕	道路清扫消防	城市绿化	车辆冲洗	建筑施工
8	铁(mg/L) ≤	0.3	—	—	0.3	—
9	锰(mg/L) ≤	0.1	—	—	0.1	—
10	溶解氧(mg/L)≥	1.0				
11	总余氯(mg/L)	接触 30min 后≥1.0，管网末端≥0.2				
12	总大肠菌群(个/L)≤	3				
注：混凝土拌合用水还应符合 JGJ 63 的有关规定。						

4.2.5 再生水作为景观环境用水时，其水质可按表 4.2.5 指标控制。

表 4.2.5 景观环境用水的再生水水质控制指标（mg/L）

序号	项目		观赏性景观环境用水			娱乐性景观环境用水		
			河道类	湖泊类	水景类	河道类	湖泊类	水景类
1	基本要求		无漂浮物，无令人不愉快的嗅和味					
2	pH		6～9					
3	五日生化需氧量(BOD_5)	≤	10	6		6		
4	悬浮物(SS)	≤	20	10		—		
5	浊度(NTU)	≤	—			5.0		
6	溶解氧	≥	1.5			2.0		
7	总磷(以P计)	≤	1.0	0.5		1.0	2.0	
8	总氮	≤	15					
9	氨氮(以N计)	≤	5					
10	粪大肠菌群(个/L)	≤	10000		2000	500		不得检出
11	余氯①	≥	0.05					
12	色度(度)	≤	30					
13	石油类	≤	1.0					
14	阴离子表面活性剂	≤	0.5					

① 氯接触时间不应低于 30 分钟的余氯。对于非加氯消毒方式无此项要求。

注：1 对于需要通过管道输送再生水的非现场回用情况必须加氯消毒；而对于现场回用情况不限制消毒方式。

2 若使用未经过除磷脱氮的再生水作为景观环境用水，鼓励使用本标准的各方在回用地点积极探索通过人工培养具有观赏价值水生植物的方法，使景观水体的氮磷满足表中 1 的要求，使再生水中的水生植物有经济合理的出路。

4.2.6 当再生水同时用于多种用途时，其水质标准应按最高要求确定。对于向服务区域内多用户供水的城市再生水厂，可按用水量最大的用户的水质标准确定；个别水质要求更高的用户，可自行补充处理，直至达到该水质标准。

5 污水再生利用系统

5.0.1 城市污水再生利用系统一般由污水收集、二级处理、深度处理、再生水输配、用户用水管理等部分组成，污水再生利用工程设计应按系统工程综合考虑。

5.0.2 污水收集系统应依靠城市排水管网进行，不宜采用明渠。

5.0.3 再生水处理工艺的选择及主要构筑物的组成，应根据再生水水源的水质、水量和再生水用户的使用要求等因素，宜按相似条件下再生水厂的运行经验，结合当地条件，通过技术经济比较综合研究确定。

5.0.4 出水供给再生水厂的二级处理的设计应安全、稳妥，并应考虑低温和冲击负荷的影响。当采用活性污泥法时，应有防止污泥膨胀措施。当再生水水质对氮磷有要求时，宜采用二级强化处理。

5.0.5 回用系统中的深度处理，应按照技术先进、经济合理的原则，进行单元技术优化组合。在单元技术组合中，过滤起保障再生水水质作用，多数情况下是必需的。

5.0.6 再生水厂应设置溢流和事故排放管道。当溢流排放排入水体时，应满足相应水体水质排放标准的要求。

5.0.7 再生水厂供水泵站内工作泵不得少于 2 台，并应设置备用泵。

5.0.8 水泵出口宜设置多功能水泵控制阀，以消除水锤和方便自动化控制。当供水量和水压变化大时，宜采取调控措施。

5.0.9 再生水厂产生的污泥，可由本厂自行处理，也可送往其他污水处理厂集中处理。

5.0.10 再生水厂应按相关标准的规定设置防爆、消防、防噪、抗震等设施。

5.0.11 污水处理厂和再生水厂厂内除职工生活用水外的自用水，应采用再生水。

5.0.12 再生水的输配水系统应建成独立系统。

5.0.13 再生水输配水管道宜采用非金属管道。当使用金属管道时，应进行防腐蚀处理。再生水用户的配水系统宜由用户自行设置。当水压不足时，用户可自行增建泵站。

5.0.14 再生水用户的用水管理，应根据用水设施的要求确定。当用于工业冷却时，一般包括水质稳定处理、菌藻处理和进一步改善水质的其他特殊处理，其处理程度和药剂的选择，可由用户通过试验或参照相似条件下循环水厂的运行经验确定。当用于城镇杂用水和景观环境用水时，应进行水质水量监测、补充消毒、用水设施维护等工作。

6 再生处理工艺与构筑物设计

6.1 再生处理工艺

6.1.1 城市污水再生处理，宜选用下列基本工艺：

1 二级处理—消毒；

2 二级处理—过滤—消毒；

3 二级处理—混凝—沉淀（澄清、气浮）—过滤—消毒；

4 二级处理—微孔过滤—消毒。

6.1.2 当用户对再生水水质有更高要求时，可增加深度处理其他单元技术中的一种或几种组合。其他单元技术有：活性炭吸附、臭氧-活性炭、脱氨、离子交换、超滤、纳滤、反渗透、膜-生物反应器、曝气生物滤池、臭氧氧化、自然净化系统等。

6.1.3 混凝、沉淀、澄清、气浮工艺的设计宜符合下列要求：

1 絮凝时间宜为10～15min。

2 平流沉淀池沉淀时间宜为2.0～4.0h，水平流速可采用4.0～10.0mm/s。

3 澄清池上升流速宜为0.4～0.6mm/s。

4 当采用气浮池时，其设计参数，宜通过试验确定。

6.1.4 滤池的设计宜符合下列要求：

1 滤池的进水浊度宜小于10NTU。

2 滤池可采用双层滤料滤池、单层滤料滤池、均质滤料滤池。

3 双层滤池滤料可采用无烟煤和石英砂。滤料厚度：无烟煤宜为300～400mm，石英砂宜为400～500mm。滤速宜为5～10m/h。

4 单层石英砂滤料滤池，滤料厚度可采用700～1000mm，滤速宜为4～6m/h。

5 均质滤料滤池，滤料厚度可采用1.0～1.2m，粒径0.9～1.2mm，滤速宜为4～7m/h。

6 滤池宜设气水冲洗或表面冲洗辅助系统。

7 滤池的工作周期宜采用12～24h。

8 滤池的构造形式，可根据具体条件，通过技术经济比较确定。

9 滤池应备有冲洗滤池表面污垢和泡沫的冲洗水管。滤池设在室内时，应设通风装置。

6.1.5 当采用曝气生物滤池时，其设计参数可参照类似工程经验或通过试验确定。

6.1.6 混凝沉淀、过滤的处理效率和出水水质可参照国内外已建工程经验确定。

6.1.7 城市污水再生处理可采用微孔过滤技术，其设计宜符合下列要求：

1 微孔过滤处理工艺的进水宜为二级处理的出水。

2 微滤膜前根据需要可设置预处理设施。

3 微滤膜孔径宜选择0.2μm或0.1～0.2μm。

4 二级处理出水进入微滤装置前，应投加抑菌剂。

5 微滤出水应经过消毒处理。

6 微滤系统当设置自动气水反冲系统时，空气反冲压力宜为600kPa，并宜用二级处理出水辅助表面冲洗。也可根据膜材料，采用其他冲洗措施。

7 微滤系统宜设在线监测微滤膜完整性的自动测试装置。

8 微滤系统宜采用自动控制系统，在线监测过膜压力，控制反冲洗过程和化学清洗周期。

9 当有除磷要求时宜在微滤系统前采用化学除磷措施。

10 微滤系统反冲洗水应回流至污水处理厂进行再处理。

6.1.8 污水经生物除磷工艺后，仍达不到再生水水质要求时，可选用化学除磷工艺，其设计宜符合下列要求：

1 化学除磷设计包括药剂和药剂投加点的选择，以及药剂投加量的计算。

2 化学除磷的药剂宜采用铁盐或铝盐或石灰。

3 化学除磷采用铁盐或铝盐时，可选用前置沉淀工艺、同步沉淀工艺或后沉淀工艺；采用石灰时，可选前置沉淀工艺或后沉淀工艺，并应调整pH值。

4 铁盐作为絮凝剂时，药剂投加量为去除1摩尔磷至少需要1摩尔铁（Fe），并应乘以2～3倍的系数，该系数宜通过试验确定。

5 铝盐作为絮凝剂时，药剂用量为去除1摩尔磷至少需1摩尔铝（Al），并应乘以2～3倍的系数，该系数宜通过试验确定。

6 石灰作为絮凝剂时，石灰用量与污水中碱度成正比，并宜投加铁盐作助凝剂。石灰用量与铁盐用量宜通过试验确定。

7 化学除磷设备应符合计量准确、耐腐蚀、耐用及不堵塞等要求。

6.1.9 污水处理厂二级出水经混凝、沉淀、过滤后，其出水水质仍达不到再生水水质要求时，可选用活性炭吸附工艺，其设计宜符合下列要求：

1 当选用粒状活性炭吸附处理工艺时，宜进行静态选炭及炭柱动态试验，根据被处理水水质和再生水水质要求，确定用炭量、接触时间、水力负荷与再生周期等。

2 用于污水再生处理的活性炭，应具有吸附性能好、中孔发达、机械强度高、化学性能稳定、再生后性能恢复好等特点。

3 活性炭使用周期，以目标去除物接近超标时为再生的控制条件，并应定期取炭样检测。

4 活性炭再生宜采用直接电加热再生法或高温加热再生法。

5 活性炭吸附装置可采用吸附池，也可采用吸附罐。其选择应根据活性炭吸附池规模、投资、现场条件等因素确定。

6 在无试验资料时，当活性炭采用粒状炭（直径1.5mm）情况下，宜采用下列设计参数：

接触时间≥10min；

炭层厚度1.0～2.5m；

减速7～10m/h；

水头损失0.4～1.0m；

活性炭吸附池冲洗：经常性冲洗强度为15～20L/m^2·s，冲洗历时10～15min，冲洗周期3～5

天，冲洗膨胀率为30%～40%；除经常性冲洗外，还应定期采用大流量冲洗；冲洗水可用砂滤水或炭滤水，冲洗水浊度<5NTU。

7 当无试验资料时，活性炭吸附罐宜采用下列设计参数：

接触时间20～35min；

炭层厚度4.5～6m；

水力负荷2.5～6.8L/m²·s（升流式），2.0～3.3L/m²·s（降流式）；

操作压力每0.3m炭层7kPa。

6.1.10 深度处理的活性炭吸附、脱氨、离子交换、折点加氯、反渗透、臭氧氧化等单元过程，当无试验资料时，去除效率可参照相似工程运行数据确定。

6.1.11 再生水厂应进行消毒处理。可以采用液氯、二氧化氯、紫外线等消毒。当采用液氯消毒时，加氯量按卫生学指标和余氯量控制，宜连续投加，接触时间应大于30min。

6.2 构筑物设计

6.2.1 再生处理构筑物的生产能力应按最高日供水量加自用水量确定，自用水量可采用平均日供水量的5%～15%。

6.2.2 各处理构筑物的个（格）数不应少于2个（格），并宜按并联系列设计。任一构筑物或设备进行检修、清洗或停止工作时，仍能满足供水要求。

6.2.3 各构筑物上面的主要临边通道，应设防护栏杆。

6.2.4 在寒冷地区，各处理构筑物应有防冻措施。

6.2.5 再生水厂应设清水池，清水池容积应按供水和用水曲线确定，不宜小于日供水量的10%。

6.2.6 再生水厂和工业用户，应设置加药间、药剂仓库。药剂仓库的固定储备量可按最大投药量的30天用量计算。

7 安全措施和监测控制

7.0.1 污水回用系统的设计和运行应保证供水水质稳定、水量可靠和用水安全。再生水厂设计规模宜为二级处理规模的80%以下。工业用水采用再生水时，应以新鲜水系统作备用。

7.0.2 再生水厂与各用户应保持畅通的信息传输系统。

7.0.3 再生水管道严禁与饮用水管道连接。再生水管道应有防渗防漏措施，埋地时应设置带状标志，明装时应涂上有关标准规定的标志颜色和"再生水"字样。闸门井井盖应铸上"再生水"字样。再生水管道上严禁安装饮水器和饮水龙头。

7.0.4 再生水管道与给水管道、排水管道平行埋设时，其水平净距不得小于0.5m；交叉埋设时，再生水管道应位于给水管道的下面、排水管道的上面，其净距均不得小于0.5m。

7.0.5 不得间断运行的再生水厂，其供电应按一级负荷设计。

7.0.6 再生水厂的主要设施应设故障报警装置。有可能产生水锤危害的泵站，应采取水锤防护措施。

7.0.7 在再生水水源收集系统中的工业废水接入口，应设置水质监测点和控制闸门。

7.0.8 再生水厂和用户应设置水质和用水设备监测设施，监测项目和监测频率应符合有关标准的规定。

7.0.9 再生水厂主要水处理构筑物和用户用水设施，宜设置取样装置，在再生水厂出厂管道和各用户进户管道上应设计计量装置。再生水厂宜采用仪表监测和自动控制。

7.0.10 回用系统管理操作人员应经专门培训。各工序应建立操作规程。操作人员应执行岗位责任制，并应持证上岗。

本规范用词用语说明

1 为便于在执行本规范条文时区别对待，对要求严格程度不同的用词说明如下：

1）表示很严格，非这样作不可的：正面词采用"必须"，反面词采用"严禁"。

2）表示严格，在正常情况下均应这样作的：正面词采用"应"；反面词采用"不应"或"不得"。

3）表示允许稍有选择，在条件许可时首先应这样作的：正面词采用"宜"或"可"；反面词采用"不宜"。

2 条文中指定应按其他有关标准执行的写法为："应符合……的规定"或"应按……执行"。

中华人民共和国国家标准

污水再生利用工程设计规范

GB 50335—2002

条 文 说 明

目　次

1 总 则

1.0.1 本条是编制本规范的宗旨。中国水资源总量为28000亿m^3，按1997年人口统计，人均水资源量为2220m^3，预测2030年人口增至16亿时，人均水资源量将降到1760m^3。按国际一般标准，人均水资源少于1700m^3为用水紧张的国家。因此，我国未来水资源形势是非常严峻的。水已经成为制约国民经济发展和人民生活水平提高的重要因素。

一方面城市缺水十分严重，一方面大量的城市污水白白流失，既浪费了资源，又污染了环境，与城市供水量几乎相等的城市污水中，只有0.1%的污染物质，比海水3.5%的污染物少得多，其余绝大部分是可再利用的清水。水在自然界中是惟一不可替代、也是惟一可以重复利用的资源。城市污水就近可得，易于收集。再生处理比海水淡化成本低廉，处理技术也比较成熟，基建投资比远距离引水经济得多。当今世界各国解决缺水问题时，城市污水被选为可靠的第二水源，在未被充分利用之前，禁止随意排到自然水体中去。

污水再生利用在国外规模很大，历史很长。我国近些年来，随着对水危机认识的提高，城市污水再生利用已被各级领导高度重视。今后污水再生利用工程会日渐增多，再生利用规模会越来越大，对污水再生利用工程设计规范的要求也日渐迫切。本规范的制订，是十分及时和必要的。本规范的编制原则是，立足当前，着眼未来，从具体国情出发，借鉴国外经验，提倡工艺成熟易于推广的技术。

1.0.2 本条是本规范的适用范围。污水再生利用的最大用户是农业用水。再生水农业灌溉是污水再生利用的重要方面，在我国有悠久历史，有成功经验也有失败教训，尚需进行科学总结。污水再生利用在城市的最大用户是工业，城市用水中80%是工业用水，工业用水中80%又是水质要求不高的冷却水。以再生水替代自来水用于工业冷却，在技术上和工程上都易于实现，在规模上又足以缓解城市供水紧张状况；其次是城市杂用水、景观环境用水等，随着城市建设的发展，这方面用水也会越来越多。污水再生利用的其他方面，如用再生水补充饮用水水源，作为生活饮用水直接或间接使用等；这些方面考虑到处理成本和人们心理障碍等因素，在一定时间内难以推广，故本规范未做规定。

1.0.3 本条强调应将处理后的再生水，应作为城市用水的一种潜在水源予以积极开发利用，并将再生水与天然水统一进行管理和调配。在解决城市缺水问题时，应优先考虑城市污水再生利用。污水再生利用方案未得到充分论证之前，不能舍近求远兴建远距离调水工程。水资源优化配置的顺序应是：本地天然水、再生水、雨水、境外引水、淡化海水。

1.0.4 作好再生水用户调查，取得用户理解和支持，使用户愿意接受再生水，是落实污水再生利用的重要环节。这样确定再生水设计水量和水质才能符合实际，最大限度地发挥污水再生利用工程的效益。

1.0.5 用水安全可靠作为总则的一条提出，引起设计人员重视。

1.0.5 再生处理技术，是跨学科技术，涉及给水处理和污水处理内容，与二者既有联系又有区别。本规范未尽事宜，可参照《室外排水设计规范》和《室外给水设计规范》。对于冷却水来说，可参照《工业循环冷却水处理设计规范》。当城市再生水厂出水供给建筑物或小区使用时，可参照《建筑中水设计规范》。

2 术 语

2.0.2 二级强化处理通常指具有生物除磷，生物脱氮，生物脱氮除磷功能的工艺。

2.0.3 深度处理，也称作高级处理、三级处理，一般是污水再生必需的处理工艺。它是将二级处理出水再进一步进行物理化学处理，以更有效地去除污水中各种不同性质的杂质，从而满足用户对水质的使用要求。

2.0.4、2.0.5 长期以来，“污水”一词使人们心理上总是与“污浊的”、“肮脏的”词语相联系，无论处理得怎样好，也只能排放，不能回用。应该改变习惯叫法。这里把处理后的水叫“再生水”（回用水、回收水、中水），以污水再生利用为目的的污水处理厂叫“再生水厂”，这样一方面定义准确，另一方面也有利于树立人们的正确观念。

3 方案设计基本规定

3.0.1 污水再生利用工程的方案设计，是设计过程中的基础性工作。在我国污水再生利用的初期阶段，方案设计工作更显得重要。方案设计要详实可靠，特别要把用户落实工作做好，为工程审批提供充分依据。

风险评价主要是从卫生学、生态学和安全角度，就再生水对人体健康、生态环境、用户的设备和产品等方面的影响作出评价。

3.0.2 城市污水是排入城市排水管网的全部污水的统称。包括生活污水、部分工业废水和合流制管道截留的雨水。一般情况下，城市污水都可作为再生水水源。

再生水水源必须保证对后续再生利用不产生危害。生物处理和常规深度处理难以去除的氯化物、色度、高浓度氨氮、总溶解固体等，都会影响再生利用效果，排污单位必须搞好预处理，达到有关标准后才能进入市政排水系统，否则只能单独排放。

3.0.3 不同城市的城市污水水质差异很大，沿海城市的氯离子含量高，南方用水定额高的城市有机物含量低，节水型城市有机物含量高。表1列出了部分城市的污水水质，供参考。

表1 部分城市污水水质

城市	pH	色度	COD	BOD_5	氨氮	总磷	硬度	Cl^-	总固体	SS	总氮
大连	7.5	90	608	223	34	10	245	188	802	255	43
青岛	6.4～7.5	—	169～1293	223～704	19～96	—	230～550	200～2400	804～2134	244～809	—
太原	7.9	—	332	243	35	—	265	57	725	116	—
威海	6.9	—	482	246	48	12	—	800	—	194	51
天津	7.3	100	362	143	32	4	219	159	TDS 757	146	43
邯郸	—	—	183	134	22	9	—	—	—	160	50
广州	7.6	—	84～140	3.2～60	—	2～3	—	—	—	31～318	15～27
沈阳	—	—	442	167	—	—	—	—	—	206	37
长春	6.7～7.6	—	550～718	203～401	30	5～6	—	124	TDS 422～843	240～463	—

注：除pH和色度外，单位为mg/L。

3.0.4 再生水用户的确定可分为调查、筛选和确定三个阶段。

1 调查阶段：主要工作是收集现状资料，确定可供再生利用的全部污水以及使用再生水的全部潜在用户。这一阶段需要和当地供水部门讨论主要潜在用户的情况。然后与这些用户联系。与供水部门和潜在用户建立良好的工作关系是很重要的。潜在用户关心再生水水质、供水可靠性、政府对使用再生水的规章制度，以及有无能力支付管线连接费或增加处理设施所需费用。

这阶段应予回答的问题主要有：

1）再生水在当地有哪些潜在用户？

2）与污水再生利用相关的公众健康问题，如何解决？

3）污水再生利用有哪些潜在的环境影响？

4）哪些法律、法规会影响污水再生利用？

5）哪些机构将审查批准污水再生利用计划的实施？

6）再生水供应商和用户有哪些法律责任？

7）现在新鲜水的成本是多少？将来可能是多少？

8）有哪些资金可支持污水再生利用计划？

9）污水再生利用系统哪些部分会引起用户兴趣与支持？

2 筛选阶段：按用水量大小、水质要求、经济上的考虑对上阶段被确认的潜在用户分类排队，筛选出若干个候选用户。筛选用户的主要标准应是：

1）用水量大小，这是因为大用水户的位置常常决定再生水管线的走向和布置，甚至规模也可大致确定；

2）用户分布情况，用户集中在一个区域内或一条输水管沿线会影响再生水厂选址和输水管布置；

3）用户水质要求。通过分类排队可以发现一些明显有可能的用户。筛选时，除了比较各用户的总费用外，还应在技术可行性、再生水与新鲜水成本、能节约多少新鲜水水量、改扩建的灵活性、投加药剂和消耗能源水平等方面进行比较。经过上述比较，可从中挑选出若干个最有价值的候选用户。

3 确定用户阶段：这个阶段应研究各个用户的输水线路和蓄水要求，修正对这些用户输送再生水所需的费用估算；对不同的筹资进行比较，确定用户使用成本；比较每个用户使用新鲜水和再生水的成本。需要处理的问题有：

1）每个用户对再生水水质有何特殊要求？他们能容忍的水质变化幅度有多大？

2）每个用户需水量的日、季变化情况。

3）需水量的变化是用增大水泵能力，还是通过蓄水来解决？确定蓄水池大小及设置地点。

4）如果需对再生水作进一步处理，谁拥有和管理这些增加的处理设施？

5）区域内工业污染源控制措施如何？贯彻这些控制措施，能否简化再生水处理工艺？

6）每个系统中潜在用户需水的"稳定性"如何？它们是否会搬迁？生产工艺会不会有变化，以致影响污水再生利用？

7）农业用户使用再生水是否需改变灌溉方法？

8）潜在资助机构进行资助的条件和要求是什么？

9）在服务范围内的用户如何分摊全部费用？

10）如用户必须投资建造处理构筑物等设施，他们可接受的投资回收期是多少年？每个系统中的用户须付多少连接再生水管的费用？

在进行上述技术经济分析后，可确定用户。

3.0.5 为使工程规模达到经济合理，很可能高峰时再生水需水量大于供水量，此时用户可用新鲜水补足；有时再生水不能满足用户水质要求，或发生设备事故停水时，仍需用户用新鲜水补足。

3.0.6 再生水生产设施可由已建成的城市污水厂改扩建，增加深度处理部分来实现；也可在新建污水处理厂中包括污水再生利用部分；或单独建设污水完全再生利用的再生水厂。从污水再生利用角度出发，再生水厂不宜过于集中，可根据城市规划，考虑到用户位置分散布局。

4 污水再生利用分类和水质控制指标

4.1 污水再生利用分类

4.1.1 污水再生利用分类是确定再生水水质控制指

标体系的依据，合理分类有助于科学安全用水。

4.2 水质控制指标

4.1.2 《农田灌溉水质标准》（GB 5084）已包括处理后的城市污水作为农田灌溉用水的水质要求。

4.2.2 这条提出了污水再生利用面广量大的冷却水水质控制指标。

在冷却用水中，再生水作为直流冷却水水质控制指标提出的依据见表2。

表2 再生水用作直流冷却水水质控制指标的依据

项　　目	本规范规定	美国国家科学院	天津大学试验	大连示范工程	美国1992年建议
pH值	6.0～9.0	5.0～8.3	6.0～9.0	7～8	6.0～9.0
SS(mg/L)	30	—	10	6	30
BOD_5(mg/L)	30	—	—	5	30
CODcr(mg/L)	—	75	60	60	—
Cl^-(mg/L)	300	600	300	220	—
总硬度（以$CaCO_3$计 mg/L）	850	850	350	280	—
总碱度（以$CaCO_3$计 mg/L）	500	500	350	260	—
溶解性总固体(mg/L)	1000	1000	803	906	—

主要依据美国1972年和1992年提出的水质标准，天津大学在“七·五”科技攻关中的试验数据，以及大连示范工程实际运行数据。一般来说，二级出水可基本上满足直流冷却水的水质要求，但为了保证输水管道和用水设备长期不淤塞和产生故障，二级出水宜再过渡和杀菌，然后用作直流冷却则更为安全。

在冷却用水中，再生水作为循环冷却系统补充水水质控制指标提出的依据见表3。工业用水是城市污水再生利用的主要用途之一，特别是循环冷却系统补充水。冷却水与锅炉用水、工艺用水相比较，水质要求不高。日本、美国污水再生利用已有三十年的实践经验，至今经久不衰。这次规范的编制，是在总结国家“七五”、“八五”科技攻关经验基础上，参照国外相关标准导则对原规范进行修订的。这次增加了氮磷指标，对循环冷却水系统运行有利。考虑我国目前污水处理厂二级出水水质已有氮磷指标要求，该二项指标对于城市再生水厂来说，基本可以达到。表中卫生学指标只考虑再生水对环境的影响，而在循环系统内的杀菌要求，由用户自行解决。该控制指标能够保证用水设备在常用浓缩倍数情况下不产生腐蚀、结垢和微生物粘泥等障碍。用户可根据水质状况进行循环水系统管理，个别水质要求高的用户，也可针对个别指标作补充处理。

表3 再生水作为循环冷却系统补充水水质标准的依据

项目	本规范规定	美国国家科学院	日本东京工业水道	大连示范工程	天津大学试验	中石化研究院生产试验	燕山石化研究院试验	清华大学试验	生活饮用水标准
pH	6.0～9.0	—	6.4～7.0	7～8	6～9	7.5	6.6～8.5	6～8	6.5～8.5
浊度(NTU)	5	SS100	1～15	3	5～20	—	1	10	3
BOD_5(mg/L)	10	—	—	5	—	—	5	—	—
CODcr(mg/L)	60	75	—	60	40～60	50.6	20～56	80	—
铁(mg/L)	0.3	0.5	0.13～0.67	0.1	—	0.4	—	—	0.3
锰(mg/L)	0.2	0.5	—	0.1	—	—	—	—	0.1
Cl^-(mg/L)	250	500	96～960	220	300	108.1	58～116	200	250
总硬度(以$CaCO_3$计 mg/L)	450	650	131～344	280	200～350	74	152～227	150	450
总碱度(以$CaCO_3$计 mg/L)	350	350	—	260	150～350	115.8	90～360	—	—
氨氮(mg/L)	10	—	—	—	1～5	15	0.1～28	—	—
总磷(以P计)(mg/L)	1	—	—	—	—	0.8	0.1～1.3	—	—
溶解性总固体(mg/L)	1000	500	名古屋930	903	—	461	423～1155	800	1000

4.2.3 再生水用于工业上生产工艺用水，目前很难提出众多行业的使用再生水的水质标准。因为工业部门各行业工艺条件差异很大，用水水质要求不同，需要在大量实践基础上才能编制出来。再生水用于锅炉用水，对硬度和含盐量要求很高，需增加软化或除盐处理，常采用离子交换或膜技术，其费用一般超过对天然水的处理费用。再生水用于锅炉用水的水质标准，应和以天然水作为水源的水质标准相一致。

4.2.4 再生水厂出水可以满足厂内杂用水需要，还可向周围建筑群和居民小区提供生活杂用水（中水）。随着城市建设的发展，市政建设用水，如冲厕、道路清扫、消防、城市绿化、车辆冲洗和建筑施工用水等也逐渐增多，城市再生水厂能够很好地提供这方面用水。

4.2.5 这条提出了再生水作为景观环境用的水质控制指标。

就景观水体而言，要严格考虑污染物对水体美学价值的影响，因此处理工艺在二级处理的基础上，必要时要考虑包括除磷、过滤、消毒等二级以上的处理。一方面降低有机污染负荷，防止水体发生黑臭，影响美学效果；另一方面控制富营养化的程度，提高水体的感观效果；还要满足卫生要求，保证人体健康。

4.2.6 以用水量最大的用户确定城市再生水厂的工艺流程是合理的。高于此标准的，可在用户内部作相应补充处理；低于此标准的，一方面水量不大，另方面使用较高标准的再生水效果会更好，而费用又增加不多。

5 污水再生利用系统

5.0.1 污水再生利用是个系统工程，它将排水和给水联系起来，实现水资源的良性循环，有利于促进城市水资源的动态循环。污水再生利用工程关联到公用、城建、工业和规划等多部门多行业，要统筹兼顾，综合实施。

5.0.3 再生工艺的选择是回用设计的核心，必须在试验或资料可靠基础上慎重进行选择，设计标准过高，会使投资增大，运行费用偏高，增加供水成本和用户负担；设计标准过低，会使再生水水质不能达标，影响用户使用。

5.0.4 活性污泥法的污泥膨胀会对后续再生处理造成严重影响，所以特别提出要有防止措施，如设立厌氧段抑制污泥膨胀。在二级处理中采用脱氮除磷工艺，对提高再生水水质有利。

5.0.5 深度处理技术中，采用了某些给水处理单元技术，虽然与给水形式上相似，但水源不同，设计中应充分注意以污水为水源和以天然水为水源的水质差异，深度处理设计不能简单套用给水设计。

5.0.8 多功能水泵控制阀具有水力自动控制、启泵时缓开，停泵时先快闭后缓开的特点，并兼有水泵出口处水锤消除器、闸（蝶）阀、止回阀三种产品的功能，是一种新型两阶段关闭的阀门。多功能水泵控制阀技术要求见城镇建设行业标准《多功能水泵控制阀》(CJ/T 167)。

5.0.11 污水处理厂和再生水厂的自用水量很大，如消泡、溶药、空压机冷却、脱水机冲洗、绿化和办公楼内杂用水等。厂内使用再生水既经济又方便。

5.0.14 再生水用户的用水管理也是非常重要的。例如在工业冷却用水上，选择合适的水质稳定剂，杀菌灭藻剂，确立恰当的运行工况，会减轻因使用再生水可能带来的负面影响。在污水再生利用工程设计中，对再生水用户应明确提出用水管理要求，再生水用水设施要和再生处理设施同时施工，同时投产。

6 再生处理工艺与构筑物设计

6.1 再生处理工艺

6.1.1 为了保证污水再生利用设计科学合理、经济可靠，这里根据国内外工程实例，提出了再生处理的基本工艺供选用。

1 二级处理加消毒工艺可以用于农灌用水和某些环境用水。

2 美国二级处理早已普及，现普遍在二级处理后增加过滤工艺。

3 二级处理加混凝、沉淀、过滤、消毒工艺，是国内外许多工程常用的再生工艺。日本名古屋、东京、大阪以及我国大连、北京等污水再生利用工程都是如此。

4 近年来微孔膜过滤技术开始应用，其出水效果比砂滤更好。

上述基本工艺可满足当前大多数用户的水质要求。

6.1.2 随着再生利用范围的扩大，优质再生水将是今后发展方向，深度处理技术，特别是膜技术的迅速发展展示了污水再生利用的广阔前景，补给给水水源也将会变为现实。污水再生的基本工艺也会随着改变。

6.1.3 本条设计参数是依据污水再生利用工程实际运行数据提出的。污水的絮凝时间较天然水絮凝时间短，形成的絮体较轻，不易沉淀，所以沉淀池和澄清池的设计参数与常规给水不同。

6.1.4 滤池是再生水水质把关的构筑物，其设计要注意稳妥，留有应变余地。凡在给水上可采用的各种池型或各种滤料，在深度处理上也可采用，但设计参数要通过试验取得。

滤池设置在室内时，应安装通风装置。应经常清洗滤池表面污垢。

6.1.5 曝气生物滤池近年得到发展，将其列入本规范中。

6.1.6 为了便于污水再生利用工程设计计算，表4给出了深度处理常用的混凝沉淀、过滤的处理效率和出水水质。

表4 二级出水进行沉淀过滤的处理效率与出水水质

项目	处理效率（%）			出水水质（mg/L）
	混凝沉淀	过 滤	综 合	
浊度	50～60	30～50	70～80	3～5（NTU）
SS	40～60	40～60	70～80	5～10
BOD_5	30～50	25～50	60～70	5～10
CODcr	25～35	15～25	35～45	40～75
总氮	5～15	5～15	10～20	—
总磷	40～60	30～40	60～80	1
铁	40～60	40～60	60～80	0.3

6.1.7 微孔过滤是一种较常规过滤更有效的过滤技术。微滤膜具有比较整齐、均匀的多孔结构。微滤的基本原理属于筛网状过滤，在静压差作用下，小于微滤膜孔径的物质通过微滤膜，而大于微滤膜孔径的物质则被截留到微滤膜上，使大小不同的组分得以分离。

微孔过滤工艺在国外许多污水再生利用工程中得到了实际应用，例如：澳大利亚悉尼奥运村污水再生利用、新加坡务德区污水厂污水再生利用、日本索尼显示屏厂污水再生利用、美国 West Basin 市污水再生利用等工程。由于微滤技术属于高科技集成技术，因此，宜采用经过验证的微滤系统，设备生产商需有不少于 3 年的制作及系统运行经验。

1　二级处理出水应符合国家《污水综合排放标准》的要求。

2　微滤系统对进水中的悬浊物质虽有较好的适应性，但为了保证微滤系统更加高效运行，延长微滤膜的使用寿命，宜在微滤系统之前采用粗滤（一般孔径为 500μm）装置。

3　由于微生物中一些细菌的大小只有 0.5μm，故为了防止细菌穿透微滤膜，应选择孔径为 0.2μm 或 0.2μm 以下的微滤膜。

4　向二级出水中投加少量抑菌剂（如氯氨等）是为了抑制管路及膜组件内微生物的过分生长。

5　微滤膜虽然具有高效的除菌能力，并同时能减少采用大量液氯消毒时产生的致癌副产物，但为了确保再生水的安全性，在微滤系统之后仍然要采用必要的消毒处理措施，如采用臭氧、紫外线或液氯消毒。

6　采用空气反冲是指压缩空气由微滤膜内向外将附着在微滤膜上的杂质和沉积物冲掉，然后用二级出水进行微滤膜表面辅助冲洗。这种反冲方式能够在短时间内有效地去除微滤膜内外的杂质和沉积物，并能够再生微滤膜表层的过滤功能，延长微滤膜使用寿命，具有低耗能和反冲不需使用滤后水的特点。

7　微滤系统的膜完整性自动测试装置，只是需要较少的测试设备就可以在线监测到微滤膜的破损情况，预知故障的发生，监测结果准确，从而能够保证处理出水的水质。

8　微滤系统的过膜压力是指微滤膜前后的压力差，实际中可以通过设定的过膜压力来启动反冲系统；当过膜压力达到 100kPa 时，则需要对微滤膜进行化学清洗。

9　在有除磷要求时，可在微滤系统前采用化学除磷措施，通过投加化学絮凝剂来形成不溶性磷酸盐沉淀物，再利用微滤膜来截留所形成的不溶性磷酸盐沉淀物。

10　微滤系统反冲水是采用二级处理出水，反冲后不能直接排放，需要回流至污水处理厂前端汇入原污水中，与原污水一并进行处理。

6.1.8　当再生水水质对磷的指标要求较高，采用生物除磷不能达到要求时，应考虑增加化学除磷工艺。化学除磷是指向污水中投加无机金属盐药剂，与污水中溶解性磷酸盐混合后形成颗粒状非溶解性物质，使磷从污水中去除的方法。

1　化学除磷处理工艺设计必须具备设计所需的基础资料。基础资料应包括二级污水处理厂的设计污水量、再生水量及它们的变化系数，处理厂进出水中磷、碱度的含量，再生利用对磷及其他指标的要求等。

2　常用的铁盐絮凝剂有：硫酸亚铁、氯化硫酸铁和三氯化铁；常用铝盐絮凝剂有硫酸铝、氯化铝和聚合氯化铝；当污水中磷的含量较高时，宜采用石灰作为絮凝剂，并用铁盐作为助凝剂。

3　化学除磷工艺分为前置沉淀工艺、同步沉淀工艺和后沉淀工艺。前置沉淀工艺和同步沉淀工艺宜采用铁盐或铝盐作为絮凝剂；后沉淀工艺宜采用粒状高纯度石灰作为絮凝剂、采用铁盐作助凝剂。前置沉淀工艺将药剂加在污水处理厂沉砂池中，或加在沉淀池的进水渠中，形成的化学污泥在初沉池中与污水中的污泥一同排除。前置沉淀工艺常用药剂为铁盐或铝盐，其流程如下：

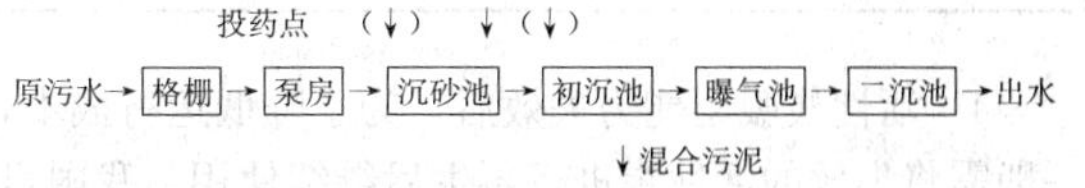

化学除磷采用前置沉淀工艺时，若二级处理采用生物滤池，不允许使用 Fe^{2+}。前置沉淀工艺特别适用于现有污水厂需增加除磷措施的改建工程。

同步沉淀工艺将药剂投加在曝气池进水、出水或二沉池进水中，形成的化学污泥同剩余生物污泥一起排除。同步沉淀工艺是使用最广泛的化学除磷工艺，其流程如下：

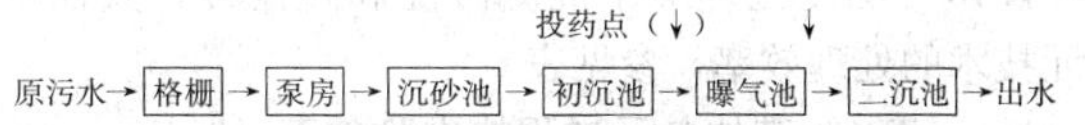

采用同步沉淀工艺会增加污泥产量。

后沉淀工艺药剂不是投加在污水处理厂的原构筑物中，而是在二沉池出水后另建混凝沉淀池，将药剂投在其中，形成单独的处理系统。石灰法除磷宜采用后沉淀工艺，其流程如下：

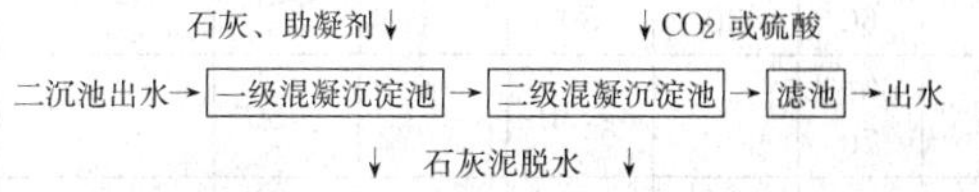

石灰宜用高纯度粒状石灰；助凝剂宜用铁盐；CO_2 可用烟道气、天然气、丙烷、燃料油和焦炭等燃料的燃烧产物，或液态商品二氧化碳。石灰泥浓缩脱水后可再生石灰或与生化处理污泥一起脱水作为它用。石灰作为絮凝剂时，石灰用量与污水中碱度成正比，与磷浓度无关。一般城市污水需投加 400mg/L 以上石灰，并应加 25mg/L 左右的铁盐作助凝剂，准确投加量宜通过试验确定。

7　本条对化学除磷专用设备的技术要求作出规定。化学除磷专用设备，主要有溶药装置、计量装置、投药泵等。石灰法除磷，用 CO_2 酸化时需用 CO_2 气体压缩机等。

6.1.9　污水处理厂二级出水经物化处理后，其出水中的某些污染物指标仍不能满足再生利用水质要求时，则应考虑在物化处理后增设粒状活性炭吸附工艺。

1 因活性炭去除有机物有一定选择性，其适用范围有一定限制。当选用粒状活性炭吸附工艺时，需针对被处理水的水质、回用水质要求、去除污染物的种类及含量等，通过活性炭滤柱试验确定工艺参数。

2 用于水处理的活性炭，其炭的规格、吸附特征、物理性能等均应符合《颗粒活性炭标准》的要求。

3 当活性炭使用一段时间后，其出水不能满足水质要求时，可从活性炭滤池的表层、中层、底层分层取炭样，测碘值和亚甲兰值，验证炭是否失效。失效炭指标见表5。

表5 失效炭指标

测定项目	表层	中层	底层
碘吸附值（mg/L）	≤600	≤610	≤620
亚甲兰吸附值（mg/L）	≤85	—	≤90

4 活性炭吸附能力失效后，为了降低运行成本，一般需将失效的活性炭进行再生后继续使用。我国目前再生活性炭常用两种方法，一种是直接电加热，另一种是高温加热。活性炭再生处理可在现场进行，也可返回厂家集中再生处理。

6、7 活性炭吸附池和活性炭吸附罐设计参数的有关规定是参照相似水厂经验提出的，在无试验资料时，可作参考。

6.1.10 深度处理除了混凝沉淀和过滤外，其他单元技术的处理效率，参见表6。

表6 其他单元过程的去除效率（%）

项目	活性炭吸附	脱氨	离子交换	折点加氯	反渗透	臭氧氧化
BOD_5	40～60	—	25～50	—	≥50	20～30
CODcr	40～60	20～30	25～50	—	≥50	≥50
SS	60～70	—	≥50	—	≥50	—
氨氮	30～40	≥50	≥50	≥50	≥50	—
总磷	80～90	—	—	—	≥50	—
色度	70～80	—	—	—	≥50	≥70
浊度	70～80	—	—	—	≥50	—

6.1.11 为了保证用水安全，消毒是必须的。与给水处理不同的是投加量大，要保证消毒剂的货源充足和一定量的储备。

6.2 构筑物设计

6.2.2 供水稳定是水源安全保障的重要标志。污水厂变为再生水厂，标志着从为环境保护服务到为城市供水直接服务，因此在再生水厂的设计中，清水池、泵站等都应按城市供水考虑。

7 安全措施和监测控制

7.0.1 污水再生利用工程应精心设计，使用水有安全保障。污水厂二级处理能力应大于再生水厂处理能力，以此克服污水厂变动因素大的影响，提高供水保证率。工业用户采用再生水系统时，应备用新鲜水系统，这样可保证污水再生利用系统出事故时不中断供水。

7.0.2 再生水厂原水变化较大，事故停水、停电，或水量减少、水质变动等情况会时有发生。这时要及时通知用户，使用户采取应急措施。供水部门和用户之间应有便捷的通讯联系。

7.0.3 城市敷设再生水输配水管道时，严禁再生水管道与给水管道误接，防止污染生活饮用水系统，防止人们误饮误用。

7.0.4 输送不同水质的管道相互间距离，美国要求很严，考虑到我国实际情况，作了最小距离规定。

7.0.5 这是指向工业供水的再生水厂而言。

7.0.6 故障包括：正常供电断电、生物处理发生故障、消毒过程发生故障、混凝过程发生故障、过滤过程发生故障、其他特定过程发生故障。为克服水锤故障，应设水锤消除设施，如采用多功能水泵控制阀、缓闭止回阀等。

7.0.8 再生水厂和用户都要进行水质分析和利用效果检验。宜有连续测定装置。分析检验结果应做好记录和存档工作。

7.0.10 过去污水处理厂以达标排放为目的，转为再生水厂后，操作人员应进行专门技术培训，持证上岗，以保证污水再生利用系统正常运行。

中华人民共和国国家标准

建筑与小区雨水利用工程技术规范

Engineering technical code for rain utilization in building and sub-district

GB 50400—2006

主编部门：中 华 人 民 共 和 国 建 设 部
批准部门：中 华 人 民 共 和 国 建 设 部
施行日期：2 0 0 7 年 4 月 1 日

中华人民共和国建设部
公　　告

第 485 号

建设部关于发布国家标准《建筑与小区雨水利用工程技术规范》的公告

现批准《建筑与小区雨水利用工程技术规范》为国家标准，编号为 GB 50400－2006，自 2007 年 4 月 1 日起实施。其中，第 1.0.6、7.3.1、7.3.3、7.3.9 条为强制性条文，必须严格执行。

本规范由建设部标准定额研究所组织中国建筑工业出版社出版发行。

中华人民共和国建设部

2006 年 9 月 26 日

前　　言

本规范是根据建设部建标函［2005］84 号“关于印发《2005 年度工程建设标准制订、修订计划（第一批）》的通知”要求，由中国建筑设计研究院主编，北京泰宁科创科技有限公司等单位参编。规范总结了近年来建筑与小区雨水利用工程的设计经验，并参考国内外相关应用研究，广泛征求意见，制定了本规范。

本规范共分 12 章，内容包括总则、术语、符号、水量与水质、雨水利用系统设置、雨水收集、雨水入渗、雨水储存与回用、水质处理、调蓄排放、施工安装、工程验收、运行管理。

本规范以黑体字标志的条文为强制性条文，必须严格执行。

本规范由建设部管理和对强制性条文的解释，由中国建筑设计研究院负责具体技术内容解释。在执行本规范过程中，请各单位结合工程实践，认真总结经验，并将意见和建议寄送中国建筑设计研究院（北京市西城区车公庄大街 19 号，邮编：100044）。

本规范主编单位：中国建筑设计研究院

本规范参编单位：北京泰宁科创科技有限公司
北京市水利科学研究所
中国中元兴华工程公司
解放军总后勤部建筑设计研究院
北京建筑工程学院
山东建筑大学
北京工业大学
中国工程建设标准化协会
中国建筑西北设计研究院
大连市建筑设计研究院
深圳华森建筑与工程设计顾问有限公司
积水化学工业株式会社北京代表处
北京恒动科技开发有限公司

本规范主要起草人：赵世明　赵　锂　王耀堂
杨　澎　刘　鹏　朱跃云
徐忠辉　孙　瑛　徐志通
陈建刚　黄晓家　王冠军
汪慧贞　孟德良　张永祥
李桂枝　周锡全　王　研
王可为　周克晶　陈玉芳
张书函　田　浩　陈　雷

目　次

1 总　　则

1.0.1 为实现雨水资源化，节约用水，修复水环境与生态环境，减轻城市洪涝，使建筑与小区雨水利用工程做到技术先进、经济合理、安全可靠，制定本规范。

1.0.2 本规范适用于民用建筑、工业建筑与小区雨水利用工程的规划、设计、施工、验收、管理与维护。本规范不适用于雨水作为生活饮用水水源的雨水利用工程。

1.0.3 雨水资源应根据当地的水资源情况和经济发展水平合理利用。

1.0.4 有特殊污染源的建筑与小区，其雨水利用工程应经专题论证。

1.0.5 设置雨水利用系统的建筑物和小区，其规划和设计阶段应包括雨水利用的内容。雨水利用设施应与项目主体工程同时设计，同时施工，同时使用。

1.0.6 **严禁回用雨水进入生活饮用水给水系统。**

1.0.7 雨水利用工程应采取确保人身安全、使用及维修安全的措施。

1.0.8 雨水利用工程设计中，相关的室外总平面设计、园林景观设计、建筑设计、给水排水设计等专业应密切配合，相互协调。

1.0.9 建筑与小区雨水利用工程设计、施工、验收、管理与维护，除执行本规范外，尚应符合国家现行相关标准、规范的规定。

2 术语、符号

2.1 术　　语

2.1.1 雨水利用　rain utilization

雨水入渗、收集回用、调蓄排放等的总称。

2.1.2 下垫面　underlying surface

降雨受水面的总称。包括屋面、地面、水面等。

2.1.3 土壤渗透系数　permeability coefficient of soil

单位水力坡度下水的稳定渗透速度。

2.1.4 流量径流系数　discharge runoff coefficient

形成高峰流量的历时内产生的径流量与降雨量之比。

2.1.5 雨量径流系数　pluviometric runoff coefficient

设定时间内降雨产生的径流总量与总雨量之比。

2.1.6 硬化地面　impervious surface

通过人工行为使自然地面硬化形成的不透水或弱透水地面。

2.1.7 天沟　gutter

屋面上两侧收集雨水用于引导屋面雨水径流的集水沟。

2.1.8 边沟　brim gutter

屋面上单侧收集雨水用于引导屋面雨水径流的集水沟。

2.1.9 檐沟　eaves gutter

屋檐边沿沟长单边收集雨水且溢流雨水能沿沟边溢流到室外的集水沟。

2.1.10 长沟　long gutter

集水长度大于50倍设计水深的屋面集水沟。

2.1.11 短沟　short gutter

集水长度等于或小于50倍设计水深的屋面集水沟。

2.1.12 集水沟集水长度　gutter drainage length

从集水沟内分水点到雨水斗的沟长。

2.1.13 半有压式屋面雨水收集系统　gravity-pressure roof rainwater collect system

系统设计流态为无压流和有压流之间的过渡流态的屋面雨水收集系统。

2.1.14 虹吸式屋面雨水收集系统　siphonic roof rainwater collect system

系统设计流态为水一相有压流的屋面雨水收集系统。

2.1.15 初期径流　initial runoff

一场降雨初期产生一定厚度的降雨径流。

2.1.16 弃流设施　initial rainwater removal equipment

利用降雨厚度、雨水径流厚度控制初期径流排放量的设施。有自控弃流装置、渗透弃流装置、弃流池等。

2.1.17 渗透弃流井　infiltration-removal well

具有一定储存容积和过滤截污功能，将初期径流渗透至地下的成品装置。

2.1.18 雨停监测装置　monitor of rain-stop

利用雨量法或流量法来监测降雨停止的成品装置。

2.1.19 渗透设施　infiltration equipment

使雨水分散并被渗透到地下的人工设施。

2.1.20 储存-渗透设施　detention-infiltration equipment

储存雨水径流量并进行渗透的设施，包括渗透管沟、入渗池、入渗井等。

2.1.21 入渗池　infiltration pool

雨水通过侧壁和池底进行入渗的封闭水池。

2.1.22 入渗井　infiltration well

雨水通过侧壁和井底进行入渗的设施。

2.1.23 渗透管-排放系统　infiltration-drainage pipe system

采用渗透检查井、渗透管将雨水有组织地渗入地下，超过渗透设计标准的雨水由管沟排放的系统。

2.1.24 渗透雨水口　infiltration rainwater inlet

具有渗透、截污、集水功能的一体式成品集水口。

2.1.25 渗透检查井 infiltration manhole

具有渗透功能和一定沉砂容积的管道检查维护装置。

2.1.26 集水渗透检查井 collect-infiltration manhole

具有收集、渗透功能和一定沉砂容积的管道检查维护装置。

2.1.27 雨水储存设施 rainwater storage equipment

储存未经处理的雨水的设施。

2.1.28 调蓄排放设施 detention and controlled drainage equipment

储存一定时间的雨水，削减向下游排放的雨水洪峰径流量、延长排放时间的设施。

2.2 符 号

2.2.1 流量、水量、流速

W——雨水设计径流总量；

Q——雨水设计流量；

q——设计暴雨强度；

q_{dg}——水平短沟的设计排水量；

q_{cg}——水平长沟的设计排水量；

v——管内流速；

g——重力加速度；

W_i——设计初期径流弃流量；

W_s——渗透量；

W_p——产流历时内的蓄积水量；

W_c——渗透设施进水量；

q_c——渗透设施产流历时对应的暴雨强度；

Q_y——设施处理能力；

W_y——经过水量平衡计算后的日用雨水量；

Q'——设计排水流量。

2.2.2 水头损失、几何特征

h_y——设计降雨厚度；

F——汇水面积；

P——设计重现期；

A_z——沟的有效断面面积；

h_f——管道沿程阻力损失；

l——管道长度；

d——管道内径；

δ——初期径流厚度；

A_s——有效渗透面积；

F_y——渗透设施受纳的集水面积；

F_0——渗透设施的直接受水面积；

V_s——渗透设施的储存容积；

n_k——填料的孔隙率；

V——调蓄池容积。

2.2.3 计算系数及其他

ψ_c——雨量径流系数；

ψ_m——流量径流系数；

A、b、c、n——当地降雨参数；

m——折减系数；

k_{dg}——安全系数；

k_{df}——断面系数；

S_x——深度系数；

X_x——形状系数；

L_x——长沟容量系数；

λ——管道沿程阻力损失系数；

Δ——管道当量粗糙高度；

Re——雷诺数；

α——综合安全系数；

K——土壤渗透系数；

J——水力坡降。

2.2.4 时间

t——降雨历时；

t_1——汇水面汇水时间；

t_2——管渠内雨水流行时间；

t_s——渗透时间；

t_c——渗透设施产流历时；

T——雨水处理设施的日运行时间；

t_m——调蓄池蓄水历时；

t'——排空时间。

3 水量与水质

3.1 降雨量和雨水水质

3.1.1 降雨量应根据当地近期10年以上降雨量资料确定。当资料缺乏时可参考附录A。

3.1.2 雨水水质应以实测资料为准。屋面雨水经初期径流弃流后的水质，无实测资料时可采用如下经验值：COD_{Cr} 70～100mg/L；SS 20～40mg/L；色度10～40度。

3.2 用水定额和水质

3.2.1 绿化、道路及广场浇洒、车库地面冲洗、车辆冲洗、循环冷却水补水等各项最高日用水量按照现行国家标准《建筑给水排水设计规范》GB 50015中的有关规定执行。

3.2.2 景观水体补水量根据当地水面蒸发量和水体渗透量综合确定。

3.2.3 最高日冲厕用水定额按照现行国家标准《建筑给水排水设计规范》GB 50015中的最高日用水定额及表3.2.3中规定的百分率计算确定。

表3.2.3 各类建筑物冲厕用水占日用水定额的百分率（单位：%）

项目	住宅	宾馆、饭店	办公楼、教学楼	公共浴室	餐饮业、营业餐厅
冲厕	21	10～14	60～66	2～5	5～6.7

3.2.4 器具给水额定流量按照现行国家标准《建筑给水排水设计规范》GB 50015 中的有关规定执行。

3.2.5 处理后的雨水水质根据用途确定，COD_{Cr}和SS指标应满足表 3.2.5 的规定，其余指标应符合国家现行相关标准的规定。

表 3.2.5 雨水处理后 COD_{Cr}和 SS 指标

项目指标	循环冷却系统补水	观赏性水景	娱乐性水景	绿化	车辆冲洗	道路浇洒	冲厕
COD_{cr} (mg/L)≤	30	30	20	30	30	30	30
SS (mg/L)≤	5	10	5	10	5	10	10

3.2.6 当处理后的雨水同时用于多种用途时，其水质应按最高水质标准确定。

4 雨水利用系统设置

4.1 一 般 规 定

4.1.1 雨水利用应采用雨水入渗系统、收集回用系统、调蓄排放系统之一或其组合，并满足如下要求：

1 雨水入渗系统宜设雨水收集、入渗等设施；

2 收集回用系统应设雨水收集、储存、处理和回用水管网等设施；

3 调蓄排放系统应设雨水收集、储存设施和排放管道等设施。

4.1.2 雨水入渗场所应有详细的地质勘察资料，地质勘察资料应包括区域滞水层分布、土壤种类和相应的渗透系数、地下水动态等。

4.1.3 雨水入渗系统的土壤渗透系数宜为 10^{-6}～10^{-3}m/s，且渗透面距地下水位大于 1.0m；收集回用系统宜用于年均降雨量大于 400mm 的地区；调蓄排放系统宜用于有防洪排涝要求的场所。

4.1.4 下列场所不得采用雨水入渗系统：

1 防止陡坡坍塌、滑坡灾害的危险场所；

2 对居住环境以及自然环境造成危害的场所；

3 自重湿陷性黄土、膨胀土和高含盐土等特殊土壤地质场所。

4.1.5 雨水利用系统的规模应满足建设用地外排雨水设计流量不大于开发建设前的水平或规定的值，设计重现期不得小于 1 年，宜按 2 年确定。

4.1.6 设有雨水利用系统的建设用地，应设有雨水外排措施。

4.1.7 雨水利用系统不应对土壤环境、植物的生长、地下含水层的水质、室内环境卫生等造成危害。

4.1.8 回用供水管网中低水质标准水不得进入高水质标准水系统。

4.2 雨水径流计算

4.2.1 雨水设计径流总量和设计流量的计算应符合下列要求：

1 雨水设计径流总量应按下式计算：

$$W = 10\psi_c h_y F \qquad (4.2.1\text{-}1)$$

式中 W——雨水设计径流总量（m^3）；

ψ_c——雨量径流系数；

h_y——设计降雨厚度（mm）；

F——汇水面积（hm^2）。

2 雨水设计流量应按下式计算：

$$Q = \psi_m q F \qquad (4.2.1\text{-}2)$$

式中 Q——雨水设计流量（L/s）；

ψ_m——流量径流系数；

q——设计暴雨强度［L/（s·hm^2）］。

4.2.2 径流系数应按下列要求确定：

1 雨量径流系数和流量径流系数宜按表 4.2.2 采用，汇水面积的平均径流系数应按下垫面种类加权平均计算；

2 建设用地雨水外排管渠流量径流系数宜按扣损法经计算确定，资料不足时可采用 0.25～0.4。

表 4.2.2 径 流 系 数

下垫面种类	雨量径流系数 ψ_c	流量径流系数 ψ_m
硬屋面、未铺石子的平屋面、沥青屋面	0.8～0.9	1
铺石子的平屋面	0.6～0.7	0.8
绿化屋面	0.3～0.4	0.4
混凝土和沥青路面	0.8～0.9	0.9
块石等铺砌路面	0.5～0.6	0.7
干砌砖、石及碎石路面	0.4	0.5
非铺砌的土路面	0.3	0.4
绿地	0.15	0.25
水面	1	1
地下建筑覆土绿地（覆土厚度≥500mm）	0.15	0.25
地下建筑覆土绿地（覆土厚度＜500mm）	0.3～0.4	0.4

4.2.3 设计降雨厚度应按本规范第 3.1.1 条的规定确定，设计重现期和降雨历时应根据本规范各雨水利用设施条款中具体规定的标准确定。

4.2.4 汇水面积应按汇水面水平投影面积计算。计算屋面雨水收集系统的流量时，还应满足下列要求：

1 高出汇水面积有侧墙时，应附加侧墙的汇水面积，计算方法按现行国家标准《建筑给水排水设计规范》GB 50015 的相关规定执行。

2 球形、抛物线形或斜坡较大的汇水面，其汇水面积应附加汇水面竖向投影面积的 50%。

4.2.5 设计暴雨强度应按下式计算：

$$q = \frac{167A(1 + c\lg P)}{(t + b)^n} \tag{4.2.5}$$

式中 P——设计重现期（a）；

t——降雨历时（min）；

A、b、c、n——当地降雨参数。

注：当采用天沟集水且沟沿溢水会流入室内时，暴雨强度应乘以 1.5 的系数。

4.2.6 设计重现期的确定应符合下列规定：

1 向各类雨水利用设施输水或集水的管渠设计重现期，应不小于该类设施的雨水利用设计重现期。

2 屋面雨水收集系统设计重现期不宜小于表 4.2.6-1 中规定的数值。

表 4.2.6-1 屋面降雨设计重现期

建筑类型	设计重现期（a）
采用外檐沟排水的建筑	1～2
一般性建筑物	2～5
重要公共建筑	10

注：表中设计重现期，半有压流系统可取低限值，虹吸式系统宜取高限值。

3 建设用地雨水外排管渠的设计重现期，应大于雨水利用设施的雨量设计重现期，并不宜小于表 4.2.6-2 中规定的数值。

表 4.2.6-2 各类用地设计重现期

汇水区域名称	设计重现期（a）
车站、码头、机场等	2～5
民用公共建筑、居住区和工业区	1～3

4.2.7 设计降雨历时的计算，应符合下列规定：

1 室外雨水管渠的设计降雨历时应按下式计算：

$$t = t_1 + mt_2 \tag{4.2.7}$$

式中 t_1——汇水面汇水时间（min），视距离长短、地形坡度和地面铺盖情况而定，一般采用5～10min；

m——折减系数，取 $m=1$，计算外排管渠时按现行国家标准《建筑给水排水设计规范》GB 50015 的规定取用；

t_2——管渠内雨水流行时间（min）。

2 屋面雨水收集系统的设计降雨历时按屋面汇水时间计算，一般取 5min。

4.3 系统选型

4.3.1 雨水利用系统的型式、各个系统负担的雨水量，应根据工程项目具体特点经技术经济比较后确定。

4.3.2 地面雨水宜采用雨水入渗。

4.3.3 降落在景观水体上的雨水应就地储存。

4.3.4 屋面雨水可采用雨水入渗、收集回用或二者相结合的方式，具体利用方式应根据下列因素综合确定：

1 当地缺水情况；

2 室外土壤的入渗能力；

3 雨水的需求量和水质要求；

4 杂用水量和降雨量季节变化的吻合程度；

5 经济合理性。

4.3.5 小区内设有景观水体时，屋面雨水宜优先考虑用于景观水体补水。室外土壤在承担了室外各种地面的雨水入渗后，其入渗能力仍有足够的余量时，屋面雨水可进行雨水入渗。

4.3.6 满足下列条件之一时，屋面雨水宜优先采用收集回用系统：

1 降雨量随季节分布较均匀的地区；

2 用水量与降雨量季节变化较吻合的建筑与小区。

4.3.7 收集回用系统的回用水量或储水能力小于屋面的收集雨量时，屋面雨水的利用可选用回用与入渗相结合的方式。

4.3.8 大型屋面的公共建筑或设有人工水体的项目，屋面雨水宜采用收集回用系统。

4.3.9 为削减城市洪峰或要求场地的雨水迅速排干时，宜采用调蓄排放系统。

4.3.10 雨水回用用途应根据收集量、回用量、随时间的变化规律以及卫生要求等因素综合考虑确定。雨水可用于下列用途：景观用水、绿化用水、循环冷却系统补水、汽车冲洗用水、路面、地面冲洗用水、冲厕用水、消防用水。

4.3.11 建筑或小区中同时设有雨水回用和中水的合用系统时，原水不宜混合，出水可在清水池混合。

5 雨水收集

5.1 一般规定

5.1.1 屋面表面应采用对雨水无污染或污染较小的材料，不宜采用沥青或沥青油毡。有条件时可采用种植屋面。

5.1.2 屋面雨水收集管道的进水口应设置符合国家或行业现行相关标准的雨水斗。

5.1.3 屋面雨水系统中设有弃流设施时，弃流设施服务的各雨水斗至该装置的管道长度宜相近。

5.1.4 屋面雨水收集系统的设计流量应按本规范第（4.2.1-2）式计算。

5.1.5 屋面雨水收集宜采用半有压屋面雨水收集系统；大型屋面宜采用虹吸式屋面雨水收集系统，并应有溢流措施。

5.1.6 屋面雨水收集也可采用重力流系统，其设计应满足现行国家标准《建筑给水排水设计规范》GB 50015的要求。

5.1.7 屋面雨水收集系统和雨水储存设施之间的室外输水管道可按雨水储存设施的降雨重现期计算，若设计重现期比上游管道的小，应在连接点设检查井或溢流设施。埋地输水管上应设检查口或检查井，间距宜为25～40m。

5.1.8 屋面雨水收集系统应独立设置，严禁与建筑污、废水排水连接，严禁在室内设置敞开式检查口或检查井。

5.1.9 阳台雨水不应接入屋面雨水立管。

5.1.10 除种植屋面外，雨水收集回用系统均应设置弃流设施，雨水入渗收集系统宜设弃流设施。

5.2 屋面集水沟

5.2.1 屋面集水宜采用集水沟。集水沟断面尺寸和过水能力应经水力计算确定。

5.2.2 屋面集水沟的深度应包括设计水深和保护高度。

5.2.3 集水沟沟底可水平或可有坡度，坡度小于0.003时应具有自由出流的雨水出口。

5.2.4 集水沟的水力计算应按照现行国家标准《室外排水设计规范》GB 50014执行，沟底平坡或坡度不大于0.003时，可采用本规范5.2.5～5.2.10条规定的经验方法计算。

5.2.5 水平短沟设计排水量可按下式计算：

$$q_{dg} = k_{dg} k_{df} A_z^{1.25} S_x X_x \tag{5.2.5}$$

式中 q_{dg}——水平短沟的设计排水量（L/s）；

k_{dg}——安全系数，取0.9；

k_{df}——断面系数，取值见表5.2.5；

A_z——沟的有效断面面积（mm^2），在屋面天沟或边沟中有阻挡物时，有效断面面积应按沟的断面面积减去阻挡物断面面积进行计算；

S_x——深度系数，见附录B，半圆形或相似形状的短檐沟 $S_x=1.0$；

X_x——形状系数，见附录B，半圆形或相似形状的短檐沟 $X_x=1.0$。

表5.2.5 各种沟型的断面系数

沟型	半圆形或相似形状的檐沟	矩形、梯形或相似形状的檐沟	矩形、梯形或相似形状的天沟和边沟
k_{df}	2.78×10^{-5}	3.48×10^{-5}	3.89×10^{-5}

5.2.6 水平长沟的设计排水量可按下式计算：

$$q_{cg} = q_{dg} L_x \tag{5.2.6}$$

式中 q_{cg}——长沟的设计排水量（L/s）；

L_x——长沟容量系数，见表5.2.6。

表5.2.6 平底或有坡度坡向出水口的长沟容量系数

L/h_d	容量系数 L_x				
	平底 0～0.3%	坡度 0.4%	坡度 0.6%	坡度 0.8%	坡度 1%
50	1.00	1.00	1.00	1.00	1.00
75	0.97	1.02	1.04	1.07	1.09
100	0.93	1.03	1.08	1.13	1.18
125	0.90	1.05	1.12	1.20	1.27
150	0.86	1.07	1.17	1.27	1.37
175	0.83	1.08	1.21	1.33	1.46
200	0.80	1.10	1.25	1.40	1.55
225	0.78	1.10	1.25	1.40	1.55
250	0.77	1.10	1.25	1.40	1.55
275	0.75	1.10	1.25	1.40	1.55
300	0.73	1.10	1.25	1.40	1.55
325	0.72	1.10	1.25	1.40	1.55
350	0.70	1.10	1.25	1.40	1.55
375	0.68	1.10	1.25	1.40	1.55
400	0.67	1.10	1.25	1.40	1.55
425	0.65	1.10	1.25	1.40	1.55
450	0.63	1.10	1.25	1.40	1.55
475	0.62	1.10	1.25	1.40	1.55
500	0.60	1.10	1.25	1.40	1.55

注：L 排水长度（mm）；
h_d 设计水深（mm）。

5.2.7 当集水沟有大于10°的转角时，计算的排水能力应乘以折减系数0.85。

5.2.8 雨水斗应避免布置在集水沟的转折处。

5.2.9 天沟和边沟的坡度小于或等于0.003时，按平沟设计。

5.2.10 天沟和边沟的最小保护高度不得小于表5.2.10中的尺寸。

表5.2.10 天沟和边沟的最小保护高度

含保护高度在内的沟深 h_z（mm）	最小保护高度（mm）
<85	25
85～250	$0.3h_z$
>250	75

5.2.11 天沟和边沟应设置溢流设施。

5.3 半有压屋面雨水收集系统

5.3.1 雨水斗应采用半有压式雨水斗，其设计流量不应超过表5.3.1规定的数值。与立管连接的单个雨水斗宜取高限；多斗悬吊管上距立管最近的斗宜取高限，并以其为基准，其他各斗的数值依次比上个斗递减10%。

表5.3.1 雨水斗的泄流量

口径（mm）	75	100	150	200
泄流量（L/s）	8	12～16	26～36	40～56

5.3.2 雨水斗应有格栅，格栅进水孔的有效面积应等于连接管横断面积的2～2.5倍。

5.3.3 多斗雨水系统的雨水斗宜对立管作对称布置，且不得在立管顶端设置雨水斗。

5.3.4 布置雨水斗时，应以伸缩缝或沉降缝作为天沟排水分水线，否则应在该缝两侧各设一个雨水斗。当该两个雨水斗连接在同一悬吊管上时，悬吊管应装伸缩接头，并保证密封。

5.3.5 同一悬吊管连接的雨水斗应在同一高度上，且不宜超过4个。

5.3.6 寒冷地区，雨水斗宜布置在受室内温度影响的屋面及雪水易融化范围的天沟内。雨水立管应布置在室内。

5.3.7 雨水悬吊管长度大于15m时应设检查口或带法兰盘的三通管，并便于维修操作，其间距不宜大于20m。

5.3.8 多斗悬吊管和横干管的敷设坡度不宜小于0.005，最大排水能力见表5.3.8-1和表5.3.8-2。

表5.3.8-1 多斗悬吊管（铸铁管、钢管）的最大排水能力（L/s）

公称直径 DN(mm) / 水力坡度 I	75	100	150	200	250	300
0.02	3.1	6.6	19.6	42.1	76.3	124.1
0.03	3.8	8.1	23.9	51.6	93.5	152.0
0.04	4.4	9.4	27.7	59.5	108.0	175.5
0.05	4.9	10.5	30.9	66.6	120.2	196.3
0.06	5.3	11.5	33.9	72.9	132.2	215.0
0.07	5.7	12.4	36.6	78.8	142.8	215.0
0.08	6.1	13.3	39.1	84.2	142.8	215.0
0.09	6.5	14.1	41.5	84.2	142.8	215.0
≥0.10	6.9	14.8	41.5	84.2	142.8	215.0

注：表中水力坡度指雨水斗安装面与悬吊管末端之间的几何高差（m）加0.5m后与悬吊管长度之比。

表5.3.8-2 多斗悬吊管（塑料管）的最大排水能力（L/s）

管道外径×壁厚 D_e(mm)×T(mm) / 水力坡度 I	90×3.2	110×3.2	125×3.7	160×4.7	200×5.9	250×7.3
0.02	5.8	10.2	14.3	27.7	50.1	91.0
0.03	7.1	12.5	17.5	33.9	61.4	111.5
0.04	8.1	14.4	20.2	39.1	70.9	128.7
0.05	9.1	16.1	22.6	43.7	79.2	143.9
0.06	10.0	17.7	24.8	47.9	86.8	157.7
0.07	10.8	19.1	26.8	51.8	93.8	170.3
0.08	11.5	20.4	28.6	55.3	100.2	170.3
0.09	12.2	21.6	30.3	58.7	100.2	170.3
≥0.10	12.9	22.8	32.0	58.7	100.2	170.3

注：表中水力坡度指雨水斗安装面与悬吊管末端之间的几何高差（m）加0.5m后与悬吊管长度之比。

5.3.9 雨水立管的最大排水能力见表5.3.9。建筑高度不大于12m时不应超过表中低限值，高层建筑不应超过表中上限值。

表5.3.9 立管的最大排水流量

公称直径（mm）	75	100	150	200	250	300
排水流量（L/s）	10～12	19～25	42～55	75～90	135～155	220～240

5.3.10 一个立管所承接的多个雨水斗，其安装高度宜在同一标高层。当雨水立管的设计流量小于最大排水能力时，可将不同高度的雨水斗接入同一立管，但最低雨水斗应在立管底端与最高斗高差的2/3以上；多个立管汇集到一个横管时，所有雨水斗中最低斗的高度应大于横管与最高斗高差的2/3以上。

5.3.11 屋面无溢流措施时，雨水立管不应少于两根。

5.3.12 雨水立管的底部应设检查口。

5.3.13 雨水管道应采用钢管、不锈钢管、承压塑料管等，其管材和接口的工作压力应大于建筑物高度产生的静水压，且应能承受0.09MPa负压。

5.4 虹吸式屋面雨水收集系统

5.4.1 屋面溢流设施的溢流量应为50年重现期的雨水设计流量减去设计重现期的雨水设计流量。

5.4.2 不同高度、不同结构形式的屋面宜设置独立的收集系统。

5.4.3 雨水斗的设计流量不得超过产品的最大泄流量，雨水斗应水平安装。

5.4.4 悬吊管可无坡度敷设，但不得倒坡。

5.4.5 收集系统应方便安装、维修，不宜将雨水管放置在结构柱内。

5.4.6 收集系统的管道水头损失计算宜采用达西（Darcy）公式（5.4.6-1），沿程阻力系数宜按柯列勃洛克（Colebrook-Whites）公式（5.4.6-2）计算：

$$h_f = \lambda \frac{l}{d} \frac{v^2}{2g} \tag{5.4.6-1}$$

式中 h_f——管道沿程阻力损失（m）；

λ——管道沿程阻力损失系数；

l——管道长度（m）；

d——管道内径（m）；

v——管内流速（m/s）；

g——重力加速度（m/s^2）。

$$\frac{1}{\sqrt{\lambda}} = -2\lg\left(\frac{\Delta}{3.7d} + \frac{2.51}{Re\sqrt{\lambda}}\right) \tag{5.4.6-2}$$

式中 Δ——管道当量粗糙高度（mm）；

Re——雷诺数。

5.4.7 最小管径不应小于$DN40$。各种管道流速应满足下列规定：

1 悬吊管设计流速不宜小于1m/s；

2 立管设计流速不宜小于2.2m/s；

3 虹吸管道设计流速不宜大于10m/s；

4 排出口管道的设计流速不宜大于1.8m/s，否则应采取消能措施。

5.4.8 系统从始端雨水斗至排出口过渡段的总水头损失与流出水头之和，不得大于始端雨水斗至排出管终点处的室外地面的几何高差。

5.4.9 雨水斗顶面至排出管终点处的室外地面的几何高差，立管管径不大于$DN75$时不宜小于3m，立管管径大于$DN75$时不宜小于5m。

5.4.10 系统中节点处各汇合支管间的水压差值，不应大于0.01MPa。

5.4.11 虹吸雨水管道应采用钢管、不锈钢管、承压塑料管等，其管材和接口的工作压力应大于建筑物高度产生的静水压，且应能承受0.09MPa负压。

5.4.12 系统内的最大负压计算值，应根据系统安装场所的气象资料、管道的材质、管道和管件的最大、最小工作压力等确定，但应限于负压0.09MPa之内。

5.5 硬化地面雨水收集

5.5.1 建设用地内平面及竖向设计应考虑地面雨水收集要求，硬化地面雨水应有组织排向收集设施。

5.5.2 硬化地面雨水收集系统的雨水流量应按本规范第（4.2.1-2）式计算，管道水力计算和设计应符合现行国家标准《室外排水设计规范》GB 50014的相关规定。

5.5.3 雨水口宜设在汇水面的低洼处，顶面标高宜低于地面10～20mm。

5.5.4 雨水口担负的汇水面积不应超过其集水能力，且最大间距不宜超过40m。

5.5.5 雨水收集宜采用具有拦污截污功能的成品雨水口。

5.5.6 雨水收集系统中设有集中式雨水弃流装置时，各雨水口至弃流装置的管道长度宜相近。

5.6 雨水弃流

5.6.1 屋面雨水收集系统的弃流装置宜设于室外，当设在室内时，应为密闭形式。雨水弃流池宜靠近雨水蓄水池，当雨水蓄水池设在室外时，弃流池不应设在室内。

5.6.2 地面雨水收集系统设置雨水弃流设施时，可集中设置，也可分散设置。

5.6.3 虹吸式屋面雨水收集系统宜采用自动控制弃流装置，其他屋面雨水收集系统宜采用渗透弃流装置，地面雨水收集系统宜采用渗透弃流井或弃流池。

5.6.4 初期径流弃流量应按照下垫面实测收集雨水的COD_{Cr}、SS、色度等污染物浓度确定。当无资料时，屋面弃流可采用2～3mm径流厚度，地面弃流可采用3～5mm径流厚度。

5.6.5 初期径流弃流量按下式计算：

$$W_i = 10 \times \delta \times F \tag{5.6.5}$$

式中 W_i——设计初期径流弃流量（m^3）；

δ——初期径流厚度（mm）。

5.6.6 弃流装置及其设置应便于清洗和运行管理。

5.6.7 截流的初期径流可排入雨水排水管道或污水管道。当条件允许，也可就地排入绿地。雨水弃流排入污水管道时应确保污水不倒灌回弃流装置内。

5.6.8 初期径流弃流池应符合下列规定：

1 截流的初期径流雨水宜通过自流排除；

2 当弃流雨水采用水泵排水时，池内应设置将弃流雨水与后期雨水隔离开的分隔装置；

3 应具有不小于0.10的底坡；

4 雨水进水口应设置格栅，格栅的设置应便于清理并不得影响雨水进水口通水能力；

5 排除初期径流水泵的阀门应设置在弃流池外；

6 宜在入口处设置可调节监测连续两场降雨间隔时间的雨停监测装置，并与自动控制系统联动；

7 应设有水位监测的措施；

8 采用水泵排水的弃流池内应设置搅拌冲洗系统。

5.6.9 自动控制弃流装置应符合下列规定：

1 电动阀、计量装置宜设在室外，控制箱宜集中设置，并宜设在室内；

2 应具有自动切换雨水弃流管道和收集管道的功能，并具有控制和调节弃流间隔时间的功能；

3 流量控制式雨水弃流装置的流量计宜设在管径最小的管道上；

4 雨量控制式雨水弃流装置的雨量计应有可靠的保护措施。

5.6.10 渗透弃流井应符合下列规定：

1 井体和填料层有效容积之和不宜小于初期径流弃流量；

2 安装位置距建筑物基础不宜小于3m；

3 渗透排空时间应按本规范第（6.3.1）式计算，且不宜超过24h。

5.7 雨水排除

5.7.1 建设用地雨水外排设计流量应按本规范第4.2节计算。雨水管道的水力计算和设计应符合现行国家标准《室外排水设计规范》GB 50014的规定。

5.7.2 当绿地标高低于道路标高时，雨水口宜设在道路两边的绿地内，其顶面标高应高于绿地20～50mm。

5.7.3 雨水口宜采用平箅式，设置间距不宜大于40m。

5.7.4 渗透管-排放系统替代排水管道系统时，应满足排除雨水流量的要求。

5.7.5 透水铺装地面的雨水排水设施宜采用明渠。

6 雨水入渗

6.1 一般规定

6.1.1 雨水入渗可采用绿地入渗、透水铺装地面入渗、浅沟与洼地入渗、浅沟渗渠组合入渗、渗透管沟、入渗井、入渗池、渗透管-排放系统等方式。

6.1.2 雨水渗透设施应保证其周围建筑物及构筑物的正常使用。

6.1.3 雨水渗透系统不应对居民的生活造成不便，不应对小区卫生环境产生危害。地面入渗场地上的植物配置应与入渗系统相协调。

非自重湿陷性黄土场地，渗透设施必须设置于建筑物防护距离以外，并不应影响小区道路路基。

6.1.4 渗透设施的日渗透能力不宜小于其汇水面上重现期2年的日雨水设计径流总量。其中入渗池、井的日入渗能力，不宜小于汇水面上的日雨水设计径流总量的1/3。雨水设计径流总量按本规范第（4.2.1-1）式计算，渗透能力按本规范第（6.3.1）式计算。

6.1.5 入渗系统应设有储存容积，其有效容积宜能调蓄系统产流历时内的蓄积雨水量，并按本规范第（6.3.4～6.3.6）式计算；入渗池、井的有效容积宜能调蓄日雨水设计径流总量。雨水设计重现期应与渗透能力计算中的取值一致。

6.1.6 雨水渗透设施选择时宜优先采用绿地、透水铺装地面、渗透管沟、入渗井等入渗方式。

6.1.7 雨水入渗应符合下列规定：

1 绿地雨水应就地入渗；

2 人行、非机动车通行的硬质地面、广场等宜采用透水地面；

3 屋面雨水的入渗方式应根据现场条件，经技术经济和环境效益比较确定。

6.1.8 地下建筑顶面与覆土之间设有渗排设施时，地下建筑顶面覆土可作为渗透层。

6.1.9 除地面入渗外，雨水渗透设施距建筑物基础边缘不应小于3m，并对其他构筑物、管道基础不产生影响。

6.1.10 雨水入渗系统宜设置溢流设施。

6.1.11 小区内路面宜高于路边绿地50～100mm，并应确保雨水顺畅流入绿地。

6.2 渗透设施

6.2.1 绿地接纳客地雨水时，应满足下列要求：

1 绿地就近接纳雨水径流，也可通过管渠输送至绿地；

2 绿地应低于周边地面，并有保证雨水进入绿地的措施；

3 绿地植物宜选用耐淹品种。

6.2.2 透水铺装地面应符合下列要求：

1 透水铺装地面应设透水面层、找平层和透水垫层。透水面层可采用透水混凝土、透水面砖、草坪砖等；

2 透水地面面层的渗透系数均应大于1×10^{-4}m/s，找平层和垫层的渗透系数必须大于面层。透水地面设施的蓄水能力不宜低于重现期为2年的60min降雨量；

3 面层厚度宜根据不同材料、使用场地确定，孔隙率不宜小于20%；找平层厚度宜为20～50mm；透水垫层厚度不宜小于150mm，孔隙率不应小于30%；

4 铺装地面应满足相应的承载力要求，北方寒冷地区还应满足抗冻要求。

6.2.3 浅沟与洼地入渗应符合以下要求：

1 地面绿化在满足地面景观要求的前提下，宜设置浅沟或洼地；

2 积水深度不宜超过300mm；

3 积水区的进水宜沿沟长多点分散布置，宜采用明沟布水；

4 浅沟宜采用平沟。

6.2.4 浅沟渗渠组合渗透设施应符合下列要求：

1 沟底表面的土壤厚度不应小于100mm，渗透系数不应小于1×10^{-5}m/s；

2 渗渠中的砂层厚度不应小于100mm，渗透系数不应小于1×10^{-4}m/s；

3 渗渠中的砾石层厚度不应小于100mm。

6.2.5 渗透管沟的设置应符合下列要求：

1 渗透管沟宜采用穿孔塑料管、无砂混凝土管或排疏管等透水材料。塑料管的开孔率不应小于15%，无砂混凝土管的孔隙率不应小于20%。渗透管的管径不应小于150mm，检查井之间的管道敷设坡度宜采用0.01～0.02；

2 渗透层宜采用砾石，砾石外层应采用土工布包覆；

3 渗透检查井的间距不应大于渗透管管径的150倍。渗透检查井的出水管标高宜高于入水管口标高，但不应高于上游相邻井的出水管口标高。渗透检查井应设0.3m沉砂室；

4 渗透管沟不宜设在行车路面下，设在行车路面下时覆土深度不应小于0.7m；

5 地面雨水进入渗透管前宜设渗透检查井或集水渗透检查井；

6 地面雨水集水宜采用渗透雨水口；

7 在适当的位置设置测试段，长度宜为2～3m，两端设置止水壁，测试段应设注水孔和水位观察孔。

6.2.6 渗透管-排放系统的设置应符合下列要求：

1 设施的末端必须设置检查井和排水管，排水管连接到雨水排水管网；

2 渗透管的管径和敷设坡度应满足地面雨水排放流量的要求，且管径不小于200mm；

3 检查井出水管口的标高应能确保上游管沟的有效蓄水，当设置有困难时，则无效管沟容积不计入储水容积；

4 其余要求应满足本规范第6.2.5条规定。

6.2.7 入渗池（塘）应符合下列要求：

1 边坡坡度不宜大于1∶3，表面宽度和深度的比例应大于6∶1；

2 植物应在接纳径流之前成型，并且所种植物应既能抗涝又能抗旱，适应洼地内水位变化；

3 应设有确保人身安全的措施。

6.2.8 入渗井应符合下列要求：

1 底部及周边的土壤渗透系数应大于5×10^{-6}m/s；

2 渗透面应设过滤层，井底滤层表面距地下水位的距离不应小于1.5m。

6.2.9 埋地入渗池应符合下列要求：

1 底部及周边的土壤渗透系数应大于5×10^{-6}m/s；

2 强度应满足相应地面承载力的要求；

3 外层应采用土工布或性能相同的材料包覆；

4 当设有人孔时，应采用双层井盖。

6.2.10 透水土工布宜选用无纺土工织物，单位面积质量宜为100～300g/m²，渗透性能应大于所包覆渗透设施的最大渗水要求，应满足保土性、透水性和防堵性的要求。

6.3 渗透设施计算

6.3.1 渗透设施的渗透量应按下式计算：

$$W_s = \alpha K J A_s t_s \quad (6.3.1)$$

式中 W_s——渗透量（m³）；

α——综合安全系数，一般可取0.5～0.8；

K——土壤渗透系数（m/s）；

J——水力坡降，一般可取$J=1.0$；

A_s——有效渗透面积（m²）；

t_s——渗透时间（s）。

6.3.2 土壤渗透系数应以实测资料为准，在无实测资料时，可参照表6.3.2选用。

表6.3.2 土壤渗透系数

地层	地层粒径		渗透系数K（m/s）
	粒径（mm）	所占重量（%）	
黏土			$<5.7\times10^{-8}$
粉质黏土			$5.7\times10^{-8}\sim1.16\times10^{-6}$
粉土			$1.16\times10^{-6}\sim5.79\times10^{-6}$
粉砂	>0.075	>50	$5.79\times10^{-6}\sim1.16\times10^{-5}$
细砂	>0.075	>85	$1.16\times10^{-5}\sim5.79\times10^{-5}$
中砂	>0.25	>50	$5.79\times10^{-5}\sim2.31\times10^{-4}$
均质中砂			$4.05\times10^{-4}\sim5.79\times10^{-4}$
粗砂	>0.50	>50	$2.31\times10^{-4}\sim5.79\times10^{-4}$
圆砾	>2.00	>50	$5.79\times10^{-4}\sim1.16\times10^{-3}$
卵石	>20.0	>50	$1.16\times10^{-3}\sim5.79\times10^{-3}$
稍有裂隙的岩石			$2.31\times10^{-4}\sim6.94\times10^{-4}$
裂隙多的岩石			$>6.94\times10^{-4}$

6.3.3 渗透设施的有效渗透面积应按下列要求确定：

1 水平渗透面按投影面积计算；

2 竖直渗透面按有效水位高度的1/2计算；

3 斜渗透面按有效水位高度的1/2所对应的斜

面实际面积计算；

4 地下渗透设施的顶面积不计。

6.3.4 渗透设施产流历时内的蓄积雨水量应按下式计算：

$$W_p = \max(W_c - W_s) \quad (6.3.4)$$

式中 W_p——产流历时内的蓄积水量（m^3），产流历时经计算确定，并宜小于120min；

W_c——渗透设施进水量（m^3）。

6.3.5 渗透设施进水量应按下式计算，并不宜大于按本规范（4.2.1-1）式计算的日雨水设计径流总量：

$$W_c = 1.25\left[60 \times \frac{q_c}{1000} \times (F_y\psi_m + F_0)\right]t_c \quad (6.3.5)$$

式中 F_y——渗透设施受纳的集水面积（hm^2）；

F_0——渗透设施的直接受水面积（hm^2），埋地渗透设施为0；

t_c——渗透设施产流历时（min）；

q_c——渗透设施产流历时对应的暴雨强度［$L/(s \cdot hm^2)$］。

6.3.6 渗透设施的储存容积宜按下式计算：

$$V_s \geqslant \frac{W_p}{n_k} \quad (6.3.6)$$

式中 V_s——渗透设施的储存容积（m^3）；

n_k——填料的孔隙率，不应小于30%，无填料者取1。

6.3.7 下凹绿地受纳的雨水汇水面积不超过该绿地面积2倍时，可不进行入渗能力计算。

7 雨水储存与回用

7.1 一般规定

7.1.1 雨水收集回用系统应优先收集屋面雨水，不宜收集机动车道路等污染严重的下垫面上的雨水。

7.1.2 雨水收集回用系统设计应进行水量平衡计算，且满足如下要求：

1 雨水设计径流总量按本规范（4.2.1-1）式计算，降雨重现期宜取1～2年；

2 回用系统的最高日设计用水量不宜小于集水面日雨水设计径流总量的40%；

3 雨水量足以满足需用量的地区或项目，集水面最高月雨水设计径流总量不宜小于回用管网该月用水量。

7.1.3 收集回用系统应设置雨水储存设施。雨水储存设施的有效储水容积不宜小于集水面重现期1～2年的日雨水设计径流总量扣除设计初期径流弃流量。当资料具备时，储存设施的有效容积也可根据逐日降雨量和逐日用水量经模拟计算确定。

7.1.4 水面景观水体宜作为雨水储存设施。

7.1.5 雨水可回用量宜按雨水设计径流总量的90%计。

7.1.6 当雨水回用系统设有清水池时，其有效容积应根据产水曲线、供水曲线确定，并应满足消毒的接触时间要求。在缺乏上述资料的情况下，可按雨水回用系统最高日设计用水量的25%～35%计算。

7.1.7 当采用中水清水池接纳处理后的雨水时，中水清水池应有容纳雨水的容积。

7.2 储存设施

7.2.1 雨水蓄水池、蓄水罐宜设置在室外地下。室外地下蓄水池（罐）的人孔或检查口应设置防止人员落入水中的双层井盖。

7.2.2 雨水储存设施应设有溢流排水措施，溢流排水措施宜采用重力溢流。

7.2.3 室内蓄水池的重力溢流管排水能力应大于进水设计流量。

7.2.4 当蓄水池和弃流池设在室内且溢流口低于室外地面时，应符合下列要求：

1 当设置自动提升设备排除溢流雨水时，溢流提升设备的排水标准应按50年降雨重现期5min降雨强度设计，并不得小于集雨屋面设计重现期降雨强度；

2 当不设溢流提升设备时，应采取防止雨水进入室内的措施；

3 雨水蓄水池应设溢流水位报警装置，报警信号引至物业管理中心；

4 雨水收集管道上应设置能以重力流排放到室外的超越管，超越转换阀门宜能实现自动控制。

7.2.5 蓄水池兼作沉淀池时，其进、出水管的设置应满足下列要求：

1 防止水流短路；

2 避免扰动沉积物；

3 进水端宜均匀布水。

7.2.6 蓄水池应设检查口或人孔，池底宜设集泥坑和吸水坑。当蓄水池分格时，每格都应设检查口和集泥坑。池底设不小于5%的坡度坡向集泥坑。检查口附近宜设给水栓和排水泵的电源插座。

7.2.7 当采用型材拼装的蓄水池，且内部构造具有集泥功能时，池底可不做坡度。

7.2.8 当不具备设置排泥设施或排泥确有困难时，排水设施应配有搅拌冲洗系统，应设搅拌冲洗管道，搅拌冲洗水源宜采用池水，并与自动控制系统联动。

7.2.9 溢流管和通气管应设防虫措施。

7.2.10 蓄水池宜采用耐腐蚀、易清洁的环保材料。

7.3 雨水供水系统

7.3.1 **雨水供水管道应与生活饮用水管道分开设置。**

7.3.2 雨水供水系统应设自动补水，并应满足如下要求；

1 补水的水质应满足雨水供水系统的水质要求；

2 补水应在净化雨水供量不足时进行；

3 补水能力应满足雨水中断时系统的用水量要求。

7.3.3 当采用生活饮用水补水时，应采取防止生活饮用水被污染的措施，并符合下列规定：

1 清水池（箱）内的自来水补水管出水口应高于清水池（箱）内溢流水位，其间距不得小于2.5倍补水管管径，严禁采用淹没式浮球阀补水；

2 向蓄水池（箱）补水时，补水管口应设在池外。

7.3.4 供水管网的服务范围应覆盖水量平衡计算的用水部位。

7.3.5 供水系统供应不同水质要求的用水时，是否单独处理应经技术经济比较后确定。

7.3.6 供水方式及水泵的选择、管道的水力计算等应执行现行国家标准《建筑给水排水设计规范》GB 50015中的相关规定。

7.3.7 供水管道和补水管道上应设水表计量。

7.3.8 供水系统管材可采用塑料和金属复合管、塑料给水管或其他给水管材，但不得采用非镀锌钢管。

7.3.9 供水管道上不得装设取水龙头，并应采取下列防止误接、误用、误饮的措施：

1 供水管外壁应按设计规定涂色或标识；

2 当设有取水口时，应设锁具或专门开启工具；

3 水池（箱）、阀门、水表、给水栓、取水口均应有明显的“雨水”标识。

7.4 系统控制

7.4.1 雨水收集、处理设施和回用系统宜设置以下方式控制：

1 自动控制；

2 远程控制；

3 就地手动控制。

7.4.2 自控弃流装置的控制应符合本规范第5.6.9条的规定。

7.4.3 对雨水处理设施、回用系统内的设备运行状态宜进行监控。

7.4.4 雨水处理设施运行宜自动控制。

7.4.5 应对常用控制指标（水量、主要水位、pH值、浊度）实现现场监测，有条件的可实现在线监测。

7.4.6 补水应由水池水位自动控制。

8 水质处理

8.1 处理工艺

8.1.1 雨水处理工艺流程应根据收集雨水的水量、水质，以及雨水回用的水质要求等因素，经技术经济比较后确定。

8.1.2 收集回用系统处理工艺可采用物理法、化学法或多种工艺组合等。

8.1.3 屋面雨水水质处理根据原水水质可选择下列工艺流程：

1 屋面雨水→初期径流弃流→景观水体；

2 屋面雨水→初期径流弃流→雨水蓄水池沉淀→消毒→雨水清水池；

3 屋面雨水→初期径流弃流→雨水蓄水池沉淀→过滤→消毒→雨水清水池。

8.1.4 用户对水质有较高的要求时，应增加相应的深度处理措施。

8.1.5 回用雨水宜消毒。采用氯消毒时，宜满足下列要求：

1 雨水处理规模不大于100m^3/d时，可采用氯片作为消毒剂；

2 雨水处理规模大于100m^3/d时，可采用次氯酸钠或者其他氯消毒剂消毒。

8.1.6 雨水处理设施产生的污泥宜进行处理。

8.2 处理设施

8.2.1 雨水过滤及深度处理设施的处理能力应符合下列规定：

1 当设有雨水清水池时，按下式计算：

$$Q_y = \frac{W_y}{T} \tag{8.2.1}$$

式中 Q_y——设施处理能力（m^3/h）；

W_y——经过水量平衡计算后的日用雨水量（m^3），按本规范第7.1.2条确定；

T——雨水处理设施的日运行时间（h）。

2 当无雨水清水池和高位水箱时，按回用雨水的设计秒流量计算。

8.2.2 雨水蓄水池可兼作沉淀池，其设计应符合现行国家标准《室外排水设计规范》GB 50014的有关规定。

8.2.3 雨水过滤处理宜采用石英砂、无烟煤、重质矿石、硅藻土等滤料或其他新型滤料和新工艺。

8.3 雨水处理站

8.3.1 雨水处理站位置应根据建筑的总体规划，综合考虑与中水处理站的关系确定，并利于雨水的收集、储存和处理。

8.3.2 雨水处理构筑物及处理设备应布置合理、紧凑，满足构筑物的施工、设备安装、运行调试、管道敷设及维护管理的要求，并应留有发展及设备更换的余地，还应考虑最大设备的进出要求。

8.3.3 雨水处理站设计应满足主要处理环节运行观察、水量计量、水质取样化验监（检）测的条件。

8.3.4 雨水处理站内应设给水、排水等设施；通风良好，不得结冻；应有良好的采光及照明。

8.3.5 雨水处理站的设计中，对采用药剂所产生的污染危害应采取有效的防护措施。

8.3.6 对雨水处理站中机电设备所产生的噪声和振动应采用有效的降噪和减振措施，其运行噪声应符合现行国家标准《民用建筑隔声设计规范》GBJ 118 的规定。

9 调 蓄 排 放

9.0.1 在雨水管渠沿线附近有天然洼地、池塘、景观水体，可作为雨水径流高峰流量调蓄设施，当天然条件不满足，可建造室外调蓄池。

9.0.2 调蓄设施宜布置在汇水面下游。

9.0.3 调蓄池可采用溢流堰式和底部流槽式。

9.0.4 调蓄排放系统的降雨设计重现期宜取 2 年。

9.0.5 调蓄池容积宜根据设计降雨过程变化曲线和设计出水流量变化曲线经模拟计算确定，资料不足时可采用下式计算：

$$V = \max\left[\frac{60}{1000}(Q-Q')t_{\mathrm{m}}\right] \quad (9.0.5\text{-}1)$$

式中 V——调蓄池容积（m^3）；

t_{m}——调蓄池蓄水历时（min），不大于 120min；

Q'——设计排水流量（L/s），按下式计算：

$$Q' = \frac{1000W}{t'} \quad (9.0.5\text{-}2)$$

式中 t'——排空时间（s），宜按 6～12h 计。

9.0.6 调蓄池出水管管径应根据设计排水流量确定。也可根据调蓄池容积进行估算，见表 9.0.6。

表 9.0.6 调蓄池出水管管径估算表

调蓄池容积（m^3）	出水管管径（mm）
500～1000	200～250
1000～2000	200～300

10 施 工 安 装

10.1 一 般 规 定

10.1.1 雨水利用工程应按照批准的设计文件和施工技术标准进行施工。

10.1.2 雨水利用工程的施工应由具有相应施工资质的施工队伍承担。

10.1.3 施工人员应经过相应的技术培训或具有施工经验。

10.1.4 管道敷设应符合相应管材的管道工程技术规程的有关规定。

10.1.5 雨水入渗工程施工前应对入渗区域的表层土壤渗透能力进行评价。

10.1.6 雨水入渗工程采用的砂料应质地坚硬清洁，级配良好，含泥量不应大于 3%；粗骨料不得采用风化骨料，粒径应符合设计要求，含泥量不应大于 1%。

10.1.7 屋面雨水收集系统施工中更改设计应经过原设计单位核算并采取相应措施。

10.2 埋地渗透设施

10.2.1 在渗透设施的开挖、填埋、碾压施工时，应进行现场事前调查、选择施工方法、编制工程计划和安全规程，施工不应损伤自然土壤的渗透能力。

10.2.2 入渗井、渗透管沟、入渗池等渗透设施应按下列工序进行施工：

挖掘→铺砂→铺土工布→充填碎石→渗透设施安装→充填碎石→铺土工布→回填→残土处理→清扫整理→渗透能力的确认

10.2.3 土方开挖工作可采用人工或小型机械施工，沟槽底面不应夯实。应避免超挖，超挖时不得用超挖土回填，应用碎石填充。

10.2.4 沟槽开挖后，应根据设计要求立即铺砂，铺砂后不得采用机械碾压。

10.2.5 碎石应采用土工布与渗透土壤层隔离，挖掘面应便于土工布的施工和固定。

10.3 透 水 地 面

10.3.1 透水地面应按下列工序进行施工：

路基挖槽→路基基层→透水垫层→找平层→透水面层→清扫整理→渗透能力的确认

10.3.2 路基开挖应达到设计深度，并应将原土层夯实，壤土、黏土路基压实系数应大于 90%。路基基层应平整。基层纵坡、横坡及边线应符合设计要求。

10.3.3 透水垫层应采用连续级配砂砾料、单级配砾石等透水性材料，并应满足下列要求：

1 单级配砾石垫层的粒径应为 5～10mm，含泥量不应大于 2.0%，泥块不应大于 0.7%，针片状颗粒含量不应大于 2.0%。在垫层夯实后用灌砂法检测现场干密度，现场干密度应大于最大干密度的 90%；

2 连续级配砂砾料垫层的粒径应为 5～40mm，松铺厚度每层一般不应超过 300mm，厚度应均匀一致，无粗细颗粒分离现象，宜采用碾压方式压实，压实系数应大于 65%；

3 垫层厚度允许偏差不宜大于设计值的 10%，且不宜大于 20mm。

10.3.4 找平层宜采用粗砂、细石、细石透水混凝土等材料，并应符合下列要求：

1 粗砂细度模数宜大于 2.6；

2 细石粒径宜为 3～5mm，单级配，1mm 以下颗粒体积比含量不应大于35%；

3 细石透水混凝土宜采用3～5mm的石子或粗砂，其中含泥量不应大于1%，泥块含量不应大于0.5%，针片状颗粒含量不应大于10%；

4 找平层应拍打密实。砂层和垫层之间应铺设透水性土工布分隔。

10.3.5 透水面砖应符合下列要求：

1 抗压强度应大于35MPa，抗折强度应大于3.2MPa，渗透系数应大于0.1mm/s，磨坑长度不应大于35mm，用于北方有冰冻地区时，冻融循环试验应符合相关标准的规定；

2 铺砖时应用橡胶锤敲打稳定，但不得损伤砖的边角，铺设好的透水砖应检查是否稳固、平整，发现活动部位应立即修正；

3 透水砖铺设后的养护期不得少于3d；

4 平整度允许偏差不应大于5mm，相邻两块砖高差不应大于2mm，纵坡、横坡应符合设计要求，横坡允许偏差±0.3%。

10.3.6 透水面层混凝土应符合下列要求：

1 宜采用透水性水泥混凝土和透水性沥青混凝土；

2 水泥宜选用高强度等级的矿渣硅酸盐水泥，所用石子粒径宜为5～10mm。透水性混凝土的孔隙率不应小于20%；

3 浇筑透水性混凝土宜采用碾压或平板振捣器轻振铺平后的透水性混凝土混合料，不得使用高频振捣器；

4 透水性混凝土每30～40m^{2}做一接缝，养护后灌注接缝材料；

5 养护时间宜大于7d，并宜采用塑料薄膜覆盖路面和路基。

10.3.7 工程竣工后，要进行表面的清扫和残材的清理。

10.4 管道敷设

10.4.1 室外雨水回用埋地管道的覆土深度，应根据各地区土壤冰冻深度、车辆荷载、管道材质及管道交叉等因素确定，管顶最小覆土深度不得小于土壤冰冻线以下0.15m，车行道下的管顶覆土深度不宜小于0.7m。

10.4.2 虹吸式屋面雨水收集系统管道、配件和连接方式应能承受灌水试验压力，并能承受0.09MPa负压。

10.4.3 室外埋地管道管沟的沟底应是原土层，或是夯实的回填土，沟底应平整，不得有突出的尖硬物体。管顶上部500mm以内不得回填直径大于100mm的块石和冻土块，500mm以上部分，不得集中回填块石或冻土。

10.5 设备安装

10.5.1 水处理设备的安装应按照工艺要求进行。在线仪表安装位置和方向应正确，不得少装、漏装。

10.5.2 设置在建筑物内的设备、水泵等应采取可靠的减振装置，其噪声应符合现行国家标准《民用建筑隔声设计规范》GBJ 118的规定。

10.5.3 设备中的阀门、取样口等应排列整齐，间隔均匀，不得渗漏。

11 工程验收

11.1 管道水压试验

11.1.1 雨水收集和排放管道在回填土前应进行无压力管道严密性试验，并应符合现行国家标准《给水排水管道工程施工及验收规范》GB 50268的规定。

11.1.2 雨水蓄水池（罐）应做满水试验。

11.2 验收

11.2.1 验收应包括下列内容：

1 工程布置；

2 雨水入渗工程；

3 雨水收集传输工程；

4 雨水储存与处理工程；

5 雨水回用工程；

6 雨水调蓄工程；

7 相关附属设施。

11.2.2 验收时应逐段检查雨水供水系统上的水池（箱）、水表、阀门、给水栓、取水口等，落实防止误接、误用、误饮的措施。

11.2.3 施工验收时，应具有下列文件：

1 施工图、竣工图和设计变更文件；

2 隐蔽工程验收记录和中间试验记录；

3 管道冲洗记录；

4 管道、容器的压力试验记录；

5 工程质量事故处理记录；

6 工程质量验收评定记录；

7 设备调试运行记录。

11.2.4 雨水利用工程的验收，应符合设计要求和国家现行标准的有关规定。

11.2.5 验收合格后应将有关设计、施工及验收的文件立卷归档。

12 运行管理

12.0.1 雨水利用设施维护管理应建立相应的管理制度。工程运行的管理人员应经过专门培训上岗。在雨季来临前对雨水利用设施进行清洁和保养，并在雨季定期对工程各部分的运行状态进行观测检查。

12.0.2 防误接、误用、误饮的措施应保持明显和完整。

12.0.3 雨水入渗、收集、输送、储存、处理与回用系统应及时清扫、清淤，确保工程安全运行。

12.0.4 严禁向雨水收集口倾倒垃圾和生活污废水。

12.0.5 渗透设施的维护管理，应包括渗透设施的检查、清扫、渗透机能的恢复、修补、机能恢复的确认等，并应作维护管理记录。

12.0.6 雨水收集回用系统的维护管理宜按表12.0.6进行检查。

表12.0.6 雨水收集回用设施检查内容和周期

设施名称	检查时间间隔	检查/维护重点
集水设施	1个月或降雨间隔超过10日之单场降雨后	污/杂物清理排除
输水设施	1个月	污/杂物清理排除、渗漏检查
处理设施	3个月或降雨间隔超过10日之单场降雨后	污/杂物清理排除、设备功能检查
储水设施	6个月	污/杂物清理排除、渗漏检查
安全设施	1个月	设施功能检查

注：1 集水设施包括建筑物收集面相关设备，如雨水斗、雨水口和集水沟等。
2 输水设施包括排水管道、给水管道以及连接储水池与处理设施间的连通管道等。
3 处理设施包括初期径流弃流、沉淀或过滤设施以及消毒设施等。
4 储存设施指雨水储罐、雨水蓄水池以及清水池等。
5 安全设施指维护、防止漏电等设施。

12.0.7 蓄水池应定期清洗。蓄水池上游超越管上的自动转换阀门应在每年雨季来临前进行检修。

12.0.8 处理后的雨水水质应进行定期检测。

附录A 全国各大城市降雨量资料

A.0.1 各地多年平均最大24h点雨量见图A.0.1；

A.0.2 全国各大城市年均降雨量和多年平均最大月降雨量见表A.0.2。

表A.0.2 全国各大城市降雨量资料

序号	城市	年均降雨量（mm）	年均最大月降雨量（mm）
1	北京市	571.9	185.2（7月）
2	天津市	544.3	170.6（7月）
3	石家庄	517.0	148.3（8月）
4	承德	512.0	144.7（7月）
5	太原	431.2	107.0（8月）
6	大同	371.4	100.6（7月）
7	呼和浩特	397.9	109.1（8月）
8	博克图	489.4	153.4（7月）
9	朱日和	210.7	62.0（7月）
10	海拉尔	367.2	101.8（7月）
11	锡林浩特	286.6	89.0（7月）
12	通辽	373.6	103.9（7月）
13	赤峰	371.0	109.3（7月）
14	沈阳	690.3	165.5（7月）
15	大连	601.9	140.1（7月）
16	锦州	567.7	165.3（7月）
17	丹东	925.6	251.6（7月）
18	长春	570.4	161.1（7月）
19	四平	632.7	176.9（7月）
20	延吉	528.2	121.9（8月）
21	前郭尔罗斯	422.3	126.5（7月）
22	哈尔滨	524.3	142.7（7月）
23	齐齐哈尔	415.3	128.8（7月）
24	牡丹江	537.0	121.4（7月）
25	呼玛	471.2	114.0（7月）
26	嫩江	491.9	143.6（7月）
27	富锦	517.8	116.9（8月）
28	上海市	1164.5	169.6（6月）
29	南京	1062.4	193.4（6月）
30	徐州	831.7	241.0（7月）
31	杭州	1454.6	231.1（6月）
32	衢州	1705.0	316.3（6月）
33	温州	1742.4	250.1（8月）
34	定海	1442.5	197.2（8月）
35	合肥	995.3	161.8（7月）
36	安庆	1474.9	280.3（6月）
37	蚌埠	919.6	198.7（7月）
38	福州	1393.6	208.9（6月）
39	南平	1652.4	277.6（5月）
40	厦门	1349.0	209.0（8月）

续表 A.0.2

序号	城　市	年均降雨量（mm）	年均最大月降雨量（mm）
41	南昌	1624.4	306.7（6月）
42	吉安	1518.8	234.0（6月）
43	赣州	1461.2	233.3（5月）
44	景德镇	1826.6	325.1（6月）
45	济南	672.7	201.3（7月）
46	成山头	664.4	147.3（8月）
47	潍坊	588.3	155.2（7月）
48	郑州	632.4	155.5（7月）
49	驻马店	979.2	194.4（7月）
50	武汉	1269.0	225.0（6月）
51	恩施	1470.2	257.5（7月）
52	宜昌	1138.0	216.3（7月）
53	长沙	1331.3	207.2（4月）
54	常德	1323.3	208.9（6月）
55	零陵	1425.7	229.2（5月）
56	芷江	1230.1	209.0（6月）
57	广州	1736.1	283.7（5月）
58	深圳	1966.5	—
59	汕头	1631.1	286.9（6月）
60	阳江	2442.7	464.3（5月）
61	韶关	1583.5	253.2（5月）
62	汕尾	1947.4	350.1（6月）
63	南宁	1309.7	218.8（7月）
64	桂林	1921.2	351.7（5月）
65	百色	1070.5	204.5（7月）
66	梧州	1450.9	279.5（5月）
67	海口	1651.9	244.1（9月）
68	东方	961.2	176.2（8月）
69	成都	870.1	224.5（7月）
70	马尔康	786.4	155.0（6月）
71	宜宾	1063.1	228.7（7月）
72	南充	987.2	188.3（7月）

续表 A.0.2

序号	城　市	年均降雨量（mm）	年均最大月降雨量（mm）
73	西昌	1013.5	240.0（7月）
74	重庆市	1118.5	178.1（7月）
75	贵阳	1117.7	225.2（6月）
76	毕节	899.4	160.8（7月）
77	遵义	1074.2	199.4（6月）
78	昆明	1011.3	204.0（8月）
79	思茅	1497.1	324.3（7月）
80	临沧	1163.0	235.3（7月）
81	腾冲	1527.1	300.5（7月）
82	丽江	968.0	242.2（7月）
83	蒙自	857.7	175.0（7月）
84	拉萨	426.4	120.6（8月）
85	西安	553.3	98.6（7月）
86	榆林	365.6	91.2（8月）
87	延安	510.7	117.5（8月）
88	汉中	852.6	175.2（7月）
89	兰州	311.7	73.8（8月）
90	敦煌	42.2	15.2（7月）
91	酒泉	87.7	20.5（7月）
92	平凉	482.1	109.2（7月）
93	武都	471.9	86.7（7月）
94	天水	491.6	84.6（7月）
95	合作	531.6	104.7（8月）
96	西宁	373.6	88.2（7月）
97	大柴旦	82.7	21.8（7月）
98	格尔木	42.1	13.5（7月）
99	银川	186.3	51.5（8月）
100	乌鲁木齐	286.3	38.9（5月）
101	哈密	39.1	7.3（7月）
102	伊宁	268.9	28.5（6月）
103	库车	74.5	18.1（6月）
104	和田	36.4	8.2（6月）
105	喀什	64.0	9.1（7月）
106	阿勒泰	191.3	25.8（7月）

注：表中数值来源于1971～2000年地面气候资料。

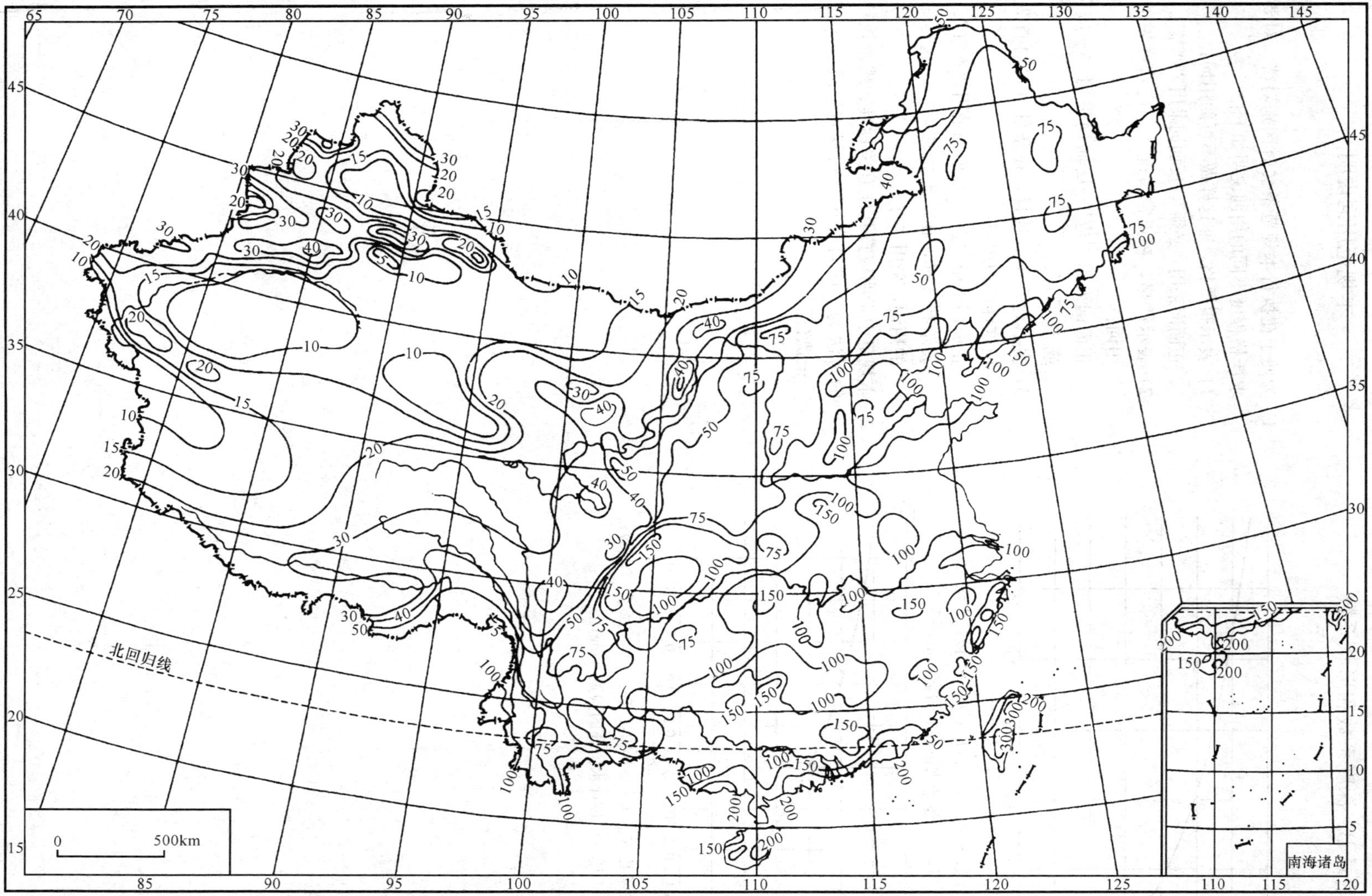

图 A.0.1　中国年最大 24h 点雨量均值等值线（单位：mm）

附录B 深度系数和形状系数

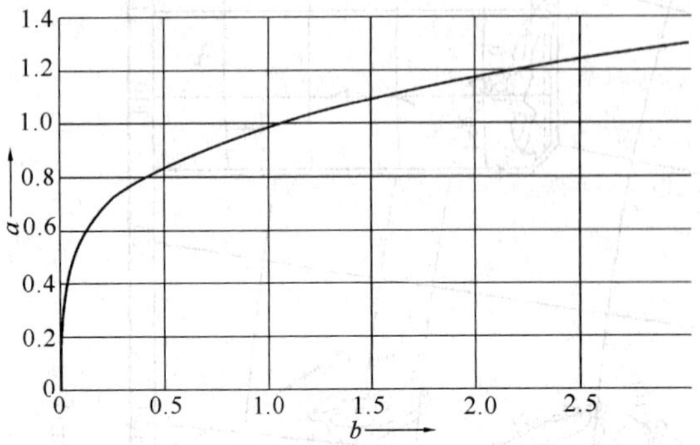

a——深度系数 S_x；b——h_d/B_d；h_d——设计水深（mm）；
B_d——设计水位处的沟宽（mm）

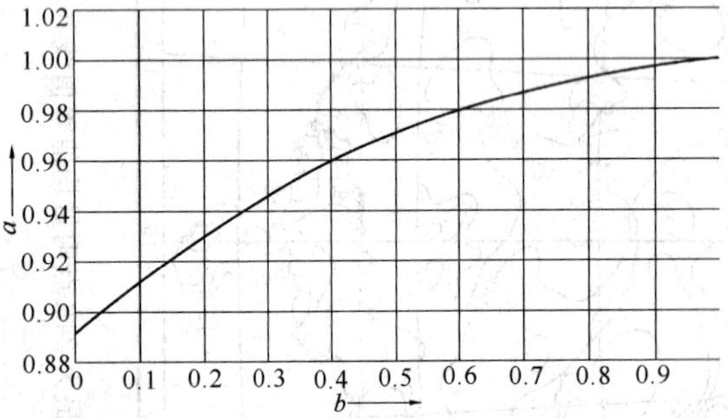

a——形状系数 X_x；b——B/B_d；B——沟底宽度（mm）；
B_d——设计水位处的沟宽（mm）

本规范用词说明

1 为便于在执行本规范条文时区别对待，对要求严格程度不同的用词说明如下：

1） 表示很严格，非这样做不可的用词：
正面词采用"必须"，反面词采用"严禁"。

2） 表示严格，在正常情况下均应这样做的用词：
正面词采用"应"，反面词采用"不应"或"不得"。

3） 表示允许稍有选择，在条件许可时首先应这样做的用词：
正面词采用"宜"，反面词采用"不宜"；
表示有选择，在一定条件下可以这样做的用词，采用"可"。

2 本规范中指明应按其他有关标准、规范执行的写法为"应符合……的规定"或"应按……执行"。

中华人民共和国国家标准

建筑与小区雨水利用工程技术规范

GB 50400—2006

条 文 说 明

前　言

《建筑与小区雨水利用工程技术规范》GB 50400-2006，经建设部 2006 年 9 月 26 日以公告 485 号批准，业已发布。

为便于广大设计、施工、科研、学校等单位的有关人员在使用本规范时能正确理解和执行条文规定，《建筑与小区雨水利用工程技术规范》编写组按章、节、条顺序编写了本规范的条文说明，供使用者参考。在使用中如发现本条文说明有不妥之处，请将意见函寄中国建筑设计研究院机电院给水排水设计研究所（北京市西城区车公庄大街 19 号 2 号楼 6 层，邮编：100044）。

目　次

1 总 则

1.0.1 说明制定本规范的原则、目的和意义。

1 城市雨水利用的必要性

1）维护自然界水循环环境的需要

城市化造成的地面硬化（如建筑屋面、路面、广场、停车场等）改变了原地面的水文特性。地面硬化之前正常降雨形成的地面径流量与雨水入渗量之比约为2∶8，地面硬化后二者比例变为8∶2。

地面硬化干扰了自然的水文循环，大量雨水流失，城市地下水从降水中获得的补给量逐年减少。以北京为例，20世纪80年代地下水年均补给量比60～70年代减少了约2.6亿m^3。使得地下水位下降现象加剧。

2）节水的需要

我国城市缺水问题越来越严重，全国600多个城市中，有300多个缺水，严重缺水的城市有100多个，且均呈递增趋势，以致国家花费巨资搞城市调水工程。

3）修复城市生态环境的需要

城市化造成的地面硬化还使土壤含水量减少，热岛效应加剧，水分蒸发量下降，空气干燥，这造成了城市生态环境的恶化。比如北京城区年平均气温比郊区偏高1.1～1.4℃，空气明显比郊区干燥。6～9月的降雨量城区比郊区偏大7%～13%。

4）抑制城市洪涝的需要

城市化使原有植被和土壤为不透水地面替代，加速了雨水向城市各条河道的汇集，使洪峰流量迅速形成。呈现出城市越大、给排水设施越完备、水涝灾害越严重的怪象。

杭州市建国来最主要的12次洪涝灾害中，有4次发生在近10年内。

北京在降雨量和降雨类型相似的条件下，20世纪80年代北京城区的径流洪峰流量是50年代的2倍。70年代前，当降雨量大于60mm时，乐家园水文站测得的洪峰流量才100m^3/s，而近年来城区平均降雨量近30mm时，洪峰流量即高达100m^3/s以上。

雨洪径流量加大还使交通路面频繁积水，影响正常生活。

发达国家城市化导致的水文生态失衡、洪涝灾害频发问题在20世纪50年代就明显化。德国政府有意用各种就地处理雨水的措施取代传统排水系统概念。日本建设省倡议，要求开发区中引入就地雨水处理系统。通过滞留雨水，减少峰值流量与延缓汇流时间达到减少水涝灾害的目的，并利用该雨水作为中水水源。

2 雨水利用的作用

城市雨水利用，是通过雨水入渗调控和地表（包括屋面）径流调控，实现雨水的资源化，使水文循环向着有利于城市生活的方向发展。城市雨水利用有几个方面的功能：一为节水功能。用雨水冲洗厕所、浇洒路面、浇灌草坪、水景补水，甚至用于循环冷却水和消防水，可节省城市自来水。二为水及生态环境修复功能。强化雨水的入渗增加土壤的含水量，甚至利用雨水回灌提升地下水的水位，可改善水环境乃至生态环境。三为雨洪调节功能。土壤的雨水入渗量增加和雨水径流的存储，都会减少进入雨水排除系统的流量，从而提高城市排洪系统的可靠性，减少城市洪涝。

建筑区雨水利用是建筑水综合利用中的一种新的系统工程，具有良好的节水效能和环境生态效益。目前我国城市水荒日益严重，与此同时，健康住宅、生态住区正迅猛发展，建筑区雨水利用系统，以其良好的节水效益和环境生态效益适应了城市的现状与需求，具有广阔的应用前景。

城市雨水利用技术向全国推广后，将：第一，推动我国城市雨水利用技术及其产业的发展，使我国的雨水利用从农业生产供水步入生态供水的高级阶段；第二，为我国的城市节水行业开辟出一个新的领域；第三，实现我国给水排水领域的一个重要转变，把快速排除城市雨洪变为降雨地下渗透、储存调节，修复城市雨水循环途径；第四，促进健康住宅、生态住区的发展，促进我国城市向生态城市转化，增强我国建筑业在世界范围的竞争力。

3 雨水利用的可行性

建筑区占据着城区近70%的面积，并且是城市雨水排水系统的起端。建筑区雨水利用是城市雨洪利用工程的重要组成部分，对城市雨水利用的贡献效果明显，并且相对经济。城市雨洪利用需要首先解决好建筑区的雨水利用。对于一个多年平均降雨量600mm的城市来说，建筑区拥有约300mm的降水可以利用，而以往这部分资源被排走浪费掉了。

雨水利用首先是一项环境工程，城市开发建设的同时需要投资把受损的环境给予修复，这如同任何一个大型建设工程的上马需要同时投资治理环境一样，城市开发需要关注的环境包括水文循环环境。

雨水利用工程中的收集回用系统还能获取直接的经济效益。据测算，回用雨水的运行成本要低于再生污水——中水，总成本低于异地调水的成本。因此，雨水收集回用在经济上是可行的。特别是自来水价高的缺水城市，雨水回用的经济效益比较明显。

城市雨洪利用技术在一些发达国家已开展几十年，如日本、德国、美国等。日本建设省在1980年起就开始在城市中推行储留渗透计划，并于1992年颁布“第二代城市下水总体规划”，规定新建和改建的大型公共建筑群必须设置雨水就地下渗设施。美国的一些州在20世纪70年代就制订了雨水利用方面的条例，规定新开发区必须就地滞洪蓄水，外排的暴雨洪峰流量不能超过开发前的水平。德国1989年出台了雨水利用设施标准（DIN1989），规定新建或改建开发区必须考虑雨水利用系统。国外城市雨水利用的开展充分地证明了该技术的必要性和有效性。

1.0.2 规定本规范的适用范围。

建筑与小区是指根据用地性质和使用权属确定的建设工程项目使用场地和场地内的建筑，包括民用项目和工业厂区。新建、扩建和改建的工程，其下垫面都存在着不同程度的人为硬化，加重雨水流失，因此均要求按本规范的规定建设和管理雨水利用系统。

本规范中的雨水回用不包括生活饮用用途，因此不适用于把雨水用于生活饮用水的情况。

1.0.3 规定雨水资源根据当地条件合理利用。

任何一个城市，几乎都会造成不透水地面的增加和雨水的流失。从维护自然水文循环环境的角度出发，所有城市都有必要对因不透水面增加而产生的流失雨水拦蓄，加以间接或直接利用。然而，我国的城市雨水利用是在起步阶段，且经济水平尚处于“发展是硬道理”的时期，现实的方法应该是部分城市或区域首先开展雨水利用。这部分城市或区域应具备以下条件：水文循环环境受损较为突出或具有经济实力。其表现特征如下：

1 水资源缺乏城市。城市水资源缺乏特别是水量缺乏是水文循环环境受损的突出表现。这类城市雨水利用的需求强烈，且较高的自来水水价使雨水利用的经济性优势凸增。

2 地下水位呈现下降趋势的城市。城市地下水位下降表明水文循环环境已受到明显损害，且现有水源已经过度开采，尽管这类城市有时尚未表现出缺水。

3 城市洪涝和排洪负担加剧的城市。城市洪涝和排洪负担加剧，是由城区雨水的大量流失而致。在这里，水循环受到严重干扰的表现方式是城市人的正常生活带来不便甚至损害。

4 新建经济开发区或厂区。这类区域是以发展经济、追逐经济利润为目标而开发的。经济活动获取利润不应以牺牲环境包括雨水自然循环的环境为代价。因此，新建经济开发区，不论是处于缺水地区还是非缺水地区，其经济活动都有必要、有责任维护雨水自然循环的环境不被破坏、通过设置雨水利用工程把开发区内的雨水排放径流量维持在开发前的水平。新建经济开发区或厂区，建设项目是通过招商引资程序进入的，投资商完全有经济实力建设雨水利用工程。即使对投资商给予优惠，也不应优惠在免除雨水利用设施的建设上。

1.0.4 规定有特殊污染源的建筑与小区雨水利用工程应经专题论证。

某些化工厂、制药厂区的雨水容易受人工合成化合物的污染，一些金属冶炼和加工的厂区雨水易受重金属的污染，传染病医院建筑区的雨水易受病菌病毒等有害微生物的污染，等等，这些有特殊污染源的建筑与小区内若建设雨水利用包括渗透设施，都要进行特殊处置，仅按本规范的规定建设是不够的，因此需要专题论证。

1.0.5 对雨水利用工程的建设提出程序上的要求。

雨水利用设施与项目用地建设密不可分，甚至其本身就是场地建设的组成部分。比如景观水体的雨水储存、绿地洼地渗透设施、透水地面、渗透管沟、入渗井、入渗池（塘）以及地面雨水径流的竖向组织等，因此，建设用地内的雨水利用系统在项目建设的规划和设计阶段就需要考虑和包括进去，这样才能保证雨水利用系统的合理和经济，奠定雨水利用系统安全有效运行的基础。同时，该规划和设计也更接近实际，容易落实。

1.0.6 强制性条文，提出安全性要求。

雨水利用系统作为项目配套设施进入建筑区和室内，安全措施十分重要。回用雨水是非饮用水，必须严格限制其使用范围。根据不同的水质标准要求，用于不同的使用目标。必须保证使用安全，采取严格的安全防护措施，严禁雨水管道与生活饮用水管道任何方式的连接，避免发生误接、误用。

1.0.7 对雨水利用系统设计涉及的人身安全和设施维修、使用的安全提出了要求。

第一，人身安全。室外雨水池、入渗井、入渗池塘等雨水利用设施都是在建筑区内，经常有人员活动，必须有足够的安全措施，防止造成人身意外伤害。第二，设施维修、使用的安全，特别是埋地式或地下设施的使用和维护。

1.0.8 对雨水利用系统设计涉及的主要相关专业提出了要求。

雨水利用系统是一个新的建设内容，需要各专业分别设计和配合才能完成。比如雨水的水质处理和输配，需要给水排水专业配合；雨水的地面入渗等，需要总图和园林景观专业配合；集雨面的水质控制和收集效率，需要建筑专业配合等等。

1.0.9 规定雨水利用工程的建设还应符合国家现行的相关标准、规范。

雨水利用工程涉及的相关标准、规范范围较广，包括给水排水、绿化、材料、总图、建筑等。

2 术语、符号

2.1 术 语

本章英文部分参照了国外有关出版物的相关词条，由于国际标准中没有这方面的统一规定，各个国家的英文使用词汇也不尽相同，故英文部分仅作为推荐英文对应词。

2.1.1 雨水利用包括 3 个方面的内容：入渗利用，增加土壤含水量，有时又称间接利用；收集后净化回用，替代自来水，有时又称直接利用；先蓄存后排放，单纯削减雨水高峰流量。

2.1.3 稳定渗透速率可通俗地理解为土壤饱和状态下的渗透速率，此时土壤的分子力对入渗已不起作用，渗透完全是由于水的重力作用而进行。土壤渗透系数表征水通过土壤的难易程度。

2.1.4、**2.1.5** 雨量径流系数和流量径流系数是雨水利用工程中涉及的两个不同参数。雨量径流系数用于计算降雨径流总量，流量径流系数用于计算降雨径流高峰流量。目前二者的名称尚不统一，例如有：次暴雨径流系数和暴雨径流系数（清华大学惠士博教授）；洪量径流系数和洪峰径流系数（同济大学邓培德教授）；次洪径流系数和洪峰径流系数（岑国平教授）。本规范的称呼主要考虑通俗易懂。

2.1.13、**2.1.14** 在水力学中，管道内水的流动分为 3 种状态：无压流态、有压流态和处于二者之间的过渡流态，过渡流态在某些情况下可表现为半有压流态。无压流和有压流都是水的一相流。虹吸式屋面雨水收集系统的设计工况为有压流态，水流运动规律遵从伯努利方程，悬吊管内水流具有虹吸管特征。半有压式屋面雨水收集系统的设计工况为过渡流态（不限定为半有压流态）。半有压式屋面雨水收集系统预留一定过水余量排除超设计重现期雨水，设计参数以实尺模型试验为基础。

2.1.15 初期径流概念主要是因其水质的特殊而提出的。当降雨间隔时间较长时，初期径流污染严重。

3 水 量 与 水 质

3.1 降雨量和雨水水质

3.1.1 对降雨量资料的选取作出规定。

在本规范的计算中涉及的降雨资料主要有：当地多年平均（频率为 50%）最大 24h 降雨，近似于 2 年一遇 24h 降雨量；当地 1 年一遇 24h 降雨量；当地暴雨强度公式。前者可在各省（区）《水文手册》中查到，或在附录 A 的雨量等值线图上查出，后者为目前各地正在使用着的雨水排除计算公式，1 年一遇降雨量需要收集当地文献报道的数据加工整理得到。需要参考的降雨资料有：年均降雨量；年均最大 3d、7d 降雨量；年均最大月降雨量。图 1 给出全国年均降雨量等值线图，其余资料需在当地收集。

各雨量数据或公式参数通过近 10 年以上的降雨量资料整理才更具代表性，据此设计的雨水利用工程才更接近实际。附录 A 的降雨资料来源于：《中国主要城市降雨雨强分布和 Ku 波段的降雨衰减》（孙修贵主编，气象出版社出版）和《中国暴雨》（王家祁主编，中国水利水电出版社出版）。

表 1 为北京地区不同典型降雨量数据，资料来源于北京市水利科学研究所。

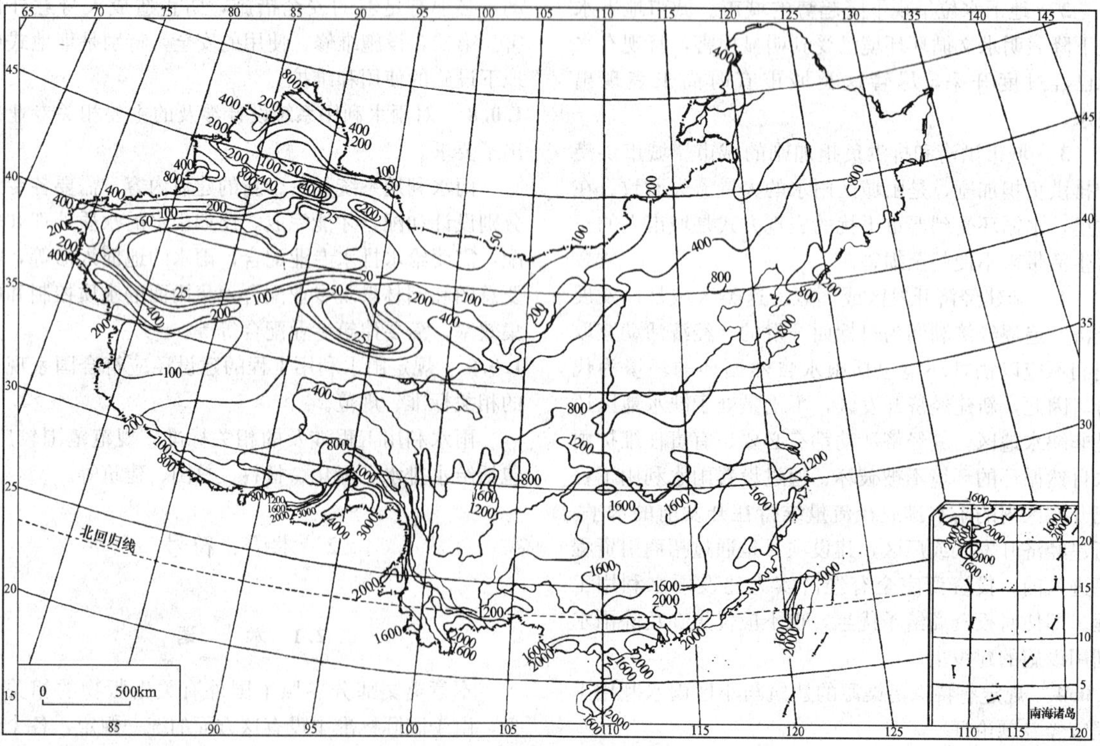

图 1 全国年均降雨量等值线图

表 1　北京市不同典型降雨量资料（mm）

频率＼历时	最大 60min	最大 24h	最大 3d	最大 7d
2 年一遇	38	86	110	154
5 年一遇	60	144	190	258

3.1.2 提供雨水水质资料。

1　确定雨水径流的水质，需要考虑下列因素：

1）天然雨水

在降落到下垫面前，天然雨水的水质良好，其 COD_{Cr} 平均为 20～60mg/L，SS 平均小于 20mg/L。但在酸雨地区雨水 pH 值常小于 5.6。

雨水在降落过程中被大气中的污染物污染。一般称 pH 值小于 5.60 的降水为酸雨；年平均降水 pH 值小于 5.60 的地区为酸雨地区。目前，我国年均降水 pH 值小于 5.60 的地区已达全国面积的 40%左右。长江以南大部分地区酸雨全年出现几率大于 50%。降水酸度有明显的季节性，一般冬季 pH 值低，夏季高。

2）建筑与小区雨水径流

建筑与小区的雨水径流水质受城市地理位置、下垫面性质及所用建筑材料、下垫面的管理水平、降雨量、降雨强度、降雨时间间隔、气温、日照等诸多因素的综合影响，径流水质波动范围大。

我国地域广阔，不同地区的气候、降雨类型、降雨量和强度、降雨时间间隔等均有较大差异，因此不同地区的径流水质也不相同。如北京市平屋面（坡度＜2.5%）雨水径流的 COD_{Cr} 和 SS 变化范围分别为 20～2000mg/L 和 0～800mg/L；而上海市平屋面雨水径流的 COD_{Cr} 和 SS 仅为 4～90mg/L 和0～50mg/L。即便是同一地区，下垫面材料、形式、气温、日照等的差异也会影响径流水质。如上海市坡屋面雨水径流的 COD_{Cr} 和 SS 变化范围分别为 5～280mg/L 和 0～80mg/L，与平屋面有较大差别。

目前某些城市的平屋面使用沥青油毡类防水材料。受日照、气温及材料老化等因素的影响，表面离析分解释放出有机物，是径流中 COD_{Cr} 的主要来源。而瓦质屋面因所使用建筑材料稳定，其径流水质较好。据北京市实测资料，在降雨初期，瓦质屋面径流的 COD_{Cr} 仅为沥青平屋面的 30%～80%。

3）径流水质的污染物

影响径流水质的污染源主要是表面沉积物及表面建筑材料的分解析出物，主要污染物指标为 COD_{Cr}、BOD_5、SS、NH_3-N、重金属、磷、石油类物质等。虽然某些城市已对雨水径流进行了一些测试分析并积累了一些数据，但一般历时较短且所研究的径流类型也有限。至今还未建成可供我国各地城市使用并包含各种类型径流的径流水质数据库。

4）水质随降雨历时的变化

建筑物屋面、小区内道路径流的水质随着降雨过程的延续逐渐改善并趋向稳定。可靠的水质指标需作雨水径流的现场测试，并根据当地情况确定所需测定的指标及取样频率。在无测试资料时，可参照经验值选取污染物的浓度。

降雨初期，因径流对下垫面表面污染物的冲刷作用，初期径流水质较差。随着降雨过程延续，表面污染物逐渐减少，后期径流水质得以改善。北京统计资料表明，若降雨量小于 10mm，屋面径流污染物总量的 70%以上包含于初期降雨所形成的 2mm 径流中。北京和上海的统计资料均表明，降雨量达 2mm 径流后水质基本趋向稳定，故建议以初期 2～3mm 降雨径流为界，将径流区分为初期径流和持续期径流。

2　初期雨水径流弃流后的雨水水质

根据北京建筑工程学院针对北京市降雨的研究成果，屋面雨水水质经初期径流弃流后可达到：COD_{Cr} 100mg/L 左右；SS 20～40mg/L；色度 10～40 度；并且提出北京城区雨水水质分析结果具有一定的代表性。另外根据试验分析得到，雨水径流的可生化性差，BOD_5/COD_{Cr} 平均范围为 0.1～0.2。

3　不同城市雨水水质参考资料（见表 2～表 4）

表 2　北京城区不同汇水面雨水径流污染物平均浓度

污染物＼汇水面	天然雨水	屋面雨水			路面雨水	
	平均值	平均值		变化系数	平均值	变化系数
		沥青油毡屋面	瓦屋面			
COD(mg/L)	43	328	123	0.5～2	582	0.5～2
SS(mg/L)	＜8	136	136	0.5～2	734	0.5～2
NH_3-N(mg/L)	—	—	—	—	2.4	0.5～1.5
Pb(mg/L)	＜0.05	0.09	0.08	0.5～1	0.1	0.5～2
Zn(mg/L)	—	0.93	1.11	0.5～1	1.23	0.5～2
TP(mg/L)	—	0.94	—	0.8～1	1.74	0.5～2
TN(mg/L)	—	9.8	—	0.8～1.5	11.2	0.5～2

表 3　上海地区各种径流水质主要指标的参考值（mg/L）

指标＼下垫面	屋　面	小区内道路	城市街道
COD_{Cr}	4～280	20～530	270～1420
SS	0～80	10～560	440～2340
NH_3-N	0～14	0～2	0～2
pH	6.1～6.6		

表 4　青岛地区径流水质主要指标的参考值（mg/L）

指标＼下垫面	屋　面	小区内道路	城市街道
COD_{Cr}	5～94	6～520	95～988
SS	4～85	4～416	296～1136
NH_3-N		0～17	
pH		6.5～8.5	

南京某居住小区以瓦屋面为主，屋面径流和小区内道路COD_{Cr}分别为30～550mg/L和2200～900mg/L。而在夏初梅雨时，因连续降雨，径流水质较好。屋面径流COD_{Cr}仅为30～70mg/L。

3.2 用水定额和水质

3.2.1 规定绿化、浇洒、冲洗、循环冷却水补水等各项最高日用水定额。

本条的用水定额是按满足最高峰用水日的水量制定的，是对雨水供水设施规模提出的要求。需要注意的是：系统的平日用水量要比本条给出的最高日用水量小，不可用本条文的水量替代，应参考相关资料确定。下面给出草地用水的参考资料，资料来源于郑守林编著的《人工草地灌溉与排水》。

城市中，绿地上的年耗水量在1500L/m²左右。人居工程、道路两侧等的小面积环保区绿地，年需水量约在800～1200mm，如果天然降水量600mm，则补充灌水量400mm左右。冷温带人工绿地植物在春季的灌溉是十分必要的，植物需水主要是在夏季生长期，高耗水量时间大约是2800～3800h，这一阶段的耗水量是全年需水量的75%以上。需水量是一个正态分布曲线，夏季为高峰期，冬季为低谷期，高峰期的需水量为600mm，低谷期为150mm，春季和秋季共为200mm。

足球场全年需水约2400～3000mm，经常运行的场地每天地面耗水量约8～10mm，赛马场绿地耗水约3000mm/年。高尔夫球场绿地耗水约2000mm/年。

3.2.2 规定景观水体的补水量计算资料。

景观水体的水量损失主要有水面蒸发和水体底面及侧面的土壤渗透。

当雨水用于水体补水或水体作为蓄水设施时，水面蒸发量是计算水量平衡时的重要参数。水面蒸发量与降水、纬度等气象因素有关，应根据水文气象部门整理的资料选用。表5列出北京城近郊区1990～1992年陆面、水面的试验研究成果（见《北京水利》1995年第五期“北京市城近郊区蒸发研究分析”）。

表5 北京城近郊区1990～1992年陆面蒸发量、水面蒸发量

名　称	陆面蒸发量（mm）	水面蒸发量（mm）
1月	1.4	29.9
2月	5.5	32.1
3月	19.9	57.1
4月	27.4	125.0
5月	63.1	133.2
6月	67.8	132.7
7月	106.7	99.0
8月	95.4	98.4
9月	56.2	85.8
10月	15.7	78.2
11月	6.5	45.1
12月	1.4	29.3
合计	466.7	946.9

3.2.3 规定冲厕用水定额。

现行的《建筑给水排水设计规范》GB 50015没有规定冲厕用水定额，但利用该规范表3.1.10中的最高日生活用水定额与本条表格中的百分数相乘，即得每人最高日冲厕用水定额。

同3.2.1条一样，冲厕用水定额是对雨水供水设施提出的要求，不能逐日累计用作多日的用水量。

表6列出各类建筑的冲厕用水资料，资料主要来源于日本《雨水利用系统设计与实务》。

表6 各种建筑物冲厕用水量定额及小时变化系数

类别	建筑种类	冲厕用水量［L/(人·d)］	使用时间(h/d)	小时变化系数(K_h)	备　注
1	别墅住宅	40～50	24	2.3～1.8	
	单元住宅	20～40	24	2.5～2.0	
	单身公寓	30～50	16	3.0～2.5	
2	综合医院	20～40	24	2.0～1.5	有住宿
3	宾馆	20～40	24	2.5～2.0	客房部
4	办公	20～30	10	1.5～1.2	
5	营业性餐饮、酒吧场所	5～10	12	1.5～1.2	工作人员按办公楼计
6	百货商店、超市	1～3	12	1.5～1.2	工作人员按办公楼计
7	小学、中学	15～20	8	1.5～1.2	非住宿类学校
8	普通高校	30～40	16	1.5～1.2	住宿类学校，包括大中专及类似学校
9	剧院、电影院	3～5	3	1.5～1.2	工作人员按办公楼计
10	展览馆、博物馆类	1～2	2	1.5～1.2	工作人员按办公楼计
11	车站、码头、机场	1～2	4	1.5～1.2	工作人员按办公楼计
12	图书馆	2～3	6	1.5～1.2	工作人员按办公楼计
13	体育馆类	1～2	2	1.5～1.2	工作人员按办公楼计

注：表中未涉及的建筑物冲厕用水量按实测数值或相关资料确定。

3.2.4 规定用水器具的额定流量。

用水点都是通过各式各样的用水器具取得用水，额定流量是保证用水功能的最低流量，供配水系统必须满足。但考虑到经济因素，允许发生出水流量低于额定流量的情况，但发生概率应非常低，譬如小于1%。

器具用水由雨水替代自来水后，额定流量无特殊要求，故完全执行现有的规范数据。

3.2.5 规定雨水供水应达到的水质。

本条表 3.2.5 中的 COD_{Cr}限定在 30mg/L 主要引用了《地表水环境质量标准》GB 3838－2002 的Ⅳ类水质，其中娱乐水景引用了Ⅲ类水质；SS 的限定值主要参考了《城市污水再生利用景观环境用水水质》水景类的指标（10mg/L），并对水质综合要求较高的车辆冲洗和娱乐水景的限额减小到 5mg/L。表 3.2.5 中循环冷却水补水指民用建筑的冷却水。

民用建筑循环冷却水补水的水质标准我国尚未制定，表 7 给出日本的标准，供设计中参考。

工业循环冷却水补水的水质标准可参考表 8，资料来源于《城市污水再生利用　工业用水水质》GB/T 19923－2005。

表 7　日本冷却水、冷水、温水及补给水水质标准[5]（jRA-GL-02-1994）

	项　目[1][6]	冷却水系统[4]			冷水系统		温水系统[3]				倾向[2]	
		循　环　式		单线式			低中温温水系统		高温水系统			
		循环水	补给水	单线水	循环水(20℃以下)	补给水	循环水(20～60℃)	补给水	循环水(60～90℃)	补给水	腐蚀	生成结垢水锈
标准项目	pH(25℃)	6.5～8.2	6.0～8.0	6.8～8.0	6.8～8.0	6.8～8.0	7.0～8.0	7.0～8.0	7.0～8.0	7.0～8.0	〇	〇
	电导率(25℃)[mS/m]	80≥	30≥	40≥	40≥	30≥	30≥	30≥	30≥	30≥	〇	〇
	(25℃){μS/cm}[1]	{800≥}	{300≥}	{400≥}	{400≥}	{300≥}	{300≥}	{300≥}	{300≥}	{300≥}		
	氯化物[$mgCl^-/L$]	200≥	50≥	50≥	50≥	50≥	50≥	50≥	30≥	30≥	〇	
	硫酸根离子[$mgSO_4^{2-}/L$]	200≥	50≥	50≥	50≥	50≥	50≥	50≥	30≥	30≥	〇	
	酸消耗量(pH4.8)[$mgCaCO_3/L$]	100≥	50≥	50≥	50≥	50≥	50≥	50≥	50≥	50≥		〇
	总硬度[$mgCaCO_3/L$]	200≥	70≥	70≥	70≥	70≥	70≥	70≥	70≥	70≥		〇
	硬度[$mgCaCO_3/L$]	150≥	50≥	50≥	50≥	50≥	50≥	50≥	50≥	50≥		〇
	离子状硅[$mgSiO_2/L$]	50≥	30≥	30≥	30≥	30≥	30≥	30≥	30≥	30≥		〇
参考项目	铁[mgFe/L]	1.0≥	0.3≥	1.0≥	1.0≥	0.3≥	1.0≥	0.3≥	1.0≥	0.3≥	〇	〇
	铜[mgCu/L]	0.3≥	0.1≥	1.0≥	1.0≥	0.1≥	1.0≥	0.1≥	1.0≥	0.1≥	〇	
	硫化物[mgS^{2-}/L]	不得检出	不得检出	不得检出	不得检出	不得检出	不得检出	不得检出	不得检出	不得检出	〇	
	氨离子[$mgNH_4^+/L$]	1.0≥	0.1≥	1.0≥	1.0≥	0.1≥	0.3≥	0.1≥	0.1≥	0.1≥	〇	
	余氯[mgCl/L]	0.3≥	0.3≥	0.3≥	0.3≥	0.3≥	0.25≥	0.3≥	0.1≥	0.3≥	〇	
	游离碳酸[$mgCO_2/L$]	4.0≥	4.0≥	4.0≥	4.0≥	4.0≥	0.4≥	4.0≥	0.4≥	4.0≥	〇	
	稳定度指数	6.0～7.0	—	—	—	—	—	—	—	—	〇	〇

注　[1]　项目的名称用语定义以及单位参照 JISK0101。还有，{　} 内的单位和数值是参考了以前的单位一并罗列。

[2]　表中的“〇”，是表示有腐蚀或者生成结垢水锈倾向的相关因子。

[3]　温度较高（40℃以上）时，一般来说腐蚀较为显著，特别是被任何保护膜保护的钢铁只要和水直接接触时，就希望进行添加防腐药剂、脱气处理等防腐措施。

[4]　密闭式冷却塔使用的冷却水系统中，封闭循环回水以及补给水是温水系统，布水以及补给水是循环式冷却水系统，应该采用各种不同的水质标准。

[5]　供水、补水所用的源水，可以采用自来水、工业用水以及地下水，但不包括纯水、中水、软化处理水等。

[6]　上述 15 个项目，可以用来表示腐蚀以及结垢水锈危害的影响因子。

表 8　工业循环冷却水水质标准

控制项目	pH	SS (mg/L)	浊度 (NTU)	色度	COD_{Cr} (mg/L)	BOD_5 (mg/L)
循环冷却水补充水	6.5～8.5	—	≤5	≤30	≤60	≤10
直流冷却水	6.5～9.0	≤30	—	≤30	—	≤30

国家现行相关标准主要有：《地表水环境质量标准》GB 3838、《城市污水再生利用　城市杂用水水质》GB/T 18920、《城市污水再生利用　景观环境用水水质》GB/T 18921 等。

雨水径流的污染物质及含量同城市污水有很大不同，借用再生污水的标准是不合适的。比如雨水的主要污染物是 COD_{Cr} 和 SS，是雨水处理的主要控制指标，而再生污水水质标准中对 COD_{Cr}均未作要求，杂用水质标准甚至对这两个指标都不控制。因此，再生污水的水质标准对雨水的意义不大，雨水利用需要配套相应的水质要求。但制定水质标准显然不是本规范力所能及的。

4 雨水利用系统设置

4.1 一 般 规 定

4.1.1 规定雨水利用系统的种类和构成。

雨水入渗系统或技术是把雨水转化为土壤水，其手段或设施主要有地面入渗、埋地管渠入渗、渗水池井入渗等。除地面雨水就地入渗不需要配置雨水收集设施外，其他渗透设施一般都需要通过雨水收集设施把雨水收集起来并引流到渗透设施中。

收集回用系统或技术是对雨水进行收集、储存、水质净化，把雨水转化为产品水，替代自来水使用或用于观赏水景等。

调蓄排放系统或技术是把雨水排放的流量峰值减缓、排放时间延长，其手段是储存调节。

一个建设项目中，雨水利用系统的可能形式可以是以上三种系统中的一种，也可以是两种系统的组合，组合形式为：雨水入渗；收集回用；调蓄排放；雨水入渗＋收集回用；雨水入渗＋调蓄排放。

4.1.2 规定雨水入渗场所地质勘察资料中应包括的内容。

场地土壤中存在不透水层时可产生上层滞水，详细的水文地质勘察可以判别不透水层是否存在。另外，地质勘察报告资料要求不允许人为增加土壤水的场所也不应进行雨水入渗。

4.1.3 规定各类雨水利用设施的技术应用要求。

雨水利用技术的应用首先需要考虑其条件适应性和对区域生态环境的影响。雨水利用作为一门科学技术，必然有其成立与应用的限定前提和条件。只有在能够获得较好效益的条件下，该技术的应用才是适宜的。城市化过程中自然地面被人为硬化，雨水的自然循环过程受到负面干扰。对这种干扰进行修复，是我们力争的效益和追求的目标，雨水利用技术是实现这一效益和目标的主要手段，因此，该技术对于各种城市的建筑小区都是适用的。

1 雨水渗透设施对涵养地下水、抑制暴雨径流的作用十分显著，日本十多年的运行经验已证明这点。同时，对地下水的连续监测未发现对地下水构成污染。可见，只要科学地运用，雨水入渗技术在我国是可以推广应用的。

雨水自然入渗时，地下水会受到土壤的保护，其水质不会受到影响。土壤的保护作用主要体现在多重的物理、化学、生物的截留与转化，以及输送过程与水文地质因素的影响。在地下水上方的土壤主要提供的作用有：过滤、吸附、离子交换、沉淀及生化作用，这些作用主要发生在表层土壤中。含水层中所发生的溶解、稀释作用也不能低估。这些反应过程会自动调节以适应自然的变化。但这种适应性是有限度的，它会由于水量负荷以及水质负荷长时间的超载而受到影响，表层土壤会由于截留大量固体物而降低其渗透性能，部分溶解物质会进入地下水。

建设雨水渗透设施需要考虑上述因素和经济效益，土壤渗透系数的限定是这种需要的重要体现。雨水入渗技术对土壤的依赖性大。渗透系数小，雨水入渗的效益低，并且当入渗太慢时，在渗透区内会出现厌氧，对于污染物的截留和转化是不利的。在渗透系数大于 10^{-3} m/s 时，入渗太快，雨水在到达地下水时没有足够的停留时间来净化水质。本条限定雨水入渗技术在渗透系数 $10^{-6}\sim10^{-3}$ m/s 范围，主要是参考了德国的污水行业标准 ATV-DVWK-A138。

地下水位距渗透面大于 1.0m，是指最高地下水位以上的渗水区厚度应保持在 1m 以上，以保证有足够的净化效果。这是参考德国和日本的资料制定的。污染物生物净化的效果与入渗水在地下的停留时间有关，通过地下水位以上的渗透区时，停留时间长或入渗速度小，则净化效果好，因此渗透区的厚度应尽可能大。

水质良好的雨水含污染物较少，可采用渗透区厚度小于 1m 的表面入渗或洼地入渗措施，应该注意的是渗透区厚度小于 1m 时只能截留一些颗粒状物质，当渗透区厚度小于 0.5m 时雨水会直接进入地下水。

雨水入渗技术对土壤的影响性大。湿陷性黄土、膨胀土遇水会毁坏地面。由此，雨水入渗系统不适用于这些土壤。

2 雨水利用中的收集回用系统的应用，宜用于年均降雨量 400mm 以上的地区，主要原因如下：

就雨水收集回用技术本身而言，只要有天然降雨的城市，这种技术都可以应用。但需要权衡的是技术带来的效益与其所投的资金相比是否合理。如果投资很大，而单方水的造价很高，显然不合理；或者投资不大，而汇集的雨水水量很少，所产生的效益很低，这种技术也缺乏生命力。

对于年均降雨量小于 400mm 的城市，不提倡采用雨水收集回用系统，这主要参照了我国农业雨水利用的经验。在农业雨水利用中，对年均降雨量小于 300mm 的地区，不提倡发展人工汇集雨水灌溉农业，而注重发展强化降水就地入渗技术与配套农艺高效用水技术。在城市雨水利用中，雨水只是辅助性供水源，对它的依赖程度远不像农业领域那样强，故可对降雨量的要求提高一些，取为 400mm。

年均降雨量小于 400mm 的城市，雨水利用可采用雨水入渗。

城市中雨水资源的开发回用，会同时减少雨水入渗量和径流雨水量，这是否会减少江河或地下水的原有自然径流，是否会对下游区域的生态环境产生影响，也是一个令人关注的、存有争议的问题，有的地方已经对上游城市开展雨水回用表示出了担心。但雨水资源开发对区域生态环境的影响问题，属于雨水利用基础研究探索中的课题，目前尚无定论。另外，国外的城市雨水利用经验也没有暴露出这方面的环境问题。

3 洪峰调节系统需要先储存雨水，再缓慢排放，对于缺水城市，小区内储存起来的雨水与其白白排放掉，倒不如进行处理后回用以节省自来水来得经济，从这个意义上说，洪峰调节系统不适用于缺水城市。

4.1.4 规定不得采用雨水入渗系统的场所。

自重湿陷性黄土在受水浸湿并在一定压力下土体结构迅速破坏，产生显著附加下沉；高含盐量土壤当土壤水增多时会产生盐结晶；建设用地中发生上层滞水可使地下水位上升，造成管沟进水、墙体裂缝等危害。

4.1.5 规定雨水利用工程的设置规模或标准。

建设用地开发前是指城市化之前的自然状态，一般为自然地面，产生的地面径流很小，径流系数基本上不超过0.2～0.3。建设用地外排的雨水设计流量应维持在这一水平。对外排雨水设计流量提出控制要求的主要原因如下：

工程用地经建设后地面会硬化，被硬化的受水面不易透水，雨水绝大部分形成地面径流流失，致使雨水排放总量和高峰流量都大幅度增加。如果设置了雨水利用设施，则该设施的储存容积能够吸纳硬化地面上的大量雨水，使整个工程用地向外排放的雨水高峰流量得到削减。土地渗透设施和储存回用设施，还能够把储存的雨水入渗到土壤和回用到杂用和景观等供水系统中，从而又能削减雨水外排的总水量。削减雨水外排的高峰流量从而削减雨水外排的总水量，可保持建设用地内原有的自然雨水径流特征，避免雨水流失，节约自来水或改善水与生态环境，减轻城市排洪的压力和受水河道的洪峰负荷。

建设用地内雨水利用工程的规模或标准按降雨重现期1～2年设置的主要根据如下：

1 建设用地内雨水利用工程的规模应与雨水资源的潜力相协调，雨水资源潜力一般按多年平均降雨量计算。

2 建设用地内通过雨水入渗和回用能够把可资源化的雨水都耗用掉，因而用地内雨水消耗能力不对雨水利用规模产生制约作用。

3 城市雨水利用作为节水和环保工程，应尽量维持自然的水文循环环境。

4 规模标准定得过高，会浪费投资；定得过低，又会使雨水资源得不到充分利用。参照农业雨水收集利用工程，降雨重现期一般取1～2年。

5 德国和日本的雨水利用工程，收集回用系统基本按多年平均降雨计。

需要指出的是，雨水入渗系统和收集回用系统不仅削减外排雨水总流量，也削减外排雨水总量，而雨水蓄存排放系统并无削减外排雨水总量的功能，它的作用单一，只是快速排干场地地面的雨水，减少地面积水，并削减外排雨水的高峰流量。因此，这种系统一般仅用于一些特定场合。

4.1.6 规定建设用地须设置雨水排除。

项目建设用地内设置雨水利用设施后，遇到较大的降雨，超出其蓄水能力时，多余的雨水会形成径流或溢流，需要排放到用地之外。排放措施有管道排放和地面排放两种方式，方式选择与传统雨水排除时相同。

4.1.7 规定雨水利用系统不应伤害环境。

雨水利用应该是修复、改善环境，而不应恶化环境。然而，雨水利用系统不仔细处理，很容易对环境造成明显伤害。比如停车场的雨水径流往往含油，若进行雨水入渗会污染土壤；绿地蓄水入渗要与植物的品种进行协调，否则会伤害甚至毁坏植物；向渗透设施的集水口内倾倒生活污物会污染土壤；雨水直接向地下含水层回灌可能会污染地下水；冲厕水质标准远低于自来水，居民使用雨水冲厕不配套相应的使用措施，就会污染室内卫生环境，等等。雨水利用设施应避免带来这些损害环境的后果。

对于水质较差的雨水不能采用渗井直接入渗，这样会对地下水带来污染。

在设计、建造和运行雨水渗透设施时，应充分重视对土壤及水源的保护。通常采用的保护措施有：减少污染物质的产生；减少硬化面上的污染物量；入渗前对雨水进行处理；限制进入渗透设施的流量等。

填方区设雨水入渗应避免造成局部塌陷。

4.1.8 规定回用雨水不得产生交叉污染。

雨水的用途有多种：城市杂用水、环境用水、工业与民用冷却用水等。另外，城市雨水不排除用作生活饮用水，我国水利行业在农村的雨水利用工程已经积累了供应生活饮用水的经验。收集回用系统净化雨水目前没有专用的水质标准，借用的水质标准不止一种，互有差异，因此要求低水质系统中的雨水不得进入高水质的回用系统，此外，回用系统的雨水更不得进入生活自来水系统。

4.2 雨水径流计算

4.2.1 分别规定雨水设计总量和设计流量的基本计算公式。

雨水设计总量为汇水面上在设定的降雨时间段内收集的总径流量，雨水设计流量为汇水面上降雨高峰历时内汇集的径流流量。

本条所列公式为我国目前普遍采用的公式。公式（4.2.1-1）中的系数10为单位换算系数。

4.2.2 规定径流系数的选用范围。

1 给出雨水收集的径流系数。

根据流量径流系数和雨量径流系数的定义，两个径流系数之间存在差异，后者应比前者小，主要原因是降雨的初期损失对雨水量的折损相对较大。同济大学邓培德、西安空军工程学院岑国平都有论述。鉴于此，本规范采用两个径流系数。

径流系数同降雨强度或降雨重现期关系密切，随降雨重现期的增加（降雨频率的减小）而增大，见表9。表中 $F_{汇}$ 是入渗绿地接纳的客地硬化面汇流面积，$F_{绿}$ 是入渗绿地面积。

表 9　不同频率降雨条件下不同绿地径流系数

降雨频率	草地与地面等高 径流系数		草地比地面低 50mm 径流系数		草地比地面低 100mm 径流系数	
	$F_{汇}/F_{绿}=0$	$F_{汇}/F_{绿}=1$	$F_{汇}/F_{绿}=0$	$F_{汇}/F_{绿}=1$	$F_{汇}/F_{绿}=0$	$F_{汇}/F_{绿}=1$
$P=20\%$	0.23	0.40	0.00	0.22	0.00	0.03
$P=10\%$	0.27	0.47	0.02	0.33	0.00	0.20
$P=5\%$	0.34	0.55	0.15	0.45	0.00	0.35

本条文表中的径流系数对应的重现期为 2 年左右。表 4.2.2 中 ψ_c 的上限值为一次降雨系数（雨量 30mm 左右），下限值为年均值。

表 4.2.2 中雨量径流系数的来源主要来自于：现有相关规范、国内实测资料报道、德国雨水利用规范（DIN 1989.01：2002.04 和 ATV-DVWK-A138）。表中流量径流系数比给水排水专业目前使用的数值大，邓培德“论雨水道设计中的误点”一文中认为目前使用的数值是借用的雨量径流系数，偏小。

屋面雨量径流系数取 0.8～0.9 的根据：1）清华大学张思聪、惠士博等在“北京市雨水利用”中指出建筑物、道路等不透水面的次暴雨径流系数（即雨量径流系数）可达 0.85～0.9；2）北京市水利科学研究所种玉麒等在“北京城区雨洪利用的研究报告”中指出：通过几个汛期的观测，取有代表性的降水与相应的屋顶径流进行相关分析，大于 30mm 的降水平均径流系数为 0.94，10～30mm的降水平均径流系数为 0.84；3）西安空军工程学院岑国平在“城市地面产流的试验研究”中表明径流系数特别是次暴雨径流系数是降雨强度的增函数，由此考虑到雨水利用工程的降雨只取 1、2 年一遇，故径流系数偏低取值；4）德国规范《雨水利用设施》（DIN 1989.01：2002.04）取值 0.8。

屋面流量径流系数取 1 的根据：1）建筑给水排水规范一直取 1，新规范改为 0.9 没提供出依据；2）“城市地面产流的试验研究”证明暴雨（流量）径流系数比次暴雨径流（雨量）系数大，另外根据暴雨径流系数和次暴雨径流系数的定义亦知，前者比后者要大；3）屋面排水的降雨强度取值大（因重现期很大），故流量径流系数应取高值。

其他种类屋面雨量径流系数均参考德国规范《雨水利用设施》（DIN 1989.01：2002.04）。

表 10、表 11 列出德国相关规范中的径流系数，供参考。

表 10　德国雨水利用规范（DIN 1989.01：2002.04）集雨量径流系数

汇水面性质	径流系数
硬屋面	0.8
未铺石子的平屋面	0.8
铺石子的平屋面	0.6
绿化屋面（紧凑型）	0.3
绿化屋面（粗放型）	0.5
铺石面	0.5
沥青面	0.8

表 11　德国雨水入渗规范（ATV-DVWK-A138）雨水流量径流系数

表面类型	表面处理形式	径流系数
坡屋面	金属，玻璃，石板瓦，纤维 混凝土砖，油毛毡	0.9～1.0 0.8～1.0
平屋面 坡度小于 3°， 或 5%	金属，玻璃，纤维混凝土 油毛毡 石子	0.9～1.0 0.9 0.7
绿化屋面 坡度小于 15°， 或 25%	种植层<100mm 种植层≥100mm	0.5 0.3
路面，广场	沥青，无缝混凝土 紧密缝隙的铺石路面 固定石子铺面 有缝隙的沥青 有缝隙的沥青铺面，碎石草地 叠层砌石不勾缝，渗水石 草坪方格石	0.9 0.75 0.6 0.5 0.3 0.25 0.15
斜坡，护坡， 公墓 （带有雨水排 水系统）	陶土 砂质黏土 卵石及砂土	0.5 0.4 0.3
花园，草地 及农田	平地 坡地	0.0～0.1 0.1～0.3

2　各类汇水面的雨水进行利用之后，需要（溢流）外排的流量会减小，即相当于径流流量系数变小。本款的流量径流系数即指这个变小了的径流系数，它需要计算确定。扣损法是指扣除平均损失强度的方法，计算公式如下（引自西安冶金建筑学院等主编的《水文学》）：

$$\psi_m = 1 - \frac{\mu}{A}\tau^n$$

式中　μ——产流期间内平均损失强度（mm/h）；

A——暴雨雨力（mm/h）；

τ——场地汇流时间（h）；

n——暴雨强度衰减指数。

设有雨水利用设施的场地，雨水利用设施增加了损失强度，计算中应叠加进来。这样，平均损失强度 μ 应是产流期间内汇水面上的损失强度与雨水利用设施的雨水利用强度之和。而雨水利用设施对雨水的利用强度是可以根据设施的相关设计参数计算的。

ψ_m 经验值 0.25～0.4 的选用：当溢流排水的设计重现期比雨水利用设施的降雨量设计重现期大 1 年以内时，取用下限值；当前者比后者大 2 年左右时，取高限值；当前者比后者大 5 年时，取 0.5。径流系数 ψ 随降雨重现期增加而增大的规律见上面公式，重现期大，则雨力 A 大，从而 ψ 大。

经验值 0.25～0.4 主要是借鉴绿地的径流系数。绿地的流量径流系数一般为 0.25，当绿地土壤饱和后，径流系数可达 0.4（见姚春敏等“奥运期间北京内洪灾害防范问题探讨”一文）。雨水利用设施遇到超出其设计重现期的降雨，也要饱和，从而使溢流外排的径流系数增大，这类似于绿地的径流情况。

4.2.3　规定了设计降雨厚度的选用。

本规范中设计降雨厚度是设计重现期下的最大日、月或年降雨厚度等。在各雨水利用设施的条款中，对设计时间和重现期都作出了相应的规定，根据这些规定，在 3.1.1 条中可得到所需的设计降雨厚度。

4.2.4　规定汇水面积的确定方法。

屋面雨水流量计算时，汇水面积的计算原理和方法见图 2。当斜坡屋面的竖向投影面积与水平投影面积之比超过 10%时，可以认为斜坡较大，附加面积不可忽略。

高出汇水面的侧墙有多面时，应附加有效受水加面积的 50%，有效受水面积的计算如图 3 所示，图中 ac 面为有效受水面。

雨水总量计算时则只需按水平投影面积计，不附加竖向投影面积和侧墙面积，因总雨量的大小不受这些因素的影响。

4.2.5　规定设计暴雨强度的计算公式。

本条所列的计算公式是国内已普遍采用的公式。在没有当地降雨参数的地区，可参照附近气象条件相似地区的暴雨强度公式采用。

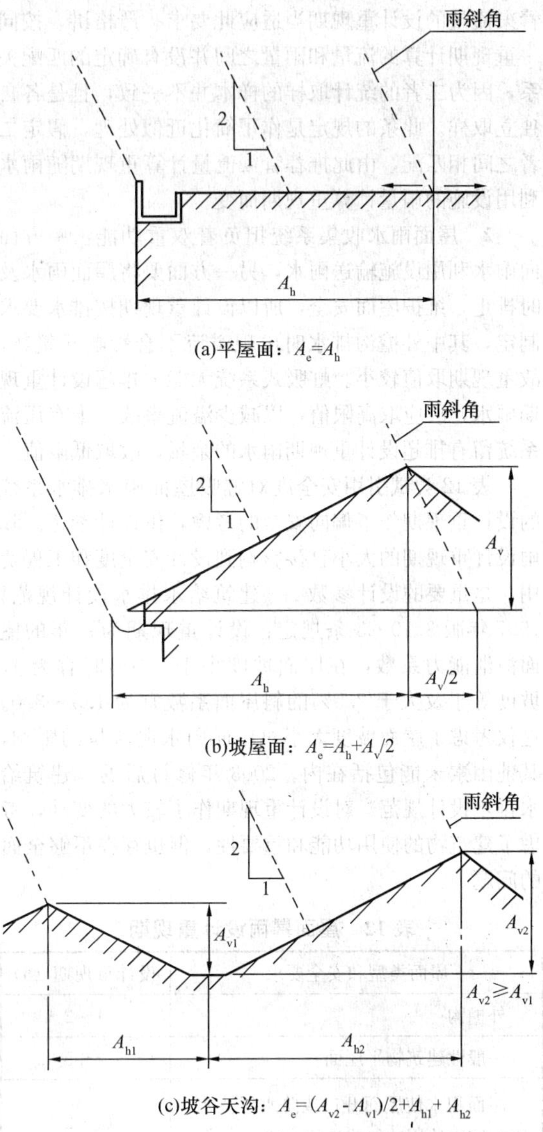

(a)平屋面：$A_e=A_h$

(b)坡屋面：$A_e=A_h+A_v/2$

(c)坡谷天沟：$A_e=(A_{v2}-A_{v1})/2+A_{h1}+A_{h2}$

图 2　屋面有效集水面积计算

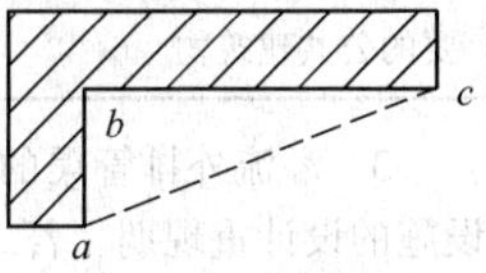

图 3　双面侧墙有效受水面图示

条文中要求乘 1.5 的系数主要基于以下考虑：近几年发现有工程天沟向室内溢水，分析原因可能是由于实际的集水时间比 5min 小造成流入天沟的雨强比计算值大，而雨水系统的设计排水能力又未留余量，且天沟无调蓄雨量的能力，于是出现冒水。乘 1.5 的系数，可使计算的暴雨强度不再小于实际发生的暴雨强度。

4.2.6　规定雨水利用工程中三种不同性质的雨水管渠的设计重现期。

1　雨水储存、渗透、处理回用等设施的规模，都是按一定重现期的降雨量设计的。向这些设施输送雨水的管渠，应具备输送这些雨水量的能力，因此，管渠流量的设计重现期当适应此要求。严格讲，按同一重现期计算的流量和雨量之间并没有确定的匹配关系，因为二者的统计取样的样本并不一致，且是各自独立取样。此条的规定是作了简化近似处理，假定二者之间相匹配，由此推荐管渠流量计算重现期随雨水利用设施的雨量计算重现期而变。

2 屋面雨水收集系统担负着双重功能：一方面向雨水利用设施输送雨水，另一方面要将屋面雨水及时排走，维护屋面安全，所以设计重现期按排水要求制定，其中外檐沟排水时出现溢流不会影响建筑物，故重现期取值较小。虹吸式系统无能力排超设计重现期雨水，故应取高限值，以减少溢流事故，半有压流系统留有排超设计重现期雨水的余量，故取低限值。

表 12 尝试引用安全度对虹吸屋面雨水排水系统的设计重现期作了偏向安全的考虑，供设计参考。降雨设计重现期的大小直接影响到设计安全度和工程费用，是重要的设计参数。《建筑给水排水设计规范》1997 年版 3.10.23 条规定：设计重现期为一年的屋面渲泄能力系数，在屋面坡度小于 2.5％时宜为 1，坡度等于及大于 2.5％的斜屋面系数宜为 1.5～3.0。这仅考虑了屋面坡度大小对屋面雨水泄流量的影响，其他因素未能包括在内。2003 年修订后的《建筑给水排水设计规范》对设计重现期作了较大的变动，考虑了建筑物的使用功能和重要性，但也存在不够全面的问题。

表 12 屋面暴雨设计重现期

屋面类型和安全要求	设计重现期（a）
外檐沟	1～2
一般性建筑物平屋面	2～5
屋面积水使屋面开口或防水层泛水，影响室内使用功能或造成水害	10～20
屋面积水荷载影响屋面结构安全重要的公共建筑物	20～50

3 溢流外排管渠的设计重现期应高于雨水利用设施的设计重现期。若二者重现期相等，雨水几乎全部进入利用设施，则外排量很少，使外排管径过小，遇大雨时场地内的积水时间比无雨水利用时延长。条文中表 4.2.6-2 引自《建筑给水排水设计规范》GB 50015－2003。

4.2.7 规定雨水管渠设计降雨历时的计算公式。

设计降雨历时的概念是集流时间，集流时间是汇水面集流时间和管渠内雨水流行时间之和。增加折减系数 m 使设计降雨历时等于集流时间的概念发生了变化，由此算得的设计流量也不是集水面最大流量，而是已经被压缩后的流量。雨水利用工程与传统的小区雨水排除工程不同，雨水流量计算不仅是要确定管径，更用于确定水量和调节容积，因此，令 $m=1$，意欲取消其"压缩流量"的作用。

4.3 系统选型

4.3.1 规定雨水利用系统选型原则和多系统组合时各系统规模大小的确定原则。

要实现条款 4.1.5 所规定的雨水利用规模，可以通过 4.1.1 条中规定的一种或两种系统型式实现，并且雨水利用由两种系统组合而成时，各系统雨水利用量的比例分配，又有多种选择。不管各利用系统如何组合，其总体的雨水利用规模应达到 4.1.5 条的要求。

技术经济比较中各影响因素的定性描述如下：

雨量：雨量充沛而且降雨时间分布较均匀的城市，雨水收集回用的效益相对较好。雨量太少的城市，则雨水收集回用的效益差。

下垫面：下垫面的类型有绿地、水面、路面、屋面等，绿地及路面雨水入渗、水面雨水收集回用来得经济，屋面雨水在室外绿地很少、渗透能力不够的情况下，则需要回用，否则可能达不到雨水利用总量的控制目标。

供用水条件：城市供水紧张、水价高，则雨水收集回用的效益提升。用水系统中若杂用水用量小，则雨水回用的规模就受到限制。

4.3.2 推荐入渗为地面雨水的利用方案。

小区中的下垫面主要有：地面、屋面、水面等，地面包括绿地和路面等。地面雨水优先采用入渗的原因如下：绿地雨水入渗利用几乎不用附加额外投资，若收集回用则收集效率非常低，不经济；路面雨水污染程度高，若收集回用则水质处理工艺较复杂，不经济，进行入渗可充分利用土壤的净化能力；根据德国的雨水入渗规范，雨水入渗适用于居住区的屋面、道路和停车场等雨水；保持土壤湿度对改善环境有积极意义。

4.3.3 规定水面雨水的利用方式。

景观水体的水面较大，降落的雨水量大，应考虑利用。水面上的雨水受下垫面的污染最小，水质最好，并且收集容易，成本低，无需另建收集设施，一般只需在水面之上、溢流水位之下预留一定空间即可，因此，水面上的雨水应储存利用。雨水用途可作为水体补水，也可用于绿地浇洒等。

4.3.4 规定屋面雨水利用方式及考虑因素。

屋面雨水的利用方式有三种选择：雨水入渗、收集回用、入渗和收集回用的组合。入渗和收集回用相组合是指屋面雨水一部分雨水入渗，一部分处理回用。组合方式的雨水收集有以下两种形式，其中第一种形式对收集回用设施的利用率较高，有条件时宜优先采用。

形式一，屋面的雨水收集系统设置一套，收集雨量全部进入雨水储罐或雨水蓄水池，多出的雨水经重力溢流进入雨水渗透设施；

形式二，屋面雨水收集系统分开设置，分别与收集回用设施和雨水渗透设施相对应。

对于一个具体项目，屋面雨水是采用入渗，还是收集回用，或是入渗与收集回用相组合，以及组合双方相互间的规模比例，比较科学的决策方法是通过技术经济比较确定。

1 城市缺水，雨水收集回用的社会和经济效益增大。

2 渗水面积和渗透系数决定雨水入渗能力。雨水入渗能力大，则利于雨水入渗方式。屋面绿化是很好的渗透设施，有条件时应尽量采用。覆土层小于100mm的绿化屋面径流系数仍较大，收集的雨水需要回用或在室外空地入渗。

3 净化雨水的需求量大且水质要求不高时，则利于收集回用方式。净化雨水的需求按4.3.10条确定。

4 杂用水量和降雨量季节变化相吻合，是指杂用水在雨季用量大，非雨季用量小，比如空调冷却用水。二者相吻合时，雨水池等回用设施的周转率高，单方雨水的成本降低，有利于收集回用方式。

5 经济性涉及自来水价、当地政府的雨水利用优惠政策、项目建设条件等因素。

需要注意的是，有些项目不具备选择比较的条件。比如，绿地面积很小，屋面面积很大，土壤的入渗能力无法负担来自于屋面的雨水，这就只能进行收集回用。

屋面雨水收集回用的主要优势是雨水的水质较好和集水效率高，收集回用的总成本低于城市调水供水的成本。所以，屋面雨水收集回用有技术经济上的合理性。

4.3.5 推荐屋面雨水优先考虑用于景观水面补水。

景观水体具有较大的景观水面，该水体一般设有水循环等水质保护设施。屋面雨水进入水体蓄存用作补水，可不加设水质处理设施，这是屋面雨水回用中最经济的方式。室外土壤有充足的入渗能力接纳屋面雨水，则屋面雨水选择入渗利用往往来得经济。另外，景观水面本身所受纳的降雨应该蓄存起来利用。

4.3.6 推荐屋面雨水优先选择收集回用方式的条件。

1 当雨水充沛，且时间上分布均匀，则收集回用设施的利用率高，单方回用雨水的投资少，利于收集回用方式；

2 见4.3.4条第3款说明。

4.3.7 推荐屋面收集雨水量多、回用系统用水量少时的处置方法。

回用水量小指回用管网的用水量小。也有工程虽然雨水需用量大，但由于建筑物条件限制蓄水池建不大。在这些情况下，屋面收集来的雨水相对较多。这时可通过蓄水池溢流使多余雨水进入渗透设施。这种方式比把屋面雨水收集分设为两套系统分别服务于入渗和回用来得划算，平时较小些的降雨都优先进入了蓄水池，供雨水管网使用，这相对扩大了平时雨水的回用量，并增大蓄水池、处理设备的利用率，因此使回用水的单方综合造价降低。

收集雨水量多、回用系统用水量少的判别标准按7.1.2条进行。

4.3.8 推荐大型公共建筑和有水体项目的雨水利用方式。

大型屋面建筑收集雨水量大，雨水需求量比例相对高，因而回用雨水的单方造价低。同时，大型屋面公建的室外空地一般较少，可入渗的土壤面积少。故推荐采用收集回用方式。

设有人工水体的项目需要水景补水，用雨水做补水有如下原因：第一，国家《住宅建筑规范》GB 50368－2005不允许使用自来水；第二，水景中一般设有维持水质的处理设施，收集的雨水可直接进入水景，不另设处理设施。

4.3.9 规定雨水蓄存排放系统的选用条件。

蓄存排放系统的主要作用是削减洪峰流量，抑制洪涝，欧洲和日本有不少这类工程实例。此外，有的场地或小区要求不积水，雨水要迅速排干，而下游的雨水排除设施能力有限，这时也需要利用蓄存排放设施调节雨水量。

4.3.10 推荐回用雨水的用途。

循环冷却水系统包括工业和民用，工业用冷却补水的水质要求不高，水质处理简单，比较经济；民用空调冷却塔补水虽然水质要求高，但用水季节和雨季非常吻合且用量大，可提高蓄水池蓄水的周转率。

雨水用于绿化和路面冲洗从水质角度考虑较为理想，但应考虑降雨后绿地或路面的浇洒用水量会减少，使雨水蓄水池里的水积压在池中，设计重现期内的后续（3日内或7日内）雨水进不来，导致减少雨水的利用量。

4.3.11 推荐雨水不宜和中水原水混合。

雨水和中水原水分开处理不宜混合的主要原因如下：

第一，雨水的水量波动太大。降雨间隔的波动和降雨量的波动和中水原水的波动相比不是同一个数量级的。中水原水几乎是每天都有的，围绕着年均日用水量上下波动，高低峰水量的时间间隔为几小时。而雨水来水的时间间隔分布范围是几小时、几天、甚至几个月，雨量波动需要的调节容积比中水要大几倍甚至十多倍，且池内的雨水量时有时无。这对水处理设备的运行和水池的选址都带来了不可调和的矛盾。

第二，水质相差太大。中水原水的最重要污染指标是BOD_5，而雨水污染物中BOD_5几乎可以忽略不计，因此处理工艺的选择大不相同。

另外，日本的资料《雨水利用系统设计与实务》

中雨水储存和处理也是和中水分开，见图 4。

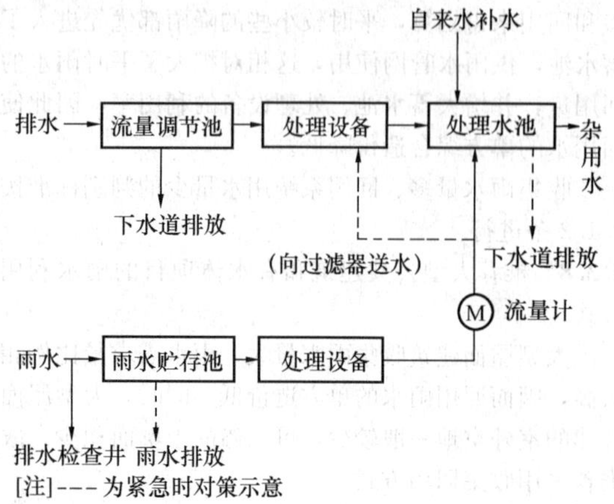

图 4　雨水、中水结合的工艺流程图

5　雨 水 收 集

5.1　一 般 规 定

5.1.1　对屋面做法提出防雨水污染的要求。

屋面是雨水的集水面，其做法对雨水的水质有很大影响。雨水水质的恶化，会增加雨水入渗和净化处理的难度或造价。因此屋面的雨水污染需要控制。

屋面做法有普通屋面和倒置式屋面。普通屋面的面层以往多采用沥青或沥青油毡，这类防水材料暴露于最上层，风吹日晒加速其老化，污染雨水。北京建筑工程学院的监测表明，这类屋面初期径流雨水中的 COD_{Cr}浓度可高达上千。

倒置式屋面（IRMAROOF）就是“将憎水性保温材料设置在防水层上的屋面”。倒置式屋面与普通保温屋面相比较，具有如下优点：防水层受到保护，避免热应力、紫外线以及其他因素对防水层的破坏，并减少了防水材料对雨水水质的影响。

新型防水材料对雨水的污染也有减少。新型防水材料主要有高聚物改性沥青卷材、合成高分子片材、防水涂料和密封材料以及刚性防水材料和堵漏止水材料等。新型防水材料具有强度高、延性大、高弹性、轻质、耐老化等良好性能，在建筑防水工程中的应用比重日益提高。根据工程实践，屋面防水重点推广中高档的 SBS、APP 高聚物改性沥青防水卷材、氯化聚乙烯-橡胶共混防水卷材、三元乙丙橡胶防水卷材。

种植屋面可减小雨水径流、提高城市的绿化覆盖率、改善生态环境、美化城市景观。由于各类建筑的屋面、墙体以及道路等均属于性能良好的“大型蓄热器”，它们白天吸收太阳光的辐射能量，夜晚放出热量，造成市区夜间的气温居高不下，导致市区气温比郊区气温升高 2～3℃。如能将屋面建造成种植屋面，在屋面上广泛种植花、草、树木，通过屋顶绿化，实现“平改绿”，可以缓解城市的“热岛效应”。据报道，种植屋面顶层室内的气温将比非种植屋面顶层室内的气温要低 3～5℃，优于目前国内的任何一种屋面的隔热措施，故应大力提倡和推广。

5.1.2　规定屋面雨水管道系统应设置雨水斗，且雨水斗应符合标准。

管道进水口设置雨水斗的作用主要是：第一，拦截固体杂物；第二，对雨水进入管道进行整流，避免水流在斗前形成过大旋涡而增加屋面水深；第三，满足一定水深条件下的排水流量。

为阻挡固体物进入系统，雨水斗应配有格栅（滤网）；为削弱进水旋涡，雨水斗入水口的上方应设置盲板；雨水斗应经过水力测试，包括流量与水位的关系曲线，最大设计流量和水位，局部阻力系数（虹吸式斗），并经主管检测单位认可。

雨水斗的这些性能通过国家、行业标准进行约束和保障。65 型、87 型系列雨水斗以国家标准图的形式在全国广泛应用，并经受了 20 余年的运行实践，成为性能有保障的雨水斗。

本条的规定不排斥建筑师设计外落雨水管时采用简易雨水斗。该雨水斗按建筑专业标准图设计，现场制作。

5.1.3　对雨水管道系统提出均匀布置的要求。

本条主要指在布置立管和雨水斗连向立管的管道时，尽量创造条件使连接管长接近，这是雨水收集的特殊要求。这样做可使各雨水斗来的雨水到达弃流装置的时间相近，提高弃流效率。

5.1.4　规定屋面雨水设计流量的计算公式。

屋面雨水设计流量按（4.2.1-2）式计算，式中的流量径流系数 ψ_m按表 4.2.2 选取；设计暴雨强度 q 按（4.2.5）式计算，式中的设计重现期、降雨历时按 4.2.6 条、4.2.7 条要求选取；汇水面积 F 按 4.2.4 条要求计算。

5.1.5、5.1.6　推荐雨水收集系统的选择。

半有压屋面雨水系统（65、87 型雨水斗系列雨水系统属于此范畴）以实验室实尺模型实验和丰富的试验数据为基础，建立起一套系统的设计方法和设计参数，已经历了全国 20 余年的工程运行。该系统设计安装简单、性能可靠，是我国目前应用最广泛、实践证明安全的雨水系统，设计中宜优先采用。

虹吸式屋面雨水系统根据管网水力计算结果进行设计，系统的尺寸大为减小，各雨水斗的入流量也都能按设计值进行控制，并且横管坡度的有无对设计工况的水流不构成影响。这些优点在大型屋面建筑的应用中凸显出来。但该系统没有余量排除超设计重现期雨水，对屋面的溢流设施依赖性极强。

重力流屋面雨水系统是《建筑给水排水设计规范》GB 50015－2003 推出的系统，并规定：不同设计排水流态、排水特征的屋面雨水排水系统应选用相应的雨水斗（4.9.14条），因为“雨水斗是控制屋面排水状态的重要设备”。

本规范没有首推选用重力流系统主要基于以下原因：

1 目前实际工程中仍普遍采用65、87型雨水斗；

2 重力流系统的雨水斗要求自由堰流进水和超设计重现期雨水应由溢流设施排放，在实际工程中难以实现；

3 重力流的设计方法不适用于65型、87（79）型雨水斗。因为65型、87（79）型雨水斗雨水系统要求严格，比如：一个悬吊管上连接的雨斗数量不超过4个、多斗系统的立管顶端不得设置雨水斗、内排水采用密闭系统等。

5.1.7 规定屋面雨水收集的室外输水管的设计方法。

屋面雨水汇入雨水储存设施时，会出现设计降雨重现期的不一致。雨水储存设施的重现期按雨水利用的要求设计，一般1～2年，而屋面雨水的设计重现期按排水安全的要求设计。后者一般大于前者。当屋面雨水管道出户到室外后，室外输水管道的重现期可按雨水储存设施的值设计。由于其重现期比屋面雨水的小，所以屋面雨水管道出建筑外墙处应设雨水检查井或溢流井，并以该井为输水管道的起点。

允许用检查口代替检查井的主要原因是：第一，检查口不会使室外地面的脏雨水进入输水管道；第二，屋面雨水较为清洁，清掏维护简单。检查口、井的设置距离参考了室外雨水排水管道的检查井距离。

5.1.8 规定屋面雨水收集系统独立、密闭设置。

屋面雨水系统独立设置，不与建筑污废水排水连接的意义有：第一，避免雨水被污废水污染；第二，避免雨水通过污废水排水口向建筑内倒灌雨水。

屋面雨水系统属有压排水，在室内管道上设置敞开式开口会造成雨水外溢，淹损室内。

5.1.9 规定阳台雨水不与屋面雨水立管连接。

屋面雨水立管属有压排水管道，在阳台上开口会倒灌雨水。

5.1.10 规定收集系统设置弃流设施。

初期径流雨水污染物浓度高，通过设置雨水弃流设施可有效地降低收集雨水的污染物浓度。雨水收集回用系统包括收集屋面雨水的系统应设初期径流雨水弃流设施，减小净化工艺的负荷。根据北京建筑工程学院的研究结果，北京屋面的径流经初期2mm左右厚度的弃流后，收集的雨水COD_{Cr}浓度可基本控制在100mg/L以内（详见第3.1.2条说明）。植物和土壤对初期径流雨水中的污染物有一定的吸纳作用，在雨水入渗系统中设置初期径流雨水弃流设施可减少堵塞，延长渗透设施的使用寿命。

5.2 屋面集水沟

5.2.1 推荐屋面设集水沟并要求水力计算。

屋面雨水集水沟是屋面雨水系统实现有组织排水的重要组成部分，屋面雨水集水沟的设计应进行优化。在选择屋面雨水系统时，应优先考虑天沟集水。

屋面集水沟包括天沟、边沟和檐沟等，是屋面集水的一种形式。其优点是可减少甚至不设室内雨水悬吊管，是经济可靠的屋面集雨形式。屋面雨水集水沟的排泄量应与雨水斗的出流条件相适应。在集水沟内设置雨水斗时，雨水斗的设计泄流量应与集水沟的设计过水断面相匹配，否则雨水斗的设计泄流量将受到集水沟排水能力的制约和相互影响。因此，不应忽视集水沟排水能力的水力计算。

集水沟的水力计算主要解决如下问题：

1）计算集水沟的泄水能力；

2）确定集水沟的尺寸和坡度。

需要注意：屋面雨水集水沟要求的屋面荷载和最大设计水深应经结构和建筑师的认可。

5.2.3 推荐集水沟的坡度设置，并要求设雨水出口。

在北方寒冷地区，因冻胀问题容易破坏沟的防水层，所以天沟和边沟不宜做平坡。自由出流雨水出口指集水沟的排水量不因雨水出口（包括雨水斗）而受到限制。

5.2.4 规定集水沟的水力计算要求。

屋面集水沟往往采用平坡，即坡度为0，按照现有的计算公式则无法计算。本条推荐的计算方法属经验性质，供计算时参考。

5.2.5～5.2.10 规定平底集水沟的经验计算方法。

屋面集水沟的水力计算采用了欧洲标准EN12056-3（2000年英文版）“室内重力流排水系统”中的有关公式和条文。要求雨水出口能不受限制地排除集水沟的水量。所列公式把长沟和短沟、半圆形沟和矩形沟、天沟和檐沟、平沟和有坡度的沟区分开来计算，应用方便。与其他公式比较，计算结果偏向安全。

当集水沟的坡度大于0.003时，应按现有的公式进行水力计算。

集水沟断面的计算方法：先假定沟断面尺寸、坡度并布置雨水排水口，然后用以上各节的方法计算沟的排水量与设计的雨水量比较，如果差别大则应修改沟的尺寸或增加雨水排水口数量，进行调整计算。

5.2.11 规定集水沟的溢流设置。

集水沟的溢水按薄壁堰计算，见下式：

$$q_e = \frac{L_e \cdot h_e^{\frac{3}{2}}}{2400}$$

式中 q_e——溢流堰流量（L/s）；

L_e——溢流堰锐缘堰宽度（m）；

h_e——溢流高度（m）。

当女儿墙上设溢流口时，溢水按宽顶堰计算，见下式：

$$B_e = \frac{g_e}{M \cdot \frac{2}{3} \cdot \sqrt{2g} \cdot h_e^{\frac{3}{2}} \cdot 1000}$$

式中 B_e——溢流堰宽度（m）；

g_e——溢流水量（L/s）；

g——重力加速度（m/s²）；

M——收缩系数，取0.6。

宽顶堰计算公式采用德国工程师协会准则VD 13806－2000“屋面虹吸排水系统”中的公式。薄壁堰计算公式采用欧洲标准EN12056-3“室内重力流排水系统”中的公式。

5.3 半有压屋面雨水收集系统

半有压屋面雨水收集系统是在1997年版的《建筑给水排水设计规范》GBJ 15－88的雨水系统基础上改进来的。该系统中的雨水斗可采用65型、87型斗，系统的设计原理及方法是依据20世纪80年代我国雨水道研究组水气两相混掺流体在重力-压力作用下的运动试验。本规范采用“半有压”称谓取自于《全国民用建筑工程设计技术措施——给水排水》和《建筑给水排水工程》（第五版）。

本规范对原有系统的改进主要是增大了雨水斗、悬吊管及横管、立管的泄水能力，主要依据有两点：

1 该系统已被20余年的运行实践证明是安全的，原来的服务屋面面积无理由减小。目前屋面降雨设计重现期从原规范的1年放大到了2～5、10年，使系统服务面积上的计算雨水流量增大，所以，系统的泄流量需相应调整增大，以保持原服务面积。比如，对坡度小于2.5%的屋面，北京和上海5年重现期的计算雨量是1年重现期的1.57倍，见表13，所以系统允许的泄水能力应相应扩大到原来的1.57倍，才能使原有的服务面积不变。

表13 北京和上海不同重现期下的降雨强度两重现期 q_5 之比

重现期 P(年)	P=5		P=3		P=1	
北京 q_5 [L/(s·hm²)]	5.06	1.57倍	4.48	1.39倍	3.23	1
上海 q_5 [L/(s·hm²)]	5.29	1.57倍	4.68	1.39倍	3.36	1

2 原系统约20余年的实践运行经验表明，系统预留的排水余量可适量减小。

5.3.1 规定雨水斗的排水性能。

65型、87型属于半有压型雨水斗，该斗具有优良的排水性能，典型标志是排水时掺气量小。半有压屋面雨水系统的设置规则以这些雨水斗为基础建立。

根据表13，设计重现期从原来的1年提高到目前的3年之后，为保持雨水斗原有的服务面积能力不变，雨水斗的排水流量应扩大到1.39倍（以北京、上海为例），如表14。但出于保守考虑，本规范表5.3.1对多斗悬吊管上的大部分斗并未取如此高的值，这使得雨水斗的服务面积比原规范GBJ 15－88有所减少。

表14 流量对照表

雨水斗口径 (mm)	原排水流量 (L/s)	1.39倍流量 (L/s)	本规范排水流量 (L/s)
DN100	12	16.7	12～16
DN150	26	36.1	26～36

从我国雨水道研究组的试验数据分析，表5.3.1中雨水斗的排水能力也是可行的。图5是DN100雨水斗排水量试验曲线。在该试验条件下，雨水斗的进水流量随斗前水位的缓慢上升而迅速增大。当斗前水位从0上升到100mm，则进水量从0增大到35L/s。之后，水位迅速抬升，但进水量基本不再增加。表5.3.1中数据上限值取16 L/s（斗前水深约60mm）而未取35L/s（斗前水深约100mm），预留了足够的安全余量排除超设计重现期雨水。其余口径的雨水斗试验曲线与此相似。

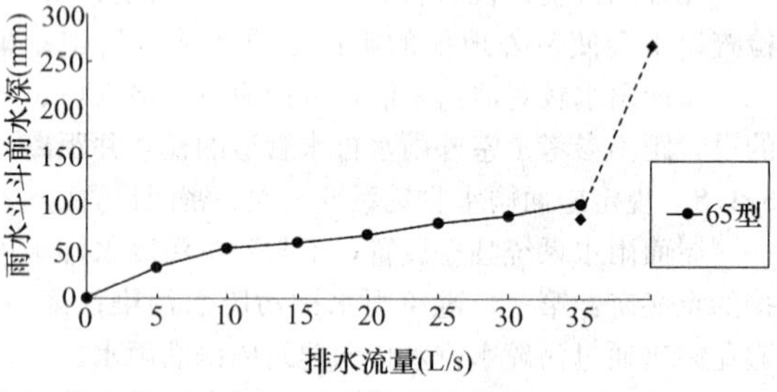

图5 雨水斗排水流量特性图

测试资料证明，多斗悬吊管系统中的最大负压产生在悬吊管的末端、立管的顶部。近立管的雨水斗受负压抽吸较大，泄流量大，而离立管远的雨水斗受负压抽吸作用较小，泄流量小。这种差异随斗前水深的增加而更加明显。表15为清华大学等1973年《室内雨水架空管系试验报告》中的斗间流量差异资料，表中L是两斗之间的距离，h为斗前水深。

表15 双斗悬吊管远斗与近斗的流量比值

L（m） / h（mm）	8	16	24	32
60	0.90	0.90	0.90	0.90
70	0.72	0.70	0.62	0.60
100	0.55	0.45	0.40	0.35

5.3.2 规定雨水斗格栅。

格栅的作用是拦截屋面的固体杂物。格栅进水孔应具有一定面积，以保证雨水斗有足够的通水能力，并控制雨水斗进水孔被堵的几率。根据我国雨水道研究组总结国内外雨水斗的功能，推荐进水孔面积与雨水斗排出口面积之比为 2 左右。

条文规定格栅便于拆卸，目的是便于清理格栅上的污物等。

5.3.3 规定多斗系统雨水斗的布置方式。

雨水斗对立管作对称布置，包括了管道长度或者阻力的对称，即各斗接至立管的管道长度或阻力尽量相近。

在流体力学规律支配下，距立管近的雨水斗和距立管远的雨水斗至排放口的管道摩阻应保持相同，这就造成近斗与远斗泄流量差异很大。规定雨水斗宜与立管对称布置的目的是使各雨水斗的泄流量均衡，避免屋面积水。

悬吊管上的负压线坡向立管，立管顶端的负压对悬吊管起着抽吸作用。负压的大小将影响到连接管和雨水斗的泄流能力。若在立管顶端设雨水斗，则将大量进气而破坏负压，影响管系的排泄能力。

5.3.5 推荐一根悬吊管连接的雨水斗数量。

实际工程难于实现同程或同阻，故本条控制 4 个雨水斗。为减小雨水斗之间排水能力的差别，设计时应尽量创造条件使 4 个斗同程或同阻。

5.3.7 规定雨水悬吊管的清扫口和检修措施。

雨水悬吊管的清扫和检修措施是很重要的，悬吊管上设检查口或带法兰盘的三通管，其间距不大于 20m，位置靠近柱、墙，目的是便于维修时清通。

5.3.8 规定悬吊管的敷设坡度和最大排水能力。

我国雨水道研究组的试验表明，悬吊管中的压（力）降比管道的坡降大得多，见图 6。图中横坐标为悬吊管上测压点距排水雨水斗的长度，纵坐标为悬吊管内的压力（mm 水柱）。悬吊管内的水流运动主要是受水力坡降的影响，而不是管道敷设坡度。条文中推荐 0.005 的敷设坡度主要是考虑排空要求。

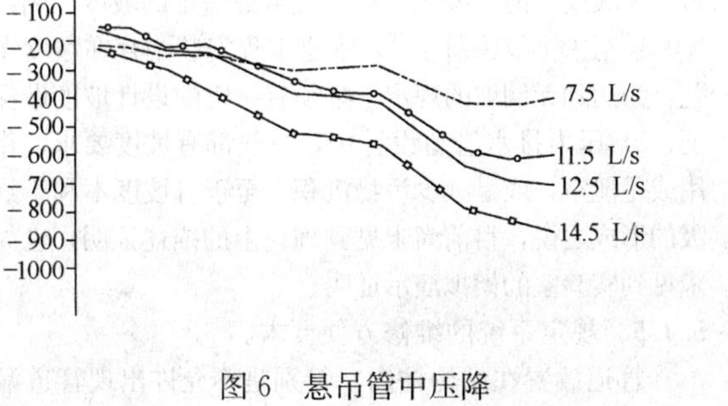

图 6 悬吊管中压降

本条多斗悬吊管排水能力表格中的水力坡降指压力坡降，管道敷设坡降很小，可忽略不计。水流的主要作用水头为两部分之和：悬吊管到屋面的几何高差＋立管顶端的负压（速度头忽略）。立管顶端的负压见试验曲线（见图 7）。最大负压值随流量的增加和立管高度的增加而变大。条文中偏保守取值－0.5m 水柱（0.005MPa），以便流量计算安全。

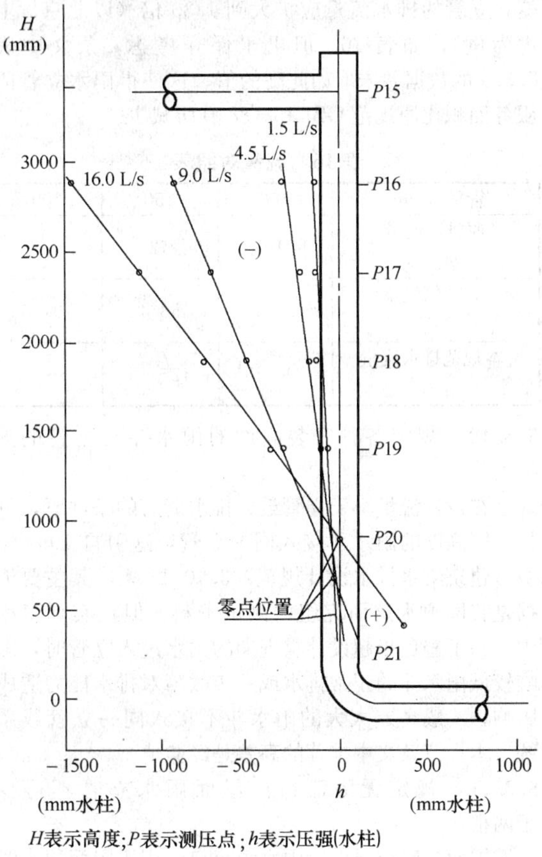

图 7 立管压力分布曲线

对于单斗悬吊管，排水能力不必计算，根据雨水斗的口径设置横管和立管管径。

5.3.9 规定雨水立管的排水流量。

根据清华大学等单位对室内雨水管道系统的试验研究报告，雨水立管的泄流能力与立管的高度、管径和管道的粗糙系数有关。雨水在立管中的水流状态是：随着流量增加，流态逐渐从附壁流、掺气流、直至一相流，从无压流（重力流）逐渐过度到有压流。科研组还对工程实践中出现的天沟溢水和检查井冒水现象作了分析，其中有实例按有压流的计算方法设计管道，造成天沟冒水事故。科研组最后结合试验确定，管道的设计要考虑为承受可能出现的超设计重现期暴雨留有一定的余地，以策安全。立管的设计流态应取介于重力流（无压流）和有压流之间的重力-压力流。因此，本条文推荐的雨水立管排水流量约为试验排水流量的 60%～70%。

例如，根据历次测试分析，在立管进水高度4.2～6.0m和12m的情况下，100mm管径立管的最大排泄能力Q_{max}为23～33L/s，规范条文中相应地取19～25 L/s。如果立管的高度增加，则排水能力相应增大。

另外根据表14，设计重现期从原来的1年提高到3年之后，为保持雨水立管原有的服务面积能力不变，立管的排水流量应扩大到1.39倍（以北京、上海为例），如表16。但出于保守考虑，条文中表5.3.9的数据并未取如此高的值，这使得雨水立管的服务面积比原规范GBJ 15－88有所减少。

表16 流量对照表

管径（mm）	100	150	200
原排水流量（L/s）	19	42	75
1.39倍流量（L/s）	26.4	58.4	104.3
本规范排水流量（L/s）	19～25	42～55	75～90

5.3.10 规定各种安装高度的雨水斗与立管的连接条件。

在设计流量小于立管最大排水能力的条件下，可将不同高度的雨水斗接入同一立管，这引自1997年版《建筑给水排水设计规范》3.10.13条，其主要依据是我国雨水道研究组的测试资料。但在实际工程中，为了避免当超设计重现期的雨水进入立管时，影响较低雨水斗的正常排水或系统故障对排水能力造成影响，一般高差太大的雨水斗不接入同一立管或系统。本规范条文中推荐的高差是经验值。

5.3.11 规定无溢流口的屋面雨水立管不得少于两根。

屋面一般都要设置雨水溢流口，用于屋面积水时排水，屋面积水可能是降雨过大引起，也可能是系统堵塞引起（比如树叶、塑料布等堵塞雨水斗）。但有时屋面确实难以设置溢流口，这样的屋面就需要布置两个或以上的立管，当然雨水斗也就不会少于两个。

5.3.12 规定立管底部设检查口。

立管底部设检查口可选择设在立管上，也可设在横管的端部。

5.3.13 规定管材和管件的选用要求。

雨水管道特别是立管要有承受正、负两种压力的能力。竣工验收时管道内灌满水形成正压，压力值（以水柱表示）与建筑高度一致；运行中出现大雨时特别是超设计重现期大雨时管道内会产生很大负压。金属管承受正、负压的能力都很大，没有被吸瘪的隐患，故宜优先选用。对非金属管道提出抗负压要求是工程中有的塑料管下雨时被吸瘪的经验总结。

5.4 虹吸式屋面雨水收集系统

在应用虹吸式屋面雨水收集系统时应注意如下事项：

1) 水力计算在虹吸式屋面雨水系统的设计中非常重要，基础数据必须准确，要求具有长期降雨强度重现期的标准气象资料；
2) 屋面雨水集水沟是屋面雨水系统实现有组织排水的重要组成部分，雨水系统专业承包商在系统的设计和计算中应包括屋面集水沟部分；
3) 该系统应能使虹吸效应尽快形成，避免屋面或天沟的水位超过设计水深；
4) 必须考虑雨水斗格栅对集水沟中或平屋面水位的影响。
5) 天沟内不考虑存蓄雨水。
6) 安装在平屋面上的雨水斗，宜采用出口直径不超过*DN*50、流量不超过6L/s的雨水斗。

5.4.1 规定设置溢流设施及其溢流能力。

虹吸式屋面雨水收集系统按水一相满流作为设计工况，无余量排超设计重现期雨水，降雨一旦超过设计重现期便屋面积水，溢流排水设施是该系统不可分割的组成部分，屋面必须设置溢流口。溢流能力和虹吸系统的排水能力之和不小于50年重现期的降雨径流量。

5.4.2 推荐不同高度的雨水分别设置独立的收集系统。

本条含两层意思：1）不同高度的雨水斗分别设置独立的收集系统；2）收集裙房以上侧墙面雨水的斗和收集裙房屋面的斗分别设置独立的收集系统。侧墙面上不是每次降雨都有雨水，其雨水斗若和裙房屋面雨水系统连接，会成为进气孔，破坏虹吸。

5.4.3 规定雨水斗设计流量与产品最大额定流量之间的关系。

雨水斗的最大泄流量由制造商提供，它是根据雨水斗产品标准规定的试验条件取得的数据，设计流量应控制在最大泄流量之内。

5.4.4 规定悬吊管的坡度要求。

虹吸式雨水系统的设计工况是一相满流，系统内包括悬吊管内的雨水流动不受管道坡度的影响，所以横管可以无坡度。但工程设计中，宜考虑一定的坡度，例如0.003，主要原因如下：1）管道工程安装中存在坡度误差，为达到无倒坡的规定，必须有一定的设计坡度做保证；2）压力排水管道设计中，一般都有坡度要求，作用或是泄空，或是减少污物沉积。至于有坡度不利于虹吸的形成之说，目前尚未见到理论上的描述证明，也尚未见到实验室的模拟演示证明。

5.4.5 规定系统的维修方便要求。

管道放置在结构柱内，特别是不允许出现管道漏水的结构柱内，一旦漏水，很难维修，损害结构柱。

5.4.6 规定系统的水力计算公式。

本条的阻力损失公式为国际上普遍采用的公式之一。当管道内的流速控制在 3m/s 以内时，也可采用 Hazen-Willams 公式。

5.4.7 规定管道中的设计流速和最小管径。

悬吊管中的设计流速不宜小于 1m/s，是为了保证悬吊管的自清作用。根据国外研究资料，当悬吊管内的流速大于 1m/s 时，可保证沉积在管道底部的固体颗粒被水流冲走（见《虹吸式屋面雨水排水系统技术规程》CECS 183：2005）。设计中需要注意的是，悬吊管内沉积物的清除是靠设计计算的自清流速保证的，不是靠定性描述的间断性虹吸保证的，没有证据证明设计计算流速小于 1m/s 的降雨，能够在实际工程中使悬吊管内产生 1m/s 的流速，从而完成自清功能（若此，则没有必要要求设计流速不宜小于 1m/s 了）。因此，当设计重现期取得很大，则设计计算流速很多年才发生一次，而平时降雨的计算流速都达不到 1m/s，悬吊管的自清功能将出现问题，特别是没有排空坡度时。若减小设计重现期，设计流速可出现频繁些了，但溢流口又会频繁溢水，这是建筑物的忌讳。设计中需要仔细把握这类两难问题。

规定最小管径是为防止堵塞。

5.4.8 规定流体计算遵守能量方程。

本条暗含的前提条件是系统的过渡段位置低于或接近于室外地面的高度，不包括系统出口位置比室外地面很高的情况（这类情况工程中也不多见）。以室外地面而不是以系统过渡段为高度计算基准点的原因是：虹吸系统一般是把雨水排入室外雨水检查井，室外雨水管道的设计重现期多是 1～2 年，检查井积满水是很常见的，由此过渡段被淹没，故排水几何高度应扣除积水水位，从地面算起。有的工程把过渡段降到地面标高以下很深，试图增加排水的计算几何高度，这是不正确的。

5.4.9 规定虹吸系统设置高度的低限值。

当系统的设置高度很低时，可利用的水位位能很小，满足不了低限设计流速的位能要求，此系统不再适用。此处注意：地面和雨水斗的几何高差才是雨水的位能，过渡段放置得再低，也不会增加雨水的位能。

5.4.11 规定管材和管件的选用要求。

雨水系统特别是立管中会产生很大负压，金属管没有被吸瘪的隐患，故宜优先选用金属管。管道系统的抗负压要求是根据水力计算中允许出现 0.09MPa 的负压制定的。

5.4.12 管内压力低于 0.09MPa 负压时，水会明显汽化，破坏一相流态。

5.5 硬化地面雨水收集

5.5.1 规定雨水收集地面的土建设置要求。

地面雨水收集主要是收集硬化地面上的雨水和屋面排到地面的雨水。排向下凹绿地、浅沟洼地等地面雨水渗透设施的雨水通过地面组织径流或明沟收集和输送；排向渗透管渠、浅沟渗渠组合入渗等地下渗透设施的雨水通过雨水口、埋地管道收集和输送。这些功能的顺利实现依赖地面平面设计和竖向设计的配合。

5.5.2 规定收集系统的设计流量计算和管道设计要求。

管道收集系统的集（雨）水口和输水管渠（向雨水利用设施输水）需要进行水力计算，其中设计流量计算公式和参数均按 4.2 节的规定执行，管渠的水力计算方法应按《室外排水设计规范》GB 50014 的规定执行。

5.5.3、5.5.4 规定雨水口的设置要求。

本条款的雨水口设置要求基本上沿用现行国家标准《室外排水设计规范》GB 50014。其中顶面标高与地面高差缩小到 10～20mm，主要是考虑人员活动方便，因小区中硬地面为人员活动场所。同时小区的地面施工一般比市政道路精细，较小的标高差能够实现。另外，有的小区广场设置的雨水口类似于无水封地漏，密集且精致，其间距仅十几米。成品雨水口的集水能力由生产商提供。

5.5.5 推荐采用成品雨水口，并具有拦污截污功能。

地面雨水一般污染较重，杂质多，为减少雨水渗透设施和蓄存排放设施的堵塞或杂质沉积，需要雨水口具有拦污截污功能。传统雨水口的雨箅可拦截一些较大的固体，但对于雨水利用设施不理想。雨水口的拦污截污功能主要指拦截雨水径流中的绝大部分固体物甚至部分污染物 SS，这类雨水口应是车间成型的制成品，井体可采用合成树脂等塑料，构造应使清掏、维护操作简便，并应有固体物、SS 等污染物去除率的试验参数。

5.5.6 本条的目的是使不同雨水口收集的初期径流雨水尽量能够同步到达弃流设施，使弃流的雨水浓度高，提高弃流效率。

5.6 雨 水 弃 流

5.6.1 规定屋面雨水的弃流设施设置位置。

雨水收集系统的弃流装置目前可分为成品和非成品两类，成品装置按照安装方式分为管道安装式、屋顶安装式和埋地式。管道安装式弃流装置主要分为累计雨量控制式、流量控制式等；屋顶安装式弃流装置有雨量计式等；埋地式弃流装置有弃流井、渗透弃流装置等。按控制方式又分为自控弃流装置和非自控弃流装置。

小型弃流装置便于分散安装在立管或出户管上，并可实现弃流量集中控制。当相对集中设置在雨水蓄水池进水口前端时，虽然弃流装置安装量减少，但由于通常需要采用较大规格的产品，在一定程度上将提高事故风险。

弃流装置设于室外便于清理维护，当不具备条件必须设置在室内时，为防止弃流装置发生堵塞向室内灌水，应采用密闭装置。

当采用雨水弃流池时，其设置位置宜与雨水储水池靠近建设，便于操作维护。

5.6.3 规定弃流设施的选用。

虹吸式屋面雨水收集系统一般需要对管道流量进行准确的计算，便于弃流装置通过时间或流量进行自动控制。据有关资料，屋面雨水属于水质条件较好的收集雨水水源，因此被弃流的初期径流雨水可通过渗透方式处置，渗透弃流装置对排水管道内流量、流速的控制要求不高，适合于半有压流屋面雨水收集系统。降落到硬化地面的雨水通常受到下垫面不同污染物甚至不同材料的影响，水质条件稍差，通常需要去除的初期径流雨水量也较大，弃流池造价低廉，容易埋地设置，地面雨水收集系统管道汇合后干管管径通常较大，不利于采用成品装置，因此建议以渗透弃流井或弃流池作为地面雨水收集系统的弃流方式。

5.6.4 推荐初期径流雨水弃流量无资料时的建议值。

条文中地面弃流中的地面指硬化地面，径流厚度建议值主要根据北京市雨水径流的污染研究资料。我国北方初期径流雨水比南方污染重，故弃流厚度在南方应小些。

5.6.6 规定弃流装置应具备便于维护的性能。

在管道上安装的初期径流雨水弃流装置在截留雨水过程中，有可能因雨水中携带杂物而堵塞管道，从而影响雨水系统正常排水。这些情况涉及到排水系统安全问题，因此在设计中应特别注意系统维护清理的措施，在施工、管理维护中还应建立对系统及时维护清理的措施、规章制度。

5.6.7 推荐弃流雨水的处置方式。

从大量工程的市政条件来看，向项目用地范围以外排水有雨水、污水两套系统。截留的初期径流雨水是一场降雨中污染物浓度最高的部分，平均水质通常优于污水，劣于雨水。将截留的初期径流雨水排入雨水管道时，可能增加雨水管道的沉积物总量，增加雨水系统的维护成本，排入污水管道时，由于雨污分流的管网设计中污水系统不具备排除雨水的能力，可能导致污水系统跑水、冒水事故。初期弃流雨水排入何种系统应依据工程具体情况确定。

一般情况下，建议将弃流雨水排入市政雨水管道，当条件不具备时，也可排入化粪池以后的污水管道，但污水管道的排水能力应以合流制计算方法复核。

当弃流雨水污染物浓度不高，绿地土壤的渗透能力和植物品种在耐淹方面条件允许时，弃流雨水也可排入绿地。

收集雨水和弃流雨水在弃流装置处存在连通部分，为防止污水通过弃流装置倒灌进入雨水收集系统，要求采取防止污水倒灌的措施。同时应设置防止污水管道内的气体向雨水收集系统返溢的措施。

5.6.8 规定初期径流雨水弃流池做法的基本原则。

图 8 为初期径流雨水弃流池示意。

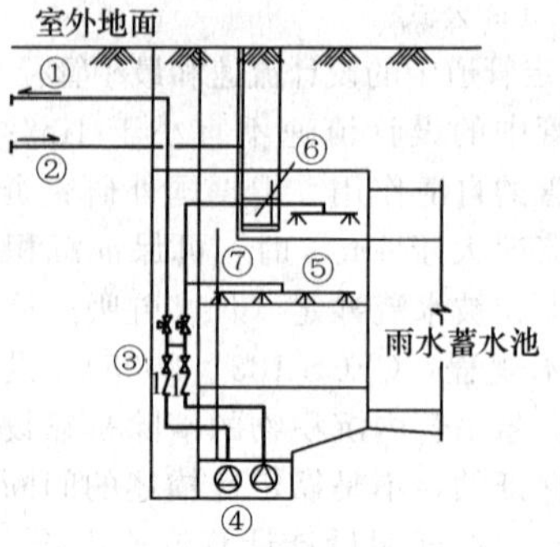

图 8　初期雨水弃流池

①弃流雨水排水管；②进水管；③控制阀门；④弃流雨水排水泵；⑤搅拌冲洗系统；⑥雨停监测装置；⑦液位控制器

1 在条件许可的情况下，弃流池内的弃流雨水宜通过重力排除。

2 当弃流雨水采用水泵排水时，通常采用延时启泵的方式对水泵加以控制，为避免后期雨水与初期雨水掺混，应设置将弃流雨水与后期雨水隔离开的分隔装置。

3 弃流雨水在弃流池内有一定的停留时间，产生沉淀，为使沉泥容易向排水口集中，池底应具有足够的底坡。考虑到建筑物与小区建设的具体情况和便于进人检修维护，底坡不宜过大。

4 弃流池排水泵应在降雨停止后启动排水，在自控系统中需要检测降雨停止、管道不再向蓄水池内进水的装置，即雨停监测装置。两场降雨时间间隔很小时，在水质条件方面可以视同为一场降雨，因此雨停监测装置应能调节两场降雨的间隔时间，以便控制排水泵启动。

5 埋地建设的初期径流雨水弃流池，不便于设置人工观测水位的装置，因此要求设置自动水位监测措施，并在自动监测系统中显示。

6 应在弃流雨水排放前自动冲洗水池池壁和将弃流池内的沉淀物与水搅匀后排放，以免过量沉淀。

5.6.9 规定自动控制弃流装置安装的基本原则。

1 自动控制弃流装置由电动阀、计量装置、控制箱等组成。主控电动阀决定弃流量，主控电动阀发出信号启动其他管道上的电动阀。计量装置一般分流量计量和雨量计量，流量计量是通过累积雨水量计量，雨量计量是通过降雨厚度计量。

电动阀、计量装置可能存在漏水现象，检修时也会造成漏水，因此要求设在室外（一般在检查井内）。控制箱内为电器元件，设在室外易受风吹日晒的影响，因此要求设在室内。控制箱集中设置可有效减少投资，降低造价，每个单体建筑宜集中设一个主控箱。

2 自动控制弃流装置能灵活及时地切换雨水弃流管道和收集管道，保证初期雨水弃流和雨水收集的有效性。由于各地空气污染、屋面设置情况不同和降雨的不均匀性，初期雨水的水质差异较大，因此强调具有控制和调节弃流间隔时间的功能，保证每年雨季初始期的降雨均能做到初期雨水的有效弃流，雨季期间降雨频繁，可延长初期雨水弃流间隔时间，一般宜保证间隔 3～7d 降雨初期雨水的有效弃流，可根据雨水水质和降雨特点确定。

3 流量控制式雨水弃流装置信号取自较小规格的主控电动阀，其造价较低，且能有效保证弃流信号的准确性。

4 雨量控制式雨水弃流装置的雨量计可设在距主控电动阀较近的屋面或室外地面，有可靠的保护措施防止污物进入或人为破坏，并定期检查，以保证其有效工作。

5.6.10 井体渗透层容积指级配石部分容积。

5.7 雨 水 排 除

5.7.1 规定建设用地外排雨水的设计流量计算和管道设计要求。

本规范第 4 章规定设有雨水利用设施的建设用地应有雨水外排措施。当采用管渠外排时，管渠设计流量按本规范 4.2 节中的（4.2.1-2）和（4.2.5）式计算，其中设计重现期应按 4.2.6 条第 3 款取值，流量径流系数 ψ_m 根据 4.2.2 条第 2 款确定。注意 ψ_m 不能取 0，因为外排雨水设计重现期大于雨水利用的设计重现期。

雨水管渠的设计包括确定汇水面积的划分、管径、坡度等，应按现行国家标准《室外排水设计规范》GB 50014 的规定执行。

5.7.2 推荐雨水口的设置位置和顶面设置高度。

绿地低于路面，故推荐雨水口设于路边的绿地内，而不设于路面。低于路面的绿地或下凹绿地一般担负对客地来的雨水进行入渗的功能，因此应有一定容积储存客地雨水。雨水排水口高于绿地面，可防止客地来的雨水流失，在绿地上储存。条文中的 20～50mm，是与 6.1.11 条要求的路面比绿地高 50～100mm 相对应的，这样，保证了雨水口的表面高度比路面低。

5.7.3 推荐雨水口形式和设置距离。

建设用地内的道路宽度一般远小于市政道路，道路做法也不同。设有雨水利用设施后雨水外排径流量较小，一般采用平箅式雨水口均可满足要求。雨水口间距随雨水口的大小变化很大，比如有的成品雨水口很小，间距可减小到 10 多米。

5.7.4 规定渗透管-排放系统替代排水管道系统时的流量要求。

根据日本资料《雨水渗透设施技术指针（草案）》（构造、施工、维护管理篇）介绍，在设有雨水利用的建设用地内，应设雨水排水干管，即传统的雨水排水管道，但设有雨水利用设施的局部场所不再重复设置雨水排水管道，见图 9。设有雨水利用设施的场所地面雨水排水可通过地面溢流或渗透管-排放一体系统排入建设用地内的雨水排水管道，这种做法是符合技术先进、经济合理的设计理念的。

渗透管-排放一体设施的排水能力宜按整体坡度及相应的管道直径以满流工况计算。渗透管-排放一体设施构造断面见图 10。图中（1）地面为平面，（2）地面坡度与排水方向一致，有利于系统排水，推荐采用这种布置形式，需要总图专业与水专业密切配合，有条件时尽量将地面坡度与排水方向一致。

5.7.5 推荐铺装地面采用明渠排水。

渗透地面雨水径流量较小，可尽量沿地面自然坡降在低洼处收集雨水，采用明渠方便管理、节约投资。

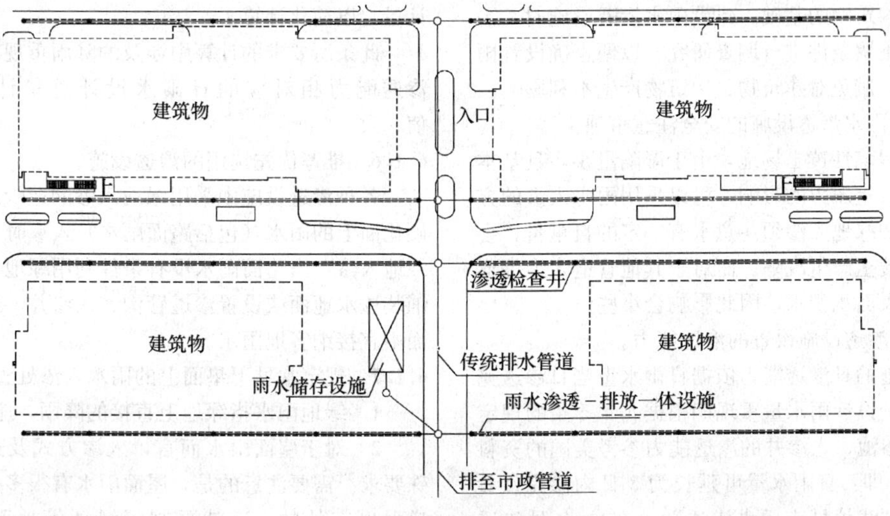

图 9 室外雨水排水管道平面图

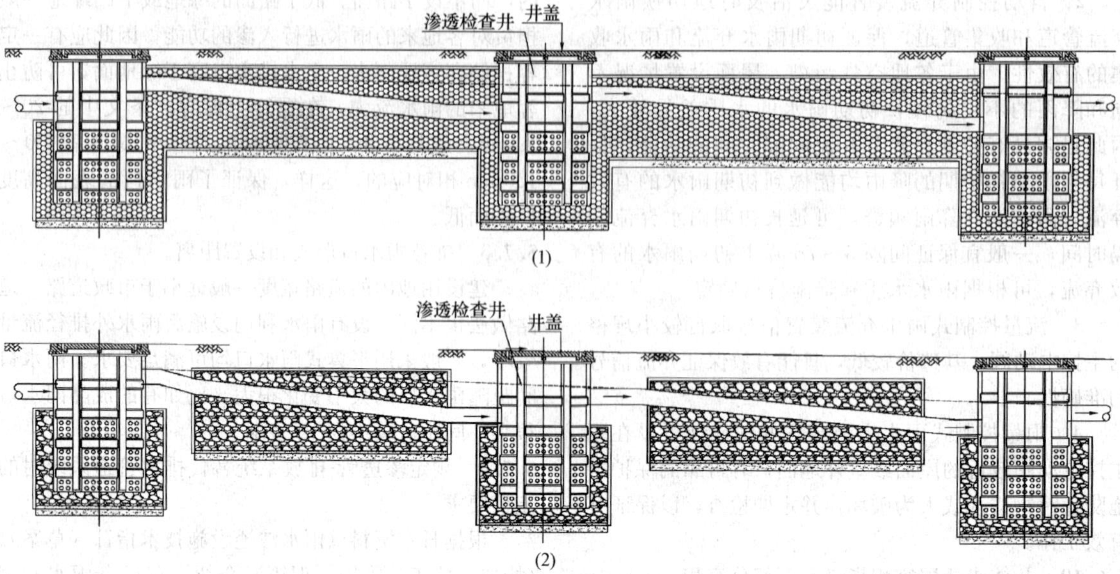

图10　渗透管-排放一体设施构造断面

6　雨水入渗

6.1　一般规定

6.1.1　规定雨水渗透设施的种类。

本条中各雨水渗透设施的技术特性详见6.2节。

绿地和铺砌的透水地面的适用范围广，宜优先采用；当地面入渗所需要的面积不足时采用浅沟入渗；浅沟渗渠组合入渗适用于土壤渗透系数不小于5×10^{-6}m/s的场所。

6.1.2　规定雨水渗透设施不应妨害建筑物及构筑物的正常使用。

雨水渗透设施特别是地面下的入渗使深层土壤的含水量人为增加，土壤的受力性能改变，甚至会影响到建筑物、构筑物的基础。建设雨水渗透设施时，需要对场地的土壤条件进行调查研究，以便正确设置雨水渗透设施，避免对建筑物、构筑物产生不利影响。

6.1.3　规定雨水渗透设施的安全注意事项。

非自重湿陷性黄土场地，由于湿陷量小，且基本不受上覆土自重压力的影响，可以采用雨水入渗的方式。采用下凹绿地入渗须注意水有一定的自重量，会引起湿陷性黄土产生沉陷。而对于其他管道入渗等形式，不会有大面积积水，因此影响会小些。

6.1.4　推荐渗透设施设置的渗透能力。

渗透设施的日渗透能力依据日雨水量当日渗透完的原则而定，设计雨水量重现期根据4.1.5条的规定取2年。入渗池、入渗井的渗透能力参考美国的资料减小到1/3，即：日雨水量可延长为3日内渗完（参见汪慧贞等“浅议城市雨水渗透”一文）。各种渗透设施所需要的渗透面积设计值根据本条的规定经计算确定。

6.1.5　规定渗透设施的储存容积。

进入渗透设施的雨水包括客地雨水和直接的降雨，埋地渗透设施接受不到直接降雨。当雨水流量小于渗透设施的入渗流量（能力）时，渗透设施内不产流、无积水。随着雨水入流量的增大，一旦超过入渗流量，便开始产流积水。之后又随着降雨的渐小，雨水入流量又会变为小于入渗流量，产流终止。产流期间（又称产流历时）累积的雨水量不应流失，需要储存起来延时渗透掉。所以，渗透设施需要储存容积，储存产流历时内累积的雨水量，该雨水量指设计标准内的降雨。

入渗池、入渗井的渗透能力低，只有日雨水设计量的1/3，在计算储存容积时，可忽略雨水入流期间的渗透量，用日雨水设计量近似替代设施内的产流累计量，以简化计算。

此条所要求的计算中涉及的降雨重现期取值均和渗透能力相对应的日雨水设计总量计算中的取值一致。

6.1.6　推荐优先选用的渗透设施。

各种渗透设施中采用绿地入渗的造价最低，各种硬化面上的雨水（包括路面雨水）入渗时宜优先考虑绿地入渗。当路面雨水没有条件利用绿地入渗时，宜铺装透水地面或设置渗透管沟、入渗井。透水铺装地面不宜接纳客地雨水。

6.1.7　规定常见下垫面上的雨水入渗处置要求。

1　绿地雨水指绿地上直接的降雨，应就地入渗。

2　对于屋面雨水而言，入渗方式及选用没有特殊要求。需要注意的是，屋面雨水有很多是由埋地管道引出室外的，这就限制了绿地等地面入渗方式的应用。

6.1.8 推荐地下建筑顶面覆土做渗透设施时的一种处置方法。

地下建筑顶上往往设有一定厚度的覆土做绿化，绿化植物的正常生长需要在建筑顶面设渗排管或渗排片材，把多余的水引流走。这类渗排设施同样也能把入渗下来的雨水引流走，使雨水能源源不断地入渗下来，从而不影响覆土层土壤的渗透能力。

根据中国科学院地理科学与资源研究所李裕元的实验研究报告，质地为粉质壤土的黄绵土试验土槽，初始含水量7%左右，在试验雨强（0.77～1.48mm/min）条件下，60min历时降雨入渗深度一般在200mm左右，90min历时降雨入渗深度一般在250～300mm左右。这意味着，对于300mm厚的地下室覆土层，某时刻的降雨需要90min钟后才能进入土壤下面的渗排系统，明显会延迟雨水径流高峰的时间，同时，土壤层也会存留一部分的雨水，使渗排引流的雨水流量小于降雨流量，由此实现4.1.5条规定的原则要求。

6.1.9 规定雨水渗透设施距建筑物的间距。

间距3m是参照室外排水检查井的参数制定的。

作为参考资料，列出德国的相关规范要求：雨水渗透设施不应造成周围建筑物的损坏，距建筑物基础应根据情况设定最小间距。雨水渗透设施不应建在建筑物回填土区域内，比如分散雨水渗透设施要求距建筑物基础的最小距离不小于建筑物基础深度的1.5倍(非防水基础)，距建筑物基础回填区域的距离不小于0.5m。

6.1.10 推荐雨水入渗系统设置溢流设施。

入渗系统的汇水面上当遇到超过入渗设计标准的降雨时会积水，设置溢流设施可把这些积水排走。当渗透设施为渗透管时宜在下游终端设排水管。

6.1.11 规定小区内路面宜高于绿地。

按传统总平面及竖向设计原则，一般绿地标高高于车行道路标高，道路设有立道牙。雨水利用的设计理念一般要求利用绿化地面入渗，因此道路标高要高于绿地标高。

小区内路面高于路边绿地50～100mm是北京雨水入渗的经验。低于路面的绿地又称下凹绿地，可形成储存容积，截留储存较多的雨水。特别是绿地周围或上游硬化面上的雨水需要进入绿地入渗时，绿地必须下凹才能把这些雨水截留并入渗。当路面和绿地之间有凸起的隔离物时，应留有水道使雨水排向绿地。

6.2 渗透设施

6.2.1 规定绿地渗透设施。

客地雨水指从渗透设施之外引来的雨水。绿地雨水渗透设施应与景观设计结合，边界应低于周围硬化面。在绿地植物品种选择上，根据有关试验，在淹没深度150mm的情况下，大羊胡子、早熟禾能够耐受长达6d的浸泡。

6.2.2 规定铺装地面渗透设施。

图11为透水铺装地面结构示意图。

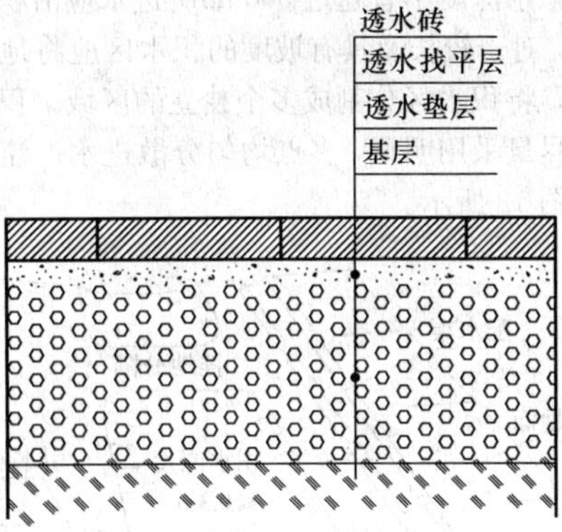

图11 透水铺装地面结构示意图

根据垫层材料的不同，透水地面的结构分为3层（表17），应根据地面的功能、地基基础、投资规模等因素综合考虑进行选择。

表17 透水铺装地面的结构形式

编号	垫层结构	找平层	面 层	适用范围
1	100～300mm 透水混凝土	1）细石透水混凝土 2）干硬性砂浆 3）粗砂、细石厚度20～50mm	透水性水泥混凝土 透水性沥青混凝土 透水性混凝土路面砖 透水性陶瓷路面砖	人行道、轻交通流量路面、停车场
2	150～300mm 砂砾料			
3	100～200mm 砂砾料 + 50～100mm 透水混凝土			

透水路面砖厚度为60mm，孔隙率20%，垫层厚度按200mm，孔隙率按30%计算，则垫层与透水砖可以容纳72mm的降雨量，即使垫层以下的基础为黏土，雨水渗入地下速度忽略不计，透水地面结构可以满足大雨的降雨量要求，而实际工程应用效果和现场试验也证明了这一点。

水质试验结果表明，污染雨水通过透水路面砖渗透后，主要检测指标如NH_3-N、COD_{Cr}、SS都有不同程度的降低，其中NH_3-N降低4.3%～34.4%，COD_{Cr}降低35.4%～53.9%，SS降低44.9%～87.9%，使水质得到不同程度的改善。

另外，根据试验观测，透水路面砖的近地表温度比普通混凝土路面稍低，平均低0.3℃左右，透水路面砖的近地表湿度比普通混凝土路面的近地表湿度稍高1.12%。

6.2.3 规定浅沟与洼地渗透设施。

浅沟与洼地入渗系统是利用天然或人工洼地蓄水

入渗。通常在绿地入渗面积不足，或雨水入渗性太小时采用洼地入渗措施。洼地的积水时间应尽可能短，因为长时间的积水会增加土壤表面的阻塞与淤积。一般最大积水深度不宜超过300mm。进水应沿积水区多点进入，对于较长及具有坡度的积水区应将地面做成梯田形，将积水区分割成多个独立的区域。积水区的进水应尽量采用明渠，多点均匀分散进水。洼地入渗系统如图12所示。

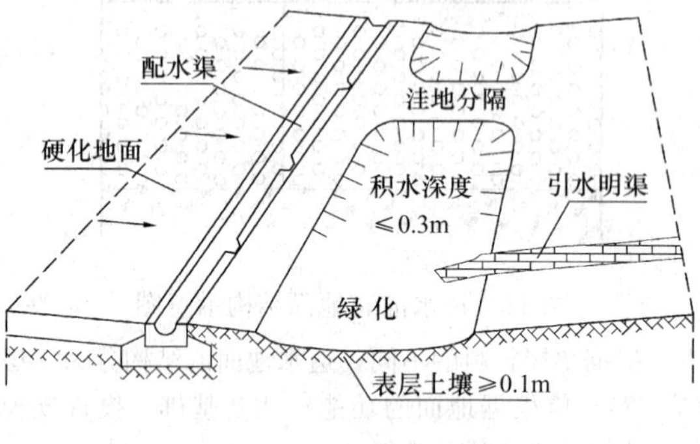

图12 洼地入渗系统

6.2.4 规定浅沟渗渠组合渗透设施。

浅沟—渗渠组合的构造形式见图13。

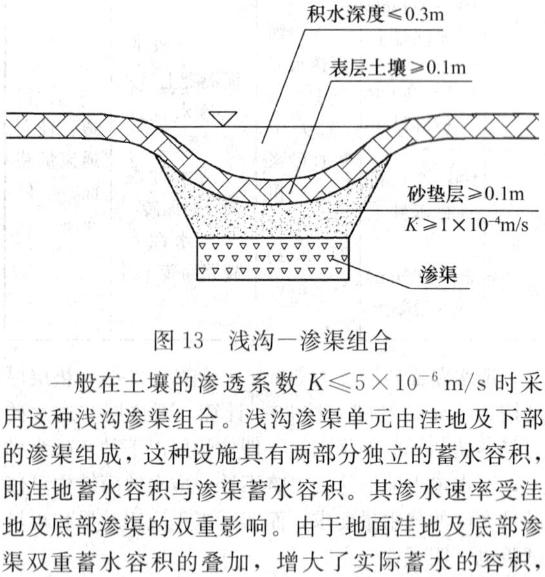

图13 浅沟—渗渠组合

一般在土壤的渗透系数 $K \leqslant 5\times10^{-6}$ m/s 时采用这种浅沟渗渠组合。浅沟渗渠单元由洼地及下部的渗渠组成，这种设施具有两部分独立的蓄水容积，即洼地蓄水容积与渗渠蓄水容积。其渗水速率受洼地及底部渗渠的双重影响。由于地面洼地及底部渗渠双重蓄水容积的叠加，增大了实际蓄水的容积，因而这种设施也可用在土壤渗透系数 $K \geqslant 1\times10^{-6}$ m/s 的土壤。与其他渗透设施相比这种系统具有更长的雨水滞留及渗透排空时间。渗水洼地的进水应尽可能利用明渠与来水相连，应避免直接将水注入渗渠，以防止洼地中的植物受到伤害。洼地中的积水深度应小于300mm。洼地表层至少100mm的土壤的透水性应保持在 $K \geqslant 1\times10^{-5}$ m/s，以便使雨水尽可能快地渗透到下部的渗渠中去。

当底部渗渠的渗透排空时间较长，不能满足浅沟积水渗透排空要求时，应在浅沟及渗渠之间增设泄流措施。

6.2.5 规定渗透管沟的设置要求。

建筑区中的绿地入渗面积不足以承担硬化面上的雨水时，可采用渗水管沟入渗或渗水井入渗。

图14为渗透管沟断面示意图。

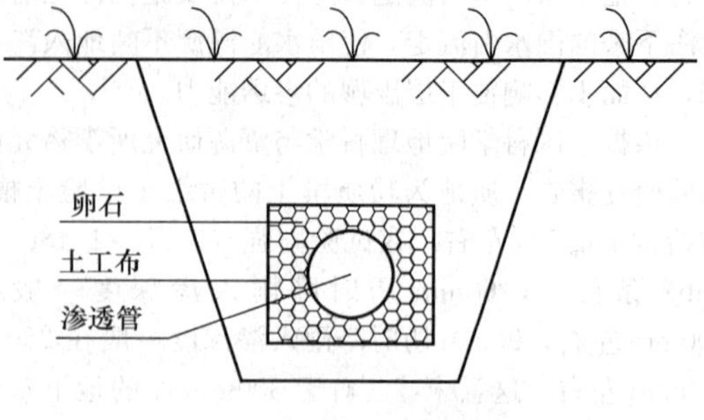

图14 渗透管沟断面

汇集的雨水通过渗透管进入四周的砾石层，砾石层具有一定的储水调节作用，然后再进一步向四周土壤渗透。相对渗透池而言，渗透管沟占地较少，便于在城区及生活小区设置。它可以与雨水管道、入渗池、入渗井等综合使用，也可以单独使用。

渗透管外用砾石填充，具有较大的蓄水空间。在管沟内雨水被储存并向周围土壤渗透。这种系统的蓄水能力取决于渗沟及渗管的断面大小及长度，以及填充物孔隙的大小。对于进入渗沟及渗管的雨水宜在入口处的检查井内进行沉淀处理。渗透管沟的纵断面形状见图10。

6.2.7 规定入渗池（塘）设施。

当不透水面的面积与有效渗水面积的比值大于15时可采用渗水池（塘）。这就要求池底部的渗透性能良好，一般要求其渗透系数 $K \geqslant 1\times10^{-5}$ m/s，当渗透系数太小时会延长其渗水时间与存水时间。应该估计到在使用过程中池（塘）的沉积问题，形成池（塘）沉积的主要原因为雨水中携带的可沉物质，这种沉积效应会影响到池子的渗透性。在池子首端产生的沉积尤其严重。因而在池的进水段设置沉淀区是很有必要的，同时还应通过设置挡板的方法拦截水中的漂浮物。对于不设沉淀区的池（塘）在设计时应考虑1.2的安全系数，以应对由于沉积造成的池底透水性的降低，但池壁不受影响。

保护人身安全的措施包括护拦、警示牌等。平时无水、降雨时才蓄水入渗的池（塘），尤其需要采取比常有水水体更为严格的安全防护措施，防止人员按平时活动习惯误入蓄水时的池（塘）。

6.2.8 规定入渗井。

入渗井一般用成品或混凝土建造，其直径小于1m，井深由地质条件决定。井底距地下水位的距离不能小于1.5m。渗井一般有两种形式。形式A如图15所示，渗井由砂过滤层包裹，井壁周边开孔。雨水经砂层过滤后渗入地下，雨水中的杂质大部被砂滤层截留。

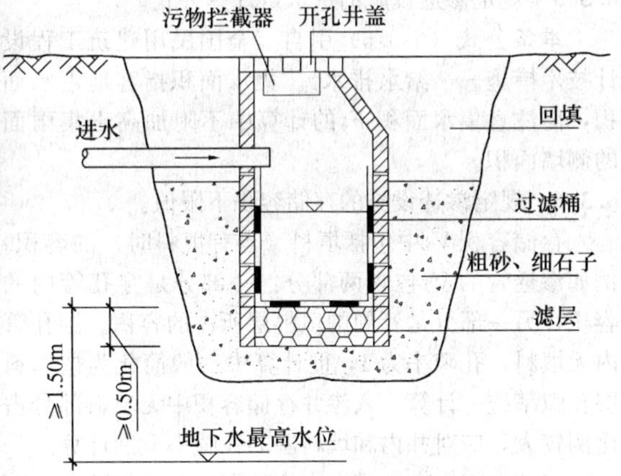

图 15　渗井 A

渗井 B 如图 16 所示，这种渗井在井内设过滤层，在过滤层以下的井壁上开孔，雨水只能通过井内过滤层后才能渗入地下，雨水中的杂质大部被井内滤层截留。过滤层的滤料可采用 0.25～4mm 的石英砂，其透水性应满足 $K \leqslant 1\times10^{-3}$ m/s。与渗井 A 相比渗井 B 中的滤料容易更换，更易长期保持良好的渗透性。

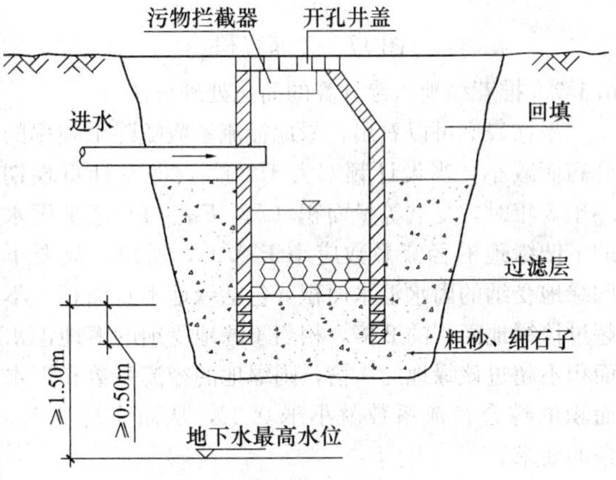

图 16　渗井 B

6.2.10　规定用于保护埋地渗透设施的土工布选用原则。

本条文主要参考了《土工合成材料应用技术规范》GB 50290；《公路土工合成材料应用技术规范》JTJ/T 019 等国家和相关行业标准制定的，详细的技术参数应根据雨水利用的技术特点进一步测试确定。

土工布的水力学性能同样是土壤和土工布互相作用的重要性能，主要为：土工布的有效孔径和渗透系数。土工布的有效孔径（EOS）或表观孔径（AOS）表示能有效通过的最大颗粒直径。目前具体试验方法有 2 种：干筛法（GB/ T 14799）和湿筛法（GB/ T 17634）。干筛法相对较简便但振筛时易产生静电，颗粒容易集结。湿筛法是根据 ISO 标准新制订的，在理论上可消除静电的影响，但因喷水后产生表面张力，集结现象并不能完全消除。两种标准的颗粒准备也不一样，干法标准制备是分档颗粒（从 0.05～0.07mm 至 0.35～0.4mm 分成 9 档），逐档放于振筛上（以土工布作为筛布）得出一系列不同粒径的筛余率，当某一粒径的筛余率等于总量的 90％或 95％时，该粒径即为该土工布的表观孔径或有效孔径，相应用 O90 或 O95 表示。至于湿法则采用混合颗粒（按一定的分布）经筛分后再测粒径，并求出有效孔径。目前国内应用的仍以干法为主。

短纤维针刺土工布是目前应用最广泛的非织造土工布之一。纤维经过开松混合、梳理（或气流）成网、铺网、牵伸及针刺固结最后形成成品，针刺形成的缠结强度足以满足铺放时的抗张应力，不会造成撕破、顶破。由于其厚度较大、结构蓬松，且纤维通道呈三维结构，过滤效率高，排水性能好。其渗透系数达 $10^{-2}\sim10^{-1}$，与砂粒滤料的渗透系数相当，但铺起来更方便，价格也不贵，因此用作反滤和排水最为合适。还具有一定的增强和隔离功能，也可以和其他土工合成材料复合，具有防护等多种功能。由于非织造土工布具有反滤和排水的特点，因此在水力学性能方面要特别予以重视，一是有效孔径；二是渗透系数。要利用非织造布多孔的性质，使孔隙分布有利于截留细小颗粒泥土又不至于淤堵，这必须结合工程的具体要求，予以满足。

机织布材料有长丝机织布和扁丝机织布两种，材料以聚丙烯为主。它应用于制作反滤布的土工模袋为多。机织土工布具有强度高、延伸率低的特点，广泛使用在水利工程中，用作防汛抢险、土坡地基加固、坝体加筋、各种防冲工程及堤坝的软基处理等。其缺点是过滤性和水平渗透性差，孔隙易变形，孔隙率低，最小孔径在 0.05～0.08mm，难以阻隔 0.05mm 以下的微细土壤颗粒；当机织布局部破损或纤维断裂时，易造成纱线绽开或脱落，出现的孔洞难以补救，因而应用受到一定限制。

6.3　渗透设施计算

6.3.1　规定渗透设施渗透量计算公式。

本条采用的公式为地下水层流运动的线性渗透定律，又称达西定律。

式中 α 为安全系数，主要考虑渗透设施会逐渐积淀尘土颗粒，使渗透效率降低。北方尘土多，应取低值，南方较洁净，可取高值。

水力坡降 J 是渗透途径长度上的水头损失与渗透途径长度之比，其计算式为：

$$J=\frac{J_s+Z}{J_s+\frac{Z}{2}}$$

式中　J_s——渗透面到地下水位的距离（m）；

Z——渗透面上的存水深度（m）。

当渗透面上的存水深 Z 与该面到地下水位的距离 J_s 相比很小时，则 $J \approx 1$。为安全计，当存水深 Z 较大时，一般仍采用 $J=1$。

本条公式的用途有两个：

1 根据需要渗透的雨水设计量求所需要的有效渗透面积；

2 根据设计的有效渗透面积求各时间段对应的渗透雨量。

6.3.2 规定土壤渗透系数的获取。

土壤渗透系数 K 由土壤性质决定。在现场原位实测 K 值时可采用立管注水法、圆环注水法，也可采用简易的土槽注水法等。城区土壤多为受扰动后的回填土，均匀性差，需取大量样土测定才能得到代表性结果。实测中需要注意应取入渗稳定后的数据，开始时快速渗透的水量数据应剔除。

土壤渗透系数表格中的数据取自刘兆昌等主编的《供水水文地质》。

6.3.3 规定各种形式的渗透面有效渗透面积折算方法。

1 水平渗透面是笼统地指平缓面，投影面积指水平投影面积；

2 有效水位指设计水位；

3 实际面积指 1/2 高度下方的部分。

6.3.4 规定渗透设施内蓄积雨水量的确定方法。

渗透设施（或系统）的产流历时概念：一场降雨中，进入渗透设施的雨水径流流量从小变大再逐渐变小直至结束，过程中间存在一个时间段，在该时间段上进入设施的径流流量大于渗透设施的总入渗量。这个时间段即为产流历时。

本条公式中最大值 Max（W_c-W_s）可如下计算：

步骤 1：对 W_c-W_p 求时间（降雨历时）导数；

步骤 2：令导数等于 0，求解时间 t，t 若大于 120min 则取 120；

步骤 3：把 t 值代入 W_c-W_s 中计算即得最大值。

降雨历时 t 高限值取 120min 是因为降雨强度公式的推导资料采用 120min 以内的降雨。

如上计算出的最大值如果大于按条文中（4.2.1-1）式计算的日雨水设计总量，则取小者。根据降雨强度计算的降雨量与日降雨量数据并不完全吻合，所以需作比较。

用（4.2.1-1）式计算日雨水设计总量时注意：汇水面积 F 按（6.3.5）式中的 F_y+F_0 取值。

求解 Max（W_c-W_s）还可按如下列表法计算：

步骤 1：以 10min 为间隔，列表计算 30、40、…、120min 的 W_c-W_s 值；

步骤 2：判断最大值发生的时间区间；

步骤 3：在最大值发生区间细分时间间隔计算 W_c-W_s，即可求出 Max（W_c-W_s）。

6.3.5 规定渗透设施的进水量计算公式。

本条公式（6.3.5）引自《全国民用建筑工程设计技术措施——给水排水》。集水面积指客地汇水面积，需注意集水面积 F_y 的计算中不附加高出集雨面的侧墙面积。

6.3.6 规定渗透设施的存储容积下限值。

存储容积 V_s 中包括填料（当有填料时）的容积。例如渗透管的 V_s 包含两部分：一部分是穿孔管内的容积，另一部分是管周围填料层所占的容积。穿孔管内无填料，孔隙率为 1，但计算中一般简化为按填料层孔隙率统一计算。入渗井存储容积中无填料部分占比例较大，应对井内和填料层的孔隙率分别计算。

存储空间中高于排水水位的那部分容积不计入存储容积 V_s，见图 17。比如小区中传统的雨水管道排除系统，管道中任一点的空间都高于下游端检查井内的排水口标高，雨水无法存储停留，故存储容积 $V_s=0$。

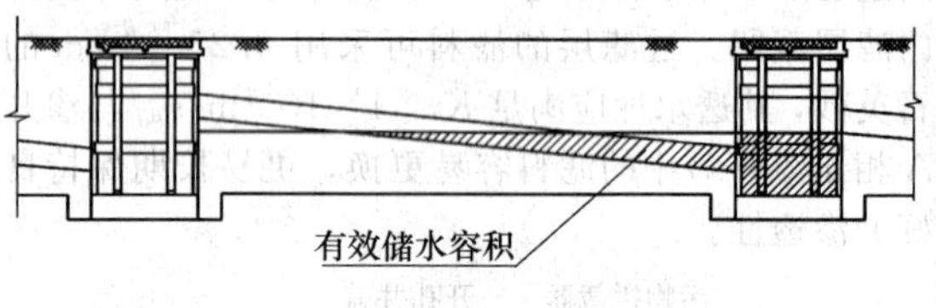

图 17 存储容积

6.3.7 推荐绿地入渗计算的简化处理方法。

根据表 9 可以看出，绿地径流系数随降雨频率的升高而减小，当设计频率大于 20%，即设计重现期小于 5 年时，受纳等量面积（$F_{汇}/F_{绿}=1$）客地雨水的下凹绿地的径流系数应小于 0.22，所以，只要下凹绿地受纳的雨水汇水面积（包括绿地本身面积）不超过该绿地面积的 2 倍，相当于绿地受纳的客地汇水面积不超过该绿地的 1 倍，则绿地的径流系数和汇水面积的综合径流系数就小于 0.22，从而实现 4.1.5 条的要求。

7 雨水储存与回用

7.1 一 般 规 定

7.1.1 规定雨水收集部位。

屋面雨水水质污染较少，并且集水效率高，是雨水收集的首选。广场、路面特别是机动车道雨水相对较脏，不宜收集。绿地上的雨水收集效率非常低，不经济。

图 18 表明了雨水集水面的污染程度与雨水收集回用系统的建设费及维护管理费之间的关系。要特别注意，雨水收集部位不同会给整个系统造成影响。也就是说，从污染较小的地方收集雨水，进行简单的沉淀和过滤就能利用；从高污染地点收集雨水，要设置深度处理系统，这是不经济的。

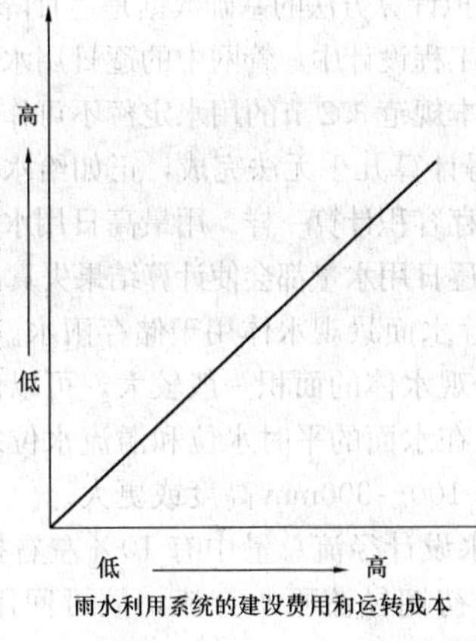

图 18　雨水收集回用系统的费用示意

7.1.2　规定雨水收集回用系统的水量平衡。

1　降雨重现期取 1～2 年是根据 4.1.5 条制定的。

2　回用系统的最高日用水量根据 3.2 节的用水定额计算，计算方法见现行国家标准《建筑给水排水设计规范》GB 50015。集水面日雨水设计总量根据 (4.2.1-1) 式计算。此款相当于管网系统有能力把日收集雨水量约 3 日内或更短时间用完。对回用管网耗用雨水的能力提出如此高的要求主要基于以下理由：

1) 条件具备。建设用地内雨水的需用量很大，比如公共建筑项目中的水体景观补水、空调冷却补水、绿地和地面浇洒、冲厕等用水，都可利用雨水，而汇集的雨水很有限，千平方米汇水面的日集雨量一般只几十立方米。只要尽量把可用雨水的部位都用雨水供应，则雨水回用管网的设计用水量很容易达到不小于日雨水设计总量 40%的要求。

2) 提高雨水的利用率。管网耗用雨水的能力越大，则蓄水池排空得越快，在不增加池容积的情况下，后续的降雨（比如连续 3d、7d 等）都可收集蓄存进来，提高了水池的周转利用率或雨水的收集效率，或者说所需的储存容积相对较小，使回用雨水相对经济。

雨水利用还有其他的水量平衡方法，比如月平衡法，年平衡法。

3) 雨水量非常充沛足以满足需用量的地区或项目，雨水需用量小于可收集量，这种条件下，回用管网的用水应尽量由雨水供应，不用或少用自来水补水。在降雨最多的一个月，集雨量宜足以满足月用水量，做到不补自来水，而在其他月份，降雨量小从而集雨量减少，再用自来水补充。

7.1.3　规定雨水储存设施的设置规模。

本条规定了两种方法确定雨水储存设施的有效容积。

第一种方法计算简单，需要的数据也少。要求雨水储存设施能够把设计日雨水收集量全部储存起来，进行回用。这里未考虑让部分雨水溢流流失，也未折算雨水池蓄水过程中会有一部分雨水进入处理设施，故池容积偏大偏保守些。

第二种方法需要计算机模拟计算，并需要一年中逐日的降雨量和逐日的管网用水量资料。此方法首先设定大小不同的几个雨水蓄水池容积 V，并分别计算每个容积的年雨水利用率和自来水替代率，然后根据费用数学模型进行经济分析比较，确定其中的一个容积。年雨水利用率和自来水替代率的计算流程见图 19。

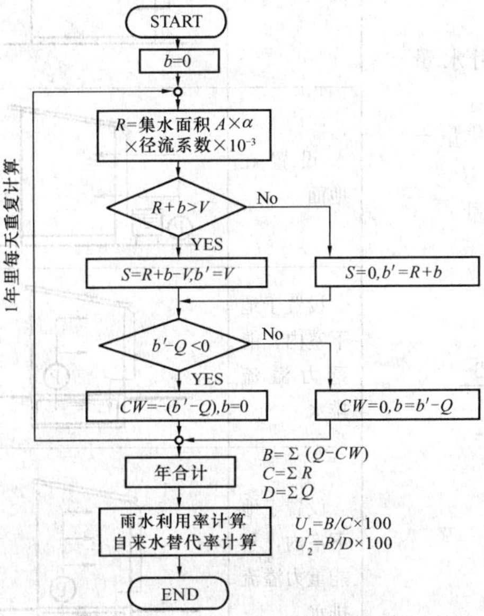

A：集水面积 [m^2]
Q：雨水用量 [m^3/d]
V：雨水储存池容积 [m^3]
a：降水量 [mm/d]
b：雨水储水量 [m^3]
b'：溢流量计算后的 b [m^3]
CW：自来水补水量 [m^3/d]
S：溢流水量 [m^3/d]
B：年雨水利用量 [m^3/a]
C：年雨水收集量 [m^3/a]
D：年用水量 [m^3/a]
U_1：雨水利用率 [%]
U_2：自来水替代率 [%]

图 19　年雨水利用率和自来水替代率计算流程图

计算机模拟计算中，各符号与本规范的符号对应关系为：R—W，A—F，a —h_y

流程图的计算步骤如下：

1） 已知某日降雨资料 a（mm/d），可以推求雨水设计量 R（m^3/d）：

R=汇水面积 A（m^2）×a×径流系数×10^{-3}

2） 已知雨水设计量 R、雨水蓄水池 V（m^3）和雨水蓄水池储水量 b（m^3）=0，可以推求雨水蓄水池溢流量 S（m^3/d）：

当 $R+b>V$ 时，$S=R+b-V$

当 $R+b<V$ 时，$S=0$

3） 此时的雨水储存量 b'（m^3）求解为：

当 $R+b>V$ 时，$b'=V$

当 $R+b<V$ 时，$b'=R+b$

4） 根据蓄水池储水量 b' 和使用水量 Q，可以求出自来水补给量 CW（m^3）：

当 $b'-Q<0$ 时，$CW=-(b'-Q)$

当 $b'-Q>0$ 时，$CW=0$

5） 此时的雨水蓄水池储水量 b''（m^3）求解为：

当 $b'-Q<0$ 时，$b''=0$

当 $b'-Q>0$ 时，$b''=b'-Q$

6） 把 b'' 作为 b，可以进行第二天的计算。

7） 由一整年的降雨资料，进行 1）～6）重复计算。

8） 由以上计算结果，可以根据下式算出年雨水利用量 B（m^3/年），年雨水收集量 C（m^3/年）和年使用量 D（m^3/年）：

$$B=\sum(Q-CW), C=\sum R, D=\sum Q$$

下面求解雨水利用率（%）和自来水替代率（%），见下式：雨水利用率（%）=$B\div C\times100$=雨水利用量÷雨水收集量×100

自来水替代率（%）=$B\div D\times100$

=雨水利用量÷使用水量×100

=雨水利用率×雨水收集量÷使用水量

注：使用水量=雨水利用量+自来水补给量

模拟计算中水量均衡概念见图 20。

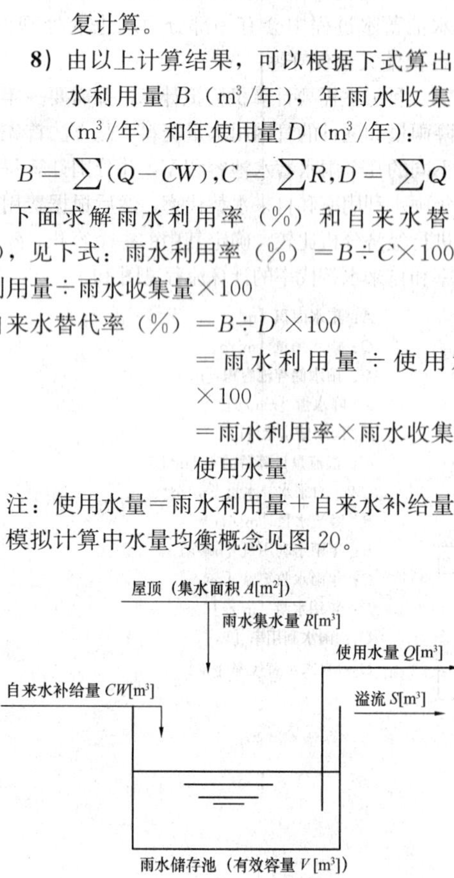

图 20　雨水储存池的水量均衡概念图

上述模拟计算方法的基础数据是逐日降雨量和逐日用水量，而工程设计中，管网中的逐日用水量如何变化是未知的（本规范 3.2 节的用水定额不可作为逐日用水量），这使得计算几乎无法完成，正如给水系统、热水系统中的储存容积计算一样。用最高日用水量或平均日用水量代替逐日用水量都会使计算结果失真。

7.1.4　推荐水面景观水体用于储存雨水。

水面景观水体的面积一般较大，可以储蓄大量雨水，做法是在水面的平时水位和溢流水位之间预留一定空间，如 100～300mm 高度或更大。

7.1.5　雨水设计径流总量中有 10%左右损耗于水质净化过程和初期径流雨水弃流，故可回用量为 90%左右。

7.1.6　规定雨水清水池的容积。

管网的供水曲线在设计阶段无法确定，水池容积一般按经验确定。条文中的数字 25%～35%，是借鉴现行国家标准《建筑中水设计规范》GB 50336。

7.2　储 存 设 施

7.2.1　推荐雨水蓄水池（罐）设置位置。

雨水蓄水池（罐）设在室外地下的益处是排水安全和环境温度低、水质易保持。水池人孔或检查孔设双层井盖的目的是保护人身安全。

雨水蓄水池（罐）也可以设在其他位置，参见表 18。

表 18　雨水蓄水池设置位置

设置地点	图　示	主 要 特 点
设置在屋面上	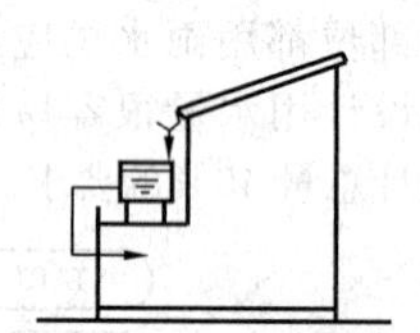	1）节省能量，不需要给水加压 2）维护管理较方便 3）多余雨水由排水系统排除
设置在地面	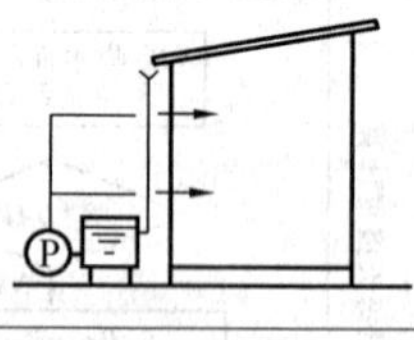	维护管理较方便
设置于地下室内，能重力溢流排水	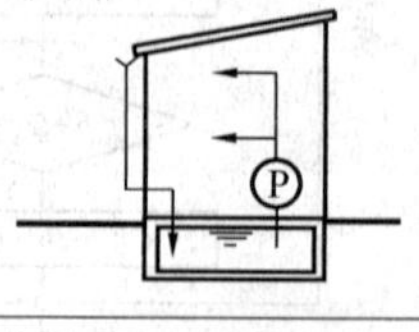	1）适合于大规模建筑 2）充分利用地下空间和基础
设置于地下室内，不能重力溢流排水	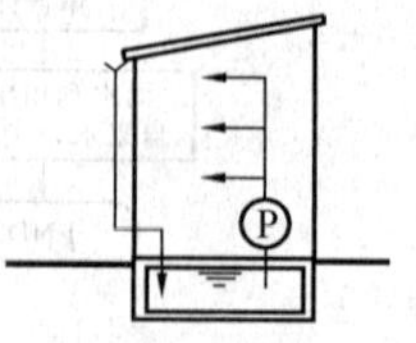	必须设置安全的溢流措施

7.2.2 规定储存设施应有溢流措施。

雨水收集系统的蓄水构筑物在发生超过设计能力降雨、连续降雨或在某种故障状态时，池内水位可能超过溢流水位发生溢流。重力溢流指靠重力作用能把溢流雨水排放到室外，且溢流口高于室外地面。

7.2.3 规定溢流能力要求。

溢流排水能力只有比进水能力大，才能保证系统安全性。通常，溢流管比进水管管径大一级是给水容器中的常规做法。

7.2.4 规定室内蓄水池不能重力溢流时的设置方法。

本条规定的目的是保证建筑物地下室不因降雨受淹。

1 室内蓄水池的溢流口低于室外路面时，可采用两种方式排除溢流雨水，自然溢流或设自动提升设备。当采用自动提升设备排溢流雨水时，可采用图21所示方式设置溢流排水泵。溢流提升设备的排水标准取50年重现期参照的是现行国家标准《建筑给水排水设计规范》GB 50015屋面溢流标准。德国雨水利用规范中取的是100年重现期。

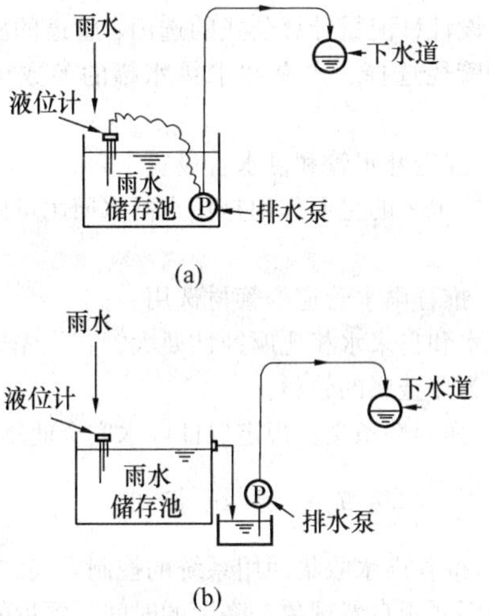

图21 溢流排水方式示意

(a) 排水泵设于雨水储存池内；

(b) 排水泵设于雨水储存池外

2 当不设溢流提升设备时，可采用雨水自然溢流。但由于溢流口低于室外路面，则路面发生积水时会使雨水溢流不出去，甚至室外雨水倒灌进室内蓄水池。所以采用这种方式处理溢流雨水时应采取防止雨水进入室内的措施。采取的措施有多种，最安全的措施是蓄水池、弃流池与室内地下室空间隔开，使雨水进不到地下室内。另一种措施是地下雨水蓄水池和弃流池密闭设置，当溢流发生时不使溢流雨水进入室内，检查口标高应高于室外自然地面。由于蓄水构筑物可能被全部充满，必须设置的开口、孔洞不可通往室内，这些开口包括人孔、液位控制器或供电电缆的开口等等，采用连通器原理观察液位的液位计亦不可设在建筑物室内。

3 地下室内雨水蓄水池发生的溢流水量有难以预测的特点，出现溢流时特别是需设备提升溢流雨水时应人员到位，应付不测情况，这是设置溢流报警信号的主要目的。

4 设置超越管的作用是蓄水池故障时屋面雨水仍能正常排到室外。

7.2.5 规定蓄水池进、出水的设置要求。

出水和进水都需要避免扰动沉积物。出水的做法有：设浮动式吸水口，保持在水面下几十厘米处吸水；或者在池底吸水，但吸水口端设矮堰与积泥区隔开等。进水的做法是淹没式进水且进水口向上、斜向上或水平。图22所示为浮动式吸水口和上向进水口。

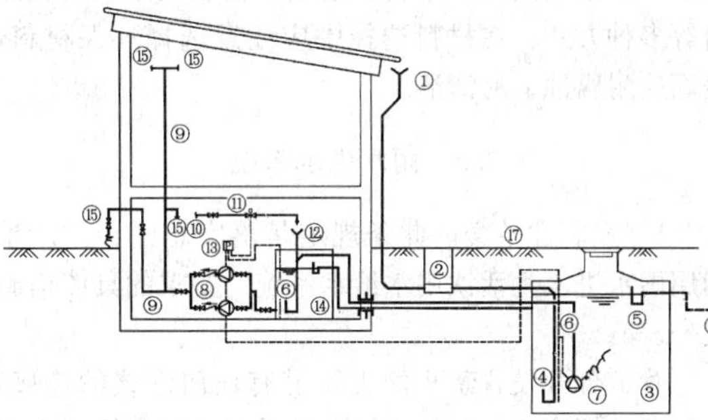

图22 雨水蓄存利用系统示意

①屋面集水与落水管；②滤网；③雨水蓄水池；④稳流进水管；⑤带水封的溢流管；⑥水位计；⑦吸水管与水泵；⑧泵组；⑨回用水供水管；⑩自来水管；⑪电磁阀；⑫自由出流补水口；⑬控制器；⑭补水混合水池；⑮用水点；⑯渗透设施或下水道；⑰室外地面

进水端均匀进水方式包括沿进水边设溢流堰进水或多点分散进水。

7.2.6、7.2.7 规定蓄水池构造方面的部分要求。

检查口或人孔一般设在集泥坑的上方，以便于用移动式水泵排泥。检查口附近的给水栓用于接管冲洗池底。

有的成品装置（型材拼装）把蓄水池和水质处理合并为一体，其中设置分层沉淀板，高效沉淀，自动集泥，故池底板无需集泥，可不再需要坡度。

7.2.8 规定蓄水池无排泥设施时的处置方法。

当不具备设置排泥设施或排泥确有困难时，应在雨水处理前自动冲洗水池池壁和将蓄水池内的沉淀物与水搅匀，随净化系统排水将沉淀物排至污水管道，以免在蓄水池内过量沉淀。可采用图23所示方式利用池水作为冲洗水源，由自动控制系统控制操作。

搅拌系统应确保在工作时间段内将池水与沉淀物充分有效均匀混合。

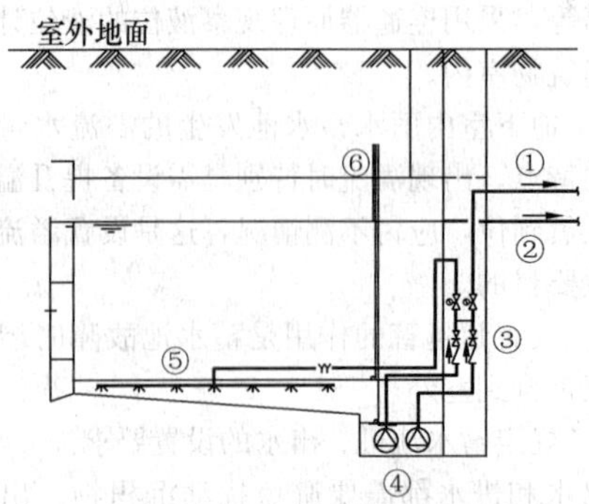

图 23　无排泥设施蓄水池做法示意

①至处理系统；②溢流管；③控制阀门；④雨水处理提升泵；⑤搅拌冲洗系统；⑥液位控制器

7.2.10　国内外资料显示，蓄水池材料可选用塑料、混凝土水池表面涂装涂料、钢板水箱表面涂装防腐涂料等多种方式，在材料选择中应注意选择环保材料，表面应耐腐蚀、易清洁。

7.3　雨水供水系统

7.3.1　强制性条文。此条规定是落实总则中“严禁回用雨水进入生活饮用水给水系统”要求的具体措施之一。

管道分开设置禁止两类管道有任何形式的连接，包括通过倒流防止器等连接。管道包括配水管和水泵吸水管等。

7.3.2　规定雨水回用系统设置自动补水及其要求。

雨水回用系统很难做到连续有雨水可用，因此须设置稳定可靠的补水水源，并应在雨水储罐、雨水清水池或雨水供水箱上设置自动补水装置，对于只设雨水蓄水池的情况，应在蓄水池上设置补水。在非雨季，可采用补水方式，也可关闭雨水设施，转换成其他系统供水。

1　补水可能是生活饮用水，也可能是再生水，要特别注意补充的再生水水质不可低于雨水的水质。

2　雨水供应不足应在如下情况下进行补水：

1) 雨水蓄水池里没有了雨水；

2) 雨水清水池里的雨水已经用完。

发生任何一种情况便应启动补水。

补水水位应满足如下要求：补水结束时的最高水位之上应留有容积，用于储存处理装置的出水，使雨水处理装置的运行不会因补水而被迫中断。

3　补水流量一般不应小于管网系统的最大时水量。

7.3.3　强制性条文。规定生活饮用水做补水的防污染要求。

生活饮用水补水管出口，最好不进入雨水池（箱）之内，即使设有空气隔断措施。补水可在池（箱）外间接进入，特别是向雨水蓄水池补水时。池外补水方式可参见图 22。

7.3.4　规定雨水供水管网的覆盖范围。

雨水供水管网的供应范围应该把水量平衡计算中耗用雨水的用水部位都覆盖进来，才能使收集的雨水及时供应出去，保证雨水利用设施发挥作用。工程中有条件时，雨水供水管网的供水范围应尽量比水量计算的部位扩大一些，以消除计算与实际用水的误差，确保雨水能及时耗用掉，使雨水蓄水池周转出空余容积收集可能的后续雨水。

7.3.5　推荐不同水质的用水分质供水。

这是一种比较特殊的情况。雨水一般可有多种用途，有不同的水质标准，大多采用同一个管网供水，同一套水质处理装置，水质取其中的最高要求标准。但是有这样一种情况：标准要求最高的那种用水的水量很小，这时再采用上述做法可能不经济，宜分开处理和分设管网。

7.3.6　规定雨水系统的供水方式和计算要求。

供水方式包括水泵水箱的设置、系统选择、管网压力分区等。

水泵选择和管道水力计算包括用水点的水量水压确定、设计秒流量计算公式的选用、管道的压力损失计算和管径选择、水泵和水箱水罐的参数计算与选择等。

7.3.7　规定补水管和供水管设置水表。

设置水表的主要作用是核查雨水回用量以及经济核算。

7.3.8　推荐雨水管道的管材选用。

雨水和自来水相比腐蚀性要大，宜优先选用管道内表面为非金属的管材。

7.3.9　强制性条文。规定保证雨水安全使用的措施。

7.4　系 统 控 制

7.4.1　推荐雨水收集回用系统的控制方式。

降雨属于自然现象，降雨的时间、雨量的大小都具有不确定性，雨水收集、处理设施和回用系统应考虑自动运行，采用先进的控制系统降低人工劳动强度、提高雨水利用率，控制回用水水质，保障人民健康。给出的三种控制方式是电气专业的常规做法。

7.4.3　推荐对设备运行状态监控。

对水处理设施的自动监控内容包括各个工艺段的出水水质、净化工艺的工作状态等。回用水系统内设备的运行状态包括蓄水池液位状态、回用水系统的供水状态、雨水系统的可供水状态、设备在非雨季时段内的可用状态等。并能通过液位信号对系统设备运行实施控制。

7.4.4　推荐净化设备自动控制运行。

降雨具有季节性，雨季内的降雨也并非连续均匀。由于雨水回用系统不具备稳定持续的水源，因此雨水净化设备不能连续运转。净化设备开、停等应由雨水蓄水池和清水池的水位进行自动控制。

7.4.5 规定常规监控内容。

水量计量可采用水表，水表应在两个部位设置，一个部位为补水管，另一个部位是净化设备的出水管或者是向回用管网供水的干管上。

7.4.6 规定补水自动进行。

雨水收集、处理系统作为回用水系统供水水源的一个组成部分，本身具有水量不稳定的缺点，回用水系统应具有如生活给水、中水给水等其他供水水源。当采用其他供水水源向雨水清水池补水的方式时，补水系统应由雨水清水池的水位自动控制。清水池在其他水源补水的满水位之上应预留雨水处理系统工作所需要的调节容积。

8 水质处理

8.1 处理工艺

8.1.1 规定确定雨水处理工艺的原则。

影响雨水回用处理工艺的主要因素有：雨水能回收的水量、雨水原水水质、雨水回用部位的水质要求，三者相互联系，影响雨水回用水处理成本和运行费用。在工艺流程选择中还应充分考虑其他因素，如降雨的随机性很大，雨水回收水源不稳定，雨水储蓄和设备时常闲置等，目前一般雨水利用尽可能简化处理工艺，以便满足雨水利用的季节性，节省投资和运行费用。

8.1.2 推荐雨水处理中所采用的常规技术。

雨水的可生化性很差（详见3.1.2条说明），因此推荐雨水处理采用物理、化学处理等便于适应季节间断运行的技术。

雨水处理是将雨水收集到蓄水池中，再集中进行物理、化学处理，去除雨水中的污染物。目前给水与污水处理中的许多工艺可以应用于雨水处理中。

8.1.3 推荐屋面雨水的常规处理工艺。

确定屋面雨水处理工艺的原则是力求简单，主要原因是：第一，屋面雨水经初期径流弃流后水质比较洁净；第二，降雨随机性较大，回收水源不稳定，处理设施经常闲置。

1 此工艺的出水当达不到景观水体的水质要求时，考虑利用景观水体的自然净化能力和水体的处理设施对混有雨水的水体进行净化。当所设的景观水体有确切的水质指标要求时，一般设有水体净化设施。

2 此处理工艺可用于原水较清洁的城市，比如环境质量较好或雨水频繁的城市。

3 根据北京水科所的实际工程运行经验，当原水COD_{cr}在100mg/L左右时，此工艺对于原水的COD_{cr}去除率一般可达到50%左右。

8.1.4 规定较高水质要求时的处理措施。

用户对水质有较高的要求时，应增加相应的深度处理措施，这一条主要是针对用户对水质要求较高的场所，其用水水质应满足国家有关标准规定的水质，比如空调循环冷却水补水、生活用水和其他工业用水等，其水处理工艺应根据用水水质进行深度处理，如混凝、沉淀、过滤后加活性炭过滤或膜过滤等处理单元等。

8.1.5 推荐消毒方法。

本条是根据经验推荐雨水回用水的消毒方式，一般雨水回用水的加氯量可参考给水处理厂的加氯量。依据国外运行经验，加氯量在2～4mg/L左右，出水即可满足城市杂用水水质要求。

8.1.6 雨水处理过程中产生的沉淀污泥多是无机物，且污泥量较少，污泥脱水速度快，一般考虑简单的处置方式即可，可采用堆积脱水后外运等方法，一般不需要单独设置污泥处理构筑物。

8.2 处理设施

8.2.1 规定雨水处理设施的处理能力。

根据7.1.2条第2款，回用系统的日用雨水能力W_y应大于$0.4W$，并且当大于W时，W_y宜取W。

雨水处理设备的运行时间建议取每日12～16h。

8.2.2 规定雨水蓄水池的设计。

雨水在蓄水池中的停留时间较长，一般为1～3d或更长，具有较好的沉淀去除效率，蓄水池的设置应充分发挥其沉淀功能。另外雨水在进入蓄水池之前，应考虑拦截固体杂物。

8.2.3 推荐过滤处理的方式。

石英砂、无烟煤、重质矿石等滤料构成的快速过滤装置，都是建筑给水处理中一些较成熟的处理设备和技术，在雨水处理中可借鉴使用。雨水过滤设备采用新型滤料和新工艺时，设计参数应按实验数据确定。当雨水回用于循环冷却水时，应进行深度处理。深度处理设备可以采用膜过滤和反渗透装置等。

9 调蓄排放

9.0.1、9.0.2 规定调蓄池的设置位置和方式。

随着城市的发展，不透水面积逐渐增加，导致雨水流量不断增大。而利用管道本身的空隙容积来调节流量是有限的。如果在雨水管道设计中利用一些天然洼地、池塘、景观水体等作为调蓄池，把雨水径流的高峰流量暂存在内，待洪峰径流量下降后，再从调节池中将水慢慢排出，由于调蓄池调蓄了洪峰流量，削减了洪峰，这样就可以大大降低下游雨水干管的管径，对降低工程造价和提高系统排水的可靠性很有意义。

此外，当需要设置雨水泵站时，在泵站前如若设置调蓄池，则可降低装机容量，减少泵站的造价。

若没有可供利用的天然洼地、池塘或景观水体作调蓄池，亦可采用人工修建的调蓄池。人工调蓄池的布置，既要考虑充分发挥工程效益，又要考虑降低工程造价。

9.0.3 推荐调蓄池的设置类型。

1 溢流堰式调蓄池

调蓄池通常设置在干管一侧，有进水管和出水管。进水较高，其管顶一般与池内最高水位持平；出水管较低，其管底一般与池内最低水位持平。

2 底部流槽式调蓄池

雨水从池上游干管进入调蓄池，当进水量小于出水量时，雨水经设在池最低部的渐缩断面流槽全部流入下游干管而排走。池内流槽深度等于池下游干管的直径。当进水量大于出水量时，池内逐渐被高峰时的多余水量所充满，池内水位逐渐上升，直到进水量减少至小于池下游干管的通过能力时，池内水位才逐渐下降，至排空为止。

9.0.4 推荐调蓄设施的规模。

推荐调蓄排放系统的降雨设计重现期取2年是执行4.1.5条的规定。

9.0.5 推荐调蓄池容积和排水流量的计算方法。

公式（9.0.5）类似于渗透设施的蓄积雨水量计算式（6.3.4），两式的主要差别是本条公式中用排放水量 $Q't_m$ 取代了渗透量 W_s，另外进水量 Qt_m（相当于 W_c）不再乘系数1.25。

本条两个公式中的 Q 和 W 都按4.2.1条公式计算，计算中需注意汇水面积的计算中不附加高出集雨面的侧墙面积。排空时间取6～12h为经验数据。

9.0.6 推荐排空管道直径的确定方法。

向外排水的流量最高值发生在调蓄池中的最高水位之时，根据设计排水流量和调蓄池的设计水位，便可计算确定调蓄池出水管径和向市政排水的管径。

排水管道管径也可以根据排空时间方法确定。调蓄池放空时间按照水力学中变水头下的非稳定出流进行计算，按此原则确定池出水管管径。为方便计算，一般可按照调蓄池容积的大小，先估算出水管管径，然后按照调蓄池放空时间的要求校核选用的出水管管径是否满足。放空时间一般要求控制在12h以内。

10 施 工 安 装

10.1 一 般 规 定

10.1.1、10.1.2 规定施工的设计文件和队伍资质要求。

雨水利用工程包含了雨水收集、水质处理、室内外管道安装等内容，比常规的雨水管道系统涵盖的内容多，系统复杂，施工要求更加严格。施工过程是雨水利用系统的一个关键环节，施工时是否按照经所在地行政主管部门批准的图纸施工、是否采用正确的材料、处理设备安装调试是否达到要求，渗透设施的施工能否满足设计要求的雨水量等都可能对雨水利用系统产生重要影响。因此施工前，施工单位应熟悉设计文件和施工图，深入理解设计意图及要求，严格按照设计文件、相应的技术标准进行施工，不得无图纸擅自施工，施工队伍必须有国家统一颁发的相应资质证书。

10.1.3 规定施工人员的基本要求。

由于设计可能采用不同材质的管道，每种管道有其各自的材料特点，因此施工人员均必须经过相应管道的施工安装技术培训，以确保施工质量。

10.1.5 规定雨水入渗工程施工前的必要工作。

雨水渗透设施在施工前，应根据施工场地的地层构造、地下水、土壤、周边的土地利用以及现场渗透实验所得出的渗透量，校核采用的渗透设施是否满足设计要求。

10.1.6 规定渗透填料的技术要求。

雨水渗透设施采用的粗骨料一般为粒径20～30mm的卵石或碎石，骨料应冲洗干净。

10.1.7 对屋面雨水系统的施工更改提出程序要求。

屋面雨水特别是虹吸式屋面雨水收集系统是设计单位在对系统进行了详细的水力计算的基础上进行的设计，施工单位在施工过程中更改设计，如管材的变化、管径的调整、管道长度的更改等，都会破坏系统的水力平衡，破坏虹吸产生的条件。

10.2 埋地渗透设施

10.2.1 规定渗透设施施工的总体要求。

渗透设施的渗透能力依赖于设置场所土壤的渗透能力和地质条件。因此，在渗透设施施工安装时，不得损害自然土壤的渗透能力是十分重要的，必须予以充分的重视。注意事项如下：

1 事前调查包括设置场所地下埋设构筑物调查；周边地表状况和地形坡度调查；地下管线和排水系统调查，并确定渗透设施的溢流排水方案；分析雨水入渗造成地质危害的可能性；

2 选择施工方法要考虑其可操作性、经济性、安全性。根据用地场所的制约条件确定人力施工或机械施工的施工方案；

3 工程计划要制定出每一天适当的作业量，为了保护渗透面不受影响，应注意开挖面不可隔夜施工。施工应避开多雨季节，降雨时不应施工。

10.2.2～10.2.4 对渗透设施的施工过程提出技术要求。

入渗井、渗透雨水口、渗透管沟、入渗池等渗透设施应保证施工安装的精确度，对成套成品应有可靠的成品保护措施，施工现场应保证清洁，防止泥沙、石料等混入渗透设施内，影响渗透能力和设施的正常使用。

1 土方开挖工作可用人工或小型机械施工，在有滑坡危险的山地区域，应有护坡保土措施。在采用机械挖掘时，挖掘工作从地面向下进行，表面用铁锹等器具剥除。剥落的砂土要予以排除。在用铁锹等进行人工挖掘时，应对侧面做层状剥离，切成光滑面。为了保护挖掘底面的渗透能力，应避免用脚踏实。应尽力避免超挖，在不得已产生超挖时，不得用超挖土回填，应用碎石填充。在挖掘过程中，发现与当初设想的土壤不符时，应从速与设计者商议，采取切实可行的对策。

2 沟槽开挖后，为保护底面应立即铺砂，但是地基为砂砾时可以省略铺砂。铺砂用脚轻轻的踏实，不得用滚轮等机械碾压。砂用人工铺平。

3 为防止砂土进入碎石层影响储存和渗透能力、可能产生的地面沉陷，充填碎石应全面包裹土工布。透水土工布应选用其孔隙率相当的产品，防止砂土侵入。为便于透水土工布的作业，对挖掘面作串形固定。

4 为防止砂土混入碎石，应从底面向上敷设土工布；碎石投放可用人工或机械施工，注意不要造成土工布的陷落；充填碎石时为防止下沉和塌陷进行的碾压应以不影响碎石的透水能力和储留量为原则，碾压的次数和方法要予以充分考虑。

5 成品井体、管沟等应轻拿轻放，宜采用小型机械运输工具搬运，严禁抛落、踩压等野蛮施工。井体的安装应在井室挖掘后快速进行，施工中应协调砾石填充和土工布的敷设，避免造成土工布的陷落和破损。当采用砌筑的井体时，井底和井壁不应采用砂浆垫层或用灰浆勾缝防渗。施工期间井体应做盖板，埋设时防止砂土流入。井体接好后，再接连接管（集水管、排水管、透水管等），最后安装防护筛网。

6 渗透管沟的坡度和接管方向应满足设计要求，当使用底部不穿孔的穿孔管沟时，应注意管道的上下面朝向。

7 渗透管沟施工完毕后，对填埋的回填土宜采用滚轮充分碾压。由于碎石之间相互咬合，可能引起初期下沉，回填后1～2d应该注意观察并修补。回填土壤上部应使用优良土壤。

8 工程完工后，进行多余材料整理和清扫工作，泥沙等不可混入渗透设施内。

9 工程完工后应进行渗透能力的确认，在竣工时，选定几个渗透设施，根据注水试验确定其渗透能力。渗透管沟在其长度很长的情况下，注水试验要耗用大量的水，预先选2～3m试验区较好。此举便于长年测定渗透能力的变化。注水试验原则上采用定水位法，受条件限制也可以用变水位法。

10.3 透水地面

10.3.2 规定透水地面基层的施工要求。

基层开挖不应扰乱路床，开挖时防止雨水流入路床，施工做好排水。采用人工或小型压路机平整路床，尽量不破坏路床，并保证路基的平整度，做好路面的纵向坡度。路基碾压一般使用小型压实器或者小型压路器，要充分掌握路床土壤的特性，不得推揉和过碾压。火山灰质黏土含水量多，易造成返浆现象，使强度下降，施工中要充分注意排水。

10.3.3 规定透水地面透水垫层的施工要求。

透水垫层除了采用砂石外，还可采用透水性混凝土。透水性混凝土垫层所用水泥宜选用P. O32.5、P. S32.5以上标号，不得使用快硬水泥、早强水泥及受潮变质过期的水泥；所用石子应符合《普通混凝土用碎石或卵石质量标准及检验方法》JGJ 53-92的有关规定，粒径应在5～10mm之间，单级配，5mm以下颗粒含量不应大于35%（体积比）。透水性混凝土垫层的配合比应根据设计要求，通过试验确定；透水性混凝土摊铺厚度应小于300mm，应机械或人工方法进行碾压或夯实，使之达到最大密实度的92%左右。

10.3.5 规定透水面砖及其敷设要求。

透水面砖可采用透水性混凝土路面砖、透水性陶瓷路面砖、透水性陶土路面砖等透水性好、环保美观的路面砖，并应满足设计要求。透水路面砖应按景观设计图案铺设，铺砖时应轻拿轻放，采用橡胶锤敲打稳定，不得损伤砖的边角；透水砖间应预留5mm的缝隙，采用细砂填缝，并用高频小振幅振平机夯平。铺设透水路面砖前应用水湿润透水路基，透水砖铺设后的养护期不得少于3d。

10.3.6 规定透水性混凝土面层及其施工要求。

为保证透水路面的整体透水效果和强度，混凝土垫层夏季施工要做好洒水养护工作；冬季（日最低气温低于2℃）应避免无砂混凝土垫层施工。

透水性沥青混凝土按下列要求施工：

1）应使用人力或沥青修整器保证敷设均匀，在混合物温度未冷却时迅速施工。为确保规定的密度，混合材料不能分离。使用沥青修整器敷均时，必须人工修正。在温度降低时，有团块或沥青分离物，在敷均时注意予以剔除。

2）步行道碾压使用夯或小型压路机；车行道使用碎石路面压路机和轮胎压路机，确保路面平坦，特别是接缝处应仔细施工。

透水性水泥混凝土按下列要求施工：

1）在路盘上安好模板后，对路盘面进行清扫；

2）人工操作时用耙子敷均，用压实器压实，用刮板找平。

10.4 管道敷设

10.4.1 规定回用雨水管道在室外埋地敷设时的技术要求。

南方地区与北方地区温度差别较大，冻土层深度不一。一般情况下室外埋地管道均需敷设在冻土层以下。当条件限制必须敷设在冻土层内时，需采取可靠的防冻措施。

10.4.2 规定屋面雨水管道系统的试压要求。

室内的虹吸式屋面雨水收集管道必须有一定的承压能力，灌水实验时，灌水高度必须达到每根立管上部雨水斗，持续时间1h。管道、管件和连接方式要求的负压值，是保证系统正常工作的要求，避免管道被吸瘪。

10.5 设备安装

10.5.1 水处理设备的安装应按照工艺流程要求进行，任何安装顺序、安装方向的错误均会导致出水不合格。检测仪表的安装位置也对检测精度产生影响，应严格按照说明书进行安装。

11 工程验收

雨水利用工程可参照给水排水工程验收等相关规范、规程、规定，按照设计要求，及时逐项验收每道工序，并取样试验。另外，还应结合外形量测和直观检查，并辅以调查了解，使验收的结论定性、定量准确。

11.1 管道水压试验

11.1.1 规定埋地管道的试压要求。

雨水回用管道在回填土前，在检查井间管道安装完毕后，即应做闭水试验。并应符合现行国家标准《给水排水管道工程施工及验收规范》GB 50268中的有关要求。

11.1.2 规定雨水储存设施的试压要求。

敞口雨水蓄水池（罐）应做满水试验：满水试验静置24h观察，应不渗不漏；密闭水箱（罐）应做水压试验：试验压力为系统的工作压力1.5倍，在试验压力下10min压力不降，不渗不漏。

11.2 验　　收

11.2.1 规定须验收的项目内容。

雨水利用工程的验收，应根据有关规范、规程及地方性规定按系统的组成逐项进行。

1 工程布置。

验收应检查各组成部分是否齐全、配套，布置是否合理。验收可采用综合评判法，以能否提高雨水利用效率为前提。

2 雨水入渗工程。

雨水入渗工程的面积可采用量测法，其质量可采用直观检查法。雨水入渗工程雨水入渗性能符合要求、引水沟（管）渠、沟坎及溢流设施布置合理、雨水入渗工程尺寸不得小于设计尺寸。

3 雨水收集传输工程。

雨水收集传输应采用量测法与直观检查法。收集传输管道坡度符合要求，雨水口、雨水管沟、渗透管沟、入渗井以及检查井布置合理，收集传输管道长度与大小不得小于设计值。

4 雨水储存与处理工程。

工程容积检查宜采用量测法，工程质量可采用直观检查和访问相结合的方法，要求工程牢固无损伤，防渗性能好为原则，初期径流池、蓄水池、沉淀池、过滤池及配套设施齐全，质量符合要求。

5 雨水回用工程。

雨水回用工程可采用试运行法，雨水回用符合设计要求。

6 雨水调蓄工程。

雨水调蓄工程宜采用量测法和直观检查法，调蓄工程设施开启正常，工程尺寸和质量符合设计要求。

11.2.3 规定验收的文件内容。

管网、设备安装完毕后，除了外观的验收外，功能性的验收必不可少。管道是否畅通、流量是否满足设计要求、水质是否满足标准等等均须进行验收。不满足要求的部分施工整改后须重新验收，直至验收合格。本条要求的文件可反映系统的功能状况。

11.2.5 竣工资料的收集对工程质量的验收以及日后系统的维护、维修有着重要的指导作用，这一程序必不可少。

12 运行管理

12.0.1 规定设施运行管理的组织和任务。

雨水利用工程的管理应按照“谁建设，谁管理”的原则进行。为争取小区居民对雨水利用的支持，小区应进行雨水宣传，并纳入相关规定，以保障雨水利用设施的运行，对渗透设施实施长期、正确的维护，必须建立相应的管理体制。

为了确保渗透设施的渗透能力，保证公共设施使用人员和通行车辆的安全，应对渗透设施实行正常的维护管理。单一的渗透设施规模很小，而设备的件数又非常多，往往设在居民区、公园及道路等场所。对这些各种各样的设施，保持一定的管理水平，确定适当的管理体制是重要的。渗透设施的维护管理主体是居民和物业管理公司，雨水利用的效果依赖于政府管理机构、技术人员和普通市民的密切联系。单栋住宅的雨水利用设施与渗透设施并用，居民同时也是雨水利用设施的维护管理者，渗透设施的维护管理的必要性从认识上容易被忽视。设置在公共设施中的渗透设施，建设单位有必要通过有效合作，明确各方费用的分担、各自责任及管理方法。

12.0.3 规定雨水利用系统的各组成部分需要清扫和清淤。

特别是在每年汛期前，对渗透雨水口、入渗井、渗透管沟、雨水储罐、蓄水池等雨水滞蓄、渗透设施进行清淤，保障汛期滞蓄设施有足够的滞蓄空间和下渗能力，并保障收集与排水设施通畅、运行安全。

12.0.4 规定不得向雨水收集口排放污染物。

居住小区中向雨水口倾倒生活污废水或污物的现象较普遍，特别是地下室或首层附属空间住有租户的小区。这会严重破坏雨水利用设施的功能，运行管理中必须杜绝这种现象。

12.0.5 规定渗透设施的技术管理内容。

渗透设施的维护管理，着眼于持续的渗透能力和稳定性。渗透设施因空隙堵塞而造成渗透能力下降。在渗透设施接有溢水管时，能直观大体的判断机能下降的情况。

维护管理着重以下几方面：

1）维持渗透能力，防止空隙堵塞的对策，清扫的方法及频率，使用年限的延长。

2）渗透设施的维修、检查频率，井盖移位的修正，破损的修补，地面沉陷的修补。

3）降低维护管理成本，减少清扫次数，便于清扫等。

4）对居民、管理技术人员等进行普及培训。

维护管理的详细内容如下：

1）设施检查。

设施检查包括机能检查和安全检查。机能检查是以核定渗透设施的渗透机能为检查点，安全检查是以保证使用人员、通过人员及通行车辆安全以及排除对用地设施的影响所作的安全方面的检查。定期检查原则上每年一次。另外，在发布暴雨、洪水警报和用户投诉时要进行非常时期的特殊要求检查。年度检查应对渗透设施全部检查，受条件所限时，检查点可选择在砂土、水易于汇集处，减少检查频次和场所，减少人力和经济负担。渗透设施机能检查和安全检查内容见表19。

表19 渗透设施检查的内容

内容	机能检查	安全检查
检查项目	1. 垃圾的堆积状况。 2. 垃圾过滤器的堵塞状况。 3. 周边状况（裸地砂土流入的状况和现状），附近有无落叶树的状况。 4. 有无树根侵入状况	1. 井盖的错位。 2. 设施破损变形状况。 3. 地表下沉、沉陷情况

续表19

内容	机能检查	安全检查
检查方法	1. 目视垃圾侵入状况。 2. 用量器测量垃圾的堆积量。 3. 确认雨天的渗透状况。 4. 用水桶向设施内注水，确认渗透情况	1. 设施外观目视检查。 2. 用器具敲打确定裂缝等情况
检查重点	1. 排水系统终点附近的设施。 2. 裸地和道路排水直接流入的设施。 3. 设在比周边地面低、雨水汇流区的设施。 4. 上部敞开的设施	1. 使用者和通行车辆多的地方。 2. 过去曾经产生过沉陷的场所
检查时间	1. 定期检查：原则上每年一次以上。 2. 不定期检查： 1）梅雨期和台风季节雨水量多的时期。 2）发布大雨、洪水警报时。 3）周边土方工程完成后。 4）用户投诉时	

2）设施的清扫（机能恢复）。

依据检查结果，进行以恢复渗透设施机能为目的的清扫工作。清扫的内容有清扫砂土、垃圾、落叶，去除防止孔隙堵塞的物质、清扫树根等，同时渗透设施周围进行清扫也是必要的。另外，清扫时的清洗水不得进入设施内。

清扫方法，在场地狭小、个数较少时可用人工清扫；对数量多型号相同的设施宜使用清扫车和高压清洗。渗透设施在正常的维护管理条件下经过20年，其渗透能力应无明显的下降。

各种渗透设施的清扫内容见表20。

3）设施的修补。

设施破损以及地表面沉陷时需要进行修补。不能修补时可以替换或重新设置。地表面发生沉陷和下沉时，必须调查产生的原因和影响范围，采取相应的对策。

表20 清扫内容和方法

设施种类	清扫内容和方法	注意事项
入渗井	1. 清扫方法有人工清扫和清扫车机械清扫。 2. 对呈板结状态的沉淀物，采用高压清扫方法。 3. 当渗透能力大幅度下降时，可采用下列方法恢复： a. 砾石表面负压清洗。 b. 砾石挖出清洗或更换	1. 采用高压清扫时，应注意在喷射压力作用下会使渗透能力下降。 2. 清扫排水，不得向渗透设施内回流

续表 20

设施种类	清扫内容和方法	注 意 事 项
渗透管沟	管口滤网用人工清扫，渗透管用高压机械清扫	采用高压清扫时，应注意在喷射压力作用下会使渗透能力下降
透水铺装	去除透水铺装空隙中的土粒，可采用下列方法： 1. 使用高压清洗机械清洗 2. 洒水冲洗 3. 用压缩空气吹脱	应注意清洗排水中的泥沙含量较高，应采取妥善措施处置

4）设施机能恢复的确认。

设施机能恢复的确认方法，原则上有定水位法和变水位法，应通过试验来确定。各种设施的机能确认方法要点见表 21。

表 21 设施机能恢复确认方法要点

种 类	机能恢复确认方法	要 点
入渗井 渗透雨水口	当入渗井接有渗透管时，应用气囊封闭渗透管，采用定水位法或变水位法进行测试	试验要大量的水，要做好确保用水的准备

续表 21

种 类	机能恢复确认方法	要 点
渗透管沟	全部渗透管试验需要大量的水，应在选定的区间内（2～3m）进行试验，在充填砾石中预先设置止水壁，测试时可以减少注水量，详见图 24	确定渗透机能前，选定区间。应注意止水壁的止水效果
透水铺装	在现场用路面渗水仪，用变水位法进行测定	仅能确定表层材料的透水能力，不能确定透水性铺装的透水能力

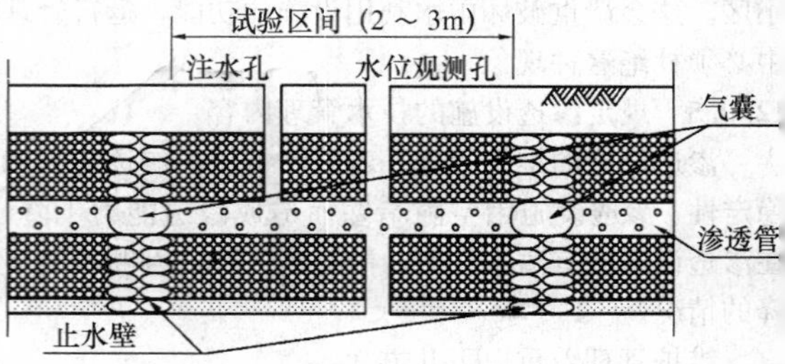

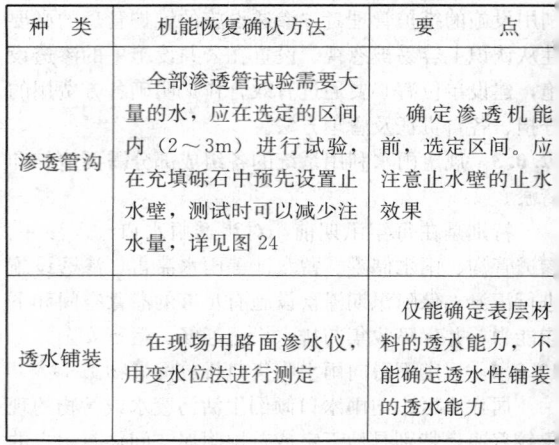

图 24 渗透管沟试验段设置示意

12.0.8 定期检测包括按照回用水水质要求，对处理储存的雨水进行化验，对首场降雨或降雨间隔期较长所发生的径流进行抽检等。

中华人民共和国国家标准

城 市 绿 地 设 计 规 范

Code for the design of urban green space

GB 50420—2007

（2016 年版）

主编部门：上海市建设和交通管理委员会

批准部门：中 华 人 民 共 和 国 建 设 部

施行日期：２ ０ ０ ７ 年 １ ０ 月 １ 日

中华人民共和国住房和城乡建设部
公　　告

第1192号

住房城乡建设部关于发布国家标准《城市绿地设计规范》局部修订的公告

现批准《城市绿地设计规范》GB 50420—2007局部修订的条文，经此次修改的原条文同时废止。

局部修订的条文及具体内容，将刊登在我部有关网站和近期出版的《工程建设标准化》刊物上。

中华人民共和国住房和城乡建设部

2016年6月28日

修　订　说　明

本次局部修订是根据住房和城乡建设部《关于印发2012年工程建设标准规范制订修订计划的通知》（建标［2012］5号）的要求，由上海市园林设计院有限公司会同有关单位对《城市绿地设计规范》GB 50420—2007进行修订而成。

本次局部修订主要技术内容是：根据住房城乡建设部2014年颁布的《海绵城市建设技术指南——低影响开发雨水系统构建（试行）》的要求，对原规范中与海绵城市建设技术指南中的要求不协调的技术条文进行了修改，并增加了城市绿地海绵城市建设的原则和技术措施的条文。

本规范中下划线表示修改的内容；用黑体字表示的条文为强制性条文，必须严格执行。

本规范由住房和城乡建设部负责管理和对强制性条文的解释，上海市园林设计院有限公司负责具体技术内容的解释。执行过程中如有意见或建议，请寄送至上海市园林设计院有限公司《城市绿地设计规范》国家标准管理组（地址：上海市新乐路45号，邮政编码：200031）。

本次局部修订的主编单位、参编单位、主要起草人员和主要审查人员：

主编单位：上海市园林设计院有限公司

参编单位：中国城市建设研究院有限公司

主要起草人员：朱祥明　白伟岚　秦启宪　茹雯美　杨　军　张希波　王媛媛

主要审查人员：张　辰　包琦玮　赵　锂　白伟岚　李俊奇　任心欣

中华人民共和国建设部
公　　告

第642号

建设部关于发布国家标准《城市绿地设计规范》的公告

现批准《城市绿地设计规范》为国家标准，编号为GB 50420—2007，自2007年10月1日起实施。其中，第3.0.8、3.0.10、3.0.11、3.0.12、4.0.5、4.0.6、4.0.7、4.0.11、4.0.12、5.0.12、6.2.4、6.2.5、7.1.2、7.5.3、7.6.2、7.10.1、8.1.3、8.3.5条为强制性条文，必须严格执行。

本规范由建设部标准定额研究所组织中国计划出版社出版发行。

中华人民共和国建设部

二〇〇七年五月二十一日

前　　言

根据建设部建标〔2002〕85号文《关于印发"二〇〇一～二〇〇二年度工程建设国家标准制订、修订计划"的通知》的要求，本规范由上海市绿化管理局会同有关单位制定。

本规范共8章。主要内容有：总则，术语，基本规定，竖向设计，种植设计，道路、桥梁，园林建筑、园林小品，给水、排水及电气。

本规范以黑体字标志的条文为强制性条文，必须严格执行。

本规范由建设部负责管理和对强制性条文的解释，由上海市绿化管理局负责具体技术内容的解释。请各单位在执行过程中注意总结经验，将有关意见和建议寄送上海市绿化管理局（地址：上海市胶州路768号，邮编：200040，电话：021-52567788，传真：52567558）。

本规范主编单位、参编单位和主要起草人：

主 编 单 位：上海市绿化管理局

参 编 单 位：上海市园林设计院
上海市风景园林学会
北京林业大学
杭州市园林文物局
大连市城市建设管理局
深圳市人民政府行政执法局
深圳市城市绿化管理处

主要起草人：吴振千　周在春　朱祥明　张文娟
孔庆惠　杨文悦　虞颂华　杨赉丽
施奠东　张诚贤　周远松　朱伟华
陈惠君　茹雯美　潘其昌　顾　炜
周乐燕

目　次

1 总 则

1.0.1 为促进城市绿地建设，改善生态和景观，保证城市绿地符合适用、经济、安全、健康、环保、美观、防护等基本要求，确保设计质量，制定本规范。

1.0.2 本规范适用于城市绿地设计。

1.0.3 城市绿地设计应贯彻人与自然和谐共存、可持续发展、经济合理等基本原则，创造良好生态和景观效果，促进人的身心健康。

1.0.4 城市绿地设计除应执行本规范外，尚应符合国家现行有关标准的规定。

2 术 语

2.0.1 城市绿地 urban green space

以植被为主要存在形态，用于改善城市生态，保护环境，为居民提供游憩场地和绿化、美化城市的一种城市用地。

城市绿地包括公园绿地、生产绿地、防护绿地、附属绿地、其他绿地五大类。

2.0.2 季相 seasonal appearance of plant

植物及植物群落在不同季节表现出的外观面貌。

2.0.3 种植设计 planting design

按植物生态习性和绿地总体设计的要求，合理配置各种植物，发挥其功能和观赏特性的设计活动。

2.0.4 古树名木 historical tree and famous wood species

古树泛指树龄在百年以上的树木；名木泛指珍贵、稀有或具有历史、科学、文化价值以及有重要纪念意义的树木，也指历史和现代名人种植的树木，或具有历史事件、传说及其他自然文化背景的树木。

2.0.5 驳岸 revetment

保护水体岸边的工程设施。

2.0.6 土壤自然安息角 soil natural angle of repose

土壤在自然堆积条件下，经过自然沉降稳定后的坡面与地平面之间所形成的最大夹角。

2.0.7 标高 elevation

以大地水准面作为基准面，并作零点（水准原点）起算地面至测量点的垂直高度。

2.0.8 土方平衡 balance of cut and fill

在某一地域内挖方数量与填方数量基本相符。

2.0.9 护坡 slope protection

防止土体边坡变迁而设置的斜坡式防护工程。

2.0.10 挡土墙 retaining wall

防止土体边坡坍塌而修筑的墙体。

2.0.11 汀步 steps over water

在水中放置可让人步行过河的步石。

2.0.12 园林建筑 garden building

在城市绿地内，既有一定的使用功能又具有观赏价值，成为绿地景观构成要素的建筑。

2.0.13 特种园林建筑 special garden building

绿地内有特殊形式和功能的建筑，如动物笼舍、温室、地下建筑、水下建筑、游乐建筑等。

2.0.14 园林小品 small garden ornaments

园林中供休息、装饰、景观照明、展示和为园林管理及方便游人之用的小型设施。

2.0.15 绿墙 green wall

用枝叶茂密的植物或植物构架，形成高于人视线的园林设施。

2.0.16 假山 rockwork，artificial hill

用土、石等材料，以造景或登高揽胜为目的，人工建造的模仿自然山景的构筑物。

2.0.17 塑石 man-made rockery

用人工材料塑造成的仿真山石。

2.0.18 标识 sign or marker

绿地中设置的标志牌、指示牌、警示牌、说明牌、导游图等。

2.0.19 亲水平台 waterfront flat roof or terrace garden on water；platform

设置于湖滨、河岸、水际，贴近水面并可供游人亲近水体、观景、戏水的单级或多级平台。

2.0.19A 湿塘 wet basin

用来调蓄雨水并具有生态净化功能的天然或人工水塘，雨水是主要补给水源。

2.0.19B 雨水湿地 stormwater wetland

通过模拟天然湿地的结构和功能，达到对径流雨水水质和洪峰流量控制目的的湿地。

2.0.19C 植草沟 grass swale

用来收集、输送、削减和净化雨水径流的表面覆盖植被的明渠，可用于衔接海绵城市其他单项设施、城市雨水管渠和超标雨水径流排放系统。主要型式有转输型植草沟、渗透型干式植草沟和经常有水的湿式植草沟。

2.0.19D 生物滞留设施 bioretention system，bioretention cell

通过植物、土壤和微生物系统滞留、渗滤、净化径流雨水的设施。

2.0.19E 生态护岸 ecological slope protection

采用生态材料修建、能为河湖生境的连续性提供基础条件的河湖岸坡，以及边坡稳定且能防止水流侵袭、淘刷的自然堤岸的统称，包括生态挡墙和生态护坡。

3 基本规定

3.0.1 城市绿地设计内容应包括：总体设计、单项设计、单体设计等。

3.0.2 城市绿地设计应以批准的城市绿地系统规划为依据，明确绿地的范围和性质，根据其定性、定位作出总体设计。

3.0.3 城市绿地总体设计应符合绿地功能要求，因地制宜，发挥城市绿地的生态、景观、生产等作用，达到功能完善、布局合理、植物多样、景观优美的效果。

3.0.4 城市绿地设计应根据基地的实际情况，提倡对原有生态环境保护、利用和适当改造的设计理念。

3.0.5 城市绿地布局宜多样统一，简洁而不单调，各分区间应有机联系。城市绿地应与周围环境协调统一。

3.0.6 不同性质、类型的城市绿地内绿色植物种植面积占用地总面积（陆地）比例，应符合国家现行有关标准的规定。城市绿地设计应以植物为主要元素，植物配置应注重植物生态习性、种植形式和植物群落的多样性、合理性。

3.0.7 城市绿地范围内原有树木宜保留、利用。如因特殊需要在非正常移栽期移植，应采取相应技术措施确保成活，胸径在250mm以上的慢长树种，应原地保留。

3.0.8 城市绿地范围内的古树名木必须原地保留。

3.0.9 城市绿地的建筑应与环境协调，并符合以下规定：

1 公园绿地内建筑占地面积应按公园绿地性质和规模确定游憩、服务、管理建筑占用地面积比例，小型公园绿地不应大于3%，大型公园绿地宜为5%，动物园、植物园、游乐园可适当提高比例。

2 其他绿地内各类建筑占用地面积之和不得大于陆地总面积的2%。

3.0.10 城市开放绿地的出入口、主要道路、主要建筑等应进行无障碍设计，并与城市道路无障碍设施连接。

3.0.11 地震烈度6度以上（含6度）的地区，城市开放绿地必须结合绿地布局设置专用防灾、救灾设施和避难场地。

3.0.12 城市绿地中涉及游人安全处必须设置相应警示标识。城市绿地中的大型湿塘、雨水湿地等设施必须设置警示标识和预警系统，保证暴雨期间人员的安全。

3.0.13 城市开放绿地应按游人行为规律和分布密度，设置座椅、废物箱和照明等服务设施。

3.0.14 城市绿地设计宜选用环保材料，宜采取节能措施，充分利用太阳能、风能以及雨水等资源。

3.0.15 城市绿地的设计宜采用源头径流控制设施，满足城市对绿地所在地块的年径流总量控制要求。

3.0.15A 海绵型城市绿地的设计应遵循经济性、适用性原则，依据区域的地形地貌、土壤类型、水文水系、径流现状等实际情况综合考虑并应符合下列规定：

1 海绵型城市绿地的设计应首先满足各类绿地自身的使用功能、生态功能、景观功能和游憩功能，根据不同的城市绿地类型，制定不同的对应方案；

2 大型湖泊、滨水、湿地等绿地宜通过渗、滞、蓄、净、用、排等多种技术措施，提高对径流雨水的渗透、调蓄、净化、利用和排放能力；

3 应优先使用简单、非结构性、低成本的源头径流控制设施；设施的设置应符合场地整体景观设计，应与城市绿地的总平面、竖向、建筑、道路等相协调；

4 城市绿地的雨水利用宜以入渗和景观水体补水与净化回用为主，避免建设维护费用高的净化设施。土壤入渗率低的城市绿地应以储存、回用设施为主；城市绿地内景观水体可作为雨水调蓄设施并与景观设计相结合；

5 应考虑初期雨水和融雪剂对绿地的影响，设置初期雨水弃流等预处理设施。

4 竖向设计

4.0.1 城市绿地的竖向设计应以总体设计布局及控制高程为依据，营造有利于雨水就地消纳的地形并应与相邻用地标高相协调，有利于相邻其他用地的排水。

4.0.2 竖向设计应满足植物的生态习性要求，有利于雨水的排蓄，有利于创造多种地貌和多种园林空间，丰富景观层次。

4.0.3 基地内原有的地形地貌、植被、水系宜保护、利用，必要时可因地制宜作适当改造，宜就地平衡土方。

4.0.4 对原地表层适宜栽植的土壤，应加以保护并有效利用，不适宜栽植的土壤，应以客土更换。

4.0.5 在改造地形填挖土方时，应避让基地内的古树名木，并留足保护范围（树冠投影外3～8m），应有良好的排水条件，且不得随意更改树木根颈处的地形标高。

4.0.6 绿地内山坡、谷地等地形必须保持稳定。当土坡超过土壤自然安息角呈不稳定时，必须采用挡土墙、护坡等技术措施，防止水土流失或滑坡。

4.0.7 土山堆置高度应与堆置范围相适应，并应做承载力计算，防止土山位移、滑坡或大幅度沉降而破坏周边环境。

4.0.8 若用填充物堆置土山时，其上部覆盖土厚度应符合植物正常生长的要求。

4.0.9 绿地中的水体应有充足的水源和水量，除雨、雪、地下水等水源外，小面积水体也可以人工补给水源。水体的常水位与池岸顶边的高差宜在0.3m，并不宜超过0.5m。水体可设闸门或溢水口以控制水位。

4.0.10 水体深度应随不同要求而定，栽植水生植物及营造人工湿地时，水深宜为0.1～1.2m。

4.0.11 城市开放绿地内，水体岸边2m范围内的水深不得大于0.7m；当达不到此要求时，必须设置安全防护设施。

4.0.12 未经处理或处理未达标的生活污水和生产废水不得排入绿地水体。在污染区及其邻近地区不得设置水体。

4.0.13 水体应以原土构筑池底并采用种植水生植物、养鱼等生物措施，促进水体自净。若遇漏水，应设防渗漏设施。

4.0.14 水体的驳岸、护坡，应确保稳定、安全，并宜栽种护岸植物。

5 种植设计

5.0.1 种植设计应以绿地总体设计对植物布局的要求为依据，并应优先选择符合当地自然条件的适生植物。

5.0.2 设有生物滞留设施的城市绿地，应栽植耐水湿的植物。

5.0.3 种植设计中当选用外界引入新植物种类（品种）时，应避免有害物种入侵。

5.0.4 设计复层种植时，上下层植物应符合生态习性要求，并应避免相互产生不良影响。

5.0.5 应根据场地气候条件、土壤特性选择适宜的植物种类及配置模式。土壤的理化性状应符合当地有关植物种植的土壤标准，并应满足雨水渗透的要求。

5.0.6 种植配置应符合生态、游憩、景观等功能要求，并便于养护管理。

5.0.7 植物种植设计应体现整体与局部、统一与变化、主景与配景及基调树种、季相变化等关系。应充分利用植物的枝、花、叶、果等形态和色彩，合理配置植物，形成群落结构多种和季相变化丰富的植物景观。

5.0.8 种植设计应以乔木为主，并以常绿树与落叶树相结合，速生树与慢长树相结合，乔、灌、草相结合，使植物群落具有良好的景观与生态效益。

5.0.9 基地内原有生长较好的植物，应予保留并组合成景。新配植的树木应与原有树木相互协调，不得影响原有树木的生长。

5.0.10 种植设计应有近、远期不同的植物景观要求。重要地段应兼顾近、远期景观效果。

5.0.11 城市绿地的停车场宜配植庇荫乔木、绿化隔离带，并铺设植草地坪。

5.0.12 儿童游乐区严禁配置有毒、有刺等易对儿童造成伤害的植物。

5.0.13 屋顶绿化应根据屋面及建筑整体的允许荷载和防渗要求进行设计，不得影响建筑结构安全及排水。

5.0.14 屋顶绿化的土壤应采用轻型介质，其底层应设置性能良好的滤水层、排水层和防水层。

5.0.15 屋顶绿化乔木栽植位置应设在柱顶或梁上，并采取抗风措施。

5.0.16 屋顶绿化应选择喜光、抗风、抗逆性强的植物。

5.0.17 开山筑路而形成的裸露坡面，可喷播草籽或设置攀缘绿化。

6 道路、桥梁

6.1 道 路

6.1.1 城市绿地内道路设计应以绿地总体设计为依据，按游览、观景、交通、集散等需求，与山水、树木、建筑、构筑物及相关设施相结合，设置主路、支路、小路和广场，形成完整的道路系统。

6.1.2 城市绿地应设2个或2个以上出入口，出入口的选址应符合城市规划及绿地总体布局要求，出入口应与主路相通。出入口旁应设置集散广场和停车场。

6.1.3 绿地的主路应构成环道，并可通行机动车。主路宽度不应小于3.00m。通行消防车的主路宽度不应小于3.50m，小路宽度不应小于0.80m。

6.1.4 绿地内道路应随地形曲直、起伏。主路纵坡不宜大于8%，山地主路纵坡不应大于12%。支路、小路纵坡不宜大于18%。当纵坡超过18%时，应设台阶，台阶级数不应少于2级。

6.1.5 城市绿地内的道路应优先采用透水、透气型铺装材料及可再生材料。透水铺装除满足荷载、透水、防滑等使用功能和耐久性要求外，尚应符合下列规定：

1 透水铺装对道路路基强度和稳定性的潜在风险较大时，可采用半透水铺装结构；

2 土壤透水能力有限时，应在透水铺装的透水基层内设置排水管或排水板；

3 当透水铺装设置在地下室顶板上时，顶板覆土厚度不应小于600mm并应设置排水层。

6.1.5A 湿陷性黄土与冰冻地区的铺装材料应根据实际情况确定。

6.1.6 依山或傍水且对游人存在安全隐患的道路，应设置安全防护栏杆，栏杆高度必须大于1.05m。

6.2 桥 梁

6.2.1 桥梁设计应以绿地总体设计布局为依据，与周边环境相协调，并应满足通航的要求。

6.2.2 考虑重车较少，通行机动车的桥梁应按公路二级荷载的80%计算，桥两端应设置限载标志。

6.2.3 人行桥梁，桥面活荷载应按3.5kN/m² 计算，桥头设置车障。

6.2.4 不设护栏的桥梁、亲水平台等临水岸边，必须设置宽2.00m以上的水下安全区，其水深不得超过

0.70m。汀步两侧水深不得超过 0.50m。

6.2.5 通游船的桥梁，其桥底与常水位之间的净空高度不应小于 1.50m。

7 园林建筑、园林小品

7.1 园林建筑

7.1.1 园林建筑设计应以绿地总体设计为依据，景观、游览、休憩、服务性建筑除应执行相应建筑设计规范外，还应遵循下列原则：

1 优化选址。遵循“因地制宜”、“精在体宜”、“巧于因借”的原则，选择最佳地址，建筑与山水、植物等自然环境相协调，建筑不应破坏景观。

2 控制规模。除公园外，城市绿地内的建筑占用地面积不得超过陆地总面积的 2%。

3 创造特色。园林建筑设计应运用新理念、新技术、新材料，充分利用太阳能、风能、热能等天然能源，利用当地的社会和自然条件，创造富有鲜明地方特点、民族特色的园林建筑。

7.1.2 动物笼舍、温室等特种园林建筑设计，必须满足动物和植物的生态习性要求，同时还应满足游人观赏视觉和人身安全要求，并满足管理人员人身安全及操作方便的要求。

7.1.2A 城市绿地内的建筑应充分考虑雨水径流的控制与利用。屋面坡度小于等于 15°的单层或多层建筑宜采用屋顶绿化。

7.1.2B 公园绿地应避免地下空间的过度开发，为雨水回补地下水提供渗透路径。

7.2 围 墙

7.2.1 城市绿地不宜设置围墙，可因地制宜选择沟渠、绿墙、花篱或栏杆等替代围墙。必须设置围墙的城市绿地宜采用透空花墙或围栏，其高度宜在 0.80～2.20m。

7.3 厕 所

7.3.1 城市开放绿地内厕所的服务半径不应超过 250m。节假日厕位不足时，可设活动厕所补充。厕所位置应便于游人寻找，厕所的外型应与环境相协调，不应破坏景观。

7.3.2 城市开放绿地内厕所的厕位数量应按男女各半或女多男少设计。宜以蹲式便器为主，并设拉手。每个厕所应有一个无障碍厕位及男女各一个坐式便器。男厕所内还宜设一个低位小便器。

7.3.3 城市绿地内厕所必须通风、通水、清洁、无臭。

7.3.4 厕所应设防滑地面，宜采用脚踏式或感应式节水水龙头。

7.3.5 厕所的污水不得直接排入江河湖海或景观水体，必须经净化处理达标后浇灌绿地，或排入市政污水管道。

7.4 园椅、废物箱、饮水器

7.4.1 城市开放绿地应按游人流量、观景、避风向阳、庇荫、遮雨等因素合理设置园椅或座凳，其数量可根据游人量调整，宜为 20～50 个/ha。

7.4.2 城市开放绿地的休息座椅旁应按不小于 10% 的比例设置轮椅停留位置。

7.4.3 城市绿地内应设置废物箱分类收集垃圾，在主路上每 100m 应设 1 个以上，游人集中处适当增加。

7.4.4 公园绿地宜设置饮水器，饮水器及水质必须符合饮用水卫生标准。

7.5 水 景

7.5.1 城市绿地的水景设计应以总体布局及当地的自然条件、经济条件为依据，因地制宜合理布局水景的种类、形式，水景应以天然水源为主。

7.5.2 喷泉设计应以每天运行为前提，合理确定其形式，并应与环境相协调。

7.5.3 景观水体必须采用过滤、循环、净化、充氧等技术措施，保持水质洁净。与游人接触的喷泉不得使用再生水。

7.5.4 城市绿地的水岸宜采用坡度为 1∶2～1∶6 的缓坡，水位变化比较大的水岸，宜设护坡或驳岸。绿地的水岸宜种植护岸且能净化水质的湿生、水生植物。

7.6 堆山、置石

7.6.1 城市绿地以自然地形为主，应慎重抉择大规模堆山、叠石。堆叠假山宜少而精。

7.6.2 人工堆叠假山应以安全为前提进行总体造型和结构设计，造型应完整美观、结构应牢固耐久。

7.6.3 叠石设计应对石质、色彩、纹理、形态、尺度有明确设计要求。

7.6.4 人工堆叠假山除应用天然山石外，也可采用人工塑石。

7.6.5 局部独立放置的景石宜少而精，并与环境协调。

7.7 园 灯

7.7.1 夜间开放的城市绿地应设置园灯。应根据实际需要适量合理选用庭园灯、草坪灯、泛光灯、地坪灯或壁灯等。

7.7.2 园灯设计应与周边环境相协调，使园灯成为景观的一部分。

7.7.3 绿地的照明灯，应采用节能灯具，并宜使用太阳能灯具。

7.8 雕　塑

7.8.1 城市绿地内雕塑的题材、形式、材料和体量应与所处环境相协调。

7.8.2 城市绿地应慎重选用纪念雕塑和大型主题雕塑，且应获得相关主管部门认可、核准。

7.9 标　识

7.9.1 指示标识应采用国家现行标准规定的公共信息图形。

7.10 游戏及健身设施

7.10.1 城市绿地内儿童游戏及成人健身设备及场地，必须符合安全、卫生的要求，并应避免干扰周边环境。

7.10.2 儿童游戏场地宜采用软质地坪或洁净的沙坑。沙坑周边应设防沙粒散失的措施。

8 给水、排水及电气

8.1 给　水

8.1.1 给水设计用水量应根据各类设施的生活用水、消防用水、浇洒道路和绿化用水、水景补水、管网渗漏水和未预见用水等确定总体用水量。

8.1.2 绿地内天然水或中水的水量和水质能满足绿化灌溉要求时，应首选天然水或中水。

8.1.3 绿地内生活给水系统不得与其他给水系统连接。确需连接时，应有生活给水系统防回流污染的措施。

8.1.4 绿化灌溉给水管网从地面算起最小服务水压应为0.10MPa，当绿地内有堆山和地势较高处需供水，或所选用的灌溉喷头和洒水栓有特定压力要求时，其最小服务水压应按实际要求计算。

8.1.5 给水管宜随地形敷设，在管路系统高凸处应设自动排气阀，在管路系统低凹处应设泄水阀。

8.1.6 景观水池应有补水管、放空管和溢水管。当补水管的水源为自来水时，应有防止给水管被回流污染的措施。

8.2 排　水

8.2.1 排水体制应根据当地市政排水体制、环境保护等因素综合比较后确定。

8.2.2 绿地排水宜采用雨水、污水分流制。污水不得直接排入水体，必须经处理达标后排入。

8.2.3 绿地中雨水排水设计应根据不同的绿地功能，选择相应的雨水径流控制和利用的技术措施。

8.2.4 化工厂、传染病医院、油库、加油站、污水处理厂等附属绿地以及垃圾填埋场等其他绿地，不应采用雨水下渗减排的方式。

8.2.5 绿地宜利用景观水体、雨水湿地、渗管/渠等措施就地储存雨水，应用于绿地灌溉、冲洗和景观水体补水，并应符合下列规定：

1 有条件的景观水体应考虑雨水的调蓄空间，并应根据汇水面积及降水条件等确定调蓄空间的大小。

2 种植地面可在汇水面低洼处设置雨水湿地、碎石盲沟、渗透管沟等集水设施，所收集雨水可直接排入绿地雨水储存设施中。

3 建筑屋顶绿化和地下建筑及构筑物顶板上的绿地应有雨水排水措施，并应将雨水汇入绿地雨水储存设施中。

4 进入绿地的雨水，其停留时间不得大于植物的耐淹时间，一般不得超过48小时。

8.2.6 绿地内的污水、废水处理工艺，宜根据进出水质、水量等要求，采用生物处理或生态处理技术。

8.3 电　气

8.3.1 绿地景观照明及灯光造景应考虑生态和环保要求，避免光污染影响，室外灯具上射逸出光不应大于总输出光通量的25%。

8.3.2 城市绿地用电应为三级负荷，绿地中游人较多的交通广场的用电应为二级负荷；低压配电宜采用放射式和树干式相结合的系统，供电半径不宜超过0.3km。

8.3.3 室外照明配电系统在进线电源处应装设具有检修隔离功能的四级开关。

8.3.4 城市绿地中的电气设备及照明灯具不应使用0类防触电保护产品。

8.3.5 安装在水池内、旱喷泉内的水下灯具必须采用防触电等级为Ⅲ类、防护等级为IPX8的加压水密型灯具，电压不得超过12V。旱喷泉内禁止直接使用电压超过12V的潜水泵。

8.3.6 喷水池的结构钢筋、进出水池的金属管道及其他金属件、配电系统的PE线应做局部等电位连接。

8.3.7 室外配电装置的金属构架、金属外壳、电缆的金属外皮、穿线金属管、灯具的金属外壳及金属灯杆，应与接地装置相连（接PE线）。

8.3.8 城市开放绿地内宜设置公用电话亭和有线广播系统。

本规范用词说明

1 为便于在执行本规范条文时区别对待，对要求严格程度不同的用词说明如下：

1）表示很严格，非这样做不可的用词：

正面词采用“必须”，反面词采用“严禁”。

2）表示严格，在正常情况下均应这样做的用词：

正面词采用“应”，反面词采用“不应”或“不得”。

3）表示允许稍有选择，在条件许可时首先应这样做的用词：

正面词采用“宜”，反面词采用“不宜”；

表示有选择，在一定条件下可以这样做的用词，采用“可”。

2 本规范中指明应按其他有关标准、规范执行的写法为“应符合……的规定”或“应按……执行”。

中华人民共和国国家标准

城市绿地设计规范

GB 50420—2007

条文说明

目　次

1 总 则

1.0.1 城市绿地设计要贯彻以人为本，达到人与自然和谐，城市与自然共存，有利人的身心健康，创造良好的生态、景观、游憩环境，设计要体现适用、经济、环保、美观的原则，同时要注意各种设施的安全。

1.0.2 本规范适用的范围：公园绿地、生产绿地、防护绿地、附属绿地及其他绿地。

1.0.4 绿地内各种建筑物、构筑物和市政设施等设计除执行本规范外，尚应符合现行有关设计标准的规定。

3 基 本 规 定

3.0.1 城市绿地设计应在批准的城市总体规划和绿地系统规划的基础上进行，为区别"城市总体规划"和"绿地系统规划"，单项绿地的总体规划统一称为绿地总体设计。

3.0.2 绿地设计必须以城市规划为依据，其用地范围既不能超出总体规划范围，更不得被任何非绿地设施占用或变相占用；绿地的出入口设置要综合考虑城市道路的交通安全、流量、标高、附近人口密度、人流量等因素。

3.0.4、3.0.5 城市绿地设计是一项工程性与艺术性相结合的创作活动。要继承弘扬我国传统园林艺术精华，并借鉴吸收国内外绿地设计的先进理念和技艺，结合现代社会生活的要求和审美情趣，不断探索、创造具有中国特色、地方风格和个性特色的城市绿地。

3.0.6 居住用地、公共设施用地、工业用地、仓储用地、对外交通用地、道路广场用地、市政设施用地和特殊用地中的绿化用地面积占总用地比例必须符合法定比例。城市绿地内的水面大小差别很大，可因地制宜、合理设置。绿色植物种植面积采用按陆地面积大小确定比例。

3.0.7 本条款规定是为了保护、利用拟建绿地基地内的原有植物资源。在旧城改造中出现工厂迁移等基地改建为开放绿地时，更应充分考虑有效利用。

3.0.10 绿地设计要体现人性化设计，尤其要体现对弱势群体的关爱，要创造老人相互交流的空间，在道路及厕所设计中要考虑无障碍设计。

3.0.11 城市绿地兼有防灾、避灾的功能，绿地内水体、广场、草坪等在遇灾时均可供防灾避难使用。因此，在城市绿地设计时应充分考虑到防灾避难时的有效利用。

3.0.12 本条款的后半部分是结合海绵城市建设而新增的，明确了城市绿地内的所有海绵设施必须有相关安全保障措施，确保人身安全。

3.0.15 在城市绿地设计时应满足海绵城市专项规划对于绿地年径流总量的控制要求，协调落实好源头径流控制设施。

3.0.15A 城市绿地应该结合海绵城市建设的要求，根据各地区的自然经济实际情况，因地制宜地合理设置各类源头径流控制设施。

1 本款明确了城市绿地的海绵型设计，首先应该确保满足各类绿地自身的定位功能，避免本末倒置。不同的城市绿地类型应该根据基地的实际情况与需求采用与其相对应的低影响开发设施。

2 本款明确了大型湖泊、滨水、湿地等绿地除了满足生态景观功能以外，在设计时应根据基地的实际情况与需求提升对雨水排放、吸纳的能力。

3 绿地的海绵型设计应该贯彻实用、经济并与绿地的总体设计及相关专业相协调的原则。

4 雨水利用应满足节约型原则，应尽量使用生态自然的雨水收集方式，避免资源的浪费。本款也提出了土壤渗透率低的地方，对雨水收集利用的原则。提出了在满足绿地景观效果的同时，也可利用城市绿地的景观水体作为雨水调蓄设施。

5 在降雨初期及北方使用融雪剂的地区，雨水会夹杂着部分油污、化学剂等易污染物，流入绿地，不利于植物的正常生长，为了保证流入绿地内的雨水相对干净，需要在设计时考虑安装初期雨水弃流装置或弃流井，确保城市绿地不受污染。

4 竖 向 设 计

4.0.1 本条提出在城市绿地的竖向设计时，既要考虑绿地内的功能需求及海绵型设计，同时也应该考虑绿地周边其他用地的排水。

4.0.2 竖向设计应在总图设计的基础上，除了创造一定的地形空间景观外，还应为植物种植设计和给排水设计创造良好的基础条件，为植物的良好生长和雨水的排蓄创造必要的条件。

4.0.3、4.0.4 此两条是为了保护、利用基地内的原有资源，尤其是自然水系、树木及农田耕作土壤。

4.0.5 本条主要是在地形设计中要确保古树名木的存活。

4.0.13 本条主要从水体生态角度考虑，提倡采用原土构筑池底，既节省工程造价，又有利水体自净。当然，遇到原土地基渗水过大时，则应采取必要的防水设施。

5 种 植 设 计

5.0.1 按照绿地总体设计对植物布局、功能、空间、尺度、形态及主要树种的要求进行种植设计；根据海绵城市建设的要求，在绿地内选择抗逆性强、节水耐旱、抗污染、耐水湿的树种，可降低绿地建设管理过程中资源和能源消耗。

5.0.2 绿地生物滞留设施的植物种类选择应根据滞水深度、雨水渗透时间、种植土厚度，水污染物负荷及不同植物的耐水湿程度等条件确定。

5.0.4 种植设计除讲求构图、形式等艺术要求和文化寓意外，更重要的是满足植物的生态习性，考虑植物多样性、观赏性要求，使科学性与艺术性很好结合，形成合理的群落。

5.0.5 绿地土壤应满足雨水渗透的要求，不满足渗透要求的应进行土壤改良。土壤改良宜使用枯枝落叶等园林绿化废弃物、有机肥、草炭等有机介质，促进土壤团粒结构形成，增加土壤的渗透能力。土壤的理化性状指标可按现行行业标准《绿化种植土壤》CJ/T 340 的规定执行。

5.0.7 植物配置不仅要满足功能与植物生态的要求，还必须遵循特色植物景观构成的要求。

5.0.10 植物是逐年生长的，但其生长速度各有不同，种植设计时必须考虑到若干年后形成稳定的植物群落景观，为植物生长留足一定的空间。但在有些重要地段，为了兼顾到近期绿化景观效果，种植设计时，也可适当考虑提高种植密度或栽种速生快长植物。

6 道路、桥梁

6.1 道　　路

6.1.1 城市绿地的道路除带状绿地设置单一通道外，均宜设置环形主干道，避免让游人走回头路。

6.1.2 城市绿地出入口的设计应倡导简朴、小巧，突出园林绿地特色，不宜单纯追求高大、气魄。大型绿地应设多个大门，且尽可能使游客与管理人员分门进出。

6.1.3 本条只对主路设置要求最小宽度3.00m，消防通道3.50m。大型园林绿地，主路宽度可大于3.00m；小型绿地，主路宽度 3.00m 即可满足使用要求。

6.1.5 透水铺装适用区域广、施工方便，可补充地下水并具有一定的峰值流量削减和雨水净化作用，在城市绿地内应优先考虑利用透水铺装消纳自身径流雨水，有条件的地区建议新建绿地内透水铺装率不低于50%，改建绿地内透水铺装率不低于 30%；但透水铺装易堵塞，寒冷地区有被冻融破坏的风险，因此在城市绿地内使用透水铺装时，必须考虑其适用性，选用不同的材料和透水方式，并采取必要的措施以防止次生灾害或地下水污染的发生。透水铺装结构还应符合现行行业标准《透水砖路面技术规程》CJJ/T 188、《透水沥青路面技术规程》CJJ/T 190 和《透水水泥混凝土路面技术规程》CJJ/T 135 的规定。

6.2 桥　　梁

6.2.4 绿地的水岸宜用防腐木、石材等构筑亲水平台，让游人亲近水面，观景、嬉水。亲水平台临水一侧必须采取安全措施：设置栏杆、链条，种植护岸水生植物，或者沿岸边设置水深不大于0.70m的浅水区。沿水岸还必须设置安全警示牌。

7 园林建筑、园林小品

7.1 园 林 建 筑

7.1.2A 绿色屋顶可有效减少屋面径流总量和径流污染负荷，具有节能减排的作用，城市绿地内的建筑一般体量较小，以一、二层为主，功能较单一，有实施屋顶绿化的基础，同时还能结合景观环境一起设计，有利于建筑与景观的融合，因此城市绿地内有条件设置绿色屋顶的建筑宜优先考虑绿色屋顶。绿色屋顶的设计可参考现行行业标准《种植屋面工程技术规程》JGJ 155，同时应符合现行国家标准《屋面工程技术规范》GB 50345 的规定。

7.1.2B 根据住房城乡建设部 2014 年颁布的《海绵城市建设技术指南——低影响开发雨水系统构建（试行）》的要求，应限制地下空间的过度开发，为雨水回补地下水提供渗透路径。公园绿地是纳入城市建设用地平衡，向公众开放，以游憩为主要功能，兼具生态、美化、文化、教育、防灾等作用的绿地，在城市建设用地中的比例通常在 12%左右。为此提出限制其地下空间开发的要求。

7.3 厕　　所

7.3.2 一般城市开放绿地内的公厕按男女厕位 1：1～1.5：1 比例设置，男厕位多，女厕位少，游览高峰时有女厕排长队的现象。本条提出调整男女厕位比例，改为男女厕位相同，或女多男少。男厕位应把大、小便厕位一并计算。儿童乐园等儿童较集中场所中，可适当增加低厕位小便器。

7.3.3 城市绿地内厕所设计必须符合城市公共厕所卫生标准，保证通风、通水、清洁、无臭。

7.3.5 厕所污水净化处理，包括地下渗透处理，沼气池、化粪池，生物池处理或地埋式处理池（缸）等物理、生化处理方法。

7.4 园椅、废物箱、饮水器

7.4.1 园椅座位数包括正式的座椅、座凳，以及可供游人临时就座的花坛挡土墙。

7.7 园　　灯

7.7.3 园灯设计应注重美观、适用，与节能相结合，并应防止产生光污染。

7.9 标　　识

7.9.1 指示标识是城市绿地设计的组成部分，应在城市开放绿地设计中广泛采用，并加以完善。

7.10 游戏及健身设施

7.10.1 游戏机及健身设备应选用符合国家及地方安全卫生标准、有专业资质单位设计生产的合格产品。

8 给水、排水及电气

8.1 给　　水

8.1.2 21世纪将成为水危机世纪，我国为贫水国家，人均拥有水量仅为世界人均占有量的五分之一。原国家经贸委办公厅在国经贸厅资源〔2000〕1015号文件中已明确指出：2000～2010年在工业增加值年均增长10%左右的情况下，取水量控制在1.2%。由此看来，对新水源的利用显得尤为重要。作为绿化灌溉、水景补水更有必要利用新水源，如雨水、中水、地表水等。由于目前经济条件的限制，有些小规模绿地的基地内外没有可利用的河水和中水，建造雨水收集处理再利用的设施，其初期投入较大。有条件时应同步建设，建造有困难时，可直接由市政给水管网供水。

8.2 排　　水

8.2.1、8.2.2 绿地设计的排水体制应符合城市的排水制度要求。有条件时，绿地排水宜尽可能采用雨水、污水分流制，有利于市政排水体制提高时的分流接入及水资源的综合利用。

8.2.3 规定了绿地雨水排水设计的基本原则、方式。

2014年住房城乡建设部出台了《海绵城市建设技术指南》，用以指导各地在新型城镇化建设过程中，推广和应用低影响开发建设模式，加大城市径流雨水源头减排的刚性约束，优先利用自然排水系统，建设生态排水设施，充分发挥城市绿地、道路、水系等对雨水的吸纳、蓄渗和缓释作用，使城市开发建设后的水文特征接近开发前，有效缓解城市内涝、削减城市径流污染负荷、节约水资源、保护和改善城市生态环境，为建设具有自然积存、自然渗透、自然净化功能的海绵城市提供重要保障。绿地海绵城市建设所构建的低影响开发雨水系统，宜依据下渗减排和集蓄利用的原则，采用渗、滞、蓄、净、用、排等多种技术措施，使绿地年径流总量控制率不低于70%，年径流污染控制率不低于75%，雨水资源利用率不低于10%。各地应结合水环境现状、水文地质条件等特点，合理选择其中一项或多项目标作为设计控制目标。

8.2.4 径流总量控制途径包括雨水的下渗减排和直接集蓄利用。但是在径流污染严重的绿地为避免对地下水和周边水体造成污染，不应用下渗减排方式。

8.2.5 主要对绿地雨水集蓄利用做一些规定。实施过程中，雨水下渗减排和资源化利用的比例需依据实际情况，通过合理的技术经济比较来确定。缺水地区可结合实际情况制定基于直接集蓄利用的雨水资源化利用目标。

8.2.6 大型绿地内的污水处理工艺的选择，应与当地市政排水系统相协调，符合其环保和接纳水质要求。

8.3 电　　气

8.3.1 城市绿地照明应倡导使用节能灯具，利用太阳能等天然资源。

8.3.2 城市绿地中人员较多的交通广场停电将给交通带来混乱，给人员造成危险，故规定为二级负荷。

8.3.4 电气设备按防触电的保护程度分为0、Ⅰ、Ⅱ、Ⅲ类，城市绿地中的电气设备游人易接触，0类电气设备只有基本绝缘作为防触电保护，为了保证人员的安全，故规定不应使用0类防触电产品。

8.3.5 旱喷泉内常有人游戏，景观水池内有时也有小孩玩水，超过12V低电压可能给人带来触电危险。

8 给水、排水及电气

8.1 给　水

8.2 排　水

8.3 电　气

中华人民共和国国家标准

开发建设项目水土保持技术规范

Technical code on soil and water conservation of development and construction projects

GB 50433—2008

主编部门：中华人民共和国水利部
批准部门：中华人民共和国建设部
施行日期：2 0 0 8 年 7 月 1 日

中华人民共和国建设部
公　　告

第787号

建设部关于发布国家标准《开发建设项目水土保持技术规范》的公告

现批准《开发建设项目水土保持技术规范》为国家标准，编号为GB 50433—2008，自2008年7月1日起实施。其中，第3.1.1、3.2.1（1、2、3、4）、3.2.2（1、2）、3.2.3（1、2、3）、3.2.4（1、2、3、4、5）、3.2.5、3.3.1、3.3.2、3.3.3（1、3、4、5）、3.3.4、3.3.5、3.3.6、3.3.7、3.3.8（1、2、3、5）、3.4.1（1、2）、3.4.2（1、2、3）、3.4.3、5.1.1（5）、5.2.6（2）条（款）为强制性条文，必须严格执行。

本规范由建设部标准定额研究所组织中国计划出版社出版发行。

中华人民共和国建设部
二〇〇八年一月十四日

前　言

本规范是根据建设部建标〔2003〕102号文《关于印发“二〇〇二～二〇〇三年度工程建设国家标准制订修订计划”的通知》的要求，由水利部水土保持监测中心会同有关单位共同编制而成。

在规范编制过程中，编制组进行了广泛深入的调查研究，认真总结了《开发建设项目水土保持方案技术规范》SL 204—98实施9年来的实践经验，吸收了相关行业设计规范的最新成果，认真研究分析了水土保持工作的现状和发展趋势，并在广泛征求意见的基础上，通过反复讨论、修改和完善，最后召开相关行业参加的全国性会议，邀请有关专家审查定稿。

本规范共分为14章和两个附录。主要内容是总则、术语、基本规定、各设计阶段的任务、水土保持方案、水土保持初步设计专章、拦渣工程、斜坡防护工程、土地整治工程、防洪排导工程、降水蓄渗工程、临时防护工程、植被建设工程、防风固沙工程等。

本规范中用黑体字标志的条文为强制性条文，必须严格执行。

本规范由建设部负责管理和对强制性条文的解释，由水利部负责日常管理，由水利部水土保持监测中心负责具体技术内容的解释。

本规范在执行过程中，请各单位注意总结经验，积累资料，随时将有关意见和建议反馈给水利部水土保持监测中心（北京市宣武区白广路二条2号，邮政编码100053），以供今后修订时参考。

本规范主编单位、参编单位和主要起草人：

主 编 单 位：水利部水土保持监测中心

参 编 单 位：水利部水利水电规划设计总院
长江流域水土保持监测中心站
黄河水利委员会天水水土保持科学试验站
松辽水利委员会水土保持处
中国水电工程顾问集团公司
中国电力工程顾问集团公司
铁道第二勘察设计院
交通部公路科学研究所
中国有色工程设计研究集团
煤炭工业环境保护办公室

主要起草人：姜德文　郭索彦　赵永军　王治国　蔡建勤　张长印　秦百顺　李仁华　袁普金　孟令钦

目　次

1 总　　则

1.0.1 为贯彻国家有关法律、法规，预防、控制和治理开发建设活动导致的水土流失，减轻对生态环境可能产生的负面影响，防止水土流失危害，制定本规范。

1.0.2 本规范适用于建设或生产过程中可能引起水土流失的开发建设项目的水土流失防治。

1.0.3 开发建设项目的水土流失防治应重视调查研究，鼓励采用新技术、新工艺和新材料，做到因地制宜，综合防治，实用美观。

1.0.4 水土保持工程设计除应符合本规范外，尚应符合国家现行有关标准的规定。

2 术　　语

2.0.1 水土流失防治责任范围　the range of responsebility for soil erosion control

项目建设单位依法应承担水土流失防治义务的区域，由项目建设区和直接影响区组成。

2.0.2 项目建设区　construction area

开发建设项目建设征地、占地、使用及管辖的地域。

2.0.3 直接影响区　probable impact area

在项目建设过程中可能对项目建设区以外造成水土流失危害的地域。

2.0.4 主体工程　principal part of the project

开发建设项目所包括的主要工程及附属工程的统称，不包括专门设计的水土保持工程。

2.0.5 线型开发建设项目　line-type engineering

布局跨度较大、呈线状分布的公路、铁路、管道、输电线路、渠道等开发建设项目。

2.0.6 点型开发建设项目　block-type engineering

布局相对集中、呈点状分布的矿山、电厂、水利枢纽等开发建设项目。

2.0.7 建设类项目　constructive engineering

基本建设竣工后，在运营期基本没有开挖、取土(石、料)、弃土(石、渣)等生产活动的公路、铁路、机场、水工程、港口、码头、水电站、核电站、输变电工程、通信工程、管道工程、城镇新区等开发建设项目。

2.0.8 建设生产类项目　constructive and productive engineering

基本建设竣工后，在运营期仍存在开挖地表、取土(石、料)、弃土（石、渣）等生产活动的燃煤电站、建材、矿产和石油天然气开采及冶炼等开发建设项目。

2.0.9 方案设计水平年　target year of design

主体工程完工后，方案确定的水土保持措施实施完毕并初步发挥效益的时间。建设类项目为主体工程完工后的当年或后一年，建设生产类项目为主体工程完工后投入生产之年或后一年。

3 基本规定

3.1 一般规定

3.1.1 开发建设项目水土流失防治及其措施总体布局应遵循下列规定：

1 应控制和减少对原地貌、地表植被、水系的扰动和损毁，保护原地表植被、表土及结皮层，减少占用水、土资源，提高利用效率。

2 开挖、排弃、堆垫的场地必须采取拦挡、护坡、截排水以及其他整治措施。

3 弃土（石、渣）应综合利用，不能利用的应集中堆放在专门的存放地，并按“先拦后弃”的原则采取拦挡措施，不得在江河、湖泊、建成水库及河道管理范围内布设弃土（石、渣）场。

4 施工过程必须有临时防护措施。

5 施工迹地应及时进行土地整治，采取水土保持措施，恢复其利用功能。

3.1.2 开发建设项目水土保持设计文件应符合下列规定：

1 当主体工程建设地点、工程规模或布局发生变化时，水土保持方案及其设计文件应重新报批。

2 当取土（石、料）场、弃土（石、渣）场、各类防护工程等发生较大变化时，应编制水土保持工程变更设计文件。

3 涉及移民（拆迁）安置及专项设施改（迁）建的建设项目，规模较小的，水土保持方案中应根据移民与占地规划，提出水土保持措施布局与规划，明确水土流失防治责任，估列水土保持投资；规模较大的，应单独编报水土保持方案。

4 征占地面积在 $1hm^2$ 以上或挖填土石方总量在1万 m^3 以上的开发建设项目，必须编报水土保持方案报告书，其他开发建设项目必须编报水土保持方案报告表，其内容和格式应分别符合附录A、附录B的规定。

5 水土流失防治措施应分阶段进行设计，其内容和要求应符合本规范第7～14章的规定。

6 在施工准备期前，应由监测单位编制水土保持监测设计与实施计划，为开展水土保持监测工作提供指导。

3.2 对主体工程的约束性规定

3.2.1 工程选址（线）、建设方案及布局应符合下列规定：

1 选址（线）必须兼顾水土保持要求，应避开泥石流易发区、崩塌滑坡危险区以及易引起严重水土流失和生态恶化的地区。

2 选址（线）应避开全国水土保持监测网络中的水土保持监测站点、重点试验区，不得占用国家确定的水土保持长期定位观测站。

3 城镇新区的建设项目应提高植被建设标准和景观效果，还应建设灌溉、排水和雨水利用设施。

4 公路、铁路工程在高填深挖路段，应采用加大桥隧比例的方案，减少大填大挖。填高大于20m或挖深大于30m的，必须有桥隧比选方案。路堤、路堑在保证边坡稳定的基础上，应采用植物防护或工程与植物防护相结合的设计方案。

5 选址（线）宜避开生态脆弱区、固定半固定沙丘区、国家划定的水土流失重点预防保护区和重点治理成果区，最大限度地保护现有土地和植被的水土保持功能。

6 工程占地不宜占用农耕地，特别是水浇地、水田等生产力较高的土地。

3.2.2 取土（石、料）场选址应符合下列规定：

1 严禁在县级以上人民政府划定的崩塌和滑坡危险区、泥石流易发区内设置取土（石、料）场。

2 在山区、丘陵区选址，应分析诱发崩塌、滑坡和泥石流的可能性。

3 应符合城镇、景区等规划要求，并与周边景观相互协调，宜避开正常的可视范围。

4 在河道取砂（砾）料的应遵循河道管理的有关规定。

3.2.3 弃土（石、渣）场选址应符合下列规定：

1 不得影响周边公共设施、工业企业、居民点等的安全。

2 涉及河道的，应符合治导规划及防洪行洪的规定，不得在河道、湖泊管理范围内设置弃土（石、渣）场。

3 禁止在对重要基础设施、人民群众生命财产安全及行洪安全有重大影响的区域布设弃土（石、渣）场；

4 不宜布设在流量较大的沟道，否则应进行防洪论证。

5 在山丘区宜选择荒沟、凹地、支毛沟，平原区宜选择凹地、荒地，风沙区应避开风口和易产生风蚀的地方。

3.2.4 主体工程施工组织设计应符合下列规定：

1 控制施工场地占地，避开植被良好区。

2 应合理安排施工，减少开挖量和废弃量，防止重复开挖和土（石、渣）多次倒运。

3 应合理安排施工进度与时序，缩小裸露面积和减少裸露时间，减少施工过程中因降水和风等水土流失影响因素可能产生的水土流失。

4 在河岸陡坡开挖土石方，以及开挖边坡下方有河渠、公路、铁路和居民点时，开挖土石必须设计渣石渡槽、溜渣洞等专门设施，将开挖的土石渣导出后及时运至弃土（石、渣）场或专用场地，防止弃渣造成危害。

5 施工开挖、填筑、堆置等裸露面，应采取临时拦挡、排水、沉沙、覆盖等措施。

6 料场宜分台阶开采，控制开挖深度。爆破开挖应控制装药量和爆破范围，有效控制可能造成的水土流失。

7 弃土（石、渣）应分类堆放，布设专门的临时倒运或回填料的场地。

3.2.5 工程施工应符合下列规定：

1 施工道路、伴行道路、检修道路等应控制在规定范围内，减小施工扰动范围，采取拦挡、排水等措施，必要时可设置桥隧；临时道路在施工结束后应进行迹地恢复。

2 主体工程动工前，应剥离熟土层并集中堆放，施工结束后作为复耕地、林草地的覆土。

3 减少地表裸露的时间，遇暴雨或大风天气应加强临时防护。雨季填筑土方时应随挖、随运、随填、随压，避免产生水土流失。

4 临时堆土（石、渣）及料场加工的成品料应集中堆放，设置沉沙、拦挡等措施。

5 开挖土石和取料场地应先设置截排水、沉沙、拦挡等措施后再开挖。不得在指定取土（石、料）场以外的地方乱挖。

6 土（砂、石、渣）料在运输过程中应采取保护措施，防止沿途散溢，造成水土流失。

3.2.6 工程管理应符合下列规定：

1 将水土保持工程纳入招标文件、施工合同，将施工过程中防治水土流失的责任落实到施工单位。合同段划分要考虑合理调配土石方，减少取、弃土（石）方数量和临时占地数量。

2 工程监理文件中应落实水土保持工程监理的具体内容和要求，由监理单位控制水土保持工程的进度、质量和投资。

3 在水土保持监测文件中应落实水土保持监测的具体内容和要求，由监测单位开展水土流失动态变化及防治效果的监测。

4 建设单位应通过合同管理、宣传培训和检查验收等手段对水土流失防治工作进行控制。

5 工程检查验收文件中应落实水土保持工程检查验收程序、标准和要求，在主体工程竣工验收前完成水土保持设施的专项验收。

6 外购土（砂、石）料的，必须选择合法的土（砂、石）料场，并在供料合同中明确水土流失防治责任。

3.3 不同水土流失类型区的特殊规定

3.3.1 风沙区的建设项目应符合下列规定：

1 应控制施工场地和施工道路等扰动范围，保护地表结皮层。

2　应采取砾（片、碎）石覆盖、沙障、草方格或化学固化等措施。

3　植被恢复应同步建设灌溉设施。

4　沿河环湖滨海平原风沙区应选择耐盐碱的植物品种。

3.3.2　东北黑土区的建设项目应符合下列规定：

1　应保护现有天然林、人工林及草地。

2　清基作业时，应剥离表土并集中堆放，用于植被恢复。

3　在丘陵沟壑区还应有坡面径流排导工程。

4　工程措施应有防治冻害的要求。

3.3.3　西北黄土高原区的建设项目应符合下列规定：

1　在沟壑区，应对边坡削坡开级并放缓坡度（45°以下），应采取沟道防护、沟头防护措施并控制塬面或梁峁地面径流。

2　沟道弃渣可与淤地坝建设结合。

3　应设置排水与蓄水设施，防止泥石流等灾害。

4　因水制宜布设植物措施，降水量在400mm以下地区植被恢复应以灌草为主，400mm以上（含400mm）地区应乔灌草结合。

5　在干旱草原区，应控制施工范围，保护原地貌，减少对草地及地表结皮的破坏，防止土地沙化。

3.3.4　北方土石山区的建设项目应符合下列规定：

1　应保存和综合利用表土。

2　弃土（石、渣）场应做好防洪排水、工程拦挡，防止引发泥石流；弃土（石、渣）应平整后用于造地。

3　应采取措施恢复林草植被。

4　高寒山区应保护天然植被，工程措施应有防治冻害的要求。

3.3.5　西南土石山区的建设项目应符合下列规定：

1　应做好表土的剥离与利用，恢复耕地或植被。

2　弃土（石、渣）场选址、堆放及防护应避免产生滑坡及泥石流问题。

3　施工场地、渣料场上部坡面应布设截排水工程，可根据实际情况适当提高防护标准。

4　秦岭、大别山、鄂西山地区应提高植物措施比重，保护汉江等上游水源区。

5　川西山地草甸区应控制施工范围，保护表土和草皮，并及时恢复植被；工程措施应有防治冻害的要求。

6　应保护和建设水系，石灰岩地区还应避免破坏地下暗河和溶洞等地下水系。

3.3.6　南方红壤丘陵区的建设项目应符合下列规定：

1　应做好坡面水系工程，防止引发崩岗、滑坡等灾害。

2　应保护地表耕作层，加强土地整治，及时恢复农田和排灌系统。

3　弃土（石、渣）的拦护应结合降雨条件，适当提高设计标准。

3.3.7　青藏高原冻融侵蚀区的建设项目应符合下列规定：

1　应控制施工便道及施工场地的扰动范围。

2　保护现有植被和地表结皮，需剥离高山草甸（天然草皮）的，应妥善保存，及时移植。

3　应与周围景观相协调，土石料场和渣场应远离项目一定距离或避开交通要道的可视范围。

4　工程建设应有防治冻土翻浆的措施。

3.3.8　平原和城市的建设项目应符合下列规定：

1　应保存和利用表土（农田耕作层）。

2　应控制地面硬化面积，综合利用地表径流。

3　平原河网区应保持原有水系的通畅，防止水系紊乱和河道淤积。

4　植被措施需提高标准时，可按园林设计要求布设。

5　封闭施工，遮盖运输，土石方及堆料应设置拦挡及覆盖措施，防止大风扬尘或造成城市管网的淤积。

6　取土场宜以宽浅式为主，注重复耕，做好复耕区的排水、防涝工程。

7　弃土（石、渣）应分类堆放，宜结合其他基本建设项目综合利用。

3.4　不同类型建设项目的特殊规定

3.4.1　线型建设类工程应符合下列规定：

1　穿（跨）越工程的基础开挖、围堰拆除等施工过程中产生的土石方、泥浆应采取有效防护措施。

2　陡坡开挖时，应在边坡下部先行设置拦挡及排水设施，边坡上部布设截水沟。

3　隧道进出口紧临江河、较大沟道时，不宜在隧道进出口布设永久渣场。

4　输变电工程位于坡面的塔基宜采取“全方位、高低腿”型式，开挖前应设置拦挡和排水设施。

5　土质边坡开挖不宜超过45°，高度不宜超过30m。

6　公路、铁路等项目的取（弃）土场宜布设在沿线视线以外。

3.4.2　点型建设类工程应符合下列规定：

1　弃土（石、渣）应分类集中堆放。

2　对水利枢纽、水电站等工程，弃渣场选址应布设在大坝下游或水库回水区以外。

3　在城镇及其规划区、开发区、工业园区的项目，应提高防护标准。

4　施工导流不宜采用自溃式围堰。

3.4.3　点型建设生产类工程应符合下列规定：

1　剥离表层土应集中保存，采取防护措施，最终利用。

2 露天采掘场，应采取截排水和边坡防护等措施，防止滑坡、塌方和冲刷。

3 排土（渣、矸石等）场地应事先设置拦挡设施，弃土（石、渣）必须有序堆放，并及时采取植物措施。

4 可能造成环境污染的废弃土（石、渣、废液）等应设置专门的处置场，并符合相应防治标准。

5 采石场应在开采范围周边布设截排水工程，防止径流冲刷。施工过程中应控制开采作业范围，不得对周边造成影响。

6 排土场、采掘场等场地应及时复耕或恢复林草植被。

7 井下开采的项目，应防止疏干水和地下排水对地表土壤水分和植被的影响。采空塌陷区应有保护水系、保护和恢复土地生产力等方面的措施。

4 各设计阶段的任务

4.1 基本要求

4.1.1 开发建设项目水土保持工程设计可分为项目建议书、可行性研究、初步设计和施工图设计四个阶段。

4.1.2 开发建设项目在项目建议书阶段应有水土保持章节。工程可行性研究阶段（或项目核准前）必须编报水土保持方案，并达到可行性研究深度，工程可行性研究报告中应有水土保持章节。初步设计阶段应根据批准的水土保持方案和有关技术标准，进行水土保持初步设计，工程的初步设计应有水土保持篇章。施工图阶段应进行水土保持施工图设计。

4.2 主要任务

4.2.1 项目建议书阶段的主要任务应包括下列内容：

1 简要说明项目区水土流失现状与环境状况，预防监督与治理状况。

2 明确水土流失防治责任。

3 初步分析项目建设过程中可能对水土流失的影响。

4 提出水土流失防治总体要求，初拟水土流失防治措施体系及总体布局，提出下一阶段要解决的主要问题。

5 确定水土保持投资估算的原则和依据，匡算水土保持投资。

4.2.2 可行性研究阶段的主要任务应包括下列内容：

1 开展相应深度的勘测与调查以及必要的试验研究。

2 从水土保持角度论证主体工程设计方案的合理性及制约因素。

3 对主体工程的选址（线）、总体布置、施工组织、施工工艺等比选方案进行水土保持分析评价，对主体工程提出优化设计要求和推荐意见。

4 估算弃土（石、渣）量及其流向，分析土石方平衡，初步提出分类堆放及综合利用的途径。

5 基本确定水土流失防治责任范围、水土流失防治分区及水土流失防治目标等。

6 分析工程建设过程中可能引起水土流失的环节、因素，定量预测水力侵蚀、风力侵蚀量及分布，定性分析引发重力侵蚀、泥石流等灾害的可能性。定性分析开发建设所造成的水土流失危害类型及程度。

7 确定水土流失防治措施总体布局，按防治工程分类进行典型设计并明确工程设计标准，估算工程量。对主要防治工程的类型、布置进行比选，基本确定防治方案。初步拟定水土保持工程施工组织设计。

8 基本确定水土保持监测内容、项目、方法、时段、频次，初步选定地面监测的点位，估算所需的人工和物耗。

9 编制水土保持工程投资估算，估算防治措施的分项投资及总投资，分析水土保持效益，定量分析水土流失防治效果。

10 拟定水土流失防治工作的保障措施。

4.2.3 初步设计阶段的主要任务应包括下列内容：

1 开展相应深度的勘测与调查。

2 分区（段）复核土石方平衡及弃土（石、渣）场、取料场的布置。

3 复核水土流失防治责任范围、水土流失防治分区和水土保持措施总体布局。

4 在项目划分的基础上进行水土流失防治措施的设计，说明施工方法及质量要求，进一步细化施工组织设计。

5 编制水土保持监测设计与实施计划。

6 编制水土保持投资概算。

4.2.4 施工图设计阶段的主要任务应包括下列内容：

1 进行水土流失防治单项工程的施工图设计。

2 计算工程量，编制工程预算。

5 水土保持方案

5.1 一般规定

5.1.1 开发建设项目水土保持方案应达到下列防治水土流失的基本目标：

1 项目建设区的原有水土流失得到基本治理。

2 新增水土流失得到有效控制。

3 生态得到最大限度的保护，环境得到明显改善。

4 水土保持设施安全有效。

5 扰动土地整治率、水土流失总治理度、土壤流失控制比、拦渣率、林草植被恢复率、林草覆盖率等指标达到现行国家标准《开发建设项目水土流失防治标准》GB 50434—2008 的要求。

5.1.2 水土流失防治责任范围的确定应符合下列规定：

1 开发建设项目防治水土流失的责任范围包括项目建设区和直接影响区。

2 项目建设区包括永久征地、临时占地、租赁土地以及其他属于建设单位管辖范围的土地。经分析论证确定的施工过程中必然扰动和埋压的范围应列入项目建设区。

3 直接影响区应通过调查、分析确定。

5.1.3 水土保持方案中水土保持工程的界定应符合下列原则：

1 主导功能原则。以防治水土流失为目标的工程为水土保持工程；以主体设计功能为主，同时具有水土保持功能的工程，不作为水土保持工程。

2 责任区分原则。对建设项目临时征、占地范围内的各项防护工程均作为水土保持工程。

3 试验排除原则。难以区分以主体设计功能为主或以水土保持功能为主的工程，可按破坏性试验的原则进行排除。假定没有这些工程，主体设计功能仍旧可以发挥作用，但会产生较大的水土流失，此类工程应作为水土保持工程。

5.1.4 主体工程及比选方案的水土保持分析与评价应包括以下内容：

1 主体工程是否满足本规范第 3 章的要求。

2 工程选址（线）、总体布局、施工组织（施工布置、交通条件、施工工艺及时序等）。

3 弃土（石、渣）场选址、数量、容量、占地类型及面积。

4 取料场分布、位置、储量、开采方式等。

5 主体工程防护措施的标准、等级、型式、范围等。

5.1.5 对生态可能有重大影响和严重危害的，总体布置和主体工程设计中不能满足水土保持要求的，应提出要求与建议。

5.1.6 对施工交通、土石方调配、施工时序等应提出水土保持要求和建议。

5.1.7 对主体工程有否定性意见的，应由主体设计单位重新论证。

5.2 调查和勘测的一般规定

5.2.1 地质、地貌的调查内容与方法应符合下列规定：

1 地质调查内容应包括地质构造、断裂和断层、岩性、地下水、地震烈度、不良地质灾害等与水土保持有关的工程地质情况等。

2 地质调查应采取资料收集和野外调查方式进行。

3 地貌调查内容应包括项目区内的地形、地面坡度、沟壑密度、地表物质组成、土地利用类型等。

4 调查方法应采用地形图调绘（比例尺 1/5000～1/10000），也可采用航片判读、地形图与实地调查相结合的方法。

5.2.2 气象、水文的调查内容与方法应符合下列规定：

1 气象调查内容应包括项目区所处气候带、干旱及湿润气候类型，气温，大于等于 10℃有效积温，蒸发量，多年平均降水量、极值及出现时间、降水年内分配，无霜期，冻土深度，年平均风速、年大风日数及沙尘天数。

2 水文调查内容应包括一定频率（5 年、10 年、20 年一遇）、一定时段（1h、6h、24h）降水量，地表水系，河道不同设计标准对应的洪水位等与工程防护布设和设计标准相关的水文、气象资料。

3 调查方法应以收集和分析资料为主，辅以必要的野外查勘。

4 气象资料系列长度宜在 30 年以上。

5.2.3 土壤、植被的调查内容和方法应符合下列规定：

1 土壤调查内容应包括地带性土壤类型、分布、土层厚度、土壤质地、土壤肥力、土壤的抗侵蚀性和抗冲刷性等。

2 调查方法应为收集资料、现场调查和取样化验相结合。

3 植被调查内容应包括地带性（或非地带性）植被类型，项目区植物种类，乡土树种、草种及分布，林草植被覆盖率。

4 植被类型的调查可采用野外调查或野外调查与航片判读相结合的方法，乡土树种、草种的种类和造林经验等情况采取收集资料和现场调查相结合的方法。

5.2.4 水土流失的调查内容和方法应符合下列规定：

1 水土流失调查内容应包括水土流失类型、面积及强度、现状土壤侵蚀（流失）量或模数、土壤流失容许量、水土流失发生、发展、危害及其造成原因等。

2 调查方法：

1）水土流失类型和面积应采取收集资料并结合现场实地勘察进行。

2）项目周边地区的土壤侵蚀状况应收集和使用国家最新公布的土壤侵蚀遥感调查成果，项目区的土壤侵蚀状况应以调查、实测为主。

3）土壤侵蚀（流失）模数宜采用本工程和类比工程实测资料分析确定，采用数学模型法应有当地 3 年以上实测验证的参数。

4）水土流失发生、发展、危害及其造成原因应以调查和收集资料为主。

5）扩建工程应调查原工程的水土流失及水土保持情况。

5.2.5 水土保持的调查内容和方法应包括：

1 水土保持重点防治区划分成果，水土流失防治主要经验、研究成果。

2 水土流失治理程度，水土保持设施，成功的防治工程设计、组织实施和管护经验等。

3 主要经验与成果应采用资料收集和访问等方法，治理情况应采用实地调查与收集资料相结合的方法。

5.2.6 工程调查与勘测的调查内容和方法应符合下列规定：

1 主体工程的平面布局、施工组织可采用收集相关资料及设计文件的方法。

2 对100万m^3以上的取土（石、料）场、弃土（石、渣）场以及其他重要的防护工程必须收集工程地质勘测资料及地形图（比例尺不低于1/10000），并进行必要的补充测量。

3 工程建设可能影响的范围应采用资料收集与实地调查相结合的方法。

5.3 项目概况介绍的基本要求

5.3.1 基本情况应包括建设项目名称、项目法人单位、项目所在地的地理位置（应附平面位置图）、建设目的与性质，工程任务、等级与规模，总投资及土建投资，建设工期等主要技术经济指标等，并附主体工程特性表。

5.3.2 项目组成及布置概况介绍应包括下列内容：

1 项目建设基本内容，单项工程的名称、建设规模、平面布置等（应附平面布置图）。扩建项目还应说明与已建工程的关系。

2 项目附属工程，包括供电系统、给排水系统、通信系统、本项目内外交通等。

5.3.3 施工组织概述应包括下列内容：

1 施工布置、施工工艺、主要工序及时序，分段或分部分进行施工的工程应列表说明，重点阐述与水土保持直接相关的内容。可附主要施工工艺（方法）流程图。

2 施工方法特别是土石方工程挖、填、运、弃的施工方法、工艺。

3 建设生产用的土、石、砂、砂砾料等建筑材料的数量、来源、综合加工系统，料场的数量、位置、可采量等。

4 施工所用的水、电、风等能量供应方式及设施布局情况。

5.3.4 工程征占地可包括永久性占地和临时性征占地，应按项目组成及行政区分别说明占地性质、占地类型、占地面积等情况。

5.3.5 土石方工程量应分项说明工程土石方挖方、填方、调入方、调出方、外借方、弃方量。土石方平衡应根据项目设计资料、标段划分、地形地貌、运距、土石料质量、回填利用率、剥采比等合理确定取土（石）量、弃土（石、渣）量和开采、堆弃地点、形态等。并附土石方平衡表、土石方流向框图。

对于铁路、公路的隧道、穿山、穿河流等土石方开挖工程，应说明出渣方法、出渣量及弃土（石、渣）的处置方案。

5.3.6 工程投资应说明主体工程总投资、土建投资、资本金构成及来源等。

5.3.7 进度安排应说明主体工程总工期，包括施工准备期、开工时间、完工时间、投产时间、验收时间，建设进度安排以及施工季节的安排等。对于分期建设的项目，还应说明后续项目的立项计划，并附施工进度表。

5.3.8 拆迁与移民安置应包括移民规模、搬迁规划、拆迁范围，安置原则、安置形式，生产、拆迁和安置责任。

5.4 项目区概况介绍的基本要求

5.4.1 自然环境概况的介绍应包括下列内容：

1 地质。包括项目区所处的大地构造位置和地质结构，岩层和岩性，断层和断裂结构和地震烈度、不良地质灾害等。

2 地貌。包括项目建设区域的地貌类型、地表形态要素、地表物质组成等。

3 气象。包括项目建设区所处气候带、干旱及湿润气候类型，代表性气象站的年均气温，无霜期，大于等于10℃有效积温，极端最高气温，极端最低气温，最高月平均气温，最低月平均气温；冻土深度；多年平均降水量及降水的时空分布，5年、10年及20年一遇最大日降水量，反映降雨强度的一定频率的1h、6h或24h降雨量；年平均蒸发量，大风日数，平均风速，主导风向等与植物措施配置相关的气候因子。线性工程的气象特征值应分段表述。

4 水文。包括项目建设区及周边区域水系及河道冲淤情况，地表水、地下水状况，河流泥沙平均含沙量，径流模数，洪水（水位、水量）与建设场地的关系等情况，如有沟道工程应说明不同频率洪峰流量、洪水总量；并说明植被建设等生态用水的来源和保证率。

5 土壤。包括项目区及周边区域土壤类型、分布、理化性质等，并说明土壤的可蚀性。

6 植被。包括项目区及周边区域林草植被类型、当地乡土树（草）种，主要群落类型、植被的垂直及水平分布、覆盖率、生长状况等基本情况。

7 其他。包括可能被工程影响的其他环境资源，项目区内的历史上多发的自然灾害。

5.4.2 对点型工程，可适当扩展到项目区范围外，线型工程以乡（镇）、县（市、区）为单位进行调查统计。不需单独编报移民拆迁安置区水土保持方案的，应说明拟安置或迁建区的位置、面积、土地利用现状等基本情况。应包括下列内容：

1 项目区人口、人均收入、产业结构。

2 项目区域的土地类型、利用现状、分布及其面积，基本农田、林地等情况，人均土地及耕地等。

5.4.3 水土流失及水土保持现状的介绍应包括下列内容：

1 水土流失现状。项目区及周边区域水土流失类型、流失强度、土壤侵蚀模数、土壤流失容许量等，并列表、附图说明。项目周边区域的水土流失对工程项目的影响。

2 水土保持现状。项目区及周边区域水土流失治理现状、主要经验、成功的防治工程类型、设计标准、林草品种和管护经验，项目区水土保持设施，水土流失重点防治区划分成果，同类型开发建设项目水土保持经验等。

3 项目区内的水土保持现状。项目区内现有水土保持设施的类型、数量、保存状况、防治水土流失的效果等。扩建项目还应介绍上期工程水土保持开展情况和存在问题。

5.5 主体工程水土保持分析与评价

5.5.1 分析评价内容应符合下列规定：

1 分析评价主体工程是否满足本规范第3章的基本规定。

2 从主体工程的选线（址）、总体布置、施工方法与工艺、土石料场选址、弃土（石、渣）场选址、占地类型及面积等方面，用扰动面积、土石方量、损坏植被面积、水土流失量及危害、工程投资等指标做出水土资源占用评价、水土流失影响评价和景观评价，提出或认定推荐方案。

3 对主体设计选定的弃土（石、渣）场从水土保持角度进行比选和综合分析，不符合水土保持要求的，必须提出新的场址；主体工程设计深度不够的，由水土保持与主体设计单位共同调查、分析比选，确定弃土（石、渣）场。

4 综合分析挖填方的施工时段、土石料组成成分、运距、回填利用率等因素，从水土保持角度提出土石方调配的合理化建议，并对施工时序是否做到“先拦后弃”做出评价。

5.5.2 评价主体工程设计，应从布置、范围、标准等方面评价能否控制水土流失，是否满足水土保持要求。

5.5.3 经分析与评价，对主体工程设计中不能满足水土保持要求的应提出要求或在方案中进行补充、设计。

5.6 水土流失防治责任范围及防治分区

5.6.1 项目建设区范围应包括建（构）筑物占地，施工临时生产、生活设施占地，施工道路（公路、便道等）占地，料场（土、石、砂砾、骨料等）占地，弃渣（土、石、灰等）场占地，对外交通、供水管线、通信、施工用电线路等线型工程占地，水库正常蓄水位淹没区等永久和临时占地面积。改建、扩建工程项目与现有工程共用部分也应列入项目建设区。建设区除文字叙述外还应列表、附图说明。

5.6.2 直接影响区应包括规模较小的拆迁安置和道路等专项设施迁建区，排洪泄水区下游，开挖面下边坡，道路两侧，灰渣场下风向，塌陷区，水库周边影响区，地下开采对地面的影响区，工程引发滑坡、泥石流、崩塌的区域等。应依据区域地形地貌、自然条件和主体工程设计文件，结合对类比工程的调查，根据风向、边坡、洪水下泄、排水、塌陷、水库水位消落、水库周边可能引起的浸渍，排洪涵洞上、下游的滞洪、冲刷等因素，经分析后确定，不应简单外延。

5.6.3 水土流失防治分区应符合下列规定：

1 在确定防治责任范围的基础上应划分防治分区，并分区进行典型设计，计算工程量。

2 应根据野外调查（勘测）结果，在确定的防治责任范围内，依据主体工程布局、施工扰动特点、建设时序、地貌特征、自然属性、水土流失影响等进行分区。

3 分区的原则应符合下列要求：

1）各分区之间具有显著差异性。

2）各分区内造成水土流失的主导因子相近或相似。

3）一级分区应具有控制性、整体性、全局性，线型工程应按地貌类型划分一级区。

4）二级及其以下分区应结合工程布局和施工区进行逐级分区。

5）各级分区应层次分明，具有关联性和系统性。

4 宜采取实地调查勘测、资料收集与数据分析相结合的方法进行分区。

5 分区结果应包括文字、图、表说明。

5.7 水土流失预测的基本要求

5.7.1 水土流失预测应在主体工程设计功能的基础上，根据自然条件、施工扰动特点等进行预测。可从气象（降水、大风）、土壤可蚀性、地形地貌、施工方法等方面进行水土流失影响因素甄别，分析项目生产建设产生水土流失的客观条件。

5.7.2 扰动前土壤侵蚀模数应根据自然条件、当地水文手册、土壤侵蚀模数等值线图、库坝工程淤积观测、相关试验研究等资料合理确定，并作为水土流失预测分析的基础。扰动后土壤侵蚀模数应根据施工工艺、施工时序、下垫面、汇流面积、汇流量的变化及相关试验等综合确定。

5.7.3 开发建设项目可能产生的水土流失量应按施工准备期、施工期、自然恢复期三个时段进行预测。每个预测单元的预测时段按最不利的情况考虑，超过雨季（风季）长度的按全年计算，不超过雨季（风季）长度的按占雨季（风季）长度的比例计算。

5.7.4 水土流失预测单元的划分应符合下列要求：

1 地形地貌、扰动地表的物质组成相近。

2 扰动方式相似。

3 土地利用现状基本相同。

4 降水或大风特征值（降雨量、强度与降雨的年内分配等）基本一致。

5.7.5 水土流失预测内容包括开挖扰动地表面积、损坏水土保持设施的数量、弃土（石、渣）量、水土流失量、新增水土流失量、水土流失危害等。

5.7.6 水土流失量预测方法的选择应符合下列规定：

1 采用类比法进行水土流失预测。

1）当具有类似工程水土流失实测资料时，应列表分析预测工程与实测工程在地形地貌和气象特征、植被类型和覆盖率、土壤、扰动地表的组成物质和坡度、坡长、侵蚀类型、弃土（石、渣）的堆积形态等水土流失主要因子的可比性。

2）当预测工程与实测工程具有较强的可比性时，可采用类比法进行水土流失预测，根据对水土流失影响的因子比较，对有关参数进行修正。

土壤流失量可按下式计算：

$$W=\sum_{i=1}^{n}\sum_{k=1}^{3}F_i\times M_{ik}\times T_{ik} \quad (5.7.6\text{-}1)$$

新增土壤流失量可按下式计算：

$$\Delta W=\sum_{i=1}^{n}\sum_{k=1}^{3}F_i\times \Delta M_{ik}\times T_{ik} \quad (5.7.6\text{-}2)$$

$$\Delta M_{ik}=\frac{(M_{ik}-M_{i0})+|M_{ik}-M_{i0}|}{2} \quad (5.7.6\text{-}3)$$

式中 W——扰动地表土壤流失量，t；

ΔW——扰动地表新增土壤流失量，t；

i——预测单元（1，2，3，……n）；

k——预测时段，1，2，3，指施工准备期、施工期和自然恢复期；

F_i——第 i 个预测单元的面积，km^2；

M_{ik}——扰动后不同预测单元不同时段的土壤侵蚀模数，$t/(km^2\cdot a)$；

ΔM_{ik}——不同单元各时段新增土壤侵蚀模数，$t/(km^2\cdot a)$；

M_{i0}——扰动前不同预测单元土壤侵蚀模数，$t/(km^2\cdot a)$；

T_{ik}——预测时段（扰动时段），a。

注：1 当各区土壤侵蚀强度恢复到土壤侵蚀容许值及以下时，不再计算。

2 当弃土弃渣外表面积每年变化时应分年计算和预测。

2 有条件的地方可采用当地科学试验研究成果并经鉴定认可的公式和方法。

3 宜通过试验、观测等方法进行水土流失预测，可在项目区设立监测小区（或径流小区）和土壤流失观测场，采用天然或人工模拟（降雨）试验，取得不同预测单元的土壤流失模数。通过对上述指标的论证分析与调整后，采用类比法的公式进行计算。

5.7.7 位于大中城市及周边地区、南方石漠化地区和西北干旱地区的开发建设项目，以及有大量疏干水和排水的项目，还应进行水损失（或水资源流失、有效水资源的减少）的预测，以减轻城市排水防洪压力，改善水环境。预测基础应为工程按设计建成后的情况。

水损失的预测宜采用径流系数法，可按下式计算：

$$W_w=\sum_{1}^{n}[F_i\times H_i\times(\alpha_i-\alpha_{i0})] \quad (5.7.7)$$

式中 W_w——扰动地表水流失量，m^3；

F_i——第 i 个预测单元的面积，km^2；

H_i——项目区年降雨量，mm；

α_i——预测单元扰动地表的径流系数；

α_{i0}——预测单元原状地表的径流系数。

5.7.8 对项目可能造成的水土流失危害进行预测和分析。预测水土流失危害形式、程度，可能产生的后果。

5.7.9 根据预测结果，分析并明确产生水土流失的重点区域（地段）和时段、水土流失防治和监测的重点区段和时段，并对防治措施布设提出指导性意见。

5.8 水土流失防治措施布局

5.8.1 水土流失防治措施的布局应遵循下列原则：

1 结合工程实际和项目区水土流失现状，因地制宜、因害设防、总体设计、全面布局、科学配置，并与周边景观相协调。

1）在干旱、半干旱地区以工程、防风固沙等措施为主，辅之以必要的植物措施。

2）在半湿润区采用以植物措施、土地整治与工程措施相结合的防治措施。

3）在湿润区应有挡护、坡面排水工程、植被恢复等措施。

2 减少对原地貌和植被的破坏面积，合理布设弃土（石、渣）场、取料场，弃土（石、渣）应分类集中堆放。

3 项目建设过程中应注重生态环境保护，设置临时性防护措施，减少施工过程中造成的人为扰动及产生的废弃土（石、渣）。

4 宜吸收当地水土保持的成功经验，借鉴国内外先进技术。

5.8.2 防治措施布局要求应符合下列规定：

1 在分区布设防护措施时，应结合各分区的水土流失特点提出相应的防治措施、防治重点和要求，保证各防治分区的关联性、系统性和科学性。

2 植物措施应在对立地条件的分析基础上，推荐多树种、多草种，供设计时进一步优化。

3 防治水蚀、风蚀的植物措施应有针对性，水蚀风蚀复合区的措施应兼顾两种侵蚀类型的防治。

5.8.3 应对所拟定的重要防护工程进行方案比选，提出推荐方案。防治措施比选的重点地段应为大型弃渣（土、石）场、取料（土、石）场、高路堑、大型开挖面等。防治措施比选的内容应包括防护措施类型、防护效果、投资等。防治措施比选的考虑因素应包括工程安全、水土保持防护效果、施工条件、立地条件、工程投资等。

5.8.4 水土保持工程施工组织设计应包括施工组织、施工条件、施工材料来源及施工方法与质量要求等内容。进度安排应符合下列规定：

1 应遵循“三同时”制度，按照主体工程施工组织设计、建设工期、工艺流程，坚持积极稳妥、留有余地、尽快发挥效益的原则，以水土保持分区进行措施布设，考虑施工的季节性、施工顺序、措施保证、工程质量和施工安全，分期实施，合理安排，保证水土保持工程施工的组织性、计划性、有序性以及资金、材料和机械设备等资源的有效配置，确保工程按期完成。

2 分期实施应与主体工程协调一致，根据工程量组织劳动力，使其相互协调，避免窝工浪费。

3 应先工程措施再植物措施，工程措施应安排在非主汛期，大的土方工程宜避开汛期。植物措施应以春季、秋季为主。施工建设中，应按“先拦后弃”的原则，先期安排水土保持措施的实施。结合四季自然特点和工程建设特点及水土流失类型，在适宜的季节进行相应的措施布设。

5.9 水土保持监测的基本要求

5.9.1 开发建设项目水土保持监测应按照国家现行标准《水土保持监测技术规程》SL 277—2002 的规定进行。在水土保持方案中，应确定监测的内容、项目、方法、时段、频次，初步确定定点监测点位，估算所需的人工和物耗。能够指导监测机构编制监测实施计划，落实监测的具体工作。监测成果应能全面反映开发建设项目水土流失及其防治情况。

5.9.2 水土保持监测时段应从施工准备期前开始，至设计水平年结束。建设生产类项目还应对运行期进行监测。

5.9.3 水土保持重点监测应包括下列内容：

1 项目区水土保持生态环境变化监测。应包括地形、地貌和水系的变化情况，建设项目占地和扰动地表面积，挖填方数量及面积，弃土、弃石、弃渣量及堆放面积，项目区林草覆盖率等。

2 项目区水土流失动态监测。应包括水土流失面积、强度和总量的变化及其对下游及周边地区造成的危害与趋势。

3 水土保持措施防治效果监测。应包括各类防治措施的数量和质量，林草措施的成活率、保存率、生长情况及覆盖率，工程措施的稳定性、完好程度和运行情况，以及各类防治措施的拦渣保土效果。

5.9.4 开发建设项目水土流失的监测应以水土流失严重区域为重点。不同类型建设项目的监测重点区域的选择应遵循下列规定：

1 采矿类工程应为露天采矿的排土（石）场、地下采矿的弃土（渣）场和地面塌陷区，以及铁路和公路专用线，集中排水区下游。

2 交通铁路工程应为施工过程中弃土（渣）场、取土（石）场、大型开挖破坏面和土石料临时转运场，集中排水区下游和施工道路。

3 电力工程应为电厂施工中弃土（渣）场、取土（石）场、临时堆土场、施工道路和火力发电厂运行期贮灰场。

4 冶炼工程应为施工中弃土（渣）场、取土（石）场和运行期添加料场、尾矿（渣）场，施工和生产道路。

5 水工程应为施工中弃土（渣）场、取土（石）场、大型开挖面、排水泄洪区下游、施工期临时堆土（渣）场。

6 建筑及城镇建设工程应为施工中的地面开挖、弃土弃渣和土石料的临时堆放地。

7 其他工程应为施工或运行中易造成水土流失的部位和工作面。

5.9.5 水土流失危害的监测可根据水土流失防治措施的薄弱环节以及生产生活集中区设置。施工过程中防治措施不能及时到位的施工区（段）应重点监测。

5.9.6 开发建设项目水土保持监测站点的布设应根据开发建设项目扰动地表的面积、涉及的不同水土流失类型、扰动开挖和堆积形态、植被状况、水土保持设施及其布局，以及交通、通信等条件综合确定。应根据工程特点与扰动地表特征分别布设不同的监测点，并应符合下列要求：

1 对弃土弃渣场、取料场及大型开挖面宜布设监测小区。

2 项目区较为集中的工程宜布设监测控制站（或卡口站）。

3 项目区类型复杂、分散、人为活动干扰小的工程宜布设简易观测场。

5.9.7 开发建设项目水土保持监测布点应符合下列

规定：

1 建设类项目施工期宜布设临时监测点；建设生产类项目施工期宜布设临时监测点，生产运行期可布设长期监测点；工程规模大、环境影响范围广、建设周期长的大型建设项目应布设长期监测点；特大型建设项目监测点的布设还应符合国家或区域水土保持监测网络布局的要求，并纳入相应监测站网的统一管理。

2 制定和完善调查和巡查制度，扩大监测覆盖面，并作为上述监测点的补充。

3 监测小区、简易土壤侵蚀观测场应在同一水土流失类型区平行布设，平行监测点的数目不得少于3个。对铁路、公路、输油（气）管道、输电等线型工程，还应在不同水土流失类型区布设平行监测点。

5.9.8 监测点的场地选择应符合下列规定：

1 每个监测点都应有较强的代表性，对所在水土流失类型区和监测重点要有代表意义，原地表与扰动地表应具有一定的可比性。

2 各种观测场地应适当集中，不同监测项目宜相互结合。

3 宜避免人为活动的干扰。

4 交通方便，便于监测管理。

5 监测小区应根据需要布设不同坡度和坡长的径流小区进行同步监测。

6 控制（卡口）站的主要工程设施应与小流域水文、泥沙及其动力特性相适应。

7 简易土壤侵蚀观测场应避免周边来水对观测场的影响。

8 风蚀量监测点应避免围墙、建筑物、大型施工机械等对监测的影响。

9 重力侵蚀监测点应根据开发建设项目可能造成的侵蚀部位布设。滑坡监测应针对变形迹象明显、潜在威胁大的滑坡体和滑坡群布置；泥石流监测应在泥石流危险性评价的基础上进行布设。

5.9.9 开发建设项目水土保持监测应采取定位监测与实地调查、巡查监测相结合的方法，有条件的大型建设项目可同时采用遥感监测方法。监测方法的选择应遵循下列原则：

1 小型工程宜采取调查监测或场地巡查的监测方法。

2 大中型工程应采取地面监测、调查监测和场地巡查监测相结合的方法。

3 规模大、影响范围广、有条件的特大型工程除地面监测、调查监测和场地巡查监测外，还可采用遥感监测的方法。

4 水土流失影响因子和水土流失量的监测应采用地面监测法。

5 扰动面积、弃渣量、地表植被和水土保持设施运行情况等项目的监测应采用调查法和实测法。

6 施工过程中时空变化多、定位监测困难的项目可采用场地巡查法监测。

5.9.10 标准径流小区的建设应按国家相关标准建设。

5.9.11 非标准径流小区的观测设施可参照标准径流小区建设。

5.9.12 具备条件的可建设人工模拟降雨径流小区进行观测。

5.9.13 以控制站进行监测的应能满足监测工作的需要。

5.9.14 风蚀监测应根据扰动地表情况、可能产生风蚀的区域和数量，合理布设监测点主要是布设集沙池和插钎等。

5.10 实施保障措施的规定

5.10.1 项目法人必须将水土保持工程纳入项目的招标投标管理中，并在设计、施工、监理、验收等各个环节逐一落实，合同文件中应有明确的水土保持条款。

5.10.2 水土保持方案确定的各项水土流失防治措施均应在工程初步设计及施工图设计阶段予以落实，编制单册或专章。重大变更应按规定程序重新编报水土保持方案。

5.10.3 施工管理应满足下列要求：

1 施工期应控制和管理车辆机械的运行范围，防止扩大对地表的扰动。

2 应设立保护地表及植被的警示牌。施工过程应保护表土与植被。

3 应有施工及生活用火安全措施，防止火灾烧毁地表植被。

4 应对泄洪防洪设施进行经常性检查维护，保证其防洪效果和通畅。

5 建成的水土保持工程应有明确的管理维护要求。

5.10.4 从事水土保持监理工作的单位应具有水土保持工程监理资质。

5.10.5 从事水土保持监测工作的单位应具有水土保持监测资质。

5.10.6 建设单位应经常开展水土保持工作的检查。

5.10.7 主体工程投入运行前必须首先验收水土保持设施。验收内容、程序等应符合国家有关规定。

5.10.8 水土保持工程验收后，应由项目法人负责对永久占地区的水土保持设施进行后续管护与维修；临时占地区内的水土保持设施应由项目法人移交土地权属单位或个人继续管理维护。

5.11 结论及建议

5.11.1 结论中应明确有无限制工程建设的制约因素，对主体工程方案比选的结论性意见，水土保持方案的最终结论。

5.11.2 应提出对主体工程及施工组织的水土保持要求，水土保持工程后续设计的要求，明确下阶段需进一步深入研究的问题。

5.12 水土保持方案编制主要内容的规定

5.12.1 开发建设项目可行性研究阶段（项目核准阶段）水土保持方案报告书的编制内容应遵循附录 A 的规定。

5.12.2 开发建设项目水土保持方案报告表的编制内容应遵循附录 B 的规定。

6 水土保持初步设计专章

6.1 一 般 规 定

6.1.1 初步设计阶段水土保持专章的编制应达到本节规定的要求。

6.1.2 水土流失防治措施设计应符合下列要求：

1 应进行相应深度的勘测与调查。

2 应对每一分区或分段开展水土保持措施设计。

3 水土保持措施的平面布局图应在带等高线的地形图上绘制。

4 应提出项目划分的原则，按水土保持工程质量评定的有关规定，明确水土保持单位工程、分部工程和单元工程的数量。

5 应进一步细化施工组织设计。

6 与主体工程衔接密切的工程的图纸可放至主体工程初步设计文件的其他章节，但应在本专章中列表说明。

6.1.3 水土保持投资概算应符合下列要求：

1 水土保持概算投资与水土保持方案估算投资不宜有大的增减。应列表说明增减的工程项目、工程量及投资。

2 基本预备费等主要费率应与主体工程一致，并纳入工程建设总投资。

3 应明确分年度投资、各单位工程的投资。

6.2 水土保持专章主要内容的规定

6.2.1 概述应包括下列内容：

1 水土保持专章节设计的依据。主要包括相关规范、水土保持方案及其审批意见、工程可行性研究报告审批文件中与水土保持有关的内容、主体工程专业设计规范等。

2 项目概况。说明开发建设项目规模的建设性质、项目组成主要技术指标（各组成项目名称、占地、土石方平衡及流向等）、本期工程与水土保持有关的主要生产工艺、施工方法及工艺等，还应介绍项目前期工作情况和方案设计水平年。

3 自然环境概况。应说明开发建设项目主体工程及主要单项工程的地理位置、地形地貌，项目区水文、气象、土壤、植被、水土流失及水土保持现状、项目区及项目区同类工程水土流失治理经验。还应说明开发建设项目区主要水土流失特征、项目区不良地质现象（发生区段、不良地质类型）、本期工程水土保持工程特性。

4 社会经济概况。需描述建设项目区行政区经济、土地利用现状、水土流失及水土保持现状。

6.2.2 水土流失预测应包括下列内容：

1 复核工程弃土弃渣量、施工扰动面积及损毁的水土保持设施数量。

2 复核水土流失预测结果。

3 复核水土流失危害性分析。

6.2.3 水土流失防治总则应符合下列要求：

1 明确项目区水土流失防治原则。包括国家对水土保持、环境保护的总体要求，水土保持工程必须遵照与主体工程同时设计、同时施工、同时竣工验收、同时投产使用的原则等。

2 确定水土流失防治目标。包括设计水平年的扰动土地整治率、水土流失总治理度、土壤流失控制比、拦渣率、林草植被恢复率、林草覆盖率等。

3 确定水土流失防治责任范围。列表说明项目建设区永久占地和临时占地、项目建设区可能影响的区段。

4 分析与评价水土保持功能。分析各单项水土保持措施的功能和安全性，评价是否满足防治目标的要求。对水土保持工程设计的选型、施工材料、稳定性验算等方面进行技术经济论证，确定水土保持措施的合理性。

6.2.4 水土保持工程措施设计应符合下列规定：

1 应明确主体工程征占地范围内的水土保持工程措施的设计标准和工程量，主体工程已经设计的应注明图号；主体工程没有设计的应作补充设计。

2 对主体工程征占地范围外的渣场、料场等，应逐个进行设计，并明确设计标准和工程量。

3 应列表汇总所有的工程措施，进行项目划分。

6.2.5 水土保持植物措施设计应符合下列规定：

1 逐片进行水土保持植物措施设计。

2 立体防护，乔灌草结合。

3 对工程永久占地范围、有观赏要求的区域可提出园林设计的要求，明确设计标准和具体位置。

4 提出初期抚育管理的措施，并概算相应投资。

5 根据实际情况，设计灌溉措施。

6.2.6 水土保持临时措施设计应符合下列规定：

1 图纸上应明确措施的位置、实施时间。

2 应明确施工结束后的拆除要求。

3 应明确度汛、防台风等的要求及相应制度。

6.2.7 水土保持管理应符合下列要求：

1 明确施工责任及培训制度。

2 确定水土保持工程监理的相关要求。

3 确定水土保持工程的组织实施方式。

4 明确水土保持专项验收的时间、经费及保障措施。

6.2.8 水土保持监测应符合下列要求：

1 确定水土保持监测时段。

2 确定水土保持监测内容，包括各土建工程水土流失量、植被覆盖率、水土保持设施实施效果。

3 确定水土保持监测点布设。

4 确定水土保持监测方法及监测设施。

5 提出监测的工作量及成果要求。

6.2.9 水土保持投资概算应符合下列要求：

1 编制水土保持初步设计的相关费用。

2 进行水土保持投资概算的分析。

3 安排水土保持工程分年度计划。

4 进行水土保持效益分析。

6.2.10 水土保持专章附件应包括下列内容：

1 弃渣等废弃物的综合利用协议书。

2 外购土石料等的水土流失防治责任书。

3 水土保持监理、监测的意向书等。

4 水土保持工程特性表。

5 水土流失防治分区及各分区的防治措施体系图。

6 水土保持工程措施设计图册。

7 水土保持植物措施设计图册。

8 水土保持临时防护措施设计图。

9 土石方调配流向图。

10 水土保持监测点位布设图。

7 拦渣工程

7.1 一般规定

7.1.1 开发建设项目在施工期和生产运行期造成大量弃土、弃石、弃渣、尾矿和其他废弃固体物质时，必须布置专门的堆放场地，将其分类集中堆放，并修建拦渣工程。

7.1.2 根据弃土、弃石、弃渣等堆放的位置和堆放方式，结合地形、地质、水文条件等，布置拦渣工程，有效控制水土流失。

7.1.3 拦渣工程主要有拦渣坝（尾矿库）、挡渣墙、拦渣堤三种形式，其防洪标准及设计标准，应按其所处位置的重要程度和河道的等级分别确定，并应进行相应的洪峰流量计算。

7.1.4 对含有有害元素的尾矿（灰渣等），拦挡设施的设计必须符合其特殊要求，尾水处理必须符合有关废水处理的规定，防止废水下泄给下游带来危害。

7.1.5 拦渣工程布设除应遵循本规范外，还应符合国家现行有关挡土墙和堤防工程设计标准规范的要求。

7.2 适用条件

7.2.1 在沟道中堆置弃土、弃石、弃渣、尾矿时，必须修建拦渣坝（尾矿库）。

7.2.2 弃土、弃石、弃渣等堆置物易发生滑塌，当堆置在坡顶及斜坡面时，必须修建挡渣墙。

7.2.3 弃土、弃石、弃渣等堆置于河（沟）道旁边时，必须按防洪治导线布置拦渣堤。拦渣堤具有防洪要求时，应结合防洪堤进行布置。

7.3 设计要求

7.3.1 拦渣坝（尾矿库）的设计应符合下列要求：

1 坝址选择应结合下列因素：

1）河（沟）谷地形平缓，河（沟）床狭窄，有足够的库容拦挡洪水、泥沙和废弃物。

2）两岸地质地貌条件适合布置溢洪道、放水设施和施工场地。

3）坝基宜为新鲜岩石或紧密的土基，无断层破碎带，无地下水出露。

4）坝址附近筑坝所需土、石、砂料充足，且取料方便，水源条件能满足施工要求。

5）排废距离近，库区淹没损失小，废弃物的堆放不会增加对下游河（沟）道的淤积，并不影响河道的行洪和下游的防洪。

2 防洪标准的确定应遵循下列原则：

1）项目及工矿企业的拦渣坝（尾矿库）根据库容或坝高的规模可分为五个等级，防洪标准可按照国家标准《防洪标准》GB 50201—1994 表 4.0.5 中的规定选择确定。沟道中的拦渣坝防洪标准还应符合水土保持治沟骨干工程的规定。

2）当拦渣坝（尾矿库）一旦失事对下游的城镇、工矿企业、交通运输等设施造成严重危害，或有害物质会大量扩散时，应比规定确定的防洪标准提高一等或二等。对于特别重要的拦渣坝（尾矿库），除采用Ⅰ等的最高防洪标准外，还应采取专门的防护措施。

3 上游及周边来水处理应遵循下列原则：

1）拦渣坝上游洪水较小时，设置导洪堤或排洪渠，将区间洪水排泄至拦渣坝的溢洪道或泄洪洞进口，将洪水排泄至下游。

2）拦渣坝上游有较大洪水时，应在拦渣坝的上游修建拦洪坝，在此情况下拦渣坝溢洪道、泄洪洞的泄洪流量，由拦洪坝下泄流量与两坝之间的区间洪水流量组合调节确定。

3）拦渣坝上游来洪量较大且无条件修建拦洪坝时，应修建防洪拦渣坝，该坝同时具有拦渣和防洪双重作用。经技术经济分析之后，择优确定可靠、经济、合理的设计和施工方案。

4 拦渣坝坝高与库容的确定应遵循下列原则：

1）拦渣坝总库容由拦渣库容、拦泥库容、滞洪库容三部分组成。

2）坝顶高程为总库容在水位一库容曲线上对应的高程，加上安全超高之和。

7.3.2 挡渣墙的设计应符合下列要求：

1 水土保持工程可采用重力式、悬臂式、扶臂式和加筋式等型式的挡渣墙。

2 墙址及走向选择：

1）应沿弃土、弃石、弃渣坡脚或相对较高的坡面上布置挡渣墙，有效降低挡渣墙的高度。地基宜为新鲜不易风化的岩石或密实土层。

2）挡渣墙沿线地基土层中的含水量和密度应均匀单一，避免地基不均匀沉陷引起墙基和墙体断裂等形式的变形。

3）挡渣墙的长度应与水流方向一致，避免截断沟谷和水流。若无法避免则应修建排水建筑物。

4）挡渣墙线应顺直，转折处采用平滑曲线连接。

3 渣体及上方与周边来水处理：

1）当挡渣墙及渣体上游集流面积较小，坡面径流或洪水对渣体及挡渣墙冲刷较轻时，可采取排洪渠、暗管、导洪堤等排洪工程将洪水排泄至挡渣墙下游。

2）排洪渠、暗管、涵洞、导洪堤等排洪工程设计与施工技术要求可按照本规范相关规定执行。

3）当挡渣墙及渣体上游集流面积较大，坡面径流或洪水对渣体及挡渣墙造成较大冲刷时，应采取引洪渠、拦洪坝等蓄洪引洪工程，将洪水排泄至挡渣墙下游或拦蓄在坝内有控制地下泄。

4）引洪渠、拦洪坝等工程设计与施工技术要求可按照本规范相关规定执行。

7.3.3 拦渣堤应符合下列要求：

1 拦渣堤宜选择在河道较宽处，不宜在河流凹岸侧建设。宜少占用河床的面积。当在河漫滩地上建设拦渣堤时，应减少占地面积，不得影响河道的行洪宽度。

2 拦渣堤的布设应符合下列要求：

1）应按照《河道管理条例》的要求，获得相应河道管理部门的批准。

2）设计标准应与其相应的河道防洪标准相对应。

3）建设过程中严禁泥土石进入河道。

3 堤线选择与河流治导线可按照本规范中堤线选择与平面布置的有关规定执行。

4 拦渣堤可分为沟岸拦渣堤、河岸拦渣堤。弃土、弃石、弃渣堆置于沟道边时，应采用沟岸拦渣堤；弃土、弃石、弃渣堆置于河道边时，应采用河岸拦渣堤。

5 防洪标准应满足下列要求：

1）拦渣堤设计必须同时满足防洪和拦渣的双重要求。

2）拦渣堤的防洪标准与堤防工程相同，可按照本规范堤防工程的规定执行。

3）堤顶高程必须同时满足防洪与拦渣的双重要求，取二者的大值。防洪堤高根据设计洪水、风浪爬高、安全超高、拦渣量综合确定。

7.3.4 围渣堰的设计应符合下列要求：

1 平地堆渣场，根据堆置高度、弃土（渣、沙、石、灰）容重和岩性综合分析稳定性，布置拦挡工程和土地整治工程。当堆置高度低于3m时，外围修筑围渣（土、沙、石、灰）堰，并平堆覆土改造成为农林草地。当堆置高度高于3m（含3m）时，外围修筑挡渣（土、沙、石、灰）墙，内修筑阶式水平梯田等，并覆土改造成为农林草地。

2 按照筑堰材料围渣堰可分为土围堰、土石围堰、砌石围堰。根据堰外洪水冲刷作用大小，对土围堰、土石围堰堰顶和外坡采用块石、混凝土或钢筋混凝土预制板（块）护坡。围渣堰断面形式可采用梯形。根据渣场地形地质、水文、施工条件、筑堰材料、弃渣岩性和数量等选择堰型。

3 应根据堰外河道防洪水位、河槽宽度，并结合围渣堰周边排洪排水系统工程布置等，分析确定围渣堰的平面布置。围渣堰纵断面线宜采用直线形，大弯就势、小弯取直，使表面规则平整。

4 防洪标准可按照拦渣堤的规定执行。

7.3.5 贮灰场、尾矿库、尾沙库、赤泥库的设计应满足下列要求：

1 当工矿企业有采场剥离土石、尾矿、尾沙、赤泥、灰渣排弃时，必须修筑拦灰坝、尾矿（沙、泥）库，防止在水力或风力作用下产生流失，避免淤积堵塞下游河（沟）道、污染环境等危害。对于有毒有害尾矿、尾沙、赤泥、废灰等必须按照国家有关标准进行处理，否则不得出库（场）及向下游排放。

2 工程布设应满足下列要求：

1）排洪防洪要求可按照拦渣坝的规定执行。

2）尾矿（沙、石、渣）库坝型选择与坝体断面设计，不仅应考虑地形地质、水文、施工、贮灰（或拦蓄尾矿）等条件，也应考虑利用尾矿（沙、石、渣）修筑和加高加固坝体，可按照国家行业标准《选矿厂尾矿设施设计规范》ZBJ 1—90 的有关规定执行。

3）贮灰场宜布置在水源区、工业区和居民区主导风向的下游，其飞灰与排水对环境的影响必须符合国家有关环境保护标准的规定。

3 根据地质地貌条件可选择山谷型、平原型、山坡型等型式的挡渣堤。

4 工程布置应满足下列要求：

1）库区内地质、地貌、水文条件良好，两岸岸坡地形适宜于布置溢洪道、放水工程。

2）坝址上游汇流面积小，库容大，能够拦蓄施工与运行期的弃土（石、沙、灰）等废弃物。

3）库区淹没损失小，移民人数少，占用耕地面积少，破坏植被数量小。

4）库区附近有质地良好、贮量丰富的土、石筑坝材料，开采运输方便，施工条件较好。

5）贮灰场也可布置在塌陷区、废矿井、废采石场、水塘、海涂、滩地。

8 斜坡防护工程

8.1 一般规定

8.1.1 对开发建设项目因开挖、回填、弃土（石、沙、渣）形成的坡面，应根据地形、地质、水文条件、施工方式等因素，采取挡墙、削坡开级、工程护坡、植物护坡、坡面固定、滑坡防治等边坡防护措施。

8.1.2 对开挖、削坡、取土（石）形成的土（沙）质坡面或风化严重的岩石坡面，在降水渗流的渗透、地表径流及沟道洪水的冲刷作用下容易产生湿陷、坍塌、滑坡、岩石风化等边坡失稳现象的，应采取挡墙工程，保证边坡的稳定。

8.1.3 对易风化岩石或泥质岩层坡面，采用削坡卸荷稳定边坡工程之后，应采取锚喷工程支护，固定坡面。

8.1.4 对易发生滑坡的坡面，应根据滑坡体的岩层构造、地层岩性、塑性滑动层、地表地下分布状况，以及人为开挖情况等造成滑坡的主导因素，采取削坡反压、拦排地表水、排除地下水、滑坡体上造林、抗滑桩、抗滑墙等滑坡整治工程。

8.1.5 对经防护达到安全稳定要求的边坡，宜恢复林草植被。

8.2 适用条件

8.2.1 水土保持工程的挡墙型式可分为浆砌石挡墙、混凝土挡墙、钢筋混凝土挡墙和钢筋（铅丝）笼挡墙等。应根据坡面的高度、地层岩性、地质构造、水文条件、施工条件、筑墙材料等条件，综合分析确定挡墙型式。墙型选择、断面设计、稳定性分析、基础处理等可按照本规范挡渣墙工程的规定执行。

8.2.2 对高度大于 4m、坡度陡于 1.0∶1.5 的边坡，宜采取削坡开级工程。

8.2.3 对堆置物或山体不稳定处形成的高陡边坡，或坡脚遭受水流淘刷的，应采取工程护坡措施。

8.2.4 对边坡缓于 1.0∶1.5 的土质或沙质坡面，可采取植物护坡工程。

8.2.5 对条件较复杂的不稳定边坡，应采取综合护坡工程。

8.2.6 对易风化岩石或泥质岩层坡面，采用稳定边坡措施后，应采取锚喷工程支护，控制岩石变形，将松动岩块胶结，防止岩石风化，堵塞渗水通道，填补缺陷和平整表面。

8.2.7 对滑坡地段应采取滑坡治理工程。

8.3 设计要求

8.3.1 土质坡面削坡开级工程可分为直线形、折线形、阶梯形、大平台形等型式。应根据边坡的土质与暴雨径流条件，确定每一小平台的宽度与两平台间的高差，削坡后应保证土坡的稳定。小平台宽可取 1.5～2m，两平台间高差可取 6～12m。干旱、半干旱地区两平台间高差宜大些，湿润、半湿润地区两平台间高差宜小些。

8.3.2 石质边坡削坡适用于坡面陡直或坡型呈凸型，荷载不平衡，或存在软弱岩石夹层，且岩层走向沿坡体下倾的非稳定边坡。

8.3.3 削坡开级应符合下列要求：

1 土质削坡或石质削坡，应在距最终坡脚 1m 处，修建排洪沟。

2 削坡开级后的土质坡面，应采取植物护坡措施。

3 在阶梯形的小平台和大平台形的大平台中，根据土质情况，因地制宜种植草类、灌木、乔木。

4 在坡面采取削坡工程时，必须布置山坡截水沟、平台截水沟、急流槽、排水边沟等排水系统，防止削坡坡面径流及坡面上方地表径流对坡面的冲刷。排水系统应符合下列要求：

1）在坡面上方距开挖（或填筑）边缘线 10m 以外布置山坡截水沟工程。

2）在阶梯形和大平台形削坡平台布置平台截水沟。

3）顺削坡面或坡面两侧布置急流槽或明（暗）沟工程，将山坡截水沟和平台截水沟中径流排泄至排水边沟。

4）在削坡坡脚布置排水边沟，将急流槽中的洪水或径流排泄至河道（沟道），以及其他排水系统中。

8.3.4 砌石护坡有干砌石护坡和浆砌石护坡两种形式，应根据土质和洪水条件选用，并应符合下列要求：

1 干砌石护坡的设计应满足下列要求：

1）坡面较缓（1.0∶2.5～1.0∶3.0）、受水流冲刷较轻的土质或软质岩石坡面，宜采用单层干砌块石护坡或双层干砌块石护坡。

2）干砌石护坡的坡度，应与防护对象的坡度一致，根据土体的结构性质而定，土质坚实的砌石坡度可陡些；反之则应缓些。

2 浆砌石护坡的设计应满足下列要求：

1）坡度在1.0∶1.0～1.0∶2.0之间，或坡面位于沟岸、河岸，下部可能遭受水流冲刷，且洪水冲击力强的防护地段，宜采用浆砌石护坡。

2）浆砌石护坡由面层和起反滤作用的垫层组成；原坡面如为砂、砾、卵石，可不设垫层；对长度较大的浆砌石护坡，应沿纵向设置伸缩缝，并用沥青沙浆或沥青木条填塞。

8.3.5 混凝土护坡的设计应符合下列要求：

1 在边坡坡脚可能遭受强烈洪水冲刷的陡坡段，采取混凝土（或钢筋混凝土）护坡，必要时应加锚固定。

2 边坡介于1.0∶1.0～1.0∶0.5之间、高度小于3 m的坡面，应采用现浇混凝土或混凝土预制块护坡；边坡陡于1.0∶0.5的，应采用钢筋混凝土护坡。

3 坡面有涌水现象时，应采用粗砂、碎石或砂砾等设置反滤层并设排水管。涌水量较大时，应修筑盲沟排水。

8.3.6 坡脚为沟岸、河岸可能遭受洪水冲刷的部分，对枯水位以下的坡脚应采取抛石护坡。抛石护坡应根据不同情况选用散抛块石、石笼抛石或草袋抛石等方式。

8.3.7 在基岩裂隙不太发育、无大面积崩塌的坡面，应采用喷浆机进行喷水泥沙浆或喷混凝土护坡，防止基岩的风化剥落。

8.3.8 在路旁或人口聚集地，坡度陡于1∶1的土质、沙质坡面，可采用格状框条护坡。

8.3.9 在坡度缓于1∶1，高度小于4m，有涌水的坡段可采用砌石草皮护坡。

8.3.10 挂网喷草（水力播种）可按照本规范护坡及植被建设的有关规定执行。

8.3.11 对于稳定性差的岩石坡面应采取喷浆固坡、锚杆支护、喷锚支护、喷锚加筋支护等喷锚护坡工程，特别对破碎、软弱、稳定性极差的岩层，应在开挖后立即喷射混凝土，以保证施工安全。并应符合下列要求：

1 在基岩裂隙细小、岩层较为完整的坡段，宜采用喷混凝土或砂浆护坡。

2 在节理、裂隙、层理发育的岩石坡面，根据岩石破坏的可能形态（局部或整体性破坏），宜采用局部（对个别危石）锚杆加固，或在整个横断面上系统锚杆加固。

3 对强度不高或完整性差的岩石坡面，当仅采用锚杆加固难于维持锚杆之间那部分围岩稳定时，应采用锚杆与喷混凝土联合加固。

8.3.12 根据造成滑坡的主导因素，应采取削坡反压、拦排地表水、排除地下水等措施，修建抗滑桩、抗滑墙和预应力锚固等滑坡整治工程或在滑坡体上造林，并对坡面进行防护。

8.3.13 对于边坡坡度或削坡开级后坡度缓于1∶1.5的土质或沙质坡面，应采取植物护坡措施，其类型可分为种草护坡和造林护坡两种类型，并应符合本规范第13章植被建设工程中的植物护坡规定。

9 土地整治工程

9.1 一般规定

9.1.1 开发建设项目在基建施工与生产运行中，应按照“挖填平衡”的设计原则，减小开挖占用土地以及弃土（石、渣）数量，将需要土地整治的面积控制在最小范围以内。

9.1.2 由于采、挖、排、弃等作业形成的废弃土地、排土场、堆渣场、尾矿库、沉陷区等，应根据立地条件采取相应的土地整治工程，改造成农林草用地或其他用地，以及公共用地、居民生活用地等。

9.1.3 对基建施工中形成的坑凹地，应及时利用废弃土石料回填平整，表层覆熟化土恢复成为可利用地。

9.1.4 弃土（石、渣）应首先利用，作为建筑、公路及其他建设用料等。整治利用应符合下列要求：

1 对无法回填利用的外排弃土（石、沙、渣）和尾矿（砂、渣）等固体物质，应合理布置排土（石、沙、渣）场、贮灰场、尾矿场，采取挡土（石、沙、渣）墙、拦渣坝、拦渣堤等拦挡工程。

2 弃置场地应有排水工程（包括地表排水和地下排水工程）、上游来水的排导工程。

3 对终止使用的弃土（石、沙、渣）场表面，应采取平整和覆土措施，改造成为可利用地。

4 根据整治后土地的立地条件和项目区生产建设或环境绿化需要，应采取深耕深松、增施有机肥等土壤改良措施，并配套灌溉设施，分别改造成农林草用地、水面养殖利用或其他用地。

9.2 适用条件

9.2.1 对施工场地、取料场地的坑凹应进行整治。

9.2.2 对弃渣场应进行场地整治。

9.2.3 对整治后的土地应进一步开发利用。

9.3 设计要求

9.3.1 土地整治工程布局应符合下列要求：

1 土地整治应与蓄水保土相结合。根据坑凹与弃土（石、沙、渣）场的地形、土壤、降水等立地条件，按"坡度越小，地块越大"的原则划分土地整治单元。按照立地条件差异，将坑凹地与弃土（石、沙、渣）场分别整治成地块大小不等的平地、平缓坡地、水平梯田、窄条梯田或台田。对形成的田面应采取覆土、田块平整、打畦围堰等蓄水保土措施。

2 土地整治应与生态环境建设相协调。土地整治必须确定合理的农林草用地比例，扩大林草面积。在有条件的地方宜布置农林草各种生态景点，改善并美化项目区的生态环境，使项目区建设与生态环境有机融合。土地整治应明确目的，以林草措施为主、改善和优化生态环境，也可改造成农业用地、生态用地、公共用地、居民生活用地等，并与周边生态环境相协调。

3 土地整治应与防排水工程相结合。应在坑凹回填物、弃土（石、沙、渣）场地、周边或渣体底部布置防排水工程，与土地整治工程相结合。并应对场地上游实施水土流失综合治理。

4 土地整治应与治污相结合。应按照国家有关排污标准，对项目排放的流体污染物和固体污染物采取净化处理，然后采取土地整治工程，防止有毒物质毒化污染土壤、地表水和地下水，影响农作物生长。

9.3.2 坑凹回填工程布局应符合下列要求：

1 坑凹回填应利用废弃土、石料或矿渣，回填后坑平渣尽。

2 坑田回填应根据坑凹容积与废土、弃石体积，合理安排废土、弃石的倒运路线与倾倒方式，提高回填工效。

3 坑凹回填后，应进一步平整地面，表层覆土，并修建四周的防洪排水设施，为开发利用创造条件。

4 有条件的地方可将坑凹改建为蓄水池，蓄积降雨，合理开发利用水资源。

9.3.3 对采空塌陷的土地在采取裂缝填充、土地整治措施的基础上，应结合土地利用规划、国家对土地复垦的规定、因地制宜进行整治，恢复为林地、草地、梯田等，有的可改造为鱼塘。

9.3.4 对排土场及堆放弃土、弃石、弃渣、尾砂等的场地，在采取拦渣工程的基础上，终止使用后应进行整治和改造。整治后的土地利用方向应符合下列规定：

1 经整治后的土地应恢复其生产力，根据整治后土地的位置、坡度、质量等特点确定用途。土质较好，有一定水利条件的，可恢复为农地、林地、草地、水面和其他用地，但应作进一步的加工处理。

2 经整治形成的平地和缓坡地（15°以下），土质较好，有一定水利条件的，可作为农业用地。

3 整治后地面坡度陡于或等于15°或土质较差的，可作为林业和草业用地；乔、灌、草合理配置，恢复植被，保持水土。

4 有水源的坑凹地和常年积水较深、能稳定蓄水的沉陷地，可修成鱼塘、蓄水池等，进行水面利用和蓄水发展灌溉。蓄水池位置应与地下采矿点保持较远的距离，避免对地下开采作业造成危害。

5 根据项目区的实际需要，土地经过专门处理后，可进行其他利用。

10 防洪排导工程

10.1 一般规定

10.1.1 开发建设项目在基建施工和生产运行中，由于损坏地面和弃土、弃石、弃渣，易遭受洪水危害时，必须布置防洪排导工程。

10.1.2 根据开发建设项目的实际情况，可采取拦洪坝、排洪渠、涵洞、防洪堤、护岸护滩、泥石流治理等防洪排导工程。

10.2 适用条件

10.2.1 根据洪水的来水量及其危害程度，应采取不同的防洪工程。

1 项目区上游有小流域沟道洪水集中危害时，应在沟中修建拦洪坝。

2 项目区一侧或周边坡面有洪水危害时，应在坡面与坡脚修建排洪渠，并对坡面进行综合治理。项目区内各类场地道路以及其他地面排水，应与排洪渠衔接顺畅，形成有效的洪水排泄系统。

3 当坡面或沟道洪水与项目区的道路、建筑物、堆渣场等发生交叉时应采取涵洞或暗管进行地下排洪。

4 项目区紧靠沟岸、河岸，洪水影响项目区安全时，应修建防洪堤。

5 项目区内沟岸、河岸在洪水作用下易发生坍塌时，应布置护岸护滩工程。

6 对泥石流沟道应实施专项治理工程。

10.3 设计要求

10.3.1 拦洪坝可采用土坝、堆石坝、浆砌石坝和混凝土坝等形式。沟道中的拦洪坝可采用相当于水土保持治沟骨干工程的防洪标准，按表10.3.1采用。

表 10.3.1 沟道拦洪坝防洪标准

工程等级		五	四
总库容（10^4m^3）		50～100	100～500
洪水重现期（年）	设计	20～30	30～50
	校核	200～300	300～500
设计淤积年限（年）		10～20	20～30

注：开发建设项目也可根据本身的重要性，另定较高的标准，使项目的防洪标准与主体工程的防洪标准相适应。

10.3.2 护岸护滩工程应符合下列要求：

1 护岸护滩工程的布设原则：

1）护岸护滩工程可分为坡式护岸、坝式护岸护滩和墙式护岸三种类型，应根据河（沟）岸的地形地质和水文条件选择采用。

2）工程布置之前，应对河（沟）道两岸的情况进行调查研究，分析在修建护岸护滩工程之后，下游或对岸是否会发生新的冲刷。

3）工程应按地形布置，外沿顺直，宜避免急剧弯曲。

4）应根据最高洪水位与背水面有无塌岸情况确定是否需预留出堆积崩塌砂石的余地。

2 坡式护岸的设计要求为：枯水位以下应采取坡脚防护工程，枯水位与洪水位之间应采取护坡工程。

3 坝式护岸护滩的设计应满足下列要求：

1）坝式护岸护滩可分为丁坝、顺坝两种形式，应根据具体情况分析选用。丁坝、顺坝的修建必须遵循河道规划治导线，并按规定经认可后方可实施。

2）丁坝、顺坝可依托滩岸修建，丁坝可按河流治导线在凹岸成组布置，丁坝坝头位置在规划的治导线上；顺坝沿治导线布置。

3）丁坝、顺坝布设时必须符合河道整治规划的要求，不得构成对凸岸的影响。

4）按结构及水位关系、水流条件，选择采用淹没或不淹没坝、透水或不透水坝。

4 墙式护岸的临水面可采取直立式，背水面可采取直立式、斜坡式、折线式、卸荷台阶式及其他形式。墙体材料可采用钢筋混凝土、混凝土、浆砌石等。断面尺寸及墙基嵌入河床下的深度根据基岩埋深、冲坑深度及稳定性验算分析确定。

10.3.3 堤防工程布设及其防洪应符合下列要求：

1 堤线应根据防洪规划，按规划治导线要求，并根据防护区范围、防护对象的要求、土地综合利用以及行政区划等因素，经过技术经济分析比较后确定堤线。

2 防洪堤应布置在土质较好、基础稳定的滩岸上，沿高地或一侧傍山布置，宜避开软弱地基、低凹地带、古河道和强透水层地带。

3 堤线走向宜平顺，堤段间宜用平滑曲线连接，不宜采用折线或急弯。

4 堤线走向应与河势相适应，与洪水主流方向大致平行。

5 堤线宜选择在拆迁房屋、工厂等建筑物较少的地带，建成后便于管理养护、防汛抢险和工程管理单位的综合经营。

6 堤防工程防洪标准依据现行国家标准《防洪标准》GB 50201—1994 的规定执行。防护区内各防护对象的防洪标准差别较大时，可分段采用不同防洪标准。

7 堤防设计应符合现行国家标准《堤防工程设计规范》GB 50286—1998 的规定。

10.3.4 排洪排水工程布设与型式选择应符合下列要求：

1 建设排洪渠体系将项目区周边山坡来洪安全排泄，并与项目区排水系统相结合。当山坡或沟道洪水以及项目区本身需排泄的地表径流与道路、建筑物交叉时，应采取涵洞或暗管排洪。

2 排洪排水工程可分为明渠、暗管、竖井、涵洞等型式。应根据项目区周边来洪量及项目区内地表径流量选择确定。

10.3.5 排导工程（泥石流沟道治理工程）的设计应符合下列要求：

1 在需要排泄泥石流或控制泥石流走向和堆积位置时，可根据泥石流的性质采用排导槽或渡槽等排导工程。

2 排导槽的布设应符合下列要求：

1）在泥石流堆积扇或堆积阶地上修建排导槽，使泥石流按预定路线排泄。

2）根据排导流量，确定排导槽的断面和比降，保证泥石流不漫槽。

3）排泄区下游应有充足的停淤场，泥石流导流后不产生漫淤、漫流等危害。

3 渡槽的布设应符合下列要求：在铁路、公路、水渠、管道或其他线型设施与泥石流流经区或堆积区交叉处，需修建渡槽使泥石流从渡槽通过，避免对各类设施造成危害。

4 停淤场的布设应符合下列要求：将泥石流阻挡于保护区之外，减少泥石流的下泄量，减轻排导工程的压力。

10.3.6 沟床固定与泥石流拦挡工程应符合下列要求：

1 对沟床可采取钢筋混凝土沟床加固工程、木笼沟床加固工程、石笼沟床加固工程。在如滑坡等需要富有柔性沟床加固的地方，可用木笼或石笼沟床加固工程。

2 在布置格栅坝、桩林的沟道中，同时布置拦沙坝（含谷坊），拦蓄经筛分的沙砾与洪水，以巩固沟床、稳定沟坡，减轻对下游的危害。

3 在沟道中修筑混凝土、钢筋混凝土或浆砌石重力坝，其过水部分应用钢材作成格栅，拦挡泥石流中的巨石与大漂砾石，并使其余泥水下泄，减小石砾冲撞作用。

10.3.7 施工过程中淤积物清淤清障应符合下列要求：

1 应清淤清障（包括施工过程中的淤积物），保障与项目区有关的河流、沟道泄洪顺畅。

2 清淤清障之前应调查河道、沟道内淤积物或障碍物的范围、种类与堆积量，提出清障清淤的施工方案。河道清障清淤的施工期应安排在汛前。

3 应设置专用的土、渣、淤泥堆置场地。宜利用荒地、凹地堆置清淤清障物，不得占用耕地和其他施工场地，有条件的应将清理的淤泥与平沟平凹造地相结合。

4 堆置场四周必须设置拦护工程，其型式应根据堆置场地条件选择确定。

11 降水蓄渗工程

11.1 一 般 规 定

11.1.1 对因开发建设活动对地面、沟道的降水入渗、过流影响应进行分析，并采取降水蓄渗措施。

11.1.2 坡面漫流的分析应包括以下内容：

1 在项目区范围内，由于基建施工和生产运行使土壤性状、土壤湿度、土层剖面特性、植被、地形、土地利用等下垫面条件发生变化，硬化地面、开挖裸露面等，使地面糙率变小，其蓄渗降雨的能力下降，坡面漫流速度增大。

2 产流历时缩短而产流量增大，其冲刷作用增强，地下水补给减少。

3 填土（石、沙、渣）或弃土（石、沙、渣、灰）孔隙率增大，蓄渗能力增大，产流历时延长而产流量减小，土壤含水量增加，对于填方或废弃物的稳定产生不利影响。

11.1.3 河槽集流的分析应包括以下内容：

1 坡面漫流从上游向下游汇集，在项目区内或在项目区下游汇流到流域出口断面形成沟（河）道径流。

2 由于基建施工和生产运行使沟(河)道的下垫面条件发生变化，河槽集流的历时、集流速度发生变化。

3 项目区硬化地面、开挖裸露面，使坡面漫流、河槽集流量增大，径流特别是洪水对河（沟）道的冲刷作用增强。

11.2 适 用 条 件

11.2.1 对由于项目基建施工和生产运行引起坡面漫流和河槽集流增大，地表的冲刷作用增强，必须采取水土保持防护工程，与项目防护工程形成完整的防御体系，有效地防止水土流失，并保证工程项目稳定和生产运行的安全。

11.2.2 硬化面积宜限制在项目区空闲地总面积的1/3以下。地面、人行道路面硬化结构宜采用透水形式。

11.2.3 应恢复并增加项目区内林草植被覆盖率，植被恢复面积应达到项目区空闲地总面积的2/3以上。

11.3 设 计 要 求

11.3.1 对产生径流的坡面应根据地形条件，采取水平阶、水平沟、窄梯田、鱼鳞坑等蓄水工程。

11.3.2 对径流汇集的坡面应根据地形条件，采取水窖、涝池、蓄水池、沉沙池等径流拦蓄工程。

11.3.3 项目区位于干旱、半干旱地区时，应结合项目工程供水排水系统，布置专用于植被绿化的引水、蓄水、灌溉工程。

12 临时防护工程

12.1 一 般 规 定

12.1.1 施工建设中，临时堆土（石、渣），必须设置专门堆放地，集中堆放，并应采取拦挡、覆盖等措施。

12.1.2 对施工开挖、剥离的地表熟土，应安排场地集中堆放，用于工程施工结束后场地的覆土利用。

12.1.3 施工中的裸露地，在遇暴雨、大风时应布设防护措施。

12.1.4 施工建设场地应布设临时拦护、排水、沉沙等设施，防止施工期间的水土流失。

12.1.5 裸露时间超过一个生长季节的，应进行临时种草。

12.1.6 临时施工道路应统一规划，提出典型设计，并采取临时性的防护措施。

12.1.7 施工中对下游及周边造成影响的，必须采取相应的防护措施。

12.2 适 用 条 件

12.2.1 临时防护工程适用于工程项目的施工准备期和基建施工期。

12.2.2 临时防护工程宜布设在项目工程的施工场地及其周边。

12.2.3 防护对象应为施工场地的扰动面、占压区等。

12.3 设 计 要 求

12.3.1 施工场地开挖应符合下列规定：

1 对施工场地的地表熟土层，剥离后应集中存放于专门堆放场地，并采取措施防止其流失。

2 对植被稀少、生长缓慢地区的林草、草皮等，应将地表植被连同其下熟土层一起移植至其他地方，工程结束后回植于施工场地。

3 项目建设施工中，临时堆土（石、渣）及建材应分类集中堆放，并建临时性挡渣、排水、沉沙等工程，对堆放时间长的土、石、渣体，还应临时种草。

12.3.2 表面覆盖应符合下列规定：

1 对临时堆放的渣土，应用土工布、塑料布、抑尘网等覆盖，避免水土流失。

2 风沙区部分场地可用草、树枝等临时覆盖。

12.3.3 临时挡土（石）工程应符合下列规定：

1 宜在施工场地的边坡下侧修建。

2 平地区应在临时弃渣体周边布设。

3 临时挡土（石）工程的规模应根据渣体的规模、地面坡度、降雨等情况分析确定。

4 临时挡土（石）工程防洪标准可根据确定的工程规模，相应的弃渣防治工程的防洪标准确定。

12.3.4 临时排水设施应符合下列规定：

1 在施工场地的周边，应建临时排水设施。

2 临时排水设施可采用排水沟（渠）、暗涵（洞）、临时土（石）方挖沟等，也可利用抽排水管。

3 临时排水设施的规模和标准，应根据工程规模、施工场地、集水面积、气象等情况分析确定。

4 临时排水设施的防洪标准应根据确定的工程规模，相应的弃渣防治工程的防洪标准确定。

12.3.5 沉沙池应符合下列规定：

1 对施工场地产生的泥沙进行沉积。

2 位置应选在挖泥和运输方便的地方，有利于清淤。

3 容量应根据地形地质、降雨时泥沙径流量，确定一次暴雨搬运堆积泥沙的数量。

4 沉沙池的设计施工应遵循国家行业标准《水利水电工程沉沙池设计规范》SL 269—2001。

12.3.6 临时种草场地应采取土地整治、播撒草籽措施，可按照本规范第13章规定执行。

12.3.7 施工组织设计应符合下列要求：

1 项目在施工和运行期，各种车辆、运输设备应固定行驶路线，不得任意开辟道路，减少对地面的扰动。

2 应明确标识场内交通道路的边界，规范车辆的行驶。

3 临时道路宜采用砾石、卵石及碎石铺压路面，防止暴雨、大风造成的危害。

4 应合理确定工程的施工期，避免在大风季和暴雨季施工。

13 植被建设工程

13.1 一般规定

13.1.1 开发建设项目在规划设计阶段应合理规划，减少征占、压埋地表和植被的范围。

13.1.2 对开挖破损面、堆弃面、占压破损面及边坡，在安全稳定的前提下，宜采取植物防护措施，恢复自然景观。

13.1.3 不同区域和不同建设项目类型，应分别确定植被建设目标。城区的植被建设应以观赏型为主，偏远区域应以防护型为主。

13.1.4 植物防护可采取种草、造林等措施。

13.1.5 在南方地形较缓或稳定边坡的地方，可采取封育管护措施恢复自然植被。

13.1.6 渣面、工程不再使用的临时占地等应进行植被建设。

13.1.7 对高陡裸露岩石边坡，可采用攀缘植物分台阶实施绿化。

13.2 适用条件

13.2.1 当项目区处于下列区域时，应进行植被建设：

1 水土保持生态工程建设的区域。

2 植被相对稀少的区域。

3 天然林保护、水源涵养林、自然保护区、旅游区、城市及城近郊区的区域。

4 易造成大量植被破坏的项目区。

5 适宜造林种草、绿化美化防护的项目区。

13.3 设计要求

13.3.1 植被恢复应符合下列规定：

1 工程建设的取土（料）场、弃土（渣）场、开挖面等，施工结束后应恢复植被。

2 施工临时占地、施工营地、临时道路、设备及材料堆放场地等应恢复植被，原属性为农田的应复耕。

3 项目区的裸露地，适应种植林草的应恢复植被。

13.3.2 种草护坡应符合下列规定：

1 对坡比小于1.0∶1.5，土层较薄的沙质或土质坡面，可采取种草护坡工程。

2 种草护坡应先将坡面进行整治，并选用生长快的低矮匍匐型草种。

3 种草护坡应根据不同的坡面情况，采用不同的方法。土质坡面宜采取直接播种法；密实的土质边坡，宜采取坑植法；在风沙坡地，应先设沙障，固定流沙，再播种草籽。

4 种草后1～2年内，应进行必要的封禁和抚育措施。

13.3.3 造林护坡应符合下列规定：

1 对坡度适宜，有一定土层、立地条件较好的地方，应采用造林护坡。

2 护坡造林应采用深根性与浅根性相结合的乔灌木混交方式，同时选用适应当地条件、速生的乔木和灌木树种。

3 在坡面的坡度、坡向和土质较复杂的地方，应将造林护坡与种草护坡结合起来，实行乔、灌、草相结合的植物或藤本植物护坡。

4 坡面采取植苗造林时，苗木宜带土栽植，并应适当密植。

13.3.4 砌石草皮护坡应符合下列规定：

1 在坡度缓于1：1，高度小于4m，坡面有涌水的坡段，应采用砌石草皮护坡。

2 坡面的1/2～2/3以下应采取浆砌石护坡，上部采取草皮护坡。在坡面从上到下，每隔3～5m沿等高线修一条宽30～50cm砌石条带，条带间的坡面种植草皮。

3 砌石部位宜在坡面下部的涌水处或松散地层显露处，在涌水较大处设反滤层及排水设施。

13.3.5 格状框条护坡应符合下列规定：

1 位于路旁或人口聚居地的土质或沙土质边坡，宜采用格状框条护坡。

2 用浆砌石在坡面做成网格状。网格尺寸为2.0m×2.0m，或将每格上部做成圆拱形；上下两层网格呈“品”字形排列。浆砌石部分宽0.5m左右。

3 采用预制件时，应在护坡现场直接浇制宽20～40cm，长12m的混凝土或用钢筋混凝土预制构件，修成格式建筑物。当格式建筑物可能沿坡面下滑时，应固定框格交叉点或在坡面深埋横向框条。

4 应在网格内种植草。

13.3.6 在水库周边应根据地形地质条件建设岸坡防护绿化林、防浪林、护滩林、护岸林带等植被防护工程。

13.3.7 项目区内的永久性道路，应进行道路绿化；项目区的四周，应进行周边绿化；有的厂矿企业区内应布设防火林带与卫生林带；有条件的应结合绿化建立景观小区。

13.3.8 沿项目区周边应按照水土保持与防风固沙林带技术要求布置带状绿化工程。林带布设应采用乔灌混交，隔行配置，长江以南以常绿树种为主。

13.3.9 开发建设项目的居住区、办公区应进行园林绿化。

13.3.10 有条件的可利用原地形地貌和排弃的土、石、渣，修建风景观赏点、游览区、停车场等设施，开发旅游业。

13.3.11 风景林应符合下列规定：

1 结合游览休憩活动的风景林，其疏密配合应恰当，疏林下或林中空地，可结合布置草地或园林小品等。应适当配置林间小路，使其构成幽美环境。

2 树种的组成及其色彩、形态的搭配，对周围景物、地形变化等应综合考虑。

3 绿篱应采用灌木紧密栽植。

13.3.12 花卉种植应符合下列规定：

1 在广场中心、道路交叉处、建筑物入口处及其四周，可设花坛或花台。

2 在墙基、斜坡、台阶两旁、建筑物空间和道路两侧，可设置花境。

3 对需装饰的地物或墙壁可采用以观赏为主的攀缘植物覆盖，可建成花墙。

13.3.13 草坪布设应符合下列规定：

1 布设要求。

1）较大面积的草坪布设应与周围园林环境有机结合，形成旷达疏朗的园林环境，同时还应利用地貌的起伏变化，创造出不同的竖向空间境域。

2）草坪的地面坡度应小于土壤的自然稳定角（小于30°）。如超过则应采取护坡工程。运动场草坪排水坡度宜为0.01左右，游憩草坪排水坡度宜为0.02～0.05，最大不超过0.15。

2 铺设草坪的草种，应具有耐践踏、耐修剪、抗旱力较强等特性。北方地区还应重视草种的耐寒性。

3 应根据不同草种的特点，分别采取铺草皮、种草鞭和播草籽等不同的种植方式。

14 防风固沙工程

14.1 一般规定

14.1.1 开发建设项目在基建施工和生产运行中开挖扰动地面、损坏植被，引发土地沙化，或开发建设项目在风沙区，遭受风沙危害时，应采取防风固沙工程。

14.1.2 应根据项目区所在地风沙危害的不同特点，布置防风固沙工程，并应符合下列要求：

1 项目区位于北方沙化地区时，宜采取沙障固沙、营造防风固沙林带、固沙草带、引水拉沙造田，以及防止风蚀的农业技术等综合措施。

2 项目区位于黄泛区古河道沙地时，宜先治理风口，堵住风源，采取翻淤压沙、造林固沙等措施，将沙地改造成果园地或农田。

3 项目区位于东南沿海岸线沙带时，宜选择抗风沙树种，采用客土植树等方法，营造海岸防风林带。

14.2 适用条件

14.2.1 项目区位于北方沙化地区、风沙危害区。

14.2.2 工程建设（生产）易引发土地沙化的项目区。

14.3 设计要求

14.3.1 应根据项目所处风蚀沙化类型区，工程施工及运行带来的风蚀沙化危害，按照下列原则选择沙障固沙类型：

1 根据沙障在地面分布形状布设带状沙障、方格状（或网状）沙障。

2 根据沙障的不同材料布设柴草沙障、粘土沙障、卵石或其他材料沙障。

3 根据铺设沙障的柴草与地面的角度布设平铺式沙障、直立式沙障。

14.3.2 应在项目区周边营造防风固沙林带，沙区风口处进行风口造林，林带间和风口内进行成片造林。

14.3.3 种草固沙应符合下列要求：

1 固沙草种选择。

1）耐寒、耐旱、耐瘠薄、抗逆性强。

2）侧根发达、萌芽力强，不怕沙压、沙埋。

3）固沙能力强、繁殖容易、有较高的经济价值。

2 固沙种草。

1）布置在流沙基本得到控制后进行带状或成片种草，改造和利用沙地。

2）建立草籽繁育基地，有条件的可进行灌溉。

3）固沙种草方法宜采取人工播种，地广人稀的地区可采取飞机播种。

4）项目在风沙区内，需改造利用沙丘为项目服务时，可采用平整沙丘造地的工程。

14.3.4 平整沙丘应符合下列要求：

1 在没有水源的风沙区，应采用推土机加人工的方式平整沙丘造地。

2 已平整的沙丘四周应及时采取沙障、造林、种草等固沙工程。

3 项目位于有水源条件的风沙区时，应采用引水（或抽水）拉沙造地，增加项目建设生产用地，有效保护和改善生态环境。

附录 A 水土保持方案报告书内容规定

A.0.1 综合说明应简要说明下列内容：

1 主体工程的概况、方案设计深度及方案设计水平年。

2 项目所在地的水土流失重点防治区划分情况，防治标准执行等级。

3 主体工程水土保持分析评价结论。

4 水土流失防治责任范围及面积。

5 水土流失预测结果。主要包括损坏水土保持设施数量、建设期水土流失总量及新增量、水土流失重点区段及时段。

6 水土保持措施总体布局、主要工程量。

7 水土保持投资估算及效益分析。

8 结论与建议。

9 水土保持方案特性表（见附表 A.0.1）。

附表 A.0.1 开发建设项目水土保持方案特性表样式

<table>
<tr><td colspan="2">项目名称</td><td colspan="2"></td><td colspan="2">流域管理机构</td><td></td></tr>
<tr><td colspan="2">涉及省区</td><td></td><td>涉及地市或个数</td><td></td><td>涉及县或个数</td><td></td></tr>
<tr><td colspan="2">项目规模</td><td></td><td>总投资(万元)</td><td></td><td>土建投资(万元)</td><td></td></tr>
<tr><td colspan="2">动工时间</td><td></td><td>完工时间</td><td></td><td>方案设计水平年</td><td></td></tr>
<tr><td colspan="2" rowspan="4">项目组成</td><td>建设区域</td><td>长度/面积(m/hm^2)</td><td colspan="2">挖方量(万 m^3)</td><td>填方量(万 m^3)</td></tr>
<tr><td></td><td></td><td colspan="2"></td><td></td></tr>
<tr><td></td><td></td><td colspan="2"></td><td></td></tr>
<tr><td></td><td></td><td colspan="2"></td><td></td></tr>
<tr><td colspan="2">国家或省级重点防治区类型</td><td colspan="2"></td><td colspan="2">地貌类型</td><td></td></tr>
<tr><td colspan="2">土壤类型</td><td colspan="2"></td><td colspan="2">气候类型</td><td></td></tr>
<tr><td colspan="2">植被类型</td><td colspan="2"></td><td colspan="2">原地貌土壤侵蚀模数[t/(km^2·a)]</td><td></td></tr>
<tr><td colspan="2">防治责任范围面积(hm^2)</td><td colspan="2"></td><td colspan="2">土壤容许流失量[t/(km^2·a)]</td><td></td></tr>
<tr><td colspan="2">项目建设区(hm^2)</td><td colspan="2"></td><td colspan="2">扰动地表面积(hm^2)</td><td></td></tr>
<tr><td colspan="2">直接影响区(hm^2)</td><td colspan="2"></td><td colspan="2">损坏水保设施面积(hm^2)</td><td></td></tr>
<tr><td colspan="2">建设期水土流失预测总量(t)</td><td colspan="2"></td><td colspan="2">新增水土流失量(t)</td><td></td></tr>
<tr><td colspan="2">新增水土流失主要区域</td><td colspan="5"></td></tr>
<tr><td rowspan="3">防治目标</td><td>扰动土地整治率(%)</td><td colspan="2"></td><td colspan="2">水土流失总治理度(%)</td><td></td></tr>
<tr><td>土壤流失控制比</td><td colspan="2"></td><td colspan="2">拦渣率(%)</td><td></td></tr>
<tr><td>植被恢复系数(%)</td><td colspan="2"></td><td colspan="2">林草覆盖率(%)</td><td></td></tr>
<tr><td rowspan="5">防治措施</td><td>分区</td><td colspan="2">工程措施</td><td colspan="2">植物措施</td><td>临时措施</td></tr>
<tr><td></td><td colspan="2"></td><td colspan="2"></td><td></td></tr>
<tr><td></td><td colspan="2"></td><td colspan="2"></td><td></td></tr>
<tr><td></td><td colspan="2"></td><td colspan="2"></td><td></td></tr>
<tr><td>投资(万元)</td><td colspan="2"></td><td colspan="2"></td><td></td></tr>
<tr><td colspan="2">水土保持总投资(万元)</td><td colspan="2"></td><td colspan="2">独立费用(万元)</td><td></td></tr>
<tr><td colspan="2">水土保持监理费(万元)</td><td></td><td>监测费(万元)</td><td></td><td>补偿费(万元)</td><td></td></tr>
<tr><td colspan="2">方案编制单位</td><td colspan="2"></td><td colspan="2">建设单位</td><td></td></tr>
<tr><td colspan="2">法定代表人及电话</td><td colspan="2"></td><td colspan="2">法定代表人及电话</td><td></td></tr>
<tr><td colspan="2">地址</td><td colspan="2"></td><td colspan="2">地址</td><td></td></tr>
<tr><td colspan="2">邮编</td><td colspan="2"></td><td colspan="2">邮编</td><td></td></tr>
<tr><td colspan="2">联系人及电话</td><td colspan="2"></td><td colspan="2">联系人及电话</td><td></td></tr>
<tr><td colspan="2">传真</td><td colspan="2"></td><td colspan="2">传真</td><td></td></tr>
<tr><td colspan="2">电子信箱</td><td colspan="2"></td><td colspan="2">电子信箱</td><td></td></tr>
</table>

填表说明：①动工时间为施工准备期开始时间；②重点防治区类型指项目所在地归属于各级水土流失重点预防保护区、重点监督区和重点治理区的情况；③防治目标填写设计水平年时规划的综合目标值；④防治措施指汇总的建设期各类防治措施的数量，如工程措施中填写浆砌石挡墙（措施名称）及长度（措施量）；⑤水土保持总投资不包括运行期的各类费用。

A.0.2 水土保持方案编制总则应包括下列内容：

1 方案编制的目的与意义。

2 编制依据。包括法律、法规、规章、规范性文件、技术规范与标准、相关资料等。

3 水土流失防治的执行标准。按《开发建设项目水土流失防治标准》GB 50434—2008 的规定，说明本项目水土流失防治的执行标准。

4 指导思想。

5 编制原则。

6 设计深度和方案设计水平年。

A.0.3 项目概况应按本规范第 5.3 节中的规定，说明项目基本情况、项目组成及总体布置、施工组织、工程征占地、土石方量、工程投资、进度安排、拆迁与安置等情况。若有与其他项目的依托关系应予说明。

A.0.4 项目区概况应按本规范第 5.4 节中的规定，简要说明项目所在区域自然条件、社会经济、土地利用情况，水土流失现状及防治情况，区域内生态建设与开发建设项目水土保持可借鉴的经验。

A.0.5 主体工程水土保持分析与评价应包括下列内容：

1 主体工程方案比选及制约性因素分析与评价。

2 主体工程占地类型、面积和占地性质的分析与评价。

3 主体工程土石方平衡、弃土（石、渣）场、取料场的布置、施工组织、施工方法与工艺等评价。

4 主体工程设计的水土保持分析与评价。

5 工程建设与生产对水土流失的影响因素分析。

6 结论性意见、要求与建议。

A.0.6 防治责任范围及防治分区应包括下列内容：

1 分行政区划（以县为单位）列表说明工程占地类型、面积和占地性质等。

2 责任范围确定的依据。

3 防治责任范围，用文、表、图说明项目建设区、直接影响区的范围、面积等情况。

4 水土流失防治分区。

A.0.7 水土流失预测应包括下列内容：

1 预测范围和预测时段。

2 预测方法。应说明土壤侵蚀背景值、扰动后的模数值的取值依据。

3 水土流失预测成果。应说明项目建设可能产生的水土流失量、损坏水土保持设施面积。

4 水土流失危害分析与评价。

5 预测结论及指导性意见。

A.0.8 防治目标及防治措施布设应包括下列内容：

1 提出定性与定量的防治目标。

2 水土流失防治措施布设原则。

3 水土流失防治措施体系和总体布局。应附防治措施体系框图。

4 不同类型防治工程的典型设计。

5 防治措施及工程量应分区，分工程措施、植物措施、临时措施列表说明各项防治工程的工程量。

6 水土保持施工组织设计。

7 水土保持措施进度安排。

A.0.9 水土保持监测应包括下列内容：

1 监测时段。

2 监测区域（段）、监测点位。

3 监测内容、方法及监测频次。

4 监测工作量。应说明监测土建设施、消耗性材料、监测设备、监测所需人工等。

5 水土保持监测成果要求。

A.0.10 投资估算及效益分析应包括下列内容：

1 投资估算的编制原则、依据、方法。

2 水土保持投资概述。应附投资估算汇总表、分年度投资表、工程单价汇总表、材料用量汇总表。

3 防治效果预测。应对照制定的目标，验算六项目标的达到情况。

4 水土保持损益分析。应从水土资源、生态与环境等方面进行损益分析与评价。

A.0.11 实施保障措施应包括下列内容：

1 组织领导与管理。

2 后续设计。

3 水土保持工程招标、投标。

4 水土保持工程建设监理。

5 水土保持监测。

6 施工管理。

7 检查与验收等。

8 资金来源及使用管理。

A.0.12 结论及建议应包括下列内容：

1 水土保持方案总体结论。

2 下阶段水土保持要求。

A.0.13 附件、附图、附表，应符合下列规定：

1 附件应包括下列内容：

1）项目立项的有关申报文件、工程可行性研究意见。

2）水土保持投资估（概）算附表。

3）其他。

2 附图应包括下列内容：

1）项目所在（经）地的地理位置图。

2）项目区地貌及水系图。

3）项目总平面布置图。

4）项目区土壤侵蚀强度分布图、土地利用现状图、水土保持防治区划分图。

5）水土流失防治责任范围图。

6）水土流失防治分区及水土保持措施总体布局图。

7）水土保持措施典型设计图。

8）水土保持监测点位布局图。

附录 B 水土保持方案报告表内容规定

编号：

类别：

简要说明：

项目简述、项目区概述、产生水土流失的环节分析，防治责任范围，措施设计及图纸，工程量及进度，投资，实施意见。

水土保持方案报告表

（参考格式）

项 目 名 称：

送审单位（个人）：

法定代表人：

地　　　址：

联　系　人：

电　　　话：

报 送 时 间：

<table>
<tr><td rowspan="5">项目概况</td><td>项目名称</td><td colspan="4"></td></tr>
<tr><td>项目负责人</td><td></td><td>地点</td><td colspan="2"></td></tr>
<tr><td>占地面积</td><td></td><td>工程投资</td><td colspan="2"></td></tr>
<tr><td>开工时间</td><td></td><td>完工时间</td><td colspan="2"></td></tr>
<tr><td>生产能力</td><td></td><td>生产年限</td><td colspan="2"></td></tr>
<tr><td rowspan="5">可能造成水土流失</td><td>弃土（石、渣）量</td><td colspan="4"></td></tr>
<tr><td>造成水土流失面积</td><td colspan="4"></td></tr>
<tr><td>损坏水保设施</td><td colspan="4"></td></tr>
<tr><td>估算的水土流失量</td><td colspan="4"></td></tr>
<tr><td>预测水土流失危害</td><td colspan="4"></td></tr>
<tr><td rowspan="8">水土保持措施及投资</td><td rowspan="2">工程措施</td><td colspan="2"></td><td rowspan="2">投资</td><td rowspan="2"></td></tr>
<tr><td colspan="2"></td></tr>
<tr><td rowspan="2">植物措施</td><td colspan="2"></td><td rowspan="2">投资</td><td rowspan="2"></td></tr>
<tr><td colspan="2"></td></tr>
<tr><td rowspan="2">临时工程</td><td colspan="2"></td><td rowspan="2">投资</td><td rowspan="2"></td></tr>
<tr><td colspan="2"></td></tr>
<tr><td rowspan="2">其他</td><td>补偿费</td><td></td><td rowspan="2">投资</td><td rowspan="2"></td></tr>
<tr><td colspan="2"></td></tr>
<tr><td colspan="2">水土保持总投资</td><td colspan="4"></td></tr>
</table>

续表

<table>
<tr><td rowspan="4">分年度实施计划</td><td>年度</td><td>措施工程量</td><td>投资</td></tr>
<tr><td></td><td></td><td></td></tr>
<tr><td></td><td></td><td></td></tr>
<tr><td></td><td></td><td></td></tr>
<tr><td colspan="2">编制单位</td><td colspan="2"></td></tr>
<tr><td colspan="2">资格证书编号</td><td colspan="2"></td></tr>
<tr><td colspan="2">编制人员</td><td colspan="2"></td></tr>
<tr><td colspan="2">岗位证书号</td><td colspan="2"></td></tr>
</table>

注：1　附生产建设项目地理位置平面图、设计总图各一份。

2　本表一式三份，经水行政主管部门审查批准后，一份留水行政主管部门作为监督检查依据，一份送项目审批部门作为审批项目依据，一份留本单位（或个人）作为实施依据。

3　在生产建设项目施工过程中，必须按“水土保持方案报告表”中的内容实施各项水土保持措施，并接受水行政主管部门监督检查。

4　用此表表达不清的事项，可用附件表述。

本规范用词说明

1　为便于在执行本规范条文时区别对待，对要求严格程度不同的用词说明如下：

1）表示很严格，非这样做不可的用词：
正面词采用“必须”，反面词采用“严禁”。

2）表示严格，在正常情况下均应这样做的用词：
正面词采用“应”，反面词采用“不应”或“不得”。

3）表示允许稍有选择，在条件许可时首先应这样做的用词：
正面词采用“宜”，反面词采用“不宜”；

表示有选择，在一定条件下可以这样做的用词，采用“可”。

2　本规范中指明应按其他有关标准、规范执行的写法为“应符合……的规定”或“应按……执行”。

中华人民共和国国家标准

开发建设项目水土保持技术规范

GB 50433—2008

条 文 说 明

目　次

1 总 则

1.0.2 建设或生产过程中可能引起水土流失的开发建设项目指公路、铁路、机场、港口、码头、水工程、电力工程、通信工程、管道工程、国防工程、矿产和石油天然气开采及冶炼、工厂建设、建材、城镇新区建设、地质勘探、考古、滩涂开发、生态移民、荒地开发、林木采伐等项目。

3 基本规定

3.1 一般规定

3.1.1 根据防洪法及河道管理条例的规定，河道、湖泊的管理范围分两种情况：一是有堤防的河道、湖泊，其管理范围为两岸堤防之间的水域、沙洲、滩地（包括可耕地）、行洪区，两岸堤防及护堤地；二是无堤防的河道、湖泊，其管理范围为历史最高洪水位或设计洪水位之间的水域、沙洲、滩地和行洪区。在上述范围内均不得设立弃土（石、渣）场。水库、水电站工程，其建设过程中的弃渣经充分论证确需在库区内堆存的，须经有关主管部门同意后，可在设计的死库容水位以下堆置，但必须采取拦挡、防护措施，确保不产生水土流失及其他危害。

3.1.2 涉及移民（拆迁）安置及专项设施改（迁）建的建设项目，规模的界定参见水利部有关规定。

3.2 对主体工程的约束性规定

3.2.1 泥石流易发区、崩塌滑坡危险区系指县级以上人民政府水行政主管部门依法划定并公告的相应区域。城镇新区的建设项目主要包括城市各类工业园区、产业园区、科技园区、各类开发区和小城镇建设及其改造等建设项目。

3.2.3 根据防洪法及河道管理条例的规定，禁止在河道、湖泊管理范围内建设妨碍行洪的建筑物、构筑物，禁止倾倒垃圾、渣土。在河岸边弃渣应严格遵循这一规定。

3.2.5 一般情况下，当预报日降雨量 50mm 以上的暴雨、风速大于 5m/s 的大风时，应采取覆盖、防护等措施，减轻产生的水土流失。

3.3 不同水土流失类型区的特殊规定

3.3.1 风沙区主要包括两大区域。一是“三北”戈壁沙漠及沙地风沙区。主要分布于长城沿线以北地区，该区域气候干旱少雨，风力侵蚀强烈，荒漠化严重，沙漠蚕食绿洲，直接危害农、林、牧业；二是沿河、环湖、滨海平原风沙区。该区域主要是江、河、湖、海岸边沉积的泥沙，干燥遇大风形成并逐步扩大，造成掩埋各类生产用地的危害。

3.3.2 东北黑土区。南界为吉林省南部，东西北三面为大小兴安岭和长白山所围绕。主要包括三大区。一是低山丘陵区，有大、小兴安岭地区，系森林地带，坡缓谷宽，岩性为花岗岩及页岩，发育暗棕壤，多为轻度侵蚀；有长白山千山山地丘陵区，系林草灌丛，岩性为花岗岩等，发育暗棕壤，棕壤，多为轻度、中度侵蚀；有三江平原区（黑龙江、乌苏里江及松花江冲积平原）古河床，自然形成低岗地，河间低洼地为沼泽草甸，岗洼之间为平原，多为微度侵蚀。二是漫川漫岗区，指松嫩平原，属冲积、洪积台地，地势倾斜，坳谷和岗地相间的地貌特征，多为中度侵蚀，局部强度侵蚀。三是平原区和草原区，主要是湿地、草场和珍贵野生动植物栖息地，多为微度、轻度侵蚀。

3.3.3 西北黄土高原区。西为青海日月山，西北为贺兰山，北为阴山，南为秦岭，东为太行山。地带性土壤：在半湿润气候带自西向东依次为灰褐土、黑垆土、褐土；在干旱及半干旱气候带自西向东依次为灰钙土、棕钙土、栗钙土。水力侵蚀普遍且极为严重。主要分八个类型区。一是黄土高原丘陵沟壑区，广泛分布在山西、陕西、内蒙古中西部、甘肃、宁夏、青海等省（区）的黄土高原地区。该区的主要特点是地形破碎，千沟万壑，水土流失较为严重，以坡面冲刷和沟道切割侵蚀为主要侵蚀方式。二是黄土高原沟壑区，主要为甘肃陇东地区、陕西渭北、山西的西南部等部分地区。地形由塬、坡、沟组成，塬面宽平，坡陡沟深，水土流失严重。以塬面径流侵蚀使塬面耕地不断被蚕食减少、高原沟壑不断扩大为主要侵蚀方式。三是黄土阶地区，主要是黄土高原地区较大河流两岸的河谷阶地。地面平坦，土壤侵蚀较轻。四是冲积平原区，包括渭河、汾河等河谷和黄河河套平原。地面平坦，除河岸、渠岸坍塌外，无明显的侵蚀。五是高地草原区，主要分布于青海、四川、甘肃接壤的青藏高原东缘地带。为高山草原，有较好的植被，土壤侵蚀微弱，人口稀少，破坏较轻，局部地区有风蚀。六是干旱草原区，分布于山西、陕西、内蒙古接壤区、甘肃东北部。为沙质土壤草原，植被覆盖较低，多与风沙区交错出现，草皮破坏，极易形成沙化中、强度侵蚀。七是土石山区，六盘山、太子山等黄土高原的土石山地区。有良好的林草植被，耕地少，侵蚀轻微。八是林区，主要包括子午岭、黄龙山林区和散见于各土石山区的林地。林草植被繁茂，耕地较少，土壤侵蚀轻微。

3.3.4 北方土石山区。东北漫岗丘陵以南，黄土高原以东，淮河以北，包括东北南部、河北、山西、内蒙古、河南、山东等部分地区。主要有六个类型区。一是太行山山地区，属暖温带半湿润区，包括大五台山、小五台山、太行山和中条山地，是海河五大水系发源地。主要由片麻岩、碳酸岩类组成，以褐土为主，中度、强度侵蚀，是华北地区侵蚀最严重的地区。二是辽西一冀北山地区，岩性为花岗岩类、片麻岩类和砂页岩类，发育山地褐土和栗钙土，水力侵蚀强烈，为泥石流易发区，风力侵蚀有发展。三是山东丘陵区，地处山东半岛，由片麻岩类、花岗岩类等组成，发育棕壤、褐土，土层薄，属中度侵蚀。四是阿尔泰山地区，地处新疆东北部，阿尔泰山南坡，山地森林草原，微度侵蚀。五是松辽平原松花江、辽河冲积平原，发育厚层黑钙土和草甸土，低岗地有轻微侵蚀。六是黄淮海平原北部，北部以太行山、燕山为界，南部以淮河为界，是黄、淮、海三条河的冲积平原，仅古河道岗地有微弱侵蚀。

3.3.5 西南土石山区。包括云贵高原，四川盆地，湘西及桂西，山高坡陡，石多土少，高温多雨，岩溶发育。山崩、滑坡、泥石流分布广。主要有五个类型区。一是四川山地丘陵，除成都平原外，多为山地和丘陵，是长江上游泥沙主要来源区之一，水土流失严重。二是云贵高原山地，该区有雪峰山、大娄山、乌蒙山等，土层薄，基岩裸露，主要由碳酸盐岩类和砂页岩类组成，发育黄壤、红壤和黄棕壤。以水力侵蚀为主，滑坡、泥石流等重力侵蚀也非常发育。坪坝地为石灰土，以溶蚀为主。多为轻、中度侵蚀，局部地区强度侵蚀。三是横断山地区。包括藏南高山深谷、横断山脉、无量山及西双版纳地区，多为轻度、中度侵蚀。该区地质构造运动活跃，地层复杂，在沟谷陡坡常易发生崩塌，局部地区有泥石流。四是秦岭、大别山、鄂西山地区，位于黄土高原、黄淮海平原以南，四川盆地、长江中下游平原以北。由浅变质岩类和花岗岩类组成，发育黄棕壤土。该区地质构造复杂，岩层破碎，泥石流发育，山高坡陡，气温低，暴雨量大，植被分布不均衡，土层较厚，轻度侵蚀。五是川西山地草甸区，包括大凉山、邛崃蛛山、大雪山等，由碎屑岩类发育棕壤和褐土，多为微度、轻度侵蚀。

3.3.6 南方红壤丘陵区。主要有三个类型区。一是江南山地丘陵区，南以南岭为界，西以云贵高原为界，包括幕阜山、罗霄山、黄山、武夷山等。以花岗岩类、碎屑岩类组成山地丘陵，山间多为红色小盆地，发育红壤、黄壤、水稻土。林地侵蚀较轻，荒地侵蚀居中，农地侵蚀较严重，其中以花岗岩地区最为严重。山区大部分区域植被较好，应加强预防保护。二是岭南平原丘陵区，包括广东、海南岛和桂东地区。以花岗岩类和砂页岩类为主，发育赤红壤和砖红壤，局部花岗岩风化层深厚，崩岗侵蚀严重。应对现有植被加强保护，特别是热带树草种的保护。三是长江中下游平原，位于宜昌以东，包括两湖平原、鄱阳湖平原、太湖流域。地势平坦，河流交错。平地及低缓的坡地多为农田。河道比降较缓，降雨主要集中在汛期，容易遭受渍涝，属微度侵蚀区。

3.3.7 青藏高原冻融侵蚀区。主要有两个类型区。一是高原高寒草原冻融风蚀区，该区位于藏北高原，发育莎嘎土。二是藏北高原高寒草原冻融侵蚀区，该区位于高原的东部与南部，高山冰川与湖泊相间，发育莎嘎土等，局部有冰川泥石流。

3.3.8 平原和城市。城市是开发建设项目的密集地，易产生垃圾、粉尘、灰尘，污染环境。山区城市有洪水威胁。平原水土流失轻微，人为扰动会加重水土流失。

3.4 不同类型建设项目的特殊规定

3.4.1～3.4.3 对不同类型的开发建设项目提出了需特别注意的问题，其前提是首先达到前几节的基本规定和要求。

4 各设计阶段的任务

各行业的前期工作阶段划分和深度不完全一致，实际工作中需根据行业特点做适当深化或补充。并应按下列要求进行：

1 水土保持工程的投资估（概）算编制依据、编制定额、价格水平年与基础单价、主要工程单价中的相关费率等应与主体工程相一致；主体工程没有明确规定的，应采用水利部《开发建设项目水土保持工程投资概（估）算编制规定》、《水土保持工程概算定额》及相关行业、地方标准和当地现行价。水土保持投资费用构成应按《开发建设项目水土保持工程概（估）算编制规定》执行。

2 植物措施中需要达到园林化标准的部分，应采用园林行业的单位指标计算。

3 水土保持投资估算总表按工程措施、植物措施、临时工程和独立费用、预备费和水土保持设施补偿费几部分，计列静态投资。分部工程估算表、分年度投资表按照防治分区计列上述各项投资，跨省（直辖市、自治区）项目还应按省（直辖市、自治区）分列投资。

4 独立费用应包括建设单位管理费、水土保持方案编制及勘测设计费、水土保持监理费、水土保持监测费、质量监督检测费、技术文件咨询服务费、水土保持设施技术评估及验收费等，并列入总投资。

5 投资估（概）算附表及附件主要包括总估（概）算表、分部工程估（概）算表、独立费用估（概）算表、分年度投资表、工程单价汇总表、材料价格预算表、施工机械台时费汇总表、工程措施单价表、植物措施单价表等。

5 水土保持方案

5.1 一 般 规 定

5.1.1 开发建设项目水土流失防治除应符合本规范

的基本规定外，还应达到现行国家标准《开发建设项目水土流失防治标准》GB 50434—2008 的要求。

5.1.4～5.1.7 对主体工程的各比选方案进行水土保持评价，并提出水土保持意见。当主体工程推荐方案的水土保持评价较其他方案优越或差别不大时，评价结论应认可推荐方案。当推荐方案的水土保持评价明显劣于其他方案时，如果主体工程总投资与其他方案差别不大时，应提出更换推荐方案的建议；如果推荐方案的总投资明显低于其他方案，宜针对推荐方案进行水土保持设计，宜提高水土流失防治标准（等级），减少工程建设可能增加的水土流失。

主体工程比选方案的水土保持评价重点从优化施工工艺，减少施工占地和工程开挖以及对原地貌的扰动等方面进行比较，从有效控制水土流失的角度考虑，比较不同布局和施工方案可能导致的水土流失强度，施工场地宜避开植被良好的区域、高产农田和水土保持预防保护区。

5.6 水土流失防治责任范围及防治分区

5.6.1 项目建设区主要包括项目永久征地、临时占地、租赁土地、管辖范围等土地权属明确，需由项目法人对其区域内的水土流失进行预防或治理的范围。其主要特点是必然发生、与建设项目直接相关。项目建设区需根据整个项目的施工活动来确定，不得肢解转移。因建设单位一般不会直接施工，所有的施工均需外委，但防治责任均应由建设单位负责，不能无限转包最终至个人。在外购土、石料时，合同中应予明确水土流失防治责任，并报当地（县级）水行政主管部门备案。

5.6.2 直接影响区指因项目生产建设活动可能造成水土流失及危害的项目建设区以外的其他区域，其主要特点是由项目建设所诱发、可能（也可能不）加剧水土流失的范围，如若加剧水土流失应由建设单位进行防治的范围。方案编制时需在调查类比工程的基础上进行分析以确定直接影响区。当类比工程极少时，直接影响区可参考下列范围研究确定：

线型工程：山区上边坡 5m，下边坡 50m；桥隧上边坡 5m，下边坡 8m；管道两侧各 5～10m。丘陵区上边坡 5m，下边坡 20m。风沙区两侧各 50m。平原区两侧各 2m。

点型工程：有坡面开挖的两侧各 2m。塌陷区面积按有关行业技术标准的规定确定。

5.7 水土流失预测的基本要求

对风蚀、重力侵蚀等水土流失类型，可根据有关试验、研究的经验公式，经修正后进行水土流失量的预测。

5.9 水土保持监测的基本要求

5.9.10 标准径流小区主要设施应符合下列规定：

1 径流小区：标准径流小区坡面应为矩形。宽度应取 5m，方向应与等高线平行；水平投影长度应为 20m，坡度应为 15°，方向垂直于等高线。对比小区的坡度可采用工程的既有坡度。

2 集流槽：集流槽位于径流小区底端，宜采用混凝土做成 20cm×20cm 的矩形断面；集流槽上缘与径流小区下缘同高，宽度不宜超过 10cm；集流槽底设不小于 2%的比降向引水槽方向倾斜；集流槽表面应光滑。

3 导流槽：导流槽紧接集流槽，宜采用镀锌铁皮或金属管等做成导流管。

4 径流池（或集流桶）：径流池宜采用便于清除沉积物的宽浅式浆砌石做成，也可采用镀锌铁皮或钢板等制作。径流池（或集流桶）的容积应根据当地的降雨及产流情况确定，以不小于小区内一次降雨总径流量为宜。如产流量过大，可采用一级或多级分流桶进行分流。分流桶内应安装纱网或其他过滤设施。集流桶和分流桶均应在顶部加盖、底部开孔。

5 边墙：位于径流小区边界的边墙，宜采用混凝土或砖砌筑而成，边墙应高出地面 20cm 以上，埋入地下 20cm。上缘向小区外呈 60°倾斜。

6 排水沟：排水沟位于径流小区边墙的外侧，宜采用混凝土或砖砌筑成梯形断面，尺寸应能满足小区周围排水的要求。

5.9.11 非标准径流小区的观测设施与标准径流小区基本一致。当非标准径流小区的面积较大或地面组成物质的颗粒较粗时应适当加大集流槽和导流槽的断面尺寸。

5.9.12 人工模拟降雨径流小区主要设施应符合下列规定：

1 小区及小区周围防护设施、集流设施与标准径流小区一致。

2 蓄水池宜采用钢筋混凝土浇筑而成，蓄水池的容积应不小于小区设计降水总量的两倍，并不小于 $100m^3$。

3 水泵应根据设计降雨量的大小及蓄水池、水源的距离等确定。

4 主管道的直径不得小于 12cm，支管道的直径不得小于 5cm，长度应能满足场地布设的需要。

5 宜用侧喷式降雨器。

6 防风帐篷及其固定设施：用于野外人工模拟降雨试验中防止风吹对降雨效果的影响。

5.9.13 控制站的主要设施应符合下列规定：

1 测流建筑物宜采用下列几种形式：

1）巴塞尔量水槽宜采用砖砌水泥砂浆护面或钢筋混凝土制成，断面大小应与控制断面的流量相适应。

2）薄壁量水堰应采用 3～5mm 的钢板制成。

3）三角形量水堰宜采用钢筋混凝土制成。

4）三角形剖面堰宜采用砖砌水泥砂浆护面或钢筋混凝土制成。

2 监测房规模应根据监测时段及监测人员等确定，宜采用土木结构或钢混结构，监测房的面积应能满足监测人员工作及生活的要求。

6 水土保持初步设计专章

本章对水土保持初步设计提出要求。

在主体工程设计中，应贯彻“预防为主、综合防治”的思想，全面落实水土流失防治措施的设计，在水土流失较为严重或可能造成水土流失灾害的地域，在施工组织设计中应注意施工时序，对重点防护措施进行重点设计。

工程初步设计文件中必须贯彻可行性研究阶段批复的水土保持方案，在工程初步设计文件审批前应送达当地水行政主管部门征求意见并备案，水行政主管部门签收后应对照水土保持方案及批复，及时对水土保持措施的设计落实情况提出意见或建议。水利部及省级水行政主管部门批复水土保持方案的设计文件应送达省级水行政主管部门，地、市及县级水行政主管部门批复水土保持方案的设计文件应送达批复机关。

根据建设区自然条件和水土流失特点，合理安排建设时序。建设期应避开容易产生水土流失的季节和时间，在水土流失影响较小，甚至不易产生水土流失的时段进行集中建设。水土保持措施的施工组织设计，可采取边施工、边布设临时性防护措施的方法；也可以在工程建设过程中，同步开展永久性防护措施与临时性防护措施相结合的防治工作，以节约时间和劳动量，提高水土流失防治效果。

开发建设项目水土保持监测设施主要有地面监测设施和便携监测设备。地面监测设施主要指标准径流小区（或径流场）、简易土壤侵蚀观测场及控制站。

7 拦 渣 工 程

7.3 设 计 要 求

7.3.1 拦渣坝的设计。

1 坝高与库容。拦渣库容与拦泥库容根据项目区生产运行情况，确定每年的排渣量；根据每年排渣量和拦渣坝的使用年限，确定拦渣库容；若为项目建设施工期一次性排渣，则该排渣总量即为拦渣库容；根据每年的来沙量和拦渣坝的使用年限确定拦泥库容。

2 坝型选择。坝型分为一次成坝与多次成坝。根据坝址区地形、地质、水文、施工、运行等条件，结合弃土、弃石、弃渣、尾矿等排弃物的岩性，综合分析确定拦渣坝（尾坝库）的坝型。

1）碾压式土石坝坝型选择及断面设计参照《碾压式土石坝设计规范》SL 274—2001 第三章中的规定。宜利用弃土、弃石、弃渣、尾矿等修筑心墙或斜墙坝，以降低工程造价。

2）水坠坝坝型选择及断面设计参照《水坠坝技术规范》SL 302—2004 的有关要求确定。

3）当基础为坚硬完整的新鲜岩石，弃石中不易风化块石含量较多时，宜选择布置浆砌石坝。浆砌石坝的有关设计施工参照《浆砌石坝设计规范》SL 25—2006 中的有关规定。

3 稳定性分析。根据不同的坝型分别采用不同的坝体稳定分析方法。

水坠坝稳定计算。参照《水坠坝技术规范》SL 302—2004 中的计算方法进行稳定分析。

碾压式土石坝稳定计算。参照《碾压式土石坝设计规范》SL 274—2001 第八章中的稳定计算方法进行分析。

浆砌石坝稳定分析参照《浆砌石坝设计规范》SL 25—2006 第五章中计算方法进行稳定分析。

4 排洪与放水建筑物。根据坝址两岸地形地质条件、泄洪流量等因素，确定溢洪道、放水工程的型式。溢洪道分为明渠式溢洪道、陡坡式溢洪道两种型式。放水工程分为卧管式、竖井式两种型式。溢洪道设计参照《水土保持治沟骨干工程技术规范》SL 289—2003 中 4.2 节执行。放水工程设计参照该规范中 4.3 节执行。

5 基础处理。根据坝型、坝基的地质条件、筑坝施工方式等，采取相应的基础处理方法。

水坠坝基础处理参照《水坠坝技术规范》SL 302—2004 中的要求执行。

碾压坝基础处理参照《碾压式土石坝设计规范》SL 274—2001 第六章中的规定执行。

浆砌石坝基础处理参照《浆砌石坝设计规范》SL 25—2006 第八章中的规定执行。

7.3.2 挡渣墙的设计。

1 墙型选择。根据拦渣数量、渣体岩性、地形地质条件、建筑材料等因素选择确定墙型。选择墙型应在防止水土流失、保证墙体安全的基础上，按照经济、可靠、合理、美观的原则，进行多种设计方案分析比较，选择确定最佳墙型。

2 重力式挡渣墙。重力式挡渣墙一般用浆砌块石砌筑或混凝土浇筑，依靠自重与基底摩擦力维持墙身的稳定。适用于墙高小于6m，地基土质较好的情况。重力式挡渣墙构造由墙背、墙面、墙顶、护栏等组成。

1）墙背。重力式挡渣墙墙背有仰斜式、垂直式、俯斜式、衡重式等形式（见图 1)。仰斜式墙背通体与渣体边坡贴合，所受土压力小，开挖回填量较小，墙身断面面积小。但在设计与施工中应注意仰斜墙背的坡度不得缓于1∶0.3，以便于施工。在地面横坡陡峻，俯斜式挡渣墙墙背所受的土压力较大时，俯斜式挡渣墙采用陡直墙面，以减小墙高，俯斜墙背可砌筑成台阶形，从而增加墙背与渣体间的摩擦力。垂直墙背介于两者之间。凸形折线墙背是仰斜式挡渣墙上部墙背改为俯斜形，以减小上部断面尺寸，多用于较长斜坡坡脚地段的陡坎处。衡重式挡渣墙上下墙之间设置衡重台，采用陡直的墙面，适用于山区地形陡峻处的边坡，上墙俯斜墙背的坡度 1∶0.25～1∶0.45，下墙仰斜墙背坡度 1∶0.25，上下墙高之比采用2∶3。

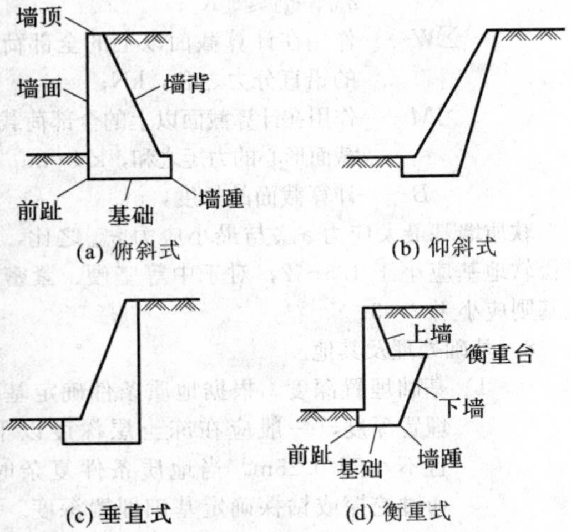

图1　重力式挡渣墙形式

2）墙面。一般墙面均为平面，其坡度与墙背协调一致，墙面坡度直接影响挡渣墙的高度，在地面横坡较陡时墙面坡度一般为 1∶0.05～1∶0.2，矮墙采用陡直墙面，地面平缓时一般采用1∶0.2～1∶0.35。

3）墙顶。浆砌块石挡墙墙顶宽不小于 0.5m，另需砌筑厚度≥0.4m的顶帽，若不砌筑顶帽，墙顶应以大块石砌筑，并用砂浆勾缝。

4）护栏。在交通要道、地势陡峻地段的挡渣墙应设置护栏。

3　悬臂式挡渣墙。当墙高超过 5m，地基土质较差，当地石料缺乏，在堆渣体下游有重要工程时，采用悬臂式钢筋混凝土挡渣墙。悬臂式挡渣墙由立壁、底板组成，具有三个悬壁即立壁、趾板和踵板（见图 2）。其特点是：主要依靠踵板上的填土重量维持结构稳定性，墙身断面面积小，自重轻，节省材料，适用于墙身较高的情况。

4　扶臂式挡渣墙。适用于防护要求高，墙高大于 10m 情况。扶臂式挡渣墙的主体是悬臂式挡渣墙，沿墙长度方向每隔一定距离布置一个扶臂，以保持挡

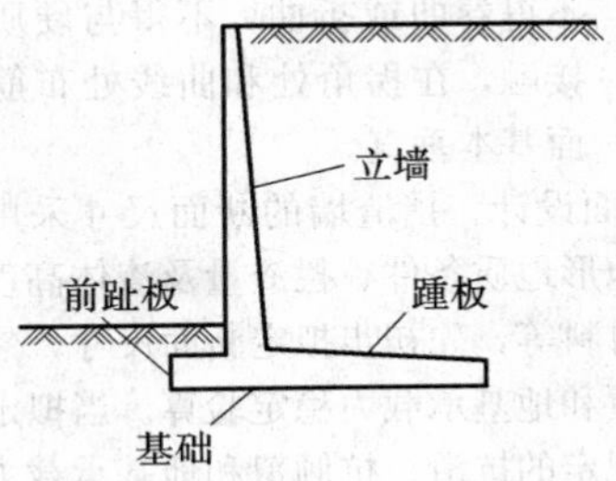

图2　悬臂式挡渣墙形式

渣墙的整体性，增加挡渣量。墙体为钢筋混凝土结构（见图 3）。扶臂式挡渣墙在维持结构稳定、断面面积等方面与悬臂式挡渣墙基本相似。

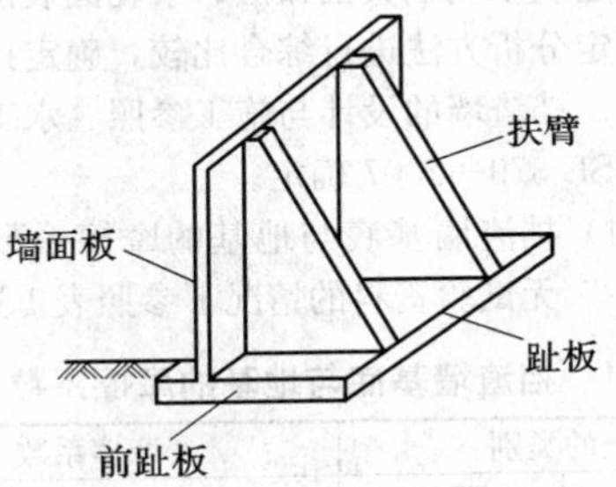

图3　扶臂式挡渣墙形式

5　加筋式挡渣墙在稳定的地基上可采用加筋式挡渣墙结构（见图 4），其墙体及基础的断面、加筋材料和长度应根据作用在墙上的各项荷载分别按墙体外部稳定性和筋材内部稳定性试算确定。由于加筋式挡渣墙的墙体基础的断面较小，且筋材的铺设和墙后的填方渣土是随着墙体的砌筑上升而上升的，因此计算加筋式挡渣墙的稳定需要按施工的顺序分段计算，在上升阶段时，要同时满足墙体外部稳定性和筋材内部稳定性的要求。

1）筋材主强度方向应垂直于墙面，以销钉固定。对柔性筋式挡墙，相邻织物搭接至少 15cm。地基沉陷量较大时，相邻织物应予缝接；对格栅筋材，相邻片应扎紧。

2）筋带设计为钢塑复合筋带时，筋带应从面板预留孔中穿过，折回另一端对齐，严禁筋带在孔上绕成死结，筋带成扇形辐射在压实整平的填料上，不能重叠，

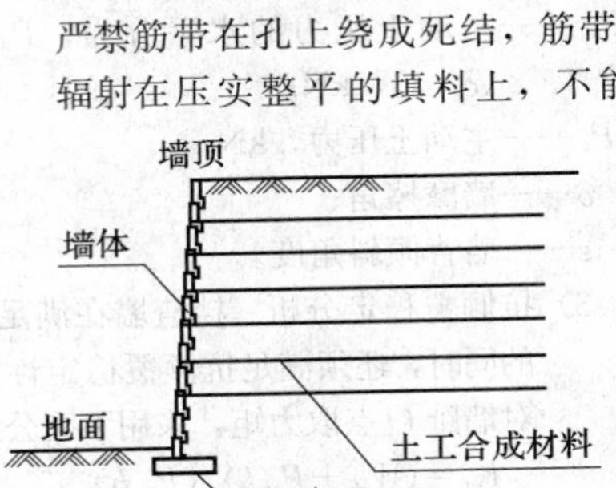

图4　加筋式挡渣墙结构示意图

不得卷曲或折曲，不得与硬质棱角直接接触，在拐角处和曲线处布筋方向与墙面基本垂直。

6 断面设计。挡渣墙的断面尺寸采用试算法确定。根据地形地质条件、拦渣量及渣体高度、弃渣岩性、建筑材料等，先初步拟定断面尺寸，然后进行抗滑、抗倾覆和地基承载力稳定验算。当拟定的断面既符合规范规定的抗滑、抗倾覆和地基承载力要求，而断面面积又小时，即为合理的断面尺寸。

7 稳定性分析。挡渣墙须对抗滑、抗倾覆、地基承载力进行稳定性分析。其安全系数分别采用1.3、1.5、1.2。在实际应用中，特别对于一些重要的挡渣墙还应采用瑞典圆弧法、泰勒圆表法、条分法等多种稳定分析方法进行综合比较，确定挡渣墙稳定安全系数。挡渣墙的设计与施工参照《水工挡土墙设计规范》SL 379—2007 确定。

1）挡渣墙基底与地基的摩擦系数 μ 值，在无试验资料的情况下参照表1选用。

表1 挡渣墙基底与地基的摩擦系数 μ 值

土的类别		摩擦系数 μ
黏性土	可塑	0.25～0.3
	硬塑	0.3～0.35
	坚硬	0.35～0.45
粉土	$S_r \leqslant 0.5$	0.3～0.4
中砂、粗砂、砾砂		0.4～0.5
碎石土		0.4～0.5
软质岩石		0.4～0.55
表面粗糙的硬质岩石		0.65～0.75

注：表中 S_r 是与基础形状有关的形状系数，$S_r = 1 \sim 0.4B/L$；B 为基础宽度，m；L 为基础长度，m。

2）抗滑稳定可用下列公式计算：

$$K_s = (W + P_{ay})\mu / P_{ax} \quad (1)$$

式中 K_s——最小抗滑安全系数，$[K_s] \geqslant 1.3$；

W——墙体自重，kN；

P_{ay}——主动土压力的垂直分力，$P_{ay} = P_a \sin(\delta + \varepsilon)$，kN；

μ——基底摩擦系数，由试验确定或参考表1；

P_{ax}——主动土压力的水平分力，$P_{ax} = P_a \cos(\delta + \varepsilon)$，kN；

P_a——主动土压力，kN；

δ——墙摩擦角；

ε——墙背倾斜角度。

3）抗倾覆稳定分析。挡渣墙在满足 $K_s \geqslant 1.3$ 的同时，还须满足抗倾覆稳定性要求。即对墙趾 O 点取力矩，采用下列公式计算：

$$K_t = (Wa + P_{ay}b) / (P_{ax}h) \quad (2)$$

式中 K_t——最小安全系数，$[K_t] \geqslant 1.5$；

Wa——墙体自重 W 对 O 点的力矩，kN·m；

$P_{ay}b$——主动土压力的垂直分力对 O 点的力矩，kN·m；

$P_{ax}h$——主动土压力的水平分力对 O 点的力矩，kN·m。

其他符号同前。

4）地基承载力验算。基底应力应小于地基承载力，地基允许承载力 $[R]$ 通过试验或参考有关设计手册确定。基底应力采用下列偏心受压公式计算：

$$\sigma_{yu} = \sum W/B + 6\sum M/B^2 \quad (3)$$

$$\sigma_{yd} = \sum W/B - 6\sum M/B^2$$

式中 σ_{yu}、σ_{yd}——水平截面上的正应力，kN/m²，σ_{yu}、$\sigma_{yd} \leqslant [R]$；

$\sum W$——作用在计算截面以上的全部荷载的铅直分力之和，kN；

$\sum M$——作用在计算截面以上的全部荷载对截面形心的力矩之和，kN·m；

B——计算截面的长度，m。

软质墙基最大应力 σ_{max} 与最小应力 σ_{min} 之比，对于松软地基应小于1.5～2，对于中等坚硬、紧密的地基则应小于2～3。

8 基础处理及其他。

1）基础埋置深度。根据地质条件确定基础埋置深度，一般应在冻土层深度以下，且不小于0.25m。当地质条件复杂时，通过挖探或钻探确定基础埋置深度。埋置最小深度见表2。

表2 重力式挡渣墙基础最小埋置深度

地层类别	埋入深度(m)	距斜坡地面水平距离(m)
较完整的硬质岩层	0.25	0.25～0.5
一般硬质岩层	0.6	0.6～1.5
软质岩层	1.0	1.0～2.0
土层	≥1.0	1.5～2.5

2）伸缩沉陷缝。根据地形地质条件、气候条件、墙高及断面尺寸等，设置伸缩缝和沉陷缝，防止因地基不均匀沉陷和温度变化引起墙体裂缝。设计和施工时，一般将二者合并设置，沿墙线方向每隔10～15m设置一道缝宽2～3cm的伸缩沉陷缝，缝内填塞沥青麻絮、沥青木板、聚氨酯、胶泥或其他止水材料。

3）清基。施工过程中必须将基础范围内风化严重的岩石、杂草、树根、表层腐殖土、淤泥等杂物清除。

4）墙后排水。当墙后水位较高时，应将渣体中出露的地下水以及由降水形成的渗透水流及时排除，有效降低墙后水位，减小墙身水压力，增加墙体稳定性，应设置排水孔等排水设施。排水孔径5～

10cm，间距2～3m，排水孔出口应高于墙前水位。排水孔的设计参照《水工挡土墙设计规范》SL 379—2007确定。

7.3.3 拦渣堤的设计。

1 拦渣堤高度确定。堤顶高程须同时满足防洪与拦渣的双重要求，即选取两者中的最大值。拦渣堤高根据设计洪水、风浪爬高、安全超高、拦渣量综合确定。按拦渣要求确定堤高时，首先根据项目基建施工与生产运行中弃土、弃石、弃渣的数量，确定在设计时段内拦渣堤的拦渣总量。其次由堆渣总量和堤防长度计算确定堆渣高程，再加上预留的覆土厚度和爬高即为堤顶高程。

2 断面设计。根据拟建拦渣堤区段内的地形、地质、水文、筑堤材料、施工、堆渣量、堆渣岩性等因素，选择确定拦渣堤的断面型式及尺寸。先参照已建防洪堤的结构及尺寸拟定设计断面，经稳定分析和技术经济比较后，确定安全、可靠、经济、合理、美观的断面型式和尺寸。

3 基础处理。对堤基范围内的地形地质、水文地质条件进行详细的勘察，将风化岩石、软弱夹层、淤泥、腐殖土等加以清理。对于土堤须布置防渗体，减少渗流，防止产生管涌和流土等渗透变形，保证土堤的安全。对于各类不良地基处理设计参照有关规范和手册。

7.3.4 围渣堰的设计。

1 断面设计。堰顶高程：围渣堰的防洪水位必须高于堰外河道防洪水位，堰顶超高按照《水利水电工程等级划分及洪水标准》SL 252—2000表4.0.6和表4.0.7确定。堰顶宽度：根据交通、施工条件、拦渣量、筑堰材料和稳定分析等，确定堰顶宽度，一般为4～5m，堰顶有交通要求时，按其要求确定。围渣堰内外坡度：先初步拟定堰坡，然后进行稳定分析，确定安全可靠、经济合理的堰体断面。

2 稳定性分析。土石围堰参照《碾压式土石坝设计规范》SL 274—2001中的方法进行稳定分析，砌石围堰参照《浆砌石坝设计规范》SL 25—2006中的方法进行计算。

3 基础处理。土石围堰参照《碾压式土石坝设计规范》SL 274—2001第六章中的方法进行基础处理，砌石围堰参照《浆砌石坝设计规范》SL 25—2006第八章中的方法进行基础处理。

7.3.5 贮灰场、尾矿库、尾沙库、赤泥库的设计。

1 库容。尾矿库库容一般按下式计算：

$$V=WN/(\gamma_a \eta_z) \tag{4}$$

式中 V——尾矿（沙）库所需库容，m^3；

W——选矿厂每年排出的尾矿（尾沙、贮灰、尾渣）量，t/a；

N——选矿厂的设计生产年限，a；

γ_a——尾矿（沙、石、灰、渣）库终期库容利用系数，与尾矿（沙、石、灰、渣）库的形状、尾矿（沙、石、灰、渣）粒径、排放方式等有关；

η_z——尾矿(沙、灰、渣)堆积干容重，t/m^3。

2 等级与防洪标准。尾矿库分为Ⅰ、Ⅱ、Ⅲ、Ⅳ、Ⅴ级，按尾矿（沙）库的总库容、总坝高和上下游防洪要求等分析确定。根据尾矿库的等级按水利工程或其他行业的规范或标准，确定其防洪标准及枢纽建筑物的级别。尾矿库的等级标准见表3。

表3 尾矿(沙)库等级标准

总库容或坝高	尾矿(沙)库等级	防洪标准[重现期(年)]	
		设计	校核
具备提高等级条件的Ⅱ、Ⅲ等工程	Ⅰ		2000～1000
$V>10^8 m^3$ 或 $H>100m$	Ⅱ	200～100	1000～500
$V=10^7\sim10^8 m^3$ 或 $H=60\sim100m$	Ⅲ	100～50	500～200
$V=10^6\sim10^7 m^3$ 或 $H=30\sim60m$	Ⅳ	50～30	200～100
$V=10^6\sim10^7 m^3$ 或 $H<30m$	Ⅴ	30～20	100～50

注：防洪标准还应参考《城镇防洪》（1983）和《防洪标准》GB 50201—94。

3 坝型选择。尾矿库的坝型分为均质坝、非均质坝。非均质坝分为心墙坝和斜墙坝。根据坝址处地形地质条件、当地筑坝材料、施工条件、尾矿（沙）岩性和数量，选择经济、合理、可靠、美观的坝型，并采用废土、废石、废沙、废渣等废弃物修筑非均质坝。尾矿（沙）坝一般由初期坝、堆积坝两部分组成。

1）初期坝。在排弃土（沙、渣）、贮灰之前，采用土石料修筑而成。

2）堆积坝。当尾矿（沙）堆积到初期坝设计堆积高程时，必须加高加固坝体，以满足拦蓄尾矿（沙）的要求。一般采用尾矿（沙）或土石修筑加高，但当尾矿（沙）或废石不符合筑坝要求时，采用当地材料修筑加高。

4 排洪排水蓄水系统。将上游来洪及库内澄清水通过排洪排水系统排出。一般由排水井（塔）、排水管、削力池、溢洪道、截（排）洪沟、谷坊、拦水坝、蓄水池及坡面水土流失治理工程等构筑物组成。

1）排水系统进水建筑物的布置，应保证在运用期排水尾矿(沙)水澄清及排泄要求。

2）排水建筑物的形式。排水井的形式有窗口式、井圈叠装式、框架挡板式、浆砌块石式。排洪量较小的采用前两种形式，排洪量较大时采用后两种形式。常用排水管形式有圆形、拱形、矩形。当地形地质条件良好，结合水处理与水循环利用等，开挖泄水洞。

3）排水排洪系统水力计算。根据库坝防洪标准及建筑物的等级，参照《水利水电工程设计洪水计算规范》SL 44—2006和其他有关规范和手册，分析计算库坝设计及校核洪水总量、洪峰流量，并确定管道中水流流态（自由式泄流、半有压流、有压流），然后参考《水利工程水利计算规范》SL 104—95及其他有关专业手册计算。

5 基础处理。碾压式土石坝基础工程参照《碾压式土石坝设计规范》SL 274—2001第六章、第七章的规定执行，浆砌石坝基础工程处理参照《浆砌石坝设计规范》SL 25—2006第八章中规定执行。

6 尾矿（沙）坝设计与施工。参照《选矿厂尾矿设施设计规范》ZBJ 1—90、《碾压式土石坝设计规范》SL 274—2001、《浆砌石坝设计规范》SL 25—2006或其他国家及行业标准执行。分期加高加固坝设计与施工参照《碾压式土石坝设计规范》SL 274—2001第九章的规定执行。

8 斜坡防护工程

8.3 设计要求

8.3.1 不同型式的土质坡面削坡开级应符合下列要求：

1 直线形削坡开级：

1）适用于高度小于15m、结构紧密的均质土坡，或高度小于10m的非均质土坡。

2）从上到下，削成同一坡度，削坡后比原坡度减缓，达到该类土质的稳定坡度。

3）对有松散夹层的土坡，其松散部分应采取加固措施。

2 折线形削坡开级：

1）适用于高12～15m、结构比较松散的土坡，特别适用于上部结构较松散，下部结构较紧密的土坡。

2）重点是削缓上部，削坡后保持上部较缓、下部较陡的折线形。

3）上下部的高度和坡比，根据土坡高度与土质情况，具体分析确定，以削坡后能保证稳定安全为原则。

3 阶梯形削坡开级：

1）适用于高度在12m以上、结构较松散，或高度在20m以上、结构较紧密的均质土坡。

2）每一阶小平台的宽度和两平台间的高差，根据当地土质与暴雨径流情况，具体研究确定。

3）开级后应保证土坡稳定。

4 大平台形削坡开级：

1）适用于高度大于30m、结构松散或在8度以上高烈度地震区的土坡。

2）大平台一般开在土坡中部，宽4m以上。平台具体位置与尺寸，需考虑地震的影响，限制土质边坡高度。

3）大平台尺寸基本确定后，需对边坡进行稳定性验算。

8.3.2 石质坡面的削坡开级应符合下列要求：

1 除坡面石质坚硬、不易风化的外，削坡后的坡比一般应缓于1∶1。

2 石质坡面削坡，应留出齿槽，齿槽间距3～5m，宽度1～2m。在齿槽上修筑排水明沟或渗沟，一般深10～30cm，宽20～50cm。

3 削坡后因土质疏松可能产生碎落或塌方的坡脚，应采取工程措施予以防护。石质坡面削坡，应留出齿槽，在齿槽上修筑排水明沟和渗沟。

8.3.3 削坡后的坡脚均需在距坡脚1m处，开挖防洪排水沟，具体尺寸根据坡面来水量计算确定。

8.3.4 干砌石和浆砌石护坡应符合下列要求：

1 干砌石护坡。坡面有涌水现象时，在砌石与土基之间铺设不小于15cm厚的碎石、粗砂或砂砾石作为反滤层。用平整块石砌筑封顶。根据土层的结构性质确定干砌石护坡坡度，一般坡度为1∶2.5～1∶3，个别为1∶2。

2 浆砌石护坡。浆砌石护坡面层铺砌厚度为25～35cm，垫层分为单层和双层两种形式，单层厚5～15cm，双层20～25cm。当浆砌石护坡长度较大时，沿纵向每隔10～15m设置一道宽2～3cm的伸缩缝。

8.3.5 混凝土预制块护坡，砌块长宽各30～50cm。坡面涌水量较大时在涌水处下端水平设置盲沟，具体尺寸根据涌水量大小计算确定。

8.3.7 喷浆护坡应符合下列要求：

1 喷水泥砂浆的砂石料最大粒径为15mm，水泥与砂石的重量比1∶4～1∶5，砂率50%～60%，水灰比0.4～0.5，速凝剂添加量为水泥重量的3%左右。

2 喷浆前须清除坡面活动岩石、废渣、浮土、草根等杂物，采用浆砌块石或混凝土填堵大缝隙、大坑洼。

3 根据土料质地和情况，对破碎程度较轻的坡段，采用胶泥喷涂护坡，或用胶泥作为喷浆垫层。

8.3.8 格状框条护坡种草应符合下列要求：

1 用浆砌石在坡面上作成网格状，网格尺寸一般为$2m^2$，或将每格上部做成圆拱形，上下两层网格呈“品”字形排列。浆砌石部分宽0.5m左右。

2　一般采用混凝土或钢筋混凝土预制构件修筑格式建筑物，预制件规格为宽20～40cm、长100cm。

8.3.9　砌石草皮护坡有两种形式，根据具体条件选择采用。

1　坡面下部1/2～2/3范围内采取浆砌石护坡，上部采取草皮护坡。

2　在坡面从上到下每隔3～5m，沿等高线修一条宽30～50cm砌石条带，条带间坡面种植草皮。

3　砌石部位一般在坡面下部的涌水处或松散地层显露处，在涌水较大处设置反滤层。

8.3.11　喷锚护坡工程应符合下列要求：

1　喷浆固坡。喷射水泥砂浆厚度为5～10cm，喷射混凝土厚度为10～25cm，在冻融地区喷射厚度宜在10cm以上。在地质软弱、温差大的地区，喷射厚度应相应增厚。喷射水泥砂浆的砂石料最大粒径15mm，水泥与砂石重量比为1∶4～1∶5，砂率50%～60%，水灰比0.4～0.5。喷射混凝土时，灰砂石比（c∶s∶g）1∶3∶1～1∶5∶3，水灰比为0.4～0.5。在坡面高、压送距离长的坡面上喷射时，采用易于压送的配合比标准，灰砂石比为1∶4∶1，水灰比用0.5。喷混凝土的力学指标应符合：混凝土标号不低于C20，抗拉强度不低于1.5MPa（15kg/cm^2），抗冻标号不低于S8，喷层与岩层的黏结强度在中等以上的岩石中不宜小于0.5MPa（5kg/cm^2）。

2　锚杆支护。锚杆应穿过松弱区或塑性区进入岩层或弹性区一定深度。锚杆杆径为16～25mm，长2～4m，间距一般不宜大于锚杆长度的1/2，对不良岩石边坡应大于1.25m，锚杆应垂直于主结构面，当结构面不明显时，可与坡面垂直。

3　喷锚加筋支护。对软弱、破碎岩层，如锚杆和喷混凝土所提供的支护反力不足时，还可加钢筋网，以提高喷层的整体性和强度并减少温度裂缝。钢筋网一般用ϕ6mm～ϕ12mm，网格尺寸为20cm×20cm～30cm×30cm，距岩面3～5cm与锚杆焊接在一起，钢筋的喷混凝土保护层厚度不应小于5cm。

4　断面的结构设计。根据岩石类别、坡面的形状和尺寸以及使用条件等因素，按工程类比法确定喷锚支护参数。也可利用不同理论计算方法（如组合梁、悬吊、冲切等）进行计算。

5　稳定性分析。采用有限元法、弹性理论法、材料力学法等稳定分析方法，对坡面稳定性进行分析。根据分析结果采取坡面支护工程。

8.3.12　滑坡整治工程应符合下列要求：

1　削坡反压。适用于上陡下缓的移动式滑坡。将上部陡坡削缓，减轻上部荷载，将上部削土反压在下缓坡上，控制上部向下滑动（见图5）。

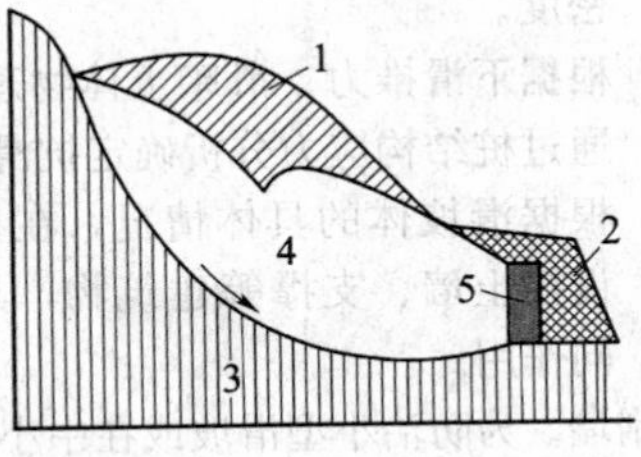

图5　削坡反压

1—削土减重部位；2—卸土修堤反压；3—不透水层；4—滑坡体；5—渗沟

2　拦排地表水、排除地下水。在地面径流及渗流、地下水较易导致滑坡的条件下，采取拦排水工程。首先在滑坡体外边缘开挖截水沟并布置排水沟，将来自滑坡体外围的地表径流截排到滑坡体下游坡脚以外。同时在滑床面修建纵、横排水系统，排除滑坡体内地下径流，防止进入滑动面引起土体下滑。其设计按防洪排水工程规定执行。

3　滑坡体上造林。滑坡体基本稳定，但在人为挖损的条件下，仍有滑坡潜在危险的坡面，在滑坡体上种植深根性乔木和灌木，利用植物根系固定坡面，同时利用植物蒸腾作用，减少地下水对滑坡的促动。具体设计按植被工程建设规定执行（见图6）。

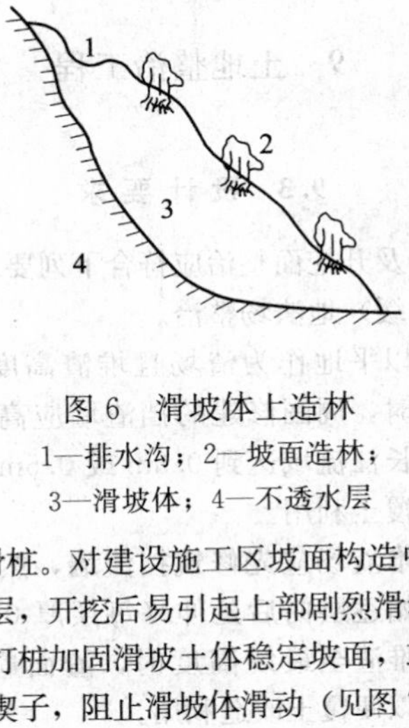

图6　滑坡体上造林

1—排水沟；2—坡面造林；3—滑坡体；4—不透水层

4　抗滑桩。对建设施工区坡面构造中两种岩层间有塑性滑动层，开挖后易引起上部剧烈滑动位移时，通过在地基内打桩加固滑坡土体稳定坡面，或在滑动层与基岩间打入楔子，阻止滑坡体滑动（见图7）。

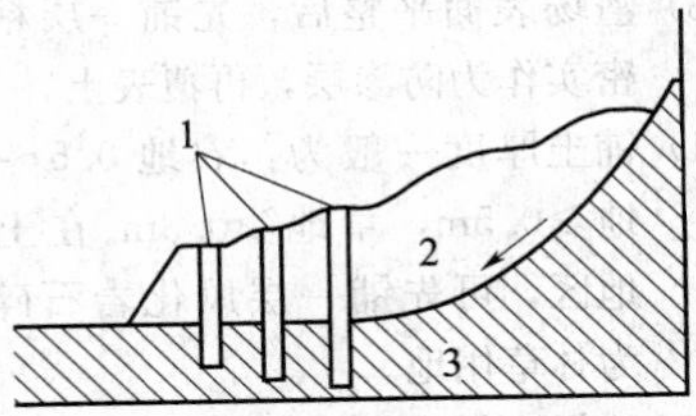

图7　抗滑桩

1—抗滑桩；2—滑坡体；3—不透水层

抗滑桩应符合下列要求：

1）抗滑桩主要适用浅层及中型非塑滑坡前缘，不宜用于塑流状深层滑坡。

2）根据作用于桩上土体特性、下滑力大小及施工条件等，确定抗滑桩断面及布设密度。

3）根据下滑推力、滑床土体物理力学性质，通过桩结构应力分析确定抗滑埋深。

4）根据滑坡体的具体情况，在抗滑桩间加设挡土墙、支撑等建筑物，与抗滑桩共同作用。

5 抗滑墙。为防治小型滑坡或在中小型滑坡的前缘进行填土反压整治滑坡时，采用抗滑墙工程(见图8)。

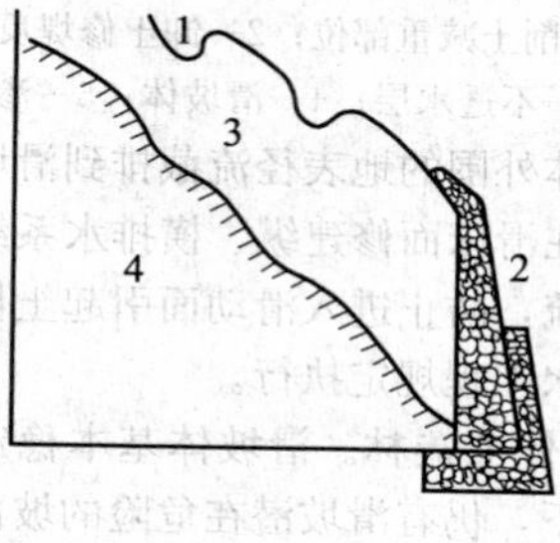

图8 抗滑墙

1—排水沟；2—挡滑墙并块石护坡；3—滑坡体；4—不透水层

9 土地整治工程

9.3 设计要求

9.3.1 渣场及开挖面整治应符合下列要求：

1 平（缓）地渣场整治。

1）以平地作为渣场且堆渣高度在3m左右时，周围修建的挡渣墙应高出渣面1m。长江流域达到0.3m或0.5m以上，以便覆土利用。

2）堆渣场应先修筑挡渣墙，然后从墙脚开始逐层向后延伸（每层厚0.5～0.6m），堆渣至最终高度时，渣面应大致平整，以便覆土改造利用。

3）渣场表面平整后，先铺一层粘土并碾压密实作为防渗层，再覆表土。

4）铺土厚度一般为：农地0.5～0.8m，林地≥0.5m，草地≥0.3m。在土料缺乏的地区，可先铺一层风化岩石碎屑，改造为林草用地。

5）选择土层深厚处作为渣场改造土料的取土场，取土后及时平整处理，减少新的破坏。

6）拦渣坝和拦渣堤内弃土（石、沙、渣）填满后，须采取渣面平整或覆土措施，按上述方法改造成为可利用地。

2 坡地渣场整治。

1）以坡地作为排土（石、砂、渣）场时，除对排弃物自然边坡及坡脚采取护坡工程外，渣场顶部应平整，外沿修筑截排水工程，内侧修建排水系统，中间作为造林、种草用地。

2）根据用地需要，将渣面修整成为窄条梯田、梯地、反坡梯田等，再用熟化土逐台铺垫。

3 尾矿（沙）、粉煤灰、赤泥等场地整治。

1）对尾矿（沙）库中有毒有害物质必须采取净化处理措施，防止库内污水下泄给下游河流及环境造成污染。

2）尾矿（沙）库、粉煤灰场、赤泥库排废期满后，先铺设粘土或其他类型的防渗层，然后铺熟化土，改造成为农林草用地或其他用地，防止有毒有害物质对种植物的污染危害。

3）粘土防渗层厚度≥0.3m，表土铺设厚度同前。

4）沟中洪水处理应符合本规范防洪标准的规定。

4 开挖破损面整治。

1）对破损坡面采取护坡工程，并在距开挖边缘线10m以外布置截排水工程，避免取土场上方地表径流对边坡坡面的冲刷，保证边坡稳定。护坡工程的型式宜采用植物护坡。对取土场平面采取平整、覆土等土地整治工程，同时采取农业技术措施，尽快恢复和提高土地生产力。

2）山坡坡地取土场。施工前应将表土集中堆放，施工与生产取土之后及时对取土场平面进行平整，并铺覆熟化土，改造成农林草或其他用地，铺土厚度同上。

3）山坡取石场。利用取石过程中废弃的细颗粒碎石、岩屑等平整取石场平面，其上铺设不小于0.25m的黏土防渗层，然后根据用地需要铺覆熟化土，改造成农林草用地或其他用地。在缺乏土料的地区铺垫一层风化岩石碎屑之后，将取石场平面作为林草用地或其他用地。铺土厚度同上。

9.3.2 坑凹回填与利用应符合下列要求：

1 凹形迹地整理。在流域中下游区，坑凹地多改造为水塘，对洼地边坡夯实，四周采取植物措施；流域上游地区的坑凹地多数改造成台地（梯地），按梯田建设的要求进行整治。

2 矿坑整治。对矿坑地应采取回填、整平、覆土措施，复垦成为农林草用地。

1）回填工程。浅坑浅凹一般采用条带式分条填埋，或任意工作线（面）回填，回填材料利用废弃土（石、沙、渣、灰）。回填方式根据坑凹地形地质、地层岩性、施工条件及其面积确定。深坑深凹根据原工程设计中有关边坡和采场工作面稳定设计、采排方式以及采场处理等设计，确定回填工程的方式。坡地坑凹先修筑拦挡建筑物，然后采用分阶后退方式回填坑凹。降水量大的地方，浅坑浅凹地要配套水系工程。

2）平整工程。坑凹回填工程之后，采取粗、细两种平整方式对堆垫场地进行平整。对于平地和宽缓平地上的坑凹回填后，堆垫高度基本接近原地面时，采取全面粗整平，待地面沉陷稳定后，补填沉陷缝（穴）并进行细整平和覆土。

3 凹形采石（挖砂）场整治可分别采用下列方法：

1）在干旱、半干旱地区，首先利用岩石碎屑平整采石场坑凹，然后铺覆0.3m厚的粘土防渗层，在黄土区或有取土条件的地方，对平整土地表面覆土；在土料缺乏的地区，可先铺一层易风化岩石碎屑，改造为林草用地。铺土厚度同上。

2）在降水量丰沛、地下水出露地区，当凹形取石场（挖砂场）周边有充足土料时，采用岩屑、废沙填平坑凹、表层铺土，将取石场改造为农林用地，种植耐湿耐涝农作物或乔灌木，铺土厚度根据用地需求确定。若缺乏土料则采取坑凹平整和边坡修整加固工程，将其改造成蓄水池（塘）作为水产养殖用地。

4 凹形取土场整治。根据地形地质地貌条件、周边地表径流量大小情况，采用边坡防护工程、截排水工程、坡面水系工程和土地整治工程。

1）对干旱、半干旱地区且无地下水出露的凹形取土场，采用生土填平坑凹，表层按农林草用地要求铺覆熟化土，覆土厚度同上。若取土场周边无熟化土，则采取深耕、深松、增施有机肥、种植有机物含量高的农作物或草类等耕作措施改良土壤。

2）对降水量丰沛、地下水出露地区，当土壤、水分等符合农林草类植物种植要求时，采取土地平整、覆土措施，将取土场改造成为农地或林地，并种植适宜农作物或乔灌木，同时在周边布置截（引、排）水工程和边坡防护工程。

3）当取土场内外水量丰富、水质较好，适合养殖水产品或种植水生植物时，可用粘土、砌石、混凝土等防渗处理工程，并修筑引水排水工程，将其改造成为养殖场或水生植物种植场。

4）当土质较差时，采取边坡防护、场地粗平整和植被自然恢复工程。

9.3.4 整治后的土地利用应符合下列要求：

1 按下列土地适宜性评价原则确定土地利用恢复方向。

1）综合分析的原则。根据建设项目的生产工艺、项目区自然条件、社会经济状况、水土保持治理要求等，综合分析评价整治土地适宜性。

2）主导因子原则。对各种影响土地生产力的因子进行筛选，选择主导因子特别是限制因子，分析评价土地适宜性。

3）土地生产力与土地利用相结合的原则。由于整治后的土地生产力提高需经过一个稳定过程，在不同时段采取不同的土地利用方式。初期土地生产力低时作为林草用地，中后期土地生产力提高后作为农业用地。

4）优先恢复为耕地、林草地的原则。在人口多、耕地少的地区，应优先将各种弃土（沙、石、渣）场等废弃土地恢复为耕地。对原为荒地或不需改造成耕地的，宜恢复为林草地。

5）效益优先原则。即基础效益、生态效益、经济效益最佳原则。

2 采取下列土地改良措施：

1）种植绿肥植物。种植具有根瘤菌或其他固氮菌的植物，主要是豆科植物，改良土壤。

2）加速风化措施。土地表面为风化物时，采取加速土壤风化的措施，如城市污泥、河泥、湖泥、锯末等改良物质，接种苔藓、地衣促进风化。

3）增施有机肥。对于贫瘠土地，通过理化分析，确定氮磷钾比例增施有机肥，改良土壤理化性质。

4）对于pH值过低或过高的土地，施加化学物料如黑矾、石膏、石灰等改善土壤。

5）土地改良措施参照《水土保持综合治理技术规范》GB/T 16453.1—1996第一篇中的规定执行。

10 防洪排导工程

10.3 设计要求

10.3.1 拦洪坝设计应符合下列要求：

1 坝址选择。

1）坝址处地形地质条件良好，基础为抗风化岩石或密实土。应避开较大弯道、跌水、泉眼、断层、滑坡体、洞穴等，坝肩应无冲沟。

2）河（沟）地形平缓，河床较窄，坝轴线短，库容大。

3）有适宜于布置溢洪道、放水工程的地形地质条件。

4）坝址上下游有充足的筑坝土、砂、石等建筑材料，有水源条件。

5）库区淹没损失小，对村镇、工矿、铁路、公路、高压线路等建筑物的安全影响小。

2 水文计算。

1）设计洪水计算。对于有资料地区的设计洪水，应依据《水利水电工程设计洪水计算规范》SL 44—2006 进行分析计算；对于无资料地区的设计洪水，应依据《水利水电工程设计洪水计算规范》SL 44—2006、各省、区、市编制的《暴雨洪水图集》，以及各地编制的《水文手册》所提供的方法进行多种计算，通过分析论证选用合理的结果。

2）调洪演算。当拟建工程上游无设计标准较高的坝库时，采取单坝调洪演算；当拟建工程上游有设计标准较高的坝库时，采取双坝调洪演算。具体技术可按照《水利工程水利计算规范》SL 104—95 执行。

3 库容与坝高。

1）拦洪坝总库容，包括拦泥库容和滞洪库容两部分。根据坝址以上年来沙量和淤积年限，确定拦泥库容；根据来洪量与排洪量确定滞洪库容。具体方法参照《水土保持治沟骨干工程技术规范》SL 289—2003 中的规定执行。

2）拦洪坝坝顶高程的确定，可参照本规范拦渣坝的规定。

4 土坝的断面设计。

1）坝顶宽度的确定。按不同的坝高和施工方法采取不同的坝顶宽度。当有交通要求时，应按通行车辆的标准确定，一般单车道为 5m、双车道为 7m。坝顶无交通要求时，坝顶宽度参照《水土保持治沟骨干工程技术规范》SL 289—2003 确定。

2）坝坡。上游坝坡应比下游坝坡缓，坝体高度越大，坝坡应越缓，水坠坝坝坡应比碾压坝坝坡缓。坝坡比可参照《水土保持治沟骨干工程技术规范》SL 289—2003 中的规定，按其所提供的经验数据初步拟定，最终通过坝体稳定分析确定。

3）边埂。采用水坠法施工的土坝，根据建筑材料与坝高、施工方法确定。一般坝高较小和土料含沙量较大时，边埂宽度可小些；坝高较大、土料含粘量较大时，边埂宽度可大些。具体技术参照《水土保持治沟骨干工程技术规范》SL 289—2003 的规定。

4）坝体排水。在粘土、岩石地基或有清水的沟道上筑坝，在下游坝坡坡脚应设置排水设施。根据不同条件分棱体排水、贴坡排水等形式。具体参照《碾压式土石坝设计规范》SL 274—2001 的规定执行。

5 应力计算与稳定性分析。

1）坝体稳定分析依照《碾压式土石坝设计规范》SL 274—2001 第八章中的要求及其附录 A 中提供的方法计算。水坠坝边埂自身稳定计算等参照《水土保持治沟骨干工程技术规范》SL 289—2003 中的规定。

2）水坠坝应对施工中和施工后期坝坡整体稳定及边埂自身稳定进行计算，竣工后进行稳定渗流期下游坝坡稳定计算和上游库水位骤降时坝坡稳定验算。

3）碾压式土坝应对运行期下游坝坡稳定性及上游库水位骤降时坝坡稳定性进行验算。

6 放水建筑物。

1）卧管式放水工程。适用于坝上游岸坡基础条件较好，坡度为 1：2～1：3。包括卧管、涵管及消力池三部分，具体技术要求参照《水土保持治沟骨干工程技术规范》SL 289—2003 的规定。

2）竖井式放水工程。适用于布置在土坝上游坝坡上，且坝体基础较好。包括竖井、消力井及涵管设计，具体技术参照《水土保持治沟骨干工程技术规范》SL 289—2003 中的有关规定。

7 溢洪道设计。

1）陡坡式溢洪道。适用于坝高 20m 以上、库容 $50\times10^4m^3$ 以上的较大型坝库。由进口段、陡坡段和消力池三部分组成，具体技术参照《水土保持治沟骨干工程技术规范》SL 289—2003 中的规定。

2）明渠式溢洪道。适用于坝高 20m 以下，库容 $50\times10^4m^3$ 以下的中小型坝库。具体技术参照《水土保持治沟骨干工程技术规范》SL 289—2003中的规定。

8 基础处理。

1）根据坝型、坝基的地质条件、筑坝施工方式等，采取相应的基础处理方法。

2）水坠坝基础处理参照《水坠坝技术规范》SL 302—2004第八章中的规定执行。

3）碾压坝基础处理参照《碾压式土石坝设计规范》SL 274—2001第六章中的规定执行。

10.3.2 护岸护滩工程设计应符合下列要求：

1 抛石护脚。

1）抛石范围上部自枯水位开始，下部根据河床地形而定。对深泓线距岸较远的河段，抛石至河岸底坡度达1∶3～1∶4的地方。对深泓线逼近岸边的河段，应抛至深泓线。

2）抛石直径一般为40～60cm，抛石大小以能经受水流冲击，不被冲走为原则。

3）抛石边坡应小于块石体在水中的临界休止角（一般为1∶1.4～1∶1.5，不大于1∶1.5～1∶1.8），等于或小于饱和情况下河（沟）岸稳定边坡。

4）抛石厚度一般为0.8～1.2m，相当于块石直径的2倍；在接坡段紧接枯水位处，加抛顶宽2～3m的平台；岸坡陡峻处（局部坡大于1∶1.5，重点险段大于1∶1.8），需加大抛石厚度。

2 石笼护脚。

1）石笼护脚多用于水流流速大于5m/s，岸坡较陡的河（沟）段。

2）石笼由铅丝、钢筋、木条、竹篾、荆条等制作成网格笼状物，内装块石、砾石或卵石。铺设厚度一般为1.0～1.5m。

3）其他技术要求与抛石护脚相同。

3 柴枕护脚。

1）柴枕抛护范围，上端在常年枯水位以下1m，其上加抛接坡石，柴枕外脚加抛压脚大块石或石笼。

2）柴枕规格根据防护要求和施工条件确定，一般枕长10～15m，枕径0.6～1.0m，柴石体积比约7.0∶3.0。柴枕一般采用单抛护，根据需要也可采取双层或三层抛护。

4 柴排护脚。

1）用于沉排护岸，其岸坡比不大于1.0∶2.5，排体上端在枯水位以下1.0m。

2）排体下部边缘，应达到最大冲刷深处，并要下沉后仍保持大于1∶2.5的坡度。

3）相邻排体之间向下游搭接不小于1m。

5 丁坝。

1）丁坝间距一般按坝长的1～3倍。

2）浆砌石丁坝的主要尺寸如下：坝顶高程一般高出设计水位1m左右；坝体长度根据工程的具体情况确定，以使水流不冲对岸为原则；坝顶宽度一般为1～3m；两侧坡度为1∶1.5～1∶2；不影响对岸岸滩。

3）土心丁坝坝身用壤土、砂壤土填筑，坝身与护坡之间设置垫层，一般采用砂石、土工织物做成。其主要尺寸如下：坝顶高程一般为5～10m，根据工程的需要确定；裹护部分的背水坡一般为1∶1.5～1∶2，迎水坡与背水坡相同或适当变陡；坝顶面护砌厚度一般为0.5～1.0m；护坡和护脚的结构、形式与坡式护岸基本相同。

6 顺坝。

1）一般分为土质顺坝、石质顺坝与土石顺坝三类。

2）顺坝轴线方向与水流方向接近平行，或略有微小交角。

3）土质顺坝坝顶宽度2～5m，一般3m左右，背水坡不小于1∶2，迎水坡不小于1∶1.5～1∶2。石质顺坝坝顶宽1.5～3m，背水坡1∶1.5～1∶2，迎水坡1∶1～1∶1.5。土石顺坝坝基为细沙河床时，应布置沉排，沉排伸出坝基的宽度，背水坡不小于6m，迎水坡不小于3m。

7 墙式护岸。

1）墙后与岸坡之间应回填沙、砾石，与墙顶相平。墙体设置排水孔，排水孔处设反滤层。

2）沿墙式护岸长度方向设置变形缝，其分段长度：钢筋混凝土结构20m，混凝土结构15m，浆砌石结构10m。岩基上的墙体分段长度可适当加长。

3）墙式护岸嵌入岸坡以下的墙基结构，可采用地下连续墙结构或沉井结构。

4）地下连续墙要采用钢筋混凝土结构，断面尺寸根据分析计算确定。

5）沉井一般采用钢筋混凝土结构，应力分析计算方法与沉井结构相同。

8 在河流的弯道处，凹岸水位比凸岸水位高出的数据可按公式（5）进行近似计算：

$$H=V^2B/gR \tag{5}$$

式中 H——凹岸水位与凸岸水位之差，m；

V——水流流速，m/s；

B——河（沟）道宽度，m；

R——弯道曲率半径，m；

g——重力加速度，取 $9.8m/s^2$。

10.3.3 堤防工程设计应符合下列要求：

1 堤距分析。

1）根据河段防洪规划及其治导线确定堤距，上下游、左右岸统筹兼顾，保障必要的行洪宽度，使设计洪水从两堤之间安全通过。河段两岸防洪堤之间的距离（或一岸防洪堤与对岸高地之间的距离）应大致相等，不宜突然放大或缩小。

2）堤距设计根据河道纵横断面、水力要素、河流特性及冲淤变化，分别计算不同堤距的河道设计水面线、设计堤顶高程线、工程量及工程投资；根据不同堤距的技术经济指标，考虑对设计有重大影响的自然因素和社会因素，分析确定堤距。

3）确定堤距时，要考虑现有水文资料系列的局限性、滩区的滞洪淤沙作用、社会经济发展要求，留有余地。

4）利用河道上原有堤防洪，应以不影响行洪安全为前提。

2 堤距洪水计算。洪水验算按均匀流公式计算，对冲淤变化较大的河流可建立一维饱和（或非饱和）输沙模型推求水面线。均匀流计算按滩槽分别计算。计算方法见公式（6）、公式（7）。

$$B=B_1+B_2+B_3 \tag{6}$$

$$Q=Q_1+Q_2+Q_3 \tag{7}$$

$$Q_1=(1/n_1)B_1h_1^{5/3}J^{1/2}$$

$$Q_2=(1/n_2)B_2h_2^{5/3}J^{1/2}$$

$$Q_3=(1/n_3)B_3h_3^{5/3}J^{1/2}$$

式中 *Q*——设计流量，m^3/s；

J——水面比降；

n——糙率；

B——河宽，m；

h——平均水深，m；

Q、*B*、*h* 等符号的角标 1、2、3 分别代表主槽和两边河漫滩。

3 堤型选择。

1）根据筑堤材料和填筑形式，选择均质土堤或分区填筑非均质土堤。非均质土堤分为斜墙式、心墙或混合型。

2）堤型选择根据堤段所在地的地形、堤址地质、筑堤材料、施工条件、工程造价等因素，经过技术经济比较综合分析确定。

3）同一堤线的各堤段根据具体条件分别采用不同堤型。在堤型变换处应处理好结合部位工程连接。

4 堤防设计水位线。在拟建堤防区段内沿程有接近设计流量的观测水位资料时，根据控制站设计水位和水面比降推算堤防沿程设计水位，并考虑桥梁、码头、跨河、拦河等建筑物的壅水作用。当沿程无接近设计流量的观测水位资料时，根据控制站设计水位推求水面线来确定堤防沿程设计水位。在推求水面曲线时，应根据实测或调查洪水资料推求糙率，并利用上、下游水文站实测水位进行检验。

5 堤身断面设计。

1）土堤堤顶和堤坡依据地形地质、设计水位、筑堤材料及交通条件，分段确定。可参照已建成的防洪堤结构初步选定标准断面，经稳定分析与技术经济比较后，确定堤身断面结构及尺寸。

2）堤顶高程按设计洪水位、风浪爬高、安全超高三者之和确定。当土堤临水面设有坚固的防浪墙时，防浪墙顶高程可视为设计堤顶高程。土堤堤顶应高于设计水位 0.5m 以上。土堤预留沉降加高，通常采用堤高的 3%～8%。地震沉降加高一般可不考虑，但对于特别重要堤防的软弱地基上的堤防，须专门论证确定。

3）堤顶宽度根据防汛、管理、施工、结构等要求确定。一般Ⅰ、Ⅱ级堤防顶宽 6m，Ⅲ级以下堤防不小于 3m。堤顶有交通和存放物料要求时，须专门设置回车场、避车道、存料场等，其间距和尺寸根据需要确定。

4）堤顶路面结构根据防汛的管理要求确定。常用结构形式有粘土、砂石、混凝土、沥青混凝土预制块等。堤顶应向一侧或两侧倾斜，坡度 2%～3%。

5）堤坡根据筑堤材料、堤高、施工方法及运用情况，经稳定分析计算确定。土堤常用的坡度为1：2.5～1：4。

6）土堤戗台尺寸根据堤身结构、防渗、交通等因素，并经稳定分析后确定。堤高超过 6m 时可设置 2～3m 的戗台。

7）土堤临水面应有护坡工程。护坡工程应坚固耐久、就地取材、造价低、便于施工和维修。

8）土堤背水坡及临水坡前有较高、较宽滩地或为不经常过水的季节性河流时，应优先选择草皮护坡。

6 防渗体。

1）防渗体的位置应使堤身浸润线和背水坡渗流溢出比降下降到允许范围之内，并满足结构与施工要求。

2）防渗体主要有斜墙、心墙等形式。堤身其他防渗设施的必要性及形式，应根据渗流计算及技术经济比较选定。

3）土质防渗体断面自上而下逐渐加厚。其顶部最小水平宽度不小于1m，如为机械施工，可依其要求确定。底部厚度斜墙不小于设计水头的1/5，心墙不小于设计水头的1/4。防渗体的顶部在设计水位以上的最小超高为0.5m。防渗体的顶部和斜墙临水面应设置保护层。

4）填筑土料的透水性不相同时，应将抗渗性好的土料填筑于临水面一侧。

7 浆砌石防洪堤。

1）在地形狭窄的河（沟）道中，水流流速较大，防洪要求高时，应修建浆砌石防洪堤。

2）堤顶高程设计与土堤相同。

3）堤顶宽度。浆砌石堤顶一般宽0.5～1.0m，迎水面边坡1∶0.3～1∶0.5，堤顶安全超高0.5m，石堤基础埋深应在水流的冲刷深度以下，且不小于0.5m。

4）堤坡。参照挡土墙设计。浆砌石拦洪堤沿长方向应预留变形缝。

8 防洪堤安全加高及安全系数。

1）防洪堤工程的安全加高，根据工程的级别，按表4的规定选用。

表4 防洪堤的安全加高

防洪堤级别	1	2	3	4	5
安全加高（m）	1.0	0.9	0.7	0.6	0.5

2）土堤的抗滑稳定安全系数，不小于表5规定的数值。

表5 土堤的抗滑安全系数

运用条件	防洪堤工程的级别				
	1	2	3	4	5
设计条件	1.30	1.25	1.20	1.15	1.10
地震条件	1.10	1.05	1.00	—	—

10.3.4 排洪排水工程应符合下列要求：

1 排洪渠工程。

1）土质排洪渠。在有洪水危害的山坡上部或下部，按设计断面半挖半填，修筑土质排洪渠，不加衬砌，结构简单，取材方便，节省投资。适用于渠道比降和流速较小且渠道土质较密实的渠段。

2）衬砌排洪渠。用浆砌石或混凝土将土质排洪渠底部和边坡加以衬砌。适用于渠道比降和流速较大的渠段。

3）三合土排洪渠。排洪渠的填方部分用三合土分层填筑夯实。三合土中土、砂、石灰混合比例为6∶3∶1。适用范围介于前两者之间的渠段。

2 坡面洪峰流量确定。

1）清水洪峰流量。根据各地水文手册中有关参数按公式（8）计算：

$$Q_B = 0.278kiF \tag{8}$$

式中 Q_B——最大清水流量，m^3/s；

k——径流系数；

i——平均1h降雨强度，mm/h；

F——山坡集水面积，km^2。

2）高含沙洪峰流量。洪水容重1.1～1.5 t/m^3，采取公式（9）计算：

$$Q_S = Q_B(1+\varphi) \tag{9}$$

式中 Q_S——高含沙洪水洪峰流量，m^3/s；

Q_B——最大清水流量，m^3/s；

φ——修正系数。

3 排洪渠断面确定。

1）一般采用梯形断面。渠内过水断面水深按均匀流公式计算。

2）梯形填方渠道断面，渠堤顶宽1.5～2.5m，渠道过水断面通过计算确定。

3）安全超高按明渠均匀流公式算得水深后，增加安全超高。

4）排洪渠纵断面设计应将地面线、渠底线、水面线、渠顶线绘制在纵断面设计图中。

4 排洪涵洞布设。

1）一般分为浆砌石拱形涵洞、钢筋混凝土箱形涵洞、钢筋混凝土盖板涵洞三种类型。

2）浆砌石拱形涵洞。其底板和侧墙用浆砌块石砌筑，顶拱用浆砌粗料石砌筑。当拱上垂直荷载较大时，采用矢跨比为1/2的半圆拱；当拱上荷载较小时，采用矢跨比小于1/2的圆弧拱。

3）钢筋混凝土箱形涵洞。其顶板、底板及侧墙为钢筋混凝土整体框形结构，适合布置在项目区内地质条件复杂的地段，排除坡面和地表径流。

4）钢筋混凝土盖板涵洞。涵洞边墙和底板由浆砌块石砌筑，顶部用预制的钢筋混凝土板覆盖。

5）涵洞排洪流量计算方法与排洪渠相同。

5 涵洞断面尺寸确定。

1）涵洞中水流流态按明渠均匀流计算。由于边墙垂直、下部为矩形渠槽，其过水断面按公式（10）与公式（11）计算：

$$A = bh \tag{10}$$

$$A = Q/v \tag{11}$$

式中 A——过水面积，m^2；

Q——最大排洪流量，m^3/s；

v——水流流速，m/s；

b——涵洞底宽，m；

h——最大水深，m。

2）最大流速 v 的计算可根据一般小型水利手册，分别选用公式（12）与公式（13）：

$$v=C(Ri)^{1/2} \quad (12)$$

$$v=R^{2/3}i^{1/2}/n \quad (13)$$

式中 R——水力半径，m；

v——最大流速，m/s；

i——涵洞纵坡比降；

n——涵洞糙率；

C——流速系数，$C=R^{1/6}/n$，$m^{1/2}/s$。

A 与 R 通过试算求解。

3）涵洞高度的计算用公式（10）求得的过水断面，其水深 h 加上不小于 0.3m 超高，即为涵洞净高。

4）涵洞纵坡比降的确定。排洪涵洞应有较大的比降，以利于淤积物的下泄。沟道入口衔接段在渡槽进口前需有 15～20 倍槽宽的直线引流段，与渡槽进口平滑衔接。

10.3.5 排导工程。

1 排导槽。

1）排导槽自上而下由进口段、急流段和出口段三段组成。进口段宜呈喇叭状，并设渐变段与急流段顺畅衔接。

2）排导槽出口下游的排泄区宜顺直或通过裁弯取直后比较顺直，以利于泥石流流动。排导槽应有足够的纵向坡度，或采取一定的工程措施后有足够的纵坡，保证泥石流的顺畅下泄，不淤不堵排导槽。

2 渡槽。

1）渡槽由沟道入流衔接段、进口段、槽身、出口段和沟道出流衔接段五部分组成。进口段采用梯形或弧形喇叭口断面，从衔接段渐变到槽身。渐变段长度一般大于 5～15 倍槽宽，且须大于 20m，其扩散角应小于 8°～15°。

2）槽身段。根据槽下跨越物确定其宽度，其长度为跨越物净宽的 2～2.5 倍。

3）渡槽出口段与出流衔接段应顺畅连接，宜避开弯曲沟道，以免在槽尾附近散留停淤。

4）沟道出流衔接段其断面与比降，应使泥石流顺畅地流出渡槽出口，并不产生淤积或冲刷，以保证渡槽的正常使用。

5）适宜采用渡槽的条件：

①泥石流频繁暴发，高含沙洪水与常流水交替出现，沟道经常受冲刷；

②泥石流最大流量不超过 $200m^3/s$，其中固体物质粒径最大不超过 1.5m；

③具有足够的地形高差，能满足线路设施立体交叉净空的要求；

④进出口顺畅，基础有足够的承载力和抗冲刷能力。

6）不宜采用渡槽的条件：沟道迁徙无常，沟床冲淤变化剧烈，洪水流量、容重和固体物质粒径变幅很大的高黏性泥石流，以及含巨大漂砾的泥石流。

3 停淤场。停淤场分为侧向、正向、凹地三种形式，根据停淤场的地形地质条件、泥石流的走向、物质组成、数量等因素选择采用。

1）侧向停淤场。当堆积扇和低阶地面较宽、纵坡较缓时，将堆积扇径向垄岗或宽谷一侧山麓修筑成侧向围堤，在泥石流流动方向构成半封闭的侧向停淤场，将泥石流控制在预定范围内停淤。其布置要求为：

①入流口布置在沟道或堆积扇纵坡转折变化处，并略偏向下游，使上部纵坡大于下部，便于布置入流设施并使泥石流获得较大落差。

②在弯道凹岸中点偏上游处布置侧向溢流堰，沟底修筑并适当抬高潜槛，以实现侧向入流与分流。在低水位时侧向溢流堰应使洪水顺沟道排泄，高水位时也能侧向分流，使泥石流的分流与停淤达到自动调节。

③停淤场入流口处沟床设计横向坡度，应使进入停淤场内的泥石流迅速散开，铺满沟床并立即流走，以免在堰首发生拥塞、滞流，并防止累积性淤积而堵塞入流口。

④停淤场应具有开阔、渐变的平面形状，采取修整措施消除阻碍流动的急弯和死角。

2）正向停淤场。当泥石流出沟口后，下游有公路或其他需保护的建筑物时，在堆积扇的扇腰处垂直于流向修建正向停淤场。布置要点：

① 正向停淤场由齿状拦挡坝与正向防护围堤结合而成，拦挡坝的两端出口，齿状拦挡坝与公路、河流之间修筑防护围堤，形成高低两级正向停淤场，见图 9。

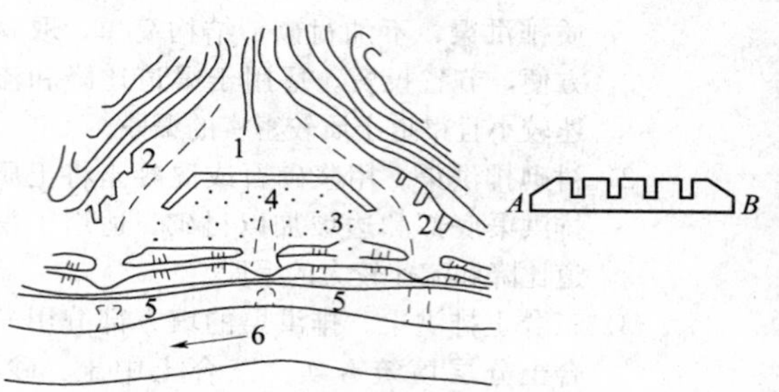

图 9 正向停淤场

1—正向停淤堤；2—导流坝；3—围堤；4—停淤场；5—公路；6—主河

②拦挡坝两端不封闭，两侧预留排泄道，在堆积扇上形成第一级高阶停淤场，具有正面阻滞停淤、两侧泄流的功能，以加快停淤和水土（石）分离。

③拦挡坝顶部修筑疏齿状溢流口，在拦挡石砾的同时，将分选不带石砾的洪水排向下游。

④在齿状拦挡坝下游河岸（公路路基上游）修建围堤，构成第二级低阶停淤场。经齿状拦挡坝排入的洪水在此处停淤。

⑤沿堆积扇两侧开挖排洪沟，引导停淤后的洪水排入河道。

3）凹地停淤场。泥石流活跃、沿主河槽一侧有扇间凹地时，修建凹地停淤场。按下列要求布置：

①在堆积扇上修建导流堤，将泥石流引入扇间凹地停淤。凹地两侧受相邻两个堆积扇挟持约束，形成天然围堤。

②根据凹地容积及泥石流总量确定是否在下游出口处修筑拦挡工程，以及拦挡工程的规模。

③在凹地停淤场出口以下开挖排洪渠，将停淤后的洪水排入下游河道。

10.3.6 沟床固定与泥石流拦挡工程。

格栅坝过流格栅有梁式、耙式、齿状等多种形式。

1 沟床加固工程。

1）断面确定。沟床加固工程的断面确定、稳定分析与拦沙坝基本相同，但一般高度多在5m以下，尤其是高度为2～3m左右，顶宽1～1.5m，下游坡度1∶0.2，上游坡为直角。在排导工程最上游端设置的沟床加固工程通过稳定计算，确定上游坡度。

2）过水断面的确定。过水断面应能使设计流量安全通过。排导工程最上游端部沟床加固工程，考虑到其与拦沙坝一样蓄水，根据堰流公式确定过水断面，按平均流速和设计流量的关系求所需面积。

3）沟床加固工程的方向。其方向应与下游流向成直角。

4）护坦工程的长度按公式（14）计算，护坦的厚度一般为0.7～1.0m。纵坡应水平，并采用混凝土结构。

$$L=(2\sim3)h \tag{14}$$

式中 h——溢流水面至护坦面的高度，m。

5）边墙沟床加固工程修筑边墙时，为避免跌水的冲刷，将边墙基础设计在由肩部垂直下落线的后侧。在护坦部分具有使落下水流不溢流的高度。

6）端墙根据设计流量、沟床粒径、沟床加固工程的落差等，还应考虑端墙下游防冲条件来确定，一般为2～3m。将端墙上下游坡均作成90°，顶宽0.7～1m。

7）翼墙设计。排导工程中的沟床加固工程时，应每隔几段将沟床加固工程的翼部建筑在岩体中。

8）最下游端沟床加固工程过水部分按堰堤断面设计。

2 潜坝加固工程。设计原则与沟床加固工程相同。高度根据沟床演变的幅度确定，一般为2m左右，顶部高程与设计沟床高程齐平，顶宽0.5～1.5m左右，上游坡为90°，下游坡根据稳定计算求得，一般为1∶0.2。在潜坝下游回填抛石或石笼，防止冲刷。翼部设计与沟床加固工程相同。

3 铺砌工程。铺砌工程一般分为块石铺砌工程、混凝土块铺砌工程和混凝土铺筑工程。

1）块石铺砌工程。在坡度缓于1∶10、垂直高度小于2m、坡面长小于7m时，采取块石铺砌工程。块石铺砌工程中的挡墙采用浆砌（30～40cm）毛方石、杂毛方石料。混凝土块铺砌工程背填混凝土厚度为5～10cm，垫层用碎石、大卵石夯填，厚度10～24cm，沿坡面纵向按10m间隔设置隔墙。

2）混凝土铺筑工程。在坡度较陡的岩坡面上采用混凝土铺筑工程，防止由风化引起的剥离崩落。地面坡度缓于1∶0.5，坡面高度≤20m。采用阶梯式铺筑时，每一阶坡面高度为15m，护坡道宽1m以上。垂高在5m以上时应作基础。当坡度在1∶10时一般采用素混凝土铺设。当坡度为1∶0.5陡坡时，采用钢筋混凝土铺筑，厚度为0.2～0.8m。为使其与山地成为整体，锚固桩以1～4m^2一根，贯入深度为混凝土厚度的1.5～3倍。在纵向上每10～20m设置一条伸缩缝。

3）排导工程中底部铺砌。对于排导工程其底板受到泥石流的频繁磨损作用，应采取铺砌加固工程。铺砌厚度一般为20～30cm，磨损严重时采用50～100cm。铺砌材料采用块石、现浇或预制混凝土及钢筋混凝土。

4 拦沙坝（含谷坊）。

1）拦沙坝一般为浆砌石或混凝土、钢筋混凝土实体重力坝，坝高5m以上，单坝库容1×10^4～$10\times10^4m^3$。

2）坝址选择根据项目区特点和要求，坝体按小型水利工程设计。

5 固沟工程。在容易滑塌、崩塌的沟段，布置谷坊、淤地坝和其他固沟工程，巩固沟床，稳定沟坡，减轻沟蚀，控制崩塌、滑坡等重力侵蚀的发生。

1）谷坊。在小流域沟底比降大、沟底下切

严重的沟段，布置土谷坊、石谷坊、柳谷坊等类型的沟道工程。具体设计与施工技术要求参照《水土保持综合治理技术规范 沟壑治理技术》GB/T 16453.3—1996 第二篇的规定执行。

2）淤地坝。坝址选择、坝型确定、断面设计等参照《水土保持综合治理技术规范 沟壑治理技术》GB/T 16453.3—1996 第五篇的规定执行。

3）沟底防冲林。在纵坡比降较小的沟道，顺沟成片造林，巩固沟底，缓流落淤；在纵坡比降较大、下切严重的沟段，在谷坊淤积面上成片造林。造林规格与技术参考《造林技术规程》GB/T 15776—1995 等标准的规定。

6 梁式坝。

1）在重力坝中部预留溢流口，口上用钢材作成格栅形横梁（见图 10），梁间隔应能上下调整，以便根据坝后泥沙淤积和泥石流活动变化状况，及时调整梁间隔。

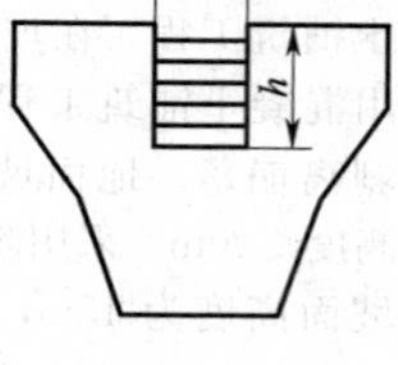

图 10 梁式坝

2）溢流口一般采用矩形断面，高为 h，宽为 b，高宽比 $h/b=1.5\sim2$。

3）筛分率 e 按公式（15）计算：

$$e=V_1/V_2 \tag{15}$$

式中 V_1——一次泥石流过程中库内泥沙滞留量，m^3；

V_2——通过坝体下泄的泥沙量，m^3。

4）当下泄粒径 $D_c=0.5D_m$，滞留库内的泥沙百分比为 20% 时，梁式坝筛分效果正常（D_m 为流体中砾石最大粒径）。

5）在同一沟段按筛孔大小，从上向下布置梁式坝坝系，以达到最高的筛分效率。

7 耙式坝。

1）坝和溢流口的形式与梁式坝相同（见图 11），不同的是在溢流口处用钢材作成格状耙式竖梁。

2）筛分率 e 计算与梁式坝相同。

8 齿状坝。

1）将重力坝的顶部作成齿状溢流口，齿口采用窄深式三角形、梯形、矩形断面（见图 12）。

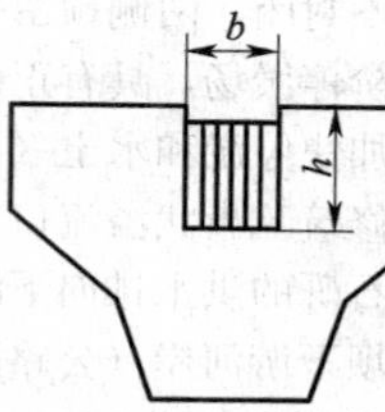

图 11 耙式坝

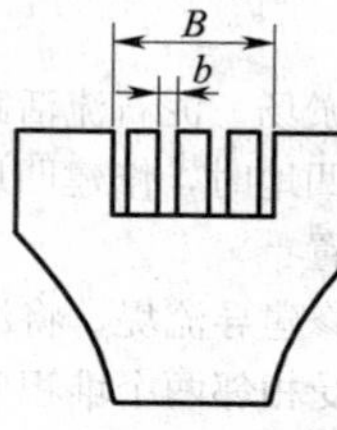

图 12 齿状坝

2）齿口尺寸。一般要求齿口宽深比 $h/b=1:1\sim2:1$。

3）齿口密度应符合公式（16）的要求：

$$0.2<(\sum b/B)<0.6 \tag{16}$$

式中 b——齿口宽度，m；

B——溢流口总宽度，m。

当 $\sum b/B=0.4$ 时，调节量效果最佳。

4）齿口宽与拦截作用关系。设 D_{m1} 与 D_{m2} 分别为中小洪水与大洪水可挟带泥沙的最大粒径，则当 $b/D_{m1}>(2\sim3)$ 和 $b/D_{m2}\leqslant1.5$ 时，拦截效果最佳。

5）齿口宽与闭塞条件。设 D_m 为洪水中可挟带泥沙的最大粒径，则当 $b/D_m>2$ 时不闭塞，$b/D_m\leqslant1.5$ 时为闭塞。

9 桩林。

1）在泥石流间歇发生、暴发频率较低的沟道中下游，用型钢、钢管桩或钢筋混凝土桩，垂直沟道成排打桩形成桩林，拦阻泥石流中粗大石砾和其他固体物质，削弱其破坏力。

2）在沟中垂直泥石流流向，布置两排或多排桩，每两排桩上下交错成“品”字形。设 D_m 为洪水中挟带的最大粒径，桩间距为 b，二者之比应符合公式（17）的要求：

$$b/D_m>1.5\sim2 \tag{17}$$

3）当桩林总长在地面外露部分在 3～8m 范围内时，桩高 h 为间距 b 的 2～4 倍。

4）桩基应埋在冲刷线以下，且埋置长度不应小于总长度的1/3。

5）桩林的受力分析与结构设计与悬臂梁类同。

11 降水蓄渗工程

11.3 设计要求

11.3.1 坡面蓄水工程应符合以下要求：

1 水平阶。适应于地形较为完整、土层较厚、坡度在15°～25°之间坡面，阶面宽1～1.5m。具有3°～5°反坡。上下两阶之间水平距离以设计造林行距为准。在阶面上能全部拦蓄各阶台间斜坡径流，由此确定阶面宽度、反坡坡度（或阶边设埂），或调整阶间距离。树苗种植于距阶边0.3～0.5m（约1/3阶宽）处。

2 水平沟。适用于在15°～25°之间的陡坡，沟口上宽0.6～1.0m，沟底宽0.3～0.5m，沟深0.4～0.6m，沟由半开挖半填筑而成，内侧挖出的生土用在外侧筑埂。树苗植于沟底外侧。根据设计造林行距和坡面径流量大小确定上下沟的间距和水平沟断面尺寸。

3 窄梯田。在坡度较缓、土层较厚的坡地种植果树或其他立地条件要求较高的经济树木时，采取窄梯田。田面宽2～3m，田边蓄水埂高0.3m，顶宽0.3m，根据果树设计行距确定上下两台梯田间距。田面修筑平整后将挖方生土部分耕翻0.3m左右，在田面中部挖穴种植果树。

4 鱼鳞坑。适用于地形破碎、土层较薄、不能采用带状整地的坡地。每坑平面呈半圆形，长径0.8～1.5m，短径0.3～0.5m，坑内取土在下沿筑成弧状土埂，高0.2～0.3m（中部高，两端低）。各坑在坡面基本沿等高线布置，上下两行坑口呈“品”字形错开排列。根据设计造林行距和株距，确定坑的行距和穴距，树苗种植在坑内距上沿0.2～0.3m范围，坑两端开挖宽深均为0.2～0.3m的倒“八”字形截水沟。

11.3.2 径流拦蓄工程应符合以下要求：

1 水窖。在来水量不大的路旁或硬化地面修井式水窖，水窖容积一般为30～50m³。土质坚硬且蓄水量需求较大的地方，修筑窑式水窖，容积为100～200m³。水窖设计与施工参照《雨水集蓄利用工程技术规范》SL 267—2001确定。

2 涝池。在土质坚硬且渗透性较小、低于路面的路旁（或道路附近），布置涝池拦蓄道路径流，防止道路冲刷与沟头前进，同时供项目区植被绿化灌溉、用水。涝池工程设计与施工参照《雨水集蓄利用工程技术规范》SL 267—2001确定。

1）一般涝池容积100～500m³，通常沿一条道路多处布置。

2）大型涝池容积在500m³至数万m³之间，用于容蓄项目区内及周边大量来水。

3）路壕蓄水堰。在路面低于两侧地面形成1～2m的路壕处，将道路改在较高一侧的地面上，而在路壕中分段修筑小土坝作为蓄水堰，拦蓄暴雨径流。单堰容积随路壕的宽度和深度、土坝的高度、道路坡度而定，一般为500～1000m³。

3 蓄水池与沉沙池设计与施工参照《雨水集蓄利用工程技术规范》SL 267—2001确定。

1）蓄水池一般布置在坡脚或坡面局部低凹处，与排水沟（或排水型截水沟）末端相连，以容蓄坡面径流。根据坡面径流总量、蓄排关系、施工条件、使用条件，确定蓄水池的分布与容量。

2）沉沙池一般布置在蓄水池进水口上游，排水沟（或排水型截水沟）排出水流中泥沙经沉沙池沉淀之后，将清水排入蓄水池中。

11.3.3 植被建设的引水、蓄水、灌溉工程应符合以下要求：

1 引水工程。引水工程的形式可采用引水渠、引水管道，根据项目区水源条件确定。

1）当项目区内及附近有河流、充足的地下水出露时，修筑引水渠工程。当埋深较浅具备开采条件时，布置小型抽水泵站，通过引水工程灌溉林草。引水渠的断面及型式根据灌溉用水量确定。

2）当项目区范围内无地表径流可供引水灌溉时，应结合项目工程供排水系统，布置专用林草灌溉引水管线。引水流量和管径根据林草用水量确定。

3）引水工程设计与施工参照有关设计手册确定。

2 蓄水工程。根据项目区水源条件，在道路、硬化地面附近布置蓄水池、水窖、涝池等蓄水工程，灌溉林草植被。蓄水池的型式、工程设计与施工参照《雨水集蓄利用工程技术规范》SL 267—2001确定。

3 灌溉工程。根据林草生长需要进行缺水期补充灌溉，灌溉可以采用喷灌、滴灌、管灌等节灌方式，不宜采用漫灌方式。灌溉工程设计与施工参照有关设计手册确定。

12 临时防护工程

12.3 设计要求

12.3.1～12.3.6 沉沙临时防护措施应简便、易行、实用，随主体工程施工进度及时布设。

13 植被建设工程

13.1 一般规定

13.1.1 项目区造林与种草设计、施工应参照下列国家标准、行业标准中的规定执行：

1 《水土保持综合治理技术规范 荒地治理技术》GB/T 16453.2—1996 中第一篇至第三篇的规定和附录 A、B、C。

2 《封山(沙)育林技术》GB/T 15163—2004。

3 《飞机播种治沙技术要求》LY/T 1186—1996。

4 《生态公益林建设技术规程》GB/T 18337—2001。

5 园林规划设计标准等相关标准。

13.1.6 特殊场地植被建设工程应符合下列要求：

1 防火林带。易燃、易爆厂矿企业及其车间、仓库周围，布置与绿化工程相结合的防火林带。

1）防火林带采用阴阳性树种混交、行间混交配置。一般布置 2～4 行，两行种植时，靠近建筑物的一行为耐阴树种，三行或四行种植时，中间行为耐阴性树种，两边为阳性树种。

2）防火林带与建筑物间的距离在 4～10m 范围内。

3）防火林带树种采用含水量高、不易燃烧的阔叶树，如椴树、复叶槭树、刺槐、白蜡、栓皮栎、杨树等。

2 卫生防护林带。在易产生粉尘、烟尘及大气污染物，并存在噪声、高温等污染环境的厂矿企业，应布置与绿化工程相结合的卫生防护林带。大型卫生防护林带应与农田、草地、灌木林地结合，平行布置 1～4 条主林带，并适当配置副林带。林带宽度分为 1000m、500m、300m、100m、50m。

3 实验室及精密仪器车间。卫生防护林带与实验室或车间外围的绿化带、草坪、灌木相结合形成封闭环境，阻挡尘埃、风沙、烟尘等污染物。林带与车间距离以不妨碍采光为原则。不选择易产生绒毛、飞絮及多花粉的树种如杨、柳等。

4 噪声车间。在锻压、车工、焊接等有噪声的车间周围，布置自然式树丛种植、宽度不小于 10m 的卫生防护林带，采用枝叶茂密、叶面大的树种，并考虑乔木与灌木相结合。

5 高温车间。在炼钢、翻沙、热处理等高温度车间周围，布置浓密高大的乔木林带，以遮荫避阳、降低温度，树种不得选用针叶或其他高含油脂树种。

6 污染车间。在产生“三废”的车间周围布置林带，调节气候、减小风速，在车间上风向配置疏透结构的林带，以利空气流通，下风向布置多层紧密结构的林带，以减少污染物外移。根据污染物与树种抗性选择树种，抗 SO_2 功能强的树种主要有毛白杨、五角枫、大麻黄、白蜡等，抗 HF 强的树种有臭椿、梧桐、青杨等。

13.3 设计要求

13.3.6 堤岸滩绿化工程应符合下列要求：

1 岸坡防护绿化。

1）在水库最高洪水位线以上，由疏松母质组成、坡度 30°以下的库岸布置岸坡防风防蚀林，如果库岸为陡峭基岩，无法布置防浪林，可根据条件在陡岸边一定距离布置种植防风林或攀缘植物。林带结构采用紧密结构或疏透结构。

2）树种。距离库岸较近的区域选择旱柳、垂柳等耐水淹树种。距离水面较远、水分条件差，选择耐旱的松、柏类树种。

3）林带宽度。根据水库洪水位以上土壤侵蚀类型及水面线以上周边面积大小，确定林带宽度，同一水库各区段可采取不同的林带宽度。

4）防风防蚀林应与水库环境美化、水上旅游等综合规划结合，以增加水库生态景观。

2 防浪林。在水库正常水位线以上的岸坡布置防浪灌木林，树种以柳等耐水淹灌木为主，根据水面起浪高度确定造林宽度。

3 护滩林。对于水分条件较好的坝后低湿地和低洼滩地，可营造速生丰产林。对于具备蓄水条件的坑塘，可整治成养鱼塘、种藕塘等池塘工程。

4 护岸林带。沿河岸、渠系两岸、防洪堤、沟岸布置护岸林带，防止洪水冲刷河（沟）岸、岸边农田、堤防、渠道边坡。根据水分和土壤等立地条件，选择布置耐洪涝、耐盐碱、喜阴湿、根系发达的乔灌木林带。主要树种有：杨、柳、落叶松、池杉等乔木，芦苇等灌木。渠道、堤防等洪水位以上的地带可种植香根草、小米草等。

13.3.7 交通道路绿化应符合下列要求：

1 道路两侧绿化。

1）根据主体工程道路布置与设计，沿道路两侧布置绿化工程。

2）行道树应选择高度不小于 5m，主干通直、抗病虫害的树种。在道路转弯处行道树不应遮挡司机视线及妨碍车辆正常行驶。

3）厂区道路绿化不宜妨碍车间采光，行道树与建筑物、地上及地下管线的间距应在 1.5～2m 以上，离高压线的间距应大于 5m。

4）公路、铁路等交通绿化工程，应按相关规范标准设计与施工。

2 道路绿化布置。

1）宽度超过 20m 的大型道路两侧各植两条林带，其中道路内侧栽植大树冠落叶行道树，建筑物一侧栽植小树冠行道树，在分车道绿化带栽植常绿树，在人行道绿化带栽植落叶乔木，其下布置花坛与草坪。

2）宽度5～10m的道路，两侧各栽一行树冠较大的行道树，公路两旁人行道绿化带与两侧建筑物基础绿化带相配合，或连成整块。基础绿化带栽植小乔木、灌木、花卉或铺设草皮。

3）宽度不足5m的窄型道路，两侧栽植小树冠树种，如妨碍建筑物室内采光，则栽植低矮灌木、多年生花草，铺设草皮。

3 道路绿化树种。

道路绿化树种应形态美观、树冠高大、枝叶繁茂、耐修剪，适应性和抗污染能力强，病虫害少，没有或较少产生污染环境的种毛、飞絮或散发异味。

4 铁路绿化。

1）铁路绿化一般近铁轨侧种植灌木，外侧种植乔木。种植乔木时，与外轨的距离必须大于8m，种植灌木时，与外轨的距离必须大于6m。

2）铁路路堤边坡采用草皮、灌木护坡，不宜种植乔木。根据征地范围在坡脚外侧种植乔灌木。

3）路堑顶部距截水沟2m以外栽植乔木。在路堑边坡与护坡工程相结合种植草皮或灌木。

4）在公路与铁路交叉处，一般自交叉道口每侧40m以内，公路线路距交叉口每侧50m以内形成菱形地段内，不宜种植乔木，可种植1m以下的灌木。

5）铁路转弯处，其内侧至少预留出200m的视距，在此范围内不得种植阻挡视线的乔灌木。

6）当铁路通过市区或居民区时，应留出较宽的绿化带种植乔灌木，防尘隔噪声。

7）在铁路站台上布置不妨碍人车通行的花坛、水池及庭荫树，供旅客休息。

5 公路绿化。

1）采用乔木、灌木、草本、花卉覆盖公路两侧边坡、分隔带及沿线空地，包括护路林带、中央分隔带、停车场绿化、交叉道口绿化、路旁附属建筑物绿化、路基路堑边坡绿化及公路周围闲置地绿化，采取点、线、面结合，乔、灌、草结合的原则布置绿化工程。

2）城区段公路绿化与街道绿化类似。

3）乡村区段公路根据“美化环境，防护道路”的原则布置绿化工程。高速公路和一级公路路堤两侧排水沟外缘、路堑坡顶排水沟外缘（无排水沟和截水沟时为路堤或护坡坡脚外缘、或坡顶外缘）征地范围内（1～3m或更宽）应种植一行或多行乔木或灌木林带，局部种植草坪。路堤、路堑边坡绿化与护坡工程相结合，种植攀缘植物。中央隔离带一般宽1～1.5m，种植常绿灌木、花卉或可修剪的针叶树，并与草坪相结合。公路附属建筑物间空闲地根据立地条件进行绿化。二、三、四级公路根据条件布置绿化工程。

4）公路绿化树种要求：抗污染（尾气）、耐修剪、抗病虫害，与周边环境较为协调且形态美观。树种选择应注重常绿与落叶、阔叶与针叶、速生与慢生、乔木与灌木、绿化与美化相结合，特别是长里程公路，每隔适当距离可变换主栽树种，增加生物多样性和绿化景观。

13.3.9 生活区、厂区道路绿化应符合下列要求：

1 工业区和生活区道路绿化具有组织交通、联系分隔生产系统或生活小区，防尘隔噪、净化空气、降低辐射、缓和日温的作用。

2 工业区和生活区绿化，应与交通运输、架空管线、地下管道及电缆等设施统一布置，综合协调植物生长与生产运行及居民生活之间的关系，避免相互干扰。

3 工业区和生活区立地条件和环境较差，土质瘠薄，辐射热高，尘埃和有害气体危害大，人为损伤频繁的，宜选择耐瘠薄、耐修剪、抗污染、吸尘、防噪作用大，并具有美化环境的树种，主要有悬铃木、泡桐、国槐、油松、侧柏、广玉兰、乌柏、香樟等。

4 工业区和生活区坡地及空闲地规划布置草坪，与护坡工程、周边绿化工程构成绿色屏障，防止水土流失，美化工业生产和居民生活环境。

13.3.11 园林化种植、园林化植树应根据不同条件，分别采取孤植、对植、丛植、群植、带植、风景林和绿篱等多种形式。应符合下列要求：

1 孤植。

1）单株树木孤植，要求发挥树木的个体美，作为园林构图中的主景；也可将数株同一树种密集种植为一个单元，起到相同效果。

2）孤植位置。孤植树木的四周应留出最适宜的观赏视距，一般配置在大草坪及空地中央，地势开阔的水边、高地、庭园中、山石旁，或用于道路与小河的弯曲转折处。

3）孤植树种。孤植树木宜选用树体高大、姿态优美、轮廓富于变化、花果繁茂、色彩艳丽的树种，如松类、雪松、云杉、银杏、香樟、七叶树、国槐等。

2 对植。

1）采用同一树种的树木，垂直于主景的几何中轴线作对称（对应）栽植。

2）对植位置。常用于大门入口处或桥头等地。

3）对植的灵活处理。自然式园林布局，可采用非对称种植，即允许树木大小姿态有所差异，与中轴线距离不等，但须左右均衡，如左侧为一株大树，则右侧可为两株小树。

3 丛植。

1）将两三株至十几株乔木加上若干灌木栽植在一起，以表现群体美，同时表现树丛中的个体美。

2）丛植树种。以庇荫为主时，树种全由乔木组成，树下配置自然山石、坐椅等供人休憩。以观赏为主时，用乔木和灌木混交，中心配置具独特价值的观赏树。

4 群植。

1）将二三十株或更多的乔、灌木栽植于一处，组成一种封闭式群体，以突出群体美。林冠部分与林缘部分的树木，应分别表现为树冠美与林缘美。群植的配置应具长期的稳定性。

2）群植位置。主要布置在有足够视距的开阔地段，或在道路交叉角上。也可作为隐蔽、境界林种植。

5 带植。

1）布设成带状树群，要求林冠线有高低起伏，林缘线有曲折变化。

2）带植位置。布设于园林中不同区域的分界处，划分园林空间，也可作为河流与园路林道两侧的配景。

3）带植树种。用乔木、亚乔木、大小灌木以及多年生花卉组成纯林或混交林。

6 绿篱。

1）绿篱种类根据绿篱高度有下列四类：绿墙高1.6m以上；高绿篱高1.2～1.6m；中绿篱高0.5～1.2m；低绿篱高0.5m以下。

2）根据绿篱的树种，有下列五类：常绿篱由常绿灌木组成；落叶篱由带叶灌木组成；花篱由开花灌木组成；果篱由赏果灌木组成；蔓篱是将种植的蔓生植物缠绕在制好的钢架或竹架上。

3）建造绿篱应选用萌蘖力和再生力强、分枝多、耐修剪、叶片小而稠密、易繁殖、生长较慢的树种。

13.3.13 草坪设计应符合下列要求：

1 草坪类型。

1）自然式草坪。按照原有地形、土壤等条件，种植草类并配置花卉、乔灌木，形成与周围环境协调的绿色景观。

2）规则式草坪。绿地内按照规则的几何图案布置草地、道路、花坛、丛林、水体等园林建筑观赏景物。

3）单纯草坪。种植早熟禾、野牛草等单一草种而成的草坪，适用于小面积绿地种植。

4）混合草坪。由紫羊茅、欧剪股颖和黑麦草等多种类草坪植物混合播种而成。适用于大面积的草坪。

5）缀花草坪。由禾本科植物与少量低矮但开花鲜艳的草花植物组成。草坪点缀植物有秋水仙、石蒜、韭兰等。此类草坪适用于自然草坪。

2 草坪植物选择。草坪植物大部分为多年生禾本科植物（少量为莎草科植物），应具有耐践踏、植株矮小、枝叶茂密、耐旱、抗病性强、水平根茎和匍匐茎发达、花叶观赏期长等特点。草坪植物草种参考表6选用。

表6 草坪植物草种

种植地区(气候带)	草　　种
"三北"地区	细叶早熟禾、野牛草、硬羊茅、绵羊茅、细叶剪股颖、狗芽根、白颖苔草、燕麦草等
华东、华中地区	假俭草、结缕草、草地早熟禾、狗芽根、苇状羊茅、两耳草等
华南地区	假俭草、结缕草、龙爪茅、地毯草、竹节草、钝叶草、狗芽根、黑麦草等多种

14 防风固沙工程

14.3 设计要求

14.3.1 沙障固沙应符合下列要求：

1 沙障类型与布设。

1）根据防风沙的需要一般布设二类沙障：带状沙障即沙障在地面呈带状分布，带的走向垂直于主风向；方格状（或网状）沙障即沙障在地面呈方格状（或网状）分布，主要用于风向不稳定，除主风向外，还有较强侧向风的地区。

2）根据建设材料设置三类沙障：柴草沙障即大部由柴草或作物秸秆作成，是平铺沙障的主要材料；黏土沙障即少数地方沙层较浅，或沙丘附近有碱滩地，用黏土压沙，堆成土埂，作为沙障；采用卵石或其他材料（如活性沙生植物枝茎）作成沙障。

3）根据铺设沙障的柴草与地面角度分为二种沙障：平铺式沙障即将作沙障的柴草横卧平铺在地面，上压枝条、沙土或小木桩固定；直立式沙障，将作沙障的柴草直立，一部分埋压在沙中，一部分露出地面。

2 沙障设计与施工。根据项目所处风蚀沙化类型区，项目施工及运行带来的风蚀沙化危害，选择确定沙障固沙类型。沙障固沙的设计与施工技术参照《水土保持综合治理技术规范 风沙治理技术》GB/T 16453.5—1996 第四章的规定执行。

14.3.2 防风固沙造林应符合下列要求：

1 防风固沙林带。

1）林带走向。主林带走向应垂直于主风方向，或呈小于45°的偏角。副林带和主林带正交。道路两侧林带一般"林随路走"。

2）林带宽度。基干林带一般宽 20～50m。农田防护林带的主林带宽 8～12m，副林带宽 4～6m。

3）林带间距。基干林带一般间距 50～100m，农田防护林网间距按乔木壮龄期平均树高的 15～20 倍计算。

4）林带结构。根据各地不同条件，分别采用疏透结构林带、紧密结构林带、通风结构林带。

2 风口造林。

1）在风口先布设与主风垂直的带状沙障，宽 1～2m，间距20～30m，在沙障的保护下进行风口造林。

2）风口造林林型应选择紧密结构的乔、灌木混交林，株距0.5m，行距 1.0m，乔灌比例 1：1，隔株或隔行栽植。

3 片状造林。

1）在风蚀较轻的沙地、固定低沙丘与半固定沙丘，采取直接成片造林，全面固沙。

2）在流动沙丘区应先布置沙障，减缓风速，固定流沙，同时造林。主要方式为：在迎风坡脚下种植灌木，拉低沙丘，在背风坡丘间低地栽植成片乔木林带，阻挡流沙前移。

4 造林树种。

1）乔木树种。应具有耐干旱、瘠薄、耐风打、耐沙埋、生长快、根系发达、分枝多、冠幅大、繁殖容易、抗病虫害、经济价值高等特点。北方选择的树种应耐严寒，南方选择的树种应耐高温。

2）灌木树种。要求防风效果好，抗干旱，耐沙埋、枝叶繁茂、萌蘖力强、条材（或薪材）产量高、质量好。

5 造林密度。

1）立地条件较好的固定沙丘与丘间地，乔木与灌木比例 1：2 或 1：1；杨树、旱柳、白榆等 300～1200 株/hm^2；樟子松、侧柏 1500～4500 株/hm^2。

2）立地条件较差的流动或半流动沙地采用沙障固沙造林，以灌木为主。单行或双行条带式密植，适当加大行带间距离，增加挡风固沙作用。株距 1～1.5m，行带距 3～6m，1000～3000 株/hm^2。

6 造林整地。

1）固定或半固定沙地应于前一年秋末或冬初整地，第二年春季栽植。流动沙地应随挖随栽。

2）沙地造林采用带状整地，带宽 1～1.5m。禁止采用全面整地，以免引起风蚀。

7 沙地土壤改良。

1）引洪漫地。在河流两岸且地形平缓的风沙区，洪水季节将洪水引至整平的沙地内进行淤灌，待淤泥达 30cm 以上时，即可种树、草、农作物。

2）封沙育草。在一定时期内确定一定范围的沙地，禁止放牧及樵采，以利于恢复植被，固定流沙，增加土壤有机质，改善土壤结构，然后造林种草，开发利用。

8 沙地造林方法。

1）植苗造林。植苗造林是果树、针叶树及大多数阔叶树等树种的主要造林方法，也是沙地造林的主要方法。萌芽力强的刺槐、紫穗槐等采取截干造林，减少水分蒸发，提高造林成活率。

2）播种造林。对花棒、柠条、踏郎、沙蒿、紫穗槐等种子来源广泛的树种，采用播种造林。

3）分殖造林。对小叶杨、合作杨、旱柳、沙柳、柽柳等茎秆易生根的树种可采取分殖造林。

4）造林固沙的有关设计与施工技术参照《水土保持综合治理技术规范 风沙治理技术》GB/T 16453.5—1996 第五章中的规定执行。

14.3.3 种草固沙的设计与施工等有关技术参照《水土保持综合治理技术规范 风沙治理技术》GB/T 16453.5—1996 第六章中的规定执行。

14.3.4 平整沙丘及引水拉沙造地有关技术参照《水土保持综合治理技术规范 风沙治理技术》GB/T 16453.5—1996 第六章中的规定执行。

中华人民共和国国家标准

开发建设项目水土流失防治标准

Control standards for soil and water loss on development and construction projects

GB 50434—2008

主编部门：中华人民共和国水利部
批准部门：中华人民共和国建设部
施行日期：2008年7月1日

中华人民共和国建设部
公　告

第786号

建设部关于发布国家标准《开发建设项目水土流失防治标准》的公告

现批准《开发建设项目水土流失防治标准》为国家标准，编号为GB 50434—2008，自2008年7月1日起实施。其中，第3.0.1（3、4、5）、6.0.1条（款）为强制性条文，必须严格执行。

本规范由建设部标准定额研究所组织中国计划出版社出版发行。

中华人民共和国建设部
二〇〇八年一月十四日

前　言

本标准是根据建设部建标〔2003〕102号文《关于印发“二〇〇二～二〇〇三年度工程建设国家标准制订修订计划”的通知》的要求，由水利部水土保持监测中心会同水利部水利水电规划设计总院和北京水保生态工程咨询公司共同编制而成。

在标准编制过程中，编制组进行了广泛深入的调查研究，认真总结了《开发建设项目水土保持方案技术规范》SL 204—98实施9年来的实践经验，吸收了相关行业设计规范的最新成果，认真研究分析了水土保持工作的现状和发展趋势，并在广泛征求意见的基础上，通过反复讨论、修改和完善，最后召开相关行业参加的全国性会议，邀请有关专家审查定稿。

本标准共6章，主要内容有总则、术语、基本规定、项目类型及时段划分、防治标准等级与适用范围、防治标准。

本标准中用黑体字标志的条文为强制性条文，必须严格执行。

本标准由建设部负责管理和对强制性条文的解释，由水利部负责日常管理，由水利部水土保持监测中心负责具体技术内容的解释。

本标准在执行过程中，请各单位注意总结经验，积累资料，随时将有关意见和建议反馈给水利部水土保持监测中心评估处（北京市宣武区白广路二条2号，电话：52231359，邮政编码：100053），以便今后修订时参考。

本标准主编单位、参编单位和主要起草人：

主 编 单 位：水利部水土保持监测中心

参 编 单 位：水利部水利水电规划设计总院
北京水保生态工程咨询公司

主要起草人：郭索彦　姜德文　王治国　蔡建勤
赵永军　李光辉　张长印

目　次

1 总　　则

1.0.1 为了贯彻《中华人民共和国水土保持法》及其实施条例和国家有关法律、法规，加强开发建设项目水土保持方案的编制、审查、实施、监理、监测、评估和验收的管理，制定本标准。

1.0.2 本标准适用于可能引起水土流失的开发建设项目的水土流失防治。

1.0.3 开发建设项目的水土流失防治应采用新理论、新技术和新方法，不断提高防治工程的质量和效益。

1.0.4 开发建设项目的水土流失防治除应遵循本标准外，还应符合国家现行有关标准的规定。

2 术　　语

2.0.1 扰动土地整治率　treatment percentage of disturbed land

项目建设区内扰动土地的整治面积占扰动土地总面积的百分比。

2.0.2 水土流失总治理度　controlled percentage of erosion area

项目建设区内水土流失治理达标面积占水土流失总面积的百分比。

2.0.3 土壤流失控制比　controlled ratio of soil erosion modulus

项目建设区内，容许土壤流失量与治理后的平均土壤流失强度之比。

2.0.4 拦渣率　percentage of dammed slag or ashes

项目建设区内采取措施实际拦挡的弃土（石、渣）量与工程弃土（石、渣）总量的百分比。

2.0.5 林草植被恢复率　recovery percentage of the forestry and grass

项目建设区内，林草类植被面积占可恢复林草植被（在目前经济、技术条件下适宜于恢复林草植被）面积的百分比。

2.0.6 林草覆盖率　percentage of the forestry and grass coverage

林草类植被面积占项目建设区面积的百分比。

3 基 本 规 定

3.0.1 开发建设项目水土流失防治应遵循下列要求：

1 开发建设项目应按照“水土保持设施必须与主体工程同时设计、同时施工、同时投产使用”的规定，坚持“预防优先，先拦后弃”的原则，有效控制水土流失。

2 开发建设项目水土流失防治的基本要求应符合现行国家标准《开发建设项目水土保持技术规范》GB 50433—2008 第 3 章的有关规定。

3 应对防治责任区范围内的生产建设活动引起的水土流失进行防治，并使各类土地的土壤流失量下降到本标准规定的流失量及以下。

4 应对防治责任范围内未扰动的、超过容许土壤流失量的地域进行水土流失防治，并使其土壤流失量符合本标准规定量。

5 开发建设项目应在建设和生产过程进行水土保持监测，对水土流失状况、环境变化、防治效果等进行监测、监控，保证各阶段的水土流失防治达到本标准规定的要求。

3.0.2 开发建设项目在各阶段的水土流失防治工作应遵循《开发建设项目水土保持技术规范》GB 50433—2008 第 4 章的规定。

3.0.3 开发建设项目水土流失防治指标应包括扰动土地整治率、水土流失总治理度、土壤流失控制比、拦渣率、林草植被恢复率、林草覆盖率等六项，根据开发建设项目所处地理位置可分为三级。

4 项目类型及时段划分

4.0.1 开发建设项目按建设和生产运行情况可划分为建设类和建设生产类。并按类别划分时段。

4.0.2 建设类项目可包括公路、铁路、机场、港口码头、水工程、电力工程（水电、核电、风电、输变电）、通信工程、输油输气管道、国防工程、城镇建设、开发区建设、地质勘探等水土流失主要发生在建设期的项目，其时段标准划分为施工期、试运行期。

4.0.3 建设生产类项目可包括矿产和石油天然气开采及冶炼、建材、火力发电、考古、滩涂开发、生态移民、荒地开发、林木采伐等水土流失发生在建设期和生产运行期的项目，其时段标准划分为施工期、试运行期、生产运行期。生产运行期应为从投产使用始至终止服务年，不同类型项目可根据生产运行期的长短再划分不同的时段，但标准不得降低。

5 防治标准等级与适用范围

5.0.1 开发建设项目水土流失防治标准的等级应按项目所处水土流失防治区和区域水土保持生态功能重要性确定。

5.0.2 按开发建设项目所处水土流失防治区确定水土流失防治标准执行等级时应符合下列规定：

1 一级标准：依法划定的国家级水土流失重点预防保护区、重点监督区和重点治理区及省级重点预防保护区。

2 二级标准：依法划定的省级水土流失重点治理区和重点监督区。

3 三级标准：一级标准和二级标准未涉及的其他区域。

5.0.3 按开发建设项目所处地理位置、水系、河道、水资源及水功能、防洪功能等确定水土流失防治标准执行等级时应符合下列规定：

1 一级标准：开发建设项目生产建设活动对国家和省级人民政府依法确定的重要江河、湖泊的防洪河段、水源保护区、水库周边、生态功能保护区、景观保护区、经济开发区等直接产生重大水土流失影响，并经水土保持方案论证确认作为一级标准防治的区域。

2 二级标准：开发建设项目生产建设活动对国家和省、地级人民政府依法确定的重要江河、湖泊的防洪河段、水源保护区、水库周边、生态功能保护区、景观保护区、经济开发区等直接产生较大水土流失影响，并经水土保持方案论证确认作为二级标准防治的区域。

3 三级标准：一、二级标准未涉及的区域。

5.0.4 当按第5.0.2条、第5.0.3条的规定确定防治标准执行等级出现交叉时，按下列规定执行：

1 同一项目所处区域出现两个标准时，采用高一级标准。

2 线型工程项目应根据第5.0.2条、第5.0.3条的规定分别采用不同的标准。

6 防治标准

6.0.1 开发建设项目水土流失防治标准应分类、分级、分时段确定，其指标值必须达到表6.0.1-1和表6.0.1-2的规定。

表6.0.1-1 建设类项目水土流失防治标准

分类 \ 分级 / 时段	一级标准		二级标准		三级标准	
	施工期	试运行期	施工期	试运行期	施工期	试运行期
1 扰动土地整治率（%）	*	95	*	95	*	90
2 水土流失总治理度（%）	*	95	*	85	*	80
3 土壤流失控制比	0.7	0.8	0.5	0.7	0.4	0.4
4 拦渣率（%）	95	95	90	95	85	90
5 林草植被恢复率（%）	*	97	*	95	*	90
6 林草覆盖率（%）	*	25	*	20	*	15

注："*"表示指标值应根据批准的水土保持方案措施实施进度，通过动态监测获得，并作为竣工验收的依据之一。

表6.0.1-2 建设生产类项目水土流失防治标准

分类 \ 分级 / 时段	一级标准			二级标准			三级标准		
	施工期	试运行期	生产运行期	施工期	试运行期	生产运行期	施工期	试运行期	生产运行期
1 扰动土地整治率（%）	*	95	>95	*	95	>95	*	90	>90
2 水土流失总治理度（%）	*	90	>90	*	85	>85	*	80	>80
3 土壤流失控制比	0.7	0.8	0.7	0.5	0.7	0.5	0.4	0.5	0.4
4 拦渣率（%）	95	98	98	90	95	95	85	95	85
5 林草植被恢复率（%）	*	97	97	*	95	>95	*	90	>90
6 林草覆盖率（%）	*	25	>25	*	20	>20	*	15	>15

注："*"表示指标值应根据批准的水土保持方案措施实施进度，通过动态监测获得，并作为竣工验收的依据之一。

6.0.2 矿山企业和水工程在计算各项防治指标值时，其露天矿山的采坑面积、井工矿山的塌陷区面积、水工程的水域面积应属于防治责任面积，但不包括在总防治面积内。

6.0.3 开发建设项目水土保持方案编制、施工阶段检查、竣工验收及生产运行管理等，应符合本标准规定的分类分级分时段防治指标的要求。在竣工验收时，除满足规定的验收指标外，各项水土保持设施质量必须达到国家有关质量技术标准的要求。

6.0.4 表6.0.1-1和表6.0.1-2中水土流失总治理度（%）、林草植被恢复率（%）、林草覆盖率（%），应以多年平均年降水量400～600mm的区域为基准，降水量不在此范围时可根据下列原则适当提高或降低表中指标值：

1 降水量300mm以下地区，可根据降水量与有无灌溉条件及当地生产实践经验分析确定。

2 降水量300～400mm的地区，表中的绝对值可降低3～5。

3 降水量600～800mm的地区，表中的绝对值宜提高1～2。

4 降水量800mm以上地区，表中的绝对值宜提高2以上。

6.0.5 表6.0.1-1和表6.0.1-2中土壤流失控制比应以现状土壤侵蚀强度属中度侵蚀为主的区域为基准，以其他侵蚀强度为主的区域，可根据下列原则适当提高或降低表中指标的绝对值：

1 以轻度侵蚀为主的区域应大于或等于1。

2 以中度以上侵蚀为主的区域可降低0.1～0.2，但最小不得低于0.3。

3 同一开发建设项目土壤流失控制比，可根据实际需要分区分级确定。

6.0.6 表 6.0.1-1 和表 6.0.1-2 中山区丘陵区线型工程，拦渣率值可减少 5；在高山峡谷地形复杂的地段，表中的拦渣率值可减少 10。

本标准用词说明

1 为便于在执行本标准条文时区别对待，对要求严格程度不同的用词说明如下：

1）表示很严格，非这样做不可的用词：

正面词采用“必须”，反面词采用“严禁”。

2）表示严格，在正常情况下均应这样做的用词：

正面词采用“应”，反面词采用“不应”或“不得”。

3）表示允许稍有选择，在条件许可时首先应这样做的用词：

正面词采用“宜”，反面词采用“不宜”；

表示有选择，在一定条件下可以这样做的用词，采用“可”。

2 本标准中指明应按其他有关标准、规范执行的写法为“应符合……的规定”或“应按……执行”。

中华人民共和国国家标准

开发建设项目水土流失防治标准

GB 50434—2008

条 文 说 明

目　次

1 总　　则

1.0.2 本标准主要适用于各类开发建设项目水土保持方案编制的设计目标控制、水土流失预测结果检验校核、水土流失防治措施布局合理性论证、水土流失防治效益分析以及开发建设项目竣工检查监督、验收中，水土保持设施的总体评估与竣工达标验收。

2 术　　语

2.0.1 扰动土地是指开发建设项目在生产建设活动中形成的各类挖损、占压、堆弃用地，均以垂直投影面积计。扰动土地整治面积，指对扰动土地采取各类整治措施的面积，包括永久建筑物面积。不扰动的土地面积不计算在内，如水工程建设过程不扰动的水域面积不统计在内。

2.0.2 水土流失面积包括因开发建设项目生产建设活动导致或诱发的水土流失面积，以及项目建设区内尚未达到容许土壤流失量的未扰动地表水土流失的面积。水土流失防治面积是指对水土流失区域采取水土保持措施，并使土壤流失量达到容许土壤流失量或以下的面积，以及建立良好排水体系，并不对周边产生冲刷的地面硬化面积和永久建筑物占用地面积。弃土弃渣场地在采取挡护措施并进行土地整治和植被恢复，土壤流失量达到容许流失量后，才能作为防治面积。

2.0.3 开发建设项目的土壤流失量是指项目区验收或某一监测时段，防治责任范围内的平均土壤流失量。

水力侵蚀的容许土壤流失量的指标按《土壤侵蚀分类分级标准》SL 190—96 执行；风力侵蚀的容许土壤流失量可参考以下值：沿河、环湖、滨海风沙区为 $500t/km^2 \cdot a$；风蚀水蚀交错区为 $1000t/km^2 \cdot a$；北方风沙区为 $1000 \sim 2500t/km^2 \cdot a$，具体数量值可根据原地貌风蚀强度确定；其他侵蚀类型暂不作定量规定。

2.0.4 弃土弃渣量是指项目生产建设过程中产生的弃土、弃石、弃渣量，也包括临时弃土弃渣。

2.0.5 可恢复植被面积是指在当前技术经济条件下，通过分析论证确定的可以采取植物措施的面积，不含国家规定应恢复农耕的面积，以批准的水土保持方案数据为准。

2.0.6 林草面积是指开发建设项目的项目建设区内所有人工和天然森林、灌木林和草地的面积。其中森林的郁闭度应达到0.2以上（不含0.2）；灌木林和草地的覆盖率应达到0.4以上（不含0.4）。零星植树可根据不同树种的造林密度折合为面积。

3 基本规定

3.0.1 开发建设项目水土流失防治措施的实施进度应与主体工程的实施进度相协调，对可能产生的水土流失应预先采取预防措施。对工程临时和永久弃土（石、渣）应在先采取拦挡措施的基础上，进行倾倒。

4 项目类型及时段划分

4.0.1～4.0.3 条文中未列出的其他建设项目，应根据项目在生产运行期是否还存在着开挖、堆弃等造成水土流失的活动进行类别划归。

5 防治标准等级与适用范围

5.0.1～5.0.4 条文中依法划定是指经县级以上人民政府公告的或经其他法定程序确定的。条文规定的经水土保持方案论证确认是指在水土保持方案编制阶段，经专家论证并由相应水行政主管部门认可的。

6 防治标准

6.0.4 本条文是依据我国降水量与森林、草地的分布关系确定的。

6.0.5、6.0.6 在我国当前技术经济条件下，很多地区的水土流失治理达到容许值有一定困难，根据全国各地水土流失综合治理试验、示范工程的实践与探索，本标准经综合考虑做了适当调整。

中华人民共和国国家标准

城市水系规划规范

Code for plan of urban water system

GB 50513—2009

主编部门：中华人民共和国住房和城乡建设部
批准部门：中华人民共和国住房和城乡建设部
施行日期：2 0 0 9 年 1 2 月 1 日

中华人民共和国住房和城乡建设部
公　　告

第 359 号

关于发布国家标准

《城市水系规划规范》的公告

现批准《城市水系规划规范》为国家标准，编号为 GB 50513—2009，自 2009 年 12 月 1 日起实施。其中，第 4.2.3、4.3.4、5.2.2（4、5）、5.3.2、5.3.4、5.5.1、6.3.1、6.3.2、6.3.4 条（款）为强制性条文，必须严格执行。

本规范由我部标准定额研究所组织中国计划出版社出版发行。

中华人民共和国住房和城乡建设部

二〇〇九年七月八日

前　言

本规范是根据原建设部《关于印发一九九九年工程建设国家标准制订、修订计划的通知》（建标〔1999〕308 号）要求，由武汉市城市规划设计研究院会同有关单位共同编制完成。本规范在编制过程中，编制组认真总结实践经验，广泛调查研究，对城市水系规划的内容，城市水系的构成分类、保护、利用和相关工程设施协调等方面作了规定，并广泛征求了全国有关单位的意见，经专家及有关部门审查定稿。

本规范共 6 章，主要技术内容包括：总则、术语、基本规定、保护规划、利用规划、涉水工程协调规划等。

本规范中以黑体字标志的条文为强制性条文，必须严格执行。

本规范由住房和城乡建设部负责管理和对强制性条文的解释，武汉市城市规划设计研究院负责具体技术内容的解释。本规范执行过程中，请各有关单位结合工程实践和科学研究，总结经验，并注意积累资料，随时将有关意见和建议反馈给武汉市城市规划设计研究院（地址：武汉市三阳路 13 号，邮政编码：430014），以供今后修订时参考。

本规范主编单位、参编单位、主要起草人和主要审查人员名单：

主 编 单 位：武汉市城市规划设计研究院

参 编 单 位：长江水利委员会长江勘测规划设计研究院

杭州市城市规划设计研究院

珠海市城市规划设计研究院

主要起草人：刘奇志　吴之凌　钮新强　张卓林　张建新　徐承华　邓颂征　陈肃利　何　梅　吴建军　陈雄志　冯一军　徐国新　杜　遂　皇甫佳群

主要审查人员：蔡汝元　王　杉　戴慎志　吴明伟　孙栋家　陈炳金　章明龙　王呈发　李宗哲　杨继孚　孔彦鸿

目　次

Contents

1 总 则

1.0.1 为促进城市水系及滨水空间环境资源的保护和利用，规范城市水系规划的编制，制订本规范。

1.0.2 本规范适用于城市总体规划中的水系专项规划及以城市水系为主要规划对象的相关专业规划。

1.0.3 城市水系规划的对象为城市规划区内构成城市水系的各类地表水体及其岸线和滨水地带。

1.0.4 城市水系规划应坚持保护为主、合理利用的原则，尊重水系自然条件，切实保护城市水系及其空间环境。

1.0.5 城市水系规划期限宜与城市总体规划期限一致，对水系安全和永续利用等重要内容还应有长远谋划。

1.0.6 城市水系规划除应符合本规范外，尚应符合国家和行业现行有关标准、规范的规定以及有关的流域规划和区域规划。

2 术 语

2.0.1 城市水系 urban water system

城市规划区内各种水体构成脉络相通系统的总称。

2.0.2 岸线 shoreline

指水体与陆地交接地带的总称。有季节性涨落变化或者潮汐现象的水体，其岸线一般是指最高水位线与常水位线之间的范围。

2.0.3 生态性岸线 shoreline for ecology

指为保护城市生态环境而保留的自然岸线。

2.0.4 生产性岸线 shoreline for production

指工程设施和工业生产使用的岸线。

2.0.5 生活性岸线 shoreline for activity

指提供城市游憩、居住、商业、文化等日常活动的岸线。

2.0.6 滨水区 waterfront

在空间上与水体有紧密联系的城市建设用地的总称。

2.0.7 水域控制线 controlling line for waters

水域的边界界限。

2.0.8 滨水绿化控制线 controlling line for waterfront greening

水域控制线外滨水绿化区域的界限。

2.0.9 滨水建筑控制线 controlling line for waterfront architecture

滨水绿化控制线外滨水建筑区域界限，是保证滨水城市环境景观的共享性与异质性的控制区域。

3 基本规定

3.0.1 城市水系规划的水系保护、水系利用和涉水工程设施协调，应包括下列内容：

1 建立城市水系保护的目标体系，提出水域、水质、水生态和滨水景观环境保护的规划措施和要求；

2 完善城市水系布局，科学确定水体功能，合理分配水系岸线，提出滨水区规划布局要求；

3 协调各项涉水工程设施之间以及与城市水系的关系，优化各类设施布局。

3.0.2 编制城市水系规划时，应坚持下列原则：

1 安全性原则。充分发挥水系在城市给水、排水和防洪排涝中的作用，确保城市饮用水安全和防洪排涝安全；

2 生态性原则。维护水系生态环境资源，保护生物多样性，改善城市生态环境；

3 公共性原则。水系是城市公共资源，城市水系规划应确保水系空间的公共属性，提高水系空间的可达性和共享性；

4 系统性原则。城市水系规划应将水体、岸线和滨水区作为一个整体进行空间、功能的协调，合理布局各类工程设施，形成完善的水系空间系统。城市水系空间系统应与城市园林绿化系统、开放空间系统等有机融合，促进城市空间结构的优化；

5 特色化原则。城市水系规划应体现地方特色，强化水系在塑造城市景观和传承历史文化方面的作用，形成有地方特色的滨水空间景观，展现独特的城市魅力。

3.0.3 城市水系规划的对象宜按下列规定分类：

1 水体按形态特征分为江河、湖泊和沟渠三大类。湖泊包括湖、水库、湿地、塘堰，沟渠包括溪、沟、渠；

2 水体按功能类别分为水源地、生态水域、行洪通道、航运通道、雨洪调蓄水体、渔业养殖水体、景观游憩水体等；

3 岸线按功能分为生态性岸线、生活性岸线和生产性岸线。

3.0.4 编制城市水系规划应充分收集与水系相关的资料，并应进行下列评价：

1 城市水系功能定位评价，应从宏观上分析水系在流域、城市空间体系以及在城市生态体系中的定位；

2 水体现状评价，应包括水文条件、水质等级与达标率、水系连通状况、水生态系统多样性与稳定性、保护或改善水质的制约因素与有利条件、水系利用状况及存在问题；

3 岸线利用现状评价，应包括各类岸线分布、基本特征和利用状况分析、岸线的价值评价；

4 滨水区现状评价，应包括滨水区用地现状、空间景观特征及价值评价；

5 根据水系的具体情况，可进行交通、历史、文化等其他方面的评价。

3.0.5 编制城市水系规划的基础资料应符合附录A的规定。

4 保护规划

4.1 一般要求

4.1.1 城市水系的保护应包括水域保护、水生态保护、水质保护和滨水空间控制等内容，根据实际需要，可增加水系历史文化保护和水系景观保护的内容。

4.1.2 城市水系保护规划应体现整体保护与重点保护相结合的原则，保护水系的完整性，明确重点保护的水域、保护的重点内容。

4.1.3 城市水系保护规划提出的保护措施应结合城市的特点，因地制宜，切实可行。

4.2 水域保护

4.2.1 水域保护应明确受保护水域的面积和基本形态，提出水域保护的控制要求和措施。

4.2.2 受保护水域的范围应包括构成城市水系的所有现状水体和规划新建的水体，并通过划定水域控制线进行控制。划定水域控制线宜符合下列规定：

1 有堤防的水体，宜以堤顶临水一侧边线为基准划定；

2 无堤防的水体，宜按防洪、排涝设计标准所对应的洪（高）水位划定；

3 对水位变化较大而形成较宽涨落带的水体，可按多年平均洪（高）水位划定；

4 规划的新建水体，其水域控制线应按规划的水域范围线划定。

4.2.3 水域控制线范围内的水体必须保持其完整性。

4.2.4 在满足水体主要功能的前提下，可根据重大基础设施项目的系统规划布局合理调整水域控制线，各水体调整后的控制水域面积不宜小于其现状的水域面积。

4.2.5 位于城市中心区的水体，应依据水域控制线确定水域控制点，作为水域控制的依据。

4.3 水生态保护

4.3.1 水生态保护应包括划定水生态保护范围、提出维护水生态系统稳定与生物多样性的措施等内容。

4.3.2 珍稀及濒危野生水生动植物集中分布区域和有保护价值的自然湿地应纳入水生态保护范围，并应根据需要划分核心保护范围和非核心保护范围。

4.3.3 已批准为各级自然保护区或湿地公园的，其水生态保护范围按批准文件确定的保护范围划定；其他水生态保护范围的划定，应满足受保护对象的完整性要求，并兼顾当地经济发展和居民生产、生活的需要。

4.3.4 水生态保护应维护水生态保护区域的自然特征，不得在水生态保护的核心范围内布置人工设施，不得在非核心范围内布置与水生态保护和合理利用无关的设施。

4.3.5 未列入水生态保护范围的水体涨落带，宜保持其自然生态特征。

4.4 水质保护

4.4.1 水质保护应明确城市水系水质保护的目标和制定水质保护的措施。

4.4.2 水质保护目标应根据水体规划功能制定，满足对水质要求最高的规划功能需求，并不应低于水体的现状水质类别。

4.4.3 制定的水质保护目标应符合水环境功能区划，与水环境功能区划确定的水体水质目标不一致的应进行专门说明。

4.4.4 同一水体的不同水域，可按照其功能需求确定不同的水质保护目标。

4.4.5 水质保护工程应以城市污水的收集与处理为基本措施，并包括面源污染和内源污染的控制与处理，必要时还可包括水生态修复措施。

4.5 滨水空间控制

4.5.1 滨水空间控制应保护水系的滨水空间资源，并应包括下列内容：

1 在水域控制线外控制一定宽度的滨水绿化带，滨水绿化带的范围应通过划定滨水绿化控制线进行界定；

2 在滨水绿化带外控制一定区域作为滨水建筑控制区，滨水建筑控制区的范围应通过划定滨水建筑控制线进行界定。

4.5.2 滨水绿化控制线应按水体保护要求和滨水区的功能需要确定，并应符合下列规定：

1 饮用水水源地的一级保护区陆域和水生态保护范围的陆域应纳入滨水绿化控制区范围；

2 有堤防的滨水绿化控制线应为堤顶背水一侧堤脚或其防护林带边线；

3 无堤防的江河、湖泊，其滨水绿化控制线与水域控制线之间应留有足够空间；

4 沟渠的滨水绿化控制线与水域控制线的距离宜大于4m；

5 历史文化街区范围内的滨水绿化控制线应按现有滨水空间格局因地制宜进行控制；

6 结合城市道路、铁路及其他易于标识及控制的要素划定。

4.5.3 滨水绿化控制线范围内的绿化应有足够的公共性和连续性，并宜结合滨水绿化控制线布置滨水道路。

4.5.4 滨水建筑控制线应根据水体功能、水域面积、滨水区地形条件及功能等因素确定。滨水建筑控制线与滨水绿化控制线之间应有足够的距离，并明确该区域城市滨水景观的控制要求。

5 利用规划

5.1 一般要求

5.1.1 城市水系利用规划应体现保护和利用协调统一的思想，统筹水体、岸线和滨水区之间的功能，并通过对城市水系的优化，促进城市水系在功能上的复合利用。

5.1.2 城市水系利用规划应贯彻在保护的前提下有限利用的原则，应满足水资源承载力和水环境容量的限制要求，并能维持水生态系统的完整性和多样性。

5.2 水体利用

5.2.1 城市水体的利用应结合水系资源条件和城市总体规划布局，按照城市可持续发展要求，在分析比较各种功能需求基础上，合理确定水体利用功能和水位等重要的控制指标。

5.2.2 确定水体的利用功能应符合下列原则：

1 符合水功能区划要求；

2 兼有多种利用功能的水体应确定其主要功能，其他功能的确定应满足主要功能的需要；

3 应具有延续性，改变或取消水体的现状功能应经过充分的论证；

4 水体利用必须优先保证城市生活饮用水水源的需要，并不得影响城市防洪安全；

5 水生态保护范围内的水体，不得安排对水生态保护有不利影响的其他利用功能；

6 位于城市中心区范围内的水体，应保证必要的景观功能，并尽可能安排游憩功能。

5.2.3 同一水体多种利用功能之间有矛盾的，应通过技术、经济和环境的综合分析进行协调，并符合下列规定：

1 可以划分不同功能水域的水体，应通过划分不同功能水域实现多种功能需求；

2 可通过其他途径提供需求的功能应退让无其他途径提供需求的功能；

3 水质要求低的功能应退让水质要求高的功能；

4 水深要求低的功能应退让水深要求高的功能。

5.2.4 城市水体的控制水位应依据水体水位变化现状和水体规划功能综合确定，并应符合下列规定：

1 已编制城市防洪、排水、航运等工程规划的城市，应按照工程规划成果明确相应水体的控制水位；

2 工程规划尚未明确控制水位的水体或规划功能需要调整的水体，应根据其规划功能的需要确定控制水位。必要时，可通过技术经济比较对不同功能的水位和水深需求进行协调。

5.3 岸线利用

5.3.1 岸线的使用性质应结合水体特征、岸线条件和滨水区功能定位等因素进行确定。

5.3.2 岸线利用应优先保证城市集中供水的取水工程需要，并应按照城市长远发展需要为远景规划的取水设施预留所需岸线。

5.3.3 生态性岸线的划定，应体现"优先保护、能保尽保"的原则，将具有原生态特征和功能的水域所对应的岸线优先划定为生态性岸线，其他的水体岸线在满足城市合理的生产和生活需要前提下，应尽可能划定为生态性岸线。

5.3.4 划定为生态性岸线的区域必须有相应的保护措施，除保障安全或取水需要的设施外，严禁在生态性岸线区域设置与水体保护无关的建设项目。

5.3.5 生产性岸线的划定，应坚持"深水深用、浅水浅用"的原则，确保深水岸线资源得到有效的利用。生产性岸线应提高使用效率，缩短生产性岸线的长度；在满足生产需要的前提下，应充分考虑相关工程设施的生态性和观赏性。

5.3.6 生活性岸线的划定，应根据城市用地布局，与城市居住、公共设施等用地相结合。

5.3.7 水体水位变化较大的生活性岸线，宜进行岸线的竖向设计，在充分研究水文地质资料的基础上，结合防洪排涝工程要求，确定沿岸的阶地控制标高，满足亲水活动的需要，并有利于突出滨水空间特色和塑造城市形象。

5.4 滨水区规划布局

5.4.1 滨水区规划布局应有利于城市生态环境的改善，以生态功能为主的滨水区，应预留与其他生态用地之间的生态联通廊道，生态联通廊道的宽度不应小于 60m。

5.4.2 滨水区规划布局应有利于水环境保护，滨水工业用地应结合生产性岸线集中布局。

5.4.3 滨水区规划布局应有利于水体岸线共享。滨水绿化控制线范围内宜布置为公共绿地、设置游憩道路；滨水建筑控制范围内鼓励布局文化娱乐、商业服务、体育活动、会展博览等公共服务设施和活动场地。

5.4.4 滨水区规划布局应保持一定的空间开敞度。因地制宜控制垂直通往岸线的交通、绿化或视线通廊，通廊的宽度宜大于 20m。建筑物的布局宜保持通透、开敞的空间景观特征。

5.4.5 滨水区规划布局应有利于滨水空间景观的塑造，分析水体自然特征、天际轮廓线、观水视线以及建筑布局对滨水景观的影响；对面向水体的城市设计应提出明确的控制要求。

5.5 水系改造

5.5.1 水系改造应尊重自然、尊重历史，保持现有水系结构的完整性。水系改造不得减少现状水域面积总量和跨排水系统调剂水域面积指标。

5.5.2 水系改造应有利于提高城市水系的综合利用价值，符合区域水系分布特征及水系综合利用要求。

5.5.3 水系改造应有利于提高城市水生态系统的环境质量，增强水系各水体之间的联系，不宜减少水体涨落带的宽度。

5.5.4 水系改造应有利于提高城市防洪排涝能力，江河、沟渠的断面和湖泊的形态应保证过水流量和调蓄库容的需要。

5.5.5 水系改造应有利于形成连续的滨水公共活动空间。

5.5.6 规划建设新的水体或扩大现有水体的水域面积，应与城市的水资源条件和排涝需求相协调，增加的水域宜优先用于调蓄雨水径流。在资料条件有限时，可按表 5.5.6 确定新增加水域的面积。

表 5.5.6 城市适宜水域面积率

城市区位	水域面积率(%)
一区城市	8～12
二区城市	3～8
三区城市	2～5

注：1 一区包括湖北、湖南、江西、浙江、福建、广东、广西、海南、上海、江苏、安徽、重庆；二区包括贵州、四川、云南、黑龙江、吉林、辽宁、北京、天津、河北、山西、河南、山东、宁夏、陕西、内蒙古河套以东和甘肃黄河以东的地区；三区包括新疆、青海、西藏、内蒙古河套以西和甘肃黄河以西的地区。

2 山地城市宜适当降低水域面积率指标。

6 涉水工程协调规划

6.1 一般要求

6.1.1 涉水工程协调规划应对给水、排水、防洪排涝、水污染治理、再生水利用、综合交通等工程进行综合协调，同时还应协调景观、游憩和历史文化保护方面的内容。

6.1.2 涉水工程协调规划，应有利于城市水系的保护和提高城市水系的利用效率，减少各类涉水工程设施的布局矛盾，并应协调下列内容：

1 涉水工程与城市水系的关系；

2 各类涉水工程设施布局之间的关系。

6.1.3 涉水工程各类设施布局有矛盾时，应进行技术、经济和环境的综合分析，按照"安全可靠、资源节约、环境友好、经济可行"的原则调整工程设施布局方案。

6.2 涉水工程与城市水系的协调

6.2.1 选择地表水为城市给水水源时，应优先选择资源丰沛、水质稳定的水体；在城市水系资源条件允许时，应采用多水源，并按照各水源的水质、水量及区位条件明确主要水源、次要水源或备用水源。

6.2.2 防洪排涝工程应避免对城市水生态系统的破坏，水库的设置应保证下游河道生态需水量要求，堤防的设置可能导致原水生态系统自然特征显著改变的应同步设置补救措施。

6.2.3 城市污水处理工程应结合再生水利用系统进行合理布局，促进城市水系的健康循环。初期雨水处理工程宜结合滨水的城市绿化用地设置，并采用人工湿地等易于塑造滨水景观的处理设施。

6.2.4 城市道路在满足交通的前提下应有利于水系空间的连续和水生态系统的完整，避免对水系的破坏，确需穿越水体的道路应采用桥、隧道等方式。滨水道路宜结合滨水空间布局进行统筹安排。

6.3 涉水工程设施之间的协调

6.3.1 取水设施不得设置在防洪的险工险段区域及城市雨水排水口、污水排水口、航运作业区和锚地的影响区域。

6.3.2 污水排水口不得设置在水源地一级保护区内，设置在水源地二级保护区的污水排水口应满足水源地一级保护区水质目标的要求。

6.3.3 桥梁建设应符合相应防洪标准和通航航道等级的要求，不应降低通航等级，桥位应与港口作业区及锚地保持安全距离。

6.3.4 航道及港口工程设施布局必须满足防洪安全要求。

6.3.5 码头、作业区和锚地不应位于水源一级保护区和桥梁保护范围内，并应与城市集中排水口保持安全距离。

6.3.6 在历史文物保护区范围内布置工程设施时应满足历史文物保护的要求。

附录 A 规划编制基础资料

A.0.1 基础资料的调查与收集应根据城市水系的特征和规划的实际需要，提出调查提纲并有侧重地进行。

A.0.2 基础资料的调查与收集应分类进行，取得准确的现状和历史资料，并宜包括下列内容：

1 测绘资料：水系规划使用的地形图，其精度不应低于城市总体规划使用的地形图精度，必要时还可利用航片、卫片等遥感影像资料；

2 城市基础资料：包括自然地理、社会经济、历史文化和城市建设等方面资料；

3 水体（及水资源）资料：包括城市水系的水体形态、面积、权属、水文特征、水质、底泥、重要水生动植物、地下水等内容，以及水体的利用现状；主水资源及客水资源相关资料；

4 岸线资料：包括岸线形态、河势与岸线演变、使用现状，岸线水文特征和水深条件，陆生植物种类和分布、特殊岸线的概况，排水设施和防洪设施布局、规模。

5 滨水区资料：包括滨水区的土地使用与批租情况、建设状况、人口总量与分布、滨水建筑景观状况。

6 相关规划资料：包括城市总体规划、江河流域防洪规划、流域环境保护规划和水利工程规划等相关规划和流域管理规定。

7 其他资料：包括水系的历史演变过程和流域状况，排入水体的污水量和污水成分，桥梁等水上构筑物的基本概况。

本规范用词说明

1 为便于在执行本规范条文时区别对待，对要求严格程度不同的用词说明如下：

1）表示很严格，非这样做不可的：

正面词采用“必须”，反面词采用“严禁”；

2）表示严格，在正常情况下均应这样做的：

正面词采用“应”，反面词采用“不应”或“不得”；

3）表示允许稍有选择，在条件许可时首先应这样做的：

正面词采用“宜”，反面词采用“不宜”；

4）表示有选择，在一定条件下可以这样做的，采用“可”。

2 条文中指明应按其他有关标准执行的写法为：“应符合……的规定”或“应按……执行”。

中华人民共和国国家标准

城市水系规划规范

GB 50513—2009

条 文 说 明

制 订 说 明

《城市水系规划规范》（以下简称《规范》）是城市规划编制标准规范体系中重要的组成部分。编制城市水系规划规范，对于保护城市水系、合理发挥城市水系功能，促进城市安全、健康发展具有重要意义。

一、标准编制遵循的主要原则

1. 安全性原则。增强水系在保障城市公共安全方面的作用。

2. 生态性原则。加强水系在改善城市生态环境方面的作用。

3. 公共性原则。强化城市水系资源的公共属性。

4. 系统性原则。协调水系与城市在功能和空间上的统一关系。

5. 特色化原则。突出城市水系的地域特性。

二、编制工作概况

（一）编制过程及主要工作

1. 准备阶段（2000 年 5 月～2000 年 12 月）

主编单位自 2000 年 5 月启动编写准备工作，2000 年 12 月 23 日召开《规范》开题会暨第一次工作会议，正式进入编写工作阶段。开题会原则同意编制组提出的《规范》编制大纲、主编及参编单位的分工和工作计划，并同意大纲各章节的设置经调整后可作为编制依据。

2. 调研及初稿编制阶段（2001 年 2 月～2003 年 8 月）

（1）编制组在 2001 年 2 月到 7 月期间，按照调研分工陆续对北京、上海、成都、广州、沈阳等地域代表城市进行实地调研，并与当地主要规划设计单位进行座谈，收集相关城市近年编制的有关城市水系的部分规划实例。

（2）编制组在 2001 年 10 月到 2003 年 8 月期间，结合《武汉市汉阳地区水环境生态综合规划》科研课题的研究进展和国内城市正在进行的与水系相关的规划编制和建设项目，充实及完善《规范》内容，初步形成了《规范》征求意见稿的讨论稿。

（3）编制组于 2003 年 8 月在珠海召开了《规范》编制工作会议，对《规范》总体内容及条文进行了广泛及深入的讨论，并就下一步征求意见的相关工作安排达成一致意见。

3. 征求意见稿阶段（2003 年 9 月～2005 年 5 月）

2004 年 12 月，主编及参编单位根据编制组工作会议的精神，借鉴了武汉市城市规划设计研究院编制的《武汉市汉阳地区水环境生态综合规划》的正式成果，形成了《规范》征求意见稿的正式稿。

2005 年 1 月～2005 年 5 月，在原建设部城乡规划司的组织下，向北京、上海、沈阳等城市的规划设计机构、城市规划行政管理部门、水行政管理部门、水相关工程设计机构征求意见。

4. 送审阶段（2005 年 6 月～2007 年 9 月）

编制组对函调单位反馈的意见进行了整理和汇总，形成了《规范》送审稿的初稿。根据《规范》（送审稿）专家预审会的意见及建议进行修改、补充及完善，并形成正式稿后上报原建设部城市规划标准规范归口单位。

（二）开展的专题研究

在《规范》的编制过程中，编制及专家顾问组一致认为应结合科技部“十五”重大科技专项中的《武汉市汉阳地区水环境生态综合规划》科研课题开展专题研究。专题研究的主要内容为制订科学合理的技术路线，抓住构成水环境完整概念的水系形态、水质水生态及滨水空间等三大要素，并以三个构成要素为主体分别进行相关研究，找到影响这三大要素的各种相关关系，力求寻找其量化的关系式，从而建立起各种影响因素与水环境总体状况之间的对应关系，确定在不同规划时期应该采取的措施和方案。在专题研究中力求建立指导建设的指标体系，量化规划目标；构建规划沟渠分布协调、水体交换便捷、生态联系通畅和历史文化丰富的城市水系网络；形成满足水体功能要求的水污染控制体系；建立水生态保护的综合体系，丰富生物多样性；制定滨水区控制体系、展现地区水环境生态特色，为《规范》的编制工作提供理论和技术支撑。

（三）征求意见的范围及意见

在原建设部城乡规划司的组织下，编制组结合城市水系的地域特征和行业管理特征，向北京、天津、山西、内蒙古、沈阳、吉林、哈尔滨、上海、南京、宁波、合肥、济南、厦门、郑州、广州、深圳、桂林、成都、昆明等省市和大城市的规划设计机构、城市规划行政管理部门、水行政管理部门、水相关工程设计机构发函征求意见，共发征求意见函 50 份，收到回函 22 份共 180 余条修改意见及建议，同时征求意见稿还通过建设部有关网站进行了网上征求意见，收到 1 份共 5 条建议。

（四）审查情况及主要结论

2007 年 9 月 27 日，原建设部城乡规划司在武汉组织召开了《规范》的审查会，出席会议的有建设部标准定额司、城乡规划司、城市规划标准规范归口办公室的领导和《规范》专家组的全体专家及编制组成员共27人。

会议认为《规范》是国内首次编制，是一个创新型的规范，技术难度大，涉及面广，需要协调的相关规范、标准较多，是对近年来城市水系规划的系统总结。《规范》目的比较明确、框架结构合理、章节设置和内容深度把握基本得当，符合规范编制的要求，体现了生态优先、资源保护、合理利用的理念。《规范》在专家预审会议所提意见的基础上进行了深化完善，内容完整、编制程序符合要求、总体上体现了先进性、科学性、协调性和可操作性，达到了国内城市规划规范编制的先进水平，专家评审会一致同意通过审查。

目　次

1 总 则

1.0.1 我国是一个多江河、多湖泊的国家。近年来，位于城市内或城市周边的水体和水系空间资源出现了高强度开发和无序利用的现象。一方面，城市内部和周边的水体易受到生活污水和工业废水的污染；另一方面，滨水地区具有良好的生态环境和优美的景观条件，一些地方存在因不合理开发造成的滨水地区公共性降低、开发强度过高等问题。建设部于1999年正式批准编制《城市水系规划规范》，以指导各地的水系保护和利用规划的编制，规范保护和利用城市水系的行为，有利于城市水系综合功能持续高效发挥，促进城市健康发展。

1.0.2 关于规范适用范围的规定。城市一般依水而建，水、城的关系十分密切，水系的形态影响着城市总体空间结构，是城市总体空间框架的有机组成部分，因此，水系的保护和利用宜在城市总体规划阶段统筹、同步编制城市水系规划，或者单独编制相应的专项规划。

1.0.3 在确定水系规划对象的过程中，主要考虑以下几个方面的问题：

水系规划应以城市规划区内的水体为规划对象，但是，水系是一个区域性的有机体，特别是江、河一类的水体更与周边城市有着十分密切的上下游关系，因此，水系规划范围可在城市规划区范围的基础上，进一步研究水系的区域关系，适当扩大研究范围，以使规划编制工作更加科学合理。

在规范编制的过程中也研究过是否将地下水作为规划对象，考虑到地下水的详细资料在一般情况下比较难以完整取得，因此，本规范暂不要求将地下水作为规划对象。鉴于地下水是水资源重要的组成部分，建议已经具有地下水相关资料的城市将地下水纳入城市水系规划。

由于与水相邻的陆地空间是保护和利用水系的重要空间要素，因此，规范将滨水地带也作为规划对象。

1.0.4 城市水体及水系空间环境是城市重要的空间资源，是体现城市生态环境、人居环境和空间景观环境的重要载体。城市水系规划的总体原则就是强调对水系及其空间环境的优先保护，在保护的前提下，再提出有限的合理利用目标。

1.0.5 关于规划期限的规定。

1.0.6 与水系相关的专业规划很多，如给水规划、排水规划、航道规划、防洪规划等，均有相应的国家规范或标准。城市水系规划应与这些规划的规范、标准相衔接。城市水系一般是流域或区域水系的一部分，城市水系规划应符合已批准的有关流域和区域规划。

3 基本规定

3.0.1 本条根据城市水系保护和利用中面临的主要问题，提出了城市水系规划的内容要求。

保护规划的核心是建立水体环境质量保护和水系空间保护的综合体系。明确水体水质保护目标，建立污染控制体系；划定水域、滨水绿带和滨水区保护控制线，提出相应的控制管理规定。

利用规划的核心是要构建起完善的水系功能体系。通过科学安排水体功能、合理分配岸线和布局滨水功能区，形成与城市总体发展格局有机结合并相辅相成的空间功能体系。

工程设施协调规划的核心是协调涉水工程设施与水系的关系、涉水工程设施之间的关系，工程设施的布局要充分考虑水系的平面及竖向关系，避免相互之间的矛盾和产生不良影响。

3.0.2 本条根据有关法律法规要求和城市规划基本原理，提出了城市水系规划所应坚持的基本原则。

1.安全性原则。主要强调水系在保障城市公共安全方面的作用，包括饮用水安全和防洪排涝安全。

2.生态性原则。主要强调水系在改善城市生态环境方面的作用，包括三个方面：一是强调水系在城市生态系统中的重要作用；二是避免对水生态系统的破坏；三是鼓励在对城市水系进行必要的改造时采用生态措施。

3.公共性原则。主要强调城市水系资源的公共属性。城市水系的公共性一方面表现为权属的公共性，这一直成为世界各滨水城市高度关注的问题，为确保水系及滨水空间为广大市民所共享，不少国家的城市对此制定了严格的法规。另一方面还表现在功能的公共性，在滨水地区布局公共性的设施有利于促进水系空间向公众开放，并有利于形成核心积聚力来带动城市的发展。成功的案例如美国巴尔的摩、悉尼情人港等滨水地区的建设。

4.系统性原则。主要强调水系与城市在功能和空间上的统一关系。水体、岸线和滨水陆域空间是水系综合功能实现的基本构成要素，水系规划应将水体—岸线（水陆交接带）—滨水空间（陆域）作为一个整体进行保护和利用，实现水系规划的各项目标。第一层次是水体，是水系生态保护和生态修复的重点。第二层次是水体岸线，是水域与陆域的交接界面，是体现水系资源特征的特殊载体。第三层次是濒临水体的陆域地区，是进行城市各类功能布局、开发建设以及生态保护的重点地区。水系规划必须统筹兼顾这三个层次的生态保育、功能布局和建设控制，岸线和滨水地区功能的布局必须形成良性互动的格局，避免相互矛盾，确保水系与城市空间结构关系的完整性。水系空间系统和园林绿地系统、开放空间系统具有密切的功能和空间联系，从而成为城市总体空间格局的重要组成部分。

5.特色化原则。主要强调城市水系的地域特性。水系作为体现城市特征的自然要素，在城市的发展过程中对城市空间布局和文化延续有重要影响。水系是典型的开敞空间，往往也是城市形象的重要构成要素，因而水系规划不应仅仅限于水系物理环境和生态环境的治理和保护，还应充分体现规划对水系空间景观体系的引导和控制，塑造出有特色的城市空间形象。

3.0.3 本条提出了城市水系规划对象的分类方法。分类的主要目的一是便于进行聚类分析，二是便于制订有针对性的保护和利用措施。

水体的形态十分丰富，但分类过多不利于制定基本的保护利用对策和措施，因此根据其基本形态特征分为江河、湖泊和沟渠三大类，江河以"带"为基本形态特征，一般水面宽度在12m以上，具备较大的流域（汇流）范围；沟渠以"线"为基本形态特征；湖泊以"面"为基本形态特征。滨海城市可以增加海湾类别。

水系岸线按在城市中的作用进行分类。生态性岸线是有明显生态特征的自然岸线，需要加强原生态保护；生产性岸线主要为满足城市正常的交通、船舶制造、取水、排水等工程和生产需要，包括港口、码头、趸船、船舶停靠、桥梁、高架路、泵站、排水闸等设施；生活性岸线主要满足城市景观、市民休闲和娱乐、展现城市特色的需要，生活性岸线应尽可能对公众开放。

3.0.4 本条提出了城市水系规划编制中一般应进行重点分析的内容。城市水系的现状分析和评价是确定城市水系功能、制订保护措施、统筹水系综合利用和协调涉水工程设施的规划依据。

4 保护规划

4.1 一般要求

4.1.1 本条规定了城市水系规划中需要进行保护规划的基本内容，这些内容是城市水系作为城市资源并实现其资源价值的主要构成要素。

4.1.2 本条是对城市水系保护规划的基本要求，以利于在城市水系规划的实施过程中与其他规划进行有效协调。

4.1.3 本条提出了城市水系保护规划应与城市实际情况相协调的要求。随着城市水系保护的技术和手段飞速发展，发达国家在城市水系的保护中也有许多成功的经验，但由于水系有明显的地域特征，如果简单地借用或采用一些在当地具体条件下难以发挥作用的技术或措施，将可能影响规划的实施。

4.2 水域保护

4.2.1 本条规定水域保护的主要内容。水域作为水系在城市空间中的具体表现，是影响水系功能发挥和协调城市与水系关系的主要载体，因此，在城市水系规划中应将水域作为重要的资源予以保护。

4.2.2 关于确定水域范围的基本方法。国内一些城市的规划蓝线仅限于水域范围，滨水绿线单独确定，而另一些城市的规划蓝线既包括了水域也包括了与水域紧邻的滨水绿化范围，为准确区分保护区域，也避免与《城市蓝线管理办法》中关于蓝线的有关规定相冲突，规划采用水域控制线的概念，将其作为水域的范围线。

划定水域控制线时，对水位变化较大而形成较宽涨落带的水体，由于达到高水位的几率较低，特别是一些在防洪、排涝中作用较大的水体，往往按照10年以上甚至高于50年一遇的标准确定设计高水位，平均洪水位以上的滩地在大部分年份没有水，如严格按设计高水位确定水域范围既不利于亲水性的体现，也不符合资源复合利用的原则，同时也增加该区域保护的难度，因此，这些水体的水域控制线宜采用多年平均洪水位线来划定。在具体划定时，应以有利于滩地的保护和复合利用为原则，结合滩地利用的难易程度、防洪或排涝设计标准和滨水地区的用地性质进行具体分析。

4.2.3 关于不得占用、填埋和分隔水域控制线范围内水体的规定。《中华人民共和国水法》第四十条规定：禁止围湖造地，禁止围垦河道。建设部《城市蓝线管理办法》规定：禁止"擅自填埋、占用城市蓝线内水域"。针对国内目前一些地区在开发建设时占用、填埋城市江河、湖泊等水域的现象作出本条规定，并作为强制性内容。

4.2.4 关于特殊情况下水域控制线调整的规定。一方面体现对水系的保护，避免各城市以重点项目建设的名义占用城市水系；另一方面，对铁路编组站等系统性要求高、占地面积大的基础设施选址提供了解决与水系保护矛盾的方法，有利于在保护的基础上促进基础设施的建设。应用本条的规定应符合两个条件：一是布局的项目为重大基础设施，二是周边用地条件可以满足通过调整水域控制线达到规划水域面积不小于现状水域面积的要求。

4.2.5 关于设立水域控制点的要求。由于水域控制线只能在图中进行表示，水域的日常管理维护单位对于没有明确地标物作为水域界限的水体难以进行有效管理，借鉴目前部分地区的成功做法，对水体进行界桩形成人工地标标识易于操作，但界桩不是用地权属范围的界限，而是管理界限，因此，规范要求在规划中明确水域控制线的主要控制点，以作为有关行政管理部门进行界桩的依据，目的是有利于水域控制线的规划管理和接受社会监督。

4.3 水生态保护

4.3.1 本条规定了城市水系规划关于水生态保护的主要内容。

4.3.2、4.3.3 关于水生态保护区域的构成和保护范围划定原则。水生态保护区域的设立主要是保护珍稀及濒危野生水生动植物和维护城市湿地系统生态平衡、保护城市湿地功能和湿地生物多样性，这些区域一部分已批准为自然保护区或已规划为城市湿地公园，对那些尚未批准为相应的保护区但确有必要保护的水生态系统，在满足受保护对象的完整性、生物多样性、生态系统的连贯性和稳定性要求基础上，水生态保护范围宜尽可能小，避免因保护范围过大而难以进行有效保护。

4.3.4 本条按照《中华人民共和国自然保护区条例》中关于自然保护区核心区、缓冲区和实验区的要求制定，并参照《城市湿地公园规划设计导则（试行）》有关规定，作为强制性条文执行。

4.3.5 关于水体涨落带保护的规定。自然特征明显的水体涨落带是水生态系统与城市生态系统的交错地带，对水生态系统的稳定和降解城市污染物，以及促进水生生物多样化都有重要作用，但在城市建设过程中，为体现亲水性和便于确定水域范围，该区域自然特征又很容易被破坏，因此作这一规定。

4.4 水质保护

4.4.1 本条规定了编制城市水系规划时在水污染防治方面的内容要求。水质是水系功能发挥的重要保证，水质下降将影响水系的正常和持续利用，因此，水系规划应将水污染的防治作为重要内容。水污染的防治包括水质目标的确定和保护措施的制定。

4.4.2 关于确定水质保护目标的基本原则。目前我国的水环境形势较为严峻，社会对保护水环境的认识日益增强，因而提出相对严格的要求。水体现状水质应采用各城市环境公报的数据。

4.4.3 环境保护行政主管部门和水行政主管部门一般都已划定当地的水功能区和水环境功能区，环境保护行政主管部门依据的是《地表水环境功能区划分技术纲要》（国家环保局〔90〕环管水字第104号），水行政主管部门依据的是《水功能区管理办法》（水利部水资源〔2003〕233号），各地可根据规划编制任务的要求选择相应区划技术标准，但目标水质都必须满足现行国家标准《地表水环境质量标准》GB 3838的规定。对因水体规划功能调整而需要变更区划确定的水质保护目标的，应专门进行说明，以便于政府决策和调整区划时参考。

4.4.4 本条是针对面积较大或岸线较长的水体所作的规定。在确定分水域水质管理目标时，应保证低水质目标水域不对高水质目标水域产生不利影响，必要时可设置过渡水域。

4.4.5 本条规定了制定水质保护措施的基本要求。由于城市水系中不同的水体受污染的程度、污染物来源以及水体纳污能力都不完全相同，因此，制定保护措施需要有针对性。水质保护的措施除传统的城市污水收集与处理外，面源和内源的治理措施也得到广泛应用，同时，以生态修复技术为代表的新的治理措施在水污染治理、特别是湖泊水库的污染治理中表现出了良好的应用前景。就城市水系而言，在选择治理措施时，一般应坚持先点源治理，再面源治理，然后内源治理的顺序。

4.5 滨水空间控制

4.5.1 滨水空间是水系空间向城市建设陆地空间过渡的区域，其作用主要体现在：一是作为开展滨水公众活动的场所来体现其公共性和共享性，二是作为城市面源污染拦截场所和滨水生物通道来体现其生态性，三是通过绿化景观、建筑景观与水景观的交相辉映来展现和提升城市水环境景观质量。因此，完整的城市滨水空间既包括滨水绿化区，也包括必要的滨水建筑区。为有利于明确这两个区的范围，分别采用滨水绿化控制线和滨水建筑控制线进行界定。

4.5.2 本条规定了划定滨水绿化控制线的原则。滨水绿化控制线以道路、铁路、堤防为参照可有利于空间控制和便于标识。对滨水绿化控制区的宽度进行明确规定比较困难，需要结合具体的地形地势条件、水体及滨水区功能、现状用地条件等多个因素确定。

具体划定时可以参照以下的一些研究成果和有关规定：

1 参照《公园设计规范》关于容量计算的有关规定，人均公园占有面积建议为不少于 $30m^2$～$60m^2$，人均陆域占有面积不宜少于 $30m^2$，并不得少于 $15m^2$。因此，当陆域和水域面积之比为 1∶2 时，水域能够被最多的游人合理利用。该规范还要求作为带状公园的宽度不应小于 8m。

2 沟渠两侧绿化带控制宽度应满足沟渠日常维护管理和人员安全通行的要求，单边宽度不宜小于 4m。

3 作为生态廊道或过滤污染物的绿化带宽度，有关学者的研究成果为表 1 和表 2 的内容。

4 在武汉进行的"科技部武汉水专项研究"中，在水生态系统方面的研究成果认为，如果滨水绿化区域面积大于水体面积，在没有集中的城市污水的排入时，水生态系统将能够维持自身稳定并呈现多样化趋势。

5 对于历史文化街区（如周庄、丽江古城），由于保护和发扬历史文化的要求，应结合历史形成的现有滨水格局特征进行相应控制。

表 1 不同学者提出的保护河流生态系统的适宜廊道宽度值

作者	宽度（m）	说 明
Gillianm J W 等	18.28	截获 88%的从农田流失的土壤
Cooper J R 等	30	防止水土流失
Cooper J R 等	80～100	减少 50%～70%的沉积物
Low rance 等	80	减少 50%～70%的沉积物
Rabeni	23～183.5	美国国家立法，控制沉积物
Erman 等	30	控制养分流失
PeterjohnW T 等	16	有效过滤硝酸盐
Cooper J R 等	30	过滤污染物
Co rrellt 等	30	控制磷的流失
Kesk italo	30	控制氮素
Brazier J R 等	11～24.3	有效的降低环境的温度 5℃～10℃
Erman 等	30	增强低级河流河岸稳定性
Steinblum s I J 等	23～38	降低环境的温度 5℃～10℃
Cooper J R 等	31	产生较多树木碎屑，为鱼类繁殖创造多样化的生态环境
BuddW W 等	11～200	为鱼类提供有机碎屑物质
Budd 等	15	控制河流浑浊

表 2 根据相关研究成果归纳的生物保护廊道适宜宽度

宽度值（m）	功能及特点
3～12	廊道宽度与草本植物和鸟类的物种多样性之间相关性接近于零；基本满足保护无脊椎动物种群的功能
12～30	对于草本植物和鸟类而言，12m 是区别线状和带状廊道的标准。12m 以上的廊道中，草本植物多样性平均为狭窄地带的 2 倍以上；12m～30m 能够包含草本植物和鸟类多数的边缘种，但多样性较低；满足鸟类迁移；保护无脊椎动物种群；保护鱼类、小型哺乳动物
30～60	含有较多草本植物和鸟类边缘种，但多样性仍然很低；基本满足动植物迁移和传播以及生物多样性保护的功能；保护鱼类、小型哺乳、爬行和两栖类动物；30m 以上的湿地同样可以满足野生动物对生态环境的需求；截获从周围土地流向河流的 50%以上沉积物；控制氮、磷和养分的流失；为鱼类提供有机碎屑，为鱼类繁殖创造多样化的生态环境
60、80～100	对于草本植物和鸟类来说，具有较大的多样性和内部种；满足动植物迁移和传播以及生物多样性保护的功能；满足鸟类及小型生物迁移和生物保护功能的道路缓冲带宽度；许多乔木种群存活的最小廊道宽度
100～200	保护鸟类，保护生物多样性比较合适的宽度
≥600～1200	能创造自然的、物种丰富的景观结构；含有较多植物及鸟类内部种；通常森林边缘效应有 200m～600m 宽，森林鸟类被捕食的边缘效应大约范围为 600m，窄于 1200m 的廊道不会有真正的内部生态环境；满足中等及大型哺乳动物迁移的宽度从数百米至数十千米不等

注：表 1 和表 2 的数据来源为：车生泉，城市绿色廊道研究，城市生态研究，2001，9（11）；朱强等，景观规划中的生态廊道宽度，生态学报，2005（9）（第 25 卷第 9 期）。

4.5.3 关于滨水绿化区的基本规划要求。结合滨水绿化控制线布局道路可有利于实现滨水区域的可达性和形成地理标识。

4.5.4 关于滨水建筑区的划定原则，实际规划中还应考虑地形地势条件和周边的用地布局，其目的主要是在滨水城市地区形成良好的城市景观，使水、岸和城市建筑相互呼应，要结合不同的滨水条件和功能，对主要的景观要素进行控制。

5 利用规划

5.1 一般要求

5.1.1、5.1.2 关于水系利用的一般性规定，城市水系的利用要突出功能上的复合利用和系统上的整体利用，并不超过城市水系自身的承载能力，达到可持续利用的目的。

5.2 水体利用

5.2.1 关于水体利用的原则要求。水是城市起源和发展的命脉，城市水体对城市运行所提供的功能是多重的，城市饮用水的供给、航运和滨水生产、排水调蓄功能、水生生物栖息、生态调节和保育、行洪蓄洪、景观游憩都是水系可以承担的功能，这些功能必须在城市水系规划中得到妥当的安排和布局，不可偏重某一方面，而疏漏了另一方面的发展和布局。

5.2.2 关于确定水体功能的规定。在水体的诸多功能当中，首先应确定的是城市水源地和行洪通道，城市水源地和行洪通道是保证城市安全的基本前提。对城市水源水体，应当尽量减少其他水体功能的布局，避免对水源水体质量造成不必要的干扰。

水生态保护区，尤其是有珍稀水生生物栖息的水域，是整个城市生态环境中最敏感和脆弱的部分，其原生态环境应受到严格的保护，应严格控制该部分水体再承担其他功能，确需安排游憩等其他功能的应经专门的环境影响评价，确保这类水体的生态环境不被破坏。

位于城市中心区范围内的水体往往是城市中难得的开敞空间，具有较高的景观价值，赋予其景观功能和游憩功能有利于形成丰富的城市景观。

5.2.3 同一水体可能需要安排多种功能，当这些功能之间发生冲突时，需要对这些功能进行调整或取舍，其依据应为技术、经济和环境效益的综合分析结论。一般情况下可以先进行分区协调，尽量满足各种功能布局的需要。当分区协调不能实现时，需要对各种功能的需求进行进一步分析，按照水质、水深到水量的判别顺序逐步进行筛选。

5.2.4 关于水体水位控制的原则规定。一般情况下水位处于不断的变化之中，水位涨落对城市周边的建设，特别是对于周边城市建设用地基本标高的确定有重要的影响，因此，水位的控制是有效和合理利用水体的重要环节。江、河等流域性水体，以及连江湖泊、海湾，应根据水文监测站常年监测的水位变化情况，统计水体的历史最高水位、历史最低水位和多年平均水位，并按照防洪、排涝规划要求明确警戒水位、保证水位或其他控制水位，作为编制水系规划和确定周边建设用地高程的重要依据。

5.3 岸线利用

5.3.1 关于如何确定岸线利用性质的基本要求。

5.3.2 岸线利用应确保城市取水工程需要，取水工程是城市基础设施和生命线工程的重要组成部分。对取水工程不应只包括近期的需要，还应结合远期需要和备用水源一同划定，及早预留并满足远期取水工程对岸线的需求。

5.3.3 生态性岸线往往支撑着大量原生水生生物甚至是稀有物

种的生存，维系着水生态系统的稳定，对以生态功能为主的水域尤为重要，因此，在确定岸线使用性质时，应尽可能多地划定生态性岸线。

5.3.4 生态性岸线本身和其维护的水生态区域容易受到各种干扰而出现退化，除需要有一定的规模以维护自身动态平衡外，还需要尽可能避免被城市建设所干扰，这就需要控制一个相对独立的区域，限制甚至是禁止在这个区域内进行与城市相关的建设活动。

5.3.5 生产性岸线易对生态环境产生不良的影响，因此，在生产性岸线规划布局时应尽可能提高使用效率，缩减所占用岸线的长度，并在满足生产需要的前提下尽量美化、绿化，形成适宜人观赏尺度的景观形象。

5.3.6 生活性岸线多布局在城市中心区内，是与城市市民生活最为接近的岸线，因此，生活性岸线的布局应体现充分服务市民生活的特点，确保市民尽可能亲近水体，共同享受滨水空间的良好环境。生活性岸线的布局，应注重市民可以到达和接近水体的便利程度，一般平行岸线建设的滨水道路是人群接近水体最便利的途径，人们可以沿路展开休憩、亲水、观水等多项活动，水系规划应该尽力创造滨水道路空间。

5.3.7 为加强岸线的亲水性，便于人们接近水体，可结合水位变化和岸线的高程设置梯级平台。梯级平台的设置，要考虑水位的变化情况，例如常年水位、最高水位等不同水位高程的台级，由于被水淹没的时间长短和程度的不同，应有不同的功能布局和处理方式。因此，竖向设计是生活性岸线布局需要重点考虑的因素。

5.4 滨水区规划布局

5.4.1 具有一定规模的水体，当其作为城市生态功能区来进行规划时，应该考虑与其他生态版块的连通问题，以满足不同物种之间的交换和活动需要。按照表2的研究数据，以及国家“十五”重大科技专项中所开展的武汉市汉阳地区水环境生态专项研究成果，生态廊道的宽度至少需要控制在60m以上，一般应达到100m。

5.4.2 滨水区的建设与水系有着直接的相互影响。规划应避免滨水区建设可能对水系造成的不利影响，特别是部分工业的布局容易导致对水体的污染，因此，本条提出控制有污染工业布局的要求。这里需要强调的是要严禁沿水体零散布局有污染的项目，零散布局必然带来污水截污排放系统的不经济性，最有可能带来水体污染。

5.4.3 滨水区的公共性主要通过两个途径得到确保：一是滨水空间的公共开放性，岸线的空间资源十分珍贵，应通过滨水区空间科学布局增强其共享性，创造出充裕连续、开放的滨水空间；二是滨水区功能的公益性，通过鼓励在滨水区尽可能多地布局城市博览、文化娱乐、休闲游览等公益性活动设施，提高滨水区的公共使用效率，改善城市生活品质。

5.4.4 滨水区内的道路或各类通廊是滨水空间组织的重要内容。垂直通往水体的道路可加强岸线可达性，这些道路既可使人们便捷地到达滨水区，而且还形成了通往岸线的视线通廊，形成美好的城市景观环境。另外，当条件允许时，也应考虑适当的园林绿化通廊，绿化通廊的间距是按照城市主干道的间距进行控制的，条件好的城市，也可以因地制宜进行控制，体现当地的地域特色。滨水区的建筑物布局应避免沿水体密集安排，形成通透、开敞的景观效果和良好的城市风道。

5.4.5 滨水区是体现水系景观功能的重要载体，但景观特征与各地的具体情况有直接的关联，难以作出统一的规定，因此，本条从规划管理角度提出相应的控制要求，通过城市设计来规范滨水区的景观塑造。

5.5 水系改造

5.5.1 关于水系改造规划的基本要求。城市水系具有明显的地域特征，其变迁过程是城市历史的重要组成部分，水系的结构是城市空间演变和水系自身发展的结果，水系的改造应顺应水系与城市的这种有机联系，避免为改造而改造，避免对自然的、历史的城市水系进行不合理的人工干预，更要避免借改造的名义填占水体的行为，特殊情况下需要减小单一水体的水面面积时，应在同一个排水系统内的其他水体增加不小于该减小的水面面积。

5.5.2 本条规定了水系改造的基本原则。

5.5.3～5.5.5 提出了城市水系改造的主要方向。水系改造的目的应包括提高城市行洪调蓄能力、为改善水质创造条件、为丰富生物多样性提供生态走廊、形成城市独特的景观和水上交通通廊、提高水体的观赏价值等。因此，结合水系各类功能的发挥提出相应的改造要求。

5.5.6 关于扩大水域面积的规定。水系改造是城市建设过程中提升水系综合功能的手段，在改造过程中水域面积是重要的控制条件，但水域面积的大小与各地的水资源条件和地形地势条件等实际情况有较大关联，也与城市发展阶段、发展水平有很大关系。规范编制过程中就水域面积率有很多争论，虽然都同意水系改造不能减少水面，也认为有必要适当限制在水资源缺乏城市盲目扩大或开挖大型景观水面的行为，但对于水面较少的城市是否有必要在规划中增加新的水面有不同意见。结合征求意见的反馈情况、近年来国家对减轻洪涝灾害的重视程度、减小城市排涝系统压力和降低城市面源污染的生态型雨水排除系统的发展趋势等多方面因素，在规范中按照不同地区降雨及水资源条件给出了水域面积率的建议值，以便各地在规划建设新的水体或扩大水域面积时参考。通过对全国不同地域25个城市近年所编规划的统计分析，规划的水域面积率都基本处于规范建议的范围内。

城市分区保持与现行国家标准《室外给水设计规范》GB 50013一致，以便于在使用本规范过程中与其他规范相协调。

由于水域面积率是以水资源条件和排涝需求为依据提出的，对于山地城市，其自身排水条件较好，需要在城市规划区内屯蓄降雨的要求不高，同时，山地城市建设水面的难度较大，因此，山地城市在采用上述建议数值时，应根据地形条件适当调减。

6 涉水工程协调规划

6.1 一般要求

6.1.1、6.1.2 关于涉水工程协调规划内容和协调原则的规定。涉水工程主要包括对水系直接利用或保护的工程项目，这些工程往往都已经有相对完备的规划或设计规范，但不同类别的工程往往关注的仅是水系多个要素中的一个或几个方面，需要在城市水系保护与利用的综合平台上进行协调，在城市水系不同资源特性的发挥中取得平衡，也就是要有利于城市水系的可持续利用和高效利用。站在水系规划的角度，在协调各工程规划内容时，一是从提高城市水系资源利用效率角度对涉水工程系统进行优化，避免因为一个工程的建设使水系丧失其应具备的其他功能；二是从减少不同设施用地布局矛盾的角度对各类涉水工程设施的布局进行协调。

6.1.3 关于调整工程设施布局的原则。有一些现状涉水工程设施由于其自身系统性的要求难以重新选址，同时对其进行异地重建又存在较大工程建设任务，只进行定性的分析不足以判断或协调设施布局之间的矛盾，这时，需要采用一些定量的分析方法，从技术、经济和环境的角度进行综合分析，确定最终的协调方案。比如，在城市规划过程中往往存在城市集中排水口与城市集中饮用水源取水口的矛盾，不能只从建设的先后顺序进行定性分析，还需要在城市整体利益基础上，从水系条件、建设投入、综合运行成本、环境影响等进行定量分析，以确定是排污口下移还是取水口上移。

6.2 涉水工程与城市水系的协调

6.2.1 本条是对给水工程与城市水系协调的具体要求。近年来，部分城市出现了突发性的水源污染事故，一些现状水源的水质出现了持续下降的趋势，有些城市还被迫重新选择水源地，对城市供水安全和给水系统的经济性产生了严重的不利影响，因此，对水源选择和给水系统布局都提出了更高的要求。水源选择除注重水资源量的规模外，还应重视水源水质的稳定性要求，在有条件的城市，应采用多水源供水系统或预先控制、保留可作为备用的水源，以适应城市发展中不确定性因素对城市供水系统的要求，避免在被迫调整城市水源地时对水系功能体系和给水系统整体布局带来结构性的改变，有利于城市水系综合保护与利用体系的建立和持续稳定的发挥作用。

6.2.2 关于防洪工程与城市水系协调的具体要求。随着世界各国对生态系统保护越来越重视，对传统水利防洪工程引起的一系列生态问题的认识逐步深入，生态水利的理念已得到国际社会和国内相关部门、学者的认可，因此，在进行防洪排涝工程规划时需要避免工程实施对生态的破坏，一方面是在确定水资源调度方案时要考虑和保证生态需水量的需求，维持下游地区的生态平衡；另一方面是要采取必要的补偿措施，将水利工程建设的不利影响降低到最小的程度，比如鱼道的设置、水生态交换通道的设置等。

6.2.3 本条提出了水污染治理工程与城市水系协调的具体要求。一是在布局上通过与再生水利用系统、滨水景观系统协调，降低水污染治理工程对局部水域的不利影响，从而在城市的水系、供水、排水系统之间建立健康稳定的循环系统；二是在处理设施选择上考虑滨水景观塑造的需求，提高滨水土地资源的复合利用效率。

6.2.4 本条是关于城市道路系统与城市水系协调的具体要求。在城市中对水系形态完整性影响最大的是城市道路，由于不同等级的道路对其线形走向的要求不同，等级越高的道路对线形要求也越严格，对于必须穿越水体的道路为减小对水体的影响，规定其不得影响水体的完整和水生态系统的交流，必须采用立体交叉，或桥或隧道。滨水道路要为滨水地区的功能服务，一般情况下，滨水道路提供滨水观光、休闲的意义要大于其区域交通功能，应以提供滨水活动区通达和观光为主，因此，道路的走向也应该尽可能结合滨水空间的自然地形进行布局，不要为追求道路的等级及相应的线形而对滨水区现有的景观及生态格局造成大的破坏。

6.3 涉水工程设施之间的协调

6.3.1 本条是关于取水设施与其他工程设施布局协调的要求。一是强调取水设施的安全，充分考虑地质条件、洪水冲刷和其他设施正常运行产生的水流变化等对取水构筑物的安全影响；二是强调取水水质稳定，尽可能减少在其他工程设施运行过程中污染水体的几率。由于水流条件及其他设施规模、等级的不同，会导致相应的影响区域范围变化较大，难以明确统一的具体间距要求，在协调时应结合具体情况进行综合分析后确定。

6.3.2 本条规定了污水排水口布局与水源地的协调要求。在界定水源保护区的范围时，有相关规划的按该规划确定的范围为准，没有相关规划明确其范围的以国家现行标准《饮用水水源保护区划分技术规范》HJ/T 338规定的范围为准。

6.3.3 本条是关于桥梁设施布局与其他设施布局的协调要求。桥梁在选址时要选择河势稳定、河床地质条件较好的地区，并避免受到其他工程或自然灾害的影响，同时，也不应对城市防洪和航运造成不利影响。桥位与港口作业区和锚地的安全距离根据具体条件进行分析确定。

6.3.4 本条规定了航道及港口设施的协调布局原则。航道的清障与改线、港口的设置和运行等工程或设施可能对堤防安全造成不利影响，需要进行专门的分析，在确保堤防安全及行洪要求的前提下确定改造方案。

6.3.5 关于码头、作业区和锚地等设施的布局协调要求。码头、作业区和锚地是水系航运功能发挥的重要基础条件，但在运行过程中也易对附近水域产生不利影响，从保障用水安全和自身作业安全出发，码头、作业区和锚地应与水源一级保护区、桥梁影响区域、排水口影响区域保持安全的距离。

6.3.6 本条是关于历史文化的保护对工程设施布局的要求，确保地区历史文化的传承和文物的有效保护。

中华人民共和国国家标准

水库调度设计规范

Design for operation of reservoir

GB/T 50587—2010

主编部门：中 华 人 民 共 和 国 水 利 部
批准部门：中华人民共和国住房和城乡建设部
施行日期：2 0 1 0 年 1 2 月 1 日

中华人民共和国住房和城乡建设部
公　　告

第640号

关于发布国家标准《水库调度设计规范》的公告

现批准《水库调度设计规范》为国家标准，编号为GB/T 50587—2010，自2010年12月1日起实施。

本规范由我部标准定额研究所组织中国计划出版社出版发行。

中华人民共和国住房和城乡建设部

二〇一〇年五月三十一日

前　　言

本规范是根据原建设部《关于印发〈2006年工程建设标准规范制定、修订计划（第一批）〉的通知》（建标〔2006〕77号）的要求，由水利部水利水电规划设计总院和长江水利委员会长江勘测规划设计研究院会同有关单位共同编制完成的。

在规范的编制过程中，编制组进行了广泛的调查研究，认真总结了我国不同地区水库调度设计方面的经验，吸收了国内外水库调度设计方面的先进成果，并在广泛征求意见的基础上，通过反复讨论、修改和完善，最后经审查定稿。

本规范共分12章，主要技术内容包括总则、术语、基本资料和主要参数、防洪调度设计、灌溉与供水调度设计、发电调度设计、泥沙调度设计、航运调度设计、防凌调度设计、生态和环境用水调度设计、综合利用调度设计以及初期蓄水调度设计等。

本规范由住房和城乡建设部负责管理，水利部国际合作与科技司负责日常管理，水利部水利水电规划设计总院负责具体技术内容的解释。

为不断提高规范质量，请各单位在执行本规范的过程中注意总结经验，积累资料，将有关意见和建议反馈给水利部水利水电规划设计总院（地址：北京市西城区六铺炕北小街2－1号，邮政编码：100120，E-mail：jsbz@giwp.org.cn），以供今后修订时参考。

本规范主编单位、参编单位、主要起草人和主要审查人：

主 编 单 位： 长江水利委员会长江勘测规划设计研究院
水利部水利水电规划设计总院

参 编 单 位： 黄河勘测规划设计有限公司

主要起草人： 安有贵　李景宗　李小燕　仲志余　纪国强　安催花　黄家文　张志红　尹维清　邹幼汉　万　英　杨　晴　关春曼　刘丹雅　谈昌莉　张　惠　丁　毅

主要审查人： 梅锦山　魏小婉　何孝俅　谭培伦　陈清濂　蒋光明　张成林　徐永田　徐宪彪　姚章民　杨正华　汪　毅　郭东浦　唐　勇　赵云发　蒋　肖　温续余　张继昌　雷兴顺　纪昌明　冯　黎　方占元　许贵仲

目　次

Contents

1 总 则

1.0.1 为统一水利水电工程建设前期工作中水库调度设计的原则、基本内容和要求，制定本规范。

1.0.2 本规范适用于大型水库调度设计。

1.0.3 水库调度设计的基本内容应包括分析水沙特性和水库运用条件、调节性能，拟定调度原则和调度方式，绘制周调节以上性能水库调度图，分析调度结果。

1.0.4 水库调度原则应在保障安全运用的前提下，根据上下游水文特性和开发任务的主次关系，按照统筹兼顾、综合利用的要求拟定；有多项开发任务的水库应做到一库多利、一水多用。

1.0.5 水库调度方式应符合调度原则和具有可操作性，并为运行阶段实时调度提供基本技术支撑。

1.0.6 水库调度设计宜吸纳国内外已通过实践检验的先进理论和方法，促进专业科技水平的提高。

1.0.7 水库调度设计除应符合本规范规定外，尚应符合国家现行有关标准的规定。

2 术 语

2.0.1 调度方式 reservoir operation rule

水库调度中针对不同开发任务规定的水库蓄泄规则。

2.0.2 水库调度图 graph of reservoir operation

表示水库调度中决策变量与状态变量关系的线条图。图中的各种调度线及划分的若干调度区，规定了水库处于不同状态时决策变量变化的上下限区域。

2.0.3 敞泄方式 rule of un-controlled flood releasing

在洪水来量大于水库泄流能力时按泄流能力下泄（多余水量由水库蓄纳）的水库调洪泄流方式。

2.0.4 防洪补偿调度 compensating operation for flood control

控制水库下泄流量，使下泄流量和区间洪水组合后不超过防洪控制点安全泄量的防洪调度方式。

2.0.5 汛期分期设计洪水 stage design flood in flood season

按不同洪水成因和洪水统计特性将汛期划分的不同时段相应的设计洪水。

2.0.6 泥沙调度 operation of sediment discharge

通过对水库水位和泄量的运用控制，达到防沙、排沙、减淤目的所进行的水库调度。

2.0.7 调沙库容 storage capacity for regulation of sediment discharge

为泥沙冲、淤调节需要设置的水库容积。

2.0.8 防凌限制水位 ice flood control level

为满足下游防凌要求，凌汛期所允许的兴利蓄水上限水位。

2.0.9 运行控制水位 control level for specific purpose

为满足库区或下游特定任务要求设置的坝前控制运行上限水位。如排沙运行控制水位、库区防洪运行控制水位、库区防凌运行控制水位等。

2.0.10 两级调度方式 two-purpose operation rule

适应两兴利任务并重、用水比重相当、设计保证率不同时的水库调度方式。调度图中一般用一条调度线划分上下两种调度方式的区域。

2.0.11 初期蓄水期 initial impoundment period

水库从封堵导流设施并开始蓄水至水库水位达到初期运用起始水位的蓄水时段。

3 基本资料和主要参数

3.1 基 本 资 料

3.1.1 水库调度设计应选用相应设计阶段采用的基本资料。

3.1.2 水库调度设计按需要应搜集相关水文气象、地形地质、社会经济、水库蒸发、水库渗漏、河道泥沙、冰情、各开发任务用水要求、生态与环境用水量及过程、所在河流综合规划及专业规划，以及水库淹没的控制条件、相关的上下游水库情况等基本资料，并搜集水库水位库容关系曲线、下游水位流量关系曲线、枢纽泄洪设施的运行条件及泄流能力曲线。

3.1.3 水库调度设计采用的设计洪水及径流资料应符合相应规范的要求。

3.1.4 初期蓄水调度设计搜集的基本资料应包括：工程的施工进度、对初期蓄水进度的限制条件、初期蓄水期的泄流能力、开始蓄水时间、下游和库区基本用水量、大坝挡水高程、初期运用起始水位。

3.1.5 在应用基本资料时，应了解资料来源，检查基本资料是否符合设计任务、设计阶段及设计精度要求，分析其合理性。

3.1.6 不同设计阶段或同一个设计阶段时间跨度超过两年，由于自然和人类活动的影响，改变了原基本资料形成的边界条件时，应对采用的基本资料进行修正、补充。

3.2 主 要 参 数

3.2.1 水库调度设计应选用相应设计阶段采用的参数。

3.2.2 水库特性参数应包括下列内容：

1 特征水位：正常蓄水位、防洪高水位、防洪限制水位、运行控制水位、死水位、设计洪水位、校核洪水位等。

2 特征库容：总库容、防洪库容、兴利库容、调水调沙库容、防凌库容、死库容。

3.2.3 水库开发任务相应参数应包括以下内容：

1 防洪：防洪对象的防洪标准及河道安全泄量、警戒水位、保证水位。

2 城乡供水：需水量、取水高程、供水量和供水设计保证率。

3 灌溉：灌区范围及面积、灌溉设计保证率、需水量、取水高程。

4 发电：设计保证率、保证出力、装机容量、多年平均发电量、发电特征水头、机组机型及主要运行工况参数。

5 减淤：减淤量、拦沙率、排沙比。

6 航运：通航标准、通航水位与流量、表面最大流速、水面最大比降、允许水位日变幅和小时变幅。

7 防凌：防凌调度运用期、防凌安全泄量等。

8 生态与环境：水质控制指标。

4 防洪调度设计

4.1 任务和原则

4.1.1 防洪调度设计应根据水库的洪水标准以及是否承担下游防洪任务，分析拟定水库防洪调度原则和防洪调度方式。对于不承担下游防洪任务的水库，应拟定满足大坝等建筑物防洪安全及库区防洪要求的洪水调度方式；对于承担下游防洪任务的水库，应拟定满足大坝防洪安全、下游保护对象防洪要求及库区防洪要求的三者协调的洪水调度方式。

4.1.2 水库防洪调度设计应符合下列规定：

1 调度方式应简便可行、安全可靠、具有可操作性，判别条件应简单明确。

2 防洪调度设计应充分考虑不利因素，确保防洪安全。

3 当需要采用洪水预报进行补偿调度时，应有相应预报方案的分析验证资料。

4.2 调 度 方 式

4.2.1 水库防洪调度方式应根据洪水类型及特性、洪水标准、防洪对象的安全泄量及下游河道特征、枢纽泄流能力等，结合水库其他综合利用要求，在对不同调度方式进行比较分析的基础上合理选择。

4.2.2 对于不承担下游防洪任务的水库，可采用敞泄方式，但最大下泄流量不应大于相应设计洪水的洪峰流量。

4.2.3 对于承担下游防洪任务的水库，应明确水库由保证下游防洪安全调度转为保证大坝防洪安全调度的判别条件，处理好两者的衔接过渡，减小泄量的大幅度突变对下游河道、堤防的不利影响。

4.2.4 对于承担下游防洪任务的水库，应在确保大坝安全运行的前提下，依据水库运用条件、上游洪水及与下游区间洪水的遭遇组合特性、防护对象的防洪标准和防御能力情况，分别选择下列调度方式：

1 当坝址至防洪控制点的区间面积较小、防洪控制点洪水主要由水库下泄流量形成时，可采用固定泄量调度方式。

2 当坝址至防洪控制点的区间面积较大、防洪控制点洪水的遭遇组合多变，宜采用补偿调度方式。

4.2.5 当下游防洪控制点洪水的遭遇组合多变时，拟定的水库调度方式应适用于可能的不同洪水遭遇组合情况。对于采用补偿调度方式的水库，应研究水库至防洪控制点的区间洪水的传播规律，以及水库内洪水与区间洪水的不利遭遇组合情况，并经洪水演进后满足防洪控制点的防洪要求。

4.2.6 对于承担下游直接保护对象防洪并配合其他水库承担下游共同保护对象防洪双重任务的水库，宜分别拟定适合于对直接保护对象和共同保护对象的调度方式。调度方式应明确主次关系和运用条件，并宜划分出各自的水库库容、水位运用范围等。

4.2.7 防洪高水位线以上至校核洪水位线的水库防洪调度区，应按保证大坝安全的调度方式运用；防洪高水位线以下至防洪限制水位线之间的下游防洪调度区，应按拟定的满足下游要求的防洪调度方式运用。

4.2.8 对于设置有运行控制水位的水库，拟定的调度方式应满足运行控制水位的要求。

4.3 分期洪水调度

4.3.1 当汛期洪水的洪峰、洪量具有分期变化规律时，可根据汛期各时期设计洪水的大小及防洪要求，在保证大坝防洪安全和满足下游防洪需求前提下，分期进行洪水调度设计。

4.3.2 针对各分期洪水的具体情况，可分别选择合适的防洪调度方式，并根据满足防洪要求的防洪调度结果，拟定各分期的防洪库容、相应的运用时间及防洪限制水位。

4.3.3 各分期洪水之间的过渡方式应保证防洪安全。过渡段的水库蓄泄水量不应侵占较低防洪限制水位控制期的防洪库容。

4.4 调度结果分析

4.4.1 对拟定的水库防洪调度方式应进行工程安全性分析评价。若不满足工程安全性要求，应修改调度方式。

4.4.2 对承担下游防洪任务的水库，应阐明水库的防洪作用并分析防洪效果。

5 灌溉与供水调度设计

5.1 任务和原则

5.1.1 灌溉与供水调度应根据设计水库来水特征及

灌溉、供水的用水要求，结合水库及受水区内其他蓄水工程的调蓄能力，拟定设计水库的灌溉、供水调度方式，编制灌溉、供水调度图，并应分析灌溉或供水的调度效果。

5.1.2 水库灌溉、供水调度设计应符合下列规定：

1 综合运用水库及受水区内其他蓄水工程的调蓄能力，合理调配入库水量和受水区当地径流，满足灌区、供水对象的用水要求。

2 对于承担单一任务的水库、承担多项并列任务或有主次关系任务的水库，应分别拟定相应调度方式。

3 灌溉、供水调度设计除应拟定设计保证率以内年份的调度方式外，还应拟定设计保证率以外年份的降低供水量调度方式。

5.2 调度方式

5.2.1 水库灌溉、供水调度方式应按照灌溉、供水的设计保证率和设计取水流量的要求拟定。

5.2.2 开发任务中有多个灌区或供水对象时，可根据各灌区或供水对象设计保证率的高低，拟定两级或多级调度方式。

5.2.3 水库向多个灌区或多个用水区供水时，应根据各受水区的用水量及过程，以及水库与各受水区内蓄水工程联合调蓄的能力，确定水库向各受水区灌溉或供水的水量及过程。

5.2.4 对于水温分层型水库，且设有分层取水建筑物时，灌溉调度设计应根据灌区作物对水温的要求分层取水。

5.2.5 灌溉或供水设计保证率以内年份或时段，水库应按灌溉或供水要求保证正常供水。丰水年份或时段，必要时可按加大供水量的调度方式向灌区或供水区供水；灌溉或供水设计保证率以外年份或时段，水库不能满足正常灌溉或供水要求时，应按降低供水量的调度方式向受水区供水。

5.3 灌溉与供水调度图

5.3.1 灌溉或供水的水库调度图由水库特征水位和水库调度线划分为保证供水区、降低供水区和加大供水区等三个供水区域。各供水区水库供水方式应符合下列规定：

1 保证供水区：上限为保证供水线，下限为降低供水线。当库水位位于此区时，水库按保证供水量方式供水。

2 降低供水区：上限为降低供水线，下限为死水位。当库水位位于此区时，水库按降低供水量方式供水。

3 加大供水区：上限为水库允许最高蓄水位，下限为保证供水线。当库水位位于此区时，水库可视需要按加大供水量方式供水。

5.3.2 承担坝下灌溉与供水任务的水库，应将保证灌溉与供水引水位对水库下泄流量的要求，作为绘制水库调度图的限制条件。

5.4 调度结果分析

5.4.1 灌溉或供水水库调度设计，应按拟定的调度方式和调度图进行长系列径流调节计算，分析调度结果的合理性。

5.4.2 灌溉或供水调度结果不满足设计保证率要求时，应修改调度图或调整破坏深度，直至满足设计保证率要求为止。

6 发电调度设计

6.1 任务和原则

6.1.1 发电调度设计应根据水库来水、调节性能和电力系统的要求，拟定水库调度原则和方式，编制年调节及以上性能水库的发电调度图，并应对调度结果进行分析。

6.1.2 发电调度设计应符合下列规定：

1 应利用水库调节能力，合理控制水位和调配水量多发电，协调好与其他部门用水要求以及上下游电站联合运行的关系。

2 电站运行方式应结合电力系统运行要求拟定，合理发挥电力电量效益。

6.2 调度方式

6.2.1 发电调度方式应根据水库调节性能、入库径流、电站在电力系统中的地位和作用等选择拟定。

1 日、周调节水电站宜通过电力电量平衡确定电站在日、周负荷图上的工作位置，拟定运行方式。

2 年调节和多年调节水库，电站应在按调度图调度运用的基础上，拟定日、周运行方式。调度图中可包括以下基本运行方式：降低出力运行方式、保证出力运行方式、加大出力运行方式、机组预想出力运行方式等。

3 承担反调节任务的水库，应根据反调节任务的要求拟定水库蓄放水规则及过程。

6.2.2 水库下游有生态与环境用水、最低通航水位等要求时，应安排电站承担相应时段的基荷出力，泄放相应的流量。

6.3 梯级水库联合调度

6.3.1 发电调度设计中应计算设计水库上游干支流已建和在建的具有年调节及以上性能水库的调节作用。设计水库具有年调节及以上性能时，应分析对下游梯级的调节作用。

6.3.2 发电调度设计中可按上、下游水库设计的调度参数和调度方式进行梯级水库联合调节计算。

6.3.3 重要水电站水库，设计需要时可进行水库补偿调度计算，并应分析补偿调度效益。

6.4 发电调度图

6.4.1 发电调度图应符合下列规定：

1 在来水频率小于等于设计保证率的水文年，水电站的出力不应小于水电站的保证出力。

2 在来水频率大于设计保证率的水文年，宜减小水电站的出力破坏深度。

6.4.2 发电调度图由水库特征水位和防弃水线、防破坏线、降低出力线等划分预想出力区、加大出力区、保证出力区、降低出力区等四个出力区域。径流调节计算中应根据库水位所在区域拟定相应出力。各出力区的划分宜符合下列规定：

1 预想出力区：上限为正常蓄水位或防洪限制水位，下限为防弃水线。

2 加大出力区：上限为防弃水线，下限为防破坏线。

3 保证出力区：上限为防破坏线，下限为降低出力线。

4 降低出力区：上限为降低出力线，下限为死水位线。

6.4.3 根据设计需要，可在加大出力区和降低出力区绘制不同程度的加大出力和降低出力辅助线。

6.5 调度结果分析

6.5.1 发电调度设计应根据长系列径流资料，按拟定的水库调度图进行以下检验计算：

1 保证出力满足设计保证率要求。

2 特枯年份出力降低幅度在允许范围内。

3 水量利用合理。

6.5.2 水库调度图检验计算不满足本规范第 6.5.1 条要求时，应修改调度图。

6.5.3 根据长系列调度计算结果，宜绘制出力、水头和库水位的历时过程及保证率曲线，并分析调度结果的合理性。

7 泥沙调度设计

7.1 任务和原则

7.1.1 泥沙调度设计应根据水库所在河流的水沙分布特性、库区自然特性、水库调节性能、开发任务和上下游环境要求等，分析泥沙调度的主要时期和该时期泥沙冲淤可能带来的影响，拟定水库合理的防沙、排沙、下游河道减淤等相关指标及调度运用方式。对来沙量较小、泥沙问题不严重的水库，泥沙调度设计可适当简化。

7.1.2 泥沙调度设计应符合下列规定：

1 应综合分析库区泥沙控制、下游河道泥沙控制、综合利用及环境影响要求，兼顾各方面效益的发挥。

2 应与水库特征水位、特征库容、泄流规模选择相协调。

3 应使水库较长期保持有效库容，控制水库淹没，利于水库的长期使用和综合利用效益的发挥。

7.2 防洪兴利为主的泥沙调度方式

7.2.1 以保持有效库容为泥沙调度目标的水库，宜在汛期或部分汛期控制水库水位调沙，也可按分级流量控制水库水位调沙，或敞泄排沙，具备条件的也可采用异重流排沙。

7.2.2 以引水防沙为泥沙调度目标的低水头枢纽和引水式枢纽，宜采用按分级流量控制水库水位调沙或敞泄排沙方式。

7.2.3 采用异重流排沙方式时，应结合异重流形成和持续条件，提出相应的工程措施和水库运行规则。

7.2.4 采用控制水库水位调沙的水库应设置排沙运行控制水位，并应符合下列规定：

1 应研究所在河流的水沙特性、库区形态、水库调节性能及综合利用要求等因素，综合分析确定水库排沙运行控制水位、排沙时间。

2 有防洪任务水库的排沙运行控制水位应结合防洪限制水位研究确定。

7.2.5 对于承担航运任务的水库，泥沙调度设计应合理控制水库水位和下泄流量，满足涉及范围内的通航要求。

7.3 防洪减淤为主的泥沙调度方式

7.3.1 防洪减淤为主水库的泥沙调度设计，应与发电、供水、灌溉和航运等其他综合利用任务相互协调。

7.3.2 防洪减淤为主水库应按拦沙和调水调沙运用期和正常运用期进行泥沙调度设计，多沙河流水库拦沙和调水调沙运用期的泥沙调度宜以合理拦沙为主；正常运用期的泥沙调度宜以排沙或蓄清排浑、拦排结合为主。

7.3.3 根据水库泥沙调度的要求可设置调水调沙库容。调水调沙库容应选择不利的入库水沙组合系列或典型洪水、泥沙过程，结合水库泥沙调度方式通过冲淤计算或分析确定。

7.3.4 水库拦沙和调水调沙运用期，应研究该时期水库下游河道减淤、控制库区淤积形态和保持有效库容对水库运用的要求，并统筹兼顾灌溉、供水、发电和其他综合利用效益等因素，确定泥沙调度指标，综合拟定该时期的泥沙调度方式。泥沙调度指标应符合下列规定：

1 水库起始运行水位应根据库区地形、库容分布特点，综合库区干支流淤积量、部位、形态（包括干支流倒灌）及起始运行水位下蓄水拦沙库容占总库容的比例、水库下游河道减淤和冲刷影响以及综合利用效益等因素，通过方案比较拟定。

2 调控流量应在下游河道河势变化及工程安全、河道主槽过流能力、河道减淤效果和冲刷影响、水库的淤积发展以及综合利用效益发挥等条件允许的情况下，通过方案比较拟定。

3 调控库容应考虑调水调沙、保持有效库容、下游河道减淤和综合利用效益发挥等要求，经过方案比较拟定。

7.3.5 水库正常运用期的泥沙调度指标和泥沙调度方式，应按保持长期有效库容、控制水库淤积上延和水库下游河道持续减淤等方面的要求，统筹兼顾灌溉、供水、发电等其他综合利用效益等因素，通过方案比较拟定。

7.4 梯级水库的泥沙调度方式

7.4.1 梯级水库联合运用的泥沙调度设计，宜根据水沙特性和工程特点，拟定梯级水库联合运行组合方案，采用同步水文泥沙系列，分析预测泥沙冲淤过程，通过方案比较，选择合理的水库泥沙调度方式。

7.4.2 梯级水库联合调水调沙运用，应根据水沙特性、工程特点和下游河道的减淤要求，拟定梯级水库联合调水调沙方案，采用同步水文泥沙系列，分析预测库区淤积以及水库下游河道减淤效益和兴利指标，通过综合比较分析，合理确定水库调水调沙调度方式。

7.5 调度结果分析

7.5.1 对于水库泥沙调度结果，除应分析水库泥沙调度对控制库区淤积、保持水库有效库容、电站防沙的效果和对其下游河道的影响外，还应分析泥沙调度对水库的防洪、发电、供水和航运等开发目标的影响。防洪减淤为主的水库应分析对减轻下游河道淤积的效果。

7.5.2 水库泥沙调度对控制库区淤积和保持有效库容的效果，应按设计的水沙系列和运用方式，采用长系列操作进行分析，必要时采用一定频率的洪水进行检验。

7.5.3 水库拦沙和调水调沙对减轻下游河道淤积的效果，应按设计的水沙系列和运用方式，采用长系列操作计算进行分析，对比下游河道在有、无水库时的冲淤变化差别，分析一定时期内下游河道的冲淤量、减淤量、减淤年限和拦沙减淤比等指标。

8 航运调度设计

8.1 任务和原则

8.1.1 水库航运调度设计应根据库区和下游航道的航运要求，在保障水库工程及其涉及范围内航运设施安全和正常运用的前提下，合理拟定水库调度方式。

8.1.2 水库航运调度设计应满足航运规划的要求。

8.2 调度方式

8.2.1 水库航运调度方式应符合下列规定：

1 在航运保证率内，水库下泄流量应满足最小通航流量和最低通航水位要求。当入库流量小于等于最大通航流量时，水库下泄流量不得大于最大通航流量。

2 满足航运保证率内通航建筑物和上下游航道的水位变率要求。

8.2.2 水库航运调度设计，应分析研究水库建成后泥沙冲淤对库区和下游航道以及水库工程上下游引航道的影响。对泥沙冲淤引起的碍航河段，有条件时应拟定相应保障通航的调度措施。

8.2.3 梯级水库的航运调度设计，应依据河流航运规划目标，拟定设计水库与上下游梯级通航水位的相互衔接和通航流量相互协调的调度方式。

8.2.4 反调节水库的航运调度设计，应根据上游水电站日调节运行下泄的非恒定流和反调节水库库区及其下游河道航运安全对水位变率的要求，拟定反调节调度方式。

8.3 调度结果分析

8.3.1 航运调度方式拟定后，应检验是否符合航运保证率、通航流量、上下游通航水位和水位变率等的要求。

8.3.2 航运调度设计中应检验水库洪水期泄洪对航运运用条件的影响。必要时，还应修改水库调度方式，使其满足通航要求。

9 防凌调度设计

9.1 任务和原则

9.1.1 水库防凌调度设计应根据水库所在河流凌汛期气象、来水情况及冰情特点，研究水库建成前后库区及上下游河道冰情变化规律和凌汛影响，结合水库其他开发任务，合理拟定水库防凌调度设计参数和运用方式。

9.1.2 水库防凌调度设计应符合下列规定：

1 应在确保大坝本身防凌安全基础上，满足凌汛期不同阶段水库上下游河道防凌调度要求，并兼顾水库其他综合利用要求。

2 当有多个水库参与防凌调度时，应发挥水库群联合防凌调度的作用。

3 应充分分析可能的不利因素，确保防凌安全。

9.2 调度方式

9.2.1 水库防凌调度运用方式应根据凌汛期气象、水情、冰情等因素，按照大坝本身及库尾末端河段和水库下游河道的防凌要求合理拟定。

9.2.2 库尾末端河段防凌调度应根据库区冰凌壅水影响情况，按满足库尾末端河段防凌调度要求的库区防凌运行控制水位进行运用。

9.2.3 水库下游河道防凌调度应根据气象条件、上游来水情况以及下游河道凌情，按满足水库下游河道防凌安全要求的防凌限制水位进行运用，并结合凌汛期不同阶段下游河道冰下过流能力和防凌安全泄量，分析不同阶段的水库控泄流量。

9.2.4 大坝本身安全防凌调度应根据设计来水、来冰过程，结合泄水建筑物的泄流规模，按满足大坝防凌安全的排凌水位进行运用。

9.2.5 调度运用方式初拟后，应根据实测典型年水文气象资料进行验证，检查其合理性，必要时修正调度运用方式。

9.3 调度结果分析

9.3.1 水库防凌调度除应分析对减轻下游凌汛灾害以及对减轻分凌工程运用负担的效果外，还应分析对水库的发电、供水等其他开发目标的影响。

9.3.2 水库防凌效果宜采用长系列操作或典型年法，进行有、无水库两种情况的对比分析。

10 生态和环境用水调度设计

10.0.1 水库调度设计应遵循保护生态和环境的原则，优先满足河道内生态和环境的基本用水要求，合理制定运用控制条件和水库调度方式。

10.0.2 水库调度方式应根据生态和环境背景，并分析水库下游生态和环境用水对水位和水量的要求，以及生态和环境保护要求综合确定。

10.0.3 水库调度设计应满足下游生态和环境敏感目标的用水要求。当下游河道有敏感水生生物时，水库最小下泄流量和泄水过程宜满足其生物习性要求。对下游河道维持生态或净化河道水质的基本水量要求，应尽可能予以考虑。

10.0.4 水库调度设计应检查生态和环境基流的满足程度，若不满足，应修改水库调度方式。

11 综合利用调度设计

11.1 任务和原则

11.1.1 综合利用水库调度设计应依据水库开发任务的主次关系及各开发任务的不同特点，在水库库容及来水条件约束下，协调好各项开发任务之间的关系，提出水库综合利用的调度方式。

11.1.2 综合利用水库调度设计应符合下列规定：

1 调度方式应按照各开发任务的特点和要求、综合效益较优进行拟定。

2 有防洪、防凌任务的水库，应兼顾防洪、防凌和兴利要求，合理利用调节库容。

3 承担相应多项兴利任务的水库，在设计保证率范围内应首先保证城乡生活用水需要，再满足其他兴利、生态和环境用水的要求。

4 对特枯年份，各项开发任务的用水应按保证重点、兼顾其他、社会影响和经济损失相对较大的部门优先供水的原则进行调度设计。

5 多沙河流水库调度设计应满足水库防沙、排沙和下游河道减淤的要求。泥沙淤积严重的大型水库，应研究按照不同淤积时期淤积后的水库情况设计调度方案。

11.2 兴利调度方式

11.2.1 承担多项兴利任务水库宜根据各任务设计保证率大于、等于、小于来水频率的情况拟定相应调度方式。

11.2.2 兴利调度方式应包括保证运行方式、加大供水方式和降低供水方式的蓄放水规则。

11.2.3 梯级水库兴利蓄水次序可按主要任务整体有利的方式拟定。

11.3 防洪与兴利结合的调度方式

11.3.1 承担防洪与兴利任务水库的调度设计中，对于洪水成因、洪水发生时间和洪水量级无明显规律的水库，可选择防洪库容和兴利库容分开设置的形式；对于洪水成因、洪水发生时间和洪水量级有较明显规律的水库，应选择防洪库容和兴利库容相结合的形式。

11.3.2 防洪库容与兴利库容的结合形式和重叠库容规模的选择，应根据水库工程开发任务的主次关系、工程开发条件以及用水部门要求和满足程度等因素，经方案比较后确定。

11.3.3 防洪任务与兴利任务结合的水库应以水位和时间划分防洪区和兴利区。防洪区和兴利区之间应设置过渡段。当面临时段库水位位于防洪区应按防洪调度方式调度，当面临时段库水位位于兴利区应按兴利调度方式调度。

11.3.4 以防洪为主要开发任务的水库，应在满足防洪要求情况下拟定各兴利任务的调度方式。

11.3.5 以兴利为主要开发任务结合防洪的水库，应通过合理调度、采用分期蓄水等方式，使水库蓄满率较高。

11.3.6 当梯级水库下游有重要防洪对象、需要承担防洪任务时，各水库宜分担下游防洪任务，并研究合理的梯级水库充蓄次序。

11.4 发电与灌溉、供水结合的调度方式

11.4.1 以发电为主要任务，有灌溉、供水任务的水库，应根据灌溉、供水任务从水库内或坝下河道取水的情况拟定发电调度方式，并应符合下列规定：

1 灌溉、供水从水库内取水时，宜先在来水中扣除灌溉、供水水量后，再按发电要求拟定兼顾灌溉、供水的取水水位要求的调度方式。

2 灌溉、供水从坝下河道取水时，在灌溉、供水保证率范围内的年份，包括发电的水库泄流过程应满足灌溉、供水的取水要求。其他年份，在满足降低后的灌溉、供水要求情况下，按发电调度方式进行调度。

11.4.2 以灌溉、供水为主要任务，有发电任务的水库，应首先满足灌溉、供水用水要求，按灌溉、供水要求拟定兼顾发电的调度方式。

11.4.3 对于发电和灌溉（或供水）任务并重的水库，宜采用两级调度方式。

11.4.4 在丰水年或丰水季节的余水利用时，应比较增加发电和灌溉、供水用水的效益，拟定综合效益大的加大供水方式。

11.5 发电与航运结合的调度方式

11.5.1 以发电为主、有航运任务的水库，最小下泄流量、消落水位和加大泄流时的泄流量应兼顾航运的要求，电站日运行方式及发电出力变幅应兼顾航运对通航水位变率的要求，减少对航运的影响。

11.5.2 以航运为主的水库，宜按航运要求拟定相应的发电调度方式。

11.6 调度图绘制

11.6.1 综合利用水库调度图应由调度线划分各开发任务的工作范围，反映各调度区域的调度方式。

11.6.2 绘制防洪与兴利相结合水库的调度图过程中，应按水库开发任务的主次关系进行调整，使防洪调度线和兴利调度线相协调。

11.6.3 承担供水、灌溉、发电和航运等两种或多种兴利任务的水库调度图，宜根据开发任务的主次、供水方式、用水保证率、用水量比重的需要，绘制以下一级、两级或多级调度图：

1 承担的主要兴利任务用水比重较大、其他任务用水比重较少时，宜按主要任务要求绘制一级调度图。

2 各开发任务用水可结合的，宜按主要任务或保证率高的任务的要求绘制一级调度图。

3 多个兴利任务用水比重相近时，宜根据兴利任务主次关系，绘制两级或多级调度图。

11.6.4 有防凌任务和泥沙淤积严重的综合利用水库，宜将防凌、泥沙调度对水库运行水位、下泄流量的要求作为绘制兴利调度线的限制条件。

11.7 调度结果分析

11.7.1 根据长系列计算结果，宜绘制各种参数的历时过程及保证率曲线，以分析这些参数的变化情况。

11.7.2 调度设计中应检验拟定的调度方式和绘制的调度图是否满足各开发任务的要求，对调度效果和效益指标进行分析，提出调度设计结论。

12 初期蓄水调度设计

12.0.1 初期蓄水时间较长、对下游用水影响大的水库，应进行初期蓄水调度设计，拟定水库初期运行方式。

12.0.2 水库初期蓄水方案应根据大坝运用条件和移民进度、上游不同来水情况以及下游已建工程和重要用水部门的要求，经综合分析比较确定。

12.0.3 年调节水库初期蓄水调度设计中，宜采用保证率75%、50%年份的入库径流过程和不同用水量方案，分别进行水库调节计算；应把丰水年份的水库蓄水情况作为复核工程蓄水和防洪安全的条件。多年调节水库初期蓄水调度设计中，宜采用平水年组和枯水年组的入库水量过程和不同用水量方案，分别进行水库调节计算；应把丰水年组的水库蓄水情况作为复核工程蓄水和防洪安全的条件。

12.0.4 水库初期蓄水期的下泄流量，应满足下游的基本用水要求。当水库初期蓄水时的下泄流量不能满足下游综合用水要求时，应提出临时供水措施。

12.0.5 水库初期蓄水期，应以保证工程和上下游居民安全、满足施工要求为原则，根据工程运用条件，拟定安全度汛方案；应根据初期蓄水期的防洪标准，通过调洪计算，拟定相应防洪特征水位。

本规范用词说明

1 为便于在执行本规范条文时区别对待，对要求严格程度不同的用词说明如下：

1）表示很严格，非这样做不可的：
正面词采用“必须”，反面词采用“严禁”；

2）表示严格，在正常情况下均应这样做的：正面词采用“应”，反面词采用“不应”或“不得”；

3）表示允许稍有选择，在条件许可时首先应这样做的：正面词采用“宜”，反面词采用“不宜”；

4）表示有选择，在一定条件下可以这样做的，采用“可”。

2 条文中指明应按其他有关标准执行的写法为：“应符合……的规定”或“应按……执行”。

中华人民共和国国家标准

水库调度设计规范

GB/T 50587—2010

条 文 说 明

目　次

1 总　　则

1.0.1 水利工程建设前期工作包括项目建议书、可行性研究、初步设计。水电工程建设前期工作包括预可行性研究、可行性研究。

水库调度设计是水库工程建设前期工作中的重要内容，是计算工程兴利除害效益的基础；现行国家标准《大中型水电站水库调度规范》GB/T 17621是大中型水电站建成后实时调度的依据。《水库调度设计规范》GB/T 50587与《大中型水电站水库调度规范》GB/T 17621这两个规范分别适用于不同的阶段。

1.0.2 本规范中的大、中、小型水库按库容划分：总库容（校核洪水位以下库容）大于等于1亿m^3的为大型水库；总库容大于等于0.1亿m^3至小于1亿m^3的为中型水库；总库容小于0.1亿m^3的为小型水库。

1.0.3 水库调节性能一般划分为无调节、日调节、周调节、年调节、多年调节五类。对调节程度较低的年调节也可称为季调节。

分析调度结果指按拟定的调度原则和调度方式调度后，水库的库容和水量是否满足防洪、灌溉或供水、发电、泥沙冲淤、通航、防凌等开发任务要求，保证率能否达到设计要求。

1.0.4 水库调度原则中包括各开发任务的关系协调、水量和库容分配原则等。

1.0.6 在水库调度方面，有许多先进技术和方法，鼓励在设计工作中应用。

2 术　　语

2.0.2 水库调度中的决策变量包括：下泄流量、引水流量、发电出力等；状态变量包括：入库流量、水库水位、水库库容、入库沙量等。

2.0.9 排沙运行控制水位是指水库在排沙期间允许的兴利蓄水上限水位。

库区防洪运行控制水位是指为满足库区重要控制点防洪要求而设置的坝前水位。库区防洪运行控制水位是实时控制水位，一般在考虑各种洪水组合、推算多方案水库回水的基础上拟定。

库区防凌运行控制水位是指凌汛期为满足库区重要控制点防凌要求设置的坝前水位。

2.0.11 初期运用起始水位包括：灌溉或供水的最低引水水位、发电的最低水位、航运的最低通航水位等。

3 基本资料和主要参数

3.1 基 本 资 料

3.1.2 水库调度设计中搜集相关基本资料的具体内容如下：

（1）水文气象方面包括水库控制面积及有关地区内的降雨、蒸发资料，坝址上、下游水文站网布设及水位、流量、水质等实测资料。

（2）地形地质方面包括库区及坝址下游河道纵、横断面资料等。

（3）社会经济方面包括地区经济、交通等现状和发展资料。

（4）生态与环境方面包括工程所在河段河道内、外与用水有关的环境与生态资料。有特殊和珍稀水生、陆生生物的河段应搜集与水库调度有关的水生、陆生生物资料。由于水库调蓄改变河道流量时空分配后可能影响到库区和下游纳污能力时，搜集的资料包括与排污相关的污染源、排污口、排污量等。

（5）上下游水库情况包括设计工程上游已建或拟定梯级的基本资料、下游已建或拟建梯级的基本资料，特别是用水要求等资料。

4 防洪调度设计

4.2 调 度 方 式

4.2.1 防洪调度方式的可操作性和防洪效果至关重要，需要针对水库特点和工程条件，考虑防洪任务要求和各种影响因素，进行合理的选择。

4.2.2 对于不承担下游防洪任务的水库，为了枢纽建筑物安全和降低大坝高度以节省投资，采用敞泄方式进行防洪调度时，需要控制最大下泄流量小于本次洪水的洪峰流量，以免对下游造成人为的洪水灾害。

4.2.3 对于承担下游防洪任务的水库，当挡水坝和下游防洪对象的防洪标准相差大时，注意调度方式的转换和衔接，可以采用下泄流量从大到小或从小到大分级变化的方法，尽量减小或避免因下泄流量一次变化过大而对下游产生的不利影响。

4.2.4 水库运用条件包括：泄流能力、起调水位、最高洪水位等。承担下游防洪任务水库的调度方式如下：

1　固定泄量调度方式。

（1）适用于水库坝址距下游防洪控制点区间来水较小或变化平稳、防洪对象的洪水威胁基本取决于水库泄量的情况。

（2）根据下游保护对象的重要性和抗洪能力，当下游有不同防洪标准或安全泄量时，固定泄量可分为一级或多级。但分级不宜过多，以免造成调度上的困难。

（3）应由小洪水到大洪水逐级控制水库泄量。当来水标准不超过下游防洪标准时，按下游允许泄量或分级允许泄量泄流；当来水超过下游防洪标准后，不再满足下游防洪要求，按水工建筑物防洪安全要求进行调度。

（4）采用固定泄量调度方式，对改变下泄量的判别条件必须明确具体，判别条件可采用库水位、入库流量单独判别方式，也可采用库水位与入库流量双重判别方式。

2 补偿调度方式。

补偿调度方式分预报调度方式和经验性补偿调度方式。

（1）预报调度方式。防洪调度设计中，采用预报调度方式时，一般有经实际资料验证的预报方案作依据。预报方案包括：①反映水库上下游洪水成因的预报方法。预报方法分为气象预报、降雨径流预报、上下游洪水演进合成预报等，设计阶段一般采用上下游洪水演进合成预报的方法；②与预报方法相适应的洪水预见期，并要求预见期大于洪水从坝址至防洪控制站的传播时间；③与预见期相适应的预报精度，并在调度方式中予以偏安全考虑；④与预报精度要求（如甲等、乙等、丙等）对应的预报合格率，拟定调度方式时也要考虑预报合格率以外的洪水。

（2）经验性补偿调度方式。为使经验性补偿调度方式具有可操作性，一般在分析坝址和区间洪水遭遇组合特性的前提下，拟定整体设计洪水，采用以防洪控制站已出现的水情决策水库蓄水时机和蓄泄水量。

利用已发生的各种典型洪水、不依据预报的经验性补偿调度方式有：涨率控制法、等蓄量法、区间补偿法、等蓄量和等泄量双重控制法等。

1）涨率控制法。涨率控制法的具体调度方法为：采用防洪控制站已发生的各种典型洪水过程及其时段洪水涨率，试算、综合拟定考虑区间流量后、满足防洪控制站要求、面临时段的水库蓄泄水量调度图（横坐标为防洪控制站前时段的洪水涨率，纵坐标为防洪控制站前时段的洪水流量）。该调度方法的思路为：当防洪控制站的流量大（洪水等级高，下游防洪紧张）、涨率大（洪水迅猛，峰型尖瘦、历时短）时，面临时段水库应多蓄水、快蓄水，以使下游被保护区达到防洪要求；反之，当防洪控制站的流量小（洪水等级低，下游防洪未到紧张局面）、涨率小（洪水来势平缓，峰型肥胖，历时长）时，面临时段水库应少蓄水、慢蓄水，以留出库容满足后期需要。

当下游有两个需要防洪的对象时，亦可分别拟定涨率控制调度方式。使用时，两防洪对象同时要求设计水库蓄水时，取其大者作为水库蓄水量采用值；腾空水库防洪库容时，取其小者作为水库泄水量采用值。

2）等蓄量法。等蓄量调度方式是根据防洪控制站已出现的水情拟定水库蓄水时机和等蓄流量。调度过程中，当防洪控制站流量大于起蓄流量 $Q_{始}$（也可增加用 $Q_{始}$ 前时段的洪水涨率判断）时，水库开始蓄水，蓄水流量为 $Q_{等}$，直至洪水消落阶段流量小于等于 $Q_{始}$ 为止。

①起蓄流量 $Q_{始}$ 的选择：要求防洪控制站洪水过程线中，$Q_{始}$ 至洪峰流量（各种典型和设计标准）的时间大于洪水从坝址至防洪控制站的传播时间。

②等蓄流量 $Q_{等}$ 的选择：等于防洪控制站相应防洪标准洪峰流量与允许流量 $Q_{允}$ 的差值。

3）区间补偿法。当有较好的区间洪水测流资料时，可采用此法。设计思路为：当面临时段初区间流量（等于前时段末流量）为 $Q_{区}$、前时段区间洪水流量增加值为 ΔQ 时，水库泄量为：

$$Q_{泄}=Q_{允}-(Q_{区}+\Delta Q\times K)。$$

式中 K 为扩大系数，是用前时段区间洪水流量增加值推算面临时段区间洪水流量增加值需要的安全系数。需采用试算法确定适当的 K 值，此值一般为 *1.2* 以上。

确定 K 值时，把各种典型洪水的区间洪水和水库泄量过程，通过洪流演进到防洪控制站，按满足允许流量要求试算不同的 K 值，取大值。

4）等泄量和等蓄量双重控制法。

①先等泄量、后等蓄量调度方式。当防洪控制站洪水流量较小（相应低防洪标准）时，先控制水库按等泄量（固定泄量法）进行调度，满足水库下游地区低防洪标准相应防护对象（如农田）的要求；当防洪控制站洪水流量较大（相应高防洪标准）时，再按其水情采用等蓄量法（已确定的蓄水时机和等蓄流量）进行调度。

本调度方式适用于水库下游有两个高低防洪标准的防洪对象的情况。

②先等蓄量、后等泄量调度方式。当防洪控制站流量达到起蓄流量 $Q_{始}$ 时，水库开始蓄水，蓄水流量为等蓄流量 $Q_{等}$；当水库入库流量超过防洪控制站允许流量与区间流量之和时，水库按允许流量与区间流量之差（固定泄量）泄水。

按本调度方法进行防洪调度，往往需要的防洪库容较大。

4.2.5 对于下游防洪控制站洪水遭遇组合多变的防洪水库，拟定水库调度方式时，需要重点考虑遭遇恶劣组合的洪水。水库采用补偿调度方式时，在研究水库至防洪控制点的区间洪水的传播规律基础上，注意选取水库内洪水与区间洪水的不利组合情况，进行水库防洪调节计算，根据下泄流量过程并考虑区间洪水经洪流演进至下游防洪控制站，使演进后的洪水流量满足防洪控制站的防洪要求，阐明防洪效果。

4.2.6 在一个流域或一条河流上，有防洪作用的水库共同组成防洪体系中的拦蓄洪措施、对下游重要的防洪保护对象联合进行防洪调度时，设计水库往往除了承担对下游直接保护对象的防洪任务外，还需要配合其他水库进行洪水调度，以达到对共同保护对象的防洪目标。对于承担这种双重防护对象任务的水库，一般设置两套相对可独立采用的防洪调度方式，分别适合于不同保护对象的防洪调度，并明确两调度方式的主次关系、使用条件和使用程序，阐明操作要求。

4.2.7 防洪调度区内的防洪调度方式的内容一般包括：

（1）水库发生常遇洪水（低于防洪标准洪水）、防洪标准洪水、大坝设计标准洪水及特大稀遇洪水的判别条件，相应控制泄量、采取的相应措施等规定。

（2）水库进行防洪调度时，泄洪设备及闸门启闭的决策程序。

（3）汛前水库消落和汛末水库回蓄的有关规定。

（4）汛期需要采取预泄的有关措施和规定。

4.2.8 运行控制水位的要求包括控制时段和入库、出库流量等的限制条件。

4.3 分期洪水调度

4.3.1 分期洪水调度中包括符合洪水季节性变化规律及成因特点的汛期分期洪水分期起讫日期。分期不宜太多或太短，一般分为前后两期以不超过三期为宜。

汛期各时期的防洪要求包括河道安全泄量或保证水位、堤防设计水位等。在确保防洪安全的前提下，分期调洪计算中可根据各期洪水特性、河道情况，对下游允许泄量等采用不同的数值。

4.4 调度结果分析

4.4.2 水库建成以后减少的受灾机会和减免的洪灾损失为其防洪效益。洪灾损失有直接损失和间接损失，有当年损失和后期影响损失，一般采用定量分析和定性分析相结合的方法评价防洪效果。防洪效益计算时不仅需要考虑防洪保护区经济发展的防洪效益增长，也需要计算防洪运用后带来的负效益。

5 灌溉与供水调度设计

5.1 任务和原则

5.1.1 本条中的其他蓄水工程包括灌区或供水区内的蓄水池、塘坝以及小型水库等。

5.2 调 度 方 式

5.2.1 承担灌溉与供水任务水库的取水流量与渠首处水位相关。对于取水渠首位于坝上或库周的水库，库水位对渠首取水流量的影响明显：水库供水期末，库水位均较低，可能导致部分取水口取不到水，或渠首自流能力下降或提水扬程不足。对于取水渠首位于坝下的水库，水库下泄流量对渠首取水流量的影响也十分明显：如水库下泄流量过小，取水口处水位过低，也可能导致取水口取不到水，或渠首自流能力下降或提水扬程不足。上述情况均可能导致渠首取水流量小于灌溉或供水要求的取水流量。因此，在设计保证率以内年份，需要通过调整水库调度方式，避免出现上述情况。

5.2.2 设计水库有多个规模和用水量相当、设计保证率相差大的灌区或供水对象时，需要拟定两级或多级调度方式。

5.2.3 为使设计水库的有限库容充分发挥效益，尽可能保证多个受水区的用水要求，设计水库调度设计中尽可能与受水区内其他各类蓄水工程联合运用，增加设计水库和受水区内各类蓄水工程的复蓄次数。在设计水库调节性能好、受水区内其他蓄水工程库容相对较小、设计水库距用水户较远、受水区内其他蓄水工程距用水户较近时，一般优先利用受水区内其他蓄水工程的水量，然后再利用设计水库的水量；当设计水库的调节性能较差时，一般根据充蓄的具体情况，在库水位超过某一限度时，先利用水库灌溉或供水，或向受水区内其他蓄水工程补水，以提高水库的复蓄机会。

5.2.4 水库一般采用径流—库容法判别水库的水温结构。对水温分层的、承担灌溉任务的水库，设有分层取水建筑物时，需结合水温分层预测结果及灌区引水管渠长度，考虑灌区不同季节作物生长对水温的要求，对不同季节拟定合适高程的取水口，尽可能避免因取水水温不适对灌区农作物生长造成不利影响。

5.2.5 在灌溉或供水设计保证率以内的年份或时段，如设计水库来水量大，一般根据设计水库的调蓄能力，结合其他蓄水工程的屯蓄情况，研究设计水库按加大供水量方式调度的必要性和可行性。在灌溉或供水设计保证率以外的年份或时段，水库正常灌溉或供水遭到破坏时，一般按供水保证率由低到高的顺序依次破坏，水库按降低供水量的方式调度。当遭遇特枯年份，一般根据保证重要供水对象用水安全或保证农作物关键生长期用水的要求，适时降低水库供水量，以避免在最后1～2月无水可供，造成不必要的损失。

5.3 灌溉与供水调度图

5.3.1 调度图的绘制方法如下：

1 年调节水库。一般选取年来水量或年用水量接近灌溉或供水设计保证率的几个代表年份，在同一图中绘出各年逐月的库水位过程线，其上包线为保证供水线，下包线为降低供水线。上、下包线之间即为保证供水区；在上包线以上至水库允许最高蓄水位之间为加大供水区；在下包线以下至死水位水平线之间为降低供水区。

代表年份选择时注意以下两点：

（1）代表年份的来水量应等于或略大于当年灌溉或供水的需水量。对于来水量略小于需水量的年份，一般修正年来水量，使其等于灌溉年需水量。

（2）代表年份应包括来水量年内分配与用水量年内分配组合较不利的情况。

2 多年调节水库。多年调节水库宜按时历法绘制调度图：将长系列调节计算成果中灌溉或供水设计保证率以内年份的同月水位，点绘在同一图上，其上包线为保证供水线，下包线为降低供水线，上、下包线之间即为保证供水区。

5.4 调度结果分析

5.4.1 调度结果的合理性分析包括如下内容：

（1）灌溉与供水设计保证率的满足情况；

（2）丰水年份，水库加大供水及弃水的情况；

（3）设计保证率以外年份，水库降低供水量的程度；

（4）设计水库其他开发任务的满足程度。

5.4.2 一般而言，随着破坏深度的加大，长系列操作的保证率呈增长趋势。对于调度结果不满足设计保证率要求的情况，也可采取适当加大破坏深度的方式，但需注意加大破坏深度对特别重要供水对象或作物关键生长期的用水影响。

6 发电调度设计

6.1 任务和原则

6.1.2 本条是水库发电调度设计的原则。

发电调度设计主要是合理的运用水库调节库容，协调发电水头和水量利用之间的关系，较好发挥水电站的电力电量效益。

6.2 调度方式

6.2.1 本条是拟定发电调度方式的规定。

1 水电站在日负荷图上的工作位置有基荷、腰荷、峰荷。对于承担日调节任务的大型电站，必要时根据电力电量平衡结果来拟定承担日负荷的过程，并考虑日调节引起的水库水位变化和电能损失。

2 年调节和多年调节电站发电调度方式由以下基本运行方式组成：

（1）保证运行方式，电站按保证出力（即设计代表年供水期平均出力）运行。

（2）加大出力运行方式，电站按大于保证出力运行，加大出力的幅度，可根据设计的需要，按大于保证出力的不同比例拟定。

（3）预想出力运行方式，电站按机组预想出力（指机组在不同水头条件下所能发出的最大出力）运行。

（4）降低出力运行方式，电站按低于保证出力运行，低于保证出力的程度可以根据设计电站在电力系统中的作用拟定。

3 反调节指设计水库按照用水部门的需水过程对上一级水库泄流进行的再调节。承担反调节任务的水电站，需拟定与上一级水电站进行联合发电的调度方式，在满足反调节要求的前提下，尽可能取得梯级电站的最大发电效益。

6.2.2 一般周调节以上性能电站都承担有调峰任务，水库根据日负荷过程进行日调节运用时，需要考虑水库综合利用对下泄流量的要求。

6.3 梯级水库联合调度

6.3.1 上游干支流水库对设计水库的调节作用，主要指上游梯级水库调节计算后，对设计水库入库径流过程的改变。

6.3.3 补偿调度系指以梯级水库总的保证出力或多年平均发电量最大为目标、进行梯级水库联合运行（改变各库单独运行方式）的调度方式，常用的方法有电当量法、蓄放水次序判别法等，其他方法有动态规划法、遗传算法等。

6.4 发电调度图

6.4.1 调度图的绘制方法如下：

（1）年调节水库。防破坏线和降低出力线的绘制：选取年水量（或供水期水量）接近设计保证率（P_0）年水量（或供水期水量）、年内分配不同的几个典型年，并按设计保证率年水量（或供水期水量）控制修正；从供水期末由死水位开始进行逆时序径流调节计算，在同一图中作出各年各计算时段的库水位过程线，其上包线即为防破坏线，下包线即为降低出力线。

防弃水线绘制：选取年水量或丰水期水量接近（$1-P_0$）频率的几个年份，按电站最大过水能力放水（或按装机容量工作），从供水期末由死水位开始，至水库水位上升到正常蓄水位止，逆时序反推各计算时段蓄水位，在同一图中作出各年各计算时段的库水位过程线，其上包线即为防弃水线。

（2）多年调节水库。多年调节水库调度图可仿照年调节水库绘制方法进行绘制，其防破坏线和防弃水线的起始和终止水位与正常蓄水位之间的库容为年库容；其降低出力线可平行下移，使起始和终止水位与死水位重合。

6.4.2 根据设计深度和电站在电力系统中的作用，在编制水库发电调度图时，采用的简化方法有：不设置加大出力调度线、加大区和装机预想区为一个出力区等。

7 泥沙调度设计

7.1 任务和原则

7.1.1 水沙特性分析的主要指标包括水量、沙量

（包括悬移质和推移质）、流量、悬移质含沙量及泥沙颗粒级配等，库区自然特性主要包括库区河道特性（宽度沿程变化、河道比降、河床组成等）、库容特性、支流入汇情况等。泥沙调度的主要时期为来沙较多的时期。水库防沙的主要目的是减少过机泥沙、泄水孔口防淤堵等，水库排沙的主要目的是减少水库淤积、保持有效库容等。

目前通常以含沙量作为标准，将多年平均含沙量大于10kg/m³ 的河流称为多沙河流，将多年平均含沙量小于 1kg/m³ 的河流称为少沙河流，但该标准不能作为水库泥沙问题严重程度的判别指标。水库泥沙问题的严重程度和水库库容、来沙的对比关系密切，目前主要根据库沙比（正常蓄水位以下的库容与入库年输沙量的比值）进行判断。一般而言当库沙比大于100 时，水库泥沙问题不严重；当库沙比小于 100 时，水库泥沙问题严重。对于库沙比大但有特殊的工程泥沙问题的水库，有时往往也显现出严重的枢纽泥沙问题需要解决，如近坝段有多泥沙支流入汇而影响枢纽运用的水库等。

7.2 防洪兴利为主的泥沙调度方式

7.2.4 排沙运行控制水位一般低于正常蓄水位，高于、等于或低于死水位。国内工程大量实测资料表明，排沙运行控制水位时的泄流能力是控制库区泥沙淤积的重要因素之一，参照国家现行标准《水电水利工程泥沙设计规范》DL/T 5089—1999 第 6.2.4 条，一般应不小于二年一遇的洪峰流量，多沙河流上水库排沙运行控制水位时的泄流能力宜适当增大。

7.2.5 对于承担航运任务的水库，泥沙调度还要解决库区及回水变动区航道的泥沙问题，坝区、船闸及上下引航道的泥沙问题，水库下游河道河床下切和水位下降以及河势流路变化、洲滩变化等问题。

7.3 防洪减淤为主的泥沙调度方式

7.3.1 调水调沙是多沙河流利用水库或水库群调节改变不利水沙过程、保持有效库容长期运用、减少水库下游河道泥沙淤积所采用的运用方式。调水调沙运用与水库兴利目标有矛盾时，需要妥善解决。

7.3.2 水库拦沙和调水调沙运用期，水库库容大，下泄水流含沙量低，保持有效库容的任务相对不突出，但运用水位不能过高而产生淤积上延影响和损失需要长期保持的有效库容，因此泥沙调度方式以下游河道显著减淤、控制库区泥沙淤积上延影响和保持长期有效库容为主，兼顾其他开发目标综合拟定；水库拦沙完成后的蓄清排浑和调水调沙的正常运用期，水库拦沙库容已经淤满，保持长期有效库容的任务突出，因此泥沙调度方式要以保持有效库容和下游河道持续减淤为主，兼顾其他开发目标综合拟定。

7.3.4 水库拦沙和调水调沙运用期的泥沙调度指标主要包括起始运行水位（初始运用起调水位）、调控流量、调控库容。

1 起始运行水位为多沙河流水库调水调沙运用的初始运用水位。

2 调控流量为调水调沙的流量控制指标。

3 调控库容是指在起始运行水位或淤积面以上调节水量的最大库容。

8 航运调度设计

8.1 任务和原则

8.1.1 水库航运调度涉及的范围主要有库区、工程区域和下游河段，前两者范围相对固定，而下游河段涉及范围需根据水库所在位置和水库建成后对下游航运的影响程度来分析确定。航运设施主要是指通航建筑物、航道与港口等。

8.2 调度方式

8.2.1 水库航运调度方式包括均匀泄流或分级均匀泄流方式等，涉及的主要航运要素包括通航水位与流量、通航水流条件。

1 水库工程的通航水位与流量，一般根据水库航运开发任务和上下游航道、港口等航运设施的运用要求，依据《内河通航标准》GB 50139—2004 的规定综合拟定。

2 由于各地区航道条件的差别，水位变率目前尚无统一的要求，一般通过实际营运船舶调查分析、海事部门对通航安全的规定和研究（包括模型计算和试验）等综合拟定。

8.2.2 水库泥沙冲淤对航运的影响主要表现在库尾及工程坝区的淤积和下游河道冲刷引起的河势调整和同流量下水位下降。经分析研究水库建成后泥沙冲淤对水库上游和下游航道以及水库工程上下游引航道的影响后，针对影响的性质与范围，再选择采取的水库泥沙调度等措施，以满足通航要求。

8.2.3 梯级水库对航运的影响范围较单个水库为大，为保障其上下游航道的畅通，梯级水库航运调度设计的重点是各个水库之间的水位衔接和下泄流量过程的相互协调等。

8.3 调度结果分析

8.3.2 水库泄洪时的水流条件比较复杂，关系到通航安全，需要通过包括数学和实体模型等手段研究泄洪时水库上下游通航区域的流速流态，分析其是否满足航运设施的运用要求。如不满足，需研究相应的解决办法和对策。

9 防凌调度设计

9.1 任务和原则

9.1.2 水库防凌调度设计的目的是在确保大坝防凌安全、尽可能减轻或消除上下游河道一定范围内冰凌洪水灾害的前提下，统筹兼顾各方面需求，充分发挥水库或水库群的防凌及其他综合利用效益。凌汛期不同阶段主要指流凌封河期、稳定封冻期和开河期三个阶段。

9.2 调度方式

9.2.1 水库防凌调度运用方式设计包括大坝本身及库尾末端河段、下游河道防凌调度运用方式设计。一般来讲，防凌调度运用方式设计成果是实时调度的基本准则，水库实际运行时，还应根据当年度凌期气象、来水情况、河道凌情特点、河道过流能力变化等情况，编制当年度的水库防凌调度方案。

9.2.2 库尾末端河段防凌需求主要是指形成水库后，改变了库区河道边界条件和水力条件，使库区尾部附近河道易形成冰塞、冰坝壅水灾害，由此提出的防凌需求。

库区尾部冰塞多出现在冬季封河初期，冰坝壅水主要发生在开河期。库尾末端河段防凌调度主要解决因库尾末端形成的冰塞、冰坝壅水而造成库区上游河段遭受的淹没损失。常采用降低水位的运行方式，使冰塞、冰坝位置向下游移动，并使其壅水位不致超过设计移民高程。

9.2.3 根据黄河下游和上游宁蒙河段多年防凌运用经验，针对凌汛期不同阶段河道的冰凌特点，水库对下游河道防凌调度的运用方式有以下几种：

（1）流凌封河期控制运用。结合腾空防凌库容，按下游封河的安全流量控泄，尽量使河道推迟封冻或封冻冰盖下保持较大的过流能力。

（2）稳定封冻期蓄水运用。水库下泄流量保持平稳，避免流量大幅度变化，从而造成下游河道封河不稳或提前开河及槽蓄水量大幅增加。

（3）开河期控制运用。此时应进一步控制泄流减少槽蓄水增量，必要时全部关闭水库闸门，避免较大凌峰的出现，以期形成“文开河”局面。

（4）水库对下游河道防凌调度，应考虑区间来水情况，结合分水调度，按下游河道凌汛期不同阶段的安全泄量控泄为宜。

9.2.4 水库对大坝本身的安全防凌调度设计主要是针对出现在坝前水深较小、水库面积较小或者在大坝上游较近处有较大支流汇入，致使凌期内常有数量大、质地比较坚硬的冰凌涌入坝前，威胁大坝安全；或遭遇上游来冰量较大，且水库末端发生冰塞、冰坝时，冰塞、冰坝一旦溃决，则易引起大量冰花、冰块涌向坝前，造成库水位急剧升高，进而威胁大坝安全。为此，应研究来冰过程对挡水建筑物和泄水建筑物的影响及对排凌下游的影响情况，确定排凌时间、排凌水位、排凌数量与凌块尺寸，进行排凌设计。大坝安全防凌调度目前尚无成熟模式，可结合工程条件和凌情特点，参考已建工程的成功防凌经验进行调度设计。

对于库面较大的平原型水库，流冰进入库区后，库水位变幅较小，一般不会对大坝构成威胁，水库基本无大坝安全防凌调度任务。

9.3 调度结果分析

9.3.2 水库防凌效果，包括有、无水库工程的经济、社会、环境效益，以及兴建工程后的负面影响。

10 生态和环境用水调度设计

10.0.1 河道内生态和环境用水的基本要求是指在一定时空条件下，为保护生态和环境功能所需要的最低水位和最小水（流）量。

生态和环境用水要求可分为河道内生态和环境需水及河道外生态和环境需水：河道内生态和环境需水主要包括河道生态基流、河流水生生物需水量和保持河道水流泥沙冲淤平衡所需输沙水量等，一般按维持河道基本生态功能需水量和河口生态需水量分别计算，然后取外包值；河道外生态和环境需水是指为保护、恢复或建设特定陆域生态和环境所需水量，可结合灌溉、供水等用水一并考虑。

11 综合利用调度设计

11.1 任务和原则

11.1.2 本条是综合利用水库调度设计的原则。

3 2002年10月1日起施行的《中华人民共和国水法》第四条：开发、利用、节约、保护水资源和防治水害，应当全面规划、统筹兼顾、标本兼治、综合利用、讲求效益，发挥水资源的多种功能，协调好生活、生产经营和生态环境用水；第二十一条：开发、利用水资源，应当首先满足城乡居民生活用水，并兼顾农业、工业、生态环境用水以及航运等需要。

依据上述规定，拟定了本条综合利用水库调度设计中满足各相应任务用水要求的次序。

4 特枯年份用水紧张时，应保证的重点任务包括重点开发目标或在水库运行中必须保证的首要任务。

5 泥沙淤积严重的大型水库，随淤积年限的增加，水库库容发生较大变化、一种调度方式不能适用时，才研究不同淤积时期相应的调度方案。

11.2 兴利调度方式

11.2.1 兴利任务主要指灌溉、供水、发电、航运等。多项兴利任务的设计保证率表达方式不一致时，需简化合并：灌溉或发电任务排序靠前的水库，可将供水、航运等任务的设计保证率化为以年为时段的保证率（年保证率）；供水或航运任务排序靠前的水库，可将其他任务的设计保证率化为以日为时段的历时保证率。

来水频率是指水库来水以年、月、旬或日为时段按从大到小排频的频率。设计保证率大于、等于、小于来水频率的情况是指百分数，如设计保证率75%就大于来水频率70%，即来水频率70%小于设计保证率75%。

11.2.2 本条规定中的三种兴利调度方式如下：

1 保证运行方式：来水频率小于或等于各开发任务设计保证率时，按照各开发任务正常供水量进行供水；来水频率在各开发任务设计保证率中间的时段，设计保证率大于等于水库来水频率的开发任务正常供水，其他开发任务减少供水。

2 加大供水方式：在丰水年或丰水段，一般根据水库能力按开发任务次序向需要加大供水的兴利任务加大供水。

3 降低供水方式：特枯年份或时段（来水频率大于各开发任务设计保证率），一般按照各兴利任务保证率的高低分别减少供水，保证率低的开发任务先减少供水，保证率高的开发任务后减少供水。水库调度设计中，特枯年份或时段减少灌溉、城市及工业供水，发电出力的比例根据破坏深度的影响大小而定，一般为保证值的20%～40%、10%～20%、30%～40%。

11.3 防洪与兴利结合的调度方式

11.3.1 防洪库容和兴利库容分开设置的形式是指如下情况：位于汇流面积较小的山区河流水库或北方河流水库，丰水和枯水的时间界限不明显或丰、枯水期很不稳定，常常是汛期过后就进入供水期，水库可蓄水量不稳定、甚至无水可蓄，防洪库容和兴利库容分开设置才能更好发挥水库综合效益。

11.3.2 水库工程开发条件包括地形地质条件、上下游水库的衔接情况、工程量、水库淹没、工程效益等；用水部门要求包括防洪和兴利任务对库容的要求。

11.3.3 一般根据洪水特性和防洪要求、兼顾兴利效益的发挥，在水库调度图上，用分界线划分防洪区和兴利区。此分界线一般由汛前迫降线、防洪限制水位线、汛后回蓄线组成。

11.3.5 水库蓄满率按年统计，供水期前水库水位达到正常兴利水位（可能低于正常蓄水位）的年即为蓄满年份。

11.3.6 《中华人民共和国水法》第二十条：开发、利用水资源，应当坚持兴利与除害相结合，兼顾上下游、左右岸和有关地区之间的利益，充分发挥水资源的综合效益，并服从防洪的总体安排。

《中华人民共和国防洪法》第十七条：在江河、湖泊上建设防洪工程和其他水工程、水电站等，应当符合防洪规划的要求；水库应当按照防洪规划的要求留足防洪库容。

依据上述法规条文，拟定了本条梯级水库分担防洪任务的要求。

11.4 发电与灌溉、供水结合的调度方式

11.4.3 当发电设计保证率高于（大于）灌溉设计保证率时，两级调度方式的水量分配有三种情况。

1 灌溉设计保证率以内年份，在首先满足发电、灌溉正常要求的前提下，增加发电效益。

2 发电、灌溉两保证率之间的年份，一般减少灌溉水量，发电仍按保证出力正常调度。

3 发电保证率以外年份，减少发电和灌溉的正常用水量，根据来水、水库蓄水量和两任务用水的重要程度确定发电、灌溉用水比例。

11.5 发电与航运结合的调度方式

11.5.2 以航运为主要任务的水库，发电调度中需要采用限制日调节、减少调峰出力变动幅度的方式，以满足通航条件的要求。

11.6 调度图绘制

11.6.1 综合利用水库各调度区域的调度方式包括：不同开发任务区的相应调度方式、专门任务调度区的调度方式、两开发任务结合公共区相应调度方式等。调度图绘制可参照国家现行标准《水利工程水利计算规范》SL 104—95中有关内容。

11.6.2 绘制防洪与兴利任务结合水库的调度图时，划分调度区域的要点如下：

（1）防洪库容和兴利库容不结合的水库调度图，由正常蓄水位线划分防洪和兴利任务的调度区域：①防洪调度区位于正常蓄水位上方，由正常蓄水位线、防洪高水位线、校核洪水位线组成两个区：防洪高水位线和正常蓄水位线组成下游防洪区，当库水位位于该区域时，按下游防洪调度方式进行调度；防洪高水位线至校核洪水位线之间为大坝安全调洪区，当库水位位于此区域时，按大坝安全调洪方式进行调度；②兴利调度区位于正常蓄水位下方，由防弃水线、保证供水线、限制供水线等组成各兴利调度分区。

（2）大多数防洪和兴利库容部分结合水库的调度

图中，防洪高水位线位于正常蓄水位线以上，两线之间为专门防洪区；防洪限制水位线位于死水位线上方，两线之间为专门兴利区；防洪限制水位线又低于正常蓄水位，正常蓄水位线和防洪限制线之间为防洪和兴利公用区，由汛前迫降线和汛后回蓄线组成。

11.6.3 本条规定了绘制一级、两级、多级调度图的原则。

2 开发任务用水可结合的水库比较多，其中之一为：灌溉自坝下引水、发电用水和灌溉用水可完全结合。绘制这种水库的调度图时，一般根据开发任务的主次，按主要开发任务的用水要求，绘制一级调度图；加大供水的防弃水线一般按发电要求绘制，防破坏线和限制供水线绘制中尽量考虑灌溉正常用水要求。

11.6.4 多沙河流和结冰河流上水库的调度中，一般对运行水位和下泄流量有限制要求。绘制这种水库的调度图时，防凌或泥沙调度线与兴利调度线有矛盾时，一般以满足防凌、水沙调度要求为前提，处理相互之间的关系。

12 初期蓄水调度设计

12.0.1 需要进行水库初期蓄水调度设计的水库，一般具有以下特点：①水库从开始蓄水到初期运用时间长，一般达几个月或几年；②设计工程上下游已建工程和重要用户有一定的用水要求，需要解决设计工程初期蓄水与库区及下游用水的矛盾。

12.0.2 大坝运用条件包括可挡水高程、防洪要求等。

水库初期蓄水方案选择时，在协调库区及下游用水要求和尽快蓄水两者关系的基础上，一般先拟定不同的发挥兴利效益的蓄水方案，并拟定不同供水量和供水方式，分别进行水库调节计算，求得各方案的水库初期蓄水位过程及下泄流量过程，并检验对库区及下游用水要求的满足程度，再从综合利用要求、工程技术经济等方面，综合比较确定最佳方案。

12.0.3 对于年调节水库，保证率75％年份的入库径流用于推求完成初期蓄水的时间；保证率50％年份的入库径流用于推求可争取完成初期蓄水的时间；丰水年份（保证率15％、10％、5％等年份）的入库径流用于对初期蓄水过程中水库工程防洪安全的检验。对于多年调节水库，枯水年组入库径流用于推求完成初期蓄水的时间；平水年组入库径流用于推求可争取完成初期蓄水的时间；丰水年组的入库径流用于对初期蓄水过程中水库工程防洪安全的检验。

中华人民共和国国家标准

水功能区划分标准

Standard for water function zoning

GB/T 50594—2010

主编部门：中 华 人 民 共 和 国 水 利 部
批准部门：中华人民共和国住房和城乡建设部
施行日期：2 0 1 1 年 1 0 月 1 日

中华人民共和国住房和城乡建设部
公　　告

第 833 号
关于发布国家标准
《水功能区划分标准》的公告

现批准《水功能区划分标准》为国家标准，编号为 GB/T 50594—2010，自 2011 年 10 月 1 日起实施。

本标准由我部标准定额研究所组织中国计划出版社出版发行。

中华人民共和国住房和城乡建设部

二〇一〇年十一月三日

前　　言

本标准根据原建设部《关于印发〈2004 年工程建设标准制订、修订计划〉的通知》（建标函〔2004〕67 号）的要求，由水利部水利水电规划设计总院和长江流域水资源保护局共同编制完成。

在标准编制过程中，编制组进行了广泛深入的调查研究，总结了《中国水功能区划》在全国试行 6 年的应用成果和实践经验，结合全国各省（自治区、直辖市）批复的各辖区水功能区划实施情况，认真研究分析了我国水功能区划中遇到的新情况和应用实践中出现的新问题，在广泛征求意见的基础上，通过反复讨论、修改和完善，最后经审查定稿。

本标准共 6 章和 3 个附录，包括：总则，术语，分级分类系统和指标，划分程序，划分方法，成果编写要求等。

本标准由住房和城乡建设部负责管理，水利部负责日常管理，水利水电规划设计总院负责具体技术内容的解释。

本标准在执行过程中，请各单位注意总结经验，积累资料，随时将有关意见和建议反馈给水利部水利水电规划设计总院（北京西城区六铺炕北小街 2—1 号，电话：010—62059233，邮政编码：100120），以便今后修订时参考。

本标准主编单位、主要起草人和主要审查人：

主 编 单 位： 水利部水利水电规划设计总院
长江流域水资源保护局

主要起草人： 朱党生　洪一平　史晓新　袁弘任　程晓冰　罗小勇　雷阿林　雷少平　石秋池　刘　平　张建永　纪　强　王　健　刘江壁

主要审查人： 连　煜　曾肇京　任光照　李锦秀　毛学文　罗承平　江　溢

目 次

Contents

1 总 则

1.0.1 为规范水功能区划分技术要求、程序和方法，制定本标准。

1.0.2 本标准适用于中华人民共和国境内江河、湖泊、水库、运河、渠道等地表水体的水功能区划分。

1.0.3 水功能区划分应是根据区划水域的自然属性，结合经济社会需求，协调水资源开发利用和保护、整体和局部的关系，确定该水域的功能及功能顺序，为水资源的开发利用和保护管理提供科学依据，以实现水资源的可持续利用。

1.0.4 水功能区划分应遵循下列原则：

1 可持续发展原则；

2 统筹兼顾，突出重点的原则；

3 前瞻性原则；

4 便于管理，实用可行的原则；

5 水质水量并重原则。

1.0.5 区划基准年应为区划制定时的现状年，规划水平年应为制定区划的区域内有关国民经济和社会发展等规划的水平年。

1.0.6 水功能区划分除应符合本标准规定外，尚应符合国家现行有关标准的规定。

2 术 语

2.0.1 功能 function

系指自然或社会事物对人类生存和社会发展所具有的价值与作用。

2.0.2 水功能 water function

系指水体对满足人类生存和社会发展需求所具有的不同属性的价值与作用。

2.0.3 主导功能 dominant function

在某一水域多种功能并存的情况下，按水资源的自然属性、开发利用现状及经济社会需求，考虑各功能对水量水质的要求，经功能重要性排序，确定的首位功能即为该水域的主导功能。

2.0.4 水功能区 water function zone

为满足水资源合理开发、利用、节约和保护的需求，根据水资源的自然条件和开发利用现状，按照流域综合规划、水资源保护和经济社会发展要求，依其主导功能划定范围并执行相应水环境质量标准的水域。

2.0.5 保护区 protection zone

保护区是指对水资源保护、自然生态系统及珍稀濒危物种的保护具有重要意义，需划定进行保护的水域。

2.0.6 缓冲区 buffer zone

缓冲区是指为协调省际间、用水矛盾突出的地区间用水关系而划定的水域。

2.0.7 开发利用区 development and utilization zone

开发利用区是指为满足工农业生产、城镇生活、渔业、娱乐等功能需求而划定的水域。

2.0.8 保留区 reserve zone

保留区是指目前水资源开发利用程度不高，为今后水资源可持续利用而保留的水域。

2.0.9 饮用水源区 drinking water function zone

饮用水源区是指为城镇提供综合生活用水而划定的水域。

2.0.10 工业用水区 industrial water function zone

工业用水区是指为满足工业用水需求而划定的水域。

2.0.11 农业用水区 agricultural water function zone

农业用水区是指为满足农业灌溉用水需求而划定的水域。

2.0.12 渔业用水区 fishery water function zone

渔业用水区是指为满足鱼、虾、蟹等水生生物养殖需求而划定的水域。

2.0.13 景观娱乐用水区 scenery and recreation water function zone

景观娱乐用水区是指以满足景观、疗养、度假和娱乐需要为目的的江河湖库等水域。

2.0.14 过渡区 transition water function zone

过渡区是指为满足水质目标有较大差异的相邻水功能区间水质状况过渡衔接而划定的水域。

2.0.15 排污控制区 pullutant discharge control water function zone

排污控制区是指生产、生活废污水排污口比较集中的水域，且所接纳的废污水对水环境不产生重大不利影响。

3 分级分类系统和指标

3.1 分级分类系统

3.1.1 水功能区应划分为两级。一级水功能区应包括保护区、保留区、开发利用区、缓冲区；开发利用区进一步划分的饮用水源区、工业用水区、农业用水区、渔业用水区、景观娱乐用水区、过渡区、排污控制区应为二级水功能区。

3.1.2 水功能区分级分类系统应符合图 3.1.2 的规定。

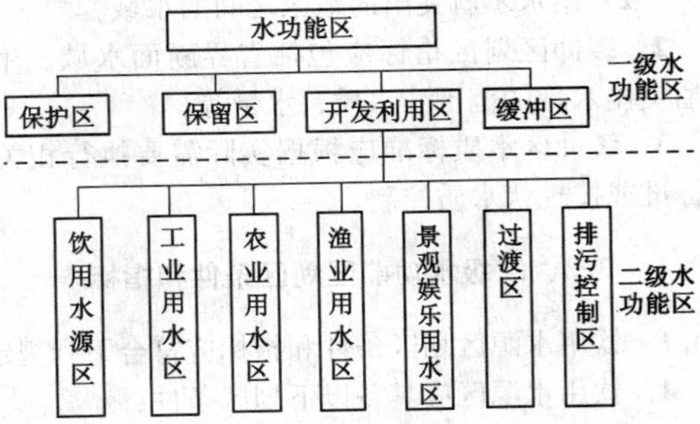

图 3.1.2 水功能区分级分类系统

3.2 一级水功能区划区条件和指标

3.2.1 保护区划区条件和指标应符合下列规定：

1 保护区应具备以下划区条件之一：

1）国家级和省级自然保护区范围内的水域或具有典型生态保护意义的自然生境内的水域；

2）已建和拟建（规划水平年内建设）跨流域、跨区域的调水工程水源（包括线路）和国家重要水源地水域；

3）重要河流的源头河段应划定一定范围水域以涵养和保护水源。

2 保护区划区指标包括集水面积、水量、调水量、保护级别等。

3 保护区水质标准应符合现行国家标准《地表水环境质量标准》GB 3838 中Ⅰ类或Ⅱ类水质标准；当由于自然、地质原因不满足Ⅰ类或Ⅱ类水质标准时，应维持现状水质。

3.2.2 保留区划区条件和指标应符合下列规定：

1 保留区应具备以下划区条件：

1）受人类活动影响较少，水资源开发利用程度较低的水域；

2）目前不具备开发条件的水域；

3）考虑可持续发展需要，为今后的发展保留的水域。

2 保留区划区指标包括相应的产值、人口、用水量、水域水质等。

3 保留区水质标准应不低于现行国家标准《地表水环境质量标准》GB 3838 规定的Ⅲ类水质标准或应按现状水质类别控制。

3.2.3 开发利用区划区条件和指标应符合下列规定：

1 开发利用区划区条件应为取水口集中，取水量达到区划指标值的水域。

2 开发利用区划区指标包括相应的产值、人口、用水量、排污量、水域水质等。

3 开发利用区水质标准应由二级水功能区划相应类别的水质标准确定。

3.2.4 缓冲区划区条件和指标应符合下列规定：

1 缓冲区应具备以下划区条件之一：

1）跨省（自治区、直辖市）行政区域边界的水域；

2）用水矛盾突出的地区之间的水域。

2 缓冲区划区指标应包括省界断面水域、用水矛盾突出水域的范围、水质、水量等。

3 缓冲区水质标准应根据实际需要执行相关水质标准或按现状水质控制。

3.3 二级水功能区划区条件和指标

3.3.1 饮用水源区划区条件和指标应符合下列规定：

1 饮用水源区应具备以下划区条件：

1）现有城镇综合生活用水取水口分布较集中的水域，或在规划水平年内为城镇发展设置的综合生活供水水域；

2）每个用水户取水量不小于取水许可管理规定的取水限额。

2 饮用水源区划区指标包括相应的人口、取水总量、取水口分布等。

3 饮用水源区水质标准应符合现行国家标准《地表水环境质量标准》GB 3838 中Ⅱ类或Ⅲ类水质标准。

3.3.2 工业用水区划区条件和指标应符合下列规定：

1 工业用水区应具备以下划区条件：

1）现有的工业用水取水口分布较集中的水域，或在规划水平年内需设置的工业用水供水水域；

2）每个用水户取水量不小于取水许可管理规定的取水限额。

2 工业用水区划区指标包括工业产值、取水总量、取水口分布等。

3 工业用水区水质标准应符合现行国家标准《地表水环境质量标准》GB 3838 中Ⅳ类水质标准。

3.3.3 农业用水区划区条件和指标应符合下列规定：

1 农业用水区应具备以下划区条件：

1）现有的农业灌溉用水取水口分布较集中的水域，或在规划水平年内需设置的农业灌溉用水供水水域；

2）每个用水户取水量不小于取水许可管理规定的取水限额。

2 农业用水区划区指标包括灌区面积、取水总量、取水口分布等。

3 农业用水区水质标准应符合现行国家标准《农田灌溉水质标准》GB 5084 的规定，也可按现行国家标准《地表水环境质量标准》GB 3838 中Ⅴ类水质标准确定。

3.3.4 渔业用水区划区条件和指标应符合下列规定：

1 渔业用水区应具备以下划区条件：

1）天然的或天然水域中人工营造的鱼、虾、蟹等水生生物养殖用水水域；

2）天然的鱼、虾、蟹、贝等水生生物的重要产卵场、索饵场、越冬场及主要洄游通道涉及的水域。

2 渔业用水区划区指标包括渔业生产条件、产量、产值等。

3 渔业用水区水质标准应符合现行国家标准《渔业水质标准》GB 11607 的有关规定，也可按现行国家标准《地表水环境质量标准》GB 3838 中Ⅱ类或Ⅲ类水质标准确定。

3.3.5 景观娱乐用水区划区条件和指标应符合下列规定：

1 景观娱乐用水区应具备以下划区条件：

1）休闲、娱乐、度假所涉及的水域和水上运动场需要的水域；

2）风景名胜区所涉及的水域。

2 景观娱乐用水区划区指标包括景观娱乐功能需求、水域规模等。

3 景观娱乐用水区水质标准应符合现行国家标准《地表水环境质量标准》GB 3838 中Ⅲ类或Ⅳ类水质标准。

3.3.6 过渡区划区条件和指标应符合下列规定：

1 过渡区应具备以下划区条件：

1）下游水质要求高于上游水质要求的相邻功能区之间；

2）有双向水流，且水质要求不同的相邻功能区之间。

2 过渡区划区指标包括水质与水量。

3 过渡区水质标准应按出流断面水质达到相邻功能区的水质目标要求选择相应的控制标准。

3.3.7 排污控制区划区条件和指标应符合下列规定：

1 排污控制区应具备以下划区条件：

1）接纳废污水中污染物为可稀释降解的；

2）水域稀释自净能力较强，其水文、生态特性适宜于作为排污区。

2 排污控制区划区指标包括污染物类型、排污量、排污口分布等。

3 排污控制区水质标准应按其出流断面的水质状况达到相邻水功能区的水质控制标准确定。

4 划分程序

4.0.1 水功能区划分程序应符合下列规定：

1 一级水功能区划分，应征求流域和省（自治区、直辖市）有关部门的意见。

2 在一级水功能区划分完成后，应在开发利用区内进行二级水功能区划分。

3 确定各级各类水功能区的目标水质和水质代表断面。

4 进行总体复核和调整，并编制水功能区划报告，水功能区划报告编写提纲宜符合本标准附录A的规定。

5 水功能区划报告应征求流域和地方有关部门的意见，对反馈意见应提出处理意见，并对水功能区划报告进行修改和调整。

6 履行报批手续，向社会公布。

4.0.2 水功能区划分工作程序应符合图4.0.2的规定。

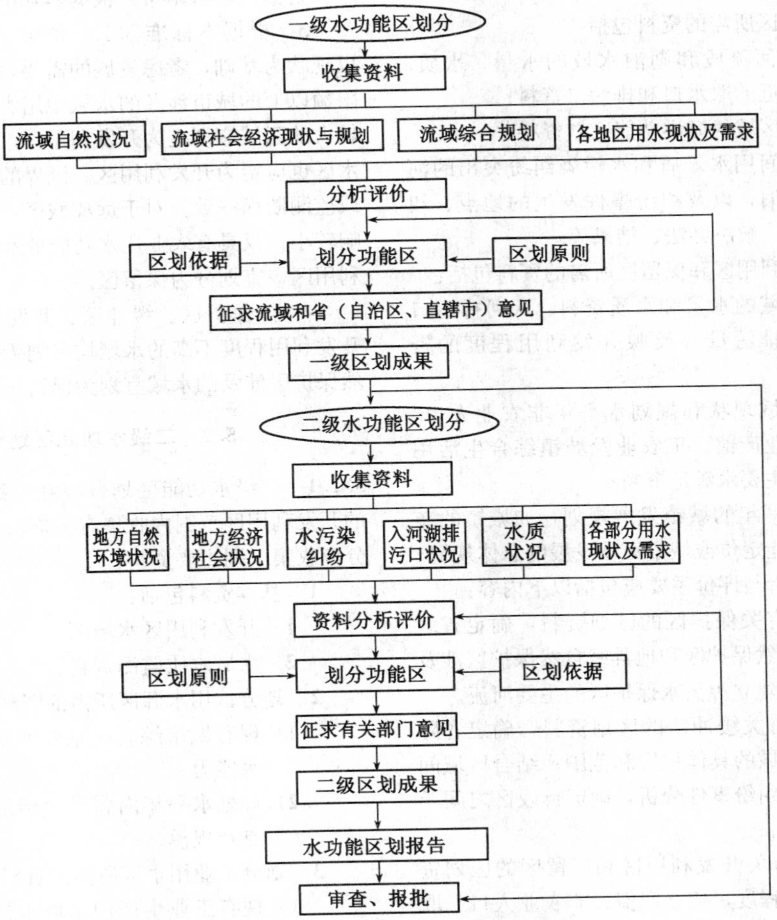

图4.0.2 水功能区划分工作程序框图

5 划分方法

5.1 一级水功能区划分方法

5.1.1 一级水功能区划分应按省级行政区收集流域内有关资料。所收集的资料应按其所属水资源分区单元分别归类，并以县级以上（含县级）行政区为单元分别统计。一级水功能区划分应收集下列主要资料：

1 基础资料包括：

1）流域水系，水资源分区等；

2）流域或区域经济社会基础资料，水资源基本状况等。

2 划分保护区所需的资料包括：

1）国家级和地方级自然保护区的名称、地点、等级、类型、范围、主要保护对象和主管部门；

2）河流水系、长度、水文、水质、主要源头等基本数据；

3）国家重要水源地和大型调水工程水源地的位置、范围、供水任务、规模、输水线路等。

3 划分缓冲区所需的资料包括：

1）跨省区河流段和湖泊水域的水量、水质，以及附近的取水口和排污口资料；

2）入海口区域的海洋功能区划资料；

3）地区之间用水矛盾和水污染纠纷突出的河流、湖泊，以及纠纷事件发生的地点、纠纷原因、解决办法、结果等。

4 划分开发利用区和保留区所需的资料包括：

1）区划水域的水量和水质资料、入河排污口分布、排污量等反映开发利用程度的资料等；

2）相应区域现状和规划水平年非农业人口、主要行业产值、工农业及城镇综合生活用水量和主要水源地资料；

3）规划水平年的城镇发展规划，如城镇的布局、功能定位或城市区域发展的总体规划。

5.1.2 资料的分析与评价主要应包括以下内容：

1 分析评价有关保护区的区划资料，确定省级以上（含省级）自然保护区和地县级自然保护区涉及的水域；确定需要建立源头水保护区的主要河流。

2 分析评价有关缓冲区的区划资料，确定省际边界水域、跨省水域的具体位置和范围；结合区域间用水矛盾及水污染纠纷事件分析，确定行政区之间矛盾突出的水域范围。

3 分析评价有关开发利用区和保留区的区划资料，测算开发利用程度，建立产值、非农业人口、取水量、排污量等项指标的计算方法，并确定相应的限额值。

5.1.3 划分一级水功能区时，应首先划定保护区，再划定缓冲区和开发利用区，其余的水域可划为保留区。各功能区划分的具体方法应符合下列规定：

1 国家和省级自然保护区所涉及的水域应划为保护区。源头水保护区可划在重要河流上游的第一个城镇或第一个水文站以上未受人类开发利用的河段，也可根据流域综合规划中划分的源头河段或习惯规定的源头河段划定。国家重要水源地水域和跨流域、跨省（自治区、直辖市）及省内大型调水工程水源地水域应划为保护区。

2 跨省（自治区、直辖市）水域应划为缓冲区，省（自治区、直辖市）间的边界水域宜划为缓冲区。缓冲区范围可根据水体的自净能力，通过模型计算分析确定。省（自治区、直辖市）之间水质要求差异大时，划分缓冲区范围应较大；省（自治区、直辖市）之间水质要求差异小，缓冲区范围可较小，上下游缓冲区长度的比例可按省界上游占三分之二、省界下游占三分之一划定；在潮汐河段，缓冲区长度的比例可按上下游各占一半划定。省际边界水域、用水矛盾突出地区缓冲区范围的划定，可由流域管理机构与有关省（自治区、直辖市）根据实际情况共同划定。

3 根据本标准5.1.2条第3款指标分析结果，以现状为基础，考虑发展的需要，将任一单项指标在限额以上的城市涉及的水域中用水较为集中，用水量较大的区域应划定为开发利用区。根据需要其主要退水区也应定为开发利用区。区界的划分宜与行政区界或监测断面一致。对于远离城区，水质受开发利用影响较小，仅具有农业用水功能的水域，可不划为开发利用区，宜划分为保留区。

4 除保护区、缓冲区、开发利用区以外，其他开发利用程度不高的水域均可划为保留区。地县级自然保护区涉及的水域宜划为保留区。

5.2 二级水功能区划分方法

5.2.1 二级水功能区划分应在一级水功能区划确定的开发利用区范围内收集有关资料。二级水功能区划分应收集下列主要资料：

1 基本资料包括：

1）开发利用区水域图；

2）水域水质监测资料。

2 划分饮用水源区所需的资料包括：

1）现有城市综合生活用水取水口的位置、取水能力；

2）规划水平年内新增生活综合用水的取水地点及规模。

3 划分工业用水区所需的资料包括：

1）现有工业生产用水取水口的位置、取水能力、供水对象；

2）规划水平年内新增工业用水的取水地点及规模。

4　划分农业用水区所需的资料包括：

1）现有农业灌溉取水口的位置、取水能力、灌溉面积；

2）规划水平年内新增农业灌溉用水的取水地点及规模。

5　划分渔业用水区所需的资料包括：

1）水产养殖场的位置、范围和规模；

2）鱼、虾、蟹、贝等水生生物的重要产卵场、索饵场、越冬场及主要洄游通道的位置及范围。

6　划分景观娱乐用水区所需的资料包括：

1）风景名胜的名称、涉及水域的位置和范围；

2）现有休闲、度假、娱乐、水上运动场所的名称、规模，涉及水域的位置、范围。

7　划分排污控制区所需的资料包括：

1）现有排污口的位置、排放污废水量及主要污染物量；

2）规划水平年内排污口位置的变化情况。

8　划分过渡区所需资料可采用本条第1款～第7款收集的资料。

5.2.2　资料分析与评价应包括水质评价、取排水口资料分析与评价、渔业用水资料分析和景观娱乐用水区资料分析。资料分析与评价应符合下列规定：

1　水质评价应根据开发利用区的水质监测资料，按现行国家标准《地表水环境质量标准》GB 3838的有关要求进行，部分特殊指标应参照有关标准进行。

2　应根据统计资料和规划资料，结合当地水行政主管部门取水许可管理规定的取水限额标准，确定开发利用区内主要的生活、工业和农业取水口，以及废污水排放口，并应在地理底图中标明其位置。对于零星分散的小型取水口应根据每一取水口的取水量在当地同类取水口的取水总量中所占比重等因素评价其重要性。

3　应根据资料分析，确定水产养殖场，水生生物的重要产卵场、索饵场、越冬场及主要洄游通道，并应在地理底图中标明其位置。

4　应根据资料分析，确定当地风景名胜、休闲度假、娱乐和水上运动场所涉及的水域，并应在地理底图中标明其位置。

5.2.3　划分二级水功能区，应符合下列规定：

1　饮用水源区的划分应根据已建生活取水口的布局状况，结合规划水平年内生活用水发展需求，应选择开发利用区上游或受其他开发利用影响较小的水域。在划分饮用水源区时，应将取水口附近的水源保护区涉及的水域一并划入。对于零星分布的小型生活取水口，可不单独划分为饮用水源区，但对重要的大型生活用水取水口则应单独划区。

2　工业、农业用水区的划分应根据工业、农业取水口的分布现状，结合规划水平年内工业、农业用水发展需要，将工业取水口、农业取水口较为集中的水域划为工业用水区或农业用水区。

3　排污控制区的划分宜为排污口较为集中，且位于开发利用区下段或对其他用水影响不大的水域。排污控制区的设置应从严控制，分区范围不宜过大。

4　渔业用水区和景观娱乐用水区的划分应根据现状实际涉及的水域范围，结合发展规划要求划分相应的用水区。

5　过渡区的划分应根据两个相邻功能区的水质目标的差别确定。水质要求低的功能区对水质要求高的功能区影响较大时，以能恢复到高要求功能区水质标准来确定过渡区的长度。过渡区范围应根据实际情况确定，必要时可通过模型计算确定。为减小开发利用区对下游水质的影响，根据需要，可在开发利用区的末端设置过渡区。

6　对于水质难以达到全断面均匀混合的大江大河，当两岸对用水要求不同时，应以河流中心线为界，根据需要在两岸分别划定相应功能区。

5.3　水功能区命名和编码

5.3.1　一级水功能区分区命名应采用形象化复合名称。名称应由三个部分组成：第一部分表示河名，第二部分表示地理位置，第三部分表示水域功能。对于保护区和缓冲区命名应符合下列规定：

1　保护区的命名，自然保护区沿用原定名；源头水和调水水源区采用“河名＋地名＋源头水（调水水源）＋保护区”命名，其中的地名应使用县级以上的地名。

2　对跨省（自治区、直辖市）的缓冲区前面的地名应采用有关省（自治区、直辖市）的简称命名，省（自治区、直辖市）名按上游在前下游在后或左岸在前右岸在后的方法排序。

5.3.2　二级水功能区的分区命名与一级水功能区相似，其中的地名使用街（镇）以下的地名。对于功能重叠区以主导功能命名，还可增加第二功能表示该水域的重叠功能，即采用“河名＋地名＋第一主导功能＋第二功能”的命名方法。

5.3.3　水功能区编码应采用主导因素法，将水资源分区、一级水功能区、二级水功能区等因素进行编码，编码应能表示水域、功能及隶属关系。水功能区编码应由14位大写的英文字母（I、O、Z舍弃）和数字的组合码组成，编码格式应符合表5.3.3的规定，第一段7位表示功能区所在水资源分区，第二段4位表示一级水功能区，第三段3位表示二级水功能区。一级水功能区代码的第三段编码应采用“000”表示。

表 5.3.3　水功能区代码编码格式

水功能区代码								
水资源分区编码					一级水功能区编码		二级水功能区编码	
Ⅰ	Ⅱ	Ⅲ	Ⅳ	Ⅴ	一级水功能区顺序	属性	二级水功能区顺序	属性
□	□□	□□	□	□	□□□	□	□□	□

5.3.4　第一段应为水资源分区编码，并应由7位大写英文字母和数字的组合码组成。其中，自左至右第1位英文字母是一级区代码，10个水资源一级区代码分别为A、B、C、D、E、F、G、H、J、K；第2、3两位数码是水资源二级区代码；第4、5两位数码是水资源三级区代码；第6位数码或字母是水资源四级区代码；第7位数码或字母是水资源五级区代码（其中当四级与五级的数码大于9以后用字母顺序编码）。

5.3.5　第二段应为一级水功能区编码，其第1、2位应为本水资源分区中一级水功能区的顺序号；第3位应为以后一级功能区增加所预留的编码；第4位为数字功能区属性标识，保护区应采用"1"表示，保留区应采用"2"表示，开发利用区应采用"3"表示，缓冲区应采用"4"表示。

5.3.6　第三段为二级水功能区编码，其第1、2位数字为该二级水功能区的顺序号，从01编至99；第3位为二级水功能区属性标识，饮用水源区应采用"1"表示，工业用水区应采用"2"表示，农业用水区应采用"3"表示，渔业用水区应采用"4"表示，景观娱乐用水区应采用"5"表示，过渡区应采用"6"表示，排污控制区应采用"7"表示。

6　成果编写要求

6.0.1　水功能区划成果应包括水功能区划报告，水功能区登记表和水功能区划图。

6.0.2　水功能区划报告应包括流域或区域的自然环境、社会经济、水资源及其开发利用状况；水资源供需分析、水环境质量评价；区划的原则、方法、依据；各种功能区划分的指标测算方法等内容。报告编写提纲应符合本标准附录A的规定。

6.0.3　根据水功能区划的分级分类体系和划分标准，划出的各类功能区，填写水功能区登记表，登记表格式应符合本标准附录B的规定。

6.0.4　根据划出的各种水功能区编制水功能区划图，有关技术要求应符合本标准附录C的规定。

附录A　水功能区划报告编写提纲

A.0.1　水功能区划报告编写提纲应包括以下内容：

1　综述

1.1　目的和意义

1.2　依据与标准

1.3　区划范围

1.4　区划原则

1.5　区划基准年

1.6　区划的分级分类体系

1.7　区划的程序与方法

1.8　区划概况

2　区域概况

2.1　自然概况

2.2　社会经济

2.3　水资源开发利用现状

2.4　水环境质量评价

3　一级水功能区划（较大流域和河流可适当分段阐述）

3.1　区划河（江）段1（以长江流域为例，如"金沙江石鼓以上"）

3.1.1　概述

3.1.2　保护区

3.1.3　缓冲区

3.1.4　开发利用区

3.1.5　保留区

3.2　区划河（江）段2（以长江流域为例，如"金沙江石鼓以下"）

3.2.1　概述

3.2.2　保护区

3.2.3　缓冲区

3.2.4　开发利用区

3.2.5　保留区

3.3　区划支流1（以长江流域为例，如"岷沱江"）

3.3.1　概述

3.3.2　保护区

3.3.3　缓冲区

3.3.4　开发利用区

3.3.5　保留区

……

4　二级水功能区划（对应上述一级水功能区划的各河段、各支流的开发利用区阐述如下内容）

4.1　概述

4.2　饮用水源区

4.3　工业用水区

4.4　农业用水区

4.5　渔业用水区

4.6　景观娱乐用水区

4.7　过渡区

4.8　排污控制区

……

5　措施与管理

5.1 措施
5.2 管理

附录B 水功能区登记表

B.0.1 一级水功能区登记表内容应符合表B.0.1的规定。

表B.0.1 一级水功能区登记表

编码	一级水功能区名称	所在				河流湖库	范围		水质代表断面	长度(km)	湖库面积(km^2)	水质现状	水质目标	区划依据	备注
		流域	水系	水资源三级区	地级行政区		起始	终止							

B.0.2 二级水功能区登记表内容应符合表B.0.2的规定。

表B.0.2 二级水功能区登记表

编码	二级水功能区名称	流域	水系	所在一级水功能区	河流湖库	范围		水质代表断面	长度(km)	湖库面积(km^2)	功能排序	水质现状	水质目标	区划依据	备注
						起始	终止								

附录C 水功能区划图编制规定

C.0.1 水功能区划图的比例尺应根据水体范围按下列要求确定：

1 一级水功能区划1：50万～1：100万。

2 二级水功能区划1：5万～1：30万。

C.0.2 图件应包括以下内容：

1 一级水功能区的分区范围。

2 二级水功能区的分区范围。

3 与水功能区划有关的专业内容：水文站、水位站、水质站、取水口、排污口、自然保护区、水库、水源（井、泉）、主要水闸、泵站、堤、风景名胜等。

4 除常规地理内容外，需要注明与区划有关的地名。

5 各区的地理特点不同，反映水源特征的沼泽、砂卵石、冰川等也可说明或划定范围。

6 其他需要表示的内容。

C.0.3 图件中水功能区的颜色应符合下列要求：

1 一级水功能区中，用CMYK四色印刷系统表示：保护区为C100M0Y100K0，保留区为C100M100Y0K0，缓冲区为C0M0Y100K0，开发利用区为C0M100Y100K0；用RGB颜色模式表示：保护区为R0G255B0，保留区为R0G0B255，缓冲区为R255G255B0，开发利用区为R255G0B0。

2 二级水功能区中，用CMYK四色印刷系统表示：饮用水源区为C100M0Y0K0，工业用水区为C0M60Y100K0，农业用水区为C0M20Y40K40，渔业用水区为C60M40Y0K0，景观娱乐用水区为C0M100Y0K0，过渡区为C20M40Y0K40，排污控制区为C0M0Y0K100；用RGB颜色模式表示：饮用水源区为R0G255B255，工业用水区为R255G102B0，农业用水区为R153G102B51，渔业用水区为R102G153B255，景观娱乐用水区为R255G0B255，过渡区为R102G51B153，排污控制区为R0G0B0。

C.0.4 图件应符合下列要求：

1 区划分段处须明确。

2 有重叠功能的区域，应注明主次，第一主导功能以色斑表示，第二功能以晕线表示。

3 图中河流宽度小于0.5mm的单线、双线用0.5mm的色线表示。

4 湖泊、水库等最小图斑面积为$1.0mm^2$。

5 标明比例尺。

本标准用词说明

1 为便于在执行本标准条文时区别对待，对要求严格程度不同的用词说明如下：

1）表示很严格，非这样做不可的：
正面词采用“必须”，反面词采用“严禁”；

2）表示严格，在正常情况下均应这样做的：
正面词采用“应”，反面词采用“不应”或“不得”；

3）表示允许稍有选择，在条件许可时首先应这样做的：
正面词采用“宜”，反面词采用“不宜”；

4）表示有选择，在一定条件下可以这样做的，采用“可”。

2 条文中指明应按其他有关标准执行的写法为：“应符合……的规定”或“应按……执行”。

引用标准名录

《地表水环境质量标准》GB 3838
《农田灌溉水质标准》GB 5084
《渔业水质标准》GB 11607

中华人民共和国国家标准

水功能区划分标准

GB/T 50594—2010

条 文 说 明

目　次

1 总　　则

1.0.1 本条为本标准编制的目的。自1999年开始，水利部开始在全国进行水功能区划分工作，并于2002年印发了《中国水功能区划》在全国试行。2002年修订的《中华人民共和国水法》第三十二条针对国家确定的重要江河、湖泊，跨省、自治区、直辖市的江河、湖泊以及其他江河、湖泊的水功能区划拟定和审批进行了明确。结合近年水功能区划工作的实践，为规范水功能区划分技术要求、程序和方法，制定本标准。

1.0.2 本标准适用范围为中华人民共和国境内江河、湖泊、水库、运河、渠道等地表水体。

1.0.4 本条说明水功能区划分应遵循的原则：

1 可持续发展原则。水功能区划分应与流域或区域的水资源综合规划、经济社会发展规划相结合，根据水资源承载能力和水环境承载能力，合理开发利用水资源，并留有余地，保护当代和后代赖以生存的水资源，维护水生态系统的结构和功能，保障饮水安全，促进经济社会和生态的协调发展。

2 统筹兼顾，突出重点的原则。在进行水功能区划分时，应将流域或区域作为一个系统，综合考虑上下游、左右岸、干支流以及近远期经济社会发展的需求，统筹兼顾，坚持水资源开发利用与保护并重。在划定水功能区的范围和类型时，应注重城镇集中式饮用水水源地和具有特殊保护要求的水域，优先保护。

3 前瞻性原则。水功能区划分应对未来经济社会发展有所前瞻和预见，水资源的开发利用要为将来的发展需求留有余地。

4 便于管理，实用可行的原则。区划成果是水资源开发利用、节约保护和管理的依据，应符合水资源、水环境实际，切实可行。水功能区的界限可与行政区界一致，便于管理；同时应注意上下游不同分区水质目标的协调和衔接。

5 水质水量并重原则。水功能区划分应综合考虑经济社会发展对水资源的水质和水量的需求。对水质和水量要求不明确，或仅对水量有需求的功能，例如航运、发电等不予进行功能区划分。

1.0.5 水功能区应根据区划水域的水资源条件、开发利用现状以及水质等状况，按照有关流域综合规划、水资源保护和经济社会要求进行划分。进行水功能区划分时，应明确区划基准年和规划水平年。区划基准年为区划制定时的现状年，规划水平年指制定区划的区域内有关国民经济和社会发展等规划的水平年。

3 分级分类系统和指标

3.1 分级分类系统

3.1.1、3.1.2 水功能区划分一级水功能区和二级水功能区两级分区。一级水功能区是宏观上解决水资源开发利用与保护的问题，主要协调地区间用水关系，长远上考虑可持续发展的需求；二级水功能区针对一级水功能区中的开发利用区进行划分，主要协调用水部门之间的关系。

3.2 一级水功能区划区条件和指标

3.2.1～3.2.4 分别说明保护区、缓冲区、开发利用区、保留区的划区条件、划区指标和水质标准。

3.3 二级水功能区划区条件和指标

3.3.1～3.3.7 分别说明饮用水源区、工业用水区、农业用水区、渔业用水区、景观娱乐用水区、过渡区、排污控制区的划区条件、划区指标和水质标准。

4 划 分 程 序

4.0.1、4.0.2 水功能区划应按规定程序进行，首先进行一级水功能区划分，然后在一级水功能区的开发利用区内进行二级水功能区划分。在划分各级各类水功能区时应征求流域和地方有关部门的意见，提出处理意见，必要时进行调整。

水功能区划分应确定各级各类水功能区的目标水质和水质代表断面。水功能区水质代表断面是为功能区管理所设置的断面，又称控制断面，其选取原则主要有：

1 反映功能区水质状况。

2 功能区最差水质的断面。

3 具备采样条件。

5 划 分 方 法

5.1 一级水功能区划分方法

5.1.2 本条说明一级水功能区划分时，资料分析和评价的主要内容。在对开发利用区和保留区的区划资料进行分析评价时，需要确定相应的限额值。限额的确定方法是将区划流域或区域各城市的各项指标分别从大到小依次排列，每一单项顺序累加，当第 n 个值对应的累加结果超过统计单元相应指标累加总和的50％（具体百分数各流域或区域可根据管理的实际需要确定）时，则可将第 n 个值确定为该单项指标的限额。

由于流域或区域内地区经济发展不平衡，为了适应不同地区水资源开发利用和管理的需要，同一流域或区域内，应按水资源利用分区范围，划分成若干独立的统计单元，分别排序。具体采用哪一级分区作为统计单位，可根据各流域或区域的具体情况决定。

5.1.3 本条说明一级水功能区划分的步骤及各功能区划分的具体方法。

5.2 二级水功能区划分方法

5.2.1 本条说明在一级水功能区划确定的开发利用区范围收集的主要资料，包括基本资料以及划分各二级水功能区所需的资料。

5.2.2 本条说明二级水功能区划分时，资料分析与评价的主要内容，应包括水质评价、取排水口资料分析与评价、渔业用水资料分析和景观娱乐用水区资料分析。

5.2.3 本条说明各二级水功能区划分时，应执行的技术要求。

5.3 水功能区命名和编码

5.3.1 本条说明一级水功能区分区命名方法。

源头水和调水水源区采用“河名＋地名＋源头水（调水水源）＋保护区”命名，其中的地名应使用县级以上的地名，示例：汉江丹江口水库调水水源保护区。

对跨省（自治区、直辖市）的缓冲区前面的地名应采用有关省（自治区、直辖市）的简称命名，省（自治区、直辖市）名的排序按上游在前下游在后或左岸在前右岸在后的方法排序，示例：长江皖苏缓冲区。

5.3.2 本条说明二级水功能区的分区命名方法。对于功能重叠区以主导功能命名，还可增加第二功能表示该水域的重叠功能，即采用“河名＋地名＋第一主导功能＋第二功能”的命名方法。示例：汉江琴断口饮用、工业用水区。

5.3.4 本条说明第一段为水资源分区编码方法。10个水资源一级区代码分别为A、B、C、D、E、F、G、H、J、K。A—松花江，B—辽河，C—海河，D—黄河，E—淮河，F—长江，G—东南诸河，H—珠江，J—西南诸河，K—西北诸河。当第6、7两位数码均为“0”时，表示编至水资源三级区的代码；当第4、5、6、7四位数码均为“0”时，表示编至水资源二级区的代码；当第2、3、4、5、6、7六位数码均为“0”时，表示编至水资源一级区的代码。

中华人民共和国国家标准

雨水集蓄利用工程技术规范

Technical code for rainwater
collection，storage and utilization

GB/T 50596—2010

主编部门：中 华 人 民 共 和 国 水 利 部
批准部门：中华人民共和国住房和城乡建设部
施行日期：2 0 1 1 年 2 月 1 日

中华人民共和国住房和城乡建设部
公　　告

第682号
关于发布国家标准
《雨水集蓄利用工程技术规范》的公告

现批准《雨水集蓄利用工程技术规范》为国家标准，编号为GB/T 50596—2010，自2011年2月1日起实施。

本规范由我部标准定额研究所组织中国计划出版社出版发行。

中华人民共和国住房和城乡建设部

二〇一〇年七月十五日

前　　言

本规范是根据原建设部《关于印发〈2007年工程建设标准规范制定、修订计划（第一批）〉的通知》（建标〔2007〕125号）的要求，由中国灌溉排水发展中心、甘肃省水利科学研究院会同有关单位共同编制完成的。

本规范在编制过程中，吸取了国内外最新科研成果，针对存在的问题以及生产中提出的新要求，重点开展了雨水集蓄利用工程农村供水定额、雨水集蓄系统规模的确定和集蓄雨水的水质管理等专题研究。同时广泛征求了全国有关设计、科研、生产厂家、管理等部门及专家和技术人员的意见，最后经审查定稿。

本规范共分9章和2个附录，主要内容有：总则、术语、基本规定、规划、工程规模和工程布置、设计、施工与设备安装、工程验收、工程管理等。

本规范由住房和城乡建设部负责管理，水利部负责日常管理工作，中国灌溉排水发展中心负责具体技术内容的解释。本规范在执行过程中，请各单位注意总结经验，积累资料，随时将有关意见和建议反馈给中国灌溉排水发展中心（地址：北京市宣武区广安门南街60号荣宁园3号楼，邮政编码：100054；电子信箱：jskfpxc@163.com），以便今后修订时参考。

本规范主编单位、参编单位、主要审查人和主要起草人：

主编单位： 中国灌溉排水发展中心

参编单位： 甘肃省水利科学研究院
内蒙古自治区水利科学研究院
西北农林科技大学
四川省水利厅
贵州省水利科学研究院
扬州大学
山西省晋中市水利局
内蒙古自治区水利厅

主要起草人： 李　琪　李元红　程满金　金彦兆
高建恩　李端明　许建中　王　群
庄耘天　沙鲁生　唐小娟　张　洁
郎旭东　康　跃

主要审查人： 黄冠华　惠士博　王文元　李小雁
张书函　蔡守华　刘文朝

目　次

Contents

1 总 则

1.0.1 为提高雨水集蓄利用工程的建设质量和管理水平，保障农村饮水安全，促进节水灌溉和社会经济发展，制定本规范。

1.0.2 本规范适用于地表水和地下水缺乏或开发利用困难，且多年平均降水量大于250mm的半干旱地区和经常发生季节性缺水的湿润、半湿润山丘地区，以及海岛和沿海地区雨水集蓄利用工程的规划、设计、施工、验收和管理。本规范不适用于城市雨水集蓄利用工程。

1.0.3 雨水集蓄利用工程应按单户、联户或自然村进行建设和管理。建设与管理必须贯彻科学规划、因地制宜的原则，在政府的引导和支持下，按照农户自愿的原则进行。

1.0.4 雨水集蓄利用工程应按全面建设小康社会和新农村建设的要求，并结合当地具体情况实施。

1.0.5 雨水集蓄利用工程的规划、设计、施工、验收和管理，除应符合本规范外，尚应符合国家现行有关标准的规定。

2 术 语

2.0.1 雨水集蓄利用工程 rainwater collection, storage and utilization

指采取工程措施，对雨水进行收集、存贮和综合利用的微型水利工程。

2.0.2 集流效率 rainwater collection efficiency

集流面收集到的降水量与同一时期降水量的比值。

2.0.3 水窖 water cellar

地埋式有盖的雨水存贮工程。

2.0.4 水窑 water cave

在窑内垂直下挖形成水池，用于贮存雨水的窑窖工程。

2.0.5 水池 water tank

用于存贮雨水径流的地表式蓄水工程。

2.0.6 作物需水关键期 critical period of crop water requirement

缺水对作物生长和产量影响最大的作物生育阶段。

2.0.7 集雨灌溉 irrigation with stored rainwater

利用集蓄的雨水对作物进行的补充灌溉。

2.0.8 点灌 bunch irrigation

用人工对单株作物进行直接灌溉的方式。

2.0.9 坐水种 irrigation during seeding

在播种时，利用专门设备或人工将一定量的水注入种子坑中，改善土壤墒情，满足种子发芽和苗期生长的一种局部灌水方法。

2.0.10 覆膜灌溉 irrigation with plastic sheeting

在膜上、膜下、膜侧进行灌水的灌溉方式。

3 基 本 规 定

3.0.1 建设雨水集蓄利用工程应收集工程所在地区年降水量资料和多年平均年蒸发量资料，并分析计算得出多年平均以及频率为50%、75%及90%的年降水量。无实测资料地区，可查本省（自治区、直辖市）多年平均降水量、蒸发量及C_v等值线图获得。

3.0.2 建设雨水集蓄利用工程时，可不测绘地形图，但应有集流面、蓄水设施及灌溉土地之间的相对位置和高差资料，以及拟建工程地点的土质或岩性资料。

3.0.3 对拟作为集流面的屋顶、庭院、公路、乡村道路、天然坡面、打碾场等的平面投影面积应进行量算。

3.0.4 建设雨水集蓄利用工程应对下列情况进行调查：

1 对工程实施范围内已建集流面的材料和集流效率、蓄水设施的种类、结构和容积、提水设备、节水灌溉设施，以及节水灌溉制度和工程运行管理情况进行调查。

2 对工程实施范围内的人口与牲畜数量、计划利用雨水进行灌溉的作物种类、面积与需水、单产和灌溉情况以及土壤质地进行调查。

3 对工程实施范围内集蓄雨水的水质进行调查。

4 对工程当地水泥、钢筋、白灰、塑料薄膜，以及砂、石、砖、土料等建筑材料的储（产）量、质量、单价、运距等进行调查。

4 规 划

4.0.1 县及县以上雨水集蓄利用工程的建设应编制地区性规划。

4.0.2 地区性规划应根据当地的雨水资源条件以及经济、社会发展和生态环境保护对水资源的需求，提出开发利用规模。

4.0.3 地区性规划应与农村经济、社会发展和扶贫规划相协调，并应与水土保持及节水灌溉等规划紧密结合，同时应注重农村产业结构调整和先进适用技术的推广应用。

4.0.4 地区性规划应注重资源的节约利用。

4.0.5 地区性规划应包括下列内容：

1 应分析论证本地区缺水状况、发展雨水集蓄利用工程的必要性和可行性，并应与其他供水工程措施进行技术经济的对比分析。

2 应分析确定规划期内雨水集蓄利用工程解决本地区用水困难的人畜数量、生活供水定额、发展集雨节灌的面积、作物类型和灌水定额、发展养殖业和农村加工业的规模和供水量等主要指标，以及雨水集蓄利用工程的规模，并应根据近、远期解决缺水问题的迫切性和经费、劳力投入的可能性合理确定其发展速度。

3　应根据本地区气候、地形、地质等自然条件和经济社会特点进行分区，并确定不同类型区域的雨水集蓄利用方式和工程布局。

4　应根据本地区雨水集蓄利用工程的用途，分别提出不同类型区域的典型设计。

5　应按国家现行有关标准估算本地区雨水集蓄利用工程建设的工程量和投资。

6　应分析评价雨水集蓄利用工程对本地区生态系统、水环境及人畜健康影响。分析宜采用定性分析与定量分析相结合的方法进行，并应以定性分析为主。

7　应编制本地区性建设雨水集蓄利用工程的分期实施计划，并提出组织管理、技术支持、资金筹措、劳力安排等措施。

5　工程规模和工程布置

5.1　供水定额确定

5.1.1　雨水集蓄工程农村居民生活供水定额按表5.1.1的规定取值。

表5.1.1　雨水集蓄利用工程居民生活供水定额

分　区	供水定额［L/（d·人）］
多年平均降水量250mm～500mm地区	20～40
多年平均降水量>500mm地区	40～60

5.1.2　雨水集蓄工程生产供水定额的确定应符合下列要求：

1　生产供水应包括农作物、蔬菜、果树和林草的补充灌溉供水以及畜禽养殖业和小型加工业的供水。

2　灌溉供水定额应根据本地区农作物、果树、林草的需水特性，采用节水灌溉和非充分灌溉原理确定。缺乏资料时，灌水次数和灌水定额可按表5.1.2-1的规定取值。

表5.1.2-1　不同年降水量地区作物集雨灌溉次数和灌水定额

作　物	灌水方式	不同降水量地区灌水次数		灌水定额（m^3/hm^2）
		多年平均降水量250mm～500mm地区	多年平均降水量>500mm地区	
玉米等旱田作物	坐水种	1	1	45～75
	点灌	2～3	2～3	45～90
	膜上穴灌	1～2	1～3	45～100
	注水灌	2～3	2～3	45～75
	滴灌 地膜沟灌	1～2	2～3	150～225

续表5.1.2-1

作　物	灌水方式	不同降水量地区灌水次数		灌水定额（m^3/hm^2）
		多年平均降水量250mm～500mm地区	多年平均降水量>500mm地区	
一季蔬菜	滴灌	5～8	6～10	150～180
	微喷灌	5～8	6～10	150～180
	点灌	5～8	6～10	90～150
果树	滴灌	2～5	3～6	120～150
	小管出流灌	2～5	3～6	150～240
	微喷灌	2～5	3～8	150～180
	点灌（穴灌）	2～5	3～6	150～180
一季水稻	"薄、浅、湿、晒"和控制灌溉	—	6～10	300～450

3　畜禽养殖供水定额可按表5.1.2-2的规定取值。小型加工业供水应按照节约用水、提高回收利用率的原则确定。

表5.1.2-2　雨水集蓄利用工程畜禽养殖供水定额

畜禽种类	大牲畜	猪	羊	禽
定额［L/（d·头、只）］	30～50	20～30	5～10	0.5～1.0

5.2　需水量确定

5.2.1　农村居民生活、畜禽养殖供水需水量可按下式计算：

$$W=0.365\sum_{i=1}^{n}A_i\cdot Q_i \tag{5.2.1}$$

式中：W——设计供水保证率条件下，雨水利用生活用水工程的年需水量（m^3）；

A_i——第 i 类规划需水对象的数量（人、头或只）；

Q_i——第 i 类规划用水对象的供水定额［L/（人、头或只）·d］，按表5.1.1、表5.1.2-2的规定取值；

n——规划生活水需对象的种类数。

5.2.2　灌溉工程需水量可按下式计算：

$$W=\sum_{i=1}^{n}S_i\cdot M_i \tag{5.2.2}$$

式中：W——设计保证率条件下，雨水利用灌溉工程的年需水量（m^3）；

S_i——第 i 次灌溉面积（hm^2）；

M_i——第 i 次灌水定额（m^3/hm^2），按表5.1.2-1的规定取值；

n——灌水次数。

5.3　集流面面积确定

5.3.1　集流面面积应符合下列要求：

1　供水保证率应按表5.3.1-1的规定取值。

表 5.3.1-1 供水保证率

供水项目	生活供水	集雨灌溉	畜禽养殖	小型加工业
保证率（%）	90	50～75	75	75～90

2 单用途雨水集蓄利用工程的集流面面积可按下式计算：

$$\sum_{i=1}^{n} S_i \cdot k_i \geqslant \frac{1000W}{P_p} \tag{5.3.1-1}$$

式中：W——设计保证率条件下，单用途雨水集蓄利用工程的年供水量（m^3）；

S_i——第 i 种材料的集流面面积（m^2）；

k_i——第 i 种材料的年集流效率；

P_p——频率等于设计保证率的年降水量（mm）；

n——集流面材料种类数。

3 多用途雨水集蓄利用工程的集流面总面积可按下公计算：

$$S_i = \sum_{j=1}^{m} S_{ij} \tag{5.3.1-2}$$

式中：S_i——第 i 种材料的集流面面积（m^2）；

S_{ij}——第 j 种用途第 i 种材料的集流面面积（m^2）；

m——雨水集蓄利用工程用途的数量。

4 年集流效率应根据各种材料在不同降水特性下的试验观测资料分析确定。缺乏资料时，可按表5.3.1-2的规定取值。

表 5.3.1-2 不同降水量地区不同材料集流面年集流效率

集流面材料	年集流效率（%）		
	多年平均降水量250mm～500mm地区	多年平均降水量500mm～1000mm地区	多年平均降水量1000mm～1500mm地区
混凝土	73～80	75～85	80～90
水泥瓦	65～75	70～80	75～85
机瓦	40～55	45～60	50～65
手工制瓦	30～40	40～50	45～60
浆砌石	70～80	70～85	75～85
良好的沥青路面	65～75	70～80	70～85
乡村常用土路，土场和庭院地面	15～30	20～40	25～50
水泥土	40～55	45～60	50～65
固化土	60～75	75～80	80～90
完整裸露膜料	85～90	85～92	90～95
塑料膜覆中粗砂或草泥	28～46	30～50	40～60
自然土坡（植被稀少）	8～15	15～30	25～50
自然土坡（林草地）	6～15	15～25	20～45

5.3.2 集流面面积也可按本规范附录A的规定确定。

5.4 蓄水工程容积确定

5.4.1 蓄水工程容积可按下式计算：

$$V = \frac{KW}{1-\alpha} \tag{5.4.1}$$

式中：V——蓄水容积（m^3）；

W——设计保证率条件下年供水量（m^3）；

α——蓄水工程蒸发、渗漏损失系数，可取0.05～0.1；

K——容积系数，可按表5.4.1的规定取值。

表 5.4.1 容积系数

供水用途	多年平均降水量（mm）		
	250mm～500mm地区	500mm～800mm地区	>800mm地区
居民生活	0.55～0.6	0.5～0.55	0.45～0.55
旱作大田灌溉	0.83～0.86	0.75～0.85	0.75～0.8
水稻灌溉	—	0.7～0.8	0.65～0.75
温室、大棚灌溉	0.55～0.6	0.4～0.5	0.35～0.45

5.4.2 当实际集流面面积大于本规范第5.3节的计算结果50%以上时，蓄水容积系数可按表5.4.2的规定取值。

表 5.4.2 实际集流面面积较大条件下蓄水容积系数

供水用途	多年平均降水量（mm）		
	250mm～500mm地区	500mm～800mm地区	>800mm地区
居民生活	0.51～0.55	0.4～0.5	0.3～0.4
旱作大田灌溉	0.71～0.75	0.6～0.65	0.53～0.6
水稻灌溉	—	0.55～0.6	0.5～0.56
温室、大棚灌溉	0.5～0.55	0.32～0.4	0.26～0.35

5.4.3 当具有长系列降水资料时，可按本规范附录B确定集流面面积和蓄水工程容积，但集流面面积和蓄水工程容积的结果不应小于本规范第5.3节和第5.4.1条计算结果的0.9倍。

5.4.4 蓄水工程超高应符合下列要求：

1 顶拱采用混凝土浇筑的水窖蓄水位距地面的高度应大于0.5m，并应符合防冻要求；顶拱采用薄壁水泥砂浆或黏土防渗的水窖蓄水位应至少低于起拱线0.2m。

2 水池超高应按表5.4.4的规定取值。

表 5.4.4 水池超高值

蓄水容积（m^3）	<100	100～200	200～500	500～10000
超高（cm）	30	40	50	60～70

5.5 工程布置

5.5.1 雨水集蓄利用工程的集流工程、蓄水工程以及供水和节水灌溉设施应统一布置，用于农业生产的雨水集蓄利用工程还应与农业措施相结合。

5.5.2 集流工程的集流能力应与蓄水工程容积相对应，不得布置集流量不足或没有水源的蓄水工程。

5.5.3 用于家庭生活供水的雨水集蓄利用工程，可与家庭内的畜禽养殖供水工程相结合，与其他生产用水的工程宜分开布置。

5.5.4 蓄水工程的布置宜利用其他水源作为补充水源。

5.5.5 用于解决生活用水的雨水集蓄利用工程，宜选用混凝土、瓦屋面和庭院作为集流面，不应采用草泥屋面、沥青路面和农村土路、土场地等作为集流面，并宜采用不同的蓄水设施分别储存屋面和庭院的集流。

5.5.6 用于农业灌溉的雨水集蓄利用工程宜利用有利地形。

6 设 计

6.1 集 流 工 程

6.1.1 集流工程宜由集流面、汇流沟和输水渠组成。当集流面较宽时，应修建截流沟拦截降雨径流并引入汇流沟。

6.1.2 集流面选址时，应避开厕所、畜禽圈舍和垃圾堆积场等污染源，宜利用透水性较低的现有人工设施或自然坡面作为集流面。灌溉用集流面宜布置在高于灌溉地块的位置。

6.1.3 新建专用集流面宜采用现浇混凝土、塑料薄膜、固化土等人工材料对地面进行防渗。集流面材料的选用应根据当地实际情况进行技术、经济比较后确定。

6.1.4 新建专用集流面设计应符合下列要求：

1 集流面应具有一定的纵向坡度，土质集流面坡度宜为1/20～1/30。硬化集流面坡度不宜小于1/10。横向坡度可按地形条件确定。

2 混凝土集流面宜采用厚度不小于3cm的C15现浇混凝土，并应设置伸缩缝。

3 石板集流面应铺砌在水泥砂浆层上，并应进行填缝和勾缝处理。

4 裸露式塑膜集流面可采用厚度0.08mm以上的塑料薄膜。埋藏式塑膜集流面宜采用厚度0.1mm～0.2mm的塑料薄膜，覆盖材料可采用厚度5cm的草泥或中、粗砂。

5 固化土集流面宜采用预制砌块或干硬性固化土砌筑，厚度不宜小于5cm，固化剂含量宜为7%～12%。干硬性固化土施工夯实干密度不应小于$1.8t/m^3$。

6 原土翻夯集流面翻夯深度不应小于30cm，干密度不应小于$1.5t/m^3$；水泥土集流面可采用塑性水泥土现场夯实或预制干硬性水泥土砌筑，厚度不宜小于10cm。塑性水泥土水泥含量宜为8%～12%，夯实干密度不应小于$1.55t/m^3$；干硬性水泥土干密度不应小于$1.8t/m^3$。

6.1.5 屋面集流面宜采用接水槽和落水管。利用道路、自然坡面作为集流面或新建专用集流面集流时，均应修建汇流沟。屋面雨水与地面径流宜分开储存。

6.1.6 汇流沟可采用现浇混凝土、预制混凝土、块（片）石衬砌结构或土渠，断面形式可采用矩形、U形或宽浅式。汇流沟的纵向坡度应根据地形确定，衬砌渠（沟）不宜小于1/100，土渠（沟）不宜小于1/300，断面尺寸应按汇流量计算确定。

6.2 蓄 水 工 程

6.2.1 蓄水工程形式的选择应根据当地土质、工程用途、建筑材料、施工条件等因素确定。用于生活供水的蓄水工程应采用水窖、水窑、有顶盖的水池或在房屋内修建的水池。

6.2.2 蓄水工程设计应符合下列要求：

1 建设地点应避开填方或易滑坡地段，地下式蓄水工程外壁与崖坎和根系较发育的树木之间的距离不应小于5m。多个水窖或水窖衬砌外壁之间的距离不宜小于4m。

2 利用公路路面集流时，蓄水工程的布设位置应符合公路部门的有关规定。

3 蓄水工程宜进行防渗处理。

4 半干旱地区的蓄水工程不宜采用开敞式。

5 蓄水工程的进水口应设置堵水设施，并应设置泄水道。在蓄水工程正常蓄水位处应设置溢流管（口）。生活供水蓄水工程的进水管宜延伸到底部，离底板高度宜为50cm。进水管的出口宜设置缓流设施。

6 蓄水工程的出水管应高于底板30cm。

7 寒冷地区的蓄水工程应采取防冻措施。

6.2.3 土质地基上修建的水窖设计应符合下列要求：

1 顶盖可采用素混凝土或水泥砂浆砌砖半球拱结构，也可采用钢筋混凝土平板结构。混凝土或砖砌半球拱厚度不应小于10cm。钢筋混凝土平板结构应根据填土厚度和上部荷载设计。当土质坚固时，顶盖也可采用在土半球拱表面抹水泥砂浆的结构，砂浆厚度不应小于3cm。

2 当土质较好时，窖壁可采用水泥砂浆或黏土防渗。砂浆厚度不应小于3cm。窖壁表面宜采用纯水泥浆刷涂2遍～3遍。黏土厚度可采用3cm～6cm。土质较松散时，窖壁应采用混凝土圈支护结构，厚度不应小于10cm。

3 底部基土应先进行翻夯，翻夯厚度不应小于30cm，底部基土上宜填筑厚度20cm～30cm的三七灰土。灰土上应浇筑混凝土平板或反拱形底板，厚度不应小于10cm，并应保证与窖壁的砂浆或混凝土圈良好连接。土质良好时，也可采用在灰土面上抹水泥砂浆的结构，厚度不应小于3cm。

4 水泥砂浆强度不应低于M10。混凝土强度不应低于C15。

5 黄土地区水窖的总深度不宜大于8m，最大直径不宜大于4.5m。窖盖采用混凝土或砖砌拱结构时，拱的矢跨比不宜小于0.3，窖顶部采用砂浆抹面结构时，顶拱的矢跨比不宜小于0.5。

6 水窖窖台高出地面的高度不宜小于30cm，取水口直径宜为60cm～100cm。

6.2.4 土质基础上修建的水窖设计应符合下列要求：

1 水窖宽度不宜大于4.5m，顶拱的矢跨比不宜小于0.5，顶拱以上的土体厚度不应小于3.0m，蓄水深度不宜大于3.0m。

2 当土质较好时，顶拱可采用厚度3cm～4cm的水泥砂浆抹面结构；当土质较差时，应采用混凝土、浆砌石或砖砌拱支护，矢跨比不宜小于0.3。

3 水泥砂浆和混凝土的厚度及强度可按本规范第6.2.3条的规定执行。

6.2.5 岩石基础上修建的水窖宜采用宽浅式结构。岩石开挖面比较完整坚固时，可在岩面上直接抹水泥砂浆防渗；岩石破碎或结构不稳定时，应采用浆砌石或混凝土支护。

6.2.6 修建在岩石崖面隧洞式水窖，顶部岩石破碎或结构不稳定时，应采用浆砌石或现浇混凝土支护。岩石较完整时，应采用水泥砂浆在岩石表面上抹面防渗。

6.2.7 水池设计应符合下列要求：

1 水池宜采用标准设计，也可按五级建筑物根据国家现行有关标准进行设计。水池防渗衬砌可采用浆砌石、素混凝土块、砌砖或钢筋混凝土结构。浆砌石、素混凝土块砌筑或砌砖结构的表面宜采用水泥砂浆抹面。

2 采用浆砌石衬砌时，应采用强度不宜低于M10的水泥砂浆座浆砌筑，浆砌石底板厚度不宜小于25cm；采用混凝土现浇结构时，素混凝土强度不宜低于C15；钢筋混凝土结构混凝土强度不宜低于C20，底板厚度不宜小于8cm。

3 湿陷性黄土上修建的水池宜采用整体式钢筋混凝土或素混凝土结构。地基土为弱湿陷性黄土时，池底应填筑厚30cm～50cm的灰土层，并应进行翻夯处理，翻夯深度不应小于50cm；基础为中、强湿陷性黄土时，应加大翻夯深度，并应采取浸水预沉等措施。

4 修建在寒冷地区的水池，地面以上部分应覆土或采取其他防冻措施。

5 封闭式水池应设置清淤检修孔，开敞式水池应设置护栏，高度不应小于1.1m。

6.3 净水设施

6.3.1 雨水集蓄利用工程净水系统设置应符合下列要求：

1 蓄水工程进水口前应设置拦污栅。利用天然土坡、土路、土场院集流时，应在进水口前设置沉沙池。沉沙池尺寸应根据集流面大小和来沙情况确定。

2 生活用水的蓄水工程进水口前应设置过滤设施。

3 微喷灌、滴灌、渗灌等灌溉系统首部应设置筛网式过滤器。

6.3.2 生活供水工程宜设置初期径流排除设施。

6.4 生活供水设施

6.4.1 生活供水系统宜采用固定式手压泵或微型取水设备取水。

6.4.2 生活供水系统供水管道应采用符合生活供水卫生要求的管材。

6.5 节水灌溉系统

6.5.1 利用集蓄雨水对作物进行灌溉时，应采用高效适用的灌水方法。旱作农田可采用坐水种、点灌、注水灌、覆膜灌溉等简易节水灌溉方法和滴灌、微喷灌、小管出流灌、小型移动式喷灌等，不应采用漫灌方法。水稻田应采用节水灌溉技术。

6.5.2 集雨灌溉宜同时采取地膜覆盖、合理耕作、培肥改土、选用抗旱作物品种、化学制剂保墒等农艺技术措施。

6.5.3 坐水种宜采用能一次完成开沟、播种、灌水、施肥、覆膜等作业的坐水播种机。生长期灌溉采用滴灌方法时，滴灌管的铺设宜与坐水种作业同时完成。

6.5.4 集雨微灌工程设计应符合现行国家标准《微灌工程技术规范》GB/T 50485的有关规定。

6.5.5 小型集雨喷灌工程的设计应符合现行国家标准《喷灌工程技术规范》GB 50085的有关规定。

6.5.6 平坦地区微灌和小型喷灌工程的干、支管埋深不宜小于50cm，寒冷地区管道应埋设在冻结线以下。

6.6 集雨补充灌溉制度

6.6.1 对作物进行集雨补充灌溉时，应在收集当地降雨和作物需水资料和对农业实践经验进行调查的基础上，分析确定影响作物的需水关键期及需要补充的灌溉水量，并应根据集雨工程蓄水容量和灌溉面积确定作物灌水次数、灌水定额和灌溉定额。

6.6.2 有条件的地方，集雨灌溉制度应根据集雨灌溉试验资料确定。

7 施工与设备安装

7.0.1 建筑材料应符合下列要求：

1 水泥应符合现行国家标准《混凝土结构工程

施工质量验收规范》GB 50204 的有关规定。水泥强度应符合设计要求。

2 土壤固化剂的技术性能指标应符合现行行业标准《土壤固化剂》CJ/T 3073 的有关规定。

3 砂料应符合现行国家标准《建筑用砂》GB/T 14684 的有关规定。

4 粗骨料应质地坚硬，不得采用软弱、风化骨料，骨料粒径应小于混凝土集流面厚度的 1/2 和蓄水建筑物混凝土结构最小尺寸的 1/2。

5 砌筑使用的料石应坚硬完整，不得使用风化石或软弱岩石；砌筑时应将石料上的泥土、杂物洗刷干净。

6 拌和用水的总含盐量、硫酸根离子和氯离子含量分别不应大于 5000mg/L、2700mg/L 和 300mg/L。

7.0.2 土石方施工应符合下列要求：

1 基础应置于完整、均匀的地基上。水窖（水窑、水池）开挖时如发现基土裂缝宽度大于 0.5cm 且为通缝，应另选工程地址。蓄水工程不宜建在地基条件不均匀或地下水位高的地方，以及破碎基岩上。

2 水窖（窑、池）开挖中应随时注意土基或岩石有无变形，并应及时支护。雨天施工时，应搭建遮雨篷，基坑周围应设置排水沟。

3 基土干密度低于 1.5t/m³ 时，水窖（窑、池）的开挖直径应小于设计直径 6cm～8cm，预留部分土应击压至设计直径。

4 岩基开挖后如发现有裂缝时，应采用混凝土或水泥砂浆灌填。采用爆破作业开挖时，应采取打浅孔、弱爆破的方法。

7.0.3 混凝土及砂浆施工应符合下列要求：

1 混凝土配合比的拟定应符合现行国家标准《混凝土结构工程施工质量验收规范》GB 50204 的有关规定；砂浆配合比应符合现行行业标准《砌筑砂浆配合比设计规程》JGJ/T 98 的有关规定。

2 模板与支撑应保证足够的刚度和稳定性。模板和支护应在混凝土达到一定强度后再拆除。

3 混凝土及砂浆应按规定配合比进行拌和。采用人工拌和时，应干、湿料各拌 3 次。混凝土拌和后至使用完毕的时间，常温下不应超过 3h，气温超过 30℃时不应超过 2h。

4 混凝土浇筑应连续进行，每次浇筑高度不应超过 20cm。混凝土因故中途停止浇筑，当浇筑时气温为 20℃～30℃时，间歇时间不得超过 90 分钟；当浇筑时气温为 10℃～20℃时，间歇时间不得超过 135 分钟。混凝土浇筑中途间歇时间超过标准规定时，应在浇筑停止 24h 后，将混凝土表面凿毛，清洗表面和排除积水，再用 1：1 水泥砂浆铺层 2cm～3cm 后再浇筑新的混凝土。

5 混凝土浇筑时应进行振捣密实，宜采用机械震捣。抹面应平整光滑。

6 混凝土及砂浆应在终凝后进行洒水养护，时间不应小于 7d。夏天天气炎热时洒水不应少于 4 次/d，地下部位可适当减少养护次数。

7.0.4 固化土施工应符合下列要求：

1 固化土的配合比及最优含水率、最大干密度应通过试验确定。所用土料应过 5mm 筛。土料备料宜按最优含水率±（1%～2%）控制。

2 干性固化土采用强制性搅拌机搅拌时，搅拌时间宜控制为 1min。人工搅拌时，应保证混合料拌和均匀。

3 混合料应在最优含水率下夯实。夯实可采用人工或机械方式进行，每次夯实厚度不应超过 20cm。夯压应有重叠。夯压不应小于 3 遍，宜测定压实度。

4 固化土夯实整平 24h 后，应洒水养护 7d。

5 采用固化土砌块铺砌集流面时，砌块接缝应采用固化土浆液或纯固化剂浆液灌缝，并应抹光。勾缝应饱满、平整。砌块施工 12h～18h 后养护不应小于 7d。

7.0.5 伸缩缝的形式、位置、尺寸及填缝材料应符合设计要求。施工缝内杂物应清除干净，填充应饱满、密实。

7.0.6 浆砌块（片）石应采用座浆砌筑，不得先干砌再灌缝。砌筑应做到石料安砌平整、稳当，上下层砌石应错缝，砌缝应采用砂浆填充密实。石料砌筑前应先湿润表面。

7.0.7 塑膜铺设应符合下列要求：

1 塑膜铺设接缝可采用焊接和搭接，焊接时两幅膜重叠宽度不宜小于 10cm。搭接可采取折叠方式，重叠宽度不得小于 30cm。

2 埋藏式塑膜的覆盖层应厚度均匀、密实平整。塑膜铺设宜避开高温及寒冷天气。

7.0.8 原土翻夯应分层夯实，每层铺松土厚度不应大于 20cm。夯实深度和密实度应达到设计要求。夯实后表面应整平。回填土含水率宜按表 7.0.8 的规定取值。

表 7.0.8 回填土含水率（%）

土料种类	砂壤土	壤土	重壤土
含水率范围	9～15	12～15	16～20

7.0.9 硬化土集流面的土基应进行翻夯处理，深度应符合设计要求或不少于 30cm，翻夯应符合本规范第 6.1.4 条第 6 款的规定。塑膜集流面的土基应铲除杂草，并应清除杂物、整平表面，同时应拍实或夯实。

7.0.10 节水灌溉工程施工与设备安装应符合现行国家标准《喷灌工程技术规范》GB 50085 和《微灌工程技术规范》GB/T 50485 的有关规定。

8 工程验收

8.0.1 雨水集蓄利用工程的验收应根据国家现行有关标准、规划设计文件及地方性规定进行。验收应包括工程布置、集流工程、蓄水工程、供水设施和集雨节水灌溉设施。

8.0.2 工程布置验收应检查各组成部分是否齐全、配套，布置是否合理。验收可采用综合评判法，雨水集蓄利用工程各组成部分均满足设计要求时应评定为合格，其中某一项不满足设计要求时评定为不合格。

8.0.3 集流工程验收应符合下列要求：

1 集流面面积和质量的检查符合设计要求时，应评定为合格；不符合设计要求时应评定为不合格。

2 集流面面积验收应采用量测法，不小于设计面积时应评定为合格。

3 集流面质量验收可采用直观检查法。集流面应符合设计要求，汇流沟、截水沟、边埂设置应合理，硬化集流面应无裂缝，塑膜集流面无破损时应评定为合格。新建混凝土集流面应进行厚度测定、伸缩缝及表面质量检查。厚度不得小于设计尺寸，伸缩缝应符合设计要求，表面应光滑密实。

8.0.4 蓄水工程验收应符合下列要求：

1 容积、质量和配套设施符合设计要求时应评定为合格，不符合设计要求时应评定为不合格。

2 容积检查宜采用量测法，不小于设计值时应评定为合格。

3 蓄水工程防渗措施的防渗效果好时应评定为合格。

4 沉沙、泄水等配套设施齐全且质量符合设计要求时应评定为合格。

8.0.5 灌溉设施验收应符合下列要求：

1 灌溉面积和灌溉系统同时符合设计要求时应评定为合格，不符合设计要求时应评定为不合格。

2 灌溉面积验收采用量测法，不少于设计面积的95%时应评定为合格。

3 灌溉系统验收采用试运行法，运行正常、满足设计要求时应评定为合格。

8.0.6 供水设施的验收应采用试运行法，供水正常时应评定为合格。

8.0.7 验收文档应符合相关规定并存档。

9 工程管理

9.0.1 雨水集蓄利用工程应按有关规定划定管护范围，并应设置标示。严禁在管护范围内从事破坏工程结构、影响工程安全、污染水源的一切活动。

9.0.2 雨水集蓄利用工程应经常检查集流面是否完好和清除杂物。发现集流面有损坏时，应及时修复。

9.0.3 雨水集蓄利用工程应定期检查蓄水工程内水位变化。当蓄水工程内水位发生异常下降时，应查明原因，并应及时处理。

9.0.4 雨水集蓄利用工程应经常疏通引水渠、沉沙池及进出水管（沟），并应清除拦污栅杂物。雨季应经常观测工程蓄水位，蓄水达到设计水位后，应及时关闭进水口。蓄水工程应及时清淤。

9.0.5 水窖（窑、池）宜保留深度不少于20cm的底水。寒冷地区的水窖（窑）冬季最高水位应低于冰冻线，开敞式水池应采取防冻措施。

9.0.6 水窖（窑）进人孔、水池取水梯入口处应加盖（门）锁牢，并应随时检查其是否完好。

9.0.7 各类灌溉设施应按操作规程使用和管护，喷灌机组、微灌设备应有专人管理。

附录A 雨水集流面面积

A.0.1 当已知雨水集蓄利用工程的全年供水量后，可根据不同的保证率选用表A.0.1-1～表A.0.1-3计算所需的集流面面积。计算时，应根据当地的多年平均降水量和降水年际变差系数，查得每立方米集流量所需某种集流面的面积，再乘以总供水量，即可得到该类集流面的面积。当工程所在地的降水量及降水年际变差系数不在表A.0.1-1～表A.0.1-3所列时，可采用线性内插方法通过计算查取。

表A.0.1-1 保证率50%收集每立方米集流量所需集流面面积（m^2）

变差系数	降水量(mm)	混凝土	水泥瓦	机瓦	手工瓦	土场院	良好沥青路面	裸露塑料薄膜	自然土坡
0.2	250	5.4	5.8	10.2	11.7	27.2	5.8	4.9	68.0
	300	4.5	4.8	8.1	9.2	20.0	4.8	4.0	42.5
	350	3.8	4.0	6.6	7.5	15.3	4.0	3.4	29.2
	400	3.3	3.5	5.5	6.2	12.1	3.5	2.9	21.3
	450	2.9	3.1	4.7	5.3	9.9	3.1	2.6	16.2
	500	2.6	2.7	4.1	4.5	8.2	2.7	2.3	12.8
	600	2.1	2.2	3.3	3.6	6.3	2.2	1.9	9.4
	700	1.8	1.9	2.7	3.0	5.0	1.9	1.6	7.3
	800	1.5	1.6	2.3	2.5	4.1	1.6	1.4	5.8
0.25	250	5.5	5.9	10.3	11.8	27.5	5.9	4.9	68.7
	300	4.5	4.8	8.2	9.3	20.2	4.8	4.0	43.0
	350	3.8	4.1	6.7	7.6	15.5	4.1	3.4	29.5
	400	3.3	3.5	5.6	6.3	12.3	3.5	3.0	21.5
	450	2.9	3.1	4.8	5.3	10.0	3.1	2.6	16.4

续表 A.0.1-1

变差系数	降水量(mm)	混凝土	水泥瓦	机瓦	手工瓦	土场院	良好沥青路面	裸露塑料薄膜	自然土坡
0.25	500	2.6	2.7	4.1	4.6	8.2	2.7	2.3	12.9
	600	2.1	2.3	3.3	3.7	6.4	2.3	1.9	9.5
	700	1.8	1.9	2.7	3.0	5.1	1.9	1.6	7.4
	800	1.6	1.7	2.3	2.5	4.2	1.7	1.4	5.9
0.3	250	5.6	6.0	10.4	11.9	27.8	6.0	5.0	69.4
	300	4.6	4.9	8.3	9.4	20.4	4.9	4.1	43.4
	350	3.9	4.1	6.8	7.6	15.7	4.1	3.5	29.8
	400	3.3	3.6	5.7	6.4	12.4	3.6	3.0	21.7
	450	2.9	3.1	4.8	5.4	10.1	3.1	2.6	16.5
	500	2.6	2.8	4.2	4.6	8.3	2.8	2.3	13.0
	600	2.1	2.3	3.3	3.7	6.4	2.3	1.9	9.6
	700	1.8	1.9	2.8	3.0	5.1	1.9	1.6	7.4
	800	1.6	1.7	2.3	2.6	4.2	1.7	1.4	5.9
0.35	250	5.6	6.0	10.5	12.0	28.1	6.0	5.0	70.2
	300	4.6	4.9	8.4	9.5	20.6	4.9	4.1	43.9
	350	3.9	4.2	6.8	7.7	15.8	4.2	3.5	30.1
	400	3.4	3.6	5.7	6.4	12.5	3.6	3.0	21.9
	450	3.0	3.2	4.9	5.4	10.2	3.2	2.7	16.7
	500	2.6	2.8	4.2	4.7	8.4	2.8	2.4	13.2
	600	2.2	2.3	3.4	3.7	6.5	2.3	1.9	9.7
	700	1.8	2.0	2.8	3.1	5.2	2.0	1.7	7.5
	800	1.6	1.7	2.3	2.6	4.2	1.7	1.4	6.0
0.4	250	5.7	6.1	10.6	12.2	28.4	6.1	5.1	70.9
	300	4.7	5.0	8.4	9.6	20.9	5.0	4.2	44.3
	350	3.9	4.2	6.9	7.8	16.0	4.2	3.5	30.4
	400	3.4	3.6	5.8	6.5	12.7	3.6	3.1	22.2
	450	3.0	3.2	4.9	5.5	10.3	3.2	2.7	16.9
	500	2.7	2.8	4.3	4.7	8.5	2.8	2.4	13.3
	600	2.2	2.3	3.4	3.8	6.6	2.3	2.0	9.9
	700	1.9	2.0	2.8	3.1	5.2	2.0	1.7	7.6
	800	1.6	1.7	2.4	2.6	4.3	1.7	1.4	6.0

表 A.0.1-2 保证率75%收集每立方米集流量所需集流面面积（m^2）

变差系数	降水量(mm)	混凝土	水泥瓦	机瓦	手工瓦	土场院	良好沥青路面	裸露塑料薄膜	自然土坡
0.2	250	6.2	6.6	11.6	13.3	31.0	6.6	5.5	77.5
	300	5.1	5.5	9.2	10.5	22.8	5.5	4.6	48.4
	350	4.3	4.6	7.6	8.5	17.5	4.6	3.9	33.2
	400	3.7	4.0	6.3	7.1	13.8	4.0	3.3	24.2
	450	3.3	3.5	5.4	6.0	11.2	3.5	2.9	18.5
	500	2.9	3.1	4.7	5.2	9.3	3.1	2.6	14.5
	600	2.4	2.5	3.7	4.1	7.2	2.5	2.2	10.8
	700	2.0	2.2	3.1	3.4	5.7	2.2	1.8	8.3
	800	1.8	1.9	2.6	2.8	4.7	1.9	1.6	6.6
0.25	250	6.5	7.0	12.2	13.9	32.5	7.0	5.8	81.3
	300	5.3	5.7	9.7	11.0	23.9	5.7	4.8	50.8
	350	4.5	4.8	7.9	8.9	18.3	4.8	4.1	34.8
	400	3.9	4.2	6.6	7.4	14.5	4.2	3.5	25.4
	450	3.4	3.7	5.6	6.3	11.8	3.7	3.1	19.4
	500	3.0	3.3	4.9	5.4	9.8	3.3	2.7	15.2
	600	2.5	2.7	3.9	4.3	7.5	2.7	2.3	11.3
	700	2.1	2.3	3.2	3.6	6.0	2.3	1.9	8.7
	800	1.8	2.0	2.7	3.0	4.9	2.0	1.7	6.9
0.3	250	6.8	7.3	12.8	14.7	34.2	7.3	6.1	85.5
	300	5.6	6.0	10.2	11.6	25.1	6.0	5.0	53.4
	350	4.8	5.1	8.3	9.4	19.3	5.1	4.3	36.6
	400	4.1	4.4	7.0	7.8	15.3	4.4	3.7	26.7
	450	3.6	3.9	5.9	6.6	12.4	3.9	3.2	20.4
	500	3.2	3.4	5.1	5.7	10.3	3.4	2.9	16.0
	600	2.6	2.8	4.1	4.5	7.9	2.8	2.4	11.9
	700	2.2	2.4	3.4	3.7	6.3	2.4	2.0	9.2
	800	1.9	2.1	2.9	3.1	5.2	2.1	1.7	7.3

续表 A.0.1-2

变差系数	降水量（mm）	混凝土	水泥瓦	机瓦	手工瓦	土场院	良好沥青路面	裸露塑料薄膜	自然土坡
0.35	250	7.1	7.6	13.3	15.2	35.6	7.6	6.3	88.9
	300	5.8	6.3	10.6	12.0	26.1	6.3	5.2	55.6
	350	4.9	5.3	8.7	9.8	20.1	5.3	4.4	38.1
	400	4.3	4.6	7.2	8.1	15.9	4.6	3.8	27.8
	450	3.8	4.0	6.2	6.9	12.9	4.0	3.4	21.2
	500	3.3	3.6	5.3	5.9	10.7	3.6	3.0	16.7
	600	2.7	2.9	4.3	4.7	8.2	2.9	2.5	12.3
	700	2.3	2.5	3.5	3.9	6.6	2.5	2.1	9.5
	800	2.0	2.1	3.0	3.3	5.4	2.1	1.8	7.6
0.4	250	7.5	8.0	14.1	16.1	37.6	8.0	6.7	93.9
	300	6.2	6.6	11.2	12.7	27.6	6.6	5.5	58.7
	350	5.2	5.6	9.1	10.3	21.2	5.6	4.7	40.2
	400	4.5	4.8	7.7	8.6	16.8	4.8	4.0	29.3
	450	4.0	4.2	6.5	7.3	13.6	4.2	3.6	22.4
	500	3.5	3.8	5.6	6.3	11.3	3.8	3.2	17.6
	600	2.9	3.1	4.5	5.0	8.7	3.1	2.6	13.0
	700	2.5	2.6	3.7	4.1	6.9	2.6	2.2	10.1
	800	2.1	2.3	3.1	3.5	5.7	2.3	1.9	8.0

表 A.0.1-3 保证率 90%收集每立方米集流量所需集流面面积（m²）

变差系数	降水量（mm）	混凝土	水泥瓦	机瓦	手工瓦	土场院
0.2	250	7.0	7.5	13.2	15.0	35.1
	300	5.8	6.2	10.4	11.9	25.8
	350	4.9	5.2	8.5	9.6	19.8
	400	4.2	4.5	7.2	8.0	15.7
	450	3.7	4.0	6.1	6.8	12.7
	500	3.3	3.5	5.3	5.8	10.5

续表 A.0.1-3

变差系数	降水量（mm）	混凝土	水泥瓦	机瓦	手工瓦	土场院
0.2	600	2.7	2.9	4.2	4.7	8.1
	700	2.3	2.4	3.5	3.8	6.5
	800	2.0	2.1	2.9	3.2	5.3
0.25	250	7.6	8.2	14.3	16.3	38.1
	300	6.3	6.7	11.3	12.9	28.0
	350	5.3	5.7	9.3	10.5	21.5
	400	4.6	4.9	7.8	8.7	17.0
	450	4.0	4.3	6.6	7.4	13.8
	500	3.6	3.8	5.7	6.3	11.4
	600	2.9	3.1	4.6	5.1	8.8
	700	2.5	2.7	3.8	4.2	7.0
	800	2.2	2.3	3.2	3.5	5.8
0.3	250	8.2	8.8	15.4	17.6	41.0
	300	6.7	7.2	12.2	13.9	30.2
	350	5.7	6.1	10.0	11.3	23.1
	400	4.9	5.3	8.4	9.4	18.3
	450	4.3	4.6	7.1	8.0	14.9
	500	3.8	4.1	6.2	6.8	12.3
	600	3.2	3.4	4.9	5.5	9.5
	700	2.7	2.9	4.1	4.5	7.6
	800	2.3	2.5	3.4	3.8	6.2
0.35	250	8.9	9.5	16.7	19.0	44.4
	300	7.3	7.8	13.2	15.0	32.7
	350	6.2	6.6	10.8	12.2	25.1
	400	5.3	5.7	9.1	10.2	19.8
	450	4.7	5.0	7.7	8.6	16.1

续表 A. 0. 1-3

变差系数	降水量（mm）	混凝土	水泥瓦	机瓦	手工瓦	土场院
0.35	500	4.2	4.4	6.7	7.4	13.3
	600	3.4	3.7	5.3	5.9	10.3
	700	2.9	3.1	4.4	4.9	8.2
	800	2.5	2.7	3.7	4.1	6.7
0.4	250	9.7	10.4	18.2	20.8	48.5
	300	8.0	8.5	14.4	16.4	35.7
	350	6.7	7.2	11.8	13.3	27.3
	400	5.8	6.2	9.9	11.1	21.6
	450	5.1	5.5	8.4	9.4	17.6
	500	4.5	4.8	7.3	8.1	14.5
	600	3.7	4.0	5.8	6.4	11.2
	700	3.2	3.4	4.8	5.3	9.0
	800	2.7	2.9	4.1	4.5	7.3

附录 B 雨水集蓄利用工程蓄水容积典型年和长系列资料计算方法

B.1 一 般 规 定

B. 1. 1 计算资料应符合下列要求：

1 应有不短于 30 年的逐年各月或逐旬降水量资料。

2 应有根据场次、旬或月降水量计算各种集流面的旬或月平均集流效率的近似公式。近似公式可根据当地试验的降雨—径流资料分析得到，或按临近相似地区的公式。

B. 1. 2 计算生活供水或其他全年用水量分配比较均匀的蓄水工程，计算时段可采用月。对作物灌溉等集中用水的蓄水工程，计算时段宜采用旬。

B. 1. 3 蓄水工程的渗漏蒸发损失可按全年供水量的10%计算。

B.2 雨水集蓄利用工程蓄水容积计算的典型年法

B. 2. 1 典型年计算宜采用真实年法，应进行年降水量频率分析，应选择年降水量和设计频率降水量接近的 1 个～2 个年降雨过程计算蓄水容积，并应取其中大值作为设计蓄水容积。频率分析可采用经验频率法。

B. 2. 2 典型年的选择也可按需水临界时段降水量的频率分析，应选择临界时段降水量和设计频率降水量接近的 1 个～2 个年降雨过程计算蓄水容积，并应取其中大值作为设计蓄水容积。

B.3 雨水集蓄利用工程蓄水容积计算的长系列法

B. 3. 1 长系列法确定蓄水容积时，应同时进行集流面面积计算。集流面面积和蓄水容积计算可按下列步骤进行：

1 根据系列中各年各旬（或月）降水量和旬（月）集流效率公式计算各年单位集流面面积上的可集流量。

2 对各年可集流量进行频率分析，求得设计频率下单位集流面面积上的可集流量。

3 根据设计频率下单位集流面面积上的可集流量，计算正常集流面面积。

4 按照正常集流面面积计算各年、旬（月）雨水集蓄系统的入流量。

5 假设几个蓄水容积，分别进行水量平衡长系列计算。

6 计算在各假设的蓄水容积下发生缺水的年数。凡年内有一个计算时段发生缺水的，即应认为该年发生了缺水。

7 各蓄水容积下的供水保证率可按下式计算：

$$R=\frac{n-m}{n+1}\times 100\% \qquad \text{(B. 3. 1)}$$

式中：R——供水保证率（%）；

n——系列长度（年数）；

m——计算得到的在某个蓄水容积下的缺水年数。

8 与设计保证率相应的蓄水容积为所求的蓄水容积。

B. 3. 2 集流面面积和蓄水容积的各组合可按下列步骤进行经济比较：

1 假设大于和小于正常集流面面积的几个集流面面积，按本规范第 B. 3. 1 条的规定，计算各集流面面积对应的设计频率下的蓄水容积。

2 对不同集流面面积和蓄水容积组合进行经济比较，求得造价最小的集流面面积和蓄水容积组合。

本规范用词说明

1 为便于在执行本规范条文时区别对待，对要求严格程度不同的用词说明如下：

1）表示很严格，非这样做不可的：

正面词采用“必须”，反面词采用“严禁”；

2）表示严格，在正常情况下均应这样做的：
正面词采用“应”，反面词采用“不应”或“不得”；

3）表示允许稍有选择，在条件许可时首先应这样做的：
正面词采用“宜”，反面词采用“不宜”；

4）表示有选择，在一定条件下可以这样做的，采用“可”。

2 条文中指明应按其他有关标准执行的写法为：“应符合……的规定”或“应按……执行”。

引用标准名录

《喷灌工程技术规范》GB 50085
《混凝土结构工程施工质量验收规范》GB 50204
《建筑用砂》GB/T 14684
《微灌工程技术规范》GB/T 50485
《砌筑砂浆配合比设计规程》JGJ/T 98
《土壤固化剂》CJ/T 3073

中华人民共和国国家标准

雨水集蓄利用工程技术规范

GB/T 50596—2010

条　文　说　明

目　次

1 总 则

1.0.2 在我国，建设雨水集蓄利用工程的重点地区是西北、华北的半干旱缺水山区、西南石灰岩溶地区和石山区以及海岛和沿海地区。这些地区的共同特点是：严重缺水或季节性缺乏地表水和地下水资源；多为山区、沟壑纵横，引水、输水条件十分困难；居住分散，适宜就地利用雨水资源。例如，西北、华北许多山区地表水、地下水十分缺乏，不仅农业生产靠天吃饭，人畜用水也严重不足。西南山区虽然全年降雨比较充沛，但分布不均；区内河谷深切，水资源难以开采；石灰岩裸露、岩溶发育、保水性很差；因而经常性发生季节性干旱。我国沿海的石质丘陵山区及海岛由于缺乏淡水资源，引水工程的修建比较困难，也迫切需要建设雨水集蓄利用工程。

关于规定雨水集蓄利用工程多年平均降水量适用下限的依据，主要考虑如果降水量太小，所需要的集流场工程规模较大，工程费用也随着增加，将会造成技术不可行和工程不经济。根据调查，我国开展雨水集蓄利用的地区中，以甘肃的靖远县和会宁县、内蒙古自治区的伊克昭盟和宁夏回族自治区的宁南山区的降水量最小。甘肃靖远多年平均降水量为200mm～250mm，雨水集蓄利用主要用于解决人畜用水困难，用于灌溉的很少。会宁北部降水量为250mm～300mm，除了解决人畜用水外，也进行集雨灌溉。内蒙古自治区伊克昭盟降水量多数大于300mm，最少的地方降水量也在250mm以上。宁夏的雨水集蓄利用工程分布在宁南山区，那里的降水量多数在300mm以上。因此本条规定了雨水集蓄利用工程的适宜降水量下限为250mm以上，是符合我国雨水集蓄利用工程的实际的。

1.0.5 我国全面建设小康社会和新农村建设的新形势要求，是这次规范修改的主要指导思想之一。体现在对生活供水的定额和水质以及工程标准方面都应尽可能符合上述形势要求。

2 术 语

2.0.1 雨水集蓄利用是雨水利用的一种特殊形式。雨水利用是指对原始状态下的雨水利用或对雨水在最初转化阶段时的利用。按照这个理解，属于雨水利用范畴的有雨养农业以及水土保持为提高对雨水资源的利用率所采取的措施，而雨水集蓄利用工程则是雨水利用的一种特殊形式。根据各地的调查，雨水集蓄利用工程是一种微型水利工程，包括了对雨水收集、存储等工程措施以及对雨水的调节和高效利用。其特点是：多为分散式，可以就地开发利用；主要靠农民的投入修建，产权明晰，有利于农民和社区的参与；与大型水利工程相比，不存在生态环境问题，是“对生态环境友好”的工程。在水源匮乏、居住分散的地区，雨水集蓄供水工程是解决农村饮水安全的主要形式。由于雨水集蓄利用能在空间和时间两个方面实现雨水的富集，它能更有效地解决旱作农业区普遍存在的天然降水和作物需水严重错位导致受旱减产的问题，在一些半干旱的山丘地区，甚至是一种不可替代的水资源利用形式。我国的雨水集蓄利用工程最初主要用于解决人畜用水问题，近十年来已更多地用于集水农业，并已成为促进半干旱和存在季节性缺水的湿润、亚湿润山丘地区农业综合发展的有效措施。在实践中，旱地低水量补灌、塑料大棚雨水高效利用、雨水就地叠加利用、旱地果树灌溉技术等方面已取得较大的进步和突破，为实现集水农业的规模化、集约化、产业化发展提供了有利条件。随着农业结构的调整，在庭院经济、畜禽养殖中也将越来越多地利用雨水。

为了区别于塘坝等小型蓄水工程，本规范以 $500m^3$ 为雨水集蓄系统蓄水容积上限。

2.0.3 水窖是雨水集蓄利用工程中普遍采用的蓄水工程形式之一。在土质地区和岩石地区都有应用。土质地区的水窖，形状一般为口小内腔大，多为圆形和瓶形，深度与最大直径之比一般为1.4～2，多采用混凝土或薄壁砂浆抹面结构。但在土方深挖有困难的地方和岩石地区，一般采用矩形宽浅式，周边墙及窖底均采用浆砌石或混凝土结构，顶盖则采用钢筋混凝土盖板或浆砌石或砖砌拱。岩石地区水窖多见于西南及北方地区，一般为矩形宽浅式，多用浆砌石砌筑。贵州等地的水窖窖身大部分在地下开挖，少部分窖身则在地上砌筑而成，但地上部分也用土或石料埋藏。根据上述水窖共同的特点，水窖是一种地下埋藏式蓄水工程。与有顶盖的水池比较，后者顶盖一般不埋藏。由于埋藏的特点，因此能较好地保持水质，多用于生活用水。

2.0.7 集雨灌溉采用了非充分灌溉的原理和方法，但它有别于一般情况下的非充分灌溉。主要表现在灌水次数更少，灌水量更低。根据我国北方地区的实践，集雨灌溉所用的水量仅为常规灌溉定额的1/10～1/8，但效果十分明显。因此，有必要作为一种特殊的灌溉方法来界定。其特点是：只在十分关键的作物生长时期进行有限人工补水；只浇灌作物或树木的根系，土壤的湿润限制在很小的范围，棵间耗水极少；灌溉效益和水分利用率（作物单位耗水量的产量）都远高于一般情况下的非充分灌溉。

2.0.10 覆膜灌溉主要包括：膜上穴灌、膜下滴灌及地膜沟灌。

4 规 划

4.0.1 为保证雨水集蓄利用工程的科学决策，使这项工作能够得到健康发展，切实发挥效益，搞好县（含县）以上雨水集蓄利用工程的发展规划、合理制定各项规划指标、做好区域性的工程布局是十分必要的。本节的规定适用于县及县以上各级主持的工程，乡村一般不进行雨水集蓄利用工程规划。

.0.2 对雨水的利用既要有效，又应有一定的限度。只有这样，才能保证雨水资源的合理开发利用。根据估算，我国近年来已建成的雨水集蓄工程利用的雨水占这些地区雨水总资源量的比例还不到1%。按照有关省区的发展规划，在今后10年内，雨水资源的利用率也不会超过总量的2%～3%。

5 工程规模和工程布置

5.1 供水定额确定

.1.1 各地对供水定额提出的修改意见汇总如下表（表1）：

表1 供水定额修改意见汇总表

提供意见单位	对供水定额修改意见（L/人·d）	
	半干旱地区	湿润、半湿润区
某自治区水利厅农水处	35～45	45～60
某省水利厅	10～30	40～60
浙江省某市水利局	20～40	50～80
江苏某大学教授	10～30	40～70
西北某大学教授	20～30	30～50

从上表看，多数对生活供水定额的修改值有所提高。考虑到随着我国新农村建设发展，农户的用水需求会不断提高。依据有关规范，对生活供水定额规定了一个范围。各地可根据降雨、集流和财力等具体条件，尽可能提高供水定额，以满足农户对生活用水日益增长的要求。

.1.2 在这次规范制订过程中，根据各地发现的问题和提出的意见，对不同作物的集雨灌溉次数和定额作了局部调整。主要是：适当增加了湿润地区蔬菜、果树和水稻的灌水次数和定额，使之更好地符合作物生长需水的要求。此外，根据有关专家的意见，适当增加了大牲畜和猪的饮用水定额。半干旱地区集雨水量十分有限，在牲畜用水下限值中，没有考虑牲畜圈的清洗用水。

5.2 需水量确定

.2.1 给出了规划用水人口、大小牲畜在年内保持不变时的生活需水量计算公式。当规划需水对象在年内发生变化时，可据此划分计算时段，根据各时段实际用水天数分段计算生活水需量，再根据分段水需量累加计算全年生活需水量。

5.2.2 给出了单一规划灌溉作物需水量计算公式。当规划灌溉工程规模较大且有多种灌溉作物时，可分别计算各种作物的灌溉水需量，再累加计算所有灌溉作需物水量。

5.3 集流面面积确定

5.3.1 本条第4款根据调研和反馈意见，对各类集流面在不同降水量地区的年集流效率作了调整。主要是：根据试验资料，适当降低了半干旱地区的混凝土和水泥瓦的集流效率。根据化学固结土试验单位的意见，降低了年降水量1000mm以下地区化学固结土的集流效率。对其他降雨地区的各类集流面集流效率也相应作了局部的调整。

5.4 蓄水工程容积确定

5.4.1 这次规范制订中，利用了半干旱地区和湿润地区4个雨量站不短于30年的旬降水量资料，对不同供水目的的雨水集蓄系统蓄水容积进行了长系列操作计算，据此计算了容积系数。规范表5.4.1中的容积系数就是根据该计算并适当考虑安全因素后得出的。从表中可以看到，旱作大田灌溉和水稻灌溉的蓄水容积系数都比较大，这是因为这两类灌溉在雨水集蓄灌溉的条件下，用水时间非常集中，用水过程和雨水集蓄系统的入流过程相差较大。而家庭生活供水则为全年均匀分布，年收获3次的温室大棚在全年各旬中的用水分布也比较均匀，因而其容积系数较低。

5.4.2 按照本规范第5.3节确定的集流面面积，是不考虑系统多年调节作用的最小集流面面积。如果增大集流面面积，则为满足供水要求的蓄水容积可以减少。而如果考虑了系统的多年调节作用，集流面面积可以采用的比第5.3节计算的稍小，但相应的蓄水容积就要增加。因此满足系统在一定保证率下的供水量，可以有不同的集流面面积和蓄水容积的组合。从经济或其他角度出发，可以选择某个最优的集流面面积和蓄水容积组合。事实上，我国雨水集蓄系统往往采用公路面作集流面，南方湿润地区还常采用天然坡面集流，这两类集流面投资很低，其集流面积完全有条件采用比第5.3节方法计算的结果大，从而减少所需要的蓄水容积，以减少系统总造价。本条是根据前述半干旱和湿润地区的4个雨量站的长系列资料计算得到的结果。

5.4.3 在有条件（具体条件应满足附录B的要求）的地区，当需要有比较准确的蓄水容积计算时，可以按照附录B采用典型年法或长系列法计算蓄水容积。由于计算中有些参数难以准确确定（主要是集流效率），为使最后采用的规模更安全可靠，本条规定，可按照本规范附录B的方法计算集流面面积和蓄水容积。但最后采用的结果，不应小于按照5.3节和第5.4.1条及第5.4.2条计算的集流面面积和蓄水容积数的0.9倍。

5.4.4 为保证土基地区水窖和水窑的运行安全，对顶盖只用黏土或水泥砂浆防渗的水窖，应限制其蓄水水位不得超过拱顶的起拱线。采用水泥混凝土顶盖的水窖，可以允许在拱顶部分蓄水，但应有一定的安全超高，寒冷地区还应考虑防冻要求。

5.5 工程布置

5.5.3 由于生活用水水质要求较高，一般应当用集流水质较好的硬化集流面（包括屋面）。但硬化集流面面积通常比较有限，应首先满足生活用水系统。同时，生产供水系统一般布置在田间地头，为减少担水劳力，也不宜与生活用水系统放在一起。但在庭院旁饲养的牲畜用水，为方便起见，可以与家庭生活用水系统一起布置。

5.5.5 本条是为了保证生活用水水质而设立的条文。当集蓄雨水用于家庭生活目的时，一般应当用集流水质较好的瓦屋面和用混凝土硬化的庭院面作为集流面。用沥青路面集流易在水中产生石油类污染；农村土路和土场地表面污染物多，且大雨易造成冲刷使集流水浑浊，因此均不能作为生活供水的集流面使用。同时，屋面水比庭院硬化集流面集流的水质更好，更适宜作为饮水和烹饪用，因此有条件时，应尽量分别集流和储存。

6 设 计

6.1 集流工程

6.1.2 本条所说的应尽量利用的人工设施指表面渗透性较低并可以用作雨水集流的各类工程或设施，如瓦屋面、公路路面、乡村道路、学校操场、场院等。湿润地区的自然坡面集流效率比较高，是当地主要的集流面。半干旱区自然坡面虽然集流效率很低，但由于地广人稀，可以用来集雨的荒山坡较多，因此也可加以利用。

6.1.4 根据甘肃、宁夏等地实践，混凝土集流面分块尺寸宜采用1.5m×1.5m～2.0m×2.0m，缝宽1.0cm～1.5cm，缝内可采用黏土、油毡、沥青砂浆等材料填实，如工程用于解决生活用水，则应采用环保材料勾缝；石板集流面缝间应灌入水泥砂浆并勾缝，勾缝形式应采用平缝，座浆水泥砂浆强度等级不宜低于M7.5，勾缝砂浆不宜低于M10；塑料薄膜在裸露条件下，一般使用2个～3个月或一茬作物生长期后就要更换。为降低成本，大多数采用农用地膜或棚膜，而埋藏式塑料薄膜使用期较长，一般宜采用厚度较大的聚乙烯薄膜。

6.1.5 为了保证家庭饮用水的质量，参考国内外的经验，本条规定在屋顶集流系统中，应尽量采用接水槽和落水管，并规定，屋面雨水宜和地面径流分开储存。

6.2 蓄水工程

6.2.2 为了减少因进水自由落入蓄水工程而引起的水流扰动，使水质变浑，德国规定进水管的出水口离开池底，不能大于某个距离，同时规定了出水要设置缓流箱。本条第5款对此作了相应规定。考虑到资金承受能力和我国尚缺乏这方面的经验，采用的规范语言要求有条件时应尽量这样做。

6.2.3 本条主要规定了蓄水工程的防渗和结构形式以及从安全出发对不同窖型的尺寸限制。蓄水工程应满足渗漏小、安全蓄水和具有一定使用年限的要求。我国西北和华北地区群众有着丰富的打窖经验。传统水窖采用的黏土（胶泥）防渗在长期运行中证明是十分有效的。但黏土防渗施工比较复杂，各个环节要求十分严格，费工而且费时。20世纪80年代以来，我国发展了水泥砂浆薄壁水窖，施工大大简化，质量比较容易保证，经过实践检验，防渗效果也比较理想。因此，本条规定的几种防渗方式完全可以满足水窖防渗的要求。关于结构安全，一般讲，作为微型蓄水工程的水窖，当采用混凝土做其顶部、窖壁和底的支护时，结构应是安全的。问题是采用薄壁水泥砂浆或黏土水窖和顶部及底采用混凝土、窖壁采用砂浆或黏土层时，水窖的结构是否有保障。我国旱区群众使用黏土窖已有几百年的历史。这主要是由于黄土具有在干燥条件下开挖成垂直凌空面而不坍塌的自稳特性。只要做好防渗，同时土质又比较密实，则黏土窖可以长期安全运行。为了使水窖结构安全性有充分的保证，本条规定了顶部宜用混凝土或砌砖拱，以承受上部填土和活荷载。窖壁则采用薄壁水泥砂浆防渗。只要保证砂浆施工质量，并对窖壁表土进行夯击密实，薄壁水泥砂浆窖壁是完全可以保持稳定的。对窖底则采取了翻夯、设灰土层和浇注混凝土等加强防渗的措施，以防止窖底沉陷。图1是这种水窖的剖面图。这种水窖在甘肃省等地用得比较普遍。从20世纪80年代后期至今，已有10多年的使用历史，运行基本正常。因此这种窖型安全是有保证的。图2是根据传统黏土窖的经验，在窖壁上设砂浆铆钉以加强砂浆与基土层的结合。但在实践中采用很少，同时施工比较复杂。因此在本规范制订中，去掉了对这种窖型的规定。

土质比较密实坚固时，也可以全断面都采用水泥砂浆护壁，见图3。但水窖的蓄水深度应有一定限制。单纯从结构安全出发，采用全断面为混凝土的水窖肯定会更安全。但这种形式的造价要比薄壁窖高得多。图4是根据在甘肃省的调查而绘制的全断面采用混凝土水窖和混凝土顶拱及底、砂浆薄壁水窖每立方米蓄水容积的平均造价比较。

从图4可以看出，两种窖每立方米蓄水容积的平

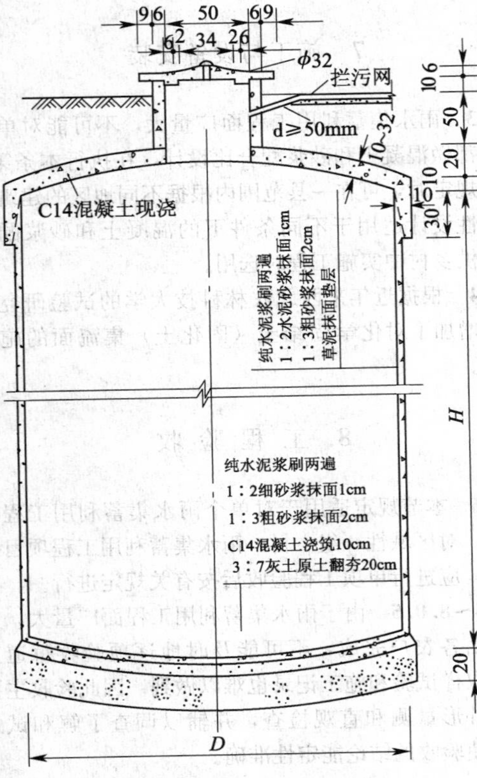

图 1　混凝土顶拱水泥砂浆薄壁水窖剖面（单位：cm）

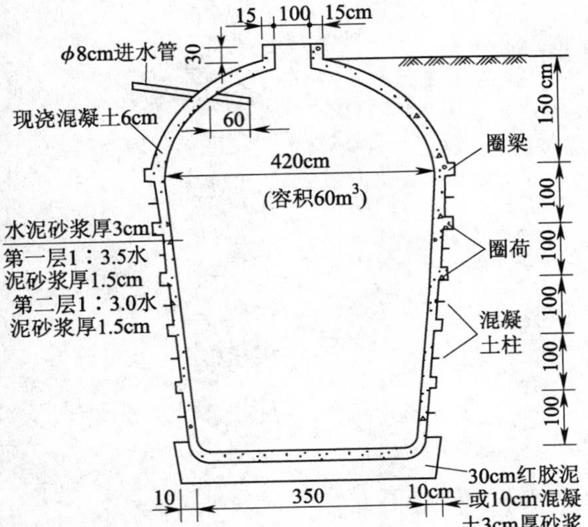

图 2　混凝土顶拱和带砂浆铆钉的水泥砂浆薄壁水窖剖面（单位：cm）

均造价相差 70 元～100 元。因此在安全性有保障的条件下，应尽量采用水泥砂浆薄壁式水窖。如果由于土质原因，薄壁水窖不能满足安全时，本条规定应采用混凝土支护方式。本条第 5 款对各类水窖窖深、直径及拱顶矢跨比等参数的规定主要是根据在宁夏、陕西等省（区）的调查得出的。各类水窖的尺寸调查资料见表 2。

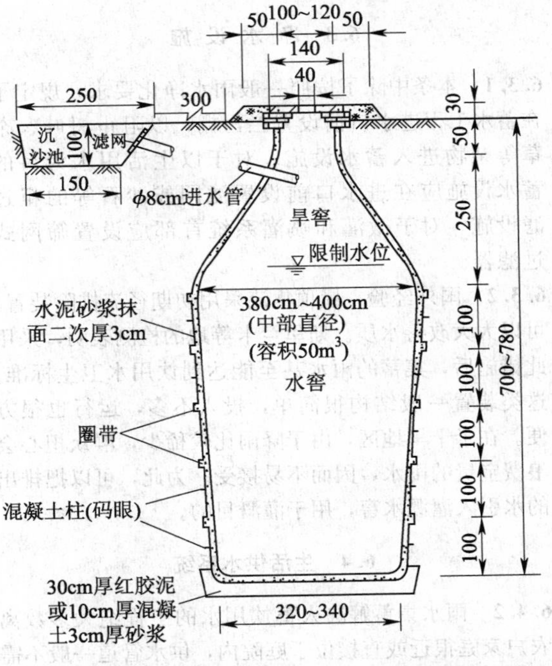

图 3　全断面水泥砂浆薄壁水窖剖面（单位：cm）

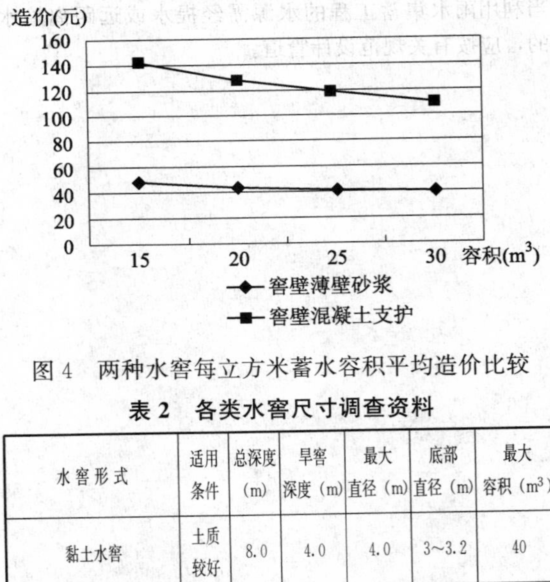

图 4　两种水窖每立方米蓄水容积平均造价比较

表 2　各类水窖尺寸调查资料

水窖形式	适用条件	总深度（m）	旱窖深度（m）	最大直径（m）	底部直径（m）	最大容积（m³）
黏土水窖	土质较好	8.0	4.0	4.0	3～3.2	40
薄壁水泥砂浆水窖	土质较好	7～7.8	2.5～3.0	4.5～4.8	3～3.4	55
混凝土或砌砖拱顶薄壁水泥砂浆水窖（盖碗窖）1	土质稍差	6.5	1～1.5	4.2	3.2～3.4	63
混凝土或砌砖拱顶薄壁水泥砂浆水窖（盖碗窖）2	土质稍差	6.7	1.5	4.2	3.4	60

6.2.7　湿陷性黄土地区修建水池时，为防止因地基沉陷造成结构物破坏，应尽量采用整体性好的混凝土或钢筋混凝土结构，不宜采用分离式和砌石砌砖结构。第 3 款提出的防湿陷措施是黄土地区修建水池和其他结构物时的常用措施，实践证明是有效的。

6.3 净 水 设 施

6.3.1 本条中除了按照一般雨水净化要求，规定了在蓄水工程进水口前设置拦污栅，以阻止树叶、杂草等杂物进入蓄水设施。对于以生活用水为目的蓄水设施应在进水口前设置滤网或沙石等的粗过滤设施。对于微灌和喷灌系统首部应设置筛网式过滤器。

6.3.2 国外经验，屋顶集流采用初期径流排除装置，可以大大改善水质。斯里兰卡等地的检测表明，采用此措施后，集蓄的雨水甚至能达到饮用水卫生标准。这类装置一般结构很简单，投入不多，运行也很方便。在半干旱地区，由于降雨比较稀少，群众担心会浪费宝贵的雨水，因而不易接受。为此，可以把排出的水引入灌溉水窖，用于灌溉目的。

6.4 生活供水系统

6.4.2 雨水集蓄解决人畜饮用水的工程绝大多数离农户家庭很近或直接位于庭院内，供水管道一般不需要进行水力计算，可直接用耐压 0.25MPa 的低压管。当利用雨水集蓄工程的水源需经提水或远距离输水的，应按有关规范设计管道。

7 施工与设备安装

7.0.3 雨水集蓄利用工程面广量大，不可能对单个工程都做混凝土和砂浆配合比设计，在执行本条第 1 款的规定时，可在一县范围内根据不同地区的建筑材料特性设计适用于不同条件下的混凝土和砂浆配合比，供乡村中实施工程时选用。

7.0.4 根据近年来西北农林科技大学的试验研究成果，增加了对化学固结土（固化土）集流面的施工规定。

8 工 程 验 收

8.0.1 本节规定适用于对单个雨水集蓄利用工程的验收，对区域性（组、村）雨水集蓄利用工程项目的验收，应进行单项工程验收后按有关规定进行。

8.0.3～8.0.5 由于雨水集蓄利用工程面广量大，且主要由各农户完成，不可能及时地逐项验收每道工序，取样试验和施工记录也难以做到。因此验收主要依靠外形量测和直观检查，并辅以调查了解和试运行，使验收的结论能定性准确。

中华人民共和国国家标准

渠道防渗工程技术规范

Technical code for seepage control engineering on canal

GB/T 50600—2010

主编部门：中华人民共和国水利部
批准部门：中华人民共和国住房和城乡建设部
施行日期：2011年2月1日

中华人民共和国住房和城乡建设部
公　告

第666号

关于发布国家标准《渠道防渗工程技术规范》的公告

现批准《渠道防渗工程技术规范》为国家标准，编号为GB/T 50600—2010，自2011年2月1日起实施。

本规范由我部标准定额研究所组织中国计划出版社出版发行。

中华人民共和国住房和城乡建设部

二〇一〇年七月十五日

前　言

本规范是根据原建设部《关于印发〈2007年工程建设标准规范制定、修订计划（第一批）〉的通知》（建标〔2007〕125号）的要求，由中国灌溉排水发展中心会同有关单位共同编制完成。

本规范在编制过程中，编制组进行了广泛的调查研究，总结了我国渠道防渗工程的实践经验，重点开展了“测量渠道渗漏损失的动水法及其误差分析”、“弧形坡脚梯形渠道水力最佳断面及实用经济断面的计算”、“国外膨润土防水毯研究进展和应用情况”等专题研究，综合考虑了多种不同的渠道防渗类型、现有技术水平以及今后的发展，广泛征求各省（自治区、直辖市）水行政主管部门及有关科研、设计、施工、管理等单位专家和技术人员的意见和建议，经过反复修改和补充，最后经审查定稿。

本规范共10章和9个附录，主要内容包括：总则、术语、防渗工程规划、防渗材料与防渗结构、渠道防渗设计、渠基与渠坡的稳定、施工、施工质量的控制与验收、测验和工程管理。

本规范由水利部负责日常管理，中国灌溉排水发展中心负责具体技术内容的解释。本规范在执行过程中，请各单位积极总结经验，积累资料，并将有关意见和建议反馈给中国灌溉排水发展中心（地址：北京市西城区广安门南街60号，邮政编码：100054），以供今后修订时参考。

本规范主编单位、参编单位、主要起草人和主要审查人：

主编单位： 中国灌溉排水发展中心

参编单位： 中国水利水电科学研究院
西北农林科技大学
山西水利水电科学研究院
扬州大学
浙江省水利厅
河北省水利水电勘测设计研究院

主要起草人： 张绍强　邢义川　王晓玲　杜秀文
何武全　荣丰涛　杨鼎久　刘群昌
郭慧滨　吴加宁　王洪彬　李铁光
贾仁甫

主要审查人： 冯广志　乔玉成　任树梅　沈秀英
麦　山　郭宗信　步丰湖

目次

Contents

1 总 则

1.0.1 为统一渠道防渗工程的技术要求，提高建设质量和管理水平，充分发挥工程效益，制定本规范。

1.0.2 本规范适用于新建、扩建或改建的农田灌溉、发电引水、供水、排污等渠道防渗工程的规划、设计、施工、验收、测验和管理。

1.0.3 渠道防渗工程应坚持因地制宜、经济合理、经久耐用、运用安全、管理方便的原则，积极采用成熟的新技术、新材料和新工艺，不断提高渠道防渗技术水平。

1.0.4 特大型渠道防渗工程应进行专项研究。

1.0.5 渠道防渗工程规划、设计、施工、验收、测验和管理，除应符合本规范外，尚应符合国家现行有关标准的规定。

2 术 语

2.0.1 渠道防渗 canal seepage control

减少渠道水量渗漏损失的技术措施。

2.0.2 防渗层 impervious layer

设置于渠道（建筑物）表面或内部的渗透系数较小的材料层，以堵截渗流或延长渗径。

2.0.3 混凝土防渗 seepage control by concrete

浇筑或砌筑混凝土护面层以减少渠道水量渗漏损失的措施。

2.0.4 沥青混凝土防渗 seepage control by bituminous (asphalt) concrete lining

铺筑或砌筑沥青混凝土护面层以减少渠道水量渗漏损失的措施。

2.0.5 膜料防渗 seepage control by membrane

铺设土工膜、塑料薄膜、油毡、膨润土防水毯等，以减少渠道水量渗漏损失的措施。

2.0.6 砌石防渗 seepage control by stone masonry

砌筑石护面层以减少渠道水量渗漏损失的措施。

2.0.7 渠系水利用系数 water use coefficient of acequia system

末级固定渠道放出的总水量与渠首引进的总水量的比值。

2.0.8 渠坡的边坡系数 coefficient of canal side slope

渠道断面斜坡面的水平宽度与垂直高度的比值。

2.0.9 渠坡的安全坡比 stable rate of canal side slope

渠道断面稳定斜坡面的垂直高度与水平宽度的比值。

2.0.10 特殊土 special soil

具有特殊成因、特殊成分和特殊工程性质的土类。例如湿陷性黄土、膨胀土和分散性土等。

2.0.11 强度参数 strength parameter

材料抗剪强度的内摩擦角和黏聚力。

2.0.12 稳定安全系数 safty coefficient of stability

滑动面上抗滑力（或力矩）与滑动力（或力矩）的比值。

2.0.13 标准冻深 standard frost depth

邻近工程地点气温条件相近的气象站近期观测系列不短于20年的历年最大冻深平均值。

2.0.14 冻胀破坏 frost heave breakage

在负温条件下，因水分冻结使土体膨胀变形及砌筑材料受损而引起的渠道破坏。

2.0.15 混凝土的水胶比 water binder ratio of concrete

每立方米混凝土用水量与所用胶凝材料（混凝土中水泥和掺合料质量的总和）用量的比值。

2.0.16 伸缩缝 expansion joint

刚性材料防渗层为避免因受温度影响和地基变形产生裂缝而设计的接缝。

2.0.17 观感质量 quality of appearance

通过观察和必要的量测所反映的工程外在质量。

3 防渗工程规划

3.0.1 渠道防渗工程建设，应根据当地自然条件、防渗工程规模、等级要求，收集有关资料，了解当地渠道运行管理水平，听取用户对渠道防渗形式、运行管护等方面的意见，进行渠道防渗工程规划。

3.0.2 渠道防渗工程规划应收集整理气象、水文、地质、工程地形等资料，并应根据工程类型收集下列资料：

1 新建工程应收集当地或类似已建成渠道防渗工程规划设计与施工、管理运用和试验研究等资料。

2 扩建、改建工程应收集原渠道的水力要素、渗漏量、工程现状、渠床土质及水文地质等资料。

3 灌溉渠道防渗工程应收集水利工程现状、作物种植结构及灌溉现状等资料。

4 排污渠道防渗工程应收集污水水源及水质状况等资料。

3.0.3 渠道防渗工程规划应根据流域水利规划和区域水土资源平衡的要求，在全面收集分析所需资料的基础上，安排必要的勘察、观测和试验。

3.0.4 渠道工程级别和规模应按表3.0.4划分。

表 3.0.4 渠道工程级别和规模

<table>
<tr><td>工程级别</td><td>1</td><td>2</td><td>3</td><td>4</td><td colspan="2">5</td></tr>
<tr><td>规　模</td><td>特大型</td><td colspan="2">大型</td><td colspan="2">中型</td><td>小型</td></tr>
<tr><td>渠道设计流量（m^3/s）</td><td>Q>300</td><td>300≥Q>100</td><td>100≥Q>20</td><td>20≥Q>5</td><td>5≥Q>2</td><td>Q≤2</td></tr>
</table>

3.0.5 渠道防渗工程规划应在当地城乡建设规划、水利综合规划的基础上进行，按照因地制宜的原则，通过技术经济比较，拟定防渗规划方案。

3.0.6 渠道防渗工程规划应以节水为中心，以提高输水效率为目标，统筹考虑周边生态环境建设，根据渠道功能和输水要求，确定防渗工程标准，进行统一规划。

3.0.7 灌溉渠道防渗工程规划应与当地农业区划、农田水利建设规划相适应，并符合灌区节水改造规划的要求。对输水损失大、输水效率低的骨干渠道及提水灌区渠道应优先防渗，对井灌区无回灌补源任务的固定渠道宜全部防渗。

3.0.8 渠道防渗的必要性应根据工程所在地的自然条件、经济社会状况、水资源状况、防渗渠道功能以及渠基土的工程性质分析论证。

3.0.9 防渗工程总体布置应对水源工程、灌排渠系、建筑物、道路、林带、村镇、管理设施等进行合理布置，绘制防渗工程总体布置图。

3.0.10 防渗工程规划应根据水源条件、工程状况、地质条件、渠道功能和经济发展水平等，初步确定防渗规模和防渗形式。当自然条件差异较大时，应划分不同的类型区，并应分区进行布置和设计。

3.0.11 渠道防渗工程规划应根据防渗渠道的规模及级别，选定渠系水利用系数。

3.0.12 灌区灌溉渠系水利用系数应根据灌区规模确定，规划设计值不应低于表 3.0.12 所列数值。

3.0.12 灌溉渠系水利用系数

灌区规模	大型	中型	小型
渠系水利用系数	0.55	0.65	0.75

3.0.13 渠道防渗应论证对周边生态环境的影响，必要时应采取补救措施。

3.0.14 渠道防渗工程规划方案，应根据渠道功能、节水标准，结合当地自然状况、防渗材料以及工程运用等确定。

3.0.15 渠道防渗工程应进行经济评价，并应对产生的社会效益、经济效益、生态环境效益等方面进行综合评价。

3.0.16 渠道防渗工程应进行生态环境影响初步评价，分析渠道防渗工程建设对当地生态环境、自然环境、社会环境产生的影响，初步提出对策和措施。

3.0.17 综合评价应综合防渗工程的社会效益、经济效益和生态环境效益以及经济分析结果，提出工程项目的综合评价结论。

4 防渗材料与防渗结构

4.1 防渗材料

4.1.1 防渗材料应根据渠道的运行条件、地区气候特点等具体情况，并按因地制宜、就地取材的原则选择，应分别满足防渗、抗冻、强度等要求。

4.1.2 选用的水泥应符合现行国家标准《通用硅酸盐水泥》GB 175 的有关规定，水泥强度等级应与混凝土设计强度等级相适应。有抗冻要求时，宜选用硅酸盐水泥或普通硅酸盐水泥；环境水对混凝土有硫酸盐侵蚀性时，应选用抗硫酸盐水泥。

4.1.3 砂料应质地坚硬、清洁、级配良好，天然砂的细度模数宜为 2.2～3.0，人工砂的细度模数宜为 2.4～2.8，人工砂饱和面干的含水率不宜超过 6%。混凝土可采用中砂或粗砂，砂浆可采用中砂或细砂。在缺乏中砂和粗砂地区，渠道流速小于 3m/s 时，可采用细砂或特细砂。砂料中有活性骨料时，应进行专门试验论证。砂的质量应符合表 4.1.3 的规定。

表 4.1.3 砂料的质量要求

项目		混凝土用砂		沥青混凝土用砂	
		天然砂	人工砂	天然砂	人工砂
含泥量（%）	不小于 $C_{90}30$ 和有抗冻要求	≤3	—	≤2.0	≤2.0
	<$C_{90}30$	≤5			
泥块含量		不允许	不允许	不允许	不允许
石粉含量（%）		—	6～18	—	<5
坚固性（%）	有抗冻要求	≤8	≤8	≤10	≤10
	无抗冻要求	≤10	≤10	≤15	≤15
云母含量（%）		≤2	≤2	≤2	—
表观密度（kg/m^3）		≥2500	≥2500	≥2500	≥2500
轻物质含量（%）		≤1	—	≤1	—
硫化物及硫酸盐含量（%）（折算成 SO_3，按质量计）		≤1	≤1	—	—
有机质含量		浅于标准色	不允许	不允许	不允许
水稳定等级		—	—	>4 级	>4 级

4.1.4 砂砾料用作膜料防渗保护层时，砂砾料的级配宜符合图 4.1.4 的范围。砂砾料的最大粒径宜为 75mm～150mm。

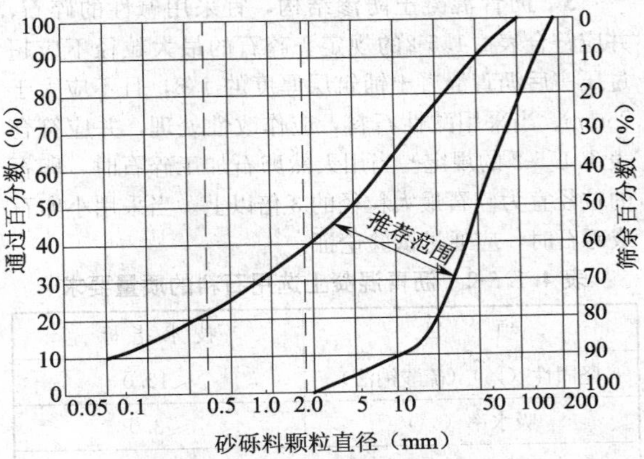

图 4.1.4 砂砾石保护层的级配

4.1.5 石料应洁净、坚硬、无风化剥落和裂纹，并应根据不同防渗结构分别符合下列要求：

1 砌石防渗结构，宜符合下列要求：

1）宜采用外形方正、表面凸凹不大于 10mm 的料石；

2）宜采用上下面平整、无尖角薄边、块重不小于 20kg 的块石；

3）宜采用长径不小于 20cm 的卵石；

4）宜采用矩形、表面平整、厚度不小于 30mm 的石板等。

2 混凝土防渗结构或膜料防渗结构的混凝土保护层，应采用级配良好、抗压强度大于混凝土强度 1.5 倍的石料，并应符合表 4.1.5-1 的规定。石料的最大粒径不应超过素混凝土板厚度的 1/3～1/2、钢筋混凝土板厚度的 1/4 和钢筋净间距的 2/3。当选用含有活性成分的石料时，应进行专门试验论证。

表 4.1.5-1 混凝土选用石料的质量要求

项 目		指 标	备 注
含泥量（%）	D_{20}、D_{40}粒径级	≤1	—
	D_{80}、D_{150}（D_{120}）粒径级	≤0.5	
坚固性（%）		≤5	有抗冻要求的混凝土
		≤12	无抗冻要求的混凝土
泥块含量		不允许	—
硫酸盐及硫化物含量（%）		≤0.5	折算成 SO_3，按质量计
有机质含量		浅于标准色	如深于标准色，应进行混凝土强度对比试验，抗压强度比不应低于 0.95
表观密度（kg/m^3）		≥2550	—
吸水率（%）		≤2.5	—
针片状颗粒含量（%）		≤15	碎石经试验论证，可以放宽到 25%
各级骨料的超、逊径含量（%）		超径小于 5；逊径小于 10	以圆孔筛检验

3 沥青混凝土防渗结构，宜采用碱性的碎石，并应符合表4.1.5-2的规定。碎石的最大粒径不应超过压实后沥青混凝土铺筑层厚度的 1/3，且不应大于 25mm。当采用酸性石料，应作改性处理，并应符合表 4.1.5-2 的规定。当用天然卵石加工碎石时，卵石的粒径宜为碎石最大粒径的 3 倍以上。当采用小卵石或砾石时，应通过试验论证。

表 4.1.5-2 沥青混凝土选用石料的质量要求

项 目	技 术 指 标
坚固性（%）（硫酸钠法）	＜12.0
吸水率（%）	≤3.0
表观密度（kg/m^3）	≥2500
超、逊径（%）（圆孔筛）	超径小于 5；逊径小于 10
针片状颗粒（%）	≤10
含泥量（%）	≤0.5
有机质含量	不允许
与沥青的黏附性	＞4 级

4.1.6 混凝土和砂浆掺加的外加剂品质应符合现行行业标准《水工混凝土外加剂技术规程》DL/T 510[illegible] 的有关规定。

4.1.7 拌和及养护用水应符合现行行业标准《水工混凝土施工规范》DL/T 5144 的有关规定。

4.1.8 沥青混凝土或填缝材料所用的矿粉，应采用碱性岩石加工的粉状材料，也可采用硅酸盐水泥或滑石粉等。矿粉的质量应符合表 4.1.8 的规定。

表 4.1.8 矿粉的质量要求

项目	细度（在下列孔径下通过%）(mm)			含水率（%）	亲水系数	泥土及有机质含量
	0.600	0.150	0.074			
技术指标	100	＞90	＞70	＜0.5	≤1.0	不允许

4.1.9 粉煤灰宜用作混凝土掺和料或填缝材料的填料，粉煤灰的质量应符合表 4.1.9 的规定。

表 4.1.9 粉煤灰的质量要求

项目		45μm 方孔筛筛余量（%）	烧失量（%）	含水率（%）	三氧化硫含量（%）	需水量比（%）
技术指标	Ⅰ级	≤12	≤5	≤1.0	≤3.0	≤95
	Ⅱ级	≤20	≤8	≤1.0	≤3.0	≤105

注：三氧化硫含量为水泥和粉煤灰总重的百分数。

4.1.10 沥青混凝土可采用 70 号或 90 号道路石油沥青，石油沥青的质量应符合现行行业标准《公路沥青路面施工技术规范》JTGF40 的有关规定。

4.1.11 渠道防渗采用的聚乙烯、聚氯乙烯及其改性塑膜，塑膜的质量应符合表 4.1.11-1 的规定；采用的沥青玻璃纤维布油毡应厚度均匀，并应无漏涂、划痕、折裂、气泡及针孔，在气温 0℃～40℃下易于展开，沥青玻璃纤维布油毡的质量应符合表 4.1.11-[illegible] 的规定；采用的钠基膨润土防水毯，应表面平整、厚度均匀，并应无破洞、破边、残留断针，针刺应均匀，使用的膨润土应为钠基膨润土，粒径为 0.2mm～2mm 的膨润土颗粒质量应至少占膨润土总质量的 80%，钠基膨润土防水毯的物理力学性能应符合表 4.1.11-3 的规定；采用的复合土工膜和高分子防水卷材的性能应符合现行国家标准《土工合成材料-聚乙烯土工膜》GB/T 17643、《土工合成材料-聚氯乙烯土工膜》GB/T 17688 和《高分子防水材料》G[illegible]

3173.1 的有关规定。

表 4.1.11-1 塑膜的质量要求

技术项目	聚乙烯	聚氯乙烯
密度（kg/m³）	≥900	1250～1350
断裂拉伸强度（MPa）	≥12	纵不小于 15，横不小于 13
断裂伸长率（%）	≥300	纵不小于 220，横不小于 200
撕裂强度（kN/m）	≥40	≥40
渗透系数（cm/s）	$<10^{-11}$	$<10^{-11}$
低温弯折性	−35℃无裂纹	−20℃无裂纹
-70℃低温冲击脆化性能	通过	—

表 4.1.11-2 沥青玻璃纤维布油毡的质量要求

项　目	技 术 指 标
单位面积涂盖材料重量（g/m²）	≥500
不透水性（动水压法，保持 15min）（MPa）	≥0.3
吸水性（24h，18℃）（g/100cm²）	≤0.1
耐热度（80℃，加热 5h）	涂盖无滑动，不起泡
抗剥离性（剥离面积）	≤2/3
柔度（0℃下，绕直径 20mm 圆棒）	无裂纹
拉力（18℃±2℃下的纵向拉力）（kg/2.5cm）	≥54.0

表 4.1.11-3 钠基膨润土防水毯的物理力学性能

项　目		技 术 指 标		
		GCL-NP	GCL-OF	GCL-AH
单位面积质量（g/m²）	天然钠基	≥3800	≥3800	≥3800
	人工钠化	≥4800	≥4800	≥4800
膨润土膨胀指数（mL/2g）		≥24	≥24	≥24
吸蓝量（g/100g）		≥30	≥30	≥30
拉伸强度（N/100mm）		≥600	≥700	≥600
最大负荷下伸长率（%）		≥10	≥10	≥8
剥离强度（N/100mm）	非织造布与编织布	≥40	≥40	—
	PE 膜与非织造布	—	≥30	—
渗透系数（mm/s）		$\leqslant5.0\times10^{-11}$	$\leqslant5.0\times10^{-12}$	$\leqslant1.0\times10^{-12}$
耐静水压		0.4MPa，1h，无渗漏	0.6MPa，1h，无渗漏	0.6MPa，1h，无渗漏
滤失量（mL）		≤18	≤18	≤18
膨润土耐久性（mL/2g）		≥20	≥20	≥20

注：GCL-NP 为针刺法钠基膨润土防水毯，GCL-OF 为针刺覆膜法钠基膨润土防水毯，GCL-AH 胶粘法钠基膨润土防水毯。

4.1.12 伸缩缝的填充材料应采用粘结力强、变形性大、耐温性好、耐老化、无毒、无环境污染的弹塑止水材料，可采用石油沥青聚氨酯接缝材料、高分止水带及止水管等。

4.1.13 寒冷地区，渠道的保温防冻材料可采用聚苯乙烯泡沫塑料板，聚苯乙烯泡沫塑料板的物理力学性能应符合表 4.1.13 的规定。渠道防渗、保温防冻材料可采用高分子防渗保温卷材，但应进行试验论证。

表 4.1.13 聚苯乙烯泡沫塑料板物理力学性能

密度（kg/m³）	吸水率，浸水 96h（体积百分数，%）	压缩强度（压缩 10%）（kPa）	弯曲强度（kPa）	尺寸稳定性 −40℃～70℃（%）	导热系数 [W/（m·K）]
≥20	<2.0	≥50	≥180	±1.5	≤0.04

4.2 防 渗 结 构

4.2.1 选定防渗结构应符合经济适用的原则，并应满足防渗效果好、使用寿命长、输水及防淤抗冲能力高、施工简易且质量容易保证、管理维护方便等要求，必要时可采用复合防渗结构等。

4.2.2 渠道防渗工程应根据当地的自然条件、生产条件、社会经济条件、工程技术要求、地表水和地下水联合运用情况以及生态环境因素，通过技术经济论证，选定防渗结构。

4.2.3 防渗结构的允许最大渗漏量、适用条件、使用年限可按表 4.2.3 确定。

表 4.2.3 渠道防渗结构的允许最大渗漏量、适用条件、使用年限

防渗衬砌结构类别		主要原材料	允许最大渗漏量 [m³/(m²·d)]	使用年限（a）	适用条件
砌石	干砌卵石（挂淤）	卵石、块石、料石、石板、水泥、砂等	0.20～0.40	25～40	抗冻、抗冲、抗磨和耐久性好，施工简便，但防渗效果不易保证。可用于石料来源丰富、有抗冻、抗冲、耐磨要求的渠道衬砌
	浆砌块石 浆砌卵石 浆砌料石 浆砌石板		0.09～0.25		
混凝土	现场浇筑	砂、石、水泥、速凝剂等	0.04～0.14	30～50	防渗效果、抗冲性和耐久性好。可用于各类地区和各种运用条件下的各级渠道衬砌；喷射法施工宜用于岩基、风化岩基以及深挖方或高填方渠道衬砌
	预制铺砌		0.06～0.17	20～30	
	喷射法施工		0.05～0.16	25～35	
沥青混凝土	现场浇筑	沥青、砂、石、矿粉等	0.04～0.14	20～30	防渗效果好，适应地基变形能力较强，造价与混凝土防渗衬砌结构相近。可用于有冻害地区、且沥青料来源有保证的各级渠道衬砌
	预制铺砌				
埋铺式膜料	土料保护层、刚性保护层	膜料、土料、砂、石、水泥等	0.04～0.08	20～30	防渗效果好，重量轻，运输量小，当采用土料保护层时，造价较低，但占地多，允许流速小。可用于中、小型渠道衬砌；采用刚性保护层时，造价较高，可用于各级渠道衬砌

4.2.4 渠道防渗结构的厚度宜按表 4.2.4 确定。渠道水流含推移质较多且粒径较大时，宜按表 4.2.4 所列数值加厚 10%～20%。

表 4.2.4 渠道防渗结构的厚度

防渗结构类别		厚 度 (cm)
砌 石	干砌卵石（挂淤）	10～30
	浆砌块石	20～30
	浆砌料石	15～25
	浆砌石板	＞3
混凝土	现场浇筑（未配置钢筋）	6～12
	现场浇筑（配置钢筋）	6～10
	预制铺砌	4～10
	喷射法施工	4～8
沥青混凝土	现场浇筑	5～10
	预制铺砌	5～8
埋铺式膜料（土料保护层）	塑料薄膜	0.02～0.06
	膜料下垫层（黏土、砂、灰土）	3～5
	膜料上土料保护层（夯实）	40～70

5 渠道防渗设计

5.1 一 般 规 定

5.1.1 渠道防渗设计应在防渗规划的基础上，确定断面形式，选定断面参数，进行水力计算和防渗结构、伸缩缝、砌筑缝及堤顶等设计。

5.1.2 渠道防渗设计应按渠道工程级别或规模、不同设计阶段的要求，并结合当地实际情况进行。

5.1.3 渠道防渗设计应符合防渗和渠基稳定的要求，并应综合分析渗漏、冻胀、冲刷、淤积、盐胀、侵蚀等不利因素的影响。

5.2 渠道断面形式

5.2.1 防渗明渠断面形式可选用梯形、矩形、复合形、弧形底梯形、弧形坡脚梯形、U 形；无压防渗暗渠的断面形式可选用城门洞形、箱形、正反拱形和圆形（图 5.2.1）。

5.2.2 防渗渠道断面形式的选择应根据渠道级别或规模，并结合防渗结构的选择确定。不同防渗结构适用的断面形式可按表5.2.2选定。寒冷地区，大、中型防渗渠道宜采用弧形坡脚梯形或弧形底梯形断面，小型渠道宜采用 U 形断面。

表 5.2.2 不同防渗结构适用的断面形式

防渗结构类别		明渠 梯形	明渠 矩形	明渠 复合形	明渠 弧形底梯形	明渠 弧形坡脚梯形	明渠 U形	暗渠 城门洞形	暗渠 箱形	暗渠 正反拱形	暗渠 圆形
砌石	料石	•	•	•	•	•	•	•	•	•	•
	块石	•	•	•	•	•	•	•	•	•	•
	卵石	•		•	•	•	•	•		•	
	石板	•		•	•	•					

续表 5.2.2

防渗结构类别		明渠 梯形	明渠 矩形	明渠 复合形	明渠 弧形底梯形	明渠 弧形坡脚梯形	明渠 U形	暗渠 城门洞形	暗渠 箱形	暗渠 正反拱形	暗渠 圆形
混凝土		•	•	•	•	•	•	•	•	•	•
沥青混凝土		•			•	•					
膜料	土料保护层	•			•	•					
	刚性保护层	•	•	•	•	•	•	•	•	•	•

注："•"表示适用。

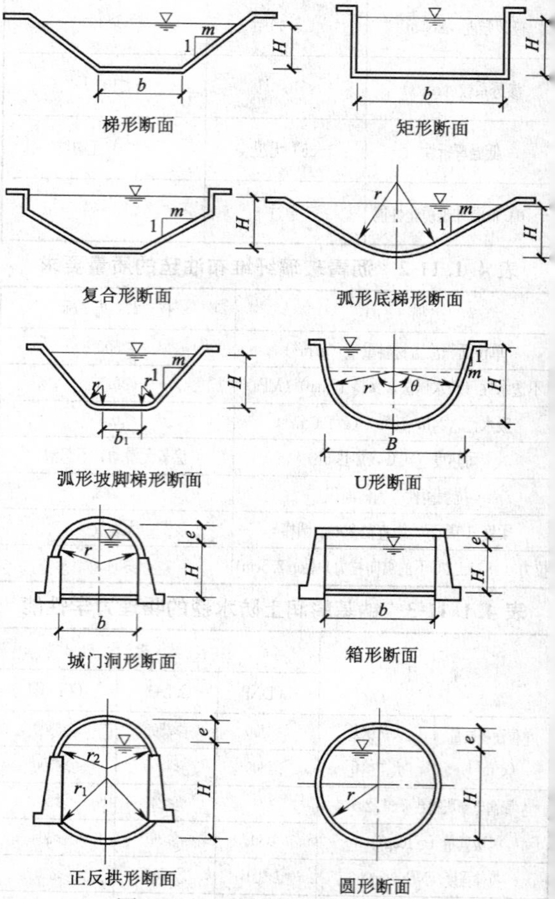

图 5.2.1 防渗渠道断面形式

5.2.3 砌筑混凝土预制板（槽）防渗渠道，宜采用标准化设计、工厂化预制、现场装配技术；现场浇筑混凝土防渗渠道，宜采用机械化施工技术。

5.3 水 力 计 算

5.3.1 防渗渠道设计流量的计算应符合下列要求：

1 未设分水口的渠道，不计渠道水面蒸发损失和管理损失时，其渠道起始断面流量应按下式计算：

$$Q_u = Q_d + q \tag{5.3.1-1}$$

式中：Q_u——渠道起始断面流量（m^3/s）；

Q_d——渠道末端断面流量（m^3/s）；

q——渠道渗漏损失流量（m^3/s）。

2 渠道渗漏损失流量应按下式计算：

1）有类似条件防渗渠道的实测资料时，渠道渗漏损失流量按实测资料确定的渗漏规律计算。

2）无实测资料时，防渗渠道的渗漏损失流量可按下式计算：

$$q=\varepsilon_0 \varepsilon' K Q_d^{1-m} L/100 \quad (5.3.1\text{-}2)$$

式中：ε_0、ε'、K、m——计算参数，根据渠床土质特性、渠道当地的地下水埋深状况、防渗护面的类型，按现行国家标准《灌溉与排水工程设计规范》GB 50288的有关规定选用；

L——渠道长度（km）。

3）已知湿周时，可按下式计算：

$$q=K_a \bar{\chi} L/86.4 \quad (5.3.1\text{-}3)$$

式中：K_a——防渗渠道的渗漏量［m^3/（m^2·d）］，可按表4.2.3的允许最大渗漏量选定，防渗质量良好者取小值，质量差者取大值；

$\bar{\chi}$——渠道在设计流量下的平均湿周（m）。

4）部分渠段有防渗层、部分渠段无防渗层的渠道，无防渗层渠段的渗漏损失流量可按当地的实测资料或现行国家标准《灌溉与排水工程设计规范》GB 50288的有关规定计算。

3 有多个分水口的渠道，已知各分水口的流量时，渠首流量应采用逆向递推法计算；已知渠首流量及各分水口分水流量比例时，各分水口的分水流量应采用正向递推法计算，应符合本规范附录A的规定。

4 加大流量及最小流量应按现行国家标准《灌溉与排水工程设计规范》GB 50288的有关规定计算。

5.3.2 防渗渠道的断面参数应符合下列要求：

1 防渗渠道的边坡系数应按本规范第6.2节选定。

2 防渗渠道的糙率应根据防渗结构类别、施工工艺、养护情况合理选用，并应符合下列要求：

1）不同防渗结构渠道糙率可按表5.3.2-1选定。

2）膜料防渗砂砾料保护层渠道的糙率可按下式计算：

$$n=0.028 d_{50}^{0.1667} \quad (5.3.2)$$

式中：n——砂砾料保护层的糙率；

d_{50}——砂砾料重50%通过时的筛孔直径（mm）。

3）渠道防渗层采用几种不同材料，当最大糙率与最小糙率的比值小于1.5时，其综合糙率可按湿周加权平均计算。

4）有条件者，宜采用类似条件下的实测值予以核定。

表5.3.2-1 不同材料防渗渠道糙率

防渗结构类别	防渗渠道表面特征	糙 率
砌石	浆砌料石、石板	0.0150～0.0230
	浆砌块石	0.0200～0.0250
	干砌块石	0.0300～0.0330
	浆砌卵石	0.0250～0.0275
	干砌卵石，砌工良好	0.0275～0.0325
	干砌卵石，砌工一般	0.0325～0.0375
	干砌卵石，砌工粗糙	0.0375～0.0425
混凝土	抹光的水泥砂浆面	0.0120～0.0130
	金属模板浇筑，平整顺直，表面光滑	0.0120～0.0140
	刨光木模板浇筑，表面一般	0.0150
	表面粗糙，缝口不齐	0.0170
	修整及养护较差	0.0180
	预制板砌筑	0.0160～0.0180
	预制渠槽	0.0120～0.0160
	平整的喷浆面	0.0150～0.0160
	不平整的喷浆面	0.0170～0.0180
	波状断面的喷浆面	0.0180～0.0250
沥青混凝土	机械现场浇筑，表面光滑	0.0120～0.0140
	机械现场浇筑，表面粗糙	0.0150～0.0170
	预制板砌筑	0.0160～0.0180
膜料	土料保护层	0.0225～0.0275

3 渠道的防渗层超高和渠堤超高应符合现行国家标准《灌溉与排水工程设计规范》GB 50288的有关规定。埋铺式膜料防渗渠道可不设防渗层超高。

4 防渗渠道的允许不冲流速，可按表5.3.2-2选用。

5 防渗渠道的不淤流速可按适宜于当地条件的经验公式计算。黄土地区渠道的不淤流速可按现行国家标准《灌溉与排水工程设计规范》GB 50288的有关规定确定。

表5.3.2-2 防渗渠道的允许不冲流速

防渗结构类别	防渗材料名称及施工情况	允许不冲流速（m/s）
砌石	浆砌料石	4.00～6.00
	浆砌块石	3.00～5.00
	浆砌卵石	3.00～5.00
	干砌卵石挂淤	2.50～4.00
	浆砌石板	<2.50
混凝土	现场浇筑施工	3.00～5.00
	预制铺砌施工	<2.50
沥青混凝土	现场浇筑施工	<3.00
	预制铺砌施工	<2.00

续表 5.3.2-2

防渗结构类别	防渗材料名称及施工情况	允许不冲流速（m/s）
膜料 （土料保护层）	砂壤土、轻壤土	<0.45
	中壤土	<0.60
	重壤土	<0.65
	黏　土	<0.70
	砂砾料	<0.90

注：1　表中膜料防渗土料保护层的允许不冲流速为水力半径 R 为 1m 时的情况。当 R 不为 1m 时，表中的数值应乘以 R^{α}。

2　砂砾料、卵石、疏松的砂壤土和黏土，α 取 1/3～1/4；中等密实的砂壤土、壤土和粘土，α 取 1/4～1/5。

5.3.3　防渗渠道的断面尺寸水力计算应符合下列要求：

1　防渗渠道的断面尺寸应符合下式的要求。校核断面平均流速时，应符合本规范第 5.3.2 条的规定。

$$Q=\omega\frac{1}{n}R^{2/3}i^{1/2} \qquad (5.3.3\text{-}1)$$

式中：Q——渠道设计流量（m^3/s）；

ω——过水断面面积（m^2）；

n——渠道糙率；

R——渠道水力半径（m）；

i——渠道比降。

2　梯形防渗渠道水力最佳断面及实用经济断面应按现行国家标准《灌溉与排水工程设计规范》GB 50288 的有关规定计算。

3　U 形、弧形底梯形防渗渠道断面（图 5.3.3-1）尺寸及其水力计算应符合下列要求：

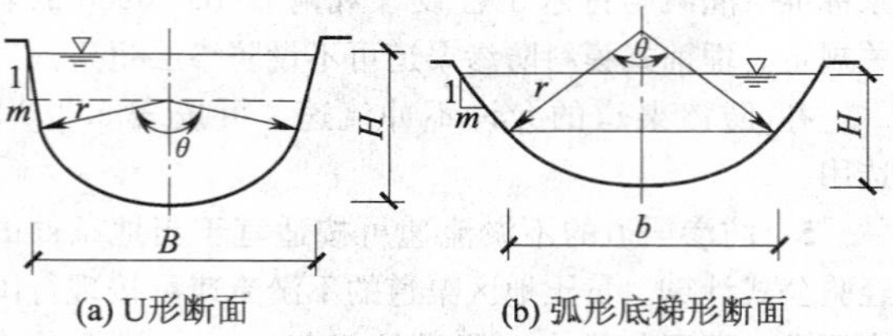

(a) U形断面　　(b) 弧形底梯形断面

图 5.3.3-1　U 形和弧形底梯形断面

1）断面尺寸的各主要指标可按下列公式计算：

$$\omega=\left(\frac{\theta}{2}+2m-2\sqrt{1+m^2}\right)K_r^2H^2+2(\sqrt{1+m^2}-m)K_rH^2+mH^2 \qquad (5.3.3\text{-}2)$$

$$\chi=2\left(\frac{\theta}{2}+m-\sqrt{1+m^2}\right)K_rH+2H\sqrt{1+m^2} \qquad (5.3.3\text{-}3)$$

$$K_r=r/H \qquad (5.3.3\text{-}4)$$

$$b=2r/\sqrt{1+m^2} \qquad (5.3.3\text{-}5)$$

式中：χ——湿周（m）；

θ——渠底圆弧的圆心角（rad）；

H——断面水深（m）；

r——渠底圆弧半径（m）；

b——弧形底的弦长（m）；

m——渠道上部直线段的边坡系数，$m=\cot\frac{\theta}{2}$。

2）渠顶以上挖深不超过 1.5m，边坡系数小于或等于 0.3，渠线经过耕地时，U 形渠道 K_r 可按表 5.3.3 选用。填方断面或渠顶以上挖深很小、土质差时，U 形渠道 K_r 取 1.0～0.8。

表 5.3.3　U 形渠道 K_r 值

m	0	0.1	0.2	0.3	0.4
θ（°）	180	168.6	157.4	146.6	136.4
K_r	0.65～0.72	0.62～0.68	0.56～0.63	0.49～0.56	0.39～0.4

注：挖深大、土质好、土地价值高时取小值。

3）弧形底梯形防渗渠道水力最佳断面和实用经济断面的计算应符合本规范附录 C 的规定。

4　弧形坡脚梯形防渗渠道断面（图 5.3.3-2）的尺寸水力计算应按下列公式计算，水力最佳断面和实用经济断面的计算应符合本规范附录 D 的规定：

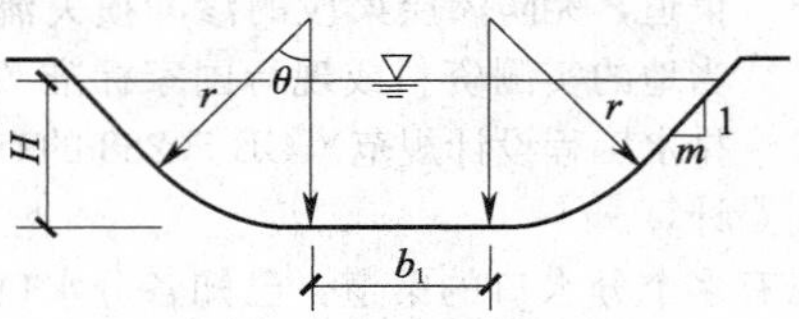

图 5.3.3-2　弧形坡脚梯形渠道断面

$$\omega=(\theta+2m-2\sqrt{1+m^2})K_r^2H^2+2(\sqrt{1+m^2}-m)K_rH^2+mH^2+b_1H \qquad (5.3.3\text{-}6)$$

$$\chi=2(\theta+m-\sqrt{1+m^2})K_rH+2H\sqrt{1+m^2}+b_1 \qquad (5.3.3\text{-}7)$$

$$K_r=r/H \qquad (5.3.3\text{-}8)$$

$$B=2m\ (H-r)\ +2r\sqrt{1+m^2}+b_1 \qquad (5.3.3\text{-}9)$$

式中：θ——圆弧坡脚的圆心角（rad）；

H——断面水深（m）；

r——坡脚圆弧半径（m）；

b_1——渠底水平段宽（m）；

B——水面宽（m）；

m——渠道上部直线段的边坡系数，$m=\cot\theta$。

5　暗渠防渗断面（图 5.3.3-3）的宽深比应按施工要求并通过经济比较选定，宜采用窄深式断面。暗渠防渗断面尺寸应按下列方法确定：

1）箱形水面以上的净空高度可按下式计算：

$$e_0\geqslant\frac{1}{6}H_g \qquad (5.3.3\text{-}10)$$

式中：e_0——水面以上的净空高度；

H_g——暗渠断面的总高度。

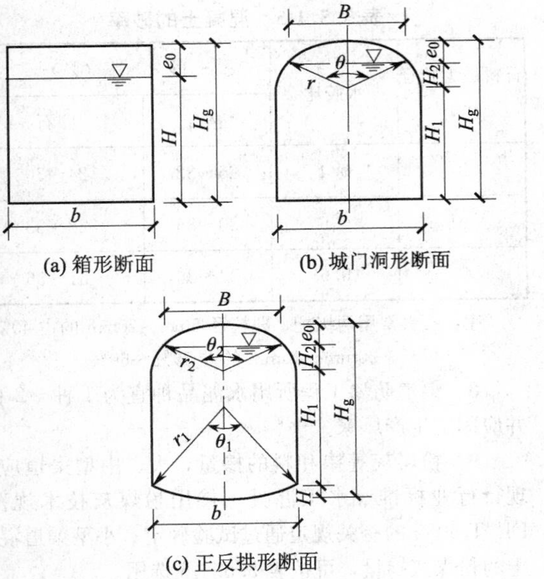

图 5.3.3-3 暗渠断面

2）城门洞形及正反拱形水面以上的净空高度可按下式计算：

$$e_0 \geqslant \frac{1}{4} H_g \qquad (5.3.3\text{-}11)$$

式中：e_0——水面以上的净空高度；

H_g——暗渠断面的总高度。

3）城门洞形断面应按下列公式计算：

$$\omega = H_1 b + \frac{1}{2}\left[r^2(\pi - \theta) + BH_2\right] \qquad (5.3.3\text{-}12)$$

$$\chi = b + 2H_1 + (\pi r - r\theta) \qquad (5.3.3\text{-}13)$$

$$B = 2\sqrt{r^2 - H_2^2} \qquad (5.3.3\text{-}14)$$

$$\theta = 2\arctan\left(\frac{\sqrt{r^2 - H_2^2}}{H_2}\right) \qquad (5.3.3\text{-}15)$$

式中：H_1——暗渠直墙段高（m）；

H_2——暗渠顶部圆弧段水深（m）；

b——暗渠宽（m）；

B——水面宽（m）；

r——顶部圆弧半径（m）；

θ——水面宽圆弧圆心角（rad）。

4）正反拱形断面应按下列公式计算：

$$\omega = bH_1 + \frac{1}{2}\left[r_1^2\theta_1 - b(r_1 - H_3) + r_2^2(\pi - \theta_2) + BH_2\right] \qquad (5.3.3\text{-}16)$$

$$\chi = 2H_1 + r_1\theta_1 + r_2(\pi - \theta_2) \qquad (5.3.3\text{-}17)$$

$$\theta_1 = 2\arctan\frac{\sqrt{r_1^2 - (r_1 - H_3)^2}}{r_1 - H_3} \qquad (5.3.3\text{-}18)$$

$$\theta_2 = 2\arctan\frac{\sqrt{r_2^2 - H_2^2}}{H_2} \qquad (5.3.3\text{-}19)$$

$$B = 2\sqrt{r_2^2 - H_2^2} \qquad (5.3.3\text{-}20)$$

式中：H_3——底部圆弧矢高（m）；

θ_1——底部圆弧圆心角（rad）；

θ_2——水面宽圆弧圆心角（rad）；

r_1、r_1——底部、顶部圆弧半径（m）。

5.4 砌石防渗

5.4.1 砌石防渗层的厚度设计，应符合下列要求：

1 浆砌料石、浆砌块石挡土墙式防渗层的厚度，应根据挡土墙的设计和构造要求确定。护面式防渗层的厚度，浆砌料石的厚度宜采用15cm～25cm，浆砌块石的厚度宜采用20cm～30cm，浆砌石板的厚度不应小于3cm，寒冷地区浆砌石板厚度不应小于4cm。

2 浆砌卵石、干砌卵石挂淤护面式防渗层的厚度，应根据使用要求和当地料源情况确定，可采用15cm～30cm。

5.4.2 砌石防渗渠道应采取下列防止渠基淘刷的措施：

1 干砌卵石挂淤渠道，应在砌石层下设置砂砾石垫层，或铺设复合土工膜料层。

2 浆砌石板渠道，应在砌石层下铺设厚度为2cm～3cm的砂料，或低标号水泥砂浆作垫层。

3 防渗要求高的大、中型渠道，应在砌石层下铺设复合土工膜料层。

5.4.3 护面式浆砌石防渗结构，可不设伸缩缝；软基上挡土墙式浆砌石防渗结构，应设置沉陷缝，缝距可采用10m～15m。砌石防渗层与建筑物连接处，应按伸缩缝结构要求处理。

5.4.4 砂浆配合比设计应符合本规范第5.8.2条的规定。

5.5 混凝土防渗

5.5.1 防渗渠道混凝土的性能及配合比设计，应符合下列要求：

1 大、中型渠道防渗工程混凝土的配合比，应按现行行业标准《水工混凝土试验规程》DL/T 5150的有关规定进行试验确定，其选用配合比应满足强度、抗渗、抗冻及和易性的设计要求。小型渠道混凝土的配合比，可按当地类似工程的经验采用。

2 混凝土各性能指标不应低于表5.5.1-1中的数值。严寒和寒冷地区的冬季过水渠道，抗冻等级应比表5.5.1-1所列数值提高一级。

表 5.5.1-1 混凝土性能指标

工程规模	混凝土性能	严寒地区	寒冷地区	温和地区
小型	强度（C）	15	15	15
	抗冻（F）	50	50	—
	抗渗（W）	4	4	4
中型	强度（C）	20	15	15
	抗冻（F）	100	50	50
	抗渗（W）	6	6	6

续表 5.5.1-1

工程规模	混凝土性能	严寒地区	寒冷地区	温和地区
大型	强度（C）	20	20	15
	抗冻（F）	200	150	50
	抗渗（W）	6	6	6

注：1 强度等级的单位为 MPa。
2 抗冻等级的单位为冻融循环次数。
3 抗渗等级的单位为 0.1MPa。
4 严寒地区为最冷月平均气温低于 −10℃；寒冷地区为最冷月平均气温不低于 −10℃但不高于 −3℃；温和地区为最冷月平均气温高于 −3℃。

3 渠道流速大于 3m/s，或水流中挟带推移质泥沙时，混凝土的抗压强度不应低于 15MPa。

4 混凝土的水胶比应通过试验确定，并不应超过表 5.5.1-2 的规定。

表 5.5.1-2 混凝土水胶比

运用情况	严寒地区	寒冷地区	温和地区
一般情况	0.50	0.55	0.60
受水流冲刷部位	0.45	0.50	0.50

5 不同浇筑部位混凝土的坍落度，可按表 5.5.1-3 选定。

表 5.5.1-3 不同浇筑部位混凝土的坍落度（cm）

混凝土类别	部位		机械捣固	人工捣固
混凝土	渠底		1~3	3~5
	渠坡	有外模板	1~3	3~5
		无外模板	1~2	—
钢筋混凝土	渠底		2~4	3~5
	渠坡	有外模板	2~4	5~7
		无外模板	1~3	—

注：1 低温季节施工时，坍落度宜适当减小；高温季节施工时，宜适当增大。
2 采用衬砌机施工时，坍落度不应大于 2cm。

6 大、中型渠道所用的混凝土，其胶凝材料的最小用量不应少于 225kg/m³；严寒地区不应少于 275kg/m³。当掺用外加剂时，可减少 25kg/m³。

7 混凝土的用水量可按表 5.5.1-4 选用，混凝土的砂率可按表 5.5.1-5 选用。

表 5.5.1-4 混凝土用水量（kg/m³）

坍落度（cm）	石料最大粒径（mm）		
	20	40	80
1～3	155～165	135～145	110～120
3～5	160～170	140～150	115～125
5～7	165～175	145～155	120～130

注：1 表中值适用于卵石、中砂和普通硅酸盐水泥拌制的混凝土。
2 用火山灰水泥时，用水量宜增加 15kg/m³～20kg/m³。
3 用细砂时，用水量宜增加 5kg/m³～10kg/m³。
4 用碎石时，用水量宜增加 10kg/m³～20kg/m³。
5 用减水剂时，用水量宜减少 10kg/m³～20kg/m³。

表 5.5.1-5 混凝土的砂率

石料最大粒径（mm）	水胶比	砂率（%）	
		碎石	卵石
40	0.4	26～32	24～30
40	0.5	30～35	28～33
40	0.6	33～38	31～36

注：石料常用两级配，即粒径 5mm～20mm 的占 40%～45%，20mm～40mm 的占 55%～60%。

8 渠道防渗工程所用水泥品种宜为 1 种～2 种，并应固定生产厂家。

9 粉煤灰等掺和料的掺量，大、中型渠道应按现行行业标准《水工混凝土掺用粉煤灰技术规范》DL/T 5055 的有关规定通过试验确定；小型渠道混凝土的粉煤灰掺量，可按表 5.5.1-6 选用。

表 5.5.1-6 粉煤灰掺量

水泥等级	混凝土性能指标		粉煤灰掺量（%）
	强度	抗冻	
32.5	C10	F50	20～40
32.5	C15	F50	30
32.5	C20	F50	25

10 混凝土可根据需要掺入适量外加剂，其掺量应通过试验确定。

11 设计细砂、特细砂混凝土配合比时，应符合下列要求：

1） 水泥用量较中砂、粗砂混凝土宜增加 20kg/m³～30kg/m³，并宜掺加塑化剂。

2） 砂率较中砂混凝土减少 15%～30%。

3） 砂、石的允许含泥量，符合本规范第 4.1.3 条和第 4.1.5 条的规定。

4） 采用低流态或半干硬性混凝土时，坍落度不大于 3cm，工作度不大于 30s。

12 喷射混凝土的配合比应符合下列要求，并应通过试验确定：

1） 水泥、砂和石料的重量比宜为 1 ：（2～2.5）：（2～2.5）。

2） 宜采用中砂、粗砂。砂率宜为 45%～55%，砂的含水率宜为 5%～7%。

3） 石料最大粒径不宜大于 15mm。

4） 水胶比宜为 0.4～0.5。

5） 宜选用普通硅酸盐水泥，其用量为 375kg/m³～400kg/m³。

6） 速凝剂的掺量宜为水泥用量的 2%～4%。

5.5.2 防渗结构设计，应符合下列要求：

1 混凝土防渗结构形式（图 5.5.2），应按下列要求选定：

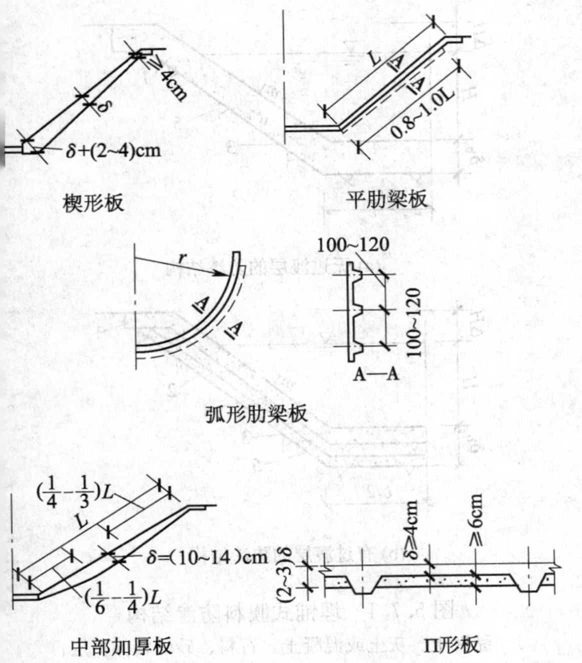

图 5.5.2　混凝土防渗层结构形式

1）宜采用等厚板。

2）当渠基有较大膨胀、沉陷等变形时，除应采取必要的地基处理措施外，对大型渠道宜采用楔形板、肋梁板、中部加厚板或Π形板。

3）小型渠道宜采用整体式U形或矩形渠槽。

4）特种土基宜采用板膜复合式结构。

2　渠道流速小于3m/s时，梯形渠道混凝土等厚板的最小厚度，应符合表5.5.2的规定；流速为3m/s～4m/s时，最小厚度宜为10cm；流速为4m/s～5m/s时，最小厚度宜为12cm。水流中含有砾石类推移质时，渠底板的最小厚度宜为12cm。渠道超高部分的厚度可适当减小，但不得小于4cm。

表 5.5.2　混凝土防渗层的最小厚度（cm）

工程规模	温和地区			寒冷地区		
	钢筋混凝土	混凝土	喷射混凝土	钢筋混凝土	混凝土	喷射混凝土
小型	—	4	4	—	6	5
中型	7	6	5	8	8	7
大型	7	8	7	9	10	8

3　肋梁板和Π形板的厚度，比等厚板可适当减小，但不得小于4cm。肋高宜为板厚的2倍～3倍。楔形板在坡脚处的厚度，比中部宜增加2cm～4cm。中部加厚板加厚部位的厚度，宜为10cm～14cm。板膜复合式结构的混凝土板厚度可适当减小，但不得小于4cm。

4　渠基土稳定且无外压力时，U形渠和矩形渠防渗层的最小厚度，应按表5.5.2选用；渠基土不稳定或存在较大外压力时，U形渠和矩形渠宜采用钢筋混凝土结构，并应根据外荷载进行结构强度、稳定及裂缝宽度验算。

5　预制混凝土板、U形或矩形渠槽的尺寸应根据安装、搬运条件确定。砌筑缝的形式及填筑材料可按本规范第5.8.1条的规定设计。

6　钢筋混凝土无压暗渠的设计荷载应包括自重、内外水压力、垂直和水平土压力、地面活荷载和地基反力等。

5.6　沥青混凝土防渗

5.6.1　用于防渗渠道的沥青混凝土应符合下列要求：

1　防渗层沥青混凝土应符合下列要求：

1）孔隙率不大于4%。

2）渗透系数不大于1×10^{-7}cm/s。

3）斜坡流淌值小于0.80mm。

4）水稳定系数大于0.90。

5）低温下不得开裂。

2　整平胶结层沥青混凝土应符合下列要求：

1）渗透系数不小于1×10^{-3}cm/s。

2）热稳定系数小于4.50。

5.6.2　沥青混凝土配合比应根据技术要求，并通过室内试验和现场铺筑试验确定。也可按现行行业标准《土石坝沥青混凝土面板和心墙设计规范》DL/T 5411的有关规定选用。防渗层沥青含量应为6%～9%；整平胶结层沥青含量应为4%～6%。石料的最大粒径，防渗层不得超过一次压实厚度的1/3～1/2，整平胶结层不得超过一次压实厚度的1/2。

5.6.3　防渗结构的设计应符合下列要求：

1　沥青混凝土防渗结构的构造（图5.6.3）。无整平胶结层断面宜用于土质地基；有整平胶结层断面宜用于岩石地基。

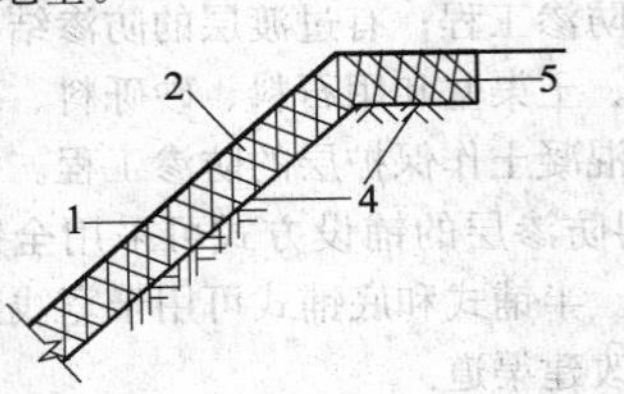

(a) 无整平胶结层的防渗结构

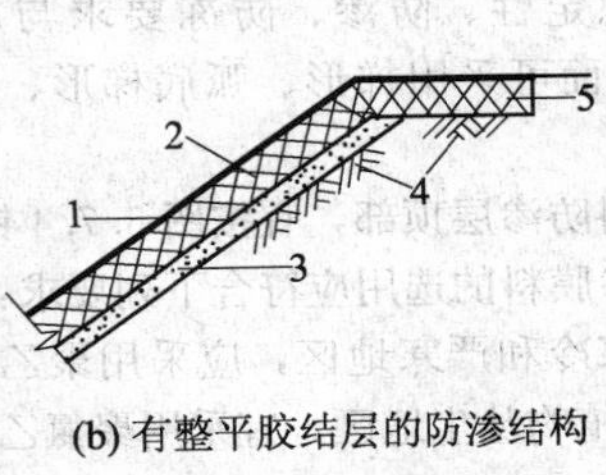

(b) 有整平胶结层的防渗结构

图 5.6.3　沥青混凝土防渗结构形式

1—封闭面层；2—沥青混凝土防渗层；
3—整平胶结层；4—土（石）渠基；5—封顶板

2 封闭层可采用沥青玛𤧛脂或改性乳胶沥青涂刷。沥青玛𤧛脂涂刷厚度宜为 2mm～3mm，配合比应满足高温下不流淌、低温下不脆裂的要求。

3 沥青混凝土防渗层宜为等厚断面，其厚度宜采用 5cm～10cm。有抗冻要求的地区，渠坡防渗层可采用上薄下厚的断面，坡顶厚度可采用 5cm～6cm，坡底厚度可采用 8cm～10cm。

4 整平胶结层采用等厚断面，其厚度应按能填平岩石基面的原则确定。

5 寒冷地区沥青混凝土防渗层的低温抗裂性能，可按下列公式验算：

$$F \geqslant \sigma_t \quad (5.6.3\text{-}1)$$

$$\sigma_t = \frac{E_t}{1-\mu}\Delta T R' \alpha_t \quad (5.6.3\text{-}2)$$

式中：F——沥青混凝土的极限抗拉强度（MPa）；

σ_t——温度应力（MPa）；

E_t——沥青混凝土平均变形模量（MPa）；

μ——轴向拉伸泊桑比；

ΔT——沥青混凝土板面任意点的温差（℃）；

R'——层间约束系数，宜为 0.8；

α_t——温度收缩系数。

6 当防渗层沥青混凝土不能满足低温抗裂性能的要求时，可掺用高分子聚合物材料进行改性，其掺量应通过试验确定。改性沥青混凝土仍不能满足抗裂要求时，可按本规范第 5.8.1 条的规定设置伸缩缝。

7 预制沥青混凝土板的边长应根据安装、搬运条件确定；厚度宜采用 5cm～8cm，密度应大于 2.30g/cm³。预制板宜用沥青砂浆或沥青玛𤧛脂砌筑。

5.7 膜料防渗

5.7.1 膜料防渗层应采用埋铺式（图 5.7.1）。无过渡层的防渗结构宜用于土渠基、黏性土保护层和用复合土工膜的防渗工程；有过渡层的防渗结构宜用于岩石、砂砾石、土渠基和用石料、砂砾料、现浇碎石混凝土或预制混凝土作保护层的防渗工程。

5.7.2 膜料防渗层的铺设方式可采用全铺式、半铺式和底铺式。半铺式和底铺式可用于宽浅渠道，或渠坡有树木的改建渠道。

5.7.3 土渠基膜料防渗层铺膜基槽的断面形式，应根据土基稳定性、防渗、防冻要求与施工条件选定，渠基断面可采用梯形、弧底梯形、弧形坡脚梯形等。

5.7.4 膜料防渗层顶部，宜按图 5.7.4 铺设。

5.7.5 防渗膜料的选用应符合下列要求：

1 在寒冷和严寒地区，应采用聚乙烯膜；在芦苇等穿透性植物丛生地区，宜采用聚氯乙烯膜或膨润土防水毯。

2 中、小型渠道宜采用厚度为 0.2mm～0.3mm 的深色塑膜，也可采用厚度为 0.60mm～0.65mm 的

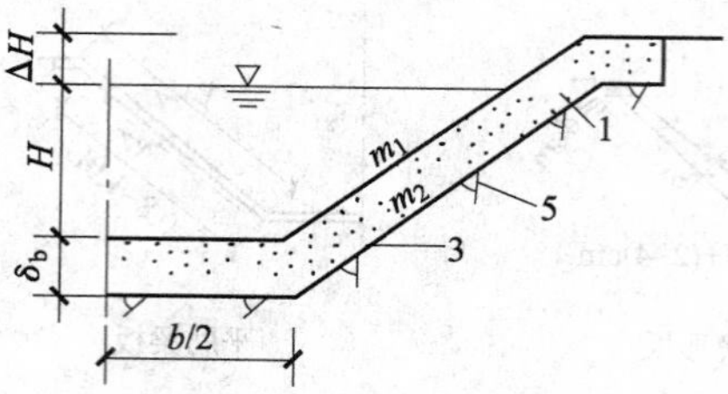

(a) 无过渡层的防渗结构

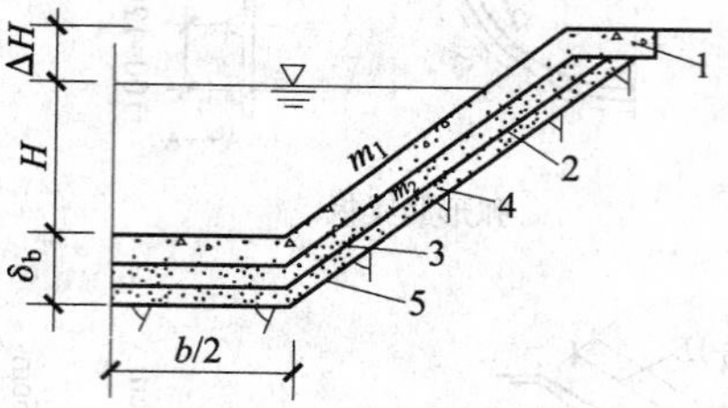

(b) 有过渡层的防渗结构

图 5.7.1 埋铺式膜料防渗结构

1—黏性土、灰土或混凝土、石料、砂砾料保护层；2—膜上过渡层；3—膜料防渗层；4—膜下过渡层；5—土渠基或岩石、砂砾石渠基

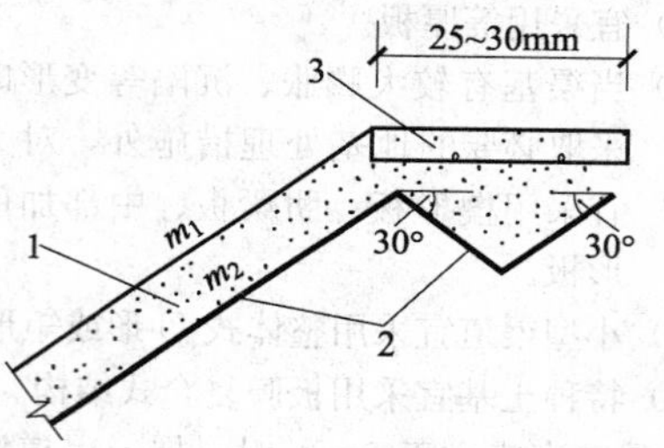

图 5.7.4 膜料防渗层顶部铺设形式

1—保护层；2—膜料防渗层；3—封顶板

无碱或中碱玻璃纤维布机制油毡；大型渠道宜采用厚度为 0.3mm～0.6mm 的深色塑膜。

3 有特殊要求的渠基，宜采用复合土工膜。

4 在地下水或防渗水体的钠、钙、镁等阳离子浓度超过 1000mg/L 时，选用膨润土防水毯应经过试验论证。

5.7.6 过渡层材料及厚度应符合下列要求：

1 过渡层材料，在温和地区可采用灰土；在严寒和寒冷地区宜采用水泥砂浆。采用土及砂料作过渡层时，应采取防止淘刷的措施。

2 过渡层的厚度宜按表 5.7.6 选用。

表 5.7.6 过渡层的厚度（cm）

过渡层材料	厚 度
灰土、砂浆	2～3
土、砂料	3～5

5.7.7 土料保护层的厚度，可按表 5.7.7 选用。

表 5.7.7 土料保护层的厚度（cm）

保护层土质	渠道设计流量（m^3/s）			
	<2	2~5	5~20	>20
砂壤土、轻壤土	45~50	50~60	60~70	70~75
中壤土	40~45	45~55	55~60	60~65
重壤土、黏土	35~40	40~50	50~55	55~60

5.7.8 土料保护层的设计干密度，应通过试验确定。无试验条件时，可采用压实法施工，砂壤土和壤土的干密度不应小于 1.50g/cm³；砂壤土、轻壤土、中壤土采用浸水泡实法施工时，其干密度宜为 1.40g/cm³～1.45g/cm³。

5.7.9 石料、砂砾料和混凝土保护层的厚度，可按表 5.7.9 选用。在渠底、渠坡或不同渠段，可采用具有不同抗冲能力、不同材料的组合式保护层。

表 5.7.9 不同材料保护层的厚度（cm）

保护层材料	块石、卵石	砂砾石	石板	混凝土	
				现浇	预制
保护层厚度	20~30	25~40	≥3	4~10	4~8

5.7.10 石料、混凝土等刚性材料保护层，应分别符合本规范第 5.4 节和第 5.5 节的规定。

5.7.11 膜料防渗结构与建筑物的连接，应符合下列要求：

1 膜料防渗层应用粘结剂与建筑物粘结牢固（图 5.7.11）。

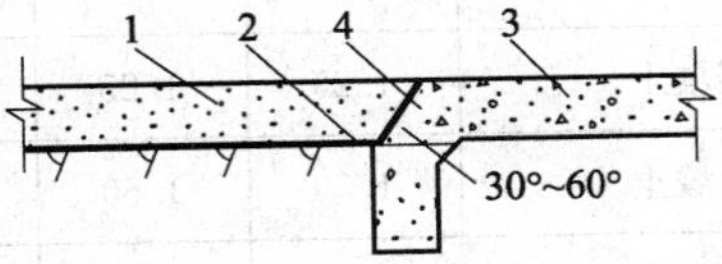

图 5.7.11 膜料防渗层与渠系建筑物连接形式

1—保护层；2—膜料防渗层；3—建筑物；4—膜料与建筑物粘结面

2 土料保护层的膜料防渗渠道与跌水、闸、桥等连接时，应在建筑物上、下游采用石料、混凝土保护层。

3 石料和混凝土保护层与建筑物连接，按本规范第 5.8 节的规定设置伸缩缝。

5.8 伸缩缝、砌筑缝及堤顶

5.8.1 刚性材料渠道防渗结构及膜料防渗的刚性保护层，均应设置伸缩缝（图 5.8.1）。伸缩缝的间距应根据渠基情况、防渗材料和施工方式按表 5.8.1 选用；伸缩缝的宽度应根据缝的间距、气温变幅、填料性能和施工要求等因素确定，宜采用 2cm～3cm；当采用衬砌机械连续浇筑混凝土时，切割缝宽可采用 1cm～2cm。伸缩缝的填充材料选用应符合本规范第 4.1.12 条的规定，封盖材料可采用沥青砂浆。伸缩缝填料的制作方法应符合本规范附录 F 的规定。

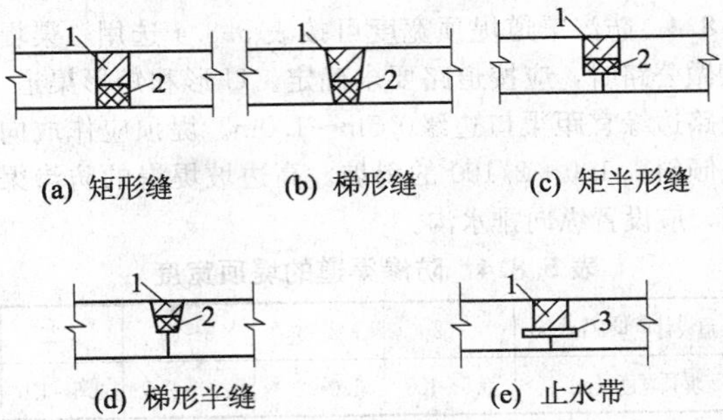

图 5.8.1 刚性材料伸缩缝形式

1—封盖材料；2—弹塑性填充材料；3—止水带

表 5.8.1 防渗渠道的伸缩缝间距（m）

防渗结构	防渗材料和施工方式	纵缝间距	横缝间距
砌石	浆砌石	只设置沉降缝	
混凝土	钢筋混凝土，现场浇筑	4~8	4~8
	混凝土，现场浇筑	3~5	3~5
	混凝土，预制铺砌	4~8	6~8

注：当渠道为软基或地基承载力明显变化时，浆砌石防渗结构宜设置沉降缝。

5.8.2 混凝土预制板（槽）和浆砌石，应用水泥砂浆或水泥混合砂浆砌筑，并应用水泥砂浆勾缝；混凝土 U 形槽也可用高分子止水管及其专用胶砌筑；浆砌石可用细粒混凝土砌筑。砌筑和勾缝砂浆的强度等级可按表 5.8.2 选定；细粒混凝土强度等级不应低于 C15，最大粒径不应大于 10mm。沥青混凝土预制板宜采用沥青砂浆、沥青玛𤧛脂或改性乳胶沥青砌筑。砌筑缝宜采用矩形、梯形或企口缝（图 5.8.2），缝宽应为 1.5cm～2.5cm。

表 5.8.2 砂浆的强度等级（MPa）

防渗结构		砌筑砂浆		勾缝砂浆	
		温和地区	严寒和寒冷地区	温和地区	严寒和寒冷地区
混凝土预制板		7.5~10.0	10.0~20.0	10.0~15.0	15.0~20.0
砌石	料石	7.5~10.0	10.0~15.0	10.0~15.0	15.0~20.0
	块石	5.0~7.5	7.5~10.0	7.5~10.0	10.0~15.0
	卵石	5.0~7.5	7.5~10.0	7.5~10.0	10.0~15.0
	石板	7.5~10.0	10.0~15.0	10.0~15.0	15.0~20.0

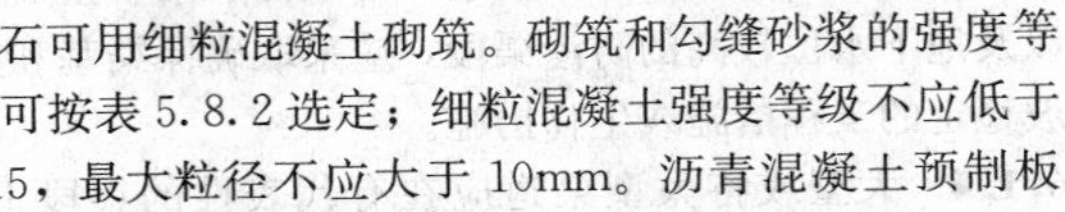

图 5.8.2 砌筑缝形式

5.8.3 防渗渠道在边坡防渗结构顶部应设置水平封顶板，其宽度应为 15cm～30cm。当防渗结构下有砂砾石置换层时，封顶板宽度应大于防渗结构与置换层的水平向厚度10cm；当防渗结构高度小于渠深时，应将封顶板嵌入渠堤。

5.8.4 防渗渠道堤顶宽度可按表5.8.4选用，渠堤兼做公路时，应按道路要求确定。U形和矩形渠道，公路边缘宜距渠口边缘0.5m～1.0m。堤顶应作成向外倾斜1/100～2/100的斜坡。高边坡堤岸的防渗渠道，应设置纵向排水沟。

表5.8.4 防渗渠道的堤顶宽度

渠道设计流量（m^3/s）	<2	2～5	5～20	>20
堤顶宽度（m）	0.5～1.0	1.0～2.0	2.0～2.5	2.5～4.0

6 渠基与渠坡的稳定

6.1 一般规定

6.1.1 渠基与渠坡处理方案，应根据工程要求、气象、工程地质和水文地质条件、环境情况等，通过综合分析和技术经济比较确定。

6.1.2 一般岩土地质条件，可采用适应基土变形的渠道断面和防渗结构或渠基处理措施，以及适应基土变形的渠道断面和防渗结构或渠基处理措施相结合的稳定渠基的方法，并应选择合理的安全坡比。

6.1.3 黄土、膨胀土、分散性土、盐渍土、冻土、沙漠土等，或具有裂隙、断层、滑坡体、溶（空）洞以及地下水位较高的防渗渠段，应采取确保渠基和渠坡稳定的工程措施或生物措施。

6.1.4 大型或特大型渠道应在有代表性的渠段上，对已选定的渠基与渠坡处理方案进行相应的现场试验，并应检验设计参数和处理效果。达不到设计要求时，应查明原因，并应修改设计参数或调整处理方案。

6.2 渠坡的安全坡比

6.2.1 渠坡的安全坡比，应根据工程地质和水文地质条件，通过岩土试验和边坡稳定分析确定。5级渠道的边坡安全坡比可根据工程经验，通过工程类比法确定。

6.2.2 渠坡稳定分析应符合下列要求：

1 渠坡稳定分析计算方法可按表6.2.2选取。

2 渠坡稳定分析的安全系数应根据工程等级及地质条件选取，正常运行条件可采用1.15～1.25，地震条件下，不应小于1.05～1.10。也可按现行行业标准《水利水电工程边坡设计规范》SL 386的有关规定选取。

3 大型或特大型渠坡稳定计算中应分析水位骤降的影响，可采用非饱和土的试验参数和相应的计算方法；当变形对渠道防渗衬砌结构有影响或开挖卸荷导致变形破坏时，同时应进行有限元应力应变计算。

表6.2.2 渠坡稳定分析计算方法

岩土类型	地质条件	计算方法
土质渠坡	滑动面呈圆弧形 滑动面呈非圆弧形	简化毕肖普（Simplified Bishop）法 摩根斯——普赖斯（Morgenstern-Price）法 简化简布（Simplified Janbu）法
岩质渠坡	碎裂结构，散体结构滑动面呈圆弧形	简化毕肖普（Simplified Bishop）法
	碎裂结构，散体结构滑动面呈非圆弧形	摩根斯—普赖斯（Morgenstern-Price）法 简化简布（Simplified Janbu）法
	岩体呈块体结构和层状结构	萨尔玛（Sarma）法 不平衡推力传递法
	岩体楔形体	楔体法

6.2.3 当水深小于或等于3m的挖方渠道，最小边坡系数可按表6.2.3-1选用，也可根据工程经验，通过工程类比法确定；填方渠道的渠堤填方高度小于或等于3m时，填方渠道的边坡最小边坡系数可按表6.2.3-2选用。

表6.2.3-1 挖方渠道最小边坡系数

土类	渠道水深（m）		
	<1	1～2	2～3
稍交结的卵石	1.00	1.00	1.00
夹砂的卵石和砾石	1.25	1.50	1.50
黏土、重壤土、中壤土	1.00	1.00	1.25
轻壤土	1.25	1.25	1.50
砂壤土	1.50	1.50	1.75
砂土	1.75	2.00	2.25
风化的岩石	0.1～0.20	0.20	0.25
未风化的岩石	0～0.05	0.05	0.10

表6.2.3-2 填方渠道最小边坡系数

土类	渠道水深（m）					
	<1		1～2		2～3	
	内坡	外坡	内坡	外坡	内坡	外坡
黏土、重壤土	1.00	1.00	1.00	1.00	1.25	1.00
中壤土	1.25	1.00	1.25	1.00	1.50	1.25
轻壤土、砂壤土	1.50	1.25	1.50	1.25	1.75	1.50
砂土	1.75	1.50	2.00	1.75	2.25	2.00

6.2.4 膜料防渗渠道的土料保护层的内坡坡比，可按本规范附录B通过分析计算确定，也可按表6.2.4选用。

表 6.2.4　膜料防渗土料保护层的内坡坡比

保护层土料类别	渠道设计流量（m^3/s）			
	<2	2~5	5~20	>20
黏土、重壤土、中壤土	1∶1.50	1∶1.50~1∶1.75	1∶1.75~1∶2.00	1∶2.25
轻壤土	1∶1.50	1∶1.75~1∶2.00	1∶2.00~1∶2.25	1∶2.50
砂壤土	1∶1.75	1∶2.00~1∶2.25	1∶2.25~1∶2.50	1∶2.75

6.3　黄 土 渠 道

6.3.1　湿陷性黄土地区的防渗渠道，渠基的工程处理措施宜根据湿陷性等级和渠道运行特点，按表6.3.1选择一种或多种相结合的处理方法。

表 6.3.1　湿陷性黄土渠基处理方法

处理方法	适用范围和施工要求	适宜处理厚度（m）
垫层法	地下水位以上，局部或整体处理。单层铺设厚度不大于30cm，灰土垫层的灰土比宜为2∶8或3∶7，垫层压实系数宜采用0.93~0.95	1~3
强夯法	地下水位以上，饱和度≤60%的湿陷性黄土，局部或整体处理。试夯点数应根据场地复杂程度、土质均匀性和渠道等级综合因素确定，夯点和夯击次数应根据试夯结果确定，土的含水量宜低于塑限含水量1%~3%，夯击次数宜为2遍~3遍，地基处理质量要有检测记录	3~12
预浸水法	自重湿陷性黄土渠基，湿陷等级为Ⅲ级或Ⅳ级，可消除地面6m以下湿陷性黄土层的湿陷性。浸水水深不宜小于30.0cm，浸水变形稳定标准为最后5d的平均湿陷量小于1mm/d。对预浸水处理效果应进行检验，评价湿陷性的消除程度	>10
深翻回填法	适宜于大、中型渠道地基，翻夯深度不小于1.0m~1.5m	4

6.3.2　防渗渠道经过黄土高边坡地段，应通过分析计算确定边坡的稳定性，必要时可采取下列加固处理措施：

1　黄土渠道高边坡，在平均坡比稳定条件下，宜在坡高1/2稍高处设6m~12m大平台，单级坡比宜采用1∶0.25~1∶0.6。

2　塬边渠道渠堤以上边坡及渠道外边坡应设置排水系统。

3　在边坡的坡脚可采用浆砌块石护坡，也可采用喷锚支护。

6.4　膨胀土渠道

6.4.1　膨胀土渠道的安全坡比，大型和特大型防渗渠道，应通过稳定分析计算确定；中、小型渠道可按工程类比法确定。

6.4.2　膨胀土渠坡稳定分析方法应采用极限平衡法，特大型渠道边坡应同时采用有限元法。渠坡稳定分析应符合下列要求：

1　土体强度参数选取应按滑动面上各部位抗剪强度分段取值。强度参数宜采用三轴压缩试验测定，残余强度参数宜采用反复剪切试验确定。试验应按现行行业标准《土工试验规程》SL 237的有关规定执行。

2　渠坡滑动为浅层型，宜采用组合圆弧法进行渠坡稳定计算。

3　特大型渠道边坡，宜采用非饱和土理论进行边坡稳定验算。

6.4.3　膨胀土渠基与渠坡的工程处理措施，可按表6.4.3选择其中一种或多种相结合的方法。

表 6.4.3　膨胀土渠基与渠坡处理方法

处理方法	方法说明和要求	适应范围
结构措施	采用适应基土变形的渠道断面和防渗结构	弱膨胀土
换土	将膨胀土部分挖除，用非膨胀黏性土或粗粒土置换。换土厚度应依据膨胀土膨胀等级选取，换土的最小厚度满足隔离层抵抗膨胀变形要求。一般中膨胀土用1.0m~1.5m，强膨胀土用2.0m	中、强膨胀土
土性改良	膨胀土掺石灰。渠道内坡面和堤顶（或戗台），宜用石灰掺量4%~8%的灰土压实处理。其厚度20cm~30cm，干密度不少于$1.55g/cm^3$	中、强膨胀土
	水泥土。水泥含量一般为7%~10%，处理厚度20cm~30cm	
坡面防护	渠道外坡及挖方渠道戗台以上内坡，当坡高小于4m时，宜换土厚度20cm~30cm，种植草皮；当坡高大于或等于4m时，宜设置10cm厚的混凝土格栅和土工格栅，种植草皮；并每隔10m~20m设置纵向、横向混凝土排水沟	弱、中、强膨胀土
坡体排水	渠坡滑坡段布置竖井结合水平孔排渗设施或辐射井排渗设施，竖井和辐射井位置和间距布置根据坡体渗流状况确定	中、强膨胀土
加筋土	采用土工格栅加筋补强渠坡。土工格栅选型根据工程需要确定，土工格栅自由段长度、锚固长度、分层填土厚度等应依据渠坡稳定分析确定	中、强膨胀土

6.5　分散性土渠道

6.5.1　分散性土渠道内坡面和堤顶（或戗台），宜用灰土压实处理。灰土中掺生石灰宜为3%~5%，处理厚度宜为20cm，干密度不应小于$1.60g/cm^3$。堤顶（戗台）灰土层上应覆盖10cm厚的非分散性土。

6.5.2　过渡型土渠道的内坡面和堤顶（或戗台），宜用土工膜防渗。堤顶膜上应覆盖40cm~50cm厚的当地土，并应压实。

6.5.3　分散性土渠道外坡采用反滤砂或土工布反滤保护措施时，反滤砂防护厚度可选10cm~20cm，最大粒径应小于1.0mm~2.0mm，混合级配砂应为0.4mm~0.6mm，不均匀系数应为3~4；土工布宜选择厚型针刺无纺土工布，无纺布的型号选择应根据消除土的分散性反滤试验确定。

6.5.4　渠道外坡或挖方渠道戗台以上渠坡采用种植草皮保护措施，坡高小于4m时，宜换土厚度15cm~20cm，并应种植草皮；当坡高大于或等于4m时，宜设置10cm厚的混凝土格栅或土工格栅，并应种植草皮，应每隔 10m～20m 设置纵、横向混凝土排水沟。

6.6 盐渍土渠道

6.6.1 盐渍土渠道宜采用填方形式，渠底高程应结合当地气候特征、水文地质、土质盐渍化程度、地下水毛细作用高度、盐胀深度、冻胀深度等因素综合确定。渠底高出地面和地下水位或地表积水水位的最小高度，可按表 6.6.1-1 选用。填筑渠基的盐渍土应按表 6.6.1-2 选用。

表 6.6.1-1 渠底高出地面和地下水位或地表积水水位的最小高度（m）

土质类别	高出地面		高出地下水位或地表积水水位	
	弱、中盐渍土	强、超盐渍土	弱、中盐渍土	强、超盐渍土
砾类土	0.4	0.6	1.0	1.1
砂类土	0.6	1.0	1.3	1.4
黏性土	1.0	1.3	1.8	2.0
粉性土	1.3	1.5	2.1	2.3

表 6.6.1-2 填筑渠基盐渍土的选用

盐渍土程度	渠道填料的平均含盐量（%）			填料可用性
	氯盐渍土及亚氯盐渍土	硫酸盐渍土及亚硫酸盐渍土	碱性盐渍土	
弱盐渍土	0.5<DT≤1	—	—	可用
中盐渍土	1<DT≤5①	0.5<DT≤2①	0.5<DT≤1②	可用
强盐渍土	5<DT≤8①	2<DT≤5①	1<DT≤2②	可用，但应采取措施③
超盐渍土	DT>8	DT>5	DT>2	不可用

注：1 表中①表示填料中硫酸钠的含量不得超过 1%。
2 表中②表示填料中易溶的碳酸盐含量不得超过 0.5%。
3 表中③表示采用适应土变形的渠道断面和防渗结构，置换非盐胀冻胀土或化学改性措施。
4 DT 表示渠道填料的平均含盐量（%）。

6.6.2 氯化钠盐渍土渠基，可不进行处理；碳酸钠盐渍土渠基，宜采用适应基土变形的渠道断面和防渗结构；盐胀土渠基，可采用砂砾石或灰土等非盐胀土置换，也可采用氢氧化钙、氯化钠、氯化钙等添加剂进行化学处理。化学添加剂的最优掺量，应根据盐胀土中易溶盐的成分和含量，通过试验确定。盐胀土的处理深度可等于设计冻深，但堤顶（戗台）应大于 0.5m，渠道内坡面应大于1.0m。

6.6.3 渠道外坡或挖方渠道戗台以上的渠坡，可按本规范第6.5.4条的规定执行。

6.7 冻胀性土渠道

6.7.1 渠道防渗工程环境同时具备下列条件时，应进行防冻胀设计：

1 土中粒径小于 0.05mm 的土粒含量大于 6%（重量比）。

2 标准冻深大于 0.1m。

3 冻结初期土的含水量大于 0.9 倍塑限含水量，或地下水位至渠底的埋深小于土的毛管水上升高度加设计冻深。

6.7.2 渠基土的设计冻深、冻胀量和冻胀性级别，应按现行行业标准《水工建筑物抗冰冻设计规范》SL 211 的有关规定确定。

6.7.3 当渠基土的冻胀性属Ⅰ、Ⅱ级时，宜按渠道大小等情况分别采用下列不同的渠道断面和防渗结构：

1 小型渠道宜采用整体式混凝土 U 形渠槽。

2 中型渠道宜采用弧形坡脚梯形断面或弧形底梯形断面、板膜复合防渗结构。

3 大型（或宽浅）渠道宜采用弧形坡脚梯形断面、板膜复合防渗结构，并宜适当增设纵向伸缩缝。

4 梯形混凝土防渗衬砌渠道，可采用架空梁板式（预制Ⅱ形板）或预制空心板式防渗结构。

6.7.4 当渠基土的冻胀性属Ⅲ、Ⅳ、Ⅴ级时，宜按渠道大小和形式等情况分别采用下列不同的渠道断面和防渗结构：

1 小型渠道宜采用整体式混凝土 U 形渠槽或矩形渠槽。槽底应按本规范第 6.7.5 条的规定设置保温层或非冻胀性土置换层，槽侧回填土高度应小于槽深的 1/3。也可采用暗渠或暗管输水，其顶面的埋深不应小于设计冻深。

2 渠深不超过 1.5m 的宽浅渠道，宜采用矩形断面，渠岸宜用挡土墙式结构，渠底宜用平板结构，墙与板连接处宜设冻胀变形缝。

3 大、中型渠道，应结合本规范第 6.7.5 条的规定，采用本规范第 6.7.3 条的渠道断面和防渗结构。

4 深挖方渠道，可采用明涵或隧洞输水。

6.7.5 冻胀土基处理措施应符合下列要求：

1 防渗层下面应设置保温层，保温材料的强度、压缩系数、吸水率、耐久性等应符合工程设计要求。大型渠道的保温层厚度，应根据渠道走向和不同部位，通过试验或热工计算确定；中、小型渠道，采用聚苯乙烯泡沫塑料板或高分子防渗保温卷材保温时，保温层的厚度可取设计冻深的 1/10～1/15。

2 有适宜的非冻胀性土时，渠床可采用置换处理方法。置换深度可按下式计算：

$$Z_n = \varepsilon \cdot Z_d - \sigma \quad (6.7.5)$$

式中：Z_n——置换深度（m）；

ε——渠床置换比，可按表 6.7.5 取值；

Z_d——设计冻深（m）；

σ——防渗层厚度（m）。

表 6.7.5 渠床置换比

地下水位埋深 Z_w（m）	土 质	置换比 ε	
		坡面上部	坡面下部、渠底
$Z_w \geq Z_d+2.0$	黏土，粉质黏土	0.50～0.70	0.70～0.80
$Z_w \geq Z_d+1.5$	重、中壤土		
$Z_w \geq Z_d+1.0$	轻壤土，砂壤土	0.40～0.50	
Z_w 小于上述值	黏土，重、中壤土	0.60～0.80	0.80～1.00
	轻壤土，砂壤土	0.50～0.60	0.60～0.80

3 当地下水位较高或渠床水分较大时，应设置排水系统。设置方法可按下列不同情况分别确定：

1）当冻结层或置换层以下不透水层或弱透水层厚度小于10m时，在渠底每隔10m～20m设一眼盲井。

2）当渠床的冻结深度内有排水出路时，在设计冻深底部设置纵、横向暗排系统。

3）冬季输水的防渗渠道，当渠侧有傍渗水补给渠床时，在最低水位以上设置反滤排水体，必要时设置逆止阀。排水口及逆止阀设在最低行水位处。

4 用压实或强夯法提高渠床土的密度，应同时符合压实度不低于0.98、干密度不低于1.60g/cm³，且不小于天然干密度的1.05倍的要求。压实深度不应小于渠床置换深度。

6.8 沙漠渠道

6.8.1 沙漠渠道边坡的稳定性分析，宜通过土工试验确定沙土的设计密度、强度参数，用极限平衡法进行计算。渠道内坡的安全坡比宜为1：2.5，填方渠道外坡的安全坡比宜为1：3。

6.8.2 沙漠渠道宜选用条带布置方案，应采用机械化施工。施工机具的选择、填筑厚度、碾压遍数、施工方法及工艺，应通过碾压试验确定。

6.8.3 填方沙漠渠道应清除50cm厚的表层土，并应用振动碾进行碾压，应在40cm深度范围内相对密度达到0.75以上后再进行填筑。

6.8.4 沙漠渠道应采取芦苇草等长纤维草方格和种植林灌草等措施进行固沙防护和生态绿化，并应形成临时措施和永久措施、工程措施和生物措施相结合的防风固沙体系。

6.9 其他情况

6.9.1 软弱土基可采用置换法处理。换填砂砾石时，压实系数不应小于0.93；换填土料时，大、中型渠道压实系数不应小于0.95，小型渠道不应小于0.93。

6.9.2 污染土渠基，应先进行污染土地基的评价，再采取防护和处理措施。

6.9.3 地下水位高于渠底的刚性材料防渗渠道和埋铺式膜料防渗渠道，应按本规范附录E的规定在渠基设置排水设施，并应保证排水出口畅通。

6.9.4 边坡的裂缝、孔隙和小洞穴可采用灌浆法填堵，灌浆材料可采用黏土浆或水泥黏土浆，灌浆的各项技术参数宜通过试验确定。浅层窑洞、墓穴和大孔洞，可采用开挖回填法处理。

7 施 工

7.1 一般规定

7.1.1 施工前应熟悉设计文件，进行施工现场踏勘，编制施工组织设计，并应做好下列准备工作：

1 应根据设计选择防渗材料和施工方法；应做好施工用水、电、道路的通畅以及堆料场、拌和场或预制场等施工场地的布置和平整工作。

2 对试验和施工的设备进行检测与试运转，如不符合要求，应予修理或更换。

3 应根据当地情况做好永久性排水设施或必要的临时性排洪、排水设施。

7.1.2 材料设备应按设计要求的规格、数量、型号采购，并应在现场验收合格后分类保管存放。水泥应采取防雨、防潮措施。

7.1.3 渠道防渗工程宜在温暖季节施工。当日平均气温稳定在5℃以下或最低气温稳定在－3℃以下时，砌石、混凝土和沥青混凝土防渗工程应采取低温施工措施，并应符合现行行业标准《水工混凝土施工规范》DL/T 5144和《水工碾压式沥青混凝土施工规范》DL/T 5363的有关规定。

7.2 填筑和开挖

7.2.1 渠道基槽应根据设计断面测量放线，进行挖、填或修整，并应严格控制渠道基槽断面的高程、尺寸和平整度，渠槽断面的允许偏差值应符合表7.2.1的规定。

表 7.2.1 渠槽断面的允许偏差值（cm）

项 目	土 渠	石 渠
渠底高程	±（2～3）	±（3～5）
渠道中心线	2～3	3～5
渠底宽度	±（3～5）	±（4～10）
堤顶高程	±（2～3）	±（5～10）
渠槽上口宽度	±（4～8）	±（5～10）
渠底及内边坡平整度（用2m直尺检查）	±（2～3）	凸不大于3 凹不大于10

注：大型、中型渠道取大值，小型渠道取小值。

7.2.2 新建填方渠道，填筑前应清除填筑范围内的草皮、树根等杂物，并应刨松基土表面，适当洒水湿润；填筑时应摊铺选定的土料，并应分层压实。当渠线横向的地面坡度较大时，填筑前应将地面挖成阶梯状，然后分层回填压实。机械压实时，每层铺土厚度不应大于 30cm；人工夯实时，每层铺土厚度不应大于 20cm。土料含水量应按最优含水量控制。小型渠道或无条件试验时，土料含水量可按表 7.2.2 选用。

表 7.2.2　土料含水量（%）

土壤名称	砂壤土	轻壤土	黄土	中壤土	重壤土	黏土
含水量	12～15	15～17	15～21	21～23	22～25	25～28

7.2.3　新建半挖半填渠道的填筑部位，应利用挖方土料按本规范第 7.2.2 条的要求进行填筑，并应达到密实、稳定。在开挖和填筑施工中，宜避免扰动挖方基槽土的结构。

7.2.4　改建渠道的基槽填筑，应提前停水，或采用抽排、翻晒等方法降低基土含水量，并应清除杂草、淤积泥沙等杂物。小型渠道，宜将全渠填满至设计高程后，再按设计开挖至防渗层铺设断面。大、中型渠道，宜采用局部填筑补齐的方法进行填筑。填筑面宽度应较设计尺寸加宽 50cm，并应将原渠坡挖成台阶状，再填筑新土，新老土应结合紧密。

7.2.5　挖方渠槽、填方渠槽和改建渠道将原渠槽填筑到设计高程时，应按设计定好渠线中心桩，测量好高程，定好两侧开挖线。施工时，应先粗略开挖至接近渠底，再将中心桩移至渠底，重新测量高程后挖完剩下的土方，然后每隔 5m～10m 挖出标准断面，应在两个标准断面间拉紧横线，应按横线从上至下边挖边刷坡，并应用断面样板逐段检查、反复修整，达到设计要求。

7.2.6　新建半挖半填渠道基槽的开挖，应先开挖基槽，并应按设计要求预留足够厚度的土层，再将渠道两岸填方部分填筑至设计高程，然后整修渠槽，达到设计要求。

7.2.7　改建渠道采用局部填筑补齐法填筑渠道基槽的开挖时，应只挖去填筑时加宽 50cm 的部分土体，然后修整渠道基槽，达到设计要求。

7.2.8　岩石基础渠道基槽采取微量爆破等措施时，不应造成渠基裂缝或稳定性下降。开挖好的渠道基槽，应尺寸准确，并应符合设计要求。

7.2.9　采用膜料及沥青混凝土防渗时，渠道基槽应进行清草处理。

7.3　排水设施的施工

7.3.1　渠基排水设施应在验收合格的渠道基槽上按下列要求进行施工：

1　应按设计开挖排水沟、集水井、集（排）水管的基槽和排水暗沟等。开挖断面应尺寸准确、平整，并应控制好比降。

2　在沟、井、槽中，应按要求填好卵石或块石，并应做好反滤层。排水管排水时，应在基槽中安装集（排）水管，并应控制好比降，同时应做好管段之间的接头和管道周围的反滤层。

3　排水系统中沟、井、管之间的连接应牢固可靠。

4　逆止阀的安装宜与防渗层施工结合进行，应保证逆止阀的周边与防渗层连接紧密且不透水。

7.4　砌石防渗

7.4.1　砌石砂浆应按设计配合比拌制均匀，并应随拌随用，自出料到用完的允许间歇时间不应超过 1.5h。

7.4.2　砌石防渗结构施工时，应先洒水润湿渠基，然后在渠基或垫层上铺一层厚度 2cm～5cm 的低标号混合砂浆，再铺砌石料。

7.4.3　浆砌石防渗结构的施工，应符合下列要求：

1　砌筑顺序应符合下列要求：

1）梯形明渠，宜先砌渠底后砌渠坡。砌渠坡时，从坡脚开始，由下而上分层砌筑；U形、弧形底梯形和弧形坡脚梯形明渠，从渠底中线开始，向两边对称砌筑。

2）矩形明渠，宜先砌两边侧墙，后砌渠底；拱形和箱形暗渠，可先砌侧墙和渠底，后砌顶拱或加盖板 。

3）各种明渠，渠底和渠坡砌完后，及时砌好封顶石。

2　石料安放应符合下列要求：

1）浆砌块石应花砌，大面朝外、错缝交接，并选择较大、较规整的块石砌在渠底和渠坡下部。

2）浆砌料石和石板，在渠坡应纵砌；在渠底应横砌。料石错缝距离宜为料石长的 1/2。

3）浆砌卵石，相邻两排应错开茬口，并应选择较大的卵石砌于渠底和渠坡下部，大头朝下，挤紧靠实。

4）浆砌块石挡土墙式防渗结构，应先砌面石，后砌腹石，面石与腹石交错连接；浆砌料石挡土墙式防渗结构，面石中应有足量的丁石与腹石相连。

3　石料砌筑应符合下列要求：

1）砌筑前石料表面的泥垢、水锈等杂质应清除干净，并洒水润湿。

2）浆砌料石和块石，应随铺浆随砌石，干摆试放分层砌筑，座浆饱满。每层铺水泥砂浆厚度，料石宜为 2cm～3cm，块石宜为 3cm～5cm。块石缝宽超过 5cm 时，应填塞小片石。

3）卵石可采用挤浆砌筑，也可干砌后用水泥砂浆或细砾混凝土灌缝。

4）浆砌石板应保持砌缝密实平整，石板接缝间的不平整度不应超过1cm。

4 浆砌料石、块石、卵石和石板，宜在砌筑砂浆初凝前勾缝。勾缝应自上而下用砂浆充填、压实和抹光。浆砌料石、块石和石板宜勾平缝；浆砌卵石宜勾凹缝，缝面宜低于砌石面1cm～2cm。

7.4.4 干砌卵石挂淤防渗结构的施工，应符合下列要求：

1 砌筑顺序应符合下列要求：

1）应按先渠底后渠坡的顺序砌筑。

2）砌渠底时，平渠底宜从渠坡脚的一边砌向另一边；弧形渠底应从渠中线开始向两边砌筑。

3）渠坡应从下而上逐排砌筑。

4）卵石下铺设膜料时，应在膜料上铺设土料过渡层，边铺膜，边压土，边砌石。

2 砌筑应符合下列要求：

1）卵石长边应垂直于渠底或渠坡立砌，不应前俯后仰、左右倾斜。卵石的较宽侧面应垂直于水流方向。

2）每排卵石应厚薄相近、大头朝下、错开茬口、挤紧砌实。

3）渠底两边和渠坡脚的第一排卵石，应比其他卵石大8cm～12cm。

4）卵石砌筑后，应先用小石填缝至缝深的一半，再用片状石块卡缝。

5）用较大的卵石水平砌筑封顶石。

7.5 混凝土防渗

7.5.1 模板应根据设计图和选定的施工方法制作。模板制作的允许偏差值，应符合表7.5.1的规定。现浇混凝土模板安装净距，沿渠道纵向的允许偏差值为±10mm，沿宽度方向的允许偏差值为±30mm。预制混凝土板框架模板两对角线长度差的允许偏差值为7mm。模板的其他要求应符合现行行业标准《水电水利工程模板施工规范》DL/T 5110的有关规定。

表7.5.1 模板制作的允许偏差值（mm）

偏差名称	木 模	钢 模
与现浇边坡混凝土板设计斜长和表面模板设计长度相应尺寸的偏差	±20	±10
与混凝土板设计厚度和伸缩缝设计深度、宽度相应尺寸的偏差	±3	±2
模板面局部不平整度（用2m直尺检查）	±3	±2
拼接的相邻两板面高度差	±1	
拼接板的缝隙	±1	
连接配件的孔眼位置		±1

7.5.2 钢筋的加工、接头、安装要求应符合现行行业标准《水工混凝土钢筋施工规范》DL/T 5169的有关规定。

7.5.3 混凝土拌和应按试验确定并经审核的混凝土配合比进行配料，不应擅自更改。水泥、砂、石、掺和料均应以重量计，水及外加剂可折算成体积加入。小型渠道可将砂、石用量折算成体积配料。

7.5.4 混凝土应采用机械拌和。拌和时间不应少于2min。掺用掺和料、减水剂、引气剂的混凝土及细砂、特细砂混凝土用机械拌和的时间，应大于中砂、粗砂混凝土1min～2min。

7.5.5 混凝土应随拌、随运、随用。因故发生分离、漏浆、严重泌水和坍落度降低等问题时，应在浇筑地点重新拌和。混凝土初凝，应按废料处理。

7.5.6 浇筑混凝土前，土渠基应先洒水浸润；在岩石渠基上浇筑混凝土，或需要与早期混凝土结合时，应将基岩或早期混凝土凿毛并刷洗干净，并应铺一层厚度为1cm～2cm的水泥砂浆。水泥砂浆的水胶比，应小于混凝土0.03～0.05。

7.5.7 现场浇筑混凝土，宜采用分块跳仓法施工。同一浇筑块应连续浇筑。因故间歇时间超过60min～90min时，应按本规范第7.7.6条的规定处理。用衬砌机浇筑时，宜连续施工。

7.5.8 混凝土应采用机械振捣，并应符合下列要求：

1 使用表面式振动器时，振板行距宜重叠5cm～10cm。振捣边坡时，应上行振动、下行不振动。

2 使用小型插入式振捣器时，入仓厚度每层不应大于25cm，并应插入下层混凝土5cm。

3 振捣器不应直接碰撞模板、钢筋及预埋件。

4 使用插入式振捣器捣固时，边角部位及钢筋预埋件周围应辅以人工捣固。

5 振捣时间应以混凝土开始泛浆时为准。

6 衬砌机的振动时间和行进速度，宜通过试验确定。

7.5.9 采用喷射法施工时，应符合下列要求：

1 应先送风、水，后送干料。掺有速凝剂的干拌和料的存放时间，不应超过20min。

2 喷头处的压力宜控制为0.1MPa，水压不应小于0.2MPa。

3 掺有速凝剂时，一次喷射的厚度宜为7cm～10cm；不掺速凝剂时，一次喷射的厚度宜为5cm～7cm。

4 分层喷射时，表面一层的水胶比宜稍大。

5 掺有速凝剂时，喷射每层混凝土的间隔时间宜为15min～20min；不掺速凝剂时，喷射每层混凝土的间隔时间应根据混凝土的初凝时间确定。

6 喷射作业完毕，应先将喷射机和管道中的干料清除干净，再停水、风。因故不能继续作业时，应及时将喷射机和管道中的积料清除干净。

7.5.10 现场浇筑混凝土完毕，应及时收面。细砂和特细砂混凝土应至少进行二次收面。收面后，混凝土表面应密实、平整、光滑，并应无石子外露。

7.5.11 混凝土预制板（槽）初凝后可拆模，并应在强度达到设计强度的70%以上时再运输。预制板（槽）在运输和堆放时应立码挤紧。

7.5.12 混凝土预制板（槽）应按设计要求和本规范第5.8.2条的规定砌筑，砌筑应平整、稳固，砌筑缝的砂浆应填满、捣实、压平、抹光。

7.5.13 混凝土伸缩缝应按设计要求施工。采用衬砌机浇筑混凝土时，可用切缝机或人工切制半缝形的伸缩缝，并应按本规范第5.8节的规定填充。

7.5.14 混凝土浇筑完毕后，应及时养护，养护期宜为14d～28d。

7.6 沥青混凝土防渗

7.6.1 沥青混合料的拌制应根据设计的配合比按下列步骤进行：

1 沥青应熔化脱水。在加热容器中，加料的数量应控制在容器的60%～70%。脱水后恒温时间不得超过6h。在加热中，应边搅拌边清除杂质。

2 在拌制沥青混合料前，宜预先用烘干机加热骨料。当用炒盘加热骨料时，应加强搅拌。

3 沥青混合料宜采用强制式搅拌机。拌和时应先将骨料与矿粉拌和均匀，再倒入沥青拌和，直至不出现花白料为止。

7.6.2 沥青混合料运输时应采取保温措施，运输机具的容积和数量应与沥青混合料的拌和能力及铺筑机械的生产能力相适应。在卸料和运输过程中应避免沥青混合料出现离析和分层现象。运输机具停用时应及时清理干净。

7.6.3 沥青混合料的摊铺厚度、压实温度、碾压遍数和压实系数等施工工艺参数应根据设计要求通过现场试验确定。

7.6.4 现场铺筑施工，应符合下列要求：

1 有整平胶结层的防渗结构，可先铺筑整平胶结层，再铺筑防渗层。

2 铺筑防渗层，应按现场试验选定的摊铺厚度均匀摊铺。沥青混合料摊铺和压实的温度控制标准应符合表7.6.4的规定。

表7.6.4 沥青混凝土防渗层施工温度控制标准

施工项目	沥青脱水及加热	粗细骨料加热	混合料拌和	摊铺	开始压实	终止压实
温度控制标准（℃）	160±10	170～190	160～180	130～150	120～140	85～120

注：整平胶结层压实温度可较防渗层降低20℃。

3 宜采用振动碾压实沥青混合料。可先静压1遍～2遍，再振动压实。压实渠道边坡时，应上行振动、下行不振动。小型渠道可采用静压或平面振动器压实。应按试验选定的压实温度和遍数进行压实，不应漏压。

4 防渗层与建筑物连接处和机械难以压实的部位，应辅以人工压实。

5 沥青混凝土防渗层应连续铺筑。

6 采用双层铺筑时，结合面应干燥、洁净，并应均匀涂刷一薄层热沥青或稀释沥青。其涂刷量不应超过$1kg/m^2$。上层、下层冷接缝的位置应错开。

7.6.5 沥青混凝土预制板的预制和铺砌，应符合下列要求：

1 沥青混凝土预制板的制作宜采用钢模板。预制板应振压密实、尺寸准确、六面平整光滑，并应无缺角、无石子外露等缺陷。

2 预制板振实后，可拆模。应在降温后再搬动，应平放码垛，垛高不应高于0.5m。高温季节，码垛工作宜在早晚进行。

3 沥青混凝土预制板应按本规范第5.8.2条的规定砌筑。

7.6.6 封闭层的涂刷，应符合下列要求：

1 在洁净、干燥的防渗层面上应均匀涂刷沥青玛𤧛脂或改性乳胶沥青。沥青玛𤧛脂涂刷时的温度不应低于160℃，涂刷量宜为$2kg/m^2$～$3kg/m^2$。

2 涂刷后严禁人、畜和机械通行。

7.6.7 施工中，应备有防火设备及必备的劳保用品。

7.7 膜料防渗

7.7.1 岩石或砂砾石基槽，在铺设膜层前应铺设过渡层。

7.7.2 膜料铺设应符合下列要求：

1 可将膜料加工成大幅备用，也可在现场边铺边连接。膜料加工和接缝方法应符合本规范附录G的规定。

2 应按先下游后上游的顺序，上游幅压下游幅，接缝垂直于水流方向铺设膜层。

3 应先将膜料下游端与已铺膜料或原建筑物焊接（或粘接）牢固，再向上游拉展铺开。

4 膜层不宜拉得太紧，并应平贴渠基，膜下空气应完全排出。

5 膜层顶端应按本规范第5.7.4条的规定铺埋。

6 应检查并粘补已铺膜层的破孔。粘补膜应超出破孔周边10cm～20cm。

7.7.3 填筑过渡层或保护层的施工速度应与铺膜速度相配合。

7.7.4 土料保护层施工应符合下列要求：

1 填筑保护层的土料不应含石块、树根、草根等杂物。

2 采用压实法填筑保护层时，不应使用羊脚碾。当保护层厚度大于15cm，应分层铺筑。每层铺料厚度，人工夯实时，不宜大于20cm；机械夯压时，不宜大于30cm。层面间应刨毛洒水，并应边铺料边夯压，直至达到设计干密度。土料保护层夯实后，厚度应略大于设计厚度，并应经修整达到设计渠道断面。

7.7.5 用砂砾料或刚性材料作保护层时，应先铺设膜面过渡层，并应符合下列要求：

1 砂砾料级配应符合本规范第4.1.4条的规定。铺设时应逐层振压密实，压实度不应小于0.93。

2 刚性材料保护层的施工，应符合本规范第7.4节和第7.5节的有关规定。

3 发现膜层孔洞时，应按本规范第7.7.2条第6款的规定修补。

7.7.6 膜料铺设、过渡层和保护层的施工人员应穿胶底鞋或软底鞋。

7.8 填充伸缩缝

7.8.1 伸缩缝填充前，应将缝内杂物、粉尘清除干净，并应保持缝壁干燥。

7.8.2 伸缩缝的填充施工应符合本规范附录F的规定。有特殊要求的伸缩缝，宜用高分子止水管（带）等材料，高分子止水管应配用专用胶填塞入缝内，并应与缝壁挤紧粘牢；高分子止水带在防渗结构现场浇筑时，应按设计要求浇筑于缝壁内。

7.8.3 伸缩缝填充施工中，应做到缝形整齐、尺寸合格、填充紧密、表面平整。

8 施工质量的控制与验收

8.1 施工质量的控制与检查

8.1.1 渠道防渗工程的施工质量控制与检查，应符合现行行业标准《水利水电工程质量检验与评定规程》SL 176的有关规定。

8.1.2 施工现场质量管理应有施工技术标准，健全的质量管理体系，施工质量检验制度和综合施工质量水平评定考核制度。

8.1.3 渠道防渗工程应按下列要求进行施工质量控制：

1 工程采用的主要材料、构件等应进行现场验收。有关重要产品应经监理工程师（建设单位技术负责人）检查认可。

2 各工序应按施工技术标准进行质量控制，每道工序完成后，应进行检查。

3 相关专业工种之间，应进行交接检验，并应形成记录。未经监理工程师（建设单位技术负责人）检查认可，不得进行下道工序施工。

8.1.4 渠道基槽填筑时，应控制土的含水量和干密度，干密度应满足设计要求。开挖时应严格控制渠道基槽断面的高程尺寸和平整度。开挖好的渠道基槽，应尺寸准确、平整、密实，其断面各部分的偏差值应符合本规范表7.2.1的规定。

8.1.5 施工过程中，应对原材料进行分期分批取样检验。对所使用材料的配合比，应随时抽检复查。施工中的各道工序，均应严格检查并验收，前一工序未验收合格，不得进行下一工序。施工中各种材料称量的允许偏差值，应符合表8.1.5的规定。

表8.1.5 材料称量的允许偏差值

材料名称	混凝土、灰土、砂浆							沥青混凝土、沥青砂浆			
	水	外加剂	石灰	水泥	砂料	粉煤灰	石料	沥青	填料	砂料	石料
称量允许偏差值（%）	±2.0	±1.0	±3.0	±2.0	±3.0	±2.0	±3.0	±0.5	±1.0	±2.0	±2.0

8.1.6 施工中，防渗结构应符合下列要求：

1 砌石防渗应控制和检查下列内容：

1）石料的尺寸、材质应满足设计要求。

2）应严格按设计要求检查砌石厚度和平整度以及砌筑质量和密实性。

3）砌筑砂浆每100m渠段宜取一组试样进行抗压试验。

2 混凝土防渗应控制和检查下列内容：

1）施工前，对原材料抽样检测，其性能满足设计要求。

2）施工中，应严格控制混凝土的配合比，检查混凝土拌和的均匀性、坍落度、振捣的密实性。每100m渠段宜取一组试样进行强度试验，必要时进行抗渗、抗冻试验。

3）砂石料的含水率、外加剂的配用量、混凝土的拌和时间和含气量，每台班检查一次。含气量的变化范围控制在±5%以内。

4）钢筋架设的位置、间距、保护层厚度及钢筋的型号、直径和各部位尺寸应符合设计要求。在混凝土浇筑过程中，应配备专人随时检查。

5）混凝土拆模后，检查混凝土外观质量，发现问题及时处理。

3 沥青混凝土防渗应控制和检查下列内容：

1）防渗渠道所用的沥青、骨料、填料的质量和技术要求，应符合设计要求。

2）沥青混合料的制备质量，应符合表8.1.6的规定。

3）沥青混凝土原材料加热、混合料拌和、摊铺、碾压的温度控制，应符合本规范表7.6.4的规定。

4）检测拌和的均匀性、摊铺厚度及压实后防渗层的密度和厚度。90%以上的密度应达到设计密度，最小厚度不小于设计厚度的90%。渗透系数应符合本规范第5.6.1条的规定。

表 8.1.6　沥青混合料制备质量标准

检测项目	取样地点	检测内容	质量标准	取样数量
原材料	拌和机称重系统（允许偏差）	沥青（%）	±0.30	每日1次
		石料（%）	±2	
		砂料（%）	±2	
		填料（%）	±1	
沥青混合料	出机口	外观检查	色泽均匀，稀稠一致，无花白料、黄烟及异常现象	每单元5次以上
		温度	正常165℃～180℃，盛夏最低145℃，冬季最低155℃，最高不大于185℃	
	配合比抽样（允许偏差）	沥青（%）	±0.30	每单元1次
		石料（%）	±5	
		砂料（%）	±4	
		填料（%）	±1	

4　膜料防渗应控制和检查下列内容：

1）防渗渠道所用膜料应进行检测，并应符合设计要求。

2）膜料防渗工程应检测渠基平整度、膜料接缝、膜料损伤等情况。如有损伤应进行修补，修补合格后再进行下一工序。

3）控制膜层与保护层施工进度。膜层铺好后，应及时进行过渡层和保护层的施工。

8.1.7　渠道防渗工程各部位尺寸的允许偏差值应符合表8.1.7的规定；最大渗漏量应符合本规范表4.2.3的规定。

表 8.1.7　渠道防渗工程各部位尺寸的允许偏差值

项目		允许偏差值(cm) 土基	石基
渠底高程		±(1～3)	±(1～2)
渠道中心线		±(1～3)	±(1～2)
渠底宽度		+(2～4)	+(3～5)
断面上口宽度		+(3～5)	+(4～6)
平整度		±(1～2)	±(1～2)
伸缩缝间距	现场浇筑施工	±2	±2
	预制铺砌施工	±5	—
边坡防渗结构斜长度		+(1～2)	+(1～2)
现浇施工，渠坡、渠底防渗结构纵向分块长度		±(0.5～1)	±(0.5～1)
现烧施工，渠坡、渠底防渗结构横向分块长度		+(3～5)	+(1～6)
预制板两对角线长度差值		±0.7	—
防渗结构厚度	现场浇筑施工	±5%	−5%～−15%
	砌石防渗及预制铺砌施工	±(5%～10%)	—

注：大型、中型渠道取大值；小型渠道取小值。

8.2　工程验收

8.2.1　渠道防渗工程验收宜分为分部工程验收、单位工程验收和竣工验收。小型渠道防渗工程验收可只进行单位工程验收和竣工验收。在竣工验收前已经建成并能发挥效益，需要提前投入使用的单位工程，在投入使用前应进行投入使用验收。

8.2.2　分部工程验收、单位工程验收应由项目法人组织验收，竣工验收和单位工程投入使用验收应由竣工验收主持单位组织验收或委托验收。

8.2.3　渠道防渗工程质量应按下列要求进行验收：

1　渠道工程施工质量应符合现行行业标准《水利水电建设工程验收规程》SL 223的有关规定。

2　渠道工程施工应符合工程勘察、设计文件的要求。

3　参加工程施工质量验收的各方人员应具备规定的资格。

4　工程质量的验收均应在施工单位自行检查评定的基础上进行。

5　隐蔽工程在掩蔽前应由施工单位通知有关单位进行验收，并应形成验收文件。

6　对涉及结构安全和使用功能的重要分部工程应进行抽样检测。

7　工程的观感质量应由验收人员通过现场检查，并应共同确认。

8.2.4　单元工程质量验收合格应符合下列要求：

1　检验项目的质量应经抽样检验合格。

2　应具有完整的施工操作依据、质量检查记录。

8.2.5　分部工程质量验收合格应符合下列要求：

1　分部工程所含的单元工程的质量均应验收合格。

2　质量控制资料应完整。

3　分部工程的抽样检测结果应符合现行行业标准《水利水电建设工程验收规程》SL 223的有关规定。

4　观感质量验收应符合现行行业标准《水利水电建设工程验收规程》SL 223的有关规定。

8.2.6　单位工程质量验收合格应符合下列要求：

1　单位工程所含的分部工程的质量均应验收合格。

2　质量控制资料应完整。

3　单位工程所含的分部工程有关检测资料应完整。

4　观感质量验收应符合现行行业标准《水利水电建设工程验收规程》SL 223的有关规定。

8.2.7　竣工验收应在分部工程和单位工程质量验收合格的基础上，按现行行业标准《水利水电建设工程验收规程》SL 223的有关规定进行。

9 测 验

9.1 一般规定

9.1.1 渠道有下列要求时，应进行渗漏测验：

1 对比各种渠道的渗漏损失。

2 检验渠道防渗效果，对施工质量进行评价。

3 推算渠系（渠道）水利用系数。

4 进行渠道防渗技术的试验研究与材料防渗性能检验。

9.1.2 渠道渗漏损失，宜采用静水法或动水法进行测验。

9.1.3 高填方、特殊土渠基、地下水位高的重要渠段应进行变形测验。变形测验宜在渠道试运行期或经过一个过水周期后进行。

9.1.4 严寒和寒冷地区的防渗衬砌渠道应进行冻胀测验。冻胀测验宜在渠道防渗工程经过冬季实际运行后进行。

9.2 静水法测渗

9.2.1 静水法测渗应符合下列要求：

1 渗漏试验前防渗体的材料强度应达到设计要求。

2 试验段应顺直、完整，断面应规则。

3 应具备水源与交通条件。

4 隔离堤应完整，在接近测验水位下，隔离堤不应漏水、沉陷和裂缝。

5 水面蒸发设备、降雨量观测设备应安装完毕并可正常使用。

6 加水系统的供水能力应大于测验段最大渗漏强度的1.5倍。

9.2.2 测验段可按本规范第H.1节的规定设置。

9.2.3 静水法测渗，宜按下列步骤进行：

1 向测验段注水。

2 恒水位观测。

3 变水位观测。

4 在恒水位、变水位观测时，同时进行降雨量和蒸发量观测。

9.2.4 测验段应按下列要求注水：

1 测初渗量时，应连续注水。加水后水位应等于测验水位加1/2加水前、后水位的差值。

2 刚停止输水的渠道，应待渠道干涸、地下水位恢复正常后，再进行初渗量测验。

3 土渠测验段注水应防止渠面冲刷。

4 应同时向测验段及渗漏平衡区注水，并应使两侧水位基本相同。

9.2.5 断面规则的较大流量渠道和渗漏量大的渠道的恒水位测验宜采用水位下降法。水位下降法应符合下列要求：

1 使加水前水位和加水后水位的平均值等于测验水位。

2 观测时段的长度，可根据加水前、后水位差的大小确定。加水前、后水位差值，可在5%～10%测验水深间选用。

3 向测验段加水。当水位已平稳，且达到规定的加水后水位时，应将此时间及相应水位记入本规范表H.2.9-3。随后，待水位下降到规定的加水前水位时，将其时间及相应水位记入同一表格中。同时，迅速将水位加至规定的加水后水位，再重复作下一时段观测。

4 观测水位应准确。水面平稳时，3只水尺读数相差不得超过2mm。

9.2.6 小流量或渗漏量小的渠道的恒水位测验宜采用称量法。称量法测验应符合下列要求：

1 使每个观测时段加水前、后水位的平均值等于测验水位。加水前、后水位差值，可同水位下降法规定值。待水位下降至加水前水位，再迅速加水至加水后水位。准确测读加水前、后水位，并称量每一观测时段的加水量，记入本规范表H.2.9-4。

2 加水时间包括在各观测时段内。每次水位达到加水后水位的时间，应为上一观测时段的结束时间，也是本观测时段的开始时间。两观测时段间无间隔。

9.2.7 连续出现10次以上观测时段相同，渗漏量接近，渗漏强度的最大值、最小值差满足下式9.2.7要求时，应认为渗漏稳定，恒水位渗漏测验完成。

$$\frac{Q_{\mathrm{lmax}}-Q_{\mathrm{lmin}}}{\overline{Q}}\times 100\%\leqslant 10\% \qquad (9.2.7)$$

式中：Q_{lmax}——同一时间连续10次测验的最大渗漏强度［L/（m²·h）］；

Q_{lmin}——同一时间连续10次测验的最小渗漏强度［L/（m²·h）］；

$\overline{Q}$——同一时间连续10次测验的渗漏强度平均值［L/（m²·h）］。

9.2.8 恒水位测验结束后，应紧接着进行变水位测验。只作变水位测验时，应先注水至测验水位加1/2加水前、后水位差值处，泡渠2d～4d，并符合本规范式9.2.7的要求时，应进行观测。

9.2.9 变水位观测应符合下列要求：

1 采用水位下降法时，可用等水位降落差值测至最低水位，也可用等时段观测。观测结果应记入本规范表H.2.9-7。

2 采用称量法时，应从最高测验水位加1/2加水前、后水位差值处开始，至每个欲测验水位结束，记录各测试水位起止时间和所加水量，同一水位应重复测验2次～3次，应按本规范H.2.9-8记录。

9.2.10 降雨量和蒸发量观测应符合下列要求：

1 降雨量观测与渗漏量观测应同步进行。观测结果应记入本规范表H.2.9-1。

2 渗漏量很小的渠道，和同一时段蒸发量占蒸发与渗漏总量的2%以上时，蒸发量观测与渗漏量观测应同步进行。观测结果应记入本规范表H.2.9-2。

3 观测方法应按现行行业标准《降水量观测规范》SL 21和《水面蒸发观测规范》SD 265的有关规定进行。

9.3 动水法测渗

9.3.1 测渗前应对拟测试渠道进行实施动水法测渗可行性论证，并应依据测试目的、渠道自然状况、水流条件、运行调度方案、仪器配备、人员情况等进行综合评价，确定是否采用。

9.3.2 测渗前应制定动水法测试实施方案，并应完成对人员的培训等工作。

9.3.3 动水法测验应符合下列要求：

1 测验应在选定的上下两个观测断面上进行流量测定。

2 观测期间流量应稳定，中间应无分流。

3 测验段前、后断面观测条件、观测仪器应一致。

4 观测断面应选择在渠道的顺直段，渠道的顺直段长度不应小于渠宽的10倍，水流应均匀，并应无漩涡和回流。

9.3.4 动水法测试前应对渠段全程进行勘察，了解渠道的完好情况，分水口和涵管的位置、数量、淤积及障碍物情况，并应及时进行渠道清淤、清障、清除杂草、封堵分水口及涵管。

9.3.5 测流的渠道应有足够的长度。测试渠段的长度应根据测流仪器的精度、测试量精度，经误差分析后估算确定。

9.3.6 采用流速仪测流时，测速垂线的数目应根据断面流速分布的均匀程度确定，不宜少于5条。每根测速垂线上的测点数应根据测试精度的要求和水深确定，可选用五点法、三点法、二点法或一点法。每个测点上计算流速仪转数的测速历时不宜小于100s。测速垂线上的流速测点的位置应符合表9.3.6的规定。

表9.3.6 测速垂线上的流速测点分布位置

测　法	相对水深位置
五点法	水面附近，0.2h，0.6h，0.8h，渠床附近
三点法	0.2h，0.6h，0.8h
二点法	0.2h，0.8h
一点法	0.6h

注：1 h为测点所在测线处水深。

2 相对水深位置由水面算起。

9.3.7 流量测试达到一定次数后，应计算各断面流量的标准差、随机不确定度及测试渠段的渗漏损失水量。随机不确定度满足测试要求时可结束测试，具体流量、标准差、随机不确定度的计算应按本规范附录J的要求进行。

9.4 变形测验

9.4.1 变形测验段宜按基础土质、防渗材料、结构形式及建筑物的位置划分。特殊土地基的渠段变形测验点距离不宜大于5000m。

9.4.2 渠道及配水建筑沉降、变形观测应选择代表性的断面，在渠底、堤顶及特殊需要的地方应设置固定标点，应利用水准仪观测其垂直变形值，应利用经纬仪观测水平变形值。

9.4.3 观测基点应设置在两岸便于观测的基岩、坚实土基或建筑物基座上；观测基点埋深不应小于60cm，寒冷地区应大于土壤冻深的1倍～1.5倍。

9.4.4 观测次数和时间可按需要确定。渠道防渗工程运行初期和渠水位发生骤降时，应适当增加观测次数。

9.4.5 渠道及配水建筑沉降、变形垂直位移观测精度应符合下列要求：

1 应由水准基点引测，校测起测基点，其往返闭合差应小于下式规定的值：

$$-0.72\sqrt{n}\leqslant\Delta h_1\leqslant0.72\sqrt{n} \qquad (9.4.5\text{-}1)$$

式中：Δh_1——由水准基点引测，校测起测基点所得的往返闭合差（mm）；

n——测点数。

2 由起测基点观测标点，其往返闭合差应小于下式规定的值：

$$-1.4\sqrt{n}\leqslant\Delta h_2\leqslant1.4\sqrt{n} \qquad (9.4.5\text{-}2)$$

式中：Δh_2——由起测基点观测坐标所得的往返闭合差（mm）。

9.4.6 渠道及渠系建筑物沉降、变形水平位移观测精度，应符合下列要求：

1 采用视准线法测水平位移时，观测误差不应大于4mm。

2 采用小角度法测水平位移时，测微器两次重合读数不应超过0.4s；一个测回中，两个半测回小角值之差不应超过3s；同一测点，各测点小角值之差不应超过2s。

9.5 冻胀测验

9.5.1 冻胀测验段宜按渠基土质、地下水位、冻胀措施、建筑物的位置等划分。

9.5.2 冻胀观测内容应包括气象、冻深、冻胀量、土壤水分、地下水位、渠基土质。各观测内容的观测方法，应符合下列要求：

1 可按小型气象站的要求设置百叶箱、雨量筒等设备观测气温和降雨量。

2 可采用冻土器或其他设备观测冻深。

3 可采用冻胀仪等观测渠基的冻胀量。

4 在观测断面上预留可启闭的观测孔，采取土样，并用烘干法测定土壤水分。也可利用土壤水分测试仪直接测定土壤水分。

5 布设观测井，用测绳或水位计观测地下水位。

6 取渠基土样，在室内测定土的颗粒级配、抗剪强度等物理力学性能指标。

9.5.3 观测点的布置应符合下列要求：

1 地温、冻深、冻胀量和水分观测点，应沿渠道横断面分别设置。观测点的数量，可根据渠道断面大小确定。

2 观测设备穿过防渗层时，应注意交界处的密封和夯实。

3 应观测设施埋设垂直渠道横断面。

4 冻土器胶管内的水应采用当地地下水。

5 宜在测验段附近设置气象观测点。

6 在渠堤外应设置地下水位观测井。

9.5.4 观测工作应按下列要求进行：

1 观测前应检查校正好仪器设备。

2 观测项目应同步进行。观测时间与次数，可在全面了解和分析冻胀全过程的前提下具体确定。

3 在观测过程中，宜随时观测渠道外观的变化及裂缝等情况。

4 应作好观测记录，并应及时整理分析，发现问题应及时复测纠正。

9.5.5 冻胀率宜按下式计算：

$$\eta_f = \frac{\Delta h_f}{H_f} \times 100\% \tag{9.5.5}$$

式中：η_f——冻胀率（%）；

Δh_f——冻深为 H_f 时的冻胀量（cm）；

H_f——冻深（冻土层厚度内冻结前土层厚度）（cm）。

9.5.6 观测结果宜按下列要求整理分析：

1 应整理绘制某一观测点冻胀量与冻深的关系曲线。

2 应整理绘制某一观测点观测时间与冻深、冻胀量、气温、含水量的关系曲线。

3 应整理绘制测验段沿渠道横断面不同位置的最大冻胀量、冻胀率与相应的气温、地下水位等关系曲线。

10 工程管理

10.0.1 渠道防渗工程建设应进行工程质量检验、检查，并应采取防渗工程的老化病害预防措施。

10.0.2 建设单位应建立健全工程档案资料管理，工程的设计、施工、验收、测验和建设管理的技术资料，并应及时归档。

10.0.3 新建、扩建或改建的防渗渠道，应设置人员安全的警示标志或渠道防护设施。

10.0.4 渠道防渗工程正常运行期间的水位不应超过设计水位，特殊情况下不应超过防渗体高度。防渗渠道，渠水位不宜骤涨骤落，1h 内和 24h 内的水位变幅分别不宜超过 0.15m 和 0.5m。

10.0.5 严寒和寒冷地区防渗渠道应符合下列要求：

1 冬季不行水渠道，宜在日平均气温稳定低于0℃前停水，并应排除渠道内和渠堤外积水。

2 冬季行水渠道，在气温低于 0℃ 期间宜连续行水，且渠水位应大于冬季允许最低水位。

3 为农田或林带灌溉的挖方渠道，宜在气温降低至 0℃前 15d～30d 停止运行。

10.0.6 渠道运行期应定期进行渠道变形观测及冻胀观测。应根据观测结果采取工程维修养护措施。冻胀观测应选择不同防渗类型和自然条件的断面，并应符合本规范第 9.5 节的规定。

10.0.7 管理单位应定期进行渠道防渗工程测验、维护。

10.0.8 渠道防渗工程应进行经常性检查，并应符合下列要求：

1 在通水前、暴雨后应进行全面检查。

2 排洪设施应完好、通畅，渠堤顶应无积水，雨水和融雪水不应流入防渗体背面。

3 防渗结构封顶板应稳固、完好，周围应无空穴、裂缝。

4 伸缩缝和砌筑缝应完好，不应漏水。

5 地下水的排水设施应完好、通畅。

6 渠内应无淤积、杂草，渠堤应无陷穴、冲坑、裂缝和滑坡等。

7 渠堤顶和渠岸道路应完好。渠边的防护设施和标志应完好。

8 各种观测设施应完好。

10.0.9 防渗结构发生裂缝，应及时查明原因。在每灌季前，应进行修补处理，并应符合下列规定：

1 砌石防渗结构，宜凿开，并应用水泥砂浆填实抹平。

2 混凝土防渗结构，可按本规范附录 F 进行裂缝处理。

3 沥青混凝土防渗结构，小裂缝可用喷灯或红外线加热器加热缝面，用铁锤沿缝面锤击，闭合粘牢裂缝；裂缝较宽时，可先洗净缝口，加热缝面，用沥青砂浆填实抹平。

4 膜料防渗结构的土料保护层，宜采用黏性土、灰土等材料，分别回填夯实、填筑抹平或灌浆处理。

附录 A 推求渠道流量的正向递推水量平衡法

A.0.1 具有多个分水口的渠道（见图 A.0.1-1），已知渠首流量及各分水口分水流量比例时，渠首流量、各渠段渗漏损失流量、各分水口的分水流量应符合水量平衡条件。每个渠段的流量应符合式 A.0.1-1 的要求，并应在每个分水口的流量满足公式（A.0.1-2）（渠段流量分布见图 A.0.1-2）。

$$Q_{di}=Q_{ui}-q_i \quad (A.0.1\text{-}1)$$

$$Q_{u,i+1}=Q_{di}-Q_i \quad (A.0.1\text{-}2)$$

式中：Q_{ui}——渠段 i 的起始断面流量（m^3/s）；

$Q_{u,i+1}$——渠段 $i+1$ 的起始断面流量（m^3/s）；

Q_{di}——渠段 i 的末端断面流量（m^3/s）；

q_i——渠段 i 的渗漏损失流量（m^3/s）；

Q_i——渠段 i 分水口的引水流量（m^3/s）。

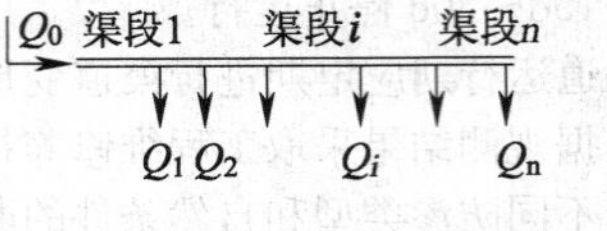

图 A.0.1-1　多分水口渠道分段

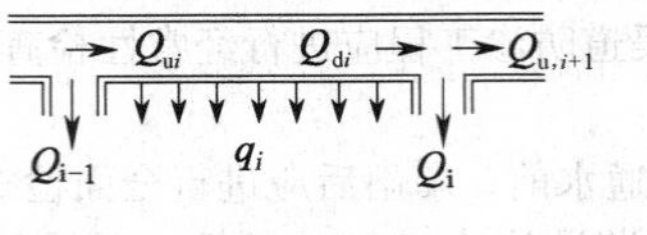

图 A.0.1-2　渠段 i 流量分布

A.0.2　流量计算时，应提供下列条件：

1　渠道的几何尺寸，各渠段的渗漏损失规律。

2　渠首的总引水流量。

3　各分水口的引水流量与第一个分水口流量的比值。

A.0.3　流量计算应按下列步骤进行：

1　假定各分水口的引水流量，各分水口的引水流量应符合本规范第 A.0.2 条第 3 款的规定。

2　应从渠首顺水方向逐个渠段计算渗漏损失流量 并按式（A.0.1-1）和式（A.0.1-2）推算本渠段的末端断面流量及下一渠段的起始断面流量。

3　计算渠段的末端断面流量小于下一个分水口的引水流量时，应按式（A.0.3-1）和式（A.0.3-2）进行分水口流量的修正，得出各分水口修正引水流量后，返回本条第 2 款重新计算。

$$DQ=Q_{di}-\sum_{i}^{n}Q_i \quad (A.0.3\text{-}1)$$

$$Q'_i=Q_i+DQ\cdot\frac{R_i}{\sum\limits_{i=1}^{n}R_i} \quad (A.0.3\text{-}2)$$

式中：DQ——流量修正值（m^3/s）；

Q'_i——修正后渠段 i 分水口引水流量（m^3/s）；

R_i——各分水口的引水流量与第一个分水口流量的比值。

4　当计算已达到该渠道最末端分水口，并满足下式时则计算结束：

$$\frac{Q_{dn}-Q_n}{Q_n}\leqslant E \quad (A.0.3\text{-}3)$$

式中：Q_{dn}——渠道最末端断面流量（m^3/s）；

Q_n——渠道最末端分水口流量（m^3/s）；

E——规定的计算误差（%）。

5　若不满足规定的计算误差要求，应返回渠首，并按本条第 2 款规定重新计算。

附录 B　膜料防渗渠道土料保护层边坡稳定计算

B.0.1　埋铺式膜料防渗渠道土保护层边坡的稳定分析计算，应符合下列要求：

1　土保护层失稳时，假定沿图 B.0.1 所示的 abcd 线滑动，对黏性土 ab、bc 应为直线，cd 应为弧线；对非黏性土 ab、bc 及 cd 应为直线。c 点为最小安全系数时，降落后水位的水平延长线与膜层的交点，宜通过试算确定。

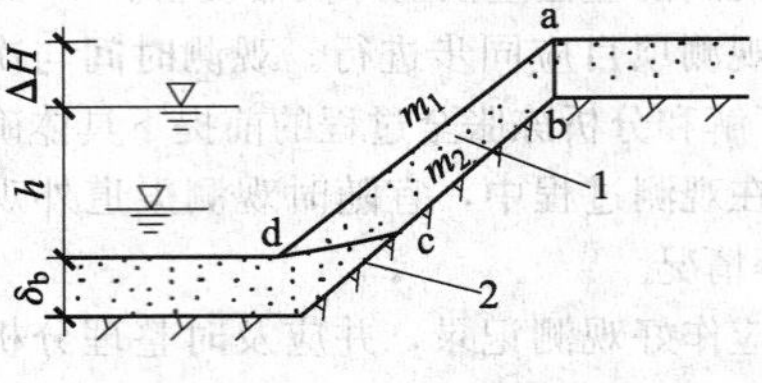

图 B.0.1　土保护层失稳示意

1—粘性土保护层　2—膜料防渗层

2　土保护层边坡稳定分析的控制时期应为渠水位骤降期。

3　应采用简化法计算渗透压力；计算滑动力时，最高水位至骤降后的水位间的土重应按饱和重度计算，骤降水位以下的土重应按浮重度计算；计算抗滑力时，最高水位以下的土重均应按浮重度计算。

B.0.2　埋铺式膜料防渗渠道土保护层边坡的稳定分析宜采用简化简布法（图 B.0.2）。可按下列公式分析计算：

$$F_s=\frac{\sum\ (c_il_i\cos\alpha_i+W'_i\tan\phi_i)\ \dfrac{\sec^2\alpha_i}{1+\tan\alpha_i\tan\phi_i/F_s}}{\sum W''_i\tan\alpha_i}$$

(B.0.2-1)

$$F_s=\frac{\sum\ [c_ib_i+b_i\ (h_{i1}\gamma+h_{i2}\gamma'+h_{i3}\gamma')\ \tan\phi_i]\ \dfrac{\sec^2\alpha_i}{1+\tan\alpha_i\tan\phi_i/F_s}}{\sum b_i\ (h_{i1}\gamma+h_{i2}\gamma_m+h_{i3}\gamma')\ \tan\alpha_i}$$

(B.0.2-2)

式中：b_i——土条分条的宽度（$l_i\cos\alpha_i=b_i$）（m）；

α_i——N_i 与铅垂线的夹角（°）；

N_i——滑动面对土条的支撑力，方向与滑动面垂直（kN）；

ϕ_i——滑动面上土或土与膜料间的内摩擦

角（°）；

c_i——滑动面上土或土与膜料间的凝聚力（kPa）；

W'_i——按湿重度和浮重度叠加计算的土条重量（kN）；

W''_i——按湿重度、饱和重度和浮重度叠加计算的土条重量（kN）；

F_s——边坡稳定安全系数；

l_i——土条分条的底边斜长（m）；

γ、γ'、γ_m——土条的湿重度、浮重度、饱和重度（kN/m³）；

h_{i1}、h_{i2}、h_{i3}——相应于 γ、γ'、γ_m 的水深（m）。

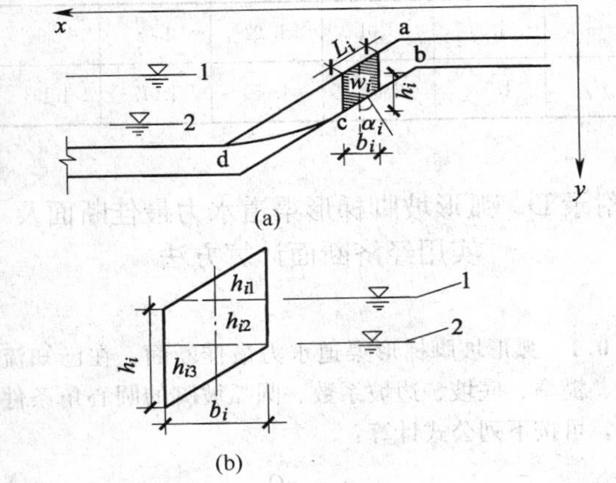

图 B.0.2　简化简布法计算

1—最高水位；2—骤降后水位

B.0.3　计算中抗剪强度指标的选用，应符合下列要求：

1　采用有效应力法计算时，应采用有效应力情况下实测的内摩擦角、黏聚力值；采用总应力法计算时，应采用总应力下实测的内摩擦角、黏聚力值。

2　计算中，滑动面的 ab 和 cd 段应采用土的内摩擦角、黏聚力值；在 bc 段应采用土与膜料之间的内摩擦角、黏聚力值。

3　土与膜料之间内摩擦角、黏聚力值的试验方法可采用直剪试验，也可采用三轴试验。采用直剪试验时，可将膜料夹在剪切面部位，在相应设计土的重度下，试验应符合现行行业标准《土工试验规程》SL 237 的有关规定；采用三轴试验时，应根据不同土质和不同重度按表 B.0.3 选用膜料在试样中近似的置放夹角。应将膜料放入试样中，在相应土的重度及方法下测定内摩擦角、黏聚力值。试验后按式（B.0.3）计算的内摩擦角，若与试验取得的内摩擦角相差过大时，可改变试样夹角，重新试验和测定内摩擦角、黏聚力值：

$$\phi = 2\alpha - 90, \tag{B.0.3}$$

式中：ϕ——土与膜料间的内摩擦角（°）；

α——试样夹角（°）。

表 B.0.3　膜料在三轴试验试样中的夹角（°）

土壤类别	土壤干重度（g/cm³）		
	1.35	1.5	1.7
砂壤土	52	55	56
壤土	46	47	48
黏土	45	46	47

B.0.4　膜料防渗渠道土保护层边坡稳定的最小安全系数，3、4、5 级渠道应采用 1.2，1、2 级渠道应采用 1.3。

附录 C　弧形底梯形渠道水力最佳断面及实用经济断面计算方法

C.0.1　弧形底梯形渠道的水力最佳断面应按下列公式计算：

$$H_0 = 1.542\left(\frac{Q \cdot n}{\sqrt{i}\ (\theta + 2m)}\right)^{3/2} \tag{C.0.1-1}$$

$$r_0 = H_0 \tag{C.0.1-2}$$

$$b_0 = 2H_0 / \sqrt{1+m^2} \tag{C.0.1-3}$$

$$\omega_0 = \left(\frac{\theta}{2} + m\right)H_0^2 \tag{C.0.1-4}$$

$$\chi_0 = (\theta + 2 \cdot m)\ H_0 \tag{C.0.1-5}$$

式中：H_0——水力最佳断面水深（m）；

r_0——水力最佳断面渠底圆弧半径（m）；

b_0——水力最佳断面弧形底的弦长（m）；

ω_0——水力最佳断面的过水断面面积（m²）；

χ_0——水力最佳断面湿周（m）。

C.0.2　弧形底梯形渠道水力最佳断面及实用经济断面之间，应符合下列公式的要求：

$$\alpha = \frac{\omega}{\omega_0} = \left(\frac{R_0}{R}\right)^{2/3} = \left(\frac{\omega_0 \chi}{\omega \chi_0}\right)^{2/3} = \left(\frac{1}{\alpha}\frac{\chi}{\chi_0}\right)^{2/3} \tag{C.0.2-1}$$

$$AK_r^2 + BK_r + C = 0 \tag{C.0.2-2}$$

$$A = (2m - 2\sqrt{1+m^2} + \theta)^2 - 2\alpha^4\ (2m+\theta)\ \left(\frac{\theta}{2} + 2m - \sqrt{1+m^2}\right) \tag{C.0.2-3}$$

$$B = 4\sqrt{1+m^2}\ (2m - 2\sqrt{1+m^2} + \theta) - 4\alpha^4\ (2m+\theta)\ (\sqrt{1+m^2} - m) \tag{C.0.2-4}$$

$$C = 4\ (1+m^2) - 2\alpha^4\ (2m+\theta)\ \cdot m \tag{C.0.2-5}$$

式中：ω——实用经济断面的过水断面面积（m²）；

χ——实用经济断面的湿周（m）；

K_r——实用经济断面的渠底圆弧半径 r 与水深 H 之比；

α——实用经济断面与水力最佳断面的过水断

面面积之比。

C.0.3 实用经济断面应按下列步骤进行计算：

1 在已知渠道流量、渠道比降、糙率的条件下，选定渠道边坡系数，并计算水力最佳断面的水深、过水断面面积、湿周。

2 选择几种拟采用的实用经济断面与水力最佳断面的过水断面面积的比值，再按本规范式（C.0.2-2）～式（C.0.2-5）计算出相应的渠底圆弧半径与水深的比值。

3 各项实用经济断面指标可按下列公式计算：

$$H=\frac{(2m+\theta)\cdot\alpha^{5/2}}{(2m-2\sqrt{1+m^2}+\theta)K_r+2\sqrt{1+m^2}}\cdot H_0 \quad (C.0.3\text{-}1)$$

$$r=K_r\cdot H \quad (C.0.3\text{-}2)$$

$$b=2\cdot r/\sqrt{1+m^2} \quad (C.0.3\text{-}3)$$

$$\omega=\alpha\cdot\omega_0 \quad (C.0.3\text{-}4)$$

$$\chi=(\alpha)^{5/2}\cdot\chi_0 \quad (C.0.3\text{-}5)$$

式中：H——实用经济断面水深（m）；

r——实用经济断面渠底圆弧半径（m）；

b——实用经济断面弧形底的弦长（m）。

4 对不同实用经济断面进行综合比较后确定选用方案。

C.0.4 与不同实用经济断面与水力最佳断面的过水断面面积的比值相应的实用经济断面的渠底圆弧半径与水深的比值、水力最佳断面与实用经济断面水深比值、实用经济断面弧形底的弦长与水深的比值、实用经济断面与水力最佳断面湿周比值，可由表C.0.4-1～表C.0.4-4查出。

表C.0.4-1 实用经济断面的渠底圆弧半径与水深的比值

α	边坡系数 m					
	0.50	1.00	1.25	1.50	1.75	2.00
1.01	1.555	1.904	2.146	2.436	2.776	3.166
1.02	1.832	2.365	2.734	3.176	3.693	4.287
1.03	2.063	2.757	3.235	3.809	4.479	5.248
1.04	2.271	3.114	3.694	4.388	5.200	6.132

表C.0.4-2 水力最佳断面与实用经济断面水深比值

α	边坡系数 m					
	0.50	1.00	1.25	1.50	1.75	2.00
1.01	1.140	1.159	1.164	1.167	1.169	1.171
1.02	1.193	1.222	1.229	1.235	1.238	1.241
1.03	1.229	1.268	1.278	1.285	1.290	1.293
1.04	1.257	1.305	1.318	1.326	1.332	1.336

表C.0.4-3 实用经济断面的弧形底的弦长与水深的比值

α	边坡系数 m					
	0.50	1.00	1.25	1.50	1.75	2.00
1.00	1.789	1.414	1.249	1.109	0.992	0.894
1.01	2.782	2.693	2.681	2.703	2.754	2.832
1.02	3.277	3.345	3.416	3.523	3.665	3.834
1.03	3.691	3.899	4.042	4.225	4.444	4.694
1.04	4.063	4.404	4.615	4.868	5.160	5.488

表C.0.4-4 实用经济断面与水力最佳断面湿周比值

α	1.00	1.01	1.02	1.03	1.04
χ/χ_0	1.000	1.025	1.050	1.077	1.103

附录D 弧形坡脚梯形渠道水力最佳断面及实用经济断面计算方法

D.0.1 弧形坡脚梯形渠道水力最佳断面，在已知流量、糙率、底坡、边坡系数、圆弧坡脚的圆心角条件下，可按下列公式计算：

$$H_0=1.542\left[\frac{nQ}{\sqrt{i}\left[(4\sqrt{1+m^2}-4m-2\theta)(K_r-1)^2+2\theta+2m\right]}\right]^{3/8} \quad (D.0.1\text{-}1)$$

$$r_0=K_r\cdot H_0 \quad (D.0.1\text{-}2)$$

$$\omega_0=\frac{1}{2}\left[(4\sqrt{1+m^2}-4m-2\theta)(K_r-1)^2+2\theta+2m\right]H_0^2 \quad (D.0.1\text{-}3)$$

$$\chi_0=\left[(4\sqrt{1+m^2}-4m-2\theta)(K_r-1)^2+2\theta+2m\right]H_0 \quad (D.0.1\text{-}4)$$

$$b_{10}=2H\left[\sqrt{1+m^2}-m+(\theta+3m-3\sqrt{1+m^2})\times K_r+(2\sqrt{1+m^2}-2m-\theta)K_r^2\right] \quad (D.0.1\text{-}5)$$

式中：H_0——水力最佳断面水深（m）；

r_0——水力最佳断面渠底坡脚圆弧半径（m）；

ω_0——水力最佳断面的过水断面面积（m^2）；

χ_0——水力最佳断面湿周（m）；

b_{10}——水力最佳断面的渠底水平段宽（m）。

D.0.2 弧形坡脚梯形渠道的水力最佳断面和实用经济断面参数，应符合下列公式要求：

$$\alpha=\frac{\omega}{\omega_0}=\left(\frac{R_0}{R}\right)^{2/3}=\left(\frac{\omega_0\chi}{\omega\chi_0}\right)^{2/3}=\left(\frac{1}{\alpha}\frac{\chi}{\chi_0}\right)^{2/3} \quad (D.0.2\text{-}1)$$

$$K_b^2+4BK_b+4C=0 \qquad (D.0.2\text{-}2)$$

$$K_b=b_1/H$$

$$B=[m'-(m'-m-\theta)\cdot K_r]-\alpha^4[(2m'-2m-\theta)(K_r-1)^2+\theta+m]$$

$$C=[m'-(m'-m-\theta)K_r]^2-\alpha^4[(2m'-2m-\theta)(K_r-1)^2+\theta+m]\cdot[m+2(m'-m)K_r-(2m'-2m-\theta)K_r^2]$$

$$K_r=\frac{r}{H}=\frac{r_0}{H_0}$$

$$m'=\sqrt{1+m^2}$$

式中：α——实用经济断面与水力最佳断面的过水断面面积之比；

ω——实用经济断面的过水断面面积（m^2）；

R_0——水力最佳断面的水力半径（m）；

R——实用经济断面的水力半径（m）；

χ——实用经济断面的湿周（m）；

b_1——实用经济断面的渠底水平段宽（m）；

H——实用经济断面的水深（m）；

r——实用经济断面坡脚圆弧半径（m）。

D.0.3 实用经济断面应按下列步骤进行计算：

1 在已知渠道流量、渠道比降、渠道糙率的条件下，首先选定渠道断面上部直线段的边坡系数，并拟定坡脚圆弧半径与水深的比值。

2 应按本规范式（D.0.1-1）～（D.0.1-5）计算水力最佳断面条件下的水深、坡脚圆弧半径、过水断面面积、断面湿周、渠底水平段宽度。

3 当水力最佳断面的渠道宽深比需要进行调整时，可先拟定不同的实用经济断面与水力最佳断面的过水断面面积的比值，再用式（D.0.2-2）或表D.0.3得出渠底水平段宽度与水深的比值。

4 实用经济断面的水深应按下式计算：

$$H=\frac{(4\sqrt{1+m^2}-4m-2\theta)(K_r-1)^2+2\theta+2m}{(2\theta+2m-2\sqrt{1+m^2})K_r+2\sqrt{1+m^2}+K_b}\cdot H_0\cdot\alpha^{5/2} \qquad (D.0.3)$$

5 应校核渠道流速是否满足不冲不淤的要求，并应通过比较，选定渠道的断面尺寸。

表 D.0.3 弧形坡脚梯形渠道实用经济断面渠底水平段宽度与水深的比值

m	α	K_r				
		0.2	0.4	0.6	0.8	1.0
0.50	1.01	1.779	1.494	1.234	0.999	0.791
	1.02	2.236	1.940	1.673	1.435	1.225
	1.03	2.642	2.338	2.065	1.823	1.612
	1.04	3.028	2.716	2.437	2.191	1.979
0.75	1.01	1.625	1.404	1.197	1.004	0.826
	1.02	2.091	1.864	1.653	1.458	1.279
	1.03	2.505	2.273	2.059	1.861	1.682
	1.04	2.899	2.663	2.445	2.245	2.065

续表 D.0.3

m	α	K_r				
		0.2	0.4	0.6	0.8	1.0
1.00	1.01	1.542	1.363	1.193	1.032	0.879
	1.02	2.031	1.849	1.677	1.514	1.361
	1.03	2.467	2.282	2.107	1.944	1.790
	1.04	2.881	2.694	2.517	2.352	2.198
1.25	1.01	1.509	1.360	1.217	1.080	0.948
	1.02	2.033	1.883	1.738	1.600	1.467
	1.03	2.500	2.348	2.202	2.063	1.930
	1.04	2.944	2.790	2.643	2.503	2.370
1.50	1.01	1.512	1.386	1.263	1.144	1.028
	1.02	2.079	1.951	1.828	1.708	1.592
	1.03	2.584	2.455	2.330	2.210	2.094
	1.04	3.064	2.934	2.808	2.687	2.571
1.75	1.01	1.542	1.432	1.325	1.220	1.117
	1.02	2.157	2.046	1.938	1.832	1.730
	1.03	2.704	2.593	2.484	2.378	2.275
	1.04	3.224	3.112	3.003	2.897	2.794
2.00	1.01	1.590	1.494	1.398	1.305	1.213
	1.02	2.257	2.160	2.064	1.970	1.878
	1.03	2.851	2.753	2.656	2.562	2.470
	1.04	3.415	3.316	3.220	3.126	3.033

附录E 渠基的排水设施

E.0.1 当渠基未设砂、砾石置换层，且附近又无洼地时，可采取下列排水设施排水入渠：

1 由排水沟与渠底集水井组成的排水设施（图E.0.1-1）。排水沟中可填砾石、碎石。集水井上应设逆止阀，其周围应作反滤处理。

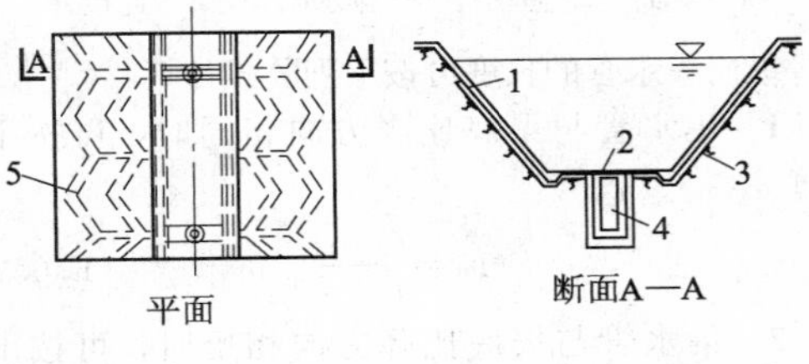

图 E.0.1-1 排水沟与集水井组合式排水

1—混凝土防渗板；2—塑料逆止阀；3—碎石卵石过滤层；4—集水井；5—引水沟

2 由排水管、排水沟与渠坡渠底排水阀组成的排水设施（图E.0.1-2）。逆止阀及排水沟（管）埋设的数量，可按表 E.0.1 选用。

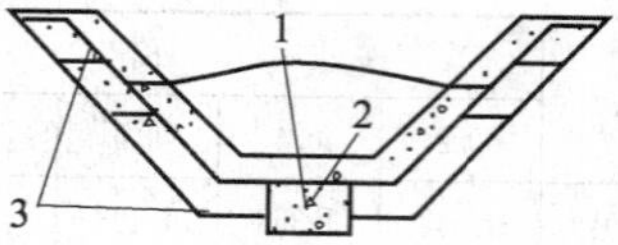

图 E.0.1-2　排水沟（管）和排水阀组合式排水

1—塑料逆止阀；2—排水沟（管）；3—滤水砂砾料

表 E.0.1　排水管及底部排水沟的设置

边坡高度（m）	地下水高的透水性地基	地下水高的不透水性地基
H<2.5	设或不设底部排水沟	—
2.5≤H<5.0	设 1 层～2 层排水管和底部排水沟	设 1 层～2 层排水管
H≥5.0	设 2 层～3 层排水管和底部排水沟	设 2 层～3 层排水管及底部排水沟

注：H 为边坡高度。

E.0.2　当渠基设有砂砾石换填层，且附近有低洼地时，可采取纵向集水管和横向排水暗沟组成的排水设施（图 E.0.2-1）。集水管应采用带孔石棉水泥管、塑料管或混凝土管等。其管径应根据排水量大小确定，但不宜小于 15cm。纵比降不应小于 0.001～0.002。集水管周围应采取反滤措施。集水管宜设置在渠底中部，或分设两边坡脚。

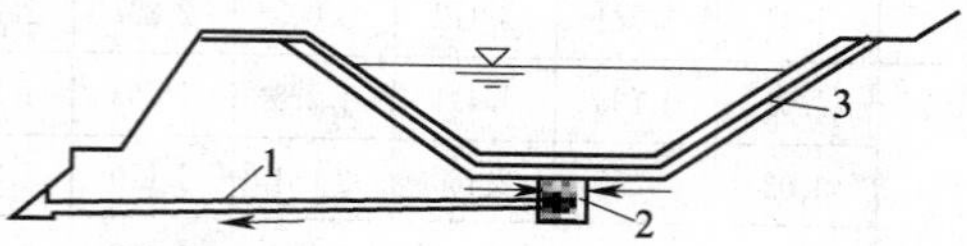

图 E.0.2-1　纵横向沟（管）组合式排水

1—排水暗沟；2—纵向排水管；3—垫层

可将纵向集水管从两个方向引向排水暗沟（图 E.0.2-2）。

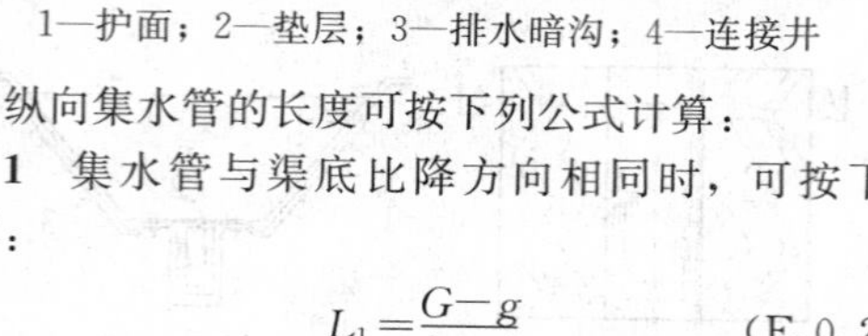

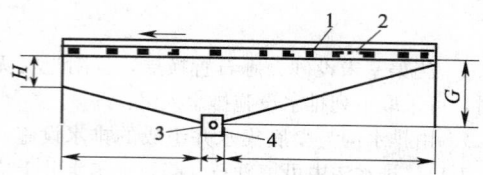

图 E.0.2-2　纵向集水管与排水暗沟的连接

1—护面；2—垫层；3—排水暗沟；4—连接井

纵向集水管的长度可按下列公式计算：

1　集水管与渠底比降方向相同时，可按下式计算：

$$L_1=\frac{G-g}{i_g-i} \tag{E.0.2-1}$$

2　集水管与渠底比降方向相反时，可按下式计算：

$$L_2=\frac{G-g}{i_g+i} \tag{E.0.2-2}$$

式中：L_1、L_2——集水管的长度（m）；

G、g——集水管末端、首端距渠底垫层的深度（m）；

i——渠底比降；

i_g——集水管底比降。

附录 F　伸缩缝填充和裂缝处理施工方法

F.0.1　刚性材料防渗结构伸缩缝填料和裂缝处理材料的配合比、制作方法，应符合下列要求：

1　沥青砂浆的石油沥青、水泥、砂的配合比（重量比）应为1∶1∶4。制作时，应按配比将沥青在锅内加热至 180℃，另一锅应将水泥与砂边搅边加热至 160℃，然后将沥青徐徐加入水泥与砂的锅内，并应边倒边搅拌，直至颜色均匀一致。

2　石油沥青聚氨酯接缝材料制备时应将甲组分和乙组分按重量比 1∶2～1∶4 倒入容器中进行配制，并应充分搅拌至均匀。冬季气温较低施工时，乙组分较稠，可加热，但应避免与明火接触。

3　过氯乙烯胶液涂料的过氯乙烯与轻油的配合比（重量比）应为 1∶5。制作时，应按配比将过氯乙烯加入轻油中，并应溶化 24h。

F.0.2　填筑伸缩缝应按下列方法进行施工：

1　应清除缝内的泥土、杂物。

2　填充沥青砂浆时，应将制备好的沥青砂浆向已清理干净的缝中填塞，并应边填边用窄小的木板或小铁抹子填满压实抹光。如果采用预制沥青砂浆板条填充时，则应先将制备好的沥青砂浆倒入按伸缩缝尺寸制成的木模中，待冷却后，即预制成板条，填充时，应将预制板条填入伸缩缝中，板条与缝壁之间应用热沥青填塞密实。

3　填充石油沥青聚氨酯接缝材料时，宜先采用聚乙烯泡沫棒、泡沫板、木板或其他塑性材料等在缝底部做垫缝处理，然后再填充制备好的接缝材料，填充深度不应小于 2cm～3cm（小型渠道取小值，大型渠道取大值）。填充接缝材料时，可用灰刀或泥抹子将接缝材料嵌入缝中，也可用专用的施胶或灌缝机将接缝材料打入缝中，填充好后应将缝面整平抹光。

4　缝下部填充石油沥青聚氨酯接缝材料，上部填筑沥青砂浆作为封盖材料时，应待下部填好的填料凝固后，将制好的温度控制在 120℃～130℃ 的沥青砂浆填入上部缝隙，并应填满压实，表面光滑平整。

F.0.3　裂缝宜在晴天按下列方法进行处理：

1　缝宽较大的渠道，宜采用填筑法处理。填筑法处理具体方法可按填筑伸缩缝的步骤进行。

2　缝宽较大的大型渠道，可按下列方法进行处理：

1）清除缝内、缝壁及缝口两边的泥土、杂物。

2）将石油沥青聚氨酯接缝材料填入缝内，填压密实。

3）填好缝 1d～2d 后，沿缝口两边各宽 5cm 涂刷过氯乙烯涂料一层，随即沿缝口两边各宽 3cm～4cm 粘贴玻璃纤维布一层，再涂刷涂料一层，贴第二层玻璃纤维布。最后涂一层涂料即完成。涂料应涂刷均匀，玻璃纤维布应粘平贴紧，应无气泡。

3 缝宽很小时，可只用涂料粘贴玻璃纤维布处理。

附录 G 膜料接缝的方法和质量检查

C.1 膜料接缝方法

G.1.1 搭接法可用于大块膜料施工中的现场连接，或小型的膜料防渗渠道。搭接宽度不应小于 20cm。膜层应平整，层间应洁净，上游一幅应压下游一幅，缝口吻合应紧密。

G.1.2 聚氯乙烯、氯化聚乙烯、低密度聚乙烯、高密度聚乙烯等土工膜宜用热元件焊接法，也可采用下列方法：

1 电热楔焊接法。电热楔夹在两层被焊土工膜之间将膜加热，热楔向前移动时，两辊轮一起向前移动将两膜压合在一起（图 G.1.2）。两膜叠合宽度宜为 1.5cm，焊缝宽宜为 1.0cm～1.2cm。可焊接 0.2mm～2mm 的聚乙烯膜或聚氯乙烯膜，焊缝抗拉强度应为 12MPa 以上。焊接工效宜为 100m/h。当膜片厚度为 0.2mm～1.0mm 时，可用 ZPR 型焊接机。

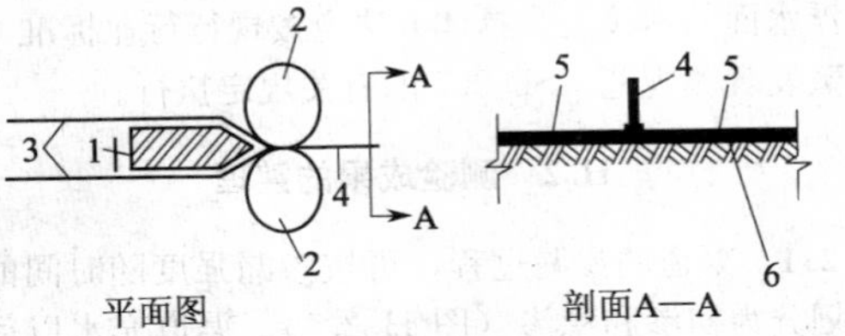

平面图　　剖面A—A

图 G.1.2 电热楔焊接法示意

1—电热楔；2—双辊轮；3—土工膜；4—已焊接的土工膜；5—铺设在坡面上的土工膜；6—坡面

2 电烙铁焊接法。把膜搭接 50mm～60mm，下垫木板或钢板，用电烙铁焊机沿缝移动，机中电烙铁将膜加热熔化，滚筒随着施压，使搭接的两片膜熔接成一体。焊接温度和移动速度应根据被焊膜的种类和厚度确定。宜用较为先进的自动调温热焊机。

G.1.3 聚氯乙烯膜可用聚氯乙烯胶或聚胺酯类胶（铁锚 101 胶或 902 胶）进行粘接。方法应为将聚氯乙烯膜边宽 5cm～8cm 用砂布打毛揩净，将铁锚 101 胶的甲、乙两组胶以 10：1～10：5 调和均匀，在刷毛的膜上涂布二遍，待第一遍胶稍干，再涂第二遍胶，呈风干状态时立即粘合，用滚筒压两遍，固化 24h。

G.1.4 复合式土工膜中的聚氯乙烯膜可用本规范第 G.1.3 条的方法粘接，两面的丙纶土工布可用 LDJ 246 氯丁橡胶粘接。应将土工布表面尘屑除干净，并应用酒精擦拭后，涂布 LDJ 246 胶两遍，待第一遍胶稍干，再涂第二遍胶，呈风干状态时立即粘合，然后滚压两遍，固化 12h 。

G.1.5 聚乙烯膜可用 KS 热溶胶粘接。方法应为将胶水现场加热，膜下垫一块平木板，用一金属刮片将胶水涂抹在膜片上，然后用橡胶锤子敲击膜面，使两胶面充分结合。

G.1.6 油毡宜用热沥青或沥青玛𤦀脂粘接。其粘接工艺与塑膜应相同。沥青玛𤦀脂的沥青与矿粉的配合比应为 1：1～1：1.4。

C.2 膜料接缝的质量检查

G.2.1 焊缝应清晰、透明（呈玻璃态），并应无夹渣、气泡，应无漏点、熔点、焊缝跑边。粘接缝应透明，并应无两边相通的水晕状的胶水粘结痕。

G.2.2 采用充气加压检测双焊线接缝质量时，可向焊线之间的空腔充气，充气压力宜为 200kPa，充气长度宜为 50m～60m。充气后 10min～20min，焊缝不应漏气、脱开，压力应无明显下降，表明焊缝强度合格。漏气脱缝时，应补焊。

G.2.3 采用注水加压检测双焊线接缝质量时，应用 0.05MPa 压力水针在焊接双缝间注入彩色水，不漏水应为质量合格。

G.2.4 采用火化试验检测接缝质量时，应将金属丝放在缝内或放在其背后，试验用的金属刷应充高压电流（15kV～30kV），并应将金属刷沿焊缝移动，在焊缝漏焊处，金属丝与金属刷之间发生火花。应记录发生火花的位置，并应补焊。

G.2.5 采用超声波检测接缝质量时，应沿焊缝发射超声波，应利用传感器测定发射波与反射波的时差。时差缩短时，应记录焊缝漏焊位置，并应补焊。

附录 H 渠道渗漏的静水法测验段设置和成果整理

H.1 测验段的设置

H.1.1 测验段长度应根据注水条件、渠道大小及其纵坡与渗漏情况等确定。测验段长度宜为 30m～50m，渠道断面越大，测验段应越长。

测验段长度应符合下式的要求：

$$\frac{2(h_2-h_1)}{h_2+h_1}\times100\%\leqslant10\% \qquad (H.1.1)$$

式中：h_1——测验段首端水深（m）；

h_2——测验段末端水深（m）。

H.1.2 测验水位应按下列要求确定：

1 恒水位观测时，宜采用渠道设计水位。渠道流量经常偏离设计流量时，可采用经常过流水位作为测验水位。

2 变水位观测时，从渠道设计水位或经常过流水位开始，到水位降至1/6～1/8测验段中间水深时应停测。

H.1.3 测验段整修应符合下列要求：

1 应清除渠道内的淤积物、杂物及草木等。但运行多年的渠道，不影响渠道运行的淤积层，可不清除。

2 应保持渠道断面、纵坡及边坡规则、平整、均匀一致。

3 渠堤顶排水应良好，不应允许雨水流入测验段。

H.1.4 横隔堤及渗漏平衡区（图H.1.4），应按下列要求修建：

1 横隔堤应稳固、严密止水和不允许渗漏变形，邻测验段一侧表面应竖直。对砌石、混凝土等防渗渠道，横隔堤应切断防渗层，应插入土基20cm～40cm，并与防渗层间作止水连接。对土渠，横隔堤应插入渠底和边坡土层30cm～50cm，横隔堤与土层的接缝应用黏土填塞夯实。

2 横隔堤顶应高于测验水位10cm～15cm。

3 横隔堤可采用双砖墙内铺塑膜，中间夯填土应作夹层。夹层厚度应按不发生渗漏变形的允许水头坡降确定，并不应小于1.0m。

4 渗漏平衡区外侧隔堤可用黏土夯筑，高度应高于最高测验水位。每个渗漏平衡区的长度不应小于测验渠段水深的5倍。

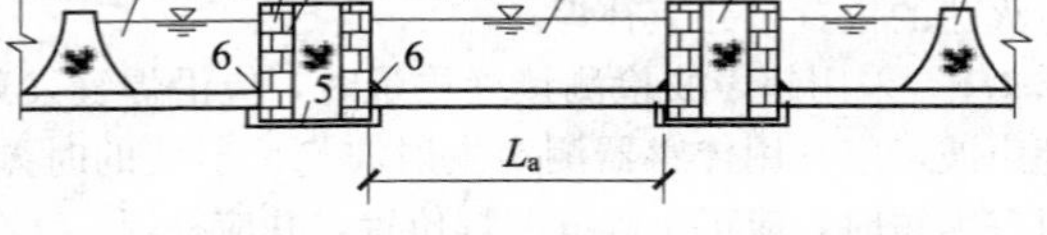

图H.1.4 测验段纵断面

1—渗漏测验段；2—渗漏平衡区；3—横隔堤；4—砖墙；5—塑膜；6—止水；7—外侧隔堤

H.1.5 测验段测量及描述，应符合下列要求：

1 渠宽测量可将测验段由上游向下游分为10等份。并应以测验段中间水深为准，将渠坡按水深分成几层等高等距点，分别测量各高程各等距点的渠道宽度，求出渠道各高程的平均宽度。

2 测量测验段长度时，应丈量两端隔堤间相同高程对应位置点的距离，至少量左、中、右三点，求出各高程的平均长度。

3 应绘制测验段水位和容积变化关系曲线或表格。

4 测验段描述应按本规范表H.2.9-10填写。

H.1.6 设置水位测量设备和称水、量水器具以及降雨、蒸发观测设备，应符合下列要求：

1 在测验段两端及中间，应分别设置水位测尺、测针或其他水位测量仪器。水位测尺最小刻度应为毫米，并应校核无误。

2 测验段两端的水尺，应紧靠横隔堤垂直安设。测验段中间的水尺，应与水平面成一定夹角倾斜安设，水尺零点一端应固定在渠底上，另一端应固定在横跨渠道的刚性梁上。中间水尺安设的夹角可选用14.5°或30°。斜尺上水位变化数乘以0.25或0.50，应为水位垂直变化数。

3 水尺的底座和固定物应稳固，并应保证测验期间水尺不下沉、不移位、不摆动。

4 水面不平稳，不能保证水位尺读数至毫米时，应设置观测井。观测井与测验段应用连通管连通，测井的面积宜为$0.1m^2$。连通管截面积不应小于测井面积的10%。测井水位应用水位尺和测针配合测定，或采用垂直置于测验段中的水位观测筒测量。水位观测筒应采用直径不小于30cm、设有透水孔、无底的筒。

5 观测降雨量可用口径20cm的自记雨量计或雨量器。自记雨量计应按仪器说明书要求安设；雨量器应安设牢固，器口应水平，离地面高应为70cm。

6 降雨观测场应和渠道测验段放在一起，或放在与测验段受雨条件相似的地方。

7 观测水面蒸发量宜采用改进后的E—601型蒸发器，也可采用口径80cm带套盆的蒸发器，或口径20cm的蒸发皿。

8 蒸发器（皿）宜安置在测验段或渗漏平衡区漂浮水面的木筏上。具体方法应按现行行业标准《水面蒸发观测规范》SD 265的有关规定执行。

H.2 测验成果的整理

H.2.1 渠道的渗漏过程，可按渗漏强度随时间的变化划分为初渗和稳渗（图H.2.1）。渠道充水以后到渗漏强度稳定以前的时段应为初渗阶段；渗漏强度达到某一稳定值以后的时段应为稳渗阶段。

恒水位测验，应求出设计水位或经常过流水位时的稳渗强度和初渗阶段的初渗超额量。变水位测验，应求出稳渗强度随水深的变化规律。

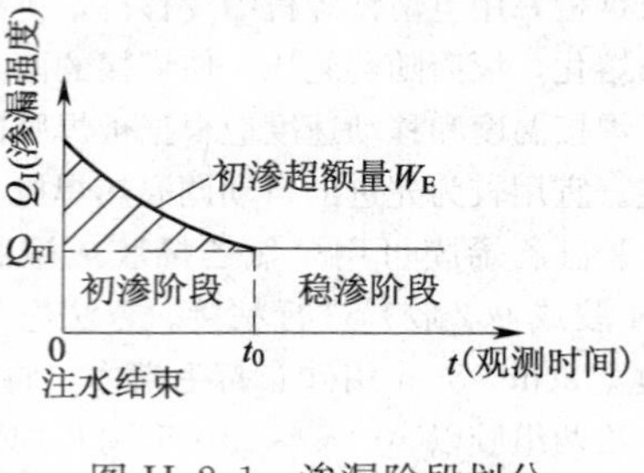

图H.2.1 渗漏阶段划分

H.2.2 观测时段内，测验段单位长度水体的变化量可按下列要求计算：

1 恒水位测验采用水位下降法进行观测时，可按下式计算；采用称量法计算时，可用测验段各观测时段所添加的水量除以测验段长度：

$$\Delta W_{BI}=B_W\Delta h \quad (H.2.2\text{-}1)$$

式中：ΔW_{BI}——恒水位测验中测验段单位长度水体的变化量（L/m）；

B_W——测验段的水面宽度，取渠道水面宽度的多点测量平均值（m）；

Δh——观测时段水深变化量，即加水前、后水位差值（mm）。

2 变水位测验采用水位下降法时，可按下式计算；采用称量法时，计算方法应采用本条第1款的规定：

$$\Delta W_{BF}=B_W\Delta h \quad (H.2.2\text{-}2)$$

式中：ΔW_{BF}——变水位测验中观测段单位长度水体变化量（L/m）；

B_W——测验段的水面宽度，取观测时段开始和终止相应的渠道水面平均宽度（m）。

H.2.3 观测时段进入测验段的降雨量和蒸发量应按下列要求计算：

1 小雨渠坡不产生径流时，可按下式计算：

$$I=pB_W\Delta t \quad (H.2.3\text{-}1)$$

式中：I——测验段单位长度的降雨量（L/m）；

p——平均降雨强度（mm/h）；

Δt——观测时段长度（h）。

2 中雨和大雨时，应计入由渠坡流入的水量，可按下式计算：

$$I=pB\Delta t \quad (H.2.3\text{-}2)$$

式中：B——测验段渠道堤顶口宽（m）；

3 观测时段内，测验段单位长度水面的蒸发量，可按下式计算：

$$E=eB_W\Delta t \quad (H.2.3\text{-}3)$$

式中：E——测验段单位长度水面蒸发量（L/m）；

e——观测时段内平均水面蒸发强度（mm/h）。

H.2.4 观测时段中测验段的渗漏量应按下列要求计算：

1 恒水位测验，应按下式计算：

$$\Delta W_I=\Delta W_{BI}+I-E \quad (H.2.4\text{-}1)$$

式中：ΔW_I——测验段单位长度的稳定渗漏量（L/m）。

2 变水位测验，应按下式计算：

$$\Delta W_F=\Delta W_{BF}+I-E \quad (H.2.4\text{-}2)$$

式中：ΔW_F——测验段单位长度稳定渗漏量（L/m）。

H.2.5 恒水位测验各观测时段的渗漏强度应按下列要求计算：

1 初渗阶段时渗漏强度应按下式计算：

$$Q_I=\frac{\Delta W_I}{\chi\Delta t} \quad (H.2.5\text{-}1)$$

式中：Q_I——初渗阶段各观测时段在恒水位时的渗漏强度［L/（m^2·h)］。

χ——测验水位相应的渠道湿周（m）。

2 当测验段入渗稳定后，稳渗强度应按下式计算：

$$Q_{FI}=\frac{\sum_{i=1}^{10}Q_{Ii}}{10} \quad (H.2.5\text{-}2)$$

式中：Q_{FI}——恒水位测验的稳渗强度［L/（m^2·h)］；

Q_{Ii}——测验段入渗稳定后，连续10次观测满足本规范9.2.7规定的第 i 次渗漏强度［L/（m^2·h)］。

H.2.6 变水位测验，各观测时段的稳渗强度应按下式计算：

$$Q_F=\frac{\Delta W_F}{\bar{\chi}\Delta t} \quad (H.2.6)$$

式中：Q_F——测验段在不同水深时的稳渗强度［L/（m^2·h)］；

$\bar{\chi}$——测验时段开始和终止时的渠道平均湿周（m）。

H.2.7 初渗超额量应按下列要求的计算：

1 采用称量法观测时，可按下式计算：

$$W_E=\sum_{i=1}^{n_1}(Q_{Ii}-Q_{FI})\Delta t_i \quad (H.2.7\text{-}1)$$

式中：W_E——初渗超额量（L/m^2）；

Q_{Ii}——初渗阶段第 i 个观测时段的渗漏强度［L/（m^2·h)］；

Q_{FI}——测验第 i 个观测时段内不同水深的稳渗强度［L/（m^2·h)］；

Δt_i——第 i 个观测时段的长度（h）；

n_1——初渗阶段的观测时段数。

2 采用水位下降法观测时，可按下式计算：

$$W_E=\sum_{i=1}^{n_1}(Q_{Ii}-Q_{FI})\Delta t_i+\sum_{j=1}^{n_2}(Q_{Ij}-Q_{FI})\Delta t_j \quad (H.2.7\text{-}2)$$

式中：Q_{Ij}——初渗阶段第 j 个加水时段的渗漏强度，取该次加水时段前后相邻两个观测时段渗漏强度的平均值［L/（m^2·h)］；

Δt_j——第 j 个加水时段长度（h）；

n_2——初渗阶段总加水时段数。

H.2.8 成果的回归检验应按下列要求进行：

1 测验段在各个观测时段所得出的各种稳渗强度和相应平均水深，应按下式进行回归计算：

$$Q_F=Ch^D \quad (H.2.8)$$

式中：Q_F——稳渗强度值［L/（m^2·h)］；

h——测验段水深（m）；

C、D——稳渗回归系数。

2 对渠道防渗结构形式、质量状况、几何尺寸和地质情况基本相同的渠道，在同一时期测出不同测段的变水位测验数据，可一起进行回归计算。

3 回归所得相关关系式，应进行相关检验。单个测验段的测验数据回归计算的相关检验置信度可取0.95，相关检验如不能满足数理统计要求时，可研究采用分段回归，同时应对相关的合理性进行分析。不同测段的测验数据进行回归的置信度可取0.90，满足相关检验要求时，可代表该类型渠道的渗漏规律。

H.2.9 观测记录及计算应符合表H.2.9-1～表H.2.9-10的规定。

表 H.2.9-1 降雨量观测记录

渠名　　　　测验段编号

日期	降雨时段			降雨量(mm)				备注
	起	止	时段(h)	初测	复测	平均	降雨强度 p(mm/h)	
(1)	(2)	(3)	(4)	(5)	(6)	(7)=[(5)+(6)]/2	(8)=(7)/(4)	(9)

观测人

表 H.2.9-2 蒸发量观测记录

渠名　　　　测验段编号　　　　测验日期

皿内原状水		经蒸发后剩余水量		皿内水量差值(mm)	观测时段(h)	蒸发强度 e(mm/h)
加水时间	水深(mm)	观测时间	水深(mm)			
(1)	(2)	(3)	(4)	(5)=(2)−(4)	(6)=(3)−(1)	(7)=(5)/(6)

观测人

表 H.2.9-3 恒水位水位下降法记录

渠名　　　　测验段编号　　　　测验日期

(观测时段开始)加水后水深				(观测时段结束)加水前水深				水深变化量 Δh				测验水深计算值 h(mm)	每米渠长水体变化量 ΔW_{BI}(L)
观测时间	斜尺(mm)	首尺(mm)	末尺(mm)	观测时间	斜尺(mm)	首尺(mm)	末尺(mm)	斜尺(mm)	首尺(mm)	末尺(mm)	变化量(mm)		
(1)	(2)	(3)	(4)	(5)	(6)	(7)	(8)	(9)=[(2)−(6)]×K	(10)=(3)−(7)	(11)=(4)−(8)	(12)	(13)=[(2)+(6)]×K/2	(14)=(12)×水面宽

观测人

注：1 下一观测时段开始时间[第(1)栏]，减上一观测时段结束时间[第(5)栏]，即为加水时段。

2 第(12)栏变化量计算值在水面平静时可采用(9)栏斜尺水位。(9)栏中K值，当斜尺倾角为14.5°时取0.25；30°时取0.5；在水面波动或风天测尺差值超过2mm时，采用三尺水深变化量平均值(12)=[(11)+(9)+(10)]/3。

3 第(13)栏测验水深应等于加水后水深和加水前水深平均值，并应等于恒水位的水深。每次加水前后水深变化量应保持相等。

表 H.2.9-4 恒水位称量法记录

渠名　　　　测验段编号　　　　测验日期

观测时间	加水后水深			加水前水深			补加水重			加水前后水深变化量 Δh(mm)	测验水深计算值 h(mm)	每米渠长水体变化量 ΔW_{BI}(kg)
	斜尺(mm)	首尺(mm)	末尺(mm)	斜尺(mm)	首尺(mm)	末尺(mm)	加水次数	每次水重(kg)	加水总重(kg)			
(1)	(2)	(3)	(4)	(5)	(6)	(7)	(8)	(9)	(10)	(11)=[(2)−(5)]×K	(12)=[(2)+(5)]×K/2	(13)=(10)/测段长度

观测人

注：1 第(1)栏每格是上一观测时段结束时间，也是本观测时段开始时间。加水时段包括在观测时段之中，加水前水深相应的时间，为加水开始时间，无需进行记录。

2 第(2)栏中K值，当斜尺倾角为14.5°取0.25；30°取0.5。读数以斜尺为准，首尺、末尺读数供校核使用。

3 第(12)栏测验水深计算h应等于加水后水深和加水前水深的平均值，并应与恒水位的水深相等。每次加水前后水深变化量Δh值，应保持相等。

表 H.2.9-5 恒水位初渗及稳渗强度计算

渠名　　　　测验段编号　　　　测验日期

观测时间	观测时段 Δt_i(h)	加水时段 Δt_j(h)	每米渠长水体变化量 ΔW_{BI}(L)	每米渠长降雨量 I(L)	每米渠长蒸发量 E(L)	每米渠长渗漏量 $\Delta W_I=\Delta W_{BI}+I-E$(L)	相应于测验水深的湿周 χ(m)	观测时段渗漏强度 Q_{Ii}[L/(m²·h)]	加水时段渗漏强度 Q_{Ij}[L/(m²·h)]
(1)	(2)	(3)	(4)	(5)	(6)	(7)=(4)+(5)−(6)	(8)	(9)=(7)/[(2)×(8)]	(10)

观测人　　计算人

注：1 第(1)栏对于水位下降法，应依次取自表H.2.9-3第(1)栏和第(5)栏；对于称量法取自表H.2.9-4第(1)栏。

2 对于水位下降法，应分别按观测时段与加水时段计算。对于加水时段Δt_j第(4)栏ΔW_{BI}无观测值。加水时段渗漏强度Q_{Ij}，取与其相邻的两次观测时段渗漏强度Q_{Ii}的平均值。

3 第(4)栏ΔW_{BI}取自表H.2.9-3或表H.2.9-4；第(5)栏根据表H.2.9-1计算得到；第(6)栏根据表H.2.9-2计算得到。

表 H.2.9-6 初渗超额量计算

渠名　　　　　　　　　测验段编号　　　　　　　　　　　　　　　　　　　　　　测验日期

观测时间	观测时段的 Q_{Ii} 或加水时段的 Q_{Ij} [L/(m²·h)]	观测时段 Δt_i 或加水时段 Δt_j (h)	恒水位稳渗强度 Q_{FI} [L/(m²·h)]	单位面积初渗超额量 W_E (L/m²)
(1)	(2)	(3)	(4)	(5)=[(2)−(4)]×(3)

观测人　　　　　　计算人

注：1　Q_{FI}为恒水位稳渗强度。取恒水位进入稳渗后，连续 10 次渗漏强度的平均值。

2　第(2)栏取自表 H.2.9-5 第(9)栏与第(10)栏。第(3)栏取自表 H.2.9-5 第(2)栏与第(3)栏。

表 H.2.9-7 变水位水位下降法记录及计算

渠名　　　　　　　　　测验段编号　　　　　　　　　　　　　　　　　　　　　　测验日期

观测时间	水尺读数				测验水深计算值 (mm)	相应于测验水深计算值的水面宽 (m)	相邻两水深平均值 h (mm)	相邻两水面宽度平均值 B_W (m)	相邻两水深变化量 Δh (mm)	每米渠长水体变化量 ΔW_{BF} (L)	每米渠长降雨量 I (L)	每米渠长蒸发量 E (L)	每米渠长稳渗量 $\Delta W_F = \Delta W_{BF} + I - E$ (L)	观测时段 Δt (h)	相邻两水深相应的平均湿周 $\bar{\chi}$ (m)	变水位稳渗强度 $Q_F = \Delta W_F/(\Delta t\bar{\chi})$ [L/(m²·h)]	备注
	斜尺 (mm)	折算斜尺水深 (mm)	首尺水深 (mm)	末尺水深 (mm)													
(1)	(2)	(3)	(4)	(5)	(6)	(7)	(8)	(9)	(10)	(11)=(9)×(10)	(12)	(13)	(14)=(11)+(12)−(13)	(15)	(16)	(17)=(14)/[(15)×(16)]	(18)

观测人　　　　　　计算人

注：1　每米渠长降雨量 I 和蒸发量 E 的计算见表 H.2.9-5 注 3。

2　第(6)栏水深计算值在水面平静时可采用斜尺水深；在水面波动或风天测尺差值超过 2mm 时，采用三尺平均数。

表 H.2.9-8　变水位称量法记录及计算

渠名　　　　测试段编号　　　　测试日期

观测时间	加水前(加水后)水尺读数				加水前(加水后)水深计算值 h(mm)	加水前后水深平均值的 h(mm)	相应于水深平均值的水面宽 B_W(m)	补加水量			每米渠长水体变化量 ΔW_{BF}(kg)	每米渠长降雨量 I(kg)	每米渠长蒸发量 E(kg)	每米渠长稳渗量 $\Delta W_F=\Delta W_{BF}+I-E$ (kg)	观测时段 Δt (h)	相应于水深平均值的湿周 χ(m)	变水位稳渗强度 $Q_F=\Delta W_F/(\Delta t\bar{\chi})$[kg/(m²·h)]
	斜尺(mm)	折算斜尺水深(mm)	首尺水深(mm)	末尺水深(mm)				加水次数	每次水重(kg)	加水总重(kg)							
(1)	(2)	(3)=(2)×K	(4)	(5)	(6)	(7)	(8)	(9)	(10)	(11)=(9)×(10)	(12)=(11)/试段长度	(13)	(14)	(15)=(12)+(13)−(14)	(16)	(17)	(18)=(15)/[(16)×(17)]

观测人　　　　计算人

注：1　测验水位应等于加水前后水深的平均值 h。
2　第(3)栏中的 K 值当斜尺倾角为 14.5°时为 0.25，当斜尺倾角为 30°时为0.5。
3　第(6)栏水深计算值采用三尺平均数。
4　每米渠长降雨量 I 和蒸发量 E 计算所用水面宽度应采用第(8)栏数值。

表 H.2.9-9　变水位稳渗强度曲线回归计算

渠名　　　　测验段编号　　　　测验日期

序号	h (m)	$T=\lg h$	T^2	Q_F [L/(m²·h)]	$M=\lg Q_F$	m²	MT	$\bar{T}=\frac{\sum T}{n}$　$\bar{M}=\frac{\sum M}{n}$
(1)	(2)	(3)	(4)	(5)	(6)	(7)	(8)	$Q_F=Ch^D$ 式中 $C=10^{(\bar{M}-D\bar{T})}$ $D=\frac{\sum(M\cdot T)-\frac{1}{n}\sum M\cdot\sum T}{\sum T^2-\frac{1}{n}(\sum T)^2}$ 相关系数 R $R=\frac{\sum(M\cdot T)-\frac{1}{n}\sum M\cdot\sum T}{\sqrt{\left[\sum T^2-\frac{1}{n}(\sum T)^2\right]\cdot\left[\sum M^2-\frac{1}{n}(\sum M)^2\right]}}$

注：1　第(2)栏、第(5)栏取自表 H.2.9-7、H.2.9-8。
2　n 为数组数，R 为回归相关系数。

表 H.2.9-10　静水法测验渠道渗漏成果汇总

测验段情况		渠道防渗情况				渠道情况		其他情况
渠名		防渗形式				流量(m^3/s)		
测验段号		防渗质量类别				地下水埋深(m)		
测验时间		测验段几何尺寸				渠基土类		
测验负责人		长度(m)	底宽(m)	纵坡	其他说明	渠基土壤干密度(g/cm^3)		1. 测验中有无降雨 2. 代表何类渠道 3. 测验方法（水位下降法或称量法）
测验人员						渠基土壤含水率(%)		
恒水位测验水深(m)	恒水位稳渗强度 Q_{FI}[L/(m^2·h)]	单位面积初渗超额量 W_E(L/m^2)				稳渗强度 Q_F 和水深 h 的回归关系		
测验人员对测验过程的简述：						测验段及测验段周围地貌描述：		

附录J　渠道动水法测渗的流量、误差及渗漏水量的计算

J.0.1　一条测速垂线上有1至5个测点时，测速垂线上的平均流速应按下列公式计算：

五点法：

$$\overline{V}=\frac{1}{10}\ (V_{0.0}+3V_{0.2}+3V_{0.6}+2V_{0.8}+V_{1.0})\tag{J.0.1-1}$$

三点法：

$$\overline{V}=\frac{1}{3}\ (V_{0.2}+V_{0.6}+V_{0.8})\tag{J.0.1-2}$$

$$\overline{V}=\frac{1}{4}\ (V_{0.2}+2V_{0.6}+V_{0.8})\tag{J.0.1-3}$$

二点法：

$$\overline{V}=\frac{1}{2}\ (V_{0.2}+V_{0.6})\tag{J.0.1-4}$$

一点法：

$$\overline{V}=V_{0.6}\tag{J.0.1-5}$$

式中：$\overline{V}$——测速垂线上的平均流速（m/s）；

$V_{0.0}$，$V_{0.2}$，$V_{0.6}$，$V_{0.8}$，$V_{1.0}$——分别为水面附近，相对水深$0.2h$，相对水深$0.6h$，相对水深$0.8h$及渠底附近测点的流速（m/s）。

J.0.2　用流速仪在多条测速垂线多个测点测出流速后，全断面通过的流量应等于每一对相邻测线间过水断面上的流量及靠两岸最外侧的测线至岸边水深为零处的过水断面上通过流量之总和（图J.0.2）。流量计算应符合下列要求：

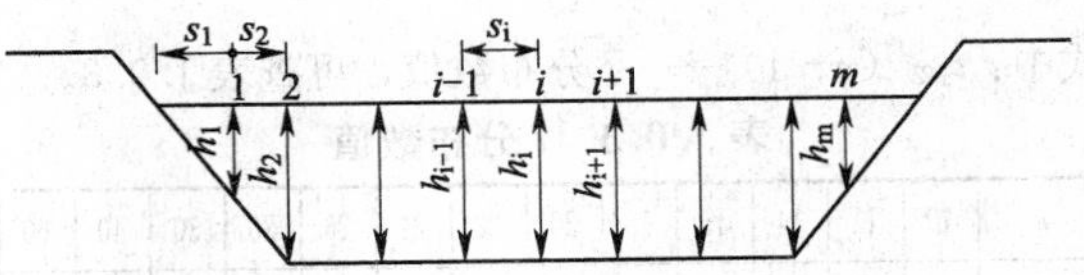

图J.0.2　渠道测速垂线位置

1　两测速垂线之间过水断面上的流量应按下式计算：

$$Q_i=\frac{\overline{V}_i+\overline{V}_{i-1}}{2}\cdot\frac{h_i+h_{i-1}}{2}\cdot S_i\tag{J.0.2-1}$$

式中：Q_i——测速垂线i及测速垂线$i-1$之间过水断面上的流量（m^3/s）；

$\overline{V}_i$、$\overline{V}_{i-1}$——分别为测速垂线i及测速垂线$i-1$上的平均流速（m/s）；

h_i、h_{i-1}——分别为测速垂线i及测速垂线$i-1$处的水深（m）；

S_i——测速垂线i及测速垂线$i-1$之间的距离（m）。

2　最靠岸的测速垂线至岸边水深为零处范围内的过水断面流量、当其水深是均匀地变浅至零时，以图J.0.2中测速垂线1至岸边为例，应按下式计算：

$$Q_1=\alpha\cdot\overline{V}_1\cdot\frac{h_1S_1}{2}\tag{J.0.2-2}$$

式中：Q_1——测速垂线1至左侧岸边过水断面上的流量（m^3/s）；

$\overline{V}_1$——测速垂线1上的平均流速（m/s）；

S_1——测速垂线1至岸边水深为零处的距离（m）；

α——折算系数，取0.67～0.75。

J.0.3　测试结果的误差分析应按以下步骤进行：

1　上下两个测试断面中每个断面，经过n次（n>

10）测试后，测试值标准差的估计值可按下式计算：

$$S_{Q}=\sqrt{\frac{1}{n-1}\sum_{n-1}^{1}\left(Q_{i}-\overline{Q}\right)^{2}} \quad (J.0.3\text{-}1)$$

式中：S_Q——测试断面流量的样本标准差；

Q_i——第 i 次测试出的流量（m^3/s）；

n——已测试次数；

$\overline{Q}$——n 次测试流量的均值（m^3/s）。

2 对 n 次测试结果逐项检查，当某一项测试值符合下式要求时，应认为该项结果具有伪误差性质，并应予以剔除，剔除之后应重新计算保留的各项测试值的样本标准差：

$$\left|Q_{i}-\overline{Q}\right|>3S_{Q} \quad (J.0.3\text{-}2)$$

3 对剔除检验后保留的结果数值，应按下式计算在置信水平 $1-\alpha=0.95$ 条件下一个断面流量的随机不确定度：

$$\Delta_{1}=\frac{t_{\alpha/2}\,(n-1)\,\dfrac{S_{Q}}{\sqrt{n}}}{\overline{Q}}\times100 \quad (J.0.3\text{-}3)$$

式中：$t_{\alpha/2}$ $(n-1)$ ——t 分布数值，可查表 J.0.3。

表 J.0.3 t 分布数值

n	10	12	14	16	18	20	22	24	26	28	30	40	60
$t_{\alpha/2}$ (n)	2.23	2.18	2.15	2.12	2.10	2.09	2.07	2.06	2.06	2.05	2.04	2.02	2.00

4 当断面流量的随机不确定度小于或等于 5%时，可认为测试流量的均值是该断面的流量，当断面流量的随机不确定度大于 5%时，应加大测试次数。

5 满足本条第 1～4 款要求的上断面流量均值及下断面流量均值的差值应为测试渠段的渗漏水量。

J.0.4 水源有条件实现较长期的稳定时，可加大测试次数，并应按下式计算两个断面流量差的随机不确定度，宜按两个断面流量差的随机不确定度小于或等于 10%确定测试次数。

$$\Delta_{2}=\frac{U_{\alpha/2}\sqrt{\dfrac{s_{1}^{2}}{m}+\dfrac{S_{2}^{2}}{n}}}{\overline{Q}_{1}-\overline{Q}_{2}}\times100 \quad (J.0.4\text{-}1)$$

$$\overline{Q}_{1}=\sum_{i=1}^{m}Q_{1i}/m \quad (J.0.4\text{-}2)$$

$$\overline{Q}_{2}=\sum_{i=1}^{n}Q_{2i}/n \quad (J.0.4\text{-}3)$$

$$S_{1}^{2}=\frac{1}{m-1}\sum_{i=1}^{m}\left(Q_{1i}-\overline{Q}_{1}\right)^{2} \quad (J.0.4\text{-}4)$$

$$S_{2}^{2}=\frac{1}{n-1}\sum_{i=1}^{n}\left(Q_{2i}-\overline{Q}_{2}\right)^{2} \quad (J.0.4\text{-}5)$$

式中：$\overline{Q}_1$——上断面测试 m 次的流量均值（m^3/s）；

$\overline{Q}_2$——下断面测试 n 次的流量均值（m^3/s）；

S_1^2——上断面测试样本方差；

S_2^2——下断面测试样本方差；

$U_{\alpha/2}$——$\alpha=0.05$ 条件下的正态分布值，可由相应概率论及数理统计书中查出，为 1.96。

本规范用词说明

1 为便于在执行本规范条文时区别对待，对要求严格程度不同的用词说明如下：

1）表示很严格，非这样做不可的：
正面词采用“必须”，反面词采用“严禁”；

2）表示严格，在正常情况下均应这样做的：
正面词采用“应”，反面词采用“不应”或“不得”；

3）表示允许稍有选择，在条件许可时首先应这样做的：
正面词采用“宜”，反面词采用“不宜”；

4）表示有选择，在一定条件下可以这样做的，采用“可”。

2 条文中指明应按其他有关标准执行的写法为：“应符合……的规定”或“应按……执行”。

引用标准名录

《灌溉与排水工程设计规范》GB 50288
《通用硅酸盐水泥》GB 175
《土工合成材料　聚乙烯土工膜》GB/T 17643
《土工合成材料　聚氯乙烯土工膜》GB/T 17688
《高分子防水材料第一部分片材》GB 18173.1
《水利水电工程边坡设计规范》SL 386
《水工建筑物抗冰冻设计规范》SL 211
《土工试验规程》SL 237
《水利水电工程质量检验与评定规程》SL /176
《水利水电建设工程验收规程》SL 223
《土工合成材料测试规程》SL/T 235
《降水量观测规范》SL 21
《水面蒸发观测规范》SD 265
《水工混凝土施工规范》DL/T 5144
《水工混凝土掺用粉煤灰技术规范》DL/T 5055
《水工碾压式沥青混凝土施工规范》DL/T 5363
《水工混凝土试验规程》DL/T 5150
《水工混凝土外加剂技术规程》DL/T 5100
《水工混凝土施工规范》DL/T 5144
《土石坝沥青混凝土面板和心墙设计规范》DL/T 5411
《水工混凝土钢筋施工规范》DL/T 5169
《水电水利工程模板施工规范》DL/T 5110
《公路沥青路面施工技术规范》JTGF 40

中华人民共和国国家标准

渠道防渗工程技术规范

GB/T 50600—2010

条 文 说 明

制 定 说 明

《渠道防渗工程技术规范》GB/T 50600—2010，经住房和城乡建设部2010年7月15日以第666号公告批准发布。

为了便于广大设计、施工、科研、学校等单位有关人员在使用本规范时能正确理解和执行条文规定，编制组按章、节、条顺序编制了本规范的条文说明，对条文规定的目的、依据以及执行中需注意的有关事项进行了说明。但是，本条文说明不具备与标准正文同等的法律效力，仅供使用者作为理解和把握标准规定的参考。

目　次

1 总 则

1.0.1、1.0.2 制定本规范的目的主要是为了满足农田灌溉、发电引水、供水等输配水渠道防渗工程设计、施工、测验和管理的需要，提高其技术水平，保证工程建设质量和应有的寿命，达到持续高效输水，充分发挥工程效益。

1 0.3 渠道防渗工程，技术复杂，适用范围较广。因此，在本条中根据工程的特点规定了进行渠道防渗工程建设应遵循的基本原则和方法，力求技术先进，包括在执行本规范的同时还可结合具体工程条件进行科学试验，并在此基础上采用先进技术和新材料，从而为补充和完善本规范提供依据。

1.0.5 本规范只包括渠道有关防渗工程技术的要求，其他常规工程技术要求仍应遵守灌溉排水、发电引水、供水、排污等渠道工程现行的国家和行业技术标准。

3 防渗工程规划

3.0.2 基本资料是进行渠道防渗工程建设的基础。本条规定了规划设计时应掌握的基本资料的范围、内容、要求。一般渠道防渗工程应收集和整理相关气象、水文工程地质、工程地形及渠系布置和冰情等资料。如果缺少水文气象实测资料，可采用水文比拟法，移用临近条件相似的水文、气象站（台）的资料；如果资料历史较短，可采用临近条件相似的水文、气象站（台）的资料进行插补延长；渠道沿线的工程地质和水文地质资料应由具有水利勘察资质的单位通过地质勘察及试验得到，直接引用相关地质资料必须经有关部门审查或鉴定后才能使用。冰情资料主要包括封冻日期、解冻日期、流冰历时等，有冰期输水任务的渠道，还应包括冰块尺寸、冰流量、流冰总量等，上述指标可根据当地或冰情相似河流的观测资料确定。同时，对不同类型的工程尚应掌握各自所需资料。

3.0.5 强调了渠道防渗规划与综合规划的关系，规划方案应经多方案比选，做到技术先进、经济合理、效益显著。

3.0.6 渠道防渗工程建设涉及经济、社会、生态环境等方面，应结合水源、渠道布置、农田规划、防护林带及交通道路建设等全面规划。

3.0.7 针对灌溉渠道防渗工程规划，提出对线路较长、输水损失大、输水效率低的骨干渠道，提水灌区渠道，井灌区固定渠道进行优先防渗的规划原则。

3.0.8 渠道防渗工程规划应首先分析论证渠道防渗的必要性。渠道防渗的必要性的论证应从当地的自然条件、社会经济条件、水资源短缺状况以及渠道所承担的任务（灌溉、供水、排污）等多方面分别进行。

3.0.10 确定防渗形式时应考虑经济发展水平、管理单位与用水户的综合素质和对防渗技术的接受程度。规划分区是为了做到因地制宜，降低工程投资，更好地发挥效益。

3.0.13 渠道防渗工程建设对生态环境产生不利影响时，应采取补救措施，尽量减少对周边生态环境的影响。

3.0.15 综合评价是对渠道防渗工程经济上的合理性、可行性作出明确结论，对财务自立能力做出定性评价，分析对社会、生态环境的影响，为项目决策提供参考。

3.0.16 维护和改善渠道防渗区域的生态环境，是实行可持续发展战略的要求，规划中应高度重视渠道防渗的生态影响问题。

4 防渗材料与防渗结构

4.1 防 渗 材 料

4.1.1 各种防渗材料的技术特点、防渗效果、运用条件不同，实际工程中应根据拟建渠道的基本条件和地区气候等具体情况，本着因地制宜、就地取材并且料源充足的原则，选用防渗材料。

4.1.3 本条规定了砂料选择的原则。在质优、经济、就地取材的原则下，可分别选择天然砂或人工砂。混凝土对砂料的技术要求，参照现行行业标准《水工混凝土施工规范》DL/T 5144—2001 中的有关规定，沥青混凝土对砂料的技术要求，参照现行行业标准《水工碾压式沥青混凝土施工规范》DL/T 5363—2006 中的有关规定。砂料应测试其颗粒级配、含泥量、泥块含量、石粉含量、坚固性、表观密度、轻物质含量、硫化物及硫酸盐含量、有机质含量等。混凝土用砂料的测试方法按现行行业标准《水工混凝土砂石骨料试验规程》DL/T 5151—2001 的规定进行，沥青混凝土用砂料的测试方法按现行行业标准《公路工程沥青及沥青混合料试验规程》JTJ 051—2000 和现行行业标准《水工混凝土砂石骨料试验规程》DL/T 5151—2001 的有关规定进行。

4.1.5 本条规定了选择石料的原则。混凝土对石料（粗骨料）的技术要求，参照现行行业标准《水工混凝土施工规范》DL/T 5144—2001 中的有关规定。石料应测试其颗粒级配、含泥量、泥块含量、坚固性、表观密度、硫化物及硫酸盐含量、有机质含量、针片状颗粒含量、超、逊径含量、吸水率等，测试方法按现行行业标准《水工混凝土砂石骨料试验规程》DL/T 5151—2001 的规定进行。

沥青混凝土对石料的技术要求，参照现行行业标准《水工碾压式沥青混凝土施工规范》DL/T 5363—

2006中的有关规定。石料应测试其坚固性、吸水率、表观密度、超逊径含量、针片状颗粒含量、含泥量、有机质含量、与沥青的黏附性等，测试方法按现行行业标准《公路工程沥青及沥青混合料试验规程》JTJ 051—2000和《水工混凝土砂石骨料试验规程》DL/T 5151—2001的有关规定进行。沥青混凝土中，碱性骨料与沥青的黏附力高，具有良好的水稳定性，建议采用碱性碎石。

4.1.6 在混凝土中掺入品种适宜的外加剂，能改善混凝土的和易性、可调节凝结时间、提高强度和耐久性，我国水利工程中已普遍掺用外加剂，成为混凝土优化设计的一项重要措施。因此，本条规定了混凝土中宜掺加适量的外加剂。

4.1.7 拌和及养护用水不应对防渗层的性能产生有害作用，一般要求应用符合国家标准的饮用水。混凝土的拌和及养护用水应符合现行行业标准《水工混凝土施工规范》DL/T 5144—2001的相关规定。

4.1.8 矿粉是粒径小于0.074mm的矿质材料，其主要作用是填充粗、细骨料的空隙，提高沥青混凝土的密实性、强度和抗渗性能。碱性矿料与沥青的黏附力强，因此，宜选用石灰岩和白云岩等碱性矿料。

4.1.9 参照现行行业标准《水工混凝土施工规范》DL/T 5144—2001中的规定，粉煤灰掺和料宜选用Ⅰ级或Ⅱ级粉煤灰。烧失量大，主要表现为含碳量多，对混凝土各种性能都有不利影响，因此规定烧失量作为评定粉煤灰质量主要指标之一。由干排法获得的粉煤灰，其含水率（%）不大于1.0；湿排法获得的粉煤灰，其含水率不宜大于15%，其质量应均匀。统计我国各电厂151个粉煤灰样品，其三氧化硫含量均在0.1%～1.8%范围内，本标准规定三氧化硫含量不大于3.0%。需水量比是评定粉煤灰质量的一项重要指标，需水量比反映了粉煤灰需水量的大小，粉煤灰需水量又与细度、含碳量有关，最终影响到混凝土的强度、施工和易性及耐久性，国内外粉煤灰标准中都规定了对需水量比的要求。粉煤灰应测试细度、烧失量、含水率、三氧化硫含量、需水量比等。试验方法按现行行业标准《水工混凝土掺用粉煤灰技术规范》DL/T 5055—2007中有关条款进行。

4.1.11 聚乙烯各项技术指标参考《聚乙烯（PE）土工膜防渗工程技术规范》SL/T 231—98选定；聚氯乙烯各项技术指标参考现行国家标准《土工合成材料 聚氯乙烯土工膜》GB/T 17688—1999中单层聚氯乙烯土工膜的物理力学性能要求选定；沥青玻璃纤维布油毡是采用玻璃纤维布作基材，以改性沥青作浸涂层，经压制而成的防水卷材；膨润土防水毯（GCL）各项技术指标参考现行行业标准《钠基膨润土防水毯》JG/T 193—2006选定。

4.1.12 原行业标准中5.6.1条伸缩缝的填充材料焦油塑料胶泥，其主要成分为煤焦油，煤焦油中含有大量蒽、萘、酚类易挥发物质，严重污染环境和危害人体健康。随着人们对环保要求的不断提高，焦油塑料胶泥被淘汰已是大势所趋。石油沥青聚氨酯接缝材料（PTN）是西北农林科技大学研制开发的一种新型渠道伸缩缝密封材料，其性能优于焦油塑料胶泥，且卫生性能检验结果符合国家标准《生活饮用水输配水设备及防护材料的安全性评价标准》GB/T 17219—1998规定的各项技术指标要求，无毒、无环境污染。

4.1.13 聚苯乙烯泡沫塑料板已广泛用于防止地基冻胀和其他结构物的保温。聚苯乙烯泡沫塑料板应测试其密度、吸水率、压缩强度、弯曲强度、尺寸稳定性和导热系数等，可按《绝热用挤塑聚苯乙烯泡沫塑料（XPS）》GB/T 10801.1—2002的有关规定进行。高分子防渗保温材料用作渠道防渗、保温防冻材料时，应进行专门试验论证，其密度、拉伸强度、伸长率、CBR顶破强度、刺破强度的测试方法按《土工合成材料测试规程》SL/T 235—1999的有关规定进行，吸水率、尺寸稳定性、导热系数、压缩强度、压缩恢复率的测试方法按《绝热用挤塑聚苯乙烯泡沫塑料（XPS）》GB 10801.1—2002的有关规定进行，不透水性的测试方法按《高分子防水材料 第一部分：片材》GB 18173.1—2000的有关规定进行。

4.2 防 渗 结 构

4.2.2 本条中所述的自然条件包括当地的气候、地形、土壤、水源和地下水位等；生产条件包括防渗材料来源、劳力供给、动力及机械设备供应情况等；社会经济条件包括土地利用、经济条件、水利及农业发展情况等；工程技术要求包括渠道大小、输水方式、防渗标准、耐久性等。

4.2.4 影响渠道防渗结构厚度的因素很多，如渠道断面形状、流量的大小等，特别是矩形断面渠道，在休灌时，防渗结构受到基土的侧向压力作用，其厚度就要相应加大些。此外，在渠道水面变化区，防渗结构干湿交替，表层易产生剥蚀，厚度也要相应加大些。防渗结构厚度太薄不能满足渠道防渗要求，太厚又不经济，应通过试验研究慎重确定。

5 渠道防渗设计

5.1 一 般 规 定

5.1.1～5.1.3 规定了渠道防渗设计的内容，主要包括断面形式，选定断面参数，进行水力计算和防渗结构、伸缩缝、砌筑缝及堤顶等，提出了设计中应遵循的基本规定，列出了设计中应重点考虑的工程问题。

5.2 渠道断面形式

5.2.1、5.2.2 防渗渠道的断面形式有多种，可根据不同的地区、环境、土质、使用条件和防渗结构，合理选用。梯形断面施工简便、边坡稳定，在地形地质无特殊问题的地区，可普遍采用。弧形底梯形、弧形坡脚梯形、U形渠道等，由于适应冻胀变形的能力强，能在一定程度上减轻冻胀变形的不均匀性，在我国北方地区得到了推广应用。根据观测，弧形底梯形渠道的弧形底部因不均匀冻胀变形造成的折角变形，平均约为0.18°，而梯形渠道平底折角变形平均约为4.5°。弧形底断面可以大大减轻冻胀开裂及消融时的滑塌破坏。根据试验证实，弧形坡脚梯形渠道适应冻胀变形的能力优于梯形渠道。U形渠道从1975年开始在陕西省大量应用，目前在全国各省（自治区、直辖市）的小型渠道上得到较普遍的应用，其主要优点是：①水力条件好，近似水力最佳断面，可以减少衬砌工程量，输沙能力强，有利于引高含沙水流；②在冻胀性和湿陷性地基上适应地基变形的能力较强；③渠口窄，节省土地，减少挖填方量；④整体性强，防渗效果优于梯形渠道；⑤便于机械化施工。

暗渠不占土地，安全性能高，水流不易污染，在强冻胀地区，可避免冻胀破坏，因此，在有强冻胀、土地资源紧缺地区或渠道通过集镇等人口密集时，可考虑采用。

5.3 水力计算

5.3.1 条文中给出的式（5.3.1-2）和式（5.3.1-3）是渗漏损失流量的估算公式，也是目前文献上常见的写法，估算结果的优劣取决于式中参数K_a、ε_0、ε'、K和m的选取是否妥当。目前也有利用积分形式导出的计算公式，这种导出公式理论上是正确的。将现行公式（5.3.1-2）与之进行比较，渠道越长相差越大。用现行公式计算，相对误差小于5%时的最大允许渠长列为表1，供使用式(5.3.1-2)时参考。由于是一个估算公式，而公式中参数ε_0、ε'、K、m值的选定是否合适，比公式的形式更为重要，故未做改动。

至于式（5.2.1-3），也由于参数K_a的合理选定对计算结果影响更大，因而对于式中湿周的选取也未作进一步深入推导。

对于有多个分水口的渠道流量的计算，本条文提出了逆向递推和正向递推两大类计算问题。逆向递推指的是由渠尾向渠首逐段渠道考虑渗漏损失流量后，叠加上分水口流量推出渠首的流量。然而，在生产工作实际中，还会遇到另一种情况，即已知渠首的总引水流量，需要通过逐段渠道的渗漏损失流量计算，得出各分水口的引水流量，而这些分水口的流量之间具有一定的相对比值关系。此时的计算是顺水流方向推算的，故称之为正向递推法。正向递推法和逆向递推法一样，要求在各渠段的起始断面流量、渠尾断面流量、渠段渗漏损失流量之间满足水量平衡的要求。同样，在各个分水口处、渠道流量和分水口流量之间，也要做到水量平衡。

正向递推方法，可以用来推算在某一特定频率年份的全年或年内某一时段的渠道水利用系数。此时，该年份的全年或年内某一时段的渠首实际总引水量W_0（或总平均引水流量Q_0）是有记录的，各分水口在相应时段的引水量W_i（或平均引水流量Q_i），$i=1, 2, \cdots n$，也是有量水记录的。可是，由于各分水口的量水方式具有一定的误差，往往会发现利用$W_0-\sum_{i=1}^{n}W_i$作为该渠道总水量的渗漏损失是不合理的，即各引水口的引水量记录值W_i其绝对值不可信，但由于各分水口的水量测量方法大致相同，可认为它们之间的相对数量比值是可信的。基于这种认识，可采用正向递推方法求解。1987年和2002年，此方法曾在山西省重点灌区渠系水利用系数的测试和推算中采用，并取得可信的结果。

表1 用现行公式计算渠道渗漏损失相对误差小于5%时的最大允许渠长（km）

K	m	ε_0	$Q_净$ (m^3/s)				
			0.5	1.0	2.0	5.0	10.0
0.70	0.3	0.05	342.2	421.3	518.7	682.8	840.6
		0.10	171.1	210.6	259.3	341.4	420.3
		0.15	114.0	140.4	172.9	227.6	280.2
		0.20	85.5	105.3	129.6	170.7	210.1
		1.00	17.1	21.0	25.9	34.1	42.0
1.30	0.35	0.05	192.4	245.2	312.5	430.7	549.0
		0.10	96.2	122.6	156.2	215.3	274.5
		0.15	64.1	81.7	104.1	143.5	183.0
		0.20	48.1	61.3	78.1	107.6	137.2
		1.00	9.6	12.2	15.6	21.5	27.4
1.90	0.40	0.05	138.3	182.5	240.9	347.5	342.2
		0.10	69.1	91.2	120.4	173.7	171.1
		0.15	46.1	60.8	80.3	115.8	114.0
		0.20	34.6	45.6	60.2	86.9	85.5
		1.00	6.9	9.1	12.0	22.9	17.1

续表 1

K	m	ε_0	$Q_{净}$ (m^3/s)				
			0.5	1.0	2.0	5.0	10.0
2.65	0.45	0.05	105.0	143.5	196.1	296.1	404.5
		0.10	52.5	71.7	98.0	148.0	202.2
		0.15	35.0	47.8	65.3	98.7	134.8
		0.20	26.2	35.8	49.0	74.0	101.1
		1.00	5.2	7.1	9.8	14.8	20.2
3.40	0.50	0.05	87.5	123.8	175.1	276.9	391.6
		0.10	43.7	61.9	87.5	138.4	195.8
		0.15	29.1	41.2	58.3	92.3	130.5
		0.20	21.9	30.9	43.7	69.2	97.9
		1.00	4.3	6.2	8.7	13.8	19.5

5.3.2 本条文对防渗渠道的边坡系数、渠道糙率、允许不冲流速等断面参数的计算或选定作了规定。

1 边坡系数：见 6.2 节的相关规定，由于土保护层膜料防渗渠道的边坡经常出现滑塌事故，应慎重对待。大型、中型渠道宜按附录 B 计算确定。无条件时，可参照表 6.2.4 选用。表 6.2.4 中的数值是根据我国经验（见表 2）及国外资料制定的。

2 渠道糙率：表 5.3.2-1 中的糙率值是在《小型水利水电工程设计图集渠道防渗分册》、《渠道防渗》、《U 形渠道》、《灌溉渠道衬砌》、《灌溉排水渠系设计规范》SDJ 217—84 等标准、资料的基础上，结合工程实际经验，通过适当调整提出的。

式（5.3.2）来源于 W.R. 毛里森及 J.G. 斯塔勃克《塑膜衬砌渠道的性能》一文，计算前应作出砂砾料颗粒级配曲线。

3 允许不冲流速：表 5.3.2-2 所给出的防渗渠道的允许不冲流速值是根据我国的调查资料（见表 3、表 4）及国外资料综合分析后拟定的。

在调查中发现，膜料防渗渠道许多粘性土保护层的破坏，不是由于边坡抗滑力小，而是由于流速过大，水位变化区波浪的冲击淘刷或渠系建筑物上下游流速流态的变化引起的。为了安全，结合各地经验和有关资料，提出了表 5.3.2-2 土保护层的不冲流速值。且规定其限值为小于 0.45m/s。

表 2 我国部分地区土保护层膜料防渗渠道的边坡系数

项 目		设计流量 (m^3/s)	土质	边坡系数	水深 (m)
资料来源	新疆生产建设兵团农 7 师奎屯水库泄水渠	25.0	重粉质壤土	2.5	3.43
	河北省石津总干 4 干 3 分干渠	10.6		2.0	
	河北省石津总干 4 干 1 分干渠	8.2		2.0	1.54
	河北省石津总干 4 干 1 分干渠	6.0		2.0	1.55
	新疆生产建设兵团农 7 师车排子东干渠	8.0	重粉质壤土	2.0	1.84
	河北省石津总干 4 干 3 分干渠	4.7		2.0	1.45
	河北省石津总干南 3 支渠	0.4		1.5	0.7
	新疆生产建设兵团农 2 师铁干里总干渠	16.0	重壤土	1.75	
	新疆生产建设兵团农 2 师卡拉干渠	10.5	重粉质壤土	1.75	1.50
	辽宁省沈阳沈抚排污干渠	8.0	重壤土	1.75	1.40

表 3 我国部分防渗渠道的不冲流速

资料来源	渠道断面形式	防渗层结构及形式	流量 (m^3/s)	纵坡	流速 (m/s)	备注
新疆维吾尔自治区金沟河引水渠中段	弧底梯形	底部砌石厚 30cm，边坡预制混凝土厚 10cm	40.0	1/166	6.00	
甘肃省西金输水干渠	弧底梯形	底部砌石厚 35cm，边坡预制混凝土厚 15cm	72	1/120	6.00	每 20m 设防冲截墙
甘肃省西金输水干渠	弧底梯形	预制混凝土厚 15cm	49.2	1/170	5.20	每 20m 设防冲截墙
新疆维吾尔自治区安集海引水渠	弧底梯形	底部砌石厚 30cm，边坡为空箱结构	22	1/220	3.60	
甘肃省昌马新总干渠	梯形	底部砌石厚 25cm，边坡现浇混凝土厚 10cm	30	1/90	4.70	每 20m 设防冲截墙
甘肃省昌马新总干渠	梯形	现浇混凝土底厚 15cm，边坡厚 10cm	30	1/110	4.95	

表 4 干砌卵石挂淤渠道的不冲流速（m/s）

砌筑状况	水力半径 R (m)	卵石平均尺寸 (m)		
		0.2	0.25	0.3
平面形卵石，砌筑仔细并表面修整	0.6	3.5	3.8	4.0
	1.0	3.8	4.2	4.4
	2.0	4.0	4.5	5.0
平面形卵石，砌筑一般	0.6	2.8	3.0	3.1
	1.0	3.1	3.3	3.5
	2.0	3.5	4.0	4.2
非平面形卵石，砌筑一般	0.6	2.4	2.6	2.7
	1.0	2.7	2.9	3.1
	2.0	3.0	3.5	3.7

5.3.3 弧形底梯形渠道断面处于水力最佳状况下所

应遵循的条件是 $K_r=\frac{r}{H}=1$。这一条件可由本标准中计算过水断面面积 ω 和湿周 χ 的式（5.3.3-2）以及式（5.3.3-3）通过 $\frac{d\omega}{dK_r}=0$ 和 $\frac{d\chi}{dK_r}=0$ 联合求解得出。若根据工程具体条件，需要对计算出的水力最佳断面尺寸进行修改，使得在采用的过水断面面积与水力最佳断面面积相差不大，而渠道的宽深比有更多可供选择的方案时，应按附录C提供的实用经济断面计算方法进行分析和比选。

弧形坡脚梯形渠道水力最佳断面及实用经济断面是在已拟定 K_r 的条件下，用类似于弧形底梯形渠道的方法进行计算的，具体见附录D。

5.4 砌石防渗

5.4.2 根据观测，砌石防渗渠道（尤其是干砌石防渗渠道）的效果并不理想，主要是由于砌石体自身不够密实，水流穿过砌筑缝隙冲刷渠基造成渗漏甚至破坏。国内大部分浆砌石防渗渠道没有设置垫层，直接砌筑在渠基上，因石板较薄，为使其与渠基紧密结合，应铺一层2cm～3cm厚的砂料或低强度等级的砂浆作垫层。为提高砌石的防渗效果，还应在砌石下面加铺黏土、三合土、塑性水泥土或塑料薄膜层，这些附加措施宜在防渗要求较高的大中型砌石防渗渠道中采用。

5.5 混凝土防渗

5.5.1 混凝土配合比设计应遵守的基本原则为：①最小单位用水量；②最大石子粒径和最多石子用量；③最佳骨料级配；④经济合理地选择水泥品种和强度等级。

在配合比选定中，应满足混凝土设计强度、抗渗性、抗冻性和施工和易性等方面要求，同时应综合分析比较，合理地降低水泥用量。

1 确定混凝土的配合比可按如下步骤进行：

1）按工程规模、水文气象与地质条件和防渗要求，确定混凝土性能（强度等级、抗渗等级、抗冻等级）。

2）按原材料的质量要求，选择原材料。

3）按现行行业标准《水工混凝土施工规范》DL/T 5144—2001中的规定，计算混凝土的配制强度。

4）按强度和耐久性要求选择水灰比、掺和料和外加剂用量。

5）按防渗结构厚度选择石料的最大粒径，按设计要求的坍落度确定单位用水量，并计算出每立方米混凝土的水泥用量。

6）按石料的最大粒径、级配及水灰比选定砂率。

7）按绝对体积法或假定容重法，计算出每立方米混凝土的砂石料用量。

8）通过试验和必要调整，选用强度、抗渗、抗冻与和易性均满足设计要求的混凝土配合比。

2 现行行业标准《水工混凝土结构设计规范》SL/T 191—96已将混凝土性能表示为：混凝土强度等级，按标准方法制作养护的边长为150mm的立方体试件，在28d龄期，用标准试验方法测得的具有95%保证率的抗压强度标准值确定，并用符号C和抗压强度标准值（以 N/mm^2 计）表示；混凝土抗冻等级，将28d龄期的标准试件用快冻试验方法测定，并用符号F和冻融循环次数表示；混凝土抗渗等级，将28d龄期的标准试件用抗渗试验法测定，并用符号W和水压力表示。渠道防渗用混凝土水灰比多在0.5～0.6，只要级配合理，都能满足W6的抗渗要求，故提高了混凝土的抗渗等级。SL/T 191—96中关于混凝土抗冻等级的规定，在无抗冻要求地区的混凝土抗冻等级不宜低于F50。目前，在北方的渠道防渗工程中混凝土抗冻等级一般采用F100、F150，故也提高了混凝土的抗冻等级。

3 根据新疆、甘肃等省（自治区）防渗渠道的设计及运用经验，为保证混凝土防渗工程的使用寿命，特作本款规定。

4 现行行业标准《水工建筑物抗冰冻设计规范》SL 211—2006将气候分区分为严寒、寒冷、温和三个类别，严寒为最冷月平均气温低于−10℃，寒冷为最冷月平均气温为−10～−3℃，温和为最冷月平均气温高于−3℃。现行行业标准《水工混凝土施工规范》DL/T 5144—2001按此三个分区对混凝土水胶比最大允许值进行了调整，在原行业标准基础上缩小了0.05。

5 根据渠道防渗工程调查，混凝土坍落度大多为3cm～5cm（人工）或2cm～3cm（机械），多在表5.5.1-3中所列范围。

6、7 混凝土的最小水泥用量和用水量，是参照《水工混凝土结构设计规范》名SL/T 191—96并考虑混凝土衬砌的主要目的是防渗，且属薄板结构这些具体条件确定的。据统计，一般防渗工程混凝土的实际水泥用量，都超过225kg/m³，用水量和砂率多能符合本款规定。

8 本款规定是从保证原材料品质，便于施工管理和混凝土的性能出发。

12 本款是根据现行国家标准《锚杆喷射混凝土支护技术规范》GB 50086—2001的规定和《混凝土实用手册》，并借鉴工程的经验，经总结确定的。普通硅酸盐水泥因掺有适量的磨细石膏，含有较多的铝酸三钙（C_3A）和硅酸三钙（C_3S），凝结时间较快，且与速凝剂有较好的相容性，故应选用普通硅酸盐水泥。为保证混凝土的强度，减少混凝土的收缩，并减少粉尘，宜采用中砂、粗砂。为了减少拌和时水泥的飞扬损失，降低粉尘，也有利于水泥充分水化，要求砂的含水率为5‰～7%。根据以往经验，为减少回弹和管路堵塞，石料的最大粒径不宜大于15mm。

5.5.2 防渗结构设计：

1 等厚板因施工方便、质量易控制而得到普遍应用。在没有特殊地质问题的地基上，只要施工得当，完全可以满足防渗和安全运行的要求。我国北方部分省（自治区、直辖市），为防止混凝土防渗层的冻胀破坏，提出了一些新型的结构形式，主要有：

（1）用于边坡的楔形板和中部加厚板。是在冻胀作用较强的部位适当增加板厚，在渠的上口将板的厚度减小。为了减少工程量，渠道的阴、阳坡还可区别对待，这种结构形式在陕西和新疆等地有采用，其减小工程量和抗冻的效果较好。

（2）肋梁板。这种结构形式，可减小面板的厚度，尤其是断面较大的渠道，效果明显。肋梁式板有平板和弧形板两种。肋梁与板一般一次现浇，或者肋梁采用预制钢筋混凝土，板为现浇的，还有采用喷射混凝土施工的肋梁板。此外，在较大的U形渠道中也可采用肋梁弧形板。

（3）Ⅱ形板。利用了其板下空间的保温作用，该空间还使板与土基脱离接触，以及板肋的加强作用，增强了抗冻胀能力和稳定性。

（4）整体预制的U形和矩形渠槽。在陕西、山西、甘肃、江苏等地的小型渠道上普遍采用，在中型渠道上也有采用，在甘肃等省湿陷性较强的黄土地基上还较广泛地应用钢筋混凝土U形槽。

上述的各种防渗层结构形式，以及防渗层的施工，是采用整体现浇还是预制装配，可根据渠道防渗工程的具体条件（包括气象、渠槽土质、渠道流量、施工机械、工程经验等）选用。

2 在美国、日本等国混凝土渠道防渗层的厚度，是根据流量大小确定的，一般为6cm～12cm，特殊条件下可达30cm～40cm。表5.5.2中的数据，是统计了新疆、甘肃、陕西、山西、北京、辽宁、河南、江西、湖南、广东等省（自治区、直辖市）寒冷和温和地区，共60多条渠道（见表5及表6）的平均防渗层厚度而拟定的。高流速和有砾石类推移质渠道混凝土防渗层的最小厚度，是参照国内现有工程实例（表7）拟定的。

表5 我国渠道混凝土防渗结构厚度统计（cm）

地区	流量（m^3/s）				
	<2.0	2.0～5.0	5.0～20.0	20.0～100.0	>100.0
温和地区	5.0	6.0	7.5	—	8.0
寒冷地区	5.0	7.0	9.4	11.3	—

表6 渠道混凝土防渗工程实例

省（自治区）	渠道名称	防渗层结构形式	流量（m^3/s）	混凝土强度等级	防渗层厚度（cm）
陕西	宝鸡峡总干渠	现浇肋梁板	50.0	C10	8～12
	宝鸡峡干渠	肋梁板	8.0～25.0	C10	6～10
	宝鸡峡斗渠	现混平板	<1.0	C10	6
	泾惠渠干渠	肋梁板及平板	12.0～24.0	C10	8～10
	冯家山干渠	肋梁板	4.0～22.0	C10	6～10
甘肃	民勤县总干、干渠	预制平板	5.0～25.0	C10	6～8
新疆	呼图壁河干渠	现浇平板	3.8	C15	10
山西	扮河一坝东支渠	现浇平板	5.0	C10～C15	10
辽宁	刘大总干渠	现浇平板	12.0	C15	15
河南	人民胜利总干渠	现浇平板	101.0	C10	10
江西	上游水库总干渠	预制平板	20.0	C15	8～15
湖南	韶山支渠	预制平板	<1.0	C10	5
广东	松涛总干渠	现浇平板	103.0	C10	5～6
	青年运河	现浇平板、纵向肋梁	120.0	C15	5～6
	雷社唐电站渠	现浇平板	1.5	C10	4

表7 我国部分高流速渠道防渗工程的情况

渠道名称	断面形式	防渗层结构形式	流量（m^3/s）	纵坡	流速（m/s）	备注
新疆维吾尔自治区金沟引水渠中段	弧底梯形	底部砌石厚30cm，边坡预制混凝土厚10cm	40	1/166	6.00	—
甘肃省西金输水干渠	弧底梯形	底部砌石厚35cm，边坡预制混凝土厚15cm	72	1/120	6.00	
甘肃省西金输水干渠	弧底梯形	预制混凝土厚15cm	49.2	1/170	5.20	每20m设防冲截墙
甘肃省昌马新总干渠	梯形	底部砌石厚25cm，边坡现浇混凝土厚10cm	30	1/90	4.70	
	梯形	现浇混凝土底厚15cm，边坡厚10cm	30	1/110	4.95	

3 本款系经参照陕西、甘肃、北京等地一些已建工程的经验后确定。

4 国内已建成的大量U形和矩形混凝土防渗渠槽，一般厚度仅5cm～10cm，运用效果良好。在黏性土地基中，渠深较小时，土边坡能够自稳，对U形和矩形的边墙没有或仅有很小的外压力。据验算，黄土直立高度不大于3m时，可以自稳。防渗结构只起表面护砌作用，不承受外压。鉴于以上情况，本款规定，U形和矩形断面渠道，可先对土坡进行滑动稳定分析。如果稳定时，U形或矩形防渗层的最小厚度可按表5.5.2选用；如土坡不稳定，或有较大外压力时，宜采用钢筋混凝土结构。U形和矩形渠的侧墙，应根据承受的荷载，进行结构验算。验算时，计算的荷载有自重、内外水压力、水平土压力、冻胀压力、渠岸活荷载和地基反力等。计算图形可简化为平面矩形或拱形框架。当顶端有撑杆时，应考虑撑竿的支撑作用。

5 预制混凝土板的砌筑是预制混凝土板衬砌防渗的关键，目前影响预制混凝土板衬砌防渗应用的主要原因是勾缝砂浆的黏结失效甚至脱落。预制混凝土板砌筑时，一定要注意勾缝的施工质量和勾缝砂浆的养护。施工时可在勾缝砂浆中掺入膨胀剂或增强纤维等材料。

6 钢筋混凝土无压暗渠的结构计算可按下列方法进行：

1）预制盖板式暗渠的盖板，可按简支梁计算。

2）整体式底板，将侧墙与底板作为整体结构计算。

3）分离式底板，侧墙按挡土墙计算，也可考虑盖板和底板的支撑作用。

4）整体浇筑箱形暗渠，可按整体框架计算。

5）城门洞形暗渠的拱圈，根据与侧墙连接方式的不同，可按无铰拱或二铰拱计算。计算侧墙时，应考虑拱顶的推力。

6）水下部分的钢筋混凝土，应按现行行业标准《水工混凝土结构设计规范》SL 191—2008的要求，进行裂缝宽度验算。

5.6 沥青混凝土防渗

5.6.1 沥青混凝土的技术要求：

1 沥青混凝土孔隙率的大小，反映了沥青混凝土施工质量的优劣。试验资料表明，沥青混凝土的孔隙率越小，抗渗性能越高；但沥青含量相对增加，斜坡流淌值变大，热稳定性越差。孔隙率不大于4%时，抗渗性及热稳定性均可以满足要求。沥青混凝土的水稳定系数是指气温20℃时，水饱和与干燥沥青混凝土试件抗压强度的比值。这项指标是衡量沥青混凝土在长期浸水条件下，其物理力学性能的稳定程度。为保证沥青混凝土物理力学性能的稳定，本款规定水稳定系数应大于0.9。斜坡流淌值是在设计边坡和设计温度下沥青混凝土热稳定性的指标。流淌值小于0.8mm，沥青混凝土不会因高温而发生流淌变形事故。沥青混凝土渠道防渗层上部荷载一般不大，故对强度可不提出过高要求。但在寒冷地区，沥青混凝土强度高时，对低温抗裂具有实际意义，其强度必须满足设计要求。

2 设整平胶结层，是为防渗层提供一个较平整的浇筑基面。它将保证防渗层各项技术性能的充分发挥。防渗层如有渗水，整平胶结层应能很快地排走。故要求整平胶结层以开级配沥青混凝土铺筑，其渗透系数不小于1×10^{-3}cm/s，热稳定系数小于4.5。

5.6.2 沥青混凝土的配合比应根据设计提出的性能要求和技术指标，经过室内试验和现场铺筑试验确定。采用的沥青混凝土配合比必须满足设计要求，同时应经济合理，施工性能良好。

在沥青混合料的矿料级配确定以后，沥青含量是沥青混凝土配合比设计中的一个重要环节。一般采用经验公式计算，也可参照以往工程经验，通过试验确定。本条对沥青混凝土防渗层沥青的含量规定，主要是参考陕西省、青海省、甘肃省、山东省和国外资料，以及现行行业标准《土石坝沥青混凝土面板和心墙设计规范》DL/T 5411中，对碾压式沥青混凝土面板防渗层对沥青含量的要求（7.5%～9.0%）确定的。

沥青混凝土渠道防渗层属薄层结构，以往多采用中粒径或细粒径沥青混凝土。在国内已建的沥青混凝土防渗渠道中，石料最大粒径均小于防渗层厚度的1/3～1/2。国内外在沥青混凝土面板坝设计中，石料最大粒径的选择也多小于压实层厚的1/3。为保证质量要求，作本条规定。

整平胶结层的石料最大粒径范围可以放宽，但宜不大于一次压实层厚度的1/2。

5.6.3 防渗结构的设计：

1 国内沥青混凝土渠道防渗结构的形式主要有图5.6.3（a）和图5.6.3（b）两种，应根据工程实际情况采用。

2 封闭层主要是为了密封沥青混凝土表面残留的孔隙，以提高沥青混凝土的防渗能力和抗老化能力，同时还可减少水流中的推移质对防渗层的磨损。为使防渗层正常工作，应保证其在高温下的热稳定性及低温下的抗裂性能。封闭层厚度，是参照我国沥青混凝土面板坝的设计及应用经验提出的。

3 防渗层厚度的选择，国内20世纪50年代初期，在中、小型渠道上曾采用渠底为10cm、渠坡为5cm～8cm，此后多采用5cm～6cm。同时参考国外资料，在中、小型渠道上，防渗层在单层铺压时，可采用5cm～6cm；对大型渠道，参考了沥青混凝土面板坝的设计，在双层铺压时，可采用8cm～10cm。

4 整平胶结层主要作用是为防渗层铺筑在岩石基面上找平，故作本款规定。

5 在我国北方地区，沥青混凝土渠道防渗层常有裂缝发生。产生裂缝的原因是多方面的，如沥青品种、配合比设计及当地的负气温、降温速率、施工质量等。根据对青海省已建成渠道两个寒季的观测，在元月份平均气温为−10℃以下，负气温极值为−24℃～−26℃时，防渗结构有裂缝产生。因此，沥青混凝土应作低温抗裂性能计算。式（5.6.3-2）中，ΔT 可按当地多年气温记录的1d～3d的最大温差选取。

6 根据国内外的试验资料，当沥青混凝土低温抗裂性能达不到设计要求时，可掺入变形性能好的聚合物材料（如橡胶等），其抗裂性能有明显提高，掺量应通过试验确定。如改性沥青混凝土仍满足不了抗裂要求时，宜设伸缩缝。

7 本款规定预制沥青混凝土板的边长应根据安装、搬运条件确定。同时规定预制板密度应大于 $2.30g/cm^3$，以保证其密实和防渗效果良好。

5.7 膜料防渗

5.7.1 本条说明如下：

1 埋铺式较明铺式膜料防渗结构，不易破坏，寿命长。因此本标准规定采用埋铺式膜料防渗结构。

2 为保证在施工中防渗膜料不被破坏，要求应在岩石、砂砾石基槽上或采用可能破坏膜料的保护层时，在基槽与膜层之间、保护层与膜层之间设置过渡层。土渠基和用黏性土做保护层的则可不设过渡层。

5.7.2 膜料防渗层的铺设范围，有全铺式、半铺式和底铺式三种形式。全铺式为渠坡、渠底均铺设，渠坡的铺膜高度与渠道正常水位齐平或高于正常高水位；半铺式为渠底全铺，渠坡铺膜高度为渠道正常水深的1/3～1/2；底铺式仅铺渠底。

据美国等国外资料，底铺式膜料防渗渠道，可减少渗漏量50%左右。为降低造价、减少防渗工程量，我国一些地区采用底铺式；半铺式膜料防渗渠道，在原渠改建时用得较多，根据测验，半铺式的防渗效果可达到全铺式的87.7%～92.0%。从全国范围看，采用较多的是全铺式塑膜防渗渠道。

5.7.3 为增加土保护层边坡的稳定性，我国从20世纪60～70年代的工程实践中摸索出了多种铺膜基槽断面形式。如梯形、台阶形、锯齿形和五边形等。自20世纪90年代以来，随着对节水要求不断提高和各种防渗性能好、抗滑能力强的高性能新型防渗膜料相继问世，多采用梯形、弧形底梯形、弧形坡脚梯形等铺膜基槽断面形式。

5.7.5 本条规定了选用防渗膜料的原则。

1 聚乙烯膜可用于−50℃的环境，聚氯乙烯膜仅用于−15℃的环境，在寒冷和严寒地区应优先选用聚乙烯膜。聚乙烯膜抗拉强度较聚氯乙烯膜低，易被芦苇穿透。在芦苇丛生的地区宜优先选用聚氯乙烯膜或膨润土防水毯。膨润土防水毯是一种新型防水防渗膜料，具有柔性好、能自愈、易修补、耐冻融等特点，在低温、芦苇丛生等地区具有很强的适应性。

2 膜料太薄时在施工中易为外力破坏，容易老化，寿命短。针对水资源缺乏日趋严重的现象和社会经济状况的改善，要求提高工程的防渗效果和耐久性。结合我国的实际情况，工程级别为1级、2级和3级的特大型、大型渠道，防渗塑膜宜选用厚度为0.3mm～0.6mm；工程级别为4级、5级的中小型渠道，宜选用厚度为0.18mm～0.22mm的塑膜，或0.60mm～0.65mm的无碱或中碱玻璃纤维布机制的油毡。塑膜的变形性能好、质轻、运输量小，宜优先选用。油毡是在玻璃纤维布上涂沥青玛琋脂压制而成。玻璃纤维布有无碱、有碱、中碱及抗碱之分。玻璃纤维很细，比表面积很大。如玻璃成分中含有碱金属，遇水后易溶解，会使其强度和耐久性降低，加速老化。故为了提高沥青玻璃布油毡抗老化的能力，延长工程寿命，本款规定应选用无碱或中碱（含碱金属量小于12%）玻璃纤维布制作的油毡。由于深色膜料的透明度差，能抑制膜料下面的芦苇及其他杂草的生长，在同样保护层下，深色膜较浅色膜吸热量大，还可提高地温，有利于防止冻害，故本款推荐使用。

5.7.6 设置过渡层是为了避免损伤膜料防渗层，并能保证膜料下部的积水顺利排除。

1 作过渡层的材料很多，各地亦有多种做法，可因地制宜地选用。如灰土、砂浆、草泥灰、土、砂及复合土工膜等。各地的运行实践证实：灰土、砂浆作过渡层，具有一定强度和整体性，造价也较低，适用范围广，效果好；土、砂过渡层，虽然造价低廉，但在砌缝较多的情况下，往往会被水流冲走或淘空，导致刚性保护层整体性破坏，或表面凹凸不平。因此，应优先选用灰土、砂浆作过渡层。如采用土、砂料作过渡层，则应采取防止淘刷的措施。

膜下过渡层的材料宜是透水材料，以排除透过膜料的水和地基内部的渗流水，避免膜下水压力过大，顶托防渗膜。

2 过渡层主要保护防渗膜料不被损坏和膜料下部的积水顺利排除，故其厚度不需太大，根据经验，一般灰土、砂浆2cm～3cm即可，土、砂3cm～5cm即可。

5.7.7 从各地调查中发现，当土料保护层厚度太小时，因受冻融等因素的影响，膜料层会发生裸露，而导致老化破坏。国外（如印度）通过试验认为，厚30cm即足以使保护膜层不被破坏；美国农业工程师协会建议，在可能遭受牲畜践踏和机械损坏的地方，最小覆盖层厚度为23cm。考虑到我国南方和北方气温不同等因素，结合调查中了解到的各地经验，选定最小厚度为35cm，寒冷地区采用大值。

表5.7.7是根据国内一些工程实践经验及美国的资料分析确定的。美国资料见表8，我国的调查资料见表9和表10。

表8 美国埋铺式塑料防渗渠道土保护层的厚度

渠道名称	保护层材料	保护层厚度（cm）
蒙大拿州海伦邦河谷渠	砂砾料	43.0
蒙大拿州东部阶地渠	砂砾料（最大粒径75mm）	38.0～41.0
蒙大拿州太阳河工程H支渠	土料加砾石	各15.0，共30.0
新墨西哥州麦克卡斯基支渠	土料	43.0～46.0
新墨西哥州尔马里洛渠	土料加砾石	60.5～41.0
内布拉斯加州幻影平原渠	砂性材料	35.0
内部拉斯加州法威尔灌区	黄土	35.0

表9 我国埋铺式膜料防渗渠道土保护层的厚度

渠道名称	保护层材料	保护层厚度（cm）	
		底	坡
新疆农二师卡拉干渠	重粉质壤土	40.0	50.0
新疆农七师奎屯水库东世水渠	轻砂壤土	70.0	70.0
河北省深县4干1分干渠	轻壤土	50.0	80.0
河北省深县4干3分干渠	中粉质壤土	50.0	70.0
河北省深县南3支渠	中粉质壤土	50.0	60.0
新疆农七师车排子东支干渠	重粉质壤土	50.0	50.0
吉林省榆树松前干渠	重粉质壤土	20.0	20.0
新疆农二师铁干里总干渠	重壤土	50.0	50.0
新疆农二师31团2支干渠	重粉质壤土	40.0	35.0
辽宁省开原县城郊干渠	砂及砂砾石	40.0	40.0
山西省萧河南干1支渠	砂壤土	60.0	60.0

表10 我国埋铺式油毡防渗渠道保护层的厚度

渠名	保护层材料	保护层厚度（cm）
新疆农七师123团西1支渠3斗渠	草泥	30.0
新疆农七师123团西3支渠3斗渠	草泥及土	草泥：20.0，土30.0
河南省人民胜利渠原5斗渠	草泥	25
山东省打渔张灌区	草泥	30
内蒙古自治区红领巾水库东干渠	土、砂砾石	15～20

5.7.8 目前我国土料保护层施工有压实法和浸水泡实法。根据各地的设计、施工及运行经验，提出了压实法的干密度要求；浸水泡实法施工的密实性，主要靠浸水后土层的沉实。根据试验资料，浸水泡实法施工的干密度可达到1.39g/cm³～1.47g/cm³以上。因此，在本条规定了浸水泡实法施工的干密度，宜为1.40g/cm³～1.45g/cm³。

5.7.9 刚性材料保护层的厚度小于防渗层的原因，是保护层主要起保护膜料的作用，而不用考虑它的防渗作用。

组合式保护层是为了提高保护层的抗冲耐磨能力，又降低工程造价而采取的一种措施。根据新疆，有采用砌石渠底、混凝土渠坡的组合式保护层的形式，既满足了抗冲耐磨的要求，又提高了工程安全性，延长了工程寿命，降低了维修费用。对弯道凹岸或渠水位变动区，宜局部或全部采用砂砾石与粘性土组合式保护层。

5.7.11 本条说明如下：

1 防渗层与渠系建筑物的连接不好是膜料防渗渠道破坏的原因之一。在国内，就有混凝土保护层膜料防渗渠道，因与渠系建筑物连接失效，导致渠水进入，冲走了过渡层材料，引起保护层塌陷、表面凸凹不平，甚至板体错位下滑等。

2 以土料作保护层的膜料防渗渠道，在跌水、闸、桥等建筑物的上、下游，因流速、流态的变化，及波浪的冲刷等影响，易引起边坡滑塌等事故。因此，在建筑物的上、下游应改用石料或混凝土保护层。

5.8 伸缩缝、砌筑缝及堤顶

5.8.1 伸缩缝间距是根据调查资料及国外有关资料分析整理后确定的。缝型是根据我国混凝土防渗渠道的经验提出的。具体选择时，应根据渠道规模、对防渗的要求、地基有无冻胀性或湿陷性及施工条件等因素确定。

5.8.2 混凝土预制板和浆砌石防渗渠道的防渗效果的好坏，很大程度上取决于采用砂浆强度等级的高低和砌筑质量。由于砌筑是施工质量较难控制的工序，故砂浆的强度等级应予适当提高，才有利于与其他材料粘接牢固。如需要勾缝，勾缝砂浆的强度等级应高于砌筑砂浆的强度等级。

砌筑缝以矩形缝最为常用，企口缝在板材制作和安砌上均不如矩形、梯形缝简单方便，但砌筑后整体性好，尤其应用于渠坡的水平缝，能有效地防止因渠基变形、冻胀等引起的预制板错位。

6 渠基与渠坡的稳定

6.1 一 般 规 定

6.1.2 渠道工程的稳定，包括渠基和渠坡的稳定。渠基指渠道防渗衬砌层下面的渠道地基，渠坡指渠道的内坡（迎水面边坡）、外坡（背水面边坡）以及渠堤以上影响渠道稳定的山体边坡。工程实践证明，保持渠道防渗结构的地基稳定，应考虑防渗结构与渠基的共同作用，当基土变形值不大于5cm时，可采用适应基土变形的渠道断面和防渗结构；当基土变形值大于5cm时，应采用处理渠基的方法；或处理渠基与适应基土变形的渠道断面和防渗结构相结合的方法。适应基土变形的渠道断面有U形、弧形底梯形、弧形坡脚梯形、宽浅矩形等；防渗结构有柔性结构、柔性与刚性复合结构（混凝土板与塑膜复合式）、形式改善的刚性结构（架空梁板式—预制Ⅱ形板、预制空心板式结构）等。

6.1.3 渠道防渗结构多为表面式、薄层结构，本身的强度有限，必须铺设在坚实、稳定的基土上，才能发挥作用。因此，要求渠床土坚实平整、渠坡安全稳定。为此，渠道选线时，应尽量避开湿陷性黄土、膨胀土、分散性土、盐胀土、冻胀土等特殊土地段，或具有裂隙、断层、滑坡体、溶（空）洞，以及地下水位较高的不良地段，当无法避开时，对不良地基和边坡应采取工程措施，确保渠道稳定。

6.1.4 渠道防渗工程量大面广，防渗结构层薄，影响因素复杂，因此，本条规定1、2、3级渠道，应在有代表性的渠段上，对已选定的渠基及渠坡处理方法，进行相应的现场试验或试验性施工，并进行必要的观测，以检验设计参数和处理效果。

6.2 渠坡的安全坡比

6.2.1 渠坡的安全坡比是衡量渠道边坡稳定性的一个综合技术指标。一般都是依据地质条件、渠道运行特点、岩土工程性质，通过边坡稳定分析确定。但是对于小型渠道也可根据已建工程经验采用工程类比法确定。

6.2.2 边坡稳定分析方法很多，有极限平衡法、有限元法、概率统计法等，就极限平衡法大类中还有许多方法，这里根据实践经验，渠坡特点，参考现行行业标准《水利水电工程边坡设计规范》SL 386—2007，对渠坡稳定分析作出规定供选用。

6.3 黄 土 渠 道

6.3.1 本条说明如下：

1 湿陷性黄土地区的湿陷等级划分，可参考现行国家标准《湿陷性黄土地区建筑规范》GB 50025—2004。

2 工程实践证明，采用适应变形的渠道断面和防渗结构，对弱湿陷性黄土渠基应用效果很好。因此对弱湿陷性黄土渠基可直接采用适应变形的渠道断面和防渗结构。

3 对中、强湿陷性黄土渠基的处理，可采用表6.3.1中所列方法，可以选择其中一种，也可几种方法联合使用。

垫层法曾在甘肃省许多黄土地区渠道上采用。灰土体积比采用3：7或2：8；夯实层厚度不小于30cm；干密度1.45g/cm^3以上；渗透系数约为5.8×10^{-6}cm/s。甘肃省白银工农渠为U形断面现浇混凝土渠道，基础用厚50cm的灰土夯实层，行水两个月后，挖坑检查，灰土层下未见渗水，多年来工程运行正常。

打孔浸水重锤夯压或强力夯实法，1985年曾在甘肃省靖远三场塬电灌干渠上进行了试验。该干渠土壤湿陷系数为0.052～0.127，自然干密度为1.1g/cm^3～1.3g/cm^3，自然含水率为6%～10%。浸水孔用洛阳铲人工造孔，孔径6cm～8cm，深4m，孔距70cm，孔内填粒径小于3cm的砂砾石。灌水量按土壤含水率达到14%～16%而计算，确定落距及击实次数，在原状土上落距为10m～12m，击实9次～12次；在机压过沟填方上，落距为8m～10m，击实8次～10次，夯点距2.5m，梅花形布设。夯后锤底面以下4m范围的土壤密度有不同程度提高。其中，2m范围内效果理想，干密度最大达1.42g/cm^3～1.83g/cm^3；4m以下因未浸水，土壤干密度无变化，该段工程长200m，经多年运行，未发现明显的沉陷和裂缝。该法节省人力、物力，降低工程费用，效果较好。

预浸水法作用机理是通过放水预浸，破坏湿陷性黄土的大孔结构，消除土的自重湿陷性，减少工程建设后的沉降量。预浸水法是一个古老的方法，方法简单，成功实例较多。

深翻回填法曾在甘肃省靖会灌区等大、中型渠道工程上广泛采用。翻夯深度一般不小于1.0m～1.5m，三场塬电灌干渠翻夯深度最大达4m。夯实干密度要求

$1.55g/cm^3 \sim 1.68g/cm^3$。据试验，干密度从 $1.4g/cm^3$ 提高到 $1.6\ g/cm^3$，渗透系数从 $2.4\times10^{-4}cm/s$ 降低为 $9\times10^{-5}cm/s$，而且能消除较大的垂直裂缝，使渗漏均匀。但该法工程量大。

6.3.2 黄土渠道高边坡的稳定性是黄土塬边渠道安全的主要因素，在西北地区具有普遍性。如陕西省宝鸡峡引渭工程总干渠有 98km 黄土塬边渠道，渠道以上坡高约 30m 以上。根据多年治理经验和运行实际认为：第一，一般在坡高的 1/2 或稍高处设 6m～12m 宽的大平台，较一坡到顶或小平台的坡型，既经济又安全。第二，为了防止黄土渠坡由于雨水作用产生的坡面冲刷、坡顶陷穴或溶洞，进而造成渠坡失稳，采用坡面排水系统非常必要，排水系统一般由天沟、侧沟、平台排水沟和吊沟组成。第三，黄土高边坡的坡脚是应力集中带，受到应力松弛和剥落、冲刷的交替作用，为了防止由于这些作用而逐渐降低边坡稳定性导致渠坡整体破坏现象，常在坡脚处采用砂浆块石护坡或采用喷锚支护增稳措施。

6.4 膨胀土渠道

6.4.2 膨胀土是一种水敏性土，具有胀缩性、超固结性、裂隙性和强度衰减特性，在渠道边坡破坏形成中多表现出牵引性、结构性、浅层性、多次滑动性以及时间规律性。由于膨胀土复杂的性质和渠坡破坏复杂的表现形式，使边坡稳定分析非常复杂，不同于一般粘土边坡稳定分析。差别主要体现在地质条件、破坏面和强度参数选取。在破坏面确定方面，在一定条件下，对裂隙进行数理统计分析，根据裂隙产状变化规律、裂隙密度、充填物性质等，判断出可能的破坏面；在强度参数选取方面，一般情况下膨胀土的峰值抗剪强度是相当高的，但是从失稳的膨胀土边坡反算出的抗剪强度却远远低于其峰值强度。在膨胀土边坡稳定分析中，强度参数选取，由于其复杂性，就显得更加重要。滑面上强度参数取值要根据不同土层结构特点、地质条件、地下水情况由土工试验确定。强度参数试验宜采用三轴压缩试验，残余强度参数宜采用反复剪切试验确定；膨胀土渠坡的稳定性，实际是一个非饱和土工程问题，对于特大型和大Ⅰ型渠道边坡稳定分析一定要考虑非饱和土的性质，可采用相应的稳定分析方法和选取相应的强度参数。

6.4.3 膨胀土边坡破坏表现出多种性质，应采取针对措施以增强渠坡的稳定性。长期工程实践，积累了丰富的经验，提出很多好的膨胀土地基和边坡处理方法，供应用时参考。

换土措施是将膨胀土部分挖除，用非膨胀土或粗粒土置换。换土的厚度要考虑因降雨引起土体含水量急剧变化带的深度。如河南南阳刁南灌渠北干 1# 跃水闸下游渠段、换土厚度 1.5m，断面坡度 1∶2.0，运行几十年，渠坡未发生破坏迹象。南水北调中线工程线路长 1427.17km，其中穿越膨胀岩土渠段累计长约 340km，处理的主要措施还是换土方案，强、中膨胀土的换土厚度分别为 2.5m、2.0m。

土性改良措施主要有石灰固化作用和水泥固化作用。膨胀土掺石灰的主要作用是使膨胀土的液限与膨胀量降低，增大强度。水泥固化作用是由于钙酸和铝的水化物和颗粒相互的胶结作用，胶结物逐渐脱水和新生矿物的结晶作用，从而降低了液限和体变，增大了缩限和抗剪强度。

坡面防护措施在膨胀土渠坡上应用较多，大多是应用于渠道外坡和衬砌以上渠坡，主要种植草皮，设置坡面排水系统。

坡体排水措施是采用排渗措施将膨胀土渠坡内部积水排出体外，以增强渠坡的稳定性。安徽省驷马山引江工程渠坡治理曾采用竖井结合水平孔排渗设施，经过多年运行，渠坡没有发生滑塌。

加筋土措施是将土工合成材料在渠坡内不同高度分层铺设，与土体共同作用来增强渠坡的稳定性，加筋材料有纤维、土工织物、土工格栅等，对于渠道边坡土工格栅效果更佳。土工格栅选型、土工格栅自由段长度、锚固长度、分层填土厚度等技术数据，应根据工程需要和渠坡稳定分析确定。

6.5 分散性土渠道

6.5.1～6.5.4 分散性土具有易被水冲蚀的特性，容易被雨水淋蚀产生冲蚀孔洞和被渗流水冲蚀出现管涌破坏。分散性土对渠道工程的破坏严重，但只要通过试验，鉴别其分散性，采取有效措施，在分散性土基上修建渠道防渗工程是安全可行的。黑龙江省中部引嫩工程，根据各渠段分散性土的分散程度及渠道填方高度，采取了分别对待、综合治理的措施：对分散性土及高填方渠段，在堤顶和内坡面用 20cm 厚的灰土防水冲蚀，中间加土工膜防渗，灰土中掺生石灰 4%，灰土上面覆盖 20cm 厚的非分散性粘土，种植草皮；在外坡换土 20cm，种植草皮。对分散性土及填方高 1.5m～2.0m 的渠段，采用灰土方案，中间不加土工膜。对过渡性土渠段，堤顶和内坡面用土工膜防渗，内坡面土工膜上覆盖 80cm 当地土，碾压密实，其上再加 20cm 非分散性土，种植草皮；堤顶土工膜上覆盖 50cm 当地土，碾压密实；在外坡换土 20cm，种植草皮。经过这样处理后，工程运用情况良好。

渠道外坡或挖方渠道戗台以上的渠坡，主要是防雨水淋蚀破坏，应根据当地的降雨强度和雨量以及土的分散程度、坡高等，设计防水设施和排水系统。

试验证明反滤砂或土工布设置在分散性土渠道外坡治理分散性土的冲蚀破坏效果非常明显，此种方法曾用于黑龙江省南部引嫩工程，在对分散性土边坡运行效果的调查中发现，在南引渠道分散性土段，采用砂反滤混凝土板护砌和土工布反滤混凝土护砌处理的渠段，运行效果良好。

6.6 盐渍土渠道

6.6.1 根据研究，公路、铁路和水利部门多年经验，盐渍土填方地基的稳定性优于挖方地基，在选线时尽量考虑采用填方地基。新疆引额济乌平原明渠工程硫酸（亚硫酸）盐渍土地区设计时就曾尽量采用填方渠道。

6.6.2 根据原中国科学院兰州冰川冻土研究所对土体盐胀机理的试验研究，含氯化钠盐土随温度降低出现冷缩现象，盐胀率低于1%。含碳酸钠盐土当降温速度为3℃/h时，盐胀率为零：当降温速度为1℃/h时，盐胀率可达2%。含硫酸钠盐土，盐胀率可达6%～8.4%，并主要出现在20℃～5℃温度区间。可见，氯化钠盐土可不进行处理，碳酸钠盐土采用适应基土变形的渠道断面和防渗结构即可，硫酸钠盐土应进行处理。

用砂砾石或灰土等非盐胀性土置换盐胀性土，可从根本上治理盐胀性土渠基，但其工程造价较高，施工量大。用化学添加剂 $Ca(OH)_2$、NaCl、$CaCL_2$、$BaCl_2$ 进行化学处理，使盐胀性土转化为非盐胀性土，工程量小，造价低，应用前景广泛，但其最优掺量，应根据盐土中易溶盐的成分和含量，通过试验确定。盐胀性土的处理深度，应综合考虑防盐胀和防冻胀的要求，可等于设计冻深，但堤顶（戗台）应大于0.5m，内坡面应大于1.0m。

6.7 冻胀性土渠道

6.7.1 我国北方地区多年的工程试验和实践证明，渠道防渗工程的环境同时具备本条中的土质、冻深、水分等3款条件时，渠基土冻胀，可能导致防渗结构破坏，应进行防冻胀设计。土质和冻深标准参照现行行业标准《水工建筑物抗冰冻设计规范》SL 211—98的规定，水分标准综合了水利部西北水利科学研究所和甘肃、辽宁、新疆、黑龙江等省（自治区）水利科研单位关于冻胀量的试验研究成果。土的毛水管上升高度可按表11取值。

表11 土的毛水管上升高度 Z_0 值

土类	粘土	重、中壤土	轻壤土、砂壤土	砂
Z_0 (m)	2.0	1.5	1.0	0.5

6.7.3 我国渠道防渗工程实践证明，当渠基土的冻胀性属Ⅰ、Ⅱ级时，按本条规定的渠道断面和防渗结构，即可满足防冻胀的要求。

1 利用结构受力特点，兼有抵御和适应冻胀变形能力的防渗结构措施。

2 适应冻胀变形为主的渠道断面和防渗结构措施。

3 沿渠道断面分缝是刚性材料防渗结构适应、削减冻胀变形的关键措施。渠道衬砌板（块）的隆起架空是冻胀破坏的主要形式之一。因此，要求沿渠道周边的分缝要有一定的宽度和适当的间距，防止板块间相顶而造成的隆起架空现象。根据国内外工程实践经验，沿渠线方向每隔3m～5m设置一横向缝，沿渠周方向间隔1m～4m设置纵向缝。

4 利用空气保温以削减渠基土冻胀量的防渗结构措施。

6.7.4 渠基土的冻胀性属于Ⅲ、Ⅳ、Ⅴ级时，基土的冻胀量基本上都超过防渗结构的允许位移值，因此，对防冻胀的要求较高，所以，对防渗结构形式和削减冻胀方面作出规定。

1 削减渠底冻胀作用，限制槽侧回填土高度，兼具削减和回避冻胀作用的防渗结构措施。

2 适应冻胀变形为主的防渗结构措施。

3 考虑大、中型渠道较重要而提出的综合性措施。

4 属于回避冻胀的措旌，可彻底消除冻胀，但工程量大，造价高，宜慎用。

6.7.5 冻胀土基的处理，主要是从冻胀三要素温、土、水方面分别采用了下列方法：

1 在防渗结构下设保温层（如聚苯乙烯泡沫塑料板、高分子防渗保温卷材等），削减或消除渠基土冻胀，具有施工简易，效果明显等特点。保温层的厚度，大型渠道应通过热工计算确定。对于中、小型渠道，可按10mm厚的保温板，可减少100mm～150mm冻深估算。

2 用非冻胀性土置换冻胀性土是削减渠基土冻胀的良好措施，但渠线长，置换工程量大，因此，从经济上考虑，这种方法一般只适用于当地或附近有较丰富的非冻胀土条件，而且应保证置换层在冻结期不饱水或有排水出路和防止在使用期间受细颗粒淤塞排水不畅而导致冻胀。

3 设置排水系统，降低地下水位和土中水分，是削减渠基土冻胀的措施，也是保证置换层能有排水出路。采用此法的关键是掌握当地的水文地质资料，搞好排水设施（盲井、暗管、反滤体等）的设计，并能保证其正常工作。

4 用压实法或强夯法提高渠基土密度以削减冻胀量的方法是最简单易行的措施。大量的室内外试验成果表明：当饱和度一定时，土的冻胀量随土体密度的增加而减小。实测资料证明，在较小的荷载作用下，当压实度为0.95、干密度不小于1.58g/cm³时，土的冻胀量已很小。鉴于渠道防渗结构体薄自重轻，为避免发生严重的冻胀积累，压实土的密度逐年降低，所以，规定压实度不低于0.98，干密度不低于1.6g/cm³，且不小于天然干密度的1.05倍。压实深度不应小于渠床置换深度。

6.8 沙 漠 渠 道

6.8.1 沙漠渠道边坡的稳定计算方法与其他土类边坡稳定计算方法一样，先通过土工试验确定沙土设计密度和沙土的强度参数，然后用极限平衡法进行计算，再考虑施工的特殊性确定沙漠渠道的安全坡比。新疆引额济乌工程沙漠渠道曾取沙漠明渠内边坡系数 $m=2.5$，沙漠明渠填方外坡边坡系数 $n=3$。通过几年的运行，选定的边坡系数是合适的。

6.8.2 新疆引额济乌工程沙漠明渠采用条带布置方案，典型剖面见图1。施工过程是：①利用大型推土机和振动碾碾压 54m～64m 宽的条带（平台）；②在条带成型一段后及时修建两侧巡渠施工道路；③利用道路再进行外土坡治理区域草方格防护、物资运输，分段有序进行；④利用各段道路分别进行渠道开挖或填筑；⑤整修后再进行渠道防渗衬砌工程施工。

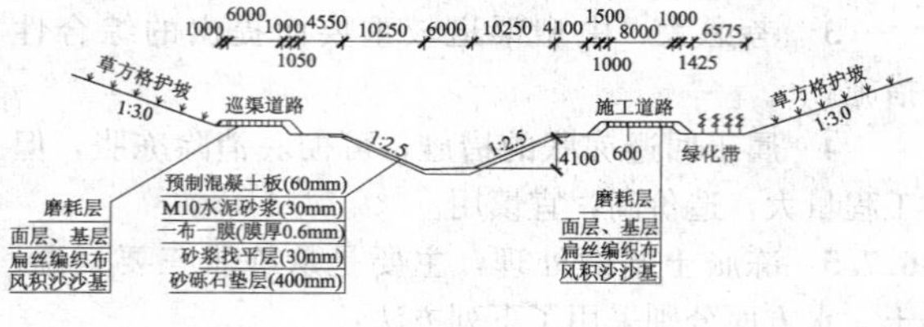

图1 沙漠明渠典型结构布置（单位：mm）

6.8.4 为沙漠渠道的长治久安，必须采取人工辅助措施进行生态绿化和固沙防护，形成临时措施和永久措施、工程措施和生物措施相结合的防风固沙体系。新疆引额济乌工程沙漠明渠治理的具体做法通过多年的运行检验较为成功，可以借鉴。具体做法：①在沙漠渠道两侧施工扰动的裸露沙面上采用芦苇草方格进行防风固沙，使得起沙风速增大，减少入渠积沙量；②通水后在草方格内种植林灌草进行生物固沙，改善沙漠渠道沿线气候和生态环境；③对沙垄顶部流动和半流动沙丘也应进行防治，达到减弱沙漠化程度，增强抗风蚀能力的综合治理目的，以确保明渠输水安全运行。

6.9 其 他 情 况

6.9.3 对地下水位高于渠底（要考虑汛期和灌溉后地下水上升的情况），或地下水位虽不很高，但渠基土透水性差，渠道的渗漏水和浸入渠基的雨水不能很快渗入地基深层时，为了消释地下水对刚性材料和膜料防渗结构的浮托力，减少基土水分，防止冻胀（冻胀性土）、湿陷（湿陷性黄土）、滑塌（傍山、塬边渠道）等事故，应区别不同情况，按附录E方法设置排水设施。

7 施 工

7.1 一 般 规 定

7.1.1 施工前应认真阅读工程设计文件，包括设计说明书、设计图纸等，以便掌握工程的特点和关键技术，明确工程的重点和难点，为组织施工做好准备。施工现场踏勘的目的在于了解施工现场的具体情况和条件，为编制施工组织设计做好准备。施工组织设计是研究施工条件、选择施工方案、对工程施工全过程实施组织和管理的指导性文件，对保证工程施工的顺利进行具有重要的作用。

7.1.2 材料设备应选用符合国家现行有关标准的定型产品，按照设计要求的规格、数量、型号采购。现场验收包括数量和质量两个方面。材料设备的保管应根据不同品种、规格、型号，分类存放，水泥应有防雨、防潮设施，如入库存放、搭建防雨棚，码放水泥的底部应垫高且铺放塑料膜。

7.1.3 气温稳定具体指在降温的低温季节连续 5d 通过某一温度，之后很难再恢复这一温度。砌石防渗工程的低温施工措施参照《建筑工程冬季施工规程》JGJ 104—1997 的规定；混凝土防渗工程的低温施工措施参照《水工混凝土施工规范》DL/T 5144—2001 的规定；沥青混凝土防渗工程的低温施工措施参照《水工碾压式沥青混凝土施工规范》DL/T 5363—2006 的规定。

7.2 填筑和开挖

7.2.1 无论何种材料防渗，在铺设防渗层以前，都应该验收检查渠道基槽是否符合设计要求，严格控制渠道基槽断面的高程、尺寸和平整度。

7.2.2 新建填方渠道和已建渠改建防渗渠道，填筑前应清除填筑范围内的草皮、树根、淤泥、腐殖土和污物，以避免填筑渠基与原土基间形成软弱层，影响渠基稳定。

小型渠道填筑也可采用近似的方法确定最优含水量，即：用手将土捏成紧密的圆球后，挤不出水来，松手后土球仍能保持紧密圆球形状时的含水量，可近似地认为是此种土的最优含水量。

7.2.4 已建渠改建防渗渠道，为了保证填筑压实质量，应提前停水，使基土风干；或采取抽排、翻晒等方法降低其含水量。如仍无效时，则宜采用干土、湿土掺混的方法填筑。已建土渠原为梯形断面，但经长期输水运用，在水面以下的断面均已变成弧形等不规则的断面；由于防渗渠道糙率较小，使其断面较原渠缩小。此两种情况均需进行基础填筑。填筑前，除按第7.2.2条规定清除填筑范围内的草皮、树根、淤泥、砖块等杂物外，尚需把原渠坡挖成台阶状，然后在上面填筑新土，并使填筑面较设计加宽 50cm，为渠道修整留有余地。

7.2.5 本条对挖方渠槽、填方渠槽和改建渠道工程中将渠槽填筑满顶时渠槽的开挖作了规定。当采用机械开挖法施工时，机械开挖以后，仍应辅以人工检查及修复，直至符合设计要求。

7.2.6 新建半挖半填渠道基槽的开挖应与填方施工结合进行，即开挖基槽挖方部分的土，填筑渠道两岸填方部分至设计高程，然后整修渠槽，包括挖方和填方部分，直至达到设计要求。

7.2.9 如果渠基为易穿透防渗层的杂草地段，采用膜料及沥青混凝土防渗时，渠道基槽应进行清草处理，以防止杂草穿透破坏防渗层，影响工程质量。

7.4 砌石防渗

7.4.1 本条对砌石砂浆的拌制和允许间歇时间作了规定。砌石砂浆的配合比应根据设计选用的原材料通过室内试验确定。小型砌石防渗工程或无条件进行试验时，可参照有关砂浆配合比手册选用。

7.4.2 本条规定是为了提高砌石防渗渠道的防渗效果和防止渠基淘刷。

7.4.3 采用浆砌石防渗结构的梯形渠道，一般应先砌渠底后砌渠坡。但是，对于矩形渠道，砌筑时，为了避免人踩、石料砸碰砌体，影响砌筑质量，一般应先砌两边侧墙，后砌渠底。不管采取何种砌筑顺序，都应尽量减少外力对未凝固砌体的破坏，必要时可采取保护措施。

7.4.4 干砌卵石砌筑顺序，我国西北地区曾采用先砌渠坡后砌渠底，强调渠坡的重要性。新疆通过试验对比，发现先砌渠坡后砌渠底时，渠底卵石不易挤紧，影响工程质量；而渠底被冲坏时，渠坡随之破坏。后来改为先砌底后砌坡，其优点是：①渠底与渠坡衔接较好；②渠坡砌石对渠底有挤压作用，使渠底砌石更紧密；③渠底较渠坡容易被冲坏，先砌底便于选择较大、较优质的卵石用于底部；④从上向下运石方便。因此，本款规定“按先渠底后渠坡的顺序砌筑”。

7.5 混凝土防渗

7.5.1 现浇混凝土防渗层的模板除应有衬砌分块的两侧挡板、伸缩缝成型夹板及支架外，边坡混凝土浇筑时，一般应有外模。预制混凝土板时，有的不用底模，以致底面高低不平，造成砌筑困难；且因水泥浆流失，底部混凝土质量很差。因此，本条规定，预制混凝土板的框架模板应设底模，或利用专门处理过的地坪，以降低造价。

7.5.3 本条规定了配合比的严肃性，可避免因不严格遵守混凝土配合比而造成的混乱现象，从而有利于保证混凝土拌和物的质量。本条还增加了审核配合比的内容，在现行工程建设体制下，试验部门确定的配合比应经监理工程师审核。

7.5.4 本条规定了混凝土的拌和时间。拌和时间是指从原材料全部投入拌和筒到开始卸出时所用的时间。

7.5.7 参照现行行业标准《水工混凝土施工规范》DL/T 5144—2001 的规定，浇筑混凝土的允许间歇时间，当浇筑时气温为20℃～30℃时，普通硅酸盐水泥为 90min。渠道混凝土防渗层为薄板结构，水分散失较快，因此将其允许间歇时间定为 60min～90min。

7.5.8 对混凝土浇筑的振捣进行了全面规定。使用表面式振动器时，在振动器不能靠近的部位，应采用手持式振捣器振捣，或辅以人工捣固，振捣器不应直接碰撞模板、钢筋及预埋件。目前国内使用的 U 形混凝土衬砌机有多种形式，如绞盘牵引衬砌机、柴油机动力衬砌机、轨道式液压自行衬砌机、CU4 型气动切缝衬砌机、QJ 型小拖拉机动力衬砌机等。

7.5.9 喷射混凝土适用于各种断面的渠道，过去已有在 U 形和梯形渠道上施工的实例。该施工方法速度快、质量好，不用模板，而且由于干料和水都是通过胶管压力输送，不受道路限制，减少了深挖方、高填方渠道混凝土运输的困难。

7.5.10 收面工作是混凝土浇筑中重要的工序，做好渠道衬砌混凝土的收面工作，可以降低糙率，提高过水能力，增强防渗效果，延长使用时间。收面应在混凝土浇筑完后，立即用原浆收面，不得另拌砂浆上面。实践证明，另拌砂浆上面，往往与原混凝土结合不好，冬季受冻后，容易造成表层大量脱落，影响工程质量。

7.5.11 混凝土预制板（槽）一般结构较薄，故在运输和堆放时应立码挤紧，装车、卸车应特别小心，不宜剧烈震动和碰撞，以防止损坏。

7.5.14 混凝土的养护是保证和提高质量的重要环节。对于渠道混凝土衬砌板，一般外露面积大，养护工作尤为重要，故应有专人负责，切实做好。

7.6 沥青混凝土防渗

7.6.1 沥青混凝土原材料的性能及配合比的变化，对其强度、低温下柔性和热稳定性等影响很大。

7.6.2 运输沥青混合料的基本要求为热量损失少，不离析。要使沥青混合料铺面充分压实，必须在碾压时保持适当的温度。沥青混合料的出机温度是根据碾压温度要求、运输和摊铺过程的热量损失确定的。因此，减少运输过程的热量损失甚为重要。

7.6.3 本条主要保证防渗层达到设计要求的厚度、压实度和相对密度。沥青混凝土渠道防渗技术要求高，加之自然条件、渠道断面形式、采用的施工工艺不同等原因，不可能提出统一的铺筑标准。应在铺筑之前，进行试验性施工，以检验材料配合比，确定铺筑厚度、碾压温度、碾压遍数和压实系数等施工参数。

压实系数是沥青混合料的摊铺厚度与压实厚度之比，是确定摊铺厚度的主要参数。此系数因人工或机械摊铺而异。根据青海省湟海渠、陕西省冯家山灌区的试验资料，参考了我国坝工沥青混凝土施工的有关资料，选取了压实系数的具体标准为 1.2～1.5。

7.6.4 沥青如长期受高温影响，会产生老化现象。其黏度提高，塑性降低，脆性增加。根据辽宁省水利建设工程局的试验结果（见表12），沥青加热温度越高，恒温时间越长，沥青老化越严重，三大指标均有变化，以针入度变化最大。控制加热温度的上限，是抑制沥青老化的关键因素。如以针入度比值不小于90%作为沥青老化的控制指标，则沥青适宜的加热温度为160℃±10℃，恒温时间应小于6h。

表12 沥青不同加热温度及恒温时间对三大指标的影响

加热温度（℃）	160			190			210		
恒温时间（h）	标准	6	48	标准	6	48	标准	6	48
针入度（0.1mm）	77.20	73.00	36.00	93.00	79.60	26.30	88.80	77.80	24.80
针入度比值（%）	100	94.60	46.80	100	85.10	28.30	100	87.60	27.90
软化点（℃）	46.70	48.50	52.50	48.50	49.30	62.30	48.80	49.30	65.80
软化点增加率（%）	0	3.90	12.40	0	1.70	28.40	0	1.0	34.80
延伸值（cm）	113	113	52.40	113	113	23.30	113	113	10.20

沥青混合料压实温度的控制，是保证沥青混凝土施工质量的重要因素。国内外坝工沥青混凝土防渗墙的碾压温度，主要是根据沥青的针入度确定的。当沥青的针入度为40～100时，初次碾压的温度为110℃～125℃，终结碾压温度为85℃～100℃。参照我国坝工沥青混凝土碾压温度的控制标准（见表13），选定了渠道沥青混凝土防渗层的压实温度。

表13 沥青混合料的碾压温度

项　目	针入度（0.1mm）		一般控制范围
	60～80	80～120	
最佳碾压温度（℃）	150～145	135	
初次碾压温度（℃）	125～120	110	140～110
二次碾压温度（℃）	100～95	85	120～80

整平胶结层的压实温度，是根据坝工开级配沥青混合料压实温度较防渗层低20℃的规定确定的。

根据西北水科所的资料，斜坡上最有效的碾压工具是0.5t～2.0t的振动碾。在无条件采用上述碾压工具时，也可以采用附着式平面振动器。在冯家山灌区、湟海渠试验中，采用重24kg和38kg两种平面振动器，先用轻型作初次振压，后用重型振压8次，沥青混凝土的密度可达2.30g/cm³以上。可见，采用平面振动器压实渠道沥青混凝土也是可行的。振动压实渠坡时，“上行振动，下行不振动”的规定，主要是为了避免产生横向裂缝。

施工接缝是沥青混凝土防渗渠道的薄弱环节，在北方地区是容易发生冻胀破坏的部位，因此，应尽量减少施工接缝。为保证施工接缝的填筑质量，缝面必须洁净，并涂刷一层热沥青或沥青玛琋脂等。

7.6.6 封闭层与防渗层粘结是否紧密，是封闭层作用能否发挥的关键。为使粘结牢固，防渗层必须洁净、干燥。

7.6.7 沥青混凝土防渗工程施工中，拌料、运输和铺筑时沥青混合料的温度较高，稀释沥青掺入的有机溶剂是液体燃料，容易挥发，闪点低，故应注意防止火灾和工伤事故。

7.7 膜 料 防 渗

7.7.1 岩石或砂砾石基槽铺设过渡层可以防止膜料擦破或刺破，常用水泥砂浆、灰土等。

7.7.2 本条说明如下：

1 根据渠道大小和铺设方法，采用附录G的方法，将膜料加工成大幅备用，可以提高施工速度。但是，大幅膜料的尺寸应以便于搬运和铺设为宜。

2 按先下游后上游的顺序铺设，上游幅压下游幅，搭接缝方向垂直于水流方向，可使膜料在水流压力下，连接缝密合，提高防渗效果。

3 铺设时，先将膜料的一端与先铺好的膜料或原建筑物在现场焊接（或粘接）牢固，在提高防渗效果的同时，可使膜料一端固定，易于拉展铺开。

4 膜料铺设时留有小的褶皱，可适应保护层填筑时造成的局部变形；膜下空气完全排除，可避免在填筑时膜下空虚和产生局部压力，顶破膜料。

5 先埋好膜层顶端，可起到固定作用，避免在保护层的填筑过程中膜料下滑。膜料幅间的连接缝应按设计采用粘接、焊接或搭接。

6 粘补破孔的粘补膜应超出破孔每边10cm～20cm，目的是更好地达到粘补作用，避免漏补。

7.7.3 当天铺膜，当天填筑好保护层，以避免膜层裸露时间过长。

7.7.4 土料保护层施工一般采用压实法；如果保护层土料是砂土、湿陷性黄土等不易压实的土料，或中、小型渠道不易采用压实法时，可采用浸水泡实法。

7.8 填充伸缩缝

7.8.1 伸缩缝如果潮湿或不干净，填充材料便不能与缝壁牢固粘结，因此，清缝非常重要，应在伸缩缝填充前，清除缝内杂物、粉尘，并设法使缝壁干燥。

8 施工质量的控制与验收

8.1 施工质量的控制与检查

8.1.2 本条规定了渠道防渗工程施工单位应建立必要的质量责任制度，对渠道防渗工程施工的质量管理体系提出了较全面要求，渠道防渗工程的质量控制应为全过程的控制。

8.1.4 渠道的基槽对工程的外观、稳定以及防渗效果等都有直接影响。除了尺寸、高程等应满足要求外，填筑时土的含水量和干密度应作为重要的质量指标，应严格控制，加强检查。检查方法应执行现行行业标准《土工试验规程》SL 237 的规定。保证离差系数应不大于 0.15，是为保持均匀一致，以满足设计要求。

8.1.5 施工过程中对原材料的检验，须依据不同材料相应的试验规程分批、分期进行。检验结果应予及时反馈，以便在施工中作出调整部署。由于原材料的情况影响混合材料的配合比，进而影响其工程性能，所以除必须按规定做好原材料的检验外，还应重视配合比的抽检复查。

8.1.6 各种防渗结构施工质量控制和检查的内容，是根据砌石、混凝土、沥青混凝土和膜料等不同防渗结构施工质量的要求，分别作出的规定。

8.2 工 程 验 收

8.2.1～8.2.6 主要规定了大、中型渠道防渗工程验收的基本要求、验收合格的条件以及验收程序等内容，小型渠道防渗工程可参照执行。

9 测 验

9.1 一 般 规 定

9.1.2 渠道渗漏检测常采用静水法和动水法。静水法精度高，适合于各类渠道，但测验工作较繁重，需在渠道停水后进行；动水法可在不影响渠道正常运行下进行，但测验精度比静水法差，一般适用于测量上下两测试断面间渠段的总体渗漏量，为满足测量精度的要求，宜在渗漏量大的渠道上进行，且要求测试渠段长，测试次数多。因此，生产实践中应根据测验目的进行比较选择。如检验渠道防渗效果，对施工质量进行评价，进行渠道防渗技术的试验研究与材料防渗性能检验等可优选静水法。

9.2 静水法测渗

9.2.1 静水法测验需要准确计算各测验水位下测验段的平均长度、宽度以及湿周面积。采用静水法测验时，应进行连续观测。在测验时渠道应暂时停水，或尽量利用渠道运行间歇进行。新建或改建渠道，可在正式使用前进行。

9.2.4 静水法测验某一水位渠道渗漏强度，使用水位下降法或称量法，都有一个水位下降变化幅度。开始加水水位，为水位变幅的上限，称为加水后水位。随着渗漏水位降到一定高度，又要加水使水位恢复到原加水后水位，这个未加水前的低水位，即水位变幅的下限，称为加水前水位。加水前水位和加水后水位都不能代表测验水位的渗漏情况，只有加水前、后水位的平均值才能代表实际渗漏情况。为消除实际平均水位和测验水位不同引起的渗漏误差，要求加水前水位加水后水位偏离测验水位的高差相等。因此，规定了加水后水位要等于测验水位加 1/2 加水前、后水位的差值。同时，为了测到全部初渗量，应尽快地连续注水到加水后水位。

刚停水渠道土壤的饱和度高，不能反映渠道在长时间不通水情况下初渗阶段的入渗情况，因此，要待渠面干涸后再测验。

使测验段和渗漏平衡区水位接近，目的是测验段渗漏成为平面渗漏问题，与渠道输水时渗漏情况相同。

9.2.5 水位下降法，是在测验段中通过测定水位下降一个固定值所需要的时间，来推算渗漏量的方法，也可称为渠内量水法。水位下降法的要点是：每一个观测时段开始和末了水位不同，有个差值。根据水位差计算该时段水位变化量。在观测时段内不给测验段加水，观测完毕尽快向测验段中补加水，恢复到时段开始规定的加水后水位，即恒水位，然后开始下一段观测。因此，水位下降法的测验过程是由渗漏观测时段和加水时段两部分组成，且交替重复进行。如图 2 所示。

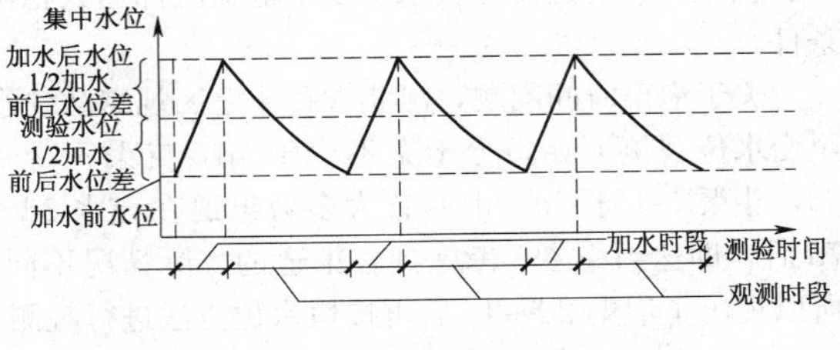

图 2 水位下降法时段划分

由图 2 可以看出，水位下降法的特点是：每个观测时段开始水位尽量相同，并等于加水后水位；加水时段不计入观测时段。

9.2.6 称量法的要点是：观测时段开始和结束时，测验段内水位完全一致，并等于加水后水位，称为恒水位。称量法按图 2 所示的时段划分方法进行测验，并准确量测记录在每时段内向测验段补加的水量、加水时间，等待超量加水水位回落时间，以及加水不足补加水时间等。由图 3 可看出，相邻两时段，前一时段的结束时间，就是下一时段的开始时间，中间无间隔时间。

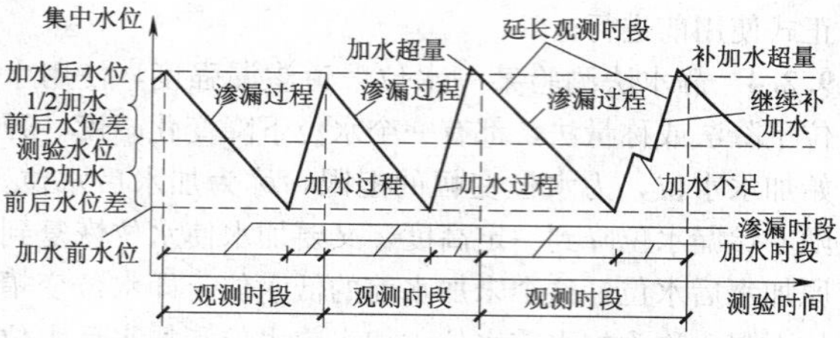

图3　称量法时段划分

为把水位下降引起的湿周变化对实际渗漏面积影响造成的计算渗漏量强度的误差消除，要求加水前、后水位的平均值等于测验水位。为了控制水位变幅，规定了加水前水位和加水后水位的差值可在5%～10%测验水深间选用，渗漏量大的渠道和测验水深小于1.0m的渠道可取大值；反之取小值。水位下降量选定后，观测时段的长短取决于渠道渗漏情况，一般在开始测验的第1h内，约20min观测一次，随后1h观测一次；24h后，每2h观测一次。

水位下降法的观测准确度，主要取决于水位观测的准确度。因此，提出三只水位尺间的水位降落差值，最大不得超过2mm。

9.2.7　从恒水位测验开始，到满足式（9.2.7）条件以前，为初渗阶段测验；到满足式（9.2.7）以后，为稳渗阶段测验。

9.2.8　变水位观测的目的是要测出渠道不同水位下的稳渗强度。在只要求测验设计水位的稳渗强度时，可不进行变水位测验；反之，要求测验几个水位下渠道稳渗强度时，在恒水位测验之后，应紧接着作变水位测验，从而节省测验时间。

关于泡渠水位要达到测验水位加1/2加水前、后水位差值，目的是使测验水位变幅范围内都达到稳渗条件。

关于泡渠时间问题，河北省石津灌区规定从注水至变水位观测开始，分干渠不少于4d，支渠不少于3d，斗渠不少于2d。山西省大多数渠道在充水3d～7d后，即达到稳渗。考虑到各渠道的实际情况不同，所以提出了泡渠2d～4d后再按恒水位方法进行观测。

9.3　动水法测渗

9.3.1～9.3.4　渠道动水法测渗技术的关键问题在于如何保证测试精度。影响动水法测试精度的因素很多，如渠道的渗漏特性、单个测试断面流量测试参数的选择、测试渠段长度的大小和测试次数等。而实际中，要完成一次满足精度要求的成功测试也绝非易事，故本条提出实施测试前应认真进行可行性综合论证，选定最佳的测试方案。

9.4　变形测验

9.4.3　变形测验观测基点构造见图4，观测标点的构造见图5。

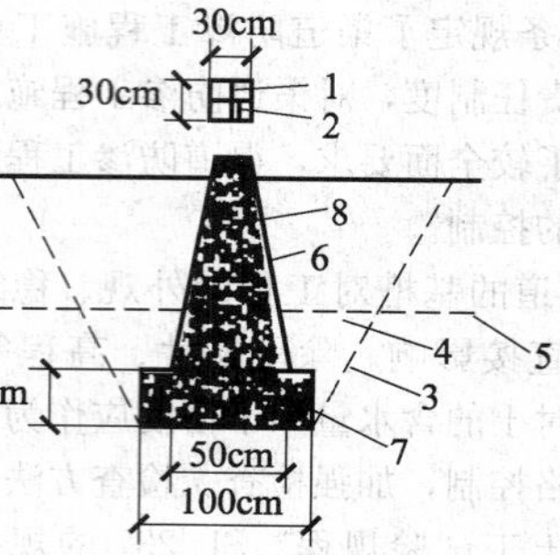

图4　变形观测基点构造

1—十字线；2—标点头；3—开挖线；4—回填沙砾石；5—冻结线；6—立柱；7—底板；8—涂沥青

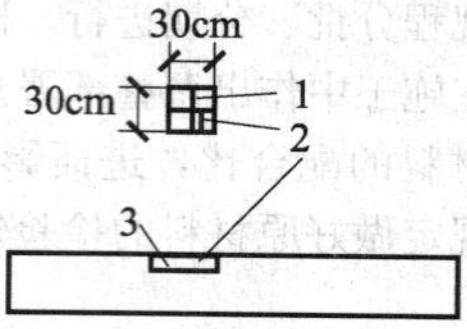

图5　变形观测标点的构造

1—十字线；2—标点头；3—铁板

9.5　冻胀测验

9.5.2　土壤层冻胀量和总冻胀量观测的仪器设备较多，一般情况下，渠道防渗工程不需要观测土壤分层冻胀量。分层冻胀量和总冻胀量均可采用单独式分层冻胀仪和圆台叠合式分层冻胀仪观测。

10　工程管理

10.0.1　渠道防渗工程受复杂的环境条件影响和各种外力作用，其状态随时都在变化，如设计、施工不够完善或管理运用不当，很容易出现病害。而管理运用中如不及时维修，则病害必将逐渐发展，影响渠道防渗工程的安全运行，严重者甚至会导致失事。实践表明，如果管理主体明确，管理规范，养护得当，对渠道运行中出现问题及时采取妥善的维修措施，工程就能长期正常运行。因此，为确保工程的安全和完整，延长工程使用寿命，充分发挥工程效益，必须加强管理，及时认真做好维护工作。

10.0.4　土料保护层膜料防渗渠道的水位，在1h和24h内的变幅，分别不得超过0.15m和0.5m，是参考美国垦务局的经验，即分别不得超过6in和18in而拟定的。

中华人民共和国国家标准

蓄滞洪区设计规范

Code for design of flood detention and retarding basin

GB 50773—2012

主编部门：中 华 人 民 共 和 国 水 利 部
批准部门：中华人民共和国住房和城乡建设部
施行日期：2 0 1 2 年 1 0 月 1 日

中华人民共和国住房和城乡建设部
公　　告

第 1393 号

关于发布国家标准《蓄滞洪区设计规范》的公告

现批准《蓄滞洪区设计规范》为国家标准，编号为 GB 50773—2012，自 2012 年 10 月 1 日起实施。其中，第 3.2.10 条为强制性条文，必须严格执行。

本规范由我部标准定额研究所组织中国计划出版社出版发行。

中华人民共和国住房和城乡建设部

二〇一二年五月二十八日

前　　言

本规范是根据原建设部《关于印发〈2007 年工程建设标准规范制订、修订计划（第一批）〉的通知》（建标〔2007〕125 号）的要求，由水利部水利水电规划设计总院和湖南省水利水电勘测设计研究总院会同有关单位共同编制完成的。

本规范在编制过程中，编制组认真总结实践经验，广泛调查研究，并广泛征求了全国有关单位的意见。本规范对蓄滞洪区建设标准和蓄滞洪工程的规划设计等方面作了规定。

本规范共分 8 章，主要内容包括：总则、术语、蓄滞洪区建设标准、基本资料、蓄滞洪区工程布局、蓄滞洪区防洪工程设计、蓄滞洪区安全设施设计和蓄滞洪区工程管理设计。

本规范中以黑体字标志的条文为强制性条文，必须严格执行。

本规范由住房和城乡建设部负责管理和对强制性条文的解释，由水利部负责日常管理，由水利部水利水电规划设计总院负责具体技术内容的解释。本规范在执行过程中，请各单位注意总结经验，积累资料，随时将有关意见和建议反馈给水利部水利水电规划设计总院（地址：北京市西城区六铺炕北小街 2-1 号，邮政编码：100011，电子邮件：jsbz@giwp.org.cn），以供今后修订时参考。

本规范主编单位、参编单位、主要起草人和主要审查人：

主 编 单 位：水利部水利水电规划设计总院
湖南省水利水电勘测设计研究总院

参 编 单 位：安徽省水利水电勘测设计院

主要起草人：董必胜　徐迎春　洪　建　黎前查　曾定波　黄云仙　陈　平　黎昔春　胡秋发　郑　洪　徐　贵　吴生平　刘　毅　夏广义　程志远　陈锡炎　卢　翔　周新章　胡恺诗　廖小红　刘晓群　刘福田

主要审查人：梅锦山　王　翔　富曾慈　刘洪岫　曾肇京　陈清廉　何俸俅　胡训润　谭培伦　侯传河　李小燕　程晓陶　邱绵如　郑永良　王洪彬　胡一三　张金顺　金问荣　文　康　卢承志　雷兴顺　朱　峰　沈福新　郭　辉

目　次

Contents

1 总 则

1.0.1 为规范蓄滞洪区设计，指导蓄滞洪区建设，保障蓄滞洪区正常运用，制定本规范。

1.0.2 本规范适用于流域综合规划和防洪规划确定的蓄滞洪区的设计。

1.0.3 蓄滞洪区的防洪与蓄滞洪安全建设，应确保蓄滞洪运用时居民生命安全，启用应及时有序，并应有利于区内经济社会发展。

1.0.4 蓄滞洪区防洪与蓄滞洪安全建设，应服从所在江河流域的综合规划、防洪规划。蓄滞洪区防洪工程和安全设施建设，应根据蓄滞洪区类别和区内风险等级合理安排。

1.0.5 开展蓄滞洪区防洪与蓄滞洪安全建设的同时，应重视相关的通信预警系统及其他防洪非工程措施建设。

1.0.6 蓄滞洪区工程设计，应因地制宜，并应积极采用新技术、新工艺、新材料。

1.0.7 蓄滞洪区的设计，除应符合本规范外，尚应符合国家现行有关标准的规定。

2 术 语

2.0.1 蓄滞洪区 detention and retarding basin

指包括分洪口在内的河堤背水面以外临时贮存洪水或分泄洪峰的低洼地区及湖泊等。

2.0.2 安全建设 refuge construction for detention basin

为保障蓄滞洪区内防洪安全而采取的就地避洪、人口外迁、临时转移等避洪措施的总称，包括安全区、安全台、安全楼、转移设施的建设等。

2.0.3 安全区 refuge area

在蓄滞洪区周围，利用蓄滞洪区围堤的一部分修建的小圩区，蓄滞洪水时不受淹，区内建设房屋和基础设施用来安置居民，并具有生产、生活条件，也称围村埝或保庄圩。

2.0.4 安全台 refuge platform

建筑在蓄滞洪区或圩区沿堤地带（或高地）高于设计洪水位的土台，供蓄滞洪区内居民定居或分蓄洪运用时临时避洪的场所。也称顺堤台、庄台或村台。

2.0.5 安全楼 refuge building

为分洪时临时避洪，在蓄滞洪区兴建楼层高于设计蓄洪水位的多层框架楼房，也称为避水楼。

2.0.6 安全层 refuge floor

安全楼房屋中位于蓄滞洪设计水位以上、在蓄滞洪期间作为人员避洪和重要物品堆放场所的楼层或屋盖。可为单层或多层。

2.0.7 分洪口 flood diversion outfall

蓄滞洪区围堤上人工设置的便于超额洪水按蓄滞洪要求有计划分泄进入蓄滞洪区的口门，包括分洪闸、溢流堰、临时扒口。

2.0.8 退洪口 flood fall outlet

蓄滞洪区围堤上人工设置的便于蓄滞洪运用后洪水退出蓄滞洪区的口门。

2.0.9 裹头 side protection at flood diversion outlet

对采用扒口分洪的分洪口门，为防止分蓄洪运用时分洪口门两侧遭受洪水冲刷破坏不断扩展而对两侧土体采取的裹护措施。

2.0.10 撤离转移设施 evacuation and transferring facilities

为便于蓄滞洪区内受洪水威胁的居民和财产在分蓄洪运用前能够迅速转移，而在蓄滞洪区内兴建的具有一定等级标准的公路、桥梁、码头等设施的统称。

2.0.11 永久安置 permanent relocation

蓄滞洪区内居民从地势较低处搬迁到防洪安全的自然高地、安全区、安全台等场所定居的安置方式。

2.0.12 临时安置 temporary relocation

蓄滞洪区内居民在分蓄洪运用期间临时转移到自然高地、安全区、安全台等安全场所，退洪后又返回原居住地的安置方式。

3 蓄滞洪区建设标准

3.1 蓄滞洪区风险等级

3.1.1 蓄滞洪区设计，应根据蓄滞洪区的地形地貌和蓄滞洪水的淹没情况进行风险评价，并应划分风险等级；蓄滞洪面积较大、地形复杂时，应进行风险分区，并应绘制风险图。

3.1.2 蓄滞洪区的风险度可根据启用标准、淹没水深和淹没历时，按下式分析计算：

$$R=10\times \Phi\times H/N \quad (3.1.2)$$

式中：R——风险度；

H——蓄滞洪区内不同风险分区蓄滞洪淹没平均水深 (m)；

N——运用标准（重现期，a）；

Φ——淹没历时修正系数，取 1.0～1.3。

3.1.3 蓄滞洪区的风险等级，可根据蓄滞洪区不同的风险度，按表 3.1.3 划分，并应结合实际情况综合分析确定。

表 3.1.3 蓄滞洪区的风险等级

风险度 R	风险等级
$R\geqslant 1.5$	重度风险
$0.5\leqslant R<1.5$	中度风险
$R<0.5$	轻度风险

3.2 建筑物级别与设计标准

3.2.1 蓄滞洪区堤防工程的级别和设计洪水标准，应根据蓄滞洪区类别、堤防在防洪体系中的地位和各堤段的具体情况，按批准的流域防洪规划的要求分析确定。

3.2.2 安全区围堤工程的级别和设计洪水标准，应根据其防洪标准分析确定，且不应低于所在蓄滞洪区围堤的级别和设计洪水标准。

3.2.3 蓄滞洪区的分洪、退洪控制工程，以及涵闸、泵站等穿堤建筑物级别和设计洪水标准，应按所在堤防工程的级别与建筑物规模相应级别两者的高值确定。

3.2.4 蓄滞洪区堤防和安全区围堤的设计水位，应根据确定的设计洪水标准，结合各堤段防洪和蓄滞洪的具体情况分析确定。

3.2.5 蓄滞洪区围堤安全加高应按现行国家标准《堤防工程设计规范》GB 50286 的有关规定执行；安全区围堤安全加高不宜低于相应蓄滞洪区围堤安全加高。

3.2.6 设置在蓄滞洪区围堤内的安全台，设计水位应按蓄滞洪区设计蓄滞洪水位分析确定；设置在蓄滞洪区围堤临江河、湖泊一侧的安全台，设计水位应按所在堤段堤防设计洪水位确定。

3.2.7 安全楼设计水位应根据所在蓄滞洪区的设计蓄滞洪水位确定。

3.2.8 蓄滞洪区安全台台顶安全加高取值可采用 0.5m～1.0m，台顶超高应按现行国家标准《堤防工程设计规范》GB 50286 的有关规定执行，且不宜小于 1.5m。

3.2.9 蓄滞洪区堤防的抗滑稳定安全系数，应按现行国家标准《堤防工程设计规范》GB 50286 的有关规定执行。

3.2.10 蓄滞洪区安全台台坡的抗滑稳定安全系数，不应小于表3.2.10的规定。

表3.2.10 安全台台坡的抗滑稳定安全系数

安全系数	正常运用条件	1.15
	非常运用条件	1.05

3.2.11 蓄滞洪区内部水系堤防的防洪标准，可根据其防洪保护对象的重要性，按现行国家标准《防洪标准》GB 50201的有关规定执行。

3.2.12 蓄滞洪区农田排涝标准，应按现行国家标准《灌溉与排水工程设计规范》GB 50288的有关规定执行。安全区的排涝标准，应根据安全区所在地的具体情况分析确定，宜适当高于蓄滞洪区农田排涝标准。

3.3 蓄滞洪区安全建设标准

3.3.1 安全区的面积宜按安全区永久安置人口人均占用面积$100m^2$～$150m^2$的标准分析确定。有特殊要求或出于安全区堤线合理利用有利地形，安全区永久安置人口人均占用面积需突破$150m^2$的标准时，应经分析论证后确定，且安全区相应减少蓄滞洪容积不宜超过5%。

3.3.2 安全台台顶面积宜按其永久安置人口人均占用面积$50m^2$～$100m^2$的标准分析确定。仅用于居民临时避洪的安全台，台顶面积可按$5m^2$/人～$10m^2$/人标准分析确定。

3.3.3 安全楼应按安置人口人均拥有安全层面积$5m^2$～$10m^2$的标准确定；有条件时，安全楼人均安全层面积可适当增加。

3.3.4 转移设施的建设标准应满足规划转移的居民和重要财产能够在蓄滞洪水前有序撤离到安全地带的要求；路网密度可根据实际交通量和撤离强度分析确定。

4 基本资料

4.1 一般规定

4.1.1 蓄滞洪区设计中，应根据设计要求对蓄滞洪区的自然和社会经济等基本情况进行认真调查研究。

4.1.2 对收集的各类资料应进行分析整理和可信度评价。

4.2 气象水文

4.2.1 蓄滞洪区设计中，应收集蓄滞洪区和邻近地区的降水、风向、风速、气温、蒸发和冰情等气象资料。

4.2.2 蓄滞洪区设计中，应收集蓄滞洪区所在流域江河水系和湖泊、洼地的分布，水文测站的布设和观测情况，以及流域洪水特性。

4.2.3 蓄滞洪区设计中，应收集蓄滞洪区所在河段和主要水文控制站的洪水、水位、流量、流速、泥沙等水文资料。

4.3 地形地质

4.3.1 蓄滞洪区设计所需的地形资料，应根据不同设计阶段和工程项目的需要，按表4.3.1确定。

表4.3.1 蓄滞洪区设计地形资料

工程项目	设计阶段	图别	比例尺	备注
蓄滞洪区总体布置	各阶段	地形图	1:10000～1:50000	—
蓄滞洪区堤防	符合现行国家标准《堤防工程设计规范》GB 50286的有关规定			—
分洪口、退洪口控制工程	项目建议书、可行性研究	地形图	1:1000～1:2000	—
	初步设计	地形图	1:200～1:500	—

续表4.3.1

工程项目	设计阶段	图别	比例尺	备注
堤线、安全台	项目建议书、可行性研究	地形图	1:2000～1:5000	—
	初步设计	地形图	1:1000～1:2000	—
转移道路	项目建议书、可行性研究	地形图	1:10000	—
		横断面图	可根据实际需要确定	断面间距200m～500m，地形变化较大的地段适当加密
		纵断面图		—
	初步设计	地形图	1:2000～1:10000	新修的道路宜施测1:2000，现有道路改扩建可采用1:10000
		横断面图	可根据实际需要确定	断面间距100m～200m，地形变化较大的地段适当加密
		纵断面图		—

4.3.2 蓄滞洪区堤防、分洪闸、退洪闸、排涝泵站等建筑物设计所需的工程地质资料，应按现行国家标准《水利水电工程地质勘察规范》GB 50487的有关规定执行；安全台设计所需的地质资料，可参照国家现行标准《堤防工程设计规范》GB 50286和《堤防工程地质勘察规程》SL 188的有关规定执行。

4.3.3 结合现有堤防修建安全区或安全台时，应收集现有堤防的历史和现状资料。

4.4 蓄滞洪区基本情况

4.4.1 蓄滞洪区设计应收集下列社会经济基础资料：

1 蓄滞洪区内的行政区划、土地面积、人口及其分布情况、耕地、国内生产总值、工业产值、农业产值、固定资产总值及财产分布情况、当地居民的生产生活方式等。

2 蓄滞洪区现有的水利工程、电力、交通、通信等基础设施和主要企事业单位的规模及其分布等资料。

3 蓄滞洪区建设的历史，历年运用情况及历史洪灾损失情况等，以及现有防洪工程、安全设施以及工程管理方面的资料。

4.4.2 蓄滞洪区设计应收集下列生态环境资料：

1 蓄滞洪区生态环境状况及存在问题。

2 蓄滞洪区河湖水体水质状况、污染物排放状况和水功能区划情况等。

3 蓄滞洪区重要水生生物的种类和分布情况等资料。

4 蓄滞洪区植被、水土流失等情况。

5 蓄滞洪区河岸、湖岸景观、湖泊湿地状况和保护要求等资料。

4.4.3 蓄滞洪区设计应收集下列规划资料：

1 蓄滞洪区所在地区经济社会发展规划、土地利用规划、村镇建设发展规划和交通发展规划等资料。

2 蓄滞洪区所在地流域或区域防洪治涝规划等资料。

3 蓄滞洪区生态环境保护规划、水利血防规划等资料。

5 蓄滞洪区工程布局

5.1 一 般 规 定

5.1.1 蓄滞洪区设计，应根据所在流域防洪总体规划以及蓄滞洪区的类别和风险等级，对蓄滞洪区防洪工程和蓄滞洪安全建设设施合理布局。

5.1.2 蓄滞洪区的防洪工程和安全建设，应充分利用现有的工程设施和安全设施。

5.1.3 蓄滞洪区内重要的基础设施，应根据其相应的防洪标准确定其防洪自保措施，并应保障蓄滞洪水时可安全正常运行。

5.1.4 蓄滞洪区工程布局应与所处地理位置生态环境保护要求相适应。

5.2 防 洪 工 程

5.2.1 蓄滞洪区堤防、分区隔堤、分洪控制工程、退洪控制工程的布置，应根据蓄滞洪区防洪和蓄滞洪运用的要求，结合地形、地质条件等因素，经综合分析比选，合理确定。

5.2.2 蓄滞洪区堤防工程应利用现有堤防；确需调整堤线时，应充分论证。

5.2.3 面积较大的蓄滞洪区，可根据分区运用需要修建隔堤。隔堤的堤线应根据蓄滞洪区地形地质条件等，结合行政区划综合分析，合理布设；隔堤级别不宜高于所在蓄滞洪区围堤。

5.2.4 分洪口、退洪口位置，应根据地形、地质、水流条件等综合分析选定；分洪口、退洪口宜选在江河、湖泊的凹岸地势较低、地质条件较好、进(出)流水流平顺的位置。口门轴线与河道洪水主流方向交角不宜超过30°。

5.2.5 当地形和运行条件允许时，分洪口门、退洪口门可结合使用。

5.2.6 分洪控制工程的型式，应根据蓄滞洪区的类别、启用概率、分洪流量大小等因素合理确定；可采用分洪闸、修建裹头临时爆破或简易溢流堰等型式，并应符合下列规定：

1 启用概率高于10a一遇的蓄滞洪区，宜采用建分洪闸的分洪控制型式。启用概率低于10a一遇的蓄滞洪区，且地位十分重要，经分析论证确有必要时，也可采用建分洪闸的型式。

2 启用概率低于10a一遇的一般蓄滞洪区或蓄滞洪保留区，可采取结合修建裹头临时爆破的分洪控制型式。

3 蓄滞洪区分洪流量和蓄滞洪量较小时，可采用简易溢流堰的分洪控制型式。

5.3 排 涝 工 程

5.3.1 蓄滞洪区排涝工程规划应符合现行国家标准《灌溉与排水工程设计规范》GB 50288的有关规定，并应与分洪、退洪控制工程相协调。

5.3.2 蓄滞洪区中安全区的排涝工程应与蓄滞洪区排涝系统统一规划、相互协调，并应结合使用。

5.3.3 安全区的排涝系统应满足蓄滞洪期间单独运行的要求。

5.3.4 安全区的排涝工程应根据安全区地形地貌、城镇(或村镇)发展规划，结合现有排涝体系进行合理布局。

5.4 安 全 建 设

5.4.1 蓄滞洪区安全建设，应根据防洪、蓄滞洪区建设等有关规划，分析确定蓄滞洪区内需就地避洪、临时转移和外迁安置的人口数量和分布。

5.4.2 蓄滞洪区的安全建设，应在蓄滞洪区类别和风险评价的基础上，结合区内地形、地质条件以及居民的意愿，采取居民外迁、就地避洪、临时转移等模式合理安排，并应符合下列规定：

1 重度风险区，宜采取居民外迁或就地避洪等方式进行永久安置。

2 中度风险区，宜采取就地避洪与临时转移相结合的方式进行安置。

3 轻度风险区，宜采用撤离转移、临时安置为主的方式进行安置。

5.4.3 蓄滞洪区内安全区，宜结合围堤、隔堤，设置在地势较高、人口相对集中的集镇或村庄，并应有利于对外交通、供电、供水和居民外出从事生产活动；安全区内安置的居民点与主要生产场所的距离不宜超过3km～5km。安全区应避开分洪口门和洪水行进的主流区域。

5.4.4 安全台宜建在地势较高、地质条件较好、土源丰富的地带；有条件时应结合堤防工程、河道疏浚工程修建。安全台应避开分洪口门、急流、崩岸和深水区。安全台的布置应有利于对外交通、供电、供水以及台上居民生产生活。安全台上安置的居民点与主要生产场所的距离不宜超过3km～5km。

5.4.5 距离防洪安全地区较远、居住分散、不宜建设安全区和安全台的区域，可采取建设安全楼的方式避洪。

5.4.6 安全楼宜建在地势较高、地质条件较好的地带。安全楼应避开分洪口、退洪口以及洪水行进的主流区。

5.4.7 转移道路应根据居民点分布情况、转移人数、转移时间、转移方向、现有道路情况，按本规范第3.3.4条的规定合理布设；必要时，应布设相应的转移桥梁、码头等设施。

6 蓄滞洪区防洪工程设计

6.1 蓄滞洪区围堤和穿堤建筑物设计

6.1.1 蓄滞洪区围堤设计，除应符合现行国家标准《堤防工程设计规范》GB 50286的有关规定外，还应满足蓄滞洪区的特殊技术要求，并应符合下列规定：

1 蓄滞洪区围堤堤顶高程应根据围堤外河设计水位和蓄滞洪设计水位两者之高值加堤顶超高分析计算确定。

2 蓄滞洪区围堤临河(湖)侧边坡及堤基稳定，应分析蓄滞洪运用时区内处于设计蓄滞洪水位、外河处于低水位的不利挡水工况。

6.1.2 运用概率较高的蓄滞洪区，必要时围堤内坡可根据防冲刷的要求采取相应的护坡措施。

6.1.3 蓄滞洪区涵闸等穿堤建筑物，除应符合现行国家标准《堤防工程设计规范》GB 50286的有关规定外，还应符合下列规定：

1 应分析区内水位高于外河水位时可能出现的最不利工况情况下闸身和闸基的稳定。

2 必要时，应满足双向挡水的要求。

6.1.4 各类压力管道、热力管道和天然气管道需要穿过堤防时，应在设计蓄滞洪水位和设计洪水位以上穿过，并应避开分洪口和退洪口。

6.2 分洪控制工程设计

6.2.1 蓄滞洪区分洪口门的设计分洪流量应按所在江河防洪总体要求，根据设计洪水、河段控制水位或安全泄量计算确定。

6.2.2 在湖泊、河网地区，当设计洪水过程难以计算或未明确安全泄量时，可采用规划蓄滞洪量除以蓄满历时，确定蓄滞洪区分洪口设计分洪流量。

6.2.3 分洪控制工程的规模及孔口尺寸，应满足确定的设计分洪流量和蓄满历时的要求，并应综合各种可能影响分洪量的因素分析确定。

6.2.4 分洪闸闸底、闸顶高程及孔口尺寸，应根据设计分洪流量，闸上下游水位，闸址地形、地质及分洪区地形等条件，通过水力计算和技术经济比较确定。

6.2.5 对于有在规定时间内满足蓄洪量要求的蓄滞洪区，应进行过闸流量过程演算以及蓄满历时验算，并应分析确定分洪闸孔口尺寸。

6.2.6 分洪闸闸上水位计算，应分析上游有无分叉河道，主泓是否顺直以及是否受其他河流、湖泊水位涨落影响等情况。

6.2.7 分洪闸闸下水位可通过水量调蓄计算分析确定。下游有引洪道的分洪闸，闸下水位可按推求水面线的方法分析确定。

6.2.8 水流流态复杂的大型分洪闸，应进行水工模型试验，验证进出口水流流态、流速分布、分洪流量、消能效果以及口门上下游的冲淤情况等。

6.2.9 分洪闸设计应符合国家现行标准《水闸设计规范》SL 265的有关规定，并应符合分洪建筑物的特殊要求，同时应符合下列规定：

1 分洪闸上游进水部分宜布置成喇叭口形与闸室同宽相接。两侧进水条件基本一致时，可采用对称布置；当进水方向与河道中心线夹角较大时，可采用非对称布置。两侧应设导墙或护坡，导墙高度应低于闸室高度，并不应影响闸的过流能力；进水口两侧地势较高时，可采用护坡型式。

2 闸室结构可根据分洪和运行要求，选用开敞式、胸墙式或双层式等结构型式，宜采用开敞式。当地基条件较好时，闸室底板宜采用分离式，地质条件较差或为软弱地基时，闸室底板宜采用整体式，且底板宜适当加厚。对于多孔闸，沿垂直水流方向应做分缝处理，岩基上的分缝长度不宜超过20m，土基上的分缝不宜超过35m。

3 闸顶高程应根据挡水和分洪比较确定。挡水时闸顶高程不应低于设计分洪水位加波浪计算高度与安全超高值之和，且不应低于相邻挡水建筑物的挡水标准；分洪时，闸顶高程不应低于设计洪水位（或校核洪水位）与安全超高值之和。分洪闸安全超高下限值应符合表6.2.9的规定。闸顶高程的确定，还应分析所在河流河道演变所引起的水位变化因素。必要时，可适当升高或降低闸顶高程。

表6.2.9 分洪闸安全超高下限值

运行情况		分洪闸级别			
		1	2	3	4
挡水时	设计分洪水位（或最高挡水位）	0.8	0.7	0.5	0.4
泄水时	设计洪水位	1.5	1.0	0.7	0.5
	校核洪水位	1.0	0.7	0.5	0.4

4 闸门的结构型式和控制设备的选择，应满足分洪调度的要求。外河（湖）水位变化较大，且枯水位位于闸底板以下时，可不设检修门。

5 有交通要求的分洪闸，闸顶公路桥桥面宽及荷载设计标准应与与之相连的堤防堤顶公路标准相适应。

6 多泥沙河流上分洪控制工程设计，应分析外河（湖）泥沙淤积对分洪口泄水能力的影响。

6.2.10 采用修建裹头临时爆破扒口的分洪控制工程，应符合下列规定：

1 分洪扒口口门形状宜呈喇叭形，口门下游扩散角宜小于上游扩散角。

2 应对扒口两侧大堤进行裹护，口门两侧裹护范围应根据水流对两侧大堤的冲刷影响分析确定。

3 分洪口流速较小时，宜采用抛石裹护；流速较大时，宜采用浆砌石或高喷灌浆裹护。

4 采用抛石裹护结构型式时，抛石单块重量、粒径应根据流速计算分析确定。

5 采用浆砌石裹头结构型式时，浆砌石厚度应大于500mm，砂浆强度不应低于M7.5。

6 采用高喷灌浆裹护结构型式时，高喷体宜贯穿整个大堤横断面，上部高程应位于分洪水位以上0.5m，下部高程应深入堤基计算冲刷深度1m以下，且宜以一定倾角偏向两侧。

6.3 退洪控制工程设计

6.3.1 退洪控制工程孔口尺寸应根据设计蓄滞洪水位及蓄滞洪运用后区内恢复生产对排水时间的要求，选择符合设计标准的退洪口下游典型年水位过程进行排水演算，并应结合地形地质条件及其他综合利用需要，综合比较合理确定。

6.3.2 具有反向进洪功能的退洪闸，上下游两侧均应满足消能防冲的要求。

6.3.3 多沙河流上退洪控制工程设计，应分析退洪口上、下游泥沙淤积对退洪口泄水能力的影响。

6.4 排涝泵站设计

6.4.1 蓄滞洪区内排涝泵站设计应符合现行国家标准《泵站设计规范》GB 50265的有关规定，并应结合蓄滞洪区的特点合理布置，保证主要建筑物和设备在蓄滞洪期间的防洪安全。

6.4.2 蓄滞洪区已建泵站应根据蓄滞洪区蓄滞洪水位和启用概率，结合泵站的具体情况，经分析比较，选用合适的保护方式，可采取修建月堤、设备抬升、临时转移等保护措施。

6.4.3 站址高程相对较高、地质条件较好的骨干泵站，宜采用月堤方式保护，并应符合下列要求：

1 月堤宜布置在泵站进水池以外，应根据地形、地质条件、泵站主要建筑物布局，经分析比较合理确定月堤堤线。

2 月堤跨越泵站进水渠时，宜建涵闸等控制工程，平时保持排水渠系畅通，蓄滞洪区启用时封闭。

3 月堤宜与泵站进水渠垂直相交。

6.4.4 如由于地形、地质条件所限，修建月堤比较困难时，可采取将电动机临时抬升、变压器整体抬高的保护方案；抬升高度宜超过设计蓄滞洪水位1.5m以上，并应配置设施设备，设施设备的配备应符合下列要求：

1 配置的起吊设备的容量应满足起吊单台电动机重量的要求；泵房相关的构件应满足相应的承重要求。

2 应配置有存放机电设备的搁置设施。

6.4.5 单机容量不大、易于拆装转运、附近有安全存放地点的排涝泵站，可采用主要机电设备临时转移的方式保护。

6.4.6 承蓄多沙河流洪水的蓄滞洪区泵站，其进水建筑物设计应分析蓄滞洪后泥沙淤积对泵站运行的影响。

7 蓄滞洪区安全设施设计

7.1 安全区设计

7.1.1 安全区的设计和建设应确保防洪安全；蓄滞洪后应能保障居民的基本生活条件。

7.1.2 安全区的围堤利用现有堤防时，应对存在隐患堤段进行加固处理。

7.1.3 安全区围堤堤顶宽度，应根据堤防稳定、管理、交通及居民生活等方面的要求分析确定；安全区围堤堤顶有交通要求时，堤顶宽度不宜小于6m，并应根据条件进行硬化。

7.1.4 安全区围堤迎水侧应根据风浪大小、水流情况，结合堤身土质，选择合适的护坡型式；安全区围堤背水坡宜采用草皮护坡。

7.1.5 安全区围堤两侧应根据居民交通需要，结合现有道路情况合理布设人行坡道和车道。人行坡道的间距不宜大于1000m，宽度不宜小于2m，台阶高度可采用16cm～18cm；车道坡度不应陡于1∶10，宽度可采用6m～8m。

7.1.6 必要时，安全区围堤堤顶可结合防浪墙修建防鼠墙，防鼠墙的墙面应光滑，高度不应小于0.8m。

7.1.7 安全区围堤跨越沟渠、道路时，应通过研究，合理调整现有沟渠、道路，或布置必要的交叉建筑物。

7.1.8 安全区围堤与交通道路交叉时，交通道路可采用上堤坡道；也可修建交通闸口，蓄滞洪时应临时封堵。交叉建筑物型式应根据具体情况分析比较确定。

7.1.9 安全区应新建必要的泵站。安全区的排涝流量应根据当地的暴雨特性、汇流条件，按确定的排涝标准分析计算确定，并应根据情况计入生活污水量和围堤渗入水量。

7.1.10 安全区应结合城镇（村镇）发展要求，规划建设居民生产生活必需的交通、供水、电力、通信等基础设施，并应符合下列要求：

1 供水应符合安全区内供水对象相应的饮用水标准对水质、水量的有关规定；供水设施及规模应满足蓄滞洪时应急供水要求。

2 应建设必要的对外交通。

3 供电、通信系统的建设，应能满足在蓄滞洪期间区内居民用电和通信的基本需求，必要时应设置备用电源。

7.2 安全台设计

7.2.1 安全台的设计和建设应确保防洪安全，并应满足蓄滞洪运用期间台上居民的基本生活条件，同时应便于台上居民非蓄滞洪运用时正常生活。

7.2.2 安全台建设应遵循因地制宜、就地取材、少占耕地的原则，台身及台面布置应根据地形地质条件、拟安置居民住房和基础设施的布局要求、居民生活习惯等因素分析确定。

7.2.3 筑台土料选用黏性土时，压实度不应小于0.9；筑台土料选用无黏性土时，相对密度不应小于0.6。

7.2.4 筑台土料为无黏性土时，宜采用黏性土对安全台进行盖顶、包边，盖顶厚度和包边的宽度可分别取为0.5m和1.0m。

7.2.5 设在蓄滞洪区围堤内的安全台，台顶高程应按设计蓄滞洪水位加台顶超高确定；设在蓄滞洪区围堤外临江河、湖泊一侧的安全台，台顶高程应按所在堤段堤防设计洪水位加台顶超高确定。新建安全台应预留沉降超高。

7.2.6 安全台台坡应根据安全台台基地质条件、筑台土质、风浪情况等，按运用条件，经稳定计算综合分析确定。

7.2.7 安全台台身高度超过6m时，宜设置戗台，其宽度不宜小于2m。

7.2.8 安全台临水侧应根据风浪大小、水流情况，结合安全台台身土质，选择合适的护坡型式。位于重度风险区内的安全台，宜采用砌石、混凝土护坡或抗冲刷能力强的生态护坡；其他风险区安全台可采用水泥土、草皮等护坡型式。安全台护坡范围宜从台脚护至台顶或与包边相接。

7.2.9 安全台台顶、台坡、台脚处应合理布设排水沟。沿台顶、台脚周边应设水平向排水沟；沿台坡坡面可每隔100m～200m设1条竖向排水沟。竖向排水沟应与水平向排水沟连通，排水沟宜采用混凝土或砌石结构衬砌。

7.2.10 安全台台基应满足渗流控制和稳定等有关规定。

7.2.11 有抗震要求的安全台，应按国家现行标准《水工建筑物抗震设计规范》SL 203的有关规定执行。

7.2.12 安全台建设应结合新农村建设要求，安排必要的交通、供水、排水、供电、通信、卫生等基础设施。

7.2.13 安全台应设置上台坡道和踏步。上台坡道应与蓄滞洪区内现有道路连接，坡度不宜陡于1∶10，路面可采用混凝土或沥青混凝土结构。台坡踏步宜根据安全台的长度每200m～500m设置1处。

7.2.14 安全台供水应符合供水对象相应的饮用水标准对水质、水量的有关规定；供电设施的建设应符合国家现行标准《农村电力网规划设计导则》DL/T 5118的有关规定。

7.3 安全楼设计

7.3.1 安全楼设计除应符合现行国家标准《蓄滞洪区建筑工程技术规范》GB 50181的有关规定外，并应符合本规范第7.3.2条～第7.3.6条的有关规定。

7.3.2 安全楼近水面安全层底面高程应按设计水位加安全超高确定。安全超高应按下式计算，且不应小于1.0m：

$$Y=d_s+h_m+0.5 \tag{7.3.2}$$

式中：Y——安全超高(m)；

d_s——风增减水高度(m)；当其值小于零时，取为零；

h_m——波峰在静水面以上的高度(m)。

7.3.3 安全楼荷载应分析洪水荷载与其他荷载的最不利组合。

7.3.4 安全楼设计水位以下的建筑层应采用耐水材料；设计蓄滞洪水位以下部分的布局应有利于洪水的进退。

7.3.5 安全楼应在略高于近水面安全层室外设置可供系扣船缆的栓柱。

7.3.6 安全楼应留有便于在蓄洪期间与外界接触的台面和通至近水面安全层的室外安全楼梯，楼顶应采用居民容易到达的平顶结构。

7.4 撤离转移设施设计

7.4.1 撤离转移设施设计应满足蓄滞洪运用前居民安全、及时有序撤离的要求。

7.4.2 撤离转移道路的规模和路线布设，应根据蓄滞洪区内村庄分布情况、人口安置总体规划方案、撤离转移人数和撤离转移方向、洪水传播时间等因素分析确定。

7.4.3 撤离转移干道的断面、路基应符合国家现行标准《公路工程技术标准》JTG B01的有关规定；路面宜采用混凝土或沥青混凝土等耐淹路面。

7.4.4 撤离转移道路跨越河、沟时，应修建必要的桥、涵。

7.4.5 需要通过水上撤离转移时，应规划建设必要的渡口；渡船可利用现有船只或临时调用。

8 蓄滞洪区工程管理设计

8.1 一般规定

8.1.1 蓄滞洪区工程管理设计应根据蓄滞洪区类别及蓄滞洪工程建设内容，合理确定蓄滞洪区工程管理体制、管理机构和人员编制，并应根据工程管理的需要制订相应的管理措施和管理制度。

8.1.2 蓄滞洪工程应结合现有管理资源设立专门的管理机构。

8.1.3 管理机构的设置应明确管理机构及隶属关系、管理内容、人员编制、管理费用。

8.1.4 蓄滞洪区应根据工程规模和运用要求，配建相应的管理设施；并应与主体工程同步建设。

8.2 管理范围和设施设备

8.2.1 蓄滞洪区各类建筑物工程的管理范围和保护范围，应根据蓄滞洪区的具体情况确定，并应符合下列规定：

1 堤防工程的管理范围和保护范围，可按国家现行标准《堤防工程管理设计规范》SL 171 的有关规定，并结合各地实际情况分析确定。堤防护堤地范围对其他用地面积影响较大时，宜从紧控制。

2 安全台、避水台的管理范围不宜超高台脚排水沟外 5m，保护范围可取为管理范围以外 50m～100m。

3 进退洪闸等建筑物的管理范围和保护范围，可按国家现行标准《水闸工程管理设计规范》SL 170 的有关规定执行。

4 转移道路的管理范围和保护范围可按同等级别公路的有关规定确定。

8.2.2 蓄滞洪区防洪工程和安全设施，可按国家现行标准《堤防工程管理设计规范》SL 171 和《水闸工程管理设计规范》SL 170 的有关规定，配备必要的观测设施、设备。

8.2.3 蓄滞洪区工程管理单位应根据定编人数及管理任务配备必要的设施设备和交通工具。

8.2.4 安全区应根据防汛抢险的需要，留有储备土料、砂石料等防汛抢险物料的堆放场所。

8.2.5 蓄滞洪区防洪工程和安全设施应设置必要的碑、牌。每个乡镇及基层管理单位均应设置宣传牌，撤离转移路口应设置导向牌，安全台、分洪口、退洪口等应设置标志牌以及其他警示标牌、桩号标牌等。

8.3 通信预警系统

8.3.1 蓄滞洪区应设置能够迅速将分洪指令传达到蓄滞洪区内有关单位、各家各户的通信预警系统。

8.3.2 蓄滞洪区通信预警系统应充分利用各地已有的防汛指挥系统。

8.3.3 蓄滞洪区宜利用当地公共通信网络，建设县、乡(镇)、村三级，覆盖蓄滞洪区工程管理、防汛重点单位，以及社会相关部门的通信预警系统。

8.3.4 蓄滞洪区通信预警系统可由预警反馈通信系统、计算机网络系统和警报信息发布系统构成。

8.3.5 通信预警系统的设备应技术先进、性能稳定、运行可靠、维护方便，并应与当地通信网络的技术手段相协调。

8.4 应急救生

8.4.1 蓄滞洪区应配置救生衣(圈)、抢险救生舟、中小型船只等救生器材，并应统一存放管理。

8.4.2 蓄滞洪区救生器材的配备标准，可按国家现行标准《防汛物资储备定额编制规程》SL 298 的有关规定执行。

8.5 疫情控制

8.5.1 蓄滞洪区设计时，应根据当地传染病历史和可能发生的传染病疫情，配合卫生部门制定传染病疫情控制预案，并应提出相应的预防措施、应急方案等对策措施。

8.5.2 血吸虫病疫区和毗邻疫区的蓄滞洪区防洪工程和安全建设设计，应符合水利血防工程设施设计的有关规定。

本规范用词说明

1 为便于在执行本规范条文时区别对待，对要求严格程度不同的用词说明如下：

1)表示很严格，非这样做不可的：

正面词采用"必须"，反面词采用"严禁"；

2)表示严格，在正常情况下均应这样做的：

正面词采用"应"，反面词采用"不应"或"不得"；

3)表示允许稍有选择，在条件许可时首先应这样做的：

正面词采用"宜"，反面词采用"不宜"；

4)表示有选择，在一定条件下可以这样做的，采用"可"。

2 条文中指明应按其他有关标准执行的写法为："应符合……的规定"或"应按……执行"。

引用标准名录

《蓄滞洪区建筑工程技术规范》GB 50181
《防洪标准》GB 50201
《泵站设计规范》GB 50265
《堤防工程设计规范》GB 50286
《灌溉与排水工程设计规范》GB 50288
《水利水电工程地质勘察规范》GB 50487
《水闸工程管理设计规范》SL 170
《堤防工程管理设计规范》SL 171
《堤防工程地质勘察规程》SL 188
《水利水电工程测量规范》SL 197
《水工建筑物抗震设计规范》SL 203
《防汛物资储备定额编制规程》SL 298
《公路工程技术标准》JTG B01
《农村电力网规划设计导则》DL/T 5118

中华人民共和国国家标准

蓄滞洪区设计规范

GB 50773—2012

条 文 说 明

制 定 说 明

为规范蓄滞洪区设计，指导蓄滞洪区建设，确保蓄滞洪区及时安全有效运行，制定蓄滞洪区设计技术标准十分必要。根据国家建设部关于印发《2007年工程建设标准规范制订、修订计划（第一批）》的通知（建标〔2007〕125号），遵照《工程建设国家标准管理办法》和《工程建设行业标准管理办法》的有关规定，由水利部水利水电规划设计总院和湖南省水利水电勘测设计研究总院会同有关单位共同编制本规范。

本规范经历大纲编制、大纲审查、咨询意见稿、征求意见稿、初审稿、送审稿、报批稿等阶段，最后经水利部和住房和城乡建设部专家审定。编制过程中，编制组在长江流域、淮河流域、海河流域、黄河流域等部分蓄滞洪区进行了调研，咨询有关专家，收集相关设计、管理资料，广泛征求蓄滞洪区管理、设计、科研单位意见，并充分吸收和采纳历次咨询、审查意见。

本规范的编制主要遵循以下原则：一是以人为本原则，保障蓄滞洪区经济社会持续稳定发展；二是安全性原则，确保工程安全可靠，蓄滞洪区人民生命财产安全；三是协调性原则，保证蓄滞洪运用及时有效，非蓄滞洪运用时区内居民生产生活正常；四是生态性原则，促进蓄滞洪区生态和谐，环境友好。同时，明确了蓄滞洪区设计的主要内容和技术要求。

由于我国蓄滞洪区建设还处于不断摸索的阶段，很多方面还需要通过一段时间建设实践和经验积累，才能形成更好更成熟的规定，因此在本规范的应用过程中，尚需认真总结，以供修订时参考。

为便于工程技术人员在使用本规范时能正确把握和执行条文规定，编制组按规范章、节、条顺序编制了本规范的条文说明，对条文规定的目的、依据以及在执行中应注意的有关事项进行了说明。本条文说明不具备与规范正文同等的法律效力，仅供使用者作为理解和把握标准规定的参考。

目　次

1 总　　则

1.0.1 蓄滞洪区的建设和管理关系到蓄滞洪区的正常运用和流域防洪标准的提高，关系到广大蓄滞洪区居民生命财产安全和经济发展。党中央、国务院历来高度重视蓄滞洪区工作。1988年国务院批转了水利部《关于蓄滞洪区安全与建设指导纲要》，该《纲要》试行以来，在部分重点蓄滞洪区内建设了一批安全楼、安全区、转移路、预警预报等设施，推动了全国蓄滞洪区安全建设与管理工作。但是，随着经济社会发展和人口增加，许多蓄滞洪区被不断开发利用，调蓄洪水的能力大大降低，蓄滞洪区的建设与管理滞后，区内防洪安全设施、进退洪设施严重不足，居民的生命财产安全无保障，致使蓄滞洪区启用决策十分困难；蓄滞洪区已成为防洪体系中极为薄弱的环节。上述问题如果得不到有效解决，一旦发生流域性特大洪水，将难以有效运用蓄滞洪区，流域防洪能力将大大降低，蓄滞洪区一旦运用，将可能造成严重损失，甚至可能影响社会稳定。为指导蓄滞洪区的建设，确保蓄滞洪区内居民生命安全，保证蓄滞洪区及时安全有效运用，有必要根据目前的经济发展水平和技术手段，制订适宜的标准，用以指导和规范蓄滞洪区的设计。

1.0.2 我国《蓄滞洪区运用补偿暂行办法》附录所列的大江大河防洪规划安排建设的蓄滞洪区共有97处，最新完成的我国大江大河防洪规划调整后的蓄滞洪区共计93处，这些蓄滞洪区主要分布于长江、黄河、淮河、海河、松花江和珠江流域，涉及北京、天津、河北、江苏、安徽、江西、山东、河南、湖北、湖南、吉林、黑龙江和广东等13个省(直辖市)，总面积$3.39\times10^4km^2$。其中，长江流域的荆江分洪区，黄河流域的北金堤滞洪区，淮河流域的蒙洼、城西湖、洪泽湖周边滞洪圩区，海河流域的永定河泛区、小清河分洪区和东淀、文安洼、贾口洼、团洼、恩县洼等12处蓄滞洪区由国务院或国家防汛抗旱指挥部调度，其余的由流域防汛抗旱指挥部或所在省防汛抗旱指挥部调度。

蓄滞洪区建设包括防洪工程建设、蓄滞洪安全建设；防洪工程建设包括蓄滞洪区围堤、分区运用隔堤、分洪、退洪控制工程、排涝泵站等工程；安全建设包括为蓄滞洪运用提供安全避洪和救生的多种措施，包括安全区、安全台、安全楼、转移道路等。本规范针对蓄滞洪区这一特殊的防洪措施，一方面提出了防洪安全建设人口总体安置和各类安全建设措施总体规划和布置方面的要求；另一方面对蓄滞洪区各类工程主要设计内容提出了有关规定。

1.0.3 作为防洪体系重要组成部分的蓄滞洪区，既是蓄滞洪水的场所，又是当地居民生存的基地。蓄滞洪区经济社会发展规划和建设，应考虑到蓄滞洪区平时是区内居民生活、生产的基地，蓄滞洪水时是洪水贮存场所的特殊地位。在制定蓄滞洪区经济社会发展规划和进行蓄滞洪区建设的过程中，要针对蓄滞洪区的特殊性，从流域、区域经济社会协调发展的高度，研究与之相适应的蓄滞洪区建设与经济发展模式，合理确定经济结构和产业结构，积极发展农牧业、林业、水产业等，因地制宜地发展第二、三产业，鼓励当地群众外出务工。限制蓄滞洪区内高风险区的经济开发活动，鼓励企业向低风险区转移或向外搬迁。同时，要加强对蓄滞洪区的土地管理，土地利用、开发和各项建设必须符合防洪的要求，保证蓄滞洪容积，实现土地的合理利用，减少洪灾损失。蓄滞洪区所在地人民政府要制定人口规划，加强区内人口管理，实行严格的人口政策，严禁区外人口迁入，鼓励区内常住人口外迁，控制区内人口增长。

我国的蓄滞洪区作为在大洪水时分蓄洪水的临时场所，同时还容纳着将近1600万人的生产生活，现实条件下不可能将蓄滞洪区所有人员进行转移安置。十六大以来，党中央、国务院就解决“三农”问题、统筹城乡发展、构建社会主义和谐社会等作出了一系列重大战略决策，对蓄滞洪区建设提出了更高的要求。按照中央水利工作方针，防洪工作必须坚持以人为本，坚持科学发展观，在蓄滞洪区工程规划设计中，要本着以人为本和构建和谐社会的思想进行工程布局和安排蓄滞洪区建设内容，在解决防洪问题的同时，使蓄滞洪区人民生产生活条件不断得到改善，真正做到洪水分得进，区内人民能够安居乐业。

1.0.4 蓄滞洪区是防御洪水的重要工程。在流域防洪规划中，为实现防洪总体目标，作为防洪体系中的蓄滞洪区，承担了分蓄河道超额洪水的重要任务。蓄滞洪区的建设，应根据流域防洪总体规划，确定蓄滞洪区工程总体布局以及蓄滞洪区安全建设的模式，确保蓄滞洪区按计划运用，做到有计划分蓄洪，将损失降低到最小。因此，蓄滞洪区的设计，必须认真领会流域防洪规划总体思想，切实服从流域防洪总体要求。

蓄滞洪区堤防、分、退洪口控制工程等防洪工程达不到规划的建设标准，一旦发生达到防洪规划启用标准的洪水时，将难以保证蓄滞洪区居民正常的生活生产秩序和按规划要求适时适量有序分蓄洪水；区内安全建设达不到规划标准时，难以保证按规划标准蓄滞洪水时区内居民财产安全，分蓄洪调度难以实施。总之，蓄滞洪区防洪工程、区内安全建设措施如不能按所在江河流域防洪规划实施到位，蓄滞洪区将难以实施有序调度，流域防洪体系整体效益难以发挥，防洪规划确定的目标也难以实现。

目前，我国蓄滞洪区涉及的范围大、防洪工程和安全建设底子薄，建设任务十分艰巨，长江、黄河、淮河、海河等几大流域蓄滞洪区建设的路子还在不断探索之中。而这些蓄滞洪区的洪水特性、运用标准、当地的经济社会情况等各不相同，也就决定了蓄滞洪区的建设模式不能千篇一律、一蹴而就；应根据蓄滞洪区在防洪体系中的重要程度、所处的地理位置、调度权限、启用概率、淹没特性等因素，合理安排各项工程的建设，在不断的实践中总结和提高蓄滞洪区的建设水平。

1.0.5 在进行蓄滞洪区工程建设的同时，应重视蓄滞洪区非工程措施建设，建设相关的通信预警系统，构建保障实施蓄滞洪水的非工程体系；通信预警系统和其他非工程措施对蓄滞洪区及时有序启用十分重要，对传递分洪调度命令，组织转移撤离，保证需要时按要求蓄滞洪水，使洪灾损失降低到最小，将起到十分关键的作用。

1.0.7 蓄滞洪区建设涉及国民经济多个领域和专业，包括水利水电、交通、城镇建设、供水供电、地质、环保等，而且很多建设内容如堤防、水闸、泵站等都有专门的技术标准。因此，本条规定在进行蓄滞洪区设计的过程中，不但要满足本规范的有关规定，还应符合国家现行的有关技术标准。

3 蓄滞洪区建设标准

3.1 蓄滞洪区风险等级

3.1.1 通过对蓄滞洪区的风险评价，可预知蓄滞洪区进洪后淹没情况，对指导蓄滞洪区安全建设、保障防洪安全非常重要。有条件的地方，可以模拟计算区内洪水行进路线、淹没范围、水深、流速、洪水到达和持续时间等，以作为蓄滞洪区安全建设和运用总体规划的依据，合理有效地使用蓄滞洪区，使群众安全得到保障，生产生活和经济活动适应防洪要求，并有利于区内工农业合理布局和经济持续发展。通过预知风险，合理确定安全建设工程总体布局和产业发展布局，把蓄滞洪水运用时洪水淹没损失减到最小。

3.1.2、3.1.3 国内外尚无关于划分不同风险区的统一标准，《全国蓄滞洪区建设与管理规划》对蓄滞洪区洪水风险评价的因子和评价方法进行了专题研究，给出了可操作的相对合理的风险分区的划分方法。本规范参照这一研究成果,对蓄滞洪区风险度的分析计算方法以及风险等级和风险分区等做出了规定。

该方法主要考虑蓄滞洪区的运用标准、蓄滞洪淹没水深两个风险因子,同时综合考虑了淹没历时的长短对风险的影响。根据93处蓄滞洪区的洪水风险分析与测算,综合确定了蓄滞洪区洪水风险评判标准为:风险度 $R \geqslant 1.5$ 为重度风险,$0.5 \leqslant R < 1.5$ 为中度风险,$R < 0.5$ 为轻度风险。

不考虑淹没历时长短影响时的基本风险度变化矩阵表参见表1。

表1 基本风险度变化矩阵

淹没平均水深 H(m) / 运用标准 N(a)	0.5	1	1.5	2	2.5	3	3.5	4	4.5	5
10	0.50	1.00	1.50	2.00	2.50	3.00	3.50	4.00	4.50	5.00
20	0.25	0.50	0.75	1.00	1.25	1.50	1.75	2.00	2.25	2.50
30	0.17	0.33	0.50	0.67	0.83	1.00	1.17	1.33	1.50	1.67
40	0.12	0.25	0.38	0.50	0.63	0.75	0.88	1.00	1.13	1.25
50	0.10	0.20	0.30	0.40	0.50	0.60	0.70	0.80	0.90	1.00
100	0.05	0.10	0.15	0.20	0.25	0.30	0.35	0.40	0.45	0.50

当蓄滞洪区较大,需根据地形地貌划分为不同的风险分区进行风险评价时,相应的风险度计算所采用的淹没平均水深为该风险分区的蓄滞洪淹没平均水深。

由于淹没历时也是应当考虑的风险因子,淹没历时越长,风险越大,反之越小;因此,在进行风险度计算时还应考虑淹没历时的修正系数。参考《全国蓄滞洪区建设与管理规划》关于蓄滞洪区洪水风险评价的专题研究成果,Φ 值取值范围在1.0~1.3较为合适。淹没历时越长,Φ 值越大;淹没历时大于2个月时,Φ 值取上限1.3;淹没历时在1旬以内时,Φ 值取下限1.0;淹没历时在1旬~2个月之间时,Φ 值在1.0~1.3之间取值。

3.2 建筑物级别与设计标准

3.2.1 蓄滞洪区堤防工程是一类特殊的堤防工程,是江河防洪工程体系的重要组成部分。它既有自身的保护对象,要保证一般情况下蓄滞洪区内居民的生命财产安全和正常的生产生活,同时又要保障蓄滞洪区在必要的时候按照流域防洪总体要求按计划分蓄超额洪量,牺牲局部、确保流域重要防洪对象的安全。蓄滞洪区的防洪标准不能像其他防洪对象,直接根据防护区内的人口、耕地等因素确定防洪标准。现行国家标准《防洪标准》GB 50201 中规定蓄滞洪区的防洪标准应根据批准的江河流域规划的要求分析确定,现行国家标准《堤防工程设计规范》GB 50286 规定蓄滞洪区堤防工程防洪标准"应根据批准的流域防洪规划或区域防洪规划的要求专门确定"。上述规定虽然没有统一的定量指标,但根据各批准的流域防洪规划以及主管部门相应的审查意见,一般都明确提出了蓄滞洪区围堤相应的建设标准。比如根据水利部1994年对洞庭湖二期治理工程的批复意见,洞庭湖区蓄洪垸临洪大堤按新中国成立后发生最高水位确定。据了解,黄河、淮河、海河等几大流域防洪规划或相应的审查意见中也都明确了主要控制站的分蓄洪控制水位,为蓄滞洪区堤防的建设标准提供了相关依据。在具体设计工作中,蓄滞洪区所在流域如有已审批的防洪规划,其堤防建设标准应直接采用防洪规划确定的标准,否则应根据流域防洪总体要求,结合蓄滞洪区分洪运用标准、蓄滞洪区堤防防护对象的防洪标准等分析确定。

3.2.2 本规范提出安全区围堤工程级别和设计洪水标准不应低于所在蓄滞洪区围堤的级别和设计洪水标准主要是基于以下几点考虑:

1 蓄滞洪区内设立的安全区,从设立的目的来讲是要保证在蓄滞洪运用时安全区处于防洪安全状态,所以其防洪标准和围堤工程级别不宜低于蓄滞洪区堤防。

2 安全区的人口财产十分集中,万一失事,可能造成重大人员伤亡,产生灾难性后果,社会影响巨大;安全区必须具有不低于蓄滞洪区的安全等级。

3 从长远看,安全区必将成为蓄滞洪区范围内政治、经济和文化中心;安全区具有较高的防洪标准有利于蓄滞洪区经济社会全面发展,有利于当地居民安居乐业,无后顾之忧。

3.2.4 当蓄滞洪区围堤和安全区围堤临河、湖时,按相应堤段的防洪标准相应水位计算各堤段的设计水位;一般情况下,流域防洪规划确定了主要控制站设计水位,可以此为依据推求各堤段设计水位。

对处于蓄滞洪区以内的非临河(湖)堤段,只有当蓄滞洪运用时才发生挡水工况,所以这部分堤防的设计水位需要根据防洪标准,结合蓄滞洪运用的情况具体分析,按设计蓄滞洪水位确定。设计蓄滞洪水位一般在防洪规划中已经确定,在设计阶段,为比较准确地确定各建筑物的设计水位,需要根据防洪规划确定的总分洪量、蓄滞洪区的高程—容积曲线等资料进行复核。

3.2.5 在堤防工程设计中,由于水文观测资料的局限性、河流冲淤变化、主流位置改变、堤顶磨损和风雨侵蚀等影响,需要有一定的安全加高。安全加高不包括施工预留的沉降加高、波浪爬高以及壅水高。本规范中,堤防工程的安全加高值参照现行国家标准《堤防工程设计规范》GB 50286 的有关规定确定;考虑到安全区的特殊地位和其重要性,安全区围堤工程安全加高不宜低于相应蓄滞洪区围堤的安全加高。

有时在流域规划或主管部门批复意见中直接规定了设计堤顶的超高值,如水利部在对洞庭湖二期治理批复中,确定设计水位按1949~1991年当地实测最高水位作为设计水位,堤顶超高湖堤为1.5m,河堤为1.0m,此时应按照规划审批意见设计。

3.2.6 布置在蓄滞洪区内的安全台台顶高程受区内蓄滞洪水位控制,其设计水位应根据该蓄滞洪区内的设计蓄滞洪水位分析计算确定。有些流域安全台根据地形条件结合蓄滞洪区围堤布置在堤防外侧,此类安全台台顶高程的确定受外河洪水位控制,其设计水位应根据外河水位分析确定,一般取安全台所在堤段堤防设计洪水位作为安全台设计水位。

3.2.7 安全楼设计水位是确定安全楼安全层底面设计高程的基本依据。设计水位应根据所在蓄滞洪区的设计蓄洪水位确定。若蓄滞洪区具有上吞下吐任务,应按水面比降进行内插计算求得设计水位。

3.2.8 在安全台工程设计中,由于水文资料的局限性,河湖冲淤变化,加上台顶磨损和风雨侵蚀,在设计台顶高程时需要有一定的安全加高值。安全加高值不包括施工预留沉降值和波浪爬高及壅水高度。

根据现行国家标准《防洪标准》GB 50201 以及安全台可能安置的人口规模,安全台工程等级一般在Ⅳ等以下,参照国家现行标准《堤防工程设计规范》GB 50286 和《土石坝设计规范》SL 274,在Ⅳ等以下的土堤、土坝安全加高一般取0.5m~0.6m即可,考虑到有些安全台与堤防工程结合在一起建设,为方便工程的建设和运用,本条台顶安全加高取值给出0.5m~1.0m的规范,设计中可根据实际情况取值。

3.2.9 蓄滞洪区土堤的稳定安全系数与一般堤防相比没有特殊的要求,采用现行国家标准《堤防工程设计规范》GB 50286 的推荐值。

3.2.10 安全台边坡抗滑稳定的原理与堤防类似,根据调研的情况,以往已建的安全台一般参考堤防抗滑稳定安全系数确定台坡,实际运行能够满足稳定、安全的要求。本规范中安全台台坡抗滑稳定安全系数参照不小于Ⅳ级堤防工程抗滑稳定安全系数取值。本条表3.2.10中提出的安全系数适用于瑞典圆弧法。

安全台正常运用条件即为设计条件，非常运用条件是指地震、施工期运用。

本条是强制性条文，必须严格执行。

3.2.11 有些蓄滞洪区范围大，在非蓄滞洪运用期间内部水系可能发生洪水，对蓄滞洪区内的一些防洪保护对象，如厂矿、集镇、建筑物等造成洪灾损失，此时应根据这些防护对象的重要性，结合现行国家标准《防洪标准》GB 50201 的有关规定分析选定这些防护对象的防洪标准，并应根据内部水系的有关资料，分析计算相应的设计洪水。

3.2.12 目前，我国很多蓄滞洪区是重要的粮食产区，为保证蓄滞洪区正常的农业生产，需保证蓄滞洪区具有一定的治涝标准。

现行国家标准《灌溉与排水工程设计规范》GB 50288 中，对一般排水区排涝标准作了规定，蓄滞洪区的排涝标准可以参照执行。根据调查，与当地现行的农田排涝有关设计资料比较，长江、黄河、海河、淮河等流域的蓄滞洪区，农田排涝旱作物区执行 3a～10a 一遇 1d～3d 暴雨从作物受淹起 1d～3d 排至田面无水，水稻区执行 3a～10a 一遇 3d 暴雨从作物受淹起 3d 排至作物耐淹水深的标准基本适宜。由于各地区现有排水工程基础条件不同，雨情、水情和灾情不同，而且各地农业发展水平以及对排涝的要求也不尽相同。因此，各地在确定排涝标准和排除时间时应因地制宜，经综合分析比较后确定。

一般来讲，安全区将规划发展为城镇或集镇，而目前关于城镇的排涝标准在水利行业没有统一的规定，各地采用的标准也难以统一，可结合当地的汇流情况和暴雨特性分析。据调查了解，湖南、广东等省部分中小城镇城市防洪治涝设计中一般采用 10a 一遇 24h 暴雨 24h 排干的标准。

3.3 蓄滞洪区安全建设标准

3.3.1 安全区是蓄滞洪区安全建设的主要措施之一，安全区一般选择位于蓄滞洪区经济较为发达、人口相对集中、地势较高、对外交通方便的村镇；根据调查分析，目前已经建设成功或规划建设的安全区，大部分本身就是依托村镇、小城镇修建或即将发展为小城镇。如海河流域白洋淀的安新县安全区，本身就是依托现有 $4km^2$ 县城利用围堤围成 $20km^2$ 的安全区；长江流域围堤湖蓄洪区的北拐安全区建成后即将发展为集镇。考虑安全区将来村镇发展的需要，其长远发展所需的建设用地包括居住建筑用地、公共建筑用地、生产建筑用地、仓储用地、对外交通用地、道路广场用地、公用工程设施用地和绿化用地 8 大类。因此，本规范在确定安全区建设标准时，结合安全区建设的实际需要，参考现行国家标准《村镇规划标准》GB 50188，提出了安全区人均占地标准按 $100m^2$/人～$150m^2$/人控制。《村镇规划标准》GB 50188 规定村镇规划用地标准为 $50m^2$/人～$150m^2$/人，考虑到与一般地区相比，蓄滞洪区土地相对宽松，所以本规范取该标准中比较高的标准作为规定范围。建设用地偏紧、对分蓄洪容积影响大的地区取小值，反之可取大值。在安全区建设方案的拟订过程中，应结合地形条件、投资等因素，进行综合比较，合理确定。

少数蓄滞洪区如果根据经济社会发展用地要求，或考虑安全区堤防合理利用现状有利地形条件，适当增加挽围面积投资可能更节省，工程更加经济合理，挽围面积需要突破这个指标的，应经过充分论证后确定。安全区挽围面积过大，将对蓄滞洪区分蓄洪量产生影响，进而影响到流域防洪规划的标准。通常安全区挽围面积以不超过蓄滞洪区蓄洪容积的 5% 为宜。

3.3.2 安全台需要通过抬填地面高程使其高出蓄滞洪水位，用于村民建房永久安置或蓄滞洪时临时居住安置。由于建设安全台所需土料较多，投资大，安全台台顶面积一般受到限制。通过对已经建设的安全台进行调查，过去部分已建的安全台按照 $30m^2$/人的标准建设，有的甚至更低；结果导致定居在安全台上的居民生活环境十分拥挤，人畜混居，条件十分恶劣，没有发展和建设的余地。通过对长江、黄河、淮河等流域的调查，普遍反映安全台台顶面积按照 $30m^2$/人的标准太低；本规范结合考虑新农村建设的需要，参考现行国家标准《村镇规划标准》GB 50188 规定的用地标准，提出安全台建设按 $50m^2$/人～$100m^2$/人控制，保证安全台有一定公共建筑用地的面积和必要的发展空间。

用于临时避洪的安全台，不需考虑居民住房建筑用地和公共建筑用地等面积，因此台顶面积标准比永久安置人员的安全台可大大减小，参照部分地区经验，采取 $5m^2$/人～$10m^2$/人控制即可。

3.3.3 安全楼的安全层面积大小主要考虑存放村民的粮食、衣被等主要财产和蓄滞洪水时村民暂时避洪之用，综合考虑这些因素，安全楼安全层面积可按 $5m^2$/人～$10m^2$/人的标准进行控制；经济条件允许的地方，可结合考虑当地财力和居民自身投资建房的意愿，适当扩大安全楼的面积。

安全楼的建设应尽可能平汛结合。可以根据各地实际需要和安置人口数量，将安全楼建设成可以兼作学校、礼堂、俱乐部等公共场所的建筑，平时发挥相应的功能，蓄滞洪运用时根据蓄滞洪预案安置区内居民；也可以通过适当的政策和措施，如国家按本规范确定的标准补助，居民自筹部分资金将安全楼建设成为适合居民日常生活的住宅型式，平常可供居民居住，蓄滞洪水期间安排居民临时避洪，但此时应当保留有必须的避洪空间，并承诺蓄滞洪时服从统一安排。

3.3.4 撤离强度指某路段单位时间内撤离转移的人数。公路工程设计中，一般采用预测年第 30 位小时交通量作为公路设计小时交通量，据此确定公路等级；同时，畜力车、人力车、自行车等非机动车辆在设计交通量换算中按路侧干扰因素计，三、四级公路上行使的拖拉机每辆折算为 4 辆小客车；在转移道路的设计中，应根据规划转移的人数和当地可能的交通条件，验算规划用以撤离转移的公路是否满足在蓄滞洪水前人员和财产有序撤离的要求。为保证蓄滞洪区内居民在分蓄洪水命令下达后迅速转移到安全地带，必须保证有足够的路网密度；同时，蓄滞洪区撤离转移道路应合理布局，充分利用，避免重复建设。目前蓄滞洪区路网建设密度的标准没有一个可以参考的依据，各主要流域都修建了一定数量的撤离转移道路，但主要是作为应急工程所建，没有形成系统完整的转移路网体系。蓄滞洪区的路网密度与需要转移的人口、蓄滞洪区的面积大小等主要因素有关；根据对海河、淮河、长江等流域 10 多个具有代表性的蓄滞洪区的安全建设规划中规划转移道路的统计分析，得到蓄滞洪区转移路网密度与蓄滞洪区面积、人口的关系(参见表 2)，供设计参考。各地可结合当地的实际情况在分析转移撤离强度的基础上具体确定。

表 2 蓄滞洪区转移道路密度

蓄滞洪区土地面积 (km^2)	蓄滞洪区人口密度 (人/km^2)	路网密度 (km/km^2)
≤300	>500	0.5～0.7
	≤500	0.4～0.6
>300	>500	0.3～0.5
	≤500	0.2～0.4

4 基本资料

4.2 气象水文

4.2.1 蓄滞洪区防洪安全建设是一项综合措施，蓄滞洪区设计涉及的工程内容较多，包括堤防、安全台、安全楼、分退洪闸口、撤离转移道路、排涝泵站等。本条所列资料应根据蓄滞洪区工程项目设计的具体情况，有针对性地进行收集。比如，对堤防工程，风向、风速等资料要满足风浪爬高和护坡计算的要求；多雨地区需要提供施工期降雨天数及降雨强度资料；北方严寒地区，需要提供冰情及施工期气温资料。

4.2.2、4.2.3 蓄滞洪区以及与之相关的周边地区的流域水系情况、江湖关系、河湖演变趋势、河势或湖泊的冲淤变化情况等资料是蓄滞洪区工程包括蓄滞洪区堤防、进退洪口门以及蓄滞洪区各类安全建设内容如安全区、安全台、安全楼等工程总体布局的重要依据；在这些建筑物的总体布置和设计方案分析比较中，要收集足够和可靠的资料，才能保证工程方案的可靠性和合理性、经济性。

确定蓄滞洪区各类建筑物的设计参数，如蓄滞洪区堤防工程沿程设计水面线，分洪口、退洪口等建筑物设计水位、主要尺寸等重要参数，需要收集蓄滞洪区所在河段和控制站洪水流量和洪量、水位－流量关系以及流速、泥沙等水文资料。

4.3 地形地质

4.3.1 本条是参照国家现行标准《水利水电工程测量规范》SL 197的规定，结合蓄滞洪区工程设计的有关需要所作的规定。

蓄滞洪区涉及范围一般较大。与其他类型的水利建设项目不同，蓄滞洪区相关的工程建设内容很多，而且比较分散，所以工程总体布置的地形图要求的比例可采用1∶10000～1∶50000的小比例尺；对蓄滞洪区内的单一工程，结合工程设计的阶段要求和工程布置的特点分别给出了要求。堤防工程各设计阶段的测量资料的要求应根据现行国家标准《堤防工程设计规范》GB 50286的规定进行测量工作。分洪口、退洪口等控制工程在可研阶段主要为选址、方案比较、测算工程量等提供依据，地形图比例尺要求施测1∶1000～1∶2000；初步设计阶段为满足工程详细布置和工程量计算，要求采用1∶200～1∶500的比例尺。安全台工程涉及范围比较大，工程设计内容相对简单，测量主要是为测算工程量、统计挖压占地、拆迁以及施工场地布置提供根据。根据工程实施经验，初步设计阶段采用1∶1000～1∶2000能够满足控制精度要求。转移撤离道路呈线状分布，可行性研究选线阶段主要以断面测量为主，横断面的布置为满足测算工程量的需要，断面间距应根据地形变化进行控制，使所布置的断面具有代表性；初步设计阶段为满足线路布置要求，宜根据实际情况采用相关比例尺的地形图，为提高工程量计算的精度，横断面要求进一步加密。

4.3.2 蓄滞洪区各类工程包括堤防、分洪闸、退洪闸、泵站、道路、桥梁等，这些建筑物设计所需的地质勘察资料的有关规定在相关的规范中都有明确要求。蓄滞洪区工程设计中，应根据工程建设任务和建设内容，结合有关的规范进行地质勘察工作，并达到相应的工作深度。安全台设计有关内容和要求的地质资料与堤防工程类似，包括各阶段对安全台的台基地质情况、安全台填土的力学指标、台身设计的有关地质参数等要求，都可以参照国家现行标准《堤防工程地质勘察规程》SL 188的有关规定进行相应的地质工作，提出安全台设计所需的地质资料。

4.3.3 本条是针对有些地区利用部分现有蓄滞洪区的围堤建设安全区或结合现有蓄滞洪区围堤建设安全台所作的规定，此时为确保安全区堤防或安全台本身的安全，应对现有堤防工程的险工险情堤段以及历史上曾经出现过的险情进行调查，包括堤身的抗滑稳定、迎流当冲情况、堤身堤基的渗流稳定问题、堤基的沉陷问题等。

4.4 蓄滞洪区基本情况

4.4.1 蓄滞洪区社会经济基本资料以及蓄滞洪区内基础设施的现状情况，是确定蓄滞洪区工程总体布局以及蓄滞洪区安全建设模式和人口安置总体方案的重要依据，也是确定蓄滞洪区堤防工程级别的有关依据。在资料收集过程中，不但要整理蓄滞洪区有关社会经济资料，还要分析人口、财产、重要设施等要素的分布情况，供设计参考。

现有防洪工程和安全设施包括：堤防布置以及分洪口、退洪口位置，结构型式，堤顶高度、宽度、边坡、总堤长，堤防与周边防洪工程的联系；现有的安全区、安全台的面积，安置人口数量，存在问题等；工程管理方面的资料包括蓄滞洪区目前的管理机构、管理设施、存在的问题等。

4.4.2 蓄滞洪区建设，一方面要满足防洪安全方面的要求，另一方面要考虑蓄滞洪区平常为居民从事生产、生活活动的场所。了解蓄滞洪区的生态环境状况，便于在蓄滞洪区工程建设过程中，尽量减少对当地生态环境的影响，并使得蓄滞洪区工程能够与周边的生态环境状况协调，保证蓄滞洪区居民有一个安全、和谐、生态良好的场所。

4.4.3 蓄滞洪区经济社会发展规划、土地利用规划、村镇建设规划、交通发展规划等基础规划是蓄滞洪区安全建设和合理安排人员避洪的重要依据；蓄滞洪区所在流域防洪治涝规划是确定蓄滞洪区建设任务的重要基础，应根据防洪规划的有关要求，分析确定蓄滞洪区防洪工程和安全建设工程总体布局。这些规划资料对确定蓄滞洪区的分退洪口门、安全区、安全台、撤离转移设施布局以及蓄滞洪区人员避洪安置措施，蓄滞洪区内供水、供电等基础设施划划等十分重要。

5 蓄滞洪区工程布局

5.1 一般规定

5.1.1 流域蓄滞洪区是流域防洪工程体系的重要组成部分，蓄滞洪区防洪工程和安全设施应满足所在流域防洪总体规划和蓄滞洪安全的要求。一方面要使蓄滞洪区能够按调度命令适时启用，调度灵活，按量蓄滞洪水；另一方面要确保区内居民生命安全，使财产损失降低到最小程度。

流域防洪规划中，一般对蓄滞洪区蓄滞洪量、蓄滞洪时机、进洪流量等主要特征指标都提出了明确的要求，在进行蓄滞洪区设计时，为了达到流域防洪规划所确定的防洪标准和目标，要求蓄滞洪区的分、退洪口门的规模和位置选择、蓄滞洪区安全设施（包括安全区、安全台的面积和位置）等总体布局，必须满足流域防洪总体布局的要求，否则将影响整个流域防洪规划实施的效果。

蓄滞洪区是为确保江河防洪标准内主要防护对象的安全而设置的，有的在特大洪水下才启用，运用概率很小，有的运用概率很大；各个蓄滞洪区在防洪体系中的地位、防洪作用和调度运用等情况也差别很大，在建设模式上也应有所区别。应根据蓄滞洪区的类别、运用概率和蓄滞洪区洪水蓄泄的要求合理设置分洪、退洪控制工程；根据蓄滞洪区风险分布情况，分别采取人口外迁、区内调整迁入安全区域以及其他各类安全避洪设施，减少与规避洪水风险。对不同运用标准的蓄滞洪区采用不同的安全建设模式，既能够减轻蓄滞洪区建设的难度，使工程项目尽快得到实施，使蓄滞洪区能够按流域规划的要求蓄滞洪水，达到流域规划确定的防洪标准，又可以尽量提高资金的使用效率，以最小的投入取得最好的效果。

5.1.3 蓄滞洪区一般处于各流域中下游平原地区，有些蓄滞洪区内已经建有交通干线、重要企业、厂矿、水利等重要基础设施，这些设施所属部门应采取相应措施对其予以保护，保证蓄滞洪水时不对关系国计民生的设施产生影响。

5.2 防洪工程

5.2.1 蓄滞洪区堤防、分区隔堤、分洪控制工程、退洪控制工程等防洪工程在满足防洪安全和蓄滞洪任务的前提下，有多种可能的布置方案。应根据地形、地质条件和建设目标，拟定多个方案，从工程投资、防洪安全和蓄滞洪效果、退洪时间、施工条件、对蓄滞洪区的影响等各个方面进行比较，同时，还应兼顾各建筑物彼此之间的相互关系，比如分洪口与退洪口以及河势之间的关系，分洪口与安全设施之间的关系，通过综合分析，合理确定工程布置方案。

5.2.2 我国绝大部分蓄滞洪区堤防现状格局通常是在多年河湖演变和人类活动的基础上形成的。在进行蓄滞洪区的设计时，一般不宜对现有堤线进行调整。但有些地方由于要满足河湖整治或基础设施建设的要求，需要对已建的蓄滞洪区围堤进行调整。这种情况下，必须通过充分的论证，确定新的围堤堤线，新的堤线应保证河道的行洪要求。

5.2.3 有些蓄滞洪区面积较大，为针对不同量级的洪水灵活调度，可结合行政区划考虑兴建分区隔堤，以利于蓄滞洪区的分区运用。隔堤的建设标准，应根据蓄滞洪分区运用的条件以及分区的经济社会基本情况等因素分析论证确定，但级别宜不高于所在蓄滞洪区围堤。

5.2.4 分洪口应布置在利于进洪的位置，并需综合考虑工程区的地形、地质和水流条件等因素。利用有利的地形，比如垭口或选择地势低洼处布置，有利于减少工程开挖量。地质条件对于口门选择非常重要，分洪口选址应优先考虑在具有良好的天然地基的位置，最好是选择完好的岩石地基。但分洪建筑物往往建于湖区、平原区，地质条件多数为淤泥质黏土、粉砂土，承载力、抗剪强度较低，抗冲刷能力较差，砂性地基透水性较大。对这类不良地基，需采取工程措施进行处理。退洪口门的位置同样需要综合考虑工程区的地形、地质和水流等条件。退洪口应布置于地势低洼处，相对于分洪口有一定的水面比降，以利洪水较快顺畅地排出，尽量减少滞留于分洪区无法自流排出的水量。另外，还需考虑退洪时尽量减小水流对周围地形的冲刷和淤积，有利于退洪后场地的恢复。

为满足分洪口分洪流量要求，改善进口水流条件，其轴线与河道洪水主流方向交角不宜超过30°。分洪口进口处水流状况与引水角有关，角度较大时，容易造成进口水流流速不均匀，形成水位横向比降和横向环流，造成口门附近的局部淤积，并且使一侧边孔过流量减少较多。对退洪口，也需要控制口门轴线与河道洪水主流方向夹角，根据经验，夹角不宜超过30°，否则不利于洪水顺畅排出，大大影响退洪流量。

5.2.5 在设置分洪口与退洪口时，为节约工程投资，可考虑二者结合布置，但是由于受地形条件和运行要求等因素的影响，往往难以兼顾。当口门为自由退洪时，可考虑分洪口与退洪口结合布置，分洪时以闸门控制，退洪时水位随外河水位降落而自由消落。此时，口门的结构与分洪口门基本一样，但外侧引水渠底需进行护砌保护，或将护坦底板下游齿槽做加深处理。二者结合时，由于底板高程相对较高，往往退洪效果不佳，不能将分洪区内滞蓄水量全部排出，这样需通过另外的自流排水方式或采用排涝泵站抽排涝水。

5.2.6 重要的蓄滞洪区和分洪运用标准低的蓄滞洪区，分洪口建闸控制，分洪可靠性高，而且可以避免经常扒口及汛后堵口复堤的工作。如淮河流域的老王坡、老汪湖等，分洪运用概率为3a～5a一遇，都是采用建闸分洪的方式，实践证明具有调度运用灵活的优点。

对于蓄滞洪量和分洪流量比较小的分蓄洪区，可以采用溢流堰的口门形式，当河道洪水位达到分洪水位时，自然漫溢。如海河流域的永定河泛洪区，主槽两侧分别布置多个以小埝分割的分洪区，各小区的面积都较小，采用溢流堰的形式，洪水位达到分洪水位自行漫溢，可保证分洪目标的实现。

对分洪运用标准较高、蓄滞洪概率不很高、地位不十分重要的蓄滞洪区，可采用临时预留分洪口门位置、需要启用时爆破并对分洪口门采取裹头保护的形式。分洪流量较大时可采用多个分洪口门，以适应不同量级洪水的分洪要求。对分洪口采取裹头措施，对分洪口门两端的堤防受分洪时高速水流冲刷引起的破坏起到保护作用，造成的危害相对较小，分洪后堵口复堤的工程相对较小。

5.3 排涝工程

5.3.1 我国现有的蓄滞洪区绝大部分属于农业生产场所，有些还是国家重要的粮、棉、油产区，所以蓄滞洪区的排涝工程建设应与一般耕地排涝工程的建设同等对待，按照国家现行有关标准进行规划设计。同时，蓄滞洪区的排涝工程，考虑到蓄滞洪和退洪时的有关要求，在布置上可根据需要采取相应的措施。比如，与分洪口相连接的排水沟渠应考虑分洪时水流的畅通，并需对分洪时可能造成的冲刷影响采取相应的防护措施。与退洪口相连接的排水沟渠应着重考虑退洪时垸内积水的顺利排出。

5.3.2 安全区治涝标准相对较高，在蓄滞洪运用时，安全区相对于蓄滞洪区来讲是一个独立的区域，其治涝工程首先应满足安全区较高治涝标准的需要。但在平时，安全区又是蓄滞洪区的一部分，其治涝规划应纳入蓄滞洪区治涝统一规划，方能达到科学性、经济性和合理性的要求。

5.3.3 蓄滞洪区蓄滞洪运用期间，安全区外将被洪水淹没，此时安全区的排水系统与蓄滞洪区排水系统相对独立，应采取有效措施防止外水倒灌。蓄滞洪运用期间应有一定的抽排能力，应对此时可能遭遇的内涝问题。

5.3.4 安全区的排涝工程结合安全区的地形地貌以及安全区城镇(或村镇)发展规划合理布局，一方面是指尽可能利用有利地形自排，另一方面是指当安全区作为城镇(或村镇)建设时，可结合区内道路布置必要的排水沟、管道，有条件时做到雨污分流，使涝水汇集到低洼处集中排出，并尽可能利用现有排水体系。

5.4 安全建设

5.4.1 我国幅员辽阔，各流域洪水特性、地形条件迥然不同，各地的经济发展水平也相差很大；蓄滞洪运用时各蓄滞洪区的洪水淹没特性、风险程度相差很大；蓄滞洪区安全建设要根据规划水平年预测的人口总数统筹考虑，总体安排，落实蓄滞洪区内蓄滞洪运用时所有受淹人口的具体安置措施，保障蓄滞洪区正常启用。

5.4.2 对于重度风险区，运用标准一般较低，蓄滞洪运用的机会较多，人口宜集中永久安置在安全区、安全台(庄台)或永久迁至非淹没地带，有利于保证蓄滞洪区内居民正常的生活生产秩序，保障社会稳定和蓄滞洪区经济社会可持续发展，同时减小分洪难度，保证蓄滞洪区正常调度运用。具体采用就地新建安全区、安全台等设施还是永久外迁的安置方式，视当地的具体地形、地质条件和淹没水深、淹没历时等因素，综合分析比较确定。一般来讲，蓄滞洪水深较小，不影响行洪的区域，宜就地新建安全区、安全台等设施永久安置；蓄滞洪水深较大时，居民宜外迁，有条件时推行移民建镇(村)，退田还湖。

对蓄滞洪运用标准高、淹没水深小的轻度风险区，蓄滞洪运用的机会很小，区内居民受到淹没损失相对也小，采用以临时撤离转移为主的措施能够保证居民的生命财产不受到损失，同时大大减少建设资金，方便蓄滞洪区内居民的生产生活。

至于具体安置措施，要根据各地的实际情况，因地制宜地确定方案。

5.4.3 安全区一般将逐步成为蓄滞洪区范围内经济、文化中心，安全区布置在蓄滞洪区现有人口、财产相对集中，社会经济发展水平相对较高的区域(城镇、乡政府所在地、物资集制交易场所等)，有利于维持和促进蓄滞洪区内现有的社会经济发展，充分利用中心区域的区位优势和已经建成的基础设施资源。安全区作为蓄滞洪区居民安居乐业的永久安置场所，应具备基本的基础设施；安全区布置要为区内与外界联系的交通、通信以及供电、供水等基础设施建设创造条件。

根据调查，居民定居点距离日常生产场所的距离超过 5km 时，将给日常的生产生活带来诸多不便，居民一般不乐于接受，甚至有些已经安置的居民为图方便，又有返迁到原来生活地点的倾向，所以本规范规定在人口安置规划中，居民定居点距离日常生产场所的距离不宜超过 5km。

分洪口附近区域在分洪运用过程中，洪水流速很大，对周边建筑物以及地基冲刷十分严重，安全区布置在分洪口附近必然受到很大影响。所以，一般安全区应选择在远离分洪口和洪水行进的主流区。

5.4.4 安全台填筑所需的土料较多，如果没有丰富的土源，筑台难度和投资很大，难以实施；安全台结合现有围堤或隔堤布置，可以减少部分工程量并可加固现有堤防。安全台宜避开不良地质基础，特别是淤泥质软基地段，减少地基处理难度。有些地方将安全台结合蓄滞洪区围堤布置在围堤外侧。为确保安全，要求布置在围堤外侧的安全台应避开急流、崩岸和深水区，防止遭水流淘刷崩塌。安全台应距分洪口一定距离，并避开流速大的区域，避免蓄滞洪水时高速水流冲刷。

同安全区一样，永久安置居民的安全台应有供水、供电、通信、交通等基础设施，便于安全台上居民的生产生活。

安全台上安置的居民距离日常生产耕作场所超过 5km，不利于居民往返生产，居民难以接受，不利于台上居民的安居乐业。

5.4.5 蓄滞洪区蓄滞洪运用时，安全楼上的居民生活极不方便，存在一定隐患。一般来讲，安全楼上避洪的居民均存在二次转移的问题。长江、淮河等蓄滞洪淹没历时相对较长的流域一般不主张采用安全楼的措施安置。安全楼主要是考虑蓄滞洪淹没历时较短、远离防洪安全区域、居民不能及时撤离转移的地区，当启用蓄滞洪区分蓄洪水时，依靠安全楼临时避洪。

5.4.6 进洪口或退洪口以及洪水行进的主流区流速一般比较大，房屋遭受水流冲击的威胁，这些区域不适合修建安全楼。

5.4.7 采取临时转移安置方式时，应根据分洪控制断面到居民区的洪水传播时间以及分洪控制断面的洪水预报时间，扣除撤离转移和组织的时间，分析群众用于撤离的有效时间。在分析洪水传播时间、转移运输条件、转移里程的基础上，分析撤离转移时间能否满足区内居民安全撤离转移的要求。在此前提下，确定转移路网和设施的总体布局，确保蓄滞洪时居民和财产能及时有序地根据规划的撤离方向转移到指定的安置点。

撤离转移道路的路线、长度应根据规划撤离转移的居民的分布情况和自然高地、安全区、安全台和安全楼等规划安置点的布局确定。蓄滞洪区撤离转移道路保持与区内的安全地带以及与外界交通干道连通，既保证分蓄洪水时区内居民撤离转移的需要，同时可保证区内各居民定居点之间以及区内与外界日常交通运输的需要。在规划设计中，可结合区内现有的交通格局进行改造或续建加固，使区内路网不但能够满足日常交通要求，还要达到撤离转移道路的要求。

6 蓄滞洪区防洪工程设计

6.1 蓄滞洪区围堤和穿堤建筑物设计

6.1.1 堤防作为在我国广泛存在的一项工程，在设计、施工方面都有比较成熟的经验。现行国家标准《堤防工程设计规范》GB 50286对堤防工程设计涉及的堤线布置、堤距确定、各类堤基处理措施、堤身设计、堤防的稳定计算、堤防与各类建筑物交叉处理等方面都提出了成熟的技术要求和技术方法。蓄滞洪区的各类堤防本身就属于堤防工程一类，在进行蓄滞洪区各类堤防工程设计时，完全可以按照现行国家标准《堤防工程设计规范》GB 50286进行。本规范仅仅考虑到蓄滞洪区堤防的运用特点，对不同于一般堤防的特殊运行条件和要求，提出相关的技术规定。

1 有些蓄滞洪区在蓄滞洪运用时，区内蓄滞洪设计水位比外河设计水位高，如洞庭湖水系的西官垸，围堤设计控制断面外河设计水位 38.8m，设计蓄滞洪水位 39.1m；大通湖东蓄滞洪区围堤控制站设计水位 33.47m，而蓄滞洪设计水位为 33.68m；淮河流域的部分蓄滞洪区等也有类似情况；此时，设计堤顶高程要根据区内的水位加安全超高分析计算确定，才能满足安全运用的要求。

2 当蓄滞洪区蓄滞洪区运用后，将发生双向挡水的工况；有些蓄滞洪区外河设计水位低于区内蓄滞洪设计水位，或者外河水位比区内水位降落快，使区内水位高于外河水位，出现与非蓄滞洪运用期间相反的工况，此时应根据蓄滞洪区的具体水情，分析区内水位高于外河(湖)水位时，可能出现的最不利情况对外坡以及堤基造成的不利影响，并在设计中采取相应的措施，保证堤防工程安全。

6.1.2 蓄滞洪区内坡一般采用草皮护坡而很少采用浆砌石或混凝土之类的硬护坡，蓄滞洪区蓄滞洪运用时，区内流速较大或风浪较大时，将对围堤内坡造成一定的冲刷破坏，运用概率高的蓄滞洪区，如果不对内坡采取一定的保护措施，长期运行将对堤防造成一定的破坏，长此以往必将形成安全隐患。所以，本规范规定根据各蓄滞洪区蓄滞洪运用的实际情况，采取适当的护坡措施。

6.1.3 在非蓄滞洪期间，蓄滞洪区涵闸的运用工况与其他堤防上的涵闸没区别，设计要求根据现行国家标准《堤防工程设计规范》GB 50286 的有关规定执行；蓄滞洪区的涵闸与其他涵闸的差别在于当蓄滞洪区分蓄洪运用时，蓄滞洪区范围处于一定的淹没水深，有可能出现区内水位高于外河水位的情况，而且区内水位的降落速度有可能比外河水位降落速度慢，此时当涵闸没有开启时，涵闸的挡水工况与一般涵闸正常挡水工况将不一致，闸内水位高于外水位。在蓄滞洪区涵闸的设计中，应结合实际情况进行具体分析，如果有可能出现这种工况，则应在闸身、闸基的稳定以及闸门本身的结构要求方面予以考虑。

6.2 分洪控制工程设计

6.2.1 设计最大分洪流量是确定分洪闸(分洪口门)规模的重要依据。计算时应按照流域防洪总体规划确定的防洪标准、分洪口下游河段的控制安全泄量，选择符合防洪标准的典型年洪水过程进行洪水演算至分洪口控制断面，再以河段控制安全泄量切平头的方法求得。若典型年洪水过程不符合防洪标准的要求，应根据分蓄洪历时按照峰量控制同倍比缩放求得防洪设计洪水过程。为安全计，在选择典型年洪水时应对几个大水年洪水进行分析比较，以最不利的原则确定典型年洪水。洪水演算方法可参见有关水利计算手册或专业书籍。

6.2.2 在湖泊、河网地区，设计洪水过程和安全泄量一般难以计算确定，按本规范第6.2.1条的方法难以计算设计最大分洪流量。考虑到湖泊、洼地相对于蓄滞洪区来说其容积要大得多，不会因一时的分蓄洪而对其水位流量乃至湖泊水量有大的影响，因此，设计中为简化处理，可以规划要求的该蓄滞洪区的蓄滞洪量除以蓄满历时，得到设计最大分洪流量。

6.2.3 可能影响分洪量的因素较多，主要包括：

1 分洪闸上游如有分叉河道，分洪后因水位降低，分叉河道泄量减少对分洪量的影响。

2 分洪进入蓄滞洪区的水量，如在蓄滞洪区下游流入本河道而引起下游河道水位抬高的影响。

3 闸址以下河段的水位、泄量受汇入较大的河流、湖泊或潮汐顶托的影响。

4 近期可能实施的河道整治工程，如裁弯、疏浚等对分洪量的影响。

5 闸上、下游泥沙冲淤对分洪量的影响。

6 闸下水位的变动对过水能力的影响。

7 有无引水、通航等综合利用要求。

6.2.4 闸底高程主要根据闸址处外滩高程、分洪区地形并考虑单宽流量、闸门高度等因素选定。闸顶高程主要根据闸上游最高洪水位加安全超高确定。闸顶高程不得低于原有堤防的堤顶高程。另外，在确定闸顶高程时还应考虑闸所在河道的防洪标准有可能提高或在一定的淤积水平年后洪水位抬高等不利因素。

在通过技术经济比较之前，闸底、闸顶高程及孔口尺寸可先采用下列计算公式初步拟定：

1 闸顶高程：

$$P=Z+D \tag{1}$$

式中：P——闸顶高程(m)；

Z——闸上游最高洪水位(m)；

D——闸顶安全超高(m)。

2 闸底高程：

$$W=Z-H_0 \tag{2}$$

$$H_0=\left(\frac{q}{M}\right)^{2/3} \tag{3}$$

式中：W——闸底高程(m)；

M——综合流量系数；

q——单宽流量[$(m^3/s)/m$]。

3 闸孔宽度：

$$B=\frac{Q}{q} \tag{4}$$

式中：B——闸孔净宽(m)；

Q——最大分洪流量(m^3/s)。

6.2.5 分洪闸过闸流量是与蓄滞洪历时有关的一个流量过程线，应根据闸槛型式、闸的布置以及上下游水位衔接要求、泄流状态等因素计算确定。

过闸水流流态可分为两种，一种是泄流时自由水面不受任何阻挡，呈堰流状态；另一种是泄流时水面受到闸门(局部开启)或胸墙的阻挡，呈孔流状态。在水闸的整个运用过程中，这两种流态均有可能出现，例如当闸门位于某一开度时，可能出现两种流态的互相转换，即由堰流状态转变为孔流状态，或由孔流状态转变为堰流状态。当过闸水流的流量不受下游水位的影响时，呈自由堰流状态，反之，则呈淹没堰流状态。过闸流量可参照表3所列的方法计算。

表3中过闸流量计算公式的几个系数值说明：

1 堰流流量系数 m 值。无坎高的平底顶堰，其进口局部能量损失几乎接近于零，其堰流流量系数最大值为0.385。

2 堰流侧收缩系数 ε 值。

表3 流态判别及过闸流量计算公式

堰(闸)型	流态判别方法			过闸流量计算公式	
				自由流	淹没流
宽顶堰  	第一判别法(南京水科所法)： $K_z\geqslant1$ 为自由流； $K_z<1$ 为淹没流。 $K_z=\frac{Z}{Z_k}$ $Z_k=(1-LC_0)^{2/3}H$ $C_0=m\sqrt{2g}$ 式中： Z—上下游水位差； Z_k—临界状态下的水位差； H—堰上水头； m—堰的流量系数。 对于单孔堰取 $L=0.514$； 对于多孔堰用 $L=f\left(\frac{\sum b}{B_上}\right)$计算	第二判别法 $h_i<KH_0$ 为自由流；$h_i>KH_0$ 为淹没流。 (K 一般取0.75～0.85，对于 K 值的详细计算与确定，见N—N阿格罗斯金等著的《水力学》)。 $H_0=H+\frac{aV_0^2}{2g}$	第三判别法 淹没流必须是下游水深大于临界水深，即： $h_d>h_k$	$Q=\varepsilon mb\sqrt{2g}H_0^{1.5}$ 式中： H_0—计入行近流速的堰上水头； ε—侧收缩系数； m—流量系数； b—出流宽度； $H_0=H+\frac{aV_0^2}{2g}$ V_0—行近流速	$Q=\sigma\varepsilon mb\sqrt{2g}H_0^{1.5}$ 或 $Q=\varepsilon\varphi bh\sqrt{2g(H_0-\beta e)}$ 式中： σ—淹没系数； h—槛上水深； φ—流速系数； β—垂直收缩系数； e—闸门开启高度。

续表 3

堰(闸)型	流态判别方法		过闸流量计算公式	
			自由流	淹没流
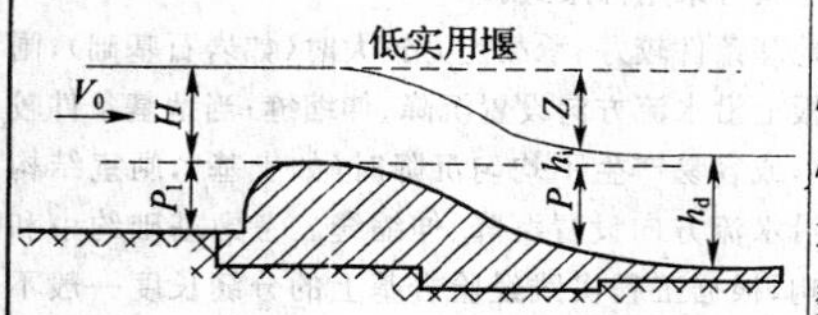	第一判别法： $h_d>P$ 为淹没流； $h_d<P$ 为自由流， 或根据 Z/P_1 的 数值大小确定	第二判别法同宽顶堰 第三判别法	$Q=\varepsilon mb\sqrt{2g}H_0^{1.5}$	$Q=\sigma\varepsilon mb\sqrt{2g}H_0^{1.5}$
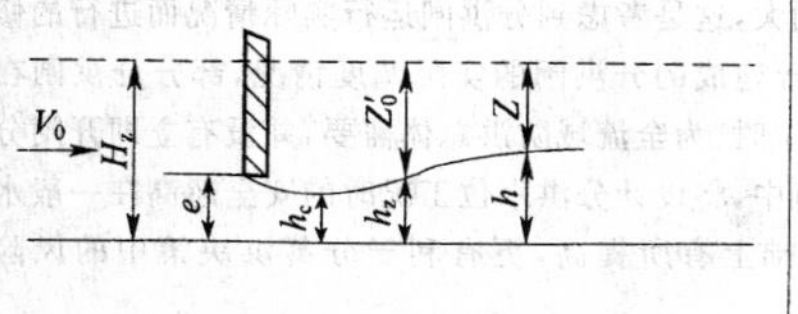	孔流条件： $\frac{e}{H_z}\leqslant 0.65$ 为闸孔出流； $\frac{e}{H_z}>0.65$ 为堰流 (式中，e 为闸门开启高度； H_z 为闸前水头)		$Q=\varepsilon'\varphi be\times$ $\sqrt{2g(H_{z0}-\varepsilon' e)}$ $H_{z0}=H_z+\frac{aV_0^2}{2g}$ 式中： ε'—垂直收缩系数； e—闸孔高度。	$Q=\varepsilon'\varphi be\times\sqrt{2gZ_0'}$ 式中：Z_0'—闸前、后的水位之差(H_z-h_z)，再计入行近流速

单孔闸：

$$\varepsilon=1-0.171\left(1-\frac{b_0}{b_s}\right)\sqrt[4]{\frac{b_0}{b_s}} \tag{5}$$

多孔闸，闸墩墩头为圆弧形：

$$\varepsilon=\frac{\varepsilon_z(N-1)+\varepsilon_b}{N} \tag{6}$$

$$\varepsilon_z=1-0.171\left(1-\frac{b_0}{b_0+d_z}\right)\sqrt[4]{\frac{b_0}{b_0+d_z}} \tag{7}$$

$$\varepsilon_b=1-0.171\left[1-\frac{b_0}{b_0+\frac{d_z}{2}+b_b}\right]\sqrt[4]{\frac{b_0}{b_0+d_z+b_b}} \tag{8}$$

式中：b_0——闸孔总净宽(m)；

b_s——上游河道一半水深处的宽度(m)；

N——闸孔数；

ε_z——中间孔侧收缩系数，可按公式(7)计算求得或由表 4 查得，表中 b_s 为 b_0+d_z；

ε_b——边闸孔侧收缩系数，可按公式(8)计算求得或由表 4 查得，表中 b_s 为 $b_0+\frac{d_z}{2}+b_b$；

d_z——中间墩厚度(m)；

b_b——边闸墩顺水流向边缘线至上游河道水边线之间的距离(m)。

表 4 堰流侧收缩系数 ε 值

b_0/b_s	≤0.2	0.3	0.4	0.5	0.6	0.7	0.8	0.9	1.0
ε	0.909	0.911	0.918	0.928	0.940	0.953	0.968	0.983	1.000

由于上游翼墙和闸墩(包括边闸墩和中闸墩)对过闸水流的影响，使闸室进出口水流发生横向收缩，增加了局部能量损失，从而影响泄水能力，这种影响综合反映为堰流侧收缩系数值的大小。而影响堰流侧收缩系数值的因素很多，如闸孔孔径、堰型、墩(墙)型、堰高和作用水头等。根据有关试验研究资料，本规范采用了简化的别列津斯基公式计算无坎高的平底闸堰流侧收缩系数值，即公式(5)。但必须指出，该公式仅适用于一般常用的圆头型闸墩和圆弧形翼墙情况。现将该公式表格化(见表 4)，供设计查用。对于多孔闸的堰流侧收缩系数，可取中闸孔和边闸孔侧收缩系数的平均值，见公式(6)～公式(8)。

3 堰流淹没系数 σ 值按式(9)计算，或查表 5。

$$\sigma=2.31\frac{h_s}{H_0}\left(1+\frac{h_s}{H_0}\right)^{0.4} \tag{9}$$

式中：h_s——由堰顶算起的下游水深(m)；

H_0——计入行近流速水头的堰上水深(m)。

表 5 宽顶堰 σ 值

h_s/H_0	≤0.72	0.75	0.78	0.80	0.82	0.84	0.86	0.88	0.90	0.91
σ	1.00	0.99	0.98	0.97	0.95	0.93	0.90	0.87	0.83	0.80
h_s/H_0	0.92	0.93	0.94	0.95	0.96	0.97	0.98	0.99	0.995	0.998
σ	0.77	0.74	0.70	0.66	0.61	0.55	0.47	0.36	0.28	0.19

堰流的淹没系数取值主要与淹没度的高低有关。本规范在给出了计算平底闸堰流淹没系数值的经验公式，即公式(9)的同时，还给出了淹没系数值表，该表是公式(9)的表格化(见表 5)可供设计查用。公式(9)是在南京水利科学研究所最新研究成果提供的经验公式(见毛昶熙等编著的《闸坝工程水力学与设计管理》一书，中国水利电力出版社，1995 年 2 月第一版)的基础上，对其拟合系数稍作修改而成的。

6.2.6 若分洪闸干流上游有分叉河道，应考虑分洪后水位降低的影响；对于闸前有滩地，或者河流主泓不很顺直的宽阔河道，还应考虑闸前水位并不等于大河平均水位的情况。

当分洪闸以下河段的河口受其他河流、湖泊水位涨落影响时，闸址附近的外江(湖)水位应按下列步骤计算确定：

1 根据设计洪水典型年或设计洪水标准，拟定分洪时段河口水位或水位过程线。

2 根据分洪闸址下游河道的安全泄量和所拟定的水位作为

边界条件，由河口向上游推算水面线，一般以闸址中点的河道水位作为分洪闸的闸上水位。若分洪闸较长，需精确计算时，应根据流量变化，推算分洪闸两端点的外江水位，再取平均值作为闸上水位。如闸址至河口间还有支流汇入或分流河道，计算各河段水面线时应考虑流量的变化。

6.2.7 分洪闸下游一般均有尾渠（分洪道或蓄洪区），闸下游水位经常受尾渠及尾渠终点水位（如分洪道出口水位或蓄洪区水位等）的控制，因此，要确定闸下水位应先确定尾渠终点（分洪道出口或蓄洪区）水位。实际工作中应分以下几种情况分别计算。

1 封闭的蓄滞洪区：

1）根据分洪流量过程线及蓄滞洪区的水位一蓄量关系曲线进行调蓄演算，求出蓄滞洪区的水位过程线。

2）根据各时段蓄滞洪区的水位及相应的分洪流量用推水面线的方法，推求闸下的水位过程线。

2 分洪道：

1）确定分洪道出口处的水位过程线。

2）根据已确定的水位及相应的分洪流量用推水面线的方法，推求闸下的水位过程线。

3 边分、边蓄、边排：

1）确定排水河道出口处的水位过程线。

2）假定本时段的出流量 $Q_{出}$，用推水面线的办法倒推调蓄区出口处的水位。

3）计算本时段调蓄区蓄量的变化，即：

$$\Delta V=(Q_{入}-Q_{出})\Delta t \tag{10}$$

4）根据调蓄区的水位（中点水位或入口出口水位平均值）蓄量关系曲线及 3）中计算的蓄量，求出调蓄入口处的水位。

5）用调蓄区的泄流能力曲线[即入口水位、出口水位与 $Q_{出}$ 的关系曲线），按 2）、3）水位校验 $Q_{出}$ 与 2]假定是否吻合。

6）根据已校验吻合的调蓄区入口水位及该时段的分洪流量（$Q_{入}$），用推水面线的方法倒推闸下水位。

6.2.8 对于分洪水流流态复杂、规模较大的分洪口门（最大分洪流量在 $1000m^3/s$ 以上），应进行水工模型试验验证。分洪时水流流态往往较为复杂，一般在进口（特别是分洪闸边孔）出现局绕流现象或横向水面坡降，流速分布不均匀，口门两侧的冲刷情况不一样，甚至在口门一侧上游附近出现一定程度的淤积现象。这主要和口门布置轴线与河床主流流向夹角的大小有关系。分洪口门设计分洪流量往往采用宽顶堰公式求得，而实际上由于水流进口流态的不均衡，对分洪流量会产生一定影响。水工模型试验表明，实际分洪量往往少于设计分洪流量，当分洪口与河流流向近乎垂直时，实际分洪流量较设计值小10%左右。消能效果的试验主要是验证消力池的深度和长度是否合适，以及对下游区域的冲刷情况，并且对消能工尺寸进行优化。

6.2.9 按建筑物功能划分；分洪闸是水闸的一种形式，其设计的一般要求应符合国家现行标准《水闸设计规范》SL 265 的有关规定，本条着重说明作为蓄滞洪区分洪闸设计的结构特点、要求等。本规范未涉及的有关内容可参看国家现行标准《水闸设计规范》SL 265。分洪闸主体建筑物主要包括上游连接段（引水渠、连接挡墙等）、闸室、下游消能工、下游连接段（引水渠、连接挡墙等）。

1 为改善分洪闸上游进水条件，进水部分两侧挡墙或边坡宜设置成喇叭口形，平面布置可采用圆弧＋直线形式，挡墙与外河、与闸室之间宜采用扭曲面相接。两侧挡墙顶高程应尽可能降低，过高通常会减少闸的过流量（特别是靠近挡墙的边孔）。如果挡墙外侧地形（如防洪堤外坡）较高时，可考虑将外侧地形局部开挖降低至某一合适的高程，并且采用护坡形式。以护坡取代挡墙，一般有利于增加进水过流断面，且工程投资较省。上游连接段挡墙或护坡可采用对称布置和非对称布置，当进水与河道夹角很小或分洪闸为临湖分洪闸，这时连接段两侧进水条件基本一致，可采用对称布置；当进水与河道夹角较大时，连接段两侧进水条件有不平衡性，可采用非对称布置，靠上游侧挡墙或护坡扩散角宜加大。

2 闸室结构型式有多种，通常采用开敞式和胸墙式。开敞式闸室过水断面面积相对较大，有利于发挥分洪闸的泄流能力，一般闸底槛高程较高、挡水高度较小时采用这种形式。胸墙式闸室为孔口出流，闸门高度相对较小，但不利于充分发挥分洪闸的泄流能力，并且外河飘浮物也不能排入蓄洪区内，一般闸底槛高程较低、挡水高度较大时采用这种形式。对于分洪闸而言，往往内外水位差不大，而开闸分洪时要求在短时间内达到较大的单宽流量，所以分洪闸闸室结构型式宜采用开敞式。

闸室底板当地基条件较好、承载能力较大时（如岩石基础），闸室结构适宜在底板上沿水流方向设置沉降、伸缩缝；当地基条件较差、承载能力较小，或容易产生不均匀沉降时（如土基），闸室结构适宜在闸墩中间沿水流方向设置沉降、伸缩缝。考虑基础约束和不均匀沉降的影响，根据工程实践经验岩基上的分缝长度一般不宜超过20m，土基上的分缝不宜超过35m。对于闸室底板由桩基承载时，基础约束仍较大，土基上的分缝宜适当减小，一般采用两孔一缝或三孔一缝。

3 分洪闸闸顶安全超高参照国家现行标准《水闸设计规范》SL 265 的有关规定取值，但挡水工况时，设计分洪水位或最高挡水位条件下安全超高取值较之该规范中相应工况（正常蓄水位、最高挡水位）有所加大，这是考虑到分洪闸运行实际情况而进行的修正。根据目前已经建成的分洪闸的实际调度情况，部分分洪闸在出现设计分洪水位时，为全流域防洪总体需要，并没有立即开闸分洪。因此，本规范中，将设计分洪水位工况时的安全超高在一般水闸相应超高的基础上有所提高，更有利于分蓄洪决策中的风险调度。

4 闸门的结构型式和控制设备的选择应有利于分洪调度，并能保证闸门分洪运用过程中各种工况情况下的自身安全、管理维修，并且造价适宜，控制设备的选择应经技术经济比较确定。控制设备通常有卷扬机启闭机和液压启闭机两种方式。采用液压启闭机可节省闸墩上部排架，使闸礅上部结构变得简单，但设备管理维修较为复杂、费用较高；而采用卷扬机启闭机，闸墩上部结构较为复杂，管理维修相对简单，可靠性相对较好。由于分洪闸的使用频率很低，闸门不经常启用，不利于发现液压启闭设备存在的问题，而一旦分洪则必须确保控制设备能正常运行。根据已建分洪闸的运行管理经验，曾出现过需要开启闸门时液压启闭设备不能马上正常运行的情况。两者在技术上都不存在问题，但在选择启闭方式时应充分考虑其可靠性性。

分洪闸通常为多孔水闸，闸门调度不宜采用人工控制，而应采用自动控制方式，以确保闸门开启严格按分洪调度方案进行。

检修门采用平板门或叠梁式闸门。当外河（湖）水位变化较大，且枯水位位于闸底板高程以下时，为节约投资可不设检修门，工作闸门的检修可考虑在枯水位时进行。

5 为满足闸顶交通要求，在闸顶一侧设公路桥，在另一侧设人行桥。公路桥等级应与连接分洪闸的公路等级相同；人行桥仅为检修便桥，满足闸门及启闭设备检修即可，人行桥宽度一般在1.5m左右。

6.2.10 有些蓄滞洪区的分洪控制工程采用修建裹头临时爆破扒口的形式，临时爆破的分洪扒口设于防洪堤的某一堤段，防洪堤一般为土堤，其抗冲流速非常有限。口门形成时，水流流速加大，水流对两侧堤身和底部有强烈的冲淘作用；扒口形成时，必须对两侧及底部进行保护，否则会引起大堤两侧的不断垮塌和在底部形成深冲坑。因此，有必要对分洪扒口采取相应的裹护措施。

1 扒（炸）口分洪口门形状上、下游需形成扩散，上游扩散程度与分洪水面宽度有关系。根据洞庭湖区实践经验，对于临湖或河流水面宽度较大、流速相对较小时，进口扩散角可取7°～30°；对于临河分洪或河道水面较窄时，为保证口门的分洪量，进口扩散角应适当加大，可取30°～60°，下游段出口扩散角宜取水流有效扩散角7°～12°。

2 为安全起见，分洪口口门两侧裹护范围应大于水流冲刷影响的范围。

3 根据类似的工程经验，分洪口流速小于4m/s时，可采用抛石对口门两侧进行保护；口门流速大于4m/s时，抛石一般难以满足口门的抗冲稳定，宜采用浆砌石或高喷灌浆裹护。

4 抛石粒径、单块抛石重量应经过计算分析确定，一般单块粒径不小于300mm，单块重量不小于30kg。

6 采用高喷灌浆裹护结构形式，对水流的防冲淘效果较好。高喷灌浆在大堤两侧形成连续墙体，对大堤两侧边坡进行封闭，平面上高喷墙体成喇叭口形。高喷墙体应贯穿整个大堤横断面，高喷下部应伸入堤基以下一定深度，一般先确定口门底部的冲刷深度，高喷体则应伸入底部冲刷线以下。

6.3 退洪控制工程设计

6.3.1 蓄滞洪区在蓄滞洪运用后，为了汛后恢复和发展农业生产以及满足其他综合利用的有关要求，区内洪水应适时排出。为此，应根据已确定的设计蓄洪水位以及农业和其他综合利用对排水时间的要求，选择符合蓄滞洪区排水设计标准的退洪口下游典型年水位过程进行排水演算，分析确定退洪口尺寸是否满足排水时间要求。为安全计，宜选择三个以上典型年水位过程进行分析比较，取其中最不利的情况作为设计依据。

退洪控制工程孔口尺寸主要根据退洪口的排水任务确定，同时，应结合地形、地质条件和其他综合利用要求，在满足排水时间要求的前提下，拟定几组不同的比选方案，经综合分析比较，合理确定底坎高程和孔口宽度。

6.3.2 兼有反向进洪功能的退洪闸，根据其运用要求，进出口两侧都具有消能防冲要求，所以进出口均应采取消能的措施。但是在退洪过程中，往往内、外水位同步降落，这样内外水头差较小，流速较小，水流对河床的冲刷作用比较轻微，对于这种情况，可在口门外侧设置一定长度的浆砌石或混凝土护坦，即可消除水流的冲刷作用。

6.4 排涝泵站设计

6.4.1 一般的排涝泵站主泵房、辅机房、变配电设施、对外交通通道路等建筑物处于堤内，受到堤防保护。蓄滞洪区的排涝泵站平时与一般泵站类似，但在蓄滞洪运用时，遭受蓄滞洪水位淹没，建筑物的结构安全和防洪安全都受到影响。现行国家标准《泵站设计规范》GB 50265中对泵房设计的抗滑、抗浮稳定分析的荷载组合已经有详细的规定，但同时说明了“必要时还应考虑其他可能的不利组合”。当蓄滞洪区分蓄洪运用时，区内水位将可能达到设计蓄滞洪水位，静水压力、扬压力、波浪压力等与非蓄洪运用工况都有所不同，应根据泵站的级别分析论证相应的防洪标准，在此基础上进行结构设计，保证蓄滞洪运用时泵房的结构稳定。主泵房电机层、辅助设备、变配电设施、对外交通道路等建筑物也应根据相应的防洪标准和安全超高确定相应高程，保证防洪安全。

电机及电器设备安装层的安全超高，是指在设计或校核运用条件下，计算波浪、壅浪顶高程以上距离泵房机电层底板之间的高度。蓄滞洪区泵站需要考虑蓄滞洪区蓄滞洪运用时泵站的防洪安全问题，所以设计中应考虑使泵房机电层底板高程处于蓄滞洪设计水位一定高度以上。蓄滞洪区泵站电机层的安全超高可参照现行国家标准《泵站设计规范》GB 50265中规定的泵房挡水部位顶部安全超高执行。

6.4.2 蓄滞洪区已建排涝泵站，既承担非运用期的排涝任务，也可在分蓄洪运用后担任排除蓄滞余洪的任务。如果不加以保护，蓄滞洪时部分设施将被淹没毁坏，不能够在蓄滞洪水后迅速投入运用。为了减轻淹没损失，有利蓄滞洪后恢复生产，可选择保护措施简单、工程投资省、排水作用大、淹没后可能造成严重损失的已建骨干泵站（包括进水与出水设施）予以保护。

通过调查、收集和总结国内相关的规划设计成果和已经实施工程的经验，比较经济可行、合理有效的方式有三种：①修建围堤保护；②蓄滞洪运用时，在洪水到来之前临时抬升电机等非耐淹设备；③分蓄洪运用前临时转移非耐淹电机设备。

6.4.3 对重点和一般蓄滞洪区内地势较高、地质条件较好，或可结合利用附近的隔堤、渍堤、渠堤以及废堤的骨干排水泵站，宜采用月围方式保护。

1 月堤的范围，宜将排水泵站的主副厂房、检修、配电站、值班室、变压器、进水池和进水闸挽围在内，职工生活区视情况而定。堤线应结合地形、地质、可利用堤防、进站公路等条件，经技术经济比较确定。

2 月堤跨越进水渠道，宜采用穿堤涵闸，涵闸的设计流量应与泵站的设计排水流量相应，保证平常正常排水任务；蓄滞洪运用时涵闸关闭，保证月堤保护范围内泵站有关设施的安全。涵闸在布置上尽可能保证水流畅通，不能影响泵站的进水条件。涵闸设计应符合现行国家标准《堤防工程设计规范》GB 50286的有关规定。

6.4.4 对位于地势低洼、地形较复杂、地质条件差、无其他堤防可作围堤利用、新修堤防难度大，同时附近又没有安全转移场所，或转运道路不畅通的已建泵站，可选择抬升电机的保护方式。

1 电机抬升保护措施是指在接到蓄滞洪运用指令信息后，临时将电机和非耐淹的主要设备拆卸下来，并利用起吊设备将它们提吊到设计蓄滞洪水位一定安全高度以上搁置，退洪后吊装复原。因此，需在厂房内配备相应的起吊装置，包括电动和手动吊葫芦、轨道、行车等。起吊设备容量必须满足起吊单台电机重量要求，厂房也需适当加固，相关构件应满足承重要求。

2 一般可配置专用金属支架作为电机抬升临时搁置设施。支架顶高应高于设计蓄滞洪水位1.5m，保证电机设备在分蓄洪运用时处于设计蓄洪水位以上的安全高度；支架的承重荷载取为设计抬升电机设备总重量的1.2倍，满足必要的承重能力并留有一定安全余度；支架顶部为平台，底部安装滚动或滑动装置，使拆卸后的机电设备能够方便移动。

6.4.5 对单机容量较小的排水泵站（一般适应于单机容量不大于155kW），并具备较好的转移道路时，可考虑采取临时转移保护的方案。采用临时转移的方式保护时应分析机电设备拆装和运输时间能否满足要求。电机与主要电器拆装转运至安全地带的行动必须在分蓄洪水到来之前完成；设计中应分析发布蓄洪预警预报的时间和洪水传播时间是否大于机电设备拆装和运输到计划存放的安全地点所需要的时间。

6.4.6 对于承蓄水流含沙量大于5kg/m³的蓄滞洪区，当一次性蓄滞洪时间较长，不能及时排浑时，可能造成泵站进水流道及建筑物的淤积危害，影响泵站正常运行。因此，需考虑适当的排沙、清淤设施设备。对于多沙与少沙水源的界定，可采用科学出版社出版的《中小型水库设计与管理中的泥沙问题》提出的“多年平均含沙量在5kg/m³以上为多沙水源”的标准判断。

7 蓄滞洪区安全设施设计

7.1 安全区设计

7.1.2 安全区堤线设计时，应尽可能减少新修围堤，充分利用有利地形和现有防洪堤、隔堤、内湖渍堤、排水渠堤、废堤以及交通干道路基等，经加固、扩建与新建围堤共同形成闭合圈；利用老堤时应消除存在的隐患，确保堤身、堤基安全。

7.1.3 现行国家标准《堤防工程设计规范》GB 50286按堤防工程

的级别规定了各等级堤防的堤顶宽度要求。安全区人口相对集中，很多堤段堤顶具有经常性的交通要求，为方便安全区的居民生活和防汛、管理的需要，本规范提出安全区堤防堤顶宽度宜按不小于6m设计。

7.1.4 考虑到安全区围堤非临河（湖）堤段多数时候的运行工况是处于非临水状态，而且是区内居民视野经常接触的场所，其护坡既要考虑到蓄滞洪运用期间防风浪的需要，又要结合考虑大部分时间处于非蓄洪运用时生态环境的要求，其岸坡的防护尽可能采用既能够防浪防冲又能结合生态建设需要的新型护坡材料防护，如目前逐步得到推广的格宾网、雷诺护垫等。

7.1.5 为方便安全区内居民的生产生活，需设置一定数量的上下安全区堤坡的设施。参照类似工程的经验，一般每隔500m～1000m设置一处，一般设置在居民集中居住的地方。安全区集中安置的居民大部分在非蓄洪期间需要进入蓄滞洪区从事生产活动，活动半径一般为0～5km，为便于出入安全区来回车辆的交通，宜考虑沿堤结合现有道路情况布设必要的车道。

7.1.6 有些地区，当蓄滞洪区分洪运用时，由于大面积的淹没，使平时生活在广大蓄滞洪区内的鼠、蛇之类的动物失去栖身之所，会集中寻求到安全区内安身。这将危及安全区内人畜的正常生产生活甚至生命财产安全，为防止这种情况发生，安全区围堤可结合防浪要求修建防鼠墙，一般要求不小于0.8m高，且表面光滑。

7.1.7 根据以往规划设计中遇到的实际情况，进行安全区围堤规划时，往往将骨干排水泵站挽围在安全区内予以保护，其围堤需跨排水干渠；有些安全区围堤还需与交通干道交叉；为保持现有灌排渠系畅通和交通功能，可通过对原有排水渠道或交通道路进行适当调整；如不便于调整，则应布置涵闸、坡道等不同形式的交叉建筑物。

当已有的排水系统难以调整改道，布置的排水涵闸应与原有排水渠道的排水能力相适应，维持原有的排水功能，平时保持排水畅通，蓄滞洪运用时能够及时关闭或封堵，外水不能进入安全区，退洪后可尽快恢复原有排水功能。

7.1.8 安全区围堤与主要交通干道交叉建筑物的结构形式，应根据堤身形式、高度和地形、地质条件，经技术经济比较后合理选定。采用上堤坡道的形式有利于防洪安全，在蓄滞洪运用时没有后顾之忧，但由于有比较长的上下坡道，对平常的交通状况不利；临时堵塞交通闸口的形式便于平常交通的畅通，但蓄滞洪运用时，临时封堵旱闸比较紧张，安全可靠性不如前者，而且存在接触渗漏的隐患，设计中应根据具体情况认真研究。一般堤防不太高的时候，采用上堤坡道比较有利。

7.1.9 有些安全区内规模较大，区内生产生活产生的废污水量对安全区的排涝有一定影响。因此，在进行安全区排涝设计时，排涝模数中不但包括排除雨水，还有必要视情况考虑生产生活污水量。如果蓄滞洪运用期间安全区外围渗入安全区的水量较大，必要时也需要在安全区排涝设计中予以考虑。

7.1.10 安全区一般将成其为蓄滞洪区中人口财产相对集中的城镇或村镇，所以需要按相应标准建设区内居民生产、生活所需的交通、供水、供电、通信等基础设施，可参照现行国家标准《村镇规划标准》GB 50188进行规划设计。

1 有些安全区的供水可能受到蓄滞洪运用的影响，蓄滞洪区启用以后，如安全区原有供水系统受到严重影响不能正常供水的，应有应急供水设施。安全区供水对象为村镇时，供水水质、水量均应符合国家现行标准《村镇供水工程技术规范》SL 310的有关规定；供水对象为城镇时，应符合城镇供水有关标准中关于水质、水量的规定；人饮困难地区应符合《农村饮用水安全卫生评价指标体系》的有关规定。应急供水系统可考虑打深井、采用应急的水净化处理设施等措施。

2 由于新建安全区内人口密度大，财产集中，同时往往是蓄滞洪运用期防洪调度和救灾的前沿指挥基地。因此，需确保在蓄滞洪运用期间安全区的安全和对外联系，安全区内需要有交通道路与安全区外的交通干道相连接。

3 在安全区设计中，应结合地方供电、通信系统，提出安全区居民供电、通信等基础设施的建设要求；安全区的供电和通信等设施不但要满足平常区内居民生活生产的需要，而且要能够满足蓄滞洪区启用后区内居民基本的用电和通信需求。安全区供电设施建设可参照《农村电力网规划设计导则》DL/T 5118的有关规定。

7.2 安全台设计

7.2.1 永久安置居民的安全台在设计和建设中，一方面要考虑安全台建筑物本身的结构稳定和防洪安全，另一方面还要考虑蓄滞洪运用期间安全台上安置的居民的基本生活条件和非蓄滞洪运用时日常生产生活的便利，设计中应坚持以人为本理念。

7.2.2 我国各大江河蓄滞洪区情况各异，各地建设安全台的条件，包括地形地质条件、筑台料源、施工方法等差异很大，安全台工程应优先考虑就地取材，且少占耕地，尽量采用运距近的材料，以降低工程造价。

安全台的台面应根据台址地形地质条件，本着安全、经济的原则，满足拟安置人员面积标准，结合各类设施安排的需要，合理布局。

7.2.3 黏性土筑台设计压实度定义为：

$$P_{ds}=\frac{\rho_{ds}}{\rho_{d\cdot max}} \tag{11}$$

式中：P_{ds}——设计压实度；

ρ_{ds}——设计压实干密度（kN/m^3）；

$\rho_{ds\cdot max}$——标准击实试验最大干密度（kN/m^3）。

标准击实试验按现行国家标准《土工实验方法标准》GB/T 50123中规定的轻型击实试验方法进行。

无黏性土填筑设计压实相对密实度定义为：

$$D_{r\cdot ds}=\frac{e_{max}-e_{ds}}{e_{max}-e_{min}} \tag{12}$$

式中：$D_{r\cdot ds}$——设计压实相对密度；

e_{ds}——设计压实孔隙比；

e_{max}、e_{min}——试验最大、最小孔隙比。

本规范参照现行国家标准《堤防工程设计规范》GB 50286对筑台土料的压实标准提出了质量要求。该规范的堤防工程压实标准为：黏性土填筑1级、2级和3级以下堤防压实度分别不应低于0.94、0.92和0.9；无黏性土土堤填筑标准1级和高度超过6m的2级堤防相对密度不应低于0.65；3级堤防不应低于0.6。根据各地建设安全台的施工条件和经验，考虑安全台运用的条件，本规范提出安全台填筑标准参照3级堤防的标准，及黏性土填筑时压实度不应低于0.9，无黏性土填筑时相对密度不应低于0.6。

有河湖洲滩或河流边滩可以作为填筑土料场利用时，可从洲滩取土；当采用挖泥船吹填方式填筑施工时，由于砂性土比黏性土固结排水速度快，易密实，一般优先选用砂性土。

7.2.4 根据黄河、淮河等流域安全台建设的经验，筑台土料为无黏性土时，由于雨洪冲刷，安全台台顶周边容易被侵蚀损坏。为防止洪水冲刷和防风固沙，宜采取用黏性土对安全台进行盖顶、包边措施，对安全台台顶周边进行保护。

7.2.5 安全台台顶高程根据安全台设计水位和台顶超高分析确定。台顶超高为设计波浪爬高、设计风壅增水高度和安全加高之和，可按现行国家标准《堤防工程设计规范》GB 50286中土堤堤顶超高计算公式计算确定。安全台安全加高按本规范第3.2.8条的规定取值。

以上计算的超高不含台身及台基土体固结、沉降引起的台顶达不到设计高程而应预留的超高。安全台竣工后还会发生固结、沉降，为保持设计高程，需预留沉降超高。沉降超高包括台身沉降和台基沉降。

设计中应进行安全台沉降分析，估算在土体自重及其他外荷作用下，台身和台基的最终沉降量，考虑到安全台与土堤在基础、高度、填筑材料和施工方法等方面均相似，因此，可按现行标准《堤防工程设计规范》GB 50286 中有关土堤沉降计算的规定计算。台顶竣工后的预留沉降超高，应根据沉降计算、施工期观测和工程类比等综合分析确定。

7.2.6 安全台抗滑稳定计算应根据安全台的类型、级别、地形及地质条件、台身高度和填筑材料等因素选择有代表性断面进行。安全台边坡抗滑稳定分析计算的原理与堤防工程相似。

与蓄滞洪区围堤结合布置的安全台抗滑稳定计算应包括以下内容：

1 正常情况稳定计算应包括下列内容：

1）围堤外侧为设计洪水位，围堤内侧为设计蓄洪水位时的内侧台坡；

2）围堤外侧为设计洪水位，围堤内侧为低水位或无水时的内侧台坡；

3）围堤外侧水位骤降时的外侧台坡；

4）围堤内侧水位骤降时的内侧台坡。

2 非常情况稳定计算应包括下列内容：

1）施工期的内、外侧台坡；

2）围堤外侧多年平均水位遭遇地震的内外侧台坡。

布置在蓄滞洪区围堤内，未结合围堤布置的安全台抗滑稳定计算应包括以下内容：

1 正常情况稳定计算应包括下列内容：

1）四面为设计蓄洪水位时的台坡稳定；

2）四面无水时的台坡稳定；

3）水位骤降时的台坡稳定。

2 非常情况稳定计算应包括下列内容：

1）施工期的台坡稳定；

2）四面无水遭遇地震时的台坡稳定。

安全台抗滑稳定计算可采用瑞典圆弧滑动法。可按现行国家标准《堤防工程设计规范》GB 50286 中有关土堤抗滑稳定计算的规定和计算公式计算。其抗滑稳定的安全系数不应小于本规范第3.2.10 条规定的数值。

安全台台坡需满足施工、管理和稳定的要求。根据我国蓄滞洪区现有安全台建设资料，台坡一般为 1∶2.5～1∶3.0。

7.2.7 考虑管理和稳定的需要，台身高度较高的安全台通常在台顶 2m～3m 以下设置戗台，其宽度一般不小于 2m，便于防汛抢险时临时交通需要，并有利于台上居民的日常生活。

7.2.8 重度风险区范围内的安全台，其分蓄洪使用概率相对较高，风浪冲刷作用大，台坡一般采用砌石、混凝土护坡或抗冲刷能力强的生态材料等标准较高、防风防冲能力强的硬护坡型式。对临时避洪台和分蓄洪使用概率低的安全台，一般可采用水泥土、草皮等造价较低的护坡型式。

护坡范围的大小直接关系到安全台的稳定问题。淮河流域20 世纪 80 年代修建庄台时，为节省投资，只考虑对庄台的迎流面护坡，护坡范围从地面以上 2m 至设计洪水位以上 0.5m（俗称勒腰带）。蓄滞洪区分蓄洪后边坡冲刷严重，部分坡脚被淘空，造成台坡滑坡，威胁居住在台上的人民群众生命财产安全。为安全起见，本规范提出对安全台护坡范围由台脚护至台顶，台顶有包边的护至与包边相接。

7.2.9 台面排水系统是为安全排泄降雨径流而设置的。因降雨可能造成台身严重冲刷的安全台，要考虑设置台面排水设施。其布置和尺寸应根据降雨资料和台上居民生活污水排放量分析计算，也可按安全台管理经验确定；排水沟布置时要注意和台脚排水系统的连接。

7.2.10 安全台台基处理包括渗透变形和软土地基两方面的问题。当台基含有难以避开的软土层或透水层时，应进行加固处理。浅埋薄层软土宜予以挖除；当台基软土层较厚，挖除不经济时，可采用铺垫透水材料，如砂砾、碎石、土工织物加速排水，也可采用设排水砂井或塑料排水带等加速固结的方法进行处理。

土的渗透变形类型的判定应按现行国家标准《水利水电工程地质勘察规范》GB 50487 的有关规定执行。

蓄滞洪区安全台的渗流分析应根据蓄滞洪区蓄滞洪运用和非蓄滞洪运用等工况下可能形成的渗流条件和渗流状态进行分析计算。

结合蓄滞洪区围堤布置的安全台，不管是布置在围堤内侧还是外侧，在蓄洪和不蓄洪情况下，安全台沿围堤内侧或外侧均存在水头差，台基内能形成渗流，故需进行台基渗流计算和渗透稳定分析。而布置在蓄滞洪区围堤内，未结合围堤布置的安全台（庄台或临时避水台），在蓄洪情况下，因四面水位相同，无水头差，台基内不能形成渗流，也不存在渗透稳定问题，故本规范只提出对结合蓄滞洪区围堤布置的安全台进行渗流及渗透稳定计算，通过渗流分析确定渗流场内的水头、压力、坡降、渗流量等水力要素，据此选择经济合理的防渗、排水加固方案。设计中要注意将安全台和堤防作为一个整体予以考虑。

安全台渗流计算的目的、原理与土坝以及堤防工程相类似，但运用条件及工况不同。应根据安全台的运用条件，正确选择各种工况下的水位组合。安全台渗流计算应包括以下内容：

1 计算台身浸润线及台坡出逸点的位置、出逸段与相应该侧台基表面的出逸比降。

2 应分别计算安全台临水侧和背水侧水位降落时，相应该侧台身内的自由水位。

蓄滞洪区蓄滞洪运用时，外河水位为设计洪水位、区内水位为设计蓄洪水位的情况，以及蓄滞洪区非蓄洪情况下，外河水位为设计水位、区内无水（或低水位）两种条件下，背水侧台坡稳定都处于设计标准范围内的不利工况，应根据相应的水位对台坡的渗流进行分析计算。

水位降落情况通常是堤坝工程边坡稳定的最不利工况，在进行安全台设计时，应根据各地的洪水特性和退水特点，合理确定水位降落幅度，进行安全台两侧台坡渗流稳定分析。因此，安全台渗流计算应包括以下水位组合情况：

1 临水侧为设计洪水位，背水侧为设计蓄洪水位。

2 临水侧为设计洪水位，背水侧为低水位或无水。

3 洪水降落时对临水侧或背水侧台坡稳定最不利的情况。

进行渗流计算时，对比较复杂的地基可作适当简化：

1 对于渗透系数相差 5 倍以内的相邻薄土层可视为一层，采用加权平均的渗透系数作为计算依据。

2 双层结构地基，如下卧土层较厚，且其渗透系数小于上覆土层渗透系数的 1/100 时，可将下卧土层视为相对不透水层。

安全台渗透稳定应进行以下判断和计算：

1 土的渗透变形类型。

2 台身和台基土体的渗透稳定。

3 渗流出逸段的渗透稳定。

安全台台坡及台基表面出逸段的渗流比降应小于允许比降，当出逸比降大于允许比降时，应设置反滤层等保护措施。

7.2.11 对于必须处理的可液化土层，当挖除有困难或不经济时，可采取人工加密的措施处理。对于浅层的可液化土层，可采用表面振动加密等措施处理；对于深层的可液化土层，可采用振冲、强夯、设置砂石桩加强台基排水等方法处理。通过在安全台台脚增加反压平台的方式，也可以增强安全台在地震工况的稳定性。安全台工程台基础一般面积范围较大，当采用人工加密的处理措施投资过大时，应比较在周边增加反压平台增加安全台稳定性措施的经济性和安全性，但必须根据地震工况下的有关土体的力学参数进行稳定分析，验算台身台基的稳定安全。

7.2.12 蓄滞洪区永久安置居民的安全台，作为台上居民生产生活的基地，在非蓄洪期间从事生产活动和对外联系，分蓄洪时还要接纳区内临时转移安置人口，因此其建设应按新农村发展的要求，建设满足安置人口生产生活所必需的交通、供水、排水、供电、通信、卫生等基础设施。

7.2.13 为方便安全台上居民的生产生活，必须设置一定数量的上下安全台台坡的设施。参照类似工程的经验，上台坡道和踏步间隔的距离不宜太大。考虑到上台坡道作为上下安全台的交通道路，要保证满足台上居民日常交通要求以及分蓄洪运用时区内临时安置上台人口的交通要求，因此其位置应尽量与蓄滞洪区内现有公路或规划道路相连接。

上下台坡的踏步是为了满足台上居民日常生产生活上下台坡的需要，为方便群众，一般每处间隔不宜超过 500m，宽度 1m～2m，踏步高度宜采用 160mm～180mm。

7.2.14 永久安置居民的安全台是居民日常生活的场所，台上人口密度大，供水水质、水量均应符合国家现行标准《村镇供水工程技术规范》SL 310 的有关规定；饮用水困难地区应符合水利部、卫生部联合发布的《农村饮用水安全卫生评价指标体系》的有关规定。安全台供电设施建设应参照国家现行标准《农村电力网规划设计条例》DL/T 5118 的有关规定，提出相关的建设要求。

7.3 安全楼设计

7.3.2 安全楼安全层底面设计高程应根据蓄滞洪区在蓄滞洪运用条件下的设计水位加一定的安全超高确定，确定安全超高应考虑波峰在静水面以上的高度、风增减水高度等因素，并预留一定的安全余度。考虑必要的安全超高是保证安全楼不受水淹和安全楼结构不受破坏的一个重要的安全措施。目前尚无一个比较成熟的安全楼安全层底面安全超高的取值方法。本规范参照类似工程确定安全超高的方法，并考虑现行国家标准《水利水电工程等级划分及洪水标准》SL 252 的有关要求，提出在安全楼安全层底面高程设计中，安全超高的计算在考虑风浪要素的基础上增加 0.5m 的安全余度；同时，为保证必要的安全感，参照部分地区的经验，取安全超高值不小于 1.0m。

本条公式(7.3.2)中波浪要素可参照现行国家标准《蓄滞洪区建筑工程技术规范》GB 50181—93 的有关方法进行计算。

7.3.3 安全楼荷载应考虑洪水荷载与其他荷载的最不利组合，包括两层涵义：

1 对实际有可能作用在安全楼上的各种荷载，应按最不利情况的荷载组合。

2 对安全楼不同结构构件的计算和整体计算，应按各自的最不利荷载情况分别进行组合。

与位于非蓄滞洪区的建筑物相比，位于蓄滞洪区的安全楼所承受的荷载还应包括蓄滞洪过程中洪水进入、停留和退出三个阶段可能产生的波浪力、风压力、静水压力、浮托力及救生船只等产生的挤靠力、撞击力等荷载。安全楼作为蓄滞洪区的保命工程，为确保其安全，应考虑洪水荷载和其他可能产生的各种荷载的组合，并按最不利情况的荷载组合进行结构设计计算。

现行国家标准《建筑结构荷载规范》GB 50009 对建筑结构设计的荷载组合有明确规定，现行国家标准《蓄滞洪区建筑工程技术规范》GB 50181—93 也提出了蓄滞洪区的建筑结构荷载组合的原则。安全楼荷载组合应符合上述规范的有关规定。

7.3.4 安全楼设计水位以下的建筑层在蓄滞洪过程中，淹没在水中的时间一般较长。一般建筑材料在水中浸泡时间过长，可能使材料的强度等性能有所降低。采用耐水材料对结构的安全有利，能提高结构的可靠度，确保安全楼安置人员的安全。

设计蓄滞洪水位以下部分可以采用架空结构，或使围墙利于拆卸或推倒，以减少蓄滞洪运用时作用在安全楼上的风浪压力和洪水推力。

7.3.5 蓄滞洪区分蓄洪运用的淹没历时一般较长，安全楼作为蓄滞洪临时安置人口的场所，其所安置的人口往往需要二次转移。为方便蓄滞洪时利用船只给安全楼上安置人员输送救生物资和进行二次转移，需要在安全楼室外门窗附近设置可供系扣船缆的栓柱，便于船只停靠。

7.3.6 为便于安全楼所安置的人口的转移，安全楼近水面安全层应设置与外界接触的台面和通至近水面安全层的室外安全楼梯，以便蓄洪期间人员从安全楼通过船只顺利撤离。

7.4 撤离转移设施设计

7.4.1、7.4.2 撤离转移方式应根据蓄滞洪区具体情况、当地现有交通条件分析确定，可设置撤离转移道路，也可由水上转移。撤离转移设施包括转移道路、桥梁、渡船、码头等。

撤离转移道路的路线和公路等级，应结合所在地区的综合运输体系、路网规划研究确定。应根据预测的撤离转移人数和可用的撤离时间，分析当地规划路网能否满足及时安全转移的要求，不能满足的应在当地规划的交通路网的基础上进行适当的改、扩建。

根据公路的功能和适用的交通量，我国现行的公路分为高速公路、一级公路、二级公路、三级公路、四级公路等五个等级。撤离转移道路为连通蓄滞洪区内安全地带的公路，而安全地带包括蓄滞洪区周边的自然高地、安全区、安全台等。应根据撤离转移总体安置方案确定的需要撤离转移的人数，分析撤离转移道路是否能够及时有序地将有关人员撤离转移到指定的安全地带。撤离转移道路应沟通安全区、安全台或自然高地等集中安置人口的场所与居民分布点之间的联系。撤离转移道路的等级和相应的路面宽度应满足紧急撤离转移车流量较大时的会车要求。

7.4.3 撤离转移道路设计包括道路纵断面设计、路基设计、路面设计等。

1 道路纵断面设计：道路设计高程根据地形条件，按撤离转移道路等级设计标准控制，设计高程变化处合理设置变坡点，用竖曲线平缓过渡。对利用现有道路改造的撤离转移道路，路基高程基本上按原道路高程控制，局部低洼地段适当加高填平。

2 路基设计：根据选定的撤离转移道路等级标准合理确定路基宽度、行车道宽度、两边路肩宽度及路基边坡，以满足行车安全与方便居民生产生活要求。路基边坡一般采用草皮护坡。路基排水结合两侧灌排渠道布置边沟、排水沟等设施，以不破坏原有水系及农田水利系统，确保转移道路路基路面排水顺畅为原则进行设置，并与沿线桥涵形成转移道路自身的排水系统，以保证路基以及其边坡的稳定。

3 路面设计：为了防止分蓄洪水后路面软化、毁坏，同时改善日常交通条件，防止雨天泥泞和晴天扬尘，蓄滞洪区撤带转移干道宜采用混凝土或沥青混凝土硬化路面，车流量小的支道可采用沙石路面。路面设计依据国家现行标准《公路工程技术标准》JTG B01、《公路水泥混凝土路面设计规范》JTG D40、《公路沥青路面设计规范》JTG D50 等，并充分考虑沿线气候、水文条件，遵循因地制宜，就地取材，方便施工，利于养护，经济合理的原则，结合环境治理要求进行设计。设计中应合理确定混凝土或沥青面层厚度、沙砾稳定层厚度以及路面横向坡比等。

7.4.4、7.4.5 撤退转移道路需要跨越蓄滞洪区内渠道或河道时，需设置跨渠(河)桥梁。跨渠桥梁设计应根据渠道宽度、车辆载重量、建材等情况，合理选择桥梁结构形式、跨径，并满足国家现行标准《公路桥涵设计通用规范》JTG D60 等专用技术规范的要求。跨河桥梁应结合地区交通网络发展规划合理设置，避免与交通部门的有关规划相矛盾或重复;有些难以建桥,而有可利用渡口的地方,也可以根据具体情况利用渡口转移,但要认真分析撤离转移的可行性和效果。

8 蓄滞洪区工程管理设计

8.1 一般规定

8.1.1～8.1.3 蓄滞洪区的管理工作是一个复杂的系统工程,本规范主要是针对蓄滞洪区工程管理提出有关规定。

蓄滞洪区工程可实行以部门为主的部门化、专业化管理。在整合现有管理资源的基础上,蓄滞洪区所在地方水行政管理部门要结合当地水行政管理体制改革,成立专门的蓄滞洪区管理机构,主要负责蓄滞洪区防洪管理和履行监督指导职能以及防洪工程与安全设施的维护管理。在蓄滞洪区启用时,根据当地政府或防汛指挥部门的指挥决策,实施分蓄洪工作。平常负责蓄滞洪区防洪工程以及安全建设设施的日常维护。专业管理机构可根据所属的行政区划建立管理局—管理分局—管理所的多级管理体制。各地区要根据各个蓄滞洪区的重要程度、管理工作量的大小等因素确定蓄滞洪区专业管理机构的具体职能。对于重要、运用概率较高的蓄滞洪区,蓄滞洪设施和防汛管理任务较重,应建立蓄滞洪区专业管理机构。专业管理机构可在单个面积较大、人口较多的重要蓄滞洪区设立,也可在蓄滞洪区比较多的地区集中设置。

管理机构人员编制应以精简高效为原则,尽量控制非生产人员数量,可参照《水利工程管理单位定岗标准》确定。

8.2 管理范围和设施设备

8.2.1 蓄滞洪区的防洪工程和避洪设施主要包括堤防工程、安全台工程、水闸工程和道路工程。一般的水利工程和道路工程的管理和保护范围,水利部门和交通部门已在相应的规范中做出了具体要求。如国家现行标准《堤防工程管理设计规范》SL 171、《水闸工程管理设计规范》SL 170 对堤防、水闸工程的管理和保护范围都有明确规定。国家现行标准《堤防工程管理设计规范》SL 171 中规定堤防工程的管理范围包括堤身,穿堤建筑物,护岸控导工程,综合经营生产基地,管理单位生产、生活建筑以及护堤地范围;1 级堤防护堤地宽为 30m～100m,2、3 级堤防为 20m～60m。如果根据这个标准确定蓄滞洪区一些堤防的管理范围,可能对其他用地造成比较大的影响,比如,一些安全区沿着蓄滞洪区围堤呈狭长形状分布,如果按照以上标准的高值确定护堤地范围,将会对安全区的面积造成较大影响。因此,本条提出堤防护堤地范围对其他用地面积影响较大时,宜从紧控制的要求。

安全台、避水台等安全建设工程与堤防工程的管理要求类似,本规范参照国家现行标准《堤防工程管理设计规范》SL 171 中对堤防管理和保护范围的规定的下限值,提出了安全台、避水台管理范围和保护范围。

蓄滞洪区撤离转移道路的管理范围,可以参照《公路法》对公路两侧红线控制范围的有关规定划定;《公路法》规定公路两侧的红线控制范围如下:国道、省道、县道和乡道路堑边坡以外的建筑红线控制范围分别为 20m、15m、10m、5m 等。

8.2.2 蓄滞洪区防洪工程和安全设施主要观测项目应包括水位观测、堤防和安全台的渗流(浸润线、渗流量)观测及表面观测(裂缝、滑坡、塌陷、表面侵蚀等)。与堤防工程结合布置的安全台的观测项目与堤防工程的观测项目类似,台身沉降、位移观测和渗流观测等观测项目应与堤防工程的观测统一考虑,同时建设和同时实施观测。独立的安全台主要是进行沉降和边坡变形的观测。

观测仪器设备应根据蓄滞洪区管理单位的设置,参考国家现行标准《堤防工程管理设计规范》SL 171、《水闸工程管理设计规范》SL 170 的有关要求,结合堤防工程、水闸工程的管理需要合理配置,包括控制测量仪器设备、地形测量仪器设备、水下测量仪器设备、水文测量仪器设备等。

8.2.3 蓄滞洪区工程管理单位的办公设施设备,一般包括必需的生产办公设施、生活设施以及生产生活附属设施,如办公用房、图书室、接待室、公共食堂、生产维修车间、设备材料仓库以及计算机、复印机、电话、传真机等;交通工具包括必要的防汛指挥车、工具车(载重车、越野车)等。这些设施设备的配置应根据蓄滞洪区管理机构的设置统一配备,资源共享,做到既满足管理要求,又经济实用。配备的标准应根据工程管理的需要以及定编人员数量,参照现行的有关标准和配备原则,并结合当地实际分析确定。交通工具应根据管理机构设置情况以及交通任务进行配备,有水上交通任务的,可考虑配备机动船只。

8.2.5 根据管理碑、牌的功能不同,可以分为宣传牌、警示牌和导向牌。宣传牌主要位于集镇、村部等人群相对集中、流动人口较多的地方,宣传内容包括国家政策、法律法规等;警示牌重在对安全建设工程管理的警示,以防止人为破坏,包括安全建设工程的管理范围、安全设施的应用条件等;导向牌主要为分蓄洪时人员转移方向、分村组安置地点等,一般各村、组和主要转移路口均应设置。对于以临时转移安置为主要形式的蓄滞洪区,本条内容尤为重要。

8.3 通信预警系统

8.3.1 建立通信预警系统,是蓄滞洪区一项重要的非工程措施。通信及预警系统的建立将为转移蓄滞洪区的居民与重要财产赢得时间,也为蓄滞洪区运用、决策提供重要技术支撑。在蓄滞洪区设计中应将通信预警系统作为重要的设计内容,确保通信预警系统能迅速将分洪指令传达到蓄滞洪区有关单位和各家各户。

8.3.2、8.3.3 通信预警系统的建设,应因地制宜,可采取卫星、微波、超短波、一点多址、移动通信等多种通信手段,做到及时、可靠、实用、先进。

目前,防汛指挥系统包括县防汛指挥部与地市、省防汛指挥部、国家防汛总指挥部之间,县以上各专业部门内部,以及各级专业部门与各级防汛指挥部之间、各级专业部门之间已建设相应的通信网络。蓄滞洪区预警通信系统应充分利用这一现有资源,在此基础上进行必要的完善。将蓄滞洪区通信预警系统纳入防汛指挥系统,可使蓄滞洪区所在地有关市、县与省防汛指挥部门、流域防汛指挥机构和国家防总之间直接实现通信联络。

8.3.4 预警反馈通信系统,应按照"公网专网结合,汛期互为并用"的原则,在充分利用现有公共通信资源基础上,建设完善以市、县基地台为中转中心的通信网络,使各蓄滞洪区基地台与上级防汛指挥部门保持顺畅的中转联系。各基地台向整个蓄滞洪区内乡镇所在地辐射,改善各级防汛部门与蓄滞洪区管理部门之间的通信条件,保证信息和政令畅通,及时发布洪水警报,收集和反馈信息。预警反馈信息系统的规划建设要在现有通信预警系统的基础上,逐步完善无线接入系统,建设中心基站,配备基地台、固定台、手持台、车载移动终端机等无线通信相关设备及配套设施,配备部分应急通信设备。

计算机网络系统要以国家防汛指挥系统为依托,逐步形成蓄滞洪区与国家、流域机构,省、市、县等各级防汛指挥机构之间的信息高速通道,扩充信息种类,实现各级防汛指挥部门和蓄滞洪区相关管理部门之间信息共享。可在现有系统基础之上补充完善计算机网络系统，进行防汛调度专用网建设，配备网络服务器和终端设备。

警报信息发布系统以广播、电视等公众媒体，计算机网络为主要载体，辅以汽笛、警报等其他方式，发布蓄滞洪警报信息，及时把防汛指挥部下发的蓄滞洪调度命令传达给蓄滞洪区范围内的各乡镇管理站、各村镇居民。警报信息发布系统建设的主要内容是配备报警终端、警报接收器等。

8.4 应急救生

8.4.1 蓄滞洪区蓄滞洪运用时，群众避洪撤离转移是一项十分复杂而又紧急的工作，为防止意外，保证正常蓄滞洪区调度时无人员伤亡，应根据蓄滞洪区人口总体安置情况、蓄滞洪区的运用概率以及未能及时撤离转移人口数量配置必要的分洪救生器材。分洪救生器材应统一配置，集中管理。

8.4.2 国家现行标准《防汛物资储备定额编制规程》SL 298 对蓄滞洪区救生设备的配备标准计算方法如下：

1 根据蓄滞洪区运用预案需要紧急撤离转移的人数，确定每万人储备单项品种数量($S_{蓄}$)按公式(13)计算。

$$S_{蓄}=\eta_{蓄}\times M_{蓄} \tag{13}$$

式中：$\eta_{蓄}$——工程现状调整系数；

$M_{蓄}$——单项品种基数，从表6中查取。

2 工程现状综合调整系数应根据蓄滞洪区地面的漫淹历时、平均蓄洪深度、面积大小和居民自救能力等因素分析确定，具体按公式(14)计算：

$$\eta_{蓄}=\eta_{蓄1}\times\eta_{蓄2}\times\eta_{蓄3}\times\eta_{蓄4} \tag{14}$$

式中 $\eta_{蓄1}$、$\eta_{蓄2}$、$\eta_{蓄3}$、$\eta_{蓄4}$从表7中查取。

表6 蓄滞洪区救生器材储备单项品种基数

类别	救生衣（件/万人）	救生舟（只/万人）	中小型船只（艘/万人）
蓄洪量≥$10\times10^8m^3$或运用标准≤5a	1000	50	0~6
蓄洪量$5\times10^8m^3$~$10\times10^8m^3$或运用标准5a~10a	500	30	0~4
蓄洪量$2\times10^8m^3$~$5\times10^8m^3$或运用标准10a~20a	200	10	0~3
蓄洪量≤$2\times10^8m^3$或运用标准≥20a	100	20	0~2

表7 蓄滞洪区工程现状调整

工程状况	淹没历时 $\eta_{蓄1}$(h)			平均蓄洪深度 $\eta_{蓄2}$(m)			面积大小 $\eta_{蓄3}$(km^2)			自救能力 $\eta_{蓄4}$		
	≥12	6~12	≤6	≥5	3~5	≤3	≥100	50~100	≤50	强	中	弱
调整系数	0.8	1.0	1.2	1.5	1.0	0.5	1.2	1.0	0.8	0.8	1.0	1.2

表7中的淹没历时是指蓄滞洪区被洪水淹没所需要的时间，自救能力根据蓄滞洪区居民自我救生条件、自有交通工具和救生器材等情况确定。

8.5 疫情控制

8.5.1 蓄滞洪区在蓄滞洪运用时，一方面区内茅厕、阴沟等一些地方存在的大量细菌会随水流扩散传播，另一方面蓄滞洪运用时也会将大量的细菌等传染源带入蓄滞洪区内，加上居民转移地人口大量集中、聚集等原因，极易发生传染病急剧流行，危及人民群众生命安全。因此，在蓄滞洪区设计时，应结合当地传染病历史，对可能发生的传染病疫情提出相应的预防措施和应急方案，制定传染病疫情控制预案。

8.5.2 若蓄滞洪区位于血吸虫病疫区，在蓄滞洪运用时，极易造成钉螺扩散，甚至发生急性血吸虫病暴发流行。因此，为控制蓄滞洪运用时造成血吸虫病疫情扩散，防止急性血吸虫病暴发流行，应制定血吸虫病疫情控制预案。在相应的工程设计时，应结合考虑相应的防螺、灭螺措施，如堤防采用硬化护坡防螺，涵闸进出口设沉螺池、拦螺网等，具体设计可参照《水利血防技术导则》se/z 318的有关规定。

中华人民共和国国家标准

城镇给水排水技术规范

Technical code for water supply and sewerage of urban

GB 50788—2012

主编部门：中华人民共和国住房和城乡建设部
批准部门：中华人民共和国住房和城乡建设部
施行日期：2 0 1 2 年 1 0 月 1 日

中华人民共和国住房和城乡建设部
公　　告

第 1413 号

关于发布国家标准《城镇给水排水技术规范》的公告

现批准《城镇给水排水技术规范》为国家标准，编号为 GB 50788－2012，自 2012 年 10 月 1 日起实施。本规范全部条文为强制性条文，必须严格执行。

本规范由我部标准定额研究所组织中国建筑工业出版社出版发行。

中华人民共和国住房和城乡建设部
2012 年 5 月 28 日

前　　言

根据原建设部《关于印发〈2007 年工程建设标准规范制订、修订计划（第一批）〉的通知》（建标［2007］125 号文）的要求，规范编制组经广泛调查研究，认真总结实践经验，参考有关国际标准和国外先进标准，并在广泛征求意见的基础上，编制了本规范。

本规范是以城镇给水排水系统和设施的功能和性能要求为主要技术内容，包括：城镇给水排水工程的规划、设计、施工和运行管理中涉及安全、卫生、环境保护、资源节约及其他社会公共利益方面的相关技术要求。规范共分 7 章：1. 总则；2. 基本规定；3. 城镇给水；4. 城镇排水；5. 污水再生利用与雨水利用；6. 结构；7. 机械、电气与自动化。

本规范全部条文为强制性条文，必须严格执行。

本规范由住房和城乡建设部负责管理和解释，由住房和城乡建设部标准定额研究所负责具体技术内容的解释。执行过程中如有意见或建议，请寄送住房和城乡建设部标准定额研究所（地址：北京市海淀区三里河路 9 号，邮编：100835）。

本规范主编单位：住房和城乡建设部标准定额研究所
城市建设研究院

本规范参编单位：中国市政工程华北设计研究总院
上海市政工程设计研究总院（集团）有限公司
北京市市政工程设计研究总院
中国建筑设计研究院机电专业设计研究院
上海市城市建设设计研究总院
北京首创股份有限公司
深圳市水务（集团）有限公司
北京市节约用水管理中心
德安集团

本规范主要起草人员：宋序彤　高　鹏　陈国义　李　铮　吕士健　陈　冰　陈湧城　牛树勤　徐扬纲　李　晶　朱广汉　李春光　赵　锂　刘振印　沈世杰　刘雨生　戴孙放　王家华　张金松　韩　伟　汪宏玲　饶文华

本规范主要审查人员：杨　榕　罗万申　章林伟　刘志琪　厉彦松　王洪臣　朱雁伯　左亚洲　刘建华　郑克白　葛春辉　王长祥　石　泉　刘百德　焦永达

目　次

Contents

1 总 则

1.0.1 为保障城镇用水安全和城镇水环境质量，维护水的健康循环，规范城镇给水排水系统和设施的基本功能和技术性能，制定本规范。

1.0.2 本规范适用于城镇给水、城镇排水、污水再生利用和雨水利用相关系统和设施的规划、勘察、设计、施工、验收、运行、维护和管理等。

城镇给水包括取水、输水、净水、配水和建筑给水等系统和设施；城镇排水包括建筑排水，雨水和污水的收集、输送、处理和处置等系统和设施；污水再生利用和雨水利用包括城镇污水再生利用和雨水利用系统及局部区域、住区、建筑中水和雨水利用等设施。

1.0.3 城镇给水排水系统和设施的规划、勘察、设计、施工、运行、维护和管理应遵循安全供水、保障服务功能、节约资源、保护环境、同水的自然循环协调发展的原则。

1.0.4 城镇给水排水系统和设施的规划、勘察、设计、施工、运行、维护和管理除应符合本规范的规定外，尚应符合国家现行有关标准的规定；当有关现行标准与本规范的规定不一致时，应按本规范的规定执行。

2 基本规定

2.0.1 城镇必须建设与其发展需求相适应的给水排水系统，维护水环境生态安全。

2.0.2 城镇给水、排水规划，应以区域总体规划、城市总体规划和镇总体规划为依据，应与水资源规划、水污染防治规划、生态环境保护规划和防灾规划等相协调。城镇排水规划与城镇给水规划应相互协调。

2.0.3 城镇给水排水设施应具备应对自然灾害、事故灾难、公共卫生事件和社会安全事件等突发事件的能力。

2.0.4 城镇给水排水设施的防洪标准不得低于所服务城镇设防的相应要求，并应留有适当的安全裕度。

2.0.5 城镇给水排水设施必须采用质量合格的材料与设备。城镇给水设施的材料与设备还必须满足卫生安全要求。

2.0.6 城镇给水排水系统应采用节水和节能型工艺、设备、器具和产品。

2.0.7 城镇给水排水系统中有关生产安全、环境保护和节水设施的建设，应与主体工程同时设计、同时施工、同时投产使用。

2.0.8 城镇给水排水系统和设施的运行、维护、管理应制定相应的操作标准，并严格执行。

2.0.9 城镇给水排水工程建设和运行过程中必须做好相关设施的建设和管理，满足生产安全、职业卫生安全、消防安全和安全保卫的要求。

2.0.10 城镇给水排水工程建设和运行过程产生的噪声、废水、废气和固体废弃物不应对周边环境和人身健康造成危害，并应采取措施减少温室气体的排放。

2.0.11 城镇给水排水设施运行过程中使用和产生的易燃、易爆及有毒化学危险品应实施严格管理，防止人身伤害和灾害性事故发生。

2.0.12 设置于公共场所的城镇给水排水相关设施应采取安全防护措施，便于维护，且不应影响公众安全。

2.0.13 城镇给水排水设施应根据其储存或传输介质的腐蚀性质及环境条件，确定构筑物、设备和管道应采取的相应防腐蚀措施。

2.0.14 当采用的新技术、新工艺和新材料无现行标准予以规范或不符合工程建设强制性标准时，应按相关程序和规定予以核准。

3 城 镇 给 水

3.1 一 般 规 定

3.1.1 城镇给水系统应具有保障连续不间断地向城镇供水的能力，满足城镇用水对水质、水量和水压的用水需求。

3.1.2 城镇给水中生活饮用水的水质必须符合国家现行生活饮用水卫生标准的要求。

3.1.3 给水工程规模应保障供水范围规定年限内的最高日用水量。

3.1.4 城镇用水量应与城镇水资源相协调。

3.1.5 城镇给水规划应在科学预测城镇用水量的基础上，合理开发利用水资源、协调给水设施的布局、正确指导给水工程建设。

3.1.6 城镇给水系统应具有完善的水质监测制度，配备合格的检测人员和仪器设备，对水质实施严格有效的监管。

3.1.7 城镇给水系统应建立完整、准确的水质监测档案。

3.1.8 供水、用水必须计量。

3.1.9 城镇给水系统需要停水时，应提前或及时通告。

3.1.10 城镇给水系统进行改、扩建工程时，应保障城镇供水安全，并应对相邻设施实施保护。

3.2 水源和取水

3.2.1 城镇给水水源的选择应以水资源勘察评价报告为依据，应确保取水量和水质可靠，严禁盲目开发。

3.2.2 城镇给水水源地应划定保护区，并应采取相应的水质安全保障措施。

3.2.3 大中城市应规划建设城市备用水源。

3.2.4 当水源为地下水时，取水量必须小于允许开采量。当水源为地表水时，设计枯水流量保证率和设计枯水位保证率不应低于90%。

3.2.5 地表水取水构筑物的建设应根据水文、地形、地质、施工、通航等条件，选择技术可行、经济合理、安全可靠的方案。

3.2.6 在高浊度江河、入海感潮江河、湖泊和水库取水时，取水设施位置的选择及采取的避沙、防冰、避咸、除藻措施应保证取水水质安全可靠。

3.3 给水泵站

3.3.1 给水泵站的规模应满足用户对水量和水压的要求。

3.3.2 给水泵站应设置备用水泵。

3.3.3 给水泵站的布置应满足设备的安装、运行、维护和检修的要求。

3.3.4 给水泵站应具备可靠的排水设施。

3.3.5 对可能发生水锤的给水泵站应采取消除水锤危害的措施。

3.4 输配管网

3.4.1 输水管道的布置应符合城镇总体规划，应以管线短、占地少、不破坏环境、施工和维护方便、运行安全为准则。

3.4.2 输配水管道的设计水量和设计压力应满足使用要求。

3.4.3 事故用水量应为设计水量的70%。当城镇输水采用2条以上管道时，应按满足事故用水量设置连通管；在多水源或设置了调蓄设施并能保证事故用水量的条件下，可采用单管。

3.4.4 长距离管道输水系统的选择应在输水线路、输水方式、管材、管径等方面进行技术、经济比较和安全论证，并应对管道系统进行水力过渡过程分析，采取水锤综合防护措施。

3.4.5 城镇配水管网干管应成环状布置。

3.4.6 应减少供水管网漏损率，并应控制在允许范围内。

3.4.7 供水管网严禁与非生活饮用水管道连通，严禁擅自与自建供水设施连接，严禁穿过毒物污染区；通过腐蚀地段的管道应采取安全保护措施。

3.4.8 供水管网应进行优化设计、优化调度管理，降低能耗。

3.4.9 输配水管道与建（构）筑物及其他管线的距离、位置应保证供水安全。

3.4.10 当输配水管道穿越铁路、公路和城市道路时，应保证设施安全；当埋设在河底时，管内水流速度应大于不淤流速，并应防止管道被洪水冲刷破坏和影响航运。

3.4.11 敷设在有冰冻危险地区的管道应采取防冻措施。

3.4.12 压力管道竣工验收前应进行水压试验。生活饮用水管道运行前应冲洗、消毒。

3.5 给水处理

3.5.1 城镇水厂对原水进行处理，出厂水水质不得低于现行国家生活饮用水卫生标准的要求，并应留有必要的裕度。

3.5.2 城镇水厂平面布置和竖向设计应满足各建（构）筑物的功能、运行和维护的要求，主要建（构）筑物之间应通行方便、保障安全。

3.5.3 生活饮用水必须消毒。

3.5.4 城镇水厂中储存生活饮用水的调蓄构筑物应采取卫生防护措施，确保水质安全。

3.5.5 城镇水厂的工艺排水应回收利用。

3.5.6 城镇水厂产生的泥浆应进行处理并合理处置。

3.5.7 城镇水厂处理工艺中所涉及的化学药剂，在生产、运输、存储、运行的过程中应采取有效防腐、防泄漏、防毒、防爆措施。

3.6 建筑给水

3.6.1 民用建筑与小区应根据节约用水的原则，结合当地气候和水资源条件、建筑标准、卫生器具完善程度等因素合理确定生活用水定额。

3.6.2 设置的生活饮用水管道不得受到污染，应方便安装与维修，并不得影响结构的安全和建筑物的使用。

3.6.3 生活饮用水不得因管道、设施产生回流而受污染，应根据回流性质、回流污染危害程度，采取可靠的防回流措施。

3.6.4 生活饮用水水池、水箱、水塔的设置应防止污水、废水等非饮用水的渗入和污染，并应采取保证储水不变质、不冻结的措施。

3.6.5 建筑给水系统应充分利用室外给水管网压力直接供水，竖向分区应根据使用要求、材料设备性能、节能、节水和维护管理等因素确定。

3.6.6 给水加压、循环冷却等设备不得设置在居住用房的上层、下层和毗邻的房间内，不得污染居住环境。

3.6.7 生活饮用水的水池（箱）应配置消毒设施，供水设施在交付使用前必须清洗和消毒。

3.6.8 消防给水系统和灭火设施应根据建筑用途、功能、规模、重要性及火灾特性、火灾危险性等因素合理配置。

3.6.9 消防给水水源必须安全可靠。

3.6.10 消防给水系统的水量、水压应满足使用要求。

3.6.11 消防给水系统的构筑物、站室、设备、管网等均应采取安全防护措施，其供电应安全可靠。

3.7 建筑热水和直饮水

3.7.1 建筑热水定额的确定应与建筑给水定额匹配，建筑热水热源应根据当地可再生能源、热资源条件并结合用户使用要求确定。

3.7.2 建筑热水供应应保证用水终端的水质符合现行国家生活饮用水水质标准的要求。

3.7.3 建筑热水水温应满足使用要求，特殊建筑内的热水供应应采取防烫伤措施。

3.7.4 水加热、储热设备及热水供应系统应保证安全、可靠地供水。

3.7.5 热水供水管道系统应设置必要的安全设施。

3.7.6 管道直饮水系统用户端的水质应符合现行行业标准《饮用净水水质标准》CJ 94 的规定，且应采取严格的保障措施。

4 城 镇 排 水

4.1 一 般 规 定

4.1.1 城镇排水系统应具有有效收集、输送、处理、处置和利用城镇雨水和污水，减少水污染物排放，并防止城镇被雨水、污水淹渍的功能。

4.1.2 城镇排水规划应合理确定排水系统的工程规模、总体布局和综合径流系数等，正确指导排水工程建设。城镇排水系统应与社会经济发展和相关基础设施建设相协调。

4.1.3 城镇排水体制的确定必须遵循因地制宜的原则，应综合考虑原有排水管网情况、地区降水特征、受纳水体环境容量等条件。

4.1.4 合流制排水系统应设置污水截流设施，合理确定截流倍数。

4.1.5 城镇采用分流制排水系统时，严禁雨、污水管渠混接。

4.1.6 城镇雨水系统的建设应利于雨水就近入渗、调蓄或收集利用，降低雨水径流总量和峰值流量，减少对水生态环境的影响。

4.1.7 城镇所有用水过程产生的污染水必须进行处理，不得随意排放。

4.1.8 排入城镇污水管渠的污水水质必须符合国家现行标准的规定。

4.1.9 城镇排水设施的选址和建设应符合防灾专项规划。

4.1.10 对于产生有毒有害气体或可燃气体的泵站、管道、检查井、构筑物或设备进行放空清理或维修时，必须采取确保安全的措施。

4.2 建 筑 排 水

4.2.1 建筑排水设备、管道的布置与敷设不得对生活饮用水、食品造成污染，不得危害建筑结构和设备的安全，不得影响居住环境。

4.2.2 当不自带水封的卫生器具与污水管道或其他可能产生有害气体的排水管道连接时，应采取有效措施防止有害气体的泄漏。

4.2.3 地下室、半地下室中的卫生器具和地漏不得与上部排水管道连接，应采用压力排水系统，并应保证污水、废水安全可靠的排出。

4.2.4 下沉式广场、地下车库出入口等不能采用重力流排出雨水的场所，应设置压力流雨水排水系统，保证雨水及时安全排出。

4.2.5 化粪池的设置不得污染地下取水构筑物及生活储水池。

4.2.6 医疗机构的污水应根据污水性质、排放条件采取相应的处理工艺，并必须进行消毒处理。

4.2.7 建筑屋面雨水排除、溢流设施的设置和排水能力不得影响屋面结构、墙体及人员安全，并应保证及时排除设计重现期的雨水量。

4.3 排 水 管 渠

4.3.1 排水管渠应经济合理地输送雨水、污水，并应具备下列性能：

1 排水应通畅，不应堵塞；

2 不应危害公众卫生和公众健康；

3 不应危害附近建筑物和市政公用设施；

4 重力流污水管道最大设计充满度应保障安全。

4.3.2 立体交叉地道应设置独立的排水系统。

4.3.3 操作人员下井作业前，必须采取自然通风或人工强制通风使易爆或有毒气体浓度降至安全范围；下井作业时，操作人员应穿戴供压缩空气的隔离式防护服；井下作业期间，必须采用连续的人工通风。

4.3.4 应建立定期巡视、检查、维护和更新排水管渠的制度，并应严格执行。

4.4 排 水 泵 站

4.4.1 排水泵站应安全、可靠、高效地提升、排除雨水和污水。

4.4.2 排水泵站的水泵应满足在最高使用频率时处于高效区运行，在最高工作扬程和最低工作扬程的整个工作范围内应安全稳定运行。

4.4.3 抽送产生易燃易爆和有毒有害气体的室外污水泵站，必须独立设置，并采取相应的安全防护措施。

4.4.4 排水泵站的布置应满足安全防护、机电设备安装、运行和检修的要求。

4.4.5 与立体交叉地道合建的雨水泵站的电气设备

应有不被淹渍的措施。

4.4.6 污水泵站和合流污水泵站应设置备用泵。道路立体交叉地道雨水泵站和为大型公共地下设施设置的雨水泵站应设置备用泵。

4.4.7 排水泵站出水口的设置不得影响受纳水体的使用功能，并应按当地航运、水利、港务和市政等有关部门要求设置消能设施和警示标志。

4.4.8 排水泵站集水池应有清除沉积泥砂的措施。

4.5 污水处理

4.5.1 污水处理厂应具有有效减少城镇水污染物的功能，排放的水、泥和气应符合国家现行相关标准的规定。

4.5.2 污水处理厂应根据国家排放标准、污水水质特征、处理后出水用途等科学确定污水处理程度，合理选择处理工艺。

4.5.3 污水处理厂的总体设计应有利于降低运行能耗，减少臭气和噪声对操作管理人员的影响。

4.5.4 合流制污水处理厂应具有处理截流初期雨水的能力。

4.5.5 污水采用自然处理时不得降低周围环境的质量，不得污染地下水。

4.5.6 城镇污水处理厂出水应消毒后排放，污水消毒场所应有安全防护措施。

4.5.7 污水处理厂应设置水量计量和水质监测设施。

4.6 污泥处理

4.6.1 污泥应进行减量化、稳定化和无害化处理并安全、有效处置。

4.6.2 在污泥消化池、污泥气管道、储气罐、污泥气燃烧装置等具火灾或爆炸危险的场所，应采取安全防范措施。

4.6.3 污泥气应综合利用，不得擅自向大气排放。

4.6.4 污泥浓缩脱水机房应通风良好，溶药场所应采取防滑措施。

4.6.5 污泥堆肥场地应采取防渗和收集处理渗沥液等措施，防止水体污染。

4.6.6 污泥热干化车间和污泥料仓应采取通风防爆的安全措施。

4.6.7 污泥热干化、污泥焚烧车间必须具有烟气净化处理设施。经净化处理后，排放的烟气应符合国家现行相关标准的规定。

5 污水再生利用与雨水利用

5.1 一般规定

5.1.1 城镇应根据总体规划和水资源状况编制城镇再生水与雨水利用规划。

5.1.2 城镇再生水与雨水利用工程应满足用户对水质、水量、水压的要求。

5.1.3 城镇再生水与雨水利用工程应保障用水安全。

5.2 再生水水源和水质

5.2.1 城镇再生水水源应保障水源水质和水量的稳定、可靠、安全。

5.2.2 重金属、有毒有害物质超标的污水、医疗机构污水和放射性废水严禁作为再生水水源。

5.2.3 再生水水质应符合国家现行相关标准的规定。对水质要求不同时，应首先满足用水量大、水质标准低的用户。

5.3 再生水利用安全保障

5.3.1 城镇再生水工程应设置溢流和事故排放管道。当溢流排入管道或水体时应符合国家排放标准的规定；当事故排放时应采取相关应急措施。

5.3.2 城镇再生水利用工程应设置再生水储存设施，并应做好卫生防护工作，保障再生水水质安全。

5.3.3 城镇再生水利用工程应设置消毒设施。

5.3.4 城镇再生水利用工程应设置水量计量和水质监测设施。

5.3.5 当将生活饮用水作为再生水的补水时，应采取可靠有效的防回流污染措施。

5.3.6 再生水用水点和管道应有防止误接或误用的明显标志。

5.4 雨水利用

5.4.1 雨水利用工程建设应以拟建区域近期历年的降雨量资料及其他相关资料作为依据。

5.4.2 雨水利用规划应以雨水收集回用、雨水入渗、调蓄排放等为重点。

5.4.3 雨水利用设施的建设应充分利用城镇及周边区域的天然湖塘洼地、沼泽地、湿地等自然水体。

5.4.4 雨水收集、调蓄、处理和利用工程不应对周边土壤环境、植物的生长、地下含水层的水质和环境景观等造成危害和隐患。

5.4.5 根据雨水收集回用的用途，当有细菌学指标要求时，必须消毒后再利用。

6 结构

6.1 一般规定

6.1.1 城镇给水排水工程中各厂站的地面建筑物，其结构设计、施工及质量验收应符合国家现行工业与民用建筑标准的相应规定。

6.1.2 城镇给水排水设施中主要构筑物的主体结构和地下干管，其结构设计使用年限不应低于50年；

安全等级不应低于二级。

6.1.3 城镇给水排水工程中构筑物和管道的结构设计，必须依据岩土工程勘察报告，确定结构类型、构造、基础形式及地基处理方式。

6.1.4 构筑物和管道结构的设计、施工及管理应符合下列要求：

1 结构设计应计入在正常建造、正常运行过程中可能发生的各种工况的组合荷载、地震作用（位于地震区）和环境影响（温、湿度变化，周围介质影响等）；并正确建立计算模型，进行相应的承载力和变形、开裂控制等计算。

2 结构施工应按照相应的国家现行施工及质量验收标准执行。

3 应制定并执行相应的养护操作规程。

6.1.5 构筑物和管道结构在各项组合作用下的内力分析，应按弹性体计算，不得考虑非弹性变形引起的内力重分布。

6.1.6 对位于地表水或地下水以下的构筑物和管道，应核算施工及使用期间的抗浮稳定性；相应核算水位应依据勘察文件提供的可能发生的最高水位。

6.1.7 构筑物和管道的结构材料，其强度标准值不应低于95%的保证率；当位于抗震设防地区时，结构所用的钢材应符合抗震性能要求。

6.1.8 应控制混凝土中的氯离子含量；当使用碱活性骨料时，尚应限制混凝土中的碱含量。

6.1.9 城镇给水排水工程中的构筑物和地下管道，不应采用遇水浸蚀材料制成的砌块和空芯砌块。

6.1.10 对钢筋混凝土构筑物和管道进行结构设计时，当构件截面处于中心受拉或小偏心受拉时，应按控制不出现裂缝设计；当构件截面处于受弯或大偏心受拉（压）时，应按控制裂缝宽度设计，允许的裂缝宽度应满足正常使用和耐久性要求。

6.1.11 对平面尺寸超长的钢筋混凝土构筑物和管道，应计入混凝土成型过程中水化热及运行期间季节温差的作用，在设计和施工过程中均应制定合理、可靠的应对措施。

6.1.12 进行基坑开挖、支护和降水时，应确保结构自身及其周边环境的安全。

6.1.13 城镇给水排水工程结构的施工及质量验收应符合下列要求：

1 工程采用的成品、半成品和原材料等应符合国家现行相关标准和设计要求，进入施工现场时应进行进场验收，并按国家有关标准规定进行复验。

2 对非开挖施工管道、跨越或穿越江河管道等特殊作业，应制定专项施工方案。

3 对工程施工的全过程应按国家现行相应施工技术标准进行质量控制；每项工程完成后，必须进行检验；相关各分项工程间，必须进行交接验收。

4 所有隐蔽分项工程，必须进行隐蔽验收；未经检验或验收不合格时，不得进行下道分项工程。

5 对不合格分项、分部工程通过返修或加固仍不能满足结构安全或正常使用功能要求时，严禁验收。

6.2 构 筑 物

6.2.1 盛水构筑物的结构设计，应计入施工期间的水密性试验和运行期间（分区运行、养护维修等）可能发生的各种工况组合作用，包括温度、湿度作用等环境影响。

6.2.2 对预应力混凝土构筑物进行结构设计时，在正常运行时各种组合作用下，应控制构件截面处于受压状态。

6.2.3 盛水构筑物的混凝土材料应符合下列要求：

1 应选用合适的水泥品种和水泥用量。

2 混凝土的水胶比应控制在不大于0.5。

3 应根据运行条件确定混凝土的抗渗等级。

4 应根据环境条件（寒冷或严寒地区）确定混凝土的抗冻等级。

5 应根据环境条件（大气、土壤、地表水或地下水）和运行介质的侵蚀性，有针对性地选用水泥品种和水泥用量，满足抗侵蚀要求。

6.3 管 道

6.3.1 城镇给水排水工程中，管道的管材及其接口连接构造等的选用，应根据管道的运行功能、施工敷设条件、环境条件，经技术经济比较确定。

6.3.2 埋地管道的结构设计，应鉴别设计采用管材的刚、柔性。在组合荷载的作用下，对刚性管道应进行强度和裂缝控制核算；对柔性管道，应按管土共同工作的模式进行结构内力分析，核算截面强度、截面环向稳定及变形量。

6.3.3 对开槽敷设的管道，应对管道周围不同部位回填土的压实度分别提出设计要求。

6.3.4 对非开挖顶进施工的管道，管顶承受的竖向土压力应计入上部土体极限平衡裂面上的剪应力对土压力的影响。

6.3.5 对跨越江湖架空敷设的拱形或折线形钢管道，应核算其在侧向荷载作用下，出平面变位引起的$P-\Delta$效应。

6.3.6 对塑料管进行结构核算时，其物理力学性能指标的标准值，应针对材料的长期效应，按设计使用年限内的后期数值采用。

6.4 结 构 抗 震

6.4.1 抗震设防烈度为6度及高于6度地区的城镇给水排水工程，其构筑物和管道的结构必须进行抗震设计。相应的抗震设防类别及设防标准，应按现行国家标准《建筑工程抗震设防分类标准》GB 50223确定。

6.4.2 抗震设防烈度必须按国家规定的权限审批及

颁发的文件（图件）确定。

6.4.3 城镇给水排水工程中构筑物和管道的结构，当遭遇本地区抗震设防烈度的地震影响时，应符合下列要求：

1 构筑物不需修理或经一般修理后应仍能继续使用；

2 管道震害在管网中应控制在局部范围内，不得造成较严重次生灾害。

6.4.4 抗震设计中，采用的抗震设防烈度和设计基本地震加速度取值的对应关系，应为 6 度：$0.05g$；7 度：$0.1g(0.15g)$；8 度：$0.2g(0.3g)$；9 度：$0.4g$。g 为重力加速度。

6.4.5 构筑物的结构抗震验算，应对结构的两个主轴方向分别计算水平地震作用（结构自重惯性力、动水压力、动土压力等），并由该方向的抗侧力构件全部承担。当设防烈度为 9 度时，对盛水构筑物尚应计算竖向地震作用效应，并与水平地震作用效应组合。

6.4.6 当需要对埋地管道结构进行抗震验算时，应计算在地震作用下，剪切波行进时管道结构的位移或应变。

6.4.7 结构抗震体系应符合下列要求：

1 应具有明确的结构计算简图和合理的地震作用传递路线；

2 应避免部分结构或构件破坏而导致整个体系丧失承载力；

3 同一结构单元应具有良好的整体性；对局部薄弱部位应采取加强措施；

4 对埋地管道除采用延性良好的管材外，沿线应设置柔性连接措施。

6.4.8 位于地震液化地基上的构筑物和管道，应根据地基土液化的严重程度，采取适当的消除或减轻液化作用的措施。

6.4.9 埋地管道傍山区边坡和江、湖、河道岸边敷设时，应对该处边坡的稳定性进行验算并采取抗震措施。

7 机械、电气与自动化

7.1 一 般 规 定

7.1.1 机电设备及其系统应能安全、高效、稳定地运行，且应便于使用和维护。

7.1.2 机电设备及其系统的效能应满足生产工艺和生产能力要求，并且应满足维护或故障情况下的生产能力要求。

7.1.3 机电设备的易损件、消耗材料配备，应保障正常生产和维护保养的需要。

7.1.4 机电设备在安装、运行和维护过程中均不得对工作人员的健康或周边环境造成危害。

7.1.5 机电设备及其系统应能为突发事件情况下所采取的各项应对措施提供保障。

7.1.6 在爆炸性危险气体或爆炸性危险粉尘环境中，机电设备的配置和使用应符合国家现行相关标准的规定。

7.1.7 机电设备及其系统应定期进行专业的维护保养。

7.2 机 械 设 备

7.2.1 机械设备各组成部件的材质，应满足卫生、环保和耐久性的要求。

7.2.2 机械设备的操作和控制方式应满足工艺和自动化控制系统的要求。

7.2.3 起重设备、锅炉、压力容器、安全阀等特种设备必须检验合格，取得安全认证。运行期间应按国家相关规定进行定期检验。

7.2.4 机械设备基础的抗震设防烈度不应低于主体构筑物的抗震设防烈度。

7.2.5 机械设备有外露运动部件或走行装置时，应采取安全防护措施，并应对危险区域进行警示。

7.2.6 机械设备的临空作业场所应具有安全保障措施。

7.3 电 气 系 统

7.3.1 电源和供电系统应满足城镇给水排水设施连续、安全运行的要求。

7.3.2 城镇给水排水设施的工作场所和主要道路应设置照明，需要继续工作或安全撤离人员的场所应设置应急照明。

7.3.3 城镇给水排水构筑物和机电设备应按国家现行相关标准的规定采取防雷保护措施。

7.3.4 盛水构筑物上所有可触及的导电部件和构筑物内部钢筋等都应作等电位连接，并应可靠接地。

7.3.5 城镇给水排水设施应具有安全的电气和电磁环境，所采用的机电设备不应对周边电气和电磁环境的安全和稳定构成损害。

7.3.6 机电设备的电气控制装置应能够提供基本的独立的运行保护和操作保护功能。

7.3.7 电气设备的工作环境应满足其长期安全稳定运行和进行常规维护的要求。

7.4 信息与自动化控制系统

7.4.1 存在或可能积聚毒性、爆炸性、腐蚀性气体的场所，应设置连续的监测和报警装置，该场所的通风、防护、照明设备应能在安全位置进行控制。

7.4.2 爆炸性危险气体、有毒气体的检测仪表必须定期进行检验和标定。

7.4.3 城镇给水厂站和管网应设置保障供水安全和满足工艺要求的在线式监测仪表和自动化控制系统。

7.4.4 城镇污水处理厂应设置在线监测污染物排放的水质、水量检测仪表。

7.4.5 城镇给水排水设施的仪表和自动化控制系统应能够监视与控制工艺过程参数和工艺设备的运行，应能够监视供电系统设备的运行。

7.4.6 应采取自动监视和报警的技术防范措施，保障城镇给水设施的安全。

7.4.7 城镇给水排水系统的水质化验检测设备的配置应满足正常生产条件下质量控制的需要。

7.4.8 城镇给水排水设施的通信系统设备应满足日常生产管理和应急通信的需要。

7.4.9 城镇给水排水系统的生产调度中心应能够实时监控下属设施，实现生产调度，优化系统运行。

7.4.10 给水排水设施的自动化控制系统和调度中心应安全可靠，连续运行。

7.4.11 城镇给水排水信息系统应具有数据采集与处理、事故预警、应急处置等功能，应作为数字化城市信息系统的组成部分。

本规范用词说明

1 为便于在执行本规范条文时区别对待，对要求严格程度不同的用词说明如下：

1）表示很严格，非这样做不可的：
正面词采用“必须”，反面词采用“严禁”；

2）表示严格，在正常情况下均应这样做的：
正面词采用“应”，反面词采用“不应”或“不得”；

3）表示允许稍有选择，在条件许可时首先应这样做的：
正面词采用“宜”，反面词采用“不宜”；

4）表示有选择，在一定条件下可以这样做的，采用“可”。

2 条文中指明应按其他有关标准执行的写法为：“应符合……的规定 ”或“应按……执行”。

引用标准名录

1 《建筑工程抗震设防分类标准》GB 50223

2 《饮用净水水质标准》CJ 94

中华人民共和国国家标准

城镇给水排水技术规范

GB 50788—2012

条 文 说 明

制 订 说 明

《城镇给水排水技术规范》GB 50788－2012 经住房和城乡建设部 2012 年 5 月 28 日以第 1413 号公告批准、发布。

本规范定位为一本全文强制性国家标准，以现行强制性条文为基础，以功能性能为目标，是参与工程建设活动的各方主体必须遵守的准则，是管理者对工程建设、使用及维护依法履行监督和管理职能的基本技术依据。城镇给水排水系统和设施是保障城镇居民生活和社会经济发展的生命线，是保障公众身体健康、水环境质量的重要基础设施，本规范旨在全面、系统地提出城镇给水排水系统和设施的基本功能和技术性能要求。

为便于广大设计、施工、科研、学校等单位有关人员在使用本标准时能正确理解和执行条文规定，《城镇给水排水技术规范》编制组按章、节、条顺序编制了本标准的条文说明，对条文规定的目的、依据以及执行中需注意的有关事项进行了说明。但是本条文说明不具备与标准正文同等的法律效力，仅供使用者作为理解和把握标准规定的参考。

目　次

1 总 则

1.0.1 本条阐述了制定本规范的目的。城镇给水排水系统和设施是保障城镇居民生活和社会经济发展的生命线，是保障公众身体健康、水环境质量的重要基础设施；同时，城镇给水排水系统形成水的社会循环还往往对水自然循环造成干扰和破坏，因此，维护水的健康循环也是制定本规范的重要目的。本规范按照"综合化、性能化、全覆盖、可操作"的原则，制定了城镇给水排水系统和设施基本功能和技术性能的相关要求。

《中华人民共和国水法》、《中华人民共和国水污染防治法》、《中华人民共和国城乡规划法》和《中华人民共和国建筑法》等国家相关法律、部门规章和技术经济政策等对城镇给水排水有关设施提出了诸多严格规定和要求，是编制本规范的基本依据。

1.0.2 规定了本规范的适用范围，明确了"城镇给水"、"城镇排水"以及"城镇污水再生利用和雨水利用"包含的内容。城镇给水排水的规划、勘察、设计、施工、运行、维护和管理的全过程都直接影响着城镇的用水安全、城镇水环境质量以及水的健康循环，因此，必须从全过程规范其基本功能和技术性能，才能保障城镇给水排水系统安全，满足城镇的服务需求。

1.0.3 本条规定了城镇给水排水设施规划、勘察、设计、施工、运行、维护和管理应遵循的基本原则。"保障服务功能"是指作为市政公用基础设施的城镇给水排水设施要保障对公众服务的基本功能，提供高质量和高效率的服务；"节约资源"是指节约水资源、能源、土地资源、人力资源和其他资源；"保护环境"是指减少污染物排放，保障城镇水环境质量；"同水的自然循环协调发展"是指城镇给水排水系统作为城镇水的社会循环的基础设施，要减少对水自然循环的影响和冲击，并使其保持在水自然循环可承受的范围内。

1.0.4 规定了本规范与其他相关标准的关系。说明本规范作为全文强制标准，执行效力高于国家现行有关城镇给水排水相关标准；当现行标准与本规范的规定不一致时，应按本规范的规定执行。

2 基本规定

2.0.1 本条规定了城镇必须建设给水排水系统的要求。城镇给水排水系统是保障城镇居民健康、社会经济发展和城镇安全的不可或缺的重要基础设施；由于城镇水资源条件、用水需求和用水结构差异较大，因此，要求城镇建设"与其发展需求相适应"的给水排水系统。"维护水环境生态安全"是指城镇给水排水系统运行形成水的社会循环对水环境的水质以及地表、地下径流和储存产生的影响不应该危及和损害水环境生态安全。

2.0.2 本条规定了城镇给水排水发展规划编制的基本要求。《中华人民共和国城乡规划法》规定，城镇给水排水系统作为城镇重要基础设施应编制专项发展规划；《中华人民共和国水法》规定，应制定流域和区域水的供水专项规划，并与城镇总体规划和环境保护规划相协调；《中华人民共和国水污染防治法》也规定，县级以上地方人民政府组织建设、经济综合宏观调控、环境保护、水行政等部门编制本行政区域的城镇污水处理设施建设规划。县级以上地方人民政府建设主管部门应当按照城镇污水处理设施建设规划，组织建设城镇污水集中处理设施及配套管网，并加强对城镇污水集中处理设施运营的监督管理；在国务院颁发的《全国生态环境保护纲要》中规定，要制定地区或部门生态环境保护规划，并提出要重视城镇和水资源开发利用的生态环境保护，建设生态城镇示范区等要求。

城镇排水规划与城镇给水规划密切相关。相互协调的内容主要包括城镇用水量和城镇排水量；水源地和城镇排水受纳水体；给水厂和污水处理厂厂址选择；给水管道和排水管道的布置；再生水系统和大用水户的相互关联等诸多方面。

2.0.3 本条规定了城镇给水排水设施必须具备应对突发事件的安全保障能力。《中华人民共和国突发事件应对法》、《国家突发公共事件总体应急预案》、《国家突发环境事件应急预案》、住房和城乡建设部《市政公用设施抗灾设防管理规定》和《城镇供水系统重大事故应急预案》等相关法律、法规和文件，都对城镇给水排水公共基础设施在突发事件中的功能保障提出了相关要求。城镇给水排水设施要具有预防多种突发事件影响的能力；在得到相关突发事件将影响设施功能信息时，要能够采取应急准备措施，最大限度地避免或减轻对设施功能带来的损害；要设置相应监测和预警系统，能够及时、准确识别突发事件对城镇给水排水设施带来的影响，并有效采取措施抵御突发事件带来的灾害，采取相关补救、替代措施保障设施基本功能。

2.0.4 本条规定了城镇给水排水设施防洪的要求。现行国家标准《防洪标准》GB 50201－94 中第 1.0.6 条作出了如下规定："遭受洪灾或失事后损失巨大、影响十分严重的防护对象，可采用高于本标准规定的防洪标准"。城镇给水排水设施属于"影响十分严重的防护对象"，因此，要求城镇给水排水设施要在满足所服务城镇防洪设防相应要求的同时，还要根据城镇给水排水重要设施和构筑物具体情况，适度加强设置必要的防止洪灾的设施。

2.0.5 本条规定了城镇给水排水设施选用的材料和

设备执行的质量和卫生许可的原则。城镇给水排水设施选用材料和设备的质量状况直接影响设施的运行安全、基本功能和技术性能，要予以许可控制。城镇给水排水相关材料和设备选用要执行国务院颁发的《建设工程勘察设计管理条例》中“设计文件中选用的材料、构配件、设备，应当注明其规格、型号、性能等技术指标，其质量要求必须符合国家规定的标准”的规定。处理生活饮用水采用的混凝、絮凝、助凝、消毒、氧化、pH调节、软化、灭藻、除垢、除氟、除砷、氟化、矿化等化学处理剂也要符合国家相关标准的规定。

2.0.6 本条规定了城镇给水排水系统建设时就要选取节水和节能型工艺、设备、器具和产品的要求。即规定了城镇给水、排水、再生水和雨水系统和设施的运行过程以及相关生活用水、生产用水、公共服务用水和其他用水的用水过程，所采用的工艺、设备、器具和产品都应该具有节水和节能的功能，以保证系统运行过程中发挥节水和节能的效益。《中华人民共和国水法》和《中华人民共和国节约能源法》分别对相关节能和节水要求作出了原则的规定；国家发改委等五部委颁发的《中国节水技术政策大纲》中对各类用水推广采用具有节水功能的工艺技术、节水重大装备、设施和器具等都提出了明确要求。

2.0.7 本条规定了城镇给水排水系统建设的有关“三同时”的建设原则。《中华人民共和国安全生产法》第二十四条，《中华人民共和国环境保护法》第二十六条和《中华人民共和国水法》第五十三条都分别规定了有关安全生产、环保和节水设施建设应“与主体工程同时设计、同时施工、同时投产使用”的要求。城镇给水排水系统建设要认真贯彻执行这些规定。

2.0.8 本条规定了城镇给水排水系统和设施日常运行和维护必须遵照技术标准进行的基本原则。为保障城镇给水排水系统的运行安全和服务质量，要对相关系统和设施制定科学合理的日常运行和维护技术规程，并按规程进行经常性维护、保养，定期检测、更新，做好记录，并由有关人员签字，以保证系统和设施正常运转安全和服务质量。

2.0.9 本条规定了城镇给水排水设施建设和运行过程中必须保障相关安全的问题。施工和生产安全、职业卫生安全、消防安全和安全保卫工作都需要必要的相关设施保障和管理制度保障。要根据具体情况建设必要设施，配备必要设备和器具，储备必要的物资，并建立相应管理制度。国家在工程建设安全和生产安全方面已发布了多项法规和文件，《中华人民共和国安全生产法》、国务院2003年颁发的《建设工程安全生产管理条例》、2004年颁发的《安全生产许可证条例》、2007年颁发的《生产安全事故报告和调查处理条例》和《安全生产事故隐患排查治理暂行规定》等，都对工程施工和安全生产做出了详细规定；建设主管部门对建筑工程的施工还制定了一系列法规、文件和标准规范，《建筑工程安全生产监督管理工作导则》、《建筑施工现场环境与卫生标准》JGJ 146、《施工现场临时用电安全技术规范》JGJ 46和《建筑拆除工程安全技术规范》JGJ 147等对工程施工过程做了更详细的规定；另外，国家在有关职业病防治、火灾预防和灭火以及安全保卫等方面制定了一系列法规和文件，城镇给水排水设施建设和运行中都必须认真执行。

2.0.10 本条对城镇给水排水设施工程建设和生产运行时防止对周边环境和人身健康产生危害做出了规定。城镇给水排水设施建设和运行除产生一般大型土木工程施工的噪声、废水、废气和固体废弃物外，特别是污水的处理和输送过程还产生有毒有害气体和大量污泥，要进行有效的处理和处置，避免对环境和人身健康造成危害。1996年颁发的《中华人民共和国环境噪声污染防治法》，2008年发布的《社会生活环境噪声排放标准》GB 22337，对社会生活中的环境噪声作出了更高要求的新规定。2002年国家还特别对城镇污水处理厂排放的水和污泥制定了《城镇污水处理厂污染物排放标准》GB 18918。国家还对固体废弃物、水污染物、有害气体和温室气体的排放制定了相关标准或要求，城镇给水排水设施建设和运行过程中都要采取严格措施执行这些标准。

城镇给水排水设施建设和运行过程温室气体的排放主要是能源消耗间接产生的CO_2和污水储存、输送、处理和排放过程产生的CH_4和N_2O。CH_4和N_2O的温室效应分别为CO_2的23～62倍和280～310倍。政府间气候变化专门委员会（IPCC）在《气候变化2007第四次评估报告（AR4）》和2008年《气候变化与水》的专项技术报告中都对污水处理过程中产生的CH_4和N_2O进行了评估，并提出了减排意见。因此，城镇给水排水设施建设和运行过程要采取综合措施减排温室气体，为适应和减缓气候变化承担相应的责任。

2.0.11 本条规定了易燃、易爆及有毒化学危险品等的防护要求。城镇给水排水设施运行过程中使用的各种消毒剂、氧化剂，污水和污泥处理过程产生的有毒有害气体都必须予以严格管理，特别是有关污泥消化设施运行，污水管网和泵站的维护管理以及加氯消毒设施的运行和管理等都是城镇给水排水设施运行中经常发生人身伤害和事故灾害的主要部位，要重点完善相关防护设施的建设和监督管理。国家和相关部门颁布的《易燃易爆化学物品消防安全监督管理办法》和《危险化学品安全管理条例》等相关法规，对化学危险品的分类、生产、储存、运输和使用都做出了详细规定。城镇给水排水设施建设和运行过程中要对其涉及的多种危险化学品和易燃易爆化学物品予以严格管理。

2.0.12 城镇给水排水系统在公共场所建有的相关设施，如某些加压、蓄水、消防设施和检查井、闸门井、化粪池等，其设置要在方便其日常维护和设施安全运行的同时，还要避免对车辆和行人正常活动的安全构成威胁。

2.0.13 城镇给水排水系统中接触腐蚀性药剂的构筑物、设备和管道要采取防腐蚀措施，如加氯管道、化验室下水道等接触强腐蚀性药剂的设施要选用工程塑料等；密闭的、产生臭气较多的车间设备要选用抗腐蚀能力较强的材质。管道都与水、土壤接触，金属管道及非金属管道接口，当采用钢制连接构造时均要有防腐措施，具体措施应根据传输介质和设施运行的环境条件，通过技术经济比选，合理采用。

2.0.14 本条规定了城镇给水排水采用新技术、新工艺和新材料的许可原则。城镇给水排水设施在规划建设中要积极采用高效的新技术、新工艺和新材料，以保障设施功效，提高设施安全可靠性和服务质量。当采用无现行相关标准予以规范的新技术、新工艺和新材料时，要根据国务院《建设工程勘察设计管理条例》和原建设部《实施工程建设强制性标准监督规定》的要求，由拟采用单位提请建设单位组织专题技术论证，报建设行政主管部门或者国务院有关主管部门审定。其相关核准程序已在《采用不符合工程建设强制性标准的新技术、新工艺、新材料核准行政许可实施细则》的通知中做出了详细规定。

3 城镇给水

3.1 一般规定

3.1.1 本条规定了城镇给水设施的基本功能和性能要求。城镇给水是保障公众健康和社会经济发展的生命线，不能中断。按照国家相关规定，在特殊情况下也要保证供给不低于城镇事故用水量（即正常水量的70%）。

城镇用水是指居民生活、生产运行、公共服务、消防和其他用水。满足城镇用水需求，主要是指提供供水服务时应该保障用户对水量、水质和水压的需求。对水质或水压有特殊要求的用户应该单独解决。

3.1.2 城镇给水所提供的生活饮用水水质要符合现行国家标准《生活饮用水卫生标准》GB 5749 的要求。世界卫生组织认为，提供安全的饮用水对身体健康是必不可少的。

3.1.3 给水工程最高日用水量包括综合生活用水、生产运营用水、公共服务用水、消防用水、管网漏损水和未预见用水，不包括因原水输水损失、厂内自用水而增加的取水量。

3.1.4 《城市供水条例》（中华人民共和国国务院令第158号）第十条规定："编制城市供水水源开发利用规划，应当从城市发展的需要出发，并与水资源统筹规划和水长期供求规划相协调"。应该提出保持协调的对策，包括积极开发并保护水资源；对城镇的合理规模和产业结构提出建议；积极推广节约用水，污水资源化等举措。

3.1.5 给水工程关系着城镇的可持续发展，关系着城镇的文明、安全和公众的生活质量，因此要认真编制城镇给水规划，科学预测城镇用水量，避免不断建设，重复建设；合理开发水资源，对城镇远期水资源进行控制和保护；协调城镇给水设施的布局，适应城镇的发展，正确指导给水工程建设。

3.1.6 国务院办公厅《关于加强饮用水安全保障工作的通知》（国办发［2005］45号）要求："各供水单位要建立以水质为核心的质量管理体系，建立严格的取样、检测和化验制度，按国家有关标准和操作规程检测供水水质，并完善检测数据的统计分析和报表制度"。要予严格执行，严格检验原水、净化工序出水、出厂水、管网水、二次供水和用户端（"龙头水"）的水质，保障饮用水水质安全。

3.1.7 饮用水水质安全问题直接关系到广大人民群众的生活和健康，城镇供水系统应该建立完整、准确的水质监测档案，除了出于供水系统管理的需要外，更重要的是对实施供水水质社会公示制度和水质任意查询举措的支持。

3.1.8 供水、用水计量是促进节约用水的有效途径，也是供水部门及用户改善管理的重要依据之一，出厂水及输配水管网供给的各类用水用户都必须安装计量仪表，推进节约用水。

3.1.9 供水部门主动停水时要根据相关规定提前通告，以避免造成用户损失和不便。《城市供水条例》（中华人民共和国国务院令第158号）第二十二条要求："城市自来水供水企业和自建设施对外供水的企业应当保持不间断供水。由于施工、设备维修等原因需要停止供水的，应当经城市供水行政主管部门批准并提前24小时通知用水单位和个人；因发生灾害或者紧急事故，不能提前通知的，应当在抢修的同时通知用水单位和个人，尽快恢复正常供水，并报告城市供水行政主管部门。"居民区停水，也要按上述规定报请相关部门批准并及时通知用户。

3.1.10 强调了城镇给水系统进行改、扩建工程时，要对已建供水设施实施保护，不能影响其正常运行和结构稳定。对已建供水设施实施保护主要有两方面：一是不能对已建供水设施的正常运行产生干扰和影响，并要对飘尘、噪声、排水等进行控制或处置；二是针对邻近构筑物的基础、结构状况，采取合理的施工方法和有效的加固措施，避免邻近构筑物发生位移、沉降、开裂和倒塌。

3.2 水源和取水

3.2.1 进行城镇水资源勘察与评价是选择城镇给水水源和确定城镇水源地的基础，也是保障城镇给水安全的前提条件。要选择有资质的单位根据流域的综合规划进行城镇水资源勘查和评价，确定水质、水量安全可靠的水源。水资源属于国家所有，国家对水资源依法实行取水许可证制度和有偿使用制度。不能脱离评价报告和在未得到取水许可时盲目开发水源。

3.2.2 《中华人民共和国水法》、《中华人民共和国水污染防治法》都规定了"国家建立饮用水水源保护区制度。饮用水水源保护区分别为一级保护区和二级保护区；必要时可在饮用水水源保护区外围划定一定的区域作为准保护区。"生活饮用水地表水一级保护区内的水质适用国家《地面水环境质量标准》GB 3838 中的Ⅱ类标准；二级保护区内的水质适用Ⅲ类标准。在饮用水水源保护区内要禁止设置排污口、禁止一切污染水质的活动。取自地表水和地下水的水源保护区要对水质进行定期或在线监测和评价，并要实施适用于当地具体情况的供水水源水质防护、预警和应急措施，应对水源污染突发事件或其他灾害、安全事故的发生。

3.2.3 本条规定大中城市为保障在特殊情况下生活饮用水的安全，应规划建设城市备用水源。国务院办公厅《关于加强饮用水安全保障工作的通知》（国办发［2005］45 号文）要求："各省、自治区、直辖市要建立健全水资源战略储备体系，各大中城市要建立特枯年或连续干旱年的供水安全储备，规划建设城市备用水源，制订特殊情况下的区域水资源配置和供水联合调度方案。"对于单一水源的城市，建设备用水源的作用更显著。

3.2.4 规定了有关水源取水水量安全性的要求。水源选择地下水时，取水水量要小于允许开采量。首先要经过详细的水文地质勘察，并进行地下水资源评价，科学地确定地下水源的允许开采量，不能盲目开采。并要做到地下水开采后不会引起地下水位持续下降、水质恶化及地面沉降。水源选择地表水时，取水保证率要根据供水工程规模、性质及水源条件确定，即重要的工程且水资源较丰富地区取高保证率，干旱地区及山区枯水季节径流量很小的地区可采用低保证率，但不得低于 90%。

3.2.5 地表水取水构筑物的建设受水文、地形、地质、施工技术、通航要求等多种因素的影响，并关系取水构筑物正常运行及安全可靠，要充分调查研究水位、流量、泥沙运动、河床演变、河岸的稳定性、地质构造、冰冻和流冰运动规律。另外，地表水取水构筑物有些部位在水下，水下施工难度大、风险高，因此尚应研究施工技术、方法、施工周期。建设在通航河道上的取水构筑物，其位置、形式、航行安全标志要符合航运部门的要求。地表水取水构筑物需要进行技术、经济、安全多方案的比选优化确定。

3.2.6 本条文规定了有关高浊度江河、入海感潮江河、藻类易高发的湖泊和水库水源取水安全的要求。水源地为高浊度江河时，取水要选在水浊度较低的河段或有条件设置避开沙峰的河段。水源为感潮江河时，要尽量减少海潮的影响，取水应选在氯离子含量达标的河段，或者有条件设置避开咸潮、可建立淡水调蓄水库的河段。水源为湖泊或水库时，取水应选在藻类含量较低、水深较大，水域开阔，能避开高藻季节主风向向风面的凹岸处，或在湖泊、水库中实施相关除藻措施。

3.3 给 水 泵 站

3.3.1 明确给水泵站的基本功能。泵站的基本功能是将一定量的流体提升到一定的高度（或压力）满足用户的要求。泵站在给水工程中起着不可替代的重要作用，泵站的正常运行是供水系统正常运行的先决条件。给水工程中，取水泵站的规模要满足水厂对水量和水压的要求；送水泵站的规模要满足配水管网对水量和水压的要求；中途加压泵站要满足目的地对水量和水压的要求；二次供水泵站的规模要满足用户对水量和水压的要求。

3.3.2 给水泵站设置备用水泵是保障泵站安全运行的必要条件，泵站内一旦某台水泵发生故障，备用水泵要立即投入运行，避免造成供水安全事故。

备用水泵设置的数量要根据泵房的重要性、对供水安全的要求、工作水泵的台数、水泵检修的频率和检修难易程度等因素确定。例如在提升含磨损杂质较高的水时，要适当增加备用能力；供水厂中的送水泵房，处于重要地位，要采用较高的备用率。

3.3.3 本条规定提出了对泵站布置的要求。这些要求对于保证水泵的有效运行、延长设备的寿命以及维护运行人员的安全都是必不可少的。吸水井的布置要满足井内水流顺畅、不产生涡流的吸水条件，否则会直接影响水泵的运行效率和使用寿命；水泵的安装，吸水管及吸水口的布置要满足流速分布均匀，避免汽蚀和机组振动的要求，否则会导致水泵使用寿命的缩短并影响到运行的稳定性；机组及泵房空间的布置要以不影响安装、运行、维护和检修为原则。例如：泵房的主要通道应该方便通行；泵房内的架空管道不得阻碍通道和跨越电气设备；泵房至少要设置一个可以搬运最大尺寸设备的门等。

3.3.4 给水泵站的设备间往往有生产杂水或事故漏水需及时排除，地上式泵房可采取通畅的排水通道，地下或半地下式泵站要设置排水泵，避免积水淹及泵房造成重大损失。

3.3.5 鉴于停泵或快速关闭阀门时可能形成水锤，引发水泵阀门受损、管道破裂、泵房淹没等重大事故，必要时应进行水锤计算，对有可能产生水锤危害的泵站要采取防护措施。目前常用的消除水锤危害的措施有：在水泵压水管上装设缓闭止回阀、水锤消除器以及在输水管道适当位置设置调压井、进排气阀等。

3.4 输配管网

3.4.1 本条规定了输水管道在选线和管道布置时应遵循的准则。输水管道的建设应符合城镇总体规划，选择的管线在满足使用功能要求的前提下要尽量的短，这样可少占地且节省能耗和投资；其次管线可沿现有和规划道路布置，这样施工和维护方便。管线还要尽可能避开不良地质构造区域，尽可能减少穿越山川、水域、公路、铁路等，为所建管道安全运行创造条件。

3.4.2 原水输水管的设计流量要按水厂最高日平均时需水量加上输水管的漏损水量和净水厂自用水量确定。净水输水管道的设计流量要按最高日最高时用水条件下，由净水厂负担的供水量计算确定。

配水管网要按最高日最高时供水量及设计水压进行管网水力平差计算，并且还要按消防、最大转输和最不利管段发生故障时3种工况进行水量和水压校核，直接供水管网用户最小服务水头按建筑物层数确定。

3.4.3 本条强调了城镇输水的安全性。必须保证输水管道出现事故时输水量不小于设计水量的70%。为保证输水安全，输水管道系统可以采取下列安全措施：首先输水干管根数采用不少于2条的方案，并在两条输水干管之间设连通管，保证管道的任何一段断管时，管道输水能力不小于事故水量；在多水源或设有水量调蓄设施且能保证事故状态供水能力等于或大于事故水量时，才可采用单管输水。

3.4.4 长距离管道输水工程选择输水线路时，要使管线尽可能短，管线水平和竖向布置要尽量顺直，尽量避开不良地质构造区，减少穿越山川和水域。管材选择要依据水量、压力、地形、地质、施工条件、管材生产能力和质量保证等进行技术经济比较。管径选择时要进行不同管径建设投资和运行费用的优化分析。输水工程应该能保证事故状态下的输水量不小于设计水量的70%。长距离管道输水工程要根据上述条件进行全面的技术、经济的综合比较和安全论证，选择可靠的管道运行系统。

长距离管道输水工程要对管路系统进行水力过渡过程分析，研究输水管道系统在非稳定流状态下运行时发生的各种水锤现象。其中停泵（关阀）水锤，以及伴有的管道系统中水柱拉断而发生的断流弥合水锤，是造成诸多长距离管道输水工程事故的主要原因。因此，在管路运行系统中要采取水锤的综合防护措施，如控制阀门的关闭时间，管路中设调压塔注水，或在管路的一些特征点安装具备削减水锤危害的复合式高速进排气阀、三级空气阀等综合保护措施，保证长距离管道输水工程安全。

3.4.5 安全供水是城镇配水管网最重要的原则，配水管网干管成环布置是保障管网配水安全诸多措施中最重要的原则之一。

3.4.6 管网的漏损率控制要考虑技术和经济两个方面，应该进行“投入—产出”效益分析，即要将漏损率控制在当地经济漏损率范围内。控制漏损所需的投入与效益进行比较，投入等于或小于漏损控制所造成效益时的漏损量是经济合理的漏损率。供水管网漏损率应控制在国家行业标准规定的范围内，并根据居民的抄表状况、单位供水量管长、年平均出厂压力的大小进行修正，确定供水企业的实际漏损率。降低管网的漏损率对于节约用水、优化企业供水成本，建设节约型的城市具有重大意义。

降低管网的漏损率需要采取综合防护措施。应该从管网规划、管材选择、施工质量控制、运行压力控制、日常维护和更新、漏损探测和漏损及时修复等多方面控制管网漏损。

3.4.7 城镇供水管网是向城镇供给生活饮用水的基本渠道。为保障供水水质卫生安全，不能与其他非饮用水管道系统连通。在使用城镇供水作为其他用水补充用水时，一定要采取有效措施防止其他用水流入城镇供水系统。

《城市供水条例》中明确：“禁止擅自将自建设施供水管网系统与城市公共供水管网系统连接；因特殊情况需要连接的，必须经城市自来水供水企业同意，报城市供水行政管理部门和卫生行政主管部门批准，并在管道连接处采取必要的防护措施。”为保证城镇供水的卫生安全，供水管网要避开毒物污染区；在通过腐蚀性地域时，要采取安全可靠的技术措施，保证管道在使用期不出事故，水质不会受污染。

3.4.8 管网优化设计一定要考虑水压、水量的保证性，水质的安全性，管网系统的可靠性和经济性。在保证供水安全可靠，满足用户的水质、水量、水压需求的条件下，对管网进行优化设计，保障管道施工质量，达到节省建设费用、节省能耗和供水安全可靠的目的。

管网优化调度是在保证用户所需水质、水量、水压安全可靠的条件下，根据管网监测系统反馈的运行状态数据或者科学的预测手段确定用水量分布，运用数学优化技术，在各种可能的调度方案中，合理确定多水源各自供水水量和水压，筛选出使管网系统最经济、最节能的调度操作方案，努力做到供水曲线与用水曲线相吻合。

3.4.9 本条规定了输配水管道与建（构）筑物及其他工程管线之间要保留有一定的安全距离。现行国家标准《城市地下管道综合规划规范》GB 50289 规定了给水管与其他管线及建（构）筑物之间的最小水平净距和最小垂直净距。

输水干管的供水安全性十分重要，两条或两条以上的埋地输水干管，需要防止其中一条断管，由于水流的冲刷危及另一条管道的正常输水，所以两条埋地管道一定要保持安全距离。输水量大、运行压力高，敷设在松散土质中的管道，需加大安全距离。若两条干管的间距受占地、建（构）筑物等因素控制，不能满足防冲距离时，需考虑采取有效的工程措施，保证输水干管的安全运行。

3.4.10 本条规定了输配水管道穿过铁路、公路、城市道路、河流时的安全要求。当穿过河流采用倒虹方式时，管内水流速度要大于不淤流速，防止泥沙淤积管道；管道埋设河底的深度要防止被洪水冲坏和满足航运的相关规定。

3.4.11 在有冰冻危险的地区，埋地管道要埋设在冰冻土层以下；架空管道要采取保温防冻措施，保证管道在正常输水和事故停水时管内水不冻结。

3.4.12 管道工作压力大于或等于0.1MPa时称为压力管道，在竣工验收前要做水压试验。水压试验是对管道系统质量检验的重要手段，是管道安全运行的保障。生活饮用水管道投入运行前要进行冲洗消毒。建设部第158号文《城镇供水水质管理规定》明确："用于城镇供水的新设备、新管网或者经改造的原有设备、管网，应当严格进行冲洗、消毒，经质量技术监督部门资质认定的水质检测机构检验合格后，方可投入使用"。

3.5 给水处理

3.5.1 本条明确了城镇水厂处理的基本功能及城镇水厂出水水质标准的要求。强调城镇水厂的处理工艺一定要保证出水水质不低于现行国家标准《生活饮用水卫生标准》GB 5749的要求，并留有必要的裕度。这里"必要的裕度"主要是考虑管道输送过程中水质还将有不同程度降低的影响。

3.5.2 水厂平面布置应根据各构（建）筑物的功能和流程综合确定。竖向设计应满足水力流程要求并兼顾生产排水及厂区土方平衡需求，同时还应考虑运行和维护的需要。为保证生产人员安全，构筑物及其通道应根据需要设置适用的栏杆、防滑梯等安全保护设施。

3.5.3 为确保生活饮用水的卫生安全，维护公众的健康，无论原水来自地表水还是地下水，城镇给水处理厂都一定要设有消毒处理工艺。通过消毒处理后的水质，不仅要满足生活饮用水水质卫生标准中与消毒相关的细菌学指标，同时，由于各种消毒剂消毒时会产生相应的副产物，因此，还要求满足相关的感官性状和毒理学指标，确保公众饮水安全。

3.5.4 储存生活饮用水的调蓄构筑物的卫生防护工作尤为重要，一定要采取防止污染的措施。其中清水池是水厂工艺流程中最后一道关口，净化后的清水由此经由送水泵房、管网向用户直接供水。生活饮用水的清水池或调节水池要有保证水的流动、避免死角、空气流通、便于清洗、防止污染等措施，且清水池周围不能有任何形式的污染源等，确保水质安全。

3.5.5 城镇给水厂的工艺排水一般主要有滤池反冲洗排水和泥浆处理系统排水。滤池反冲洗排水量很大，要均匀回流到处理工艺的前点，但要注意其对水质的冲击。泥浆处理系统排水，由于前处理投加的药物不同，而使得各工序排水的水质差别很大，有的尚需再处理才能使用。

3.5.6 水厂的排泥水量约占水厂制水量的3%～5%，若水厂排泥水直接排入河中会造成河道淤堵，而且由于泥中有机成分的腐烂，会直接影响河流水质的安全。水厂所排泥浆要认真处理，并合理处置。

水厂泥浆通常的处理工艺为：调解—浓缩—脱水。脱水后的泥饼要达到相应的环保要求并合理处置，杜绝二次污染。泥饼的处置有多种途径：综合利用、填埋、土地施泥等。

3.5.7 本条规定了城镇水厂处理工艺中所涉及的化学药剂应采取严格的安全防护措施。水厂中涉及化学药剂工艺有加药、消毒、预处理、深度处理等。这些工艺中除了加药中所采用的混凝剂、助凝剂仅具有腐蚀性外；其他工艺采用的如：氯、二氧化氯、氯胺、臭氧等均为强氧化剂，有很强的毒性，对人身及动植物均有伤害，处置不当有的还会发生爆炸，故在生产、运输、存储、运行的过程中要根据介质的特性采取严密安全防护措施，杜绝人身或环境事故发生。

3.6 建筑给水

3.6.1 本条提出了合理确定各类建筑用水定额应该综合考虑的因素。民用建筑与小区包括居住建筑、公共建筑、居住小区、公共建筑区。我国是一个缺水的国家，尤其是北方地区严重缺水，因此，我们在确定生活用水定额时，既要考虑当地气候条件、建筑标准、卫生器具的完善程度等使用要求，更要考虑当地水资源条件和节水的原则。一般缺水地区要选择生活用水定额的低值。

3.6.2 生活给水管道容易受到污染的场所有：建筑内烟道、风道、排水沟、大便槽、小便槽等。露明敷设的生活给水管道不要布置在阳光直接照射处，以防止水温的升高引起细菌的繁殖。生活给水管敷设的位置要方便安装和维修，不影响结构安全和建筑物的使用，暗装时不能埋设在结构墙板内，暗设在找平层内时要采用抗耐蚀管材，且不能有机械连接件。

3.6.3 本条规定了有回流污染生活饮用水质的地方，要采取杜绝回流污染的有效措施。生活饮用水管道的供、配水终端产生回流的原因：一是配水管出水口被淹没或没有足够的空气间隙；二是配水终端为升压、升温的管网或容器，前者引起虹吸回流，后者引起背压回流。为防止建筑给水系统产生回流污染生活饮用水水质一定要采取可靠的、有效的防回流措施。其主要措施有：禁止城镇给水管与自备水源供水管直接连接；禁止中水、回用雨水等非生活饮用水管道与生活饮用水管连接；卫生器具、用水设备、水箱、水池等设施的生活饮用水管配水件出水口或补水管出口应保持与其溢流边缘的防回流空气间隙；从室外给水管直接抽水的水泵吸水管，连接锅炉、热水机组、水加热器、气压水罐等有压或密闭容器的进水管，小区或单体建筑的环状室外给水管与不同室外给水干管管段连接的两路及两路以上的引入管上均要设倒流防止器；从小区或单体建筑的给水管连接消防用水管的起端及从生活饮用水池（箱）抽水的消防泵吸水管上也要设置倒流防止器；生活饮用水管要避开毒物污染区，禁止生活饮用水管与大便器（槽）、小便斗（槽）采用非专用冲洗阀直接连接等。

3.6.4 本条文规定了储存、调节和直接供水的水池、水箱、水塔保证安全供水的要求。储存、调节生活饮用水的水箱、水池、水塔是民用建筑与小区二次供水的主要措施，一定要保证其水不冰冻，水质不受污染，以满足安全供水的要求。一般防止水质变质的措施有：单体建筑的生活饮用水池（箱）单独设置，不与消防水池合建；埋地式生活饮用水池周围 10m 以内无化粪池、污水处理构筑物、渗水井、垃圾堆放点等污染源，周围 2m 以内无污水管和污染物；构筑物内生活饮用水池（箱）体，采用独立结构形式，不利用建筑物的本体结构作为水池（箱）的壁板、底板和顶盖；生活饮用水池（箱）的进、出水管，溢、泄流管，通气管的设置均不能污染水质或在池（箱）内形成滞水区。一般防冻的做法有：生活饮用水水池（箱）间采暖；水池（箱）、水塔做防冻保温层。

3.6.5 本条规定了建筑给水系统的分区供水原则：一是要充分利用室外给水管网的压力满足低层的供水要求，二是高层部分的供水分区要兼顾节能、节水和方便维护管理等因素确定。

3.6.6 水泵、冷却塔等给水加压、循环冷却设备运行中都会产生噪声、振动及水雾，因此，除工程应用中要选用性能好、噪声低、振动小、水雾少的设备及采取必要的措施外，还不得将这些设备设置在要求安静的卧室、客房、病房等房间的上、下层及毗邻位置。

3.6.7 生活饮用水池（箱）中的储水直接与空气接触，在使用中储水在水池（箱）中将停留一定的时间而受到污染，为确保供水的水质满足国家生活饮用水卫生标准的要求，水池（箱）要配置消毒设施。可采用紫外线消毒器、臭氧发生器和水箱自洁消毒器等安全可靠的消毒设备，其设计和安装使用要符合相应技术标准的要求。生活饮用的供水设施包括水池（箱）、水泵、阀门、压力水容器、供水管道等。供水设施在交付使用前要进行清洗和消毒，经有关资质认证机构取样化验，水质符合《生活饮用水卫生标准》GB 5749 的要求后方可使用。

3.6.8 建筑物内设置消防给水系统和灭火设施是扑灭火灾的关键。本条规定了各类建筑根据其用途、功能、重要性、火灾特性、火灾危险性等因素合理设置不同消防给水系统和灭火设施的原则。

3.6.9 本条规定了消防水源一定要安全可靠，如室外给水水源要为两路供水，当不能满足时，室内消防水池要储存室内外消防部分的全部用水量等。

3.6.10 消防给水系统包括建筑物室外消防给水系统、建筑物室内的消防给水系统如消火栓、自动喷水、水喷雾和水炮等多种系统，这些系统都由储水池、管网、加压设备、末端灭火设施及附配件组成。本条规定了系统的组成部分均应该按相关消防规定要求合理配置，满足灭火所需的水量、水压要求，以达到迅速扑灭火灾的目的。

3.6.11 本条规定了消防给水系统的各组成部分均要具备防护功能，以满足其灭火要求；安全的消防供电、合理的系统控制亦是及时有效扑灭火灾的重要保证。

3.7 建筑热水和直饮水

3.7.1 生活热水用水定额同生活给水用水定额的确定原则相同，同样要根据当地气候、水资源条件、建筑标准、卫生器具完善程度并结合节约用水的原则来确定。因此它应该与生活给水用水定额相匹配。

生活热水热源的选择，要贯彻节能减排政策，要根据当地可再生能源（如太阳能、地表水、地下水、土壤等地热热源及空气热源）的条件，热资源（如工业余热、废热、城市热网等）的供应条件，用水使用要求（如用户对热水用水量，水温的要求，集中、分散用水的要求）等综合因素确定。一般集中热水系统选择热源的顺序为：工业余热、废热、地热或太阳能、城市热力管网、区域性锅炉房、燃油燃气热水机组等。局部热水系统的热源可选太阳能、空气源热泵及电、燃气、蒸汽等。

3.7.2 本条规定了生活热水的水质标准。生活热水通过沐浴、洗漱等直接与人体接触，因此其水质要符合现行国家标准《生活饮用水卫生标准》GB 5749 的要求。

当生活热水源为生活给水时，虽然生活给水水质符合标准要求，但它经水加热设备加热、热水管道输送和用水器具使用的过程中，有可能产生军团菌等致病细菌及其他微生物污染，因此，本条规定要保证用水终端的热水出水水质符合标准要求。一般做法有：选用无滞水区的水加热设备，控制热水出水温度为 55℃～60℃，选用内表光滑不生锈、不结垢的管道及阀件，保证集中热水系统循环管道的循环效果；设置消毒设施。当采用地热水作为生活热水时，要通过水质处理，使其水质符合现行国家标准《生活饮用水卫生标准》GB 5749的要求。

3.7.3 本条对生活热水的水温做出了规定，并对一些特殊建筑提出了防烫伤的要求。生活热水的水温要满足使用要求，主要是指集中生活热水系统的供水温度要控制在55℃～60℃，并保证终端出水水温不低于45℃。当水温低于55℃时，不易杀死滋生在温水中的各种细菌，尤其是军团菌之类致病菌；当水温高于60℃时，一是系统热损耗大、耗能，二是将加速设备与管道的结垢与腐蚀，三是供水安全性降低，易产生烫伤人的事故。

幼儿园、养老院、精神病医院、监狱等弱势群体集聚场所及特殊建筑的热水供应要采取防烫伤措施，一般做法有：控制好水加热设备的供水温度，保证用水点处冷热水压力的稳定与平衡，用水终端采用安全可靠的调控阀件等。

3.7.4 热水系统的安全主要是指供水压力和温度要稳定，供水压力包括配水点处冷热水压力的稳定与平衡两个要素；温度稳定是指水加热设备出水温度与配水点放水温度既不能太高也不能太低，以保证使用者的安全；集中热水供应系统的另一要素是热水循环系统的合理设置，它是节水、节能、方便使用的保证。水加热设备是热水系统的核心部分，它来保证出水压力、温度稳定，不滋生细菌、供水安全且换热效果好、方便维修。

3.7.5 生活热水在加热过程中会产生体积膨胀，如这部分膨胀量不及时吸纳消除，系统内压力将升高，将影响水加热设备、热水供水管道的安全正常工作，损坏设备和管道，同时引起配水点处冷热水压力的不平衡和不稳定，影响用水安全，并且耗水耗电，因此，热水供水管道系统上要设置膨胀罐、膨胀管或膨胀水箱，设置安全阀、管道伸缩节等设施以及时消除热水升温膨胀时给系统带来的危害。

3.7.6 管道直饮水是指原水（一般为室外给水）经过深度净化处理达到《饮用净水水质标准》CJ 94后，通过管道供给人们直接饮用的水，为保证管道直饮水系统用户端的水质达标，采取的主要措施有：①设置供、回水管网为同程式的循环管道；②从立管接出至用户用水点的不循环支管长度不大于3m；③循环回水管道的回流水经再净化或消毒；④系统必须进行日常的供水水质检验；⑤净水站制定规章和管理制度，并严格执行等。

4 城镇排水

4.1 一般规定

4.1.1 本条规定了城镇排水系统的基本功能和技术性能。城镇排水系统包括雨水系统和污水系统。城镇雨水系统要能有效收集并及时排除雨水，防止城镇被雨水淹渍；并根据自然水体的水质要求，对污染较严重的初期雨水采取截流处理措施，减少雨水径流污染对自然水体的影响。为满足某些使用低于生活饮用水水质的需求，降低用水成本，提高用水效率，还要设置雨水储存和利用设施。

城镇污水系统要能有效收集和输送污水，因地制宜处理、处置污水和污泥，减少向自然水体排放水污染物，保障城镇水环境质量和水生态安全；水资源短缺的城镇还要建设污水净化再生处理设施，使再生水达到一定的水质标准，满足水再利用或循环利用的要求。

4.1.2 排水设施是城镇基础设施的重要组成部分，是保障城镇正常活动、改善水环境和生态环境质量，促进社会、经济可持续发展的必备条件。确定排水系统的工程规模时，既要考虑当前，又要考虑远期发展需要；更应该全面、综合进行总体布局；合理确定综合径流系数，不能被动适应城市高强度开发。建立完善的城镇排水系统，提高排水设施普及率和污水处理达标率，贯彻“低影响开发”原则，建设雨水系统等都需要较长时间，这些都应在城镇排水系统规划总体部署的指导下，与城镇社会经济发展和相关基础设施建设相协调，逐步实施。低影响开发是指强调城镇开发要减少对环境的冲击，其核心是基于源头控制和延缓冲击负荷的理念，构建与自然相适应的城镇排水系统，合理利用景观空间和采取相应措施对暴雨径流进行控制，减少城镇面源污染。

4.1.3 排水体制有雨水污水分流制与合流制两种基本形式。分流制是用不同管渠系统分别收集、输送污水和雨水。污水经污水系统收集并输送到污水处理厂处理，达到排放标准后排放；雨水经雨水系统收集，根据需要，经处理或不经处理后，就近排入水体。合流制则是以同一管渠系统收集、输送雨水和污水，旱季污水经处理后排放，雨季污水处理厂需加大雨污水处理量，并在水环境容量许可情况下，排放部分雨污水。分流制可缩小污水处理设施规模、节约投资，具有较高的环境效益。与分流制系统相比，合流制管渠投资较小，同时施工较方便。在年降雨量较小的地区，雨水管渠使用时间极少，单独建设雨水系统使用效率很低；新疆、黑龙江等地的一些城镇区域已采用的合流制排水体制，取得良好效果。城镇排水体制要因地制宜，从节约资源、保护水环境、节省投资和减少运行费用等方面综合考虑确定。

4.1.4 因大气污染、路面污染和管渠中的沉积污染，初期雨水污染程度相当严重，设置污水截流设施可削减初期雨水和污水对水体的污染。因此，规定合流制排水系统应设置污水截流设施，并根据受纳水体环境容量、工程投资额和合流污水管渠排水能力，合理确定截流倍数。

4.1.5 在分流制排水系统中，由于擅自改变建筑物内的局部功能、室外的排水管渠人为疏忽或故意错接会造成雨污水管渠混接。如果雨、污水管渠混接，污水会通过雨水管渠排入水体，造成水体污染；雨水也会通过污水管渠进入污水处理厂，增加了处理费用。为发挥分流制排水的优点，故作此规定。

4.1.6 城镇的发展不断加大建筑物和不透水地面的建设，使得城镇建成区域降雨形成的径流不断加大，不仅增加了雨水系统建设和维护投资，加大了暴雨期间的灾害风险，还严重影响了地下水的渗透补给。如从源头着手，加大雨水就近入渗、调蓄或收集利用，可减少雨水径流总量和峰值流量；同时如充分利用绿地和土壤对雨水径流的生态净化作用，不仅节省雨水系统设施建设和维护资金，减少暴雨灾害风险，还能有效降低城镇建设对水环境的冲击，有利于水生态系统的健康，推进城镇水社会循环和自然循环的和谐发展。这是一种基于源头控制的低影响开发的雨水管理方法，城镇雨水系统的建设要积极贯彻实施。

4.1.7 随意排放污水会破坏环境，如富营养化的水臭味大、颜色深、细菌多，水质差，不能直接利用，水中鱼类大量死亡。水污染物还会通过饮水或食物链进入人体，使人急性或慢性中毒。砷、铬、铵类、笨并（a）芘和稠环芳烃等，可诱发癌症。被寄生虫、病毒或其他致病菌污染的水，会引起多种传染病和寄生虫病。重金属污染的水，对人的健康均有危害，如铅造成的中毒，会引起贫血和神经错乱。有机磷农药会造成神经中毒；有机氯农药会在脂肪中蓄积，对人和动物的内分泌、免疫功能、生殖机能均造成危害。世界上80%的疾病与水污染有关。伤寒、霍乱、胃肠炎、痢疾、传染性肝病是人类五大疾病，均由水污染引起。水质污染后，城镇用水必须投入更多的处理费用，造成资源、能源的浪费。

城镇所有用水过程产生的污染水，包括居民生活、公共服务和生产过程等产生的污水和废水，一定要进行处理，处理方式包括排入城市污水处理厂集中处理或分散处理两种。

4.1.8 为了保护环境，保障城镇污水管渠和污水处理厂等的正常运行、维护管理人员身体健康，处理后出水的再生利用和安全排放、污泥的处理和处置，污水接入城镇排污水管渠的水质一定要符合《污水排入城镇下水道水质标准》CJ 3082 等有关标准的规定，有的地方对水质有更高要求时，要符合地方标准，并根据《中华人民共和国水污染防治法》，加强对排入城镇污水管渠的污水水质的监督管理。

4.1.9 城镇排水设施是重要的市政公用设施，当发生地震、台风、雨雪冰冻、暴雨、地质灾害等自然灾害时，如果雨水管渠或雨水泵站损坏，会造成城镇被淹；若污水管渠、污水泵站或污水处理厂损坏，会造成城镇被污水淹没和受到严重污染等次生灾害，直接危害公众利益和健康，2008年住房和城乡建设部发布的《市政设施抗灾设防管理规定》对市政公用设施的防灾专项规划内容提出了具体的要求，因此，城镇排水设施的选址和建设除应该符合本规范第2.0.2条的规定外，还要符合防灾专项规划的要求。

4.1.10 为保障操作人员安全，对产生有毒有害气体或可燃气体的泵站、管道、检查井、构筑物或设备进行放空清理或维修时，一定要采取防硫化氢等有毒有害气体或可燃气体的安全措施。安全措施主要有：隔绝断流，封堵管道，关闭闸门，水冲洗，排尽设备设施内剩余污水，通风等。不能隔绝断流时，要根据实际情况，操作人员穿戴供压缩空气的隔离式安全防护服和系安全带作业，并加强监测，或采用专业潜水员作业。

4.2 建筑排水

4.2.1 建筑排水设备和管道担负输送污水的功能，有可能产生漏水污染环境，产生噪声，甚至危害建筑结构和设备安全等，要采取措施合理布置与敷设，避免可能产生的危害。

4.2.2 存水弯、水封盒等水封能有效地隔断排水管道内的有害有毒气体窜入室内，从而保证室内环境卫生，保障人民身心健康，防止事故发生。

存水弯水封需要保证一定深度，考虑到水封蒸发损失、自虹吸损失以及管道内气压变化等因素，卫生器具的排水口与污水排水管的连接处，要设置相关设施阻止有害气体泄漏，例如设置有水封深度不小于50mm的存水弯，是国际上为保证重力流排水管道系统中室内压不破坏存水弯水封的要求。当卫生器具构造内自带水封设施时，可不另设存水弯。

4.2.3 本条规定了建筑物地下室、半地下室的污、废排水要单独设置压力排水系统排除，不应该与上部排水管道连接，目的是防止室外管道满流或堵塞时，污、废水倒灌进室内。对于山区的建筑物，若地下室、半地下室的地面标高高于室外排水管道处的地面标高，可以采用重力排水系统。建筑物内采用排水泵压力排出污、废水时，一定要采取相应的安全保证措施，不应该因此造成污、废水淹没地下室、半地下室的事故。

4.2.4 本条规定了下沉式广场、地下车库出入口处等及时排除雨水积水的要求。下沉式广场、地下车库出入口处等不能采用重力流排除雨水的场所，要设集水沟、集水池和雨水排水泵等设施及时排除雨水，保证这些场所不被雨水淹渍。一般做法有：下沉式广场地面排水集水池的有效容积不小于最大一台排水泵30s的出水量，地下车库出入口明沟集水池的有效容积不小于最大一台排水泵5min的出水量，排水泵要有不间断的动力供应；且定期检修，保证其正常使用。

4.2.5 化粪池一般采用砖砌水泥砂浆抹面，防渗性差，对于地下水取水构筑物和生活饮用水池而言属于污染源，因此要防止化粪池渗出污水污染地下水源，可以采取化粪池与地下取水构筑物或生活储水池保持一定的距离等措施。

4.2.6 本条规定医疗机构污水要根据其污水性质、排放条件（即排入市政下水管或地表水体）等进行污水处理和确定处理流程及工艺，处理后的水质要符合现行国家标准《医疗机构水污染物排放标准》GB 18466 的有关要求。

4.2.7 建筑屋面雨水的排除涉及屋面结构、墙体及人员的安全，屋面雨水的排水设施由雨水斗、屋面溢流口（溢流管）、雨水管道组成，它们总的排水能力要保证设计重现期内的雨水的排除，保证屋面不积水。

4.3 排 水 管 渠

4.3.1 本条规定了排水管渠的基本功能和性能。经济合理地输送雨水、污水指利用地形合理布置管渠，降低排水管渠埋设深度，减少压力输送，花费较少投资和运行费用，达到同样输送雨水和污水的目的。为了保障公众和周边设施安全、通畅地输送雨水和污水，排水管渠要满足条文中提出的各项性能要求。

4.3.2 立体交叉地道排水的可靠程度取决于排水系统出水口的畅通无阻。当立体交叉地道出水管与城镇雨水管直接连通，如果城镇雨水管排水不畅，会导致雨水不能及时排除，形成地道积水。独立排水系统指单独收集立体交叉地道雨水并排除的系统。因此，规定立体交叉地道排水要设置独立系统，保证系统出水不受城镇雨水管影响。

4.3.3 检查井是含有硫化氢等有毒有害气体和缺氧的场所，我国曾多次发生操作人员下井作业时中毒身亡的悲剧。为保障操作人员安全，作此规定。

强制通风后在通风最不利点检测易爆和有毒气体浓度，检测符合安全标准后才可进行后续作业。

4.3.4 为保障排水管渠正常工作，要建立定期巡视、检查、维护和更新的制度。巡视内容一般包括污水冒溢、晴天雨水口积水、井盖和雨水箅缺损、管道塌陷、违章占压、违章排放、私自接管和影响排水的工程施工等。

4.4 排 水 泵 站

4.4.1 本条规定了排水泵站的基本功能。为安全、可靠和高效地提升雨水和污水，泵站进出水管水流要顺畅，防止进水滞流、偏流和泥砂杂物沉积在进水渠底，防止出水壅流。如进水出现滞流、偏流现象会影响水泵正常运行，降低水泵效率，易形成气蚀，缩短水泵寿命。如泥砂杂物沉积在进水渠底，会减小过水断面。如出水壅流，会增大阻力损失，增加电耗。水泵及配套设施应选用高效节能产品，并有防止水泵堵塞措施。出水排入水体的泵站要采取措施，防止水流倒灌影响正常运行。

4.4.2 水泵最高扬程和最低扬程发生的频率较低，选择时要使大部分工作时间均处在高效区运行，以符合节能要求。同时为保证排水畅通，一定要保证在最高工作扬程和最低工作扬程范围内水泵均能正常运行。

4.4.3 为保障周围建筑物和操作人员的安全，抽送产生易燃易爆或有毒有害气体的污水时，室外污水泵站必须为独立的建筑物。相应的安全防护措施有：具有良好的通风设备，采用防火防爆的照明和电气设备，安装有毒有害气体检测和报警设施等。

4.4.4 排水泵站布置主要是水泵机组的布置。为保障操作人员安全和保证水泵主要部件在检修时能够拆卸，主要机组的间距和通道、泵房出入口、层高、操作平台设置要满足安全防护的需要并便于操作和检修。

4.4.5 立体交叉地道受淹后，如果与地道合建的雨水泵站的电气设备也被淹，会导致水泵无法启动，延长了地道交通瘫痪的时间。为保障雨水泵站正常工作，作此规定。

4.4.6 在部分水泵损坏或检修时，为使污水泵站和合流污水泵站还能正常运行，规定此类泵站应设置备用泵。由于道路立体交叉地道在交通运输中的重要性，一旦立体交叉地道被淹，会造成整条交通线路瘫痪的严重后果；为大型公共地下设施设置的雨水泵站，如果水泵发生故障，会造成地下设施被淹，进而影响使用功能，所以，作出道路立体交叉地道和大型公共地下设施雨水泵站应设备用泵的规定。

4.4.7 雨水及合流泵站出水口流量较大，要控制出水口的位置、高程和流速，不能对原有河道驳岸、其他水中构筑物产生冲刷；不能影响受纳水体景观、航运等使用功能。同时为保证航运和景观安全，要根据需要设置有关设施和标志。

4.4.8 雨污水进入集水池后速度变慢，一些泥砂会沉积在集水池中，使有效池容减少，故作此规定。

4.5 污 水 处 理

4.5.1 本条规定了污水处理厂的基本功能。污水处理厂是集中处理城镇污水，以达到减少污水中污染物，保护受纳水体功能的设施。建设污水处理厂需要大量投资，目前有些地方盲目建设污水处理厂，造成污水处理厂建成后无法正常投入运行，不仅浪费了国家和地方政府的资金，而且污水未经有效处理排放造成水体及环境污染，影响人民健康。国家有关部门对污水处理厂的实际处理负荷作了明确的规定，以保证污水处理厂有效减少城镇水污染物。排放的水应符合

《城镇污水处理厂污染物排放标准》GB 18918、《地表水环境质量标准》GB 3838和各地方的水污染物排放标准的要求；脱水后的污泥应该符合《城镇污水处理厂污染物排放标准》GB 18918和《城镇污水处理厂污泥泥质》GB 24188要求。当污泥进行最终处置和综合利用时，还要分别符合相关的污泥泥质标准。排放的废气要符合《城镇污水处理厂污染物排放标准》GB 18918中规定的厂界废气排放标准；当污水处理厂采用污泥热干化或污泥焚烧时，污泥热干化的尾气或焚烧的烟气中含有危害人民身体健康的污染物质，除了要符合上述标准外，其颗粒物、二氧化硫、氮氧化物的排放指标还要符合国家现行标准《恶臭污染物排放标准》GB 14554及《生活垃圾焚烧污染控制标准》GB 18485的要求。

4.5.2 本条规定了污水处理厂的技术要求。对不同的地表水域环境功能和保护目标，在现行国家标准《城镇污水处理厂污染物排放标准》GB 18918中，有不同等级的排放要求；有些地方政府也根据实际情况制定了更为严格的地方排放标准。因此，要遵从国家和地方现行的排放标准，结合污水水质特征、处理后出水用途等确定污水处理程度。进而，根据处理程度综合考虑污水水质特征、地质条件、气候条件、当地经济条件、处理设施运行管理水平，还要统筹兼顾污泥处理处置，减少污泥产生量，节约污泥处理处置费用等，选择污水处理工艺，做到稳定达标又节约运行维护费用。

4.5.3 污水处理厂的总体设计包括平面布置和竖向设计。合理的处理构筑物平面布置和竖向设计以满足水力流程要求，减少水流在处理厂内不必要的折返以及各类跌水造成的水头浪费，降低污水、污泥提升以及供气的运行能耗。

同时，污水处理过程中往往会散发臭味和对人体健康有害的气体，在生物处理构筑物附近的空气中，细菌芽孢数量也较多，鼓风机（尤其是罗茨鼓风机）会产生较大噪声，为此，污水处理厂在平面布置时，应该采取措施。如将生产管理建筑物和生活设施与处理构筑物保持一定距离，并尽可能集中布置；采用绿化隔离，考虑夏季主导风向影响等措施，减少臭气和噪声的影响，保持管理人员有良好的工作环境，避免影响正常工作。

4.5.4 初期雨水污染十分严重，为保护环境，要进行截流并处理，因此在确定合流制污水处理厂的处理规模时，要考虑这部分容量。

4.5.5 污水自然处理是利用自然生物作用进行污水处理的方法，包括土地处理和稳定塘处理。通常污水自然处理需要占用较大面积的土地或人工水体，或者与景观结合，当处理负荷等因素考虑不当或气候条件不利时，会造成臭气散发、水体视觉效果差甚至有蚊蝇飞虫等影响，因此，在自然处理选址以及设计中要采取措施减少对周围环境质量的影响。

另外，污水自然处理常利用荒地、废地、坑塘、洼地等建设，如果不采取防渗措施（包括自然防渗和人工防渗），必定会造成污水下渗影响地下水水质，因此，要采取措施避免对地下水产生污染。

4.5.6 污水处理厂出水中含有大量微生物，其中有些是致病的，对人类健康有危害，尤其是传染性疾病传播时，其危害更大，如SAS的传播。为保障公共卫生安全规定污水处理厂出水应该消毒后排放。

污水消毒场所包括放置消毒设备、二氧化氯制备器和原料的地方。污水消毒主要采用紫外线、二氧化氯和液氯。采用紫外线消毒时，要采取措施防止紫外光对人体伤害。二氧化氯和液氯是强氧化剂，可以和多种化学物质和有机物发生反应使得它的毒性很强，其泄漏可损害全身器官。若处理不当会发生爆炸，如液氯容器遭碰撞或冲击受损爆炸，同时，也会因氯气泄漏造成次生危害；又如氯酸钠与磷、硫及有机物混合或受撞击爆炸。为保障操作人员安全规定消毒场所要有安全防护措施。

4.5.7 《中华人民共和国水污染防治法》要求，城镇污水集中处理设施的运营单位，应当对城镇污水集中处理设施的出水水质负责；同时，污水处理厂为防止进水水量、水质发生重大变化影响污水处理效果，以及运行节能要求，一定要及时掌握水质水量情况，因此作此规定。

4.6 污泥处理

4.6.1 随着城镇污水处理的迅速发展，产生了大量的污泥，污泥中含有的病原体、重金属和持久性有机污染物等有毒有害物质，若未经有效处理处置，极易对地下水、土壤等造成二次污染，直接威胁环境安全和公众健康，使污水处理设施的环境效益大大降低。我国幅员辽阔，地区经济条件、环境条件差异很大，因此采用的污泥处理和处置技术也存在很大的差异，但是污泥处理和处置的基本原则和目的是一致的，即进行减量化、稳定化和无害化处理。

污泥的减量化处理包括使污泥的体积减小和污泥的质量减少，如前者采用污泥浓缩、脱水、干化等技术，后者采用污泥消化、污泥焚烧等技术。污泥的减量化也可以减少后续的处理处置的能源消耗。

污泥的稳定化处理是指使污泥得到稳定（不易腐败），以利于对污泥作进一步处理和利用。可以达到或部分达到减轻污泥重量，减少污泥体积，产生沼气、回收资源，改善污泥脱水性能，减少致病菌数量，降低污泥臭味等目的。实现污泥稳定可采用厌氧消化、好氧消化、污泥堆肥、加碱稳定、加热干化、焚烧等技术。

污泥的无害化处理是指减少污泥中的致病菌数量和寄生虫卵数量，降低污泥臭味。

污泥安全处置有两层意思，一是保障操作人员安全，需要采取防火、防爆及除臭等措施；二是保障环境不遭受二次污染。

污泥处置要有效提高污泥的资源化程度，变废为宝，例如用作制造肥料、燃料和建材原料等，做到污泥处理和处置的可持续发展。

4.6.2 消化池、污泥气管道、储气罐、污泥气燃烧装置等处如发生污泥气泄漏会引起爆炸和火灾，为有效阻止和减轻火灾灾害，要根据现行国家标准《建筑设计防火规范》GB 50016 和《城镇燃气设计规范》GB 50028 的规定采取安全防范措施，包括对污泥气含量和温度等进行自动监测和报警，采用防爆照明和电气设备，厌氧消化池和污泥气储罐要密封，出气管一定要设置防回火装置，厌氧消化池溢流口和表面排渣管出口不得置于室内，并一定要有水封装置等。

4.6.3 污泥气约含 60%的甲烷，其热值一般可达到 $21000kJ/m^3 \sim 25000kJ/m^3$，是一种可利用的生物质能。污水处理厂产生的污泥气可用于消化池加温、发电等，若加以利用，能节约污水处理厂的能耗。在世界能源紧缺的今天，综合利用污泥气显得越发重要。污泥气中的甲烷是一种温室气体，根据联合国政府间气候变化专门委员会（IPCC）2006 年出版的《国家温室气体调查指南》，其温室效应是 CO_2 的 21 倍，为防止大气污染和火灾，污泥气不得擅自向大气排放。

4.6.4 污泥进行机械浓缩脱水时释放的气体对人体、仪器和设备有不同程度的影响和损害；药剂撒落在地上，十分黏滑，为保障安全，作出上述规定。

4.6.5 污泥堆肥过程中会产生大量的渗沥液，其 COD、BOD 和氨氮等污染物浓度较高，如果直接进入水体，会造成地下水和地表水的污染。一般采取对污泥堆肥场地进行防渗处理，并设置渗沥液收集处理设施等。

4.6.6 污泥热干化时产生的粉尘是 St1 级爆炸粉尘，具有潜在的爆炸危险，干化设施和污泥料仓内的干污泥也可能会自燃。在欧美已发生多起干化器爆炸、着火和附属设施着火的事件。安全措施包括设置降尘除尘设施、对粉尘含量和温度等进行自动监测和报警、采用防爆照明和电气设备等。为保障安全，作此规定。

4.6.7 污泥干化和焚烧过程中产生的烟尘中含有大量的臭气、杂质和氮氧化物等，直接排放会对周围环境造成严重污染，一定要进行处理，并符合现行国家标准《恶臭污染物排放标准》GB 14554 及《生活垃圾焚烧污染控制标准》GB 18485 的要求后排放。

5 污水再生利用与雨水利用

5.1 一 般 规 定

5.1.1 资源型缺水城镇要积极组织编制以增加水源为主要目标的城镇再生水和雨水利用专项规划；水质型缺水城镇要积极组织编制以削减水污染负荷、提高城镇水体水质功能为主要目标的城镇再生水专项规划。在编制规划时，要以相关区域城镇体系规划和城镇（总体）规划为依据，并与相关水资源规划、水污染防治规划相协调。

城镇总体规划在确定供水、排水、生态环境保护与建设发展目标及市政基础设施总体布局时，要包含城镇再生水利用的发展目标及布局；市政工程管线规划设计和管线综合中，要包含再生水管线。

城镇再生水规划要根据再生水水源、潜在用户地理分布、水质水量要求和输配水方式，经综合技术经济比较，合理确定城镇再生水的系统规模、用水途径、布局及建设方式。城镇再生水利用系统包括市政再生水系统和建筑中水设施。

城镇雨水利用规划要与拟建区域总体规划为主要依据，并与排水、防洪、绿化及生态环境建设等专项规划相协调。

5.1.2 本条规定了城镇再生水和雨水利用工程的基本功能和性能。城镇再生水和雨水利用的总体目标是充分利用城镇污水和雨水资源、削减水污染负荷、节约用水、促进水资源可持续利用与保护、提高水的利用效率。

城镇再生水和雨水利用设施包括水源、输（排）水、净化和配水系统，要按照相关规定满足不同再生水用户或用水途径对水质、水量、水压的要求。

5.1.3 城镇再生水与雨水的利用，在工程上要确保安全可靠。其中保证水质达标、避免误接误用、保证水量安全等三方面是保障再生水和雨水使用安全减少风险的必要条件。具体措施有：①城镇再生水与雨水利用工程要根据用户的要求选择合适的再生水和雨水利用处理工艺，做到稳定达标又节约运行费用。②城镇再生水与雨水利用输配水系统要独立设置，禁止与生活饮用水管道连接；用水点和管道上一定要设有防止误饮、误用的警示标识。③城镇再生水与雨水利用工程要有可靠的供水水源，重要用水用户要备有其他补水系统。

5.2 再生水水源和水质

5.2.1 本条规定了城镇再生水水源利用的基本要求。城镇再生水水源包括建筑中水水源。再生水水源工程包括收集、输送再生水水源水的管道系统及其辅助设施，在设计时要保证水源的水质水量满足再生水生产与供给的可靠性、稳定性和安全性要求。

有了充足可靠的再生水水源可以保障再生水处理设施的正常运转，而这需要进行水量平衡计算。再生水工程的水量平衡是指再生水原水水量、再生水处理水量、再生水回用水量和生活补给水量之间通过计算调整达到供需平衡，以合理确定再生水处理系统的规模和处理方法，使原水收集、再生水处理和再生水供应等协调运行，保证用户需求。

5.2.2 重金属、有毒有害物质超标的污水不允许排入或作为再生水水源。排入城镇污水收集系统与再生处理系统的工业废水要严格按照国家及行业规定的排放标准，制定和实施相应的预处理、水质控制和保障计划。并在再生水水源收集系统中的工业废水接入口设置水质监测点和控制闸门。

医疗机构的污水中含有多种传染病菌、病毒，虽然医疗机构中有消毒设备，但不可能保证任何时候的绝对安全性，稍有疏忽便会造成严重危害，而放射性废水对人体造成伤害的危害程度更大。考虑到安全因素，因此规定这几种污水和废水不得作为再水水源。

5.2.3 再生水利用分类要符合现行国家标准《城市污水再生利用分类》GB/T 18919 的规定。再生水用于城市杂用水时，其水质要符合国家现行的《城市污水再生利用城市杂用水水质》GB/T 18920 的规定。再生水用于景观环境用水时，其水质要符合现行国家标准《城市污水再生利用景观环境用水水质》GB/T 18921 的规定。再生水用于农田灌溉时，其水质要符合现行国家标准《城市污水再生利用农田灌溉用水水质》GB 20922 的规定。再生水用于工业用水时，其水质要符合现行国家标准《工业用水水质标准》GB/T 19923 的规定。再生水用于绿地灌溉时，其水质要符合现行国家标准《城市污水再生利用绿地灌溉水质》GB/T 25499 的规定。

当再生水用于多种用途时，应该按照优先考虑用水量大、对水质要求不高的用户，对水质要求不同用户可根据自身需要进行再处理。

5.3 再生水利用安全保障

5.3.1 再生水工程为保障处理系统的安全，要设有溢流和采取事故水排放措施，并进行妥善处理与处置，排入相关水体时要符合先行国家标准《城镇污水处理厂污染物排放标准》GB 18918 的规定。

5.3.2 城镇再生水的供水管理和分配与传统水源的管理有明显不同。城镇再生水利用工程要根据设计再生水水量和回用类型的不同确定再生水储存方式和容量，其中部分地区还要考虑再生水的季节性储存。同时，强调再生水储存设施应严格做好卫生防护工作，切断污染途径，保障再生水水质安全。

5.3.3 消毒是保障再生水卫生指标的重要环节，它直接影响再生水的使用安全。根据再生水水质标准，对不同目标的再生水均有余氯和卫生指标的规定，因此再生水必须进行消毒。

5.3.4 城镇再生水利用工程为便于安全运行、管理和确保再生水水质合格，要设置水量计量和水质监测设施。

5.3.5 建筑小区和工业用户采用再生水系统时，要备有补水系统，这样可保证污水再生利用系统出事故时不中断供水。而饮用水的补给只能是应急的，有计量的，并要有防止再生水污染饮用水系统的措施和手段。其中当补水管接到再生水储存池时要设有空气隔断，即保证补水管出口距再生水储存池最高液面不小于 2.5 倍补水管径的净距。

5.3.6 本条主要指再生水生产设施、管道及使用区域都要设置明显标志防止误接、误用，确保公众和操作人员的卫生健康，杜绝病原体污染和传播的可能性。

5.4 雨 水 利 用

5.4.1 拟建区域与雨水利用工程建设相关基础资料的收集是雨水利用工程技术评价的基础。降雨量资料主要有：年均降雨量；年均最大月降雨量；年均最大日降雨量；当地暴雨强度计算公式等。最近实施的北京市地方标准《城市雨水利用工程技术规程》DB11/T685 中，要求收集工程所在地近 10 年以上的气象资料作为雨水利用工程的参考资料。有专家认为，通过近 10 年以上的降雨量资料计算设计的雨水利用工程更接近实际。

其他相关基础资料主要包括：地形与地质资料（含水文地质资料），地下设施资料，区域总体规划及城镇建设专项规划。

5.4.2 现行国家标准《给水排水工程基本术语标准》GB/T 50125 中对“雨水利用”的定义为：“采用各种措施对雨水资源进行保护和利用的全过程”。目前较为广泛的雨水利用措施有收集回用、雨水入渗、调蓄排放等。

“雨水收集回用”即要求同期配套建设雨水收集利用设施，作为雨水利用、减少地表径流量等的重要措施之一。由于城市化的建设，城市降雨径流量已经由城市开发前的 10%增加到开发后的 50%以上，同时降雨带来的径流污染也越来越严重。因此，雨水收集回用不仅节约了水资源，同时还减少了雨水地表径流和暴雨带给城市的淹涝灾害风险。

“雨水入渗”即包括雨水通过透水地面入渗地下，补充涵养地下水资源，缓解或遏制地面沉降，减少因降雨所增加的地表径流量，是改善生态环境，合理利用雨水资源的最理想的间接雨水利用技术。

“雨水调蓄排放”主要是通过利用城镇内和周边的天然湖塘洼地、沼泽地、湿地等自然水体，以及雨水利用工程设计中为满足雨水利用的要求而设置的调蓄池，在雨水径流的高峰流量时进行暂存，待径流量下降后再排放或利用，此措施也减少了洪涝灾害。

5.4.3 利用城镇及周边区域的湖塘洼地、坝塘、沼泽地等自然水体对雨水进行处理、净化、滞留和调蓄是最理想的水生态循环系统。

5.4.4 在设计、建造和运行雨水设施时要与周边环境相适宜，充分考虑减少硬化面上的污染物量；对雨水中的固体污物进行截流和处理；采用生物滞蓄生态净化处理技术，不破坏周边景观。

5.4.5 雨水经过一般沉淀或过滤处理后，细菌的绝对值仍可能很高，并有病原菌的可能，因此，根据雨水回用的用途，特别是与人体接触的雨水利用项目应在利用前进行消毒处理。消毒处理方法的选择，应按相关国家现行的标准执行。

6 结 构

6.1 一 般 规 定

6.1.1 城镇给水排水工程系指涵盖室外和居民小区内建筑物外部的给水排水设施。其中，厂站内通常设有办公楼、化验室、调度室、仓库等，这些建筑物的结构设计、施工，要按照工业与民用建筑的结构设计、施工标准的相应规定执行。

6.1.2 城镇给水排水设施属生命线工程的重要组成部分，为居民生活、生产服务，不可或缺，为此这些设施的结构设计安全等级，通常应为二级。同时作为生命线网络的各种管道及其结点构筑物（水处理厂站中各种功能构筑物），多为地下或半地下结构，运行后维修难度大，据此其结构的设计使用年限，国外有逾百年考虑；本条根据我国国情，按国家标准《工程结构可靠性设计统一标准》GB 50153 的规定，对厂站主要构筑物的主体结构和地下干管道结构的设计使用年限定为不低于 50 年。这里不包括类似阀门井、铁爬梯等附属构筑物和可以替换的非主体结构以及居民小区内的小型地下管道。

6.1.3 城镇给水排水工程中的各种构筑物和管道与地基土质密切相关，因此在结构设计和施工前，一定要按基本建设程序进行岩土工程勘察。根据国家标准《岩土工程勘察规范》GB 50021 的规定，按工程建设相应各阶段的要求，提供工程地质及水文地质条件，查明不良地质作用和地质灾害，根据工程项目的结构特征，提供资料完整，有针对性评价的勘察报告，以便结构设计据此正确、合理地确定结构类型、构造及地基基础设计。

6.1.4 本条主要是依据国家标准《工程结构可靠性设计统一标准》GB 50153 的规定，要确保结构在设计使用年限内安全可靠（保持其失效概率）和正常运行，一定要符合“正常设计”、“正常施工”和“正常管理、维护”的原则。

6.1.5 盛水构筑物和管道均与水和土壤接触，运行条件差，为此在进行结构内力分析时，应该视结构为弹性体，不要考虑非弹性变形引起的内力重分布，避免出现过大裂缝（混凝土结构）或变形（金属、塑料材质结构），以确保正常使用及可靠的耐久性。

6.1.6 本条规定对位于地表水或地下水水位以下的构筑物和管道，应该进行抗浮稳定性核算，此时采用核算水位应为勘察文件提供在使用年限内可能出现的最高水位，以确保结构安全。相应施工期间的核算水位，应该由勘察文件提供不同季节可能出现的最高水位。

6.1.7 结构材料的性能对结构的安全可靠至关重要。根据国家标准《工程结构可靠性设计统一标准》GB 50153 的规定，结构设计采用以概率理论为基础的极限状态设计方法，要求结构材料强度标准值的保证率不应低于 95%。同时依据抗震要求，结构采用的钢材应具有一定的延性性能，以使结构和构件具有足够的塑性变形能力和耗能功能。

6.1.8 条文主要依据国家标准《混凝土结构设计规范》GB 50010 的规定，确保混凝土的耐久性。对与水接触、埋设于地下的结构，其混凝土中配制的骨料，最好采用非碱活性骨料，如由于条件限制采用碱活性骨料时，则应该控制混凝土中的碱含量，否则发生碱骨料反应将导致膨胀开裂，加速钢筋锈蚀，缩短结构、构件的使用年限。

6.1.9 遇水浸蚀材料砌块和空芯砌块都不能满足水密性要求，也严重影响结构的耐久性要求。

6.1.10 本条规定主要在于保证钢筋混凝土构件正常工作时的耐久性。当构件截面受力处于中心受拉或小偏心受拉时，全截面受拉一旦开裂将贯通截面，因此应该按控制裂缝出现设计。当构件截面处于受弯或大偏心受拉、压状态时，并非全截面受拉，应按控制裂缝宽度设计。

6.1.11 条文对平面尺寸超长（例如超过 25m～30m）的钢筋混凝土构筑物的设计和施工，提出了警示。在工程实践中不乏由于温度作用（混凝土成型过程中的水化热或运行时的季节温差）导致墙体开裂。对此，设计和施工需要采取合理、可靠的应对措施，例如采取设置变形缝加以分割、施加部分预应力、设置后浇带分期浇筑混凝土、采用合适的混凝土添加剂、降低水胶比等。

6.1.12 给水排水工程中的构筑物和管道，经常会敷设很深，条文要求在深基坑开挖、支护和降水时，不仅要保证结构本身安全，还要考虑对周边环境的影响，避免由于开挖或降水影响邻近已建建（构）筑物的安全（滑坡、沉陷而开裂等）。

6.1.13 条文针对构筑物和管道结构的施工验收明确了要求。从原材料控制到竣工验收，提出了系统要求，达到保证工程施工质量的目标。

6.2 构 筑 物

6.2.1 条文对盛水构筑物即各种功能的水池结构设计，规定了应该予以考虑的工况及其相应的各种作用。通常除了池内水压力和池外土压力（地下式或半地下式水池）外，尚需考虑结构承受的温差（池壁内外温差及季节温差）和湿差（池壁内外）作用。这些作用会对池体结构的内力有显著影响。

环境影响除与温差作用有关外，还要考虑地下水位情况。如地下水位高于池底时，则不能忽视对构筑物的浮力和作用在侧壁上的地下水压力。

6.2.2 本条针对预应力混凝土结构设计作出规定，对盛水构筑物的构件，在正常运行时各种工况的组合作用下，结构截面上应该保持具有一定的预压应力，以确保不致出现开裂，影响预应力钢丝的可靠耐久性。

6.2.3 条文针对混凝土结构盛水构筑物的结构设计，为确保其使用功能及耐久性，对水泥品种的选用、最少水泥用量及混凝土水胶比的控制（保证其密实性）、抗渗和抗冻等级、防侵蚀保护措施等方面，提出了综合要求。

6.3 管 道

6.3.1 城镇室外给水排水工程中应用的管材，首先要依据其运行功能选用，由工厂预制的普通钢筋混凝土管和砌体混合结构管道，通常不能用于压力运行管道；结构壁塑料管是采用薄壁加肋方式，提高管刚度，藉以节约原材料，其中不加其他辅助材料（如钢材）由单一纯塑料制造的结构壁塑料管不能承受内压，同样不能用于压力运行管道。

施工敷设也是选择要考虑的因素，开槽埋管还是不开挖顶进施工，后者需要考虑纵向刚度较好的管材，同时还需要加强管材接口的连接构造；对过江、湖的架空管通常采用焊接钢管。

对存在污染的环境，要选择耐腐蚀的管材，此时塑料管材具有优越性。

当有多种管材适用时，则需通过技术经济对比分析，做出合理选择。

6.3.2 本条要求在进行管道结构设计时，应该判别所采用管道结构的刚、柔性。刚柔性管的鉴别，要根据管道结构刚度与管周土体刚度的比值确定。通常矩形管道、混凝土圆管属刚性管道；钢管、铸铁（灰口铸铁除外，现已很少采用）管和各种塑料管均属柔性管；仅当预应力钢筒混凝土管壁厚较小时，可能成为柔性管。

刚、柔两种管道在受力、承载和破坏形态等方面均不相同，刚性管承受的土压力要大些，但其变形很小；柔性管的变形大，尤其在外压作用下，要过多依靠两侧土体的弹抗支承，为此对其进行承载力的核算时，尚需作环向稳定计算，同时进行正常使用验算时，还需作允许变形量计算。据此条文规定对柔性管进行结构设计时，应按管结构与土体共同工作的结构模式计算。

6.3.3 埋设在地下的管道，必然要承受土压力，对刚性管道可靠的侧向土压力可抵消竖向土压力产生的部分内力；对柔性管道则更需侧土压力提供弹抗作用；因此，需要对管周土的压实密度提出要求，作为埋地管道结构的一项重要的设计内容。通常应该对管两侧回填土的密实度严格要求，尤其对柔性圆管需控制不低于95%最大密实度；对刚性圆管和矩形管道可适当降低。管底回填土的密实度，对圆管不要过高，可控制在85%～95%，以免管底受力过于集中而导致管体应力剧增。管顶回填土的密实度不需过高，要视地面条件确定，如修道路，则按路基要求的密实度控制。但在有条件时，管顶最好留出一定厚度的缓冲层，控制密实度不高于85%。

6.3.4 对非开挖顶进施工的管道，管体承受的竖向土压力要比管顶以上土柱的压力小，主要由于土柱两侧滑裂面上的剪应力抵消了部分土柱压力，消减的多少取决于管顶覆土厚度和该处土体的物理力学性能。

6.3.5 钢管常用于跨越河湖的自承式结构，当跨度较大时多采用拱形或折线形结构，此时应该核算在侧向荷载（风、地震作用）作用下，出平面变位引起的P-Δ效应，其影响随跨越结构的矢高比有关，但通常均会达到不可忽视的量级，要给予以重视。

6.3.6 塑料与混凝土、钢铁不同，老化问题比较突出，其物理力学性能随时间而变化，因此对塑料管进行结构设计时，其力学性能指标的采用，要考虑材料的长期效应，即在按设计使用年限内的后期数值采用，以确保使用期内的安全可靠。

6.4 结构抗震

6.4.1 本条是对给水排水工程中构筑物和管道结构的抗震设计，规定了设防标准，给水排水工程是城镇生命线工程的重要内容之一，密切关联着广大居民生活、生产活动，也是震后震灾抢救、恢复秩序所必要的设施。因此，条文依据国家标准《建筑工程抗震设防分类标准》GB 50223（这里“建筑”是广义的，包涵构筑物）的规定，对给水排水工程中的若干重要构筑物和管道，明确了需要提高设防标准，以使避免在遭遇地震时发生严重次生灾害。

这里还需要对排水工程给予重视。在国内几次强烈地震中，由于排水工程的震害加重了次生灾害。例如唐山地震时，唐山市内永红立交处，因排水泵房毁坏无法抽水降低地面积水，造成震后救援车辆无法通行；天津市常德道卵形排水管破裂，大量基土流失，而排水管一般埋地较深，影响到旁侧房屋开裂、倒塌。同时，排水管道系统震坏后，还将造成污水横溢，严重污染整个生态环境，这种次生灾害不可能在短期内获得改善。

6.4.2 本条规定了在工程中采用抗震设防烈度的依据，明确要以现行中国地震动参数区划图规定的基本烈度或地震管理部门批准的地震安全性评价报告所确定的基本烈度作为设防烈度。

6.4.3 本条规定抗震设防应达到的目标，着眼于避免形成次生灾害，这对城镇生命线工程十分重要。

6.4.4 本条对抗震设防烈度和相应地震加速度取值的关系，是依据原建设部1992年7月3日颁发的建标［1992］419号《关于统一抗震设计规范地面运动加速度设计取值的通知》而采用的，该取值为50年设计基准期超越概率10%的地震加速度取值。其中0.15g和0.3g分别为0.1g与0.2g、0.2g与0.4g地区间的过渡地区取值。

6.4.5 条文对构筑物的抗震验算，规定了可以简化分析的原则，同时对设防烈度为9度时，明确了应该计算竖向地震效应，主要考虑到9度区一般位于震中或邻近震中，竖向地震效应显著，尤其对动水压力的影响不可忽视。

6.4.6 本条对埋地管道结构的抗震验算作了规定，明确了应该计算在地震作用下，剪切波行进时对管道结构形成的变位或应变量。埋地管道在地震作用下的反应，与地面结构不同，由于结构的自振频率远高于土体，结构受到的阻尼很大，因此自重惯性力可以忽略不计，而这种线状结构必然要随行进的地震波协同变位，应该认为变位既是沿管道纵向的，也有弯曲形的。对于体形不大的管道，显然弯曲变位易于适应被接受，主要着重核算管道结构的纵向变位（瞬时拉或压）；但对体形较大的管道，弯曲变位的影响会是不可忽视的。

上述原则的计算模式，目前国际较为实用的方法是将管道视作埋设于土中的弹性地基梁，亦即考虑了管道结构和土体的相对刚度影响。管道在地震波的作用下，其变位不完全与土体一致，会有一定程度的折减，减幅大小与管道外表构造和管道四周土体的物理力学性能（密实度、抗剪强度等）有关。由于涉及因素较多，通常很难精确掌控，因此有些重要的管道工程，其抗震验算就不考虑这项折减因素。

6.4.7 对构筑物结构主要吸取国家标准《建筑抗震设计规范》GB 50011的要求做出规定。旨在当遭遇强烈地震时，不致结构严重损坏甚至毁坏。

对埋地管道，在地震作用下引起的位移，除了采用延性良好的管材（例如钢管、PE管等）能够适应外，其他管材的管道很难以结构受力去抵御。需要在管道沿线配置适量的柔性连接去适应地震动位移，这是国内外历次强震反应中的有效措施。

6.4.8 当构筑物或管道位于地震液化地基土上时，很可能受到严重损坏，取决于地基土的液化严重程度，应据此采取适当的措施消除或减轻液化作用。

6.4.9 当埋地管道傍山区边坡和江、河、湖的岸边敷设时，多见地震时由于边坡滑移而导致管道严重损坏，这在四川汶川地震、唐山地震中均有多发震害实例。为此条文提出针对这种情况，应对该处岸坡的抗震稳定性进行验算，以确保管道安全可靠。

7 机械、电气与自动化

7.1 一般规定

7.1.1 机电设备及其系统是指相关机械、电气、自动化仪表和控制设备及其形成的系统，是城镇给水排水设施的重要组成部分。城镇给水排水设施能否正常运行，实际上取决于机电设备及其系统能否正常运行。城镇给水排水设施的运行效率以及安全、环保方面的性能，也在很大程度上取决于机电设备及其系统的配置和运行情况。

7.1.2 机电设备及其系统是实现城镇给水排水设施的工艺目标和生产能力的基本保障。部分机电设备因故退出运行时，仍应该满足相应运行条件下的基本生产能力要求。

7.1.3 必要的备品备件能加快城镇给水排水机电设备的维护保养和故障修复过程，保障机电设备长期安全地运行。易损件、消耗材料一定要品种齐全，数量充足，满足经常更换和补充的需要。

7.1.4 城镇给水排水设施要积极采用环保型机电设备，创造宁静、祥和的工作环境，与周边的生产、生活设施和谐相处。所产生的噪声、振动、电磁辐射、污染排放等均要符合国家相关标准。即使在安装和维护的过程中，也要采取有效的防范措施，保障工作人员的健康和周边环境免遭损害。

7.1.5 城镇给水排水设施一定要具有应对自然灾害、事故灾难、公共卫生事件和社会安全事件等突发事件的能力，防止和减轻次生灾害发生，其中许多内容是由机电设备及其系统实现或配合实现的。一旦发生突发事件，为配合应急预案的实施，相关的机电设备一定要能够继续运行，帮助抢险救灾，防止事态扩大，实现城镇给水排水设施的自救或快速恢复。为此，在机电设备系统的设计和运行过程中，应该提供必要的技术准备，保障上述功能的实现。

7.1.6 在水处理设施中，许多场所如氨库、污泥消化设施及沼气存储、输送、处理设备房、甲醇储罐及投加设备房、粉末活性炭堆场等可能因泄漏而成为爆炸性危险气体或爆炸性危险粉尘环境，在这些场所布置和使用电气设备要遵循以下原则：

1 尽量避免在爆炸危险性环境内布置电气设备；

2 设计要符合《爆炸和火灾危险环境电力装置设计规范》GB 50058的规定；

3 防爆电气设备的安装和使用一定要符合国家相关标准的规定。

7.1.7 城镇给水排水机电设备及其构成的系统能否正常运行，或能否发挥应有的效能，除去设备及其系统本身的性能因素外，很大程度上取决于对其的正确使用和良好的维护保养。机电设备及其系统的维护保养周期和深度应根据其特性和使用情况制定，由专业人员进行，以保障其具有良好的运行性能。

7.2 机械设备

7.2.1 本条规定了城镇给水排水机械设备各组成部件材质的基本要求。给水设施要求，凡与水直接接触的设备包括附件所采用的材料，都必须是稳定的，符合卫生标准，不产生二次污染。污水处理厂和再生水厂要求与待处理水直接接触的设备或安装在污水池附近的设备采用耐腐蚀材料，以保证设备的使用寿命。

7.2.2 机械设备是城镇给水排水设施的重要工艺装备，其操作和控制方式应满足工艺要求。同时，机械设备的操作和控制往往和自动化控制系统有关，或本身就是自动化控制的一个对象，需要设置符合自动化控制系统的要求的控制接口。

7.2.3 凡与生产、维护和劳动安全有关的设备，一定要按国家相关规定进行定期的专业检验。

7.2.4 发生地震时，机械设备基础不能先于主体工程损毁。

7.2.5 城镇给水排水机械设备运行过程中，外露的运动部件或者走行装置容易引发安全事故，需要进行有效的防护，如设置防护罩、隔离栏等。除此之外，还需要对危险区域进行警示，如设置警示标识、警示灯和警示声响等。

7.2.6 临空作业场所包括临空走道、操作和检修平台等，要具有保障安全的各项防护措施，如空间的高度、安全距离、防护栏杆、爬梯以及抓手等。

7.3 电气系统

7.3.1 城镇给水排水设施的正常、安全运行直接关系城镇社会经济发展和安全。原建设部《城市给水工程项目建设标准》要求：一、二类城市的主要净（配）水厂、泵站应采用一级负荷。一、二类城市的非主要净（配）水厂、泵站可采用二级负荷。随着我国城市化进程的发展，城市供水系统的安全性越来越受到关注。同时，得益于我国电力系统建设的发展，城市水厂和给水泵站引接两路独立外部电源的条件也越来越成熟了。因此，新建的给水设施应尽量采用两路独立外部电源供电，以提高供电的可靠性。

原建设部《城市污水处理工程项目建设标准》规定，污水处理厂、污水泵站的供电负荷等级应采用二级。

对于重要的地区排水泵站和城镇排水干管提升泵站，一旦停运将导致严重积水或整个干管系统无法发挥效用，带来重大经济损失甚至灾难性后果，其供电负荷等级也适用一级。

在供电条件较差的地区，当外部电源无法保障重要的给水排水设施连续运行或达到所需要的能力，一定要设置备用的动力装备。室外给水排水设施采用的备用动力装备包括柴油发电机或柴油机直接拖动等形式。

7.3.2 城镇给水排水设施连续运行，其工作场所具有一定的危险性，必要的照明是保障安全的基本措施。正常照明失效时，对于需要继续工作的场所要有备用照明；对于存在危险的工作场所要有安全照明；对于需要确保人员安全疏散的通道和出口要有疏散照明。

7.3.3 城镇给水排水设施的各类构筑物和机电设备要根据其使用性质和当地的预计雷击次数采取有效的防雷保护措施。同时尚应该采取防雷电感应的措施，保护电子和电气设备。

城镇给水排水设施各类建筑物及其电子信息系统的设计要满足现行国家标准《建筑物防雷设计规范》GB 50057 和《建筑物电子信息系统防雷技术规范》GB 50343 的相关规定。

7.3.4 给水排水设施中各类盛水构筑物是容易产生电气安全问题的场所，等电位连接是安全保障的根本措施。本条规定要求盛水构筑物上各种可触及的外露导电部件和构筑物本体始终处于等电位接地状态，保障人员安全。

7.3.5 安全的电气和电磁环境能够保障给水排水机电设备及其系统的稳定运行。同时，给水排水设施采用的机电设备及其系统一定要具有良好的电磁兼容性，能适应周围电磁环境，抵御干扰，稳定运行。其运行时产生的电磁污染也应符合国家相关标准的规定，不对周围其他机电设备的正常运行产生不利影响。

7.3.6 机电设备的电气控制装置能够对一台（组）机电设备或一个工艺单元进行有效的控制和保护，包括非正常运行的保护和针对错误操作的保护。上述控制和保护功能应该是独立的，不依赖于自动化控制系统或其他联动系统。自动化控制系统需要操作这些设备时，也需要该电气控制装置提供基本层面的保护。

7.3.7 城镇给水排水设施的电气设备应具有良好的工作和维护环境。在城镇给水排水工艺处理现场，尤其是污水处理现场，环境条件往往比较恶劣。安装在这些场所的电气设备应具有足够的防护能力，才能保证其性能的稳定可靠。在总体布局设计时，也应该将电气设备布置在环境条件相对较好的区域。例如在污水处理厂，电气和仪表设备在潮湿和含有硫化氢气体的环境中受腐蚀失效的情况比较严重，要采用气密性好，耐腐蚀能力强的产品，并且布置在腐蚀性气体源的上风向。

城镇给水排水设施可能会因停电、管道爆裂或水池冒溢等意外事故而导致内部水位异常升高。可能导致电气设备遭受水淹而失效。尤其是地下排水设施，电气设备浸水失效后，将完全丧失自救能力。所以，城镇给水排水设施的电气设备要与水管、水池等工艺设施之间有可靠的防水隔离，或采取有效的防水措施。地下给水排水设施的电气设备机房有条件时要设置于地面，设置在地下时，要能够有效防止地面积水倒灌，并采取必要的防范措施，如采用防水隔断、密闭门等。

7.4 信息与自动化控制系统

7.4.1 对于各种有害气体，要采取积极防护，加强监测的原则。在可能泄漏、产生、积聚危及健康或安全的各种有害气体的场所，应该在设计上采取有效的防范措施。对于室外场所，一些相对密度较空气大的有害气体可能会积聚在低洼区域或沟槽底部，构成安全隐患，应该采取有效的防范措施。

7.4.2 各种与生产和劳动安全有关的仪表，一定要定期由专业机构进行检验和标定，取得检验合格证书，以保证其有效。

7.4.3 为了保障城镇供水水质和供水安全，一定要加强在线的监测和自动化控制，有条件的城镇供水设施要实现从取水到配水的全过程运行监视和控制。城镇给水厂站的生产管理与自动化控制系统配置，应该根据建设规模、工艺流程特点、经济条件等因素合理确定。随着城镇经济条件的改善和管理水平的提高，在线的水质、水量、水压监测仪表和自动化控制系统在给水系统中的应用越来越广泛，有助于提高供水质量、提高效率、减少能耗、改善工作条件、促进科学管理。

7.4.4 根据《中华人民共和国水污染防治法》，应该加强对城镇污水集中处理设施运营的监督管理，进行排水水质和水量的检测和记录，实现水污染物排放总量控制。城镇污水处理厂的排水水质、水量检测仪表应根据排放标准和当地水环境质量监测管理部门的规定进行配置。

7.4.5 本条规定了给水排水设施仪表和自动化控制系统的基本功能要求。

给水排水设施仪表和自动化控制系统的设置目标，首先要满足水质达标和运行安全，能够提高运行效率，降低能耗，改善劳动条件，促进科学管理。给水排水设施仪表和自动化控制系统应能实现工艺流程中水质水量参数和设备运行状态的可监、可控、可调。除此之外，自动化控制系统的监控范围还应包括供配电系统，提供能耗监视和供配电系统设备的故障报警，将能耗控制纳入到控制系统中。

7.4.6 为了确保给水设施的安全，要实现人防、物防、技防的多重防范。其中技防措施能够实现自动的监视和报警，是给水排水设施安全防范的重要组成部分。

7.4.7 城镇给水排水系统的水质化验检测分为厂站、行业、城市（或地区）多个级别。各级别化验中心的设备配置一定要能够进行正常生产过程中各项规定水质检查项目的分析和检测，满足质量控制的需要。一座城市或一个地区有几座水厂（或污水处理厂、再生水厂）时，可以在行业、城市（或地区）的范围内设一个中心化验室，以达到专业化协作，设备资源共享的目的。

7.4.8 城镇给水排水设施的通信系统设备，除用于日常的生产管理和业务联络外，还具有防灾通信的功能，需要在紧急情况下提供有效的通信保障。重要的供水设施或排水防汛设施，除常规通信设备外，还要配置备用通信设备。

7.4.9 城镇给水排水调度中心的基本功能是执行管网系统的平衡调度，处理管网系统的局部故障，维持管网系统的安全运行，提高管网系统的整体运行效率。为此，调度中心要能够实时了解各远程设施的运行情况，对其实施监视和控制。

7.4.10 随着电子技术、计算机技术和网络通信技术的发展，现代城镇给水排水设施对仪表和自动化控制系统的依赖程度越来越高。实际上，现代城镇给水排水设施离开了仪表和自动化控制系统，水质水量等生产指标都难以保证。

7.4.11 现代计算机网络技术加快了信息化系统的建设步伐，全国各地大中城市都制定了数字化城市和信息系统的建设发展计划，不少城市也建立了区域性的给水排水设施信息化管理系统。给水排水设施信息化管理系统以数据采集和设施监控为基本任务，建立信息中心，对采集的数据进行处理，为系统的优化运行提供依据，为事故预警和突发事件情况下的应急处置提供平台。在数字化城市信息系统的建设进程中，给水排水信息系统要作为其中一个重要的组成部分。

中华人民共和国国家标准

城市防洪工程设计规范

Code for design of urban flood control project

GB/T 50805—2012

主编部门：中 华 人 民 共 和 国 水 利 部
批准部门：中华人民共和国住房和城乡建设部
施行日期：2 0 1 2 年 1 2 月 1 日

中华人民共和国住房和城乡建设部
公　　告

第1432号

住房城乡建设部关于发布国家标准《城市防洪工程设计规范》的公告

现批准《城市防洪工程设计规范》为国家标准，编号为GB/T 50805—2012，自2012年12月1日起实施。原行业标准《城市防洪工程设计规范》CJJ 50—92同时废止。

本规范由我部标准定额研究所组织中国计划出版社出版发行。

中华人民共和国住房和城乡建设部

2012年6月28日

前　　言

本规范是根据住房和城乡建设部《关于印发〈2008年工程建设标准规范制订、修订计划（第二批）〉的通知》（建标〔2008〕105号）的要求，由水利部水利水电规划设计总院和中水北方勘测设计研究有限责任公司会同有关单位共同编制而成。

在规范编制过程中，编制组进行了广泛深入的调查研究，认真总结了原行业标准《城市防洪工程设计规范》CJJ 50—92实施近20年的实践经验，吸收了相关行业设计规范的最新成果，认真研究分析了城市防洪工程工作的现状和发展趋势，并在广泛征求意见的基础上，经过反复讨论、修改和完善，最后经审查定稿。

本规范共分13章，主要内容包括：总则，城市防洪工程等级和设计标准，设计洪水、涝水和潮水位，防洪工程总体布局，江河堤防，海堤工程，河道治理及护岸（滩）工程，治涝工程，防洪闸，山洪防治，泥石流防治，防洪工程管理设计，环境影响评价、环境保护设计与水土保持设计等。

本规范由住房和城乡建设部负责管理，由水利部负责日常管理，由水利部水利水电规划设计总院负责具体技术内容的解释。本规范执行过程中，请各单位注意总结经验、积累资料，随时将有关意见反馈给水利部水利水电规划设计总院（地址：北京市西城区六铺炕北小街2-1号，邮政编码：100120），以供今后修订时参考。

本规范主编单位、参编单位、参加单位、主要起草人和主要审查人：

主 编 单 位：水利部水利水电规划设计总院
中水北方勘测设计研究有限责任公司

参 编 单 位：中国市政工程东北设计研究总院
浙江省水利水电勘测设计院
上海勘测设计研究院

参 加 单 位：中国科学院成都山地灾害与环境研究所

主要起草人：谢熙曦　张艳春　刘振林　唐巨山
袁文喜　陈增奇　方振远　郝福良
李加水　任东红　吴正桥　门乃姣
靖颖卓　许煜忠　李秀明　陈瑞方
李有起　谢水泉　张秀崧　陆德超
何　杰　陆秋荣　高晓梅　顾　群
徐富平

主要审查人：梅锦山　邓玉梅　何孝俅　金问荣
程晓陶　王　军　郑健吾　邹惠君
李　红　何华松　倪世生　陆忠民
王洪斌　陈　斌　雷兴顺　洪　建

目　次

Contents

1 总　　则

1.0.1 为防治洪水、涝水和潮水危害，保障城市防洪安全，统一城市防洪工程设计的技术要求，制定本规范。

1.0.2 本规范适用于有防洪任务的城市新建、改建、扩建城市防洪工程的设计。

1.0.3 城市防洪工程建设，应以所在江河流域防洪规划、区域防洪规划、城市总体规划和城市防洪规划为依据，全面规划、统筹兼顾，工程措施与非工程措施相结合，综合治理。

1.0.4 城市防洪应在防治江河洪水的同时治理涝水，洪、涝兼治；位于山区的城市，还应防山洪、泥石流，防与治并重；位于海滨的城市，除防洪、治涝外，还应防风暴潮，洪、涝、潮兼治。

1.0.5 城市防洪工程设计，应调查收集气象、水文、泥沙、地形、地质、生态与环境和社会经济等基础资料，选用的基础资料应准确可靠。

1.0.6 城市防洪范围内河、渠、沟道沿岸的土地利用应满足防洪、治涝要求，跨河建筑物和穿堤建筑物的设计标准应与城市的防洪、治涝标准相适应。

1.0.7 城市防洪工程设计遇湿陷性黄土、膨胀土、冻土等特殊的地质条件或可能出现地面沉降等情况时，应采取相应处理措施。

1.0.8 城市防洪工程设计，应结合城市的具体情况，总结已有防洪工程的实践经验，积极慎重地采用国内外先进的新理论、新技术、新工艺、新材料。

1.0.9 城市防洪工程设计应按国家现行有关标准的规定进行技术经济分析。

1.0.10 城市防洪工程的设计，除应符合本规范外，尚应符合国家现行有关标准的规定。

2 城市防洪工程等级和设计标准

2.1 城市防洪工程等别和防洪标准

2.1.1 有防洪任务的城市，其防洪工程的等别应根据防洪保护对象的社会经济地位的重要程度和人口数量按表 2.1.1 的规定划分为四等。

表 2.1.1 城市防洪工程等别

城市防洪工程等别	分等指标	
	防洪保护对象的重要程度	防洪保护区人口（万人）
Ⅰ	特别重要	≥150
Ⅱ	重要	≥50 且＜150
Ⅲ	比较重要	＞20 且＜50
Ⅳ	一般重要	≤20

注：防洪保护区人口指城市防洪工程保护区内的常住人口。

2.1.2 城市防洪工程设计标准应根据防洪工程等别、灾害类型，按表 2.1.2 的规定选定。

表 2.1.2 城市防洪工程设计标准

城市防洪工程等别	设计标准（年）			
	洪水	涝水	海潮	山洪
Ⅰ	≥200	≥20	≥200	≥50
Ⅱ	≥100 且＜200	≥10 且＜20	≥100 且＜200	≥30 且＜50
Ⅲ	≥50 且＜100	≥10 且＜20	≥50 且＜100	≥20 且＜30
Ⅳ	≥20 且＜50	≥5 且＜10	≥20 且＜50	≥10 且＜20

注：1 根据受灾后的影响、造成的经济损失、抢险难易程度以及资金筹措条件等因素合理确定。
2 洪水、山洪的设计标准指洪水、山洪的重现期。
3 涝水的设计标准指相应暴雨的重现期。
4 海潮的设计标准指高潮位的重现期。

2.1.3 对于遭受洪灾或失事后损失巨大、影响十分严重的城市，或对遭受洪灾或失事后损失及影响均较小的城市，经论证并报请上级主管部门批准，其防洪工程设计标准可适当提高或降低。

2.1.4 城市分区设防时，各分区应按本规范表 2.1.1 和表 2.1.2 分别确定防洪工程等别和设计标准。

2.1.5 位于国境界河的城市，其防洪工程设计标准应专门研究确定。

2.1.6 当建筑物有抗震要求时，应按国家现行有关设计标准的规定进行抗震设计。

2.2 防洪建筑物级别

2.2.1 防洪建筑物的级别，应根据城市防洪工程等别、防洪建筑物在防洪工程体系中的作用和重要性按表 2.2.1 的规定划分。

表 2.2.1 防洪建筑物级别

城市防洪工程等别	永久性建筑物级别		临时性建筑物级别
	主要建筑物	次要建筑物	
Ⅰ	1	3	3
Ⅱ	2	3	4
Ⅲ	3	4	5
Ⅳ	4	5	5

注：1 主要建筑物系指失事后使城市遭受严重灾害并造成重大经济损失的堤防、防洪闸等建筑物。
2 次要建筑物系指失事后不致造成城市灾害或经济损失不大的丁坝、护坡、谷坊等建筑物。
3 临时性建筑物系指防洪工程施工期间使用的施工围堰等建筑物。

2.2.2 拦河建筑物和穿堤建筑物工程的级别，应按所在堤防工程的级别和与建筑物规模及重要性相应的级别中高者确定。

2.2.3 城市防洪工程建筑物的安全超高和稳定安全系数，应按国家现行有关标准的规定确定。

3 设计洪水、涝水和潮水位

3.1 设计洪水

3.1.1 城市防洪工程设计洪水，应根据设计要求计算洪峰流量、不同时段洪量和洪水过程线的全部或部分内容。

3.1.2 计算依据应充分采用已有的实测暴雨、洪水资料和历史暴雨、洪水调查资料。所依据的主要暴雨、洪水资料和流域特征资料应可靠，必要时应进行重点复核。

3.1.3 计算采用的洪水系列应具有一致性。当流域修建蓄水、引水、提水和分洪、滞洪、围垦等工程或发生决口、溃坝等情况，明显影响各年洪水形成条件的一致性时，应将系列资料统一到同一基础，并应进行合理性检查。

3.1.4 设计断面的设计洪水可采用下列方法进行计算：

1 城市防洪设计断面或其上、下游邻近地点具有 30 年以上实测和插补延长的洪水流量资料，并有历史调查洪水资料时，可采用频率分析法计算设计洪水。

2 城市所在地区具有 30 年以上实测和插补延长的暴雨资料，并有暴雨与洪水对应关系资料时，可采用频率分析法计算设计暴雨，可由设计暴雨推算设计洪水。

3 城市所在地区洪水和暴雨资料均短缺时，可利用自然条件相似的邻近地区实测或调查的暴雨、洪水资料进行地区综合分析、估算设计洪水，也可采用经审批的省（市、区）《暴雨洪水查算图表》计算设计洪水。

4 设计洪水计算宜研究集水区城市化的影响。

3.1.5 设计洪水的计算方法应科学合理，对主要计算环节、选用的有关参数和设计洪水计算成果，应进行多方面分析，并应检查其合理性。

3.1.6 当设计断面上游建有较大调蓄作用的水库等工程时，应分别计算调蓄工程以上和调蓄工程至设计断面区间的设计洪水。设计洪水地区组成可采用典型洪水组成法或同频率组成法。

3.1.7 各分区的设计洪水过程线，可采用同一次洪水的流量过程作为典型，以分配到各分区的洪量控制放大。

3.1.8 对拟定的设计洪水地区组成和各分区的设计洪水过程线，应进行合理性检查，必要时可适当调整。

3.1.9 在经审批的流域防洪规划中已明确规定城市河段的控制性设计洪水位时，可直接引用作为城市防洪工程的设计水位。

3.2 设计涝水

3.2.1 城市治涝工程设计涝水应根据设计要求分析计算设计涝水流量、涝水总量和涝水过程线。

3.2.2 城市治涝工程设计应按涝区下垫面条件和排水系统的组成情况进行分区，并应分别计算各分区的设计涝水。

3.2.3 分区设计涝水应根据当地或自然条件相似的邻近地区的实测涝水资料分析确定。

3.2.4 地势平坦、以农田为主分区的设计涝水，缺少实测资料时，可根据排涝区的自然经济条件和生产发展水平等，分别选用下列公式或其他经过验证的公式计算排涝模数。需要时，可采用概化法推算设计涝水过程线。

1 经验公式法，可按下式计算：

$$q=KR^{m}A^{n} \tag{3.2.4-1}$$

式中：q——设计排涝模数($m^3/s\cdot km^2$)；

R——设计暴雨产生的径流深(mm)；

A——设计排涝区面积(km^2)；

K——综合系数，反映降雨历时、涝水汇集区形状、排涝沟网密度及沟底比降等因素；应根据具体情况，经实地测验确定；

m——峰量指数，反映洪峰与洪量关系；应根据具体情况，经实地测验确定；

n——递减指数，反映排涝模数与面积关系；应根据具体情况，经实地测验确定。

2 平均排除法，可按下列公式计算：

1)旱地设计排涝模数按下式计算：

$$q_{d}=\frac{R}{86.4T} \tag{3.2.4-2}$$

式中：q_d——旱地设计排涝模数($m^3/s\cdot km^2$)；

R——旱地设计涝水深(mm)；

T——排涝历时(d)。

2)水田设计排涝模数按下式计算：

$$q_{w}=\frac{P-h_{1}-ET'-F}{86.4T} \tag{3.2.4-3}$$

式中：q_w——水田设计排涝模数($m^3/s\cdot km^2$)；

P——历时为 T 的设计暴雨量(mm)；

h_1——水田滞蓄水深(mm)；

ET'——历时为 T 的水田蒸发量(mm)；

F——历时为 T 的水田渗漏量(mm)。

3)旱地和水田综合设计排涝模数按下式计算：

$$q_{p}=\frac{q_{d}A_{d}+q_{w}A_{w}}{A_{d}+A_{w}} \tag{3.2.4-4}$$

式中：q_p——旱地、水田兼有的综合设计排涝模数($m^3/s\cdot km^2$)；

A_d——旱地面积(km^2)；

A_w——水田面积(km^2)。

3.2.5 城市排水管网控制区分区的设计涝水，缺少实测资料时，可采用下列方法或其他经过验证的方法计算：

1 选取暴雨典型，计算设计面暴雨时程分配，并根据排水分区建筑密集程度，按表3.2.5确定综合径流系数，进行产流过程计算。

表3.2.5 综合径流系数

区域情况	综合径流系数
城镇建筑密集区	0.60～0.70
城镇建筑较密集区	0.45～0.60
城镇建筑稀疏区	0.20～0.45

2 汇流可采用等流时线等方法计算，以分区雨水管设计流量为控制推算涝水过程线。当资料条件具备时，也可采用流域模型法进行计算。

3 对于城市的低洼区，按本规范第3.2.4条的平均排除法进行涝水计算，排水过程应计入泵站的排水能力。

3.2.6 市政雨水管设计流量可用下列方法和公式计算：

1 根据推理公式(3.2.6)计算：

$$Q=q\cdot\psi\cdot F \tag{3.2.6}$$

式中：Q——雨水流量(L/s)或(m^3/s)；

q——设计暴雨强度[$L/(s\cdot hm^2)$]；

ψ——径流系数；

F——汇水面积(km^2)。

2 暴雨强度应采用经分析的城市暴雨强度公式计算。当城市缺少该资料时，可采用地理环境及气候相似的邻近城市的暴雨强度公式。雨水计算的重现期可选用1年～3年，重要干道、重要地区或短期积水即能引起较严重后果的地区，可选用3年～5年，并应与道路设计协调，特别重要地区可采用10年以上。

3 综合径流系数可按本规范表3.2.5确定。

3.2.7 对城市排涝和排污合用的排水河道，计算排涝河道的设计排涝流量时，应计算排涝期间的污水汇入量。

3.2.8 对利用河、湖、洼进行蓄水、滞洪的地区，计算排涝河道的设计排涝流量时，应分析河、湖、洼的蓄水、滞洪作用。

3.2.9 计算的设计涝水应与实测调查资料以及相似地区计算成果进行比较分析，检查其合理性。

3.3 设计潮水位

3.3.1 设计潮水位应根据设计要求分析计算设计高、低潮水位和设计潮水位过程线。

3.3.2 当城市附近有潮水位站且有30年以上潮水位观测资料时，可以其作为设计依据站，并应根据设计依据站的系列资料分析计算设计潮水位。

3.3.3 设计依据站实测潮水位系列在5年以上但不足30年时，可用邻近地区有30年以上资料，且与设计依据站有同步系列的潮水位站作为参证站，可采用极值差比法按下式计算设计潮水位：

$$h_{sy}=A_{ny}+\frac{R_{y}}{R_{x}}(h_{sx}-A_{nx}) \tag{3.3.3}$$

式中：h_{sx}、h_{sy}——分别为参证站和设计依据站设计高、低潮水位；

R_x、R_y——分别为参证站和设计依据站的同期各年年最高、年最低潮水位的平均值与平均海平面的差值；

A_{nx}、A_{ny}——分别为参证站和设计依据站的年平均海平面。

3.3.4 潮水位频率曲线线型可采用皮尔逊Ⅲ型，经分析论证，也可采用其他线型。

3.3.5 设计潮水位过程线，可以实测潮水位作为典型或采用平均偏于不利的潮水位过程分析计算确定。

3.3.6 挡潮闸(坝)的设计潮水位，应分析计算建闸(坝)后形成反射波对天然高潮位壅高和低潮位落低的影响。

3.3.7 对设计潮水位计算成果，应通过多种途径进行综合分析，检查其合理性。

3.4 洪水、涝水和潮水遭遇分析

3.4.1 兼受洪、涝、潮威胁的城市，应进行洪水、涝水和潮水遭遇分析，并应研究其遭遇的规律。以防洪为主时，应重点分析洪水与相应涝水、潮水遭遇的规律；以排涝为主时，应重点分析涝水与相应洪水、潮水遭遇的规律；以防潮为主时，应重点分析潮水与相应洪水、涝水遭遇的规律。

3.4.2 进行洪水、涝水和潮水遭遇分析，当同期资料系列不足30年时，应采用合理方法对资料系列进行插补延长。

3.4.3 分析洪水与相应涝水、潮水遭遇情况时，应按年最大洪水（洪峰流量、时段洪量）、相应涝水、潮水位取样，也可按大（高）于某一量级的洪水、涝水或高潮位为基准。分析潮水与相应洪水、涝水或涝水与相应洪水、潮水遭遇情况时，可按相同的原则取样。

3.4.4 洪水、涝水和潮水遭遇分析可采用建立遭遇统计量相关关系图方法，分析一般遭遇的规律，对特殊遭遇情况，应分析其成因和出现几率，不宜舍弃。

3.4.5 对洪水、涝水和潮水遭遇分析成果，应通过多种途径进行综合分析，检查其合理性。

4 防洪工程总体布局

4.1 一般规定

4.1.1 城市防洪工程总体布局，应在流域（区域）防洪规划、城市总体规划和城市防洪规划的基础上，根据城市自然地理条件、社会经济状况、洪涝潮特性，结合城市发展的需要确定，并应利用河流分隔、地形起伏采取分区防守。

4.1.2 城市防洪应对洪、涝、潮灾害统筹治理，上下游、左右岸关系兼顾，工程措施与非工程措施相结合，并应形成完整的城市防洪减灾体系。

4.1.3 城市防洪工程总体布局，应与城市发展规划相协调、与市政工程相结合。在确保防洪安全的前提下，应兼顾综合利用要求，发挥综合效益。

4.1.4 城市防洪工程总体布局应保护生态与环境。城市的湖泊、水塘、湿地等天然水域应保留，并应充分发挥其防洪滞涝作用。

4.1.5 城市防洪工程总体布局，应将城市防洪保护区内的主要交通干线、供电、电信和输油、输气、输水管道等基础设施纳入城市防洪体系的保护范围。

4.1.6 城市防洪工程总体布局，应根据工程抢险和人员撤退转移等要求设置必要的防洪通道。

4.1.7 防洪建筑物建设应因地制宜，就地取材。建筑形式宜与周边景观相协调。

4.1.8 城市防洪工程体系中各单项工程的规模、特征值和调度运行规则，应按城市防洪规划的要求和国家现行有关标准的规定，分析论证确定。

4.2 江河洪水防治

4.2.1 江河洪水的防治应分析城市发展建设对河道行洪能力和洪水位的影响，应复核现状河道泄洪能力及防洪标准，并应研究保持及提高河道泄洪能力的措施。

4.2.2 江河洪水防治工程设施建设应上下游、左右岸相协调，不同防洪标准的建筑物布置应平顺衔接。

4.2.3 对行（泄）洪河道进行整治时，应上下游、左右岸兼顾，并应避免或减少对水流流态、泥沙运动、河岸稳定等产生不利影响，同时应防止在河道中产生不利于河势稳定的冲刷或淤积。

4.2.4 位于河网地区的城市，可根据城市河网情况分区，采取分区防洪的方式。

4.3 涝水防治

4.3.1 城市涝水的防治，应在城市总体规划、城市防洪规划的基础上进行，并应洪涝兼治、统筹安排。

4.3.2 城市涝水治理，应根据城市地形、地貌，结合已有排涝河道和蓄滞涝区等排涝工程布局，确定排涝分区、分区治理。

4.3.3 城市排涝应充分利用城市的自排条件，并据此进行排涝工程布置，自排条件受限制时，可设置排涝泵站机排。

4.3.4 排涝河道出口受承泄区水位顶托时，宜在其出口处设置挡洪闸。

4.4 海潮防治

4.4.1 防潮堤防布置应与滨海市政建设相结合，与城市海滨环境相协调，与滩涂开发利用相适应。

4.4.2 滨海城市防潮工程，应根据防潮标准及天文潮、风暴潮或涌潮的特性，分析可能出现的不利组合情况，合理确定设计潮位。

4.4.3 位于江河入海口的城市，应分析洪潮遭遇规律，按设计洪水与设计潮位的不利遭遇组合，确定海堤工程设计水位。

4.4.4 海堤工程设计应分析风浪的破坏作用，合理确定设计浪高，采取消浪措施和基础防护措施。

4.4.5 海堤工程设计应分析基础的地质情况，采用相应的加固处理技术措施。

4.5 山洪防治

4.5.1 山洪治理的标准和措施应根据山洪发生的规律，结合城市具体情况统筹安排。

4.5.2 山洪防治应以小流域为单元，治沟与治坡相结合、工程措施与生物措施相结合，进行综合治理。坡面治理宜以生物措施为主，沟壑治理宜以工程措施为主。

4.5.3 排洪沟道平面布置宜避开主城区。当条件允许时，可开挖撇洪沟将山坡洪水导至其他水系。

4.5.4 山洪防治应利用城市上游水库或蓄洪区调蓄洪水削减洪峰。

4.6 泥石流防治

4.6.1 泥石流防治应贯彻以防为主，防、避、治相结合的方针，应根据当地条件采取综合防治措施。

4.6.2 位于泥石流多发区的城市，应根据泥石流分布、形成特点和危害，突出重点，因地制宜，因害设防。

4.6.3 防治泥石流应开展山洪沟汇流区的水土保持，建立生物防护体系，改善自然环境。

4.6.4 新建城市或城区、城市居民区应避开泥石流发育区。

4.7 超标准洪水安排

4.7.1 城市防洪总体布局中，应对超标准洪水作出必要的、应急的安排。

4.7.2 遇超标准洪水所采取的各项应急措施，应符合流域防洪规划总体安排。

4.7.3 对超标准洪水，应贯彻工程措施与非工程措施相结合的方针，应充分利用已建防洪设施潜力进行安排。

5 江河堤防

5.1 一般规定

5.1.1 堤线选择应充分利用现有堤防设施，结合地形、地质、洪水流向、防汛抢险、维护管理等因素综合分析确定，并应与沿江（河）市政设施相协调。堤线宜顺直，转折处应用平缓曲线过渡。

5.1.2 堤距应根据城市总体规划、地形、地质条件、设计洪水位、城市发展和水环境的要求等因素，经技术经济比较确定。

5.1.3 江河堤防沿程设计水位，应根据设计防洪标准和控制站的设计洪水流量及相应水位，分析计算设计洪水水面线后确定，并应计入跨河、拦河等建筑物的壅水影响。计算水面线采用的河道糙率应根据堤防所在河段实测或调查的洪水位和流量资料分析确定。对水面线成果应进行合理性分析。

5.1.4 堤顶或防洪墙顶高程可按下列公式计算确定：

$$Z=Z_p+Y \quad (5.1.4\text{-}1)$$

$$Y=Z_p+R+e+A \quad (5.1.4\text{-}2)$$

式中：Z——堤顶或防洪墙顶高程（m）；

Y——设计洪（潮）水位以上超高（m）；

Z_p——设计洪（潮）水位（m）；

R——设计波浪爬高（m），按现行国家标准《堤防工程设计规范》GB 50286的有关规定计算；

e——设计风壅增水高度（m），按现行国家标准《堤防工程设计规范》GB 50286的有关规定计算；

A——安全加高（m），按现行国家标准《堤防工程设计规范》GB 50286的有关规定执行。

5.1.5 当堤顶设置防浪墙时，墙后土堤堤顶高程应高于设计洪（潮）水位0.5m以上。

5.1.6 土堤应预留沉降量，预留沉降量值可根据堤基地质、堤身土质及填筑密度等因素分析确定。

5.2 防洪堤防（墙）

5.2.1 防洪堤防（墙）可采用土堤、土石混合堤、浆砌石墙、混凝土或钢筋混凝土墙等形式。堤型应根据当地土、石料的质量、数量、分布和运输条件，结合移民占地和城市建设、生态与环境和景观等要求，经综合比较选定。

5.2.2 土堤填筑密实度应符合下列要求：

1 黏性土土堤的填筑标准按压实度确定，1级堤防压实度不应小于0.94；2级和高度超过6m的3级堤防压实度不应小于0.92；低于6m的3级及3级以下堤防压实度不应小于0.90。

2 非黏性土土堤的填筑标准应按相对密度确定，1、2级和高度超过6m的3级堤防相对密度不应小于0.65；低于6m的3级及3级以下堤防相对密度不应小于0.60。

5.2.3 土堤和土石混合堤，堤顶宽度应满足堤身稳定和防洪抢险的要求，且不宜小于3m。堤顶兼作城市道路时，其宽度和路面结构应按城市道路标准确定。

5.2.4 当堤身高度大于6m时，宜在背水坡设置戗台（马道），其宽度不应小于2m。

5.2.5 土堤堤身的浸润线，应根据设计水位、筑堤土料、背水坡脚有无渍水等条件计算。逸出点宜控制在堤防坡脚以下。

5.2.6 土堤边坡稳定可采用瑞典圆弧法计算，安全系数应符合现行国家标准《堤防工程设计规范》GB 50286的有关规定。迎水坡应计及水位骤降的影响，高水位持续时间较长时，背水坡应计及渗透水压力的影响；堤基有软弱地层时，应进行整体稳定性计算。

5.2.7 当堤基渗径不满足防渗要求时，可采取填土压重、排水减压和截渗等措施处理。

5.2.8 土堤迎流顶冲、风浪较大的堤段，迎水坡可采取护坡防护，护坡可采用干砌石、浆砌石、混凝土和钢筋混凝土板（块）等形式或铰链排、混凝土框格等，并应根据水流流态、流速、料源、施工、生态与环境相协调等条件选用；非迎流顶冲、风浪较小的堤段，迎水坡可采用生物护坡。背水坡无特殊要求时宜采用生物护坡。

5.2.9 迎水坡采取硬护坡时，应设置相应的护脚，护脚宽度和深度可根据水流流速和河床土质，结合冲刷计算确定。当计算护脚埋深较大时，可采取减小护脚埋深的防护措施。

5.2.10 当堤顶设置防浪墙时，其净高度不宜高于1.2m，埋置深度应满足稳定和抗冻要求。防浪墙应设置变形缝，并应进行强度和稳定性核算。

5.2.11 对水流流速大、风浪冲击力强的迎流顶冲堤段，宜采用石堤或土石混合堤。土石混合堤在迎水面砌石或抛石，其后填筑土料，土石料之间应设置反滤层。

5.2.12 城市主城区建设堤防，当其场地受限制时，宜采用防洪墙。防洪墙高度较大时，可采用钢筋混凝土结构；高度不大时，可采用混凝土或浆砌石结构。防洪墙结构形式应根据城市规划要求、地质条件、建筑材料、施工条件等因素确定。

5.2.13 防洪墙应进行抗滑、抗倾覆、地基整体稳定和抗渗稳定验算，并应满足相应的稳定要求；不满足时，应调整防洪墙基础尺寸或进行地基加固处理。

5.2.14 防洪墙基础埋置深度，应根据地基土质和冲刷计算确定。无防护措施时，埋置深度应为冲刷线以下0.5m，在季节性冻土地区，应为冻结深度以下。

5.2.15 防洪墙应设置变形缝，缝距应根据地质条件和墙体结构形式确定。钢筋混凝土墙体缝距可采用15m～20m，混凝土及浆砌石墙体缝距可采用10m～15m。在地面高程、土质、外部荷载及结构断面变化处，应增设变形缝。

5.2.16 已建堤防（防洪墙）进行加固、改建或扩建时，应符合下列要求：

1 堤防（防洪墙）的加高加固方案，应在抗滑稳定、渗透稳定、抗倾覆稳定、地基承载力及结构强度等验算安全的基础上，经技术经济比较确定。

2 土堤加高在场地受限制时，可采取在土堤顶建防浪墙的方式加高。

3 对新老堤的结合部位及穿堤建筑物与堤身连接的部位应进行专门设计，经核算不能满足要求时，应采取改建或加固措施。

4 土堤扩建宜选用与原堤身土料性质相同或相近的土料。当土料特性差别较大时，应增设反滤过渡层（段）。扩建选用土料的填筑标准，应按本规范执行，原堤身填筑标准不满足本规范要求时，应进行加固。

5 堤岸防护工程的加高应对其整体稳定和断面强度进行核算，不能满足要求时，应结合加高进行加固。

5.3 穿堤、跨堤建筑物

5.3.1 与城市防洪堤防（墙）交叉的涵洞、涵闸、交通闸等穿堤建筑物，不得影响堤防安全、防洪运用和管理，多沙江河淤积严重河段堤防上的穿堤建筑物设计，应分析并计入设计使用年限内江河淤积的影响。

5.3.2 穿堤涵洞和涵闸应符合下列要求：

1 涵洞（闸）位置应根据水系分布和地物条件研究确定，其轴线与堤防宜正交。根据需要，也可与沟渠水流方向一致与堤防斜交，交角不宜小于60°。

2 涵洞（闸）净宽应根据设计过流能力确定，单孔净宽不宜大于5m。

3 控制闸门宜设在临江河侧涵洞出口处。

4 涵洞（闸）地下轮廓线布置，应满足渗透稳定要求。与堤防连接应设置截流环或刺墙等，渗流出口应设置反滤排水。

5 涵洞长度为15m～30m时，其内径（或净高）不宜小于1.0m；涵洞长度大于30m时，其内径不宜小于1.25m。涵洞有检修要求时，净高不宜小于1.8m，净宽不宜小于1.5m。

6 涵洞（闸）进、出口段应采取防护措施。涵洞（闸）进、出口与洞身连接处宜做成圆弧形、扭曲面或八字形，平面扩散角宜为

7°～12°。

7 洞身与进出口导流翼墙及闸室连接处应设变形缝，洞身纵向长度不宜大于8m～12m。位于软土地基上且洞身较长时，应分析并计入纵向变形的影响。

8 涵洞(闸)工作桥桥面高程不应低于江河设计水位加波浪高度和安全超高，并应满足闸门检修要求。

5.3.3 防洪堤防(墙)与道路交叉处，路面低于河道设计水位需要设置交通闸时，交通闸应符合下列要求：

1 闸址应根据交通要求，结合地形、地质、水流、施工、管理，以及防汛抢险等因素，经综合比较确定。

2 闸室布置应满足抗滑、抗倾覆、渗流稳定以及地基承载力等的要求。

3 闸孔尺寸应根据交通运输、闸门形式、防洪要求等因素确定。底板高程应根据防汛抢险和交通要求综合确定。

4 交通闸应设闸门控制。闸门形式和启闭设施，应根据交通闸的具体情况按下列要求选择：

1)闸前水深较大、孔径较小，关门次数相对较多的交通闸可采用一字形闸门。

2)闸前水深较大、孔径也较大，关门次数相对较多的交通闸可采用人字形闸门。

3)闸前水深较小、孔径较大，关门次数相对较多的交通闸可采用横拉闸门。

4)闸前水位变化缓慢，关门次数较少，闸门孔径较小的交通闸可采用叠梁闸门。

5.4 地基处理

5.4.1 当地基渗流、稳定和变形不能满足安全要求时，应进行处理。

5.4.2 对埋藏较浅的薄层软弱黏土层宜挖除；当埋藏较深、厚度较大难以挖除或挖除不经济时，可采用铺垫透水材料、插塑料排水板加速排水，或在背水侧堤脚外设置压载、打排水井等方法进行加固处理。

5.4.3 浅层透水堤基宜采用黏土截水槽或其他垂直防渗措施截渗；相对不透水层埋藏较深、透水层较厚且临水侧有稳定滩地的地基宜采用铺盖防渗形式；深厚透水堤基，可设置黏土、土工膜、混凝土、沥青混凝土等截渗墙或采用灌浆帷幕处理，截渗墙可采用全封闭、半封闭或悬挂式。

5.4.4 多层透水堤基，可采用在堤防背水侧加盖重、开挖排水减压沟或打排水减压井等措施处理，盖重应设反滤体和排水体。各项处理措施可单独使用，也可结合使用。

5.4.5 对判定堤基可能有液化的土层，宜挖除后换填非液化土。挖除困难或不经济时，应采用人工加密措施，使之达到与设计地震烈度相适应的紧密状态。对浅层可能液化的土层宜采用表面振动压密或强夯，对深层可能液化的土层宜采用振冲、强夯等方法加密。

5.4.6 穿堤建筑物地基处理措施应与堤基处理措施相衔接。

6 海堤工程

6.1 一般规定

6.1.1 海堤应依据流域、区域综合规划及城市总体规划、城市防洪规划等规划设置。

6.1.2 海堤堤线布置应符合治导线规划、岸线规划要求，并应根据河流和海岸线变迁规律，结合现有工程及拟建建筑物的位置、地形地质、施工条件及征地拆迁、生态与环境保护等因素，经综合比较确定。

6.1.3 海堤工程的形式应根据堤段所处位置的重要程度、地形地质条件、筑堤材料、水流及波浪特性、施工条件，结合工程管理、生态环境和景观等要求，经技术经济比较后综合分析确定。堤线较长或水文、地质条件变化较大时，宜分段选择适宜的形式，不同形式之间应进行渐变衔接处理。

6.2 堤身设计

6.2.1 海堤堤身断面可采用斜坡式、直立式或混合式。风浪较大的堤段宜采用斜坡式断面；中等以下风浪、地基较好的堤段宜采用直立式断面；滩涂较低，风浪较大的堤段，宜采用带有消浪平台的混合式或斜坡式断面。

6.2.2 堤顶高程应根据设计高潮(水)位、波浪爬高及安全加高按下式计算确定：

$$Z_p=H_p+R_F+A \tag{6.2.2}$$

式中：Z_p——设计频率的堤顶高程(m)；

H_p——设计频率的高潮(水)位(m)；

R_F——按设计波浪计算的频率为F的波浪爬高值，海堤允许部分越浪时$F=13\%$，不允许越浪时$F=2\%$(m)；

A——安全加高(m)，按表6.2.2的规定选用。

表6.2.2 堤顶安全加高

海堤工程级别	1	2	3	4	5
不允许越浪 A(m)	1.0	0.8	0.7	0.6	0.5
允许部分越浪 A(m)	0.5	0.4	0.4	0.3	0.3

6.2.3 海堤按允许部分越浪设计时，堤顶高程按本规范公式(6.2.2)计算后，还应进行越浪量计算，允许越浪量不应大于$0.02m^3/(s\cdot m)$。

6.2.4 当海堤堤顶临海侧设有稳定、坚固的防浪墙时，堤顶高程可算至防浪墙顶面，不计防浪墙高度的堤身顶面高程应高出设计高潮(水)位，高差是累计频率为1%的波高的0.5倍。

6.2.5 堤路结合的海堤，按允许部分越浪设计时，在保证海堤自身安全及堤后越浪水量排泄畅通的前提下，堤顶超高可不受本规范第6.2.2条～第6.2.4条规定的限制，但不计防浪墙高度的堤顶高程仍应高出设计高潮(水)位0.5m。

6.2.6 海堤设计堤顶高程应预留沉降超高。预留沉降超高值应根据堤基、堤身土质及填筑密度等因素按有关规定分析计算确定。

6.2.7 海堤堤顶宽度应根据堤身安全、防汛、管理、施工、交通等要求，依据海堤工程级别按表6.2.7的规定选定。

表6.2.7 海堤堤顶宽度

海堤工程级别	1	2	3～5
堤顶宽度(m)	≥5	≥4	≥3

6.2.8 海堤堤身设计边坡应根据堤身结构、堤基条件及筑堤材料、堤高等条件，经稳定计算分析确定。初步拟定时可按表6.2.8的规定选用。

表6.2.8 海堤设计边坡

海堤堤型	临海侧坡比	背海侧坡比
斜坡式	1∶1.5～1∶3.5	水上：1∶1.5～1∶3 水下：海泥掺砂 1∶5～1∶10 砂壤土 1∶5～1∶7
直立式	1∶0.1～1∶0.5	
混合式	按斜坡式和陡墙式	

6.2.9 海堤堤身填筑应密实，堤身土体与护面之间应设置反滤层。

6.2.10 海堤工程防渗体应根据防渗要求布设，防渗体尺寸应结合防渗、施工和构造要求经计算确定。堤身防渗体顶部高程应高于设计高潮(水)位0.5m。

6.2.11 堤身护坡的结构、材料应坚固耐久，应因地制宜、就地取材、经济合理、便于施工和维修。

6.2.12 海堤堤身应进行整体抗滑稳定、渗透稳定及沉降等计算，防浪墙还应进行抗倾覆稳定及地基承载力计算，计算方法应符合现行国家标准《堤防工程设计规范》GB 50286 的相关规定。

6.3 堤基处理

6.3.1 堤基处理应根据海堤工程级别、地质条件、堤高、稳定要求、施工条件等选择技术可行、经济合理的处理方案。

6.3.2 建于软土地基上的海堤工程，可采用换填砂垫层、铺设土工织物、设镇压平台、排水预压、爆炸挤淤及振冲碎石桩等措施进行堤基处理。

6.3.3 厚度不大的软土地基，可用换填砂垫层的措施加固处理，也可采用在地面铺设水平垫层（包括砂、碎石排水垫层及土工织物、土工格栅）堆载预压固结法加固处理。

6.3.4 在软土层较厚的地基上填筑海堤，可采用填筑镇压平台措施处理地基。镇压平台的宽度及厚度，应由稳定分析计算确定。堤身高度较大时，可采用多级镇压平台。

6.3.5 在淤泥层较厚的地基上筑堤时，可采用铺设土工织物、土工格栅措施加固处理。土工织物、土工格栅材料的强度、定着长度以及与堆土及基础地基间的摩擦力等指标，应满足设计要求。

6.3.6 软弱土或淤泥深厚的地基，可采用竖向排水预压固结法加固处理。竖向排水通道材料可采用塑料排水板或砂井。

6.3.7 淤泥质地基也可采用爆炸挤淤置换法进行地基置换处理。

6.3.8 重要的堤段或采用其他堤基处理方法难以满足要求的堤段，可采用振冲碎石桩等方法进行堤基加固处理。

7 河道治理及护岸（滩）工程

7.1 一般规定

7.1.1 治理流经城市的江河河道，应以防洪规划、城市总体规划为依据，统筹防洪、蓄水、航运、引水、景观和岸线利用等要求，协调上下游、左右岸、干支流等各方面的关系，全面规划、综合治理。

7.1.2 确定河道治导线，应分析研究河道演变规律，顺应河势，上下游呼应、左右岸兼顾。

7.1.3 河道治理工程布置应利于稳定河势，并应根据河道特性，分析河道演变趋势，因势利导选定河道治理工程措施，确定工程总体布置，必要时应以模型试验验证。

7.1.4 桥梁、渡槽、管线等跨河建筑物轴线宜与河道水流方向正交，建筑物的跨度和净空应满足泄洪、通航等要求。

7.2 河道整治

7.2.1 城市河道整治应收集水文、泥沙、河床质和河道测量资料，分析水沙特性，研究河道冲淤变化及河势演变规律，预测河道演变趋势及对河道治理工程的影响。

7.2.2 城市河道综合整治措施应适应河势发展变化趋势，利于维护和促进河道稳定。

7.2.3 河道整治工程堤防及护岸形式、布置应与城市建设风格一致，与城市环境景观相协调。

7.2.4 护岸工程布置不应侵占行洪断面，不应抬高洪水位，上下游应平顺衔接，并应减少对河势的影响。

7.2.5 护岸形式应根据河流和岸线特性、河岸地质、城市建设、环境景观、建筑材料和施工条件等因素研究选定，可选用坡式护岸、墙式护岸、板桩及桩基承台护岸、顺坝和短丁坝护岸等。

7.2.6 护岸稳定分析应包括下列荷载：

1 自重及其顶部荷载；

2 墙前水压力、冰压力和被动土压力与波吸力；

3 墙后水压力和主动土压力；

4 船舶系缆力；

5 地震力。

7.2.7 水深、风浪较大且河滩较宽的河道，宜设置防浪平台，并宜栽植一定宽度的防浪林。

7.3 坡式护岸

7.3.1 建设场地允许的河段，宜选用坡式护岸。坡式护岸可采用抛石、干砌石、浆砌石、混凝土和钢筋混凝土板、预制混凝土块、连锁板块、模袋混凝土等结构形式。护岸结构形式的选择，应根据流速、波浪、岸坡土质、冻结深度以及场地条件等因素，结合城市建设和景观要求，经技术经济比较选定。当岸坡高度较大时，宜设置戗台及上、下护岸的台阶。

7.3.2 坡式护岸的坡度和厚度，应根据岸坡坡度、岸坡土质、流速、风浪、冰冻、护砌材料和结构形式等因素，经稳定和防冲分析计算确定。

7.3.3 水深较浅、淹没时间不长、非迎流顶冲的岸坡，宜采用草或草与灌木结合形式的生物护岸，草和灌木的品种，根据岸坡土质和当地气候条件选择。

7.3.4 干砌石、浆砌石和抛石护坡材料，应采用坚硬未风化的石料。砌石下应设垫层、反滤层或铺土工织物。

7.3.5 浆砌石、混凝土和钢筋混凝土板等护坡应设置纵向和横向变形缝。

7.3.6 坡式护岸应设置护脚，护脚埋深宜在冲刷线以下 0.5m。施工困难时可采用抛石、石笼、沉排、沉枕等护底防冲措施。重要堤段抛石宜增抛备填石。

7.4 墙式护岸

7.4.1 受场地限制或城市建设需要可采用墙式护岸。

7.4.2 各护岸段墙式护岸具体的结构形式，应根据河岸的地形地质条件、建筑材料以及施工条件等因素，经技术经济比较选定，可采用衡重式护岸、空心方块及异形方块式护岸或扶壁式护岸等。

7.4.3 采用墙式护岸，应查清地基地质情况。当地基地质条件较差时，应进行地基加固处理，并应在护岸结构上采取适当的措施。

7.4.4 墙式护岸基础埋深不应小于 1.0m，基础可能受冲刷时，应埋置在可能冲刷深度以下，并应设置护脚。

7.4.5 墙基承载力不能满足要求或为便于施工时，可采用开挖或抛石建基。抛石厚度应根据计算确定，砂卵石地基不宜小于 0.5m，土基不宜小于 1.0m。抛石宽度应满足地基承载力的要求。

7.4.6 墙式护岸沿长度方向在下列位置应设变形缝：

1 新旧护岸连接处；

2 护岸高度或结构形式改变处；

3 护岸走向改变处；

4 地基地质条件差别较大的分界处。

7.4.7 混凝土及浆砌石结构相邻变形缝间的距离宜为 10m～15m，钢筋混凝土结构宜为 15m～20m。变形缝宽 20mm～50mm，并应做成上下垂直通缝，缝内应填充弹性材料，必要时宜设止水。

7.4.8 墙式护岸的墙身结构应根据荷载等情况进行下列计算：

1 抗倾覆稳定和抗滑稳定；

2 墙基地基应力和墙身应力；

3 护岸地基埋深和抗冲稳定。

7.4.9 墙式护岸应设排水孔，并应设置反滤。对挡水位较高、墙后地面高程又较低的护岸，应采取防渗透破坏措施。

7.5 板桩式及桩基承台式护岸

7.5.1 地基软弱且有港口、码头等重要基础设施的河岸段，宜采用板桩式及桩基承台式护岸，其形式应根据荷载、地质、岸坡高度以及施工条件等因素，经技术经济比较确定。

7.5.2 板桩宜采用预制钢筋混凝土结构。当护岸较高时，宜采用锚碇式钢筋混凝土板桩。钢筋混凝土板桩可采用矩形断面，厚度应经计算确定，但不宜小于0.15m；宽度应根据打桩设备和起重设备能力确定，可采用0.5m～1.0m。

7.5.3 板桩打入地基的深度，应满足板桩墙和护岸整体抗滑稳定要求。

7.5.4 有锚碇结构的板桩，锚碇结构应根据锚碇力、地基土质、施工设备和施工条件等因素确定。

7.5.5 板桩式护岸整体稳定可采用瑞典圆弧滑动法计算。

7.5.6 桩基承台和台上护岸结构形式，应根据荷载和运行要求，进行稳定分析验算，经技术经济比较，结合环境要求确定。

7.6 顺坝和短丁坝护岸

7.6.1 受水流冲刷、崩塌严重的河岸，可采用顺坝或短丁坝保滩护岸。

7.6.2 通航河道、河道较窄急弯冲刷河段和以波浪为主要破坏力的河岸，宜采用顺坝护岸。受潮流往复作用、崩岸和冲刷严重且河道较宽的河段，可辅以短丁坝群护岸。

7.6.3 顺坝和短丁坝护岸应设置在中枯水位以下，应根据河流流势布置，与水流相适应，不得影响行洪。短丁坝不应引起流势发生较大变化。

7.6.4 顺坝和短丁坝的坝型选择应根据水流速度的大小、河床土质、当地建筑材料以及施工条件等因素综合分析选定。

7.6.5 顺坝和短丁坝应做好坝头防冲和坝根与岸边的连接。

7.6.6 短丁坝护岸宜成群布置，坝头连线应与河道治导线一致；短丁坝的长度、间距及坝轴线的方向，应根据河势、水流流态及河床冲淤等情况分析计算确定，必要时应以河工模型试验验证。

7.6.7 丁坝坝头水流紊乱，受冲击力较大时，宜采用加大坝顶宽度、放缓边坡、扩大护底范围等措施进行加固和防护。

8 治涝工程

8.1 一般规定

8.1.1 治涝工程设计，应以城市总体规划和城市防洪规划为依据，与城市防洪(潮)工程相结合，与城市排水系统相协调。

8.1.2 治涝工程设计，应根据城市可持续发展和居民生活水平逐步提高的要求，统筹兼顾、因地制宜地采取综合治理措施。

8.1.3 缺水城市应保护和合理利用雨水资源，发挥工程的综合效益。

8.1.4 治涝工程设计应节约用地，并与市政工程建设相结合，建筑物设计与城市建筑风格相协调。

8.2 工程布局

8.2.1 治涝工程布局，应根据城市的自然条件、社会经济、涝灾成因、治理现状和市政建设发展要求，与防洪(潮)工程总体布局综合分析，统筹规划，截、排、蓄综合治理。

8.2.2 治涝工程应根据城市地形条件、水系特点、承泄条件、原有排水系统及行政区划等进行分区、分片治理。

8.2.3 治涝工程布局，应充分利用现有河道、沟渠等将涝水排入承泄区，充分利用现有湖泊、洼地滞蓄涝水。

8.2.4 城区有外水汇入时，可结合防洪工程布局，根据地形、水系将部分或全部外水导至城区下游。

8.2.5 排涝工程布局应自排与抽排相结合，有自排条件的地区，应以自排为主；受洪(潮)水顶托、自排困难的地区，应设挡洪(潮)排涝水闸，并设排涝泵站抽排。

8.2.6 承泄区的设计水位，应根据承泄区来水与涝水遭遇规律合理确定。

8.3 排涝河道设计

8.3.1 排涝河道布置应根据地形、地质条件、河网与排水管网分布及承泄区位置，结合施工条件、征地拆迁、环境保护与改善等因素，经过技术经济比较，综合分析确定。

8.3.2 排涝河道的规模和控制点设计水位，应根据排涝要求确定。纵坡、横断面等应进行经济技术比较选定。兼有多种功能的排涝河道，设计参数应根据各方面要求，综合分析确定。

8.3.3 开挖、改建、拓浚城市排涝河道，应排水通畅，流态平稳，各级排涝河道应平顺连接。受条件限制，河道不宜明挖的，可用管(涵)衔接。

8.3.4 利用现有河道排涝，宜保持河道的自然风貌和功能，并为改善河流生态与沿岸环境创造条件。

8.3.5 主城区的排涝河道，可根据排涝及城市建设要求进行防护，并与城市建设相协调；非主城区且无特殊要求的排涝河道，可保持原河床形态或采用生物护坡。

8.4 排涝泵站

8.4.1 排涝泵站的规模，应根据城市排涝要求，按照近期与远期、自排与抽排、排涝与引水相结合的原则，经综合分析确定。

8.4.2 排涝泵站站址，应根据排涝规划、泵站规模、运行特点和综合利用要求，选择在利于排水区涝水汇集、靠近承泄区、地质条件好、占地少、有利施工、方便管理的地段。

8.4.3 排涝泵站的布置，应根据泵站功能和运用要求进行，单一排涝任务的泵站可采用正向进水和正向出水的方式，有排涝、引水要求的，宜采用排、引结合的形式。排涝泵站布置应符合下列规定：

1 泵站引渠的线路，应根据选定的取水口及泵房位置，结合地形地质条件布置。引渠与进水前池，应水流顺畅、流速均匀、池内无涡流。

2 泵站进出水流道形式，应根据泵型、泵房布置、泵站扬程、出水池水位变化幅度等因素，综合分析确定。

3 出水池的位置应结合站址、管线的位置，选择在地形条件好、地基坚实稳定、渗透性小、工程量小的地点。

4 泵房外出水管道的布置，应根据泵站总体布置要求，结合地形、地质条件确定。

8.4.4 泵站应进行基础的防渗和排水设计，在泵站高水侧应结合出水池布置防渗设施，在低水侧应结合前池布置排水设施；在左右两侧应结合两岸连接结构设置防渗刺墙、板桩等，增加侧向防渗长度。

8.4.5 泵房与周围房屋和公共建筑物的距离，应满足城市规划、消防和环保部门的要求，造型应与周围环境相协调，做到适用、经济、美观。泵房室外地坪标高应满足防洪的要求，入口处地面高程应比设计洪水位高0.5m以上；当不能满足要求时，可设置防洪设施。泵房挡水部位顶部高程不应低于设计或校核水位加安全超高。

9 防洪闸

9.1 闸址和闸线的选择

9.1.1 闸址应根据其功能和运用要求，综合分析地形、地质、水流、泥沙、潮汐、航运、交通、施工和管理等因素，结合城市规划与市政工程布局，经技术经济比较选定。

9.1.2 闸址应选择在水流流态平顺，河床、岸坡稳定的河段。泄洪闸、排涝闸宜选在河段顺直或截弯取直的地点；分洪闸应选在被保护城市上游，且河岸基本稳定的弯道凹岸顶点稍偏下游处或直段。

9.1.3 闸址地基宜地层均匀、压缩性小、承载力大、抗渗稳定性好，有地质缺陷、不满足设计要求时，地基应进行加固处理。

9.1.4 拦河闸的轴线宜与所在河道中心线正交，其上、下游河道的直线段长度不宜小于水闸进口处设计水位水面宽度的5倍。

9.1.5 分洪闸的中心线与主干河道中心线交角不宜超过30°，位于弯曲河段宜布置在靠河道深泓一侧，其方向宜与河道水流方向一致。

9.1.6 泄洪闸、排涝闸的中心线与主干河道中心线的交角不宜超过60°，下游引河宜短且直。

9.1.7 防潮闸闸址应根据河口河道和海岸(滩)水流、泥沙情况、冲淤特性、地质条件等，经多方面分析研究选择。防潮闸闸址宜选在河道入海口处的顺直河段，其轴线宜与河道水流方向垂直。重要的防潮闸闸址确定，必要时应进行模型试验检验。

9.1.8 水流流态、泥砂问题复杂的大型防洪闸闸址选择，应进行水工模型试验验证。

9.2 工程布置

9.2.1 闸的总体布置应结构简单、安全可靠、运用方便，并应与城市景观、环境美化相结合。

9.2.2 闸的形式应根据其功能和运用要求合理选择。有通航、排冰、排漂要求的闸，应采用开敞式；设计洪水位高于泄洪水位，且无通航排漂要求的闸，可采用胸墙式，对多泥沙河流宜留有排沙孔。

9.2.3 闸底板或闸坎高程，应根据地形、地质、水流条件，结合泄洪、排涝、排沙、冲污等要求确定，并结合堰型、门型选择，经技术经济比较合理选定。

9.2.4 闸室总净宽应根据泄流规模、下游河床地质条件和安全泄流的要求，经技术经济比较后确定。闸室总宽度应与上、下游河道相适应，不应过分束窄河道。

9.2.5 闸孔的数量及单孔净宽，应根据防洪闸使用功能、闸门形式、施工条件等因素确定。闸的孔数较少时，宜用单数孔。

9.2.6 闸的闸顶高程不应低于岸(堤)顶高程；泄洪时不应低于设计洪水位(或校核洪水位)与安全超高之和；挡水时不应低于正常蓄水位(或最高挡水位)加波浪计算高度与相应安全超高之和，并宜结合下列因素留有适当裕度：

1 多泥沙河流上因上、下游河道冲淤变化引起水位升高或降低的影响；

2 软弱地基上地基沉降的影响；

3 水闸两侧防洪堤堤顶可能加高的影响。

9.2.7 闸与两岸的连接，应保证岸坡稳定和侧向渗流稳定，有利于改善水闸进、出水水流流态，提高消能防冲效果、减轻边荷载的影响。闸顶应根据管理、交通和检修要求，修建交通和检修桥。

9.2.8 闸上、下翼墙宜与闸室及两岸岸坡平顺连接，上游翼墙长度应长于或等于铺盖长度，下游翼墙长度应长于或等于消力池长度。下游翼墙的扩散角宜采用7°～12°。

9.2.9 翼墙分段长度应根据结构和地基条件确定，建筑在坚实地基上的翼墙分段长度可采用15m～20m，建筑在松软地基上的翼墙分段长度可适当减短。

9.2.10 闸门形式和启闭设施应安全可靠，运转灵活，维修方便，可动水启闭，并应采用较先进的控制设施。

9.2.11 防渗排水设施的布置，应根据闸基地质条件、水闸上下游水位差等因素，结合闸室、消能防冲和两岸连接布置综合分析确定，形成完整可靠的防渗排水系统。

9.2.12 闸上、下游的护岸布置，应根据水流状态、岸坡稳定、消能防冲效果以及航运、城建要求等因素确定。

9.2.13 消能防冲形式，应根据地基情况、水力条件及闸门控制运用方式等因素确定，宜采用底流消能。

9.2.14 地基为高压缩、松软的地层时，应根据基础情况采用换基、振冲、强夯、桩基等措施进行加固处理，有条件时也可采用插塑料排水板或预压加固措施等。

9.2.15 对位于泥质河口的防潮闸，应分析闸下河道泥沙淤积规律和可能淤积量，采取防淤、减淤措施。对于存在拦门沙的防潮闸河口，应研究拦门沙位置变化对河道行洪的影响。

9.3 工程设计

9.3.1 防潮闸的泄流能力应按偏于不利的潮位，依据现行行业标准《水闸设计规范》SL 265的泄流公式计算，并应采用闸下典型潮型进行复核。闸顶高程应满足泄洪、蓄水和挡潮工况的要求。

9.3.2 防潮闸设计应满足闸感潮启闭的运行特性要求，对多孔水闸，闸门启闭应采用对称、逐级、均步启闭方式。

9.3.3 防潮闸门型宜采用平板钢闸门，在有减少启闭容量、降低机架桥高度要求时可采用上、下双扉门。

9.3.4 防洪闸护坦、消力池、海漫、防冲槽等的设计应按水力计算确定。

9.4 水力计算

9.4.1 防洪闸单宽流量，应根据下游河床土质，上、下游水位差、尾水深度、河道和闸室宽度比等因素确定。

9.4.2 闸下消能设计应根据闸门运用条件，选用最不利的水位和流量组合进行计算。

9.4.3 海漫的长度和防冲槽埋深，应根据河床地质、海漫末端的单宽流量和水深等因素确定。

9.5 结构与地基计算

9.5.1 闸室、岸墙和翼墙应进行强度、稳定和基底应力计算，其强度、稳定安全系数和基底应力允许值应满足有关标准的规定。

9.5.2 当地基为软弱土或持力层范围内有软弱夹层时，应进行整体稳定验算。对建在复杂地基上的防洪闸的整体稳定计算，应进行专门研究。

9.5.3 防潮闸应采取分层综合法计算其最终沉降量。

9.5.4 防洪闸应避免建在软硬不同地基或地层断裂带上，难以避开时必须采取防止不均匀沉降的工程措施。

10 山洪防治

10.1 一般规定

10.1.1 山洪防治工程设计，应根据山洪沟所在的地形、地质条件，植被及沟壑发育情况，因地制宜，综合治理，形成以水库、谷坊、跌水、陡坡、撇洪沟、截流沟、排洪渠道等工程措施与植被修复等生物措施相结合的综合防治体系。

10.1.2 山洪防治应以山洪沟流域为治理单元进行综合规划，并应集中治理和连续治理相结合。

10.1.3　山洪防治宜利用山前水塘、洼地滞蓄洪水。

10.1.4　修建调蓄山洪的小型水库，应根据其失事后造成损失的程度适当提高防洪标准，并应提高坝体的填筑质量要求。

10.1.5　排洪渠道、截流沟宜进行护砌，排洪渠道、截流沟、撇洪沟设计应提高质量要求。

10.1.6　植树造林等生物措施以及修建梯田、开水平沟等治坡措施，应按有关标准规定执行。

10.2　跌水和陡坡

10.2.1　山洪沟或排洪渠道底部纵坡较陡时，可采用跌水或陡坡等构筑物调整。

10.2.2　跌水和陡坡设计，水面线应平顺衔接。水面线可采用分段直接求和法和水力指数积分法计算。

10.2.3　跌水和陡坡的进、出口段，应设导流翼墙与沟岸相连接。连接形式可采用扭曲面，也可采用变坡式或八字墙式，并应符合下列要求：

1　进口导流翼墙的单侧平面收缩角，应以进口段长度控制确定，不宜大于15°。翼墙的长度 L 由沟渠底宽 B 与水深 H 的比值确定，并应符合下列规定：

1)当 $B/H<2.0$ 时，$L=2.5H$；

2)当 $2\leqslant B/H<2.5$ 时，$L=3.0H$；

3)当 $2.5\leqslant B/H<3.5$ 时，$L=3.5H$；

4)当 $B/H\geqslant3.5$ 时，L 宜适当加长。

2　出口导流翼墙的单侧平面扩散角，可取10°～15°。

10.2.4　跌水和陡坡的进、出口段应护底，其长度应与翼墙末端平齐，底的始、末端应设一定深度的防冲齿墙。跌水和陡坡下游应设置消能防冲措施。

10.2.5　跌水跌差小于或等于5m时，可采用单级跌水，跌水跌差大于5m，采用单级跌水不经济时，可采用多级跌水。多级跌水可根据地形、地质条件，采用连续或不连续的形式。

10.2.6　陡坡段平面布置应力求顺直，陡坡底宽与水深的比值，宜控制为10～20。

10.2.7　陡坡比降应根据地形、地基土性质、跌差及流量大小确定，可取1：2.5～1：5，陡坡倾角必须小于或等于地基土壤的内摩擦角。

10.2.8　陡坡护底在变形缝处应设齿坎，变形缝内应设止水或反滤盲沟，必要时可同时采用。

10.2.9　当陡坡的流速较大时，其护底可采取人工加糙减蚀措施或采用台阶式，人工加糙减蚀或台阶式形式及其尺寸可按类似工程分析确定。重要的陡坡，必要时应进行水工模型试验验证。

10.3　谷　　坊

10.3.1　山洪沟可利用谷坊措施进行整治。

10.3.2　谷坊形式应根据沟道地形、地质、洪水、当地材料、谷坊高度、谷坊失事后可能造成损失的程度等条件比选确定，可采用土石谷坊、浆砌石谷坊、铅丝石笼谷坊、混凝土谷坊等形式。

10.3.3　谷坊位置应选在沟谷宽敞段下游窄口处，山洪沟道冲刷段较长的，可顺沟道由上到下设置多处谷坊。谷坊间沟床纵坡应满足稳定沟道坡降的要求。

10.3.4　谷坊高度应根据山洪沟自然纵坡、稳定坡降、谷坊间距等确定。谷坊高度宜为1.5m～4m，当高度大于5m时，应按塘坝要求进行设计。

10.3.5　谷坊间距，在山洪沟坡降不变的情况下，与谷坊高度接近成正比，可按下式计算：

$$L=\frac{h}{J-J_0} \tag{10.3.5}$$

式中：L——谷坊间距(m)；

h——谷坊高度(m)；

J——沟床天然坡降；

J_0——沟床稳定坡降。

10.3.6　谷坊应建在坚实的地基上。当为岩基时，应清除表层风化岩；当为土基时埋深不得小于1m，并应验算地基承载力。

10.3.7　铅丝石笼、浆砌石和混凝土等形式的谷坊，在其中部或沟床深槽处应设溢流口。当设计谷坊顶部全长溢流时，应进行两侧沟岸的防护。溢流口下游应设置消能设施，护砌长度可根据谷坊高度、单宽流量和沟床土质计算确定。

10.3.8　浆砌石和混凝土谷坊，应每隔15m～20m设一道变形缝，谷坊下部应设排水孔。

10.3.9　土石谷坊，不得在顶部溢流，宜在坚实沟岸开挖溢流口或在谷坊底部设泄流孔，并应进行基础处理。

10.4　撇洪沟及截流沟

10.4.1　城市防治山洪可采用撇洪沟将部分或全部洪水撇向城市下游。

10.4.2　撇洪沟的设计标准应与山洪防治标准相适应，也可根据工程规模大小和失事后造成损失的程度适当提高。

10.4.3　撇洪沟应顺应地形布置，宜短直平顺、少占耕地、减少交叉建筑物、避免山体滑坡。

10.4.4　撇洪沟的设计流量应根据山洪特性和撇洪沟的汇流面积与撇洪比例确定，当只撇山洪设计洪峰流量的一部分时，应设置溢洪堰(闸)将其余部分排入承泄区或原沟道。

10.4.5　撇洪沟设计沟底比降宜因地制宜选择，断面应采取防冲措施。

10.4.6　截流沟的设计标准应与保护地区的山洪防治治理标准一致，设计洪峰流量可采用小流域洪水的计算方法推求。当只能截流设计洪峰流量的一部分时，应设置溢洪堰(闸)将其余部分排入承泄区。

10.4.7　截流沟宜沿保护地区上部边缘等高线布置，并应选择较短路线或利用天然河道就近导入承泄区。

10.4.8　截流沟的设计断面应根据设计流量经水力计算确定，沟底比降宜以沟底不产生冲刷和淤积为控制条件。

10.5　排 洪 渠 道

10.5.1　排洪渠道渠线宜沿天然沟道布置，宜选择地形平缓、地质条件稳定、拆迁少、渠线顺直的地带。渠道较长的宜分段设计，两段排洪明渠断面有变化时，宜采用渐变段衔接，其长度可取水面宽度之差的5倍～20倍。

10.5.2　排洪明渠设计纵坡，应根据渠线、地形、地质以及与山洪沟连接条件和便于管理等因素，经技术经济比较后确定。当自然纵坡大于1：20或局部渠段高差较大时，可设置陡坡或跌水。

10.5.3　排洪明渠渠道边坡应根据土质稳定条件确定。

10.5.4　排洪明渠进出口平面布置，宜采用喇叭口或八字形导流翼墙，其长度可取设计水深的3倍～4倍。

10.5.5　排洪明渠的安全超高可按有关标准的规定采用，在弯曲段凹岸应分析并计入水位壅高的影响。

10.5.6　排洪明渠宜采用挖方渠道。对于局部填方渠道，其堤防填筑的质量要求应符合有关标准规定。

10.5.7　排洪明渠弯曲段的轴线弯曲半径，不应小于按下式计算的最小允许半径及渠底宽度的5倍。当弯曲半径小于渠底宽度的5倍时，凹岸应采取防冲措施：

$$R_{min}=1.1v^2\sqrt{A}+12 \tag{10.5.7}$$

式中：R_{min}——渠道最小允许弯曲半径(m)；

v——渠道中水流流速(m/s)；

A——渠道过水断面面积(m^2)。

10.5.8 当排洪明渠水流流速大于土壤允许不冲流速时，应采取防冲措施。防冲形式和防冲材料，应根据土壤性质和水流流速确定。

10.5.9 排洪渠道进口处宜设置拦截山洪泥砂的沉沙池。

10.5.10 排洪暗渠纵坡变化处应保持平顺，避免产生壅水或冲刷。

10.5.11 排洪暗渠应设检查井，其间距可取为 50m～100m。暗渠走向变化处应加设检查井。

10.5.12 排洪暗渠为无压流时，断面设计水位以上的净空面积不应小于断面面积的 15%。

10.5.13 季节性冻土地区的暗渠，其基础埋深不应小于土壤冻结深度，进出口基础应采取适当的防冻措施。

10.5.14 排洪渠道出口受承泄区河水或潮水顶托时，宜设防洪(潮)闸。对排洪暗渠也可采用回水堤与河(海)堤连接。

11 泥石流防治

11.1 一 般 规 定

11.1.1 泥石流作用强度，应根据形成条件、作用性质和对建筑物的破坏程度等因素按表 11.1.1 的规定分级。

表 11.1.1 泥石流作用强度分级

级别	规模	形成区特征	泥石流性质	可能出现最大流量(m^3/s)	年平均单位面积物质冲出量(m^3/km^2)	破坏作用	破坏程度
1	大型	大型滑坡、坍塌堵塞沟道，坡陡、沟道比降大	黏性，容重 γ_c 大于 $18kN/m^3$	>200	>5	以冲击和淤埋为主，危害严重，破坏强烈，可淤埋整个村镇或部分区域，治理困难	严重
2	中型	沟坡上中小型滑坡、坍塌较多，局部淤塞，沟底堆积物厚	稀性或黏性，容重 $16kN/m^3 \leqslant \gamma_c \leqslant 18kN/m^3$	200～50	5～1	有冲有淤以淤为主，破坏作用大，可冲毁淤埋部分平房及桥涵，治理比较容易	中等
3	小型	沟岸有零星滑坍，有部分沟床质	稀性或黏性，容重 $14kN/m^3 \leqslant \gamma_c < 16kN/m^3$	<50	<1	以冲刷和淹没为主，破坏作用较小，治理容易	轻微

11.1.2 泥石流防治工程设计标准，应根据泥石流作用强度选定。泥石流防治应以大中型泥石流为重点。

11.1.3 泥石流防治应进行流域勘查，勘查重点是判定泥石流规模级别和确定设计参数。

11.1.4 泥石流流量计算宜采用配方法和形态调查法，两种方法应互相验证。也可采用地方经验公式。

11.1.5 城市防治泥石流，应根据泥石流特点和规模制定防治规划，建设工程体系、生物体系、预警预报体系相协调的综合防治体系。

11.1.6 泥石流防治工程设计，应预测可能发生的泥石流流量、流速及总量，沿途沉积过程，并研究冲击力及摩擦力对建筑物的影响。

11.1.7 泥石流防治，应根据泥石流特点和当地条件采用综合治理措施。在泥石流上游宜采用生物措施和截流沟、小水库调蓄径流；泥沙补给区宜采用固沙措施；中下游宜采用拦截、停淤措施；通过市区段宜修建排导沟。

11.1.8 城市泥石流防治应以预防为主，主要城区应避开严重的泥石流沟；对已发生泥石流的城区宜以拦为主，将泥石流拦截在流域内，减少泥石流进入城市，对于重点防护对象应建设有效的预警预报体系。

11.2 拦 挡 坝

11.2.1 泥石流拦挡坝的坝型和规模，应根据地形、地质条件和泥石流的规模等因素经综合分析确定。拦挡坝应能溢流，可选用重力坝、格栅坝等。

11.2.2 拦挡坝坝址应选择在沟谷宽敞段下游卡口处，可单级或多级设置。多级坝间距可根据回淤坡度确定。

11.2.3 拦挡坝的坝高和库容应根据以下不同情况分析确定：

1 以拦挡泥石流固体物质为主的拦挡坝，对间歇性泥石流沟，其库容不宜小于拦蓄一次泥石流固体物质总量；对常发性泥石流沟，其库容不得小于拦蓄一年泥石流固体物质总量。

2 以依靠淤积增宽沟床、减缓沟岸冲刷为主的拦挡坝，坝高宜按淤积后的沟床宽度大于原沟床宽度的 2 倍确定。

3 以拦挡泥石流淤积物稳固滑坡为主的拦挡坝，其坝高应满足拦挡的淤积物所产生的抗滑力大于滑坡的剩余下滑力。

11.2.4 拦挡坝基础埋深，应根据地基土质、泥石流性质和规模以及土壤冻结深度等因素确定。

11.2.5 拦挡坝的泄水口应有较好的整体性和抗磨性，坝体应设排水孔。

11.2.6 拦挡坝稳定计算，其计算工况和稳定系数应符合相关标准的规定。

11.2.7 拦挡坝下游应设消能设施，可采用消力槛，消力槛高度应高出沟床 0.5m～1.0m，消力池长度可取坝高的 2 倍～4 倍。

11.2.8 拦挡含有较多大块石的泥石流时，宜修建格栅坝。栅条间距可按公式(11.2.8)计算：

$$D=(1.4\sim2.0)d \qquad (11.2.8)$$

式中：D——栅条间的净距离(m)；

d——计划拦截的大石块直径(m)。

11.3 停 淤 场

11.3.1 停淤场宜布置在坡度小、地面开阔的沟口扇形地带，并应利用拦挡坝和导流堤引导泥石流在不同部位落淤。停淤场应有较大的场地，使一次泥石流的淤积量不小于总量的 50%，设计年限内的总淤积高度不宜超过 5m～10m。

11.3.2 停淤场内的拦挡坝和导流坝的布置，应根据泥石流规模、地形等条件确定。

11.3.3 停淤场拦挡坝的高度宜为 1m～3m。坝体可直接利用泥石流冲积物。对冲刷严重或受泥石流直接冲击的坝，宜采用混凝土、浆砌石、铅丝石笼护面。坝体应设溢流口排泄泥水。

11.4 排 导 沟

11.4.1 排导沟宜布置在沟道顺直、长度短、坡降大和出口处具有停淤堆积泥石场地的地带。

11.4.2 排导沟进口可利用天然沟岸，也可设置八字形导流堤，其单侧平面收缩角宜为 10°～15°。

11.4.3 排导沟横断面宜窄深，坡度宜较大，其宽度可按天然流通段沟槽宽度确定，沟口应避免洪水倒灌和受堆积场淤积的影响。

11.4.4 排导沟设计深度可按下式计算，沟口还应计算扇形体的堆高及对排导沟的影响。

$$H=H_c+H_i+\Delta H \qquad (11.4.4)$$

式中：H——排导沟设计深度(m)；

H_c——泥石流设计流深(m)，其值不宜小于泥石流波峰高度和可能通过最大块石尺寸的 1.2 倍；

H_i——泥石流淤积高度(m)；

ΔH——安全加高(m),采用相关标准的数值,在弯曲段另加由于弯曲而引起的壅高值。

11.4.5 城市泥石流排导沟的侧壁应护砌,护砌材料可根据泥石流流速选择,采用浆砌块石、混凝土或钢筋混凝土结构。护底结构形式可根据泥石流特点确定。

11.4.6 通过市区的泥石流沟,当地形条件允许时,可将泥石流导向指定的落淤区。

12 防洪工程管理设计

12.1 一 般 规 定

12.1.1 城市防洪工程管理设计应明确管理体制、机构设置和人员编制,划定工程管理范围和保护范围,提出监测、交通、通信、警示、抢险、生产管理和生活设施,进行城市防洪预警系统设计,编制城市防洪洪水调度方案、运行管理规定,测算年运行管理费。

12.1.2 城市防洪工程管理设计应根据城市的自然地理条件、土地开发利用情况、工程运行需要及当地人民政府的规定划定管理范围和保护范围。

12.1.3 城市防洪工程管理设计应依据现行的有关规定和标准为城市防洪工程管理设置必要的管理设施及必要的监测设施。

12.1.4 城市防洪工程管理应对超标准洪水处置区建立相应的管理制度。

12.2 管 理 体 制

12.2.1 城市防洪工程管理设计应根据管理单位的任务和收益状况,拟定管理单位性质。

12.2.2 城市防洪工程管理设计应根据防洪工程特点、规模、管理单位性质拟定管理机构设置和人员编制,明确相应的管理任务、职责和权利。

12.3 防 洪 预 警

12.3.1 城市防洪工程管理设计,应根据洪水特性和城市防洪保护区的实际需要进行防洪预警系统设计。

12.3.2 城市防洪预警系统的结构体系应符合流域(区域)防洪预警系统的框架要求。

12.3.3 城市防洪预警系统应包括外江河洪水、内涝、雨水排水、山洪和泥石流预警等。

12.3.4 城市防洪预警系统应包括城市雨情、水情、工情信息采集系统,通信传输系统,计算机决策支持系统,预警信息发布系统等。

12.3.5 预警信息采集系统、通信传输系统、计算机决策支持系统的建设应符合国家防汛指挥系统建设有关标准的要求。

12.3.6 防洪预警系统应实行动态管理,结合新的工程情况和调度方案不断进行修订。

13 环境影响评价、环境保护设计与水土保持设计

13.1 环境影响评价与环境保护设计

13.1.1 城市防洪工程在规划、项目建议书和可行性研究阶段,均应进行环境影响评价;在初步设计阶段,应进行环境保护设计。

13.1.2 城市防洪工程对环境的影响,应依据《中华人民共和国环境影响评价法》及现行行业标准《环境影响评价技术导则 水利水电工程》HJ/T 88,结合城市防洪工程的具体情况进行评价。

13.1.3 城市防洪工程的环境影响评价应主要包括下述内容:

1 对河道、河滩及湿地的影响;

2 对城市排水的影响;

3 对城市现有的交通等基础设施的影响;

4 对城市发展及城市风貌景观影响;

5 对城市防洪安全的影响。

13.1.4 城市防洪工程环境保护设计,应依据具有审批权的环境保护主管部门对城市防洪工程环境影响报告书或环境影响报告表的批复意见进行。

13.1.5 城市防洪工程环境保护设计应符合下列规定:

1 合理调度洪水和涝水,维护河道、湿地的生态环境;

2 城市防洪工程对排水有影响时,应进行排水改道设计;

3 对交通等基础设施影响的处理措施设计;

4 保护重要文物、景观与珍稀树木的措施设计;

5 对城市防洪安全不利影响的减免措施设计。

13.1.6 环境保护投资概算,应根据现行行业标准《水利水电工程环境保护概估算编制规程》SL 359 的有关规定编制。

13.2 水土保持设计

13.2.1 城市防洪工程应按现行国家标准《开发建设项目水土保持技术规范》GB 50433 的有关规定进行水土保持设计。

13.2.2 城市防洪工程的水土保持措施应符合城市建设的要求,与城市绿化、美化相结合,生物措施应与园林景观相协调。

本规范用词说明

1 为便于在执行本规范条文时区别对待,对要求严格程度不同的用词说明如下:

1)表示很严格,非这样做不可的:

正面词采用"必须",反面词采用"严禁";

2)表示严格,在正常情况下均应这样做的:

正面词采用"应",反面词采用"不应"或"不得";

3)表示允许稍有选择,在条件许可时首先应这样做的:

正面词采用"宜",反面词采用"不宜";

4)表示有选择,在一定条件下可以这样做的,采用"可"。

2 条文中指明应按其他有关标准执行的写法为:"应符合……的规定"或"应按……执行"。

引用标准名录

《堤防工程设计规范》GB 50286

《开发建设项目水土保持技术规范》GB 50433

《水闸设计规范》SL 265

《水利水电工程环境保护概估算编制规程》SL 359

《环境影响评价技术导则 水利水电工程》HJ/T 88

中华人民共和国国家标准

城市防洪工程设计规范

GB/T 50805—2012

条 文 说 明

制 定 说 明

本规范系根据住房和城乡建设部《关于印发〈2008年工程建设标准规范制订、修订计划（第二批）〉的通知》（建标〔2008〕105号），水利部水利水电规划设计总院水总科〔2009〕49号《关于确定〈城市防洪工程设计规范〉等4项标准制定与修订项目和主编单位的通知》要求，在原行业标准《城市防洪工程设计规范》CJJ 50—92的基础上，由水利部水利水电规划设计总院和中水北方勘测设计研究有限责任公司主编，会同中国市政工程东北设计研究总院、浙江省水利水电勘测设计研究院、上海勘测设计研究院共同编制完成。

制定工作中以原《城市防洪工程设计规范》CJJ 50—92为基础，坚持科学性、先进性和实用性原则。在本规范中，既要有原则规定，又要体现一定的灵活性；既要反映我国近年来成熟的技术成果和经验，又要借鉴并吸收国外先进经验和新理论、新技术；既要结合我国水利水电工程规划设计的实际需要，又要体现国内和国际上21世纪以来的最新技术水平。

编制组于2009年3月底完成《城市防洪工程设计规范》征求意见稿，根据水利部水利水电规划设计总院印发水总科〔2009〕264号《关于征求国家标准〈城市防洪工程设计规范（征求意见稿）〉意见的函》，中水北方勘测设计研究有限责任公司发送52份给相关设计、管理单位或专家征求意见，根据收到的反馈意见，编制组对征求意见稿进行修改，于2009年8月完成了《城市防洪工程设计规范（送审稿）》。

本规范制定工作中对原《城市防洪工程设计规范》CJJ 50—92内容进行了丰富和调整，由十章调整为十三章，主要变化情况为：总则中增加了对基本资料、水土保持、特殊地基上修建城市防洪工程等内容的要求；以城市防洪工程等别和防洪标准取代了城市等别和防洪标准，取消了有关防洪建筑物的安全超高、抗滑稳定安全系数方面的规定内容；设计洪水和设计潮位章修改为设计洪水、涝水、潮水位章，增加了设计涝水，洪水、涝水和潮水遭遇分析等内容的规定（单独成节）；总体设计章修改为总体布局章，并增加了有关涝灾防治、超标准洪水安排的规定（单独成节）；江河堤防设计章中增加了有关穿堤建筑物设计方面的规定内容；防洪闸章中增加了防潮闸设计的规定；山洪防治章中增加了撇洪沟、截流沟设计及陡坡稳定计算要求等方面的规定；增加海堤设计章，对海堤堤线布置、堤身结构形式、筑堤材料、堤身稳定分析、基础处理等方面作出了具体规定；增加排涝工程设计章，对排涝工程总体布局，排涝河道设计，排涝泵站站址选择、总体布置、基础处理等方面作出具体规定；增加防洪工程管理设计章；增加环境影响评价、环境保护设计与水土保持设计章。

原《城市防洪工程设计规范》CJJ 50—92由中国市政工程东北设计院主编，天津大学、武汉市防汛指挥部、上海市市政工程设计院、太原市市政工程设计院、南宁市市政工程设计院、中国科学院兰州冰川冻土研究所、甘肃省科学院地质自然灾害防治研究所、水利部松辽水利委员会、水利部黄河水利委员会、水利部珠江水利委员会等单位参加编制。主要起草人有：马庆骥、方振远、章一鸣、杨祖玉、李鸿琏、王喜成、曾思伟、张友闻、李鉴龙、陈万佳、肖先悟、郭立廷、全学一、温善章、叶林宜等。

本次规范制定过程中得到了成都山地灾害研究所、广东省水利厅、福建省水利厅、福建省水利水电勘测设计院、北京市水务局、江苏省水利厅防汛办公室等诸多单位的帮助与支持，在此表示衷心感谢。

本规范涉及专业面宽、单项工程范围广，由于经费等原因，在山洪防治、泥石流防治方面投入不足；由于城市排水系统管理与河道管理体制、习惯的原因，涝水标准与室外排水标准还不能很好联系起来，可能使得规范应用中相关内容不够明确。上述问题需要在今后的工作实践中沟通、吸纳、总结，逐步完善。

为便于广大设计、施工、科研、学校等单位有关人员在使用本规范时能正确理解和执行条文规定，《城市防洪工程设计规范》编写组按章、节、条、款、项的顺序编制了本规范的条文说明，对条文规定的目的、依据以及执行中需要注意的有关事项进行了说明。但是，本条文说明不具备与规范正文同等的法律效力，仅供使用者作为理解和把握规范规定的参考。

目　次

1 总 则

1.0.1 洪灾，包括由江河洪水、山洪、泥石流等引发的灾害，是威胁人类生命财产的自然灾害，给城市造成的经济损失尤为严重。城市涝灾多由暴雨形成，涝洪灾害常相伴发生。涝水形成时，往往洪峰流量也较大，城区外河水位高，涝水排泄不畅，导致低洼地带积水、路面受淹、交通中断，给人民生活带来极大不便，甚至造成较大经济损失。沿海和河口城市地势低洼，经常受海潮及台风的威胁，台风往往带来狂风、大浪、暴潮和暴雨，引起的风灾、潮灾及洪、涝灾害惨重，有时甚至是毁灭性的，潮水顶托更加剧城市的洪涝灾害。城市是地区政治、经济、文化、交通的中心，是流域防洪的重点，为了更有效地减轻洪涝潮水灾害损失，提高城市抵御洪涝潮灾害的能力，指导城市防洪潮建设，特制定本规范。

根据现行国家标准《中华人民共和国国家标准城市规划基本术语标准》GB/T 50280的规定，城市（城镇）是以非农产业和非农业人口聚集为主要特征的居民点，包括按国家行政建制设立的市和镇。市是经国家批准设市建制的行政地域，是中央直辖市、省直辖市和地辖市的统称，市按人口规模又分为大城市、中等城市和小城市；镇是经国家批准设镇建制的行政地域，包括县人民政府所在地的建制镇和县以下的建制镇；市域是城市行政管辖的全部地域。

本规范中城市防洪工程指为防治江河洪水、涝水、海潮、山洪、泥石流等自然灾害所造成的损失而修建的水工程。

1.0.3 本条基本沿用原《城市防洪工程设计规范》CJJ 50—92第1.0.3条的规定。根据《中华人民共和国防洪法》："防洪规划是江河、湖泊治理和防洪工程设施建设的基本依据。""城市防洪规划，由城市人民政府组织水行政主管部门、建设行政主管部门和其他有关部门依据流域防洪规划、上一级人民政府区域防洪规划编制，按照国务院规定的审批程序批准后纳入城市总体规划。"城市防洪规划是江河流域防洪规划的一部分，并且是流域防洪规划的重点，有些城市必须依赖于流域性的洪水调度才能确保城市的防洪安全，所以本条作此规定。随着我国社会经济的发展，城市化程度不断提高、城市规模在迅速扩大、城市市政建设日新月异，因此城市防洪工程建设一方面要充分考虑城市近远期发展，为城市可持续发展留出空间；另一方面要与城市发展、市政建设相结合、相协调，与生态环境相协调，考虑技术可行、投资经济、方便人们生活、美化人们生存环境与空间，提高生活质量。所以城市防洪工程规划设计，必须以流域规划为依据，全面规划、综合治理。

1.0.4 我国地域辽阔、人口众多，城市分布于平原海滨区和山区，由于所处地域的差异，所受洪灾也有不同，平原区易于洪涝相交，积涝成灾；海滨区除受洪涝灾害威胁外，风暴潮灾也不容忽视；山区城市防洪安全受山洪、泥石流双重威胁。因此，不同地域的城市应分析本城市的灾害特点，在防御江河洪水灾害的同时，对可能产生的涝、潮、山洪、泥石流灾害有所侧重，有的放矢，取得最佳效果。

1.0.5 基础资料是设计的基础和依据，必须十分重视基础资料的收集、整理和分析工作。不同的设计阶段对基础资料的范围、精度要求不同，选用的基础资料应准确可靠，符合设计阶段深度要求。

1.0.6 本条基本沿用原《城市防洪工程设计规范》CJJ 50—92第1.0.4条的规定，是根据《中华人民共和国河道管理条例》第11条、第16条的规定制定的。制定本条的目的是为确保河道行洪能力，保持河势稳定和维护堤防安全。

1.0.7 湿陷性黄土、膨胀土等特殊土可能使城市防洪工程失去稳定，影响工程安全，造成城市防洪工程失效。我国三北地区（东北、西北、华北）属于季节冻土及多年冻土地区，水工建筑物冻害现象十分普遍和严重；黄河、松花江等江河中下游还存在凌汛灾害；地面沉降导致防洪设施顶部标高降低，从而降低抗洪能力的情况也是屡见不鲜，上海黄浦江、苏州河防洪墙几次加高，一个重要原因就是为了弥补因地面沉降造成防洪标准的降低而进行的。地面沉降还会引起防洪设施发生裂缝、倾斜甚至倾倒，完全失去抗洪能力。上述情况均是可能危及城市防洪安全的不利状况，因此本条作此规定。

1.0.9 本条基本沿用原《城市防洪工程设计规范》CJJ 50—92第1.0.5条的规定，将原规定"重要城市的防洪工程设计在可行性研究阶段，应参照现行《水利经济计算规范》进行经济评价，其内容可适当简化"修改为"城市防洪工程设计应按照国家现行有关标准的规定进行技术经济分析"。技术经济分析是从经济上对工程方案的合理性与可行性进行评价，为工程方案选优提供科学依据，是研究城市防洪工程建设是否可行的前提。

1.0.10 本规范具有综合性特点，专业范围广、涉及的市政设施多。本规范对城市防洪设计中所涉及的问题作了全面、概括、原则的论述，其目的是在城市防洪设计中统筹考虑、相互协调、全面配合，既保证城市防洪安全，又避免相互矛盾和干扰，满足各部门要求。对有些专业规范，我们作了必要的搭接，其他更多的专业规范不再赘述，应按有关专业规范要求执行。

2 城市防洪工程等级和设计标准

2.1 城市防洪工程等别和防洪标准

2.1.1 本条是在原《城市防洪工程设计规范》CJJ 50—92第2.1.1条基础上制定的。在我国660余座建制市中，639座有防洪任务，占96.67%，达到国家防洪标准的只有236个。洪水对城市的危害程度与城市人口数量密切相关，人口越多洪水危害越大。

目前我国城市化速度加快，超过50万人口的城市较多，根据第五次人口普查结果，我国城市人口在200万以上的城市有12个，即北京市、上海市、天津市、重庆市、辽宁省沈阳市、吉林省长春市、黑龙江省哈尔滨市、江苏省南京市、湖北省武汉市、广东省广州市、四川省成都市、陕西省西安市；人口在100万～200万的城市有22个，即河北省石家庄市、河北省唐山市、山西省太原市、内蒙古自治区包头市、辽宁省大连市、辽宁省鞍山市、辽宁省抚顺市、吉林省吉林市、黑龙江省齐齐哈尔市、江苏省徐州市、浙江省杭州市、福建省福州市、江西省南昌市、山东省济南市、山东省青岛市、山东省淄博市、河南省郑州市、湖南省长沙市、贵州省贵阳市、云南省昆明市、甘肃省兰州市、新疆维吾尔自治区乌鲁木齐市；人口在50万～100万的城市则共有47个；人口在20万～50万的城市则更多，共有113个。考虑到我国城市的发展，原来的防洪标准已不适应，如果仍按原《城市防洪工程设计规范》CJJ 50—92的4个城市等级，大于150万人口的城市不论是首都、直辖市、省会城市，不论其防洪重要性如何均为一等城市，同属一个标准，显然这是不合理的。

城市防洪标准，不仅与城市的重要程度、城市人口有关，还与城市防洪工程在城市中的影响和作用有关。有的山区、丘陵区城市重要性大、人口多，但由于具体城市的自然条件因素，许多重要的基础设施、厂矿企业、学校及城市人口并不受常遇江河洪水威胁，此时笼统用城市人口套城市等别套较高城市防洪标准，就很不经济，并可能影响城市人文景观，给城市人民生活造成不便。

综上所述，本规范中，将表2.1.1中的城市等别改为城市防洪工程等别，并根据城市防洪工程保护范围内城市的社会经济地位的重要程度和防洪保护区内的人口数量划分为四等，由城市防洪工程等别确定城市防洪工程的防洪设计标准，避开城市等别问题，以改变由城市的重要程度、城市人口使城市防洪工程标准过高问题。

在现代城市居住的人口有非农业人口、农业人口还有外来人口，在不少城市中外来常住人口占有一定的比例，因此，本规范将原《城市防洪工程设计规范》CJJ 50—92 中规定的非农业人口改为常住人口。

2.1.2 城市防洪工程的防御目标包括江河洪水、山洪、泥石流、海潮和涝水。

城市防洪工程的防洪设计标准是指采用防洪工程措施和非工程措施后，具有的防御江河洪水的能力。表 2.1.2 中的防洪设计标准，主要是参考我国城市现有的或规划的防洪标准，并考虑我国的国民经济能力等因素确定。考虑到山洪对城市造成的灾害，往往是局部的，因此采用略低于防御江河洪水的标准。

城市防洪设计标准的表述：一个城市若受多条江河洪水威胁时，可能有多个防洪标准，但表达城市防洪设计标准时应采用防御城市主要外河洪水的设计标准，同时还要说明其他的防洪(潮)设计标准。例如，上海防御黄浦江洪水的防洪标准为 200 年，防潮标准为 200 年一遇潮位加 12 级台风；武汉防长江洪水的防洪标准为 100 年一遇，防城区小河洪水的防洪标准为 10 年～20 年一遇。

防洪设计标准上、下限的选用，应考虑受灾后造成的社会影响、经济损失、抢险难易等因素，酌情选取，不能一刀切。

城市治涝设计标准是本次《城市防洪设计规范》新增的内容。城市涝水指由城区降雨而形成的地表径流，一般由城市排水工程排除。城市排水工程的规模、管网布设、管理一般是由市政部门负责。城市防洪工程所涉及的治涝工程，应是承接城市排水管网出流的承泄工程，包括排涝河道、行洪河道、低洼承泄区等。

“治涝”措施主要采取截、排、滞，即拦截排涝区域外部的径流使其不进入本区域；将区内涝水汇集起来排到区外；充分利用区内湖泊、洼淀临时滞蓄涝水。

治涝设计标准表达方式有两种，一种以消除一定频率的涝灾为设计标准，通常以排除一定重现期的暴雨所产生的径流作为治涝工程的设计标准；另一种则以历史上发生涝灾比较严重的某年实际发生的暴雨作为治涝标准。

城市治涝设计标准应与城市政治、经济地位相协调。目前，我国一些城市的治涝设计标准基本在 5 年～20 年一遇，北京市和南京市的治涝设计标准为 20 年一遇；上海市治涝设计标准为 20 年一遇 24h 200mm 雨量随时排除；杭州市建成区 20 年一遇 24h 暴雨当天排干；宁波市市内排涝 20 年一遇 24h 暴雨 1 日排干；广东地级市治涝设计暴雨重现期 10 年～20 年一遇，县级市 10 年一遇，城市及菜地排水标准 24h 暴雨 1 日路、地面水排干；天津市规划治涝设计标准为 20 年一遇；福州市治涝设计标准 5 年一遇内涝洪水内河不漫溢；武汉市的治涝设计标准为 3 年～5 年一遇。

城市的治涝设计标准应根据城市的具体条件，经技术经济比较确定。同一城市中，重要干道、重要地区或积水后可能造成严重不良后果的地区，治涝设计标准(重现期)可高些，一些次要地区或排水条件好的地区，重现期也可适当低些。

2.1.3 本条基本沿用原《城市防洪工程设计规范》CJJ 50—92 第 2.1.3 条的规定。我国幅员辽阔，各城市的自然、经济条件相差较大，不可能把各类城市的防洪工程的防洪标准全规定下来，应根据需要与可能，结合城市防洪保护区的具体情况，经技术经济比较论证，报上级主管部门批准后可适当提高或降低其标准。由于投资所限，城市防洪工程的防洪标准不能一步到位时，可分期实施。

2.1.4 本条基本沿用原《城市防洪工程设计规范》CJJ 50—92 第 2.1.4 条的规定。当城市分布在河流两岸或城市被河流分隔成多个片区时，城市防洪工程可分区修建。各分区城市防洪工程可根据其防洪保护区的重要性选取不同的工程等别与设计标准，这样，使必须采用较高防洪设计标准的防护区得到应有的安全保证，同时也不致因局部重要地区而提高整个城市的防洪设计标准，以节省投资。

2.1.5 本条基本沿用原《城市防洪工程设计规范》CJJ 50—92 第 2.1.5 条的规定。

2.1.6 本条是对城市防洪工程抗震设计的规定。

2.2 防洪建筑物级别

2.2.1 本条基本沿用原《城市防洪工程设计规范》CJJ 50—92 第 2.2.1 条的规定，仅将原标准中的“城市等别”修改为“城市防洪工程等别”。城市防洪建筑物系防洪工程中的所有建筑物的总称，主要是堤防、防洪闸、穿堤建筑物和穿越江河的交叉建筑物。

确定城市防洪建筑物的级别主要根据城市防洪工程的等别和建筑物的重要性而定，根据具体情况本规范将防洪建筑物的级别分为5 级。

2.2.2 本条为新增的内容，是参照现行行业标准《水利水电工程等级划分及洪水标准》SL 252—2000 第 2.2.5 条制定的。穿堤建筑物与堤防同时挡水，一旦失事修复困难，加固也很不容易；拦河建筑物两岸联结建筑物也建在堤防上，同样存在加固、修复困难的问题，因此规定拦河建筑物、穿堤建筑物级别不低于堤防级别，可根据其规模和重要性确定等于或高于堤防本身的级别。

2.2.3 因为防洪建筑物的安全超高和稳定安全系数在各单项工程相应的设计规范中均有详细规定，所以本规范取消了原《城市防洪工程设计规范》CJJ 50—92 中第 2.3 节、第 2.4 节内容，代之以“城市防洪工程建筑物的安全超高和稳定安全系数，应按国家现行有关标准的规定确定”。

3 设计洪水、涝水和潮水位

3.1 设 计 洪 水

3.1.1 本章是在原《城市防洪工程设计规范》CJJ 50—92 第 4 章规定的基础上制定的。本条基本沿用原《城市防洪工程设计规范》CJJ 50—92 第 4.1.1 条的规定。本规范所称的设计洪水是指城市防洪工程设计中江河、山沟和城市山丘区河沟设计断面所指定标准的洪水，根据城市防洪工程设计需要可分别计算设计洪峰流量、时段洪量及洪水过程线。城市江河具有一定的长度，一般要选定一个控制断面作为设计断面进行设计洪水计算。城市防洪建筑物主要是洪峰流量(反映在水位)起控制作用。鉴于洪水位受河道断面的影响，一般采用先计算设计洪水流量再用水位流量关系法或推水面线的方法确定设计洪水位，不宜通过洪水位频率曲线外延推求稀遇标准的设计洪水位，因此删除了原《城市防洪工程设计规范》CJJ 50—92 中有关用频率分析方法计算设计洪水位的内容。

3.1.2 本条基本沿用原《城市防洪工程设计规范》CJJ 50—92 第 4.1.3 条的规定。水文资料关系到设计洪水计算方法的选择及成果的精度和质量，因此本条规定计算设计洪水依据的资料应准确可靠，必要时进行重点复核。

3.1.3 本条基本沿用原《城市防洪工程设计规范》CJJ 50—92 第 4.1.4 条的规定，是对计算设计洪水系列及洪水形成条件的一致性的要求，相伴的还有合理性检查。

3.1.4 本条基本沿用原《城市防洪工程设计规范》CJJ 50—92 第 4.1.5 条的规定。计算设计洪水时根据设计流域的资料条件采用下列方法：

1 大中型城市防洪工程，基本采用流量资料计算设计洪水。城市防洪的设计断面或其上、下游附近有水文站且控制面积相差不大时，可直接使用其资料作为计算设计洪水的依据。当城市受一条以上河流的洪水威胁，且不同河流的洪水成因相同并相互连通时，则选定某一控制不同河流的总控制断面作为设计断面，也可将不同河流附近控制站的洪水资料演算至总设计断面进行叠加，计算设计洪水。

2　城市江河设计断面附近没有可以直接引用的流量资料时，可采用暴雨资料来推算设计洪水。由暴雨推算设计洪水有许多环节，如产流、汇流计算中有关参数的确定，要求有多次暴雨、洪水实测资料，以分析这些参数随洪水特性变化的规律，特别是大洪水时的变化规律。

3　有的城市所在河段不仅没有流量资料，且流域内暴雨资料也短缺时，可利用地区综合法估算设计洪水。

对于山沟、城市山丘区河沟等小流域可用推理公式或经验公式法估算设计洪水，也可采用经审批的各省(市、区)《暴雨洪水查算图表》计算设计洪水。但是，《暴雨洪水查算图表》是为无资料地区的中小型水库工程进行设计洪水计算而编制的，主要用于计算稀遇设计洪水，用于计算常遇(50年一遇及其以下标准)洪水，其计算结果有偏大的可能，因此，需要注意分析计算成果的合理性。

4　对于城市山丘区河沟设计断面，由于城市化的发展使地面不透水面积增长，暴雨的径流系数增大，洪水量增加，加快汇流速度，使洪峰流量增大和峰现时间提前。因此设计洪水计算应根据城市发展规划，考虑城市化的影响。

3.1.5　本条基本沿用原《城市防洪工程设计规范》CJJ 50—92第4.1.6条的规定。设计洪水是重要的设计数据，如果偏小，就达不到要求的设计标准，严重时会影响到城市的安全；若数据偏大，将造成经济上的浪费。一条河流的上下游或同一地区的洪水具有一定的洪水共性，因而应对设计洪水计算的主要环节、选用的有关参数和计算成果进行地区上的综合分析，检查成果的合理性。

3.1.6　本条基本沿用原《城市防洪工程设计规范》CJJ 50—92第4.1.7条的规定。设计断面上游调蓄作用较大的工程，是指设计断面以上流域内已建成或近期将要兴建具有较大调蓄能力的水库、分洪、滞洪等工程。推求设计断面受上游水库调蓄影响的设计洪水，应进行分区，分别计算调蓄工程以上、调蓄工程至城市设计断面之间的设计洪水。应拟定设计断面以上的洪水地区组成方式。本条规定了设计洪量分配可采用典型洪水组成法和同频率组成法两种基本方法。由于河网调蓄作用等因素影响，一般不能用洪水地区组成法拟定设计洪峰流量的地区组成。

3.1.7　本条基本沿用原《城市防洪工程设计规范》CJJ 50—92第4.1.8条的规定。放大典型洪水过程线，要考虑工程防洪设计要求和流域洪水特性。洪峰流量、时段洪量都对工程防洪安全起作用时，可采用按设计洪峰流量、时段洪量控制放大，即同频率放大。但是，为了不致严重影响洪水时程分配特征，时段不宜过多，以2个～3个时段为宜。工程防洪主要由洪峰流量或某个时段洪量控制时，可采用按设计洪峰流量或某个时段洪量控制同倍比放大。

由于各分区洪水过程线是设计断面洪水过程线的组成部分，因此各分区都采用同一典型洪水过程线放大，才能使各分区流量过程组合后与设计断面的时段流量基本一致，满足上下游之间的水量平衡。

3.1.8　本条基本沿用原《城市防洪工程设计规范》CJJ 50—92第4.1.9条的规定。所拟定的设计洪水地区组成方式在设计条件下是否合理，需要通过分析该组成是否符合设计断面以上各分区大洪水组成规律才能加以判断。拟定设计洪水地区组成方式后，一般先分配各分区洪量，后放大设计洪水过程线。如果采用同频率洪水地区组成法分配时段洪量，各分区洪水过程线的放大倍比是不相同的，虽然时段洪量已得到控制，但各分区洪水过程线组合到设计断面的各时段洪量不一定满足水量平衡要求。因此，应从水量平衡方面进行合理性检查。如果差别较大，可进行适当调整。

3.1.9　城市河段治理是流域防洪规划中的重要内容，设计洪水位影响因素复杂。为保持规划设计成果的一致，增加本条规定。在经主管部门审批的流域规划或防洪规划中明确规定城市河段的控制设计洪水位时，该设计洪水位可作为城市防洪工程设计的依据直接引用。但是，当影响设计洪水位的因素与流域规划或防洪规划中的条件不同时，需进行复核，不宜直接引用。

3.2　设计涝水

3.2.1　本条规定了城市涝水计算的基本方法。本规范所称的设计涝水是指城市及郊区平原区因暴雨而产生的指定标准的水量。根据城市防洪工程设计需要可分别计算设计涝水流量(或排涝模数)、涝水总量及涝水过程线。

3.2.2　按涝水形成地区下垫面情况的不同，涝区可分为农区(郊区)和城(市)区(市政排水管网覆盖区域)两部分。涝水的排水系统一般根据城市规划布局、地形条件，按照就近分散、自流排放的原则进行流域划分和系统布局。城区和郊区的下垫面情况不同，对暴雨产、汇流的影响也不同；不同分区涝水的排出口位置不同，承泄区也可能不同，因此应按下垫面条件和排水系统的组成情况进行分区，分别计算各分区的涝水。

3.2.3　郊区以农田为主的分区设计涝水，主要与设计暴雨历时、强度和频率，排水区形状，排涝面积，地面坡度，植被条件，农作物组成，土壤性质，地下水埋深，河网和湖泊的调蓄能力，排水沟网分布情况以及排水沟底比降等因素有关。市政排水管网覆盖区域分区设计涝水，主要与设计暴雨历时、强度和频率，分区面积，建筑密集程度和雨水管设计排水流量等因素有关。因此，设计涝水应根据当地或邻近地区的实测资料分析确定。

设计涝水计算的基本方法与设计洪水相同，只是设计涝水的标准比较低，其次平原区流域下垫面受人类活动影响较大，而且这些影响是渐变的，因此要特别注意实测资料系列的一致性。

3.2.4　本条采用了现行国家标准《灌溉与排水工程设计规范》GB 50288—1999中第3.2.4条的内容。规定了地势平坦、以农田为主分区的地区缺少实测资料时，设计涝水的计算方法。

3.2.5　本条规定了城市排水管网控制区在缺少实测资料情况下分区设计涝水的计算方法。

1　暴雨时段根据设计要求确定，设计面暴雨按资料条件进行计算。各分区采用同一设计面暴雨量。典型暴雨过程在与时段设计面暴雨量接近的自记雨量资料中选取。

综合径流系数采用现行国家标准《室外排水设计规范》GB 50014—2011中第3.2.2条的内容，根据排水分区建筑密集程度，按本规范表3.2.5确定。对于城区而言，流域下垫面大多为硬化的不透水面积，暴雨损失主要表现为暴雨初期的截留和填洼，下渗所占比重较小，因此可根据具体情况分析确定扣损方法，计算产流过程。

2　城市排水管网控制区汇流一般通过地面、众多雨水井和排水管渠汇集，出流受排水管渠规模的限制。汇流时间为地面集水时间和管渠内流行时间，汇流较快。当分区排水面积在$2km^2$左右时，汇流时间一般在1h以内。针对城市化地区排水系统的管道集水范围小、流程短、集流快和整个市政管网的调蓄能力极为有限的特点，可忽略汇流过程中管网的调蓄作用，直接采用净雨过程作为涝水的汇集过程，即可按等流时线法将分区净雨过程概化为时段平均流量过程。然后再以分区雨水管的设计流量为控制推算排水过程。当流量小于或等于雨水管的设计流量时，即为本时段排水流量；当流量大于雨水管的设计流量时，即形成本区地面积水，本时段排水流量为雨水管的设计流量，形成的地面积水计入下一时段；依此类推计算排水过程。在资料较齐全的流域，可选用流域水文模型进行汇流计算。

关于分区雨水管的设计流量，若已有规划设计审批成果或管网已建成，可采用已有成果，否则按本规范第3.2.6条的规定进行计算。

3　对于城市的低洼区，可参照本规范第3.2.4条的平均排除法计算设计涝水。暴雨历时和排水历时等参数可根据设计要求分析确定。排水过程应考虑泵站的排水能力。

3.2.6 本条采用现行国家标准《室外排水设计规范》GB 50014—2011中第3.2.1条和第3.2.4条的内容。

1 城区雨水量的估算，采用其推理公式。

2 城区暴雨强度公式，在城市雨水量估算中，宜采用规划城市近期编制的公式。当规划城市无上述资料时，可参考地理环境及气候相似的邻近城市暴雨强度公式。雨水计算的重现期一般选用1年～3年，重要干道、重要地区或短期积水即能引起较严重后果的地区，一般选用3年～5年，并应与道路设计协调。特别重要地区可采用10年以上。这里所说的重现期与水利行业的重现期不同，为年选多个样法的计算结果。

3 径流系数，在城市雨水量估算中宜采用城市综合径流系数。全国不少城市都有自己城市在进行雨水径流计算中采用的不同情况下的径流系数。按建筑密度将城市用地分为城市中心区、一般规划区和不同绿地等，按不同的区域，分别确定不同的径流系数。城市人口密集，基础设施多且发展快，估算设计涝水流量，应考虑地面硬化涝水流量增大的因素。在选定综合径流系数时，应以城市规划期末的建筑密度为准，并考虑到其他少量污水量的进入，取值不可偏小，必要时应留有适当裕度。

3.2.7 对城市涝水和生产、生活污水合用的排水河道，排水河道的设计排水流量除考虑设计涝水流量外，污水汇入量也要计算在内，以保证排水河道规模。

3.2.8 城市的河、湖、洼地，在排涝期间有一定的调蓄能力。对利用河、湖、洼蓄水、滞洪的地区，排涝河道的设计排涝流量，应考虑排涝期间河、湖、洼地的蓄水、滞洪作用。

3.3 设计潮水位

3.3.1 本节更新了原《城市防洪工程设计规范》CJJ 50—92第4.2节的内容。设计潮水位分析计算采用现行行业标准《水利水电工程水文计算规范》SL 278—2002中第5.2节的内容。

3.3.2 潮水位系列根据设计要求，按年最大(年最小)值法选取高、低潮水位。对历史上出现的特高特低潮水位，需注意特高潮水位时有无漫溢，特低潮水位时河水与外海有无隔断。

3.3.3 本条规定了设计依据站实测潮水位系列在5年以上但不足30年时，设计潮水位计算方法与要求。

3.3.4 本条规定了潮水位频率曲线采用的线型。根据我国滨海和感潮河段37个站潮水位分析，皮尔逊Ⅲ型能较好地拟合大多数较长潮水位系列，因此规定可采用皮尔逊Ⅲ型。

3.3.5 设计潮水位过程的选择，即潮型设计，包括设计高低潮水位相应的高高潮水位(或设计高高潮水位相应的高低潮水位)推求、涨落潮历时统计和潮水位过程线绘制等。

设计高低潮水位相应的高高潮水位(或设计高高潮水位相应的高低潮水位)的确定：从历年汛期实测潮水位资料中选择与设计高低潮水位值相近的若干次潮水过程，求出相应的高高潮水位。采用相应的高高潮水位的平均值或采用其中对设计偏于不利的一次高高潮水位作为与设计高低潮水位相应的高高潮水位(设计高高潮水位相应的高低潮水位的确定，方法同上)。

涨潮历时、落潮历时统计：从实测潮水位资料中找出与设计频率高低潮水位(或高高潮水位)相接近的若干次潮水位过程，统计每次潮水位过程的涨潮历时和落潮历时，取其平均值或对设计偏于不利的涨潮历时和落潮历时。

潮水位过程设计：可根据上述分析拟定的设计高低潮水位(或高高潮水位)和相应的高高潮水位(或高低潮水位)及涨潮历时或落潮历时，在历年汛期实测潮水位过程中选取与上述特征相近的潮型，按设计值控制修匀得到设计潮水位过程。

3.3.6 挡潮闸关闭使涨潮阻于闸前，潮流动能变为势能，产生潮水位壅高现象；落潮时，闸上无水流动能下传，闸下潮水的部分势能变为动能使水流出，产生潮水位落低现象。因此，在挡潮闸设计时，需考虑建闸引起的潮水位壅高和落低。壅高和落低数值，可根据类似工程的实际观测资料和数模计算确定，有条件时还可进行物理模型试验。

3.3.7 设计高、低潮水位计算成果，可通过本站与地理位置、地形条件相似地区的实测或调查特高(低)潮水位、计算成果等方面分析比较，检查其合理性。

3.4 洪水、涝水和潮水遭遇分析

3.4.1 本条规定了洪水、涝水和潮水遭遇分析的基本方法；规定了兼受洪、涝、潮威胁的城市，进行洪水、涝水和潮水位遭遇分析研究的重点。

3.4.2 本条规定了遭遇分析对基本资料的要求。进行遭遇分析所依据的同期洪水、降雨量、潮水位资料系列应在30年以上。当城市上游流域修建蓄水、引水、分洪、滞洪等工程或发生决口、溃坝等情况，明显影响各年洪水资料的一致性时，应将洪水系列资料统一到同一基础。进行遭遇分析，应具有较长的同期资料。同期资料系列越长，反映的遭遇组合信息量越多，便于分析遭遇的规律。如同期资料系列不足30年应采用合理方法进行插补延长。

3.4.3 本条规定了洪、涝、潮遭遇分析的取样原则。进行以洪水为主，与相应涝水、潮水位遭遇分析，洪水按年最大洪峰流量、时段洪量取样；涝水统计相应的时段降水量；潮水位统计相应时段内的最高潮水位。洪量的统计时段长度视洪水过程的陡缓情况确定，降水量的时段长度可按涝水计算的设计暴雨时段长度进行确定。相应时间应以遭遇地点为基准，考虑洪水的传播时间和涝水的产汇流时间确定。为增加遭遇分析的信息量，也可按某一量级以上的洪水或高潮水位或涝水进行统计，可按2年一遇或5年一遇以上量级进行统计。具体量级可根据设计标准的高低确定，设计标准高时可取得高一些，设计标准低时可取得低一些。一年内可选取多次资料。进行高潮水位(或涝水)为主，其他要素相应的遭遇分析，取样方式类似。

3.4.4 本条规定了进行洪、涝、潮遭遇规律分析的原则和方法，同时规定了特殊遭遇情况分析要求。

3.4.5 形成洪水和涝水的暴雨因地域不同而存在差异，必须检查洪水、涝水与潮水位的遭遇分析成果的合理性。

4 防洪工程总体布局

4.1 一 般 规 定

4.1.1 本条基本沿用原《城市防洪工程设计规范》CJJ 50—92第3.1.1条的规定，增加了"利用河流分隔、地形起伏采取分区防守"的内容，我国有些城市，因河流分隔、地形起伏或其他原因，分成了几个单独防护的部分。例如哈尔滨市、武汉市、广州市、芜湖市等城市被河流分隔；重庆市不仅被河流分隔，且城区高程相差悬殊，对于这些情况，可把河流两岸作为两个单独的防护区。因为多数城市还是靠堤防、防洪墙保护的，套用过高的防洪标准，既不符合实际防洪需要，又造成占地和过分投资，还影响城市的美观和人们日常生活。分区防守符合城市防洪形势实际，节省工程占地、节约投资，利于城市景观美化，方便人们日常生活，因此本条作此原则性规定。有关超标准洪水的规定单独成节，故从本条移出。

4.1.2 本条基本沿用原《城市防洪工程设计规范》CJJ 50—92第3.1.2条的规定，并补充规定"城市防洪应对洪、涝、潮灾害统筹治理"，因洪涝潮灾害常相伴而生。处于山区、丘陵区、内陆平原区的城市常受洪、涝灾害威胁，对于沿海和河口城市而言，可能同时受洪、涝、潮灾害威胁，故此本条作此规定。

工程措施与非工程措施相结合，是综合治理的具体体现。非工程措施指通过法令、政策、经济手段和工程以外的技术手段，以减轻灾害损失的措施。“防洪非工程措施”一般包括洪水预报、洪水警报、洪泛区土地划分及管理、河道清障、洪水保险、超标准洪水防御措施、洪灾救济以及改变气候等。

4.1.3 本条基本沿用原《城市防洪工程设计规范》CJJ 50—92 第3.1.4条的规定，增加了“城市防洪工程总体布局，应与城市发展规划相协调”的要求，将原条文中“兼顾使用单位和有关部门的要求，提高投资效益”修改为“兼顾综合利用要求，发挥综合效益”。随着社会经济的快速发展和生活水平的提高，人们的生活理念不断变化，越来越重视生存环境的美化、人性化及可持续发展，城市防洪总体布局，特别是江河沿岸防洪工程布置常与河道整治、码头建设、道路、桥梁、取水建筑、污水截流，以及滨江公园、绿化等市政工程相结合，发挥综合效益。自20世纪80年代以来，城市防洪建设从主要靠堤防抗洪发展到综合治理，如上海黄浦江边、天津海河两岸，防洪建设与航运码头、河道疏浚、污水截流、滨河公园等市政建设密切配合，既提高了城市抗洪能力，又改善和美化了城市环境，收到事半功倍的效果。兰州市黄河堤防、护岸建设，将十里长堤与滨河公园、公路密切配合，满足防洪、公园、交通及开拓路南大片土地等四方面的要求。哈尔滨市松花江堤防、护岸建设，在20世纪50年代建成斯大林公园、太阳岛公园，20世纪80年代在为提高防洪标准进行堤防加高培厚建设中，实行堤、路、广场相结合，不但使滨江公园向上、下游延伸，打通了堤顶通道，而且堤后打通了滨江公路，并建成4个满足交通要求的广场，为方便抗洪抢险和缓解城市交通改善了条件。20世纪80年代以来太原市的汾河公园、福州市的江滨路、杭州市的钱塘江滨江路等都是在建设防洪堤防的同时与公园、道路相结合，美化了城市环境，提升城市品位，带动和促进了城市经济发展，发挥了城市防洪工程多功能作用。这一切都是有前提条件的，即确保防洪安全。

4.1.4 本条基本沿用原《城市防洪工程设计规范》CJJ 50—92 第3.1.5条的规定。保留城市湖泊、水塘、湿地等天然水域，不仅有利于维持生态平衡，改善环境，而且可以用来调节城市径流，适当减小防洪排涝工程规模，发挥综合效应。

4.1.5 城市与外部联系的主要交通干线、输油、输气、输水管道、供电线路是城市的生命线，从人性化出发，保障其安全与通畅是必要的。

4.1.7 本条源于原《城市防洪工程设计规范》CJJ 50—92 第3.1.3条的规定：“防洪建筑物建设应因地制宜，就地取材”是为了降低工程造价；“建筑形式宜与周边景观相协调”则是为了城市整体建筑风格的统一美。

4.1.8 本条参照现行行业标准《水利工程水利计算规范》SL 104—1995有关规定制定，在城市防洪工程体系中的堤防、分蓄洪工程、水库、河道整治、涝水防治等工程，应当根据城市防洪要求明确各单项工程的任务与标准，考虑各单项工程间的相互结合，充分发挥各工程的效能来确定其建设规模与调度运用原则，关于各工程特征值的确定在《水利工程水利计算规范》SL 104—1995中已有详细规定，本规范不再赘述。

4.2 江河洪水防治

4.2.1 基本沿用原《城市防洪工程设计规范》CJJ 50—92 第3.2.1条的规定，城市是人类活动强度最大的地域，由于社会经济发展和城市建设必然会影响城市范围内水域发生变化，如扩展市区、填废水面、桥梁、码头、路面硬化等，应注意这方面变化对江河洪水可能带来的影响。因此应充分收集江河水系基础资料，包括水文气象、地形、河势、地质、工程、社会经济等，根据最新资料复核江河的防洪标准。

4.2.2 本条基本沿用原《城市防洪工程设计规范》CJJ 50—92 第3.2.3条的规定，是对城市防洪总体布局工程布置原则提出的要求。

4.2.3 本条基本沿用原《城市防洪工程设计规范》CJJ 50—92 第3.2.2条的规定，目的在于尽量不改变自然水流条件，维护河势稳定，确保防洪安全。

4.2.4 本条基本沿用原《城市防洪工程设计规范》CJJ 50—92 第3.2.5条的规定，主要根据我国河网地区城市防洪工程建设实践经验制定的。

4.3 涝水防治

4.3.1～4.3.4 这4条规定给出涝水防治的一般原则。城市治涝是城市总体规划的重要组成部分，城市治涝工程是城市建设的重要基础工程，因此，治涝工程应满足城市总体规划要求。防洪排涝是密不可分的，城市防洪工程总体设计时，防洪应当考虑排涝出路问题，排涝工程也应充分考虑与防洪工程的衔接，使得防洪排涝两不误。

4.4 海潮防治

4.4.1 本条基本沿用原《城市防洪工程设计规范》CJJ 50—92 第3.3.4条的规定。

4.4.2 本条基本沿用原《城市防洪工程设计规范》CJJ 50—92 第3.3.1条的规定。

4.4.3 本条基本沿用原《城市防洪工程设计规范》CJJ 50—92 第3.3.2条的规定，将原条款中的“采取相应的防潮措施，进行综合治理”修改为“确定海堤工程设计水位”。

4.4.4 本条基本沿用原《城市防洪工程设计规范》CJJ 50—92 第3.3.3条的规定。

4.5 山洪防治

4.5.1 本条明确了山洪防治的总原则。

4.5.2 本条基本沿用原《城市防洪工程设计规范》CJJ 50—92 第3.4.1条的规定。

4.5.3 本条基本沿用原《城市防洪工程设计规范》CJJ 50—92 第3.4.2条的规定。

4.5.4 本条是在确保中小水库和蓄洪区安全的条件下规定的，充分发挥流域防洪体系的作用。

4.6 泥石流防治

4.6.1 本条基本沿用原《城市防洪工程设计规范》CJJ 50—92 第3.5.1条的规定。将原条文“泥石流防治应采取防治结合、以防为主，拦排结合、以排为主的方针”修改为“泥石流防治应贯彻以防为主，防、避、治相结合的方针”，由于泥石流灾害暴发突然，破坏性极大，城市人口密集，由此造成人员伤亡、财产损失；泥石流挟裹着大块石和大量泥沙，排导十分困难；根据泥石流防治的实践经验、泥石流的特点，还是应以防为主，防、避、治相结合。新建的城市应避开泥石流发育区。

本规范更加强调综合治理的作用与效果。

4.6.2 本条基本沿用原《城市防洪工程设计规范》CJJ 50—92 第3.5.2条的规定。

4.6.3 工程设计中应重视水土保持的作用，降低泥石流发生的几率。

4.7 超标准洪水安排

4.7.1～4.7.3 城市防洪总体布局，应在流域防洪规划总体安排下，对超标准洪水作出安排，最大限度地保障城市人民生命财产安全，减少洪灾损失。

5 江河堤防

5.1 一般规定

5.1.1 本条基本沿用原《城市防洪工程设计规范》CJJ 50—92 第5.1.1条的规定。城市范围内一般都修建了堤防，所以在重新规划、修建城市防洪工程时，首先考虑现有堤防的利用；同时考虑岸边地形、地质条件，目的是保证堤防稳定、节省工程量、节约投资；也要考虑防汛抢险要求，给防汛抢险堆料、运输等留出余地和通道。堤线走向一般与洪水主流向平行，遇转折处需以平缓曲线过渡，以顺应流势，避免水流出现横流、旋涡，冲刷堤防。

与沿江(河)市政设施的协调主要是指市政穿堤建筑物、取水口、排水口的位置，港口、码头的位置，交通闸的设置以及涵、闸、泵站等的设置，滨河公园、滨河道路布置、城市景观建设等符合综合利用要求。

5.1.2 本条基本沿用原《城市防洪工程设计规范》CJJ 50—92 第5.1.2条的规定。堤距与城市总体规划、河道地形、水位紧密相关。堤距过近，可能使水位壅高、堤身加大、水流流速加大，险工增多，因此，在确定堤距与水面线时需与上、下游统一考虑，避免河道缩窄太小造成壅水，同时需要拟定几个方案，分别比较水位、流速、险工险情、工程量及造价等，最后经技术经济比较确定，并应根据城市社会发展和水环境建设的要求，适当留有余地。

5.1.3 本条基本沿用原《城市防洪工程设计规范》CJJ 50—92 第5.1.3条的规定。设计水位决定堤防高度，关系到堤防的安全，因此设计水位的确定要慎重，以接近实际情况为佳。河床糙率既反映河槽本身因素(如河床的粗糙程度等)对水流阻力的影响，又反映水流因素(如水位的高低等)对水流阻力的影响，在水面线计算中，糙率取值对计算结果影响较大。因此，尽可能地用实测洪水资料推求糙率，使糙率取值更接近实际情况。

5.1.5 本条基本沿用原《城市防洪工程设计规范》CJJ 50—92 第5.1.5条的规定。设置防浪墙主要是为了降低堤防高度，减少土方量，为保证堤防安全，要求土堤堤顶不应低于设计洪水位加0.5m。

5.1.6 在确定堤顶高程公式中没有考虑堤防建成后的沉降量，因此，在施工中要预留沉降量，沉降量可参考表1。对有区域沉降的土堤经论证可以适当提高。

表1 土堤预留沉降值

堤身的土料		普通土		砂、砂卵石	
堤基的土质		普通土	砂、砂卵石	普通土	砂、砂卵石
堤高(m)	3以上	0.20	0.15	0.15	0.10
	3～5	0.25	0.20	0.20	0.15
	5～7	0.25～0.35	0.20～0.30	0.20～0.30	0.15～0.25
	7以上	0.45	0.40	0.40	0.35

5.2 防洪堤防(墙)

5.2.1 本条基本沿用原《城市防洪工程设计规范》CJJ 50—92 第5.2.1条的规定。堤防用料较多，因此，要根据当地土石料的种类、质量、数量、分布范围和开采运输条件选择堤型。堤防各段也可根据地形、地质、料场的具体条件和建堤场地分别采用不同堤型，但在堤型变化处，应设置渐变段平顺衔接。当有足够筑堤土料和建堤场地时，应优先采用均质土堤，因地制宜，符合自然生态规律，节省投资；土料不足时，也可采用其他堤型。

5.2.2 本条是参照现行国家标准《堤防工程设计规范》GB 50286—1998 第6.2.5条、第6.2.6条制定的。主要是保证土堤有足够的抗剪强度和较小的压缩性，避免产生土堤裂缝和大量不均匀变形，满足渗流控制要求。

黏性土填筑设计压实度定义为：

$$P_{ds}=\frac{\rho_{ds}}{\rho_{d.max}} \tag{1}$$

式中：P_{ds}——设计压实度；

ρ_{ds}——设计压实干密度(kN/m^3)；

$\rho_{d.max}$——标准击实试验最大干密度(kN/m^3)。

标准击实试验按现行国家标准《土工试验方法标准》GB/T 50123—1999 中规定的轻型击实试验方法进行。

无黏性土填筑设计压实相对密度定义为：

$$D_{r.ds}=\frac{e_{max}-e_{ds}}{e_{max}-e_{min}} \tag{2}$$

式中：$D_{r.ds}$——设计压实相对密度；

e_{ds}——设计压实孔隙比；

e_{max}、e_{min}——试验最大、最小孔隙比。

相对密度试验按现行国家标准《土工试验方法标准》GB/T 50123—1999 中规定的方法进行。

5.2.3 本条基本沿用原《城市防洪工程设计规范》CJJ 50—92 第5.2.4条的规定。堤顶宽度过窄往往造成汛期抢险运料、堆料困难，为了保证堤身的稳定和便于防洪抢险，规定了堤顶最小宽度为3m。

5.2.4 本条基本沿用原《城市防洪工程设计规范》CJJ 50—92 第5.2.5条的规定。设置戗台(马道)主要是增加堤基和护坡的稳定性，便于抢修、观测和有利通行等，如堤坡坡度有变化，一般戗台(马道)设在坡度变化处，如结合施工上堤道路的需要，也可设置斜戗台(马道)。

5.2.5 本条基本沿用原《城市防洪工程设计规范》CJJ 50—92 第5.2.6条的规定。控制逸出点在堤防坡脚以下，目的是控制堤外附近地下水位，避免由于地下水位抬高而对堤外建筑物产生的不利影响。

5.2.6 本条基本沿用原《城市防洪工程设计规范》CJJ 50—92 第5.2.7条的规定，参照现行国家标准《堤防工程设计规范》GB 50286—1998第8.2.4条制定的。对于均质土堤、厚斜墙土堤和厚心墙土堤可采用不计条块间作用力的瑞典圆弧法。堤坡抗滑稳定安全系数，见《堤防工程设计规范》GB 50286—1998。

5.2.7 本条基本沿用原《城市防洪工程设计规范》CJJ 50—92 第5.2.8条的规定。

5.2.8 本条基本沿用原《城市防洪工程设计规范》CJJ 50—92 第5.2.9条的规定。护坡可有效防止土堤堤坡的冲刷、冻融破坏，保护堤坡稳定，减少水土流失。迎水坡需做护坡段一般采用硬护坡，非迎流顶冲、受风浪影响较小的堤坡可采用生态护坡。背水堤坡宜优先考虑生态护坡，满足城市生态环境的要求。

5.2.9 本条基本沿用原《城市防洪工程设计规范》CJJ 50—92 第5.2.10条的规定。补充"当计算护脚埋深较大时，可采取减小护脚埋深的防护措施"的规定内容。

5.2.10 本条基本沿用原《城市防洪工程设计规范》CJJ 50—92 第5.2.11条的规定。在场地受限制或取土困难的条件下，修防浪墙往往是经济合理的。新建防浪墙需在堤身沉降基本完成后进行。防浪墙应设置在稳定的堤身上，以防止防浪墙倾覆。由于防浪墙是修建在填方土堤上，考虑温度应力和不均匀沉陷影响，防浪墙应设置变形缝。

5.2.11 本条基本沿用原《城市防洪工程设计规范》CJJ 50—92 第5.2.12条的规定。石堤具有强度高、抗冲刷力强、维修工程量小的优点，当越浪对堤防背水侧无危害时，还可降低堤顶高程允许越浪。土石堤用石料作为堤防外壳，以保持较高强度和稳定性，采用土料作为防渗心墙或斜墙，防渗土料压实后，应具有足够的防渗性能和一定的抗剪强度。在防渗体与堤壳之间，应设过渡层及反滤层，以满足渗流控制的要求，一般应在靠近心墙处填筑透水性较小、颗粒较细的土料，靠近壳体处，填筑透水性较大、颗粒较粗的土石料，并应满足被保护土不发生渗透变形的要求。

5.2.12 本条基本沿用原《城市防洪工程设计规范》CJJ 50—92第5.3.1条的规定。增加“防洪墙结构形式应根据城市规划要求、地质条件、建筑材料、施工条件等因素确定”的内容。城市中心区地方狭窄、土地昂贵，可不修建体积庞大的土堤，而防洪墙具有体积小、占地少、拆迁量小、结构坚固、抗冲击能力强的优点，因此在城市堤防建设中被广泛采用。哈尔滨市城市堤防选用防洪墙结合活动钢闸板形式，满足人们亲水性要求和城市景观要求；芜湖市选用空箱式防洪墙，既节约用地又发展经济；其他城市采用连拱式、加筋板式或混合式防洪墙，多是为适应城市用地紧张、安全、美观、经济要求。因此，防洪墙结构形式应根据城市规划要求、地质条件、建筑材料、施工条件等因素综合比较选定。

5.2.13 本条基本沿用原《城市防洪工程设计规范》CJJ 50—92第5.3.2条、第5.3.3条的规定。在防洪墙的设计中，要特别注意满足抗滑、抗倾覆稳定的要求，同时，地基应力、地基渗透也应满足要求，地基应力必须小于地基允许承载能力，且底板不产生拉应力，即合力作用点应在底板三分点之内。

5.2.14 本条基本沿用原《城市防洪工程设计规范》CJJ 50—92第5.3.4条的规定。防洪墙基础埋置深度应满足冲刷深度要求，在季节性冻土地区，还应满足冻结深度要求，目的是保证防洪墙的稳定。

5.2.15 本条基本沿用原《城市防洪工程设计规范》CJJ 50—92第5.3.5条的规定。防洪墙变形缝的设置是考虑温度应力和不均匀沉陷影响。

5.2.16 对堤防（防洪墙）加固、改建或扩建工程的规定。堤防扩建是指对原有堤防的加高帮宽。土堤或防洪墙的扩建在考虑堤身或墙体自身断面加高帮宽的同时，还需满足抗滑、抗倾覆以及渗透稳定要求，往往需要同时采取加固措施。

城市防洪墙的加固，需结合城市的交通道路、航运码头、园林建设等统筹安排，并进行技术经济比较，确定工程设计方案。我国堤防多为历史形成，在某些堤段堤线布局往往不尽合理，需要进行适当的调整。堤线的裁弯取直、退堤或进堤均属局部堤段的改建。由于城镇发展需要，可清除原有土堤重建防洪墙，或者老防洪墙年久损坏严重，难以加固，亦可拆除重建。堤防（防洪墙）的改建应综合考虑，经分析论证确定。

土堤常用的扩建方式主要有以下两种：

1 填土加高帮宽。在有充分土源的条件下，是一种施工简便、投资较省的扩建方式。填土加高又可分为三种形式：①临河侧加高帮宽，可少占耕地，运土距离较近，对多泥沙河流易于淤积还土，一般土方造价较低，所以在设计时应优先考虑采用。填筑土料的防渗性能应不低于原堤身土料。②背水侧帮宽加高，当临水侧堤坡修有护坡、丁坝等防护工程，或临水无滩可取土时，可采用背水侧帮宽加高。③骑跨式帮宽加高，即在原堤身临、背水两侧堤坡和堤顶同时帮宽加高，这种形式施工较复杂，帮宽加高部分与原堤身接触面大，新旧结合面质量不易控制，且两侧取土，故很少采用。

2 堤顶增建防洪墙加高堤防。当堤防地处城镇或工矿区、地价昂贵或帮宽堤防需拆迁大量房屋或重要设施，投资大且对市政建设有较大影响时，采用在土堤顶临水侧增建防洪墙的方法较为经济合理。防洪墙主要有两种形式：①Ⅰ字形墙适用于墙的高度不高时，墙的下部嵌入堤身，靠被动土压力保持其稳定。②⊥形墙适用于墙的高度较高时，靠基底两侧上部填土压力提高墙的稳定性。

各地不同时期建造的防洪墙，其防洪标准和结构形式差别较大。在新的设计条件下进行加高时，首先要对其进行稳定和强度验算，本着充分利用原有结构的原则，针对墙体或基础存在的不足方面，采取相应的加高加固措施，达到技术经济合理的要求。

在堤与各类防洪墙加高时，做好新旧断面的牢固结合以及堤与穿堤建筑物的连接处理十分重要，设计中要提出具体措施。在防洪墙的加固设计中，对新旧墙体的结合面要进行处理，采取可靠的锚固连接措施，保证二者整体工作。变形缝止水破坏的要修复，保证可靠工作。堤岸防护工程旨在保护所在堤段的稳定和安全，由于防洪标准提高，在堤防进行加高扩建的同时，也需对堤前的防护工程进行复核，如不满足要求，也需加高扩建。

5.3 穿堤、跨堤建筑物

5.3.1 本节是在原《城市防洪工程设计规范》CJJ 50—92第10.2节的基础上制定的。穿堤建筑物与堤防紧密接触，处理不好易成为堤防安全隐患，因此，对穿堤建筑物的设置提出较高要求。

5.3.2 本条规定了穿堤涵洞和涵闸的要求。

1 在考虑水流平顺衔接的同时，应尽量缩短涵洞（闸）的轴线长度。考虑结构要求，规定交角不宜小于60°。

2 考虑到堤防的特殊性，在满足设计流量要求的情况下，闸孔净宽宜采用较小的数值，结构简单，造价经济。

3 闸门设在涵洞出口处，有利于闸室稳定，在闸门下游布置止水，止水效果比较好。

4 设置截流环、刺墙可以延长渗径长度和改变渗流方向，可以有效地防止接触面渗透破坏。与堤防接触的结构物侧面做成斜面，可使土堤与结构物之间接触紧密，便于压实，减少两者间的接触渗流。

5 为涵洞的通风、防护、维修留有工作空间。

6 涵洞（闸）进、出口由于流态和流速发生变化，为防止进、出口冲刷，必须采取护底及防冲齿墙。涵洞（闸）进口边缘的外形，对进口的阻力系数值影响很大。进口胸墙做成圆弧形或八字形，可以减小进口阻力系数，增大流量系数。

7 洞身、闸室与导流翼墙，由于各自承受的荷载不同，地基产生的沉降量也不同，为适应不均匀沉降，在洞身、进出口导流翼墙和闸室连接处应设置变形缝。在软土地基上建涵洞时，对于覆土较厚，荷载大且纵向荷载不均匀可能出现较大的不均匀沉陷的长涵洞，应设置变形缝，考虑纵向变形的影响。

8 涵洞（闸）工作桥高程要求是为满足闸门开启、检修的需要。

5.3.3 本条规定是对交通闸的要求。为满足港口码头、北方冬季冰上运输的要求，在堤防上留有闸口作为车辆通行道路，闸口处设置闸门，枯水期（或冬季）闸门开启，汛期洪水达到闸门底槛时则关闭闸门。

5.4 地基处理

5.4.1 地基处理包括满足渗流控制（渗透稳定和控制渗流量）要求，满足静力、动力稳定、容许沉降量和不均匀沉降等方面的要求，以保证堤防安全运行。

5.4.2～5.4.4 这三条参照现行国家标准《堤防工程设计规范》GB 50286—1998有关规定制定，规定了对软弱堤基和透水堤基处理的要求。

5.4.5 本条基本沿用原《城市防洪工程设计规范》CJJ 50—92第5.4.5条的规定。

5.4.6 为避免因穿堤建筑物地基处理措施与堤基处理措施不同对堤防安全造成不利的影响，本条规定穿堤建筑物地基处理措施与堤基处理措施之间做好衔接。

6 海堤工程

6.1 一般规定

6.1.1 本条给出海堤工程设计的规定内容，规定海堤工程布置应遵循的大的原则。

6.1.2 本条列举了堤线布置应考虑的影响因素，应根据地点、影响程度综合考虑，堤线布置应遵循的原则可按现行国家标准《堤防工程设计规范》GB 50286 相关规定执行。

6.1.3 本条规定了海堤工程堤型选择的原则。

6.2 堤身设计

6.2.1 本条规定了海堤堤身断面三种基本形式的适用条件。海堤断面按几何外形一般可分为斜坡式、直立式和混合式三种基本形式。斜坡式堤身一般以土堤为主体，在迎水面设护坡，边坡坡度较缓，边坡护面砌体必须依附于堤身土体；直立式（或称陡墙式）堤身一般由土堤和墙式防护墙所组成，迎水面边坡坡度较陡，防护墙可以维持稳定；混合式（或称复坡式）堤是斜坡式与直立式的结合形式，如下坡平缓上坡较陡的折坡式，带平台的复式断面及弧形面等形式。

6.2.2 本条规定了海堤堤顶高程计算公式。堤顶高程是指海堤沉降稳定后的高程。海堤堤顶高程在对潮位及风浪资料进行分析计算的基础上确定。

6.2.3 本条规定了按允许部分越浪设计的海堤，允许越浪水量的值，因为是城市防洪工程中的海堤，其允许越浪量规定要求较一般海堤高。

6.2.6 本条是关于海堤预留沉降超高的规定。根据已建海堤建设经验，海堤沉降量对于非软土地基一般取堤高的 3%～8%，软土地基一般取堤高的 10%～20%（港湾内及新建的海堤取大值，河口、老海堤加高及地基经排水固结处理的取小值）。

6.2.7 本条规定了确定海堤堤顶宽度的原则和应考虑的因素。海堤堤顶一般不允许车辆通行，交通道路宜设置在背水侧，有利于防汛。对于路堤结合的海堤可以按公路要求设计，但应以保证海堤工程安全为前提，并有相应的保护和维护措施。

6.2.8 本条规定了海堤堤身边坡确定的原则与方法。迎水坡指临海侧，背水坡指背海侧。

6.2.10 本条规定了确定海堤防渗体应满足的安全要求及确定防渗体尺寸的方法。

6.2.12 通常海堤堤线较长，不同的堤段有不同的断面形式、高度及地质情况，选定具有代表性的断面进行稳定分析及沉降计算，是为了保证海堤工程安全。在地形、地质条件变化复杂段的计算断面可以适当加密。防浪墙除了进行整体抗滑稳定、渗透稳定及沉降等计算外，还需抗倾覆稳定及地基承载力计算，验证设计的合理性，保证工程安全。

6.3 堤基处理

6.3.6 为加速软弱土或淤泥的排水固结，以往多采用排水砂井作为垂直排水通道。20 世纪 70 年代以来，应用塑料排水板插入土中作为垂直排水通道在国内外已得到广泛应用。

6.3.7 爆炸置换法中最初采用的是爆炸排淤填石法，它是在淤泥质软基中埋放药包群，起爆瞬间在淤泥中形成空腔，抛石体随即坍塌充填空腔，达到置换淤泥的目的。该法要求堤头爆填一次达到持力层上，并在堤头前面形成石舌，根据交通部的有关规范的规定，其处理深度一般控制在 12m 以内。近几年，爆炸置换技术得到了进一步的发展，基于土工计算原理，提出了爆炸挤淤置换法，是通过炸药爆炸产生的巨大能量将土体横向挤出，达到置换淤泥的目的，使得置换深度大大提高。据已实施的工程实例，最大置换深度已达 30m。该法完工后沉降小，施工进度快，但石方用量大。

7 河道治理及护岸（滩）工程

7.1 一般规定

7.1.1 本条规定了河道治理的原则。流经城市的河道是所在江河的一部分，城市区域河道治理是所在江河河道整治的一部分，局部包含于整体，故要求上下游、左右岸、干支流相互协调。

城市防洪工程是城市总体规划的组成部分，因此，必须满足城市总体规划的要求。河道治理是城市防洪工程的组成部分，必须与城市总体规划相协调，综合考虑城市综合规划中防洪、航运、引水、岸线利用等各方面的要求，做到经济合理、综合利用、整体效益最优。

7.1.2 本条规定了确定河道治导线的原则。河道治导线是河道行洪控制线，需要在充分研究河道演变规律、顺应河势、兼顾上下游左右岸关系的基础上划定。

7.1.3 本条规定了河道治理工程布置原则。

7.1.4 本条规定了拦、跨河建筑物布置应遵循的原则。桥梁或渡槽等横跨河道，可能在河道中设置桥墩，或使河道局部束窄，干扰河道水流流态，使该处河道泄流能力降低。若桥墩轴线与水流方向不一致（即斜交），将增大阻水面积，减少过流面积，使河道水流产生旋流，从而增大水头损失，抬高上游河道水位，增加防洪堤防高度和壅水段长度，对城市防洪是不安全的，对城市防洪工程建设也是不经济的；对桥梁或渡槽等建筑物自身而言，水位壅高，使得其承受的水压力增大，河道冲刷深度增加亦影响其自身防洪安全。

7.2 河道整治

7.2.1 本条强调河道整治工作中基本资料收集整理分析的重要性。河道的冲淤变化、河势演变趋势是河道整治的重要依据，应充分收集水文、泥沙、河道测量资料，分析河道水沙特性、冲淤变化趋势，河势演变规律，并预测河道演变趋势及对河道治理的影响，为河道整治工程设计提供依据。

7.2.4 本条基本沿用原《城市防洪工程设计规范》CJJ 50—92 第 6.1.1 条的规定。设置护岸（滩）是为了保护岸边不被水流冲刷，防止岸边坍塌，保证汛期行洪岸边稳定。

7.2.5 本条基本沿用原《城市防洪工程设计规范》CJJ 50—92 第 6.1.2 条的规定。本条规定了护岸形式选择时需要考虑的影响因素。一般当河床土质较好时，采用坡式护岸和墙式护岸；当河床土质较差时，采用板桩护岸和桩基承台护岸；在冲刷严重河段的中枯水位以下部位采用顺坝或丁坝护岸。顺坝和短丁坝常用来保护坡式护岸和墙式护岸基础不被冲刷破坏。

7.2.6 本条基本沿用原《城市防洪工程设计规范》CJJ 50—92 第 6.1.3 条的规定。

7.2.7 设置防浪平台、栽植防浪林可显著消减风浪作用，但种植防浪林以不影响河、湖行洪为原则。

7.3 坡式护岸

7.3.1 本条基本沿用原《城市防洪工程设计规范》CJJ 50—92 第 6.2.1 条的规定。坡式护岸对河床边界条件改变较小，对近岸水流的影响也较小，是我国城市防洪护岸工程中常用的、优先选用的形式，其中以砌石应用的最为广泛，但在季节性冻土地区要特别注意冰冻对砌石的破坏。为满足城市景观、环境要求，在条件允许的河岸，应尽可能采用生态护岸。设置戗台主要是为了护岸稳定。为便于护岸检修、维护和管理，隔一定间距还应设置上下护岸的台阶。

7.3.2 本条基本沿用原《城市防洪工程设计规范》CJJ 50—92 第 6.2.2 条的规定。坡式护岸的坡度主要是根据岸边稳定确定，护岸厚度主要是根据护岸材料、流速、冰冻等通过计算确定。

7.3.3 本条规定了选择植物护坡的基本条件。

7.3.4 本条基本沿用原《城市防洪工程设计规范》CJJ 50—92 第 6.2.3 条的规定。

7.3.5 本条基本沿用原《城市防洪工程设计规范》CJJ 50—92 第 6.2.4 条的规定。

7.3.6 本条基本沿用原《城市防洪工程设计规范》CJJ 50—92 第

6.2.5条的规定。护脚设计必须保证其工作的可靠性。护脚埋深要慎重确定，护脚如果被冲垮，则护岸也难以保住。埋深根据冲刷深度设置，同时也要参考已有工程的经验，综合分析确定。护脚处于枯水位以下，必须水下施工时，宜采用抛石、石笼、沉排、沉枕等护脚。抛石是最常用的护脚加固材料，为防止水流淘刷向深层发展造成工程破坏，还需考虑在抛石外缘加抛防冲和稳定加固的备石方量。

7.4 墙 式 护 岸

7.4.1 墙式护岸具有断面小、占地少的优点，但对地基要求较高，造价也较高，多用于堤前无滩、水域较窄、防护对象重要、城市堤防建设中场地受限制的情况。

7.4.2 本条基本沿用原《城市防洪工程设计规范》CJJ 50—92 第6.3.2条的规定。

7.4.3 本条基本沿用原《城市防洪工程设计规范》CJJ 50—92 第6.3.1条的规定。工程实践经验是：对岩石、砂土及较硬的黏土或砂质黏土地基（其内摩擦角ϕ大于25°），一般多采用墙式结构；对表层有不很厚的淤泥层下面是坚硬的土壤或岩石地基，也可在进行换砂（石）处理后采用墙式结构。

7.4.4 本条基本沿用原《城市防洪工程设计规范》CJJ 50—92 第6.3.3条的规定。

7.4.5 本条基本沿用原《城市防洪工程设计规范》CJJ 50—92 第6.3.4条的规定。

7.4.6、7.4.7 这两条基本沿用原《城市防洪工程设计规范》CJJ 50—92 第6.3.5条的规定。变形缝的缝距不仅与护岸结构材料有关，还与地形、地质、护岸结构形式有关。对有防水要求的护岸，在分缝处应设止水。

7.4.8 本条基本沿用原《城市防洪工程设计规范》CJJ 50—92 第6.3.11条的规定。

7.4.9 本条规定了墙身设置排水孔的要求。排水孔的大小和布置应根据水位变化情况、墙后填料透水性能和岸壁断面形状确定，最下一层排水孔应低于最低水位。墙前后水位差较大，墙基作用水头较大，易引起地基渗透破坏。

7.5 板桩式及桩基承台式护岸

7.5.1 本节基本沿用原《城市防洪工程设计规范》CJJ 50—92 第6.4节的规定。

7.5.2 板桩式及桩基承台式护岸的结构形式，按有无锚碇可分为无锚板桩及有锚板桩两类。

7.5.4 锚碇结构形式有：锚碇板或锚碇墙、锚碇桩或锚碇板桩、锚碇叉桩、斜拉桩锚碇、桩基承台锚碇。锚碇板一般采用预制钢筋混凝土板，锚碇墙一般采用现浇钢筋混凝土墙，锚碇桩一般采用预应力或非预应力钢筋混凝土桩，锚碇板桩一般采用钢筋混凝土板桩，锚碇叉桩一般采用钢筋混凝土桩。

7.6 顺坝和短丁坝护岸

7.6.1 本节基本沿用原《城市防洪工程设计规范》CJJ 50—92 第6.5节的规定。顺坝和短丁坝是河岸间断式护岸的两种主要形式，适用于冲刷严重的河岸。顺坝和短丁坝的作用主要是导引水流、防冲、落淤、保护河岸。由于顺坝不改变水流结构，水流平顺，因此应优先采用；丁坝具有挑流导沙作用，为了减少对流态的影响，宜采用短丁坝，在多沙河流中下游应用，会获得比较理想的效果。不论选用哪种坝型，都应把防洪安全放在首位。

7.6.4 根据工程经验，一般在流速较小、河床土质较差、短丁坝坝高较低时，可采用土石坝、抛石坝或砌石坝；当流速较大时，宜采用铅丝石笼坝或混凝土坝。

7.6.5 土石丁坝和顺坝，迎水坡一般取1∶1～1∶2，背水坡取1∶1.5～1∶3，坝头可取1∶3～1∶5。在坝基易受冲刷的河床或修建在水深流急河段的丁坝，为了防止坝基被冲刷，一般以柴排或土工布护底。当坝基土质较好时，可仅在坝头处设置护底。

为了防止水流绕穿坝根，可以在河岸上开挖侧槽，将坝根嵌入其中，或在坝根上下游适当范围加强护岸。

7.6.6 丁坝平面布置，按其轴线与水流的交角可分为上挑丁坝、下挑丁坝、正挑丁坝三种。实践证明，上挑丁坝的坝头水流紊乱，坝头冲刷坑较深且距坝头较近；下挑丁坝则相反，冲刷坑较浅，且离坝头较远；正挑丁坝介于两者之间，设计应根据具体要求合理选用。

丁坝间距以水流绕过上一丁坝扩散后不致冲刷下一丁坝根部为准，一般可取丁坝长度的2倍～3倍，或按计算确定。在每一组短丁坝群中，首尾丁坝受力较大，其长度和间距可适当减小。

对于条件复杂、要求较高的重点短丁坝群护岸，应通过水工模型试验确定。

8 治 涝 工 程

8.1 一 般 规 定

8.1.1 本规范所指城市治涝工程主要有排涝河道、排涝水闸、排涝泵站等城市雨水管网系统之外的排除城市涝水的水利工程。城市雨水管网的设计已经有相关的规范，例如现行国家标准《室外排水设计规范》GB 50014，应执行相应规范的规定。

城市治涝工程是城市基础设施的重要组成部分，也是城市防汛工程体系的有机组成部分。因此，城市治涝工程设计必须在城市总体规划、城市防洪规划、城市治涝规划的基础上进行。

排涝河道，向上接受市政排水管网的排水，向下应及时将涝水排出，起到一个传输、调蓄涝水的作用，其传输、调蓄作用将受到河道本身的容蓄能力大小及下游承泄区水位变动的影响。市政排水管网和河道排涝在排水设计及技术运用上不同，在设计暴雨和暴雨参数推求时选样方法有很大差异，目前尚未建立两种方法所得到的设计值与重现期之间固定的定量关系。市政排水关注的主要是地面雨水的排除速度，即各级排水管道的尺寸，主要取决于1h甚至更短的短历时暴雨强度；而河道排涝问题，除了涝水排除时间外，更关注河道最高水位，与短历时暴雨强度有一定关系，但由于河、湖等水体的调蓄能力，主要还与一定历时内的雨水量有关（一般为3h～6h），以此来确定河道及其排涝建筑物的规模。所以管网排水设计和河道排涝设计之间存在协调和匹配的问题。从建设全局看，既无必要使河道的排涝能力大大超过市政管网的排水能力，使河道及其河口排涝建筑物的规模过大，又不应由于河道及其河口排涝建筑物规模过小而达不到及时排除城市排水管网按设计标准排出的雨水，从而使部分雨水径流暂存河道并壅高河道水位，反过来又影响管网正常排水。当河道容蓄能力较小时，河道设计就应尽可能与上游市政排水管网的排水标准相协调，做到能及时排除市政管网下排的雨水，以保证市政管网下口的通畅，维持其排水能力，此时河道设计标准中应使短历时（如1h或更短历时）设计暴雨的标准与市政管网的排水标准相当，或考虑到遇超标准短历时暴雨市政管网产生压力流时也能及时排水，也可采用略高于市政管网的标准。在河道有一定的容蓄能力、下游承泄区水位变动较大且有对河道顶托作用的条件下，河道排水能力可小于市政管网最大排水量，但应满足排除一定标准某种历时（如24h）暴雨所形成涝水的要求，并使河道最高水位控制在一定的标高以下，以保证城市经济、社会、环境、交通等正常运行，而这种历时的长短，主要取决于河道调蓄能力、城市环境容许等因素。

8.1.2 治涝工程是城市基础设施，应根据自然地理条件、涝水特点以及城市可持续发展要求，统筹兼顾，处理好上游与下游、除害与兴利、整体与局部、近期与远期、治涝与城市其他部门要求等关系；针对城市治涝的特点，处理好排、蓄、截的关系，处理好自排与抽排的关系；为城市人民安居乐业、提高生活水平、稳定发展提供保障。不同类型的涝水采取的防治措施也应不一样，工程措施与非工程措施相结合，是综合治理的具体体现。

8.1.3 在水资源短缺的地区，鼓励因地制宜地采取雨洪利用综合措施，实现雨洪资源化，既有利于消减城市洪峰流量和洪水量，节约工程投资，又可以增加可贵的水资源量。

治涝工程设计应为多元功能的一体化运作、统一管理创造条件，为新技术、新工艺、新材料的应用提供依据，使设计的排涝河道成为城市生态环境保护圈中不可缺少的一环。治涝工程中的排水闸、挡洪(潮)闸、排水泵站、排水河道、蓄涝工程等，应在满足治涝要求的同时，与防洪、灌溉、航运、养殖、生态、环保、卫生等有关部门要求相结合，发挥治涝工程的多功能作用，避免功能单一、重复建设。

8.1.4 在工程实践中，由于城市用地紧张或建筑物紧邻工程并已经建成，工程用地的征用很困难，因此城市治涝工程应重视节约用地，有条件的应与市政工程建设相结合。

城市治涝工程设计要考虑的很重要的一项功能是与城市建筑相协调，美化城市景观。过去的工程设计理念多是注重结构上稳定安全，经济上节约，技术上可行，偏重于工程的水利功能，但随着人们生活水平的提高，人们的需求多样化，对人居环境越来越重视，水利工程建筑物处于城市区域，必须与城市环境相协调，不论是外观轮廓还是细部装饰，都应与城市建筑风格相融合，做到保护生态环境、美化景观、技术先进、安全可靠、经济合理。

8.2 工 程 布 局

8.2.1 我国的大部分城市，一般同时受暴雨、洪水的影响，滨海地区的城市还受潮水、风暴潮等影响，既有防洪(潮)问题，又有治涝问题。因此，治涝工程总体布局需要与防洪(潮)工程统一全面考虑，统筹安排，发挥综合效益。

城市各类建筑物及道路的大量兴建使城市不透水面积快速增长，综合径流系数随之增大，雨水径流量也将大大增加，如果单纯考虑将雨水径流快速排出，所需排涝设施规模将随之增大，这对于城市建设和城市排涝是一个沉重的包袱。结合城市建设，因地制宜地设置雨洪设施截流雨水径流是削减城市排涝峰量的有效措施之一。据有关研究，下凹式绿地，对2年至5年一遇的降雨，不仅绿地本身无径流外排，同时还可消纳相同面积不透水铺装地面的雨水径流，基本无径流外排。

城市治涝工程设计应贯彻全面规划、综合治理、因地制宜、节约投资、讲求实效的原则。拟定几个可能的治理方案，重点研究骨干工程布局，协调排与蓄的关系，通过技术、经济分析比较，选出最优方案。

8.2.2 城市防洪与治涝相互密切结合，治涝分片与防洪工程总体布局密切相关。治涝工程总体布局，应根据涝区的自然条件、地形高程分布、水系特点、承泄条件以及行政区划等情况，结合防洪工程布局和现有治涝工程体系，合理确定治涝分片。

地形高程变化相对较大的城市，还可采取分级治理方式。

8.2.3 治涝工程的蓄与排相辅相成，密切相关，设置一定的蓄涝容积，保留和利用城市现有的湖泊、洼地、河道等，不仅可以调节城市径流，有效削减排涝峰量，减少内涝，而且有利于维持生态平衡，改善城市环境。

8.2.4 对有外水汇入的城市，例如丘陵城市，有中、小河流贯穿城区的城市，有条件时，可结合防洪工程总体布局，开挖撇洪工程，实施河流改道工程使原城区段河流成为排涝内河，让原来穿城而过的上游洪水转为绕城而走，可减轻城区洪水压力，减少治涝工程规模。

8.2.5 因地制宜，妥善处理好自排与抽排的关系，不同区域采取不同措施，既保证排涝安全，又节省工程投资。高水(潮)位时有自排条件的地区，一般宜在涝区内设置排涝沟渠、排涝河道以自排为主，局部低洼区域可设置排涝泵站抽排。高水(潮)位时不能自排或有洪(潮)水倒灌情况的地区，一般应在排水出口设置挡洪(潮)水闸，在涝区内设置蓄涝容积，并适当多设排水出口，以利于低水(潮)位时自流抢排，并可根据需要设置排涝泵站抽排。

我国城市根据所处地理位置不同一般可分为三种类型，可采取不同的排涝方式：

1 沿河城市。沿河城市的内涝一般由于河道洪水使水位抬高，城区降雨产生的涝水无法排入河道或来不及排除而引起，或者两者兼有。承泄区为行洪河道，水位变化较快。内涝的治理，一般在涝区内设置排涝沟渠、河道，沿河防洪堤上设置排涝涵洞或支河口门自排，低洼地区可设置排涝泵站抽排；有河道洪水倒灌情况的城市，一般应在排涝河道口或排涝涵洞口设置挡洪闸，并可设置排涝泵站抽排。

2 滨海城市。滨海城市的内涝一般由于地势低洼，受高潮位顶托，城区降雨产生的涝水无法排除或来不及排除而引起，或者两者兼有。承泄区为海域或感潮河道，承泄区的水位呈周期性变化。内涝的治理，高潮位时有自排条件的地区，可在海塘(或防汛墙)上设置排涝涵洞或支河口门自排；高潮位时不能自排或有潮水倒灌情况的地区，一般应适当多设排水出口和蓄涝容积，以利于低潮时自流抢排，排水出口宜设置挡潮闸，并可根据需要设置排涝泵站抽排；地势低洼又有较大河流穿越的城市，在河道入海口有建闸条件的，可与防潮工程布局结合经技术经济比较在河口建挡潮闸或泵闸。

3 丘陵城市。丘陵城市一般主城区主要分布在山前平原上，而城郊区为山丘林园或景观古迹等，也有城市是平原、丘陵相间分布的。为了减轻平原区的排涝压力，在山丘区有条件的宜设置水库、塘坝等调蓄水体，沿山丘周围开辟撇洪沟、渠，直接将山丘区雨水高水高排出涝区。

8.2.6 承泄区的组合水位是影响治涝工程规模和设计水位的重要因素。我国城市涝区一般以江河、湖泊、海域作为承泄区，江河承泄区水位一般变化较快，湖泊承泄区水位变化缓慢，海域承泄区的水位呈周期性变化。在确定承泄区相应的组合水位时，应根据承泄区与涝区暴雨的遭遇可能性，并考虑承泄区水位变化特点和治涝工程的类型，合理选定。

当涝区暴雨与承泄区高水位的遭遇可能性较大时，可采用相应于治涝设计标准的治涝期间承泄区高水位；当遭遇可能性不大时，可采用治涝期间承泄区的多年平均高水位。承泄区的水位过程，可采用治涝期间承泄区的典型水位过程进行缩放，峰峰遭遇可以考虑较不利组合以保证排涝安全。当设计治涝暴雨采用典型降雨过程进行治涝计算时，也可直接采用相应典型年的承泄区水位过程。各地区也可根据具体情况分析确定。例如，上海市采用设计治涝暴雨相应典型年的实测潮水位过程，天津市采用治涝期典型的潮水位过程。

8.3 排涝河道设计

8.3.1 河道岸线布置关系水流流态、工程的稳定安全、工程投资、工程效益等，城市排涝河道起着承上启下的作用，必须统筹考虑排水管网布设、承泄区位置、城市用地等各种因素，进行技术经济比较。

8.3.2 排涝河道设计水位、过水断面、纵坡等设计参数应根据涝区特点和排涝要求，由排涝工程水利计算、水面线推求等分析确定。河网地区的城市，根据工程设计的需要，可通过河网非恒定流水利计算确定其设计参数。对于多功能的排涝河道，需作河道功能的分项计算。如按常规进行某集水区河道泄洪、排水、除涝等水利计算，以明确河道应达到的规模；按规划河道的水资源配置和蓄贮要求进行水流模拟计算，从而确定河道常水位和控制水位、水体蓄贮量和置换量，河道水质状态等。以上分析计算成果将是整治后的排涝河道进行日常水资源调度管理的重要指导性技术依据。

8.3.4 最大限度地保持河道的自然风貌，有利于涵养水源、保土保墒、美化景观、减少涝灾。城市排涝河道整治应强调生态治河理念，与改善水环境、美化景观、挖掘历史文化底蕴等有机结合，增强河道的自然风貌及亲水性。根据有关研究，河岸发挥生态功能的有效宽度，一般一侧应不小于30m，在城市用地紧张的条件下可以适当减少。

8.3.5 生物护坡成本低廉并能够有效改善河道岸坡的坚固稳定性，对修复河流生态，尤其是基底生态系统有实用价值。

8.4 排涝泵站

8.4.2 本条规定了排涝泵站站址选择应考虑的因素。

选择站址，首先要服从城市排涝的总体规划，未经规划的站址，不仅不能发挥预期的作用，还会造成很大的损失和浪费；二要考虑工程建成后综合利用要求，尽量发挥综合利用效益；三要考虑水源、水流、泥沙等条件，如果所选站址的水流条件不好，不但会影响泵站建成后的水泵使用效率，还会影响整个泵站的运行；四要考虑占地、拆迁因素，尽量减少占地，减少拆迁赔偿费；五要考虑工程扩建的可能性，特别是分期实施的工程，要为今后扩建留有余地。

为了能及时排净涝水，应将排水泵站设在排水区地势低洼，能汇集排水区涝水，且靠近承泄区的地点，以降低泵站扬程，减小装机功率。有的排水区涝水可向不同的承泄区（河流）排泄，且各河流汛期高水位又非同期发生，需对河流水位（即所选站址的站上水位）作对比分析，以选择装置扬程较低、运行费用较经济的站址；有的排水区涝水需高低分片排泄，各片宜单独设站，并选用各片控制排涝条件最为有利的站址。

8.4.3 本条规定了排涝泵站布置的原则和要求。

1 在渍涝区附近修建临河泵站确有困难时，需设置引渠将水引至宜于修建泵站的位置。为了减少工程量，引渠线路宜短宜直，引渠上的建筑物宜少。为了防止引渠渠床产生冲淤变形，引渠的转弯半径不宜太小。为了改善进水前池的水流流态，弯道终点与前池进口之间宜有直线段，其长度不宜小于渠道水面宽的8倍。进水前池是泵站的重要组成部分，池内水流流态对泵站装置性能，特别是对水泵吸水性能影响很大。如流速分布不均匀，可能会出现死水区、回流区及各种旋涡，发生池中淤积，造成部分机组进水量不足，严重时旋涡将空气带入进水流道（或吸水管），使水泵效率大为降低，并导致水泵汽蚀和机组振动等。前池有正向进水和侧向进水两种形式，正向进水的前池流态较好。

3 出水池应尽量建在挖方上。如需建在填方上时，填土应碾压密实，严格控制填土质量，并将出水池做成整体结构，尤其应采取防渗排水措施，以确保出水池的结构安全。出水池中的流速不应太大，否则会由于过大的流速而使池中产生水跃，与渠道流速难以衔接，造成渠道的严重冲刷。根据一些泵站工程实践经验，出水池中流速应控制最大不超过2.0m/s，且不允许出现水跃。

4 进出水流道的设计，进水流道主要问题是保证其进口流速和压力分布比较均匀，进口断面流速宜控制不大于1.0m/s；出水流道布置对泵站的装置效率影响很大，因此流道的型线变化应比较均匀，出口流速应控制在1.5m/s以下。

8.4.4 本条规定了排涝泵站防渗排水设计的原则和要求。防渗排水设施是为了使泵站基础渗流处于安全状况而设置的。根据已建工程的实践，工程的失事多数是由于地基防渗排水布置不当造成的，必须给予高度重视。泵站地基的防渗排水布置，应在泵房高水位侧（出水侧）结合出水池的布置设置防渗设施，如钢筋混凝土防渗铺盖、齿墙、板桩、灌浆帷幕等，用来增加防渗长度，减小泵房底板下的渗透压力和平均渗透坡降；在泵房低水位侧（进水侧）结合前池、进水池的布置，设置排水设施，如排水孔、反滤层等，使渗透水流尽快地安全排出，减小渗流出逸处的出逸坡降，防止发生渗透变形，增强地基的抗渗稳定性。至于采用何种防渗排水布置，应根据站址地质条件和泵站扬程等因素，结合泵房和进、出水建筑物的布置确定。同正向防渗排水布置一样，侧向防渗排水布置也应做好，不可忽视，侧向防渗排水布置应结合两岸连接结构（如岸墙、进出口翼墙）的布置确定，一般可设置防渗刺墙、板桩等，用来增加侧向防渗长度和侧向渗径系数。要注意侧向防渗排水布置与正向防渗排水布置的良好衔接，以构成完整的防渗排水布置。

8.4.5 本条规定了泵房布置与安全方面的原则与要求。泵房挡水部位顶部安全超高，是指在一定的运用条件下波浪、壅浪计算顶高程距离泵房挡水部位顶部的高度，是保证泵房内不受水淹和泵房结构不受破坏的一个重要安全措施。

9 防洪闸

9.1 闸址和闸线的选择

9.1.1 防洪闸系指城市防洪工程中的泄洪闸、分洪闸、挡洪闸、排涝闸和防潮闸等。

泄洪闸是控制和宣泄河道洪水的防洪建筑物，一般建在防洪河道上游。

分洪闸是用来分泄天然河道的洪水，在天然河道遭遇到大洪水而宣泄能力不足时，分洪闸就开启闸门分洪，分洪闸应建在城市上游。

挡洪闸多建在支流河口附近，在干流洪水位到达控制水位时关闭闸门挡洪，在洪水位降至控制水位以下时开启闸门排泄支流的洪水。

排涝闸是用来排泄城市涝水、洼地积水的建筑物，一般多建在城市下游。

为防止洪水或潮水倒灌的闸称为挡洪闸或挡潮闸，一般多建在城市防洪河道入海口处。

本条基本沿用原《城市防洪工程设计规范》CJJ 50—92第9.2.1条的规定。地质条件关系到地基的承载能力和抗滑、抗渗稳定性，是防洪闸设计总体布置中考虑的主要因素之一。地形、水流、泥砂直接影响闸的总体布置、工作条件及过流能力。此外，闸址还涉及拆迁房屋多少、占用农田多少以及交通运输、施工条件等，这些又直接影响工程造价。为此需综合考虑，经技术经济比较确定。

随着我国经济的发展，城市建设的现代化水平在逐年提高，城市防洪工程是城市现代化建设的基础工程，其选址、规模应与城市总体布局协调一致，成为城市的一个景点，如苏州河挡潮闸。

9.1.2 本条基本沿用原《城市防洪工程设计规范》CJJ 50—92第9.2.3条的规定。从水力学的观点出发，闸址选择主要考虑水流平顺、岸坡稳定。

泄洪闸、排洪闸、排涝闸闸址宜选在顺直河段上，主要原因是河岸不易冲刷，岸边稳定，水流流态平顺。

分洪闸闸址选在弯道凹岸顶点稍偏下游处，主要是考虑弯曲河段一般具有深槽靠近凹岸的复式断面，河床断面和流态都比较稳定，主流位于深槽一侧，有利于分洪；由于弯道上的环流作用，底沙向凸岸推移，分洪闸进沙量少；同时，分洪闸的引水方向与河道主流方向夹角也小，从而进流量大。

9.1.3 本条基本沿用原《城市防洪工程设计规范》CJJ 50—92第9.2.2条的规定。将原条文中"应避免采用人工处理地基"修改为"有地质缺陷、不满足设计要求时，地基应进行加固处理"。闸址地基条件直接关系着闸的稳定安全和工程投资，应慎重考虑确定，当地基不满足设计要求时应进行加固处理。

9.1.4～9.1.6 这三条是参照现行行业标准《水闸设计规范》SL 265 制定的。

9.1.7 防潮闸一般多建在城市防洪河道入海口处的直段，放在海口处可以尽量减少海潮的淹没和影响范围，可以减少海潮对河道的泥砂淤积量。

9.1.8 本条基本沿用原《城市防洪工程设计规范》CJJ 50—92 第 9.2.4 条的规定。

9.2 工程布置

9.2.1 本条基本沿用原《城市防洪工程设计规范》CJJ 50—92 第 9.3.1 条的规定。增加与城市景观、环境美化相结合的要求。

9.2.2 本条基本沿用原《城市防洪工程设计规范》CJJ 50—92 第 9.3.2 条的规定。对于胸墙式防洪闸，增加"宜留有排沙孔"的要求，以适应在多沙河流上建闸排沙要求。

9.2.3 本条基本沿用原《城市防洪工程设计规范》CJJ 50—92 第 9.3.3 条的规定。确定闸底板高程，首先要确定合适的最大过闸单宽流量，取决于闸下河道水深及河床土质的抗冲流速。采用较小的过闸单宽流量，闸的总宽度较大，闸下水流平面扩散角较小，水流不致脱离下游翼墙面产生回流，流速的平面分布比较均匀，防冲护砌长度可以相应缩短。采用较大的过闸单宽流量，虽可减小防洪闸总宽度，但下游导流翼墙和防冲护砌长度就要加长，不一定能减少工程量，尤其是下游流速平面分布不均匀，极易引起两侧大范围的回流，压缩主流，不仅不能扩散，局部的单宽流量反而会加大，常常引起下游河床的严重冲刷，在这种情况下，过闸单宽流量要取小值。

最大过闸单宽流量确定后，根据上、下游设计洪水位，按堰流状态计算堰顶高程，这是可能采用的最高闸槛高程。最后综合考虑排涝、通航、河道泥砂、地形、地质等因素，通过技术经济比较确定闸底板高程。

防洪闸、分洪闸的闸底板高程，不宜设置在年内特别是在枯水季不能从外江引流的高程之上，而应设置在能够于全年都可以从外江进水的高程，同时，还应从满足改善枯水水环境角度考虑水闸闸孔总净宽，以满足内河冲污、稀释、冲淤的需要。这一点，广东省珠江三角洲河网区有深刻的教训。在 20 世纪 50 年代中期和 60 年代初期，该地区有的地方在分洪河河口兴建水闸时，单纯从防洪分洪着眼，把水闸闸底板高程建在枯季，甚至在平水期都不能从外江引入流量的河口高程之上，也有的地方在分洪河入口处兴建限流堰，2 年～5 年一遇以下外江洪水不能过堰，更不用说过枯水期流量了，5 年以上外江洪水才能过堰顶流入分洪河。但 5 年一遇以上外江洪水并不是年年都出现的，即使是在某一年出现，其分流入河的时间也不过是两三天，时间并不长，当外江洪水位回落到堰顶高程以下时，便又回复到不分流状态。到了 20 世纪 80 年代初以后，分洪区城镇的社会经济有较大的发展，大量未经达标处理的生活污水、工业废水和化肥、农药的农田排水等污染物排入河道，分洪河道的水体、水质受到严重污染，水质发黑发臭，水质标准劣于Ⅴ类，水环境恶化到不可收拾的地步。有的地方防洪、分洪闸的闸孔总净宽由于建得太窄，满足不了枯水入流改善水环境的要求。到了 20 世纪 80 年代中期，不得不把原来不能满足引水冲污的旧挡洪、分洪水闸废弃，而另外在附近新建防洪、分洪、冲污、排涝多功能水闸，问题才得到较妥善的解决。

9.2.4、9.2.5 这两条基本沿用原《城市防洪工程设计规范》CJJ 50—92 第 9.3.4 条的规定。确定闸槛高程和闸孔泄流方式后，根据泄流能力计算，就可确定满足运用要求的总过水宽度了。拦河建闸时应注意不要过分束窄河道，以免影响出闸水流，造成局部冲刷，增加闸下连接段工程量，从而增加工程投资。闸室总宽度与河道宽度的比值以 0.8 左右为宜。闸孔数目少时，应取奇数，以便放水时对称开启，防止偏流，造成局部冲刷。

9.2.6 本条基本沿用原《城市防洪工程设计规范》CJJ 50—92 第 9.3.5 条的规定。

9.2.7 本条基本沿用原《城市防洪工程设计规范》CJJ 50—92 第 9.3.6 条的规定。增加"闸顶应根据管理、交通和检修要求，修建交通和检修桥"的要求。

9.2.8 本条是参照现行行业标准《水闸设计规范》SL 265 制定的。防洪闸与两岸连接的建筑物，包括闸室岸墙、刺墙以及上下游翼墙，其主要作用是挡土、导流和阻止侧向绕流，保护两岸不受过闸水流的冲刷，使水流平顺地通过防洪闸。为保护岸边稳定，在防洪闸与两岸的连接布置设计时，要做到闸室岸墙布置与闸室结构形式密切配合，上游翼墙布置要与上游进水条件相配合，长度应长于或等于防渗铺盖的长度，使上游来水平顺导入闸室，闸槛前水流方向不偏，流速分布均匀；下游翼墙布置要与水流扩散角相适应，扩散角应在 7°～12°范围，长度应长于或等于消力池的长度，引导水流沿翼墙均匀扩散下泄，避免在墙前产生回流旋涡等恶劣流态。

9.2.9 本条是参照现行行业标准《水闸设计规范》SL 265 制定的。

9.2.10 本条基本沿用原《城市防洪工程设计规范》CJJ 50—92 第 9.3.7 条的规定。增加"并应采用较先进的控制设施"的要求，以适应现代化管理的需要。

9.2.11 本条基本沿用原《城市防洪工程设计规范》CJJ 50—92 第 9.3.9 条的规定。防渗排水设施是为了使闸基渗流处于安全状况而设置的。土基上建闸挡水，闸基中将产生渗透水流。当渗透水流的速度或坡降超过容许值时，闸基将产生渗透变形，地基就产生不均匀沉降，甚至坍塌，不少水闸因此失事。如蒙城节制闸就是因渗透变形遭到破坏，该闸总净宽 120m，分成 10 孔，于 1958 年 7 月建成，适逢大旱，水闸开始蓄水，上游挡水高 5m，仅隔两天就突然倒塌，从发觉闸身变形到整个倒塌仅经历几个小时。因此，在防洪闸板设计中对于防渗排水设施问题必须给予高度重视。

9.2.12 本条基本沿用原《城市防洪工程设计规范》CJJ 50—92 第 9.3.10 条的规定。

9.2.13 本条基本沿用原《城市防洪工程设计规范》CJJ 50—92 第 9.3.8 条的规定。

9.2.14 防潮闸地处海滨，地下水位较高，地基多为软弱、高压缩地层，基坑开挖时为边坡稳定，一定要注意施工排水设计，要把地下水位降下来，必要时采用周边井点排水方法。设计应重视防潮闸的基础处理，软基的基础处理方法很多，对于松软的砂基可采用振冲加固或强夯法；对软土、淤泥质土地基薄层者可采用换基，深层者可采用桩基处理；有条件时对松软土地基也可采用预压加固法。采用桩基应重视在运用期间可能会产生闸底板脱空问题，例如，永定新河河口的蓟运河和潮白新河防潮闸，都有底板脱空现象，用搅拌桩加固软土地基时应注意桩身质量是否能达到设计要求。

9.2.15 河口防潮闸下普遍存在泥沙淤积和拦门沙问题。为保持泄流通畅，闸下要经常清淤，为减少清淤量规定研究应采取防淤、减淤措施；河口拦门沙的存在及变化对河道行洪有一定影响，研究拦门沙位置的变化对行洪的影响是设计内容之一。

9.3 工程设计

9.3.1 本条规定了防洪闸工程设计的内容。

9.4 水力计算

9.4.1 本条基本沿用原《城市防洪工程设计规范》CJJ 50—92 第 9.4.1 条的规定。

9.4.2 本条基本沿用原《城市防洪工程设计规范》CJJ 50—92 第

9.4.2 条的规定。

9.4.3 本条基本沿用原《城市防洪工程设计规范》CJJ 50—92 第 9.4.3 条的规定。

9.5 结构与地基计算

9.5.1 本条基本沿用原《城市防洪工程设计规范》CJJ 50—92 第 9.5.1 条的规定。

9.5.2 本条基本沿用原《城市防洪工程设计规范》CJJ 50—92 第 9.5.2 条的规定。

9.5.3 本条基本沿用原《城市防洪工程设计规范》CJJ 50—92 第 9.5.4 条的规定。

10 山洪防治

10.1 一般规定

10.1.1 本条基本沿用原《城市防洪工程设计规范》CJJ 50—92 第 7.1.1 条的规定。山洪是指山区通过城市的小河和周期性流水的山洪沟发生的洪水。山洪的特点是，洪水暴涨暴落，历时短暂，水流速度快，冲刷力强，破坏力大。山洪防治的目的是，削减洪峰和拦截泥沙，避免洪灾损失，保卫城市安全。防洪对策是，采用各种工程措施和生物措施，实行综合治理。实践证明，工程措施和生物措施相辅相成，缺一不可，生物措施应与工程措施同步进行。

10.1.2 本条基本沿用原《城市防洪工程设计规范》CJJ 50—92 第 7.1.2 条的规定。山洪大小不仅和降雨有关，而且和各山洪沟的地形、地质、植被、汇水面积大小等因素有关，每条山洪沟自成系统。所以，山洪防治应以每条山洪沟为治理单元。由于受人力、财力的限制，如山洪沟较多，不能一次全面治理时，可以分批实施，对每条山洪沟进行集中治理、连续治理，达到预期防治效果。

10.1.3 本条基本沿用原《城市防洪工程设计规范》CJJ 50—92 第 7.1.3 条的规定。山洪特性是峰高、量小、历时短。山洪防治应尽量利用山前水塘、洼地滞蓄洪水，这样可以大大削减洪峰，减小下游排洪渠道断面，从而节约工程投资。

10.1.4 小型水库可大大削减洪峰流量，显著减小下游排洪渠道断面，从而节省工程投资和建筑用地，减免洪灾损失。由于小型水库库容较小，首先应充分发挥蓄洪削峰作用，在满足防洪要求前提下，兼顾城市供水、养鱼和发展旅游事业的要求，发挥综合效益。小型水库的等级划分和设计标准，应符合现行行业标准《水利水电工程等级划分及洪水标准》SL 252 的规定，由于其位于城市上游，应根据其失事后造成的损失程度适当提高防洪标准。工程设计还应符合有关规范的规定。

10.1.5 排洪渠道和截洪沟的护坡形式，常用的有浆砌块石、干砌块石、混凝土（包括预制混凝土）、草皮护坡等。护坡形式的选择，主要根据流速、土质、施工条件、当地材料及安全稳定耐久等综合确定。排洪渠道、截洪沟和撇洪沟可能位于城市的上游，一旦失事也会给城市安全造成较大威胁，因此要求设计者要十分重视其安全，从设计入手严把质量关，同时对建设和管理提出高要求，把质量和安全放在第一位。

10.2 跌水和陡坡

10.2.1 本条基本沿用原《城市防洪工程设计规范》CJJ 50—92 第 7.4.1 条的规定，并与现行国家标准《灌溉与排水工程设计规范》GB 50288—1999 第 9.7.1 条保持一致。具体采用何种形式，需作经济比较。当山洪沟、截洪沟、排洪渠道通过地形高差较大的地段时，需要采用陡坡或跌水连接上下游渠道。坡降在 1∶4～1∶20 范围内修建陡坡比跌水经济，特别在地下水位较高的地段施工较方便。当坡度大于 1∶4 时采用跌水为宜，可以避免深挖高填。

10.2.2 本条基本沿用原《城市防洪工程设计规范》CJJ 50—92 第 7.4.2 条的规定。跌水和陡坡水面衔接包括进口与出口，进口段要注意尽量不改变渠道水流要素，使水流平顺均匀进入跌水或陡坡。下游出口流速大，冲刷力强，一般要设消力池消能，从而减轻对下游渠道的冲刷，消力池深度、长度等尺寸应经计算确定。

10.2.3 本条基本沿用原《城市防洪工程设计规范》CJJ 50—92 第 7.4.3 条的规定。进出口导流翼墙单侧收缩角度和翼墙长度的规定系经验数据，在此范围内水流比较平顺、均匀、泄量较大。出口导流翼墙形式和扩散角度的规定，可使水流均匀扩散，对下游消能有利。

10.2.4 本条基本沿用原《城市防洪工程设计规范》CJJ 50—92 第 7.4.4 条的规定。对护底布置及构造作出规定，目的是为了延长渗径，保护基础安全。

10.2.5 本条基本沿用原《城市防洪工程设计规范》CJJ 50—92 第 7.4.5 条的规定，依据设计经验，并与现行国家标准《灌溉与排水工程设计规范》GB 50288—1999 第 9.7.2 条保持一致，将原《城市防洪工程设计规范》CJJ 50—92 规定的单级跌水高度由 3m 以内改为 5m 以内，主要是考虑山洪沟深度一般较小，以及有利于下游消能制定的，在此范围内比较经济，消能设施比较简单。

10.2.6 本条基本沿用原《城市防洪工程设计规范》CJJ 50—92 第 7.4.6 条的规定。规定限制陡坡底宽与水深比值在 10～20 之间，其目的主要是为了避免产生冲击波。

10.2.7 依据设计经验，对陡坡的比降提出了经验性数据，并与现行国家标准《灌溉与排水工程设计规范》GB 50288—1999 第 9.7.8 条保持一致。当流量大、土质差、落差大时，陡坡比降应缓些；当流量小、土质好、落差小时，陡坡比降应陡些。在软基上要缓些，在坚硬的岩基上可陡一些。

10.2.8 本条基本沿用原《城市防洪工程设计规范》CJJ 50—92 第 7.4.7 条的规定。在陡坡护底变形缝内设止水，其目的是为了防止水流淘刷基础，影响底板安全，同时减少经过变形缝的渗透量。设置排水盲沟可以减小渗透压力，在季节性冻土地区，还可避免或减轻冻害。

10.2.9 本条基本沿用原《城市防洪工程设计规范》CJJ 50—92 第 7.4.8 条的规定。人工加糙可以促使水流扩散，以增加水深，降低陡坡水流速度和改善水工建筑物下游流态，对下游消能有利。人工加糙对于改善水流流态作用的大小，与陡坡加糙布置形式和尺寸密切相关，人工加糙的布置和糙条尺寸选择要慎重，重要工程需要水工模型试验来验证，以确保人工加糙的消能效果。

西北水科所通过试验研究和调查指出，在陡坡上加设人工糙条，其间距不宜过小，否则陡坡急流将被抬挑脱离陡坡底，使陡坡底面各处产生不同程度的低压，而且水流极易产生激溅不稳，水面升高，不仅不利于安全泄水，使糙条工程量加大，陡坡边墙衬砌高度增加，而且对下游消能并无改善作用。

10.3 谷坊

10.3.1 本条基本沿用原《城市防洪工程设计规范》CJJ 50—92 第 7.3.1 条的规定。谷坊是在山洪沟上修建的拦水截砂的低坝，其作用是固定河床、防止沟床冲刷下切和沟岸坍塌、截留泥砂、改善沟床坡降、削减洪峰、减免山洪危害。

10.3.2 本条基本沿用原《城市防洪工程设计规范》CJJ 50—92 第 7.3.2 条的规定。在谷坊类型的比选条件中增加了“谷坊失事后可能造成损失的程度”的条件。谷坊种类较多，常用的有土谷坊、土石谷坊、砌石谷坊、铅丝石笼谷坊、混凝土谷坊等。上游支流洪水流量小、谷坊高度小，可采用土石谷坊、干砌石谷坊；中下游设计洪水较大、冲刷力较强、谷坊较多，多采用浆砌石谷坊或混凝土谷坊。考虑城市防洪安全，取消了土谷坊。

10.3.3 本条基本沿用原《城市防洪工程设计规范》CJJ 50—92

第 7.3.3 条的规定。谷坊位置选择除了要考虑减小谷坊长度、增大拦沙容积外，还要考虑地基较好、有利防冲消能，宜布置在直线段。山洪沟设计纵坡通常有两种考虑，一是按纵坡为零考虑，即上一个谷坊底标高与下一个谷坊溢流口标高齐平；二是纵坡大于零，小于或等于稳定坡降。各类土壤的稳定坡降如下：沙土为 0.05，黏壤土为 0.008，黏土为 0.01，粗沙兼有卵石为 0.02。

10.3.4 本条基本沿用原《城市防洪工程设计规范》CJJ 50—92 第 7.3.4 条和第 7.3.5 条的规定。

10.3.5 本条基本沿用原《城市防洪工程设计规范》CJJ 50—92 第 7.3.6 条的规定。

10.3.6 本条基本沿用原《城市防洪工程设计规范》CJJ 50—92 第 7.3.8 条的规定。

10.3.7 本条基本沿用原《城市防洪工程设计规范》CJJ 50—92 第 7.3.7 条和第 7.3.9 条的规定。

10.3.8 本条基本沿用原《城市防洪工程设计规范》CJJ 50—92 第 7.3.10 条的规定。

10.3.9 本条基本沿用原《城市防洪工程设计规范》CJJ 50—92 第 7.3.11 条的规定。取消了土谷坊。

10.4 撇洪沟及截流沟

10.4.1 撇洪沟是拦截坡地或河流上游的洪水，使之直接泄入城市下游承泄区的工程设施。

10.4.4 撇洪沟设计流量的拟定一般分为两种情况，一是以设计洪峰流量作为撇洪沟的设计流量，二是以设计洪峰流量的一部分作为撇洪的设计流量，而洪峰的其余部分，则通过撇洪沟上在适当地点设置的溢洪堰或泄洪闸排走。

10.4.5 考虑到撇洪沟的设计流量一般较大，为了使设计的断面和沟道土方量不致太大，常选用较大的沟底比降和较大的设计流速。为防止沟道局部冲刷，断面应采取防冲措施。

10.4.6 截流沟是为拦截排水地区上游高地的地表径流而修建的排水沟道，可以保护某一地区或某项工程免受外来地表水所造成的渍涝、冲刷、淤积等危害。

截流沟的洪水流量过程线，一般是峰高量小、历时短。因此，拟定截流沟设计流量有两种情况，一是取洪峰流量作为截流沟的设计流量，二是取设计洪峰流量的一部分作为截流沟的设计流量，其剩余部分经截流沟上的溢流堰或泄洪闸排入排水区，由排水站排走。具体数值经方案比较确定。

10.5 排洪渠道

10.5.1 本节基本沿用原《城市防洪工程设计规范》CJJ 50—92 第 7.5 节相关条款的规定。排洪渠道的作用是将山洪安全排至城市下游河道，渠线布置应与城市规划密切配合。要确保安全，比较经济，容易施工，便于管理。为了充分利用现有排洪设施和减少工程量，渠线布置宜尽量利用原有沟渠；必须改线时，除了要注意渠线平顺外，还要尽量避免或减少拆迁和新建交叉建筑物，以降低工程造价。

本条对渐变段长度作出规定，目的是为了使水流比较平顺、均匀地与上下游水流衔接。5 倍～20 倍沟渠水面宽度差是根据水工模型试验和总结实践经验确定的。

10.5.2 排洪沟渠纵坡选择是否合理，关系到沟渠排洪能力的大小及其冲淤问题，也关系到工程的造价。排洪沟渠设计纵坡应接近天然纵坡，这样水流较平稳，土石方工程量较少。在地面坡度较大时，宜尽可能地使沟渠下游的流速大于上游流速，以免排洪不畅。沟渠纵坡应使实际流速介于不冲不淤流速之间。当设计流速大于沟渠允许不冲流速时，应采取护砌措施，当设置跌水和陡坡段时，侧墙超高要比一般渠道适当加大，并要注意做好基础处理，防止水流淘刷破坏。

10.5.3 排洪渠道的边坡与渠道的土质条件及运行情况有关，渠道边坡需根据土质稳定条件来选择，在各种运行情况下均应保持渠道边坡的稳定。

10.5.4 本条对排洪沟渠进口布置形式作出规定，目的是为了保持水流顺畅，提高泄流量。对出口布置作出规定则是为了水流均匀扩散，防止产生偏流冲刷破坏。

10.5.5 排洪渠道弯曲段水流在凹岸一侧产生水位壅高，壅高值与流速及弯曲度成正比，一般采用下式计算：

$$Z=\frac{V^2}{g}\ln\frac{R_2}{R_1} \tag{3}$$

式中：g——重力加速度（m/s^2）；

Z——弯曲段内外侧水面差（m）；

V——弯曲段水流流速（m/s）；

R_1、R_2——弯曲段内外弯曲半径（m）。

10.5.6 本条规定排洪渠道应尽量采用挖方渠道，这是因为挖方渠道使洪水在地面以下，比较安全。填方渠道运转状态与堤防相似，所以规定要按堤防要求设计，使回填土达到设计密实度，当流速超过土壤不冲流速时还要采取防护措施，防止水流冲刷。

10.5.7 本条规定了排洪沟渠的最小弯曲半径，是为了使水流平缓衔接，不产生偏流和底部不产生环流，防止产生淘刷破坏。

10.5.8 排洪沟渠的设计流速应满足不冲和不淤的条件。当排洪沟渠设计流速大于土壤允许不冲流速时，必须采取护砌措施，防止排洪沟渠冲刷破坏。护砌形式的选择，在满足防冲要求的前提下，应尽量采用当地材料，减少运输量，节约投资。

10.5.9 山洪沟上游比降大，流速也大，洪水携带大量泥沙，到中下游沟底比降变小，流速也变小，泥沙容易淤积，在排洪渠道进口处设置沉沙池，可以拦截粗颗粒泥沙，是减轻渠道淤积的主要措施。在沉沙池淤满后应及时清除。

10.5.10 排洪暗渠泄洪能力一般按均匀流计算，如果上游产生壅水，泄洪能力就会降低，防洪安全得不到保障。

10.5.11 排洪暗渠设检查井，是为了维修和清淤方便，检查井间距的规定是参考城市排水设计规范制定的。

10.5.12 无压流排洪暗渠设计水位以上，净空面积规定不应小于断面面积的 15%，实质上是起安全超高的作用，适当留有余地以弥补洪水计算中的误差。无压流排洪暗渠水面以上的净空关系到排洪过程中是否发生明满流过渡问题，为防止出现满流状态，水面线以上都留有足够的空间余幅。

10.5.13 本条是根据现行行业标准《渠系工程抗冻胀设计规范》SL 23、《水工建筑物抗冻胀设计规范》SL 211 制定的，对发生冻害地区渠系建筑物提出安全要求。

10.5.14 当外河洪水位高于排洪沟渠出口洪水位时，排洪沟渠在出口处应设涵闸或在回水范围内做回水堤，防止洪水倒灌淹没城市。

11 泥石流防治

11.1 一般规定

11.1.1 本章基本沿用原《城市防洪工程设计规范》CJJ 50—92 第 8 章的规定，由于泥石流防治研究的局限性，本章条文说明基本沿用原《城市防洪工程设计规范》CJJ 50—92 第 8 章的条文说明内容，方便使用者查阅参考。

泥石流是发生在山区小流域内的一种特殊山洪，我国是世界上泥石流最发育的国家之一，由于泥石流突然暴发，而城市人口密集，所以城市往往是危害最严重的地方。以兰州市为例，新中国成立后的 40 多年中，发生大规模泥石流 4 次，造成近 400 人死亡，是该市自然灾害中死亡人数最多的一种灾害。据钟敦伦、谢洪、王士革等在《北京山区泥石流》一书中的不完全统计，1950 年至 1999

年，北京地区共发生了29次，200多处泥石流，共致死515人，毁坏房屋8200间以上，平均约每1.8年发生一次灾害性较大的泥石流。损失极为惨重。据不完全统计，全国已有150多座县城以上城市受到过泥石流的危害。

从城市防洪角度看，当山洪容重达到14kN/m³时，固体颗粒含量已占总体积的30%，已超过一般流量计算时的误差范围，在流量计算中泥沙含量已不可被忽视。如果所含泥沙颗粒是细粒土，这时的流变性质也发生较大变化，已接近宾汉模型。从水土保持角度看，流体容重超过14 kN/m³已不是一般的水土流失，属于极强度流失，也不是一般的水土保持方法就能防治的，因此这样的标准被工程界广泛接受。根据特征对泥石流加以分类，有利于区别对待，对症防治，也便于对泥石流的描述。泥石流按物质组成的分类方法是最常用的方法，其分类指标见表2。

表2 泥石流按组成物质分类表

类别	泥石流	泥流	水石流
颗粒组成	含有从漂砾到黏土的各种颗粒，黏土含量可达2%～15%，1mm以下颗粒占10%～60%	小于粉砂颗粒占60%以上，1mm以下颗粒占90%以上，平均粒径在1mm以下	1mm以下颗粒少于10%，由较大颗粒组成
力学性质	稀性或黏性	稀性或黏性	稀性

泥石流作用强度是泥石流对建筑物可能带来破坏程度的一般综合指标。泥石流作用强度是根据目前我国受泥石流危害的城镇的基本情况制定的，由于我国没有处于特别严重的泥石流沟区域，因此只分为严重、中等、轻微三类。

泥石流防治工程设计中应该突出重点，即重点防范和治理严重的泥石流沟，对严重的、危害大的泥石流沟采用较高的标准，对轻微的泥石流沟采用较低的标准。泥石流设计标准应按本规范表11.1.1选定。

11.1.3 泥石流是地质、地貌、水文和气象等条件综合作用的产物，是一种自然灾变过程；人类不合理的生产活动，又加剧了泥石流的发展。流域内有充分的固体物质储备，丰沛的水源和陡峭的地形是我们识别流域是否有泥石流的重要依据。对于山区小流域有深厚宽大的堆积扇，其流域形态为金鱼形状，纵剖面的石块、泥粒的混杂沉积，并有反粒径沉积（即上层石块粒径大于下层）趋势等，均提供了以往年代发生泥石流的证据。

泥石流流域勘查的重点是判定泥石流规模级别，确定计算泥石流相关参数，为减灾工程提供设计依据。对流域内泥石流历史事件的调查，要比洪水调查相对容易，因为泥石流痕迹可以保留相当长的时间，而且常常可以在泥石流流通段找到泥石流流经弯道时的痕迹并量测相应的要素来计算泥石流流速、流量。通过调查访问等方法来确定该事件的发生年代，并根据现在流域内各种泥石流形成条件（特别是固体物质补给）的变化及其发展趋势，评价该历史事件重演的可能性。这些都是今后规划和防治工程设计的重要依据。

11.1.4 本条基本沿用原《城市防洪工程设计规范》CJJ 50—92第8.1.5条的规定。由于泥石流形成的条件比较复杂，影响因素较多，流量计算很困难。目前，采用暴雨洪水流量配方法计算，用形态调查法相补充是比较常用的方法。配方法是假定沟谷里发生的清水水流，在流动过程中不断地加入泥沙，使全部水流都变为一定重度的泥石流。这种方法适用于泥沙来源主要集中在流域的中下部，泥沙供应充分的情况。

1 配方法：配方法是泥石流流量计算常用方法之一。知道了形成泥石流的水流流量和泥石流的容重，就可以推求泥石流的流量：设一单位体积的水，加入相应体积的泥沙后，则该泥石流的容重按下列公式计算：

$$\gamma_c=\frac{\gamma_b+\gamma_h\cdot\phi}{1+\phi} \tag{4}$$

$$\phi=\frac{\gamma_c-\gamma_b}{\gamma_h-\gamma_c} \tag{5}$$

$$Q_c=(1+\phi)Q_b \tag{6}$$

式中：γ_c——泥石流容重（kN/m³）；

γ_h——固体颗粒容重（kN/m³）；

γ_b——水的容重（kN/m³）；

ϕ——泥石流流量增加系数；

Q_b——泥石流沟一定频率的水流流量（m³/s）；

Q_c——同频率的泥石流流量（m³/s）。

用式(6)计算的泥石流流量与实测资料对比，一般都略为偏小。有人认为，主要是由于泥沙本身含有水而没有计入，如果计入，则：

$$\phi'=\frac{\gamma_c-\gamma_b}{\gamma_h(1+P)-\gamma_c(1+\frac{\gamma_h}{\gamma_b}P)} \tag{7}$$

式中：ϕ'——考虑泥沙含水量的流量增加系数；

P——泥沙颗粒含水量（以小数计）。

当γ_h采用27 kN/m³，$P=0.05$及$P=0.13$时，ϕ及ϕ'值如表3。

表3 不同泥石流容重的ϕ及ϕ'值

γ_c(kN/m³)	22.4	22	21	20	19	18	17	16	15	14
ϕ	2.70	2.40	1.85	1.43	1.12	0.89	0.70	0.55	0.42	0.31
ϕ' $P=0.05$	4.24	3.55	2.44	1.77	1.33	1.01	0.77	0.59	0.44	0.32
ϕ' $P=0.13$	50.1	15.2	5.14	2.87	1.86	1.29	0.93	0.67	0.49	0.34

当泥沙含量较大时，计算值相差很大，这是由于这时的土体含水量已接近泥石流体的含水量，泥石流形成不是由水流条件而是由动力条件决定的。因此$Q_c=(1+\phi')Q_b$公式不适合于泥沙含水量较大时高容重的泥石流计算。这时常采用经验公式计算：

$$Q_c=(1+\phi)Q_b\cdot D \tag{8}$$

式中：D——因泥石流波状或堵塞等的流量增大系数，一般取1.5～3.0。

根据云南省东川地区经验：

$$D=\frac{5.8}{Q_c^{0.21}} \tag{9}$$

$$则\ Q_c=[5.8(1+\phi)Q_b]^{0.83} \tag{10}$$

泥石流配方法虽是最常用的方法，但仍需与当地的观测或形态调查资料对照，综合评判后选择使用。

2 形态调查法：泥石流形态调查与一般河流形态调查方法相同，但应特别注意沟道的冲淤变化，及有无堵塞、变道等影响泥位的情况。在调查了泥石流水位及进行断面测量后，泥石流调查流量可按公式(11)计算：

$$Q_c=\omega_c V_c \tag{11}$$

式中：Q_c——调查频率的泥石流流量（m³/s），在设计时应换算为设计频率流量；

ω_c——形态断面的有效过流面积（m²）；

V_c——泥石流形态断面的平均流速（m/s），一般按曼宁公式计算，即$V_c=m_cR^{1/3}I^{1/2}$，R为水力半径（m），I为泥石流流动坡度（小数计），m_c值可参考表4确定。

表4 泥石流沟糙率系数 m_c 值

泥石流类型	沟槽特征	I	泥深(m)			
			0.5	1	2	4
			m_c			
稀性泥石流	石质山区粗糙系数最大的泥石流沟槽，沟道急陡弯曲，沟底由巨石漂砾组成，阻塞严重，多跌水和卡口，容重为(14～20)kN/m³的泥石流和水石流	0.15～0.22	5	4	3	2
稀性泥石流	石质山区中等系数的泥石流沟，沟道多弯曲跌水，坎坷不平，由大小不等的石块组成，间有巨石堆，容重为(14～20)kN/m³的泥石流和水石流	0.08～0.15	10	8	6	4
稀性泥石流	土石山区粗糙系数较小的泥石流沟槽，沟道宽平顺直，沟床平顺直，沟床由砂与碎石组成，容重为(14～18)kN/m³的水石流或泥石流或容重为(14～18)kN/m³的泥流	0.02～0.08	18	14	10	8
黏性泥石流	粗糙系数最大的黏性泥石流沟槽，容重为(18～23)kN/m³，沟道急陡弯曲，由石块和砂质组成，多跌水与巨石垄岗	0.12～0.15	18	15	12	10
黏性泥石流	粗糙系数中等的黏性泥石流沟槽，容重为(18～22)kN/m³，沟道较顺直，由碎石砂质组成，床面起伏不大	0.08～0.12	28	24	20	16
黏性泥石流	粗糙系数很小的黏性泥石流沟槽，容重为(18～23)kN/m³，沟道较宽平顺直，由碎石泥砂组成	0.04～0.08	34	28	24	20

对于已发生过的泥石流的流量计算，除了从辨认历史痕迹得到最大流速和相应断面以外，也可以通过泥石流流经的类似卡口堰流动时，按堰流公式算得。如按宽顶堰公式：

$$Q_d=\frac{2}{3}\mu\sqrt{2g}H^{1.5}\cdot B\cdot M \tag{12}$$

式中：Q_d——泥石流流量(m^3/s)；

μ——堰流系数，取0.72；

H——堰上泥石流水深(m)；

B——堰宽(m)；

M——过堰泥石流系数，取0.9。

11.1.5 泥石流防治规划应从整体环境和个别流域或不同类型泥石流特点出发，从流域上游、中游，出山口直至入主河(湖、海)，分段分区设立减灾工程，对泥石流形成的物源、水源和地形条件进行控制或改变，以达到抑制泥石流发生，减小泥石流规模的目的。综合防治体系包括工程措施(含生物工程)和非工程措施——预警预报体系。

对于威胁城镇居民点密集的泥石流沟必须采取综合防治体系，才能达到减灾和减少人员伤亡的目的。城镇泥石流综合防治体系应体现以拦蓄为主的原则，对于某些防护要求简单的情况，也可以采用单一的防护措施，为了保障居民点而设立单侧防护堤，甚至为保护某单个民宅，而采用半圆形堡垒式的防护墙等。

综合防治体系及其总体布局都纳入泥石流防治规划中。

11.1.6 泥石流和一般水流不同之处，在于有大量的泥沙，这些泥沙在运动过程中不断地改变着沟道，而且这种变化随着时间的推移在不断累积。对一般水流沟道，只要保证洪峰时的瞬间能够通过，这个沟道就是安全的。而泥石流由于其淤积作用，仅考虑瞬间通过就不行了。这次泥石流通过了，下次泥石流就不一定能通过，今年通过了，明年不一定能通过。因此在防泥石流的洪道设计中，必须了解可能发生泥石流总量、通过沟道的淤积、流出沟道后的情况，有多少被大河带走，有多少沉积下来，沉积成什么形状，对泥石流流动又有什么影响。不仅要考虑一次泥石流，还要考虑使用年限中的影响。

1 泥石流量可由多种方法确定：

1)调查法：可调查冲积扇多年来的发展速度来确定堆积量，调查流域内的固体物质流失量来计算年侵蚀量。泥石流主要由大沟下切引起的，也可按下切速度来计算侵蚀量，也可按几次典型泥石流调查来推算泥石流量。

2)计算法：用雨季总径流量折算，用一次降雨径流折算，或用一次典型泥石流过程折算。也可用侵蚀模数法或地区性经验公式。年冲出泥石流总量与堆积总量之间有一定的差别，这是由于很多泥沙被大河带走了，作为一般估计，可按下式计算。

$$V_s=\eta V \tag{13}$$

式中：V_s——年平均泥沙淤积量(m^3)；

V——年平均泥沙冲出量(m^3)；

η——被大河携带泥沙系数，按表5确定。

表5 大河携带系数 η

堆积区所处部位	η 值
峡谷区	0.5
宽谷区	0.65～0.85
泥石流不直接汇入大河	0.95

泥石流在沟口淤积形成冲积扇，其淤积量是十分可观的，据甘肃省武都县两条流域面积近2km²的泥石流沟观测，年平均冲出泥石流量分别为5万m³和7万m³，8年后，沟口分别淤高了11m和13m。根据白龙江流域的调查，沟口的淤积高度可按经验公式计算。

当 W_p<100万m³时：

$$h_T=0.025\cdot W_p^{0.5} \tag{14}$$

当 W_p>100万m³时：

$$h_T=\left[\frac{W_p\cdot 10^4}{4.3}\right]^{1/0.7} \tag{15}$$

式中：h_T——N年中沟口淤积高度(m)；

W_p——设计淤积量(m^3)，为设计年限N与年平均泥沙淤积量V_s的乘积；

N——为设计年限(年)。

泥石流的沿途淤积可用水动力平衡法(稀性泥石流)和极限平衡法(黏性泥石流)计算。

2 泥石流流速计算可根据不同地区的自然特点采用不同的计算公式。主要的经验公式包括：

1)用已有泥石流事件弯道处的参数值计算平均流速：

$$V=\sqrt{\frac{\Delta H\cdot R\cdot g}{B}} \tag{16}$$

式中：V——泥石流平均流速(m/s)；

ΔH——弯道超高值(m)；

B——沟槽泥面宽度(m)；

R——弯道曲率半径(m)；

g——重力加速度(m/s^2)。

2)王继康公式，用于黏性泥石流。

$$V=K_cR^{2/3}i^{1/5} \tag{17}$$

式中：i——泥石流表面坡度，也可用沟底坡度表示(%)；

R——水力半径，当宽深比大于5时，可用平均水深H表示(m)；

K_c——黏性泥石流系数，见表6。

表6 黏性泥石流系数表

H(m)	<2.50	2.75	3.00	3.50	4.00	4.50	5.00	>5.50
K_c	10.0	9.5	9.0	8.0	7.0	6.0	5.0	4.0

3)云南东川公式：

$$V=28.5H^{0.33}i^{1/2} \tag{18}$$

式中：H——泥深(m)。

4)西北地区黏性泥石流公式：

$$V=45.5H^{1/4}i^{1/5} \tag{19}$$

5)甘肃武都黏性泥石流公式：

$$V=65KH^{1/4}i^{4/5} \tag{20}$$

式中：K——断面系数，取0.70。

11.1.7 泥石流工程治理的方法各个国家都大同小异，应在不同的自然和经济条件下选用不同的类型组合。防治工程主要可分为预防工程、拦截工程和排导工程。预防工程又可分为：治水，即减少上游水源，例如用截水沟将水流引向其他流域，利用小的塘坝进行蓄水，上游有条件时修建水库是十分有效的方法；治泥，即采用平整坡地、沟头防护、防止沟壁等滑坍及沟底下切以及治理滑坡及坍塌等措施；水土隔离，即将水流从泥沙补给区引开，使水流与泥沙不相接触，避免泥石流发生。预防措施是减轻或避免泥石流发生的措施。在泥石流发生后，则采用拦挡或停淤的方法减少泥沙进入城市，在市区则需要修建排导沟引导泥石流流过。根据我国防治泥石流的经验，要根据当地的条件，综合治理，并结合生物措施和管理等行政措施，才能有效地防治泥石流的危害。

11.1.8 任何工程措施对于大自然而言都不可能是万无一失的，所以相应的非工程措施即预警预报系统对于保障生命安全显得更为重要。

泥石流预警预报是利用相应的设备和方法对将发生或已发生的泥石流提前发出撤离和疏散命令，减少人员伤亡。目前国内外较成功的警报方法有接触法和非接触法。其中接触式为断线法，即在沟床内设置一根金属线，当金属线被泥石流冲断时，其断线信号传至下游，实现报警。也可以用冲击传感器得到泥石流冲击力信号来实现报警。非接触法有地声法、超声波法，即用地声传感器来监测泥石流发生和运动后通过地壳传播的地声信号，用超声泥位计监测沟床内泥石流的水深来实现报警。泥石流次声警报器是接收泥石流发生和运动的声发射过程中的次声部分，这种低频率的信号以空气为介质传播，声速为344m/s，远大于泥石流运动的速度，有足够的提前量，而且全部装置(含传感器)都置于远离泥石流源地的室内，有较好的应用前景。

11.2 拦 挡 坝

11.2.1 拦挡坝是世界各国防治泥石流的主要措施之一，其主要形式有：采用大型的拦挡坝与其他辅助水工建筑物相配合，一般称为美洲型。成群的中、小型拦挡坝，辅以林草措施，一般称为亚洲型。应用于一般水工建筑物上的各种坝体都被应用在泥石流防治上，例如重力或圬工坝、横形坝、土坝等，泥石流防治中还常采用带孔隙的坝，如格栅坝、桩林坝等，格栅坝有金属材料和钢筋混凝土材料等类。

采用什么形式的坝体，要根据当地的材料、地质、地形、技术和经济条件决定。

11.2.2 拦挡坝在一般情况下大多成群建筑，一般2座～5座为一群，但在条件合适时也可单个建筑。成群的拦挡坝往往用下游坝体的淤积来保护上游拦挡坝的基础，拦挡坝的间距由下式计算决定。

$$L=\frac{i_c-i_o}{H} \tag{21}$$

式中：L——拦挡坝的间距(m)；

H——拦挡坝有效高度(m)；

i_c——修建拦挡坝处的沟底坡度(小数计)；

i_o——预期淤积坡度(小数计)。

一般认为：预期淤积坡度与原沟底坡度有一定关系，即：

$$i_o=Ci_c \tag{22}$$

式中：C为比例系数。作为工程设计，C值可参考表7。

表7 C值表

泥石流作用强度	严重的	中等的	轻微的
C值	0.7～0.8	0.6～0.7	0.5～0.6

成群的坝体往往用来防护沟底、侧壁、拓宽沟底，当拦挡坝为停留大石块时，需在一定长度内连续修建，需要修建的全长可参考下式计算：

$$L_1=fL_o \tag{23}$$

式中：L_1——拦截段全长(m)；

f——系数，严重的泥石流沟2.5，一般的泥石流沟2.0，轻微的泥石流沟1.5；

L_o——粒径为d的石块降低到规定速度时所需平均长度(m)，见表8。

表8 L_o值表

d(cm)	10	20	30	40	50	60
L_o(m)	350	300	250	200	150	100

不论单个或成群设置的拦挡坝均应考虑有较大的库容和较好的基础。

11.2.3 本条规定了不同目的坝体高度的最低要求。对以拦挡泥石流固体物质为主的拦挡坝淤满了怎么办，一般有两种方法，一是清除，这对间歇性泥石流沟尚可使用，但对常发性泥石流沟则十分困难；另一种方法是将原坝加高，可在原地加高，也可在原坝上游淤积体上加高，这是最常用的方法，并且较为经济。

为稳定滑坡的拦挡坝坝高可参考下列公式计算：

$$H=h+h_1+L_1(i_c-i_o) \tag{24}$$

$$h=\left[\frac{2.4P}{\gamma\tan^2(45°+\frac{\phi}{2})}\right]^{1/2} \tag{25}$$

式中：H——设计拦挡坝高度(m)；

h——稳定滑坡所需高度(m)；

h_1——滑坡滑面距沟底高度平均值(m)；

L_1——坝距滑坡的平均距离(m)；

P——滑坡剩余下滑力(kN/m)；

γ——淤积物容重(kN/m³)；

ϕ——淤积物内摩擦角(°)。

11.2.4 拦挡坝的基础设置是个很重要的问题，如处理不好，为保护基础的造价会等于或超过坝体的造价。基础的主要问题是冲刷，拦挡坝的坝下冲刷由侵蚀基面下降、泥沙水力条件改变和坝下冲刷三部分组成。

因此对独立的坝体或群坝中最下游坝体的基础埋深要认真地研究，目前常采用坝下护坦和消力槛的办法加以保护。

11.2.5 泥石流中有大量的石块和漂砾，背水面垂直可避免石块撞击坝身而造成破坏。泄水口磨损非常严重，要采用整体性较好和耐磨的材料修建，根据不同情况采用混凝土、钢筋混凝土、钢筋或钢轨衬砌。对整体性较差的坝体，如干砌块石坝，泄水口附近也需用混凝土浇筑。在泥流等细颗粒泥石流沟道中的拦挡坝，背水面不一定要垂直，泄水口的抗磨性要求可较低。

11.2.6 拦挡坝上每米宽度上的泥沙压力可按下式计算：

$$P_c=\frac{1}{2}\gamma_c H^2(1+\frac{2h}{H})\tan^2(45°-\frac{\phi}{2}) \tag{26}$$

式中：P_c——坝上的泥沙压力(kN/m)；

γ_c——泥石流容重(kN/m³)；

H——拦挡坝高度(m)；

h——拦挡坝泄流口处泥石流流深(m)；

ϕ——泥石流内摩擦角(°)，如无实测资料时，可参考表9。

表9 泥石流内摩擦角

γ_c(kN/m³)	<16	>16
ϕ(°)	0	$0.125(\gamma_c-\gamma_b)$

泥石流冲击力分浆体动压力和大石块冲撞力两部分，浆体动压力可用动量平衡原理导出：

$$Ft=mV \tag{27}$$

式中：m——泥石流的质量，$m=\rho Qt$，Q为泥石流量，ρ为泥流密度；

F——冲击力；

t——冲击力作用时间；

V——为泥石流流速。

当过流面积为 ω 时，则单位面积冲击力 f 为：

$$f=\frac{F}{\omega}=\rho V^2=\frac{\gamma_c}{g}V^2 \tag{28}$$

式中：f——单位面积冲击力(kN/m^2)；

γ_c——泥石流容重(kN/m^3)；

ρ——泥石流的密度(kg/m^3)；

V——泥石流流速(m/s)；

g——重力加速度(m/s^2)。

1966年在云南东川蒋家沟曾用压力盒进行冲击力测定，平均冲击力为$95kN/m^2$。1973年又用电感压力盒测定，其值与计算值相差不多。

目前，国内对泥石流冲击力的研究也取得了很大进展，中科院成都所根据弹性碰撞理论推导出以下公式。

将被撞建筑物概化成悬臂梁类型(如墩、台柱、直立跌水井等)和简支梁类型(如闸、格栅堤、软地基上两岸坚实的坝等)，公式为：

$$F=\sqrt{\frac{AEJGV^2\cos^2\alpha}{gL^3}} \tag{29}$$

式中：F——个别石块冲击力(kg)；

A——系数，当构件为悬臂梁时，$A=3$；当构件为简支梁时，$A=48$；

E——被撞构件之杨氏模量(kg/m^2)；

J——被撞构件通过中性轴之截面惯性矩(m^4)；

G——石块重量(kg)；

V——石块流速(通常与流体等速)(m/s)；

L——构件长(m)；

α——冲击力方向与法线夹角。

以上计算公式可供设计时参考，有实测或试验资料时，应采用实际值。

泥石流拦挡坝建成后，最危险的时候是泥石流一次充满坝体库容，前部并有大石块撞击坝体，但这种情况不是很多，因此认为这是属于特殊组合。如果泥石流已充满坝体库容，大石块就不会再有巨大的撞击，并且随着泥石流的逐渐固化，摩擦角将逐步增大，所以坝体的最大受力时间是很短暂的，因此拦坝设计时应尽量采用减少前期受力的措施。

11.2.7 消力槛是拦挡坝防冲刷和消能的有效形式之一，如修建护坦也宜在消力槛内，并埋人沟底，以免被过坝的大石块击毁。消力槛的位置应大于射流长度，其距离可参考下式计算。

$$L=1.25V_c(H+h)^{1/2} \tag{30}$$

式中：L——消力槛距拦挡坝的距离(m)；

H——拦挡坝高度(m)；

h——拦挡坝顶泥石流过流深度(m)；

V_c——拦挡坝泄流口泥石流泄流速度(m/s)。

11.2.8 格栅坝是泥石流拦挡坝的一种特殊形式，可以采用圬工坝上留窄缝、孔洞等形式，也可用钢杆件或混凝土杆件组装或安置在圬工墩台间，亦可采用桩式或A字形三角架式的桩林坝，还可采用钢索网状坝。格栅坝的主要作用是拦住大石块，而将其他泥石流排出，在流量大时可能暂时蓄满，之后较小颗粒逐渐流出，有调节流量的作用。实际使用时，希望格栅坝不要很快淤满，因此栅距较大，但最终仍将淤平，逐渐与实体坝一致。

11.3 停淤场

11.3.1 泥石流停淤场是一种利用面积来停淤泥石流的措施。稀性泥石流流到这里后，流动范围扩大，流深及流速减小，大部分石块失去动力而沉积。对于黏性泥石流，则利用它有残留层的特征，让它黏附在流过的地面上。在城市上、下游有较广阔的平坦地面条件时，是一种很好的拦截形式。如果停淤场处的坡度较大，就不易散布在较大的面积上，应用拦坝等促使其扩散。根据甘肃省武都地区的试验、观测，黏性泥石流在流动一定距离后可能扩散的宽度可用式(31)计算：

$$B=4\sqrt{\frac{\tau_0}{\gamma_c i_c}L} \tag{31}$$

式中：B——黏性泥石流流动 L 长度后泥石流的扩散宽度(m)；

τ_0——泥石流值限静切压力(kPa)；

γ_c——泥石流容重(kN/m^3)；

i_c——停淤场流动方向的坡度，以小数计。

流动 Lm 距离后，泥石流可能的停留量：

$$W_u=5\left(\frac{\tau_0}{\gamma_c i_c}L\right)^{3/2} \tag{32}$$

式中：W_u——在流动 L 米距离后黏性泥石流可能停积的泥石总量(m^3)。

停淤场下游流量将要较原设计流量减小，其折减系数 K 可参考下式：

$$K=1-\frac{W_u}{W_c} \tag{33}$$

式中：K——泥石流流量折减系数；

W_u——停淤场停淤的泥石流量(m^3)；

W_c——一次泥石流的总量(m^3)。

对于稀性泥石流，停淤场内可能停留的石块直径与流动长度可用下式计算：

$$L=1.5Q_c i_c^{0.7}d_u^{-0.85} \tag{34}$$

式中：L——稀性泥石流在停淤场内流动长度(m)，在此距离内泥石流流动宽度不断增加，扩散角一般不小于15°；

Q_c——泥石流流量(m^3/s)；

i_c——停淤场流动方向坡度，以小数计；

d_u——在经过 L 长度后，可能停留下来的石块直径(m)。

流量折减系数 K 可按下式计算：

$$K=1-P\frac{\gamma_c-\gamma_b}{\gamma_h-\gamma_b} \tag{35}$$

式中：P——泥石流中大于或等于 d_u 颗粒的石块占总泥沙量的百分数(以小数计)；

γ_c——泥石流容重(kN/m^3)；

γ_h——泥沙颗粒容重(kN/m^3)；

γ_b——水的容重(kN/m^3)。

过水的停淤场对防治来说，不起什么作用，因此规定了停淤场的必要条件，计算时可参考式(31)～式(35)。

11.3.2 泥石流停淤场内的拦挡坝及导流坝的作用是使泥石流能流过更多的路程，扩散到更大面积，使泥石流尽可能多地停积在停淤场内。

11.3.3 停淤场内的拦挡坝是一种临时性的建筑，而且可能经常改变，因此材料宜就地取材，并节省费用。

11.4 排导沟

11.4.1 排导沟是城市排导泥石流的必要建筑物，根据各地的经验，排导沟宜选择顺直、坡降大、长度短和出口处有堆积场地的地方，其最小坡度不宜小于表10所列数值。

表10 排导沟沟底设计纵坡参考值

泥石流性质	容重(kN/m^3)	类别	纵坡(%)
稀性	14～16	泥流	3～5
		泥石流	5～7
	16～18	泥流	5～7
		泥石流	7～10
		水石流	7～15
黏性	18～22	泥流	8～12
		泥石流	10～18

11.4.2 排导沟与天然沟道的连接十分重要，根据实践经验，收缩角不宜太大，否则容易引起淤积和发生泥石流冲起越过堤坝等事故。

11.4.3 较窄的沟道能使泥石流有较大的流速减少淤积，也可以减少在不发生泥石流时水流对沟底的冲刷。但沟底较窄时需要较大的沟深，因此沟底宽度要根据可能的沟深来综合考虑。目前沟道宽度一般是比照天然沟道中流动段的宽度，可参照铁道研究院西南所的公式计算确定：

$$B \leqslant \left(\frac{i}{i_c}\right)^2 B_c \tag{36}$$

式中：B——排导沟底宽(m)；

B_c——流通区天然沟宽(m)；

i——排导沟坡度，以小数计；

i_c——流通区沟道坡度。

也可根据甘肃省武都地区对泥石流沟道的调查，建议的沟底宽度。

当排导沟断面为梯形时：

$$B=0.81 i^{-0.40} F^{0.44} \tag{37}$$

当排导沟断面为矩形时：

$$B=1.7 i^{-0.40} F^{0.28} \tag{38}$$

式中：B——排导沟宽度(m)；

i——排导沟坡度，以小数计；

F——流域面积(km^2)。

11.4.4 为保证泥石流中大石块的通过，设计沟深不仅应保证泥石流的正常通过，而且应大于最大石块直径1.2倍。对于黏性泥石流，不应小于泥石流波状流动高度。泥石流的波高，可按甘肃省武都地区公式计算：

$$h_c=2.8\left[\frac{\tau_0}{\gamma_c i_c}\right]^{0.92} \tag{39}$$

式中：h_c——泥石流波高(m)；

τ_0——黏性泥石流的极限静切应力(kPa)；

γ_c——泥石流容重(kN/m^3)；

i_c——沟床坡度，以小数计。

在泥石流排导沟的弯道地段，还应加上弯道超高值，其超高值据调查，可按以下公式计算：

$$h_E=\frac{V_c^2 B}{2gR} \tag{40}$$

式中：h_E——泥石流在弯道外侧超过中线设计泥位的超高值(m)；

V_c——泥石流流速(m/s)；

R——弯道中心线半径(m)；

B——设计泥石流深时的泥面宽(m)；

g——重力加速度(m/s^2)。

在排导沟进口不平顺有顶冲处，应加上泥石流的顶冲壅高值 h_s。

$$h_s=\frac{V_c^2 \sin^2\alpha}{2g} \tag{41}$$

式中：h_s——泥石流顶冲壅高值(m)；

α——泥石流流向与堤坝夹角(°)。

泥石流排导沟不仅应保证建成时泥石流的通过，而且要保证在淤积后能够通过。考虑到50年一遇流量恰好在第50年时发生的几率很低，因此其淤积计算年限都较设计年限要短，这与现行行业标准《公路桥涵设计通用规范》JTG D60是一致的。

11.4.5 稀性泥石流对排导沟侧壁冲刷较为严重，黏性泥石流一般冲刷较轻，但黏性泥石流沟平时也会发生一般洪水，会对侧壁造成冲刷，因此城市中的泥石流排导沟一般都应该护砌。

11.4.6 将泥石流改向相邻的沟道，使城市免受泥石流的危害，在条件许可时，这是值得采用的一种措施，但应论证其改道的可靠性和对周围环境的影响。

12 防洪工程管理设计

12.1 一般规定

12.1.1 本条规定了防洪工程管理设计的主要内容，运行期管理只是提出原则性要求，具体的管理细则应由管理者根据有关法律法规及规范结合工程运行的实际制定。

本条总括规定了防洪工程管理设计的主要内容。城市防洪工程管理是城市防洪工程设计中的重要组成部分，是城市防洪工程建成投产后能够正常安全运行、发挥工程效益的基础。在社会主义市场经济体制逐步建立、传统水利向现代水利和可持续发展水利转变的新形势下，工程管理提到了一个相对比较高的高度。因此，只有加强对城市防洪工程的管理，才能最大限度地发挥城市防洪工程的效益，保障城市经济的可持续发展。这就要求城市防洪工程设计重视工程管理设计，针对城市防洪工程工程类型多、密度大、标准高的特点，进行管理设计，为运行管理打好基础。

12.1.2 本条是根据《中华人民共和国水法》的规定和工程实际需要制定的。工程管理用地是保证工程安全、进行工程管理所必需的，但现实城市用地十分紧张，地价昂贵，造成管理用地的征用比较困难，工程保护范围用地虽不征用，但对土地使用仍然是有限制的。因此，划定工程的管理范围和保护范围是政策性很强的工作，必须以防洪保安为重点，以法律、法规为依据，同时符合地方法规，取得地方政府的支持。

12.1.3 防洪堤、防洪墙、水库大坝、溢洪道、防洪闸等主要防洪建筑物，一般均应设水位、沉陷、位移等观测和监测设备，掌握建筑物运行状态，以便检验工程设计、积累运行与管理资料，确保正常运行，为持续改进提供资料和依据。目前城市防洪工程中的各类单项工程都已有相应的管理设计规范，在这里只是强调应设置必要的观测、监测设施，工程设计时可按相应规范要求进行设计。

12.1.4 超标准洪水处置区是为保证重点防洪地区安全和全局的安全而牺牲局部利益的一项重要措施。建立相应的管理制度，有条件、有计划地运用，才能将损失降低到最小。

12.2 管理体制

12.2.1 按照国务院体改办2002年9月3日颁布的《水利工程管理体制改革实施意见》，应根据水管单位承担的任务和收益状况，确定城市防洪管理单位的性质。

第一类是指承担防洪、排涝等水利工程管理运行维护任务的水管单位，称为纯公益性水管单位，定性为事业单位。

第二类是指承担既有防洪、排涝等公益性任务，又有供水、水力发电等经营性功能的水利工程管理运行维护任务的水管单位，称为准公益性水管单位。准公益性水管单位依其经营收益情况确定性质，不具备自收自支条件的，定性为事业单位；具备自收自支条件的，定性为企业，目前已转制为企业的，维持企业性质不变。

第三类是指承担城市供水、水力发电等水利工程管理运行维护任务的水管单位，称为经营性水管单位，定性为企业。

城市防洪工程基本上是以防洪为主的纯公益性的水利工程，或者是准公益性的水利工程，城市防洪管理单位一般没有直接的财务收入，不具备自收自支条件，其管理单位大多为事业单位。

12.2.2 城市防洪管理的内容包括了水库、河道、水闸、蓄滞洪区等调度运用、日常维护和管理，同时，与城市供水、水资源综合利用紧密地结合在一起。《中华人民共和国水法》规定："国家对水资源实行流域管理与行政区域管理相结合的管理体制"；《中华人民共和国防洪法》规定："防汛抗洪工作实行各级人民政府行政首长负责制，统一指挥、分级分部门负责"；国家防汛总指挥部《关于加强城市防洪工作的意见》中要求"必须坚持实行以市长负责制为核心各种责任制"、"建议城市组织统一的防汛指挥部，统一指挥调度全市的防洪、清障和救灾等项工作"。本条根据上述法律法规文件精神制定，要求城市防洪工程设计时，明确城市防洪管理体制，即根据城市防洪工程的特点、工程规模、管理单位性质确定管理机构设置和人员编制，明确隶属关系、相应的防洪管理权限。

对于新建工程，应该建立新的防洪管理单位。对于改扩建工程，原有体制还基本合适的，可结合原有管理模式，进行适当调整和优化；如原有管理模式确实已不适合改建后工程的特点，也可建立新的管理单位。

目前，我国的水管理体制还比较松散，很多城市的防洪工程分别由水利、城建和市政等部门共同管理。在这种体制下，不可避免地形成了各部门之间业务范围交叉、办事效率低下、责任不清等状况，不利于城市防洪的统一管理，也不利于城市防洪工程整体效益的发挥，应逐步集中到一个部门管理，实施水务一体化管理。

12.3 防 洪 预 警

12.3.1～12.3.5 城市防洪是一项涉及面很广的系统工程，除建设完整的工程体系外，还需加强城市防洪非工程体系的建设，工程措施与非工程措施并用，才能最大限度地发挥城市防洪工程的效益。防洪预警系统是防洪非工程措施的重要内容，建立防洪预警系统是非常必要的，在此规定了防洪预警系统应包括的主要内容、设计依据和原则等。

12.3.6 防洪预警系统应是一个实时的、动态的系统，在实际运行中应进行动态管理，结合新的工程情况和调度方案进行不断修订，不断补充完善，其中既包括由于工程情况和调度方案的变化而造成的防汛指挥调度系统的修订，也包括随着科技的发展和对防汛指挥调度系统认识及要求的提高而需要进行的修订。

13 环境影响评价、环境保护设计与水土保持设计

13.1 环境影响评价与环境保护设计

13.1.1 本条规定了不同设计阶段环境影响评价的工作深度与内容。

13.1.2 本条规定了城市防洪工程环境影响评价的依据。

13.1.3 本条规定了城市防洪工程环境影响评价应包括的对特有环境影响内容。

13.1.5 本条规定了城市防洪工程环境保护设计的内容。

13.2 水土保持设计

13.2.1～13.2.3 这三条规定了水土保持设计的依据与城市防洪工程水土保持设计的特殊要求。

中华人民共和国国家标准

水土保持工程设计规范

Code for design of soil and water conservation engineering

GB 51018—2014

主编部门：中 华 人 民 共 和 国 水 利 部
批准部门：中华人民共和国住房和城乡建设部
施行日期：2 0 1 5 年 8 月 1 日

中华人民共和国住房和城乡建设部
公　　告

第589号

住房城乡建设部关于发布国家标准《水土保持工程设计规范》的公告

现批准《水土保持工程设计规范》为国家标准，编号为GB 51018—2014，自2015年8月1日起实施。其中，第7.1.5、12.2.2（2）条（款）为强制性条文，必须严格执行。

本规范由我部标准定额研究所组织中国计划出版社出版发行。

中华人民共和国住房和城乡建设部

2014年12月2日

前　　言

本规范是根据原建设部《关于印发〈二OO四年工程建设国家标准制订、修订计划〉的通知》（建标〔2004〕67号），由水利部水利水电规划设计总院和黄河勘测规划设计有限公司会同有关单位共同编制完成。

本规范的编制过程中，编制组进行了广泛的调查研究，认真总结我国各地区以及相关行业水土保持工程设计的经验，吸收了国内有关弃渣场防护、坡耕地治理等工程设计的先进成果，并在广泛征求意见的基础上，最后经审查定稿。

本规范共19章和3个附录，主要技术内容包括：总则，术语，基本规定，水土流失综合治理工程总体布置，工程级别划分和设计标准，梯田工程，淤地坝工程，拦沙坝工程，塘坝和滚水坝工程，沟道滩岸防护工程，坡面截排水工程，弃渣场及拦挡工程，土地整治工程，支毛沟治理工程，小型蓄水工程，农业耕作措施，固沙工程，林草工程，封育工程等。

本规范中用黑体字标志的条文为强制性条文，必须严格执行。

本规范由住房和城乡建设部负责管理和对强制性条文的解释，由水利部国际合作与科技司负责日常管理，水利部水利水电规划设计总院负责具体技术内容的解释。在执行本规范的过程中，请各单位注意总结经验、积累资料，将有关意见和建议反馈给水利部水利水电规划设计总院（地址：北京市西城区六铺炕北小街2-1号，邮政编码：100120，E-mail：jsbz@giwp.org.cn），以供今后修订时参考。

本规范主编单位、参编单位、主要起草人和主要审查人：

主 编 单 位： 水利部水利水电规划设计总院
黄河勘测规划设计有限公司

参 编 单 位： 长江流域水土保持监测中心站
内蒙古自治区水利水电勘测设计院
黑龙江农垦勘测设计研究院
陕西省水土保持局
辽宁省水利水电勘测设计研究院
黄河上中游管理局西安规划设计研究院
长江勘测规划设计研究有限责任公司
中水珠江规划勘测设计有限公司
贵州省水利水电勘测设计研究院
河北省水土保持工作总站
浙江省水利水电勘测设计院

主要起草人： 王治国　史志平　纪　强　杨伟超
韩凤翔　于铁柱　夏广亮　刘利年
王宝全　朱党生　王白春　李晓凌
李世锋　廖建文　袁　宏　郭志全
罗代明　王　晶　桂慧中　贾立海
陈松滨　朱莉莉　张　曦　苏芳莉
姜圣秋　周宗敏　贺康宁　阮　正
徐成剑　梁升起　潘　宣　任青山
李雪鹏　邓民兴　孟繁斌　颜凡生
闫俊平　喻　斌　张　剑　张　霞

陈三雄　林晓纯　黄家文　王正杲
张建波　周利军
主要审查人：马毓淦　焦居仁　马会领　王小毛
王忠和　王　莹　左长清　刘光振
孙保平　孙胜利　李　健　张先明
张　芃　林凤友　陈宗伟　姚芝茂
费永法　桑翠江　常丹东　蔡继清
操昌碧

目　次

Contents

1 总　　则

1.0.1 为统一水土保持工程设计要求，保证设计质量和工程安全，发挥水土保持工程综合效益，制定本规范。

1.0.2 本规范主要适用于水土流失综合治理工程中的梯田、淤地坝、拦沙坝、塘坝、滚水坝、沟道滩岸防护、坡面截排水、引洪漫地、引水拦沙造地、支毛沟治理、小型蓄水工程、农业耕作、防风固沙、林草工程、封育工程，以及生产建设项目中的弃渣拦挡、土地整治、截排水、小型蓄水工程、防风固沙、植被恢复与建设工程设计。

1.0.3 水土保持工程设计应具备可靠的基础资料，在收集地质地貌、气象水文、土壤植被、水土流失、水土保持和社会经济等基本资料的基础上，开展相应调查、勘测及试验。应本着因地制宜、综合治理、安全可靠、注重效益的原则，在进行总体布置设计的基础上，进行各项措施设计。

1.0.4 水土保持工程设计除应符合本规范外，尚应符合国家现行有关标准的规定。

2 术　　语

2.0.1 水土流失综合治理工程　comprehensive control project of soil erosion and water loss

为治理区域水土流失，以小流域或片区为单元，合理配置的单项措施或多项措施的组合。

2.0.2 淤地坝　check dam for farmland forming

在多泥沙沟道修建的以控制侵蚀、拦泥淤地、减少洪水和泥沙灾害为主要目的的工程设施，其总库容不大于500万m^3，坝高不超过30m。

2.0.3 滚水坝　overflow dam

以抬高沟道上游水位、固定沟床、灌溉为主要目的的一种高度较低的挡水建筑物。

2.0.4 雨水集蓄利用工程　rainwater utilization works

对雨水进行收集、蓄存和调节利用的小型水利水保工程。

2.0.5 林草工程　forest and grass works

以植物措施为主体的水土流失防治工程，主要包括具有生态功能、生产功能的造林种草及经果林营造，生产建设项目所涉及的植被恢复与建设工程，以及农村生活污水处置湿地植物措施。

2.0.6 生态护岸　gully bank protection eco-works

利用植物或者植物与工程相结合，对沟道滩岸进行防护，以达到固岸护地、控制土壤侵蚀和修复水生态的一种护岸形式。

2.0.7 坡面截排水工程　water intercepting and drainage works on hill-slope

为拦截和疏导坡面径流而修建的设施。

2.0.8 支毛沟　branch gully

小流域中汇水面积小于1km^2的分支沟。

2.0.9 小流域人工湿地　artificial wetland in small watershed

配置于生态清洁小流域中，以净化污水、改善水质及水体景观为目的，由人工建造和控制运行的湿地。

2.0.10 封育工程　fenced project and affiliated equipments

以封禁为基本手段，利用植物的自然繁殖和生长能力，辅以补植、抚育，以电代柴、沼气池、节柴灶、生态移民等人工促进手段，促进和恢复区域林草植被全部措施的总称。

2.0.11 弃渣场　residues disposal area

工程建设中对不能利用的开挖土石方、拆除混凝土或其混合物所选择的处置或堆放场地的总称。

2.0.12 堆渣最大高度　maximum height of slag-dumping

弃渣场堆渣最高点与最低坡脚的高程差值。

2.0.13 防风固沙带　windbreak and sand-fixation belt

为控制风蚀危害，根据区域风蚀特点布设在工程保护对象周边，由若干植物固沙、沙障固沙、化学固沙和封育措施组合所形成的带状防护措施体系。

3 基 本 规 定

3.0.1 水土流失综合治理工程设计应重点分析流域土地利用现状、经济社会发展和水土流失防治需求，应以"治理水土流失，保护和合理利用水土资源，提高土地生产力，改善农村生产生活条件及生态环境"为基本出发点进行总体布置，并应据此开展各类措施或单项工程的设计。

3.0.2 生产建设项目水土保持设计应通过主体工程水土保持评价，结合主体工程设计，充分利用与保护水土资源，注重生态，拟定水土流失防治措施总体布局，分区开展水土保持设计，使水土保持工程和设施与项目区生态、地貌、植被、景观相协调。

3.0.3 生产建设项目水土保持措施总体布局及本规范未涉及的其他水土保持措施设计应按现行国家标准《开发建设项目水土保持技术规范》GB 50433的有关规定执行。

3.0.4 水土保持工程设计调查与勘测资料及图件比例尺的基本要求应按水土保持工程调查与勘测的有关规范执行。

3.0.5 水土保持的工程规模、设计标准应按总体布置（局）中确定的各项措施有机组合所发挥的作用和要求，遵循"安全可靠、经济合理"原则确定。

4 水土流失综合治理工程总体布置

4.1 一 般 规 定

4.1.1 水土流失综合治理工程应以小流域为单元，根据水土流失防治、生态建设及经济社会发展需求，统筹山、水、田、林、路、渠、村进行总体布置，做到坡面与沟道、上游与下游、治理与利用、植物与工程、生态与经济兼顾，使各类措施相互配合，发挥综合效益。

4.1.2 总体布置应符合下列规定：

1 应坚持沟坡兼治，坡面以梯田、林草工程为主，沟道应以淤地坝坝系、拦沙坝、塘坝、谷坊等工程为主。

2 应坚持生态与经济兼顾，梯田与林草工程布置应根据其生产功能，加强降水资源的合理利用，在少雨缺水地区配置雨水集蓄利用工程，多雨地区配置蓄排结合的蓄水排水工程，使梯田与坡面水系工程相配套，经济林、果园、设施农业与节水节灌、补灌相配套。

3 应坚持自然修复和人工治理相结合，江河源头区、远山边山地区应根据实际情况，充分利用自然修复能力，合理布置封育及其配套措施。

4 重要水源地应按生态清洁小流域进行布置，合理布设水源涵养林，并应配置面源污染控制措施。

5 在山洪灾害、泥石灾害、崩岗灾害严重的地区，应合理配置防灾减灾措施。

6 在城郊地区应充分利用区域优势，注重生态与景观结合，措施配置应满足观光农业、生态旅游、科技示范、科普教育需求。

4.2 分区基本要求

4.2.1 东北黑土区总体布置应符合下列要求：

1 应以保护黑土资源、保障粮食生产为核心，以防治侵蚀沟和缓坡耕地水土流失为重点。

2 治理措施应包括梯田、等高耕作、垄向区田、地埂植物带、谷坊以及农业机械道路、灌溉渠系、坡面排水措施等。

4.2.2 西北黄土高原区总体布置应符合下列要求：

1 应以提高综合农业生产能力和改善生态为核心，以保护土壤、增加植被覆盖、蓄水保水、拦沙减沙为重点。

2 治理措施应以梯田、淤地坝、治沟造地、林草工程、封育及配套措施为主，多年平均降水量400mm以下地区林草工程应以灌草措施为主。

3 沟道应布置坝系，坡面应布置梯田与林草工程，远山边山地区应布置封育及配套措施。梯田和淤地坝工程布置应与雨水集蓄利用、高效高产规模特色农业或经果林发展结合。

4 淤地坝工程坝系布置应妥善处理小流域内大、中、小型淤地坝与塘坝、小水库之间的关系，合理配置，联合运用；单坝规模确定应分析坝系中各单坝的相互作用。

4.2.3 北方风沙区总体布置应符合下列要求：

1 应以建设生态屏障和防沙带、修复和改良草场、保护绿洲为核心，重视水蚀风蚀交错区的水蚀和风蚀防治。

2 治理措施应以防风固沙、草场修复建设与保护、绿洲防护、林草措施、封育及其配套措施为主。

3 多年平均降水量250mm及以上地区应充分利用小泉、小水，加强雨水集蓄利用，采取砂田与覆盖措施，保持土壤水分，合理配置坡改梯及配套措施。

4 多年平均降水量250mm以下地区应以封禁措施为主，有灌溉条件的可建设人工草场，并以绿洲为核心设置防护措施。

4.2.4 北方土石山区总体布置应符合下列要求：

1 应以改善生态、保护与涵养水源、发展农林特色产业为核心，根据所处地区生态功能，注重保护土壤和耕地资源，防治局部区域山洪和泥石流灾害。

2 治理措施应以梯田、雨水集蓄利用、沟道治理工程、经济林果种植以及林草措施为主。

3 梯田应以石坎梯田为主，并与特色经济林果工程结合，注重山区沟道小泉、小水和雨水集蓄利用，配套节水型灌溉措施。

4 水源地应配置水源涵养林以及面源污染控制措施。

4.2.5 西南岩溶区总体布置应符合下列要求：

1 应以抢救和保护土壤资源、充分利用降水资源、改善农业生产条件为核心，以坡改梯及坡面水系工程为重点，对植被覆盖度低的岩溶山体配置林草及封育措施。

2 治理措施应以梯田及坡面水系工程、田间道路、林草措施、岩溶地表水利用及岩溶落水洞治理工程为主。

3 梯田应以石坎梯田为主；对于田面出露裸岩，可通过爆破破碎挖除凸露岩石，回覆周边土壤，增加可耕种面积，并应配置“以排为主、蓄排结合”的蓄排水设施。

4 应充分利用溪流及小泉、小水配置塘坝、滚水坝以及引水设施，并配套农田灌溉或补充灌溉设施。

4.2.6 西南紫色土区总体布置应符合下列要求：

1 应以保护土壤资源、充分利用降水资源、改善农业生产条件、促进农业发展为核心，以坡改梯及坡面水系工程为重点。

2 治理措施应包括梯田及坡面水系工程、田间道路、塘坝、经济林果种植、林草措施、高效复合农林业建设、封育及配套措施为主。

3 梯田工程应根据实际情况选择土坎与石坎梯田，配置“以排为主、蓄排结合”的蓄排水工程，特色经济林果宜配置灌溉设施。

4.2.7 南方红壤区总体布置应符合下列要求：

1 应以保护土壤资源、防治崩岗灾害、改善农业生产条件、促进高产高效农业发展核心，重点开展坡改梯、崩岗治理、侵蚀劣地治理和园地及林下水土流失治理。

2 治理措施应以拦沙坝、截流沟、林草措施、梯田与坡面水系工程、田间道路、特色亚热带和热带经济林果建设、封育及配套措施为主。

3 崩岗治理应采取“上截、中林草、下堵”的综合措施体系，保障下游村庄和农业生产的安全。

4.2.8 青藏高原区总体布置应符合下列要求：

1 应以保护生态、修复和改良草场、改善河谷农业生产条件为核心，重点开展轮封轮牧、冬贮的人工草场建设，影响河谷农业生产的山洪灾害沟道治理，以及坡耕地治理。

2 林草工程应根据高原气候、地理位置、土壤、生态系统等地域特点和立地条件进行配置。

5 工程级别划分和设计标准

5.1 梯田工程

5.1.1 梯田工程应根据地形、地面组成物质等划分为4种类型区，其级别应根据梯田面积、土地利用方向或水源条件分为3级。

1 Ⅰ区主要包括西南岩溶区、秦巴山区及其类似区域，梯田工程级别应按表5.1.1-1确定。

表5.1.1-1 Ⅰ区梯田工程级别

级别	面积(hm^2)	土地利用方向
1	>10	口粮田、园地
2		一般农田、经果林
2	3～10	口粮田、园地
3		一般农田、经果林
3	≤3	—

注：1 级别划定以面积为首要条件；

2 当交通和水源条件较好时，提高一级；当无水源条件或交通条件较差时，降低一级。

2 Ⅱ区主要包括北方土石山区、南方红壤区和紫色土区(四川盆地周边丘陵区及其类似区域)，梯田工程级别应按表5.1.1-2确定。

表5.1.1-2 Ⅱ区梯田工程级别

级别	面积(hm^2)	土地利用方向
1	>30	口粮田、园地
2		一般农田、经果林
2	10～30	口粮田、园地
3		一般农田、经果林
3	≤10	—

注：1 级别划定以面积为首要条件。面积指一个设计单元面积；

2 当交通和水源条件较好时，提高一级；当无水源条件或交通条件较差时，降低一级。

3 Ⅲ区主要包括黄土覆盖区，土层覆盖相对较厚及其类似区域，梯田工程级别应按表5.1.1-3确定。

表 5.1.1-3 Ⅲ区梯田工程级别

级别	面积(hm²)	土地利用方向
1	>60	口粮田、园地
2		一般农田、经果林
2	30~60	口粮田、园地
3		一般农田、经果林
3	≤30	—

注:1 级别划定以面积为首要条件。面积指一个设计单元面积;
2 当交通和水源条件较好时,提高一级;当无水源条件或交通条件较差时,降低一级。

4 Ⅳ区主要为黑土区,梯田工程级别应按表 5.1.1-4 确定。

表 5.1.1-4 Ⅳ区梯田工程级别

级别	水源条件	面积(hm²)
1	好	>50
2	一般	20~50
3	差	≤20

注:1 级别划定以水源条件为首要条件;
2 水源条件好指引水条件好或地下水量充沛可实施井灌。

5.1.2 梯田工程设计标准应符合下列规定:

1 Ⅰ区梯田工程设计标准按应表 5.1.2-1 确定。

表 5.1.2-1 Ⅰ区梯田工程设计标准

级别	田面净宽(m)	排水设计标准	灌溉设施
1	>(6~10)	10 年一遇~5 年一遇短历时暴雨	灌溉保证率 P≥50%
2	(3~5)~(6~10)	5 年一遇~3 年一遇短历时暴雨	具有较好的补灌设施
3	<(3~5)	3 年一遇短历时暴雨	—

注:云贵高原、秦巴山区田面净宽取低限或中限,其他地方视具体情况取高限或中限。

2 Ⅱ区梯田工程设计标准应按表 5.1.2-2 确定。

表 5.1.2-2 Ⅱ区梯田工程设计标准

级别	田面净宽(m)	排水设计标准	灌溉设施
1	>10	10 年一遇~5 年一遇短历时暴雨	灌溉保证率 P≥50%
2	5~10	5 年一遇~3 年一遇短历时暴雨	具有较好的补灌设施
3	<5	3 年一遇短历时暴雨	—

3 Ⅲ区梯田工程设计标准应按表 5.1.2-3 确定。

表 5.1.2-3 Ⅲ区梯田工程设计标准

级别	田面净宽(m)	排水设计标准	补灌设施
1	≥20	10 年一遇~5 年一遇短历时暴雨	有
2	≥15	5 年一遇~3 年一遇短历时暴雨	—
3	≥10	3 年一遇短历时暴雨	—

4 Ⅳ区梯田工程设计标准应按表 5.1.2-4 确定。

表 5.1.2-4 Ⅳ区梯田工程设计标准

级别	田面净宽(m)	排水设计标准	灌溉设施
1	>30	10 年一遇~5 年一遇短历时暴雨	灌溉保证率 P≥75%
2	(5~10)~30	5 年一遇~3 年一遇短历时暴雨	灌溉保证率 P 为 50%~75%
3	<(5~10)	3 年一遇短历时暴雨	—

注:地形条件具备的,田面净宽取高限;地形条件不具备的,取低限。

5.2 淤地坝工程

5.2.1 淤地坝工程等别、建筑物级别应根据淤地坝库容按表 5.2.1 确定。

表 5.2.1 淤地坝工程等别及建筑物级别划分

工程等别	工程规模		总库容(10^4m^3)	永久性建筑物级别		临时性建筑物级别
				主要建筑物	次要建筑物	
Ⅰ	大型淤地坝	1 型	100~500	1	3	4
		2 型	50~100	2	3	4
Ⅱ	中型淤地坝		10~50	3	4	4
Ⅲ	小型淤地坝		<10	4	4	—

5.2.2 失事后损失巨大或影响十分严重的淤地坝工程 2 级、3 级主要永久性水工建筑物,经过论证,可提高一级。

5.2.3 当永久性水工建筑物基础的工程地质条件复杂或采用新型结构时,对 2 级、3 级建筑物可提高一级。

5.2.4 淤地坝工程设计标准应根据建筑物级别按表 5.2.4 确定。

表 5.2.4 淤地坝建筑物设计标准

建筑物级别	洪水重现期(年)	
	设计	校核
1	30~50	300~500
2	20~30	200~300
3	20~30	50~200
4	10~20	30~50

5.2.5 淤地坝坝坡抗滑稳定的安全系数不应小于表 5.2.5 规定的数值。

表 5.2.5 淤地坝抗滑稳定安全系数

荷载组合或运用状况	建筑物级别	
	1、2	3、4
正常运用	1.25	1.20
非常运用	1.15	1.10

5.2.6 总库容大于 500 万 m^3 以及土石(浆砌石)坝坝高大于 30m 的具有淤地功能的沟道治理工程,应按水利工程土石坝、浆砌石坝等规范设计。

5.3 拦沙坝工程

5.3.1 拦沙坝工程等别及建筑物级别应符合下列规定:

1 拦沙坝坝高宜为 3m~15m,库容宜小于 10 万 m^3,工程失事后对下游造成的影响较小,其工程等别应根据表 5.3.1-1 的确定。

表 5.3.1-1 拦沙坝工程的等别划分

工程等别	坝高(m)	库容(万 m^3)	保护对象		
			经济设施的重要性	保护人口(人)	保护农田(亩)
Ⅰ	10~15	10~50	特别重要经济设施	≥100	≥100
Ⅱ	5~10	5~10	重要经济设施	<100	10~100
Ⅲ	<5	<5			<10

注:1 当坝高大于 15m,库容大于 50 万 m^3 时,应专门论证;
2 当条件不一致时取高限。等别划分不同时,按最高等别来确定。

2 拦沙坝建筑物级别应根据工程等别和建筑物的重要性按表 5.3.1-2 确定。

表 5.3.1-2　拦沙坝建筑物级别

工程等别	主要建筑物	次要建筑物
Ⅰ	1	3
Ⅱ	2	3
Ⅲ	3	3

注：1　失事后损失巨大或影响十分严重的拦沙坝工程的 2 级～3 级主要建筑物，经论证可提高一级；

2　失事后损失不大的拦沙坝工程的 1 级～2 级主要建筑物，经论证可降低一级；

3　建筑物级别提高或降低，其洪水标准可不提高或降低。

5.3.2　拦沙坝工程建筑物的防洪标准应根据其级别按表 5.3.2 的规定确定。

表 5.3.2　拦沙坝建筑物的洪水标准

建筑物级别	洪水标准[重现期(年)]		
	设　计	校　核	
		重力坝	土石坝
1	20～30	100～200	200～300
2	20～30	50～100	100～200
3	10～20	30～50	50～100

5.3.3　稳定安全系数标准应符合下列规定：

1　土坝、堆石坝的坝坡稳定计算应采用刚体极限平衡法。采用不计条块间作用力的瑞典圆弧法计算坝坡稳定性时，坝坡抗滑稳定安全系数不应小于表 5.3.3-1 规定的数值。采用其他精确计算方法时，最小抗滑稳定安全系数数值应提高 8%。

表 5.3.3-1　土坝、堆石坝坝坡的最小抗滑稳定安全系数

荷载组合或运用状况		拦沙坝建筑物的级别		
		1	2	3
基本组合(正常运用)		1.25	1.20	1.15
特殊组合(非常运用)	非常运用条件Ⅰ(施工期及洪水)	1.15	1.10	1.05
	非常运用条件Ⅱ(正常运用＋地震)	1.05	1.05	1.05

注：1　荷载计算及其组合应满足现行行业标准《碾压式土石坝设计规范》SL 274 的有关规定；

2　特殊组合Ⅰ的安全系数适用于特殊组合Ⅱ以外的其他非常运用荷载组合。

2　重力坝坝体抗滑稳定计算主要核算坝基面滑动条件，应按抗剪断强度或抗剪强度计算坝基面的抗滑稳定安全。抗滑稳定安全系数不应小于表 5.3.3-2 规定的数值。除深层抗滑稳定以外的坝体抗滑稳定计算，应分析下列情况：

表 5.3.3-2　重力坝稳定计算抗滑稳定安全系数

安全系数	采用公式	荷载组合		1级、2级、3级坝	备注
K'	抗剪断公式	基本		3.00	—
		特殊	非常洪水状况	2.50	—
			设计地震状况	2.30	—
K	抗剪公式	基本		1.20	软基
		特殊	非常洪水状况	1.05	
			设计地震状况	1.00	
K	抗剪公式	基本		1.05	岩基
		特殊	非常洪水状况	1.00	
			设计地震状况	1.00	

1)沿垫层混凝土与基岩接触面滑动；

2)沿砌石体与垫层混凝土接触面滑动；

3)砌石体之间的滑动。

当坝基岩体内存在软弱结构面、缓倾角结构面时，应计算深层抗滑稳定。根据滑动面的分布情况，可分为单滑面、双滑面和多滑面计算模式，采用刚体极限平衡法计算。

5.3.4　溢洪道控制段及泄槽抗滑稳定安全系数应符合表 5.3.4 的规定。

表 5.3.4　溢洪道控制段及泄槽抗滑稳定安全系数

安全系数	采用公式	荷载组合		1级、2级、3级坝
K'	抗剪断公式	基本		3.00
		特殊	非常洪水状况	2.50
			设计地震状况	2.30
K	抗剪公式	基本		1.05
		特殊	非常洪水状况	1.00
			设计地震状况	1.00

5.4　塘坝和滚水坝

5.4.1　塘坝工程级别和防洪标准应符合下列规定：

1　塘坝工程级别应根据库容、坝高等指标，按表 5.4.1-1 确定。

表 5.4.1-1　塘坝工程级别

工程级别	级别指标	
	库容(10^4m^3)	坝高(m)
1	5～10	5～10
2	＜5	＜5

注：根据库容和坝高确定工程级别时就高不就低。

2　对有防洪任务和要求的塘坝，应按表 5.4.1-2 确定其防洪标准。

表 5.4.1-2　塘坝工程防洪标准

工程级别	防洪标准[重现期(年)]	
	设计	校核
1	10	20
2	5	10

5.4.2　滚水坝工程级别和防洪标准应符合下列规定：

1　滚水坝工程级别应依据坝高指标，按表 5.4.2-1 确定。

表 5.4.2-1　滚水坝工程级别

工程级别	坝高(m)
1	5～10
2	＜5

2　滚水坝防洪标准应按表 5.4.2-2 确定。

表 5.4.2-2　滚水坝防洪标准

工程级别	防洪标准[重现期(年)]
1	10
2	5

5.4.3　稳定计算标准应符合下列规定：

1　基底应力计算应满足下列要求：

1)土质地基及软质岩石地基在各种计算情况下，平均基底应力不应大于地基允许承载力，最大基底应力不应大于地基允许承载力的 1.2 倍；基底应力的最大值和最小值之比不应大于表 5.4.3-1 规定的允许值。

表 5.4.3-1　基底应力最大值与最小值之比的允许值

地基土质	荷载组合	
	基本组合	特殊组合
松软	1.50	2.00
中等坚实	2.00	2.50
坚实	2.50	3.00

注：地震区基底应力最大值与最小值之比的允许值可按表列数值适当增大。

2)硬质岩石地基在各种计算情况下，最大基底应力不应大于地基允许承载力；除施工期和地震情况外，基底应力不应出现拉应力；在施工期和地震情况下，基底拉应力不应大于 100kPa。

2　均质土坝、土质防渗体土石坝、人工防渗体土石坝的稳定计算，应按刚体极限平衡理论采用瑞典圆弧法进行计算，其坝坡抗滑稳定安全系数不应小于表5.4.3-2规定的数值。采用其他精确计算方法时，最小抗滑稳定安全系数可适当提高。

表5.4.3-2　土石坝坝坡抗滑稳定安全系数

运用条件		1级、2级坝最小安全系数
正常运用	稳定渗流期	1.25
	库水位正常降落	
非正常运用	施工期	1.15
	库水位非常降落	
	正常运用条件加地震	1.10

3　重力坝（滚水坝）坝体抗滑稳定按抗剪断强度和按抗剪强度计算时，其抗滑稳定安全系数不应小于表5.4.3-3规定的数值。

表5.4.3-3　重力坝（滚水坝）坝体抗滑稳定安全系数

安全系数名称	荷载组合		1级、2级坝安全系数
抗剪断稳定安全系数	基本		3.00
	特殊	校核洪水情况	2.50
		地震状况	2.30
抗剪稳定安全系数	基本		1.05
	特殊	校核洪水状况	1.00
		地震状况	1.00

5.5　沟道滩岸防护工程

5.5.1　沟道滩岸防护工程的防洪标准应根据防护区耕地面积和所在区域划分为两个等级，相应防洪标准应按表5.5.1的规定确定。

表5.5.1　沟道滩岸防护区的等级和防洪标准

等　级			Ⅰ	Ⅱ
防护区耕地面积（hm^2）	区域	Ⅰ区	≥100	<100
		Ⅱ区	≥10	<10
		其他区	≥5	<5
防洪标准[重现期（年）]			10	5

注：1　涉及影响人口时，可适当调高标准；
2　汇水面积在$50km^2$以下小流域采用此标准，其他采用堤防标准；
3　Ⅰ区是指东北黑土区，Ⅱ区是指北方土石山区、南方红壤区和四川盆地周边丘陵区及其类似区域。

5.5.2　护地堤级别应符合表5.5.2的规定。护地堤上的闸、涵、泵站等建筑物及其他构筑物的设计防洪标准不应低于护地堤的防洪标准。

表5.5.2　护地堤级别

防洪标准[重现期(年)]	10	5
护地堤级别	1	2

5.5.3　土堤抗滑稳定安全系数不应小于表5.5.3的规定。

表5.5.3　土堤抗滑稳定安全系数

护地堤级别	1，2
安全系数	1.10

5.5.4　防洪墙抗滑稳定安全系数不应小于表5.5.4的规定。

表5.5.4　防洪墙抗滑稳定安全系数

地基性质	岩　基	土　基
护地堤级别	1，2	1，2
安全系数	1.00	1.15

5.5.5　防洪墙抗倾稳定安全系数不应小于表5.5.5的规定。

表5.5.5　防洪墙抗倾稳定安全系数

护地堤级别	1，2
安全系数	1.40

5.6　坡面截排水工程

5.6.1　坡面截排水工程的等级应包括下列三级：

1　1级：配置在坡地上具有生产功能的1级林草工程、1级梯田的截排水沟。

2　2级：配置在坡地上具有生产功能的2级林草工程、2级梯田的截排水沟。

3　3级：配置在坡地上具有生产功能的3级林草工程、3级梯田以及其他设施的截排水沟。

5.6.2　坡面截排水工程设计标准应按表5.6.2确定。

表5.6.2　坡面截排水工程设计标准

级　别	排水标准	超高(m)
1	5年一遇～10年一遇短历时暴雨	0.3
2	3年一遇～5年一遇短历时暴雨	0.2
3	3年一遇短历时暴雨	0.2

5.7　弃渣场及拦挡工程

5.7.1　弃渣场级别应根据堆渣量、堆渣最大高度以及弃渣场失事后对主体工程或环境造成危害程度，按表5.7.1的规定确定。

表5.7.1　弃渣场级别

渣场级别	堆渣量 V(万m^3)	最大堆渣高度 H(m)	渣场失事对主体工程或环境造成的危害程度
1	$2000 \geqslant V \geqslant 1000$	$200 \geqslant H \geqslant 150$	严重
2	$1000 > V \geqslant 500$	$150 > H \geqslant 100$	较严重
3	$500 > V \geqslant 100$	$100 > H \geqslant 60$	不严重
4	$100 > V \geqslant 50$	$60 > H \geqslant 20$	较轻
5	$V < 50$	$H < 20$	无危害

注：1　根据堆渣量、最大堆渣高度、渣场失事对主体工程或环境的危害程度确定的渣场级别不一致时，就高不就低；
2　渣场失事对主体工程的危害指对主体工程施工和运行的影响程度，渣场失事对环境的危害指对城镇、乡村、工矿企业、交通等环境建筑物的影响程度；
3　严重危害：相关建筑物遭到大的破坏或功能受到大的影响，可能造成人员伤亡和重大财产损失的；
较严重危害：相关建筑物遭到较大破坏或功能受到较大影响，需进行专门修复后才能投入正常使用；
不严重危害：相关建筑物遭到破坏或功能受到影响，及时修复可投入正常使用；
较轻危害：相关建筑物受到的影响很小，不影响原有功能，无需修复即可投入正常使用。

5.7.2　弃渣场防护工程建筑物级别应根据渣场级别分为5级，按表5.7.2的规定确定，并应符合下列要求：

1　拦渣堤、拦渣坝、挡渣墙、排洪工程建筑物级别应按渣场级别确定。

2　当拦渣工程高度不小于15m，弃渣场等级为1级、2级时，挡渣墙建筑物级别可提高1级。

表5.7.2　弃渣场拦挡工程建筑物级别

渣场级别	拦渣工程			排洪工程
	拦渣堤工程	拦渣坝工程	挡渣墙工程	
1	1	1	2	1
2	2	2	3	2
3	3	3	4	3
4	4	4	5	4
5	5	5	5	5

5.7.3 拦渣堤(围渣堰)、拦渣坝、排洪工程防洪标准应根据其相应建筑物级别，按表 5.7.3 的规定确定，并应符合下列规定：

1 拦渣堤(围渣堰)、拦渣坝工程不应设校核洪水标准，设计防洪标准应按表 5.7.3 的规定确定，拦渣堤防洪标准还应满足河道管理和防洪要求。

2 排洪工程设计、校核防洪标准按表 5.7.3 的规定确定。

表 5.7.3 弃渣场拦挡工程防洪标准

<table>
<tr><th rowspan="3">拦渣堤(坝)工程级别</th><th rowspan="3">排洪工程级别</th><th colspan="4">防洪标准[重现期(年)]</th></tr>
<tr><th colspan="2">山区、丘陵区</th><th colspan="2">平原区、滨海区</th></tr>
<tr><th>设计</th><th>校核</th><th>设计</th><th>校核</th></tr>
<tr><td>1</td><td>1</td><td>100</td><td>200</td><td>50</td><td>100</td></tr>
<tr><td>2</td><td>2</td><td>100～50</td><td>200～100</td><td>50～30</td><td>100～50</td></tr>
<tr><td>3</td><td>3</td><td>50～30</td><td>100～50</td><td>30～20</td><td>50～30</td></tr>
<tr><td>4</td><td>4</td><td>30～20</td><td>50～30</td><td>20～10</td><td>30～20</td></tr>
<tr><td>5</td><td>5</td><td>20～10</td><td>30～20</td><td>10</td><td>20</td></tr>
</table>

3 拦渣堤、拦渣坝、排洪工程失事可能对周边及下游工矿企业、居民点、交通运输等基础设施等造成重大危害时，2 级以下拦渣堤、拦渣坝、排洪工程的设计防洪标准可按表 5.7.3 的规定提高 1 级。

4 弃渣场临时性拦挡工程防洪标准取 3 年一遇～5 年一遇；当弃渣场级别为 3 级以上时，可提高到 10 年一遇防洪标准。

5 弃渣场永久性截排水措施的排水设计标准采用 3 年一遇～5 年一遇 5min～10min 短历时设计暴雨。

5.7.4 弃渣场抗滑稳定安全系数应符合下列规定：

1 采用简化毕肖普法、摩根斯顿-普赖斯法计算时，抗滑稳定安全系数不应小于表 5.7.4-1 规定的数值。

表 5.7.4-1 弃渣场抗滑稳定安全系数

<table>
<tr><th rowspan="2">应用情况</th><th colspan="4">弃渣场级别</th></tr>
<tr><th>1</th><th>2</th><th>3</th><th>4、5</th></tr>
<tr><td>正常运用</td><td>1.35</td><td>1.30</td><td>1.25</td><td>1.20</td></tr>
<tr><td>非常运用</td><td>1.15</td><td>1.15</td><td>1.10</td><td>1.05</td></tr>
</table>

2 采用瑞典圆弧法、改良圆弧法计算时，抗滑稳定安全系数不应小于表 5.7.4-2 规定的数值。

表 5.7.4-2 弃渣场抗滑稳定安全系数

<table>
<tr><th rowspan="2">应用情况</th><th colspan="4">弃渣场级别</th></tr>
<tr><th>1</th><th>2</th><th>3</th><th>4、5</th></tr>
<tr><td>正常运用</td><td>1.25</td><td>1.20</td><td>1.20</td><td>1.15</td></tr>
<tr><td>非常运用</td><td>1.10</td><td>1.10</td><td>1.05</td><td>1.05</td></tr>
</table>

5.7.5 弃渣场拦挡工程安全稳定应符合下列要求：

1 挡渣墙(浆砌石、混凝土、钢筋混凝土)基底抗滑稳定安全系数不应小于表 5.7.5-1 规定的允许值。

表 5.7.5-1 挡渣墙基底抗滑稳定安全系数

<table>
<tr><th rowspan="3">计算工况</th><th colspan="5">土质地基</th><th colspan="6">岩石地基</th></tr>
<tr><th colspan="5">挡渣墙级别</th><th colspan="5">挡渣墙级别</th><th rowspan="2">按抗剪断公式计算时</th></tr>
<tr><th>1</th><th>2</th><th>3</th><th>4</th><th>5</th><th>1</th><th>2</th><th>3</th><th>4</th><th>5</th></tr>
<tr><td>正常运用</td><td>1.35</td><td>1.30</td><td>1.25</td><td>1.20</td><td>1.20</td><td>1.10</td><td colspan="2">1.08</td><td colspan="2">1.05</td><td>3.00</td></tr>
<tr><td>非常运用</td><td colspan="2">1.10</td><td colspan="3">1.05</td><td colspan="5">1.00</td><td>2.30</td></tr>
</table>

2 当土质地基上的挡渣墙沿软弱土体整体滑动时，按瑞典圆弧法或折线滑动法计算的抗滑稳定安全系数不应小于表 5.7.4-1 规定的允许值。

3 土质地基上挡渣墙的抗倾覆安全系数不应小于表 5.7.5-2 规定的允许值。

表 5.7.5-2 土质地基挡渣墙抗倾覆安全系数

<table>
<tr><th rowspan="2">计算工况</th><th colspan="4">挡渣墙级别</th></tr>
<tr><th>1</th><th>2</th><th>3</th><th>4、5</th></tr>
<tr><td>正常运用</td><td>1.60</td><td>1.50</td><td>1.45</td><td>1.40</td></tr>
<tr><td>非常运用</td><td>1.50</td><td>1.40</td><td>1.35</td><td>1.30</td></tr>
</table>

4 岩石地基上 1 级～2 级挡渣墙，在基本荷载组合条件下，抗倾覆安全系数不应小于 1.45，3 级～5 级挡渣墙抗倾覆安全系数不应小于 1.40；在特殊荷载组合条件下，不论挡渣墙的级别，抗倾覆安全系数均不应小于 1.30。

5 采用计条块间作用力的计算方法时，拦渣堤(土堤或土石堤)边坡抗滑稳定安全系数不应小于表 5.7.5-3 规定的允许值。

表 5.7.5-3 拦渣堤抗滑稳定安全系数

拦渣堤工程级别	1	2	3	4	5
正常运用	1.35	1.30	1.25	1.20	1.20
非常运用	1.15	1.15	1.10	1.05	1.05

6 采用不计条块间作用力的瑞典圆弧法计算边坡抗滑稳定安全系数时，正常运用条件最小安全系数应比表 5.7.5-3 规定的数值减小 8%。

5.7.6 挡渣墙(浆砌石、混凝土、钢筋混凝土)基底应力计算应满足下列要求：

1 在各种计算工况下，土质地基和软质岩石地基上的挡渣墙平均基底应力不应大于地基允许承载力允许值，最大基底应力不应大于地基允许承载力的 1.2 倍。

2 土质地基和软质岩石地基上挡渣墙基底应力的最大值与最小值之比不应大于 2.0，砂土宜取 2.0～3.0。

5.8 土地整治工程

5.8.1 引洪漫地工程级别划分应按表 5.8.1 的规定确定。

表 5.8.1 引洪漫地工程级别

工程级别	淤漫面积(hm^2)	设计洪水标准(年)
1	5～20	10～20
2	<5	5～10

注：引坡洪漫地时可控制引用的集水面积宜在 $1km^2$～$2km^2$ 以下；引河洪漫地时宜引用中、小河流。

5.8.2 引水拉沙造地工程级别，应根据工程的规模及工程所在区域防洪安全和水土保持重要性划分为 3 级，并应按表 5.8.2 的规定确定。

表 5.8.2 引水拉沙造地工程级别

<table>
<tr><th rowspan="2">工程级别</th><th colspan="2">造地面积(hm^2)</th></tr>
<tr><th>风沙区</th><th>河流滩地</th></tr>
<tr><td>1</td><td>≥100</td><td>≥50</td></tr>
<tr><td>2</td><td>100～30</td><td>50～10</td></tr>
<tr><td>3</td><td><30</td><td><10</td></tr>
</table>

注：1 2 级、3 级工程所在区域为国家水土流失重点防治区时，级别相应提高 1 级；

2 2 级、3 级的工程，所在区域防洪安全特别重要时，级别相应提高 1 级。

5.8.3 各级别引水拉沙造地工程设计应符合下列要求：

1 1 级：田块布设和道路设计应满足大型机械化生产的要求，水利灌溉及防洪设施完善，工程区及其周边防风防沙林带全面配置。

2 2 级：田块布设和道路设计应基本满足机械化生产的要求，因地制宜配套水利灌溉设施，工程区内防风、防沙、防洪措施完善，并应结合周边地域的风沙防护。

3 3 级：应满足工程区内的防洪要求，配套田块内外生产道路及防护林带。

4 河流滩地引水拉沙造地的防洪堤设计标准应按表 5.8.3 确定。

表 5.8.3 引水拉沙造地工程设计标准

工程级别	河流滩地防洪堤设计洪水重现期(年)
1	10
2、3	5

5.9 支毛沟治理工程

5.9.1 沟头防护工程设计标准应根据各地水文手册结合具体情

况选择相应历时暴雨。

5.9.2 谷坊工程溢流口的设计应根据各地水文手册结合具体情况选择相应历时暴雨。

5.9.3 选择相应历时暴雨时，应根据各地降雨情况分别采用当地最易产生严重水土流失的短历时、高强度暴雨。

5.10 固沙工程

5.10.1 防风固沙工程级别应根据风沙危害程度、保护对象、所处位置、工程规模、治理面积等因素，按表5.10.1的规定确定。

表5.10.1 防风固沙工程级别

防治级别		严重	中等	轻度
绿洲规模(hm²)	≥20000	1	2	3
	20000～666	2	3	3
	<666	2	3	3
公路等级	高速及一级	1	2	3
	二级	2	3	3
	三级及等外	3	3	3
铁路等级	国铁Ⅰ级及客运专线	1	1	2
	国铁Ⅱ级	1	2	3
	国铁Ⅲ级及以下	2	3	3
输水工程(m^3/s)	≥100	1	2	3
	100～5	2	3	3
	<5	3	3	3
园区	国家级	1	2	3
	省级	2	3	3
	地方	2	3	3
工矿企业	大型	1	2	3
	中型	2	3	3
	小型	3	3	3
居民点	县(市)	1	2	3
	镇	2	3	3
	乡村	3	3	3

5.10.2 防风固沙带宽度应根据防风固沙工程级别、所处风向方位，按表5.10.2的规定选定。

表5.10.2 防风固沙带宽度

防风固沙工程级别	防风固沙带宽(m)	
	主害风上风向	主害风下风向
1	200～300	100～200
2	100～200	50～100
3	50～100	20～50

注：对防风固沙带宽大于300m的工程项目，应经论证确定其宽度。

5.11 林草工程

5.11.1 涉及生态公益林建设的区域，林草工程级别应按现行国家标准《生态公益林建设 导则》GB/T 18337.1的有关规定执行，并应根据其建设规模、所处位置、生态脆弱性、生态重要性及景观作用合理确定。

5.11.2 坡地上具有生产功能的林草工程级别应按表5.11.2的规定确定。坡地上具有生产功能的林草工程设计应根据其级别，按下列规定执行：

表5.11.2 坡地上具有生产功能的林草工程级别

级别	类别	规模化经营程度
1	果园、经济林栽培园	规模化集约经营
2	果园、经济林栽培园、刈割草场	规模化经营
3	果园、经济林栽培园、经济林、刈割草场	其他

1 1级应采取措施建设高标准梯田，并应配套相应灌溉设施，灌溉保证率不应小于75%。

2 2级应采取措施建设水平梯田，并应配套相应灌溉设施灌溉保证率不应小于50%。

3 3级应采取水土保持措施，并应辅以雨水集蓄利用措施。

5.11.3 生产建设项目的植被恢复与建设工程级别，应根据生产建设项目主体工程所处的自然及人文环境、气候条件、立地条件、征地范围、绿化要求综合确定，应按表5.11.3-1～表5.11.3-7的规定执行，并应符合下列要求：

1 工程项目区域涉及城镇、饮水水源保护区和风景名胜区的，应提高一级。

2 弃渣取料、施工生产生活、施工交通等临时占地区域应执行3级标准。

表5.11.3-1 水利水电项目植被恢复与建设工程级别

主要建筑物级别	生活管理区	枢纽闸站永久占地区	堤渠永久占地区
1、2	1	1	2
3	1	1	2
4	2	2	3
5	2	3	3

表5.11.3-2 电力项目植被恢复与建设工程级别

电厂	生活管理区	灰坝及附属工程	贮灰场
	1	2	2

注：发电、变电等主体工程区不设植被恢复与建设工程级别，其设计应首先符合主体工程相关技术标准对植被绿化的约束性要求。

表5.11.3-3 冶金类项目植被恢复与建设工程级别

冶金工程	生活管理区	生产设施区，辅助生产、公用工程区	仓储运输设施区	排土场
	1	1	2	2

表5.11.3-4 矿山类项目植被恢复与建设工程级别

矿山建设规模	生活管理区	采场区	废石场	尾矿库	排矸(土)场
大型	1	2	2	2	2
中型	1	3	3	3	3
小型	2	3	3	3	3

表5.11.3-5 公路项目植被恢复与建设工程级别

公路级别	服务区或管理站	隔离带	路基两侧绿化带
高速公路	1	1	2
一级公路	2	2	3
二级及以下公路	3	—	3

表5.11.3-6 铁路项目植被恢复与建设工程级别

铁路级别	铁路车站	路基两侧用地界	铁路桥梁、涵洞、隧道
高速铁路	1	3	3
Ⅰ级铁路	1	3	3
Ⅱ级及以下铁路	2	3	3

表5.11.3-7 输气、输油、输变电工程的植被恢复与建设工程级别

输气、输油、输变电工程	生活管理区	集配气站/变电站	原油管道、储运设施、输变电站塔	附属设施
	1	1	2	2

注：1 管道填埋区绿化设计应首先满足其主体工程相关技术标准对植被绿化的约束性要求；

2 储运设施、输变电站塔绿化设计应首先满足其主体工程相关技术标准对植被绿化的约束性要求。

5.11.4 植被恢复与建设工程设计标准应符合下列规定：

1 1级植被建设工程应根据景观、游憩、环境保护和生态防护等多种功能的要求，执行工程所在地区的园林绿化工程标准。

2 2级植被建设工程应根据生态防护和环境保护要求，按生态公益林标准执行；有景观、游憩等功能要求的，结合工程所在地区的园林绿化标准，在生态公益林标准基础上适度提高。

3 3级植被建设工程应根据生态保护和环境保护要求，按生态公益林绿化标准执行；降水量为 250mm～400mm 的区域，应以灌草为主；降水量在 250mm 以下的区域，应以封禁为主并辅以人工抚育。

5.12 封 育 工 程

5.12.1 封育工程级别应按工程区域水土保持和生态功能的重要性确定，并应按下列规定执行：

1 水土流失重点防治区、重要生态功能区或重要饮用水水源地和生态移民地区执行1级标准。

2 其他区域执行2级标准。

5.12.2 封育设计标准应符合下列规定：

1 1级标准应采取适宜的封育方式，以全封禁措施为主，并应配套生态移民、以煤电气代薪柴、沼气池、节柴灶等措施。

2 2级标准应采取适宜的封育方式，以半封和轮封为主。在能源紧缺地区，应辅以煤电气代薪柴、沼气池、节柴灶等措施。在人口密集地区，应辅以生态移民。

6 梯 田 工 程

6.1 一 般 规 定

6.1.1 梯田设计应符合下列规定：

1 应分析土地资源及利用状况，结合区域经济和主导产业发展方向进行总体布置。

2 年降水量 250mm～800mm 的地区宜利用降水资源，配套蓄水设施。

3 年降水量大于 800mm 的地区宜以排为主、蓄排结合，配套蓄排设施。

6.1.2 梯田布置应符合下列规定：

1 应根据地形条件，大弯就势、小弯取直，便于耕作和灌溉。黑土区及其他地面坡度缓平的区域田块布置应便于机械作业。

2 应配套田间道路，宜配套坡面小型蓄排工程等设施，并应根据拟定的梯田等级配套相应灌溉设施。黑土区的梯田道路设计宜满足大型机械通行要求。

3 梯田埂坎应充分利用土地资源配置地埂植物，并应选用具有一定经济价值、胁地较小的埂坎植物种。

6.1.3 梯田型式的划分应符合下列规定：

1 按梯田的断面形式可分为水平梯田、坡式梯田和隔坡梯田等型式。

2 按梯田田坎建筑材料可分为土坎梯田、石坎梯田、混凝土坎梯田等型式。

6.1.4 梯田选型应符合下列规定：

1 坡耕地改造应优先采用水平梯田；土层较薄或坡度较陡的坡耕地、荒坡地可视具体情况采用坡式梯田；干旱、人均耕地较少的丘陵山区，坡度不大于 20°的坡耕地或荒坡地可采用隔坡梯田。

2 黑土区中，坡度大于 3°、土层厚度不小于 0.3m 的丘陵漫岗区，以及坡度不小于 8°、土层厚度不小于 0.3m 的山区，宜采用水平或坡式梯田。

3 应优先选用当地材料梯田型式。

6.1.5 田面净宽应根据梯田工程级别提出初步指标，结合地面坡度、土层厚度等因素分析确定。

6.1.6 梯田设计基本资料应满足下列要求：

1 地质地貌资料，应包括 1：5000～1：1000 地形图、地质及土壤条件等。

2 水文气象资料，应包括降水、暴雨和气温等。

3 建筑材料，应包括土、砂、水泥、石料的分布、性质及储量等。

4 社经资料，应包括建设区人口、经济、土地利用、交通、电力以及当地建筑材料价格等。

6.2 断 面 设 计

6.2.1 水平梯田断面（图 6.2.1）设计应符合下列规定：

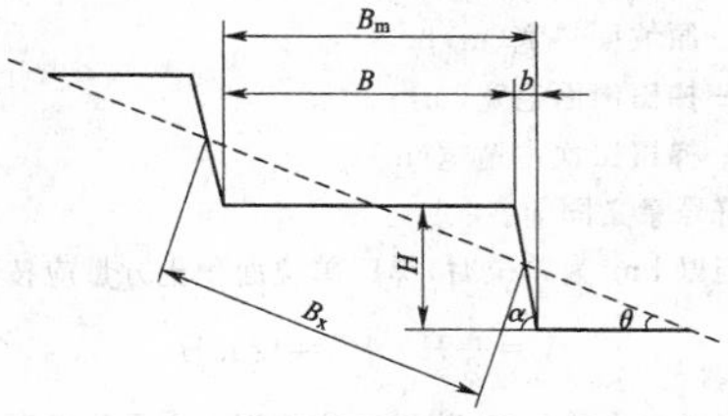

图 6.2.1 水平梯田断面

1 石坎梯田断面设计应符合下列规定：

1）田坎高度应根据地面坡度、土层厚度、梯田级别等因素合理确定，其范围宜取 1.2m～2.5m，田埂高度宜取 0.3m～0.5m；

2）田坎坎顶宽度应为 0.3m～0.5m，需与生产路、灌溉系统结合布置时，应适当加宽；

3）田坎外侧坡比宜取 1：0.1～1：0.25，当田坎高度大于 2.0m 时，内侧坡比宜取 1：0.1；

4）田坎基础应置于硬基之上，软基基础深不应小于 0.5m，基面应外高内低，宽度应根据田坎顶宽及田坎侧坡坡比确定；

5）田面应外高内低，比降宜取 1：300～1：500，田面内侧设排水沟。梯田断面设计应结合土层厚度，修平后内侧活土层厚应大于 0.3m，田面净宽和田坎高度应按下列公式计算：

$$B=2(T-h)\cot\theta \quad (6.2.1\text{-}1)$$

$$H=B/(\cot\theta-\cot\alpha) \quad (6.2.1\text{-}2)$$

式中：B——田面净宽（m）；

T——原坡地土层厚度（m）；

h——修平后挖方处后缘保留的土层厚度（m）；

θ——地面坡度（°）。

H——田坎高度（m）；

α——田坎坡度（°）。

2 土坎梯田断面设计应符合下列规定：

1）田坎高度应根据地面坡度、土层厚度、梯田等级等因素合理确定，其范围宜取 1.2m～2.0m，田埂高度宜取 0.3m～0.5m；

2）田埂宽度宜取 0.3m～0.5m，当需要结合生产路布置时，应适当加宽；

3）田坎侧坡坡比宜取 1：0.1～1：0.4，田埂边坡宜采用 1：1。

3 混凝土坎梯田宜采用“柱一板”式结构，田面设计同石坎梯田。应根据立柱的形状不同，分为利用锚杆稳定和利用土体自重稳定两种形式，田坎立柱高度宜为 1.2m～1.8m，立柱宽 0.15m，厚 0.07m；横板长 1.14m，宽 0.3m，厚 0.04m；锚杆形状为“7”字形，长 0.5m，宽度及厚度均为 0.05m。

4 水平梯田的工程量计算应符合下列规定：

1）单位面积土方量可按下列公式计算：

$$V=\frac{1}{8}BHL \qquad (6.2.1\text{-}3)$$

$$H=B_x\sin\theta \qquad (6.2.1\text{-}4)$$

$$B_x=H/\sin\theta \qquad (6.2.1\text{-}5)$$

$$B=B_m-b=H(\cot\theta-\cot\alpha) \qquad (6.2.1\text{-}6)$$

$$B_m=H\cot\theta \qquad (6.2.1\text{-}7)$$

$$H=B_m\tan\theta \qquad (6.2.1\text{-}8)$$

$$b=H\cot\alpha \qquad (6.2.1\text{-}9)$$

式中：V——单位面积（hm^2或亩）梯田土方量（m^3）；

L——单位面积（hm^2或亩）梯田长度（m）；

α——梯田田坎坡度（°）；

B_x——原坡面斜宽（m）；

B_m——梯田田面毛宽（m）；

b——梯田田坎占地宽（m）。

其他符号意义同前。

2）当以 hm^2 为单位时，梯田单位面积土方量应按下式计算：

$$V=\frac{1}{8}H\times10^4=1250H \qquad (6.2.1\text{-}10)$$

3）当以亩为单位时，梯田单位面积土方量应按下式计算：

$$V=\frac{1}{8}H\times666.7=83.3H \qquad (6.2.1\text{-}11)$$

6.2.2 坡式梯田断面（图 6.2.2）设计应符合下列规定：

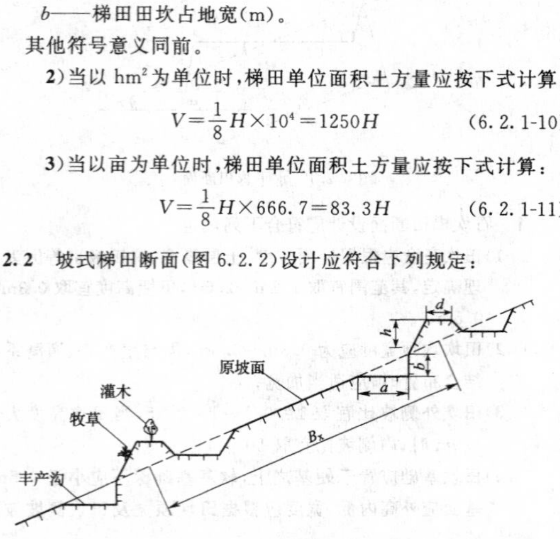

图 6.2.2 坡式梯田断面

d—田埂顶宽；h—田埂高；a—沟底宽；b—埂下切深

1 等高沟埂间距 B_x 应根据地面坡度、降雨、土壤渗透系数等因素确定。地面坡度越陡，B_x 越小，降雨强度越大，B_x 越小；土壤渗透系数越大，B_x 越大。应根据各地条件选定。

2 等高沟埂断面尺寸设计应符合下列规定：

1）田埂顶宽宜取 0.3m～0.4m，田埂高度宜取 0.5m～0.6m，外坡 1∶0.5，内坡 1∶1。

2）年降水量为 250mm～800mm 的地区，田埂上方容量应满足拦蓄与梯田级别对应的设计暴雨所产生的地表径流和泥沙。年降水量为 800mm 以上的地区，田埂宜结合坡面小型蓄排工程，妥善处理坡面径流与泥沙。

6.2.3 隔坡梯田断面（图 6.2.3）设计应符合下列规定：

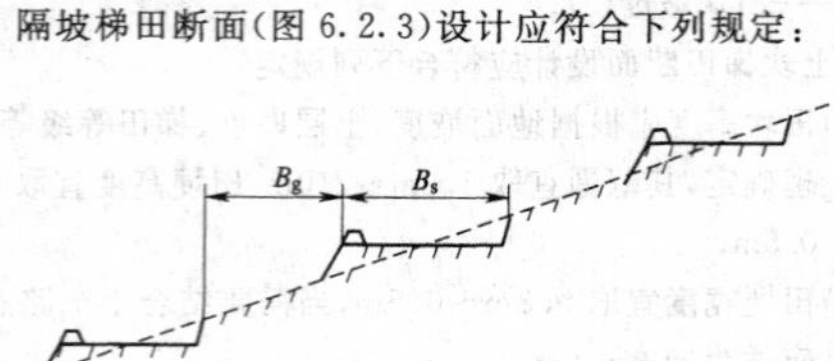

图 6.2.3 隔坡梯田断面

1 水平田面宽度 B_s 的确定应兼顾耕作和拦蓄暴雨径流要求，B_s 宜取 5m～10m。

2 隔坡垂直投影宽度 B_g 的确定应遵循下列原则：

1）B_s 与 B_g 比值宜取 1∶1～1∶3。

2）应根据地面坡度、土质、植被和当地降雨情况，确定隔坡部分在设计暴雨条件下产生的径流、泥沙量和林草需水量，作为确定 B_g 的主要依据。

3）应根据水平田面部分的宽度、土壤渗透性，分析暴雨中田面接受降雨后再接受隔坡部分径流的能力，具体确定 B_s 和 B_g，要求在设计暴雨条件下水平田面能全部拦蓄隔坡的径流不发生漫溢。B_s 和 B_g 应相互适应，根据不同情况通过试算确定。

6.3 埂坎植物设计

6.3.1 梯田埂坎宜充分利用并种植埂坎植物，应选种经济价值高、胁地较小的植物，宜以乡土植物为主。

6.3.2 土坎梯田田面可根据田面宽度、坎高、坎坡度配置相应植物。田面宽度北方小于 6m、南方小于 4m 时，宜配置灌草植物；田面宽度北方不小于 6m、南方不小于 4m 时，宜配置乔灌木。黄土高原土质梯坎高而缓时，可在坎上修筑一台阶，在台阶上种植。梯田设埂时，宜在埂内种植 1 行乔灌木或草本植物。

6.3.3 石坎梯田田面宽度小于 4m 时，不宜配置埂坎乔木植物，宜在埂内或坎下种植有经济价值的 1 行灌木、草本或攀缘植物；田面宽度大于 4m 时，宜种植灌或乔木经济树种。

6.4 田间道路设计

6.4.1 田间道路选线应与自然地形相协调，避免深挖高填；应与梯田、小型蓄排工程等协调；路面宽度应根据生产作业与使用机械的情况取 1m～5m；纵坡不宜大于 8%。

6.4.2 路面排水应与梯田排水结合。

6.4.3 结合当地条件，可采用水泥、砂石、泥结碎石、素土等路面

6.5 施工组织

6.5.1 梯田应根据地形坡度、土层厚度和田面宽度条件，确定合理的表土剥离和回覆方案。

6.5.2 梯田施工宜安排在秋冬季节。

6.5.3 梯田施工应先修筑临时道路，充分利用施工机械和设备，临时道路宜和田间道路永临结合。

6.5.4 田坎修筑时，石坎砌石粒径大于 300mm 的不得少于 70%；土坎应分层夯筑，每层铺虚土厚度不应大于 0.2m，田坎压实度不应小于 90%。

7 淤地坝工程

7.1 一般规定

7.1.1 在下游有居民点、学校、工矿、交通等重要设施的沟道内不宜布设大、中型淤地坝。

7.1.2 在同一沟道内，当上游有大型淤地坝时，其下游不宜布设同等级淤地坝，确需布设时，应进行论证。

7.1.3 中、小型淤地坝原则上应布设在大型淤地坝坝控区域内，否则需提高设计标准。

7.1.4 大型淤地坝由坝体、放水建筑物、溢洪道组成，当不具备设置溢洪道条件时，应对其安全进行论证。

7.1.5 淤地坝放水建筑物应满足 7 天放完库内滞留洪水的要求。

7.1.6 场地地震基本烈度为7度以下地区布设淤地坝工程可不进行抗震计算，地震基本烈度7度及以上地区布设淤地坝应作专门论证。

7.2 坝址、坝型和工程布置

7.2.1 坝址附近应有较充足的筑坝材料，且材料的种类、性质、数量、位置和运输条件应满足坝型选择的要求。

7.2.2 大中型淤地坝应有便于布设放水工程、溢洪道的地形和地质条件，宜选择岩基或黏土基础。

7.2.3 坝址应避开较大弯道、跌水、泉眼、断层、滑坡体、洞穴等，坝肩不得有冲沟。

7.2.4 淤地坝库区应淹没损失小，对村镇、工矿、交通干线、高压线路的安全影响小。

7.2.5 坝型选择应符合下列要求：

1 黄土料丰富地区，宜采用碾压式土坝。

2 石料丰富，相对容易采集，且土料缺乏时可采用浆砌石坝。

3 结合当地的自然经济条件、坝址地形地质条件、建筑材料情况等，经技术经济比较后选择其他坝型。

7.2.6 坝体布置应遵循坝轴线短的原则，宜采用直线型布置方式。

7.2.7 溢洪道布置应符合下列要求：

1 溢洪道布设应利用开挖量小的有利地形，进、出口附近的坝坡和岸坡应有可靠的防护措施和足够的稳定性。

2 溢洪道布置宜避开堆积体和滑坡体。

3 进水口距坝肩不应小于10m，出水口距下游坝脚不应小于20m。

4 当坝址上游有较大支沟汇入时，溢洪道应布设在有支沟一侧的岸坡上。

7.2.8 放水工程布置应符合下列要求：

1 卧管布置应根据坝址地形条件、运行管护方式等因素，选择岸坡稳定、开挖量小的位置，卧管涵洞连接处应设消力池或消力井。

2 涵洞轴线布设宜采用直线型并与坝轴线垂直；当受地形、地质条件限制需转弯时，弯道曲率半径应大于洞径的5倍；涵洞的进、出口均应伸出坝体以外。涵洞出口水流应采取妥善的消能措施，并应使消能后的水流与尾水渠或下游沟道衔接。

3 涵洞应布设在岩基或稳定坚实的原状土基上，不得布置在坝体填筑体上。

7.3 坝 体 设 计

7.3.1 碾压坝土料其有机质含量不应超过5%，水溶盐含量不应超过5%，渗透系数不应大于1×10^{-4}cm/s；坝体填筑土料压实度不应小于94%，无黏性土相对密度不得小于0.65。

7.3.2 总库容和拦泥库容应按下列公式计算。滞洪库容的确定应包括两种情况：不设溢洪道时，应按本规范表5.2.4中建筑物级别设计标准对应的校核洪水计算；设置溢洪道时，应进行调洪计算。

$$V=V_L+V_z \quad (7.3.2\text{-}1)$$

$$V_L=\frac{\overline{W}_{sb}(1-\eta_s)N}{\gamma_d} \quad (7.3.2\text{-}2)$$

式中：V——总库容(10^4m^3)；

V_L——拦泥库容(10^4m^3)；

V_z——滞洪库容(10^4m^3)；

$\overline{W}_{sb}$——多年平均总输沙量($10^4t/a$)，按本规范附录A计算；

η_s——坝库排沙比，可采用当地经验值；

N——设计淤积年限(a)，可按表7.3.2确定；

r_d——淤积泥沙干容重，可取$1.3t/m^3\sim1.35t/m^3$。

表7.3.2 淤地坝淤积年限

工程等别	工程规模		泥沙设计淤积年限(a)
Ⅰ	大型淤地坝	1型	20~30
		2型	10~20
Ⅱ	中型淤地坝		5~10
Ⅲ	小型淤地坝		5

7.3.3 坝顶高程应为校核洪水位高程加安全超高。

7.3.4 坝高应由拦泥坝高、滞洪坝高和安全超高三部分组成。拦泥高程和校核洪水位高程应由相应库容查水位库容关系曲线确定。

7.3.5 安全超高应根据坝高，按表7.3.5确定。

表7.3.5 坝体安全超高

坝高(m)	<10	10~20	20~30
安全超高(m)	0.5~1.0	1.0~1.5	1.5~2.0

7.3.6 碾压坝坝顶宽度应根据坝高，按表7.3.6确定。

表7.3.6 碾压坝坝顶宽度

坝高(m)	<10	10~20	20~30
坝顶宽度(m)	2~3	3~4	4~5

注：坝顶宽度不得小于2m，如因交通需要，坝顶宽度可适当增加。

7.3.7 碾压坝不同坝高应分别采取不同的上下游坝坡，坝坡坡比应按表7.3.7确定。

表7.3.7 碾压坝不同坝高的坝坡坡比

部 位	坝 高(m)		
	<10	10~20	20~30
上游坝坡	1.50	1.50~2.00	2.00~2.50
下游坝坡	1.25	1.25~1.50	1.50~2.00

注：当采用砂壤土筑坝时，坝坡坡比应经稳定分析后确定。

7.3.8 坝高超过15m时，应在下游坡每隔10m左右设置一条马道，马道宽度应取1.0m~1.5m。

7.3.9 坝体排水有棱式反滤体和斜卧式反滤体(图7.3.9)两种形式，可结合工程具体条件选定。

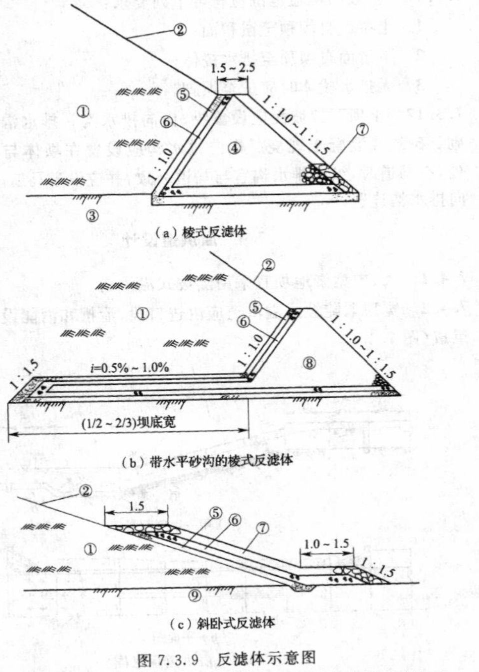

(a) 棱式反滤体

(b) 带水平砂沟的棱式反滤体

(c) 斜卧式反滤体

图7.3.9 反滤体示意图

①—坝体；②—坝坡；③—透水地基；④—卵石；⑤—粗沙；⑥—小砾石；⑦—干砌块石；⑧—块石；⑨—非岩石地基

7.3.10 棱式反滤体高度应由坝体浸润线位置确定，顶部高程应超出下游最高水位 0.5m～1.0m，坝体浸润线距坝面的距离应大于该地区的冻结深度；顶部宽度应根据施工条件及检查观测需要确定，但不宜小于 1.0m；应避免在棱体上游坡脚处出现锐角。

7.3.11 斜卧式反滤体顶部高程应高于坝体浸润线出逸点，超过的高度应使坝体浸润线位于在该地区的冻结深度以下 1.5m；底脚应设置排水沟或排水体；材料应满足护坡的要求。

7.3.12 反滤体高宜取坝高的 1/6～1/5，但需进行渗流计算，确定逸出点。反滤体尺寸可根据坝高情况，并应按表 7.3.12 初步选定。

表 7.3.12 反滤体尺寸

项 目		坝高(m)			
		10～15	15～20	20～25	25～30
反滤体高度(m)		2.0～2.5	2.5～3.0	3.0～3.5	3.5～4.0
棱式	顶宽(m)	1.50	1.50～2.00	2.00～2.50	2.50～3.00
	外坡比	1∶1.5	1∶1.5	1∶1.5	1∶1.5
	内坡比	1∶1.00	1∶1.25	1∶1.25	1∶1.25
	底宽(m)	6.00～8.01	8.01～9.75	9.75～11.62	11.62～13.00
斜卧式	砂层厚(m)	0.20	0.25	0.30	0.30
	碎石层厚(m)	0.20	0.25	0.30	0.30
	块石层厚(m)	0.50	0.60	0.70	0.80
	顶宽(m)	1.00	1.50	2.00	2.00

7.3.13 坝体稳定计算方法应符合本规范附录 B 的规定。淤地坝设计条件应根据所处的工作状况和作用力性质分为正常和非常运用条件。正常运用条件应为淤地坝处于设计洪水位的稳定渗流期。非常运用条件应为施工期工况、校核洪水位工况、正常运用遭遇地震工况。

7.3.14 土坝表面应设置护坡。护坡型式包括植物护坡、砌石护坡、混凝土护坡、混凝土框格护坡，可因地制宜选用。

7.3.15 护坡的型式、厚度及材料粒径等应根据坝的级别、运用条件和当地材料情况，经技术经济比较后确定。

7.3.16 护坡的覆盖范围应符合下列要求：

1 上游面自坝顶至淤积面；

2 下游面自坝顶至排水棱体；

3 无排水棱体时应护至坝脚。

7.3.17 土坝下游坡面应设置纵、横向排水沟。排水沟可采用浆砌石砌筑或混凝土现浇。横向排水沟应设置在坝体与两岸结合处，有马道时，纵向排水沟宜与马道一致，并应设于马道内侧，与横向排水沟连通。

7.4 溢洪道设计

7.4.1 大、中型淤地坝宜采用陡坡式溢洪道。

7.4.2 宽顶堰陡坡式溢洪道应由进口段、泄槽和消能设施三部分组成(图 7.4.2)。

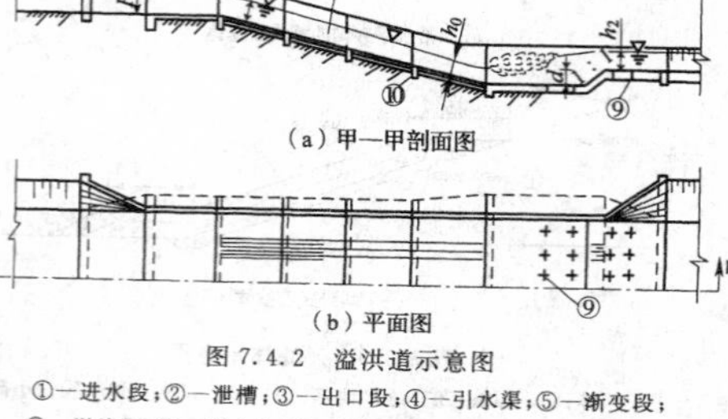

(a) 甲—甲剖面图

(b) 平面图

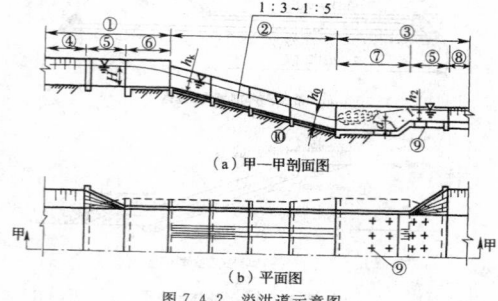

图 7.4.2 溢洪道示意图

①—进水段；②—泄槽；③—出口段；④—引水渠；⑤—渐变段；⑥—溢流堰；⑦—消力池；⑧—尾渠；⑨—排水孔；⑩—截水齿墙

7.4.3 进口段由引水渠、渐变段和溢流堰组成。引水渠进口底板高程应采用设计淤积面高程，可选用梯形断面。

7.4.4 中等风化岩石引水渠边坡应为 1∶0.5～1∶0.2，微风化岩石引水渠边坡应为 1∶0.1，新鲜岩石引水渠边坡可直立；土质边坡设计过水断面以下边坡不应陡于 1∶1.0，以上不应陡于 1∶0.5。

7.4.5 溢流堰宜采用矩形断面。溢流堰长度宜取堰上水深的 3 倍～6 倍。溢流堰及其边墙宜采用浆砌石修筑，堰底靠上游端应设置砌石齿墙，深度宜取 1.0m，厚度宜取 0.5m，堰宽应按下列公式计算：

$$B=\frac{q}{MH_0^{3/2}} \tag{7.4.5-1}$$

$$H_0=h+\frac{V_0^2}{2g} \tag{7.4.5-2}$$

式中：B——溢流堰宽(m)；

q——溢洪道设计流量(m^3/s)；

M——流量系数，可取 1.42～1.62；

H_0——计入行进流速的水头(m)；

h——溢洪水深(m)，即堰前溢流坎以上水深；

V_0——堰前流速(m/s)；

g——重力加速度，取 9.81m/s^2。

7.4.6 泄槽在平面上宜采用直线型式沿轴线对称布置，宜采用矩形断面，浆砌石或混凝土衬砌，坡度根据地形可采用 1∶3.0～1∶5.0，底板衬砌厚度可取 0.3m～0.5m。顺水流方向每隔 5m～8m 应设置沉陷缝，遇地基变化时，应增设沉陷缝。泄槽基础每隔 10m～15m 应设置齿墙，深度宜为 0.8m，宽度宜为 0.4m。泄槽边墙高度应按设计流量计算，高出水面线 0.5m，并满足下泄校核流量的要求。矩形断面的临界水深可按下式计算：

$$h_k=\sqrt[3]{\frac{aq^2}{g}}=0.482q^{2/3} \tag{7.4.6}$$

式中：h_k——临界水深(m)；

a——系数，可取 1.1；

q——陡坡单宽流量[$m^3/(s\cdot m)$]；

g——重力加速度，取 9.81m/s^2。

7.4.7 溢洪道出口可采用消力池消能或挑流消能形式。

7.4.8 在土基或破碎软弱岩基上的溢洪道，宜选用消力池消能，采用等宽矩形断面。

7.4.9 岩基较好的溢洪道可采用挑流消能，在挑坎末端应设齿墙，基础嵌入新鲜完整的岩石，在挑坎下游应设护坦。挑流消能水力设计应包括确定挑流水舌挑距和最大冲坑深度。挑流水舌外缘挑距可按下式计算：

$$L=\frac{1}{g}\left[v_1^2\sin\theta\cos\theta+v_1\cos\theta\sqrt{v_1^2\sin^2\theta+2g(h_1\cos\theta+h_2)}\right] \tag{7.4.9-1}$$

式中：L——挑流水舌外缘挑距(m)，自挑流鼻坎末端算起至下游沟床床面的水平距离；

v_1——鼻坎坎顶水面流速(m/s)，可取鼻坎末端断面平均流速 v 的 1.1 倍；

θ——挑流水舌水面出射角(°)，可近似取鼻坎挑角，挑射角度应经比较选定，可采用 15°～35°，鼻坎段反弧半径可采用反弧最低点最大水深的 6 倍～12 倍；

h_1——挑流鼻坎末端法向水深(m)；

h_2——鼻坎坎顶至下游沟床高程差(m)，如计算冲刷坑最深点距鼻坎的距离，该值可采用坎顶至冲坑最深点高程差。

其中鼻坎末端断面平均流速 v 可按下列两种方法计算：

1 按流速公式计算，使用范围为 S 小于 $18q^{2/3}$：

$$v=\phi\sqrt{2gZ_0} \tag{7.4.9-2}$$

$$\phi^2=1-\frac{h_f}{Z_0}-\frac{h_j}{Z_0} \qquad (7.4.9\text{-}3)$$

$$h_f=0.014\times\frac{S^{0.767}\cdot Z_0^{1.5}}{q} \qquad (7.4.9\text{-}4)$$

式中：v——鼻坎末端断面平均流速(m/s)；

q——泄槽单宽流量[$m^3/(s\cdot m)$]；

ϕ——流速系数；

Z_0——鼻坎末端断面水面以上的水头(m)；

h_f——泄槽沿程损失(m)；

h_j——泄槽各局部损失水头之和(m)，h_j/Z_0可取0.05；

S——泄槽流程长度(m)。

2 按推算水面线方法计算，鼻坎末端水深可近似利用泄槽末端断面水深，按推算泄槽段水面线方法求出；单宽流量除以该水深，可得鼻坎断面平均流速。

冲刷坑深度可按下式计算：

$$T=kq^{1/2}Z^{1/4} \qquad (7.4.9\text{-}5)$$

式中：T——自下游水面至坑底最大水垫深度(m)；

k——综合冲刷系数；

q——鼻坎末端断面单宽流量[$m^3/(s\cdot m)$]；

Z——上、下游水位差(m)。

7.4.10 对超过消能防冲设计标准的洪水，允许消能防冲建筑物出现部分破坏，但不应危及坝体及其他主要建筑物的安全，且易于修复，不得长期影响枢纽运行。

7.4.11 小型淤地坝溢洪道设计可按本规范第7.4.1条～第7.4.10条的规定执行。

7.5 放水建筑物设计

7.5.1 放水建筑物型式可采用卧管式或竖井式，主要构筑物应包括卧管或竖井、涵洞和消能设施。

7.5.2 卧管式放水工程(图7.5.2)应包括平进水和侧进水两种形式。

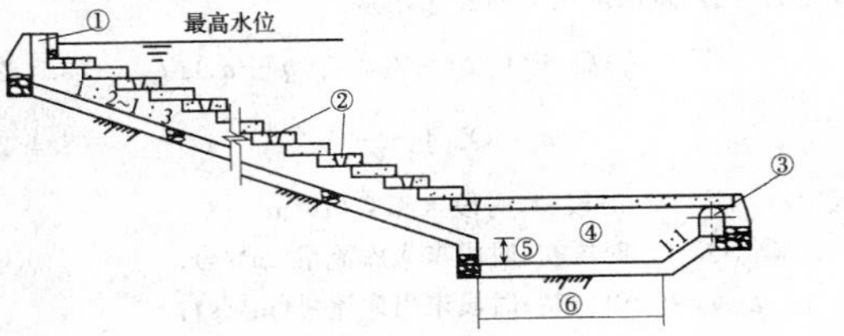

(a)纵剖面图

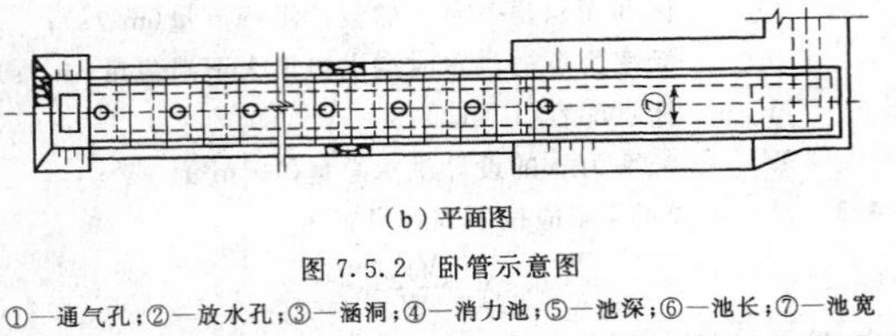

(b)平面图

图7.5.2 卧管示意图

①—通气孔；②—放水孔；③—涵洞；④—消力池；⑤—池深；⑥—池长；⑦—池宽

7.5.3 卧管应布置在坝上游岸坡，宜与溢洪道同侧。卧管底坡宜取1∶2.0～1∶3.0，卧管底板每隔5m～8m应设置齿墙，并应根据地基变化情况适地设置沉陷缝，采用浆砌石或混凝土砌筑成台阶，台阶高差应为0.3m～0.5m，每台设一个或两个放水孔，卧管与涵洞连接处应设置消力池。卧管放水流量可按4d～7d泄完设计频率一次洪水总量或者3d～5d泄完10年一遇洪水总量。

卧管放水孔直径可按下列公式计算：

开启一级孔：

$$d=0.68\sqrt{\frac{Q}{H_1^{1/2}}} \qquad (7.5.3\text{-}1)$$

同时开启二级孔：

$$d=0.68\sqrt{\frac{Q}{H_1^{1/2}+H_2^{1/2}}} \qquad (7.5.3\text{-}2)$$

同时开启三级孔：

$$d=0.68\sqrt{\frac{Q}{H_1^{1/2}+H_2^{1/2}+H_3^{1/2}}} \qquad (7.5.3\text{-}3)$$

式中：d——放水孔直径(m)；

Q——放水流量(m^3/s)；

H_1、H_2、H_3——各级孔上水深(m)。

7.5.4 计算卧管、消力池的断面时，设计流量比正常运用时的流量加大20%～30%。

7.5.5 方形卧管高度应取卧管正常水深的3倍～4倍，圆形卧管直径应取卧管正常水深的2.5倍，并应分析放水孔水流跌落卧管时的水柱跃起高度。

7.5.6 卧管消力池下游水深应取涵洞的正常水深。

7.5.7 涵洞形式应包括方形、拱形和圆形，并应根据各地条件采用。

7.5.8 涵洞(管)应布设在高于坝基一侧的原状土上，并应根据地形地质条件合理确定涵洞(管)高度。

7.5.9 涵洞底坡宜取1∶100～1∶200。混凝土涵管管径不应小于0.8m；方涵和拱涵断面宽不应小于0.8m，高不应小于1.2m。涵洞内水深应小于涵洞净高的75%。沿涵洞纵向每隔10m～15m应设置截水环，截水环厚度应为0.6m～0.8m，伸出管壁外层应为0.4m～0.5m。

7.5.10 涵洞结构尺寸应根据涵洞断面及洞上填土高度计算确定。

7.5.11 涵洞泄水应经消能后送至沟床。

7.5.12 竖井式放水工程(图7.5.12)应采用浆砌石修筑，断面形状应采用圆环形或方形，内径宜取0.8m～1.5m，井壁厚度宜取

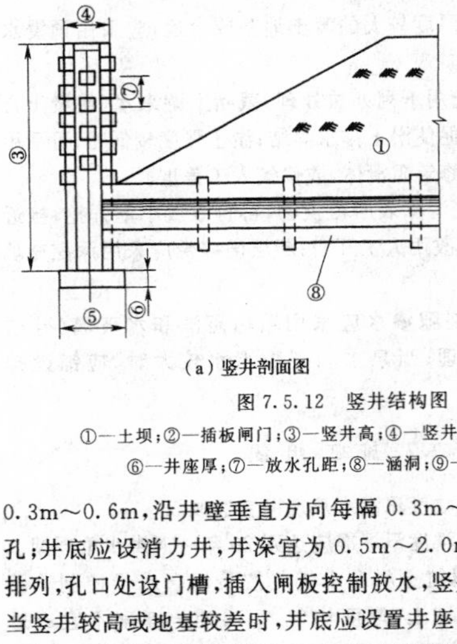

(a)竖井剖面图

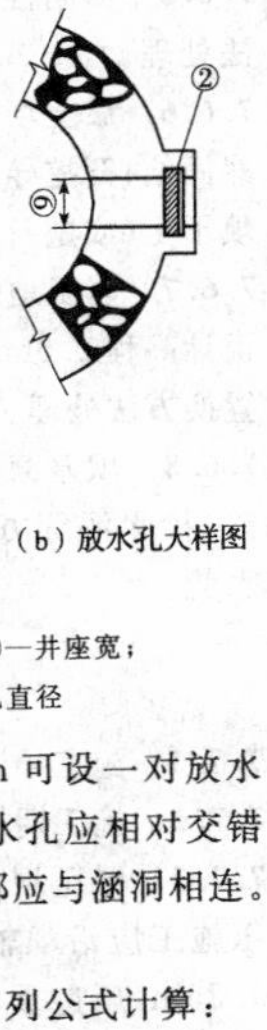

(b)放水孔大样图

图7.5.12 竖井结构图

①—土坝；②—插板闸门；③—竖井高；④—竖井外径；⑤—井座宽；⑥—井座厚；⑦—放水孔距；⑧—涵洞；⑨—放水孔直径

0.3m～0.6m，沿井壁垂直方向每隔0.3m～0.5m可设一对放水孔；井底应设消力井，井深宜为0.5m～2.0m；放水孔应相对交错排列，孔口处设门槽，插入闸板控制放水，竖井下部应与涵洞相连。当竖井较高或地基较差时，井底应设置井座。

7.5.13 竖井放水孔(图7.5.13)孔口面积可按下列公式计算：

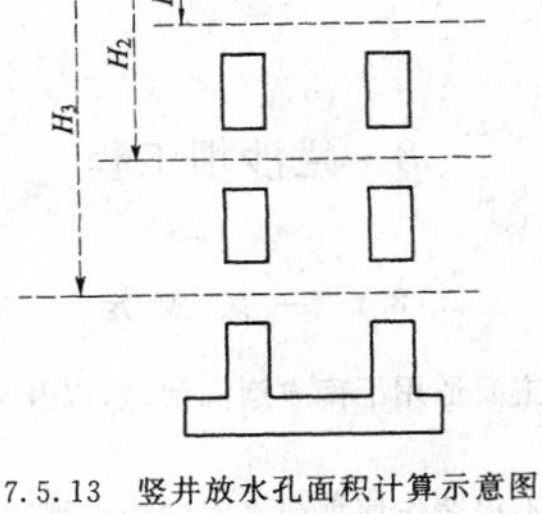

图7.5.13 竖井放水孔面积计算示意图

$$设一层放水孔放水：\omega=\frac{Q}{n\mu\sqrt{2gH_1}} \qquad (7.5.13\text{-}1)$$

设二层放水孔放水：$\omega=\frac{Q}{n\mu\ \sqrt{2gH_1}+\sqrt{2gH_2}}$ (7.5.13-2)

设三层放水孔放水：$\omega=\frac{Q}{n\mu\ \sqrt{2gH_1}+\sqrt{2gH_2}+\sqrt{2gH_3}}$ (7.5.13-3)

式中：ω——放水孔形式相同、面积相等时，一个放水孔过水断面积(m^2)；

Q——放水流量(m^3/s)；

n——放水孔数(个)；

μ——流量系数，取0.65；

H_1——水面至孔口中线的距离(m)；

H_2——水面至第二层孔口中线的距离(m)；

H_3——水面至第三层孔口中线的距离(m)。

7.6 地基及岸坡处理

7.6.1 坝体填筑前应对地基及岸坡进行处理，拆除各种建筑物，清除草皮、树根、腐殖土等，清理并回填夯实水井、洞穴、坟墓等。

7.6.2 透水坝基应采用截渗或排渗措施进行处理，满足渗透稳定和允许渗流量要求。

7.6.3 土质岸坡削坡不应陡于1∶1.0；岩石岸坡削坡不应陡于1∶0.5。

7.6.4 坝基、岸坡应设结合槽，底宽不应小于1.0m，深度不应小于1.0m，边坡可取1∶1.0；坝高在20m以下的，可设1道结合槽；坝高在20m～30m的，宜设2道结合槽。岩石基础应设置结合齿墙，齿墙尺寸和条数应符合有关设计要求。

7.6.5 湿陷性较强、厚度较大的黄土地基或台地，应采用预浸水法处理。

7.6.6 淤土坝基应选用下列办法处理：截断上游来水，使淤土自然固结；开挖导渗沟，促使淤土排水固结；淤土强度较低时，可采用填干土(或抛石)挤淤修筑阻滑体，或修筑人工盖重。

7.6.7 岩石地基应先清除表层覆盖物，再打眼放小炮开挖；接近设计高程0.5m时，应改用人工开凿；断层破碎带应采用深挖充填置换方法处理。

7.6.8 坝基泉眼和裂隙渗水应采用箱堵塞法和水玻璃(硅酸钠)掺水泥等方法处理；当泉水和裂隙渗水较大时，应铺设排水管。

7.7 施工组织

7.7.1 施工导流建筑物度汛洪水重现期宜选取5a。

7.7.2 施工期坝体防洪度汛标准应达到20年一遇洪水重现期。

7.7.3 碾压坝坝体填筑土料含水量应按最优含水量控制。碾压施工应沿坝轴方向铺土，厚度均匀，每层铺土厚度不宜超过0.25m，压迹重叠应达到0.10m～0.15m。若采用大型机械，其铺土厚度应根据土壤性质、含水量、最大干密度、压实遍数、机械吨位等经试验确定，压实后土壤干容重应根据压实度控制。

8 拦沙坝工程

8.1 一般规定

8.1.1 拦沙坝主要适用于南方崩岗治理，以及土石山区多沙沟道的治理。

8.1.2 拦沙坝不得兼作塘坝或水库的挡水坝使用。

8.1.3 拦沙坝设计应调查沟道来水、来沙情况及其对下游的危害和影响，重点收集下列资料：

1 应调查崩岗、崩塌体，包括崩岗、崩塌体位置和形态、崩岗和崩塌体稳定状况、治理现状、治理经验及可能的崩塌量等资料。

2 应调查山洪灾害现状和治理现状，主要包括洪水中的泥沙土石组成和来源资料、沟道堆积物状况以及两岸坡面植被情况。在西南土石山区应根据需要调查石漠化情况。

8.2 工程布置

8.2.1 拦沙坝布置应因害设防，在控制泥沙下泄、抬高侵蚀基准和稳定边岸坡体坍塌的基础上，应结合后续开发利用。

8.2.2 沟谷治理中拦沙坝宜与谷坊、塘坝等相互配合，联合运用。

8.2.3 崩岗地区单个崩岗治理应按“上截、中削、下堵”的综合防治原则，在下游因地制宜布设拦沙坝。

8.3 坝址坝型选择

8.3.1 坝址选择应遵循坝轴线短、库容大、便于布设排洪泄洪设施的原则。

8.3.2 崩岗地区拦沙坝坝址应根据崩岗、崩塌体和沟道发育情况，以及周边地形、地质条件进行选择，包括在单个崩岗、崩塌体崩口处筑坝，或在崩岗、崩塌体群下游沟道筑坝两种型式。

8.3.3 土石山区拦沙坝坝址应根据沟道堆积物状况、两侧坡面风化崩落情况、滑坡体分布、上游泥沙来量及地形地质条件等选定。

8.3.4 拦沙坝坝型应根据当地建筑材料状况、洪水、泥沙量、崩塌物的冲击条件，以及地形地质条件确定，并进行方案比较。

8.3.5 坝轴线宜采用直线。当采用折线型布置时，转折处应设曲线段。

8.3.6 泄洪建筑物宜采用开敞式无闸溢洪道，重力坝可采用坝顶溢流，土石坝宜选择有利地形布设岸边泄水建筑物。

8.4 规模确定

8.4.1 拦沙坝总库容应由拦沙库容和滞洪库容两部分组成。

8.4.2 拦沙坝工程设计洪峰流量、设计洪水总量应按本规范附录A进行计算，调洪应按下列公式计算：

$$V_1+\frac{1}{2}(Q_1+Q_2)\Delta t=V_2+\frac{1}{2}(q_1+q_2)\Delta t \qquad (8.4.2\text{-}1)$$

$$q_p=Q_p\left(1-\frac{V_z}{W_p}\right) \qquad (8.4.2\text{-}2)$$

式中：V_1、V_2——时段初、时段末库容(10^4m^3)；

Q_1、Q_2——时段初、时段末入库流量(m^3/s)；

q_1、q_2——时段初、时段末出库流量(m^3/s)；

Δt——时段长度(h)；

Q_p——区间面积频率为p的设计洪峰流量(m^3/s)；

q_p——频率为p的洪水时溢洪道最大下泄流量(m^3/s)；

V_z——滞洪库容(10^4m^3)；

W_p——频率为p的设计洪水总量(10^4m^3)。

8.4.3 拦沙坝淤积年限应按下式计算：

$$N=\frac{V\gamma_s}{W} \qquad (8.4.3)$$

式中：N——淤积年限(a)；

V——可淤库容(m^3)；

γ_s——淤积泥沙干容重(t/m^3)；

W——多年平均输沙量(t)。

8.4.4 多年平均输沙量计算应符合下列规定：

1 多年平均输沙量计算应按本规范附录A规定执行。

2 应分析已有的、正在实施的和计划在近期内完成的各类水土保持措施对多年平均输沙量的影响。

3 应分析坝址上游崩岗、崩塌体的崩塌量对拦沙坝来沙量的影响。

8.5 坝体设计

8.5.1 坝顶高程确定应符合下列规定：

1 坝顶高程应为校核洪水位加坝顶安全超高，坝顶安全超高值可取 0.5m～1.0m。

2 坝高 H 应由拦泥坝高 H_L、滞洪坝高 H_z 和安全超高 ΔH 三部分组成，拦泥高程和校核洪水位应由相应库容、查水位库容关系曲线确定。

8.5.2 土石坝筑坝材料选择与填筑应符合下列规定：

1 筑坝材料应就地、就近取材，优先选择崩岗削级、修坡开挖料。

2 防渗土料渗透系数不宜大于 1×10^{-4}cm/s。

3 坝壳料可利用无黏性土、石料、风化料和砾石土。

4 黏性土的填筑标准应按压实度确定，压实度不应小于94%；无黏性土土填筑标准按相对密度确定，相对密度不得小于0.65。

8.5.3 重力坝筑坝材料选择与浇筑应符合下列规定：

1 浆砌石重力坝所用砌石应新鲜、完整，质地坚硬、不得有剥落层及裂纹。胶凝材料可采用水泥砂浆或者一、二级配混凝土。

2 混凝土重力坝混凝土标号不宜低于 R_{90}100。

8.5.4 土石坝坝体结构与构造应符合下列规定：

1 坝体上下游边坡应经稳定计算确定。

2 坝顶宽度应根据构造、施工、运行等因素确定。当无特殊要求时，坝顶宽度不宜小于 3.5m。坝顶盖面材料宜采用密实的砂砾石、碎石或单层砌石等柔性材料。

3 坝体下游护坡施工完毕后应种植适生草本固坡。

4 坝高大于 10m 时，在下游坝坡脚应设反滤排水体。

8.5.5 重力坝坝体结构与构造应符合下列规定：

1 重力坝上游坝面可为铅直面、斜面或者折面。下游坝坡应根据稳定及应力计算确定。

2 浆砌石重力坝坝顶宽度不应小于 0.5m，混凝土重力坝坝顶宽度不应小于 0.3m。

8.5.6 土石坝坝基处理应符合下列规定：

1 坝断面范围内应清除坝基与岸坡上的草皮、树根、含有植物的表土、卵石、垃圾及其他废料，并应将清理后的坝基表面土层压实。

2 土质防渗体底部坝基应开挖接合槽，并应用黏土回填夯实。

3 坝基覆盖层与下游坝壳粗粒料接触处应符合反滤要求，不符合时应设置反滤层。

8.5.7 重力坝坝基处理后应符合下列规定：

1 应具有足够的强度。

2 应具有足够的整体性和均匀性。

3 应具有足够的耐久性。

8.5.8 坝的计算与分析应符合下列规定：

1 土石坝坝型拦沙坝应进行渗流及稳定计算。

2 重力坝坝型拦沙坝应进行稳定及应力计算。

8.6 溢洪道设计

8.6.1 泄水建筑物溢洪道应进行稳定及应力计算。

8.6.2 土石拦沙坝坝体上的泄槽应补充计算泄槽沉降。泄槽分缝应采用半搭接缝、全搭接缝或者键槽缝。缝间应设置止水，宜在泄槽底板上游端设置齿槽。

8.7 施工组织

8.7.1 拦沙坝宜在枯水期施工。当需跨汛期施工时，应按现行行业标准《水利水电工程施工组织设计规范》SL 303 的有关规定进行施工导流设计。

8.7.2 工程施工、交通运输、施工总布置及施工进度可按现行行业标准《水利水电工程施工组织设计规范》SL 303 的有关规定执行。

9 塘坝和滚水坝工程

9.1 一般规定

9.1.1 塘坝应根据洪水调节计算确定工程规模。滚水坝应根据其作用、地质、水文等因素确定规模，有灌溉任务的滚水坝坝顶高程确定应满足灌溉需求。

9.1.2 塘坝和滚水坝设计应具备下列基本资料：

1 区域气候、降水、蒸发等水文气象资料。

2 坝址区 1∶1000～1∶500 地形图，库区 1∶5000～1∶2000 地形图，坝址断面图 1∶500～1∶100。

3 区域地质资料及坝区地质情况。

4 灌溉面积、人畜用水、养殖等社会经济情况。

5 工程所在河流河道纵横断面图等。

9.2 工程布置

9.2.1 塘坝工程布置应符合下列规定：

1 塘坝由坝体、溢洪道和放水建筑物组成，坝体材料为砌石和混凝土的，可采用坝顶溢流方式。布置应力求紧凑，满足功能要求，节省工程量，并应方便施工和运行管理。

2 溢洪道宜修建在天然垭口上，如无天然垭口，溢洪道可布置在靠近坝肩处，土质溢洪道进口段应采取防护措施，溢洪道出口应采取消能措施。

3 放水建筑物布置宜与坝轴线垂直。放水建筑物应布设在岩基或稳定坚实的原状土基上，不得布置在坝体填筑体上。

9.2.2 滚水坝工程布置应满足防洪要求，坝面无不利的负压或振动，下泄水流不得造成危害性冲刷。

9.3 坝址坝型选择

9.3.1 坝址选择应符合下列规定：

1 应根据地形、地质、水源条件、建筑材料、建筑物布置及上下游情况，经比较后确定。

2 宜选择地质构造简单的岩基、厚度不大的砂砾石地基或密实的土基。

3 有灌溉要求的，宜选择位置较高处，实现自流供水；有人畜用水要求的，应靠近供水对象。

9.3.2 塘坝坝型选择应符合下列要求：

1 当坝址附近有性质适宜、数量足够的土料时，宜选用均质土坝。

2 当坝址附近无性质适宜、数量足够的土料时，宜选用土质防渗体分区坝或非土质材料防渗体坝。

3 当坝址附近有性质适宜、数量足够的石料时，宜选用砌石坝。

9.3.3 滚水坝坝型应根据地形、地质以及建筑材料等条件，选择浆砌石坝、混凝土坝。

9.4 规模确定

9.4.1 塘坝总库容应由死库容、兴利库容和滞洪库容组成。

9.4.2 死库容和死水位的确定应符合下列规定：

1 来沙量很小时，应按自流灌溉需求确定死水位。

2 来沙量较大时，应按公式下列公式确定死库容：

$$V_{死}=N(V_{淤}-\Delta V)/\gamma_d \tag{9.4.2-1}$$

$$V_{淤}=\frac{\overline{W}\eta F}{100\gamma_d} \tag{9.4.2-2}$$

式中：$V_{死}$——死库容（m^3）；

$V_{淤}$——年淤积量（m^3）；

ΔV——年均排沙量（m^3）；

N——淤积年限(a)；

γ_d——淤积泥沙干容重，可取 $1.2t/m^3 \sim 1.4t/m^3$；

$\overline{W}$——多年平均侵蚀模数[$t/(km^2 \cdot a)$]；

η——输移比，可根据经验确定；

F——流域集水面积(hm^2)。

3 死库容确定后，应由塘坝水位库容曲线查算死水位。

9.4.3 确定兴利库容和正常蓄水位应符合下列规定：

1 应根据多年平均来水量确定兴利库容，兴利库容应按下式计算：

$$V_{兴} = \frac{10h_0F}{n} \tag{9.4.3}$$

式中：$V_{兴}$——兴利库容(m^3)；

h_0——流域多年平均径流深(mm)；

n——系数，根据实际情况确定，宜取 1.5～2.0；

F——流域集水面积(hm^2)。

2 塘坝多年平均来水量较大时，可按计算总用水量确定塘坝的兴利库容，兴利库容可视具体情况按计算总用水量的 40%～50%选定。

3 兴利库容确定后，应由塘坝水位库容曲线查算正常蓄水位。

9.4.4 确定滞洪库容和校核洪水位应符合下列规定：

1 塘坝的调洪演算可用简化方法计算，假定来水过程线为三角形，滞洪库容可按下式计算：

$$q_{泄} = Q(1 - V_{滞}/W) \tag{9.4.4}$$

式中：$q_{泄}$——溢洪道及泄水洞最大下泄流量(m^3/s)；

Q——设计洪峰流量(m^3/s)；

$V_{滞}$——滞洪库容(m^3)；

W——校核洪水总量(m^3)。

2 调洪库容确定后，应由塘坝库容曲线查算校核洪水位。

9.5 坝体设计

9.5.1 塘坝断面设计应符合下列要求：

1 坝顶高程应为校核洪水位加坝顶安全超高，坝顶安全超高值应采用 0.5m～1.0m。

2 坝顶宽度应满足施工和运行检修要求。当坝顶有交通要求时，路面宽度宜按公路标准确定。对于心墙坝或斜墙坝，坝顶宽度应能满足心墙、斜墙及反滤过渡层的布置要求，在寒冷地区，黏土心墙或斜墙上下游侧保护土层厚度应大于当地冻结深度。

3 坝体断面宜采用梯形。坝体断面设计应根据坝高、建筑材料、坝址的地形和地基条件，以及当地的水文、气象、施工等因素合理确定。

9.5.2 滚水坝顶部应为堰面曲线，底部应采用反弧曲线与下游消能设施衔接，各段间宜采用切线连接。

9.5.3 结构设计应符合下列要求：

1 采用砌石坝或混凝土坝时，结构设计应包括应力计算和抗滑稳定计算，坝高低于 5m 的，应力计算和抗滑稳定计算可适当简化。

2 基本荷载应包括下列内容：

1)坝体自重；

2)正常蓄水位或设计洪水位时坝上游面、下游面的静水压力；

3)扬压力；

4)淤沙压力；

5)正常蓄水位或设计洪水位时的浪压力；

6)冰压力；

7)土压力；

8)其他出现机会较多的荷载。

3 特殊荷载应包括下列内容：

1)校核洪水位时坝上游面、下游面的静水压力；

2)校核洪水位时的扬压力、校核洪水位时的浪压力；

3)地震荷载；

4)其他出现机会很少的荷载。

4 抗滑稳定及坝体应力计算的荷载组合应分为基本组合和特殊组合两种。荷载组合应按表 9.5.3 的规定选择。

表 9.5.3 荷载组合表

荷载组合	主要考虑情况	荷载										附注
		自重	静水压力	扬压力	淤沙压力	浪压力	冰压力	地震荷载	动水压力	土压力	其他荷载	
基本组合	正常蓄水位情况	√	√	√	√	√				√	√	土压力根据坝体外是否有土石而定(下同)
	设计洪水位情况	√	√	√	√	√			√	√	√	
	冰冻情况	√	√	√	√		√			√	√	静水压力及扬压力按相应冬季库容水位计算
特殊组合	校核洪水位情况	√	√	√	√	√			√	√	√	
	地震情况	√	√	√	√	√		√		√	√	静水压力、扬压力和浪压力按正常蓄水位计算

注：1 应根据各种荷载同时作用的实际可能性，选择计算中最不利的荷载组合；

2 分期施工的坝应按相应的荷载组合分期进行计算；

3 施工期的情况作为特殊组合进行核算；

4 地震情况，按冬季计及冰压力时则不计浪压力；

5 "√"表示此荷载组合应计算本项荷载。

5 基底应力计算和坝体抗滑稳定计算应符合本规范附录 B 的相关要求。

9.5.4 塘坝防渗设计应符合下列要求：

1 土质防渗体断面应满足渗透比降、下游浸润线和渗透流量的要求。防渗体应自上而下逐渐加厚，心墙顶部厚度不应小于 0.8m，底部厚度不应小于 2.0m；斜墙顶部厚度不应小于 0.5m，底部不应小于 2.0m。心墙和斜墙防渗土料渗透系数不应大于 $1 \times 10^{-4}cm/s$。

2 土工膜防渗体应在其上铺设保护层，其下设置垫层。防渗土工膜应与坝基、岸坡或其他建筑物形成封闭的防渗系统，应做好周边缝的处理。

3 防渗体顶部高程应高出正常蓄水位 0.3m 以上。

4 砌石坝迎水面应采用高强度水泥砂浆勾深缝防渗，并应对坝体与地基的连接部位进行防渗设计。

9.5.5 塘坝反滤层设计应符合下列要求：

1 在土质防渗体与坝壳排水体或坝基透水层之间，以及坝壳与坝基之间，应满足反滤要求，不满足时均应设置反滤层。

2 当采用几种不同性质的土石料填筑坝体时，靠近心墙或斜墙处宜填筑透水性较小、颗粒较细的土石料，靠近坝坡处宜填筑透水性较大、颗粒较粗的土石料。

3 反滤层的渗透性应大于被保护土，能通畅地排出渗透水流，使被保护土不发生渗透变形。同时反滤层还应耐久、稳定，不致被细粒土淤塞失效。

4 反滤层厚度应根据材料的级配、料源、用途等确定。人工施工时，水平反滤层每层的最小厚度可采用 0.30m，竖向或倾斜反滤层每层的最小厚度可采用 0.40m；采用机械施工时，最小厚度应根据施工方法确定。

9.5.6 坝体排水设计应符合下列要求：

1 坝型为均质土坝时，应设置坝体排水设施。

2 坝体排水应按反滤要求设计，排水设施可采用棱式排水、斜卧式排水等型式。

3 坝体排水设计应按本规范第7.3.9条～第7.3.12条的相关规定执行。

9.5.7 坝体护坡设计应符合下列要求：

1 坝体表面为土、砂、砾石等材料的塘坝，应设专门的坝体护坡。

2 塘坝迎水坡应采用护坡措施，护坡范围为坝顶至死水位以下，护坡型式可采用堆石、干砌块石、浆砌石。

3 塘坝背水坡可采用碎石(卵石)护坡和植物护坡型式。

4 在寒冷地区，坝体上下游护坡和垫层的厚度应分析冻结深度影响。

5 浆砌石护坡应设置伸缩缝和排水孔。

9.5.8 坝面排水设计应符合下列要求：

1 除干砌石或堆石护坡外，坝高5m以上塘坝坝坡应设置坝面排水设施。

2 排水沟可采用浆砌石或混凝土块砌筑。

3 坝体与岸坡连接处应设置排水沟，其集水面积应包括岸坡的有效集水面积。

9.6 泄洪消能及放水设施

9.6.1 泄洪消能设施设计应符合下列要求：

1 塘坝应设置泄洪设施，泄洪形式应结合地形条件、筑坝材料选择。

2 塘坝泄洪设施宜采用开敞式，且不宜设置闸门，堰顶高程宜与正常蓄水位齐平。

3 滚水坝和塘坝采用坝顶泄洪时，应进行消能防冲设计。

9.6.2 塘坝放水设施设计应符合下列要求：

1 塘坝应设置放水设施，放水设施可采用管涵和浆砌石拱涵。

2 放水设施的轴线与坝轴线应垂直，宜采用明流，其水深应小于净高的75%，结构应采用混凝土或钢筋混凝土。当为压力流时，宜用钢管或钢筋混凝土管。

3 放水设施水深应按明渠均匀流公式计算，底坡取1：1000～1：200。放水设施下泄水流应经消能后送至河道下游，消能建筑物结构设计应按本规范第7.4节的规定执行。

4 放水设施结构尺寸除根据水力计算确定外，还应结合检查和维修的要求，混凝土涵管管径不应小于0.8m，浆砌石拱涵断面宽不应小于0.8m，高不应小于1.2m。混凝土涵管结构设计应按本规范第7.5节的规定执行。

9.7 地基及岸坡处理

9.7.1 土石坝地基及岸坡处理应符合下列要求：

1 应拆除各种建筑物，清除坝断面范围内地基与岸坡上的草皮、树根、腐殖土等，清理并回填夯实水井、洞穴等。

2 坝断面范围内岸坡应尽量平顺，不应成台阶状、反坡或突然变坡，岸坡上缓下陡时，凸出部位的变坡角宜小于20°。

3 与防渗体接触的岩石岸坡不宜陡于1：0.5，土质岸坡不宜陡于1：1.5，防渗体与混凝土建筑物接触面的坡度不宜陡于1：0.25。

4 土石坝的坝基处理应满足渗流控制、静力和动力稳定，允许沉降量等方面的要求。

9.7.2 浆砌石坝和混凝土坝地基及岸坡处理应满足坝体强度、稳定、刚度和防渗、耐久的要求。

9.8 施工组织

9.8.1 导流与度汛应符合下列要求：

1 导流建筑物度汛洪水重现期应取1a～3a。

2 应利用垭口、小冲沟、现有灌渠进行导流。

9.8.2 施工组织应符合下列要求：

1 施工道路宜利用现有乡村路和田间道路。

2 施工场地宜选择非耕地布置。

10 沟道滩岸防护工程

10.1 护地堤布置

10.1.1 护地堤布置应以少占农田、少拆迁为原则，应利于防汛抢险和工程管理，并应与道路交通、灌溉排水等工程结合。

10.1.2 护地堤堤线应与河势流向相适应，并应与洪水主流线大致平行。堤线应力求平顺，各堤段平缓连接，不得采用折线或急弯，并应利用现有护地堤和有利地形，宜修筑在土质较好、比较稳定的滩岸上，宜避开软弱地基、深水地带、古河道、强透水地基。

10.1.3 一个河段的护地堤堤距应大致相等，不宜突然扩大或缩小。护地堤堤距应根据地形、地质条件、水文泥沙特性、不同堤距的技术经济指标，经综合分析确定，并应分析滩区长期的滞洪、淤积作用及生态环境保护等因素，留有余地。

10.1.4 护地堤堤型应根据地质、筑堤材料、水流和风浪特性、施工条件、运用和管理要求、环境景观、工程造价因素，经综合分析确定。

10.2 丁坝、顺坝布置

10.2.1 丁坝、顺坝防护长度应根据水流、风浪特性及堤岸崩塌趋势分析确定。

10.2.2 丁坝、顺坝布置应根据水流、风浪、地质、地形情况、施工条件、运用要求等因素选用合适的型式，应因势利导、符合水流演变规律，并应统筹兼顾上下游、左右岸。

10.2.3 丁坝、顺坝应依堤岸修建。平面布置应根据整治规划、水流流势、堤岸冲刷情况及已建类似工程经验确定。丁坝坝头位置应在治导线上，并宜成组布置，顺坝应沿治导线布置。

10.2.4 丁坝长度应根据堤岸与治导线距离确定，间距可为坝长的1倍～3倍。丁坝按结构材料、坝高及与水流流向关系，可分为透水、不透水，淹没、非淹没，上挑、正挑、下挑等型式。非淹没丁坝宜采用下挑型式布置，坝轴线与水流流向的夹角可采用30°～60°。

10.2.5 顺坝用于束窄河槽、导引水流、调整河岸时，宜布置在过渡段、分汊河段、急弯及凹岸末端、河口及洲尾等水流不顺和水流分散的河段。顺坝与水流方向应接近或略有微小交角，直接布置在整治线上。长度应根据风浪、水流及崩岸趋势等分析确定。

10.3 生态护岸布置

10.3.1 生态护岸应遵循岸坡稳定、行洪安全、材质自然、内外透水及成本经济的原则进行布置，宜与沟道天然形态相协调。

10.3.2 生态护岸布置应依据沟道水流形态、气候条件及滩岸类型，因地制宜采用植物或植物与工程措施相结合的布置方式。

10.3.3 生态护岸的岸线布置可按护地堤、顺坝的有关规定执行。

10.4 护地堤堤身结构型式

10.4.1 护地堤堤身结构应经济实用、就地取材、便于施工、易于维护，宜采用土堤或防洪墙结构。

10.4.2 土堤堤身设计应包括确定堤身断面、堤顶高程、顶宽和边坡、护坡及填筑标准，以及防渗、排水设施。

10.4.3 土堤填筑密度应根据堤身结构、土料特性、自然条件等因素，综合分析确定。黏性土土堤的填筑标准应按压实度确定，其压实度不应小于 90%；无黏性土土堤的填筑标准应按相对密度确定，其相对密度不应小于 0.60。

10.4.4 堤顶高程应按设计洪水位加堤顶超高确定。堤顶超高不宜小于 0.5m。

10.4.5 土堤的堤顶宽度及边坡坡度可类比已建类似工程初选，并应根据稳定计算确定，顶宽不宜小于 3m。堤路结合时，堤顶宽度及边坡的确定宜结合道路的要求，并应根据需要设置上堤坡道。上堤坡道的位置、坡度、顶宽、结构等可根据需要确定。临水侧坡道宜顺水流方向布置。稳定计算应符合国家标准《堤防工程设计规范》GB 50286—2013 第 8 章的有关规定。抗滑稳定安全系数不应小于本规范表 5.5.3 规定的数值。

10.4.6 无黏性土防止渗透变形的允许坡降应以土的临界坡降除以安全系数确定，安全系数宜取 1.5～2.0。无试验资料时，无黏性土的允许坡降可按表 10.4.6 选用。表 10.4.6 适用于无黏性土渗流出口无滤层的情况。黏性土的允许坡降应通过试验确定。

表 10.4.6 无黏性土的允许坡降

渗透变形型式	流土型			过渡型	管涌型	
	$C_u<3$	$3\leqslant C_u\leqslant 5$	$C_u>5$		级配连续	级配不连续
允许坡降	0.25～0.35	0.35～0.50	0.50～0.80	0.25～0.40	0.15～0.25	0.10～0.15

10.4.7 土堤应采取护坡措施。护坡的型式应根据风浪大小、近堤流速，结合堤高、堤身与堤基土质等因素确定。土堤宜采用草皮护坡，在近堤流速较大、易造成护地堤冲刷破坏时，可采用砌石、混凝土等型式，并应与护脚工程统筹设计。护坡、护脚工程的结构尺寸可按已建类似工程经验确定，或按国家标准《堤防工程设计规范》GB 50286—2013 第 6 章第 6 节的规定执行。

10.4.8 防洪墙设计应包括确定堤身结构型式、墙顶高程、基础轮廓尺寸以及防渗、排水设施。

10.4.9 防洪墙可采用浆砌石、混凝土或钢筋混凝土结构。其墙顶高程确定方法应与土堤堤顶高程确定方法相同。基础埋置深度应满足抗冲刷和冻结深度要求。

10.4.10 防洪墙应设置变形缝。浆砌石及混凝土墙缝距宜为 10m～15m，钢筋混凝土墙宜为 15m～20m。地基土质、墙高、外部荷载、墙体断面结构变化处应增设变形缝，变形缝应设止水。

10.4.11 防洪墙应进行抗倾、抗滑和地基整体稳定计算。计算方法应按国家标准《堤防工程设计规范》GB 50286—2013 第 8 章的规定执行。其安全系数不应小于本规范表 5.5.4 和表 5.5.5 规定的数值。

10.5 丁坝、顺坝结构型式

10.5.1 丁坝应坚固耐久，抗冲刷、抗磨损性能强，能较好适应河床变形，便于施工、修复、加固，且就地取材，经济合理，宜选用抛石丁坝、土心丁坝、沉排丁坝等结构型式。

10.5.2 丁坝设计应包括确定丁坝长度、坝顶高程、坝顶宽度、坝的上下游坡度等。结构尺寸应根据水流条件、稳定、施工及运用要求分析确定，或根据已建类似工程的经验选定。

10.5.3 丁坝长度应根据滩岸与整治线距离确定。坝顶高程应超过设计洪水位 0.5m 及以上。

10.5.4 抛石丁坝坝顶的宽度宜采用 1m～3m；坝的上下游坡度不宜陡于 1∶1.5，坝头坡度 1∶2.5～1∶3。土心丁坝坝顶的宽度宜采用 5m～10m，坝的上下游护砌坡度宜缓于 1∶1，护砌厚度可采用 0.5m～1.0m；坝头部分采用抛石，上下游坡度不宜陡于 1∶1.5，坝头坡度 1∶2.5～1∶3。沉排叠砌丁坝的顶宽宜采用 2m～4m，坝的上下游坡度宜采用 1∶1～1∶1.5。护底层的沉排铺设范围应保证河床产生最大冲刷深度情况下坝体不受破坏。

10.5.5 土心丁坝在土与护坡之间应设置垫层。根据反滤要求，可采用砂石垫层或土工织物垫层，砂石垫层厚度应大于 0.1m。土工织物垫层的上面宜铺薄层砂卵石保护。

10.5.6 丁坝坝根与护地堤或滩岸衔接处应加强防护。

10.5.7 中细砂组成的河床或水深流急处修建丁坝宜采用沉排护底，坝头部分应加大护底范围，铺设的沉排宽度应保证河床产生最大冲刷深度情况下坝体不受破坏。冲刷深度可根据水深、流速、土质因素，或类似工程经验确定。

10.5.8 淹没式丁坝顶面宜做成坝根斜向河心的纵坡，其坡度可取 1%～3%。

10.5.9 顺坝的结构、材料应坚固耐久，抗冲刷、抗磨损性能强，并应能较好适应河床变形。

10.5.10 顺坝设计应包括确定顺坝长度、坝顶高程、坝顶宽度、坝的上下游坡度。结构尺寸应根据水流条件、稳定、施工及运用要求分析确定，或根据已建类似工程的经验选定。

10.5.11 顺坝长度应根据风浪、水流及崩岸趋势等因素确定。坝顶高程应高于河道整治流量相应水位 0.5m 及以上，也可自坝根至坝头，顺水流方向略有倾斜。

10.5.12 顺坝坝顶宽度应根据坝体结构、施工、抢险要求确定。土质顺坝坝顶宽度可取 3m～10m，抛石顺坝坝顶宽度可取 2m～5m。

10.5.13 坝外坡坡度应较平顺，边坡可取 1∶1.5～1∶3，并沿边抛石或抛枕加以保护，坝头处边坡应适当放缓，不宜小于 1∶3；坝内坡边坡可取 1∶1～1∶2。

10.6 生态护岸型式

10.6.1 流量、流速不大和冲刷能力较弱的沟道可采取乔灌草相结合或单一种植植被保护河岸的护岸型式。常水位下的浅水区和水位波动频繁的区域可种植具有喜水特性的植物，滩岸上可撒播草籽或种植乔灌木。

10.6.2 流量、流速较大和冲刷能力较强的沟道可采用石材、木材等天然材料与种植植被相结合的护岸型式。常水位线以下可采用石笼、木桩、干砌块石等防护措施，岸坡种植乔灌草。

10.6.3 大流量和高冲刷能力的沟道可采用土工网垫固土种植、土工格栅固土种植等土工材料复合种植基、网石笼，以及植被型生态混凝土等新型商品化生态护岸构件。

10.6.4 生态护岸设计应依据岸坡形态、水流及土质等情况进行岸坡稳定性分析。

10.6.5 植物种类选择应满足抗冲、喜湿及固土等性能要求，宜优先选择多年生当地树（草）种。土木材料宜优先选用能就地取材的天然石料、木料等。

10.7 施工组织

10.7.1 施工场地布置应根据施工方法、技术供应及施工用水、电、路等条件综合确定。

10.7.2 施工道路布设应优先利用现有道路，需要新建道路时宜利用荒地，不占或少占农田。

10.7.3 施工应安排在非汛期进行。

10.7.4 堤顶应向一侧或两侧倾斜，坡度宜取 2%～3%。均质土堤的筑堤土料宜选用亚黏土，土料渗透系数不宜大于 1×10^{-4}cm/s。

10.7.5 浆砌石防洪墙宜采用块石砌筑，有卵石的地区，也可采用卵石砌筑。

10.7.6 生态护岸应选择适宜植物生长的季节施工，并应保证植物生长所需的土层厚度和灌水要求。

11 坡面截排水工程

11.1 一般规定

11.1.1 坡面截排水工程分类应符合下列规定：

1 按所处空间，可分为地面排水工程和地下排水工程。

2 地面排水工程按蓄水排水要求，可分为多蓄少排型、少蓄多排型和全排型。

3 地面排水工程中的截水沟按其功能，可分为蓄水型和排水型。

11.1.2 坡面截排水工程布置应符合下列规定：

1 坡面截排水工程可用于流域治理中山坡坡面的保护，也可用于保护梯田。

2 坡面截排水工程中，北方少雨地区，应采用多蓄少排型；南方多雨地区，应采用少蓄多排型；东北黑土区如无蓄水要求，应采用全排型。

3 地下排水工程可用于东北黑土区涝渍灾害、侵蚀沟和坡耕地水土流失治理，南方地区坡耕地实施横向垄作需进行地下排水的，可按东北黑土区执行。

11.1.3 坡面截排水工程设计应遵循下列原则：

1 坡面截排水工程应与梯田、耕作道路、沉沙蓄水工程同时规划，并以沟渠、道路为骨架，合理布设截流沟、排水沟、蓄水沟、沉沙池、蓄水池等设施，形成完整的防御、利用体系。

2 应根据治理区的地形条件，按高水高排、低水低排、就近排泄、自流原则选择线路。

3 梯田排水沟布设应兼顾拦蓄和利用当地雨水的原则。在干旱缺水区的山坡或山洪汇流的槽冲地带，应合理布设蓄水灌溉和排洪防冲工程。

4 坡面截排水工程布置应避开滑坡体、危岩等不利地质条件。

11.1.4 设计所需资料应满足下列要求：

1 汇水区应采用1：10000～1：5000的地形图，并应收集治理区汇水面的下垫面情况。

2 宜收集工程附近雨量站或水文站长系列实测资料，当无实测资料时，可用当地水文手册中等值线图推求。

3 渠线布置宜采用不小于1：2000的地形图，工程布置和设计宜采用1：500～1：200的地形图。

11.1.5 坡面截排水工程与相关工程在布置上应符合下列规定：

1 用于保护梯田时，梯田傍山一侧应布设截水天沟，梯田内部应沿等高线布置横向截水沟，排水沟应垂直于等高线沿纵向布置。

2 宜与蓄水工程联合布置：由坡面截排水工程截取地表径流、引入沉沙池，经沉沙后进入蓄水设施，蓄满后多余径流由排水沟排出，并与周边天然沟道顺接。

11.2 工程布置

11.2.1 多蓄少排型坡面截排水工程布置应符合下列规定：

1 应采用蓄水型截水沟，并应沿治理坡面等高线或沿梯田傍山一侧边界水平布置。

2 当治理区坡面的坡长较长时，应增设多级截水沟，间距应根据其控制面积、坡面产流量、蓄水能力，通过计算结合地形确定。

3 蓄水型截水沟的两端应就近接入排水沟或承泄区。

4 排水沟与坡面等高线应正交布设，梯田两端的排水沟应大致与梯田两端的道路同向。

5 排水沟连接蓄水池或天然排水道，宜布置在低洼地带，并尽量利用天然沟道。

6 排水沟间距应根据排水流量、地形条件等因素综合分析确定。

7 排水沟之间及其与承泄河道之间的交角宜为30°～60°，出口宜采用自排方式。

8 排水承泄区应保证排水系统的出流条件具有稳定的河槽或湖床、安全的堤防和足够的承泄能力，且不产生环境危害。

11.2.2 少蓄多排型坡面截排水工程布置应符合下列规定：

1 应采用排水型截水沟，并应沿治理坡面等高线方向或沿梯田傍山一侧边界布置，其纵向比降宜为1%～2%。

2 当治理区坡面的坡长较长时，应增设多级截水沟，间距应根据其控制面积、坡面洪峰流量、排水能力，通过计算结合地形确定。

3 排水型截水沟较低的一端应就近接入排水沟或承泄区。

4 少蓄多排型排水沟布置与多蓄少排型排水沟布置应相似。

11.2.3 全排型坡面截排水工程布置应符合下列规定：

1 截流沟应布设在坡耕地的上方与林地或荒地交接的边界处，或应布设在较长的坡面及坡度变化大的地点。

2 截流沟为排水型，基本上应沿等高线方向布设，纵向比降取1%～2%，沟线应顺直。

3 应分级截流泄洪，分割水势，分散排泄。

11.2.4 地下排水工程布置应符合下列规定：

1 地下排水工程应由暗管、鼠洞和排水沟组成。鼠洞应为一级暗排，暗管应为二级暗排。应根据不同的地貌类型，采取不同的组合方式。

2 鼠洞应布设在有一定塑性的黏性土壤中，坡度随地面坡降，鼠洞末端连接固定排水沟道；线型洼地，鼠洞应与布置在洼地中轴线的集水暗管相通，再与周边固定排水沟网或承泄区连接。

3 暗管布局应分为棋盘型、鱼刺型和不规则型等形式。根据地形条件，暗管应布设在线型洼地的中轴线上，坡降应根据地形条件选定。

11.3 截水沟设计

11.3.1 蓄水型截水沟宜水平布设。排水型截水沟高差较大时，应设置急流槽或跌水。

11.3.2 截水沟不水平时，应每隔5m～10m在沟底修筑高0.2m～0.3m的小土挡。

11.3.3 蓄水型截水沟两端应设拦水坎。

11.3.4 截水沟与排水沟的连接处应采取防冲措施。

11.3.5 截水沟宜采用梯形断面，山坡坡度较大时，截水沟宜采用矩形断面。

11.3.6 蓄水型截水沟断面设计应符合下列规定：

1 蓄水型截水沟容量按下式计算：

$$V=V_w+V_s \tag{11.3.6-1}$$

式中：V——截水沟容量（m^3）；

V_w——一次暴雨径流量（m^3）；

V_s——1a～3a土壤侵蚀量（m^3）。

2 V_w和V_s按下列公式计算：

$$V_w=M_wF \tag{11.3.6-2}$$

$$V_s=(1\sim3)M_sF \tag{11.3.6-3}$$

式中：F——截水沟集水面积（hm^2）；

M_w——一次暴雨径流模数（m^3/hm^2）；

M_s——1年的土壤侵蚀模数（m^3/hm^2）。

3 截水沟断面面积按下式计算：

$$A_1=V/L \tag{11.3.6-4}$$

式中：A_1——截水沟断面面积（m^2）；

L——截水沟长度（m）。

11.3.7 多蓄少排型截水沟宜按蓄水型截水沟进行断面设计，少蓄多排型截水沟宜按排水沟进行断面设计。

11.3.8 截水沟应按本规范第5.6.2条的规定设置安全超高。

11.4 排水沟设计

11.4.1 排水沟宜按明渠流设计。

11.4.2 排水沟进口宜采用喇叭口或八字形导流翼墙，翼墙长度可取设计水深的3倍～4倍。

11.4.3 排水沟断面变化时，应采用渐变段衔接，其长度可取水面宽的5倍～20倍。在弯曲段凹岸应分析水位壅高影响。

11.4.4 排水沟应分段设置跌水。梯田排水沟纵断面可与梯田断面基本一致，以每台田面宽为一水平段，以每台田坎高为一跌水，在跌水处应采取防冲措施。

11.4.5 排水沟末端应设消能设施。当坡度缓、流量小时，可用消力池消能；当坡度陡、流量大时，应采取多级跌水或加糙（坎）消能。

11.4.6 排水沟比降取决于沿线地形和土质条件，设计时宜与沟沿线的地面坡度相近，以减小开挖量。排水沟比降不宜小于0.5%，土质沟渠的最小比降不应小于0.25%，衬砌沟渠最小比降不应小于0.12%。

11.4.7 土质山坡排水沟宜采用梯形或复式断面，石质山坡排水沟可采用矩形断面。陡坡式排水沟宜采用矩形断面，并宜采用浆砌块石或现浇混凝土。

11.4.8 矩形、梯形排水沟断面底宽和深度不宜小于0.40m。梯形土质排水沟，其内坡按土质类别宜采用1∶1.0～1∶1.5。

11.4.9 临时排水沟宜采用梯形或矩形断面，深度不宜小于0.20m，梯形排水沟底宽不宜小于0.20m，矩形排水沟沟底宽度不宜小于0.30m。

11.4.10 排水沟流速应同时满足不冲不淤的要求。明沟最小允许流速宜为0.4m/s，暗沟最小允许流速宜为0.75m/s。

11.4.11 排水沟应按本规范第5.6.2条的规定设置安全超高。

11.4.12 以排涝为目的的排水应按现行国家标准《灌溉与排水工程设计规范》GB 50288的有关规定执行。

11.5 截流沟设计

11.5.1 截流沟纵坡宜取1%～2%比降。

11.5.2 截流沟宜采用梯形断面。

11.5.3 截流沟长度超过500m时，应分段设计。断面变化处应采用渐变段衔接，其长度可取水面宽的5倍～20倍。

11.5.4 最大径流量应按下式计算：

$$Q_m=\frac{K_{10\%}}{K_{5\%}}C_pF^{0.67} \quad (11.5.4)$$

式中：Q_m——沟道最大流量（m^3/s）；

K——相应频率的模比系数，可通过当地水文手册查找；

F——分段设计时，本段截流沟控制的集水面积（km^2）；

C_p——最大径流量参数。

11.5.5 截流沟汇流历时应按本规范公式（A.4.2-2）计算。

11.5.6 截流沟断面设计可按排水沟有关规定执行，并应按本规范第5.6.2条的规定增加安全超高。

11.6 地下排水工程设计

11.6.1 鼠洞排水布设应满足下列要求：

1 鼠洞深度和间距应根据土壤结构而定，有关经验参数可按表11.6.1选取。

表11.6.1 不同土质的鼠洞深度与间距经验数值表

土壤质地	洞深（m）	洞距（m）	土壤质地	洞深（m）	洞距（m）
黏土	0.35～0.5	1.0～2.0	黏壤土	0.35～0.5	1.0～2.2
	0.5～0.7	1.5～2.8		0.5～0.7	1.5～3.0
	0.7～1.0	2.0～4.0		0.7～1.0	2.0～4.5

2 鼠洞出口高程应高于末级沟道正常设计水位0.2m～0.3m，洞出口内插满树条或麦秸或草把，下缘采用块石防护。

11.6.2 暗管排水布设应满足下列要求：

1 暗管应布设在局部闭流洼地和低洼水线处，消除坡耕地内涝。

2 暗管间距宜取50m～100m。在局部闭流洼地和低洼水线处，暗管应适当加密，间距应为10m～30m，地形平缓时其间距可适当加大。

3 暗管坡降应依地形和选定管径等因素确定，宜取0.2%～2%。

4 排水暗管设计流量可按下列公式计算：

$$Q=CqA \quad (11.6.2\text{-}1)$$

$$q=\frac{\mu\Omega(H_0-H_t)}{t} \quad (11.6.2\text{-}2)$$

式中：Q——排水暗管设计流量（m^3/d）；

C——排水流量折减系数，可从表11.6.2-1查得；

q——地下水排水强度（m/d）；

A——排水管控制面积（m^2）；

μ——地下水面变动范围内的土层平均给水度；

Ω——地下水面形状校正系数，取0.7～0.9；

H_0——地下水位降落起始时刻，排水地段的作用水头（m）；

H_t——地下水位降落到t时刻，排水暗管排水地段的作用水头（m）；

t——设计要求地下水位由H_0到H_t的历时（d）。

表11.6.2-1 排水流量折减系数

排水控制面积（hm^2）	≤16	16～50	50～100	>100～200
排水流量折减系数	1.00	1.00～0.85	0.85～0.75	0.75～0.65

5 排水暗管管径宜取60mm～100mm，应满足设计排渍流量要求，且不应形成满管出流。排水管内径计算按下式计算：

$$d=2(nQ/\alpha\sqrt{i})^{3/8} \quad (11.6.2\text{-}3)$$

式中：d——排水管内径（m）；

n——管内壁糙率，可从表11.6.2-2查得；

α——与管内水的充盈度a有关的系数，可从表11.6.2-3查得；

i——管道水力比降，可采用管线的比降。

排水管道比降应满足管内最小流速不低于0.3m/s的要求。管内径d≤100mm时，i可取1/300～1/600；d>100mm时，i可取1/1000～1/1500。

表11.6.2-2 排水管内壁糙率

排水管类别	陶土管	混凝土管	光壁塑料管	波纹塑料管
内壁糙率	0.014	0.013	0.011	0.016

表11.6.2-3 系数α和β取值

a	0.60	0.65	0.70	0.75	0.80
α	1.330	1.497	1.657	1.806	1.934
β	0.425	0.436	0.444	0.450	0.452

注：管内水的充盈度a为管内水深与管的内径之比值。管道设计时，可根据管的内径d值选取充盈度a值：当d≤100mm时，a取0.6；当d为100mm～200mm时，a取0.65～0.75；当d>200mm时，a取0.8。

6 排水暗管平均流速按下式计算：

$$V=\frac{\beta}{n}\left(\frac{d}{2}\right)^{2/3}i^{1/2} \quad (11.6.2\text{-}4)$$

式中：V——排水暗管平均流速（m/s）；

β——与管内水的充盈度a有关的系数，可从表11.6.2-3查得。

7 排水暗管周围应设置外包滤料，并宜就地取材，选用耐酸、耐碱、不易腐烂、对农作物无害、不污染环境、方便施工的透水材料。外包滤料的渗透系数应比周围土壤大10倍以上，其厚度可根据当地实践经验选取。

8 暗管埋深宜取0.7m～0.9m，条捆直径应大于0.2m，并应用砂卵石、麦秸、稻草和芦苇回填0.1m～0.4m，踩实，其上回填壤土0.2m。

9 暗管出口段宜设置长度2m的硬塑料管，伸出长度0.15m～0.2m，出口下缘距固定沟道水面间距不应小于0.3m。暗管排水进入明沟处应采取防冲措施。

12 弃渣场及拦挡工程

12.1 一 般 规 定

12.1.1 弃渣场设计应符合下列要求：

1 弃渣场设计应坚持安全可靠、经济合理的原则。

2 弃渣场堆置应根据渣场地形地质条件、弃渣岩土组成及物理力学参数等确定堆置要素，并应满足渣场整体稳定，且不影响河(沟)道行洪安全的要求。

3 应根据弃渣场位置、类型及堆置情况，进行弃渣拦挡、防洪排洪等设计。

12.1.2 弃渣拦挡工程应符合下列要求：

1 弃渣拦挡工程应包括挡渣墙、拦渣堤、拦渣坝、围渣堰等。

2 应通过现场查勘或勘探，按就地取材、安全可靠、经济合理的原则，选择拦挡工程型式。

3 弃渣拦挡工程设计应综合渣场类型、弃渣堆置方案、渣场地形和工程地质、气象及水文、建筑材料、施工机械类型等因素确定。

12.1.3 弃渣场及拦挡工程设计所需基本资料应包括下列内容：

1 地形测绘资料：渣场区地形、地貌及地类资料，渣场地形图。

2 工程地质资料：渣场区工程地质及地质勘察资料，包括地层岩性、覆盖层组成及厚度、渣场是否涉及泥石流、滑坡等不良地质情况及基础物理力学参数。

3 弃渣基础资料：弃渣的来源、组成、堆渣量以及弃渣的物理力学参数等资料。

4 水文气象资料：与渣场设防标准相应的，涉及河道、沟道的洪水流量及洪水位、流速等资料。

12.2 弃渣场设计

12.2.1 弃渣场按地形条件、与河(沟)相对位置、洪水处理方式等，可分为沟道型、临河型、坡地型、平地型、库区型五种类型，其相应特征及适用条件应符合表12.2.1的规定。

表 12.2.1 弃渣场分类

弃渣场类型	特 征	适 用 条 件
沟道型	弃渣堆放在沟道内，堆渣体将沟道全部或部分填埋	适用于沟底平缓、肚大口小的沟谷，其拦渣工程为拦渣坝(堤)或挡渣墙，视情况配套拦洪(坝)及排水(渠、涵、隧洞等)措施
临河型	弃渣堆放在河流或沟道两岸较低台地、阶地和河滩地上，堆渣体临河(沟)侧底部低于河(沟)道设防洪水位，渣脚全部或部分受洪水影响	河(沟)道流量大，河流或沟道两岸有较宽台地、阶地或河滩地，其拦渣工程为拦渣堤
坡地型	弃渣堆放在缓坡地、河流或沟道两侧较高台地上，堆渣体底部高程高于河(沟)中弃渣场设防洪水位	沿山坡堆放，坡度不大于25°且坡面稳定的山坡；其拦渣工程为挡渣墙
平地型	弃渣堆放在宽缓平地、河(沟)道两岸阶(平)地上，堆渣体底部高程低于或高于弃渣场设防洪水位，渣脚全部受洪水影响或不受洪水影响	地形平缓，场地较宽广地区；坡脚受洪水影响时其拦渣工程为围渣堰，不受影响时可设挡渣墙，或不设挡墙，采取斜坡防护措施
库区型	弃渣堆放在主体工程水库库区内河(沟)道两岸台地、阶地和河滩地上，水库建成后堆渣体全部或部分被库水位淹没	对于山区、丘陵区无合适堆渣场地，同时未建成水库内有适合弃渣的沟道、台地、阶地和滩地，其拦渣工程主要为拦渣堤、斜坡防护工程或挡渣墙

12.2.2 弃渣场选址应符合下列规定：

1 弃渣场选址应根据弃渣场容量、占地类型与面积、弃渣运距及道路建设、弃渣组成及排放方式、防护整治工程量及弃渣场后期利用等情况，经综合分析后确定。

2 严禁在对重要基础设施、人民群众生命财产安全及行洪安全有重大影响的区域布设弃渣场。

3 弃渣场不应影响河流、沟谷的行洪安全，弃渣不应影响水库大坝、水利工程取用水建筑物、泄水建筑物、灌(排)干渠(沟)功能，不应影响工矿企业、居民区、交通干线或其他重要基础设施的安全。

4 弃渣场应避开滑坡体等不良地质条件地段，不宜在泥石流易发区设置弃渣场；确需设置的，应确保弃渣场稳定安全。

5 弃渣场不宜设置在汇水面积和流量大、沟谷纵坡陡、出口不易拦截的沟道；对弃渣场选址进行论证后，确需在此类沟道弃渣的，应采取安全有效的防护措施。

6 不宜在河道、湖泊管理范围内设置弃渣场，确需设置的，应符合河道管理和防洪行洪的要求，并应采取措施保障行洪安全，减少由此可能产生的不利影响。

7 弃渣场选址应遵循"少占压耕地，少损坏水土保持设施"的原则。山区、丘陵区弃渣场宜选择在工程地质和水文地质条件相对简单，地形相对平缓的沟谷、凹地、坡台地、滩地等；平原区弃渣应优先弃于洼地、取土(采砂)坑，以及裸地、空闲地、平滩地等。

8 风蚀区的弃渣场选址应避开风口区域。

12.2.3 弃渣堆置应符合下列规定：

1 弃渣场宜采取自下而上的方式堆置；堆渣总高度小于10m的，在采取安全挡护措施下可采取自上而下的方式堆置。

2 弃渣场堆置要素应包括：容量、堆渣总高度与台阶高度、平台宽度、综合坡度和占地面积等。

3 堆渣量应以自然方为基础，按弃渣组成折算为松方，并应根据堆渣工艺、沉降因素进行修正。无试验资料的，松散系数可按表12.2.3-1选取。

表 12.2.3-1 土(石、渣)松散系数

种类	砂	砂质黏土	黏土	带夹石的黏土	最大边长度小于30cm的岩石	最大边长度大于30cm的岩石
松散系数	1.05～1.15	1.15～1.2	1.15～1.2	1.2～1.3	1.25～1.4	1.35～1.6

4 弃渣场占地面积应综合堆渣量、地形、堆置要素、拦渣及截排水措施等因素确定。

5 弃渣场堆渣高度与台阶高度的确定应符合下列规定：

1)最大堆渣高度按弃渣初期基底压实到最大承载能力控制，应按下式计算：

$$H=\pi C\cot\varphi\left[\gamma\left(\cot\varphi+\frac{\pi\varphi}{180}-\frac{\pi}{2}\right)\right]^{-1} \tag{12.2.3}$$

式中：H——弃渣场的最大堆渣高度(m)；

C——弃渣场基底岩土的粘结力(kPa)；

φ——弃渣场基底岩土的内摩擦角(°)；

γ——弃渣场弃渣的容重(kN/m^3)。

2)堆渣高度与台阶高度应根据弃渣物理力学性质、施工机械设备类型、地形、工程地质、气象及水文等条件确定。弃渣堆渣高度40m以上时，应分台阶堆置，综合坡度宜取22°～25°，并应经整体稳定性验算最终确定综合坡度。采用多台阶堆渣时，原则上第一台阶高度不应超过15m～20m；当地基为倾斜的砂质土时，第一台阶高度不应大于10m。

3)4级、5级弃渣场，当缺乏工程地质资料时，堆置台阶高度

可按表 12.2.3-2 确定。

表 12.2.3-2 弃渣堆置台阶高度(m)

弃渣类别		堆置台阶高度
岩石	硬质岩石	30～40(20～30)
	软质岩石	10～20(8～15)
土石混合	混合土石	20～30(15～20)
土	黏土	10～15(8～12)
	砂土、人工土	5～10

注：1 括号内数值系工程地质不良及气象条件不利时参考值；

2 弃渣场地基(原地面)坡度平缓，渣为坚硬岩石或利用狭窄山沟、谷地、坑塘堆置的弃渣场，可不受此表限制。

6 弃渣场堆渣坡比应由渣场稳定计算确定。4级、5级弃渣场，当缺乏工程地质资料时，稳定堆渣坡度应小于或等于弃渣自然安息角除以渣体正常工况时的安全系数。弃渣自然安息角根据弃渣岩土组成，可按表 12.2.3-3 确定。

表 12.2.3-3 弃渣堆置自然安息角

弃渣体类别			自然安息角(°)	堆渣坡比
岩石	硬质岩石	花岗岩	35～40	1∶1.85～1∶1.60
		玄武岩	35～40	1∶1.85～1∶1.60
		致密石灰岩	32～36	1∶2.10～1∶1.85
	软质岩石	页岩(片岩)	29～43	1∶2.35～1∶1.45
		砂岩(块石、碎石、角砾)	26～40	1∶2.70～1∶1.60
		砂岩(砾石、碎石)	27～39	1∶2.55～1∶1.70
土	碎石土	砂质片岩(角砾、碎石)与砂黏土	25～42	1∶2.80～1∶1.65
		片岩(角砾、碎石)与砂黏土	36～43	1∶1.80～1∶1.65
		砾石土	27～37	1∶2.55～1∶2.0
土	黏土	松散的、软的黏土及砂质黏土	20～40	1∶3.60～1∶1.80
		中等紧密的黏土及砂质黏土	25～40	1∶2.80～1∶1.80
		紧密的黏土及砂质黏土	25～45	1∶2.80～1∶1.5
		特别紧密的黏土	25～45	1∶2.80～1∶1.5
		亚黏土	25～50	1∶2.80～1∶1.30
		肥黏土	15～50	1∶4.85～1∶1.30
	砂土	细砂加泥	20～40	1∶3.60～1∶1.80
		松散细砂	22～37	1∶3.20～1∶2.0
		紧密细砂	25～45	1∶2.80～1∶1.5
		松散中砂	25～37	1∶2.80～1∶2.0
		紧密中砂	27～45	1∶2.55～1∶1.5
	人工土	种植土	25～40	1∶2.80～1∶1.80
		密实的种植土	30～45	1∶2.30～1∶1.5

12.2.4 弃渣场与重要基础设施之间的安全防护距离应符合下列规定：

1 弃渣场与重要基础设施之间应留有安全防护距离，安全防护距离应满足相关行业要求。

2 安全防护距离计算，以弃渣场坡脚线为起始界线；涉及铁路、公路等建构筑物的，由其边缘算起；航道由设计水位线岸边算起；工矿企业由其边缘或围墙算起。

3 涉及规模较大、人口0.5万人以上的居住区和建制城镇的，安全防护距离应适当加大。

12.2.5 弃渣场稳定计算应符合下列规定：

1 弃渣场稳定计算包括堆渣体边坡及其地基的抗滑稳定计算。抗滑稳定应根据弃渣场级别、地形、地质条件，并应结合弃渣堆置形式、堆置高度、弃渣组成、弃渣物理力学参数等选择有代表性的断面进行计算。

2 弃渣场抗滑稳定计算应分为正常运用工况和非常运用工况。

1)正常运用工况：弃渣场在正常和持久的条件下运用，弃渣场处在最终弃渣状态时，渣体无渗流或稳定渗流。

2)非常运用工况：弃渣场在正常工况下遭遇Ⅶ度以上(含Ⅶ度)地震。

3 多雨地区的弃渣场还应核算连续降雨期边坡的抗滑稳定，其安全系数按非常运用工况采用。

4 弃渣场抗滑稳定计算可采用不计条块间作用力的瑞典圆弧滑动法；对均质渣体，宜采用计及条块间作用力的简化毕肖普法；对有软弱夹层的弃渣场，宜采用满足力和力矩平衡的摩根斯顿–普赖斯法进行抗滑稳定计算；对于存在软基的弃渣场，宜采改良圆弧法进行抗滑稳定计算。

5 抗滑稳定计算应符合本规范附录B的规定。

6 弃渣用于填平坑、塘时可不进行弃渣场稳定计算。

12.2.6 弃渣场防护措施总体布置应符合下列规定：

1 不同类型弃渣场的工程防护措施体系宜按表 12.2.6 确定。

表 12.2.6 弃渣场主要工程防护措施体系

弃渣场类型	主要工程防护措施体系			备注
	拦挡工程类型	斜坡防护工程类型	防洪排导工程类型	
沟道型	挡渣墙、拦渣堤、拦渣坝	框格护坡、浆砌石护坡、干砌石护坡等	拦洪坝、排洪渠、泄洪隧(涵)洞、截水沟、排水沟	—
坡地型	挡渣墙	框格护坡、干砌石护坡等	截水沟、排水沟	—
临河型	拦渣堤	浆砌石护坡、干砌石护坡等	截水沟、排水沟	—
平地型	挡渣墙或围渣堰	植物护坡或综合护坡	排水沟	视弃渣场坡脚受洪水影响情况
库区型	拦渣堤、挡渣墙	干砌石护坡等	截水沟、排水沟	—

2 沟道型弃渣场防护措施总体布置应符合下列规定：

1)根据洪水处置方式及堆渣方式，沟道型弃渣场可分为截洪式、滞洪式、填沟式三种型式。

2)截洪式弃渣场的上游洪水可通过隧洞排泄到邻近沟道中，或通过埋涵方式排至场地下游。

3)滞洪式弃渣场下游应布设拦渣坝，具有一定库容，可调蓄上游来水。拦渣坝应配套溢洪、消能设施等。

4)填沟式弃渣场上游无汇水或者汇水量很小，弃渣场下游末端应布置挡渣墙等构筑物。对于降雨量大于800mm的地区，应布置截排水沟以排泄周边坡面径流，并应结合地形条件布置消能、沉沙设施；降雨量小于800mm的地区可适当布设排水措施。

3 临河型弃渣场防护措施总体布置应符合下列规定：

1)宜在迎水侧坡脚布设拦渣堤，或设置浆砌石、干砌石、抛石、柴枕等护脚措施。

2)设计洪水位以下的迎水坡面宜采取斜坡防护措施；设计洪水位以上坡面宜优先采取植物措施，坡比大于1∶1.5

的，宜采取综合护坡措施。

3）渣顶和坡面宜布设截排水措施。

4）渣顶宜采取复耕或植物措施。

4　坡地型弃渣场防护措施总体布置应符合下列规定：

1）堆渣坡脚宜设置挡渣墙或护脚护坡措施。

2）渣体周边有汇水的，宜布设截水沟、排水沟。

3）弃渣场顶部宜采取复耕或植物措施；坡面应首先采取植物措施，坡比大于1∶1的，宜采取综合护坡措施。

5　平地型弃渣场防护措施总体布置应符合下列规定：

1）堆渣坡脚宜设置围渣堰，坡面宜布设截排水措施；不需设置围渣堰时，可直接采取斜坡防护措施，坡脚宜适当处理。

2）弃渣场顶部宜采取复耕或植物措施；坡面应首先采取植物措施，坡比大于1∶1的坡面宜采取综合护坡措施。

3）填凹型弃渣应首先填平并复耕；当超出原地面线时，应符合本款前两项的要求。

6　库区型弃渣场应根据地形地貌、蓄水淹没可能对永久工程建筑物的影响，采取相应工程及临时防护措施；弃渣场可不采取植物恢复措施，有需要的应结合蓄水淹没前时段水土流失影响分析确定。

12.3　拦挡工程设计

12.3.1　拦挡工程布置应符合下列规定：

1　挡渣墙应布置在原地形斜坡面或坡顶位置弃渣的渣场坡脚，轴线平面走向宜顺直，转折处应采用平滑曲线连接。

2　拦渣堤应布置在河道或沟道两侧较低台地、阶地、滩地弃渣的渣场坡脚，拦渣堤宜位于相对较高的地面；拦渣堤应顺河道或沟道布置，平面走向应顺直，转折处应采用平滑曲线连接。

3　拦渣坝应布置在河道或沟道中渣场下游弃渣末端坡脚，拦渣坝轴线应垂直河道或沟道布置，平面走向宜顺直。

4　围渣堰类似于挡渣墙，适于地形平缓的宽阔地带，其布置应减少弃渣占地。

12.3.2　挡渣墙设计应符合下列规定：

1　挡渣墙级别应按本规范第5.7.2条的规定确定。

2　挡渣墙型式应根据弃渣堆置型式、地形、地质、降水与汇水条件、建筑材料来源等选择。挡渣墙应分为重力式、半重力式、衡重式、悬臂式、扶臂式。

3　挡渣墙基底埋置深度应符合下列要求：

1）应根据地形、地质、结构稳定和地基整体稳定等确定。

2）冻结深度不大于1m时，基底应位于冻结线以下不小于0.25m且不小于1m；冻结深度大于1m时，基底最小埋置深度不小于1.25m，并应将基底至冻结线以下0.25m范围地基土换填为弱冻胀材料。

4　挡渣墙应每隔10m～15m设置变形缝。挡渣墙轴线转折处、地形变化大、地质条件、荷载和结构断面变化处，应增设变形缝。

5　作用在挡渣墙上的荷载可分为基本组合和特殊组合两类，可按表12.3.2的规定采用。

表12.3.2　荷载组合表

荷载组合		主要考虑情况	荷载类别										附注
			自重	附加荷载	土压力	水重	静水压力	扬压力	土的冻胀力	冰压力	地震荷载	其他荷载	
基本组合		正常挡渣情况	√	√	√	√	√	√	—	—	—	—	按正常挡渣组合计算水重、静水压力、扬压力、土压力
基本组合		冰冻情况	√	√	√	√	√	√	√	√	—	—	按正常挡渣组合计算水重、静水压力、扬压力、土压力及冰压力
特殊组合	Ⅰ	施工情况	√	√	√	—	—	—	—	—	—	√	应考虑施工过程中各个阶段的临时荷载
特殊组合	Ⅰ	长期降雨情况	√	√	√	√	√	√	—	—	—	—	考虑渣体饱和含水
特殊组合	Ⅱ	地震情况	√	—	√	√	√	√	—	—	√	—	按正常挡渣组合计算水重、静水压力、扬压力、土压力

注：1　应根据各种荷载同时作用的实际可能性，选择计算中最不利的荷载组合；

2　分期施工的挡渣墙应按相应的荷载组合分期进行计算。

1）基本组合：挡渣墙结构及其底板以上填料和永久设备的自重，墙后填土破裂体范围内的车辆、人群等附加荷载，相应于正常挡渣高程的土压力，墙后正常地下水位下的水重、静水压力和扬压力，土的冻胀力，其他出现机会较多的荷载。

2）特殊组合：多雨期墙后土压力、水重、静水压力和扬压力、地震荷载、其他出现机会很少的荷载。墙前有水位降落时，还应按特殊荷载组合计算此种不利工况。

6　挡渣墙断面尺寸应通过抗滑稳定、抗倾覆稳定和基底应力计算等确定，并应符合本规范第5.7.5条和第5.7.6条的规定。

12.3.3　拦渣堤设计应符合下列规定：

1　拦渣堤工程级别和防洪标准应按本规范第5.7.2条和第5.7.3条的规定确定。

2　拦渣堤基础埋置深度应按本规范第12.3.2条第3款的规定和河流冲刷深度确定。

3　拦渣堤顶高程应满足挡渣和防洪要求，与防洪堤起同等作用的拦渣堤堤顶高程应按设计洪水位（或设计潮水位）加堤顶超高确定。安全超高值应按表12.3.3确定。

表12.3.3　拦渣堤工程的安全超高值（m）

拦渣堤工程的级别		1	2	3	4	5
安全超高值	不允许越浪的拦渣堤工程	1.0	0.8	0.7	0.6	0.5
安全超高值	允许越浪的拦渣堤工程	0.5	0.4	0.4	0.3	0.3

4　地基处理可按现行国家标准《堤防工程设计规范》GB 50286的有关规定执行。

5　拦渣堤稳定安全系数应符合本规范第5.7.5条的规定。

12.3.4　拦渣坝设计应符合下列规定：

1 拦渣坝级别和防洪标准应按本规范第 5.7.2 条和第 5.7.3 条的规定确定。

2 拦渣坝坝型应有土石坝、砌石坝等，可一次成坝或多次成坝。

3 应根据地形地质、水文、料源、施工等条件，结合弃渣岩土组成和性质，综合分析确定拦渣坝坝型。

4 滞洪式弃渣场拦渣坝总库容应由拦渣库容、拦泥库容、滞洪库容三部分组成。坝顶高程应按总库容在水位-库容曲线对应高程，加安全超高确定。

5 截洪式弃渣场宜采用首建初级坝、多次成坝方案。初级坝坝高宜取 8m～10m，可不进行调洪计算。拦渣坝总体布置、坝型及逐级加坝应符合现行行业标准《火力发电厂水工设计规范》DL/T 5339 的有关干式贮灰坝的设计规定。

6 采用放水建筑物、涵洞、溢洪道布置方案的，应根据坝址地形地质条件、设计泄洪流量等因素，确定构筑物型式。溢洪道设计应按本规范第 7.4 节的规定执行，放水建筑物设计应按本规范第 7.5 节的规定执行。

7 洪水来量较小，放水建筑物、涵洞满足泄洪要求时，不可布设溢洪道。

8 应根据坝型采用相应稳定分析方法，确定坝体断面。稳定安全系数及基底应力应符合本规范第 5.7.4 条和第 5.7.5 条的规定。

12.3.5 围渣堰设计应符合下列规定：

1 围渣堰级别和防洪标准应按本规范第 5.7.2 条和第 5.7.3 条的规定确定。

2 围渣堰根据筑堰材料可采用土围堰、砌石围堰等；当围渣堰不受渣体压力时，可采用砖砌墙、钢板围挡等型式。

3 围渣堰临水时应按拦渣堤设计要求执行，不临水时应按挡渣墙设计要求执行。

4 围渣堰断面应根据堆渣高度、堆渣容量、筑堰材料，通过稳定分析确定，稳定安全系数应符合本规范第 5.7.4 条的规定；堰顶有交通要求时可适当加宽。

12.4 截排洪设计

12.4.1 弃渣场傍山一侧边界根据坡面径流大小可布设截水天沟，截水天沟纵坡比降应根据地形、地质等因素结合设计断面计算确定。

12.4.2 渣场上游洪水集中时，应设置排洪建筑物，多采用排洪沟和涵洞，也可采用暗管、隧洞。

12.4.3 排洪建筑物进出口宜布置八字形导流翼墙，翼墙长度可取设计水深的 3 倍～4 倍。集中排洪流速较大时，排洪建筑物出口应布置消能防冲设施。

12.4.4 排洪建筑物过水断面的主要尺寸和设计水深应根据设计排水流量确定。

12.4.5 排洪建筑物纵断面设计，应将地面线、渠底线、水面线、渠顶线绘制在纵断面设计图中。

12.4.6 排洪沟布置应利用天然沟道，并应力求顺直。

12.4.7 排洪沟设计纵坡应根据走向、地形、地质以及与山洪沟连接条件等因素确定。高差较大时，宜设置急流槽或跌水。

12.4.8 排洪沟应按明渠流设计，宜采用浆砌块石或混凝土砌筑。

12.4.9 排洪暗沟每隔 50m～100m 应设置检查井，暗沟走向变化处应加设检查井。排洪沟宜按无压流设计，设计水位以上净空面积不应小于过水断面面积的 15%。

12.4.10 渣场排洪涵洞宜用无压形式，其设计应符合现行国家标准《灌溉与排水工程设计规范》GB 50288 的有关规定。

13 土地整治工程

13.1 引洪漫地

13.1.1 引洪漫地主要适用于干旱、半干旱地区的多沙输沙区，并应根据洪水来源，分坡洪、路洪、沟洪、河洪四类。设计中应根据漫地条件选取相应引洪方式。

13.1.2 引洪渠首工程布置应符合下列规定：

1 应选择布置在河床稳定、河道凹段下游、引水条件好且高于洪漫区的位置。

2 当计划洪漫区的面积较大，一处渠首引洪不能满足漫地要求时，应在沿河增建若干引洪渠首，分区引洪。

3 河岸较高、河洪不能自流进入渠首的，应采取有坝引洪，在河中修建滚水坝，抬高水位，坝的一端或两端设引洪闸，将河洪引入渠中。

4 河岸较低、河洪可自流进入渠首的，应采取无坝引洪，并应在距河岸 3m～5m 处设导洪堤，将部分河洪导入引洪闸。

13.1.3 引洪渠系布置应符合下列规定：

1 渠系由引洪干渠、支渠、斗渠三级组成，应能控制整个洪漫区面积，输水应迅速均匀。

2 干渠走向大致高于洪漫区，长度宜为 1000m 左右。

3 沿干渠每 100m～200m 应设支渠，与干渠正交，或取适当夹角，长 500m～1000m。

4 沿支渠每 50m～100m 应设斗渠，宜与支渠正交，斗渠直接控制一个洪漫小区，向地块进水口输水漫灌。

5 干渠向支渠分水处应设分水闸，支渠向斗渠分水处应设斗门。

13.1.4 洪漫区田间工程布置应符合下列规定：

1 根据洪漫区地形和引洪斗渠与地块间的相对位置，漫灌方式可采取串联式、并联式或混合式。

2 洪漫区地块四周应布置蓄水埂。

3 矩形地块的长边应沿等高线，短边应与等高线正交。

13.1.5 引洪量计算、淤漫时间、淤漫厚度、淤漫定额设计应符合下列规定：

1 引洪量可按下式计算：

$$Q=2.78\frac{Fd}{kt} \tag{13.1.5-1}$$

式中：Q——引洪量（m^3/s）；

F——洪漫区面积（hm^2）；

d——漫灌深度（m）；

t——漫灌历时（h）；

k——渠系有效利用系数。

2 应根据不同作物生长情况，分别采用相应的淤漫时间和淤漫厚度。

3 淤漫定额可按下式计算：

$$M=\frac{10^7 dy}{c} \tag{13.1.5-2}$$

式中：M——淤漫定额（m^3/hm^2）；

d——计划淤漫层厚度（m）；

y——淤漫层干容重（t/m^3），宜取 $1.25t/m^3$；

c——洪水含沙量（kg/m^3）。

13.1.6 引洪渠首建筑物设计应符合下列规定：

1 渠首建筑物基础应要求河床基岩坚实、淤泥与卵石层较浅，当基础不满足稳定要求时，应采取基础处理措施。

2 拦河滚水坝高宜取 4m～5m，坝体应作稳定计算和应力分析。

3 导洪堤可采用浆砌石，也可采用木笼块石、铅丝笼块石、沙袋等建筑材料。导洪堤应与河岸成20°左右夹角，长10m～20m，高1m～2m，顶宽1m～2m，内外坡比宜取1∶1。

4 应根据引洪水位、流量和引洪干渠断面确定引洪闸孔口尺寸，闸底应高出河床0.5m以上。

13.1.7 引洪渠系设计应符合下列规定：

1 渠道宜采用梯形断面，可按明渠均匀流计算确定渠道断面。

2 干渠、支渠和斗渠宜采取土渠，其边坡坡比按渠道土质选定。黏土、重壤土和中壤土渠道，边坡宜取1∶1.0～1∶1.25；土质为轻壤土的，边坡宜取1∶1.25～1∶1.5；土质为砂壤土的，边坡系数宜取1∶1.5～1∶2.0。

3 渠道比降应与渠道断面设计配合，满足不冲不淤要求。干渠比降宜取0.2%～0.3%；支渠比降宜取0.3%～0.5%，最大不超过1.0%；斗渠比降宜取0.5%～1.0%。有条件的，可经试验确定渠道比降。

4 为保证行水安全，渠道堤顶应高出渠道设计水位0.3m～0.4m。

13.1.8 田间工程设计应符合下列规定：

1 洪漫缓坡农田，应按缓坡区梯田要求进行平整，比降宜取0.5%～1.0%。

2 荒滩淤漫造田，应结合地面平整，去除地中杂草和大块石砾。

3 田边蓄水埂埂高应能满足一次漫灌的最大水深，超高宜取0.3m，蓄水埂顶宽应取0.3m，内外坡比应各约1∶1.0，分层夯实，干容重应取1.3t/m³～1.4t/m³。

4 当进水口或出水口高差大于0.2m时，应利用块石、卵石等设置简易消能设施。

13.2 引水拉沙造地

13.2.1 引水拉沙造地应符合下列要求：

1 适用于有水源条件且地面沙土覆盖层较厚的风沙地区，或河流滩地的整沙造地工程。

2 引水拉沙造地工程主要建筑物应包括引水渠、防洪堤、蓄水池、冲沙壕、围埂、排水口等。

3 工程设计所需基本资料应包括：工程所在流域及规划区域地形图、土地利用现状图、工程区水文气象资料、水土流失状况及水土保持现状、工程所在流域社会经济资料等。

13.2.2 工程布局应遵循下列原则：

1 风沙区引水拉沙造地宜选择流动或半固定的沙地进行；固定沙地开展引水拉沙造地应经充分论证，严防工程区之外的固定沙地受到破坏。

2 河流滩地引水拉沙造地应符合河流防洪规划，不得布设在规划的重要蓄滞洪区内。

3 应符合当地水土流失综合治理、国土资源整治、农业发展、水资源利用等规划。

4 引水拉沙造地的田块应规划于地形开阔之处。田块应按高程由下至上依次布设，保持长边与等高线平行，长度宜小于200m，宽度宜小于100m。

13.2.3 工程类型选择和设施配置应按符合下列要求：

1 引水拉沙造地宜采用自流形式，工程设施主要包括引水渠、蓄水池、冲沙壕、围埂、排水口等。采用抽水拉沙造地时，宜直接用管道输水至规划的拉沙区域。当抽水流量较小或工程进度要求较快时，可围筑蓄水池。

2 河流滩地引水拉沙造地应在田块临河侧修筑防护堤。

3 工程布置应根据水源高程、沙丘分布、工程区地形确定。

13.2.4 引水渠设计应符合下列规定：

1 水源充分的地方，应根据拉沙规模和工程进度安排计算确定引水流量。水源不足的地方，以可能最大引水量作为引水流量。以工程规模确定引水量时，可按定额法计算，拉平1m³沙子需水定额宜取2m³～2.5m³。

2 引水流量确定后，应按本规范第13.1.7条引洪渠系设计的规定确定渠道断面和比降。

13.2.5 防洪堤宜采用梯形断面设计，内、外坡宜采用1∶1，防洪堤高度和堤间距等应按本规范护地堤的有关规定执行。

13.2.6 蓄水池设计应符合下列规定：

1 在引水量不足时，应建设蓄水池进行长蓄短放来保证冲沙水量。蓄水池高程应高于引水拉沙的沙丘高程，应根据地形条件挖筑，形状不限，池壁应充分压实。

2 蓄水池应设置冲沙放水口，放水口采用木板、铁皮等临时材料砌护和控制放水量。

3 蓄水池容量应保证在设计的最小施工时段连续放水冲沙，并应按下式计算：

$$V=3600t(Q_{放}-Q_{引}) \tag{13.2.6}$$

式中：V——蓄水池容积(m³)；

t——设计最小施工时段(h)，宜取1h～2h；

$Q_{放}$——拉沙放水流量(m³/s)，根据工程进度安排确定；

$Q_{引}$——引水流量(m³/s)。

13.2.7 冲沙壕设计应符合下列规定：

1 比降应在1%以上。

2 根据蓄水池高程，馒头状小型沙丘可采用顶部开壕、腰部开壕和下部开壕三种形式。

3 形状复杂或体积特大的沙丘和沙地，可采用左右开壕、四面开壕和迂回开壕等形式。

13.2.8 围埂设计应符合下列规定：

1 围埂平面布置应为规整的矩形或正方形。

2 初修时埂高应取0.5m～0.8m，随地面淤沙升高而加高。

3 围埂采用梯形断面，顶宽应取0.3m～0.5m，内外坡比宜采用1∶1。

13.2.9 排水口设计应符合下列规定：

1 排水口高程与位置应随着围埂内地面的升高而变动，保持排水口略高于淤泥面而低于围埂。

2 应用柴草或砖石做临时性砌护，并应安排好排水的去处，防止冲刷。

13.2.10 引水拉沙造地应配套林网、道路、灌渠、排洪渠及周边防沙设施。

13.3 生产建设项目土地整治

13.3.1 生产建设项目土地整治应符合下列规定：

1 范围应为工程征占地范围内需要复耕或恢复植被的扰动及裸露土地。土地恢复利用方向应根据原土地类型、占地性质、立地条件及土地利用规划等综合确定。

2 应根据工程扰动占压的具体情况以及土地恢复利用方向等选择确定土地整治内容，主要包括表土剥离及堆存、土地平整及翻松、表土回覆、田面平整和犁耕、土地改良，以及水利配套设施恢复。

3 应根据土源、恢复地自然条件、利用方向等因素分析确定覆土的必要性及覆土厚度。覆土来源应优先选择表土厚度大于0.30m、工程永久占用或淹没耕地的表层熟化土。

4 工程建设中剥离的表层熟化土应作为覆土土源集中存放，并应采取临时水土流失防治措施。

13.3.2 表土剥离应符合下列规定：

1 应根据表土厚度及分布均匀程度、土壤肥力、施工条件等因素，确定表土剥离的厚度和施工方式，厚度可取0.20m～0.80m。

2 黄土覆盖地区可不剥离表土。

3 高寒草原草甸地区，应对表层草甸土进行剥离、养护、回覆利用。

13.3.3 扰动占压土地的平整及翻松应符合下列规定：

1 扰动后凹凸不平的地面应削凸填凹，进行粗平整。

2 扰动后地面相对平整或粗平整后的土地，压实度较高的应予以翻松。

13.3.4 覆土厚度应根据土地利用方向确定，并应按表13.3.4取值。

表13.3.4 分区覆土厚度

分区	覆土厚度(m)		
	耕地	林地	草地(不含草坪)
西北黄土高原区的土石山区	0.60～1.00	≥0.60	≥0.30
东北黑土区	0.50～0.80	≥0.50	≥0.30
北方土石山区	0.30～0.50	≥0.40	≥0.30
南方红壤区	0.30～0.50	≥0.40	≥0.30
西南土石山区	0.20～0.50	0.20～0.40	≥0.10

注：1 黄土覆盖地区不需覆土；

2 采用客土造林、栽植带土球乔灌木、营造灌木林可视情况降低覆土厚度或不覆土；

3 铺覆草坪时覆土厚度不小于0.10m。

13.3.5 田面平整和犁耕应符合下列规定：

1 恢复林草的，可采取机械或人工辅助机械对田面进行细平整，并可视林草种采取犁耕。

2 恢复为耕地的，应采取机械或人工辅助机械对田面进行细平整、犁耕，并应符合土地复垦有关标准的规定。

13.3.6 土地改良应符合下列规定：

1 恢复为耕地的，应增施有机肥、复合肥或其他肥料。

2 恢复林草地的，应优先选择具有根瘤菌或其他固氮菌的绿肥植物。工程管理范围的绿化区可在田面细平整后增施有机肥、复合肥或其他肥料。

3 地表为风沙土、风化砂岩时，可添加污泥、河泥、湖泥、木屑等进行改良。

4 pH值超标土地，可施加黑矾、石膏、石灰等改良土壤。

5 盐渍化土地，可采取灌水洗盐、排水压盐、客土等方式改良土壤。

13.3.7 恢复为水田和水浇地的，应恢复灌溉及配套水利设施。

13.3.8 工程永久征地范围的土地整治设计应与植被恢复和建设工程设计标准相协调。工程建设未扰动的区域应根据水土流失防治和林草种植需求采取土地整治措施。

13.3.9 临时用地的土地整治应满足下列要求：

1 施工道路和施工生产生活区施工结束后，应在清除地表临时建筑、建筑垃圾的基础上进行土地整治。

2 石料场开采边坡，在采取削坡开级等措施保证边坡稳定的前提下，对边坡和平台进行整治。取料凹坑，宜采用废弃土石回填后进行土地整治；也可根据水源和生产需求，改造为鱼塘或水景观利用。

3 弃渣场的土地整治设计应视林草植被恢复或复耕的要求执行本规范第13.3.3条～第13.3.7条的有关规定。弃渣场表面为大粒径渣石并需恢复为耕地的，表面平整后应铺设黏土防渗层，碾压密实后厚度不应小于0.30m，再覆表土。

13.3.10 坑凹回填治理应满足下列要求：

1 坑凹地应根据条件回填并恢复原有土地利用类型，或将其改建为蓄水池或养殖水塘。

2 坑凹回填应充分利用废弃土、石料或矿渣。

3 回填后应平整地面，表层覆土，并应修建四周的防洪排水设施。

4 矿坑地应采取回填、整平、覆土措施，复垦成为农林草用地。

5 对凹形取土场整治，可视地形地貌、地质条件、周边地表径流量大小情况，采取边坡防护工程、截排水工程、坡面水系工程。

13.3.11 塌陷凹地治理应满足下列要求：

1 已形成的塌陷凹地，根据其塌陷深度采取相应整治措施。塌陷深度小于1m的，可推土回填平整恢复为农业用地；深度为1m～3m的，可采取挖深垫高措施，挖深区可蓄水养鱼、种藕或进行其他利用，垫高区进行农业开发利用。

2 采空塌陷区裂缝(漏斗)治理宜采取填充措施，填平后恢复植被或种植农作物。

3 积水塌陷盆地可有计划地改造为水域，供养殖或其他用途。漏水盆地应因地制宜进行整治，恢复为林地、草地和梯田等。

13.3.12 尾矿(砂)、粉煤灰、赤泥等场地整治应满足下列要求：

1 尾矿(砂)库中有毒有害物质应采取净化处理措施。

2 尾矿(砂)库、粉煤灰场、赤泥库排废期满后，先铺设黏土或采取其他防渗措施，然后铺熟化土，改造为农林草用地或其他用地。

3 黏土防渗层厚度不应小于0.30m。

4 沟道洪水处理应符合有关防洪标准的规定。

14 支毛沟治理工程

14.1 一般规定

14.1.1 支毛沟治理工程主要适用于我国北方山地区、丘陵区、高塬区和漫川漫岗区以及南方部分沟蚀严重地区。

14.1.2 支毛沟治理工程应包括沟头防护、谷坊、侏带、削坡、秸秆填沟和暗管排水等。

14.1.3 沟头防护工程宜与谷坊、淤地坝等沟壑治理措施互相配合，应包括蓄水型和排水型两大类型。蓄水型沟头防护应包括围埂式和围埂蓄水式，排水型沟头防护应包括跌水式和悬臂式。

14.1.4 谷坊按建筑材料不同，可分为浆砌石谷坊、干砌石谷坊、土谷坊、混凝土预制块谷坊、柳桩编篱谷坊、多排密植谷坊、编织袋谷坊和石笼谷坊等型式。

14.1.5 除柳桩编篱谷坊、多排密植谷坊等植物谷坊外，谷坊出口处应配套护坡、护底等防护措施。末级谷坊出口处应布设消力池、海漫等消能防冲设施。

14.2 工程布置

14.2.1 沟头防护应布设在上方有坡面天然集流槽，且暴雨产生的径流由集流槽泄入沟头，引起沟头前进的区域。

14.2.2 谷坊、侏带、削坡、秸秆填沟和暗管排水等措施应布设在沟壑侵蚀发育的沟段。

14.2.3 谷坊布置应符合下列规定：

1 应修建在沟底比降5%～15%、沟底下切剧烈发展的沟段。

2 应按"顶底相照"的原则，从下而上布设谷坊。

3 谷坊选址应符合下列要求："口小肚大"，工程量小，库容大；沟底与岸坡地形、地质条件较好，无孔洞或破碎地层，以及不易清除的乱石、杂物；取用建筑材料比较方便。

14.3 沟头防护设计

14.3.1 蓄水型沟头防护设计应符合下列要求：

1 沟埂(图 14.3.1-1)位置应根据沟头深度确定,沟头深不宜大于 10m,沟埂位置宜距沟头 3m～5m。沟坡较陡时,应注意避开存在陷穴或垂直裂缝的沟坡。

2 沟埂应采取土质梯形断面(图 14.3.1-2),顶宽应取 0.4m～0.5m,埂高应取 0.8m～1.0m,内外坡比均应为 1：1,围埂高度应取决于集水区来水量。

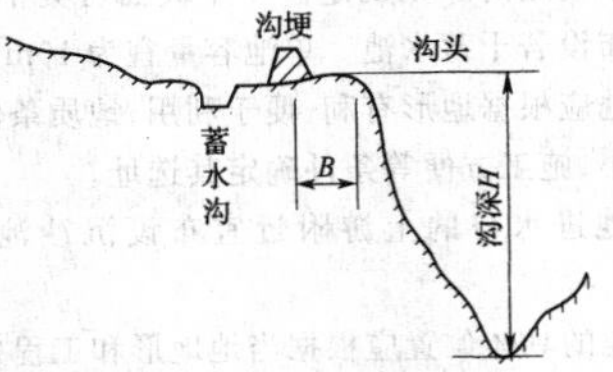

图 14.3.1-1 沟埂位置示意图

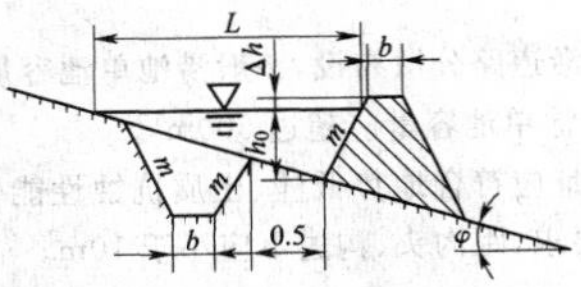

图 14.3.1-2 沟埂断面示意图

3 围埂蓄水量应按下式计算:

$$V=L\left(\frac{HB}{2}\right)=L\frac{H^2}{2i} \tag{14.3.1}$$

式中:V——围埂蓄水量(m^3/s);

L——围埂长度(m);

B——回水长度(m);

H——埂内蓄水深(m);

i——地面比降(%)。

4 围埂内水深应根据单位围埂长来水量与每延米围埂长蓄水容积比值合理确定,围埂高度偏大时应修正,围埂高度偏小时应加大围埂高度或增设第二道围埂。围埂安全超高可取 0.3m～0.5m。

5 当来水量大于蓄水量时,应在围埂上游附近设置蓄水池,蓄水池位置应距沟头 10m 以上。

6 围埂顶部、边坡宜种植保土性能强的灌木或草。

14.3.2 排水型沟头防护设计应符合下列要求:

1 设计流量应按本规范附录 A 计算。

2 跌水式沟头防护建筑物应由进水口(宽顶堰)、陡坡(或多级跌水)消力池、出口海漫等组成,设计宜按渠道跌水有关规定执行。

3 悬臂式沟头防护建筑物主要用于沟头为垂直陡壁、高 3m～5m 的情况,应由引水渠、挑流槽、支架及消能设施组成。排水管(槽)断面尺寸可按下式计算确定:

$$Q_m=AK_0\sqrt{i} \tag{14.3.2}$$

式中:A——系数,取决于管内充水程度,管内水深宜取 0.75d,此时 $A=0.91$;

K_0——管内完全充水时的特性流量(m/s);

i——排水管(槽)坡降,可取 1/50～1/100。

14.4 谷 坊 设 计

14.4.1 谷坊间距应按下式计算:

$$L=H/(i-i') \tag{14.4.1}$$

式中:L——谷坊间距(m);

H——谷坊底到溢水口底高度(m);

i——原沟床比降(%);

i'——谷坊淤满后不冲比降(%)。

不同淤积物质淤满后形成的不冲比降应符合表 14.4.1 的规定。

表 14.4.1 淤积物淤满后不冲比降

淤积物	粗沙(夹砾石)	黏土	黏壤土	沙土
比降(%)	2.0	1.0	0.8	0.5

14.4.2 溢洪口矩形宽顶堰应按下式计算,梯形断面应经试算确定:

$$Q=Mbh^{3/2} \tag{14.4.2}$$

式中:Q——设计流量(m^3/s);

b——溢洪口底宽(m);

h——溢洪口水深(m);

M——流量系数,宜采用 1.55。

14.4.3 干砌石谷坊高度不宜大于 3m,顶宽宜取 0.8m～1.5m,上游边坡宜取 1：1.25～1：1.75,下游边坡宜取 1：1.0～1：1.5。

14.4.4 浆砌石、混凝土预制块谷坊高度不宜大于 5m,顶宽宜取 0.6m～1.0m,上游边坡宜取 1：0.1,下游边坡宜取 1：0.2～1：0.5。谷坊墙体应设置排水孔,孔径宜取 0.05m～0.20m,孔距宜取 0.5m～1.0m。

14.4.5 石笼谷坊高度不宜大于 3m,顶宽宜取 1.0m～1.5m,上游边坡宜取 1：0.8～1：1.0,下游边坡宜取 1：1.0～1：1.2。

14.4.6 土谷坊设计应符合下列条件:

1 谷坊高宜取 2m～5m,顶宽宜取 1.5m～4.5m,上游边坡宜取 1：1.5～1：2,下游边坡宜取 1：1.25～1：1.75。

2 坝顶作为交通道路时,应按交通要求确定坝顶宽度。在谷坊能迅速淤满的地方,迎水坡比可与背水坡比一致。

14.4.7 编织袋谷坊高不宜大于 3m,顶宽宜取 1.5m～2.0m,上游边坡宜取 1：1.1～1：1.2,下游边坡宜取 1：3。

14.4.8 多排密植型植物谷坊设计应符合下列条件:

1 柳(或杨)杆长宜取 1.5m～2.0m,埋深宜取 0.5m～1.0m,露出地面高度宜取 1.0m～1.5m。

2 每处谷坊柳(或杨)杆应大于 5 排,行距宜取 1.0m,株距宜取 0.3m～0.5m,埋杆直径宜取 50mm～70mm。

14.4.9 柳桩编篱型植物谷坊设计应符合下列条件:

1 柳桩布应设 4 排～5 排,排距宜取 1.0m,桩距宜取 0.3m,相邻两排柳桩呈"品"字形布置,桩长宜取 1.5m～2.0m,埋深宜取 0.5m～1.0m。

2 排篱间应填入卵(块)石,并应用捆扎柳梢盖顶,相邻排树桩宜用铁丝固定绑牢。

14.5 垡 带 设 计

14.5.1 垡块在沟槽内应错缝摆放,垡带两端、沟沿或垡带间隔的空地应栽植柳条,形成林草泄洪带。

14.5.2 砌垡沟槽宽度宜取 2.4m,深度宜取 0.35m,长度同沟道宽度。

14.6 削 坡 设 计

14.6.1 削坡断面面积可按下式计算:

$$A=S_1-S_2 \tag{14.6.1}$$

式中:A——削坡断面面积(m^2);

S_1——削坡后梯形或近似梯形面积(m^2);

S_2——削坡前沟道三角形或近似三角形面积(m^2)。

14.6.2 削坡宽度可按下式计算:

$$d=H(\cot\beta-\cot\alpha) \tag{14.6.2}$$

式中:H——原沟深(m);

α——原坡角(°);

β——削坡后坡角(°)。

14.7 秸秆填沟设计

14.7.1 侵蚀沟削坡接近直角时，应在沟底设置木桩，间距宜为3m，相邻两排木桩应呈“品”字形布置，木桩长宜取1.0m～1.5m，直径宜取50mm～70mm，埋深宜取0.50m，行距宜取0.5m。

14.7.2 秸秆应沿沟底铺设，其上覆土宜取0.4m～0.5m。

14.8 暗管排水设计

14.8.1 洪峰流量应按本规范附录A计算。

14.8.2 地下径流应按下式计算：

$$Q=kIBM \qquad (14.8.2)$$

式中：Q——地下径流量(m^3/d)；

k——渗透系数(m/d)；

I——地下水水力坡度，无量纲；

B——计算断面宽度(m)；

M——含水层厚度(m)。

14.8.3 排水管径应符合设计排渍流量要求，且不应形成满管出流。暗管设计流量应按满管时理论排水流量的90%设计。

15 小型蓄水工程

15.1 一 般 规 定

15.1.1 小型蓄水工程应包括水窖、蓄水池、沉沙池、涝池和雨水集蓄利用工程等类型。

15.1.2 小型蓄水工程主要适用于山区、丘陵区坡面径流利用，应与截排水工程配套使用。南方地区应以排为主，排蓄结合；半干旱地区、岩溶石漠化地区应以蓄为主，蓄排结合。

15.1.3 小型蓄水工程设计应遵循下列原则：

1 应结合坡耕地改造、沟壑治理、农业耕作和造林种草措施统筹设计，配套实施。

2 工程规模、分布数量及类型应综合分析水土流失治理和需水要求确定。

15.1.4 小型蓄水工程设计应包括下列所需基本资料：

1 1：1000～1：500地形图。

2 水文气象资料，包括降水、暴雨、气温等，雨水入渗工程应有相关区域滞水层及地下水分布、土壤类型及渗透系数等方面的资料。

3 社会经济情况，包括灌溉面积(需水)分布情况和人畜饮用水需求情况。

4 其他资料，包括项目区周边已建或主体工程设计的各类雨水集流面性质、面积，蓄水设施的种类、数量及容积，需灌溉养护植被类型、面积，以及相应需水定额。

15.1.5 必要时蓄水工程应设置安全警示标志，以确保人畜安全。

15.1.6 雨水集蓄利用工程设计应符合现行国家标准《雨水集蓄利用工程技术规范》GB/T 50596的有关规定。

15.2 工 程 布 置

15.2.1 水窖的规划布置应符合下列规定：

1 水窖宜布设在村庄道路路旁边、有足够的表径流汇流的区域。窖址应具有深厚坚实的土层，距沟头、沟边20m以上，距大树根10m以上。石质山区水窖应布设在不透水基岩上。

2 井式水窖单窖容量宜取$30m^3$～$50m^3$；道路旁边有土质坚实崖坎且要求蓄水量较大的地方，可布设窑式水窖，单窖容量可大于$100m^3$。

3 水窖总容量应根据规划区人口数量，年人均需水量、总需水量，扣除其他水源可供水量等计算确定。

15.2.2 蓄水池与沉沙池规划布置应符合下列规定：

1 蓄水池宜布设在坡脚或坡面局部低洼处，与排水沟相连，容蓄坡面排水。

2 蓄水池的分布与容量应根据坡面径流总量、蓄排关系，按经济合理、便于使用的原则确定。一个坡面可集中布设一个蓄水池，也可分散布设若干蓄水池。单池容量宜为$10m^3$～$500m^3$。

3 蓄水池应根据地形有利、便于利用、地质条件良好、蓄水容量大、工程量小、施工方便等条件确定其选址。

4 蓄水池进水口的上游附近宜布设沉沙池，保证清水入池。

5 沉沙池的具体位置应根据当地地形和工程条件确定。

15.2.3 涝池的规划布置应符合下列规定：

1 涝池蓄水总量应根据来水量与需水量进行水量供需平衡分析确定。

2 涝池宜沿道路分散布设，一般涝池单池容量宜取$100m^3$～$500m^3$。大型涝池单池容量应超过$500m^3$。

3 涝池选址应符合地势低洼、土质抗蚀性能较好、有足够的表径流流入的要求，距沟头、沟边不应小于10m。

15.3 水 窖 设 计

15.3.1 井式水窖(图15.3.1)设计应符合下列规定：

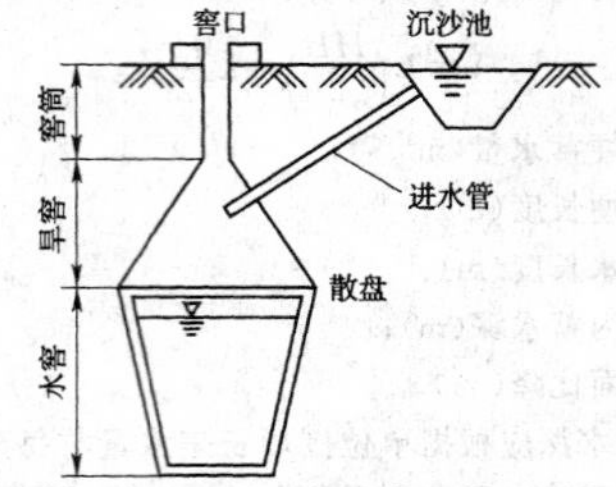

图15.3.1 井式水窖断面示意图

1 窖体由窖筒、旱窖、水窖三部分组成，各部分尺寸应符合下列规定：

1)窖筒：直径0.6m～0.7m，深1.5m～2m；

2)旱窖：上部与窖筒相连，深2m～3m。直径向下逐步放大，到散盘处直径3m～4m；

3)水窖：深3m～5m，从散盘处向下，直径逐步缩小，底部直径2m～3m。

2 地面建筑物由窖口、沉沙池和进水管三部分组成，各部分尺寸应符合下列规定：

1)窖口：直径0.6m～0.7m，用砖或石砌成，高出地面0.3m～0.5m。

2)沉沙池：位于来水方向路旁，距窖口4m～6m。池体呈矩形，长2m～3m，宽1m～2m，深1.0m～1.5m，四周坡比1：1。

3)进水管：圆形，直径0.2m～0.3m，在沉沙池从地表向下深约2/3处，以1：1坡度向下与旱窖相连。

3 井式水窖结构形式根据当地使用情况可采用直立式简易结构。

15.3.2 窑式水窖(图15.3.2)设计应符合下列规定：

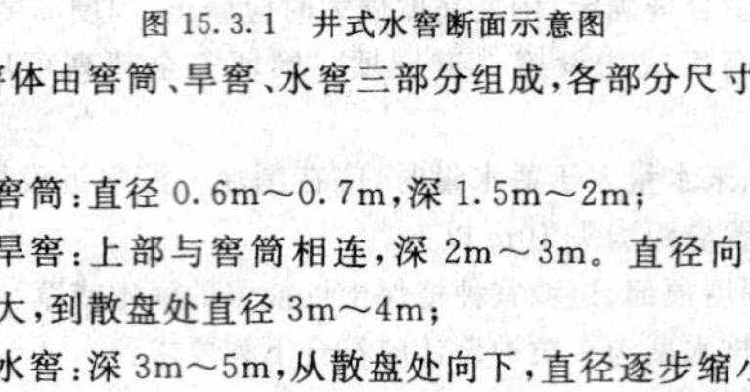

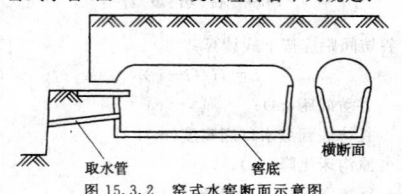

图15.3.2 窑式水窖断面示意图

1 窖体由水窖、窖顶、窖门三部分组成，各部分尺寸应符合下列规定：

1)水窖：深 3m～4m，长 8m～10m，断面为上宽下窄的梯形，上部宽 3m～4m，两侧坡比 1：0.12 左右。

2)窖顶：长度与水窖一致，半圆拱形断面，直径 3m～4m，与水窖上部宽度一致。

3)窖门：下部梯形断面，尺寸与水窖部分一致，由浆砌料石制成，厚 0.6m～0.8m，密封不漏水。在离地面约 0.5m 处埋一水管，外装龙头，可自由放水。上部半圆形断面，尺寸与窖顶部分一致，由木板或其他材料制成。木板中部设 1.0m×1.5m 的小门。

2 地面部分由取水口、沉沙池、进水管三部组成，可按本规范第 15.3.1 条第 2 款设计，沉沙池的尺寸应根据来水量适当放大。

15.4 蓄水池设计

15.4.1 蓄水池总容量可按下式计算：

$$V=K(V_w+V_s) \quad (15.4.1)$$

式中：V——蓄水池容量(m^3)；

V_w——设计频率暴雨径流量(m^3)；

V_s——设计清淤年累计泥沙淤积量(m^3)；

K——安全系数，可取 1.2～1.3。

15.4.2 蓄水池设计应符合下列规定：

1 池体设计应根据当地地形和总容量，因地制宜地分别确定池的形状、面积、深度和周边角度。

2 蓄水池应专设进水口与溢洪口；土质蓄水池的进水口和溢洪口应设衬砌。口宽宜取 0.4m～0.6m，深宜取 0.3m～0.4m，并应按下式校核过水断面：

$$Q=M\sqrt{2g}bh^{3/2} \quad (15.4.2)$$

式中：Q——进水(或溢洪)最大流量(m^3/s)；

M——流量系数，取 0.35；

g——重力加速度，取 9.81m/s^2；

b——堰顶宽(口宽)(m)；

h——堰顶水深(m)。

3 当蓄水池进口不能直接与坡面排水渠相连时，应设引水渠；引水渠其断面和比降设计可按坡面排水沟要求执行。

4 蓄水池安全超高宜取 0.2m。

15.5 沉沙池设计

15.5.1 沉沙池宽宜取 1m～2m，长宜取 2m～4m，深宜取 1.5m～2.0m。其宽度宜为相连排水沟宽度的 2 倍，长度宜为池体宽度的 2 倍。

15.5.2 沉沙池的进水口和出水口设计可按本规范第 15.4.2 条设计。

15.6 涝 池 设 计

15.6.1 一般涝池深宜取 1.0m～1.5m，形状依地形而异，圆形直径宜取 10m～15m，矩形边长宜取 10m～30m，涝池边坡宜取 1：1。

15.6.2 大型涝池深宜取 2m～3m，圆形直径宜取 20m～30m，矩形边长宜取 30m～100m。土质边坡坡比宜取 1：1，料石(或砖、混凝土板)衬砌边坡坡比宜取 1：0.3。涝池位置不在路旁的应布设引水渠，涝池进水口前应布设退水设施。

15.6.3 路壕蓄水堰，堰高宜取 1m～5m，顶宽宜取 1.5m～2.0m，上游坡宜取 1：1.5，下游坡宜取 1：1。

16 农业耕作措施

16.1 一 般 规 定

16.1.1 农业耕作措施应包括改变微地形、覆盖和改良土壤三类措施。

16.1.2 改变微地形措施应包括等高耕作、地埂植物带、等高植物篱、沟垄种植、坑田(掏钵)种植等。沟垄种植又应包括水平沟、垄作区田、格网式垄作、蓄水聚肥改土耕作等。

16.1.3 覆盖措施应包括草田轮作、间作、套种、带状间作、合理密植、休闲地种绿肥、覆盖种植、少耕免耕等。

16.1.4 改良土壤措施应包括深耕深松、增施有机肥、种植绿肥、留茬播种、少耕免耕等。

16.2 改变微地形措施

16.2.1 等高耕作设计应符合下列规定：

1 等高耕作可适用于坡度 25°以下坡地，最适宜于坡度不大于 10°的缓坡地。

2 应沿等高线起垄，并根据地形、坡度、土质等条件适当调整垄向。淮河以南地区，耕作方向宜与等高线呈 1%～2%的比降。风蚀缓坡地区，耕作方向宜与主风向垂直，斜交时与主风方向夹角宜小于 45°。

3 坡地等高耕作应由下至上进行翻耕，垄高和垄间宽度视耕作机具和坡度确定。

16.2.2 地埂植物带设计应符合下列规定：

1 地埂植物带可应用于东北黑土区坡度 3°～5°的坡耕地，常与垄作区田配合使用，地埂分为单埂、双埂两种形式。

2 单埂可适用于平均坡度 3°的坡耕地，埂间距可按表 16.2.2 确定并根据机耕播幅倍数及当地经验适当调整。单埂布置时埂顶宽宜取 0.3m～0.5m，埂高宜取 0.5m～0.6m，内外边坡比宜取 1：0.5～1：1。当遇水线洼兜时，地埂应适当加高、夯实。

表 16.2.2 单埂间距参考数值表

降水量(mm)	<300	300～500	>500
埂间距(m)	60	50	40

3 双埂可适用于坡度大于 5°的坡耕地(图 16.2.2)，双埂埂高、间距、埂顶宽应根据拦洪量和来洪量计算确定，设计洪水标准按 10 年一遇 24h 最大降水强度计算。

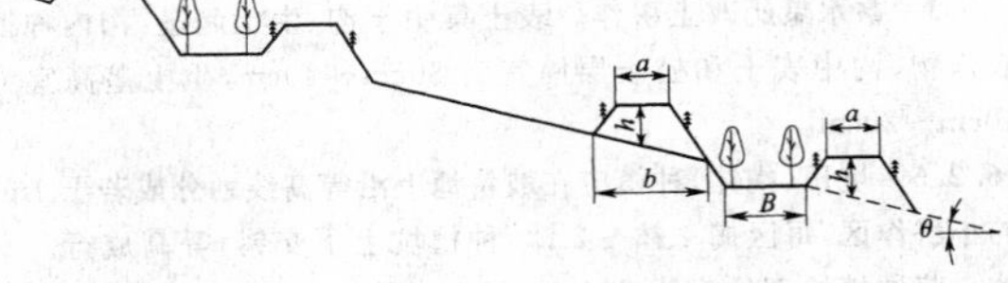

图 16.2.2 双埂断面示意图

1)每延米双埂拦洪量按下式计算：

$$Q_1=(h^2/\sin\theta-A)/2+(h+B)h \quad (16.2.2\text{-}1)$$

式中：Q_1——每延长米双埂拦洪量(m^3)；

A——单埂断面面积(m^2)；

θ——原地面坡度(°)；

h——埂高(m)；

B——埂间距(m)。

2)设计洪水总量按下式计算：

$$W=1.16\times0.1(K_{10\%}/K_{5\%})\times B_1\times20^{0.83}\times F/20 \quad (16.2.2\text{-}2)$$

式中：W——10 年一遇 24h 最大暴雨条件下洪水总量(m^3)；

$K_{10\%}$——10 年一遇模比系数(查水文图集);

$K_{5\%}$——20 年一遇模比系数(查水文图集);

B_1——最大 24h 洪量参数;

F——集水面积(km^2)。

4 地埂植物带宜采用多植物种混交,宽度小于 30cm 的埂坎宜选择草种植物。

16.2.3 等高植物篱设计应符合下列要求:

1 等高植物篱可应用于西南紫色区坡度小于 25°的坡耕地。

2 根据坡度,植物篱间距可按表 16.2.3 执行。

表 16.2.3 不同坡度植物篱间距

坡度(°)	临界坡长(m)	植物带带间距(m)
5	8~9	9.5
10	6~6.5	7~7.5
15	4~4.5	5~5.5
20	2.5~3	3.5~4
25	1.5~2	2.5~3

3 乔木宜栽植一行,株距宜为 1.5m;灌木行距宜为 0.4m,株距宜为 0.2m~0.6m;草本选用撒播或植苗方式,带宽宜为 0.6m。在土坎和地埂上撒播草籽,带间距依地面坡度而定。

4 植物篱配置可采用地埂+单种乔木植物篱、地埂+单种灌木植物篱、地埂+单种草本植物篱、地埂+乔木混交植物篱、地埂+灌木混交植物篱以及地埂+灌草混交植物篱等模式。

16.2.4 沟垄种植可应用于坡度小于 20°的坡耕地。垄高宜取 20cm~30cm,沟内或垄上种作物。南方地区沟内不隔埂时,沟垄应与等高线呈 1%~2%比降。不同地区根据区域特点可选择以下耕作法:

1 水平沟可适用于黄土高原地区的坡耕地。宜采用套二犁开沟起垄播种,开沟深度宜取 17cm~30cm,垄高 10cm,沟距宜取 60cm,沟间距可根据坡度和降雨条件适当调整,坡度陡、雨量大,间距宜小;坡度缓、雨量小,区间距宜大。

2 垄作区田可适用于东北黑土区坡度 1°~15°的坡耕地,最适宜坡度小于 6°的坡耕发。区田土埂应从田块最高处开始修筑,土埂应低于垄台 2cm~3cm,高度宜取 14cm~16cm,土埂间距宜为 60cm~70cm,底宽宜为 30cm~45cm,顶宽宜为 10cm~20cm。

3 格网式垄作可适用于西南紫色土区坡耕地。顺坡开厢,垂直起垄,形成封闭垄沟,厢宽 1.8m~2m。

4 畦状沟垄可适用于南方红壤区,坡地起垄沟,每隔 5 条~6 条沟垄留一田间小路,兼作排水道,形成坡面长畦;沿排水道每 20m~30m 作一横向畦埂,将长畦隔成短畦。

5 蓄水聚肥改土耕作。表土集中于沟、生土起垄,沟内种植农作物,沟中表土和松土层厚宜为 30cm~40cm,生土垄高宜为 10cm~20cm。

16.2.5 坑田(掏钵)种植应在坡耕地上沿等高线划分成若干 $1m^2$ 的小耕作区,每区掏 1 钵~2 钵,种植坑上下交错,等高成行。一钵一苗种植坑直径宜为 20cm~25cm,深宜为 20cm~25cm,穴间距离宜为 15cm~20cm;一钵数苗种植坑直径宜为 50cm,深宜为 30cm~40cm,穴间距离宜为 50cm。

16.3 覆 盖 措 施

16.3.1 草田轮作设计应符合下列规定:

1 适用于地多人少的农区或半农牧区。

2 短期轮作,主要适用于农区,种 2a~3a 农作物后,种 1a~2a 草类,草种以短期绿肥、牧草为主;长期轮作,主要适用于半农半牧区,种 4a~5a 农作物后,种 5a~6a 草类,草种以多年牧草为主。

16.3.2 间作设计应符合下列要求:

1 选为间作的两种作物应具备生态群落相互协调、生长环境互补的特点。

2 间作形式可采取行间间作和株间间作。

16.3.3 套种设计应符合下列要求:

1 在同一地块内,前季作物生长的后期,在其行间或株间可播种或移栽后季作物,两种作物收获时间应不同。

2 套种作物配置的协调互补要求应与间作相同。

16.3.4 带状间作设计应符合下列规定:

1 作物带状间作的作物种类应符合本规范第 16.3.2 条的规定;间作条带方向,基本上沿等高线,或与等高线保持 1%~2%的比降;条带宽度宜取 5m~10m,两种作物可取等宽,也可采取不同宽度。

2 草粮带状间作,草类可按本规范第 16.3.1 条的规定执行作物带与草带的宽度宜取二者等宽。

16.3.5 合理密植可适用于耕作粗放、作物植株密度偏低的地区

16.3.6 休闲地种绿肥设计应符合下列规定:作物未收获前 10d~15d,在作物行间顺等高线地面播种绿肥植物;暴雨季节过后,将绿肥翻压土中,或收割作为牧草。

16.3.7 覆盖种植应包括秸秆还田、砂石覆盖、地膜覆盖等措施其设计应符合下列规定:

1 秸秆还田可适用于燃料、饲料比较充裕的地方,包括秸秆覆盖或粉碎直接还田、秸秆堆沤还田、秸秆养畜(过腹还田)、留茬覆盖等,稻草、麦秸用量宜为 $4500kg/hm^2$~$7500kg/hm^2$。

2 砂石覆盖可适用于西北干旱、半干旱地区。将河卵石、沙碛石与粗砂泥合后覆盖于农田地表,直接种植,多年不犁耕。有条件灌溉的水砂田,砂石覆盖厚度宜取 5cm~6cm,旱砂田砂石覆盖厚度宜取 15cm~18cm。

3 地膜覆盖可适用于半湿润、半干旱地区,结合早春作物播种使用。

4 青草覆盖可适用于南北方地区果园、茶园,中耕除草后,将青草直接覆盖在地表。

16.3.8 少耕免耕可适用于干旱半干旱、受风蚀影响较大地区对于坡耕地,宜与等高种植措施结合,还可与秸秆覆盖措施相结合形成免耕覆盖。

16.4 改良土壤措施

16.4.1 深耕深松适用于耕作层薄、土壤质地为中、重壤土或黏土的坡耕地。耕松深度宜取 25cm~30cm。

16.4.2 增施有机肥适用土质黏重或砂性大的土壤以及新修梯田生土熟化,宜与配方平衡施肥相结合,不同土壤通过土壤化验,确定相应施肥方案。新修梯田生土熟化也可与种植绿肥、施有机肥等相结合。

16.4.3 留茬播种可适用于采用"一年两熟小麦+秋作物"种植制度的、半湿润的华北及关中地区,残茬结合秋作中耕时进行处理。

17 固 沙 工 程

17.1 一 般 规 定

17.1.1 沙地、沙漠、戈壁等风沙区建设的生产建设项目,以及防沙治沙的生态建设项目,应采取防风固沙措施,建立防风固沙带。

17.1.2 固沙工程布设应因害设防、就地取材、经济合理。固沙工程应包括工程固沙、植物固沙、化学治沙和封育等措施。

17.1.3 固沙工程设计基本资料应包括地形图或遥感影像、气象资料、植被、土壤、防风固治现状调查、社会经济资料等。

17.2 防风固沙带设计

17.2.1 干旱风蚀荒漠化区防风固沙带设计，外围宜采取封育措施，其里侧宜配置沙障和人工林草带，内侧宜设置输导带。防风固沙带的结构配置应视风沙流特点及防护对象而搭配。

1 绿洲防风固沙带布设，外围应对天然植被采取封育措施，或采取化学固沙措施，内侧营造防风固沙基干林带，绿洲内建设农田防护林网。

2 公路、铁路、机场、输水工程的防风固沙带布设，外围宜设立高立沙障阻沙带，其内侧宜配置沙障或化学固沙带以及林草带，内侧设置输导带。

3 金属矿、非金属矿、煤矿、煤化工、水泥、居民点的防风固沙带布设，外围宜建立天然林草封育带，其内侧宜配置沙障和人工林草带。

4 对于风电、输变电等项目的防风固沙，宜采取砾石覆盖或沙障固沙。

5 营造防风固沙林带，宜建设与之相配套的灌溉设施，并宜设置网围栏。

17.2.2 半干旱风蚀沙化地区防风固沙带设计，外围宜建立天然林草封育带，其内侧宜配置沙障或化学固沙带和人工林草带，且以植物措施为主、工程措施为辅。

1 处于流动沙地的公路、铁路、机场、水利、金属矿、非金属矿、煤矿工程的防风固沙带，外围宜建设封育带，内侧设置沙障、人工灌草和乔灌林带。

2 处于固定及半固定沙地的生产建设项目等扰动较重的、防沙治沙生态建设项目的防风固沙带，应视地表覆盖物而配置沙障，种植乔灌草；宜采用窄林带、宽草带，乔灌草相结合。

3 应采取必要封育措施，加强现有植被的保护。

17.2.3 高寒干旱荒漠、高寒半干旱风蚀沙化区的防风固沙带，外围宜建立天然林草封育带，其内侧宜配置沙障（化学固沙）和人工林草带。根据自然条件选择植物措施或工程措施。

1 电力、水利、水电、金属矿、非金属矿、煤矿、煤化工、居民点等防风固沙带，外围应建立封禁带，内侧应设置天然植被封育带、沙障和人工灌草固沙带。

2 高寒干旱荒漠化区域的公路、铁路、机场等防风固沙带，外侧宜配置多排高立式沙障，内侧宜设置沙障、人工灌草带和输导带。

3 在高寒半干旱风蚀沙化区的公路、铁路、机场等防风固沙带，外侧宜建设封沙育草带，内侧宜布设沙障、人工灌草带和输导带。

17.2.4 半湿润平原风沙区的防风固沙带设计，应以固为主，措施上以植物措施为主，林分构成上可采取林林、林草、林苗、林菜、林药、林菌等多种立体栽培模式，防止树种结构单一引发病虫危害。黄泛区，宜配置防风固沙林带、防风固沙草带。

1 可采用田间保墒固沙措施（深松改垄、地面覆盖、作物间混套种）和农林间作防沙措施。

2 料场、弃渣场、施工生产生活区、施工道路、防沙治沙生态建设项目，宜采用土地整治，植树种草。

17.2.5 湿润气候带沙山、风沙区的防风固沙带，外围宜营造草本植物带，其内侧宜配置灌木带及配置乔木带。应以固为主，林分构成上可采用速生林与经济林相间的设计。当土壤为盐土时，宜采用客土植树的方法，营造海岸防风固沙林带。

17.3 防风固沙措施设计

17.3.1 沙障设计应符合下列规定：

1 沙障工程可利用作物秸秆、活性沙生植物的枝茎、黏土、卵石、砾质土、纤维网等，在沙面上设置障碍物或铺压遮蔽物，固定地面沙粒，减缓和制止沙丘流动。

2 沙障按材料可分为：秸秆沙障、沙生植物沙障、苇秆沙障、黏土沙障、卵（碎）石沙障、碎石沙障、砾质土沙障、纤维网沙障、砌石沙障、板条沙障、盐块沙障、栅栏沙障等。根据沙障与地面的角度可分为平铺式沙障、直立式沙障。

3 沙障设置方向应与主风向垂直。

4 沙障的配置宜采用行列式配置和方格式配置。在风向稳定，以单向起沙风为主的地区及新月形沙丘迎风坡1/2处宜采用行列式沙障。在主风向不稳定区域，宜采用格状式沙障。

5 栅栏沙障按材料可分为枝条（芦苇）栅栏、维尼龙网栅栏、高立式石条板，高度宜取1.2m～2.0m，间距宜取高度的7倍～12倍，带的宽度宜取20m～50m。

6 砾质土覆盖，覆盖厚度宜取30mm～80mm。

17.3.2 化学固沙设计应符合下列规定：

1 化学治沙材料的分类应包括天然化学治沙材料、人工配制化学治沙材料、合成化学治沙材料。

2 喷洒形式应采用全面喷洒和局部带状喷洒。应在沙面形成厚5mm左右的结皮层。

17.3.3 防风固沙林设计应符合下列规定：

1 树种应选择适应当地生长，有利于发展农、牧业生产的优良树种和乡土树种。乔木树种应具有耐瘠薄、干旱、风蚀、沙割、沙埋，生长快，根系发达，分枝多，冠幅大，繁殖容易，抗病虫害等优点。灌木应选择防风固沙效果好，抗旱性能强，不怕沙埋，枝条繁茂，萌蘖力强的树种。

2 林带结构：应根据风沙流危害，选用紧密结构林带、透风结构林带、疏透结构林带。

3 林带宽度：应建设防风固沙基干林带，带宽应为20m～50m，可采取多带式。

4 林带间距：防风固沙基干林带，带间距应为30m～100m。

5 林带混交类型：应包括乔灌混交、乔木混交、灌木混交、综合性混交。

17.3.4 防风固沙种草设计应符合下列规定：

1 适用条件：应在林带与沙障已基本控制风蚀和流沙移动的沙地上。

2 征地措施：应根据土地沙化程度、气候条件选择。

3 草种选择：应根据利用方向，选择纯播或3种～5种混播。

17.3.5 输导带位于固沙带的下方，应根据风沙流特点，选择输沙带、导沙带的设计。

17.3.6 飞播造林种草应选择适生灌草，播区应集中连片，并应落实后期管护与利用。

17.3.7 封育设计应符合本规范第19章的规定。

18 林草工程

18.1 一般规定

18.1.1 具有生态功能的造林种草工程设计应符合下列规定：

1 应与水土保持区划所确定的水土保持主导功能相适应。

2 应以防治水土流失为主，并应与当地生产、生活条件相适应。

3 应注重生物多样性，采用以乡土树草种为主的多林种、多草种配置。

18.1.2 坡地上具有生产功能的造林种草工程设计应符合下列规定：

1 应与水土保持区划所确定水土保持主导功能相适应。

2 应根据项目区的自然条件、当地经济状况、产业结构及发展方向，确定工程建设的规模和特性。

3 应在防治水土流失的基础上，注重经济效益，着力于提高土地生产力。

18.1.3 生产建设项目植被恢复与建设工程设计应符合下列规定：

1 在不影响主体工程安全的前提下，应优先满足生态与景观要求。

2 应与生物多样性保护和景观建设相结合，合理配置树草种。

18.1.4 小流域人工湿地设计应符合下列规定：

1 农村生活污水处理后，排入河道前宜布置小流域人工湿地。

2 对于清洁型小流域，其人工湿地设计应满足沉积泥沙、改善水质和营造景观的功能。

18.1.5 坡度5°以下的平缓地、自然坡地和生产建设项目中经土地整治达到绿化条件的各类坡地，应在满足造林或种草所需的土壤水肥及光热条件下布置，生产建设项目林草措施区域应在土地整治的基础上布置。

18.1.6 林草措施设计应在工程布置的基础上，根据立地类型划分和树(草)种的组成与配置等进行分类典型设计。

18.2 工 程 布 置

18.2.1 具有生态、生产功能的造林种草工程设计应符合下列规定：

1 应按不同水土流失类型区及土壤侵蚀在不同地形部位的发生特点，因害设防，布置适宜的水土保持林种。

2 应以小流域水土流失综合治理为设计单元，改善当地生产、生活条件为目标，应根据不同流域地形、地貌部位因地制宜地按山、水、田、林、路，从流域上游到出口，层层设防地布置适宜的防护林林种。

3 应在水土流失轻微、交通方便、立地条件较好、具有灌溉条件处配置经济林果。

18.2.2 生产建设项目植被恢复与建设工程布置应符合下列规定：

1 应按对水土资源的扰动程度和潜在危害程度，配合水土保持工程措施，因地制宜地布置林草措施。

2 应统筹布局，生态和景观要求相结合，并应与周边自然景观协调。

3 应满足为项目区生产、生活服务的功能要求。

18.2.3 小流域人工湿地布置应符合下列规定：

1 宜布置在有条件保持湿地水文和湿地土壤的区域。

2 宜布置在城镇郊区、饮水水源保护区和风景名胜区。

3 宜随地形和功能，保持岸线自然弯曲，采用拟自然湿地剖面形态设计。

18.3 立地类型划分

18.3.1 基本植被类型区应根据工程所处自然气候区和植被分布带确定。

18.3.2 工程涉及若干地域时，应先根据水热条件和主要地貌划分若干立地类型组，再划分立地类型。

18.3.3 立地类型组宜采用海拔、降水量、土壤类型等主导因子划分；立地类型宜采用土壤质地、土壤厚度和地下水等主导因子划分，各类边坡立地类型划分主导因子中需补充坡向、坡度因子；生产建设项目立地类型宜按地面物质组成、覆土状况、特殊地形等主要因子划分。

18.4 树草种选择

18.4.1 林草措施基本类型应根据立地类型、项目区植被类型、防护功能要求，遵循适地适树(草)原则确定。

18.4.2 适宜的树种或草种应根据林草措施基本类型、土地利用方向选择。树种选择应符合国家标准《生态公益林建设　技术规程》GB/T 18337.3—2001附录A中表A1～表A8和附录B的规定。

18.4.3 坡地林草工程措施应选择乔灌木树种、攀缘植物或低矮匍伏型草种。应根据边坡的坡度、坡向、土层厚度等条件，采用乔、灌、草或其组合的防护措施，种植条件差的可采用藤本植物护坡。

18.4.4 生产建设项目弃渣场、料场、采石场、高陡边坡和裸露地等工程扰动区域，应根据限制性立地因子选择适宜树(草)种。适宜树(草)种可按本规范附录C选择。

18.4.5 具有生产功能的林草工程树(草)种选择，应结合当地产业结构等要求。

18.4.6 小流域人工湿地宜采取挺水植物为主，挺水植物、浮水植物与沉水植物相结合的配置方式。

18.5 造 林 整 地

18.5.1 地势平坦的草原、草地、滩涂和无风蚀固定沙地，生产建设项目经土地整治后满足造林种草覆土要求的，及具有生产功能的造林种草措施应采取全面整地。生态脆弱地区不宜采取全面整地。

18.5.2 采取局部整地的，可采用带状整地和块状整地方式。带状整地方向宜为南北向，在风害严重地区，整地带走向应与主风方向垂直；有一定坡度时，宜沿等高线进行。

18.5.3 干旱半干旱地区应进行集水整地。

18.5.4 坡地林草工程措施中自然坡面及土壤母质层较厚的采挖坡面、土质堆垫坡面和覆土坡面，可采用鱼鳞坑、反坡梯田、水平阶及水平沟整地。有抗旱拦蓄要求的，整地设计应满足林木生长需水要求。

18.5.5 造林整地规格可按现行国家标准《生态公益林建设　技术规程》GB/T 18337.3和《水土保持综合治理　技术规范》GB 16453的有关规定执行。

18.6 造林方式与植草方式

18.6.1 造林方式宜采用植苗造林，应符合下列规定：

1 选用针叶树苗木的或立地条件较差的，宜采用容器苗造林；生产建设项目宜采用容器苗和带土球大苗造林。

2 营造水土保持林宜采用0.5a～3a龄苗木，其他防护林宜采用2a～3a龄苗木。

3 成片造林的，宜采取混交造林，包括行状、带状、块状混交和植生组混交。成片纯林造林的，面积不宜大于10hm²。

4 造林初始密度可按现行国家标准《生态公益林建设　技术规程》GB/T 18337.3或《造林技术规程》GB/T 15776的有关规定执行。

5 造林季节可根据当地具体情况选择春季造林、雨季造林及秋季造林。春季造林应根据树种物候期和土壤解冻情况，宜在树木发芽前完成，南方造林在土壤墒情好时宜早，北方造林宜待土壤解冻到适宜深度。冬季无冻拔危害的地区，可在秋末冬初造林。

18.6.2 植草方式应符合下列规定：

1 应根据土地利用方向，确定牧草、绿肥草、水土保持草或草坪草等草种；选用外来草种应经生态安全试验验证。

2 人工草地和草坪宜采用三种以上草种混播。

3 播种植草的，播种前应采取种子催芽处理。

4 草种选择、种草方式、播种量及整地方式可按现行国家标准《水土保持综合治理　技术规范》GB 16453的有关规定执行。

18.7 其 他 规 定

18.7.1 具有生产功能的造林种草措施设计还应符合下列规定：

1 满足具有生产功能林草工程的立地应具备良好的土壤水肥及光热条件；宜结合梯田工程、灌溉引水工程或雨洪集蓄工程，改善立地水肥条件。

2 成规模集约经营的，基地建设应具有一定规模，相对集中连片。应以县（林场）为单位，主栽树种（品种）规划总面积不小于1000hm²。

3 坡地成规模集约经营的，应采取田埂、田坎林草配置或与水土保持林（草）水平带状混交配置。

18.7.2 困难立地包括盐碱地、石质母质等造林条件恶劣的区域以及生产建设项目形成的高陡边坡，其林草工程设计还应符合下列规定：

1 盐碱地造林前应全面整地，配套排水系统，栽植耐盐碱植物。

2 石质母质困难立地主要包括南方石漠化地区、南方崩岗地区以及北方砒砂岩地区等。石漠化地区林草工程设计应按现行行业标准《岩溶地区水土流失综合治理规范》SL 461 的有关规定执行；崩岗治理设计应按现行国家标准《水土保持综合治理 技术规范》GB 16453 的有关规定执行；北方砒砂岩地区宜采取以沙棘为主的生物措施治理；条件极恶劣地区宜采用自然封禁恢复植被。

3 生产建设项目形成的高陡边坡应包括料场、裸露地、闲置地以及工程开挖填筑形成的45°～70°边坡。

1）高陡边坡宜采取客土绿化、喷播绿化、生态植生袋等林草措施；

2）在覆土来源困难的地区，可采取客土绿化措施，干旱地区应配套灌溉设施；

3）坡度为45°～60°的缓陡岩石坡面，宜通过混喷植物种子、栽植乔木和灌木等方法，应按一定比例配置，营造乔、灌、草复合的植物群落结构；

4）坡度为60°～70°的高陡岩石坡面，应通过调研或试验选用相应绿化技术，采取藤本为主、草本或灌木为辅的植物措施体系。

18.7.3 小流域人工湿地设计还应符合下列规定：

1 湿地岸线应符合防洪安全的需要，在水量较大及水流冲顶位置岸线应足够牢固。

2 湿地建造材料应以自然原生、能创造多孔隙空间的材料为主，避免使用混凝土等人造材料。

3 湿地植物物种的选择，可根据植物的净化能力、抗逆性、生长能力和景观价值等因素确定。以处理农村生活污水为目的的，应首先满足净化水质的要求。

4 植物配置应以本地植物为主，并应保持湿地植物种类多样性。在净化水体的同时，与区域景观相协调。

18.7.4 园林式种植绿化还应符合下列规定：

1 地被设计应与整体环境协调，应按光照强度、地形、土壤等条件选择植物，宜采用片植、花带及装饰等形式。

2 花坛设计应与整体环境协调，主题突出。

3 草坪设计应根据其观赏效果、气候因素、生长条件及是否准许游人进入踩踏等要求，选择适宜的草种和种植类型。

4 行道树设计应选择树干通直、生长健壮、无病虫害的优质树木。

18.8 配 套 工 程

18.8.1 在较大规模进行林草生态工程建设时，应配套苗圃，苗圃设计应按现行行业标准《林业苗圃工程设计规范》LYJ 128 的有关规定执行。苗圃生产的苗木质量应符合现行国家标准《主要造林树种苗木质量分级》GB 6000 的有关要求。

18.8.2 其他配套工程设计应包括土壤改良工程、给水工程、排水工程以及作业道路工程，并应根据工程具体情况选择实施。

18.8.3 小流域人工湿地应辅以定期清淤以及湿地植物的管理和维护配套措施等。

18.9 工 程 施 工

18.9.1 林草工程在施工结束后，应进行最少为期2a～3a的管护。

18.9.2 对具有生产功能的林草工程应增施基肥。

19 封育工程

19.1 一 般 规 定

19.1.1 封育工程布置应符合下列规定：

1 具有母树、天然下种条件或萌蘖条件的荒地、残林疏林地、退化天然草地。

2 不适宜人工造林的高山、陡坡、水土流失严重地段。

3 沙丘、沙地、海岛、沿海泥质滩涂等经封育有望成林（灌）或增加植被盖度的地块。

19.1.2 封育应与人工造林种草统一规划，通过封育措施可恢复林草植被的，可直接封育；自然封育困难的造林区域，应辅以人工造林种草。

19.2 封 育 设 计

19.2.1 封育方式应符合下列规定：

1 应依据项目区水土流失情况、原有植被状况及当地群众生产生活实际，确定封育方式为全封、半封或轮封。

2 应依据项目区立地条件，选择适宜的封育类型，封育类型分为乔木型、乔灌型、灌木型、灌草型、竹林型。

19.2.2 封育规划设计应包括下列规定：

1 封山（沙）育林作业应以封育区为单位，设计内容应包括封育区范围及概况、封育类型、封育方式、封育年限、封育组织和封育责任人、封育作业措施、投资概算、封育效益及相关附表、附图。

2 封育年限设计标准应根据封育类型按表19.2.2的规定执行。

表 19.2.2 封育年限设计标准

封育类型		封育年限(a)	
		南方	北方
无林地和疏林地封育	乔木型	6～8	8～10
	乔灌型	5～7	6～8
	灌木型	4～5	5～6
	灌草型	2～4	4～6
	竹林型	4～5	
有林地和灌木林地封育		3～5	4～7

19.3 配 套 设 施

19.3.1 在封育区域应设置警示标志。封育面积100hm²以上的，最少应设立1块固定标牌，人烟稀少的区域可相对减少。

19.3.2 管护人员应根据封禁范围和人、畜危害程度设置，每个管护人员管护面积宜为100hm²～300hm²。

19.3.3 在牲畜活动频繁地区应设置围栏及界桩。封育区无明显边界或无区分标志物时，可设置界桩以示界线。

19.3.4 以烧柴为主要燃料来源的封育区域，应配置节柴灶和沼气池等。

19.3.5 在牧区封育时应对牲畜进行舍饲圈养。

附录A 水文计算

A.1 一般规定

A.1.1 计算设计洪水和输沙量应从实际出发，深入调查了解流域特性或集水区域基本情况，注重基本资料的可靠性。

A.1.2 具有洪水、泥沙实测资料的，应根据资料条件和工程设计要求，按现行行业标准《水利水电工程设计洪水计算规范》SL 44的有关规定进行分析计算。

A.1.3 无洪水、泥沙观测资料的，可按现行行业标准《水利水电工程设计洪水计算规范》SL 44 的有关规定执行。

A.2 设计洪水计算

A.2.1 水土保持工程设计所依据的各种标准的设计洪水应包括洪峰流量、洪水总量、洪水过程线等，可根据工程设计要求计算其全部或部分内容。

A.2.2 对于汇水面积小于 300km² 的小流域，其设计洪峰流量应符合下列规定：

1 设计洪峰流量应按下列公式计算：

$$Q_m=0.278\left(\frac{S_p}{\tau^n}-\mu\right)F \quad (全面汇流，t_c\geqslant\tau) \qquad (A.2.2\text{-}1)$$

$$Q_m=0.278\left(\frac{S_p t_c^{1-n}-\mu t_c}{\tau}\right)F \quad (部分汇流，t_c<\tau) \qquad (A.2.2\text{-}2)$$

$$\tau=\frac{0.278L}{mJ^{\frac{1}{3}}Q_m^{\frac{1}{4}}} \qquad (A.2.2\text{-}3)$$

$$t_c=\left[(1-n)\frac{S_p}{\mu}\right]^{1/n} \qquad (A.2.2\text{-}4)$$

式中：Q_m——设计洪峰流量(m^3/s)；

F——汇水面积(km^2)；

S_p——设计雨力，即重现期(频率)为 p 的最大 1h 降雨强度(mm/h)；

τ——流域汇流历时(h)；

t_c——净雨历时或称产流历时(h)；

μ——损失参数(mm/h)，即平均稳定入渗率；

n——暴雨衰减指数，反映暴雨在时程分配上的集中(或分散)程度指标；

m——汇流参数，在一定概化条件下，通过本地区实测暴雨洪水资料综合分析得出；

L——河长(km)，即沿主河道从出口断面至分水岭的最长距离；

J——沿河长(流程)L 的平均比降，以小数计。

2 m、n、μ 等可通过实测暴雨洪水资料，经分析综合得出，或查全国和各省(自治区、市)的暴雨洪水查算图表、《水文手册》等合理选用。对于无条件作地区综合的流域，汇流参数 m 可按表A.2.2 选用。

表 A.2.2 汇流参数 m 查用表

类别	雨洪特性、河道特性、土壤植被条件	推理公式洪水汇流参数 m 值 $\left(\theta=\frac{L}{J^{1/3}}\right)$			
		θ=1～10	θ=10～30	θ=30～90	θ=90～400
Ⅰ	北方半干旱地区、植被条件较差，以荒坡、梯田或少量的稀疏林为主的土石山区，旱作物较多，河道呈宽浅型，间隙性水流，洪水陡涨陡落	1.0～1.3	1.3～1.60	1.6～1.8	1.8～2.2

续表 A.2.2

类别	雨洪特性、河道特性、土壤植被条件	推理公式洪水汇流参数 m 值 $\left(\theta=\frac{L}{J^{1/3}}\right)$			
		θ=1～10	θ=10～30	θ=30～90	θ=90～400
Ⅱ	南北方地理景观过渡区，植被以疏林、针叶林、幼林为主的土石山区或流域内耕地较多	0.6～0.7	0.7～0.8	0.8～0.95	0.95～1.30
Ⅲ	南方、东北湿润山丘区，植被条件良好，以灌木林、竹林为主的石山区，或森林覆盖度达40%～50%，或流域内多为水稻田、卵石，两岸滩地杂草丛生，大洪水多为尖瘦型，中小洪水多为矮胖型	0.3～0.4	0.4～0.5	0.5～0.6	0.6～0.9
Ⅳ	雨量丰沛的湿润山区，植被条件优良，森林覆盖度可高达70%以上，多为深山原始森林区，枯枝落叶层厚，壤中流较丰富，河床呈山区型，大卵石，大砾石河槽，有跌水，洪水多为陡涨缓落	0.2～0.3	0.3～0.35	0.35～0.4	0.4～0.8

3 采用试算法计算求解推理公式时，应按计算流程(图A.2.2)进行计算。

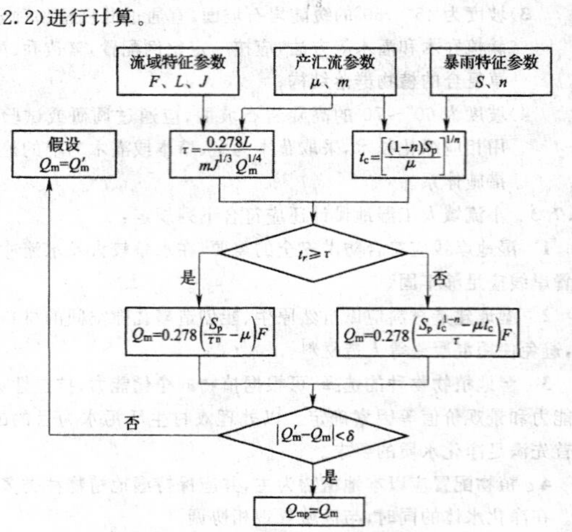

图 A.2.2 推理公式试算法计算设计洪峰流量流程图

A.2.3 采用推理公式法推算设计洪水总量时，可按下列公式计算：

$$W_p=\alpha H_p F \qquad (A.2.3\text{-}1)$$

$$H_p=K_p\overline{H_{24}} \qquad (A.2.3\text{-}2)$$

式中：W_p——设计洪水总量(10^4m^3)；

H_p——频率为 p 的流域中心点 24h 雨量(mm)；

α——洪水总量径流系数，无量纲，可采用当地经验值；

$\overline{H_{24}}$——流域最大 24h 暴雨均值(mm)，可由当地水文手册查得；

K_p——频率为 p 的模比系数，由 C_v 及 C_s 的皮尔逊-Ⅲ型曲线 K_p 表中查得。

A.2.4 采用经验公式法推算设计洪峰流量和洪水总量时，可按下列公式计算：

$$Q_p = AF^m \quad \text{(A. 2. 4-1)}$$

$$W_p = BF^n \quad \text{(A. 2. 4-2)}$$

式中：A、B——地理参数，由当地水文手册中查得；

m、n——指数，由当地水文手册中查得。

A. 2. 5 与设计洪峰流量 Q_p 和洪水总量 W_p 相配合，小流域设计洪水过程线宜采用概化三角形过程线（图 A. 2. 5），洪水总历时可按下列公式计算：

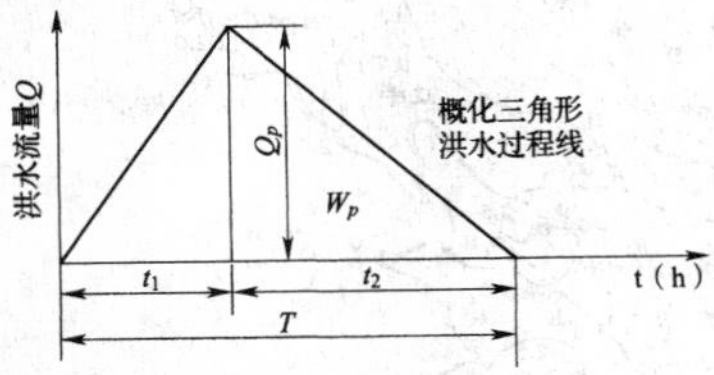

图 A. 2. 5 概化三角形过程线

$$T = t_1 + t_2 = 5.56\frac{W_p}{Q_p} \quad \text{(A. 2. 5-1)}$$

$$t_1 = \alpha_{t_1} T \quad \text{(A. 2. 5-2)}$$

式中：T——洪水总历时（h）；

t_1——涨洪历时（h）；

t_2——退洪历时（h）；

Q_p——设计洪峰流量（m^3/s）；

W_p——设计洪水总量（$10^4 m^3$）。

α_{t_1}——涨洪历时系数，其值变化在 0.1～0.5 之间，视洪水产汇流条件而异，具体计算时取用当地的经验值。

A. 2. 6 蓄水型沟头防护工程来水量可按下式计算：

$$W = 10\varphi R_{(m,n)} F \quad \text{(A. 2. 6)}$$

式中：W——来水量（m^3）；

F——沟头以上集水面积（hm^2）；

$R_{(m,n)}$——m 年一遇 n 小时最大降雨量（mm）；

φ——径流系数。

A. 3 输沙量计算

A. 3. 1 沟道输沙量应包括悬移质输沙量和推移质输沙量两部分，可按下式计算：

$$\overline{W_{sb}} = \overline{W_s} + \overline{W_b} \quad \text{(A. 3. 1-1)}$$

式中：$\overline{W_{sb}}$——多年平均输沙量（$10^4 t/a$）；

$\overline{W_s}$——多年平均悬移质输沙量（$10^4 t/a$）；

$\overline{W_b}$——多年平均推移质输沙量（$10^4 t/a$）。

悬移质输沙量可按下列公式计算：

$$\overline{W_s} = \sum M_{si} F_i \quad \text{(A. 3. 1-2)}$$

$$\overline{W_s} = K\,\overline{M}_0^b \quad \text{(A. 3. 1-3)}$$

式中：M_{si}——分区输沙模数[$10^4 t/(km^2 \cdot a)$]，可根据省、地有关水文图集、手册的输沙模数等值线图确定；

F_i——分区面积（km^2）；

$\overline{M}_0$——多年平均径流模数（$10^4 m^3/km^2$）；

b——指数，采用当地经验值；

K——系数，采用当地经验值。

推移质输沙量 $\overline{W}_b$ 可按下式计算：

$$\overline{W}_b = \beta \overline{W}_s \quad \text{(A. 3. 1-4)}$$

式中：β——推悬比，宜取 0.05～0.15，山区应取大值，塬区及平原取小值。

A. 3. 2 当沟道中有已建坝库且运行一定年限，可采用已成坝库淤积调查法，按下式计算沟道多年平均输沙量：

$$W = \frac{W_{淤} + W_{排}}{N} \quad \text{(A. 3. 2)}$$

式中：W——沟道多年平均输沙量（t/a）；

$W_{淤}$——坝内泥沙淤积总量（t）；

$W_{排}$——排沙量（t）；

N——淤积年限（a）。

A. 4 截排水设计流量计算

A. 4. 1 永久排水工程设计流量计算应符合下列规定：

1 永久截（排）水沟设计排水流量应按下式计算：

$$Q_m = 16.67\phi qF \quad \text{(A. 4. 1-1)}$$

式中：q——设计重现期和降雨历时内的平均降雨强度（mm/min）；

ϕ——径流系数。

2 径流系数 φ 按表 A. 4. 1-1 的要求确定。当汇水面积内有两种或两种以上不同地表种类时，应按不同地表种类面积加权求得平均径流系数。

表 A. 4. 1-1 径流系数 ϕ 参考值

地表种类	径流系数	地表种类	径流系数
沥青混凝土路面	0.95	起伏的山地	0.60～0.80
水泥混凝土路面	0.90	细粒土坡面	0.40～0.65
粒料路面	0.40～0.60	平原草地	0.40～0.65
粗粒土坡面	0.10～0.30	一般耕地	0.40～0.60
陡峻的山地	0.75～0.90	落叶林地	0.35～0.60
硬质岩石坡面	0.70～0.85	针叶林地	0.25～0.50
软质岩石坡面	0.50～0.75	粗砂土坡面	0.10～0.30
水稻田、水塘	0.70～0.80	卵石、块石坡地	0.08～0.15

3 当工程场址及其邻近地区有 10 年以上自记雨量计资料时，应利用实测资料整理分析得到设计重现期的降雨强度。当缺乏自记雨量计资料时，可利用标准降雨强度等值线图和有关转换系数，按下式计算降雨强度：

$$q = C_p C_t q_{5,10} \quad \text{(A. 4. 1-2)}$$

式中：$q_{5,10}$——5 年重现期和 10min 降雨历时的标准降雨强度（mm/min），可按工程所在地区，查中国 5 年一遇 10min 降雨强度 $q_{5,10}$ 等值线图（图 A. 4. 1-1）确定；

C_p——重现期转换系数，为设计重现期降雨强度 q_p 同标准重现期降雨强度 q_5 的比值（q_p/q_5），按工程所在地区，由表 A. 4. 1-2 确定；

C_t——降雨历时转换系数，为降雨历时 t 的降雨强度 q_t 同 10min 降雨历时的降雨强度 q_{10} 的比值（q_t/q_{10}），按工程所在地区的 60min 转换系数（C_{60}），由表 A. 4. 1-3 查取，C_{60} 可由图 A. 4. 1-2 查取。

表 A. 4. 1-2 重现期转换系数（C_p）表

地区	重现期 P（年）			
	3	5	10	15
海南、广东、广西、云南、贵州、四川东、湖南、湖北、福建、江西、安徽、江苏、浙江、上海、台湾	0.86	1.00	1.17	1.27
黑龙江、吉林、辽宁、北京、天津、河北、山西、河南、山东、四川、重庆、西藏	0.83	1.00	1.22	1.36
内蒙古、陕西、甘肃、宁夏、青海、新疆（非干旱区）	0.76	1.00	1.34	1.54
内蒙古、陕西、甘肃、宁夏、青海、新疆（干旱区，约相当于 5 年一遇 10mm 降雨强度小于 0.5mm/mim 的地区）	0.71	1.00	1.44	1.72

表 A. 4. 1-3 降雨历时转换系数（C_t）表

C_{60}	降雨历时 t（min）										
	3	5	10	15	20	30	40	50	60	90	120
0.30	1.40	1.25	1.00	0.77	0.64	0.50	0.40	0.34	0.30	0.22	0.18
0.35	1.40	1.25	1.00	0.80	0.68	0.55	0.45	0.39	0.35	0.26	0.21
0.40	1.40	1.25	1.00	0.82	0.72	0.59	0.50	0.44	0.40	0.30	0.25
0.45	1.40	1.25	1.00	0.84	0.76	0.63	0.55	0.50	0.45	0.34	0.29
0.50	1.40	1.25	1.00	0.87	0.80	0.68	0.60	0.55	0.50	0.39	0.33

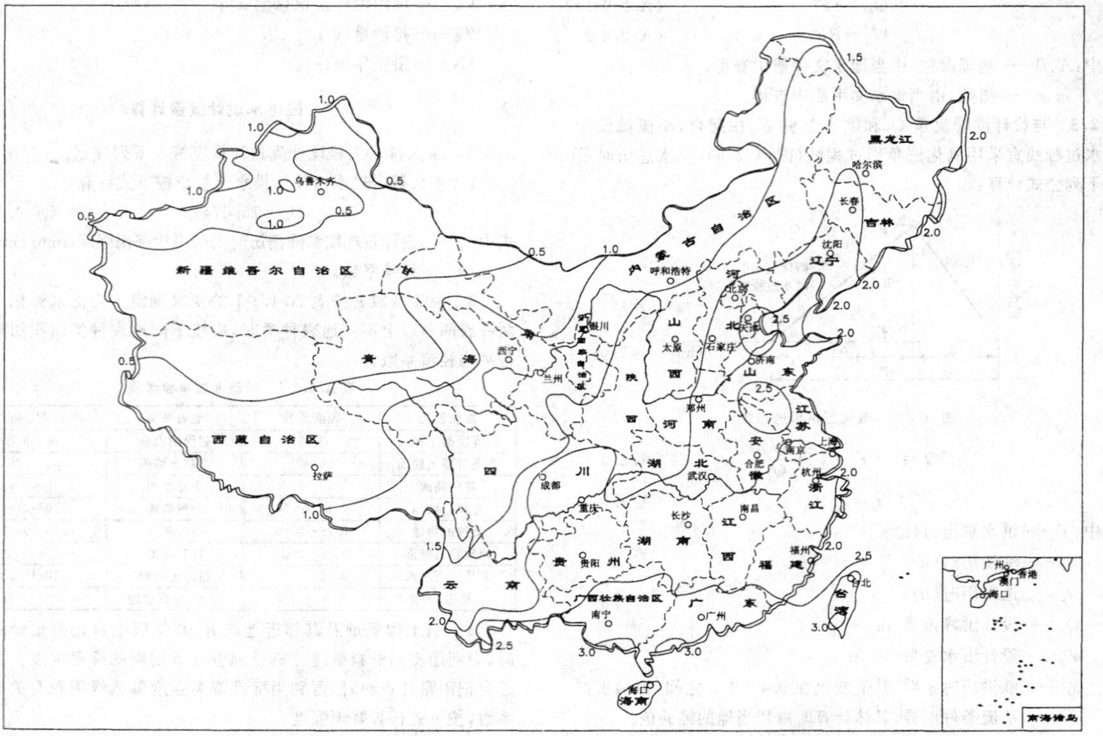

图 A.4.1-1 中国 5 年一遇 10min 降雨强度 $q_{5,10}$ 等值线图

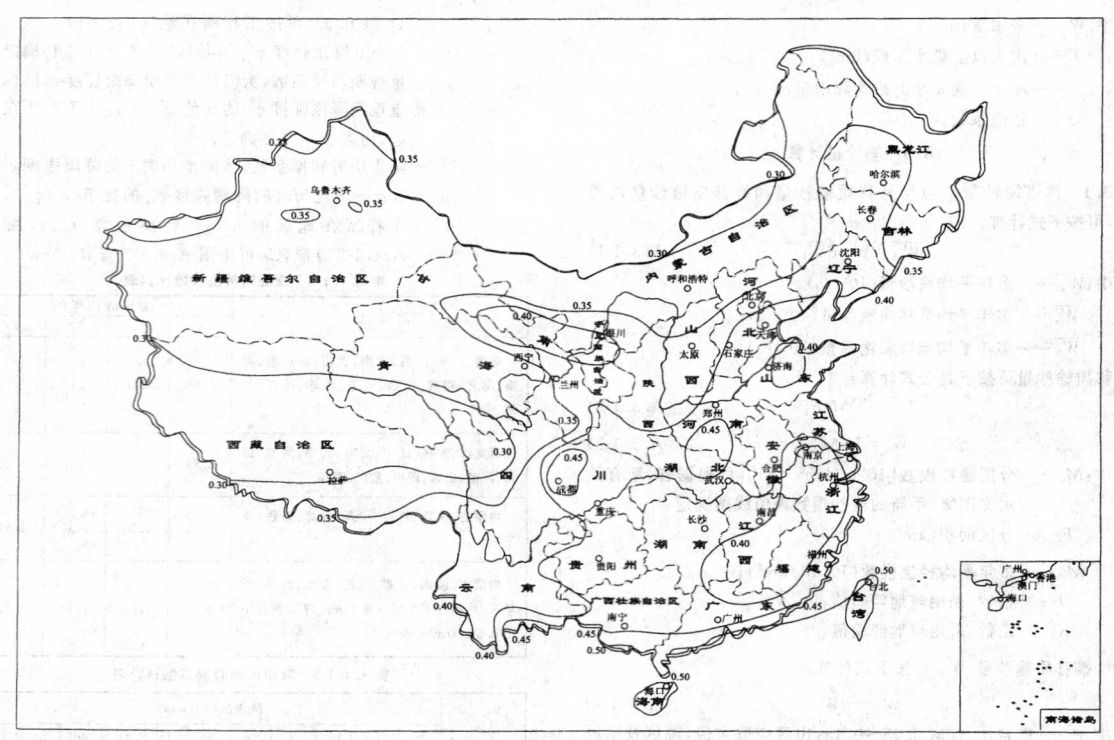

图 A.4.1-2 中国 60min 降雨强度转换系数(C_{60})等值线图

A. 4. 2 永久截(排)水沟设计排水流量计算应按下列流程(图 A. 4. 2)进行计算,并应符合下列要求:

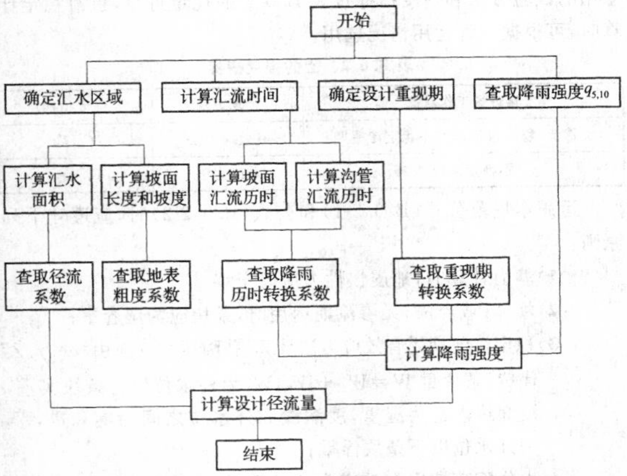

图 A. 4. 2 截(排)水沟设计排水流量计算流程框图

1 降雨历时应取设计控制点的汇流时间,其值为汇水区最远点到排水设施处的坡面汇流历时 t_1 与在沟(管)内的沟(管)汇流历时 t_2 之和。当路面有表面排水要求时,可不计沟(管)内的汇流历时 t_2。

2 坡面汇流历时可按下式计算:

$$t_1=1.445\left(\frac{m_1 L_s}{\sqrt{i_s}}\right)^{0.467} \tag{A. 4. 2-1}$$

式中:t_1——坡面汇流历时(min);

L_s——坡面流的长度(m);

i_s——坡面流的坡降,以小数计;

m_1——地面粗度系数,可按地表情况查表 A. 4. 2-1 确定。

表 A. 4. 2-1 地面粗度系数 m_1 参考值

地表状况	粗度系数	地表状况	粗度系数
光滑的不透水地面	0.02	牧草地、草地	0.40
光滑的压实地面	0.10	落叶树林	0.60
稀疏草地、耕地	0.20	针叶树林	0.80

3 计算沟(管)内汇流历时 t_2 时,先在断面尺寸、坡度变化点或者有支沟(支管)汇入处分段,应分别计算各段的汇流历时后再叠加而得,并应按下式计算:

$$t_2=\sum_{i=1}^{n}\left(\frac{l_i}{60v_i}\right) \tag{A. 4. 2-2}$$

式中:t_2——沟(管)内汇流历时(min);

n、i——分段数和分段序号;

l_i——第 i 段的长度(m);

v_i——第 i 段的平均流速(m/s)。

1)沟(管)平均流速 v 按下列公式计算:

$$v=\frac{1}{n}R^{2/3}I^{1/2} \tag{A. 4. 2-3}$$

$$R=A/X \tag{A. 4. 2-4}$$

式中:n——沟壁(管壁)的粗糙系数,按表 A. 4. 2-2 确定;

R——水力半径(m);

X——过水断面湿周(m);

I——水力坡度,可取沟(管)的底坡,以小数计。

表 A. 4. 2-2 排水沟(管)壁的粗糙系数(n 值)

排水沟(管)类别	粗糙系数	排水沟(管)类别	粗糙系数
塑料管(聚氯乙烯)	0.010	植草皮明沟(v=1.8m/s)	0.050~0.090
石棉水泥管	0.012	浆砌石明沟	0.025
铸铁管	0.015	浆砌片石明沟	0.032
波纹管	0.027	水泥混凝土明沟(抹面)	0.015
岩石质明沟	0.035	水泥混凝土明沟(预制)	0.012
植草皮明沟(v=0.6m/s)	0.035~0.050		

2)沟(管)平均流速 v 也可采用下式估算:

$$v=20i_g^{0.6} \tag{A. 4. 2-5}$$

式中:i_g——该段排水沟(管)的平均坡度。

A. 4. 3 黄土高原或具备超渗产流条件的梯田工程,其坡面截排水沟设计流量计算可按下式计算:

$$Q=\frac{F}{6}(I_r-I_p) \tag{A. 4. 3}$$

式中:Q——设计最大流量(m^3/s);

I_r——设计频率短历时暴雨(mm/min);

I_p——相应时段土壤平均入渗强度(mm/min);

F——坡面汇水面积(hm^2)。

附录B 稳定计算

B. 0. 1 对于淤地坝、拦沙坝、拦渣堤(坝、堰)以及挡渣墙等水土保持工程,应进行稳定计算。

B. 0. 2 采用土(土石)等填筑材料的拦挡建筑物,坝坡稳定计算应符合下列规定:

1 应采用水力学方法、流网法或有限元法进行坝体渗流计算,确定坝体浸润线位置,计算渗流流量、平均流速和渗流逸出坡降,作为坝体稳定计算的依据,检验土体的渗流稳定,防止发生管涌和流土。

2 坝坡整体稳定计算应进行运用期下游坝坡稳定计算。对于水坠坝,应进行施工中、后期坝坡整体稳定及边坡自身稳定性计算。

3 坝坡抗滑稳定计算应采用刚体极限平衡法。对于非均质坝体,宜采用不计条块间作用力的圆弧滑动法;对于均质坝体,宜采用计及条块间作用力的简化毕肖普法;当坝基存在软弱夹层时,土坝的稳定分析通常采用改良圆弧法。当滑动面呈非圆弧形时,采用摩根斯顿-普赖斯法(滑动面呈非圆弧形)计算。

圆弧滑动(图 B. 0. 2-1)稳定可按下列公式计算。

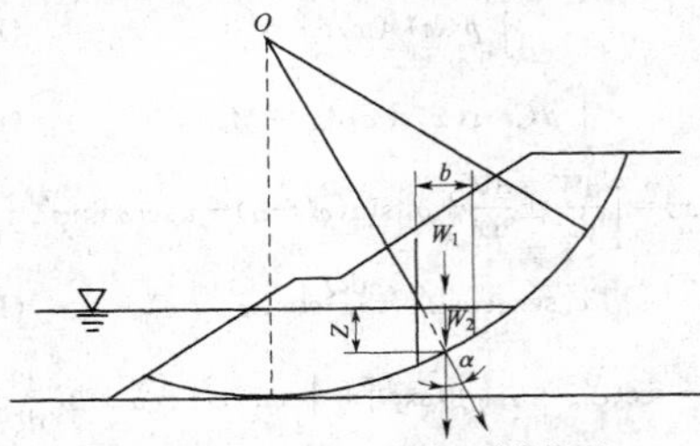

图 B. 0. 2-1 圆弧滑动法计算简图

1)简化毕肖普法:

$$K=\frac{\sum\{[(W\pm V)\sec\alpha-ub\sec\alpha]\tan\varphi'+c'b\sec\alpha\}[1/(1+\tan\alpha\tan\varphi'/K)]}{\sum[(W\pm V)\sin\alpha+M_C/R]} \tag{B. 0. 2-1}$$

2)瑞典圆弧法:

$$K=\frac{\sum\{[(W\pm V)\cos\alpha-ub\sec\alpha-Q\sin\alpha]\tan\varphi'+c'b\sec\alpha\}}{\sum[(W\pm V)\sin\alpha+M_C/R]} \tag{B. 0. 2-2}$$

式中:b——条块宽度(m);

W——条块重力(kN);

W_1——在边坡外水位以上的条块重力(kN);

W_2——在边坡外水位以下的条块重力(kN);

Q、V——水平和垂直地震惯性力(向上为负,向下为正)(kN);

u——作用于土条底面的孔隙压力(kPa);

α——条块的重力线与通过此条块底面中点的半径之间的夹角(°);

c'、φ'——土条底面的有效应力抗剪强度指标；

M_C——水平地震惯性力对圆心的力矩(kN·m)；

R——圆弧半径(m)。

改良圆弧法(图 B.0.2-2)计算弃渣边坡稳定可按下列公式计算：

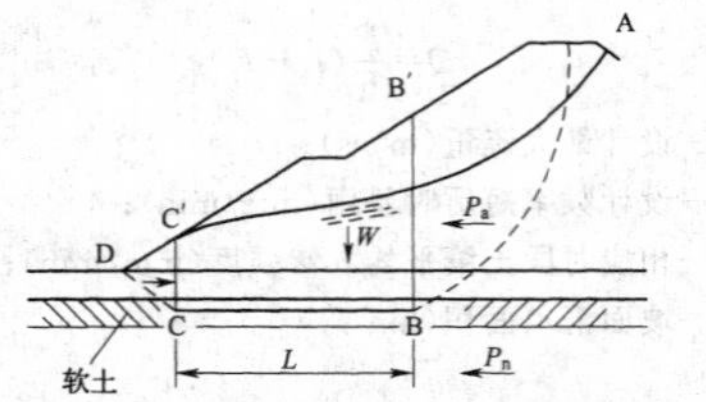

图 B.0.2-2 改良圆弧滑动法计算简图

$$K=\frac{P_n+S}{P_a} \tag{B.0.2-3}$$

$$S=W\tan\varphi+CL \tag{B.0.2-4}$$

式中：W——土体 B'BCC'的有效重量(kN)；

C,φ——软弱土层的凝聚力及内摩擦角(°)；

P_a——滑动力(kN)；

P_n——抗滑力(kN)。

当采用摩根斯顿-普赖斯法(图 B.0.2-3)计算抗滑稳定安全系数时，应按下列改进方法计算：

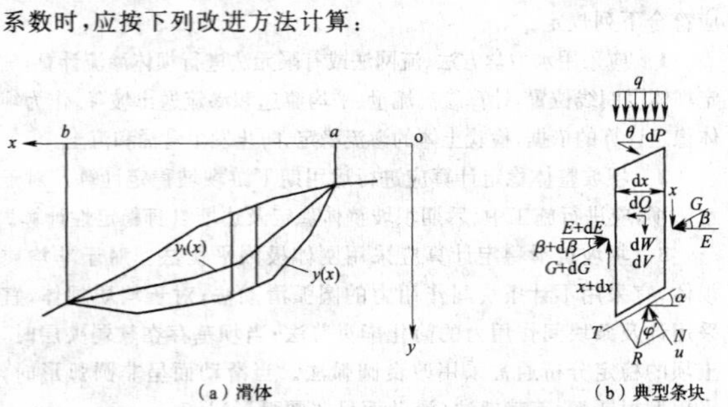

图 B.0.2-3 摩根斯顿-普赖斯法(改进方法)计算简图

$$\int_a^b p(x)s(x)\mathrm{d}x=0 \tag{B.0.2-5}$$

$$\int_a^b p(x)s(x)t(x)\mathrm{d}x-M_e=0 \tag{B.0.2-6}$$

$$p(x)=\left[\frac{\mathrm{d}W}{\mathrm{d}x}\pm\frac{\mathrm{d}V}{\mathrm{d}x}+q\right]\sin(\varphi'-\alpha)-u\sec\alpha\sin\varphi'_e+c'_e\sec\alpha\cos\varphi'_e-\frac{\mathrm{d}Q}{\mathrm{d}x}\cos(\varphi'_e-\alpha) \tag{B.0.2-7}$$

$$s(x)=\sec(\varphi'_e-\alpha+\beta)\exp\left[-\int_a^x\tan(\varphi'_e-\alpha+\beta)\frac{\mathrm{d}\beta}{\mathrm{d}\zeta}\mathrm{d}\zeta\right] \tag{B.0.2-8}$$

$$s(x)=\int_a^x(\sin\beta-\cos\beta\tan\alpha)\exp\left[\int_a^\zeta\tan(\varphi'_e-\alpha+\beta)\frac{\mathrm{d}\beta}{\mathrm{d}\zeta}\mathrm{d}\zeta\right] \tag{B.0.2-9}$$

$$M_e=\int_a^b\frac{\mathrm{d}Q}{\mathrm{d}x}h_e\mathrm{d}x \tag{B.0.2-10}$$

$$C_e=\frac{c'}{K} \tag{B.0.2-11}$$

$$\tan\varphi'_e=\frac{\tan\varphi'}{K} \tag{B.0.2-12}$$

式中：$\mathrm{d}x$——土条宽度；

$\mathrm{d}W$——土条重量；

q——坡顶外部的垂直荷载；

M_e——水平地震惯性力对土条底部中点的力矩；

$\mathrm{d}Q$、$\mathrm{d}V$——土条的水平和垂直地震惯性力(向上为负，向下为正)；

α——条块底面与水平面的夹角；

β——土条侧面的合力与水平方向的夹角；

h_e——水平地震惯性力到土条底面中点的垂直距离。

土的抗剪强度指标可用三轴剪力仪测定，亦可用直剪仪测定。采用的试验方法和强度指标按表 B.0.2 的规定进行，抗滑稳定计算时，可根据各种运用情况选用。

表 B.0.2 土的强度指标

弃渣场工作状态	计算方法	强度指标
无渗流、稳定渗流期和不稳定渗流期	有效应力法	C',ϕ'
不稳定渗流期	总应力法	C_{cu},ϕ_{cu}

运用本规范公式(B.0.2-1)和公式(B.0.2-2)时，应遵守下列原则：

1)静力计算时，地震惯性力应等于零；

2)坝体(或弃渣)无渗流期运用时，条块应为湿容重；

3)稳定渗流期用有效应力法计算，孔隙压力 u 应由"$u-\gamma_w Z$"代替，条块重 $W=W_1+W_2$，W_1为外水位以上条块实重，浸润线以上为湿重，浸润线和外水位之间为饱和重，W_2为外水位以下条块浮重；

4)水位降落期用有效应力法计算时，应按降落后的水位计算，方法同本条第 3 款。用应力法时，c'、ϕ'应采用 c_{cu}、ϕ_{cu}代替；分子应采用水位降落前条块重 $W=W_1+W_2$，W_1为外水位以上条块湿重，W_2为外水位以下条块浮容重；分母应采用水位降落后条块重 $W=W_1+W_2$，W_1浸润线以上为湿重，浸润线和外水位之间为饱和重，W_2为外水位以下条块浮容重；u 采用 $u_i-\gamma_w Z$ 代替，u_i为水位降落前孔隙压力。

B.0.3 坝体稳定计算，水坠坝应进行施工中、后期坝坡整体稳定及边埂自身稳定性计算，竣工后应进行稳定渗流期下游坝坡稳定计算。碾压式土坝应进行运用期下游坝坡稳定计算。地震区还应进行抗震稳定性验算。砌石坝应进行正常蓄水位和校核洪水位情况下稳定计算。

1 土坝的强度指标应按坝体设计干容重和含水率制样，采用三轴仪测定其总应力或有效应力强度指标，抗剪强度指标的测定和应用方法可按现行行业规范《碾压式土石坝设计规范》SL 274 的有关规定选用。试验值可按表 B.0.3-1 的规定取值进行修正。

表 B.0.3-1 强度指标修正系数

计算方法	试验方法	修正系数
总应力法	三轴不固结不排水剪	1.0
	直剪仪快剪	0.5～0.8
有效应力法	三轴固结不排水剪(测孔压)	0.8
	直剪仪慢剪	0.8

注：根据试样在试验过程中的排水程度选用，排水较多时取小值。

2 当进行水坠坝施工期的坝坡整体稳定性计算时，坝体冲填土可按饱和土体采用差分法进行固结计算。采用总应力法计算坝体含水量分布，采用有效应力法计算坝体孔隙水压力分布。坝高 15m 以下的水坠坝可采用土坡稳定数图解法。具体计算方法应按现行行业规范《水坠坝技术规范》SL 302 的有关规定执行。

3 水坠坝施工期边埂自身稳定性计算应采用折线滑动面总应力法(图 B.0.3)，按下列公式计算：

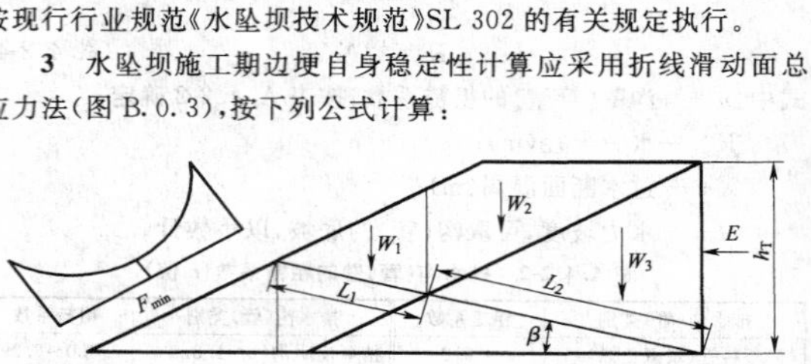

图 B.0.3 折线滑动面力系图

$$K=\frac{R}{E\cos\beta} \tag{B.0.3-1}$$

$$R=(W_1+W_2+W_3)\sin\beta+W_1\cos\beta\tan\phi_1+c_1L_1+(W_2+W_3+E\tan\beta)\cos\beta\tan\phi_2+c_2L_2 \tag{B.0.3-2}$$

$$E=\frac{1}{2}\xi\gamma_T h_T^2 \qquad (B.0.3\text{-}3)$$

$$\xi=1-\sin\phi_2 \qquad (B.0.3\text{-}4)$$

$$h_T=\lambda H \qquad (B.0.3\text{-}5)$$

式中：K——边埂允许抗滑稳定安全系数；

E——泥浆水平推力，取 9.8×10^3N；

β——滑动面与水平面的夹角(°)；

W_1——滑动面 L_1 以上边埂土的重量(t)；

W_2、W_3——滑动面 L_2 以上边埂土与冲填土的重量(t)；

ϕ_1、c_1——边埂的总强度指标；

ϕ_2、c_2——冲填土的总强度指标；

L_1、L_2——通过边埂及冲填土的滑动面的长度(m)；

ξ——泥浆侧压力系数，可按公式(B.0.3-4)计算，也可采用经验值0.8～1.0；

γ_T——计算深度范围内的泥浆平均容重(t/m³)；

h_T——计算深度(m)；采用试算确定，对黄土、类黄土按流态区深度计算，也可按经验公式(B.0.3-5)计算；

λ——系数，可按表B.0.3-2的规定确定；

H——计算坝高(m)。

表 B.0.3-2 系数 λ

冲填速度 V(m/d)	渗透系数 k($\times10^{-6}$cm/s)								
	1	2	4	6	8	10	12	14	16
0.1	0.92	0.75	0.50	0.34	0.25	0.20	0.16	0.13	0.11
0.2	0.95	0.83	0.67	0.54	0.44	0.35	0.28	0.21	0.15
0.3	0.97	0.85	0.74	0.63	0.53	0.44	0.36	0.28	0.20

注：1 适用于透水地基，对不透水地基，表中数值可提高50%；

2 k 为初期渗透系数，即指冲填土在0.1kg/cm²荷重下固结试样的渗透系数。

B.0.4 采用浆砌石(混凝土或钢筋混凝土)等材料的拦挡建筑物应进行抗滑稳定、抗倾覆稳定计算，并应对基底应力进行校核。稳定计算应按现行行业标准《砌石坝设计规范》SL 25的有关规定执行。

附录C 工程扰动土地主要适宜树(草)种表

表C 工程扰动土地主要适宜树(草)种表

区域或植被类型区	耐旱	耐水湿	耐盐碱	沙化(北方及沿海)、石漠化(西南)
东北	辽东桤木、蒙古栎、黑桦、白榆、山杨；胡枝子、山杏、文冠果、锦鸡儿、枸杞；狗牙根、紫花苜蓿、爬山虎[a]	兴安落叶松、偃松、红皮云杉、柳、白桦、榆树	青杨、樟子松、榆树、红皮云杉、红瑞木、火炬树、丁香、旱柳；紫穗槐、枸杞；芨芨草、羊草、冰草、沙打旺、紫花苜蓿、碱茅、鹅冠草、野豌豆	樟子松、大叶速生槐、花棒、杨柴、柠条锦鸡儿、小叶锦鸡儿；沙打旺、草木樨、芨芨草
三北	侧柏、枸杞、柠条、沙棘、梭梭、柽柳、胡杨、花棒、杨柴、胡枝子、沙柳、沙拐枣、黄柳、樟子松、文冠果、沙蒿；高羊茅、野牛草、紫苜蓿、紫羊茅、黄花菜、无芒雀麦、沙米、爬山虎[a]	柳树、柽柳、沙棘、胡杨、香椿、臭椿、旱柳	柽柳、旱柳、沙拐枣、银水牛果、胡杨、梭梭、柠条、紫穗槐、枸杞、白刺、沙枣、盐爪爪、四翅滨藜；芨芨草、盐蒿、芦苇、碱茅、苏丹草	樟子松、柠条、沙棘、沙木蓼、花棒、踏郎、梭梭霸王；沙打旺、草木樨、芨芨草
黄河流域	侧柏、柠条、沙棘、旱柳、柽柳、爬山虎[a]	柳树、柽柳、沙棘、旱柳、刺柏	柽柳、四翅滨藜、柠条、沙棘、沙枣、盐爪爪	侧柏、刺槐、杨树、沙棘、柠条、柽柳、杞柳；沙打旺、草木樨
北方	侧柏、油松、刺槐、青杨；伏地肤、沙棘、柠条、枸杞、爬山虎[a]	柳树、柽柳、沙棘、旱柳、构树、杜梨、垂柳、钻天杨、红皮云杉	柽柳、四翅滨藜、银水牛果；伏地肤、紫穗槐	樟子松、旱柳、荆条、紫穗槐；草木樨
长江流域	侧柏、马尾松、野鸭椿、白皮松、木荷、沙地柏多变小冠花、金银花[a]、爬山虎[a]	柳树、水杉、池杉、落羽杉、冷杉、红豆杉、芒草	南林895杨、乌柏、落羽杉、墨西哥落羽杉、中山杉；双穗雀稗、香根草、芦竹、杂三叶草	南林895杨、马尾松、云南松、干香柏、苦刺花、蔓荆；印尼豇豆
南方	侧柏、马尾松、黄荆、油茶、青檀、香花槐、藜蒴、桑树、杨梅；黄栀子、山毛豆、桃金娘；假俭草、百喜草、狗牙根、糖蜜草、铁线莲[a]、爬山虎[a]、五叶地锦[a]、鸡血藤[a]	水杉、池杉、落羽杉、樟树、木麻黄、水翁、湿地松、榕树、大叶桉；铺地黎、芒草	木麻黄、南洋杉、柽柳、红树、椰子树、棕榈；苇状羊茅、苏丹草	球花石楠、干香柏、旱冬瓜、云南松、木荷、黄连木、清香木、火棘、化香常绿假丁香、苦刺花、降香黄檀；任豆；象草、香根草、五叶地锦[a]、常春油麻藤[a]
热带	榆绿木、大叶相思、多花木兰、木豆、山楂、澜沧栎；假俭草、百喜草、狗牙根、糖蜜草、爬山虎[a]、五叶地锦[a]	青梅、枫杨、水杉、喜树、长叶竹柏、长蕊木兰、长柄双花木	木麻黄、柽柳、红树、椰子树、棕榈	砂糖椰、紫花泡桐、直干桉、任豆、顶果木、枫香、柚木

注：a为攀缘植物。

本规范用词说明

1 为便于在执行本规范条文时区别对待，对要求严格程度不同的用词说明如下：

1)表示很严格，非这样做不可的：

正面词采用"必须"，反面词采用"严禁"；

2)表示严格，在正常情况下均应这样做的：

正面词采用"应"，反面词采用"不应"或"不得"；

3)表示允许稍有选择，在条件许可时首先应这样做的：

正面词采用"宜"，反面词采用"不宜"；

4)表示有选择，在一定条件下可以这样做的，采用"可"。

2 条文中指明应按其他有关标准执行的写法为："应符合……的规定"或"应按……执行"。

引用标准名录

《堤防工程设计规范》GB 50286
《灌溉与排水工程设计规范》GB 50288
《开发建设项目水土保持技术规范》GB 50433
《主要造林树种苗木质量分级》GB 6000
《造林技术规程》GB/T 15776
《水土保持综合治理　技术规范》GB/T 16453
《生态公益林建设　导则》GB/T 18337.1
《生态公益林建设　技术规程》GB/T 18337.3
《雨水集蓄利用工程技术规范》GB/T 50596
《砌石坝设计规范》SL 25
《水利水电工程设计洪水计算规范》SL 44
《碾压式土石坝设计规范》SL 274
《水坠坝技术规范》SL 302
《水利水电工程施工组织设计规范》SL 303
《岩溶地区水土流失综合治理规范》SL 461
《火力发电厂水工设计规范》DL/T 5339
《林业苗圃工程设计规范》LYJ 128

中华人民共和国国家标准

水土保持工程设计规范

GB 51018—2014

条 文 说 明

制　订　说　明

《水土保持工程设计规范》GB 51018—2014，经住房和城乡建设部2014年12月2日以第589号公告批准发布。

本规范在制订过程中，编制组进行了梯田工程、崩岗治理、拦沙坝、淤弃渣场选址与防护等的调查研究，总结了我国水土保持生态建设工程设计以及生产建设项目弃渣场选址、拦挡工程、植被恢复与建设等设计施工的实践经验，并就水土保持工程级别划分和设计标准组织了专题讨论，相关调研成果纳入了本规范。

为便于广大设计、施工、科研、学校等单位有关人员在使用本规范时能正确理解和执行条文规定，《水土保持工程设计规范》编制组按章、节、条顺序编制了本规范的条文说明，对条文规定的目的、依据以及执行中需注意的有关事项进行了说明，并着重对强制性条文的强制性理由做了解释。但是，本条文说明不具备与规范正文同等的法律效力，仅供使用者作为理解和把握规范规定的参考。

目　　次

1 总 则

1.0.2 经过60多年水土流失综合治理实践，水土保持工程设计内容和深度已通过水土保持项目建议书、可行研究报告、初步设计报告编制规程和开发建设项目水土保持技术规范等得以明确。水土保持工程类型涉及面广，如泥石流防治、滑坡治理、边坡防护等工程设计标准和规范已经颁布。本条适用范围是根据当前生产需求和其他标准的制定使用情况确定的。

1.0.4 水土保持工程的类别比较繁杂，除了本规范予以规定的有关水土保持工程外，有些工程可参照相关规范执行，故作本条规定。如降水入渗工程设计可按现行国家标准《建筑与小区雨水利用工程技术规范》GB 50400、《雨水集蓄利用工程技术规范》GB/T 50596的有关规定执行，水土保持监测设施设计可按现行行业标准《水土保持监测技术规程》SL 277的有关规定执行，泥石流灾害防治工程设计按现行行业标准《泥石流灾害防治工程设计规范》DZ/T 0239的有关规定执行，滑坡防治工程设计按国家现行标准《建筑地基基础设计规范》GB 50007、《滑坡防治工程设计与施工技术规范》DZ/T 0219等的有关规定执行；土地整治工程涉及土地质量标准的，可按国土行业有关标准和规定执行。

3 基本规定

3.0.1 水土流失综合治理工程设计因我国地域差异大而显得多样繁杂，因此水土保持工程设计需针对所在区域的小流域（或片区）特点，根据自然条件和社会经济需求，在土地利用结构调整的基础上进行总体布置，而后进行各项措施的设计。

即使是同类水土保持措施，不同区域也会有较大差异，需因地制宜进行设计。

水土保持的根本任务是水土资源的保护、合理利用与开发。在山区丘陵区，特别是贫困地区，应把解决农村生产生活问题放在重要位置，单纯地强调生态保护和水土流失治理是难以实施的。

3.0.2 经过近15年的生产建设项目水土保持工程设计与建设的实践，“保护优先、注重生态、强化工程设计与生态的协调与融合”的水土保持设计理念已成共识，故规定此条。

3.0.3 生产建设项目水土保持因涉及行业众多，难以形成统一的设计规定。设计中总体布局应根据现行国家标准《开发建设项目水土保持技术规范》GB 50433的有关规定，再结合具体行业的技术规范确定。

3.0.5 本规范虽规定了水土保持工程的级别划分和设计标准，应用时还应充分考虑各项措施间相互影响和作用。如一个小流域实施沟坡兼治措施，在布设沟道治理工程时，受坡面治理工程的影响，沟道水沙条件就会相应发生变化，从而影响沟道治理工程的规模。因此，水土保持工程的级别划分和设计标准应在确定总体布置（局）后，遵循“安全可靠、经济合理”原则，根据具体情况合理确定。

4 水土流失综合治理工程总体布置

4.1 一般规定

4.1.1 以小流域为单元实施水土流失综合治理，是60余年来我国水土保持治理经验的总结。以小流域为单元的水土流失综合治理总体布置是各项水土保持工程设计的前提。设计要以统筹兼顾各方面因素，使各项措施发挥整体功能为准则。

4.1.2 梯田工程是山区、丘陵区小流域水土流失综合治理总体布置的重要环节。实践证明，一般北方土石山区、黄土高原地区保证人均2亩水平旱田（包括旱平地和水平梯田）或1亩水浇地，南方和西南地区保证人均约1亩水平旱田（包括旱平地和水平梯田）或0.5亩水浇地，有此基础才能考虑退耕还林还草和进行其他水土保持措施的配置。

4.2 分区基本要求

本节所指分区是指全国水土保持区划中的一级区，在实际应用中应在三级区的基础上，充分考虑其水土保持主导功能，并根据分区防治途径及技术体系，结合实际情况进行必要的再分区后开展总体配置。

4.2.1 东北黑土区是我国重要的商品粮基地，其工程总体配置应紧紧围绕黑土资源和耕地的保护；另外，该区坡耕地坡度小、坡长大，适宜农业机械化作业，措施配置及设计应充分考虑此因素。

4.2.2 黄土高原区特别是黄河中游地区是黄河主要泥沙策源地。水土保持工作不仅要考虑当地农业生产，还应与黄河减沙紧密联系，重点做好淤地坝建设工作。该区域矿产资源丰富，随着区域经济发展，生态建设与保护需求不断增加，林草植被恢复情况良好，配置封育措施显得十分重要。

4.2.3 北方风沙区水土保持工作重点是水蚀风蚀交错区、草场以及绿洲农业区。该区降水量小，总体配置需充分考虑水分条件，配套必要的灌溉设施。250mm降水等值线是农业气象中干旱半干旱区的分界线。降水量250mm以下地区除灌溉配套外，很难从事旱作农业。

4.2.4 北方土石山区特别是太行山燕山地区，是华北平原诸多城市的水源地。合理配置坡改梯、林草措施、面源污染控制措施，将小流域综合治理与中小河流治理、农村清洁工程结合起来，建设清洁小流域显得尤为重要。

4.2.5 西南岩溶地区因地势陡峻，基岩以石灰岩为主，地表水沿节理下渗形成地下岩溶水，耕地常缺水干旱，深切沟道多地下水出露，难以利用，通过塘坝、滚水坝及配套小型抽水泵站引水上山，或采取小型蓄水池收集利用地表径流进行补灌。岩溶地区成土速率很小，地表土层薄，不断冲刷、随地表径流下渗淋移，导致耕地灰岩呈分散状出露，可耕种面积减少。因此通过坡改梯及配套措施增加可耕种面积，将坡改梯与地表水利用结合起来是提高水土资源高效利用效率的十分重要的途径。

4.2.6 西南紫色土区虽然在措施配置上与岩溶地区有相似之处，但因地势相对较缓，基岩多为砂页岩、花岗岩，表层土相对较厚，且该区域人口密度大、人均耕地少，因此通过坡改梯田及坡面水系工程，提高土地生产力，建设经济林果和高效复合农林业，加速产业化发展，增加农民收入十分重要。

4.2.7 南方红壤区区域人口密度大、人均耕地不足，区域治理中坡改梯田及坡面水系工程仍然是重点。由于降水量大，坡面水系工程应以排水型为主，局部地区干旱缺水的应视实际情况适当配置小型蓄水工程。崩岗治理、风化侵蚀劣地和园地林地水土流失是该区域治理的难点和重点。前者应工程植物相结合，后者则以植物措施为主，并采取有效的水蚀和沟蚀治理措施。

4.2.8 青藏高原区人口密度小，耕地集中在河谷地带，草场为高山草地，戈壁和裸岩面积大，山洪灾害频发。草场及河谷农业区水土保持是工作重点，对于影响河谷农业生产和村庄安全的山洪灾害沟道应重点治理，保障安全。

5 工程级别划分和设计标准

5.1 梯 田 工 程

5.1.1、5.1.2 Ⅰ区地面坡度较陡、地面组成物质以土石为主、土层覆盖较薄，Ⅱ区地面坡度相对较缓、地面组成物质以土石为主、土层覆盖相对较厚。分区采用全国区划方案。

级别划分中面积指标是指一个设计单元的面积，选择确定设计单元时，应保证同一设计单元的设计标准基本一致。

当地面坡度一致时，净田面宽和田坎高度均为确定梯田设计标准的主要因素，由于净田面宽受区域环境影响较大，同时净田面宽和田坎高度存在函数关系，因此确定净田面宽为主要设计指标。

5.2 淤地坝工程

5.2.1、5.2.2 在现行国家标准《水土保持综合治理　技术规范》GB/T 16453 中对淤地坝工程等级划分未做明确规定，在现行行业标准《水土保持治沟骨干工程技术规范》SL 289 中，淤地坝等级划分按现行行业标准《水利水电工程等级划分及洪水标准》SL 252 参照执行，详见表 1，虽然五十万方以上的淤地坝工程等级相当于水利水电工程五等、四等工程，但实际设计和施工水平远达不到同等级别水利水电工程的要求。我国的淤地坝历史悠久，经过近几十年的探索、实践，其设计、施工及管理运行已形成一套完整且成熟的体系。经调查，黄土高原淤地坝工程以小流域坝系建设为前提，大、中、小各类淤地坝在干、支、毛沟内合理布设，联合运用，调洪削峰，层层防御，在其特有的淤地坝坝系运行模式下，工程是安全可靠的。为了便于淤地坝工程健康良性发展，方便技术人员进行设计、施工及管理，本规范对水土保持淤地坝工程重新进行了等级划分。考虑历史沿革情况和行业标准，根据淤地坝工程的运用特点，以库容规模作为分等指标。根据库容的大小确定工程等别为Ⅰ、Ⅱ、Ⅲ三等，建筑物级别为 1、2、3、4 四级。

表 1 骨干坝等级划分及设计标准

工 程 等 别		五	四
总库容(10^4m^3)		50～100	100～500
建筑物级别	主要建筑物	5	4
	次要建筑物	5	5
洪水重现期(a)	设计	20～30	30～50
	校核	200～300	300～500
设计淤积年限(a)		10～20	20～30

淤地坝工程建筑物的级别反映了对建筑物的不同技术要求和安全要求，它根据所属工程的等别及其在工程中的作用和重要性确定。淤地坝工程主要建筑物指失事后将造成下游灾害和严重影响工程效益的建筑物，如坝体、放水建筑物、溢洪道等；次要建筑物指失事后不致造成下游灾害或对工程效益影响不大并易于修复的建筑物，如挡土墙、护岸等。临时性建筑物指工程施工期间使用的建筑物，如导流建筑物、施工围堰等。小型淤地坝无临时性建筑物，不设建筑物级别。

5.2.5 近年来，水土保持工程在坝坡稳定计算中积累了丰富的经验，参照现行行业标准《碾压式土石坝设计规范》SL 274，淤地坝工程沿用简化毕肖普法或瑞典圆弧法计算坝坡稳定。坝坡稳定系数见表 5.2.5，经过对现行行业标准《水电枢纽工程等级划分及设计安全标准》DL 5180 及《碾压式土石坝设计规范》SL 274 中水利工程已较成熟的坝坡稳定计算进行分析，根据库容规模和设计标准，淤地坝工程Ⅰ等工程对应的 1 级、2 级主要建筑物相当于水利水电工程碾压式土石坝的四等、五等工程和 4 级、5 级主要建筑物，取其相同的稳定系数 1.25 和 1.15，Ⅱ等、Ⅲ等淤地坝对应的 3 级、4 级主要建筑物稳定系数分别取 1.20 和 1.10。

根据现行行业标准《水工建筑物抗震设计规范》SL 203，场地地震基本烈度 7 度以下地区布设淤地坝工程，可不进行抗震计算。

5.3 拦沙坝工程

5.3.3 根据当地条件，拦沙坝多采用土石坝、重力坝（包括混凝土重力坝和浆砌石重力坝）两种坝型，其他型式建筑物可参考挡土墙或同类建筑物型式进行稳定计算。

5.5 沟道滩岸防护工程

5.5.1 沟道滩岸防护工程是为保护防护对象的防洪安全而修建的，其自身并无特殊的防洪要求，沟道滩岸防护工程的防洪标准由防护对象的防洪标准确定。

本规范适用于流域面积在 $50km^2$ 以下的小流域，当流域面积不小于 $50km^2$ 时，按现行国家标准《堤防工程设计规范》GB 50286 执行。

5.5.2 护地堤的级别根据防护对象的要求确定。护地堤大部分是土堤，加高、加固相对比较容易，而水闸、涵洞、泵站等建筑物及其他构筑物一般为钢筋混凝土、混凝土或浆砌石结构，加高、改建比较困难；护地堤与建筑物的结合部在洪水通过时易出现险情，引起溃决，因此本条对这些建筑物的设计防洪标准提出了较高的要求。

5.5.3～5.5.5 护地堤在设计中需要对安全留有裕度，所以规定了安全系数。本规范规定的护地堤的安全系数与现行国家标准《堤防工程设计规范》GB 50286 中 5 级堤防一致。

5.6 坡面截排水工程

5.6.1 坡面截排水工程的主要任务是保护山坡坡面和梯田。保护山坡坡面时，按山坡平均坡度来确定工程级别，坡度越大，坡面径流流速越大，对山坡的冲刷也越大，所以工程级别越高。保护梯田时，根据保护梯田的工程等级来确定工程级别，与保护梯田保持一致。

5.6.2 坡面截排水工程的洪水标准取 3 年一遇～10 年一遇，由于山区、丘陵区地形坡度大，降雨后短时间可形成洪峰，平原区地形平坦，形成洪峰的时间较长，因此各地根据具体情况选择短历时暴雨时。永久排水沟岸顶超高 0.2m～0.4m，临时排水沟岸顶超高 0.1m～0.3m，根据工程级别的高低来确定，级别高的取上限，级别低的取下限。

5.7 弃渣场及拦挡工程

5.7.1 本规范弃渣只针对生产建设项目的工程弃渣。

5.8 土地整治工程

5.8.1 当淤漫面积大于 $20hm^2$ 时，由于面积大，涉及的因素较多，其洪水设计洪水标准应经论证确定。

5.9 支毛沟治理工程

5.9.1 现行国家标准《水土保持综合治理　技术规范》GB/T 16453 规定，沟头防护工程的防御标准是 10 年一遇 3h～6h 最大降水。根据本规范编制小组讨论和研究，沟头防护工程排水设计标准宜取 3 年一遇～5 年一遇 3h～6h 最大降水，设计中根据各地情况选取。

5.9.2 现行国家标准《水土保持综合治理　技术规范》GB/T 16453 规定，谷坊工程的防御标准为 10 年一遇～20 年一遇 3h～6h 最大降水。根据本规范编制小组讨论和研究，谷坊工程溢流口设计宜满足 3 年一遇～5 年一遇 3h～6h 最大降水过流要求，设计中根据各地情况选取。

5.10 固 沙 工 程

5.10.1 风沙危害程度分为严重、中等、轻度三级。

严重危害：土壤侵蚀强度为剧烈，单位断面年输沙量不小于 10m³/m。

中等危害：土壤侵蚀强度为极强烈、强烈，单位断面年输沙量 5m³/m～10m³/m。

轻度危害：土壤侵蚀强度为中度以下，单位断面年输沙量不大于 5m³/m。

以上土壤侵蚀强度划分依据现行行业标准《土壤侵蚀分类分级标准》SL 190 的规定。

输水(灌溉)渠道的防风固沙工程级别在现行行业标准《水利水电水土保持技术规范》SL 575 中已作出规定。

5.11 林 草 工 程

5.11.2 果园是指水土保持综合治理中，土地平整后在池台田上栽种果树的区域。

经济林栽培园是指水土保持综合治理中，土地平整后在池台田上栽植经济林树种，以经济目标为主的区域，经济林参考退耕还林工程，生态林与经济林认定按现行行业标准《退耕还林工程生态林与经济林认定技术规范》LY/T 1761 执行。

刈割草场是指水土保持综合治理中，土地平整后栽植牧草、定期收割的，以经营为目的的区域。

规模化经营是指在具有生产功能的林草工程中，需配备灌溉、施肥、管理等措施，通过生产经营的规模扩大而使单位成本降低、经济效益提高的行为。

规模化集约经营是指在具有生产功能的林草工程中，需配备高科技水平的灌溉、施肥、管理等措施，通过经营要素质量的提高、要素含量的增加、要素投入的集中以及要素组合方式的调整来提高经济效益的经营方式。

6 梯 田 工 程

6.1 一 般 规 定

6.1.1 梯田设计应根据项目区降水条件配套水利设施。南方降水量较大地区，为防止径流冲刷梯田，应修建小型蓄排设施；北方降水量较少地区，宜修建涝池、水窖等小型蓄水设施。当梯田区上部有坡耕地或荒地时，需要设计截排水设施，拦截径流，避免对梯田区冲刷。

6.1.2 梯田布置时应尽量选择距村庄较近、交通较便利区域，便于管理，同时可以充分发挥梯田的生产效益，提高土地产出率。

6.1.3 按田坎建筑材料划分，还有织物袋坎式梯田、空心砖坎式梯田等，由于这些建筑形式较少，不再一一列举，其田面及田坎的设计可参考土坎梯田或石坎梯田设计。

6.1.4 梯田选型应结合项目区地形地貌、土壤质地、土层厚度、建材情况及经济条件进行统筹考虑。同时要根据区域耕地条件，对于人均耕地较少的区域宜修建水平梯田，以提高土地利用率；人均耕地较多、降水量较少的地区可修建隔坡梯田，保护现有植被增加降水入渗，提高土地生产力。

土石山区选型应符合下列要求：

(1)以水平梯田为主，并配以坡面水系工程，发展节水灌溉；

(2)石料较充足、抗风化能力强、稳定性好的地区，宜修石坎梯田，高度控制在 2.5m 以内。石料短缺、土料质地较好、抗剪强度高的地区，宜修土坎(混凝土预制件等)梯田，高度控制在 2.0m 以内，土坎要人工夯实；

(3)土石山区梯田，要按径流调控理论，修建分流工程，包括截水沟、排洪沟、灌溉渠等，集流工程有水窖、蓄水池、山塘及沉沙池等，防御性工程包括沟道建谷坊、拦沙坝等；

(4)具备条件的地区，梯田工程应开展埂坎保护与利用，并优先考虑植物防护措施。

6.2 断 面 设 计

6.2.1 本条说明如下：

1 石坎梯田田面净宽主要受土层厚度制约，在条件允许的情况下，可采取调运客土加大田面净宽。

3 混凝土坎一般采用“柱-板”式结构，为混凝土立柱与矩形横板嵌合而成，立柱后部与锚杆铰接。梯田田坎高度小于 1.2m 时，混凝土构件每套由 1 个立柱、2 个横板和 1 个锚杆组成，其断面和组装详见图 1 和图 2。

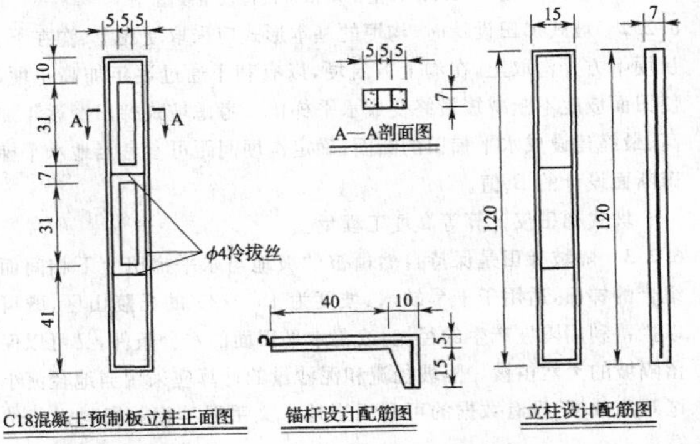

图 1　1.2m 以下田坎立柱和锚杆设计图

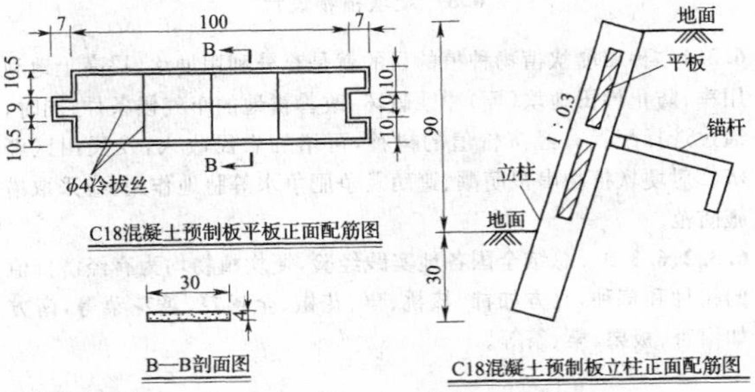

图 2　1.2m 以下田坎横板设计及组装图

当梯田高度大于 1.5m 时，混凝土构件每套由 1 个立柱、3 个横板和 1 个锚杆组成。其断面和组装详见图 3 和图 4。

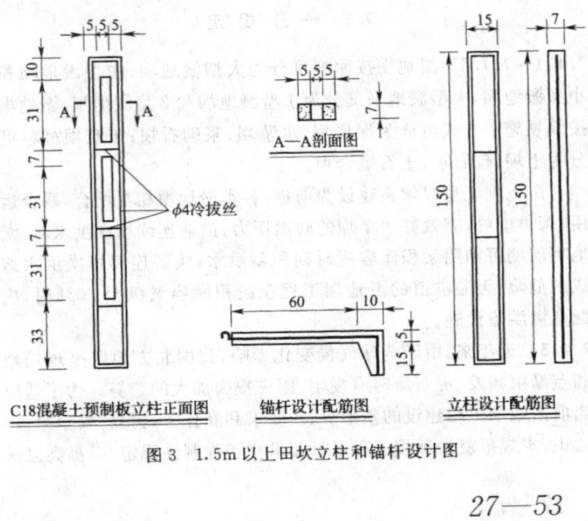

图 3　1.5m 以上田坎立柱和锚杆设计图

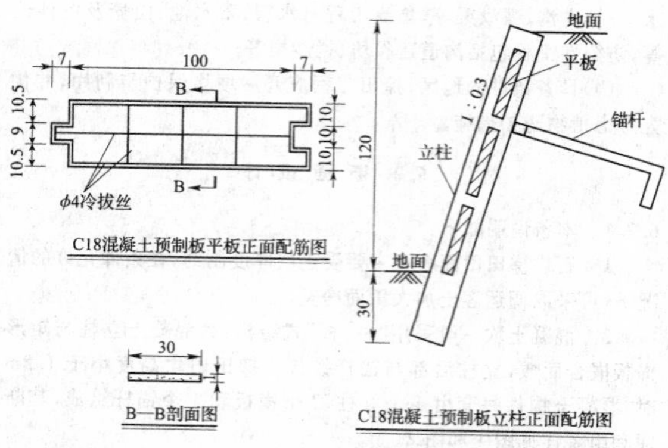

图4　1.5m以上田坎横板设计及组装图

6.2.2　坡式梯田设计时，沟埂的基本形式应采取埂在上、沟在下，从埂下方开沟取土，在沟上方筑埂，以有利于通过逐年加高土埂，使田面坡度不断减缓最终变成水平梯田。考虑坡式梯田经逐年加高、最终建设成水平梯田的断面，确定沟埂间距可参考当地水平梯田断面设计的 B_x 值。

坡式梯田仅计算等高埂工程量。

6.2.3　隔坡梯田是保持自然植被的坡地与水平梯田上下相间而组合的梯田，适用于干旱缺水、坡度为15°～20°的丘陵山区，既可以拦蓄利用隔坡产生的径流，改善水平田面的水分条件，又可以保留隔坡的天然植被。隔坡径流和泥沙量的计算应采用当地径流小区观测数据，没有数据的可利用当地水文手册等相关资料进行估算。

隔坡梯田工程量计算参见水平梯田，扣去其中坡面部分，仅计算水平田面部分工程量。

6.3　埂坎植物设计

6.3.1　梯田埂坎植物种植的目的就是充分利用埂坎，提高土地利用率；防止梯田地坎（埂）冲蚀破坏，改善耕地的小气候条件；同时，通过选择配置有经济价值的树种，可增加农民收入，发展山区经济。对埂坎植物串根萌蘖、遮荫及争肥争水等胁地作用，应采取措施防范。

6.3.2、6.3.3　总结全国各地实践经验，埂坎植物均为有经济价值的树种和草种，北方如柿、核桃、枣、花椒、金银花、黄花菜等，南方如银杏、板栗、桑、茶等。

7　淤地坝工程

7.1　一般规定

7.1.1～7.1.4　淤地坝按库容可分为大型淤地坝、中型淤地坝和小型淤地坝，大型淤地坝又分为1型淤地坝和2型淤地坝；淤地坝按筑坝施工方式可分为碾压坝、水坠坝、浆砌石坝；按筑坝材料可分为土坝、砌石坝、土石混合坝。

淤地坝工程以坝系建设为前提，各类淤地坝相互配合，联合运用，调洪削峰，有效减缓单坝的防洪压力；遭遇连续场次洪水时，淤地坝前期可利用淤积库容短时期积蓄洪水，缓解连续场次洪水造成的危险；无溢洪道的淤地坝工程在淤积库容淤满至50%时，应配套溢洪道设施。

7.1.5　近年来，由于全球气候变化影响，我国北方地区呈现局地和点暴雨频发、泥石流时有发生、因灾损失加大的趋势。为了适应当前淤地坝工程建设的新形势、新要求和新任务，树立“安全第一”意识，本规范就淤地坝工程运行要求作了强制性规定，以提高淤地坝工程建设的安全性。

淤地坝工程放水建筑物按4d～7d泄完设计频率一次洪水总量或者3d～5d泄完10年一遇洪水总量设计，严禁淤地坝长时间（超过7天）蓄水运行，否则其设计应执行有关水利工程设计规范的规定。

7.2　坝址、坝型和工程布置

7.2.1　坝体设计时应对筑坝材料进行调查和试验，查明其储量、分布、开采条件、运距及物理力学性质，作为坝型选择、坝体断面设计和确定施工方法的主要依据。

7.3　坝体设计

7.3.1　碾压填筑坝体压实系数应达到设计要求。坝体设计压实系数具体确定时，应进行必要的试验，或参考相似工程的经验，并在施工过程中校核与修正。砌石坝的砌石强度应按现行行业标准《砌石坝设计规范》SL 25的有关规定确定。筑坝土石料调查和土工试验可按现行有关规定执行。

7.3.7　坝坡坡比的取值规定，是在总结黄土高原地区几十年来淤地坝建设的经验教训，对不同土质、不同坝高的均质坝经稳定计算后确定的。当采用沙壤土筑坝，可参照已建坝的经验初步确定坡比，最终应经稳定计算确定。

7.3.12　棱式反滤体可以降低坝体浸润线，防止坝坡土的渗透破坏和冻胀，增加坝坡稳定性，是一种常用的排水形式，但需要的块石较多，造价较高，且与坝体施工有干扰，检修较困难。适用于较高的坝或石料较多的地区的坝。

斜卧式排水体可防止坝坡土发生渗透破坏，保护坝坡免受下游波浪淘刷，与坝体施工干扰较小，易于检修，但不能有效降低浸润线。

7.3.13　本条规定了淤地坝工程的设计条件，其中非常运用条件下的“正常运用遭遇地震工况”，适用于设计地震烈度超过7度的地区。

7.3.14～7.3.16　为防止坝坡被水冲刷和人为破坏，淤地坝在上游设计淤积高程以上坝坡和下游坝坡应设置护坡，一般采用植物护坡，结合坡面排水，其护坡效果良好，而且可美化环境；如条件许可，亦可根据工程运用情况，采用砌石护坡等形式。

8　拦沙坝工程

8.1　一般规定

8.1.2　若筑坝拦沙同时兼有蓄水功能，应按水利工程有关规范设计，不属本规范拦沙坝适用范围。

8.2　工程布置

8.2.1　拦沙坝建设应与小流域综合治理及发展特色经济作物等措施相结合，达到综合开发利用目的。

8.3　坝址坝型选择

8.3.4　根据已建工程统计，在南方崩岗地区拦沙坝大多采用土石坝坝型，其他土石山区拦沙坝多采用重力坝坝型。

8.4　规模确定

8.4.1　拦沙坝库容计算可根据实测的1：2000或1：1000库区地形图，分高程量算后进行累加求和。在未进行库区地形测量之前可采用1：10000地形图进行估算。

8.5 坝 体 设 计

8.5.1 拦泥坝高为拦泥高程与坝底高程(坝轴线底部最低点的高程)之差,滞洪坝高为校核(设计)洪水位与拦泥高程之差。如果泄水建筑物的泄流能力足够大,且调洪容积占洪水的总量较小,可不进行洪水调节计算,直接查泄水建筑物泄流能力曲线得到相应的滞洪水位。

9 塘坝和滚水坝工程

9.2 工 程 布 置

9.2.1 本条说明如下:

2 溢洪道出口应采取消能措施,并使消能后的水流不淘刷坝脚。

3 放水建筑物进口应伸出坝体以外,出口水流应避免形成淹没流,还应采取消能设施并与下游水道衔接。

9.3 坝址坝型选择

9.3.1 塘坝坝址选择时应注意以下要求:

(1)坝址不宜选在深厚的强透水砂砾石层、岩溶发育地区、严重风化破碎的岩层、大的断层带以及软弱的地基上,如不能避开应采取处理措施,以确保工程安全可靠。

(2)选择坝址时,应考虑水库蓄水后不会在库区产生大的坍岸、滑坡。在丘陵和平原地区应避免浸没面积过大。

9.4 规 模 确 定

9.4.1 塘坝各种库容和水位关系具体见图5。

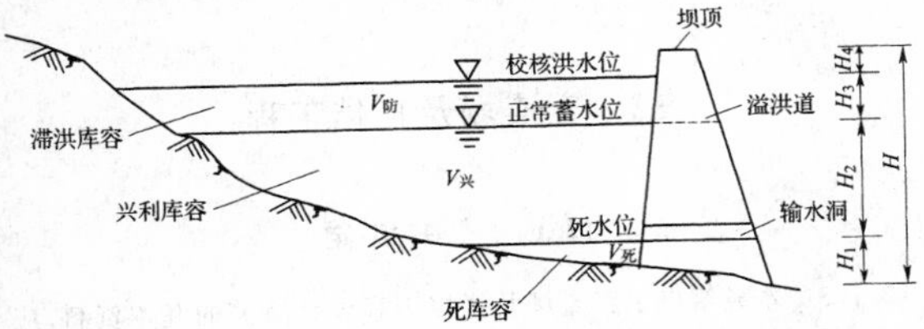

图5 塘坝库容和水位示意图

9.5 坝 体 设 计

9.5.1 塘坝坝体断面设计宜采用梯形,对于砌石坝等其他重力坝,上游坝面可为铅直面或斜面,斜面坡比可采用1:0.05~1:0.2,下游坝坡应根据应力和稳定要求确定。对于土石坝,其坝坡应满足抗滑稳定的要求。土石坝常见坝体断面设计要素具体见表2。

表2 土石坝常见坝体断面要素表

坝高(m)	坝顶宽(m)	坡比	
		迎水坡	背水坡
5~10	2.0~3.0	1:2.5~1:3.0	1:2.0~1:2.5
2~5	2.0~2.5	1:2.0~1:2.5	1:1.5~1:2.0
<2	1.5	1:1.5~1:2.0	1:1.5

9.5.5 塘坝反滤层厚度根据材料的级配、料源、用途等确定。反滤层厚度计算方法见公式(1):

$$T=5D_{85} \tag{1}$$

式中:T——反滤层最小允许厚度;

D_{85}——反滤料粒径,小于该粒径的土重占总土重的80%。

式(1)确定的T值一般均较小,在实际工程中,反滤层厚度可结合施工条件予以确定。

9.5.6 坝体排水设计应注意以下要求:

(1)当坝下游有水时,宜选用棱体排水型式,其顶部高程应超出下游最高水位0.5m以上,顶宽不宜小于1.0m,内外坡可根据石料和施工情况确定,内坡可取1:1.0,外坡取1:1.5或更缓。在寒冷地区,还需保证坝体浸润线与坝面的最小距离大于本地区的冻结深度。

(2)当坝下游无水时,宜选用褥垫排水型式,排水体伸入坝体内的长度可为坝底宽度的1/3~1/4,厚度可按排除2.0倍入渗量确定,对易产生不均匀沉降的坝基应增加褥垫排水的厚度,在排水体的坝脚处,应设置与之相连通的纵向排水明沟,沟底面应低于褥垫排水的底面。在寒冷地区,应保证明沟冰层以下仍有足够的排水断面。

9.7 地基及岸坡处理

9.7.1 土石坝防渗体应与基岩面相接触,如基岩裂隙发育,应沿基岩与坝防渗体接触面设混凝土盖板、喷水泥砂浆或喷混凝土,将基岩与防渗体隔开,必要时应对基岩进行灌浆。

10 沟道滩岸防护工程

10.1 护地堤布置

10.1.1 护地堤堤线布置的原则与一般堤防布置原则基本一致,鉴于护地堤与田间道路、灌溉排水渠道可有条件结合,所以规定以上工程尽可能结合布置,以减少占地、降低工程造价。

10.2 丁坝、顺坝布置

10.2.1 防护长度指顺水流方向的长度。堤脚、滩岸在水流、风浪冲刷情况下易造成破坏,所以对这类堤岸需进行防护,以控制、调整水流、稳定岸线,保护护地堤和沟道滩岸的安全。

10.2.2 丁坝、顺坝布置应以治导线为依据,切忌根据局部塌岸孤立修建工程、不顾整体影响的做法。

10.2.4 丁坝间距的确定应遵循充分发挥每道丁坝的掩护作用,又使坝间不发生冲刷的原则,使下一道丁坝的壅水刚好达到上一道丁坝。

10.4 护地堤堤身结构型式

10.4.2 护地堤一般对渗流不做控制,除非渗流影响到护地堤的稳定才采取防渗、排水设施。

10.4.3 土堤的填筑标准与现行国家标准《堤防工程设计规范》GB 50286的下限相同。

10.4.4 护地堤一般规模较小且缺乏必要的资料,所以不再计算波浪爬高和风壅增水高度,堤顶超高可根据类似工程经验选取并不得小于0.5m,这是现行国家标准《堤防工程设计规范》GB 50286中5级堤防不允许越浪的安全超高值。

10.4.5、10.4.11 土堤的渗流及渗流稳定计算、抗滑稳定计算,防洪墙的抗倾、抗滑和地基整体稳定计算只考虑正常情况,不考虑非常情况。

10.6 生态护岸型式

10.6.1~10.6.3 生态护岸工程尚处于发展探索阶段,宜本着安全、生态和经济实用的原则,因地制宜选择不同型式,并进行必要的试验。

采用单一种植植被的护岸型式也称为自然原型护岸,主要采用根系发达的固土植物进行护岸。

采用石材、木材等天然材料与种植植被相结合的护岸型式也称为自然型护岸，为提高岸坡抗冲刷能力，水下部分采用抛石、干砌块石或打木桩等护脚措施，岸坡上乔灌草相结合，固堤护岸。

土工网垫固土种植，主要由网垫、种植土和草籽等组成；土工格栅固土种植，是利用土工格栅进行土体加固，并在边坡上植草固土；新型商品化生态护岸构件包括植被型生态混凝土、水泥生态种植基和多孔质结构护岸等。

11 坡面截排水工程

11.1 一 般 规 定

11.1.1 由于南北自然条件差异较大，会造成各地蓄排要求不同，坡面截排水工程在各地的功能不同，所表现出的形式也不同。可根据所处空间、排蓄要求、主要功能等进行分类。

11.1.2 南方地区雨量充沛，一次性降雨量较大，降雨频繁，并且山高坡陡容易形成山洪灾害，因此坡面截排水工程以排为主。北方地区雨水稀少，水资源宝贵，坡面截排水工程以蓄为主。东北黑土区降水不均匀，坡面截排水工程可为蓄排型和全排型，在农业生产中，对不能利用的过多降水，应通过排水设施安全排放。对于土质黏重且排水不畅的耕地，可根据需要布设坡水暗排工程进行地下排水。

11.1.3 坡面截排水工程不是一个独立的工程，需与梯田、道路、沉沙蓄水工程等联合布置形成完整的系统，才能发挥最大作用。应根据当地地形条件，因地制宜、安全、高效地布设拦蓄工程。

11.2 工 程 布 置

11.2.1 多蓄少排型坡面截排水工程采用蓄水型截水沟＋排水沟＋蓄水池的形式布置。截水沟沿等高线水平布设，截取坡面径流的同时还能蓄积雨水，截水沟蓄满后，不能容纳的地表径流通过排水沟排出。治理坡面的坡长过大时，可使用多级截水沟截短坡长。

11.2.2 少蓄多排型坡面截排水工程采用排水型截水沟＋排水沟＋蓄水池的形式布置。排水型截水沟区别于蓄水型截水沟的最大之处是与等高线之间有一定比降。排水型截水沟不能蓄水，因此少蓄多排型坡面截排水工程的蓄水功能基本靠配套的小型蓄水工程完成。

11.2.3 全排型坡面截排水工程采用排水型截水沟（截流沟）＋排水沟的形式布置。截排水沟的布置与少蓄多排型坡面截排水工程基本相同，无蓄水功能。

11.2.4 地下排水工程指地表水通过波纹管（花管）、鼠洞和排水沟由地下排出的排水系统。主要采用暗管＋鼠洞的形式，再配合地上排水工程（如排水明沟等）联合布置进行排水。组合方式有鼠洞＋明沟、鼠洞＋暗管＋明沟和暗管＋明沟三种类型。

暗管接纳通过地下渗流所汇集的田间土壤多余水分，并将其排出。土壤中的多余水分可以从暗管接头处或管壁滤水微孔渗入管内排走，起到控制地下水位、调节土壤水分、改善土壤理化性状的作用。

11.3 截水沟设计

11.3.1 蓄水型截水沟主要功能是蓄水，采用水平布置。排水型截水沟主要功能是排水，所以沿等高线取一定比降。

11.3.2 土质截水沟每隔一定距离布设一个小土挡以降低流速、减小冲刷。

11.3.5 坡面坡度不大时，截水沟采用梯形断面水力指标较优，但若坡度太大，采用梯形断面则边坡开挖较大，采用矩形断面可减小开挖量。

11.3.6、11.3.7 设计断面时，蓄水型截水沟采用蓄水能力满足一次产流量的方式进行计算，排水型截水沟与排水沟一样，采用过水能力满足设计频率洪峰流量的方式进行计算。

11.4 排水沟设计

11.4.2 排水沟进口要考虑顺接设施，导流墙可以汇集来水。

11.4.3 排水沟按无压均匀流进行设计计算，但在弯曲、连接处要考虑壅高和渐变。

11.5 截流沟设计

11.5.1～11.5.6 东北黑土区截流沟设计方式与排水型截水沟基本相似。

11.6 地下排水工程设计

11.6.1 地下排水工程中的鼠洞多用于东北黑土区，是由拖拉机牵动的鼠道犁在田面下黏土层中挤压或振击而成的排水孔道。鼠道犁有弹头状成孔器，鼠道犁构造及作业如图 6 所示。

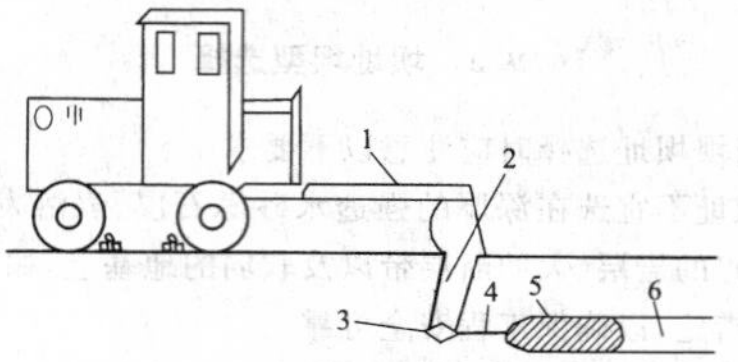

图 6 鼠道犁构造及作业示意图

1—犁架；2—犁刀；3—犁铧；4—钢丝绳；5—穿孔弹头；6—鼠道

12 弃渣场及拦挡工程

12.1 一 般 规 定

12.1.3 本条给出了弃渣场及拦挡工程设计所需的基本资料，应用中应符合下列要求：

（1）弃渣场设计的地形测绘比例尺不小于 1：1000～1：5000，测量范围应涵盖设计提供的弃渣场占地面积边缘以外（坑洼地边缘）50m，根据地形情况选择控制断面进行测量，断面间距 30m～50m，并对场区周围的企业、村庄、河流、道路进行标示。

（2）拦渣工程、护坡工程等单项措施设计的地形测绘比例尺宜为 1：500～1：2000，局部地段根据情况可适度放大。

（3）丘陵区、山区的 1 级、2 级、3 级弃渣场应进行详细勘察，详细勘察要求按现行国家标准《岩土工程勘察规范》GB 50021—2001 第 4.5 节的规定执行，拦渣工程、护坡工程等构筑物的地质勘察按现行国家标准《水利水电工程地质勘察规范》GB 50487 的有关规定执行。

（4）若弃渣组成和物理力学参数无法取样分析，需通过对弃渣物质组成的分析，并参考有关岩土物理力学参数估判获取。

12.2 弃渣场设计

12.2.2 本条第 2 款弃渣场选址是弃渣场设计的重要内容。近年来，生产建设项目中因弃渣场选址不当而导致渣场失稳垮塌、发生滑坡、引发泥石流等事故多有发生，已引起各方高度关注。因渣场事故对周边基础设施或群众生命财产安全造成了危害和损失，为规避弃渣场失稳造成的次生危害和影响，将本款列为强制性条款。

12.2.3 本条给出了弃渣堆置的有关要求。

(1)松散系数参考了《有色冶金企业总图运输设计参考资料》(冶金工业出版社,1981)中的相关数据,按初始松散系数除以沉降系数,并结合水利工程施工中的相关数据确定。弃渣场沉降系数 K_c 参考值见表 3,岩土初始松散系数见表 4。

表 3　弃渣场沉降系数 K_c 参考值

岩土类别	沉降系数	岩土类别	沉降系数
砂质岩土	1.07～1.09	砂黏土	1.24～1.28
砂质黏土	1.11～1.15	泥夹石	1.21～1.25
黏土	1.13～1.19	亚黏土	1.18～1.21
黏土夹石	1.16～1.19	砂和砾石	1.09～1.13
小块度岩石	1.17～1.18	软岩	1.10～1.12
大块度岩石	1.10～1.12	硬岩	1.05～1.07

表 4　岩土初始松散系数

种类	砂	砂质黏土	黏土	带夹石的黏土	最大边长度小于 30cm 的岩石	最大边长度小于 30cm 的岩石
初始松散系数	1.1～1.2	1.2～1.3	1.24～1.3	1.35～1.45	1.4～1.6	1.45～1.75

(2)各类弃渣的堆置自然安息角与含水量有一定关系,含水量大,自然安息角小。表 12.2.3-3 提供了弃渣堆置自然安息角的参考数据。自然安息角或安息角为散料在堆放时能够保持自然稳定状态的最大角度(单边对地面的角度),而不是设计所要求的稳定角度,设计边坡角度不大于自然安息角/安全系数,并考虑使用期顶部可能荷载、水浸等因素可能对自然安息角的影响,安全系数根据弃渣场级别和稳定计算方法选取表 5.7.4-1 和表 5.7.4-2 中正常运用工况时的安全系数。

(3)影响弃渣场堆渣高度和各台阶高度的因素较多,其中场址原地表坡度和地基承载力为主要因素。干旱、半干旱地区,台阶高度取大值;湿润、半湿润地区,台阶高度取小值。若采用多台阶弃渣,原则上要控制第一台阶高度不超过 15m～20m 为宜;当地基为倾斜的砂质土时,第一台阶高度不应大于 10m。

12.2.5　本条说明如下:

2　弃渣场无渗流主要是指地下水较深,弃渣后渣体内无水;稳定渗流是指渣体内存在稳定的地下水流或渣场临水面水位较稳定,变幅较小。

6　弃渣用于填塘或填坑时,不存在失稳的可能,无需稳定计算。

12.3　拦挡工程设计

12.3.2　鉴于现行行业标准《水工挡土墙设计规范》SL 379 针对 1 级～3 级水工建筑物中的挡土墙及独立布设的 1 级～4 级水工挡土墙,考虑到水土保持中挡渣墙的设计级别较低,因此,结合《公路挡土墙设计与施工技术细则》(人民交通出版社,2008),对挡渣墙的设计进行了适当简化。

12.3.3　拦渣堤的设计标准应符合河流治导规划的要求,实际上一般不应高于堤防工程设计规范规定的设计标准。

12.3.4　拦渣坝设计说明如下:

(1)工程区适合筑坝的土料丰富时,宜选择土坝。当基础为坚硬完整的新鲜岩石,弃石中不易风化块石含量较多时,宜选择砌石坝。否则,应充分利用弃土、弃石、弃渣等修筑土石混合坝,以降低工程造价。

(2)滞洪式弃渣场拦渣坝适用于弃渣堆放于深窄沟谷中、没有适宜的坝址条件或施工不便的情况下,在其下游选择适宜坝址筑坝拦渣,多采用砌石或混凝土溢流坝方案。工程中由于投资及地质等因素限制,应用较少。

(3)截洪式弃渣场拦渣坝在西南水电建设项目中应用较为普遍;其他地区,一般选择面积较小的流域,采用竖井、涵洞型式排水,相对而言采用首建初级坝、多次成坝方案比较经济,应用较为普遍。

12.3.5　围渣堰是平地型弃渣场的围挡措施。

13　土地整治工程

13.1　引洪漫地

13.1.1　引洪漫地工程指水土流失地区在暴雨期间引用坡面、道路、沟壑与河流的洪水淤漫耕地或荒滩的工程。我国目前根据洪水来源,将引洪漫地工程分为坡洪、路洪、沟洪、河洪四类。当坡地的中、下部是水平梯田,其上部与中部是荒坡、坡耕地或林草地,暴雨中大量地表径流形成坡洪,可引入水平梯田进行漫灌;暴雨期间从坡地和农田中排出的大量地表径流,汇集于道路网形成路洪,可引入漫灌道路两旁低于路面的水平梯田或其他平整农田;在沟道的中、下游两岸有位置较低的成片沟台地,或在沟口以外附近有成片的川台地或涧滩地,当沟中洪水含沙量较高而且有条件进行控制引用(集水面积宜为 $1km^2$～$2km^2$),可引沟洪漫地;暴雨期间有高含沙量洪水的中、小河流,两岸有大片平整农地或荒滩地,位置较低,经工程控制,可引进河洪漫灌农地,提高产量,或淤漫荒滩,改造为农田。

引坡洪和路洪一般不需专门修建建筑物。引坡洪时,梯田区上部的截水沟拦截上部坡洪,可防止冲坏梯田。与截水沟相连的排水沟,将坡洪从梯田两端逐台下排时,可用锄、锹就近取土,在排水沟中做成临时小土挡,有控制地将坡洪全部或部分逐台引入梯田漫灌。引路洪时,只需在暴雨期间用锄、锹等小型农具,就近取土,在路边做临时小土挡,将路洪引入地中。

引沟洪时,需修建拦洪工程、引洪工程、渠系工程和田间工程。拦洪工程、引洪工程通常是在沟中修 5m～10m 高的拦洪坝,主要是抬高洪水水位,坝的一端或两端修排量较大的溢洪道,下接引洪输水渠系,暴雨期间能将沟中洪水大部引入农地漫灌。渠系一般设干渠、支渠两级,引洪干渠上接溢洪道、下设支渠,将洪水引入农地。而作为漫灌区的沟台地与川台地,都需事先进行平整,将缓坡地修成宽面低坎的水平梯田,田边有蓄水埂,并需做好进水口与出水口。

引河洪与引沟洪类似,需修建引洪渠首工程、渠系工程和田间工程。渠首工程分有坝引洪与无坝引洪两类,根据地形条件,分别采取不同的工程结构。渠系一般由干渠、支渠、斗渠三级组成,干渠上接渠首,下设若干支渠,支渠下设若干斗渠,由斗渠将河洪引入农田。田间工程是以渠系为骨架,将漫灌区分为若干小区,每一小区再分若干地块。每一地块应做好蓄水埂与进水口、出水口。

13.1.4　洪漫区田间工程串联式、并联式或混合式等漫灌方式见图 7。

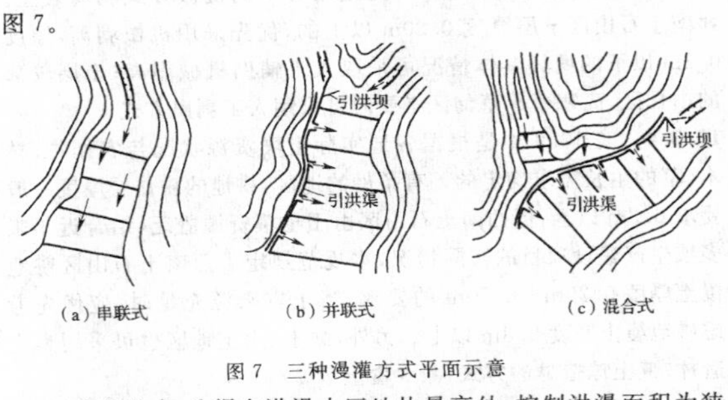

(a) 串联式　　(b) 并联式　　(c) 混合式

图 7　三种漫灌方式平面示意

(1)串联式:斗渠在洪漫小区地块最高处,控制洪漫面积为狭长地形,地面坡度 3°左右,将地面分成若干矩形小块,每块面积 $0.1hm^2$～$0.2hm^2$,地边围埂,形成高 0.3m～0.5m 台阶,上一台的出水口即为下一台的进水口,相邻两台进水口应左右错开,最下一台的出水口下连排水渠。

(2)并联式:斗渠在洪漫小区地块的较高一侧,控制洪漫面积地块坡度 1°左右,将地面建成若干矩形大块,每块面积 $3hm^2$～

$4hm^2$，每块在斗渠一侧的最高处为进水口，另一侧最低处为出水口，并在洪漫小区地块较低的一侧与斗渠平行设置排水渠，与各出水口相连。

(3)混合式：在地形比较复杂的洪漫区内，有的斗渠控制的小区面积内采取串联式，有的斗渠控制的小区面积内采取并联式，形成混合式，以迅速、均匀地将洪水漫到各地块。

13.1.6 引洪闸底应高出河床0.5m以上主要是为防止推移质进入洪漫区。

13.1.7 根据陕西等地的经验，渠道常采取大断面、大比降，以保证在短时间内尽快将水输送到田间。而渠系分级不宜过多，一般采用二级或三级渠道。干、支渠都不宜过长，但条数可以多些，多引快用。引洪渠多采用梯形宽浅式断面。引洪渠系设计主要是确定引洪渠的断面、比降等参数，一般情况下，缺少实验的条件，根据众多工程的实际经验，引洪渠比降一般可取0.2%～1.0%。而为保证渠道的安全，在确定断面尺寸和比降等参数时，需考虑不冲不淤流速，在引洪渠系设计中，不同流量的不淤比降可按表5确定，不同土质渠道允许最大流速可按表6确定。

表5 引洪渠不淤比降

流量(m^3/s)	0.5	1.0	2.0	3.0	5.0
比降(%)	1.0～2.0	0.7～1.0	0.5～0.7	0.4～0.5	0.3～0.4

表6 土质渠道允许最大流速

渠道土质	轻壤土	中壤土	重壤土	黏土
允许最大流速(m/s)	0.6～0.8	0.65～0.85	0.75～0.95	0.80～1.00

13.2 引水拉沙造地

13.2.4 按定额法计算，一般沙粒较粗、运送距离较远、拉沙坡度较小时用水量较大，可根据实际情况在定额范围的中上限选值。

13.3 生产建设项目土地整治

13.3.1 土地整治是指对被破坏或占压的土地采取措施，使之恢复到期望的可利用状态。其目的是最大限度地恢复土地生产力、提高资源利用率。工程施工中，开挖、回填、取料、清淤及堆放弃渣等施工扰动或占压地表形成的裸露土地，以及工程管理范围内未扰动、根据水土保持要求需要采取措施的裸露土地，在恢复植被或耕作前应采取土地整治措施。

工程永久征地范围内的裸露土地和未扰动土地一般恢复为林草地。工程临时占地原土地利用类型原为耕地的，一般恢复为耕地；其他一般恢复为林草地。

13.3.2 土层较厚的平原区、山丘区可采用机械方式剥离表土。西南土石山区土层厚度0.20m以上的，优先采用机械剥离，厚度0.2m以下的视其具体情况可采取人工辅助机械剥离；土层较薄的山丘区、高寒草原草甸区必要时可采用人工剥离方式。

13.3.4 表13.3.4是根据各地实际土壤资源状况与农作物、林木、草的生长需求确定的。有条件的地区，耕地的耕作层厚度一般要求0.3m以上，但西南土石山区由于土壤资源匮乏，结合近年来多项生产建设项目的实际情况，本规范规定了西南土石山区耕地覆土厚度0.20m～0.50m的要求，当土方来源充足时，应优先考虑耕地覆土厚度0.3m以上。另外，缺土、少土地区也可采用客土造林、带土球造林的方式，减少覆土量。

13.3.6 因各地土壤特性不同，土壤改良措施差别较大。本条规定均为具有普遍性的改良措施，具体设计时应结合当地农业生产实践有关土壤改良经验或经试验确定。

13.3.9 临时征地结束使用后改变土地用途的，应符合土地利用规划有关要求。

13.3.10 坑凹是基建和生产过程中挖掘形成的，主要可分为两种情况：一是剥离坑凹，如取土场、取石场、取沙场、路基两侧取土后未回填的基坑、小型浅层露天采场和大型深层露天采场等；二是塌陷凹地，如井巷开采产生塌陷地等。

对于矿坑地复垦成为农林草用地的，在干旱、半干旱地区凹形采石(挖砂)场可首先利用岩石碎屑平整采石场坑凹，然后铺覆0.3m厚的黏土防渗层；在黄土区或有取土条件的地方，在平整土地表面覆土；在土料缺乏的地区，可先铺一层易风化岩石碎屑，改造为林草用地；在降水量丰沛、地下水出露地区，当凹形取石场(挖砂场)周边有充足土料时，采用岩屑、废砂填平坑凹，表层覆土，将取石场改造为农林用地；若缺乏土料，则采取坑凹平整和边坡修整加固工程，将其改造成蓄水池(塘)作为水产养殖用地。

13.3.11 本条说明如下：

2 采空塌陷区裂缝(漏斗)治理一般采取填充措施，较宽的裂缝可直接填充，裂缝很窄时需要在表层适当扩口后再填充。扩口开挖深度一般以不超过3m为宜。裂缝填充物也可以使用其他固体废弃物(如煤矸石)，一般以不污染水源和土壤为原则。

14 支毛沟治理工程

14.1 一般规定

14.1.1 华东低山与丘陵区近几年也开展了一些支毛沟治理工作，沟头防护工程多结合河道整治和水环境治理工程实施，西南、华南地区土层薄，谷坊措施用得比较少。

14.1.5 根据小流域治理信息反馈，谷坊(除植物谷坊外)出口处如果不配套防护措施，径流量大时将在谷坊坝体两侧产生侧蚀，在出口坝脚处产生下切侵蚀。

14.2 工程布置

14.2.1 沟头防护工程应与谷坊、淤地坝、小型蓄水工程等措施互相配合。当沟头以上集水区面积小于$5hm^2$时，宜采用蓄水型沟头防护，根据沟头坡面完整或破碎情况，可做成连续围埂式；集水面积大于$5hm^2$时，宜采用排水型沟头防护，当沟头陡崖(或陡坡)高差小于5m时宜修建跌水式沟头防护，当沟头陡崖高差大于5m时宜修建悬臂式沟头防护；集水面积大于$10hm^2$时，围埂不能全部拦蓄沟头以上来水量，应布设相应的治坡措施与小型蓄水工程，以减少地表径流汇集沟头。

14.2.2 谷坊工程应与沟头防护、侵蚀沟防护林(草)等措施互相配合，获取共同控制沟壑侵蚀的效果；编织袋谷坊必须与沟头防护工程、沟坡稳定工程等沟壑治理措施互相结合配置，以避免编织袋风化后造成谷坊群水毁；坡角大于35°且沟坡植被较少，线型不规整的侵蚀沟，布置削坡整形措施，将坡角削坡至35°以下；分布在耕地中的侵蚀沟不宜采取石质工程措施，应采取填沟措施，以免影响机械作业；因上游集水面积大而形成的汇流冲刷产生的侵蚀沟，结合谷坊、沟头防护等措施布设暗管排水措施，使一部分地表径流由地下排出，以分散地表径流，减少径流对沟道的侵蚀；侵带适宜布设在深度小于1.5m的宽浅型侵蚀沟。

14.2.3 因比降特大(15%以上)或其他原因而不能修建谷坊的局部沟段，可在沟底修水平阶、水平沟造林，并在两岸开挖排水沟，保护沟底造林地。

14.3 沟头防护设计

14.3.1 蓄水型沟头防护应开沟取土筑埂，分层夯实，沟中每5m～10m修一小土挡，防止水流集中。

14.4 谷坊设计

14.4.2 矩形溢洪口布设在浆砌石谷坊、干砌石谷坊、混凝土预制块谷坊和石笼谷坊的坝顶中间部位；梯形溢洪口布设在土谷坊和编织袋谷坊顶部，上下两座谷坊溢洪口宜左右交错布设，土谷坊溢洪口堰及下游斜坡应砌石或混凝土防护。

14.4.4 质量要求较高的浆砌石谷坊应作坝体稳定性分析。在谷坊墙体设置排水孔，径流量大时使水能尽快泄出，保证谷坊坝体的稳定性。

14.4.5 石笼可用铁丝编成网格，格眼尺寸 100mm～120mm，网内用块石填充，形成铁丝石笼。石笼体横断面为矩形，长 0.6m～0.8m，高和宽各 0.4m～0.6m。石笼从下向上分层垒砌，上下层石笼之间品字形交错排列，错缝砌筑，并逐层向内收坡。石料应填满铁丝笼，石块厚度不应小于 200mm，石笼间接缝宽度不应大于 20mm，并用铁丝固定形成整体结构。

14.4.7 用编织袋装 80%容积的土，以线绳缝好袋口，顺沟道方向从下向上分层摆放，并按设计边坡逐层向内收坡；摆放编织袋时各袋间要靠紧压实，袋与袋间首尾相连；表层编织袋装土应事先拌进灌木种子，编织袋摆放好后，将表层编织袋扎孔。

14.4.9 柳桩编篱型谷坊最好采用新鲜的柳桩树或杨桩，且桩牙眼向上，以便树桩成活。如果施工区没有适宜的柳树桩、杨树桩，也可用其他树桩代替，并在木桩周边（紧邻）插 3 株～5 株柳条。

14.5 垡带设计

14.5.1 修筑垡带：先用推土机将沟沿两侧的表土推至一旁，将生土推向沟底，使 V 形沟形成宽浅式 U 形沟，回填的生土要达到原沟深的 2/3。最后将表土回填、铺匀，并实压。然后从沟头开始，沿沟的纵向每隔 15m～50m，横向用推土机在沟底推出砌垡沟槽，植垡前必须夯实填方的底土，垡块沿沟槽错缝砌筑；砌筑垡块后覆土 20m～50m，充填垡块之间空隙，用土压实垡带边缘，防止漏风。垡带的长度为沟宽。垡块要随挖随砌，以确保垡草的成活。最后在垡带两端、沟沿或垡带间隔的空地栽植柳条，形成林草泄洪带，以达到固持沟底、防止冲刷的目的。

14.6 削坡设计

14.6.1 沟坡较陡的侵蚀沟削坡至 35°，使沟边坡处于稳定状态，削坡土方根据实际需要垫沟底，见图 8。

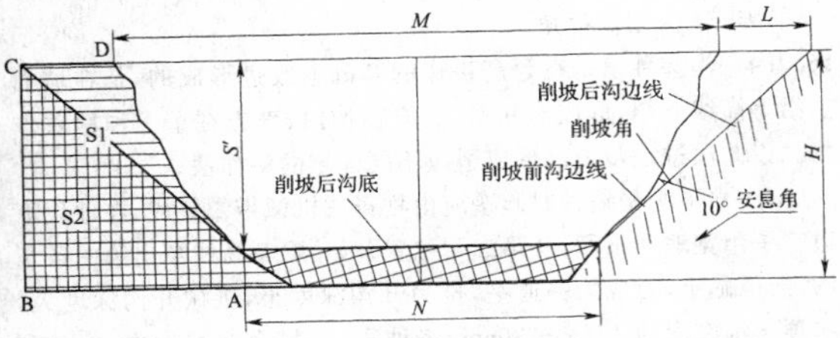

图 8 削坡设计图

14.7 秸秆填沟设计

14.7.1 耕地中分布的小型侵蚀沟削坡后，回填土方和作物秸秆，见图 9 和图 10。技术方法如下：

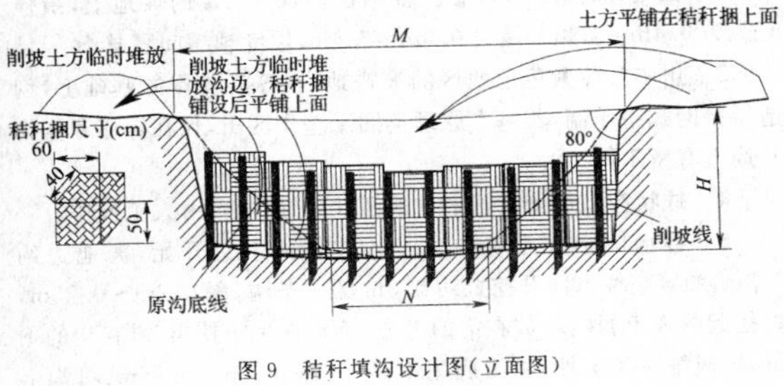

图 9 秸秆填沟设计图（立面图）

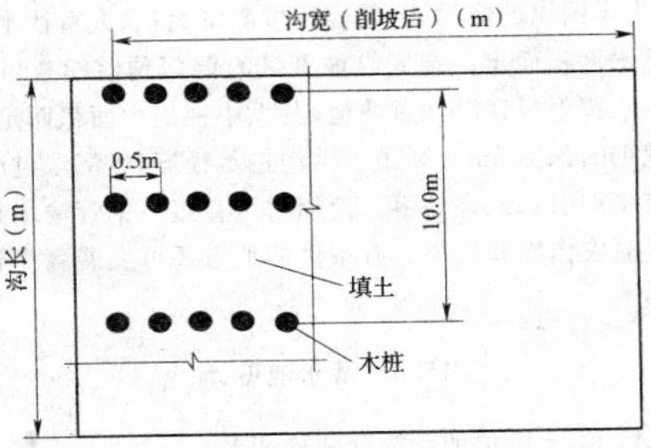

图 10 秸秆填沟设计图（俯视图）

（1）削坡、打木桩：首先对侵蚀沟进行削坡处理，削坡角度接近直角，土方临时堆放于沟边；沿沟底间隔 3m 左右打入一排木桩，木桩长 1m～1.5m，直径 50mm～70mm，埋入地下 0.5m 左右，行距 0.5m。

（2）秸秆打捆：将秸秆（麦秸、豆秸）打捆，秸秆捆尺寸（长×宽×高）为 0.6m×0.4m×0.5m，沿沟底铺设一层。

（3）填土：将削坡土方平铺在秸秆上面，土方平铺厚度为 400mm～500mm。由于秸秆的透水性好，雨水经侵蚀沟底排走，减少土壤流失。侵蚀沟治理后不影响耕地的完整性，利于机械化作业，提高耕地利用率。

15 小型蓄水工程

15.1 一般规定

15.1.2 干旱、半干旱地区小型蓄水工程可作为人畜饮水和抗旱点浇水源。

15.2 工程布置

15.2.2 蓄水工程所需容积的计算与一般水库调节计算的方法相同。

15.3 水窖设计

15.3.2 西北、华北地区蓄水工程多用混凝土拱底顶盖水泥沙浆抹面窖，该窖型主要由混凝土现浇弧形顶盖、水泥沙浆抹面窖壁、三七灰土翻夯窖基、混凝土现浇拱形窖底、混凝土预制圆柱形窖颈、进水管等 6 部分组成。水窖的直径可由公式（2）确定：

$$D=(4V/\pi\beta)^{1/3} \quad (2)$$

式中：D——水窖内径（m）；

V——水窖容积（m^3）；

β——深径比，$\beta=H/D$，对于蓄存饮用水的水窖而言 $\beta=1.5$～2.0，以灌溉为主的水窖最大直径不超过 3.5m。

混凝土球形窖主要包括现浇混凝土上半球壳、水泥沙浆抹面的下半球壳、两半球壳接合部圈梁、窖颈、进水管等几部分。球形窖下部土基应进行翻夯，翻夯深度不小于 0.3m，夯实后干容重不低于 1.5t/m^3。混凝土现浇球形窖的直径可按式（3）计算确定：

$$D=(6V/\pi)^{1/3} \quad (3)$$

水泥沙浆抹面窖窖由工作窖（取土、进水、取水用）和蓄水窖洞两部分组成。工作窖宽度及高度宜为 1.5m，蓄水窖宽度和高度宜取为 3m。

西南地区多用隧洞式水窖，适于农产居住较集中的地方，以拦蓄径流为主，可作生产和生活用水。窖址应选择在较完整的砂岩或地质情况较好的地方，天然汇水面积内植被较好，距污染源远，离住房或耕地近，地势较高，以利自然取水。窖体形式采用下为长方形，上为半圆拱的隧洞式，其容积按灌溉面积、人畜饮水数、缺水时间及汇水面积而定。窖底纵坡1/500，洞门预留检查口，平时应密封。在水窖附近建沉沙过滤池，其大小视集水面积而定，一般池长2m，宽1m，深1.5m。利用引洪沟拦蓄径流，经沉沙过滤处理后用钢管或暗沟引水入窖储蓄。使用时可直接用钢管输水到农户或用软管浇灌农作物和果树。有条件的地方还可发展滴灌和自压喷灌。

15.4 蓄水池设计

15.4.1 V_w值与V_s值的计算分两种情况：

(1)蓄水池与坡面小型蓄排工程配套使用时，与坡面排水沟相连，并以沟中排水为其主要水源时，其V_w值与V_s值根据排水沟的设计排水量和淤积量计算。

(2)蓄水池独立设置时，需独立计算暴雨径流量时，采用式(11.3.6-2)、式(11.3.6-3)计算V_w值与V_s值。

15.4.2 西南地区隐蔽式蓄水池主要储蓄饮用水，兼作生产用水。水源一般以泉水或井水为主。丰水期储藏，枯水期使用。规模都在50m³以上，能满足一般农民家庭使用。其结构形式有方形、圆形，采用M7.5水泥沙浆砌标砖或条石护壁，M10水泥沙浆抹面，C15混凝土护底，C25钢筋混凝土预制板密封并覆土，覆土厚度0.3m～0.5m。

西南地区开敞式蓄水池以灌溉为主，拦蓄径流储存。其结构形式多为圆形，采用M7.5水泥沙浆砌标砖或条石护壁，M10水泥沙浆抹面，C15混凝土护底，厚度100mm，并设置梯步和栏杆等便民安全设施。安砌梯步在护底完成及养护后进行。梯步侧墙放大脚，梯步下为空洞，减少所占体积。栏杆为砖砌，高度为0.7m。蓄水池容积一般在50m³以上，能保证4亩旱地作物或果树生长期需水量。池面可搭棚或种植常绿植物以减少蒸发，还需有引水、排水、沉沙设施。引排水沟用M7.5水泥沙浆砌标砖或石板护砌。尺寸为：宽0.3m、深0.5m。沉沙池用M7.5水泥沙浆砌标砖或条石护壁，M10水泥沙浆抹面，C15混凝土护底，尺寸一般为：长2m，宽1m，深1.5m。

15.6 涝池设计

15.6.1～15.6.3 涝池的容积应满足以下条件：能充分蓄存平水年雨洪径流，并应根据沟岔流域面积、集流面状况和最大暴雨洪水量进行校核。宜适当增大涝池、塘坝深度，减少水面面积以减少蒸发损失。黄土地基上的涝池应采用沥青玻璃布油毡和塑膜防渗。塑膜可选用聚乙烯或聚氯乙烯膜，厚度0.15mm～0.2mm为宜。

16 农业耕作措施

16.1 一般规定

16.1.1 每一种农业耕作措施可能同时具有几种功能，分类是根据其主要功能进行的，实际上各项措施根据实际应用条件可以联合使用。如少耕免耕既有增加地面覆盖的作用，同时也有改变土壤物理化学性质的作用；抗旱丰产沟则是由改变微地形措施与覆盖措施相结合，或再加上改土培肥的复合式耕作措施，如等高垄作与免耕覆盖相结合的聚土免耕垄沟种植法。

16.2 改变微地形措施

16.2.1 等高耕作是沿坡地等高耕作的一种技术，坡度小于25°的坡耕地均可采用等高耕作技术，坡度小于10°的缓坡的效果最佳，随着坡度的增加，其蓄水保土作用降低，一般坡度越小适应坡长越长，2°以下最大坡长可达120m，当坡度为20°～25°时，最大坡长仅为15m～18m。等高耕作常与截流沟、地埂植物带等措施配套使用。

16.2.2 单埂主要应用于年均降水量500mm以下的地区。东北黑土区降水量相对丰富，坡面易产流。双埂的地埂是截流沟和地埂植物带的结合体。地埂上种植的植物主要包括胡枝子、紫穗槐、柠条、桑条、草木樨、马莲、黄花菜等。

根据有关研究成果，埂间临界距离可采用下式计算：

$$L=\frac{v_{\max}^2}{m^2 C p \varphi} \tag{4}$$

式中：L——临界距离(m)；

$v_{\max}$——地埂植物带间开始发生土壤侵蚀的临界流速，可取0.15m/s或0.16m/s；

m——流速系数，根据地形切割度大小而定，其值可取1.0～2.0；

C——径流系数；

p——10年一遇24h最大降水强度(m/s)；

φ——根据坡降与地面糙率决定的系数，其值可取$7\sqrt{i}$～$30\sqrt{i}$，i为地面坡降。

16.2.3 根据有关研究成果植物篱设计，满足耕作所需要的最小带间距为：

$$L_T=1.5/\cos\alpha \tag{5}$$

式中：α——坡耕地坡度。

植物篱根系胁迫水平宽度为：

$$W_R=D_R/2\cos\alpha \tag{6}$$

式中：D_R——根系幅度(m)。

林带遮荫范围计算公式为：

$$L\approx H\cdot \coth \tag{7}$$

$$D=L\cdot \sin(A+\beta) \tag{8}$$

式中：L——树木荫影长度(m)；

H——平均树高(m)；

D——林带荫影边缘距林带的距离(m)；

β——林带走向；

A——太阳方位角；

h——太阳高度角。

16.2.4 沟垄种植是在等高耕作的基础上改进形成的，是在坡面上沿等高线开犁，形成沟和垄，北方在沟内、南方在垄上种植农作物。以此法进一步发展形成适应不同区域的耕作法。

1 水平沟是播种时起垄应由牲畜或机械带犁完成，在地块下边空一犁宽地面不犁，从第二犁位置开始，顺等高线犁出第一条犁沟，向下翻土，形成第一道垄，畜力开沟深度小，机械开沟深度大，垄顶至沟底深约17cm～30cm，将种子、肥料撒在犁沟内；在此犁沟上部犁半犁深，虚土覆盖犁沟中的种子、肥料；再空一犁宽地面不犁，在其上部顺等高线犁出第二条犁沟，向下翻土，形成第二道垄沟相间，此后照此步骤依次进行。

2 垄作区田是在等高耕作的基础上发展形成的适用于东北黑土区的耕作法，是在垄沟内间隔一定距离修建小土隔挡形成区田，分散径流，加强降水入渗。根据试验，6°～15°的坡地上，最佳间距为0.4m～1.9m，最大0.5m～7.4m，坡度越缓间隔越小。

3 川中丘陵紫色土地区的坡耕地，在等高耕作的基础上，创造了格网式垄作制，其基本原理类同于垄作区田，仅在操作和作物布局上有所不同。

4 畦状沟垄适于我国南方地区红薯等作物，由人工操作。

5 蓄水聚肥改土耕作法是从坡耕地下边开始，离地边约0.3m，顺等高线方向开挖宽约0.3m的一条沟，深0.2m～0.25m，将挖起的表土暂时堆放在沟的上方；将沟内生土挖出，堆在沟的下方，形成第一条土埂；将沟底用锹翻松，深0.2m～0.25m；将沟上方暂时堆放的表土推入沟中；同时将沟上方宽约 0.6m、深约 0.2m 的原地面上的表土取起，推入沟中，大致将沟填满；在 0.6m 宽去掉表土的地面上，将上半部 0.3m 宽位置挖一条沟，深 0.2m～0.25m，挖出的生土堆在下半部 0.3m 宽位置上，做成第二条土埂；将第二条沟底翻松，深 0.2m～0.25m；将第二条沟底上方约 0.6m 宽的表土取起约 0.2m 深，推入第二条沟中，按此继续操作，直到整个坡面都成生土作埂，表土入沟，沟中表土和松土层厚深 0.3m～0.4m。

16.2.5 一钵一苗法是在坡耕地上沿等高线用锄挖穴（掏钵），以作物株距为穴距（宜取 0.3m～0.4m），以作物行距为上下两行穴间行距（宜取 0.6m～0.8m）；穴径宜取 0.2m～0.25m，上下两行穴的位置呈"品"字形错开；挖穴取出的生土在穴下方做成小土埂，再将穴底挖松，从第二穴位置上取 0.1m 表土置于第一穴内，施入底肥，播下种子；以后逐穴采取同样方法处理。

一钵数苗法是在坡耕地上顺等高线挖穴，穴的直径约 0.5m，深约 0.3m～0.4m。挖穴取出的生土在穴下方做成小土埂。穴间距离约 0.5m；将穴底挖松，深 0.15m～0.2m，再将穴上方约 0.5m×0.5m 位置上的表土取起 0.1m～0.15m，均匀铺在穴底，施入底肥，播下种子，根据不同作物情况，每穴可种 2 株～3 株；以作物的行距作为穴的行距，相邻上下两行穴的位置呈"品"字形错开。

16.3 覆盖措施

16.3.1 对原来有轮歇、撩荒习惯的地区，应采用草田轮作，代替轮歇撩荒。

2 短期轮作草种有毛苕子、箭舌豌豆等，长期轮作草种有苜蓿、沙打旺等。

16.3.2 间作可分为高秆作物与低秆作物间作、深根作物与浅根作物间作、早熟作物与晚熟作物间作、密生作物与疏生作物间作、喜光作物与喜阴作物间作、禾本科作物与豆科作物间作等类型。

16.3.4 带状间作：在陡坡地条带宽度小些，缓坡地条带宽度大些；条带上的不同作物，每年或 2 年～3 年互换一次，形成带状间作又兼轮作。

在地多人少、坡度较陡地区，草带宽度可比作物带宽度大些；相反则草带宽度可比作物带宽度小些；每 2 年～3 年或 5 年～6 年将草带和作物带互换一次，但互换后需调整带宽，使草带与作物带保持原来的宽度比例。

16.3.5 在水肥条件较好的地区，较大幅度提高作物的植株密度，可同时缩小株距与行距，或只缩小一种间距；水肥条件较差的地区，顺等高线适当加大行距而缩小株距，实行等宽密植，保持总植株适量增加。

16.3.6 如因故不能在作物收获前套种绿肥，则应在作物收获后尽快播种，并配合做好水平犁沟。

16.3.7 秸秆还田是少耕、免耕技术的一个组成部分，也可单独成为一个部分；秸秆还田后应补施氮肥，避免微生物与作物幼苗争夺养分；秸秆还田时间越早越好。玉米、高粱等秸秆可全部还田；秸秆还田后应加强病虫害防治。

砂田覆盖是西北干旱半干旱水蚀风蚀地区的一种古老的耕作法，也是一种免耕法，是将河卵石、冰碛石与粗砂混合后覆盖于地表，直接种植，旱砂田寿命可达 20 年～40 年，水砂田也可达到 7 年～10 年。

16.3.8 在黑土区，少耕免耕适用坡度大于 3°的农耕地。少耕免耕可采用免耕播种机作业，耕作时除播种或注入肥料外，不应再搅动土壤，且不应进行中耕作业。少耕免耕覆盖同时具有改良土壤的作用，也是一种改良土壤措施。

16.4 改良土壤措施

16.4.1 耕松深度应以打破犁底层，提高土壤入渗能力为原则。应根据土壤质地、地形、栽培作物种类及深耕方法确定，以打破犁底层为宜；深松时避免打乱土层；深松后应立即进行耙压，蓄水保墒。深耕宜在每年秋季农作物收割完成后或第二年春季播种前进行，也可在最后一次中耕封垄作业完成后进行。

16.4.2 增施有机肥促进土壤形成团粒结构，提高田间持水能力和土壤抗蚀性能，特别是新修梯田生土熟化采用有机肥、化肥、黑矾配方施用，可在 1 年内起到恢复肥力的作用。

16.4.3 留茬播种具有保墒保水作用，且利用夏季高温高湿条件，残茬部分腐烂后可以培肥地力。

17 固沙工程

17.1 一般规定

17.1.3 本条规定了固沙工程设计所需基本资料，主要包括：

(1)地形图：1∶50000～1∶10000。

(2)遥感数据：大型工程宜采用遥感数据，应用地理星系软件解译，数据为每年 8 月。

(3)植被调查：主要调查植被类型：超旱生植被，旱生植被，沙生植被。主要乔木种类、灌木种类、草种，建群种，分布及面积，植被覆盖度、植被高度。

(4)沙丘及风蚀强度调查：

①地表覆盖物调查：戈壁、沙地（流动沙地、半固定沙地、固定沙地）、沙丘（流动沙丘、半固定沙丘、固定沙丘）、甸子地、地表结皮（膜）、林地（灌木林、乔木林）、草地。

②沙丘及风蚀强度调查：沙丘形状调查表见表 7，土壤风蚀强度调查见表 8。

表 7 沙丘形状调查

项目	高度(m)	迎风坡坡度(°)	背风坡坡度(°)	间距(m)	面积(km^2)
新月形沙丘					
金字塔形沙丘					
格状沙丘					
新月形沙垄					
穹状沙丘					
沙垄					

表 8 土壤风蚀强度调查表

土地总面积(km^2)	水土流失		其中									
	面积(km^2)	占总面积(%)	轻度(km^2)	占总面积(%)	中度(km^2)	占总面积(%)	强度(km^2)	占总面积(%)	极强(km^2)	占总面积(%)	剧烈(km^2)	占总面积(%)

③沙丘前进速度：慢速类型：年移动速度小于 2m；中速类型：年移动速度 2m～5m；快速类型：年移动速度 6m～20m；快速发展类型：年移动速度不小于 20m。

(5)气象：在调查常规气象因子的基础上，还应调查起沙风速、起沙风速历时及在各月的分布、主风向、次风向，年沙尘暴日数，绘制风向玫瑰图。

(6)防风固沙现状调查：植物措施、工程措施、化学措施、耕作措施、其他措施；沙化人为因素，治理情况。

(7)社会经济资料：该区域的人口、牲畜、支柱经济、土地利用、交通等。

17.2 防风固沙带设计

17.2.1 干旱风蚀荒漠化区，该区域年降水量小于 200mm，日照时数不小于 3000h，全年 8 级以上大风日数大于 30d，植被以旱生和超旱生的荒漠植被为主。按地貌可分为戈壁、沙漠、绿洲，风蚀与风积并存。防风固沙带应以工程措施为主，植物措施、化学治沙措施为辅。

17.2.2 半干旱风蚀沙化地区，该区域年降水量 200mm～500mm，为典型草原植被类型。因地表植被覆盖率的不同而呈现固定沙地、半固定沙地、流动沙地形态。风沙危害表现为风积、风蚀、沙打。防风固沙带应以植物措施为主，工程措施、化学治沙措施为辅。

17.2.3 高寒干旱荒漠、高寒半干旱风蚀沙化区，该区域海拔 2800m 以上，≥10℃积温不大于 1500℃，防风固沙带应以工程措施为主，植物措施、化学治沙措施为辅，风沙危害表现为风积、风蚀。

17.2.4 半湿润平原风沙区，该区域年降水量 500mm～800mm，地貌表现为“风沙化土地”，降水、积温条件适于植物生长，主要分布在黄河故道。防风固沙带应以植物措施为主。

17.2.5 湿润气候带风沙区，该区域年降水量不小于 800mm，主要分布于闽江、晋江、九龙江入海口及海南文昌等沿海，以及鄱阳湖北湖湖滨，赣江下游两岸新建、流湖一带。防风固沙带应以植物措施为主。

17.3 防风固沙措施设计

17.3.1 沙障工程是以增加地面糙度，削弱近地层风速，固定地面沙粒，减缓和制止沙丘流动，从而起到固沙、阻沙、积沙的作用。

沙障间距计算可按公式(9)计算：

$$d=h\cot\theta \tag{9}$$

式中：d——沙障间距(m)；

h——沙障高度(m)；

θ——沙丘坡度(°)。

沙障设计：

(1)高立式沙障：材料长 0.7m～1.0m，高出沙面 0.5m，埋入地下 0.2m～0.3m。

(2)低立式沙障：材料长 0.4m～0.7m，高出沙面 0.2m～0.5m，埋入地下 0.2m～0.3m。

(3)柴草或沙生植物枝茎作沙障，其稍端向上。

(4)黏土沙障、砾石沙障，埂高 0.15m～0.2m，顶宽 0.1m～0.2m，边坡 1∶1。

(5)网格间距为沙障出露高度的 10 倍左右。

17.3.3 不同地区树种选择说明如下：

(1)干旱沙漠、戈壁荒漠化区，树种选择宜采用杨树、胡杨、小叶杨、新疆杨、沙枣、白榆、樟子松等乔木；沙拐枣、头状沙拐枣、花棒、羊柴、白刺、柽柳、梭梭等灌木。株行距：乔木(1m～2m)×(2m～3m)，灌木(1m～2m)×(1m～2m)。

(2)半干旱风蚀沙地，树种选择宜采用杨树、山杏、文冠果、刺槐、刺榆、新疆杨、樟子松、柠条、沙柳、黄柳、胡枝子、花棒、羊柴、白刺、柽柳、沙地柏等。

(3)高寒干旱荒漠、高寒半干旱风蚀沙化区，树种选择宜采用青杨、小叶杨、乌柳、柽柳、柠条、白刺、梭梭、沙拐枣、中国沙棘、枸杞、黄柳等。

(4)半湿润黄泛区及古河道沙区，树种选择宜采用油松、侧柏、旱柳、国槐、泡桐、枣、杏、桑、黑松、臭椿、刺槐、紫穗槐等。

(5)湿润气候带沙地、沙山及沿海风沙区，树种选择宜采用相思树、内侧湿地松、火炬树、加勒比松、新银合欢、大叶相思、黄瑾、路兜、木麻黄等。

17.3.4 不同地区草种选择说明如下：

(1)干旱沙漠、戈壁荒漠化区，宜采用沙米、骆驼刺、籽蒿、芨芨草、草木樨、沙竹、草麻黄、白沙蒿、沙打旺、披碱草、无芒雀麦等草种。

(2)半干旱风蚀沙地，宜采用差巴嘎蒿、沙打旺、草木樨、紫花苜蓿、沙竹、冰草、油蒿、披碱草、冰草、羊草、针茅、老芒雀麦等草种。

(3)高寒干旱荒漠、高寒半干旱风蚀沙化区，宜采用赖草、针茅、沙蒿、早熟禾、虫实、沙米、猪毛菜、芨芨草、冰草、滨藜等草种。

18 林草工程

18.1 一般规定

18.1.6 自然坡地和生产建设项目中经土地整治达到绿化条件的各类坡地，无需工程护坡时，可参考表 9 选择适宜的植物防护形式。

表 9 坡面植物防护型式及其适用条件

防护型式	适用条件
种草或喷播植草	土质边坡；坡比小于 1∶1.25
铺草皮	土质和强风化、全风化岩石边坡；坡比小于 1∶1.0
种植灌草	土质、软质岩和全风化硬质岩边坡；坡比小于 1∶1.5
喷混植生	漂石土、块石土、卵石土、碎石土、粗粒土和强风化、弱风化的岩石路堑边坡；坡比小于 1∶0.75
客土植生	漂石土、块石土、卵石土、碎石土、粗粒土和强风化的软质岩及强风化、全风化、土壤较少的硬质岩石路堑边坡，或由弃土(石、渣)填筑的路堤边坡；坡比小于 1∶1.0
植生带(植生毯)	可用于土质边坡、土石混合边坡等经处理后的稳定边坡

18.5 造林整地

18.5.3 干旱、半干旱与半湿润整地规格宜通过林木需水量确定整地设计蓄水容积，并进行相应整地断面计算。干旱、半干旱与半湿润地区一般边坡的林草措施的整地深度等规格，应满足相应树种根系生长要求。具有抗旱拦蓄要求的坡面整地工程，其设计断面尺寸应根据林木需水量和相关坡面水文计算。

(1)从林木的水分需求与防止坡面径流冲刷安全方面考虑，通过林木需水量计算容积，以暴雨径流校核工程的安全性，按下式计算：

$$V_0=0.001PkL \tag{10}$$

式中：V_0——单位宽度坡面总容积(m^3)；

P——设计暴雨量(mm)；

k——径流系数；

L——坡长(mm)。

(2)不同整地断面形式的设计蓄水容积安全要求满足 $V \geqslant V_0$。常用的整地方法的计算如下：

①反坡梯田：田面向内倒倾斜成坡度较大的反坡，以造成一定的蓄水容积(图 11)。当植树区的宽度(反坡梯田水平宽度)确定后，若挖方与填方相等，则单宽梯田的最大有效蓄水容积 V 按下式计算：

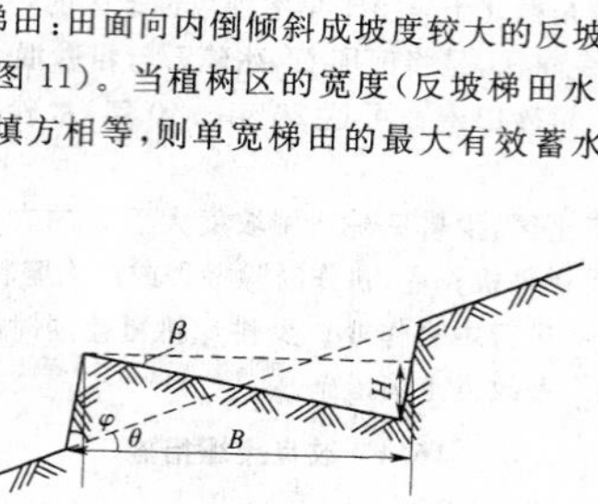

图 11 反坡梯田示意图

$$V=\frac{B^2\tan\beta}{2}\left(1+\frac{\tan\beta}{\tan\varphi}\right) \tag{11}$$

式中：V——梯田的有效容积(m^3)；

B——梯田田面的水平宽度(m)；

β——梯田的反坡角(°)；

φ——梯田的外坡角(°)。

梯田的反坡角 β 可用下式计算：

$$\beta=\arctan\left[\frac{\tan\varphi}{2}\left(\sqrt{1+\frac{8V}{B^2\tan\varphi}}-1\right)\right] \tag{12}$$

②水平沟：断面如图12所示，沟顶宽为 B(m)，沟底宽为 d(m)，外埂顶宽 e(m)，则实际栽植区占的水平宽度为 $B+e$，外侧坡度 φ 一般取45°左右，内侧斜坡 φ_1 一般取35°左右，里内侧斜坡 φ_2 一般取70°左右，当自然坡度为 θ(°)时，则单宽有效容积 V 可用下列公式计算：

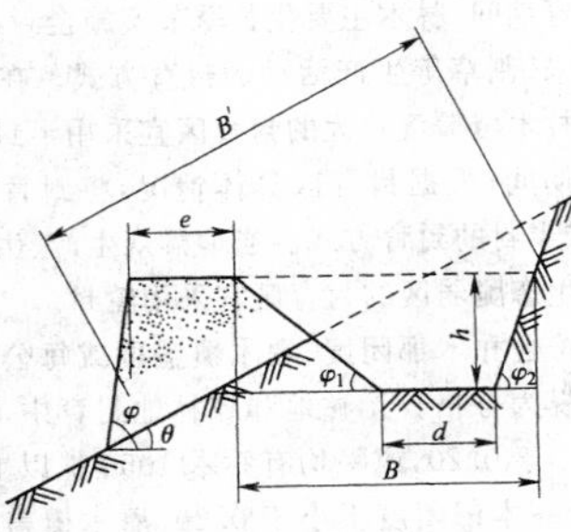

图12 水平沟整地示意图

$$V=\frac{U\left(h+\frac{d}{2}\right)^2-d^2}{2U} \tag{13}$$

$$U=\frac{1}{\tan\varphi_1}+\frac{1}{\tan\varphi_2} \tag{14}$$

③鱼鳞坑：参见图13，形状似半月形坑穴，坑面一般取水平状，坑的两角设有引水沟，外侧坡度 ϕ 较大，底面半径一般取0.5m～1.0m，埂顶宽 e 一般取0.2m～0.25m。单个有效容积按下式计算：

$$V=\frac{1}{6}(R_1+R_2)^2h \tag{15}$$

式中：V——单个有效容积(m^3)；

R_1——底面半径(m)；

R_2——顶面半径(m)；

h——最高深(m)。

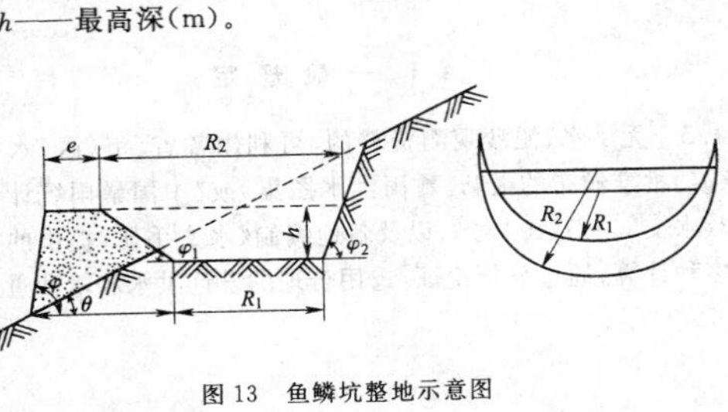

图13 鱼鳞坑整地示意图

18.7 其他规定

18.7.2 北方砒砂岩地区采取的生物措施治理主要指以沙棘为主导的各类林草工程。实践证明沙棘林草工程是治理北方砒砂岩地区的最有效措施。

客土绿化措施近年来在生产建设项目领域应用比较广泛，适用于我国大部分地区，在干旱半干旱地区需配套灌溉设施。坡面客土绿化的主要技术有格状框条、小平台或沟穴修整种植、开凿植生槽、混凝土延伸植生槽、钢筋混凝土框架等。应用条件参见表10。

表10 坡面客土绿化技术应用条件

防护型式	适用范围			绿化方向	技术特点
	边坡类型	坡比	高度		
格状框条	泥岩、灰岩、砂岩等岩质路堑边坡，以及土质或沙土质道路边坡、堤坡、坝坡等稳定边坡	<1∶1	<10m	播种草灌铺植草皮	框格内客土栽植
小平台或沟穴修整种植	土质边坡、风化岩石或沙质边坡	<1∶0.5	8m开阶	乔、灌、缘植物、下垂灌木(浅根、耐干旱贫瘠)	人工开阶、客土栽植
开凿植生槽	稳定的石壁	<1∶0.35	10m开阶	乔、灌、攀缘植物、下垂灌木	植生槽规格长1m～2m、宽0.4m、深0.4m、客土栽植
混凝土延伸植生槽	稳定的石壁	<1∶0.35	10m开阶	乔、灌、攀缘植物、下垂灌木	植生槽规格长1m～2m、宽0.4m、深0.4m、客土栽植
钢筋混凝土框架	浅层稳定性差且难以绿化的高陡岩坡和贫瘠土坡	<1∶0.5	不限	植草	框架内客土栽植

喷播绿化措施是从日本和欧洲引进的一种技术，经过近年来实践，在我国又发展出一些新型材料和工艺，其主要适用于800mm降水量以上地区，以及具备持续供给养护用水能力的其他地区。主要技术有水力喷播植草、直接挂网＋水力喷播植草、挂高强度钢网＋水力喷播植草、厚层基材喷射植被护坡、钢筋混凝土框架＋厚层基材喷射植被护坡、预应力锚索框架地梁＋厚层基材喷射植被护坡、预应力锚索＋厚层基材喷射植被护坡等。应用条件参见表11。

表11 喷播绿化技术应用条件

技术名称	适用范围			绿化方向	技术特点
	边坡类型	坡度	高度		
水力喷播植草	一般土质路堤边坡、处理后的土石混合路堤边坡、土质路堑边坡等稳定边坡	1∶1.5	<10m	草/草灌	喷播按设计比例配合草种、木纤维、保水剂、粘合剂、肥料、染色剂及水的混合物料
直接挂网＋水力喷播植草	石壁	<1∶1.2	<10m	草草灌	将各种织物的网(如土工网、麻网、铁丝网等)固定到石壁上，后水力喷播植草
挂高强度钢网＋水力喷播植草	石壁	1∶1.2～1∶0.35	<10m	草/草灌	网下喷一层厚度为5cm～10cm的混凝土作为填层，后水力喷播植草
厚层基材喷射植被护坡	适用于无植物生长所需的土壤环境，也无法供给植物生长所需的水分和养分的坡面	>1∶0.5	<10m	草/草灌	首先喷射不含种子的基材混合物，然后喷射含种子的基材混合物，含种子层厚度为2cm。基材混合物为绿化基材、纤维、种植土及混合植被种子按设计比例与混凝土的混合物

续表 11

技术名称	适用范围			绿化方向	技术特点
	边坡类型	坡度	高度		
钢筋混凝土框架+厚层基材喷射植被护坡	浅层稳定性差且难以绿化的高陡岩坡和贫瘠土坡	>1∶0.5	<10m	草/草灌	覆盖三维网或土工格栅、种子、肥料、土壤改良剂等的混合料液压喷播，厚1cm～3cm
预应力锚索框架地梁+厚层基材喷射植被护坡	稳定性很差的高陡岩石边坡，且无法用锚杆将钢筋混凝土框架地梁固定于坡面的情况	>1∶0.5	不受限制	草为主	厚层基材喷射：在框架内喷射种植基和混合草种，其厚度略低于格子梁高度2cm
预应力锚索+厚层基材喷射植被护坡	浅层稳定性好，但深层易失稳的高陡岩土边坡	>1∶0.5	不受限制	草为主	液压喷播或厚层基材喷射植被护坡

生态植生袋绿化是近年来出现一种新技术，适用于坡度小于1∶0.35的土质边坡和风化岩石、沙质边坡，特别适宜于不均匀沉降、冻融、膨胀土地区和刚性结构等难以开展边坡绿化的区域。

(1)坡度较缓的可按坡面直接堆放；坡度较大时应采用钢索拦挡固定或与框格梁结合。需要配套灌溉设施的，应以滴灌、微喷灌为主，其设计参考有关规范执行。

(2)应以灌草措施为主，多树种、多草种混播。

18.7.4 园林式种植绿化中行道树设计应选择树木的品种和规划。必须选择树干植、生长健壮、无病虫害的优质树木，胸径应在6cm以上，栽植在机动车道两侧的行道树分枝点应高于3.5m，无中心立枝的树木必须有4根～5根一级主枝，长度不得小于35cm。

18.8 配套工程

18.8.1 在较大规模进行林草生态工程建设时，苗木用苗量大，苗木成活率要求高。为减少苗木运输损失，节省投资，应在造林地附近立地条件较好处配套建设苗圃。具体按现行行业标准《林业苗圃工程设计规范》LYJ 128执行。苗圃生产的苗木质量达到现行国家标准《主要造林树种苗木质量分级》GB 6000的要求。

18.8.2 在干旱地区营造具有生态功能的林草工程以及营造具有生产功能的林草工程时，需配套其他辅助生产工程设计。

18.9 工程施工

18.9.1 林草工程在施工结束后的管护措施包括浇水，松土，除草，补植、补播，应适时施肥，幼树管理等。

19 封育工程

19.2 封育设计

19.2.1 封育方式的选择除按本条执行外，在人为破坏严重的区域宜实行全封；在主要树种萌蘖能力强，且当地居民以林草作为主要燃料和饲料的封育区域进行半封；在薪炭林和饲用林(草)的封育区域进行轮封。

全封是指在封育期间，禁止除实施育林措施以外的一切人为活动的封育方式。在边远山区、江河上游、水库集水区、水土流失严重地区、风沙危害特别严重地区，以及恢复植被较困难的封育区宜采用全封。

半封是指在封育期间，林木主要生长季节实施全封，其他季节按作业设计进行樵采、割草等生产活动的封育方式。在有一定目的、树种生长良好、林木覆盖度较大的封育区宜采用半封。

轮封是指封育期间，根据封育区具体情况，将封育区划片分段，轮流实行全封或半封的封育方式。当地群众生产、生活和燃料等有实际困难的非生态脆弱区的封育区宜采用轮封。

19.2.2 设计标准符合乔木郁闭度、灌木覆盖度或每公顷保有林木数三项条件之一视为合格。无林地和疏林地封育中，乔木型应符合乔木郁闭度不小于0.20，或平均有乔木1050株以上，且分布均匀；乔灌型应符合乔木郁闭度不小于0.20、灌木覆盖度不小于30%，或乔灌木1350株/丛以上；灌木型应符合灌木覆盖度不小于30%，或有灌木1050株/丛以上；灌草型符合灌草综合覆盖度不小于50%，其中灌木覆盖度不小于20%，或有灌木900株/丛以上；竹林型有毛竹450株以上，或杂竹覆盖度不小于40%，且分布均匀。有林地封育中，封育小班应同时满足小班郁闭度不小于0.60，林木分布均匀，以及林下有分布较均匀的幼苗3000株/丛以上或幼树500株/丛以上。灌木林地封育中，应满足封育小班的乔木郁闭度不小于0.20，乔灌木总盖度不小于60%，且灌木分布均匀。年均降水量在400mm以下的地区应根据实际情况，适当降低上述标准。

附录A 水文计算

A.1 一般规定

A.1.3 无洪水、泥沙观测资料的，可利用各省、市(区)水行政主管部门批准颁布的最新《暴雨洪水图集》或《中国暴雨统计参数图集》(水文〔2005〕100号)，以及各地编制《水文手册》提供的方法进行多种计算，通过分析论证，选用合理的设计洪水和输沙量成果。

中华人民共和国国家标准

水利泵站施工及验收规范

Code for construction and acceptance of pumping station

GB/T 51033—2014

主编部门：中 华 人 民 共 和 国 水 利 部
批准部门：中华人民共和国住房和城乡建设部
施行日期：2 0 1 5 年 5 月 1 日

中华人民共和国住房和城乡建设部
公　告

第 529 号

住房城乡建设部关于发布国家标准《水利泵站施工及验收规范》的公告

现批准《水利泵站施工及验收规范》为国家标准，编号为 GB/T 51033—2014，自 2015 年 5 月 1 日起实施。

本规范由我部标准定额研究所组织中国计划出版社出版发行。

中华人民共和国住房和城乡建设部

2014 年 8 月 27 日

前　言

本规范是根据住房城乡建设部《关于印发〈2011 年工程建设标准规范制订、修订计划〉的通知》（建标〔2011〕17 号）的要求，由中国灌溉排水发展中心会同有关单位共同编制完成的。

本规范在编制过程中，编制组吸收了国内外最新科研成果和先进、成熟的施工经验，针对存在的问题以及生产中提出的新要求，重点开展了泵站施工新技术、新材料、新设备和新工艺等的分析研究。同时广泛征求了全国有关设计、科研、施工、管理等部门的专家和技术人员的意见，最后经审查定稿。

本规范共分 10 章和 9 个附录，主要技术内容包括：总则、施工布置、施工测量、地基与基础、泵房施工、进出水建筑物施工、观测设施和施工期观测、金属结构安装及试运行、质量控制和施工安全、泵站施工验收等。

本规范由住房城乡建设部负责管理，由水利部负责日常管理工作，由中国灌溉排水发展中心负责具体技术内容的解释。本规范在执行过程中，请各单位注意总结经验，积累资料，将有关意见和建议反馈给中国灌溉排水发展中心（地址：北京市西城区广安门南街 60 号荣宁园 3 号楼；邮政编码：100054；电子信箱：jskfpxc@163.com），以便今后修订时参考。

本规范主编单位、参编单位、主要起草人和主要审查人：

主 编 单 位： 中国灌溉排水发展中心

参 编 单 位： 武汉大学
湖北省水利水电规划勘测设计院
安徽省水利水电勘测设计院
黑龙江省水利水电勘测设计研究院
山西省运城市水务局

主要起草人： 李端明　石自堂　骆克斌　陈亚辉　乔亚成　王俊武　王　力　秦昌斌

主要审查人： 窦以松　郑玉春　储　训　魏迎奇　汤正军　朱华明　郝满仓

目 次

Contents

1 总 则

1.0.1 为规范泵站施工及验收行为，统一其技术要求，做到优质、安全、经济，保证工期，管理方便，制定本规范。

1.0.2 本规范适用于新建、扩建或改建的灌溉、排水、调(引)水的大中型泵站及安装有大中型主机组的小型泵站的建筑物施工、金属结构安装及验收。

1.0.3 泵站工程施工宜采用经过试验和鉴定的新技术、新材料、新设备和新工艺。

1.0.4 泵站工程施工及验收应建立完整的技术档案。技术档案应符合现行国家标准《建设工程文件归档整理规范》GB/T 50328的规定。

1.0.5 泵站施工及验收除应符合本规范外，尚应符合国家现行有关标准的规定。

2 施 工 布 置

2.1 一 般 规 定

2.1.1 施工布置应根据泵站工程枢纽布置，建筑物型式，施工条件和工程所在地自然、社会状况等因素，对为施工服务的各种临时设施进行统筹规划、合理确定和布置。

2.1.2 主要施工工厂和临时设施的布置应按施工期受洪水的影响程度确定。其防洪标准应按工程设计确定的洪水标准选用。

2.1.3 施工布置应合理利用土地，有利生产，方便生活，注重环境保护，减少水土流失。

2.1.4 房屋建筑和施工临时设施宜永久和临时相结合，减少或避免大量临时设施在主体工程施工过程中的拆迁，减少占用施工场地；也可利用永久建筑物和附近已建工程的原有设施作为施工临时设施。

2.1.5 若场地条件具备布置不同的施工方案，且各方案差异较大时，应进行施工布置方案比选。必要时，应进行专题论证。

2.2 布置方法与要求

2.2.1 施工布置应根据施工需要分阶段形成，并满足各阶段的施工要求。施工场地平整范围宜按施工布置最终要求确定。

2.2.2 施工布置宜先进行施工导流工程布置和主体工程施工分区，再进行施工临时设施、对外交通等的布置。施工布置时，应统筹考虑可利用场地的位置和面积、施工临时建筑与永久设施的结合等因素；生产区宜采取封闭式施工措施，当施工管理区和生活区与生产区相连接时，应采取围栏或栅栏等措施隔离，以确保施工安全。

2.2.3 施工布置可按以下功能分区：

1 主体工程施工区；

2 施工工厂区；

3 当地材料加工区；

4 仓库、堆场和道路等储运系统；

5 机电设备和金属结构安装场地；

6 存弃渣料堆放区；

7 施工管理和生活区。

2.2.4 主体工程施工区应包括进水建筑物、泵房、出水建筑物等主体工程的施工现场。在工程施工期，应经济合理地解决土石方开挖和回填、砌体和混凝土浇筑的运输道路、基坑排水设施、水电气供应、金属结构和机电设备安装场地和运输道路等。

2.2.5 施工工厂区主要应包括砂石料加工、钢筋加工制作、混凝土生产、供水、供电、供风、通信、机械修配及加工等场地。施工工厂宜布置在服务对象和用户附近，少占耕地，避开不良地质地段，满足防洪、防火、安全、卫生和环保等要求。

2.2.6 当地材料加工区应布置在场地开阔、运输便利和排水条件良好的场地。

2.2.7 仓库和堆场等应有良好的交通条件，布置上应符合国家有关防火、防爆等安全规定。

2.2.8 机电设备和金属结构的安装场地宜布置在其安装部位附近。应合理衔接土建施工与设备安装节点，充分利用土建施工中已建工程和各种设施，经济合理地利用安装场地。

2.2.9 存、弃渣料堆放场应选用易于修建出渣道路的山沟、坡地、荒滩，避免占用耕地和经济林地。堆放场边坡应稳定安全，排水设施良好。临时堆存料场宜选在开挖渣料使用地点附近，并具备较好的开挖、装卸、运输条件。

2.2.10 施工管理区和生活区宜选择在交通及通信方便，邻近施工现场，具备良好的日照、通风、水源和排水条件的场地。其房屋建筑标准应根据当地地形和气象特征、房屋使用年限等条件确定，使用期在5a以上的房屋建筑宜选用永久结构，也可采用装配式活动房屋。

2.2.11 应根据施工布置和施工进度要求，合理确定对外和场内交通方案。对外交通方案应确保施工工地与公路、铁路车站、水运港口之间的交通联系，具备承担施工期间外来物资运输任务的能力。场内交通方案应确保施工工地内部各工区、材料堆场、堆弃渣场、各生产生活区之间的交通联系，主要道路与对外交通连接。

3 施 工 测 量

3.1 一 般 规 定

3.1.1 泵站施工测量应按国家现行标准《工程测量规范》GB 50026和《水利水电工程施工测量规范》SL 52的有关规定执行。

3.1.2 泵站施工测量应包括下列内容：

1 根据施工总体布置和有关资料要求布设施工测量控制网；

2 针对工程施工各阶段的不同要求，进行地形测绘或施工放样及检查；

3 建筑物外部变形观测点的埋设和施工期的定期观测；

4 建筑物的几何形体的竣工测量。

3.1.3 施工平面控制网的坐标系统，宜与施工图的坐标系统相一致；也可根据施工需要建立与施工图的坐标系统有换算关系的施工坐标系统。施工高程系统应与施工图的高程系统相一致，并应根据需要与就近国家水准点进行联测。

3.1.4 施工测量主要精度指标应符合表3.1.4的规定。

表3.1.4 施工测量主要精度指标

项目		精度指标			说明
分部工程	部位	内容	平面位置允许偏差(mm)	高程允许偏差(mm)	
混凝土	泵房底板	轮廓点放样	±20	±20	①平面相对于轴线控制点（主泵房中心轴线标志点）；②高程相对于工作基点
	进出水流道和水泵基坑		±10	±10	
	岸墙、翼墙		±25	±20	
	消力池、铺盖		±30	±30	

续表 3.1.4

项目			精度指标		
分部工程	部位	内容	平面位置允许偏差(mm)	高程允许偏差(mm)	说明
浆砌石	岸墙、翼墙	轮廓点放样	±30	±30	①平面相对于轴线控制点(主泵房中心轴线标志点); ②高程相对于工作基点
	护底、海漫、护坡		±40	±30	
干砌石	护底、海漫、护坡		±40	±30	
土石方开挖			±50	±50	包括土方保护层开挖
泵站机电设备与金属结构安装		安装点	±(1~3)	±(1~3)	相对于建筑物安装轴线和相对水平度
施工期间外部变形观测		水平位移测点	±(3~5)	—	相对于工作基点
		垂直位移测点	—	±(3~5)	

3.1.5 测绘仪器与工具应定期检定,及时维护保养和检查校正。

3.1.6 各种外业手簿的原始记录应做到数据真实、字迹清楚、端正齐全,不得涂改、转抄或事后补记。

3.2 测量方法与要求

3.2.1 施工平面控制网的建立可采用卫星定位测量、导线测量、三角形网测量等方法。主泵房轴线宜作为控制网的一条边。

3.2.2 根据泵站中心线标志,测设轴线控制的标点(简称轴线点),其相邻标点位置的中误差应符合表 3.2.2 的规定。

表 3.2.2 主要轴线点点位中误差限值

轴线类型	相对于邻近控制点点位中误差(mm)
土建轴线	≤10
安装轴线	≤5

3.2.3 平面控制网精度等级,卫星定位测量控制网宜按四等和一级、二级;三角形网测量宜按四等和一级、二级;导线及导线网宜按二级、三级。卫星定位测量控制网、三角形网测量、导线及导线网测量的主要技术要求应按表 3.2.3-1、表 3.2.3-2 和表 3.2.3-3 的规定执行。

表 3.2.3-1 卫星定位测量控制网的主要技术要求

等级	平均边长(km)	固定误差(mm)	比例误差系数(mm/km)	约束点间的边长相对中误差	约束平差后最弱边相对中误差
四等	2	≤10	≤10	≤1/100000	≤1/40000
一级	1	≤10	≤20	≤1/40000	≤1/20000
二级	0.5	≤10	≤40	≤1/20000	≤1/10000

表 3.2.3-2 三角形网测量的主要技术要求

等级	相对中误差		测回数		测角中误差(″)	三角形网测量最大闭合差(mm)
	起始边	最弱边	2″仪器	6″仪器		
四等三角	≤1/100000	≤1/40000	6	—	≤2.5	≤9
一级小三角	≤1/40000	≤1/20000	2	4	≤5.0	≤15
二级小三角	≤1/20000	≤1/10000	1	2	≤10	≤30

表 3.2.3-3 导线及导线网测量的主要技术要求

等级	导线长度(km)	平均边长(m)	测距相对中误差	导线全长相对闭合差	测回数		测角中误差(″)	方位角闭合差(″)
					2″仪器	6″仪器		
二级导线	2.4	100~300(200)	≤1/14000	≤1/10000	1	3	≤8	$\leqslant 10\sqrt{n}$
三级导线	1.2	50~150(100)	≤1/7000	≤1/5000	1	2	≤12	$\leqslant 20\sqrt{n}$

注:1 表中 n 为测站数;
2 当测区测图的最大比例尺为 1:1000 时,二级、三级导线的平均边长及总长可适当放长,但最大长度不应大于表中规定长度的 2 倍;
3 测角的 2″、6″级仪器分别包括全站仪、电子经纬仪和光学经纬仪,在本规范的后续引用中均采用此形式。

3.2.4 平面控制点应选埋于通视良好、有利于扩展、方便放样、地基稳定且能较长期保存的地方。平面控制网建立后,应定期进行复测,其精度不应低于本规范第 3.2.3 条规定的精度。若发现控制点有位移迹象时,应进行复测。

3.2.5 施工水准网的布设,应按由高到低逐级控制的原则进行。联测国家水准点时,应联测 2 点以上,检测高差应符合要求。

3.2.6 工地水准基点,应设地面明标与地下暗标,且各不应少于 1 个,其中大型泵站工地宜设置各 2 个。基点位置应设在不受施工影响、地基坚实、便于保存的地点,埋设深度应在冻土层以下 0.5m,并浇灌混凝土基础。

3.2.7 高程控制测量的等级要求,应按表 3.2.7 的规定执行。

表 3.2.7 高程控制测量的等级要求

施测部位	水准测量等级
大型泵站竖向位移水准网布设	二
大型泵站施工水准网布设	二或三
大型泵站竖向位移测点、中型泵站施工水准网布设	三
进出水混凝土建筑物	四
土石方工程	五

3.2.8 高程测量的各项技术要求,应按表 3.2.8 的规定执行。

表 3.2.8 高程测量的各项技术要求

等级	水准仪型号	视线长度(m)	前后视的距离较差(m)	前后视的距离较差累计(m)	视线离地面最低高度(m)	基、辅分划或黑、红面读数较差(mm)	基、辅分划或黑、红面所测高差较差(mm)	往返较差、附和或环线闭合差	
								平地(mm)	山地(mm)
二	DS1	≤50	≤1.0	≤3.0	0.5	≤0.5	≤0.5	$\leqslant 4\sqrt{L}$	—
三	DS1	≤100	≤2.0	≤5.0	0.3	≤1.0	≤1.0	$\leqslant 12\sqrt{L}$	$\leqslant 4\sqrt{n}$
	DS3	≤75				≤2.0	≤2.0		
四	DS3	≤80	≤3.0	≤10.0	0.2	≤3.0	≤3.0	$\leqslant 20\sqrt{L}$	$\leqslant 6\sqrt{n}$
五	DS3	≤100	近似相等	—	—	—	—	$\leqslant 30\sqrt{L}$	—

注:n 为水准测量单程测站数,每千米多于 16 站时,按山地计算闭合差;L 为水准测量路线长度(km),当成像显著、清晰稳定时,视线长度可按表中规定放长 20%。

3.2.9 放样前应检核已有数据、资料和施工图(包括修改通知单)中的几何尺寸,无误后方可作为放样的依据。

3.2.10 泵房底板上部立模的点位放样,宜以轴线控制点直接测放出底板中心线(垂直水流方向)和泵站进出水流道中心线(顺水流方向),其中允许误差应为±2mm。

3.2.11 泵站金属结构预埋件的安装放样点测量精度指标应符合现行行业标准《水利水电工程施工测量规范》SL 52 的规定。

3.2.12 立模、砌(填)筑高程点放样应符合下列规定:

1 混凝土立模和混凝土抹面层以及金属结构预埋安装使用的高程点,应采用 2 个已知水准点进行测设检查;

2 软土地基的高程测量时,应计算土壤的沉降值;

3 主机组及金属构件预埋件的安装高程和泵站上部结构的高程测量,应在泵房底板上建立初始观测基点,采取相对高差进行控制。

3.2.13 竣工测量及归档资料应包括下列内容:

1 施工控制网(平面、高程)的计算成果;

2 主要水工建筑物和进出水渠道的平面图、断面图;

3 实测建筑物过流部位及其他主要部位的竣工测量成果(坐标表、平面图和断面图);

4 外部变形观测设施的竣工图表及施工期变形观测资料;

5 有特殊要求部位的测量资料。

4 地基与基础

4.1 一般规定

4.1.1 地基与基础工程施工应按下列程序进行:

1 整理场地，修筑临时施工道路；

2 设置施工平面与高程控制网点，进行测量放样；

3 布置基础排水设施；

4 开挖基坑，并按设计要求堆放挖出的土石料；

5 对需要处理的松软土、膨胀土和湿陷性黄土等地基，按设计要求进行处理。

4.1.2 对需要处理的地基，宜选择有代表性的场地进行施工前现场试验或试验性施工。

4.1.3 凡已处理的地基，应经检验合格后再进行下道工序施工。

4.1.4 有度汛要求的泵站工程，应按施工组织设计要求构筑度汛工程。

4.1.5 施工中发现文物古迹、化石以及测绘、地质、地震和通信等部门设置的永久性标志和地下设施时，均应妥善保护，并及时报请有关部门处理。

4.2 基坑排水

4.2.1 应根据泵站施工区的地形、气象、水文、工程地质条件和排水量大小，进行泵站基坑排水系统规划布置，并与场外排水系统相协调。

4.2.2 基坑排水应包括初期排水与经常性排水。初期排水量应为基坑（或围堰）范围内的积水量、抽水过程中围堰及地下渗水量、可能的降水量等之和；经常性排水应分别计算渗流量、排水时降水量及施工弃水量，但施工弃水量与降水量不应叠加，应以二者中的数值较大者与渗流量之和来确定最大抽水强度，配备相应的设备。

4.2.3 基坑排（降）水，应根据工程地质与水文地质条件，分别选择集水坑或井点等方法。对于无承压水土层，可采用集水坑排（降）水法；对于各类砂性土、砂、砂卵石等有承压水的土层，可采用井点排（降）水法。

4.2.4 集水坑排（降）水应符合下列规定：

1 集水坑和排水沟应设置在基础底部轮廓线以外一定距离处；

2 集水坑和排水沟应随基坑开挖而下降，集水坑底部应低于基础开挖面1.0m以下；

3 基坑挖深较大时，应分级设置平台和排水设施；

4 排水设备能力应与需要抽排的水量相适应，并应有一定的备用量。

4.2.5 井点排水可采用轻型井点和管井轻型井点两类。井点类型的选择宜根据透水层厚度、埋深、渗透系数及所要求降低水位的深度、基坑面积大小等因素，通过分析比较确定。

4.2.6 采用井点排水，应根据水文地质资料和降低地下水位的要求进行计算，以确定井点数量、位置、井深、抽水量以及抽水设备型号等。必要时，可做现场抽水试验，确定计算参数。

4.2.7 采用轻型井点的，基坑宽度大于6m时，宜采用双排井点或环形井点布置；降深超过5m时，宜采用二或三级（层）井点。孔距宜为0.8m～1.6m，最大不宜超过3m。

4.2.8 轻型井点施工应符合下列规定：

1 应按敷设集水总管、沉放井点管、灌填滤料、连接管路、安装抽水设备的顺序进行安装；

2 各部件应安装严密、不漏气。集水总管与井点管之间宜用软管连接，集水总管、集水箱宜接近天然地下水位；

3 冲孔直径不应小于300mm，孔底应比管底低0.5m以上；

4 在井点管与孔壁之间填入砂滤料时，管口应有泥浆冒出，或向管内灌水时能快速下渗，方为合格；

5 井点系统安装完毕后应及时试抽，合格后应将孔口以下0.5m范围用黏性土填塞密封。

4.2.9 实际井点数宜为计算数的1.2倍，管井井点总降水位宜低于工程要求值0.5m。

4.2.10 管井井点施工应符合下列规定：

1 管井可用钻孔法成孔，且宜采用清水固壁；

2 管井各段应连接牢固，清洗、检查合格后方可使用；

3 滤网（滤布）应紧固于滤水管上，井管外围应按设计要求回填滤料；

4 成井后，应及时采用分级自上而下和抽停相间的程序抽水洗井；

5 试抽时，应调整水泵抽水量，达到预定降水高程。

4.2.11 井点抽水期间，应按时观测水位和流量，并做好记录；还应随时监视出水情况，如发现水质浑浊，应分析原因并及时处理，必要时，可增设观测井。对轻型井点，应观测真空度。

4.2.12 井点排水结束后，应按设计要求进行拆除和填塞，并做好记录。

4.2.13 基坑开挖范围及下层为砂、砂砾石等强透水地层，应按施工组织设计进行基坑截渗处理和排水。根据工程地质条件，基坑截渗可选用置换法、搅拌桩法、高压喷射灌浆法和混凝土截渗墙法等。

4.2.14 当地下水位降低可能对邻近建筑物产生不利影响时，应设置沉降观测点进行监测；必要时，应采取防护措施。

4.2.15 排（降）水应有可靠的电源和备用设备。

4.3 基坑开挖

4.3.1 基坑的开挖断面应满足设计、施工和基坑边坡稳定性的要求。

4.3.2 采用水力冲挖方法施工应符合下列规定：

1 水源、电源与排泥场地应满足施工要求；

2 挖土应分区分段、先周边后中间、分层进行，每层深度宜为2m～3m；

3 机组应均匀布设，间距宜为20m；

4 排泥场的围埂应分层夯实。

4.3.3 根据土质、气候和施工条件，基坑底部应留0.1m～0.3m的保护层，待基础施工前再分块依次挖除。

4.3.4 基础底面不得欠挖和超挖，若有局部超挖应回填压实。机械开挖时，宜预留0.2m保护层采用人工开挖，防止基础扰动。

4.3.5 冬期施工时，基础保护层挖除后，应采取防止基础底部受冻的措施。

4.3.6 对开挖后不能满足稳定边坡要求的土基或松软地基，应在开挖前按开挖设计进行基坑支护。

4.3.7 对于岩石地基的基坑开挖，还应按现行行业标准《水工建筑物岩石基础开挖工程施工技术规范》SL 47的有关规定执行。

4.4 地基处理

4.4.1 对淤泥、淤泥质土、湿陷性黄土、素填土、杂填土地基及暗沟、暗塘等浅层地基处理，宜采用换填土层法。换填土层法施工技术要求可按本规范附录A的规定执行。

4.4.2 对正常固结的淤泥、淤泥质土、粉土、饱和松散砂土、饱和黄土和素填土等承载力小于70kPa的地基处理，宜采用搅拌桩法。当用于处理泥炭土、塑性指数大于25的黏土或地下水具有腐蚀性时，应通过试验确定其适用性。搅拌桩法按施工方法不同，分为干法（或称喷粉搅拌法）和湿法（或称深层搅拌法）。地下水的pH值小于4，或硫酸盐含量超过1%的软土，不宜采用干法；湿法应经过凝固试验后，确定采用抗硫酸盐水泥加固地基土的适用性。搅拌桩法施工技术要求可按本规范附录B的规定执行。

4.4.3 砂土、粉土、黏性土和一般填土层等地基加固，宜采用静压注浆法；该方法也可作为泵房和辅助建筑物的地基加固或纠偏的工程措施。静压注浆法施工技术要求可按本规范附录C的规定执行。

4.4.4 砂砾石土、粉土、黏性土、淤泥质土、湿陷性黄土及人工填土等地基的加固或防渗处理，宜采用高压喷射灌浆法。对地下水具有侵蚀性、地下水流速过大和已发生涌水的地基，以及地层土中含有较多漂石、块石的地基及淤泥与泥炭土地基，应通过试验确定采用高压喷射灌浆法的可行性。高压喷射灌浆法也可用于已有泵房建筑物的地基加固、深基坑的侧壁支护和基础防渗帷幕等工程。高压喷射灌浆法施工技术要求可按本规范附录C的规定执行。

4.4.5 钻孔灌注桩包括回转钻孔灌注桩、冲击钻孔灌注桩、扩底钻孔灌注桩、螺旋钻孔灌注桩及旋挖钻孔灌注桩。回转钻孔灌注桩按泥浆排放方式的不同分正循环和反循环，可用于地下水位以下的黏性土、粉土、砂类土及强风化岩等地基的加固处理；冲击钻孔灌注桩除适用上述地层外，还可用于碎石类土和穿透旧基础及大块孤石等地下障碍物的地基的加固处理，但在岩溶发育地区，应慎重使用；螺旋钻孔灌注桩仅可用于地下水位以上的黏性土、粉土、砂土及人工素填土地基的加固处理；旋挖钻孔灌注桩可用于黏性土、粉土、砂土、碎石土、全风化基岩、强风化基岩及人工填土地基的加固处理。钻孔灌注桩施工技术要求可按本规范附录D的规定执行。

4.4.6 钢筋混凝土预制桩可用于泵站工程各类建（构）筑物的基础处理。预制钢筋混凝土方桩施工技术要求可按本规范附录D的规定执行。

4.4.7 开挖困难的淤泥、流沙地基，周围有重要建筑物或受其他因素限制的地基，不允许按一定边坡开挖的土基或松软、破碎岩石地基，以及因桩数较多且不能合理布置的地基，可采用沉井进行地基处理。采用沉井进行地基处理的施工技术要求可按本规范附录E的规定执行。

4.5 特殊土地基处理

4.5.1 湿陷性黄土地基的处理应符合下列规定：

1 应根据工程的具体情况，选择合理的处理方法与施工工序。

2 自重湿陷性黄土层上的地基，宜采用预浸水法或挤密法进行处理。

3 预浸水法宜用于处理湿陷性黄土层厚度大于10m，自重湿陷量的计算值不小于500mm的场地。

4 采用预浸水法时，应具备足够的水源，施工前宜通过现场试坑浸水试验确定浸水时间、耗水量和湿陷量等。

5 预浸水法处理地基的施工应符合下列要求：

1)浸水坑边缘至既有建筑物的距离不宜少于50m，并应防止由于浸水影响附近建筑物和场地边坡的稳定性；

2)浸水坑的边长不得小于湿陷性黄土层的厚度，当浸水坑的面积较大时，可分段进行浸水；

3)浸水坑内的水头高度不宜小于300mm，连续浸水时间应以湿陷变形稳定为准，其稳定标准应为最后5d的平均湿陷量小于1mm/d。

6 地基预浸水结束后，在基础施工前应进行补充勘察工作，重新评定地基土的湿陷性，并采用垫层或其他方法处理上部湿陷性黄土层。

7 对于地下水位以上局部或整片处理，可采用挤密法，桩深可为5m～15m。

8 挤密法的成孔可选用沉管、冲击、夯扩、爆扩等方法。成孔挤密，应间隔分批进行；局部处理时，应由外向内施工。

9 挤密成孔后应快速回填夯实，并应符合下列要求：

1)孔底在填料前应夯实。孔内填料宜用素土或灰土、砂石料，必要时可用强度高的水泥土等。当防（隔）水时，宜填素土；当提高承载力或减小处理宽度时，宜填灰土、砂石料、水泥土等；填料时，宜分层回填夯实，其压实系数不宜小于0.97。

2)回填料的配合比应符合设计要求，拌和均匀，拌和后及时入孔，不得隔日使用。

3)挤密孔夯填高度宜超出基底设计标高0.2m～0.3m，其上可用其他土料夯至地面，使基底下保留0.5m厚的垫层。

10 挤密法效果检验应包括以下内容：

1)应及时抽样检查孔内填料的夯实质量，其数量不得少于总孔数的2%，每台班不应少于1孔。在全部孔深内，宜每1m取土样测定干密度，检测点的位置应在距孔心2/3孔半径处。孔内填料的夯实质量，也可通过现场试验测定。

2)对重要或大型工程，除上述方法检测外，还应在处理深度范围内分层取样，测定挤密土及孔内填料的湿陷性及压缩性；也可在现场进行静载荷试验或其他原位测试。

11 小范围湿陷性黄土或非自重湿陷性黄土，可用换填垫层、桩基等方法处理。施工方法可按本规范本规范附录A、附录D的有关规定执行。

4.5.2 膨胀土地基的处理应符合下列要求：

1 膨胀土地基上的基础施工应安排在冬旱季节进行，力求避开雨季，否则应采取可靠的防止雨水措施。

2 基坑开挖前应布置好施工场地的排水设施，严禁天然地表水与施工用水流入基坑。

3 临时性生活设施、施工设施（如水池、洗料场、混凝土搅拌站等）应安排在离基坑较远的位置，避免水流进基坑。

4 应防止雨水浸入坡面和坡面土中水分蒸发，避免干湿交替，保护边坡稳定；还可在坡面喷水泥砂浆保护层或用土工膜覆盖地面。

5 基坑开挖至接近基底设计标高时，应留0.3m左右的保护层，待下道工序开始前再挖除保护层。基坑挖至设计标高后，应及时铺水泥浆封闭坑底，或快速浇筑素混凝土垫层保护地基，待混凝土达到50%以上强度后及时进行基础施工。

6 应及时分层进行建筑物四周的回填土填筑。回填土料应选用非膨胀土、弱膨胀土及掺有水泥的膨胀土。选用弱膨胀土时，其含水量宜为塑限含水量的1.1倍～1.2倍。

4.6 地基加固

4.6.1 基础不均匀沉陷的处理应符合下列要求：

1 首先查明地基的地层构造和工程地质条件，对基础承载力不足，出现不均匀沉陷的泵房，在基础处理前，应根据沉陷观测资料，分析判断沉陷是否稳定；

2 沉陷已接近稳定的基础处理，可采取加固底板、处理边墙的裂缝等措施；

3 对沉陷未稳定的基础处理，应进行专题论证，可选择搅拌桩法、高压喷射灌浆法、钻孔灌注桩法和打入式预制桩法等处理方法。

4.6.2 泵房倾斜的纠偏处理应进行经济技术比较，合理选择拆除重建或泵房纠偏处理等除险加固方案。

4.6.3 泵房纠偏处理可采用下列方法：

1 基土促沉法；

2 基土加固法；

3 结构物顶升法；

4 基础刚度加强法；

5 综合法。

4.6.4 使用基土加固法对泵房进行纠偏处理时，不得因基础加固而对原有地基土产生新的扰动，形成新的附加变形。

4.6.5 地基应力解除法的施工应符合下列要求：

1 钻孔孔位和孔距应按建筑物的平面尺寸、倾斜方向、倾斜率大小以及基础的工程地质特性等进行布置。

2　钻具和孔径应按有效解除应力的需要选择，孔径宜为Φ400mm，并根据掏土部位确定孔深及套管埋入深度。

3　掏土可使用大型麻花钻或大锅锥，按实测沉降和倾斜检测资料，确定掏土次数、数量及各次掏土时间间隔，掏土量与纠偏量应基本持平。

4　施工期间，应实时进行建筑物沉降、倾斜观测，及时调整施工计划，确保建筑物安全。孔内可采用潜水泵排水，但排水时间不宜过长。

5　拔管应分序进行，并及时用合格的土料回填压实。

4.6.6　在泵房纠偏施工过程中，应使布孔范围内地基土变形均匀，大小控制在允许范围内，并备有应急预案。

5　泵房施工

5.1　一般规定

5.1.1　泵房混凝土施工应按施工方案中拟定的混凝土浇筑要求，备足施工机械和劳力，做好混凝土配合比试验等有关技术准备工作。

5.1.2　泵房水下混凝土宜整体浇筑。对于安装大中型立式机组的泵房工程，可按泵房结构并兼顾进出水流道的整体性进行分层，由下至上分层施工，层面应平整。如出现高低不同的层面时，应设斜面过渡段。

5.1.3　泵房浇筑，在平面上不宜分块。如泵房较长，需分期分段浇筑时，应以永久伸缩缝为界划分浇筑单元。泵房挡水墙围护结构不宜设置垂直施工缝。泵房内部的机墩、隔墙、楼板、柱、墙外启闭台、导水墙等可分期浇筑。

5.1.4　永久伸缩缝止水设施的形式、位置、尺寸及材料的品种规格等，均应符合设计要求。

5.2　钢筋混凝土

5.2.1　泵房混凝土施工中所使用的模板，可根据结构物的特点，分别采用钢模、木模或其他模板，并应符合下列要求：

1　所用模板及支架能保证结构和构件的形状、尺寸和相对位置正确；具有足够的强度和稳定性；模板表面平整、接缝严密、不漏浆；制作简单、装拆方便、经济耐用。

2　钢模所使用的材料宜为Q235A级钢，木模所使用的木材宜为Ⅱ、Ⅲ等材，木材湿度宜为18%～23%。

3　模板、支架及脚手架应按工程结构特点、浇筑方法和施工条件进行设计，并明确材料、制作、安装、检验、使用及拆除工艺的具体要求。

4　设计模板、支架及脚手架时，应选择最不利荷载组合为计算荷载；迎风面的模板及支架，应验算其在风荷载作用下的抗倾稳定性，抗倾系数不应小于1.15。

5　固定在模板上的预埋件和预留孔洞不得遗漏，模板应安装牢固、位置准确，其允许偏差应符合设计要求；设计未提出要求时，预埋件与预留孔洞安装的允许偏差可按表5.2.1-1的规定执行。

表5.2.1-1　预埋件与预留孔洞安装的允许偏差

项　目		允许偏差(mm)
预埋钢板中心线位置		±3
预埋管中心线位置		±3
预埋螺栓	中心线位置	±2
	外露长度	0～+10
预留孔中心位置		±3
预留洞	中心位置	±10
	截面内部尺寸	0～+10

6　制作与安装模板的允许偏差应符合设计要求；如设计施工图上未注明时，制作和安装模板的允许偏差可按表5.2.1-2的规定执行。

表5.2.1-2　制作和安装模板的允许偏差

项　目			允许偏差(mm)
木模板制作	模板长度和宽度		±3
	相邻两板表面高差		0～+1
	平面刨光模板局部不平(用2m直尺检查)		0～+3
钢模板制作	模板长度和宽度		±2
	模板表面局部不平(用2m直尺检查)		0～+2
	连接配件的孔眼位置		±1
模板安装	轴线位置		0～+5
	截面内部尺寸	底板、基础	0～+10
		墙、墩	±5
	相邻两板表面高差		0～+2
	底模上表面标高		±5
	层高垂直	全高不大于5m	0～+6
		全高大于5m	0～+8
搁置装配式构件的支承面标高			+2～−5
门槽、门槛、流道、井筒式泵房及其他有特殊要求的模板制作安装			按设计要求确定

注：一般钢筋混凝土梁、柱的模板允许偏差按现行国家标准《混凝土结构工程施工质量验收规范》GB 50204的有关规定执行。

7　拆除模板及支架的期限应符合设计要求；设计未提出要求时，可按下列规定执行：

1)不承重的侧面模板，在混凝土强度达到其表面及棱角不因拆模板而损伤时，或墩、墙、柱部位混凝土强度不低于3.5MPa时，方可拆除；

2)承重模板及支架，拆模时所需混凝土强度应符合表5.2.1-3的规定；

表5.2.1-3　拆模时所需混凝土强度

结构类型	结构跨度(m)	设计标准强度的百分率(%)
悬臂梁、悬臂板	≤2	70
	>2	100
梁、板、拱	≤2	50
	>2，≤8	70
	>8	100

3)流道、井筒式泵房及其他体型复杂的构筑物，其模板及支架的拆除应制订专门方案，拆除时间除满足强度达到100%外，且不宜少于21d。

5.2.2　钢筋工程应符合下列规定：

1　钢筋应有出厂质量合格证书，热轧钢筋的机械性能应符合现行国家标准《钢筋混凝土用钢　第2部分：热轧带肋钢筋》GB 1499.2的有关规定。使用前，应按规定抽样做机械性能试验，需要焊接的钢筋应做焊接工艺试验；发现性能异常的钢筋，应做化学成分检验或其他专项检验。

2　钢筋的种类、钢号、直径应符合设计规定，需要代换时，应符合现行行业标准《水工混凝土结构设计规范》SL 191的有关规定。

3　钢筋加工后的形状、尺寸应符合设计要求，其允许偏差应按表5.2.2-1的规定执行。

表5.2.2-1　钢筋加工后的允许偏差

项　目	允许偏差(mm)
受力钢筋顺长度方向全长净尺寸	±10
钢筋弯起点位置	±20
箍筋各部分长度	±5

4　钢筋的接头类型选择和焊接要求，应符合现行行业标准《水工混凝土结构设计规范》SL 191的有关规定。

5　钢筋安装位置和保护层的允许偏差，应按表5.2.2-2的规定执行。

表5.2.2-2　钢筋安装位置和保护层的允许偏差

项　目		允许偏差(mm)
受力钢筋间距		±10
分布钢筋间距		±20
箍筋间距		±20
钢筋排距		±5
钢筋弯起点位移		20
受力钢筋的保护层	底板、基础、墩和厚墙	±10
	薄墙、梁和流道	−5～+10
	桥面板、楼板	−3～+5

5.2.3　混凝土的配制应符合下列规定：

1　应按下列原则选用水泥品种：

1)水位变化区或有抗冻、抗冲刷、抗磨损等要求的混凝土，宜选用硅酸盐水泥或普通硅酸盐水泥。

2)水下不受冲刷或厚大构件内部的混凝土，宜选用矿渣硅酸盐水泥、粉煤灰硅酸盐水泥或火山灰质硅酸盐水泥。

3)水上部分的混凝土，宜选用普通硅酸盐水泥或矿渣硅酸盐水泥。

4)受硫酸盐侵蚀的混凝土宜选用抗硫酸盐水泥，受其他侵蚀性介质影响或有特殊要求的混凝土应按有关规定或通过试验选用。

2　细骨料宜采用质地坚硬、颗粒洁净、级配良好的天然砂。砂的细度模数宜为2.3～3.0，含泥量不应大于3%，且不得含有黏土团粒。

3　粗骨料宜采用质地坚硬且粒径分配良好的碎石、卵石，其质量标准应按表5.2.3-1的规定执行。

表5.2.3-1　粗骨料的质量标准

项　目	指　标	备　注
含泥量(%)	≤1	不得含有黏土团块
硫化物及硫酸盐含量(按重量折算成SO_3的百分比计)	<0.5	—
坚固性(按硫酸钠溶液法5次循环后损失的百分比计)	<3	无抗冻要求的混凝土
针片状颗粒含量(%)	≤15	以重量计
超径(%)	<5	以圆孔筛
逊径(%)	≤10	检验

4　粗骨料最大粒径的选用，应符合下列要求：

1)不大于结构截面最小尺寸的1/4；

2)不大于钢筋最小净距的3/4，对双层或多层钢筋结构，不大于钢筋最小净距的1/2；

3)不宜大于80mm，对受侵蚀性介质作用的外部混凝土，不宜大于保护层厚度。

5　拌制和养护混凝土用水，不得含有影响水泥正常凝结与硬化的有害杂质，凡适宜饮用的水，均可使用。采用天然矿化水时，其氯离子含量不得超过200mg/L，硫酸根离子含量不得超过2200mg/L，pH值不得小于4。

6　在配制混凝土时，可合理掺用外加剂，但其掺量和方法应通过试验确定。

7　应通过计算和试验选定混凝土的配合比，并满足强度、耐久性及施工要求，且经济、合理。

8　混凝土的施工配制强度可按下式确定：

$$f_{cu,o}=f_{cu,k}+1.645\sigma \quad (5.2.3\text{-}1)$$

式中：$f_{cu,o}$——混凝土的施工配制强度，N/mm^2；

$f_{cu,k}$——设计的混凝土强度标准值，N/mm^2；

σ——施工单位的混凝土强度标准差，N/mm^2。

9　混凝土强度标准差应按下列要求确定：

1)当施工单位具有近期的同一品种混凝土强度资料时，可按下式计算确定：

$$\sigma=\sqrt{\frac{\sum_{i=1}^{n}f_{cu,i}^{2}-n\mu_{fcu}^{2}}{n-1}} \quad (5.2.3\text{-}2)$$

式中：$f_{cu,i}$——统计周期内同一品种混凝土第i组试件的强度值，N/mm^2；

μ_{fcu}——统计周期内同一品种混凝土n组强度的平均值，N/mm^2；

n——统计周期内同一品种混凝土试件的组数，$n\geqslant25$。

注：1 "同一品种混凝土"系指混凝土强度等级相同且生产工艺和配合比基本相同的混凝土。

2 对预拌混凝土厂和预制混凝土构件厂，统计周期可取1个月；对现场拌制混凝土的施工单位，统计周期可根据实际情况确定，但不宜超过3个月。

3 当混凝土强度等级为C20或C25时，如计算得到的$\sigma<2.5N/mm^2$，取$\sigma=2.5N/mm^2$；当混凝土强度等级高于C25时，如计算得到的$\sigma<3.0N/mm^2$，取$\sigma=3.0N/mm^2$。

2)当施工单位不具有近期同一品种混凝土强度资料时，其混凝土强度标准差σ可按表5.2.3-2取用。

表5.2.3-2　混凝土强度标准差σ值

混凝土强度等级	低于C20	C20～C35	高于C35
$\sigma(N/mm^2)$	4.0	5.0	6.0

10　混凝土的水灰比应通过计算和试验确定。按耐久性要求，水灰比最大允许值尚应符合表5.2.3-3的规定。

表5.2.3-3　水灰比最大允许值

混凝土所在部位及环境条件	寒冷地区(最冷月平均气温在−3℃～−10℃)	温和地区(最冷月平均气温在−3℃以上)
室内不受雨、雪、水流作用部位，泵房内楼层结构	0.65	0.65
水上受雨、雪作用的露天部位，桥梁结构、屋面、顶盖	0.55	0.60
水位变化地区，受水压作用或受水流冲刷的部位		
(1)隔水墙、胸墙等	0.5	0.55
(2)流道、站墩	0.5	0.60
水下受水压作用或受水流冲刷的部位		
(1)泵房底板	0.6	0.6
(2)进出水池、铺盖等	0.6	0.6
厚大构件	0.65	0.65
受严重冲刷磨损的部位	0.55	0.55

注：严寒地区(最冷月平均气温低于−10℃)水位变化区的外部混凝土和受侵蚀性介质作用的混凝土，其水灰比最大允许值应按表列值减少0.03～0.05。

11　混凝土在浇筑地点的坍落度，宜按表5.2.3-4选用。

表5.2.3-4　混凝土在浇筑地点的坍落度

部位及结构情况	坍落度(mm)
底板、基础、进出水池、铺盖、无筋或少筋混凝土	20～40
墩、墙、梁、板、柱等一般配筋，浇捣不太困难	40～60
桥梁、电动机大梁、泵房立柱等配筋较密，浇捣困难	60～80
隔水墙、胸墙、岸墙等薄壁墙，断面狭窄，配筋较密，浇捣困难	80～100
流道、泵井等体形复杂的曲面、斜面结构，配筋特密，浇捣特殊、困难	根据实际需要另行选定

注：配制大坍落度(大于80mm)混凝土时宜掺用外加剂。

12　拌制混凝土时，各种原材料称量偏差应按表5.2.3-5的规定执行，并应通过试验确定拌和时间和加料程序。

表 5.2.3-5 各种原材料称量偏差

材料名称	允许偏差(%)
水、外加剂溶液	±2
水泥、混合材料	±2
骨料	±3

5.2.4 混凝土运输和浇筑应符合下列规定：

1 混凝土运输应符合下列要求：

1)合理选定运输设备和运输能力；

2)运输时间不宜超过 0.5h(搅拌车除外)，如混凝土初凝，应另做处理；

3)运输道路应平坦，防止离析和漏浆；

4)混凝土自由下落高度不宜大于 2m，超过时，应采用溜管、串筒或其他缓降措施。

2 混凝土浇筑层允许最大厚度，应按表 5.2.4-1 的规定执行。

表 5.2.4-1 混凝土浇筑层允许最大厚度

捣实方法和振捣器类别		允许最大厚度(mm)
插入式振捣器		振捣器头部长度的 1.25 倍
表面式振捣器	在无筋或少筋结构中	250
	在配筋密集或双层钢筋结构中	150
附着式振捣器		300
人工捣固		150～200

3 浇筑混凝土的允许间歇时间，应按表 5.2.4-2 的规定执行。

表 5.2.4-2 浇筑混凝土的允许间歇时间

浇筑仓面的气温(℃)	允许间歇时间(min)	
	普通硅酸盐水泥、硅酸盐水泥、抗硫酸盐水泥	矿渣硅酸盐水泥、火山灰质硅酸盐水泥、粉煤灰硅酸盐水泥
20～30	90	120
10～19	150	180
5～9	180	210

注：1 允许间歇时间指自加水搅拌时起，到覆盖上层混凝土止的时间。

2 表列值未考虑掺用外加剂及采用其他特殊施工措施的影响。

5.2.5 混凝土养护应符合下列规定：

1 混凝土面层凝结后应浇水养护，使混凝土表面和模板经常保持湿润状态。早期应遮盖，避免太阳光暴晒。

2 混凝土连续湿润养护的时间，在常温下应按表 5.2.5 的规定执行。

表 5.2.5 混凝土连续湿润养护的时间

混凝土的水泥品种	养护时间(d)
硅酸盐水泥、普通硅酸盐水泥	14
火山灰质硅酸盐水泥、矿渣硅酸盐水泥	21
粉煤灰硅酸盐水泥、硅酸盐大坝水泥等	21

3 应做好混凝土养护记录，包括每日浇水次数、气温(含泵房内外温差)等。

5.3 泵房底板

5.3.1 泵房底板地基，应经验收合格后，方能进行底板混凝土施工。

5.3.2 地基面上宜先浇一层素混凝土垫层，垫层厚度及强度应满足设计要求。设计没有明确要求时，其厚度可为 80mm～100mm，混凝土强度不应低于 C15，垫层混凝土面积应大于底板的面积，以免搅动地基土。

5.3.3 模板制作安装的允许偏差，应按本规范表 5.2.1-2 的规定执行。

5.3.4 底板上层、下层钢筋骨架网应使用有足够强度和稳定性的柱掌。柱掌可为钢柱或混凝土预制柱。应架设与上部结构相连接的插筋，插筋与上部钢筋的接头应错开。

5.3.5 制作和安装钢筋的允许偏差，应按本规范表 5.2.2-1 和表 5.2.2-2 的规定执行。

1 柱的结构与配筋应合理；

2 混凝土的标准强度应与浇筑部位相同；

3 柱的表面应凿毛，且洗刷干净；

4 柱在现场使用时，应支承稳定；

5 应处理好柱周边和柱顶面的混凝土，防止渗透现象发生。

5.3.7 底板混凝土各种原材料的质量，应按本规范第 5.2.3 条的规定执行。

5.3.8 混凝土的水泥用量应满足设计要求，且不宜低于 200kg/m³。

5.3.9 混凝土使用缓凝剂应符合有关规定，并应在工地进行试验。

5.3.10 混凝土浇筑前应全面检查准备工作，经验收合格后，方可开始浇筑。

5.3.11 混凝土应分层连续浇筑，不得斜层浇筑。如浇筑仓面较大，可采用多层阶梯推进法浇筑，其上下两层的前后距离不宜小于 1.5m，同层的接头部位应充分振捣，不得漏振。

5.3.12 在斜面基底上浇筑混凝土时，应从低处开始，逐层升高，并采取措施保持水平分层，防止混凝土向低处流动。

5.3.13 混凝土浇筑过程中，应及时清除黏附在模板、钢筋、止水片和预埋件上的灰浆。混凝土表面泌水过多时，应及时采取措施，设法排去仓内积水，但不得带走灰浆。

5.3.14 混凝土表面应抹平、压实、收光，防止松顶和干缩裂缝。

5.3.15 二期混凝土施工应符合下列要求：

1 浇筑二期混凝土前，应对一期混凝土表面凿毛清理，洗刷干净；

2 二期混凝土宜采用细石混凝土，其强度等级应高于或等于同部位的一期混凝土；

3 二期混凝土在保证达到设计标准强度 70%以上时，方能继续加荷安装。

5.4 泵房楼层结构

5.4.1 楼层混凝土结构施工缝的设置应符合下列规定：

1 墩、墙、柱底端的施工缝宜设在底板或基础先期浇筑的混凝土顶面，其上端施工缝宜设在楼板或大梁的下面，中部如有与其嵌固连接的楼层板、梁或附墙楼梯等需要分期浇筑时，其施工缝的位置及插筋、嵌槽等应同设计单位商定；

2 与板连成整体的大断面梁宜整体浇筑，如需分期浇筑，其施工缝宜设在板底面以下 20mm～30mm 处，当板下有梁托时应设在梁托下面；

3 有主梁、次梁的楼板，施工缝应设在次梁跨中 1/3 范围内；

4 单向板施工缝宜平行于板的长边；

5 双向板、多层钢架及其他结构复杂的施工缝位置，应按设计要求留置。

5.4.2 混凝土施工缝的处理应符合下列规定：

1 老混凝土的强度达到 2.5MPa 后，方能进行上层混凝土的浇筑准备工作；

2 应清除已硬化的混凝土表面的水泥浆薄膜和松弱层，并冲洗干净排除积水；

3 临近浇筑时，水平缝应铺一层厚 20mm～30mm 的水泥砂浆，垂直缝应刷一层水泥净浆，其水灰比均应较混凝土减少 0.03～0.05；

4 应处理好新、老混凝土的结合面。

5.4.3 模板及支架、脚手架应有足够的支承面积和可靠的防滑措施。杆件节点应连接牢固。

5.4.4 上层模板及支架的安装应符合下列要求：

1 下层模板应达到足够的强度或支撑、支架能承受上层、下层全部荷载；

2 采用桁架支模时，其支撑结构应有足够的强度和刚度；

3 上层、下层支架的立柱应对准，并应铺设垫板。

5.4.5 墩、墙、柱的模板，宜用对拉螺栓固定；隔水墙、胸墙、流道及其他有防渗要求的部位，其使用的螺栓不宜加套管。拆模后，应将螺杆两端外露段和深入保护层部分截除，并用与结构同质量的水泥砂浆填实抹光。必要时，螺栓上可加焊截渗钢板。

5.4.6 混凝土的配合比和骨料选择，应根据设计要求和结构物的大小确定，且应符合本规范第5.2.3条的有关规定。

5.4.7 隔水墙、胸墙、水池等有防渗要求的构筑物，其厚度小于400mm应配制防水混凝土。防水混凝土的水泥用量不宜小于300kg/m³，砂率应适当加大，且宜选掺防水外加剂，其配合比应由试验确定。

5.4.8 浇筑较高的墩、墙、柱混凝土时，应使用溜筒、导管等工具，将拌好的混凝土徐徐灌入；对于断面狭窄、钢筋较密的薄墙、柱等结构物，可在两侧模板的适当部位均匀地布置一些便于进料和振捣的扁平窗口。随着浇筑面积的上升，窗口应及时完善封堵。

5.4.9 浇筑与墩、墙、柱连成整体的梁和板时，应在墩、墙、柱浇筑完毕后停歇0.5h～1h，使其初步沉实再继续进行。

5.4.10 浇筑混凝土时，应指派专人负责检查模板和支架，发现变形迹象应及时加固纠正，发现模板漏浆或仓内积水应进行堵浆和处理。

5.5 泵房建筑与装修

5.5.1 泵房建筑与装修施工应符合下列规定：

1 应在保证原结构安全的前提下，进行建筑与装修施工；

2 上道工序质量检验合格后，方可进行下道工序施工；

3 应按设计要求选用工程所使用的构件、材料，并应符合国家现行有关标准的规定；

4 应防止构件和材料在运输、保管及施工过程中损坏或变质。

5.5.2 装修工程要求预先做样板时，样板完成后应经验收合格方可正式施工。

5.5.3 室外抹灰和饰面工程的施工，应自上而下进行。

5.5.4 室内装修工程的施工，宜在屋面防水工程完工后，并在不致被后续工程所损坏的条件下进行；在屋面防水工程完工前施工时，应采取防护措施。

5.5.5 室内吊顶、隔断的罩面板和装饰等工程，应在室内地面湿作业完工后施工。

5.5.6 泵房建筑与装修工程施工除满足本规范第5.5.1条～第5.5.5条的规定及设计要求外，还应符合现行国家标准《砌体结构工程施工质量验收规范》GB 50203、《屋面工程质量验收规范》GB 50207、《建筑地面工程施工质量验收规范》GB 50209、《建筑装饰装修工程质量验收规范》GB 50210的有关规定。

5.6 泵房加固改造

5.6.1 泵房混凝土表层损坏修补应符合下列要求：

1 在清除表层损坏混凝土时，应保证不破坏破损层以下或周围完好的混凝土、钢筋、管道及观测设备等埋件，还应保证损坏区域附近的建筑物和设备的安全。

2 应根据损坏面积大小和深度以及施工对周围的影响，选择人工、风镐、机械切割、小型静态爆破、钻排孔人工打楔等凿除方法清除损坏的混凝土。

3 应根据损坏部位和损坏原因，在满足设计提出的抗渗、抗冻、抗侵蚀和抗风化等要求的前提下，选择合适的修补的材料和施工工艺修补损坏混凝土。修补用的混凝土的技术指标不得低于原混凝土，所用水泥不得低于原混凝土的水泥标号。

4 对已碳化的混凝土表面处理可采用防碳化涂料进行表面封闭。封闭前应对表层钢筋锈胀、露筋、破损等病害部位进行修补处理，必要时可再在混凝土表面刮腻子1遍～2遍，以保证表面平整。

5 对水下部位混凝土的修补，应根据具体位置、施工条件，采取临时挡水措施形成无水施工环境，或采用特种修补材料由潜水人员直接在水下进行修补作业。

6 对于重要的或有特殊要求的部位，应通过试验确定修补材料及其配合比。

5.6.2 泵房混凝土裂缝的处理应符合下列要求：

1 宜在低水头或地下水位较低，并适宜于修补材料凝结固化的温度或干燥条件下进行修补。水下修补时，选用相应的材料和方法；对于受气温影响的裂缝，宜在低温季节，开度较大的情况下进行修补；对于不受气温影响的裂缝，宜在裂缝已经稳定的情况下进行修补。

2 应根据裂缝部位、性质和处理要求，选择涂抹、粘贴、嵌补、喷浆等方法处理裂缝的表面。

3 采用灌浆处理裂缝内部时，灌浆压力及灌浆材料可按裂缝的性质、开度、深度及施工条件等具体情况，结合现场试验确定。对宽度大于0.15mm～0.3mm的裂缝，可采用水泥灌浆处理；对于宽度为0.05mm～0.15mm的裂缝，宜采用化学灌浆处理；受温度变化影响(如伸缩缝等)的裂缝，宜采用化学灌浆处理。

4 对于应力破坏产生的裂缝，应先按设计要求加固构件，再处理裂缝。

5.6.3 泵房混凝土渗漏的处理应符合下列要求：

1 应根据裂缝产生的原因及其对结构影响的程度、渗漏量的大小和渗漏点(面)集中或分散等情况，采取表面处理、结构内部处理、结构内部处理结合表面处理等措施，对裂缝渗漏进行处理；

2 应根据渗漏的部位、程度和施工条件等情况，采取灌浆、表面涂层、增加防渗层或相结合的方法，对散渗或集中渗漏部位进行处理。

5.6.4 当采用基础托换、纠偏等方法对泵房进行加固处理，可能对泵房整体安全产生不利影响的，应进行试验或研究，取得技术参数并通过有关各方的同意后方可进行施工。

5.6.5 泵房基础及其下部结构受地下水腐蚀破坏的，加固时应采取相应的防盐碱腐蚀措施。

5.6.6 泵房梁、柱、板等构件的加固改造施工除应满足设计要求外，还应符合现行国家标准《混凝土结构加固设计规范》GB 50367的有关规定。

5.6.7 泵房梁、柱、板等构件的抗震加固施工除应满足设计要求外，还应符合行业标准《水工建筑物抗震设计规范》SL 203的有关规定。

5.6.8 泵房上部结构墙体、门窗破损及屋面渗漏等的处理或改造施工除应满足设计要求外，还应符合现行国家标准《砌体结构工程施工质量验收规范》GB 50203、《屋面工程质量验收规范》GB 50207、《建筑地面工程施工质量验收规范》GB 50209、《建筑装饰装修工程质量验收规范》GB 50210的有关规定。

5.7 特殊气候条件下的施工

5.7.1 在室外日平均气温连续5d稳定低于5℃的冬期冷天施工时，应符合下列规定：

1 应做好冬期施工的各种准备，骨料应在进入冬期前筛洗完毕。

2 混凝土浇筑宜避开寒流到来之时，或安排在白天温度较高时进行。

3 基底保护层土壤挖除后，应及时采取保温措施，并尽快浇筑混凝土；在老混凝土或基岩上浇筑混凝土时，应采取加热等措施处理基面上的冰冻，经验收合格后方可浇筑混凝土。

4 未掺防冻剂的混凝土，其允许受冻强度不得低于10MPa。

5 配制冬期施工的混凝土，宜选用硅酸盐水泥或普通硅酸盐水泥。

6 冬期浇筑的混凝土中，宜使用引气型减水剂，其含气量宜为4%～6%。在钢筋混凝土中，不得掺用氯盐；与镀锌钢材或与铝铁相接触部位及靠近直流电源、高压电源的部位，均不得使用硫酸钠早强剂。

7 合理确定混凝土离开拌和机的温度，入仓温度不宜低于10℃，覆盖混凝土的温度不宜低于3℃。

8 制备混凝土应先将热水与骨料混合，然后再加水泥，水泥不得直接加热，水及骨料的加热温度不应超过表5.7.1的规定。

表5.7.1 水及骨料的加热允许最高温度(℃)

项目	水	骨料
标号小于42.5的普通硅酸盐水泥，矿渣硅酸盐水泥	80	60
标号等于或大于42.5的普通硅酸盐水泥，硅酸盐水泥	60	40

9 拌制混凝土时，骨料中不得带有冰雪及冻团，搅拌时间应适当延长。

10 浇筑前应清除模板、钢筋、止水片和预埋件上的冰雪和污垢，运输器具应有保温措施。

11 当室外气温不低于－15℃时，表面系数不大于5的结构，应首先采用蓄热法或蓄热与掺外加剂并用的方法。当采用上述方法不能满足强度增长要求时，可选用蒸汽加热、电流加热或暖棚保温的方法。

12 采用蓄热法养护应按下列要求进行：

1)随浇筑，随捣固，随覆盖；

2)保温保湿材料应紧密覆盖模板或混凝土表面，迎风面宜增设挡风措施；

3)细薄结构的棱角部分，应加强保护；

4)流道、廊道和泵井的端部及其他结构上的孔洞，应暂时封堵。

13 模板和保温层的拆除，除按本规范第5.2.1条的规定执行外，还应符合下列规定：

1)混凝土强度应大于允许受冻的临界强度；

2)在混凝土冷却到5℃后，方可拆除；

3)避免在寒流袭击、气温骤降时拆除，当混凝土与外界温差大于14℃时，拆模后的混凝土表面应覆盖使其缓慢冷却。

14 冬期施工时应做好下列各项观测记录：

1)室外气温和暖棚内气温每天(昼夜)观测4次；

2)水温和骨料温度每天观测8次；

3)混凝土离开拌和机温度和浇筑温度每天观测8次；

4)混凝土浇筑完毕后的3d～5d内，应加强混凝土内部温度的观测；用蓄热法养护的每天观测4次，用蒸汽或电流加热法养护的每小时观测1次，在恒温期间每2h观测1次。

5.7.2 在日最高气温达到30℃以上的夏期施工时，应符合下列规定：

1 混凝土离开拌和机的温度应符合温控设计要求，且不得超过30℃。

2 降低混凝土浇筑温度宜采用下列措施：

1)预冷原材料。骨料应适当堆高，堆放时间应适当延长，使用时由底部取料，并宜采用地下水喷洒骨料、地下水或掺冰的低温水拌制混凝土。

2)宜安排在早、晚或夜间浇筑。

3)混凝土运输工具宜配备隔热遮阳措施；缩短运输时间，加快混凝土入仓覆盖速度。

4)混凝土仓面宜采取遮阳措施，喷洒水雾降低周围温度。

3 应适当加大砂率和坍落度，且宜掺用缓凝减水剂。

4 混凝土浇筑完毕，应及早覆盖养护。

5.7.3 在雨天施工时，应符合下列要求：

1 应掌握天气预报，避免在大雨、暴雨或台风过境时浇筑混凝土；砂石堆料场应排水通畅，防止泥污；运输工具宜采取防雨措施；应采取必要的防台风和防雷击措施；混凝土的浇筑仓面应设防雨棚；应加强检验骨料含水量。

2 无防雨棚的，在小雨中浇筑混凝土时应通过试验调减混凝土用水量；加强仓内外的排水，但不得带走灰浆；及时做好顶面的抹灰收光与覆盖。

3 无防雨棚的仓面，在浇筑混凝土过程中如遇大雨、暴雨，应停止浇筑，并将仓内混凝土振捣好并覆盖。雨后应清理表面软弱层；继续浇筑时，应先铺一层水泥砂浆；如间歇时间超过规定，应按施工缝处理。

5.8 移动式泵房

5.8.1 缆车式泵房的施工应符合下列要求：

1 应按设计要求进行各项坡道工程的施工，并根据设计要求标定各台泵车房的轨道、输水管道的轴线位置。

2 坡轨基础工程施工应符合下列要求：

1)岸坡地基应稳定、坚实，否则应进行加固处理。岸坡开挖后应验收合格，方可进行上部结构物的施工。

2)对坡道附近上下游天然河岸应进行平整，满足坡道面高出上下游岸坡300mm～400mm的要求。

3)坡轨工程如果要求延伸到最低水位以下，则应修筑围堰、抽水、清淤，保证能在干燥情况下施工。

4)轨道基础梁钢筋混凝土施工可按本规范第5.2节的有关规定执行。

3 坡轨工程的位置偏差应符合设计要求；如设计未作规定时，可按下列规定执行：

1)岸坡轨道基础梁的中心线与泵车房拖吊中心线的允许偏差应为±3mm；

2)钢轨中心线与泵车拖吊中心线的允许偏差应为±2mm；同一断面处的轨距偏差不应超过±3mm。

4 轨道施工应符合下列规定：

1)轨道梁上固定钢轨的预埋螺栓，宜采用二期混凝土施工；

2)轨道螺栓中心与轨道中心线距离的偏差不应超过±2mm。

5 泵车房施工应符合下列要求：

1)泵车房为钢结构的，其施工应符合设计和现行国家标准《钢结构工程施工质量验收规范》GB 50205的要求，其防腐蚀可按现行行业标准《水工金属结构防腐蚀规范》SL 105的规定执行；

2)泵车房运行机构的制作与组装，应符合设计要求或国家现行相关标准的规定；

3)泵车房的建筑与装饰可按本规范第5.5节的有关规定执行。

6 牵引泵车房的卷扬机房的施工，应符合设计和国家现行相关标准的要求。

7 牵引泵车房的卷扬机及电气设备的安装，应符合本规范第9.7节的有关规定。

5.8.2 浮船式泵站船体的建造，可按内河航运船舶建造的有关规定执行。浮船的锚固设施应牢固，承受荷载时不应产生变形和位移。

5.8.3 输水管道施工应符合下列要求：

1 输水管道宜沿岸坡敷设，其管床或镇墩、支墩的施工应按本规范第6.5节的规定执行；

2 输水管道的安装应按现行行业标准《泵站安装及验收规范》SL 317的有关规定执行。

6 进出水建筑物施工

6.1 一 般 规 定

6.1.1 进出水建筑物施工应按进出水建筑物设计及施工特点，布置施工平面，设置测量控制网点。

6.1.2 土石方开挖施工应符合下列要求：

1 根据工程水文地质、周围环境和实际施工条件等要求，合理确定施工方案。

2 根据施工场地的土质、地下水位、冻土层深度及施工方法等确定断面开挖形式。

3 开挖土石方宜从上到下依次进行，挖、填土方宜求平衡；高边坡开挖时，应做好汛期防洪、边坡保护等措施；开挖土质边坡或易于软化的岩质边坡，应采取相应的排水措施；在坡顶或山腰大量弃土时，应确保坡体稳定。

4 渠道淤泥的开挖，应根据不同淤泥的类别，采用相应的人工开挖、清淤机开挖、泥浆泵排淤等方法，在提高施工效率的同时保证施工质量。对淤泥含水量较高同时有回流现象的，所开挖淤泥堆放应距渠道一定距离，以保证渠道安全。

5 冻胀土地区的开挖，应做好地表水和潜水流的排除工作。

6 冬季开挖边坡，应采取措施防止化冻后发生崩塌；雨季开挖边坡，应掌握天气预报，暴雨、大雨天气避免施工，小雨天气施工时应做好排水和其他防护措施，防止雨水集中，冲毁开挖的边坡。

6.1.3 应根据设计及相应施工技术要求，合理确定土石方填筑、砌石、混凝土等工程施工方案。

6.2 引 渠

6.2.1 施工前应掌握工程特性和施工条件，按设计提出的渠线进行测量复核。渠线平面与高程应满足设计要求。

6.2.2 对于填方渠道宜使用黏性土作填料，不得使用淤泥、耕土、冻土、膨胀性土以及有机物含量大于8%的土作填料。当填料内含有碎石土时，其粒径不应大于200mm。若填料的主要成分为易风化的碎石土，应加强地面排水和表面覆盖等措施。应按设计要求做好渠道防渗漏的工程措施；当设计未提出要求时，应按现行国家标准《渠道防渗工程技术规范》GB/T 50600的规定执行。

6.2.3 填土渠道的质量检验，应随施工进程分层分段进行。以$200m^2$～$500m^2$内有一个检验点为宜，检验其干密度和含水量。

6.2.4 引渠的砌石(预制块)衬砌，应按本规范附录G的规定执行。施工过程中应采取相应保护措施，不得破坏渠坡、渠底。

6.2.5 引渠的混凝土衬砌，宜采用全断面渠道混凝土衬砌机械施工，使渠道混凝土衬砌一次成型，并按设计要求设置和处理伸缩缝。

6.2.6 引渠应与进水建筑物平顺连接；渠道周边表面应平整，表面糙率应符合设计要求。

6.3 前池及进水池

6.3.1 前池、进水池施工宜以泵房进水轮廓为基准，按先近后远、先深后浅、先边墙后护底的原则，在基础验收合格后进行。

6.3.2 两岸连接结构及护底的施工，应分别满足稳定、强度、抗冻和抗侵蚀的要求，其临水面应与泵房边墩平顺连接。

6.3.3 前池、进水池填筑反滤层应在地基检验合格后进行，并应符合下列要求：

1 反滤层厚度以及滤料的粒径、级配和含泥量等，均应符合设计要求。

2 铺筑时，滤料宜处于湿润状态，应避免颗粒分离，防止杂物或不同规格的料物混入。

3 滤料不得从坡上向下倾倒。

4 各层面均应拍打平整，保证层次清楚，互不混杂。每层厚度不得小于设计厚度的85%，且各层厚度之和不得小于设计总厚度的95%。

5 分段铺筑时，应将接头处各层铺成阶梯状，防止层间错位、间断和混杂。

6 前池、进水池的土工布铺设应符合下列要求：

1)铺设应平整、松紧均匀、端锚牢固；

2)连接可采用搭接、对接等方式，搭接长度应根据受力和基土条件确定；

3)铺设和存放均不宜日晒，铺设后应及时覆盖过渡层。

6.3.4 滤层与混凝土或浆砌石护底的交界面应隔离，并应防止砂浆渗入。充水前，排水孔应清理，并灌水检查。孔道畅通后，宜用小石子填满。

6.3.5 前池边墙和进水池两侧翼墙为浆砌石时，其施工应按本规范附录G的规定执行。

6.3.6 前池边墙和进水池两侧翼墙为混凝土或钢筋混凝土时，其施工应从材料选择、配合比设计、温度控制、施工安排和质量控制等方面采取综合措施，按本规范第5.2节的规定执行。两侧翼墙为钢筋混凝土时，其断面狭窄、配筋较密，捣实困难的混凝土浇筑塌落度应为80mm～100mm。

6.3.7 前池边墙和进水池两侧翼墙的分缝、防渗与排水等施工应符合设计要求。当设计无明确规定时，可按现行行业标准《水工挡土墙设计规范》SL 379的有关规定执行。

6.3.8 土方回填应根据结构物的类型、填料性能和现场施工条件，按设计要求施工。未经检验查明的以及不符合质量要求的土料，不得作为回填土。

6.3.9 前池、进水池底面及边坡的砌石(预制块)衬砌，应按本规范附录G的规定执行。施工过程中应采取相应的保护措施，不得破坏边坡和池底。

6.4 流 道

6.4.1 钢筋混凝土流道应防渗、防漏、防裂和防错位。施工时应采取有效的技术措施，提高混凝土质量，防止各种混凝土缺陷的产生，并保证流道型线平顺、各断面面积沿程变化均匀合理，内表面糙率符合设计要求。

6.4.2 进出水流道应分别按已拟定的浇筑单元整体浇筑，每一浇筑单元不应再分块，也不应再分期浇筑。

6.4.3 低温或高温季节及雨季施工时，应按本规范第5.7节的有关规定执行，保证混凝土满足设计规定的强度、抗冻、抗裂等各项指标的要求。

6.4.4 与水相接触的围护结构物，如挡水墙、闸墩等宜与流道一次立模、整体浇筑。

6.4.5 浇筑流道的模板、支架和脚手架应做好施工结构设计，计算荷载可按本规范附录F确定。

6.4.6 仓面脚手架应采用桁架、组合梁等大跨度结构。立柱较高时，可使用钢管组合柱或钢筋混凝土预制柱，中间应有足够数量的连杆和斜撑。通过混凝土部位的连杆，可随着新浇混凝土的升高而逐步拆卸。

6.4.7 流道模板宜在厂内制作和预拼，经检验合格后运到施工现场安装。制作和安装模板的允许偏差，应符合设计要求；如无设计规定时，则应符合本规范表5.2.1-2的规定。

6.4.8 钢筋混凝土柱应符合本规范第5.3.4条的规定，钢筋焊接柱的上下两端应设垫板。

6.4.9 流道的模板、钢筋安装与绑扎应作统一安排，互相协调。

6.4.10 模板、钢筋安装完毕，应经验收合格后方能浇筑混凝土。

如果安装后长时间没有浇筑，在浇筑之前应再次检查合格后方可浇筑。

6.4.11 混凝土中的水泥宜选择低水化热、收缩性小的品种，不宜使用粉煤灰水泥和火山灰质水泥，亦不宜在水泥中掺用粉煤灰等活性材料。

6.4.12 浇筑混凝土时应采取综合措施，控制施工温度缝的产生。

6.4.13 应作好浇筑混凝土的施工计划安排，明确分工责任制，配足设备和工具，确保工程质量。

6.4.14 在浇筑混凝土过程中，应建立有效的通信联络和指挥系统。

6.4.15 混凝土浇筑应从低处开始，按顺序逐层进行，仓内混凝土应大致平衡上升。仓内应布设足够数量的溜筒，保证混凝土能输送到位，不得采用振捣器长距离赶料平仓。

6.4.16 倾斜面层模板底部混凝土应振捣充分，防止脱空。模板面积较大时，应在适当位置开设便于进料和捣固的窗口。

6.4.17 临时施工孔洞应有专人负责，并应及时封堵。

6.4.18 混凝土浇筑完毕后应做好顶面收浆抹面工作，加强洒水养护，混凝土表面应经常保持湿润状态。应做好养护记录，定时观测室内外温度变化，防止温差过大出现混凝土裂缝。

6.5 输水管道的管床及镇墩、支墩

6.5.1 输水管道的管床基槽施工应符合下列要求：

1 土基开挖施工，应按本规范第4.3节的有关规定执行。土坡开挖尺寸应符合设计要求，槽基面设置排水沟；不回填土的管槽面，设置永久性排水系统；有地下水溢出的坡面，做好导渗工作。

2 管床基土为填方时，应分层夯实。避免采用膨胀土作为填土的土料，若采用时，按本规范第4.5.2条的有关规定执行。

3 岩石管床的开挖施工可按现行行业标准《水工建筑物岩石基础开挖工程施工技术规范》SL 47的有关规定执行。

6.5.2 管床基础应修整平直，排除积水，不应欠挖和超挖。若有局部超挖应回填压实至接近天然密实度。遇软弱地基应采取加固措施。

6.5.3 管床护砌坡度应符合设计要求，坡面平顺、无明显凸凹现象。砌石衬砌可按本规范附录G的规定执行。

6.5.4 镇墩、支墩基础施工应符合下列要求：

1 基础开挖应按本规范第6.5.1条、第6.5.2条的规定执行；

2 对有软弱夹层的地基应验算地基内部发生深层滑动的可能，若有可能发生深层滑动，应按有关要求进行处理；

3 软地基上的镇墩底面应在冻土层以下。

6.5.5 镇墩、支墩墩体的施工应符合下列规定：

1 混凝土镇墩、支墩浇筑时，混凝土强度等级应符合设计要求，当设计未作规定时不应低于C20，还应保证混凝土抗冻等级；每个镇墩、支墩应一次浇筑完成，表面应平整、密实、光滑。

2 砌石镇墩、支墩砌筑时，水泥砂浆强度等级应符合设计要求，当设计未规定时不应低于M7.5；灰缝应饱满且无通缝现象，表面应平整、密实，原状土与墩体之间应采用砂浆填塞。

3 镇墩、支墩支承面应能与管道外壁接触紧密。

4 镇墩、支墩施工完成后，应加强位移、沉降观测，若发现异常应及时处理。

6.6 出水池及压力水箱

6.6.1 出水池、压力水箱施工宜以泵房出水轮廓为基准，按照先近后远、先深后浅、先边墙后护底的原则进行。

6.6.2 出水池、压力水箱的地基为填方时，应符合下列规定：

1 土料不得使用淤泥、耕土、冻土、膨胀性土以及有机物含量大于8%的土；当填料内含有碎石土时，其粒径不应大于200mm。

2 填土每300mm～500mm厚宜为一层，碾压密实，压实系数宜为0.93～0.96。

3 填土的最大干容重应满足设计要求。当设计未提出要求时，填土为黏性土或砂土的，宜采用击实试验确定；当填土为碎石或卵石土时，其最大干密度可取19.6kN/m²～21.6kN/m²。

4 按设计要求做好防渗漏的工程措施。当设计未提出要求时，应按现行国家标准《渠道防渗工程技术规范》GB/T 50600的有关规定执行。

5 填土的质量检验应符合本规范第6.2.3条的规定。

6.6.3 出口两侧翼墙为浆砌石时，其施工应按本规范附录G的规定执行。

6.6.4 出口两侧翼墙为混凝土或钢筋混凝土时，其施工应按本规范第6.3.6条的有关规定执行，还应分别满足稳定、强度、抗渗、抗冻、抗侵蚀、抗冲刷和抗磨损等要求，其临水面与泵房流道出口边墩应平顺连接。

6.6.5 出水池两侧翼墙的分缝、防渗与排水等施工应按本规范第6.3.7条的规定执行。

6.6.6 压力水箱为压力水管的输水连接建筑物，其施工应符合下列要求：

1 施工前应按设计要求，编制符合压力水箱施工特点的施工方案。

2 压力水箱基础强度应符合设计要求；若不满足设计要求，应进行加固处理。

3 基坑开挖前，应排除施工面的地表水，并防止地表水注入坑内。

4 基坑地下水位较高时，宜采用深井抽水的措施降低地下水位，防止坑壁的水压过大而失稳坍塌。

5 钢筋混凝土施工应按本规范第6.4节的有关规定执行，施工时应保证原材料质量，控制好温度应力。

6.6.7 出水池的防渗和止水缝、伸缩缝、抗震缝等永久缝所用的材料、制品的品种和规格等，均应符合设计要求。

6.6.8 水下混凝土防渗墙工程的施工应符合下列规定：

1 混凝土抗压强度、抗渗标准、弹性模量等应符合设计标准，强度保证率应在80%以上；

2 对工程质量应如实准确记录；

3 应及时整理资料，并绘制混凝土浇筑指示图等图表。

6.6.9 采用钢筋混凝土板桩或木板桩作防渗板桩时，其施工应按现行行业标准《水闸施工规范》SL 27的有关规定执行。

6.6.10 出水池护底混凝土或钢筋混凝土施工应按本规范第5.3节的有关规定执行。护底宜分块、间隔浇筑；在荷载相差过大的邻近部位，应在浇筑块沉降基本稳定后，再浇筑交接处的另一块体。

6.6.11 在混凝土或钢筋混凝土护底上行驶重型机械、堆放重物，应经过设计单位同意。

6.6.12 出水池底面及边坡的砌石(预制块)衬砌，应按本规范第6.3.9条的规定执行。

6.6.13 出水池黏土铺盖的填筑应减少施工接缝，防止止水破坏；还应保证黏土的质量满足设计要求，填筑时碾压夯实，接缝合理，防止晒裂和受冻。若分段填筑时，其接缝的坡度不应陡于1:3。

6.6.14 用塑料薄膜等高分子材料组合层或橡胶布作防渗铺盖时，应符合下列要求：

1 应防止沾染油污；

2 铺筑应平整，及时覆盖，避免日晒；

3 接缝黏结应紧密牢固，并有一定的叠合段和搭接长度；

4 应加强抽查和试验。

6.7 进出水建筑物加固改造

6.7.1 加固改造前，应收集进出水建筑物的原批准设计资料及竣工图纸，查明建筑物的构造，按加固改造设计要求，确定合理的施工方案。

6.7.2 施工方案在实施前，宜对拟实施的施工方案进行可靠性鉴

定或分析其可靠性。

6.7.3 建筑物整体拆除时，应采取必要的工程保护措施，不应危及相邻建筑物的安全；拆除进出水建筑物局部混凝土时，宜采用无振动静态切割方法。

6.7.4 如局部保留原建筑物时，应对保留部分进行质量检测。

6.7.5 施工导流宜利用原有水工建筑物，并应根据所利用水工建筑物的安全度汛和利用原有水工建筑物对施工的影响程度，合理安排施工工期。

6.7.6 新旧混凝土结合部位施工应符合下列要求：

1 清理旧混凝土结合面至密实部位，并将界面凿毛或凿成沟槽。沟槽深度不宜小于6mm，间距不宜大于箍筋间距或200mm，同时应除去浮碴、尘土。

2 应对原有和新设受力钢筋进行除锈处理。

3 在旧钢筋混凝土受力钢筋上施焊前，应采取卸荷或支顶措施，并逐根分区分层进行焊接。

4 在浇筑新混凝土前，应将原混凝土拆除后的表面冲洗干净，并采用水泥浆等界面剂进行处理。

5 模板搭设、钢筋安置以及新混凝土的浇筑和养护，应根据泵站进出水建筑物加固改造施工特点，按现行国家标准《混凝土结构工程施工质量验收规范》GB 50204的相关规定执行。

6.7.7 进出水建筑物混凝土表层损坏的修补、裂缝的处理和渗漏的处理可分别按本规范第5.6.1条、第5.6.2条、第5.6.3条的规定执行。

6.7.8 进出水建筑物的加固应符合下列要求：

1 结构加固用胶，应采用黏结强度高、耐久性好、温度变形较小的刚性胶料。

2 植筋所用的锚固剂，其安全性能指标应按国家现行有关标准执行，其填料宜在工厂制胶时添加。

3 在新浇筑混凝土层内配置竖向、横向钢筋时，钢筋混凝土的净保护层厚度不应小于5mm。

4 新配置的受力钢筋应与种植钢筋焊接牢固，并符合混凝土结构锚固长度的要求。具体锚固长度应根据施工规范要求，结合锚固剂特性，通过现场锚筋拉拔试验确定。

5 钻孔锚筋时应符合以下要求：

1)根据结构竣工图或用钢筋探测仪探查，摸清原有混凝土结构内钢筋分布情况；

2)按施工图要求在施工面划定钻孔锚固的准确位置、孔径；

3)宜一次钻孔到设计规定的深度，合格后进行下一步施工；

4)植筋前应对锚筋孔进行清理，植筋放入锚筋孔时，应缓慢转动钢筋，使孔与钢筋全面黏合；

5)在锚固剂未达到固结时间前，对锚筋不得施加外力或进行后续施工；

6)应按现行国家标准《混凝土结构加固设计规范》GB 50367的相关规定对锚固质量进行检验，对锚筋进行拉拔试验。

6 采用碳纤维布加固时，应符合下列要求：

1)混凝土结构表面应处理干净，直到露出坚硬新鲜的界面层；

2)应在混凝土表层界面含水率、环境湿度和温度等符合碳纤维布作业条件时进行施工；

3)应采取必要的干燥、升温措施，提高养护温度加速固化。

7 采用的灌浆树脂材料应符合设计的质量要求，并应有产品合格证及检验报告，严格按产品使用说明书使用。

6.7.9 进出水流道内部加固改造宜采用自密实、自流平、免振捣混凝土施工方法，并应符合下列要求：

1 施工前应按设计要求，并根据试验确定混凝土配合比。混凝土应具有高流动性、抗离析性、间隙通过性和填充性，能在自重下无须振捣而自行填充模板的空间，形成均匀密实的混凝土。

2 绑扎安装钢筋应一次性定位准确；模板应有足够的刚度，接缝、表面应平整，安装过程中应严格控制相关尺寸，定位精确，各块模板之间连接应光滑，控制好钢筋保护层厚度；浇筑混凝土过程中模板不得移位。

3 密实混凝土浇筑应满足混凝土密实性、表面平整度、流道线型等要求。

4 应控制混凝土浇筑时间和浇筑速度，使混凝土均衡上升，有足够的流动时间以充满整个空间。

5 混凝土浇筑后，应无混凝土塑性收缩、沉降产生的缝隙及温度裂缝，并保证混凝土线型、表面平整、无蜂窝麻面、内实外光；混凝土的新老界面黏结强度应满足设计要求。

7 观测设施和施工期观测

7.1 观测设施

7.1.1 观测设备埋设前，应进行率定和现场检查。

7.1.2 观测基点的选择与埋设应符合下列要求：

1 基点应布置在建筑物两岸、不受沉陷和位移的影响、便于观测的基岩或坚实的土基上，临时观测基点应与永久观测基点相结合；

2 用于观测水平位移的基准点，应采用带有强制归心装置的观测墩；

3 用于观测垂直位移的基准点宜采用双金属标或钢管标，且布设不应少于1组，每组不应少于3个固定点。

7.1.3 建筑物变形观测点应设置牢固，有足够的数量，能反映变形特征。

7.1.4 沉降标点应用铜制或钢制镀铜或不锈钢制。施工期可先埋设在底板面层，在工程竣工后、放水前应将水下的沉降标点转接到便于继续观测的上部结构。对附近重要建筑物亦应设立标点进行观测，其沉降标点应布置在重要建筑物的下列部位：

1 建(构)筑物的主要墙角及沿外墙每10m～15m处或每隔2根～3根柱基上；

2 沉降缝、伸缩缝、新旧建(构)筑物或高低建(构)筑物接壤处的两侧；

3 人工地基和天然地基接壤处、建(构)筑物不同结构分界处的两侧；

4 水塔等高耸构筑物基础轴线的对称部位，且每一构筑物不得少于4个点；

5 基础底板的四角和中部；

6 当建(构)筑物出现裂缝时，布设在裂缝的两侧。

7.1.5 测压管的埋设应符合下列要求：

1 安装前，应逐节检查，无堵塞；

2 测压管的水平段应设15%左右的纵坡，进水口略低，避免气塞，管段应连接严密；

3 测压管的垂直段应分节架设稳固，管身垂直度应符合设计要求，管口应设置封盖；

4 安装完毕，应做注水试验。

7.1.6 水位观测设施的布测位置应符合设计要求。当设计无要求时，宜布设在水流平稳地段，施工围堰处也应设置临时水尺。

7.1.7 滑坡监测变形观测点位的布设应符合下列规定：

1 对已明确主滑方向和滑动范围的滑坡，监测网可布置成十字形或方格形，其纵向应沿主滑方向，横向应垂直于主滑方向；对主滑方向和滑动范围不明确的滑坡，监测网宜布置成放射形。

2 点位应选在地质、地貌的特征点上。

3 单个滑坡体的变形观测点不宜少于3个。

4 地表变形观测点宜采用有强制对中装置的墩标，困难地段也应设立固定照准标志。

7.1.8 高边坡监测的点位布设，可根据边坡的高度，按上中下成排布点。

7.1.9 新建泵站工程应根据建(构)筑物温控要求，在建(构)筑物内部布设温度监测设施。温度监测设施的布点数量、位置应满足温控要求。

7.1.10 有关应力、振动等专门性观测项目的观测设备埋设和观测，应按国家现行相关专项规定执行。

7.1.11 观测项目的设施，应有专人负责保(维)护。

7.1.12 所有观测设备的埋设安装、率定、检查等记录、资料均应移交管理单位。

7.2 施工期观测

7.2.1 新建泵站及其附属工程施工期的观测项目和内容，应根据泵站结构及布局、地基条件、地形地貌、基坑深度、开挖断面和施工方法等因素综合确定。观测内容在满足工程需要和设计要求的基础上，可按表7.2.1选择。加固改造泵站工程根据加固改造条件也可按表7.2.1选择。

表7.2.1 施工期观测项目

观测项目	主要监测内容
高边坡开挖稳定性监测	水平位移、垂直位移、裂缝、渗流、倾斜、挠度
泵站建筑物监测	水平位移、垂直位移、倾斜、挠度、裂缝、扬压力、温度
基坑沉陷监测	垂直位移、地下水位、渗流
临时围堰观测	水平位移、垂直位移、渗流
近施工区滑坡监测	水平位移、垂直位移、深层位移

7.2.2 施工期各项变形观测位移量中误差的精度要求，应符合表7.2.2的规定。

表7.2.2 施工期各项变形监测的精度要求

观测项目	测量中误差(mm)					说明
	水平位移	垂直位移	挠度	基础倾斜	泵房倾斜	
高边坡开挖稳定性监测	≤3	≤3	—	—	—	岩石边坡
	≤5	≤5	—	—	—	岩石混合或土质边坡
泵站建筑物监测	≤1	≤1	≤0.3	≤1	≤5	中、小型泵站的水平位移和垂直位移的监测精度可放宽一倍执行
临时围堰观测	≤5	≤10	—	—	—	
基坑沉陷监测	—	≤3	—	—	—	
近泵房区滑坡监测	≤3	≤3	—	—	—	岩质滑坡体
	≤6	≤5	—	—	—	岩石混合或土质滑坡体
裂缝观测	≤1	—	—	—	—	混凝土构筑物、大型金属构件；混凝土构筑物的表面裂缝测量中误差不应超过0.2mm
	≤3	—	—	—	—	其他构筑物
	≤0.5	—	—	—	—	岩质滑坡地表裂缝
	≤5	—	—	—	—	土质滑坡地表裂缝

注：1 施工区外的大滑坡和高边坡的监测精度可根据设计要求另行确定；

2 临时围堰位移量中误差是指相对于围堰轴线，裂缝观测是指相对于观测线，其他项目是指相对于工作基点；

3 垂直位移观测，应采用水准测量；受客观条件限制时，也可采用电磁波测距、三角高程测量。

7.2.3 水平位移观测宜采用视准线法，视准线法技术要求应符合表7.2.3的规定。

表7.2.3 视准线法技术要求

要求精度(mm)	活动觇牌法				小角度法			
	视准线长度(m)	测回数	半测回读数差(mm)	测回差(mm)	视线长度(m)	测角中误差	半测回读数差(mm)	测回差(mm)
≤3	≤300	3	≤3.5	≤3.0	≤500	1.0	≤4.5	≤3.0
≤5	≤500	3	≤5.0	≤4.0	≤600	1.8	≤3.5	≤2.5

7.2.4 沉降标点埋设后应及时观测初始值。施工期间按不同加载情况定期观测，每次观测时间间隔不宜超过15d。在工程竣工放水前、后应对沉降分别观测1次。

7.2.5 岸墙、翼墙墙身的倾斜观测应在标点埋设后，填土过程中及放水前后进行。

7.2.6 测压管水位与上下游水位应同步观测。

7.2.7 扬压力观测的时间和次数应根据泵站上游水位、下游水位、地下水位、基坑水位的变化情况确定。

7.2.8 基坑周围重要建(构)筑物的变形监测，应在基坑开始开挖或降水前进行初步观测，回填完成后可中止观测。其变形监测应与基坑变形监测同步。

7.2.9 新建泵站工程建(构)筑物内部的温度监测，应按温控要求执行。

7.2.10 仪器监测应与巡视检查相结合。每次巡视检查均应按规定做好现场记录，必要时应附有略图素描或照片。

7.2.11 在建筑物加固改造工程施工中，当加载或卸载对原有建筑物可能造成影响时，应加强对原有建筑物的变形、内力和渗透压力等项目的观测。若出现异常，应及时采取保护措施。

7.2.12 施工期间，所有观测项目均应按时观测，观测数据应及时整理、分析。记录、分析成果等均应移交管理单位。

8 金属结构安装及试运行

8.1 一般规定

8.1.1 闸门、拦污栅、启闭机、清污机等在安装前应具备下列资料：

1 施工图，包括各金属结构及设备安装部位的建筑物施工图，闸门、拦污栅、启闭机、清污机等的安装图及总图、装配图、易损件零件图、电气控制原理图等；

2 闸门、拦污栅、启闭机、清污机等的制造验收资料和质量证书、外购件合格证和安装使用说明书等；

3 主要部件装配检查记录及产品预装检查报告；

4 安装用控制点位置图。

8.1.2 闸门、拦污栅、启闭机、清污机的安装与埋件预埋，应按设计和有关技术文件进行，如有修改应有设计修改通知书，并经监理认可。

8.1.3 安装闸门、拦污栅、启闭机、清污机与埋件预埋所用的量具和仪器应经法定计量部门检定合格，并在有效期内。主要量具和仪器的精度应符合下列规定：

1 钢卷尺精度不应低于一级；

2 经纬仪精度不应低于DJ_2级；

3 水准仪精度不应低于DS_3级；

4　全站仪的测角精度不应低于 1″，测距精度不应低于 $1mm+2\times D\times 10^{-6}$。D 为测量距离，单位为 mm。

8.1.4　用于测量高程和安装轴线的基准点及安装用的控制点，应准确、牢固、明显和便于使用。

8.1.5　压力表安装前应进行校验，表面的满刻度应为试验压力的 1.5 倍～2 倍，精度等级不低于 1.5 级。

8.1.6　安装用焊接材料（焊条、焊丝及焊剂）应具有出厂质量证书，其化学成分、机械性能和扩散氢含量等各项指标，应符合国家现行有关标准和设计文件的规定。

8.1.7　焊缝的外观质量和对Ⅰ、Ⅱ类焊缝内部缺陷探伤，应符合现行行业标准《水工金属结构焊接通用技术条件》SL 36 的有关规定。发现焊缝有不允许的缺陷时，应按该标准的有关规定进行修补与处理，不得在焊件组装间隙内填入金属材料。

8.1.8　闸门、拍门、拦污栅等构件运输吊装时，宜标出构件重心位置，并应采取措施，防止构件损坏和变形；闸门、拍门及埋件的加工面应采取防碰伤及防锈蚀措施。

8.1.9　启闭机、清污机及自动挂脱梁在运输保管过程中应采取防碰伤及防锈蚀措施，液压启闭机存放时应采取防止油缸体及活塞杆变形措施。设备运至工地后，应入临时仓库妥善保管。

8.1.10　在运输、安装过程中，金属结构件及设备的防腐涂层发生损坏和锈蚀时，应按现行行业标准《水工金属结构防腐蚀规范》SL 105 的有关规定进行修补处理。

8.2　埋件安装

8.2.1　预埋件在一期混凝土中的锚栓或锚板，应符合设计要求，由土建施工单位预埋，并在混凝土开仓浇筑之前会同有关单位对其预埋位置进行检查核对。

8.2.2　埋件安装前，门槽中的模板杂物应清除干净。混凝土的结合面应全部凿毛，凿痕深度宜为 5mm～10mm。二期混凝土的断面尺寸应符合设计要求。

8.2.3　平面闸门埋件安装允许偏差应符合本规范附录 H 的规定。检测时，每米构件不宜少于 1 个测点。

8.2.4　拍门铰座的基础螺栓中心和设计中心位置允许偏差应为 0～1.0mm。

8.2.5　拍门铰座安装允许偏差应符合表 8.2.5 的规定。

表 8.2.5　拍门铰座安装允许偏差

项　目	允许偏差
铰座中心对孔中心距离	±1.5mm
里程	±2.0mm
高程	±2.0mm
铰座轴孔倾斜度(任意方向)	0～1/1000
两铰座轴线的同轴度	±1.0mm

8.2.6　拍门门框安装宜采用二期混凝土浇筑。倾斜设置的门框埋件，其倾斜角度允许偏差宜为±10′。

8.2.7　埋件安装调整好后应将调整螺栓与锚板或锚栓焊牢，确保埋件在浇筑二期混凝土过程中不发生变形或位移。若对埋件的加固另有要求时，应按设计要求予以加固。

8.2.8　埋件安装经检查合格，应在 5d～7d 内浇筑二期混凝土。二期混凝土一次浇筑高度不宜超过 5.0m，混凝土振捣应选用小直径插入式振捣器，防止直接振捣埋件、钢筋和模板。

8.2.9　埋件二期混凝土拆模后，应对埋件进行复测，做好记录，并检查混凝土表面尺寸，清除遗留的钢筋和杂物。

8.2.10　埋件工作表面对接接头的错位应进行缓坡处理。工作面的焊疤、焊缝余高以及凹坑应铲平、焊平和磨光。

8.2.11　埋件安装完毕，经检查合格后，挡水前应对全部检修门槽用共用闸门逐孔进行试槽。

8.3　平面闸门安装

8.3.1　整体闸门在安装前应对其各项尺寸进行复查，各项尺寸应符合设计及现行国家标准《水利水电工程钢闸门制造、安装及验收规范》GB/T 14173 的有关规定。

8.3.2　分节闸门组装成整体后除应按现行国家标准《水利水电工程钢闸门制造、安装及验收规范》GB/T 14173 的有关规定执行外，还应满足下列要求：

1　节间如用螺栓连接，应均匀拧紧螺栓，节间止水橡皮的压缩量应符合设计要求；

2　节间如用焊接，可用连接板连接，但不得强制组合，焊接时应采取措施控制变形；

3　组装成整体后，组合处的错位不应大于 2.0mm；

4　组装完毕检查合格后，应在组合处打上明显的标记、编号，并设置可靠的定位装置。

8.3.3　止水橡皮的螺孔位置应与门叶或止水压板上的螺孔位置一致，孔径应比螺孔直径小 1.0mm，不得烫孔。

8.3.4　止水橡皮安装后，两侧止水中心距和顶止水中心至底止水底缘距离的允许偏差应为±3.0mm，止水表面的平面度宜为 2.0mm；止水橡皮的压缩量应符合设计要求，其允许偏差应为 +2mm～−1mm。

8.3.5　止水橡皮接头可采用生胶热压等方法胶合，胶合处不得有错位、凸凹不平和疏松现象存在。

8.3.6　平面闸门应作静平衡试验，其倾斜不应超过门高的 1/1000，且不应大于 8.0mm；超过上述规定时，应予配重。

8.3.7　闸门吊装时，应采取防止变形及碰撞的保护措施。

8.4　拍门安装

8.4.1　拍门在安装前应检查其制造重量，制造重量与设计重量误差不应超过±5%。当设计文件对拍门转动中心的重心和浮心位置有控制要求时，还应复测重心和浮心位置，满足要求后方可进行安装。

8.4.2　拍门止水橡皮安装应符合本规范第 8.3.3 条、第 8.3.4 条、第 8.3.5 条的规定。

8.4.3　拍门采用金属止水时，止水面应进行机械加工，粗糙度 Ra 值不应大于 3.2μm，安装时应保持接触面密封良好。如设计另有要求时，应满足设计要求。

8.4.4　采用平衡重式拍门，平衡配重块重量应符合设计要求，其允许误差应为±2%。平衡机构运行不应受任何干扰。

8.4.5　拍门安装后，开启角度偏差应符合设计要求，其中心与流道中心偏差不应大于 3.0mm。

8.5　拦污栅安装

8.5.1　活动式拦污栅埋件安装允许偏差应符合表 8.5.1 的规定。倾斜设置的拦污栅埋件，其倾斜角的角度允许偏差应为±10′。

表 8.5.1　活动式拦污栅埋件安装允许偏差

项　目	允许偏差(mm)		
	底坎	主轨	反轨
里程	±5.0	—	—
高程	±5.0	—	—
工作面一端对另一端的高程	0～3.0	—	—
对栅槽中心线	—	+3.0～−2.0	+5.0～−2.0
对孔口中心线	±5.0	±5.0	±5.0

8.5.2 固定式拦污栅埋件安装后，各横梁工作表面最高点和最低点的差值不应大于3.0mm。

8.5.3 使用清污机的拦污栅，其安装精度应符合设计要求；分节拦污栅的栅条连接处应平顺连接，平面及侧向错位不应大于1.0mm。

8.6 闸门、拍门、拦污栅试运行

8.6.1 闸门安装好后应在无水情况下进行全行程启闭试验。启闭前应在止水橡皮处淋水润滑。有条件时，对工作闸门应做动水启闭试验。

8.6.2 闸门、拍门启闭过程中应检查滚轮、拍门铰等转动部位的运行情况，闸门升降、拍门旋转过程中应无卡阻，启闭设备左右两吊点应同步，止水橡皮及拍门缓冲块应无损伤。

8.6.3 快速闸门、拍门安装完成后，应对闸门、拍门的关闭速度进行试验，其关闭时间应满足机组的保护要求。

8.6.4 拦污栅入槽后应做升降试验，检查栅槽有无卡阻情况，栅体动作和各节的连接是否可靠。

8.6.5 闸门在承受设计水头压力时，其止水、允许漏水量应符合表8.6.5的规定。

表 8.6.5 闸门止水、允许漏水量

止水材料	每米止水长度的漏水量(L/s)
橡皮	≤0.1
金属	≤0.8

8.7 固定卷扬式启闭机安装及试运行

8.7.1 启闭设备到达施工现场后，应按现行行业标准《水利水电工程启闭机制造安装及验收规范》SL 381的有关规定，进行全面检查合格后方可进行安装。

8.7.2 应检查启闭机基础螺栓埋设情况，其埋设位置、埋入深度及露出部分的长度应符合设计要求。

8.7.3 应检查启闭机平台高程和水平，其高程的允许偏差应为±5.0mm，水平的偏差应小于0.5/1000。

8.7.4 启闭机的安装应根据启吊中心找正，其纵横向中心线允许偏差应为±3.0mm。

8.7.5 缠绕在卷筒上的钢丝绳，当吊点在下限位置时，留在卷筒上的圈数不宜少于4圈；当吊点在上限位置时，钢丝绳不得缠绕到卷筒的光筒部分。

8.7.6 双吊点启闭机吊距允许误差宜为±3.0mm；钢丝绳拉紧后，两吊轴中心线应在同一水平上，其高差在孔口范围内不应大于5.0mm。

8.7.7 启闭机电气设备的安装应符合现行国家标准《电气装置安装工程盘、柜及二次回路接线施工及验收规范》GB 50171的有关规定。

8.7.8 电气设备通电试验前应认真检查全部接线，并应符合设计要求，整个线路的绝缘电阻应大于0.5MΩ，方可通电试验。试验中各电动机和电气元件温升不应超过各自的允许值，试验应采用该机自身的电气设备。试验中若触头等元件有烧灼现象，应查明原因并予以更换。

8.7.9 启闭机空载试验，应全行程上下升降3次。空载试验时，还应对电气和机械部分进行检查和调整，并符合下列要求：

1 电动机运行平稳，三相电流不平衡度不应超过10%，并测量电流值；

2 电气设备应无异常发热现象；

3 检查和调试限位开关(包括充水平压开度接点)，开关动作应准确可靠；

4 高度指示器和荷重指示器应能准确反映行程和重量，高度指示系统精度不应超过1%，荷重指示系统精度不应超过2%；

5 到达上下极限位置后，主令开关应能发出信号并自动切断电源；

6 所有机械部件运行时均应无冲击声和其他异常声音，钢丝绳在任何位置不应与其他部件和土建构件相摩擦；

7 制动闸瓦松闸时应能全部打开，其间隙应符合要求，并应测量松闸电流值；

8 快速闸门启闭机利用直流电源松闸时，应分别检查和记录松闸的直流电流值和松闸持续2min的电磁线圈温度。

8.7.10 启闭机负荷试验，应将闸门在门槽内无水或静水中全行程上下升降2次；对于动水启闭的工作闸门或动水闭静水启的事故闸门，应在设计水头动水工况下升降2次；对于泵站出口快速闸门，应在设计水头动水工况下，做全行程的快速关闭试验。负荷试验时，还应对电气和机械部分进行检查，并符合下列要求：

1 电动机运行应平稳，三相电流不平衡度不应超过±10%，并测量电流值。

2 电气设备应无异常发热现象。

3 所用保护装置和信号应准确可靠。

4 所有机械部件在运行中应无冲击声，开放式齿轮啮合工况应符合要求。

5 制动器应无打滑、无焦味和无冒烟现象。

6 荷重指示器与高度指示器的读数应能准确反映闸门在不同开度下的启闭力数值，启闭力允许误差应为2%。

7 快速闸门启闭机的快速闭门时间不应超过设计规定的时间；快速关闭的最大速度不应超过5m/min；电动机(或离心调速器)的最大转速不应超过电动机额定转速的两倍。离心式调速器的摩擦面最高温度不应超过200℃；采用直流电源松闸时，电磁线圈的最高温度不应超过100℃。

8 试验结束后，机构各部分应无破裂、永久变形、连接松动或损坏。

8.8 移动式启闭机安装及试运行

8.8.1 小车轨道安装允许偏差，应符合本规范附录J的规定。

8.8.2 大车轨道安装应符合下列要求：

1 铺设前，应对轨道进行检查，合格后方可铺设。

2 吊装轨道前，应确定轨道的安装基准线。轨道安装允许偏差应符合表8.8.2的规定。

表 8.8.2 轨道安装允许偏差

项目名称	基本尺寸(m)	允许偏差(mm)
大车轨道实际中心线与基准线偏差	跨度 $L\leqslant10$	±2.0
	$L>10$	±3.0
大车轨距偏差	跨度 $L\leqslant10$	±3.0
	$L>10$	±5.0
同跨两平行轨道的标高相对差	跨度 $L\leqslant10$	其柱子处 0～5.0
	$L>10$	其柱子处 0～8.0
大车轨道接头	左、右、上三面错位	0～1.0
	接头处间隙	0～2.0
轨道纵向直线度误差	—	0～1/1500
轨道全行程最高点与最低点之差	—	0～2.0

3 两平行轨道的接头位置应错开，且错开距离不应等于前后车轮的轮距。

4 应全面复查各个螺栓的紧固情况。

5 在吊装桥机(门机)前，应安装好轨道上的车挡；同一跨度的两车挡与缓冲器均要接触，如有偏差应进行调整。

6 大车车轮均应与轨道面接触，无悬空现象。

8.8.3 桥机和门架组装和运行机构安装后的允许偏差，应符合本规范附录J的规定。

8.8.4 电气设备安装应符合现行国家标准《电气装置安装工程盘、柜及二次回路接线施工及验收规范》GB 50171 的有关规定。

8.8.5 自动挂脱梁安装应符合下列要求：

1 自动挂脱梁出厂前应做静平衡试验，并检查挂钩装置、液压装置和信号装置等部位，其动作应灵活、准确、可靠，无卡阻或渗漏现象，电缆接线盒不得漏水；

2 自动挂脱梁上的吊点中心距与定位中心距的允许偏差应为±2.0mm；

3 自动挂脱梁安装后，在无水情况下进行挂、脱闸门试验应正常。

8.8.6 采用带自动挂脱梁的移动式启闭机启闭多孔口闸门时，启闭机及自动挂脱梁的安装，应根据各孔口门槽起吊中心找正；其中心线与各孔口起吊中心线，安装后的纵横向允许误差应为±5.0mm。

8.8.7 试运行前应对下列内容进行检查：

1 所有机械部件、连接部件、各种保护装置及润滑系统等的安装、注油情况，其结果应符合要求，并清除轨道两侧所有的杂物；

2 钢丝绳端的固定应牢固，在卷筒、滑轮中缠绕方向应正确；

3 电缆卷筒、中心导电装置、滑线及各电动机的接线应正确、无松动现象，接地良好；

4 对双电动机驱动的起升机构，电动机的转向应正确、转速同步；双吊点的起升机构两侧钢丝绳应调至等长；

5 运行机构的电动机转向应正确、转速同步；

6 机构的制动轮应无卡阻现象。

8.8.8 空载试运行起升机构和运行机构应分别在全行程内上下往返各3次，还应对电气和机械部分进行检查，并应符合下列要求：

1 电动机运行应平稳，三相电流平衡误差应小于10%；

2 电气设备应无异常发热现象，控制器的触头应无烧灼现象；

3 限位开关、保护装置及联锁装置等动作应正确可靠；

4 当大车、小车运行时，车轮应无啃轨现象，导电装置应无卡阻、跳动及严重冒火花现象；

5 所有机械部件运行时，应无冲击声和其他异常声音；

6 运行过程中，制动闸瓦应处于松闸状态，全部脱离制动轮，其间隙满足要求；

7 所有轴承和齿轮应有良好的润滑，轴承温度不应超过65℃；

8 在无其他噪声干扰的情况下，在司机座(不开窗)测得的噪声不应大于85dB(A)。

8.8.9 检查启闭机构及制动器工作性能的负荷试验，可提升起1.1倍额定荷载，做动载试验；同时开动两个机构做重复的启动、运行、停车、正转、反转等动作，延续时间应达到1h。电气和机械部分按本规范第8.7.9条规定的项目进行检查，应动作灵敏、工作平稳可靠，各限位开关、安全保护联锁装置、防爬装置动作正确可靠，各零部件无裂纹等损坏现象，各连接处不应松动。

8.9 液压式启闭机安装及试运行

8.9.1 液压启闭机机架的纵横中心线与实际起吊中心线的距离允许误差应为±2.0mm；高程允许偏差应为±5.0mm。双吊点液压启闭机支承面高程允许误差应为±0.5mm。

8.9.2 机架钢梁与推力支座的组合面用0.05mm塞尺检查，不应通过；当允许有局部间隙时，可用0.1mm塞尺检查，插入深度不应大于组合面宽度的1/3，累计长度不应大于周长的20%。推力支座顶面允许水平偏差应为0～0.2/1000。

8.9.3 安装前应检查活塞杆是否变形，在活塞杆竖直状态下，其垂直度允许偏差为0～0.5/1000；油缸内壁应无碰伤和拉毛现象。

8.9.4 吊装液压缸时应根据缸体直径、长度和重量确定支点数量和位置。

8.9.5 活塞杆与闸门(或拉杆)吊耳连接时，当闸门下放到底坎位置，在活塞与油缸下端盖之间应留有50mm的间隙。

8.9.6 管道弯制、清洗和安装应符合现行国家标准《水轮发电机组安装技术规范》GB/T 8564 的有关规定，管道设置应减少阻力，管道布局应清晰、合理。

8.9.7 高度指示器和主令开关的上下断开接点及充水接点应进行初调。

8.9.8 试验油过滤精度要求，柱塞泵不应低于20μm，叶片泵不应低于30μm。

8.9.9 试运行前，应对下列项目进行检查和调试，并符合下列要求：

1 门槽内的一切杂物应清除干净，闸门和拉杆应不受卡阻。

2 机架固定应牢固。对采用焊接固定的，检查焊缝应达到设计要求；对采用地脚螺栓固定的，检查螺丝应无松动。

3 对电气回路中的单个元件和设备进行调试，并符合现行国家标准《低压电器基本标准》GB 1497 和《电气装置安装工程盘、柜及二次回路接线施工及验收规范》GB 50171 的有关规定。

8.9.10 油泵第一次启动时，应将油泵溢流阀全部打开，连续空转30min～40min，油泵不应有异常现象。

8.9.11 油泵空转正常后，应将溢流阀逐渐旋紧向管路系统充油，充油时应排除空气，同时监视压力表读数。管路充满油后，调整油泵溢流阀，使油泵在其工作压力25%、50%、75%、100%的情况下分别连续运行15min，应无振动、杂音和温升过高现象。

8.9.12 上述试验完毕后，调整油泵溢流阀，当压力达到工作压力的1.1倍时动作排油，此时应无剧烈振动和杂音。

8.9.13 油泵运行噪声应低于85dB(A)。

8.9.14 油泵阀组的起动阀应在油泵开始转动后3s～5s内动作，使油泵带上负荷。否则，应调整弹簧压力或节油孔的孔径。

8.9.15 无水时应先手动操作升降闸门一次，检验缓冲装置减速情况和闸门有无卡阻现象，并记录闸门全开时间和油压值。

8.9.16 调整主令控制器凸轮片，使主令控制器的电气接点接通。断开时闸门所处的位置应符合设计要求，但闸门上充水阀的实际开度应调至小于设计开度30mm以上。调整高度指示器，使其指针能正确指出闸门所处的位置。

8.9.17 第一次快速关闭闸门时，应在操作电磁阀的同时做好手动关闭阀门的准备。

8.9.18 闸门提起在48h内，闸门因液压系统内泄和外泄而产生的下降量应小于200mm。

8.9.19 手动操作试验合格后，方可进行自动操作试验。提升和快速关闭闸门试验时，应记录闸门提升、快速关闭、缓冲的时间以及水位和油压值。快速关闭时间应符合设计要求。

8.10 清污机安装及试运行

8.10.1 移动式清污机的轨道安装，应按本规范第8.8.2条的规定执行。轨道中心线与拦污栅平面位置基准应为同一放样体系。

8.10.2 移动式清污机的机架及运行机构安装、试运行应符合设计或制造商的技术条件的要求；如无要求时，可按本规范附录J和本规范第8.8.8条的规定执行。

8.10.3 回转式清污机安装偏差，应符合设计或制造商的技术条件的要求；如无规定时，应符合下列要求：

1 埋设件允许偏差应符合本规范表8.5.1的规定；

2 安装后的角度允许偏差应为±10′；

3 驱动链轮与牵引链轮的轮齿宽中心线，其允许偏差应为0～1.5mm；

4 链条调整到正常工作状态，驱动链轮与链条啮合时，主动边拉紧，从动边下垂应小于15.0mm；

5 安装后应进行一次无水状态下的空载试运行，时间不应少于30min，试验过程中不得出现有影响性能和安全质量问题的现象；

6 空载试运行合格后方可进行工作试运行，并应在额定过栅流速下连续运行60min，检查清污机前后水位差不应超过设计水位差。

8.11 金属结构加固改造

8.11.1 加固改造前，应收集和分析需加固改造的金属结构的设计图、竣工图及检测资料等，根据设计文件和国家现行有关标准的要求制订加固改造施工方案，并经监理工程师认可；加固改造中，应严格按施工方案施工，当施工方案需要调整时，应经监理工程师认可。

8.11.2 门叶、栅体等构件的加固除应符合本规范相应条款的规定外，还应满足下列要求：

1 对原构件的焊接，应核实其材质及焊接性能；当无法确认时，应按现行国家标准《焊接工艺规程及评定的一般原则》GB/T 19866的规定进行焊接工艺评定。

2 根据原构件的结构特点，应合理安排焊接顺序，控制焊接变形；并应采取保护措施，防止构件上拟保留的零部件受到损伤。

3 焊接施工前，应清除原构件施焊部位的油漆、油污和焊疤等残留物。

4 构件加固改造后，应进行静平衡试验，重新确定构件的重心位置。

5 构件加固改造后，应按设计要求进行防腐处理；当设计未作要求时，应按现行行业标准《水工金属结构防腐蚀规范》SL 105的有关规定进行防腐处理。

8.11.3 更换埋件的施工应满足下列要求：

1 拆除原埋件时应尽量保留原混凝土中的钢筋，若保留的钢筋不能满足埋件固定强度要求时，宜采用植筋方法增加锚筋数量；

2 混凝土凿除范围应符合设计要求，当设计未作要求时应满足新埋件最小安装空间要求；

3 混凝土凿除施工，应采取措施减少对原土建结构的损伤；

4 新安装的埋件在二期混凝土浇筑前后应进行测量和复测。

9 质量控制和施工安全

9.1 质量控制

9.1.1 施工单位应按现行国家标准《质量管理体系 基础和术语》GB/T 19000的要求，建立健全的质量保障体系，并结合工程实际情况制订工程施工质量检查验收等制度。

9.1.2 工程施工中，施工单位应逐级对施工质量进行检查。自检合格后，报请监理工程师验查。

9.1.3 工程施工中，应对需要控制部位的中心线、轴线、高程及尺寸等，按本规范的相关要求进行检测和复测，发现不符合质量要求时应及时修正。

9.1.4 施工期间应做好下列各项原始记录：

1 泵站基础的工程地质条件描述；

2 基础处理方法、机械、技术参数等；

3 原材料的材质证明、中间产品的合格证等；

4 现场检测和取样送检报告等；

5 原型观测资料；

6 施工中发生的问题和处理措施；

7 质量检测情况和质量检查人员的意见等。

9.1.5 加固改造施工期间除应做好本规范第9.1.4条规定的各项记录外，还应做好下列原始记录：

1 保留及加固处理的结构、构件的现场检测（或检查）资料；

2 设计、施工、监理及质量检查人员对加固改造工程的验收意见等。

9.1.6 隐蔽工程开挖完成后或在下道工序施工前，应按有关规定进行验收。验收时应具备下列资料：

1 施工图及设计变更文件；

2 开挖竣工图，包括平面图和纵横剖面图；

3 施工记录资料。

9.1.7 工程质量检查应依据设计和本规范的有关规定进行，当设计和本规范未作规定时，应依据国家现行有关标准进行。其检查内容主要包括：基础处理工程、土石方工程、砌体工程、混凝土工程、金属结构安装工程等的质量，并应注重检查施工工序和流程。

9.1.8 泵站建筑物施工达到机电设备、金属结构及进出水管道安装条件时，建筑物施工单位应及时向安装单位现场移交与安装有关的中心线、高程等的标点。移交时，应有项目法人（建设单位）的代表或监理工程师在场鉴证。

9.1.9 泵站建筑物及金属结构投入使用前，应符合现行国家标准《泵站技术管理规程》GB/T 30948中规定的管理要求。

9.2 质量检验及缺陷处理

9.2.1 混凝土组成材料的质量检验应符合下列规定：

1 骨料宜先在料场取样，通过试验选用。到工地后，按一批或每300t～600t取样检验1次。

2 水泥、混合材和外加剂应有质量合格证书及试验报告单。到工地后，应取样检验。水泥应分品种每一批或每200t～400t为1个取样单位，混合材应每一批或每100t～200t为1个取样单位，外加剂浓缩物应每1t～2t为1个取样单位。袋装水泥储运时间超过3个月，散装水泥储运时间超过半年（不包括出品后的静置期），使用前应重新检验。袋装水泥进库前应抽查包重，如重量与标明的不符，则拌和前应另行称量。

3 水质应在开工前进行检验，如水源改变应重新检验。

9.2.2 混凝土在拌和、浇筑过程中的检验应符合下列规定：

1 各种原材料配合比检验，每班不应少于3次，衡器应随时校正。

2 砂、小石子的含水量检验，每班不应少于1次。气温变化较大或雨天应增加检验次数，并及时调整配料单。

3 混凝土拌和时间应随时检查。

4 混凝土在拌制地点和浇筑地点的坍落度检验，每班不应少于2次。在取样成型时，应同时测定坍落度。

5 外加剂的浓度检验，每班不应少于2次。引气剂还应检验含气量，其变化范围应控制在±0.8%以内。

9.2.3 混凝土的质量检验，应以标准养护条件下试件的抗压强度为主。必要时，还应做抗拉、抗冻、抗渗等试验。抗压试件组数应按下列规定留置：

1 不同强度等级、不同配合比的混凝土应分别制取；

2 厚大构件的混凝土应每$100m^3$～$200m^3$成型试件为1组；

3 非厚大构件的混凝土应每$50m^3$～$100m^3$成型试件为1组；

4 每一分部工程成型试件不应少于1组。现浇楼层，每层成型试件不应少于1组；

5 每一工作班成型试件不应少于1组。

9.2.4 应留置一定数量与结构同等养护条件的试件。

9.2.5 评定混凝土质量的原始资料的统计应符合下列规定：

1 强度等级和配合比相同的一批混凝土应作为一个统计单位；

2　不得随意抛弃任一数据；

3　每组3个试件的平均值应作为一个统计数据；当3个试件强度中的最大值或最小值与中间值之差超过中间值的15%时，可取中间值；当3个试件强度中的最大值和最小值与中间值之差均超过中间值的15%时，该组试件不应作为强度评定的依据。

9.2.6　混凝土强度的评定应符合下列规定：

1　混凝土强度应分批进行验收，同一验收批的混凝土应由强度等级相同、生产工艺和配合比基本相同的混凝土组成；对现浇混凝土结构构件，尚应按单位工程的验收项目划分验收批。对同一验收批的混凝土强度，应以同批内标准试件的全部强度代表值来评定。

2　当混凝土的生产条件在较长时间内能保持一致，且同一品种混凝土的强度变异性能保持稳定时，应由连续的3组试件代表1个验收批，其强度应同时符合下列公式的要求：

$$m_{fcu} \geqslant f_{uc,k} + 0.7\sigma_0 \tag{9.2.6-1}$$

$$f_{cu,min} \geqslant f_{cu,k} - 0.7\sigma_0 \tag{9.2.6-2}$$

当混凝土强度等级不高于C20时，尚应符合下式的要求：

$$f_{cu,min} \geqslant 0.85 f_{cu,k} \tag{9.2.6-3}$$

当混凝土强度等级高于C20时，尚应符合下式的要求：

$$f_{cu,min} \geqslant 0.90 f_{cu,k} \tag{9.2.6-4}$$

式中：m_{fcu}——同一验收批混凝土强度的平均值，N/mm^2；

$f_{cu,k}$——设计的混凝土标准值，N/mm^2；

σ_0——验收批混凝土强度的标准差，N/mm^2；

$f_{cu,min}$——同一验收批混凝土强度的最小值，N/mm^2。

验收批混凝土强度的标准差，应根据前一检验期内同一品种混凝土试件的强度数据，按下式确定：

$$\sigma_0 = \frac{0.59}{m}\sum_{i=1}^{m}\Delta f_{cu,i} \tag{9.2.6-5}$$

式中：$\Delta f_{cu,i}$——前一检验期内第 i 验收批混凝土试件中强度的最大值与最小值之差；

m——前一检验期内验收批总批数。

注：每个检验期不应超过3个月，且在该期间内验收批总批数不得小于15组。

3　当混凝土的生产条件不能满足本条第2款的规定，或在前一检验期内的同一品种混凝土没有足够的强度数据用以确定验收批混凝土强度标准差时，应由不少于10组的试件代表1个验收批，其强度应同时符合下列公式的要求：

$$m_{fcu} - \lambda_1 S_{fcu} \geqslant 0.9 f_{cu,k} \tag{9.2.6-6}$$

$$f_{cu,min} \geqslant \lambda_2 f_{cu,k} \tag{9.2.6-7}$$

式中：S_{fcu}——验收批混凝土强度的标准差（当 S_{fcu} 的计算值小于 $0.06f_{cu,k}$ 时，取 $S_{fcu}=0.06f_{cu,k}$），N/mm^2；

λ_1、λ_2——合格判定系数，按表9.2.6采用。

表9.2.6　合格判定系数

试件组数	10～14	15～24	≥25
λ_1	1.70	1.65	1.60
λ_2	0.90	0.85	0.85

验收批混凝土强度的标准差 S_{fcu} 应按下式计算：

$$S_{fcu} = \sqrt{\frac{\sum_{i=1}^{n} f_{cu,i}^2 - n m_{fcu}^2}{n-1}} \tag{9.2.6-8}$$

式中：$f_{cu,i}$——验收批内第 i 组混凝土试件的强度值，N/mm^2；

n——验收批内混凝土试件的总组数。

4　对零星生产的预制构件的混凝土或现场搅拌批量不大的混凝土，可采用非统计法评定。此时，验收批混凝土的强度应同时符合下列公式的要求：

$$m f_{cu} \geqslant 1.15 f_{cu,k} \tag{9.2.6-9}$$

$$f_{cu,min} \geqslant 0.95 f_{cu,k} \tag{9.2.6-10}$$

9.2.7　混凝土质量经检验不合格时，应查明原因，采取相应的改进措施。查明原因的方法可采取无损检测、钻孔取样、压水试验等方法。

9.2.8　不影响结构使用性能的混凝土表面缺陷的处理，应在凿洗干净后，用与本体同品种水泥配制水泥砂浆抹面，并加强养护。

9.2.9　影响结构使用性能的混凝土缺陷，应会同有关单位共同研究处理：

1　严重的蜂窝或较深的露筋、孔洞，应在清除不密实混凝土并冲洗干净后，先刷一层水泥净浆或化学黏结剂，再用细石混凝土填补捣实，其水灰比宜小于0.5，且宜掺用适量膨胀剂；

2　对不易清理的深层蜂窝、孔洞，应采用压力灌浆修补，压入掺有防水剂的水泥浆，其水灰比例应为0.7～1.1；

3　钢筋混凝土构件如产生了裂缝，应查明原因，拟定处理方案并经设计单位认可后再进行处理。

9.3　施工安全

9.3.1　施工管理范围内应设置安全警示标志和必要的防护措施。安全警示标志应符合国家现行有关标准的要求。

9.3.2　工程施工应按当地水文气象、地质特点制订防止自然灾害的应急预案，储备必要的抢险应急物资。汛期施工，应及时掌握暴雨、洪水情况，做好施工场地防汛、导流及与有关部门的报汛联络等工作。

9.3.3　脚手架搭设、高空作业和构件、物料起吊运输等，应按国家现行有关安全生产的规定执行。

9.3.4　施工机械的使用，应按设备的安全操作规程或使用说明书的规定执行。雨天或湿作业时，还应采取相应安全保护措施。旋转机械外露的旋转体应设置安全防护罩。

9.3.5　高压设备带电期间，应划定危险区，并设置安全线和警示标志，进入该区域的人员应穿绝缘鞋、戴绝缘手套。

9.3.6　在带电设备周围不得使用钢卷尺和带有金属丝的线尺进行测量工作。

9.3.7　遇有电气设备着火时，应切断设备的电源，按消防的有关规定进行灭火。

9.4　施工期环境保护与水土保持

9.4.1　泵站施工应采取必要的措施，防止或减少粉尘、废气、废水、固体废物、噪声、振动和施工照明等对人和环境的危害和污染。

9.4.2　泵站施工应制订施工期的水土保持方案，采取必要的措施，防止和减少施工范围内的水土流失。

9.4.3　泵站施工完成后，施工期形成的裸露土地应及时恢复林草植被，绿化美化区域环境。

10　泵站施工验收

10.0.1　泵站建筑物施工、金属结构安装工程验收可包括分部工程验收、单位工程验收、合同工程完工验收等阶段。复杂工程施工的验收还可增加水下工程验收、隐蔽工程验收等；也可根据情况，简化单位工程验收阶段，或将单位工程（分部工程）验收与合同工程完工验收合并为一个阶段进行验收，但应同时满足相应的验收条件。

10.0.2　泵站建筑物施工、金属结构安装工程的各阶段验收，应按现行行业标准《水利水电建设工程验收规程》SL 223的规定执行。

10.0.3　泵站建筑物施工、金属结构安装工程的各阶段验收，均为法人验收，应由项目法人（或委托监理单位）主持。验收工作组由项目法人、勘测、设计、监理、施工、主要金属结构及设备制造（供应）商、运行管理（未成立运行管理单位的除外）等单位的代表组成；技术复杂或存在争议问题的阶段验收，还可邀请上述单位以外的专家参加。质量和安全监督机构、法人验收监督管理机关是否参加上述各阶段验收，应根据具体情况，按现行行业标准《水利水电建设工程验收规程》SL 223 的规定执行。

10.0.4 泵站建筑物施工、金属结构安装工程的各阶段验收前，施工单位应进行自验收，合格后方可进行法人验收。

10.0.5 泵站建筑物施工、金属结构安装工程的项目划分、质量评定应按现行业标准《水利水电工程施工质量评定规程》SL 176 的规定执行。未经验收或验收不合格的工程不得进行后续施工、安装工作。

10.0.6 泵站建筑物施工、金属结构安装工程的各阶段验收时，应按现行行业标准《水利水电建设工程验收规程》SL 223 的要求提供相应资料；验收后，应根据验收意见对相应资料进行修改完善，交项目法人存档。

10.0.7 闸门、拍门、拦污栅、启闭机、清污机等金属结构安装工程验收，可分别按安装验收与试运行验收进行，并应符合本规范第 8 章的相关规定。

10.0.8 泵站建筑物施工、金属结构安装、设备安装等工程完成后，应按现行行业标准《泵站安装及验收规范》SL 317 的规定进行泵站机组启动验收，验收合格并具备其他条件和满足相关规定后，方可进行泵站竣工验收。泵站工程竣工验收应按现行行业标准《水利水电建设工程验收规程》SL 223 的规定执行，泵站更新改造工程还应按现行国家标准《泵站更新改造技术规范》GB/T 50510 的规定执行。

附录 A 换填土层法

A.0.1 换填土层法可适用于淤泥、淤泥质土、湿陷性黄土、素填土、杂填土地基及暗沟、暗塘等浅层处理。

A.0.2 以天然细粒土为材料组成的素土垫层可用于泵站建筑物软土地基的置换，素土垫层应符合下列要求：

1 素土垫层的厚度不宜小于 0.5m，也不宜大于 3m；素土垫层的承载力特征值，在无实测数据的情况下不宜超过 180kPa。

2 素土垫层的物理力学性质参数，宜通过现场试验取得。

3 用于素土垫层的细粒土料，不得混入耕（植）土、淤泥质土和冻土块；不得采用膨胀土、盐渍土及有机质含量超过 5% 的土；当含有碎石时，其粒径不宜大于 50mm。用于湿陷性黄土地基的素土垫层，土料中不得夹有砖、瓦、石块和其他粗颗粒材料。不得将混有垃圾和化学腐蚀物质的土作为素土使用。

4 素土垫层施工应符合下列要求：

1）当回填料中含有粒径不大于 50mm 的粗颗粒时，宜使其均匀分布。

2）回填料的含水量宜控制在击实试验的最优含水量 Wop（100±2）% 范围内。

3）素土垫层的施工方法、分层铺填厚度、每层压实遍数宜通过试验确定。垫层的分层铺填厚度可取 200mm～300mm，应控制机械碾压速度，压实度应满足设计要求。

4）在进行上部基础施工前，素土垫层应防雨、防冻、防暴晒。

5 对每层土压实后，应进行干重度检验和压实度检测，取样深度应在该层顶面下 2/3 层厚处，取样部位应具有代表性。

6 素土垫层施工完成后，可采用静载荷试验等原位测试手段进行检验。

A.0.3 水泥土垫层适用于泵站基础土层平面上分布不均、需调整沉降差、消除或降低湿陷性、充当隔水层、提高地基稳定性等场合。水泥土垫层施工应符合下列要求：

1 垫层厚度不宜小于 0.3m，也不宜大于 2m。

2 垫层中水泥与土料的比例可用体积重量比控制，宜采用 5%；土料较湿时，可采用 8%～12%。

3 垫层用的土料不得混入耕（植）土、淤泥质土和冻土块，有机质含量不得大于 5%，水溶盐含量不应大于 3%；不得采用膨胀土、盐渍土。

4 用于制作水泥土的土料，结块粒径不应过大；当用人力或小型机械拌和时，土料应过筛使用；当采用搅拌粉碎专用设备时，土块粒径可放宽到不大于 50mm，但应拌和均匀，碾压时土块粒径不应大于 20mm。

5 水泥土从拌和开始到碾压或夯实结束，不宜超过 24h。拌和好的水泥土，除处于十分干燥状态外，搁置时间不宜超过 12h。

6 根据土料和施工机械的具体情况，通过现场试验确定水泥土的分层铺填厚度、每层压实遍数；水泥土垫层的回填料含水量宜控制在击实试验的最优含水量 Wop（100±4）% 范围内，水泥土的压实度应满足设计要求。

7 垫层的取样检验要求与素土垫层相同。应在每层的压实度符合设计要求后铺填上层土，质量不合格时应及时补压或补夯。

8 垫层检验合格后 3d～5d 内，应采取措施防雨、防暴晒、防冻害。

9 应通过现场静载荷试验和室内土工试验等方法确定垫层的物理力学性质指标。

附录 B 搅拌桩法

B.0.1 搅拌桩法可适用于正常固结的淤泥、淤泥质土、粉土、饱和松散砂土、饱和黄土和素填土等地基承载力小于 70kPa 的地基处理。当用于处理泥炭土、塑性指数大于 25 的黏土或地下水具有腐蚀性时，应通过试验确定其适用性。搅拌桩法按施工方法不同，分为干法（或称喷粉搅拌法）和湿法（或称深层搅拌法）。地下水的 pH 值小于 4，或硫酸盐含量超过 1% 的软土，不宜采用干法；湿法应经过凝固试验后，确定采用抗硫酸盐水泥加固地基土的适用性。搅拌桩法应符合下列要求：

1 确定加固方案前，应查明地基土层的工程地质条件，包括土层厚度和组成、软土分层厚度和物理力学性质、地下水位、有机质含量、地下水的 pH 值及腐蚀性等；

2 搅拌桩法常用的固化剂是 P.O42.5 级及以上的普通硅酸盐水泥，并可用粉煤灰作为掺和料。

B.0.2 水泥土搅拌桩法施工应满足下列要求：

1 施工前应平整现场，清除地上和地下的障碍物。遇有明沟、池塘及洼地时，应抽水或清淤，回填土料并予以压实。

2 施工前应根据设计要求进行试验性施工，试验桩数量不应少于 3 根。搅拌桩机应配置深度和固化剂用量的计测装置，搅拌头翼片的枚数、长度、高度、倾斜角度、搅拌头的回转数、提升速度等应相互匹配，应保证加固深度范围内任何一点的土体能经过翼片 20 次的有效搅拌。

3 施工时，停浆（粉）面应高出基础底面标高 300mm～500mm。在开挖基坑时，应人工挖除搅拌桩顶端施工质量较差的桩段。

4 应保证搅拌桩机的水平度和导向架的垂直度，搅拌桩的垂直度偏差不应超过1.0%，桩位偏差不应大于50mm，成桩直径和桩长的偏差不应小于设计值。

B.0.3 水泥土搅拌桩法施工应遵循下列步骤：

1 搅拌机械就位、调平；

2 预搅下沉至设计加固深度；

3 边喷浆(或喷粉)边搅拌提升直至预定的停浆(粉)面；

4 重复搅拌下沉至设计加固深度；

5 喷浆(或喷粉)搅拌或仅搅拌提升至预定的停浆(粉)面；

6 关闭搅拌机械。

B.0.4 湿法施工应符合下列要求：

1 施工前应确定灰浆泵的输入浆量、灰浆经输浆管到达搅拌机喷浆口的时间和起吊设备提升速度等施工参数，并根据设计要求通过工艺性成桩试验，确定施工工艺。

2 所使用的水泥都应过筛，制备好的浆液不得离析，连续泵送。搅拌浆的罐数、水泥和外掺剂的用量以及泵送浆液的时间等有专人记录；搅拌机喷浆提升的速度和次数应符合施工工艺的要求，有专人记录；当浆液到达出浆口后，应喷浆搅拌30s，使水泥浆与桩端土充分搅拌后，再开始提升搅拌头。

3 搅拌机预搅下沉时不宜冲水，当遇到较硬土层下沉缓慢时，方可适量冲水，但冲水不应对成桩强度造成影响。

4 施工时因故停浆，宜将搅拌头下沉至停浆点以下0.5m处，待恢复喷浆后再喷浆搅拌提升。若停机超过3h，为防止水泥浆硬结堵管，宜拆卸管路并清洗。

5 当采用壁状加固时，相邻桩的施工时间间隔不宜大于24h。搭接长度不应小于200mm，如间隔太长，与相邻桩无法搭接时，应采取局部补桩或注浆等补强措施。

B.0.5 干法施工应符合下列要求：

1 施工前应检查机械设备、送气(粉)管路、阀门的密封性和可靠性。

2 搅拌机械应配置经国家计量认证的具有瞬时检测功能的粉体计量装置及搅拌深度自动记录仪。

3 当搅拌头达到设计桩底以上1m时，应及时开启喷粉机进行喷粉作业。搅拌机的提升速度与搅拌头的转速，应保持每搅拌一周，其提升高度不应超过15mm的关系。当搅拌头提升至地面下0.5m时，喷粉机应停止喷粉。

4 对地下水位以上的桩，施工时应加水或施工完后在地面浇水，使水泥充分水解。

B.0.6 质量检验应符合下列要求：

1 水泥土搅拌桩的质量控制应贯穿施工的全过程，并应坚持全程的施工监理。施工过程中应随时检查施工记录和计量记录，并对照规定的施工工艺，对工程桩进行质量评定。检查重点是：水泥用量、桩长、桩径、制桩过程中有无断桩现象、搅拌提升速度、复搅次数和复搅深度等。

2 水泥土搅拌桩成桩后进行质量跟踪检验，可采用浅部开挖桩头，其深度宜大于500mm，目测检查搅拌的均匀性，量测成桩直径。检查桩数宜为总桩数的5%。

3 搅拌桩成桩后3d内，可采用轻型动力触探(N10)检查每米桩身的均匀性，采用静力触探测试桩身强度沿深度的变化。检测桩数宜为总桩数的1%，且不应少于3根。

4 竖向承载的水泥土搅拌桩地基承载力检验，应采用多桩复合地基载荷试验和单桩载荷试验。载荷试验宜在成桩28d后进行，且每个场地不宜少于3个点。

5 经触探和载荷试验怀疑桩身质量有问题时，应在成桩28d后，采用双管单动取样器钻取芯样做抗压强度试验。检查桩数宜为总桩数的0.5%～1%，且不应少于3根。

附录C 灌浆法

C.0.1 静压注浆可适用于砂土、粉土、黏性土和一般填土层等地基加固，也可作为泵房和辅助建筑物的地基加固或纠偏的工程措施。采用静压注浆法进行基础处理应符合下列要求：

1 静压注浆加固前应搜集地基土层的分布、土的工程性质，分析现有建筑物地基变形的情况以及对上部结构的影响。

2 注浆材料可采用水泥为主的悬浊液，也可选用水泥和硅酸钠(水玻璃)的双液型混合液。在有地下动水流的情况下，应采用双液型浆液或初凝时间短的速凝配方。

3 静压注浆加固已有建筑物时，针对建筑物的不均匀沉降情况，以不同密度进行注浆孔位布置；针对地层的不同性质和所处的深度，确定注浆孔深和采取不同的注浆量。

4 用作防渗的注浆至少设置3排注浆孔，注浆孔间距可取1.0m～1.5m；用于提高土体强度的注浆孔间距可取1.0m～2.0m。

5 静压注浆宜由上而下在孔内分层多次进行，每次注浆都应在前次浆液达到初凝后进行，注浆点覆盖土层厚度应大于2m。

6 注浆施工前应进行试验性施工，确定注浆压力和每次注浆量。注浆的流量可取7L/min～10L/min；对充填型注浆，流量不宜大于20L/min。劈裂注浆压力应能克服地层的初始应力和抗拉强度，砂土中注浆压力宜取0.2MPa～0.5MPa，黏性土中注浆压力宜取0.2MPa～0.3MPa；压密注浆采用水泥砂浆浆液时，坍落度为25mm～75mm，注浆压力为1MPa～7MPa。当坍落度较小时，上述两种注浆方法的注浆压力可取上限值。当采用水泥-水玻璃双液快凝浆液时，注浆压力应小于1MPa。

7 冬季施工时，应采取措施保证浆液不冻结；夏季气温超过30℃时，应采取措施防止浆液凝固。

8 静压注浆加固已有建筑物时，施工过程中应进行变形测量监控和土体监测，防止超量的抬升和沉降，避免对建筑物上部结构造成影响；施工结束后应继续进行监测和跟踪注浆，直到沉降速率达到规范允许值。

9 对有抗渗要求的注浆，其效果应通过原位渗透试验确定。

10 为提高地基承载力和减少地基变形量的注浆加固，在注浆结束28d后进行加固效果检测，采用复合地基载荷试验检验地基承载力的，每个场地不宜少于3个点。

C.0.2 高压喷射灌浆可适用于砂砾石土、粉土、黏性土、淤泥质土、湿陷性黄土及人工填土等地基的加固或防渗，也可用于已有泵房建筑物的地基加固、深基坑的侧壁支护、基础防渗帷幕等工程。采用高喷灌浆进行基础处理应符合下列要求：

1 高压喷射灌浆分旋喷灌浆、定喷灌浆及摆喷灌浆三种形式。根据注浆管的结构和喷浆工艺不同，喷浆方法可分为单管法、二管法和三管法。应根据不同的地基特性和设计要求，选用合适的灌浆方法。

2 对地下水具有侵蚀性、地下水流速过大和已发生涌水的地基，以及地层土中含有较多漂石、块石的地基及淤泥与泥炭土地基，应通过试验确定采用高压喷射灌浆的可行性。

3 高压喷射灌浆施工前，应收集场地的工程地质、水文地质和已有建筑物资料，掌握施工技术要求。当对已有建筑物进行加固时，应分析施工过程中地基附加变形对加固建筑物和邻近建筑物的影响。

4 高压喷射灌浆方案确定后，应选择有代表性的地层进行高压喷灌浆现场试验。试验宜采用单孔和不同孔、排距的群孔组成的围井进行，以确定高喷灌浆方法的适用性、有效桩径(或喷射范围)、施工参数、浆液性能要求、适宜的孔距和排距、墙体防渗性能等。

5 用旋喷桩加固的地基，宜按复合地基设计。当用作挡土结构时，可按旋喷桩独立承担荷载设计。当旋喷桩布置成格栅状的连续体时，可将被围部分的桩和土按重力挡土墙结构设计。

6 旋喷桩桩身材料强度和直径，应根据旋喷桩布置的形式、工程地质条件、施工参数等因素由现场试验确定。

7 高压喷射灌浆的水泥浆液和高压水射流的压力宜大于20MPa，且小于40MPa。使用三管法的水泥浆液压力，宜取0.5MPa～2MPa，气流压力宜取0.6MPa～0.8MPa。根据不同土(石)层，喷浆管的提升速度可在50mm/min～250mm/min的范围选取，并通过现场试验确定。

8 高压喷射灌浆主要材料为水泥，可适当掺入黏土、膨润土、粉煤灰和砂等。根据工程的需要可加入适量的速凝剂、防冻剂等添加剂。应通过试验确定所用掺合料和添加剂的数量。

9 水泥浆液的水灰比应根据工程设计的需要通过试验确定，一般可取1.5：1～0.6：1，水泥浆液应搅拌均匀，随拌随用。余浆存放时间不宜超过4h，当气温在10℃以上时不宜超过3h。

10 灌浆施工时应保持灌浆孔就位准确，浆管垂直。孔深应满足设计要求，孔位偏差不得大于100mm，成孔孔径比喷射管径可大30mm～40mm，孔的倾斜率宜小于1%。

11 灌浆正式施工前应进行地面试喷，检查机械设备和管路运行情况，并调准喷射方向和摆动角度，合格后方可正式施工。每一施工台班应详细记录浆液材料的用量、配比，水、气、浆的工作压力和设备运行情况；记录每一孔的灌浆过程，包括孔深、地下障碍物、洞穴、涌水漏水等，并采集灌浆试样。

12 当喷头下降至设计深度时，应先按确定的参数进行原位喷射，待浆液返出孔口、情况正常后方可开始提升喷射。高压喷射灌浆宜全孔自下而上连续作业，需中途拆卸喷射管时，搭接段应进行复喷，复喷长度不得小于0.2m。

13 高压喷射灌浆过程中如出现流量不变而压力突然下降时，应检查各部位泄漏情况；不冒浆或断续冒浆时，应查明原因，若系空穴、通道引起，则应继续灌浆至冒浆为止，当灌入一定浆量后仍不冒浆，可提出灌浆管，待浆液凝固后重新灌浆。

14 喷射灌浆完毕，固结体顶部出现稀浆层、凹槽、凹穴时，可将灌浆管插入孔口以下2m～3m处，用0.2MPa～0.3MPa的灌浆压力将密度为1.7kN/m³～1.8kN/m³的水泥浆液由下而上进行二次灌浆，置换出稀浆液和填满凹穴。

15 采用旋喷桩加固原有建筑物时，施工过程中应对原有建筑物进行沉降监测，对基础底部和桩头之间因浆液凝固析水而造成的脱空现象，应及时进行回填灌浆，确保桩头与基础之间的紧密接触。

16 灌浆体的质量检验，可采用开挖检查和钻孔取芯做抗压试验、静载荷试验等方法。检验时间在灌浆结束后28d进行，对防渗体应做压水或围井抽水试验。

17 质量检验的位置应选择在承载最大的部位、施工中有异常现象的部位、对成桩质量有疑虑的地方，并进行随机抽样检验。

附录D 桩基础

D.0.1 钻孔灌注桩包括回转钻孔灌注桩、冲击钻孔灌注桩、扩底钻孔灌注桩、螺旋钻孔灌注桩及旋挖钻孔灌注桩。回转钻孔灌注桩按泥浆排放方式的不同分正循环和反循环，可适用于地下水位以下的黏性土、粉土、砂类土及强风化岩的地基处理。冲击钻孔灌注桩除适用上述地层外，还适用于碎石类土和穿透旧基础及大块孤石等地下障碍物的地基处理，在岩溶发育地区应慎重使用。螺旋钻孔灌注桩可适用于地下水位以上的黏性土、粉土、砂土及人工素填土的地基处理；旋挖钻孔灌注桩可适应于黏性土、粉土、砂土、碎石土、全风化基岩、强风化基岩及人工填土的地基处理。采用钻孔灌注桩进行基础处理应符合下列要求：

1 钻孔灌注桩桩径不宜小于400mm，软土地区不宜小于550mm。地下水位以上浇注混凝土时，桩身混凝土强度不应低于C20，保护层厚度不应小于35mm；水下浇注时，混凝土强度等级不应低于C25，保护层厚度不应小于50mm。

2 钻孔灌注桩应选择有利于质量提高的施工工艺，正式施工前宜进行试成孔，以便选择合适的成桩工艺。

3 钻孔灌注桩以泥浆护壁成孔时，钻孔内泥浆面应始终保持高于地下水位以上。除能自行造浆的土层外，泥浆宜选用塑性指数高的黏性土制备，或选用膨润土，必要时可增添外加剂提高泥浆的性能。制备泥浆性能指标应符合表D.0.1-1的要求。

表D.0.1-1 制备泥浆性能指标

项目	性能指标	检验方法
比重	1.1～1.2	泥浆比重计
黏度	10s～25s	漏斗法
含砂率	<5%	—
胶体率	>95%	量杯法
失水量	<30ml/30min	失水量仪
泥皮厚度	1mm/30min～3mm/30min	失水量仪
pH值	7～9	pH试纸

注：当穿越松散砂类土层时，泥浆比重可适当用高值。

4 钻孔灌注桩成孔施工偏差应符合表D.0.1-2的规定。

表D.0.1-2 钻孔灌注桩成孔施工偏差

项目	偏差
孔的中心位置偏差	单排桩不应大于100mm，群桩不应大于150mm
孔径偏差	+100mm～-50mm
孔斜率	<1%
孔深	不得小于设计孔深

5 当钻孔灌注桩孔深达到要求后，应及时进行第一次清孔。在下放钢筋笼及导管安装完毕后，灌注混凝土之前，进行第二次清孔。清孔应满足下列要求：

1)用原土造浆清孔时，泥浆密度应为10.5kN/m³～11kN/m³；用泥浆循环清孔时，泥浆密度应为11.5kN/m³～12.5kN/m³。

2)二次清孔沉渣允许厚度应根据上部结构变形要求和桩的性能确定。对于摩擦端承桩、端承摩擦桩，沉渣厚度不宜大于50mm；对于作支护的纯摩擦桩，沉渣厚度宜小于100mm。

3)二次清孔结束后，应在30min内浇注混凝土。若超过30min，应复测孔底沉渣厚度；若沉渣厚度超过允许厚度时，则应利用导管清除孔底沉渣至合格，方可灌注混凝土。

6 钻孔灌注桩钢筋笼的制作应符合设计要求，主筋净距应大于混凝土粗骨料粒径3倍以上；加劲箍宜设在主筋外侧，主筋不宜设弯钩；钢筋笼的内径应比导管接头外径大100mm以上。钢筋笼上应设保护层混凝土垫块或护板，每节钢筋笼不应少于2组，每组3块；钢筋笼顶端应固定，防止移动和上浮；钢筋笼的安放应吊直扶稳，对准桩孔中心，缓慢放下。如两段钢筋笼应在孔口焊接，宜用两台焊机相对焊接，以保证钢筋笼顺直，缩短成桩时间。

7 钢筋笼的焊接搭接长度应符合表D.0.1-3的规定，焊缝宽度不应小于$0.7d$，高度不应小于$0.3d$，焊条根据钢筋材质合理选用。

表 D.0.1-3 钢筋笼的焊接搭接长度

钢筋级别	焊缝形式	搭接长度
Ⅰ级	单面焊	$8d$
	双面焊	$4d$
Ⅱ级	单面焊	$10d$
	双面焊	$5d$

注：d 为钢筋直径。

8 钻孔灌注桩所用混凝土应符合下列规定：

1)混凝土的配合比和强度等级应按桩身设计强度等级经配合比试验确定，且强度宜留有20%的余量；水泥等级，水上部分不应低于32.5MPa，水下部分不应低于42.5MPa，且在同一根桩内应用一种品牌等级的水泥。混凝土坍落度宜取160mm～220mm，并保持混凝土的和易性。

2)粗骨料宜选用5mm～35mm粒径的卵石或碎石，最大粒径不应超过40mm，并要求级配连续；卵石或碎石应质量好、强度高，针片状、棒状的含量应小于3%，微风化的应小于10%，中等风化、强风化的不得使用，含泥量应小于1%。

3)细骨料宜选用以长石和石英颗粒为主的中、粗砂，且有机质含量应小于0.5%，云母含量应小于2%，含泥量应小于3%。

4)钻孔灌注桩用的混凝土可加入掺合料，如粉煤灰、沸石粉、火山灰等，以增加混凝土的保水性和黏聚性，改善混凝土的和易性，降低混凝土水化的升温。掺入量宜根据配合比试验确定。

5)钻孔灌注桩所用混凝土，可根据工程需要选用外加剂，通常有减水剂和缓凝剂(如木质素磺酸钙，掺入量0.2%～0.3%；糖蜜，掺入量0.1%～0.2%)、早强剂(如三乙醇胺等)。

9 钻孔灌注桩混凝土的浇注应符合下列规定：

1)成孔后浇注混凝土时，应使用导管灌注。导管内径宜为200mm～300mm。导管长度宜为：中间管，节长3m；调节长度的短管，节长0.5m～1.0m；底管，长度不宜小于4m，底端加厚，防止变形。导管连接可采用丝扣或法兰盘连接；当桩径 d 小于500mm时，导管采用丝扣连接。施工前，导管应试拼接和试压，以保证连接后整根导管垂直，使用时不漏不破。

2)在孔内放置导管时，导管下端宜距孔底300mm～500mm。适当加大初灌量，第一次灌注混凝土应使埋管深度不小于0.8m；正常灌注时，随时监测孔内混凝土面上升的位置，保持导管埋深，导管埋深宜为2m～5m。

3)浇注混凝土应连续进行，因故中断时间不得超过混凝土的初凝时间。浇注时间不宜超过8h。

4)混凝土的灌注量的充盈系数宜为1.0～1.3。

5)灌注桩混凝土实际浇注高度应保证凿除桩顶浮浆后达到设计标高的混凝土符合设计要求。

6)桩身浇注过程中，每根桩留取不应少于1组(3块)试块，按标准养护后进行抗压试验。

7)当混凝土试块强度达不到设计要求时，可从桩体中进行抽芯检验或采取其他非破损检验方法检验。

D.0.2 预制钢筋混凝土方桩可用于泵站工程各类建(构)筑物基础处理，其施工应符合下列要求：

1 预制桩的混凝土强度不宜低于C30，采用静压法沉桩时，不宜低于C20；预制桩纵向钢筋的混凝土保护层厚度不宜小于30mm。

2 预制桩的断面尺寸宜为250mm～550mm，并根据地层条件、单桩承载力、沉桩机具等因素综合确定桩长。当桩需穿越一定厚度的砂性地层时，应事先进行沉桩可行性分析，选择合适桩锤、桩垫、桩身结构强度及桩端入土深度，并进行现场试打验证。

3 混凝土方桩的制作质量除符合现行国家标准《建筑地基基础工程施工质量验收规范》GB 50202和《混凝土结构工程施工质量验收规范》GB 50204的有关规定外，尚应符合下列要求：

1)浇注混凝土时，应由桩顶往桩端方向进行，连续浇注，不得中断。

2)桩顶网片位置应绑扎正确，固定可靠，主筋不得超过桩顶第一层网片，与混凝土保护层厚度一致。

3)现场采用重叠法浇注混凝土方桩时，桩的底模应平整坚实，宜选用水泥地坪或模板铺设；桩与邻桩、桩与底模间的接触处应做好隔离层，防止相互黏结；上层桩或邻桩的浇注，应在下层桩或邻桩的混凝土达到设计强度的30%以上时方可进行。

4 混凝土预制方桩应达到设计强度的70%及以上时，方可起吊；出厂运输时，桩的强度应达到设计强度。

5 桩的两端应完好无损，不得在场地上直接拖拉桩体。

6 桩的堆放场地需平整坚实。叠层堆放时，应在垂直于桩长方向的地面上设置2道垫木，垫木应分别位于距两头桩端1/5桩长处。

7 桩的堆放层数不宜超过4层，不同规格的桩要分别堆放。

8 预制混凝土方桩桩身的接头不宜超过2个。当下段桩的桩端即将进入或已进入硬塑黏性土层、中密砂层或碎石土等较难进入的土层时，不宜接桩。

9 预制混凝土方桩的接桩方法，凡属下列情况之一时，应采用角钢焊接：

1)单桩竖向承载力设计值超过1200kN；

2)桩的长径比较大；

3)布桩密集；

4)估计沉桩有困难；

5)承受上拔力。

10 焊接接桩时应先将四角点焊固定，然后对称焊接，并确保焊缝质量和设计尺寸。当两节桩接头之间因施工误差而出现间隙时，应用厚薄适当的加工成楔形的铁片填实焊牢。焊接时，预埋件表面应清洗干净。

11 采用法兰连接或机械快速连接时，应符合现行行业标准《建筑桩基技术规范》JGJ 94的有关规定。

12 桩锤的选择应根据地基工程地质条件、桩的类型、桩身材料强度、单桩竖向承载力及施工条件，结合锤击波动方向的影响等因素分析确定。

13 桩插入时的垂直度偏差应小于0.5%。打桩过程中可从与桩身成90°夹角方向对桩身垂直度进行监测，并记录每米锤击数。

14 打桩顺序应符合下列规定：

1)根据桩的密集程度，打桩可采用自中间向两个方向对称进行、自中间向四周进行、自一侧沿单一方向进行；

2)根据基础的设计标高，宜先深后浅；

3)根据桩的规格，宜先大后小，先长后短。

15 打桩停锤标准应符合下列要求：

1)桩端位于一般土层时，应以控制桩端设计标高为主，贯入度可作参考；

2)桩端达到坚硬黏性土、密实的粉土、砂土、碎石土、风化岩时，以贯入度为主，桩端标高可作参考；

3)打桩控制的贯入度应通过原体试验确定，以最后3阵，每阵锤击10次作为最后贯入度。

16 打入桩桩位的允许偏差应符合表D.0.2的规定。

17 按标高控制的桩，桩顶标高的允许偏差应为－50mm～

+100mm。

表 D.0.2 打入桩桩位的允许偏差

项目		允许偏差(mm)
带有基础梁的桩	垂直于基础梁的中心线	0～(100+0.01*H*)
	沿基础梁的中心线	0～(150+0.01*H*)
桩数为1根～3根桩基中的桩		0～100
桩数为4根～16根桩基中的桩		0～(1/2桩径或1/2桩边长)
桩数大于16根桩基中的桩	最外边的桩	0～(1/3桩径或1/3桩边长)
	中间的桩	0～(1/2桩径或1/2桩边长)

注：*H* 为施工现场地面标高与桩顶设计标高的距离。

18 斜桩倾斜度的偏差，不得大于倾斜角(桩纵向中心线与铅垂线间的夹角)正切值的15%。

19 在软土地区大面积打桩时，可采取有效的排水措施，并对桩顶上涌和水平位移进行监测。

附录E 沉井基础

E.0.1 有下列情形之一的地基，可采用沉井进行地基处理：

1 开挖困难的淤泥、流沙地基；

2 周围有重要建筑物或受其他因素的限制，不允许按一定边坡开挖的土基或松软、破碎岩石地基；

3 因桩数较多，不能合理布置的地基。

E.0.2 采用沉井进行地基处理应符合下列规定：

1 施工前，应编制沉井施工组织设计。

2 制作沉井的地表应平整，设有良好的排水系统，并保持地下水位低于基坑底面，且不应小于0.5m。

3 采用承垫木方法制作沉井，应根据沉井的重力、地基土的承载力等因素，分析计算砂垫层的厚度、承垫木的数量、尺寸等。

4 在较好的均质土层上制作沉井，可采用无承垫木方法，铺垫适当厚度的素混凝土或砂垫层。

5 沉井分节制作时，每节高度要合理，应保证沉井的稳定性和顺利下沉。

6 制作混凝土沉井应符合下列要求：

1)浇筑应均匀对称，沉井外壁应平滑；

2)刃脚模板应在混凝土达到设计强度的70%后方可拆除；

3)分节制作时，应在第一节混凝土达到设计强度70%后再浇筑其上一节混凝土。

7 沉井下沉时，第一节沉井混凝土应达到设计强度，其余各节应达到设计强度的70%。有抗渗要求的沉井，下沉前对封底、底板与井壁接缝处应凿毛处理，井壁上的穿墙孔洞及对穿螺栓等应进行防渗处理。

8 抽承垫木应分组、依次、对称、同步进行，每抽出一组即用砂填实。定位承垫木在最后同时抽出。抽出过程中应注意监测，如发现倾斜应及时纠正。

9 挖土下沉应符合下列要求：

1)挖土应分层、均匀、对称进行，每层挖深不宜大于0.5m；分格沉井的井格间土面高差不宜大于0.5m。

2)沉井四周不得堆放弃土和建筑材料，避免偏压。

3)排水挖土时，应降低地下水位至开挖面0.5m以下；不排水挖土时，应控制沉井内外水位差，防止翻砂，并备有向井内补水的设备。

4)沉井下沉至距设计高程2m左右时，应放缓下沉速率，防止超沉。

5)下沉时，应加强观测，如发现倾斜、位移及时纠正。

10 对用爆破方法开挖的沉井，应按国家现行有关控制爆破的标准执行。

11 并列群井施工，宜采用同时下沉的方法。如受条件限制，可分组、间隔、对称和均衡下沉。

12 沉井下沉至设计高程，应待井体稳定后封底。

13 干封底应符合下列要求：

1)底部应清除浮泥、排干积水，再浇筑封底混凝土；

2)井应分格对称浇筑；

3)底和底板混凝土未达到设计强度时，应控制地下水位。

14 采用导管法进行水下混凝土封底应符合下列要求：

1)井底基面、周边接缝及止水等应进行清理；

2)管底宜距基面0.1m，连续浇筑；

3)应按混凝土能相互覆盖的原则确定导管的数量和间距；

4)混凝土达到设计强度后，方能从井内抽水。

15 无底沉井内的填料应按设计要求分层密实。

16 群井间的连接和接缝处理，应在各个沉井全部封底或回填之后进行。

17 沉井竣工后的允许偏差应符合下列要求：

1)刃脚平均高程与设计高程相差应为±100mm；

2)沉井四角中任何两个角的刃脚底面高差不应超过该两个角间水平距离的0.5%，且高差不应超过150mm，如其间水平距离小于10m，其高差不应超过50mm；

3)沉井顶面中心的水平位移不应超过下沉总深度(下沉前后刃脚高程之差)的1%，下沉总深度小于10m时不宜大于100mm。

18 沉井竣工验收应提供下列主要资料：

1)沉井施工过程记录；

2)穿过土(岩)层和基底的检验报告；

3)沉井竣工后的测量施工记录；

4)混凝土试块的试验报告；

5)工程质量事故及处理情况。

附录F 普通模板及支架的计算荷载

F.0.1 应按下列荷载计算模板、支架的荷载：

1 模板、支架及脚手架的自重；

2 钢筋的重力；

3 新浇灌混凝土的重力；

4 人、浇筑设备、运输工具等荷载；

5 振捣混凝土时产生的荷载；

6 倾倒混凝土时产生的竖向动力荷载；

7 冷天施工时保温层的重力及雪荷载；

8 新浇混凝土对模板的侧压力；

9 倾倒混凝土时产生的水平动力荷载；

10 其他荷载。

F.0.2 计算模板、支架或脚手架的荷载时，应按表F.0.2的规定选择可能发生的最不利荷载组合。

表 F.0.2 模板、支架或脚手架结构荷载组合

项目	荷载种类	
	强度计算	刚度计算
楼面、顶楼等部位的底模及支承	1+2+3+4+5或1+2+3+4+6	1+2+3或1+2+3+7
泵井、深梁、大梁、流道的底模及支承	1+2+3+5	1+2+3+7
梁侧模板	8	8

续表 F.0.2

项　目	荷 载 种 类	
	强度计算	刚度计算
墙、墩、柱等部位侧模	8+9 或 8	8
底板、消力池等部位侧模	8 或 8+9	8
脚手架、面板、立柱	1+4+6 或 1+4+车辆集中力	—

注：表中数字表示本规范第 F.0.1 条中对应的荷载。

F.0.3 新浇筑混凝土对模板的侧压力计算应符合下列规定：

1 采用插入式振捣器时，混凝土对模板的侧压力可按下式计算：

$$P = 8 + 24K\sqrt{v} \qquad (F.0.3\text{-}1)$$

式中：P——混凝土对模板的最大侧压力，kN/m^2；

K——温度校正系数，可按表 F.0.3-1 采用；

v——混凝土浇筑速度，m/h。

表 F.0.3-1　温度校正系数

温度(℃)	5	10	15	20	25	30	35
K	1.53	1.33	1.16	1.00	0.86	0.74	0.65

注：温度是指混凝土的温度，在一般情况下（即没有改变混凝土入模温度的其他措施）可采用浇筑混凝土时的气温。

侧压力的计算图形见图 F.0.3，图中 h 可按下式计算。

$$h = P/r = 8 + 24k/24\sqrt{v} \qquad (F.0.3\text{-}2)$$

式中：r——混凝土重度，kN/m^3。

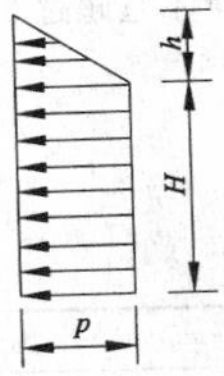

图 F.0.3　混凝土模板的侧压力计算图形

2 采用外部振动器时，在振动影响的高度内，混凝土对模板的最大侧压力可按下式计算：

$$P = 24H \qquad (F.0.3\text{-}3)$$

式中：P——新浇筑混凝土的最大侧压力，kN/m^2；

H——外部振捣器的作用高度（一般取 4h 所浇筑的高度），m。

采用外部振动器时，尚应验算振动器对模板、支架和连接构件的局部作用。

3 倾倒混凝土所产生的水平动力荷载可按表 F.0.3-2 采用。

表 F.0.3-2　倾倒混凝土产生的水平动力荷载值

向模板中倒料的方法	作用于侧面模板的水平荷载(kN/m^2)
用溜槽串筒或直接由混凝土导管流出	2
用容量 $0.2m^3$ 及以下的运输工具倾倒	2
用容量 $0.2m^3$～$0.8m^3$ 的运输工具倾倒	4
用容量 $0.8m^3$ 及以上的运输工具倾倒	6

F.0.4 各种荷载的分项系数应按表 F.0.4 的规定选取。

表 F.0.4　各种荷载的分项系数

项　次	荷 载 种 类	分 项 系 数
1	1、2、3、7、8	1.2
2	4、5、6、9（车辆集中力）	1.4

注：表中荷载种类为本规范第 F.0.1 条中对应的荷载。

F.0.5 在荷载作用下模板构件的挠度不应超过下列规定值：

1 结构表面外露的模板为模板构件跨度的 1/400；

2 结构表面隐蔽的模板为模板构件跨度的 1/250；

3 模板构件的弹性变形或支柱的下沉为相应结构净空跨度的 1/1000。

附录G　砌 石 工 程

G.0.1 砌石工程施工应符合下列规定：

1 砌石工程应在基础验收及结合面处理检验合格后方可施工；

2 砌筑前应放样立标，拉线砌筑；

3 砌石应平整、稳定、密实和错缝。

G.0.2 砌石工程所用材料应符合下列规定：

1 石料应质地坚实，无风化剥落和裂纹。

2 混凝土灌砌块石所用的石子粒径不宜大于 20mm。

3 水泥强度等级不宜低于 42.5MPa。

4 使用混合材和外加剂，应通过试验确定。混合材宜优先选用粉煤灰，其品质指标参照国家现行有关规定确定。

5 配制砌筑用的水泥砂浆和小石子混凝土，应按设计强度等级提高 15%。配合比应通过试验确定，同时应具有适宜的和易性。水泥砂浆的稠度可用标准圆锥沉入度表示，以 50mm～70mm 为宜，小石子混凝土的坍落度以 70mm～90mm 为宜。

6 砂浆和混凝土应随拌随用。常温拌成后应在 3h～4h 内使用完毕。如气温超过 30℃，则应在 2h 内使用完毕。使用中如发现泌水现象，应在砌筑前再次拌和。

G.0.3 浆砌石施工应符合下列规定：

1 砌筑前应将石料刷洗干净，并保持湿润。砌体石块间应用胶结材料黏结、填实。

2 砌体宜用铺浆法砌筑，灰浆应饱满。护坡、护底和翼墙内部石块间较大的空隙，应先灌填砂浆或细石混凝土并捣实，再用碎石块嵌实。不得采用先填碎石块，后塞砂浆的方法。

G.0.4 翼墙及隔墩砌筑应符合下列要求：

1 基础混凝土面层应进行凿毛或冲毛，且冲洗干净后方可砌筑。

2 砌筑应自下而上逐层进行，每层应依次先砌角石、面石，后填腹石，均匀坐浆，并随铺随砌。

3 砌筑块石时，上下层石块应错缝，内外石块应搭接，面石宜选用较平整的大块石。砌筑料石时，应按一顺一丁或两顺一丁排列，放置平稳，砌缝应横平竖直，上下层竖缝错开距离不应大于 100mm，丁石上下方不得有竖缝。

4 灰缝宽度，块石砌体宜为 20mm～30mm，料石砌体宜为 15mm～20mm，混凝土预制块砌体宜为 10mm～15mm。

5 砌体层间缝面应刷洗干净，并保持湿润。

6 砌体应均衡上升，日砌筑高度和相邻段的砌筑高差，均不宜超过 1.2m。

7 砌体隐蔽面的砌缝可随砌随刮平，砌体外露面的砌缝应在砌筑时预留 20mm 深的缝槽，便于勾缝。

8 沉降缝、伸缩缝的缝面，应平整垂直。

G.0.5 砌筑过程中应逐日清扫砌体表面黏附的灰浆，并及时洒水养护，养护时间宜为 14d；养护期内不宜回填、挡土。

G.0.6 砌体勾缝应符合下列规定：

1 砌体表面砌缝均应勾缝，并宜采用平缝。

2 勾缝前应清理缝槽，并冲洗干净；砂浆嵌入深度不应小于 20mm。

3 勾缝宜采用过筛的细砂，配合比为 1∶1.5 的水泥砂浆。

4 勾缝应自上而下进行，勾缝完毕应清扫砌体表面黏附的灰浆，勾缝砂浆凝结后应及时洒水养护，养护时间不宜少于 14d。

5 勾缝应宽窄均匀、深浅一致，不得有假缝、通缝、丢缝、断裂和黏结不牢等现象。

G.0.7 新砌体在达到设计强度前，不得在其上拖拉重物或锤击振动。

G.0.8 砌筑过程中如遇中雨或大雨，应停止砌筑，并将已砌石块中的空隙用砂浆或细石混凝土填实，然后加以遮盖；雨后应清除积水再继续砌筑。

G.0.9 砌体上的预埋件、预留孔洞、排水孔、反滤层和防水设施等，应按设计要求留置。

G.0.10 干砌石宜用于护坡、护底等部位，并应符合下列规定：

1 砌体缝口应砌紧，底部应垫稳、填实，不得架空。

2 不得使用翅口石和飞口石。

3 宜采用立砌法，不得叠砌和浮塞；石料最小边厚度不宜小于 150mm。

4 具有框格的干砌石工程，宜先修筑框格，然后砌筑。

5 铺设大面积坡面的砂石垫层时，应自下而上，分层铺设，并随砌石面的增高分段上升。

G.0.11 砌石的质量检验应符合下列规定：

1 材料和砌体的质量应符合设计要求；

2 砌缝砂浆应密实，砌缝宽度、错缝距离应符合要求；

3 砂浆、小石子混凝土配合比应正确，试件强度不应低于设计强度；

4 砌体尺寸和位置的允许偏差应符合表 G.0.11 的规定。

表 G.0.11 砌体尺寸和位置的允许偏差

项目	允许偏差(mm)			
	墩、墙		护坡、护底	
	浆砌块石	浆砌料石（预制块）	浆砌块石	干砌块石
轴线位置	±15	±10	—	—
墙面垂直度（全高）	±0.5%H	±0.5%H	—	—
墙身砌层边缘位置	±20	±10	—	—
墙身坡度	不陡于设计规定	不陡于设计规定	—	—
断面尺寸或厚度	+30～−20	+20～0(±15)	砌体厚度的±15%且在±30之间	砌体厚度的±15%且在±30之间
顶面高程	±15	±15	—	—
护底高程	—	—	+30～−50	+30～−50

注：1 H 指墩、墙全高。
2 墩、墙以每个(段)或每 10m 长为 1 个检验单位，每一检验单位检验 2 点～4 点。

G.0.12 冬期施工采用掺盐砂浆法时应符合下列规定：

1 配置钢筋、预埋铁件和管道的砌体，不应使用掺盐砂浆砌筑。

2 掺盐砂浆所用盐类宜优先选用氯化钠。氯化钠掺量应按不同的负温界限通过试验确定，并应符合表 G.0.12 的规定。

表 G.0.12 掺盐量占用水量

盐类名称	日最低温度	
	>−10℃	−11℃～−15℃
氯化钠(%)	4	7

3 配制盐溶液时应随时测定溶液的浓度，并严格控制溶液中盐的含量。

4 砂浆拌成时的温度不宜超过 35℃，使用时的最低温度不宜低于 5℃。

附录 H 平面闸门埋件安装允许偏差

H.0.1 平面闸门埋件安装允许偏差应符合表 H.0.1 的规定。

表 H.0.1 平面闸门埋件安装允许偏差(mm)

序号	项目 \ 埋件名称及简图		底槛	门楣	主轨 加工	主轨 不加工	侧轨	反轨	侧止水座板	扩角兼作侧轨	胸墙 兼作止水 上部	胸墙 兼作止水 下部	胸墙 不兼作止水 上部	胸墙 不兼作止水 下部
	简图		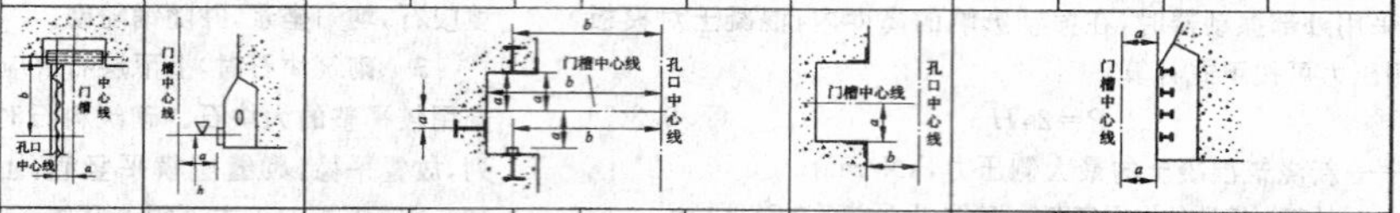											
1	对门槽中心线 a	工作范围内	±5	+2～−1	+2～−1	+3～−1	±5	+3～−1	+2～−1	±5	+5～0	+2～−1	+8～0	+2～−1
		工作范围外	—	—	+3～−1	+5～−2	±5	+5～−2	—	±5	—	—	—	—
2	对孔口中心线 b	工作范围内	±5	—	±3	±3	±5	±3	±3	±5	—	—	—	—
		工作范围外	—	—	±4	±4	±5	±5	—	±5	—	—	—	—
3	高程	▽	±5	—	—	—	—	—	—	—	—	—	—	—
4	门楣中心对底槛面的距离 h		—	±3	—	—	—	—	—	—	—	—	—	—
5	工作表面一端对另一端的高差	L≥10000	0～3	—	—	—	—	—	—	—	—	—	—	—
		L<10000	0～2	—	—	—	—	—	—	—	—	—	—	—
6	工作表面平面度	工作范围内	0～2	0～2	—	—	—	—	0～2	0～2	0～2	0～2	0～4	0～4
		工作范围外	—	—	—	—	—	—	—	—	—	—	—	—
7	工作表面组合处的错位	工作范围内	0～1	0～0.5	0～0.5	0～1	0～1	0～1	0～0.5	0～1	0～1	0～1	0～1	0～1
		工作范围外	—	—	0～1	0～2	0～2	0～2	—	0～2	—	—	—	—
8	表面扭曲 f 简图		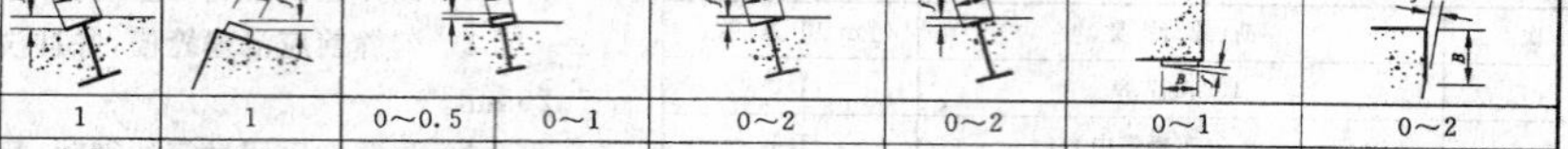											
	工作范围内表面宽度	B<100	1	1	0～0.5	0～1	0～2			0～2	0～1		0～2	
		B=100～200	1.5	1.5	0～1	0～2	0～2.5			0～2.5	0～1.5		0～2.5	
		B>200	2	—	0～1	0～2	0～3			0～3	—		0～3	
		所有宽度	—	—	—	—	—			—	—		—	
	工作范围外允许增加值		—	—	0～2	0～2	0～2			0～2	—		0～2	

注：1 L 为闸门宽度；
2 构件每米至少应测一点；
3 胸墙下部是指和门楣组合处；
4 门槽工作范围高度，静水启闭闸门为孔口高，动力启闭闸门为承压主轨高度；
5 侧轨如为预压式弹性装置，则侧轨偏差按图样规定；
6 组合处错位应磨成缓坡。

附录J 移动式启闭机部分部件安装允许偏差

J.0.1 移动式启闭机小车轨道安装允许偏差应符合表J.0.1的规定。

表J.0.1 移动式启闭机小车轨道安装允许偏差

序号	项目名称		基本尺寸(m)	允许偏差(mm)	简图
1	小车轨道距差		$T\leqslant2.5$ $T>2.5$	±2.0 ±3.0	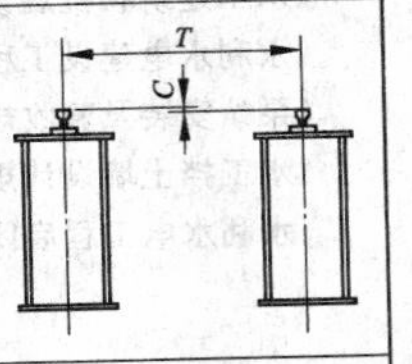
2	小车跨度T_1、T_2的相对差		$T\leqslant2.5$ $T>2.5$	0～2.0 0～3.0	
3	同一截面轨道的高低差C		$T\leqslant2.5$ $T>2.5$	0～3.0 0～5.0	
4	小车轨道与轨道梁腹板两中心线的位置差d	偏轨箱形梁		$\delta<12$,0～6.0 $\delta\geqslant12$,0～0.5δ	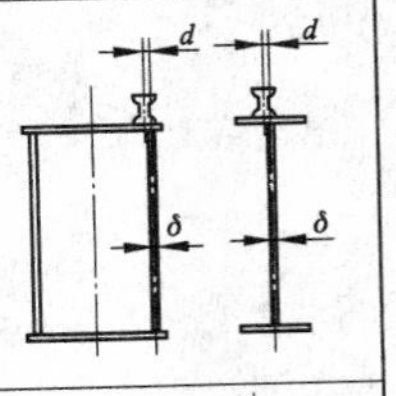
		单腹板梁及桁架梁		0～0.5δ	
5	轨道居中的对称箱形梁小车轨道中心线直线度		—	0～3.0	
6	小车轨道接头	左、右、上三面错位C		0～1.0	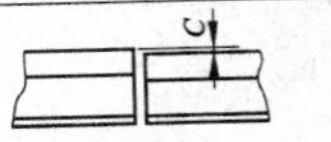
		接头处间隙C_1		0～2.0	
7	小车轨道侧向局部弯曲	任意2.0m范围内		0～1.0	

注:小车轨道应与大车主梁上翼板紧密黏合,当局部间隙大于0.5mm,长度超过200mm时,应加垫板垫实。

J.0.2 移动式启闭机桥架和门架如图J.0.2所示,组装允许偏差应符合表J.0.2的规定。

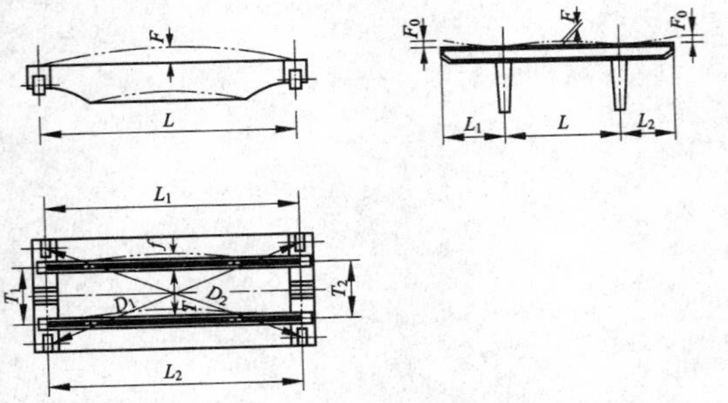

图J.0.2 移动式启闭机桥架和门架简图

表J.0.2 移动式启闭机桥架和门架的组装允许偏差

序号	项目名称	允许偏差(mm)
1	主梁跨中上拱度F	0～[(0.9～1.4)L/1000] 且最大上拱度应在跨度中部的L/10范围内
2	悬臂端上翘度F_0	0～[(0.9～1.4)L_1/350] 或0～[(0.9～1.4)L_2/350]
3	主梁水平弯曲f	0～(L/2000) 且最大不得超过20.0
4	桥架对角线差D_1-D_2	±5.0
5	两个支脚从车轮工作面到支脚上法兰平面的高度相对差	0～8.0

J.0.3 移动式启闭机运行机构如图J.0.3所示,安装允许偏差应符合表J.0.3的规定。

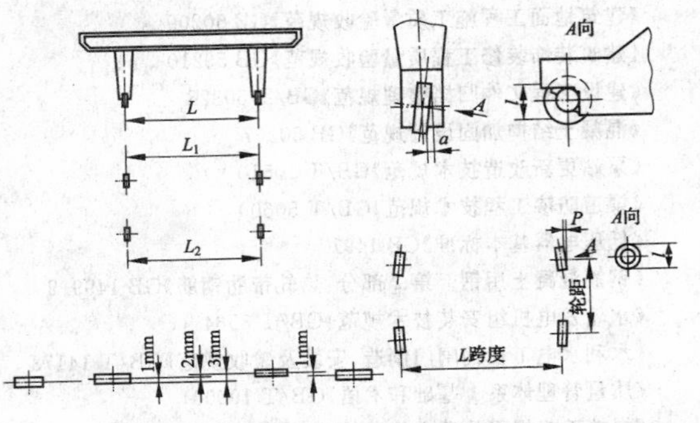

图J.0.3 移动式启闭机运行机构简图

表J.0.3 移动式启闭机运行机构安装允许偏差

序号	项目名称	基本尺寸(m)	允许偏差(mm)
1	桥机跨度允许偏差	$L\leqslant10$	±3.0,且两侧跨度的相对差为0～3.0
		$L>10$	±5.0,且两侧跨度的相对差为0～5.0
2	门机跨度允许偏差	$L\leqslant10$	±5.0,且两侧跨度的相对差为0～5.0
		$L>10$	±8.0,且两侧跨度的相对差为0～8.0
3	车轮垂直偏斜	—	a为±(l/400) l为测量长度,在车轮架空状态下测量
4	车轮水平偏斜	—	p为±(l/1000) l为测量长度,且同一轴线上一对车轮的偏斜方向应相反
5	同一端梁下车轮的同位差	2个车轮	0～2.0
		3个或3个以上车轮	0～3.0
		同一平衡梁下车轮	0～1.0

本规范用词说明

1 为便于在执行本规范条文时区别对待,对要求严格程度不同的用词说明如下:

1)表示很严格,非这样做不可的:

正面词采用"必须",反面词采用"严禁";

2)表示严格,在正常情况下均应这样做的:

正面词采用"应",反面词采用"不应"或"不得";

3)表示允许稍有选择,在条件许可时首先应这样做的:

正面词采用"宜",反面词采用"不宜";

4)表示有选择,在一定条件下可以这样做的,采用"可"。

2 条文中指明应按其他有关标准执行的写法为:"应符合……的规定"或"应按……执行"。

引用标准名录

《工程测量规范》GB 50026

《电气装置安装工程盘、柜及二次回路接线施工及验收规范》GB 50171

《建筑地基基础工程施工质量验收规范》GB 50202

《砌体结构工程施工质量验收规范》GB 50203

《混凝土结构工程施工质量验收规范》GB 50204

《钢结构工程施工质量验收规范》GB 50205

《屋面工程质量验收规范》GB 50207

《建筑地面工程施工质量验收规范》GB 50209
《建筑装饰装修工程质量验收规范》GB 50210
《建设工程文件归档整理规范》GB/T 50328
《混凝土结构加固设计规范》GB 50367
《泵站更新改造技术规范》GB/T 50510
《渠道防渗工程技术规范》GB/T 50600
《低压电器基本标准》GB 1497
《钢筋混凝土用钢　第2部分：热轧带肋钢筋》GB 1499.2
《水轮发电机组安装技术规范》GB/T 8564
《水利水电工程钢闸门制造、安装及验收规范》GB/T 14173
《质量管理体系　基础和术语》GB/T 19000
《焊接工艺规程及评定的一般原则》GB/T 19866
《泵站技术管理规程》GB/T 30948
《建筑桩基技术规范》JGJ 94
《水闸施工规范》SL 27
《水工金属结构焊接通用技术条件》SL 36
《水工建筑物岩石基础开挖工程施工技术规范》SL 47
《水利水电工程施工测量规范》SL 52
《水工金属结构防腐蚀规范》SL 105
《水利水电工程施工质量评定规程》SL 176
《水工混凝土结构设计规范》SL 191
《水工建筑物抗震设计规范》SL 203
《水利水电建设工程验收规程》SL 223
《泵站安装及验收规范》SL 317
《水工挡土墙设计规范》SL 379
《水利水电工程启闭机制造安装及验收规范》SL 381

中华人民共和国国家标准

水利泵站施工及验收规范

GB/T 51033—2014

条 文 说 明

制 订 说 明

《水利泵站施工及验收规范》GB/T 51033—2014，经住房城乡建设部2014年8月27日以第529号公告批准、发布。

为便于广大设计、施工、科研、学校等单位有关人员在使用本规范时能正确理解和执行条文规定，本编制组按章、节、条顺序编制了本规范的条文说明，对条文规定的目的、依据以及执行中需注意的有关事项进行了说明。但是，本条文说明不具备与规范正文同等的法律效力，仅供使用者作为理解和把握规范规定的参考。

目　次

1 总　　则

1.0.1 随着我国城乡排涝标准和农业灌排标准的提高,以及国家南水北调工程和各地方调(引)水工程的建设,国家及地方正在或还将投资建设一大批泵站。目前我国已有的44万多处固定机电灌排泵站(总装机功率2400多万kW),约90%以上是20世纪80年代及以前建成的,至今普遍已运行三、四十年,亟待更新改造。为统一泵站施工及验收的技术标准,保证泵站施工质量,规范泵站施工验收行为,编制组在认真总结水利行业标准《泵站施工规范》SL 234实施以来的经验、开展有关专题研究、广泛调查研究和征求意见的基础上,编制了本规范。

1.0.2 大中型泵站的等别按现行国家标准《泵站设计规范》GB 50265的规定确定。有些泵站安装主机组台数较少,装机功率或设计流量达不到中型泵站标准,但所安装主机组的水泵进口直径(叶轮直径)或配套功率较大,其配套建筑物施工和金属结构安装的难易程度与大中型泵站是一样的,因此,本规范也适用安装有这类主机组的小型泵站的施工及验收。大中型主机组的规模可按现行国家标准《泵站技术管理规程》GB/T 30948的规定确定。

1.0.3 在采用新技术、新材料、新设备和新工艺时,要注意其是否成熟可靠。本条的"试验和鉴定"是指所采用的新技术、新材料、新设备和新工艺是经过国家有关部门或权威机构试验或鉴定合格的。需采用的新技术、新材料、新设备和新工艺未经过试验或鉴定的,应按有关规定进行试验或鉴定合格后采用,以确保工程质量和安全。

2 施 工 布 置

2.1 一 般 规 定

2.1.2 确定主要施工工厂和临时设施的防洪标准,应考虑泵站工程规模、工期和河流水文特性等因素,分析不同洪水标准对其的危害程度,一般在5a～20a重现期范围内选用。高于或低于上述标准,应有充分论证。

2.1.3 泵站工程的施工总布置涉及的问题比较广泛,并且每个工程都有各自的特点,很难有固定模式可套用。因此,要根据具体工程条件和特点,充分考虑建设与管理、近期与远期及临时与永久相结合的原则,珍惜土地,减少水土流失,采用先进的施工技术和合理的施工工序,使整个施工区布局合理、运输通畅、施工便利、生活区与生产区互不干扰。

2.2 布置方法与要求

2.2.1 根据已建工程的施工经验,施工场地的布置一般有三个阶段:

(1)施工准备阶段。主要是人员进场,设备进场,形成风、水、电供应系统;导流工程、临时房屋设施和主体工程动工前的施工工厂设施,包括骨料筛分、混凝土拌和系统及相应的工厂设施和仓库等。

(2)主体工程施工阶段。该阶段是工程全面施工的关键阶段,要统筹兼顾,突出重点。在施工布置上一般先进行基础开挖,再逐步转入地基处理、主体工程填筑或混凝土浇筑以及机电设备和金属结构安装等。

(3)工程收尾阶段。随着主体工程逐渐完工,施工强度显著降低,施工占地减少,可逐步清还临时征地,作好管理单位永久征地规划,合理使用施工场地。

2.2.8 泵站工程机电设备和金属结构的安装常与混凝土施工存在交叉平行作业,而安装工程工艺技术复杂,工种繁多,工序作业交叉,且精度和质量要求较高。因此,需要充分研究土建与安装工程的衔接配合,有效地利用土建施工中各种临时设施,达到既方便安装工程施工又节约投资的目的。

2.2.10 施工工地的管理和生活房屋建筑,过去多采用简易平房和低层建筑,其弊端较多,已不适应我国经济发展的需要。目前多采用与永久建筑相结合的方式,或采用装配式活动房屋。因此,本条对施工管理区和生活区位置及其建筑提出了较高的要求。

3 施 工 测 量

3.1 一 般 规 定

3.1.3 建筑物总体布置图是在设计阶段测绘的地形图和已有控制点的基础上绘制的。施工测量阶段的平面坐标系统宜与施工图的坐标系统一致,是为了方便施工放样,也可建立与施工图有换算关系的施工坐标系统,这样既方便施工单位对已有测量成果的使用,又能将建筑物的设计值与施工坐标有机地联系起来。

3.1.4 本条规定的施工测量的主要精度指标,是根据建筑物的不同部位和重要程度,参照国家现行标准《工程测量规范》GB 50026和《水利水电工程施工测量规范》SL 52的相关规定,结合泵站施工测量放样的实践经验制订的。

3.2 测量方法与要求

3.2.1 随着测量技术的发展和成熟,本条规定可采用卫星定位测量等日益成熟和广泛应用的新技术建立施工平面控制网。将主泵房轴线作为控制网的一边,便于在施工放样中建立以主要轴线为坐标轴的施工坐标系统,可以提高主要轴线定位的精度,也可以简化矩形网的施测工作。

3.2.2 本条规定的主要轴线点点位中误差限值,是参照国家现行标准《工程测量规范》GB 50026和《水利水电工程施工测量规范》SL 52的相关规定,结合泵站测量放样的实践经验制订的。

3.2.3 本条规定的卫星定位测量控制网、三角形网测量、导线及导线网测量的主要技术要求,是参照国家现行标准《工程测量规范》GB 50026和《水利水电工程施工测量规范》SL 52等的相关规定,并根据泵站工程特点及要求确定的。

3.2.5 国家水准点在有的地方有可能被碰动或损坏,故本条规定在联测国家水准点时,应有2点以上,以校核水准网的可靠性,便于正式布网。

3.2.6 本条规定的永久水准基点设置2个,使位移观测能构成复合线路,便于校核。

3.2.7 本条规定的高程控制测量等级要求,是根据工程规模和放样精度确定的。

3.2.8 本条规定的高程测量的各项技术要求,是参照国家现行标准《工程测量规范》GB 50026和《水利水电工程施工测量规范》SL 52的相关规定确定的。

3.2.10 泵房底板上部立模的点位放样精度要求较高,常采用泵站轴线控制点,直接交会测出底板中心线和进出水流道中心线。此项工作一般在底板混凝土浇筑后5d内进行,此时混凝土面仍能吸收水分,弹出的墨线清晰、不易褪色。用仪器直接观测十字轴线精确可靠,再按设计图要求,用钢带尺量出点位,弹出立模线和检查控制线,以便施工。

3.2.12 本条规定立模、砌(填)筑、浇筑、主机组及金属构件预埋件的高程放样，均应采用闭合条件的几何水准测设，是为了保证施工测量精度。由于泵房内墙测桩多，为了防止偶然差错，一般要后视2个高程点，当视线高度符合误差要求后再进行测放，测量完毕再复测、校核。

对于主机组、闸门等预埋件和主机组、闸门等的安装高程测量，以底板浇筑后初始观测点的高程为基准（一般取底板沉降观测的首次观测值），始终采用相对高差进行测放，不再考虑泵房沉降的影响，以保持各工程部位相对几何高差的同一性。

3.2.13 本条是根据国家现行标准《工程测量规范》GB 50026和《测绘产品检查验收规定》CH 1002、《水利水电工程施工测量规范》SL 52的相关规定，结合泵站的实际情况制订的。

4 地基与基础

4.2 基坑排水

4.2.2 本条是参照现行行业标准《水利水电工程施工组织设计规范》SL 303的有关规定，并结合泵站工程施工实践经验总结提出的。

4.2.4 基坑水位的允许下降速度，要根据基坑土层特性与开挖边坡坡度、围堰形式及基坑内外水位差等因素确定，对一般土质围堰以0.5m/d左右为宜。

4.2.5 在一般情况下，井点类型的选择可参考表1。

表1 井点的适用条件

井点类型	土层渗透系数（cm/s）	降低水位深度（m）	适用土质
轻型井点	$i\times10^{-5}\sim i\times10^{-2}$	3～6	砂、砂性土、中砂、粗砂
多级轻型井点		6～12	
深井井点	$>i\times10^{-5}$	>10	各类砂性土、砂、卵石

注：i为1～9的正数。

4.2.6～4.2.9 这4条主要是根据江苏、湖北等省泵站施工实践经验总结，并参照现行国家标准《建筑地基基础工程施工质量验收规范》GB 50202有关井点排水、布置、施工的规定提出的。

4.2.10 在水利工程基坑排（降）水用的井管，一般采用过滤管。过滤管有无砂混凝土管、金属管，管身用滤布包裹牢固；井底是透水层时，其底部分层填反滤料，先底部后井周。

洗井能清除井底淤积沉淀物，除去井壁的附着泥浆和抽出渗入含水层中的黏土颗粒，并使周围地层成为天然反滤层，故回填滤料完毕后，要及时洗井，否则，将影响井管出水量。抽水洗井，一般是抽、停相间进行，这样能产生瞬时负水锤，易带动泥沙，效果较好。

4.2.12 排水井点的拆除一定要按设计要求的顺序进行，否则会造成事故；其回填质量也一定要得到保证，否则会留下渗漏隐患。因此，本条规定当井点排水结束后，应按设计要求进行拆除和填塞。填塞或用黏土球分层填塞，逐层捣实，确保排水井土层回填质量不低于原天然土层的干密度，并有专人记录，以便具有可追溯性。

4.3 基坑开挖

4.3.1 基坑开挖断面尺寸大于基础设计尺寸多少、基坑开挖边坡的陡缓，均要根据所采用的施工方法（人工或机械开挖）、土质、地下水情况，以及施工期降雨量与降雨强度、排水方式（集水坑或井点）等因素综合分析确定。进行边坡稳定分析，其安全系数按大于1.05取值。

4.3.3 为避免基坑底部基土受到扰动，预留适当保护层是施工中常用的方法。对于含水量过大的淤泥类土，在开挖到设计高程后，可铺垫一层土工织物，一方面保护基坑底面，缓解在淤泥上操作困难的问题；另一方面能起到铺垫作用，承受一部分拉应力，从而增强稳定性和减小沉陷量。

4.3.4 当基础底面出现局部超挖应回填压实，且回填材料的强度、变形模量等与基础底面相近或略大，压实后与基础底面基本相同，以防止基础受力后局部变形不均匀。

4.4 地基处理

4.4.1 本条是参照现行行业标准《电力工程地基处理技术规程》DL/T 5024的有关规定，并结合安徽、江苏等省泵站的施工实践经验总结提出的。

4.4.2 本条是参照现行行业标准《电力工程地基处理技术规程》DL/T 5024的有关规定，并结合安徽、江苏、山东、湖南等省泵站的施工实践经验总结提出的。

4.4.3 本条是参照现行行业标准《电力工程地基处理技术规程》DL/T 5024的有关规定，并结合安徽、江苏、湖北、湖南等省泵站的施工实践经验总结提出的。静压注浆根据浆液在土中流动方式分为渗透注浆、劈裂注浆和压密注浆。

4.4.4 本条是参照现行行业标准《水电水利工程高压喷射灌浆技术规范》DL/T 5200的有关规定，并结合湖南、湖北、江西、安徽等省泵站的施工实践经验总结提出的。

4.4.5 本条是参照现行行业标准《建筑桩基技术规范》JGJ 94和《电力工程地基处理技术规程》DL/T 5024的有关规定，并结合我国各省泵站的施工实践经验总结提出的。

4.4.6 常用的钢筋混凝土预制桩包括方桩、高强管桩等多种桩型，方桩可在施工现场预制，而高强管桩需经工厂化生产再运输到工地，但打桩工艺基本相同。因此，本条款仅提出了方桩施工的技术要求，其他桩型的施工参照国家现行相关标准执行，或参照本规范附录D的规定执行。

预制钢筋混凝土方桩的技术要求是参照现行行业标准《建筑桩基技术规范》JGJ 94的有关规定，并结合我国各省泵站的施工实践经验总结提出的。

4.4.7 沉井基础从20世纪70年代以来在我国一些水利工程中采用，部分泵站工程也采用了沉井基础。本条是根据我国部分泵站工程的施工总结，并参照现行国家标准《建筑地基基础工程施工质量验收规范》GB 50202中有关沉井施工的规定制订的。

4.5 特殊土地基处理

4.5.1 本条各款主要参照现行国家标准《湿陷性黄土地区建筑规范》GB 50025的有关规定，并结合陕西等省湿陷性黄土地区多年来进行水利工程施工实践的部分经验总结制订的。

1 现行国家标准《湿陷性黄土地区建筑规范》GB 50025—2004将湿陷性黄土分为自重湿陷性与非自重湿陷性两种类型，该规范第4.4.7条将湿陷等级划分为四个等级：Ⅰ级（轻微）、Ⅱ级（中等）、Ⅲ级（严重）、Ⅳ级（很严重）。其划分标准按表2的规定执行。

表2 湿陷性黄土的湿陷等级

总湿陷量Δ_s（mm）＼计算自重湿陷量Δ_{zs}（mm）	非自重湿陷性场地	自重湿陷性场地	
	$\Delta_{zs}\leqslant70$	$70<\Delta_{zs}\leqslant350$	$\Delta_{zs}>350$
$\Delta_s\leqslant300$	Ⅰ（轻微）	Ⅱ（中等）	—
$300<\Delta_s\leqslant700$	Ⅱ（中等）	★Ⅱ或Ⅲ	Ⅲ（严重）
$\Delta_s>700$	Ⅱ（中等）	Ⅲ（严重）	Ⅳ（很严重）

注：表中★表示当总湿陷量$\Delta_s\geqslant600$mm，计算自重湿陷量$\Delta_{zs}\geqslant300$mm时，可判为Ⅲ级，其他情况可判为Ⅱ级。

2 预浸水法适用于Ⅲ、Ⅳ级自重湿陷性黄土场地，可用于处理厚度大于 10m 的湿陷性土层;挤密法适用于地下水位以上,局部或整片处理,处理湿陷性黄土层厚度为 5m～15m。

3 由于预浸水法的全过程需要经过施工准备(道路、材料、设备、放线、打孔、打井、筑堤、供水、采土样等)、浸水预沉(泡水排水循环、排地下水、固结、含水自然扩散、固结)、场地整理三个阶段的大量工作与必要的泡水、排水(明水自排与地下水抽排)、固结时间,工程实践表明全过程至少需 6 个月以上的时间,所以采用浸预水法处理地基要比工程正式开工提前半年以上开始。

4 根据陕西省的施工经验,采用两次浸泡、排水循环比一次长时间浸泡、排水的效果好。实践表明一次浸泡难以达到要求,且时间拖得长;两次循环浸泡、排水循环中,第一次浸泡、排水引起的湿陷量是整个沉陷量的主体(陕西省南乌牛抽水站第一次浸泡、排水沉陷量占总沉陷量 77.2%),第二次浸泡、排水的作用是增加和加固湿陷效果,并检查湿陷稳定程度。

5 本款规定浸水坑的边长不得小于需处理的湿陷性黄土层的厚度,是为了使浸湿土体自重足以克服非浸湿土体间的阻力,使土体发生完全湿陷,并保证湿陷的均匀性;浸水后湿陷性变形的稳定标准是参照现行国家标准《湿陷性黄土地区建筑规范》GB 50025—2004 的第 6.5.2 条规定,并考虑到水利工程特别是泵站工程对沉陷的敏感性而确定的。

7～11 这 5 款是参照现行国家标准《湿陷性黄土地区建筑规范》GB 50025 的有关规定,并结合陕西等省的实际经验总结制订的。

4.5.2 本条主要根据膨胀土地区水利工程(包括泵站)的施工经验教训总结与实地调查研究结果,并参照国家标准《膨胀土地区建筑技术规范》GBJ 112—1987 的有关规定制订的。

1、2 由于膨胀土浸水膨胀的物理力学性质,从开始安排施工计划至施工全过程,始终要注意如何避免或减少雨水浸湿。在工期安排上,泵站基础工程的施工最理想是在冬旱季节进行并完成,以避开雨季。防止地表水、施工用水等流入基坑,避免浸湿边坡与基地,是稳定边坡、保护地基的最根本措施。

4 如何稳定膨胀土的开挖边坡,湖北省枣阳市、荆门市的经验教训认为:膨胀土开挖边坡被浸湿易引起滑坡,若边坡干湿交替则滑坡更甚。一旦出现初始破坏滑动,就很难处理,且采用挖缓边坡的常规办法也解决不了问题,将边坡挖至 1∶5～1∶6 仍然滑坡。泵站基坑开挖边坡虽是临时性的,但一座大中型泵站工程从基坑破土开挖、地基处理、基础及下部混凝土施工,直至回填填平基坑,一般需要几个月时间,为保证这段时间基坑边坡的稳定,本款特提出了保护措施。

5 本款是参照国家标准《膨胀土地区建筑技术规范》GBJ 112—1987的有关规定,结合安徽、湖北等省膨胀土地区水利工程(包括泵站)的施工经验提出的。

4.6 地 基 加 固

4.6.1 判断沉陷是否稳定,主要依据基础沉陷观测资料,对沉陷速率、各时段的沉陷差和沉陷量等进行分析,结合地基的地层构造和工程地质条件进行判别。

4.6.2 除少数大型泵房外,我国大多数泵房结构相对简单,多为框排架结构。如果纠偏方案导致工程投资过高,不如拆除老泵房重建新泵房经济合理。因此,本条规定泵房倾斜的纠偏处理应进行经济技术比较,当纠偏方案投资偏大时,应进行拆除重建方案比选,择优选择。

4.6.3 本条规定了泵房纠偏处理可采用的几种施工方法。

1 基土促沉法是对建筑物沉降较小侧的地基土采用促沉方法促使其沉降,使倾斜建筑物两侧的沉降差降低至允许的范围内,主要有掏土(砂)法、沉井冲水排土法、加载法和地基应力解除法等。

2 基土加固法是对建筑物沉降较大侧的地基土采用加固的方法,以限制其继续下沉,主要有静压桩法、旋喷桩法、高喷灌浆法、板桩围护法等。

3 结构物顶升法是利用千斤顶将倾斜建筑物沉降较大的一侧进行顶升(或侧向顶推)复位。

4 基础刚度加强法是加强和改变基础结构,达到减小和调整建筑物基底压力,控制地基土不均匀沉降,如将单独基础或条形基础联成整体,或将筏式基础改建成箱形基础等。

5 综合法是同时或先后采用两种及以上的加固方法对倾斜建筑物进行纠偏,如同时采用加载法和卸载法,即沉降较小侧加载,沉降较大侧卸载,同时采用浸水法和加压法等。

4.6.5 本条是参照有关标准的规定,并结合安徽、湖北、江苏等省泵房加固的施工实践经验总结提出的。

5 泵 房 施 工

5.1 一 般 规 定

5.1.1 鉴于钢筋混凝土施工是泵站施工中最重要且技术难度最大的环节之一,故本条规定在施工前应充分做好各项准备工作,以保证施工质量和施工顺利进行。

5.1.2、5.1.3 经验表明:按泵房的设计结构分层,可以方便立模与浇筑混凝土,且结构受力明确,层缝易于设置。规定"泵房挡水墙围护结构不宜设置垂直施工缝",主要是因为垂直施工缝容易引起漏水。泵房的设计结构分层是指设计时,按运用的功能与结构的特点所划分的楼层,如底板层、水泵层、密封层、电机层等。

泵房内部,特别是水泵层内的机墩、隔墙,如果先期浇筑混凝土,可以起到稳定上部流道的模板和脚手架的作用。

对于井筒式泵房(卧式机组),其底板以上的结构设计分层不明显,施工时根据情况分层浇筑混凝土。

5.1.4 永久伸缩缝往往是导致泵房渗漏的主要原因,故本条规定永久伸缩缝止水设施的处理应按设计要求进行。

5.2 钢筋混凝土

本节主要是根据泵房钢筋混凝土的施工特点,参照现行行业标准《水工混凝土施工规范》DL/T 5144 和《水闸施工规范》SL 27 的有关规定,本着方便施工,使本规范具有完整性和可操作性,提出了钢筋混凝土施工的有关规定。泵站其他部位的钢筋混凝土施工可参照执行。

5.3 泵 房 底 板

5.3.1 底板与地基是十分密切的,底板也是泵房质量的重要部分,为了保证泵房底板的施工质量,本条强调了泵房底板施工管理和程序上的严格性。

5.3.2 地基上的素混凝土垫层,严格地说是一项施工措施,不是建筑结构的一部分,但它对底板立模、绑扎钢筋、浇筑混凝土、保护土基都有着重要的作用,故本条按现行国家标准《混凝土结构设计规范》GB 50010 中第 4.1.3 条的要求,规定混凝土强度不应低于 C15。

5.3.3 底板混凝土工程的模板虽然简单,但由于受条件的限制,泵房底板的模板(侧模)和支架一般靠基坑边坡和土基支承,此部分土基容易受到扰动,导致支撑系统容易出问题,造成模板变形走样。故本条对模板制作安装的允许偏差进行了规定。

5.3.4～5.3.6 底板的钢筋一般都较平直,形式简单,易于绑扎,大部分接头能采用闪光对焊,在场内预先焊好,再搬运到现场安装绑扎,这样可以缩短工期,节省材料。底板钢筋工程中的插筋是起与上部结构连接的作用,插筋与上部钢筋的接头应错开,以便于捆扎。

底板的主要受力钢筋直径一般较大,钢筋网架较沉重,上层、下层骨架网的支撑已不是普通架立筋所能承担的,大多数采用混凝土预制柱作为支撑。故本条规定了混凝土预制柱的施工要求。

5.3.7～5.3.9 底板混凝土属于厚大结构物，本身刚度较大，上部荷载又较均匀，由于荷载引起裂缝的可能性较小，但值得注意的是温度应力，而混凝土各种原材料的质量、水泥的用量及缓凝剂的使用等对减小混凝土温升、降低水泥水化热影响很大，故作此规定。

5.3.10～5.3.14 底板混凝土浇筑面积大，浇筑强度要求高，在混凝土浇筑能力有限的情况下，一般都较少采取统仓水平浇筑法施工，而斜层浇筑法由于难于保证混凝土的密实性而不使用，较为可取的是多层阶梯推进法，但此种施工方法在现场实施时会有些困难，这就要求有较强的仓面指挥能力和熟练的仓内混凝土工。

5.3.15 当水泵或水泵及电动机的机座直接安装在泵站底板上时，由于机座安装的精度要求较高，需进行二期混凝土施工，以保证其精度要求。二期混凝土的体积一般都比较小，浇筑时操作比较困难，故本条对二期混凝土提出了要求。当浇筑确实困难时，要在模板的封装上想些办法，为浇筑混凝土创造一些便利条件，以保证质量；同时，浇筑时还要避免已安好的埋件受到撞动。

5.4 泵房楼层结构

5.4.1、5.4.2 设置施工缝的位置，通常是结构物内应力最小的地方，同时要方便立模和混凝土的浇筑施工。这两条规定的施工缝留置位置和处理方法，是在总结实践经验的基础上提出的。

5.5 泵房建筑与装修

近年来，随着工程建设标准的提高，人们对泵站泵房的建筑与装修要求也越来越高，故制订本节内容。建筑与装修材料还要符合国家现行有关环保、节能等标准的规定。

5.6 泵房加固改造

针对全国大中型泵站更新改造的实际情况，故制订本节内容。在实际工程中，泵房存在的最常见的问题主要是混凝土表层老化破损、裂缝及渗漏，不均匀沉降引起的结构破坏，上部结构墙体、门窗破损及屋面渗漏等。对于缺陷产生的原因，一般在泵站安全鉴定报告中有明确的说明，设计时，根据安全鉴定的检测和复核计算分析情况，提出具体的处理措施。但由于改造泵房的情况十分复杂，前期的勘察设计往往难以将各部分详尽说明，因此，开工前要认真制订施工方案，必要时进行施工试验，取得相应的技术参数。

采用化学灌浆处理裂缝时，浆液通常选用对环境无污染的改性化学材料。

5.7 特殊气候条件下的施工

本节对泵站工程在特殊气候条件下施工的规定是根据多年来泵站施工的实践经验，同时也参照了有关标准的规定，并结合现有的施工技术提出的。未作规定的部分参照国家现行有关标准执行。

5.8 移动式泵房

目前，我国移动式泵房以缆车式泵房和浮船式泵房居多，因此本节只对这两种形式的移动式泵房的施工提出了要求。

坡轨地基的失稳和不均匀沉陷是导致缆车变形损坏的重要因素，为了加强对坡面地基工作重要性的认识，故第5.8.1条第2款第1项对缆车式泵房的坡轨地基提出了要求。目前我国使用的缆车式泵房大多数是钢结构，故第5.8.1条第5款第1项只提出了钢结构的泵车房的施工要求，但缆车式泵房也有采用钢筋混凝土结构的，其施工可按本规范第5.4节中有关泵房梁、板、柱的施工规定执行。第5.8.1条的第6款所指国家现行相关标准，是指国家现行的房屋建筑方面的相关标准。

6 进出水建筑物施工

6.1 一 般 规 定

6.1.1 进出水建筑物一般包括引渠、前池及进水池、输水管道、出水池及压力水箱等，其布置根据不同的泵站类型（如高扬程灌溉泵站、低扬程排涝泵站、长距离输水泵站、水源泵站等）和不同的地形条件，距离上有长有短、平面上有宽有窄，有的还要根据地形条件确定渠线，其施工平面轴线与高程控制难度较大，故本条规定应按进出水建筑物设计和施工特点布置施工平面和设置测量控制网点。

6.1.2 本条主要是结合已建泵站工程施工的经验，提出了土石方开挖施工应合理确定施工方案，并对断面开挖型式、开挖顺序，淤泥渠道、冻胀土渠道的开挖施工，施工排水，冬季、雨季施工等提出了具体要求。

6.1.3 进出水建筑物施工主要有土石方开挖、土石方填筑、石体砌筑、预制混凝土和现浇混凝土等工程项目，为了保证各工程项目施工时互不干扰、统一协调、均衡施工，达到施工进度及施工质量要求，故本条规定应根据设计及相应施工技术规范的要求，合理确定土石方填筑、砌石、混凝土等工程施工方案。土石方开挖的施工要求在本规范第6.1.2条中单独进行了规定。相应施工技术要求是指本规范中与土石方填筑、砌石、混凝土等工程施工有关的所有技术要求。

6.2 引 渠

6.2.1 在水源附近修建临河泵站确有困难时，一般是设置引渠将水引至泵站修建的位置，且大多数泵站引渠地形较为复杂。因此，本条对引渠渠线平面与高程的复测提出了要求。

6.2.5 渠道混凝土衬砌机械施工的渠道一次成型，质量好，表面光滑，目前在我国许多大型灌区混凝土衬砌渠道和调水工程输水渠道的施工中采用，故本条对一些流量不大的混凝土衬砌引渠施工推荐采用渠道混凝土衬砌机施工。对于一些大流量的混凝土衬砌引渠施工和不便于采用渠道混凝土衬砌机施工的，仍可采用常规方法施工。

6.2.6 渠道周边表面要求平整光洁，特别是与进水建筑物（如进水前池、进水闸、拦污栅桥等）的连接处要平顺，确保水流顺畅。

6.3 前池及进水池

6.3.1 前池及进水池的施工程序安排是否恰当，施工组织是否紧凑合理，对提高施工质量、保证安全、缩短工期、降低造价有着十分重要的影响。

"先近后远"，主要是便于平顺连接泵房的进口。

"先深后浅"，指相邻两部位基面深浅不一时，若先浇筑浅部位的混凝土，则在浇筑深的部位时可能会扰动已浇部位的基土，导致混凝土沉降、走动或断裂。现场条件需先浇筑浅的部位时，要采取适当的技术措施，以保证已浇筑部位的基土不被扰动或最大程度减小扰动。

"先边墙后护底"，是为了给重的部位有预沉时间，使地基达到相对稳定，以减轻对邻接部位混凝土产生的不良影响。护底与铺盖要尽量推迟到挡土墙砌筑并回填到一定高度后再开始浇筑，以减轻边荷载影响造成的前池、进水池护底混凝土开裂。

6.3.2 近年来，提高混凝土耐久性的问题已日益引起人们的重视，故本条对前池及进水池两岸连接结构及护底的施工提出了要求。提高混凝土耐久性必须由设计、施工、科研和管理等部门共同努力才能奏效。设计中除对钢筋混凝土结构除提出稳定、强度指标外，还要根据建筑物各部位所处环境条件，提出抗冻、抗侵蚀等耐久性要求，以便施工单位有据可循，采取措施满足本条所提出的各项要求。

6.3.3 土工布，又称土工织物(Geotextiles)，是一种用于导渗的新材料。土工织物按制作方法分有纺型、无纺型及其复合物多种，在水力学方面主要起排水、反滤作用；在力学方面主要起隔离、加强作用。用于导渗的机理是：开始时只允许土体中的极细小颗料通过织物流入排水体，此后紧靠织物一侧的土体中剩下的较粗颗粒的透水性提高，同时该较粗颗粒层又阻止其后面的极细颗粒继续被带走，这样就形成了一道由粗到细的天然反滤层，保护土体不发生管涌。因此，不同的土体应选用与其相适应的土工织物。

6.3.4 对滤层与混凝土或浆砌石的交界面加以隔离的主要原因是防止砂浆流入，影响滤层效果和滤层以上的施工质量。

6.3.6 混凝土与钢筋混凝土裂缝已成为挡土墙耐久性中的主要病害之一，裂缝产生的原因比较复杂，往往是多种因素造成的。前池边墙和进水池两侧翼墙的混凝土或钢筋混凝土，常常因施工质量问题发生裂缝。因此，施工时要区别不同情况，因地制宜，采取综合措施，防止或最大程度减少裂缝的发生，减轻其危害性。

6.4 流　　道

6.4.1 泵站混凝土的渗水、漏水一般发生在施工缝或施工冷缝处。因此，混凝土施工要尽量保持构筑物的整体性，少设施工缝，特别要控制设置垂直施工缝；进出水流道一般要整体浇筑，这也是泵站混凝土施工的一大特点。

泵站流道具有较高的防渗、防漏要求，在过去已建的一些泵站中，有不少混凝土流道发生了裂缝。故本条规定应采取有效的技术措施，提高混凝土的施工质量，防止或最大程度减少裂缝的发生。

另外，流道型线、各断面面积沿程变化和内表面糙率等对泵站装置效率影响也很大，故本条还对流道型线、各断面面积沿程变化和内表面糙率提出了要求。

6.4.2 泵房建筑物尺寸较长时，往往需要划分几个施工单元施工，通常是根据设计文件上的永久伸缩缝为界面划分，每一个浇筑单元可能会有几台机组或几个流道同时施工。为保证流道构筑物的整体性，每一个单元中一般不再分开浇筑。

6.4.4 泵房立式机组的流道和高驼峰的出水流道，一般都高达几个楼层，流道与所处楼层围护结构物(挡水墙)同时立模浇筑，浇筑体积占据了很大的空间，对立模、扎钢筋、浇混凝土带来了许多的困难，需要在施工中努力克服。

6.4.5 一般中小型水利工程的模板、支架和脚手架，都是凭工人的经验策划施工，而泵房流道特别是大型立式轴(混)式机组的进出水流道混凝土工程的模板、支架和脚手架都很高大，内部障碍物又多，光凭经验是不够的，故本条规定应作好施工结构设计。本条还规定进行施工结构设计时，计算荷载可按本规范附录F确定。

6.4.6、6.4.7 流道模板形状较复杂，制作和安装都比较困难。实践证明，在厂内制作预拼准确后，再搬运到现场安装，能保证施工质量。

流道的内层、外层模板在空间上有时会有互叠的现象，因此需要使用较多的支撑文托。柱撑种类的选择和布置的方法，也是一项重要的工作，故作此规定。

6.4.9 由于模板和钢筋在空间位置互相重叠，施工时各工种互相交错，如不注意，工种间就会互相干扰，影响工作，故作此规定，以保证顺利施工。

6.4.11、6.4.12 泵房流道结构形体复杂。周围刚性连接的结构物体积大小不一，方向各异，约束复杂。当混凝土发生收缩后，流道混凝土容易产生裂缝，应该从多方面采取措施，防止裂缝的产生。

目前，湖北、湖南等省平原湖区已建成的大中型泵站中，有一些流道施工完就出现了裂缝，且裂缝的形态各不相同，有的为纵向裂缝，有的为横向裂缝，有的裂缝位置在驼峰处，有的裂缝位置在出口底部；有浅层裂缝，有贯穿性裂缝，可见裂缝产生的成因相当复杂。因此，控制流道不出现裂缝，要从多方面采取措施，除改进结构设计外，还要从施工方面采取措施。如改善混凝土配合比，合理选择水泥品种，限制水泥用量，正确选择施工工艺，控制混凝土的浇筑温度，改善养护湿润混凝土的条件等，这些都是行之有效的方法，也是一些大中型泵站流道未发生裂缝的经验。

6.4.13～6.4.17 流道混凝土浇筑量大，结构复杂，浇筑工作比较困难。因此，这5条分别列出了流道浇筑时要重视的一些事项，施工中要合理组织安排，保证混凝土质量。

6.4.18 根据流道结构的复杂性，本条规定了加强混凝土养护的一些措施和办法，目的是要提高、改进混凝土的养护效果。做好养护记录，以便积累经验，提高施工技术水平。

6.5 输水管道的管床及镇墩、支墩

输水管道的管床及镇墩、支墩施工质量的好坏不仅关系到管道的安装质量，还直接关系到泵站的运行安全，这是因为泵站运行中若发生事故停机，输水管道特别是高扬程泵站的输水管道可能产生巨大的水锤冲击力，并通过管道传递到镇墩、支墩和管床上，若镇墩、支墩和管床的施工质量达不到设计要求，将产生破坏，影响泵站安全。故本节对输水管道的管床及镇墩、支墩的施工提出了明确要求，本节未作出规定的，按国家现行相关标准的规定执行。

6.6 出水池及压力水箱

6.6.1 同本规范第6.3.1条的条文说明。

6.6.2 出水池及压力水箱的地基为填方时，填土要碾压密实，严格控制填土质量，做好防渗和排水的设施，保证施工质量达到设计要求。

6.6.4 同本规范第6.3.6条的条文说明。

6.6.11 在混凝土或钢筋混凝土护底上行驶的重型机械或堆放重物时，要充分考虑护坦的承受能力，否则护坦会受到损坏，因此本条规定施工期间的这一施工荷载，应经设计单位验算同意。

6.6.13 出水池黏土铺盖及止水设施一旦破坏，将缩短渗径，影响泵站安全。因此，施工中要保证黏土的质量及其施工质量，保护好止水设施，处理好施工接缝。

6.6.14 用塑料薄膜等高分子材料组合层或橡胶布作防渗铺盖的施工可参见有关专业规定。施工中要重视防渗膜或橡胶布的接头处理，采用成熟可靠的焊接材料和工艺，以保证其强度、耐久性和不均匀沉降等满足施工要求。

6.7 进出水建筑物加固改造

6.7.1 泵站进出水建筑物多处于水下，现场情况及发生的险情或破坏比较复杂，仅凭加固改造设计，很难将问题处理好，故本条规定在加固改造施工前，要针对原设计资料、竣工图纸和现场情况，制订合理的施工方案。

6.7.2 进出水建筑物加固改造，是属于在原有进出水建筑物基础上施工，不同于新建工程，有其特殊性，所以对所选定的施工方案在实施前，项目法人(建设单位)或委托工程监理组织有关单位(如设计、监理、施工、运行管理等单位)及有关专家应对不同实施方案进行对比分析，对所选定的施工方案进行可靠性论证，必要时聘请具有相应资质的单位对选定的施工方案进行可靠性论证或评估，以保证施工方案切实可行。

6.7.3 在拆除进出水建筑物某部分的混凝土时，为了避免对相结合的混凝土结构产生危害，有条件的，采用无振动静态切割方法施工，或采取必要的工程保护措施。

6.7.4 对局部保留的原建筑物进行质量检测，目的是对拆除后保留的结构及面层(界面)通过检测验证其是否符合设计要求。

6.7.5 在拆除进出水建筑物时，如需进行施工导流，有条件的，首

先考虑利用原有水工建筑物，以降低工程造价，但也要考虑利用的水工建筑物的安全度汛和利用原有水工建筑物对施工的影响，以便合理安排工期。

6.7.9 泵站进出水流道内部的加固改造时，由于其形体复杂、空间狭小，施工场地一般不具备进入混凝土仓面进行浇筑振捣的施工条件，传统的普通混凝土施工方法不能满足设计要求，也难以保证混凝土浇筑质量。因此，进出水流道内部加固改造只能采用自密实、自流平、免振捣混凝土施工方法，其混凝土配合比要具有高流动性、抗离析性、间隙通过性和填充性，使混凝土能在自重下无需振捣而自行填充模板的空间，形成均匀密实的混凝土加固层。

7 观测设施和施工期观测

7.1 观测设施

7.1.2、7.1.3 根据现行国家标准《工程测量规范》GB 50026 的第10.1.4 条规定，变形监测网的网点分为基准点、工作基点和变形观测点。本条关于观测点选点和埋设的规定适用于基准点、工作基点和变形观测点，目的是为了使基准点、工作基点能够长久稳定，变形观测点能充分、灵敏地反映变形速率及变形量的大小。

7.1.4 施工期的沉降标点一般布置在泵房、岸墙等底板的四角和中点，放水前将标点转接到上部结构的适当位置。

基坑开挖或基坑降水会直接或间接影响基坑附近建筑物的安全，因此，对基坑附近的重要建筑物进行监测是控制施工安全的重要监测内容之一。本条参照现行国家标准《工程测量规范》GB 50026 的有关规定，明确提出对基坑附近建筑物的沉降稳定进行监测的要求，并规定了观测标点的布置部位。

7.1.5 根据近年的调查，部分泵站测压管的损坏报废，影响基底扬压力的观测。损坏的主要原因是杂物堵塞、白铁皮管或普通铜管锈蚀、塑料管变形和反滤层失效等。故本条强调了测压管埋设安装及试验的要求。

7.1.7、7.1.8 这两条是参照现行国家标准《工程测量规范》GB 50026 的有关规定，明确提出滑坡变形观测和高边坡稳定监测点位的布设要求。

7.1.9 为确保施工质量，新建大中型泵站工程施工期有严格的温控要求。根据温控需要，在大体积混凝土、流道、压力水箱等重点控制温度裂缝的部位埋设混凝土内部温度监测设施，可以为温控措施提供直接依据，故本条明确规定新建大中型泵站工程施工期应在主要建(构)筑物内部布设温度监测设施。温度监测设施的布点位置及数量与工程规模、主要建(构)筑物的结构型式等直接相关，要在充分计算分析的基础上提出专项报告。

7.2 施工期观测

7.2.1 本条明确提出了新建泵站工程施工期的观测项目和主要监测内容。加固改造泵站工程因加固改造的内容各有不同，难以统一规定需进行的观测项目和内容，施工中一般根据加固改造项目实际情况，参照新建泵站工程的规定执行。

7.2.2 施工期变形监测的精度要求是参照国家现行标准《工程测量规范》GB 50026 和《水利水电工程施工测量规范》SL 52 的有关规定确定的。在现行国家标准《工程测量规范》GB 50026 中，对建筑物的变形监测精度要求是“根据设计要求确定”。本条根据工程设计实例，并参照水坝施工期变形监测精度要求，提出了大型泵站主体结构施工期水平位移和垂直位移的测量中误差均应小于1.0mm，中小型泵站可适当放宽，但不应超过1倍。

7.2.3 水平位移的测量方法很多，包括三角形网法、极坐标法、交会法、GPS 测量法、正倒垂线法、视准线法、激光准直法、精密测量仪等。本条仅列出视准线法测量的技术要求，其他测量方法的技术要求参照国家现行标准《工程测量规范》GB 50026 和《水利水电工程施工测量规范》SL 52 执行。

7.2.7 采用排水井点降低基坑地下水位时，可能会因排水井点失效或抽、排水故障，导致地下水位失控，尚未完工的建筑物基底渗透压力加大，扬压力上升；因水情、雨情变化或防洪度汛应急抢险需要，基坑可能淹没或充水，基底扬压力也会增大；上、下游水位变化时，也会增大基底渗透压力。在这些工况下，均要进行扬压力监测，其监测频次根据实际情况确定。

7.2.8 本条与本规范第 7.1.4 条对应，明确提出了对基坑周边建筑物进行安全监测的起、止时间。监测频次要联动基坑开挖进度和基坑降水进程。

7.2.9 新建泵站工程主体建(构)筑物内部温度数据的采集频次、资料整理和分析是施工期质量控制的重要内容之一，要编制专项文件指导施工及检查。

7.2.10 巡视检查也是施工期观测的重要手段之一。巡视检查的内容、方法及相关要求，一般根据相关工程管理规范的规定制订。

7.2.11 在对原泵房上部结构改造、原泵房旁新增建筑物及机组、进出口翼墙拆除重建、挡水坝(堤)加固或改造等过程中，往往因加载或减载对原有建筑物产生较大影响，严重的对原有建筑物造成破坏。故本条强调建筑物加固改造工程施工中，要加强对原有建筑物的水平位移、垂直位移、主要结构内力变化、基础渗透压力等项目的观测，以便出现异常时能及时采取相应保护措施，确保对原有建筑物无不利影响或将影响减少到最小程度。

8 金属结构安装及试运行

8.1 一般规定

8.1.6 本条所指国家现行有关标准包括：《非合金钢及细晶粒钢焊条》GB 5117、《热强钢焊条》GB 5118、《埋弧焊用碳钢焊丝和焊剂》GB 5293、《埋弧焊用低合金钢焊丝和焊剂的要求》GB 12470、《气体保护电弧焊用碳钢、低合金焊丝》GB 8110 等。

8.1.7 本条明确规定了安装焊接的焊缝质量检查和返修处理的依据标准及要求。

8.1.8 根据调查，有些施工单位在闸门、拍门、拦污栅等构件的吊装运输中，往往不注意构件重心位置，对门体及埋件的加工面也不注意保护，故本条对闸门、拍门、拦污栅等构件的运输、吊装提出了要求。

8.1.9 启闭机(包括液压启闭机)、清污机及自动挂脱梁等机械设备如运输、保管不当，很容易发生锈蚀、碰撞、变形等问题，故本条对这些机械设备的运输、保管提出了要求。

8.1.10 根据调查，许多施工单位的金属结构件及设备在运输、安装过程中，其防腐涂层受到损坏或锈蚀后，往往被忽视而不做处理，因而影响其使用寿命，故本条明确要求金属结构件及设备被损坏的防腐涂层，要按现行行业标准《水工金属结构防腐蚀规范》SL 105 的规定进行处理。

8.2 埋件安装

8.2.1 实践证明，预埋锚板比预埋锚栓有显著的优点，如锚板预埋可不通过模板，减少了穿、拆模板工作量，且锚板面积一般为100mm×100mm～120mm×120mm，错位允许偏差大，便于与埋件调整螺栓对接。预埋螺栓虽然存在许多不足，但长期使用已成习惯，故予以保留。

8.2.3 据调查，湖北、湖南、山东、陕西、广东等省的设计和施工单位对于平面闸门埋件安装允许公差与偏差，均是按现行行业标准

《水利水电工程钢闸门制造、安装及验收规范》GB/T 14173 的规定执行的。故参照现行行业标准《水利水电工程钢闸门制造、安装及验收规范》GB/T 14173 的有关规定制定了本规范附录 H，本条规定平面闸门埋件安装允许公差与偏差应符合本规范附录 H 的规定。本条还规定了检查点数，以便于操作。

8.2.4 本条是参照弧形闸门铰座的基础螺栓中心和设计中心位置的偏差要求确定的。

8.2.5 拍门铰座的安装允许误差是参照弧形门铰座安装允许误差的要求确定的，但拍门两铰座轴线的同轴度比弧形门的提高了一倍，这是因为泵站拍门大部分为自由式，运行中受水流冲击，摆动较大，若两铰座轴线的同轴度安装偏差过大，可能损坏铰座，而且拍门铰座比弧形门铰座容易安装，提高精度是能够达到的。

8.2.6 据调查，对于倾斜安装的拍门门框埋件安装，倾斜角度允许偏差有的为±10′，也有的没有要求，但是倾斜安装的拍门的倾斜角度在设计时是通过计算得出的，若实际安装门框的倾斜角度偏差过大，势必影响拍门的启闭效果。因此，对门框埋件倾斜角度偏差给予一定的约束范围是必要的，本条采用±10′是合适的。

8.2.7 本条对埋件安装中的加固提出了要求。为确保埋件牢固、可靠，埋件设计时就要根据工程实际情况提出埋件加固的焊缝搭接长度和截面面积等要求，以便于施工中执行。

8.2.10 根据工程实践，对埋件接头错位进行缓坡处理，对工作面上的焊疤、焊缝余高及凹坑铲平、磨光，是保证闸门密封严密、避免产生汽蚀和确保运行安全的必要措施。

8.2.11 对检修门槽进行试槽，用与各门槽实际相配的检修闸门进行，能及时发现问题予以处理，这是保证闸门密封严密、确保工程安全运行的一项重要措施。

8.3 平面闸门安装

8.3.1 一般平面闸门不论是整体还是分节制造，出厂前均要进行整体组装（包括主轮、侧轮、反轮、滑道支承等部件的组装）和检验，但闸门运输到工地后，可能因运输、保管不当产生变形，故本条规定闸门安装前进行各项尺寸复查，是保证安装质量的重要环节。

8.3.3～8.3.6 这 4 条是参照现行国家标准《水利水电工程钢闸门制造、安装及验收规范》GB/T 14173 的有关规定确定的。

8.3.7 具体保护措施由施工单位按实际情况确定。

8.4 拍 门 安 装

8.4.1 据调查，由于自由式拍门的自重直接关系到其开启角度能否符合设计要求，影响拍门正常运行，故本条规定对拍门实际制造重量与设计重量的误差提出了不超过±5%的要求。

关于拍门转动中心的重心和浮心位置是设计时根据拍门运行条件，通过理论计算和试验确定的重要参数，对拍门的开启和关闭有很大的影响，但在拍门出厂验收时一般容易疏忽，本条予以规定，以引起重视，具体误差控制在设计文件规定的范围内。

8.4.2 拍门橡皮止水的安装精度与平面闸门止水安装精度相同。

8.4.3 本条对金属止水的拍门工作表面的加工精度提出了具体要求。粗糙度 Ra 值不应大于 3.2μm 是根据目前许多此类拍门实际达到的精度提出的。

8.4.4 平衡重式拍门，其平衡配重块直接影响拍门的正常运行，故本条对平衡配重块重量的误差提出了要求。平衡机构运行不应受任何干扰，是指平衡机构的平衡配重块、转向滑轮和钢丝绳等运动部件周边应留有一定安全空间，运行过程任何情况下均不得受到干扰。

8.5 拦污栅安装

8.5.1、8.5.2 这两条是参照现行国家标准《水利水电工程钢闸门制造、安装及验收规范》GB/T 14173 的有关规定确定的。

8.5.3 对于使用清污机的拦污栅的安装精度，调查了山东棘洪滩泵站、陕西交口灌区田市泵站、湖北田关泵站和黄山头泵站、江苏淮安泵站等工程的拦污栅及清污机设计、运用情况，对拦污栅埋件均无特殊要求，故本条仅对分节拦污栅的栅条连接处的平面及侧向错位提出不应大于 1.0mm 的要求。

8.6 闸门、拍门、拦污栅试运行

8.6.5 本条规定的闸门止水橡皮每米止水长度漏水量不应超过 0.1L/s，是参照现行国家标准《水利水电工程钢闸门制造、安装及验收规范》GB/T 14173 的有关规定确定的；金属止水每米止水长度漏水量不应超过 0.8L/s 的规定，是通过调查总结部分金属止水闸门实际漏水量提出的。

8.7 固定卷扬式启闭机安装及试运行

8.7.1 在泵站中使用的启闭设备均属中小型启闭机，其产品出厂均按现行行业标准《卷扬式启闭机通用技术条件》SD 315 或《水利水电工程启闭机制造安装及验收规范》SL 381 的有关规定进行了整体组装调试、空载模拟试验，有条件的还进行额定荷载试验，经检查验收后才能出厂。但根据调查，启闭设备运到工地后，实际很少进行全面检查就直接进行安装，不少设备由于运输、保管不当，造成机械零部件损坏，有的还因制造时质量检查不严，将不合格的零部件装上，给工程安全运行带来极大的隐患，因此本条明确规定启闭设备运到工地后应按现行行业标准《水利水电工程启闭机制造安装及验收规范》SL 381 的有关规定进行全面检查，合格后方可进行安装。

8.7.2～8.7.5 这 4 条是参照现行行业标准《水利水电工程启闭机制造安装及验收规范》SL 381 的有关规定确定的。

8.7.6 泵站一般使用低扬程启闭机，故本条规定的是低扬程启闭机的安装允许误差。

8.7.9 本条是参照现行行业标准《卷扬式启闭机通用技术条件》SD 315 的有关规定确定的。对 QPK 型快速闸门启闭机，闸门快速下降一般是采用 220V 直流电源打开启闭机上的交流制动器，所以试验时要检查松闸直流电流值和电磁线圈的温度，温度不能超过规定值，一般不大于 100℃。

8.7.10 本条是参照现行行业标准《卷扬式启闭机通用技术条件》SD 315 的有关规定确定的。进行负荷试验首先应征得有关部门同意。LT 调整器是快速闸门启闭机上的一个专用部件，在做快速关闭试验前，要认真检查调速器的摩擦制动带与固定支座锥面的实际接触面积，一般不小于 75%，左右锥套的轴向移动应相等，摆动飞球角形杆的动作应灵活，不能有卡阻现象。做快速关闭试验时，关闭时间不能超过设计规定的时间（一般为 2min），次数也不能过多，做 2 次快速关闭试验即可。启闭机调速器的下降速度一般不超过 5.0m/min，电动机最高转速不能超过其额定转速的 2 倍，否则调速器易烧毁，电动机产生飞逸，试验时一定要严格控制。

8.8 移动式启闭机安装及试运行

8.8.1 本规范附录 J 中关于小车轨道安装允许偏差，是参照行业标准《通用桥式起重机技术条件》JB 1036—1982 的有关规定确定的。

8.8.2 本条是参照行业标准《通用桥式起重机技术条件》JB 1036—1982 的有关规定确定的。

8.8.3 本规范附录 J 中关于桥机和门架组装后的允许偏差，主梁上拱度是根据行业标准《双梁通用门式起重机技术条件》JB 4102—1986 和《通用桥式起重机技术条件》JB 1036—1982 的有关规定确定为（0.9～1.4）L/1000，其余各项是参照行业标准《双梁通用门式起重机技术条件》JB 4102—1986 有关规定确定的。关于运行机构安装后的允许偏差，是参照行业标准《双梁通用门式起重机技术条件》JB 4102—1986 的有关规定确定的。由于门机大车行走机构组装受门腿组装的影响，其偏差略低于桥机组装的允许偏差，并根据跨度大小不同对允许偏差加以区别。为了使大车运行不产生啃轨，其累积误差最大值不超过轨道与轮缘之间的间隙，因此对运行机构组装的允许偏差，均作了具体规定。

8.8.5 近几年自动挂脱梁发展较快，有机械式、液压式、气压式三大类。机械式和液压式传动可靠，在国内应用较广泛；气压式因传动不可靠，仅在国外少有应用。由于机械式自动挂脱梁种类繁多，如重锤式、吊环式、挂钩式、挂脱自如式、棘轮棘爪式、心形锁扣式、锁定块式、夹钳式、螺旋体控制式和佛手擒纵式等，主要应用于中小型闸门上；液压穿销式自动挂脱梁有油泵、电动机等设备，在应用中需注意电缆密封接头在水中工作的可靠性，以防止接头渗漏水影响操作安全，故液压穿销式自动挂脱梁较为复杂，在我国只应用于一些大中型闸门上。

由于自动挂脱梁在我国尚未形成系列标准，其安装精度很难统一规定，目前基本是按设计文件或制造商的技术要求进行安装，因此本条只作了一些原则性的规定。

8.8.6 带自动挂脱梁的移动式启闭机要在多孔门槽内启闭闸门，故对各个门槽土建施工和埋件安装的精度要求较高，如果达不到一定的安装精度，会直接影响自动挂脱梁抓放闸门的准确性。过去对多孔口闸门共用带自动挂脱梁的移动式启闭机的安装偏差，没有提出具体规定。固定启闭机单吊点中心及双吊点吊距的安装允许偏差为±3.0mm，考虑到自动挂脱梁的安装条件，其安装偏差可略低于固定启闭机起吊中心安装的允许偏差，故本条确定自动挂脱梁起吊中心安装后的纵横向误差不应超过±5.0mm。

8.8.7 本条是参照现行行业标准《水利水电工程启闭机制造安装及验收规范》SL 381 的有关规定确定的。

8.8.8 大车或小车在行走时产生啃轨的原因很多，其中轨道安装不直、运行机构组装及车轮安装偏斜等是由安装误差造成的，车轮直径不等、各电动机转速偏差（单独驱动）等是由制造缺陷造成的，这些现象都要在制造与安装中予以消除。本条还参照国家现行相关标准对各机构产生的噪音提出了控制标准。

8.8.9 负荷试验是指启闭机在现场安装后，将闸门（拦污栅）及拉杆等连接在一起的启闭试验。至于出厂前的空载试验、负荷试验等，均按现行行业标准《卷扬式启闭机通用技术条件》SD 315 和《水利水电工程启闭机制造安装及验收规范》SL 381 的规定执行。

8.9 液压式启闭机安装及试运行

本节主要对启闭闸门的液压启闭机的安装及试运行进行了规定，对泵站（如湖北省樊口泵站）出口拍门采用液压启闭机启闭的，其液压启闭机的安装及试运行也可按本节的有关规定执行。

8.9.1 由于液压启闭机和闸门是刚性连接，而门槽安装和测量放线有一定的误差，如按设计中心安装，则可能发生活塞杆和闸门吊耳错位现象，故本条规定从门槽实际位置测得的起吊中心线安装。各安装允许误差是参照现行行业规范《水利水电工程启闭机制造安装及验收规范》SL 381 的有关规定确定的。

8.9.2～8.9.19 这 18 条是参照现行行业标准《水利水电工程启闭机制造安装及验收规范》SL 381 的有关规定确定的。

液压式启闭机在出厂前，对油缸进行试验的项目如下：

(1)空载试验——在无负荷情况下液压缸的活塞杆往复运动 2 次，不出现外部漏油及爬行等不正常现象；

(2)最低动作压力试验——不带负荷，液压从零增到活塞杆平稳移动的最低启动压力，其值不大于 0.5MPa；

(3)耐压试验——当液压缸的额定压力小于或等于 16MPa 时，试验压力为额定压力的 1.5 倍；当额定压力大于 16MPa 时，试验压力为额定压力的 1.25 倍。在试验压力下保持 10min 以上，不存在外部泄漏、永久变形和破坏等现象；

(4)外泄漏试验——在额定压力下，将活塞杆停于油缸一端，保压 30min～40min，不存在泄漏现象；

(5)内泄漏试验——在额定压力下，将活塞杆停于油缸一端，保压 10min，内泄漏量不超过表 3 的规定。

表 3 油缸允许内泄漏量

油缸内径(mm)	漏油量(mL/min)	油缸内径(mm)	漏油量(mL/min)
400	6.50	180	1.25
360	5.10	160	1.00
320	4.00	140	0.75
280	3.10	125	0.55
250	2.50	110	0.45
220	1.90	100	0.40
200	1.55	—	—

注：表中漏油量是按 0.5mm/10min 的下降量换算成 mL/min 的漏油量。

8.10 清污机安装及试运行

8.10.1、8.10.2 据调查，目前清污机械在我国尚无定型的系列标准产品，已使用的清污机械型式较多，但基本分为固定式和移动式两大类。固定式清污机有回转式、回转拦栅式、梳齿式、步进式、三角架式、栅网结合式；移动式清污机有液压旋转式、耙斗式、铲耙式、压耙式、斜坡堆扒式等（国外还有集耙污、卸污、排污、启闭闸门等多功能清污机）。对清污机械的制造及安装的精度尚无统一的规定，设计时，一般是参照现行行业标准《水利水电工程启闭机制造安装及验收规范》SL 381 中移动式启闭机的安装标准执行。湖北省田关泵站对移动式清污机轨道安装允许偏差如下：

(1)轨道实际中心线对轨道设计中心线的位置偏差小于或等于 2.0mm；

(2)轨距偏差为±2.0mm；

(3)同一断面上两轨道标高的相对差小于或等于 6.0mm。

8.10.3 目前我国许多泵站使用的回转式清污机，是将拦污栅和清污机结合为一体的连续清污设备，主要由栅体、清污耙和传动系统三部分组成；在栅前后水压差大于 0.2m 条件下可自动运行清污，水压差小于 0.2m 时可自动停机。回转式清污机主要特征是清污方向不同于一般耙斗清污机，由下向上连续回转清污，配套污物传送带，故清污能力强（可达到 30t/h）、效果好、效率高、安全可靠。回转式清污机是固定式的，每扇拦污栅需配备 1 台，对于有多孔栅闸的泵站，总体投资较高，一般在经济发达地区和清污要求很高的泵站运用较为普遍。常用回转式清污机主要技术参数如表 4 所示。回转式清污机埋件的安装偏差要求，根据已建工程实例采用的是拦污栅埋件的安装允许偏差。

表 4 常用回转式清污机主要技术参数

序号	项目	参数	备注
1	孔口净宽(m)	2.5～5.0	每 0.5 米一档
2	栅体倾斜角(°)	65～75	
3	水头差(m)	1	
4	栅条中心距(mm)	50～100	
5	最大清污能力(t/h)	30	
6	链条回转速度(m/s)	0.1	
7	齿耙工作宽度(m)	2.3～4.8	
8	垂直安装高度(m)	3～10	每 1 米一档

8.11 金属结构加固改造

8.11.1 金属结构特别是大型闸门、拍门的加固改造比较复杂，如加固改造不好，将给安全运行带来隐患，因此本条规定加固改造前应制订施工方案，加固改造中应严格按施工方案施工。对于一些影响泵站安全运行的或技术复杂的金属结构的加固改造施工方案，为保证施工方案合理可行，项目法人(建设单位)要组织设计、监理及有专家进行论证后，再由监理工程师认可。

8.11.2　本条除了对门叶、栅体等构件的加固提出了一般性要求外，还提出了几点专门要求。

1　构件加固改造绝大部分是通过增加构件的截面来提高构件强度，需要在原构件上焊接补强构件。由于所加固改造的构件一般都使用年代较长，许多泵站原竣工资料不齐全，构件的材质往往难以确定，使焊接工艺的制订缺乏依据。为此本条提出“当无法确认时，应按现行国家标准《焊接工艺规程及评定的一般原则》GB/T 19866 的规定进行焊接工艺评定”的规定。

2　由于构件加固不同于新制作构件，受到拟保留零部件的干扰，焊接作业空间有限，增加了焊接难度。被加固构件一旦发生变形，矫正将非常困难，还有可能产生构件的次生损伤，如原焊缝被拉裂等。因此，施工中要制订专门措施，控制构件变形，并对保留的零部件加以保护。

3　原构件上不可避免有油漆、油污和焊疤等残留物，施焊前要清除干净，以利于焊接施工和加固后的防腐。

4　通过增加构件截面积的加固后，构件的重心可能会发生变化，而影响构件的正常运行。因此，对此类构件加固后要进行静平衡试验，以重新确定构件的重心位置。

5　有些施工单位或设计单位对构件加固非常重视，却往往忽视对构件进行防腐处理。因此，本条对构件加固后的防腐专门提出了要求。

8.11.3　在实际工程中，埋件加固改造一般是将埋件进行更换，需将原来的埋件从混凝土中拆除，安装新的埋件。原混凝土内部的钢筋网分布情况一般都不是很清楚，只有凿开后才能看到，但在凿除的过程中不可避免会打断一些钢筋，这样势必影响新埋件的锚固强度。为此本条提出“若保留的钢筋不能满足埋件固定强度要求时，宜采用植筋方法增加锚筋数量”，以满足埋件固定强度的规定。

9　质量控制和施工安全

9.1　质　量　控　制

本节主要根据国家有关工程施工质量的规定，参照已建泵站工程的施工质量控制经验，从施工单位建立质量保证体系，施工质量的检查程序、内容及要求，以及施工原始记录等方面进行了规定。

9.2　质量检验及缺陷处理

本节泵站工程质量检验及缺陷处理的条文，主要参照了现行行业标准《水闸施工规范》SL 27 和类似泵站工程的有关规范，结合目前泵站工程施工的实践总结编制而成。

关于混凝土裂缝的处理：对于表面较小的裂缝，虽然在设计允许范围内，但从施工的角度还是应该进行表面封闭处理，这样对混凝土的耐久性有积极的作用；对于较严重的裂缝，应该加以重视，分析原因，研究处理的办法。要不断总结经验，提高泵站施工技术水平和工程质量。

9.3　施　工　安　全

9.3.2　施工管理范围内设置安全警示标志是指在施工现场出入口、施工起重机械、临时用电设施、脚手架、出入通道口、楼梯口、电梯井口、孔洞口、基坑边沿、爆破物及有害危险气体和液体存放处等危险部位，设置明显的安全警示标志；必要的防护措施是指根据现场实际情况采取防触电、防高空坠落、防机械伤害以及防火、防爆等安全措施。

除上述安全措施外，施工单位还要根据不同施工阶段和周围环境及季节、气候的变化，在施工现场采取相应的安全施工措施。施工现场暂时停止施工的，施工单位也要做好现场防护工作。

9.4　施工期环境保护与水土保持

9.4.1　泵站施工期采取必要的环境保护措施，主要包括：

(1)施工扬尘、废气污染治理措施。加强对施工现场回填土土方堆放场的管理，落实土方表面压实、定期喷水、覆盖等防护措施，防止较大扬尘污染；定期检查施工车辆和设备，实现废气达标排放。

(2)废水治理措施。施工场地生产废水以 SS 为主要污染物，一般采取长时间静置沉淀措施或其他措施实现达标排放；机械设备冲洗废水以石油类、SS 为主要污染物，一般采取收集隔油沉淀处置，实现达标排放；建造污水处理设施，对生活污水进行处理达标后排入地表水体。

(3)设备噪声防护措施。选用低噪声机械设备或带有隔声、消声的设备；减少在夜间作业施工；为减少对施工人员的影响，配备必要的防声头盔、耳罩、柱状耳塞、伞形耳塞等。

(4)固体废物处置措施。建筑固体废物均要按有关规定进行处理；生活垃圾要集中分类收集管理，并定期外运，交环卫部门处置，无特殊情况不要在施工场地附近处置生活垃圾。

9.4.2　制订施工期的水土保持方案，是使工程施工中的水土保持工作有法可依，有章可循，也可为水土保持管理部门的监督、检查提供依据。水土保持方案要具有科学性和可操作性。必要的水土保持措施主要包括施工期尽量减少地表扰动面积，对临时场地道路进行必要的硬化，对开挖场地及边坡进行临时防护、排水等。

9.4.3　泵站施工完成后，工程防治责任范围内水土流失防治的 6 项目标要达标。水土流失防治的 6 项目标包括扰动土地整治率、水土流失总治理度、土壤流失控制比、拦渣率、植被恢复系数、林草覆盖率等。

10　泵站施工验收

10.0.1　泵站建筑物施工、金属结构安装工程验收的各阶段是参照现行行业标准《水利水电建设工程验收规程》SL 223 的有关规定划分的。对结构较为简单的泵站建筑物施工、金属结构安装工程的验收阶段，根据工程实际情况进行简化。

10.0.8　本规范是在现行行业标准《泵站施工规范》SL 234 的基础上，增加了建筑物施工、金属结构安装工程验收内容；对于现行行业标准《泵站安装及验收规范》SL 317，水利部也正在组织修订，为了与本标准统一，修订后的《泵站安装及验收》SL 317 中也将不包括泵站竣工验收内容，只对泵站设备安装验收及机组启动验收等进行规定。这样，两个标准均不包括泵站工程竣工验收的具体规定。

关于泵站工程竣工验收，目前在泵站工程(包括新建、扩建、更新改造泵站工程)的竣工验收中，基本上是按现行行业标准《水利水电建设工程验收规程》SL 223 的规定执行的，故本条规定“泵站工程竣工验收应按现行行业标准《水利水电建设工程验收规程》SL 223 的规定执行，泵站更新改造工程还应按现行国家标准《泵站更新改造技术规范》GB/T 50510 的规定执行”。

附录 A　换填土层法

A.0.2　当素土垫层的厚度不大于 0.5m 时，其承载力特征值一般是根据施工压实度，并结合素土击实试验成果分析确定的；当素土垫层的厚度大于 0.5m 时，其承载力特征值通常是通过现场试验取得的。

A.0.3 水泥土垫层充当隔水层时，需根据水泥与土料的掺入比例进行现场渗透试验，合理确定允许渗透坡降。

附录B 搅 拌 桩 法

B.0.3 水泥土搅拌桩施工在预(复)搅下沉时，有的采用喷浆(或喷粉)的施工工艺，但要确保全桩长上下重复搅拌1次。

附录C 灌 浆 法

C.0.1 泵站工程基础处理的静压注浆主要指压密注浆，是在土体中压入浓水泥浆，使注浆点附近的土体压密。在有些基础加固中，压入浆液后作用并不明显，原因是压入的浆液以水平成层分布为主，相互间并无联系。在此情况下，加固作用主要靠压浆引起超空隙水压力对地层进行固结，待空隙水压力消散后再次注浆。在多次重复作用下，地层特性才能得到明显改善，从而达到加固目的。

C.0.2 高喷灌浆自 20 世纪 70 年代初在我国水利工程应用以来，已有数百项工程实践经验，且获得了较好的社会效益和经济效益。高喷灌浆对本条所列各类土层都有良好的处理效果，但对含有较多漂石、块石的地层和淤泥层，因高压喷射流可能受到阻挡或削弱，冲击破碎力和影响范围急剧下降，处理效果可能达不到设计要求。因此，本条规定应进行现场高喷灌浆试验，以确定其适用性。

附录D 桩 基 础

D.0.1 近年来不同沉渣厚度的试桩结果表明，钻孔灌注桩孔底的沉渣厚度大小不仅影响端阻力的发挥，而且也影响侧阻力的发挥，这是近年来钻孔灌注桩承载性质的重要发现。因此，需要调整孔底的沉渣厚度指标规定，对于摩擦端承桩、端承摩擦桩，沉渣厚度不宜大于 50mm；对于作支护的纯摩擦桩，沉渣厚度宜小于 100mm。

D.0.2 预制钢筋混凝土方桩有较强适用性且造价较低，但其属于排土桩，常常会对邻近建筑物或管线造成影响。因此，在泵站基础处理方案选择中，要分析采用预制钢筋混凝土方桩挤压地基时，是否对附近既有建筑物、已埋管线等造成影响，必要时采用一些保护措施。

附录E 沉 井 基 础

E.0.1 从 20 世纪 70 年代以来，我国在一些水利工程中采用了沉井基础。采用沉井基础的部分泵站情况如表 5 所示。

表 5 采用沉井基础的部分泵站工程统计表

名称	地点	沉井外形尺寸(m)			地基条件	建成时间（年·月）	沉井制作方法
		宽度	长度	高度			
滨海抽水站(组合式沉井)	江苏滨海县	主沉井 12.5 主沉井 12.5 副沉井 12.5	18.8 15.8 6.65	4.8 4.8 4.8	灰色中粉质淤泥夹少量，薄层粉砂标准贯入击数 $N \approx 1$	1985	无承垫木法
西水关泵站	南京水西门	主井 20.0 副井 15.5	24.59 9	5.4 7.4	灰色淤泥质粉砂黏土，标准贯入击数 $N=3$	1986	承垫木法
南京第二热电厂泵站	南京燕子矶	20.4	30.9	6 3.5 6.9 4.7 下沉 11.6	粉砂土	1988.2	
洋澜湖泵站	湖北鄂州市	13.3	11.8	2.1 3 4.5	黏性土	1993.3	
雨台山取水工程(泵房)	湖北鄂州市	圆筒外径 19.3		9.85 15.0	上层为黏性土混碎石，下层为风化破碎角砾岩层	1993	无承垫木法

为保证沉井的顺利下沉和井身的稳定性，要取得地质钻孔资料。面积在 $200m^2$ 以下的沉井，地质钻孔个数不少于 1 个；面积在 $200m^2$ 以上的要在四角各有 1 个钻孔，必要时可增加钻孔数。

E.0.2 采用沉井进行地基处理说明如下：

1 施工前，根据地质钻孔资料编制沉井施工组织设计方案，选定下沉方法，计算各阶段的下沉系数，确定沉井制作、下沉施工工艺，使施工人员了解沉井在不同阶段的下沉力，掌握各阶段的相应技术措施，保证下沉的施工质量和安全。下沉系数是指沉井的重力与其侧面摩阻力及刃脚、隔墙、底梁下土反力之和的比值。不同下沉阶段的下沉系数是指当时沉井的重力与该入土深度的摩阻力及相应的刃脚、隔墙、底梁下土反力之和的比值。

2 为便于沉井施工，地下水位要低于基坑底面，且稳定在一定高程。如果地下水位不稳定，会使地基发生不均匀沉降，影响沉井制作。

3 当沉井高度较大，而地基软弱或土层分布不均匀时，通常沿刃脚下铺设承垫木，以加大支承面积。为便于整平、支模及下沉时抽除承垫木，在承垫木下需铺设砂垫层。砂垫层的厚度视沉井的重量和地基土的承载力而定。为便于抽除承垫木，砂垫厚度一般不小于 0.5m，否则易发生承垫木不能顺利抽除而被压切断的现象。

4 在均质土层上，若沉井结构刚度大且在制作期内不均匀沉降较小时，一般不用承垫木，以节省木材，加快进度；为了扩大沉井刃脚下的支承面积，减轻对砂垫层或地基土的压力，省去刃脚下的底模板，便于沉井下沉，一般在砂垫层或地基上先铺一层素混凝土垫层，其厚度通过计算确定或采用 50mm～150mm，太薄易压碎，太厚对沉井下沉不利。当计算的素混凝土垫层超过 150mm 时，为避免影响沉井下沉，需减少第一节沉井高度，而不能增加混凝土垫层的厚度；为便于抽除刃脚承垫木，使沉井有对称的着力点，还需确定一定数量的定位支承木，其位置是以抽除垫木时，沉井井壁所产生的正负弯矩绝对值接近相等为原则确定。对矩形沉井的定位垫木，一般设置在两个长边处，每边 2 个。当沉井长边 L 与短边 b 之比为 $1.5 \leqslant L/b < 2$ 时，两个定位支点之间的距离为 $0.7L$；当 $L/b \geqslant 2$ 时，则为 $0.6L$；

9 沉井下沉挖土有排水与不排水两种方法。如土层稳定和渗水量小时，一般采用排水法，这样速度快，下沉标准容易控制，封底质量有保证，反之，采用不排水挖土下沉；如发现沉井在下沉过程中发生位移、倾斜、偏转时，根据产生的原因，用下述一种或几种方法及时纠偏：

(1)偏挖土纠偏法。当沉井入土较浅，纠正倾斜时，一般是采取在沉井刃脚高的一侧进行挖土，以减少刃脚下的正面阻力，增加在沉井低的一侧的阻力，使偏差在下沉过程中逐步纠正；纠正位移时，一般是有意使沉井向偏位方向倾斜，然后沿倾斜方向下沉，直至沉井底面中轴线与设计中轴线的位置相重合或接近时再将倾斜纠正，使沉井的倾斜和位移都在允许范围以内。

(2)井外射水和井内偏挖土纠偏法。当沉井入土深度较大，仅用偏挖土纠偏有困难时，一般用高压射水管沿沉井高的一侧井壁外面射水破坏土层结构，降低该侧被动土压力，再采用井内偏挖土纠偏法纠偏。有条件时，还可以在沉井顶部加偏压重或水平拉力的方法来纠偏。

(3)增加偏土压或偏心压重纠偏法。在沉井倾斜低的一侧回填砂或土，使低侧产生的土压力大于高侧的土压力，也可在沉井高侧压重使该侧刃脚下的应力增大，从而达到纠偏的目的。

(4)沉井位置扭转时的纠正方法。沉井位置如发生扭转，如图1所示，可在沉井的A、C两角偏挖土，借助于刃脚下不相等的土压力所形成的扭矩，使沉井在下沉过程中逐步纠正其位置。

11 本款中“均衡下沉”是指相邻的沉井高差不宜过大，否则易使沉井偏斜或井身裂缝。

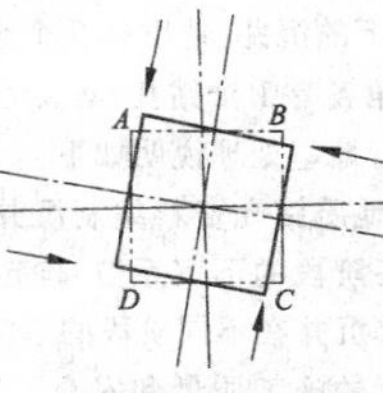

图1 平面扭转纠偏示意图

12 沉井稳定的标准是指8h内下沉量不大于100mm，此时方可封底。有些工程要求在24h内下沉量不大于100mm时才可封底。

14 当封底面积较大时，一般用多根导管同时或逐管浇筑。导管数量及平面上的布置，根据封底面积、导管作用半径等因素确定。导管的有效作用半径与混凝土的坍落度和导管下口的超压力有关，在规定的坍落度情况下，导管作用半径与超压力的关系如表6所示。多根导管同时浇筑时，要按先低后高的次序，并使混凝土浇筑面的高程大致相同。开始浇筑时，导管下口与井底的距离：在放塞时，一般略大于塞的厚度；放塞后，立即减少到0.1m～0.2m。

表6 导管作用半径与超压力关系表

最小超压力(kPa)	250	150	100	75
导管作用半径(m)	4	3.5	3	<2.5

16 沉井和沉井之间的连接部分与沉井壁同样具有防渗性能。为了保证质量，对连接部分一般采用排水法施工。连接方式有柔性和刚性两种，柔性连接是在沉井连接处的上下游和中间设三道混凝土墙，将墙间的土挖除并浇筑水下混凝土封底后，抽干水，用黏性土回填压实；刚性连接是在上游设伸缩缝止水，其下回填黏性土并使之密实。

17 沉井下沉完毕后的允许偏差，是参照现行国家标准《建筑地基基础工程施工质量验收规范》GB 50202的有关规定，并结合水利工程实践提出来的。由于群井之间的相对位置要求准确度较高，故将现行国家标准《建筑地基基础工程施工质量验收规范》GB 50202—2002中规定的沉井四角中任何两角的刃脚底面高差不得超过该两角间水平距离的1.0%，且不得超过300mm，分别改为0.5%和150mm，实践证明可以达到。沉井中心的水平位移在现行国家标准《建筑地基基础工程施工质量验收规范》GB 50202—2002中是指刃脚平面中心线位移，但在工程实践中，沉井顶部平面中心的位移将影响上部构筑物的位置，因此，本款将“沉井刃脚中心”改为“沉井顶面中心”。

附录G 砌石工程

G.0.1 砌石的基本要求是平整、稳定、密实和错缝，说明如下：

(1)平整：砌体的外露面平顺和整齐，墩、墙的同一层面大致砌平。

(2)稳定：石块安置后自身稳定。

(3)密实：砌体以大石为主，选型配砌，必要时可用小石搭配。浆砌石块要保持一定间隙，胶结材料填实饱满，插捣密实；干砌石要相互卡紧。

(4)错缝：同一砌层内相邻的及上下相邻的砌石之间错缝。

G.0.2 砌石工程所用材料的要求说明如下：

1 泵站工程常用的石料有粗料石和块石，说明如下：

粗料石，系用大块石料粗凿而成。一般为长方体，要求棱角分明，其中五个面基本平整，外露面及相接周边的表面凹入深度不大于15mm，叠砌面和接砌面的表面凹入深度不大于20mm，其厚度和宽度通常均不小于200mm，长度通常为块厚的1.5倍～4倍，丁石长度比相邻顺石宽度大150mm。

块石，分大、中、小三种。大块石，石块的上下面大致平整，无尖角、薄边，块厚不小于200mm；中块石，又称毛石，无一定规格形状，单块重大于25kg，中部厚度不小于150mm；小块石，又称片石，规格小于中块石的石块。

2 灌砌块石系用一级配骨料，小石子粒径通常不大于20mm。

3 水泥强度等级通常不低于42.5MPa。

4 砌石工程中如用高强度等级水泥配制低强度等级的胶结材料，其和易性差，施工一般常用粉煤灰作为混合材。因粉煤灰的颗粒大部分是光滑的玻璃球状体，可改善和易性，减少水灰比，增加密实性和耐久性。

5 配制砂浆，按设计强度提高15%。

6 砂浆和混凝土在使用中发现泌水现象，要再次拌和，随拌随用，掌握使用时间。

G.0.3 浆砌石施工的要求说明如下：

1 浆砌石的石块不直接挨靠，石块之间要有胶结材料黏结、填密实，以保证砌体的整体强度和防渗性能。

2 砌筑要分层，随铺浆随砌筑；铺浆厚度以密实为原则。

G.0.4 翼墙及隔墩砌筑的要求说明如下：

1 混凝土底板与浆砌体的底层砌筑间隔时间一般较长，混凝土已结硬，要凿毛处理。砌体的层间缝如间隔时间较长，已不能刷毛时，也要凿毛处理。

2 规定墩、墙每层的施工程序，以保证砌筑质量，并使外表美观。

3 砌筑时，选择表面平整的面石，尺寸较大的需稍加修凿；砌石要犬牙交错，内外搭接，连成整体。

4 灰缝宽度要求整齐美观。

5 砌体层间处理，以保证施工缝密实。

6 砌体均衡上升，分段施工，相邻段的砌筑高差和日砌筑高度均不宜超过1.2m。

7 砌筑时要考虑勾缝的要求。

8 缝面平整垂直，可使砌体安全、美观。

G.0.5 逐日清扫砌体表面粘附灰浆，以增加新老砂浆的黏结力，并及时洒水养护，养护期以14d为宜。养护期内因砌体强度很低，通常不回填挡土受力。

G.0.6 砌体的外露面和挡土墙的临土面勾缝后可提高砌体的整体性、耐久性。

G.0.8 砌筑过程中，如遇中雨或大雨，立即停止砌筑并采取相应的保护措施，以防止雨水影响砌体质量。

G.0.10 砌紧、垫稳、填实，是干砌石的基本要求。翘口石是一边厚一边薄的石料，上下两块薄口部分互相搭接而成。飞口石是石块的边口很薄，未经砸掉就砌上。叠砌即用薄石重叠，双层砌成。浮塞即砌体的缝口加塞时未经砸紧。框格常用浆砌块石或混凝土建造，其底面一般低于相邻干砌块石垫层的底面，先砌框格，以便干砌时有依循标准。

G.0.11 砌石质量检验的要求说明如下：

(1)墙面垂直度：指砌层边缘与设计位置误差的允许偏差值；

(2)护坡、护底的砌石厚度：一般为350mm～500mm，根据各地施工实践分析，砌石厚度误差一般为±15%；

(3)护底、海漫高程：根据泵站施工经验，认为负值较大正值较小时，有利于过流和减少冲刷，故采取高程控制，一般为+30mm～-50mm；

(4)墩、墙：指隔墩、翼墙。

G.0.12 预计连续5d内的平均气温低于5℃和日最低气温连续5d低于-3℃以下时，应采取冷天施工的防护措施。

中华人民共和国国家标准

地下水监测工程技术规范

Technical code for groundwater monitoring

GB/T 51040—2014

主编部门：中 华 人 民 共 和 国 水 利 部
批准部门：中华人民共和国住房和城乡建设部
施行日期：2 0 1 5 年 8 月 1 日

中华人民共和国住房和城乡建设部
公　　告

第 580 号

住房城乡建设部关于发布国家标准《地下水监测工程技术规范》的公告

现批准《地下水监测工程技术规范》为国家标准，编号为 GB/T 51040—2014，自 2015 年 8 月 1 日起实施。

本规范由我部标准定额研究所组织中国计划出版社出版发行。

中华人民共和国住房和城乡建设部

2014 年 10 月 9 日

前　　言

本规范是根据住房城乡建设部《关于印发〈2010 年工程建设标准规范制订、修订计划〉的通知》（建标〔2010〕43 号）的要求，由水利部水文局会同有关单位共同编制完成。

本规范在编制过程中，规范编制组经过广泛调查研究，认真总结实践经验，参考有关国际标准和国外先进标准，并在广泛征求意见的基础上，最后经审查定稿。

本规范共分 9 章和 5 个附录。主要内容是：总则、术语、站网规划与布设、监测站建设与管理、自动监测系统建设、信息监测、地下水实验站、资料整编、信息服务系统等。

本规范由住房城乡建设部负责管理，由水利部负责日常管理，由水利部水文局负责具体技术内容的解释，执行过程中如有意见或建议，请寄送水利部水文局（地址：北京市西城区白广路二条二号，邮编：100053），以供今后修订时参考。

本规范主编单位、参编单位、参加单位、主要起草人和主要审查人：

主 编 单 位： 水利部水文局

参 编 单 位： 河海大学
南京水利科学研究院

参 加 单 位： 黑龙江省水文局
吉林省水文水资源局
北京市水文总站
山西省水文水资源勘测局
辽宁省水文水资源勘测局

主要起草人： 苏佳林　王光生　于　钋　束龙仓
李砚阁　刘汉松　孙　明　吴法伟
王凯军　周　东　章树安　杨建青
王九大　王爱平　戴　宁　沈必成
雷　庆　刘　波　杨桂莲　魏雨杭

主要审查人： 薛禹群　田廷山　辛立勤　王金生
吴　剑　谢新民　侯　杰　柳华武
王志刚　崔新华　翁修荣

目　次

Contents

1 总　　则

1.0.1 为规范和促进地下水监测工作开展，统一地下水监测技术标准，保障地下水监测工作为地下水资源的开发、利用、配置、节约、保护、管理和其他各项社会公益事业提供科学依据，制定本规范。

1.0.2 本规范适用于地下水监测站的规划、建设、测验、资料整编、信息系统建设和信息服务等方面的技术工作。

1.0.3 地下水监测工作，除应符合本规范外，尚应符合国家现行有关标准的规定。

2 术　　语

2.0.1 地下水监测类型区　type division of groundwater monitoring

根据地下水监测工作实际需要，按照地形地貌、地质环境变化、地下水埋藏条件和地下水开发利用程度划分的区域。

2.0.2 水文地质条件　hydrogeological condition

地下水的埋藏、分布、补给、径流和排泄条件，水量和水质及其形成地质条件的总称。

2.0.3 地下水埋深　depth to water table

地下水水面至地面的距离。

2.0.4 地下水水位年末差　difference of groundwater level between the end of consecutive years

当年末地下水水位监测值与上年同期监测值的差值。

2.0.5 地下水开发利用程度　intensity of groundwater development

某一区域内地下水实际开采量与可开采量的比值，常用百分比表示。

2.0.6 地下水超采区　groundwater overdraft area

地下水的开采量大于可开采量的区域。

2.0.7 地下水监测　groundwater monitoring

通过地下水监测站获取地下水水位、水量、水质和水温信息的过程。

2.0.8 地下水资料整编　groundwater data processing

对原始的地下水监测资料进行整理、分析、审核、汇编、刊印或存储等工作的总称。

3 站网规划与布设

3.1 地下水监测类型区划分

3.1.1 地下水监测类型区可划分为基本类型区和特殊类型区两种，并应符合下列规定：

1 基本类型区可按下列要求分级：

1)一级基本类型区可根据区域地形地貌特征，分为山丘区和平原区两类。

2)二级基本类型区可根据次级地形地貌特征及岩性特征，平原区分为冲、洪、湖积平原区、山间平原区、内陆盆地平原区、黄土高原区和荒漠区五类；山丘区分为一般基岩山丘区、岩溶山区和丘陵区三类。

3)三级基本类型区可根据水文地质条件，将各二级基本类型区进一步划分至若干水文地质单元。

2 对于城市建成区、大型水源地、超采区(漏斗区)、海(咸)水入侵区、地面沉降区、地下水污染区、生态脆弱区、次生盐渍化区、岩溶塌陷区等需要重点监测的地区，应划分为特殊类型区。

3 基本类型区和特殊类型区、特殊类型区之间可相互包含。

4 当基本类型区和特殊类型区之间相互重叠时，应按照站网密度最大类型区认定。

3.1.2 按照地下水开发利用程度，各地下水基本类型区应划分为弱、中等、强三类开发利用程度分区。

3.2 地下水监测站分类

3.2.1 地下水监测站应按地下水监测目的分为基本监测站、统测站(为水位统测设立的监测站)和实验站(为不同试验项目的监测站)。

基本监测站可分为水位基本监测站、开采量基本监测站、泉流量基本监测站、水质基本监测站和水温基本监测站。

3.2.2 水位基本监测站和水质基本监测站可按管理级别分为国家级监测站、省级重点监测站和普通基本监测站。

3.3 站网布设原则

3.3.1 站网布设应在地下水监测类型分区和监测站分类的基础上进行。

3.3.2 基本类型区中的冲洪湖积平原区、山间平原区和内陆盆地平原区应全面布设监测站。基本类型区中的山丘区以及平原区中的黄土高原区和荒漠区，应选择典型代表区布设监测站。特殊类型区可根据需要加密布设监测站。

3.3.3 监测站网布设应符合下列要求：

1 合理布设监测站，平面上点、线、面结合，垂向上层次分明，分层观测，并做到一站多用；

2 宜选用符合监测条件的已有井孔；

3 应避免在同一地点重复布设目的相同的监测站。

3.4 基本监测站布设

3.4.1 水位基本监测站的布设应符合下列要求：

1 基本类型区应以沿地下水流向为主，垂直地下水流向为辅布设监测站网；特殊类型区应根据具体水文地质条件布设基本监测站。

2 基本类型区应以水文地质单元为基础，基本类型区地下水水位基本监测站布设密度应符合表 3.4.1-1 的规定。

3 特殊类型区基本监测站的布设密度应符合表 3.4.1-2 的规定。

表 3.4.1-1　基本类型区地下水水位基本监测站布设密度表(眼/$10^3 km^2$)

基本类型区名称			监测站布设形式	开发利用程度分区			备注
一级	二级	三级		弱	中等	强	
平原区	冲、洪、湖积平原区	山前冲、洪、湖积倾斜平原区	全面布设	3～4	4～8	8～15	地下水开发利用程度用开采系数(K_c)表示，即开采量与可开采量之比。地下水开发利用程度可划分为4级：1. 弱开采区：K_c<0.3；2. 中等开采区：K_c = 0.3～0.7；3. 强开采区：K_c = 0.7～1.0；4. 超采区：K_c>1。其中，超采区在特殊类型区基本监测站布设密度表中
		冲积平原区		2～4	4～8	8～15	
		滨海平原区		2～4	4～8	8～15	
		湖积平原区		1～2	2～5	5～10	
	山间平原区	山间盆地区		3～5	5～10	10～15	
		山间河谷平原区		4～6	8～10	10～15	
	内陆盆地平原区	山前倾斜平原区	选择典型区布设	1～2	2～6	6～10	
		冲积平原区		0.5～1	1～4	4～10	
		河谷区		0.5～1	1～6	6～10	
	黄土高原区	黄土台塬区		0.3～0.6	0.6～2	2～4	
		黄土梁峁区		0.5～1.5	1.5～4	4～8	
	荒漠区	绿洲区		2～3	3～6	6～10	
		河谷区		1～2	2～6	6～8	
山丘区	一般基岩山区	风化网状裂隙区	选择典型代表区布设	2～3	3～6	6～8	
		层状裂隙区		3～4	4～8	8～10	
		脉状断裂区		4～6	6～8	8～10	
	岩溶山区	裸露岩溶区		1～2	2～4	4～6	
		隐伏岩溶区		2～3	3～6	6～8	
	丘陵区	基岩丘陵区		1～2	2～4	4～6	
		红层丘陵区		1～2	2～4	4～6	
		黄土丘陵区		0.5～1	1～3	3～6	

表 3.4.1-2 特殊类型区基本监测站布设密度表(眼/10^3km^2)

特殊类型区名称	密度
城市建成区	15～30
大型水源地	10～20
超采区(漏斗区)	15～30
海(咸)水入侵区	20～30
地面沉降区	20～30
地下水污染区	10～15
生态脆弱区	5～15
次生盐渍化区	10～15
岩溶塌陷区	10～20

4 水文地质条件复杂地区宜增加基本监测站布设密度。

5 需要精确监测地下水地区时,宜增加基本监测站布设密度。

6 生产用井不宜作为水位基本监测站。

3.4.2 开采量基本监测站的布设应符合下列规定:

1 各水文地质单元或各地下水开发利用目标含水层组,宜分别布设开采量基本监测站。

2 基本类型区地下水开发利用目标含水层宜分别选择1组或2组有代表性的生产井群布设开采量监测站;每组井群分布面积宜控制在$5km^2$～$10km^2$,每组开采量基本监测站数量不应少于5个。

3 水源地内的生产井应作为开采量基本监测站。

3.4.3 泉流量基本监测站布设应符合下列要求:

1 山丘区流量大于$1.0m^3/s$、平原区流量大于$0.5m^3/s$的泉,均应布设泉流量基本监测站;

2 山丘区流量小于等于$1.0m^3/s$、平原区流量小于等于$0.5m^3/s$的泉,可选择具有供水意义的泉布设泉流量基本监测站;

3 具有特殊价值的名泉应布设泉流量基本监测站。

3.4.4 水质基本监测站布设应符合下列要求:

1 宜从经常使用的民井、生产井以及泉流量基本监测站中选择布设水质基本监测站,不足时可从水位基本监测站中选择布设水质基本监测站;

2 非超采地区及潜水超采区应采用均匀的正方形网络布设监测站,承压水超采地区应采用同心圆放射状布设监测站;

3 普通水质基本监测站的布设密度,应控制在同一地下水类型区内水位基本监测站布设密度的20%,地下水化学成分复杂的区域或地下水污染区可适当加密;

4 国家级水质基本监测站应占水位基本监测站总数的40%～50%,省区重点水质基本监测站应占水位基本监测站总数的50%～60%。

3.4.5 水温基本监测站布设应符合下列要求:

1 水温基本监测站可经线方向布设;

2 水温基本监测站应从水位基本监测站或水质基本监测站中选择;

3 水温基本监测站的布设数量宜占同一区域水位基本监测站的10%～20%;

4 农田灌溉地区水温基本监测站布设数量宜占同一地区水位基本监测站的30%;

5 地热异常区可加密布设水温监测站。

3.5 统测站布设

3.5.1 除有特殊要求外,统测站应只设水位监测项目。

3.5.2 水位统测站的布设应符合下列规定:

1 水位统测站应在水位基本监测站的基础上加密布设,地下水开发利用程度弱的地区布设密度应控制在同一区域内水位基本监测站总数的1倍～3倍,开发利用程度中等及强的地区布设密度应控制在同一区域内水位基本监测站总数的3倍～5倍;

2 可选择不受开采影响的民井、生产井作为水位统测站。

4 监测站建设与管理

4.1 一般规定

4.1.1 地下水监测站建设应包括监测站站址选择、监测井设计、监测井施工、地质资料、抽水试验、基本监测站井口装置与水准标石的埋设、高程测量、监测站维护与管理。

4.2 监测站站址选择

4.2.1 监测站站址应满足监测站点的建设、监测、信息传输和设施维护的实际需要。

4.2.2 监测站站址附近不应有影响监测目的和监测精度的工程设施,有特殊监测目的的监测站除外。

4.3 监测井设计

4.3.1 监测井设计应包括下列内容:

1 井深、开口井径、井段数量及变径位置、终止井径;

2 井壁管、过滤管、沉淀管的内径、外径、长度、安装深度及管材的选择;

3 封闭和止水。

4.3.2 监测井深设计应符合下列要求:

1 监测目标含水层(组)为潜水,含水层(组)的厚度小于或等于30m时,应凿穿整个含水层(组);含水层(组)的厚度大于30m时,应凿至已知最低地下水位以下12m。

2 监测目标含水层(组)为潜水时,监测井不应穿透潜水含水层(组)下的隔水层底板。

3 监测目标含水层(组)为承压水,含水层(组)的厚度小于或等于10m时,应凿穿整个含水层(组);含水层(组)大于10m时,应凿至该含水层(组)顶板以下10m;在已知最大地下水埋深条件下井内水深应大于12m。

4.3.3 监测井口径设计应符合下列要求:

1 监测井终止井径不宜小于108mm;

2 监测井开口井径应根据井段变径、过滤器类型、填砾厚度等要求确定,不宜小于250mm。

4.3.4 监测井管应采用无污染、抗腐蚀和无毒性材料,并应根据监测井井深和监测方式不同,选择适宜的井管管材类型。

4.3.5 监测井过滤器类型选择及过滤器长度应符合下列要求:

1 监测井过滤器类型可根据地下水监测目标含水层(组)的地下水类型和含水层岩性确定,并应符合现行国家标准《供水管井技术规范》GB 50296的相关要求。

2 过滤管长度应同时满足下列规定:

1)监测井凿穿的监测目标含水层(组)全部安装过滤管;

2)监测井的过滤管底部应低于已知最低地下水位12m以上。

4.3.6 监测井沉淀管长度应大于2m。

4.3.7 监测目标含水层(组)与非目标含水层(组)之间应进行封闭止水。

4.4 监测井施工

4.4.1 监测井的施工、成井应按现行国家标准《供水管井技术规范》GB 50296和《供水水文地质勘察规范》GB 50027的有关规定执行。

4.4.2 监测井的施工、成井应符合本规范第4.3节“监测井设计”的相关规定。

4.5 地质资料

4.5.1 新建监测井在施工过程中，应当随时取得地层岩性样本，建立完整的地层资料，绘制监测井地层岩性柱状图。

4.5.2 国家级基本监测井应采用包气带和含水层岩土样进行颗粒分析。

4.6 抽水试验

4.6.1 新建或改建的国家级基本监测站和省级基本监测站的监测井应进行抽水试验。抽水试验应按现行国家标准《供水水文地质勘察规范》GB 50027 的相关技术要求进行。

4.6.2 抽水试验取得的地下水含水层成果数据应当与监测井的设计资料、施工资料、地质资料一起建立监测井档案。

4.7 基本监测站井口装置与水准标石埋设

4.7.1 基本监测站应建设保护设施，国家级基本监测站应建设站房。

4.7.2 基本监测站监测井应修筑井台、标志牌和保护标志，井台应高出附近地面0.5m以上。

4.7.3 国家水位基本监测站附近应埋设1个校核水准点的水准标石；每10个国家基本监测站范围内应至少有1个基本水准点。水准标石类型、规格、安置和造埋方法以及水准标石的外部整饰，应符合现行国家标准《工程测量规范》GB 50026 的相关技术要求。

4.8 高程测量

4.8.1 水准基面应采用1985国家高程基准。

4.8.2 基本水准点高程，应从不低于国家三等水准点按四等水准测量标准接测，引测的国家水准点，在复测或校测时不应更换。

4.8.3 校核水准点高程，应从不低于国家三等水准点或基本水准点按五等水准测量标准接测。

4.8.4 监测站井口固定点高程和监测站附近地面高程，可从基本水准点或校核水准点按五等水准测量标准接测。

4.8.5 监测站附近地面高程，应为监测站所在区域的平均高程，采用监测站附近不少于4个地面点高程的算术平均值。

4.8.6 水准测量标准应按照现行国家标准《工程测量规范》GB 50026执行。

4.8.7 基本水准点高程，应10年校测1次；校核水准点高程，应5年校测1次；固定点高程和地面高程，应5年校测1次。井口或各水准点如有变动迹象，应随时校测。

4.8.8 高程测量应填制高程测量和校测原始记载表，表格式样见表B.1.1，填表说明见本规范附录B.2。

4.9 监测站维护与管理

4.9.1 监测站维护应符合下列要求：

1 国家级和省级重点基本监测站的设备、设施，应有专门技术人员进行定期维护与管理；

2 普通监测站的设施应进行经常性维护；

3 每年宜对水位基本监测站进行1次井深测量，当出现井深小于滤水管顶部5m或井内水深小于2m情况之一时，应进行洗井；

4 国家级基本监测站宜每年进行1次透水灵敏度试验，省级重点基本监测站应每2年进行1次透水灵敏度试验，普通监测站应每3年～5年进行1次透水灵敏度试验；

5 井口固定点标志、校核水准点及基本水准点因人为或自然灾害发生位移或损坏时，应及时修复并重新引测高程，记入监测站技术档案。

4.9.2 监测站管理应符合下列要求：

1 可根据地下水监测工作的需要，提出局部站网调整意见，应每5年～10年制订一次站网调整计划；

2 站网调整计划应包括撤销代表性差或已完成监测任务的基本监测站，根据工作需要增设基本监测站以及调整监测站的类别，增、减监测项目或改变监测频次。

5 自动监测系统建设

5.1 一般规定

5.1.1 自动监测系统建设应包括传感器、遥测终端机、固态存储器、传输和供电设施等设备的选择及安装调试。

5.1.2 地下水自动监测系统选用的设备应经过国家授权质检或其他机构的产品型式实验检测。

5.1.3 设备适用性可根据区域的具体情况选定。

5.1.4 信息传输方式可优先选用无线公网，无线公网未覆盖区可选用超短波或卫星信道。

5.1.5 供电方式可优先采用低功率内置电池和太阳能浮充式直流供电。

5.2 传感器

5.2.1 传感器主要技术指标应符合相应的国家标准，适应使用环境。

5.2.2 水位传感器的技术参数应符合下列要求：

1 分辨率应小于等于1.0cm，可按系统要求选择；

2 适应的水位变率不应低于40cm/min；

3 水位传感器的准确度可按其测量误差的大小分为四级，应符合表5.2.2的规定。其置信水平不应小于95%，组建系统应选用三级以上的设备。

表5.2.2 水位传感器准确度等级允许误差

准确度等级	允许误差	
	水位变幅≤10m	水位变幅>10m
0	±0.3cm	—
1	±1cm	≤全量程的0.1%
2	±2cm	≤全量程的0.2%
3	±3cm	≤全量程的0.3%

5.3 遥测终端机

5.3.1 遥测终端机应具有定时自报和查询应答功能，以及历史数据召回功能。

5.3.2 遥测终端机应支持远程操作，包括时间校正、参数修改、响应远程维护等。

5.3.3 遥测终端机应具备电池、充电器及其他设备工作状态的告警功能。

5.3.4 遥测终端机应能在被测参数超限时，主动增加报送频度功能。

5.3.5 遥测终端机应具备根据设定条件进行固态存储器数据写入功能和按照随机指令将固态存储器所存数据读取上报的功能。

5.3.6 需要配置人工置数装置或接口的终端机应具有人工置入数据存储和上报功能。

5.4 固态存储器

5.4.1 固态存储器的存储介质，应采用非易失性的半导体内存。采用静态存储部件时，应配有后备电池。

5.4.2 固态存储器和遥测终端机应使用同一个传感器。

5.4.3 固态存储器应保证存储1年以上监测数据的容量。

5.4.4 固态存储器应具有远程和现场读取数据以及调整时标等

参数的功能。

5.5 信息传输

5.5.1 当采用无线公网传输方式时，宜采用双信道通讯方式，主信道可选用无线上网，备用信道可选用短信息方式。

5.5.2 选用的传输设施应在10min内完成监测站网内地下水监测站数据的传输。

5.6 设备进场

5.6.1 安装设备前应对土建工程进行一次全面检查。

5.6.2 对各项设备及附件的机械和电气性能应进行全面检查、测试和联试，包括下列检查内容：

1 蓄电池应在安装前按规定程序完成充电和放电过程，并按规定用足够时间充电。

2 各类传感器，除对其外观进行检查外，还需要抽取10%以上的设备进行室内模拟参数变化，检查传感器输出是否符合要求。

3 遥测终端机、通信设备、固态存储器在安装调试前，应检查其出厂前主要指标测试和联机试验的合格证明，查看其包装和外观有无损伤。一般应在室内进行模拟试运行实验，按照系统设计的技术指标考核系统各部分协调工作情况。

4 检查天线、避雷器、电缆等其他附件外观有无损伤，紧固件是否齐全，电缆与接头间的焊接和接地是否良好等。

5.7 设备安装和检查

5.7.1 设备安装和检查应按照产品使用手册或产品说明书和相关规程要求进行。

5.7.2 传感器安装后应模拟参数变化进行现场准确度考核，若准确度达不到要求，应检查原因加以排除，否则不得投入系统运行。

5.7.3 设备安装后应对设备运行状况进行全面的检查，主要包括模拟传感器参数变化、遥测终端机的各项参数设置、发送数据以及固态存储器数据的写入、读取和监测数据的一致检查。

5.7.4 系统安装结束后，应根据设计要求进行系统联调和性能测试。

5.7.5 安装过程中出现的问题和处理结果应详细记录备查。

5.8 信息自动监测系统的比测

5.8.1 信息自动监测系统应进行不少于3个月的比测。

5.8.2 水位自动监测系统的比测应满足现行国家标准《水位观测标准》GB/T 50138的相关技术要求。

5.8.3 信息自动监测系统应在比测结果达到标准并符合系统验收要求后投入使用。

6 信息监测

6.1 一般规定

6.1.1 地下水信息监测可分为人工、自动和调查三种方式，国家级监测站和省级重点监测站应为自动方式。

6.1.2 地下水监测信息应建立随监测、随记载、随整理、随分析的工作制度。

6.1.3 人工现场监测应符合下列要求：

1 及时监测，信息准确；

2 用铅笔记载，记载的字体工整、清晰，不涂抹、擦拭；

3 将本次监测信息与前一次监测信息进行对照，发现异常应分析原因，同时检查测具、进行复测，并在备注栏内做出说明；

4 原始记载资料不得毁坏和丢失，应按要求及时上报。

6.1.4 自动监测应符合下列要求：

1 定时进行监测站运行状态的监控，对于出现故障的监测站及时进行维护；

2 将本时段监测信息与前一时段监测信息进行对照，发现异常应分析原因，并及时进行必要的监测站现场核查；

3 对监测的原始信息数据进行存储和备份，编制系统运行日志，对出现的问题及处理结果进行记录。

6.1.5 监测信息应及时进行检查和整理，包括下列内容：

1 对原始监测信息进行校核、复核；

2 点绘单项和综合监测信息过程线，进行合理性检查；

3 分析监测信息发生异常的原因，必要时采取补救措施。

6.1.6 信息监测设备应准确、耐用，对其定期校核。精度不符合标准的，应及时校正或更换。

6.2 水位监测

6.2.1 监测频次应符合下列规定：

1 实行自动监测的基本监测站，应每日监测6次数据；

2 未实现自动监测的基本监测站，应每日监测1次；

3 普通水位监测站应每5日监测1次，并可根据监测目的加密监测频次；

4 水位统测站应每年监测3次；

5 为特殊目的设置的地下水监测站，应根据设站目的要求设置地下水监测频次；

6 在地震易发地区地震易发期，水位水温自动监测站应按照地震监测相关要求增加监测频次。

6.2.2 信息监测时间应符合下列规定：

1 实行自动监测的监测站，每日0时、4时、8时、12时、16时、20时应有信息记录，以当日8时记录的水位信息代表当日水位信息；

2 实行每日监测1次的监测站，信息监测时间应为每日8时；

3 实行每5日监测1次的监测站，信息监测时间应为每月1日、6日、11日、16日、21日、26日8时；

4 统测站信息监测时间为每年汛前、汛后和年末，监测日应从每5日监测1次信息监测时间中选定，统测时间应为相应选定信息监测日的8时；

5 新疆维吾尔自治区、西藏自治区、甘肃省、青海省、四川省、云南省和内蒙古自治区的阿拉善盟，在执行本条第2款～第4款时，可将其中规定的8时改为10时。

6.2.3 地下水位监测精度应符合下列要求：

1 地下水位监测数值应以"m"为单位，精确到小数点后第2位。

2 单次监测数值允许精度误差为±2cm。

3 人工监测水位，每次监测应测量井口固定点至地下水面距离2次，间隔时间不少于1min，当两次测量数值之差超过2cm时，应重新进行测量。取两次数据平均值作为监测值。

4 人工监测每次测量结果应当场核查，发现异常应及时补测。

5 出现干井、地下水出露、年内换井和其他非正常情况影响地下水位观测时，应在水位监测原始记载表备注栏注明。

6.2.4 人工监测应填制水位监测原始记载表，表格式样应符合本规范表B.1.2～表B.1.4的规定，表格填写应符合本规范附录B.2的规定。

6.2.5 信息监测设备校测应符合下列规定：

1 人工监测采用的布卷尺、钢卷尺、测绳、导线等测具的精度应符合国家计量检定规程允许的误差规定，并应每半年校测1次；

2 自动监测仪器应每年校测1次，采用人工监测和自动监测比测的方式进行。人工监测所采用的测具，应符合国家计量标准。当校测的水位监测误差大于±1cm时，应对自动监测仪器进行检定。

6.3 水量监测

6.3.1 水量监测应包括开采量和泉流量监测。

6.3.2 对城市建成区、大型地下水水源地、超采区、海水入侵区、地面沉降区、地下水污染区，应分别进行水量监测。

6.3.3 水量监测方法有人工、自动和调查三种，应满足下列要求：

1 人工监测可采用下列方法：

1)水表法。填写采用水表法进行开采量监测的原始记载表，表格式样应符合本规范表B.1.5的规定，表格填写应符合本规范附录B.2的规定。

2)水泵出水量统计法。填写水泵出水量统计开采量监测原始记载表，表格式样应符合本规范表B.1.6的规定，表格填写应符合本规范附录B.2的规定。

3)堰槽法。填写堰槽法开采量监测原始记载表，表格式样应符合本规范表B.1.8的规定，表格填写应符合本规范附录B.2的规定。

2 自动监测的传感器可采用水表、超声波流量计、电磁流量计等。

3 用水定额调查统计法。填写用水定额调查统计开采量监测的原始记载表，表格式样应符合本规范表B.1.7的规定，表格填写应符合本规范附录B.2的规定。

6.3.4 泉流量信息监测可采用堰槽法或流速仪法。要求填制采用堰槽法或流速仪法进行泉流量监测的原始记载表，表格式样应符合本规范表B.1.8的规定，表格填写应符合本规范附录B.2的规定。

6.3.5 水量监测信息可按月进行统计。

6.3.6 水量监测所使用的监测设备应每年校测1次。校测方法和精度要求应符合国家相关计量管理规定。

6.4 水质监测

6.4.1 水质监测频次应符合下列规定：

1 水质基本监测站应每年丰水期、枯水期各1次；

2 集中供水水源地应每年丰水期、枯水期各1次；

3 安装水质自动监测仪器的监测站，应每天监测1次，监测时间为每日8时；

4 专用监测井应按设置目的与要求确定。

6.4.2 水质采样应符合现行国家标准《水质采样技术指导》GB 12998和《水质采样样品的保存和管理技术规定》GB 12999的相关规定。从停止取水超过3个月的水质监测站中采集水样，采样前应进行抽水，抽水量不应小于井内水量的3倍。

6.4.3 地下水水质监测项目应符合下列要求：

1 水质基本监测站监测项目，应按本规范附录C表C.1.7所列项目进行监测，并根据地下水用途和可能出现的污染物选测有关监测项目；

2 生活用地下水应根据现行国家标准《生活饮用水卫生标准》GB 5749中规定的项目调整选取；

3 水源性地方病源流行地区应增测碘、钼、硒、亚硝胺以及其他有关有机物、微量元素和重金属含量等地方病成因物质监测项目；

4 工业用作冷却、冲洗和锅炉用水的地下水应增测侵蚀性二氧化碳、磷酸盐、总可溶性固体等项目；

5 沿海地区和北方盐碱区应增测电导率、溴化物和碘化物等项目；

6 矿泉水应增测硒、锶、偏硅酸等反映矿泉水质量和特征的监测项目；

7 农村地下水可选测有机氯、有机磷农药及凯氏氮等项目，有机污染严重区域可选择苯系物、烃类、挥发性有机碳和可溶性有机碳等项目；

8 海水入侵区监测站应对丰水期水样进行简分析，枯水期水样可只进行氯离子浓度分析。

6.5 水温监测

6.5.1 水温监测频次应按下列规定执行：

1 自动水温监测站的水温信息监测频次可同水位信息监测频次，也可每日8时一次的监测频次。非自动水温监测站于每年的3月、6月、9月、12月的26日8时各进行1次监测。

2 地热异常区水温监测站宜采用自动监测方式，未实现自动监测的监测站应按水位监测频次进行监测。

6.5.2 监测水温的测具，最小分度值不应小于0.1℃，允许误差的绝对值不得超过0.1℃。

6.5.3 人工监测水温应符合下列规定：

1 水温测具应放置在地下水面以下1.0m处，或放置在泉水、正在开采的生产井出水水流中心处，静置5min后读数。

2 同一次水温监测应连续进行两次操作，两次操作数值之差不应大于0.4℃，否则应重新监测。应将两次监测数值的算术平均值作为本次监测的水温值。

6.5.4 人工监测应填写原始水温监测记载表，表格式样应符合本规范附录B表B.1.9的规定，表格填写应符合本规范附录B.2的规定。

6.5.5 水温测具应每年检定1次，检定测具的允许误差绝对值不得超过0.1℃。

7 地下水实验站

7.1 一般规定

7.1.1 地下水实验站主要实验内容应包括包气带水分运移规律，地下水形成条件，地下水运动规律，污染物在地下水中的运移、降解及扩散规律，土壤水、地下水监测仪器的检验与比测。

7.1.2 地下水实验站应分为为研究地下水基础理论和探索其综合性问题而设立的综合实验站，以及专门为某一地下水专题而设立的专项实验站两类。

7.1.3 地下水实验站布设应符合下列要求：

1 布设在具有水文、气象、水文地质条件代表性区域内；

2 布设在孔隙水地区；

3 布设在地下水开发利用程度较高的地区。

7.1.4 地下水实验站应开展下列实验项目和监测项目：

1 主要开展下列实验项目：

1)潜水蒸发；

2)降水入渗补给；

3)地下水渗流；

4)地表水与地下水的相互关系；

5)污染物质运移。

2 主要开展下列监测项目：

1)地面气象要素；

2)水面蒸发；

3)包气带土壤水分势能和含水量；

4)地下水动态。

3 根据区域水文、气象、地下水特点和地下水利用保护工作需要，确定其他相关的实验和监测项目。

7.2 地下水实验站的建设

7.2.1 实验站站址应选择交通方便，距离城市规划区域大于5km，距离自然村庄大于0.5km，且周围开阔的地域。

7.2.2 实验站应由实验室、中心实验站、地下水均衡区三部分组成。

7.2.3 实验站的规模应根据建站的目的和任务确定，并应满足下列要求：

1 综合实验站包括实验室、中心实验站在内建设面积应大于$10000m^2$；

2 地下水均衡区面积应根据区域地下水开发利用程度确定，宜为$5km^2$～$10km^2$，最大不宜超过$20km^2$；

3 专项实验站根据实验项目合理确定建设面积，不宜大于$3000m^2$。

7.3 实验方法

7.3.1 包气带水分运移实验应包括包气带土壤水分物理特性的测定，包气带土壤水补给、排泄和水分平衡实验，包气带水分变化曲线实验等。宜采用下列实验方法：

1 包气带土壤水分物理特性的测定宜采用“环刀法”、“压力板仪”、“离心机”等实验方法；

2 包气带土壤水补给、排泄和水分平衡实验宜采用“通量分析法”、“秤重式地中蒸渗仪”等实验方法。

7.3.2 潜水蒸发实验、降水入渗补给实验、灌溉回归实验应符合下列规定：

1 宜采用固定地下水位排水-补偿式地中蒸渗仪或秤重式地中蒸渗仪；

2 蒸渗仪实验筒面积应大于$6.67m^2$，实验地下水埋深应大于6m，实验地下水埋深变幅不应大于0.5m；

3 实验岩性类别应代表区域包气带的岩性；

4 实验岩样宜采用原装土，个别可采用扰动单一岩性。

7.3.3 含水层渗透系数实验宜采用下列方法：

1 多孔非稳定流抽水试验；

2 同位素示踪法；

3 室内测试法。

7.3.4 地下水变幅带给水度实验应符合下列规定：

1 应采用多孔非稳定流抽水实验与实验室筒测法、含水量法同时进行；

2 实验筒的高度应大于实验土样毛细水上升高度与设计排水高度之和。

7.3.5 污染物质在包气带中的输移、衰减、滞留实验宜采用固定地下水位排水-补偿式地中蒸渗仪。

7.3.6 地下水的补给周期实验宜采用同位素示踪法。

7.3.7 均衡区地下水开采量统计方法宜采用典型井法，典型井数量应控制在同类型开采井总数的10%～15%。

8 资料整编

8.1 一般规定

8.1.1 资料整编应按下列步骤进行：

1 基本资料考证；

2 审核原始监测资料；

3 编制成果图、表；

4 编写资料整编说明；

5 整编成果的审查验收、存储与归档。

8.1.2 统计数值时，平均值应采用算术平均法计算，尾数应按四舍五入处理；挑选极值，若多次出现同一极值，应选择首次出现的极值。

8.1.3 国家和省一级年度资料整编工作应于次年5月底以前完成。

8.1.4 原始资料和整编成果，应按质量管理和科技档案管理的相关规定进行检查、验收和归档。

8.2 基本资料考证

8.2.1 基本资料考证主要应包括下列内容：

1 监测站的位置、编号；

2 监测站的监测方法、误差；

3 监测站布设、停测、更换的时间，监测站类别、监测项目、频次变动情况；

4 监测设备检定和校测情况；

5 监测站附近影响监测精度环境变化的情况；

6 自动监测站运行和维护日志；

7 监测井淤积、洗井、灵敏度试验情况；

8 高程测量(包括引测、复测和校测)记录。

8.2.2 经考证，有下列情况之一的监测站，相应月份的监测资料不应整编：

1 监测方法错误；

2 监测设备经检定或校核，监测误差超过允许范围；

3 监测井淤积，导致井深小于监测目的含水层埋深。

8.2.3 校核水准点或井口固定点未按要求进行高程测量的水位监测站，监测资料应只参加地下水埋深资料的整编。

8.3 监测资料审核

8.3.1 监测资料审核应包括下列内容：

1 原始记载表计算数据的准确性；

2 由于检测设备和校测高程导致的监测数值修正；

3 自动监测站监测数据日值计算方法合理性；

4 单站监测资料合理性。

8.3.2 单站监测资料合理性审查应包括下列内容：

1 利用上年末水位、水温数据，审查本年初监测数据合理性；

2 利用降水量审查单站水位动态合理性；

3 对比审查同一含水层(组)各监测站之间的监测资料；

4 对自动监测数据进行对比分析；

5 审查水质样品的监测、保存、运送过程，水质分析方法的选用及检测过程，水质检测质控结果和各种原始记录资料的合理性。

8.3.3 经审核，有下列情况之一的监测站，相应月份的监测资料不应整编：

1 监测方法错误；

2 监测误差超过允许范围；

3 缺测和可疑的监测资料超过监测资料的1/3。

8.3.4 审核合格的监测站，应编制“地下水监测站基本情况考证成果一览表”、“地下水统测站考证成果一览表”和“地下水基本监测站分布图”，表格式样及编图说明应符合本规范附录C表C.1.1、表C.1.9和附录D的规定。

8.4 水位资料整编

8.4.1 水位资料插补应符合下列要求：

1 逐日监测资料，每月缺测不应超过2次，且缺测前后均有不少于连续3个监测数值可插补；五日监测资料，每月缺测不应超过1次，且缺测前后均有不少于连续3个监测数值可插补；统测资料不得插补。

2 “井干”、“井冻”、“可疑”数值在插补时均应按“缺测”对待。

3 插补方法可采用相关法、趋势法或内插法。

4 插补的数值可参加数值统计。

5 自动监测站应采用每日8时的监测数据作为该日监测值。

8.4.2 水位监测资料数值统计应包括月统计和年统计，并应符合下列规定：

1 月统计应包括月平均水位值，月最高、最低水位值及其发生日期；

2 年统计应包括年平均水位值，年最高、最低水位值及其发生日期，年变幅、年末差。

8.4.3 数值统计应符合下列要求：

1 月内无缺测资料，可进行月完全统计；年内无缺测资料，可进行年完全统计。

2 逐日水位资料，月内缺测不超过10次的，可进行月不完全统计；超过10次的，不进行月统计。

3 五日水位资料，月内缺测2次的，可进行月不完全统计；超过2次的，不进行月统计。

4 年内月不完全统计不超过2个或仅有1个不进行月统计者，可进行年不完全统计。

8.4.4 统测水位资料不应进行数值统计。

8.4.5 基本资料考证、原始监测资料审核合格的水位监测资料，应分别编制下列成果表：

1 “地下水水位逐日监测成果表”、“地下水水位五日监测成果表”，表格式样见本规范附录C表C.1.2和表C.1.3，表格填写应符合本规范附录C.2的规定；

2 “地下水水位年特征值统计表”，表格式样应符合本规范附录C表C.1.4的规定；

3 “地下水水位统测成果表”，表格式样应符合本规范附录C表C.1.10的规定。

8.5 水量资料整编

8.5.1 缺测水量资料，不应进行插补；经审核定为“可疑”的水量监测资料，应按“缺测”对待。

8.5.2 水量监测资料的数值统计应包括单站年开采量数值统计和井群年开采量数值统计，分别应包括以下内容：

1 单站年开采量(径流量)，年内最大、最小月开采量(径流量)及其发生的月份；

2 井群年开采量，年内最大、最小月开采量及其发生的月份，最大、最小单井年开采量及监测站的编号。

8.5.3 数值统计应符合下列要求：

1 无缺测资料，应进行年完全统计。

2 单站缺测一个月开采量(径流量)时，可进行年不完全统计；缺测超过一个月时，不进行年统计。

3 单井年开采量不完全统计不超过井群监测总数的20%时，可进行井群年不完全统计；超过20%或有不进行年单井开采量统计时，均不应进行井群年统计。

8.5.4 基本资料考证、原始监测资料审核合格的各监测站水量监测资料，应填制“地下水开采量监测成果表”和“泉流量监测成果表”，表格式样应符合本规范附录C表C.1.5和表C.1.6的规定。

8.6 水质资料整编

8.6.1 水质资料整编应符合下列规定：

1 审核原始资料自检测任务书、采样记录、送样单、最终检测报告及有关说明等原始记录。发现问题应查明原因，原因不明应如实说明情况，不得任意修改或舍弃数据。审核后，按时间顺序装订成册，妥善保管。

2 应将审核合格的水质资料进行分类整编，按特征值统计。

8.6.2 应根据整编的水质资料进行地下水类型计算，采用单一指标法对地下水质量进行评价。

8.6.3 审核合格的监测站水质监测资料，应填制“地下水水质监测成果表”，表格式样及编图说明应分别符合本规范附录C表C.1.7和附录D的规定。

8.7 水温资料整编

8.7.1 缺测水温资料不应进行插补；经审核定为“可疑”的水温监测资料应按“缺测”对待。

8.7.2 水温监测资料应只进行年统计，包括年平均水温值，年最高、最低水温值及其发生的月份，年内水温变幅，当年末与上年末的水温差。

8.7.3 年内缺测1次的，应进行年不完全统计；超过1次的，不应进行年统计。

8.7.4 经基本资料考证、原始监测资料审核合格的监测站水温资料，应填制“地下水水温监测成果表”，表格式样应符合本规范附录C表C.1.8的规定。

8.8 实验站资料整编

8.8.1 实验资料整编应符合下列要求：

1 综合实验站资料整编应将实验监测项目逐年、逐项整编；

2 专项实验站资料整编应按照专项实验期逐项进行整编。

8.8.2 常规监测项目应逐年、逐项进行整编，专题辅助项目应按专题试验期逐项进行整编。

8.9 资料整编说明

8.9.1 资料整编说明应包括下列内容：

1 资料整编的组织、时间、方法、内容及工作量情况；

2 监测站的调整、变更情况；

3 监测方法、精度、高程测量、校测和测具检定情况；

4 监测资料质量评价；

5 存在问题及改进意见。

8.9.2 资料整编说明应客观、准确。

8.10 资料整编成果的审查验收

8.10.1 资料整编成果的审查验收应符合下列要求：

1 审查资料包括：

1)各监测站基本资料；

2)各项原始监测记载资料；

3)资料整编成果图、表；

4)资料整编说明。

2 审查内容包括：

1)发生变动的基本资料全部进行审查；未发生变动的基本资料进行抽查，抽查率不得少于20%；

2)各项原始监测资料进行抽查，抽查率不得少于30%；

3)整编成果资料全部进行审查。

3 经审查，不符合下列质量标准之一者，不应验收：

1)项目完整，图表齐全，规格统一；

2)监测站基本资料齐全；

3)测验及资料整编方法正确；

4)无系统错误和特征值统计错误，其他数据的错误率不大于1/10000；

5)资料整编说明的内容完整、准确、客观。

8.10.2 资料整编成果的审查验收应提出审查验收意见。

8.11 技术档案建设

8.11.1 基本监测站技术档案建设应符合下列规定：

1 基本监测站应建立单站技术档案，其表格式样见本规范附录A表A.1.1、表A.1.2；

2 基本监测站的撤销、改变类别应记入原监测站的技术档案，更换监测站应重新建立技术档案。

8.11.2 统测站技术档案建设应符合下列要求：

1 建立统测站技术档案，其表格式样见本规范附录A表A.1.3；

2 统测站由各省(自治区、直辖市)自行制订编码方法。

8.12 资料存储及归档

8.12.1 资料存储应符合下列要求：

1 存储应在各项整编成果均达到整编规定的质量标准后进行；

2 存储介质应包括以年鉴刊印形式的纸介质，形成数据库的磁介质、光盘等，并应实行异地备份。

8.12.2 下列资料应予归档：

1 各监测站的基本资料，原始监测资料，资料整编成果图、表和资料整编说明；

2 监测站基本资料考证意见，原始监测资料审核意见和资料整编成果审查验收意见；

3 资料整编成果磁介质和光盘拷贝。

8.12.3 资料存储及归档工作应于次年年底以前完成。存储和归档资料应妥善保存。

9 信息服务系统

9.1 基本要求

9.1.1 地下水信息服务系统功能应包括：地下水监测信息管理、分析评价、预测分析、信息共享与发布的计算机应用系统。

9.1.2 地下水信息服务系统的信息分析、预测和发布等工作，应满足地下水资源开发、利用、节约、保护、管理等需要。

9.2 信息服务系统结构与基本功能

9.2.1 地下水监测应采用统一的标准构建在计算机网络支撑下运行的信息服务系统，系统应采用B/S(浏览器/服务器)结构。

9.2.2 省级(含)以上地下水监测应基于地理信息系统构建信息服务系统。

9.2.3 信息服务系统应有信息接收、数据库、信息分析预测、信息发布等业务模块。

9.2.4 信息接收模块应具有下列功能：

1 自动接收地下水自动监测站报送的实时数据，存入实时数据库，并能对接收的数据进行合理性检查；

2 接收状况异常或接收数据异常时，报警并记录，异常数据记录备查；

3 具备手动录入或导入其他监测数据功能；

4 数据整编达到标准要求后存入整编数据库。

9.2.5 数据库模块应具有下列功能：

1 地下水监测数据库的表结构和标识符应统一标准并建立统一的数据字典，实现地下水监测业务之间的数据交换和共享。标识符索引见本规范附录E。

2 数据库分类存储信息、存储地下水监测基本信息、原始和整编资料信息、试验信息、空间数据、地下水资源评价信息、地下水动态的预测分析信息等。

9.2.6 信息预测分析模块应具有下列功能：

1 能对地下水监测信息整理分析，形成各种统计报表和图形，可生成地下水监测资料年鉴；

2 能对监测数据进行时间空间变化、历史对比等分析，通过运行预测模型进行地下水动态预测分析，具有良好的人机界面交互功能。

9.2.7 信息发布模块应能通过网络等形式发布监测成果、分析评价成果、预测分析成果信息等。

9.2.8 信息服务系统应具有下列功能：

1 根据需要及时对信息服务系统维护和升级；

2 在线备份和恢复功能；

3 定期对数据库进行备份，实行异地备份；

4 保证网络环境安全，保障地下水信息服务系统的可靠运行。

9.3 地下水信息服务

9.3.1 地下水监测应定期分析地下水各种监测信息，并应通过对监测信息的统计、分析、研究，掌握地下水在时间和空间上的变化规律。

9.3.2 地下水监测应定期进行区域地下水动态的预测分析工作，预测分析内容应包括地下水水位、水量和水质，并应定期进行区域地下水资源的分析评价工作。

9.3.3 地下水监测应定期编制区域地下水综合分析报告，综合分析报告应分为年报、季报和月报。综合分析报告的内容应包括影响地下水变化的气象水文因素、地下水动态、地下水开发利用情况、地下水预测分析和地下水水质等内容。

9.3.4 地下水监测应定期在网络等媒体上发布有关地下水监测、预测分析和综合分析等工作成果报告。工作成果报告应包括下列内容：

1 期间地下水监测工作基本情况；

2 期间降水量的时空分布概况与上年降水量时空分布的比较，与多年平均降水量的比较；

3 期间末最高、最低地下水位(或埋深)的时空分布概况，与上期间末最高、最低地下水位(或埋深)时空分布的比较；

4 期间水质评价概述，超标率与变化趋势分析；

5 期间地下水开采量，与上年地下水开采量的比较；

6 期间降水量、开采量、水位(或埋深)、水质的动态变化对当地地下水资源量的影响；

7 期间地下水监测中存在的问题及改进意见；

8 绘制期间监测点分布图、降水量等值线图、地下水位和埋深等值线图、地下水水位变幅等值线图等。

附录A 地下水监测站基本情况表式样及填表说明

A.1 地下水监测站基本情况表式样

A.1.1 地下水监测站基本情况一览表，应按附表A.1.1格式填写。

A.1.2 泉监测站基本情况一览表，应按附表A.1.2格式填写。

A.1.3 地下水统测站基本情况一览表，应按附表A.1.3格式填写。

表 A.1.1 地下水监测站基本情况一览表

省(自治区、直辖市)____市(州、盟)______县(旗、区)______基面名称______

监测站	名称			
	类别			
	编码			
	原编码			
位置	_乡(镇)_村(街道)_方向距离_m			
	东经_°_′_″北纬_°_′_″			
过滤管埋深	_～_m	过滤管长度	_m	
监测项目		过滤管内径	_mm	
监测日期	始测 年 月 日			
	终测 年 月 日			
监测频次		监测井类型		
淤积测量	日期	淤积厚度(m)	日期	淤积厚度(m)
洗井	日期	洗井前井深(m)	洗井后井深(m)	灵敏度试验结果

地层柱状图			
埋深(m)	厚度(m)	地层柱状图	岩性描述
施工单位		成井日期	

高程测量	地面高程	测量日期	_年_月_日	高程(m)	
	固定点高程	测量日期	_年_月_日	高程(m)	
		变更	变更原因		
			测量日期		
			高程(m)		
	校核水准点高程	与监测井口的相对位置		测量日期	
		_方向距离_m		_高程距离_m	
		变更	变更原因		
			与监测井口相对位置	__方向距离_m	__方向距离_m	__方向距离_m
			测量日期		
			高程(m)		
监测站撤销或调换说明	观测员	姓名		文化程度	
		性别		住址	
		年龄		任职时间	
	观测员变更	姓名		文化程度	
		性别		住址	
		年龄		任职时间	
监测站地理位置图		姓名		文化程度	
		性别		住址	
		年龄		任职时间	

填表人____ 年 月 日 复核人____ 年 月 日 审核人____ 年 月 日

表 A.1.2 泉监测站基本情况一览表

省(自治区、直辖市)____市(州、盟)______县(旗、区)______基面名称

监测站	名称		位置	__乡(镇)__村(街道)			监测项目	
	类别							
	编码			东经 __°__′__″北纬 __°__′__″				
	原编码							
泉类型		监测日期	始测__年__月__日				监测频次	
			终测__年__月__日					
水准点测量								
水准点编号	与测站的相对位置		测量或变动			变动原因	高程(m)	测量等级
	方向	距离__m	年	月	日			
地面高程测量		测量日期		__年__月__日			高程(m)	
固定点高程测量	测量日期		______年______月______日				高程(m)	
	变更	变更原因						
		测量日期						
		高程(m)						

续表 A.1.2

泉监测站地理位置图 N ↑	监测员	姓名		文化程度	
		性别		住址	
		年龄		任职时间	
	监测员变更	姓名		文化程度	
		性别		住址	
		年龄		任职时间	
		姓名		文化程度	
		性别		住址	
		年龄		任职时间	

填表人______ 年 月 日 复核人______ 年 月 日 审核人______ 年 月 日

表 A.1.3 地下水统测站基本情况一览表

______省(自治区、直辖市)______市(州、盟)______县(旗、区) 基面名称______

序号	统测站		位置				坐标						井深		统测井类型	地下水类型	高程(m)		监测项目		监测频次	备注
	名称	编码	乡(镇)	村(街道)	方向	距离(m)	东经			北纬			原井深(m)	现井深(m)			井口固定点	地面	水位	水质		
							°	′	″	°	′	″										

填表人______ 年 月 日 复核人______ 年 月 日 审核人______ 年 月 日

A.2 监测站基本情况表填制说明

A.2.1 “监测站名称”为监测站编码所代表的中文名称。

A.2.2 “监测站编码”为参照《全国水文测站编码方法》编制的监测站编码。

A.2.3 位于农村地区监测井“位置”填写至乡、村；位于城镇地区监测井位置填写至区、街道。“位置”及“与监测站相对位置”及“与监测井口的相对位置”中，“方向”按 N、NE、E、SE、S、SW、W、NW 八个方位填写，“m”精确到百分位。

A.2.4 “淤积厚度”为实测井深与原井井深的差值。

A.2.5 “地层柱状图”中，井管结构、岩性名称及其图例，应分别按《供水管井技术规范》GB 50296 和《供水水文地质勘察规范》GB 50027 执行；岩性描述内容包括岩性名称、颜色、夹层分布特征等。

A.2.6 “监测站类别”指国家级基本监测站、省级基本监测站、普通监测站、统测或试验站。

A.2.7 “监测井类型”填写生产井、民井、勘探孔或专用监测井。

A.2.8 “泉类型”填写上升泉或下降泉。

A.2.9 “统测井类型”填写生产井、民井、勘探孔。

A.2.10 “地下水类型”按照埋藏类型填写“潜水”、“承压水”；按照空隙类型填写“孔隙水”、“裂隙水”、“岩溶水”。填写应用组合表示，如“潜水；裂隙水”。

A.2.11 “备注”填写裁撤、更换井的原因和日期，以及新换井编号和原井的相对位置。

A.2.12 表 A.1.1 的尺寸为 A3 开张，表 A.1.2 和表 A.1.3 的尺寸为 A4 开张。

附录B 地下水监测原始记载表式样及填表说明

B.1 地下水监测原始记载表式样

B.1.1 高程测量和校测原始记载表，见附表 B.1.1。

B.1.2 地下水水位逐日监测原始记载表，见附表 B.1.2。

B.1.3 地下水水位五日监测原始记载表，见附表 B.1.3。

B.1.4 地下水水位统测原始记载表，见附表 B.1.4。

B.1.5 地下水开采量监测（水表法）原始记载表，见附表 B.1.5。

B.1.6 地下水开采量监测（水泵出水量统计法）原始记载表，见附表 B.1.6。

B.1.7 地下水开采量监测（用水定额调查统计法）原始记载表，见附表 B.1.7。

B.1.8 泉流量监测（堰槽法或流速仪法）原始记载表，见附表 B.1.8。

B.1.9 地下水水温监测原始记载表，见附表 B.1.9。

表 B.1.1 高程测量和校测原始记载表

______省（自治区、直辖市）______市（州、盟）______县（旗、区） 基面名称______

监测站			高程测量														高程校测												
名称	类别	编码	日期			引据点			地面					基本水准点、校核水准点、固定点			日期			引据点			校测点		测量等级	校测后采用高程(m)	测量人	校定人	备注
			年	月	日	名称	等级	高程(m)	测点高程(m) 1	2	3	4	高程(m)	名称	测量等级	高程(m)	年	月	日	名称	等级	高程(m)	名称	校测前高程(m)					

填表人______ 年 月 日　复核人______ 年 月 日　审核人______ 年 月 日

表 B.1.2　地下水水位逐日监测原始记载表

______省(自治区、直辖市)______市(州、盟)______县(旗、区)　基面名称______

<table>
<tr><td rowspan="3">监测站</td><td colspan="2">名称</td><td></td><td rowspan="3">位置</td><td colspan="4">______乡(镇)______村(街道)</td><td rowspan="2">高程(m)</td><td>固定点</td><td></td></tr>
<tr><td colspan="2">类别</td><td></td><td rowspan="2">地理坐标</td><td colspan="3">东经：__°__′__″</td><td>地　面</td><td></td></tr>
<tr><td colspan="2">编码</td><td></td><td colspan="3">北纬：__°__′__″</td><td>井深(m)</td><td colspan="2"></td></tr>
<tr><td colspan="3">监测日期</td><td colspan="3">固定点至地下水水面距离(m)</td><td rowspan="2">地下水埋深(m)</td><td rowspan="2">地下水水位(m)</td><td colspan="4" rowspan="2">备注</td></tr>
<tr><td>年</td><td>月</td><td>日</td><td>第一次读数</td><td>第二次读数</td><td>平均值</td></tr>
<tr><td rowspan="7"></td><td rowspan="4">1</td><td>1</td><td></td><td></td><td></td><td></td><td></td><td colspan="4"></td></tr>
<tr><td>2</td><td></td><td></td><td></td><td></td><td></td><td colspan="4"></td></tr>
<tr><td>…</td><td></td><td></td><td></td><td></td><td></td><td colspan="4"></td></tr>
<tr><td>31</td><td></td><td></td><td></td><td></td><td></td><td colspan="4"></td></tr>
<tr><td>2</td><td>…</td><td></td><td></td><td></td><td></td><td></td><td colspan="4"></td></tr>
<tr><td>…</td><td>…</td><td></td><td></td><td></td><td></td><td></td><td colspan="4"></td></tr>
<tr><td>12</td><td>…</td><td></td><td></td><td></td><td></td><td></td><td colspan="4"></td></tr>
</table>

填表人______　年　月　日　复核人______　年　月　日　审核人______　年　月　日

表 B.1.3　地下水水位五日监测原始记载表

______省(自治区、直辖市)______市(州、盟)______县(旗、区)　基面名称______

<table>
<tr><td rowspan="3">监测站</td><td colspan="2">名称</td><td></td><td rowspan="3">位置</td><td colspan="4">______乡(镇)______村(街道)</td><td rowspan="2">高程(m)</td><td>固定点</td><td></td></tr>
<tr><td colspan="2">类别</td><td></td><td rowspan="2">地理坐标</td><td colspan="3">东经：__°__′__″</td><td>地　面</td><td></td></tr>
<tr><td colspan="2">编码</td><td></td><td colspan="3">北纬：__°__′__″</td><td>井深(m)</td><td colspan="2"></td></tr>
<tr><td colspan="3">监测日期</td><td colspan="3">固定点至地下水水面距离(m)</td><td rowspan="2">地下水埋深(m)</td><td rowspan="2">地下水水位(m)</td><td colspan="4" rowspan="2">备注</td></tr>
<tr><td>年</td><td>月</td><td>日</td><td>第一次读数</td><td>第二次读数</td><td>平均值</td></tr>
<tr><td rowspan="9"></td><td rowspan="6">1</td><td>1</td><td></td><td></td><td></td><td></td><td></td><td colspan="4"></td></tr>
<tr><td>6</td><td></td><td></td><td></td><td></td><td></td><td colspan="4"></td></tr>
<tr><td>11</td><td></td><td></td><td></td><td></td><td></td><td colspan="4"></td></tr>
<tr><td>16</td><td></td><td></td><td></td><td></td><td></td><td colspan="4"></td></tr>
<tr><td>21</td><td></td><td></td><td></td><td></td><td></td><td colspan="4"></td></tr>
<tr><td>26</td><td></td><td></td><td></td><td></td><td></td><td colspan="4"></td></tr>
<tr><td>2</td><td></td><td></td><td></td><td></td><td></td><td></td><td colspan="4"></td></tr>
<tr><td>…</td><td></td><td></td><td></td><td></td><td></td><td></td><td colspan="4"></td></tr>
<tr><td>12</td><td></td><td></td><td></td><td></td><td></td><td></td><td colspan="4"></td></tr>
</table>

填表人______　年　月　日　复核人______　年　月　日　审核人______　年　月　日

表 B.1.4 地下水水位统测原始记载表

______省(自治区、直辖市)______市(州、盟)______县(市、旗、区) 基面名称______

监测站			位置								井深(m)	高程(m)		监测日期			固定点至地下水水面距离(m)			地下水埋深(m)	地下水水位(m)	备注
名称	类别	编码	所在		地理坐标							固定点	地面	年	月	日	第一次读数	第二次读数	平均值			
			乡(镇)	村(街道)	东经			北纬														
					°	′	″	°	′	″												

填表人______ 年 月 日 复核人______ 年 月 日 审核人______ 年 月 日

表 B.1.5 地下水开采量监测(水表法)原始记载表

______省(自治区、直辖市)______市(州、盟)______县(旗、区)

监测站	名称		位置	______乡(镇)______村(街道)		井深(m)	
	类别			地理坐标	东经:__°__′__″		
	编码				北纬:__°__′__″	水表型号	
监测日期		水表读数(m³)			地下水开采量(m³)	备注	
年	月	月初	月末	月初、月末水表读数差			
	1						
	2						
	…						
	12						

填表人______ 年 月 日 复核人______ 年 月 日 审核人______ 年 月 日

表 B.1.6　地下水开采量监测(水泵出水量统计法)原始记载表

______省(自治区、直辖市)______市(州、盟)______县(旗、区)

监测站			位置				
	名称			____乡(镇)____村(街道)		井深(m)	
	类别			地理坐标	东经：__°__′__″		
	编码				北纬：__°__′__″	水泵型号	

监测日期		累计开泵时间(h)	水泵单位时间出水量(m^3/h)	地下水开采量或矿坑排水量(m^3)	备注
年	月				
	1				
	2				
	…				
	12				

填表人______　年　月　日　复核人______　年　月　日　审核人______　年　月　日

表 B.1.7　地下水开采量监测(用水定额调查统计法)原始记载表

______省(自治区、直辖市)______市(州、盟)______县(旗、区)

监测站			位置				
	名称			____乡(镇)____村(街道)		井深(m)	
	类别			地理坐标	东经：__°__′__″		
	编码				北纬：__°__′__″	水泵型号	

监测日期		农田灌溉				乡镇工业生产			农村生活					地下水开采量合计(m^3)	备注
年	月	灌溉面积(亩)	灌溉定额(m^3/亩次)	灌溉次数	地下水开采量(m^3)	年生产总值(万元)	万元产值用水定额(m^3/万元)	地下水开采量(m^3)	人口数量(人)	牲畜数量(头)	人均日用水定额(m^3/人·日)	畜均日用水定额(m^3/头·日)	地下水开采量(m^3)		
	1														
	2														
	…														
	12														

填表人______　年　月　日　复核人______　年　月　日　审核人______　年　月　日

表 B.1.8 泉流量监测(堰槽法或流速仪法)原始记载表

______省(自治区、直辖市)______市(州、盟)______县(旗、区)

监测站	名称		位置	_____乡(镇)_____村(街道)		堰槽类型及其尺寸、角度说明
	类别			地理坐标	东经：_°_′_″	
	编码				北纬：_°_′_″	流速仪类型及型号

监测日期		堰槽法						流速仪法						备注
年	月	累计泄流时间(小时)	泄流水深(cm)			流量换算结果(l/s)	泉流量(m³)	累计测流时间(小时)	过水断面面积(m²)	流速(m/s)			泉流量(m³)	
			第一次读数	第二次读数	平均值					第一次读数	第二次读数	平均值		
	1													
	2													
	…													
	12													

填表人______ 年 月 日　复核人______ 年 月 日　审核人______ 年 月 日

表 B.1.9 地下水水温监测原始记载表

______省(自治区、直辖市)______市(州、盟)______县(旗、区)

监测站	名称		位置	_____乡(镇)_____村(街道)		高程(m)	固定点
	类别			地理坐标	东经：_°_′_″		地面
	编码				北纬：_°_′_″	井深(m)	

监测日期				地下水水温(℃)			气温(℃)	地下水埋深(m)	备注
年	月	日	时	第一次读数	第二次读数	平均值			
	3月	26日	8时						
	6月	26日	8时						
	9月	26日	8时						
	12月	26日	8时						

填表人______ 年 月 日　复核人______ 年 月 日　审核人______ 年 月 日

B.2 地下水监测原始记载表填表说明

B.2.1 “监测站类别”指国家级基本监测站、省级基本监测站、普通监测站、统测站或试验站。

B.2.2 以“m”为计量单位时，精确到百分位。

B.2.3 “井深”指最近一次测量的地面至井底的距离。

B.2.4 监测时间应采用北京标准时间。

B.2.5 “备注”内应填写监测数值异常的原因及监测站附近挖塘开渠、开采地下水等影响监测精度的情况。

B.2.6 “地下水开采量”、“矿坑排水量”或“泉流量”均应按月填写。其中，水表法应根据“月初、月末水表读数差”填写；水泵出水量统计法应根据“水泵单位时间出水量”与“累计开泵时间”的乘积填写；用水定额调查统计法中，“农田灌溉地下水开采量”应根据“灌溉面积”、“灌溉定额”、“灌溉次数”三者的连乘积填写，“乡镇工业生产地下水开采量”应根据“产值”与“万元产值用水定额”的乘积填写，“农村生活地下水开采量”应根据“人口数量”与“人均日用水定额”的乘积再加上“牲畜数量”与“牲畜日用水定额”的乘积之和填写；堰槽法泉流量应根据“累计泄流时间”与“流量换算结果”的乘积填写；流速仪法应根据“累计测流时间”、“过水断面面积”、“流速平均值”三者的连乘积填写。

B.2.7 “堰槽法流量换算结果”应根据堰槽的类型、尺寸、角度及“堰槽法泄流水深平均值”，按照现行行业标准《堰槽测流规范》SL 24给出的计算公式或关系图表查算后的数字填写。

B.2.8 “地下水埋深”应按“地下水水面至地面的距离”填写。“地下水水位”应按井口“固定点高程”减去“固定点至地下水水面距离平均值”填写。

B.2.9 “缺测”、“可疑”的表示符号分别为“－”、“※”；“停测”时，相应数据表格应保持空白，并在“备注”中说明原因。

B.2.10 采用汛期逐日监测，非汛期五日监测的水位原始记载表，可采用表B.1.3。其中，非汛期时间段的非监测日按“停测”填写。

附录C 地下水监测资料整编成果表式样及填表说明

C.1 地下水监测资料整编成果表式样

C.1.1 地下水监测站基本情况考证成果一览表，应按附表C.1.1格式填写。

C.1.2 地下水水位逐日监测成果表，应按附表C.1.2格式填写。

C.1.3 地下水水位五日监测成果表，应按附表C.1.3格式填写。

C.1.4 地下水水位年特征值统计表，应按附表C.1.4格式填写。

C.1.5 地下水开采量监测成果表，应按附表C.1.5格式填写。

C.1.6 泉流量监测成果表，应按附表C.1.6格式填写。

C.1.7 地下水水质监测成果表，应按附表C.1.7格式填写。

C.1.8 地下水水温监测成果表，应按附表C.1.8格式填写。

C.1.9 地下水统测站考证成果一览表，见附表C.1.9格式填写。

C.1.10 地下水水位统测成果表，应按附表C.1.10格式填写。

表C.1.1 地下水监测站基本情况考证成果一览表

____年____省(自治区、直辖市)____市(州、盟)____县(旗、区) 基面名称______

<table>
<tr><th rowspan="3">序号</th><th colspan="3">监测站</th><th>位置</th><th colspan="6">地理坐标</th><th colspan="3" rowspan="2">起始监测日期</th><th rowspan="3">监测井类型</th><th rowspan="3">地下水类型</th><th colspan="2" rowspan="2">井深(m)</th><th colspan="2" rowspan="2">高程(m)</th><th colspan="7">监测项目</th><th rowspan="3">备注</th></tr>
<tr><th rowspan="2">名称</th><th rowspan="2">类别</th><th rowspan="2">编码</th><th rowspan="2">乡(镇)村(街道)</th><th colspan="3">东经</th><th colspan="3">北纬</th><th colspan="4">水位</th><th rowspan="2">水量</th><th rowspan="2">水质</th><th rowspan="2">水温</th></tr>
<tr><th>°</th><th>′</th><th>″</th><th>°</th><th>′</th><th>″</th><th>年</th><th>月</th><th>日</th><th>原井深</th><th>现井深</th><th>井口固定点</th><th>地面</th><th>自动监测</th><th>逐日</th><th>汛期逐日</th><th>五日</th></tr>
<tr><td></td><td></td><td></td><td></td><td></td><td></td><td></td><td></td><td></td><td></td><td></td><td></td><td></td><td></td><td></td><td></td><td></td><td></td><td></td><td></td><td></td><td></td><td></td><td></td><td></td><td></td><td></td><td></td></tr>
<tr><td></td><td></td><td></td><td></td><td></td><td></td><td></td><td></td><td></td><td></td><td></td><td></td><td></td><td></td><td></td><td></td><td></td><td></td><td></td><td></td><td></td><td></td><td></td><td></td><td></td><td></td><td></td><td></td></tr>
<tr><td></td><td></td><td></td><td></td><td></td><td></td><td></td><td></td><td></td><td></td><td></td><td></td><td></td><td></td><td></td><td></td><td></td><td></td><td></td><td></td><td></td><td></td><td></td><td></td><td></td><td></td><td></td><td></td></tr>
<tr><td></td><td></td><td></td><td></td><td></td><td></td><td></td><td></td><td></td><td></td><td></td><td></td><td></td><td></td><td></td><td></td><td></td><td></td><td></td><td></td><td></td><td></td><td></td><td></td><td></td><td></td><td></td><td></td></tr>
<tr><td></td><td></td><td></td><td></td><td></td><td></td><td></td><td></td><td></td><td></td><td></td><td></td><td></td><td></td><td></td><td></td><td></td><td></td><td></td><td></td><td></td><td></td><td></td><td></td><td></td><td></td><td></td><td></td></tr>
<tr><td></td><td></td><td></td><td></td><td></td><td></td><td></td><td></td><td></td><td></td><td></td><td></td><td></td><td></td><td></td><td></td><td></td><td></td><td></td><td></td><td></td><td></td><td></td><td></td><td></td><td></td><td></td><td></td></tr>
</table>

填表人____ 年 月 日 复核人____ 年 月 日 审核人____ 年 月 日

表 C.1.2 地下水水位逐日监测成果表

____年____省(自治区、直辖市)____市(州、盟)____县(旗、区) 基面名称____

监测站			位置			高程(m)		
	名称			____乡(镇)____村(街道)			固定点	
	类别			地理坐标	东经：° ′ ″		地面	
	编码				北纬：° ′ ″	井深(m)		

日期		月份 1	2	3	4	5	6	7	8	9	10	11	12
1													
2													
…													
30													
31													
月统计	平均水位												
	最高水位												
	发生日期												
	最低水位												
	发生日期												
年统计		最高水位： m 月 日			最低水位： m 月 日			年平均水位： m		年变幅： m		年末差： m	

填表人____ 年 月 日 复核人____ 年 月 日 审核人____ 年 月 日

表 C.1.3 地下水水位五日监测成果表

____年____省(自治区、直辖市)____市(州、盟)____县(旗、区) 基面名称____

监测站			位置			高程(m)		
	名称			____乡(镇)____村(街道)			固定点	
	类别			地理坐标	东经：° ′ ″		地面	
	编码				北纬：° ′ ″	井深(m)		

日期		月份 1	2	3	4	5	6	7	8	9	10	11	12
1													
6													
11													
16													
21													
26													
月统计	平均水位												
	最高水位												
	发生日期												
	最低水位												
	发生日期												
年统计		最高水位： m 月 日			最低水位： m 月 日			年平均水位： m		年变幅： m		年末差： m	

填表人____ 年 月 日 复核人____ 年 月 日 审核人____ 年 月 日

表 C.1.4 地下水水位年特征值统计表

______年______省(自治区、直辖市)______市(州、盟)______县(旗、区) 基面名称______

序号	监测站			位置	地理坐标						地下水类型	高程(m)		最高水位			最低水位			年变幅(m)	年平均水位(m)	上年末水位(m)	本年末水位(m)	年末差(m)
	名称	类别	编码	乡(镇)村(街道)	东经			北纬				井口固定点	地面	水位(m)	发生日期		水位(m)	发生日期						
					°	′	″	°	′	″					月	日		月	日					

填表人______ 年 月 日 复核人______ 年 月 日 审核人______ 年 月 日

表 C.1.5 地下水开采量监测成果表

______年______省(自治区、直辖市)______市(州、盟)______县(旗、区)

序号	监测站			位置	地理坐标						地下水开采量(m^3)																	监测方法			备注
					东经			北纬			月份												单站年统计								
																								最大		最小					
	名称	类别	编码	乡(镇)村(街道)	°	′	″	°	′	″	1	2	3	4	5	6	7	8	9	10	11	12	年总量	开采量	月份	开采量	月份	水表法	水泵法	定额法	
合计																															

填表人______ 年 月 日 复核人______ 年 月 日 审核人______ 年 月 日

表 C.1.6 泉流量监测成果表

______年______省(自治区、直辖市)______市(州、盟)______县(旗、区)

序号	监测站			位置	地理坐标						泉流量(m³)																	监测方法		备注
					东经			北纬			月份												单泉年统计							
																								最大		最小				
	名称	类别	编码	乡(镇)村(街道)	°	′	″	°	′	″	1	2	3	4	5	6	7	8	9	10	11	12	年总量	泉流量	月份	泉流量	月份	堰槽法	流速仪法	

填表人______ 年 月 日 复核人______ 年 月 日 审核人______ 年 月 日

表 C.1.7 地下水水质监测成果表

______年______省(自治区、直辖市)______市(州、盟)______县(旗、区)

序号	监测站		取样时间		化验时间		地下水埋深(m)	物理性质			主要离子含量(mg/L)								离子总量(mg/L)	总硬度(mg/L)	总碱度(mg/L)	矿化度(mg/L)	氟化物(mg/L)	水化学类型(舒卡列夫)
											阳离子				阴离子									
	名称	编码	月	日	月	日		水温(℃)	嗅味	色透明度	K^+	Na^+	Ca^{2+}	Mg^{2+}	Cl^-	SO_4^{2-}	CO_3^{2-}	HCO_3^-						

序号	监测站		氧化还原电位(V)	电导率(s/m)	悬浮物	二氧化碳		溶解氧	氨氮	亚硝酸盐氮	硝酸盐氮	高锰酸盐指数	氰化物	砷化物	挥发酚	六价铬	汞	铁	磷	铅	大肠杆菌(个/L)	细菌总数(个/mL)	地下水质量等级
	名称	编码				游离	侵蚀性																
					(mg/L)																		

填表人______ 年 月 日 复核人______ 年 月 日 审核人______ 年 月 日

表 C.1.8　地下水水温监测成果表

______年______省(自治区、直辖市)______市(州、盟)______县(旗、区)　单位:温度℃,埋深 m

序号	监测站			位置				地理坐标						3月26日			6月26日			9月26日			12月26日			年统计									备注
	名称	类别	编码	乡(镇)	村(街道)	方向	距离(m)	东经			北纬			水温	气温	埋深	水温	气温	埋深	水温	气温	埋深	水温	气温	埋深	平均			最高水温		最低水温		年水温差	年末水温差	
								°	′	″	°	′	″													水温	气温	埋深	值	月	值	月			

填表人______　年　月　日　复核人______　年　月　日　审核人______　年　月　日

表 C.1.9　地下水统测站考证成果一览表

______年______省(自治区、直辖市)______市(州、盟)______县(旗、区)　基面名称______

序号	统测站		位置	地理坐标						井深(m)	统测井类型	地下水类型	监测项目				高程(m)		备注
	名称	编码	乡(镇)村(街道)	东经			北纬						水位			水质	井口固定点	地面	
				°	′	″	°	′	″				低水位期	高水位期	年末				

填表人______　年　月　日　复核人______　年　月　日　审核人______　年　月　日

表 C.1.10　地下水水位统测成果表

______年______省(自治区、直辖市)______市(州、盟)______县(旗、区)　基面名称______

序号	统测站		位置	地理坐标						低水位期		高水位期		年末	
				东经			北纬			月　日		月　日		月　日	
	名称	编码	乡(镇)村(街道)	°	′	″	°	′	″	埋深(m)	水位(m)	埋深(m)	水位(m)	埋深(m)	水位(m)

填表人______　年　月　日　复核人______　年　月　日　审核人______　年　月　日

C.2　地下水监测资料整编成果表填制说明

C.2.1　整编符号如下：

1　“缺测”、“停测”、“可疑”符号按附录 B 规定填写；

2　“插补”符号：在该数值的右上角划“⊕”；

3　“不完全统计”符号，将该值用“()”括起来；

4　“不进行统计”的表达式为在相应的表格内保持空白。

C.2.2　当同一页次、同一列的数值的整数部分相同时，只写出最上部出现的数值，其下各数值可只写小数，但小数的位次应上下对齐。

C.2.3　当同一页次同一列的文字完全相同时，只写出最上部出现的文字，其下的文字可略写“同上”。

C.2.4　“监测站类别”、“监测井类型”、“统测井类型”、“地下水类型”按附录 A 规定填写。

C.2.5　“井深”、“地下水埋深”按附录 B 规定填写。

C.2.6　表 C.1.1 和表 C.1.8 中的“监测项目”，填写相应项目整编成果的页次；因缺测或经考证、审核不合格舍弃的项目在相应栏内划“—”；因停测造成的无整编资料的项目，其相应栏内保持空白。

C.2.7　表 C.1.1 和表 C.1.9 中的“备注”中填写影响监测精度和高程变动等情况。

附录 D　地下水基本监测站分布图编制说明

D.1.1　地下水图名：《××省(自治区、直辖市)地下水基本监测站分布图》(××××年)。

D.1.2　采用标准地形图作底图，比例尺应由各省(自治区、直辖市)确定，底图应具有下列要素：

1　经纬网，网线距为 1°，主要水系，大中型湖泊、水库，骨干铁路、公路；

2　国界，海岸线，省(自治区、直辖市)界，市(州、盟)界，县(旗)界；

3　各类型区界线及代号，骨干气象站，水文站，雨量站，蒸发站，试验站(场)；

4　比例尺及方向标。

D.1.3　用于编图的资料应为经考证、审核合格的年度整编资料。编图要素应包括基本监测井编号、类别、地下水类型、井深、监测项目及频次。

D.1.4　参考图例：

1　类型区界线

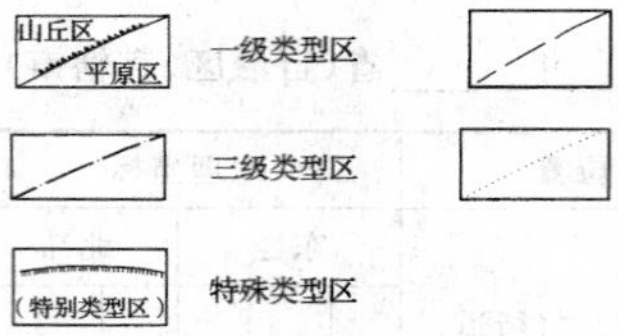

2　国家级基本监测站

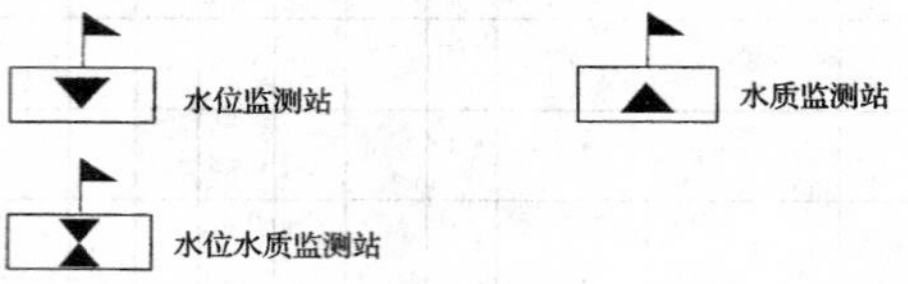

3　省级基本监测站

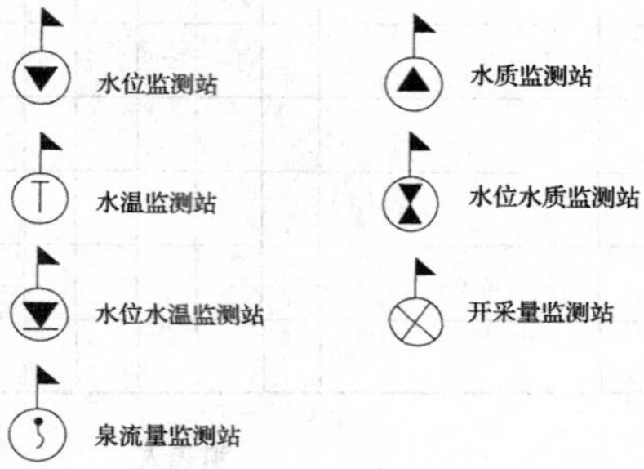

4 普通监测站

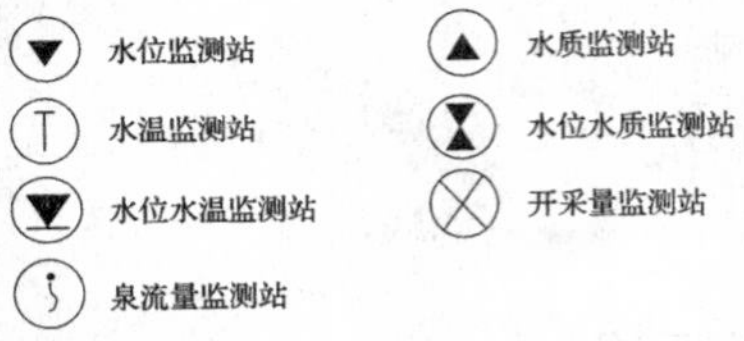

附录E 标识符索引

表E 标识符索引

字段名	标识符	字段名的英文
监测站编号	STCD	station code
监测站名称	STNM	station name
监测站位置	STLC	station location
经度	LGTD	longitude
纬度	LTTD	latitude
绝对基面名称	ABSDMNM	name of absolute datum
固定点高程	FPALT	altitude of fixed point
地面高程	GALT	ground altitude
监测站类别	STKD	station kind
地下水类型区	GWTYDV	groundwater type division
地下水类型	GWTY	type of groundwater
监测方式	MNMAN	monitoring manner
井深	WDTH	well depth
日期	DATE	date
水位	GWL	groundwater level
埋深	GWLD	depth to water table
异常类型	ABNT	abnormal type
开采量	MY	mining yield
水温	GWTMP	groundwater temperature
气温	ATMP	air temperature
年份	YEAR	year
年月	YM	year and month
月平均水位	MMNGWL	monthly mean groundwater level
月最高水位	MMXGWL	monthly maximum groundwater level
月最高水位发生时间	MMXGWLOT	occurring time of monthly maximum groundwater level
月最低水位	MMIGWL	monthly minimum groundwater level
月最低水位发生时间	MMIGWLOT	occurring time of monthly minimum groundwater level
月平均埋深	MAGWLD	monthly average depth to water table
月最大埋深	MMXGWLD	monthly maximum depth to water table
月最大埋深发生时间	MMXGWLDOT	occurring time of monthly maximum depth to water table
月最小埋深	MMIGWLD	monthly minimum depth to water table
月最小埋深发生时间	MMIGWLDOT	occurring time of monthly minimum depth to water table
年平均水位	AMNGWL	annual mean groundwater level
年初水位	YBGWL	groundwater level at the beginning of the year
年末水位	YEGWL	groundwater level at the end of the year
年最高水位	AMXGWL	annual maximum groundwater level
年最高水位发生时间	AMXGWLOT	occurring time of annual maximum groundwater level
年最低水位	AMIGWL	annual minimum groundwater level
年最低水位发生时间	AMIGWLOT	occurring time of annual minimum groundwater level

续表E

字段名	标识符	字段名的英文
年平均埋深	AAGWLD	annual average depth to water table
年初埋深	YBGWLD	depth to water table at the beginning of the year
年末埋深	YEGWLD	depth to water table at the end of the year
年最大埋深	AMXGWLD	annual maximum depth to water table
年最大埋深发生时间	AMXGWLDOT	occurring time of annual maximum depth to water table
年最小埋深	AMIGWLD	annual minimum depth to water table
年最小埋深发生时间	AMIGWLDOT	occurring time of annual minimum depth to water table
年平均水温	AMNGWT	annual mean groundwater temperature
年最高水温	AMXGWT	annual maximum groundwater temperature
年最高水温发生时间	AMXGWTOT	occurring time of annual maximum groundwater temperature
年最低水温	AMIGWT	annual minimum groundwater temperature
年最低水温发生时间	AMIGWTOT	occurring time of annual minimum groundwater temperature
年开采总量	ATMY	annual total mining yield
年最大开采量	AMXMY	annual maximum mining yield
年最大开采量发生时间	AMXMYOT	occurring time of annual maximum mining yield
年最小开采量	AMIMY	annual minimum mining yield
年最小开采量发生时间	AMIMYOT	occurring time of annual minimum mining yield

本规范用词说明

1 为便于在执行本规范条文时区别对待，对要求严格程度不同的用词说明如下：

1）表示很严格，非这样做不可的：
正面词采用“必须”，反面词采用“严禁”；

2）表示严格，在正常情况下均应这样做的：
正面词采用“应”，反面词采用“不应”或“不得”；

3）表示允许稍有选择，在条件许可时首先应这样做的：
正面词采用“宜”，反面词采用“不宜”；

4）表示有选择，在一定条件下可以这样做的，采用“可”。

2 条文中指明应按其他有关标准执行的写法为：“应符合……的规定”或“应按……执行”。

引用标准名录

《供水水文地质勘察规范》GB 50027
《工程测量规范》GB 50026
《水位观测标准》GB/T 50138
《供水管井技术规范》GB 50296
《生活饮用水卫生标准》GB 5749
《水质采样技术指导》GB 12998
《水质采样样品的保存和管理技术规定》GB 12999

中华人民共和国国家标准

地下水监测工程技术规范

GB/T 51040—2014

条 文 说 明

制 订 说 明

《地下水监测工程技术规范》GB/T 51040—2014，经住房城乡建设部2014年10月9日以第580号公告批准发布。

本规范制订过程中，编制组进行了广泛调查研究，总结了我国地下水监测工作的实践经验，同时参考了国外先进技术法规、技术标准。

为便于从事地下水监测和地下水监测资料应用单位有关人员在使用本规范时能正确理解和执行条文规定，编制组按章、节、条顺序编制了本规范的条文说明，对条文规定的目的、依据以及执行中需要注意的有关事项进行了说明。但是本条文说明不具备与规范正文同等的法律效力，仅供使用者作为理解和把握规范规定的参考。

目　次

3 站网规划与布设

3.1 地下水监测类型区划分

3.1.1 地下水监测类型区划分是地下水站网规划中必要的前期工作，本规范将地下水监测类型区划分为三级基本类型区，三级基本类型区由不同水文地质单元组成，地下水监测站网主要布设在不同水文地质单元内。

为突出地下水监测工作的针对性，增加地下水监测特殊类型区。

3.1.2 地下水开发利用程度指地下水总开采量与相应区域地下水可开采量之比，大于或等于70%为强；30%～70%为中；小于或等于30%为弱。

3.2 地下水监测站分类

3.2.1 基本监测站是为控制区域地下水动态特征和水文地质边界而设置的长期监测站，由国家级、省级基本监测站组成。其中，国家级监测站是为国务院水行政主管部门掌握区域性地下水水位、水质、水量等动态特征和推算水文地质参数而设置的，由专用地下水监测站组成；省级基本监测站是为省级水行政主管部门掌握省级行政区范围内地下水水位、水质、水量等动态特征和计算水文地质参数，在国家级监测站布设的基础上增设的。统测站是在特定时间、特定区域监测地下水水位或水质状况、补充基本监测站密度不足而设置的监测站。试验站是探讨地下水资源评价方法和防治水生态环境恶化等科学试验研究而设置的监测站。

3.3 站网布设原则

3.3.3 地下水监测站布设的原则是科学、经济、合理、配套，各监测项目统一设置，充分发挥监测站的综合作用，以最少的投资、最合理的布局，获得尽可能多的监测资料，并尽量做到与地表水监测站统一规划。含水层为多层时，需要对各层地下水的动态进行监测，因此地下水监测应做到垂向上层次分明。在各含水层组中，与当地降水、地表水体有直接水力联系的浅层地下水，开发利用意义最大，其水位、水量、水质、水温的动态变化最剧烈，因此应以浅层地下水监测站规划为重点。

3.4 基本监测站布设

3.4.1 特殊类型区是地下水监测站布设的重点，其布设密度应根据各类型区的实际情况和任务，宜采用表3.4.1-1中强开采区布设密度的上限值。

3.4.2 用一眼生产井的开采量代表区域的平均单井开采量误差较大。因此，规定在开采水平相似的同一开采强度分区内，选择一组或两组有代表性的生产井群，对选择的各生产井分别进行开采量监测，有利于提高平均单井开采量的监测精度。

3.4.5 由于气温是随纬度的高低变化，为了解地下水温与当地气温的关系，规定地下水水温监测站垂直纬度方向布设，并且要求在监测水温的同时要监测气温。

3.5 统测站布设

3.5.2 水位统测站是水位基本站的辅助站，故水位统测站应在水位基本监测站布设的基础上加密布设。统测站通常用于勾绘特定时间的地下水水位（或埋深）等值线图或地下水水位（或埋深）分区图。勾绘地下水水位（或埋深）等值线图或地下水埋深分区图，需要在相应比例尺底图上具有水位（或埋深）监测站站距不大于3cm的密度。

4 监测站建设与管理

4.2 监测站站址选择

4.2.2 特殊监测目的包括监测地表水与地下水补排关系及湿地附近的地下水监测站等。

4.9 监测站维护与管理

4.9.1 当向监测井内注入1m井管容积的水量时，水位恢复时间超过15min时，应进行洗井。

6 信 息 监 测

6.2 水 位 监 测

6.2.2 本条第4款规定了水位统测站每年监测3次的监测时间。其中，年末水位监测于12月26日进行。各地可根据当地汛期发生实际情况，从相应月份的1日、6日、11日、16日、21日、26日中选定汛前、汛后的水位监测日。

6.2.5 布卷尺、钢卷尺、测绳、导线等测具的精度要求，分别按表1、表2、表3执行。

表1 布卷尺示值允许误差

标称长度（m）	允许误差（mm）		
	全长	厘米分度	米分度
5	±6	±1.0	±2.0
10	±10	±1.0	±2.0
15	±14	±1.0	±2.0
20	±18	±1.0	±2.0
30	±26	±1.0	±2.0
50	±42	±1.0	±2.0

表2 钢卷尺示值允许误差

标称长度（m）	允许误差（mm）		
	全长	厘米分度	米分度
2	±1.2	±0.3	±0.6
5	±2.5	±0.3	±0.6
10	±3.5	±0.3	±0.6
30	±8.0	±0.3	±0.6
50	±10	±0.3	±0.6
100	±20	±0.3	±0.6

表3 测绳或导线示值允许误差

标称长度（m）	允许误差（mm）
30	+50～−30
50	+70～−50
100	+120～−80

6.3 水 量 监 测

6.3.2 对大型及特大型水源地、超采区、海水入侵区、地下水污染区、地面沉降区应逐井进行开采量监测和统计；对建制市城市建成区、矿山排水、建筑工地基坑排水，宜采取逐井开采量监测。

对农田灌溉用水、乡镇企业用水、农村人畜饮用水宜采取定额法调查种植品种、种植面积、亩·次灌水量、灌溉资料等项内容，牲畜应分大小牲畜；乡、镇企业用水宜采取万元产值用水定额法统计。

6.3.3 水表是常用的量水设备，使用条件是水流不含沙石等杂物。水表的允许误差为±2%～±3%。

6.3.4 按过水断面形状，可将堰槽分为三角堰、矩形堰和梯形堰三种类型。其中,三角堰的灵敏度较高,适用于不大于 100L/s 的流量测验;矩形堰适用于高水头、有集(或贮)水池设施的流量测验;梯形堰适用于较大流量的测验。堰槽法也可用于开采量监测。流速仪法是监测河流流量的一种常规方法,适用于泉流量监测。

6.5 水温监测

6.5.3 为消除气温对地下水表层和出水水流表层的影响,本条第 1 款规定水温测具应放置在地下水水面以下 1.0m 处或放置在出水水流中心处。

7 地下水实验站

7.3 实验方法

7.3.2 实验中所涉及的地面气象要素的观测应参照水文、气象的有关行业标准,如降水量观测应参照《降水量观测规范》SL 21、气温观测应参照《地面气象观测规范》QX/T 54 等。

8 资料整编

8.2 基本资料考证

8.2.1 本条第 5 款"监测站附近影响监测精度环境变化的情况"指监测站周围 500m～1000m 范围内有无挖沟、修塘、建闸蓄水、凿井、取土等影响监测精度的人类活动。

8.4 水位资料整编

8.4.1 本条第 3 款水位资料的插补方法有相关法、趋势法和内插法。相关法是根据同一水文地质单元内相邻监测站同步监测的地下水位相关图(或相关曲线),推求其间某监测站的某一缺测水位值;趋势法是根据监测站地下水位过程线的变化趋势,通过外延或内插,推求缺测水位值;内插法是根据缺测水位前后两次地下水位的监测数值,以其均值作为该缺测水位值。

8.4.3 本条中的缺测,均指未进行插补的缺测。

8.4.5 经基本资料考证、原始监测资料审核合格的地下水位自动监测资料摘录成果,应能反映地下水位变化的全过程,并满足计算日平均地下水位及进行数值统计的需要。

8.11 技术档案建设

8.11.1 各监测站技术档案整理的内容包括:监测站设备及其附近人类活动情况,井深、清淤、维修、注水实验、换井情况,监测项目、频次和监测站类别的变动、停测及原因,固定点、水准点校测记录等。

中华人民共和国国家标准

水资源规划规范

Code for water resources planning

GB/T 51051—2014

主编部门：中 华 人 民 共 和 国 水 利 部
批准部门：中华人民共和国住房和城乡建设部
施行日期：2 0 1 5 年 8 月 1 日

中华人民共和国住房和城乡建设部
公　告

第651号

住房城乡建设部关于发布国家标准《水资源规划规范》的公告

现批准《水资源规划规范》为国家标准，编号为GB/T 51051—2014，自2015年8月1日起实施。

本规范由我部标准定额研究所组织中国计划出版社出版发行。

中华人民共和国住房和城乡建设部

2014年12月2日

前　言

本规范是根据原建设部《关于印发〈二〇〇四年工程建设国家标准制订、修订计划〉的通知》（建标〔2004〕67号）的要求，由水利部水利水电规划设计总院编制而成。

本规范共分14章，主要内容包括：总则、术语、基本规定、水资源及其开发利用现状评价、规划目标与任务制订、需水预测、供水预测、水资源供需分析、水资源配置、节水与供水方案制订、水资源保护、规划环境影响评价、实施方案制订与效果评价、水资源管理及规划保障措施制订。

本规范由住房城乡建设部负责管理，水利部负责日常管理，水利部水利水电规划设计总院负责具体技术内容的解释。在本规范执行过程中，如发现需要修改和补充之处，请将修改意见和有关资料反馈给水利部水利水电规划设计总院（地址：北京市西城区六铺炕北小街2—1号，邮政编码：100120，电子邮箱：jsbz@giwp.org.cn）。

本规范主编单位、主要起草人和主要审查人：

主编单位：水利部水利水电规划设计总院

主要起草人：李原园　汪党献　郦建强　王建生　魏开湄　袁弘任　张　琳　沈　宏　何建兵　李云玲　孙素艳　徐春晓　卢　琼　骆辉煌　杜　霞　侯　杰　黄火键　张新海　张建中　王双旺　李爱花　龙秋波　杨丽英　赵钟楠

主要审查人：梅锦山　陈小宁　焦得生　张德尧　张国良　曾肇京　司志明　关业祥　杨景斌　许新宜　张兆吉　张二勇　吴　剑　章树安　张士锋　雷兴顺

目 录

Contents

1 总 则

1.0.1 为满足流域和区域水资源规划与管理工作的需要，统一水资源规划编制的基本原则、主要内容与技术方法，明确规划编制流程和工作要求，保障水资源规划工作质量，制定本规范。

1.0.2 本规范适用于集水面积 $3000km^2$ 及以上流域、地级行政区及以上区域的水资源规划和水资源开发利用、保护节约及调配管理等专项规划的编制工作。

1.0.3 编制水资源规划除应符合本规范规定外，尚应符合国家现行有关标准的规定。

2 术 语

2.0.1 用水量 quantity of water use

用水行业或用水户通过各种水源工程取用的包括输水损失在内的水量。

2.0.2 需水量 quantity of water demand

用水行业或用水户的合理用水需求量。

2.0.3 河道外用水 off-stream water use

通过供水设施供给河道外社会经济和生态环境的用水量，包括生活、农业、工业和河道外生态环境用水量等。

2.0.4 河道内用水 in-stream water use

为维系河湖生态环境和满足河道内生产用水要求，应保留在河流、湖泊等水体内的水量。

2.0.5 可供水量 available water supply

在满足河道内基本生态环境用水、河道内基本生产用水以及维持地下水采补基本平衡的前提下，根据来水条件、需水要求、供水系统状况及调度规则等因素，可供河道外利用的水量，包括地表水、地下水以及外流域调水和其他水源供水量等。

3 基本规定

3.0.1 水资源规划应根据国民经济和社会发展总体部署，按照自然和经济规律，统筹水资源的开发、利用、配置、节约、保护与管理，确定水资源可持续利用的目标和方向、任务和重点、模式和步骤、对策和措施，规范水事行为，实现水资源可持续利用，促进经济社会发展和生态环境保护。

3.0.2 水资源规划应根据流域和区域的特点以及水资源开发利用和保护现状，针对存在的主要水资源问题，遵循水资源供需协调、综合平衡、保护生态、厉行节水、合理开源的方针，按照全面规划、统筹协调、因地制宜、突出重点等原则进行。

3.0.3 水资源规划应以全国和区域主体功能区规划为基础，服从所在流域和区域的综合规划，与国民经济和社会发展规划以及土地利用总体规划、城市发展总体规划、生态环境保护规划等相协调，与所在流域与区域的相关水利规划相衔接。

3.0.4 水资源规划内容应包括：水资源及其开发利用现状评价、规划目标与任务制订、需水预测、供水预测、水资源供需分析、水资源配置、节水与供水方案制订、水资源保护、规划环境影响评价、实施方案制订与效果评价、水资源管理与规划保障措施制订等。

3.0.5 水资源规划应按照资料收集与调查评价，现状分析与问题诊断，需求分析与需水预测，供水预测及供需分析，规划目标与任务制订，水资源配置、节约用水、供水保障、水资源保护的方案制订，规划实施效果评估，保障措施制订的流程进行。

3.0.6 水资源规划应设定现状水平年和规划水平年。现状水平年也可称为基准年，应能反映最近的经济社会发展规模、水资源开发利用保护基础设施情况以及水文情势对现状水平年供需水量的影响。规划水平年是规划目标实现的年份，宜与国民经济和社会发展中长期规划的年份一致，可分为近期、中期和远期规划水平年。

3.0.7 应明确水资源规划的指导思想和基本原则，制订总体目标和阶段性指标，提出水资源开发利用、节约保护的布局及实现规划目标的主要任务。

3.0.8 应根据水资源规划的任务要求和基础资料情况，按照水资源分区与行政分区相嵌套的方式，合理确定规划的基本计算单元。基本计算单元划分应尽可能保持河流水系的完整性，同时兼顾行政区划的完整性。

3.0.9 编制水资源规划应反映新的规划理念，重视技术创新，采用新技术、新方法，进行有关分析计算和方案比较。

3.0.10 应根据规划任务的要求，收集、整理和分析有关资料。主要包括自然地理、社会经济、水文水资源、水资源开发利用、水生态环境等方面的基本资料。

3.0.11 应收集水文水资源、水资源开发利用与水生态环境等方面的长系列资料。若水文水资源系列资料不完整或不一致时，应进行插补延长、修正。

3.0.12 收集整理自然地理与资源方面的资料应包括下列主要内容：

1 气象资料；

2 地形地貌资料；

3 土壤植被资料；

4 土地资源、矿产资源、物产资源、海洋资源、渔业和其他生物资源、旅游及重点文物资源的数量、分布、开发利用状况等。

3.0.13 收集整理社会经济资料应包括下列主要内容：

1 人口统计或普查资料；

2 国民经济统计或普查资料；

3 土地利用与灌溉面积统计资料或普查资料等。

3.0.14 收集整理水文水资源资料应包括下列主要内容：

1 有关水文站和气象站的降水、蒸发等观测资料；

2 水文地质及地下水观测资料；

3 主要水文站的实测径流资料及水文统计整编资料；

4 分区水资源调查评价成果资料等。

水文水资源资料应符合近期下垫面条件，还应说明资料的来源、刊布时间及统计口径等情况。

3.0.15 收集整理水资源开发利用情况资料应包括下列主要内容：

1 水资源开发利用基础设施调查统计资料；

2 供水基础设施取用水观测计量资料；

3 供水量和用水量以及耗水量等调查统计资料；

4 水资源节约保护措施及实施情况等方面的调查统计资料；

5 水价及水资源管理措施等方面的调查统计资料等。

3.0.16 收集整理水生态环境方面的资料应包括下列主要内容：

1 城镇生活及工业等点源污染源排放量及入河量等调查统计资料；

2 地表水水质和地下水水质监测分析资料；

3 各类自然保护区及生态环境敏感区的数量、分布及其开发保护状况；

4 水生态与水环境等方面的调查分析资料等。

3.0.17 收集整理的相关规划及研究成果资料应包括下列主要内容：

1 全国及所在区域主体功能区规划；

2 国民经济和社会发展五年规划纲要和中长期发展规划；

3 所在区域土地利用、城市发展和生态环境保护总体规划；

4 有关部门和行业发展规划；

5 所在流域和区域的综合规划，水资源开发利用、节约用水、水资源保护等有关规划；

6 重要供水保障工程规划；

7 水资源工程前期工作及审批情况资料；

8 与水资源有关的分析研究成果、调查报告等。

3.0.18 基本资料如不能满足规划编制工作的需要时，应进行必要的补充调查和观察试验。补充调查资料可采取全面调查与抽样(典型)调查相结合的方式。

3.0.19 应分析基本资料的适用性及协调性，并进行可靠性、一致性和代表性检验。

4 水资源及其开发利用现状评价

4.1 基本要求

4.1.1 水资源规划编制应采用经政府主管部门批准的能反映近期状况的水资源及其开发利用调查评价成果。对于缺乏现状调查评价成果或难以反映近期水资源及其开发利用状况的地区，应进行水资源及开发利用调查评价，或通过补充调查与分析进一步修订和完善相关现状评价成果。

4.1.2 水资源及其开发利用现状评价应包括水资源数量、供水基础设施、供水量、用水量、用水效率与节水潜力、水资源开发利用程度的分析评价，以及水资源质量与水生态环境状况调查评价、水资源及其开发利用综合评价等方面的内容。

4.1.3 供水基础设施应按所在地进行统计，供水量和用水量应按受水区进行统计。

4.1.4 水资源质量分析评价应包括：调查分析进入水域的主要污染物的来源及数量，综合评价地表水与地下水水质状况及其变化趋势。

4.1.5 水生态环境调查评价应包括：调查河湖与地下水生态环境的状况，分析水资源不合理开发利用引起的生态环境问题及其形成原因、地域分布、危害程度、变化趋势等。

4.1.6 应通过计算单元或分区的水量平衡分析，检查水资源及其开发利用调查评价成果的合理性。水量平衡一般可按年为计算时段。

4.2 水资源数量评价

4.2.1 应采用经主管部门批准的近期水资源数量评价成果。对于缺乏近期水资源评价成果或评价成果难以满足规划编制要求的地区，应按照相关规范或技术要求进行区域水资源调查评价。水资源调查评价分区应与水资源规划分区相衔接。

4.2.2 应分区评价降水量、蒸发量、地表水资源量、地下水资源量、水资源总量、水资源可利用量，分析评价水资源的特点和演变规律，整理分析主要控制断面(包括河湖控制站和控制工程节点)的天然河川径流量系列成果等。

4.2.3 应根据同步期降水量和蒸发量系列资料，分析计算分区年降水量及其特征值及水面蒸发、陆地蒸发和干旱指数等。

4.2.4 应以实测径流资料为依据，还原计算主要水文控制站的天然河川径流量。宜采用全面收集资料和典型调查分析相结合的方法，计算历年逐月的天然径流量。

4.2.5 应根据同步期地表水资源量、地下水资源量、水资源总量系列资料，计算各级分区的水资源特征值及不同频率的水资源数量。

4.2.6 应根据实测径流资料计算规划范围历年的实际入境水量、出境水量，以及入海水量和流入界河水量，并分析其多年变化规律。

4.2.7 水资源可利用量分析计算应包括地表水资源可利用量、地下水可开采量及水资源可利用总量，应按照有关规范或技术要求进行分析测算。

4.2.8 宜通过计算人均水资源量、耕地亩均水资源量等指标，在和国内外同类地区比较分析基础上，对水资源的禀赋条件和支撑能力进行综合评价。

4.3 供水基础设施情况调查分析

4.3.1 地表水水源工程应按蓄水工程、引水工程、提水工程和调水工程的分类，分别调查统计或分析其数量、规模、供水能力等。各类供水工程应避免重复统计。

4.3.2 地下水水源工程应按浅层地下水井和深层承压地下水井分类，分别调查统计或分析其水井数量、配套状况、供水能力等。

4.3.3 其他水源供水工程应包括再生水利用、雨水集蓄利用、海水淡化利用、微咸水利用等，分别调查统计其工程数量、供水能力等。

4.3.4 应结合水资源条件、经济社会发展格局等状况，对供水基础设施的布局合理性、数量和规模以及运行状况等进行分析评价。

4.4 供水量调查分析

4.4.1 供水量应按照地表水水源(含跨流域调水)、地下水水源和其他水源的工程类型分别调查统计，同时还应调查统计海水直接利用量，但海水直接利用量不计入总供水量中。

对于取水口有计量设施的供水工程，应以实测水量作为供水量的统计依据；对于取水口无计量设施的供水工程，可采取临时测流的办法确定供水量，也可根据用水户的经济社会指标和符合当地实际情况的毛用水定额估算供水量。

4.4.2 大中型供水工程和重要供水工程的供水量应逐个调查或进行统计，其他工程的供水量可通过典型调查方法分析推求。

4.4.3 地表水供水量应按照蓄水工程、引水工程、提水工程、调水工程等4类分别统计。跨流域、跨区域的调水工程应以收水口作为供水量的计量点，水源地至收水口之间的输水损失宜单独统计。其他供水工程的供水量应按照水源所在地计量。

4.4.4 地下水供水量应按浅层淡水、深层承压水分别统计。对于混合开采井的供水量，可根据实际情况按比例划分为浅层淡水和深层承压水，并作说明。

4.4.5 其他水源供水量可按污水处理再生水利用、雨水集蓄利用、海水淡化利用、微咸水利用和矿井水利用等工程分别调查统计。

4.4.6 应对各分区及分行业的供水量和供水结构的变化趋势进行分析评价。

4.5 用水量调查分析

4.5.1 用水量应根据用水户与取用水量统计口径一致的要求，分别进行不同行业或用水户的用水情况调查统计或分析。

4.5.2 河道外用水行业宜按照生活、工业、农业和河道外生态环境4大类进行统计分析，还可根据规划工作需要进一步细化分类。

4.5.3 若需开展用水量调查，宜采用全面调查与抽样(典型)调查相结合的方式开展。用水大户可采用全面调查的方法，一般用水户可采用抽样(典型)调查方法进行推求。用水计量点应与供水计量点一致，按用水所在地统计。

4.5.4 用水消耗量可在用水统计、典型调查和专项试验等工作的基础上，按照用户分类和耗水率的差异进行归类估算。

4.5.5 应对各分区用水结构、用水量变化趋势及用水消耗量水平进行分析评价。

4.6 用水效率与节水潜力分析

4.6.1 应对农业、工业和城镇生活等用水行业所采取的节水措施及节水指标进行调查统计分析。主要统计指标应包括：节水灌溉工程面积、高效节水灌溉面积、工业用水重复利用率、城镇供水管网漏损率、节水器具普及率、水价等。

4.6.2 应根据现状社会经济统计指标和用水行业用水量统计数据，计算现状各用水行业用水效率指标，并和国内外同类型地区相应指标进行比较分析。

4.6.3 应参考国内外同类型地区先进用水水平的用水指标，以及省(自治区、直辖市)和有关部门颁布的相关节水与用水标准，拟订通过采取综合节水措施后各用水行业可能达到的比较符合本地实际的用水效率预期指标。

4.6.4 可采用现状用水效率与规划水平年用水效率预期指标的差值的计算方法，分项计算农业、工业及城镇生活的节水潜力及区域节水总潜力。

4.6.5 应对用水效率及节水现状进行评价，分析现状用水与节水存在的主要问题及未来节水发展方向等。

4.7 水资源开发利用程度分析

4.7.1 应根据水资源评价分析成果和供水量调查分析成果，分别计算地表水资源开发利用率、地下水资源开采率及水资源开发利用率等指标，对水资源开发利用程度及状况进行分析评价。

1 地表水资源开发利用率可采用近期当地地表水资源形成的年平均供水量(含调出水量)与多年平均年地表水资源量的比值表示；

2 平原区浅层地下水资源开采率可采用近期平原区浅层地下水年平均开采量占多年平均年地下水资源量的比值表示；

3 水资源开发利用率可采用近期当地水资源形成的年平均供水量(含调出水量)与当地多年平均年水资源总量的比值表示。

4.7.2 应在分析计算地表水资源开发利用率的基础上，结合区域地表水资源特点、河道内用水需求等，综合分析评价地表水资源开发利用程度及存在的主要问题。

4.7.3 应在分析计算平原及浅层地下水资源开采率的基础上，结合区域地下水水文地质特点及地下水利用情况，进行水文地质单元的水量平衡分析，综合分析评价地下水超采量以及可能引发的主要生态环境问题等。

4.7.4 应在分析计算水资源开发利用率的基础上，对水资源开发利用总体状况进行分析评价，重点是分别从水资源过度利用状况或水资源开发利用潜力进行分析评价。对于水资源过度利用地区，应分析确定生态环境用水被挤占量以及退还量。

4.8 水资源质量状况分析

4.8.1 应依据政府主管部门发布的污染源、入河排污口及水质等相关资料进行水资源质量评价。当相关资料缺乏或不能满足要求时，可通过补充调查、现场监测等手段，获取必要的资料。

4.8.2 应补充调查或整理分析已有的进入江河湖库水域的点源和面源主要污染物量，调查方法可按国家现行标准《水域纳污能力计算规程》GB/T 25173、《畜禽养殖业污染物排放标准》GB 18596、《环境影响评价技术导则地面水环境》HJ/T 2.3 的规定进行。污染较严重的水域宜对底泥释放、水产养殖、流动污染源等内源污染进行调查估算。

4.8.3 如需开展水质补充监测，应按照现行行业标准《水环境监测规范》SL 219 的规定进行。监测数据应既能反映地表水功能区和地下水观测井的主要污染物，又能满足水质评价的要求。

4.8.4 应根据污染物入河量及地表水水质状况，分析评价进入地表水体的主要污染物种类、来源及数量；同时应根据地下水水质状况、水文地质条件和当地污染源的分布，综合分析地下水的主要污染源、主要污染物及污染成因。

4.8.5 应根据水质监测资料，分别对地表水功能区水质、河湖库水质类别、湖库营养状态、地下水水质类别和集中式饮用水水源地水质等进行分析评价。地表水功能区水质评价内容应包括水功能区个数达标率、河长或湖库水面面积达标率；河湖库水质类别评价内容应包括不同水质类别的河流长度或湖库水面面积；地下水水质类别评价内容应包括不同水质类别的观测井数和代表面积。

水资源质量评价方法可按现行国家标准《水资源公报编制规程》GB/T 23598 的规定进行。

4.9 水生态环境状况分析

4.9.1 应根据已有资料，结合生态环境和水资源开发利用的实际状况，确定需要补充调查的主要内容，重点分析水资源不合理开发利用所产生的生态环境问题。

4.9.2 应对水文情势变化情况进行分析。收集整理河流主要控制断面长系列水文资料，分析天然来水及实测径流量变化，结合经济社会取用水量和消耗水量变化及水工程建设与运行情况，分析人为因素对河流水文情势的影响。

4.9.3 应对河湖生态环境进行调查分析，并应主要分析河道断流，湖泊、沼泽湿地萎缩情况，分析其原因及影响。

4.9.4 应对地下水超采状况进行调查分析，并应调查分析地下水开采情况、超采量和累计超采量、超采区面积等，确定其地域分布和范围，评价超采程度及其影响。

4.9.5 应对环境地质问题进行调查分析，包括调查分析不合理开采地下水引发的降落漏斗、地面沉降、海(咸)水入侵等环境地质灾害或生态环境恶化现象。

4.9.6 应对其他生态环境问题进行调查分析，包括调查分析由于水资源开发利用可能引起的土壤次生盐渍化、土地沙化、石漠化等。

4.10 综合分析与评价

4.10.1 应对现状社会经济发展格局与水资源条件适应性进行分析评价。

4.10.2 应对用水模式、用水量变化趋势、用水效率与现状节水水平、各用水行业用水比重、水源结构、水资源管理状况等方面进行评价。

4.10.3 应在水资源开发利用程度分析评价基础上，分析评价现状水资源的开发利用状况。对于水资源过度开发利用地区，应分析其不合理开发利用量及其引发的问题；对于具备开发利用潜力的地区，应分析水资源开发利用条件及必要性等。

4.10.4 应从水量平衡角度，分析评价社会经济用水和生态环境用水状况，分析河道内生态环境用水量被挤占和地下水超采等情况，并对所引发的生态环境问题及其危害进行分析和评价。

4.10.5 应从流域水循环、水资源的可持续利用、水资源及水生态环境保护等方面，分析水资源及其开发利用现状所存在的主要问题，并对现状供用水保障程度、水资源不合理开发利用所造成的经济社会及生态环境影响等进行综合分析与评价。

5 规划目标与任务制订

5.0.1 应在分析自然地理、水资源特点及水资源开发利用状况的基础上，明确规划的指导思想和基本原则，制订水资源规划的总体目标和阶段性指标，规划水资源开发利用、节约保护的总体布局，提出实现规划目标的主要任务。

5.0.2 应在保障水资源可持续利用、经济社会可持续发展和生态环境良性循环的前提下，按照科学治水的要求，结合规划区域实际情况及存在的主要水资源问题，统筹考虑水资源条件与经济社会发展要求、水资源开发利用与节约保护、国民经济用水与生态环境用水的水量配置等关系，明确规划的指导思想和基本原则。

5.0.3 应全面分析经济社会发展、生态环境保护以及水资源条件，统筹考虑需要与可能、长期与短期、投人与产出等因素，依据流域和区域总体规划、最严格水资源管理制度要求等，在综合分析和科学论证的基础上，分别拟定不同规划水平年的总体目标。

5.0.4 应根据水资源规划的总体目标要求，明确水资源的开发利用、节约保护、配置管理等不同规划水平年分类目标及控制性指标。

5.0.5 应依据国家和区域主体功能区规划所确定的不同分区功能定位，根据规划总体目标及阶段性控制指标的要求，在全面规划、统筹协调、综合分析的基础上，确定水资源开发利用、节约保护的总体布局。

5.0.6 应根据规划的指导思想、基本原则、规划目标和总体布局的要求，分别提出水资源有序开发、高效利用、有效保护、合理配置、生态修复、制度建设与综合管理等方面的主要任务。

6 需水预测

6.1 基本要求

6.1.1 需水预测应包括河道外需水预测与河道内用水需求分析，应统筹分析和综合平衡河道外与河道内用水需求量。

6.1.2 河道外需水应包括生活、工业、农业和河道外生态环境需水，河道内用水需求应包括河道内生态环境和生产需水。可根据规划任务要求细化用水行业分类。

6.1.3 应按照用水总量控制和水资源高效利用的要求，结合经济社会发展指标预测成果，考虑不同节水模式下的用水效率指标，进行不同频率下的需水量预测。

6.1.4 经济社会发展指标宜采用主管部门的规划成果，也可根据有关政府部门提供的成果资料，综合考虑水资源条件、生态环境保护等要求后进行预测。

6.1.5 宜采用多种方法对不同用水行业需水量进行预测，并与国内外类似地区成果进行分析比较，经综合分析后提出需水预测成果。

6.1.6 规划水平年需水量应与国家和流域以及区域用水总量控制目标相衔接。对于已有水量分配方案或已确定了用水总量控制指标的地区，还应控制其需求量不超过已确定的用水指标。需水预测所采用的用水效率指标应与国家用水效率控制指标相衔接，并反映节水措施的实施情况和节水目标实现的可能性。

6.1.7 河道外需水预测应进行多方案比选，一般情况下可设置基本方案和推荐方案。推荐方案应在协调供水预测、供需分析成果的基础上经综合分析后确定。

6.1.8 宜结合水资源供需分析的需要，提出年内月或旬的需水过程。

6.2 基准年需水量分析

6.2.1 基准年生活和工业需水量可采用现状用水统计数据。因供水不足明显影响了正常生活和工业生产的地区，应复核现状用水定额，计算其合理需求量。基准年农业需水量应考虑降水的影响，计算不同频率下的需求量。

6.2.2 基准年农业需水量计算应在合理核定灌溉面积的基础上，考虑降水条件，参考相关灌溉定额标准或试验资料，结合现状灌溉条件与实际灌溉定额，合理拟定不同频率下的灌溉定额。

6.2.3 河道外生态环境需水量可根据不同降水和来水条件，结合现状水平年生态环境用水状况合理确定。

6.3 生活需水预测

6.3.1 生活需水预测应按照城镇生活和农村居民生活需水分类进行预测，其中城镇生活需水应包括城镇居民生活和公共需水两部分。

6.3.2 应根据政府主管部门的经济社会发展及人口发展预测成果，也可根据计划生育管理、统计、公安等部门提供的资料进行规划水平年总人口、城镇人口和农村人口的预测，经协调分析后确定城镇和农村居民人口指标。

6.3.3 城镇生活和农村生活需水量可采用人均日生活用水量法进行预测。城镇生活和农村生活人均日用水量的确定，可参考国家或地方有关标准；也可结合现状生活用水调查分析成果，参照国内外同类地区居民生活用水变化趋势，考虑当地生活用水习惯、收入水平、水价水平等情况综合拟订。

6.3.4 公共需水量主要包括建筑业和第三产业需水量，以及消防用水等特殊行业需水量，可以按照城镇人口人均日用水量法预测，也可结合建筑业和第三产业等的发展指标及其需水定额分别进行预测。

6.4 工业需水预测

6.4.1 工业需水应按火(核)电工业和一般工业分类进行预测。规划任务要求，可按照现行国家标准《国民经济行业分类》GB/T 4754的行业分类选择用水较大的工业行业分别进行预测。

6.4.2 应结合政府有关主管部门的经济社会发展规划以及工业相关行业发展规划等成果，合理确定规划水平年工业增加值、火(核)电装机容量或发电量等主要工业产品产量发展指标，其中经济指标应采用统一的价格水平。

6.4.3 工业需水定额可采用万元工业增加值用水量指标，也可采用单位工业产品用水量指标，或采用工业用水量趋势法、用水重复利用率提高法等计算。

6.4.4 火(核)电工业需水量预测可采用单位装机用水量法，也可采用单位发电量用水量法。单位装机用水量或单位发电量用水量的选取应参考相关标准，其中直流式冷却的火电机组应分别计算其取水量和耗水量。

6.4.5 采用万元工业增加值用水量法时，应按照用水效率控制制度的要求，合理拟订规划水平年万元工业增加值用水量。

6.5 农业需水预测

6.5.1 农业需水预测应包括农田灌溉、林果地灌溉、牧草场灌溉、鱼塘补水、牲畜用水的需水量预测。

6.5.2 应在水土资源平衡分析的基础上，结合政府主管部门经济社会发展规划及相关专项规划，合理预测规划水平年农田、林果地、牧草场灌溉面积以及鱼塘补水面积和牲畜存栏数等发展指标。

6.5.3 应分别提出不同降水频率或保证率下的农田灌溉、林果地灌溉、牧草场灌溉和鱼塘补水的需水量预测成果。

6.5.4 农田灌溉、林果地灌溉、牧草场灌溉等灌溉需水量预测可采用单位面积净灌溉用水量和灌溉水利用系数法进行估算。单位面积灌溉净用水量应采用省(自治区、直辖市)或有关部门颁布的相关标准，有条件的可结合灌溉试验或现状典型调查资料进行适用性论证。灌溉水利用系数应与用水效率控制指标相衔接。

6.5.5 农业需水量预测还应根据种植结构、灌溉制度和灌溉方式，结合典型调查和用水过程分析，提出农业需水量年内月或旬的需水过程。

6.5.6 牲畜需水量可按照大、小牲畜存栏数及牲畜日均用水量方法进行预测，也可将牲畜存栏数折算成标准头数进行牲畜需水量预测。

6.5.7 鱼塘需水量可根据鱼塘面积与单位面积补水量估算。单位面积补水量应根据降水量、水面蒸发量、鱼塘渗漏量和换水次数等综合确定。

6.6 河道外生态环境需水预测

6.6.1 河道外生态环境需水可按城镇和农村分别进行预测。城镇生态环境需水应包括城镇公共绿地需水、环境卫生需水及城镇河湖补水等。农村生态环境需水应包括生态林草植被建设需水、重要河湖湿地补水和地下水回灌补水等。

6.6.2 城镇公共绿地和环境卫生需水量应在综合确定城镇建成区面积、公共绿地面积的基础上，采用单位面积用水量法进行预测；城镇河湖补水应根据城镇河湖面积及改善水环境的要求，采用单位面积补水量等方法进行预测。

6.6.3 应根据水资源条件和相关规划要求合理确定农村生态保护与建设的目标与指标。生态林草植被建设需水量可采用单位面积用水量法预测，重要河湖湿地补水量可采用水量平衡法预测，地下水回灌补水量可根据地下水超采量及地下水采补平衡要求合理确定。

6.7 河道外需水预测成果及其合理性分析

6.7.1 应将河道外同一个计算单元的分项需水量预测成果进行汇总，提出不同水平年、不同频率、不同方案的需水量预测成果。

6.7.2 预测成果汇总应考虑降水空间分布差异性的影响及来水频率与供水保证率等因素，不应将不同分区、不同频率下的需水量简单相加。

6.7.3 应进行河道外需水预测成果合理性分析，且应包括下列主要内容：

1 经济社会发展指标可达性与合理性分析；

2 与用水总量控制指标或分水指标的协调分析；

3 用水效率与需水量预测成果在时间与空间上的协调性分析；

4 与供水预测、供需分析的协调平衡分析；

5 河道外与河道内需水量的协调平衡分析等。

6.8 河道内用水需求分析

6.8.1 应综合分析河道内生态环境用水和河道内生产用水的需求，并与河道外用水需求协调，合理确定河道内需要保留的水量。

6.8.2 河道内生态环境用水需求，可分别用河道内基本生态环境需水量和河道内目标生态环境需水量表征。

6.8.3 河道内基本生态环境需水量应能反映维系河湖基本生态环境功能的需水过程要求，宜分别计算最小值、不同时段(月、季，汛期、非汛期)值和年值。

6.8.4 河道内目标生态环境需水量应按照保护河湖生态环境功能的实际需要，结合水资源条件和开发利用程度的可能性，统筹考虑河道内生产用水和河道外用水需求合理确定。

6.8.5 应根据河湖生态环境保护要求，合理选择河流、河口、湖泊水库等控制断面作为计算节点，计算节点生态环境需水量，在对上下游、干支流等不同节点综合平衡分析的基础上，确定河流水系的生态环境需水量。

6.8.6 宜根据掌握的资料与水生态环境保护要求，分析长系列水文要素过程变化与河道内生态环境状况的响应关系，综合计算生态环境需水量；或分析输沙、压咸、水生生物等不同功能的需水要求，分项计算后取外包值求得生态环境需水量。

6.8.7 河道内生产需水应包括内河航运、水力发电、水产养殖、休闲娱乐等生产用水需求：

1 内河航运需水量可按现行行业标准《内河航道与港口水文规范》JTJ 214 规定的保证率频率法及综合历时曲线法计算；

2 水力发电需水量可根据保持电站正常运行的要求，以及下游河道内生态环境用水需求，合理确定需要下泄并保留在河道中的水量；

3 其他河道内生产需水应根据生产过程对流量、流速、水位等的要求综合确定。

6.8.8 应将河道内目标生态环境需水量和河道内生产需水量综合取外包值，并与河道外用水需求协调平衡，合理确定河道内总用水需求量。

7 供水预测

7.1 基本要求

7.1.1 供水预测应在现有供水系统分析的基础上，结合现状水资源开发程度与开发潜力的分析，规划不同水平年供水工程，拟订供水方案，进行可供水量分析计算，并进行供水方案的经济技术分析和比选。

7.1.2 供水预测应遵循用水总量控制、生态环境保护、水资源高效利用及有序开发利用的原则。

7.1.3 应综合分析供水工程设施和用水行业或用水户分布及相互联系，绘制水资源系统网络图，收集整理节点的水资源量、上游用水量和来水量等资料，进行可供水量分析。

7.1.4 可供水量宜采用长系列水资源系统分析的方法进行调算，提出长系列成果，分析多年平均、不同来水条件或不同保证率的可供水量。不具备长系列水资源资料的地区，可采用典型年法分析不同来水频率或不同保证率的可供水量。

7.1.5 应在综合分析现有供水基础设施的布局、供水能力、运行状况以及水资源开发程度与存在的问题的基础上，结合未来水资源合理需求，规划安排不同水平年的供水工程。新建大、中型控制性供水工程应符合流域综合规划、区域综合规划及土地利用总体规划等的要求。

7.1.6 应拟订不同规划水平年的多组供水方案，并进行比选。对各方案的可供水量成果，应进行协调平衡和合理性分析。

7.2 基准年可供水量分析

7.2.1 基准年可供水量应以现状供水量调查分析为基础，对现状供水量中的地下水超采量、深层承压水开采量、河湖生态环境用水被挤占量、不符合供水水质要求的水量、超过分水指标的水量等不合理开发利用的供水进行调整。

7.2.2 应根据现状供水工程状况、供水工程与用水行业或用水户的联系以及用水行业或用水户的需求，分析计算基准年当地地表水、外调水、地下水和其他水源可供水量。

7.2.3 应考虑来水条件的变化以及地表水供水工程的运行规则，结合基准年需水量分析成果，计算基准年多年平均和不同保证率的可供水量。

7.3 地表水供水预测

7.3.1 应在分析现状地表水资源条件及开发利用程度的基础上，进一步分析地表水开发潜力及其分布状况，规划新建地表水供水工程。

7.3.2 地表水可供水量应以有相互联系的地表水供水工程为主体，结合其他供水工程，组成供水系统，进行自上游到下游，先支流后干流逐段调算。供水系统的可供水量应避免水源工程及配套设施之间的重复计算。

7.3.3 应分析地表水可供水量受来水量变化的影响，提出多年平均、不同来水频率或不同保证率的地表水可供水量成果。

7.3.4 蓄水工程可供水量应根据来水情况、用水行业或用水户需求、调蓄能力和调度运行规则等进行调算。具体计算方法选用应符合下列规定：

1 大型及具备长系列调算的中型工程可采用长系列法调算；

2 不具备长系列调算的中型工程可采用典型年法计算；

3 小型工程可采用复蓄系数法估算。

7.3.5 引提水工程可供水量应根据取水口的径流量、引提水工程的能力以及用水行业或用水户需求等进行调算。

7.3.6 调水工程可供水量应根据流域及区域相关规划所确定的调水工程规模与安排，经过跨流域、跨区域的联合调配，确定规划水平年调入或调出的水量，并按照调度运行规则进行调配，计算调水工程可供水量。

7.4 地下水供水预测

7.4.1 地下水供水预测应在现状地下水开采量和基准年地下水供水量分析的基础上，以平原区浅层地下水布井区范围内的可开采量为控制，进行地下水可供水量计算。

7.4.2 应在多年平均地下水开采量不超过地下水资源可开采量的前提下，根据地下水供水"以丰补歉"的特点，考虑节水措施对地下水补给的影响，与地表水供水进行联合调配，计算地下水可供水量。

7.4.3 现状地下水超采区应结合相关规划要求和已采取的禁采与限采措施，分析计算规划水平年减少的地下水开采量，制订地下水退减方案，落实其替代与置换的供水水源。

7.4.4 在地下水有开采潜力的地区，应结合地下水实际开采情况和未来需求、地下水可开采量以及地下水位动态特征，综合分析地下水开发利用潜力，确定其分布范围和开采量。

7.4.5 作为后备水源和应急水源的深层承压水在正常情况下应严格控制，不宜开采。深层承压水不应包括在多年平均地下水可供水量中。

7.4.6 具有矿坑疏干排水的地区，可根据矿坑排水的数量及其分布，结合用水行业或用水户的用水需求，提出规划水平年矿井水的可供水量。

7.4.7 应根据各计算单元地下水的退减量和新增量，分析规划水平年地下水开采量与现状开采量的增减变化，分别进行区域地下水退减量、新增量和开采量的汇总。

7.5 其他水源供水预测

7.5.1 应通过调查分析现有和规划集雨工程的供水状况，制订不同规划水平年雨水集蓄利用方案，提出集雨工程的可供水量。

7.5.2 应通过对微咸水的分布及其可利用地域和需求的调查分析，综合评价微咸水的开发利用潜力，制订不同规划水平年微咸水利用方案，提出微咸水的可供水量。

7.5.3 在分析污水处理再生水来源、再利用对象等的基础上，除应提出正常发展情景下再生水利用方案外，还应提出加大再利用力度的方案，并分别计算可供水量。

7.5.4 海水利用应包括海水淡化和海水直接利用，其中海水直接利用量不参与水资源供需平衡分析。应根据需求和具备的供给条件，制订不同规划水平年海水淡化方案，除应提出正常发展情景下海水淡化水量外，还应提出加大利用力度方案及其海水淡化水量。

7.6 不同供水方案可供水量分析

7.6.1 应以现状供水系统为基础组成的供水方案（供水"基本方案"）作为方案比较的基础。根据规划供水工程实施情况，不同水平年可设置两组或多组供水方案，作为比较方案。

7.6.2 应在协调需水方案、供水方案及水资源供需分析方案成果的基础上，经过多次反馈和综合平衡分析，以水资源供需分析推荐方案下的可供水量成果，作为供水预测推荐方案下的可供水量预测成果。

7.6.3 应对供水方案进行多年平均和不同保证率可供水量的分析计算，分析各供水方案经济技术指标和对生态环境的影响。

8 水资源供需分析

8.1 基本要求

8.1.1 水资源供需分析应在保证基本生态环境用水要求的基础上，统筹协调河道内用水与河道外用水，进行河道外水资源供需分析。

8.1.2 应在现状调查评价和基准年供需分析的基础上，依据各规划水平年需水预测与供水预测的分析成果，拟订多组方案，进行供需水量平衡分析。

8.1.3 采用长系列法进行水资源供需分析时，应按照先上游后下游、先支流后干流的顺序，依次逐段进行水量平衡与供需平衡分析计算，并根据调算的需水量、供水量和缺水量的系列，提出流域或区域多年平均及不同保证率的分析成果。

8.1.4 采用典型年法进行水资源供需分析时，应根据典型年的来水条件和需求量的变化，以基本计算单元供需水量平衡分析为基础，进行流域或区域需水量、供水量和缺水量成果的汇总，提出相应典型代表年的分析成果。

8.1.5 为满足不同用水户对供水水质的要求，应根据供水水源的水质状况和不同用水户对供水水质的要求，按照优水优用的原则，合理调配。

8.1.6 应依据合理满足用水需求、节约资源、保护环境和节省投入的原则，从经济社会、生态环境、工程技术等方面对不同组合方案进行分析、比较和综合评价，提出水资源供需分析推荐方案。

8.1.7 通过对未来资源环境的变化、区域发展的不平衡及产业结构的调整变化等不确定性影响的分析，可对水资源供需分析成果进行合理性与敏感性分析。

8.2 基准年供需分析

8.2.1 应在现状供用水量分析评价成果的基础上，依据基准年需水分析和供水分析的成果，进行基准年多年平均和不同保证率的供需水量平衡分析，为规划水平年供需分析方案提供依据。

8.2.2 基准年的供需分析应重点对现状缺水情况（包括缺水地区及其分布、缺水时段与持续时间、缺水程度及其影响等）进行分析评价。

8.2.3 应根据缺水地区的水资源条件和供水设施状况，以及出现的供水不足、超采地下水、挤占河道内生态环境用水、利用不符合水质要求的水量等现象，分析缺水的原因和类型。

8.3 规划水平年供需分析

8.3.1 规划水平年供需分析应以基准年供需分析为基础，根据规划水平年的需水预测和供水预测成果组合成多组方案，进行供需水量的平衡分析计算，提出不同水平年各组方案的水资源供需分析成果。

8.3.2 水资源供需分析宜进行多次平衡分析，主要包括以下内容：

1 宜以需水预测和供水预测的基本方案成果组成供需分析基本方案，进行水资源供需平衡分析；

2 可根据基本方案计算的缺水量及其分布状况，采取需水预测推荐方案，并根据规划新建当地供水工程预测的可供水量成果，进行供需平衡分析；

3 若供需分析仍存在较大缺口，可考虑实施外流域或外区域调水工程；不具备调水条件的区域，可采取进一步强化节水措施或调整发展指标，减少需水量，再次进行供需水量的平衡分析。

8.3.3 供需分析方案应采取强化节水和增加供水的措施，资源性紧缺地区应侧重采用加大节水、再生水利用以及扩大其他水源利用量的措施；工程性缺水地区应侧重加大供水投入，建设新水源工程；水质性缺水地区应侧重加大污水深度处理、污染源综合治理和节水措施。

8.3.4 涉及跨流域调水的区域，应分析受水区和调水区不同水平年的水资源供需关系，受水区需要调入的水量及其必要性，调水区可能调出的水量及其可行性，调水工程实施的经济技术合理性等。

8.3.5 应通过对各组供需分析方案影响因素和缺水状况的分析，选择2个～3个方案，作为水资源供需分析的比较方案，提出各比较方案的多年平均和不同保证率的供需分析成果。

8.4 方案分析比选

8.4.1 应对各规划水平年比较方案中规划供水工程、节水工程、替代水源工程等实施的可行性进行分析。应对各规划水平年需水和供水的增量进行合理性分析。

8.4.2 应对水资源供需分析比较方案进行比选，选择水资源利用效率高、生态环境影响小、供水保障程度高、经济技术合理可行、协调难度较小的供需分析方案作为推荐方案。

8.4.3 应对各水平年选择的推荐方案进行必要的修改完善和细化计算，提出推荐方案多年平均和不同保证率的供需分析成果，并对分析成果进行协调平衡与合理性分析。

9 水资源配置

9.1 基本要求

9.1.1 应针对水资源开发利用和保护存在的主要问题，综合平衡经济社会发展和生态环境保护对水资源的要求，遵循公平、高效和可持续的原则，统筹考虑各类工程措施与非工程措施，合理确定水资源配置格局和制订水资源配置方案，进行河道内外、不同区域间、不同供水水源间和不同用水行业间的水量配置。

9.1.2 应在对河流水系分布状况、水资源开发利用现状及潜力分析的基础上，根据国家和区域主体功能区规划确定的开发与保护的空间格局，结合国民经济和社会发展中长期规划及生态环境保护的要求，合理确定水资源配置的总体格局。

9.1.3 河道内外水资源配置方案的制订，应在合理分析确定河湖生态环境保护目标和河道外供水保障任务的基础上，根据规划区域的水资源条件，统筹水量与水质和经济社会发展与生态环境保护的关系，综合平衡河道内和河道外用水，合理确定河道内和河道外用水份额，制订水量调配方案与相应的工程措施及调度方案。

9.1.4 河道外的水资源配置方案的制订，应在保障合理的生态环境用水要求的前提下，以水资源供需分析推荐方案为基础，按照实行用水总量控制的要求，合理确定不同区域、不同水源、不同用水行业间的供用水量配置方案及相应措施。

9.1.5 应分别制订不同规划水平年多年平均和不同来水条件下的水资源配置方案。

9.2 水资源配置总体格局

9.2.1 应针对不同区域存在的主要水资源问题，根据水资源开发利用、节约保护的目标要求，确定水资源合理配置总体格局及重大水资源配置工程布局。

9.2.2 水资源配置总体格局及重大水资源配置工程布局应与所在流域和区域总体规划相协调，重大水资源配置工程的规模与布局方案应在充分论证和比较的基础上拟订。

9.2.3 应根据不同区域的水资源问题与条件，明确不同区域水资源配置的方向和重点，确定水资源配置总体格局。对于水资源紧缺地区，应根据缺水程度及其分布状况的分析，重点是合理布局节水工程与水资源配置工程；对于水环境问题突出的地区，应根据水资源保护的目标与任务，重点是合理建设水环境保护与治理工程；对于生态环境脆弱、水生态状况恶化的地区，应根据水生态亏缺与被挤占状况，合理安排水资源置换工程。

9.2.4 应根据不同区域水资源开发、治理与保护的主要任务，结合土地利用规划、城市总体规划、生态环境保护规划等对空间总体布局的要求，合理确定水资源配置总体格局，明确不同河流及不同河段的取用水方案及配置去向。

9.2.5 应根据已有水资源调配设施情况，结合重大水源调蓄工程、重大跨流域和跨区域水源调配工程以及河湖连通工程、水生态环境修复治理工程等的建设条件，拟订水资源配置工程总体布局方案。

9.3 河道内外水资源配置

9.3.1 河道内外水资源配置应在保护生态环境和水资源可持续利用的前提下，在河道外供用耗排水量平衡和河道内水量平衡分析的基础上，统筹协调、综合平衡，合理确定河道内外的用水份额，河道外用水消耗总量应不超过河流水系的水资源可利用量，河道内用水量应不低于生态环境用水标准的要求并兼顾河道内生产用水的需要。

9.3.2 应根据确定河道内的用水份额，结合区域和不同类型河流的水资源条件、开发利用程度，制订规划水平年河道内外水资源配置方案。应通过水量平衡计算，分析河道外用水消耗的水量和余留在河道内的生态环境用水量，分析评估河道内生态环境用水状况及其满足程度。

9.3.3 应根据河道内生态环境用水要求，考虑现状河道内生态环境用水状况，结合区域水资源配置方案，确定不同规划水平年河道外用水的退减目标，安排替代水源，置换被挤占的生态环境用水。并应根据河流生态环境用水亏缺状况及河湖生态环境用水要求，制订不同河流河道内用水配置方案和主要控制节点与控制断面的下泄水量。

9.3.4 对于现状水资源过度开发利用、挤占生态环境用水的地区，应通过水源置换，退减被挤占的生态环境用水；对于季节性挤占河道内用水的地区，应通过控制河道外用水过程和水量调度，满足枯水期河道内基本生态环境用水要求；对于需要通过人工补水措施，进行生态环境保护与修复的重要河湖湿地，应通过河湖连通、水量调度等综合措施，满足河湖湿地生态补水的要求。

9.3.5 应在实行用水总量控制的前提下，逐步退还被挤占的生态环境用水和超采的地下水，应根据河道外用水需求，布局与安排水资源配置工程，制订水资源合理配置的方案。

9.4 区域水资源配置

9.4.1 应在区域的水资源条件、经济社会发展及生态环境保护等综合分析的基础上，通过统筹协调平衡，进行区域间的水资源配置。区域水资源配置的重点是确定水资源配置格局，应制订供水水源调配和用水行业水量分配方案，明确区域内不同水源供水的去向和不同行业用水的来源。

9.4.2 区域水资源配置方案应与所在流域的水资源配置方案相衔接，与相邻区域水资源配置方案相协调，不得突破有关流域与区域用水总量控制指标。

9.4.3 涉及外流域、跨区域调水的区域，应根据"先节水后调水，先治污后通水，先环保后用水"的原则，以水资源供需分析推荐方案成果为基础，合理确定区域间调配水量。

9.4.4 应根据区域水资源配置方案，在对区域供用水量变化及其分布、供用水结构变化情况进行评价的基础上，分析区域的水资源配置与其经济社会发展布局的匹配关系，并对不同规划水平年不同区域的水量配置成果进行协调平衡。

9.5 不同水源水资源配置

9.5.1 应针对不同区域现状水资源利用状况、开发利用潜力以及用水总量控制与生态环境保护目标，合理拟订不同水源的水资源配置方案，统筹调配地表水、地下水、外流域调水和其他水源供水。

9.5.2 在水资源过度开发利用地区，应以水资源可利用量作为当地水资源开发利用上限进行总量规模，并应通过采取水源置换等措施，逐步退减过度开发利用的水量。为了满足水资源供需平衡的要求，在加大节水力度、强化节水的基础上，可加大污水处理再利用量、海水利用量等其他供水比重，在具备条件的地区可加大外流域、外区域调水量。

9.5.3 应在水资源尚有开发潜力的地区，适度有序地建设水源工程，完善水资源配置工程体系，提高蓄水工程供水比例。应在当地水资源供水不足且具备外流域调水条件的地区，合理确定跨流域、跨区域的调水规模。

9.5.4 应分析不同水源供水量的增减变化，水源结构的调整优化，以及水源地、水源工程的分布状况，分析评价不同水源配置对提高供水能力和完善供水保障体系建设的作用，分析水资源配置与水资源开发利用条件和承载状况的适应性关系。

9.6 不同用水行业水资源配置

9.6.1 应在水资源高效利用的前提下，按照用水总量控制目标和区域间及水源间的水资源配置方案，制订行业水资源配置方案，统筹调配不同用水行业的用水量。

9.6.2 不同用水行业水资源配置，应在现状用水量及用水效率分析的基础上，根据未来经济社会发展和各行业需求变化，以优先保障生活用水和特殊行业用水为前提，协调平衡各行业用水需求。

9.6.3 应分析不同水平年、不同用水行业用水量的增减变化及其区域分布情况，按照公平、高效和保障民生的要求，评价不同用水行业水量配置的合理性。

9.7 合理性分析

9.7.1 应根据水资源配置方案成果，在计算不同行业的用水消耗量以及不同水源供水的消耗量基础上，进行流域及区域的水资源量与耗水量的水量平衡分析。

9.7.2 应通过流域及区域水量平衡分析成果，分析水资源配置方案对河道外用水的合理性及对河道内用水的保障状况。

9.7.3 应通过供用水量的增减变化和供用水结构的调整情况，协调平衡区域供用水量与用水总量控制要求，评价供用水量配置的合理性。

9.7.4 应按照公平、高效、可持续的原则建立评价指标体系，从技术、经济、社会和生态环境等方面，对流域、区域的水资源配置方案进行综合分析评价。

9.7.5 应分析水资源配置格局与区域经济社会发展的匹配关系，评价水资源配置方案对区域发展及区域间协调发展的促进作用，评估配置水量的分布状况与供水工程总体布局的协调性等。

10 节水与供水方案制订

10.1 基 本 要 求

10.1.1 应以农业、工业和城镇生活等用水行业为重点，制订节约用水方案并落实节水措施。

10.1.2 应在水资源供需分析和水资源配置方案的基础上，通过统筹水资源开发利用与生态环境保护，采取工程与非工程等综合措施，制订供水保障方案，应突出重点区域与重点领域的供水保障措施。

10.1.3 应提出特殊枯水年或连续枯水年供水保障的应急对策措施。

10.2 节约用水方案

10.2.1 应根据经济社会发展总体布局、水资源条件、承载能力和节水水平以及经济社会发展、生态环境保护对水资源高效利用的要求，选择确定适合当地的用水模式及节水措施，制订节水方案。节水措施应包括工程措施和行政、法律、技术、经济、管理等非工程措施。

10.2.2 应按照因地制宜、突出重点、注重实效的原则，在用水模式、节水潜力分析的基础上，合理确定节水发展目标和优选适用的节水技术模式，拟订不同节水目标与指标下的节水方案。

10.2.3 应从经济合理、技术可行、节水效果显著、边际成本小等方面，进行节水方案比选，提出节水推荐方案。

10.2.4 农业节水应以提高灌溉水利用效率和灌溉用水效益为核心，从农业种植结构和灌溉规模调整、灌区续建配套与节水改造、高效节水灌溉设施建设及牧区节水灌溉、旱作农业节水、林果和养殖业节水等方面，制订符合当地实际的农业节水对策与措施及具体任务。

10.2.5 工业节水应以提高工业用水重复利用率、降低单位产品取水量为核心，以高耗水行业节水技术改造为重点，从合理调整工业布局和结构、推进节水型企业建设、推广节水工艺技术和设备、加强再生水和海水利用、严格市场准入等方面，制订符合当地实际的工业节水对策与措施及具体任务。

10.2.6 城镇生活节水可从加强计划用水和定额管理、城镇供水管网节水改造、加强公共用水管理、推广节水器具和推广再生水利用等方面，制订符合当地实际的城镇生活节水对策与措施及具体任务。

10.3 供水保障方案

10.3.1 应根据区域水资源配置成果，结合已有的供水设施体系，明确供水条件和目标任务，按照合理有序开源、多水源全面统筹、严格用水总量控制与供用水管理、创新体制与机制的要求，制订供水保障工程措施方案和非工程措施方案。

10.3.2 应在保护生态环境和实行用水总量控制制度的基础上，综合考虑水资源节约与保护、基本生态环境用水保障、水资源有序开发，以及水源置换与应急水源建设等方面，以提高供水能力与供水保证率为核心，制订供水保障方案。

10.3.3 应按照统筹协调、突出重点的原则，合理确定重点地区和重点领域范围及其合理的供用水量，制订重点地区和重点领域的供水保障方案。

10.3.4 供水保障工程应包括节水工程、考虑资源退减和工程衰减等影响需置换的水源工程、满足新增用水需求的供水工程以及水源地保护工程和应急备用工程等。

10.3.5 应根据水资源配置成果和水资源条件，通过对各项增加供水措施的分析，合理布局控制性骨干工程，安排建设重点供水工程，并结合现有供水工程，分析各规划水平年供水系统的供水能力、调蓄与调配能力和应急供水能力。

10.4 特殊干旱情况下应急对策

10.4.1 应分析特殊枯水年或连续枯水年的来水状况、缺水情势，预估遇特殊干旱时供水水源地的变化和供水量减少的情况。

10.4.2 应制订应急供水保障能力建设方案，包括安排应急备用水源，完善供水配套工程及连通工程建设，提高监测、预警、预报和应急调度与调配能力。

10.4.3 应在保障居民生活和重要产业用水的基础上，适当压减需水量，因地制宜地采取压减需求、增加供水的应急措施。

10.4.4 应制订特殊干旱情况下的应急预案和应急供水调度方案。

11 水资源保护

11.1 基本要求

11.1.1 应在分析地表水、地下水资源开发利用现状，主要水生态环境问题和未来经济社会发展需求的基础上，合理确定水资源保护目标和任务，提出相应的对策措施。

11.1.2 地表水资源保护应以江河湖库水功能区划为基础，根据核定的水功能区纳污能力和入河污染负荷，提出污染物入河控制总量，拟订对策措施。

11.1.3 河湖水生态保护应以维护河湖的生态环境功能为目标，以保障河湖生态环境用水为重点，提出河湖生态环境用水配置方案和水生态保护与修复方案，包括现状被挤占的河湖生态环境用水退还方案、重要湖泊湿地人工补水方案及相应的对策措施等。

11.1.4 应根据不同区域地下水赋存条件、开发利用与保护要求，提出地下水保护和修复方案，包括地下水开采总量控制、水位控制及水质保护，浅层地下水超采区和深层承压水开采区压采方案，不同地区节水方案、地下水超采水源置换方案以及地下水管理措施等。

11.2 地表水资源保护

11.2.1 应按照现行国家标准《水功能区划分标准》GB/T 50594 划分江河湖泊水功能区划。已经批准的水功能区划，应采用审批区划成果；尚未划分的，应补划。补充划分的和进行了调整的水功能区，应经审批部门确认。

11.2.2 入河污染物控制指标主要可采用 COD、氨氮指标，湖泊水库尚需增加总磷和总氮等指标。根据实际情况和要求，应增选本地区其他主要入河污染物为控制指标。

11.2.3 应按照国家现行标准《水域纳污能力计算规程》GB/T 25173、《水利水电工程水文计算规范》SL 278 的相关规定，选择计算方法和确定相关参数，进行水功能区现状纳污能力和规划纳污能力计算，并进行合理性分析与检验。

11.2.4 规划纳污能力计算的设计水量，应根据规划水平年水资源配置成果确定。

11.2.5 污染物入河量应按本规范确定的方法进行调查分析。资料不全时，应按照现行国家标准《水功能区划分标准》GB/T 50594 的相关规定进行补充调查。

11.2.6 应根据水域纳污能力和污染物入河量，综合考虑水功能区水质保护目标、水质现状、当地经济技术条件，拟订不同规划水平年各水功能区污染物入河控制总量。

11.2.7 应根据污染物入河总量控制的要求，制订以控源截污、清淤疏浚、生态修复及严格水功能区管理等为重点的地表水资源保护的对策措施。

11.2.8 应根据城乡饮用水源地的现状与存在的主要问题，制订饮用水源地保护的对策措施。

11.3 河湖水生态保护

11.3.1 应在满足河道内基本生态环境用水需求的基础上，按照保护生态、统筹协调经济社会和生态环境用水、综合平衡的原则，拟订河湖生态环境用水配置方案和河湖生态环境保护与修复方案。

11.3.2 应对河湖生态环境用水配置方案的效果进行评价，包括河湖生态环境用水总体保障和重点地区用水保障程度的评价。

11.3.3 总体保障评价主要评估配置方案对河湖生态环境用水需求的总体满足情况，应包括主要河流控制断面的基本生态环境需水量、目标生态环境需水量，以及入海和入尾闾湖泊水量目标的满足程度等。

11.3.4 应对重点地区河湖生态环境用水保障进行评价。水资源紧缺地区应分析现状水资源开发过度地区挤占的河道内生态环境用水退还和生态环境用水量改善的情况，以及重要河湖生态保护与修复情况等。水资源相对丰沛地区应重点分析枯水条件下主要河流控制断面的生态环境需水保障情况。

11.3.5 应根据现状河湖生态环境问题分析和生态环境用水配置方案，提出保障河湖生态环境用水与退还经济社会挤占生态环境用水、修复河湖生态环境的工程和非工程措施。

11.3.6 对于需要通过人工补水措施进行水生态保护和修复的重要湖泊湿地和城市河湖，应根据人工补水要求，提出人工补水水源安排及水生态保护和修复的对策措施。

11.4 地下水资源保护

11.4.1 应根据水资源配置有关地下水开发利用与保护的总体安排，以及生态环境保护与修复要求，确定地下水保护目标，包括地下水开发利用的总量控制目标、水质保护目标以及维持良好生态环境的水位控制目标。

11.4.2 应根据地下水保护目标要求，统筹地下水的供水、应急储备和维持地下水环境等功能，提出不同区域地下水保护和修复方案及对策措施。

11.4.3 应根据现状地下水开采量、可开采量、补给条件和区域水资源配置方案，以及未来经济社会发展和生态环境保护需求，合理确定不同规划水平年的浅层地下水开采总量控制方案。

11.4.4 对于浅层地下水现状未超采地区，应提出地下水开采量控制方案和相应的保护对策，重点是地下水集中式供水水源地及具有重要生态保护意义的区域，将开采量严格控制在可开采量或配置方案要求的开采量范围内。

11.4.5 对于浅层地下水现状已超采地区，应通过节约用水和替代水源分析，提出超采区地下水压采的限期退减方案。对于因地下水超采已经引发生态环境及环境地质问题以及地下水污染的区域，应制订水源置换方案以及地下水位恢复和污染防治的对策措施。

11.4.6 深层承压水原则上只应作为战略储备水源或应急备用水源。应按照禁止新增开采量、逐步减少开采量的要求，制订限采和禁采方案，提出深层承压水保护措施。

11.4.7 地下水保护与修复的对策措施应包括节水方案与配套节水设施建设、超采区地下水压采替代水源建设、地下水水质保护、地下水治理修复、地下水回灌等工程措施，以及地下水监测、计量、管理等措施。

12 规划环境影响评价

12.0.1 水资源规划应根据国家有关规定开展规划环境影响评价工作。规划环境影响评价的内容及深度应符合现行行业标准《规划环境影响评价技术导则（试行）》HJ/T 130 和《江河流域规划环境影响评价规范》SL 45 等标准的要求。

12.0.2 水资源规划环境影响评价应包括下列内容：

1 应主要分析本规划与相关政策、法规及上一级水资源规划的一致性，与国家和区域主体功能区规划、国土整治规划、生态环境保护规划的协调性，与水利发展规划、流域综合规划以及所在区或其他相关规划的一致性和协调性。

2 应在环境现状调查评价的基础上，进行规划环境影响识别，针对规划实施可能造成的环境影响问题拟订环境保护目标，包括环境与生态功能目标和环境敏感目标。

3 应预测与评价实施规划对水文水资源、水环境、水生态环境、土地资源和社会环境的影响，从环境保护角度综合分析论证规划方案的合理性。

4 应根据规划方案可能造成的环境影响，结合经济社会与资源环境协调发展的要求，提出减免不利影响的对策措施，拟订环境监测和跟踪评价计划。

12.0.3 水资源规划环境影响评价，应重点分析规划对生态环境的整体影响和供水方案特别是调水方案对生态环境直接的、间接的影响，尤其是累积性叠加效应对河流连续性的影响，提出减免影响的对策措施。

13 实施方案制订与效果评价

13.0.1 应依据水资源配置提出的推荐方案，统筹考虑水资源的开发、利用、配置、节约和保护，提出水资源开发利用与节约保护的总体布局和拟建的水资源开发利用与节约保护的工程措施安排意见。

13.0.2 应根据单项工程的规划设计前期工作基础和建设条件，提出近期重点工程实施意见。

13.0.3 应综合评估规划实施后可达到的经济、社会、生态环境的预期效果及效益，包括下列主要内容：

1 规划水平年社会经济用水保障程度及经济社会效益；

2 规划水平年主要用水指标及提高用水效率的效益；

3 规划水平年水资源保护、水污染防治的效果及经济社会与生态环境效益；

4 规划实施后对优化水资源配置格局、提高水资源承载能力的作用；

5 规划实施后对实行最严格水资源管理制度、提高水资源科学管理水平的作用等。

14 水资源管理及规划保障措施制订

14.0.1 应提出水资源开发、利用、配置、节约和保护等方面的综合管理对策措施建议。

14.0.2 应在分析研究水资源开发利用现状与水资源管理中存在的问题基础上，提出经济社会发展、管理体制改革等对水资源管理制度建设的新要求。

14.0.3 应以建立最严格水资源管理制度为核心，包括用水总量控制、用水效率控制、水功能区限制纳污、责任和考核制度，结合流域和区域特点，提出健全水资源管理制度的框架体系与安排。

14.0.4 水资源应提出下列规划实施保障措施：

1 规划实施的组织保障措施；

2 规划实施的投入保障措施；

3 制度建设与管理能力建设等方面的保障措施；

4 规划实施的科技支撑保障措施等。

本规范用词说明

1 为便于在执行本规范条文时区别对待，对要求严格程度不同的用词说明如下：

1）表示很严格，非这样做不可的：

正面词采用“必须”，反面词采用“严禁”；

2）表示严格，在正常情况下均应这样做的：

正面词采用“应”，反面词采用“不应”或“不得”；

3）表示允许稍有选择，在条件许可时首先应这样做的：

正面词采用“宜”，反面词采用“不宜”；

4）表示有选择，在一定条件下可以这样做的，采用“可”。

2 条文中指明应按其他有关标准执行的写法为：“应符合……的规定”或“应按……执行”。

引用标准名录

《水功能区划分标准》GB/T 50594
《国民经济行业分类》GB/T 4754
《畜禽养殖业污染物排放标准》GB 18596
《水域纳污能力计算规程》GB/T 25173
《水资源公报编制规程》GB/T 23598
《环境影响评价技术导则地面水环境》HJ/T 2.3
《规划环境影响评价技术导则(试行)》HJ/T 130
《内河航道与港口水文规范》JTJ 214
《江河流域规划环境影响评价规范》SL 45
《水环境监测规范》SL 219
《水利水电工程水文计算规范》SL 278

中华人民共和国国家标准

水资源规划规范

GB/T 51051—2014

条 文 说 明

制 订 说 明

《水资源规划规范》GB/T 51051—2014，经住房城乡建设部2014年12月2日以第651号公告批准发布。

本规范制订过程中，编制组进行了充分、翔实的调查研究，总结了我国水资源规划主要是全国水资源综合规划的实践经验，同时参考了国外相关技术法规。

为便于广大设计、施工、科研、学校等单位有关人员在使用本规范时能正确理解和执行条文规定，《水资源规划规范》编制组按章、节、条顺序编制了本规范的条文说明，对条文规定的目的、依据以及执行中需注意的有关事项进行了说明。但是，本条文说明不具备与规范正文同等的法律效力，仅供使用者作为理解和把握规范规定的参考。

目　录

3 基本规定

3.0.10 基本资料应以国家统计部门和行业主管部门正式公布的资料为准。

3.0.11 水文水资源资料系列年限一般不低于30年，水资源开发利用方面相关资料可为近10年。

3.0.13 灌溉面积包括农田灌溉面积、林果灌溉面积、草场灌溉面积和鱼塘灌溉面积等，其中农田灌溉面积有农田有效灌溉面积和农田实灌面积之分。农田有效灌溉面积是指具有一定的水源，地块比较平整，灌溉工程或设备已经配套，正常年景下能够进行正常灌溉的耕地面积。农田实灌面积是指当年实际灌水一次以上(包括一次)的耕地面积，在同一亩耕地上无论灌水几次，都按一亩统计。临时抗旱点种的面积不计人农田灌溉面积。林果地灌溉面积包括果树、苗圃、经济林和防护林的灌溉面积。草场灌溉面积包括人工草场、饲料基地和天然草场的灌溉面积。鱼塘补水面积指需要人工补水的鱼塘面积。

3.0.15 供水基础设施主要包括地表水水源工程、地下水水源工程和其他水源供水工程。其中，地表水水源工程是指从河流、湖泊、水库等地表水体取水的工程设施，包括蓄水工程、引水工程、提水工程和调水工程；地下水水源工程是指通过凿井方式从地下含水层取水的工程设施；其他水源供水工程包括再生水利用工程、雨水集蓄利用工程、海水利用工程等。

4 水资源及其开发利用现状评价

4.1 基本要求

4.1.6 为了消除或减少蓄水量计算误差或土壤含水量年际变化的影响，在资料条件具备的区域也可进行近10年平均水量平衡分析。

4.2 水资源数量评价

4.2.4 对于资料缺乏地区，可按照用水的不同发展阶段选择丰水期、平水期、枯水期典型年份，通过调查年用水消耗量及其年内分配情况，推求历年天然径流量。

4.2.7 水资源可利用量是指在保护水生态环境和水资源可持续利用的前提下，在可预见的未来，通过经济合理、技术可行的手段，可供河道外一次性利用的最大水量。可由地表水资源可利用量与地下水资源可开采量相加，再扣除两者之间的重复量求得。

地表水资源可利用量是以流域为单元，在保护生态环境和水资源可持续利用的前提下，在可预见的未来，通过经济合理、技术可行的措施，在当地地表水资源量中可供河道外开发利用的最大水量(按不重复水量计)。即在地表水资源量中，扣除维系河流生态环境功能的河道内基本生态环境用水量和由于技术与经济原因尚难以被利用的部分汛期洪水量，剩余的水量为地表水资源可利用量。

地下水资源可开采量是指在可预见的时期内，通过经济合理、技术可行的措施，在基本不引起生态环境恶化的条件下，允许以凿井形式从地下含水层中获取的最大水量。地下水可开采量主要为近期下垫面条件下平原区矿化度不大于2g/L的浅层地下水多年平均年可开采量。地下水可开采量是反映一个区域地下水资源量中可供经济社会系统以凿井方式利用的最大水量。

4.3 供水基础设施情况调查分析

4.3.1 地表水水源工程是指从河流、湖泊等地表水体取水的工程设施，包括蓄水工程、引水工程、提水工程和调水工程。其中，蓄水工程是指水库和塘坝，不包括专为引水、提水工程修建的调节水库；引水工程是指从河道、湖泊等地表水体自流引水的工程，不包括从蓄水、提水工程中引水的工程；提水工程是指利用泵站从河道、湖泊等地表水体提水的工程，不包括从蓄水、引水工程中提水的工程；调水工程是指区域之间或流域之间的调水工程，且蓄水、引水和提水工程中不应包括调水工程的配套工程。

蓄水、引水和提水工程均按大、中、小型工程分别统计其数量、规模、供水能力等，其中蓄水工程规模包括总库容、兴利库容，塘坝的数量、规模、供水能力应单独统计。蓄水、引水和提水工程规模按下述标准划分：

水库工程按总库容V划分：大型为$V \geqslant 1.0$亿m^3，中型为1.0亿$m^3 > V \geqslant 0.1$亿m^3，小型为0.1亿$m^3 > V \geqslant 0.001$亿m^3；塘坝指蓄水量不足10万m^3的蓄水工程，不包括鱼池、藕塘及非灌溉用的涝池或坑塘。

引水工程和提水工程按取水能力Q划分：大型为$Q \geqslant 30m^3/s$，中型为$30m^3/s > Q \geqslant 10m^3/s$，小型为$Q < 10m^3/s$。

4.3.2 地下水水源工程是指通过凿井方式从地下含水层取水的工程设施。浅层地下水为地表以下、第一个稳定隔水层以上具有自由水面的地下水；深层承压水为充满于两个稳定隔水层之间并承受静水压力的地下水。

4.3.3 再生水利用工程是指城市污水集中处理厂处理后的污水再利用设施，应统计其座数、污水处理能力和再利用量。雨水集蓄利用工程是指用人工收集储存于屋顶、场院、道路等场所产生径流的微型蓄水工程，也包括水窖、水柜等。海水利用包括海水直接利用和海水淡化工程，其中海水淡化工程是指将海水淡化的处理设施，海水直接利用是指直接利用海水作为工业冷却水及城市环卫用水等。

4.4 供水量调查评价

4.4.2 供水量是指各种水源工程为用户提供的包括输水损失在内的毛供水量。

4.4.4 地下水供水量是指水井工程的开采量。浅层淡水是指矿化度小于或等于2g/L的潜水和弱承压水，矿坑水利用量和坎儿井的供水量应计入浅层淡水开采量中。

4.4.5 规划需要调查的微咸水是指矿化度为2g/L～3g/L的浅层地下水。

4.5 用水量调查评价

4.5.2 本规范统一按生活、工业、农业和河道外生态环境等4大类进行用水量统计分析。

(1)生活用水包括城镇生活用水和农村居民生活用水。城镇生活用水由居民用水和公共用水组成，公共用水包括含建筑业、第三产业用水及消防等特殊用水。建筑业用水应包括城镇土木工程建筑、管线铺设、装修装饰等行业的用水。第三产业用水可按照现行国家标准《国民经济行业分类》GB/T 4754的规定选择合适的行业分类统计。家养家禽用水可计入农村居民生活用水中。

(2)工业用水应按新水取用量统计，不包括企业内部的重复利用水量。工业用水可按照火(核)电工业和一般工业分类统计，也可按照现行国家标准《国民经济行业分类》GB/T 4754的规定选择合适的工业行业分类进行统计。对于直流式冷却的火(核)电机组，应单独统计其取水量和耗水量；在统计火(核)电工业用水量时，可采用其耗水量。

(3)农业用水应包括农田灌溉、林牧渔业和牲畜用水。农田灌溉用水量可按水田、水浇地和菜田分类统计，也可按农作物种类统计；林牧渔业用水量可按林果地和草场地灌溉及人工鱼塘补水分别统计；牲畜用水量可按大牲畜和小牲畜用水分别统计，大型家禽饲养场用水计入小牲畜用水中。

(4)河道外生态环境用水仅指通过人工措施提供的维护生态环境的水量，不包括降水、径流自然满足的水量，可分为城镇生态环境用水和农村两大类生态环境用水。城镇生态环境用水可按城镇绿化、环境卫生及城镇河湖补水等分类统计；农村生态环境用水可按农村地区重点河湖、湿地补水和生态林草植被地建设及地下水回灌补水等分类统计。

4.5.4 用水消耗率为用水消耗量占用水量的百分比。用水消耗量可按照不同用水产业分别估算。

(1)农田、林果地、草场灌溉的耗水量应为用水量与回归水量(含地表退水和下渗补给地下水)之差，可通过灌区水量平衡分析确定；也可利用灌溉试验、渠系水利用系数、地下水计算参数等有关资料分析确定耗水率，推求耗水量。

(2)工业、城镇公共、城镇居民的耗水量应以取水量扣除废污水排放量和输水损失回归量估算，可通过管网损失、工厂水平衡测试、居民区给排水调查等有关资料分析确定耗水率，推求耗水量。对于供排水资料齐全的城市，可在城区水量平衡分析基础上估算其耗水量。

(3)城镇生态环境、农村生态环境和人工鱼塘均属补水性用水，可根据当地具体情况估算用水消耗量，但水体换水不应计入用水消耗量中。

4.8 水资源质量状况分析

4.8.2 进入江河湖库的点源污染物入河污染负荷可采用实测法、调查统计法或估算法求得。具体方法详见《水域纳污能力计算规程》GB/T 25173—2010 中的水域纳污能力污染负荷计算法。

(1)点源污染物入河量应通过入河排污口水质、水量同步监测计算求得；缺乏实测资料时，可采用调查统计法或估算法求得。

(2)面源污染物入河量应对农村生活、农药化肥、畜禽养殖、城镇地表径流和水土流失等方面所产生的污染物进行调查估算。

应根据点源、面源入河量的调查评价及水域水质状况，综合分析确定进入水功能区的主要污染源和主要污染物。

分区水资源质量评价成果应根据单个水质监测站的水质评价结果分析计算。

4.9 水生态环境状况分析

4.9.1 调查分析主要内容包括区域水生态环境存在的主要问题、分布范围及特点等，以及近年来为改善生态环境所采取的各项措施及效果。

4.9.2 水文情势变化分析，应按流域分水系选择具有代表性的控制断面，河流较长的或情况较复杂的水系应选择多个控制断面，收集和整理这些控制断面包括月平均及年平均实测径流量和天然径流量，年均入海(尾闾)水量等资料。根据长系列天然径流量变化，分析评价枯水年、枯水段河流水文情势变化的特点。同时调查此期间区域经济社会用水量、水工程建设和运行以及河道内生态环境状况等，分析长系列不同时段河流主要控制断面水文情势变化趋势、径流过程变化情况，分析与水文情势变化相对应的条件下河道内生态环境状况、存在问题及程度等。

4.9.3 河流断流调查分析，调查对象应为天然情况下的非季节性河流，调查内容包括断流河流的基本情况，断流河段起止断面、长度，断流持续时间、年内断流出现次数及断流出现时段等。应结合河流水文情势变化，综合分析引起河流断流的原因及断流造成的影响和危害。

部分河流由于受闸坝控制影响，属于"有水无流"情况，调查时应与来水减少导致的河道断流分开，单独统计。

湖泊、沼泽湿地萎缩(干涸)调查分析，应调查湖泊、洼淀、沼泽湿地等现阶段平均水面面积、水位或蓄水量等，与历史上某一时段的平均水面面积、水位或蓄水量进行比较，统计萎缩(干涸)情况。结合湖泊、洼淀、沼泽湿地来水条件变化调查，分析引起湖泊、洼淀、沼泽湿地等萎缩(干涸)的原因和影响。

湖泊、沼泽湿地萎缩(干涸)应主要调查因不合理的水资源开发利用造成湖泊、沼泽湿地的萎缩，水面面积减少等。因围垦造成湖泊沼泽面积的减少不应包括在内。

有条件的地区还可对河道断流，湖泊、沼泽湿地萎缩对河湖水生生物资源状况、生物多样性等的影响等进行调查分析。

4.9.4 地下水超采状况调查分析，应主要调查浅层地下水和深层承压水开采情况，超采量和累计超采量、超采区面积等。在调查分析地下水超采状况时，有关地下水超采区范围，地下水超采区的分类、分级及资料来源等，可参照现行行业标准《地下水超采区评价导则》SL 286。

4.9.5 不合理开采地下水引发的环境地质问题调查分析，不应包括城市建设和矿产开发造成的环境地质问题。

地下水降落漏斗应调查漏斗区面积、漏斗中心位置、漏斗形成时间、平均扩展速度、漏斗发展趋势，以及地下水开采的含水层、漏斗周边与中心地下水埋深、地下水位年平均下降速率及其影响。

地面沉降应调查地面沉降区面积、中心位置、多年平均年沉降速率、最大累积沉降量、地面沉降的起始时间、发展趋势，以及沉降区地层岩性及其影响。

地面塌陷应调查地面塌陷区发生的时间和地点、地面塌陷区面积、坍塌岩土的体积、塌陷坑的平均深度或最大深度及其影响。

海(咸)水入侵应调查海(咸)水入侵区发生的时间和地点、入侵面积与速率、入侵的层位及地质岩性，以及地下水中氯离子变化情况及其影响。

4.9.6 土壤次生盐渍化调查分析，主要调查干旱、半干旱、半湿润地区由于灌排设施不配套，地下水位上升引起的土壤次生盐渍化。查清次生盐渍化的分布、危害程度，分析其发生和变化的原因。

土地沙化调查分析，主要调查干旱、半干旱和半湿润地区由于气候变化和水资源不合理利用等引起的林草植被枯萎、土地沙化，分析其发生和变化的原因。

4.10 综合分析与评价

4.10.1 对现状社会经济发展格局与水资源条件适应性进行综合评价，可包括下列主要内容：

(1)对国民经济发展规模及其产业结构的用水与耗水特征进行分析评价；

(2)通过计算人均水资源量、耕地亩均水资源量等指标，并在和国内外同类地区比较分析的基础上，分析评价水资源禀赋及其支撑社会经济发展的能力；

(3)根据水资源时空分布特点，分析评价开发利用条件及前景等。

6 需水预测

6.1 基本要求

6.1.7 通常宜设置"基本方案"和"推荐方案"两套需水方案。在现状节水水平和相应节水措施基础上所拟订的需水方案为"基本方案"；在"基本方案"基础上，继续加大节水力度、采用更加节水的用水效率指标计算的需水预测成果为"推荐方案"。

6.1.8 对于年内需水量相对比较均匀的用水行业，可按月或旬均匀分配年需水量，确定其年内月或旬的需水过程；对于年内需水量变幅较大的用水行业，应通过典型调查和用水量分析，提出其年内月或旬的需水过程。

6.2 基准年需水量分析

6.2.1 基准年需水量是指根据现状水平年经济社会的实际发展状况及统计指标，在现状用水量分析的基础上，采用现状节水水平和各用水行业合理的用水效率指标，计算出的不同降水频率或不同保证率下的不同用水行业用水需求量。

6.2.2 基准年农业灌溉面积既不能直接采用现状有效灌溉面积，也不宜直接采用现状实灌面积，应根据当年实际灌溉情况并通过对近10年来有效灌溉面积与实际灌溉面积的分析，合理拟订实灌率(实际灌溉面积与有效灌溉面积的比例)，据此推算基准年的农业灌溉面积。

6.4 工业需水预测

6.4.2 经济发展指标预测应结合当地经济发展特点和资源条件，采用国民经济和社会发展规划及有关行业规划、专项规划的成果，或根据宏观调控部门、经济综合管理部门和社会经济信息统计主管部门提供的资料进行预测。

6.5 农业需水预测

6.5.1 根据规划任务要求，农田灌溉需水可进一步分为水田、水浇地、菜田3类灌溉需水，林果地灌溉需水可进一步分为果园、苗圃、经济林灌溉需水等，牧草场灌溉需水可进一步分为补充灌溉天然草场和人工草场(饲草料地)灌溉需水等。

6.5.2 灌溉面积指标预测应遵循国家有关土地管理法规及农林牧业发展、基本农田保护、退耕还林还草还湖等有关政策，考虑基础设施建设和工业化、城市化发展等占地的影响。农田灌溉面积发展指标预测时，应充分考虑当地的水、土、光、热资源条件，以及种植结构调整情况，合理确定发展规模，宜以水行政主管部门的现状统计数据为基础。

6.5.3 农业需水量预测可选定20%、50%、75%、90%等不同降水频率。

6.5.4 灌溉需水量预测可采用亩均净灌溉用水量和灌溉水利用系数方法进行估算。

单位面积净灌溉用水量的拟订，应综合考虑农作物组成、气候条件、灌溉制度、灌溉模式、复种指数、农艺措施等。灌溉水利用系数的拟订，应考虑不同灌溉规模、灌区类型和灌溉方式的差别，还应考虑灌区的不同农作物节水模式、农艺措施等的影响。

6.5.7 鱼塘需水量采用补水量计算。鱼塘补水量为维持鱼塘一定水面面积和相应水深所需要补充的水量，采用单位面积补水量方法计算。单位面积补水量可根据鱼塘渗漏量及水面蒸发量与降水量的差值加以确定。

6.6 河道外生态环境需水预测

6.6.1 河道外生态环境需水是指保护、修复或建设给定区域的生态环境需要人工补充的水量。河道外生态环境需水应参与供需平衡分析，按城镇和农村分别统计。

河道外生态环境需水量预测应考虑水源条件，水资源短缺地区应在调查分析河道外生态环境用水现状与未来需求的基础上，节水挖潜、多方开源，以满足河道外生态环境保护目标的用水需求。

生态林草植被建设需水应注意与农业需水中的灌溉草场需水区分，避免重复。

6.6.2 应根据经济社会发展规划、城市总体规划和区域生态环境建设规划、水生态保护与修复规划等相关规划提出的城乡生态环境保护与建设要求，城镇河湖与重要湖泊湿地保护与修复要求，结合当地水源条件，分别确定规划水平年河道外生态环境需水的目标，进行需水预测。

(1)城镇公共绿地生态环境需水量可采用单位面积用水量法预测，即规划水平年公共绿地面积与绿地灌溉定额的乘积。

(2)城镇环境卫生需水量可按照单位面积用水量法预测，即规划水平年建成区面积与单位面积的环境卫生需水定额的乘积。

(3)城镇河湖补水量可采用水量平衡法预测，即城镇河湖水量的各输入输出项相平衡。

城镇河湖补水量也可参照本规范第6.6.2条的规定，采用单位面积补水量方法计算。

6.6.3 生态环境较脆弱地区，应考虑生态林草植被建设需水；对流域及区域生态环境有重要意义和作用、现状生态环境用水不足、需要保护和修复的湖泊沼泽湿地，可考虑人工补水；有回灌条件的地下水超采区，可考虑地下水回灌需水量。

(1)生态林草植被主要包括防风固沙林草等，生态林草植被建设需水量可采用单位面积用水量法预测，即规划水平年生态林草植被面积与灌水定额的乘积。

(2)湖泊、沼泽湿地生态环境补水量是指为维持湖泊一定的水面面积或沼泽湿地一定面积需要人工补充的水量，可采用水量平衡法进行估算。

湖泊、沼泽湿地生态环境补水量也可根据湖泊、沼泽湿地生态环境需水量与实际蓄水量的差值确定：①计算需补水的湖泊沼泽多年平均年生态环境需水量；②计算多年平均年湖泊沼泽生态环境实际用水量；③湖泊沼泽生态环境需水量与生态环境实际用水量之差为多年平均湖泊沼泽生态环境年补水量。

(3)地下水回灌补水是指通过工程措施对地下水超采区进行回灌所需要的水量。可根据地下水保护规划，结合地下水超采量、地下水采补平衡目标、地下水回灌系数和地下水回灌年数，确定地下水回灌量。

6.8 河道内用水需求分析

6.8.1 河道内需水包括河道内生态环境需水和河道内生产需水，两者都需要通过在河道中预留一定的水量给予保证。因此，河道内生产需水可以与河道内生态环境需水统筹考虑。

6.8.2 河道内生态环境需水是指为保护河道内生态环境，需要保留在河流、湖泊、沼泽内的水量及过程。

用基本生态环境需水量和目标生态环境需水量分别反映维持河湖基本生态环境功能和维持给定目标下的生态环境功能两个不同层次的河道内需要保留的水量。基本生态环境需水量主要用来控制河道内非汛期生态环境用水需求，目标生态环境需水量主要用来控制河道外供水对水资源的最大消耗量。

6.8.3 河道内基本生态环境需水量是指维持河湖基本形态、生物基本栖息地和基本自净功能的水量及过程。

生态环境功能与径流变化密切相关。因此，河流基本生态环境需水量应能反映维持河流基本功能对水量年内变化过程的要求：①年内生态环境需水量过程中的最小值；②年内季、月，汛期、非汛期等不同时段的需水量；③全年需水量等。

河道内基本生态环境需水量最小值、年内不同时段值和全年值，其内涵及计算分述如下：

(1)基本生态环境需水量最小值(生态基流)是指年内生态环境需水量过程中需要保留在河道中的水(流)量的最小值，一般用月平均流量或月平均水量等表示。

基本生态环境需水量最小值计算方法很多，应根据河流水文条件和区域开发利用程度等因素，因地制宜地选择合适的计算方法。可选用相应频率年最枯月平均流量法Q_P(频率P一般可取90%或95%，也可根据需要作适当调整)，近10年最枯月平均流量法，以及90%或95%年来水频率的最小月平均流量法等方法。宜采用两种以上方法分别计算，经综合分析比较，合理确定最小值(生态基流)。

(2)基本生态环境需水量年内不同时段值和全年值是综合考虑维持河湖基本功能在年内不同时段对水量的基本需求，以及河流水文过程丰枯变化需要留在河道内的水量，即为维持河湖基本功能年内不同时段需要保留在河道中的水量。年内不同时段需水量之和为基本生态环境需水量的全年值。

基本生态环境需水量年内需水过程和全年需水量一般可通过分析水文资料及年内季节变化的统计规律求得。采用Tennant法(蒙大拿法，见本规范第6.8.6条的条文说明)，河道基本生态环境需水量，少水期一般选取多年平均流量的10%～20%，多水期选取多年平均流量的30%～40%，应根据各河流的实际情况确定。

也可对维持河湖基本形态、生物基本栖息地和基本自净功能的需水量进行分项计算，并取分项计算的外包值，求基本生态环境需水量年内不同时段值和全年值。

6.8.4 河道内目标生态环境需水量是指为维系给定目标下的河湖生态环境功能要求的水量及过程。河道内目标生态环境需水量除应考虑维系河道内良好生态环境保护要求外，还应与河道内生产用水需求和河道外经济社会用水需求统筹协调。

目标生态环境需水量可采用Tennant法计算：少水期通常选取多年平均流量的30%～50%以上、多水期选取多年平均流量的50%～60%以上作为目标生态环境需水量，应根据各河流的水资源条件、开发利用程度等实际情况具体确定。目标生态环境需水量及过程也可以按照输沙、压咸、水生生物等分项生态环境功能所需水量及过程外包后求得。

6.8.5 应根据规划对河流生态环境保护的要求，合理选择河流、入海河口、湖泊等控制断面作为生态环境需水量基本计算节点，按本规范第6.8.3条、第6.8.4条规定进行节点生态环境需水量计算。

河流水系是一个整体，上下游、干支流互相关联，相互影响。因此，仅仅计算各节点的生态环境需水量还不够，还需要计算河流水系生态环境需水量。

在节点生态环境需水的基础上，根据河流水系整体性和水量平衡要求，综合考虑以下平衡关系，计算河流水系基本生态环境需水量和目标生态环境需水量：

(1)上下游节点间、干支流节点之间的平衡；

(2)河流与湖泊、沼泽生态环境需水的关系；

(3)外流河控制节点与河口生态环境需水的关系；

(4)内陆河控制节点与尾闾湖泊生态环境需水的关系；

(5)河道内生态环境需水与河道内生产需水的关系。

6.8.6 目前国内外生态环境需水量计算方法很多，实际运用时，应根据河流实际情况和要求，选择合适方法计算，经比较选取合理结果。

(1)水文综合计算。根据节点水文要素变化与维持河湖自然与生态环境功能之间的关系，综合计算生态环境需水量。包括排频法、Tennant法、流量历时曲线法及入海水量法。排频法主要用来计算基本生态环境需水量中的最小值，Tennant法与流量历时曲线法可用来计算基本生态环境需水量和目标生态环境需水量，入海水量法可用来计算河口的目标生态环境需水量。

(2)分项功能计算。

1)输沙需水量。

①河流输沙需水量。可用多年平均输沙量与多年最大月平均含沙量的平均值之商，作为河流汛期输沙需水量。

②河口输沙需水量。对于流域产沙为主的河口，泥沙输运需水量可依据基本的水流挟沙能力概念计算。对于海域来沙为主的河口，则应维持相当的径流量以保证落潮时或丰水期能将涨潮上溯的泥沙冲向下游、外海，保持河口段河床的动态平衡。这种情况下的输沙需水量可采用河相关系法、数学模型预测法、以实测资料为基础的回归分析法等方法计算得到。

2)水生生物需水量。河流、河口水生生物需水可采用生物需求法，湖泊、沼泽可采用生物空间法和水量平衡法计算。

7 供水预测

7.1 基本要求

7.1.4 水资源供需分析及可供水量计算可采用长系列法或典型年法。

(1)长系列法按下列步骤计算：

1)分析确定主要供水工程和控制节点的历年逐月天然径流系列以及各分区(计算单元)的历年逐月水资源量系列，并结合不同水平年上游用水量的分析，得出主要供水工程和控制节点以及各分区在不同水平年情景下的来水量系列。

2)分析各分区不同降水年型、不同保证率的需水量及其年内逐月分配过程，确定分区不同水平年需水量系列。

3)根据流域及区域现有及规划供水工程的相互联系，组成流域及区域供水系统，再根据供水系统与用水户的联系，构建供需分析的网络。

4)根据水量平衡原理，应用水资源系统分析的方法，建立水资源供需分析模拟模型，采用长系列资料，自上游至下游，先支流后干流，逐级调算。

5)对模型及其参数进行率定和检验，并对可供水量成果进行合理性分析。

长系列调算系列年限应不少于30年，宜以月为计算时段，必要时汛期可采用旬为计算时段。

长系列法多年平均及不同保证率可供水量可根据可供水量系列统计计算得出，不同保证率可供水量，可在可供水量系列中选择与其供水保证率相当的代表年，通过对该代表年份可供水量的分析得出。

(2)典型年法按下列步骤计算：

1)选择典型年型，根据分区的降水情况、来水条件及供水保证率要求，选择分别代表平水年($P=50\%$)、中等干旱年($P=75\%$)和特枯水年($P=90\%$或$P=95\%$)的典型年份。典型年宜选择资料条件较好、与现状开发利用状况差异不大的年份，其降水量和径流量实测值及经验频率应与所代表年型的相应频率基本相当。同时，还应考虑降水和径流地区分布和年内分配的代表性，避免选择地区分布和年内分配过于突出的年份。可结合来水特性和供水要求选择多个年份进行分析、比较，合理确定代表各年型的典型年。情况复杂的，每个年型可选择两个或多个典型年。

2)根据不同水平年上游用水量的变化，分析不同水平年各典型年的来水量及逐月来水量系列；对于不存在上游来水的区域，各典型年仅分析主要供水工程和控制节点的逐月天然径流量及分区的逐月水资源量。

3)分析不同水平年各典型年的各分区的需水量，根据各水平年不同保证率的需水预测成果，结合各典型年的降水空间分布和年内月分配状况，提出各典型年各分区逐月需水量。

4)分析计算典型年可供水量，根据现有及规划供水工程的相互联系，以及供水系统与用水户的联系，综合考虑典型年的来水条件、需水要求以及供水工程的状况及其与典型年相应年型的运行规则，分析计算可供水量。对于具有多年调节功能的供水工程，应考虑工程的多年调节能力及典型年份相应分配利用的份额。

5)对不同分区、不同水平年、代表不同保证率的典型年的可供水量计算成果进行协调平衡和合理性分析。

7.1.6 对不同区域之间、不同水平年之间以及不同保证率的供水量成果进行协调平衡，并对水资源开发利用程度、供水增长变化、供水组成的变化以及工程经济技术合理性等进行分析。

7.2 基准年可供水量分析

7.2.1 现状供水量中不合理开发利用的水量应扣除。其中地下水超采量和深层承压水开采量应全部扣除；生态环境用水被挤占量一般可直接扣除，有些地区地下水与地表水相互补给关系较密切，地下水超采量的退减可能会有部分水量回补地表水，可根据区域水量平衡计算，分析现状供水量中相应扣除的水量；不符合水质要求的用水量，如污水灌溉水量等可直接扣除，若有替代条件，可仅扣除替代不了的水量；超过水量分配指标的引用水量应全部扣除。

7.3 地表水供水预测

7.3.2 对于相互之间没有相互联系的中小型工程，可单独进行可供水量估算。规划工程应考虑与现有工程的联系，与现有工程组成新的供水系统，按照新的供水系统进行可供水量计算。对于双水源或多水源用户，联合调算应避免重复计算供水量。

7.3.5 引水工程的引水能力应考虑取水口水位及引水渠道的过水能力；提水工程的提水能力应考虑设备能力、开机时间等。

引提水工程的可供水量可按下式计算：

$$W_{gt}=\sum_{i=1}^{t}\min(W_i,E_i,X_i) \tag{1}$$

式中：W_{gt}——引提水工程的可供水量(m^3)；

W_i——i 时段取水口的可引水量(m^3)；

E_i——工程的引提能力(m^3/s)；

X_i——用户需水量(m^3)；

t——计算时段数。

7.4 地下水供水预测

7.4.1 根据地下水资源评价绘制的浅层地下水可开采量模数分区图，以及圈定的规划水平年布井区范围，估算规划水平年供水范围内的地下水可开采量。

7.4.2 考虑规划水平年地下水计算参数以及灌溉渠系渗漏和渠灌田间入渗补给量的变化，提出规划水平年地下水可开采量成果。

7.4.3 禁采措施属终止一切开采活动的举措，限采措施属于强制性压缩、限制现有实际开采量的举措。一般超采区宜采取措施严格控制开采地下水。在供水预测中，各地应充分考虑当地政府已经和将要采取的措施。

7.5 其他水源供水预测

7.5.3 再生水利用应通过调查，分析再利用水量的需求、时间要求和使用范围，落实再利用水的数量、用途及相应配套的供水管网。再生水项目需要新建管网设施，有些需要建设深度处理或特殊污水处理厂，预测中应充分考虑实行分质供水，满足特殊用户对水质目标的要求。

7.6 不同供水方案可供水量分析

7.6.1 以现状工程为基础，考虑采取挖潜配套改造等措施，拟订基本方案；以规模较大、投资较多的新建工程为基础，拟订供水高方案；在两方案之间再拟订若干供水方案，供比较分析选用。应经水资源供需分析与需水预测、供水预测进行多次的比较、反馈和平衡分析，最终提出供水预测推荐方案成果。

8 水资源供需分析

8.1 基 本 要 求

8.1.3 采用长系列法调算，得出的需水量、供水量和缺水量等系列成果，应统计计算各系列的多年平均值，得出多年平均情景下的供需分析成果；在各系列中选择相应频率代表性年份的成果，得出不同保证率的供需分析成果。

8.1.4 采用典型年法进行供需分析，直接通过选择相应频率代表年份进行典型年供需分析，得出的需水量、供水量和缺水量等成果，即为相应保证率的供需分析成果。

8.1.6 基础资料条件较好的地区，宜选择经济社会、生态环境、工程技术等方面具有一定代表性、独立性和灵敏性的评价指标，建立综合评价指标体系，评价各种方案对合理抑制需求、有效增加供水和保护生态环境的作用与效果，以及相应的投入和代价。资料缺乏的地区，可选择一些控制性的指标(如人均用水量、单位工业增加值用水量年均下降率、供水增长率、单方供水投资、缺水率等)进行评价。

8.1.7 选择变化可能性较大，并对目标值(如缺水率最小)影响显著的几个影响因子(如供水增长率、地表水供水比例、生活与工业用水比例等)进行敏感性分析，变动其中一个因子，固定其他因子，分析计算该因子对目标值的影响程度，从中找出敏感因子，并分析敏感因子变化对目标值的影响，分析评价水资源供需分析成果的不确定性影响。

8.2 基准年供需分析

8.2.2 现状缺水应以计算单元缺水分析成果为基础。缺水程度用缺水率表征，缺水率为缺水量与需水量的比值。一般以年统计的缺水量进行计算。

8.2.3 根据缺水的特征和原因，分析缺水的类型。资源性缺水地区，水资源条件与经济社会发展不匹配，水资源总体上不能满足经济社会发展对水资源的需求，往往出现超采地下水或挤占生态环境用水的现象。工程性缺水地区，由于缺少水资源工程或工程不配套，供水能力不足，供水保证率不高，造成供水的短缺。水质性缺水地区，水源地的水质不能满足用户对用水水质的要求，或利用不符合水质要求的水量，在现状供水量中存在利用污水灌溉等现象。许多地区缺水原因可能是多方面的，不单是某一种类型的缺水，而是混合型的缺水。

8.3 规划水平年供需分析

8.3.1 根据需水预测的不同需水方案和供水预测的不同供水方案，组合成多组供需分析方案。

8.3.4 跨流域调水供需分析应分别进行受水区、调水区的水资源供需分析，以及受水区和调水区互联互调的水量平衡计算。受水区水资源供需分析应充分考虑节水和区内水资源开发利用及其他水源的利用，合理考虑生态环境保护与修复对水资源的需求。调水区水资源供需分析应充分考虑未来经济社会发展及对水资源需求的变化(包括水量、水质及保证程度)，统筹考虑未来来水量的变化和调水对本区来水量的衰减作用与可能造成的对生态环境的影响。调水区与受水区互联互调的水量平衡分析应考虑水文遭遇特性的影响，在对受水区和调水区的长系列水文资料进行同步性分析的基础上，进行受水区需调水量和调水区可调水量的长系列分析，结合调水工程规划，提出多组调水方案，并对各方案进行跨流域联合调度，对需要调入水量和可能调出水量进行平衡分析，确定各规划水平年不同方案的调水量及调水过程。

8.4 方案分析比选

8.4.3 进一步落实推荐方案所采取的各项节水和新建供水工程的措施，完善供水系统与用水部门的联系，调整供用耗排水量的关系，重新进行调算，提出最终的供需分析推荐方案成果。在此基础上确定区域供用水总量及不同水源、不同用水行业供用水量及其分布情况，明确区域水资源开发、利用、治理、节约和保护的重点、方向及其采取的综合措施。

9 水资源配置

9.1 基本要求

9.1.1 水资源配置方案应按照水资源可利用量进行河道外用水总量和耗水总量控制，按照河流基本生态用水需求进行断面水量控制，按照高效用水要求进行定额控制，按照纳污能力进行用水排污总量控制。

9.1.5 不同频率（保证率）水资源配置，是通过对相应频率的典型年份的供需分析和水量平衡计算，得出该频率的水资源配置成果。

9.4 区域水资源配置

9.4.1 在用水总量控制的基础上，统筹协调各区域间的供用水，确定区域水资源配置格局；根据区域配置格局和水源工程布局，制订区域水资源配置方案，进行不同水源供水量的调配，以及不同行业用水量的分配。

9.4.4 分析区域用水增长及其结构的变化，以及区域经济社会发展及产业结构调整变化；分析区域不同水源供水量的变化、耗水量的变化及生态环境用水量的变化。

9.5 不同水源水资源配置

9.5.2 需进行水源置换的水量包括：地下水超采量、河湖生态环境被挤占的用水量、工程衰减减少的供水量、供水对象变化及功能转换的水量等。

9.5.4 新增的供水量包括弥补现状供水不足的水量、经济社会发展新增加的用水需求量，以及因工程供水能力衰减和退减不合理供水需替代置换的水量等。

9.6 不同用水行业水资源配置

9.6.3 计算现状和规划水平年的人均用水量、城乡居民人均生活日用水量、万元工业增加值用水量、农田单位面积灌溉用水量、灌溉水利用系数、万元工业增加值用水量下降率等指标。分析用水效率指标变化的情况。

9.7 合理性分析

9.7.1 多年平均配置方案水量平衡分析，应采用多年平均水资源量与各项配置水量，进行水量平衡分析计算。不同频率配置方案水量平衡分析，应采用选择的典型代表年的水资源量与相应频率的配置水量，进行水量平衡分析计算。地表水配置水量的水量平衡分析，应采用多年平均年地表水资源量与多年平均年地表水配置水量和消耗水量，进行水量平衡分析计算。

用水消耗量为用水过程中蒸腾、蒸发和产品带走的水量，非用水消耗量为地表水汇流过程中蒸发、渗漏损失的水量，入渗量为地表水用水过程中渗入到地下水系统的水量，地下水补给量为地下水用水过程中退入到河道内的水量。

流域水量平衡分析可采用下列公式计算：

$$W_{liu}+R_{ru}-R_{ch}-W_{hao}-R_{sun}=R_{lxie} \tag{2}$$

$$R_{liu}+R_{ru}-R_{ch}-R_{hao}-R_{sun}-R_{sen}+R_{bu}=R_{lxie} \tag{3}$$

式中：W_{liu}——流域水资源总量；

R_{ru}——调入水量；

R_{ch}——调出水量；

W_{hao}——用水消耗量；

R_{hao}——地表水用水消耗量；

R_{sun}——非用水消耗量（汇流损失）；

R_{lxie}——流域下泄水量（入海水量）；

R_{liu}——流域地表水资源量；

R_{sen}——入渗量；

R_{bu}——地下水补给水量。

区域水量平衡分析可采用下列公式计算：

$$R_{shla}+W_{qu}+R_{ru}-R_{ch}-W_{hao}-R_{sun}=R_{qxie} \tag{4}$$

$$R_{shla}+W_{qu}+R_{ru}-R_{ch}-R_{hao}-R_{sun}-R_{sen}+R_{bu}=R_{qxie} \tag{5}$$

式中：R_{shla}——上游来水量；

W_{qu}——区域水资源总量；

R_{qxie}——区域下泄水量。

9.7.4 根据各地的具体情况和水资源条件与资料来源条件，选取适宜的评价指标。评价指标主要有：①反映公平性的评价指标，包括人均水资源占有量、人均用水量等；②反映高效利用的评价指标，包括各行业用水定额、用水弹性系数、灌溉水利用系数等；③反映可持续利用的评价指标，包括水资源开发利用程度、用水增长率、缺水率、生态环境用水比例、主要污染物入河量与允许入河量比例等；④反映技术经济合理性的评价指标，包括单方水投资、单方水成本等。

10 节水与供水方案制订

10.2 节约用水方案

10.2.1 节约用水模式可分成一般节水模式和强化节水模式。一般节水模式与需水预测的“基本方案”相对应，强化节水模式与需水预测的“推荐方案”相对应。

(1)一般节水模式：主要是在现状节水水平和相应的节水措施基础上，基本保持现有节水投入力度，并考虑近期用水定额和用水量的变化趋势所确定的节水模式。该模式主要特点是实施需求控制，已考虑节水但节水投资力度相对不足。

(2)强化节水模式：主要是在一般节水模式基础上，进一步加大节水投入力度，进一步强化需水管理和提高用水效率，并基本保障生态环境用水需求后所确定的节水模式。该模式主要特点是强化节水措施，按照建设“资源节约型、环境友好型”社会的总体要求，着力调整产业结构，加大节水投资力度，力争在多年平均情形下基本实现水资源的供需平衡。

10.3 供水保障方案

10.3.3 供水保障的重点地区和重点领域主要包括：城乡饮水保障，城市供水保障，重要城市群或经济区供水保障，粮食主产区和能源基地供水保障，重点生态环境用水保障等。

(1)城乡饮水保障。为确保城乡饮水安全，根据规划水平年城镇居民和农村居民生活合理需水量预测成果，分别制订城镇居民生活用水和农村居民生活用水安全保障方案。

(2)城市供水保障。在城市现状供用水量分析的基础上，根据城市发展总体规划及节水减污的目标要求，统筹协调城市与周边地区的水源地以及供水范围，合理配置水资源。应充分考虑再生水利用等其他水源供水，加强供水系统连通联调及双水源建设，满足城市供水对水量、水质及保证程度的要求。

(3)重要城市群或经济区供水保障。采取强化节水措施，加强水资源保护，加大新水源的开发利用，实现多水源、多用户的连通联调等综合措施，提高供水保障能力和应急供水能力。

(4)粮食主产区和能源基地供水保障。重点分析粮食和能源生产对水资源的合理需求，根据各地的具体情况，分析制约粮食和能源生产发展的水利方面的主要影响因素，依据流域、区域水资源配置成果，有针对性地采取挖潜、节流和开源等综合措施，制订供水保障方案。

(5)重点生态环境用水保障。对由于水资源不合理开发利用或水资源短缺导致基本生态环境用水得不到满足的河流或区域，应制订生态环境用水保障方案。重点是对经济社会用水挤占河湖生态环境用水、超采和不合理开采地下水的地区，以及需要进行人工补水的重要湖泊湿地和为了改善河湖水环境状况需要通过环境引流工程措施补水的河湖等，制订生态环境用水保障方案。

10.3.5 对于经济社会发展快和水资源需求大的地区、水资源紧缺供需矛盾突出的地区，以及生态环境脆弱和生态环境保护难度大等地区，应重点分析这些地区的供水保障能力以及提高保障能力的综合措施。

10.4 特殊干旱情况下应急对策

10.4.3 特殊干旱情况下压减需水的应急措施主要有：降低用水标准、调整供水优先次序、保证居民生活和重要产业基本用水、适当限制或暂停部分用水大户和农业用水等。特殊干旱情况下增加供水的应急措施主要有：适当超采地下水和开采深层承压水、动用水库死库容和备用水源、统筹安排跨流域或邻区临时调水，以及适当加大已有调水工程的调水量等。

11 水资源保护

11.1 基 本 要 求

11.1.1 水资源保护是指地表水和地下水的水量、水质和水生态保护，主要包括地表水资源保护、河湖水生态修复保护和地下水资源保护。

河湖水生态修复保护是一个艰难而漫长的过程，选取合适的恢复目标极为重要。应根据流域的水资源特点、水生态环境现状及存在的主要问题和经济社会发展水平等，对保障生态环境用水的可能性和合理性进行综合分析，合理确定修复保护目标。

11.2 地表水资源保护

11.2.1 应根据地表水资源保护的要求，对江河湖库水域及水功能区划情况进行调查分析，按下列情况分别处理：

(1)已获批准的水功能区划，采用审批区划成果。

(2)对于尚未划分水功能区的水域，应补充划分：①尚未划分水功能区的主要水域和重要水域，应补充划分水功能区；②水功能区的污染物入河量未能控制在该区污染物入河量90%以上时，应补划水功能区，使排入水功能区的污染物入河量控制在该区污染物总入河量的90%以上。

(3)需要调整的水功能区：已划分的水功能区，若存在严重不合理现象，或在使用和规划过程中出现较多问题和矛盾，应进行调整；补充划分的水功能区和进行了调整的水功能区，均应经审批部门确认。

11.2.6 确定污染物入河控制量的原则和方法如下：

(1)对于规划水平年污染物入河量小于其纳污能力的水功能区，可将其作为入河控制量进行控制。

(2)对于规划水平年污染物入河量大于其纳污能力的水功能区，应按相应的纳污能力阈值进行控制。

(3)对于规划水平年暂时不能达标的水功能区，应按照入河量逐步减少的控制目标，分别确定不同水平年的污染物入河控制量。

(4)对于饮用水源保护区，应严格按照相关部门的管理要求，禁止排污或严格控制污染物入河量。

11.2.7 地表水资源保护的对策措施包括：

(1)强化水功能区限制纳污制度管理，严格水功能区监督管理和水质监测，加强饮用水水源保护，推进水生态系统保护与修复。

(2)控制用水总量，提高用水效率，强化节水意识，推广科学用水、节约用水和污水资源化。

(3)加强工业污染治理和城市污水处理设施建设，加强面源和内源治理。

(4)采取疏浚清淤、水工程调度和必要的引水释污等工程措施，提高水环境容量和水体自净能力。

(5)开展生物、生态保护的技术研究，通过人工湿地、地面廊道、快速渗滤等生态保护技术改善河湖水质。

(6)完善水资源保护法规体系，强化流域管理，加快制度建设，建立健全水功能区管理制度。

(7)强化社会监督，鼓励公众参与。

11.3 河湖水生态保护

11.3.5 河湖水生态环境保护与修复包括跨流域调水、河湖连通等地表水增供工程措施和水源调整、减少地表水供水量措施，以及产业结构调整、企业优化升级、节约用水、水工程的合理调度、河湖岸带建设、水生生物保护等非工程措施，以增加河道内用水量，改善河湖生态环境，并加强对河道内生态环境用水的管理。

11.3.6 全面推行节约用水，充分挖潜，多方开辟水源，包括利用再生水作为城市河湖生态环境用水，利用雨洪资源作为湖泊湿地补水水源。通过调水引流、江湖连通、生态补水、河湖清淤、生物控制等对策措施，修复重要湖泊湿地及城市河湖生态环境。

11.4 地下水资源保护

11.4.1 可根据地下水的特点、功能属性，生态与环境保护的要求，以及经济社会对地下水开发利用和保护的总体部署，结合地下水资源开发利用现状及存在的问题，对规划区域的地下水进行规划分区，如分为集中式、分散式供水水源区，生态脆弱、地质灾害易发区，地下水水源涵养区，不宜开采区，储备区和应急水源区等。因地制宜地合理确定不同区域地下水开发利用的总量控制目标、维系供水安全的水质保护目标和维持地下水良性循环的合理生态水位控制目标。

地下水水质保护目标：具有生活供水功能的区域，水质标准不低于Ⅲ类水的标准，现状水质优于Ⅲ类水标准时，以现状水质作为保护标准；工业供水功能的区域，水质应满足工业用水水质要求，现状水质优于Ⅳ类水标准时，以现状水质作为保护标准；仅为农田灌溉供水的区域，现状水质或经治理后的水质应符合农田灌溉水质标准；现状水质优于Ⅴ类水标准时，以现状水质作为保护标准。其余区域一般以现状水质作为保护标准。

地下水水位控制目标：地下水水位(或埋深)控制标准是一个区间范围，上限为防止土壤次生盐渍化和满足城市基础设施保护要求，以及考虑地下水补给和蒸发作用的最小地下水埋深；下限为满足生态系统保护、地质灾害预防、泉水保护等需要的最大地下水埋深。对于西北地区，重点确定地下水生态水位，保护天然绿洲等生态目标，防止荒漠化蔓延和土壤次生盐渍化。对于一般的浅层地下水，主要从地下水资源可持续性合理利用要求考虑，确定水位标准。

11.4.3 针对不同区域地下水开发利用现状及生态与环境地质问题，提出治理与保护方案。浅层地下水资源保护以平原区和具有重要供水及生态保护意义的山丘区为重点。对地下水超采的区域，应通过节约用水、水资源合理配置和联合调度等措施，逐步压缩地下水开采量，实现地下水的补排平衡，修复与保护地下水环境；对地下水遭到污染的区域，应控制污染源，加强保护与治理修复，根据水质状况和用水户使用要求，合理安排开发利用；对有一定开采潜力和开发需求的区域，应合理开采地下水，科学确定地下水开发利用规模。

11.4.7 地下水保护与修复的工程措施包括节约用水和替代水源，如再生水利用、海咸水利用、雨洪水利用以及跨流域调水等工程。应提出污染预防控制措施，如对于供水水源区实行限制排放、禁止排放，居民搬迁等措施，以及地下水补源、人工回灌、地下水压采等治理修复工程措施。管理措施包括建立健全地下水管理法规体系，完善地下水管理制度，以及完善地下水管理体制等。

中华人民共和国行业标准

种植屋面工程技术规程

Technical specification for green roof

JGJ 155—2013

批准部门：中华人民共和国住房和城乡建设部
施行日期：2 0 1 3 年 1 2 月 1 日

中华人民共和国住房和城乡建设部
公　告

第47号

住房城乡建设部关于发布行业标准《种植屋面工程技术规程》的公告

现批准《种植屋面工程技术规程》为行业标准，编号为JGJ 155－2013，自2013年12月1日起实施。其中，第3.2.3、5.1.7条为强制性条文，必须严格执行。原《种植屋面工程技术规程》JGJ 155－2007同时废止。

本规程由我部标准定额研究所组织中国建筑工业出版社出版发行。

中华人民共和国住房和城乡建设部

2013年6月9日

前　言

根据住房和城乡建设部《关于印发〈2011年工程建设标准规范制订、修订计划〉的通知》（建标[2011] 17号）的要求，规程编制组经广泛调查研究，认真总结实践经验，参考有关国际标准和国外先进标准，并在广泛征求意见的基础上，修订了《种植屋面工程技术规程》JGJ 155－2007。

本规程的主要技术内容是：1总则；2术语；3基本规定；4种植屋面工程材料；5种植屋面工程设计；6种植屋面工程施工；7质量验收；8维护管理。

本规程修订的主要技术内容是：

1. 增加了屋面植被层设计、施工和质量验收的内容；

2. 增加了容器种植和附属设施的设计、施工和质量验收的内容；

3. 调整了种植屋面用耐根穿刺防水材料种类；

4. 增加了“养护管理”的内容；

5. 调整了常用植物表。

本规程中以黑体字标志的条文为强制性条文，必须严格执行。

本规程由住房和城乡建设部负责管理和对强制性条文的解释，由中国建筑防水协会负责具体技术内容的解释。执行过程中如有意见或建议，请寄送中国建筑防水协会（地址：北京市海淀区三里河路11号；邮编：100831）。

本规程主编单位：中国建筑防水协会
天津天一建设集团有限公司

本规程参编单位：北京市园林科学研究所
天津市农业科学院园艺工程研究所
中国建筑材料科学研究总院苏州防水研究院
北京东方雨虹防水技术股份有限公司
索普瑞玛（上海）建材贸易有限公司
深圳市卓宝科技股份有限公司
上海中卉生态科技有限公司
天津奇才防水材料工程有限公司
唐山德生防水股份有限公司
徐州卧牛山新型防水材料有限公司
北京世纪洪雨科技有限公司
盘锦禹王防水建材集团有限公司
青岛大洋灯塔防水有限公司
北京圣洁防水材料有限公司
辽宁大禹防水科技发展有限公司

潍坊市宏源防水材料有限公司
广东科顺化工实业有限公司
胜利油田大明新型建筑防水材料有限责任公司
广州秀珀化工股份有限公司
北京宇阳泽丽防水材料有限责任公司
威达吉润（扬州）建筑材料有限公司
深圳市蓝盾防水工程有限公司
江苏欧西建材科技发展有限公司
坚倍斯顿防水材料（上海）有限公司
北京市建国伟业防水材料有限公司
山东鑫达鲁鑫防水材料有限公司
秦皇岛市松岩建材有限公司

本规程主要起草人员：朱冬青　李承刚　王　天　韩丽莉　朱志远　马丽亚　郭蔚飞　尚华胜　孔祥武　王月宾　柯思征　朱卫如　李冠中　李　玲　杜　昕　邹先华　张伶俐　罗玉娟　李　勇　杨　光　李国干　陈玉山　张广彬　王　颖　王洪波　弭明新　陈宝忠　孙　哲　王书苓　陈伟忠　孟凡城

本规程主要审查人员：方展和　古润泽　王自福　羡永彪　张道真　马　跃　霍瑞琴　曲　慧　费毕刚　张玉玲　张　勇

目　次

Contents

1 总 则

1.0.1 为贯彻国家保护环境及节约能源和资源的政策，规范种植屋面工程技术要求，做到技术先进、安全可靠、经济合理，制定本规程。

1.0.2 本规程适用于新建、既有建筑屋面和地下建筑顶板种植工程的设计、施工、质量验收和维护管理。

1.0.3 种植屋面工程的设计、施工、质量验收和维护管理除应符合本规程外，尚应符合国家现行有关标准的规定。

2 术 语

2.0.1 种植屋面 green roof

铺以种植土或设置容器种植植物的建筑屋面或地下建筑顶板。

2.0.2 地下建筑顶板 underground structure plaza

地下建筑物、构筑物的顶部承重板。

2.0.3 简单式种植屋面 extensive green roof

仅种植地被植物、低矮灌木的屋面。

2.0.4 花园式种植屋面 intensive green roof

种植乔灌木和地被植物，并设置园路、坐凳等休憩设施的屋面。

2.0.5 容器种植 containered planting

在可移动组合的容器、模块中种植植物。

2.0.6 耐根穿刺防水层 root penetration resistant waterproof layer

具有防水和阻止植物根系穿刺功能的构造层。

2.0.7 排（蓄）水层 water drainage/retain layer

能排出种植土中多余水分（或具有一定蓄水功能）的构造层。

2.0.8 过滤层 filter layer

防止种植土流失，且便于水渗透的构造层。

2.0.9 种植土 growing soil

具有一定渗透性、蓄水能力和空间稳定性，可提供屋面植物生长所需养分的田园土、改良土和无机种植土的总称。

2.0.10 田园土 natural soil

田园土或农耕土。

2.0.11 改良土（有机种植土） improved soil (organic soil)

由田园土、轻质骨料和有机或无机肥料等混合而成的种植土。

2.0.12 无机种植土 inorganic soil

由多种非金属矿物质、无机肥料等混合而成的种植土。

2.0.13 植被层 plant layer

种植草本植物、木本植物的构造层。

2.0.14 地被植物 ground cover plant

用以覆盖地面的、株丛密集的低矮植物的统称。

2.0.15 种植池 planting container

用以种植植物的不可移动的构筑物，也称树池。

2.0.16 园林小品 garden ornaments

园林中供休憩、装饰、展示和为园林管理及方便游人使用的小型设施。

2.0.17 园路 garden path

种植屋面上供人行走的道路。

2.0.18 缓冲带 buffering stripes

种植土与女儿墙、屋面凸起结构、周边泛水及檐口、排水口等部位之间，起缓冲、隔离、滤水、排水等作用的地带（沟），一般由卵石构成。

3 基本规定

3.1 材 料

3.1.1 种植屋面应按构造层次、种植要求选择材料。材料应配置合理、安全可靠。

3.1.2 种植屋面选用材料的品种、规格、性能等应符合国家现行有关标准和设计要求，并应提供产品合格证书和检验报告。

3.1.3 普通防水材料和找坡材料的选用应符合现行国家标准《屋面工程技术规范》GB 50345、《坡屋面工程技术规范》GB 50693 和《地下工程防水技术规范》GB 50108 的有关规定。

3.1.4 耐根穿刺防水材料的选用应通过耐根穿刺性能试验，试验方法应符合现行行业标准《种植屋面用耐根穿刺防水卷材》JC/T 1075 的规定，并由具有资质的检测机构出具合格检验报告。

3.1.5 种植屋面使用的材料应符合有关建筑防火规范的规定。

3.2 设 计

3.2.1 种植屋面工程设计应遵循“防、排、蓄、植”并重和“安全、环保、节能、经济，因地制宜”的原则。

3.2.2 种植屋面不宜设计为倒置式屋面。

3.2.3 种植屋面工程结构设计时应计算种植荷载。既有建筑屋面改造为种植屋面前，应对原结构进行鉴定。

3.2.4 种植屋面荷载取值应符合现行国家标准《建筑结构荷载规范》GB 50009 的规定。屋顶花园有特殊要求时，应单独计算结构荷载。

3.2.5 种植屋面绝热层、找坡（找平）层、普通防水层和保护层设计应符合现行国家标准《屋面工程技术规范》GB 50345、《地下工程防水技术规范》GB 50108 的有关规定。

3.2.6 屋面基层为压型金属板，采用单层防水卷材的种植屋面设计应符合国家现行有关标准的规定。

3.2.7 当屋面坡度大于 20%时，绝热层、防水层、排（蓄）水层、种植土层等均应采取防滑措施。

3.2.8 种植屋面应根据不同地区的风力因素和植物高度，采取植物抗风固定措施。

3.2.9 地下建筑顶板种植设计应符合现行国家标准《地下工程防水技术规范》GB 50108 的规定。

3.2.10 种植屋面工程设计应符合现行国家标准《建筑设计防火规范》GB 50016 的规定，大型种植屋面应设置消防设施。

3.2.11 避雷装置设计应符合现行国家标准《建筑物防雷设计规范》GB 50057 的规定。

3.3 施 工

3.3.1 种植屋面防水工程和园林绿化工程的施工单位应有专业施工资质，主要作业人员应持证上岗，按照总体设计作业程序施工。

3.3.2 种植屋面施工应符合现行国家标准《建设工程施工现场消防安全技术规范》GB 50720 的规定。

3.3.3 屋面施工现场应采取下列安全防护措施：

1 屋面周边和预留孔洞部位必须设置安全护栏和安全网或其他防止人员和物体坠落的防护措施；

2 屋面坡度大于 20%时，应采取人员保护和防滑措施；

3 施工人员应戴安全帽，系安全带和穿防滑鞋；

4 雨天、雪天和五级风及以上时不得施工；

5 应设置消防设施，加强火源管理。

3.4 质量验收

3.4.1 种植屋面工程质量验收应符合国家现行标准《建筑工程施工质量验收统一标准》GB 50300、《屋面工程质量验收规范》GB 50207、《地下防水工程质量验收规范》GB 50208、《园林绿化工程施工及验收规范》CJJ 82 的有关规定。

3.4.2 种植屋面工程施工过程中应按分部（子分部）、分项工程和检验批的规定验收，并应做好记录。

3.4.3 种植屋面防水工程竣工后，平屋面应进行 48h 蓄水检验，坡屋面应进行 3h 持续淋水检验。

3.4.4 种植屋面各分项工程质量验收的主控项目应符合设计要求。

4 种植屋面工程材料

4.1 一般规定

4.1.1 种植屋面绝热层应选用密度小、压缩强度大、导热系数小、吸水率低的材料。

4.1.2 找坡材料应符合下列规定：

1 找坡材料应选用密度小并具有一定抗压强度的材料；

2 当坡长小于 4m 时，宜采用水泥砂浆找坡；

3 当坡长为 4m～9m 时，可采用加气混凝土、轻质陶粒混凝土、水泥膨胀珍珠岩和水泥蛭石等材料找坡，也可采用结构找坡；

4 当坡长大于 9m 时，应采用结构找坡。

4.1.3 耐根穿刺防水材料应具有耐霉菌腐蚀性能。

4.1.4 改性沥青类耐根穿刺防水材料应含有化学阻根剂。

4.1.5 种植屋面排（蓄）水层应选用抗压强度大、耐久性好的轻质材料。

4.1.6 种植土应具有质量轻、养分适度、清洁无毒和安全环保等特性。

4.1.7 改良土有机材料体积掺入量不宜大于 30%；有机质材料应充分腐熟灭菌。

4.2 绝 热 材 料

4.2.1 种植屋面绝热材料可采用喷涂硬泡聚氨酯、硬泡聚氨酯板、挤塑聚苯乙烯泡沫塑料保温板、硬质聚异氰脲酸酯泡沫保温板、酚醛硬泡保温板等轻质绝热材料。不得采用散状绝热材料。

4.2.2 喷涂硬泡聚氨酯和硬泡聚氨酯板的主要性能应符合现行国家标准《硬泡聚氨酯保温防水工程技术规范》GB 50404 的有关规定。

4.2.3 挤塑聚苯乙烯泡沫塑料保温板的主要性能应符合现行国家标准《绝热用挤塑聚苯乙烯泡沫塑料(XPS)》GB/T 10801.2 的有关规定。

4.2.4 硬质聚异氰脲酸酯泡沫保温板的主要性能应符合现行国家标准《绝热用聚异氰脲酸酯制品》GB/T 25997 的规定。

4.2.5 酚醛硬泡保温板的主要性能应符合现行国家标准《绝热用硬质酚醛泡沫制品（PF）》GB/T 20974 的规定。

4.2.6 种植屋面保温隔热材料的密度不宜大于 100kg/m³，压缩强度不得低于 100kPa。100kPa 压缩强度下，压缩比不得大于 10%。

4.3 耐根穿刺防水材料

4.3.1 弹性体改性沥青防水卷材的厚度不应小于 4.0mm，产品包括复合铜胎基、聚酯胎基的卷材，应含有化学阻根剂，其主要性能应符合现行国家标准《弹性体改性沥青防水卷材》GB 18242及表 4.3.1 的规定。

表 4.3.1 弹性体改性沥青防水卷材主要性能

项目	耐根穿刺性能试验	可溶物含量(g/m²)	拉力(N/50mm)	延伸率(%)	耐热性(℃)	低温柔性(℃)
性能要求	通过	≥2900	≥800	≥40	105	−25

4.3.2 塑性体改性沥青防水卷材的厚度不应小于4.0mm，产品包括复合铜胎基、聚酯胎基的卷材，应含有化学阻根剂，其主要性能应符合现行国家标准《塑性体改性沥青防水卷材》GB 18243及表4.3.2的规定。

表4.3.2 塑性体改性沥青防水卷材主要性能

项目	耐根穿刺性能试验	可溶物含量（g/m²）	拉力（N/50mm）	延伸率（%）	耐热性（℃）	低温柔性（℃）
性能要求	通过	≥2900	≥800	≥40	130	−15

4.3.3 聚氯乙烯防水卷材的厚度不应小于1.2mm，其主要性能应符合现行国家标准《聚氯乙烯（PVC）防水卷材》GB 12952及表4.3.3的规定。

表4.3.3 聚氯乙烯防水卷材主要性能

类型	耐根穿刺性能试验	拉伸强度	断裂伸长率（%）	低温弯折性（℃）	热处理尺寸变化率（%）
匀质	通过	≥10MPa	≥200	−25	≤2.0
玻纤内增强	通过	≥10MPa	≥200	−25	≤0.1
织物内增强	通过	≥250N/cm	≥15（最大拉力时）	−25	≤0.5

4.3.4 热塑性聚烯烃防水卷材的厚度不应小于1.2mm，其主要性能应符合现行国家标准《热塑性聚烯烃（TPO）防水卷材》GB 27789及表4.3.4的规定。

表4.3.4 热塑性聚烯烃防水卷材主要性能

类型	耐根穿刺性能试验	拉伸强度	断裂伸长率（%）	低温弯折性（℃）	热处理尺寸变化率（%）
匀质	通过	≥12MPa	≥500	−40	≤2.0
织物内增强	通过	≥250N/cm	≥15（最大拉力时）	−40	≤0.5

4.3.5 高密度聚乙烯土工膜的厚度不应小于1.2mm，其主要性能应符合现行国家标准《土工合成材料 聚乙烯土工膜》GB/T 17643和表4.3.5的规定。

表4.3.5 高密度聚乙烯土工膜主要性能

项目	耐根穿刺性能试验	拉伸强度（MPa）	断裂伸长率（%）	低温弯折性（℃）	尺寸变化率（%，100℃，15min）
性能要求	通过	≥25	≥500	−30	≤1.5

4.3.6 三元乙丙橡胶防水卷材的厚度不应小于1.2mm，其主要性能应符合现行国家标准《高分子防水材料 第1部分：片材》GB 18173.1中JL1及表4.3.6-1的规定；三元乙丙橡胶防水卷材搭接胶带的主要性能应符合表4.3.6-2的规定。

表4.3.6-1 三元乙丙橡胶防水卷材主要性能

项目	耐根穿刺性能试验	断裂拉伸强度（MPa）	扯断伸长率（%）	低温弯折性（℃）	加热伸缩量（mm）
性能要求	通过	≥7.5	≥450	−40	+2，−4

表4.3.6-2 三元乙丙橡胶防水卷材搭接胶带主要性能

项目	持粘性（min）	耐热性（80℃，2h）	低温柔性（−40℃）	剪切状态下粘合性（卷材）（N/mm）	剥离强度（卷材）（N/mm）	热处理剥离强度保持率（卷材，80℃，168h）（%）
性能要求	≥20	无流淌、龟裂、变形	无裂纹	≥2.0	≥0.5	≥80

4.3.7 聚乙烯丙纶防水卷材和聚合物水泥胶结料复合耐根穿刺防水材料，其中聚乙烯丙纶防水卷材的聚乙烯膜层厚度不应小于0.6mm，其主要性能应符合表4.3.7-1的规定；聚合物水泥胶结料的厚度不应小于1.3mm，其主要性能应符合表4.3.7-2的规定。

表4.3.7-1 聚乙烯丙纶防水卷材主要性能

项目	耐根穿刺性能试验	断裂拉伸强度（N/cm）	扯断伸长率（%）	低温弯折性（℃）	加热伸缩量（mm）
性能要求	通过	≥60	≥400	−20	+2，−4

表4.3.7-2 聚合物水泥胶结料主要性能

项目	与水泥基层粘结强度（MPa）	剪切状态下的粘合性（N/mm）		抗渗性能（MPa，7d）	抗压强度（MPa，7d）
		卷材—基层	卷材—卷材		
性能要求	≥0.4	≥1.8	≥2.0	≥1.0	≥9.0

4.3.8 喷涂聚脲防水涂料的厚度不应小于 2.0mm，其主要性能应符合现行国家标准《喷涂聚脲防水涂料》GB/T 23446 的规定及表 4.3.8 的规定。喷涂聚脲防水涂料的配套底涂料、涂层修补材料和层间搭接剂的性能应符合现行行业标准《喷涂聚脲防水工程技术规程》JGJ/T 200 的相关规定。

表 4.3.8 喷涂聚脲防水涂料主要性能

项目	耐根穿刺性能试验	拉伸强度（MPa）	断裂伸长率（%）	低温弯折性（℃）	加热伸缩率（%）
性能要求	通过	≥16	≥450	−40	+1.0，−1.0

4.4 排（蓄）水材料和过滤材料

4.4.1 排（蓄）水材料应符合下列规定：

1 凹凸型排（蓄）水板的主要性能应符合表 4.4.1-1 的规定；

表 4.4.1-1 凹凸型排（蓄）水板主要性能

项目	伸长率10%时拉力（N/100mm）	最大拉力（N/100mm）	断裂伸长率（%）	撕裂性能（N）	压缩性能		低温柔度	纵向通水量（侧压力150kPa）（cm^3/s）
					压缩率为20%时最大强度（kPa）	极限压缩现象		
性能要求	≥350	≥600	≥25	≥100	≥150	无破裂	−10℃无裂纹	≥10

2 网状交织排水板主要性能应符合表 4.4.1-2 的规定；

表 4.4.1-2 网状交织排水板主要性能

项目	抗压强度（kN/m^2）	表面开孔率（%）	空隙率（%）	通水量（cm^3/s）	耐酸碱性
性能要求	≥50	≥95	85～90	≥380	稳定

3 级配碎石的粒径宜为 10mm～25mm，卵石的粒径宜为 25mm～40mm，铺设厚度均不宜小于 100mm；

4 陶粒的粒径宜为 10mm～25mm，堆积密度不宜大于 500kg/m³，铺设厚度不宜小于 100mm。

4.4.2 过滤材料宜选用聚酯无纺布，单位面积质量不小于 200g/m²。

4.5 种 植 土

4.5.1 常用种植土主要性能应符合表 4.5.1 的规定。

表 4.5.1 常用种植土性能

种植土类型	饱和水密度（kg/m^3）	有机质含量（%）	总孔隙率（%）	有效水分（%）	排水速率（mm/h）
田园土	1500～1800	≥5	45～50	20～25	≥42
改良土	750～1300	20～30	65～70	30～35	≥58
无机种植土	450～650	≤2	80～90	40～45	≥200

4.5.2 常用改良土的配制宜符合表 4.5.2 的规定。

表 4.5.2 常用改良土配制

主要配比材料	配制比例	饱和水密度（kg/m^3）
田园土：轻质骨料	1：1	≤1200
腐叶土：蛭石：沙土	7：2：1	780～1000
田园土：草炭：（蛭石和肥料）	4：3：1	1100～1300
田园土：草炭：松针土：珍珠岩	1：1：1：1	780～1100
田园土：草炭：松针土	3：4：3	780～950
轻沙壤土：腐殖土：珍珠岩：蛭石	2.5：5：2：0.5	≤1100
轻沙壤土：腐殖土：蛭石	5：3：2	1100～1300

4.5.3 地下建筑顶板种植宜采用田园土为主，土壤质地要求疏松、不板结、土块易打碎，主要性能宜符合表 4.5.3 的规定。

表 4.5.3 田园土主要性能

项目	渗透系数（cm/s）	饱和水密度（kg/m^3）	有机质含量（%）	全盐含量（%）	pH 值
性能要求	≥10^{-4}	≤1100	≥5	<0.3	6.5～8.2

4.6 种 植 植 物

4.6.1 乔灌木应符合下列规定：

1 胸径、株高、冠径、主枝长度和分枝点高度应符合现行行业标准《城市绿化和园林绿地用植物材料 木本苗》CJ/T 24 的规定；

2 植株生长健壮、株形完整；

3 枝干无机械损伤、无冻伤、无毒无害、少污染；

4 禁止使用入侵物种。

4.6.2 绿篱、色块植物宜株形丰满、耐修剪。

4.6.3 藤本植物宜覆盖、攀爬能力强。

4.6.4 草坪块、草坪卷应符合下列规定：

1 规格一致，边缘平直，杂草数量不得多于1%；

2 草坪块土层厚度宜为30mm，草坪卷土层厚度宜为18mm～25mm。

4.7 种植容器

4.7.1 容器的外观质量、物理机械性能、承载能力、排水能力、耐久性能等应符合产品标准的要求，并由专业生产企业提供产品合格证书。

4.7.2 容器材质的使用年限不应低于10年。

4.7.3 容器应具有排水、蓄水、阻根和过滤功能。

4.7.4 容器高度不应小于100mm。

4.8 设施材料

4.8.1 种植屋面宜选用滴灌、喷灌和微灌设施。喷灌工程相关材料应符合现行国家标准《喷灌工程技术规范》GB/T 50085 的规定；微灌工程相关材料应符合现行国家标准《微灌工程技术规范》GB/T 50485 的规定。

4.8.2 电气和照明材料应符合国家现行标准《低压电气装置 第7-705部分：特殊装置或场所的要求 农业和园艺设施》GB 16895.27和《民用建筑电气设计规范》JGJ 16 的规定。

5 种植屋面工程设计

5.1 一般规定

5.1.1 种植屋面设计应包括下列内容：

1 计算屋面结构荷载；

2 确定屋面构造层次；

3 绝热层设计，确定绝热材料的品种规格和性能；

4 防水层设计，确定耐根穿刺防水材料和普通防水材料的品种规格和性能；

5 保护层；

6 种植设计，确定种植土类型、种植形式和植物种类；

7 灌溉及排水系统；

8 电气照明系统；

9 园林小品；

10 细部构造。

5.1.2 种植屋面植被层设计应根据建筑高度、屋面荷载、屋面大小、坡度、风荷载、光照、功能要求和养护管理等因素确定。

5.1.3 种植屋面绿化指标宜符合表5.1.3的规定。

表5.1.3 种植屋面绿化指标

种植屋面类型	项 目	指标(%)
简单式	绿化屋顶面积占屋顶总面积	≥80
	绿化种植面积占绿化屋顶面积	≥90
花园式	绿化屋顶面积占屋顶总面积	≥60
	绿化种植面积占绿化屋顶面积	≥85
	铺装园路面积占绿化屋顶面积	≤12
	园林小品面积占绿化屋顶面积	≤3

5.1.4 种植屋面的设计荷载除应满足屋面结构荷载外，尚应符合下列规定：

1 简单式种植屋面荷载不应小于1.0kN/m²，花园式种植屋面荷载不应小于3.0kN/m²，均应纳入屋面结构永久荷载；

2 种植土的荷重应按饱和水密度计算；

3 植物荷载应包括初栽植物荷重和植物生长期增加的可变荷载。初栽植物荷重应符合表5.1.4的规定。

表5.1.4 初栽植物荷重

项 目	小乔木(带土球)	大灌木	小灌木	地被植物
植物高度或面积	2.0m～2.5m	1.5m～2.0m	1.0m～1.5m	1.0m²
植物荷重	0.8kN/株～1.2kN/株	0.6kN/株～0.8kN/株	0.3kN/株～0.6kN/株	0.15kN/m²～0.3kN/m²

5.1.5 花园式屋面种植的布局应与屋面结构相适应；乔木类植物和亭台、水池、假山等荷载较大的设施，应设在柱或墙的位置。

5.1.6 种植屋面的结构层宜采用现浇钢筋混凝土。

5.1.7 种植屋面防水层应满足一级防水等级设防要求，且必须至少设置一道具有耐根穿刺性能的防水材料。

5.1.8 种植屋面防水层应采用不少于两道防水设防，上道应为耐根穿刺防水材料；两道防水层应相邻铺设且防水层的材料应相容。

5.1.9 普通防水层一道防水设防的最小厚度应符合表5.1.9的规定。

表5.1.9 普通防水层一道防水设防的最小厚度

材料名称	最小厚度(mm)
改性沥青防水卷材	4.0
高分子防水卷材	1.5

续表 5.1.9

材料名称	最小厚度（mm）
自粘聚合物改性沥青防水卷材	3.0
高分子防水涂料	2.0
喷涂聚脲防水涂料	2.0

5.1.10 耐根穿刺防水层设计应符合下列规定：

1 耐根穿刺防水材料应符合本规程第 4.3 节的规定；

2 排（蓄）水材料不得作为耐根穿刺防水材料使用；

3 聚乙烯丙纶防水卷材和聚合物水泥胶结料复合耐根穿刺防水材料应采用双层卷材复合作为一道耐根穿刺防水层。

5.1.11 防水卷材搭接缝应采用与卷材相容的密封材料封严。内增强高分子耐根穿刺防水卷材搭接缝应用密封胶封闭。

5.1.12 耐根穿刺防水层上应设置保护层，保护层应符合下列规定：

1 简单式种植屋面和容器种植宜采用体积比为 1∶3、厚度为 15mm～20mm 的水泥砂浆作保护层；

2 花园式种植屋面宜采用厚度不小于 40mm 的细石混凝土作保护层；

3 地下建筑顶板种植应采用厚度不小于 70mm 的细石混凝土作保护层；

4 采用水泥砂浆和细石混凝土作保护层时，保护层下面应铺设隔离层；

5 采用土工布或聚酯无纺布作保护层时，单位面积质量不应小于 300g/m^2；

6 采用聚乙烯丙纶复合防水卷材作保护层时，芯材厚度不应小于 0.4mm；

7 采用高密度聚乙烯土工膜作保护层时，厚度不应小于 0.4mm。

5.1.13 排（蓄）水层的设计应符合下列规定：

1 排（蓄）水层的材料应符合本规程第 4.4.1 条的规定；

2 排（蓄）水系统应结合找坡泛水设计；

3 年蒸发量大于降水量的地区，宜选用蓄水功能强的排（蓄）水材料；

4 排（蓄）水层应结合排水沟分区设置。

5.1.14 种植屋面应根据种植形式和汇水面积，确定水落口数量和水落管直径，并应设置雨水收集系统。

5.1.15 过滤层的设计应符合下列规定：

1 过滤层的材料应符合本规程第 4.4.2 条的规定；

2 过滤层材料的搭接宽度不应小于 150mm；

3 过滤层应沿种植挡墙向上铺设，与种植土高度一致。

5.1.16 种植屋面宜根据屋面面积大小和植物配置，结合园路、排水沟、变形缝、绿篱等划分种植区。

5.1.17 屋面种植植物宜符合下列规定：

1 屋面种植植物宜按本规程附录 A 选用；

2 地下建筑顶板种植宜按地面绿化要求，种植植物不宜选用速生树种；

3 种植植物宜选用健康苗木，乡土植物不宜小于 70%；

4 绿篱、色块、藤本植物宜选用三年生以上苗木；

5 地被植物宜选用多年生草本植物和覆盖能力强的木本植物。

5.1.18 伸出屋面的管道和预埋件等应在防水工程施工前安装完成。后装的设备基座下应增加一道防水增强层，施工时应避免破坏防水层和保护层。

5.2 平 屋 面

5.2.1 种植平屋面的基本构造层次包括：基层、绝热层、找坡（找平）层、普通防水层、耐根穿刺防水层、保护层、排（蓄）水层、过滤层、种植土层和植被层等（图 5.2.1）。根据各地区气候特点、屋面形式、植物种类等情况，可增减屋面构造层次。

5.2.2 种植平屋面的排水坡度不宜小于 2%；天沟、檐沟的排水坡度不宜小于 1%。

5.2.3 屋面采用种植池种植高大植物时（图 5.2.3），种植池设计应符合下列规定：

1 池内应设置耐根穿刺防水层、排（蓄）水层和过滤层；

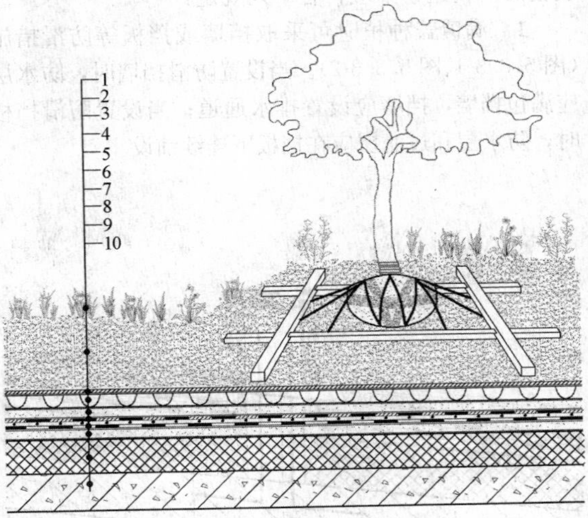

图 5.2.1 种植平屋面基本构造层次

1—植被层；2—种植土层；3—过滤层；4—排（蓄）水层；5—保护层；6—耐根穿刺防水层；7—普通防水层；8—找坡（找平）层；9—绝热层；10—基层

2 池壁应设置排水口，并应设计有组织排水；

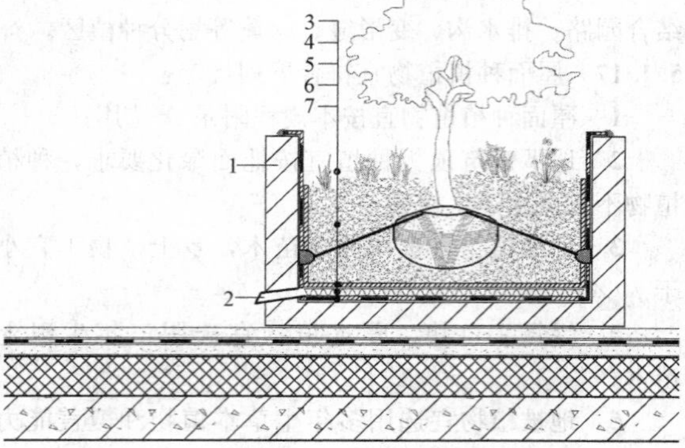

图 5.2.3　种植池

1—种植池；2—排水管（孔）；3—植被层；4—种植土层；5—过滤层；6—排（蓄）水层；7—耐根穿刺防水层

3　根据种植植物高度在池内设置固定植物用的预埋件。

5.3　坡　屋　面

5.3.1　种植坡屋面的基本构造层次应包括：基层、绝热层、普通防水层、耐根穿刺防水层、保护层、排（蓄）水层、过滤层、种植土层和植被层等。根据各地区气候特点、屋面形式和植物种类等情况，可增减屋面构造层次。

5.3.2　屋面坡度小于10%的种植坡屋面设计可按本规程第5.2节的规定执行。

5.3.3　屋面坡度大于等于20%的种植坡屋面设计应设置防滑构造，并应符合下列规定：

1　满覆盖种植时可采取挡墙或挡板等防滑措施（图5.3.3-1、图5.3.3-2）。当设置防滑挡墙时，防水层应满包挡墙，挡墙应设置排水通道；当设置防滑挡板时，防水层和过滤层应在挡板下连续铺设。

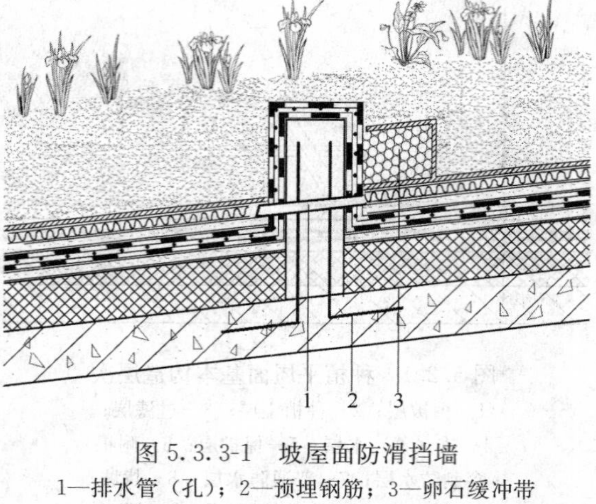

图 5.3.3-1　坡屋面防滑挡墙

1—排水管（孔）；2—预埋钢筋；3—卵石缓冲带

2　非满覆盖种植时可采用阶梯式或台地式种植。阶梯式种植设置防滑挡墙时，防水层应满包挡墙（图

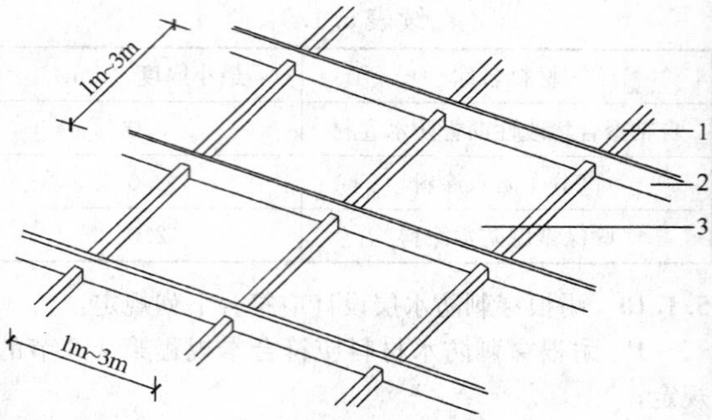

图 5.3.3-2　种植土防滑挡板

1—竖向支撑；2—横向挡板；3—种植土区域

5.3.3-3）。台地式种植屋面应采用现浇钢筋混凝土结构，并应设置排水沟（图5.3.3-4）。

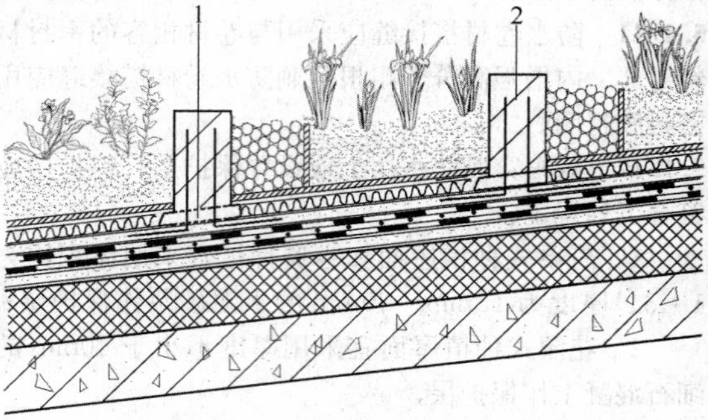

图 5.3.3-3　阶梯式种植

1—排水管（孔）；2—防滑挡墙

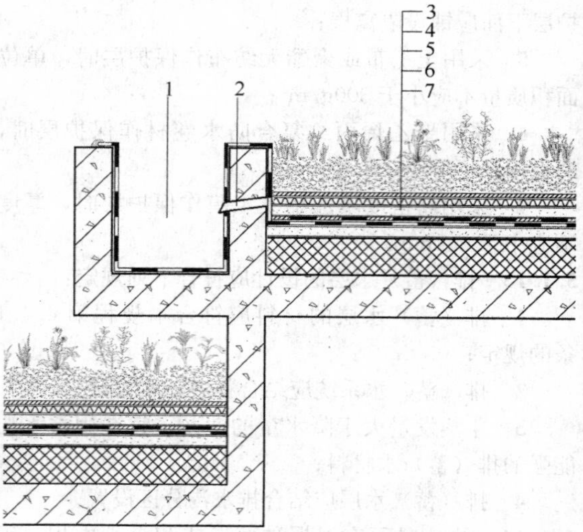

图 5.3.3-4　台地式种植

1—排水沟；2—排水管；3—植被层；4—种植土层；5—过滤层；6—排（蓄）水层；7—细石混凝土保护层

5.3.4　屋面坡度大于50%时，不宜做种植屋面。

5.3.5　坡屋面满覆盖种植宜采用草坪地被植物。

5.3.6　种植坡屋面不宜采用土工布等软质保护层，屋面坡度大于20%时，保护层应采用细石钢筋混凝土。

5.3.7 坡屋面种植在沿山墙和檐沟部位应设置安全防护栏杆。

5.4 地下建筑顶板

5.4.1 地下建筑顶板的种植设计应符合下列规定：

1 顶板应为现浇防水混凝土，并应符合现行国家标准《地下工程防水技术规范》GB 50108 的规定；

2 顶板种植应按永久性绿化设计；

3 种植土与周界地面相连时，宜设置盲沟排水；

4 应设置过滤层和排水层；

5 采用下沉式种植时，应设自流排水系统；

6 顶板采用反梁结构或坡度不足时，应设置渗排水管或采用陶粒、级配碎石等渗排水措施。

5.4.2 顶板面积较大放坡困难时，应分区设置水落口、盲沟、渗排水管等内排水及雨水收集系统。

5.4.3 种植土高于周边地坪土时，应按屋面种植设计要求执行。

5.4.4 地下建筑顶板的耐根穿刺防水层、保护层、排（蓄）水层和过滤层的设计应按本规程第 5.1 节的规定执行。

5.5 既有建筑屋面

5.5.1 屋面改造前必须检测鉴定结构安全性，应以结构鉴定报告作为设计依据，确定种植形式。

5.5.2 既有建筑屋面改造为种植屋面宜选用轻质种植土、地被植物。

5.5.3 既有建筑屋面改造为种植屋面宜采用容器种植，当采用覆土种植时，设计应符合下列规定：

1 有檐沟的屋面应砌筑种植土挡墙。挡墙应高出种植土 50mm，挡墙距离檐沟边沿不宜小于 300mm（图 5.5.3）；

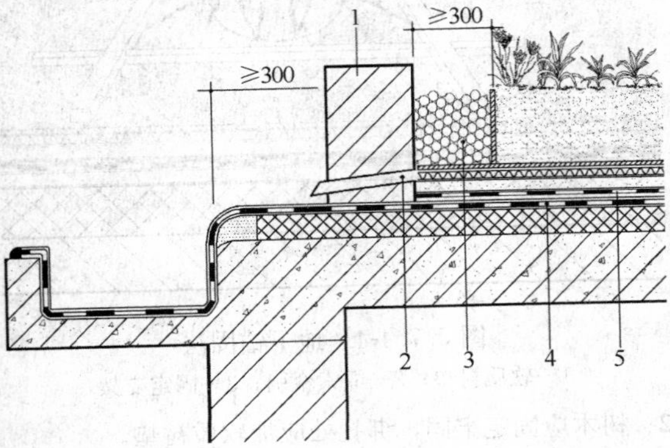

图 5.5.3 种植土挡墙构造

1—檐口种植挡墙；2—排水管（孔）；3—卵石缓冲带；4—普通防水层；5—耐根穿刺防水层

2 挡墙应设排水孔；

3 种植土与挡墙之间应设置卵石缓冲带，带宽度宜大于 300mm。

5.5.4 采用覆土种植的防水层设计应符合下列规定：

1 原有防水层仍具有防水能力的，应在其上增加一道耐根穿刺防水层；

2 原有防水层已无防水能力的，应拆除，并按本规程第 5.1 节的规定重做防水层。

5.5.5 既有建筑屋面的耐根穿刺防水层、保护层、排（蓄）水层和过滤层的设计应按本规程第 5.1 节的规定执行。

5.6 容器种植

5.6.1 根据功能要求和植物种类确定种植容器的形式、规格和荷重（图 5.6.1）。

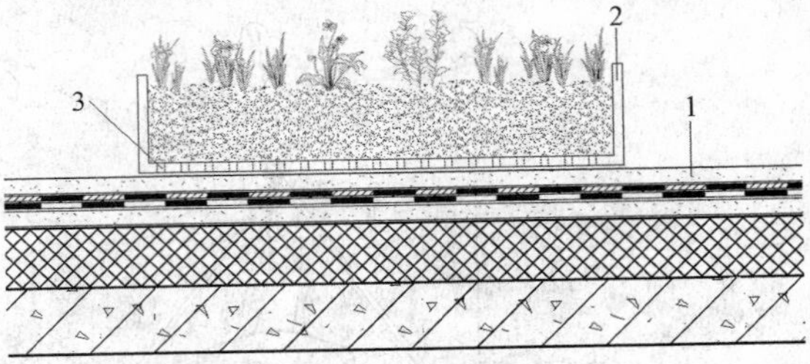

图 5.6.1 容器种植

1—保护层；2—种植容器；3—排水孔

5.6.2 容器种植设计应符合下列规定：

1 种植容器应轻便，易搬移，连接点稳固便于组装、维护；

2 种植容器宜设计有组织排水；

3 宜采用滴灌系统；

4 种植容器下应设置保护层。

5.6.3 容器种植的土层厚度应满足植物生存的营养需求，不宜小于 100mm。

5.7 植被层

5.7.1 根据建筑荷载和功能要求确定种植屋面形式，根据植物种类确定种植土厚度，并应符合表 5.7.1 的规定。

表 5.7.1 种植土厚度

植物种类	种植土厚度（mm）				
	草坪、地被	小灌木	大灌木	小乔木	大乔木
种植土厚度	≥100	≥300	≥500	≥600	≥900

5.7.2 根据气候特点、建筑类型及区域文化特点，宜选择适应当地气候条件的耐旱和滞尘能力强的植物。

5.7.3 屋面种植植物应符合下列规定：

1 不宜种植高大乔木、速生乔木；

2 不宜种植根系发达的植物和根状茎植物；

3 高层建筑屋面和坡屋面宜种植草坪和地被植物；

4 树木定植点与边墙的安全距离应大于树高。

5.7.4 屋面种植乔灌木高于2.0m、地下建筑顶板种植乔灌木高于4.0m时，应采取固定措施，并应符合下列规定：

1 树木固定可选择地上支撑固定法（图5.7.4-1）、地上牵引固定法（图5.7.4-2）、预埋索固法（图5.7.4-3）和地下锚固法（图5.7.4-4）；

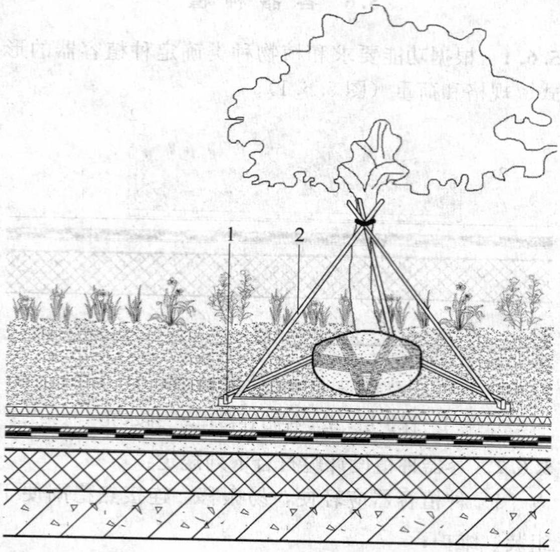

图5.7.4-1 地上支撑固定法

1—稳固支架；2—支撑杆

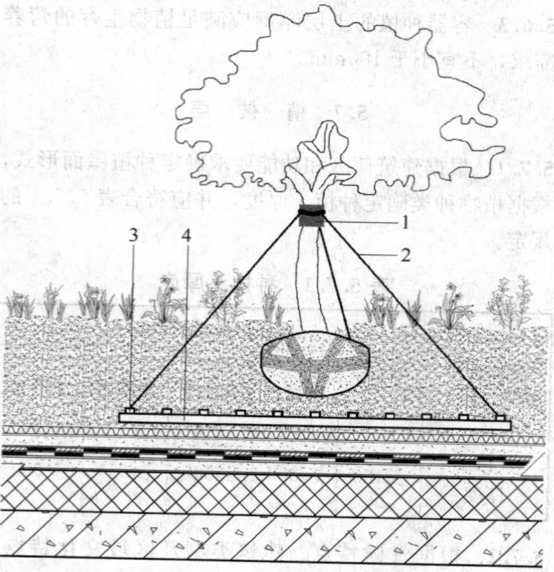

图5.7.4-2 地上牵引固定法

1—软质衬垫；2—绳索牵引；
3—螺栓铆固；4—固定网架

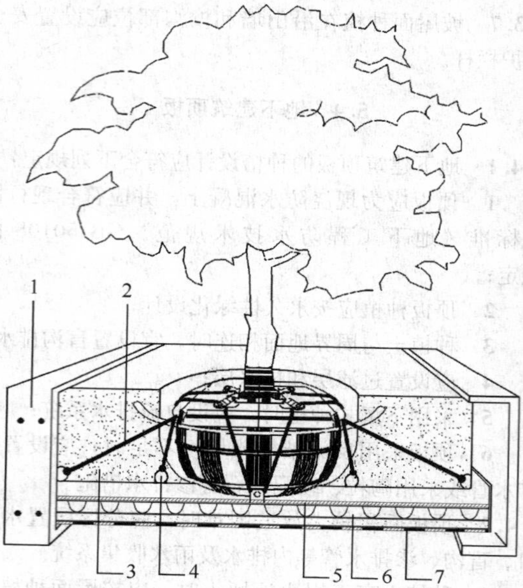

图5.7.4-3 预埋索固法

1—种植池；2—绳索牵引；3—种植土；
4—螺栓固定；5—过滤层；6—排（蓄）水层；7—耐根穿刺防水层

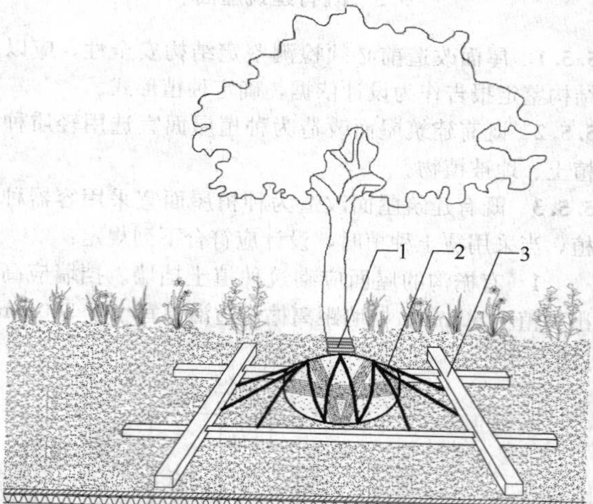

图5.7.4-4 地下锚固法

1—软质衬垫；2—绳索牵引；3—固定支架

2 树木应固定牢固，绑扎处应加软质衬垫。

5.8 细部构造

5.8.1 种植屋面的女儿墙、周边泛水部位和屋面檐口部位，应设置缓冲带，其宽度不应小于300mm。缓冲带可结合卵石带、园路或排水沟等设置。

5.8.2 防水层的泛水高度应符合下列规定：

1 屋面防水层的泛水高度高出种植土不应小于 250mm；

2 地下建筑顶板防水层的泛水高度高出种植土不应小于 500mm。

5.8.3 竖向穿过屋面的管道，应在结构层内预埋套管，套管高出种植土不应小于 250mm。

5.8.4 坡屋面种植檐口构造（图 5.8.4）应符合下列规定：

1 檐口顶部应设种植土挡墙；

2 挡墙应埋设排水管（孔）；

3 挡墙应铺设防水层，并与檐沟防水层连成一体。

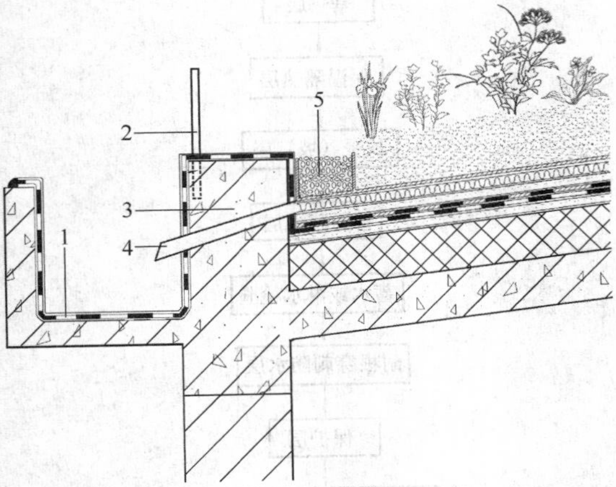

图 5.8.4 檐口构造

1—防水层；2—防护栏杆；3—挡墙；4—排水管；5—卵石缓冲带

5.8.5 变形缝的设计应符合现行国家标准《屋面工程技术规范》GB 50345 的规定。变形缝上不应种植，变形缝墙应高于种植土，可铺设盖板作为园路（图 5.8.5）。

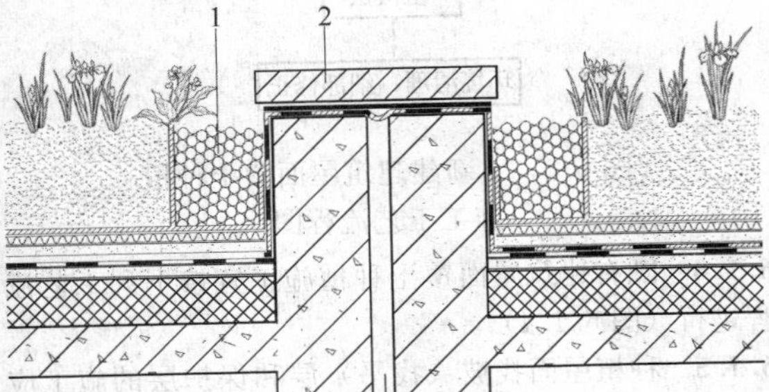

图 5.8.5 变形缝铺设盖板

1—卵石缓冲带；2—盖板；3—变形缝

5.8.6 种植屋面宜采用外排水方式，水落口宜结合缓冲带设置（图 5.8.6）。

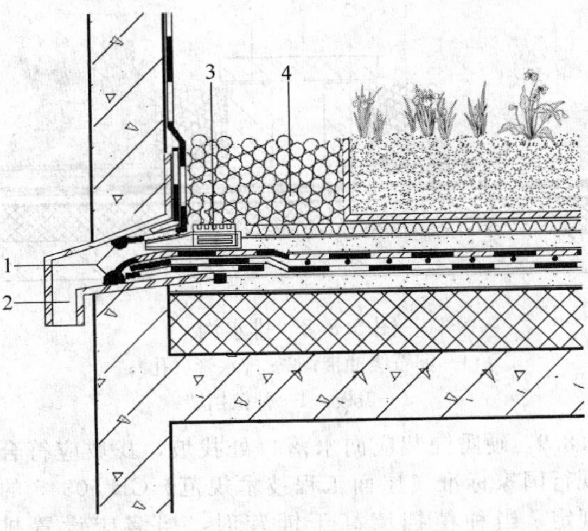

图 5.8.6 外排水

1—密封胶；2—水落口；3—雨箅子；4—卵石缓冲带

5.8.7 排水系统细部设计应符合下列规定：

1 水落口位于绿地内时，水落口上方应设置雨水观察井，并应在周边设置不小于 300mm 的卵石缓冲带（图 5.8.7-1）；

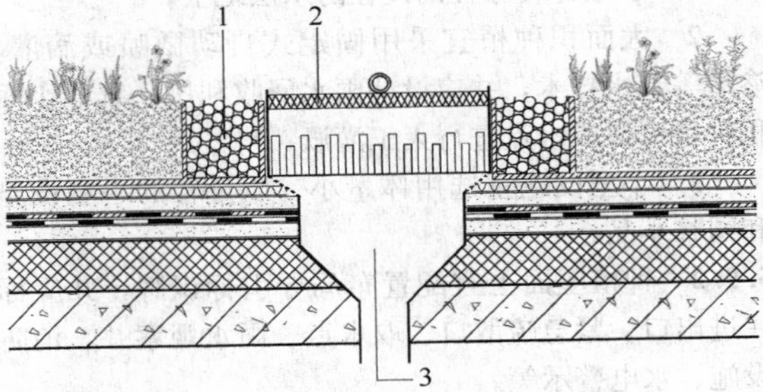

图 5.8.7-1 绿地内水落口

1—卵石缓冲带；2—井盖；3—雨水观察井

2 水落口位于铺装层上时，基层应满铺排水板，上设雨箅子（图 5.8.7-2）。

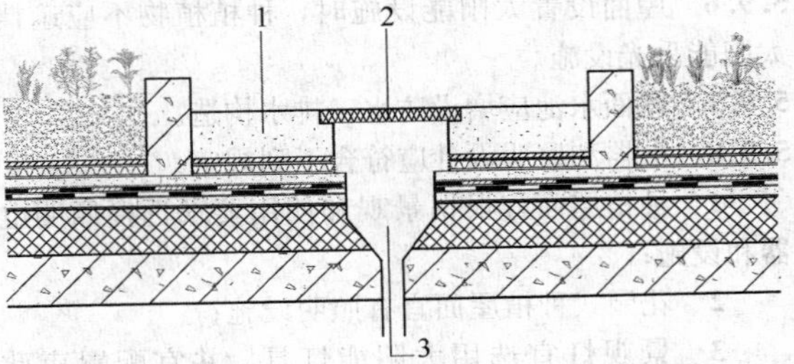

图 5.8.7-2 铺装层上水落口

1—铺装层；2—雨箅子；3—水落口

5.8.8 屋面排水沟上可铺设盖板作为园路，侧墙应设置排水孔（图 5.8.8）。

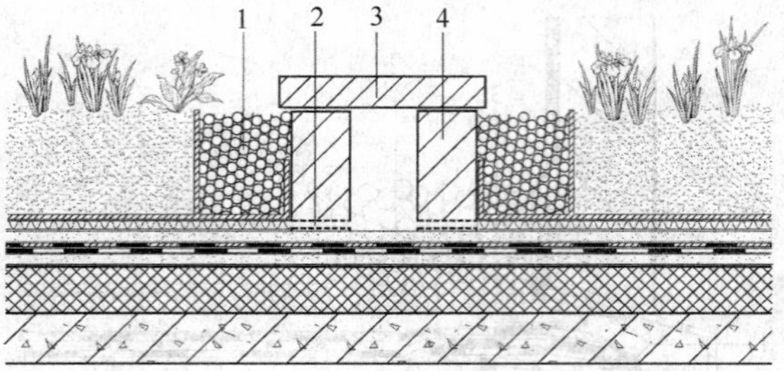

图 5.8.8 排水沟

1—卵石缓冲带；2—排水管（孔）；
3—盖板；4—种植挡墙

5.8.9 硬质铺装应向水落口处找坡，找坡应符合现行国家标准《屋面工程技术规范》GB 50345 的规定。当种植挡墙高于铺装时，挡墙应设置排水孔。

5.8.10 根据植物种类、种植土厚度，可采用地形起伏处理。

5.9 设 施

5.9.1 种植屋面设施的设计除应符合园林设计要求外，尚应符合下列规定：

1 水电管线等宜铺设在防水层之上；

2 大面积种植宜采用固定式自动微喷或滴灌、渗灌等节水技术，并应设计雨水回收利用系统；小面积种植可设取水点进行人工灌溉；

3 小型设施宜选用体量小、质量轻的小型设施和园林小品。

5.9.2 种植屋面上宜配置布局导引标识牌，并应标注进出口、紧急疏散口、取水点、雨水观察井、消防设施、水电警示等。

5.9.3 种植屋面的透气孔高出种植土不应小于250mm，并宜做装饰性保护。

5.9.4 种植屋面在通风口或其他设备周围应设置装饰性遮挡。

5.9.5 屋面设置花架、园亭等休闲设施时，应采取防风固定措施。

5.9.6 屋面设置太阳能设施时，种植植物不应遮挡太阳能采光设施。

5.9.7 屋面水池应增设防水、排水构造。

5.9.8 电器和照明设计应符合下列规定：

1 种植屋面宜根据景观和使用要求选择照明电器和设施；

2 花园式种植屋面宜有照明设施；

3 景观灯宜选用太阳能灯具，并宜配置市政电路；

4 电缆线等设施应符合相关安全标准要求。

6 种植屋面工程施工

6.1 一 般 规 定

6.1.1 施工前应通过图纸会审，明确细部构造和技术要求，并编制施工方案，进行技术交底和安全技术交底。

6.1.2 进场的防水材料、排（蓄）水板、绝热材料和种植土等材料应按规定抽样复验，并提供检验报告。非本地植物应提供病虫害检疫报告。

6.1.3 新建建筑屋面覆土种植施工宜按下列工艺流程进行（图 6.1.3）。

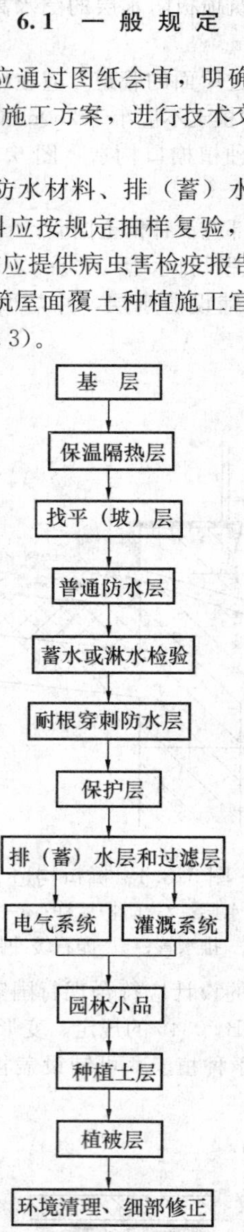

图 6.1.3 新建建筑屋面覆土种植施工工艺流程图

6.1.4 既有建筑屋面覆土种植施工宜按下列工艺流程进行（图 6.1.4）。

6.1.5 种植屋面找坡（找平）层和保护层的施工应符合现行国家标准《屋面工程技术规范》GB 50345、《地下工程防水技术规范》GB 50108 的有关规定。

6.1.6 种植屋面用防水卷材长边和短边的最小搭接宽度均不应小于100mm。

6.1.7 卷材收头部位宜采用金属压条钉压固定和密封材料封严。

6.1.8 喷涂聚脲防水涂料的施工应符合现行行业标

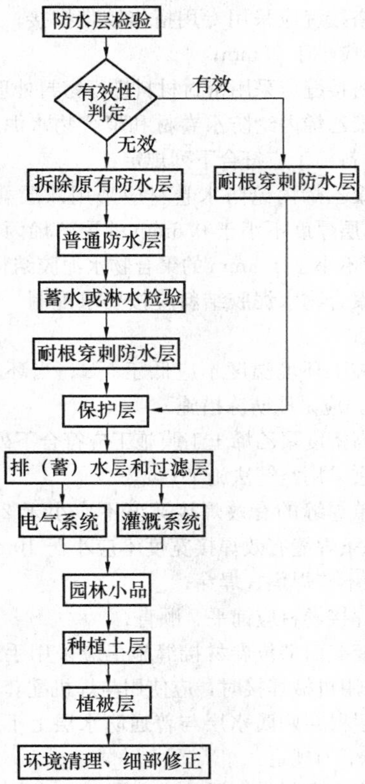

图 6.1.4 既有建筑屋面覆土种植施工工艺流程图

注：容器种植时，耐根穿刺防水层可为普通防水层。

准《喷涂聚脲防水工程技术规程》JGJ/T 200 的规定。

6.1.9 防水材料的施工环境应符合下列规定：

1 合成高分子防水卷材冷粘法施工，环境温度不宜低于5℃；采用焊接法施工时，环境温度不宜低于−10℃；

2 高聚物改性沥青防水卷材热熔法施工环境温度不宜低于−10℃；

3 反应型合成高分子涂料施工环境温度宜为5℃～35℃。

6.1.10 种植容器排水方向应与屋面排水方向相同，并由种植容器排水口内直接引向排水沟排出。

6.1.11 种植土进场后应避免雨淋，散装种植土应有防止扬尘的措施。

6.1.12 进场的植物宜在6h之内栽植完毕，未栽植完毕的植物应及时喷水保湿，或采取假植措施。

6.2 绝 热 层

6.2.1 种植坡屋面的绝热层应采用粘贴法或机械固定法施工。

6.2.2 保温板施工应符合下列规定：

1 基层应平整、干燥和洁净；

2 应紧贴基层，并铺平垫稳；

3 铺设保温板接缝应相互错开，并用同类材料嵌填密实；

4 粘贴保温板时，胶粘剂应与保温板的材性相容。

6.2.3 喷涂硬泡聚氨酯保温材料施工应符合下列规定：

1 基层应平整、干燥和洁净；

2 伸出屋面的管道应在施工前安装牢固；

3 喷涂硬泡聚氨酯的配比应准确计量，发泡厚度应均匀一致；

4 施工环境温度宜为15℃～30℃，风力不宜大于三级，空气相对湿度宜小于85%。

6.3 普通防水层

6.3.1 普通防水层的施工应符合下列规定：

1 卷材与基层宜满粘施工，坡度大于3%时，不得空铺施工；

2 采用热熔法满粘或胶粘剂满粘防水卷材防水层的基层应干燥、洁净；

3 防水层施工前，应在阴阳角、水落口、突出屋面管道根部、泛水、天沟、檐沟、变形缝等细部构造部位设防水增强层，增强层材料应与大面积防水层的材料同质或相容；

4 当屋面坡度小于等于15%时，卷材应平行屋脊铺贴；大于15%时，卷材应垂直屋脊铺贴；上下两层卷材不得互相垂直铺贴。

6.3.2 高聚物改性沥青防水卷材热熔法施工应符合下列规定：

1 铺贴卷材应平整顺直，不得扭曲；

2 火焰加热应均匀，以卷材表面沥青熔融至光亮黑色为宜，不得欠火或过火；

3 卷材表面热熔后应立即滚铺，并应排除卷材下面的空气，辊压粘贴牢固；

4 卷材搭接缝应以溢出热熔的改性沥青为宜，将溢出的5mm～10mm沥青胶封边，均匀顺直；

5 采用条粘法施工时，每幅卷材与基层粘结面不应少于两条，每条宽度不应小于150mm。

6.3.3 自粘类防水卷材施工应符合下列规定：

1 铺贴卷材前，基层表面应均匀涂刷基层处理剂，干燥后及时铺贴卷材；

2 铺贴卷材时应排除自粘卷材下面的空气，辊压粘贴牢固；

3 铺贴的卷材应平整顺直，不得扭曲、皱折；低温施工时，立面、大坡面及搭接部位宜采用热风机加热，粘贴牢固；

4 采用湿铺法施工自粘类防水卷材应符合配套技术规定。

6.3.4 合成高分子防水卷材冷粘法施工应符合下列

规定：

1 基层胶粘剂应涂刷在基层及卷材底面，涂刷应均匀、不露底、不堆积；

2 铺贴卷材应平整顺直，不得皱折、扭曲、拉伸卷材；应辊压排除卷材下的空气，粘贴牢固；

3 搭接缝口应采用材性相容的密封材料封严；

4 冷粘法施工环境温度不应低于5℃。

6.3.5 合成高分子防水涂料施工应符合下列规定：

1 合成高分子防水涂料可采用涂刮法或喷涂法施工；当采用涂刮法施工时，两遍涂刮的方向宜相互垂直；

2 涂覆厚度应均匀，不露底、不堆积；

3 第一遍涂层干燥后，方可进行下一遍涂覆；

4 屋面坡度大于15%时，宜选用反应固化型高分子防水涂料。

6.4 耐根穿刺防水层

6.4.1 耐根穿刺防水卷材施工方式应与其耐根穿刺防水材料检测报告相符。

6.4.2 耐根穿刺防水卷材施工应符合下列规定：

1 改性沥青类耐根穿刺防水卷材搭接缝应一次性焊接完成，并溢出5mm～10mm沥青胶封边，不得过火或欠火；

2 塑料类耐根穿刺防水卷材施工前应试焊，检查搭接强度，调整工艺参数，必要时应进行表面处理；

3 高分子耐根穿刺防水卷材暴露内增强织物的边缘应密封处理，密封材料与防水卷材应相容；

4 高分子耐根穿刺防水卷材“T”形搭接处应作附加层，附加层直径（尺寸）不应小于200mm，附加层应为匀质的同材质高分子防水卷材，矩形附加层的角应为光滑的圆角；

5 不应采用溶剂型胶粘剂搭接。

6.4.3 改性沥青类耐根穿刺防水卷材施工应采用热熔法铺贴，并应符合本规程第6.3节的规定。

6.4.4 聚氯乙烯（PVC）防水卷材和热塑性聚烯烃（TPO）防水卷材施工应符合下列规定：

1 卷材与基层宜采用冷粘法铺贴；

2 大面积采用空铺法施工时，距屋面周边800mm内的卷材应与基层满粘，或沿屋面周边对卷材进行机械固定；

3 搭接缝应采用热风焊接施工，单焊缝的有效焊接宽度不应小于25mm，双焊缝的每条焊缝有效焊接宽度不应小于10mm。

6.4.5 三元乙丙橡胶（EPDM）防水卷材施工应符合下列规定：

1 卷材与基层宜采用冷粘法铺贴；

2 采用空铺法施工时，屋面周边800mm内卷材应与基层满粘，或沿屋面周边对卷材进行机械固定；

3 搭接缝应采用专用搭接胶带搭接，搭接胶带的宽度不应小于75mm；

4 搭接缝应采用密封材料进行密封处理。

6.4.6 聚乙烯丙纶防水卷材和聚合物水泥胶结料复合防水材料施工应符合下列规定：

1 聚乙烯丙纶防水卷材应采用双层叠合铺设，每层由芯层厚度不小于0.6mm的聚乙烯丙纶防水卷材和厚度不小于1.3mm的聚合物水泥胶结料组成；

2 聚合物水泥胶结料应按要求配制，宜采用刮涂法施工；

3 施工环境温度不应低于5℃；当环境温度低于5℃时，应采取防冻措施。

6.4.7 高密度聚乙烯土工膜施工应符合下列规定：

1 宜采用空铺法施工；

2 单焊缝的有效焊接宽度不应小于25mm，双焊缝的每条焊缝有效焊接宽度不应小于10mm，焊接应严密，不应焊焦、焊穿；

3 焊接卷材应铺平、顺直；

4 变截面部位卷材接缝施工应采用手工或机械焊接；采用机械焊接时，应使用与焊机配套的焊条。

6.4.8 耐根穿刺防水层与普通防水层上下相邻，施工应符合下列规定：

1 耐根穿刺防水层的高分子防水卷材与普通防水层的高分子防水卷材复合时，宜采用冷粘法施工；

2 耐根穿刺防水层的沥青基防水卷材与普通防水层的沥青基防水卷材复合时，应采用热熔法施工。

6.4.9 喷涂聚脲防水涂料施工应符合下列规定：

1 基层表面应坚固、密实、平整和干燥；基层表面正拉粘结强度不宜小于2.0MPa；

2 喷涂聚脲防水工程所采用的材料之间应具有相容性；

3 采用专用喷涂设备，并由经过培训的人员操作；

4 两次喷涂作业面的搭接宽度不应小于150mm，间隔6h以上应进行表面处理；

5 喷涂聚脲作业的环境温度应大于5℃、相对湿度应小于85%，且在基层表面温度比露点温度至少高3℃的条件下进行。

6.5 排（蓄）水层和过滤层

6.5.1 排(蓄)水层施工应符合下列规定：

1 排(蓄)水层应与排水系统连通；

2 排(蓄)水设施施工前应根据屋面坡向确定整体排水方向；

3 排(蓄)水层应铺设至排水沟边缘或水落口周边；

4 铺设排(蓄)水材料时，不应破坏耐根穿刺防水层；

5 凹凸塑料排(蓄)水板宜采用搭接法施工，搭接宽度不应小于100mm；

6 网状交织、块状塑料排水板宜采用对接法施工，并应接茬齐整；

7 排水层采用卵石、陶粒等材料铺设时，粒径应大小均匀，铺设厚度应符合设计要求。

6.5.2 无纺布过滤层施工应符合下列规定：

1 空铺于排(蓄)水层之上，铺设应平整、无皱折；

2 搭接宜采用粘合或缝合固定，搭接宽度不应小于150mm；

3 边缘沿种植挡墙上翻时应与种植土高度一致。

6.6 种植土层

6.6.1 种植土进场后不得集中码放，应及时摊平铺设、分层踏实，平整度和坡度应符合竖向设计要求。

6.6.2 厚度500mm以下的种植土不得采取机械回填。

6.6.3 摊铺后的种植土表面应采取覆盖或洒水措施防止扬尘。

6.7 植被层

6.7.1 乔灌木、地被植物的栽植宜根据植物的习性在冬季休眠期或春季萌芽期前进行。

6.7.2 乔灌木种植施工应符合下列规定：

1 移植带土球的树木入穴前，穴底松土应踏实，土球放稳后，应拆除不易腐烂的包装物；

2 树木根系应舒展，填土应分层踏实；

3 常绿树栽植时土球宜高出地面50mm，乔灌木种植深度应与原种植线持平，易生不定根的树种栽深宜为50mm～100mm。

6.7.3 草本植物种植应符合下列规定：

1 根据植株高低、分蘖多少、冠丛大小确定栽植的株行距；

2 种植深度应为原苗种植深度，并保持根系完整，不得损伤茎叶和根系；

3 高矮不同品种混植，应按先高后矮的顺序种植。

6.7.4 草坪块、草坪卷铺设应符合下列规定：

1 周边应平直整齐，高度一致，并与种植土紧密衔接，不留空隙；

2 铺设后应及时浇水，并应碾压、拍打、踏实，并保持土壤湿润。

6.7.5 植被层灌溉应符合下列规定：

1 根据植物种类确定灌溉方式、频率和用水量；

2 乔灌木种植穴周围应做灌水围堰，直径应大于种植穴直径200mm，高度宜为150mm～200mm；

3 新植植物宜在当日浇透第一遍水，三日内浇透第二遍水，以后依气候情况适时灌溉。

6.7.6 树木的防风固定宜符合下列规定：

1 根据设计要求可采用地上固定法或地下固定法；

2 树木绑扎处宜加软质保护衬垫，不得损伤树干。

6.7.7 应根据设计和当地气候条件，对植物采取防冻、防晒、降温和保湿等措施。

6.8 容器种植

6.8.1 容器种植的基层应按现行国家标准《屋面工程技术规范》GB 50345中一级防水等级要求施工。

6.8.2 种植容器置于防水层上应设置保护层。

6.8.3 容器种植施工前，应按设计要求铺设灌溉系统。

6.8.4 种植容器应按要求组装，放置平稳、固定牢固，与屋面排水系统连通。

6.8.5 种植容器应避开水落口、檐沟等部位，不得放置在女儿墙上和檐口部位。

6.9 设施

6.9.1 铺装施工应符合下列规定：

1 基层应坚实、平整，结合层应粘结牢固，无空鼓现象；

2 木铺装所用的面材及垫木等应选用防腐、防蛀材料；固定用螺钉、螺栓等配件应做防锈处理；安装应紧固、无松动，螺钉顶部不得高出铺装表面；

3 透水砖的规格、尺寸应符合设计要求，边角整齐，铺设后应采用细砂扫缝；

4 嵌草砖铺设应以砂土、砂壤土为结合层，其厚度不应低于30mm；湿铺砂浆应饱满严实；干铺应采用细砂扫缝；

5 卵石面层应无明显坑洼、隆起和积水等现象；石子与基层应结合牢固，石子宜采用立铺方式，镶嵌深度应大于粒径的1/2；带状卵石铺装长度大于6m时，应设伸缩缝；

6 铺装踏步高度不应大于160mm，宽度不应小于300mm。

6.9.2 路缘石底部应设基层，应砌筑稳固，直线段顺直，曲线段顺滑，衔接无折角；顶面应平整，无明显错牙，勾缝严密。

6.9.3 园林小品施工应符合下列规定：

1 花架应做防腐防锈处理，立柱垂直偏差应小于5mm；

2 园亭整体应安装稳固，顶部应采取防风揭措施；

3 景观桥表面应做防滑和排水处理；

4 水景应设置水循环系统，并定期消毒；池壁类型应配置合理、砌筑牢固，并单独做防排水处理。

6.9.4 护栏应做防腐防锈处理，安装应紧实牢固，整体垂直平顺。

6.9.5 灌溉用水不应喷洒至防水层泛水部位，不应超过绿地种植区域；灌溉设施管道的套箍接口应牢固紧密、对口严密，并应设置泄水设施。

6.9.6 电线、电缆应采用暗埋式铺设；连接应紧密、牢固，接头不应在套管内，接头连接处应做绝缘处理。

6.10 既有建筑屋面

6.10.1 既有建筑屋面防水层完整连续仍有防水能力时，施工应符合下列规定：

1 覆土种植时，应增铺一道耐根穿刺防水层，施工做法应按本规程第6.4节的规定执行；

2 容器种植时，应在原防水层上增设保护层。

6.10.2 既有建筑屋面丧失防水能力时，应拆除原防水层及上部构造，增做的普通防水层、耐根穿刺防水层及其他构造层次的施工应按本章的有关规定执行。

7 质量验收

7.1 一般规定

7.1.1 种植屋面工程施工验收前，施工单位应提交并归档下列文件：

1 工程设计图纸及会审记录，设计变更通知单，工程施工合同等；

2 防水和园林绿化施工单位的资质证书及主要操作人员的上岗证；

3 施工组织设计或施工方案，技术交底、安全技术交底文件；

4 既有建筑屋面的结构安全鉴定报告；

5 主要材料的出厂合格证、质量检验报告和现场抽样复验报告；

6 各分项工程的施工质量验收记录；

7 隐蔽工程检查验收记录；

8 防水层蓄水或淋水检验记录；

9 给水管道通水试验记录；

10 排水管道通球试验和闭水试验记录；

11 电气照明系统检验记录；

12 其他重要检查验收记录。

7.1.2 种植屋面工程完工后，施工单位应整理施工过程中的有关文件和记录，确认合格后报建设单位或监理单位，由建设单位按有关规定组织验收。工程验收的文件和记录应真实、准确，不得有涂改伪造，并经各级技术负责人签字后方为有效。

7.1.3 种植屋面工程施工应建立各道工序自检、交接检和专职人员检查的"三检"制度，并有完整的检查记录。每道工序完成后，应经监理单位（或建设单位）检查验收，合格后方可进行下道工序的施工。

7.1.4 种植工程竣工验收前，施工单位应向建设单位或监理单位提供下列文件：

1 工程项目开工报告、竣工报告，相关指标及完成工作量；

2 竣工图和工程决算；

3 设计变更、技术变更文件；

4 土壤和水质化验报告；

5 外地购进植物检验、检疫报告；

6 附属设施用材合格证、质量检验报告。

7.1.5 种植屋面工程的子分部、分项工程的划分应符合表7.1.5的规定。

表7.1.5 种植屋面工程的子分部、分项工程

子分部工程	分项工程
种植屋面	找坡（找平）层、绝热层、普通防水层、耐根穿刺防水层、保护层、排水系统、排（蓄）水层、过滤层、种植土层、植被层、园路铺装、护栏、灌溉系统、电气照明系统、园林小品、避雷设施、细部构造

7.1.6 分项工程的施工质量验收检验批的划分应符合下列规定：

1 找坡（找平）层、绝热层、保护层、排（蓄）水层和防水层应按屋面面积每$100m^2$抽查一处，每处$10m^2$，且不应少于3处；

2 接缝密封防水部位，每50m抽查一处，每处5.0m，且不应少于3处；

3 乔灌木应全数检验，草坪地被类植物每$100m^2$检查3处，且不应少于2处；

4 细部构造部位应全部进行检查。

7.1.7 种植屋面找坡（找平）层、保护层和细部构造的质量验收应符合现行国家标准《屋面工程质量验收规范》GB 50207、《地下防水工程质量验收规范》GB 50208的有关规定。

7.2 绝热层

Ⅰ 主控项目

7.2.1 保温板的厚度应符合设计要求，允许偏差应为−4mm。

检验方法：用钢针插入和尺量检查。

7.2.2 喷涂硬泡聚氨酯绝热层的厚度应符合设计要求，不应有负偏差。

检验方法：用钢针插入和尺量检查。

Ⅱ 一般项目

7.2.3 保温板铺设应紧贴基层，铺平垫稳，固定牢固，拼缝严密。

检验方法：观察检查。

7.2.4 保温板的平整度允许偏差应为5mm。

检验方法：用2m靠尺和楔形塞尺检查。

7.2.5 保温板接缝高差的允许偏差应为2mm。

检验方法：用直尺和楔形塞尺检查。

7.2.6 喷涂硬泡聚氨酯绝热层的平整度允许偏差应为5mm。

检验方法：用1m靠尺和楔形塞尺检查。

7.3 普通防水层

Ⅰ 主控项目

7.3.1 防水材料及其配套材料的质量应符合设计要求。

检验方法：检查出厂合格证、质量检验报告和进场检验报告。

7.3.2 防水层不应有渗漏或积水现象。

检验方法：雨后观察或淋水、蓄水试验。

7.3.3 防水层在檐口、檐沟、天沟、水落口、泛水、变形缝和伸出屋面管道的防水构造，应符合设计要求。

检验方法：观察检查。

7.3.4 涂膜防水层的平均厚度应符合设计要求，最小厚度不应小于设计厚度的80%。

检验方法：针测法或取样量测。

Ⅱ 一般项目

7.3.5 卷材的搭接缝应粘结或焊接牢固，密封严密，不应扭曲、皱折或起泡。

检验方法：观察检查。

7.3.6 卷材防水层的收头应与基层粘结并钉压牢固，密封严密，不应翘边。

检验方法：观察检查。

7.3.7 卷材防水层的铺贴方向应正确，卷材搭接宽度的允许偏差应为－10mm。

检验方法：观察和尺量检查。

7.3.8 涂膜防水层与基层应粘结牢固，表面平整，涂布均匀，不应有流淌、皱折、鼓泡、露胎体和翘边等缺陷。

检验方法：观察检查。

7.3.9 涂膜防水层的收头应用防水涂料多遍涂刷。

检验方法：观察检查。

7.3.10 铺贴胎体增强材料应平整顺直，搭接尺寸准确，排除气泡，并与涂料粘结牢固；胎体增强材料搭接宽度的允许偏差应为－10mm。

检验方法：观察和检查隐蔽工程验收记录。

7.4 耐根穿刺防水层

Ⅰ 主控项目

7.4.1 耐根穿刺防水材料及其配套材料的质量应符合设计要求。

检验方法：检查出厂合格证、质量检验报告、耐根穿刺检验报告和进场检验报告。

7.4.2 耐根穿刺防水层施工方式应与耐根穿刺检验报告一致。

检验方法：观察检查。

7.4.3 防水层不应有渗漏或积水现象。

检验方法：雨后观察或淋水、蓄水试验。

7.4.4 防水层在檐口、檐沟、天沟、水落口、泛水、变形缝和伸出屋面管道的防水构造，应符合设计要求。

检验方法：观察检查。

7.4.5 喷涂聚脲防水层的平均厚度应符合设计要求，最小厚度不应小于设计厚度的80%。

检验方法：超声波法检查或取样量测。

Ⅱ 一般项目

7.4.6 喷涂聚脲涂层颜色应均匀，涂层应连续、无漏喷和流坠，无气泡、无针孔、无剥落、无划伤、无折皱、无龟裂、无异物。

检验方法：观察检查。

7.4.7 其他项目应按本规程第7.3节的规定执行。

7.5 排水系统、排（蓄）水层和过滤层

Ⅰ 主控项目

7.5.1 排水系统应符合设计要求。

检验方法：观察检查。

7.5.2 排水管道应畅通，水落口、观察井不得堵塞。

检验方法：通球试验、闭水试验和观察检查。

7.5.3 排（蓄）水层和过滤层材料的质量应符合设计要求。

检验方法：检查出厂合格证、质量检验报告和进场检验报告。

7.5.4 排（蓄）水层和过滤层材料的厚度、单位面积质量和搭接宽度应符合设计要求。

检验方法：尺量检查和称量检查。

Ⅱ 一般项目

7.5.5 排水层应与排水系统连通，保证排水畅通。

检验方法：观察检查。

7.5.6 过滤层应铺设平整、接缝严密，其搭接宽度的允许偏差应为±30mm。

检验方法：观察和尺量检查。

7.6 种植土层

7.6.1 种植土层和植被层均应按其规格、质量进行检测、验收。

7.6.2 地形整理应符合竖向设计要求。

检验方法：观察检查。

7.6.3 种植土的质量应符合设计要求。

检验方法：检查出厂合格证、质量检验报告和进场检验报告。

7.6.4 种植土的厚度、密度应符合设计要求。

检验方法：尺量检查、环刀和称量检查。

7.6.5 种植土的 pH 值应符合设计要求。

检验方法：用便携式 pH 计检查。

7.6.6 有机肥料应充分腐熟。

检验方法：检查出厂合格证、质量检验报告和进场检验报告。

7.7 植 被 层

7.7.1 建设单位或监理单位应对植被层施工的每道工序全过程进行检查验收。

7.7.2 乔灌木的成活率应达到 95%以上，无病残枝。

检验方法：观察统计。

7.7.3 乔灌木应固定牢固，符合设计要求。

检验方法：观察检查。

7.7.4 地被植物种植区域应均匀满覆盖，无杂草、无病虫害、无枯枝落叶。

检验方法：观察统计。

7.7.5 草坪覆盖率应达到 100%，表面整洁、无杂物。

检验方法：观察统计。

7.7.6 植物的整形修剪应符合设计要求。

检验方法：观察检查。

7.7.7 缓冲带的设置和宽度应符合设计要求。

检验方法：观察和尺量检查。

7.7.8 植被层竣工后，场地应整洁、无杂物。

检验方法：观察检查。

7.8 园路铺装和护栏

7.8.1 铺装层应符合下列规定：

1 铺装面层应与基层粘结牢固，无空鼓现象。

检验方法：叩击和观察检查。

2 表面平整、无积水。

检验方法：用 2m 靠尺和楔形塞尺检查、观察检查。

3 铺贴面层接缝应均匀，周边应顺滑。

检验方法：观察检查。

7.8.2 路缘石应符合下列规定：

1 路缘石的基层应砌筑稳固、顺滑，衔接无折角。

检验方法：观察检查。

2 路缘石标高应符合设计要求。

检验方法：用水准仪测量检查。

7.8.3 护栏应符合下列规定：

1 护栏材料、高度、形式、色彩应符合设计要求。

检验方法：观察检查。

2 护栏栏杆安装应坚实牢固，整体垂直平顺，无毛刺、锐角。

检验方法：观察和尺量检查。

7.9 灌 溉 系 统

7.9.1 灌溉系统的材料质量应符合设计要求。

检验方法：检查出厂合格证、质量检验报告和进场检验报告。

7.9.2 给水系统应进行水压实验，实验压力为工作压力的 1.5 倍，且不应小于 0.6MPa。

检验方法：测量检查。

7.9.3 分钟压力降不应大于 0.05MPa。

检验方法：观察检查。

7.9.4 点喷范围不得超过绿地边缘。

检验方法：观察检查。

7.10 电气和照明系统

7.10.1 电气照明系统的材料质量应符合设计要求。

检验方法：检查出厂合格证、质量检验报告和进场检验报告。

7.10.2 电气照明系统连接应紧密、牢固。

检验方法：观察检查。

7.10.3 电气接头连接处应做绝缘处理，漏电保护器应反应灵敏、可靠。

检验方法：用万用电表遥测和观察检查。

7.10.4 景观照明安装完成后应进行全负荷试验和接地阻值试验。

检验方法：用仪表测试和观察检查。

7.10.5 夜景灯光安装完成后应进行效果试验。

检验方法：观察检查。

7.11 园 林 小 品

7.11.1 园林小品的材料、质量应符合设计要求。

检验方法：检查出厂合格证、质量检验报告和进场检验报告。

7.11.2 园林小品的布局、规格尺寸应符合设计要求。

检验方法：尺量检查和观察检查。

7.11.3 花架、园亭应符合设计要求，安装稳固、立柱垂直，外观无明显缺陷。

检验方法：观察检查。

7.11.4 景观桥应符合设计要求，安装稳固，桥面平整。

检验方法：尺量检查和观察检查。

7.12 避雷设施

7.12.1 避雷设施及其配套材料的质量应符合设计要求。

检验方法：检查出厂合格证、质量检验报告和进场检验报告。

7.12.2 避雷设施应接地可靠，并应满足设计要求。

检验方法：观察检查。

7.12.3 浪涌保护器应反应灵敏、可靠。

检验方法：观察检查。

8 维护管理

8.1 植物养护

8.1.1 种植屋面绿化养护管理应符合下列规定：

1 种植屋面工程应建立绿化养护管理制度；

2 定期观察、测定土壤含水量，并根据墒情灌溉补水；

3 根据季节和植物生长周期测定土壤肥力，可适当补充环保、长效的有机肥或复合肥；

4 定期检查并及时补充种植土。

8.1.2 种植屋面可通过控制施肥和定期修剪控制植物生长。

8.1.3 根据设计要求、不同植物的生长习性，适时或定期对植物进行修剪。

8.1.4 及时清理死株，更换或补植老化及生长不良的植株。

8.1.5 在植物生长季节应及时除草，并及时清运。

8.1.6 植物病虫害防治应采用物理或生物防治措施，也可采用环保型农药防治。

8.1.7 根据植物种类、季节和天气情况实施灌溉。

8.1.8 根据植物种类、地域和季节不同，应采取防寒、防晒、防风、防火措施。

8.2 设施维护

8.2.1 定期检查排水沟、水落口和检查井等排水设施，及时疏通排水管道。

8.2.2 园林小品应保持外观整洁，构件和各项设施完好无损。

8.2.3 应保持园路、铺装、路缘石和护栏等的安全稳固、平整完好。

8.2.4 应定期检查、清理水景设施的水循环系统。应保持水质清洁，池壁安全稳固，无缺损。

8.2.5 应保持外露的给排水设施清洁、完整，冬季应采取防冻裂措施。

8.2.6 应定期检查电气照明系统，保持照明设施正常工作，无带电裸露。

8.2.7 应保持导引牌、标识牌外观整洁、构件完整；应急避险标识应清晰醒目。

8.2.8 设施损坏后应及时修复。

附录A 种植屋面常用植物

A.0.1 北方地区屋面种植的植物可按表A.0.1选用。

表 A.0.1 北方地区选用植物

类别	中名	学名	科目	生物学习性
乔木类	侧柏	*Platycladus orientalis*	柏科	阳性，耐寒，耐干旱、瘠薄，抗污染
	洒金柏	*Platycladus orientalis cv. aurea. nana*		阳性，耐寒，耐干旱，瘠薄，抗污染
	铅笔柏	*Sabina chinensis var. pyramidalis*		中性，耐寒
	圆柏	*Sabina chinensis*		中性，耐寒，耐修剪
	龙柏	*Sabina chinensis cv. kaizuka*		中性，耐寒，耐修剪
	油松	*Pinus tabulaeformis*	松科	强阳性，耐寒，耐干旱、瘠薄和碱土
	白皮松	*Pinus bungeana*		阳性，适应干冷气候，抗污染
	白杄	*Picea meyeri*		耐阴，喜湿润冷凉
	柿子树	*Diospyros kaki*	柿树科	阳性，耐寒，耐干旱
	枣树	*Ziziphus jujuba*	鼠李科	阳性，耐寒，耐干旱
	龙爪枣	*Ziziphus jujuba var. tortuosa*		阳性，耐干旱，瘠薄，耐寒
	龙爪槐	*Sophora japonica cv. pendula*	蝶形花科	阳性，耐寒
	金枝槐	*Sophora japonica* "Golden Stem"		阳性，浅根性，喜湿润肥沃土壤
	白玉兰	*Magnolia denudata*	木兰科	阳性，耐寒，稍耐阴
	紫玉兰	*Magnolia liliflora*		阳性，稍耐寒
	山桃	*Prunus davidiana*	蔷薇科	喜光，耐寒，耐干旱、瘠薄，怕涝

续表 A.0.1

类别	中名	学名	科目	生物学习性
灌木类	小叶黄杨	*Buxus sinica var. parvifolia*	黄杨科	阳性，稍耐寒
	大叶黄杨	*Buxus megistophylla*	卫矛科	中性，耐修剪，抗污染
	凤尾丝兰	*Yucca gloriosa*	龙舌兰科	阳性，稍耐严寒
	丁香	*Syringa oblata*	木樨科	喜光，耐半阴，耐寒，耐旱，耐瘠薄
	黄栌	*Cotinus coggygria*	漆树科	喜光，耐寒，耐干旱、瘠薄
	红枫	*Acer palmatum* "Atropurpureum"	槭树科	弱阳性，喜湿凉，喜肥沃土壤，不耐寒
	鸡爪槭	*Acer palmatum*		弱阳性，喜湿凉，喜肥沃土壤，稍耐寒
	紫薇	*Lagerstroemia indica*	千屈菜科	耐旱，怕涝，喜温暖潮润，喜光，喜肥
	紫叶李	*Prunus cerasifera* "Atropurpurea"	蔷薇科	弱阳性，耐寒，耐干旱、瘠薄和盐碱
	紫叶矮樱	*Prunus cistena*		弱阳性，喜肥沃土壤，不耐寒
	海棠	*Malus. spectabilis*		阳性，耐寒，喜肥沃土壤
	樱花	*Prunus serrulata*		喜光，喜温暖湿润，不耐盐碱，忌积水
	榆叶梅	*Prunus triloba*		弱阳性，耐寒，耐干旱
	碧桃	*Prunus. persica* "Duplex"		喜光、耐旱、耐高温、较耐寒、畏涝怕碱
	紫荆	*Cercis chinensis*	豆科	阳性，耐寒，耐干旱、瘠薄
	锦鸡儿	*Caragana sinica*		中性，耐寒，耐干旱、瘠薄
	沙枣	*Elaeagnus angustifolia*	胡颓子科	阳性，耐干旱、水湿和盐碱
	木槿	*Hiriscus sytiacus*	锦葵科	阳性，稍耐寒
	蜡梅	*Chimonanthus praecox*	蜡梅科	阳性，耐寒
	迎春	*Jasminum nudiflorum*	木樨科	阳性，不耐寒
	金叶女贞	*Ligustrum vicaryi*		弱阳性，耐干旱、瘠薄和盐碱
	连翘	*Forsythia suspensa*		阳性，耐寒，耐干旱
	绣线菊	*Spiraea spp.*	蔷薇科	中性，较耐寒
	珍珠梅	*Sorbaria kirilowii*		耐阴，耐寒，耐瘠薄
	月季	*Rosa chinensis*		阳性，较耐寒
	黄刺玫	*Rosa xanthina*		阳性，耐寒，耐干旱
	寿星桃	*Prunus spp.*		阳性，耐寒，耐干旱
	棣棠	*Kerria japonica*		中性，较耐寒
	郁李	*Prunus japonica*		阳性，耐寒，耐干旱
	平枝栒子	*Cotoneaster horizontalis*		阳性，耐寒，耐干旱
	金银木	*Lonicera maackii*	忍冬科	耐阴，耐寒，耐干旱
	天目琼花	*Viburnum sargentii*		阳性，耐寒
	锦带花	*Weigcla florida*		阳性，耐寒，耐干旱
	猬实	*Kolkwitzia amabilis*		阳性，耐寒，耐干旱、瘠薄
	荚蒾	*Viburmum farreri*		中性，耐寒，耐干旱
	红瑞木	*Cornus alba*	山茱萸科	中性，耐寒，耐干旱
	石榴	*Punica granatum*	石榴科	中性，耐寒，耐干旱、瘠薄
	紫叶小檗	*Berberis thunberggii* "Atroputpurea"	小檗科	中性，耐寒，耐修剪
	花椒	*Zanthoxylum bungeanum*	芸香科	阳性，耐寒，耐干旱、瘠薄
	枸杞	*Pocirus tirfoliata*	茄科	阳性，耐寒，耐干旱、瘠薄和盐碱

续表 A.0.1

类别	中名	学名	科目	生物学习性
地被	沙地柏	*Sabina vulgaris*	柏科	阳性，耐寒，耐干旱、瘠薄
	萱草	*Hemerocallis fulva*	百合科	耐寒，喜湿润，耐旱，喜光，耐半阴
	玉簪	*Hosta plantaginea*		耐寒冷，性喜阴湿环境，不耐强烈日光照射
	麦冬	*Ophiopogon japonicus*		耐阴，耐寒
	假龙头	*Physostegia virginiana*	唇形科	喜肥沃、排水良好的沙壤，夏季干燥生长不良
	鼠尾草	*Salvia farinacea*		喜日光充足，通风良好
	百里香	*Thymus mongolicus*		喜光，耐干旱
	薄荷	*Mentha haplocalyx*		喜湿润环境
	藿香	*Wrinkled Gianthyssop*		喜温暖湿润气候，稍耐寒
	白三叶	*Trifolium repens*	豆科	阳性，耐寒
	苜蓿	*Medicago sativa*		耐干旱，耐冷热
	小冠花	*Coronilla varia*		喜光，不耐阴，喜温暖湿润气候，耐寒
	高羊茅	*Festuca arundinacea*	禾本科	耐热，耐践踏
	结缕草	*Zoysia japonica*		阳性，耐旱
	狼尾草	*Pennisetum alopecuroides*		耐寒，耐旱，耐砂土贫瘠土壤
	蓝羊茅	*Festuca glauca*		喜光，耐寒，耐旱，耐贫瘠
	斑叶芒	*Miscanthus sinensis Andress*		喜光，耐半阴，性强健，抗性强
	落新妇	*Astilbe chinensis*	虎耳草科	喜半阴，湿润环境，性强健，耐寒
	八宝景天	*Sedum spectabile*	景天科	极耐旱，耐寒
	三七景天	*sedum spetabiles*		极耐旱，耐寒，耐瘠薄
	胭脂红景天	*Sedum spurium* “Coccineum”		耐旱，稍耐瘠薄，稍耐寒
	反曲景天	*Sedum reflexum*		耐旱，稍耐瘠薄，稍耐寒
	佛甲草	*Sedum lineare*		极耐旱，耐瘠薄，稍耐寒
	垂盆草	*Sedum sarmentosum*		耐旱，耐瘠薄，稍耐寒
	风铃草	*Campanula punctata*	桔梗科	耐寒，忌酷暑
	桔梗	*Platycodon grandiflorum*		喜阳光，怕积水，抗干旱，耐严寒，怕风害
	蓍草	*Achillea sibirca*	菊科	耐寒，喜温暖，湿润，耐半阴
	荷兰菊	*Aster novi-belgii*		喜温暖湿润，喜光、耐寒、耐炎热
	金鸡菊	*Coreopsis basalis*		耐寒耐旱，喜光，耐半阴
	黑心菊	*Rudbeckia hirta*		耐寒，耐旱，喜向阳通风的环境
	松果菊	*Echinacea purpurea*		稍耐寒，喜生于温暖向阳处
	亚菊	*Ajania trilobata*		阳性，耐干旱、瘠薄
	耧斗菜	*Aquilegia vulgaris*	毛茛科	炎夏宜半阴，耐寒
	委陵菜	*Potentilla aiscolor*	蔷薇科	喜光，耐干旱
	芍药	*Paeonia lactiflora*	芍药科	喜温耐寒，喜光照充足、喜干燥土壤环境
	常夏石竹	*Dianthus plumarius*	石竹科	阳性，耐半阴，耐寒，喜肥
	婆婆纳	*Veronica spicata*	玄参科	喜光，耐半阴，耐寒
	紫露草	*Tradescantia reflexa*	鸭跖草科	喜日照充足，耐半阴，紫露草生性强健，耐寒

续表 A.0.1

类别	中名	学名	科目	生物学习性
地被	马蔺	*Iris lactea var. chinensis*	鸢尾科	阳性，耐寒，耐干旱，耐重盐碱
	鸢尾	*Iris tenctorum*		喜阳光充足，耐寒，亦耐半阴
	紫藤	*Weateria sinensis*	豆科	阳性，耐寒
	葡萄	*Vitis vinifera*	葡萄科	阳性，耐旱
	爬山虎	*Parthenocissus tricuspidata*		耐阴，耐寒
	五叶地锦	*Parthenocissus quinquefolia*		耐阴，耐寒
	蔷薇	*Rosa multiflora*	蔷薇科	阳性，耐寒
	金银花	*Lonicera orbiculatus*	忍冬科	喜光，耐阴，耐寒
	台尔曼忍冬	*Lonicerra tellmanniana*		喜光，喜温湿环境，耐半阴
藤本植物	小叶扶芳藤	*Euonymus fortunei var. radicans*	卫矛科	喜阴湿环境，较耐寒
	常春藤	*Hedera helix*	五加科	阴性，不耐旱，常绿
	凌霄	*Campsis grandiflora*	紫葳科	中性，耐寒

A.0.2 南方地区屋面种植的植物可按表 A.0.2 选用。

表 A.0.2 南方地区选用植物

类别	中名	学名	科目	生物学习性
乔木类	云片柏	*Chamaecyparis obtusa* "Breviramea"	柏科	中性
	日本花柏	*Chamaecyparis pisifera*		中性
	圆柏	*Sabina chinensis*		中性，耐寒，耐修剪
	龙柏	*Sabina chinensis* "Kaizuka"		阳性，耐寒，耐干旱、瘠薄
	南洋杉	*Araucaria cunninghamii*	南洋杉科	阳性，喜暖热气候，不耐寒
	白皮松	*Pinus bungeana*	松科	阳性，适应干冷气候，抗污染
	苏铁	*Cycas revoluta*	苏铁科	中性，喜温湿气候，喜酸性土
	红背桂	*Excoecaria bicolor*	大戟科	喜光，喜肥沃沙壤
	刺桐	*Erythrina variegana*	蝶形科	喜光，喜暖热气候，喜酸性土
	枫香	*Liquidanbar fromosana*	金缕梅科	喜光，耐旱，瘠薄
	罗汉松	*Podocarpus macrophyllus*	罗汉松科	半阴性，喜温暖湿润
	广玉兰	*Magnolia grandiflora*	木兰科	喜光，颇耐阴，抗烟尘
	白玉兰	*Magnolia denudata*		喜光，耐寒，耐旱
	紫玉兰	*M. liliflora*		喜光，喜湿润肥沃土壤
	含笑	*Michelia figo*		喜弱阴，喜酸性土，不耐暴晒和干旱
	雪柳	*Fontanesia fortunei*	木樨科	稍耐阴，较耐寒
	桂花	*Osmanthus fragrans*		稍耐阴，喜肥沃沙壤土，抗有毒气体
	芒果	*Mangifera persiciformis*	漆树科	阳性，喜暖湿肥沃土壤
	红枫	*Acer palmatum* "Atropurpureum"	槭树科	弱阳性，喜湿凉、肥沃土壤，耐寒差
	元宝枫	*Acer truncatum*		弱阳性，喜湿凉、肥沃土壤
	紫薇	*Lagerstroemia indica*	千屈菜科	稍耐阴，耐寒性差，喜排水良好石灰性土
	沙梨	*Pyrus pyrifolia*	蔷薇科	喜光，较耐寒，耐干旱
	枇杷	*Eriobotrya japonica*		稍耐阴，喜温暖湿润，宜微酸、肥沃土壤
	海棠	*Malus spectabilis*		喜光，较耐寒、耐干旱
	樱花	*Prunus serrulata*		喜光，较耐寒
	梅	*Prunus mume*		喜光，耐寒，喜温暖潮湿环境

续表 A.0.2

类别	中名	学名	科目	生物学习性
乔木类	碧桃	*Prunus persica* "Duplex"	蔷薇科	喜光，耐寒，耐旱
	榆叶梅	*Prunus triloba*		喜光，耐寒，耐旱，耐轻盐碱
	麦李	*Prunus glandulosa*		喜光，耐寒，耐旱
	紫叶李	*Prunus cerasifera* "Atropurpurea"		弱阳性，耐寒、干旱、瘠薄和盐碱
	石楠	*Photinia serrulata*		稍耐阴，较耐寒，耐干旱、瘠薄
	荔枝	*Litchi chinensis*	无患子科	喜光，喜肥沃深厚、酸性土
	龙眼	*Dimocarpus longan*		稍耐阴，喜肥沃深厚、酸性土
	金叶刺槐	*Robinia pseudoacacia* "Aurea"		耐干旱、瘠薄，生长快
	紫荆	*Cercis chinensis*	云实科	喜光，耐寒，耐修剪
	羊蹄甲	*Bauhinia variegata*		喜光，喜温暖气候、酸性土
	无忧花	*Saraca indica*		喜光，喜温暖气候、酸性土
	柚	*Citrus grandis*	芸香科	喜温暖湿润，宜微酸、肥沃土壤
	柠檬	*Citrus limon*		喜温暖湿润，宜微酸、肥沃土壤
灌木类	百里香	*Thymus mogolicus*	唇形科	喜光，耐旱
	变叶木	*Codiaeum variegatum*	大戟科	喜光，喜湿润环境
	杜鹃	*Rhododendron simsii*	杜鹃花科	喜光，耐寒，耐修剪
	番木瓜	*Carica papaya*	番木科	喜光，喜暖热多雨气候
	海桐	*Pittosporum tobira*	海桐花科	中性，抗海潮风
	山梅花	*Philadelphus coronarius*	虎耳草科	喜光，较耐寒，耐旱
	溲疏	*Deutzia scabra*		半耐阴，耐寒，耐旱，耐修剪，喜微酸土
	八仙花	*Hydrangea macrophylla*		喜阴，喜温暖气候、酸性土
	黄杨	*Buxus sinia*	黄杨科	中性，抗污染，耐修剪
	雀舌黄杨	*Buxus bodinieri*		中性，喜暖湿气侯
	夹竹桃	*Nerium indicum*	夹竹桃科	喜光，耐旱，耐修剪，抗烟尘及有害气体
	红檵木	*Loropetalum chinense*	金缕梅科	耐半阴，喜酸性土，耐修剪
	木芙蓉	*Hibiscus mutabils*	锦葵科	喜光，适应酸性肥沃土壤
	木槿	*Hiriscus sytiacus*		喜光，耐寒，耐旱、瘠薄，耐修剪
	扶桑	*Hibiscus rosa-sinensis*		喜光，适应酸性肥沃土壤
	米兰	*Aglaria odorata*	楝科	喜光，半耐阴
	海州常山	*Clerodendrum trichotomum*	马鞭草科	喜光，喜温暖气候，喜酸性土
	紫珠	*Callicarpa japonica*		喜光，半耐阴
	流苏树	*Chionanthus*	木樨科	喜光，耐旱，耐寒
	云南黄馨	*Jasminum mesnyi*		喜光，喜湿润，不耐寒
	迎春	*Jasminum nudiflorum*		喜光，耐旱，较耐寒
	金叶女贞	*Ligustrum vicaryi*		弱阳性，耐干旱、瘠薄和盐碱
	女贞	*Ligustrun lucidum*		稍耐阴，抗污染，耐修剪
	小蜡	*Ligustrun sinense*		稍耐阴，耐寒，耐修剪
	小叶女贞	*Ligustrun quihoui*		稍耐阴，抗污染，耐修剪
	茉莉	*Jasminum sambac*		稍耐阴，喜肥沃沙壤土

续表 A.0.2

类别	中名	学名	科目	生物学习性
灌木类	栀子	*Gardenia jasminoides*	茜草科	喜光也耐阴，耐干旱、瘠薄，耐修剪，抗 SO_2
	白鹃梅	*Exochorda racemosa*	蔷薇科	耐半阴，耐寒，喜肥沃土壤
	月季	*Rosa chinensis*		喜光，适应酸性肥沃土壤
	棣棠	*Kerria japonica*		喜半阴，喜略湿土壤
	郁李	*Prunus japonica*		喜光，耐寒，耐旱
	绣线菊	*Spiraea thunbergii*		喜光，喜温暖
	悬钩子	*Rubus chingii*		喜肥沃、湿润土壤
	平枝栒子	*Cotoneaster horizontalis*		喜光，耐寒，耐干旱、瘠薄
	火棘	*Puracantha*		喜光不耐寒，要求土壤排水良好
	猬实	*Kolkwitzia amabilis*	忍冬科	喜光，耐旱、瘠薄，颇耐寒
	海仙花	*Weigela coraeensis*		稍耐阴，喜湿润、肥沃土壤
	木本绣球	*Viburnum macrocephalum*		稍耐阴，喜湿润、肥沃土壤
	珊瑚树	*Viburnum awabuki*		稍耐阴，喜湿润、肥沃土壤
	天目琼花	*Viburnum sargentii*		喜光充足，半耐阴
	金银木	*Lonicera maackii*		喜光充足，半耐阴
	山茶花	*Camellia japonica*	山茶科	喜半阴，喜温暖湿润环境
	四照花	*Dentrobenthamia japonica*	山茱萸科	喜光，耐半阴，喜暖热湿润气候
	山茱萸	*Cornus officinalis*		喜光，耐旱，耐寒
	石榴	*Punica granatum*	石榴科	喜光，稍耐寒，土壤需排水良好石灰质土
	晚香玉	*Polianthes tuberose*	石蒜科	喜光，耐旱
	鹅掌柴	*Schefflera octophylla*	五加科	喜光，喜暖热湿润气候
	八角金盘	*Fatsia jiaponica*		喜阴，喜暖热湿润气候
	紫叶小檗	*Berberis thunberggii* “Atroputpurea”	小檗科	中性，耐寒，耐修剪
	佛手	*Citrus medica*	芸香科	喜光，喜暖热多雨气候
	胡椒木	*Zanthoxylum* “Odorum”		喜光，喜砂质壤土
	九里香	*Murraya paniculata*		较耐阴，耐旱
	叶子花	*Bougainvillea spectabilis*	紫茉莉科	喜光，耐旱、瘠薄，耐修剪
地被	沙地柏	Sabina vulgaris	柏科	阳性，耐寒，耐干旱、瘠薄
	萱草	*Hemerocallis fulva*	百合科	阳性，耐寒
	麦冬	*Ophiopogon japonicus*		喜阴湿温暖，常绿，耐阴，耐寒
	火炬花	*Kniphofia unavia*		半耐阴，较耐寒
	玉簪	*Hosta plantaginea*		耐阴，耐寒
	紫萼	*Hosta ventricosa*		耐阴，耐寒
	葡萄风信子	*Muscari botryoides*		半耐阴
	麦冬	*Ophiopogon japonicus*		耐阴，耐寒
	金叶过路黄	*Lysimachia nummlaria*	报春花科	阳性，耐寒
	薰衣草	*Lawandula officinalis*	唇形科	喜光，耐旱
	白三叶	*Trifolium repens*	蝶形花科	阳性，耐寒
	结缕草	*Zoysia japonica*	禾本科	阳性，耐旱
	狼尾草	*Pennisetum alopecuroides*		耐寒，耐旱，耐砂土贫瘠土壤
	蓝羊茅	*Festuca glauca*		喜光，耐寒，耐旱，耐贫瘠
	斑叶芒	*Miscanthus sinensis* “Andress”		喜光，耐半阴，性强健，抗性强

续表 A.0.2

类别	中名	学名	科目	生物学习性
地被	蜀葵	*Althaea rosea*	锦葵科	阳性，耐寒
	秋葵	*Hibiscus palustris*		阳性，耐寒
	罂粟葵	*Callirhoe involucrata*		阳性，较耐寒
	胭脂红景天	*Sedum spurium* “Coccineum”	景天科	耐旱，稍耐瘠薄，稍耐寒
	反曲景天	*Sedum reflexum*		耐旱，耐瘠薄，稍耐寒
	佛甲草	*Sedum lineare*		极耐旱，耐瘠薄，稍耐寒
	垂盆草	*Sedum sarmentosum*		耐旱，瘠薄，稍耐寒
	蓍草	*Achillea sibirica*	菊科	阳性，半耐阴，耐寒
	荷兰菊	*Aster novi－belgii*		阳性，喜温暖湿润，较耐寒
	金鸡菊	*Coreopsis lanceolata*		阳性，耐寒，耐瘠薄
	蛇鞭菊	*Liatris specata*		阳性，喜温暖湿润，较耐寒
	黑心菊	*Rudbeckia hybrida*		阳性，喜温暖湿润，较耐寒
	天人菊	*Gaillardia aristata*		阳性，喜温暖湿润，较耐寒
	亚菊	*Ajania pacifica*		阳性，喜温暖湿润，较耐寒
	月见草	*Oenothera biennis*	柳叶菜科	喜光，耐旱
	耧斗菜	*Aquilegia vulgaria*	毛茛科	半耐阴，耐寒
	美人蕉	*Canna indica*	美人蕉科	阳性，喜温暖湿润
	翻白草	*Potentilla discola*	蔷薇科	阳性，耐寒
	蛇莓	*Duchesnea indica*		阳性，耐寒
	石蒜	*Lycoris radiata*	石蒜科	阳性，喜温暖湿润
	百莲	*Agapanthus africanus*		阳性，喜温暖湿润
	葱兰	*Zephyranthes candida*		阳性，喜温暖湿润
	婆婆纳	*Veronica spicata*	玄参科	阳性，耐寒
	鸭跖草	*Setcreasea pallida*	鸭跖草科	半耐阴，较耐寒
	鸢尾	*Iris tectorum*	鸢尾科	半耐阴，耐寒
	蝴蝶花	*Iris japonica*		半耐阴，耐寒
	有髯鸢尾	*Iris Barbata*		半耐阴，耐寒
	射干	*Belamcanda chinensis*		阳性，较耐寒
藤本植物	紫藤	*Weateria sinensis*	蝶形花科	阳性，耐寒，落叶
	络石	*Trachelospermum jasminordes*	夹竹桃科	耐阴，不耐寒，常绿
	铁线莲	*Clematis florida*	毛茛科	中性，不耐寒，半常绿
	猕猴桃	*Actinidiaceae chinensis*	猕猴桃科	中性，落叶，耐寒弱
	木通	*Akebia quinata*	木通科	中性
	葡萄	*Vitis vinifera*	葡萄科	阳性，耐干旱
	爬山虎	*Parthenocissus tricuspidata*		耐阴，耐寒、干旱
	五叶地锦	*P. quinquefolia*		耐阴，耐寒
	蔷薇	*Rosa multiflora*	蔷薇科	阳性，较耐寒
	十姊妹	*Rosa multifolra* “Platyphylla”		阳性，较耐寒
	木香	*Rosa banksiana*		阳性，较耐寒，半常绿

续表 A.0.2

类别	中名	学名	科目	生物学习性
藤本植物	金银花	*Lonicera orbiculatus*	忍冬科	喜光，耐阴，耐寒，半常绿
	扶芳藤	*Euonymus fortunei*	卫矛科	耐阴，不耐寒，常绿
	胶东卫矛	*Euonymus kiautshovicus*		耐阴，稍耐寒，半常绿
	常春藤	*Hedera helix*	五加科	阳性，不耐寒，常绿
	凌霄	*Campsis grandiflora*	紫葳科	中性，耐寒
竹类与棕榈类	孝顺竹	*Bambusa multiplex*	禾本科	喜向阳凉爽，能耐阴
	凤尾竹	*Bambusa multiplex var. nana*		喜温暖湿润，耐寒稍差，不耐强光，怕渍水
	黄金间碧玉竹	*Bambusa vulgalis*	禾本科	喜温暖湿润，耐寒稍差，怕渍水
	小琴丝竹	*Bambusa multiplex*		喜光，稍耐阴，喜温暖湿润
	罗汉竹	*Phyllostachys aures*		喜光，喜温暖湿润，不耐寒
	紫竹	*Phyllostachys nigra*		喜向阳凉爽的地方，喜温暖湿润，稍耐寒
	箬竹	*Indocalamun latifolius*		喜光，稍耐阴，不耐寒
	蒲葵	*Livistona chinensisi*	棕榈科	阳性，喜温暖湿润，不耐阴，较耐旱
	棕竹	*Rhapis excelsa*		喜温暖湿润，极耐阴，不耐积水
	加纳利海枣	*Phoenix canariensis*		阳性，喜温暖湿润，不耐阴
	鱼尾葵	*Caryota monostachya*		阳性，喜温暖湿润，较耐寒，较耐旱
	散尾葵	*Chrysalidocarpus lutescens*		阳性，喜温暖湿润，不耐寒，较耐阴
	狐尾棕	*Wodyetia bifurcata*		阳性，喜温暖湿润，耐寒，耐旱，抗风

本规程用词说明

1 为便于在执行本规程条文时区别对待，对于要求严格程度不同的用词说明如下：

1）表示很严格，非这样做不可的：
正面词采用“必须”，反面词采用“严禁”；

2）表示严格，在正常情况下均应这样做的：
正面词采用“应”，反面词采用“不应”或“不得”；

3）表示允许稍有选择，在条件许可时首先应这样做的：
正面词采用“宜”，反面词采用“不宜”；

4）表示有选择，在一定条件下可以这样做的，采用“可”。

2 条文中指明应按其他标准执行的写法为：“应符合……的规定”或“应按……执行”。

引用标准名录

1 《建筑结构荷载规范》GB 50009

2 《建筑设计防火规范》GB 50016

3 《建筑物防雷设计规范》GB 50057

4 《喷灌工程技术规范》GB/T 50085

5 《地下工程防水技术规范》GB 50108

6 《屋面工程质量验收规范》GB 50207

7 《地下防水工程质量验收规范》GB 50208

8 《建筑工程施工质量验收统一标准》GB 50300

9 《屋面工程技术规范》GB 50345

10 《硬泡聚氨酯保温防水工程技术规范》GB 50404

11 《微灌工程技术规范》GB/T 50485

12 《坡屋面工程技术规范》GB 50693

13 《建设工程施工现场消防安全技术规范》GB 50720

14 《绝热用挤塑聚苯乙烯泡沫塑料（XPS）》GB/T 10801.2

15 《聚氯乙烯（PVC）防水卷材》GB 12952

16 《低压电气装置　第 7-705 部分：特殊装置或场所的要求　农业和园艺设施》GB 16895.27

17 《土工合成材料　聚乙烯土工膜》GB /T 17643

18 《高分子防水材料　第 1 部分：片材》GB 18173.1

19 《弹性体改性沥青防水卷材》GB 18242

20 《塑性体改性沥青防水卷材》GB 18243

21 《绝热用硬质酚醛泡沫制品（PF）》GB /T 20974

22 《喷涂聚脲防水涂料》GB /T 23446
23 《绝热用聚异氰脲酸酯制品》GB /T 25997
24 《热塑性聚烯烃(TPO)防水卷材》GB 27789
25 《园林绿化工程施工及验收规范》CJJ 82
26 《民用建筑电气设计规范》JGJ 16
27 《喷涂聚脲防水工程技术规程》JGJ/T 200
28 《城市绿化和园林绿地用植物材料　木本苗》CJ/T 24
29 《种植屋面用耐根穿刺防水卷材》JC/T 1075

中华人民共和国行业标准

种植屋面工程技术规程

JGJ 155—2013

条 文 说 明

修 订 说 明

《种植屋面工程技术规程》JGJ 155－2013，经住房和城乡建设部2013年6月9日以第47号公告批准、发布。

本规程是在《种植屋面工程技术规程》JGJ 155－2007的基础上修订而成，上一版的主编单位是中国建筑防水材料工业协会，参编单位是北京市园林科学研究所、中国化建公司苏州防水研究设计所、深圳大学建筑设计院、德尉达（上海）贸易有限公司、盘锦禹王防水建材集团、沈阳蓝光新型防水材料有限公司、北京华盾雪花塑料集团有限责任公司、北京圣洁防水材料有限公司、渗耐防水系统（上海）有限公司、德高瓦国际贸易（北京）有限公司、中防佳缘防水材料有限公司、浙江骏宁特种防漏有限公司。主要起草人员是：王天、朱冬青、李承刚、孙庆祥、张道真、颉朝华、韩丽莉、周文琴、李翔、朱志远、杜昕、尚华胜。本次修订的主要技术内容是：1. 增加了屋面植被层设计、施工和质量验收的内容；2. 增加了容器种植和附属设施的设计、施工和质量验收的内容；3. 调整了种植屋面用耐根穿刺防水材料种类；4. 增加了“养护管理”的内容；5. 调整了常用植物表。

本规程修订过程中，编制组对国内外种植屋面的设计和施工应用情况进行了广泛的调查研究，总结了我国近年来工程建设中种植屋面设计、施工领域的实践经验，同时参考了国外先进技术法规、技术标准，并通过耐根穿刺试验确定了一批可用于种植屋面的耐根穿刺防水材料。

为便于广大设计、施工、检测、科研、学校等单位有关人员正确理解和执行条文内容，《种植屋面工程技术规程》编制组按章、节、条顺序编制了本规程的条文说明，对条文规定的目的、依据以及执行中需要注意的有关事项进行了说明。但是，本条文说明不具备与规程正文同等法律效力，仅供使用者作为正确理解和把握规程规定的参考。

目　次

1 总 则

1.0.1 对于建筑节能来讲，种植屋面（屋顶绿化）可以在一定程度上起到保温隔热、节能减排、节约淡水资源，对建筑结构及防水起到保护作用，滞尘效果显著，同时也是有效缓解城市热岛效应的重要途径。

种植屋面工程由种植、防水、排水、绝热等多项技术构成。随着我国城市化建设的推进，技术不断进步，种植屋面已在一些城市大力推广。因此，修订种植屋面工程技术规程十分必要，有利于进一步规范种植屋面工程的材料、设计、施工和验收，确保工程质量，促进种植屋面工程的发展。

1.0.3 种植屋面工程涉及方方面面，除应按本规程执行外，尚应符合相关标准的规定，具体见本规程引用标准目录。

2 术 语

本规程从种植屋面工程设计、施工和质量验收的角度列出了18条术语。术语中包括以下2种情况。

1 对尚未出现在国家标准、行业标准中的术语，在这次修订时予以增加，如“地下建筑顶板”、“园林小品”等。

2 对过去在国家标准、行业标准不统一的术语，在这次修订时予以统一，如“种植池”、“缓冲带”等。

2.0.3 简单式种植屋面一般仅种植地被植物、低矮灌木，除必要维护通道外，不设置园路、坐凳等休憩设施。

2.0.6 防止植物根系刺穿的防水层，又称隔根层、阻根层、抗根层等。为统一名词称谓，本规程定为耐根穿刺防水层。

2.0.9 种植土一般要求理化性能好，结构疏松，通气保水保肥能力强，适宜于植物生长。

2.0.18 缓冲带具有滤水、排水、防火、养护通道、隔离等功能，也可降低土的侧压力，一般使用卵石、陶粒等材料构成。

在寒冷地区，缓冲带可以起到消除冻胀作用。

3 基本规定

3.1 材 料

3.1.3 普通防水材料和找坡材料应按现行的国家标准或行业标准选用，本规程不再摘录各种防水材料和找坡材料的主要物理性能指标。

3.1.4 因为植物根系容易穿透防水层，造成屋面渗漏，为此必须设置一道耐根穿刺防水层，使其具有长期的防水和耐根穿刺性能。对防水材料耐根穿刺性能的验证，应经过种植试验。我国已制定颁布《种植屋面用耐根穿刺防水卷材》JC/T 1075标准。

耐根穿刺防水材料应提供包含耐根穿刺性能和防水性能的全项检测报告。

3.2 设 计

3.2.1 我国地域辽阔，各地气候差异很大，种植屋面工程设计应掌握因地制宜原则，确定构造层次、种植形式、种植土厚度和植物种类。

3.2.2 倒置式屋面是将绝热层设置在防水层之上的一种屋面类型。由于有些绝热材料耐水性较差、不耐根穿刺，易导致绝热层性能降低或失效，故不宜种植，但可采用容器种植。

3.2.3 建筑荷载涉及建筑结构安全，新建种植屋面工程的设计应首先确定种植屋面基本构造层次，根据各层次的荷载进行结构计算。既有建筑屋面改造成种植屋面，应首先对其原结构安全性进行检测鉴定，必要时还应进行检测，以确定是否适宜种植及种植形式。种植荷载主要包括植物荷重和饱和水状态下种植土荷重。

3.2.7 屋面坡度大于20%时，绝热层、排水层、排（蓄）水层、种植土层等易出现滑移，为防止发生滑坡等安全事故，应采取相应的防滑措施。

3.2.8 地被植物可采取张网方式，乔灌木可采取地上支撑固定法、地上牵引固定法、预埋索固法和地下锚固法等抗风揭措施。

3.3 施 工

3.3.1 为确保种植屋面工程质量，防水工程施工单位和园林绿化单位应取得国家或相关主管部门规定的设计和施工资质；防水施工和绿化种植作业人员应取得上岗资质。

3.3.3 种植屋面施工时，易发生安全事故，施工现场要采取一系列安全防护措施。

3.4 质量验收

3.4.3 防水工程完工进行淋水或蓄水检验是种植屋面的一道关键检查项目，要从严执行，符合要求后方可验收。

3.4.4 种植屋面各分项工程的质量验收，主控项目必须验收。

4 种植屋面工程材料

4.1 一般规定

4.1.1 散状绝热材料由于抗压强度低、吸水率大，不宜选用。

4.1.2 坡长越长所用找坡材料越多越厚，屋面荷载也就越大。应根据屋面荷载及坡长大小选择合适的找坡材料。

4.1.4 沥青基防水卷材如不含化学阻根剂，植物根易穿透防水卷材，破坏防水层。

4.1.5 目前，国内使用较多的是塑料排（蓄）水板，与传统的卵石、砾石材料相比，具有厚度薄、质量轻，降低建筑荷载、施工简便等优势。

4.2 绝 热 材 料

4.2.6 为减轻种植屋面荷载，本规程建议选用密度不大于 100 kg/m^3 的绝热材料。

4.3 耐根穿刺防水材料

4.3.1～4.3.8 设计选用的耐根穿刺防水材料应符合《种植屋面用耐根穿刺防水卷材》JC/T 1075 及相关标准的规定。

4.4 排（蓄）水材料和过滤材料

4.4.1 为减轻屋面荷载，排（蓄）水层应选择轻质材料，建议优先选用聚乙烯塑料类凹凸型排（蓄）水板和聚丙烯类网状交织排水板，满足抗压强度的要求。

4.4.2 过滤层太薄易导致种植土流失，太厚则滤水过慢，不利排水，且成本过高。

4.5 种 植 土

4.5.2 改良土的种类很多，本条文所列配比仅供参考。

4.6 种 植 植 物

4.6.1～4.6.4 考虑到种植屋面的特殊性和安全要求，应选用耐旱、耐瘠薄、生长缓慢、方便养护的植物。宜种植低矮花灌木、地被植物。

4.7 种 植 容 器

4.7.2 普通塑料种植容器材质易老化破损，从安全、经济和使用寿命等方面考虑，建议使用耐久性较好的工程塑料或玻璃钢制品。

4.7.3 目前，具有排水、蓄水、阻根和过滤功能的种植容器如图 1 所示。

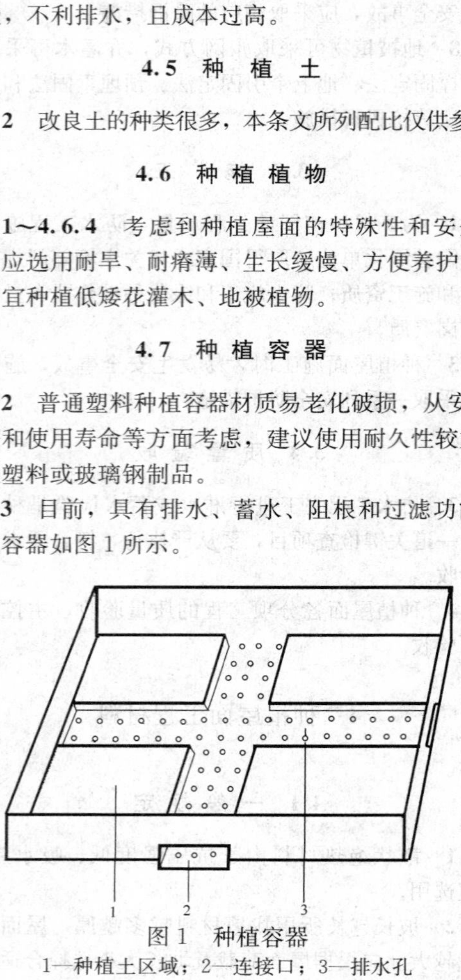

图 1 种植容器

1—种植土区域；2—连接口；3—排水孔

5 种植屋面工程设计

5.1 一 般 规 定

5.1.5 出于安全和节材的考虑，荷载较大的设施不应设置在受弯构件梁、板上面。

5.1.6 现浇钢筋混凝土屋面板具有整体性好、结构变形小、承载力大，隔绝室内水汽作用好等特点。

5.1.7 鉴于种植屋面工程一次性投资大，维修费用高，若发生渗漏则不易查找与修缮，国外一般要求种植屋面防水层的使用寿命至少 20 年，因此本规程规定屋面防水层应满足《屋面工程技术规范》GB 50345 中一级防水等级要求。为防止植物根系对防水层的穿刺破坏，因此必须设置一道耐根穿刺防水层。

5.1.8 《屋面工程技术规范》GB 50345 规定一级防水应采用不少于两道防水设防。种植屋面为一级防水等级，采用两道防水设防，上层必须为耐根穿刺防水层。为确保防水效果，两道防水层应相邻铺设，形成整体。

5.1.10 第 1 款 本规程第 4.3 节列出了常用的耐根穿刺防水材料。

在德国等国外发达国家的实践中，花园式种植更多适用于现浇钢筋混凝土屋面，一般较多采用含阻根剂的改性沥青防水卷材特别是复合铜胎基改性沥青卷材作为耐根穿刺防水材料，以满粘法施工为主；而装配式结构、压型金属板等大跨度屋面更多采用简单式种植，较多采用高分子类防水卷材作为耐根穿刺防水材料，以机械固定法施工为主。

第 3 款 聚乙烯丙纶防水卷材＋聚合物水泥胶结料复合耐根穿刺防水材料采用双层做法，即（0.6mm＋1.3mm）×2 的做法。

5.1.13 第 3 款 采用板状排（蓄）水材料的优点是荷重较轻，并可有效蓄积雨水，过滤土壤微粒，减少市政管井淤泥隐患，同时其良好的绝热功能可减少植物根部冻害，更加适合架空屋面或廊桥绿化。

5.1.16 种植屋面划分种植区是为便于管理和设计排灌系统。

5.1.18 管道、预埋件等应先进行施工，然后做防水层。避免防水层施工完毕后打眼凿洞，留下渗漏隐患。如必须后安装设备基座，应在适当部位增铺一道防水增强层。

5.2 平 屋 面

5.2.1 图 5.2.1 的屋面基本构造层次为标准的覆土种植构造。可根据地区或种植形式不同，减少某一层次。例如干旱少雨地区可不设排水层。

5.2.2 屋面应具有一定的坡度，便于排水。

5.3 坡 屋 面

5.3.2 坡度小于10%的坡屋面的植被层和种植土层不易滑坡，可按平屋面种植设计要求执行。

5.3.3 第2款 非满覆土种植的坡屋面采用阶梯式、台地式种植，可以防止种植土滑动，也便于管理，不仅可种植地被植物，也可局部种植小乔木或灌木。

5.4 地下建筑顶板

5.4.1 第4款 覆土厚度大于2.0m时，可不设过滤层和排（蓄）水层；覆土厚度小于2.0m时，宜设置内排水系统；

第5款 下沉式顶板种植因有封闭的周界墙，为防止积水，应设自流排水系统；

第6款 采取排水措施，是为避免排水层积水，避免植物沤根。

5.4.2 面积较大一般指1万平方米以上的地下建筑顶板。

5.5 既有建筑屋面

5.5.1 既有建筑屋面的结构布局业已固定，为安全起见，在屋面种植设计前，必须对其结构承载力进行检测鉴定，并根据承载力确定种植形式和构造层次。

既有建筑屋面改造成种植屋面是一项很复杂的设计、施工过程，原有防水层是否保留、如何设置构造层次和耐根穿刺防水层、周边如何设挡墙和其他安全设施，以及作满覆土种植还是容器种植等都是应周密考虑的问题。

5.6 容 器 种 植

5.6.2 第4款 种植容器下设保护层是为避免对基层造成破坏。

5.7 植 被 层

5.7.1 种植土中的水分和养分是植物赖以生存的条件。种植土厚度过薄，肥力及保水能力差，植物难以存活。干旱少雨、冬季偏长等地区，屋顶绿化种植土厚度建议在150mm以上。寒冷地区最小土深应适当加厚至200mm～300mm。

5.7.3 第1款 高大乔木荷重和风荷载大，速生乔、灌木类植物长势过快，也会导致荷重和风荷载大，从安全性考虑，不宜选择；

第2款 根状茎发达的植物主要有部分竹类、芦苇、偃麦草等。

第4款 为防止大风将树木刮落，考虑到安全性，栽植的树木与边墙应保持一定的距离。

5.7.4 对于较高的乔木、灌木可采用地上支撑或地下锚固的方式增强其抗风能力。

第2款 树木绑扎时，绑扎处应采用衬垫以避免损伤树干。

5.8 细 部 构 造

5.8.4 第3款 为确保整体防水效果，种植屋面檐口挡墙的防水层应与檐沟防水层连续铺设。

5.8.9 种植挡墙高于铺装时应尽可能引导铺装面向种植区内排水（图2）。

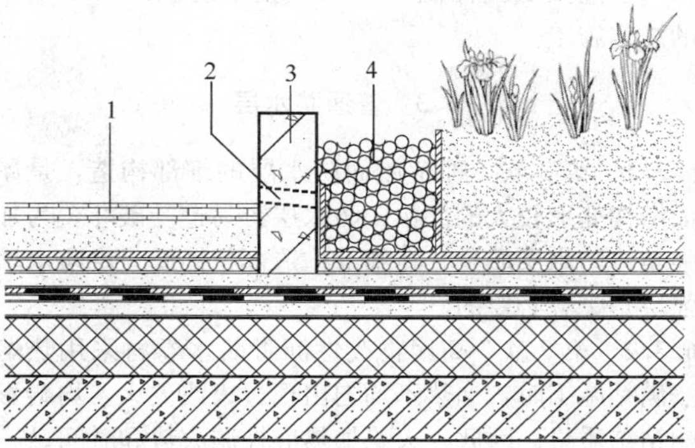

图2 硬质铺装排水

1—硬质铺装；2—排水孔；3—种植挡墙；4—卵石缓冲带

5.8.10 可采用微地形处理方式（图3），满足不同植物对种植土层厚度的要求。

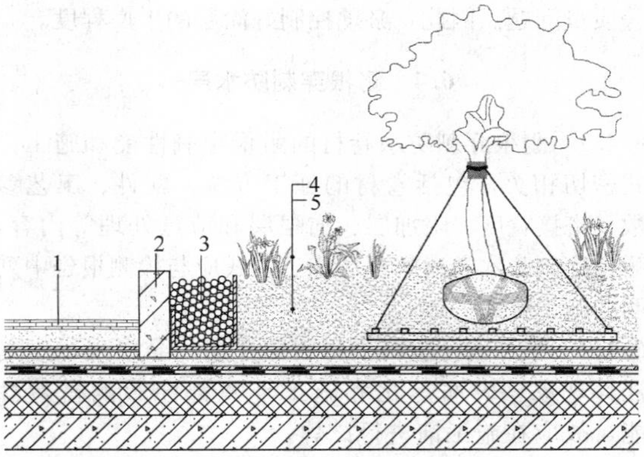

图3 植被层微地形处理

1—渗水铺装；2—种植挡墙；3—卵石缓冲带；4—植被层；5—种植土

5.9 设 施

5.9.3 种植屋面的透气孔高出种植土可以保证透气孔处有足够的泛水高度。

5.9.4 风口周围设置封闭式遮挡是为了防止植物被干热风吹死。

5.9.6 太阳能采光板高于植物高度，可发挥最大的采光功能。

5.9.8 第3款 景灯配置市政电路可保证双路供电，以备遇有阴天等特殊气候条件时应急使用。

6 种植屋面工程施工

6.2 绝 热 层

6.2.3 喷涂硬泡聚氨酯绝热材料对施工环境和场地要求较高，为保证绝热、防水的功能和工程质量，应按《硬泡聚氨酯保温防水工程技术规范》GB 50404的规定施工。

6.3 普通防水层

6.3.1 第3款 种植屋面防水层的细部构造，是屋面结构变形较大的部位，防水层容易遭受破坏。为加强整体防水层质量，在细部构造部位铺设一层防水增强层是十分必要的。

6.3.2 第2款 高聚物改性沥青防水卷材采用热熔法满粘施工时，加热不均匀出现过火或欠火，均会影响粘结质量。因此，火焰加热应控制火势和时间。

6.3.4 第1款 基层上满涂基层胶粘剂，涂刷量过少露底或过多堆积，都会影响防水层粘结质量。为保证防水卷材与基层具有良好的粘结性，卷材底面和基层均应满涂基层胶粘剂。

6.3.5 涂刷防水涂料实干才能成膜，如果第一遍涂料未实干，就涂刷第二遍，极易造成涂膜起鼓、脱层等质量问题。因此，必须控制好涂层的干燥程度。

6.4 耐根穿刺防水层

6.4.1 耐根穿刺防水卷材的耐根穿刺性能和施工方式密切相关，包括卷材的施工方法、配件、工艺参数、搭接宽度、附加层、加强层和节点处理等内容，耐根穿刺防水卷材的现场施工方式应与检测报告中列明的施工方式一致。

6.4.2 第2款 塑料类材料储存期间会出现增塑剂迁移现象、表面熟化和施工环境都会影响搭接性能，故应在施工前进行试焊。

第3款 卷材搭接缝可采用焊条熔出物封边或采用密封胶封边，防止芯吸效应。

6.4.6 第3款 聚乙烯丙纶防水卷材＋聚合物水泥胶结料复合防水层应尽量避免冬季施工。当施工环境温度低于5℃时，聚合物水泥胶结料无法可靠成膜，可采用特种水泥、添加防冻剂或采用保温被覆盖等防冻措施。

6.6 种 植 土 层

6.6.1 竖向设计是对项目平面进行高程确定的设计，形成的竖向空间。比如园路的上下起伏、绿地内的缓坡内地面的高低落差、台阶、观景平台、花池、水侧灯就是竖向设计。应根据图纸竖向设计要求合理堆放种植土或者相关轻质填充材料。

6.7 植 被 层

6.7.1 植物宜在休眠季节或营养生长期移栽，成活率较高。如反季节移栽会影响植物成活，尤其不宜在开花结果期移栽。

6.7.3 第1款 株的行距以成苗后能覆盖地面为宜。

第2款 球茎植物种植深度宜为球茎的（1～2）倍。块根、块茎、根茎类植物可覆土30mm。

6.7.7 本条主要针对乔灌木，根据当地情况，防冻可采用无纺布、草绳、麻袋片等包缠干径或搭防寒风障；防晒可采用草席、遮光网等材料搭建遮阳棚，并适时喷淋保湿。

6.9 设 施

6.9.1～6.9.4 屋面风大，为防止风揭应安装铺设牢固。木质材料日晒雨淋为防止腐烂要采取防腐措施，通常采用防腐木。

6.10 既有建筑屋面

6.10.1、6.10.2 既有建筑屋面改造做种植屋面的施工必须按照屋面设计构造层次的要求，有步骤地分项实施，重点作好防水层、排水层施工，严格按本规程的施工规定执行。

7 质 量 验 收

7.1 一 般 规 定

7.1.1 技术文件资料对日后检查、检验工程质量，工程修缮、改造，以及一旦发生工程质量事故纠纷进行民事、刑事诉讼时，都是十分重要的档案证件。

7.1.2 种植屋面工程的施工单位在办理工程质量验收时，应按规定的程序与手续做好各项准备工作。

需要指出：种植屋面工程施工涉及土建、防水、保温、种植等多项专业，工程开工前应签订专业分包或直接承包合同。建设单位应进行协调，明确工程合同签订的各方义务、责任和必须执行的相关规定。这样才能顺利完成验收。

7.1.3 为保证防水工程质量，应对相关的分项工程及各道工序，在完工后进行外观检验或取样检测，以便及时发现并纠正施工中出现的质量问题。

7.1.5 在《建筑工程施工质量验收统一标准》GB 50300中将“种植屋面”作为“隔热屋面”的分项工程，由于种植屋面涉及保温、防水、种植、排水等诸多分项工程，故本规程将其作为子分部工程。

7.1.6 第4款 细部构造部位是屋面工程中最容易出现渗漏的薄弱环节。据调查表明，在渗漏的屋面工程中，70%以上是节点渗漏。因此，明确规定，对细部构造必须全部进行检查，以确保种植屋面工程质量。

7.1.7 细部构造内容很多，在《屋面工程质量验收规范》GB 50207 和《地下防水工程质量验收规范》GB 50208 中有详细描述，本规程不再赘述。

7.8 园路铺装和护栏

7.8.1 铺装层的验收可参考下列验收项目要求：

1 木铺装面层的允许偏差可按下表验收；

表1 木铺装面层的允许偏差

项 目	允许偏差（mm）	检 验 方 法
表面平整度	3	用 2m 靠尺和楔形塞尺检查
板面拼缝平直度	3	拉 5m 线，不足 5m 拉通线和尺量检查
缝隙宽度	2	用塞尺和目测检查
相邻板材高低差	1	尺量检查
检查数量：每 $200m^2$ 检查 3 处。不足 $200m^2$ 的不少于 1 处		

2 砖面层的允许偏差可按下表验收；

表2 砖面层允许偏差

项目	允许偏差（mm）				检验方法
	水泥砖	透水砖	青砖	嵌草砖	
表面平整度	3	3	2	3	用 2m 靠尺和楔形塞尺检查
缝格平直	3	3	2	3	拉 5m 线和钢尺检查
接槎高低差	2	2	2	3	用钢尺和楔形塞尺检查
板块间隙宽度	2	2	2	3	用钢尺检查
检查数量：每 $200m^2$ 检查 3 处。不足 $200m^2$ 的，不少于 1 处					

3 混凝土面层的允许偏差可按下表验收。

表3 混凝土面层允许偏差

项目	允许偏差（mm）	检查方法
表面平整度	±5	用 2m 靠尺和楔形塞尺检查
分格缝平直度	±3	拉 5m 线尺量检查
标高	±10	用水准仪检查
宽度	−20	用钢尺
横坡	±10	用坡度尺或水准仪测量
蜂窝麻面	≤2%	用尺量蜂窝总面积
检查数量：每 $500m^2$ 检查 3 处。不足 $500m^2$ 的，不少于 2 处		

7.8.2 路缘石的允许偏差可按下表验收。

表4 路缘石允许偏差

项目	允许偏差（mm）	检查方法
直顺度	±3	拉 10m 小线尺量最大值
相邻块高低差	±2	尺量
缝宽	2	尺量
路缘石（道牙）顶面高程	±3	用水准仪测量
检查数量：每 100m 检查 1 处。不足 100m 不少于 1 处		

8 维 护 管 理

8.1 植 物 养 护

8.1.1 种植屋面的绿化养护非常重要，养护不当会造成植物死亡、扬尘、引起屋面渗漏。本条强调了对种植屋面的后期养护管理。

第 1 款 种植屋面工程交付使用后，应定期修剪、除草、病虫害防治、施肥、补植；重点检查水落口、天沟、檐沟等部位不被堵塞，以保证种植屋面效果处于良好状态。

第 4 款 定期检查并及时补充种植土可以防止种植土厚度不够而影响植物正常生长。

8.1.2 不宜过量施肥，以避免植物生长过快，导致荷重增加，影响建筑安全。

8.1.3 乔木和灌木及时修剪是非常必要的，即可控制高度，又能保持根冠比平衡。修剪一般在休眠期和生长期进行；有伤流和易流胶液树种的修剪，要避开生长旺季和伤流盛期；抗寒性差、易抽条的树种适宜在早春修剪；一般可根据不同草种的习性、观赏效果、季节、环境等因素定期进行修剪。

树木修剪分为休眠期修剪和生长期修剪。更新修剪只能在休眠期进行；有严重伤流和易流胶的树种要在休眠期进行修剪；常绿树的修剪要避开生长旺盛期。

藤本植物落叶后要疏剪过密枝条，清除枯死枝；吸附类的植物要在生长期剪去未能吸附墙体而下垂的枝条；钩刺类的植物可按灌木修剪方法疏枝。

多年生植物萌芽前要剪除上年残留枯枝、枯叶，生长期及时剪除多余萌蘖。

佛甲草等景天类植物在植株出现徒长现象时，要在秋季进行修剪，修剪量一般保持在1/3～1/2。

草坪修剪高度因草坪草的种类、生长的立地条件、季节、自身的生长状况及绿地的使用要求而异。常用草坪植物的剪留高度可参照表5执行。

表5　常用草坪植物剪留高度

草种	全光照剪留高度（mm）	树荫下剪留高度（mm）
野牛草	40～60	—
结缕草	30～50	60～70
高羊茅	50～70	80～100
黑麦草	40～60	70～90
匍匐翦股颖	30～50	80～100
草地早熟禾	40～50（3、4、5、9、10、11月） 80～100（6、7、8月）	80～100

8.1.6　病虫害生物防治主要指微生物治虫、虫治虫、鸟治虫、螨治虫、激素治虫、菌治病虫等方法；植物生长期的病虫害防治以预防为主，要定期喷洒高效、低毒、低残留生物药剂。佛甲草、垂盆草等常用景天类植物常见的虫害有蜗牛、鼠妇、蛞蝓、马陆、蟋蟀、蛴螬、窄胸金针虫、蚜虫和红蜘蛛等。蜗牛、蛞蝓等可在其活动范围内撒生石灰或喷洒灭蜗灵颗粒。其他防治措施可适时喷洒低毒杀虫剂。佛甲草的主要病害是霉污病，由蚜虫、粉虱类诱发，防治方法是及早消灭蚜虫、粉虱，宜在发病初期用广谱杀菌剂防治。

8.1.7　花园式种植屋面的灌溉频次一般为10d～15d。在特殊干热气候条件下，或土层较薄宜2d～3d灌溉一次；夏季高温，注意在早晚时间进行浇水。冬季浇上冻水适当延后；春季浇解冻水比地面应提前20d～30d；小气候条件好的屋顶，冬季应适当补水。

简单式种植屋面可以根据植物种类和季节不同，适当增加灌溉次数。

佛甲草、垂盆草等常用景天类植物需适时适量补水，尤其应做好春季返青水、越冬前防冻水和干旱时节的补水灌溉。

8.2　设施维护

8.2.3　由于种植屋面日晒雨淋，为了安全应定期检查腐烂腐蚀现象。

8.2.4　定期检查清理水循环系统，采取过滤和杀菌措施，及时清理树叶等杂物，避免水体富氧化，确保水景水体水质清洁。

8.2.6　定期检查配电系统，确保无老化、毁坏或漏电现象。

中华人民共和国行业标准

地下工程渗漏治理技术规程

Technical specification for remedial waterproofing of the underground works

JGJ/T 212—2010

批准部门：中华人民共和国住房和城乡建设部

施行日期：2 0 1 1 年 1 月 1 日

中华人民共和国住房和城乡建设部
公　　告

第 728 号

关于发布行业标准《地下工程渗漏治理技术规程》的公告

现批准《地下工程渗漏治理技术规程》为行业标准，编号为 JGJ/T 212-2010，自 2011 年 1 月 1 日起实施。

本规程由我部标准定额研究所组织中国建筑工业出版社出版发行。

中华人民共和国住房和城乡建设部

2010 年 8 月 3 日

前　　言

根据住房和城乡建设部《关于印发〈2008 年工程建设标准规范制订修订计划（第一批）〉的通知》（建标［2008］102 号）的要求，规程编制组经广泛调查研究，参考有关国际标准和国外先进标准，并在广泛征求意见的基础上，制定了本规程。

本规程的主要技术内容是：1　总则；2　术语；3　基本规定；4　现浇混凝土结构渗漏治理；5　预制衬砌隧道渗漏治理；6　实心砌体结构渗漏治理；7　质量验收。

本规程由住房和城乡建设部负责管理，由中国建筑科学研究院负责具体技术内容的解释。执行过程中如有意见或建议，请寄送中国建筑科学研究院（地址：北京市北三环东路 30 号，邮编：100013）。

本规程主编单位：中国建筑科学研究院
浙江国泰建设集团有限公司

本规程参编单位：北京市建筑工程研究院
上海市隧道工程轨道交通设计研究院
上海地铁咨询监理科技有限公司
中国化学建筑材料公司苏州防水材料研究设计所
中国建筑学会防水技术专业委员会
杭州金汤建筑防水有限公司
中国建筑业协会建筑防水分会
中国水利水电科学研究院
苏州中材非金属矿工业设计研究院有限公司
中国工程建设标准化协会建筑防水专业委员会
中科院广州化灌工程有限公司
北京东方雨虹防水技术股份有限公司
上海市建筑科学研究院（集团）有限公司
河南建筑材料研究设计院有限责任公司
大连细扬防水工程集团有限公司
廊坊凯博建设机械科技有限公司
北京圣洁防水材料有限公司
北京立达欣科技发展有限公司

本规程主要起草人员：张　勇　洪昌华　张仁瑜　叶林标　陆　明　薛绍祖　杨　胜　曹征富　胡　骏　曲　慧　项桦太　邝健政　沈春林　高延继　吴　明　郑亚平　许　宁　蔡建中　陈宝贵　樊细杨　张声军　王明远　华姜旭　杜　昕　刘　靖

本规程主要审查人员：朱祖熹　吕联亚　李承刚　张玉玲　张文华　朱志远　干兆和　郭德友　洪晓苗　姜静波

目　次

Contents

1 总 则

1.0.1 为规范地下工程渗漏治理的现场调查、方案设计、施工和质量验收，保证工程质量，做到经济合理、安全适用，制定本规程。

1.0.2 本规程适用于地下工程渗漏的治理。

1.0.3 地下工程渗漏治理的设计和施工应遵循“以堵为主，堵排结合，因地制宜，多道设防，综合治理”的原则。

1.0.4 地下工程渗漏治理除应符合本规程外，尚应符合国家现行有关标准的规定。

2 术 语

2.0.1 渗漏 leakage

透过结构或防水层的水量大于该部位的蒸发量，并在背水面形成湿渍或渗流的一种现象。

2.0.2 渗漏治理 remedial waterproofing

通过修复或重建防（排）水功能，减轻或消除渗漏水不利影响的过程。

2.0.3 注浆止水 grouting method for leak-stoppage

在压力作用下注入灌浆材料，切断渗漏水流通道的方法。

2.0.4 钻孔注浆 drilling grouting

钻孔穿过基层渗漏部位，在压力作用下注入灌浆材料并切断渗漏水通道的方法。

2.0.5 压环式注浆嘴 mechanical packer with one-way valve

利用压缩橡胶套管（或橡胶塞）产生的胀力在注浆孔中固定自身，并具有防止浆液逆向回流功能的注浆嘴。

2.0.6 埋管（嘴）注浆 port-embedded grouting

使用速凝堵漏材料埋置的注浆管（嘴），在压力作用下注入灌浆材料并切断渗漏水通道的方法。

2.0.7 贴嘴注浆 port-adhesive grouting

对准混凝土裂缝表面粘贴注浆嘴，在压力作用下注入浆液的方法。

2.0.8 浆液阻断点 grouts diffusion passage breakpoint

注浆作业时，预先设置在扩散通道上用于阻断浆液流动或改变浆液流向的装置。

2.0.9 内置式密封止水带 rubbery sealing strip mounted on the downstream face of expansion joint

安装在地下工程变形缝背水面，用于密封止水的塑料或橡胶止水带。

2.0.10 止水帷幕 water-stoppage curtain

利用注浆工艺在地层中形成的具有阻止或减小水流透过的连续固结体。

2.0.11 壁后注浆 back-filling grouting

向隧道衬砌与围岩之间或土体的空隙内注入灌浆材料，达到防止地层及衬砌形变、阻止渗漏等目的的施工过程。

3 基 本 规 定

3.1 现 场 调 查

3.1.1 渗漏治理前应进行现场调查。现场调查宜包括下列内容：

1 工程所在周围的环境；

2 渗漏水水源及变化规律；

3 渗漏水发生的部位、现状及影响范围；

4 结构稳定情况及损害程度；

5 使用条件、气候变化和自然灾害对工程的影响；

6 现场作业条件。

3.1.2 地下工程渗漏水的现场量测宜符合现行国家标准《地下防水工程质量验收规范》GB 50208 的规定。

3.1.3 渗漏治理前应收集工程的技术资料，并宜包括下列内容：

1 工程设计相关资料；

2 原防水设防构造使用的防水材料及其性能指标；

3 渗漏部位相关的施工组织设计或施工方案；

4 隐蔽工程验收记录及相关的验收资料；

5 历次渗漏水治理的技术资料。

3.1.4 渗漏治理前应结合现场调查结果和收集到的技术资料，从设计、材料、施工和使用等方面综合分析渗漏的原因，并应提出书面报告。

3.2 方 案 设 计

3.2.1 渗漏治理前应结合现场调查的书面报告进行治理方案设计。治理方案宜包括下列内容：

1 工程概况；

2 渗漏原因分析及治理措施；

3 所选材料及其技术指标；

4 排水系统。

3.2.2 有降水或排水条件的工程，治理前宜先采取降水或排水措施。

3.2.3 工程结构存在变形和未稳定的裂缝时，宜待变形和裂缝稳定后再进行治理。接缝渗漏的治理宜在开度较大时进行。

3.2.4 严禁采用有损结构安全的渗漏治理措施及材料。

3.2.5 当渗漏部位有结构安全隐患时，应按国家现行有关标准的规定进行结构修复后再进行渗漏治理。渗漏治理应在结构安全的前提下进行。

3.2.6 渗漏治理宜先止水或引水再采取其他治理措施。

3.3 材 料

3.3.1 渗漏治理所选用的材料应符合下列规定：

1 材料的施工应适应现场环境条件；

2 材料应与原防水材料相容，并应避免对环境造成污染；

3 材料应满足工程的特定使用功能要求。

3.3.2 灌浆材料的选择宜符合下列规定：

1 注浆止水时，宜根据渗漏量、可灌性及现场环境等条件选择聚氨酯、丙烯酸盐、水泥-水玻璃或水泥基灌浆材料，并宜通过现场配合比试验确定合适的浆液固化时间；

2 有结构补强需要的渗漏部位，宜选用环氧树脂、水泥基或油溶性聚氨酯等固结体强度高的灌浆材料；

3 聚氨酯灌浆材料在存放和配制过程中不得与水接触，包装开启后宜一次用完；

4 环氧树脂灌浆材料不宜在水流速度较大的条件下使用，且不宜用作注浆止水材料；

5 丙烯酸盐灌浆材料不得用于有补强要求的工程。

3.3.3 密封材料的使用应符合下列规定：

1 遇水膨胀止水条（胶）应在约束膨胀的条件下使用；

2 结构背水面宜使用高模量的合成高分子密封材料，施工前宜先涂布配套的基层处理剂，接缝底部应设置背衬材料。

3.3.4 刚性防水材料的使用应符合下列规定：

1 环氧树脂类防水涂料宜选用渗透型产品，用量不宜小于0.5kg/m^2，涂刷次数不应小于2遍；

2 水泥渗透结晶型防水涂料的用量不应小于1.5kg/m^2，且涂膜厚度不应小于1.0mm；

3 聚合物水泥防水砂浆层的厚度单层施工时宜为6mm～8mm，双层施工时宜为10mm～12mm；

4 新浇补偿收缩混凝土的抗渗等级及强度不应小于原有混凝土的设计要求。

3.3.5 聚合物水泥防水涂层的厚度不宜小于2.0mm，并应设置水泥砂浆保护层。

3.4 施 工

3.4.1 渗漏治理施工前，施工方应根据渗漏治理方案设计编制施工方案，并应进行技术和安全交底。

3.4.2 渗漏治理所用材料应符合相关标准及设计要求，并应由相关各方协商决定是否进行现场抽样复验。渗漏治理不得使用不合格的材料。

3.4.3 渗漏治理应由具有防水工程施工资质的专业施工队伍施工，主要操作人员应持证上岗。

3.4.4 渗漏部位的基层处理应满足材料及施工工艺的要求。

3.4.5 渗漏治理施工应建立各道工序的自检、交接检和专职人员检查的制度。上道工序未经检验确认合格前，不得进行下道工序的施工。

3.4.6 施工过程中应随时检查治理效果，并应做好隐蔽工程验收记录。

3.4.7 当工程现场条件与设计方案有差异时，应暂停施工。当需要变更设计方案时，应做好工程洽商及记录。

3.4.8 对已完成渗漏治理的部位应采取保护措施。

3.4.9 施工时的气候及环境条件应符合材料施工工艺的要求。

3.4.10 注浆止水施工应符合下列规定：

1 注浆止水施工所配置的风、水、电应可靠，必要时可设置专用管路和线路；

2 从事注浆止水的施工人员应接受专业技术、安全、环境保护和应急救援等方面的培训；

3 单液注浆浆液的配制宜遵循“少量多次”和“控制浆温”的原则，双液注浆时浆液配比应准确；

4 基层温度不宜低于5℃，浆液温度不宜低于15℃；

5 注浆设备应在保证正常作业的前提下，采用较小的注浆孔孔径和小内径的注浆管路，且注浆泵宜靠近孔口（注浆嘴），注浆管路长度宜短；

6 注浆止水施工可按清理渗漏部位、设置注浆嘴、清孔（缝）、封缝、配制浆液、注浆、封孔和基层清理的工序进行；

7 注浆止水施工安全及环境保护应符合本规程附录A的规定；

8 注浆过程中发生漏浆时，宜根据具体情况采用降低注浆压力、减小流量和调整配比等措施进行处理，必要时可停止注浆；

9 注浆宜连续进行，因故中断时应尽快恢复注浆。

3.4.11 钻孔注浆止水施工除应符合本规程第3.4.10条的规定外，尚应符合下列规定：

1 钻孔注浆前，应使用钢筋检测仪确定设计钻孔位置的钢筋分布情况；钻孔时，应避开钢筋；

2 注浆孔应采用适宜的钻机钻进，钻进全过程中应采取措施，确保钻孔按设计角度成孔，并宜采取高压空气吹孔，防止或减少粉末、碎屑堵塞裂缝；

3 封缝前应打磨及清理混凝土基层，并宜使用速凝型无机堵漏材料封缝；当采用聚氨酯灌浆材料注浆时，可不预先封缝；

4 宜采用压环式注浆嘴，并应根据基层强度、钻孔深度及孔径选择注浆嘴的长度和外径，注浆嘴应埋置牢固；

5　注浆过程中，当观察到浆液完全替代裂缝中的渗漏水并外溢时，可停止从该注浆嘴注浆；

6　注浆全部结束且灌浆材料固化后，应按工程要求处理注浆嘴、封孔，并清除外溢的灌浆材料。

3.4.12　速凝型无机防水堵漏材料的施工应符合下列规定：

1　应按产品说明书的要求严格控制加水量；

2　材料应随配随用，并宜按照“少量多次”的原则配料。

3.4.13　水泥基渗透结晶型防水涂料的施工应符合下列规定：

1　混凝土基层表面应干净并充分润湿，但不得有明水；光滑的混凝土表面应打毛处理；

2　应按产品说明书或设计规定的配合比严格控制用水量，配料时宜采用机械搅拌；

3　配制好的涂料从加水开始应在20min内用完。在施工过程中，应不断搅拌混合料；不得向配好的涂料中加水加料；

4　多遍涂刷时，应交替改变涂刷方向；

5　涂层终凝后应及时进行喷雾干湿交替养护，养护时间不得小于72h，不得采取浇水或蓄水养护。

3.4.14　渗透型环氧树脂防水涂料的施工应符合下列规定：

1　基层表面应干净、坚固、无明水；

2　大面积施工时应按本规程附录A的规定做好安全及环境保护；

3　施工环境温度不应低于5℃，并宜按“少量多次”及“控制温度”的原则进行配料；

4　涂刷时宜按照由高到低、由内向外的顺序进行施工；

5　涂刷第一遍的材料用量不宜小于总用量的1/2，对基层混凝土强度较低的部位，宜加大材料用量。两遍涂刷的时间间隔宜为0.5h～1h；

6　抹压砂浆等后续施工宜在涂料完全固化前进行。

3.4.15　聚合物水泥砂浆的施工应符合下列规定：

1　基层表面应坚实、清洁，并应充分湿润、无明水；

2　防水层应分层铺抹，铺抹时应压实、抹平，最后一层表面应提浆压光；

3　聚合物水泥防水砂浆拌和后应在规定时间内用完，施工中不得随意加水；

4　砂浆层未达到硬化状态时，不得浇水养护，硬化后应采用干湿交替的方法进行养护，养护温度不宜低于5℃，并应保持砂浆表面湿润，养护时间不应少于14d。潮湿环境中，可在自然条件下养护。

4　现浇混凝土结构渗漏治理

4.1　一般规定

4.1.1　现浇混凝土结构地下工程渗漏的治理宜根据渗漏部位、渗漏现象选用表4.1.1中所列的技术措施。

表4.1.1　现浇混凝土结构地下工程渗漏治理的技术措施

技术措施		渗漏部位、渗漏现象：裂缝或施工缝	变形缝	大面积渗漏	孔洞	管道根部	材　料
注浆止水	钻孔注浆	●	●	○	×	●	聚氨酯灌浆材料、丙烯酸盐灌浆材料、水泥-水玻璃灌浆材料、环氧树脂灌浆材料、水泥基灌浆材料等
	埋管(嘴)注浆	×	○	×	○	○	
	贴嘴注浆	○	×	×	×	×	
快速封堵		○	×	●	●	●	速凝型无机防水堵漏材料等
安装止水带		×	●	×	×	×	内置式密封止水带、内装可卸式橡胶止水带
嵌填密封		×	○	×	×	○	遇水膨胀止水条（胶）、合成高分子密封材料
设置刚性防水层		●	×	●	●	○	水泥基渗透结晶型防水涂料、缓凝型无机防水堵漏材料、环氧树脂类防水涂料、聚合物水泥防水砂浆
设置柔性防水层		×	×	×	×	○	Ⅱ型或Ⅲ型聚合物水泥防水涂料

注：●——宜选，○——可选，×——不宜选。

4.1.2　当裂缝或施工缝采取注浆止水时，灌浆材料除应符合注浆止水要求外，尚宜满足结构补强需要。变形缝内注浆止水材料应选用固结体适应形变能力强的灌浆材料。

4.1.3　当工程部位长期承受振动或周期性荷载、结构尚未稳定或形变较大时，应在止水后于变形缝背水面安装止水带。

4.1.4　地下工程渗漏治理宜采取强制通风措施，并应避免结露。

4.2　方案设计

4.2.1　裂缝渗漏宜先止水，再在基层表面设置刚性防水层，并应符合下列规定：

1　水压或渗漏量大的裂缝宜采取钻孔注浆止水，

并应符合下列规定：

1）对无补强要求的裂缝，注浆孔宜交叉布置在裂缝两侧，钻孔应斜穿裂缝，垂直深度宜为混凝土结构厚度 h 的 1/3～1/2，钻孔与裂缝水平距离宜为 100mm～250mm，孔间距宜为 300mm～500mm，孔径不宜大于 20mm，斜孔倾角 θ 宜为 45°～60°。当需要预先封缝时，封缝的宽度宜为 50mm（图 4.2.1-1）；

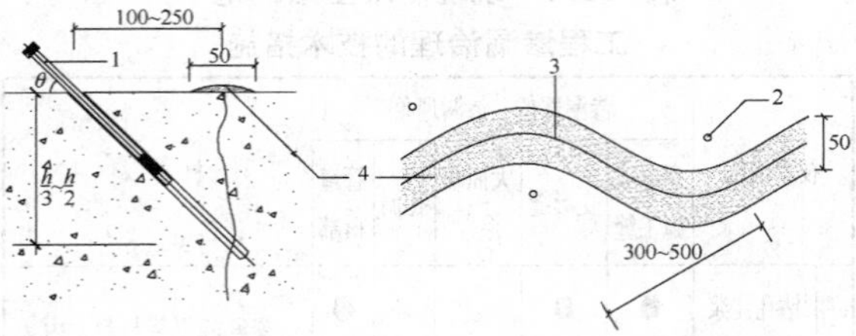

图 4.2.1-1 钻孔注浆布孔

1—注浆嘴；2—钻孔；3—裂缝；4—封缝材料

2）对有补强要求的裂缝，宜先钻斜孔并注入聚氨酯灌浆材料止水，钻孔垂直深度不宜小于结构厚度 h 的 1/3；再宜二次钻斜孔，注入可在潮湿环境下固化的环氧树脂灌浆材料或水泥基灌浆材料，钻孔垂直深度不宜小于结构厚度 h 的 1/2（图 4.2.1-2）；

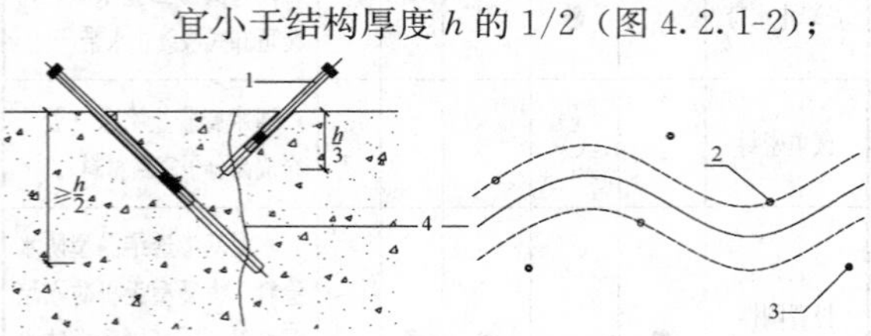

图 4.2.1-2 钻孔注浆止水及补强的布孔

1—注浆嘴；2—注浆止水钻孔；

3—注浆补强钻孔；4—裂缝

3）注浆嘴深入钻孔的深度不宜大于钻孔长度的 1/2；

4）对于厚度不足 200mm 的混凝土结构，宜垂直裂缝钻孔，钻孔深度宜为结构厚度 1/2；

2 对水压与渗漏量小的裂缝，可按本条第 1 款的规定注浆止水，也可用速凝型无机防水堵漏材料快速封堵止水。当采取快速封堵时，宜沿裂缝走向在基层表面切割出深度宜为 40mm～50mm、宽度宜为 40mm 的“U”形凹槽，然后在凹槽中嵌填速凝型无机防水堵漏材料止水，并宜预留深度不小于 20mm 的凹槽，再用含水泥基渗透结晶型防水材料的聚合物水泥防水砂浆找平（图 4.2.1-3）；

3 对于潮湿而无明水的裂缝，宜采用贴嘴注浆注入可在潮湿环境下固化的环氧树脂灌浆材料，并宜符合下列规定：

1）注浆嘴底座宜带有贯通的小孔；

2）注浆嘴宜布置在裂缝较宽的位置及其交叉部位，间距宜为 200mm～300mm，裂缝封闭宽度宜为 50mm（图 4.2.1-4）；

4 设置刚性防水层时，宜沿裂缝走向在两侧各 200mm 范围内的基层表面先涂布水泥基渗透结晶型防水涂料，再宜单层抹压聚合物水泥防水砂浆。对于裂缝分布较密的基层，宜大面积抹压聚合物水泥防水砂浆。

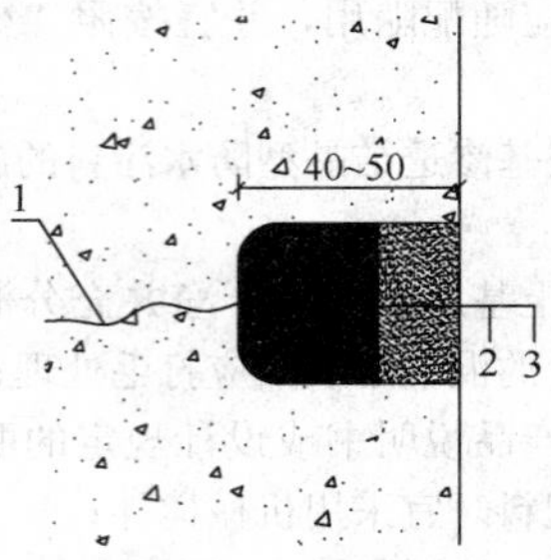

图 4.2.1-3 裂缝快速封堵止水

1—裂缝；2—速凝型无机防水堵漏材料；

3—聚合物水泥防水砂浆

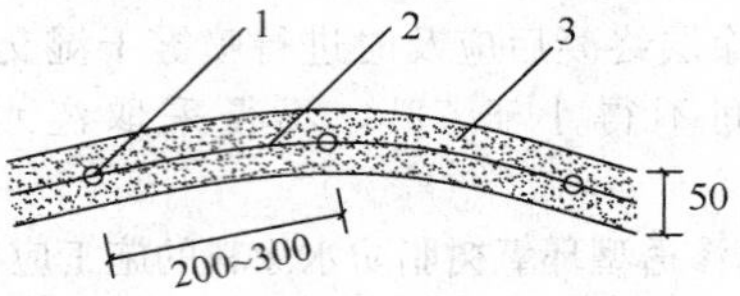

图 4.2.1-4 贴嘴注浆布孔

1—注浆嘴；2—裂缝；3—封缝材料

4.2.2 施工缝渗漏宜先止水，再设置刚性防水层，并宜符合下列规定：

1 预埋注浆系统完好的施工缝，宜先使用预埋注浆系统注入超细水泥或水溶性灌浆材料止水；

2 钻孔注浆止水或嵌填速凝型无机防水堵漏材料快速封堵止水措施宜符合本规程第 4.2.1 条的规定；

3 逆筑结构墙体施工缝的渗漏宜采取钻孔注浆止水并补强。注浆止水材料宜使用聚氨酯或水泥基灌浆材料，注浆孔的布置宜符合本规程第 4.2.1 条的规定。在倾斜的施工缝面上布孔时，宜垂直基层钻孔并穿过施工缝；

4 设置刚性防水层时，宜沿施工缝走向在两侧各 200mm 范围内的基层表面先涂布水泥基渗透结晶型防水涂料，再宜单层抹压聚合物水泥防水砂浆。

4.2.3 变形缝渗漏的治理宜先注浆止水，并宜安装止水带，必要时可设置排水装置。

4.2.4 变形缝渗漏的止水宜符合下列规定：

1 对于中埋式止水带宽度已知且渗漏量大的变形缝，宜采取钻斜孔穿过结构至止水带迎水面、并注入油溶性聚氨酯灌浆材料止水，钻孔间距宜为

500mm～1000mm（图 4.2.4-1）；对于查清漏水点位置的，注浆范围宜为漏水部位左右两侧各 2m，对于未查清漏水点位置的，宜沿整条变形缝注浆止水；

2 对于顶板上查明渗漏点且渗漏量较小的变形缝，可在漏点附近的变形缝两侧混凝土中垂直钻孔至中埋式橡胶钢边止水带翼部并注入聚氨酯灌浆材料止水，钻孔间距宜为 500mm（图 4.2.4-2）。

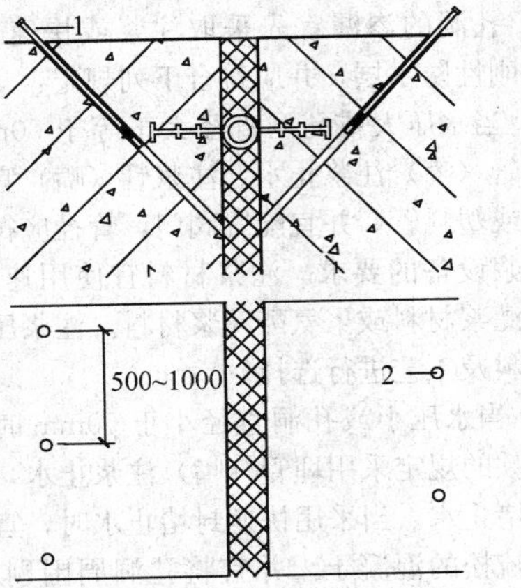

图 4.2.4-1 钻孔至止水带迎水面注浆止水

1—注浆嘴；2—钻孔

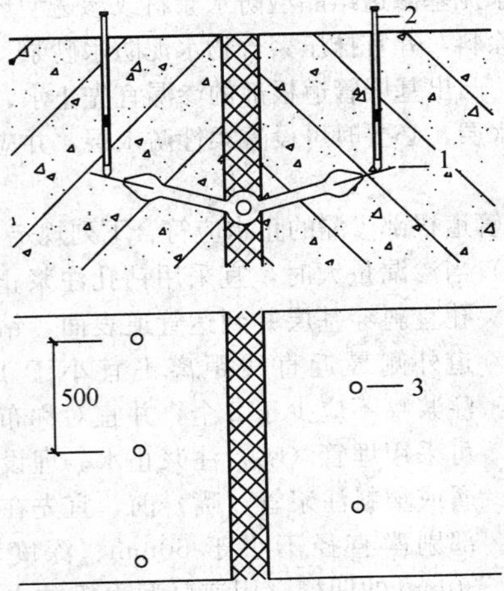

图 4.2.4-2 钻孔至止水带两翼钢边并注浆止水

1—中埋式橡胶钢边止水带；2—注浆嘴；3—注浆孔

3 因结构底板中埋式止水带局部损坏而发生渗漏的变形缝，可采用埋管（嘴）注浆止水，并宜符合下列规定：

1） 对于查清渗漏位置的变形缝，宜先在渗漏部位左右各不大于 3m 的变形缝中布置浆液阻断点；对于未查清渗漏位置的变形缝，浆液阻断点宜布置在底板与侧墙相交处的变形缝中；

2） 埋设管（嘴）前宜清理浆液阻断点之间变形缝内的填充物，形成深度不小于 50mm 的凹槽；

3） 注浆管（嘴）宜使用硬质金属或塑料管，并宜配置阀门；

4） 注浆管（嘴）宜位于变形缝中部并垂直于止水带中心孔，并宜采用速凝型无机防水堵漏材料埋设注浆管（嘴）并封闭凹槽（图 4.2.4-3）；

5） 注浆管（嘴）间距可为 500mm～1000mm，并宜根据水压、渗漏水量及灌浆材料的凝结时间确定；

6） 注浆材料宜使用聚氨酯灌浆材料，注浆压力不宜小于静水压力的 2.0 倍。

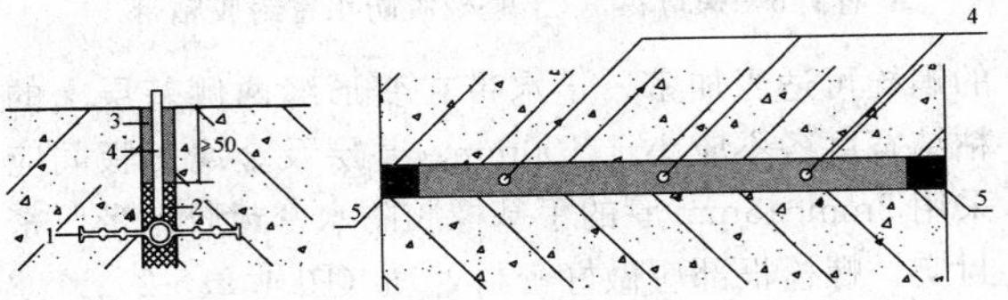

图 4.2.4-3 变形缝埋管（嘴）注浆止水

1—中埋式橡胶止水带；2—填缝材料；3—速凝型无机防水堵漏材料；4—注浆管（嘴）；5—浆液阻断点

4.2.5 变形缝背水面安装止水带应符合下列规定：

1 对于有内装可卸式橡胶止水带的变形缝，应先拆除止水带然后重新安装；

2 安装内置式密封止水带前应先清理并修补变形缝两侧各 100mm 范围内的基层，并应做到基层坚固、密实、平整；必要时可向下打磨基层并修补形成深度不大于 10mm 凹槽；

3 内置式密封止水带应采用热焊搭接，搭接长度不应小于 50mm，中部应形成 Ω 形，Ω 弧长宜为变形缝宽度的 1.2～1.5 倍；

4 当采用胶粘剂粘贴内置式密封止水带时，应先涂布底涂料，并宜在厂家规定的时间内用配套的胶粘剂粘贴止水带，止水带在变形缝两侧基层上的粘结宽度均不应小于 50mm(图 4.2.5-1)；

5 当采用螺栓固定内置式密封止水带时，宜先

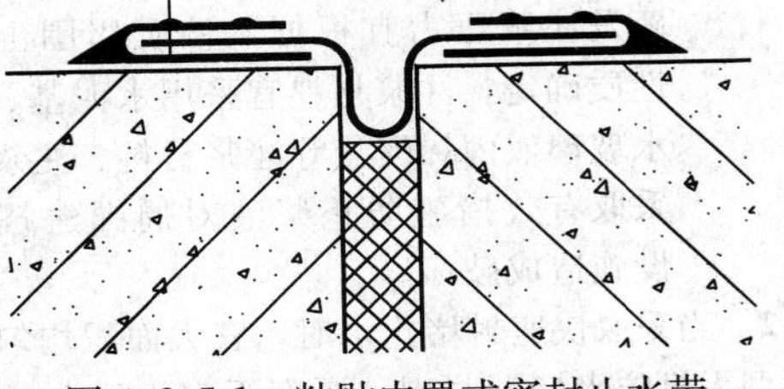

图 4.2.5-1 粘贴内置式密封止水带

1—胶粘剂层；2—内置式密封止水带；3—胶粘剂固化形成的锚固点

在变形缝两侧基层中埋设膨胀螺栓或用化学植筋方法设置螺栓，螺栓间距不宜大于 300mm，转角附近

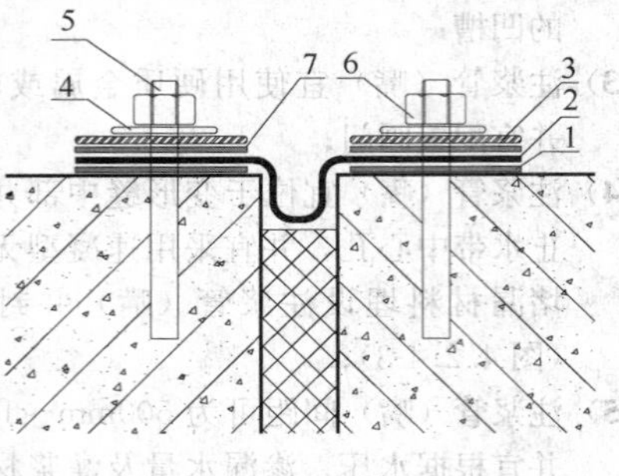

图 4.2.5-2　螺栓固定内置式密封止水带

1—丁基橡胶防水密封胶粘带；2—内置式密封止水带；3—金属压板；4—垫片；5—预埋螺栓；6—螺母；7—丁基橡胶防水密封胶粘带

的螺栓可适当加密，止水带在变形缝两侧基层上的粘结宽度各不应小于 100mm。基层及金属压板间应采用 2mm～3mm 厚的丁基橡胶防水密封胶粘带压密封实，螺栓根部应做好密封处理（图 4.2.5-2）；

6　当工程埋深较大且静水压力较高时，宜采用螺栓固定内置式密封止水带，并宜采用纤维内增强型密封止水带；在易遭受外力破坏的环境中使用，应采取可适应形变的止水带保护措施。

4.2.6　注浆止水后遗留的局部、微量渗漏水或受现场施工条件限制无法彻底止水的变形缝，可沿变形缝走向在结构顶部及两侧设置排水槽。排水槽宜为不锈钢或塑料材质，并宜与排水系统相连，排水应畅通，排水流量应大于最大渗漏量。

采用排水系统时，宜加强对渗漏水水质、渗漏量及结构安全的监测。

4.2.7　大面积渗漏且有明水时，宜先采取钻孔注浆或快速封堵止水，再在基层表面设置刚性防水层，并应符合下列规定：

1　当采取钻孔注浆止水时，应符合下列规定：

1）宜在基层表面均匀布孔，钻孔间距不宜大于 500mm，钻孔深度不宜小于结构厚度的 1/2，孔径不宜大于 20mm，并宜采用聚氨酯或丙烯酸盐灌浆材料；

2）当工程周围土体疏松且地下水位较高时，可钻孔穿透结构至迎水面并注浆，钻孔间距及注浆压力宜根据浆液及周围土体的性质确定，注浆材料宜采用水泥基、水泥-水玻璃或丙烯酸盐等灌浆材料。注浆时应采取有效措施防止浆液对周围建筑物及设施造成破坏。

2　当采取快速封堵止水时，宜大面积均匀抹压速凝型无机防水堵漏材料，厚度不宜小于 5mm。对于抹压速凝型无机防水堵漏材料后出现的渗漏点，宜在渗漏点处进行钻孔注浆止水。

3　设置刚性防水层时，宜先涂布水泥基渗透结晶型防水涂料或渗透型环氧树脂类防水涂料，再抹压聚合物水泥防水砂浆，必要时可在砂浆层中铺设耐碱纤维网格布。

4.2.8　大面积渗漏而无明水时，宜先多遍涂刷水泥基渗透结晶型防水涂料或渗透型环氧树脂类防水涂料，再抹压聚合物水泥防水砂浆。

4.2.9　孔洞的渗漏宜先采取注浆或快速封堵止水，再设置刚性防水层，并应符合下列规定：

1　当水压大或孔洞直径大于等于 50mm 时，宜采用埋管（嘴）注浆止水。注浆管（嘴）宜使用硬质金属管或塑料管，并宜配置阀门，管径应符合引水卸压及注浆设备的要求。注浆材料宜使用速凝型水泥-水玻璃灌浆材料或聚氨酯灌浆材料。注浆压力应根据灌浆材料及工艺进行选择。

2　当水压小或孔洞直径小于 50mm 时，可按本条第 1 款的规定采用埋管（嘴）注浆止水，也可采用快速封堵止水。当采用快速封堵止水时，宜先清除孔洞周围疏松的混凝土，并宜将孔洞周围剔凿成 V 形凹坑，凹坑最宽处的直径宜大于孔洞直径 50mm 以上，深度不宜小于 40mm，再在凹坑中嵌填速凝型无机防水堵漏材料止水。

3　止水后宜在孔洞周围 200mm 范围内的基层表面涂布水泥基渗透结晶型防水涂料或渗透型环氧树脂类防水涂料，并宜抹压聚合物水泥防水砂浆。

4.2.10　凸出基层管道根部的渗漏宜先止水、再设置刚性防水层，必要时可设置柔性防水层，并应符合下列规定：

1　管道根部渗漏的止水应符合下列规定：

1）当渗漏量大时，宜采用钻孔注浆止水，钻孔宜斜穿基层并到达管道表面，钻孔与管道外侧最近直线距离不宜小于 100mm，注浆嘴不应少于 2 个，并宜对称布置。也可采用埋管（嘴）注浆止水。埋设硬质金属或塑料注浆管（嘴）前，宜先在管道根部剔凿直径不小于 50mm、深度不大于 30mm 的凹槽，用速凝型无机防水堵漏材料以与基层呈 30°～60°的夹角埋设注浆管（嘴），并封闭管道与基层间的接缝。注浆压力不宜小于静水压力的 2.0 倍，并宜采用聚氨酯灌浆材料。

2）当渗漏量小时，可按本款第 1 项的规定采用注浆止水，也可采用快速封堵止水。当采用快速封堵止水时，宜先沿管道根部剔凿环行凹槽，凹槽的宽度不宜大于 40mm、深度不宜大于 50mm，再嵌填速凝型无机防水堵漏材料。嵌填速凝型无机防水堵漏材料止水后，预留凹槽的深度不宜小于 10mm，并宜用聚合物水泥防水砂浆找平。

2 止水后，宜在管道周围200mm宽范围内的基层表面涂布水泥基渗透结晶型防水涂料。当管道热胀冷缩形变量较大时，宜在其四周涂布柔性防水涂料，涂层在管壁上的高度不宜小于100mm，收头部位宜用金属箍压紧，并宜设置水泥砂浆保护层。必要时，可在涂层中铺设纤维增强材料。

3 金属管道应采取除锈及防锈措施。

4.2.11 支模对拉螺栓渗漏的治理，应先剔凿螺栓根部的基层，形成深度不小于40mm的凹槽，再切割螺栓并嵌填速凝型无机防水堵漏材料止水，并用聚合物水泥防水砂浆找平。

4.2.12 地下连续墙幅间接缝渗漏的治理应符合下列规定：

1 当渗漏量小时，宜先沿接缝走向按本规程第4.2.1条的规定采用钻孔注浆或快速封堵止水，再在接缝部位两侧各500mm范围内的基层表面涂布水泥基渗透结晶型防水涂料，并宜用聚合物水泥防水砂浆找平或重新浇筑补偿收缩混凝土。接缝的止水宜符合下列规定：

1）当采用注浆止水时，宜钻孔穿过接缝并注入聚氨酯灌浆材料止水，注浆压力不宜小于静水压力的2.0倍；

2）当采用快速封堵止水时，宜沿接缝走向切割形成U形凹槽，凹槽的宽度不应小于100mm，深度不应小于50mm，嵌填速凝型无机防水堵漏材料止水后预留凹槽的深度不应小于20mm。

2 当渗漏水量大、水压高且可能发生涌水、涌砂、涌泥等险情或危及结构安全时，应先在基坑内侧渗漏部位回填土方或砂包，再在基坑接缝外侧用高压旋喷设备注入速凝型水泥-水玻璃灌浆材料形成止水帷幕，止水帷幕应深入结构底板2.0m以下。待漏水量减小后，再宜逐步挖除土方或移除砂包并按本条第1款的规定从内侧止水并设置刚性防水层。

3 设置止水帷幕时应采取措施防止对周围建筑物或构筑物造成破坏。

4.2.13 混凝土蜂窝、麻面的渗漏，宜先止水再设置刚性防水层，必要时宜重新浇筑补偿收缩混凝土修补，并应符合下列规定：

1 止水前应先凿除混凝土中的酥松及杂质，再根据渗漏现象分别按本规程第4.2.1条和第4.2.9条的规定采用钻孔注浆或嵌填速凝型无机防水堵漏材料止水；

2 止水后，应在渗漏部位及其周边200mm范围内涂布水泥基渗透结晶型防水涂料，并宜抹压聚合物水泥防水砂浆找平。

当渗漏部位混凝土质量差时，应在止水后先清理渗漏部位及其周边外延1.0m范围内的基层，露出坚实的混凝土，再涂布水泥基渗透结晶型防水涂料，并浇筑补偿收缩混凝土。当清理深度大于钢筋保护层厚度时，宜在新浇混凝土中设置直径不小于6mm的钢筋网片。

4.3 施　工

4.3.1 裂缝的止水及刚性防水层的施工应符合下列规定：

1 钻孔注浆时应严格控制注浆压力等参数，并宜沿裂缝走向自下而上依次进行。

2 使用速凝型无机防水堵漏材料快速封堵止水应符合下列规定：

1）应在材料初凝前用力将拌合料紧压在待封堵区域直至材料完全硬化；

2）宜按照从上到下的顺序进行施工；

3）快速封堵止水时，宜沿凹槽走向分段嵌填速凝型无机防水堵漏材料止水并间隔留置引水孔，引水孔间距宜为500mm～1000mm，最后再用速凝型无机防水堵漏材料封闭引水孔。

3 潮湿而无明水裂缝的贴嘴注浆宜符合下列规定：

1）粘贴注浆嘴和封缝前，宜先将裂缝两侧待封闭区域内的基层打磨平整并清理干净，再宜用配套的材料粘贴注浆嘴并封缝；

2）粘贴注浆嘴时，宜先用定位针穿过注浆嘴、对准裂缝插入，将注浆嘴骑缝粘贴在基层表面，宜以拔出定位针时不粘附胶粘剂为合格。不合格时，应清理缝口，重新贴嘴，直至合格。粘贴注浆嘴后可不拔出定位针；

3）立面上应沿裂缝走向自下而上依次进行注浆。当观察到临近注浆嘴出浆时，可停止从该注浆嘴注浆，并从下一注浆嘴重新开始注浆；

4）注浆全部结束且孔内灌浆材料固化，并经检查无湿渍、无明水后，应按工程要求拆除注浆嘴、封孔、清理基层。

4 刚性防水层的施工应符合材料要求及本规程的规定。

4.3.2 施工缝渗漏的止水及刚性防水层的施工应符合下列规定：

1 利用预埋注浆系统注浆止水时，应符合下列规定：

1）宜采取较低的注浆压力从一端向另一端、由低到高进行注浆；

2）当浆液不再流入并且压力损失很小时，应维持该压力并保持2min以上，然后终止注浆；

3）需要重复注浆时，应在浆液固化前清洗注浆通道。

2 钻孔注浆止水、快速封堵止水及刚性防水层的施工应符合本规程4.3.1条的规定。

4.3.3 变形缝渗漏的注浆止水施工应符合下列规定：

1 钻孔注浆止水施工应符合本规程第4.3.1条的规定；

2 浆液阻断点应埋设牢固且能承受注浆压力而不破坏；

3 埋管（嘴）注浆止水施工应符合下列规定：

1）注浆管（嘴）应埋置牢固并应做好引水处理；

2）注浆过程中，当观察到临近注浆嘴出浆时，可停止注浆，并应封闭该注浆嘴，然后从下一注浆嘴开始注浆；

3）停止注浆且待浆液固化，并经检查无湿渍、无明水后，应按要求处理注浆嘴、封孔并清理基层。

4.3.4 变形缝背水面止水带的安装应符合下列规定：

1 止水带的安装应在无渗漏水的条件下进行；

2 与止水带接触的混凝土基层表面条件应符合设计及施工要求；

3 内装可卸式橡胶止水带的安装应符合现行国家标准《地下工程防水技术规范》GB 50108的规定；

4 粘贴内置式密封止水带应符合下列规定：

1）转角处应使用专用修补材料做成圆角或钝角；

2）底涂料及专用胶粘剂应涂布均匀，用量应符合材料要求；

3）粘贴止水带时，宜使用压辊在止水带与混凝土基层搭接部位来回多遍辊压排气；

4）胶粘剂未完全固化前，止水带应避免受压或发生位移，并应采取保护措施。

5 采用螺栓固定内置式密封止水带应符合下列规定：

1）转角处应使用专用修补材料做成钝角，并宜配备专用的金属压板配件；

2）膨胀螺栓的长度和直径应符合设计要求，金属膨胀螺栓宜采取防锈处理工艺。安装时，应采取措施避免造成变形缝两侧基层的破坏。

6 进行止水带外设保护装置施工时应采取措施避免造成止水带破坏。

4.3.5 安装变形缝外置排水槽时，排水槽应固定牢固，排水坡度应符合设计要求，转角部位应使用专用的配件。

4.3.6 大面积渗漏治理施工应符合下列规定：

1 当向地下工程结构的迎水面注浆止水时，钻孔及注浆设备应符合设计要求；

2 当采取快速封堵止水时，应先清理基层，除去表面的酥松、起皮和杂质，然后分多遍抹压速凝型无机防水堵漏材料并形成连续的防水层；

3 涂刷水泥基渗透结晶型防水涂料或渗透型环氧树脂类防水涂料时，应按照从高处向低处、先细部后整体、先远处后近处的顺序进行施工；

4 刚性防水层的施工应符合材料要求及本规程的规定。

4.3.7 孔洞渗漏施工应符合下列规定：

1 埋管（嘴）注浆止水施工宜符合下列规定：

1）注浆管（嘴）应埋置牢固并做好引水泄压处理；

2）待浆液固化并经检查无明水后，应按设计要求处理注浆嘴、封孔并清理基层。

2 当采用快速封堵止水及设置刚性防水层时，其施工应符合本规程第4.3.1条的规定。

4.3.8 凸出基层管道根部渗漏治理施工应符合下列规定：

1 当采用钻斜孔注浆止水时，除宜符合本规程第4.3.1条的规定外，尚宜采取措施避免由于钻孔造成管道的破损，注浆时宜自下而上进行；

2 埋管（嘴）注浆止水的施工工艺应符合本规程第4.3.7条第1款的规定；

3 快速封堵止水应符合本规程第4.3.1条第2款的规定；

4 柔性防水涂料的施工应符合下列规定：

1）基层表面应无明水，阴角宜处理成圆弧形；

2）涂料宜分层刷涂，不得漏涂；

3）铺贴纤维增强材料时，纤维增强材料应铺设平整并充分浸透防水涂料。

4.3.9 地下连续墙幅间接缝渗漏治理的施工应符合下列规定：

1 注浆止水或快速封堵止水及刚性防水层的施工宜符合本规程第4.3.1条的规定；

2 浇筑补偿收缩混凝土前应先在混凝土基层表面涂布水泥基渗透结晶型防水涂料，补偿收缩混凝土的配制、浇筑及养护应符合现行国家标准《地下工程防水技术规范》GB 50108的规定；

3 高压旋喷成型止水帷幕应由具有地基处理专业施工资质的队伍施工。

4.3.10 混凝土蜂窝、麻面渗漏治理的施工宜分别按照裂缝、孔洞或大面积渗漏等不同现象分别按本规程第4.3.1条、第4.3.6条及4.3.8条的规定进行施工。

5 预制衬砌隧道渗漏治理

5.1 一般规定

5.1.1 盾构法隧道渗漏的调查可按本规程附录B的

规定进行。

5.1.2 混凝土结构盾构法隧道的连接通道及内衬、沉管法隧道管段和顶管法隧道管节的渗漏宜根据现场情况，按本规程第4章的规定进行治理。

5.1.3 盾构法隧道接缝渗漏的治理宜根据渗漏部位选用表5.1.3所列的技术措施。

表5.1.3 盾构法隧道接缝渗漏治理的技术措施

技术措施	渗漏部位				材料
	管片环、纵接缝及螺孔	隧道进出洞口段	隧道与连接通道相交部位	道床以下管片接头	
注浆止水	●	●	●	●	聚氨酯灌浆材料、环氧树脂灌浆材料等
壁后注浆	○	○	○	●	超细水泥灌浆材料、水泥-水玻璃灌浆材料、聚氨酯灌浆材料、丙烯酸盐灌浆材料等
快速封堵	○	×	×	×	速凝型聚合物砂浆或速凝型无机防水堵漏材料
嵌填密封	○	○	○	×	聚硫密封胶、聚氨酯密封胶等合成高分子密封材料

注：●——宜选，○——可选，×——不宜选。

5.2 方案设计

5.2.1 管片环、纵缝渗漏的治理宜根据渗漏水状况及现场施工条件采取注浆止水或嵌填密封，必要时可进行壁后注浆，并应符合下列规定：

1 对于有渗漏明水的环、纵缝宜采取注浆止水。注浆止水前，宜先在渗漏部位周围无明水渗出的纵、环缝部位骑缝垂直钻孔至遇水膨胀止水条处或弹性密封垫处，并在孔内形成由聚氨酯灌浆材料或其他密封材料形成浆液阻断点。随后宜在浆液阻断点围成的区域内部，用速凝型聚合物砂浆等骑缝埋设注浆嘴并封堵接缝，并注入可在潮湿环境下固化、固结体有弹性的改性环氧树脂灌浆材料；注浆嘴间距不宜大于1000mm，注浆压力不宜大于0.6MPa，治理范围宜以渗漏接缝为中心，前后各1环。

2 对于有明水渗出但施工现场不具备预先设置浆液阻断点的接缝的渗漏，宜先用速凝型聚合物砂浆骑缝埋置注浆嘴，并宜封堵渗漏接缝两侧各3～5环内管片的环、纵缝。注浆嘴间距不宜小于1000mm，注浆材料宜采用可在潮湿环境下固化，固结体有一定弹性的环氧树脂灌浆材料，注浆压力不宜大于0.2MPa。

3 对于潮湿而无明水的接缝，宜采取嵌填密封处理，并应符合下列规定：

1） 对于影响混凝土管片密封防水性能的边、角破损部位，宜先进行修补，修补材料的强度不应小于管片混凝土的强度；

2） 拱顶及侧壁宜采取在嵌缝沟槽中依次涂刷基层处理剂、设置背衬材料、嵌填柔性密封材料的治理工艺（图5.2.2）；

3） 背衬材料性能应符合密封材料固化要求，直径应大于嵌缝沟槽宽度20%～50%，且不应与密封材料相粘结；

4） 轨道交通盾构法隧道拱顶环向嵌缝范围宜为隧道竖向轴线顶部两侧各22.5°，拱底嵌缝范围宜为隧道竖向轴线底部两侧各43°；变形缝处宜整环嵌缝。特殊功能的隧道可采取整环嵌缝或按设计要求进行；

5） 嵌缝范围宜以渗漏接缝为中心，沿隧道推进方向前后各不宜小于2环。

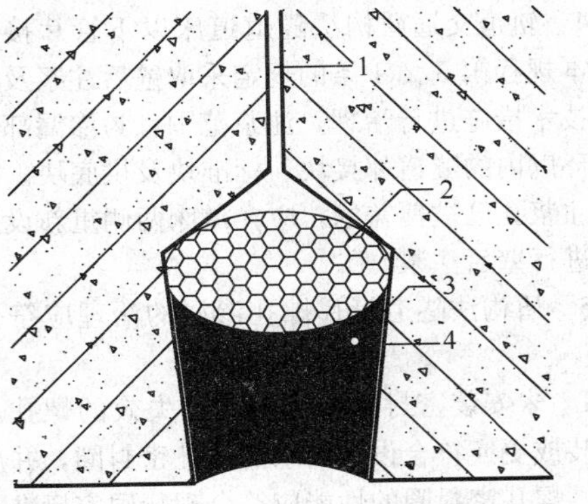

图5.2.2 拱顶管片环（纵）缝嵌缝

1—环（纵）缝；2—背衬材料；3—柔性密封材料；4—界面处理剂

4 当隧道下沉或偏移量超过设计允许值并发生渗漏时，宜以渗漏部位为中心在其前后各2环的范围内进行壁后注浆。壁后注浆完成后，若仍有渗漏可按本条第1款或第2款的规定在接缝间注浆止水，对潮湿而无明水的接缝宜按第3款的规定进行嵌填密封处理。壁后注浆宜符合下列规定：

1） 注浆前应查明待注区域衬砌外回填的现状；

2） 注浆时应按设计要求布孔，并宜优先使用管片的预留注浆孔进行壁后注浆。注浆孔应设置在邻接块和标准块上；隧道下沉量大时，尚应在底部拱底块上增设注浆孔；

3） 应根据隧道外部土体的性质选择注浆材料，黏土地层宜采用水泥-水玻璃双液灌浆材料，砂性地层宜采用聚氨酯灌浆材料或丙烯酸盐灌浆材料；

4） 宜根据浆液性质及回填现状选择合适的注浆压力及单孔注浆量；

5） 注浆过程中，应采取措施实时监测隧道形变量。

5　速凝型聚合物砂浆宜具有一定的柔韧性、良好的潮湿基层粘结强度，各项性能应符合设计要求。

5.2.2　隧道进出洞口段渗漏的治理宜采取注浆止水及嵌填密封等技术措施，并宜符合下列规定：

1　隧道与端头井后浇混凝土环梁接缝的渗漏宜按本规程第 4.2.2 条的规定钻斜孔注入聚氨酯灌浆材料止水；

2　隧道进出洞口段 25 环内管片接缝渗漏的治理及壁后注浆宜符合本规程第 5.2.1 条的规定。

5.2.3　隧道与连接通道相交部位的渗漏宜根据渗漏部位采取注浆止水或嵌填密封等技术措施，必要时可进行壁后注浆，并宜符合下列规定：

1　接缝的渗漏宜按本规程第 4.2.2 条的规定钻斜孔注入聚氨酯灌浆材料止水；

2　连接通道两侧各 5 环范围内管片接缝渗漏的治理及壁后注浆宜符合本规程第 5.2.1 条的规定。

5.2.4　轨道交通盾构法隧道道床以下管片接头渗漏宜按本规程第 5.2.1 条的规定采取壁后注浆及注浆止水等技术措施进行治理，注浆范围宜为渗漏部位两侧各 5 环以内的隧道邻接块、标准块及拱底块。拱底块预留注浆孔已被覆盖的，应在道床两侧重新设置注浆孔再进行壁后注浆。

5.2.5　盾构法隧道管片螺孔渗漏的治理应符合下列规定：

1　未安装密封圈或密封圈已失效的螺孔，应重新安装或更换符合设计要求的螺孔密封圈，并应紧固螺栓。螺孔密封圈的性能应符合现行国家标准《地下工程防水技术规范》GB 50108 的规定；

2　螺孔内渗水时，宜钻斜孔至螺孔注入聚氨酯灌浆材料止水，并宜按本条第 1 款的规定密封并紧固螺栓。

5.2.6　沉管法隧道管段的 Ω 形止水带边缘出现渗漏时，宜重新紧固止水带边缘的螺栓。

5.2.7　沉管法隧道管段的端钢壳与混凝土管段接缝渗漏的治理，宜按本规程第 4.2.1 条的规定沿接缝走向从混凝土中钻斜孔至端钢壳，并宜根据渗漏量大小选择注入聚氨酯灌浆材料或可在潮湿环境下固化的环氧树脂灌浆材料。

5.2.8　顶管法隧道管节接缝渗漏的治理，宜沿接缝走向按本规程第 4.2.2 条的规定，采用钻孔灌注聚氨酯灌浆材料或水泥基灌浆材料止水，并宜全断面嵌填高模量合成高分子密封材料。施工条件允许时，宜按本规程 4.2.5 条的规定安装内置式密封止水带。

5.3　施　　工

5.3.1　管片环、纵接缝渗漏的注浆止水、嵌填密封及壁后注浆的施工应符合下列规定：

1　钻孔注浆止水的施工应符合下列规定：

1）钻孔注浆设置浆液阻断点时，应使用带定位装置的钻孔设备，钻孔直径宜小，并宜钻双孔注浆形成宽度不宜小于 100mm 的阻断点；

2）注浆嘴应垂直于接缝中心并埋设牢固，在用速凝型聚合物砂浆封闭接缝前，应清除接缝中已失效的嵌缝材料及杂物等；

3）注浆宜按照从拱底到拱顶、从渗漏水接缝向两侧的顺序进行，当观察到邻近注浆嘴出浆时，可终止从该注浆嘴注浆并封闭注浆嘴，并宜从下一注浆嘴开始注浆；

4）注浆结束后，应按要求拆除注浆嘴并封孔。

2　嵌填密封施工应符合下列规定：

1）嵌缝作业应在无明水条件下进行；

2）嵌缝作业前应清理待嵌缝沟槽，做到缝内两侧基层坚实、平整、干净，并应涂刷与密封材料相容的基层处理剂；

3）背衬材料应铺设到位，预留深度符合设计要求，不得有遗漏；

4）密封材料宜采用机械工具嵌填，并应做到连续、均匀、密实、饱满，与基层粘结牢固；

5）速凝型聚合物砂浆应按要求进行养护。

3　壁后注浆施工应符合下列规定：

1）注浆宜按确定孔位、通（开）孔、安装注浆嘴、配浆、注浆、拔管、封孔的顺序进行；

2）注浆嘴应配备防喷装置；

3）宜按照从上部邻接块向下部标准块的方向进行注浆；

4）注浆过程中应按设计要求控制注浆压力和单孔注浆量；

5）注浆结束后，应按设计要求做好注浆孔的封闭。

5.3.2　隧道进出洞口段、隧道与连接通道相交部位及轨道交通盾构法隧道道床以下管片接头渗漏治理的施工宜符合设计要求及本规程第 5.3.1 条的规定。

5.3.3　管片螺孔渗漏的嵌填密封及注浆止水施工应符合下列规定：

1　重新安装螺孔密封圈时，密封圈应定位准确，并应能够被正确挤入密封沟槽内；

2　从手孔钻孔至螺孔时，定位应准确，并应采用直径较小的钻杆成孔。

5.3.4　重新紧固沉管法隧道管段的 Ω 形止水带时应定位准确，并应按设计要求紧固螺栓、做好金属部件的防锈处理。

5.3.5　沉管法隧道管段的端钢壳与混凝土管段接缝渗漏的施工应符合本规程第 4.3.1 条的规定。

5.3.6　顶管法隧道管节接缝渗漏的注浆止水工艺应符合本规程第 4.3.2 条的规定。全断面嵌填高模量密封材料时，应先涂布基层处理剂，并设置背衬材料，然后嵌填密封材料。内置式密封止水带的安装应符合本规程第4.3.4条的规定。

6 实心砌体结构渗漏治理

6.1 一般规定

6.1.1 实心砌体结构地下工程渗漏治理宜根据渗漏部位、渗漏现象选用表6.1.1中所列的技术措施。

表6.1.1 实心砌体结构地下工程渗漏治理的技术措施

技术措施	渗漏部位、渗漏现象			材料
	裂缝、砌块灰缝	大面积渗漏	管道根部	
注浆止水	○	×	●	丙烯酸盐灌浆材料、水泥基灌浆材料、聚氨酯灌浆材料、环氧树脂灌浆材料等
快速封堵	●	●	●	速凝型无机防水堵漏材料
设置刚性防水层	●	●	○	聚合物水泥防水砂浆、渗透型环氧树脂类防水涂料等
设置柔性防水层	×	×	○	Ⅱ型或Ⅲ型聚合物水泥防水涂料

注：●——宜选，○——可选，×——不宜选。

6.1.2 实心砌体结构地下工程渗漏治理后宜在背水面形成完整的防水层。

6.2 方案设计

6.2.1 裂缝或砌块灰缝的渗漏宜采取注浆止水或快速封堵、设置刚性防水层等治理措施，并宜符合下列规定：

1 当渗漏量大时，宜采取埋管（嘴）注浆止水，并宜符合下列规定：

1）注浆管（嘴）宜选用金属管或硬质塑料管，并宜配置阀门；

2）注浆管（嘴）宜沿裂缝或砌块灰缝走向布置，间距不宜小于500mm；埋设注浆管（嘴）前宜在选定位置开凿深度为30mm～40mm、宽度不大于30mm的“U”形凹槽，注浆嘴应垂直对准凹槽中心部位裂缝并用速凝型无机防水堵漏材料埋置牢固，注浆前阀门宜保持开启状态；

3）裂缝表面宜采用速凝型无机防水堵漏材料封闭，封缝的宽度不宜小于50mm；

4）宜选用丙烯酸盐、水溶性聚氨酯等黏度较小的灌浆材料，注浆压力不宜大于0.3MPa。

2 当渗漏量小时，可按本条第1款的规定注浆止水，也可采用快速封堵止水。当采取快速封堵时，宜沿裂缝或接缝走向切割出深度20mm～30mm、宽度不大于30mm的“U”形凹槽，然后分段在凹槽中埋设引水管并嵌填速凝型无机防水堵漏材料止水，最后封闭引水孔，并宜用聚合物水泥防水砂浆找平。

3 设置刚性防水层时，宜沿裂缝或接缝走向在两侧各200mm范围内的基层表面多遍涂布渗透型环氧树脂类防水涂料或抹压聚合物水泥防水砂浆。对于裂缝分布较密的基层，应大面积设置刚性防水层。

6.2.2 实心砌体结构地下工程墙体大面积渗漏的治理，宜先在有明水渗出的部位埋管引水卸压，再在砌体结构表面大面积抹压厚度不小于5mm的速凝型无机防水堵漏材料止水。经检查无渗漏后，宜涂刷渗透型环氧树脂类防水涂料或抹压聚合物水泥防水砂浆，最后再宜用速凝型无机防水堵漏材料封闭引水孔。当基层表面无渗漏明水时，宜直接大面积多遍涂刷渗透型环氧树脂类防水涂料，并宜单层抹压聚合物水泥防水砂浆。

6.2.3 砌体结构地下工程管道根部渗漏的治理宜先止水、再设置刚性防水层，必要时设置柔性防水层，并宜符合本规程第4.2.10条的规定。

6.2.4 当砌体结构地下工程发生因毛细作用导致的墙体返潮、析盐等病害时，宜在墙体下部用聚合物水泥防水砂浆设置防潮层，防潮层的厚度不宜小于10mm。

6.3 施工

6.3.1 砌体结构裂缝或砌块接缝渗漏的止水及刚性防水层的设置应符合下列规定：

1 埋管（嘴）注浆止水除宜符合本规程第4.3.1条的规定外，尚应符合下列规定：

1）宜按照从下往上、由里向外的顺序进行注浆；

2）当观察到浆液从相邻注浆嘴中流出时，应停止从该注浆孔注浆并关闭阀门，并从相邻注浆嘴开始注浆；

3）注浆全部结束、待孔内灌浆材料固化，经检查无明水后，应按要求处理注浆嘴、封孔并清理基层。

2 使用速凝型无机防水堵漏材料快速封堵裂缝或砌体灰缝渗漏的施工宜符合本规程第4.3.1条的规定；

3 刚性防水层的施工应符合材料要求及本规程的规定。

6.3.2 实心砌体结构地下工程墙体大面积渗漏治理施工应符合下列规定：

1 在砌体结构表面抹压速凝型无机防水堵漏材料止水前，应清理基层，做到坚实、干净，再抹压速凝型无机防水堵漏材料止水；

2 渗透型环氧树脂类防水涂料及聚合物水泥防水砂浆的施工应符合本规程第4.3.6条的规定。

6.3.3 管道根部渗漏治理的施工应符合本规程第4.3.8条的规定。

6.3.4 用聚合物水泥防水砂浆设置防潮层时，防潮层应抹压平整。

7 质量验收

7.1 一般规定

7.1.1 对于需要进场检验的材料，应按本规程附录C的规定进行现场抽样复验，材料的性能应符合本规程附录D的规定，并应提交检验合格报告。

7.1.2 隐蔽工程在隐蔽前应由施工方会同有关各方进行验收。

7.1.3 工程施工质量的验收，应在施工单位自行检查评定合格的基础上进行。

7.1.4 渗漏治理部位应全数检查。

7.1.5 工程质量验收应提供下列资料：

1 调查报告、设计方案、图纸会审记录、设计变更、洽商记录单；

2 施工方案及技术、安全交底；

3 材料的产品合格证、质量检验报告；

4 隐蔽工程验收记录；

5 工程检验批质量验收记录；

6 施工队伍的资质证书及主要操作人员的上岗证书；

7 事故处理、技术总结报告等其他必需提供的资料。

7.2 质量验收

主控项目

7.2.1 材料性能应符合设计要求。

检验方法：检查出厂合格证、质量检测报告等。进场抽检复验的材料还应提交进场抽样复检合格报告。

7.2.2 浆液配合比应符合设计要求。

检验方法：检查计量措施或试验报告及隐蔽工程验收记录。

7.2.3 注浆效果应符合设计要求。

检验方法：观察检查或采用钻孔取芯等方法检查。

7.2.4 止水带与紧固件压板以及止水带与基层之间应结合紧密。

检验方法：观察检查。

7.2.5 涂料的用量或防水层平均厚度应符合设计要求，最小厚度不得小于设计厚度的90%。

检验方法：检查隐蔽工程验收记录或用涂层测厚仪量测。

7.2.6 柔性涂膜防水层在管道根部等细部做法应符合设计要求。

检验方法：观察检查和检查隐蔽工程验收记录。

7.2.7 聚合物水泥砂浆防水层与基层及各层之间应粘结牢固，无脱层、空鼓和裂缝。

检验方法：观察和用小锤轻击检查。

7.2.8 渗漏治理效果应符合设计要求。

检验方法：观察检查。

7.2.9 治理部位不得有渗漏或积水现象，排水系统应畅通。

检验方法：观察检查。

一般项目

7.2.10 注浆孔的数量、钻孔间距、钻孔深度及角度应符合设计要求。

检验方法：检查隐蔽工程验收记录。

7.2.11 注浆过程的压力控制和进浆量应符合设计要求。

检验方法：检查施工记录及隐蔽工程验收记录。

7.2.12 涂料防水层应与基层粘结牢固，涂刷均匀，不得有皱折、鼓泡、气孔、露胎体和翘边等缺陷。

检验方法：观察检查。

7.2.13 水泥砂浆防水层的平均厚度应符合设计要求，最小厚度不得小于设计值的85%。

检验方法：观察和尺量检查。

7.2.14 盾构隧道衬砌的嵌缝材料表面应平滑，缝边应顺直，无凹凸不平现象。

检验方法：观察检查。

附录A 安全及环境保护

A.0.1 注浆施工时，操作人员应穿防护服，戴口罩、手套和防护眼镜。

A.0.2 挥发性材料应密封贮存，妥善保管和处理，不得随意倾倒。

A.0.3 使用易燃材料时，施工现场禁止出现明火。

A.0.4 施工现场应通风良好。

附录B 盾构法隧道渗漏调查

B.0.1 输水隧道在竣工时的检查重点应是漏入量，在运营时的检查重点应是漏失量。轨道交通隧道、水下道路隧道及重要的电缆隧道等的检查重点应是拱底位置的渗水和拱顶的滴漏。

B.0.2 渗漏水及损害程度资料的调查应包括下列内容：

1 设计资料；
2 施工记录；
3 维修资料；
4 隧道环境变化。

B.0.3 盾构法隧道渗漏水及损害的现场调查内容及方法宜符合表B.0.3的规定。

表B.0.3 盾构法隧道渗漏水及损害的现场调查内容及方法

序号	调查内容		调查方法
1	渗漏水现状	漏泥、钢筋锈蚀	目测及钢筋检测仪
		管片裂缝与破损的形式、尺寸、是否贯通，缝内有无异物，干湿状况	用刻度尺、放大镜等工具目测
		发生渗漏的接缝、裂缝、孔洞及蜂窝麻面的位置、尺寸、渗漏水量	用刻度尺、放大镜等工具目测并按现行国家标准《地下防水工程质量验收规范》GB 50208的规定量测渗漏水量
		水质	水质采样分析
2	沉降形变	隧道的沉降量、变形量壁后注浆回填状况	用水平仪、经纬仪检测沉降及位移；用地震波仪、声波仪检测回填注浆状况
3	密封材料现状	材料的种类及老化状况	目测或现场取样分析
4	混凝土质量现状	混凝土病害状况	超声回弹检测混凝土强度；采样检测混凝土中氯离子浓度及碳化深度

B.0.4 盾构法隧道内渗漏水及损害的状态和位置宜采用表B.0.4的图例在盾构法隧道管片渗漏水平面展开图上进行标识。

表B.0.4 盾构法隧道管片渗漏水平面展开图图例

渗漏形式		图例	渗漏形式		图例
接缝渗漏	渗水	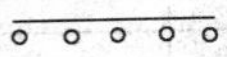	预留注浆孔渗漏	渗水	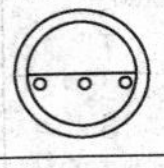
	滴漏	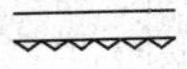		滴漏	
	线漏	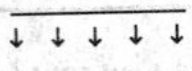		线漏	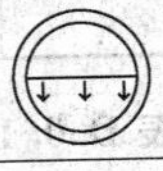
	漏泥	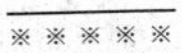	螺孔渗漏	渗水	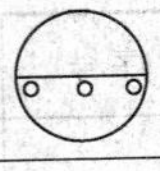
管片缺损及预埋件锈蚀	混凝土缺损			滴漏	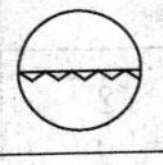
	预埋件锈蚀			线漏	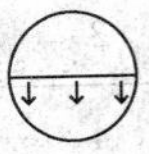

B.0.5 绘制盾构法隧道管片渗漏水平面展开图时，应将衬砌以5环～10环为一组逐环展开，再将不同位置、不同渗漏及损害的图例在图上标出。

附录C 材料现场抽样复验项目

C.0.1 材料现场抽样复验应符合表C.0.1的规定。

表C.0.1 材料现场抽样复验项目

序号	材料名称	现场抽样数量	外观质量检验	物理性能检验
1	聚氨酯灌浆材料	每2t为一批，不足2t按一批抽样	包装完好无损，且标明灌浆材料名称，生产日期、生产厂名，产品有效期	黏度，固体含量，凝胶时间，发泡倍率
2	环氧树脂灌浆材料	每2t为一批，不足2t按一批抽样	包装完好无损，且标明灌浆材料名称，生产日期、生产厂名，产品有效期	黏度，可操作时间，抗压强度
3	丙烯酸盐灌浆材料	每2t为一批，不足2t按一批抽样	包装完好无损，且标明灌浆材料名称，生产日期、生产厂名，产品有效期	密度，黏度，凝胶时间，固砂体抗压强度
4	水泥基灌浆材料	每5t为一批，不足5t按一批抽样	包装完好无损，且标明灌浆材料名称，生产日期、生产厂名，产品有效期	粒径，流动度，泌水率，抗压强度
5	合成高分子密封材料	每500支为一批，不足500支按一批抽样	均匀膏状，无结皮、凝胶或不易分散的固体团状	拉伸模量，拉伸粘结性，柔性
6	遇水膨胀止水条	每一批至少抽一次	色泽均匀，柔软有弹性，无明显凹陷	拉伸强度，断裂伸长率，体积膨胀倍率
7	遇水膨胀止水胶	每500支为一批，不足500支按一批抽样	包装完好无损，且标明材料名称，生产日期，生产厂家，产品有效期	表干时间、延伸率、抗拉强度、体积膨胀倍率
8	内装可卸式橡胶止水带	每一批至少抽一次	尺寸公差，开裂，缺胶，海绵状，中心孔偏心，气泡，杂质，明疤	拉伸强度，扯断伸长率，撕裂强度
9	内置式密封止水带及配套胶粘剂	每一批至少抽一次	止水带的尺寸公差，表面有无开裂；胶粘剂名称，生产日期，生产厂家，产品有效期，使用温度	拉伸强度，扯断伸长率，撕裂强度；可操作时间，粘结强度、剥离强度
10	改性渗透型环氧树脂类防水涂料	每1t为一批，不足1t按一批抽样	包装完好无损，且标明材料名称，生产日期、生产厂名，产品有效期	黏度，初凝时间，粘结强度，表面张力

续表 C.0.1

序号	材料名称	现场抽样数量	外观质量检验	物理性能检验
11	水泥基渗透结晶型防水涂料	每5t为一批，不足5t按一批抽样	包装完好无损，且标明材料名称，生产日期、生产厂名，产品有效期	凝结时间，抗折强度(28d)，潮湿基层粘结强度，抗渗压力(28d)
12	无机防水堵漏材料	缓凝型每10t为一批，不足10t按一批抽样 速凝型每5t为一批，不足5t按一批抽样	均匀、无杂质、无结块	缓凝型：抗折强度，粘结强度，抗渗性 速凝型：初凝时间，终凝时间，粘结强度，抗渗性
13	聚合物水泥防水砂浆	每20t为一批，不足20t按一批抽样	粉体型均匀，无结块；乳液型液料经搅拌后均匀无沉淀，粉料均匀，无结块	抗渗压力，粘结强度
14	聚合物水泥防水涂料	每10t为一批，不足10t按一批抽样	包装完好无损，且标明材料名称，生产日期、生产厂名，产品有效期；液料经搅拌后均匀无沉淀，粉料均匀，无结块	固体含量，拉伸强度，断裂延伸率，低温柔性，不透水性，粘结强度

附录D 材料性能

D.0.1 灌浆材料的物理性能应符合下列规定：

1 聚氨酯灌浆材料的物理性能应符合表D.0.1-1的规定，并应按现行行业标准《聚氨酯灌浆材料》JC/T 2041规定的方法进行检测。

表 D.0.1-1 聚氨酯灌浆材料的物理性能

序号	试验项目	性能	
		水溶性	油溶性
1	黏度(mPa·s)	≤1000	
2	不挥发物含量(%)	≥75	≥78
3	凝胶时间(s)	≤150	—
4	凝固时间(s)	—	≤800
5	包水性(10倍水，s)	≤200	—
6	发泡率(%)	≥350	≥1000
7	固结体抗压强度(MPa)	—	≥6.0

注：第7项仅在有加固要求时检测。

2 环氧树脂灌浆材料的物理性能应符合表D.0.1-2和表D.0.1-3的规定，并应按现行行业标准《混凝土裂缝用环氧树脂灌浆材料》JC/T 1041规定的方法进行检测。

表 D.0.1-2 环氧树脂灌浆材料的物理性能

序号	项目	性能	
		低黏度型	普通型
1	外观	A、B组分均匀，无分层	
2	初始黏度(mPa·s)	≤30	≤200
3	可操作时间(min)	>30	

表 D.0.1-3 环氧树脂灌浆材料固化物的物理性能

序号	项目		性能
1	抗压强度(MPa)		≥40
2	抗拉强度(MPa)		≥10
3	粘结强度(MPa)	干燥基层	≥3.0
		潮湿基层	≥2.0
4	抗渗压力(MPa)		≥1.0

3 丙烯酸盐灌浆材料的物理性能与试验方法应符合表D.0.1-4和表D.0.1-5的规定，并应按现行行业标准《丙烯酸盐灌浆材料》JC/T 2037规定的方法进行检测。

表 D.0.1-4 丙烯酸盐灌浆材料的物理性能

序号	项目	性能
1	外观	不含颗粒的均质液体
2	密度(g/cm^3)	1.1±0.1
3	黏度(mPa·s)	≤10
4	凝胶时间(min)	≤30
5	pH	≥7.0

表 D.0.1-5 丙烯酸盐灌浆材料固结体的物理性能

序号	项目	性能
1	渗透系数(cm/s)	$<10^{-6}$
2	挤出破坏比降	≥200
3	固砂体抗压强度(MPa)	≥0.2
4	遇水膨胀率(%)	≥30

4 水泥基灌浆材料的物理性能与试验方法应符合表D.0.1-6的规定。

表 D.0.1-6　水泥基灌浆材料的物理性能与试验方法

序号	项　目		性 能	试验方法
1	粒径(4.75mm方孔筛筛余,%)		≤2.0	现行行业标准《水泥基灌浆材料》JC/T 986
2	泌水率(%)		0	
3	流动度(mm)	初始流动度	≥290	
		30min流动度保留值	≥260	
4	抗压强度(MPa)	1d	≥20	
		3d	≥40	
		28d	≥60	
5	竖向膨胀率(%)	3h	0.1～3.5	
		24h与3h膨胀率之差	0.02～0.5	
6	对钢筋有无腐蚀作用		无	
7	比表面积(m^2/kg)	干磨法	≥600	现行国家标准《水泥比表面积测定方法》GB/T 8074
		湿磨法	≥800	

注：第7项仅适用于超细水泥灌浆材料。

5　水泥-水玻璃双液注浆材料应符合下列规定：

1）宜采用普通硅酸盐水泥配制浆液，普通硅酸盐水泥的性能应符合现行国家标准《通用硅酸盐水泥》GB 175 的规定，水泥浆的水胶比（w/c）宜为0.6～1.0。

2）水玻璃性能应符合现行国家标准《工业硅酸钠》GB/T 4209 的规定，模数宜为2.4～3.2，浓度不宜低于30°Be′。

3）拌合用水应符合国家现行行业标准《混凝土用水标准》JGJ 63的规定。

4）浆液的凝胶时间应事先通过试验确定，水泥浆与水玻璃溶液的体积比可在1∶0.1～1∶1之间。

D.0.2　密封材料的性能应符合下列规定：

1　建筑接缝用密封胶的物理性能应符合表D.0.2-1的规定，并应按现行行业标准《混凝土接缝用密封胶》JC/T 881 规定的方法进行检测。

表 D.0.2-1　建筑接缝用密封胶物理性能

序号	项　目			25LM	25HM	20LM	20HM
1	流动性	下垂度(N型)	垂直(mm)	≤3			
			水平(mm)	≤3			
		流平性(S型)		光滑平整			
2	挤出性(mL/min)			≥80			
3	弹性恢复率(%)			≥80		≥60	
4	拉伸模量(MPa)	23℃ -20℃		≤0.4和 ≤0.6	>0.4或 >0.6	≤0.4和 ≤0.6	>0.4或 >0.6
5	定伸粘结性			无破坏			

续表 D.0.2-1

序号	项　目	25LM	25HM	20LM	20HM
6	浸水后定伸粘结性	无破坏			
7	热压冷拉后粘结性	无破坏			
8	质量损失(%)	≤10			

注：N型——非下垂型；S型——自流平型。

2　遇水膨胀止水胶的物理性能与试验方法应符合表D.0.2-2的规定。

表 D.0.2-2　遇水膨胀止水胶的物理性能与试验方法

序号	项　目		指标	试验方法
1	表干时间(h)		≤12	现行国家标准《建筑密封材料试验方法　第5部分　表干时间的测定》GB/T 13477.5
2	拉伸性能	拉伸强度(MPa)	≥0.5	现行国家标准《建筑防水涂料试验方法》GB/T 16777
		断裂伸长率(%)	≥400	
3	吸水体积膨胀倍率(%)		≥220	现行国家标准《高分子防水材料　第3部分　遇水膨胀橡胶》GB 18173.3
4	溶剂浸泡后体积膨胀倍率保持率(3d,%)	5% $Ca(OH)_2$	≥90	
		5% NaCl	≥90	

3　遇水膨胀橡胶止水条的物理性能应符合表D.0.2-3的规定，并应按现行国家标准《高分子防水材料　第3部分　遇水膨胀橡胶》GB 18173.3 规定的方法进行检测。

表 D.0.2-3　遇水膨胀橡胶止水条的物理性能

序号	项　目		PZ-150	PZ-250
1	硬度(邵尔A，度)		42±7	
2	拉伸强度(MPa)		≥3.5	
3	断裂伸长率(%)		≥450	
4	体积膨胀倍率(%)		≥150	≥250
5	反复浸水试验	拉伸强度(MPa)	≥3	
		扯断伸长率(%)	≥350	
		体积膨胀倍率(%)	≥150	≥250
6	低温弯折(-20℃，2h)		无裂纹	
7	防霉等级		达到或优于2级	

4　内装可卸式橡胶止水带的物理性能应符合表D.0.2-4的规定，并应按现行国家标准《高分子防水材料　第2部分　止水带》GB 18173.2 的规定进行检测。

表 D.0.2-4　内装可卸式橡胶止水带的物理性能

序号	项目		性能
1	硬度(邵尔 A，度)		60±5
2	拉伸强度(MPa)		≥15
3	断裂伸长率(%)		≥380
4	压缩永久变形(%)	70℃，24h	≤35
		23℃，168h	≤20
5	撕裂强度(kN/m)		≥30
6	脆性温度(℃，无破坏)		≤−45
7	热空气老化(70℃，168h)	硬度变化(邵尔 A，度)	+8
		拉伸强度(MPa)	≥12
		断裂伸长率(%)	≥300

5　内置式密封止水带及配套胶粘剂的物理性能与试验方法应符合表 D.0.2-5 和表 D.0.2-6 的规定。

表 D.0.2-5　内置式密封止水带的物理性能与试验方法

序号	项目	性能	试验方法
1	厚度(mm)	≥1.2	现行国家标准《高分子防水材料　第 1 部分　高分子片材》GB 18173.1
2	抗拉强度(MPa)	≥10.0	
3	断裂伸长率(%)	≥200	
4	接缝剥离强度(N/mm)	≥4.0	
5	低温柔性(−25℃)	无裂纹	

表 D.0.2-6　配套胶粘剂的物理性能

序号	项目	性能	试验方法
1	可操作时间(h)	≥0.5	现行行业标准《混凝土裂缝用环氧树脂灌浆材料》JC/T 1041
2	抗压强度(MPa)	≥60	
3	与混凝土基层粘结强度(MPa)	≥2.5	现行国家标准《建筑防水涂料试验方法》GB/T 16777

6　丁基橡胶防水密封胶粘带的物理性能应符合表 D.0.2-7 的规定，并应按现行行业标准《丁基橡胶防水密封胶粘带》JC/T 942 的规定进行检测。

表 D.0.2-7　丁基橡胶防水密封胶粘带的物理性能

序号	项目			性能
1	持粘性(min)			≥20
2	耐热性(80℃，2h)			无流淌、龟裂、变形
3	低温柔性(−40℃)			无裂纹
4	*剪切状态下的粘合性(N/mm)		防水卷材	≥2
5	剥离强度(N/mm)		防水卷材	≥0.4
			水泥砂浆板	≥0.6
			彩钢板	
6	剥离强度保持率(%)	热处理(80℃，168h)	防水卷材	≥80
			水泥砂浆板	
			彩钢板	
		碱处理[饱和 $Ca(OH)_2$，168h]	防水卷材	≥80
			水泥砂浆板	
			彩钢板	
		浸水处理(168h)	防水卷材	≥80
			水泥砂浆板	
			彩钢板	

续表 D.0.2-7

注：* 仅双面胶粘带测试。

D.0.3　刚性防水材料应满足下列规定：

1　渗透型环氧树脂类防水涂料的物理性能与试验方法应符合表 D.0.3-1 的规定。

表 D.0.3-1　渗透型环氧树脂类防水涂料的物理性能与试验方法

序号	项目		性能	试验方法
1	黏度(mPa·s)		≤50	现行行业标准《混凝土裂缝用环氧树脂灌浆材料》JC/T 1041
2	初凝时间(h)		≥8	
3	终凝时间(h)		≤72	
4	固结体抗压强度(MPa)		≥50	
5	粘结强度(MPa)	干燥基层	≥3.0	
		潮湿基层	≥2.5	
6	表面张力(10^{-5}N/cm)		≤50	现行国家标准《表面活性剂　用拉起液膜法测定表面张力》GB/T 5549

2　水泥基渗透结晶型防水涂料的性能指标应符合表D.0.3-2的规定，并应按现行国家标准《水泥基渗透结晶型防水材料》GB 18445 的规定进行检测。

表 D.0.3-2　水泥基渗透结晶型防水涂料的物理性能

序号	项目		性能
1	凝结时间	初凝时间(min)	≥20
		终凝时间(h)	≤24
2	抗折强度(MPa)	7d	≥2.8
		28d	≥4.0
3	抗压强度(MPa)	7d	≥12
		28d	≥18
4	潮湿基层粘结强度(28d，MPa)		≥1.0

续表 D. 0. 3-2

序号	项目		性能
5	抗渗压力(MPa)	一次抗渗压力(28d)	≥1.0
		二次抗渗压力(56d)	≥0.8
6	冻融循环(50次)		无开裂、起皮、脱落

3 无机防水堵漏材料物理性能应符合表 D. 0. 3-3 的规定，并应按现行国家标准《无机防水堵漏材料》GB 23440 的规定进行检测。

表 D. 0. 3-3 无机防水堵漏材料的物理性能

序号	项目		性能	
			缓凝型	速凝型
1	凝结时间(min)	初凝	≥10	≤5
		终凝	≤360	≤10
2	抗压强度(MPa)	1d	—	≥4.5
		3d	≥13	≥15
3	抗折强度(MPa)	1d	—	≥1.5
		3d	≥3	≥4
4	抗渗压力(7d，MPa)	涂层	≥0.5	—
		试块	≥1.5	
5	粘结强度(7d，MPa)		≥0.6	
6	冻融循环(50次)		无开裂、起皮、脱落	

4 聚合物水泥防水砂浆物理性能应符合表 D. 0. 3-4 的规定，并应按现行行业标准《聚合物水泥防水砂浆》JC/T 984 规定的方法进行检测。

表 D. 0. 3-4 聚合物水泥防水砂浆的物理性能

序号	项目		性能	
			干粉类	乳液类
1	凝结时间	初凝(min)	≥45	
		终凝(h)	≤12	≤24
2	抗渗压力(MPa)	7d	≥1.0	
		28d	≥1.5	
3	抗压强度(28d，MPa)		≥24	
4	抗折强度(28d，MPa)		≥8.0	
5	粘结强度(MPa)	7d	≥1.0	
		28d	≥1.2	
6	冻融循环(次)		>50	
7	收缩率(28d,%)		≤0.15	
8	耐碱性(10%NaOH溶液浸泡14d)		无变化	
9	耐水性(%)		≥80	

注：耐水性指标是指砂浆浸水168h后材料的粘结强度及抗渗性的保持率。

D. 0. 4 聚合物水泥防水涂料的物理性能应符合表 D. 0. 4 的规定，并应按现行国家标准《聚合物水泥防水涂料》GB/T 23445 的规定进行检测。

表 D. 0. 4 聚合物水泥防水涂料的物理性能

序号	项目		性能	
			Ⅱ型	Ⅲ型
1	固体含量(%)		≥70	
2	表干时间(h)		≤4	
3	实干时间(h)		≤12	
4	拉伸强度(MPa)	无处理(MPa)	≥1.8	
		加热处理后保持率(%)	80	
		碱处理后保持率(%)	80	
5	断裂伸长率	无处理(MPa)	≥80	≥30
		加热处理后保持率(%)	65	
		碱处理后保持率(%)	65	
6	不透水性(0.3MPa，0.5h)		不透水	
7	潮湿基层粘结强度(MPa)		≥1.0	
8	抗渗性(背水面，MPa)		≥0.6	

本规程用词说明

1 为便于在执行本规程条文时区别对待，对要求严格程度不同的用词说明下列：

1) 表示很严格，非这样做不可的：
正面词采用“必须”，反面词采用“严禁”；

2) 表示严格，在正常情况下均应这样做的：
正面词采用“应”，反面词采用“不应”或“不得”；

3) 表示允许稍有选择，在条件许可时首先应这样做的：
正面词采用“宜”，反面词采用“不宜”；

4) 表示有选择，在一定条件下可以这样做的，采用“可”。

2 条文中指明应按其他有关标准执行的写法为：“应符合……的规定”或“应按……执行”。

引用标准名录

1 《地下工程防水技术规范》GB 50108
2 《地下防水工程质量验收规范》GB 50208
3 《混凝土用水标准》JGJ 63
4 《通用硅酸盐水泥》GB 175
5 《工业硅酸钠》GB/T 4209
6 《表面活性剂 用拉起液膜法测定表面张力》

GB/T 5549

7《水泥比表面积测定方法》GB/T 8074

8《建筑密封材料试验方法　第 5 部分　表干时间的测定》GB/T 13477.5

9《建筑防水涂料试验方法》GB/T 16777

10《高分子防水材料　第 1 部分　高分子片材》GB 18173.1

11《高分子防水材料　第 2 部分　止水带》GB 18173.2

12《高分子防水材料　第 3 部分　遇水膨胀橡胶》GB 18173.3

13《水泥基渗透结晶型防水材料》GB 18445

14《无机防水堵漏材料》GB 23440

15《聚合物水泥防水涂料》GB/T 23445

16《混凝土接缝用密封胶》JC/T 881

17《丁基橡胶防水密封胶粘带》JC/T 942

18《聚合物水泥防水砂浆》JC/T 984

19《水泥基灌浆材料》JC/T 986

20《混凝土裂缝用环氧树脂灌浆材料》JC/T 1041

21《丙烯酸盐灌浆材料》JC/T 2037

22《聚氨酯灌浆材料》JC/T 2041

中华人民共和国行业标准

地下工程渗漏治理技术规程

JGJ/T 212—2010

条 文 说 明

制 定 说 明

《地下工程渗漏治理技术规程》JGJ/T 212－2010，经住房和城乡建设部2010年8月3日以第728号公告批准发布。

本规程制订过程中，编制组调研了国内地下工程渗漏治理技术的现状，总结了我国地下工程渗漏治理的现场调查、方案设计、施工和质量验收等方面的实践经验，同时参考了国外先进技术法规、标准，制定了本规程。

为便于广大设计、施工、科研、学校等单位有关人员在使用规程时能正确理解和执行条文的规定，《地下工程渗漏治理技术规程》编制组按章、节、条顺序编写了规程的条文说明，对条文规定的目的、依据以及执行中需注意的有关事项进行了说明。但是，本条文说明不具备与标准正文同等的法律效力，仅供使用者作为理解和把握标准规定的参考。

目　次

1 总　则

1.0.1 渗漏是地下工程的常见病害之一。造成渗漏的原因很多，有客观原因也有人为因素，两者往往互相牵连。综合起来分析，主要有设计不当（设防措施不当）、施工质量欠佳（特别是细部处理粗糙）、材料问题（如选材不当或使用不合格材料）和使用管理不当四个方面。

实践表明，渗漏治理是一项对从业人员技术水平、材料、施工工艺等方面要求均很高的工程，其实施难度往往超过新建工程。在长期的建筑工程渗漏治理实践中，工程技术人员总结出了灌（灌注化学灌浆材料）、嵌（嵌填刚性速凝材料）、抹（抹压防水砂浆）、涂（涂布防水涂料）等典型的施工工艺。为规范地下工程的渗漏治理，保证工程质量，在总结近年来国内相关工程经验的基础上，由来自国内建筑、交通、市政、水工等行业从事防水工程设计、施工及检测等的专家共同起草和制定了本规程。

1.0.2 以从背水面进行施工为主是地下工程渗漏治理的特点之一。为使本规程技术架构清晰、便于使用，编制组依照现行国家标准《地下工程防水技术规范》GB 50108 中对地下工程范围的界定，从发生渗漏的结构形式对地下工程重新进行了梳理和总结，并将其划分现浇混凝土结构、预制衬砌隧道和实心砌体结构三大类型，如表 1 所示。喷锚支护结构及有现浇混凝土内衬的隧道渗漏的治理可参照现浇混凝土结构进行。

1.0.3 渗漏发生的要素包括：水源、驱动力及渗漏通道，三者缺一不可。渗漏治理就是针对具体部位，运用合理可行的方式切断水源、消除渗漏驱动力或堵塞渗漏通道，其目的在于恢复或增强原防水构造的功能。

表 1　按结构形式划分地下工程

结构形式	地下工程类型
现浇混凝土结构	明挖法现浇混凝土结构
	逆筑结构
	矿山法隧道
	地下连续墙
预制衬砌隧道	盾构法隧道
	TBM 法隧道
	沉管法隧道
	顶管法隧道
实心砌体结构	砌体结构地下室

新建工程的防水重视“防、排、截、堵”等措施相结合，本规程中强调渗漏治理以堵为主，主要是考虑到一旦发生渗漏水，则必然会对建筑物或构筑物的使用功能造成负面的影响。将渗漏水拒于主体结构之外既符合防水工程的设计初衷，更是保证主体结构寿命的必要措施。应当指出，工程实际中仅通过“堵”往往不能彻底解决渗漏问题，在具备排水条件时，利用排水系统减少渗漏量也是一种有效的辅助手段。针对具体的渗漏问题，其治理工艺因时、因地变化而可能有所不同，故强调“因地制宜”。而“多道设防”是我国防水工程界长期实践经验的总结，是保证防水工程可靠性的必要措施。“综合治理”就是在渗漏治理过程中不仅仅满足达到治理部位不渗不漏，而是将工程看作一个整体，综合运用各种技术手段，达到渗漏治理的目的，避免陷入“年年修，年年漏”的恶性循环。本规程针对常见的渗漏问题给出了一些典型的治理措施，不可能面面俱到，使用本规程时可灵活掌握。

3 基 本 规 定

3.1 现 场 调 查

3.1.1 现场调查是充分掌握工程现场各种情况的必要步骤，对于具体问题提出合理可行的治理方案至关重要，同时也是日后做好施工准备的第一手资料。由于工程所处环境及条件等属性千差万别，具体某项工程的现场调查不一定包含条文规定的全部内容。

3.1.2 现行国家标准《地下防水工程质量验收规范》GB 50208 中对地下工程渗漏水的形式及量测方法作出了明确规定，对渗漏现场调查和确定治理方案有借鉴意义，可参照执行。

3.1.3 收集技术资料是分析渗漏原因、提出治理方案的前提条件之一。条文中提到的工程技术资料不一定每项工程都完全具备，但应尽量收集齐全。其中，工程设计相关资料主要包括设计说明、防水等级及设防措施、原排水系统的设计等。

3.1.4 现场调查报告主要内容为导致渗漏发生的可能原因，是后续设计及施工的基本依据。

3.2 方 案 设 计

3.2.2 渗漏水治理应重视降水和排水工作。降水或排水的目的是减小渗漏水的水压，为治理创造施工条件。同时，如在工程中采取排水治理措施，应防止排水可能造成的危害，如地基不均匀下沉等。

3.2.3 工程结构存在变形和未稳定的裂缝则渗漏治理后很容易复漏。接缝开度较大，则填充在其中的灌浆材料或密封材料的量较多，由于材料固化后体积往往会有一定的收缩，在正常使用条件下，如果开度减小，则其中的材料处于被挤压状态，能更好地实现密封止水的效果。应当指出，该条件不是渗漏治理的必备因素，工程中应结合现场条件综合考虑。

3.2.4 渗漏治理应以保证结构安全为前提，应避免使用可能破坏基础稳定、增加结构荷载、人为损害结构安全的工艺及材料。

3.2.6 先行止水或引水的目的是为后续综合治理创造施工条件，因为绝大多数防水材料在有明水存在时很难与基层有效结合。

3.3 材 料

3.3.1 材料是防水工程的基础。条文中对渗漏治理工程选材提出要求主要是由于：

1 现场环境温度、湿度及基层表面性质如强度、粗糙度、含水率等直接影响施工质量，而水、电、气及交通等条件也是影响设计选材的重要因素；

2 要求材料具有相容性是保证防水工程质量、提高耐久性的重要一环；如果相容性不好则可能出现起鼓、剥离等质量问题，设计过程中可采取必要的过渡措施以避免出现不利结果；

3 某些特殊的应用场合还要求材料具有耐腐蚀、耐热、能承受振动、耐磨等特殊要求，选材时应注意考虑这些要求。

3.3.2 现行国家标准《地下工程防水技术规范》GB 50108-2008第7章对灌浆材料的性能提出了明确要求，本条则是在其基础上结合渗漏治理的工程实际需要，对灌浆材料作出了规定：

1 条文中列举的灌浆材料是近年来市场上最为常见的产品，其共同点就是能通过快速的化学反应发泡、凝胶或硬化，达到迅速切断渗漏水通道的目的；另外，还可根据现场需要进一步调节化学反应速率，此处特别强调了应通过现场试验来确定浆液固化时间；

3 聚氨酯灌浆材料遇水会反应并发泡，这是其主要的工作原理。如果在贮存过程中遇水接触，则会由于提前反应而丧失使用性能，剩余的物料最好充氮密封保存；

4 环氧树脂灌浆材料固化速率较慢，水流速度过大则容易被水带走，因此不能被用作注浆止水材料；

5 丙烯酸盐灌浆材料固结体凝胶的抗压强度较低，且会失水收缩，因此不能用做结构补强。

3.3.3 建筑密封材料通常分为制品型和腻子型。除了止水带（制品型）以外，其他与渗漏治理相关的产品要求规定如下：

1 遇水膨胀止水条（胶）膨胀后的体积应大于受限空间的体积，否则难以达到预期的止水效果；

2 在背水面使用高模量的密封材料主要是考虑到其更能适应在水压下形变的需要。背衬材料的作用主要有如下三点：其一、控制密封材料厚度；其二、避免出现三面粘结现象；其三、有助于形成预期密封截面形状（沙漏状）。为保证密封质量，应设置背衬材料。

3.3.4 本规程根据行业习惯分类方法将用到的一些高弹性模量、低延伸率的防水材料纳入刚性防水材料的范畴。

1 环氧树脂与混凝土、砂浆等基层具有良好的相容性，在建筑防护、防腐领域具有广泛的用途。渗透型环氧树脂防水涂料近年来在防水领域的应用日益广泛，其特点是黏度低、对混凝土基层具有很好的浸润作用并且可在潮湿环境下固化，并可赋予被涂刷基层更好的防渗、防腐性能。工程实践表明，对强度较高的基层其用量约为0.5kg/m²，但如果基层的表面粗糙度较大或强度较低时，用量可能进一步增加，为保证这类防水涂料的使用效果，宜多遍涂刷；

2 对水泥基渗透结晶型防水涂料的用量和厚度进行双控是保证防水层质量的需要，这也与现行国家标准《地下工程防水技术规范》GB 50108的规定一致；

4 在地下连续墙幅间接缝渗漏治理时，有时会用补偿收缩混凝土修补墙体。补偿收缩混凝土配制及施工可参照现行国家标准《地下工程防水技术规范》GB 50108-2008第5.2节的规定。

3.3.5 聚合物水泥防水涂料满足在结构背水面施做有机防水涂料的有关规定（现行国家标准《地下工程防水技术规范》GB 50108-2008第4.4节），为避免涂层在水压作用下起鼓，本条文规定在涂层表面再设置一层水泥砂浆保护层。

3.4 施 工

3.4.1 根据渗漏治理方案编制详尽的施工方案对确保工程质量至关重要；对主要操作人员进行技术交底，则是使之掌握施工关键步骤实现治理目的必备步骤。

3.4.2 本条文明确规定渗漏治理所使用的材料必须是符合国家现行相关标准规定的合格材料，并应满足设计要求。由于渗漏治理工程量大小差别很大，导致材料的用量差异也很大，做到每一种材料都按要求抽样复检在现实中有一定的操作困难，对工程量较小项目更是难以实施。基于此，规定由施工方、设计、业主及监理等有关各方共同协商决定是否对进场的材料进行现场抽检复验，这也是渗漏治理工程的一个特点。

3.4.3 由于渗漏多发生于细部构造等薄弱防水部位，治理施工必须做到认真、细致，因此对主要操作人员的技能和责任心提出了很高的要求，按照现行法规和标准的规定应由具有防水工程资质证书的专业施工队伍承担，主要操作人员应经过培训并考核合格、持证上岗。

3.4.4 由于渗漏水的长期作用，渗漏部位可能会滋生生物，结构层自身可能会出现腐蚀、酥松、剥落，结构层上部各构造层次亦可能被损坏，在治理前应彻底清除基层上的杂质和酥松，露出干净、新鲜的表面，为后续施工创造合适的条件。

3.4.5 施工过程中建立工序质量的自查、核查和交接检查制度，是实行施工质量过程控制的根本保证。因上道工序存在的问题未解决，而被下道工序所覆盖，会留下质量隐患。因此，必须加强按工序、层次进行检查验收，即在操作人员自检合格的基础上，进行工序间的交接检和专职质量人员的检查，检查结果应有完整的记录。经验收合格后，方可进行下一工序的施工，以达到消除质量隐患的目的。

3.4.6 渗漏治理的各道工序往往涉及很多隐蔽工程，如注浆止水、基层处理等，随时进行检查有利于及时发现质量问题并处理，同时做好隐蔽工程验收记录，以备后续质量验收及倒查。

3.4.7 在一些结构复杂或老旧工程的渗漏治理过程中，当施工现场条件如结构或渗漏水情况与设计方案差别较大时，如果仍按照原方案进行施工则无法保证工程质量。这种情况下，施工单位应向监理、业主、设计等有关各方报告现场具体情况，并会同各方重新根据实际情况修改或制定新的方案、采取相应的措施。

3.4.8 在防水层上开槽、打洞或重物冲击会破坏防水层的完整性，并使之丧失防水功能。如必须开槽、打洞、安装设备，则应在防水层施工前完成这些工作，并做好细部构造防水处理。

3.4.9 室外环境下，雨天、雪天时，基层的温度、湿度往往达不到材料的施工要求，而风速五级以上时容易造成材料的飞散并可能危及施工安全，因此均不宜在这些条件下施工。但随着材料技术的进步，一些材料可以在有水或低温条件下施工，当遇到这些情况时，可根据现场条件及工期要求决定是否进行施工，但施工环境条件必须符合材料施工工艺的要求。

3.4.10 所谓注浆是将配制好的浆液，经专用压送设备将其注入裂缝或地层中，在压力作用下对裂缝或地层进行充填、渗透、挤密或劈裂，通过浆液固化达到加固和防渗堵漏等目的的一种施工工艺。注浆止水是当前地下工程堵漏止水的主要工艺之一。本条在参照电力行业标准《水工建筑物化学灌浆施工规范》报批稿的基础上，结合地下工程实际提出，目的在于规范注浆止水的基本条件及工艺。

1 考虑到化学注浆是一项技术要求较高的工作，施工现场会遇到水、电、气源及压力设备，加之材料往往具有一定的毒性，容易造成人身伤害，因此有必要加强操作人员培训，并做好环境保护措施，故规定了本款及第2、7款；

2 由于浆液的适用期有限，为做到节约、高效，配制浆液时应遵循“少量多次”的原则。化学灌浆材料的固化通常属于放热反应，如果配制过程中散热不及时可能引起爆聚，损坏注浆设备，造成不可挽回的损失。在配制环氧树脂灌浆材料时尤其应当注意这一点；

4 基层温度过低则不利于浆液的扩散和固化，而浆液的温度太低则可灌性降低，难以达到预期目的；该数据是在综合国内外有关技术资料并结合工程实践的基础上提出的；

5 为了避免由于管路过长导致压降及减少浆液损耗。

3.4.13 当前，水泥基渗透结晶型防水涂料的应用已较为普及，但在其施工过程中也出现了基层不符合要求、不按规定进行养护等问题，在此一并进行了规定。

3.4.14 渗透型环氧树脂类防水涂料的施工对基层、环境温度及施工工艺等具有有别于其他防水涂料的特点，有必要作出明确的规定：

1 如前所述，这类涂料的特点是能渗透进入混凝土基层的细微孔洞、裂缝中，达到封闭裂缝或孔洞并阻止水分渗透，基层干净、坚固并避免出现明水是发挥其作用的前提；

2 这类涂料是从环氧树脂灌浆材料发展而来的，其配方中的固化剂、稀释剂等助剂通常有毒，大面积施工时应符合化学灌浆材料施工安全要求；

3 温度过低，则涂料黏度增加，可灌性降低；为防止爆聚，应注意控制浆液的温度；

5 多遍涂刷是保证浆液渗透进入基层的必要步骤，为避免由于间隔时间过长已涂刷的材料固化进而妨碍后续渗透，要求两边涂刷的时间间隔不宜太长；

6 在环氧树脂未完全固化前进行抹压砂浆的目的在于增加砂浆层与基层的粘结强度。

4 现浇混凝土结构渗漏治理

4.1 一 般 规 定

4.1.1 地下工程长期与水接触，水流很容易透过防水层薄弱环节如变形缝、施工缝等发生渗漏。为便于按照渗漏部位、现象选择合适的治理工艺和材料，在归纳总结现浇结构常见渗漏问题及其治理工艺的基础上设计了表4.1.1。

注浆工艺可分为钻孔注浆、埋管（嘴）注浆和贴嘴注浆三类，其中钻孔注浆是近年来在渗漏治理中应用非常广泛的一种注浆止水工艺，其优点是对结构破坏小并能使浆液注入结构内部、止水效果好；埋管注浆通常包括需要开槽，这不但会造成基层破坏且注浆压力偏低，在裂缝渗漏止水上已逐步为钻孔注浆取代，但在孔洞、底板变形缝渗漏的治理中仍有应用；

贴嘴注浆在建筑加固领域应用非常广泛，尚不能用于快速止水，但考虑到工程中有时也需要处理一些无明水的潮湿裂缝，故也将其列入可选择的工艺中。在所列的灌浆材料中，聚氨酯、丙烯酸盐、水泥-水玻璃及水泥基灌浆材料等可用于注浆止水。丙烯酰胺灌浆材料（即丙凝）由于单体具有致癌作用，国内外相关标准已将其列为禁止使用的灌浆材料，本规程中亦未列入。

快速封堵是指用速凝型无机防水堵漏材料封堵渗漏水的一种工艺，其优点是方便快捷，缺点是不能将水拒之于结构外部且材料耐久性还有待提高，因此常作为一种临时快速止水措施与其他工艺一起配合使用。

多年的实践经验证明，对于变形缝渗漏临时止水后，由于材料与基层的粘结强度不高加之结构位移，经常会出现复漏。在止水后的变形缝背水面安装止水带是解决这一问题的有效途径，并日益受到重视。

遇水膨胀止水条是地下工程变形缝渗漏治理常用的材料，只有确保其遇水膨胀是在受限空间（空间自由体积小于膨胀量）中方能有效。国内有文献曾报道用速凝型无机防水堵漏材料及防水砂浆将其封闭在变形缝中，以达到止水的目的。但这种做法本身有违变形缝的设计初衷，复漏的几率很大；加之止水条的搭接（遇水膨胀止水胶没有这个问题）也比较困难，因此不宜作为一种长效的变形缝渗漏治理措施。但对于那些结构规整、长期浸水且结构热胀冷缩及地基不均匀沉降很小的变形缝，仍有应用，故将其列为变形缝渗漏治理的可选措施。

刚性防水材料可分为涂料（包括缓凝型无机防水堵漏材料、水泥基渗透结晶型防水涂料及环氧树脂类防水涂料）和砂浆（聚合物水泥防水砂浆）两大类。涂料和砂浆这两类刚性防水材料往往需要复合使用形成一道完整的防水层。此外，补偿收缩混凝土可被看做结构材料，虽然会用到，但并未被列入可选材料中。

在结构背水面涂布有机防水涂料时要求涂料应具有较高的基层粘结强度且应设置刚性保护层，这是业界的共识，聚合物水泥防水涂料符合这一规定。在渗漏治理工程中，由于担心涂层抗水压力不足，容易在压力下出现鼓泡、剥落，本规程暂未将其列为大面积渗漏治理的可选措施。管道根部面积有限、且采用其他措施时过渡处理困难，涂布聚合物水泥防水涂料应该是一个合理的补充措施。

表 4.1.1 的设计初衷在于根据渗漏部位快速查找和匹配治理措施，并避免出现常见的错误，使用过程中应灵活掌握、搭配各种技术措施。

4.1.2 裂缝和施工缝发生渗漏说明存在贯穿结构的渗透通道，这对结构的荷载能力及耐久性都有负面影响。如前所述，钻孔注浆能将浆液注入结构内部，可达到止水及加固的双重目的，故选择灌浆材料时应重视其补强效果。

4.1.4 如果地下工程内外温差较大且空气湿度较大，则水蒸气很容易凝结在结构背水面形成水滴导致基层潮湿甚至霉变，这时就应采取强制通风等措施降低结构内部相对湿度防止结露。

4.2 方案设计

4.2.1 本条文规定了钻孔注浆的基本要求。

1 斜向钻孔有利于横穿裂缝，使浆液沿裂缝面流动并反应固化，快速切断渗漏通道。由于建筑工程混凝土地下结构的厚度相对比较薄，规定钻孔垂直深度超过混凝土结构厚度的 1/2，一方面是为了防止注浆压力对结构可能的破坏，另一方面确保将浆液注入结构中；

2 沿裂缝走向开槽并用速凝型无机防水堵漏材料直接封堵渗漏水是一项传统的堵漏工艺。近年来，随着水泥基渗透结晶型防水材料应用普及对这一方法也产生了深刻的影响。借鉴国外的先进做法，止水后在凹槽中嵌填、涂刷或抹压含水泥基渗透结晶型防水材料的腻子、涂料或砂浆。图 4.2.1-3 为其中典型做法，实际工程中还可有些变通；

3 推荐使用底部带贯通小孔的注浆嘴，主要是便于粘贴注浆嘴的胶液能透过小孔，固化后形成锚固点，增加注浆嘴与基层的粘结强度。另外，条件具备时还可使用具有防止浆液回流的止逆式注浆嘴。

4.2.2 施工缝渗漏的治理大部分与裂缝渗漏治理相似，但又有特殊情况：

1 预注浆系统是新修订国家标准《地下工程防水技术规范》GB 50108 中新增的内容，在此列出以保持一致；

3 逆筑结构有两条施工缝，其渗漏均可参照裂缝渗漏进行治理，但由于上部施工缝是一条斜缝，在钻孔时应注意要垂直基层钻进，这样才能使钻孔穿过施工缝。

4.2.3 地下工程渗漏往往发生在细部构造部位，其中尤以变形缝渗漏最为常见。造成变形缝渗漏的原因主要是止水带固定不牢导致浇筑混凝土时偏离设计位置、止水带两侧混凝土振捣不密实及止水带破损等。变形缝渗漏治理的难点在于止水并避免复漏，在背水面安装止水带是解决这一难题的有效途径，但对于不明原因或受现场施工条件限制而无法止水的变形缝，可通过设置排水装置的方法避免渗漏水对结构内部造成更大的不利影响。

4.2.4 变形缝的止水方式很多，但既符合设置变形缝初衷（即满足结构热胀冷缩、不均匀沉降）又有效止水的办法尚有限。本规程中给出的方法均基于注浆止水，不应使用直接嵌填速凝无机防水堵漏材料的止水方法。

1 钻孔至止水带迎水面注入聚氨酯等灌浆材料，可迅速置换出变形缝中水，这是一种十分有效的止水方法，但前提是止水带宽度已知且具有足够的施工空间。这种止水方法具有一定的普适性；

2 对于结构顶板上采用中埋式钢边橡胶止水带的变形缝，其渗漏点比较容易判断，渗漏原因通常是由于止水带与混凝土结合不紧密形成了渗漏通道，解决的办法是钻孔到止水带两翼的钢边并注入聚氨酯灌浆材料止水。如果只是微量的渗漏，也可直接注入可在潮湿环境下固化的环氧树脂灌浆材料；

3 对于结构底板变形缝渗漏也可采取埋管注浆工艺止水，与钻孔注浆工艺不同之处在于，由于是在止水带的背水面注浆，且注浆压力较低，很容易发生漏浆，因此需要预先设置浆液阻断点，将浆液限制在渗漏部位附近。实际工程中，浆液阻断点既可以是固化的浆液，也可能是一段木楔，所起的作用就是阻止浆液沿变形缝走向向外扩散。

4.2.5 可用于变形缝背水面的止水带可分为内装可卸式橡胶止水带及内置式密封止水带，后者按施工工艺又分为内贴式和螺栓固定密封止水带，三者的施工工艺各不相同。

2 内置式密封止水带只有与基层紧密相连才能起到阻水的作用，因此变形缝两侧的基层必须符合条文的规定。修补基层的缺陷时，大的裂缝或孔洞应采用灌缝胶、聚合物修补砂浆等专门的修补材料进行修补，细微的裂缝可在表面涂刷渗透型环氧树脂防水涂料并待其干燥后再行后续施工；

3 Ω形有利于适应接缝的位移形变；

4 内贴式密封止水带是在参考国内外变形缝密封防水系统的基础上提出的；

6 常见的保护措施主要有保护罩或一端固定、可平移的钢板等。

4.2.6 长期排水可能造成结构周边土体失稳，出现不均匀沉降并由此带来诸多安全风险，加强监测并及时处置是解决问题的有效方法。

4.2.7 大面积渗漏往往是由于混凝土施工质量较差，结构内部裂缝及孔洞发育所致。这种类型的渗漏可按有无明水分别采取不同的工艺进行治理。对于有明水的渗漏，既可以采用注浆止水，也可采用速凝材料快速封堵。

1 注浆止水又可分为钻孔向结构中注浆和穿过结构向周围土体中注浆两种方式，前者宜选用黏度较低、可灌性好的材料，后者在于通过在结构迎水面重建防水层发挥作用，可选用水泥基、水泥-水玻璃或丙烯酸盐灌浆材料；

2 抹压速凝型无机防水堵漏材料作为一种传统的治理方法，具有简便快捷的优点，缺点是渗漏水会一直存在于结构中，长期来看可能会加速钢筋锈蚀、加剧混凝土病害程度。本规程中将这两种治理工艺一并列出来，使用时应根据现场条件灵活运用；

3 止水后通过涂布水泥基渗透结晶型防水涂料或渗透型环氧树脂类防水涂料可以填充基层表面的细微孔洞，起到加强防水效果的目的。

4.2.8 大面积渗漏而无明水符合水泥基渗透结晶型防水涂料或渗透型环氧树脂类防水涂料对基层的要求，采用涂布这两种涂料可达到渗漏治理的目的。

4.2.12 浇筑混凝土形成地下连续墙往往需要带水作业，墙段结合处为最薄弱环节，较易出现渗漏水问题。导致接缝渗漏的主要原因包括：首先，在混凝土振捣时，槽壁塌落泥土被混凝土带到槽段结合处，使浇捣好的混凝土槽段中夹有较大泥块；其次，施工中对先浇墙段接触面洗刷不干净，使两墙段的接缝处夹有泥沙。针对渗漏量大小不等的对地下连续墙幅间接缝，可采取相应的渗漏治理措施。

1 对于渗漏量较小的接缝，可参照裂缝（施工缝）渗漏治理；

2 渗漏量较大且危及基坑或结构安全时，宜先在外侧采取帷幕注浆止水，再按第1款规定的方法进行治理。本款具有现场抢险的性质，注浆帷幕通常采用高压旋喷成型，是一项技术性很强的工作。为确保安全及施工质量，一般会交由具有专业技术资质的基础处理机构完成。

4.2.13 蜂窝、麻面的渗漏往往与这些部位的混凝土配比或施工不当有很大关系。治理前先剔除表面酥松、起壳的部分，针对暴露出来的裂缝或孔洞可参照之前条文中的规定，采用注浆止水或嵌填速凝型无机防水堵漏材料直接堵漏，不同的是，堵漏后应根据破坏程度采取抹压聚合物水泥防水砂浆或铺设细石混凝土等补强治理工艺。值得一提的是，在浇筑补偿收缩混凝土前，应在新旧混凝土界面涂布水泥基渗透结晶型防水涂料，目的是增加界面粘结强度。

4.3 施　工

4.3.1 裂缝渗漏治理施工中涉及的钻孔注浆、快速封堵等工艺要点具有一定的通用性，在一般规定中已有明确的规定，本条文给出了施工过程中应当注意的一些要点。

1 注浆压力是注浆工程质量的关键技术参数之一。注浆压力过小，则浆液不足以置换裂缝中的水流；压力过大，则浆液将沿压力下降最快的方向扩散，一些细小裂缝则很难有浆液进入，甚至可能人为造成基层损坏；因此，注浆的压力不是越高越好，而是应根据工程实际情况及浆液的可灌注性，选择合适的注浆压力；

3 贴嘴时将定位针穿过进浆管对准缝口插入的目的是使注浆嘴、进浆管骑缝，否则贴嘴容易贴偏，被胶粘材料堵死缝口，无法灌浆。为了利用定位针的导流作用，便于浆液的注入，有时也可不拔出定位针；

4 水泥基渗透结晶型防水涂料、渗透型环氧树脂类防水涂料及聚合物水泥防水砂浆等刚性防水层的施工要点已在本规程第3.4节作了规定。

5 预制衬砌隧道渗漏治理

5.1 一般规定

5.1.1 引起隧道渗漏的原因较为复杂，主要有施工因素、结构因素、环境因素以及材料因素等，如运营中车辆运行引起的振动、土体后期固结导致隧道周围土层产生沉降等。由于隧道中接缝众多，设备、管线复杂，因此治理前应做好前期调查。附录B的内容参考了上海市地方标准《盾构法隧道防水技术规程》DBJ 08-50-96的相关内容。

5.1.2 预制衬砌隧道包括盾构法隧道、沉管法隧道及顶管法隧道。盾构法隧道的防水措施包括自防水混凝土管片、管片外防水涂层、弹性密封垫、螺孔防水等。其中，接缝防水是盾构法隧道防水的重点。沉管管段的接头防水是沉管法隧道防水的重点，一般采取接头部位置GINA型止水带与背水面安装Ω形橡胶止水带相结合的防水措施。管节接头防水是顶管法隧道防水的重点，本规程只涉及混凝土管节。

盾构法隧道连接通道及沉管管段和顶管管节自身渗漏的治理可按本规程第4章的相关规定按裂缝或面渗等形式进行治理。

5.1.3 盾构法隧道中管片接缝众多，是渗漏高发部位，也是渗漏治理的重点。汇总并归纳盾构法隧道典型渗漏部位的治理工艺及材料形成了表5.1.3。实际工程中，可按工程实际情况合理搭配灵活运用。

5.2 方案设计

5.2.1 管片环、纵接缝发生渗漏的原因主要有：在盾构推进过程中管片受挤压、碰撞，使弹性密封垫或止水条偏位造成环缝处防水失效；相邻管片间连接姿态不好等原因造成纵缝处止水措施失效；止水条过早浸水预膨胀造成止水效果降低，拼装过程中挤压（破）止水条或止水条间夹杂异物；管片拼装质量差，螺栓未拧紧或接缝夹杂异物，接缝张开过大造成止水条压密不严；隧道推进时引起管片错位或相邻块连接不良，止水条密封效果降低等。

1 在背水面注浆止水时，为防止浆液沿管片接缝扩散，须事先在渗漏部位附近设置浆液阻断点。常用的方法是从背水面在环缝渗漏部位相邻的纵缝上，钻双孔至弹性密封垫或遇水膨胀止水条附近，注入密封材料或聚氨酯灌浆材料形成浆液阻断点，如图1所示。应当说明的是，这是较为理想的治理方法，其理论和实践还在不断发展及丰富过程中。当前实践也表明，如果管片间榫接，则往往很难用这种方法形成有效的浆液阻断点。

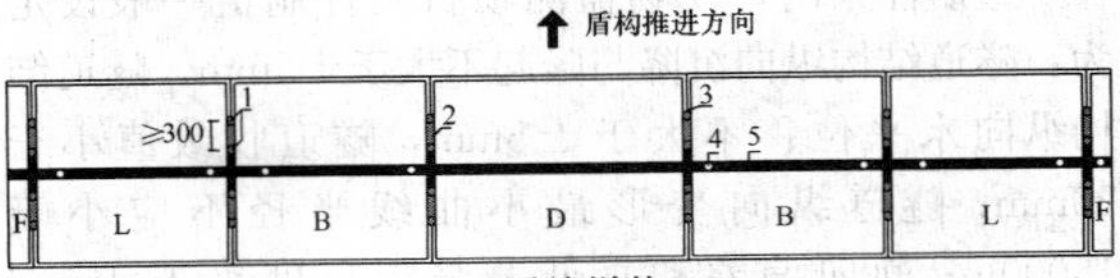

(a)通缝拼装

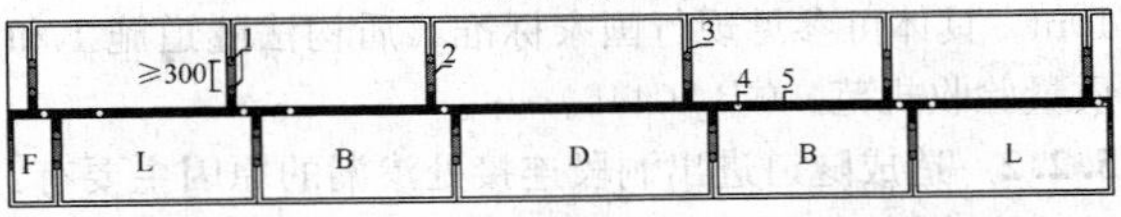

(b)错缝拼装

图1 纵缝设置浆液阻断点并环缝注浆止水布孔示意图

1—浆液阻断点注浆嘴；2—浆液阻断点；3—纵缝；4—注浆嘴；5—环缝嵌缝；D—拱底块；B—标准块；L—邻接块；F—封顶块

2 在新建尚未投入使用或设备管线较少的运营隧道，工作面较宽敞，可以按第1款的规定先设浆液阻断点再注浆止水。当隧道中设备管线较多时，往往不具备预设浆液阻断点的条件，此时就只能按第2款的规定进行渗漏治理。其基本原理是通过在背水面嵌缝（封堵）并埋嘴注浆，迫使渗漏水沿彼此连通的环、纵缝发散到更大的面积上，加大蒸发面积使蒸发量大于渗入量，达到减小或消除渗漏的目的。考虑到浆液固结体适应形变或荷载的要求（特别是用于轨道交通的盾构隧道），最好使用固结体有一定弹性的灌浆材料。

3 嵌缝的目的是将拱顶的少量渗漏水利用连通的环、纵缝引开，条文对其关键点进行了规定：

3）国外通常将背衬材料分为闭孔型、开孔型、双室型背衬棒及背衬隔离带四大类，根据密封材料固化机理不同，可选择相应结构的背衬材料。例如，单组分湿固化聚氨酯密封胶就宜使用开孔型或双室型背衬棒；

4）规定拱顶的嵌缝角度为是为了避免渗漏水滴落到轨道交通设施表面，进而引起金属件锈蚀或设备短路等安全事故。

4 壁后注浆又称为回填注浆，按施工顺序分为同步注浆、二次注浆（含渗漏治理时的壁后注浆），是盾构推进施工过程中必要的止水、护壁措施，然而在施工过程中往往会出现注浆不充分或漏注等现象。在盾构隧道渗漏综合治理中，对隧道管片壁外进行补充注浆是有效的迎水面渗漏治理的辅助措施。既能在隧道外部起到防水帷幕作用，同时又能起到加固土体作用以减少隧道由于土体后期因素产生沉降带来的后续再漏的几率。壁后注浆是隧道纠偏及治理盾构法隧道渗漏的有效途径。其技术难度较大、步骤较为复杂，宜慎用。

壁后注浆时，现场监测项目及控制值一般设定为：隧道结构纵向沉降与隆起不大于±5mm，隧道结构纵向水平位移不大于±5mm，隧道收敛值小于20mm；隧道纵向变形最小曲线半径不应小于15000m；轨向偏差和高低差最大尺度小于4mm/10m。具体可参见现行国家标准《盾构法隧道施工和质量验收规范》GB 50446。

5.2.2 造成隧道进出洞段连接处渗漏的原因主要有：盾构进出洞时，洞口外侧土体部分流失，破坏了加固体及原状土强度和结构；同步注浆和二次注浆不足或不密实；井接头及前一环与洞口地下连续墙及内衬呈刚性接触，其他管片与加固体及原状土呈柔性接触，导致该处管片不均匀沉降和渗漏水；洞口加固土体在强度发展过程中会与基坑围护结构之间产生间隙，在长期土体中的渗水将填充于加固土体与围护结构之间的间隙，并随着时间的推移，形成一定的水压；井接头顶部混凝土浇筑不密实；进洞环管片在脱离盾尾时，土体流失、坍方事故等发生会造成盾构姿态突变，造成管片密封局部损坏；出洞段由于施工单位的基准环（支撑环）强度或状态不好，造成出洞段盾构姿态不好等。条文中按环、纵缝及施工缝分别给出了治理工艺。

5.2.3 连接通道段渗漏产生原因主要有：连接通道所连接的盾构隧道为复杂应力部位，细微变形和沉降在所难免，例如连接通道施工过程中钻孔、冻胀、开挖、结构施工等使连接通道附近的管片产生不均匀沉降；冻土融化层注浆不及时、注浆量不足或加固强度不够，造成隧道后期沉降，不均匀沉降引起隧道管片的嵌合不密或结构破坏，进而引起渗水；连接通道通常处于区间隧道的最低处，且多为含饱和水的砂性土层，承压水的静水压较大；连接通道现浇混凝土不密实造成的渗漏水等。隧道管片与连接通道接缝可视为施工缝，宜采取钻斜孔注浆止水。

5.2.4 轨道交通道床以下与管片接头部位渗漏的原因主要是地层不稳定（流沙）、管片拼装质量不好、同步和二次注浆量不足导致隧道沉降；或由于后期道床施工、管线排放的措施不当，引起了管片的局部破坏。在进行壁后注浆时，按照邻接块、标准块和拱底块的顺序注浆的目的在于先注入的浆液固化后，能防止后续注入浆液向两侧上返，有利于加快施工速度，节省材料用量。

5.2.6 沉管法隧道管段接头的主要防水措施是安装GINA及Ω形止水带，通常不会出现渗漏，一旦发生渗漏所采取的措施是松动渗漏部位周边固定Ω形止水带的螺母，重新调整位置，再拧紧。

5.2.8 顶管法隧道管节接缝是容易发生渗漏的部位，渗漏治理的措施是从背水面注浆封堵，并可参照现浇混凝土结构变形缝渗漏的治理工艺进行综合治理。

5.3 施　工

5.3.1 本条文给出了管片环、纵缝接缝注浆止水的施工要点。

1 在钻孔注浆形成浆液阻断点的过程中，考虑到混凝土管片是精度要求很高的预制构件，采用带定位装置的钻机目的是达到精确控制钻孔深度，防止破坏弹性密封垫；选用直径小的钻杆，也是为了尽量减少钻孔过程对管片的破坏。

3 如果隧道衬砌与围岩之间回填不密实造成沉降、变形，发生渗漏的部位静水压力都较大，为避免壁后注浆过程中衬砌外部的水、泥、沙等在压力作用下突入隧道内部，需要在埋设注浆嘴时设置防喷装置。

6 实心砌体结构渗漏治理

6.1 一 般 规 定

6.1.1 砌体结构地下工程的特点是砌体的密实性较差、砌体接缝多、工程埋深浅、承受的地下水压力较小。一般来说，通过抹压（嵌填）速凝无机防水堵漏材料即可达到止水的目的，为保证工程质量，按照“多道设防”的要求，还应设置刚性防水层，管根及预埋件根部等接缝处宜进行嵌缝处理。

6.1.2 由于砌体结构地下工程固有的特点，很多场合下，这类地下工程在建造过程中并未设计防水层。如果不在渗漏治理后形成完整的防水层，则很有可能出现之前未出现渗漏的地方在渗漏治理后发生渗漏。为避免出现这种情况，宜在治理后在背水面形成完整的防水层。

6.2 方 案 设 计

6.2.1 本条文给出了实心砌体结构地下工程裂缝或砌块灰缝渗漏的治理工艺，对于其中的要点解释如下：

1 采用注浆止水时，考虑到砌体结构的细微孔洞、裂缝较多，密实性较差，故采用了对这类基材有良好浸润性和可灌性的灌浆材料；

3 如前所述，渗透型环氧树脂类防水涂料对基层有很好的亲和性，能填充基层表面的细微孔洞及裂缝，并增加砌块强度，因此推荐使用。

附录D 材 料 性 能

D.0.1 部分灌浆材料的技术指标来源如下：

4 超细水泥灌浆材料的比表面积参考了当前市场上此类材料技术指标；

5 水泥-水玻璃灌浆材料的技术指标参考了现行行业标准《建筑工程水泥-水玻璃双液注浆技术规程》JGJ/T 211－2010。

D.0.2 部分密封材料的技术指标来源如下：

3 内置式密封止水带及配套胶粘剂是在参考国内外相关产品的技术资料及工程实践提出的，止水带材质主要有聚氯乙烯（PVC）、氯磺化聚乙烯（Hypalon®）、热塑性聚烯烃防水卷材（TPO）及改性三元乙丙防水卷材（TPV）等，其特点是具有良好的力学性能且能热焊接搭接。

中华人民共和国行业标准

城镇排水管道维护安全技术规程

Technical specification for safety of urban sewer maintenance

CJJ 6—2009

批准部门：中华人民共和国住房和城乡建设部
施行日期：2 0 1 0 年 7 月 1 日

中华人民共和国住房和城乡建设部
公　告

第408号

关于发布行业标准《城镇排水管道维护安全技术规程》的公告

现批准《城镇排水管道维护安全技术规程》为行业标准，编号为CJJ 6-2009，自2010年7月1日起实施。其中，第3.0.6、3.0.10、3.0.11、3.0.12、4.2.3、5.1.2、5.1.6、5.1.8、5.1.10、5.3.6、6.0.1、6.0.3、6.0.5、7.0.1、7.0.4条为强制性条文，必须严格执行。原《排水管道维护安全技术规程》CJJ 6-85同时废止。

本规程由我部标准定额研究所组织中国建筑工业出版社出版发行。

中华人民共和国住房和城乡建设部

2009年10月20日

前　言

根据原建设部《关于印发〈2007年工程建设标准规范制定、修订计划（第一批）〉的通知》（建标[2007] 125号）的要求，规程编制组经广泛调查研究，认真总结实践经验，参考有关国际标准和国外先进标准，并在广泛征求意见的基础上修订了本规程。

本规程主要技术内容：1. 总则；2. 术语；3. 基本规定；4. 维护作业；5. 井下作业；6. 防护设备与用品；7. 事故应急救援。

本次修订的主要技术内容：1. 增加了涉及安全方面的共性要求；2. "维护作业"中增加了"开启与关闭井盖"、"清掏作业"等内容；3. 增加了"事故应急救援"等内容。

本规程中以黑体字标志的条文为强制性条文，必须严格执行。

本规程由住房和城乡建设部负责管理和对强制性条文的解释。由天津市排水管理处负责具体技术内容解释。在执行过程中如有意见或建议，请寄送天津市排水管理处（地址：天津市河西区南京路1号，邮政编码：300202）。

本规程主编单位：天津市排水管理处

本规程参编单位：天津市市政公路管理局
北京市市政工程管理处
上海市排水管理处
重庆市市政设施管理局
杭州市排水有限公司
哈尔滨排水有限责任公司
石家庄市排水管理处

本规程主要起草人：孙连起　张俊生　王宝森
王令凡　穆浩学　盛　阳
杜树发　迟　莹　王　雨
范崇清　苏银锁　孙和平
吕　坤　陈其楠　杨　宏
王　虹　谷为民　陈　萍

本规程主要审查人：王　岚　李　军　宋序彤
马卫国　李胜海　王春顺
王少林　李耀杰　王国庆

目　次

Contents

1 总　　则

1.0.1 为加强城镇排水管道维护的管理，规范排水管道维护作业的安全管理和技术操作，提高安全技术水平，保障排水管道维护作业人员的安全和健康，制定本规程。

1.0.2 本规程适用于城镇排水管道及其附属构筑物的维护安全作业。

1.0.3 本规程规定了城镇排水管道及附属构筑物维护安全作业的基本技术要求。当本规程与国家法律、行政法规的规定相抵触时，应按国家法律、行政法规的规定执行。

1.0.4 城镇排水管道维护作业除应符合本规程外，尚应符合国家现行有关标准的规定。

2 术　　语

2.0.1 排水管道　drainage pipeline

汇集和排放污水、废水和雨水的管渠及其附属设施所组成的系统。

2.0.2 维护作业　maintenance

城镇排水管道及附属构筑物的检查、养护和维修的作业，简称作业。

2.0.3 检查井　manhole

排水管道中连接上下游管道并供养护人员检查、维护或进入管内的构筑物。

2.0.4 雨水口　catch basin

用于收集地面雨水的构筑物。

2.0.5 集水池　sump

泵站水泵进口和出口集水的构筑物。

2.0.6 闸井　gate well

在管道与管道、泵站、河岸之间设置的闸门井，用于控制管道排水的构筑物。

2.0.7 推杆疏通　push rod cleaning

用人力将竹片、钢条、沟棍等工具推入管道内清除堵塞的疏通方法，按推杆的不同，又分为竹片疏通、钢条疏通或沟棍疏通等。

2.0.8 绞车疏通　winch bucket sewer cleaning

采用绞车牵引通沟牛清除管道内积泥的疏通方法。

2.0.9 通沟牛　cleaning bucket

在绞车疏通中使用的桶形、铲形等式样的铲泥工具。

2.0.10 电视检查　CCTV inspection

采用闭路电视进行管道检测的方法。

2.0.11 井下作业　inside manhole works

在排水管道、检查井、闸井、泵站集水池等市政排水设施内进行的维护作业。

2.0.12 隔离式潜水防护服　submersible guard suit

井下作业人员所穿戴的、全身封闭的潜水防护服。

2.0.13 隔离式防毒面具　oxygen mask

供压缩空气的全封闭防毒面具。

2.0.14 悬挂双背带式安全带　suspensible safety belt with safety harness

在作业人员腿部、腰部和肩部都佩有绑带，并能将其在悬空中拖起的防护用品。

2.0.15 便携式空气呼吸器　portable inspirator

可随身佩戴压缩空气瓶和隔离式面具的防护装置。

2.0.16 便携式防爆灯　hand explosion proof lamp

可随身携带的符合国家防爆标准的照明工具。

2.0.17 路锥　traffic cone mark

路面作业使用的一种带有反光标志的交通警示、隔离防护装置。

3 基本规定

3.0.1 维护作业单位应不少于每年一次对作业人员进行安全生产和专业技术培训，并应建立培训档案。

3.0.2 维护作业单位应不少于每两年一次对作业人员进行健康体检，并应建立健康档案。

3.0.3 维护作业单位应配备与维护作业相应的安全防护设备和用品。

3.0.4 维护作业前，应对作业人员进行安全交底，告知作业内容、安全注意事项及应采取的安全措施，并应履行签认手续。

3.0.5 维护作业前，作业人员应对作业设备、工具进行安全检查，当发现有安全问题时应立即更换，严禁使用不合格的设备、工具。

3.0.6 在进行路面作业时，维护作业人员应穿戴配有反光标志的安全警示服并正确佩戴和使用劳动防护用品；未按规定穿戴安全警示服及佩戴和使用劳动防护用品的人员，不得上岗作业。

3.0.7 维护作业人员在作业中有权拒绝违章指挥，当发现安全隐患时应立即停止作业并向上级报告。

3.0.8 维护作业中所使用的设备和用品必须符合国家现行有关标准，并应具有相应的质量合格证书。

3.0.9 维护作业中所使用的设备、安全防护用品必须按有关规定定期进行检验和检测，并应建档管理。

3.0.10 维护作业区域应采取设置安全警示标志等防护措施；夜间作业时，应在作业区域周边明显处设置警示灯；作业完毕，应及时清除障碍物。

3.0.11 维护作业现场严禁吸烟，未经许可严禁动用明火。

3.0.12 当维护作业人员进入排水管道内部检查、维护作业时，必须同时符合下列各项要求：

1 管径不得小于0.8m；

2 管内流速不得大于0.5m/s；

3 水深不得大于0.5m；

4 充满度不得大于50%。

3.0.13 管道维护作业宜采用机动绞车、高压射水车、真空吸泥车、淤泥抓斗车、联合疏通车等设备。

4 维 护 作 业

4.1 作业场地安全防护

4.1.1 当在交通流量大的地区进行维护作业时，应有专人维护现场交通秩序，协调车辆安全通行。

4.1.2 当临时占路维护作业时，应在维护作业区域迎车方向前放置防护栏。一般道路，防护栏距维护作业区域应大于5m，且两侧应设置路锥，路锥之间用连接链或警示带连接，间距不应大于5m。

4.1.3 在快速路上，宜采用机械维护作业方法；作业时，除应按本规程第4.1.2条规定设置防护栏外，还应在作业现场迎车方向不小于100m处设置安全警示标志。

4.1.4 当维护作业现场井盖开启后，必须有人在现场监护或在井盖周围设置明显的防护栏及警示标志。

4.1.5 污泥盛器和运输车辆在道路停放时，应设置安全标志，夜间应设置警示灯，疏通作业完毕清理现场后，应及时撤离现场。

4.1.6 除工作车辆与人员外，应采取措施防止其他车辆、行人进入作业区域。

4.2 开启与关闭井盖

4.2.1 开启与关闭井盖应使用专用工具，严禁直接用手操作。

4.2.2 井盖开启后应在迎车方向顺行放置稳固，井盖上严禁站人。

4.2.3 开启压力井盖时，应采取相应的防爆措施。

4.3 管 道 检 查

4.3.1 检查管道内部情况时，宜采用电视检查、声纳检查和便携式快速检查等方式。

4.3.2 采用潜水检查的管道，其管径不得小于1.2m，管内流速不得大于0.5m/s。

4.3.3 从事潜水作业的单位和潜水员必须具备相应的特种作业资质。

4.3.4 当人员进入管道、检查井、闸井、集水池内检查时，必须按本规程第5章的相关规定执行。

4.4 管 道 疏 通

4.4.1 当采用穿竹片牵引钢丝绳疏通时，不宜下井操作。

4.4.2 疏通排水管道所使用的钢丝绳除应符合现行国家标准《起重机用钢丝绳检验和报废实用规范》GB/T 5972 的相关规定外，还应符合表4.4.2的规定。

表 4.4.2 疏通排水管道用钢丝绳规格

疏通方法	管径(mm)	钢丝绳		
		直径(mm)	允许拉力 kN(kbf)	100m重量(kg)
人力疏通(手摇绞车)	150～300 550～800	9.3	44.23～63.13 (4510～6444)	30.5
	850～1000	11.0	60.20～86.00 (6139～8770)	41.4
	1050～1200	12.5	78.62～112.33 (8017～11454)	54.1
机械疏通(机动绞车)	150～300 550～800	11.0	60.20～86.00 (6139～8770)	41.4
	850～1000	12.5	78.62～112.33 (8017～11454)	54.1
	1050～1200	14.0	99.52～142.08 (10148～14498)	68.5
	1250～1500	15.5	122.86～175.52 (12528～17898)	84.6

注：1 当管内积泥深度超过管半径时，应使用大一级的钢丝绳；
2 对方砖沟、矩形砖石沟、拱砖石沟等异形沟道，可按断面积折算成圆管后选用适合的钢丝绳。

4.4.3 当采用推杆疏通时，应符合下列规定：

1 操作人员应戴好防护手套；

2 竹片和沟棍应连接牢固，操作时不得脱节；

3 打竹片与拔竹片时，竹片尾部应由专人负责看护，并应注意来往行人和车辆；

4 竹片必须选用刨平竹心的青竹，截面尺寸不应小于4cm×1cm，长度不应小于3m。

4.4.4 当采用绞车疏通时，应符合下列规定：

1 绞车移动时应注意来往行人和作业人员安全，机动绞车应低速行驶，并应严格遵守交通法规，严禁载人；

2 绞车停放稳妥后应设专人看守；

3 使用绞车前，首先应检查钢丝绳是否合格，绞动时应慢速转动，当遇阻力时应立即停止，并及时查找原因，不得因绞断钢丝发生飞车事故；

4 绞车摇把摇好后应及时取下，不得在倒回时脱落；

5 机动绞车应由专人操作，且操作人员应接受专业培训，持证上岗；

6 作业中应设专人指挥，互相呼应，遇有故障应立即停车；

7 作业完成后绞车应加锁，并应停放在不影响交通的地方；

8 绞车转动时严禁用手触摸齿轮、轴头、钢丝绳，作业人员身体不得倚靠绞车。

4.4.5 当采用高压射水车疏通时，应符合下列规定：

1 当作业气温在0℃以下时，不宜使用高压射水车冲洗；

2 作业机械应由专人操作，操作人员应接受专业培训，持证上岗；

3 射水车停放应平稳，位置应适当；

4 冲洗现场必须设置防护栏；

5 作业前应检查高压泵的开关是否灵敏，高压喷管、高压喷头是否完好；

6 高压喷头严禁对人和在平地加压喷射，移位时必须停止工作，不得伤人；

7 将喷管放入井内时，喷头应对准管底的中心线方向；将喷头送进管内后，操作人员方可开启高压开关；从井内取出喷头时应先关闭加压开关，待压力消失后方可取出喷头，启闭高压开关时，应缓开缓闭；

8 当高压水管穿越中间检查井时，必须将井盖盖好，不得伤人；

9 高压射水车工作期间，操作人员不得离开现场，射水车严禁超负荷运转；

10 在两个检查井之间操作时，应规定准确的联络信号；

11 当水位指示器降至危险水位时，应立即停止作业，不得损坏机件；

12 高压管收放时应安放卡管器；

13 夜间冲洗作业时，应有足够的照明并配备警示灯。

4.5 清 掏 作 业

4.5.1 当使用清疏设备进行清掏作业时，应符合下列规定：

1 清疏设备应由专人操作，操作人员应接受专业培训，并持证上岗；

2 清疏设备使用前，应对设备进行检查，并确保设备状态正常；

3 带有水箱的清疏设备，使用前应使用车上附带的加水专用软管为水箱注满水；

4 车载清疏设备路面作业时，车辆应顺行车方向停泊，打开警示灯、双跳灯，并做好路面围护警示工作；

5 当清疏设备运行中出现异常情况时，应立即停机检查，排除故障。当无法查明原因或无法排除故障时，应立即停止工作，严禁设备带故障运行；

6 车载清疏设备在移动前，工况必须复原，再至第二处地点进行使用；

7 清疏设备重载行驶时，速度应缓慢、防止急刹车；转弯时应减速，防止惯性和离心力作用造成事故；

8 清疏设备严禁超载；

9 清疏设备不得作为运输车辆使用。

4.5.2 当采用真空吸泥车进行清掏作业时，除应符合本规程第4.5.1条规定外，还应符合下列规定：

1 严禁吸入油料等危险品；

2 卸泥操作时，必须选择地面坚实且有足够高度空间的倾卸点，操作人员应站在泥缸两侧；

3 当需要翻缸进入缸底进行检修时，必须用支撑柱或挡扳垫实缸体；

4 污泥胶管销挂应牢固。

4.5.3 当采用淤泥抓斗车清掏时，除应符合本规程4.5.1条的规定外，还应符合下列规定：

1 泥斗上升时速度应缓慢，应防止泥斗勾住检查井或集水池边缘，不得因斗抓崩出伤人；

2 抓泥斗吊臂回转半径内禁止任何人停留或穿行；

3 指挥、联络信号（旗语、口笛或手势）应准确。

4.5.4 当采用人工清掏时，应符合下列规定：

1 清掏工具应按车辆顺行方向摆放和操作；

2 清掏作业前应打开井盖进行通风；

3 作业人员应站在上风口作业，严禁将头探入井内；当需下井清掏时，应按本规程第5章的相关规定执行。

4.6 管道及附属构筑物维修

4.6.1 管道维修应符合现行国家标准《给水排水管道工程施工及验收规范》GB 50268的相关规定。

4.6.2 当管道及附属构筑物维修需掘路开挖时，应提前掌握作业面地下管线分布情况；当采用风镐掘路作业时，操作人员应注意保持安全距离，并戴好防护眼镜。

4.6.3 当需要封堵管道进行维护作业时，宜采用充气管塞等工具并应采取支撑等防护措施。

4.6.4 当加砌检查井或新老管道封堵、拆堵、连接施工时，作业人员应按本规程第5章的相关规定执行。

4.6.5 排水管道出水口维修应符合下列规定：

1 维护作业人员上下河坡时应走梯道；

2 维修前应关闭闸门或封堵，将水截流或导流；

3 带水作业时，应侧身站稳，不得迎水站立；

4 运料采用的工具必须牢固结实，维护作业人员应精力集中，严禁向下抛料。

4.6.6 检查井、雨水口维修应符合下列规定：

1 当搬运、安装井盖、井箅、井框时，应注意安全，防止受伤；

2 当维修井口作业时，应采取防坠落措施；

3 当进入井内维修时，应按本规程第5章的相关规定执行。

4.6.7 抢修作业时，应组织制定专项作业方案，并有效实施。

5 井下作业

5.1 一般规定

5.1.1 井下清淤作业宜采用机械作业方法，并应严格控制人员进入管道内作业。

5.1.2 下井作业人员必须经过专业安全技术培训、考核，具备下井作业资格，并应掌握人工急救技能和防护用具、照明、通信设备的使用方法。作业单位应为下井作业人员建立个人培训档案。

5.1.3 维护作业单位应不少于每年一次对下井作业人员进行职业健康体检，并应建立健康档案。

5.1.4 维护作业单位必须制定井下作业安全生产责任制，并在作业中落实。

5.1.5 井下作业时，必须配备气体检测仪器和井下作业专用工具，并培训作业人员掌握正确的使用方法。

5.1.6 井下作业必须履行审批手续，执行当地的下井许可制度。

5.1.7 井下作业的《下井作业申请表》及下井许可的《下井安全作业票》宜符合本规程附录A的规定。

5.1.8 井下作业前，维护作业单位必须检测管道内有害气体。井下有害气体浓度必须符合本规程第5.3节的有关规定。

5.1.9 下井作业前，维护作业单位应做好下列工作：

1 应查清管径、水深、潮汐、积泥厚度等；

2 应查清附近工厂污水排放情况，并做好截流工作；

3 应制定井下作业方案，并应避免潜水作业；

4 应对作业人员进行安全交底，告知作业内容和安全防护措施及自救互救的方法；

5 应做好管道的降水、通风以及照明、通信等工作；

6 应检查下井专用设备是否配备齐全、安全有效。

5.1.10 井下作业时，必须进行连续气体检测，且井上监护人员不得少于两人；进入管道内作业时，井室内应设置专人呼应和监护，监护人员严禁擅离职守。

5.1.11 井下作业除必须符合本规程第5.1.10条的规定外，还应符合下列规定：

1 井内水泵运行时严禁人员下井；

2 作业人员应佩戴供压缩空气的隔离式防护装具、安全带、安全绳、安全帽等防护用品；

3 作业人员上、下井应使用安全可靠的专用爬梯；

4 监护人员应密切观察作业人员情况，随时检查空压机、供气管、通信设施、安全绳等下井设备的安全运行情况，发现问题应及时采取措施；

5 下井人员连续作业时间不得超过1h；

6 传递作业工具和提升杂物时，应用绳索系牢，井底作业人员应躲避；

7 潜水作业应符合现行行业标准《公路工程施工安全技术规程》JTJ 076的相关规定；

8 当发现有中毒危险时，必须立即停止作业，并组织作业人员迅速撤离现场；

9 作业现场应配备应急装备、器具。

5.1.12 下列人员不得从事井下作业：

1 年龄在18岁以下和55岁以上者；

2 在经期、孕期、哺乳期的女性；

3 有聋、哑、呆、傻等严重生理缺陷者；

4 患有深度近视、癫痫、高血压，过敏性气管炎、哮喘、心脏病等严重慢性病者；

5 有外伤、疮口尚未愈合者。

5.2 通 风

5.2.1 通风措施可采用自然通风和机械通风。

5.2.2 井下作业前，应开启作业井盖和其上下游井盖进行自然通风，且通风时间不应小于30min。

5.2.3 当排水管道经过自然通风后，井下气体浓度仍不符合本规程第5.3.2、5.3.3条的规定时，应进行机械通风。

5.2.4 管道内机械通风的平均风速不应小于0.8m/s。

5.2.5 有毒有害、易燃易爆气体浓度变化较大的作业场所应连续进行机械通风。

5.2.6 通风后，井下的含氧量及有毒有害、易燃易爆气体浓度必须符合本规程第5.3节的有关规定。

5.3 气体检测

5.3.1 气体检测应测定井下的空气含氧量和常见有毒有害、易燃易爆气体的浓度和爆炸范围。

5.3.2 井下的空气含氧量不得低于19.5%。

5.3.3 井下有毒有害气体的浓度除应符合国家现行有关标准的规定外，常见有毒有害、易燃易爆气体的浓度和爆炸范围还应符合表5.3.3的规定。

表5.3.3 常见有毒有害、易燃易爆气体的浓度和爆炸范围

气体名称	相对密度（取空气相对密度为1）	最高容许浓度（mg/m^3）	时间加权平均容许浓度（mg/m^3）	短时间接触容许浓度（mg/m^3）	爆炸范围（容积百分比%）	说明
硫化氢	1.19	10	—	—	4.3～45.5	—
一氧化碳	0.97	—	20	30	12.5～74.2	非高原
		20	—	—		海拔2000m～3000m
		15	—	—		海拔高于3000m
氰化氢	0.94	1	—	—	5.6～12.8	—
溶剂汽油	3.00～4.00	—	300	—	1.4～7.6	—
一氧化氮	1.03	—	15	—	不燃	—
甲烷	0.55	—	—	—	5.0～15.0	—
苯	2.71	—	6	10	1.45～8.0	—

注：最高容许浓度指工作地点、在一个工作日内、任何时间有毒化学物质均不应超过的浓度。时间加权平均容许浓度指以时间为权数规定的8h工作日、40h工作周的平均容许接触浓度。短时间接触容许浓度指在遵守时间加权平均容许浓度前提下容许短时间（15min）接触的浓度。

5.3.4 气体检测人员必须经专项技术培训，具备检测设备操作能力。

5.3.5 应采用专用气体检测设备检测井下气体。

5.3.6 气体检测设备必须按相关规定定期进行检定，检定合格后方可使用。

5.3.7 气体检测时，应先搅动作业井内泥水，使气体充分释放，保证测定井内气体实际浓度。

5.3.8 检测记录应包括下列内容：

1 检测时间；

2 检测地点；

3 检测方法和仪器；

4 现场条件（温度、气压）；

5 检测次数；

6 检测结果；

7 检测人员。

5.3.9 检测结论应告知现场作业人员，并应履行签字手续。

5.4 照明和通信

5.4.1 作业现场照明应使用便携式防爆灯，照明设备应符合现行国家标准《爆炸性气体环境用电气设备 第14部分：危险场所分类》GB 3836.14的相关规定。

5.4.2 井下作业面上的照度不宜小于50lx。

5.4.3 作业现场宜采用专用通信设备。

5.4.4 井上和井下作业人员应事先规定明确的联系方式。

6 防护设备与用品

6.0.1 井下作业时，应使用隔离式防毒面具，不应使用过滤式防毒面具和半隔离式防毒面具以及氧气呼吸设备。

6.0.2 潜水作业时应穿戴隔离式潜水防护服。

6.0.3 防护设备必须按相关规定定期进行维护检查。严禁使用质量不合格的防毒和防护设备。

6.0.4 安全带、安全帽应符合现行国家标准《安全带》GB 6095和《安全帽》GB 2811的规定，应具备国家安全和质检部门颁发的安鉴证和合格证，并应定期进行检验。

6.0.5 安全带应采用悬挂双背带式安全带。使用频繁的安全带、安全绳应经常进行外观检查，发现异常应立即更换。

6.0.6 夏季作业现场应配置防晒及防暑降温药品和物品。

6.0.7 维护作业时配备的皮叉、防护服、防护鞋、手套等防护用品应及时检查、定期更换。

7 事故应急救援

7.0.1 维护作业单位必须制定中毒、窒息等事故应急救援预案，并应按相关规定定期进行演练。

7.0.2 作业人员发生异常时，监护人员应立即用作业人员自身佩戴的安全带、安全绳将其迅速救出。

7.0.3 发生中毒、窒息事故，监护人员应立即启动应急救援预案。

7.0.4 当需下井抢救时，抢救人员必须在做好个人安全防护并有专人监护下进行下井抢救，必须佩戴好便携式空气呼吸器、悬挂双背带式安全带，并系好安全绳，严禁盲目施救。

7.0.5 中毒、窒息者被救出后应及时送往医院抢救；在等待救援时，监护人员应立即施救或采取现场急救措施。

附录A 下井作业申请表和作业票

表 A-1 下井作业申请表

单位：

作业项目			
作业单位			
作业地点		作业任务	
作业单位负责人		安全负责人	
作业人员		项目负责人	
作业日期		主管领导签字	
安全防护措施			
作业现场情况说明	作业管径：________m 井深：________m 性质：________ 下井座次：______座 是否潜水作业：____		
上级主管部门意见			

申报日期： 年 月 日

表 A-2　下井安全作业票

单位：________________

<table>
<tr><td>作业单位</td><td></td><td>作业票填报人</td><td></td><td>填报日期</td><td></td></tr>
<tr><td>作业人员</td><td colspan="2"></td><td>监护人</td><td colspan="2"></td></tr>
<tr><td>作业地点</td><td colspan="2">区　　路道街</td><td>井号</td><td colspan="2"></td></tr>
<tr><td>作业时间</td><td colspan="2"></td><td>作业任务</td><td colspan="2"></td></tr>
<tr><td>管径</td><td></td><td>水深</td><td></td><td>潮汐影响</td><td></td></tr>
<tr><td colspan="2">工厂污水排放情况</td><td colspan="4"></td></tr>
<tr><td>防
护
措
施</td><td colspan="5">1 提前开启井盖自然通风情况（井数和时间）
2 井下降水和照明情况
3 井下气体检测结果
4 拟采取的防毒、防爆手段（穿戴防护装具、人工通风情况）</td></tr>
<tr><td colspan="3">项目负责人意见

（签字）</td><td colspan="3">安全员意见

（签字）</td></tr>
<tr><td>作业人员身体状况</td><td colspan="5"></td></tr>
<tr><td>附　注</td><td colspan="5"></td></tr>
</table>

本规程用词说明

1 为便于在执行本规程条文时区别对待，对于要求严格程度不同的用词说明如下：

1） 表示很严格，非这样做不可的用词：
正面词采用“必须”，反面词采用“严禁”；

2） 表示严格，在正常情况下均应这样做的用词：
正面词采用“应”，反面词采用“不应”或“不得”；

3） 表示允许稍有选择，在条件许可时首先应这样做的用词：
正面词采用“宜”或“可”，反面词采用“不宜”；

4） 表示有选择，在一定条件下可以这样做的用词，采用“可”。

2 条文中指明应按其他有关标准执行的写法为“应按……执行”或“应符合……的规定”。

引用标准名录

1 《给水排水管道工程施工及验收规范》GB 50268

2 《安全帽》GB 2811

3 《爆炸性气体环境用电气设备 第14部分：危险场所分类》GB 3836.14

4 《起重机用钢丝绳检验和报废实用规范》GB/T 5972

5 《安全带》GB 6095

6 《公路工程施工安全技术规程》JTJ 076

中华人民共和国行业标准

城镇排水管道维护安全技术规程

CJJ 6—2009

条 文 说 明

修 订 说 明

《城镇排水管道维护安全技术规程》CJJ 6－2009经住房和城乡建设部2009年10月20日以第408号公告批准发布。

本规程是在《排水管道维护安全技术规程》CJJ 6－85的基础上修订而成，上一版的主编单位是天津市市政工程局，主要起草人是龚绍基、王家瑞。本次修订的主要内容是：

1 原规程第一章1.0.3条、1.0.6条的相关内容调整至新增加的第三章“基本规定”中，在第三章中增加了涉及安全方面的共性要求。

2 增加了第二章“术语”。

3 删除原规程第二章“地面作业”，相关内容调整为第四章“维护作业”中，并增加了“开启与关闭井盖”、“清掏作业”等内容。

4 原规程第三章“井下作业”调整为第五章，将原“降水和通风”内容中的“降水”部分调整至第一节，将“通风”内容单独调整为一节。

5 删除原规程第四章“防毒用具和防护用品”，相关内容调整至第六章“防护设备与用品”中。

6 删除原规程第五章“附则”，相关内容调整至第七章，并增加了“事故应急救援”等内容。

本规程修订过程中，编制组对我国城镇排水管道维护作业的现状进行了调查研究，总结了20多年来我国排水管道维护安全技术和检测方法的实践经验。

为便于广大设计、施工、科研、学校等单位有关人员在使用本规程时能正确理解和执行条文规定，《城镇排水管道维护安全技术规程》编制组按章、节、条顺序编制了本规程的条文说明，对条文规定的目的、依据以及执行中需注意的有关事项进行了说明，还着重对强制性条文的强制性理由作了解释。但是，本条文说明不具备与规程正文同等的法律效力，仅供使用者作为理解和把握标准规定的参考。在使用中如果发现本条文说明有不妥之处，请将意见函寄天津市排水管理处。

目　次

1 总　　则

1.0.1 改革开放以来，我国城镇建设发展迅猛，市政排水管道、设施成倍增长，但由于技术、经济、设备、人员等原因，各城镇对排水管道、设施的维护安全技术标准不统一，特别是近年来在排水管道维护作业中连续发生硫化氢中毒事故以及道路交通事故，造成作业人员重大伤亡，因此迫切需要制定适用于全国的、具有可操作性的排水管道维护安全技术规程，以保证维护作业人员的安全和健康。我国地域辽阔，气象、地理环境差异很大，经济发展水平也不平衡，因此建议各地还应在本规程的基础上结合当地实际，制定相应的地方标准。

1.0.2 本规程所指排水管道包括雨水管道、污水管道、合流管道以及暗渠等。本规程所指的附属构筑物包括检查井、闸井、雨水口、管道出水口、泵站集水池等。

2 术　　语

2.0.1 排水管道是指汇集和排放城镇污水、废水和雨水的管道及暗渠。

2.0.2 维护作业是指维护人员在地面和地面以下对排水管道及附属构筑物进行检查、养护和维修的作业。

2.0.3 检查井又称窨井、马葫芦，是连接上下游排水管道，供维护作业人员检查、清掏或出入管道的构筑物。

2.0.5 集水池主要指泵站进水池和出水池，供水泵吸水和出水管排水以及人员进入检查和维修的构筑物，一般分为敞开式和封闭式两种。

2.0.6 闸井是指为安装、维修、维护闸门所建的构筑物，按照结构分为敞开式和封闭式两种。通过启闭闸门可以控制泵站进出水量以及管道直接排入河道的水量，一般按照管道性质分为雨水闸门、污水闸门。

2.0.7 推杆疏通又分为竹片疏通、钢条疏通和沟棍疏通，主要采用疏通杆直推前进来打通管道堵塞，推杆的另一个作用是在绞车疏通前将竹片或钢索从一个检查井引到下一个检查井，简称“引钢索”。

2.0.8 绞车疏通是目前我国许多城市的主要疏通方法。绞车主要分为人力绞车和机动绞车，疏通方法是将通沟牛在两端钢索的牵引下，在管道内用人手推或机械牵引来回拖动，从而将污泥推拉至检查井内，然后再进行清掏。

2.0.9 通沟牛又称铁牛、橡皮牛、刮泥器，是在绞车疏通中使用的桶形、铲形等式样的铲泥工具。通常为钢板制成的圆筒，中间隔断，还有用铁板夹橡胶板制成的圆板橡皮牛、钢丝刷牛、链条牛等。通沟牛直径一般小于管道内径5cm。

2.0.10 电视检查是目前国内外普遍采用的管道检查方法，具有图像清晰、操作安全、资料便于计算机管理等优点，避免和减少了人员进入雨污水管道内检查的频率和发生中毒、窒息的潜在危险。电视检查目前分为车载式、便携式和杆式三种。

2.0.11 井下作业是维护作业人员在维护作业中需要进入排水管道、检查井、闸井、泵站集水池等市政排水设施内进行检查、维修、清掏等采用的一种作业方式，该井下作业可分为潜水作业、非潜水作业两种，作业方法可分为人工下井作业和机械掏挖作业。由于作业环境比较恶劣，劳动强度大，具有一定的危险性，容易发生作业人员中毒事故，因此井下作业尽量采用机械作业的方法，避免人员下井作业。

2.0.12 隔离式潜水防护服指轻潜水防护服，井下作业有时需带水作业，一般检查井内水深在3m以内潜水作业时，作业人员需穿戴的全身封闭潜水防护服。

2.0.13 隔离式防毒面具，非潜水井下作业的人员需佩戴长管式供压缩空气的全隔离防毒面具。该面具分两种，一种带通信，一种不带通信，井下作业尽量采用带通信的防毒面具，以便随时掌握井下人员工作情况。

2.0.15 便携式空气呼吸器是一种供作业人员随身佩戴正压式压缩空气瓶和隔离式面具的防护装置，由于供气量最多只能维持50min，故一般在短时间内井下作业和突发事故应急抢险中使用。

2.0.16 便携式防爆灯是一种体积小、重量轻、便于携带且具有防爆功能的照明灯具，适合于井下作业使用。由于井下作业较深、光线昏暗、作业环境潮湿，有时含有易燃易爆气体，为此，采用的井下照明必须为在潮湿环境下具有防爆功能，以保证井下人员作业安全。

2.0.17 路锥一般采用锥形和塔形两种，并且带有反光标志，两锥之间可用连接链或警示带连接，在道路排水维护作业时用以把作业区域和车辆、行人隔离开来，以保证作业安全。

3 基 本 规 定

3.0.1 定期对维护作业人员进行安全教育、培训的目的是使其能够熟练掌握排水管道维护安全操作技能，提高作业中安全意识和自我保护能力，确保作业安全，作业前未进行安全教育培训的人员不可以上岗作业。

3.0.2 排水管道维护作业属于高危劳动作业，按照国家有关卫生标准，必须定期对作业人员进行职业健康体检，目的是及时发现和保障作业人员的身体健康情况，有效地进行职业病防治。

3.0.5 维护作业前和作业中对人员和设备、工具的安全要求是为加强和提高安全预防、预知、预控能力，有效地消除设备不安全状态，确保人员在安全环境中作业。

3.0.6 管道维护作业大多在道路机动车道和慢车道上进行，作业人员穿戴配有反光标志的警示服在路面上作业能起到明显警示作用，并能与一般行人区别开来，可有效地防止交通事故的发生。

3.0.10 在道路上进行维护作业易发生交通事故，因此维护作业区域应设置安全警示标志和警示灯等防护措施，保护作业人员以及道路上行驶的车辆和行人的安全。路面作业安全防护的标志属于临时性安全设施，维护作业中使用的安全设施有锥形交通路标、警示带、防护栏、挡板、移动式标志车、警示灯和夜间照明等，安全设施和规格、颜色、品种、性能要符合《道路交通标志和标线》GB 5768 和《公路养护安全作业规程》JTG H30 的相关要求。

3.0.11 维护作业现场的作业人员与所维护的设施比较接近或身处其中，如：排水管道、检查井、闸井、泵站集水池等，这些设施大多为长期封闭或半封闭式，通气性较差，气体成分较为复杂，其中有的含有大量有毒、易燃、易爆气体，当浓度较高时，如作业中对该作业现场安全环境缺乏确认或不了解，贸然动用明火容易造成爆炸伤人事故，所以，维护作业现场严禁吸烟。如需动用明火必须严格执行当地动火审批制度，未经当地有关部门许可严禁动用明火。

3.0.12 该条规定中的 4 个条件为并列关系，只要其中有一个条件不具备，作业人员就不得进入管道内作业。

由于维护作业人员躬身高度一般在 1m 左右，如在管径小于 0.8m 管道中，作业人员必然长期躬身、行动不便、呼吸不畅，无法进行操作；当管道内水深大于 0.5m 和充满度大于 50%且管径越小、进深越长时，管道内氧气含量越低；流速大于 0.5m/s 时，作业人员无法站稳，作业难度和危险性随之增加，作业人员人身安全没有保证。

3.0.13 机械化作业是提高管道维护作业效率、改善劳动条件、降低作业人员劳动强度、减少生产安全事故的有效手段，也是排水管道维护作业发展方向，各地排水管理部门应加大这方面的投入。

4 维护作业

4.1 作业场地安全防护

4.1.2 疏通作业时应在作业区域来车方向前放置防护栏，一般道路应在 5m 以外，是指在机动车道和非机动车道，不断交通情况下的作业，由于受作业区域的限制，防护栏和路锥设置不要过多、过远。

4.1.3 近年来全国各省市快速路建设发展较快，由于快速路来往车辆速度较快，在其路面人工维护作业具有发生交通事故的潜在危险，因此在快速路上作业要优先采用机械维护作业方法，尽量减少和避免人工作业和夜间作业，确需人工作业时应按该条规定执行，以保障作业人员人身安全。

4.2 开启与关闭井盖

4.2.1 开闭井盖要采用具有一定刚性的专用工具，由于井盖型号、材料、重量不一，如需两人启闭时，要用力一致，轻开轻放，防止受伤。

4.2.3 主要指管道压力井盖、带锁井盖和排水泵站出水压力池盖板等，由于压力井盖长年暴露在外或长期封闭地下，风吹日晒、潮湿，容易锈蚀，正常开启比较困难，又因井内气体情况不便检测、无法确认其是否有易燃易爆气体存在，因而无法保证安全作业环境，如贸然动用电气焊等明火作业容易发生爆炸事故，造成人员伤害，因此，开启压力井盖时应采取防爆措施。

4.3 管道检查

4.3.1 近年来我国许多城市已采用了排水管道电视检查、声纳检查和便携式快速检查的方法，并取得良好的效果，减少了人员进入管道检查的频率。

由于电视检查多用于已建成的排水管道或经过清理后的旧有管道，其旧有管道内气体比较复杂，人员进入检查有一定的难度和危险性，因此宜采用电视检查方法，人员尽量不进入管道检查。管道检查可分为新管道交接验收检查、运行管道状况检查和应急事故检查等，其中管道状况检查和应急事故检查，由于受管道现状影响较大，检查有一定难度，并存在一定的危险性。

4.3.3 潜水作业一般包括潜水检查和潜水清掏作业。对管道内的潜水作业，因作业面比较狭窄，管内情况比较复杂，一旦作业出现问题，潜水员很难及时撤离，存在一定安全隐患，所以作业单位尽量不安排潜水员进入管道内作业。同时，凡从事潜水作业的单位和潜水员必须具备特种作业资质。

4.3.4 人员进入管道、检查井、闸井、集水池内检查属于进入密闭空间作业。近年来也曾发生过检查人员中毒、缺氧窒息伤亡事故，要尽量减少人员进入管道内检查，如确需人员进入管道内检查，应按本规程第 5 章的相关规定执行。

4.4 管道疏通

4.4.2 钢丝绳使用的安全程度引用现行国家标准《起重机用钢丝绳检验和报废实用规范》GB/T 5972 的相关规定进行判断：

1 断丝的性质和数量；

2 绳端断丝；

3 断丝的局部聚集；

4 断丝的增加率；

断丝数超过表1（选自《起重机用钢丝绳检验和报废实用规范》GB/T 5972-2006）的规定时要予以报废；

5 绳股断裂；

如果出现整根绳股的断裂，钢丝绳应予以报废。断丝数超过表2（选自《起重机用钢丝绳检验和报废实用规范》GB/T 5972-2006）的规定时要予以报废。

表1 钢制滑轮上工作的圆股钢丝绳中断丝根数的控制标准

外层绳股承载钢丝数[a] n	钢丝绳典型结构示例[b]（GB 8918-2006 GB/T 20118-2006）[e]	起重机用钢丝绳必须报废时与疲劳有关的可见断丝数[c]							
		机构工作级别							
		M1、M2、M3、M4				M5、M6、M7、M8			
		交互捻		同向捻		交互捻		同向捻	
		长度范围[d]				长度范围[d]			
		$\leqslant 6d$	$\leqslant 30d$	$\leqslant 6d$	$\leqslant 30d$	$\leqslant 6d$	$\leqslant 30d$	$\leqslant 6d$	$\leqslant 30d$
≤50	6×7	2	4	1	2	4	8	2	4
51≤n≤75	6×19S*	3	6	2	3	6	12	3	6
101≤n≤120	8×19S* 6×25Fi*	5	10	2	5	10	19	5	10
221≤n≤240	6×37	10	19	5	10	19	38	10	19

a 填充钢丝不是承载钢丝，因此检验中要予以扣除，多层绳股钢丝绳仅考虑可见的外层，带钢芯的钢丝绳，其绳芯作为内部绳股对待，不予考虑。

b 统计绳中的可见断丝数时，圆整至整数值。对外层绳股的钢丝直径大于标准直径的特定结构的钢丝绳，在表中做降低等级处理，并以*号表示。

c 一根断丝可能有两处可见端。

d d为钢丝绳公称直径。

e 钢丝绳典型结构与国际标准的钢丝绳典型结构是一致的。

表2 钢制滑轮上工作的抗扭钢丝绳中断丝根数的控制标准

起重机用钢丝绳必须报废时与疲劳有关的可见断丝数[a]			
机构工作级别M1、M2、M3、M4		机构工作级别M5、M6、M7、M8	
长度范围[b]		长度范围[b]	
$\leqslant 6d$	$\leqslant 30d$	$\leqslant 6d$	$\leqslant 30d$
2	4	4	8

a 一根断丝可能有两处可见端。

b d为钢丝绳公称直径。

6 绳径减少，包括绳芯损坏所致的情况；

7 弹性降低；

8 外部磨损；

9 外部及内部腐蚀；

10 变形；

11 由于热或电弧造成的损坏；

12 永久伸长的增加率。

4.4.3 推杆疏通又分为竹片疏通、钢条疏通和沟棍疏通，是目前较为普通的排水管道人工疏通作业的方法，具有设备简单、成本低、能耗省、操作方便、适用范围广的优点，因此在全国各省市排水行业仍被普遍使用。但随着城市建设高速发展，排水机械化在维护作业中使用率不断提高，竹片、沟棍疏通作业将逐步由机械化作业所替代。

4.4.4 制定本规定主要考虑绞车疏通过程中常见的事故，包括道路交通事故、钢丝绳断飞车事故、齿轮和钢丝绳夹手事故以及坠物砸脚事故等。由于该作业工具属非定型产品，各城市使用的不一样，因此作业时，建议在本条规定执行基础上制定相应的安全操作规程。

4.4.5 目前，高压射水车在国内排水维护作业中的应用正在不断增多，射水车利用高达15MPa左右的高压水来将管道污泥冲到井内，然后再用吸泥车等方法取出，是养护机械化作业的发展方向，但因其操作技术要求高，作业程序较为复杂，必须由专人操作和管理。

4.5 清 掏 作 业

4.5.1 目前国内市政排水设施清掏作业中各省市使用的设备各不相同。一般包括真空吸泥车、抓泥车、联合疏通车等设备。

1 排水管道疏通、清掏作业的机械设备和车辆属于市政行业特种作业车辆，其操作人员除要具备交通管理部门发放的车辆驾驶人员有效证件外，还应经特种车辆上级主管部门进行的专项技术培训并取得有效操作证，作业时持证上岗。

4.6 管道及附属构筑物维修

4.6.2 管道及附属构筑物维修掘路前，要了解清楚作业面的地下管线（电缆、自来水、燃气、热力等）情况，不能盲目掘路施工，同时要加强作业人员自身安全防护和路面交通安全防护。

4.6.3 管道维修，检查需要用橡胶充气管塞进行封堵作业时，要采取以下措施：

1 放置气堵时，井下作业人员要穿戴好防护装具，佩戴安全带，系好安全绳，井上要设置2～3名监护人员。

2 堵水作业前，要对管道进行清理清洗，要求管道内部无砖块、石屑、钢筋、钢丝、玻璃屑等尖锐杂物，保证管壁光洁；需清理的管道长度要为橡胶管塞长度的1.5倍。

3 橡胶充气管塞使用前要按相应尺寸规定的工作压力进行充气试压试验，要求充气后其直径不得超过管塞规格的最大直径，且48h不漏气；确保橡胶充气管塞表面伸缩均匀，无明显伤损痕迹。

4 橡胶管塞距管口一端的位置，一般距管口边缘20cm～30cm；使用钢丝绳或足够拉力的绳索栓系橡胶管塞作牵引，绳索的另一端与地面上的物体连接固定或采取支撑措施。

5 橡胶充气管塞充气时，必须注意观察压力读数，要使其压力保持在相应工作压力范围内；密切注意固定绳索变化以及水位状况，固定绳索不得移滑，上下游水位差不要超过 4.5m。

6 橡胶充气管塞堵塞完毕后，置塞井井上必须设专人值班，密切注意橡胶充气管塞受压压力变化以及水位变化，压力低于限值时，必须及时充气至规定范围；水位高于限值时，则应及时排水或采取其他措施降低水位。

7 取出橡胶充气管塞前，应加装阻挡装置，以防管塞冲没。同时必须保证井管内确无滞留人员，方可对橡胶充气管塞进行放气，此过程中，仍需注意固定绳索的变化，条件允许时，要采取橡胶充气管塞下游增高水位法，降低其前后水位落差，减轻压力。

8 橡胶充气管塞不耐酸、碱、油，其保管和使用均要减少或避免与上述物质接触；橡胶充气管塞使用完毕，要晾干后使用滑石粉涂抹管体，并置于干燥处保存。

9 使用橡胶充气管塞时，必须指定专人负责安全工作。

4.6.4 近年来，在排水管道维修施工中加砌检查井或新老管道连接时，频繁发生硫化氢中毒事故，因在做工程管道最后连接工序时，一般需人员下井操作。在打破老管前，老管道处于长期封闭状态，一旦破口打开，管道内污水和气体一起释放出来，随着水体流动，这时瞬间产生的有毒气体浓度极高，有时硫化氢气体可达到（700～1000）ppm，一旦作业人员没有防护，极易造成中毒事故，因此，该作业项目不能盲目施行，必须严格按照井下作业安全规定执行。

4.6.7 抢修作业一般指市政排水设施突发事故，造成路面塌陷，影响管道正常排水和道路交通安全，要求短时间内必须修复的施工作业项目。相对日常设施的维修，抢修作业具有一定的时限性、危险性，容易发生坍塌、中毒等事故，因此抢修作业前，作业单位应制定详细的抢修作业方案，按照《给水排水管道工程施工及验收规范》GB 50268 和本规程第 5 章的相关规定执行。

5 井下作业

5.1 一般规定

5.1.2 井下作业是市政排水管道维护作业中经常遇到的一种特殊作业项目，其作业的特殊环境，作业中的危险性较大，作业人员容易出现硫化氢中毒和窒息事故。本条井下作业要求主要是针对作业单位和作业人员，是对进行井下作业安全最基本的要求。由于井下作业环境比较恶劣，劳动强度大，操作困难并且作业时间较长，因此对作业人员的技术素质、安全素质和身体素质以及自我保护和自救能力要求比较高，对作业单位的现场安全监督管理，作业组织能力，设备配备和使用以及应急救援措施等要求比较严格。对此应保证每年不少于一次进行井下作业安全专项技术培训，对井下作业的操作、监护人员实行操作证制度。

5.1.6 根据近年在全国排水行业管道维护作业中发生的硫化氢中毒事故分析，大多数为作业单位和相关人员盲目和随意安排该作业项目，没有任何报告和审批手续，更没有采取任何安全防护措施，对井下作业现场的危险性缺乏辨识和认知，更没有当作危险作业项目来抓，麻痹大意、缺乏警惕，因此，为避免井下作业中发生安全事故，作业前必须履行审批手续，执行下井许可制度，有效预防井下作业项目安排的随意性和盲目性，杜绝私自下井作业。

审批主要内容包括：作业时间、作业地点、作业单位、作业项目、作业人员、安全防护措施、管径、水深、潮汐、作业人员身体状况、作业负责人、主管部门意见等。

5.1.7 各省市排水维护单位可根据《下井作业申请表》和《下井安全作业票》（附录 A）在作业中参考使用。

5.1.8 下井作业前作业单位必须先检测管道内气体情况，必须坚持先检测后作业的程序，该规定是作业中预防硫化氢中毒的有效手段，通过气体检测可以使现场作业人员对该作业环境有一个正确的辨识和认知，以便及时采取安全预防措施，杜绝盲目下井作业。

5.1.9 本条 6 项规定，是在作业前作业单位必须了解、掌握和完成的各项准备工作，是作业安全的保证。

5.1.10 由于排水管道内水体流动没有规律且气体比较复杂，当井下作业人员工作时造成井内泥水搅动，有毒气体可随时发生变化并释放，因此进行全过程气体检测可保证作业单位及时掌握井内气体情况，一旦发生变化可及时采取防护措施，保证作业人员安全。

井下作业必须设有监护人员，并且不得少于两人，是因为监护人员在地面既要随时观察井内作业人员情况，又要随时观察地面设备运转情况，还要掌握好供气管、安全绳，潜水作业时还要掌握好通信线缆等，特别是一旦井下作业出现异常，监护人员可立即帮助井下人员迅速撤离。监护人员的工作直接关系到井下作业人员安全，责任重大，所以要求监护人员必须经过专业培训，并具备一定的安全素质、操作技能、管理能力、抢救方法，工作中必须严肃、认真、负责。

进入管道内的作业，监护人员要下到井室内的管道口处进行监护，应以随时能观察管内人员工作情况并能保证通话正常，一般不能超过监护人员视线，一旦出现异常情况以能够保证迅速将管内作业人员救出为准，井下作业未结束时监护人员不得撤离。

5.1.11 本条 9 项规定，是为保证作业人员在安全的环境中作业所采取的有效预防、预控措施。

2 为预防井下作业人员发生中毒和窒息事故，最安全有效的方法就是为作业人员佩戴好供压缩空气的隔离式防护面具，系好安全带、安全绳，使其作业人员呼吸的气体完全与井内各种气体隔离，所呼吸的气体完全是地面上空气压缩机、送风机以及压缩空气瓶供给的新鲜空气。

5.2 通 风

5.2.3 通风是井下作业采取安全措施的必要手段，由于作业前的检查井、闸井、集水池等设施长期处于封闭状态，其内部聚集大量的污泥、污水，并伴有一定浓度的有毒气体或缺少氧气，作业前如不采取通风措施，盲目下井作业，容易造成作业人员中毒窒息事故，因此凡是确定的井下作业项目，作业前应采取自然通风或必要的机械强制通风，有效降低作业井内的有毒气体浓度和提高氧气含量，以达到井下作业气体安全规定的标准，从而为作业人员创造一个安全、良好的作业环境。

5.3 气体检测

5.3.1 气体检测是井下作业重要的安全措施，是对作业现场进行危险情况及程度确定的最有效的方法，作业前通过气体检测，可随时了解和掌握井内气体情况及时采取有效的防护措施，杜绝操作人员盲目下井作业而造成中毒事故的发生。因此，正确地配备和使用气体检测设备，正确掌握气体检测的方法，落实检测人员的责任尤为重要。

气体检测主要是对管道内硫化氢、一氧化碳、可燃性气体和氧气含量等气体的测试。

5.3.3 依据现行国家标准《工作场所有害因素职业接触限值 第1部分：化学有害因素》GBZ 2.1的有关规定，对本条说明如下：

最高容许浓度的应用：最高容许浓度主要是针对具有明显刺激、窒息或中枢神经系统抑制作用，可导致严重急性损害的化学物质而制定的不应超过的最高容许接触限值，即任何情况都不容许超过的限值。最高浓度的检测应在了解生产工艺过程的基础上，根据不同工种和操作地点采集能够代表最高瞬间浓度的空气样品再进行检测。

时间加权平均容许浓度的应用：时间加权平均容许浓度是评价工作场所环境卫生状况和劳动者接触水平的主要指标。职业病危害控制效果评价，如建设项目竣工验收、定期危害评价、系统接触评估、因生产工艺、原材料、设备等发生改变需要对工作环境影响重新进行评价时，尤应着重进行时间加权平均容许浓度的检测、评价。个体检测是测定时间加权平均容许浓度比较理想的方法，尤其适用于评价劳动者实际接触状况，是工作场所化学有害因素职业接触限值的主体性限值。定点检测也是测定时间加权平均容许浓度的一种方法，要求采集一个工作日内某一工作地点，各时段的样品，按各时段的持续接触时间与其相应浓度乘积之和除以8，得出8h工作日的时间加权平均容许浓度。定点检测除了反映个体接触水平，也适于评价工作场所环境的卫生状况。

短时间接触容许浓度的应用：短时间接触容许浓度是与时间加权平均容许浓度相配套的短时间接触限值，可视为对时间加权平均容许浓度的补充。只用于短时间接触较高浓度可导致刺激、窒息、中枢神经抑制等急性作用，及其慢性不可逆性组织损伤的化学物质。在遵守时间加权平均容许浓度的前提下，短时间接触容许浓度水平的短时间接触不引起：①刺激作用；②慢性或不可逆性损伤；③存在剂量-接触次数依赖关系的毒性效应；④麻醉程度足以导致事故率升高、影响逃生和降低工作效率。即使当日的时间加权平均容许浓度符合要求时，短时间接触浓度也不应超过短时间接触容许浓度。当接触浓度超过时间加权平均容许浓度，达到短时间接触容许浓度水平时，一次持续接触时间不应超过15min，每个工作日接触次数不应超过4次，相继接触的间隔时间不应短于60min。

5.3.6 目前，市政行业井下作业采用的气体检测仪一般有复合式（四合一）的，即：硫化氢、一氧化碳、氧气、可燃性气体和单一式的，即：硫化氢、氧气、一氧化碳、可燃性气体等，保证该仪器正确操作和正常使用，检测数据的及时和准确性，使作业单位根据检测数据采取相应防护措施，对井下作业人员安全起着至关重要作用，因此根据有关规定和该仪器应达到的相关技术参数要求，必须对气体检测仪器定期进行检定和校准。

5.3.7 作业井内气体检测在泥水静止和经搅动后检测的结果截然不同，有时差别很大，因作业人员下到井内工作时，势必造成井内泥水不断搅动，有毒气体很容易挥发出来，可视为工作人员实际所处的工作环境，因而，作业前所采用的该检测方法是为了使作业井内有毒气体通过人员用木棍不断地搅动使气体充分释放出来，以测定井内实际浓度，从而使作业人员采取有效防护措施。

5.4 照明和通信

5.4.2 井下作业照明，一般白天自然光线可满足，如作业井较深、光线较暗，作业需照明时，作业人员可采用随身佩带便携式防爆灯或由井上照明即可，但照明灯具必须符合该规定要求。

5.4.3 由于路面作业现场的车辆和空压机供气系统噪声较大，人员通过喊话保持联系的方式会受到一定的影响，因此宜采用专用通信设备保持地面与井下通信联络，该联络方式是地面监护人员对井下作业人员工作状况随时掌握的最好方法。

6 防护设备与用品

6.0.1 目前排水维护作业中井下作业供气方式主要有两种，一种为供压缩空气的专用空压机和便携式压缩空气瓶，一种为直接供气的供气泵，二者提供的气源均为空气，但专用的空压机具有空气过滤和油水分离器，能够保持为下井作业人员供气的纯度，更为重要的是，空压机气缸容量具备贮气功能，一旦设备出现问题，机器停止工作，空压机汽缸容量内存贮的气量能够维持（3～5）min的正常供气，仍能保证井下人员正常呼吸需要，从而使井下作业人员能够及时撤离，而供气泵则无此项功能。因此，井下作业供气尽量采用安全可靠的专用空气压缩机或便携式压缩空气瓶供气方式。

空气压缩机选择要符合下列要求：

1 采用移动式具有空气净化和过滤功能的，供给的空气纯度不低于98%，氧气含量在20%～22%之间；

2 气缸容积一般在20L以上，工作压力在0.4MPa～0.8MPa，按常压计算，每分钟供气量不少于8L；

3 空压机故障停机时，气缸压力和气量应满足井下作业人员3min～5min的供气，以保证井下作业人员及时升井；

4 供气管应为抗压、抗折、防腐，长度不大于40m的橡胶管。

通过多年对排水管道内进行气体监测，分析结果显示排水管道内中普遍存在硫化氢气体，有的监测点硫化氢气体浓度甚至达到150ppm以上（现行国家标准《工作场所有害因素职业接触限值》GBZ 2－2007规定作业场所硫化氢最高允许浓度为$10mg/m^3$，即相当于6.6ppm）。近年来各地连续发生硫化氢中毒也进一步说明井下作业属于IDLH（高危）环境下作业。根据标准必须使用隔绝式全面罩正压供气（携气）防护用品。同时依据现行国家标准《缺氧危险作业安全规程》GB 8958－2006中“缺氧作业必须选用隔绝式呼吸防护用品”的规定，在井下作业中严禁使用“气幕式”面罩作为呼吸防护用品。

过滤式呼吸防护用品具有单一性，即每一种过滤式呼吸器只能过滤一种有毒有害气体，由于排水管道中水质复杂，容易产生多种有毒有害气体，如硫化氢、一氧化碳、氰化氢、有机气体等，很难保证井下作业人员的安全，所以根据标准规定在IDLH（高危）环境中作业不应使用过滤式呼吸防护用品。

此外，由于使用氧气呼吸装具时呼出的气体中氧气含量较高，造成排水管道内的氧含量增加，当管道内存在易燃易爆气体时，氧含量的增加导致发生燃烧和爆炸的可能性加大。基于以上因素，下井作业应使用供压缩空气的全隔离式防护装具作为防毒用具，不应使用过滤式防毒面具和半隔离式防护面具以及氧气呼气设备。

6.0.3 根据实践经验，防护设备长期在恶劣的环境中使用，容易出现老化、损坏，降低防护功能，所以要定期进行维护检查，确保设备的安全有效使用。

6.0.4 安全带中包括安全绳，并应同时使用，安全带和安全绳材料、技术要求及使用引自现行国家标准《安全带》GB 6095的相关规定：

1 安全带和绳必须用锦纶、维纶、蚕丝材料；

2 安全绳直径不小于13mm，捻度为（8.5～9.0）花/100mm；

3 安全带使用时应高挂低用，注意防止摆动碰撞；

4 安全带上的各种部件不得任意拆掉，更换新绳时要注意加绳套。

6.0.5 井下作业一般都在距地面2m以下，属于高空作业范畴，安全带应选择悬挂式安全带；同时由于井下作业空间有限，作业人员进出需要伸直躯体，双背带式安全带受力点在背后，使用时可以将人伸直拉出；另外悬挂双背带式安全带配有背带、胸带、腿带，可以将拉力分解至肩、腰和双腿，避免将作业人员拉伤。基于以上原因安全带应采用悬挂双背带式安全带。安全带使用期为（3～5）年，发现异常应提前报废。

6.0.6 夏季天气闷热，气压低，井下有毒气体挥发性高，井下作业现场一般在路面上，四周无任何遮阳设施，长时间作业人员容易出现中暑现象，因此要尽量避免暑期井下作业项目，如必须作业，要合理安排好作业时间，作业现场要配置防晒伞，既保证作业人员的防晒、防止中暑，又起到路面作业明显的警示作用。

7 事故应急救援

7.0.1 近年来，全国排水行业在市政排水管道维护作业中，发生多起硫化氢中毒事故，特别是发生一人中毒，现场多人盲目施救造成群死群伤事故，从而，暴露出有关省市排水行业用人单位和作业单位在预防中毒和窒息等事故上相关知识匮乏、制度不健全、责任不清、重视不够、措施不力、培训教育不及时，在应急救援方面存在问题，特别是缺少专项预防中毒和窒息事故应急救援预案，在排水管道维护作业中，不能很好和有效地遏制中毒、窒息事故的发生。因此，按照《安全生产法》规定，维护作业单位必须制定相应的中毒、窒息等事故应急救援预案。

作业单位要保持每年进行一次中毒、窒息事故救援现场演练，演练要包括如下内容：

1 参加演练人员必须熟知演练内容；

2 参加演练人员应熟练掌握应急救援设备的配备和使用方法；

3 作业现场一旦出现中毒、窒息应采取的救援措施、方法和程序；

4 演练人员应掌握自救、互救的方法；

5 演练中发现问题应及时调整预案内容，做到持续改进。

7.0.4 该项规定是井下作业现场发生中毒或窒息事故后确需人员下井抢救所采取的必要应急措施，是保证施救人员在井内不再发生二次中毒事故、避免因一时冲动不采取任何防护措施盲目施救而造成人员伤亡事故扩大的重要保证。

中华人民共和国行业标准

建筑排水塑料管道工程技术规程

Technical specification for plastic pipeline
for building drainage

CJJ/T 29—2010

批准部门：中华人民共和国住房和城乡建设部
施行日期：2 0 1 1 年 1 0 月 1 日

中华人民共和国住房和城乡建设部
公　　告

第 840 号

关于发布行业标准《建筑排水塑料管道工程技术规程》的公告

现批准《建筑排水塑料管道工程技术规程》为行业标准，编号为 CJJ/T 29－2010，自 2011 年 10 月 1 日起实施。原《建筑排水硬聚氯乙烯管道工程技术规程》CJJ/T 29－98 同时废止。

本规程由我部标准定额研究所组织中国建筑工业出版社出版发行。

中华人民共和国住房和城乡建设部
2010 年 12 月 10 日

前　　言

根据原建设部《关于印发〈2005 年工程建设标准规范制订、修订计划（第一批）〉的通知》（建标函［2005］84 号）的要求，规程编制组经广泛调查研究，认真总结实践经验，参考有关国际标准和国外先进标准，并在广泛征求意见的基础上，修订了本规程。

本规程主要技术内容是：1　总则；2　术语和符号；3　材料；4　设计；5　施工；6　质量验收。

本次修订的主要内容是：

1　补充了术语和符号，增加了材料章节。

2　增加了屋面雨水重力流排水、空调凝结水排水内容。

3　规程涵盖了目前工程中常用建筑排水塑料管材；硬聚氯乙烯（PVC-U）排水管由原来单一的实壁管，补充了多种管壁结构的管材，增加了适用于高、低温排水用的氯化聚氯乙烯（PVC-C）管和高密度聚乙烯、聚丙烯等聚烯烃材料排水管。

4　结合塑料管材、管件加工技术的发展，连接方式由原单一的承插粘结连接，增加了橡胶密封圈连接和热熔连接。

5　对建筑排水塑料管道系统的立管通水能力的参数进行了修正。

6　增加了施工安全生产要求。

7　增加了立管有旋流器管件的特殊螺旋单立管、苏维托单立管排水系统的内容。

本规程由住房和城乡建设部负责管理，由上海现代建筑设计（集团）有限公司负责具体技术内容的解释。执行过程中如有意见或建议，请寄送上海现代建筑设计（集团）有限公司技术中心（地址：上海市石门二路 258 号；邮编：200041）。

本规程主编单位：上海现代建筑设计（集团）有限公司

本规程参编单位：上海建筑设计研究院有限公司
住房和城乡建设部科技发展促进中心
積水（青岛）塑胶有限公司
上海乔治费歇尔管路系统有限公司
福建亚通新材料科技股份有限公司
浙江中财管道科技股份有限公司

本规程参加单位：广东联塑科技实业有限公司
香港宝狮胶管厂有限公司
成都川路塑胶集团有限公司
浙江永高塑业发展有限公司
上海清川塑胶制品有限公司
金德管业集团有限公司
上海吉博力房屋卫生设备工程技术有限公司

上海汤臣塑胶实业有限公司

本规程主要起草人员：应明康　张　森　徐　凤　王真杰　朱建荣　草野隆　赵启辉　李雪艳　魏作友　丁良玉

本规程主要审查人员：左亚洲　陈怀德　高立新　肖睿书　赵世明　姜文源　华明九　刘建华　水浩然

目　次

Contents

1 总 则

1.0.1 为使建筑排水塑料管道工程的设计、施工及验收，做到技术先进、安全适用、经济合理、确保工程质量，制定本规程。

1.0.2 本规程适用于建筑物高度不大于100m的新建、改建、扩建工业与民用建筑的生活排水、一般屋面雨水重力排水和家用空调机组的凝结水排水的塑料管道工程设计、施工及验收。

本规程规定的建筑排水塑料管道包括由硬聚氯乙烯（PVC-U）材料、聚烯烃（PO）材料制成，或者由苯乙烯与聚氯乙烯共混等材料制成的塑料排水管道。

1.0.3 建筑排水塑料管道工程的设计、施工及验收除应符合本规程外，尚应符合国家现行有关标准的规定。

2 术语和符号

2.1 术 语

2.1.1 管系列 pipe series

与管材的公称外径和公称壁厚有关的无因次值。

2.1.2 管材标准尺寸比 standard dimension ratio

管材的公称外径与公称壁厚之比值。

2.1.3 聚烯烃材料 polyolefin（PO）

由碳-碳双键碳氢化合物的聚烯烃单体，经聚合反应后生成的树脂，如高密度聚乙烯（HDPE）树脂、聚丙烯（PP）树脂等。

2.1.4 硬聚氯乙烯（非增塑聚氯乙烯） unplasticized polyvinyl chloride（PVC-U）

不含增塑剂的聚氯乙烯。

2.1.5 氯化聚氯乙烯管材 chlorinated polyvinyl chloride pipes （PVC-C）

聚氯乙烯与氯聚合反应后，生成氯化聚氯乙烯树脂，用专用设备经加热塑化挤出成型的管材。

2.1.6 芯层发泡硬聚氯乙烯管材 unplasticized polyvinyl chloride pipes with a cellular core for drainage and sewerage system

聚氯乙烯树脂，加入必要的添加剂，经共挤复合成型的管材，其管壁内、外层为硬聚氯乙烯，中间层为发泡聚氯乙烯。

2.1.7 硬聚氯乙烯双层轴向中空壁管材 polyvinyl chloride drain pipe with mid-foaming layer

聚氯乙烯树脂，加入必要的添加剂，经加热塑化用专用设备挤出成型的管材，其管壁中间沿轴向有均匀分布连续贯通的孔洞。

2.1.8 硬聚氯乙烯内壁螺旋管材 inner spiral rib drain pipe

聚氯乙烯树脂加入必要的添加剂，在加热塑化挤出成型过程中，通过旋转成型模头，管内壁形成有若干等距离、三角形凸出螺纹的螺旋管材。根据管壁结构形式的不同，有实壁螺旋管材、芯层发泡螺旋管材和双层轴向中空壁螺旋管材等。

2.1.9 苯乙烯与聚氯乙烯共混管材 styrene copolymer PVC pipe（SAN+PVC）

以聚氯乙烯树脂为主要原料，加入苯乙烯树脂进行共混为材料，用专用设备经加热塑化挤出成型的管材。

2.1.10 溶剂型胶粘剂粘结连接 solvent cement joint

含有机溶剂的胶粘剂，涂刷在极性塑料（如聚氯乙烯等）管材和管件粘合部分的表面，在连接面的材料表面起溶解和膨润作用。当溶剂蒸发干涸后，使管材、管件成为一体的连接方法。

2.1.11 橡胶密封圈连接 elastomeric sealing ring joint

当管材端部插入管件承口后，利用预先嵌入管件内的橡胶圈弹性变形，所形成密封的连接方式。橡胶密封圈连接包括承压的弹性密封圈连接和不承压橡胶密封圈连接。

2.1.12 热熔连接 heat fusion

聚烯烃管材、管件之间的连接，在结合部位采用电热工具加热或嵌有电热丝通电熔合，冷却后熔融成一体的连接方法。热熔连接有热熔承插连接、热熔对接连接和电熔连接等。

2.1.13 插入式连接 plug-in joint

管材与管件相连接，在承插口部位不加胶粘剂或橡胶密封圈，仅是采用插入的连接方式。

2.1.14 管窿 pipe alley

在建筑物内，为设置排水立管而砌筑的不能进人的竖向狭小空间。

2.1.15 H管（共轭管）件 H pipe Fitting

用于连接通气立管与排水立管，形状如H形且上下端口带承插口的管件。

2.1.16 落水斗 roof outlet

安装在雨落水管顶端，接纳屋面雨水的配件。

2.1.17 90°大弯管件 1/4 bend with big fitting

弯曲半径为4倍于管材外径的90°弯管。

2.1.18 异径90°大弯管件 1/4 bend with big fitting

出口管径比进口管径大一个规格，弯曲半径不小于进口管外径4倍的90°弯管管件。

2.1.19 塑料检查井 plastics check well

采用不同成型方法，将塑料制作成管道系统的附属构筑物，用于埋地排水管道之间的连接，供管道的清通、检查使用。

2.1.20 特殊螺旋单立管排水系统 specification for single stack drainage system

由专用的内螺旋管材、特殊旋流器管件和底部异径管件所组成的单立管排水系统。

2.1.21 苏维托单立管排水系统 sovent single stack drainage system

横支管与立管之间的连接采用苏维托管件，并安装在立管上所组成的单立管排水系统。

2.2 符 号

d_j——管材计算内径；

dn——塑料管材的公称外径；

I、i——水力坡度；

n——管材的粗糙系数；

S——管材系列代号；

SDR——管材标准尺寸比；

α——线膨胀系数；

ρ——平均密度；

λ——导热系数；

v——水流速度。

3 材 料

3.1 管材和管件

3.1.1 建筑排水塑料管道管材、管件的表面应有符合国家有关产品标准规定的标志。

3.1.2 管材的颜色应均匀一致，与管材配套的管件颜色宜与管材一致，管材、管件表面颜色应符合下列规定：

1 硬聚氯乙烯（PVC-U）管材、管件宜为灰色或白色；

2 氯化聚氯乙烯（PVC-C）管材、管件宜为淡黄色或棕色；

3 高密度聚乙烯（HDPE）、聚丙烯（PP）、聚丙烯复合管（静音管）管材、管件宜为黑色或深蓝色；

4 苯乙烯与聚氯乙烯（SAN＋PVC）共混管材、管件宜为黑色；

5 雨落水管材、管件宜为白色、棕色或黑色；

6 当建筑设计有特殊色彩要求时，可由供需双方商定。

3.1.3 管材、管件表面应光滑、整洁，无凹陷、气泡、明显的划伤和其他影响到产品性能的缺陷。管材端面应平整且与轴线垂直。

3.1.4 管件应由管材生产单位配套供应。

3.1.5 建筑排水塑料管道管材主要物理力学性能宜符合表3.1.5的规定。

表3.1.5 建筑排水塑料管道管材的主要物理力学性能

性能项目	硬聚氯乙烯（PVC-U）材料						聚烯烃（PO）材料			共混材料
	实壁管	芯层发泡管	内壁螺旋管	双层轴向中空壁管	雨落水管	氯化聚氯乙烯管	高密度聚乙烯管	聚丙烯静音管	聚丙烯管	苯乙烯与聚氯乙烯共混管
平均密度 ρ (g/cm^3)	1.45～1.55					1.50～1.60	≥0.94	1.20～1.80	～0.92	1.25～1.30
导热系数 λ (W/m·k)	0.20～0.21					0.17	0.40	—	～0.20	0.17
线膨胀系数 α ($\times 10^{-5}$/℃)	6～8					7	20	—	～16	8
弹性模量 (20℃)(MPa)	2800～3200					3000	≥700	—	≥1200	≥2500
耐燃性	自熄性						易燃	—	易燃	—
拉伸强度 (MPa)	≥40					≥50	—			
纵向回缩率 (%)	≤5						≤3		≤2	—
适用长期排水温度（℃）	＜40					冷、热水或高低温排水温度不高于70℃且短时间温度不高于90℃				
主要连接方式	承插粘结连接、橡胶密封圈连接						热熔连接、橡胶密封圈连接			承插粘结连接

注：实壁管包括建筑排水管、埋地排污废水管及按现行国家标准《给水用硬聚氯乙烯（PVC-U）管材》GB/T 10002.1生产的加厚排水管。

3.1.6 建筑排水塑料管道管材系列代号S及管材标准尺寸比SDR系列的壁厚尺寸宜符合表3.1.6规定。

表3.1.6 建筑排水塑料管材S或SDR系列的壁厚尺寸（mm）

公称外径 dn	硬聚氯乙烯（PVC-U）材料						聚烯烃（PO）材料				共混材料（SAN＋PVC）	
	实壁加厚管	建筑排水管	埋地排污废水管		芯层发泡管	氯化聚氯乙烯管	高密度聚乙烯管		聚丙烯管	聚丙烯静音管	苯乙烯与聚氯乙烯共混管	
	S11.2	S20	S20	S16	—	—	S16	S12.5	S16	—	S25	S16
	SDR23	SDR41	—	—	—	—	SDR33	SDR26	SDR33	—	SDR51	SDR33
32	—	2.0	—	—	—	1.7	3.0	3.0	2.2	—	—	2.2
40	—	2.0	—	—	—	1.7	3.0	3.0	2.2	—	1.8	2.2
50	2.2	2.0	—	—	—	1.7	3.0	3.0	3.0	3.2	1.8	2.2
75	3.2	2.3	—	—	3.0	1.7	3.0	3.0	3.0	3.8	1.8	2.5
90	3.9	3.2	—	—	3.0	1.7	3.0	3.5	3.0	—	1.8	2.7
110	4.7	3.2	3.2	3.2	3.2	2.0	3.4	4.2	3.4	4.5	2.2	3.2
125	5.4	3.2	3.2	3.7	3.2	2.4	3.9	4.8	3.9	4.8	2.5	3.7
160	6.9	4.0	4.0	4.7	4.0	2.9	4.9	6.2	4.9	5.0	3.2	4.7
200	8.6	4.9	4.9	5.9	4.9	—	6.2	7.7	6.2	—	—	—
250	10.7	6.2	6.2	7.3	6.2	—	7.7	9.6	7.7	—	—	—
315	13.5	7.8	7.7	9.2	7.7	—	9.7	12.1	9.7	—	—	—

注：埋地排污排水管按现行国家标准《埋地排污、废水用硬聚氯乙烯（PVC-U）管材》GB/T 10002.3规定S20（SDR41）环刚度为4级、S16（SDR33）环刚度为8级，芯层发泡管环刚度为4级。

3.2 胶粘剂和橡胶件

3.2.1 硬聚氯乙烯（PVC-U）、氯化聚氯乙烯（PVC-C）、苯乙烯与聚氯乙烯共混（SAN＋PVC）管材与管件粘结连接的胶粘剂，应由管材生产单位配套供应，产品应有合格证明或检验报告。

3.2.2 胶粘剂产品的外观及使用应符合下列规定：

1 胶粘剂应为无杂质均匀的流动胶状体，成品不得含有肉眼可见的凝结块、不得含未溶解的树脂，通过搅拌应无分层现象；

2 当需要调整胶粘剂稠度时，应采用原配置产品的有机溶剂，不得使用香蕉水稀释；

3 施工现场宜采用500mL以下的瓶装产品，其瓶盖应带有鬃刷的涂胶工具。

3.2.3 硬聚氯乙烯（PVC-U）塑料管溶剂型胶粘剂产品的物理力学性能应符合现行行业标准《硬聚氯乙烯（PVC-U）塑料管道系统用溶剂型胶粘剂》QB/T 2568的规定。

3.2.4 不同种类的管材必须分别采用对应的胶粘剂，不同品质的胶粘剂不得混合。

3.2.5 橡胶密封圈应由管材生产单位配套供应。橡胶密封圈应由模压成型工艺加工，其材料质量应符合现行国家标准《橡胶密封件　给排水管道及污水管道用密封圈材料规范》GB/T 21873的规定。当用于热水排水管道系统时，宜选用三元乙丙橡胶（EPDM）或丁腈橡胶（NBR）等耐热、耐老化橡胶。

3.2.6 橡胶密封圈橡胶件硬度（IRHD）级别应为36～45，其有关物理力学性能应符合下列规定：

1 拉断伸长率不应小于375%；

2 拉伸强度不应小于9.0MPa；

3 在70℃、7d条件下，老化性能应符合下列规定：

1）硬度变化（IRHD）允许范围应为－5～＋8；

2）拉伸强度变化率不应大于20%；

3）拉断伸长率允许变化范围应为－30%～＋10%。

4 在－25℃、72h条件下，永久变形率不应大于60%。

3.3 材料运输和储存

3.3.1 管材、管件短途运输应符合下列规定：

1 管材运输时不得无规则堆放；

2 管材、管件装卸和搬运时应轻放，应严防沾染污物、重压、与尖锐物件接触碰撞或划伤表面，装卸时不得抛、摔、滚、拖；

3 聚丙烯管材、管件不宜在5℃以下的环境中装卸，当在低温条件下运输时应遵守生产单位的有关规定；

4 当成捆搬运管材时，每捆重量不宜超过50kg。

3.3.2 管材、管件的储存应符合下列规定：

1 应存放在温度不大于40℃、通风良好的库房内，不得长期露天堆放；

2 施工现场室外临时堆放时应进行遮盖；

3 管材、管件堆放位置应远离热源；

4 管材应按规格堆放整齐，横向应有支撑件，管端宜进行保护，应防止异物进入管内；

5 带承口的管材，每层应交替堆放；

6 管材堆放高度不宜大于1.50m，管件成袋、成箱的堆放高度不宜大于2.00m；

7 管材堆放场地应平整、无尖硬突出物，底部应有横向支垫物，支垫物间距不宜大于1.00m、宽度不宜小于0.15m，管材外悬部分不宜超过0.50m。

3.3.3 橡胶密封圈应按规格码放整齐，储存的库房条件应符合本规程第3.3.2条规定。

3.3.4 溶剂型胶粘剂、清洁剂等易燃物品应存放在危险品库房中，存放场地应阴凉干燥、安全可靠并通风良好。施工现场使用时应随用随领、禁止明火。

3.3.5 胶粘剂、清洁剂运输时应防止激烈碰撞，不得抛摔、重压、曝晒和淋雨。成箱包装的不宜拆箱运输。

3.3.6 堆放聚烯烃管材、管件的库房和现场应确保防火安全。

3.3.7 对各类管材、管件，库房内进货及物品存放的布置应有利于材料先进先出。

4 设　计

4.1 一般规定

4.1.1 建筑排水塑料管道工程设计除应符合本规程规定外，尚应符合现行国家标准《建筑给水排水设计规范》GB 50015的有关规定。

4.1.2 建筑排水塑料管道管材与管件之间的连接应符合下列规定：

1 硬聚氯乙烯（PVC-U）、氯化聚氯乙烯（PVC-C）和苯乙烯＋聚氯乙烯共混（SAN＋PVC）等排水管道，应采用胶粘剂承插粘接，立管也可采用橡胶密封圈连接；

2 高密度聚乙烯（HDPE）排水管道各种连接方法均应采用热熔方式；

3 聚丙烯（PP）和聚丙烯静音排水管道应采用橡胶密封圈连接；

4 室外沿墙敷设的雨落水排水管和空调凝结水排水管应采用插入式连接，承口不应涂胶粘剂或加橡胶密封圈；

5 伸缩节伸缩部位应采用橡胶密封圈连接。

4.1.3 敷设在高层建筑室内的塑料排水管道，当管径大于等于 110mm 时，应在下列位置设置阻火圈：

1 明敷立管穿越楼层的贯穿部位；

2 横管穿越防火分区的隔墙和防火墙的两侧；

3 横管穿越管道井井壁或管窿围护墙体的贯穿部位外侧。

4.1.4 阻火圈应符合现行行业标准《硬聚氯乙烯建筑排水管道阻火圈》GA 304 的规定。

4.1.5 建筑排水塑料管道不宜布置在热源附近。排水立管与家用燃气灶具边缘的净距不得小于 400mm。当管道表面长期受热、温度超过 60℃时，管壁应采取隔热措施。

4.1.6 在建筑物内墙体埋设或埋地敷设的排水塑料管道的管段，不得采用橡胶密封圈连接。

4.1.7 建筑排水塑料管道的横管埋设在墙体内时，应预留沟槽。未经同意，墙体横向开凿长度不得超过 300mm。

4.1.8 当建筑排水塑料管道穿越一般墙体时，宜预埋硬聚氯乙烯套管，套管长度不宜大于墙体的厚度，套管内径宜大于管道外径 40mm；当穿越地下室外墙时，应预埋带止水翼环的防水套管。

4.1.9 建筑排水塑料管道应采取因排水温度或环境温度变化而产生变形的补偿措施。室内、外埋地敷设的管道以及采用橡胶密封圈连接的管段，可不设伸缩节。

4.1.10 建筑排水塑料管道的立管穿越楼层的部位，除应采取防渗漏水措施外，还应设置固定支承。

4.1.11 建筑排水塑料管道应根据管道的纵向变形伸缩量设置伸缩节，伸缩节宜设置在管道的汇合管件处。排水横管应采用专用的承压式伸缩节。

4.1.12 在民用建筑中，当排水管道水流噪声不符合要求时，应采取隔声措施。

4.1.13 当建筑排水塑料管道有可能受到机械撞击时，应采取保护措施。

4.1.14 建筑排水塑料管道横干管与立管的连接宜采用 45°斜三通。立管与排出管的连接应采用 90°大弯管件，当无大弯管件时可用 2 个 45°管件替代。

4.1.15 室内埋地排水管道起始端的管顶覆土深度不宜大于 400mm。排出管在室内靠近外墙或基础墙时，应向下折弯后再排出。

4.1.16 室外排水管道的检查井，宜采用塑料检查井。

4.1.17 当室内排水立管底部为非埋地敷设时，应采用带支座的管件或设置支墩。

4.1.18 对橡胶密封圈连接的排水横管，在直管段连接部位、转弯管段的下游连接部位应设置固定支架。

4.1.19 排出管室外管段的管顶标高，不应高于当地最大冰冻深度以上 500mm，且不宜小于 300mm。

4.2 管材选择

4.2.1 生活排水管道系统的管材选择应根据建筑物类别、建筑物高度、排水温度及供货条件等，经技术经济比较后确定，并宜按表 4.2.1-1、表 4.2.1-2 选用。

表 4.2.1-1 生活排水用硬聚氯乙烯管材选用表

建筑类别及建筑高度	实壁加厚管	建筑排水管	芯层发泡管	普通螺旋单立管系统	特殊螺旋单立管系统	双层轴向中孔排水管
多层住宅、多层公共建筑	—	√	√	√	√	√
50m 以下的高层建筑	—	√	√	√	√	√
50m 及 50m 以上的高层建筑	√	√	—	—	√	√

注：1 "√"宜选用的管材、"—"不推荐采用的管材，下同；

2 特殊螺旋单立管排水系统应包括配套管件、旋流器等。

表 4.2.1-2 生活排水用氯化聚氯乙烯、聚烯烃及共混管材选用表

建筑类别及建筑高度	氯化聚氯乙烯管(PVC-C)	苯乙烯+聚氯乙烯共混(SAN+PVC)管		高密度聚乙烯排水管(HDPE)		聚丙烯排水管(PP)	聚丙烯复合管(静音管)
	—	S25	S16	S16	S12.5	S16	—
多层公共建筑	—	√	—	√	—	√	√
50m 以下的高层建筑	—	√	—	√	—	√	√
50m 及 50m 以上的高层建筑	—	—	√	—	√	—	√
经常有热水排放的公共建筑	√	√	√	√	√	√	√

注：经常有热水排放的公共建筑应采用高温、高低温排水管，排水温度不大于 70℃且瞬时温度不大于 90℃。

4.2.2 屋面雨水排水、空调凝结水排水管道系统的管材选择应根据建筑物类别、建筑物高度、敷设场所及供货条件等，经技术经济比较后确定，并宜按表 4.2.2-1、表 4.2.2-2 选用。

表 4.2.2-1 屋面雨水排水、空调凝结水排水用硬聚氯乙烯管材选用表

建筑类别、建筑高度及管道敷设场所	实壁加厚管(S11.2)	实壁建筑排水管	双层轴向中孔排水管	雨落水管
多层住宅室外敷设	—	√	—	√
50m 以下高层建筑室外敷设	—	√	—	√
50m 以下高层建筑室内敷设	√	√	√	—
50m 及 50m 以上高层建筑室内敷设	√	—	—	—
工业建筑车间悬吊管	√	—	—	—
空调凝结水排水管（室外敷设）	—	√	—	√

注：外墙敷设雨落水管或其他硬聚氯乙烯管材应具耐候性，生产原材料中应添加抗老化剂。

表 4.2.2-2　屋面雨水排水用苯乙烯聚氯乙烯共混、聚烯烃管材选用表

建筑类别、建筑高度及管道敷设场所	"苯乙烯+聚氯乙烯"共混（SAN+PVC）排水管		高密度聚乙烯（HDPE）排水管	
	S25	S16	S16	S12.5
多层及50m以下高层住宅	√	√	√	—
50m及50m以上高层建筑室内敷设	—	√	—	√
工业建筑车间悬吊管	—	√	—	√

注："苯乙烯+聚氯乙烯"共混管和聚烯烃管材，管道应敷设在室内。

4.2.3　在下列情况下，应选用氯化聚氯乙烯等耐高温排水管材：

1　公共浴室、旅馆及有热水供应系统的公共卫生间等生活废水排水管道系统；

2　连续或经常排出水温度大于45℃的排水管道系统；

3　公共建筑的厨房间、灶台、开水间、锅炉房等有热水排出的横支管及横干管。

4.3　生活排水管道系统

4.3.1　生活排水管道的明敷或暗设应根据建筑设计的要求、建筑物的性质和平面布置确定。排水立管宜设置在管道井、管窿内或采用装饰墙体暗藏。排水横管宜设置在吊顶内。

4.3.2　全年不结冻的地区，生活排水管道可沿建筑物外墙敷设。

4.3.3　生活排水管道系统的布置应符合下列规定：

1　排水立管应靠近排水量最大的排水点设置，且应以最短距离与排水器具连接；

2　排水管道不得穿越卧室、客（餐）厅以及沉降缝、伸缩缝、变形缝、烟道、风道、生活储水设备间、变电室等；当不可避免、一定要穿越沉降缝、伸缩缝、变形缝时，必须采取相应的技术措施；

3　排水管道不得布置在灶台、饮食业厨房的主副食操作间、烹调间、备餐间的上部；

4　排水管道不得敷设在与卧室、病房以及安静要求较高的房间相毗邻的墙体上；

5　厨房和卫生间的排水立管应分别设置，不得共用一根排水立管。

4.3.4　生活排水管道系统的通气立管的设计应符合下列规定：

1　通气立管的最小管径应按表4.3.4确定；

2　当通气立管长度大于50m时，其管径应与排水立管的管径相同；

3　自循环通气立管的管径应与排水立管的管径相同。

4.3.5　当采用H管件用于通气立管系统时，其设计应符合下列规定：

表 4.3.4　通气立管的最小管径（mm）

通气管名称	公称外径 dn			
	75	110	125	160
通气立管	50	75	75	110

注：表中通气立管指专用通气立管、主通气立管、副通气立管。

1　H管件与通气立管的连接点应设在卫生器具上边缘以上不小于0.15m的位置；

2　当污水立管与废水立管合用一根通气立管时，H管件可隔层分别与污水立管或废水立管相连接，但最低横支管连接点以下应设结合通气管；

3　自循环通气系统的污水立管或废水立管，当采用H管件时，每个楼层应与通气立管相连接，其连接点的位置应符合本条第1款的规定，管道系统的呼吸气口不得被水所淹没。

4.3.6　通气支管的最小管径不宜小于排水管管径的1/2，并应按表4.3.6确定。

表 4.3.6　通气支管最小管径（mm）

通气管名称	公称外径 dn				
	50	75	110	125	160
器具通气支管	32	—	50	—	50
环形通气支管	32	40	50	50	—

4.3.7　生活排水管道系统清扫口或检查口的设置应符合下列规定：

1　在排水立管上，每隔6层应设检查口；但在建筑物的最底层和设有卫生器具的二层以上建筑物的最高层，均应设置检查口；

2　当排水立管水平拐弯或装有乙字管件时，在该层排水立管拐弯处或乙字管件的上部均应设检查口；

3　在公共建筑中，当污水横管上连接有4个及以上的大便器时，横管上宜设置清扫口；

4　在水流偏转角大于45°的横管上宜设检查口或清扫口；

5　清扫口或检查口可采用带清扫口的转角管件取代；

6　在排水横管的直线管段上，检查口或清扫口之间的最大间距应符合表4.3.7-1的规定；

表 4.3.7-1　排水横管的直线管段上检查口或清扫口之间的最大间距

公称外径 dn（mm）	管件种类	最大距离（m）	
		生活废水	生活污水
50～75	检查口	15	12
	清扫口	10	8

续表 4.3.7-1

公称外径 dn (mm)	管件种类	最大距离（m）	
		生活废水	生活污水
110～160	检查口	20	15
	清扫口	15	10
200	检查口	25	20

7 排水立管底部或排出管上部的清扫口至室外检查井中心的最大间距应符合表 4.3.7-2 的规定。

表 4.3.7-2 排水立管底部或排出管上部的清扫口至室外检查井中心的最大间距

公称外径 dn（mm）	50	75	90	110	125	160
最大间距（m）	10	12	12	15	15	20

4.3.8 当排水立管采用内螺旋管道系统时，排水立管底部宜采用异径 90°长弯变径接头，大弯管件排出管的管径宜放大一档，且在立管底部应设带支座的管件或设支墩。

4.3.9 当立管接入排水横干管时，宜采用 90°弯管，在水平转弯后以 45°角与横管相连接，水平管的长度宜大于 700mm。

4.4 屋面雨水及空调凝结水管道系统

4.4.1 屋面雨水排水和空调凝结水排水应为有组织排水。

4.4.2 18 层及以上的高层建筑，屋面雨水排水立管宜布置在室内的公共部位，居住建筑立管不得布置在住户套内。底部裙房屋面雨水排水应单独排放。多层建筑及 18 层以下的高层建筑的屋面雨水排水立管，宜采用沿外墙敷设的雨落水管。

4.4.3 18 层及以上建筑的空调凝结水排水立管的管径宜为 50mm，18 层以下的建筑宜为 40mm，立管的位置应由建筑设计确定。空调凝结水排水口连接管的管径不宜小于 25mm。

4.4.4 沿外墙敷设的硬聚氯乙烯雨落水管、空调凝结水排水立管的管卡，除应保证材料强度外，还应耐环境腐蚀。设置于沿海地区的管卡宜采用不锈钢材料制作或经防腐处理的金属件。

4.4.5 屋面雨水排水应设置雨水斗。雨水斗应固定在建筑物的屋面结构层上，且应在屋面防水层施工的同时，做好防渗漏水处理。沿外墙敷设的雨落水管的顶部应设落水斗。落水斗顶部宜有防鸟筑巢设施。

4.4.6 处在同一个屋面雨水汇水范围内的雨水排水立管不应少于 2 根，且应采用相同的雨水斗。

4.4.7 阳台的雨水排水应单独设置排水管道，不得与屋面雨水排水管道共用一根排水立管。

4.4.8 沿外墙敷设雨落水管、空调凝结水的排放水，应排入室外明沟中或散水坡上，其泄水口高度应根据当地的环境条件或气候确定。

4.4.9 当屋面雨水的排出管直接接入室外埋地排水管道系统时，宜在雨水排水立管的底部设置检查口。

4.5 管道温度变形与伸缩节

4.5.1 受环境或排水温度变化的影响，管道所产生的纵向伸缩量应按下式计算：

$$\Delta L = L \cdot \alpha \cdot \Delta t \tag{4.5.1}$$

式中：ΔL——管道纵向伸缩量（m）；

L——管道长度（m）；

α——线膨胀系数（$\times 10^{-5}$/℃），按本规程表 3.1.5 选取；

Δt——管道周围环境的最高温度与最低温度之差（℃），热水排水管道 Δt 应取管内排放水的最高温度与最低温度之差。

4.5.2 胶粘剂粘结连接的排水管道及通气管道系统应设置伸缩节，且伸缩节的最大允许伸缩量应符合表 4.5.2 的规定。

表 4.5.2 伸缩节最大允许伸缩量（mm）

排水管道或通气管道公称外径 dn	50	75	90	110	125	160
最大允许伸缩量	12	15	20	20	20	25

4.5.3 下列管道系统可不设伸缩节：

1 橡胶圈密封连接的管道系统；

2 全部为固定支架的管道系统；

3 埋地或墙体直埋管道系统。

4.5.4 胶粘剂粘结连接的管道系统中，横管伸缩节的设置应符合下列规定：

1 当排水横支管、横干管管段无汇合管道接入，且与立管相连管段的直线长度大于 2.2m 时，应在靠近汇合管件的横管一侧设置伸缩节；

2 当排水立管设置在管道井或管窿内时，应在靠近管道井井壁或管窿墙体的外侧设置伸缩节；

3 不设伸缩节管段的直线长度不宜超过 6.0m。

4.5.5 排水立管伸缩节的设置应符合下列规定：

1 楼层内有横管接入，当汇合管件设在楼板下部时，应在汇合管件的下方设置伸缩节；当汇合管件设在楼板上部且靠近地面时，应在汇合管件上方设置伸缩节；

2 在楼层内无横管接入，宜在距离地面 1.0m～1.2m 处设置伸缩节；

3 高层建筑中，当排水立管穿越楼板部位为不封堵楼层时，伸缩节之间的最大间距应为 4m，且伸缩节应设置固定支承。

4.5.6 当排水立管穿越楼板部位为固定支承，且层间立管长度大于 4.0m 时，伸缩节的数量应根据管道的计算变形量或伸缩节的允许伸缩量计算确定。

4.5.7 排水立管的伸缩节不得用于横管系统。横管的伸缩节承压性能应大于 0.08MPa。

4.6 管道水力计算和立管通水能力

4.6.1 塑料排水横管的水力计算，应按下式计算：

$$v = \frac{1}{n} R^{2/3} I^{1/2} \qquad (4.6.1)$$

式中：v——流速（m/s）；

n——管材的粗糙系数，塑料管取 0.009；

R——水力半径（m）；

I——水力坡度，采用排水管道的坡度。

4.6.2 雨、污水量应按现行国家标准《建筑给水排水设计规范》GB 50015 的规定计算。

4.6.3 塑料排水横管的最小设计坡度、通用坡度和最大设计充满度应符合表 4.6.3 的规定。

表 4.6.3 塑料排水横管的最小设计坡度、通用坡度和最大设计充满度

塑料排水横管公称外径 dn（mm）	通用坡度（‰）	最小设计坡度（‰）	最大设计充满度
50	25	12	0.50
75	15	7	
110	12	4	
125	9	3.5	
160	7	3	0.60
200	5	3	
250	5	3	
315	5	3	

4.6.4 生活排水立管的最大设计排水能力应按表 4.6.4 确定，其管径不得小于接入横管的管径。

表 4.6.4 建筑塑料排水立管的最大设计排水能力

排水立管系统类型			最大设计排水能力（L/s）公称外径 dn（mm） 50	75	110	125	160
伸顶通气管	立管与横支管连接配件	90°顺水三通	0.8	1.3	3.2	4.0	5.7
		45°斜三通	1.0	1.7	4.0	5.2	7.4
专用通气管	专用通气管 dn75mm	结合通气管每层连接	—	—	5.5	—	—
		结合通气管隔层连接	—	3.0	4.4	—	—
	专用通气管 dn110mm	结合通气管每层连接	—	—	8.8	—	—
		结合通气管隔层连接	—	—	4.8	—	—
主、副通气立管+环形通气管			—	—	11.5	—	—
自循环通气管	专用通气形式		—	—	4.4	—	—
	环形通气形式		—	—	5.9	—	—
特殊单立管	混合器		—	—	4.5	—	—
	普通内螺旋管+旋流器		—	—	3.5	—	—

注：除排水管道系统设主通气立管加环形通气管外，当排水层数大于 15 层时最大设计排水能力宜乘以 0.9 系数。

4.6.5 当特殊螺旋单立管（立管有专用的旋流器、底部设大弯的异径弯管）为加强型内螺旋排水单立管，且管径为 110mm 时，最大设计排水能力应为 6.3L/s。苏维托单立管最大设计排水能力应为 6.0L/s。

4.6.6 当建筑物底层排水管未设通气管且单独排出时，其横管的最大设计排水能力可按表 4.6.6 确定。

表 4.6.6 底层无通气管且单独排出的横管最大设计排水能力

排水横管公称外径 dn（mm）	50	75	110	125	160
最大排水能力（L/s）	1.0	1.7	2.5	3.5	4.8

4.6.7 屋面雨水重力流圆形排水立管的最大泄水量，应按表 4.6.7 确定。

表 4.6.7 屋面雨水重力流圆形排水立管的最大泄水量

公称外径 dn（mm）	管径×壁厚（mm）	最大泄水量（L/s）	管径×壁厚（mm）	最大泄水量（L/s）
75	75×2.3	4.5	—	—
110	110×3.2	12.8	—	—
125	125×3.7	18.3	—	—
160	160×4.0	35.5	160×4.7	34.7
200	200×4.9	64.6	200×5.9	62.8
250	250×6.2	117.0	250×7.3	114.1
315	315×7.7	217.0	315×9.2	211.0

4.6.8 雨水斗的最大泄流量应根据雨水斗的特性并结合屋面排水条件等情况确定，宜按表 4.6.8 选用。

表 4.6.8 雨水斗的最大泄流量

雨水斗规格（mm）	50	75	100	125	150
重力流雨水斗泄流量（L/s）	—	5.6	10	—	23
87 型雨水斗泄流量（L/s）	—	6.0	12	—	26

4.6.9 雨水塑料排水管道的最小管径、横管的最小设计坡度宜按表 4.6.9 确定。

表 4.6.9 雨水塑料排水管道的最小管径和横管的最小设计坡度

管道类型	最小管径 dn（mm）	横管最小设计坡度（‰）
雨落水管（圆形或矩形）	75（75×50）	—
屋面雨水排水立管	110	—
重力流悬吊排水管、埋地排水管	110	10
建筑物周围雨水接户管	200	3
小区道路下干管、支管	160	1.5
小区道路 13 号雨水口的连接管	160	10

.6.10 屋面雨水重力流悬吊塑料排水管应按非满流设计，充满度不宜大于0.8，管内流速不应小于.75m/s。埋地塑料排水管应按满流设计，管内流速不宜小于0.75m/s。

.6.11 建筑物内塑料排水管的最小管径应符合下列规定：

1 大便器排水管的管径不宜小于110mm；

2 最小排出管的管径不得小于50mm；

3 多层住宅建筑厨房间排水立管的管径不宜小于75mm；

4 公共食堂厨房间排水横管的管径，应比计算管径大一档规格，且最小管径不得小于110mm；

5 医院污物洗涤盆（池）和污水盆（池）排水横管的管径不得小于75mm；

6 小便槽或连接3个及以上小便器的污水支管的管径，不得小于110mm；

7 公共浴池泄水管的管径不宜小于110mm；

8 洗衣房排水管的管径应按设计排水量并根据洗涤剂的用量、性质计算确定，选用时应放大一档或二档规格。

5 施 工

5.1 一般规定

5.1.1 建筑排水塑料管道施工安装前应具备下列条件：

1 设计及其他技术文件已齐全，并通过会审；

2 设计已经过技术交底，施工组织设计或施工方案已确定；

3 施工需要的各种管材和辅助材料按设计要求已齐备，且通过检查；

4 施工人员和机具已准备就绪，能确保施工进度和工程质量要求。

5.1.2 施工单位应具有相应的资质，健全的质量管理体系和工程质量检验制度。

5.1.3 安装人员应了解管材性能、掌握操作要点和安全生产规定，应经考核、持证上岗。

5.1.4 安装前，应对管材、管件的表面质量做再次检查，当发现管端有裂口，管材有凹陷、刻痕等缺损现象时，不得在工程中使用。

5.1.5 当管材、管件堆放或储存场地与安装现场温差较大时，应待管材、管件接近于施工环境温度时方可安装。

5.1.6 立管穿越楼板时应预留孔洞，其尺寸应大于管道外径60mm～100mm，层间预留孔洞应顺通。横管穿越混凝土墙体时应预埋套管，套管内径应大于管道外径30mm～50mm，套管长度应与墙面的厚度相等，套管宜采用硬聚氯乙烯材料制作；当采用金属套管时，套管管口内侧不得有棱角、毛刺。

5.1.7 横管坡度应符合设计要求。管道安装时应将管道产品的标记置于外侧醒目位置。

5.1.8 建筑排水塑料管道系统应按设计规定设置检查口或清扫口，检查口位置和朝向应便于管道检修和维护。立管的检查口中心应离地面1m，设置在管窿内的立管检查口宜设检修门；当横管检查口设置在吊顶内时，宜在吊顶位置设置检修门。

5.1.9 设置于室内的雨、污水立管离墙净距宜为20mm～50mm。室外沿墙敷设的雨、污水管和空调凝结水管道离墙净距不宜大于20mm。

5.1.10 建筑排水塑料管道穿越楼板施工时应符合下列规定：

1 在穿越楼板处，应结合楼面防渗漏水施工形成固定支承；

2 填补环形缝隙时，应在底部支模板，模板的表面应紧贴楼板底部；

3 环形缝隙应采用不低于C20的细石混凝土分两次填实，第一次为楼板厚度的2/3，待混凝土强度达到50%后，再填实其余的1/3厚度；

4 地面面层施工时，管道周围宜砌筑厚度为15mm～20mm、宽度为30mm～35mm的环形阻水圈。

5.1.11 建筑排水塑料管道穿越屋面部位施工时应符合下列规定：

1 穿越位置应预埋硬聚氯乙烯材料套管，套管上口应高出屋面最终完成面200mm～250mm；

2 套管周围在屋面混凝土找平层施工时，用水泥砂浆筑成锥形阻水圈，高度不应小于套管上沿；

3 管道与套管间的环形缝隙应采用防水胶泥或无机填料嵌实；

4 屋面防水层施工时，防水层应高出锥形阻水圈且应与管材周边相粘贴。

5.1.12 当建筑排水塑料管道穿越地下室外墙时，管道与套管间的环形缝隙应采用防水胶泥加无机填料嵌实，宽度不宜小于墙体厚度的1/3，墙体两侧及其余部位应采用M20水泥砂浆嵌实填平。

5.1.13 当立管转为横管和排出管时，宜安装带底座90°的大弯管件或两个45°弯管；当采用无底座管件时，应设置支墩或支座。

5.1.14 建筑排水塑料管道系统应按设计规定设置伸缩节，横管应采用承压式伸缩节；室内雨水立管宜采用弹性密封圈连接；当以楼板为固定支承时，可不设伸缩节。

5.1.15 建筑排水塑料管道的伸缩节承口应迎水流方向，管道插入伸缩节后应预留管道的伸缩余量，其夏季为5mm～10mm，冬季为15mm～20mm。

5.1.16 当横管采用弹性密封圈连接时，在连接部位应设置固定支承。转弯管段在转弯后应设置防推脱设施。

5.1.17 高层建筑中的塑料排水管道系统，当管径大于等于110mm时，应根据设计要求在贯穿部位设置阻火圈。阻火圈的安装应符合产品要求，安装时应紧贴楼板底面或墙体，并应采用膨胀螺栓固定。

5.1.18 屋面雨水斗组合件的底部零件应根据雨水斗组合件的构造埋设在结构层内，且在屋面防水层施工的同时，应做好雨水斗周边的防渗漏水。

5.1.19 管道施工还应符合下列规定：

1 施工现场放置聚烯烃类管材、管件、胶粘剂、清洁剂的地方严禁使用明火，施工过程中严禁使用明火煨弯或加工塑料管道；

2 胶粘剂、清洁剂应随用随领，胶粘剂、清洁剂的瓶、罐盖应随用随开，用后及时拧紧；不同品种的胶粘剂不得混合使用；涂抹胶粘剂时应佩戴手套，操作人员应处于上风向；胶粘剂一旦接触到皮肤时应迅速用肥皂、清水清洗，当误入眼睛时，不得用手揉搓眼睛，应及时用大量清水冲洗，并立即送医院治疗；

3 硬聚氯乙烯排水管道系统应按规定采用灌水试验，不得采用气压试验代替；

4 施工人员不得在管材上行走和进行任何作业，不得将管道作为拉、攀、吊、挂等受力设施使用。

5.2 管道连接

5.2.1 各类管道系统的连接方式应符合设计文件规定。

5.2.2 建筑排水塑料管与钢管、排水栓之间的连接应采用专用配件。当硬聚氯乙烯排水管与承插式铸铁管连接时，应先将塑料管插入端的表面用砂纸打毛，涂胶粘剂并洒上粗干黄砂，再插入铸铁管的承口内，用麻丝均匀填实后，以水泥砂浆捻口。

5.2.3 安装在管窿和装饰墙内采用橡胶密封圈连接的排水管道或伸缩节，均应采用抗老化性能优良的橡胶件；对热排水管道应采用三元乙丙（EPDM）或丁腈橡胶（NBR）橡胶件。

5.2.4 当硬聚氯乙烯管采用承插粘结连接时，宜按下列步骤进行操作：

1 实测管材长度，采用细齿锯断料，并以专用工具对插口进行坡口；坡口角度宜为15°～30°，端口的剩余厚度不应小于管材壁厚的1/2；

2 插口和承口的表面应采用清洁干布揩净；当发现有油腻等污物时，应采用无水酒精或丙酮擦拭干净；

3 测量管件承插口深度，并在管材插口上标出插入深度的标记；

4 在承口和插口上应采用鬃刷蘸胶粘剂涂抹，涂抹胶粘剂时，应先涂承口后涂插口，并由里向外均匀涂抹；胶量应适当，不得漏涂，不得将管材或管件浸入胶粘剂内；

5 管材应一次性地插入管件承口，直到标记的位置，并旋转90°；整个粘结过程宜在20s～30s内完成；

6 粘结工序结束后，应及时将残留在承口外部的胶粘剂揩擦干净；

7 粘结部位1h内不宜受外力作用；高层建筑中采用粘结连接的室内雨水管道，在粘结后的24h内不得进行灌水试验；

8 当遇气温较高的夏天或管径较大，胶粘剂易干固时，不宜采用中型或重型的胶粘剂；

9 当冬季环境温度低于−10℃时，不宜进行粘结连接。

5.2.5 管道系统采用橡胶密封圈连接时，可按下列步骤进行操作：

1 插口应采用专用工具进行坡口，坡口角度宜为15°～30°，且端口的剩余厚度不应小于管材壁厚的1/2；

2 测量管件承口的有效长度，并应在管材的插口段作出标记；

3 管材插口及管件承口连接面应擦拭干净，然后将胶圈放置到位，并应在橡胶圈内表面涂抹润滑剂；

4 管材应沿轴线方向插入承口内，并采用人工的方法或管道紧伸器插入到位；对弹性密封圈连接的管道，插入的有效长度应余留2～4倍的管道伸缩量，其中夏期施工宜取2倍的管道伸缩量、冬期施工取4倍的管道伸缩量；伸缩量应按本规程第4.5.1条的规定进行计算；

5 管材插入管件后，应检查橡胶圈位置是否正确；当发现胶圈偏移时，应拔出重新安装。

5.2.6 聚烯烃管材的热熔承插连接、热熔对接和电熔连接，应符合下列规定：

1 热熔连接所使用的连接设备，应由管道生产单位配套或采用指定的专用设备；

2 在热熔连接过程中，管材管件的加热时间、温度、轴向推力、冷却方法和冷却时间等，应符合加热设备的性能要求；

3 热熔承插连接或热熔对接连接安装过程中，可根据管道系统安装位置及尺寸，在工作间内预制成管道组合件，然后到现场进行安装连接；管道组合件与系统的连接宜采用电熔套筒管件；

4 在施工安装困难的场合，宜采用电熔管件连接。

5.2.7 管材热熔承插连接宜按下列步骤进行操作：

1 管口应采用专用工具进行坡口，坡口角度宜为15°～30°；

2 擦除管材、管件和加热工具表面的污物，并保持表面清洁；

3 测量管件承口深度，并在管材插口上作出标记；

4 将管材、管件插入加热工具，进行加热；

5 加热结束，应迅速脱离加热器，并用均匀的外力将管材插入管件的承口中，直到管材表面的标记位置，然后自然冷却；

6 管径大于63mm管道宜采用台式工具加热和连接。

5.2.8 管材热熔对接连接应按下列步骤进行操作：

1 热熔对接连接应在专用的连接设备上进行；管材、管件上架固定后应在同一轴线上，对接连接点两端面的错边量不得大于管壁厚度的10%；

2 管材、管件热熔对接的端面应进行铣切；铣切后的端面应相互吻合并与管道轴线垂直；

3 应对连接设备上的加热板进行清理，然后将管材、管件的连接面移到加热板表面、通电加热；

4 按规定时间加热结束后，应移去加热板，将对接端面进行轴向挤压对接，使对接部位的两支管端表面呈"∞"形的凸缘后焊接工序结束；

5 将焊接件移出台架，静置冷却、免受外力。

5.2.9 管材电熔连接应按下列步骤进行操作：

1 管材的连接部位表层应采用专用工具刮除，且刮除深度不得超过1mm；

2 端口应进行坡口，坡口角度宜为15°～30°；

3 管材、管件连接部位的表面应擦净；应测量管件承口的深度，并在管材端部作出标记；

4 将管材插入电熔管件或电熔套筒内，直到标记位置；然后，应采用配套的专用电源通电进行熔接，直至管件上的信号眼内嵌件突出；电熔连接结束，应切断电熔电源；

5 切断电熔电源后应进行自然冷却，1h后方可受力；

6 施工过程中，已使用过的电熔管件不得再重复利用。

5.3 楼层及外墙管道安装

5.3.1 建筑排水塑料管道的楼层管道安装，应符合下列规定：

1 应检查各预留孔洞或预埋套管尺寸、位置是否正确顺通；

2 应待土建墙面粉刷工序结束后，进行管道安装；

3 管道安装工序宜自下而上进行，先安装立管，再安装横管，并应连续施工；

4 应按管道系统的走向或坡度进行测量，并在墙上作出标记；

5 对热熔连接的聚烯烃类管道系统，在施工过程中宜将管材、管件预制成系统组合件；预制前应进行实测，注明尺寸，绘制小样后制作管道组合件，制作时应注意管件的接口方向；管道组合件焊接结束，按图样核对管段间尺寸，检查无误后可对管道组合件进行安装；

6 管道支架的设置应符合本规程第5.5节的有关规定；

7 应按设计文件要求安装伸缩节和阻火圈；

8 当管道安装中途暂停时，应及时对管口进行临时封堵；

9 管道系统安装结束，应对管道的外观、支架、安装尺寸及环形空隙的封堵质量等进行检查，合格后方可进行通球、通水或灌水试验。

5.3.2 立管的安装应符合下列规定：

1 立管应按设计文件规定的位置在墙面作出标记，并应设置管道支架；

2 立管安装时，应先将管道扶正并作临时固定；对粘结连接的管道系统，应按设计文件要求安装伸缩节；管道与伸缩节连接时，应先将管道插到伸缩节的底部，并在管道表面作出标记；在立管固定时，根据安装时环境温度，拉动伸缩节，使伸缩节与管道标志线之间预留15mm～25mm的伸缩量，其中冬季安装预留量取25mm、夏季安装预留量取15mm；伸缩节安装结束，应及时固定管道系统；

3 在火势贯穿部位，应按设计文件要求安装阻火圈；

4 立管和伸顶通气管、通气立管安装完毕，管道系统在支架固定后，必须按本规程第5.1.11、5.1.12条的规定，封堵所穿越楼板或屋面的环形缝隙；

5 热熔连接的高密度聚乙烯管道系统中预制的组合管件，宜采用电熔套筒或电熔管件进行组装连接。

5.3.3 横管的安装应符合下列规定：

1 应将管道或预制管道组合件按设计文件规定的管径、管位就位，并临时吊挂，检查无误后再进行系统连接；

2 管道或管道组合件粘结连接后应迅速摆正位置，按设计文件规定校正管道坡度，然后宜用钢丝临时固定，待粘结固化后再紧固支承件；非固定支承件或管卡，不宜卡得过紧；

3 伸缩节的布置和安装应符合设计文件的规定；

4 应在管道支承件或支架紧固后再拆除临时固定件，并将敞开管口临时封堵；

5 墙洞的环形缝隙应采用M20水泥砂浆封堵。

5.3.4 雨落水管、空调凝结水管应按下列步骤安装：

1 应按设计文件要求对管道进行定位，并在墙面上作出标记；

2 应根据雨落水管的形状选择管卡，并在墙面标记处埋设管卡；

3　矩形断面雨落水管的连接宜采用带固定攀的插入式管件，管件承口应朝上；安装时，下部管材插入端应预留 10mm～12mm 的伸缩间隙；

4　圆形断面雨落水管当采用双承直通管件安装时，应先将承口粘结在管材上，当管材插入承口下部时，应留有 10mm～12mm 间隙；

5　管道系统的安装宜由上而下进行，并应按本规程第 5.5 节的有关规定设置管卡；

6　立管的顶部应按设计文件要求配置相应管径的落水斗，落水斗面与天沟底部净距宜为 200mm～250mm，天沟的排出管段应插入落水斗内 50mm～70mm。

5.3.5　当生活排水管道系统敷设在外墙时，应采用硬聚氯乙烯承插式粘结连接管材。在横管与立管相连接的汇合管件处，应按设计文件规定在立管位置设固定支架和伸缩节。管道的安装宜在外墙饰面完工后、施工脚手架未拆除之前进行，并应符合本规程第 5.3.2 条的有关规定。

5.4　埋地管道铺设

5.4.1　室内埋地管道应在土建回填符合要求后铺设，并应按下列步骤进行：

1　应按设计文件要求进行放线定位，经复核无误后，开挖管沟至设计文件要求的深度；

2　应按设计文件要求的坡度检查基础墙的各预留孔、洞是否顺通，尺寸是否符合要求；

3　按各受水口位置及管道走向进行测量，并宜绘制实测小样图、注明详细尺寸及编号；

4　按设计文件要求的管线坡度铺设垫层，然后敷设管道；

5　管道铺设结束后应进行灌水试验，并应在隐蔽工程验收合格后及时回填；

6　管沟回填土应采用细粒黏土或黄砂分层回填，先回填至管顶上方 200mm 处，经夯实后再回填至设计标高、夯实。

5.4.2　埋地管道敷设前应平整沟底。当沟内遇有建筑废弃物、硬石、木头、垃圾等杂物时，必须清除干净，然后铺设一层厚 100mm～150mm、宽度为管外径 2.5 倍的砂垫层，并应整平压实至设计标高。

5.4.3　管道安装完毕后，必须进行灌水试验。灌水试验时，灌水高度不得低于底层室内的地坪高度；灌满水后观察 15min，应以液面不下降为合格。试验结束应将管道内的水排尽，并应封堵各受水口。

5.4.4　埋地管道铺设时，宜先铺设室内管道、再铺设室外管道。室内管道铺设至墙体外 250mm～350mm 处，并对管口进行封堵，待室外管道施工时再连接到检查井。

5.4.5　当管道穿越建筑物基础时，应配合土建按设计文件要求施工。当设计文件无要求时，管顶上部预留净高不应小于 150mm。

5.4.6　当管道穿越地下室外墙时，应采用带止水翼环的套管。管道与套管间隙的中心部位应采用防水胶泥嵌实，宽度不得小于 200mm；间隙内外两侧再用 M20 水泥砂浆填实至墙面平齐。

5.4.7　室外埋地管道安装完毕并灌水试验合格后方可对管沟进行回填。管沟应分层回填夯实，每层厚度宜为 150mm，密实度应符合设计文件要求。

5.4.8　当排出管与室外砖砌检查井连接时，管道端部应与井内壁相平；当采用硬聚氯乙烯管材时，应对井壁部位的连接管段涂抹胶粘剂、滚粘粗粒干燥黄砂处理。安装完毕后，在井外壁的管道周围采用 M20 水泥砂浆砌筑阻水圈。

5.4.9　塑料检查井与管道宜采用橡胶密封圈连接。当检查井为硬聚氯乙烯材料且为承插式接口时，应采用硬聚氯乙烯排水管承插粘结连接。

5.5　管 道 支 承

5.5.1　建筑排水塑料管道支吊架位置应按设计文件要求设置。立管在穿越楼板处应设固定支承点，并做好防渗漏水技术措施。设置在管道井或管窿内非封堵楼层的立管，应在汇合配件处设固定支承点。

5.5.2　塑料冷水、热水排水管管道支架、吊架的间距应符合表 5.5.2 的规定。

表 5.5.2　塑料冷水、热水排水管管道支架、吊架的间距

公称外径 dn（mm）			40	50	75	110	125	160
最大间距（m）	横管	冷水排水管	0.50	0.50	0.75	1.10	1.30	1.6
		热水排水管	0.35	0.35	0.50	0.80	1.00	1.2
	立管		1.20	1.20	1.50	2.00	2.00	2.5

5.5.3　当高密度聚乙烯（HDPE）管道采用热熔连接时，宜采用全部固定支架的安装系统。

5.5.4　当横管采用橡胶密封圈连接时，承插口处必须设置固定支架，并在固定支架之间设置滑动支架且滑动支架间距应符合本规程第 5.5.2 条的规定。

5.5.5　管道支架的材料应符合下列规定：

1　当管卡采用非耐蚀金属材料时，其表面应经防锈处理；当管卡采用塑料材质时，应采取增强措施；金属管卡与管材或管件的接触部位宜用软垫物进行隔离；

2　沿海地区室外敷设雨污水管道宜选用不锈钢或增强塑料制作的管卡。

5.5.6　粘结连接的管道系统，在管道转弯部位的两端应分别设置管卡，管卡中心与弯管中心的间距宜符合表 5.5.6 的规定。

表 5.5.6 转弯管道管卡中心与弯管中心的最大间距

管道公称外径 *dn*（mm）	管卡中心与弯管中心的间距（mm）
dn≤40	≤200
40<*dn*≤50	≤250
50<*dn*≤75	≤375
75<*dn*≤110	≤550
110<*dn*≤125	≤625
≥160	≤1000

6 质量验收

6.1 一般规定

6.1.1 建筑排水塑料管道工程应按分项、分部及单项工程进行质量验收。分项、分部工程质量验收由建设单位组织施工、监理、设计及其他有关单位联合进行。

6.1.2 分项、分部工程质量验收可根据工程的特点分为中间验收和竣工验收。单项工程质量验收应在分项、分部工程验收的基础上进行。

6.1.3 工程质量验收应作好记录。验收合格后，建设单位应将有关文件、资料立卷归档。

6.1.4 工程质量验收时应具备下列文件：

1 施工图、竣工图及变更文件；

2 管材、管件及其他主要材料的出厂合格证；

3 中间试验和隐蔽工程验收记录；

4 工程质量事故处理记录；

5 分项、分部及单项工程质量验收记录；

6 管道系统的灌水和通球试验记录；

7 室内屋面雨水排水管道系统的灌水试验记录。

6.2 验收要求

6.2.1 建筑排水塑料管道工程应按现行国家标准《建筑给水排水及采暖工程施工质量验收规范》GB 50242 的规定，分主控项目和一般项目进行工程质量验收。

6.2.2 生活污水管道系统工程质量验收的主控项目应符合下列规定：

1 隐蔽或埋地排水管道在隐蔽前应通过灌水试验；

2 横管坡度应符合设计文件规定；

3 管道伸缩节的设置应符合设计文件规定；

4 高层建筑应在设计文件规定的位置设置阻火圈；

5 主立管及横干管应进行通球试验；通球球径不应小于排水管道通径的 2/3，通球率应达到 100%。

6.2.3 生活污水管道系统工程质量验收的一般项目应符合下列规定：

1 管道支吊架间距、清扫口、检查口的设置应符合设计文件规定；

2 立管穿越楼板、屋面处的严密性，管道支架安装的牢固性，横管与立管连接的要求等均应符合设计文件的规定；

3 室内排水管道、雨水管道安装的允许偏差及检验方法应符合表 6.2.3 的规定。

表 6.2.3 室内排水管道、雨水管道安装的允许偏差及检验方法

项目		允许偏差（mm）	检验方法
坐标		0～15	用水准仪（水平尺）、直尺、拉线和尺量检查
标高		±15	
横管纵横方向弯曲	每 1m	0～1.5	
	全长（25m 以上）	0～38	
立管的垂直度	每 1m	0～3	吊线和尺量检查
	全长（5m 以上）	0～15	

6.2.4 雨水管道系统工程质量验收的主控项目应符合下列规定：

1 室内的雨水立管应按现行国家标准《建筑给水排水及采暖工程施工质量验收规范》GB 50242 的规定进行灌水或通水试验；

2 管材选用、管道连接方式和伸缩补偿措施应符合设计文件要求；

3 埋地和悬吊雨水管道的坡度应符合设计文件要求。

6.2.5 雨水管道系统工程质量验收的一般项目应符合下列规定：

1 屋面雨水斗应与屋面承重结构相固定，其边缘与屋面相连部位应严密、不渗不漏；

2 雨水管道安装的允许偏差及检验方法应符合本规程表 6.2.3 的规定。

本规程用词说明

1 为便于在执行本规程条文时区别对待，对要求严格程度不同的用词说明如下：

1）表示很严格，非这样做不可的：
正面词采用“必须”，反面词采用“严禁”；

2）表示严格，在正常情况下均应这样做的：
正面词采用“应”，反面词采用“不应”或“不得”；

3）表示允许稍有选择，在条件许可时首先应这样做的：
正面词采用“宜”，反面词采用“不宜”；

4）表示有选择，在一定条件下可以这样做的，采用“可”。

2 条文中指明应按其他有关标准执行的写法为“应符合……的规定”或“应按……执行”。

引用标准名录

1 《建筑给水排水设计规范》GB 50015

2 《建筑给水排水及采暖工程施工质量验收规范》GB 50242

3 《给水用硬聚氯乙烯（PVC-U）管材》GB/T 10002.1

4 《埋地排污、废水用硬聚氯乙烯（PVC-U）管材》GB/T 10002.3

5 《橡胶密封件　给排水管道及污水管道用密封圈材料规范》GB/T 21873

6 《硬聚氯乙烯建筑排水管道阻火圈》GA 304

7 《硬聚氯乙烯（PVC-U）塑料管道系统用溶剂型胶粘剂》QB/T 2568

中华人民共和国行业标准

建筑排水塑料管道工程技术规程

CJJ/T 29—2010

条 文 说 明

修订说明

《建筑排水塑料管道工程技术规程》CJJ/T 29－2010经住房和城乡建设部2010年12月10日以第840号公告批准、发布。

本规程是在《建筑排水硬聚氯乙烯管道工程技术规程》CJJ/T 29－98的基础上修订而成，上一版的主编单位是上海建筑设计研究院，参编单位是上海市建工设计研究院，主要起草人员是：张森、应明康、李海光、周雪英。

在规程修订过程中，编制组对我国建筑排水塑料管道工程的实践经验进行了总结；对某些管材的力学性能和特殊单立管、普通单立管等的水力性能，作了必要的测试和验证；对现阶段工程中应用的各种建筑排水塑料管道的设计、施工及验收等分别作出了规定。

为便于广大设计、施工、科研、学校等单位有关人员在使用本规程时能正确理解和执行条文规定，《建筑排水塑料管道工程技术规程》编制组按章、节、条顺序编制了本规程的条文说明，对条文规定的目的、依据以及执行中需注意的有关事项进行了说明。但是，本条文说明不具备与标准正文同等的法律效力，仅供使用者作为理解和把握标准规定的参考。

目　次

1 总　　则

1.0.1 建筑塑料排水管道，产品开发应用于20世纪70年代后期，是我国塑料管道在建筑工程中最早应用的工程范畴。

《建筑排水用硬聚氯乙烯管》GB/T 5836产品标准至今已修订两次，应用技术规程《建筑排水硬聚氯乙烯管道工程技术规程》CJJ/T 29也已修订一次，本次是第二次修订。建筑排水塑料管道的生产和应用，在各类塑料管道中技术最成熟、应用面最广。但前一时期管道产品、技术与发达国家相比，产品品种单一，基本处于低标准重复，应用技术方面也有一定差距，应当发展和提高。

根据原建设部《关于印发〈2005年工程建设标准规范制订、修订计划（第一批）〉的通知》（建标函［2005］84号）的要求，本次修订要涵盖工程中常用的建筑排水塑料管。

住房和城乡建设部有关文件指出，应用技术先进，是指规程、规定的各项指标和要求，能反映科学、技术的先进成果，有利于促进技术进步，要求积极采用新技术、新工艺、新材料，纳入规程内容的应当有完整的技术文件，且为实践检验行之有效。规程要积极采用国际标准和先进技术，对经过认真分析论证或测试验证，符合我国国情的产品和技术应纳入规程。经济合理是指先进的经验、技术在同等的条件下比较经济的，规程修订工作遵循这一要求。

各种建筑塑料管道是"低碳建筑材料"，在正确设计、施工条件下，合理使用，根据产品标准，使用寿命为50年以上。塑料排水管道，70年代末80年代初我国改革开放前沿的深圳市，部分高层建筑雨污水排水管采用硬聚氯乙烯管，管道敷设在室外，不少还安装在阳面，当时产品由单螺杆挤出机生产，管材的密实度与现在产品相比尚低，也已使用30年，情况良好。我国目前硬聚氯乙烯管材采用的双螺杆挤出机生产，挤出压力大，比70年代生产的材料更加密实，产品质量更高，按产品标准生产完全能确保长期应用。

2000年10月10日当时的建设部、国家石化局、国家轻工局、国家建材局、国家石化集团，发布了"关于印发《国家化学建材产业'十五'计划和2010年发展规划纲要》的通知（建科［2000］217号）"，纲要提出："化学建材的节能效益突出，并具有节约能源，保护生态环境；降低能耗、降低成本；提高建筑物功能与质量，施工方便等优越性能，工程建设中应当大力推广应用"。文件提出2010年之前主要产品的推广应用应达到以下目标："在全国新建、改建、扩建工程中，……建筑排水管道80％采用塑料管，建筑雨水排水管70％采用塑料管……"。建设部于2007年6月14日《建设事业"十一五"推广应用和限制禁止使用技术》（公告第659号）均作了具体规定。现在我国已建和在建的建筑工程，建筑高度100m以下，建筑塑料排水管道已普遍应用，实际已达到这个目标。

塑料管材在建筑工程中起主导作用，针对这一实际情况，为方便设计和施工，引用了《建筑给水排水设计规范》GB 50015塑料排水管的条款和个别相关条文。

1.0.2 本规程适用于建筑高度100m以下建筑，包括高层和多层民用建筑、高层及多层工业厂房。

建筑高度100m以上属超高层建筑，管道工程设计应征得当地的消防部门意见。现国内建筑高度超过100m的建筑采用塑料排水管实例很多，如20世纪80年代建造的30层上海虹桥宾馆，建筑高度超过100m，至今已使用25年，运行良好。近年新建的上海"环球中心"大厦建筑高度近500m，屋面雨水排水管，采用的由"上海汤臣塑胶实业有限公司"生产的给水用硬聚氯乙烯1.0MPa等级的管材（相当于本规程提出的加厚管），管径为160mm，已经历了特大暴雨考验其使用效果良好，该单项工程已通过评估。

本规程管道工程范围：由室外排出管连接的检查井，到伸顶通气管或屋面雨水斗的管道系统。

建筑小区埋地雨、污水塑料排水管道工程，应执行相应技术规程。

1.0.3 与本标准相关的主要工程标准是《建筑给水排水设计规范》GB 50015、《建筑给水排水及采暖工程施工质量验收规范》GB 50242等。另外本规程还涉及许多产品标准，规程中应用的管材产品主要是采用现行的国家标准，暂无国家标准的采用行业标准或相应的ISO标准。以往我国建筑塑料排水管产品品种单一，几乎全是硬聚氯乙烯材料，国外建筑塑料排水管管材品种较多，现我国建筑排水塑料管道其他产品参照ISO标准，全面制定了国家标准和相应的行业标准。

2 术语和符号

2.1 术　　语

2.1.1、2.1.2 管系列S和管材标准尺寸比是根据塑料管道产品标准，由以下公式计算，并按一定规则圆整后确定：

$$S=(dn-en)/2en \quad (1)$$

$$S=(SDR-1)/2 \quad (2)$$

式中：dn——管材的公称外径；

en——管材的公称壁厚；

SDR——标准尺寸比。

标准尺寸比（SDR）是管系列表达的另一种形

式，根据塑料管道产品标准，由以下公式进行计算，并按一定规则圆整：

$$SDR = dn/en$$

管材的公称外径，自2002年颁发国家标准采用有下脚码的 d_n 表示形式，为方便工程设计和施工，经与建设部有关标准设计单位共同商定，于2002年起在管道工程中，统一采用 dn 表示形式。取消以往的 Dn、D_n、De、D_e 及 d_e 等其他各种表示形式。

管材相同的S或SDR系列，不同种类管材其壁厚相同，管内径相同（但有的系列小口径管道，产品标准为考虑到管道的稳定性、管壁厚度增加），按国家标准引用的管系列，便于设计选用，更便于管道的水力计算。

3 材 料

3.1 管材和管件

3.1.1 本规程采用的是工程中常用管材、管件，相关的国家、行业及ISO产品标准有：

《建筑排水用硬聚氯乙烯（PVC-U）管材》GB/T 5836.1

《建筑排水用硬聚氯乙烯（PVC-U）管件》GB/T 5836.2

《排水用芯层发泡硬聚氯乙烯（PVC-U）管材》GB/T 16800

《埋地排污、废水用硬聚氯乙烯（PVC-U）管材》GB/T 20221

《建筑排水用高密度聚乙烯（HDPE）管道管材及管件》CJ/T 250

《聚丙烯静音排水管材及管件》CJ/T 273

《建筑排水用聚丙烯（PP）管材和管件》CJ/T 278

《屋面雨水排水用硬聚氯乙烯（PVC-U）雨落水管材》QB/T 2480

《建筑内排污、废水系统（高、低温）用氯化聚氯乙烯（PVC-C）管道系统》ISO 7675

《建筑物内污废水排放（高、低温）用苯乙烯共聚混合物（SAN+PVC）管道系统》ISO 19220

《排水用内壁螺旋硬聚氯乙烯（PVC-U）管材》※

《排水用双层轴向中空壁硬聚氯乙烯（PVC-U）管材》※

注：※号是目前国内常用管道，有批量生产，尚无国家或行业标准。

3.1.2 管材的基本色彩，是按相关的产品标准，且根据耐候性要求及国内外常用色彩提出，产品标准提出，当工程有特殊要求，也可由供需双方商定，采用其他色彩。

管材规定色彩便于工程中对管材品种的识别。

室外敷设的雨落水管，当建筑设计要求管材、管件为其他色彩时，产品标准规定可与生产厂协商确定。

多种色彩，可在表面喷涂耐候性较好的各种颜色的氟碳漆或丙烯酸漆等，但应在工厂内生产加工。

3.1.5 管材按材料分类，便于设计、施工人员选用及施工，也便于本规程归类编写。

建筑塑料排水管，按塑料组成材质、材性分类如下：

1 聚氯乙烯（PVC）管材（或称极性塑料管材）：

1）建筑排水用硬聚氯乙烯（PVC-U）管，包括埋地管和外墙敷设的雨落水管，结构形式有直壁管、芯层发泡管、内壁螺旋排水管、硬聚氯乙烯（PVC-U）双层轴向中空壁管等；

2）氯化聚氯乙烯（PVC-C）直壁管。

2 聚烯烃（PO）管材（或称非极性塑料管材）：

1）高密度聚乙烯（HDPE）管；

2）聚丙烯（PP）管、聚丙烯复合管（俗称静音管）。

3 共混材料管材：苯乙烯与聚氯乙烯共聚混合物（SAN+PVC）管。

与管材相应的管材、管件主要连接方法：

1 承插式溶剂型胶粘剂粘结连接（一般为极性塑料）：

承插粘结连接的管道：聚氯乙烯类（PVC-U、PVC-C）、苯乙烯与聚氯乙烯共混管材（SNA+PVC）。

2 弹性密封圈连接、橡胶圈连接及插入式连接：

弹性密封圈连接的管道：硬聚氯乙烯（PVC-U）管；

橡胶圈连接：聚丙烯、聚丙烯复合管（俗称静音管）；

插入式连接管道：屋面雨水排水外墙敷设的雨落水管。

3 热熔连接（包括承插式热熔连接、热熔对接及电熔管件连接）：聚乙烯管道的连接。

4 机械连接：法兰、螺纹和承口管件连接，用于不同材料管道或管道与设备及五金件的连接。

按受纳污水不同温度管材：

1 常温排水管：聚氯乙烯类各种管材，管道系统工作温度小于或等于45℃；

2 高低温排水管：管道系统长期工作温度除常温外，可用于大于45℃且小于等于70℃、瞬时为90℃的管材。管材有聚烯烃类：高密度聚乙烯（HDPE）、聚丙烯（PP），共混材料（SNA+PVC）管材及氯化聚氯乙烯（PVC-C）等管材。

给水排水塑料管道中，聚氯乙烯管材开发及应用历史悠久，应用面最广，技术物理力学性能较全，本条依据日本“聚氯乙烯管道和管件协会”有关的技术规定中所发布的“聚氯乙烯管材在常温下物理、机械、热工性能（23℃）”表，供工程设计、施工及生产企业技术人员参考（表1）。

表1 聚氯乙烯管材在常温下物理、机械、热工性能（23℃）

性能项目		试验方法	单位	数值		备注
				优等品	合格品	
物理性能	相对密度	JISK7112	—	1.43	1.4	水中置换
	硬度	JISK7202	—	70～90	70～90	硬度测检计型号D洛氏硬度
		JISK7215	—	110～120	110～120	
机械性能	拉伸强度	JISK7113	MPa	52	50	15℃
	拉伸弹性率（杨氏率）	JISK7113	MPa	3350	2800	15℃
	压缩强度	JISK7181	MPa	73	65	15℃
	弯曲强度	JISK7171	MPa	88.5	88	15℃
	抗剪强度	JISK7214	MPa	53	52	15℃
	冲击力	JISK7111	$kN\cdot cm/cm^2$	—	0.20以下	15℃
热工电工性能	线膨胀率	JISK7197	$℃^{-1}$	$6\sim7\times10^{-5}$	$6\sim7\times10^{-5}$	15℃
	热传导率	温度倾斜法	W/(m·K)	0.20～0.21	0.20～0.21	室温
	体积抵抗率	JISK6911	MΩ·cm	$3\sim5\times10^9$	$3\sim5\times10^9$	高度的电气绝缘体、非磁性体
	绝缘破坏强度	JISK6911	MV/m	23～28	23～28	

3.1.6 排水用内壁螺旋硬聚氯乙烯（PVC-U）管材、排水用中空壁直壁硬聚氯乙烯（PVC-U）管材应用较广，产品无国家标准及行业标准，只有企业标准，但均有相应的应用技术规程（CECS 185及CECS 94）。

表3.1.6是根据“热塑性塑料管材通用壁厚表”（GB/T 10798）列出，一般公称外径*dn*75以下的管材考虑到管材的稳定性，管材的S（或SDR）系列管壁厚度与GB/T 10798不相一致，对此应以产品标准为准。

3.2 胶粘剂和橡胶件

3.2.1 聚氯乙烯管是极性管材，可采用胶粘剂粘结连接，但必须采用由管材生产厂专供相应的胶粘剂。不同的胶粘剂有不同的配方，不得共混。

3.2.2 胶粘剂经常需要稀释，不得采用香蕉水作为稀释剂，根据有关研究，用香蕉水稀释后，胶粘剂粘结强度大幅度降低。

为方便使用，节省材料，避免浪费，工地用小包装胶粘剂，有利环境保护。鬃刷涂胶工具性能稳定，胶粘剂（有机溶剂）对鬃不产生溶解作用，可重复使用。

3.3 材料运输和储存

3.3.1 管材、管件的安全运输和装卸，防止产生管壁损伤，管壁一旦有凹陷、缺口，管材应力集中，产生缺口效应，强度降低。

聚丙烯管材、管件在无保护措施情况下，不宜在5℃以下环境条件下装卸，这是《建筑内排污、废水系统（高、低温）用管道系统——热塑性塑料——推荐施工安装导则》ISO/T S7024-2005-10-1中规定，本条是引用其相关的条文。

3.3.2 管材在良好的环境和条件下储存，可防止管材表面老化、产生长期蠕变和缺口效应。

3.3.6 聚烯烃材料（HDPE、PP）是可燃体，其氧指数一般为16～18，因此必须注意防火安全，其储存场所应备有消防设施。

4 设　　计

4.1 一般规定

4.1.7 本规定是根据国家标准《砌体工程施工质量验收规范》GB 50203-2002第3.0.6条规定提出“……沟槽应于砌筑时正确留出或预埋，施工现场未经设计同意，墙体的横向开凿长度不得超过300mm。……宽度超过300mm在洞口上部，应设置过梁”，当管道需要墙体埋设时，设计应采取相应的技术措施。

4.1.12 国外对住宅噪声控制在35dB以下。超过时应采用管壁缠绕隔声材料，通常可缠绕厚度为35mm玻璃纤维后再包5mm～8mm的消声卷材，这一措施能有效吸收高频和低频的噪声，是简单易行的方法。

根据我国实际应用情况考证，立管布置在管窿内，管窿的墙体采用100mm～120mm砖块砌成时，降噪作用显著，现在城市住宅建筑标准已明确规定，对明露的排水立管要求砌筑管窿暗设。

4.1.16 设置在建筑物周围，污水排出管的小口径塑料检查井量大面广，“建设部公告第659号”规定应优先采用塑料检查井。

管径小于及等于*dn*110，一般是多层建筑，排水流量较小，室外宜采用聚氯乙烯注塑成型管件型窨井，工程造价低，环境效果较显著，建筑物周围管道埋设深度较浅，采用粘结连接，施工方便。较大的塑料检查井不一定采用注塑工艺，可采用多种方式生产。

塑料检查井，产品实用、经济，节能、节土环境效应好，施工安装方便，降低工程造价，是我国尚未开发的产品和技术，其成型方法较多，价格差异较大。工程中大力推广应用塑料检查井，也为国内聚氯乙烯骨干企业的持续发展提供新的机遇。

4.2 管材选择

4.2.1 建筑排水用硬聚氯乙烯管材，用于高层建筑屋面雨水排水时，曾发生多起在暴雨时管壁被吸瘪现象。原因是大部分工程屋面没有设专用的雨水斗，而是采用了水平箅子取代。

分析管道吸瘪现象：当暴雨时箅子进水口突然受堵，原先进入立管的雨水向下流动时，上部管段产生负压，在大气压力作用下，管道中间或管材与管件连接处管口发生吸瘪，严重时导致管口破裂，一旦产生这种现象其后果严重。为避免发生吸瘪现象，本规程严格规定，屋面雨水进水口必须设专用雨水斗，且应增加管材的强度和刚度，提出 50m 及 50m 以上的高层建筑应采用管壁加厚的 S11.4 系列管材（套用给水用硬聚氯乙烯 1.0MPa 等级管材管件）。为掌握和了解各类管材的这一性能，编制组委托浙江中财管道科技股份有限公司，对硬聚氯乙烯常用管材进行承压和耐负压性能测定和验证，包括加厚的 S11.4 系列管材耐负压性能测定，结果是满意的。

室内敷设的屋面雨水硬聚氯乙烯排水管、加厚的管材，宜采用弹性密封圈连接，以提高承压和耐真空能力，也可满足灌水试验要求。既确保承压性能，又能起到因温度变化纵向伸缩的补偿作用，各楼层间可不再设伸缩节。

外墙雨落水、空调凝结水排水管道系统采用插入式连接形式，因在连接部位的承口和插口部位，管材与管件间有一定的空隙，与大气相通，可平衡管内外压力，系统工作时管道不承受压力，排水流畅，插入式连接管道的承口部位，安装时每支管段留有 8mm～15mm，利于管道因温差变化的纵向伸缩的补偿。

4.3 生活排水管道系统

4.3.2 我国两广及港澳等地区，年室外绝对气温较高，建筑排水塑料管道一般设置在室外，已使用 40 年以上，运行情况良好，设计和施工积累了丰富经验。

4.4 屋面雨水及空调凝结水管道系统

4.4.2 空调凝结水水量很小，但排放点较多，新建的建筑室外机组布置由建筑设计，管道设置应符合建筑要求。考虑到管材强度和刚度，本条对最小管径作了规定。

4.4.7 南方地区泄水口一般离室外明沟或散水坡 150mm～200mm，北方冰冻地区，泄水口高度离地 1600mm～2000mm，以防泄水口滴水结冰损坏管道。

4.5 管道温度变形与伸缩节

4.5.1 塑料管道的热胀冷缩，是管道工程研究的重要内容之一。管材从工厂出厂到安装使用，管材纵向即使环境温度不发生变化条件下，也会产生收缩，分析管材收缩过程如下：管道在挤出机的生产线上生产时经牵引、冷却、定尺切割成为成品，牵引时因受纵向拉伸，然后用水喷淋方式快速冷却，管材定型，定型时管内存在应力。这个内应力会在管道储存或安装使用中逐步消失，一旦应力消除管材纵向缩短。稳定后再遵循材料的热胀冷缩规律，管道应力消失过程与环境温度有密切关系，其情况较复杂。

Δt 是安装时环境温度与使用时温度之差，温度是指管材的管壁温度，管壁温度受排水温度和环境温度影响，这样计算管道伸缩量太复杂，不可能也不现实。本条列出的公式，温差计算比较简单，是按《建筑物内污废水（高温和低温）排放用塑料管道系统——推荐施工安装导则》及其他发达国家有关资料确定。

线膨胀系数单位，国内外资料有两种表达方法，一种为 mm/（m·℃），另一种是（10^{-5}/℃），后一种表达方式是物理学中常用的单位，也是 ISO 有关标准中注明的单位。

4.5.4、4.5.5 本条规定的是伸缩节布置原则，同时也确定了设置伸缩节常用的一些状况，如横管接入立管，或当横管长度大于 2m 内无支管接入即无支承点，应在横管的下游端，紧靠与立管连接的三通位置设横管伸缩节。

立管伸缩节设置：当立管上部有横管接入（如公共建筑上一层大便器横管接入），伸缩节应设置在三通配件下方的立管上，因下部管段较长，管道膨胀及伸缩量相对较大，可能影响横管坡度。又如同层内有横管接入，如洗涤盆同层排水的横管，立管上部管段较长，伸缩节应设在该横管接入立管的三通上方。当 4m 范围内无横管接入，伸缩节可在此管段内任意位置布置。但在 4m 间距范围内应有固定支架。

同层排水住宅建筑的立管伸缩节应布置在靠地面的三通配件以上。

横管可能受堵，受堵时管段承压，因承压管段一般在 5m～8m 高度内有敞口，如大便器，因此承压性能为 0.08MPa 一般均可满足。

4.6 管道水力计算和立管通水能力

4.6.4 原塑料排水管立管通水能力因无实测资料，是根据国外对铸铁管资料估计，认为塑料管内壁光滑，通水能力应当比铸铁管大，提出塑料管设计排水能力应比铸铁管增加 20%，没有说明管道系统控制压力波动的正负最大允许值。《建筑给水排水设计规范》GB 50015 所列出的立管通水能力，特别是仅设伸顶通气管通水能力，业内反响较大，普遍认为数值偏大，对此《建筑给水排水设计规范》管理组认为，在有条件情况下组织测定，以合理确定设计数据。因此《建筑给水排水设计规范》规范组和本规程修订组，委托“日本积水化学工业株式会社栗东工场”和“同济大学环境工程系”对立管的各种工况进行测定，表 4.6.4 是《建筑给水排水设计规范》修订组测定数据经整理后在 2009 年修订报批稿中列出。

“日本积水化学工业株式会社”对铸铁排水管和塑料排水管测定的结果相比较，其最大排水能力数据比较接近，分析原因：塑料管水流阻力虽小但水流速度较大，系统产生的负压较大，导致负压超过标准。

普通内螺旋单立管排水系统为目前国内工程中常用，系统由管内壁六条螺旋线立管、横管水流由切线方向进入立管的汇流型管件、连接排出管有两个 45°管件或 90°异径管件组成。根据《建筑排水用硬聚氯乙烯内螺旋管管道工程技术规程》CECS 94：2002 的条文说明：生活排水立管的最大设计排水能力为 6.0L/s。系统测定条件，对 *dn*110mm 管道，在最大压差为±45mm 水柱时，排水能力为 5.0L/s，而由 5.0L/s 推算到 6.0L/s 并无可靠依据，是按原规范立管排水能力因采用了塑料排水管其阻力小，数据加大到 6.0L/s。本次《建筑给水排水设计规范》修订组（2009 年修订稿）作了修正。

国内内螺旋管均为硬聚氯乙烯材质，有直壁、芯层发泡以及双壁轴向中空内螺旋管等，各种形式管材尚无国家或行业标准，生产企业产品的壁厚、螺距、螺高等差异较大。本规程重点规定 *dn*110mm 管径的通水能力是从工程应用实践出发。

测定和验证结果认为：

1）硬聚氯乙烯（PVC-U）内壁螺旋管 *dn*110mm 管道，按目前配置和设计系统，单立管的最大排水能力为 3.5L/s（按压差波动控制值为±400Pa 判定）；

2）立管通水能力采用清水或模拟粪便水，结果基本一致；

3）系统负压波动较大，当流量大于 3.5L/s 时，超过允许值；正压波动范围较小，当出户放大管径，正压明显降低，系统运行应当以负压进行控制；

4）压力波动值与建筑高度有关，在相同排水负荷条件下层数多，管道系统压力波动大，相应的排水能力较小，《建筑给水排水设计规范》GB 50015 作了规定，但尚须进一步测定研究。

4.6.5 特殊内螺旋单立管系统，是日本 20 世纪 80 年代后期纳入该国设计规范，90 年代以后，广泛用于住宅和公共建筑工程，系统由加强型螺旋管，立管内对横管纳入的水流能起阻隔作用、防止在立管内产生水舌现象和对立管的水流起旋流作用的 AD 型管件，底部采用异径大曲率半径和蛋形断面管件等组成。特殊内螺旋单立管系统测定方法，根据日本空气调节和卫生工学会标准 SHASE-S206-2000（旧 HASS206）规定采用真实流方法测试，对 *DN*100mm 管材（内径与公制系列 *dn*110 相同），在系统最大压差为±40mm 水柱时，最大排水流量为 7.5L/s。

本条规定的特殊内螺旋单立管系统，最大设计排水能力为 6.3L/s，是按《建筑给水排水设计规范》GB 50015 的设计秒流量，采用当量公式计算得到。工程设计时排水量按当量计算公式的设计秒流量时，最大设计排水能力为 6.3L/s。

4.6.11 洗衣机房排水量较大，洗涤剂用量也多，特别用高泡洗涤剂，污水中泡沫量大，管道系统特别是通气管、横管通气部分会被泡沫堵塞，影响排水管道畅通，因此规定排水管管径应放大 1～2 档规格。

5 施 工

5.1 一 般 规 定

5.1.1 本条强调管道在施工前的准备工作，以避免施工中造成停工、窝工。

5.1.2、**5.1.3** 施工单位应对用户负责，工程队必须树立工程质量第一的观念。在工程中经常发现，一线操作人员不了解各类管道材料的一般性能、操作的要点和安全生产规定，常发生工程质量问题，因此本条强调应进行技术培训，必要时经考核持证上岗。

5.1.4、**5.1.5** 各种管道和材料由生产企业到工程安装完成过程中，产品要经过运输和搬动，可能发生管道表面损伤、污染，管端有裂口、凹陷、严重刻痕等，一旦发生表面损伤情况，安装及使用过程中会产生应力集中，强度下降，影响使用效果。胶粘剂、橡胶件质量应进行检查，经常发生储存期过长变质。

各类塑料管材线膨胀系数较大，当堆放材料的库房或场地与管道安装的施工现场温差较大时，在现场应放置一段时间，使其管道表面温度接近于施工环境温度，管道的补偿措施更接近实际，确保工程质量。

5.1.6 管道穿越楼板、各种墙板，应配合土建预留孔洞，这是文明施工的标志。土建施工误差较大，上下、左右轴向会产生偏差，因此在管道安装前应进行检查，有时还要对洞口进行修正。

发达国家普遍采用硬聚氯乙烯套管，具有节能、方便施工的特点，且在管道穿过时能保证表面不受损伤，现在有的塑料管道生产企业已开发有各种管径成品套管，长度根据墙体的厚度还可进行适当调节，这类产品应当在工程中得到推广应用。

5.1.7 管材、管件的产品信息，是生产企业根据产品标准在生产时打印或模具上刻出的标志或标记，如企业商标、产品的材质、规格、产品执行标准等，这些标志是生产厂商对产品的承诺，安装时将这些产品信息置于外侧的醒目位置，便于对产品的监督和质量跟踪。

5.1.8 检查口或清扫口根据常规应设检修门，因塑料管内壁光滑，不易堵塞，管道的维修清通率很低，据了解塑料管为金属管阻塞修理概率的3%～5%，工程一般不设或少设检修门，本条将规程用词采用"宜"。但对于排放水中夹带织物纤维较多，或可能产生堵塞情况概率较大，按规定应设检查口或清扫口，特别是横管系统。

5.1.10、5.1.11 管道穿越楼板必须做好防渗漏水措施，这是建筑设计规范规定的强制性条款，工程中必须严格执行，本条规定同时能满足两方面要求，实践证明这样的技术措施是可靠的。另外塑料管道是高分子材料，线膨胀率较大，管道系统必须严格防止纵向膨胀量的累积，系统在一定的距离应设固定支承，硬聚氯乙烯管固定支承间设伸缩节。

5.1.13 90°大弯管件，是根据《建筑给水排水设计规范》GB 50015规定，要求弯曲半径为4倍进口直径。大弯管件宜带底座，可有效防止粘结连接的承口长期受轴向力的作用，产生管件脱落现象。另外，在工程中也经常发生石块、铁件在管内坠落底部弯管被砸破、窜通现象，建议研发管件的内底覆耐腐蚀金属材料的增强型大弯管件。

5.1.14 立管的伸缩节一般不承压，不得用于横管系统，横管有时水流不畅或万一管路堵塞，管道承压，为安全起见要求伸缩节承压能力不得小于0.08MPa。高层建筑大厦B层的地下车库，横干管是截流和受纳上部排水的立管，为解决好管道补偿和管道可能出现的承压问题，宜采用弹性密封圈连接（R-R型橡胶圈），但管道的连接部位应设固定支架。横干管的标准坡度为0.0261，因管道的承口与管材连接部位是非完全紧配，有一定的偏差，粘结管道涂胶层与管件表面在胶的作用下产生膨润作用，横管坡度可以有点变动，能满足设计要求。

5.1.17 阻火圈（或缠绕式阻火带）的安装宜参照产品企业的有关说明。

5.1.19 本条是新增加的，相关条款是参照国外有关的技术手册列出。聚烯烃类管材是易燃品，胶粘剂和清洁剂更是易燃品，且易挥发，储存及操作场地应注意消防安全。塑料管表面光滑，在管材上行走易摔跤发生事故。管道系统刚性较差，不能承受拉、攀、吊、挂件。

3 水压比较安全，聚丙烯（PP）、硬聚氯乙烯（PVC-U）管材冬天呈脆性，以防止试压时错误采用压缩空气取代水压而导致突然爆裂，发生碎片伤人事故。

5.2 管道连接

5.2.2 在工程中经常遇到塑料管道与金属管的连接，较典型的是与铸铁管的连接，本条规定的是常用技术措施，与其他管金属管连接也可参照进行，也可用带承口的塑料法兰连接。当用油麻丝或其他材料填实时，应注意用力适度，防止在捻口时塑料管口向内缩紧变形。

专用配件主要是指小口径管道（一般小于或等于50mm），采用与管材相同材质的注塑件，一端为管螺纹，与五金件连接，另一端可与塑料管路相连接，如可粘结的硬聚氯乙烯承口，或可热熔连接的聚烯烃材料的承口等。

5.2.3 热排水管采用三元乙丙（EPDM）或丁腈（NBR）橡胶。这些材料耐热，可在90℃条件下长期工作，且具有耐老化性。

5.2.4 原《地上排水技术报告》ISO 7024第5.2条建议，无论是手工锯或机械锯应采用7～10个齿/10mm的锯条。且管材在锯断时应在导向工具中进行，以保证断面与轴线相垂直。端面毛刺应清除干净。坡口角度在上述报告中规定为15°～45°，一般为15°～30°。

蘸胶粘剂应采用鬃刷子，是因为鬃材质较稳定，有机溶剂对鬃不起变形和溶解作用。

管材或管件的粘合面有油污、灰尘、水渍或表面潮湿等，都会影响到粘结强度和密封性能，因此粘结前必须进行检查。并用软纸、细棉布或棉纱擦净，必要时还应用棉纱蘸酒精或丙酮揩擦干净。管口插入深度标记是确保管端插入深度，以保证有足够的粘合面，确保粘结强度。

管道粘结工序结束，管道相对静置时间见表2。

表2 管道相对静置时间

环境温度(℃)	静置时间(h)	环境温度(℃)	静置时间(h)
15～40	0.5	−5～15	2.0
5～15	1.0	−20～5	4.0

胶粘剂的黏度有普通型、中型和重型三类，生产企业一般生产普通型，在特殊的施工条件下，如潮湿、低温环境或管件与管材相配合偏差较大，宜采用黏度较高的中型和重型胶粘剂。中型和重型胶粘剂应由管材生产企业供应，施工队不宜在现场自行配置。

胶粘剂、清洁剂是易燃品且易挥发，应注意消防安全。操作时应有良好通风条件，冬季和寒冷地区施工应采取防寒、防冻措施。

5.2.5 胶圈连接不承受轴向力，只起密封作用。建筑塑料排水密封圈连接通常有两种形式，一是管材扩口部分或管件端部嵌O形圈（一般如聚丙烯管道），管材插入后，利用O形圈径向变形进行密封，这一类连接和密封形式称橡胶圈连接。二是管材扩口部分或管件端部嵌入双唇（R-R）橡胶圈。管材插入后，双唇胶圈产生变形，起密封及承压作用，用于压力管道系统，双唇（R-R）橡胶圈工况类同压力给水管，管内压力越高，密封性能越好。胶圈位置必须正确合理，管道插入时应严格防止胶圈顶歪、顶偏，插入后应检查胶圈的位置正确性。

5.2.6～5.2.9 是聚烯烃管道热熔、电熔连接的一般规定，管道安装时除应掌握以上一般规定外，还应符合电熔设备操作的有关规定。

5.3 楼层及外墙管道安装

5.3.1～5.3.3 楼层管道安装应做好前期工作，确保管道安装顺利进行。

管道安装宜自下而上分层进行，立管具有上下连贯性，宜先装立管，后装横管，并作临时固定，以避免管子因自重而产生静荷载积累。管道安装告一段落时，应将敞口及时进行临时封堵，以防建筑垃圾进入管内，堵塞管道或造成排水不畅。

管道安装宜进行画线，保证立管的垂直度、横管的坡度。横管和立管的伸缩节安装应注意橡胶圈位置，严格防止胶圈顶偏、顶歪。伸缩节应注意施工时的季节，按规定预留管道纵向膨胀间隙的余量。

5.3.4、5.3.5 室外沿墙敷设的管道自上而下或自下而上的安装程序，与建筑物高度、外墙装饰材料品种及施工方法等因素有关，也可遵照各地的施工习惯。

室外沿墙敷设的雨落水管，工程经常采用圆形管道，并采用管箍作为连接件（一般采用一端为承口、另一端为插口的专用管件，管件两侧带墙体固定件），若采用管箍作为插接件，管道安装时，管箍的下口应采用胶粘剂粘结，上口插入式连接。立管安装时不得插到承口底部，应留有8mm～10mm的伸缩余量。

5.4 埋地管道铺设

5.4.1 埋地管道属于隐蔽工程，在安装前必须做好前期的准备工作。

5.4.3 灌水试验应按《建筑给水排水及采暖工程施工质量验收规范》GB 50242进行。隐蔽工程验收合格后排除管内积水，防止系统长期不用滋生蚊蝇、严寒地区管路发生冰冻。

5.4.4 通常建筑物沉降在结构封顶时，已达到总沉降量70%～80%，管道分两段施工，是为了土建工程结束时，防止管道因沉降使管道产生倒坡。

5.5 管道支承

5.5.2 管卡和支承件是保证系统正常工作的重要一环，必须按规定设置管道支架，本条除规定设固定支架之外，还应按规定设置滑动支架。支架距由于我国没有实测资料，表5.5.2是按GB 50242规范并参照《建筑内排污、废水系统（高、低温）用管道系统—热塑性塑料—推荐施工安装导则》ISO/T S7024-2005-10-1中有关规定列出，支承距不分材性，硬聚氯乙烯管刚性较好更偏于安全。

6 质量验收

6.2 验收要求

6.2.2 按《建筑给排水及采暖工程施工质量验收规范》GB 50242规定，主控项目包括：管道坡度，系统按规定安装伸缩节、阻火圈，通球试验等项目。

排水管道通径是指管路系统中最狭小的部位，包括特殊单立管管件非圆形部位的最小尺寸。

中华人民共和国行业标准

城市道路工程设计规范

Code for design of urban road engineering

CJJ 37—2012

（2016 年版）

批准部门：中华人民共和国住房和城乡建设部

施行日期：2 0 1 2 年 5 月 1 日

中华人民共和国住房和城乡建设部
公　告

第1193号

住房城乡建设部关于发布行业标准《城市道路工程设计规范》局部修订的公告

现批准《城市道路工程设计规范》CJJ 37－2012局部修订的条文，经此次修改的原条文同时废止。

局部修订的条文及具体内容，将刊登在我部有关网站和近期出版的《工程建设标准化》刊物上。

中华人民共和国住房和城乡建设部

2016年6月28日

修订说明

本次局部修订是根据住房和城乡建设部《关于印发2016年工程建设标准规范制订、修订计划的通知》(建标函［2015］274号）的要求，由北京市市政工程设计研究总院有限公司会同有关单位对《城市道路工程设计规范》CJJ 37－2012进行修订而成。

本次局部修订依据海绵城市建设对城市道路提出的相关要求，对原有条文中道路分隔带及绿化带宽度、道路横坡坡向、路缘石形式、道路路面以及绿化带入渗及调蓄要求、道路雨水排除原则等相应修改或补充规定。本次局部修订条文合计9条，修订的主要技术内容是：

1. 补充了需要在道路绿化带或分隔带中设置低影响开发设施时，绿化带或分隔带的宽度要求，以及各种设施间的设计要求。

2. 增加立缘石的类型和布置型式。

3. 细化了道路横坡的坡向规定。

4. 按海绵城市建设的要求补充道路雨水低影响开发设计的原则和要求。

5. 按《室外排水设计规范》GB 50014修订的内容，调整了道路排水采用的暴雨强度的重现期规定。

6. 补充了低影响开发设施内植物的种植要求。

本规范中下划线为修改的内容，用黑体字表示的条文为强制性条文，必须严格执行。

本规范由住房和城乡建设部负责管理和对强制性条文的解释，由北京市市政工程设计研究总院有限公司负责具体技术内容的解释。执行过程中如有意见和建议，请寄送北京市市政工程设计研究总院有限公司（地址：北京市海淀区西直门北大街32号3号楼（市政总院大厦)，邮政编码：100082)。

本次局部修订的主编单位、参编单位、主要起草人员、主要审查人员：

主 编 单 位：北京市市政工程设计研究总院有限公司

参 编 单 位：天津市市政工程设计研究院
重庆市设计院

主要起草人员：和坤玲　王晓华　杨　斌
盛国荣

审 查 人 员：张　辰　包琦玮　李俊奇
赵　锂　白伟岚　任心欣

中华人民共和国住房和城乡建设部
公　　告

第 1248 号

关于发布行业标准《城市道路工程设计规范》的公告

现批准《城市道路工程设计规范》为行业标准，编号为CJJ 37-2012，自2012年5月1日起实施。其中，第3.4.2、3.4.3、13.3.4条为强制性条文，必须严格执行。原行业标准《城市道路设计规范》CJJ 37-90同时废止。

本规范由我部标准定额研究所组织中国建筑工业出版社出版发行。

中华人民共和国住房和城乡建设部

2012年1月11日

前　　言

根据原建设部《关于印发〈二〇〇二～二〇〇三年度工程建设城建、建工行业标准制订、修订计划〉的通知》（建标〔2003〕104号）的要求，编制组在广泛调查研究，认真总结实践经验，吸取科研成果，参考国外现行标准，并在广泛征求意见的基础上，修订了本规范。

本规范的主要技术内容是：1　总则；2　术语和符号；3　基本规定；4　通行能力和服务水平；5　横断面；6　平面和纵断面；7　道路与道路交叉；8　道路与轨道交通线路交叉；9　行人和非机动车交通；10　公共交通设施；11　公共停车场和城市广场；12　路基和路面；13　桥梁和隧道；14　交通安全和管理设施；15　管线、排水和照明；16　绿化和景观。

本规范修订的主要技术内容是：

1. 本规范作为通用规范，在章节编排和内容深度组成上较《城市道路设计规范》CJJ 37-90有较大的变化，章节的编排上主要由城市道路工程涵盖的内容组成，内容深度上主要是对城市道路设计中的一些共性要求和主要技术指标进行规定。

2. 修订了原《规范》中的通行能力、道路分类与分级、设计速度、机动车单车道宽度、路基压实标准等内容。

3. 增加了道路服务水平、设计速度100km/h的平纵面设计技术指标、景观设计等内容。

4. 明确了平面交叉和立体交叉的分类和适用条件。

5. 突出了“公交优先”、“以人为本”的设计理念。

6. 强化了交通安全和管理设施的设计内容。

本规范中以黑体字标志的条文为强制性条文，必须严格执行。

本规范由住房和城乡建设部负责管理和对强制性条文的解释，由北京市市政工程设计研究总院负责具体技术内容的解释。执行过程中如有意见和建议，请寄送北京市市政工程设计研究总院（地址：北京市海淀区西直门北大街32号3号楼（市政总院大厦），邮政编码：100082）。

本规范主编单位：北京市市政工程设计研究总院

本规范参编单位：上海市政工程设计研究总院（集团）有限公司
天津市市政工程设计研究院
深圳市市政设计研究院有限公司
重庆市设计院
同济大学
北京工业大学

本规范主要起草人员：和坤玲　朱兆芳　王士林　徐　波　方守恩　杨　斌　荣　建　刘　勇　张慧敏

崔新书　王晓华　赵建新
凌建明　许志鸿　欧阳全裕
蒋善宝　盛国荣　邵长桥
陈艳艳　谈至明　汪凌志
袁建兵　薛　勇　张　琦
张欣红　李际胜　冯　芳
陈少华

本规范审查人员：崔健球　张　仁　刘伟杰
程为和　杨副成　刘　敏
吴瑞麟　郭锋钢　刘国茂
李建民　魏立新

目　次

Contents

1 总 则

1.0.1 为适应我国城市道路建设和发展的需要，规范城市道路工程设计，统一城市道路工程设计主要技术指标，指导城市道路专用标准的编制，制定本规范。

1.0.2 本规范适用于城市范围内新建和改建的各级城市道路设计。

1.0.3 城市道路工程设计应根据城市总体规划、城市综合交通规划、专项规划，考虑社会效益、环境效益与经济效益的协调统一，合理采用技术标准。遵循和体现以人为本、资源节约、环境友好的设计原则。

1.0.4 城市道路工程设计除应符合本规范外，尚应符合国家现行有关标准的规定。

2 术语和符号

2.1 术 语

2.1.1 主路 main road

快速路或主干路中与辅路分隔，供机动车快速通过的道路。

2.1.2 辅路 side road

集散快速路或主干路交通，设置于主路两侧或一侧，单向或双向行驶交通，可间断或连续设置的道路。

2.1.3 设计速度 design speed

道路几何设计（包括平曲线半径、纵坡、视距等）所采用的行车速度。

2.1.4 设计年限 design life

包括确定路面宽度而采用的远期交通量的年限与为确定路面结构而采用的保证路面结构不需进行大修即可按预定目的使用的设计使用年限两种。

2.1.5 通行能力 traffic capacity

在一定的道路和交通条件下，单位时间内道路上某一路段通过某一断面的最大交通流率。

2.1.6 服务水平 level of service

衡量交通流运行条件及驾驶人和乘客所感受的服务质量的一项指标，通常根据交通量、速度、行驶时间、行驶（步行）自由度、交通中断、舒适和方便等指标确定。

2.1.7 彩色沥青混凝土路面 colorful asphalt concrete pavement

脱色沥青与各种颜色石料或树脂类胶结料、色料和添加剂等材料在特定的温度下拌合形成的具有一定强度和路用性能的新型沥青混凝土路面。

2.1.8 降噪路面 reducing noise pavement

具有减低轮胎和路面摩擦产生的噪声功能的路面。

2.1.9 透水路面 pervious pavement

能使降水通过空隙率较高、透水性能良好的道路结构层路面。

2.2 符 号

H_c——机动车车行道最小净高；

H_b——非机动车车行道最小净高；

H_p——人行道最小净高；

E——建筑限界顶角宽度；

W_r——红线宽度；

W_c——机动车道或机非混行车道的车行道宽度；

W_b——非机动车道的车行道宽度；

W_{pc}——机动车道或机非混行车道的路面宽度；

W_{pb}——非机动车道的路面宽度；

W_{mc}——机动车道路缘带宽度；

W_{mb}——非机动车道路缘带宽度；

W_l——侧向净宽；

W_{sc}——安全带宽度；

W_{dm}——中间分隔带宽度；

W_{sm}——中间分车带宽度；

W_{db}——两侧分隔带宽度；

W_{sb}——两侧分车带宽度；

W_a——路侧带宽度；

W_p——人行道宽度；

W_g——绿化带宽度；

W_f——设施带宽度；

V/C——在理想条件下，最大服务交通量与基本通行能力之比；

S_c——铁路平交道口机动车驾驶员侧向最小瞭望视距；

S_s——铁路平交道口机动车距路口停止线的距离。

3 基 本 规 定

3.1 道 路 分 级

3.1.1 城市道路应按道路在道路网中的地位、交通功能以及对沿线的服务功能等，分为快速路、主干路、次干路和支路四个等级，并应符合下列规定：

1 快速路应中央分隔、全部控制出入、控制出入口间距及形式，应实现交通连续通行，单向设置不应少于两条车道，并应设有配套的交通安全与管理设施。

快速路两侧不应设置吸引大量车流、人流的公共建筑物的出入口。

2 主干路应连接城市各主要分区，应以交通功能为主。

主干路两侧不宜设置吸引大量车流、人流的公共建筑物的出入口。

3 次干路应与主干路结合组成干路网，应以集散交通的功能为主，兼有服务功能。

4 支路宜与次干路和居住区、工业区、交通设施等内部道路相连接，应解决局部地区交通，以服务功能为主。

3.1.2 在规划阶段确定道路等级后，当遇特殊情况需变更级别时，应进行技术经济论证，并报规划审批部门批准。

3.1.3 当道路为货运、防洪、消防、旅游等专用道路使用时，除应满足相应道路等级的技术要求外，还应满足专用道路及通行车辆的特殊要求。

3.1.4 道路应做好总体设计，并应处理好与公路以及不同等级道路之间的衔接过渡。

3.2 设计速度

3.2.1 各级道路的设计速度应符合表 3.2.1 的规定。

表 3.2.1 各级道路的设计速度

道路等级	快速路			主干路			次干路			支路		
设计速度（km/h）	100	80	60	60	50	40	50	40	30	40	30	20

3.2.2 快速路和主干路的辅路设计速度宜为主路的 0.4 倍～0.6 倍。

3.2.3 在立体交叉范围内，主路设计速度应与路段一致，匝道及集散车道设计速度宜为主路的 0.4 倍～0.7 倍。

3.2.4 平面交叉口内的设计速度宜为路段的 0.5 倍～0.7 倍。

3.3 设计车辆

3.3.1 机动车设计车辆及其外廓尺寸应符合表 3.3.1 的规定。

表 3.3.1 机动车设计车辆及其外廓尺寸

车辆类型	总长（m）	总宽（m）	总高（m）	前悬（m）	轴距（m）	后悬（m）
小客车	6	1.8	2.0	0.8	3.8	1.4
大型车	12	2.5	4.0	1.5	6.5	4.0
铰接车	18	2.5	4.0	1.7	5.8＋6.7	3.8

注：1 总长：车辆前保险杠至后保险杠的距离。
2 总宽：车厢宽度（不包括后视镜）。
3 总高：车厢顶或装载顶至地面的高度。
4 前悬：车辆前保险杠至前轴轴中线的距离。
5 轴距：双轴车时，为从前轴轴中线到后轴轴中线的距离；铰接车时分别为前轴轴中线至中轴轴中线、中轴轴中线至后轴轴中线的距离。
6 后悬：车辆后保险杠至后轴轴中线的距离。

3.3.2 非机动车设计车辆及其外廓尺寸应符合表 3.3.2 的规定。

表 3.3.2 非机动车设计车辆及其外廓尺寸

车辆类型	总长（m）	总宽（m）	总高（m）
自行车	1.93	0.60	2.25
三轮车	3.40	1.25	2.25

注：1 总长：自行车为前轮前缘至后轮后缘的距离；三轮车为前轮前缘至车厢后缘的距离；
2 总宽：自行车为车把宽度；三轮车为车厢宽度；
3 总高：自行车为骑车人骑在车上时，头顶至地面的高度；三轮车为载物顶至地面的高度。

3.4 道路建筑限界

3.4.1 道路建筑限界应为道路上净高线和道路两侧侧向净宽边线组成的空间界线（图 3.4.1）。顶角抹角宽度（E）不应大于机动车道或非机动车道的侧向净宽（W_l）。

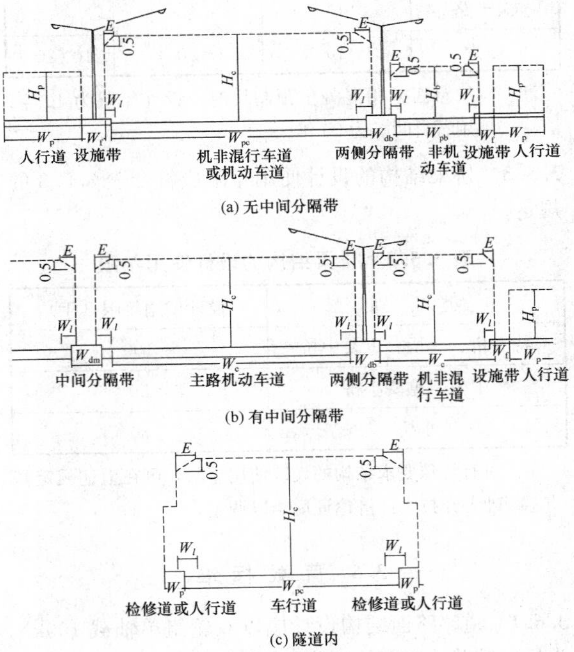

图 3.4.1 道路建筑限界

3.4.2 道路建筑限界内不得有任何物体侵入。

3.4.3 道路最小净高应符合表 3.4.3 的规定。

表 3.4.3 道路最小净高

道路种类	行驶车辆类型	最小净高（m）
机动车道	各种机动车	4.5
	小客车	3.5
非机动车道	自行车、三轮车	2.5
人行道	行人	2.5

3.4.4 对通行无轨电车、有轨电车、双层客车等其他特种车辆的道路，最小净高应满足车辆通行的要求。

3.4.5 道路设计中应做好与公路以及不同净高要求的道路间的衔接过渡，同时应设置必要的指示、诱导标志及防撞等设施。

3.5 设计年限

3.5.1 道路交通量达到饱和状态时的道路设计年限为：快速路、主干路应为20年；次干路应为15年；支路宜为10年～15年。

3.5.2 各种类型路面结构的设计使用年限应符合表3.5.2的规定。

表3.5.2 路面结构的设计使用年限（年）

道路等级	路面结构类型		
	沥青路面	水泥混凝土路面	砌块路面
快速路	15	30	—
主干路	15	30	—
次干路	15	20	—
支路	10	20	10(20)

注：砌块路面采用混凝土预制块时，设计年限为10年；采用石材时，为20年。

3.5.3 桥梁结构的设计使用年限应符合表3.5.3的规定。

表3.5.3 桥梁结构的设计使用年限

类别	设计使用年限（年）
特大桥、大桥、重要中桥	100
中桥、重要小桥	50
小桥	30

注：对有特殊要求结构的设计使用年限，可在上述规定基础上经技术经济论证后予以调整。

3.6 荷载标准

3.6.1 道路路面结构设计应以双轮组单轴载100kN为标准轴载。对有特殊荷载使用要求的道路，应根据具体车辆确定路面结构计算荷载。

3.6.2 桥涵的设计荷载应符合现行行业标准《城市桥梁设计规范》CJJ 11的规定。

3.7 防灾标准

3.7.1 道路工程应按国家规定工程所在地区的抗震标准进行设防。

3.7.2 城市桥梁设计宜采用百年一遇的洪水频率，对特别重要的桥梁可提高到三百年一遇。

对城市防洪标准较低的地区，当按百年一遇或三百年一遇的洪水频率设计，导致桥面高程较高而引起困难时，可按相交河道或排洪沟渠的规划洪水频率设计，且应确保桥梁结构在百年一遇或三百年一遇洪水频率下的安全。

3.7.3 道路应避开泥石流、滑坡、崩塌、地面沉降、塌陷、地震断裂活动带等自然灾害易发区；当不能避开时，必须提出工程和管理措施，保证道路的安全运行。

4 通行能力和服务水平

4.1 一般规定

4.1.1 道路通行能力和服务水平分析应符合下列规定：

1 快速路的路段、分合流区、交织区段及互通式立体交叉的匝道，应分别进行通行能力分析，使其全线服务水平均衡一致。

2 主干路的路段和与主干路、次干路相交的平面交叉口，应进行通行能力和服务水平分析。

3 次干路、支路的路段及其平面交叉口，宜进行通行能力和服务水平分析。

4.1.2 交通量换算应采用小客车为标准车型，各种车辆的换算系数应符合表4.1.2的规定。

表4.1.2 车辆换算系数

车辆类型	小客车	大型客车	大型货车	铰接车
换算系数	1.0	2.0	2.5	3.0

4.2 快速路

4.2.1 快速路应根据交通流行驶特征分为基本路段、分合流区和交织区，应分别采用相应的通行能力和服务水平。

4.2.2 快速路基本路段一条车道的基本通行能力和设计通行能力应符合表4.2.2的规定。

表4.2.2 快速路基本路段一条车道的通行能力

设计速度（km/h）	100	80	60
基本通行能力（pcu/h）	2200	2100	1800
设计通行能力（pcu/h）	2000	1750	1400

4.2.3 快速路基本路段服务水平分级应符合表4.2.3的规定，新建道路应按三级服务水平设计。

表4.2.3 快速路基本路段服务水平分级

设计速度(km/h)	服务水平等级		密度[pcu/(km·ln)]	平均速度(km/h)	负荷度 V/C	最大服务交通量[pcu/(h·ln)]
100	一级（自由流）		≤10	≥88	0.40	880
	二级（稳定流上段）		≤20	≥76	0.69	1520
	三级（稳定流）		≤32	≥62	0.91	2000
	四级	（饱和流）	≤42	≥53	≈1.00	2200
		（强制流）	>42	<53	>1.00	—

续表 4.2.3

设计速度（km/h）	服务水平等级		密度［pcu/(km·ln)］	平均速度（km/h）	负荷度 V/C	最大服务交通量［pcu/(h·ln)］
80	一级（自由流）		≤10	≥72	0.34	720
	二级（稳定流上段）		≤20	≥64	0.61	1280
	三级（稳定流）		≤32	≥55	0.83	1750
	四级	（饱和流）	≥50	≥40	≈1.00	2100
		（强制流）	<50	<40	>1.00	—
60	一级（自由流）		≤10	≥55	0.30	590
	二级（稳定流上段）		≤20	≥50	0.55	990
	三级（稳定流）		≤32	≥44	0.77	1400
	四级	（饱和流）	≤57	≥30	≈1.00	1800
		（强制流）	>57	<30	>1.00	—

4.2.4 快速路设计时采用的最大服务交通量应符合下列规定：

1 双向四车道快速路折合成当量小客车的年平均日交通量为 40000pcu～80000pcu。

2 双向六车道快速路折合成当量小客车的年平均日交通量为 60000pcu～120000pcu。

3 双向八车道快速路折合成当量小客车的年平均日交通量为 100000pcu～160000pcu。

4.3 其他等级道路

4.3.1 其他等级道路根据交通流特性和交通管理方式，可分为路段、信号交叉口、无信号交叉口等，应分别采用相应的通行能力和服务水平。

4.3.2 其他等级道路路段一条车道的基本通行能力和设计通行能力应符合表 4.3.2 的规定。

表 4.3.2 其他等级道路路段一条车道的通行能力

设计速度(km/h)	60	50	40	30	20
基本通行能力(pcu/h)	1800	1700	1650	1600	1400
设计通行能力(pcu/h)	1400	1350	1300	1300	1100

4.3.3 信号交叉口服务水平分级应符合表 4.3.3 的规定，新建道路应按三级服务水平设计。

表 4.3.3 信号交叉口服务水平分级

指标 \ 服务水平	一级	二级	三级	四级
控制延误(s/veh)	<30	30～50	50～60	>60
负荷度 V/C	<0.6	0.6～0.8	0.8～0.9	>0.9
排队长度(m)	<30	30～80	80～100	>100

4.3.4 无信号交叉口可分为次要道路停车让行、全部道路停车让行和环形交叉口三种形式。次要道路停车让行交叉口通行能力应保证次要道路上车辆可利用的穿越空档能满足次要道路上交通需求。

4.4 自 行 车 道

4.4.1 不受平面交叉口影响的一条自行车道的路段设计通行能力，当有机非分隔设施时，应取 1600veh/h～1800veh/h；当无分隔时，应取 1400veh/h～1600veh/h。

4.4.2 受平面交叉口影响的一条自行车道的路段设计通行能力，当有机非分隔设施时，应取 1000veh/h～1200veh/h；当无分隔时，应取 800veh/h～1000veh/h。

4.4.3 信号交叉口进口道一条自行车道的设计通行能力可取为 800veh/h～1000veh/h。

4.4.4 路段自行车道服务水平分级应符合表 4.4.4 的规定，设计时宜采用三级服务水平。

表 4.4.4 路段自行车道服务水平分级

指标 \ 服务水平	一级（自由骑行）	二级（稳定骑行）	三级（骑行受限）	四级（间断骑行）
骑行速度(km/h)	>20	20～15	15～10	10～5
占用道路面积(m^2)	>7	7～5	5～3	<3
负荷度	<0.40	0.55～0.70	0.70～0.85	>0.85

4.4.5 交叉口自行车道服务水平分级应符合表 4.4.5 的规定，设计时宜采用三级服务水平。

表 4.4.5 交叉口自行车道服务水平分级

指标 \ 服务水平	一级	二级	三级	四级
停车延误时间(s)	<40	40～60	60～90	>90
通过交叉口骑行速度(km/h)	>13	13～9	9～6	6～4
负荷度	<0.7	0.7～0.8	0.8～0.9	>0.9
路口停车率(%)	<30	30～40	40～50	>50
占用道路面积(m^2)	8～6	6～4	4～2	<2

4.5 人 行 设 施

4.5.1 人行设施的基本通行能力和设计通行能力应符合表 4.5.1 的规定。行人较多的重要区域设计通行能力宜采用低值，非重要区域宜采用高值。

表 4.5.1 人行设施基本通行能力和设计通行能力

人行设施类型	基本通行能力	设计通行能力
人行道，人/(h·m)	2400	1800～2100
人行横道，人/(hg·m)	2700	2000～2400
人行天桥，人/(h·m)	2400	1800～2000
人行地道，人/(h·m)	2400	1440～1640
车站码头的人行天桥、人行地道，人/(h·m)	1850	1400

注：hg 为绿灯时间。

4.5.2 人行道服务水平分级应符合表 4.5.2 的规定，设计时宜采用三级服务水平。

表 4.5.2　人行道服务水平分级

服务水平 指　标	一级	二级	三级	四级
人均占用面积(m^2)	＞2.0	1.2～2.0	0.5～1.2	＜0.5
人均纵向间距(m)	＞2.5	1.8～2.5	1.4～1.8	＜1.4
人均横向间距(m)	＞1.0	0.8～1.0	0.7～0.8	＜0.7
步行速度(m/s)	＞1.1	1.0～1.1	0.8～1.0	＜0.8
最大服务交通量[人/(h·m)]	1580	2500	2940	3600

5　横　断　面

5.1　一 般 规 定

5.1.1　横断面设计应按道路等级、服务功能、交通特性，结合各种控制条件，在规划红线宽度范围内合理布设。

5.1.2　横断面设计应满足远期交通功能需要。分期修建时应近远期结合，使近期工程成为远期工程的组成部分，并应预留管线位置，控制道路用地，给远期实施留有余地。城市建成区道路不宜分期修建。

5.1.3　改建道路应采取工程措施与道路交通管理相结合的方法布设横断面。

5.2　横断面布置

5.2.1　横断面可分为单幅路、两幅路、三幅路、四幅路及特殊形式的断面(图 5.2.1)。

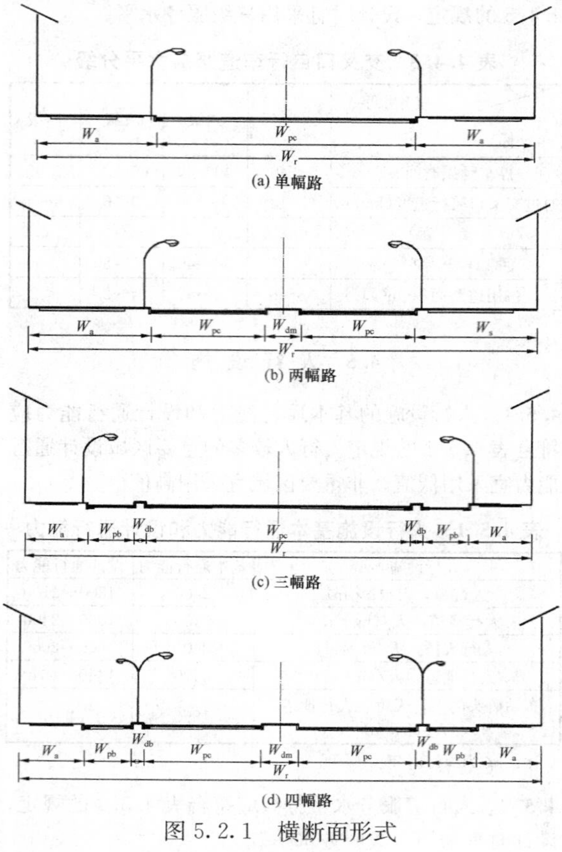

图 5.2.1　横断面形式

5.2.2　当快速路两侧设置辅路时，应采用四幅路；当两侧不设置辅路时，应采用两幅路。

5.2.3　主干路宜采用四幅路或三幅路；次干路宜采用单幅路或两幅路，支路宜采用单幅路。

5.2.4　对设置公交专用车道的道路，横断面布置应结合公交专用车道位置和类型全断面综合考虑，并应优先布置公交专用车道。

5.2.5　同一条道路宜采用相同形式的横断面。当道路横断面变化时，应设置过渡段。

5.2.6　桥梁与隧道横断面形式、车行道及路缘带宽度应与路段相同。

5.2.7　特大桥、大中桥分隔带宽度可适当缩窄，但应满足设置桥梁防护设施的要求。

5.3　横断面组成及宽度

5.3.1　横断面宜由机动车道、非机动车道、人行道、分车带、设施带、绿化带等组成，特殊断面还可包括应急车道、路肩和排水沟等。

5.3.2　机动车道宽度应符合下列规定：

1　一条机动车道最小宽度应符合表 5.3.2 的规定。

表 5.3.2　一条机动车道最小宽度

车型及车道类型	设计速度(km/h)	
	＞60	≤60
大型车或混行车道(m)	3.75	3.50
小客车专用车道(m)	3.50	3.25

2　机动车道路面宽度应包括车行道宽度及两侧路缘带宽度，单幅路及三幅路采用中间分隔物或双黄线分隔对向交通时，机动车道路面宽度还应包括分隔物或双黄线的宽度。

5.3.3　非机动车道宽度应符合下列规定：

1　一条非机动车道宽度应符合表 5.3.3 的规定。

表 5.3.3　一条非机动车道宽度

车辆种类	自行车	三轮车
非机动车道宽度(m)	1.0	2.0

2　与机动车道合并设置的非机动车道，车道数单向不应小于 2 条，宽度不应小于 2.5m。

3　非机动车专用道路面宽度应包括车道宽度及两侧路缘带宽度，单向不宜小于 3.5m，双向不宜小于 4.5m。

5.3.4　路侧带可由人行道、绿化带、设施带等组成(图 5.3.4)，路侧带的设计应符合下列规定：

1　人行道宽度必须满足行人安全顺畅通过的要求，并应设置无障碍设施。人行道最小宽度应符合表 5.3.4 的规定。

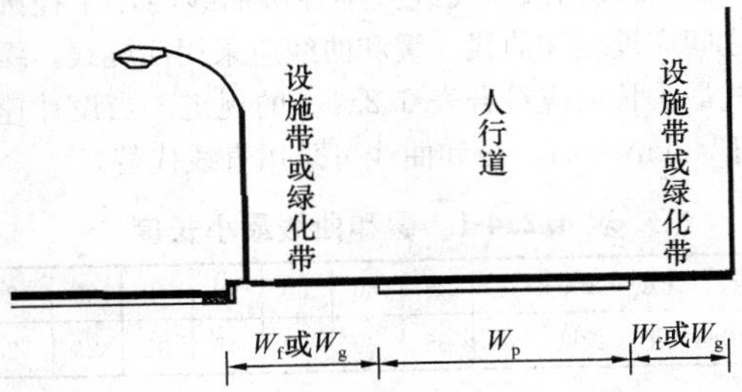

图 5.3.4　路侧带

表 5.3.4　人行道最小宽度

项　目	人行道最小宽度(m)	
	一般值	最小值
各级道路	3.0	2.0
商业或公共场所集中路段	5.0	4.0
火车站、码头附近路段	5.0	4.0
长途汽车站	4.0	3.0

2　绿化带的宽度应符合现行行业标准《城市道路绿化规划与设计规范》CJJ 75 的相关要求。当绿化带内设置雨水调蓄设施时，绿化带的宽度还应满足所设置设施的宽度要求。

3　设施带宽度应包括设置护栏、照明灯柱、标志牌、信号灯、城市公共服务设施等的要求，各种设施布局应综合考虑。设施带可与绿化带结合设置，但应避免各种设施间，以及与树木的相互干扰。当绿化带设置雨水调蓄设施时，应保证绿化带内设施及相邻路面结构的安全，必要时，应采取相应的防护及防渗措施。

5.3.5　分车带的设置应符合下列规定：

1　分车带按其在横断面中的不同位置及功能，可分为中间分车带(简称中间带)及两侧分车带(简称两侧带)，分车带由分隔带及两侧路缘带组成(图 5.3.5)。

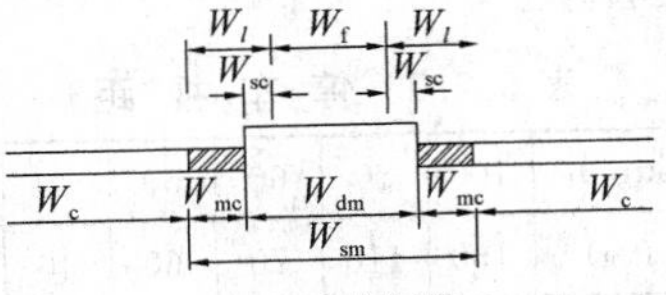

(a) 中间带

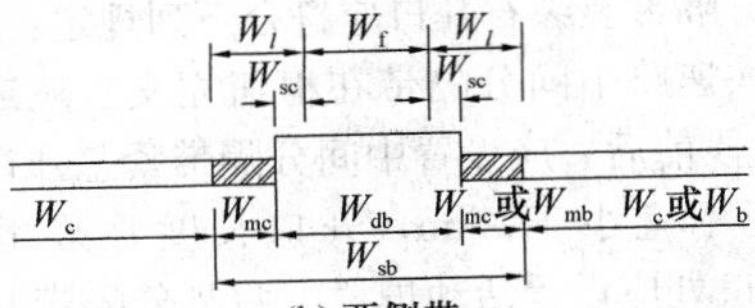

(b) 两侧带

图 5.3.5　分车带

2　分车带最小宽度应符合表 5.3.5 的规定。

表 5.3.5　分车带最小宽度

类　别		中间带		两侧带	
设计速度(km/h)		≥60	<60	≥60	<60
路缘带宽度(m)	机动车道	0.50	0.25	0.50	0.25
	非机动车	—	—	0.25	0.25
安全带宽度 W_{sc}(m)	机动车道	0.25	0.25	0.25	0.25
	非机动车	—	—	0.25	0.25
侧向净宽 W_l(m)	机动车道	0.75	0.50	0.75	0.50
	非机动车	—	—	0.50	0.50
分隔带最小宽度(m)		1.50	1.50	1.50	1.50
分车带最小宽度(m)		2.50	2.00	2.50(2.25)	2.00

注：1　侧向净宽为路缘带宽度与安全带宽度之和；
2　两侧带分隔带宽度中，括号外为两侧均为机动车道时取值；括号内数值为一侧为机动车道，另一侧为非机动车道时的取值；
3　分隔带最小宽度值系按设施带宽度为 1m 考虑的，具体应用时，应根据设施带实际宽度确定。
4　当分隔带内设置雨水调蓄设施时，宽度还应满足所设置设施的宽度要求。

3　分隔带应采用立缘石围砌，需要考虑防撞要求时，应采用相应等级的防撞护栏。当需要在道路分隔带中设置雨水调蓄设施时，立缘石的设置形式应满足排水的要求。

5.3.6　当快速路单向机动车道数小于 3 条时，应设不小于 3.0m 的应急车道。当连续设置有困难时，应设置应急停车港湾，间距不应大于 500m，宽度不应小于 3.0m。

5.3.7　路肩设置应符合下列规定：

1　采用边沟排水的道路应在路面外侧设置保护性路肩，中间设置排水沟的道路应设置左侧保护性路肩。

2　保护性路肩宽度自路缘带外侧算起，快速路不应小于 0.75m；其他等级道路不应小于 0.50m；当有少量行人时，不应小于 1.50m。当需设置护栏、杆柱、交通标志时，应满足其设置要求。

5.4　路拱与横坡

5.4.1　道路横坡应根据路面宽度、路面类型、纵坡及气候条件确定，宜采用 1.0%～2.0%。快速路及降雨量大的地区宜采用 1.5%～2.0%；严寒积雪地区、透水路面宜采用 1.0%～1.5%。保护性路肩横坡度可比路面横坡度加大 1.0%。

5.4.2　单幅路应根据道路宽度采用单向或双向路拱横坡；多幅路应采用由路中线向两侧的双向路拱横坡、人行道宜采用单向横坡，坡向应朝向雨水设施设置位置的一侧。

5.5　缘　　石

5.5.1　缘石应设置在中间分隔带、两侧分隔带及路侧带两侧，缘石可分为立缘石和平缘石。

5.5.2 立缘石宜设置在中间分隔带、两侧分隔带及路侧带两侧。当设置在中间分隔带及两侧分隔带时，外露高度宜为15cm～20cm；当设置在路侧带两侧时，外露高度宜为10cm～15cm。排水式立缘石尺寸、开孔形状等应根据设计汇水量计算确定。

5.5.3 平缘石宜设置在人行道与绿化带之间，以及有无障碍要求的路口或人行横道范围内。

6 平面和纵断面

6.1 一 般 规 定

6.1.1 平面和纵断面设计应符合城市路网规划、道路红线、道路功能，并应综合考虑土地利用、文物保护、环境景观、征地拆迁等因素。

6.1.2 平面和纵断面应与地形地物、地质水文、地域气候、地下管线、排水等要求结合，并应符合各级道路的技术指标，应与周围环境相协调，线形应连续与均衡。

6.1.3 城市快速路、主干路应做好路线的线形组合设计，各技术指标应恰当、平面顺适、断面均衡、横断面合理；各结构物的选型与布置应合理、实用、经济。

6.2 平 面 设 计

6.2.1 道路平面线形由直线、平曲线组成，平曲线由圆曲线、缓和曲线组成，应处理好直线与平曲线的衔接，合理地设置缓和曲线、超高、加宽等。

6.2.2 道路圆曲线最小半径应符合表6.2.2的规定。一般情况下应采用大于或等于不设超高最小半径值；当地形条件受限制时，可采用设超高最小半径的一般值；当地形条件特别困难时，可采用设超高最小半径的极限值。

表6.2.2 圆曲线最小半径

设计速度（km/h）		100	80	60	50	40	30	20
不设超高最小半径（m）		1600	1000	600	400	300	150	70
设超高最小半径（m）	一般值	650	400	300	200	150	85	40
	极限值	400	250	150	100	70	40	20

注："一般值"为正常情况下的采用值；"极限值"为条件受限时，可采用的值。

6.2.3 平曲线与圆曲线最小长度应符合表6.2.3的规定。

表6.2.3 平曲线与圆曲线最小长度

设计速度（km/h）		100	80	60	50	40	30	20
平曲线最小长度（m）	一般值	260	210	150	130	110	80	60
	极限值	170	140	100	85	70	50	40
圆曲线最小长度（m）		85	70	50	40	35	25	20

6.2.4 直线与圆曲线或大半径圆曲线与小半径圆曲线之间应设缓和曲线。缓和曲线应采用回旋线，缓和曲线最小长度应符合表6.2.4-1的规定。当设计速度小于40km/h时，缓和曲线可采用直线代替。

表6.2.4-1 缓和曲线最小长度

设计速度（km/h）	100	80	60	50	40	30	20
缓和曲线最小长度（m）	85	70	50	45	35	25	20

当圆曲线半径大于表6.2.4-2不设缓和曲线的最小圆曲线半径时，直线与圆曲线可直接连接。

表6.2.4-2 不设缓和曲线的最小圆曲线半径

设计速度（km/h）	100	80	60	50	40
不设缓和曲线的最小圆曲线半径（m）	3000	2000	1000	700	500

6.2.5 当圆曲线半径小于本规范表6.2.2中不设超高最小半径时，在圆曲线范围内应设超高。最大超高横坡度应符合本规范表6.2.5的规定。当由直线段的正常路拱断面过渡到圆曲线上的超高断面时，必须设置超高缓和段。

表6.2.5 最大超高横坡度

设计速度（km/h）	100，80	60，50	40，30，20
最大超高横坡（%）	6	4	2

6.2.6 当圆曲线半径小于或等于250m时，应在圆曲线内侧加宽，并应设置加宽缓和段。

6.2.7 视距应符合下列规定：

1 停车视距应大于或等于表6.2.7规定值，积雪或冰冻地区的停车视距宜适当增长。

2 当车行道上对向行驶的车辆有会车可能时，应采用会车视距，其值应为表6.2.7中停车视距的两倍。

3 对货车比例较高的道路，应验算货车的停车视距。

4 对设置平、纵曲线可能影响行车视距路段，应进行视距验算。

表6.2.7 停 车 视 距

设计速度（km/h）	100	80	60	50	40	30	20
停车视距（m）	160	110	70	60	40	30	20

6.2.8 分隔带及缘石开口应符合下列规定：

1 快速路中间分隔带在枢纽立交、隧道、特大桥及路堑段前后，应设置中间分隔带紧急开口。开口最小间距不宜小于2km，开口长度宜采用20m～30m，开口处应设置活动护栏。两侧分隔带开口应符合进出口最小间距要求。

2 主干路的两侧分隔带断口间距宜大于或等于300m，路侧带缘石开口距交叉口间距应大于进出口道展宽段长度。

6.3 纵断面设计

6.3.1 机动车道最大纵坡应符合表6.3.1的规定，并应符合下列规定：

表 6.3.1 机动车道最大纵坡

设计速度（km/h）		100	80	60	50	40	30	20
最大纵坡（%）	一般值	3	4	5	5.5	6	7	8
	极限值	4	5	6		7	8	

1 新建道路应采用小于或等于最大纵坡一般值；改建道路、受地形条件或其他特殊情况限制时，可采用最大纵坡极限值。

2 除快速路外的其他等级道路，受地形条件或其他特殊情况限制时，经技术经济论证后，最大纵坡极限值可增加1.0%。

3 积雪或冰冻地区的快速路最大纵坡不应大于3.5%，其他等级道路最大纵坡不应大于6.0%。

6.3.2 道路最小纵坡不应小于0.3%；当遇特殊困难纵坡小于0.3%时，应设置锯齿形边沟或采取其他排水设施。

6.3.3 纵坡的最小坡长应符合表6.3.3规定。

表 6.3.3 最小坡长

设计速度（km/h）	100	80	60	50	40	30	20
最小坡长（m）	250	200	150	130	110	85	60

6.3.4 当道路纵坡大于本规范表6.3.1所列的一般值时，纵坡最大坡长应符合表6.3.4的规定。道路连续上坡或下坡，应在不大于表6.3.4规定的纵坡长度之间设置纵坡缓和段。缓和段的纵坡不应大于3%，其长度应符合本规范表6.3.3最小坡长的规定。

表 6.3.4 最大坡长

设计速度（km/h）	100	80	60			50			40		
纵坡（%）	4	5	6	6.5	7	6	6.5	7	6.5	7	8
最大坡长（m）	700	600	400	350	300	350	300	250	300	250	200

6.3.5 非机动车道纵坡宜小于2.5%；当大于或等于2.5%时，纵坡最大坡长应符合表6.3.5的规定。

表 6.3.5 非机动车道最大坡长

纵坡（%）		3.5	3.0	2.5
最大坡长（m）	自行车	150	200	300
	三轮车	—	100	150

6.3.6 各级道路纵坡变化处应设置竖曲线，竖曲线宜采用圆曲线，竖曲线最小半径与竖曲线最小长度应符合表6.3.6规定。一般情况下应大于或等于一般值；特别困难时可采用极限值。

表 6.3.6 竖曲线最小半径与竖曲线最小长度

设计速度（km/h）		100	80	60	50	40	30	20
凸形竖曲线（m）	一般值	10000	4500	1800	1350	600	400	150
	极限值	6500	3000	1200	900	400	250	100
凹形竖曲线（m）	一般值	4500	2700	1500	1050	700	400	150
	极限值	3000	1800	1000	700	450	250	100
竖曲线长度（m）	一般值	210	170	120	100	90	60	50
	极限值	85	70	50	40	35	25	20

6.3.7 在设有超高的平曲线上，超高横坡度与道路纵坡度的合成坡度应小于或等于表6.3.7的规定。

表 6.3.7 合成坡度

设计速度（km/h）	100，80	60，50	40，30	20
合成坡度（%）	7.0	7.0	7.0	8.0

注：积雪或冰冻地区道路的合成坡度应小于或等于6.0%。

6.4 线形组合设计

6.4.1 线形组合应满足行车安全、舒适以及与沿线环境、景观协调的要求，平面、纵断面线形应均衡，路面排水应通畅。

6.4.2 线形组合设计应符合下列规定：

1 应使线形在视觉上能自然地诱导驾驶员的视线，并应保持视觉的连续性。

2 应避免平面、纵断面、横断面极限值的相互组合设计。

3 平、纵面线形应相互对应，技术指标大小均衡连续，以及与之相邻路段各技术指标的均衡、连续。

4 条件受限时选用平面、纵断面的各接近或最大、最小值及其组合时，应考虑前后地形、技术指标运用等对实际运行速度的影响。

5 横坡与纵坡应组合得当，并应利于路面排水和行车安全。

7 道路与道路交叉

7.1 一般规定

7.1.1 道路与道路交叉可分为平面交叉和立体交叉。交叉形式应根据道路网规划、相交道路等级及有关技术、经济和环境效益的分析合理确定。

7.1.2 道路交叉口设计应符合下列规定：

1 应保障交通安全，使交叉口车流有序、畅通、舒适，并应兼顾景观。

2 应兼顾所有交通使用者的需求，处理好与其他交通方式的衔接。

3 应合理确定建设规模，分期建设时，应近远期结合。

4　应综合考虑交通组织、几何设计、交通管理方式和交通工程设施等内容。

5　除考虑本交叉口流量、流向以外，还应分析相邻或相关交叉口的影响。

6　改建设计应同时考虑原有交叉口情况，合理确定改建规模。

7.1.3　道路交叉口设计应符合现行行业标准《城市道路交叉口设计规程》CJJ 152 的规定。

7.2　平 面 交 叉

7.2.1　平面交叉口应按交通组织方式分类，并应符合下列规定：

1　平 A 类：信号控制交叉口

平 A_1 类：交通信号控制，进口道展宽交叉口；

平 A_2 类：交通信号控制，进口道不展宽交叉口。

2　平 B 类：无信号控制交叉口

平 B_1 类：支路只准右转通行的交叉口；

平 B_2 类：减速让行或停车让行标志管制交叉口；

平 B_3 类：全无管制交叉口。

3　平 C 类：环形交叉口。

7.2.2　平面交叉口的选型，应符合表 7.2.2 的规定。

表 7.2.2　平面交叉口选型

平面交叉口类型	选型	
	推荐形式	可选形式
主干路-主干路	平 A_1 类	—
主干路-次干路	平 A_1 类	—
主干路-支路	平 B_1 类	平 A_1 类
次干路-次干路	平 A_1 类	—
次干路-支路	平 B_2 类	平 A_1 类或平 B_1 类
支路-支路	平 B_2 类或平 B_3 类	平 C 类或平 A_2 类

7.2.3　平面交叉口设计应符合下列规定：

1　新建平面交叉口不得出现超过 4 叉的多路交叉口、错位交叉口、畸形交叉口以及交角小于 70°（特殊困难时为 45°）的斜交交叉口。已有的错位交叉口、畸形交叉口应加强交通组织与管理，并应加以改造。

2　平面交叉口的交通组织和渠化方式应根据相交道路等级、功能定位、交通量、交通管理条件等因素确定。信号交叉口平面设计应与信号控制方案协调一致，渠化设计不应压缩行人和非机动车的通行空间。

3　交叉口附近设置公交停靠站时，应根据公交线路走向、道路类型、交叉口交通状况，结合站点类别、规模、用地条件合理确定。应保证乘客安全，方便换乘、过街，有利于公交车安全停靠、顺利驶出，且不影响交叉口的通行能力。

4　地块及建筑物机动车出入口不得设在交叉口范围内，且不宜设在主干路上，宜经支路或专为集散车辆用的地块内部道路与次干路相通。

5　桥梁、隧道两端不宜设置平面交叉口。

7.2.4　平面交叉口范围内道路平面线形宜采用直线；当需采用曲线时，其曲线半径不宜小于不设超高的最小圆曲线半径。

7.2.5　平面交叉口范围内道路竖向设计应保证行车舒顺和排水通畅，交叉口进口道纵坡不宜大于 2.5%，困难情况下不应大于 3%，山区城市道路等特殊情况，在保证安全的情况下可适当增加。

7.2.6　交叉口渠化进口道车道数应大于上游路段的车道数，每条车道的宽度不宜小于 3.0m；出口道车道数应与上游各进口道同一信号相位流入的最大进口车道数相匹配，车道宽度宜与路段一致。

7.2.7　交叉口视距三角形范围内不得存在任何妨碍驾驶员视线的障碍物。

7.3　立 体 交 叉

7.3.1　立体交叉口应根据相交道路等级、直行及转向（主要是左转）车流行驶特征、非机动车对机动车干扰等分类，主要类型及交通流行驶特征宜符合表 7.3.1 的规定，分类应符合下列规定：

1　立 A 类：枢纽立交

立 A_1 类：主要形式为全定向、喇叭形、组合式全互通立交；

立 A_2 类：主要形式为喇叭形、苜蓿叶形、半定向、组合式全互通立交。

2　立 B 类：一般立交

主要形式为喇叭形、苜蓿叶形、环形、菱形、迂回式、组合式全互通或半互通立交。

3　立 C 类：分离式立交。

表 7.3.1　立体交叉口类型及交通流行驶特征

立体交叉口类型	主路直行车流行驶特征	转向车流行驶特征	非机动车及行人干扰情况
立 A 类（枢纽立交）	连续快速行驶	较少交织、无平面交叉	机非分行，无干扰
立 B 类（一般立交）	主要道路连续快速行驶，次要道路存在交织或平面交叉	部分转向交通存在交织或平面交叉	主要道路机非分行，无干扰；次要道路机非混行，有干扰
立 C 类（分离式立交）	连续行驶	不提供转向功能	—

7.3.2 立体交叉口选型应根据交叉口在道路网中的地位、作用、相交道路的等级，结合交通需求和控制条件确定，并应符合表7.3.2的规定。

表7.3.2 立体交叉口选型

立体交叉口类型	选型	
	推荐形式	可选形式
快速路-快速路	立 A_1 类	—
快速路-主干路	立B类	立 A_2 类、立C类
快速路-次干路	立C类	立B类
快速路-支路	—	立C类
主干路-主干路	—	立B类

注：当城市道路与公路相交时，高速公路按快速路、一级公路按主干路、二级和三级公路按次干路、四级公路按支路，确定与公路相交的城市道路交叉口类型。

7.3.3 立交范围内快速路主路基本车道数应与路段基本车道数连续一致，匝道车道数应根据匝道交通量确定，进出口前后应保持主路车道数平衡，不能保证时应在主路车道右侧设置辅助车道。

7.3.4 立交范围内主路横断面车行道布置宜与主路路段相同。当设集散车道时，集散车道应布置在主路机动车道右侧，其间宜设分车带。主路变速车道路段的横断面应根据变速车道平面设计形式确定。

7.3.5 立交范围内主路平面线形标准不应低于路段标准，在进出立交的主路路段，其行车视距宜大于或等于1.25倍的停车视距。

7.3.6 立交匝道出入口处，应设置变速车道。变速车道分直接式与平行式两种，减速车道宜采用直接式，加速车道宜采用平行式。

7.3.7 立交范围内出入口间距应能保证主路交通不受分合流交通的干扰，并应为分合流交通加减速及转换车道提供安全可靠的条件。立交出入口间距不足时，应设置集散车道。

7.3.8 设有辅路系统的道路相交，当交叉口设置为枢纽立交时，立交区应设置与主路分行的辅路系统；当交叉口设置为具有明显集散作用的一般立交时，其辅路系统可与匝道布置结合考虑。

7.3.9 立交范围内非机动车系统应连续，可采用机非混行或机非分行的形式。

7.3.10 立交范围内人行系统应满足人行道最小宽度要求，并应布设无障碍设施。

7.3.11 立交范围内公交车站的设置应与路段综合考虑，并应设置为港湾式。

8 道路与轨道交通线路交叉

8.1 一般规定

8.1.1 道路与轨道交通线路交叉可分为平面交叉和立体交叉。交叉形式应根据道路与轨道交通线路的性质、等级、交通量、地形条件、安全要求等因素综合确定，应优先采用立体交叉。

8.1.2 道路与轨道交通线路交叉工程需分期修建时，应考虑近远期结合。

8.1.3 道路与轨道交通线路交叉设计应合理利用地形，减少工程量，节约用地。

8.1.4 道路与轨道交通线路交叉宜采用正交，当需斜交时，交叉角应大于或等于45°。

8.2 立体交叉

8.2.1 道路与铁路交叉时，应符合下列规定：

1 快速路和重要的主干路与铁路交叉时，必须设置立体交叉。

2 对行驶有轨电车或无轨电车的道路与铁路交叉，必须设置立体交叉。

3 主干路、次干路、支路与铁路交叉，当道口交通量大或铁路调车作业繁忙时，应设置立体交叉。

4 各级道路与旅客列车设计行车速度大于或等于120km/h的铁路交叉，应设置立体交叉。

5 当受地形等条件限制，采用平面交叉危及行车安全时，应设置立体交叉。

6 道路与铁路交叉，机动车交通量不大，但非机动车和行人流量较大时，可设置人行立体交叉或非机动车与行人合用的立体交叉。

8.2.2 各级道路与城市轨道交通线路交叉时，必须设置立体交叉。

8.2.3 道路与轨道交通立体交叉的建筑限界应符合下列规定：

1 道路下穿时，道路的建筑限界应符合本规范第3.4节的要求。

2 道路上跨时，轨道交通的建筑限界应符合现行铁路和城市轨道交通建筑限界标准的要求。

8.2.4 桥梁等构筑物的设置应满足道路、轨道交通视距的要求。

8.2.5 与轨道交通立体交叉的道路应设置交通安全防护设施，同时应符合国家现行相关规范的要求。

8.3 平面交叉

8.3.1 次干路、支路与运量不大的铁路支线、地方铁路、工业企业铁路交叉时，可设置平交道口。平交道口不应设置在铁路道岔处、站场范围内、铁路曲线段以及道路与铁路通视条件不符合行车安全要求的路段上。

8.3.2 通过道口的道路平面线形应为直线。从最外侧钢轨外缘算起的道路直线段最小长度应大于或等于30m。

8.3.3 道路与铁路平交时，应优先设置自动信号控制或有人值守道口。

8.3.4 无人值守或未设置自动信号的平交道口视距三角形范围内（图 8.3.4），严禁有任何妨碍机动车驾驶员视线的障碍物，机动车驾驶员要求的最小瞭望视距（S_c）应符合表 8.3.4 规定。

表 8.3.4 平交道口最小瞭望视距

路段旅客列车设计行车速度（km/h）	机动车驾驶员侧向最小瞭望视距 S_c（m）
100	340
80	270
70	240
55	190
40	140

注：机动车驾驶员侧向视距系按停车视距 50m 计算的，如有特殊应另行计算确定。

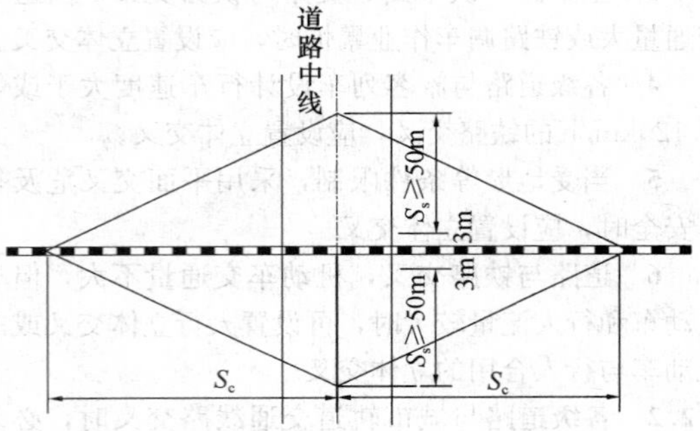

图 8.3.4 道口视距三角形

8.3.5 道口两侧应设平台，并应符合下列规定：

1 自最外侧钢轨外缘至最近竖曲线切点间的平台长度应大于或等于 16m。

2 紧接道口平台两端的道路纵坡不应大于表 8.3.5 的数值。

表 8.3.5 紧接道口平台两端的道路纵坡（%）

道路类型	机动车与非机动车混行车道	机动车道
一般值	2.5	3.0
极限值	3.5	5.0

8.3.6 道口铺面铺设应符合现行国家标准《铁路线路设计规范》GB 50090 的规定。

8.3.7 道口安全防护设施应符合下列规定：

1 有人看守道口应设置道口看守房，并应设置电力照明以及栏木、有线或无线通信、道口自动通知、道口自动信号、遮断信号等安全预警设备。

2 无人看守道口应设置警示标志，并应根据需要设置道口自动信号和道口监护设施。

3 道口两侧的道路上除应按规定设置护桩外，还应设置交通标志、路面标线、立面标志，电气化铁路的道口应在道路上设置限界架。

8.3.8 道路与有轨电车道交叉道口应符合下列规定：

1 交叉道口处的通视条件应符合道路与道路平面交叉的规定。

2 交叉道口处的道路线形宜为直线。

3 道口有轨电车道的轨面标高宜与道路路面标高一致。

4 应作好平交道口的交通组织设计，处理好车流、人流的关系，合理布设人行道、车行道及有轨电车车站出入通道，并应按规定设置道口信号、行车标志、标线等交通管理设施。交叉道口信号应按有轨电车优先的原则设置。

9 行人和非机动车交通

9.1 一 般 规 定

9.1.1 行人及非机动车交通系统应安全、连续、舒适，不宜中断或缩减人行道及非机动车道的有效通行宽度。

9.1.2 行人及非机动车交通系统应与道路沿线的居住区、商业区、城市广场、交通枢纽等内部的相关设施紧密结合，构成完整的交通系统。

9.1.3 行人交通系统应设置无障碍设施，并应符合现行行业标准《城市道路和建筑物无障碍设计规范》JGJ 50 的规定。

9.2 行 人 交 通

9.2.1 行人交通设施应包括人行道、步行街以及人行横道、人行天桥和人行地道等过街设施，设施的设置应根据行人流量和流线确定。

9.2.2 人行过街设施的布设应与公交车站的位置结合。在学校、幼儿园、医院、养老院等附近，应设置人行过街设施。

9.2.3 人行道的设计应符合本规范第 5.3 节的规定。

9.2.4 人行横道的设置应符合下列规定：

1 交叉口处应设置人行横道，路段内人行横道应布设在人流集中、通视良好的地点，并应设醒目标志。人行横道间距宜为 250m～300m。

2 当人行横道长度大于 16m 时，应在分隔带或道路中心线附近的人行横道处设置行人二次过街安全岛，安全岛宽度不应小于 2.0m，困难情况下不应小于 1.5m。

3 人行横道的宽度应根据过街行人数量及信号控制方案确定，主干路的人行横道宽度不宜小于 5m，其他等级道路的人行横道宽度不宜小于 3m。宜采用 1m 为单位增减。

4 对视距受限制的路段和急弯陡坡等危险路段以及车行道宽度渐变路段，不应设置人行横道。

9.2.5 人行天桥和人行地道的设置应符合下列规定：

1 快速路行人过街必须设置人行天桥或人行地道，其他道路应根据机动车交通量和行人过街需求设置人行天桥或人行地道。

2 在商业或车站、码头等区域人行天桥或人行地道的设置宜与两侧建筑物或地下开发相结合。有特殊需要时，可设置专用过街设施。

3 当自行车过街交通量不大时，人行天桥和人行地道可设置推行自行车过街的坡道。

4 人行天桥和人行地道的其他设置条件应符合现行行业标准《城市人行天桥与人行地道技术规范》CJJ 69的规定。

9.2.6 步行街的设计应符合下列规定：

1 步行街的规模应适应各重要吸引点的合理步行距离，步行距离不宜超过1000m。

2 步行街的宽度可采用10m～15m，其间可配置小型广场。步行道路和广场的面积，可按每平方米容纳0.8人～1.0人计算。

3 步行街与两侧道路的距离不宜大于200m，步行街进出口距公共交通停靠站的距离不宜大于100m。

4 步行街附近应有相应规模的机动车和非机动车停车场，机动车停车场距步行街进出口的距离不宜大于100m，非机动车停车场距步行街进出口的距离不宜大于50m。

5 步行街应满足消防车、救护车、送货车和清扫车等的通行要求。

9.3 非机动车交通

9.3.1 主干路非机动车道应与机动车道分隔设置；当次干路设计速度大于或等于40km/h时，非机动车道宜与机动车道分隔设置。

9.3.2 非机动车道的设计应符合本规范第5.3节的规定。

9.3.3 非机动车专用路的设计速度宜采用15km/h～20km/h，并应设置相应的交通安全、排水、照明、绿化等设施。

10 公共交通设施

10.1 一般规定

10.1.1 道路设计中应包括与道路相关的公共交通专用车道和车站的设计。

10.1.2 公交专用车道的设计应与城市道路功能相匹配，合理使用道路资源。

10.1.3 公交车站应与周边行人、非机动车系统统一设计，并根据需求设置非机动车停车区域。

10.2 公共交通专用车道

10.2.1 公共交通专用车道可分为快速公交专用车道和常规公交专用车道。

10.2.2 快速公交专用车道的设计应符合下列规定：

1 快速公交专用车道可布置在道路中央或道路两侧，中央专用车道按上下行有无物体隔离又可分为分离式和整体式，应优先选用中央整体式专用车道。

2 快速公交专用车道当单独布置时，设计速度可采用40km/h～60km/h；当与其他车道同断面布置时应与道路的设计速度协调统一。

3 快速公交专用车道单车道宽度不应小于3.5m。

4 快速公交专用车道与其他车道应采用物体或标线分隔，分离式单车道物体隔离连续长度不应大于300m。

5 快速公交系统应优先通过平交路口。

6 快速公交专用车道的设计应符合现行行业标准《快速公共汽车交通系统设计规范》CJJ 136的有关规定。

10.2.3 常规公交专用车道的设计应符合下列规定：

1 主、次干路每条车道交通量大于500pcu/h及公交车辆大于90辆/h时，宜设置常规公交专用车道。

2 常规公交专用车道宜设置在最外侧车道上。

3 常规公交专用车道单车道宽度不应小于3.5m。

4 常规公交专用车道在平交路口宜连续设置。

10.3 公共交通车站

10.3.1 快速公交车站的设计应符合下列规定：

1 车站应结合快速公交规划设置，同时应与常规公交及城市轨道交通等其他交通系统合理衔接。

2 车站可分为单侧停靠车站和双侧停靠车站，双侧停靠的站台宽度不应小于5m，单侧停靠的站台宽度不应小于3m。

3 多条线路在停靠车站区间应单独布置停车道，停车道的宽度不应小于3m。

4 站台长度应满足车辆停靠、人流集散及相关设施布设的要求。

5 车辆停靠长度应根据车辆停靠数量和车型确定，最小长度应满足两辆车同时停靠的要求，车辆长度应根据选择的车型确定。

6 乘客过街可采用平面或立体过街方式。

7 车站设计应符合现行行业标准《快速公共汽车交通系统设计规范》CJJ 136的有关规定。

10.3.2 常规公交车站的设计应符合下列规定：

1 车站应结合常规公交规划、沿线交通需求及城市轨道交通等其他交通站点设置。城区停靠站间距宜为400m～800m，郊区停靠站间距应根据具体情况确定。

2 车站可为直接式和港湾式，城市主、次干路和交通量较大的支路上的车站，宜采用港湾式。

3 道路交叉口附近的车站宜安排在交叉口出口道一侧，距交叉口出口缘石转弯半径终点宜大于50m。

4 站台长度最短应按同时停靠两辆车布置，最长不应超过同时停靠4辆车的长度，否则应分开设置。

5 站台高度宜采用0.15m～0.20m，站台宽度不宜小于2m；当条件受限时，站台宽度不得小于1.5m。

10.3.3 出租车停靠站的设计应符合下列规定：

1 交通繁忙、行人流量大、禁止随意停车的地段，应设置出租车停靠站。

2 停靠站应结合人行系统设置，方便上落，同时应减少对道路交通的干扰。

3 停靠站应根据道路交通条件宜采用直接式或港湾式。

10.3.4 公共交通车站应设置无障碍设施，并应符合现行行业标准《城市道路和建筑物无障碍设计规范》JGJ 50的规定。

11 公共停车场和城市广场

11.1 一般规定

11.1.1 公共停车场和城市广场的位置、规模应符合城市规划布局和道路交通组织需要，合理布置。

11.1.2 公共停车场和城市广场的内部交通组织及竖向设计应与周边的交通组织和竖向条件相适应。

11.1.3 公共停车场和城市广场应设置无障碍设施，并应符合现行行业标准《城市道路和建筑物无障碍设计规范》JGJ 50的规定。

11.2 公共停车场

11.2.1 在大型公共建筑、交通枢纽、人流车流量大的广场等处均应布置适当容量的公共停车场。

11.2.2 公共停车场的规模应按服务对象、交通特征等因素确定。

11.2.3 停车场平面设计应有效地利用场地，合理安排停车区及通道，应满足消防要求，并留出辅助设施的位置。

11.2.4 按停放车辆类型，公共停车场可分为机动车停车场与非机动车停车场。

11.2.5 机动车停车场的设计应符合下列规定：

1 机动车停车场设计应根据使用要求分区、分车型设计。如有特殊车型，应按实际车辆外廓尺寸进行设计。

2 机动车停车场内车位布置可按纵向或横向排列分组安排，每组停车不应超过50veh。当各组之间无通道时，应留出大于或等于6m的防火通道。

3 机动车停车场的出入口不宜设在主干路上，可设在次干路或支路上，并应远离交叉口；不得设在人行横道、公共交通停靠站及桥隧引道处。出入口的缘石转弯曲线切点距铁路道口的最外侧钢轨外缘不应小于30m。距人行天桥和人行地道的梯道口不应小于50m。

4 停车场出入口位置及数量应根据停车容量及交通组织确定，且不应少于2个，其净距宜大于30m；条件困难或停车容量小于50veh时，可设一个出入口，但其进出口应满足双向行驶的要求。

5 停车场进出口净宽，单向通行的不应小于5m，双向通行的不应小于7m。

6 停车场出入口应有良好的通视条件，视距三角形范围内的障碍物应清除。

7 停车场的竖向设计应与排水相结合，坡度宜为0.3%～3.0%。

8 机动车停车场出入口及停车场内应设置指明通道和停车位的交通标志、标线。

11.2.6 非机动车停车场的设计应符合下列规定：

1 非机动车停车场出入口不宜少于2个。出入口宽度宜为2.5m～3.5m。场内停车区应分组安排，每组场地长度宜为15m～20m。

2 非机动车停车场坡度宜为0.3%～4.0%。停车区宜有车棚、存车支架等设施。

11.3 城市广场

11.3.1 城市广场按其性质、用途可分为公共活动广场、集散广场、交通广场、纪念性广场与商业广场等。

11.3.2 广场设计应按城市总体规划确定的性质、功能和用地范围，结合交通特征、地形、自然环境等进行，应处理好与毗连道路及主要建筑物出入口的衔接，以及和四周建筑物协调，并应体现广场的艺术风貌。

11.3.3 广场设计应按高峰时间人流量、车流量确定场地面积，按人车分流的原则，合理布置人流、车流的进出通道、公共交通停靠站及停车等设施。

11.3.4 广场竖向设计应符合下列规定：

1 竖向设计应根据平面布置、地形、周围主要建筑物及道路标高、排水等要求进行，并兼顾广场整体布置的美观。

2 广场设计坡度宜为0.3%～3.0%。地形困难时，可建成阶梯式。

3 与广场相连接的道路纵坡宜为0.5%～2.0%。困难时纵坡不应大于7.0%，积雪及寒冷地区不应大于5.0%。

4 出入口处应设置纵坡小于或等于2.0%的缓坡段。

11.3.5　广场与道路衔接的出入口设计应满足行车视距的要求。

11.3.6　广场应布置分隔、导流等设施，并应配置完善的交通标识系统。

11.3.7　广场排水应结合地形、广场面积、排水设施，采用单向或多向排水，且应满足城市防洪、排涝的要求。

12　路基和路面

12.1　一 般 规 定

12.1.1　路基、路面设计应根据道路功能、类型和等级，结合沿线地形地质、水文气象及路用材料等条件，因地制宜、合理选材、节约资源。应使用节能降耗型路面设计和积极应用路面材料再生利用技术，并应选择技术先进、经济合理、安全可靠、方便施工的路基路面结构。

12.1.2　路基、路面应具有足够的强度和稳定性以及良好的抗变形能力和耐久性。同时，路面面层还应满足平整和抗滑的要求。

12.1.3　快速路、主干路的路基、路面不宜分期修建。对初期交通量较小的道路，以及软土地区、湿陷性黄土地区等可能产生较大沉降的路段，可按“一次设计，分期修建”的原则实施。

12.1.4　路基、路面排水设计应根据道路排水总体设计的要求，结合沿线水文、气象、地形、地质等自然条件，设置必要的地表排水和地下排水设施，并应形成合理、完整的排水系统。

12.2　路　　基

12.2.1　道路路基应符合下列规定：

1　路基必须密实、均匀，应具有足够的强度、稳定性、抗变形能力和耐久性；并应结合当地气候、水文和地质条件，采取防护措施。

2　路基工程应节约用地、保护环境，减少对自然、生态环境的影响。

3　路基断面形式应与沿线自然环境和城市环境相协调，不得深挖、高填；同时应因地制宜，合理利用当地材料和工业废料修筑路基。

4　路基工程应包括排水系统、防排水设施和防护设施的设计。

5　对特殊路基，应查明情况，分析危害，结合当地成功经验，采取相应措施，增强工程可靠性。

12.2.2　路基设计回弹模量和湿度状况应符合下列规定：

1　快速路和主干路路基顶面设计回弹模量值不应小于30MPa；次干路和支路不应小于20MPa；当不满足上述要求时，应采取措施提高回弹模量。

2　路基设计中，应充分考虑道路运行中的各种不利因素，采取措施减小路基回弹模量的变异性，保证其持久性。

3　道路路基应处于干燥或中湿状态；对潮湿或过湿路基，必须采取措施改善其湿度状况或适当提高路基回弹模量。

12.2.3　路基设计高度应符合下列规定：

1　路基设计高度应使路肩边缘的路基相对高度不低于路基土的毛细水上升高度，并应满足冰冻的要求。

2　沿河及浸水路段的路基边缘标高，不应低于路基设计洪水频率的水位加壅水高、波浪侵袭高度和0.5m的安全高度。

12.2.4　土质路基压实度应符合表12.2.4规定。对以下情形，可通过试验路检验或综合论证，在保证路基强度和稳定性要求的前提下，适当降低路基压实度标准。

1　特殊干旱或特殊潮湿地区。

2　专用非机动车道、人行道。

表12.2.4　土质路基压实度

填挖类型	路床顶面以下深度（cm）	路基最小压实度（%）			
		快速路	主干路	次干路	支路
填方	0~80	96	95	94	92
	80~150	94	93	92	91
	＞150	93	92	91	90
零填方或挖方	0~30	96	95	94	92
	30~80	94	93	—	—

注：表中数值均为重型击实标准。

12.2.5　路基防护应根据道路功能，结合当地气候、水文、地质等情况，采取相应防护措施，并应符合下列规定：

1　路基防护应采取工程防护与植物防护相结合的防护措施，并应与景观相协调。

2　深挖、高填、沿河等路段的路基边坡，必须根据其工程特性进行路基防护设计。对存在稳定性隐患的路基，应进行稳定性分析；当稳定性不满足要求时，必须采取加固措施。

3　路基支挡结构设计应满足各种设计荷载组合下支挡结构的稳定、坚固和耐久；结构类型选择及设置位置的确定应安全可靠、经济合理、便于施工养护；结构材料应符合耐久、耐腐蚀的要求。

12.2.6　对软土、黄土、膨胀土、红黏土、盐渍土等特殊土地区的路基设计，应查明特殊土的分布范围与地层特征、特殊土的物理、力学和水理特性，以及道路沿线的水文与地质条件；进行路基变形分析和稳定性验算；应合理确定特殊地基处理或处治的设计方案，满足路基变形和稳定性要求。

12.3　路　　面

12.3.1　路面可分为面层、基层和垫层。路面结构层所选材料应满足强度、稳定性和耐久性的要求，并应符合下列规定：

1 面层应满足结构强度、高温稳定性、低温抗裂性、抗疲劳、抗水损害及耐磨、平整、抗滑、低噪声等表面特性的要求。

2 基层应满足强度、扩散荷载的能力以及水稳定性和抗冻性的要求。

3 垫层应满足强度和水稳定性的要求。

12.3.2 路面面层类型的选用应符合表12.3.2的规定，并应符合下列规定：

表 12.3.2 路面面层类型及适用范围

面层类型	适用范围
沥青混凝土	快速路、主干路、次干路、支路、城市广场、停车场
水泥混凝土	快速路、主干路、次干路、支路、城市广场、停车场
贯入式沥青碎石、上拌下贯式沥青碎石、沥青表面处治和稀浆封层	支路、停车场
砌块路面	支路、城市广场、停车场

1 道路经过景观要求较高的区域或突出显示道路线形的路段，面层宜采用彩色。

2 综合考虑雨水收集利用的道路，路面结构设计应满足透水性的要求，并应符合现行行业标准《透水砖路面技术规程》CJJ/T 188、《透水沥青路面技术规程》CJJ/T 190和《透水水泥混凝土路面技术规程》CJJ/T 135的有关规定。

3 道路经过噪声敏感区域时，宜采用降噪路面。

4 对环保要求较高的路段或隧道内的沥青混凝土路面，宜采用温拌沥青混凝土。

12.3.3 沥青混凝土路面设计应符合下列规定：

1 沥青混凝土路面的设计应包括面层类型选择与结构层组合设计，各结构层材料组成设计，材料与结构层设计参数确定，结构层厚度计算，路面内部排水设计等。

2 沥青混凝土路面设计应选用多种损坏模式作为临界状态，并应选用多项设计指标进行控制。

3 城市广场、停车场、公交车站、路口或通行特种车辆的路段，沥青路面结构应根据车辆运行要求进行特殊设计。

12.3.4 水泥混凝土路面设计应符合下列规定：

1 水泥混凝土路面的设计应包括面层类型选择与结构层组合设计，接缝构造、配筋和排水设计，各结构层材料组成设计，路面厚度计算，路面表面特性设计等。

2 水泥混凝土路面结构应采用行车荷载和温度梯度综合作用产生的疲劳断裂作为设计指标。

3 水泥混凝土面层应满足强度和耐久性的要求，表面应抗滑、耐磨、平整。面层宜选用设接缝的普通水泥混凝土。面层水泥混凝土的抗弯拉强度不得低于4.5MPa，快速路、主干路和重交通的其他道路的抗弯拉强度不得低于5.0MPa。混凝土预制块的抗压强度非冰冻地区不宜低于50MPa，冰冻地区不宜低于60MPa。

4 当水泥混凝土路面总厚度小于最小防冻厚度，或路基湿度状况不佳时，需设置垫层。

5 水泥混凝土路面应设置纵、横向接缝。纵向接缝与路线中线平行，并应设置拉杆。横向接缝可分为横向缩缝、胀缝和横向施工缝，快速路、主干路的横向缩缝应加设传力杆；在邻近桥梁或其他固定构筑物处、板厚改变处、小半径平曲线等处，应设置胀缝。

6 水泥混凝土面层自由边缘，承受繁重交通的胀缝、施工缝，小于90°的面层角隅，下穿市政管线路段，以及雨水口和地下设施的检查井周围，面层应配筋补强。

7 其他水泥混凝土面层类型可根据适用条件按表12.3.4选用。

表 12.3.4 其他水泥混凝土面层类型的适用条件

面层类型	适用条件
连续配筋混凝土面层、预应力水泥混凝土路面	特重交通的快速路、主干路
沥青上面层与连续配筋混凝土或横缝设传力杆的普通水泥混凝土下面层组成的复合式路面	特重交通的快速路
钢纤维混凝土面层	标高受限制路段、收费站、桥面铺装
混凝土预制块面层	广场、步行街、停车场、支路

12.3.5 非机动车道路面设计应符合下列规定：

1 非机动车道的路面应根据筑路材料、施工最小厚度、路基土类型、水文地质条件及当地工程经验，确定结构层组合和厚度，满足整体强度和稳定性的要求。

2 非机动车道同时有机动车行驶时，路面结构应满足机动车行驶的要求。

3 处于潮湿地带及冰冻地区的道路，非机动车道路面应设垫层。

12.3.6 人行道和广场的铺面应满足稳定、抗滑、平整、生态环保和城市景观的要求，其设计应实用、经济、美观、耐久。

12.3.7 停车场铺面应满足稳定、耐久、平整、抗滑和排水的要求，其设计应符合下列要求：

1 设计内容和方法与相应的机动车道水泥混凝土路面、沥青混凝土路面相同。

2 根据停车场各区域性质和功能的不同，铺面结构的设计荷载应视实际情况确定。

3 采用沥青混凝土面层，宜提高沥青面层的抗车辙性能。

4 采用水泥混凝土面层，应设置胀缝，其间距及要求均与车行道相同。

12.4 旧路面补强和改建

12.4.1 当路面的结构承载能力、平整度、抗滑能力等使用性能退化、其承载能力不能满足交通需求时，应进行结构补强或改建。

12.4.2 旧路面结构补强和改建设计，应调查旧路面的结构性能、使用历史，以及路面环境条件，并应依据路面的交通需求，以及材料、施工技术、实践经验和环境保护要求等，通过技术经济分析论证确定。

12.4.3 旧路面的补强和改建设计应符合下列要求：

1 当路面平整度不佳，抗滑能力不足，但路面结构强度足够，结构损坏轻微时，沥青路面宜采用稀浆封层、薄层加铺等措施，水泥混凝土路面宜采用刻槽、板底灌浆和磨平错台等措施恢复路面表面使用性能。

2 当路面结构破损较为严重或承载能力不能满足未来交通需求时，应采用加铺结构层补强。

3 当路面结构破损严重，或纵、横坡需作较大调整时，宜采用新建路面，或将旧路面作为新路面结构层的基层或下基层。

12.4.4 旧沥青混凝土路面的加铺层宜采用沥青混合料。加铺层厚度应按补足路面结构层总承载能力要求确定，新旧路面之间必须满足粘结要求。

12.4.5 当旧水泥混凝土路面的断板率较低、接缝传荷能力良好，且路面纵、横坡基本符合要求、板的平面尺寸和接缝布置合理时，可选用直接式水泥混凝土加铺层；否则，应采用分离式水泥混凝土加铺层。

当旧水泥混凝土路面强度足够，且断板和错台病害少时，可选择直接加铺沥青面层的方案，并应根据交通荷载、环境条件和旧路面的性状等，选择经济有效的防治反射裂缝的措施。

13 桥梁和隧道

13.1 一 般 规 定

13.1.1 桥梁设计应符合城市规划的要求，根据道路功能、等级、通行能力及防洪抗灾要求，结合水文、地质、通航、环境等条件进行综合设计。当需分期实施时，应保留远期发展余地。

13.1.2 隧道设计应符合城市规划、城市地下空间利用规划、环境保护和城市景观的要求，并应综合考虑区域内人文环境、地形、地貌、地质与地质灾害、水文、气象、地震、交通量及其组成，以及运营和施工条件。

13.1.3 桥上或隧道内的管线敷设应符合下列规定：

1 不得在桥上敷设污水管、压力大于0.4MPa的燃气管和其他可燃、有毒或腐蚀性的液体、气体管。当条件许可时，可在桥上敷设电讯电缆、热力管、给水管、电压不高于10kV配电电缆、压力不大于0.4MPa的燃气管，但必须按国家有关现行标准的要求采取有效的安全防护措施。

2 严禁在隧道内敷设电压高于10kV配电电缆、燃气管及其他可燃、有毒或腐蚀性液体、气体管。

13.2 桥 梁

13.2.1 城市桥梁设计应符合下列规定：

1 特大桥、大桥桥位应选择河道顺直稳定、河床地质良好、河槽能通过大部分设计流量的河段，不宜选择在断层、岩溶、滑坡、泥石流等不良地质地带。中小桥桥位宜按道路的走向进行布置。

2 桥梁设计应遵循安全、适用、经济、美观和有利环保的原则，并应因地制宜、就地取材、便于施工和养护。

3 桥梁建筑应符合城市规划的要求，并应与周围环境协调。

4 桥梁应根据工程规模和不同的桥型结构设置照明、交通信号标志、航运信号标志、航空障碍标志，防雷接地装置以及桥面防水、排水、检修、安全等附属设施。

13.2.2 桥梁可按其多孔跨径总长或单孔跨径的长度，分为特大桥、大桥、中桥和小桥等四类，桥梁分类应符合表13.2.2的规定。

表13.2.2 桥 梁 分 类

桥梁分类	多孔跨径总长 L（m）	单孔跨径 L_k（m）
特大桥	$L>1000$	$L_k>150$
大桥	$1000\geqslant L\geqslant 100$	$150\geqslant L_k\geqslant 40$
中桥	$100>L>30$	$40>L_k\geqslant 20$
小桥	$30\geqslant L\geqslant 8$	$20>L_k\geqslant 5$

注：1 单孔跨径系指标准跨径，梁式桥、板式桥为两桥墩中线之间桥中心线的长度或桥墩中线与桥台台背前缘线之间桥中心线的长度，拱式桥为净跨径。
2 梁式桥、板式桥的多孔跨径总长为多孔标准跨径的总长，拱式桥为两岸桥台内起拱线间的距离，其他形式桥梁为桥面系车道长度。

13.2.3 桥梁的桥面净空限界应符合本规范第3.4节的规定。

13.2.4 桥下净空应符合下列规定：

1 通航河流的桥下净空应符合国家现行通航标准的要求。

2 不通航河流的桥下净空应根据设计洪水位、壅水和浪高或最高流冰面确定；当在河流中有形成流冰阻塞的危险或有流放木筏、漂浮物通过时，应按当地的具体情况确定。

3 立交、跨线桥桥下净空应符合被交叉的城市道路、公路、城市轨道交通和铁路等建筑限界的规定。

13.2.5 桥梁及其引道的平、纵、横技术指标应与路线总体布设相协调，各项技术指标应符合路线布设的要求，并应符合下列规定：

1 桥上纵坡机动车道不宜大于4.0%，非机动车道不宜大于2.5%；桥头引道机动车道纵坡不宜大于5.0%。

2 高架桥桥面应设不小于0.3%的纵坡；当条件受到限制，桥面为平坡时，应沿主梁纵向设置排水管，排水管纵坡不应小于0.3%。

3 当桥面纵坡大于3.0%时，桥上可不设排水口，但应在桥头引道上两侧设置雨水口。

13.3 隧 道

13.3.1 隧道设计应符合下列规定：

1 隧道设计应处理好与地面建筑、地下管线、地下构筑物之间的关系。

2 隧道设计应减少施工阶段和运营期间对环境的不利影响，并应符合同期规划的近、远期城市建设对隧道及行车安全的影响。

3 隧道的埋深、平面和出入口位置应根据道路总体规划、交通疏解与周边道路服务能力、环境、地形及可能发生的变化条件确定。

4 对特长隧道应作防灾专项设计。

13.3.2 隧道可按其封闭段长度 L 分类，并应符合表13.3.2的规定。

表13.3.2 隧道分类

隧道分类	特长隧道	长隧道	中隧道	短隧道
隧道长度 L（m）	$L>3000$	$3000\geqslant L>1000$	$1000\geqslant L>500$	$L\leqslant 500$

注：封闭段长度系指隧道两端洞口之间暗埋段的长度。

13.3.3 隧道建筑限界除应符合本规范第3.4节道路建筑限界的规定，尚应符合下列规定：

1 对单向小于3车道的长及特长隧道，应设置应急车道，其宽度和距离应符合本规范第5.3.6条的规定，在施工方法受到限制的条件下，可采取其他措施。

2 单向单车道隧道必须设应急车道。

3 处于软土地层的隧道应满足长期运营后隧道变形、维修养护对建筑限界影响的要求。

4 隧道内设置的设备系统和管线等设施不得侵入道路建筑限界。

13.3.4 对长度大于1000m、行驶机动车的隧道，严禁在同一孔内设置非机动车道或人行道；对长度小于等于1000m的隧道当需要设置非机动车道或人行道时，必须设安全隔离设施。

13.3.5 隧道及其洞口两端的道路平、纵、横技术指标除应符合本规范相关条款外，尚应符合下列规定：

1 隧道洞口内外侧在不小于3s设计速度的行程长度范围内均应保持一致的平纵线形。当条件困难时，应在洞口内外设置线形诱导和光过渡等保证行车安全的措施。

2 洞口外与之相连接的路段应设置距洞口不小于3s设计速度的行程长度，且不应小于50m，宜保持横断面过渡的顺适。

3 当隧道长度大于100m时，隧道内的道路最大纵坡不宜大于3.0%；当受条件限制时，经技术经济论证后最大纵坡可适当加大，但不应大于5.0%。

4 洞口外道路应满足相应等级道路中视距的要求；当引道设中间分隔带时应采用停车视距。

5 隧道横断面不宜采用对向行车同一孔中的布置；不宜采用同一行驶方向分孔的布置。

13.3.6 隧道应根据地质条件、周边环境等，合理确定结构形式和适应于地层特性和环境要求的施工方法。

13.3.7 隧道防排水设计应保证隧道结构、设备和行车的正常运行和安全，并应防止水土流失和环境保护。

13.3.8 隧道交通工程及沿线设施的技术标准应根据道路功能、类别、交通量、隧道长度等确定，并应符合交通工程及沿线设施总体设计的要求。

13.3.9 对长度大于500m的隧道，应拟定发生交通或火灾事故的应急处理预案。

13.3.10 对长度大于1000m的隧道，应设隧道管理用房，管理用房选址应符合规划要求，并应有利于对隧道进行维护管理。

13.3.11 隧道必须进行防火设计，其防火要求应符合现行国家标准《建筑设计防火规范》GB 50016的规定。

13.3.12 隧道出入口、通风设施等设计应满足国家有关环保的要求，应与周边环境景观相协调。

14 交通安全和管理设施

14.1 一 般 规 定

14.1.1 交通安全和管理设施的设计应确保交通"有序、安全、畅通、低公害"。各项设施应统筹规划、总体设计，并结合城市路网的建设情况等逐步补充、完善。

4.1.2 道路交通安全和管理设施设计应与道路同步规划，同步设计。并应与当地城市规划和交通管理部门相协调和配合。

4.1.3 新建交通安全和管理设施应与现有设施协调和匹配，必要时应对现有设施进行调整和完善。

4.1.4 交通安全和管理设施等级分为A、B、C、D四级，各级道路交通安全和管理设施等级与适用范围应符合表14.1.4的规定。

表 14.1.4 交通安全和管理设施等级与适用范围

交通安全和管理设施等级	适用范围
A	快速路，中、长、特长遂道及特大型桥梁
B	主干路
C	次干路
D	支路

14.2 交通安全设施

4.2.1 当交通安全和管理设施等级为A级时，应配置系统完善的标志、标线、隔离和防护设施，并应符合下列规定：

1 中间带必须连续设置中央分隔护栏和必需的防眩设施。

2 桥梁与高路堤路段必须设置路侧护栏。

3 互通式立交及其周边路网应连续设置预告、指路、禁令等标志。

4 分合流路段宜连续设置反光突起路标。

5 进出口分流三角端应有醒目的提示和防撞设施。

14.2.2 当交通安全和管理设施等级为B级时，应配置完善的标志、标线、隔离和防护设施，并应符合下列规定：

1 当主干路无中间带时，应连续设置中间分隔设施；当无两侧带时，两侧应连续设置机动车与非机动车分隔设施。

2 当次干路无中间带时，宜连续设置中间分隔设施；当无两侧带时，两侧宜连续设置机动车与非机动车分隔设施。

3 桥梁与高路堤路段必须设置路侧护栏。

4 互通式立交及其周边地区路网应设置指路、禁令等标志。

5 隔离设施的端头应有明显的提示。

6 平面交叉口应进行交通渠化、人车隔离和设置交通信号灯；支路接入应有限制措施。

14.2.3 当交通安全和管理设施等级为C级时，应配置较完善的标志、标线、隔离和防护设施，并应符合下列规定：

1 主干路宜连续设置中间分隔设施。

2 主、次干路无分隔设施的路段必须施画路面中心线。

3 桥梁与高路堤应设置路侧护栏。

4 平面交叉口应进行交通渠化，并应设置交通信号灯；宜设置行人和机动车、非机动车分隔设施。

14.2.4 当交通安全和管理设施等级为D级时，应配置较完善的标志、标线；宜设置分隔和防护设施；平面交叉口宜进行交通渠化，并宜设置行人和机动车、非机动车分隔设施。

14.2.5 其他情况下配置的交通安全设施，应符合下列规定：

1 在冰、雪、风、沙、坠石、有雾路段等危及运行安全处，应设置警告、禁令标志、视线诱导标柱、反光突起路标等交通安全设施。

2 对窄路、急弯、陡坡、视线不良、临崖、临水等危险路段，应设置视线诱导、警告、禁令标志和安全防护设施。

3 当学校、幼儿园、医院、养老院门前附近的道路，没有过街设施时，应施画人行横道线，设置提示标志，必要时应设置交通信号灯。

4 铁路与道路平面交叉的道口，应设置警示灯、警告和禁令标志以及安全防护设施。对无人值守的铁路道口，应在距道口一定距离设置警告和禁令标志。

5 道路上跨铁路时，应按铁路的要求设置相应防护设施。

6 快速路、主干路两侧的交通噪声超过国家现行标准《声环境质量标准》GB 3096的规定时，应有消减噪声措施。

14.2.6 道路两侧和隔离带上的绿化、广告牌、管线等不得遮挡路灯、交通信号灯、交通标志。

14.3 交通管理设施

14.3.1 当交通安全和管理设施等级为A级时，应配置完善的信息采集、交通异常自动判断、交通监视、诱导、主线及匝道控制、信息处理及发布等设施。

14.3.2 当交通安全和管理设施等级为B级时，宜配置基本的信息采集、交通监视、简易信息处理及发布等监控设施。平面交叉口信号灯形成路网的区域，可采用线控和区域控制。

14.3.3 当交通安全和管理设施等级为C级时，在交通繁杂路段、交叉口应设置交通监视装置和信号控制设施。

14.3.4 当交通安全和管理设施等级为D级时，可视交通状况设置信号灯等设施。

14.4 配套管网

14.4.1 交通信号机、视频监视器、交通信息诱导装置以及交通信息检测器等电器设备应有可靠的防雷和接地措施。

14.4.2 交通信号及监控设施的供电线路宜就近采用公用变压器。

14.4.3 对设置交通监控和信号控制的交叉路口和人行横道路段，应预埋相应的过街管道。

14.4.4 在城市快速路、主干路上的交通监控设施管线应预留交通监控专用管孔。在次干路上宜预留交通监控专用管孔。

15 管线、排水和照明

15.1 一 般 规 定

15.1.1 道路工程设计应满足各类管线工程的要求，管线工程与道路工程应同步规划、同步设计。

15.1.2 排水工程设计应与区域排水系统相协调，并应满足城市防洪要求。

15.1.3 道路应有安全、高效、美观的照明设施。

15.2 管 线

15.2.1 新建道路应按规划位置敷设所需管线，且宜埋地敷设。

15.2.2 管线工程设计应遵循以下原则：

1 管线类别、管线走向、规模容量、预留接口和敷设方式应满足城市总体规划和管线工程专业规划的要求，并为远期发展适当留有余地。

2 应统筹安排各类管线，合理分配管道走廊，合理处理管线交叉，满足相关专业技术规范的要求。

3 地上杆线宜设置在道路设施带内。架空管线不得侵入道路建筑限界，距离地面高度应符合相关专业技术规范的规定。地下管线除支管接口外，其余部分不应超出道路红线范围。

4 地下管线宜优先考虑布置在非车行道下，不得沿快速路主路车行道下纵向敷设。当其他等级道路车行道下敷设管线时，井盖不应影响行车安全性和舒适性，且宜布置在车辆轮迹范围之外。人行道上井盖等地面设施不应影响行人通行。

15.2.3 各类管线应按规划要求预埋过街管道，过街管道规模宜适当并留有发展余地。重要交叉口宜设置过街共用管沟。在建成后的快速路、主干路下实施过街管道时，宜采用非开挖施工技术。

15.2.4 当管线不便于分别直埋敷设、且条件许可时，可建设综合管沟。综合管沟应符合各类管线的专业技术要求和消防、环保、景观、交通等方面的要求，且便于管理维护。

15.2.5 各种地下管线的埋设深度、结构强度和沟槽回填土的压实度应满足道路施工荷载与路面行车荷载的要求。

15.2.6 对道路范围内输送流体的管渠系统，应采取防止渗漏措施。对输送腐蚀性流体的管渠系统还应采取耐腐蚀措施。

15.2.7 当管线跨越桥梁或穿过隧道敷设时，必须符合国家现行有关标准的规定。

15.3 排 水

15.3.1 城市道路排水设计应根据区域排水规划、道路设计和沿线地形环境条件，综合考虑道路排水方式。城市建成区内道路排水应采用管道形式，城市外围道路可采用边沟排水。在满足道路基本功能的前提下，应达到相关规划提出的低影响开发控制目标与指标要求。

15.3.2 道路的地面水必须采取可靠的措施，迅速排除。

15.3.3 当道路的地下水可能对道路造成不良影响时，应采取适当的排除或阻隔措施。道路结构层内可根据需要采取适当的排水或隔水措施。

15.3.4 城市道路排水设计重现期、径流系数等设计参数应按现行国家标准《室外排水设计规范》GB 50014中的相关规定执行。

15.3.5 道路雨水口的形式、设置间距和泄水能力应满足道路排水要求。雨水口的布置方式应确保有效收集雨水，雨水不应流入路口范围，不应横向流过车行道，不应由路面流入桥面或隧道。一般路段应按适当间距设置雨水口，路面低洼点应设置雨水口，易积水地段的雨水口宜适当加大泄水能力。

15.3.6 边坡底部应设置边沟等排水设施，路堑边坡顶部必要时应设置截水沟。

15.3.7 隧道内当需将结构渗漏水、地面冲洗废水和消防废水等排至洞外时，应设置排水设施；当洞外水可能进入隧道内时，洞口上方应设置截水、排水设施。

15.3.8 排水设计应符合现行国家标准《室外排水设计规范》GB 50014 的规定。

15.4 照 明

15.4.1 道路照明应采用安全可靠、技术先进、经济合理、节能环保、维修方便的设施。

15.4.2 道路照明应满足平均亮度（照度）、亮度（照度）均匀度和眩光限制指标的要求。此外，道路照明设施还应有良好的诱导性。

15.4.3 曲线路段、平面交叉、立体交叉、铁路道口、广场、停车场、桥梁、坡道等特殊地点应比平直路段连续照明的亮度（照度）高、眩光限制严、诱导性好。

15.4.4 道路照明布灯方式应根据道路横断面形式、宽度、照明要求等进行布置；对有特殊要求的机场、航道、铁路、天文台等附近区域，道路照明还应满足相关专业的要求。

15.4.5 道路照明应根据所在地区的地理位置和季节变化合理确定开关灯时间，并应根据天空亮度变化进行必要修正。宜采用光控和时控相结合的智能控制方式，有条件时宜采用集中控制系统。

15.4.6 照明光源应选择高光效、长寿命、节能及环保的产品。

15.4.7 道路照明设施应满足白天的路容景观要求；灯杆灯具的色彩和造型应与道路景观相协调。

15.4.8 除居住区和少数有特殊要求的道路以外，深夜宜有降低路面亮度（照度）的节能措施。

15.4.9 道路照明设计应符合现行行业标准《城市道路照明设计标准》CJJ 45 的规定。

16 绿化和景观

16.1 一般规定

16.1.1 绿化和景观设计应符合交通安全、环境保护、城市美化等要求，量力而行，并应与沿线城市风貌协调一致。

16.1.2 绿化和景观设施不得进入道路建筑限界，不得进入交叉口视距三角形，不得干扰标志标线、遮挡信号灯以及道路照明，不得有碍于交通安全和畅通。

16.1.3 绿化和景观设计应处理好与道路照明、交通设施、地上杆线、地下管线的关系。

16.1.4 道路设计时，宜保留有价值的原有树木，对古树名木应予以保护。

16.2 绿 化

16.2.1 绿化设计应包括路侧带、中间分隔带、两侧分隔带、立体交叉、平面交叉、广场、停车场以及道路用地范围内边角空地等处的绿化。绿化应根据城市性质、道路功能、自然条件、城市环境等，合理地进行设计。

16.2.2 道路绿化设计应符合下列规定：

1 道路绿化设计应选择种植位置、种植形式、种植规模，采用适当的树种、草皮、花卉。绿化布置应将乔木、灌木与花卉相结合，层次鲜明。

2 道路绿化应选择能适应当地自然条件和城市复杂环境的地方性树种，应避免不适合植物生长的异地移植。设置雨水调蓄设施的道路绿化用地内植物宜根据水分条件、径流雨水水质等进行选择，宜选择耐淹、耐污等能力较强的植物。

3 对宽度小于 1.5m 分隔带，不宜种植乔木。对快速路的中间分隔带上，不宜种植乔木。

4 主、次干路中间分车绿带和交通岛绿地不应布置成开放式绿地。

5 被人行横道或道路出入口断开的分车绿带，其端部应满足停车视距要求。

16.2.3 广场绿化应根据广场性质、规模及功能进行设计。结合交通导流设施，可采用封闭式种植。对休憩绿地，可采用开敞式种植，并可相应布置建筑小品、坐椅、水池和林荫小路等。

16.2.4 停车场绿化应有利于汽车集散、人车分隔、保证安全、不影响夜间照明，并应改善环境，为车辆遮阳。

16.2.5 绿化设计应符合现行行业标准《城市道路绿化规划与设计规范》CJJ 75 的规定。

16.3 景 观

16.3.1 景观设计应包括道路景观、桥梁景观、隧道景观、立交景观、道路配套设施以及道路红线范围内和道路风貌、环境密切相关的设施景观。

16.3.2 道路景观的设计应符合下列规定：

1 快速路及标志性道路应反映城市形象。景观设施尺度宜大气、简洁明快，绿化配置强调统一，道路范围视线开阔。应以车行者视觉感受为主。

2 立交选型应兼顾城市景观要求，立交范围的景观设计应突出识别性，体现城市特点。

3 主干路、次干路及快速路的辅路应反映区域特色。景观设施宜简化、尺度适中、道路范围视线良好，车行和步行者视觉感受兼顾。

4 次干路应反映街道特色和商业文化氛围。景观设施宜多样化，绿化配置多层次且不强调统一。尺度应以行人视觉感受为主，兼顾车行者视觉感受。

5 支路应反映社区生活场景、街道的生活氛围。景观设施小品宜生活化，绿化配置宜生动活泼，多样化，应以自然种植方式为主。

6 滨水道路应以亲水性和休闲服务为主，有条件时，在道路和水岸之间宜布置绿地，保护河岸原始的景观。

7 风景区道路应避免大量挖填，应保护天然植被，景观设计应以借景为主，宜将道路和自然风景融为整体。

8 步行街应以宜人尺度设置各种景观要素。景观设施应以休闲、舒适为主，绿化配置应多样化，铺砌宜选用地方材料。

9 道路范围内的各种设施应符合整体景观的要求，宜进行一体化设计，集约化布置。

10 公交站台应提供宜人的候车环境，宜强调识别性并与周边环境相协调。

16.3.3 桥梁景观的设计应符合下列规定：

1 跨江河的大桥应结合自然环境和城市空间进行设计，宜展示桥梁的结构之美，注重其与整体环境和谐。

2 跨线桥梁应结合道路景观和街道建筑景观进行设计，应体现轻巧、空透。注重其细部设计。涂装色彩应与环境相协调。

3 人行天桥应体现结构轻盈，造型美观。

4 桥头广场、公共雕塑、桥名牌、栏杆、灯具和铺装等桥梁附属设施，宜统一设计。

16.3.4 隧道景观的设计应符合下列规定：

1 洞门设计应突出标志性，便于记忆，并应与周边景观和谐统一。

2 洞身内部应考虑车行者视觉感受，装饰应自然简洁。

本规范用词说明

1 为便于在执行本规范条文时区别对待，对要求严格程度不同的用词说明如下：

1）表示很严格，非这样做不可的：
正面词采用“必须”，反面词采用“严禁”；

2）表示严格，在正常情况下均应这样做的：
正面词采用“应”，反面词采用“不应”或“不得”；

3）表示允许稍有选择，在条件许可时首先应这样做的：
正面词采用“宜”，反面词采用“不宜”；

4）表示有选择，在一定条件下可以这样做的采用“可”。

2 条文中指明应按其他有关标准执行的写法为“应符合……的规定”或“应按……执行”。

引用标准名录

1 《室外排水设计规范》GB 50014

2 《建筑设计防火规范》GB 50016

3 《铁路线路设计规范》GB 50090

4 《声环境质量标准》GB 3096

5 《城市桥梁设计规范》CJJ 11

6 《城市道路照明设计标准》CJJ 45

7 《城市人行天桥与人行地道技术规范》CJJ 69

8 《城市道路绿化规划与设计规范》CJJ 75

9 《快速公共汽车交通系统设计规范》CJJ 136

10 《城市道路交叉口设计规程》CJJ 152

11 《城市道路和建筑物无障碍设计规范》JGJ 50

中华人民共和国行业标准

城市道路工程设计规范

CJJ 37—2012

条 文 说 明

修 订 说 明

《城市道路工程设计规范》CJJ 37－2012经住房和城乡建设部于2012年1月11日以第1248号公告批准、发布。

本规范是在《城市道路设计规范》CJJ 37－90的基础上修订而成，上一版的主编单位是北京市市政设计研究院（现更名为北京市市政工程设计研究总院），参编单位有上海市政工程设计院（现更名为上海市政工程设计研究总院（集团）有限公司）、天津市市政工程勘测设计院（现更名为天津市市政工程设计研究院）、同济大学、东南大学等。主要起草人有林治远、田霈、杨鸿远、林绣贤、杨春华、赵坤耀等。

本次修订的主要技术内容是：

1. 本规范作为通用标准，在章节编排和内容深度组成上较《城市道路设计规范》CJJ 37－90有较大的变化，章节的编排上主要由城市道路工程涵盖的内容组成，内容深度上主要是对城市道路设计中的一些共性标准和主要技术指标进行规定。

2. 修订了原《规范》中的通行能力、道路分类与分级、设计速度、道路最小净高、机动车单车道宽度、路基压实标准等内容。

3. 增加了道路服务水平、设计速度100km/h的平纵技术指标、景观设计等内容。

4. 明确了平面交叉口和立体交叉口的分类和适用条件。

5. 突出了“公交优先”、“以人为本”的设计理念。

6. 强化了交通安全与管理设施的设计内容。

本规范在修订过程中，对通行能力、立体交叉的进出口间距、加减速车道的长度、立交区的平纵线形指标、公交专用车道的设置等技术问题争议较大。这些都是城市道路设计的关键技术，本标准作为通用标准，由于课题经费、时间周期等原因，未能得以深入的研究。建议在专用标准的编制中，对相关问题进一步深入研究。

本规范在修订过程中，编制组进行了广泛的调查研究，总结了实践经验，吸取科研成果，对一些关键性问题进行了专题研究，编制了《城市和城镇的定义分析》、《道路分类分级和设计速度》、《设计车辆及净空标准的确定》及《道路限速、设计车速和汽车的设计速度》专题研究报告，同时参考了国外现行标准。

为便于广大设计、施工、科研、学校等单位有关人员在使用本规范时能正确理解和执行条文规定，编制组按章、节、条顺序编制了本规范的条文说明，对条文规定的目的、依据以及执行中需注意的有关事项进行了说明，还对强制性条文的强制性理由做了解释。但是，本条文说明不具备与规范正文同等的法律效力，仅供使用者理解和把握标准规定时参考。

目　次

1 总　　则

1.0.1　本条为制定本规范的目的。在原建设部2003年颁布的《工程建设标准体系（城乡规划、城镇建设、房屋建筑部分）》中，本规范原名为《城镇道路工程技术标准》属于通用标准。在送审过程中，根据《工程建设标准体系》相关内容的调整，《城镇道路工程技术标准》更名为《城市道路工程设计规范》。从通用标准的作用来说，是针对某一类标准化对象制定的覆盖面较大的共性标准，主要为制定专用标准的依据。因此，本规范在章节编排和内容深度组成上较《城市道路设计规范》CJJ 37－90有较大的变化，章节的编排上主要由城市道路工程涵盖的内容组成，内容深度上主要是对城市道路设计中的一些共性标准和主要技术指标进行规定，重在规定控制道路工程规模和技术标准有关的指标，其他相关的技术指标均在相应的专用标准中。考虑到各专用标准的编制进度不一致，本规范的内容既要提纲挈领地反映道路工程覆盖面较大的共性标准，又要适度考虑已编和正在编写中的几本专用规范的具体内容，因此，各章的内容深度稍有差异。

1.0.2　本条为本规范的适用范围。《城市道路设计规范》CJJ 37－90中适用范围描述为"适用于大、中、小城市以及大城市的卫星城等规划区内的道路、广场、停车场设计"。本次编制中考虑到"大、中、小城市以及大城市的卫星城等规划区"均为"城市范围"，因此在文字描述上进行了调整，适用范围没有变化。

1.0.3　本条对道路工程设计的共性要求进行了规定，强调了社会、环境与经济效益的协调统一。同时，提出了以人为本、资源节约、环境友好的设计理念，在综合考虑行人、非机动车、机动车的通行要求下，应优先为非机动车和行人以及公共交通提供舒适良好的环境。

2　术语和符号

2.1　术　　语

近20多年来，随着城市道路工程建设的发展，出现了许多《道路工程术语标准》GBJ 124－88中未能定义的术语，同时，随着设计理念的更新、认识的深入，原有一些术语的定义也不尽恰当，有必要进行修订。因此在本节中，给出了《道路工程术语标准》GBJ 124－88中没有定义的术语，或者在本规范编制过程中认为需要对原有术语定义进行修订的术语。对于在现行标准中已有定义或修订过的直接引用。

2.1.1、**2.1.2**　主路、辅路两术语最早出现在城市快速路建设过程中，在《城市快速路设计规程》CJJ 129－2009中对于辅路已有定义，但对于主路没有定义。当快速路设置辅路时，习惯上将专供机动车快速通过的道路，称为主路。因此，主路一词是相对于辅路来说的。结合目前的道路工程建设情况，将主路、辅路的设置范围扩展到主干路。

2.1.3　设计速度与计算行车速度、设计车速表述的都是同一定义，在《城市道路设计规范》CJJ 37－90中采用了计算行车速度，但是从定义上来说，设计速度更符合其本意，因此本规范将"计算行车速度"修订为"设计速度"。

2.1.4　《城市道路设计规范》CJJ 37－90在交通量预测和路面结构设计中，均采用"设计年限"表述。本次修订中，依据《工程结构可靠性设计统一标准》GB 50153中的定义，在路面结构设计中的设计年限，采用"设计使用年限"表述。

2.1.5、**2.1.6**　对《道路工程术语标准》GBJ 124－88中的定义进行修订，与现有的国内外研究成果更为吻合。

2.1.7～2.1.9　近年来，随着城市道路工程的建设，出现了许多采用新材料、新技术的路面结构类型，有必要明确各种路面类型的定义。

2.2　符　　号

本规范图、表中出现的所有符号，统一在此文字表述。

3　基本规定

3.1　道路分级

3.1.1　《城市道路设计规范》CJJ 37－90根据城市道路在道路网中的地位、交通功能以及对沿线建筑物的服务功能等，分为四类：快速路、主干路、次干路、支路。各类道路除城市快速路外，根据城市规模、设计交通量、地形等分为Ⅰ、Ⅱ、Ⅲ级。

本次规范编制通过对国内外城市道路以及公路的分类或分级对比，以及国内目前使用情况的调研，编制了专题报告《道路分类分级和设计速度》，依据专题报告的成果，认为原来的分级只是在道路分类的基础上规定了不同规模的城市可采用的设计速度。不同的设计速度对应不同的通行能力和服务水平，而设计速度是道路线形设计指标的基础，更多的受地形条件的控制，按城市规模确定道路分级，再选用相应的设计速度是没有实际意义的。因此，在编制中，将原来的分类与分级综合考虑，将原来的"分类"采用"分级"表述，取消原来的分级。这样规定与目前我国公路及国外采用分级表述的方式统一。各级道路的定义、功能仍沿用原规定。

3.1.2　道路等级是道路设计的先决条件，是确定道路功能、选择设计速度的基本条件。每条道路在路网中承担的作用应由整个路网决定。因此，道路等级一般在规划阶段确定。在设计阶段，需要对规划道路等级提高或降低时，均需经规划或相关主管部门审批后方可变更。本条规定是为了切实落实规划，保证规划的严肃性和路网的完整性而制定的。

3.1.3 城市道路的功能一般是综合性的，规范也是在此基础上编制的，带有普遍的适用性。当道路作为货运、防洪、消防、旅游等单一功能使用时，由于在道路的设计车辆、交通组成、功能要求等方面存在一些特殊性需求，因此规定有规划等级时除按相应的技术要求执行外，还需满足其特殊性的使用要求。

3.2 设计速度

3.2.1 设计速度是道路设计时确定几何线形的基本要素。它是在气候条件良好，车辆行驶只受道路本身条件影响时，具有中等驾驶技术水平的人员能够安全、舒适驾驶车辆的速度。因此，它与运行速度有密切关系。根据国内外观测研究，当设计速度高时，运行速度低于设计速度；而设计速度低时，运行速度高于设计速度。这也说明设计速度与运行安全有关。

设计速度一经选定，道路设计的所有相关要素如平曲线半径、视距、超高、纵坡、竖曲线半径等指标均与其配合以获得均衡设计。目前，道路设计中采用基于设计速度的路线设计方法。但是，经过多年来的实践，设计人员发现，这种设计方法本身存在一定的缺陷。因为设计速度对一特定路段而言是一固定值，这一值作为基础参数，用于规定路段的最低设计指标，但在实际驾驶行为中，没有一个驾驶员能自始至终的遵守这一固定车速。实际观测结果表明，设计速度的设计方法不能保证线形标准的一致性。针对设计速度方法存在的主要问题，发达国家已广泛运用了以运行速度概念为基础的路线设计方法。运行速度的引入，可以有效地解决路线设计指标与实际行驶速度所要求的线形指标脱节的问题，但由于目前我国尚未对此进行深入的研究，因此，本规范仍采用设计速度的设计方法。但提出了运行速度的概念，以便设计人员在设计中对指标的运用和选取更有针对性和灵活性。

同时，根据专题报告《道路分类分级和设计速度》的结论意见，对《城市道路设计规范》CJJ 37－90中的相关规定，进行了以下修订：

1 为了与国内外术语取得一致性，将《城市道路设计规范》CJJ 37－90采用的“计算行车速度”改为“设计速度”，与其定义更相匹配。

2 快速路设计速度在原规定的80km/h、60km/h基础上，增加了100km/h，与《城市快速路设计规程》CJJ 129－2009一致。

3 主干路设计速度原规定60km/h、50km/h、40km/h、30km/h，本次编制取消了30km/h。

4 次干路设计速度原规定50km/h、40km/h、30km/h、20km/h，本次编制取消了20km/h。

5 支路设计速度范围不做调整。

同等级道路设计速度的选定应根据交通功能、交通量、控制条件以及工程建设性质等因素综合确定。

3.2.2 我国城市快速路和部分以交通功能为主的主干路通常在主路一侧或两侧设置辅路系统，并通过进出口与主路交通进行转换。辅路在路段上一般与主路并行，通常情况下线形设计能满足主路的设计速度要求，但是考虑到其运行的特征，以及为建成后交通管理的限速提供依据，因此有必要规定辅路与主路设计速度的关系。

《城市快速路设计规程》CJJ 129－2009规定“辅路设计速度宜为30km/h～40km/h”。根据国内大量的快速路与主干路辅路设计以及交通管理部门实际管理情况调查，辅路设计可以采用支路、次干路或主干路等级，实际管理中最高限速已达到70km/h，为快速路最高设计速度100km/h的0.7倍。本次规范修编考虑到辅路的运行状况与主路较为密切，采用具体数值规定不太合理，改为以比值的方式规定，对设计速度取值范围也进行了扩大。因此，规定辅路设计速度为主路的0.4倍～0.6倍，涵盖了支路、次干路、主干路的所有设计速度。

3.2.3 该条规定基本与《城市道路设计规范》CJJ 37－90一致。

立交范围内为了保证全线运行的安全性、连续性和畅通性，强调了其主路设计速度应与路段设计速度保持一致。

匝道及集散车道的取值考虑其交通运行特点，应低于主路的设计速度，而且应与主路设计速度取值有关联性。《城市道路设计规范》CJJ 37－90中立交匝道设计速度根据不同相交道路主路速度对应给出范围，取值在20km/h～60km/h，基本为主路设计速度的0.4倍～0.75倍。《公路工程技术标准》JTG B01－2003根据立交类型和匝道形式确定匝道设计速度，基本为主线设计速度的0.5倍～0.7倍。本次规范修编考虑采用具体数值规定不太合理，改为以比值的方式规定，结合城市道路特点，适当控制立交规模和用地，规定匝道设计速度为驶出主路速度的0.4倍～0.7倍，大致范围为20km/h～70km/h，使用中应结合立交等级和匝道形式确定。

集散车道为减少出入口对主路交通的影响，通过设置加减速车道与主路相连，其设计速度规定与匝道一致，在设计中宜取中高值。

3.2.4 本条规定与《城市道路设计规范》CJJ 37－90中一致。

城市道路中的平面交叉口多受信号控制及人行、非机动车的干扰，为保证行车安全，考虑降速行驶。

直行机动车在绿灯信号期间除受左转车（机动

车、非机动车）干扰外，较为通畅，可取高值。

左转机动车受转弯半径及对向直行机动车与非机动车的干扰，车速降低较多，可取低值。右转机动车受交叉口缘石半径的控制，另外不论是否设右转专用车道，都受非机动车及行人过街等干扰，要降速，甚至停车，可取低值。

3.3 设计车辆

控制道路几何设计的关键因素是行驶车辆的物理性能和各种车辆的组成比例。研究各种类型的车辆，建立类型分级，并选择具有代表性的车辆用于设计。这些用于控制道路几何设计，符合国家车辆标准的，具有代表性质量、外廓尺寸和运行性能的车辆，称之为设计车辆。城市道路的服务对象主要为机动车、非机动车和行人，因此本节规定了机动车、非机动车的设计车辆及其外廓尺寸。

在我国南方较多城市中，摩托车出行也占有一定的比例，虽然其交通行驶特性与一般机动车差别较大，但由于所占比例不大，交通管理上均按机动车进行管理，而且也不是鼓励发展的交通工具。因此，未作为专门的类型考虑。

近十几年来，出现了一种外形和普通自行车类似的电动自行车，其具有价格便宜、操作简单、节约能源、占用空间小、低噪声等特点，对于追求机动化出行而又买不起汽车的人们来说，成为首选目标，因此，增长趋势较快，目前电动自行车保有量已经达到1.2亿辆。从能耗角度看，电动自行车只有摩托车的八分之一、小轿车的十二分之一。从占有空间看，一辆电动自行车占有的空间只有一般私家车的二十分之一，成为非常有效的节能交通工具。但是目前电动自行车在使用和管理上存在两大问题。一是，虽然我国1997年6月20日发布了《电动自行车安全通用技术条件》GB 17761－1999，其中规定“电动自行车最高车速为20km/h”，在《道路交通安全法实施条例》（2004年5月1日实施）中尚未有相应的管理条例，参照电瓶车的要求，最高限速为15km/h，目前与非机动车共用路权。但目前在国内市场上，部分电动自行车车速已达到40km/h～50km/h，对非机动车的行驶造成了极大的威胁。二是电动自行车的电池所带来的污染问题尚没有有效的处理方法。基于目前我国对于电动自行车的发展方向尚未有明确的政策和管理手段，因此，在本次规范编制中也未作为专门的类型考虑。

3.3.1 《城市道路设计规范》CJJ 37－90中按照国家标准《汽车外廓尺寸限界》GB 1589－79拟定了小型汽车、普通汽车与铰接车三种设计车辆。该标准已在1989年和2004年进行了两次修订，目前现行标准为《道路车辆外廓尺寸、轴荷及质量限值》GB 1589－2004。本次规范编制对设计车辆的确定进行了调研分析，编制了专题报告《设计车辆的确定》，根据专题报告的结论意见，并结合目前的实际情况，对《城市道路设计规范》CJJ 37－90中的相关规定，进行了以下修订：

1 依据中华人民共和国公共安全行业标准《机动车类型　术语和定义》GA 802－2008中对车辆类型术语的规定，《城市道路设计规范》CJJ 37－90中设计车辆类型术语中“小型汽车”应为“小型普通客车”或“轻型普通货车”，规范中为了与车辆换算系数的标准车型名称以及现行《公路工程技术标准》JTG B01－2003中的规定取得一致，简称为“小客车”；“普通汽车”应为“大型普通客车”或“重型普通货车”，简称为“大型车”；“铰接车”应为“铰接客车”，简称为“铰接车”。

2 《道路车辆外廓尺寸、轴荷及质量限值》GB 1589－2004只规定了“乘用车及客车”外廓尺寸最大限值，并且与《城市道路设计规范》CJJ 37－90采用的普通汽车与铰接车外廓尺寸规定一致，因此，本次编制中，“大型车”及“铰接车”的外廓尺寸仍与原规定一致。由于其中对于小客车没有相应的规定值，根据《城市客车等级技术要求与配置》CJ/T 162－2002中的规定，用于城市客运的小客车的车长为大于3.5m，小于7m，但未有相应的其他外廓尺寸规定。依据专题报告《设计车辆的确定》研究成果，小客车车辆外廓尺寸较原规定范围扩大，本次修订中采用《公路工程技术标准》JTG B01－2003中规定的小客车外廓尺寸，车长由5m调整为6m，车高由1.6m调整为2.0m，车宽1.8m不变。

设计车辆不包括超长、超宽、超高和超重的车辆，实际使用中应根据道路功能和服务对象选定。

3.3.2 《城市道路设计规范》CJJ 37－90中非机动车设计车辆拟定了自行车、三轮车、板车和兽力车四种。目前我国城市道路中非机动车出行主要以自行车为主，本次编制中保留了自行车和三轮车两种，取消了板车和兽力车。

3.4 道路建筑限界

道路建筑限界是为保证车辆和行人正常通行，规定在道路一定宽度和高度范围内不允许有任何设施及障碍物侵入的空间范围。本次编制中将《城市道路设计规范》CJJ 37－90中的条文分为三条规定。

3.4.1 规定了不同路幅形式的建筑限界，与《城市道路设计规范》CJJ 37－90一致。

3.4.2 该条为强制性条文，强调为了确保道路上的车辆和行人的安全，同时也为保证桥隧结构、道路附属设施等的安全，道路建筑限界内不允许有任何物体侵入。

3.4.3 该条为强制性条文，主要为保证行车及桥梁结构的安全。依据专题报告《净空高度标准的确定》

结论意见，对《城市道路设计规范》CJJ 37－90 规定的最小净高进行了以下修订。

1《城市道路设计规范》CJJ 37－90 中规定了无轨电车、有轨电车的最小净高标准，其标准高于规定的设计车辆，主要是考虑其架空线及轨道的设置要求。从目前的调查情况来看，由于技术的提高，其最小净高可减少。本次编制中考虑到最小净高是针对设计车辆制定的，因此，取消了《城市道路设计规范》CJJ 37－90 中无轨电车、有轨电车的最小净高标准。设计中若考虑无轨电车、有轨电车的通行，应根据选定的车辆类型确定其最小净高。

2《城市道路设计规范》CJJ 37－90 中通行机动车的道路只规定了 4.5m 的最小净高，在实际的运用中，已满足不了所有的需求。首先，随着城市规模的扩大，在交通管理上，实行了区域化管理，限定了大型车的行驶范围，若按最小净高设计，不仅浪费投资，而且不少工程受条件所限，竖向线形指标较低。其次，对现有道路的改扩建工程中，需保留既有桥梁结构的，受既有结构高度的限制，不能满足最小净高的要求。从规范拟定的设计车辆来看，车辆总高从 1.6m～4m，相差 2.4m，跨度较大。而总高在 3m 以下的车辆大约占 50％，北京、上海等城市已达到 90％以上。因此，在这些城市中，已出现了限高 2.5m、3m、3.2m、3.5m 等工程实例。因此，在编制中，最小净高增加了只满足小客车通行的 3.5m 标准。同时为了保证桥梁结构的安全，避免设计中随便采用低于标准的规定，将其列为强制性条文。

设计车辆最小净高标准根据设计车辆总高加上 0.5m 竖向安全行驶距离确定，不包括以后加铺、积雪等因素的影响。但小客车的最小净高标准除了考虑设计车辆的车高要求外，同时还考虑了驾驶员的视觉感受，以及结合城市消防和应急车辆特殊通行的要求，因此最小净高规定高于一般原则。

3.4.4 特种车辆是指外廓尺寸、重量等方面超过设计车辆限界的及特殊用途的车辆。从目前的调查分析，常见的几种特种车辆总高均大于设计车辆总高的最大值，如双层公交车辆的车高限制值为 4.2m，消防车个别车高略超 4m，但不超过 4.2m。因此，如经常通行某种特殊超高车辆或专用道路时，在设计中净空高度应按实际通行车辆考虑。

3.4.5 我国城市道路规范与公路规范设计车辆总高均为 4m，而在最小净空高度的规定上不一致，城市道路规范采用 4.5m；公路规范中高速公路、一级和二级公路采用 5m，其他等级道路采用 4.5m。因此，出现了许多起从公路驶入城市道路撞坏桥梁设施的交通事故，许多人认为是由于城市道路低于公路净高标准所致。根据《道路交通安全法实施条例》（2004 年 5 月 1 日实施）中规定“重型、中型载货汽车，半挂车载物，高度从地面起不得超过 4 米，载运集装箱的车辆不得超过 4.2 米”，并通过实际调查分析，事故车辆均为超高装载。考虑到城市道路的建设特点，若增加 0.5m 的净高标准，不仅增加投资，而且会影响到技术指标的选取和工程的可实施性。因此，编制中，未对原规范最小净高进行修订，但是提出了城市道路与公路衔接段设计中应考虑的一些要求。

3.5 设 计 年 限

3.5.1、3.5.2 这两条规定基本与《城市道路设计规范》CJJ 37-90 一致。

设计年限包括确定路面宽度而采用的计算交通量增长年限与为确定路面结构而采用的计算累计标准当量轴次的基准年限两种。

1 在确定道路横断面车行道宽度时，远期交通量的年限作为道路设计年限的指标。道路交通量达到饱和时的设计年限按道路等级分为三种：快速路、主干路为 20 年；次干路为 15 年；支路为 10 年～15 年。道路等级高则设计年限长。在设计年限内，车行道的宽度应满足道路交通增长的要求，保证车辆能安全、舒适、通畅地行驶。

2 路面结构的设计使用年限是设计规定的一个时期，即路面结构在正常设计、正常施工、正常使用、正常维护下按预期目的使用，完成预定功能的使用年限。不同路面类型选用不同的设计使用年限，以保证在设计使用年限内路面平整并具有足够强度。设计使用年限应与路面等级、面层类型及交通量相适应。

3.6 荷 载 标 准

3.6.1 该条规定基本与《城市道路设计规范》CJJ 37－90 一致。

路面上行驶的车辆种类很多，轴载大小不同，对路面造成的损害相差很大。因而，对路面结构设计来说，不单是总的累计作用次数，更重要的是轴载的大小和各级轴载在整个车辆组成中所占的比例。为方便计算，必须选用一种轴载作为标准轴载，一般来说应选用道路轴载中所占比例较大，对路面的影响也较大的轴载作为标准轴载。目前我国城市道路和公路标准中均采用双轮组单轴载 100kN 为标准轴载，相当于国际的中等水平。

标准轴载计算参数为：双轮组单轴载 100kN，以 BZZ-100 表示，轮胎压强为 0.7MPa，单轴轮迹当量圆半径 r 为 10.65cm，双轮中心间距为 $3r$。

近几年发展起来的快速公共交通专用道，以及一些连接工业区、码头、港口或仓储区的城市道路上，其上运行的车辆以重载、超载车为主，其接地压强可达 0.8MPa～1.1MPa，相应的接地面积也有一定的增加。设计时可根据实测汽车的轴重、轮胎压力、当量圆半径资料，经论证适当提高荷载参数。

3.7 防灾标准

3.7.2 考虑到城市桥梁安全对确保城市交通的重要性，本规范特别规定不论特大、大、中、小桥设计洪水频率一般均采用百年一遇，条文中的特别重要桥梁主要是指位于城市快速路、主干路上的特大桥。

城镇中有时会遇到建桥地区的总体防洪标准低于一百年一遇的洪水频率，若仍按此高洪水频率设计，桥面高程可能高出原地面很多，会引起布置上的困难，诸如拆迁过多，接坡太长或太陡，工程造价增加许多，甚至还会遇上两岸道路受淹，交通停顿，而桥梁高耸，此时可按当地规划防洪标准来确定梁底设计标高及桥面高程。而从桥梁结构的安全考虑，结构设计中如墩、台基础埋置深度，孔径的大小（满足泄洪要求），洪水时结构稳定等，仍须按本规范规定的洪水频率进行计算。

4 通行能力和服务水平

4.1 一般规定

4.1.1 由于道路条件、交通条件、控制条件和交通环境等都会影响道路通行能力和服务水平。因此，需要对条件不同的道路设施及其各组成部分分别进行通行能力和服务水平的分析。本条根据道路设施的重要程度，规定了需要进行通行能力和服务水平分析的道路设施类型。进行通行能力和服务水平分析的目的是确定在特定的运行状况条件下，疏导交通需求所需的道路几何构造，如车道数、车道宽度、交叉类型等，从而更好地指导设计。

1 道路条件包括车道数、车道、路缘带和中央分隔带等的宽度以及侧向净宽、设计速度、平纵线形和视距等。

交通条件包括交通流中的交通组成、交通量以及在不同车道中的交通量分布和上、下行方向的交通量分布。

控制条件是指交通控制设施的形式及特定设计和交通规则。

交通环境主要是指横向干扰程度以及交通秩序等。

2 根据道路设施和交通实体的不同，通行能力可分为机动车道通行能力、非机动车道通行能力和人行设施通行能力。从规划设计和运营的角度，通行能力可分为基本通行能力、实际通行能力和设计通行能力三种。

基本通行能力是指在一定的时段，在理想的道路、交通、控制和环境条件下，道路的一条车道或一均匀段或一交叉路口，期望能通过人或车辆的合理的最大小时流率。

实际通行能力是指在一定的时段，在具体的道路、交通、控制和环境条件下，道路的一条车道或一均匀段上或一交叉路口，期望能通过人或车辆的合理的最大小时流率。

设计通行能力是指在一定时段，在具体的道路、交通、控制及环境条件下，一条车道或一均匀段上或一交叉路口，对应设计服务水平下的最大服务交通流率。

3 服务水平是衡量交通流运行条件及驾驶员和乘客所感受的服务质量的一项指标，通常根据交通量、速度、行走时间、行驶（走）自由度、交通间断、舒适和方便等指标确定。根据服务设施的不同可对道路设施的服务水平分级。服务水平分级是为了说明道路设施在不同交通负荷条件下的运行质量，不同的道路设施，其服务水平衡量指标是不同的。

4.1.2 本次编制中将《城市道路设计规范》CJJ 37-90 中车辆换算系数的规定进行以下修订。

1 将路段及路口的换算系数统一按一个标准考虑。

2 将大型车（原规范中为普通车辆，车辆换算系数为 1.5）分为客、货两类型，车辆换算系数分别采用 2.0 和 2.5。

5 铰接车的车辆换算系数由 2.0（路段）或 2.5（路口）修订为 3.0。

4.2 快速路

4.2.1 本条规定了在快速路设计时，不仅要对路段通行能力和服务水平进行分析、评价，还必须对分合流区及交织区进行分析、评价，避免产生“瓶颈”地段，确保整条道路的通行能力和服务水平保持一致。

关于快速路分合流区以及交织区的通行能力分析、评价，由于目前国内尚未有成熟的研究成果，本规范只提出了设计要求，未给出具体的分析方法和内容，可参阅美国《道路通行能力手册》中的相关内容。

4.2.2 本规范快速路通行能力采用国家“十五”重点科技攻关计划《智能交通系统关键技术开发和示范工程》项目（2002BA404A02）—《快速路系统通行能力研究》的成果，与《城市快速路设计规程》CJJ 129-2009 中的规定一致。

4.2.3 城市快速路服务水平分为四级：一级服务水平时，交通处于自由流状态；二级服务水平时，交通处于稳定流中间范围；三级服务水平时，交通处于稳定流下限；四级服务水平时，交通处于不稳定流状态。

城市道路规划、设计既要保证道路服务质量，还要兼顾道路建设的成本与效益。设计时采用的服务水平不必过高，但也不能以四级服务水平作为设计标准，否则将会有更多时段的交通流处于不稳定的强制运行状态，并因此导致更多时段内发生经常性拥堵。因此，规定新建道路采用三级服务水平，与《城市快速路设计规程》CJJ 129-2009中的规定一致。

4.2.4 目前国内各大中城市均在建设或拟建城市快速路，本规范规定不同规模的快速路适应交通量供参考，以避免不合理的建设。设计适应交通量范围根据设计速度及不同服务水平下的设计交通量确定。

双向四车道、六车道的快速路适应交通量低限采用60km/h设计速度时二级服务水平情况下的最大服务交通量，预留一定的交通量增长空间；双向八车道的快速路考虑断面规模较大，标准太低性价比较差，适应交通量低限采用80km/h设计速度时二级服务水平情况下的最大服务交通量；高限均为100km/h设计速度时三级服务水平情况下的最大服务交通量，与设计服务水平一致。

年平均日交通量按下式计算：

$$AADT = \frac{C_D N}{K} \tag{1}$$

式中：$AADT$——预测年的平均日交通量（pcu/d）；

C_D——一条车道的设计通行能力（pcu/h）；

N——双向车道数；

K——设计小时交通量系数：设计高峰小时交通量与年平均日交通量的比值。当不能取得年平均日交通量时，可用代表性的平均日交通量代替；新建道路可参照性质相近的同类型道路的数值选用。参考范围取值0.07～0.12。

按公式（1）计算后，快速路能适应的年平均日交通量如表1。

表1 快速路能适应的年平均日交通量

设计速度（km/h）	一条车道设计通行能力（pcu/h）	年平均日交通量（pcu/d）		
		四车道	六车道	八车道
100	2000（三级服务水平）	80000	120000	160000
80	1280（二级服务水平）	—	—	102000
60	990（二级服务水平）	39600	59400	—

4.3 其他等级道路

4.3.1 关于其他等级道路通行能力和服务水平的分析、评价，由于目前国内尚未有成熟的研究成果，本规范只提出了设计要求，未给出具体的分析方法和内容，可参阅美国《道路通行能力手册》中的相关内容。

4.3.2 路段一条车道的基本通行能力规定与《城市道路设计规范》CJJ 37-90一致。设计通行能力受自行车、车道宽度、交叉口、车道数等的影响，《城市道路设计规范》CJJ 37-90中道路分类系数为0.75～0.9，本次编制中道路分类系数统一采用0.8。

4.3.3 信号交叉口服务水平是根据车辆在信号交叉口受阻情况确定的，一般情况下采用控制延误作为服务水平分级标准。控制延误包括由于信号灯引起的停车延误以及车辆停止和启动经历的减、加速延误。根据实际调查内容的不同，也可选择采用交通负荷系数和排队长度进行分级，使用时可根据情况灵活选择合理适用的指标。

4.4 自行车道

4.4.1～4.4.3 这三条规定基本与《城市道路设计规范》CJJ 37-90一致。

规定了不同道路状况的路段及信号交叉口处，自行车道的设计通行能力。设计时根据道路条件灵活选用。

4.4.4、4.4.5 路段上，自行车道服务水平采用骑行速度、占用道路面积、交通负荷与车流状况等指标衡量；交叉口自行车道服务水平增加了停车延误时间、路口停车率等指标，使用时可根据情况灵活选用指标。

4.5 人行设施

4.5.1 人行设施的基本通行能力一般以1h、1m宽道路上通过的行人数（人/h·m）表示。人行道、人行横道、人行天桥、人行地道等单位宽度内的基本通行能力可根据行走速度、纵向间距和占用宽度计算。计算公式如下：

$$C_p = \frac{3600 v_p}{S_p b_p} \tag{2}$$

式中：C_p——人行设施的基本通行能力，人/（h·m）；

v_p——行人步行速度，可按表2取值；

S_p——行人行走时纵向间距，取1.0m；

b_p——一队行人占用的横向宽度，m，可按表2取值。

表2 不同人行设施通行能力计算参数推荐值

人行设施	步行速度 v_p（m/s）	一队行人的宽度 b_p（m）
人行道	1.00	0.75
人行横道	1.00～1.20	0.75
人行天桥、地道	1.00	0.75
车站、码头等处的人行天桥、通道	0.50～0.80	0.90

注：1 人行横道的基本通行能力计算结果为绿灯小时行人通行能力。
2 不同人行设施的可能通行能力可通过基本通行能力乘以综合折减系数后得到，推荐的综合折减系数范围为0.5～0.7。

4.5.2 人行道采用人均占用面积作为服务水平分级标准。根据实际调查内容的不同，可参考行人纵向间距、横向间距和步行速度等指标进行分级。

5 横 断 面

5.1 一 般 规 定

5.1.1 横断面设计应在了解规划意图、红线宽度、道路性质后，首先调查收集交通量（车流量与人流量）、流向、车辆组成种类、行车速度等，推算道路设计通行能力。同时根据交通性质、交通发展要求与地形条件，并考虑地上、地下管线的敷设、沿街绿化布置等要求，以及结合市内的通风、日照、城市用地条件等。综合研究分析确定横断面形式与各组成部分尺寸，在规划部门确定的道路红线宽度范围内进行，并考虑节约用地。

5.1.2 城市道路与城市用地、市政管网设施关系较为密切，改扩建工程难度都较大。因此，在横断面设计时，应尽可能按规划断面一次实施。受投资、拆迁限制，需分期实施时，应做多方案比较，按远期需求预留发展条件。近期应根据现有交通量，考虑正常增长及建成后交通发展确定路面宽度及结构，并根据市政管网规划预留管线位置或预埋过街管线，以免远期实现规划断面时伐树、挪杆或掘路。

5.1.3 在道路改建工程中，若仅靠工程措施提高道路通行能力，难度较大、投资较高、效果也不一定显著。应充分利用已形成的城市道路网，采取工程措施与交通管理措施相结合的办法来提高道路通行能力和保证交通安全。除增辟车行道、展宽道路等工程措施外，还可采取交通管理措施，如设置分隔设施、单向行驶交通组织等。在商业性街道，还可采取限制除公共交通外的机动车及非机动车通行的措施，以保障行人安全。

5.2 横断面布置

5.2.1～5.2.3 影响道路横断面形式与组成部分的因素很多，如城市规模、道路红线宽度、交通量、车辆类型与组成、设计速度、地理位置、排水方式、结构物的位置、相交道路交叉形式等等。从横向布置分类，目前使用的横断面从单幅路到八幅路均有，较为常见的是单幅路、两幅路、三幅路和四幅路。从竖向布置分类，有地面式、高架式或路堑式。本节主要针对横向分类描述。

1 单幅路：机动车与非机动车混合行驶，适用于机动车与非机动车交通量不大的城市道路。由于单幅路断面车道布置的灵活性，在中心城区红线受限时，车道划分可以根据机动车与非机动车高峰错时调剂使用。但应注意在公共汽车停靠站处应采取交通管理措施，以便减少非机动车对公共汽车的干扰。

单幅路适用于机动车交通量不大、非机动车较少、红线较窄的次干路；交通量较少、车速低的支路；以及用地不足、拆迁困难的老城区道路；集文化、旅游、商业功能为一体的且红线宽度在40m以上，具有游行、迎宾、集合等特殊功能的主干路，推荐采用单幅路断面。

2 两幅路：机动车与非机动车混合行驶，适用于单向两条机动车道以上，非机动车较少的道路，对绿化、照明、管线敷设均较有利。如中心商业区、经济开发区、风景区、高科技园区或别墅区道路、郊区道路、城市出入口道路。对于横向高差大、地形特殊的道路，可利用地形优势采用上、下行分离式断面。两幅路之间需设分隔带，可采用绿化带分隔。

两幅路适用于机动车交通量不大、非机动车较少的主干路；红线宽度较宽的次干路。

3 三幅路：机动车（设置辅路时，为主路机动车）与非机动车分行，保障了交通安全，提高了机动车的行驶速度。机非分行适用于机动车及非机动车交通量大，红线宽度大于或等于40m的道路。主辅分行适用于两侧机动车进出需求量大，红线宽度大于或等于50m的主干路。主、辅路或机、非之间需设分隔带，可采用绿化带分隔。

三幅路适用于机动车和非机动车交通量较大的主干路；需设置辅路的主干路；红线宽度较宽的次干路。

4 四幅路：机动车（设置辅路时，为主路机动车）与非机动车分行，保障了交通安全，提高了机动车的行驶速度。适用于机动车车速高，单向机动车车道2条以上，非机动车多的快速路与主干路。双向机动车道中间设有中央分隔带，机动车道与非机动车道或辅路间设有两侧带分隔，能保障行车安全。当有较高景观要求时人行道、两侧带、中央分隔带的宽度可适当增加。

四幅路适用于需设置辅路的快速路和主干路；机动车及非机动车交通量较大的主干路。

5.2.4 公交专用车道分为常规公交专用车道和快速公交专用车道两种，常规公交专用车道又分为分时段和全天公交专用车道两种。由于其运行特点不同，对道路和车站设置的要求也相应不同，对横断面的布置影响也较大。因此，在道路上需设置公交专用车道时，应先根据公交专用车道的类型，结合车站布置、道路功能综合选定横断面形式。

5.2.6、5.2.7 道路设计中，为了打造美好的绿化景观效果，在用地允许的条件下，常设置较宽的分隔带。特大桥、大中桥跨度大、投资多，如果整个横断面宽度与道路一致，势必过多的增加投资。为保证行车安全，车行道宽度、路缘带宽度应与道路一致。分隔带宽度在满足桥梁防护设施设置要求的前提下可适当压窄。

5.3 横断面组成及宽度

5.3.2 机动车车道的宽度主要取决于设计车辆车身

的宽度、横向安全距离（车身边缘与相邻部分边缘之间横向净距）以及车辆行驶时的摆动宽度。横向安全距离取决于车辆在行驶中摆动与偏移的宽度，以及车身与相邻车道或人行道路缘石边缘必要的安全间隔。其值与车速、路面质量、驾驶技术以及交通秩序等因素有关。

根据中国道路交通安全协会经验交流会反映出的信息显示，近年来国内许多城市已就缩窄车道宽度问题做了试点，3.25m～3.5m的车道宽度已较普遍的用在改建和条件受限的新建工程中。如上海的高架道路等等，部分地区采取了较为明显的措施，将车道宽度减至2.7m～2.8m。并且也有不少的研究成果，如北京市市政工程设计研究总院2008年完成的《北京市城市道路机动车单车道宽度的研究》，针对北京市的具体情况，对车道宽度变化对运行车辆速度、安全及通过量方面的影响进行研究，提出了车道宽度的合理取值。

从目前的研究成果分析，可以得出以下结论。

1 由于城市交通状况及车辆组成的变化，尤其是车辆性能的提高，横向安全距离以及车速行驶时的摆动宽度，可以适当减小。

2 目前我国的公路和城市道路规范规定的机动车车道宽度标准高于许多国家或地区的车道宽度水平，一些主要国家或地区车道宽度规定值详见表3。

表3 主要国家或地区车道宽度表（m）

道路等级＼国家或地区		中国	美国	日本	香港	英国	德国
高速公路		3.75	3.6～3.9	3.5	3.65	3.65～3.7	3.5～3.75
城市快速路		3.75	3.6～3.9	3.5	3.65	3.65～3.7	3.5
城市主干路	大型汽车或大、小型汽车混行（$V \geqslant 40$km/h）	3.75	3.3～3.6	3.5	3.65	3.65	3.5
城市主干路	大型汽车或大、小型汽车混行（$V < 40$km/h）	3.5	3.3～3.6	3.25～3.5	3.32～3.65	3.5	3.25～3.5
城市主干路	小客车车道	3.5	3.3～3.6	3.25	3.32	3.35	3.25
城市次干路与支路		3.5	3.3	2.75～3	3.32	3.35	2.75～3.25

3 《城市道路设计规范》CJJ 37－90，表4中规定的机动车车道宽度标准高于《公路工程技术标准》JTG B01－2003中表5的规定。

表4 《城市道路设计规范》CJJ 37－90规定的机动车车道宽度

车型及行驶状态	计算行车速度（km/h）	车道宽度（m）
大型汽车或大、小型汽车混行	≥40	3.75
大型汽车或大、小型汽车混行	<40	3.50
小型汽车专用线	—	3.50
公共汽车停靠站	—	3.00

表5 《公路工程技术标准》JTG B01－2003规定的机动车车道宽度

设计速度（km/h）	120	100	80	60	40	30	20
车道宽度（m）	3.75	3.75	3.75	3.50	3.50	3.25	3.00

综合考虑目前的实际情况，结合相关研究成果和工程实例，车道宽度以设计速度60km/h分界，编制中对《城市道路设计规范》CJJ 37－90的规定修订如下。

设计速度小于或等于60km/h时，大型车或混行车道为3.5m，小客车专用道为3.25m。虽然这与《城市快速路设计规程》CJJ 129－2009中规定的大型车或混行车道为3.75m，小客车专用道为3.5m不一致。但考虑这么多年来对于车道宽度有了较为深入的研究成果和较为成功的工程实例，因此在本次编制中进行了修订。

设计速度大于60km/h时，大型车或混行车道为3.75m，小客车专用道为3.5m。

机动车道路面宽度除包括车行道宽度及两侧路缘带宽度外，还应根据具体的断面布置，包括应急车道、变速车道以及分隔物等设施所需的宽度。

5.3.3 该条规定基本与《城市道路设计规范》CJJ 37－90一致。

本次编制中非机动车设计车辆取消了兽力车和板车，因此只规定了自行车和三轮车的车道宽度。

一条自行车道的宽度，按自行车车身宽度0.6m和根据《中华人民共和国道路交通安全法实施条例》规定的载物宽度，左右各不得超出车把0.15m计算，一条自行车车道宽度为0.9m（0.6＋0.15×2），考虑行驶时的左右摆幅宽度，规定自行车车道宽度采用1.0m。一般一个方向不少于2条自行车道。

一条三轮车道的宽度，按三轮车车身宽度1.25m和根据《中华人民共和国道路交通安全法实施条例》规定的载物宽度，左右各不得超出车身0.2m计算，一条三轮车车道宽度为1.65m（1.25＋0.2×2），考虑行驶时的左右摆幅宽度，规定三轮车车道宽度采用2.0m。

靠边行驶的非机动车，受道路的缘石、护栏、侧墙、雨水进水口、路面平整度和绿化植物的影响，要求设置0.25m的安全距离。路侧设置停车时还应充分考虑对其影响。

5.3.4 该条规定与《城市道路设计规范》CJJ 37－90一致。

车行道最外侧路缘石至道路红线范围为路侧带。路侧带宽度包括人行道、绿化带和设施带。

1 人行道宽度指专供行人通行的部分，应满足行人通行的安全和顺畅。人行道宽度按下式计算。

$$W_p = N_w / N_{w1} \tag{3}$$

式中：W_p——人行道宽度（m）；

N_w——人行道高峰小时行人流量，(P/h)；

N_{w1}——1m宽人行道的设计通行能力，(P/h·m)。

根据调查资料，我国城市道路中人行道宽度一般为2m～10m，商业街、火车站、长途汽车站附近路段人流密度大，携带的东西多，因此应比一般路段人行道宽。

人行道宽度除了满足通行需求外，还应结合道路景观功能，力求与横断面中各部分的宽度协调，各类道路的单侧人行道宽度宜与道路总宽度之间有适当的比例，其合适的比值可参考表6选用。对行人流量大的道路应采用大值。

表6 单侧人行道宽度与道路总宽度之比值参考表

道路类别	横断面形式			道路类别	横断面形式		
	单幅式	两幅式	三幅式		单幅式	两幅式	三幅式
快速路		1/6～1/8		次干路	1/4～1/6		1/4～1/7
主干路	1/5～1/7		1/5～1/8	支路	1/3～1/5		

2 绿化带是指在道路路侧为行车及行人遮阳并美化环境，保证植物正常生长的场地。当种植单排行道树时，绿化带最小宽度为1.5m。

3 设施带是指在道路两侧为护栏、灯柱、标志牌等公共服务设施等提供的场地。不同设施独立设置时占用宽度见表7。

表7 不同设施独立设置时占用宽度

项　目	宽度（m）
行人护栏	0.25～0.5
灯柱	1.0～1.5
邮箱、垃圾箱	0.6～1.0
长凳、座椅	1.0～2.0
行道树	1.2～1.5

根据调查我国各城市设置杆柱的设施带宽度多数为1.0m，有些城市为0.5m～1.5m，考虑有些杆线需设基础，宽度较大，设计时应根据实际情况确定，并可与绿化带结合设置。

根据上面所述，绿化带及设施带是人行道的重要组成部分，而现有城市道路中，人行道的宽度规划设计仅为3m～5m宽，未考虑设施和绿化要求，如考虑后人行的有效宽度所剩不多。要求设计中应保证行人、绿化、设施三方面的功能，并给予一定的宽度，这样才能充分体现"以人为本"的原则。

道路范围内采用的低影响开发设施主要以调蓄和截污为主，包括透水路面、下凹式绿化带、生态树穴、环保型雨水口、雨水弃流井、排水U槽、渗透溢流井、渗水盲沟（管）、排水式立缘石等，根据断面布局、市政管线的布置等条件组合设置。若在道路绿化带或分隔带中设置设施，需根据当地降雨和地质条件计算具体尺寸，同时不同类型的设施从构造上对宽度有不同要求，因此对设置低影响开发设施的绿化带或分隔带的宽度在规范中不做具体规定，需根据实际情况计算，满足所设置设施的宽度之和。

当绿化带或分隔带内设置调蓄时，除了应避免各种设施与树木、调蓄设施间，包括构造物基础等宽度之间的干扰外。由于下沉式绿地具有蓄水、净化和缓排功能，雨季水位高，平时湿度大，各种设施除应确保结构稳定安全以外，还要根据防水防潮需求采取适当措施，特别是电气类设施。同时也要防止雨水下渗对道路路基的强度和稳定性造成破坏。

5.3.5 分隔带为沿道路纵向设置的分隔车行道用的带状设施，其作用是分隔交通、安设交通标志、公用设施与绿化等，此外还可在路段为设置港湾停车站，在交叉口为增设车道提供场地以及保留远期路面展宽的可能。分隔带及两侧路缘带组成分车带。路缘带是位于车行道两侧与车道相衔接的用标线或不同的路面颜色划分的带状部分，其作用是保障行车安全。

本次编制中，在满足行车安全的前提下，对《城市道路设计规范》CJJ 37－90中路缘带、安全带按设计速度80km/h、60km/h和50km/h、40km/h三档规定，修订为按设计速度60km/h为界分为两档，与车道宽度的分界一致，也更便于使用。取值除了设计速度50km/h的路缘带宽度由原规定的0.5cm修订为0.25m外，其余规定均未变化。

为满足道路行车安全的需要，车行道边一般设置立缘石。当在道路分隔带中设置下沉式绿地时，车行道雨水需汇集进入下沉式绿地，立缘石应设置开口、开孔形式或间断设置，以满足路面雨水通过立缘石流入绿化带的要求。

5.3.6 该条规定与《城市快速路设计规程》CJJ 129－2009的规定稍有不同，结合目前快速路使用中的具体情况将"连续或不连续停车带"的定义，延伸为"应急车道"的概念，其作用不仅仅是停车，交通拥堵时也可作为交管、消防、救护等特殊车辆通行的车道，因此将原规定的2.5m宽度调整为3.0m。

目前我国已建成的快速路中，从单向两车道与三车道的使用效果看。两车道快速路未设应急车道的，受车辆故障影响较大易造成交通堵塞。而三车道快速路此现象不太严重，这说明其三车道道路在交通量不太大时，其最外侧车道可临时起应急停车带的作用，因此提出交通流量较大时，为保证快速路通行能力、行车安全通畅，单向车道数小于3条时，应设3.0m宽的应急车道。设置时应结合市中心区建筑红线及投资限制，也可按每500m左右设应急停车港湾，以便故障车临时停放而不影响正常车辆行驶。

5.3.7 路肩具有保护及支撑路面结构的功能，城市道路一般与两侧建筑或广场相接，不需要路肩。如果城市道路两侧为自然地面或排水边沟时，应设保护性路肩，以保护路基的稳定和设置护栏、栏杆、交通标志等设施，路肩的宽度应满足设置设施的要求。

5.4 路拱与横坡

5.4.1 路拱坡度的确定应以有利于路面排水和保障行车安全平稳为原则。坡度大小主要视路面种类、表面平整度、粗糙度、道路纵坡大小等而定。道路纵坡大时横坡取小值，纵坡小时取大值；严寒地区路拱设计坡度宜采用小值。路肩的坡度加大1%以利于排水。

5.4.2 采用单向坡时一般采用直线形路拱，双向坡时应采用抛物线加直线的路拱。为便于雨水的收集，道路坡向应朝向雨水设施设置位置的一侧。当道路设置超高时，雨水设施应按道路超高坡向的位置设置，保证道路的安全行驶。

5.5 缘　石

5.5.1～5.5.3 缘石为设在路面边缘的界石。分为平缘石和立缘石。

平缘石是指顶面与路面平齐的路缘石，有标定路面范围、整齐路容、保护路面边缘的作用。适用于出入口、人行道两端及人行横道两端，便于推车、轮椅及残疾人通行。有路肩时，路面边缘也采用平缘石。

立缘石是指顶面高出路面的路缘石，有标定车行道范围和纵向引导排除路面水的作用。其外露高度是考虑满足行人上下及车门开启的要求确定的，一般高出路面10cm～20cm。排水式立缘石尺寸、开孔形状或间断设置的距离应根据汇水量计算确定。

6 平面和纵断面

6.1 一 般 规 定

本次编制按照通用标准的深度和内容要求，依据《城市道路设计规范》CJJ 37－90“平面与纵断面设计”章节，只规定了与控制道路技术标准和建设规模有关的主要技术指标，同时依据《城市快速路设计规程》CJJ 129－2009补充了设计速度100km/h的平纵线形指标，其他的相关技术指标详见行业标准《城市道路路线设计规范》。由于道路平面和纵断面指标主要由车辆性能决定，本次编制中设计车辆没有变化，因此，本章中的规定基本与《城市道路设计规范》CJJ 37－90及《城市快速路设计规程》CJJ 129－2009中的相关内容一致。

6.1.1 城市道路的平面定线受到城市道路网布局、地区控制性详细规划、道路规划红线宽度和沿街已有建筑物等因素的约束，平面线形只能局限在一定范围内调整，定线的自由度要比公路小得多。因此，城市道路网规划对道路定线的指导应充分考虑。

城市道路线形还受用地开发、征地拆迁、社会环境、景观、美学、文物保护、社区、公众参与等因素的影响，对于文物、名树要考虑保留，特别是改建道路，应考虑各方面的综合要求。

6.1.2 道路线形对交通安全、行驶顺适具有重要作用。不适当的线形将会造成事故，并增加养护及运行费用。因此设计时，应根据地形、地质、地物及各控制条件，按照道路等级和设计速度，采用适当的线形技术指标。处理好直线与平曲线的衔接，合理设置缓和曲线、超高、加宽、平纵线形组合，避免相邻线形指标变化过大，正确处理好线形的连续与均衡性。

城市道路的纵断面设计受道路网规划控制标高、道路净空、沿街建筑高程、地下管线布置、沿线地面排水等因素的控制，应综合考虑各控制条件，兼顾汽车营运经济效益等因素影响，山地城市道路还需考虑土石方平衡、合理确定路面设计标高。

道路分期实施时，应满足近期使用要求，兼顾远期发展，减少废弃工程。

6.1.3 城市快速路和主干路与其他等级道路相比，不仅设计速度高，而且设置有各类型立交。不仅要求道路的平纵线形指标高，而且要求各指标间的连续、均衡。因此，要求其路线位置与各控制点、路线平纵线形与地形及各种构造物、路线交叉设置位置、间距等的衔接，协调与横断面之间的关系，从安全性、舒适性角度，强调线形组合及总体设计的要求。

6.2 平 面 设 计

6.2.1 道路平面线形由直线和平曲线组成。直线的几何形态灵活性差，有僵硬不协调的缺点，并很难适应地形的变化。直线段太长，驾驶员会感到厌倦，注意力不易集中，成为交通肇事的起因。平曲线间的直线长度亦不宜过短，过短直线段使驾驶员操纵方向盘有困难，对行车不安全。

平曲线由圆曲线和缓和曲线组成，为使汽车能安全、顺适地由直线段进入曲线，要合理选用圆曲线半径，并根据半径大小设置超高和加宽。同时车辆从直线段驶入平曲线或平曲线驶入直线段，为了缓和行车方向和离心力的突变，确保行车的舒适和安全，在直线和圆曲线间或半径相差悬殊的圆曲线之间需设置符合车辆转向行驶轨迹和离心力渐变的缓和曲线。

因此，在平面线形设计中，不仅要合理选用各种线形指标，更重要的是还要处理好各种线形间的衔接，以保证车辆安全、舒适地行驶。设计人员应根据地形、地物、环境、安全、景观，合理运用直线、圆曲线、缓和曲线。对线形要求高的道路，应采用透视图法或三维手段检查设计路段线形，特别是避免断背曲线。

6.2.2 圆曲线最小半径

本规范规定了圆曲线最小半径有三类：不设超高

最小半径、设超高最小半径一般值及极限值。在设计中应首先考虑安全因素，其次要考虑节约用地及投资，结合工程情况合理选用指标。采用小于不设超高最小半径时，曲线段应设置超高，超高过渡段内应满足路面排水要求。

圆曲线最小半径是以汽车在曲线部分能安全而又顺适地行驶所需要的条件而确定的，即车辆行驶在道路曲线部分所产生的离心力等横向力不超过轮胎与路面的摩阻力所允许的界限。圆曲线半径的通用计算公式为：

$$R=\frac{V^2}{127(\mu+i)} \tag{4}$$

式中：R——曲线半径（m）；

V——设计速度（km/h）；

μ——横向力系数，取轮胎与路面之间的横向摩阻系数；

i——路面横坡度或超高横坡度，以小数表示，反超高时用负值。

横向力系数的大小影响着汽车的稳定程度、乘客的舒适感、燃料和轮胎的消耗以及其他方面，所以 μ 值的选用应保证汽车在圆曲线上行驶时的横向抗滑稳定性，以及乘客的舒适和经济的要求。表 8 为不同 μ 值对乘客的舒适程度反映。

表 8　汽车在弯道上行驶时对乘客的舒适感

μ 值	乘客舒适感程度
＜0.10	转弯时不感到有曲线存在，很平稳
0.15	转弯时略感到有曲线存在，但尚平稳
0.20	转弯时已感到有曲线存在，并略感到不稳定
0.35	转弯时明显感到有曲线存在，并明显感到不稳定
≥0.40	转弯时感到非常不稳定，站立不住而有倾倒危险感

μ 值的选用还应考虑汽车营运的经济性。根据试验分析，汽车在弯道上行驶时与在直线上行驶相比，当 $\mu=0.10$ 时，燃料消耗增加 10%，轮胎磨耗增加 1.2 倍；当 $\mu=0.15$ 时，燃料消耗增加 20%，轮胎磨耗增加 2.9 倍。因此，在计算最小圆曲线半径时，μ 值小于 0.15 为宜。

1　不设超高最小半径

我国《公路工程技术标准》JTG B01－2003 采用的 μ 值较小，不设超高的圆曲线最小半径 μ 值按 0.035～0.040 取用，计算出的不设超高的最小半径值较大。以设计速度 60km/h 为例，横坡度 $i\leqslant2.0\%$ 时，不设超高圆曲线最小半径为 1500m，这样小于 1500m 的半径均需设超高。在城市道路建成区由于两侧建筑已形成，如设超高，与两侧建筑物标高不好配合且影响街景美观，因此城市道路可适当降低标准。结合我国城市道路大型客货车较多、车道机非混行、交叉口多的特点，μ 值可适当加大些，城市道路不设超高的经验数据 $\mu=0.067$，虽然比公路 0.040 大些，但对乘客舒适感程度差别不大，为减少超高，该取值对城市道路是合适的。圆曲线半径计算值与规范采用值见表 9。

2　设超高最小半径一般值

设超高最小半径一般值计算中，μ 值采用 0.067，超高值为 0.02～0.06。圆曲线半径计算值与规范采用值见表 9。

3　设超高最小半径极限值

设超高最小半径极限值计算中，μ 值采用 0.14～0.16，超高值为 0.02～0.06。圆曲线半径计算值与规范采用值见表 9。

表 9　圆曲线半径计算表

设计速度（km/h）			100	80	60	50	40	30	20
不设超高最小半径（m）		横向力系数 μ	0.067	0.067	0.067	0.067	0.067	0.067	0.067
		路面横坡度 i	−0.02	−0.02	−0.02	−0.02	−0.02	−0.02	−0.02
		$R=\frac{V^2}{127(\mu+i)}$	1675	1072	603	419	268	151	67
		R 采用值	1600	1000	600	400	300	150	70
设超高最小半径（m）	一般值	横向力系数 μ	0.067	0.067	0.067	0.067	0.067	0.067	0.067
		路面横坡度 i	0.06	0.06	0.04	0.04	0.02	0.02	0.02
		$R=\frac{V^2}{127(\mu+i)}$	620	397	265	184	145	81	36
		R 采用值	650	400	300	200	150	85	40
	极限值	横向力系数 μ	0.14	0.14	0.15	0.16	0.16	0.16	0.16
		路面横坡度 i	0.06	0.06	0.04	0.04	0.02	0.02	0.02
		$R=\frac{V^2}{127(\mu+i)}$	394	252	149	98	70	39	17
		R 采用值	400	250	150	100	70	40	20

6.2.3　平曲线与圆曲线最小长度

规定平曲线与圆曲线最小长度的目的是避免驾驶员在平曲线上行驶时，操纵方向盘变动频繁，高速行驶危险，加上离心加速度变化率过大，使乘客感到不舒适。因此，必须确定不同设计速度条件下的平曲线及圆曲线最小长度。

1　平曲线最小长度

《日本公路技术标准的解说与运用》中规定平曲线最小长度为车辆 6s 的行驶距离，能达到缓和曲线最小长度的 2 倍。这实际上是一种极限状态，此时曲线为凸形曲线，驾驶者会感到操作突变且视觉不舒顺。因此最小平曲线长度理论上应大于 2 倍缓和曲线最小长度，即保证平曲线设置缓和曲线最小长度后，还能保留一段长度的圆曲线。在《公路路线设计规范》JTG D20－2006 中，规定了平曲线最小长度的“最小值”，为 2 倍缓和曲线最小长度，“一般值”为“最小值”的 3 倍。本次编制中根据城市道路设计的具体情况，将原规范中的规定作为“极限值”，将缓和曲线的 3 倍作为“一般值”。

2　圆曲线最小长度

圆曲线最小长度为车辆 3s 的行驶距离。

3　平曲线及圆曲线最小长度计算公式为：

$$L_{\min} = \frac{1}{3.6}V_a t \quad (5)$$

式中：$L_{\min}$——行驶距离（m）；

V_a——设计速度（km/h）；

t——行驶时间（s）。

平曲线及圆曲线最小长度计算值与规范采用值见表10。

表10 平曲线及圆曲线最小长度计算表

设计速度（km/h）		100	80	60	50	40	30	20
平曲线最小长度	计算值（m）	166.7	133	100	83	67	50	33
	采用值（m）	170	140	100	85	70	50	40
圆曲线最小长度	计算值（m）	83.3	67	50	41.7	33.3	25	16.7
	采用值（m）	85	70	50	40	35	25	20

6.2.4 缓和曲线

车辆从直线段驶入平曲线或平曲线驶入直线段，由大半径的圆曲线驶入小半径的圆曲线或由小半径的圆曲线驶入大半径的圆曲线，为了缓和行车方向和离心力的突变，确保行车的舒适和安全，在直线和圆曲线间或半径相差悬殊的圆曲线之间需设置符合车辆转向行驶轨迹和离心力渐变的缓和曲线。行车道的超高或加宽应在缓和曲线内完成，在超高缓和段内逐渐过渡到全超高或在加宽缓和段内逐渐过渡到全加宽。

缓和曲线采用回旋线，是由于汽车行驶轨迹非常近似回旋线，它既能满足转向角和离心力逐渐变化的要求，同时又能在回旋线内完成超高和加宽的逐渐过渡，所以本规范中采用回旋线。回旋线的基本公式如下：

$$RL_s = A^2 \quad (6)$$

式中：R——与回旋线相连接的圆曲线半径（m）；

L_s——回旋线长度（m）；

A——回旋线参数（m）。

1 缓和曲线最小长度

1）按离心加速度变化率计算

即离心加速度从直线上的零增加到进入圆曲线时的最大值，离心加速度变化率限制在一定的范围内。

离心加速度变化率为 $\alpha_p = 0.0214\frac{V^3}{RL_s}$（$m/s^3$）

从乘客舒适角度，离心加速度变化率 α_p 经测试知在（0.5～0.75）m/s^3 为好，我国道路设计中采用 $\alpha_p = 0.6m/s^3$，则

$$L_s = 0.035\frac{V^3}{R}(\text{m}) \quad (7)$$

式中：V——设计速度（km/h）；

R——设超高最小半径（m）。

2）按驾驶员操作反应时间计算

汽车在缓和曲线上行驶时，行车时间不应过短，应使驾驶员有足够的时间适应线形的变化，也使乘客感到舒适。缓和曲线上行驶时间采用3s，按下式计算：

$$L_s = \frac{1}{3.6}Vt = 0.833V(\text{m}) \quad (8)$$

回旋线参数及长度应根据线形设计以及对安全、视距、超高、加宽、景观等的要求，选用较大的数值。缓和曲线最小长度系曲率变化需要的最小长度，按公式（7）及公式（8）两者计算的大者，按5m的整倍数作为缓和曲线最小长度采用值，见表11。

表11 缓和曲线最小长度

设计速度（km/h）		100	80	60	50	40	30	20
缓和曲线最小长度（m）	$L_s = 0.035\frac{V^3}{R}$	87.5	71.7	50.4	43.8	32.0	23.6	14.0
	$L_s = \frac{3V}{3.6} = 0.833V$	83.3	66.6	50.0	41.7	33.3	25.0	16.7
	采用值	85	70	50	45	35	25	20

2 不设缓和曲线的最小圆曲线半径

在直线和圆曲线之间插入缓和曲线后，将产生一个位移量 ΔR，当此位移量 ΔR 与已包括在车道中的富裕宽度相比为很小时，则可将缓和曲线省略，直线与圆曲线可径相连接。设置缓和曲线的 ΔR 以0.2m的位移量为界限。当 $\Delta R < 0.2$m 可不设缓和曲线，当 $\Delta R \geqslant 0.2$m 时设缓和曲线。从回旋线数学表达式可知：

$$\Delta R = \frac{1}{24} \times \frac{L_s^2}{R}，而 L_s = \frac{V}{3.6} \times t$$

当采用 $\Delta R = 0.2$m 及 $t = 3$s 行驶时，即可得出不设缓和曲线的临界半径为：

$$R = 0.144V^2 (\text{m}) \quad (9)$$

为不影响驾驶员在视觉和行驶上的顺适，不设缓和曲线的最小半径值为式（9）计算值的2倍，不设缓和曲线的最小圆曲线半径计算值及采用值见表12。

表12 不设缓和曲线的最小圆曲线半径

设计速度（km/h）		100	80	60	50	40	30	20
不设缓和曲线的最小圆曲线半径（m）	2R	2880	1843	1037	720	461	260	115
	采用值	3000	2000	1000	700	500	300	150

设计速度小于40km/h时，缓和曲线可用直线代替，用以完成超高或加宽过渡。直线缓和段一端应与圆曲线相切，另一端与直线相接，相接处予以圆顺。

6.2.5 超高和超高缓和段

1 超高值

当采用的圆曲线半径小于不设超高的最小半径时，汽车在圆曲线上行驶时受到的横向力会使汽车产生滑移或倾覆。为了抵消车辆在曲线路段上行驶时所产生的离心力，将圆曲线部分的路面做成向内侧倾斜的超高横坡度，形成一个向圆曲线内侧的横向分力，使汽车能安全、稳定、满足设计速度和经济、舒适地通过圆曲线。超高横坡度由车速确定，但过大的超高

往往会引起车辆的横向滑移，尤其在潮湿多雨以及冰冻地区，当弯道车速慢或停止在圆曲线上时，车辆有可能产生向内侧滑移的现象，所以应对超高横坡度加以限制。快速路上行驶的汽车为了克服行车中较大的离心力，超高横坡度可较一般规定值略高。我国《公路路线设计规范》JTG D20－2006 规定，一般地区高速公路、一级公路最大超高横坡度为 8%或 10%，其他等级公路为 8%，积雪或冰冻地区为 6%较安全。

城市道路由于受交叉口、非机动车以及街坊两侧建筑的影响，不宜采用过大的超高横坡度。综合各方面的情况，拟定城市道路最大超高横坡度如下：设计速度 100km/h、80km/h 为 6.0%；设计速度 60km/h、50km/h 为 4.0%，设计速度小于等于 40km/h 为 2.0%。

2　超高缓和段

由直线上的正常路拱断面过渡到圆曲线上的超高断面时，必须在其间设置超高缓和段。超高缓和段长度按下式计算：

$$L_e = b \cdot \Delta i / \varepsilon \tag{10}$$

式中：L_e——超高缓和段长度（m）；

b——超高旋转轴至路面边缘的宽度（m）；

Δi——超高横坡度与路拱坡度的代数差（%）；

ε——超高渐变率，超高旋转轴与路面边缘之间相对升降的比率，见表 13。

表 13　超高渐变率

设计速度（km/h）	100	80	60	50	40	30	20
超高渐变率	1/175	1/150	1/125	1/115	1/100	1/75	1/50

超高缓和段应在回旋线全长范围内进行。当回旋线较长时，超高缓和段可设在回旋线的某一区段范围内，其超高过渡段的纵向渐变率不得小于 1/330，全超高断面宜设在缓圆点或圆缓点处。超高缓和段起、终点处路面边缘出现的竖向转折，应予以圆顺。

对设超高的城市道路，一般双向四车道沿中线轴旋转的超高缓和段长度基本能包含适用的一般情况。但是，对以车行道边缘线为旋转轴的或车道数较多或较宽的道路，则可能超高所需的缓和段长度大于曲率变化的缓和段长度，因此在超高缓和段长度与缓和曲线长度两者中取大值作为缓和曲线的计算长度。

对线形要求高的高等级道路，如城市快速路、高架路，回旋线长度应根据线形设计以及对安全、视距、景观等的要求，选用较大的数值。

超高的过渡方式应根据地形状况、车道数、超高横坡度值、横断面形式、便于排水、路容美观等因素决定。单幅路路面宽度及三幅路机动车道路面宜绕中线旋转；双幅路路面及四幅路机动车道路面宜绕中间分隔带边缘旋转，使两侧车行道各自成为独立的超高横断面。

6.2.6　加宽和加宽缓和段

1　加宽值

汽车在曲线上行驶时，各车轮行驶的轨迹不相同。靠曲线内侧后轮的行驶半径最小，靠曲线外侧前轮的行驶曲线半径则最大。所以，汽车在曲线上行驶时所占的车道宽度，比直线段的大。为适应汽车在平曲线上行驶时后轮轨迹偏向曲线内侧的需要，通常小于 250m 半径的曲线加宽均设在弯道内侧。城市道路弯道上，常因为节省用地或拆迁房屋困难而设置小半径弯道，考虑到对称于设计中心线设置加宽较为有利，而采用弯道内外两侧同时加宽，其每侧的加宽值为全加宽值的 1/2。采用外侧加宽势必造成线形不顺，因此宜将外缘半径与渐变段边缘线相切，有利于行车。若弯道加宽值较大，应通过计算确定加宽方式和加宽值。

在规范条文中，未规定具体的加宽值。为便于设计人员使用，在该处给出加宽值的计算方法，供设计人员根据具体情况选用。

根据汽车在圆曲线上的相对位置关系所需的加宽值 b_{w1} 和不同车速汽车摆动偏移所需的加宽值 b_{w2}，城市道路每车道加宽值计算公式如下：

小型及大型车的加宽值 b_w 为：

$$b_w = b_{w1} + b_{w2} = \frac{a_{gc}^2}{2R} + \frac{0.05V}{\sqrt{R}} \tag{11}$$

铰接车的加宽值 b'_w 为：

$$b'_w = b'_{w1} + b'_{w2} = \frac{a_{gc}^2 + a_{cr}^2}{2R} + \frac{0.05V}{\sqrt{R}} \tag{12}$$

式中：a_{gc}——小型及大型车轴距加前悬的距离，或铰接车前轴距加前悬的距离（m）；

a_{cr}——铰接车后轴距的距离（m）；

V——设计速度（km/h）；

R——设超高最小半径（m）。

2　加宽缓和段

在圆曲线范围内加宽，为不变的全加宽值，两端设置加宽缓和段，其加宽值由直线段加宽为零逐渐按比例增加到圆曲线起点处的全加宽值。

加宽缓和段的长度可按下列两种情况确定：

1）设置缓和曲线或超高缓和段时，加宽缓和段长度应采用与回旋线或超高缓和段长度相同的数值。

2）不设回旋线或超高缓和段时，加宽缓和段长度应按加宽侧路面边缘宽度渐变率为 1：15～1：30，且长度不得小于 10m 的要求设置。

6.2.7　视距

为了保证行车安全，应使驾驶员能看到前方一定距离的道路路面，以便及时发现路面上有障碍物或对向来车，使汽车在一定的车速下能及时制动或避让，从而避免事故。驾驶人从发现障碍物开始到决定采取某种措施的这段时间段内汽车沿路面所行驶的最短行车距离，称为视距。

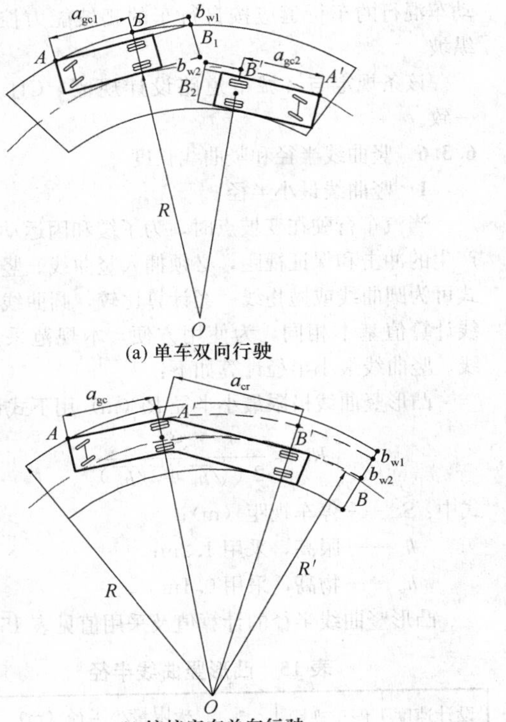

(a) 单车双向行驶

(b) 铰接客车单向行驶

图 1 圆曲线上路面加宽示意图

视距是道路设计的主要技术指标之一，在道路的平面上和纵断面上都应保证必要的视距。如平面上挖方路段的弯道和内侧有障碍物的弯道，以及在纵断面上的凸形竖曲线顶部、立交桥下凹形竖曲线底部处，均存在视距不足的问题，设计时应加以验算。验算时物高规定为 0.1m，眼高对凸形竖曲线规定为 1.2m，对凹形竖曲线规定为 1.9m。货车存在空载时制动性能差、轴间荷载难以保证均匀分布、一条轴侧滑会引起汽车车轴失稳、半挂车铰接刹车不灵等现象，尤其是下坡路段。货车停车视距的眼高规定为 2.0m，物高规定为 0.1m。

视距有停车视距、会车视距、错车视距和超车视距等。在城市道路设计中，主要考虑停车视距。若车行道上对向行驶的车辆有会车可能时，应采用会车视距，会车视距为停车视距的 2 倍。

停车视距由反应距离、制动距离及安全距离组成，按式（13）、式（14）计算：

$$S_s = S_r + S_b + S_a \tag{13}$$

式中：S_r ——反应距离（m）；

S_b ——制动距离（m）；

S_a ——安全距离，取 5m。

$$S_s = \frac{Vt}{3.6} + \frac{\beta_s V^2}{254\mu_s} + S_a \tag{14}$$

式中：V ——设计速度（km/h）；

t ——反应时间，取 1.2s；

β_s ——安全系数，取 1.2；

μ_s ——路面摩擦系数，取 0.4。

停车视距的计算值及采用值见表 14。

表 14 停车视距

设计速度 (km/h)	S_r（m）	S_b（m）	S_a（m）	S_s 计算值 (m)	S_s 采用值 (m)
100	33.34	118.00	5	156.34	160
80	26.67	75.52	5	107.26	110
60	20.00	42.48	5	67.52	70
50	16.67	29.50	5	51.17	60
40	13.33	18.88	5	37.21	40
30	10.00	10.62	5	25.62	30
20	6.67	4.72	5	16.39	20

在平曲线范围内为使停车视距规定值得到保证，应将平曲线内侧横净距范围内的障碍物予以清除，根据视距线绘出包络线图进行检验。

6.2.8 中央分隔带开口是为了使车辆在必要时可通过开口到反方向车道行驶，以供维修、养护、应急抢险时使用。中央分隔带开口间距应视需要而定，本规范只规定了最小间距。开口处应设置活动护栏，避免车辆调头。

两侧分隔带开口是为了使车辆进出道路使用，开口间距应视需要而定，但应保证不影响正常交通的行驶，本规范只规定了最小间距及距离路口的距离。

6.3 纵断面设计

6.3.1 机动车道最大纵坡

该条规定与《城市道路设计规范》CJJ 37－90 一致。

为保证车辆能以适当的车速在道路上安全行驶，即上坡时顺利，下坡时不致发生危险的纵坡最大限制值为最大纵坡。道路最大纵坡的大小直接影响行车速度和安全、道路的行车使用质量、运输成本以及道路建设投资等问题，它与车辆的行驶性能有密切关系。

目前，许多国家都以单位载重量所拥有的马力数（HP/t），即比功率作为衡量汽车爬坡能力的指标，认为 HP/t 数值相同的汽车，其爬坡能力大致相同。

小汽车爬坡能力大，纵坡大小对小汽车影响较小，而载重汽车及铰接车的爬坡能力低，纵坡大小对其影响较大。如以小汽车爬坡能力为准确定最大纵坡，则载重汽车及铰接车均需降速行驶，使汽车性能不能充分发挥，是不经济的；而且还会降低道路通行能力，下坡时更危险。在汽车选型时，既要考虑现状又要考虑发展。

设计最大纵坡应考虑各种机动车辆的动力性能、道路等级、设计速度、地形条件等选用规范中最大纵坡一般值。当受条件限制纵坡大于一般值时应限制坡长，但最大纵坡不得超过最大纵坡极限值。

6.3.2 机动车道最小纵坡

城市道路通常低于两侧街坊，两侧街坊的雨水排向车行道两侧的雨水口，再由地下的连管通到雨水管道排入水体。因此，道路最小纵坡应是能保证排水和防止管道淤塞所需的最小纵坡，其值为0.3%。若道路纵坡小于最小纵坡值，则管道的埋深必将随着管道的长度而加深。为避免其埋设过深所致的土方量增大和施工困难，所以，规定城市道路的最小纵坡不应小于0.3%。

6.3.3 机动车道最小坡长

最小坡长的限制是从汽车行驶平顺度、乘客的舒适性、纵断视距和相邻两竖曲线的布设等方面考虑的。如果纵坡太短，转坡太多，纵向线形呈锯齿状，不仅路容不美观，影响临街建筑的布置，而且车辆行驶时驾驶员变换排档会过于频繁而影响行车安全，同时导致乘客感觉不舒适。所以，纵坡坡长应保持一定的最小长度。

《城市道路设计规范》CJJ 37－90中规定坡长采用不小于10s的汽车行驶距离，另外，在一段坡长设置的两个竖曲线不得搭接，故规范采用最小竖曲线半径值与最大纵坡验算最小坡长。根据计算结果，设计速度≤60km/h时，最小坡长由10s的汽车行驶距离决定；设计速度＞60km/h时，最小坡长由竖曲线半径值与最大纵坡计算值决定。由竖曲线半径值与最大纵坡计算方法，使用了两个极限值。在目前的设计理念中，应尽可能避免各种极限指标的组合使用，而且从实际情况看，原指标也偏大，对于平原区的城市道路设计有一定困难。该指标相对《公路工程技术标准》JTG B01－2003中规定的最小坡长也偏大。因此，在编制中，统一规定最小坡长为10s的汽车行驶距离。该取值与现行《公路工程技术标准》JTG B01－2003及《城市快速路设计规程》CJJ 129－2009一致。

加罩道路、老桥利用接坡段、尽端道路及坡差小的路段，最小坡长的规定可适当放宽。

6.3.4 机动车道最大坡长

最大坡长为纵坡大于最大纵坡一般值时，对纵坡坡长的限制长度。本规范采用的纵坡坡长是根据汽车加、减速行程图求得，并参考《公路路线设计规范》JTG D20－2006与《日本公路技术标准的解说与运用》综合确定。根据不同设计速度、不同坡度做出坡长限制值。当设计速度≤30km/h时，由于车速低，爬坡能力大，坡长可不受限制。

该条规定与《城市道路设计规范》CJJ 37－90一致。

6.3.5 非机动车道纵坡和坡长

城市中非机动车主要是指自行车，其爬坡能力低，车道应考虑恰当的纵坡度与坡长，机动车和非机动车混行的车行道应按自行车的爬坡能力控制道路纵坡。

该条规定与《城市道路设计规范》CJJ 37－90一致。

6.3.6 竖曲线半径和竖曲线长度

1 竖曲线最小半径

当汽车行驶在变坡点时，为了缓和因运动变化而产生的冲击和保证视距，必须插入竖曲线。竖曲线形式可为圆曲线或抛物线。经计算比较，圆曲线与抛物线计算值基本相同，为使用方便，本规范采用圆曲线。竖曲线最小半径计算如下：

凸形竖曲线极限最小半径 R_v（m）用下式计算：

$$R_v=\frac{S_s^2}{2\left(\sqrt{h_e}+\sqrt{h_o}\right)^2} \quad (15)$$

式中：S_s——停车视距（m）；

h_e——眼高，采用1.2m；

h_o——物高，采用0.1m。

凸形竖曲线半径的计算值及采用值见表15。

表15 凸形竖曲线半径

设计速度（km/h）	停车视距（m）	极限最小半径（m）	
		计算值	采用值
100	160	6421	6500
80	110	3035	3000
60	70	1229	1200
50	60	903	900
40	40	401	400
30	30	226	250
20	20	100	100

凹形竖曲线极限最小半径 R_c（m）用下式计算：

$$R_c=\frac{V^2}{13a_0} \quad (16)$$

式中：V——设计速度（km/h）；

a_0——离心加速度，采用0.28m/s²。

凹形竖曲线半径的计算值及采用值见表16。

表16 凹形竖曲线半径

设计速度（km/h）	V^2	$13a_0$	极限最小半径（m）	
			计算值	采用值
100	10000	3.64	2747	3000
80	6400	3.64	1785	1800
60	3600	3.64	989	1000
50	2500	3.64	686	700
40	1600	3.64	439	450
30	900	3.64	247	250
20	400	3.64	109	100

竖曲线一般最小半径为极限最小半径的1.5倍，国内外均使用此数值。“极限值”是汽车在纵坡变更处行驶时，为了缓和冲击和缓和视距所需的最小半径的计算值，设计时受地形等特殊情况限制方可采用。

2 竖曲线最小长度

为了使驾驶员在竖曲线上顺适地行驶，竖曲线不宜过短，应在竖曲线范围内有一定的行驶时间，日本规定行驶时间3s的行驶距离。本规范竖曲线最小长度极限值采用3s的行驶距离，按下式计算：

$$l_v = \frac{V}{3.6} \times 3 = 0.83V \tag{17}$$

式中：l_v——竖曲线最小长度（m）；

V——设计速度（km/h）。

设计中，为了行车安全和舒适，应采用竖曲线最小长度的“一般值”。“一般值”规定为“极限值”的2.5倍。

6.3.7 合成坡度

纵坡与超高或横坡度组成的坡度称为合成坡度。将合成坡度限制在某一范围内的目的是尽可能地避免陡坡与急弯的组合对行车产生的不利影响。道路设计常以合成坡度控制，合成坡度按下式计算：

$$j_r = \sqrt{i_s^2 + j^2} \tag{18}$$

式中：j_r——合成坡度（%）；

i_s——超高横坡度（%）；

j——纵坡度（%）。

6.4 线形组合设计

6.4.1 道路线形设计的习惯做法是先进行平面设计，后进行纵断面设计，这样只能以纵断面来迁就平面。因此，在平面设计时要考虑纵断面设计；同样在纵断面设计时也要与平面线形协调配合。平纵线形组合是指在满足汽车运动学和力学要求的前提下，研究如何满足视觉和心理方面的连续性、舒适感，研究与周围环境的协调和良好的排水条件。所以，线形设计不仅要符合技术指标要求，还应结合地形、景观、视觉、安全、经济性等进行协调和组合，使道路线形设计更加合理。

6.4.2 线形组合设计强调的是在平面设计的同时，考虑纵断面设计的协调性，甚至横断面设计的配合问题。

平纵线形组合原则上应“相互对应”，且平曲线稍长于竖曲线，即所谓的“平包竖”。国内外研究资料表明，当平曲线半径小于2000m、竖曲线半径小于15000m时，平、竖曲线的相互对应对线形组合显得十分重要；随着平、竖曲线半径的增大，其影响逐渐减小；当平曲线半径大于6000m、竖曲线半径大于25000m时，对线形的影响显得不很敏感。因此，线形设计的“相互对应、且平包竖”的基本要求需视平、竖曲线的半径而掌握其符合的程度。

城市道路由于限制条件多，对于低等级道路不必强求平纵线形的相互对应。

7 道路与道路交叉

7.1 一般规定

7.1.1～7.1.3 道路与道路交叉设计是城市道路设计中比较重要的一部分内容，其交叉形式的选择、交叉口平纵面设计、交叉口的交通管理方式等等，对整条道路甚至周边路网的通行能力和服务水平都有较大的影响。行业标准《城市道路交叉口设计规程》CJJ 152－2010于2011年3月实施，对于道路与道路交叉设计的相关要求，在其中已有详细的规定，本章只对交叉口形式的分类、一些共性的要求以及主要的技术指标进行规定。

7.2 平面交叉

7.2.1 平面交叉口的交通组织通过平面布局来组织分配各交通流的通行路径，通过交通管理来组织分配各交通流的通行次序。平面交叉口设计应包括平面布局方案及交通管理方式，本次编制中，结合交叉口平面布局方案及交通管理方式将平面交叉口分为三大类五小类。

7.2.2 本条按相交道路的等级规定了宜采用的平面交叉口类型。但在城市道路设计中，一般情况下在道路规划阶段已确定平面交叉口类型及用地范围。因此在具体设计中应依据规划条件，结合功能要求与控制条件，选定合适的交叉口类型。

7.2.3 平面交叉口的形式有十字形、T形、Y形、X形、环形交叉、多路交叉、错位交叉、畸形交叉等。通常采用最多的是十字形，形式简单，交通组织方便，适用范围广。由于交叉口形状，在规划阶段已大体确定，设计阶段应在不影响总体布局的前提下予以优化调整。道路交叉角度较小时，交叉口需要的面积较大，并使视线受到限制，行驶不安全且不方便。

《城市道路交通规划设计规范》GB 50220－95及《城市道路设计规范》CJJ 37－90规定交叉口的最小交叉角为45°。根据实际情况，交叉角太小，不利于交通组织管理、不利于土地利用，本次编制参考美国文献将最小交叉角改为70°。

目前在城市道路平交路口的渠化设计中，常采用压缩行人和非机动车的通行空间来增加机动车道，对行人和非机动车的通行带来较大的不便。本次明确规定在路口渠化设计中，应保证行人和非机动车通行空间的连续性和完整性。

7.2.4、7.2.5 交叉口范围应包括整个交叉口功能区，即：所有相交道路的重叠部分和其上游和下游车道的延伸，包括拓宽和渐变段以及非机动车道、人行道和过街设施，见图2。

交叉口功能区的定义对交叉口本身的交通运行的机动性和安全性有着重要意义。机动车进入交叉口要进行一系列复杂的操作：反应、减速、排队等待、转向或穿越、加速等等，功能区则是实施这一系列复杂操作的面积范围，或者说是交叉口对其相交道路的影响区域范围。在交叉口功能区之外，车辆以正常速度行驶，其特征符合路段交通特征。因此，对于交叉口的功能区的设计指标要求高于路段的设计标准。

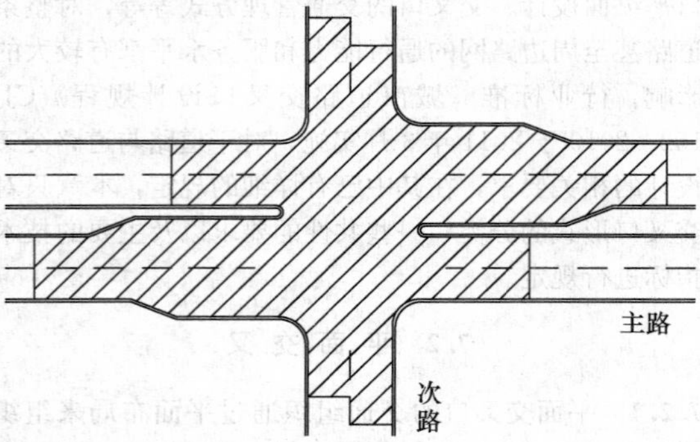

图2 交叉口范围示意图

7.2.6 交叉口范围内，受相交道路不同流向车流的影响，进口道车流的速度降低，交叉口进口道成为交通瓶颈。为使进口道通行能力与路段的通行能力相匹配，进口车道数应大于路段基本车道数。同时为防止车辆在进口道内因车道过宽而发生抢道现象，可将进口道车道宽度适当减窄。

7.2.7 汽车驶近平面交叉口时，驾驶员应能看清整个交叉道路上车辆的行驶情况，以便能顺利地驶过交叉口或及时停车，避免发生碰撞。这段距离必须大于或等于停车视距（S_s）。视距三角区应以最不利情况绘制，在三角形范围内，不准有任何妨碍视线的各种障碍物。十字形和X形交叉口视距三角形范围如图3。

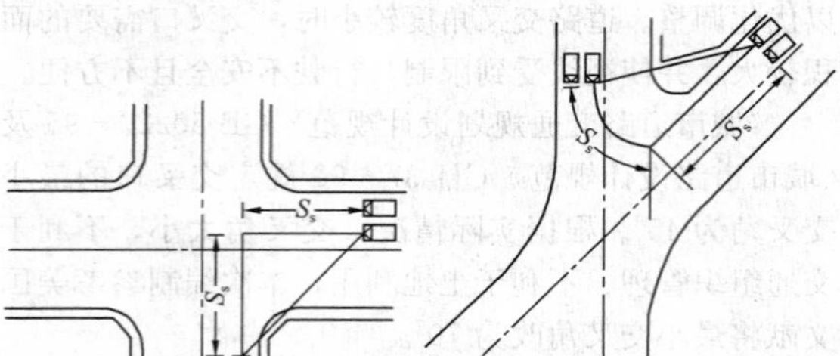

图3 交叉口视距三角形

7.3 立体交叉

7.3.1 现行的规范中道路立体交叉分为互通式和分离式两大类。《城市道路设计规范》CJJ 37－90中将互通式立体交叉按照交通流线的交叉情况和道路互通的完善程度分为完全互通式、不完全互通式和环行三种。《公路工程技术标准》JTG B01－2003按照交通流线的交叉情况、线形的标准将互通式立交分为枢纽互通式和一般互通式，其分类参照欧美国家的方法，较为符合交通流的运行特征。

本规范通过收集大量国内已建立交资料，参照公路及国外相关规范的成果，结合城市道路的交通运行特点，认为《城市道路设计规范》CJJ 37－90中仅按立交的互通情况分为完全互通和部分互通，不能满足立交的设计要求。由于不同的立交形式，立交的互通标准会形成较大的差异，对通行能力和服务水平都有较大的影响。因此本次编制中将立体交叉按照交通流线的交叉情况，采用直行交通、转向交通和机非干扰程度指标分为枢纽立交和一般立交，更接近于实际情况。

7.3.2 城市道路立交分类及选型直接影响立交功能、规模和工程造价，是立交规划、设计的重要依据之一。以往立交修建使用中出现少数因规模、标准欠妥而致占地、投资过大，或难以适应规划年限内交通需求增长而出现过早饱和、发生交通堵塞等问题。为此，7.3.1条规定了各类型立交宜选用的立交形式；本条依据交叉口相交道路的等级，规定了宜采用的立交类型。

7.3.3 车道数取决于道路设计通行能力和服务水平，条文不仅规定了立交桥区主路基本车道数应与路段基本车道数一致，而且在主路分合流处，还必须保持车道数的平衡。一般情况下，分合流前后的主线车道数应大于等于分合流后前的主线车道数与匝道车道数之和减1，当不满足时，应设置辅助车道。

7.3.4 设置集散车道是为了将立交区的交织运行转移至集散车道，集散车道车速较主线低，因此需与主线分隔设置。

7.3.5 立交范围受匝道设置及进出口影响，为提高行驶安全性，线形设计应采用比路段高的技术指标。《公路路线设计规范》JTG D20－2006中对互通式立交范围线形指标的规定比路段线形指标提高很多。城市道路目前对立交范围的线形指标缺少相关的研究，若采用《公路路线设计规范》JTG D20－2006的指标，由于城市道路立交及进出口间距较密，交通运行状态与公路不一致，建设条件制约因素较多，很难按其规定值实施。因此，规定互通式立交范围主线线形指标不应低于路段设计的一般值，有条件时尽量取高值。分离式立交主线可不受立交范围线形指标要求的控制。

7.3.6 由于主线的设计速度高于匝道，因而交通流驶出主线需要减速，驶入主线需要加速，为了满足车辆变速行驶的要求，减少对主线正常行驶交通流的干扰，应设置变速车道。

变速车道通常设计成直接式和平行式两种。直接式是以平缓的角度为原则进行设计，变速车道与匝道连接，车辆行驶轨迹平滑。平行式是以增设一条平行主线的变速车道，采用有适当流出角度的三角段与主线连接进行设计。与直接式相比，其起终点明确，三角段部分虽然与车辆的行驶轨迹相符合，但在通过整个变速车道时必须走“S”形路线。不论哪一种形式，只要适当地对主线线型进行分析，并进行合理设计，均能满足变速的要求。

直接式变速车道能提供驾驶员合适的直接驶离主线的行车轨迹，研究表明大部分车辆都能以比较高的速度驶离直行车道，从而减少了由于在直行车道上开始减速而引起追尾事故的发生，故较为广泛地用于减速车道。对于加速车道，驾驶员同样希望由直接式流入，而不愿走“S”形，但是当主线交通量大时，车辆在找流入主线机会的同时需要使用加速车道的全长，而平行式车道除了提供车辆加速功能外，还能给汇流车辆提供更多的时间和机会去寻找空档插入，故加速车道一般采用平行式。因此规定“减速车道宜采用直接式，加速车道宜采用平行式”。

7.3.7 根据交通流流入、流出主路的交通特征，车辆通过出入口时，要经过加速、减速、交织等过程，整个过程中将产生紊流，合理的出入口间距是交通畅通的可靠保障。《快速路设计规程》CJJ 129－2009 及《城市道路交叉口设计规程》CJJ 152－2010 中对于出入口的合理间距均有明确规定。城市道路控制条件较多，设计中经常会遇到不能满足出入口间距的要求，在这种情况下，需设置集散车道，调整出入口的位置，以满足间距需要。

7.3.8 设有辅路系统的快速路与主干路或主干路与主干路相交设置的一般立交，其辅路系统可与匝道布置结合考虑。如两层的苜蓿叶立交、菱形立交等，一般结合路段出入口设置，采用与匝道结合的方式布置辅路系统。对于枢纽型立交要求其系统的连续，桥区内的辅路系统必须单独设置。

7.3.9～7.3.11 立交范围内由于占地较大，行人和非机动车的通行要求不高，在建设条件受限的情况下，经常采用降低行人和非机动车的设计标准解决，造成系统不连续或宽度不足。而且立交区对于公交车站的设置往往考虑不周。因此，在编制中对这三部分设计要求进行了明确规定。

8 道路与轨道交通线路交叉

8.1 一般规定

8.1.1 根据铁路道口事故统计资料和《中华人民共和国铁路法》的有关规定，考虑铁路运量逐年增加，行车速度逐年提高的特点，为减少平交道口人身事故发生，确保行车安全，铁路与道路交叉时，应当优先考虑立交。

8.1.4 轨道线路与道路平面交叉应尽量设计为正交或接近正交，但由于地形条件或拆迁工程等限制需要斜交时，交叉锐角应大于45°，以缩短道口的长度和宽度，并避免小型机动车和非机动车的车轮陷入轮缘槽内的不安全因素。

8.2 立体交叉

8.2.1 道路与铁路立体交叉

1 城市快速路和重要的主干路都是交通功能强，服务水平高，交通量大的骨干道路，进出口实行全控制或部分控制。这些道路和铁路交叉如果采用平面交叉，当道口处于开放状态时，汽车通过道口需限速行驶，严重影响道路的交通功能；当道口处于封闭状态时，会造成严重的交通堵塞。故规定必须采用立交。

2 有轨电车与铁路同为轨道交通，而轨道、结构各异，相交时必须是立交。无轨电车道虽无轨道，但其与铁路交叉处的供电接触网、柱与铁路限界相冲突，也必须设置立体交叉。

3 主干路、次干路、支路与铁路交叉，为避免城市道口因铁路调车作业繁忙而封闭道口累计时间较长，或道路在交通高峰时间内经常发生一次封闭时间较长，而引起道路交通堵塞，避免因延误时间而造成的城市社会经济损失，应设置立体交叉。

4 路段旅客列车设计行车速度120km/h的地段，列车速度高、密度大，列车追踪间隔时间仅几分钟，铁路与道路平面交叉的安全可靠性差，故规定应设置立体交叉。

8.2.2 目前城市轨道交通发展迅速，种类较多，《城市公共交通分类标准》CJJ/T 114－2007 中，将城市轨道交通大类分为：地铁、轻轨、单轨、有轨电车、磁浮、自动导向轨道和市域快速轨道等七大系统。因城市轨道交通行车间隔时间短，车流密集，为了保证轨道与道路的通行安全，要求城市各级道路与除有轨电车道外的城市轨道交通线路交叉时，必须设置立体交叉。

8.2.3 道路上跨铁路时，铁路的建筑限界除应符合现行国标《标准轨距铁路建筑限界》GB 146.2 的规定外，还应考虑所跨不同类别铁路的具体要求，如有双层集装箱运输要求的铁路，应满足双层集装箱运输限界的要求；近些年来修建的较高时速客货共线铁路和高速客运专线等对基本建筑限界高度也有不同要求，详见表17。

道路上跨城市轨道交通时，城市轨道交通建筑限界需根据采用的车辆类型及其设备限界、设备安装尺寸、安全间隙和有无人行通道、有无隔声屏障、供电制式及接触网柱结构设计尺寸等计算确定，现行国家标准《城市轨道交通技术规范》GB 50490 中有相应规定。

表 17　不同类别铁路基本建筑限界（mm）

铁路类别		限界高度（自轨面以上）	限界宽度（自线路中心外侧）	依据规范或文号
既有铁路	内燃（蒸汽）牵引	5500	2440	《标准轨距铁路建筑限界》GB 146.2
	电力牵引	6550（困难 6200）	2440	《标准轨距铁路建筑限界》GB 146.2
新建时速 200km 客货共线铁路	内燃牵引	5500	2440	《新建时速 200km 客货共线铁路设计暂行规定》铁建设函［2005］285 号
	电力牵引	7500	2440	
200km/h 客货共线双层集装箱运输	内燃牵引	6050	2440	"关于发布《铁路双层集装箱运输装载限界（暂行）》和《200km/h 客货共线铁路双层集装箱运输建筑限界（暂行）》的通知"铁科技函［2004］157 号
	电力牵引	7960	2440	
京沪高速铁路（电力牵引）		7250	2440	《京沪高速铁路设计暂行规定》铁建设［2004］157 号

注：表中限界宽度指单线铁路直线地段，当为双线或多线铁路和曲线地段，须计算确定限界宽度。

8.3　平 面 交 叉

8.3.1　铁路车站是列车交汇、越行、摘挂、集结、编解的场所，道口如设在车站内，由于列车作业的需要，关闭道口的次数增多，封闭时间延长，影响道路的通行能力；另外，在车站上经常有列车阻挡，严重恶化道口瞭望条件，容易造成事故。现行《铁路技术管理规程》规定"在车站内不应设置道口"。《铁路道口管理暂行规定》规定"对现有道口必须整顿，……逐步取消站内道口"。故本条规定在站内不应设置道口。

如果道口设在道岔、桥头和隧道附近，一旦发生道口事故，被撞的机动车和脱轨的列车颠覆在道岔区内、桥下或隧道内时，救援困难，中断铁路行车时间长，造成的损失更大，因此在这些处所不应设置道口。

道口设在铁路曲线上除恶化瞭望条件外，还由于铁路曲线外轨超高破坏道路纵断面的平顺性，超高大时还会因局部坡度过大造成机动车熄火，引发道口事故。故本条规定道口不宜设在曲线上。

8.3.4　据统计，道口事故率与道口瞭望视距相关，当道口交通量相同时，瞭望视距不足的道口事故率偏高。为了提高道口的安全度，降低道口事故率，道口宜设在瞭望条件良好的地点。本条规定的机动车驾驶员侧向最小瞭望视距是指机动车驾驶员在距道口相当于该段道路停车视距并不小于 50m 处的侧向最小瞭望视距，应大于机动车自该处起以规定速度通过道口的时间内，火车驶至道口的最大距离。

瞭望视距是要求如图 4 所示两个由视距构成的最小视线三角形范围内要保持良好的视线条件。

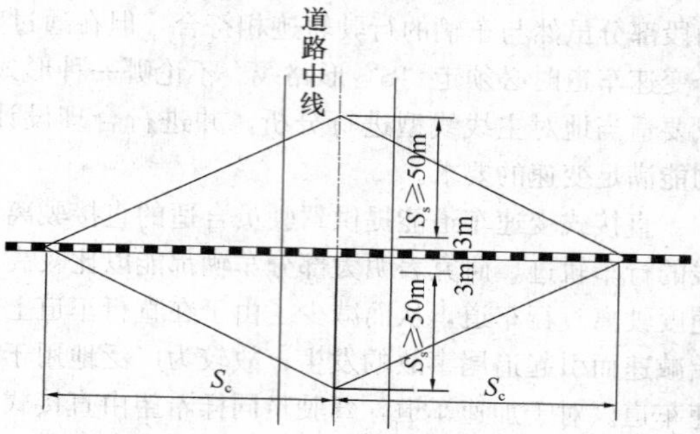

图 4　机动车驾驶员在道口前的瞭望视距示意图

S_s是当汽车在公路上行驶时，驾驶员发现有火车驶向道口，立即采取制动措施，使汽车在道口前停下来的最小距离，国家现行标准规定为 50m。

S_c是在汽车通过道口所需的时间内火车行驶的最大距离，即：

$$S_c = \frac{V_1}{3.6}T \tag{19}$$

式中：S_c——火车行驶的最大距离（m）；

V_1——火车行驶速度，km/h；

T——汽车驾驶员在道口前 50m 发现火车后，匀速通过道口所需的时间（s）。

如图所示，汽车在道口前 50m 处行驶速度取 30km/h，T=12s。代入上式得

$$S_c = 3.3V_1 \tag{20}$$

火车司机最小瞭望视距取火车司机反应时间内列车的走行距离与列车的制动距离之和。

8.3.7　有人看守道口除设置道口看守房、栏木和道口照明外，还应设置有线或无线通信、道口自动通知、道口自动信号等安全预警设备。道口看守人员通过这些设备预先了解列车接近道口的情况，及时关闭道口、疏导在道口内的车辆和行人，使列车安全顺利通过道口，这对于瞭望视距不足的道口尤为重要。当道口上有障碍物妨碍列车通过时，道口看守人员还须及时通过无线电话通知相邻的车站和列车，同时开通遮断信号，这样才能保证道口行车安全。

道口自动信号和道口监护设施可以向道路方向发出列车接近的声响和灯光信号，使道路上的车辆、行人及时避让，提高无人看守道口的安全度，故规定无人看守道口可根据需要设置道口自动信号和道口监护设施。

8.3.8　有轨电车道与城市次干道、支路同属城市地面交通系统，且交叉较频繁，考虑次干道、支路的车流量一般比城市快速路、主干道要小，行车速度也较低，故其相交时以设置平面交叉为宜，以避免多处立

交工程，可节省大量工程投资，并减小对周边环境和城市景观的影响。道路与有轨电车道平面交叉时，对道路线形及直线段长度的要求，考虑有轨电车速度比火车速度低，同时考虑到城市道路条件的诸多实际困难，对直线段长度不做具体规定，可因地制宜确定。

对于道路与沿道路敷设的有轨电车道交叉时，因有轨车道与城市次干路，支路不同，它属于客运专线性质，客流量较大，为充分发挥有轨电车的作用，节省乘客出行时间和体现社会效益，故其平面交叉道口应设置有轨电车优先通行信号。

9 行人和非机动车交通

行人和非机动车交通系统是城市交通的重要组成部分，然而目前无论从规划、建设还是管理上看，考虑较多的是机动车交通系统，主要解决的也是机动车交通问题，而对于最基本的交通方式——行人和非机动车交通，考虑得相对较少，造成行人和非机动车交通环境逐渐恶化，"人车混行"较为普遍，行人和非机动车路权被侵害，交通事故时有发生，行人和非机动车安全没有保障等等。因此，为了将行人和非机动车交通系统设计提高到一个较高的层面，规范编制中将其作为独立章节编写。

条文强调了行人和非机动车交通系统的连续性和完整性，要求设计中应提供明确的路权，保障必需的通行空间。此外，应同时考虑无障碍设施、附属设施、景观及环境设施，为行人和非机动车创造安全、良好、舒适的环境。

具体的条文主要沿用《城市道路设计规范》CJJ 37－90 中的相关规定，以及参照《城市道路交通规划设计规范》GB 50220－95 及《城市人行天桥与人行地道技术规范》CJJ 69－95 中的相关规定。

10 公共交通设施

伴随着区域化、城市化和机动化的快速发展，我国各大中城市交通出行需求迅速增长，道路交通面临巨大压力，为实现发展城市公共交通的战略目标，有效引导城市交通结构向公共交通转化，在城市道路规划设计中，必须考虑与道路相关的公共交通通道和场站设计。不同的公共交通系统对城市道路设计有其特殊的要求，根据《城市公共交通分类标准》CJJ/T 114－2007 中规定，城市道路公共交通包括常规公交、快速公交、无轨电车、出租车四类，其中无轨电车和常规公交的道路设计标准是一致的。因此，规范按快速公交、普通公交和出租车三类规定。

具体的条文主要沿用《城市道路设计规范》CJJ 37－90 中的相关规定，以及参照《城市道路公共交通站、场、厂工程设计规范》CJJ/T 15 及《快速公共汽车交通系统设计规范》CJJ 136 中的相关规定。

10.2 公共交通专用车道

10.2.1 目前国内外公交系统专用通道根据使用特点，主要包括以下四种形式。

公交专用路：道路上，公交车拥有全部的、排他的使用权，包括单向道路系统中公交逆行专用道，全部封闭的专用通道等。

公交专用车道：在特定的路段上，通过标志、标线画出一条或几条车道给公交车专用，但公交车同时拥有在其他车道的行驶权，根据公交专用车道在道路断面的位置主要可以分为中央公交专用车道和路侧专用车道。

公交专用进口道：在交叉路口进口，专门为公交车设置的进口道，包括只允许公交车转向的管理设施。

公交优先道路：在混合交通中，公交车比其他车辆具有优先使用某条道路的权利，当其他车辆影响公交车的运行时，必须避让公交车辆。

规范只对公交专用车道的内容进行了相关规定。根据我国实际情况，结合不同的公共交通系统对道路的使用要求，将公共交通专用车道统一划分为快速公交专用车道和普通公交专用车道两类。

10.2.2 规定了快速公交专用车道的一般设计原则。

1 中央专用车道受其他车辆干扰最小，路侧专用车道根据道路路幅形式，还可分为主路路侧和辅路内、外侧形式，受其他车辆干扰程度也依次增加。因此优先选用中央专用车道。中央专用车道按上下行有无物体隔离分为整体式和分离式，整体式占用道路空间小，公交车辆运行中车辆有需求时可以借道行驶，故优选中央整体式。

2 由于快速公交专用车道和车站占用较大的城市空间资源，城市支路一般不具备设置大容量公交系统的条件。因此，规定设计速度为 40km/h～60km/h。

3 经调研，目前国内大容量快速公交车车体宽度一般为 2.55m，根据行驶及安全性要求，单车道的车道不应小于 3.5m。

4 分离式单车道当运营车辆发生故障时，会阻碍其他运营车辆。为及时排除故障，应迅速将故障车辆移出专用道。考虑牵引车进出和疏散车上乘客的方便，物体隔离连续长度不应超过 300m。

10.2.3 参照行业标准《公交专用车道设置》GA/T 507－2004 中的相关规定。

10.3 公共交通车站

10.3.1 考虑建筑结构、出入口通道、售检票亭宽度等因素，双侧停靠站台宽度不应小于 5m，单侧停靠站台宽度不应小于 3m。

10.3.3 根据目前出租车的运营情况，为了避免乘客上下对道路上正常交通的干扰，该条对出租车站的设置进行了原则规定。

11 公共停车场和城市广场

条文主要沿用《城市道路设计规范》CJJ 37－90中的相关规定。

11.2 公共停车场

11.2.2 确定公共停车场规模的依据为服务对象的要求、车辆到达与离去的交通特征、高峰日平均吸引车次总量、停车场地日有效周转次数、平均停放时间、车辆停放不均匀性等，同时要结合城市的性质、规模、服务公共建筑物的位置、城市交通发展规划等综合考虑。

11.2.4 停车场根据停放车辆的类型分为机动车停车场和非机动车停车场；根据停放车辆的场地分为路上停车场和路外停车场；根据服务对象分为公用停车场和专用停车场。规范规定的内容为停放机动车和非机动车的公共停车场。

11.3 城市广场

11.3.1 城市广场是指与城市道路相连接的社会公共用地部分，是车辆和行人交通的枢纽场所，或是城市居民社会活动和政治活动的中心。规范按其用途和性质将其分为公共活动广场、集散广场、交通广场、纪念性广场与商业广场五类。虽然各类广场的功能特性是有差异的，但在广场分类中严格区分各类广场，明确其含义是有困难的。城市中有些广场由于其所处位置及历史形成原因，往往具有多种功能，为了充分发挥广场的作用及使用效益，节约城市用地，应注意结合实际需要，规划多功能综合性广场。

11.3.2、**11.3.3** 规定了各类广场设计的一般原则。

1 公共活动广场多布置在城市中心地区，作为城市政治、文化活动中心及群众集会场所。应根据群众集会、游行检阅、节日联欢的规模，容纳人数来估算需要场地，并适当考虑绿化及通道用地。

2 集散广场为布置在火车站、港口码头、飞机场、体育馆以及展览馆等大型公共建筑物前面的广场，是人流、车辆集散停留较多的广场。

3 交通广场设在交通频繁的多条道路交叉的大型交叉口或交汇地点的广场，有组织与分散车流的功能。

4 纪念性广场应以纪念性建筑物为主。

5 商业广场应以人行活动为主，合理布置商业、人流活动区。

11.3.4 广场竖向设计不仅要解决场内排水，还要与广场周围的道路标高相衔接，兼顾地形条件、土方工程量大小、地下管线的覆土要求等，并应考虑广场整体布置的美观。

广场最小纵坡控制是为了满足径流排水。最大纵坡控制是考虑停车时手闸制动不溜车。

12 路基和路面

12.1 一 般 规 定

12.1.1、**12.1.2** 路基路面性能不仅取决于其结构和材料，而且与路基相对高度、压实状况、排水设施及自然因素密切相关。条文强调路基路面结构方案的设计应做好前期调查、分析工作，结合沿线地形、地质、材料等自然条件，因地制宜、合理选材，保证路基路面具有足够的强度、稳定性和耐久性。

12.1.3 快速路、主干路的路基路面不宜分期修建的原因主要是快速路、主干路的交通量大，对路面性能要求高，分期修建不仅影响交通运营及行车安全，而且易造成路面的损坏，产生不良社会影响。

12.1.4 合理、良好的排水对于保证路基路面使用性能和使用寿命具有重要作用。路基路面排水是整个道路排水系统的一个重要部分，不仅应满足道路排水总体设计的要求和标准，而且应形成合理、完整的排水系统，及时排除路表降水和路面结构层的内部积水，疏干路基和边坡，以确保路基路面的长期性能。

12.2 路　　基

12.2.2 路基回弹模量是路面厚度计算中唯一的路基参数，极其重要。对照欧美等国家的相关规范，我国《城市道路设计规范》CJJ 37－90中规定“路槽底面土基设计回弹模量值宜大于或等于20MPa，特殊情况下不得小于15MPa。”的标准明显偏低；而且调查表明，近年来我国城市道路的轴载不断增大，车辆荷载作用于路基的应力水平和传递深度显著提高。因此，条文将快速路和主干路的土基设计回弹模量值提高到30MPa，以增强路基的抗变形能力，优化路基路面结构的模量组合，不仅可以改善路面结构的受力状况，提高其使用性能，而且可以适当减薄路面厚度，节约投资。

路基干湿类型的确定方法如下：

1 路基干湿类型应根据不利季节路床顶面以下80cm深度内路基土的湿度状况确定。

2 非冰冻地区路基的湿度状况主要受地表积水、地下水位或空气相对湿度控制。对新建道路，路基湿度状况可以根据当地的实际条件，结合路基的土组类型，由基质吸力进行预估；对既有道路，路基湿度状况应在不利季节现场测定。

3 冰冻地区路基湿度状况的确定应考虑冰冻的影响。

12.2.3　路基设计高度应考虑相应路段的地表积水和地下水位、路基土的毛细水上升高度和冰冻状况等。沿河路基应考虑洪水的影响。

12.2.4　路基压实度是影响路基性能的重要指标。在路基工作区范围内，压实度越高，回弹模量越高，在行车荷载作用下的永久变形越小；对填方路基而言，压实度越高，由于路堤自身压密变形而引起的工后沉降越小。

《城市道路设计规范》CJJ 37－90 编制时，从必要性、有效性、现实性三方面分析了采用重型压实标准的可行性，提出了采用重型压实标准具有明显的技术、经济优势。但是考虑到当时我国多数城市重型压路机的数量只占总数的 40%～60%，一律执行重型压实标准，会有较大困难，因此，原规范并列了轻型、重型两种压实度标准。经过近 20 年的发展，目前施工中已普遍采用重型压路机，因此，条文取消了轻型压实度标准，统一按重型压实度指标控制。

路基压实度一直备受关注。通过广泛调查，普遍认为原压实度标准偏低，并主张应适当提高路基压实度标准。条文根据各地的建设经验，将路基压实度标准分别提高了 1%～3%，并将填方路基压实度标准控制到路床顶面以下深度 150cm。

为增强条文的适用性和经济性，对几种特殊情形作了补充规定：

1　对于处在特殊气候地区，或者存在重要管线保护等的路基，如施工确有困难，条文规定，在不影响路基基本性能的前提下，本着可靠、可行、经济的原则，适当放宽重型击实的标准。

2　专用非机动车道和人行道的路基荷载相对较低，故压实度标准可按机动车道降低一个等级执行，但必须避免不同部位压实差异可能造成的稳定性隐患或者不均匀变形。

3　对于零填方或挖方以及填方高度小于 80cm 路段，在整个路床（0～80cm）范围内按照一个标准来控制压实，可能操作难度大或者不经济。考虑到车辆荷载沿路基深度的分布特征，可以采用"过渡性压实"的方法来控制不同深度的路基压实，下路床部分的压实标准较上路床部分可略有降低。

12.2.5　路基防护工程是防止路基病害、保证路基稳定的重要措施。规定中强调了应根据道路功能，结合当地气候、水文、地质等情况，采取相应的防护措施，保证路基稳定。

深挖、高填路基边坡路段，往往存在着稳定性隐患，因此强调必须查明工程地质情况，根据地质勘察成果进行稳定性分析，针对其工程特性进行路基防护设计，保证边坡稳定。

12.2.6　软土、黄土、膨胀土、红黏土、盐渍土等特殊土路基多为特殊路基，其稳定、变形及可能产生的工程问题与特殊土的地层特征、物理、力学和水理特性，以及道路沿线工程地质、水文地质条件有关。因此，条文强调特殊土路基设计应充分重视岩土工程勘察与分析，应进行个别验算与设计。

考虑到特殊路基类型多，不同特殊路基的工程特性和问题各不相同，本条文仅作了原则规定。

12.3　路　　面

12.3.2　路面面层类型的选用不仅要考虑道路的类型和等级，更需要考虑不同面层的适用范围。道路设计中应针对不同性质、功能的场所选用相应的铺面类型。

近年来，随着对城市道路环保和景观要求的日益提高，科研人员研发了一批新型沥青混合料，并得到成功应用，如温拌沥青混凝土、大孔隙沥青混凝土、彩色沥青混凝土、透水水泥混凝土路面、透水沥青路面、透水砖路面等。并且已有相应的专用规范。因此，本规范只对各种路面结构的使用条件做原则规定，具体的设计要求，可详见相关规范。

12.3.3　沥青混凝土路面的损坏模式主要有裂缝类、变形类和表层损坏类等三大类。不同损坏模式对应不同的临界状态，因而，采用单一指标进行沥青混凝土路面设计具有明显的局限性。本规范根据国际、国内的研究成果与发展趋势，提倡采用多指标沥青路面设计方法。

关于沥青路面设计方法，从第九版开始的美国的沥青协会设计法、英国的设计法、比利时的设计法等，多指标体系的力学设计法已成为主流；我国近十年来也在不断地研究、完善和推动这一设计方法。该方法采用双圆垂直均布荷载作用下的多层弹性连续体系理论，按设计荷载所产生的应力、应变和位移量不超过路面任一结构层所容许的临界值来选择和确定路面结构的组合和结构层厚度。设计流程如图 5 所示。

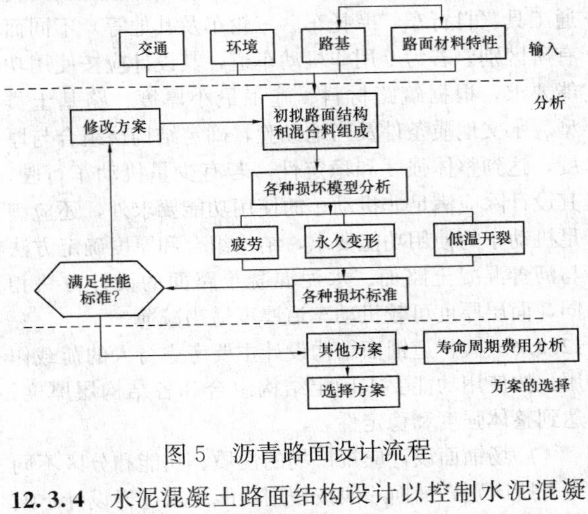

图 5　沥青路面设计流程

12.3.4　水泥混凝土路面结构设计以控制水泥混凝土板不出现结构断裂作为基本准则。引起水泥混凝土路面结构断裂的因素可归纳为行车荷载与环境温度变化。因此，将行车荷载和温度梯度综合作用产生的疲劳断裂作为路面结构设计的极限状态和设计标准。

水泥混凝土路面结构分析采用弹性地基板理论，应考虑各层之间的相互作用，按行车荷载与环境温度变化引起的路面结构层（面层、基层）临界荷位处综合疲劳应力不超过材料的弯拉强度来选择和确定结构组合和各结构层厚度。

水泥混凝土面层的耐久性主要指抗冻性。关于面层类型的选择，连续配筋混凝土面层、沥青上面层与连续配筋混凝土或横缝设传力杆的普通水泥混凝土下面层组成复合式路面两种面层类型，具有承载能力大、行车舒适及使用寿命长等优点，但其造价较高。因此，前者仅推荐用于特重交通的快速路、主干路，而后者仅推荐用于特重交通的快速路。

垫层主要设置在温度和湿度状态不良的路段上，以改善路面结构的使用性能。季节性冰冻地区，路面总厚度小于最小防冻厚度时，用垫层厚度补差，可有效地避免或减轻冻胀和翻浆病害；潮湿、过湿路基，设置排水垫层，可疏干路床土，保证基层处于干燥状态。

我国过去出于降低造价和迁就落后的施工技术等原因，水泥混凝土路面绝大多数不设传力杆。不设传力杆的水泥混凝土路面易发生唧泥、错台，进而造成路面板裂断，为了提高水泥混凝土路面使用寿命长和行车舒适性，本条文规定了快速路、主干路的横向缩缝应加设传力杆。

水泥混凝土面层的自由边缘、雨水口和地下设施的检查井周围是薄弱区域，应采用配筋补强。

对面层的水泥混凝土强度、主要技术指标作出最低规定，以保证水泥混凝土路面的基本性能要求，减少设计缺陷的发生。

12.3.5 非机动车道路面结构设计视路面上行驶的交通工具（自行车、摩托车、三轮车及其他等）不同而有所区别。若为专用非机动车道，其设计应按使用功能要求，根据筑路材料、施工最小厚度、路基土类型、水文地质条件及当地经验，确定结构层组合与厚度，达到整体强度和稳定性。若有少量机动车行驶，其设计除应满足非机动车的使用功能要求外，还应满足机动车的使用功能要求，结构组合和厚度确定方法与沥青混凝土路面、水泥混凝土路面的设计方法相同，面层厚度可较机动车道厚度适当减薄。

12.3.6 人行道铺面结构设计主要考虑行人的荷载作用，按使用功能要求确定结构组合和各结构层厚度，达到整体强度和稳定性。

广场铺面设计应视广场的性质、功能和分区不同而有所区别，铺面一般按使用功能要求进行设计，通过铺面结构组合，达到整体强度和稳定性。可采用条石、水泥混凝土步道方砖或机砖、缸砖等作为广场铺面面层。

广场铺面设计采用水泥混凝土或沥青混凝土面层，其设计方法和内容与沥青混凝土路面、水泥混凝土路面相同。

12.3.7 停车场铺面作为停放车辆的场所，其上作用的车辆荷载与一般道路基本相同，因此，铺面设计可参照沥青混凝土路面、水泥混凝土路面的设计方法和内容进行。

根据停车场的性质与功能不同，停车场铺面结构的设计荷载应视实际情况确定。停车场驶入、驶出的车速较小，荷载冲击系数可比车行道路面结构的设计值小。停车场的出入口路面与车场内停车部位的路面重复荷载作用不同，一般应予以区别考虑和加强。停车处主要受静荷作用，受荷时间长，路面承重的工作状态与车行道不同，另外，停车场内车辆启动、制动频繁，采用沥青混凝土面层，应提高路面面层的抗车辙能力，以免夏季路面变形。采用水泥混凝土面层，无论现浇或预制铺装，均应设置胀缝，其胀缝间距及要求与车行道相同，纵、横缝则都要设。

12.4 旧路面补强和改建

12.4.1 路面在使用过程中，由于行车荷载和环境因素不断作用，路面平整度、抗滑能力、承载能力等性能逐渐退化。当不能满足交通的需求时，需采取结构补强或改建以恢复或提高。在旧路面结构补强和改建时，充分利用旧路面的剩余强度，可有效地减少投资。因此，本条文对旧路面补强和改建的条件作了原则规定。

12.4.2 本条规定了旧路面结构补强和改建方案设计中应考虑的因素，强调了技术经济分析的重要性；规定了对不同旧路面状况应采取的补强或改建方案的原则要求。

12.4.3 补强和改建适用于不同的旧路面路况条件。其中，补强适用于路面结构破损较为严重或路面承载能力不能满足未来交通需求的情况；改建适用于路面结构破损严重，或路面纵、横坡需作较大调整的情况。

12.4.5 水泥混凝土路面上加铺沥青面层的技术关键是如何预防旧路面的接缝、裂缝反射穿透加铺面层而形成贯穿性反射裂缝。因此，必须根据道路所在地区的气候特点、交通荷载的大小和繁忙程度、旧路面的性能，尤其是接缝、裂缝两侧的弯沉差等，考察各种防反射裂缝措施的适用性和效果，然后通过技术经济比较作出决策。

13 桥梁和隧道

13.1 一般规定

13.1.1 桥梁的设置，尤其是特大桥、大桥的设置应根据城市道路功能及其等级、通行能力，结合地形、河流水文、河床地质、通航要求、河堤防洪、环境影响等进行综合考虑，并设置完善的防护设施，增强桥梁的抗灾能力。

13.1.2 随着我国经济的发展，城市道路建设中采用隧道穿越水域和山岭的方案越来越多，为指导设计，本次修订对隧道的建设规模与技术标准作了原则性的规定。

隧道位置的选择，直接影响到隧道设计、施工和投资以及竣工后的运营安全和养护管理。因此，对隧道所在区域的地质勘察、地下管线和障碍物探测、水域河床自然变化、人工整治状况及航运、航道规划、城市规划、地下空间利用规划、景观和环境保护、城市道路、交通网络、道路功能定位等工作必须进行深入细致调研和掌握，力求准确、全面。

是否采用隧道方案应综合考虑社会、经济、地质、环保、工程造价等因素进行比选。一般应进行明挖与暗挖隧道施工方案的比较，穿越山岭地区或建筑物等可考虑采用矿山法或盾构法等；穿越水域可考虑围堰明挖法、盾构法、沉管法等；隧道位于路面等无建筑物的环境条件下可采用明挖法、盖挖法等。比选不仅要考虑建设成本和建设难度、城市景观和环境保护，还要考虑建成后车辆的行驶安全、运营费用，以及运营管理和养护维修的费用。

13.1.3 根据国务院颁发的《城市道路管理条例》(1996年第198号令)第四章第二十七条规定：城市道路范围内禁止"在桥梁上架设压力在4公斤/平方厘米（0.4兆帕）以上的煤气管道，10千伏以上的高压电力线和其他燃爆管线。"对于允许在桥上通过的压力小于0.4兆帕燃气管道和电压在10kV以内的高压电力线，其安全防护措施应分别符合现行国家标准《城镇燃气设计规范》GB 50028、《电力工程电缆设计规范》GB 50217的规定要求。为此本条规定主要是确保桥梁或隧道结构的运营安全，避免发生危及桥梁或隧道自身和在桥上隧道内通行的车辆、行人安全的重大燃爆事故。

13.2 桥　　梁

13.2.1 本条规定了城市桥梁设计应考虑的一般原则。

1 特大桥、大桥的桥位应选择在顺直的河道段，避免设在河湾处，以防止冲刷河岸。同时要求河槽稳定，主槽不宜变迁，大部分流量能在所布置桥梁的主河槽内通过。桥位的选择要求河床地质条件良好、承载能力高、不易冲刷或冲刷深度小。桥位若处在断层地带，要分析断层的性质，如为非活动断层，宜将墩台设置在同一盘上。桥位应尽力避免选择在有溶洞、滑坡和泥石流的地段，否则应采取工程防护措施，确保岸坡稳定。

2 城市桥梁应根据所在城市道路的使用任务、性质和将来发展的需要，按照"安全、适用、经济、美观和有利环保"的原则进行设计。安全是设计的目的，适用是设计的功能需要，必须首先满足；在满足安全和适用的前提下，应根据具体情况考虑经济和美观的要求。同时应注意工程设计的环保要求。

3 城市桥梁设计应按城市规划要求、交通量预测，考虑远期交通量增长需求。城市桥梁应和城市发展环境、风貌相协调。

4 城市桥梁建设应考虑各项必需的附属设施的布置和安排，以免桥梁建成后再重新设置，损伤桥梁结构，或破坏桥梁外观。

13.2.2 与国家现行标准《公路桥涵设计通用规范》JTG D60－2004中的桥梁分类标准一致。

13.2.4 通航河流的桥下净空，应符合国家现行标准《内河通航标准》GB 50139、《通航海轮桥梁通航标准》JTJ 311的规定。

非通航河流的桥下净空高度，应根据设计水位、壅水高、浪高、最高流冰面确定，并给以一定的安全储备量。

非通航河流的桥梁跨径，除了应根据水流平面形态特征，河床演变趋势、河段地形地质条件确定外，还应考虑流冰、流木等从桥孔通过。

13.2.5 桥上最大纵坡主要从桥梁结构受力和构造方面考虑，而引道最大纵坡则主要考虑行车方面的要求。在具体应用时，应根据桥型、结构受力特点和构造要求，选用合适的桥上纵坡。通行非机动车时需满足非机动车的行车要求。

桥上最小纵坡主要从满足排水要求考虑，《城市道路设计规范》CJJ 37－90和《城市快速路设计规程》CJJ 129－2009中规定最小纵坡为0.3%。编制中，考虑到目前城市道路建设中高架桥的应用越来越多，桥梁较长，如果以最小纵坡为0.3%控制，为了满足竖向设计指标要求，造成桥梁线形起伏，影响美观。因此，规定了条件受限时，可采用平坡，但要满足排水的要求。

13.3 隧　　道

13.3.1 隧道埋深的确定对控制建设规模、环境保护、施工安全、运营便捷等方面进行考虑，确定时应根据道路等级、隧道交通功能和服务对象，综合考虑路线走向、路线平纵线形、隧址处环境、洞口、匝道及接线道路、隧道内附属设施的布置等因素。同时，应对隧道出入口位置进行比选。

13.3.2 采用《公路工程技术标准》JTG B01－2003及《公路隧道设计规范》JTG D70－2004中的规定。

目前除国际隧道协会按长度将隧道分为特长、长、中、短隧道外，其他像瑞士仅对隧道长度分布范围作了区分，但没有长短之分。德国、澳大利亚仅按长度的不同对隧道内应设置的安全设施提出了要求。其他各国如英国、挪威、日本、法国、瑞典等都是按照隧道长度与交通量这两个指标进行分级的，其目的主要还是为隧道内安全、运营管理设施设置规模提供标准。

我国公路与铁路部门都是按隧道长度进行分类，但其分类长度不同。另外在《公路隧道交通工程设计规范》JTG/T D71－2004 中提出了公路隧道交通工程分级根据隧道长度和隧道交通量两个因素划分为A、B、C、D四级。

从国内外隧道分类（级）现状来看，多数国家没有隧道长短之分，隧道内安全设施根据隧道长度、交通量与通行车辆类型，即火灾可能规模及逃生救援的难易程度确定。由此采用的隧道分级有 5 个级别、4 个级别与 3 个级别等多种情况，各级隧道起点长度也不一致，这主要与各国道路等级、交通组成和交通量是相对应的。

单按隧道长度来划分，主要是给人们一个宏观的概念，此种分类方式称为隧道分类。按隧道长度与交通量这两个指标类划分，主要是解决隧道内应设置的营运安全设施规模，体现隧道的安全与重要性，此种分类方式称为隧道分级。

13.3.3 本条参照《公路工程技术标准》JTG B01－2003 中的规定，同时考虑软土中某些隧道工法的技术经济指标以及城市用地紧张，条件受限，并考虑城市隧道交通量大，城市隧道运营维护设施较为完善，管理要求和水平也较高，因此，规定比《公路工程技术标准》要求略低。

13.3.4 长度大于 1000m 行驶机动车的隧道考虑汽车尾气的污染对通风的要求比较高，目前技术条件下，慢速交通通过隧道存在较大的安全隐患，因此禁止与机动车在同一孔内设置非机动车和行人通道；长度小于等于 1000m 的隧道若要求设置非机动车和行人通道时，必须有安全隔离设施。

13.3.5 隧道洞口由于光线的剧烈变化以及道路宽度和行车环境的改变，隧道进出洞口是事故多发地段。因此，洞内一定距离与洞外一定距离保持线形一致是必要的，以保持横断面过渡的顺适，满足车辆行驶轨迹的要求。

隧道入洞前一定距离内，应设置必要的安全设施和视线诱导设施，例如标志、标线、安全护栏、警示牌、信号等，使驾驶人员能预知并逐渐适应驾驶环境的变化。

由于城市中行驶车辆性能较好，车辆爬坡能力等提高，同时考虑城市环境条件较为苛刻，因此隧道纵坡可以适当放宽，在上海、广州等地区一些隧道已有实例。

参照国外相关标准以及国内的科研成果，最大纵坡可适当加大，尽管对最大纵坡值作了适当的放宽，但从行车安全角度考虑，隧道内纵坡仍应尽可能采用较小的纵坡值。当受地形、地质、环境、出入口道路衔接条件等限制，拟加大隧道纵坡时，应根据道路类别、级别、隧道长度，考虑隧道所在地区的气候、海拔、主要车辆类型和交通流组成、隧道运营管理水平、隧道内安全设施配备标准等因素，对纵坡值进行充分论证后，再慎重使用，但隧道最大纵坡不应大于 5%。

隧道平面线形应与隧道前后路线线形协调一致，并尽量均衡。影响隧道行车安全的重要因素是停车视距和车速，因此线形设计必须保证停车视距。长、中隧道以及短隧道的隧道线形应服从路线布设的需要。采用曲线隧道方案时，必须对停车视距进行验算，并尽量避免采用需设加宽的圆曲线半径。

13.3.7 为了预防或消除地表水和地下水对隧道产生的危害，要求隧道设计应进行专门的防水、排水设计，使隧道洞内、洞口与洞外构成完整的防水、排水系统，以保证隧道结构、附属设施的正常使用，以及行车安全。

排、防、截、堵和限量排放措施应综合考虑，根据多年来隧道建设的经验，隧道内的防排水应以“排”为主。以防助排，可以使水流集中，安排地下水流按无害路径排走。截是为了减少对洞内排水防水的负担，截得越彻底，排防越有利，同时应充分考虑排水对周围环境的影响，因此提出“限量排放”的要求，如隧道周边附近地表植被、地上和地下建（构）筑物及路面沉降等。

13.3.9 城市道路公交车辆等人员交通流量较大，尤其上、下班高峰期间，因此应特别强调隧道事故报警、救援逃生设施等的布置。

13.3.10 城市道路隧道需设置管理用房，在多条隧道邻近的条件下，为考虑资源优化配置，节省土地和人力、物力，设置一处管理用房便于集中管理。

13.3.12 由于城市内建筑物布置和人员较为密集，环境和景观要求较高，道路隧道出入口建筑设计、通风设施的布置不仅必须满足污染空气的排放环保要求，而且应与景观相协调。

14 交通安全和管理设施

14.1 一般规定

14.1.1 交通安全和管理设施是维护交通秩序、预防和减少交通事故、发挥城市道路运输效率的基础设施，是“以人为本”、“方便群众”的具体体现，也是反映城市交通建设、管理水平和文明程度的一个重要方面。交通安全和管理设施的建设规模与技术标准应结合国内生产实际的需要和适度超前；同时要相互匹配，协调发展，形成统一的整体。防止追求过高的技术标准或者随意降低技术标准。交通安全和管理设施应按总体规划、分期实施的原则配置，最重要的是做好前期基础工作，即总体规划设计，依据路网的实施情况逐步补充、完善。

14.1.2 交通安全和管理设施易被人忽视，有时往往到了工程快竣工时，才想到要设置标志、标线等安全设施。特别是当经费不足时，交通安全和管理设施项目往往"首砍其冲"。因此本条强调规划设计，在规划设计指导下工程才有保障。同时交通安全和管理设施是保障道路行车安全的重要手段，同时也是体现城市交通管理的一个窗口，因此，强调在规划设计时，应与当地规划和交管部门协调配合。

14.1.3 在城市道路的设计与建设过程中，一般是随着城市的发展，分条、分段由不同的建设单位建设。一条道路或一段道路的建成通车，都会对一定区域的交通格局带来影响，因此，需对周边已有的一些交通设施进行调整，为了更好地发挥道路使用功能，在此强调应加强对现有设施的协调和匹配。

14.1.4 为了明确各级道路交通安全和管理设施的建设规模和技术标准，将交通安全和管理设施等级划分为A、B、C、D四级。规定了道路开通运营时，各级道路交通安全和管理设施必须配置的水平。本条系结合我国城市道路的现状特点和实践经验，参照我国现行的公路设计相关标准制定的。

14.2 交通安全设施

14.2.1 A级配置是针对专供汽车连续行驶、控制出入的城市快速路而作的规定。

14.2.2 B级配置是供交通性主干路、次干路而作的规定。这里强调设置机动车与非机动车分离；机动车与非机动车以及行人分离的隔离设施；平面交叉口强调路口的交通渠化以及设置交通信号控制；对沿线支路接入的限制措施是指在支路上设置减速让行或停车让行标志或设置减速路拱或设人行横道线和信号灯控制等。

14.2.3 C级配置是为集散性、服务性的主干路、次干路而作的规定，这类道路往往路口多，人车混行，机非混流，为了维护道路秩序和交通安全更宜交通渠化，信号管理，人车分离，各行其道。

14.2.4 D级配置是为次干路与支路的连接线而作的规定，重点在平交路口和危及安全行车的路段。

14.2.5 其他情况下应配置的交通安全设施作如下说明：

1 我国幅员辽阔，复杂多变的气候条件常给交通运行和安全带来困扰和影响，为了减少这种困扰和影响，各地应结合本地自然条件配置交通安全设施。

2 在危险路段为防止车辆失控或越出道路而造成严重伤害，应当设置视线诱导、警告、禁令标志和安全防护设施。

3 是对交通弱势群体的特殊保护。施画人行横道线，设置提示标志是法律上强制的，必须设置。但这种设置的前提是"没有行人过街设施"。如果有过街设施，则可以让这部分人通过过街设施。

4 是关于铁路与道路平面交叉道口设置交通安全设施的规定。

5 为了保证铁路运营的安全，铁路的设计规范中，对于上跨铁路的桥梁安全设施的设置有相关的规定，因此本条规定了上跨铁路桥梁设施的设置要求。

6 交通噪声要引起人们关注和有所应对。现在道路工程建设中，大多是道路建成后居民受到噪声困扰时才引起注意，因此要求设计者事先应有所预见，主动采取一些降噪措施，如设置绿化带、隔声墙、低噪声路面等等。

14.2.6 绿化是城市道路的一个重要组成部分；若分隔带上的绿篱高而密，会阻隔了驾车人一侧行车视线，作为城市道路还不能完全控制行人从绿篱中横出的情况下，驾车人和行人往往会猝不及防，酿成事故，这类教训是很多的。其次绿篱高而密，驾车人和坐车人的视觉也受到了压抑，因此在交叉口、人行横道和弯道内侧等道路绿化应不妨碍行车视距。

14.3 交通管理设施

交通管理设施在维护城镇交通秩序和安全中起着越来越重要的作用。管理设施的目标是依靠科技手段，使交通管理者同交通参与者之间建立一个"信息"交换系统；强化快速反应能力，充分发挥现有道路设施的作用，以向路网争空间、要速度、抢时间，为市民出行和交通运输服务。

14.3.1 A级管理设施是针对快速路配置的。快速路是城市交通网络中的骨架，交通量很大，一旦建成开通就成为离不开、断不得的交通命脉，因此齐全、完善的管理设施是完全必要的。但在开通初期，具体设施可根据服务水平等因素进行降级配置。A级配置首先要加强交通流基本参数（如流量、速度、密度）的检测，配置视频监视器等基础设备，加强信息的采集和处理；以后视交通量增长情况，配置二期设备，最终达到中等或较高规模的设施。

14.3.2 B级管理设施主要在平面交叉口上。纵观国内外城市交通矛盾都集中在平面交叉口上，人车分离、路口渠化是首要工作；交通信号灯控制是规范平交路口各个方向同时到达且相互冲突（或交织）的人车流、在时间上进行通行权分配最常见和最有效的方法；同时也是对道路交通流、快速路的匝道和路段上人行横道等通行权进行分配、控制、疏导、合理组织的有效措施。对信号灯控已形成路网的区域，应考虑协调控制。

14.3.3、**14.3.4** C、D级管理设施视需要而定。

15 管线、排水和照明

15.1 一 般 规 定

15.1.1 城市道路是综合管线的载体，应尽量为管线工程提供技术条件。管线种类往往较多，需要统一协调，同步规划、同步设计才能确保总体布局合理。

15.1.2 道路排水工程往往结合区域排水工程建设，是城市排水工程的一部分，应符合城市排水工程的一般要求。

15.1.3 道路照明能为驾驶员及行人创造良好的视看环境，从而达到减少交通事故、保障交通安全、提高运输效率和美化城市环境的效果。

15.2 管 线

本节从配合道路建设的角度对管线工程设计提出原则性要求，以协调管线与道路之间的关系。各类管线的具体技术要求属相关专业规范范畴，不在本规范规定之列。

15.2.1 管线埋地敷设可以改善市容景观，净化城市空间，同时提高管线的安全可靠性。

15.2.2 本条对道路管线工程设计提出原则性要求。

1 符合总体规划才能协调各管线单位意见，符合专业规划才能满足管线专业技术要求。

2 指管廊路幅分配和管线交叉的处理应符合相关专业规范对管线排列顺序、覆土深度、水平和垂直净距、防干扰等方面的规定。

3 本条规定了对管线限界的总体要求。

4 为保证行车安全舒适，便于管道检修维护，管线应优先考虑布置在非车行道下。快速路主路上车速较快，井盖可能影响行车，管线管理维护难度大；其余车行道上的井盖通常由于与路面不齐平、井盖盗失、承载力不足或松动等原因，对行车的安全和舒适性有较大影响；人行道上的井盖和其他地上设施由于设置位置不合理以及上述原因，会影响盲人、残疾人轮椅的通行和正常人在光线较暗情况下的通行。

15.2.3 过街管数量不足将影响管线的服务效率，道路建成使用后再施工的难度非常大。规定过街管实施时宜采用非开挖技术，目的是避免开挖破坏路面，影响交通，造成不良社会影响。

15.2.4 综合管沟断面一般较大，一次性投资较多，管理要求较高，其建设往往需结合具体情况论证，本规范不对其设置的条件作具体规定。“条件许可”主要指的是沟道不受地下障碍物影响，不影响城市地下空间的综合开发利用，技术上可行，资金有保障。

15.2.5 管线覆土过深或过浅、交叉净距不足可能对管线安全构成隐患，可能导致管线之间相互干扰，必须采取加固和保护措施。管线及其构筑物侵入道路结构时对路基路面的强度有所削弱，应根据削弱程度采取适当的加固和补强措施。

15.2.6 专业规范从管道工程安全的角度都对此有严格规定，本条从道路和交通安全的角度提出基本要求。

15.2.7 电力、燃气管线跨越桥梁的问题近年来争议较多，相关规范标准进行了适当调整，但设计中仍应注意其限制条件。现行《建筑设计防火规范》GB 50016 对城市交通隧道内高压电线电缆和可燃气体管道的穿行有严格限制。

15.3 排 水

本规范所指的“道路排水工程”是指直接服务于道路，用于排除地面水、地下水和道路结构层含水的一系列排水设施，而不是指道路范围所有的“城市排水工程”。

15.3.1 道路排水工程往往结合区域排水工程建设，是城市排水工程的一部分，应符合城市排水工程的一般要求。海绵城市建设涉及城市水系、排水防涝、绿地系统、道路交通等多方面，需要从径流源头、中途和末端综合控制，因此，海绵城市建设应贯彻规划引领、统筹建设的原则，控制目标和指标必须从规划层面统筹考虑，分解到相关的专项规划之中，在建筑与小区、城市道路、绿地与广场、水系等的建设中具体落实。城市道路应在不削弱道路基本功能的前提下，落实海绵城市建设规划提出的控制目标。

15.3.2 “道路地面水”包括道路范围内的车行道、人行道、分隔带、绿地、边坡的地面水，以及其他可能进入道路范围内的地面水。

15.3.3 “地下水”包括通过绿化分隔带和路面缝隙渗入地下的地表水。

15.3.4 道路排水设计的具体指标采用现行国家标准《室外排水设计规范》GB 50014 中的相关规定，本规范不另行规定。

15.3.5 利用道路横坡和纵坡、偏沟和雨水口相结合，是城市道路地面水最重要的收集方式。《室外排水设计规范》GB 50014 对雨水口有详细规定，本条仅提出概括性要求，但此处的“雨水口”并非仅指标准图集中的“专用雨水口”，而是泛指各种有拦渣措施、能收集地面水的排水设施。

设置超高的弯道可能使外侧路面形成向内侧倾斜的横坡，有中间分隔带时应设置雨水口，避免雨水穿过分隔带横向流过内侧车道或从下游横向流过外侧车道；在横坡方向转换的地方应设置雨水口，避免中间或路侧偏沟的雨水横向流过车行道。

15.3.6 由于特殊的地形条件或者道路先行建设，城市道路沿线难免出现永久或临时边坡，需要适当设置边沟和截水沟。

15.4 照　　明

15.4.2 本条规定了道路照明设计应满足的基本要求。其各项具体参数应以现行行业标准《城市道路照明设计标准》CJJ 45 为准。

15.4.6 照明光源的选择应与国家的相关政策法规结合，应符合我国能源及环境可持续发展的战略思想。

16 绿化和景观

16.1 一般规定

16.1.1 道路绿化景观工程实质是道路装修，随着城市经济发展逐步提升品质，应在国家基本建设方针政策指导下进行设计，不宜过度超前。

16.1.2 城市道路用地紧张，往往交叉口的设计不注意视距三角形的验算，植物和建筑一样不得进入视距三角形。分隔带与路侧带上的行道树的枝叶不得侵入道路限界。弯道内侧及交叉口三角形范围内，不得种植高于最外侧机动车车道中线处路面标高 1m 的树木，弯道外侧应加密种植以诱导视线。

16.2 绿　　化

16.2.1 该条规定了道路绿化设计的范围，一般指道路用地范围内的功能性用地外区域。

16.2.2 道路绿化设计应综合考虑沿街建筑性质、环境、日照、通风等因素，分段种植。在同一路段内的树种、形态、高矮与色彩不宜变化过多，并做到整齐规则和谐一致。绿化布置应注意乔木与灌木、落叶与常绿、树木与花卉草皮相结合，色彩和谐，层次鲜明，四季景色不同。设置调蓄设施的道路绿化带内的植物选择还应考虑植物的耐淹、耐盐、耐污等要求。

根据城市绿化养护单位较多提出中央隔离带植物养护难的问题，本条规定种植树木的中央隔离带的最小宽度不应小于 1.5m；是对窄隔离带上种植植物品种的限制，应选便于养护的品种。

16.3 景　　观

16.3.1 该条规定了道路景观设计的范围。

16.3.2 该条规定了道路景观设计的一般原则。

1 根据道路的性质和功能，从城市设计和使用者的视觉感受出发，构成城市主骨架的标志性道路在大城市一般为快速路，在中小城市一般为主干路。其决定着城市空间布局，对城市景观有很强的控制作用。

2 城市立交占地面积较大，立交形式是景观设计的重点，可以配合有特色的绿化造景形成城市标志。同时应布置好人行设施，处理好结构物的细部。

3 车辆以快速通过性为主的主次干路，人流量相对较少，行人驻留时间较短，重点考虑以行车速度的视觉感受来设计街道景观。

4 车辆以中低速通过为主的次干路，平面叉口较多，过街行人较多，商业繁荣，人在街区驻留时间长，重点以行人的视觉感受来设计，突出识别性，反映街区特色。还宜把店招、商业广告统一纳入景观设计。

5 以步行为主的服务性支路，宜充分体现人文关怀，形成方便、舒适、有人情味的道路空间。

6 我国大多数城市有河流和湖泊，滨水道路应成为城市景观的风景线，而不是成为隔离江岸与城市的屏障。让市民共享自然江岸资源，要根据水位涨落布置休闲场所和亲水空间，修建临水步道或梯道与城市人行道相通。

8 步行街主要指繁华市中心的商业街。由于高楼林立，建筑尺度大，景观设计强调以树木和水景软化环境，在混凝土森林中增添点绿意。

9 道路相关设施主要布置在人行道上。由于权属部门多，实施时序不同，对街道景观影响大。要根据街区特色统一规划设计，集约化布置，并严格按设计要求实施，才能实现道路景观的整体美化。

16.3.3 该条规定了桥梁景观设计的一般原则。

1 大桥尤其是特大桥，主要结构本身就是强烈的景观符号。应针对桥位周边的城市环境选择桥型，并贯彻安全、适用、经济、美观的八字方针，对主体结构和附属设施统一进行景观设计，不宜在主体结构上再作过度装饰。

2 城市的跨线桥数量多，可考虑涂装和细部装饰，增添构筑物的美感。

16.3.4 该条规定了隧道景观设计的一般原则。

1 洞门的识别性很重要，往往会形成城市的地标。

2 在繁华城区的短隧道，洞身可设置灯箱广告或橱窗，营造商业氛围。

中华人民共和国行业标准

城镇污水处理厂运行、维护及安全技术规程

Technical specification for operation，maintenance and safety of municipal wastewater treatment plant

CJJ 60—2011

批准部门：中华人民共和国住房和城乡建设部

施行日期：2 0 1 2 年 1 月 1 日

中华人民共和国住房和城乡建设部
公　　告

第957号

关于发布行业标准《城镇污水处理厂运行、维护及安全技术规程》的公告

现批准《城镇污水处理厂运行、维护及安全技术规程》为行业标准，编号为CJJ 60－2011，自2012年1月1日起实施。其中，第2.2.13、2.2.20、2.2.24、2.2.25、3.2.3、3.5.3、3.10.14、3.12.1、3.12.4、3.12.6、3.12.8、5.3.3、5.6.1、6.1.4、6.2.4、7.3.6、8.1.3、10.0.1条为强制性条文，必须严格执行。原《城市污水处理厂运行、维护及其安全技术规程》CJJ 60－94同时废止。

本规程由我部标准定额研究所组织中国建筑工业出版社出版发行。

中华人民共和国住房和城乡建设部

2011年3月15日

前　　言

根据原建设部《关于印发〈2004年度工程建设城建、建工行业标准制订、修订计划〉的通知》（建标［2004］66号）的要求，规程编制组经广泛调查研究，认真总结实践经验，参考有关国际标准和国外先进标准，并在广泛征求意见的基础上，修订了本规程。

本规程的主要技术内容是1　总则；2　基本规定；3　污水处理；4　深度处理；5　污泥处理与处置；6　臭气处理；7　化验检测；8　电气及自动控制；9　生产运行记录及报表；10　应急预案。

本次修订的主要技术内容是：1　章节设置做了较大的调整，兼顾了各种不同组合工艺特点的污水处理厂，健全了运行参数及制度保障等方面的内容；2　纳入了近十几年来出现并成熟的新技术、新工艺；3　进一步完善了污泥处理与处置方面的内容；4　增加了污水深度处理方面的内容；5　增加了臭气处理方面的内容；6　增加了应急预案方面的内容。

本规程中以黑体字标志的条文为强制性条文，必须严格执行。

本规程由住房和城乡建设部负责管理和对强制性条文的解释，由中国城镇供水排水协会负责具体技术内容的解释。执行过程中如有意见或建议，请寄送中国城镇供水排水协会（地址：北京市西城区莲花池东路甲5号白云时代大厦，邮政编码：100038）。

本规程主编单位：中国城镇供水排水协会
天津创业环保集团股份有限公司

本规程参编单位：城市建设研究院
天津泰达新水源科技开发有限公司
天津中水有限公司
北京城市排水集团有限责任公司
上海市排水行业协会
上海市城市排水市北运营有限公司
无锡市排水总公司
昆明滇池投资有限责任公司
大连市排水处
邯郸市市政污水处理有限责任公司
深圳市水务（集团）有限公司
沃特鲁（澳门）有限公司
泰安市城市排水管理处
合肥市排水管理办公室
珠海威立雅水务污水处理管理有限公司
长沙市排水有限责任公司
艾维有限公司
菲斯曼中国有限公司

北京天传海特环境科技有限公司
上海恩德斯豪斯自动化设备有限公司
宜兴华都琥珀环保机械制造有限公司
特而博涡轮系统（上海）有限公司
海斯特（青岛）泵业有限公司
江苏一环集团有限公司
山东省金曼克电气集团股份有限公司
江苏通用环保设备有限公司
江苏菲力环保工程有限公司
北京麦格天宝科技发展有限公司

本规程主要起草人员：朱雁伯　吕士健　李从华　石凤林　林文波　刘文亚　聂有壮　刘国菊　曹德明　李慧秋　张　艳　吴成铭　齐玉坤　李　健　姜　威　王　岚　宋晓雅　毛惟德　王建华　李　激　翟　明　许运宏　谭丽敏　李宝伟　颜　元　谢松平　许有刚　林应松　谭翠英　虞　刚　傅海涛　曹建山　楼晓中　王　冰　苗　蕃　韩炳兆　杭镇鑫　周　娟　张菊平　顾　骏　王思哲

本规程主要审查人员：唐鸿德　李成江　林荣忱　陈文桥　杨向平　李胜海　鲍宪枝　邹利安　王明军　王秀朵　张伟成

目　次

Contents

1 总　　则

1.0.1　为提高城镇污水处理厂运行、维护技术水平，确保城镇污水处理厂安全、稳定、高效运行，达标排放，实现污水净化、污泥处理和处置、节能减排、保护环境和使资源得到充分利用的目的，制定本规程。

1.0.2　本规程适用于城镇污水处理厂的运行、维护及其安全操作。

1.0.3　城镇污水处理厂的运行、维护及安全除应符合本规程外，尚应符合国家现行有关标准的规定。

2 基本规定

2.1 运行管理

2.1.1　城镇污水处理厂应依据本规程制定相应的管理制度、岗位操作规程、设施、设备维护保养手册及事故应急预案，并应定期修订。

2.1.2　城镇污水处理厂必须建立、健全污水处理设施运行与维护管理制度，各岗位运行操作和维护人员应经培训后持证上岗，并应定期考核。

2.1.3　城镇污水处理厂应有工艺流程图、管网现状图、自控系统图及供电系统图等。

2.1.4　城镇污水处理厂各岗位应有健全的技术操作规程、安全操作规程及岗位责任等制度。

2.1.5　运行管理、操作和维护人员必须掌握处理工艺和设施、设备的运行、维护要求及技术指标。

2.1.6　厂内供水、排水、供电、供热和燃气等设施的运行、维护及管理工作必须符合国家现行有关标准的规定。

2.1.7　污水处理及污泥处理处置工艺运行过程中应配置相应的在线仪表。城镇污水处理厂的进、出水口应安装流量计和化学需氧量等在线监测仪表。

2.1.8　能源和材料的消耗应准确计量，并应做好各项生产指标的统计，进行成本核算。

2.2 安全操作

2.2.1　起重设备、锅炉、压力容器等特种设备的安装、使用、检修、检测及鉴定，必须符合国家现行有关标准的规定。

2.2.2　对易燃易爆、有毒有害等气体检测仪应定期进行检查和校验，并应按国家有关规定进行强制检定。

2.2.3　对厂内各种工艺管线、闸阀及设备应着色并标识，并应符合现行行业标准《城市污水处理厂管道和设备色标》CJ/T 158 的规定。

2.2.4　在设备转动部位应设置防护罩；设备启动和运行时，操作人员不得靠近、接触转动部位。

2.2.5　非本岗位人员严禁启闭本岗位的机电设备。

2.2.6　各种闸阀开启与关闭应有明显标志，并应定期做启闭试验，应经常为丝杠等部位加注润滑油脂。

2.2.7　设备急停开关必须保持完好状态；当设备运行中遇有紧急情况时，可采取紧急停机措施。

2.2.8　对电动闸阀的限位开关、手动与电动的连锁装置，应每月检查1次。

2.2.9　各种闸阀井应保持无积水，寒冷季节应对外露管道、闸阀等设备采取防冻措施。

2.2.10　操作人员在现场开、停设备时，应按操作规程进行，设备工况稳定后方可离开。

2.2.11　新投入使用或停运后重新启用的设施、设备，必须对构筑物、管道、闸阀、机械、电气、自控等系统进行全面检查，确认正常后方可投入使用。

2.2.12　停用的设备应每月至少进行1次运转。环境温度低于0℃时，必须采取防冻措施。各种类型的刮泥机、刮砂机、刮渣机等设备，长时间停机后再开启时，应先点动，后启动。冬季有结冰时，应除冰后再启动。

2.2.13　各种设备维修前必须断电，并应在开关处悬挂维修和禁止合闸的标志牌，经检查确认无安全隐患后方可操作。

2.2.14　清理机电设备及周围环境卫生时，严禁擦拭设备运转部位，冲洗水不得溅到电机带电部位、润滑部位及电缆头等。

2.2.15　设备需要维修时，应在机体温度降至常温后，方可维修。

2.2.16　各类水池检修放空或长期停用时，应根据需要采取抗浮措施，并应对池内配套设备进行妥善处理。

2.2.17　凡设有钢丝绳结构的装置，应按要求做好日常检查和定期维护保养；当出现绳端断丝、绳股断裂、扭结、压扁等情况时，必须更换。

2.2.18　起重设备应设专人负责操作，吊物下方危险区域内严禁有人。

2.2.19　设备电机外壳接地必须保证良好，确保安全。

2.2.20　构筑物、建筑物的护栏及扶梯必须牢固可靠，设施护栏不得低于1.2m，在构筑物上必须悬挂警示牌，配备救生圈、安全绳等救生用品，并应定期检查和更换。

2.2.21　各岗位操作人员在岗期间应佩戴齐全劳动防护用品，做好安全防护工作。

2.2.22　城镇污水处理厂必须健全进出污泥消化处理区域的管理制度，值班室的警报器、电话应完好畅通。

2.2.23　污泥消化处理区域内工作人员应配备防静电工作服和工作鞋。

2.2.24　污泥消化处理区域及除臭设施防护范围内，

严禁明火作业。

2.2.25 对可能含有有毒有害气体或可燃性气体的深井、管道、构筑物等设施、设备进行维护、维修操作前，必须在现场对有毒有害气体进行检测，不得在超标的环境下操作。所有参与操作的人员必须佩戴防护装置，直接操作者必须在可靠的监护下进行，并应符合现行行业标准《城镇排水管道维护安全技术规程》CJJ 6 的有关规定。

2.2.26 在易燃易爆、有毒有害气体、异味、粉尘和环境潮湿的场所，应进行强制通风，确保安全。

2.2.27 消防器材的设置应符合消防部门有关法规和标准的规定，并应按相关规定的要求定期检查、更新，保持完好有效。

2.2.28 雨天或冰雪天气，应及时清除走道上的积水或冰雪，操作人员在构筑物上巡视或操作时，应注意防滑。

2.2.29 雷雨天气，操作人员在室外巡视或操作时应注意防雷电。

2.2.30 对栅渣、浮渣、污泥等废弃物的输送系统应定期做维护保养，在室内设置的除渣、除泥等系统，应保持室内良好的通风条件。

2.3 维护保养

2.3.1 运行管理、操作和维护人员应按要求巡视检查设施、设备的运行状况并做好记录。

2.3.2 对厂内各种管线应定期进行检查和维护，并做好记录。

2.3.3 设施、设备的使用与维护保养应按照设施、设备的操作规程和维修保养规定执行。

2.3.4 设施、设备应保持清洁，及时处理跑、冒、滴、漏、堵等问题。

2.3.5 水处理构筑物堰口、排渣口、池壁应保持清洁完好。

2.3.6 根据不同机电设备要求，应定期添加或更换润滑剂，更换出的润滑剂应按规定妥善处置。

2.3.7 对构筑物、建筑物的结构及各种闸阀、护栏、爬梯、管道、井盖、盖板、支架、走道桥、照明设备和防雷电设施等应定期进行检查、维修及防腐处理，应保持其完好。

2.3.8 对各种设备连接件应经常检查和紧固，并应定期更换易损件。

2.3.9 对各类机械设备进行检修时，必须保证其同轴度、静平衡或动平衡等技术要求。

2.3.10 对高（低）压电气设备、电缆及其设施应定期检查和检测，并应保证其性能完好。

2.3.11 对电缆桥架、控制柜（箱）应定期检查并清洁，发现安全隐患应及时处理，并应做好电缆沟雨水及地下渗水的排除工作。

2.3.12 对各类仪器、仪表的检查和校验，应定期进行。

2.3.13 各种设施、设备的日常维护保养和大、中、小修，应按要求进行。

2.3.14 设施、设备维修前，应做好必要的检查，并制定维修方案及安全保障措施；设施、设备修复后，应及时组织验收，合格后方可交付使用。

2.3.15 构筑物、建筑物及自控系统等避雷、防爆装置的测试、维修方法及其周期应符合国家现行标准的有关规定。

2.3.16 操作人员发现运行异常时，应做好相应处理并及时上报，同时做好记录。

2.4 技术指标

2.4.1 城镇污水处理厂的进、出水水质应符合设计文件的规定。

2.4.2 城镇污水处理厂年处理水量应达到计划指标的95%以上。

2.4.3 设施、设备、仪器、仪表的完好率均应达95%以上。

2.4.4 各类设备在运转中噪声均应小于85dB。厂界噪声应符合现行国家标准《工业企业厂界环境噪声排放标准》GB 12348 的有关规定。

2.4.5 各种化学药剂、危险化学品及有毒有害药品的使用单位，必须备有安全技术说明书及完善的规章制度。

3 污水处理

3.1 格栅

3.1.1 格栅开机前，应检查系统是否具备开机条件，经确认后方可启动。

3.1.2 粉碎型格栅应连续运行。

3.1.3 拦截型格栅应及时清除栅条（鼓、耙）、格栅出渣口及机架上悬挂的杂物；应定期对栅条校正；当汛期及进水量增加时，应加强巡视，增加清污次数。

3.1.4 对栅渣应及时处理或处置。

3.1.5 格栅运行中应定时巡检，发现设备异常应立即停机检修。

3.1.6 对传动机构应定期检查，并应保证设备处于良好的运行状态。

3.1.7 对粉碎型格栅刀片组的磨损和松紧度应定期检查，并及时调整或更换。

3.1.8 长期停止运行的粉碎型格栅，不得浸泡在污水池中，并应做好设备的清洁保养工作。

3.1.9 检修格栅或人工清捞栅渣时，应切断电源，并在有效监护下进行；当需要下井作业时，除应符合本规程第 2.2.25 条的规定外，还应进行临时性强制性通风。

3.1.10 格栅间的除臭设置应符合本规程第6章的有关规定。

3.1.11 开启格栅机的台数应按工艺要求确定，污水的过栅流速宜为（0.6～1.0）m/s。

3.1.12 污水通过格栅的前后水位差宜小于0.3m。

3.2 进水泵房

3.2.1 水泵开启台数应根据进水量的变化和工艺运行情况进行调节。

3.2.2 当多台水泵由同一台变压器供电时，不得同时启动，应逐台间隔启动。

3.2.3 当泵房突然断电或设备发生重大事故时，在岗员工应立刻报警，并启动应急预案。

3.2.4 水泵在运行中，必须执行巡回检查制度，并应符合下列规定：

1 应观察各种仪表显示是否正常、稳定；

2 轴承温升不得超过环境温度35℃或设定的温度；

3 应检查水泵填料压盖处是否发热，滴水是否正常，否则应及时更换填料；

4 水泵机组不得有异常的噪声或振动。

3.2.5 水泵运行中发现下列情况时，必须立即停机：

1 水泵发生断轴故障；

2 电机发生严重故障；

3 突然发生异常声响或振动；

4 轴承温升过高；

5 电压表、电流表、流量计的显示值过低或过高；

6 机房进（出）水管道、闸阀发生大量漏水。

3.2.6 潜水泵运行时，应符合下列规定：

1 应观察和记录反映潜水泵运行状态的信息，并应及时处理发现的问题；

2 应定期检查和更换潜水泵油室的油料和机械密封件，操作时严禁损伤密封件端面和轴；

3 起吊和吊放潜水泵时，严禁直接牵提泵的电缆。

3.2.7 对油冷却螺旋离心泵的冷却油液位应定期进行检查。

3.2.8 对泵房的集水池应每年至少清洗一次，应检修集水池液位计及其转换装置。并按检测周期校验泵房内的硫化氢监测仪表及报警装置。

3.2.9 对叶轮、闸阀、管道的堵塞物应及时清除，人工作业时应符合本规程第2.2.25条的规定。

3.2.10 集水池的水位变化应定时观察，集水池的水位宜设定在最高和最低水位范围内。

3.2.11 泵房除臭应符合本规程第6章的规定。

3.3 沉砂池

3.3.1 各类沉砂池均应根据池组的设置与水量变化情况，调节进水闸阀的开启度。

3.3.2 沉砂池的排砂时间和排砂频率应根据沉砂池类别、污水中含砂量及含砂量变化情况设定。

3.3.3 曝气沉砂池的空气量宜根据进水量的变化进行调节。

3.3.4 沉砂量应有记录统计，并定期对沉砂颗粒进行有机物含量分析。

3.3.5 当采用机械除砂时，应符合下列规定：

1 除砂机械应每日至少运行一次；操作人员应现场监视，发现故障，及时处理；

2 应每日检查吸砂机的液压站油位，并应每月检查除砂机的限位装置；

3 吸砂机在运行时，同时在桥架上的人数，不得超过允许的重量荷载。

3.3.6 对沉砂池排出的砂粒和清捞出的浮渣应及时处理或处置。

3.3.7 对沉砂池应定期进行清池处理，并检修除砂设备。

3.3.8 对沉砂池上的电气设备，应做好防潮湿、抗腐蚀处理。

3.3.9 旋流沉砂池搅拌器应保持连续运转，并合理设置搅拌器叶片的转速、浸没深度。当搅拌器发生故障时，应立即停止向该池进水。

3.3.10 采用气提式排砂的沉砂池，应定期检查储气罐安全阀、鼓风机过滤芯及气提管，严禁出现失灵、饱和及堵塞的问题。

3.3.11 沉砂池除臭应符合本规程第6章的规定。

3.3.12 各类沉砂池运行参数除应符合设计要求外，还可按照表3.3.12中的规定确定。

表3.3.12 各类沉砂池运行参数

池型		停留时间（s）	流速（m/s）	曝气强度（m^3 气/m^3 水）	表面水力负荷 [m^3/(m^2·h)]
平流式沉砂池		30～60	0.15～0.30	—	—
竖流式沉砂池		30～60	0.02～0.10	—	—
曝气式沉砂池		120～240	0.06～0.12（水平流速） 0.25～0.30（旋流速度）	0.1～0.2	—
旋流沉砂池	比氏沉砂池	>30	0.60～0.90	—	150～200
	钟氏沉砂池	>30	0.15～1.20	—	150～200

3.3.13 沉砂颗粒中的有机物含量宜小于30%。

3.4 初沉池

3.4.1 初沉池进水量的调节应根据池组设置、进水量的变化进行，使各池配水均匀。

3.4.2 对沉淀池的沉淀效果，应定期观察，并根据污泥沉降性能、污泥界面高度、污泥量等确定排泥的频率和时间。

3.4.3 沉淀池堰口应保持出水均匀，并不得有污泥溢出。

3.4.4 对浮渣斗和排渣管道的排渣情况，应经常检查，排出的浮渣应及时处理或处置。

3.4.5 共用配水井（槽、渠）和集泥井（槽、渠）的初沉池，且采用静压排泥的，应平均分配水量，并应按相应的排泥时间和频率排泥。

3.4.6 刮泥机运行时，同时在桥架上的人数，不得超过允许的重量荷载。

3.4.7 根据运行情况，应定期对斜板（管）和池体进行冲刷，并应经常检查刮泥机电机的电刷、行走装置、浮渣刮板、刮泥板等易磨损件，发现损坏应及时更换。

3.4.8 对斜板（管）及附属设备应定期进行检修。

3.4.9 初沉池宜每年排空1次，清理配水渠、管道和池体底部积泥并检修刮泥机及水下部件等。

3.4.10 辐流式初沉池刮泥机长时间待修或停用时，应将池内污泥放空。

3.4.11 初沉池除臭应符合本规程第6章的规定。

3.4.12 初沉池运行参数除应符合设计要求外，还可按照表3.4.12中的规定确定。

表3.4.12 初沉池运行参数

池型	表面负荷 [$m^3/(m^2 \cdot h)$]	停留时间 (h)	含水率 (%)
平流式沉淀池	0.8～2.0	1.0～2.5	95～97
辐流式沉淀池	1.5～3.0	1.0～2.0	95～97

3.4.13 当进水浓度符合设计进水指标时，出水生化需氧量、化学需氧量、悬浮固体的去除率应分别大于25%、30%和40%。

3.5 初沉污泥泵房

3.5.1 初沉污泥泵房的运行管理应符合本规程第2章、第3.2节和第3.8节的有关规定。

3.5.2 污泥泵的运行台数和排泥时间应根据运行工况确定。

3.5.3 在半地下式或地下式污泥泵房检查维修时，应保证工作间内良好的通风换气，并应符合本规程第2.2.25条的有关规定。

3.6 生物反应池

3.6.1 调节生物反应池各池进水量，应根据设计能力及进水水量，按池组设置数量及运行方式确定，使各池配水均匀；对于多点进水的曝气池，应合理分配进水量。

3.6.2 污泥负荷、泥龄或污泥浓度可通过剩余污泥排放量进行调整。

3.6.3 根据不同工艺的要求，应对溶解氧进行控制。好氧池溶解氧浓度宜为(2～4)mg/L；缺氧池溶解氧浓度宜小于0.5mg/L；厌氧池溶解氧浓度宜小于0.2mg/L。

3.6.4 生物反应池内的营养物质应保持平衡。

3.6.5 运行管理人员应及时掌握生物反应池的pH、DO、MLSS、MLVSS、SV、SVI、水温、回流比、回流污泥浓度、ORP(厌氧池)等工艺控制指标，观察活性污泥颜色、状态、气味及上清液透明度等，并应观测生物池活性污泥的生物相，及时调整运行工况。

3.6.6 当发现污泥膨胀、污泥上浮等不正常的状况时，应分析原因，并应针对具体情况调整系统运行工况，应采取有效措施使系统恢复正常。

3.6.7 当生物反应池水温较低时，应采取适当延长曝气时间、提高污泥浓度、增加泥龄或其他方法，保证污水的处理效果。

3.6.8 根据出水水质的要求及不同运行工况的变化，应对不同工艺流程生物反应池的回流比进行调整与控制。

3.6.9 当生物池中出现泡沫、浮泥等异常现象时，应根据感观指标和理化指标进行分析，并应采取相应的调控措施。

3.6.10 操作人员应经常排放曝气系统空气管路中的存水，并应及时关闭放水阀。

3.6.11 对生物反应池曝气装置和水下推动(搅拌)器的运行和固定情况应经常观察，发现问题，必须及时修复。

3.6.12 采用序批式活性污泥法工艺时，应合理调整和控制运行周期，并应按照设备要求定期对滗水器进行检查、清洁和维护，对虹吸式滗水器还应进行漏气检查。

3.6.13 对曝气生物滤池，应按设计要求进行周期反冲洗并控制气、水反冲洗强度。

3.6.14 对金属材质的空气管、挡墙、法兰接口或丝网，应定期进行检查，发现腐蚀或磨损，应及时处理。

3.6.15 较长时间不用的橡胶材质曝气器，应采取相应措施避免太阳曝晒。

3.6.16 对生物反应池上的浮渣、附着物以及溢到走道上的泡沫和浮渣，应及时清除，并应采取防滑措施。

3.6.17 采用除磷脱氮工艺时，应根据水质要求及工况变化及时调整溶解氧浓度、碳氮比及污泥回流比等。

3.6.18 采用化学除磷工艺进行除磷时，应符合本规程第3.11节中的有关规定。

3.6.19 生物反应池运行参数应符合设计要求，并可按表3.6.19的规定确定。

3.6.20 生物膜法工艺运行参数应符合设计要求，并可按表3.6.20中的规定确定。

表 3.6.19　生物反应池运行参数

生物处理类型		污泥负荷 [kgBOD$_5$/(kgMLSS·d)]	泥龄 (d)	外回流比 (%)	内回流比 (%)	MLSS (mg/L)	水力停留时间 (h)
传统活性污泥法		0.20～0.40	4～15	25～75	—	1500～2500	4～8
吸附再生法		0.20～0.40	3～10	50～100	—	2500～6000	吸附段 1～3
阶段曝气法		0.20～0.40	4～15	25～75	—	1500～3000	3～8
合建式完全混合曝气法		0.25～0.50	2～4	100～400	—	2000～4000	3～5
A/O 法(厌氧/好氧法)		0.10～0.40	3.5～10.0	40～100	—	1800～4500	3～8 (厌氧段 1～2)
A/A/O 法 (厌氧/缺氧/好氧法)		0.10～0.30	10～20	20～100	200～400	2500～4000	7～14 (厌氧段 1～2, 缺氧段 0.5～3.0)
倒置 A/A/O 法		0.10～0.30	10～20	20～100	200～400	2500～4000	
AB 法(超高负荷活性污泥法)	A 段	3.00～4.00	0.4～0.7	<70	—	2000～4000	0.5
	B 段	0.15～0.30	15～20	50～100	—	2000～3000	5.0
传统 SBR 法(序批式活性污泥法)		0.05～0.15	15～30	—	—	4000～6000	4～12
DAT-IAT 法(连续间歇曝气序批式活性污泥法)		0.05～0.10	20～30	—	200～400	4500～5500	8～12
CAST 法(循环式活性污泥法)		0.07～0.18	12～25	20～35	—	3000～5500	16～20
LUCAS/UNITANK 法(传统活性污泥法与序批式活性污泥法复合工艺)		0.05～0.10	15～20	—	—	2000～5000	8～12
MSBR 法(改良式序批间歇曝气活性污泥法)		0.05～0.13	8～15	30～50	130～150	2200～4000	12～18
ICEAS 法(间歇式循环延时曝气活性污泥法)		0.05～0.15	12～25	—	—	3000～6000	14～20
卡鲁塞尔式氧化沟		0.05～0.15	12～18	75～150	—	3000～5500	≥16
奥贝尔式氧化沟		0.05～0.15	12～18	60～100	—	3000～5000	≥16
双沟式 (DE 型氧化沟)		0.05～0.10	10～30	60～200	—	2500～4500	≥16
三沟式氧化沟		0.05～0.10	20～30	—	—	3000～6000	≥16
水解酸化法		—	15～20	—	—	7000～15000	5～14
延时曝气法		0.05～0.15	20～30	50～150	—	3000～6000	18～36

表 3.6.20 生物膜法工艺运行参数

工艺	水力负荷 [m³/(m²·d)]	转盘速度 (r/min)	BOD_5 容积负荷 [$kgBOD_5/(m^3 \cdot d)$]	反冲洗周期 (h)	反冲洗水量 (%)
曝气生物滤池 (BIOFOR)	—	—	3.5～5.0	14～40	5～12
低负荷生物滤池	1～3	—	0.15～0.30	—	—
高负荷生物滤池	10～36	—	0.8～1.2	—	—
生物转盘	0.04～0.20	0.8～3.0	0.005～0.020 [kg/(m²·d)]	—	—

3.7 二 沉 池

3.7.1 调节各池进水量，应根据池组设置、进水量变化确定，保证各池配水均匀。

3.7.2 二沉池污泥排放量可根据生物反应池的水温、污泥沉降比、混合液污泥浓度、污泥回流比、泥龄及二沉池污泥界面高度确定。

3.7.3 对出水堰口，应经常观察，保持出水均匀；堰板与池壁之间应密合、不漏水。

3.7.4 操作人员应经常检查刮吸泥机以及排泥闸阀，应保证吸泥管、排泥管路畅通，并应保证各池均衡运行。

3.7.5 对设有积泥槽的刮吸泥机，应定期清除槽内污物。

3.7.6 池内污水宜每年排空1次，并进行池底清理以及刮吸泥机水下部件的检查、维护。

3.7.7 当二沉池出水出现浮泥等异常情况时，应查明原因并及时处理。

3.7.8 二沉池停运10d以上时，应将池内积泥排空，并对刮吸泥机采取防变形措施。

3.7.9 刮吸泥机运行时，同时在桥架上的人数，不得超过允许的重量荷载。

3.7.10 二沉池运行参数应符合设计要求，并可按表3.7.10中的规定确定。

表 3.7.10 二沉池运行参数

池型		表面负荷 [m³/(m²·h)]	固体负荷 [kg/(m²·d)]	停留时间 (h)	污泥含水率 (%)
平流式沉淀池	活性污泥法后	0.6～1.5	≤150	1.5～4.0	99.2～99.6
	生物膜法后	1.0～2.0	≤150	1.5～4.0	96.0～98.0
中心进周边出辐流式沉淀池		0.6～1.5	≤150	1.5～4.0	99.2～99.6
周进周出辐流式沉淀池		1.0～2.5	≤240	1.5～4.0	98.8～99.0

3.8 回流污泥泵房

3.8.1 回流比应根据生物反应池的污泥浓度及污泥沉降性能调节，确定回流污泥泵开启数量。

3.8.2 对泵房集泥池内杂物应及时清捞。

3.8.3 对回流泵的泵体、叶轮、叶片，应定期检查。

3.8.4 对带有耐磨内衬螺旋离心泵的叶轮与内衬的间隙应定期检查，并应及时调整。

3.8.5 长期停用的螺旋泵应每周旋转180°，并应每月至少试机一次。

3.8.6 寒冷季节，启动螺旋泵时，应检查其泥池内是否结冰。

3.8.7 各类回流污泥泵的运行保养应符合本规程第2章及第3.2节的有关规定。

3.9 剩余污泥泵房

3.9.1 系统中的剩余污泥应及时排除。

3.9.2 运行管理应符合本规程第2章、第3.2节、第3.5节、第3.8节的有关规定。

3.10 供 气 系 统

3.10.1 调节鼓风机的供气量，应根据生物反应池的需氧量确定。

3.10.2 当鼓风机及水(油)冷却系统因突然断电或发生故障时，应立即采取措施。

3.10.3 鼓风机叶轮严禁倒转。

3.10.4 鼓风机房应保证良好的通风。正常运行时，出风管压力不应超过设计压力值。停止运行后，应关闭进、出气闸阀或调节阀。长期停用的水冷却鼓风机，应将水冷却系统的存水放空。

3.10.5 鼓风机在运行中，应定时巡查风机及电机的油温、油压、风量、风压、外界温度、电流、电压等参数，并填写记录报表。当遇到异常情况不能排除时，应立即按操作程序停机。

3.10.6 对鼓风机的进风廊道、空气过滤及油过滤装置，应根据压差变化情况适时清洁；并应按设备运行要求进行检修或更换已损坏的部件。

3.10.7 对备用的鼓风机转子与电机的联轴器，应定期手动旋转1次，并更换原停置角度。

3.10.8 对鼓风系统消声器消声材料及导叶的调节装置，应定期检查，当发生腐蚀、老化、脱落现象时，应及时维修或更换。

3.10.9 使用微孔曝气装置时，应进行空气过滤，并应对微孔曝气器、单孔膜曝气器进行定期清洗。

3.10.10 对横轴表曝机两侧的轴承，应定期补充润滑剂，并应检查减速机的油位和减速机通气帽是否畅通。

3.10.11 长期停止运行的横轴曝气机，必须切断电源，减速机加满润滑油，应定期调整水平轴的静置方位并固定。

3.10.12 调整表面曝气设备的浸没深度和转速，应根据运行工况确定，并应保证最佳充氧能力和推流效果。

3.10.13 正常运行的罗茨鼓风机，严禁完全关闭排气阀，不得超负荷运行。

3.10.14 对以沼气为动力的鼓风机，应严格按照开停机程序进行，每班应加强巡查，并应检查气压、沼气管道和闸阀，发现漏气应及时处理。

3.10.15 鼓风机运行中严禁触摸空气管路。维修空气管路时，应在散热降温后进行。

3.10.16 调节出风管闸阀时，应避免发生湍振。

3.10.17 按照运行维护周期，应在卸压的情况下对安全阀进行各项功能的检查。

3.10.18 在机器间巡视或工作时，应与联轴器等运转部件保持安全距离。

3.10.19 进入鼓风机房时，应佩戴安全防护耳罩等。

3.11 化学除磷

3.11.1 选择合适的除磷化学药剂、投加量和药剂投加点，应根据工艺要求确定，可采用一点或多点投加方式。

3.11.2 化学药剂的储存与使用，应符合国家现行有关标准的规定。

3.11.3 化学药剂投加后，应保证与污水充分混合，并应达到设计规定的反应时间。

3.11.4 对生物反应池中混合液的 pH 和碱度，应每班检测 1 次并及时调整。

3.11.5 对干式投料仓及附属投料设备，应每班检查 1 次，保证药剂不在料仓内板结。

3.11.6 对湿式投料罐及附属投料设备的密闭情况，应每班检查 1 次。

3.11.7 药剂投加管道应保持通畅。

3.11.8 对药剂储罐的液位计，应每 2h 检查 1 次。

3.11.9 采用水稀释的药液系统，应每 2h 检查 1 次供水的压力和流量。

3.12 消　毒

3.12.1 采用二氧化氯消毒时，必须符合下列规定：

1 盐酸的采购和存放应符合国家现行有关标准的规定；

2 固体氯酸钠应单独存放，且与设备间的距离不得小于 5m；库房应通风阴凉；

3 在搬运和配制氯酸钠过程中，严禁用金属器件锤击或摔击，严禁明火；

4 操作人员应戴防护手套和眼镜。

3.12.2 采用二氧化氯消毒时，除应符合本规程第 3.12.1 条外，还应符合下列规定：

1 应根据水量及对水质的要求确定加药量；

2 应定期清洗二氧化氯原料罐口闸阀中的过滤网；

3 开机前应检查防爆口是否堵塞，并应确保防爆口处于开启状态；

4 开机前应检查水浴补水阀是否开启，并应确认水浴箱中自来水是否充足；

5 停机时加药泵停止工作后，设备应再运行 30min 以后，方可关闭进水；

6 停机时，应关闭加热器电源。

3.12.3 采用次氯酸钠消毒时，应符合下列规定：

1 应根据水量及对水质的要求确定加药量；

2 应每月清洗 1 次次氯酸钠发生器电极；

3 应将药剂储存在阴暗干燥处和通风良好的清洁室内；

4 运输时应有防晒、防雨淋等措施；并应避免倒置装卸。

3.12.4 采用液氯消毒时，必须符合下列规定：

1 应每周检查 1 次报警器及漏氯吸收装置与漏氯检测仪表的有效联动功能，并应每周启动 1 次手动装置，确保其处于正常状态；

2 氯库应设置漏氯检测报警装置及防护用具。

3.12.5 采用液氯消毒时，除应符合本规程第 3.12.4 条外，还应符合下列规定：

1 加氯量应根据水质、水量、水温和 pH 等具体情况确定；

2 应每月检查并维护漏氯检测仪 1 次，每周对防毒面具检查 1 次；

3 漏氯吸收装置宜每 6 个月清洗 1 次；

4 加氯时应按加氯设备的操作规程进行，停泵前应关闭出氯总闸阀；

5 加氯间的排风系统，在加氯机工作前应通风 (5～10)min；

6 应制定液氯泄漏紧急处理预案和程序；

7 加氯设施较长时间停置，应将氯瓶妥善处置；重新启用时，应按加氯间投产运行的检查和验收方案重新做好准备工作；

8 开、关氯瓶闸阀时，应使用专用扳手，用力均匀，严禁锤击，同时应进行检漏；

9 氯瓶的管理应符合现行国家标准《氯气安全规程》GB 11984 的规定；

10 采用液氯消毒时，运行参数应符合设计要求，可按表 3.12.5 中的规定确定。

表 3.12.5 液氯消毒运行参数

项目	接触时间(min)	加氯间内氯气的最高允许浓度(mg/m³)	出水余氯量(mg/L)
污水	≥30	1	—
再生水	≥30	1	≥0.20(城市杂用水)
			≥0.05(工业用水)
			≥1.00～1.50(农田灌溉)
			≥0.05(景观环境水)

注：1 对于景观环境用水采用非加氯方式消毒时，无此项要求；

2 表中城市杂用水和工业用水的余氯值均指管网末端。

3.12.6 采用紫外线消毒，消毒水渠无水或水量达不到设备运行水位时，严禁开启设备。

3.12.7 采用紫外线消毒时，除应符合本规程第3.12.6条外，还应符合下列规定：

1 无论是否具备自动清洗机构，都必须根据污水水质和现场污水实际处理情况定期对玻璃套管进行人工清洗；

2 应定期更换紫外灯、玻璃套管、玻璃套管清洗圈及光强传感器；

3 应定期清除溢流堰前的渠内淤泥；

4 应满足溢流堰前有效水位，保证紫外灯管的淹没深度；

5 在紫外线消毒工艺系统上工作或参观的人员必须做好防护；非工作人员严禁在消毒工作区内停留；

6 设备灯源模块和控制柜必须严格接地，避免发生触电事故；

7 人工清洗玻璃套管时，应戴橡胶手套和防护眼镜；

8 采用紫外线消毒的污水，其透射率应大于30%。

3.12.8 采用臭氧消毒时，应定期校准臭氧发生间内的臭氧浓度探测报警装置；当发生臭氧泄漏事故时，应立即打开门窗并启动排风扇。

3.12.9 采用臭氧消毒时，除应符合本规程第3.12.8条外，还应符合下列规定：

1 臭氧发生器的开启和关闭应滞后于臭氧系统的其他设备，操作人员必须严格按照系统的启动和停机顺序进行操作；

2 应根据温度、湿度的高低，增减空气压缩机的排污次数；

3 空气压缩机必须设有安全阀，应保证其在规定的压力范围内工作，当系统中的压力超过设定压力时，应检查超压原因并排除故障；

4 水冷式空气压缩机应根据温度调节冷却水量；循环冷却水进水温度宜控制在20℃～32℃，出水温度不应超过38℃；

5 干燥机的运行在满足用气质量要求的前提下，应尽量减少再生气消耗量；

6 冬季或臭氧发生器长时间不工作，应将设备系统内的水排净；

7 采用尾气破坏器进行尾气处理时，应检查催化剂使用效果，及时更换催化剂；

8 应每月对空气压缩机、干燥机、预冷机、臭氧发生器等进行维护保养；

9 每年应至少对臭氧接触及尾气吸收设施进行清刷1次，油漆铁件1次；

10 不同种类的臭氧发生器，其臭氧产量与电耗的关系应符合设计要求，生产每千克臭氧的电耗参数可按表3.12.9中的规定确定。

表 3.12.9 不同种类的臭氧发生器生产每千克臭氧的电耗参数

发生器种类	臭氧产量(g/h)	电耗(kWh/kg·O_3)
大型	>1000	≤18
中型	100～1000	≤20
小型	1～100	≤22
微型	<1	实测

注：表中电耗指标限值不包括净化气源的电耗。

4 深度处理

4.1 传统工艺

4.1.1 混合反应池的运行管理、安全操作、维护保养等应符合下列规定：

1 应按设计要求和运行工况，控制流速、水位和停留时间等；

2 采用机械搅拌的混合反应池，应根据实际运行状况设定搅拌强度；

3 药液与水的接触混合应快速、均匀；

4 应定期排除混合反应池、配水池内的积泥；

5 混合反应设施、设备应每年检修1次，并应做好防腐处理，及时维修更换损坏部件。

4.1.2 滤池的运行管理、安全操作、维护保养等应符合下列规定：

1 应根据水头损失或过滤时间进行反冲洗；

2 冲洗前应检查排水槽、排水管道是否畅通；

3 进行气水冲洗时，气压必须恒定，严禁超压；

4 水力冲洗强度应为(8～17)L/m²·s，冲洗时滤料膨胀率应在40%～50%；

5 进水浊度宜控制在10NTU以下，滤后水浊度不得大于5NTU；

6 应定期对滤层做抽样检查，含泥量大于3%时应进行滤料清洗或更换；

7 对于新装滤料或刚刚更换滤料的滤池，应进行清洗处理后方可使用；

8 长期停用的滤池，应使池中水位保持在排水槽之上。

4.1.3 清水池的运行管理、安全操作、维护保养等应符合下列规定：

1 应设定运行水位的上限和下限，严禁超上限或下限水位运行；

2 池顶严禁堆放有可能污染水质的物品或杂物；当池顶种植植物时，严禁施用各种肥料、药物；

3 应至少每2年排空清刷1次池体；

4 应采取有效防止雨、污水倒流和渗透到池内的措施；

5 应设置清水池水质检测点，每日检测化验不得少于1次；当发现水质超标时，应立即采取措施；

6 应每年检查仪表孔、通气孔、人孔等处的防护措施是否良好，并应对清水池内外的金属构件做防腐处理。

4.1.4 送水泵房的运行管理、安全操作、维护保养等应符合下列规定：

1 应根据管网调度指令合理开启送水泵台数，并确保管网水量、水压满足用户需求；

2 当出现瞬时供水流量或压力的波动时，工作人员应及时与管网调度人员联系，不得擅自进行开关泵、升降压等影响供水安全性的操作；

3 水泵的日常保养和安全应符合本规程第2章和第3.2节的有关规定；

4 用户端水质、水量和水压应满足国家现行标准及供水合同要求。

4.2 膜处理工艺

4.2.1 粗过滤系统的运行管理、安全操作、维护保养等应符合下列规定：

1 连续微滤系统启动前，应先检查粗过滤器是否处于自动状态；

2 系统开机前，应同时打开进水阀和出水阀，然后关闭旁通阀转为过滤器供水，并应打开过滤器上的排气阀，排除罐内空气后，关闭排气阀；

3 当需要切换启动备用水泵时，应使过滤器处于手动自清洗运行状态；

4 应每日检查进、出口压力表，检查自清洗是否彻底；当清洗不彻底时，应延长自清洗时间或手动自清洗时间；

5 应经常观察浊水腔和清水腔压力表，发现异常，应及时处理；

6 应每月定期排污1次；

7 应每6个月拆卸清洗1次过滤柱；

8 压差控制器的差压设定范围应为（0.2×10^5～1.6×10^5）Pa，切换差设定范围应为（0.35×10^5～1.50×10^5）Pa。

4.2.2 微过滤膜系统的运行管理、安全操作、维护保养等应符合下列规定：

1 微过滤膜系统启动前，应做好下列准备工作：

1）粗过滤器应处于自动状态；

2）应确认空气压缩系统处于正常状态；

3）系统进水泵应处于自动状态；

4）应确认水源供应正常。

2 应定时巡查过滤单元，发现异常情况，及时处理；

3 应定时排放压缩空气储罐内的冷凝水；

4 当单元的过滤阻力值超出规定值时，应及时进行化学清洗；

5 系统需要停机时，应在正常滤水状态下进行；

6 停机时间超过5d，应将微过滤膜浸泡在专用药剂中保存；

7 外压式微过滤膜系统每3个月必须进行1次声纳测试，膜元件出现问题，应及时隔离或修补；

8 微滤膜系统在化学清洗时不得将单元内水排空；设备维修时必须将单元内水排空；

9 微滤膜系统运行参数除应符合设计要求外，还可按表4.2.2-1和表4.2.2-2中的规定确定。

表4.2.2-1 外压式微滤膜系统运行参数

工艺控制压力（Pa）	反冲频率（min/次）	反冲洗时间（min）	碱洗频率（d/次）	酸洗频率（d/次）	反冲洗压力（Pa）
1.2×10^5～6.0×10^5	30～40	2.5	10～15	40～75	6×10^5

表4.2.2-2 浸没式微滤膜系统运行参数

工艺控制压力（Pa）	反冲频率（min/次）	反冲洗时间（min）	化学增强频率（d/次）	化学清洗频率（d/次）	反冲洗压力（Pa）
1.2×10^5～6.0×10^5	30～40	2.5	3	18	0.25×10^5

4.2.3 反渗透系统的运行管理、安全操作、维护保养等应符合下列规定：

1 应根据进水水质定期校核阻垢剂的投加浓度；

2 设备停机超过24h，应将膜厂商指定的专用药液注入膜压力容器内将膜浸润；

3 应巡查反渗透系统管道及膜压力容器，发现漏水应及时处理；

4 根据系统的污染情况，应定期进行化学清洗（酸洗、碱洗），清洗周期应根据单元的操作环境和污染程度确定，并应符合下列规定：

1）化学清洗前，必须严格遵守安全规定；再操作和处理化学药品时必须佩戴劳动防护用品；

2）进行化学清洗时，应保证设备处于停止状态；

3）清洗后，应重新安装拆卸的管道，并应确认其牢固性；

4）系统启动前，应用反渗透进水罐的储水将系统中的空气排出；

5）化学清洗应保持清洗水温在（30～35）℃；

6）酸洗的药液 pH 应小于 2.8，但不得低于 1.0；碱洗的药液 pH 不得大于 12，电导率应在（50～80）μS/cm。

5 化学清洗前后应记录系统运行时的参数，包括滤液流量、进水流量、反渗透进水压力、各段浓水压力、进水电导率和滤液电导率等；

6 膜处理工艺出水水质指标除应符合设计要求外，还可按表 4.2.3 中的规定确定。

表 4.2.3 膜处理工艺出水水质指标

SS (mg/L)	pH	浊度 (NTU)	电导率 (μS/cm)	总溶解性固体 (mg/L)	总磷 (mg/L)	NH_3-N (mg/L)	NO_3-N (mg/L)	粪大肠菌群
≤5	6.5～7.5	≤1	≤400	≤320	不得检出	≤0.5	≤1.0	每 100mL 不得检出

4.2.4 化学清洗间的运行管理、安全操作、维护保养等应符合下列规定：

1 冬季运行时，车间内温度应保持 5℃以上，并应避免碱液结晶堵塞管道；

2 化学药品的储存和放置应按其特性及使用要求定位摆放整齐，并应有明显标志；

3 用于化学清洗的酸、碱泵，应按设备使用要求定期检查并添加润滑油；

4 化学药品储罐应定期进行彻底清洗；

5 操作人员在化学清洗间操作时，应正确使用和佩戴劳动防护用品；

6 必须保证化学清洗间的通风良好；

7 化学清洗配药罐清洗液位应控制在 30%～70%。

5 污泥处理与处置

5.1 稳定均质池

5.1.1 稳定均质池应每 2h 巡视 1 次，观察池内混合液液位及搅拌器、污泥泵等设备运行状况。

5.1.2 对稳定均质池的污泥含固率应每日检测 1 次，其含固率宜为 2%～3%。

5.1.3 对稳定均质池内的杂物应及时清除。

5.1.4 当稳定均质池停运 1 周时，应将污泥排空。

5.1.5 对稳定均质池内搅拌器等配套设备应定期检修。

5.1.6 当稳定均质池需要养护或检修时，应按本规程第 2.2.25 条执行。

5.2 浓 缩 池

5.2.1 重力浓缩池运行管理、安全操作、维护保养等应符合下列规定：

1 刮泥机宜连续运行；

2 可采用间歇排泥方式，并应控制浓缩池排泥周期和时间；

3 浓缩池除臭应符合本规程第 6 章的有关规定；

4 刮泥机停运时间不得超过 1 周，超过规定时间，应将污泥排空，同时不得超负荷运行；

5 应及时清除浮渣、刮泥机上的杂物及集水槽中的淤泥；

6 当上清液需进行化学除磷时，应符合本规程第 3.11 节的有关规定；

7 机械、电气设备的维护保养应符合本规程第 2 章的有关规定。

5.2.2 气浮浓缩池运行管理、安全操作、维护保养等应符合下列规定：

1 气浮浓缩池及溶气水系统应 24h 连续运行；

2 气浮浓缩池宜采用连续排泥；当采用间歇排泥时，其间歇时间可为（2～4）h；

3 应保持压缩空气的压力稳定，宜通过恒压阀控制溶气水饱和罐进气压力，压力设定宜为（0.3～0.5）MPa；

4 刮泥机停运时间不得超过 1 周，超过规定时间，应将污泥排空，同时不得超负荷运行；

5 应及时清捞出水堰的浮渣，并清除刮吸泥机走道上的杂物；

6 应保证气浮池池面污泥密实；

7 应保证上清液清澈；

8 气浮浓缩池应无底泥沉积；

9 气浮浓缩池宜用于剩余活性污泥的浓缩，不宜投加混凝剂；

10 当刮泥机在长时间停机后再开启时，应先点动、后启动；当冬季有结冰时，应先破坏冰层、再启动；

11 排泥时，应观察稳定均质池液位，不得漫溢；

12 加压溶气罐的压力表应每 6 个月检查、校验 1 次；

13 机械、电气设备的维护保养应符合本规程第 2 章的有关规定；

14 应经常清理池体堰口、刮泥机搅拌栅及溶气水饱和罐内的杂物；

15 应每班检查压缩空气系统畅通情况，并及时排放压缩空气系统内的冷凝水。

5.2.3 浓缩池的运行参数除应符合设计要求外，还可按表5.2.3中的规定确定。

表5.2.3 浓缩池运行参数

污泥类型		污泥固体负荷[kg/(m²·d)]	污泥含水率(%)		停留时间(h)	气固比(kg气/kg固体)
			浓缩前	浓缩后		
重力型	剩余活性污泥	20~30	98.5~99.6	95.0~97.0	6~8	—
气浮型	剩余活性污泥	1.8~5.0	99.2~99.8	95.5~97.5	—	0.005~0.040
重力型	初沉污泥与剩余活性污泥的混合污泥	50~75	—	95.0~98.0	10~12	—

5.3 污泥厌氧消化

5.3.1 污泥厌氧消化池运行管理、安全操作、维护保养等应符合下列规定：

1 应按一定投配率依次均匀投加新鲜污泥，并应定时排放消化污泥；

2 新鲜污泥投加到消化池，应充分搅拌、保证池内污泥浓度混合均匀，并应保持消化温度稳定；

3 对池外加温且为循环搅拌的消化池，投泥和循环搅拌宜同时进行；

4 对采用沼气搅拌的消化池，在产气量不足或在消化池启动期间，应采取辅助措施进行搅拌；

5 对采用机械搅拌的消化池，在运行期间，应监控搅拌器电机的电流变化；

6 应每日检测池内污泥的pH、脂肪酸、总碱度，进行沼气成分的测定，并应根据检测数据调整消化池运行工况；

7 应保持消化池单池的进、排泥的泥量平衡；

8 应每班检查静压排泥管的通畅情况；

9 宜每班排放二级消化池的上清液；

10 应每周检查二级消化池上清液管的通畅情况；

11 应每班巡视并记录池内的温度、压力和液位；

12 应每班检查沼气管线冷凝水排放情况；

13 应每班检查消化池及其附属沼气管线的气体密闭情况，并及时处理发现的问题；

14 应每班检查消化池污泥的安全溢流装置；

15 应按相关规定校验污泥消化系统的温度、压力和液位等各种仪表；

16 应每6个月检查和校验1次沼气系统中的压力安全阀；

17 当消化池热交换器长期停止使用时，应关闭通往消化池的相关闸阀，并应将热交换器中的污泥放空、清洗；螺旋板式热交换器宜每6个月清洗1次，套管式热交换器宜每年清洗1次；

18 连续运行的消化池，宜(3~5)年彻底清池、检修1次；

19 污泥消化控制室应设置可燃气体报警器，并应定期维修和校验；

20 池顶部应设置避雷针，并应定期检查遥测；

21 空池投泥前，气相空间应进行氮气置换；

22 各类消化池的运行参数除应符合设计要求外，还可按表5.3.1中的规定确定。

表5.3.1 污泥厌氧消化池的运行参数

序号	项目		中温消化	高温消化
1	温度(℃)		33~35	52~55
2	日温度变化范围小于(℃)		±1	
3	投配率(%)		5~8	5~12
4	一级消化污泥含水率(%)	进泥	96~97	
		出泥	97~98	
	二级消化污泥含水率(%)	出泥	95~96	
5	pH		6.4~7.8	
6	碱度(mg/L)以$CaCO_3$计		1000~5000	
7	沼气中主要气体成分(%)		CH_4>50	
			CO_2<40	
			CO<10	
			H_2S<1	
			O_2<2	
8	产气率(m^3气/m^3泥)		>5	
9	有机物分解率(%)		>40	
10	酸碱比		0.1~0.5	

5.3.2 沼气脱硫装置运行管理、安全操作、维护保养等应符合下列规定：

1 应按相关要求，定期校验脱硫装置的温度、压力和pH计；

2 当采用保温加热的脱硫装置时，应每日检查

1次保温系统；

3 应每年至少对脱硫装置进行1次防腐处理；

4 应定期清理和更换反应塔内喷淋系统的部件；

5 投加泵的维护和保养可按本规程第3.2节的有关规定执行；

6 应每日检测1次脱硫效果，并应根据其效果再生或更换脱硫装置的填料，操作时还应采取必要的安全措施；

7 干式脱硫装置的运行管理、安全操作、维护保养等应符合下列规定：

1）应每班检查并记录脱硫装置的温度和压力；

2）应定时排放脱硫装置内的冷凝水；

3）当填料再生或更换后、恢复通入沼气前，宜采用氮气置换。

8 湿式脱硫装置的运行管理、安全操作、维护保养等应符合下列规定：

1）应每日测试脱硫装置碱液的pH，并保证碱液溢流通畅；

2）应每日检查碱液投加泵、碱液循环泵的运行状况；

3）应每日检查脱硫装置的气密性；

4）应定期补充碱液，冲洗并清理碱液管线、不得堵塞；

5）当操作间内出现碱液泄漏时，应使用清水及时冲洗。

9 生物脱硫装置的运行管理、安全操作、维护保养等应符合下列规定：

1）应通过观察硫泡沫的颜色，及时调节曝气量和回流量；

2）应每日监控反应塔内吸收液的pH，并应及时补充吸收液；

3）应根据进气硫化氢的负荷，调控反应塔的运行组数；

4）应每日检测脱硫前后硫化氢的浓度；

5）采用外加生物催化剂或菌种的脱硫工艺，应定期补充催化剂或菌种；

6）应避免人身接触硫污泥、硫气泡、碱液，并应配备防护用品；

7）应定期检查脱硫系统的布气管道，并进行防腐处理。

10 脱硫后沼气中硫化氢的含量应小于0.01%。

5.3.3 当维修沼气柜时，必须采取安全措施并制定维修方案。

5.3.4 沼气柜的运行管理、安全操作、维护保养等应符合下列规定：

1 低压浮盖式气柜的水封应保持水封高度，寒冷地区应有防冻措施；

2 沼气应充分利用，剩余沼气不得直接排放，必须经燃烧器燃烧；

3 应按时对沼气柜内的储气量和压力进行检查并做记录；

4 应每日排放蒸汽管道、沼气管道内的冷凝水；

5 应每日对干式气柜柔膜及柜体金属结构进行检查；

6 当沼气柜出现异常时，应及时采取相应措施；

7 湿式气柜水封槽内水的pH应定期测定，当pH小于6时，应换水并保持压力平衡，严禁出现负压；

8 应每日对湿式气柜的导轨和导轮进行检查，以防气柜出现偏轨现象；

9 沼气柜的顶部和外侧应涂饰反射性色彩的涂料；

10 在寒冷地区，湿式气柜水封的加热与保温设施应在冬季前进行检修；

11 沼气柜内沼气处于低位状态时严禁排水；

12 检修气柜顶部时，严禁直接在柜顶板上操作；

13 任何人员不得随意打开沼气柜的检查孔；

14 空柜通入沼气前，气相空间应进行氮气置换；

15 气柜应安装避雷器，并按相关要求定期检测；

16 干式气柜柔膜压力应为(2500～10000)Pa；

17 湿式气柜的压力应为(2500～4000)Pa。

5.3.5 沼气发电机的运行管理、安全操作、维护保养等应符合下列规定：

1 应按时巡视、检查机组运行情况，并做好巡视检查记录，发现问题及时解决；

2 应定期清洗沼气、空气过滤装置；

3 必须每班检查沼气发电机进气管路，不得因漏气及冷凝水过多而影响供气；

4 应按相关要求清洗、检修发电机组余热利用系统的管道、闸阀、换热器等；

5 应每班检测沼气稳压罐；

6 在发电、供电等各项操作中，必须执行有关电器设备操作票制度；

7 当发电机组备用或待修时，应将循环水的进、出闸阀关闭，并放空主机及附属设备内的存水；

8 发电机系统的冷却用水必须使用软化水或在循环水中加入阻垢剂；必要时，应更换循环水；

9 当在寒冷地区冬季运行时，机组启动前应检查润滑系统，停止运转后应及时排放水箱中的冷却水；

10 进入发电机的沼气必须进行脱硫处理；

11 进气压力应满足发电机组的设定值，每立方米沼气的发电量宜大于1.5kW·h。

5.3.6 沼气锅炉的运行管理、安全操作、维护保养等应符合下列规定：

1 锅炉的用水水质，应符合现行国家标准《工业锅炉水质》GB/T 1576 的规定；

2 进入锅炉的沼气必须进行脱硫处理；

3 点火前，必须对沼气锅炉进行相关内容的检查；

4 沼气锅炉运行中，当出现经简单处理不可解决的问题时，应立即停炉；

5 对备用或停用的锅炉，必须采取防腐措施；

6 应严格执行排污制度，定期排污应在低负荷下进行，并应严格监视水位；

7 锅炉沼气燃烧器的安装、调试、操作及保养等各项工作，应按设备说明书及相关的安全规定与准则执行，严禁误操作；

8 应确保沼气供应的稳定与充足；

9 应每班检查输气管道及阀门等组件的气密性；

10 当在保养及检验工作中密封件被打开，重新安装时必须清洁密封面并注意保持密闭性能；

11 应每年对锅炉全套设备进行 1 次维护与保养，对相关部件的气密性进行复查，并应测量每次保养及故障处理后的燃烧烟气值；

12 应合理降低热损失，使锅炉的热效率达到设计值；

13 燃气锅炉污染物的排放必须符合现行国家标准《锅炉大气污染物排放标准》GB 13271 中的有关规定。

5.3.7 沼气燃烧器（火炬）的运行管理、安全操作、维护保养等应符合下列规定：

1 手动式沼气燃烧器应根据沼气柜储气量适时点燃；

2 应按相关规定，检查自动式沼气燃烧器的自动点燃程序及母火管路的压力；

3 应按相关规定，清理沼气燃烧器火焰喷嘴的污物；

4 应按相关规定，校核沼气燃烧器上的压力表；

5 应按相关规定，保养和维修沼气燃烧器管路上的电动闸阀；

6 采用电子点火装置的，应按相关规定，检查接地母线；

7 采用人工点火装置的，操作人员应站在上风向，并必须与燃烧器保持一定距离；

8 沼气燃烧器在运行期间，应每班按时监控火焰燃烧情况。

5.4 污泥浓缩脱水

5.4.1 选择合适的絮凝剂，应根据污泥的理化性质，通过试验，确定最佳投加量。带式脱水机还应选择合适的滤布。

5.4.2 对带式浓缩机、带式脱水机絮凝剂投加量、进泥量、带速、滤布张力和污泥分布板，应及时调整，使滤布上的污泥分布均匀，控制污泥含水率，滤液含固率应小于 10%。

5.4.3 当巡视检查带式脱水机反冲洗水系统、滤布纠偏系统和投药系统时，发现异常，应及时维修。

5.4.4 对离心浓缩机、离心脱水机絮凝剂投加量、进泥量、扭矩和差速，应及时调整，控制污泥含水率，滤液含固率应小于 5%。

5.4.5 停机前应先关闭进泥泵、加药泵；停机后应间隔 30min 方可再次启动。

5.4.6 对破碎机清淘系统应定期清理，经常检查破碎机刀片磨损程度并应及时更换。

5.4.7 各种污泥浓缩、脱水设备脱水工作完成后，都应立即将设备冲洗干净，对带式脱水机应将滤布冲洗干净。

5.4.8 污泥脱水机械带负荷运行前，应空载运转数分钟。

5.4.9 对溶药系统应经常清洗，防止药液堵塞；在溶药池边工作时，应注意防滑，同时应将撒落在池边、地面的药剂清理干净。

5.4.10 机房内的通风应保持良好。

5.4.11 浓缩机投药量（干药/干泥）应控制在(2～4)kg/t；脱水机投药量（干药/干泥）应控制在(3～5)kg/t。脱水后污泥含水率应小于 80%。

5.5 污泥料仓

5.5.1 当采用多仓式污泥料仓储存脱水后污泥时，应使各仓污泥量相对均匀。

5.5.2 料仓在寒冷季节运行，应采取有效的防冻措施。

5.5.3 通过机械振动、搅拌等方式，使污泥在料仓内均匀储存，不得发生堵挂现象。

5.5.4 污泥在料仓内存放的时间不宜超过 5d。

5.5.5 做好料仓仓体和钢结构架的内外防腐，并定期检查和维修，发现问题应及时处理。

5.5.6 污泥输送设备在带负荷运行前，应先空载运行，并检查进料仓和出料仓闸阀的开启状态，同时应进行合理调控。

5.5.7 料仓的防雷、通风和防爆等安全措施应齐全。

5.5.8 料仓的储存量不得大于总容量的 90%。

5.5.9 料仓停用应将仓内沉积的污泥彻底清理干净。

5.5.10 维修或维护料仓时，应监测仓内有毒、有害气体含量，并应按本规程第 2.2.25 条的有关规定执行。

5.6 污泥干化

5.6.1 当流化床式污泥干化机运行时，应连续监测气体回路中的氧含量浓度，严禁在高氧量下连续运行。

5.6.2 流化床式污泥干化机的运行管理、安全操作、维护保养等应符合下列规定：

1 污泥泵启动运行必须在自动模式下进行，运行管理、维护保养等应按本规程第2章及第3.2节、第3.5节和第3.8节中的有关规定执行；

2 分配器的启动必须在自动模式下进行；

3 湿污泥的破碎尺度应以易被干燥机分配流化而定；

4 可根据干化系统污泥的需要量调节分配器；

5 分配器在运行中，应注意观察油杯的自动加油状况；

6 分配器转速应保持平稳，发现振动或电压、电流异常波动且不能排除时，应立即停机；

7 干化系统的运行必须按自动程序完成；运行中应监视干化机的流化状态和床体的温度等各类参数值的变化；

8 干化系统的设备及各部件间的连接口、检查孔应保持良好的密封性；

9 应控制循环气体回路的流量在一定范围内，并应保持良好的流化状态；

10 干化机每运行3个月应对热交换器、风帽、气水分离器、高水位报警点、风室挡板等进行全面检查、清理，并应对所有的密封磨损情况进行详细地检查和记录；

11 检修或调换分配器的滚轮时，应使其嘴片盒的间隙满足要求；

12 应每班检查旋风分离器内壁的磨损、变形、积灰、漏点及浸没管的浸没深度等情况；

13 应调节冷凝换热器的进水量，保证气体回路冷凝后的气体温度满足工艺要求；

14 气水分离器底部的冲洗不得间断，并缓慢调节其进水量，必须保证排水管道通畅；

15 鼓风机、引风机的运行管理应按本规程第3.10节的有关规定执行；

16 干燥机出口压力应控制在允许的范围内；

17 当需要进入容器内检修时，检修人员必须做好安全防护；

18 循环回路气体温度应控制在规定范围内；

19 干化系统运行中或暂停时，不得停止排气风机的运转。

5.6.3 带式污泥干化机的运行管理、安全操作、维护保养等应符合下列规定：

1 应防止干化机污泥进泥系统的污泥搭桥和堵塞；

2 干化机系统应设定为全自动运行模式；

3 应每班检查污泥在干化带上的布料效果，出现异常工况，应停机及时调整；

4 应每年对干化机的干化带、风道系统等进行1次清理；

5 应检查干化带的接头是否牢固并调整干化带的张力；

6 干化机的风道系统严禁短路漏风，装置内部应处在微负压工况运行；

7 每运行3个月应对热交换器的密封、压力表、排水帽等进行全面检查、清理，并对所有的密封磨损情况进行详细地记录和跟踪；

8 在正常操作条件下，累计运行15000h后应更换润滑油，但最长不得超过3年；

9 斗式干泥输送机应设接地装置；

10 应每班检查干化机系统配套的电气、仪表和控制柜，当出现不稳定和不安全因素时，应及时维修或更换；

11 应根据实际运转时间和磨损件损坏程度修理与更换轴承、干化带、切割刀等磨损件。

5.6.4 转鼓式污泥干化机的运行管理、安全操作、维护保养等应符合下列规定：

1 干化机的启动、运行、卸载等应采用自动操作模式；

2 在自动运行模式下，系统必须连续供应物料；

3 系统运行中，应巡检设备的密封、热油系统、传动装置、气闸箱等；

4 运行中应检查所有闸阀的开启位置；

5 当系统在自动运行模式下冷启动时，应确定所有系统的选择开关都处于关闭状态；

6 正常运行需停运干化机时，必须经过冷却程序，严禁手动关闭干化系统；

7 当干化机需维修或停机时，应执行冷却的自动模式；

8 严禁干化机待机运行；

9 过滤器应保持清洁，必要时应进行更换；

10 干化机设备防火、防爆的管理必须严格执行国家有关规定和标准。

5.6.5 干化后污泥的含水率，应根据污泥最终处置的方法确定。

5.7 污泥焚烧

5.7.1 焚烧炉点火时，宜在炉内流化床上、下压力差最小的状态下进行，且应缓慢升温，保持焚烧炉炉膛出口处压力为(−100～−50)Pa之间。

5.7.2 焚烧炉温升至550℃以上时，可投煤或干污泥升温，焚烧温度应控制在(850～900)℃。

5.7.3 煤和泥的切换应依据焚烧状态调整，且调整的速率应相对平稳。

5.7.4 对焚烧炉内物料流化燃烧状况，应随时观察。

5.7.5 风机工况点必须避开产生湍振位置，且应保证风机安全、平稳运行。

5.7.6 焚烧烟气排放温度必须大于烟气排放酸露点温度。

5.7.7 焚烧炉在运行中应保持料层的流化完好，并应根据料层的压力差及时排渣。

5.7.8 焚烧炉启动前应对下列部位进行检查，且应及时处理发现的问题：

1 流化空气风室、风帽、流化风机、管道和流化床砂层；

2 耐火砖、辅助油喷枪、流化床温度传感器及保护管、底部出灰斜槽；

3 燃烧器耐火材料、喷嘴、燃烧器空气风门和记录器；

4 加热面、烟道气管道和引风机；

5 燃料投入机及其转子和壳体；

6 防爆门和开孔的耐火材料。

5.7.9 风机应在无负载下启动，并应在流化风机运行平稳后逐步开大流化风门。

5.7.10 仪表空气压力应保持在 5×10^5 Pa 以上。

5.7.11 后部烟道烟气含氧量宜保持在(4～10)vol－%，燃烧器油压应保持在能保证油枪雾化良好的范围内。

5.7.12 焚烧炉停炉前，必须以一定速度减少焚烧炉的处理能力，保证残留在流化床的废燃料燃烧尽。

5.7.13 焚烧炉物料流化高度应控制在(0.4～0.8)m。

5.7.14 风室内压力应为$(0.85\sim1.3)\times10^4$ Pa。

5.7.15 密相区和稀相区的温度应为(850～900)℃。

5.8 污泥堆肥

5.8.1 污泥堆肥前期混合调整段的运行管理、安全操作和维护保养应符合下列规定：

1 当用锯末、秸秆、稻壳等有机物做蓬松剂时，污泥、蓬松剂和返混干污泥等物料经混合后，其含水率应为 55%～65%；

2 当无蓬松剂时，污泥与返混干污泥等物料经混合后，其含水率应小于 55%；

3 蓬松剂颗粒应保持均匀；

4 混合机在运行中严禁人工搅拌；

5 清理混合机残留物料时，应断开混合机电源。

5.8.2 快速堆肥阶段的运行管理、安全操作和维护保养等应符合下列规定：

1 在快速堆肥阶段中，垛体温度为(55～65)℃的天数宜大于 3d；

2 强制供气时，宜采用均匀间断供气方式；

3 垛体高度不宜超过设计高度；

4 应每日检查 1 次供气管路并保证管路畅通；

5 在翻垛过程中，应及时排除仓内水蒸气；当遇低温时，仓内应留有排气口；

6 翻垛周期宜为每周 3～4 次；

7 翻垛机在运行中，应随时巡查，发现问题应及时处理；

8 应按相关规定，对翻垛机进行维护保养和防腐处理；

9 翻垛机工作时，非操作人员不得进入；

10 在堆肥发酵车间工作时，工作人员应戴防尘保护用品。

5.8.3 污泥堆肥稳定熟化段的运行管理、安全操作和维护保养等应符合下列规定：

1 污泥稳定熟化期宜为(30～60)d；

2 稳定熟化期间可采用自然通气或强制供气；

3 翻堆周期宜控制在(7～14)d；

4 污泥稳定熟化后，有机物分解率应在 25%～40%之间；含水率不宜高于 35%。

5.8.4 污泥堆肥的化验检测应符合下列规定：

1 应每日检测 1～2 次垛体温度；

2 应每日测定 1 次污泥、返混干污泥、蓬松剂、混合物及垛体的有机物和含水率。

6 臭气处理

6.1 收集与输送

6.1.1 对集气罩、集气管道与输气管道的密闭状况应按时巡视、检查。

6.1.2 对集气罩与其他设备、设施相连接处的滑环磨损程度应定期检查、维护。

6.1.3 对集气罩骨架上的钢丝绳和遮盖物应定期检查并紧固。

6.1.4 当进入臭气收集系统的封闭环境内进行检修维护时，必须具备自然通风或强制通风条件，并必须佩戴防毒面具。

6.1.5 对气体输送管线的压降应每班检查和记录。

6.1.6 雨、雪、大风天气，应加强输气管线和集气罩的检查、巡视。应及时清除集气罩与轨道间的积雪。

6.1.7 对集气输送管道内的冷凝水应每班排放 1 次。

6.1.8 当打开集气罩上的观察窗时，操作人员应站在上风向。

6.1.9 对风机和输气管道应定期检查、维护。

6.2 除臭

6.2.1 采用化学除臭工艺时应符合下列规定：

1 系统开机前应检查供水、供电、供药情况，并应确保各类阀门处于正常状态；

2 系统运行时应监测 pH、臭气浓度、流量、温度、压力等参数；

3 应根据臭气负荷，及时调整加药量；

4 应根据填料塔中的填料压降，及时对填料进行清洗或更换；

5 应清洁化学洗涤器底部、除雾器、喷嘴和给水排水管路的污垢；

6 室外运行的除臭系统，应采取防冻、防晒措施；

7 除臭系统长时间停用，应清洗设备及系统管路，同时应对 pH、ORP 探头采取保护措施；

8 应每班对化学吸收系统的压力、振动、噪声、密封等情况进行检查；

9 化学药品储罐、备用罐等不应在高温下灼晒，并注意开盖安全；

10 化学药品的使用及储藏应符合国家现行有关规定；

11 化学洗涤塔必须停机后进行检修，并应排除污染气体、确保塔内正常通风，检修人员应配备安全防护用品。

6.2.2 采用生物除臭工艺时应符合下列规定：

1 系统运行时，应监测臭气流量、浓度、温度、湿度、压力和 pH 等参数；

2 当生物滴滤系统出现大量脱膜、生物膜过度膨胀、生物过滤床板结、土壤床出现孔洞短流等情况时，应及时查明原因，并采取有效措施处理；

3 应保证滤床适宜的湿度；

4 除臭系统宜连续运行，当长时间停机时，应敞开封闭构筑池或水井，并保证系统通风；

5 应每日检查加湿器、生物洗涤塔及滴滤塔的填料，当出现挂碱过厚、下沉、粉化等情况时，应及时处理、补充或更换；

6 应根据生物滤床压降情况，对滤料做疏松维护或更换；被更换的滤料应封闭后集中处理；

7 应每班检查系统的压力、振动、噪声、密封等情况，宜定期对洗涤系统、滴滤系统进行维护。

6.2.3 采用离子除臭工艺时应符合下列规定：

1 除臭系统可间歇运行；当处理臭气时，必须提前启动离子发生装置；

2 除臭系统应注意保持管路系统和设备的清洁和密封；

3 应每班检查 1 次离子发生装置是否破损、泄漏，并应及时维护和更换；

4 除臭系统维修时必须断电，同时应关闭废气收集系统的进风阀并保证设备内通风良好；

5 空气过滤装置应保持清洁，必要时应对其更换；

6 应每班巡视和检查、记录离子除臭系统风机运行状况；

7 应每班监控除臭系统进、出气中挥发性气体分子浓度、硫化氢气体浓度以及离子浓度的变化。

6.2.4 采用活性炭吸附除臭工艺时，必须符合下列规定：

1 更换活性炭时应停机断电，并应关闭进气闸阀；

2 必须佩戴防毒面具方可打开卸料口；

3 室内操作必须强制通风。

6.2.5 采用活性炭吸附除臭工艺时，除应符合本规程第 6.2.4 条外，还应符合下列规定：

1 应监视系统的压力值，并应及时更换炭料，防止舱内炭的粉化堆积产生堵塞；

2 应对室外系统做好夏季防晒处理，不宜在高温环境下运行；

3 使用清水再生且在室外运行的系统，冬季应采取防冻、保温措施；

4 使用热蒸汽再生的系统，应监视蒸汽的流量和压力，并保证再生处理过程的有效和正常；

5 使用碱液再生的系统，应保证碱液的投加量；

6 应每 2h 对系统压力、振动、噪声、密封等情况进行检查；

7 应及时清除或清洗过滤器上集结的污物，可根据使用情况予以更换；

8 可结合出口的臭气浓度确定炭料的再生次数和更换周期；

9 活性炭的存放，应采取防火措施，并按危险品的有关管理规定执行；

10 清理活性炭污染物时，应佩戴防护面具；

11 废弃的活性炭应装入专用的容器内，予以封闭，并应送交专业部门进行集中处理。

6.2.6 采用植物除臭工艺时应符合下列规定：

1 天然植物液应在有效期内使用；

2 应每日检查供液系统的运行情况，并应及时处理发现的问题；

3 用于挥发和喷嘴雾化系统的植物液，应用纯净水稀释，稀释比例应根据除臭现场的动态效果确定；

4 应经常检查雾化系统的自动间断式喷洒和液面控制器的有效性、除臭设备的清洁干燥度、输送液管道各个接口的严密性及接地线的可靠性；

5 应每班检查挥发系统的风机、风机控制器、供液电机是否正常运转，应及时更换出现滴漏的供液系统输液管道，应及时清洗或更换渗透网；

6 应保持植物液储存罐内清洁；

7 当设备出现故障时，应切断电源，并应采取相应措施，防止植物液流失。

7 化验检测

7.1 取样

7.1.1 取样点应在工艺流程各阶段具有代表性的位置选取，并应符合下列规定：

1 应在总进水口处取进水水样，并应避开厂内排放污水的影响，宜为粗格栅前水下 1m 处；

2 应在总出水口处取出水水样，宜为消毒后排放口水下 1m 处或排放管道中心处；

3 应依据不同污水、污泥处理工艺确定中间控制参数的取样点；

4 应在污泥处理前、后处取泥样；

5 应在脱硫塔前、后取沼气样。

7.1.2 城镇污水处理厂污水、污泥及厂界废气应符合现行国家标准《城镇污水处理厂污染物排放标准》GB 18918 中对取样与监测的有关规定。

7.1.3 噪声控制的测量方法及测点位置应符合现行国家标准《工业企业厂界环境噪声排放标准》GB 12348 的规定。

7.2 化验项目及检测周期

7.2.1 城镇污水处理厂日常化验检测项目和周期应符合现行国家标准《城镇污水处理厂污染物排放标准》GB 18918 的规定，并应满足工艺运行管理需要，可按表 7.2.1-1、表 7.2.1-2 中的规定确定。

表 7.2.1-1 污水分析化验项目及检测周期

检测周期	序 号	分析项目
每日	1	pH
	2	BOD_5
	3	COD_{cr}
	4	SS
	5	氨氮
	6	总氮
	7	总磷
	8	粪大肠菌群数
	9	SV%
	10	SVI
	11	MLSS
	12	DO
	13	镜检
每周	1	氯化物
	2	MLVSS
	3	总固体
	4	溶解性固体
每月	1	阴离子表面活性剂
	2	硫化物
	3	色度
	4	动植物油
	5	石油类
	6	氟化物
	7	挥发酚
每半年	1	总汞
	2	烷基汞
	3	总镉

续表 7.2.1-1

检测周期	序 号	分析项目
每半年	4	总铬
	5	六价铬
	6	总砷
	7	总铅
	8	总镍
	9	总铜
	10	总锌
	11	总锰

注：1 亚硝酸盐氮、硝酸盐氮、凯氏氮的分析周期未列入表中，宜为每日分析项目，应根据工艺需要酌情增减；

2 其他项目可按现行国家标准《城镇污水处理厂污染物排放标准》GB 18918 的有关规定选择控制项目执行。

表 7.2.1-2 污泥分析化验项目及检测周期

检测周期	序 号	分析项目	
每日	1	含水率	
每周	1	pH	
	2	有机份	
	3	脂肪酸	
	4	总碱度	
	5	沼气成分	
	6	上清液	总磷
	7		总氮
	8		悬浮物
	9	回流污泥	SV%
	10		SVI
	11		MLSS
	12		MLVSS
每月	1	粪大肠菌群	
	2	蠕虫卵死亡率	
	3	矿物油	
	4	挥发酚	
每半年	1	总镉	
	2	总汞	
	3	总铅	
	4	总铬	
	5	总砷	
	6	总镍	
	7	总锌	
	8	总铜	

注：1 沼气成分分析包括甲烷、二氧化碳、硫化氢、氮等；

2 采用好氧堆肥处理方法，每月检测一次粪大肠菌群和蠕虫卵死亡率。

7.2.2 再生水出水水质化验项目及检测周期应根据再生水用途分别符合相应的现行国家标准《城市污水再生利用 城市杂用水水质》GB/T 18920、《城市污水再生利用 景观环境水水质》GB/T 18921、《城市污水再生利用 地下水回灌水质》GB/T 19772 和《城市污水再生利用 工业用水水质》GB/T 19923 的规定。

7.2.3 对城镇污水处理厂厂界废气、工作场所的有毒有害气体、噪声等项目应定期进行监测。

7.2.4 对除臭系统的氨、硫化氢、臭气及甲烷等项目的浓度应定期检测。

7.3 化 验 室

7.3.1 城镇污水处理厂日常化验检测项目的检测方法应符合国家现行标准《城镇污水处理厂污染物排放标准》GB 18918、《污水综合排放标准》GB 8978、《城市污水水质检验方法标准》CJ/T 51 和《城市污水处理厂污泥检验方法》CJ/T 221 的规定。

7.3.2 化验室应建立、健全质量管理体系、环境管理体系和职业健康安全管理体系。

7.3.3 每一个检测项目都应有完整的原始记录。当日的样品应在当日内完成检测（粪大肠菌群数和 BOD_5 除外）。对检测的原始数据和化验结果报告，应进行复审并保存。

7.3.4 化验检测的各种仪器、设备、标准药品及检测样品应按产品的特性及使用要求固定摆放整齐，并应有明显的标志。

7.3.5 化验检测所用的量具应按规定由国家法定计量部门进行校正，必须使用带“CMC”标志的计量器具。

7.3.6 化验室必须建立危险化学品、剧毒物的申购、储存、领取、使用、销毁等管理制度。

7.3.7 化验样品的水样保存、容器类别均应符合现行国家标准《水质采样 样品的保存和管理技术规定》HJ 493 的规定。

7.3.8 化验室宜配置紧急喷淋设施。

7.3.9 化验室应配备防火、防盗等安全保护设施。工作完毕后，应对仪器开关、水、电、气源等进行关闭检查。

7.3.10 易燃易爆物、强酸强碱、剧毒物及贵重器具必须由专门部门负责保管，并应建立监督机制，领用时应有严格手续。

7.3.11 化验室应设专人对检测的水样和泥样进行编号、登记和验收；化验室检测的精度范围和重现性应符合国家现行的有关标准和规定。

8 电气及自动控制

8.1 电 气

8.1.1 变、配电装置的工作电压、工作负荷和温度应控制在额定值的允许变化范围内。

8.1.2 对变、配电室内的主要电气设备应巡视检查，并应按要求做好运行日志。

8.1.3 当变、配电室设备在运行中发生跳闸时，在未查明原因之前严禁合闸。

8.1.4 电气设备的运行参数应按时记录，并记录有关的命令指示、调度安排，严禁漏记、编造和涂改。应遵守当地电力部门变电站管理制度的规定。

8.1.5 变压器及相关设备的运行条件、维护等，均应严格遵守变压器运行规程。

8.1.6 高、低压变、配电装置的清扫、检修工作必须符合现行行业标准《电业安全工作规程》DL 409 的规定。

8.1.7 当在电气设备上进行倒闸操作时，必须符合现行行业标准《电业安全工作规程》DL 409 及“倒闸操作票”制度的规定。

8.1.8 当变、配电装置在运行中发生异常情况不能排除时，应立即停止运行。

8.1.9 电容器在重新合闸前，必须使断路器断开，并将电容器放电。

8.1.10 隔离开关接触部分过热，应断开断路器、切断电源；当不允许断电时，则应降低负荷并加强监视。

8.1.11 所有的高压电气设备，应根据具体情况和要求选用含义相符的标志牌。

8.1.12 电缆接头、接线端子等直接接触腐蚀气体的部位，应做好防腐处理。

8.1.13 电器综合保护装置的保养、检修，应按规定的周期进行，并应保留检定值的记录。

8.1.14 对变电站运行数据、各种记录应进行备份，并应保留检定值的记录。

8.2 自 动 控 制

8.2.1 自控系统应设置用户使用权限。

8.2.2 当自控系统需要与外界网络相连时，应只设置一条途径与外界相连，同时应采取必要的措施保护硬件和软件，并应及时升级。

8.2.3 自控系统应采取有效措施避免病毒和非法软件的侵入。

8.2.4 布设各类测量仪表应根据工艺需求和现场实际情况确定，监测点设定的参数不得随意改动。

8.2.5 对仪表应按有关规定进行维护和校验，属国家强检范围的仪表应按周期报技术监督部门进行标定。

8.2.6 仪表维护、检修时，应先查看保护接地情况，带电部位应设明显标志，防止触电。

8.2.7 仪表的测量范围、精度、灵敏度应符合工艺要求。

8.2.8 自控系统的软件、程序应存档，并应备份运行数据。

8.2.9 中央控制系统的显示参数应与现场设备、仪表的运行状况相符，并应及时维护和校核。

8.2.10 正常情况下，PLC（可编程逻辑控制器）应长期保持带电状态，并应及时更换CPU（中央处理器）电池。

8.2.11 PLC机站、计算机房应保持适宜设备正常工作的温度和湿度。

8.2.12 对各种在线分析仪表应每月进行校准，并应确保测量准确。室外仪表箱（柜）应有防腐蚀功能，并应做好维护保持清洁。

9 生产运行记录及报表

9.1 生产运行记录

9.1.1 生产运行记录应如实反映全厂设备、设施、工艺及生产运行情况，并应包括下列内容：

1 化验结果报告和原始记录；

2 各类设备、仪器、仪表运行记录；

3 运行工艺控制参数记录；

4 生产运行计量及材料消耗记录；

5 库存材料、备品、备件等库存记录。

9.1.2 每班应有真实、准确、字迹清晰且用碳素墨水笔填写的值班记录，并应由责任人签字。

9.1.3 记录应由相关人员审核无误并签名确认后方可按月归档。

9.2 计划、统计报表和报告制度

9.2.1 城镇污水处理厂应执行计划、统计报表和报告制度。

9.2.2 计划报表应根据城镇污水处理厂正常运行的需要，全面反映进出水水量、进出水水质、污泥处理量、沼气产量、再生水利用量、能源材料消耗量、维护维修项目和资金预算等运营指标；并符合城镇污水处理管理信息报送的要求。

9.2.3 统计报表应依据生产运行及维护、维修记录，全面反映城镇污水处理厂运行情况。

9.2.4 中控室应结合生产运行过程中的进出水量和水质、用电量、污泥产量、各类材料消耗量及在线工艺运行参数等，生成报表、绘制参数曲线保留一年。

9.2.5 计划、统计报表内容应主要包括生产指标报表、运行成本报表、能源及药剂消耗报表、工艺控制报表以及运行分析等。计划、统计报表应按月、年填报。

9.2.6 报告制度应包括：生产运营计划执行情况、安全生产、设施和设备大修及更新、信息上报和财务年度预、决算等。分析报告应按月、年完成。

9.2.7 报表和报告应经审批、签字、盖章后方可报出。

9.3 维护、维修记录

9.3.1 运行管理中应建立健全电气、仪表、机械设备的台账。

9.3.2 维护、维修记录应包括下列内容：

1 电气、仪表、机械设备累计运行台时记录；

2 电气、仪表、机械设备维修及保养记录；

3 设施维护、维修记录。

9.4 交接班记录

9.4.1 交班人员应做好巡视维护、工艺及机组运行、责任区卫生及随班各种工具使用情况等记录。

9.4.2 接班人员应对交班情况做接班意见记录。

9.4.3 交、接双方必须对规定内容逐项交接，应在双方均确认无误后方可签字。

9.4.4 当遇有事故处理或正在工艺、电气、设备操作过程中，暂不进行交接班时，接班人员应协助交班人员处理后方可交接；并应由交班人员整理工作记录，接班人员确认。

9.4.5 当遇到异常情况时，应在交接班记录中详细记录。

10 应急预案

10.0.1 城镇污水处理厂应建立健全应急体系，并应制定相应的安全生产、职业卫生、环境保护、自然灾害等应急预案。

10.0.2 制定应急预案应符合下列规定：

1 应明确说明编制预案的目的、原则、编制依据和适用范围等；

2 应建立应急组织机构并明确其职责、权利和义务；

3 应根据城镇污水处理厂实际特点制定各种应急技术措施，包括：触电、中毒、防汛、关键性生产设备紧急抢修、重大水质污染、严重超负荷运行、压力容器故障、氯气泄漏、沼气泄漏、硫化氢等有毒有害气体泄漏、防火防爆、防自然灾害、防溺水、防高空坠落和化验室事故等应急措施；

4 应有应急装备物资保障、技术保障、安全防护保障和通信信息保障等。

10.0.3 城市污水处理厂的员工应定期接受应急救援方面的教育、培训、演练和考核。

10.0.4 各种应急预案应每年进行1次补充、修改和完善，并做好其档案的管理与评审工作。

10.0.5 每年应至少进行1次应急预案的演练。演练形式可以采取下列形式：

1 桌面演练；

2 功能演练；

3 全面演练。

本规范用词说明

1 为便于在执行本规程条文时区别对待，对要求严格程度不同的用词说明如下：

1）表示很严格，非这样做不可的用词：
正面词采用“必须”，反面词采用“严禁”；

2）表示严格，在正常情况下均应这样做的用词：
正面词采用“应”，反面词采用“不应”或“不得”；

3）表示允许稍有选择，在条件许可时首先应这样做的用词：
正面词采用“宜”，反面词采用“不宜”；

4）表示有选择，在一定条件下可以这样做的用词，采用“可”。

2 条文中指定应按其他有关标准、规范执行时，写法为：“应符合……的规定”或“应按……执行”。

引用标准名录

1 《工业锅炉水质》GB/T 1576

2 《污水综合排放标准》GB 8978

3 《工业企业厂界环境噪声排放标准》GB 12348

4 《水质采样 样品的保存和管理技术规定》HJ 493

5 《锅炉大气污染物排放标准》GB 13271

6 《城镇污水处理厂污染物排放标准》GB 18918

7 《城市污水再生利用 城市杂用水水质》GB/T 18920

8 《城市污水再生利用 景观环境水水质》GB/T 18921

9 《城市污水再生利用 地下水回灌水质》GB/T 19772

10 《城市污水再生利用 工业用水水质》GB/T 19923

11 《氯气安全规程》GB 11984

12 《城镇排水管道维护安全技术规程》CJJ 6

13 《城市污水水质检验方法标准》CJ/T 51

14 《城市污水处理厂管道和设备色标》CJ/T 158

15 《城市污水处理厂污泥检验方法》CJ/T 221

16 《电业安全工作规程》DL 409

中华人民共和国行业标准

城镇污水处理厂运行、维护及安全技术规程

CJJ 60—2011

条 文 说 明

修订说明

《城镇污水处理厂运行、维护及安全技术规程》CJJ 60－2011经住房和城乡建设部2011年3月15日以第957号公告批准、发布。

本规程是在《城市污水处理厂运行、维护及安全技术规程》CJJ 60－94的基础上修订而成的，上一版的主编单位是天津市纪庄子污水处理厂，参编单位是上海市城市排水管理处、建设部城市建设研究院。主要起草人是朱雁伯、吕士健、李从华、石凤林、林文波、王福南。

本次修订的主要技术内容是：

1 目前我国具有各种新工艺特点的污水处理厂越来越多，新规程需要覆盖大量的新技术和新工艺的运行管理要求，特别是要兼顾各种不同组合工艺特点的污水处理厂。因此，本次规程修订在章节设置做了较大的调整，按照污水处理厂生产流程，兼顾各环节不同工艺特点提出相应的技术要求，使规程尽量简练，同时又避免漏项，但在表述技术要求方面基本还是按照运行管理、安全操作、维护保养、技术指标的顺序做出规定。

2 对近十几年来出现的新技术、新工艺经过总结和提炼，纳入了本规程。同时修改了不相适应的内容。增加了目前普遍采用的新的污水处理工艺、新型构筑物和新设备方面的内容。

3 进一步完善了污泥处理与处置方面的内容。

4 增加了污水深度处理方面的内容。

5 增加了臭气处理方面的内容。

6 结合十几年来出现的事故教训，增加了应急预案方面的内容。

为便于广大污水处理行业的运行管理、设计、施工、科研、学校等单位有关人员在使用本规程时能正确理解和执行条文规定，《城镇污水处理厂运行、维护及安全技术规程》编制组按章、节、条顺序编制了规程的条文说明，对条文规定的目的、依据以及执行中需注意的有关事项进行了说明，还着重对强制性条文的强制理由做了解释。但是，本条文说明不具备与规程正文同等的法律效力，仅供使用者作为理解和把握规程规定的参考。

目　次

1 总 则

1.0.1 本条概括了制定本规程的宗旨和目的。

1994年颁布的《城市污水处理厂运行、维护及其安全技术规程》CJJ 60－94是我国城市污水处理行业第一次制定关于运行、维护管理和安全操作方面的技术标准，规程实施以来，各级管理部门大多采用该规程对城市污水处理厂进行监督、检查和考核。规程对全国城市污水处理厂的管理工作起到了重要作用。近年来随着我国城市建设的飞速发展，城市的规模越来越大，数量越来越多，城镇水环境问题也越来越突出，由此带动了城镇污水处理厂的建设和发展。1994年全国城镇污水处理厂100多座，城市污水处理率不到20%，截止2010年，全国城镇污水处理厂已达2600座以上，城镇污水处理率已超过70%。与此同时，污水处理技术不断发展，新型的处理工艺和工艺组合也日趋完善，并在新建和改建的城镇污水处理厂得到广泛应用，显然原规程已经不能为大多数城镇污水处理厂提供技术、管理等层面的支持。一大批采用新技术、新工艺、新设备、新材料的新建或改建的城镇污水处理厂更加急需运行维护和安全操作方面的规程，因此必须对该规程进行修订。

本规程重点突出了作为城市基础设施之一的城镇污水处理厂，应发挥的功能和作用，即净化污水、削减污染物，处理并处置污泥，使污泥减量、稳定、无害处置，实现再生水的利用，保证处理设施、设备安全、稳定、高效地运行，贯彻节约能源、保护环境的宗旨。

综上所述，本次规程的修订充分考虑了我国城镇污水处理厂的现状和发展，争取达到能指导城镇污水处理厂的各项工作，在技术管理等方面，争取达到3年～5年不落后的目标。

1.0.3 城镇污水处理厂运行维护和安全管理工作除给水排水专业外还涉及许多工种和岗位，如电气、机械、水暖、司炉、化验等，这些专业都有许多相关的国家现行标准及规定，例如：《变压器运行规程》DL/T 572、《室外排水设计规范》GB 50014、《污水综合排放标准》GB 8978、《污水排入城镇下水道水质标准》CJ 343、《排水管道维护安全技术规程》CJJ 6、《城市污水水质检验方法标准》CJ/T 51和《城市污水处理厂污泥检验方法》CJ/T 221等。

2 基 本 规 定

2.1 运 行 管 理

2.1.1 为了保证城镇污水处理厂安全、稳定、达标运行，运营管理单位必须建立一系列规章制度和操作手册，制定岗位责任制、设施巡视制度、运行调度制度、设备管理制度、交接班制度、设备操作规程、维护保养手册以及当进水水质严重超标准或连续超标准、停电造成的城镇污水处理厂停运、重要工艺设施、设备故障、长时间降雨或暴雨造成污水漫溢等事故发生时的突发事故应急预案。根据实际情况和要求，定期对规章制度和操作手册及事故应急预案进行更新。

2.1.2 要做好城镇污水处理厂运行工作，就必须建立一个精简、高效、职能分工明确的组织机构，根据部门工作内容和岗位任职要求，配备适宜的符合岗位任职标准的运行、管理和维护人员，特殊工种应根据国家相关部门要求取得资格证书后才能上岗工作。

2.1.3 为便于管理和操作，各车间或机房内应有必要的图表，如工艺流程图、管网系统图、供配电系统图等。城镇污水处理厂常见的工艺管道有供水、供电、污水、雨水、再生水、蒸汽、热水、污泥、药液、空气、沼气及通信管线等，为便于对上述工艺管道运行、维护、维修的管理，及时处理管道渗漏、破裂、堵塞等引发的故障，应加强基础管理工作，建立健全工艺管道的现状图，并随着工程的改造不断更新。

2.1.4 根据本岗位的设施、设备的运行特点、安全要求，对操作人员在全部操作过程中必须遵守的事项、程序及动作做出规定，形成安全操作规程；明确本岗位所承担的工作内容、数量、质量及完成的程序、标准和时限，规定本岗位应有的权力和应负的责任，形成岗位责任制。并将上述图表、安全操作规程、岗位责任制悬挂在机房的明显部位，便于查看和规范化管理。

2.1.5 运行管理、操作和维护人员只有掌握本厂的工艺流程和设施、设备的运行维护要求及有关技术参数，才能管理好城镇污水处理厂，保证城镇污水处理厂正常、稳定、经济运行，才能维护好设施、设备，杜绝各类事故发生，为达标运行提供保障。

2.1.6 供水、排水、供电、供热和燃气等管理部门对其相应设备、设施的运行都有行业的标准和专业的管理规定，因此在运行管理中应严格执行。

2.1.7 城镇污水处理厂宜保障工艺运行的高效和低耗，并使污水和污泥处理工艺安全运行。

2.1.8 城镇污水处理厂处理的污水量、污泥量和生产的沼气量、发电量等生产指标及供水量、油量、煤量、燃气量、药量、电量等能源指标及材料的耗用量，都应有准确的计量，作为考核城镇污水处理厂经济效益和社会效益的依据。同时，为城镇污水处理厂运行管理及成本核算奠定基础，提高城镇污水处理厂运行管理效能。

2.2 安 全 操 作

2.2.1 起重设备、锅炉、压力容器等特种设备的安装、使用、检修、检测及鉴定，必须符合《特种设备安全监察条例》（国务院令第373号）的规定。根据国家特种设备管理规定，起重设备、锅炉、压力容器等特种设备的安装、检修、检测及鉴定，应由国家质检总局认可的有资质的单位负责。使用过程必须严格执行操作规程。

2.2.2 污水处理厂的易燃易爆、有毒有害气体报警器等强检器具，应由具有相应资质的计量监督部门按照其检测周期进行校验和检定，并应遵照《中华人民共和国强制检定的工作计量器具检定管理办法》国发[1987] 31号等相关规定执行。

2.2.4 由于设备转动部位一般转速较高，操作人员不得接触转动部位，并偏离转动部件的切线方向，避免造成人身伤亡事故。

2.2.5 非本岗位操作人员对本岗位机电设备情况及运行工况可能不了解，对本岗位机电设备的操作不熟悉，因此随意启闭机电设备不仅容易损坏设备，给生产运行带来不良后果，而且有伤及人身的危险。

2.2.6 阀门的开启与关闭应有明确指示，防止误操作。

2.2.7 急停开关是设备安全防护装置，急停开关应保证瞬时动作，终止设备的一切运动。急停开关的布置应保证操作人员易于触及，不发生危险，应保证完好有效状态。

2.2.8 电动闸门的上下限位开关应灵敏可靠，使用中不出偏差。手动与电动的切换装置也应可靠。手动时，应由连锁装置开关切断电源，保证操作人员安全，每月对其进行1次全面检查。电动闸门的维修周期可按照产品使用说明书中的规定执行。

2.2.9 闸井内长期存水不利于操作，又腐蚀闸阀，所以对于闸阀漏水或地下水渗入等情况，应采取适当措施。当管道、阀门敷设安装在室外土壤冰冻深度以上时，容易受冰冻而胀裂。可采取对管道、闸阀井保温或适当提高输送介质温度等防冻措施。

2.2.10 操作人员在现场开、停设备时，应按照操作规程要求的注意事项、程序及动作进行操作。设备运转工况稳定，各种仪表指示正常后，方可离开。

2.2.12 长期停用的设备应每月至少进行一次运转，这样有利于设备内部润滑，减少磨损，防止轴变形。对于内燃机等有冷却循环系统的设备，在环境温度低于0℃时，应采取加注防冻液等防冻措施，防止冻裂设备；刮泥机等长时间停机时，池内水分蒸发，污泥浓度增高，当刮泥机启动时，静负荷过大，开机时应先点动，可降低静负荷，保护设备。

2.2.13 维修设备的过程中，应切断电源，防止触电，并悬挂维修和禁止合闸标志牌，以防止其他人员合闸误操作，造成人员伤亡事故。

2.2.15 设备需要维修时，机体温度应在降至常温后，方可维修，目的是避免由于温度过高烫伤维修人员，由于热胀冷缩原因造成设备零件变形，难于拆卸，避免损坏设备。

2.2.16 各类水池检修放空时，应采取降低地下水位等抗浮措施，以免地下水位过高造成漂池。

2.2.17 用在刮渣机、抓斗机或捯链等起重设备上的钢丝绳等部件，必须保证其强度和安全使用要求，并符合国家现行标准《起重机 钢丝绳 保养、维护、安装、检验和报废》GB/T 5972的规定；避免可能出现的如钢丝绳拉断，使刮渣机的耙子、抓砂斗或已吊起的重物落下，出现严重的后果。对起重机械的主要受力结构件、安全附件、安全保护装置、运行机构、控制系统等应进行日常维护保养，并做好记录。

2.2.18 无论是机修车间为加工或维修机器部件的装卸所设的吊车，还是像泵房等类似的机器间为吊装检修设备所设的吊车，所有的起重设备都要由该部门的专人操作和维护。重物下严禁站人，非操作人员禁止进入吊装工作区域，以防物体坠落造成人身伤亡事故。

2.2.19 设备电机的金属外壳，经接地线、接地体同大地紧密地连接起来，当发生电气故障电机外壳带电出现危险电压时，配电线路的保护接地系统，可以将故障电压限制在安全范围以内；而配电线路的保护接零系统，可以形成相对零线的单相短路，短路电流促使短路保护装置迅速动作，从而把故障设备电源断开，消除电击危险。

2.2.20 构（建）筑物护栏及扶梯应牢固可靠，为保证安全设施护栏不得低于1.2m。在处理构筑物护栏的明显部位上应悬挂警示牌，警示安全注意事项，配备安放救生圈、安全绳等救生装置，为落水人员提供救护用品，并对救生装置进行定期检查和更换。

2.2.21 操作人员工作时，应按各岗位工作性质不同，正确使用和佩戴劳动防护用品，如污泥处理系统的操作人员应佩戴防静电的工作服、绝缘鞋等，取样人员应戴塑胶手套。一般的操作人员也应穿戴工作服、胶鞋、手套等，避免直接与污水、污泥接触。

2.2.22 污泥消化处理区域及除臭区域均有潜在的有毒、有害气体泄漏的危险，因此污水处理厂将其设为防爆场所，严禁火种带入，为加强管理，防止意外事故发生，必须严格门禁制度，同时保持报警装置完好、有效，通信系统畅通。

2.2.23 污泥消化处理区，易发生可燃气体泄漏事故，为防止摩擦产生的静电火花造成爆炸，操作人员的工作服、工作鞋应是防静电的。

2.2.24 污泥消化处理区域内为防爆场所，为防止可燃气体泄漏遇明火产生爆炸，严禁明火作业。

2.2.25 条文中列举的对有危险性构筑物、设备等进行操作或维护、维修时，包括下井、进入管道、清除沉砂池、沉淀池、曝气池、消化池、泵站集水池的淤积物及检修管道、闸阀、泵、沼气柜等带有沼气的设施、设备，均应遵守现行行业标准《城镇排水管道维护安全技术规程》CJJ 6。另外，上海市排水监测站在实践中总结出一套在下井等相关作业时，需检测有毒有害气体的项目及要求的经验数据，可供参考。经验数据如表1所示。

表1　空气中的氧浓度和有毒有害气体检测项目及检测周期表

序号	检测周期	检测项目	警告性报警限	危险性报警限
1	下井等相关作业时连续测定	氧气（O_2）	≤19.5%（缺氧报警限）	≥23.5%（富氧报警限）
2		可燃气体爆炸下限（LEL）	≥10%LEL	≥20%LEL
3		一氧化碳（CO）	≥35ppm	≥200ppm
4		硫化氢（H_2S）	≥10ppm	≥20ppm
5		挥发性有机化合物（VOC）	≥50ppm	≥100ppm
6		恶臭（臭气浓度）	参见《空气质量　恶臭的测定三点比较式臭袋法》GB/T 14675	

表1中项目的确定主要依据城镇污水处理厂中一些特殊作业，该作业有可能产生对作业人员造成生理危害直至威胁作业人员的生命。为此在作业前和作业中进行连续测定。

采用连续测定主要原因是基于空气质量测定应当具有一定的连续性，这是因为有毒气体的冒逸容易受到气压、温度等变化的影响，而且其溶解释放受搅动后具有突发性。因而在下井前采用简单的一次测定并不能从根本上保障作业人员的安全，而应当在作业开始之前和作业的过程中进行连续测定。

警告性报警限的定义为超过或低于该数值可能会影响作业人员的身体健康，超过危险性报警限对作业人员健康或者设施会造成一定程度的伤害或危害，以至产生事故，应停止作业。

表1中第5项的报警限因采用电极法测得，故按惯例使用%浓度或ppm浓度表示。需要时可换算成国际单位。

表1中第1项，一般富氧情况对人体无害，但会引起其他可燃性气体的爆炸限下移，应予以控制。

2.2.26　加氯间、污泥控制室、污泥脱水机房、泵房等车间，必须做好通风，防止有毒有害气体超标，危害人身健康。

2.2.27　根据消防部门的有关规定和安全生产运行的要求，城镇污水处理厂的所有机电设备的机器间及化验室、锅炉房、库房、煤场、泥区、变配电间等地，都应配备适当的消防器材和消防设施，减少发生火灾造成的损失。

2.2.28　处理构筑物绝大多数都在室外，而且池体高，池走道和爬梯在积水、冰、雪后都较滑，行走或操作时，应注意安全。

2.2.29　雷雨天气，易发生雷击事故，造成人身伤亡，因此操作人员在室外巡视或操作时，应注意人身防雷。

2.3　维护保养

2.3.1　操作人员除了负责构筑物和车间的正常工作外，按工艺流程和各种设施、设备的管理要求，应进行巡视，如进、出水流是否通畅平稳、曝气是否均匀适度、活性污泥物理性状、二次沉淀池是否有污泥上浮或翻泥现象及各种机电设备的运转部位有无异常的噪声、温升、振动和胶轮脱胶等。在巡视中还应观察各种仪表是否工作正常、稳定，同时规范、准确地填写运行检查记录。

2.3.2　各种工艺管道在运行使用过程中，由于管道接口（接头）不严、松动、腐蚀，或受到外部的沉降、压力、机械力等的破坏，或管道中产生的水锤冲击等的破坏，造成管道渗漏、破裂；由于杂物进入管道或杂质的沉积而造成管道堵塞的故障时有发生，因此应定期对工艺管道进行检查和维护，并做好记录。

2.3.3　设施、设备操作规程是操作人员正确掌握操作技能的技术性规范。其内容是根据设施、设备的结构或机械原理的特点以及安全运行等要求，对操作人员在全部操作过程中必须遵守的事项、程序及动作等做出规定。其内容主要包括：操作前现场清理及设施、设备状态检查的要求；设施、设备运行工艺参数；操作程序要求；点检、维护、润滑等要求。操作人员认真执行设备操作规程，可保证设施、设备正常运转，减少故障，防止事故发生。设施、设备维护规定是对设施、设备日常维护保养方面的要求和规定。其主要内容包括：设备润滑要求、定时清扫的规定、设备使用过程中的各项检查要求、维护保养周期、运行中常见故障的排除方法、设备主要易损件、安全注意事项等。坚决执行设施、设备维护规定，可以延长设施、设备使用寿命，保持安全舒适的工作环境。

2.3.4　应保持设施、设备清洁，及时处理跑、冒、滴、漏、堵等问题，目的是保证设施、设备符合工艺卫生要求，减少浪费，实现清洁生产。

2.3.6　为使设备的运转部位处于良好的润滑状态，降低动力消耗，延长设备的使用寿命，操作人员应根据设备的要求及运转情况，定期检查润滑油（脂）的量和质。例如定期检查油位；定期取样观察油品的颜色、透明度、气味等外观情况；定期测定润滑油的黏度、闪点、水分、酸值（或碱值）等反映油品质量变化的理化指标，测定油中金属颗粒或元素变化，检测结果不符合要求的，应进行更换。更换出来的润滑油需根据油质情况降级使用或妥善处置。

2.3.7 构筑物、建筑物等出现渗漏、坍塌或损坏，应及时维修。各种闸阀的丝杠勚扣或闸板脱落等，应及时检修，恢复其功能。护栏、爬梯、管道、支架、盖板、灯杆、防雷设施、起吊设备、水泵、潜水泵导轨、风机等，因外部易生锈，应定期防腐和检修，以延长其使用寿命。

2.3.8 定期检查设备运转情况，掌握设备的运行状态，可以及时发现设备存在的缺陷，通过紧固各种设备连接件，定期更换易损件等预防性和周期性维护保养工作，可以减少设备突发故障。

2.3.10 电气设备和电缆在运行过程中，由于受到机械磨损、负荷冲击、电磁振动，气体腐蚀等因素影响，会发生一些零件的磨损、变形、紧固件松动、绝缘老化等变化。通过定期的检查和预防性试验，可以发现存在问题并及时修缮，避免引发设备故障和事故。

2.3.11 定期检查和清扫高低压开关柜，配电柜（箱）及电缆桥架，检查开关柜内零部件是否完好，柜内清洁，无异常声响，绝缘套管有无破损、裂纹、脏污和闪络放电的痕迹，开关接触良好，无过热现象，操作机构灵活，接线牢固，连锁装置齐全可靠。发现安全隐患，及时处理，避免引发设备故障和事故。

2.3.12 仪器仪表的检修调校应有周期、有计划，保证测量精度和灵敏度，提高仪器仪表（包括传感器）的完好率、开表率、控制率和信号连锁的投运率。运行人员应正确使用仪器仪表，保持仪器仪表的完整和清洁。

2.3.13 由于城镇污水处理厂内机电设备的类型、规格、构造不同，所以其维修的大、中、小周期、内容及技术要求也不同。维修和管理人员都应按不同要求进行维护保养。严格执行检查验收制度，将维修和验收记录存放在设备维修档案中。

2.3.14 维修方案制定的详尽、具体可操作性强可保证维修质量、缩短停修时间、降低维修费用，并可保障维修人员和设施、设备的安全。完成检修工作后，应及时组织施工、监理和管理人员进行验收，合格后交付使用。

2.3.15 应按避雷针、线及阀型或管型避雷器等装置的不同种类，分别进行检修。检查避雷针、避雷线时，应注意它们的引下线有无锈蚀，导电部分的连接处，如焊点、螺栓接头等是否牢固。经小锤轻敲检查，发现有接触不良或脱焊的接点应立即修复。阀型避雷器的瓷套应保持完整，导线和接地引下线不得有烧伤痕迹和断脱现象。水泥接合缝及涂刷的油漆应完好，10kV 避雷器上帽引线处，密封应严格，不应有进水，瓷套表面不得有严重污垢。动作记录器指数应有所改变（判断避雷器是否动作）。管型避雷器不得有裂纹、机械损伤、绝缘漆脱落等现象。注意构筑物接地、配电系统及强电设备接地、计算机自控系统接地应分开设置。总之，应认真做好避雷针的检修工作，检查防爆装置的灵敏性和可靠性，发现不符合要求的部件或装置，应进行更换和检修，保证安全使用。

2.3.16 发现设备故障、构筑物渗漏严重或污水、污泥处理效果明显异常，工作人员现场不能解决的问题，应及时向主管部门汇报，并协助相关人员分析事故原因，采取相应的措施予以解决。如设施、设备出故障，则组织相关维修人员进行维修；如上游进水水质超标，请监管部门限排；如工艺过程明显异常，可通过调整工艺参数，控制药量等方式解决。

2.4 技 术 指 标

2.4.1 城镇污水处理厂设计进水水质是依据当地污水现状规划和发展多因素，经技术分析确定的，出水指标依据受纳水体情况及国家和地方有关污染物排放标准确定的，由此决定了污水处理的工艺、方法，如城镇污水处理厂实际进水水质长时间过于超出设计指标，也就超出了该厂对污染物的处理能力，将影响污水处理运行效果，导致出水水质不达标，因此加强控制和监管污水处理厂上游点源的治理至关重要。

2.4.2 城镇污水处理厂处理水量的指标一般由主管部门根据该厂的处理能力和实际进厂的水量确定。城镇污水处理厂则应据此安排，调整厂内的维修、技改等工作，但必须保证完成年处理水量为计划指标的95%以上。

2.4.3 城镇污水处理厂所有的处理设施、设备、仪器、仪表的完好，是水量和水质达标的根本保证。在实际运行中，考虑到各种客观条件所限以及运行管理方法、安全操作的水平、维护保养等因素，规定其完好率应达 95%以上。

3 污 水 处 理

3.1 格　　栅

3.1.1 格栅开机前，应按操作规程检查是否具备开机条件、是否有大型异物卡堵在格栅中、齿耙是否与栅筛相啮合、电机及传动设备是否处于正常状态等，在影响格栅正常运行的因素全部排除后，方可开启格栅。

3.1.2 粉碎型格栅的栅网面为连续自动更新设计，为了避免频繁启闭给电机带来的危害，粉碎型格栅应24h 不间断运行。

3.1.3 应及时清除栅条（鼓、耙）、格栅出渣口及机架上悬挂的杂物，汛期及进水量增大时，应加强巡视，增加清污次数，栅条（鼓、耙）上的截留物如不及时清除将造成栅条（鼓、耙）阻塞，造成污水过栅流速太大，容易把需要截留下来的软性栅渣冲走，影响后续处理过程的运转，严重时使水位差超过允许范围，导致污水外溢和栅筛承压变形。

3.1.4 格栅清除的栅渣，应统一堆放并进行妥善处理或处置。因为格栅的截污物中，含有大量的有机污染物，不及时处理或处置会腐败产生恶臭，影响环境卫生及人身健康。

3.1.5 格栅运行期间应定时巡检，及时清理格栅上卡住、缠绕的杂物和栅前的大块硬物、漂浮物，发生齿耙倾斜或不与栅筛啮合、钢丝绳错位、滑轮脱轨、链条等传动部位出故障或电气限位开关失灵等现象，应停机进行检修，不得强行开机。

3.1.7 粉碎型格栅刀片组的磨损情况和松紧度是保证其粉碎能力和剪切能力的关键，为保证粉碎颗粒粒径的均匀，避免柔性纤维物体对设备的缠绕，保证设备的正常运转，应定期检查粉碎型格栅刀片组的磨损和松紧度，并及时调整或更换。

3.1.8 粉碎型格栅的刀片组是合金钢材质，硬度要求达到洛氏50度以上，当长期不运行时，由于污水及腐蚀性气体对刀片的腐蚀，导致刀片组锈蚀，增大开启电流，影响正常开机，因此对于长期不运行的粉碎型格栅，应吊离污水池或将池内水放空，保持清洁，做好维护。

3.1.9 检修格栅时，应切断电源，悬挂检修牌，并在有效监护下进行检修，防止误操作导致设备损坏及人身伤害；由于井下空间狭小，且污水在管网中处于厌氧状态，极易产生硫化氢、甲硫醇、甲烷气体等恶臭有毒气体，当这些气体达到一定浓度时会对人体造成伤害甚至导致人身伤亡，因此对于需要下到格栅井做检修时，要严格执行安全操作制度，事先做好通风措施并检测有毒气体浓度，操作人员应佩戴齐全防护用品，系好安全带，操作过程中要有专人监护。

3.1.11 本条根据现行国家标准《室外排水设计规范》GB 50014确定过栅流速值。

3.1.12 格栅前后的液位差过高，会造成过栅流速增加，容易把需要截流的污物冲走，影响下步工艺的运行，根据城镇污水处理厂的运行管理经验，污水通过格栅的前后水位差小于0.3m时，既不影响工艺的运行，又便于管理，所以污水通过格栅前后的液位差宜小于0.3m。同时还应该用时间控制除污机的动作，实现以水位和时间双向控制的方法，一般多以水位控制为主。此外，还可设置过扭矩保护，防止因木棒等杂物损毁栅条。

3.2 进水泵房

3.2.1 进水量是指通过进水流量计测量出的实际流量，应与进水泵的抽升量一致，即进水量与水泵开启台数相匹配。进水泵房应设有溢流措施，防止地下和半地下式泵房出现淹水现象，造成设备、人身伤害事故及影响生产，同时抽升量不宜持续大于来水量，使水泵处于低效能状态，损坏设备。水泵的开停次数不可过于频繁，否则易损坏电机、降低使用寿命。泵组内每台水泵的投运次数及时间应基本均匀，避免因某台泵长时间不投运，其吸水口对应的集水池内区域泥砂沉积，造成死角。运行人员应结合本厂泵站的具体情况，找到泵组最佳的运行调度方案。备用泵应定期切换运行。使各设备的磨损等情况均衡。

3.2.3 在岗员工或事故发现者应在第一时间报警，并向中心控制室或调度中心、安技部门和值班领导报告。由值班领导决定并组织启动应急预案。泵房的应急预案主要包括：进（出）水泵房断电、电气火灾、异常水量、电器和设备重大事故、有毒有害气体预防等应急预案。

3.2.4 建立健全巡回检查制度是非常重要的，其中：

1 注意观察各种仪表显示是否正常、稳定。注意仪表指针的变化。在运行正常的情况下，仪表指针的位置应基本上稳定在某个位置上。如仪表指针有剧烈变化和跳动，应立即查明原因。

3 填料盒正常滴水程度（干式离心泵）一般只要控制到能分滴而下，不连续成线即可，即（20～150）滴/min。滴水多少可通过松、紧填料压盖来控制。注意不能单边压紧，以防磨损轴套与压盖。

3.2.5 巡视中发现如下问题应立即停机：

1 泵轴的直度要求非常高，任何微小的弯曲都可能造成叶轮的摆动，影响正常的运行。因此，在拆修及吊运泵轴时，小心勿使其变形。泵轴弯曲超过原直径的0.05%时，应校正。泵轴和轴套间的不同心度超过0.05mm时要重换轴套。水泵轴锈蚀或磨损超过原直径的2%时，应更换新轴；轴套有规则磨损超过原直径的3%、不规则磨损超过原直径的2%时，均需换新轴。同时，检查轴和轴套的接触面有无渗水痕迹，轴套与叶轮间纸垫是否完整，不合要求应修正或更换。新轴套装紧后和泵轴的不同心度，不宜超过0.02mm。

4 轴承温升最高不超过75℃。

5 应注意电压表、电流表上读数是否超过电动机的额定值，过大或过小都应及时停车检查。

3.2.6 潜水泵在运行中，需要特别注意和检查下列问题：

1 注意观察中心控制室控制界面和报警界面上，或者在水泵控制柜中“泵综合保护器”上反应的潜水泵运行状态：

1） 油室渗漏传感器；

2） 电机腔体积液传感器；

3） 接线端子盖内漏水传感器；

4） 电机定子绕组温度传感器；

5） 泵运行电流；

6） 泵运行电压以及轴承温度等是否正常。

对出现的问题给予准确的判断、确认并及时处理；不得置之不理，严禁以任何手段屏蔽此类报警信息，继续运行潜水泵。

2 按泵手册要求定期检查和更换潜水泵油室的油料；泵已经达到设备手册规定的大修期限时或确认存在相关位置渗漏时，应移出潜水泵进行分解检查、维修。应使用专用的设备、工具和器材进行维修，严格遵守操作规程，保障人身和设备安全。进行更换机械密封操作时，严禁损伤密封件端面和轴。

3 起吊和吊放潜水泵时，严禁直接牵提、拖拽泵的电缆。应安排专人负责移出和移入电缆、妥善固定，并保障在操作过程中不对电缆造成损伤，以免造成潜水泵因电缆受损进水。

3.2.7 带有油冷却系统的螺旋离心泵，冷却油液位过低，将影响泵的冷却性能。

3.2.8 污水进入集水池后速度放慢，一些泥砂沉积下来，使有效池容减少，影响水泵的正常工作，因此集水池要根据具体情况定期清理。清理集水池时，应在严格遵守本规程第 2.2.25 条规定的同时，再按相应的流程操作，先停止进水，用泵排空池内存水，然后强制通风。在通风最不利点检测有毒气体（如 H_2S）的浓度及氧气浓度，在满足安全规定的要求后，佩戴齐全劳动防护用品，操作人员方可下池工作。操作人员下池以后，通风强度可适当减小，但不能停止通风，每个操作人员在池下工作时间不可超过标准期限。

3.2.9 在清除水泵进水口处的杂物，拆卸叶轮、管堵、闸阀时，除应严格遵守本规程第 2.2.25 条的规定外，还应严格按操作规程执行，要注意有毒气体的突然释放，防止操作人员中毒。

3.3 沉 砂 池

3.3.1 操作人员应通过调节进水渠道与沉砂池间的进水闸阀，使沉砂池配水均匀，按设计流速和停留时间运行，充分发挥沉砂池的沉砂作用。

3.3.2 操作人员应根据沉砂量的多少及变化规律，合理地安排排砂次数。排砂间隙时间过长，会堵塞砂管、砂泵，堵卡刮砂机械；排砂间隙时间太短，会使排砂量增大，含水率高。下雨时，由于上游排水系统可能有合流制系统、路面风化或者存在有明渠砂土进入等，应加大排砂次数或连续排砂。

3.3.3 曝气沉砂池的主要操作是通过调整曝气强度来调节污水在池中的水平流速和砂砾下沉的速度，使池内的旋流速度适当，当进入沉砂池的污水量增大时，应加大曝气强度，确保沉砂效果。

3.3.4 沉砂量是沉砂池的重要指标，应做好记录统计。同时，通过定期分析沉砂颗粒的粒径和有机物含量，掌握除砂效率，调整运行工况。

3.3.5 除砂泵或除砂机如较长时间不运行，池内积砂将堵塞吸砂管道，影响设备的启动和运行。运行人员应监控现场设备的油位和限位等，出现问题及时排除故障。刮砂机运行中，多人同时在桁架上，超过设备本身的承载力，将影响其正常运转，严重时将造成损坏。

3.3.6 沉砂池排出的砂粒和池上清捞的浮渣，长期堆放易腐败，产生恶臭，应及时外运处置。

3.3.7 长期运行的沉砂池，其刮板或其他部件磨损后，将降低除砂效率，导致池内存有积砂。在设备由于故障或其他原因停止排砂后，再启动时，容易出现过载现象。此外，由于长期的污水侵蚀，沉砂池池体可能出现水泥剥落等状况。因此，应定期排空沉砂池，进行人工清砂和池体检修，尽量减短清池和检修时间，及时恢复沉砂池功能。

3.3.8 由于沉砂池流速较快，污水蒸发、曝气加速污水中的硫化氢和硫醇类恶臭物质挥发到空气中，对沉砂池上电气设备腐蚀性很大，不仅影响正常使用，而且缩短了电气设备的使用寿命。

3.3.9 搅拌器的作用是加速水体回转流速并对固体颗粒清洗，叶片转速应按设计要求设定。当搅拌器发生故障时，沉砂池除砂效率下降，砂粒附着有机质较高，此时应停止向该池进水，待搅拌器修复后再恢复运行。

3.3.10 储气罐由于是压力容器，应定期检查其气密性和安全阀状况。对于采用鼓风机或压缩机供气的，应定期检查其进气滤芯，及时清理和更换。

3.3.12 表中所列参数根据《室外排水设计规范》GB 50014、《给水排水设计手册》（中国建筑工业出版社）和国内多数城镇污水处理厂多年运行经验数据确定。

3.3.13 沉砂池所沉颗粒应为较纯净的无机颗粒，特别是曝气沉砂池沉砂颗粒的有机物含量应很低。沉砂中有机物含量大于 30%时，极易腐败发臭。

3.4 初 沉 池

3.4.1 沉淀池往往建成两座或两座以上并联运行，操作人员应注意观察各池上的溢流量是否相同，如有差别，应通过调节进水渠道或配水井上各池进水闸阀的开启度，使每座沉淀池配水量均匀，负荷相等，从而提高整体的沉淀效率。

3.4.2 初沉池排泥可连续进行，也可间歇进行，但宜间歇进行，以使排放污泥的含水率小于 97%，保证较好的排泥效果。采用连续排泥方式时，排泥浓度较低，如果污泥直接进入消化池，将会浪费消化池容积及热量。采用间歇排泥方式时，应根据污泥的沉降性能、泥层厚度等确定合适的排泥频率和时间，一次排泥持续时间不能过长，否则污泥含水率过高，将增加污泥处理设施的负荷，一般夏季可适当缩短排泥间隔时间，防止时间过长污泥厌氧，造成污泥上浮。

3.4.3　如出水堰口被浮渣堵塞，应及时清除，否则会造成堰口出水不均匀，易造成短路，影响处理效果。长时间运行后，沉淀池的出水堰板可能发生倾斜，或因发生不均匀沉降，使每个堰口出水不均匀，影响沉淀效率，必须定期检查并进行必要的校正。一般通过调整堰板孔螺栓位置来校正堰板水平度，保证出水均匀。

3.4.4　浮渣是污水中较轻的漂浮物，刮至排渣斗中，如冲洗水不足，可能造成排渣斗或管道的堵塞。操作人员应及时疏通排渣管或人工清捞浮渣，避免池面漂浮大量的浮渣。集中清理出的浮渣应与栅渣、沉砂池浮渣一并处理或处置。

3.4.6　当有多人同时上到刮泥机走道时，会造成超载，使刮泥机不能正常运转。

3.4.7　斜板（管）沉淀池运行（1～2）个月后，斜板（管）上积泥太多时，会造成污泥上浮现象，可以通过降低水位使斜板（管）部分露出，然后使用高压水进行冲洗。冲洗时应控制好水压，防止损坏斜板（管），同时应避免斜板（管）在阳光直射下暴露时间过长，使材质发生变化。刮泥机电机的电刷、刮泥机行走装置、浮渣刮板、刮泥板都是易磨损件，应根据实际运行情况确定更换周期。

3.4.8　应定期对斜板（管）进行检修，防止因坍塌、折坏造成排泥不畅或发生其他故障，降低沉淀效果。

3.4.9　初沉池的配水渠道运行一段时间后，经常会出现一些积砂，减小了初沉池配水渠的过流断面，使流速增大，影响沉淀池的配水和稳流，降低沉淀效率，所以应定期清理。初沉池放空后检查的内容有：水下部件的锈蚀程度是否需要重新防腐；池底是否有积砂，池内是否有死区；刮板与池底是否密合；排泥斗及排泥管路内是否有积砂；刮板与支承轮的磨损；池壁或池底的混凝土抹面是否有脱落等，刮泥机桁架是否有变形或断裂。

3.4.10　刮泥机或池体结构需长时间检修改造时，刮泥机长时间停运，应将池内污泥放空，如果只放水不排泥，池底污泥将会板结。刮泥机再次启动时，阻力加大，严重时会损坏设备。

3.4.12　表3.4.12内参数主要根据国内多数城镇污水处理厂运行经验数据制定。

3.4.13　在进水水质正常的情况下，初沉池 BOD_5、COD_{cr}、SS 的去除率应分别大于25%、30%和40%，利于后续二级处理工艺的运行。但是当处理水质有除磷脱氮要求时，为保存碳源，可不对初沉池有机物的去除率做要求。另外，当进水浓度很低时，其去除率可能达不到上述标准，可根据实际情况确定。

3.5　初沉污泥泵房

3.5.2　初沉污泥的排放量与初沉反应池类型、进水水质等因素有关，城镇污水处理厂操作人员应根据初沉反应池的运行工况确定初沉污泥排放量及污泥泵的运行台数。

3.5.3　污泥存积，会产生有毒有害气体，所以进行泵的维修、维护时，应做好污泥井及工作间的通风换气，并按本规程第2.2.25条执行。

3.6　生物反应池

3.6.1　可通过调节进水闸阀使推流式和完全混合式生物反应池的进水量均匀、负荷相等；阶段曝气法则要求沿生物反应池长分段多点均匀进水，使微生物在食物较均匀的条件下充分发挥分解有机物的能力。

3.6.2　剩余污泥量排放是工艺控制中最重要的一项操作内容。通过排泥量的调节，可以改变活性污泥中微生物种类和增长速度，可以改变需氧量，可以改善污泥的沉淀性能。当入流水质水量及环境因素发生波动，活性污泥的工艺状态也将随之变化，因此处理效果不稳定。通过排泥量调节，可以克服以上的波动或变化，保证处理效果的稳定。

调整污泥负荷，应尽量避开（0.5～1.5）kg-BOD_5/kgMLSS·d 污泥沉淀性能差，且易产生污泥膨胀的负荷区域。

由于污泥泥龄是新增污泥在曝气池中平均停留的天数，并说明活性污泥中微生物的组成，世代时间长于污泥泥龄的微生物不能在系统中繁殖，所以污水在除磷脱氮处理时，必须考虑硝化菌在一定温度下，污泥增长率所决定的泥龄。用污泥泥龄直接控制剩余污泥排放量，从而达到较好的效果。

污泥浓度的高低在某种意义上决定着活性污泥法运行工艺的安全性。污泥浓度高，耐冲击负荷能力强，但需氧量大，另外，非常高的污泥浓度会使氧的吸收率下降，还由于回流污泥量的增高，加上水质的特性合成的污泥指数较高，容易发生污泥膨胀。因此，应依据不同工艺及生产实际运行需要，将污泥浓度控制在合理的范围内。

3.6.3　厌氧段，应尽量保持严格的厌氧状态，DO 在实际运行中应控制在0.2mg/L以下，因为聚磷菌只有在严格厌氧状态下，才进行磷的释放，如果存在DO，则聚磷菌将首先利用DO吸收磷或进行好氧代谢，这样就会大大影响其在好氧段对磷的吸收。大量实践证明，只有保证聚磷菌在厌氧段有效地释放磷，才能使之在好氧段充分地吸收磷，从而保证应有的除磷效果。放磷越多，则吸磷越多。厌氧状态下，聚磷菌每多释放1mg磷，进入好氧状态后就可多吸收（2.0～2.4）mg磷。

缺氧段，对"缺氧"的准确含义在理论界尚不统一，在实际运行管理中，当DO低于0.5mg/L时，即可理解为"缺氧"状态。在缺氧状态且存在足量的 NO_3^- 时，反硝化细菌只能利用 NO_3^- 中的化合态氧分解有机物，并将 NO_3^- 中的氮转化成 N_2，从而达到脱氮的效果。实践证明，当 DO 高于 0.5mg/L 时，脱氮效果将明显下降。

好氧段，正常情况下，生物反应池混合液 DO 不应低于 2mg/L，并且应按生物反应池出水末端来控制，以防止二沉池中活性污泥处于缺氧状态，另外，当 DO 低于 2mg/L 时，易引起丝状菌生长，活性污泥絮体变小，沉降性能差等现象。但 DO 不是越高越好，过高的 DO 本身是能源的浪费，另外也造成过度曝气微生物自身氧化（尤其是污泥负荷低时），或造成污泥絮粒因过度搅拌而打碎（尤其是污泥老化时），一般认为生物反应池混合液应控制在（2～4）mg/L。

3.6.4 在活性污泥系统中，参与活性污泥处理的微生物，在其生命活动过程中，需要不断地从其周围环境的污水中吸取其所必需的营养物质，包括：碳源、氮源、无机盐类及某些生长素等。在运行时，应使 BOD_5 ：N：P 的比值为 100：5：1。当废水中营养元素 N、P 的含量不足时，应向生物反应池中补充 N、P，以保持废水中的营养平衡。

BOD_5/COD_{cr} 值是衡量污水可生化性的指标。通常污水的 BOD_5/COD_{cr} 值小于 0.3 时，生化处理很难进行；大于 0.5 时，可生化性好。

生物脱氮工艺，由于反硝化细菌是在分解有机物的过程中进行反硝化脱氮的，所以进入缺氧段的污水中必须有充足的有机物，才能保证反硝化的顺利进行。从理论上讲，当污水的 BOD_5/TKN 大于 2.86 时，有机物即可满足需要，但由于 BOD_5 中的一些有机物并不能被反硝化细菌利用或迅速利用，而且另外一部分细菌在好氧段不进行反硝化时，也需要有机物，因此，实际运行中应控制 BOD_5/TKN 的值大于 4，最好在 5.7 以上。否则，应外加碳源，补充有机物的不足。常用的是工业用甲醇，因为甲醇是一种不含氮的有机物，正常浓度下对细菌也没有抑制作用。

生物除磷工艺，厌氧段污水中 BOD_5/TP 应大于 17，以保证聚磷菌对磷的有效释放。

3.6.5 生物反应池正常运行状态时，活性污泥成絮状结构，棕黄色，无异臭，吸附沉降性能良好，沉降时有明显的泥水分界面，镜检可见菌胶团生长好，指示生物有固着型和匍匐型纤毛虫，如钟虫、循纤虫、盖枝虫等居多，并有少量丝状菌和其他生物。测试和计算反映污泥特性的项目有污泥沉降比、混合液污泥浓度、溶解氧、好氧速率以及污泥指数等。沉降比和混合液污泥浓度可反映污泥膨胀等异常现象。氧的需要是微生物代谢的函数。溶解氧低，妨碍正常的代谢过程，过高又加速有机物的氧化而促使污泥老化，既增加运行费用，又容易造成二次沉淀池污泥发生反硝化。污泥指数则可反映活性污泥的松散程度和凝聚性能。污泥指数过高说明污泥难于沉降分离即将膨胀或已经膨胀。正常运行时，沉降比为 30%左右，污泥指数为（80～120）mL/g，操作人员可按此值掌握曝气池污泥情况。

3.6.6 春季与夏季过渡期，水温为（15～30）℃时，产生丝状菌性膨胀的微生物之一浮游球衣菌增殖最快。如此时池内溶解氧低，生物反应池内丝状菌将大量繁殖，导致污泥膨胀，所以此时期应加大曝气量，或降低进水量，以减轻负荷，或适当降低污泥浓度，使需氧量减少。

另外，夏季二次沉淀池内死角的积泥也易产生厌氧发酵，还应注意及时彻底地排泥，避免污泥上浮，随水出流，影响出水水质。

秋夏和冬季还可能产生污泥脱氮或污泥解体现象，操作人员应针对产生的原因，采取具体、有效的防治措施。

3.6.7 用活性污泥法处理污水，水温在 20℃～30℃时，最适宜微生物的生存条件，其净化效果最好，但在 35℃以上 10℃以下时，净化效果相应降低。如水温能维持 6℃～7℃时，可采取提高污泥浓度和降低污泥负荷等措施保证二级出水水质。除磷脱氮的工艺系统，可以用延长曝气时间或其他提高水温的措施来弥补水温低所造成的影响。

3.6.8 回流量及回流比的调整与控制有以下几种方法：

1 按照二沉池的泥位调节回流比，应根据具体情况选择一个合适的泥位，即选择一个合适的污泥层厚度，泥层厚度一般应控制在 0.3m～0.9m 之间，且不超过有效池深的 1/3。增大回流量，可降低泥位，减少泥层厚度，反之，可增大泥层厚度。一般情况下，调节幅度不宜过大，如调回流比，每次不超过 5%；如调回流量，每次不超过 10%。

2 按照沉降比调节回流比或回流量，回流比 R 与沉降比 SV_{30} 之间存在以下关系：$R=SV_{30}/(100-SV_{30})$，由测得的 SV_{30} 值可以计算回流比，用于指导回流比的调节。

3 按照回流污泥及混合液污泥浓度调节回流比，可用回流污泥浓度 RSS 和混合液污泥浓度 MLSS 指导回流比 R 的调节。R 与 RSS 和 MLSS 的关系如下：$R=MLSS/(RSS-MLSS)$。但该法只适用于低负荷工艺，即入流 SS 不高的情况下，否则会造成误差。

3.6.9 生物反应池在运行中，当池面出现大量白色气泡时，说明池内混合液污泥浓度太低，在培养活性污泥初期或回流污泥浓度低、回流量少时，可能出现上述情况。此时，应设法增加污泥浓度，使其达到（2000～3000）mg/L。但是，当生物反应池液面出现大量棕黄色气泡或其他颜色气泡时，可能是由于进水中含碳量太高，丝状菌大量繁殖，或进水中含有大量的表面活性剂等原因。这时应采用降低污泥浓度，减少曝气的方法，使之逐步缓解。

3.6.10 经鼓风后的压缩空气温度与外界气温温差较大时，特别是在冬季，空气管内容易产生冷凝水，使空气流动受阻，影响正常曝气。所以应经常排放冷凝水和湿气，排放完毕立即关闭闸阀，防止空气流失。

3.6.12 控制运行周期是周期循环法 SBR 工艺至关重要的因素，应均匀调节各池配水量，确保每个阶段运行周期稳定，并按照设备要求定期对滗水设备进行清洁、维护和检查，保证设备正常运行。选用虹吸式滗水器设备的，还应经常做漏气检查，确保滗水的正常。

3.6.13 曝气生物滤池在运行一段时间后，必须进行反冲洗，这是维持其处理效果的关键，需要在较短的反冲洗时间内，使滤料得到适度的清洗，恢复滤料上微生物膜的活性，并将滤料层内截留的悬浮物和老化脱落的微生物膜通过反冲洗而排出池外。反冲洗的效果对出水水质、工作周期、运行状况的影响很大。

曝气生物滤池反冲洗通过过滤时间和滤池压力等参数进行自动控制，包括快速降水、气洗、气/水反冲洗、漂洗等步骤。控制好气、水反冲洗强度至关重要，过低达不到反冲洗的目的，过高会使生物膜严重脱落，并造成滤料的破损、流失及增加不必要的反冲洗耗水量、耗电量。一般控制反冲洗时气冲强度（45～90)$m^3/m^2 \cdot h$，水冲强度（15～30)$m^3/m^2 \cdot h$。

3.6.15 橡胶材质曝气器在太阳下曝晒时间过长，会造成老化。

3.6.19 表 3.6.19 内参数参照《室外排水设计规范》GB 50014、《给水排水设计手册》（中国建筑工业出版社）和国内多数城镇污水处理厂多年的运行经验数据确定。

AB 法工艺（超高负荷活性污泥法）：A 段作为工艺的主体，可通过各种控制方式的变化，达到不同处理目的要求。A 段曝气池可根据对 BOD_5 的去除要求，按缺氧或好氧方式运行。由于 AB 法一般不设初沉池，所以污水经沉砂池后直接进入 A 段曝气池。为保证沉砂池出水中残留的泥砂和 A 段沉淀池回流过来的污泥不至于在 A 段曝气池内沉淀，因此最低曝气量的控制要求应保证污水混合均匀；B 段生化反应池可按传统活性污泥法或脱氮除磷工艺运行，当 B 段传统活性污泥法运行无脱氮除磷要求时，可以强化 A 段对有机物的去除率；当 B 段按脱氮除磷工艺运行时，A 段不宜有过高的 BOD_5 去除率，否则 B 段进水的碳氮比偏低，不能有效的脱氮。

LUCAS/UNITANK 工艺（传统活性污泥法与序批式活性污泥法的复合工艺）：汇集了 SBR 和传统活性污泥法优点，是一种更加灵活操作运行的一体化处理工艺。同时它又区别于氧化沟工艺，以恒定水位（固定堰）和功能组合交替为其主要特点。LUCAS/UNITANK 工艺是一个连续的、时间控制、恒定液位、循环运行的系统，循环运行使得生物处理和沉淀在各池中连续交替完成，进水按照自动循环运行分别向各池配水。各池可以根据需要具备进水、硝化、反硝化、沉淀和出水功能，剩余污泥从各池底部收集排出。各时段的长短可根据实际水力负荷和污染负荷调整，即通过时间控制来实现。鉴于 LUCAS/UNITANK 工艺运行的程序性太强，为便于工艺运行管理和设备管理，工艺流程图、设备操作规程及设备运转说明应张贴在相应的明显部位，设备的工作状态应有明显的标志。

MSBR 工艺（改良式序批间歇曝气活性污泥法）：一般由污泥浓缩、污泥预缺氧、厌氧、缺氧、好氧、两个 SBR 单元共七个单元构成；为更好地控制 MSBR 池出水的高程，宜在 MSBR 出水后、后续工序（如紫外消毒渠）之前增加透气井，以消除 MSBR 出水空气堰带来的气泡；MSBR 工艺配备的浮筒式搅拌器应定期调整平衡，确保其处于水平状态；空气堰水位控制电极宜用绝缘体撑开，以免出现相互短接的现象。

ICEAS 工艺（间歇式循环延时曝气活性污泥法）：各 ICEAS 池非等水位间隙运行，应注意各 ICEAS 池间隙曝气阶段风量和风压的运行情况，使之满足工艺运行的正常需要，同时保障鼓风和曝气设备的正常运行；应经常观察滗水器位置和各 ICEAS 池进气控制阀门的状态，若未按运行要求放置在正确位置时，应查明原因，及时恢复正常或采取其他相应措施。

氧化沟工艺：由于是在低负荷状态下运行，属于延时曝气，容易产生污泥膨胀，影响处理效果，所以在氧化沟体内或体外适宜设置一个选择器。选择器的类型可以为好氧选择器、缺氧选择器或者厌氧选择器。

卡鲁塞尔式氧化沟：利用了氧化沟的沟道流速，通过内回流闸板的控制，可实现硝化液的高回流比。进水和回流污泥进入厌氧段，可将回流污泥中的残留硝酸氮在厌氧和充足碳源的情况下完成反硝化，同时为聚磷菌充分释放磷创造了条件。

3.6.20 曝气生物滤池用于城市污水二级处理时，一般采用二级滤池。在滤池进水前设 2mm 超细格栅，防止滤头堵塞。滤料层填充高度为 3.0 m～4.5m，有效粒径 2.5mm～6.0mm，一级滤池滤料粒径较二级滤池大。曝气生物滤池实际运行过程中，反冲洗一般通过过滤时间按照设计的反冲洗周期进行自动控制；当水头损失超过设定值时，反冲洗将通过滤池压力进行自动控制，并优先于过滤时间进行反冲洗。一级滤池因截流的污染物质多，反冲洗周期较二级滤池短。

生物膜处理系统中，生物滤池的有机负荷从本质上反映了生物滤池的处理能力。曝气生物滤池现多用于污水深度处理（硝化、脱氮），有机物容积负荷越高，出水有机物浓度也越高。所以，为使出水符合标准，有机物负荷的提高应受到一定的限制。

表 3.6.20 中参数的确定，参照了《室外排水设

计规范》GB 50014和国内同类污水处理工艺的城镇污水处理厂多年的运行经验数据。

3.7 二沉池

3.7.1 二沉池要完成泥水分离，关键是保证较高的沉淀效率，均匀配水是其首要条件。通过调节配水井上各池进水闸阀的开启度，使并联运行的每座沉淀池配水均匀，负荷相等，并在允许的表面负荷和上升流速内运行，以得到理想的出水效果和回流污泥。

3.7.2 由于生物反应池运行需要二沉池提供一定量的、活性好的生物污泥，因此二沉池污泥如果不连续排放，不仅影响二沉池本身的处理效果，而且会影响生物反应池的运行。应定期测定二沉池的泥位，泥层厚度不宜超过有效池深的1/3。

3.7.3 出水堰应保持清洁，否则会造成堰口出水不均匀，影响处理效果。长时间运行后，沉淀池的出水堰板可能发生倾斜，使每个堰口出水不均匀，发生短流，影响沉淀效率，必须定期检查并进行必要的校正。一般通过调整堰板孔螺栓位置来校正堰板水平度，保证出水均匀。应保持堰板与池壁之间密合，不漏水。

3.7.4 运行过程中，操作人员应经常巡视刮吸泥机是否运行正常，排泥闸阀是否在合适位置，避免因故障造成污泥排放不及时，产生厌氧发酵，使大块污泥上浮，影响出水效果，也影响回流污泥质量。

3.7.5 刮吸泥机积泥槽内污物如果长时间不清除，将会增加刮吸泥机负荷，影响回流污泥的畅通。

3.7.6 二沉池放空后检查的内容有：刮吸泥机部件是否损坏或变形，混凝土抹面是否脱落，排泥管路是否通畅，水下部件的腐蚀程度，回转式刮吸泥机的中心集电装置是否密封良好，池底是否有积砂或有盲区，刮板与池底是否密合等。

3.7.7 当二沉池出水含有大量的悬浮污泥时，会造成出水水质超标，应对二沉池的停留时间、水力负荷、污泥泥质、溶解氧浓度等进行核算、分析原因，采取相应的措施防止污泥流失。

3.7.8 刮吸泥机或池体结构需长时间检修改造时，刮吸泥机长时间停运，如果只放水而不排泥，池底污泥将会板结。刮吸泥机再次启动时，阻力加大，严重时甚至会损坏设备。由于刮吸泥机机身较重，特别是大型刮吸泥机，长期停运时，胶轮易受压变形，应加支墩保护。

3.7.9 当有多人同时上到刮吸泥机走道时，会造成超载，使刮吸泥机不能正常运转。

3.7.10 表3.7.10内参数参照《给水排水设计手册》（中国建筑工业出版社）和国内多数城镇污水处理厂运行经验数据确定。

活性污泥法工艺系统中二沉池排出的剩余污泥含水率较高，应保证回流污泥浓度在99.2%～99.6%的范围内，以满足生物反应池的需要。如果回流污泥浓度太高，则说明污泥在二沉池内停留时间过长，污泥活性差，回流到生物反应池对有机物的分解能力就会降低。如果回流污泥浓度太低，在相同回流比的情况下，就会影响生物反应池中混合液浓度，导致系统中污泥负荷增加，甚至引起SVI的恶性增高，直至整个系统失去处理能力。

生物膜法工艺系统中二沉池排出的剩余污泥含水率相对较低，但也在98%左右。

3.8 回流污泥泵房

3.8.2 集泥池中的杂物不及时清除，会随回流污泥一起被提升，卡住污泥回流泵叶片，严重时会损坏设备。叶片、泵体等出现问题时，回流污泥量不足，会降低生物反应池的处理效率。

3.8.4 及时并准确地调整带有可调耐磨内衬螺旋离心泵的叶轮与其内衬的间隙，可提高螺旋离心泵的效率。

3.8.5 螺旋泵长期停用后，定期短时间开泵，可检查各部位性能是否完好，发现问题，可及时修理，使之处于完好的备用状态。另外，每月至少变换一次泵体位置，可避免由于泵体自重产生的泵轴变形。

3.9 剩余污泥泵房

3.9.1 剩余污泥的排放量与生物反应池类型、污泥泥龄、进水水质等因素有关，城镇污水处理厂操作人员应根据生物反应池的运行工况，确定剩余污泥排放量及污泥泵的运行台数。

3.10 供气系统

3.10.1 为满足生物反应池中一定量的溶解氧，可根据风机类型及性能调节风量。通过改变转速、调节进气导向叶片的旋转角度及调整出风管闸阀的开启度等方式达到目的。

3.10.2 鼓风机运行中，遇到风机过电流、低电压、工艺连锁保护掉闸或突然断电，应立即关闭进、出气闸阀。由于水（油）冷却系统突然断电，对不带辅助油泵的鼓风机应立即操作手摇泵，在惯性力作用下，为继续转动的鼓风机和电机提供润滑油，并关闭进、出气闸阀，直到风机和电机停止运转。

3.10.3 维修鼓风机电路系统时将电路接反，或检修相邻设备后忽略了连通闸门的关闭，将造成鼓风机叶轮倒转，都可能损坏设备。

3.10.4 鼓风机运行时，需要不停地吸入新鲜空气且自身工作要产生大量的热量，故鼓风机房要保证有良好的通风，使鼓风机能安全地运行，还应配置空气净化装置。

鼓风机正常运行时，为防止供风压力的异常上升，应安装排气阀、安全阀等防止超负荷装置，以避免出风管压力超过设计压力值，造成不必要的安全隐患。

长期停用的风机将进出气闸阀关闭，防止由于管道的风压造成风机在没有润滑油的状态下叶轮反向转动，损坏设备。放空水是为了减少腐蚀、防冻，延长冷却器的使用寿命。

3.10.6 鼓风机通风廊道内的负压很高，如清洁不及时或掉入物品会造成堵塞，将使进风量降低，故鼓风机通风廊道应定期巡视，使之保持清洁；由于空气中尘埃量较多，加重了空气过滤装置的负荷，如不及时清洗、更换过滤装置，将使过滤装置堵塞；油过滤装置长时间使用，杂质逐渐增多，降低过滤效果，油质不洁，降低油润滑效果，甚至使设备损坏。故空气过滤及油过滤装置应定期清洁，保持一定的洁净度。

3.10.7 由于鼓风机转子的自重较大，特别是大容量的风机，长期静止放置将造成主轴弯曲，再次投入使用后将不能正常运行，故应定期变换转子放置的角度。

3.10.9 微孔曝气装置长时间运行易造成曝气器内、外侧堵塞，内侧堵塞多因空气中尘埃和管内壁锈蚀物脱落引起，为防止发生堵塞需设置空气净化装置和选择不生锈的供气管道送风；外侧堵塞大多是由生物池内污泥、砂砾、油质、杂质、细菌等引起，停止送风会加速堵塞，堵塞程度严重时，需拆卸进行处理后再使用。可以用高压水枪对堵塞的单孔膜曝气器进行冲洗。

3.10.10 维护保养人员必须严格执行维护保养制度，根据设备使用说明书定期检查横轴表曝机油位、油质，定时、定量更换润滑油和润滑脂，做好保养记录，保养的要点有：

1 减速机首次运行500h后应更换润滑油。

2 横轴表曝机两端应定期加注耐水润滑脂，加注润滑脂时，曝气机应处于运转状态，用新油全部置换旧油。

3 定期检查减速机的润滑油油位是否正常、减速机通气帽是否畅通，油中是否有杂质、有无乳化现象，是否有适当的黏度；并定期更换润滑油，更换润滑油时，曝气机应先运转15min，待油内杂质被充分搅起后关闭横轴表曝机，更换新油。

3.10.11 横轴表曝机一般不允许长期停置，因特殊原因长期停置的横轴表曝机，必须切断电源，每周调整水平轴的静置方位并固定，防止长期垂变产生塑性变形。停用期间，减速机内部必须充满润滑油，防止锈蚀。

3.10.12 曝气机叶轮的浸没深度应符合技术规范要求，浸没深度超出允许范围时，应当及时进行调节；运行管理人员应定期检测、调整曝气叶轮的浸没深度，并根据浸没深度设定液位计参数，以防生物反应池液位超过或低于设定高度，造成曝气机超负荷运行或曝气量不足。

3.10.14 沼气鼓风机沼气管路及闸阀必须严密，不得有漏气现象，否则，不仅影响风机的正常工作，更严重的是由于沼气泄漏，可能发生中毒或爆炸危险。操作人员应经常检查、巡视，发现问题及时处理。

3.10.17 为使鼓风机保持一个稳定的运行风压，应定期对安全阀、排气阀等安全装置进行检查、维护，检查、维护时，应注意操作安全。

3.10.18 鼓风机工作时，轴转速很快，万一发生联轴器连接件的损坏，将沿着联轴器旋转的切线方向抛出，故操作人员在巡视该机器时，应与联轴器等运转部件保持安全距离。

3.10.19 通常鼓风机房内噪声很大，操作人员进入鼓风机房工作时，应佩戴好防护用具。一般鼓风机房在设计时会采用一些隔声装置，如无这些装置时，可进行隔声降噪改造，在室内墙壁装吸声材料，以使噪声不发生混响，必要时窗户可用复层玻璃。

3.11 化学除磷

3.11.1 化学除磷的基本原理是通过投加化学药剂形成不溶性的磷酸盐沉淀物，然后通过固液分离将磷从污水中除去。固液分离可单独进行，也可与初沉污泥和二沉污泥的排放相结合。按工艺流程中化学药剂的投加点不同，磷酸盐沉淀工艺可分为前置沉淀、协同沉淀和后置沉淀三种类型。前置沉淀的药剂投加点是原污水，形成的沉淀物与初沉污泥一起排除。协同沉淀的药剂投加点包括初沉出水、曝气池及二沉池前等其他位置，形成的沉淀物与剩余污泥一起排除。后置沉淀的药剂投加点是二级生物处理之后，形成的沉淀物通过另设的固液分离装置进行分离，包括澄清池或滤池等。化学药剂的投加点和投加量的选择取决于出水TP的排放要求。此外，在化学除磷工艺中，药剂的选择应综合考虑价格、碱度消耗、污泥产生量、安全性等影响。

在污水处理厂中除磷药剂常用的投加点为：初沉池、二沉池和三级处理系统，也可采用多点投加，见表2。

表2 药剂不同投加点可获得的处理效果

投加点	预计出水TP浓度	相关情况
一级处理	≥1.0	促进BOD_5和SS的去除，药剂利用率高，降低后继处理工艺的磷负荷，絮凝过程可能需要聚合物（高分子）
二级处理	≥1.0	药剂利用率较低，MLSS中惰性固体量增加，出水SS携带磷酸盐
一级和二级处理	1.0～0.5	结合了两者的优点，但费用稍有增加
三级处理	≤0.5	可满足严格的排放标准，费用明显增加

3.11.2 化学药剂的储存与使用，应符合第344号国务院令《危险化学品安全管理条例》的相关规定。可用于污水除磷的化学药剂很多，在管理和储存方面各有其特点和要求。如铝盐中的硫酸铝，在水处理中多采用米粒状的，应存放在低碳钢或混凝土制成的存储仓中。干固体硫酸铝在干燥状况下没有腐蚀性，但其粉尘对眼部和呼吸系统有轻微的刺激。液体硫酸铝腐蚀性强，在工作现场要注意手与面部的保护及地面的防滑，一旦溅到皮肤上应立即冲洗。

三氯化铁应存放在带供热设施的构筑物或储罐内，以防止结晶。三氯化铁有强腐蚀性。氯化亚铁腐蚀性略低于三氯化铁，其存放要求与三氯化铁相同。硫酸亚铁溶液为酸性，应采取与三氯化铁相同的防护方式。需注意的是，干式硫酸铁在潮湿空气中易氧化水解，并于20℃以上结块。

3.11.3 除磷药剂与污水的充分混合非常重要，它可以确保药剂的有效使用及均匀扩散。通常采用停留时间和速度梯度来衡量系统的混合和絮凝效果。

3.11.4 在生物反应池投加化学除磷药剂时，药剂会发生水解，有可能产生大量的氢离子。如果污水中存在足够的碱度，这些氢离子会被中和掉，不至于使pH下降。反之，如果污水中碱度不足，则会导致pH下降，影响水处理微生物的活性，导致处理效果下降。此时，应考虑向污水补充碱度。

3.12 消　　毒

3.12.1 本条对采用二氧化氯消毒提出需注意的事项：

盐酸是强酸，具有强腐蚀性，其使用和储存应符合《危险化学品安全管理条例》（中华人民共和国国务院令第344号）及《工作场所安全使用化学品规定》（劳动部劳部发［1996］423号）的规定。

氯酸钠与酸类作用放出二氧化氯，有极强的氧化力；与硫、磷及有机物混合或受撞击易引起燃烧和爆炸；有潮解性，在湿度很高的空气中能吸收水汽而成有毒溶液。所以应储存在阴凉、通风、干燥的库房内，注意防潮。5m为必须保持的安全距离。

氯酸钠是一种重要的无机盐，也是无机氯产品。是制造二氧化氯等的基本化工原料。氯酸钠在介稳状态呈晶体或斜方晶体，易溶于水，微溶于乙醇。在酸性溶液中有强氧化作用，300℃以上分解放出氧气。氯酸钠不稳定，与磷、硫及有机物混合受撞击时易发生燃烧和爆炸，易吸潮结块，氯酸钠粉尘能刺激皮肤、黏膜和眼睛。吸入氯酸钠粉尘，积累在体内可导致中毒。所以在搬运和生产过程中，必须轻装轻卸，防止包装及容器损坏，造成洒落。操作人员佩戴橡胶手套、眼镜等，实现安全劳动防护。

3.12.2 采用二氧化氯消毒时还应注意：

1 加药量应视出水的水质和水量及受纳水体环境要求等实际情况确定，以保证出水水质达标，在保证达到消毒效果的前提下，取最小加药量。

3.12.3 本条对采用次氯酸钠消毒提出需注意的事项，其中：

2 次氯酸钠发生器在工作过程中电极会逐步结垢，这就需要定期清洗电极。一般1个月清洗1次，最长不超过2个月，其方法是将稀盐酸通过防腐泵打入电解槽中浸泡一定时间进行溶解。

3.12.4 本条对采用液氯消毒提出需注意的事项：

1 对漏氯吸收装置，应定期检查其与漏氯检测器的有效联动，确保紧急情况下装置能够有效启动；定期手动启动装置，检查漏氯吸收装置运转情况，保证其处于正常状态，真正起到有效吸收的作用。

2 氯气属于危险化学品，为了保证加氯系统运行过程中的安全，氯库内必须配备有漏氯检测报警装置，漏氯探测探头应根据产品手册的规定合理使用，定期对探头的有效性进行检测，如探头失效应立即更换。漏氯检测报警装置通常设置两级报警，当轻微泄漏时触发漏氯低报警，启动排风装置降低环境中氯气的浓度。当严重泄漏时触发漏氯高报警，关闭排风装置，启动漏氯吸收装置将氯气中和。氯库应该配置专用扳手、活动扳手、手锤、竹签、氨水等维修、检测工具和材料，一旦氯气发生泄漏，操作人员应佩戴好防护用具，及时进入现场处理泄漏点，防止泄漏进一步扩大。防护用具应置于氯库外，便于操作人员既安全又可迅速取用的位置。

3.12.5 采用液氯消毒时还应注意：

1 加氯操作首先必须符合现行的国家标准《氯气安全规程》GB 11984的规定。各类加氯设备的操作方法虽不尽相同，但开泵前都必须例行各项检查工作，待一切正常后方可投入运行。在停止加氯时，提前关闭加氯总阀，然后断水，防止渗漏、腐蚀。污水处理采用加氯消毒是为了杀灭其中的病菌和病毒，加氯量过多，不仅浪费药量，且产生多余的有害物质；加氯量过少，达不到消毒效果，因而，应视出水的水质和水量及受纳水体环境要求确定加氯量。

2 氯泄漏检测仪应按设备使用要求定期清洁探头和检查维护，定期检测检测仪的有效性，以保证预警系统正常。定期对防毒面具进行检查和更新，对存在破损、泄漏现象，不符合要求的，应及时更换。

6 应制定“氯气泄漏紧急处理预案和程序”，以便发生意外泄漏时及时正确地处理，避免事故的扩大发展。预案和程序要突出可操作性和实效性，确保人身和财产安全。

9 氯瓶的管理应注意以下几点：

1）氯瓶应做好不同状态的标志，方便使用。

2）必须坚持轻装、轻放，严禁使用抛、滑或其他容易引起碰撞的方法装卸氯瓶，防止氯瓶阀门或其他部件损坏使氯气大量泄漏，危及人身安全；氯瓶应摆放整齐，留有通道，并做到先入库先使用。

3）当需要促进氯瓶内液氯气化时，用自来水冲氯瓶使液氯气化，不得用热水或火烘烤，否则使氯瓶内温度骤增，压力过大时气体膨胀，导致爆炸，后果严重。

4）保持瓶内的少量剩余压力，避免形成负压，使水或空气进入氯瓶，造成腐蚀。

10 表3.12.5中的参数参照《室外排水设计规范》GB 50014及城市污水再生利用的相关标准确定，如《城市污水再生利用 城市杂用水水质》GB/T 18920。

3.12.6 采用紫外线消毒时，严禁未接灯管前通电，以免损坏电控系统；通电前一定要通水并淹没所有灯管，设置低水位保护装置，盖好工程盖板，严禁带电打开。

3.12.7 本条对采用紫外线消毒提出需注意的其他事项，其中：

1 清洗时用清洗剂（40%磷酸、草酸等）喷洒在玻璃套管表面上，每天检查记录中央控制人机界面各种检测数据（包含电流、电压、灯管工作状态、紫外光强、自动清洗状态等）是否正常。

2 更换灯管等部件时，严禁改变设备灯管配置，以免影响消毒效果；起吊紫外模块时，拔卸下紫外消毒模块上的各种电器、气压或液压的接插件插头，对于各种露天的电器接插件插头，必须用其随带的保护盖板盖好，不可裸露，否则会损坏设备。

3 固定溢流堰式水位控制装置在安装好后要定期（一年左右）清除渠内淤泥。

4 拍门式水位控制装置在使用过程中要依据水量变化调节桶内水量，确保水漫过第一支灯管并控制在4cm内。

5 紫外线易损伤眼睛和皮肤，严禁用肉眼直视裸露的紫外灯光线，以防眼睛受紫外光伤害，操作维护时，必须先戴上防紫外光眼镜才能进行，同时穿戴遮盖所有皮肤的外套。

6 非授权电工不得擅自打开系统控制柜，紫外设备要求主电源AC 380V/50Hz，接地电阻小于2Ω。

7 清洗剂有腐蚀性，操作时清洗人员应戴橡胶手套和眼镜，避免药液溅到皮肤与眼睛。

8 紫外线消毒工艺1cm（污水）的透射率（T254）大于30%，应符合现行国家标准《城市给排水紫外线消毒设备》GB/T 19837的规定。水中悬浮物质含量较高，影响消毒效果。

3.12.8 臭氧属于对人体有害的气体，因此臭氧浓度探测报警装置是保证臭氧系统运行安全及操作人员人身安全的重要设备之一，应定期按设备操作手册对其灵敏度进行检测并按其使用寿命进行定期更换，以保证其有效性。通常在臭氧系统的自动控制中会设定车间环境臭氧浓度过高停机报警，即一旦发生臭氧泄漏事故时，设置在臭氧发生间内的臭氧浓度探测报警装置会将检测到的环境臭氧浓度值传送到控制系统，此值超过允许的浓度值上限时整个发生系统会自动停机，同时自动启动排风装置，直至将环境臭氧浓度值降低到允许范围内再停止排风装置，此时操作人员方可进入车间查找泄漏点，排除故障。如遇自动系统控制失灵，也应先手动启动排风装置或打开车间门窗，在确保安全的情况下再进行故障排除工作。

3.12.9 本条是当采用臭氧进行消毒时，对臭氧系统的运行管理等做出的规定，其中：

1 对臭氧系统的开停操作做出规定，臭氧系统在一般情况下可根据系统内设置的自动化控制程序进行自动开启或停止，但在自控程序不可用，需要人工开停机时，要特别注意按照系统要求的步骤和时间间隔进行操作，否则会对系统造成不必要的损害。例如：在湿度比较大的环境条件下开机时，一般要求气源系统先吹扫几分钟，待气源达到露点要求时（一般要求在−60℃以下）才能进入臭氧发生器，如不按此步骤进行则有可能对发生器造成损害，因此在进行手动开停机时，应严格按照臭氧系统自身要求的步骤进行操作。

5 本款是从节约能耗的角度出发对干燥机的运行所做出的规定。在冬季阴冷季节可适当增加再生气量，初次使用或间隔较长时间再次使用时，可先加大再生气量，待露点合格，再关闭节流阀，恢复正常再生气量。

8 至少每1个月对空压机的安全阀等进行1次手动检查，对尼龙管、皮带、油位计等每年进行1次检查，发现问题及时处理。

对于干燥机的维护保养主要是应定期检查干燥机的使用效果，不符合要求时，必须及时更换。

对预冷机的维护保养即经常清理预冷机上的灰尘、污垢。如制冷效果明显下降，检查预冷机内制冷液是否充足，如有必要，加充制冷液。

臭氧发生器的内部结构比较复杂，应严格按照系统供应商的要求对其进行维护。目前，多数品牌的臭氧发生器都为每一个放电腔体带有一根保险管，因此某一根保险管烧断后不会影响其他放电腔体的工作，运行中如发生放电管损坏，在不影响设备运行和工艺处理效果的前提下，可暂不对其进行处理，待损坏的放电管数目过多，无法满足工艺需要的臭氧产量时再进行开盖更换，这样可减少发生器罐体的开盖次数，防止污染物进入，同时也大大减少了工作量。

10 本条是依据行业标准《水处理臭氧发生器》CJ/T 322中的相关内容对臭氧发生器的运行能耗做出的规定。

4 深度处理

4.1 传统工艺

4.1.1 本条是对混凝工艺运行做出的规定。为保证后续沉淀阶段的效果，混合时间宜控制在30s以内，混合搅拌的速度梯度宜控制在（500～1000）s^{-1}，絮凝反应时间宜控制在（15～30）min左右，平均速度梯度控制在（30～60）s^{-1}，以保证反应过程的充分与完全。以上为混凝工艺运行时的推荐工艺运行参数，鉴于全国各水厂混凝工艺的多样化，各水厂也可根据自身工艺特点对以上工艺参数加以调整。另外，进水水质波动、工艺运行调整不及时等原因会造成混合反应池内积泥情况的发生，长时间积泥会产生厌氧漂浮物，既影响混凝效果又影响美观，因此本条也规定，应定期对混合反应池、配水池内的积泥进行排除。

4.1.2 本条是以普通快滤池为对象对过滤工艺运行做出的规定。从天津市纪庄子再生水厂近年的运行统计数据来看，绝大部分时间沉淀出水浊度都在2NTU以下，但在原水水质波动较大时，沉淀出水水质也很难控制在2NTU以下，因此本条规定滤前水浊度小于10NTU，这样在滤速为6m/h的情况下，滤后水浊度可以达到5NTU以下，出水水质可以得到保证。如滤前水浊度过高且无法通过混凝、沉淀等工艺段控制时，应采取降低滤速或其他措施以保证滤后水达标。

4.1.4 本条主要是强调送水泵房的运行管理应以管网调度指令为主，特别是对于城镇公共再生水厂，应成立专门的管网调度中心对各水厂的供水进行统一调度，各水厂不得擅自对送水泵进行操作。

4.2 膜处理工艺

4.2.1 本条是对粗过滤系统的管理等做出的规定，其中：

1 系统启动前，应检查粗过滤器是否处于自动状态。否则，连续微滤系统启动后，粗过滤未运行，容易造成粗滤器的淤堵。

3 当需要切换启动备用水泵时，使滤水器处于手动自清洗运行状态，以防止倒换水泵时，冲起的高深度浊水堵塞过滤柱，影响系统供水和自清洗去污能力。

4 如自清洗过程没有把过滤柱冲洗干净，两压力表的压差值无法恢复到原始状态，需加长自清洗时间或手动自清洗。

7 每6个月拆卸1次过滤柱进行清洗。虽然设备本身具备自清洗功能，但长时间使用后还需拆卸清洗，以保证过滤柱的有效使用。如有油污可用碱洗或者用洗油剂清洗；如有水垢或锈迹，可用盐酸清洗。

4.2.2 本条是对微过滤膜系统管理等做出的规定，其中：

2 应定时巡查连续微滤单元的运行是否正常平稳，如有运转明显异常的地方，应及时分析产生原因并解决。

3 应定时开启压缩空气储槽的排放点排水，是为了保证压缩空气的干燥。

4 设备需要进行化学清洗时，系统会自动给予操作员提示，由操作员手动启动清洗程序。但每天应关注连续微滤单元的过滤阻力值，及时启动化学清洗。

5 设备在除正常滤水以外的状态，如反冲洗、化学清洗、完整性测试等过程中停机，均会中断正在进行的操作，使设备处在非正常的状态下，对设备不利。

6 停机时间不得大于5d，因为离线时间过长，会导致细菌过度滋长。最好能保证48h内至少运行1h，如果需停机较长时间，微滤膜应用专用药剂浸泡保存。

7 声纳测试是用来辅助探测连续微滤单元的泄漏位置。它以电子方式侦听到气泡从损坏的模块、阀门或破损的密封处逸出的声音。因此，至少每3个月进行一次声纳测试，以判断存在问题的膜元件。

8 连续微滤单元在化学清洗暂停状态下不允许排空，否则充满单元内的药液会流失，它既会使化学清洗失效，又会造成污染和化学伤害。设备停机时，单元内部为充满水的状态，维修时将连续微滤单元的水排空，是为了避免维修时单元内水外溢造成伤害。

9 微滤膜系统运行参数的确定，依据了天津再生水厂和泰达新水源再生水厂数年来的运行经验。

4.2.3 本条是对反渗透系统运行管理等做出的规定，其中：

1 阻垢剂的有效添加是为防止膜元件表面结垢。检查添加阻垢剂的管道是否通畅，确认阻垢剂是否有效到达膜元件。进水水质如有变化，阻垢剂的添加浓度也应随之变化，定期根据进水水质校核阻垢剂的添加浓度，以确认有足够浓度的阻垢剂，防止结垢。

2 反渗透设备停机不得超过24h。否则，元件干化会酿成永久性流量损失，或因停机离线时间过长导致细菌过度滋长。因此需用膜厂商指定的专用药液浸润保存。

3 反渗透系统是在高压下运行，管道及膜压力容器如有漏水得不到及时修复，可能导致生产事故。

4 本款是对设备进行化学清洗（酸洗、碱洗）做出的规定：

1）化学清洗前，对于使用的化学物品，必须遵守安全规定。正确佩戴必需的劳动防护用品，如佩戴护眼罩等。

3）清洗后，重新安装拆修的管道，必须检查确认安装后的牢固性，否则设备启动后在较高压力下运行，会造成设备及人身事故。

4）反渗透在清洗后，设备中可能存在空气，启动前必须将系统中空气用反渗透进水罐的储水排出，否则可能导致反渗透膜的损坏。

5）保持适宜的清洗水温是保证化学清洗效果的重要条件，一般要求水温在 30℃，最高不超过 35℃，此高温临界点应视配置药剂后水中 pH 而定。不同厂商提供的膜产品对温度的要求可能略有差别，请遵循膜厂商提供的产品说明。

6）化学清洗中，pH 视清洗温度的不同略有差别，请遵循膜产品手册。超出此范围可能造成膜的损坏。

5 化学清洗前后应记录设备正常运行时的参数，以判断清洗效果，也是一种数据储备。

一般情况下，当产水量低于正常产水量 15%，产水含盐量高于正常产水含盐量 10%，压力差值高于正常值 15%时，考虑进行化学清洗。

4.2.4 本条是对化学清洗间运行管理等做出的规定，其中：

2 化学药品的储存和放置应按其特性及使用要求定位摆放整齐，并有明显标志。以免药品混淆，产生危险。

4 化学药品储罐应定期进行彻底清洗，否则产生垢体影响设备的清洗效果。

6 保证化学清洗间的通风，防止化学品的挥发气味对人的伤害以及对设备的腐蚀。

7 化学清洗配药罐内的液位最高不超过 70%、最低不低于 30%，避免液位过高化学品泡沫溢出伤害人体和腐蚀设备，液位过低药泵空运转或加热器干烧产生危险。

5 污泥处理与处置

5.1 稳定均质池

5.1.1 巡视中应注意，采用自重方式排泥时，运行管理人员应观察并控制稳定均质池液位，采用污泥泵排泥时，应受液位自动控制。

5.1.2 污泥含固率是稳定均质池重要的运行参数，是判断其是否运行正常的一个指标。适宜的污泥含固率，有利于污泥的消化和机械脱水。

5.1.3 由于污泥比较黏稠，一旦管道堵塞，疏通比较麻烦。应经常清理搅拌器钢丝绳或吊链上的缠绕物，钢丝绳或吊链被杂物缠绕会造成起吊困难并易被腐蚀，影响设备正常运行。

5.1.4 由于稳定均质池长期运行后，易造成池底污泥沉积过多，增加脱水机负荷，当发现脱水机出泥效果不佳时，或泥泵流量变化时，均质池沉泥可能是诱因，可根据情况对其进行放空、清理工作。

5.1.5 运行管理人员应定期对搅拌器等池内设备进行检修。因为搅拌器叶片上经常会缠绕杂物，影响搅拌效果，不及时清理还会使电机过载运行，发生故障，直接导致后续脱泥系统的正常运行，在检修搅拌器的同时，还应检修搅拌器的固定装置和提升装置。保障搅拌器的正常运行。

5.2 浓 缩 池

5.2.1 本条对重力浓缩池的运行管理等做出了规定，其中：

1 重力浓缩池连续运行时浓缩效果较好。

2 运行初期，当污泥量少或连续排泥不能保证出泥的含水率要求时，可以间歇运行。应该控制排泥周期和时间，停留时间较长时，污泥在池内发生厌氧反应，并会产生污泥上浮的问题。

3 因浓缩池水力停留时间较长，污泥易腐败发臭，所以浓缩池是城镇污水处理厂主要的臭味污染源。当浓缩池气体进行除臭处理时，其操作控制方法应按照设计要求进行。

4 当浓缩池沉淀污泥大量堆积或桥架上同时有多人时，易造成刮泥机的过载而损坏设备，所以刮泥机不能长时间停机或超负荷工作。

5.2.2 本条对气浮浓缩池的运行管理等做出了规定，其中：

1 气浮浓缩池及溶气水系统连续运行时，浓缩效果较好且稳定。

2 污泥处理量大于 $100m^3/h$，多采用辐流式池型；污泥处理量小于 $100m^3/h$，多采用矩形池，通常辐流式气浮池采用连续排泥，矩形池采用间歇排泥，为保证出泥含水率，避免刮泥机频繁启动过大静负荷对设备的影响，所以气浮池间歇排泥时间为（2～4）h 为好。

3 气浮浓缩通常采用加压溶气气浮，气源压力应稳定。结合《给水排水设计手册》（中国建筑工业出版社）和部分城镇污水处理厂运行经验数据，溶气水饱和罐进气压力确定为(0.3～0.5)MPa。

6 气浮浓缩池工作时，表面应有一定厚度的压实层。

8 当气浮浓缩池出现底泥沉积时，宜每 24h 排放底泥一次。

9 剩余活性污泥较轻，易于上浮，且自身具有絮凝性能，所以一般采用气浮浓缩。

10 由于长期停机，池面污泥含固率增高，气浮浓缩池刮泥机再启动时，静负荷过大，故开机时先点动，可降低静负荷，保护设备。

15 及时排放冷凝水，避免产生水阻。

5.2.3 表 5.2.3 中所列参数根据《室外排水设计规范》GB 50014、《给水排水设计手册》（中国建筑工业出版社）及国内多数城镇污水处理厂多年运行经验数据确定。

5.3 污泥厌氧消化

5.3.1 本条是对厌氧消化池的运行管理等做出的规

定，其中：

1 污泥无论采用常温、中温还是高温方式消化，都应根据污泥中有机物分解程度、污泥消化天数等分别决定投配率的大小。投配率一经确定，就应按此值向消化池投泥，并保持相对稳定。投泥的连续性和间断性及间断时间也应尽量稳定。另外，除要求进泥含水率较低以外，还希望含水率的变化幅度不大。总之，消化池的投料应定时、定量（主要是控制污泥的有机投配负荷）均匀投配，以便有机物和微生物之间的比例保持相对恒定，避免对微生物的生活环境产生突然的变化。另外，还应根据污泥有机物的分解程度及含水率的变化，定时排放消化的污泥，以维持整个消化系统的平衡。

2 新鲜污泥投放到消化池后，良好的搅拌可提供一个均匀的消化环境，使新加的污泥与池内的消化污泥充分接触，有利于加速生化反应的进程；通过搅拌，使附着在固体颗粒上的气及时脱离，防止浮渣的形成；良好的搅拌效果，能防止泥沙在池底沉积结块。此外，无论是池内加热还是池外预热，操作人员都必须随环境温度的变化及热源的温度变化，调整控制加热时间，使泥温达到设计要求。运行中控制泥温的恒定比控制泥温在最佳范围更重要，因为中温菌在30℃～35℃，高温菌在50℃～60℃的环境范围都能适应，但对温度的变化敏感性极强，适应性很差，特别是高温甲烷菌，温度增减1℃，就可能破坏整个消化过程，所以严格控制消化池泥温是运行管理中的一项重要内容。

3 正在消化的污泥与生污泥先接触，可提高传热效率，还可扩大污泥与菌种接触，因而可以进行活跃的消化。

4 单池的沼气搅拌可自成体系，使池内环境均匀、搅拌充分、完全，同时也便于操作人员灵活调整，出现故障便于分析解决。采用循环泵或螺旋桨等辅助机械设备搅拌，都可临时代替沼气搅拌。

6 污泥厌氧消化过程中，消化池是完全生化反应的封闭反应器。运行管理人员要弄清污泥消化过程是否正常，可通过定期检测产气量、pH、脂肪酸、总碱度等几项工艺运行参数并进行沼气成分的测定，判断污泥消化情况，并根据检测数据调整消化池运行工况，以提供污泥最佳消化条件。

沼气产量降低：温度或负荷的任何突然变化都可使甲烷菌受抑制，影响它的代谢作用及对有机物的降低过程，使产气量降低。

pH降低：当投配率过高，池内产生大量的挥发酸时，导致pH低于正常值，从而抑制生物消化过程，使污泥消化不完全。

挥发酸与总碱度的比值低于0.5保持在0.2左右时，说明所提供的缓冲作用足够，消化过程在稳定地进行。挥发酸与总碱度必须一起测定，而挥发酸的含量正常时，应保持在500mg/L以下。

对沼气成分进行分析：测定二氧化碳与甲烷的含量是掌握消化过程反常现象的最快方法，特别是可反映出反应器内存在有毒的或有抑制作用的物质，重金属和某些阳离子，如硫化物等。

正常运行时，消化池内产酸菌和产甲烷菌会自动保持平衡，并将消化液的pH自动维持在6.5～7.5的近中性范围内，此时碱度一般在（1000～5000）mg/L(以 $CaCO_3$ 计)，典型值在（2500～3500)mg/L。但是，由于水力超负荷、温度的波动、投入的有机物超负荷或甲烷菌中毒等，都会导致系统的pH、脂肪酸、总碱度发生变化。

对一定的处理系统而言，沼气中甲烷和二氧化碳的含量接近固定的数值。若沼气中出现二氧化碳百分含量突然增加，表明负荷有可能偏大，系统受到某种抑制。若氮气和氧气的含量同时增大，表明处理系统气密性差，或进泥充气量高。

7 对于特定的消化系统来说，其消化能力也是一定的。在实际运行中，投泥量不能超过系统的消化能力，否则消化效果将降低。但投泥量也不能太低，如果投泥量远低于系统的消化能力，虽能保证消化效果，但污泥处理量将大大降低，造成消化能力的浪费。消化池的进泥量应与排泥量相等，并在进泥之前先排泥。对于底部直接排泥的消化池，尤其应注意排泥量与进泥量的平衡。如果排泥量大于进泥量，消化池的工作液位下降，出现真空状态，严重时，空气会进到池内，产生爆炸危险。如果排泥量小于进泥量，消化池的液位上升，污泥自溢流管溢走，得不到消化处理；如果此时溢流管路被堵塞或不畅，消化池气相工作压力会升高，造成安全阀动作，使沼气逸入大气中，同样存在沼气爆炸的危险。

9 采用二级消化时，二级消化池要排放上清液。通过上清液的排放，可提高消化池排泥浓度，减少污泥脱水的加药量。不排放上清液时，消化池排泥浓度一般低于消化池进泥浓度。消化池上清液的每次排放量都应认真确定。排放量太少，起不到浓缩消化污泥的作用；排放量太大，上清液中固体物质浓度较高，回到进水的固体负荷较大。

10 消化过程中池内的设备容易结垢，特别是二级消化池上清液管结垢，导致上清液不能及时排除，使消化池的液位发生变化，影响消化池安全运行。

11 消化池内的温度、压力和液位是消化池的重点监控指标，操作人员应定期记录仪表显示数据，作为工艺运行的参考，仪表维护人员定期对上述仪表进行检查和校验，保证仪表运转正常，测量准确。

12 沼气是含湿量比较大的气体，其中往往夹杂着雾沫及泥粒。一旦在池外遇到低温，会凝结成水，占去一部分流动断面，或造成水塞，影响沼气系统的压力。

13 用有害气体测定仪定期检查、测试池体、沼气管道及闸阀处是否漏气，是安全操作中一项重要的内容。如沼气管道或闸阀等处漏气，应按照相关标准的规定及时修复，避免发生事故。

14 消化池由于进、排泥不匹配或在出现故障时，会出现消化池的液位超过正常工作液位，这时，消化池的泥有可能会进到气管中，所以，运行人员应定期监控消化池的安全溢流情况。

16 为防止超压或负压造成消化池的破坏，消化池和污泥气储柜应采取相应的措施，如设置超压或负压检测、报警与释放装置，放空、排泥和排水采用双阀等，在运行中应定期对设施的安全装置进行检查，确保完好有效。

17 热交换器检修或长期停用时，关闭通往消化池的闸阀，可防止消化池内污泥从热交换器的清扫孔倒流和沼气的泄漏，同时将换热器的循环水、污泥放空，避免冬季结冰，冻坏管道。

18 消化池运行较长时间后，应停止运行，进行全面的防腐防渗检查与处理。消化池内的腐蚀现象很严重，既有电化学腐蚀，也有生物腐蚀。电化学腐蚀主要是消化过程中产生的硫化氢在液相形成氢硫酸导致的腐蚀。此外，用于提高气密性和水密性的一些防水涂料，经一段时间后，被微生物分解掉，而失去防渗效果。消化池停运后，还应对金属部件进行防腐处理，对内壁进行防渗处理，检查池体结构等。

根据国内大型城镇污水处理厂消化池的运转经验及国外相关资料，本规程将消化池大修周期定为（3～5）年。

21 沼气中的甲烷是一种易燃易爆的气体。混合气体中甲烷含量在5%～15%（体积百分比），氧气含量在12%～20%之间时，遇明火或700℃以上热源即发生爆炸。在消化池气相及沼气柜中，随着消化污泥的培养，甲烷从无到有，中间必然要经历这一区域，此时若存在明火或700℃以上热源即发生爆炸，造成安全事故。因此，在培养消化污泥之前，应进行氮气置换。氮气置换，就是用氮气把消化池气相空间、气柜和沼气管路中的空气置换出来。根据国内大、中型污水处理厂消化池的运行实践，沼气置换后，要求系统中氧气含量小于5%，也有处理厂要求置换至2%以下。

22 消化池相关的运行参数，是参照国内多数城镇污水处理厂消化池运行情况确定的。

5.3.2 本条是对沼气脱硫装置的运行管理等做出的规定，其中：

6 干式脱硫时多采用氧化铁屑（或粉）和木屑拌合制成的脱硫剂，填充在脱硫装置内。经一段时间使用后，脱硫剂中的有效成分氧化铁减少，影响脱硫效果，此时，多进行再生。需注意的是，脱硫剂氧化反应和再生反应均为放热反应。若脱硫剂再生时，在密闭空间内，氧气的流量比较大，极易温升过快，出现脱硫塔着火。如脱硫剂再生时靠近污泥堆置区，会引燃污泥。经多次再生的脱硫剂，其脱硫效果会下降。根据国内外城镇污水处理厂的运行经验，脱硫剂的再生周期宜为5次，否则应更换新的脱硫剂。

7 在对干式脱硫塔的运行管理等的规定中：

3）干式脱硫塔投入运行前或脱硫剂再生后投入塔内时，若与脱硫塔内残存的空气混合比例达到爆炸极限，可能会导致发生爆炸，因此宜进行氮气置换。

8 在对湿式脱硫塔的运行管理等的规定中：

1）湿式脱硫主要是利用水或碱液等吸收液洗涤沼气。吸收液从塔顶向下喷淋，沼气自塔底上升，其中的硫化氢进入吸收液，导致吸收液的pH下降。因此，定期监控和测试吸收液的pH，及时补充吸收液有助于脱硫效果的增加。

9 生物脱硫是利用微生物，经硫化物氧化成硫单质，硫单质经沉淀分离从而达到去除硫的目的。在生物脱硫系统中，硫化物的化学氧化和生物氧化同时发生。系统的溶解氧、pH等影响生物的活性，进而影响脱硫效果。因此，维持一定的回流污泥量和曝气量，有助于维持足够的微生物量和其适宜的生存环境，来取得较好的脱硫效果。

10 沼气脱硫后的硫化氢含量应尽可能的低，否则沼气中的硫化氢会对设备和管道产生腐蚀，如加速沼气发动机火花塞的损坏，降低其使用年限。另外，沼气中的硫化氢随着在沼气发动机或锅炉中燃烧，将转化成二氧化硫，污染大气。综合国内外城镇污水处理厂沼气安全利用要求，本规程将沼气脱硫后硫化氢的含量定为小于0.01%。

5.3.3 沼气柜检修时，危险程度很高，当方案与措施不当时，可能导致爆炸事故。检修前应制定严格详细的维修方案，内容应包括检修的方法、步骤、安全技术要求等，并应请具有专业资质的单位按照有关标准、规范和更具体的规定进行维修。

5.3.4 本条是对沼气柜运行管理等做出的有关规定，其中：

1 沼气柜的水封必须保持足够高度，特别是夏天，由于气温高，水分蒸发快，应及时检查、补充水封内的水量。寒冷地区，气柜应使用蒸汽或热水对气柜进行加热，以防水封槽内的水结冰，影响气柜浮盖的正常升降或造成沼气的泄漏。应在入冬前，对水封加热和保温设施进行检修和保养，来满足气柜供热要求。

2 沼气的主要成分为甲烷和二氧化碳。甲烷在空气中的含量为5%～15%时，遇明火或700℃以上的热源发生爆炸。此外，沼气中还含有硫化氢等有毒气体。剩余沼气直接排放，会造成空气污染或产生爆炸，应通过设置废气燃烧器，将剩余的沼气烧掉。

3 对于低压浮动式单塔和多塔的气柜，操作人员应及时记录其压力和储气量，以防气柜的管线出现堵塞或供气不足、气柜出现负压而使结构遭到破坏。

4 由于沼气从消化池到气柜，管线较长，温降较多，凝结的水分也较多。水分与沼气中的硫化氢产生氢硫酸腐蚀管道和设备，水分凝结在检查阀、安全阀、流量计、调节器等设备的膜片和隔膜上影响其准确性，也降低沼气的热值。所以应尽快将凝结的水分排除，降低对管路的腐蚀程度。此外，冷凝水的存在也会增大管路的阻力，影响消化系统的稳定性。蒸汽管道也需及时地排放冷凝水。冷凝水的存在会影响蒸汽的流量。

5 干式沼气柜柜体应完好，无变形；外防腐涂层应无裂缝损伤，柔膜应密封良好。尤其是柔膜和沼气管相连的法兰处，应定期检查气密性。气柜顶部的配重块，严禁私自移动。

7 沼气中的硫化氢等气体溶于水，会降低水封槽内水的pH，腐蚀气柜内、外壁，降低气柜的使用年限。根据国内城镇污水处理厂的多年运行经验，将pH小于6设为气柜的换水条件。气柜换水时，由于气柜进水和出水的速度存在一定的差异，气柜可能出现负压。因此，气柜换水时，应通过调节气柜泄水阀门的开度，使气柜的进水量略大于气柜的出水量，多余的水，从气柜的溢流管排除，来保持气柜的压力平衡。

8 应注意外力对气柜浮盖的影响。风力较大时，应考虑在气柜上加设防护栏，以防气柜的导轮和导轨出现问题，气柜易出现偏斜，影响气柜的正常升降。

9 涂饰反射性色彩的涂料，有助于削弱太阳光直射使气柜内受热引起的膨胀，稳定气柜的运行。

11 气柜处于低位时，如此时排水，气柜会产生负压，严重时，气柜结构将被破坏。

12 由于气柜顶板的厚度有限，沼气腐蚀性强，运行一段时间后，气柜顶板的强度都有一定程度的下降，如在上边行走或操作，压力过大，很可能出现安全事故。

13 气柜顶部的检修孔、水槽外壁的人孔和气柜浮盖上的人孔，随意打开后，会出现沼气的大量泄漏，发生安全事故。

14 沼气柜中进入空气，会出现爆炸的危险，因此，在气柜投入运行前，应对气柜的气相空间进行氮气置换。甲烷在空气中的含量为5%～15%时，遇明火或700℃以上的热源会发生爆炸。根据国内部分城镇污水处理厂的运行经验，氮气置换后，气柜气相空间中氧气的含量应小于5%。

15 沼气柜容量大，浮盖完全升起后常常高达20m～40m，并且多建于开阔的厂界，在雷雨季节，极易出现雷击，因此，在气柜或气柜附近高点，应设置避雷器。并应由专门的检测机构进行专业评估和维护。

16 本款是根据国内城镇污水处理厂运行经验，设定的干式气柜的运行压力参数范围。

17 本款是根据国内城镇污水处理厂运行经验，设定的湿式气柜的运行压力参数范围。

5.3.5 本条是对沼气发电机运行管理等做出的规定，其中：

1 发电机运行过程中，每1h巡视、检查1次发电机的油位、水位、水温、油压、转数及负荷、油滤清器、空气滤清器、水封罐的水位、沼气压力及机器有无异常的声响等情况。当发电机运行情况不正常时，及时调整解决，不能处理的情况及时上报。

2 应定期清洗沼气、空气过滤装置或更换滤芯，防止发生阻塞，保证燃气的洁净度。

3 沼气管路密封不好，产生泄漏，会发生安全事故，同时造成发动机供气量不足，沼气管路中冷凝水过多会造成“水阻”，同样会影响供气量，造成发动机运转不正常。若冷凝水进入气缸等处，将腐蚀主机。冬季必须经常检查沼气发电机进气管路，并增加冷凝水排放次数。

8 由于发电机冷却循环水系统中的水温较高，硬度高的水容易使发电机冷却系统结垢，使热导系统热交换效率降低，受热不均，造成设备损坏，所以必须使用软化水。没有软化水设施的，也可在循环水中加阻垢剂。但对循环周期过长的水，要监视水中的硬度情况，不符合要求，需重新进行更换。

10 沼气含硫量过高影响机组寿命，同时对大气造成污染。脱硫处理是将沼气中的硫化氢去除，否则硫化氢与水汽形成的氢硫酸会对设备、管道产生腐蚀，降低机组使用寿命。另外，因为硫化氢随着沼气在发动机燃烧后转化为二氧化硫，排入大气，所以脱硫还可以降低二氧化硫对大气的污染程度。

11 每立方米沼气发电量与沼气中甲烷含量、发电机的机械效率等多种因素有关，该参数是根据国内大型城镇污水处理厂沼气发电机多年的运行参数统计结果确定的。

5.3.6 本条是对沼气锅炉运行管理等做出的规定，其中：

1 为了延长锅炉使用寿命，节约燃料，保证蒸汽品质，防止由于水垢、水渣、腐蚀而引起锅炉部件损坏或发生事故，应按《锅炉水处理监督管理规则》（质技监局锅发［1999］217号）的规定做好水质管理工作。

2 经脱硫各项指标应达到如下标准：

1）甲烷含量大于50%；

2）燃气热值波动小于5%；

3）燃气湿度小于65%。

3 运行前对锅炉检查的内容包括：

1）锅炉房内各项制度是否齐全，司炉工人、水质化验人员是否持证上岗；

2）锅炉周围的安全通道是否畅通，锅炉房内可见受压元件、管道、阀门有无变形、泄漏；

3）安全附件是否灵敏、可靠，水位表、水表柱、安全阀、压力表等与锅炉本体连接通道有无堵塞；

4）高低水位报警装置和低水位连锁保护装置动作是否灵敏、可靠；

5）超压报警和超压连锁保护装置动作是否灵敏、可靠；

6）点火程序和熄火保护装置是否灵敏、可靠；

7）锅炉附属设备运转是否正常；

8）锅炉水处理设备是否正常运转，水质化验指标是否符合标准要求。

4 沼气锅炉运行中出现下列问题之一，必须立即停炉的情况有：

1）锅炉水位低于最低水位或高于最高水位；

2）给水泵全部失效或给水系统故障，不能向锅炉进水；

3）水位表或安全阀全部失效；

4）锅炉元件损坏且危及运行人员安全；

5）当锅炉运行中发现受压元件泄漏，炉膛严重结焦、受热面金属超温又无法恢复正常以及其他重大问题时。

7 沼气燃烧器作为沼气锅炉的供热心脏部件，应保证与锅炉运行正确配合，在有供热需求时自动启动，能够自动调节负荷；在系统出现超压、超温以及燃气供气中断、鼓风机停止工作、燃烧熄火时，实现自动停止并发出相应信号或故障报警。

必须严格遵守沼气燃烧器的操作说明，严禁误操作。并熟悉与厂商的联系方式。如经常出现某一故障，则应通知厂商。如不严格遵守相关规定，可能导致设备损坏及人员伤亡等严重后果。

8 燃气的基本特性包括：沼气的热值（kWh/m^3）、成分、燃烧后烟气中二氧化碳的理论最大含量和燃气供气压力等。

9 在输气管道及连接件等处，定期用泡沫物质或相似的不含腐蚀性成分的液体涂刷。查出可疑漏气部位，进行补漏处理。

5.3.7 本条是对沼气燃烧器的运行管理等做出的规定，其中：

3 沼气燃烧器长期使用后，火焰喷嘴上会有尘土、碎屑等，影响点火。此外，沼气管线中的硫化氢等也会腐蚀管壁，堵塞管路。因此，需定期清理火焰喷嘴。清洁时要小心，不要弄碎积碳。

8 遇风、雨、雪等天气，将影响沼气燃烧器的燃烧情况，因此要特别注意不能熄火，发现火焰熄灭，可立即采取相应措施。此外，燃烧器运行期间，应注意下风向有无明火或易燃物，注意防火。

5.4 污泥浓缩脱水

5.4.1 絮凝剂的选用应根据脱水机的类型、污泥性质及经济成本等综合比较来确定。如应用带式压滤机和离心脱水机时，常选用有机高分子絮凝剂聚丙烯酰胺作絮凝剂。聚丙烯酰胺是长链的高分子化合物，利用它的高效吸附架桥作用，使污泥形成颗粒大而强度高的絮凝体，降低污泥的比阻抗，有利于污泥的自重脱水及进一步加压脱水。絮凝剂投加量的大小，应通过试验确定，因为污泥的性质不同，絮凝剂的用量存在显著的差异。一般情况污泥的颗粒越小药剂的消耗量越大。污泥中有机物与悬浮物的数量和成分也影响絮凝剂的用量。所以在脱水机运行前，应做各种投加量试验，在运行中，根据试验情况和运行实际情况调整药剂的投加量，以取得最佳的脱水效果。不同的滤布其毛细吸水值不同，合适的滤布有助于污泥脱水和滤布清洗。

5.4.2 在实际运行中，污泥的泥质和泥量会发生变化，为保证脱水效果，控制污泥含水率，应随时调整脱水机的工作状态，进行投药量、进泥量、转速差、液环层厚度和分离因数的控制。

5.4.4 开机后，根据进泥性质及运行情况及时调整投药量、压力、转速等各有关因素，以获得最佳脱水效果。

5.4.7 在机组正常运转过程中除自动清洗和人工清理脱水机滤布及机组周围的污泥外，在停止脱水后还需彻底清洗滤布，以避免污泥颗粒干燥后堵塞滤布孔眼，降低过滤效果和缩短滤布使用寿命。离心脱水机停止脱水后应立即清洗干净，避免污泥附着在转动部件上而影响其动平衡。

5.4.8 带式脱水机经数分钟的空车运转，可先将滤布浸湿，带负荷运行后，利于泥饼剥落。同时还可调整脱水机滤布张力、主机转速及各种压力、真空度等影响脱水效果的控制装置。

5.4.9 污泥及各种无机或有机化学絮凝剂均对投泥泵、投药泵及管道、溶药池、脱水设备等有腐蚀性，因而在停止使用后，必须用清水冲洗，防止残存的污泥、药液对设备及其他设施产生腐蚀。

5.4.10 污泥进行机械脱水时释放的有害气体和异味对人体、仪器、仪表和设备有不同程度的影响甚至损害，所以值班室和机器间都应保持通风良好。

5.4.11 脱水后污泥含水率可根据污泥最终处置的方法确定，但均应小于80%。

5.5 污 泥 料 仓

5.5.1 在污泥料仓储存污泥时，应尽量保持各污泥料仓存放的污泥量均匀，目的就是要保证料仓的结构载重平均，防止结构发生变化。

5.5.4 污泥在料仓内长时间储存，有可能造成沉积、干化、板结，给输送带来困难。

5.5.6 污泥料仓在正式进料之前，要空载运行，检查输送设备的旋转方向，各种阀门的开启状态，以防止误操作。

5.6 污泥干化

5.6.1 气体回路中的氧含量若在高位运行，将会使系统的安全性下降，必须保证系统的含氧量在规定的范围内运行，并保证其严密性。

5.6.2 本条是对流化床式污泥干化机运行管理等做出的规定，其中：

1 污泥泵启动运行必须在自动模式下进行。不允许采用手动模式是因为自动模式下启动污泥泵可激活系统的连锁装置，保护设备。

2 分配器置于自动模式状态下启动，可以自动调整其转速以及污泥分布的均匀性。

3 分配器的调节将影响到干化后成品污泥颗粒的大小和分配器滚轮的耐磨损程度。一般成品典型干污泥颗粒的粒径范围见表3。

表3 一般成品典型干污泥颗粒的粒径范围

污泥颗粒（mm）	所占比例（%）
>5.0	1
2.0～5.0	10～15
0.5～2.0	75～85
<0.5	5

7 污泥干化系统的运行必须在自动模式下进行，这样系统的各个连锁作用将在系统运行发生异常时得到发挥，因此保护设备。

11 给料分配器的滚轮与其下料嘴片盒的间隙调整在（1～2）mm之间。

16 控制干燥机中的气体差压不超过最低值，可通过调节流量实现。

17 安全防护工作包括：充分有效的通风、内部氧气含量要达到20%以上、安全电压照明以及专人在外监护等。

19 连续排出系统中不断产生的不凝性气体，确保系统的安全。

5.6.3 本条是对带式污泥干化机运行管理等做出的规定，其中：

2 带式干化装置布料机置于自动模式状态下启动，可以自动调整其摆动速度以及污泥分布的均匀性。

3 带式干化装置布料机的调节将影响到干化后成品污泥颗粒的大小，根据污泥性质和污水厂的格栅栅距，在装置调试启动时确定网孔板的形式和孔径，切割速度和污泥中的纤维物质含量有关，泥料成型的直径范围见表4。

表4 泥料成型的直径范围

网孔板形式和孔径	污泥颗粒直径（mm）
含固18%～25%进料长度	10～20
含固18%～25%进料直径	6～10
含固50%～90%出料长度	3～8
含固50%～90%出料直径	4～8

控制污泥干化系统生产运行温度，带式污泥干化机采用的是中低温干化工艺，设定合理的工艺温度，取得最好的干化效果，使热能的利用率最高。

污泥干化系统内置泥料在线检测系统，通过提前设置的程序达到预定干化要求，可根据处理途径的不同而变化，带式干化装置出料含固率在50%～90%的范围，填埋只需要干化到含固50%～60%，而电厂焚烧含固需要在70%以上。

6 风道系统在微负压工况下运行为好，严禁短路漏风。

5.6.4 本条是对转鼓式污泥干化机运行管理等做出的规定，其中：

1 自动操作模式是干化机正常操作程序，在任何情况下，干化机操作和处理污泥均建议采用自动操作模式。这种操作模式能确保整个系统安全和互锁，因此保护设备。

2 系统在自动模式下运行，要求不断地供应污泥，干化系统长时间负载运行效率最高。

3 系统运行中应巡检整个系统并检查设备：检查密封件是否漏气或损伤；查找系统是否漏油；检查链条、链轮和所有电机上的传动装置；检查气闸箱，确保里面的污泥松散干燥。

4 系统管路上主供水阀常开，确保干化机运行时喷雾嘴水的供应。

6 在系统设备安全关闭之前，导热油和干化机金属部件的温度均非常高，必须经过冷却。

7 当干化机需要维修或关闭相当长的时间时，应执行冷却的自动模式程序。关闭主要水阀或切断控制板电源时，应特别注意。遵守关闭燃烧器的程序，在热油燃烧器关闭后，全部设备关闭前，热油温度应降至干化机停机后的安全温度。系统关闭后，冷凝器风机应继续运行5min。

8 待机模式是保持热油温度一定，正好在标准操作温度下的一种程序模式。这意味着燃气正在燃烧，超过整夜或更长时间内待机模式运行，无效率可谈。

5.6.5 污泥干化后，含固率一般能达到50%～90%，可根据污泥最终的处置和利用途径，如卫生填埋、土地利用、焚烧、建筑材料、水泥骨料及燃料等，确定干化后污泥的含水率。

5.7 污泥焚烧

5.7.1 压力差最小指点火风量根据焚烧炉在冷态下进行流化试验的最小微流化风量。

5.7.3 因为污泥和煤是两种热值相差较大的不同燃料。一般来说焚烧炉用煤的干基热值在5000kcal/h左右，而污泥的干基热值在3000kcal/h左右，所以在运行中相互切换对于焚烧工况的影响较大，必须谨慎进行。

5.7.6 烟气的酸露点温度与焚烧后的烟气成分有关，一般排烟温度不宜低于120℃。

5.8 污泥堆肥

5.8.1 本条对污泥堆肥前混合调整段的运行管理等做出的规定，其中：

3 堆肥的添加物中不得有明显大块物体，或布头、塑料等杂物，以防造成对翻堆机卡壳或缠绕。

5.8.2 本条对堆肥发酵段的运行管理等做出的规定，其中：

3 堆体高度超过设计值，容易造成堆体大片塌落，引起翻堆机非正常倒车。

4 供气管路一旦被堵塞或被水淹没，可能会造成局部供气不畅，形成厌氧区。

5.8.4 本条是对堆肥应化验检测的项目做出的规定。

6 臭气处理

6.1 收集与输送

6.1.1 集气罩应包围或靠近污染源，使污染源的扩散限制在最小的范围内，通过抽、吸来进行气体的收集。一般只在围挡的罩壁留有观察窗或不经常开的操作检修门。若集气罩密闭状况差，会影响臭气的收集，进而影响除臭效果。

6.1.2 由于曝气沉砂池、浓缩池等构筑物上多有移动式桥车，与之相连的集气罩多采用滑环等进行相对移动。滑环磨损后，直接影响集气罩的结构。

6.1.3 臭气中硫化氢含量高，极易腐蚀集气罩骨架上的钢丝，导致骨架出现松动、腐蚀、甚至折断的现象，影响运行的安全。雨、雪、风等异常天气，都应该加强巡视，以防遮盖物出现撕扯、塌陷、结冰状况。

6.1.4 集气罩内臭气浓度较高，其中的硫化氢、氨气等有毒气体对人体危害较大，操作人员在无任何安全防护的情况下，进入集气罩集气区域后，会出现中毒等安全事故。

6.1.5 管路的压降，直接反映管路的阻力损失情况。管路压降大，表明管道存在堵塞，不利于气体的收集。

6.1.7 寒冷的冬季，由于集气罩内、外温差大，集气罩与轨道之间的水汽凝结量增加，极易结冰，影响集气罩的运行。积雪也会影响集气罩的运行平稳，不及时清除，也会将轨道冻住。

6.1.8 集气罩内臭气浓度较高，打开观察孔时，操作人员站在下风向，易中毒。

6.1.9 臭气中硫化氢、氨气、一氧化碳气体含量高，这些腐蚀性气体的存在，腐蚀管壁，易出现漏点，影响除臭效果。

6.2 除臭

6.2.1 本条是对采用化学除臭的运行管理等做出的规定，其中：

2 化学系统在运行过程中，其循环水的pH和循环水量的稳定性对系统的处理效率影响较大。同时，还应对臭气的浓度、流量和系统压力进行监测，来掌握系统是否正常运行；根据不同的处理效率要求不同的pH。

3 系统会根据循环水的pH等在一定范围内自动调节加药量，但当系统负荷发生突然变化时，需要操作人员根据系统用药量调节加药泵的冲程长度以调节加药泵的流量，满足系统要求。

4 化学洗涤系统会因为填料生长细菌和结垢引起洗涤器压损增大，造成风机负载升高和效率下降，影响系统正常运行。操作人员应根据这些现象，及时对填料进行清洗，根据不同的污染情况可采取不同的清洗方法。针对生长细菌可以投加次氯酸钠（NaClO）溶液杀菌，对结垢可用酸性溶液清洗。

5 化学洗涤器、除雾器等长时间使用后，容易产生结垢和菌类阻塞，导致循环水量不足，影响系统处理效率，故应定期清洗。

6 循环水和药剂结冻会造成设备损坏。有些化学药剂在烈日下曝晒时易分解，并可能产生有毒有害气体，故室外安装设备应考虑防冻、防晒措施。

7 pH、ORP探头必须定期清洗和标定，长期不用时，应按要求将其用特定的溶液浸泡。

10 化学药品的使用及储藏应符合国务院令第344号《危险化学品安全管理条例》的规定。

11 化学药品和处理的有毒有害气体都会对人体造成极大的伤害，故设备检修时必须停机并对设备通风，以排除残留的污染气体。

6.2.2 本条是对采用生物除臭的运行管理等做出的规定，其中：

1 在生物除臭系统中，净化恶臭污染物的过程全部或部分是由附着、生长在载体表面的微生物来完成的，而这些微生物又都生活在各自特定的环境中，因而与环境条件关系极为密切。在各种环境条件中，温度、湿度、压力、pH等对微生物影响较大。此外，在臭气处理中，气体中的污染物以有机气体为主时，微生物的食物与能量的主要来源就是存在于废气中的有机物成分，因而这些营养物质的来源量，即气体的处理量及其中的有机物含量就是影响除臭处理工艺运行效率的重要因素。

3 滤床的水分过多，填料空隙会滞留过多的水分，使填料的透气性变差，运行阻力增加。此外，在生物滴滤池中，过多的水分还会使空气中的氧气的穿透力下降，影响填料层中微生物的新陈代谢，发生厌氧反应，产生恶臭。当水分过少时，填料层中缺乏微生物生长代谢所必需的水分，微生物的液体环境受到影响，严重时会导致填料干裂。

6 填料在使用过程中不断被压实，孔隙度降低，气体通过填料的阻力不断增大，压降和能耗也随之加大。填料出现粉化、板结等，都将影响除臭效果。

6.2.3 本条是对选择离子除臭的运行管理等做出的规定，其中：

1 离子除臭系统是通过离子发生器产生大量具有高活性的正、负氧离子群，强氧化性自由基等通过与污染气体的混合或扩散到含有污染气体的空间，而达到除臭和净化空气的处理技术。离子发生器可以随时启动，所以离子除臭系统可以间歇运行。在污染源为间歇型时，为了减少运行费用可间歇运行离子除臭设备，但为了保证处理效果，离子除臭系统必须比产生臭气的设备提前启动，停止运行也必须在产生臭气的设备停运后方可停止。

2 离子发生器对进入气体有清洁要求，进入离子发生器的空气应该先经过过滤器净化，这样才有利于设备的长期使用，延长设备寿命。

6.2.4 在采用活性炭作为吸附剂的臭气处理工艺中，活性炭一般放置于一个或多个吸附器中。多个吸附器可采用串联或并联的工艺。再生过程中，还包括脱附、干燥、冷却等流程。所以，在活性炭更换时，应关闭活性炭吸附器前后的电动和手动阀门，对于电动阀门要关闭，并断电，以防由于误操作将管路阀门打开；对于手动阀门，关闭的同时，要悬挂“检修”标牌，表明特定的吸附器正在检修。

除臭工艺中，污染物浓度比较高，在吸附器的管路、闸阀处，臭气大量聚集，在进行检修、进行卸压或卸料时，容器内的臭气短时间内释放，可通过呼吸道进入人体，使人瞬间中毒、死亡。在现行国家标准《化学品分类和危险性公示　通则》GB 13690 中已将CO、CH_4、H_2S 均纳入危险化学品。

从危险化学品对人体的侵入途径进行防护，操作人员应防止其由呼吸道、皮肤、消化道等进入人体。一般，在污水处理厂臭气主要是通过呼吸道进入人体，所以，操作人员进行吸附器检修和更换活性炭时，应佩戴呼吸道防毒劳动防护用具。

6.2.5 本条是对选择活性炭吸附除臭的运行管理等做出的一般规定，其中：

1 活性炭仓出现粉化堆积时，炭粒中的毛细孔被堵塞，影响臭气的吸附。所以必须及时更换。

6.2.6 本条是对采用植物除臭的运行管理等做出的规定，其中：

1 天然植物液原液的存放应避免阳光直射，在实际应用中应稀释，稀释后的植物液应尽快使用，以防变质，影响使用效果。

5 实际使用中，喷淋管路中的灰尘会堵塞喷头；长期停用后管路残留的植物液会堵塞喷头；气体环境中的硫化氢等会腐蚀设备和管线。因此，为保证良好的除臭效果，应定期检查管路和设备的密闭性和清洁性。

6 保持植物液储存罐内清洁，可以防止结垢或堵塞。

7 化验检测

7.1 取　样

7.1.1 城镇污水处理厂内的污水及污泥处理的上清液等一般都接入进水前池，所以可能干扰或影响监测上游排放污水的进厂水质，取进水水样时，应在其排放口前边取样，或者取两个不同的水样做对比，一个水样包括所有污水，代表处理厂的总负荷，另一个水样不包括本厂污水，代表上游来水负荷。

进入城镇污水处理厂的污水、处理过程各阶段的污水和产生的污泥及处理后的污水、污泥、沼气都应取样分析、检测，其取样方法、要求和安全规定等均应遵守现行国家标准《水质　采样方案设计技术规定》HJ 495。

1 进水取样地点一般选在总进水口（粗格栅前）是基于获得进水的原始水样，而选在水下 1m 是基于样品垂直分布的代表性，尤其是避免了油类项目等易利用现有工艺（例如气浮技术等）去除物质的采集不合理性而影响整体水质的代表性。此外，采集深度定于浅表层也是便于样品采集一种考虑。

2 总出水口出水水样（消毒后排放口）选在水下 1m 处或排放管道中心处是因为液体在管中的流速最大，足够保证液体呈湍流的特征，使采集的水样更具代表性。

3 工艺中间控制点：主要指为保证城镇污水处理厂的正常运转而必须获得的一些工艺参数而进行的采样。采样地点一般可包括：沉砂池、初沉池、生物反应池、二沉池、污泥回流池、消毒池等。由于污水处理工艺各异，各厂可以根据本厂的工艺控制要求设定取样点。

由于城镇污水处理厂的污泥消化、脱水处理、填埋、焚烧以及农用处置等工艺选择不同，各厂可以根据本厂的工艺控制要求设定取样点。

7.1.2 采样频率：主要是依据国家标准《城镇污水处理厂污染物排放标准》GB 18918－2002 中 4.1.4.2 的规定，进、出水取样频率为至少每 2h 取 1 次，取 24h 混合水样，以日均值计。其采样的方式根据国家标准《水质　采样方案设计技术规定》HJ 495 采用等比例混合的方式。

7.2 化验项目及检测周期

7.2.1 城镇污水处理厂日常化验检测项目及周期的确定主要根据两个原则，既应符合现行国家标准和行业标准，也应满足工艺运行管理的要求。

表 7.2.1-1 污水分析化验项目及检测周期是根据现行国家标准《城镇污水处理厂污染物排放标准》GB 18918 中规定的基本控制项目和工艺需要而设定。表 7.2.1-2 污泥分析化验项目及检测周期主要是根据现行国家标准《城镇污水处理厂污染物排放标准》GB 18918 中部分一类或者选择项目中有毒有害污染物和国家现行行业标准《城镇污水处理厂污泥泥质》CJ 247 以及我国城镇污水处理厂的生产实践而规定。

7.2.2 根据再生水回供方向和用途，确定水质化验项目及检测周期，分别符合相应的现行国家标准，包括《城市污水再生利用 城市杂用水水质》GB/T 18920、《城市污水再生利用　景观环境水水质》GB/T 18921、《城市污水再生利用　地下水回灌水质》GB/T 19772 和《城市污水再生利用　工业用水水质》GB/T 19923 等。同时需要达到水质要求的，应在满足不同标准项目的前提下，其水质指标应选择高标准。

7.2.3 城镇污水处理厂的厂界废气、作业场所的有毒有害气体和噪声直接影响污水处理厂作业人员的身体健康和生命安全，定期对其进行监测是保证安全、清洁生产的重要措施。应根据现行国家标准《城镇污水处理厂污染物排放标准》GB 18918 关于厂界（防护带边缘）废气排放最高允许浓度监测项目及监测周期及各城镇污水处理厂实际状况确定监测频率和周期。

7.3 化　验　室

7.3.1 城镇污水处理厂化验室化验检测项目及检测方法应遵守国家及行业的现行标准如下：

1 国家标准主要指《城镇污水处理厂污染物排放标准》GB 18918 和《污水综合排放标准》GB 8978 中规定的检测项目、方法和标准。

2 行业标准主要指《城市污水水质检验方法标准》CJ/T 51 和《城市污水处理厂污泥检验方法》CJ/T 221 等。

7.3.2 化验室应建立、健全质量管理体系、环境管理体系和职业健康安全管理体系。其内容包括：

1 人员：现行在编人员要经过培训并通过考核；管理人员要具有实验室管理的相应资质和经验；有相应人员的技术和培训管理档案。

2 设备：实验室具备所检测各项项目而配备的各类仪器设备，并经过校核或者检定。实验室有相应管理程序或者制度。

3 设施和环境：化验室具备满足检测项目所必需的设施和环境条件。设施和环境条件对检测结果质量有影响时，实验室应监测、控制和记录环境条件。化验室应建立并保持安全作业管理程序，确保化学危险品、毒品、有害生物、水、气、火、电等危及安全的因素得以有效地控制，并有相应的应急处理措施。区域间的工作相互之间有不利影响时，应采取有效的隔离措施。

7.3.3 本条是对原始记录的要求：

1 化验室应具有适合自身具体情况并符合现行质量体系的记录制度。化验室质量记录的编制、填写、更改、识别、收集、索引、存档、维护和清理应按照程序规范进行。所有工作应当予以记录。

2 对电子储存的记录也应采取有效措施，避免原始信息或数据的丢失或改动。所有质量记录和原始记录、计算和导出数据、记录均应归档并按适当的期限保存。每次检测的记录应包含足够的信息以保证其能够再现。

7.3.4 本条对标志的具体要求为：

1 对于设备应具备状态标志。

2 样品也应具有状态标志，在检样品应有标志包括样品编号、采样日期、样品名称、采样地点等。书写格式应规范。

3 药品和试剂的存放应整洁、合理，标签内容和书写格式符合国家有关规定，标签不得污损。

7.3.5 本条是对化验监测所用的量具做出的规定，其中：

1 "化验监测所用的量具应按规定由国家法定计量部门进行校正"指化验室所使用对检测结果有影响的仪器设备和容量器具必须经过国家法定计量部门进行检定或者校准，只有合格的或者在准用范围内的仪器设备和容量器具才可以使用。

2 必须使用带"CMC"（中国制造计量器具许可证）标志的计量器具，指化验室所使用对检测结果有影响的仪器设备和容量器具应具有"CMC"标志。进口设备应具有制造商所在国家法定计量器具的标志。

7.3.6 本条是对化验室危险化学品、剧毒品管理制度的解释：

1 化验室应当有危险化学品申购、储存、领取、使用、销毁等管理制度。

2 管理制度应当涵盖申购、储存、领取、使用、销毁的全过程。

3　管理制度还应当包括相关事故的应急预案。

4　管理制度中至少要遵守“五双”制度，即：双人申购、双人储存、双人领取、双人使用、双人销毁。

7.3.8　当人身受到腐蚀性化学药剂伤害时，启用应急喷淋，可减轻或避免操作人员受到更大的化学伤害，为送伤者到医院治疗争取宝贵时间。

7.3.9　本条是对化验室建立防火、防盗等安全措施的要求：

1　化验室内应配置与化验内容相对应的灭火器材，灭火器材必须在有效期内。化验室门窗具有防盗措施，并有显著标志。

2　化验室设专职或兼职的监督人员，对工作完毕后的仪器开关、水、电、气源等进行专项检查，并作记录。

7.3.10　本条是对易燃易爆物、强酸强碱、剧毒物及贵重器具的保管、领用手续做出的规定。

易燃易爆物包括易燃液体、燃烧爆炸性固体及可燃性气体等，在使用和保存时都需注意控制其起火的两个条件，即氧的供给和燃烧的起始温度，将其存放在阴凉通风处，要同其他可燃物和易发生火花的药品等隔离放置。剧毒物应保存于密闭的容器内，并标记“剧毒”字样，将其锁在柜中。每次应按需用量领取，并严格履行审批手续。对于贵重器皿，如“白金锅”等，不仅要专人保管，而且还应有（2～3）人分锁保管。对精密仪器和贵重器皿还应分别登记造册，建卡立档。

8　电气及自动控制

8.1　电　　气

8.1.1　运行电压超过额定值的允许变化范围，不仅会降低电气设备的使用寿命，而且还可能烧毁电气设备。电气设备低电压运行，会使线路与变压器等输送能力降低，电气设备不能充分利用。变配电装置的工作负荷应尽量调整在额定范围内，以提高负荷率，达到经济合理地用电。变配电装置的控制温度是决定设备绝缘材料使用寿命的主要因素。变配电装置的使用寿命又是由绝缘材料的老化程度决定的。控制温度升高，绝缘材料寿命降低，所以，操作人员应尽量保持变配电装置的工作电压、负荷、控制温度在额定值或规定的范围内运行。

8.1.2　操作人员应对有人值班或无人值班的变配电室主要电气设备的运行状况进行按时巡查，发现问题及时采取措施，记录当班时间内设备的运行状态，包括设备操作、设备异常及故障情况等。如电气设备发生故障，又恢复送电后，对事故范围内的设备应进行特殊巡视，重点检查继电保护装置的动作情况，并做好记录。还应检查导线有无烧伤、断股，瓷绝缘有无烧伤、闪络及碎裂等。巡视过程中还应遵守有关的安全规定。

8.1.3　变压器、电容器或电力电缆的断路器跳（掉）闸后，应由电气维修人员对发生故障的电气设备的操作机构、继电保护、二次回路及直流电流、电容器开关、电流互感器、电力电缆等进行细致的检查，查明原因后，设法排除，尽快地恢复断路器运行。未查出原因，不得强行试送，杜绝因设备故障没得到及时维修，送电后导致毁坏设备的情况发生。

8.1.4　根据电气设备运行记录中的负荷记录资料，可了解设备的利用率，指导设备的负荷调整幅度并决定变电器的运行方式，以提高设备负荷和设备利用率，达到经济运行的目的。另外，根据运行记录资料可确定电气设备的检修内容和周期，适时安排检修试验工作，同时根据有功、无功功率的比例情况，决定补偿设备的容量和确定补偿部位等。严禁编造、涂改运行数据，当出现问题时，利于分析和查找原因。

8.1.7　倒闸操作是变配电室操作人员的主要工作内容之一。在遵守操作票以及有关安全规程的同时，还应注意按程序操作，如首先对“分”、“合”位置进行检查。送电时先合隔离开关，后合断路器；停电时，断开顺序与此相反。变压器送电时，先合电源侧，后合负荷侧，停电时，与此相反。

8.2　自 动 控 制

8.2.1　上位机应设多层次权限管理，最高层管理员宜定期对权限密码进行更换，并做好记录。

8.2.2　因需要与公网连接的系统宜采用防火墙、安全虚拟专用网、入侵检测系统等进行防护。

8.2.10　为防止PLC程序丢失，应保持带电状态，经常检查电池状况并及时更换。

8.2.11　为保证PLC、计算机工作稳定，机房应保持适宜的温度和湿度，控制在以下范围为宜，温度：(23±2)℃（夏季）、(20±2)℃（冬季），湿度：(55±10)％。

8.2.12　在线分析仪表包括DO仪、BOD仪、COD仪、pH仪、氨氮分析仪等，因上述仪表在使用中易发生精度漂移，应定期进行校准。

9　生产运行记录及报表

9.1　生产运行记录

9.1.1　设备运行记录主要包括除污、提升、沉砂、供气、搅拌、滗水、刮泥、吸泥、回流、供热、污泥投加与排放、浓缩、脱水、发电、沼气储存及利用、脱硫、除臭、消毒、深度处理、自控仪表、电气等。

应做好污水处理量、污泥处理量、污泥回流量、剩余污泥排放量、空气量、沼气产生量、发电量、排砂量、除渣量、沼气使用量等记录；并做好电、自来水、天然气、脱水及消毒药剂、除磷药剂、中和药剂、滤料、油品等消耗记录。

各类记录和报告应进行科学管理，做到妥善保管、存放有序、查找方便；装订材料应符合存放要求，达到“实用、整洁、美观”。应定期检查记录和报告的管理情况，对破损的资料及时修补、复制或做其他技术处理。

9.1.2 记录频次依运行情况而定。

9.1.3 归档时应以问题、时间或重要程度形成规律、分类清楚，存档纸制文件要求案卷标题确切、保管期限和密级划分准确，以便于保管和利用；对新建设施或新购设备，应由相关各方配合做好原始资料的整理、移交和存档工作。

9.2 计划、统计报表和报告制度

9.2.2 计划报表全面反映城镇污水处理厂年度各项计划生产指标，一般分为年度计划报表、季度计划报表和月度计划报表；季度计划报表和月度计划报表中的各项指标是由年度计划指标分解及当时的实际情况分析、判断得来。

9.2.3 统计报表是计划报表中各项指标完成情况的实际反映，报表中的数据主要来源于生产运行记录。

9.2.7 属于信息报送的管理和要求中的内容之一。

9.3 维护、维修记录

9.3.2 应记录维修及维护的原因、时间、内容、合同、预算、验收及成本情况等。

9.4 交接班记录

9.4.2 接班人员在接班时应对交班记录和具体交接情况认真核实，并认真填写接班意见。

9.4.3 交、接双方交接过程中，如发生异议，应立即核实，由交班人员整理工作记录，接班人员确认，双方认同后，完成交接。

10 应 急 预 案

10.0.1 污水处理厂应根据实际情况制定应急预案，包括：触电应急预案、突然停电应急预案、沼气泄漏应急预案、有毒有害气体中毒应急预案、防汛应急预案、氯气泄漏应急预案、消防应急预案、自然灾害应急预案等。

10.0.2 列举两个城镇污水处理厂应急预案的范例，供参考。

例1 城镇污水处理厂中毒应急预案示例

为了将中毒事故发生时对人身伤害和对环境影响降到最小，结合本厂的实际情况特制定本应急预案：

一、中毒可能发生的部位和造成的影响

1 中毒可能发生的部位

1） 加氯设备、管线阀门、钢瓶等部位液氯泄漏处；

2） 沼气柜、脱硫塔、沼气发电机、沼气锅炉、泥区消化池、污泥泵等设备、设施及管道、闸门等沼气（污泥）泄漏处；

3） 各类检查井、闸门井、污泥和沼气管廊等处。

2 造成的影响

1） 有毒有害气体扩散污染大气；

2） 人身伤害；

3） 生产运行受挫。

二、有毒有害气体的主要理化性和毒理学特点

1 液氯（氯气）

1） 主要理化性：

常温常压下为气态，黄绿色气体，有窒息性气味。熔点－101℃，沸点－34.5℃，相对密度（空气为1）为2.48。溶于水和易溶于碱液。氯的化学性质相当活泼，和水生成次氯酸和盐酸，次氯酸再分解为盐酸新生态氧、氯酸。在日光下与易燃气体混合时会发生燃烧爆炸，与许多物质反应引起燃烧和爆炸。它几乎对金属和非金属都有腐蚀作用。

2） 毒理学特点：

剧毒品。吸入氯气后，主要作用于气管、支气管、细支气管和肺泡，导致相应的病变。人体对氯的嗅阈为0.06 mg/m^3；因氯气溶于水，生成盐酸和次氯酸，所以人吸入氯气后，氯气可与眼睛、呼吸道黏膜中的水分作用，对黏膜产生强烈的刺激和烧灼，其浓度达90mg/m^3 时，可致剧咳；吸入高浓度（120～180）mg/m^3 氯气后，接触时间（30～60）min 可引起中毒性肺炎和肺水肿；浓度达300mg/m^3 时，可危及生命。

2 硫化氢

1） 主要理化性：

无色、有典型的臭鸡蛋气味；易溶于水（20℃时，2.9体积的硫化氢气体溶于1体积的水中）；比空气重（分子量34.08，密度1.19g/L）。

2） 毒理学特点：

具有全身毒作用，特别是强烈的神经毒作用，对黏膜也有明显刺激作用。其毒作用特点是，较低浓度即可引起对呼吸道及眼黏膜的局部刺激作用；浓度愈高，全身性作用愈明显，表现为中枢神经系统症状和窒息症状；高浓度硫化氢气体可麻痹嗅神经（嗅觉疲劳），而使人感觉不到其气味。

3） 急性硫化氢中毒的主要表现：

(1) 轻度中毒

较低浓度主要引起眼和上呼吸道刺激症状。当浓

度为（16～32）mg/m^3 时，短时间接触，首先出现畏光、流泪、眼刺痛、异物感、流涕、鼻及咽喉灼热感等症状。可见到眼结膜充血等。此外，可有轻度的头昏、头痛、乏力等神经系统等症状。

（2）中度中毒

接触浓度在（200～300）mg/m^3 时，即出现中枢神经系统中毒症状，如头痛、头晕、乏力、恶心、呕吐、站立不稳、行动不便，甚至可有短暂意识障碍。

（3）重度中毒

接触浓度在 700mg/m^3 以上时，以中枢神经系统的症状最为突出。患者可首先发生头昏、心悸、呼吸困难、行动迟缓，如继续接触，则出现烦躁、意识模糊、呕吐、腹痛和抽搐，迅即陷入昏迷状态，进而可因呼吸麻痹，甚至死亡。

（4）电击样重度中毒

在接触极高浓度（1000mg/m^3 以上）时，可发生"电击样"中毒，即在数秒钟后突然倒下，瞬时内呼吸停止，这是由于呼吸中枢麻痹所致，但心脏仍可搏动数分钟之久，应立即进行人工呼吸可望获救。

3 甲烷（沼气）

1）主要理化性：

气态，易燃气体，与空气混合形成爆炸性混合气体，遇热源和明火有燃烧爆炸的危险，与氧化剂接触剧烈反应。爆炸极限 5%～15%。

2）毒理学特点：

基本无毒，但浓度过高时使空气中氧含量明显降低，使人窒息。

三、应急组织和职责

1 公司成立应急指挥部

总指挥：负责应急时的全面指挥工作，负责宣布应急预案的启动和解除。

副总指挥：负责现场指挥各专业应急小组。

2 应急指挥部下设：

通信联络组（负责公司内外部通信联络和信息沟通）；

疏散救护组（负责现场人员疏散和伤员救护）；

现场警戒组（负责现场警戒和现场保护）；

抢险组（负责现场抢险和配合外部支援）；

善后处理组（负责事故善后处理和生产恢复）。

四、报警方式和联系电话

1 发生事故时，第一时间发现者应立刻报警，向中心控制室或调度中心、安技部门和厂领导报告。

2 中控室或调度中心、安技部门、值班领导、附近医院、急救中心联系电话。

3 设有报警装置的部位，应按动报警按钮。值班室接警后立即报告中心控制室或调度中心、安技部门、值班领导。

4 由值班领导决定是否启动应急救援预案，向应急组织总指挥报告，请求外部支援。

五、中毒的预防措施

建立健全各项安全生产制度和操作规程；作业人员必须经过技术培训，经考试合格方可上岗，在岗期间必须经常性地参加安全卫生知识培训、防毒救护教育和自救互救训练，参加中毒事故应急救援预案演习，以提高安全意识和应急处理的能力。

1 加氯间液氯泄漏的防范措施

1）加强氯气作业场所通风，设置事故排风装置；配备个人呼吸防护器材等相应安全防护用具；

2）使用氨水定期对加氯设备、加氯管路、氯瓶节门等部位进行检查；发现泄漏，应立即采取有效措施进行处置；

3）定期对报警系统、漏氯吸收系统进行检查，保持有效性；

4）定期对安全防护用具进行检查，确保完好有效；对使用后的防护服，防护面具，应进行检查，检查合格后，应放置在加氯间以外的固定地点，以备应急使用；

5）设置专用的蓄水池；

6）配备专用的抢修工具；

7）加氯间操作必须严格执行《氯气安全规程》GB 11984 的相关规定，运行前应检查加氯设备，做好各项准备工作。

2 污泥气泄漏的防范措施

1）定期对可能产生污泥气场所的机械设备、管路、阀门进行检查、维护，并对该区域进行气体检测；

2）配备相应的消防设施、器材、安全防护用具及可燃可爆气体监测仪等，并定期对其检查，确保完好有效；

3）在泥区作业，必须严格按照操作规程执行，并严格遵守安全制度。

3 井下作业，对有毒有害气体的预防措施

1）下井作业前，必须履行审批手续，制定相应的防护措施，并配备应急所用的物资；

2）做好降水、置换、通风等准备工作，对井下有毒有害气体进行检测，气体一旦超标禁止下井作业；

3）对闸板、闸门的启闭灵活性及严密性进行检查；

4）检查下井作业的人员的身体状况，合格后方可进行下井作业，同时配备齐全相应的安全防护用具、用品；

5）下井作业时，井上至少应有两人监护。

六、应急预案的实施

1 当发生中毒事故时，事故应急指挥部总指挥将宣布紧急启动中毒应急预案。

2 事故应急指挥部成员在接到总指挥命令后，

立即召集并组织各专业组到达事故现场。

3 各专业组人员到达现场后，首先要摸清或确认中毒事故发生的位置、人员伤害情况，然后根据具体要求按各自职责和分工开展工作。

4 现场警戒组人员应在事故现场周围按规定范围设置路障和标志带，以便控制通往事故现场的所有人行通道和交通道路，避免无关人员和车辆的驶入。

5 疏散救护组人员应按规定路线、方法和程序将现场需要疏散的人员引导到安全地带，并点名登记，查清人数，确认可能缺少的人员。如发现有受伤人员应采取必要的现场处置，伤势较重者要立即送往离事故现场最近的医院进行抢救，或请求120急救中心支援。

6 抢险组人员应按职责和分工的要求，立即赶赴事故发生地，对需救助的人员和国家财产进行紧急抢险工作。

7 善后处理组人员在救援工作结束后，进入事故现场开展相关工作。首先进行事故现场的清理，处理废弃物，而后要对事故现场情况进行文字记载，组织相关人员进行初步事故原因调查，为恢复安全生产做准备。

8 当事故妥善处理完毕后，由事故应急指挥部总指挥公布结束应急预案，事故现场警戒线撤除，生产工作方可恢复。

七、中毒人员救援一般注意事项

1 禁止盲目施救；

2 救援人员要佩戴齐全、合格的防护用品（空气呼吸器、防毒面罩、安全带、安全绳等），在监护人的保护下，条件允许时，进入事故场所实施救护；

3 救援人员不得蛮干，听从指挥，合理救助，确保安全，减少事故伤亡和经济损失。

八、液氯泄漏、沼气泄漏抢救注意事项

1 液氯泄漏引起人员中毒救护注意事项

1）应佩戴好防护用具迅速将中毒者搬离中毒场所；

2）若是皮肤接触，立即脱去被污染的衣着，用大量流动清水冲洗后就医；

3）若是眼睛接触，提起眼睑，用流动的清水或生理盐水冲洗后就医；

4）对突然出现的重度中毒者，应尽快将其移离现场，保持呼吸畅通，并立即给氧；呼吸抑制时，现场应立即施以人工呼吸，心跳骤停时，施以心脏体外按压，在医护人员到来之前，不能停止救护，不应轻易放弃救护；只有在恢复呼吸和心跳后，并在施救条件下，方可送往医疗机构进一步救治；

5）因吸入氯气出现明显刺激症状者，一旦症状减轻或消失，不得轻易断定仅仅是刺激反应，而令患者离开医疗机构；应将其视为处于“假愈期”的严重中毒者，在医疗机构内应令其卧床休息，限制活动，并密切进行医学观察，做好早期防治肺水肿的准备。

2 污泥气泄漏引起人员中毒救护注意事项：

1）应佩戴好防护用具，迅速将中毒者搬离中毒场所，移到空气新鲜的上风口处，将中毒者平躺在地上，解开中毒者的上衣、领扣和腰带，以维持呼吸道通畅，并做好保暖；切忌多人围观，保证空气流动畅通；

2）当中毒者出现昏迷或在极短时间内出现呼吸浅表或停止时，立即对其实施人工呼吸；出现心跳停止时，立即进行胸外心脏按压，在医护人员到来之前，不应轻易放弃救护；

3）在抢救中毒人员的同时，应立即切断毒气源、电源；

4）在防护措施到位的前提下，监测气体浓度，置换空气，清理现场；

5）协助专业医护人员做好救护和转送中毒者。

九、应急设备和物资

1 有毒有害气体监测仪、防毒面具、空压机、空气呼吸器、安全带、绳索、梯子、药品、无线电话和车辆等。

2 安全撤离通道设置安全应急灯和逃生标志。

十、应急预案的培训和演练

1 安技部门负责对厂内各部门、各岗位人员进行应急预案的传达和培训。

2 安技部门组织对各类应急预案的相关程序进行演练，做好记录，并以此为依据，评审和修改应急预案。

十一、事故的处理

1 事故发生后，各部门应立即清点本部门人员和受损物资情况，书面向安技部门汇报。

2 设备动力部门配合相关部门对受损设备尽快修复并投入生产使用。

3 安技部门按有关规定成立事故调查小组，调查发生原因，并按“四不放过”的原则进行事故处理，提出事故报告，报厂主管经理。

4 事故发生部门总结本次事件的教训，在全体员工中实行安全事故的案例教育和有关培训，必要时开展纠正和预防措施，杜绝类似事件的再次发生。

例2 城镇污水处理厂防震减灾应急预案示例

一、组织机构的主要职能

1 公布地震预报内容、发布临震警报。

2 贯彻、落实公司发布的生产系统生产状态的命令。

3 组织有关人员进行震前应急准备工作，指挥震时和震后的抢险救灾工作，并负责监督、检查和协调。

4 及时向上级部门汇报防震减灾和抗震救灾情况，争取指导和支持。

5 在联系中断的情况下，有独立开展抢险救灾工作的义务。

6 认真执行本单位范围内的抢险救灾技术方案。

二、主要责任

1 负责检查各要害部位安全状况，负责临时供电、供水系统的建立，保障通信畅通。地震时，领导应组织厂内员工紧急抢险、排险、消防工作，负责组织对全厂范围内的重要设施和设备所发生的故障和损坏进行抢修，防止次生灾害的发生，对已经发生的次生灾害进行控制、补救，防止蔓延，并尽快恢复生产。及时传达上级命令和紧急通知，及时收集并上报本单位的灾情信息，随时掌握抢险救灾动态。

2 负责组织有关科室进行震时所需物资设备的采购、储备及调用，负责上级支援物资的储运和分配。

3 负责建立现场抢救站，配合专业医务人员对伤员进行抢救处理和护理；负责对重伤员的转运；配合防疫人员开展防止传染病发生和控制其蔓延的工作；负责对饮用水的检查和消毒。

4 负责职工按规定路线安全疏散到规定地点；维持治安秩序，打击地震时出现的各种扰乱社会秩序的不法行为。负责交通管理及危险场所和重要部门的安全保卫工作。

5 保障救灾期间生活必需品、生活救济品分配工作；负责临时生活区的管理工作。

6 开展救灾鼓动工作；负责抗震救灾工作中的宣传报道工作。

7 起草防震减灾和抗震救灾通知和命令；掌握全厂各部位的灾情和抢险救灾状况，及时汇报上级，统一调动抢险救灾队伍，组织调动抗震救灾抢险车辆和物资设备；负责对外接待和联系。

8 负责维护本区域、本范围的社会治安，对易燃、易爆、剧毒部位及物品进行严密监视，防止人为破坏，控制非本单位人员的进入，做好登记工作，加强交通和车辆管理。

三、应急预案

1 人员密集场所应急疏散方案

避震疏散原则以临震疏散为主，震前疏散为辅，统筹安排。疏散场地应选择就近、安全、便利和水源充足的地点，避开易燃、易爆源，高压电线、高大建筑物，同时应考虑人员密度等因素。选择广场、学校操场、停车场和绿地等场所。

运行岗位职工离开岗位前，必须按照操作规程要求完成离岗操作；应急组织人员必须实施应急措施。

办公楼管理人员应先关闭本科室内的电源，而后有秩序地沿办公楼东、西两侧楼梯经一楼前厅至办公楼外厂前区集合。在紧急逃生过程中，救援小组成员应做好现场疏导工作，动员员工保持镇静，不得拥挤，快速有序地逃离办公区域，避免踏伤。脱险后要立即统计人员情况，向领导小组汇报。并对受伤人员进行救护处理，根据伤员的伤情联系邻近的医院、120急救中心或直接由专人护送伤员至医院。

2 破坏性地震应急预案

地震一旦来临，就是抗震救灾工作的命令，不管白天还是夜间，全厂员工应立即到岗。

1）厂应急救援领导小组应立即转为抗震救灾指挥部，履行其各自的职能。迅速了解全厂受灾情况，根据调查情况，迅速组织抢险救灾，疏散人员和维持治安秩序。

2）地震发生后，应立即收集全厂各部位破坏情况，报公司抗震减灾领导小组。

3）各易燃、易爆等重要岗位的值班人员应及时采取措施，消除可能发生的次生灾害隐患，对已发生的灾害立即实施补救措施。

4）对于生产系统运转中的设备，岗位操作人员按照紧急停车操作规程停机，保障设备安全，避免次生灾害。

5）综合救灾队伍立即进入救灾区域，实施救护工作。

3 强有感地震应急预案

1）厂应急救援领导小组通过联系和派人迅速了解全厂各部位有无受灾情况，并迅速组织力量以最快速度抢修受灾设备设施，尽快恢复正常生产，并将地震灾害统计情况上报。

2）保卫部门加强内部治安管理，防止秩序混乱。

4 发布地震预报后的应急反应预案

1）上级部门下达的短临震预报后，厂应急救援领导小组要立即进入临震状态，执行抗震防灾职能。

2）根据预报的震级和各种运行设施、设备的抗震情况发布生产状态指令，对于设备陈旧、抗震性能差和易产生次生灾害的车间、部位应考虑暂停运行。

3）命令各专业技术人员及抢险队伍及时进入重点部位和易燃、易爆岗位，采取预防措施。

4）迅速联系非当班岗位员工马上赶赴厂内，进入岗位，履行职责，做好准备。

5）做好抢险救灾器材、生活必需品和急救药品的准备。

6）组织好保安队伍加强治安工作，对重点部位加强巡逻，严防不法分子趁火打劫。

7）拟定宣传内容，指导职工正确实施防震行动，消除恐惧惊慌心理。

四、地震应急救援物资的储存管理

1　通信器材：对讲机、手机、有线电话。

2　救护用品：担架、急救箱、急救药品。

3　救援用后勤保障用品：冬季棉大衣、手电、安全帽、工作鞋、手套、工作服、雨具等。

4　消防器材：灭火器、消防斧、消防水龙头、消防带等。

5　抢险物资：铲、镐、锹、斧、撬杠、千斤顶、破拆器、防毒面具、电气焊切割工具、钢丝绳、汽车、起重设备等。

6　震时物资供应首先保证救人的物资需要，保证重点部位工程抢险需要，保证重点生产设备设施迅速恢复生产所需。

五、重点部位分布情况：变电站、锅炉房、沼气柜、污泥消化池、污泥控制室、沼气发电机房和综合办公楼等。

六、震时抢险救灾对策

1　临时抗震救灾指挥部的建立。

2　灾情汇报及分析决策。地震发生后，各科室、班组应立即组织人员调查震灾情况，逐级迅速上报，根据灾情的轻重缓急，领导机构分析研究，作出相应决策。震灾严重时，启动破坏性地震应急预案，震灾较轻时，启用强有感地震应急预案。

3　生产运行系统的紧急措施。在地震突然发生时，生产运行系统各岗位人员应不慌乱，在班组长的带领下，密切注意生产运行情况，查明本岗震灾情况，迅速上报。当出现震时停电，火灾，生产设备遭受破坏或出现明显异常无法维持正常运转，应迅速执行紧急停车预案或其他相应的紧急处理方案，在处理过程中，要防止出现操作失误。地震发生后，各级领导迅速进入岗位开展抗震救灾工作，按照分工深入本单位震灾重点地区，进行现场指挥。

4　伤员的抢救与治疗。震后初期的及时抢救可以有效地减少人员的伤亡，对埋压人员的抢救，首先采取“问、听、喊、看、探”的传统方法，尽快确定伤员埋压位置，抢救使用镐、锨工具时必须小心，防止误伤埋压的伤员。抢救人员必须注意自身安全，抢救应尽可能用起重设备，提高抢救速度，抢救现场必须配有医生，对救出的人员进行急救护理，重伤员立刻转运市级医院，轻伤就地护理，无伤者也需就地休息，短时间不得参与任何剧烈活动，以防猝死。

5　现场治安保卫管制。地震初期，正常的社会秩序可能被破坏，此时将出现暂时失控状态，各种社会骚乱事件、事故乃至犯罪活动可能发生，造成社会性次生灾害，为保证职工生命财产安全，保证厂内设备设施，地震初期必须做好现场的治安保卫工作，保证抗震救灾工作的顺利进行。特别是对重点生产运行部位要重点防范。

6　地震初期的生活安置。地震初期，应组织做好食品、饮用水的采购、储存、加工，保证坚守岗位抗震救灾职工的食品。

中华人民共和国行业标准

城镇排水管渠与泵站维护技术规程

Technical specification for maintenance of sewers & channels and pumping stations in city

CJJ 68—2007
J 659—2007

批准单位：中华人民共和国建设部
施行日期：2 0 0 7 年 9 月 1 日

中华人民共和国建设部
公　　告

第585号

建设部关于发布行业标准《城镇排水管渠与泵站维护技术规程》的公告

现批准《城镇排水管渠与泵站维护技术规程》为行业标准，编号为CJJ 68－2007，自2007年9月1日起实施。其中，第3.1.6、3.2.6、3.3.8、3.3.12、3.3.13、3.4.1、3.4.4、3.4.7、3.4.15、3.6.2、4.1.2、4.1.6、4.3.4条为强制性条文，必须严格执行。原《城镇排水管渠与泵站维护技术规程》CJJ/T 68－98同时废止。

本规程由建设部标准定额研究所组织中国建筑工业出版社出版发行。

中华人民共和国建设部
2007年3月9日

前　　言

根据建设部建标［2004］66号文的要求，标准编制组在深入调查研究，认真总结国内外科研成果和实践经验，并在广泛征求意见的基础上，全面修订了本规程。

本规程的主要技术内容是：1. 总则；2. 术语；3. 排水管渠；4. 排水泵站。

本规程修订的主要技术内容是：排水管道中增加管道检查、明渠维护、档案与信息管理；排水泵站中增加了消防与安全设施、档案与技术资料管理等。

本规程由建设部负责管理和对强制性条文的解释，由主编单位负责具体技术内容的解释。

本规程主编单位：上海市排水管理处（上海市厦门路180号，邮编200001）

本规程参编单位：上海市城市排水市中运营有限公司
上海市城市排水市北运营有限公司
上海市城市排水市南运营有限公司
北京市市政工程管理处
哈尔滨市排水有限公司
沈阳市排水管理处
天津市排水管理处
西安市市政工程管理处
武汉市排水管理处
广州市市政设施维修处
合肥市污水管理处
重庆市市政设施管理局
上海乐通管道工程有限公司
管丽环境技术（上海）有限公司
上海KSB泵有限公司

本规程主要起草人：唐建国　姚　杰　朱保罗
俞仲元　张煜伟　慈曾福
程晓波　叶永成　范承亮
王　萍　唐　东　梅豫生
吴士柏　马文虎　朱大雄
苏　平　张继红　齐玉辉
张阿林　朱　军　孙跃平
冼　巍　庄敏捷　王福南
马连起　马广超　张　晖
丛天荣　董　浩　周岩枫
周文朝　沈燕群　钟安国

目　次

1 总　　则

1.0.1 为加强城镇排水设施的维护工作，统一技术要求，保证设施安全运行，充分发挥设施的功能，制定本规程。

1.0.2 本规程适用于城镇排水管渠和排水泵站的维护。

1.0.3 城镇排水管渠和泵站的维护，除应符合本规程外，尚应符合国家现行有关标准的规定。

2 术　　语

2.1 管　　渠

2.1.1 排水体制　sewer system

在一个区域内收集、输送雨水和污水的方式，它有合流制和分流制两种基本方式。

2.1.2 合流制　combined system

用同一个排水系统收集、输送污水和雨水的排水方式。

2.1.3 分流制　separate system

用不同排水系统分别收集、输送污水和雨水的排水方式。

2.1.4 排水户　user of drainage facility

向公共排水设施排水的用户。

2.1.5 主管　main sewer

沿道路纵向敷设，接纳道路两侧支管及输送上游管段来水的排水管道。

2.1.6 支管　lateral

连管和接户管的总称。

2.1.7 连管　connecting pipe

连接雨水口与主管的管道。

2.1.8 接户管　service connection

连接排水户与主管的管道。

2.1.9 检查井　manhole

排水管中连接上下游管道并供养护人员检查、维护或进入管内的构筑物。

2.1.10 雨水口　catch basin

用于收集地面雨水的构筑物。

2.1.11 雨水箅　grating

安装在雨水口上部用于拦截杂物的格栅。

2.1.12 接户井　service manhole

排水户管道接入公共排水管道前的最后一座检查井。

2.1.13 沉泥槽　sludge sump

雨水口或检查井底部加深的部分，用于沉积管道中的泥沙。

2.1.14 流槽　flume

为保持流态稳定，避免水流因断面变化产生涡流现象而在检查井底部设置的弧形水槽。

2.1.15 爬梯　step

固定在检查井壁上供人员上下的装置。

2.1.16 溢流井　overflow chamber

合流制排水系统中，用来控制雨水溢流的构筑物；当雨天水量超过设定的截流倍数时，合流污水越过堰顶排入水体。

2.1.17 跌水井　drop manhole

具有消能作用的检查井。

2.1.18 水封井　water-sealed chamber

装有水封装置，可防止易燃、易爆等有害气体进入排水管的检查井。

2.1.19 倒虹管　inverted siphon

管道遇到河流等障碍物不能按原有高程敷设时，采用从障碍物下面绕过的倒虹形管道。

2.1.20 盖板沟　plate covered ditch

由砖石砌成并在顶部安装盖板的矩形排水沟，其顶部通常没有覆土或覆土较浅，可采用揭开盖板进行维护作业。

2.1.21 排放口　outlet

将雨水或处理后的污水排放至水体的构筑物。

2.1.22 绞车疏通　winch bucket cleaning

采用绞车牵引通沟牛来铲除管道积泥的疏通方法。

2.1.23 通沟牛　cleaning bucket

在绞车疏通中使用的桶形、铲形等式样的铲泥工具。

2.1.24 推杆疏通　push rod cleaning

用人力将竹片、钢条等工具推入管道内清除堵塞的疏通方法，按推杆的不同，又分为竹片疏通或钢条疏通等。

2.1.25 转杆疏通　swivel rod cleaning

采用旋转疏通杆的方式来清除管道堵塞的疏通方法，又称为软轴疏通或弹簧疏通。

2.1.26 射水疏通　jet cleaning

采用高压射水清通管道的疏通方法。

2.1.27 水力疏通　hydraulic cleaning

采用提高管渠上下游压力差，加大流速来疏通管渠的方法。

2.1.28 潮门　tide gate

为防止潮水倒灌而在排放口设置的单向阀门。

2.1.29 染色检查　dye test

用染色剂在水中的行踪来显示管道走向，找出错误连接或事故点的检测方法。

2.1.30 烟雾检查　smoke test

用烟雾在管道中的行踪来显示错误连接或事故点的检测方法。

2.1.31 电视检查　closed circuit television inspection

采用闭路电视进行管道检测的方法。

2.1.32 声纳检查 sonar inspection

采用声波技术对水下管道等设施进行检测的方法。

2.1.33 时钟表示法 clock description

在管道检查中，采用时钟位置来描述缺陷出现在管道圆周位置的表示方法。

2.1.34 水力坡降试验 hydraulic slope test

通过对实际水面坡降线的测量和分析来检查管道运行状况的方法。

2.1.35 机械管塞 mechanical pipe plug

一种封堵小型管道的工具，由两块圆铁板和夹在中间的橡胶圈组成，通过螺栓压紧圆板，使橡胶圈向外膨胀将管塞固定在管内。

2.1.36 充气管塞 pneumatic pipe plug

一种采用橡胶气囊封堵管道的工具。

2.1.37 止水板 water stop plate

一种特制的封堵管道工具，由橡胶或泡沫塑料止水条、盖板和支撑杆组成。

2.1.38 骑管井 ride pipe manhole

一种采用特殊方法在旧管道上加建的检查井，在施工过程中不必拆除旧管道，也不需要断水作业。

2.1.39 现场固化内衬 cured in place pipe (CIPP)

一种非开挖管道修理方法，将浸满热固性树脂的毡制软管用注水翻转或牵引等方法将其送入旧管内后再加热固化，在管内形成新的内衬管。

2.1.40 螺旋内衬 spiral pipe liner

一种非开挖排水管修理方法，通过安放在井内的制管机将塑料板带绕制成螺旋状管并不断向旧管道内推进，在管内形成新的内衬管。

2.1.41 短管内衬 short pipe liner

一种非开挖排水管修理方法，将特制的塑料短管在井内连接，然后逐节向旧管内推进，最后在新旧管道的空隙间注入水泥浆固定，形成新的内衬管。

2.1.42 拉管内衬 pulling pipe liner

一种非开挖管道修理方法，采用牵引机将整条塑料管由工作坑或检查井拉进旧管内，形成新的内衬管。

2.1.43 自立内衬管 full structure liner

能够不依靠旧管道的强度而独立承受各种荷载的内衬管。

2.2 泵 站

2.2.1 泵站 pumping station

泵房及其配套设施的总称。

2.2.2 泵房 pump house

设置水泵机组、电气设备和管道、闸阀等设备的建筑物。

2.2.3 排水泵站 drainage pumping station

污水泵站、雨水泵站和合流污水泵站统称排水泵站。

2.2.4 雨水泵站 storm pumping station

在分流制排水系统中，抽送雨水的泵站。

2.2.5 污水泵站 sewage pumping station

在分流制排水系统中，抽送生活污水，工业废水或截流初期雨水的泵站。

2.2.6 合流污水泵站 combined sewage pumping station

在合流制排水系统中，抽送污水、截流初期雨水和雨水的泵站。

2.2.7 格栅 bar screen

一种栅条形的隔污设施，用以拦截水中较大尺寸的漂浮物或其他杂物。

2.2.8 格栅除污机 screen removal machine

用机械的方法，将格栅截留的栅渣清捞出水面的设备。

2.2.9 拍门 flap gate

在排水管渠出水口或通向水体的水泵出水口上设置的单向启闭阀，防止水流倒灌。

2.2.10 惰走时间 inertial motion period

旋转运动的机械，失去驱动力后至静止的这段惯性行走时间。

2.2.11 盘车 hand turning

旋转机械在无驱动力情况下，用人力或借助专用工具将转子低速转动的动作过程。

2.2.12 开式螺旋泵 open screw pump

泵体流槽敞开，扬程一般不超过 5m，螺旋叶片转速较低的提水设备。

2.2.13 柔性止回阀 flexible check valve

防止管道或设备中介质倒流之用的设备，也有称鸭咀阀，采用具有弹性的橡胶制成。

2.2.14 螺旋输送机 screw conveyer

利用螺旋叶片在 U 形流槽内旋转过程中的轴向容积变化来推动栅渣作轴向位移的机械。

2.2.15 螺旋压榨机 screw press

利用螺旋叶片在 U 形槽内的轴向旋转挤推作用，将栅渣带入有锥度的脱水筒中脱水的机械。

3 排 水 管 渠

3.1 一 般 规 定

3.1.1 排水管渠应定期检查、定期维护，保持良好的水力功能和结构状况。

3.1.2 排水管理部门应定期对排水户进行水质、水量检测，并应建立管理档案；排放水质应符合国家现行标准《污水排入城市下水道水质标准》CJ 3082 的规定。医院排水还应符合《医院污水排放标准》GBJ

48的规定。

3.1.3 管渠维护必须执行国家现行标准《排水管道维护安全技术规程》CJJ 6的规定。

3.1.4 排水管渠维护宜采用机械作业。

3.1.5 排水管渠应明确其雨水管渠、污水管渠或合流管渠的类型属性。

3.1.6 **在分流制排水地区，严禁雨污水混接。**

3.1.7 污水管道的正常运行水位不应高于设计充满度所对应的水位。

3.1.8 排水管道应按表3.1.8的规定进行管径划分。

表3.1.8 排水管道的管径划分（mm）

类型	小型管	中型管	大型管	特大型管
管径	＜600	600～1000	＞1000～1500	＞1500

3.2 管道养护

3.2.1 排水管道应定期巡视，巡视内容应包括污水冒溢、晴天雨水口积水、井盖和雨水箅缺损、管道塌陷、违章占压、违章排放、私自接管以及影响管道排水的工程施工等情况。

3.2.2 排水管理部门应制定本地区的排水管道养护质量检查办法，并定期对排水管道的运行状况等进行抽查，养护质量检查不应少于3个月一次。

3.2.3 管道、检查井和雨水口内不得留有石块等阻碍排水的杂物，其允许积泥深度应符合表3.2.3的规定。

表3.2.3 管道、检查井和雨水口的允许积泥深度

设施类别		允许积泥深度
管道		管径的1/5
检查井	有沉泥槽	管底以下50mm
	无沉泥槽	主管径的1/5
雨水口	有沉泥槽	管底以下50mm
	无沉泥槽	管底以上50mm

3.2.4 检查井日常巡视检查的内容应符合表3.2.4的规定。

表3.2.4 检查井巡视检查内容

部位	外部巡视	内部检查
内容	井盖埋没	链条或锁具
	井盖丢失	爬梯松动、锈蚀或缺损
	井盖破损	井壁泥垢
	井框破损	井壁裂缝
	盖、框间隙	井壁渗漏
	盖、框高差	抹面脱落
	盖框突出或凹陷	管口孔洞
	跳动和声响	流槽破损
	周边路面破损	井底积泥
	井盖标识错误	水流不畅
	其他	浮渣

3.2.5 检查井盖和雨水箅的维护应符合下列规定：

1 井盖和雨水箅的选用应符合表3.2.5-1的规定。

表3.2.5-1 井盖和雨水箅技术标准

井盖种类	标准名称	标准编号
铸铁井盖	《铸铁检查井盖》	CJ/T 3012
混凝土井盖	《钢纤维混凝土井盖》	JC 889
塑料树脂类井盖	《再生树脂复合材料检查井盖》	CJ/T 121
塑料树脂类水箅	《再生树脂复合材料水箅》	CJ/T130

2 在车辆经过时，井盖不应出现跳动和声响。井盖与井框间的允许误差应符合表3.2.5-2的规定。

表3.2.5-2 井盖与井框间的允许误差（mm）

设施种类	盖框间隙	井盖与井框高差	井框与路面高差
检查井	＜8	＋5，－10	＋15，－15
雨水口	＜8	0，－10	0，－15

3 井盖的标识必须与管道的属性一致。雨水、污水、雨污合流管道的井盖上应分别标注"雨水"、"污水"、"合流"等标识。

4 铸铁井盖和雨水箅宜加装防丢失的装置，或采用混凝土、塑料树脂等非金属材料的井盖。

3.2.6 **当发现井盖缺失或损坏后，必须及时安放护栏和警示标志，并应在8h内恢复。**

3.2.7 雨水口的维护应符合下列规定：

1 雨水口日常巡视检查的内容应符合表3.2.7的规定。

表3.2.7 雨水口巡视检查的内容

部位	外部检查	内部检查
内容	雨水箅丢失	铰或链条损坏
	雨水箅破损	裂缝或渗漏
	雨水口框破损	抹面剥落
	盖、框间隙	积泥或杂物
	盖、框高差	水流受阻
	孔眼堵塞	私接连管
	雨水口框突出	井体倾斜
	异臭	连管异常
	其他	蚊蝇

2 雨水箅更换后的过水断面不得小于原设计标准。

3.2.8 检查井、雨水口的清掏宜采用吸泥车、抓泥车等机械设备。

3.2.9 管道疏通宜采用推杆疏通、转杆疏通、射水疏通、绞车疏通、水力疏通或人工铲挖等方法，各种疏通方法的适用范围宜符合表3.2.9的要求。

表 3.2.9 管道疏通方法及适用范围

疏通方法	小型管	中型管	大型管	特大型管	倒虹管	压力管	盖板沟
推杆疏通	√	—	—	—	—	—	—
转杆疏通	√	—	—	—	—	—	—
射水疏通	√	√	—	—	√	—	√
绞车疏通	√	√	√	—	√	—	√
水力疏通	√	√	√	√	√	√	√
人工铲挖	—	—	√	√	—	—	√

注：表中“√”表示适用。

3.2.10 倒虹管的养护应符合下列规定：

1 倒虹管养护宜采用水力冲洗的方法，冲洗流速不宜小于 1.2m/s。在建有双排倒虹管的地方，可采用关闭其中一条，集中水量冲洗另一条的方法。

2 过河倒虹管的河床覆土不应小于 0.5m。在河床受冲刷的地方，应每年检查一次倒虹管的覆土状况。

3 在通航河道上设置的倒虹管保护标志应定期检查和油漆，保持结构完好和字迹清晰。

4 对过河倒虹管进行检修前，当需要抽空管道时，必须先进行抗浮验算。

3.2.11 压力管养护应符合下列规定：

1 定期巡视，及时发现并修理渗漏、冒溢等情况。

2 压力管养护应采用满负荷开泵的方式进行水力冲洗，至少每 3 个月一次。

3 定期清除透气井内的浮渣。

4 保持排气阀、压力井、透气井等附属设施的完好有效。

5 定期开盖检查压力井盖板，发现盖板锈蚀、密封垫老化、井体裂缝、管内积泥等情况应及时维修和保养。

3.2.12 盖板沟的维护应符合下列规定：

1 保持盖板不翘动、无缺损、无断裂、不露筋、接缝紧密；无覆土的盖板沟其相邻盖板之间的高差不应大于 15mm。

2 盖板沟的积泥深度不应超过设计水深的 1/5。

3 保持墙体无倾斜、无裂缝、无空洞、无渗漏。

3.2.13 潮门和闸门维护应符合下列规定：

1 潮门应保持闭合紧密，启闭灵活；吊臂、吊环、螺栓无缺损；潮门前无积泥、无杂物。

2 汛期潮门检查每月不应少于一次。

3 拷铲、油漆、注油润滑、更换零件等重点保养应每年一次。

4 闸门的维护应符合本规程第 4.4.1 条的规定。

3.2.14 岸边式排放口的维护应符合下列规定：

1 定期巡视，及时维护，发现和制止在排放口附近堆物、搭建、倾倒垃圾等情况。

2 排放口挡墙、护坡及跌水消能设备应保持结构完好，发现裂缝、倾斜等损坏现象应及时修理。

3 对埋深低于河滩的排放口，应在每年枯水期进行疏浚。

4 当排放口管底高于河滩 1m 以上时，应根据冲刷情况采取阶梯跌水等消能措施。

3.2.15 江心式排放口的维护应符合下列规定：

1 排放口周围水域不得进行拉网捕鱼、船只抛锚或工程作业。

2 排放口标志牌应定期检查和油漆，保持结构完好，字迹清晰。

3 江心式排放口宜采用潜水的方法，对河床变化、管道淤塞、构件腐蚀和水下生物附着等情况进行检查。

4 江心式排放口应定期采用满负荷开泵的方法进行水力冲洗，保持排放管和喷射口的畅通，每年冲洗的次数不应少于 2 次。

3.2.16 寒冷地区冬季排水管道养护应符合下列规定：

1 冰冻前，应对雨水口采用编织袋、麻袋或木屑等保温材料覆盖的防冻措施。

2 发现管道冰冻堵塞时，应及时采用蒸汽化冻。

3 融冻后，应及时清除用于覆盖雨水口的保温材料，并清除随融雪流入管道的杂物。

3.3 管道检查

3.3.1 排水管道检查可分为管道状况普查、移交接管检查和应急事故检查等。

3.3.2 管道缺陷在管段中的位置应采用该缺陷点离起始井之间的距离来描述；缺陷在管道圆周的位置应采用时钟表示法来描述。

3.3.3 管道检查项目可分为功能状况和结构状况两类，主要检查项目应包括表 3.3.3 中的内容。

表 3.3.3 管道状况主要检查项目

检查类别	功能状况	结构状况
检查项目	管道积泥	裂缝
	检查井积泥	变形
	雨水口积泥	腐蚀
	排放口积泥	错口
	泥垢和油脂	脱节
	树根	破损与孔洞
	水位和水流	渗漏
	残墙、坝根	异管穿入

注：表中的积泥包括泥沙、碎砖石、固结的水泥浆及其他异物。

3.3.4 以功能性状况为目的普查周期宜采用1～2年一次；以结构性状况为主要目的的普查周期宜采用5～10年一次。流沙易发地区的管道、管龄30年以上的管道、施工质量差的管道和重要管道的普查周期可相应缩短。

3.3.5 移交接管检查的主要项目应包括渗漏、错口、积水、泥沙、碎砖石、固结的水泥浆、未拆清的残墙、坝根等。

3.3.6 应急事故检查的主要项目应包括渗漏、裂缝、变形、错口、积水等。

3.3.7 管道检查可采用人员进入管内检查、反光镜检查、电视检查、声纳检查、潜水检查或水力坡降检查等方法。各种检查方法的适用范围宜符合表3.3.7的要求。

表3.3.7 管道检查方法及适用范围

检查方法	中小型管道	大型以上管道	倒虹管	检查井
人员进入管内检查	—	√	—	√
反光镜检查	√	√	—	√
电视检查	√	√	√	—
声纳检查	√	√	√	—
潜水检查	—	√	—	√
水力坡降检查	√	√	√	—

注："√"表示适用。

3.3.8 对人员进入管内检查的管道，其直径不得小于800mm，流速不得大于0.5m/s，水深不得大于0.5m。

3.3.9 人员进入管内检查宜采用摄影或摄像的记录方式。

3.3.10 以结构状况为目的的电视检查，在检查前应采用高压射水将管壁清洗干净。

3.3.11 采用声纳检查时，管内水深不宜小于300mm。

3.3.12 采用潜水检查的管道，其管径不得小于1200mm，流速不得大于0.5m/s。

3.3.13 从事管道潜水检查作业的单位和潜水员必须具有特种作业资质。

3.3.14 潜水员发现情况后，应及时用对讲机向地面报告，并由地面记录员当场记录。

3.3.15 水力坡降检查应符合下列规定：

1 水力坡降检查前，应查明管道的管径、管底高程、地面高程和检查井之间的距离等基础资料。

2 水力坡降检测应选择在低水位时进行。泵站抽水范围内的管道，也可从开泵前的静止水位开始，分别测出开泵后不同时间水力坡降线的变化；同一条水力坡降线的各个测点必须在同一个时间测得。

3 测量结果应绘成水力坡降图，坡降图的竖向比例应大于横向比例。

4 水力坡降图中应包括地面坡降线、管底坡降线、管顶坡降线以及一条或数条不同时间的水面坡降线。

3.4 管道修理

3.4.1 重力流排水管道严禁采用上跨障碍物的敷设方式。

3.4.2 污水管、合流管和位于地下水位以下的雨水管应选用柔性接口的管道。

3.4.3 管道开挖修理应符合现行国家标准《给水排水管道工程施工及验收规范》GB 50268的规定。

3.4.4 封堵管道必须经排水管理部门批准；封堵前应做好临时排水措施。

3.4.5 封堵管道应先封上游管口，再封下游管口；拆除封堵时，应先拆下游管堵，再拆上游管堵。

3.4.6 封堵管道可采用充气管塞、机械管塞、木塞、止水板、黏土麻袋或墙体等方式。选用封堵方法应符合表3.4.6的要求。

表3.4.6 管道封堵方法

封堵方法	小型管	中型管	大型管	特大型管
充气管塞	√	√	√	—
机械管塞	√	—	—	—
止水板	√	√	√	√
木塞	√	—	—	—
黏土麻袋	√	—	—	—
墙体	√	√	√	√

注：表中"√"表示适用。

3.4.7 使用充气管塞封堵管道应符合下列规定：

1 必须使用合格的充气管塞。

2 管塞所承受的水压不得大于该管塞的最大允许压力。

3 安放管塞的部位不得留有石子等杂物。

4 应按规定的压力充气；在使用期间必须有专人每天检查气压状况，发现低于规定气压时必须及时补气。

5 应按规定做好防滑动支撑措施。

6 拆除管塞时应缓慢放气，并在下游安放拦截设备。

7 放气时，井下操作人员不得在井内停留。

3.4.8 已变形的管道不得采用机械管塞或木塞封堵。

3.4.9 带流槽的管道不得采用止水板封堵。

3.4.10 采用墙体封堵管道应符合下列规定：

1 根据水压和管径选择墙体的安全厚度，必要时应加设支撑。

2　在流水的管道中封堵时，宜在墙体中预埋一个或多个小口径短管，用于维持流水，当墙体达到使用强度后，再将预留孔封堵。

3　大管径、深水位管道的墙体封拆，可采用潜水作业。

4　拆除墙体前，应先拆除预埋短管内的管堵，放水降低上游水位；放水过程中人员不得在井内停留，待水流正常后方可开始拆除。

5　墙体必须彻底拆除，并清理干净。

3.4.11　支管接入主管应符合下列规定：

1　支管应在接入检查井后与主管连通。

2　当支管管底低于主管管顶高度时，其水流的转角不应小于90°。

3　支管接入检查井后，检查井凿孔与管头之间的空隙必须采用水泥砂浆填实，并内外抹光。

4　雨水管或合流管的接户井底部宜设置沉泥槽。

3.4.12　井框升降应符合下列规定：

1　用于井框升降的衬垫材料，在机动车道下应采用强度等级为C25及以上的现浇或预制混凝土。

2　井框与路面的高差应符合本规程第3.2.5条的规定；井壁内的升高部分应采用水泥砂浆抹平。

3　在井框升降后的养护期间内，应采用施工围栏保护和警示。

3.4.13　旧管上加井应符合下列规定：

1　当接入支管的管底低于旧管管顶高度时，加井应按新砌检查井的标准砌筑。

2　当接入支管的管底高于旧管管顶高度时，可采用骑管井的方式在不断水的情况下加建新井。

3　骑管井的荷载不得全部落在旧管上，骑管井的混凝土基础应低于主管的半管高度，靠近旧管上半圆的墙体应砌成拱形。

4　在旧管上凿孔应采用机械切割或钻孔，不得损伤管道结构，不得将水泥碎块遗留在管内。

3.4.14　排水管道非开挖修理可采用下列方法：

1　个别接口损坏的管道可采用局部修理。

2　出现中等以上腐蚀或裂缝的管道应采用整体修理。

3　强度已削弱的管道，在选择整体修理时应采用自立内衬管设计。

4　选用非开挖修理方法应符合表3.4.14的要求。

表3.4.14　非开挖修理的方法

修理方法		小型管	中型管	大型以上	检查井
局部修理	钻孔注浆	—	—	√	√
	嵌补法	—	—	√	√
	套环法	—	—	√	—
	局部内衬	—	—	√	√
整体修理	现场固化内衬	√	√	√	√
	螺旋管内衬	√	√	√	—
	短管内衬	√	√	√	√
	拉管内衬	√	√	—	—
	涂层内衬	—	—	√	√

注：表中“√”表示适用。

3.4.15　主管的废除和迁移必须经排水管理部门批准。

3.4.16　废除旧管道还应符合下列规定：

1　除原位翻建的工程外，旧管道应在所有支管都已接入新管后方可废除。

2　被废除的排水管宜拆除；对不能拆除的，应作填实处理。

3　检查井或雨水口废除后，应作填实处理，并应拆除井框等上部结构。

4　旧管废除后应及时修改管道图，调整设施量。

3.5　明渠维护

3.5.1　明渠应定期巡视，当发现下列行为之一时，应及时制止：

1　向明渠内倾倒垃圾、粪便、残土、废渣等废弃物。

2　圈占明渠或在明渠控制范围内修建各种建（构）筑物。

3　在明渠控制范围内挖洞、取土、采砂、打井、开沟、种植及堆放物件。

4　擅自向明渠内接入排水管，在明渠内筑坝截水、安泵抽水、私自建闸、架桥或架设跨渠管线。

5　向雨水渠中排放污水。

3.5.2　明渠的检查与维护应符合下列规定：

1　定期打捞水面漂浮物，保持水面整洁。

2　及时清理落入渠内阻碍明渠排水的障碍物，保持水流畅通。

3　定期整修土渠边坡，保持线形顺直，边坡整齐。

4　每年枯水期应对明渠进行一次淤积情况检查，明渠的最大积泥深度不应超过设计水深的1/5。

5　明渠清淤深度不得低于护岸坡脚顶面。

6　定期检查块石渠岸的护坡、挡土墙和压顶；发现裂缝、沉陷、倾斜、缺损、风化、勾缝脱落等应及时修理。

7　定期检查护栏、里程桩、警告牌等明渠附属设施，并保持完好。

8　明渠宜每隔一定距离设清淤运输坡道。

3.5.3　明渠的废除应符合下列规定：

1 明渠的废除必须经排水管理部门批准。

2 废除的构筑物应及时拆除。

3.6 污泥运输与处置

3.6.1 污泥运输应符合下列规定：

1 通沟污泥可采用罐车、自卸卡车或污泥拖斗运输；也可采用水陆联运。

2 在运输过程中，应做到污泥不落地、沿途无洒落。

3 污泥运输车辆应加盖，并应定期清洗保持整洁。

4 在长距离运输前，污泥宜进行脱水处理，脱水过程可在中转站进行或送污水处理厂处理。

3.6.2 污泥盛器和车辆在街道上停放时，应设置安全标志，夜间应悬挂警示灯。疏通作业完毕后，应及时撤离现场。

3.6.3 污泥处置应符合下列规定：

1 在送处置场前，污泥应进行脱水处理。

2 污泥处置不得对环境造成污染。

3.7 档案与信息管理

3.7.1 排水设施维护管理部门应建立健全排水管网档案资料管理制度，配备专职档案资料管理人员。

3.7.2 排水管网档案资料应包括工程竣工资料、维修资料、管道检查资料及管网图等。

3.7.3 工程竣工后，排水设施管理部门应对建设单位移交的竣工资料按有关规定及时归档。

3.7.4 排水设施管理部门应绘制能准确反映辖区内管网情况的排水管网图；设施变化后管网图应及时修测。排水管网图中应包括表 3.7.4 所列举的内容。

表 3.7.4 排水管网图的主要内容

图名	排水系统图	排水管详图
比例尺	1：2000 至 1：20000	1：500 至 1：2000
内容	排水系统边界	检查井
	泵站及排放口位置	雨水口
	泵站、污水厂名称	接户井
	泵站装机容量	管　径
	主管位置	管道长度
	管　　径	管道流向
	管道流向	管底及地面高程
	道路、河流等	道路边线、沿街参照物

3.7.5 排水设施维护管理部门应建立排水管网地理信息系统，采用计算机技术对管网图等空间信息实施智能化管理，并应符合下列规定：

1 排水管网地理信息系统应包括以下主要功能：

1）管道数据输入、编辑功能；

2）管道信息查询、统计、分析功能；

3）具备完善的信息维护和更新功能；

4）图形及报表的输出、打印功能。

2 排水管网数据库中应包括表 3.7.5 所列举的内容。

表 3.7.5 排水管网数据库的主要内容

图名	雨水系统图	污水系统图	排水管详图
内容	服务面积	服务面积	管径
	设计雨水量	设计污水量	管道长度
	设计暴雨重现期	人均日排水量	管材
	平均径流系数	服务人口	管道断面形状
	泵站容量	泵站容量	接口种类
	主管长度	主管长度	施工方法
	设计单位	设计单位	检查井材料
	施工单位	施工单位	地面和管底高程
	竣工年代	竣工年代	竣工年代

3 排水管网地理信息系统建成后，应建立相应的数据维护制度；及时对变更的管道进行实地修测，及时更新数据。

4 采用计算机管理的技术资料应有备份。

4 排 水 泵 站

4.1 一 般 规 定

4.1.1 泵站的运行、维护应符合现行国家标准《恶臭污染物排放标准》GB 14554 和《城市区域环境噪声标准》GB 3096 的规定。

4.1.2 检查维护水泵、闸阀门、管道、集水池、压力井等泵站设备设施时，必须采取防硫化氢等有毒有害气体的安全措施。

4.1.3 水泵维修后，其流量不应低于原设计流量的 90%；机组效率不应低于原机组效率的 90%；汛期雨水泵站的机组可运行率不应低于 98%。

4.1.4 泵站机电、仪表和监控设备应备有易损零配件。

4.1.5 泵站设施、机电设备和管配件外表除锈、防腐蚀处理宜 2 年一次。

4.1.6 泵站内设置的起重设备、压力容器、安全阀及易燃、易爆、有毒气体监测装置必须每年检验一次，合格后方可使用。

4.1.7 围墙、道路、泵房等泵站附属设施应保持完好，宜 3 年整修一次。

4.1.8 每年汛期前应检查与维护泵站的自身防汛设施。

4.1.9 泵站应做好环境卫生和绿化养护工作。

4.1.10 泵站应做好运行与维护记录。

4.1.11 泵站运行宜采用计算机监控管理。

4.2 水 泵

4.2.1 水泵运行前的例行检查应符合下列规定：

1 运行前宜盘车，盘车时水泵叶轮、电机转子不得有碰擦和轻重不匀；

2 弹性圆柱销联轴器的轴向间隙应符合表4.2.1-1的规定；

表 4.2.1-1 弹性圆柱销联轴器的轴向间隙（mm）

轴孔直径	标准型			轻型		
	型号	外径	间隙	型号	外径	间隙
25～28	B1	120	1～5	Q1	105	1～4
30～38	B2	140	1～5	Q2	120	1～4
35～45	B3	170	2～6	Q3	145	1～4
40～45	B4	190	2～6	Q4	170	1～5
45～65	B5	220	2～6	Q5	200	1～5
50～75	B6	260	2～8	Q6	240	2～6
70～95	B7	330	2～10	Q7	290	2～6
80～120	B8	410	2～12	Q8	350	2～8
100～150	B9	500	2～15	Q9	440	2～10

3 机组的轴承润滑应良好；

4 泵体轴封机构的密封应良好；

5 涡壳式水泵泵壳内的空气应排尽；

6 水润滑冷却机械密封的供水压力宜为0.1～0.3MPa；

7 电动机绕组的绝缘电阻值应符合表4.2.1-2的规定；

表 4.2.1-2 电动机绕组的绝缘电阻值

电压（V）	电动机绕组的绝缘电阻值（MΩ）
380	≥0.5
6000	≥7
10000	≥11

8 集水池水位应符合水泵启动技术水位的要求；

9 进出水管路应畅通，阀门启闭应灵活；

10 仪器仪表显示应正常；

11 电气连接必须可靠，电气桩头接触面不得烧伤，接地装置应有效。

4.2.2 运行中的巡视检查应符合下列规定：

1 水泵机组应转向正确、运转平稳、无异常振动和噪声；

2 水泵机组应在规定的电压、电流范围内运行；

3 水泵机组轴承润滑应良好；滚动轴承温度不应超过80℃，滑动轴承温度不应超过60℃，温升不应大于35℃；

4 轴封机构不应过热，渗漏不得滴水成线；

5 水泵机座螺栓应紧固，泵体连接管道不得发生渗漏；

6 水泵轴封机构、联轴器、电机、电气器件等运行时，应无异常的焦味；

7 集水池水位应符合水泵运行的要求；

8 格栅前后水位差应小于200mm。

4.2.3 水泵停止运行时应符合下列规定：

1 轴封机构不得漏水；

2 止回阀或出水拍门关闭时的响声应正常，柔性止回阀闭合应有效；

3 泵轴惰走时间不应太短。

4.2.4 长期不运行的水泵应符合下列规定：

1 卧式泵每周用工具盘动泵轴，改变相对搁置位置；

2 试泵周期不宜超过15d，试运行时间不应少于5min；

3 蜗壳泵不运行期间应放空泵内剩水；

4 潜水泵宜吊出集水池存放。

4.2.5 水泵日常养护应符合下列规定：

1 轴承润滑应良好，润滑油或润滑脂应符合有关标准的规定；

2 联轴器的轴向间隙应符合本规程表4.2.1-1的规定；

3 轴封处无积水和污垢，填料应完好有效；

4 机、泵及管道连接螺栓应紧固；

5 水泵机组外表不得有灰尘、油垢和锈迹，铭牌应完整、清晰；

6 冰冻期间水泵停止使用时，应放尽泵体、管道和阀门内的积水；

7 涡壳泵内应无沉积物，叶轮与密封环的径向间隙应符合表4.2.5的规定；

表 4.2.5 叶轮与密封环的径向间隙（mm）

密封环内径	半径间隙	最大磨损半径极限
＞80～120	0.15～0.22	0.44
＞120～150	0.18～0.26	0.51
＞150～180	0.20～0.28	0.56
＞180～220	0.23～0.32	0.63
＞220～260	0.25～0.34	0.68
＞260～290	0.25～0.35	0.70
＞290～320	0.28～0.38	0.75
＞320～350	0.30～0.40	0.80

8 水泵冷却水、润滑水系统的供水压力和流量应保持在规定范围内；抽真空系统不得发生泄漏；

9 潜水泵温度、泄漏及湿度传感器应完好，显示值准确。

4.2.6 水泵定期维护应符合下列规定：

1 定期维护前应制定维修技术方案和安全措施；

2 弹性圆柱销联轴器同轴度允许偏差应符合表4.2.6-1的规定；

表4.2.6-1 弹性圆柱销联轴器同轴度允许偏差

联轴器外径（mm）	同轴度允许偏差	
	径向位移（mm）	轴向倾斜率（%）
105～260	0.05	0.02
290～500	0.1	0.02

3 维修后的技术性能应符合本规程第4.1.3条的规定；

4 定期维护后应有完整的维修记录及验收资料；

5 水泵及传动机构的解体维护周期应符合表4.2.6-2的规定。

表4.2.6-2 水泵及传动机构解体维护周期

水泵类型	轴流泵	离心泵及混流泵	潜水泵	螺旋泵	不经常运行的水泵
周期	3000h	5000h	3000～15000h	8000h	3～5年

4.2.7 离心式、混流式蜗壳泵的定期维护应符合下列规定：

1 轴封机构维护内容应符合表4.2.7-1的要求；

表4.2.7-1 轴封机构维护内容

轴封形式	维修内容
填料密封	更换或整修填料密封轴套、轴衬、填料压盖及螺栓
机械密封	更换动、静密封圈、弹簧圈及轴套
橡胶骨架密封	更换磨损的橡胶骨架密封圈、轴套、轴衬、填料压盖

2 叶轮与密封环的径向间隙均匀，最大间隙不应大于最小间隙的1.5倍，径向间隙应符合本规程表4.2.5的规定值；

3 叶轮轮壳和盖板应无破裂、残缺和穿孔；

4 叶片和流道被汽蚀的麻窝深度大于2mm的应修补；叶轮壁厚小于原厚度2/3的应更换；

5 滚动轴承游隙应符合表4.2.7-2的规定。

表4.2.7-2 滚动轴承游隙（mm）

轴承内径	径向极限值
20～30	0.1
35～50	0.2
55～80	0.2
85～150	0.3

4.2.8 轴流泵、导叶式混流泵定期维护应符合下列规定：

1 轴封机构和轴套磨损的应修理或更换；

2 橡胶轴承及泵轴轴套磨损超过规定值的应更换；

3 叶片的汽蚀麻窝深度大于2mm的应修理或更换；

4 导叶体和喇叭管汽蚀麻窝深度大于5mm的应修理或更换；

5 电机轴、传动轴、泵轴的同轴度允许偏差应符合本规程表4.2.6-1的规定。

4.2.9 开式螺旋泵定期维护应符合下列规定：

1 滚动轴承游隙应符合本规程表4.2.7-2的规定；

2 联轴器轴向间隙和同轴度应符合本规程表4.2.1-1和表4.2.6-1的规定；

3 泵轴挠度大于2/1000和叶片磨损超过规定值的应整修；

4 齿轮箱应解体检修。

4.2.10 潜水泵定期维护应符合下列规定：

1 每年或累计运行4000h后，应检测电机线圈的绝缘电阻；

2 每年至少一次吊起潜水泵，检查潜水电机引入电缆和密封圈；

3 每年或累计运行4000h后，应检查温度传感器、湿度传感器和泄漏传感器；

4 机械密封和油腔内的油质检查每3年一次；

5 电机轴承润滑脂更换每3年一次；

6 间隙过大或损坏的叶轮、耐磨环应及时修理或更换；

7 轴承或电机绕组温度超过规定值时，应解体维修。

4.3 电气设备

4.3.1 电气设备巡视、检查、清扫应符合下列规定：

1 运行中的电气设备应每班巡视，并填写巡视记录，特殊情况应增加巡视次数；

2 电气设备每半年应检查、清扫一次，环境恶劣时应增加清扫次数；

3 电气设备跳闸后，在未查明原因前，不得重新合闸运行。

4.3.2 电气设备试验应符合下列规定：

1 高、低压电气设备的维修和定期预防性试验应符合国家现行标准《电气设备预防性试验规程》DL/T 596的规定；

2 电气设备更新改造后，投入运行前应做交接试验。交接试验应符合现行国家标准《电气装置安装工程电气设备交接试验标准》GB 50150的规定。

4.3.3 电力电缆定期检查与维护应符合下列规定：

1　电缆绝缘必须满足运行要求，电力电缆直流耐压试验至少 5 年一次；

2　电缆终端连接点应保持清洁，相色清晰，无渗漏油，无发热，接地完好；

3　室内电缆沟内无渗水、积水；

4　在埋地电缆保护范围内，不得有打桩、挖掘、植树以及其他可能伤及电缆的行为。

4.3.4　在每年雷雨季前，变（配）电房的防雷和接地装置必须做预防性试验。

4.3.5　防雷和接地装置的检查与维护应符合下列规定：

1　接地装置连接点不得有损伤、折断和腐蚀状况；大接地系统的电阻值不应超过 0.5Ω，小接地系统的电阻值不应超过 10Ω；

2　埋设在酸、碱、盐腐蚀性土壤中的接地体，每 5 年应检查地面以下 500mm 深度内的腐蚀程度；

3　电气设备应与接地线连接，接地线与接地干线或接地网连接应完好；

4　避雷器瓷件表面应无破损与裂纹，引线桩头应无松动，安装牢固；

5　避雷器与配电装置应同时巡视检查，雷电后应增加巡视检查。

4.3.6　电力变压器巡视检查应符合下列规定：

1　日常巡视每天不得少于一次，夜间巡视每周不得少于一次；

2　有下列情况之一时，应增加巡视检查次数：

1）首次投运或检修、改造后运行 72h 内；

2）遇雷雨、大风、大雾、大雪、冰雹或寒潮等气象突变时；

3）高温季节及用电高峰期间；

4）变压器过载运行时。

3　变压器日常巡视检查应符合下列要求：

1）油温正常，无渗油、漏油，油位应保持在上下限范围内；

2）套管油位正常，套管外部无破损裂纹、无严重油污、无放电痕迹及其他异常现象；

3）变压器声响正常；

4）散热器各部位手感温度相近，散热附件工作正常；

5）吸湿器完好，吸附剂干燥；

6）引线接头、电缆、母线无发热迹象；

7）压力释放器、安全气道及防爆膜完好无损；

8）分接开关的分接位置及电源指示正常；

9）气体继电器内无气体；

10）控制箱和二次端子箱密闭，防潮有效；

11）变压器室不漏水，门窗及照明完好，通风良好，温度正常；

12）变压器外壳及各部件保持清洁。

4.3.7　电力变压器的定期检查与维护应符合下列规定：

1　定期检查应每年一次，除日常检查的内容外还应增加下列内容：

1）标志齐全明显；

2）保护装置齐全、良好；

3）温度计在检定周期内，温度信号正确可靠；

4）消防设施齐全完好；

5）室内变压器通风设备完好；

6）贮油池和排油设施保持良好状态。

2　正式投入运行后 5 年应大修一次，以后每 10 年应大修一次。

4.3.8　干式电力变压器的检查与维护应符合下列规定：

1　声响、湿度正常，温控及风冷装置完好，绕组表面无凝露水滴；

2　定期清扫，保持变压器清洁；

3　环氧浇注式变压器表面无裂痕及爬弧放电现象；

4　运行温度超过表 4.3.8 允许的温升值时，应停电检查。

表 4.3.8　干式变压器各部位的允许温升值

变压器部位	绝缘等级	允许温升值（℃）	测量方法
绕组	E	75	电阻法
	B	80	
	F	100	
	H	125	
	C	150	
铁芯和结构零件表面	最大不得超过接触绝缘材料的允许温升		温度计法

4.3.9　电力变压器出现下列情况之一时必须退出运行，立即检修：

1　安全气道防爆膜破坏或储油柜冒油；

2　重瓦斯继电器动作；

3　瓷套管有严重放电和损伤；

4　变压器内噪声增高且不匀，有爆裂声；

5　在正常冷却条件下，变压器温升不正常；

6　严重漏油，储油柜无油；

7　变压器油严重变色；

8　出现绕组和铁芯引起的故障；

9　预防性试验不合格。

4.3.10　高压隔离开关的检查与维护应符合下列规定：

1　高压隔离开关每年至少检查一次；

2 瓷件表面无积灰、掉釉、破损、裂纹和闪络痕迹，绝缘子的铁、瓷结合部位牢固；

3 刀片、触头、触指表面清洁，无机械损伤、扭曲、变形，无氧化膜及过热痕迹；

4 触头或刀片上的附件齐全，无损坏；

5 连接隔离开关的母线、断路器的引线牢固，无过热现象；

6 软连接无折损、断股现象；

7 清扫操作机构和传动部件，并注入适量润滑油；

8 传动部分与带电部分的距离应符合规定，定位器和自动装置牢固、动作正确；

9 隔离开关的底座良好，接地可靠；

10 有机材料支持绝缘子的绝缘电阻应符合要求；

11 操作机构动作灵活，三相同期接触良好。

4.3.11 高压负荷开关的检查与维护应符合下列规定：

1 定期维护每年不得少于一次；

2 绝缘子无裂纹和损坏，绝缘良好；

3 各传动部分润滑良好，连接螺栓无松动；

4 操作机构无卡阻、呆滞现象；

5 合闸时三相触点同期接触，其中心应无偏心；

6 分闸时，隔离开关张开角度不应小于58°，断开时应有明显断开点；

7 各部分无过热及放电痕迹；

8 灭弧装置无烧伤及异常现象。

4.3.12 高压油断路器的检查与维护应符合下列规定：

1 定期维护每年不得少于一次；

2 应对高压油断路器油样进行检测；

3 机械传动机构应保持润滑，操作机构无卡阻、呆滞现象；

4 发现渗油或漏油应及时检修；

5 切断过两次短路电流后应解体大修。

4.3.13 高压真空断路器与接触器的检查与维护应符合下列规定：

1 绝缘部件无积灰、无损裂；

2 机械传动机构部分保持润滑；

3 结构连接件紧固；

4 定期检查超行程；

5 手动分闸铁芯分闸可靠，操作机构自由脱扣装置动作可靠；

6 工频耐压试验每年一次；

7 更换灭弧室时应按规定尺寸调整触头行程；

8 应测定三相触头直流接触电阻。

4.3.14 高压六氟化硫断路器与接触器的检查与维护应符合下列规定：

1 绝缘部件无尘垢；

2 机械传动机构部分保持润滑；

3 结构连接件紧固；

4 定期检查超行程；

5 六氟化硫气体（SF_6）的压力表或气体继电器正常；

6 现场通风良好，通风装置运行可靠；

7 六氟化硫断路器机械机构检修应结合预防性试验进行，操作机构小修宜1～2年一次，操作机构大修宜5年一次，本体大修应10年一次。

4.3.15 高压变频装置的检查与维护应符合下列规定：

1 定期维护检查应每半年一次，空气过滤网清洁每两个月不得少于一次；

2 保持设备无尘，散热良好；

3 冷却风机的电机、皮带和风叶完好；

4 功率单元柜的空气过滤网应取下后进行清洁，如有破损必须更换；

5 外露和生锈的部位及时用修整漆修补；

6 冷却系统运行可靠；

7 功率单元柜和隔离变压器柜的电气连接件紧固。

4.3.16 低压变频装置的检查与维护应符合下列规定：

1 温度、振动和声响正常；

2 保持设备无尘，散热良好；

3 冷却风扇完好，散热良好；

4 接线端子接触良好，无过热现象；

5 变频器保护功能有效。

4.3.17 低压开关的检查与维护应符合下列规定：

1 定期维护每年不得少于一次；

2 电动机开关柜每月检查和清扫一次；

3 开关的绝缘电阻和接触电阻每年检测一次。

4.3.18 低压隔离开关的检查与维护应符合下列规定：

1 操作机构动作灵活无卡阻，刀闸的各相刀夹和刀片的传动机构在分合闸时应动作一致；

2 接线螺栓紧固，动静触头接触良好，无过热变色现象。

4.3.19 低压空气断路器检查应符合表4.3.19的规定。

表4.3.19 低压空气断路器检查要求

检查项目	要　求
主副触头接触点紧密程度	修正烧毛接触头，严重的应更换，表面应光滑，接触紧密，0.05mm塞尺不能通过
灭弧室	瓷制灭弧室应无裂纹，去除栅片上电弧飞溅的铜屑，更换严重熔烧的栅片

续表 4.3.19

检查项目	要　　求
进出线端子螺丝	旋紧螺丝发现接头处有过热现象应加以修正
机械传动部分	清除油垢，加润滑油
三相合闸同时性	不同时应加以调整
电磁线圈和伺服电机	分合正常
接地装置	接地良好
线路系统保护装置	动作可靠

4.3.20 低压交流接触器的检查与维护应符合下列规定：

1 灭弧罩、铁芯、短路环及线圈完好无损，及时清除电弧所飞溅上的金属微粒；

2 接触器无异常声音，分合时无机械卡阻；

3 调整触头开距、超程、触头压力和三相同期性；

4 辅助触头接触良好；

5 铁芯接触面平整无锈蚀。

4.3.21 电流互感器的检查和维护应符合下列规定：

1 电流互感器保持清洁；

2 接地牢固可靠；

3 油浸式电流互感器无渗油；

4 无放电现象，无异味异声；

5 预防性试验每年一次；

6 电流互感器二次侧严禁开路；

7 呼吸器内部的吸潮剂不应潮解。

4.3.22 电压互感器的检查和维护应符合下列规定：

1 瓷套管清洁、完整，无损坏、裂纹和放电痕迹；

2 油浸式电压互感器的油位正常，油色透明，无渗油；

3 各连接件无松动，接触可靠；

4 电压互感器无放电声和剧烈振动；

5 电压互感器的开口三角绕组上安装的消谐器无损坏；

6 电压互感器的保护接地良好；

7 高压侧导线接头无过热，低压回路的电缆和导线无损伤，低压侧熔断器及限流电阻应完好；

8 高压中性点的串联电阻良好，当无备品时应将中性点接地；

9 电压互感器一、二次侧熔断器完好；

10 呼吸器内部的吸潮剂不应潮解。

4.3.23 自耦减压启动装置的检查与维护应符合下列规定：

1 自耦变压器的声响正常，绝缘良好；

2 交流接触器的机构动作灵活，触头良好，电磁铁接触面清洁平整，短路环完好；

3 机械连锁机构灵活、正常，连锁可靠；

4 接线紧固牢靠；

5 继电器工作可靠，整定值正确；

6 连锁触点、主触点无氧化膜、烧毛、过热和损坏。

4.3.24 频敏变阻装置的检查与维护应符合下列规定：

1 接线紧固牢靠；

2 电磁铁响声正常；

3 线圈绝缘良好。

4.3.25 软启动装置的检查与维护应符合下列规定：

1 接线紧固牢靠；

2 工作温度正常，散热风扇良好；

3 旁路交流接触器工作可靠；

4 启动电流正常；

5 保持清洁无尘垢。

4.3.26 电力电容器补偿装置的检查与维护应符合下列规定：

1 外壳、瓷套管保持清洁无尘垢；

2 连接件紧固牢靠；

3 外壳无锈蚀、无渗漏，无变形、胀肚与漏液现象；

4 瓷套管无裂纹和闪络痕迹；

5 环境通风良好，温升正常；

6 电容器组三相间容量应保持平衡，误差不应超过一相总容量的5%。

4.3.27 无功功率就地补偿装置的检查与维护应符合下列规定：

1 熔断器接触良好；

2 保护装置动作可靠；

3 电力电容器的放电装置正常、可靠；

4 电抗器完好，工作可靠；

5 电流表、功率因数表工作正常。

4.3.28 无功功率自动补偿装置的检查与维护应符合下列规定：

1 装置的接线紧固可靠；

2 保持清洁无尘垢，通风散热良好；

3 自动补偿控制仪、交流接触器、电流表、功率因数表、电容器放电装置完好、工作可靠。

4.3.29 整流电源装置的检查与维护应符合下列规定：

1 工作电源和备用电源的自动切换装置完好；

2 仪表指示及继电器动作正常；

3 交直流回路的绝缘电阻不低于1MΩ/kV，在较潮湿的地方不低于0.5MΩ/kV；

4 元器件接触良好，无放电和过热等现象；

5 整流装置清洁无尘垢。

4.3.30 蓄电池电源装置的检查与维护应符合下列规定：

1 运行中的蓄电池应处于浮充电状态；

2 直流绝缘监视装置正负两极的对地电压保持为零；

3 蓄电池室清洁无尘垢，通风良好；

4 蓄电池应按实际负荷每年做一次放电，放电时保持电流稳定；

5 电池单体外观无变形和发热，电压及终端电压检测每月一次；

6 连接导线连接牢固，无腐蚀，导线检查每半年一次。

4.3.31 免维护蓄电池的检查与维护应符合下列规定：

1 蓄电池应按实际负荷每年做一次放电，放电时保持电流稳定，放出额定容量约30%（以0.1A放电3h），放电时每小时检测一次电压、电流、温度，放电后应均衡充电，然后转浮充；

2 电池外观无异常变形和发热，单体电压及终端电压检测每月一次；

3 连接导线连接牢固、无腐蚀，导线检查每半年一次；

4 不得单独增加或减少电池组中几个单体电池的负荷。

4.3.32 同步电动机励磁装置的检查与维护应符合下列规定：

1 运行前仪表显示正常，快速熔断器完好；

2 调试位“自检”、投励和灭磁操作正常；

3 冷却风机、调试位灭磁电阻、励磁电压、电流值正常；

4 保持清洁无尘垢；

5 外部动力线、调试位灭磁电阻、空气开关、快速熔断器、整流变压器、主桥输入和输出检查每年一次；

6 电缆接头紧固可靠；

7 转换开关、指示灯、仪表等外观无损坏，接线无松动；

8 控制单元和接插件板检查每年一次。

4.3.33 继电保护装置的检查和维护应符合下列规定：

1 日常巡视每天一次；

2 盘柜上各元件标志、名称齐全，表计、继电器及接线端子螺钉无松动；

3 继电器外壳完整无损，整定值指示位置正确。继电保护装置整定每年一次；

4 继电保护回路压板，转换开关运行位置与运行要求相符；

5 信号指示、光字牌、灯光音响讯号正常；

6 金属部件和弹簧无缺损变形；

7 继电器触点、端子排、表计、标志清洁无尘垢；

8 转换开关、各种按钮动作灵活，触点接触无压力和烧伤；

9 电压互感器、电流互感器二次引线端子完好；

10 继电保护整组跳闸良好；

11 微机综合继电保护装置显示正常，接插口良好；

12 盘柜上继电器、仪表校对合格后，应对各种继电保护装置回路进行绝缘电阻测量。测量绝缘电阻时，应使用500V或1000V兆欧表；当使用微机综合继电保护装置时，应使用500V以下兆欧表，所测量各回路绝缘电阻应符合规定。

4.3.34 水泵电动机启动前的检查应符合下列规定：

1 绕组的绝缘电阻符合安全运行要求；

2 开启式电动机内部无杂物；

3 绕线式电动机滑环与电刷接触良好，电刷的压力正常；

4 电动机引出线接头紧固；

5 轴承润滑油（脂）满足润滑要求；

6 接地装置必须可靠；

7 电动机除湿装置电源应断开；

8 润滑与冷却水系统应完好有效。

4.3.35 电动机运行中的检查应符合下列规定：

1 保持清洁，不得有水滴、油污进入；

2 电流和电压不超过额定值；

3 轴承温度正常、无漏油、无异声；

4 温升不超过允许值；

5 运行中不应有碰擦等杂声；

6 绕线式电动机的电刷与滑环的接触良好；

7 冷却系统正常，散热良好。

4.3.36 电动机的维护应符合下列规定：

1 累计运行6000～8000h后应维护一次；长期不运行的电动机每3～5年维护一次；

2 清除电动机内部灰尘，绕组绝缘良好；

3 铁芯硅钢片整齐无松动；

4 定子、转子绕组槽楔无松动，绕组引出线端焊接良好，相位正确、标号清晰；

5 鼠笼式电动机转子端接环无松动；

6 绕线式电动机转子线端的绑线牢固完整；

7 散热风扇紧固良好；

8 轴承游隙应符合本规程表4.2.7-2的规定；

9 外壳完好，铭牌清晰，接地良好；

10 电动机维护后应作转子静平衡、绝缘和耐压试验；

11 特殊电机启动前和运行中的检查要求应根据产品制造厂的使用要求进行；

12 恶劣环境下使用的电动机，维护周期可适当缩短。

4.4 进水与出水设施

4.4.1 闸（阀）门的日常养护应符合下列规定：

1 保持清洁，无锈蚀；

2 丝杆、齿轮等传动部件润滑良好，启闭灵活；

3 启闭过程中出现卡阻、突跳等现象应停止操作并进行检查；

4 不经常启闭的闸门每月启闭一次，阀门每周启闭一次；

5 暗杆阀门的填料密封有效，渗漏不得滴水成线；

6 手动阀门的全开、全闭、转向、启闭转数等标牌显示清晰完整；

7 手动、电动切换机构有效；

8 动力电缆及控制电缆的接线、接插件无松动，控制箱信号显示正确；

9 电动装置齿轮油箱无渗油和异声。

4.4.2 闸（阀）门的定期维护应符合下列规定：

1 齿轮箱润滑油脂加注或更换每年一次；

2 行程开关、过扭矩开关及连锁装置完好有效，检查和调整每半年一次；

3 电控箱内电器元件完好无腐蚀，检查每半年一次；

4 连接杆、螺母、导轨、门板的密闭性完好，闭合位移余量适当，检查每3年一次。

4.4.3 液压阀门的日常养护应符合下列规定：

1 阀杆、阀体清洁；

2 液压控制回路、锁定油缸、工作缸体无渗漏；

3 液压油缸连接螺栓紧固；

4 油箱油位应在规定的1/2～2/3油标范围内；

5 液压储能器压力应保持在额定值内，泵及电磁阀的运行工况正常。

4.4.4 液压阀门定期维护应符合下列规定：

1 阀体内的污物清除每半年不应少于一次；

2 主油泵过滤器滤油芯、控制油路和锁定油缸的油封每半年更换一次；

3 油缸内活塞行程调整每年一次；

4 压力继电器、时间继电器和储能器校验每年一次；

5 电气控制柜元器件整修每年一次；

6 液压站整修每年一次；

7 液压系统每三年整修一次。

4.4.5 真空破坏阀的日常养护应符合下列规定：

1 阀体、电磁吸铁装置清洁；

2 空气过滤器清洗每月一次，保持进、排气通道畅通；

3 阀杆每月检查一次，保持密封良好。

4.4.6 真空破坏阀的定期维护应符合下列规定：

1 电磁铁每年应清扫一次，更换密封；

2 阀体、阀杆每3年调整和修换一次；

3 阀体渗漏校验每3年一次。

4.4.7 拍门日常养护应符合下列规定：

1 转动销无严重磨损；

2 密封完好，无泄漏；

3 门框、门座螺栓连接牢固。

4.4.8 拍门的定期维护应符合下列规定：

1 转动销每年检查或更换一次；

2 阀板密封圈每3年调换一次；

3 钢制拍门每3年做一次防腐蚀处理；

4 浮箱拍门箱体无泄漏。

4.4.9 止回阀的日常养护应符合下列规定：

1 阀板运动无卡阻；

2 密封、阀体完好无渗漏；

3 连接螺栓与垫片完好紧固，阀腔连接螺栓与垫片完好紧固；

4 阀体应无渗漏，活塞式油缸不得渗油；

5 柔性止回阀透气管畅通；

6 缓闭式阀杆平衡锤位置合理；

7 阀体清洁。

4.4.10 止回阀定期维护的项目和周期应符合表4.4.10的规定。

表 4.4.10 止回阀的定期维护周期

维护项目		维护周期（年）
1	阀腔连接螺栓检查或更换	1
2	旋启式止回阀旋转臂杆及接头整修	1
3	升降式止回阀轴套垫片和密封圈检查或更换	1
4	缓闭式止回阀油缸内的机油检查更换	1
5	柔性止回阀支持吊索检查、调整	1

4.4.11 格栅的日常养护应符合下列规定：

1 格栅上的污物及时清除，操作平台保持清洁；

2 格栅片无松动、变形、脱落；

3 钢制格栅防腐处理每年一次。

4.4.12 格栅除污机的日常养护应符合下列规定：

1 格栅除污机和电控箱保持清洁；

2 轴承、齿轮、液压箱、钢丝绳、传动机构润滑良好；

3 齿耙、刮板运行正常；

4 机座、传动机构紧固件无松动；

5 驱动链轮、链条、移动式机组行走运行正常，定位机构可靠；

6 长期停用的除污机每周不应少于一次运转，运转时间不少于5min。

4.4.13 格栅除污机的定期维护应符合下列规定：

1 驱动链轮、链条、齿耙、钢丝绳、刮板等完好，整修每年不少于一次；

2 轴承、油缸、油箱和密封件完好，整修每年一次；

3 控制箱、各元器件完好，维护每年一次；

4 齿轮箱每3年解体维护一次。

4.4.14 栅渣皮带输送机的日常养护应符合下列规定：

1 主动、从动转鼓轴承润滑良好；

2 输送带无跑偏、打滑；

3 停运后，及时清洁输送带及挡板。

4.4.15 栅渣皮带输送机定期维护的项目和周期应符合表4.4.15的规定。

表4.4.15 栅渣皮带输送机定期维护的项目和周期

维护项目		维护周期（年）
1	输送带接口修整	0.5
2	输送带滚轮和轴承整修	3
3	皮带输送机的钢支架防腐蚀处理	3
4	驱动电机、齿轮箱解体维护	3

4.4.16 螺旋输送机的日常养护应符合下列规定：

1 驱动电机、齿轮箱、输送机构运转平稳、温度正常、无异声和缺油；

2 螺旋槽内无卡阻；

3 齿轮箱、螺旋叶片支承轴承润滑良好。

4.4.17 螺旋输送机定期维护的项目和周期应符合表4.4.17的规定。

表4.4.17 栅渣螺旋输送机定期维护的项目和周期

维护项目		维护周期（年）
1	螺旋叶片和摩擦圈整修	1
2	钢制螺旋槽防腐蚀处理	1
3	螺旋叶片工作间隙和转轴挠度调整	1

4.4.18 螺旋压榨机的日常养护应符合下列规定：

1 驱动电机、齿轮箱、螺旋输送机构运转平稳，温度正常，润滑良好，无异声；

2 螺旋槽内无卡阻异物；

3 间断出渣时，渣筒无干摩擦和卡阻。

4.4.19 螺旋压榨机的定期维护应符合下列规定：

1 定期维护的项目和周期应符合表4.4.19的规定；

表4.4.19 螺旋压榨机定期维护的周期

维护项目		维护周期（年）
1	螺旋叶片整修	1
2	钢制螺旋槽防腐蚀处理	1
3	螺旋叶片工作间隙和转轴挠度调整	1
4	压榨筒内的摩擦导向条整修	1

2 解体维护后，应调整过力矩保护装置。

4.4.20 沉砂池的维护应符合下列规定：

1 沉砂池积砂高度不应高于进水管管底；

2 沉砂池池壁的混凝土保护层无剥落、裂缝、腐蚀。

4.4.21 集水池的维护应符合下列规定：

1 定期抽低水位，冲洗池壁，池面无大块浮渣；

2 定期校验水位标尺和液位计，保持标尺和液位计整洁；

3 池底沉积物不应影响流槽的进水；

4 池壁混凝土无严重剥落、裂缝、腐蚀；

5 钢制扶梯、栏杆防腐处理每2年不应少于一次。

4.4.22 出水井的维护应符合下列规定：

1 池壁混凝土无剥落、裂缝、腐蚀，高位出水井不得渗漏；

2 密封橡胶衬垫、钢板、螺栓无严重老化和腐蚀，压力井不得渗漏；

3 压力透气孔不得堵塞。

4.5 仪表与自控

4.5.1 仪表的检查应符合下列规定：

1 仪表安装牢固，接线可靠，现场保护箱完好；

2 检测仪表的传感器表面清洁；

3 仪表显示正常，显示值异常时应及时分析原因并做好记录；

4 供电和过电压保护设备良好；

5 密封件防护等级应符合环境要求。

4.5.2 执行机构和控制机构的电动、液动、气动装置保持工况正常；其定期维护的周期应符合表4.5.2的规定。

表4.5.2 执行机构和控制机构定期维护的周期

维护项目		维护周期（年）
1	电动、液动、气动等执行机构的性能检查	1
2	控制机构的性能检查	1
3	执行、控制机构信号、连锁、保护及报警装置可靠性检查	1

4.5.3 自动控制及监视系统，应按用户手册的要求进行巡视检查及日常维护。

4.5.4 检测仪表的定期清洗应符合下列规定：

1 传感器清洗每月不少于一次，零点和量程应在仪表规定的范围内；

2 传感器的自动清洗装置检查每月不少于一次。

4.5.5 检测仪表的定期校验应符合下列规定：

1 在线热工类检测仪表每半年应进行一次零点

和量程调整；

2 流量计的标定应由有资质的计量机构进行，每1～3年标定一次；

3 在线水质分析仪表零点和量程调整每年一次；

4 H_2S等有毒、有害气体报警装置应保持有效，定期委托有资质的计量机构进行检定；

5 雨量仪维护和校验每年一次；

6 水泵机组检测仪表应按使用维护说明定期校验。

4.5.6 自动控制系统的定期维护应符合下列规定：

1 自动控制及监视系统（计算机、模拟盘、触摸屏、显示屏、打印机、操作台等）的维护应按用户手册的要求进行；

2 自动控制系统的定期维护项目和周期应符合表4.5.6的规定。

表4.5.6 自动控制系统的定期维护项目和周期

	维护项目	维护周期（年）
1	可编程序控制（PLC）、远程终端（RTU）、通信设施及通信接口检查	1
2	就地（现场）控制系统各检测点的模拟量或数字量校验	1
3	自动控制系统的供电系统检查、维护	1
4	手动和自动（遥控）控制功能及控制级的优先权等检查	1
5	自动控制系统的接地（接零）和防雷设施检查和维护	1
6	自动控制系统的自诊断、声光报警、保护及自启动、通信等功能测试	1

4.5.7 监控（控制）室定期维护项目和周期应符合表4.5.7的规定。

表4.5.7 监控（控制）室定期维护项目和周期

	维护项目	维护周期（年）
1	主机房内防静电设施检查	1
2	控制系统接插件及设备连接可靠性检查	1
3	故障声光报警设定值校验，电力监控及报警处置值校验	1
4	控制室监控、PLC/RTU、监视（摄像）、通信系统的工况和性能校验	1

4.6 泵站辅助设施

4.6.1 起重设备维护应按国家现行有关起重机械监督检验标准执行。

4.6.2 电动葫芦的日常养护应符合下列规定：

1 电控箱及手操作控制器可靠；

2 钢丝绳索具完好；

3 升降限位、升降行走机构运动灵活、稳定，断电制动可靠。

4.6.3 电动葫芦的定期维护应符合下列规定：

1 外部无尘垢；

2 吊钩防滑装置完好；

3 有劳动安全检查部门颁发的合格使用证，维修后必须经劳动安全部门检查合格后方可使用；

4 电动葫芦的定期维护项目和周期应符合表4.6.3的规定。

表4.6.3 电动葫芦的定期维护项目和周期

	维护项目	维护周期（年）
1	钢丝绳、索具涂抹防锈油脂	0.5
2	齿轮箱检查，加注润滑油	1
3	接地线连接状态检查和接地电阻检测	1
4	轮箍与轨道侧面磨损状况检查，车挡紧固状态及纵向挠度整修	1
5	电动葫芦制动器、卷扬机构、电控箱、齿轮箱整修	2
6	齿轮箱清洗、换油	3～5

4.6.4 桥式起重机的日常养护应符合下列规定：

1 电控箱、手操作控制器完好，电源滑触线接触良好；

2 大车、小车、升降机构运行稳定，制动可靠；

3 接地线及系统连接可靠；

4 吊钩和滑轮组钢丝绳排列整齐；

5 滑轮组和钢丝绳油润充分；

6 齿轮箱、大车、小车、驱动机构润滑良好。

4.6.5 桥式起重机的定期维护应符合下列规定：

1 定期维护每3年一次；

2 检查维护的主要项目和要求：

1）桥架结构件螺栓紧固；

2）箱形梁架主要焊接件的焊缝无裂纹、脱焊；

3）大车、小车的主驱动、传动轴、联轴节和螺栓连接紧固；

4）卷扬机、钢丝绳无严重磨损和缺油老化；

5）齿轮箱、轴承和传动齿轮副无严重磨损；

6）车轮及轨道无严重磨损和啃道；

7）电器件完好有效。

3 应有劳动安全部门颁发的合格使用证，维修后必须经劳动安全部门检查合格后方可使用。

4.6.6 剩水泵的维护应符合下列规定：

1 离心剩水泵的维护应符合本规程第4.2.7条的规定；

2 潜水剩水泵的维护应符合本规程第4.2.10条的规定；

3 手摇往复泵的维护应符合下列规定：

1）活塞腔内清理污物每3月不应少于一次；

2）泵壳防腐处理每年一次；

3）解体维护每3年一次，同时更换活塞环。

4.6.7 通风机的日常养护应符合下列规定：

1 防止进风、出风倒向；

2 通风机的运行工况正常，无异声；

3 通风管密封完好，无异常。

4.6.8 通风机的定期维护应符合下列规定：

1 风机进风、出风口检查每年一次，清除风机内积尘，加注润滑油脂；

2 解体维护每3年一次。

4.6.9 除臭装置的日常养护应符合下列规定：

1 收集系统、控制系统、处理系统运行正常，巡视每天不少于一次；

2 除臭装置的气体收集系统完好无泄漏；

3 收集系统在负压下运行，保持稳定的集气效果；

4 停止运行时，应打开屏蔽棚通风。

4.6.10 除臭装置的定期维护应符合下列规定：

1 除臭装置及辅助设备运行工况检查每3月一次；

2 除臭装置检修每年一次；

3 除臭装置尾气排放的厂界标准值应符合现行国家标准《恶臭污染物排放标准》GB 14554的规定。

4.6.11 真空泵的日常养护应符合下列规定：

1 启动前泵壳内应充满水，转子转动灵活，无碰擦卡阻；

2 运行中检查真空度表、阀门进气管，泵体轴封不得泄漏；

3 轴承润滑良好；

4 机组的同心度、叶轮与泵盖间隙应符合产品说明书的规定，联轴器间隙应符合本规程表4.2.1-1的规定。

4.6.12 真空泵的定期维护应符合下列规定：

1 轴封密封件或填料调整更换每年一次；

2 泵体解体检查每3年一次。

4.6.13 防水锤装置的日常养护应符合下列规定：

1 下开式防水锤装置消除水锤后，应及时复位；

2 自动复位下开式防水锤装置消除水锤后，应确保连杆和重锤的复位；

3 气囊式防水锤装置应保持气囊中的充气压力。

4.6.14 防水锤装置的定期维护应符合下列规定：

1 定位销、压力表、阀芯、重锤连杆机构整修每年一次；

2 气囊的密封性检测每年一次，电动控制系统完好有效；

3 进水闸阀、空压机检修每3年一次。

4.6.15 叠梁插板闸门的检查维护应符合下列规定：

1 插板槽内无杂物；

2 叠梁插板和起吊架妥善保存；

3 钢制叠梁插板及起吊架防腐蚀处理每年一次；

4 插板的密封条完好。

4.6.16 柴油发电机组的日常维护应符合下列规定：

1 放置环境保持干燥和通风；

2 清洁无尘垢；

3 油路、电路和冷却系统完好；

4 备用期间每月运转一次，每次运转不少于10min；

5 每运行50～150h，清洗或更新空气和柴油滤清器；

6 轮胎气压正常；

7 风扇橡胶带的松紧适度，附件连接牢固。

4.6.17 柴油发电机组的定期维护应符合下列规定：

1 蓄电池维护每半年一次；

2 每半年或累计运行250h，保养一次；

3 维护每年一次，累计运行500h应更换润滑油；

4 恢复性修理每3年一次。

4.6.18 备用水泵机组的维护应符合下列规定：

1 放置环境保持干燥和通风；

2 水泵性能、电动机绝缘、内燃机工况保持良好。

4.7 消防器材及安全设施

4.7.1 消防设施、器材的检查与维护应符合下列规定：

1 消火栓、水枪及水龙带试压每年一次；

2 灭火器、砂桶等消防器材按消防要求配置，定点放置，定期检查更换；

3 做好露天消防设施的防冻措施。

4.7.2 电气安全用具的检查和维护应符合以下规定：

1 绝缘手套、绝缘靴电气试验每半年一次；

2 高压测电笔、绝缘毯、绝缘棒、接地棒电气试验每年一次；

3 电气安全用具定点放置。

4.7.3 防毒、防爆用具的使用与维护应符合以下规定：

1 防毒、防爆仪表必须保持完好，有毒有害气体检测仪表的使用与维护符合本规程第4.1.6条的规定；

2 防毒面具应定期检查，滤毒罐使用应符合产品规定。

4.7.4 安全色与安全标志应符合下列规定：

1　安全色的使用应符合现行国家标准《安全色》GB 2893 的规定；

2　安全标志的使用应符合现行国家标准《安全标志》GB 2894 的规定。

4.8　档案及技术资料管理

4.8.1　运行管理单位应建立、健全泵站设施的档案管理制度。

4.8.2　工程档案应包括工程建设前期、竣工验收、更新改造等资料。

4.8.3　运行管理单位应编制排水设施量、运行技术经济指标等统计年报。

4.8.4　设施的维修资料应准确、齐全，并及时归档。

4.8.5　突发事故或设施严重损坏情况的资料、处理结果应及时归档。

4.8.6　运行资料应准确、规范，及时汇编成册。

4.8.7　维护技术管理资料应包括下列内容：

1　泵站概况；

2　泵站服务图，包括汇水边界、路名、泵站位置，主要管道流向、管径、管底标高；

3　泵站平面图，包括围墙、泵房、进出水管道管径和事故排放口管径；

4　泵站剖面图，包括进出水管的管径、标高，集水井、泵房、开停泵水位；

5　泵站机电、仪表设备表；

6　泵站电气主接线图、自控系统图；

7　泵站日常运行资料。

本规程用词说明

1　为便于在执行本规程条文时区别对待，对要求严格程度不同的用词说明如下：

1）表示很严格，非这样做不可的：
正面词采用“必须”，反面词采用“严禁”；

2）表示严格，在正常情况下均应这样做的：
正面词采用“应”，反面词采用“不应”或“不得”；

3）表示允许稍有选择，在条件许可时首先应这样做的：
正面词采用“宜”，反面词采用“不宜”；
表示有选择，在一定条件下可以这样做的，采用“可”。

2　条文中指明应按其他有关标准执行的写法为：“应符合……的规定”或“应按……执行”。

中华人民共和国行业标准

城镇排水管渠与泵站维护技术规程

CJJ 68—2007

条 文 说 明

前　言

《城镇排水管渠与泵站维护技术规程》CJJ 68—2007 经建设部 2007 年 3 月 9 日以第 585 号公告批准发布。

本规程第一版的主编单位是上海市排水管理处，参加单位是上海市市政工程管理处、哈尔滨市排水管理处、武汉市市政局市政维修处、武汉市排水泵站管理处、天津市排水管理处、西安市市政工程管理处、北京市市政工程管理处、重庆市市政养护管理处、南宁市市政工程管理处。

为便于广大设计、施工、科研、学校等单位有关人员在使用本标准时能正确理解和执行条文规定，《城镇排水管渠与泵站维护技术规程》编制组按章、节、条顺序编制了本标准的条文说明，供使用者参考。在使用中如发现本条文说明有不妥之处，请将意见函寄上海市排水管理处（地址：上海市厦门路 180 号；邮政编码：200001）。

目　次

1 总　　则

1.0.1 改革开放以来，我国城镇建设发展迅猛，排水管渠与泵站设施成倍增加，但是由于技术、经济、设备、人员等原因，各城镇对已建成排水设施的维护差异甚大，许多设施得不到及时维护，有些还处于带病运行或超负荷运行的状态。因此，迫切需要制定适用于全国的，具有可操作性的排水设施维护技术规程，以保证设施安全运行，充分发挥设施的服务功能，延长使用寿命。

1.0.2 本规程除适用于城镇排水管渠与泵站外，工矿企业、居住区内的排水管渠和泵站的维护也可参照执行。

1.0.3 与排水管渠、泵站维护相关的国家现行有关标准主要有《排水管道维护安全技术规程》CJJ 6、《污水综合排放标准》GB 8978、《城市污水处理厂运行、维护及其安全技术规程》CJJ 60、《污水排入城市下水道水质标准》CJ 3082、《医院污水排放标准》GBJ 48、《铸铁检查井盖》CJ/T 3012、《钢纤维混凝土井盖》JC 889、《再生树脂复合材料检查井盖》CJ/T 121等。

我国地域辽阔，气象、地理环境差异很大，经济发展水平也不平衡，因此各地还应在本规程的基础上结合当地实际，制定相应的排水管渠与泵站维护地方标准。

2 术　　语

2.1 管　　渠

本规程采用的部分术语和习惯名称见表1。

表1　本规程采用的部分术语和习惯名称对照表

本规程采用的术语	习惯名称
主管	总管
支管	连管
接户管	户管、出门管
检查井	窨井、马葫芦（manhole）
雨水口	进水口、收水口、雨水井、进水井、茄利（gully）
雨水箅	铁箅子、雨水口盖
接户井	户井、进门井
沉泥槽	落底、集泥槽
爬梯	踏步
溢流井	截流井
跌水井	跃水井、消能井
盖板沟	方沟
排放口	出口、排水口
绞车疏通	摇车疏通、拉管疏通
通沟牛	铁牛、刮泥器
转杆疏通	旋杆疏通、软轴疏通、弹簧疏通
推杆疏通	竹片疏通、钢条疏通
充气管塞	气囊、封堵袋、橡皮球塞
骑管井	骑马井
现场固化内衬	翻转法、袜筒法
拉管内衬	牵引内衬

2.1.1 排水体制分合流制和分流制两种。我国部分城市历史上曾经采用过所谓半分流制或称不完全分流制的做法，即污水管只接纳粪便水，而洗涤水和工业污水仍旧接入雨水管。这是一种在污水系统无法满足全部污水量情况下的不正规做法，不符合保护水环境的要求。

2.1.2 合流制的最大缺点是初期雨水污染水体；解决的方法是加大雨水截流倍数或建造雨水调蓄池；后者由于不增加污水处理厂和截流管的负荷而在国外得到广泛应用；其做法是将初期雨水储存起来，以推迟溢流时间并减少了溢流水量，然后再将调蓄池内的污水泵送至污水处理厂处理。

2.1.3 在分流制排水系统中，雨污水混接是造成水污染的主要原因；其次是初期雨水对水体的污染。国内外大量研究证明，受地面污染的初期雨水同样是很脏的。近年来国外已开始进行初期雨水处理的研究和工程实践，包括就地建造简易处理设施和送污水处理厂处理。

2.1.4 排水户包括住宅、工厂、企业、商店、机关、学校等向公共排水管网排水的单位和个体，引入排水户一词可以避免对各类排水用户逐一列举，使文字表达更加简练。

2.1.5 主管俗称为总管，采用"主管"一词与英语main sewer比较吻合。

在排水系统中，处于不同位置和作用的排水管有各种名称，过去的叫法很不一致。国外在排水技术标准中对这类名称都有标准定义，美国将污水管由小到大依次将排水管分为支管、主管、截流管和干管四类，见表2。

表 2　美国对排水管道类型的划分

英　文	中　文	解　释
lateral	支管	沿道路侧向埋设的排水管
main sewer	主管	沿道路纵向埋设，接纳支管的排水管
intercepting sewer	截留管	在合流制排水系统中，将污水截流至污水干管的排水管
trunk sewer	干管	将若干污水收集系统的污水集中输送至污水处理厂的跨流域排水管

2.1.7　连管在旧版规程中包括雨水口连管和接户管。本版将连管限定为接纳雨水口的连接管。

2.1.10　雨水口按水箅设置的形式可分为平向雨水口和竖向雨水口两种；按底部形式又可分为有沉泥漕和无沉泥漕两种，不同形式雨水口的优缺点见表 3。

表 3　不同形式雨水口的优缺点比较

雨水口形式		优点	缺点	应用情况
按水箅分	平向	进水较快	垃圾易进入雨水口	各城市大部分采用
	竖向	垃圾不易进入雨水口	进水较慢	部分城市小部分采用
按有无沉泥漕分	有沉泥漕	垃圾不易进入管道，清掏周期长	污泥含水量高	上海、哈尔滨等城市大部分采用
	无沉泥漕	污泥含水量低	垃圾易进入管道，清掏周期短	北京、重庆等城市大部分采用

2.1.15　爬梯又称踏步，在井壁上设置脚窝也是爬梯的一种。早期的爬梯大都采用铸铁材料，锈蚀后容易造成事故，建议采用塑钢等具有防腐性能的踏步。

2.1.20　一些城市的旧城区曾经有过许多盖板沟，如北京的旧胡同内有明清时代留下的砖砌方沟，重庆等地有许多石砌的盖板沟。在方沟上连续加盖雨水箅用于收集地面雨水的排水沟也是盖板沟的一种。

2.1.22　绞车疏通是目前我国许多城市的主要疏通方法。绞车疏通设备主要由三部分组成：①人力或机动牵引机（绞车）。②通沟牛，通常为钢板制成的圆筒，中间隔断，还有用铁板夹橡胶板制成的圆板橡皮牛、钢丝刷牛、链条牛等。通沟牛在两端钢索的牵引下，在管道内来回拖动从而将污泥推至检查井内，然后进行清掏。③滑轮组，其作用是防止钢索与井口、管口直接摩擦，同时也起到减轻阻力，避免钢索磨损的作用。

2.1.24　竹片疏通和钢条疏通合称为推杆疏通，这也便于和下一条术语转杆疏通相互对应。同样用疏通杆来打通管道堵塞，采用直推前进的称为推杆，采用旋转前进的称为转杆。推杆的另一个作用是在绞车疏通前将钢索从一个检查井引到下一个检查井，简称“引钢索”。

2.1.25　转杆疏通又称软轴疏通或弹簧疏通。小型转杆的动力来自人力，较大的转杆疏通机则由电动机或内燃机驱动。转杆在室内排水管和小管道疏通中应用较多。

2.1.29　染色检查在国外经常使用，高锰酸钾是常用的染色剂。

2.1.30　烟雾检查适用于非满流的管道，检查时需要鼓风机和烟雾发生剂。

2.1.31　电视检查具有图像清晰、操作安全、资料便于计算机管理等优点，是目前国外普遍采用的管道检查方法，其主要设备包括摄像头、照明灯、爬行器、电缆、显示器和控制系统等，有的还具有自动绘制管道纵断面的功能。

2.1.32　声纳检查适用于水下检测，能显示管道的形状、积泥状况和管内异物，但很难看清裂缝、腐蚀等管道缺陷。

2.1.33　用时钟表示法描述缺陷出现在管道圆周方向的位置，规定只用 4 个并列数字，其中前二位代表开始的钟点位置，后二位为结束的钟点位置，如：

0507 表示管道底部 5 点至 7 点之间

0903 表示管道上半圆

0309 表示管道下半圆

1212 表示管道正上方 12 点

2.1.34　水力坡降试验，又称降水试验或抽水试验，是检验管道排水效果的有效方法。

2.1.36　充气管塞，又称气囊或封堵袋。按功能划分，管塞可分为封堵型和检测型两种，检测型管塞兼有封堵和通过向管内泵气或泵水来检测管道渗漏的功能。

2.1.37　止水板与其他封堵方法不同，其封堵板大于管道直径，只能安装在管端外口，因此只适用于没有沉泥槽的检查井或有条件安装封堵板的场合。

2.1.38　骑管井，主要用于施工断水有困难的管道。

2.1.39　现场固化内衬于 1971 年由英国人 Eric Wood 发明，又称翻转法或袜筒法。该工法还适用于矩形、蛋型等特殊断面以及错口、变形的管道；适用于重力流也适用于压力流。现场固化内衬在燃气、给水、排水管道修复中都有广泛应用，按加热方法不同又可分为热水加热、喷淋加热、蒸汽加热和紫外线加热等。现场固化内衬的断面损失小，其壁厚可根据埋深、压力和使用年限来确定。

2.1.40　螺旋内衬由澳大利亚 Rib-loc 公司发明，又称 Rib-loc 工法，螺旋管最早曾作为一种无接口的塑料管材直接用于开槽埋管。螺旋内衬又可分为紧贴旧管壁和不紧贴旧管壁两种，前者称为膨胀螺旋管，安装在井内的制管机先将带状塑料板材绕制成比旧管道略小的螺旋管，推送到头后继续旋转使其膨胀，直到和旧管壁贴紧；后者则需要向管壁之间的缝隙中注入水泥浆使新旧管道结合成整体。螺旋内衬的优点是可以带水作业且适用于300～3000mm的各种管径。

2.1.41 短管内衬在国内外都有应用，小型短管从检查井送入井内，在井内完成接口连接，然后整段管道以列车状向前推进，最后从管段一端向塑料管与母管之间的缝隙间灌入水泥浆。大中型短管需要拆除检查井的收口，每次只向管内推进一节管道，在管内完成接口安装，大中型管可采用在内衬管顶部钻孔注浆的方法，使注浆更密实。短管内衬适用于各种管径，设备简单，造价低，其缺点是在采用常规管径系列作内衬时断面损失较大，其次是灌浆时内衬管上浮会造成管底坡降起伏。

2.1.42 凡是将整条塑料管由工作坑或检查井牵引至旧管道内完成内衬安装的都可称为拉管内衬，大部分拉管内衬只适用于小型管并需要开挖工作坑，拉管内衬在燃气、石油、给水等管道中应用相对较多。常用的拉管内衬方法包括滑衬法、折叠内衬、挤压内衬等。裂管法是一种特殊的拉管置换技术，就位的塑料管已经不再是内衬，而是完全取代旧管道的一条新的塑料管。几种常用的拉管修复技术见表4。

表4 几种常用的拉管修复技术

种类	技术简介	优点	缺点
滑衬法(slip lining)	内衬塑料管比旧管小，拉入后也可在新旧管间的间隙内灌浆	设备简单	断面损失较大
折叠内衬(U-lining)	将塑料管压成U型后拉入旧管，然后充入高压蒸汽使之恢复圆形	断面损失小	适用管径小
挤压内衬	先将塑料管挤压缩小，进入旧管后利用材料的记忆特性恢复至原管径	断面损失小	设备复杂，适用管径小
PE灌浆内衬（商业名trolining）	用U型内衬的方法将外侧带钉状物的PE软管由井口拉入旧管后充气，最后在钉状物之间的空隙内注入水泥浆将内衬固定	不需工作坑，设备简单	抵抗外水压能力较差
裂管法(cracking)	比旧管略大的锥形钢质裂管头拉入旧管时将旧管胀裂，拉入更大的新管	可增加断面	设备复杂，影响周围管线

2.1.43 自立内衬管一词源自日文“自立管”，在欧美称为全结构管（full structure）。内衬管能否独立承受各种压力需经计算。

3 排水管渠

3.1 一般规定

3.1.1 定期检查的目的是及时发现问题，及时进行维护；保持管道水力功能的目的是保证管道畅通；保持良好结构状态的目的是延长管道使用寿命。

3.1.2 对排水户检测的主要项目各地可根据实际情况确定，检测周期不宜大于6个月。

排水户的管理档案应包括：主要产品、主要污染物、生产工艺、水质水量、废水处理工艺、排放口管径、排放口位置及平面图等。

对达不到排放标准的排水户，排水管理部门应要求其采取处理措施；对有泥浆排入排水管道的建筑工地，排水管理部门应要求其设置沉淀池等临时处理设施。

3.1.3 其他安全规定包括道路交通安全法中要求在道路上进行维修作业需要得到批准的规定和各地方制定的安全规定。

管道有害气体是造成管渠、泵站维护作业人员伤亡事故的最主要原因，井下常见有害气体允许浓度和爆炸范围见表5。

表5 井下常见有害气体允许浓度和爆炸范围

气体名称	相对密度（取空气为1）	短期接触限值		经常接触最高允许值		爆炸范围%（容积）	说明
		mg/m³	ppm	mg/m³	ppm		
硫化氢	1.19	21	15	10	6.6	4.3～45.5	
一氧化碳	0.97	440	400	30	24	12.5～74.2	操作时间1h以上
				50	40		操作时间1h以内
				100	80		操作时间30min以内
				200	160		操作时间15～20min

续表 5

气体名称	相对密度（取空气为1）	短期接触限值		经常接触最高允许值		爆炸范围 %（容积）	说　明
		mg/m³	ppm	mg/m³	ppm		
氰化氢	0.94	11	10	0.3	0.25	5.6～12.8	
汽油	3～4	1500		350		1.4～7.6	不同品种汽油的分子量不同，因此不再折算 ppm
氯	2.49	9	3	1	0.32	不燃	
甲烷	0.55	—	—	—	—	5～15	
苯	2.71	75	25	40	12	1.30～2.65	

3.1.4 机械化维护作业是提高管渠养护作业效率，降低劳动强度，减少安全事故的有效手段，也是排水管渠养护事业的发展方向，各地排水管理部门应加大这方面的经费投入。

3.1.6 在分流制排水地区严禁雨污水混接是一条强制性规定，必须严格执行。治理雨污水混接需要通过管理措施进行预防，通过工程措施来加以治理。

3.1.7 污水管道的设计充满度见表 6。

表 6　污水管道的设计充满度

管径或渠高（mm）	最大设计充满度
200～300	0.55
350～450	0.65
300～900	0.70
≥1000	0.75

3.1.8 旧版规程中没有统一的大、中、小排水管道划分标准。制定统一的管径分类标准有利于编制养护标准和定额以及技术交流。各国的排水管道分类标准也不尽相同，表 7 为日本的分类标准。

表 7　日本的管径分类标准

分　类	直径（mm）
小型管	200～600
中型管	700～1500
大型管	1650～3000

3.2　管 道 养 护

3.2.2 定期进行养护质量检查是制定维护计划的依据，又是考核养护单位工作的需要，各地都有自己的一套办法和经验。

3.2.3 排水管道的允许最大积泥深度标准以前在各地曾有一些差异，如上海规定的允许积泥深度就比较复杂：大中型是管径的 1/5，小型管是 1/4，蛋形管是 1/3。

管道淤积与季节、地面环境、管道流速等诸多因素有关，只有掌握管道积泥规律，才能选择合适的养护周期，达到用较少的费用取得最佳养护效果的目的。在一般情况下：

——雨季的养护周期比旱季短；

——旧城区的养护周期比新建住宅区短；

——低级道路的养护周期比高级道路短；

——小型管的养护周期比大型管短。

3.2.5 检查井盖和雨水箅

1 防止井盖跳动的措施首先是提高井盖加工精度，其中也包括对铸铁井盖与井座的接触面进行车削加工，以及在井盖和井框的接触面安装防震橡胶圈。

表 3.2.5-2 中的盖框间隙采用了国家现行标准《铸铁井盖》CJ/T 3012 中的规定（8mm）。井框与路面的高低差采用了《市政道路养护技术规范》CJJ 36 的规定（+15mm，－15mm）。

规定雨水口盖只允许低于井框 10mm，雨水口框只允许低于路面 15mm 有利于加快路面排水。

2 井盖表面除了必须标识管道种类外还可以进行编号管理，如在日本的有些井盖上就留有编号孔，通过在编号孔内嵌入数字块的方法来实现灵活编号。

3 加装防盗链或防盗铰是防止铸铁井盖被盗的常用方法；前者安装方便，但防盗效果不好，后者需要将井盖、井框一并调换，成本高但防盗效果好。

采用混凝土、树脂等非金属井盖是井盖防盗的又一常用方法；为了防止井盖边角破碎，可以在井盖周边加一道铁箍；为了增加混凝土抗拉强度，可以在混凝土中掺入钢纤维。

3.2.7 雨水口的维护

1 在合流制地区，雨水口异臭是影响城镇环境的一个突出问题。国外的解决方法是在雨水口内安装防臭挡板或水封。日本的防臭挡板类似在三角形漏斗的出口处装了一扇薄的拍门，平时拍门靠重力自动关闭，下雨时利用水压力自动打开。安装水封也有两种做法，一是采用带水封的预制雨水口，这种方法在旧上海英租界曾广泛采用，叫做“隔箱茄利”；二是给普通雨水口加装塑料水封，水封的缺点是在少雨的季节里会因缺水而失效。

2 规定雨水箅更换后的过水断面不得小于原设计标准，是为了避免采用非金属材料防盗雨水箅后，过水断面减少，影响排水效果。

3.2.8 检查井和雨水口的清掏作业

1 高压射水和真空吸泥是国外管道养护的主要方法，近年来在国内的应用也在不断增多。射水车利用高达15MPa左右的高压水束将管道污泥冲至井内，然后再用吸泥车等方法取出。吸泥车按工作原理可分为真空式、风机式和混合式三种：

——真空式吸泥车，采用气体静压原理，工作过程是由真空泵抽去储泥罐内的空气，产生负压，利用大气压力把井下的泥水吸进储泥罐。真空式吸泥适用于管道满水的场合，抽吸深度受大气压限制。

——风机式吸泥车，采用空气动力学的原理，利用管内气流的动力把井下污泥带进储泥罐，适用于管道少水的场合，抽吸深度不受真空度限制。

——混合式吸泥车，采用大功率真空泵，兼有储气罐产生高负压和吸管产生较强气流的功能，适用于管道满水和少水的场合，抽吸深度不受真空度限制。

欧美国家大多采用集吸泥和射水功能为一体的联合吸泥车，联合吸泥车体积庞大影响交通。日本和台湾则大多采用两辆体积较小的车，一台吸泥一台射水，对交通的影响较小。

近年来广州、上海等城市在采用吸泥车的同时还开始使用抓泥车并取得很好的效果。国产抓泥车装有液压抓斗，价格低，车型比吸泥车小，对道路交通的影响小，污泥含水量也比吸泥车低许多。

2 在雨水口清掏方法上，德国普遍采用的一种做法是安装雨水口网篮；这种网篮用镀锌铁板制成，四周开有渗水孔。雨水口网篮构造简单，操作方便，只需提出网篮将垃圾倒入污泥车中即可。

3.2.9 在各种疏通方法中，水力疏通是一种最好的方法，具有设备简单、效率高、疏通质量好、成本低、能耗省、适用范围广的优点，因此在欧美等发达国家普遍被采用，水力疏通一般可采用以下方式来达到加大流速的目的：

——在管道中安装自动或手动闸门，蓄高水位后突然开启闸门形成大流速；

——暂停提升泵站运转，蓄高水位后再集中开泵形成大流速；

——施放水力疏通浮球的方法来减少过水断面，达到加大流速清除污泥的目的。

水力疏通浮球英文名 cleaning ball 或 jet ball。国外的浮球都由橡胶厂专门制造，上海过去曾经用薄铁板焊制的方法自已做过。浮球在管内阻挡了正常水流，根据在流量相同条件下断面缩小流速加大的原理，在浮球下面狭缝中流出的水流可以将管道冲洗得非常干净。浮球需要用一根绳索拽住，用以控制前进速度并防止在行进中被卡住。

3.2.10 防止倒虹管淤积的最好方法是使倒虹管达到自清流速。在直线型倒虹管中，由于下游上升竖井的截面尺寸通常大于倒虹管截面，所以很难达到自清流速。经验证明，如果将倒虹井上升段的截面缩小到与水平倒虹管相等，就会产生较好的防淤积效果。

3.2.11 压力井定期开盖检查的周期建议采用2年一次。

3.2.12 规定无覆土的盖板沟其相邻盖板之间的高差不应大于15mm的目的是防止行人被绊倒。

3.2.14 对位于码头平台下面，严重淤积又无法使用挖掘机械的排放口，可采取潜水员用高压水枪冲洗的方法清除积泥。

3.3 管道检查

3.3.3 许多国家都已制定了排水管电视检查标准，如英国 WRC 的“下水道状况分级手册”，丹麦的“下水道电视检测标准定义和摄像手册”。这些手册详细规定了管道病害的种类、代码、定义、判读标准、病害等级、记录格式等，为推进管道检查和评估的标准化起到了很好的作用。这些标准不仅在电视检查中可以应用，在人员进入管内检查中也能应用。近年来我国拥有管道电视摄像设备的城市迅速增加，上海市已经制定了排水管道电视检查的试行标准。

表3.3.3中的“异管穿入”是指其他公用管线穿过或悬挂在检查井或排水管内的情况。管道悬挂在法国等欧洲国家由来已久，其存在理由是这样做可以充分利用地下空间，减少路面开挖，管线检修也方便，而某些排水管也确实具有一定的余量。

近年来，由于技术进步和经济补偿措施的落实，通信光缆借用排水管道的技术发展很快，一些国家都制定了相应的技术标准和管理法规。我国杭州等城市也进行过这类试验工程。光缆通过排水管进入千家万户可以减少路面开挖，降低线缆施工造价，而排水维护部门又能得到一笔不小的经济补偿，可以弥补维护经费不足的现状。随着城市的发展，地下管线的增多，地下空间资源共享的观念现在已经被越来越多的人接受。

3.3.4 管道功能状况检查的方法相对简单，加上管道积泥情况变化较快，所以功能性状况的普查周期较短；管道结构状况变化相对较慢，检查技术复杂且费用较高，故检查周期较长（德国一般采用8年，日本采用5～10年）。

3.3.7 在各种管道检查方法中，一种可称为“井内电视”的设备（商业名 quick view）已经在我国开始应用并取得良好效果。这是一种将反光镜和电视检查结合在一起的工具：电视摄像头被安装在金属杆上，放入井内后可以360度旋转，在灯光照射下能看清管内30m以内的管道状况。其清晰度虽不及带爬行器的电视摄像机，但远胜于反光镜。井内电视的优点是检查速度快、成本低，电视影像既可现场观看、分析，也便于计算机储存。

声纳检查已经在上海等城市的排水管道中得到应用，在查处违章排放污泥堵塞管道的举证方面特别有效。其设备主要由声纳发射、接收器、漂浮筏、线缆、显示屏和控制系统组成。声纳只能用于水下物体的检查，可以显示管道某一断面的形状，积泥状况、管内异物，但无法显示裂缝等细节。声纳和电视一起配合使用可以获得很好的互补效果，有一种将二台设备组合在一起的检查方法，即在漂浮筏的上方安装电视摄像头，下方安装声纳发射器，在水深半管左右的管道中可同时完成电视和声纳二种检查。

3.3.8 人工进入管内检查采用摄影或摄像记录，可以让更多的人了解管道情况，便于进行讨论和分析，而且有利于检查资料的保存。

3.3.10 以结构状况为目的的电视检查，如不采用高压射水在检查前对管壁进行清洗，管道的细小裂缝和轻度腐蚀就无法看清。

3.3.14 规定潜水员发现问题及时向地面汇报并当场记录，目的是避免回到地面凭记忆讲述时会忘记许多细节，也便于地面指挥人员及时向潜水员询问情况。

3.3.15 水力坡降试验可以有效反映管网的运行状况，通过水力坡降线的异常变化就能找到管道出问题的位置，对制定管道改造计划具有很大帮助。

为保证在同一时间获得各测量点的准确水位，在进行水力坡降试验时必须在每个测点至少安排一个人。

3.4 管道修理

3.4.1 上跨障碍物的敷设方法俗称“上倒虹”，在实际工作中这种情况偶然也会发生。采用“上倒虹”的重力流管道对排水畅通极为有害，因此列为强制性条文。

3.4.2 规定污水管应选用柔性接口的目的，在地下水低于管道的地区是为了防止污染地下水，在地下水高于管道的地区是为了减少地下水渗入，减轻管网和污水处理厂的额外负荷，以及防止因渗漏造成的水土流失和地面坍塌。

3.4.4 规定封堵管道必须经管理部门批准的目的是防止擅自封堵管道后造成道路积水、污水冒溢和由此引起的雨污混接。封堵期间的临时排水措施主要有埋设临时管，或安装临时泵以压力流方式接入下游排水管。

3.4.11 支管接入主管

1 支管不通过检查井直接插入主管的做法俗称暗接。规定不许暗接的目的是避免在主管上打洞容易造成管道损坏和连接部位渗漏；管道养护时，竹片等疏通工具也容易在暗接处卡住或断落；因此，在现阶段规定支管应通过检查井连通是必要的。

国外大多允许支管暗接，其出发点是为了减少道路上检查井的数量，使道路更平整；在工艺上，由于国外的暗接承口大多在工厂预制，解决了开洞损坏管道和连接质量问题；在养护方法上广泛采用了射水疏通和电视检查，使支管暗接变为可行。

2 规定支管水流转角不小于90°是为了避免水流干扰，减少水头损失。

3 接入雨水管或合流管的接户井设置沉泥槽后，有利于减少主管的积泥。

3.4.12 井框升降的衬垫材料，在非机动车道下可采用1∶2水泥砂浆衬垫。

3.4.14 排水管道的非开挖修理

1 局部修理

管道非开挖修理可分为局部修理和整体修理两种，只对接口等损坏点进行的修理称为局部修理，也称点状修理。如果管道本身质量较好，仅仅出现接口渗漏等局部缺陷，采用局部修理比较经济。常用的局部修理技术有：

1）钻孔注浆：对管道周围土体进行注浆，可以形成隔水帷幕防止渗漏，填充因水土流失造成的空洞和增加地基承载力。注浆材料有水泥浆和化学浆二大类，水泥浆价格便宜但止水效果稍差。为了加快水泥浆凝固，可以添加2%左右的水玻璃；为降低注浆费用，可在水泥浆中添加适量粉煤灰。化学注浆的材料主要是可遇水膨胀的聚氨酯。注浆可采用地面向下和管内向外两种注浆方法，大型管道采用管内向外钻孔注浆可以使管道周围浆液分布更均匀，更节省。注浆法的可靠性较差，检查和评定注浆质量也很困难。注浆法通常只能作为一种辅助措施与嵌补法、套环法等配合使用。

2）裂缝嵌补：嵌补裂缝的材料可分为刚性和柔性两种，常用的刚性材料有石棉水泥、双A水泥砂浆等；常用的柔性材料有沥青麻丝、聚硫密封胶、聚氨酯等。柔性材料的抗变形能力强，堵漏效果更好。嵌补法的施工质量受操作环境和人为因素的影响较大，稳定性和可靠性比较差，检查和评定嵌补质量也很困难，因此应对采用裂缝嵌补的管道进行定期回访检查。

3）套环法：在管道接口或局部损坏部位安装止水套环称为套环法。套环材料有普通钢板、不锈钢板、PVC板等，套环在安装前通常被分成2～3片，安装时用螺栓、楔形块、卡口等方式使套环连成整体并紧贴母管内壁；套环与母管之间可采用止水橡胶圈或用化学材料填充。套环法的质量稳定性较好，但对水流形态和过水断面有一定影响。

2 整体修理

对结构普遍损坏，无法采用局部修理的管道应该采用整体修理的方法。有些管道经过整体修理可以达到整旧如新的效果，因此在国外称为管道更新，常用的管道更新技术见本规程术语 2.1.40～2.1.43。

涂层法是一种不增加结构强度的整体修理方法，主要用于防腐处理，对轻微渗漏也有一定预防作用。涂层修理包括水泥砂浆喷涂、聚脲喷涂、水泥基聚合物防水涂层和玻璃钢涂层内衬等。涂层法对施工前的堵漏和管道表面处理有较严格的要求。涂层法的施工质量受操作环境和人为因素的影响较大，稳定性和可靠性比较差，检查和评定涂层质量也比较困难。

3.4.15 增加旧管道废除的规定，有助于加强对废弃管道的管理，避免因废弃管道处理不当而带来的各种问题。

3.4.16 要求被废除的排水管宜予拆除或作填实处理，目的是减少各种旧管道对地下有限空间资源的占用，同时也有助于减少因旧管道腐蚀损坏后产生地下空洞而引起地面沉陷。

3.5 明 渠 维 护

明渠维护和管道维护方式差异较大，因各地明渠的形式、维护方式和管理不尽相同，本规程只对明渠维护提出了基本要求，各地还需结合具体情况制定相关的地方标准。

3.6 污泥运输与处置

3.6.1 污泥运输

1 污泥运输车辆的选择与污泥含水量有关，污泥含水量低可采用普通自卸卡车，污泥含水量高则需要采用不渗漏的污泥罐、污泥箱或污泥拖斗。污泥含水量和清掏方式、管道运行水位、雨水口底部的形式等因素有关。

2 通沟污泥在长途运输前进行脱水减量处理是为了减少运输量，节约运输成本。脱水的简易方法有重力浓缩、絮凝浓缩等。浓缩产生的污水应就近接入污水管道，以免造成二次污染。

3.6.2 在国外，有不少通沟污泥被直接送至污水处理厂统一处理，污泥中的沙土、有机物和污水在污水厂的各处理阶段中可得到有效处理。在日本，有的城市建有专门的通沟污泥处理厂，采用筛分、碾碎、冲洗和絮凝沉淀等方法进行处理，最后被分离成沙粒、污泥、垃圾和污水。其中的沙石颗粒被用作筑路材料，污泥用于绿化堆肥、垃圾采用焚烧或填埋，污水送污水处理厂处理。

3.7 管渠档案资料管理

3.7.3 工程竣工后，排水设施管理部门应对建设单位移交的竣工资料按建设部《市政基础设施工程施工技术文件管理规定》（建城［2002］221号）归档。

3.7.5 在管网地理信息系统中，排水管道中的许多属性需要按标准进行分类，例如：

（1）按管道材料可分为：砖管、陶瓷管、混凝土管、钢筋混凝土管和塑料管等。

（2）按接口形式可分为：刚性接口和柔性接口。

（3）按管道施工方法可分为：现场砌筑、开槽埋管、顶管、盾构施工等。

（4）检查井材料可分为：砖石砌筑、混凝土现场浇制、混凝土预制井、塑料预制井等。

4 排 水 泵 站

4.1 一 般 规 定

4.1.1 排水泵站应采取绿化、防噪、除臭措施，减少对居住、公共设施建筑的影响。

4.1.2 泵站设备设施检查维护时防硫化氢等有毒、有害、易燃易爆气体所采取的安全措施主要是：隔绝断流，封堵管道，关闭闸门，水冲洗，排净设备设施内剩余污水，通风等。不能隔绝断流时，应根据实际情况，穿戴安全防护服和系安全带操作，并加强监测，必要时采用专业潜水员作业。

4.1.3 维修后的水泵流量可采用容积法、流量计或下列流量公式计算：

$$流量公式 \quad Q=\frac{120N_e\times h}{\rho}$$

式中 Q——流量（m^3/s）；

N_e——有效功率（kW）；

ρ——液体的密度（kg/m^3）；

h——扬程（m）；

$$N_e = N\times\eta$$

N——轴功率（kW）；

η——效率。

机组效率＝电机效率×传动效率×水泵效率

$$机组可运行率=\frac{可运行机组的总日历天数}{机组总台数\times 日历天数}\times 100\%$$

雨水泵站凡开得动、抽得出水的机组即为可运行机组。

4.1.5 泵站的机、电设备和设施指电动机、水泵及机座、进、出水管件、阀门、闸门及启闭机、格栅除污机、开关柜、护栏、大门等。根据其外观腐蚀状态，可2年进行一次除锈、防腐蚀处理。

4.1.6 安装在泵站内的易燃、易爆、有毒气体监测仪表、安全阀、起重设备、压力容器等，每年必须检定；防毒面具的滤毒罐，仪表探头，报警显示器等必须定期检测。

定期检定应由国家认可有资质的鉴定单位检定。

4.1.7 泵站内的道路、围墙及附属设施应定期检查，发现建、构筑物、围墙装饰面大面积剥落，铁件锈蚀时，应及时修缮；发现道路塌陷时，应及时检查管道是否损坏。

4.1.8 泵站自身防汛设施包括防汛墙、防汛板、防汛闸门等，应在每年汛期前认真检查，及时修复，配齐；汛期后应妥善保管。

4.1.9 凡有条件的泵站均应进行绿化。

4.1.10 泵站运行记录内容包括值班记录、交接班记录、运行记录、维修记录和事故处理记录等文字记录或计算机文档记录。

4.2 水　　泵

4.2.1 水泵运行前的例行检查

为确保水泵的正常运行、延长水泵的使用寿命，必须按规定规范操作。

1 除正常盘车外，当水泵经拆、装、维护后，其填料尚未磨合，盘动时一般较紧，但泵轴一定要转动380度；

2 联轴器同轴度允许偏差和轴向间隙在安装和维护时应符合产品技术规定；

3 定期通过油杯、油枪向轴承内补润滑脂，保证轴承不缺失润滑；采用油浴润滑时，其油位应保持在油面线范围内；

4 填料密封良好的轴封，运行时应呈滴状渗水。当填料密封失效时，应及时更换填料，方法应正确、加置的填料要平整；

5 涡壳式泵一般采用排气旋塞排气，当旋塞有水喷出至空气排尽，即关闭旋塞；

6 水泵运行前，应检查电机的绝缘电阻，并满足相应的电压要求；

7 启动时离心泵的叶轮必须浸没在水中，轴流泵和立式混流泵的叶轮应有一定的淹没深度，开式螺旋泵的第一个螺旋叶片的浸没深度应大于50%。潜水泵运行的淹没深度应符合产品说明要求，严禁在少水和未超过淹没深度的情况下启动。

4.2.2 运行中的巡视检查

1 水泵运行中不得出现逆向运转、联接螺栓松动或脱落，保持匀速平稳；出现碰擦、异常振动或异声等现象时应及时停泵检查。

水泵振动可按现行国家标准《泵的振动测量与评价方法》GB 108899—89的规定，按泵的中心高和转速分类，评价其振动级别，见表8和表9。

表8　泵的中心高和转速

转速(r/min)＼中心高 类别	≤225mm	＞225～550mm	＞550mm
第一类	≤1800	≤1000	—
第二类	＞1800～4500	＞1000～1800	＞500～1500
第三类	＞4500～12000	＞1800～4500	＞1500～3600
第四类	—	＞4500～12000	＞3600～12000

注：1　卧式泵的中心高为泵轴线到泵机座上平面的距离。立式泵的中心高为泵的出口法兰面到泵轴线间的投影距离。

2　评价泵的振动级别：泵的振动级别分为A、B、C、D四级，D级为不合格。

3　泵的振动评价方法是首先按泵的中心高和转速查表8确定泵的类别，再根据泵的振动烈度级查表9就可以得到评价泵的振动级别。

表9　泵的振动级别

<table>
<tr><th colspan="2">振动烈度范围</th><th colspan="4">判定泵的振动级别</th></tr>
<tr><th>振动烈度级</th><th>振动烈度分级界线 mm/s</th><th>第一类</th><th>第二类</th><th>第三类</th><th>第四类</th></tr>
<tr><td>0.28</td><td>0.28</td><td rowspan="3">A</td><td rowspan="4">A</td><td rowspan="5">A</td><td rowspan="6">A</td></tr>
<tr><td>0.45</td><td>0.45</td></tr>
<tr><td>0.71</td><td>0.71</td></tr>
<tr><td>1.12</td><td>1.12</td><td rowspan="2">B</td></tr>
<tr><td>1.80</td><td>1.80</td><td rowspan="2">B</td></tr>
<tr><td>2.80</td><td>2.80</td><td rowspan="2">C</td><td rowspan="2">B</td></tr>
<tr><td>4.50</td><td>4.50</td><td rowspan="2">C</td><td rowspan="2">B</td></tr>
<tr><td>7.10</td><td>7.10</td><td rowspan="6">D</td><td rowspan="2">C</td></tr>
<tr><td>11.20</td><td>11.20</td><td rowspan="5">D</td><td rowspan="2">C</td></tr>
<tr><td>18.00</td><td>18.00</td><td rowspan="4">D</td></tr>
<tr><td>28.00</td><td>28.00</td><td rowspan="3">D</td></tr>
<tr><td>45.00</td><td>45.00</td></tr>
<tr><td>71.00</td><td>71.00</td></tr>
</table>

注：本标准不适用潜水泵和往复泵。

2 检查各类仪表指示是否正常，特别注意是否超过额定值。电流过大、过小或电压超过允许偏差±10%时，均应及时停机检查。

3 机械密封的泄漏量不宜大于 3 滴/min，普通软性填料轴封机构泄漏量为 10～20 滴/min。

4.2.3 停泵时应按以下操作程序进行：

1 及时检查轴封机构渗漏水情况，必要时更换填料，并做好填料函内的除污清洁工作；

2 当泵轴发生倒转时，应检查止回阀、拍门关闭状况或有否杂异物卡阻；

3 当惰走时间过短时，应检查泵体内有否杂物卡阻或其他原因。

4.2.4 长期不运行的水泵

1 开式螺旋泵因泵轴自重大且轴向长度长，易造成变形，应定期盘动，变换位置；

2 试泵时间不应少于连续运行 5min，各地可根据实际情况而定；

3 放空涡壳泵内剩水并关闭管道的进、出水闸阀，防止涡壳冰冻及泥沙沉积；

4 不具备吊出集水池条件的潜水泵，每周应启动一次，防止泥沙淤积，绝缘性能下降。

4.2.5 水泵日常养护

1 润滑油脂的型号、黏度应符合轴承润滑要求，轴承内注入的润滑脂不得超过轴承内腔容量的 2/3；

2 联轴器弹性柱销磨损，轴向间隙、同轴度超过规定标准时，会使泵轴摆度增大，发生机振、轴承发热；

3 填料密封压盖压到底后应更换填料。机械密封停机后若渗漏严重，应对泵体进行解体检修；

4 打开涡壳泵的手孔盖前，必须确认进、出水阀门关闭，管道内的剩水放空。开启涡壳泵的手孔盖时，要做好对 H_2S 的防毒监测，保持室内良好通风，方可进行泵内的清除和检查工作；

5 大中型水泵的冷却水系统、润滑水系统和抽真空系统都是水泵的重要辅助装置，应重视对其的检查、维修；

6 潜水泵浸没在集水池内，日常养护应以巡视检查为主，当累计运行时间达到 2000h 以上，则应检测电机线圈绝缘电阻，不能小于 5 MΩ（500 V 以下），通过电控箱现场显示的温度传感器、泄漏传感器、湿度传感器信号，确定潜水泵是否需要吊出集水池进行维修。

4.2.6 水泵的定期维护是指按有关技术要求进行解体检查，修理或更换不合格的零配件，使水泵的技术性能满足正常运行要求。各类水泵，特别是大、中型水泵，定期维护前均应制定维护计划、修理方案和安全技术措施。维护结束应进行试车、验收，维护记录归档保存。

4.2.7 离心式、混流式涡壳泵的定期维护

1 采用软性填料密封的轴封机构应重点检查填料函压盖、压盖螺栓、泵轴与填料接触处的摩损情况；采用机械密封的轴封机构应重点检查动、静密封环及弹簧磨损情况。

2 泵的过流部件修补后应进行动、静平衡试验。

4.2.8 轴流泵、导叶式混流泵的定期维护

1 轴封机构内的轴颈磨损，宜用镶套修理或更换泵轴；

2 水泵传动支承轴承滚动体与滚道之间的游隙超过规定值时，不锈钢套筒和橡胶轴承的配合间隙一般在表 10 范围内，橡胶轴承损坏时，均应予更换；

表 10 不锈钢套筒和橡胶轴承配合间隙表（mm）

水泵规格	5～10℃	10～15℃	15～20℃	20～25℃	25～30℃
ϕ500	0.30～0.36	0.25～0.31	0.20～0.26	0.15～0.21	0.13～0.19
ϕ700					
ϕ900	0.33～0.40	0.28～0.35	0.23～0.30	0.18～0.24	0.14～0.21
ϕ1200	0.35～0.42	0.30～0.37	0.25～0.32	0.20～0.26	0.16～0.18
ϕ1400	0.37～0.46	0.32～0.41	0.27～0.36	0.23～0.31	0.17～0.26
ϕ1600					

注：水泵轴不锈钢套的外径尺寸按照 GB/T 1800.3—1998 标准取 *d*7，橡胶轴承在不同温度时的加工偏差参照上海水泵厂的标准。

3 叶片有少量磨损可采用铸铁补焊后打磨，一般情况下，当叶片外缘最大磨损量超过表 11 的规定值时，需要进行更换；

表 11 叶片外缘最大磨损量（mm）

叶片直径	1000	850	650	450
最大磨损量	5/1000	6/1000	8/1000	10/1000

4 导叶体、喇叭管磨损时，应予更新；

5 水泵机组安装完毕，电机轴、传动轴、水泵轴的同轴度经校调后误差应小于 0.1mm。

4.2.9 开式螺旋泵的定期维护

1 下轴承为滑动轴承的，每年应检查一次，磨损腐蚀严重时应予更换。螺旋泵上轴承是滚动轴承的，滚动体和内外滚道的游隙量超过表 4.2.7-2 规定

值时应予更换。

2 联轴器的同轴度偏差不应超过表4.2.6-1规定值，弹性柱销和弹性圈磨损后应及时更换。

3 螺旋叶片与螺旋泵导槽间隙大于5mm，应予修补。对螺旋泵轴挠度进行校正时，叶片与导槽的间隙应大于1mm。

4 开式螺旋泵配套使用的减速机类型较多，除定期解体检查维修外，还应按产品要求的周期，检查油量、油质，及时补充或更换。

4.2.10 潜水泵的定期维护

1 绝缘电阻小于5MΩ时，应分别测量电缆和电机线圈的绝缘电阻；

2 检查防水电缆外表是否受到碰擦或损伤、密封是否完好；

3 温度传感器通过埋入线圈的热敏电阻（PTC）和装在轴承末端的热电阻（PT100），分别用于监测电机线圈温度和轴承温度。湿度传感器是通过设置在电机腔体内——湿度保护电极用于监测电机腔体的湿度。泄漏传感器通过装在泄漏腔体内（浮子开关）用于监测机械密封的性能。温度传感器、湿度传感器、泄漏传感器应在潜水泵解体检查时一并检查；

4 除应按条文规定外，还应按产品要求的周期，检查油量、油质，及时补充或更换；

5 叶轮与耐磨环的间隙大于2mm时应更换耐磨环；叶片出现点蚀时应进行修补，修补后一定要做静平衡试验；叶片磨损导致叶轮静平衡破坏时应更换叶轮。

4.3 电气设备

4.3.1 电气设备巡视、检查

1 在运行中加强巡视是发现电气设备缺陷的有效方法；夜间关灯巡视尤其要注意电气设备有否漏电闪烁现象；

2 由粉尘、潮湿、腐蚀性气体、高温等引起的短路或跳闸；

3 引起跳闸的主要原因有绝缘老化、短路、过载等，在未查明原因前盲目合闸会引起事故。

4.3.3 电力电缆检查与维护

发现电缆头大量漏油，需重做电缆头并进行耐压试验。

4.3.6 电力变压器的检查与维护

油浸式电力变压器的大修项目可参考表12。

表12 油浸式变压器的大修项目

部位名称	大修项目
外壳及油	1. 扫外壳，包括本体、大盖、衬垫、油枕、散热器、阀门、滚轮等。 2. 清扫油过滤装置，更换或补充硅胶。 3. 油质情况，过滤变压器油。 4. 接地装置。 5. 使用的变压器，器身清洗、油漆
铁芯	1. 打开大盖检查时，宜吊芯检查。 2. 铁芯、铁芯接地情况及穿芯螺丝的绝缘，检查、清扫绕组及绕组压紧装置，垫块、各部分螺丝、油路及接线板等
冷却系统	1. 风扇电动机及控制回路。 2. 检查油循环泵、电动机及管路、阀门等装置，消除漏油及漏水。 3. 检查清扫冷却器及水冷却系统，包括水管道、阀门等装置，进行冷却器的水压试验
分接头切换装置	1. 检查并修理有载或无载接头切换装置，包括附加电抗器、动触点、定触点及传动机构。 2. 检查并修理有载或无载接头切换装置，包括电动机、传动机械及其全部操作回路
套管	1. 检查并清扫全部套管。 2. 检查充油式套管的油质情况
其他	1. 检查及调整温度表。 2. 检查空气干燥器及吸潮剂。 3. 检查并清扫油标。 4. 检查和校验仪表、继电保护装置、控制信号装置及其二次回路。 5. 检查并清扫变压器电气连接系统的配电装置及电缆。 6. 进行交接试验

4.3.10 高压隔离开关的检查与维护

高压隔离开关检查次数取决于使用环境和年限。检查内容主要有操作机构是否灵活，动、静主触头接触是否良好，动、静副触头三相是否同期接触。

高压隔离开关的调整包括下列内容：

1 合闸时，用 0.05mm 塞尺检查触头接触是否紧密，线接触应塞不进去；面接触塞入深度应不大于 4～6mm，否则应对接触面进行锉修或整形；

2 触头弹簧各圈间的间隙，在合闸位置时不应小于 0.5mm，并要求间隙均匀；

3 组装后应缓慢合闸，观察刀片是否能对准固定触头的中心落下或进入；若有偏、卡现象，应调整绝缘子、拉杆或其他部件；

4 刀开关张角或开距应符合要求，室内隔离开关在合闸后，刀开关应有 3～5mm 的备用行程，三相同期性应一致；

5 辅助触头的切换正确，并保持接触良好；

6 闭锁装置应正确、可靠。

4.3.12 高压油断路器的检查与维护

1 高压油断路器的维护周期取决于分、合闸次数，切断电流的大小以及使用环境和年限等。

2 高压油断路器维修后检查下列内容：

① 测定导电杆的总行程、超行程和连杆转动角度；

② 检测缓冲器；

③ 测定三相合闸同期性。

3 高压油断路器日常检查包括下列内容：

① 油断路器油色有无变化，油量是否适当，有无渗漏油现象；

② 各部分瓷件有无裂纹、破损，表面有无脏污和放电现象；

③ 各连接处有无过热现象；

④ 操作机构的连杆有无裂纹，少油断路器的软连接铜片有无断裂；

⑤ 操作机构的分、合闸指示与操作手柄的位置、指示灯显示，是否与实际运行位置相符；

⑥ 有无异常气味、响声；

⑦ 金属外皮的接地线是否完好；

⑧ 室外断路器的操作箱有无进水，冬季保温设施是否正常；

⑨ 负荷电流是否在额定值范围之内；

⑩ 分、合闸回路是否完好，电源电压是否在允许范围内；

⑪ 操作电源直流系统有无接地现象。

4.3.13 高压真空断路器的检查与维护

检查高压真空断路器、接触器的真空灭弧室真空度时，在合闸前（一端带电）观察内壁是否有红色或乳白色辉光出现，如有则表明真空灭弧室的真空度已失常，应停止使用。

真空灭弧室是真空断路器的心脏，它是一个严格密封的部件。目前还没有适合现场使用的、简单有效的灭弧室真空度检查设备。为了减少和避免因真空度下降而造成的事故，要求如下：

1 定期进行耐压试验，及时更换不合格的耐压灭弧室产品；

2 用测电笔检查，当真空断路器进线隔离开关处于合闸位置时，用高压测电笔检查真空断路器出线不应带电；

3 断开真空断路器的进线隔离开关时，不应出现放电声和电弧；

4 在真空断路器不工作时，管内应无噼啪的放电声；

5 经常监视玻璃外壳的真空灭弧室，当触头开断状态一侧充电时，管内壁不应有红色或乳白色出现。灭弧室内零件不应被氧化，屏蔽罩不应脱落，玻璃壳内不应有大片金属沉积物等。如发现真空度降低，应及时更换灭弧室；

6 真空灭弧室的真空度一般为 10^{-4}～10^{-6} Pa，检查方法有：

① 对玻璃外壳真空灭弧室，可以定期目测巡视检查，正常时内部的屏蔽罩等部件表面颜色明亮，在开、断电流时发出浅蓝色弧光。当真空度严重下降时，内部颜色为灰暗，开、断电流时发出暗红色弧光；

② 3 年左右进行一次工频耐压试验。当动、静触头保持额定开距条件下，经多次放电老炼后，耐压值达不到规定标准的，说明真空灭弧室真空度已严重下降，不能继续使用；

③ 真空灭弧室的电气老炼包括电压和电流老炼。新的真空灭弧室在产品出厂之前已经过老炼，但经过一段时间存放后，其工作耐压水平会下降，使用部门在安装时仍然需要重新进行电压老炼和在规定条件下进行工频耐压试验。

根据产品寿命定期更换真空灭弧室。更换时必须严格按规定尺寸调整触头行程，真空灭弧室的触头接触面在经过多次开断电流后会逐渐被电磨损，触头行程增大，也就相当波纹管的工作行程增大，波纹管的寿命会迅速下降，通常允许触头电磨损最大值为 3mm 左右。当累计磨损值达到或超过此值，同时真空灭弧室的开断性能和导电性能都会下降，真空灭弧室的使用寿命已到。为了能够较准确地控制每个真空灭弧室触头的电磨损值，必须从灭弧室开始安装使用时起，每次预防性试验或维护时，就准确地测量开距和超程并进行比较，当触头磨损后累计减小值就是触头累计电磨损值。

国产各种型号的 10kV 真空灭弧室的触头超程是在 3mm 左右，开距 12mm 左右。通常国产 10kV 真空断路器用灭弧室的额定接触压力，额定电流 630～

800A 者为 1100N 左右，1250A 者为 1500～1700N 等。

真空断路器在安装或检修时，除了要严格地按照产品安装说明书中要求调整测量触头超程外，还应仔细检查触头弹簧，不应有变形损伤现象。

真空断路器维修后，根据《电气设备预防性试验规程》规定做有关试验项目。新断路器在投运前应测量分、合闸速度，因为它不仅可以建立原始技术资料，同时也可以及时发现产品质量上的一些问题，以便及时采取措施。

4.3.14 六氟化硫（SF_6）开关气室只做状态检测。

高压六氟化硫（SF_6）开关气室不必检修，当气室失效或寿命到期时，则需更换气室。六氟化硫（SF_6）开关常规性预防性试验以气体测试为主，如 SF_6 气体的密度、压力、含水量以及 SF_6 气体的分解物二氧化硫（SO_2）、二氟氧化硫（SOF_2）、四氟化硫（SF_4）等。特殊情况下，可采用气相色谱仪对 SF_6 气体的纯度作成分色谱检查。

4.3.15 使用频率高、年限长且使用环境恶劣的变频器的检查和维护周期应适当缩短。

4.3.17 低压隔离开关的检查与维护通常用示温片来检验低压隔离开关各部位的温度，低压隔离开关动静触头接触良好包括二个方面内容：第一要有足够的接触面，第二要有足够的接触压力。

4.3.20 低压交流接触器使用过程中，引起接触器的触头严重发热或灼伤原因主要有：触头有氧化膜或油垢、长时期过载、触头凹凸不平、触头压力不足、接线松脱和触头行程过大。根据原因采取相应措施：保持触头光滑清洁、调整触头容量、用锉整修保持光洁、进行清扫并调整，清扫后接牢接线和更换触头等。

4.3.21、**4.3.22** 电流、电压互感器检查重点：绝缘和二次接线。

4.3.26 电力电容器定期检查内容有：外壳无膨胀、漏油；无异常声响、火花；熔丝是否正常；放电指示灯是否熄灭和检查各触点的接触情况。

4.3.27 无功功率补偿器三相运行电流应平衡，但在实际使用中会存在着微小差异，因此在观察三相运行电流时，应与初始运行作对比，有无异常变化，发生异常变化应立即检查。

4.3.30 蓄电池电源装置的检查和维护

1 运行中的蓄电池处于浮充电状态，以补充蓄电池自放电而损失的容量。在浮充电情况下，浮充电的电流大小有允许值范围，因此随时可调整浮充电的浮充电流大小，使其在允许值范围。

2 通过巡视仪上各测量点的数值，可随时核对正确数值，及时修正，保持正常良好的工作状态。

4.3.33 继电器保护装置和自动切换装置的检查周期取决于使用环境，应与主设备检查同时进行。

4.4 进水与出水设施

4.4.1 闸（阀）门的日常养护

1 日常养护应做好对启闭机座、电动执行机构（即电动头）外壳的清洁工作；

2 巡视重点是电动机与传动机构的结合部、润滑油箱底部的密封、齿轮箱与油箱的结合部；

3 启闭时注意齿轮箱的振动和噪声；

4 每周做启闭试验的目的：避免长时间不动作而造成闸板与门框的密封面咬合、丝杆与传动螺母咬合、齿轮传动卡阻、行程限位机构故障等，引起启闭机过载跳闸、启闭失灵；

5 启闭频率，一般情况下不高，当电控箱发生故障，总线控制或行程限位失灵，过力矩保护跳闸，必须切换到手动启闭。因而日常养护要经常检查手、电切换装置的可靠性；

6 全开、全闭和转向可用油漆标注在阀体上，阀门的转向通常顺时针为闭，逆时针为开，启闭转数可通过试验确定；

7 闸阀电动装置一般由专用电动机、减速器，转矩限制机构，行程控制机构，手-电动切换机构，开度指示器和控制箱等组成。具体产品的养护还应按生产厂家规定进行；

8 较频繁使用的闸阀电动装置手-电动切换装置离合器通常应处于脱开状态。

4.4.2 闸（阀）门的定期维护

1 启、闭频率高的应每年换油，必要时清洗油箱积垢；

2 检查、调整行程开关和过扭矩开关的目的是确保启闭的可靠；

3 除一体化总线控制外，均应按条文要求定期维护；

4 对操作手轮、离合器、密封件的调整是确保运行可靠的必要条件；

5 由于闸门连接杆、轴导架和门与框的铜密封长期浸没在水中，并有腐蚀液体和气体存在，必须定期进行检查、调整和修理；

6 检查更换阀门杆的填料密封，可以确保阀门杆的轴封不发生泄漏；

7 定期检查修换阀板上的密封环，调整阀板闭合时的位移余量，能确保阀门启、闭的严密性，不发生泄漏；

8 检查油质、油量，及时更换、补充可以确保电动装置的齿轮传动系统减少啮合磨损，延长使用寿命；

9 及时更换损坏的输出轴、主从动轴端密封件，可以防止油缸渗漏油；

10 重载和启闭频繁的电动装置，应每年检查、清洗传动轴承，发现磨损及时更换。

4.4.3 液压阀门的日常养护

1 液压闸阀特点是在无级变速前提下，通过液压传动机构实现对闸阀的快速启闭，弥补电动闸阀启闭缓慢、驱动力不足的缺陷。主要部件为工作部件（闸阀）、传动部件（液压油缸）和驱动部件（液压油站）。

2 巡视重点是液压控制系统、液压阀件、阀杆轴封、密封件和油缸油封。

3 检查重点是液压油缸缸体紧固螺栓受液压力冲击后的紧固状态。

4 定期打开大型阀门的冲洗水装置，清除闸板槽内的污物。

4.4.4 液压阀门的定期维护

1 为防止阀门体内的闸板槽积沉污物，大型阀门设有冲洗水装置，定期打开排污阀，清除闸板槽内的污物；

2 及时更换液压站主油泵出口过滤器油芯，能保障液压油回路不受杂质污染；

3 由于控制油路为高压，密封易发生渗漏，及时更换能保障油压稳定；

4 油缸内活塞频繁受液压力冲击，易发生松动，及时调整行程能保障阀门工作状态的稳定；

5 校验压力继电器、时间继电器和储能器的目的是能保障液压闸阀工作的安全可靠；

6 电气控制柜元器件易受潮和遭受酸性气体的腐蚀，必须定期进行调整和更换；

7 定期检查调整和修换液压站元器件的目的是保障液压阀门稳定工作；

8 液压阀门的主要部件液压系统，经过长时期、频繁地使用后，其工作效率、性能参数因元器件的腐蚀、磨损、振动、材质老化和构件变形等而发生变化，使液压阀门的可靠性、稳定性降低，通过恢复性修整，使整个系统工作效率不降低，恢复到原有的设计参数指标。

4.4.5 真空破坏阀的日常养护

真空破坏阀是通过电磁力或同时利用增力机构来快速启闭气体阀门，它的驱动力和行程较小，一般多用于液压、气压控制系统。真空破坏阀，属于气压控制系统。条文规定了此类阀门的日常养护基本要求，具体到某一产品牌号和其他养护维修要求时，应参照产品说明书。

1 做好阀体、电磁吸铁装置的日常清洁工作，避免灰尘积聚磁极面，影响电磁铁的正常吸合作用；

2 使用频繁的真空破坏阀，应经常清扫过滤器，检查进、排气通道是否畅通；

3 检查阀杆轴向密封，避免泄漏而影响真空度。

4.4.6 真空破坏阀的定期维护

1 解体、清扫电磁铁内的积尘；

2 调整阀杆行程，更换阀体密封件；

3 真空破坏阀解体维护后，应做渗漏试验。

4.4.7 拍门的日常养护

拍门有旋启式、浮箱式，用于防止管道或设备中介质倒流，靠介质压力自动开启或关闭。浮箱式拍门属于旋启式拍门的一种改进，它具有缓闭、微阻作用。具体维护要求应以生产厂家产品说明书为准。旋启式密封条固定在拍门座与阀板接触的平面凹槽内，密封橡胶条脱落会造成拍门渗漏，或在受到冲压时发生振动；浮箱式拍门密封止水橡皮固定在浮箱拍门上，密封面应无渗漏。

4.4.8 拍门的定期维护

1 粘合脱落的橡胶止水带，或更换老化的橡胶止水带；

2 钢制拍门应定期做防腐蚀涂层，避免锈蚀；

3 检查连接螺栓是否均匀紧固，当垫片不均匀受压时会发生渗漏。

4.4.10 止回阀的定期维护

止回阀主要有升降式、旋启式、缓闭式和柔性止回阀。

1 发现垫片损坏、轴套与密封圈配合松动应同时更换；

2 关闭出水阀门，打开阀盖，检查阀板密封、转轴销、旋转臂杆、接头和轴的磨损状态；

3 检查阀盖连接螺栓及垫片是否紧固密封；

4 阀体渗漏的主要因素是制作、浇铸工艺不当所致；

5 旋启活塞式油缸发生渗漏会导致缓冲作用失效，应加强检查；

6 缓闭式止回阀调整平衡锤相对位置可减少水头损失，也可以提高缓冲效果；

7 透气管堵塞，在水泵停车时，管路内的负压有可能导致柔性止回阀损坏，应对管路系统进行清洗，防止堵塞；

8 止回阀内存有浮渣、堵塞物，会影响止回阀的正常闭合，要加强清理。

4.4.11 格栅的日常维护

1 格栅污物过多积聚会引起格栅前后水位差过大，造成格栅变形损坏，导致进水井水位过低，应加强清捞；

2 主要检查格栅片间隙是否松动、变形或脱焊；

3 加强碳钢制格栅的防腐措施可延长格栅使用寿命。

4.4.12 格栅除污机日常维护

格栅除污机，按照安装使用形式，有固定式和移动式之分。按驱动方式分有，钢丝绳牵引、链条回转、旋转臂杆、高链牵引、阶梯形输送、液压驱动等多种。按齿耙结构分类有插齿式、刮板式、鼓形格栅、犁形齿耙、弧形格栅，回转滤网式等。但其基本组成部件均为驱动装置、传动机构和工作机械。上述三大部件中的基本组成单元为：机架、控制箱、行程限位开关、减速器、传动支承轴承、牵引链、传动链钢丝绳、导轨、齿耙、齿轮、油缸、油箱、密封件等。条文明确了各类格栅除污机及其附属设备的日常养护基本要求，其养护维修时，还应参照产品说明书具体规定。

1 格栅除污机的运行工况和机构润滑状态的巡视、检查重点是轴承、齿轮、链条、液压箱、钢丝绳、传动机构等部件的润滑加油和工作状态。

2 格栅除污机的机架、驱动电机的机座，都必须紧固，若连接螺栓松动，会导致机械振动和噪声，造成部件磨损、发热或损坏，影响清污效果。

3 经常检查、调整张紧链轮，可防止链条打滑和非正常磨损。移动式的格栅除污机行走、定位机构在运行时受到运动冲击，易发生松动移位影响定位精度，经常检查调整可以避免松动，消除故障。

4 格栅除污机在停止工作后，应及时清除工作部件上残留的污物，并对活动铰接件进行润滑加油，可保持环境清洁和防止污物重新进入集水井，同时为除污机的再运行做好润滑、保养和防腐工作。

5 格栅除污机浸入污水中的部件，特别是碳钢材质的传动零部件易发生锈蚀、卡阻，因此在长时间停车期间要定期启动。

4.4.13 格栅除污机的定期维护

1 格栅除污机的工作齿耙、牵引钢丝绳、刮板等工作部件，在使用过程中会磨损和腐蚀，应定期检查，进行调整和更换；

2 格栅除污机的传动轴承和液压油箱，应定期加注润滑脂或更换液压油；

3 设有液压系统的格栅除污机，应定期更换油缸内液压油，阀体的密封件；

4 因格栅除污机的工作环境恶劣，对电气控制箱应加强检查、保养；

5 驱动链轮，链条及水下导轮，因与污水接触，特别是碳钢材质易腐蚀、磨损，应定期检查及时更换，不锈钢材质的应视齿顶、链节套筒磨损情况维修或更换；

6 有齿轮传动箱的格栅除污机，应定期解体检查齿轮啮合间隙，并更换磨损的齿轮。

4.4.14 栅渣皮带输送机的日常养护

1 主、从动转鼓支架若噪声加大或发热时，应及时向轴承座内加注润滑脂；

2 运行中发现皮带跑偏及打滑，应及时通过张紧装置调整；

3 皮带输送机属于连续输送机械，为确保运行安全，只能在停机时才能清除输送带上的污物。

4.4.15 皮带输送机的定期维护

1 皮带经过长时间的拉伸、变长，造成皮带跑偏，每隔6个月应通过张紧螺栓调整。皮带的接口与转鼓高速接触磨擦后损坏，也应修整重新粘接或用皮带扣铆接；

2 皮带滚轮和轴承因受交变应力作用，易发生磨损，应及时更换；

3 主、从动皮带转鼓的支承轴承，长时间运行后，应予清洗检查，发现磨损应及时更换；

4 皮带输送机的支架一般为钢制，应做好防腐处理。

4.4.16 螺旋输送机的日常养护

1 螺旋输送机的驱动电机与行程齿轮减速箱构成一体，并安置在螺旋叶片的一端，运行中应着重检查机组的振动、齿轮啮合声响是否正常；

2 螺旋输送槽内应防止大于螺距的异物进入；

3 螺旋输送机的行星齿轮减速箱和螺旋输送叶片两端的支承轴承日常运行中不得缺油。

4.4.17 螺旋输送机的定期维护

1 及时调整螺旋叶片间隙，更换损坏的磨擦圈；

2 长时间运行后，螺旋叶片与外壳间隙会发生变化，应及时调整输送轴的挠度和间隙。

4.4.18 螺旋压榨机长期停用后恢复工作或间断出渣时，应在出渣筒内加水，以保持出渣润滑。

4.4.19 螺旋压榨机的定期维护

1 螺旋叶片在经长时间运行磨损后与外壳间隙发生变化，应及时调整螺旋叶片转轴挠度和间隙；

2 更换磨擦导向条可以提高压榨效率；

3 压榨机经解体维护后应调整过力矩保护装置，防止驱动电机过载烧毁。

4.4.20 沉砂池的维护

当积砂高度达到进水管底时，需要清砂。在进行检查和清砂工作时，应做好 H_2S 的防毒监测及安全防护工作后进行。

4.4.21 集水池的维护

集水池水面的漂浮物会造成可燃性气体、H_2S 等有毒有害气体附着，可能成为安全隐患，应定时清捞。清捞漂浮物应在做好对 H_2S 等有毒有害气体的监测及安全防护后才能进行。

4.5 仪表与自控

本节仪表是泵站自动化仪表的简称，包括各种用于检测和控制的仪表设备和装置。泵站仪表常规检测项目有雨量、液位、温度、压力、流量、水质成分量（pH、NH_3-N、COD等）、有毒有害气体（H_2S）等。

水泵机组检测项目主要有电压、电流、转速、振动、绝缘、泄漏、噪声等。潜水泵增加检测内容主要有湿度、温度等。

泵站自控是指由计算机、触摸屏等组成的处理来自泵站环境中各种变送器的输入并将处理结果输出至执行机构和有关外围设备，以实现过程监测、监控和控制的计算系统或网络。泵站自动控制及监视系统可由小型计算机、触摸屏、摄像、可编程序控制(PLC)、远程终端（RTU)、通信设施及通信接口等组成。由监视、控制、报警、通信及通信接口等设备构成的自动控制及监视系统。

泵站自动控制及监视系统运行前应按照“控制系统用户手册”或“使用维护操作手册”中各自说明的要求编写运行操作规程。泵站自动控制系统必须经过调试、试运行后才能正式投入运行，并应定期检查、维护。

4.5.2 执行机构和控制机构的检查：

1 执行机构是在控制系统中通过其机构动作直接改变被控变量的装置；

2 控制机构是在控制系统中用以对被控变量进行控制的装置，主要检查控制机构的调节阀、接触器、控制电机等的工况。

4.5.3 自动控制及监视系统是泵站自动化管理系统，通过控制器、模拟盘、计算机系统进行运行管理。

4.5.4 检测仪表是用以确定被测变量的量值或量的特性、状态的仪表。检测仪表可以具有检出、传感、测量、变送、信号转换、显示等功能。

4.5.5 检测仪表的定期校验：通过试验、检验、标定等手段测量器具的示值误差满足规定要求。

4.5.6 自动控制及监视系统的定期维护：

1 仪表、控制设备及其附件外壳和其他非带电金属部件的保护接地（接零)，仪表及控制系统的工作接地（包括信号回路接地和屏蔽接地）每年应进行一次检查和维护。

2 自动控制（监控）系统中，在专用通信通路所有的输入、输出端口或任何其他通向检测仪表和控制系统的入口的电路点上所装设的雷电分流设备，应每年进行一次检查和维护，以确保安全可靠。

4.5.7 主机房内防静电接地应符合设计文件规定。

4.6 泵站辅助设施

4.6.1 泵站内的起重设备属于强制性检查设备，条文仅作日常养护和定期维护的基本要求规定，具体实施必须按国家现行规程《起重机械监督检验规程》(国质检锅［2002］296号）和《特种设备安全监察条例》（中华人民共和国第373号政府令）执行。

4.6.2 电动葫芦的日常养护要求：

1 使用电动葫芦起吊重物前，应检查使用安全电压的手操作控制器和电器控制箱，确认通电后设备处于可操作状态；

2 起吊索具应安全可靠，符合起重要求；

3 电动葫芦的升降、行走机构操作运行灵活，断电制动稳定可靠。

4.6.3 电动葫芦的定期维护

1 检查钢丝绳在一个捻节距内的断丝数，超过标准时应报废。

2 检查专用接地标准电阻值，电阻值应小于5Ω。

3 工字钢轨道车档应连接可靠，完整无缺损松动；轨道侧面磨损超过原宽的15%应更换；在无负荷条件下，工字钢在两吊点之间水平以下的下沉值大于1/2000时应校正。

4 检查和更换电动葫芦的制动器、卷扬机构、电控箱内不合格的元器件。

5 清洗检查减速箱、齿轮、轴、轴承，根据磨损度修复和更换，齿面点蚀损坏达啮合面的30%，深度达齿厚的10%时应予更换。清洗后更换新的润滑油。

4.6.4 桥式起重机的日常养护

1 使用前必须检查电控箱，通电后电源滑触线的接触良好。采用低压手操作控制器，检查桥式起重机的大车、小车、卷扬机等处于正常可操作状态。

2 空载试车，完成大车、小车行走，升降、制动的操作检查。

3 用验电器检验接地线的可靠性，接地电阻不应大于5Ω。

4 用10倍放大镜检验吊钩，危险断面不得有裂纹，钢丝绳鼓应排列整齐。

4.6.5 桥式起重机的定期维护

1 排水泵站内桥式起重机，由于使用频率不高，根据技术规范及设计要求定为轻级制，因而本规程定为3年进行一次恢复性维修。

2 桥式起重机维护的项目

1）检查桥架螺栓紧固情况，尤其是主梁与端梁、大车导轨维修平台、导轨支架、小车或其他构件的连接螺栓不得有任何松动。

2）检查梁架主要焊缝有无裂纹，若发现有裂纹应铲除后，重新焊接。在无负荷条件下，主梁在水平面的下沉值大于1/2000时，应修理校正。

3）检查大车、小车的传动轴、联轴节、螺栓有无松动情况。更换过或修复的大、小车制动器应制动灵敏可靠，若制动带磨损量达原厚度的30%应更换，沉头铆钉顶面埋下至少0.5mm。

4）主驱动减速器支承轴承及传动齿轮副磨损，齿面点蚀损坏达啮合面的30%，深度达齿厚的10%应予更换。

5）检查大小车是否有啃道现象，若轨道的接头横向位置及高低误差大于1mm，轨道侧面磨损超过轨宽的15%均应更换。

6）检查电器设备、清洗电动机轴承并加注润滑脂，调整限位器及修正触头，并对各个导线接头进行检查，连接应紧固，无发热现象。

4.6.6 剩水泵的日常养护

1 离心式剩水泵日常养护同一般离心泵；

2 潜水式剩水泵的日常养护同一般潜水式离心泵。

4.6.7 通风机的日常养护

1 通风机运行中不得出现异常振动和噪声；

2 通风管密封为软性材料，一般采用法兰板压紧或凹凸咬口连接，密封损坏出现裂缝，风管将发生泄漏。

4.6.8 通风机的定期维护

1 通风机的进、出风口应定期清扫、检查，并对转子轴承进行清洗、加油润滑；

2 定期对通风系统解体维护，更换易损件的目的是消除故障，确保机组安全可靠运行。

4.6.9 近年来，水处理工艺构筑物的除臭设备、设施发展很快，主要有物理脱臭吸附、化学氧化、焚烧、喷淋、生物过滤、洗涤、高能光量子除臭等。除臭装置的尾气排放应符合现行国家标准《恶臭污染物排放标准》GB 14554—93的规定，见表13和表14。

表13 国标中恶臭污染物厂界标准值

序号	控制项目	单位	一级	二级		三级	
				新扩改建	现有	新扩改建	现有
1	氨	mg/m^3	1.0	1.5	2.0	4.0	5.0
2	三甲胺	mg/m^3	0.05	0.08	0.15	0.45	0.80
3	硫化氢	mg/m^3	0.03	0.06	0.10	0.32	0.60
4	甲硫醇	mg/m^3	0.004	0.007	0.010	0.020	0.035
5	甲硫醚	mg/m^3	0.03	0.07	0.15	0.55	1.10
6	二甲二硫醚	mg/m^3	0.03	0.06	0.13	0.42	0.71
7	二硫化碳	mg/m^3	2.0	3.0	5.0	8.0	10
8	苯乙烯	mg/m^3	3.0	5.0	7.0	14	19
9	臭气浓度	无量纲	10	20	30	60	70

表14 国标中恶臭污染物排放标准值

（排气筒高度均为15m）

序号	控制项目	排放量（kg/h）
1	硫化氢	0.33
2	甲硫醇	0.04
3	甲硫醚	0.33
4	二甲二硫醚	0.43
5	氨	4.9
6	三甲胺	0.54
7	臭气浓度	2000（标准值，无量纲）

除臭装置按臭气处理工艺流程，一般可分为收集、处理和控制三个系统。收集系统主要由集气罩、风管、抽吸风机、屏蔽棚等装置组成。处理系统根据处理工艺不同设备组成有较大差异。采用生物吸附工艺的处理系统，主要由过滤器、洗涤器、循环水泵、吸附槽、加热恒温装置、喷淋器、酸碱发生器等组成；采用化学氧化法工艺的处理系统主要由臭氧发生器、酸碱发生器、活性炭氧化剂、高能离子发生器、抽吸风机等组成。控制系统主要由pH、H_2S在线检测监控仪表、流量计、液位计、PLC控制器等电子监控仪器、仪表组成。除臭装置在运行过程中应注意下列事项：

1 为保证进入收集系统的臭气不发生扩散，应确保收集系统在负压工作状态下运行。

2 在除臭装置发生故障时，控制系统的报警器应能及时发出报警信号，同时停止运行，故障消除后能重新恢复运行。

3 泵站停止运行时，应打开除臭装置的屏蔽，避免硫化氢等有毒有害、易燃易爆气体聚集。

4.6.11 真空泵的日常养护

1 真空泵在运行前应保持泵体内充满水，转子转动灵活，叶轮旋转无摩擦卡阻，旋转方向正确，基础螺栓紧固不松动；

2 真空泵投入运行后，应经常巡视检查气水分离器的真空度，进气管和泵轴密封无泄漏；

3 经常巡视检查泵组电机轴与真空泵轴的同轴度，联轴器的轴向相隙和真空泵叶轮和外壳的间隙，确保稳定运行。

4.6.12 真空泵的定期维护

1 真空泵轴封的密封状态好坏，影响泵的真空度；

2 真空泵叶轮因长期运行、汽蚀作用后受到磨损时，影响到抽真空效率，因此包括叶轮的支承轴承在内均应每隔3年进行解体检查、清洗和更换磨损的轴承。

4.6.13 防水锤装置的日常养护

1 当水泵停止运行时，应对水锤消除器工作状态进行严密监视，防止因泵的出口压力变化损坏泵机。

2 在完成一次水锤消除作用后应进行重锤的复位，并能迅速排放突然产生的气体。还应经常检查消除器的定位销、压力表、阀芯、重锤的连杆机构。

3 能自动复位的下开式水锤消除器，完成一次水锤消除工作后，应检查自动复位器的连杆及重锤是否复位，检查自闭式水锤消除装置的执行机构信号装置、控制器和延时装置。

4 气囊式水锤消除装置应防止空气囊内气体泄漏。当气压低于额定值时，必须及时补充气体。

4.6.15 叠梁插板闸门通常用于泵站设备、设施断水维修或排放工艺变动时使用。插板和起吊架应妥善保存，不能露天搁置，防止日晒、雨淋和锈蚀损坏。

4.6.16 柴油发电机组在泵站突然断电，短时间内又无法恢复供电时作应急电源用。柴油发电机组按设置方式分为固定式、移动式、车载式、牵引式；按发动机冷却方式分为风冷式、水冷式。

柴油发动机在启动后，空载运转转速应逐渐提高到规定值（不宜超过 5min），并进入部分负荷运转，待柴油机的出水温度（风冷式除外）和机油压力分别达到规定值（75℃和 0.25MPa）时，才允许进入全负荷运转。

4.6.17 柴油发动机及发电机组的使用、保养和维修，应按行业标准和生产厂的要求施行。

4.6.18 备用水泵机组维护同水泵和电机维护要求。

4.7 消防器材及安全设施

4.7.1 消防器材与设施属强制性检查项目，应落实专人管理。消防工作应执行中华人民共和国公安部令第 61 号《机关、团体、企业、事业单位消防安全管理规定》。

灭火器应当建立档案资料，记明配置类型、数量、设置位置、检查维修人员、更换药剂的时间等有关情况。消防器材应定点放置，并绘制消防器材分布图张贴于明显处。

4.7.3 防毒防爆用具的使用

1 泵站防毒、防爆仪表必须定期经法定计量部门或法定授权组织检定，并且建立档案资料，记录仪表类型、数量、设置位置、检测机构、维修人员和日期等有关情况；

2 防毒面具应完好无破损，滤毒罐必须按规定定期检查、称重并做好记录。滤毒罐有其规定的防护时间，有效存放期一般为 3 年，判断失效的方法有：(1) 发现异样嗅觉即失效；(2) 按防护时间及有毒气体浓度计算剩余使用时间；(3) 滤毒罐增重 30 克即失效；(4) 安装失效指示装置。

4.7.4 安全色与安全标志

1 为引起对不安全因素的注意，预防发生事故，泵站内的消防设备，机器转动部件的裸露部分，起重机吊钩，紧急通道，易碰撞处，有危险的器材或易坠落处如护栏、扶梯、井、洞口等，应按标准绘制规定的安全色；

2 在泵站内可能发生坠落、物体打击、触电、误操作、机械伤害、燃爆、有毒气体伤害、溺水等事故的地方，应按标准设置安全标志。

4.8 档案与技术资料管理

4.8.2 工程建设文本主要包括工程可行性研究报告、环境影响评价报告、扩大初步设计书、施工设计图和土地证明文本等。竣工验收资料主要包括竣工图、隐蔽工程验收单、竣工验收报告、设备清单和工程决算等。

4.8.4 泵站设施维修资料包括一机一卡、维修计划与实施记录、维修质量检验与评定。

4.8.5 归档的资料应包括各类事故记录、取样、摄影或录像等资料。

4.8.6 泵站运行资料主要包括运行记录、变配电运行记录等。

中华人民共和国行业标准

城市人行天桥与人行地道技术规范

Technical specifications of urban pedestrian overcrossing and underpass

CJJ 69—95

主编单位：北京市市政工程研究院
批准部门：中华人民共和国建设部
施行日期：1 9 9 6 年 9 月 1 日

关于发布行业标准
《城市人行天桥与人行地道技术规范》的通知

建标［1996］144 号

根据建设部建标［1990］407 号文的要求，由北京市市政工程研究院主编的《城市人行天桥与人行地道技术规范》，业经审查，现批准为行业标准，编号 CJJ 69—95，自 1996 年 9 月 1 日起施行。

本规范由建设部城镇道路桥梁标准技术归口单位北京市市政设计研究院负责归口管理，具体解释等工作由主编单位负责，由建设部标准定额研究所组织出版。

中华人民共和国建设部

1996 年 3 月 14 日

目　次

1 总　　则

1.0.1　为了统一城市人行天桥与人行地道标准（以下简称“天桥”与“地道”），使工程达到适用、安全、经济、美观，制定本规范。

1.0.2　本规范适用于城市中跨越或下穿道路的天桥或地道的设计与施工。郊区公路、厂矿及居住区的天桥与地道可参照使用。

1.0.3　天桥与地道的设计与施工应符合下列要求：

1.0.3.1　天桥与地道设计应符合城市规划布局的要求，应从工程环境出发，根据总体交通功能进行选型。

1.0.3.2　从实际出发，因地制宜，应积极采用新结构、新工艺、新技术。

1.0.3.3　结构应满足运输、安装和使用过程中强度、刚度和稳定性要求。

1.0.3.4　结构设计应与施工工艺统筹考虑，宜采用工厂预制的装配式结构。

1.0.3.5　应按适用、经济、美观相结合的原则确定装饰标准。

1.0.3.6　应符合防火、防电、防腐蚀、抗震等安全要求。

1.0.3.7　应限制结构振动对行人舒适感、安全感的不利影响。

1.0.3.8　选择施工工艺、制定施工组织方案时，应以少扰民、少影响正常交通为原则，做到安全、文明、快速施工。

1.0.4　天桥与地道的设计与施工，除应符合本规范外，在防火、防爆、防电、防腐蚀等方面尚应符合国家现行有关标准、规范的规定。

2 一般规定

2.1　设计通行能力

2.1.1　天桥与地道的设计通行能力应符合表 2.1.1 的规定：

天桥、地道设计通行能力　　表 2.1.1

类　别	天桥、地道 [P/（h·m）]	车站、码头的前的天桥、地道 [P/（h·m）]
设计通行能力	2400	1850

注：P/（h·m）为人/（小时·米），以下同。

2.1.2　天桥与地道设计通行能力的折减系数应符合下列规定：

2.1.2.1　全市性的车站、码头、商场、剧院、影院、体育馆（场）、公园、展览馆及市中心区行人集中的天桥（地道）计算设计通行能力的折减系数为 0.75。

2.1.2.2　大商场、商店、公共文化中心及区中心等行人较多的天桥（地道）计算设计通行能力的折减系数为 0.8。

2.1.2.3　区域性文化中心地带行人多的天桥（地道）计算设计通行能力折减系数为 0.85。

2.2　净　　宽

2.2.1　天桥与地道的通道净宽应符合下列规定：

2.2.1.1　天桥与地道的通道净宽，应根据设计年限内高峰小时人流量及设计通行能力计算。

2.2.1.2　天桥桥面净宽不宜小于 3m，地道通道净宽不宜小于 3.75m。

2.2.2　天桥与地道每端梯道或坡道的净宽之和应大于桥面（地道）的净宽 1.2 倍以上。梯（坡）道的最小净宽为 1.8m。

2.2.3　考虑兼顾自行车推车通过时，一条推车带宽按 1m 计，天桥或地道净宽按自行车流量计算增加通道净宽，梯（坡）道的最小净宽为 2m。

2.2.4　考虑推自行车的梯道，应采用梯道带坡道的布置方式，一条坡道宽度不宜小于 0.4m，坡道位置视方便推车流向设置。

2.3　净　　高

2.3.1　天桥桥下净高应符合下列规定：

2.3.1.1　天桥桥下为机动车道时，最小净高为 4.5m，行驶电车时，最小净高为 5.0m。

2.3.1.2　跨铁路的天桥，其桥下净高应符合现行国标《标准轨距铁路建筑限界》的规定。

2.3.1.3　天桥桥下为非机动车道时，最小净高为 3.5m，如有从道路两侧的建筑物内驶出的普通汽车需经桥下非机动车道通行时，其最小净高为 4.0m。

2.3.1.4　天桥、梯道或坡道下面为人行道时，净高为 2.5m，最小净高为 2.3m。

2.3.1.5　考虑维修或改建道路可能提高路面标高时，其净高应适当提高。

2.3.2　地道的最小净高应符合下列规定：

2.3.2.1　地道通道的最小净高为 2.5m。

2.3.2.2　地道梯道踏步中间位置的最小垂直净高为 2.4m，坡道的最小垂直净高为 2.5m，极限为 2.2m。

2.3.3　天桥桥面净高应符合下列规定：

2.3.3.1　最小净高为 2.5m。

2.3.3.2　各级架空电缆与天桥、梯（坡）道面最小垂直距离应符合表 2.3.3 规定。

天桥、梯道、坡道与各级电压电力线间最小垂直距离表

表 2.3.3

最小垂直距离（m）／线路电压（kV）／地区	配电线			送电线		
	1 以下	1～10	35	60～110	154～220	330
居　民　区	6.0	6.5	7.0	7.0	7.5	8.5
非 居 民 区	5.0	5.5	6.0	6.0	6.5	7.5

2.4　设计原则

2.4.1　天桥与地道设计布局应结合城市道路网规划，适应交通的需要，并应考虑由此引起附近范围内人行交通所发生的变化，且对此种变化后的步行交通进行全面规划设计。属于下列情况之一时，可设置天桥或地道。其中机动车交通量应按每小时当量小汽车交通量（辆/时，即 pcu/h）计。

2.4.1.1　进入交叉口总人流量达到 18000P/h，或交叉口的一个进口横过马路的人流量超过 5000P/h，且同时在交叉口一个进口或路段上双向当量小汽车交通量超过 1200pcu/h。

2.4.1.2　进入环形交叉口总人流量达 18000P/h 时，且同时进入环形交叉口的当量小汽车交通量达 2000pcu/h 时。

2.4.1.3　行人横过市区封闭式道路或快速干道或机动车道宽度大于 25m 时，可每隔 300～400m 应设一座。

2.4.1.4　铁路与城市道路相交道口，因列车通过一次阻塞人流超过 1000 人次或道口关闭时间超过 15min 时。

2.4.1.5　路段上双向当量小汽车交通量达 1200pcu/h，或过街行人超过 5000P/h。

2.4.1.6　有特殊需要可设专用过街设施。

2.4.1.7　复杂交叉路口，机动车行车方向复杂，对行人有明显危险处。

2.4.2　天桥或地道的选择应根据城市道路规划，结合地上地下管线、市政公用设施现状、周围环境、工程投资以及建成后的维护条件等因素做方案比较。地震多发地区宜考虑地道方案。

2.4.3　规划天桥与地道应以规划人流量及其主要流向为依据，在考虑自行车过天桥地道时，还应依据自行车流量和流向，因地制

宜采取交通管理措施，保障行人交通安全和交通连续性。并做出有利于逐步形成步行系统的总体布局。

2.4.4 天桥与地道在路口的布局应从路口总体交通和建筑艺术等角度统一考虑，以求最大综合效益。

2.4.5 天桥与地道的设置应与公共车辆站点结合，还应有相应的交通管理措施。在天桥和地道附近布置交通护栏、交通岛、各种交通标志、标线、交通信号灯及其他设施。

2.4.6 天桥与地道的布局既要利于提高行人过街安全度，又要提高机动车道的通行能力。地面梯口不应占人行步道的空间，特殊困难处，人行步道至少应保留1.5m宽，应与附近大型公共建筑出入口结合，并在出入口留有人流集散用地。

2.4.7 天桥与地道设计要为文明快速施工创造条件，宜采用预制装配结构，在需要维持地面正常交通时地道应避免大开挖的施工方法。

2.4.8 天桥的建筑艺术应与周围建筑景观协调，主体结构的造型要简洁明快通透，除特殊需要处不宜过多装修。

2.4.9 天桥与地道可与商场、文体场（馆）、地铁车站等大型人流集散点直接连通以发挥疏导人流的功能。

2.5 构造要求

2.5.1 天桥与地道的结构应符合以下要求：

2.5.1.1 结构在制造、运输、安装和使用过程中，应具有规定的强度、刚度、稳定性和耐久性。

2.5.1.2 应从设计和施工工艺上减小结构的附加应力和局部应力。

2.5.1.3 结构形式应便于制造、运输、安装、施工和养护。

2.5.2 天桥上部结构，由人群荷载计算的最大竖向挠度，不应超过下列允许值：

梁板式主梁跨中	$L/600$
梁板式主梁悬臂端	$L_1/300$
桁架、拱	$L/800$

注：L 为计算跨径；L_1 为悬臂长度。

2.5.3 天桥主梁结构应设置预拱度，其值采用结构重力和人群荷载所产生的竖向挠度，并应做成圆滑曲线。当结构重力和人群荷载产生的向下挠度不超过跨径的1/1600时，可不设预拱度。

2.5.4 为避免共振，减少行人不安全感，天桥上部结构竖向自振频率不应小于3Hz。

2.5.5 天桥、地道及梯（坡）面的铺装应符合平整、防滑、排水、无噪音、便于养护的要求。

2.5.6 天桥结构应视需要设置伸缩装置以适应结构端部线位移和角位移需要。伸缩装置应选用止水型的。

2.5.7 地道结构，以汽车荷载（不计冲击力）计算的最大挠度不应超过 $L/600$。

注：用平板挂车或履带车荷载验算时，上述允许挠度可增加20%。

2.5.8 地道结构应视地质情况及结构受力需要设置沉降缝和变形缝。对沉降缝、变形缝和施工缝应做止水设计。采取设止水带等防水措施。

2.5.9 封闭式天桥与地道根据需要应有通风、排水和防护措施。

2.6 附属设施

2.6.1 天桥必须设桥下限高的交通标志，并应符合下列要求：

2.6.1.1 限高标志应放置在驾驶人员和行人最容易看到，并能准确判读的醒目位置。

2.6.1.2 限高标志的限高高度，应根据桥下净高、当地通行的车辆种类和交叉情况等因素而定。天桥桥下限高标志数应比设计净高小0.5m。

2.6.1.3 限高标志牌应由交通管理部门统一规定。

2.6.1.4 限高标志牌的构造及设置应符合下列要求：

(1) 限高标志可直接安装在天桥桥孔正中央或前进方向的右侧；

(2) 标志牌所用的材料及构造由交通管理部门统一规定。

2.6.2 天桥与地道的导向标志，应设置在天桥、地道入口处及分叉口处。

2.6.3 在天桥与地道的地面梯道（坡道）口附近一定范围内，为引导行人经由天桥与地道过街，应设置地面导向护栏，护栏断口宜与天桥或地道两侧附近交叉路口的地形相结合，护栏连续长度不宜太短，每侧长度一般为50～100m，护栏除要求坚固外，其形式、颜色还应与周围环境相协调。

2.6.4 当天桥上方的架空线距桥面不足安全距离时，为确保安全，桥上应设置安全防护罩，安全防护罩距桥面的距离不宜小于2.5m。

2.6.5 天桥桥面或梯面必须有平整、粗糙、耐磨的防滑措施。多雨雪地区，天桥可加顶棚。

2.6.6 在地道两端，应设置消火栓，配备消防器材。在长地道内，应按有关消防规范，设置消防措施和急救通讯装置。

2.6.7 在设计人流量大或较长的重要地道时，应设置管理和维护专用设施。

2.6.8 天桥或地道结构不得敷设高压电缆、煤气管和其他可燃、易爆、有毒或有腐蚀性液（气）体管道过街。

3 天桥设计

3.1 荷载

3.1.1 天桥设计荷载分类应符合表3.1.1的规定。

3.1.2 天桥设计，应根据可能同时出现的作用荷载，选择下列荷载组合：

组合Ⅰ：基本可变荷载与永久荷载的一种或几种相组合。

组合Ⅱ：基本可变荷载与永久荷载的一种或几种与其他可变荷载的一种或几种相组合。

组合Ⅲ：基本可变荷载与永久荷载的一种或几种与偶然荷载中的汽车撞击力相组合。

组合Ⅳ：天桥施工阶段的验算，应根据可能出现的施工荷载（如结构重力、脚手架、材料机具、人群、风力等）进行组合。

构件在吊装时，构件重力应乘以动力系数1.2或0.85，并可视构件具体情况做适当增减。

组合Ⅴ：结构重力、1kN/m² 人群荷载、预应力中的一种或几种与地震力相组合。

荷载分类表　　表3.1.1

编号	荷载分类		荷载名称
1	永久荷载（恒载）		结构重力
2			预加应力
3			混凝土收缩及徐变影响力
4			基础变位影响力
5			水的浮力
6	可变荷载	基本可变荷载（活载）	人群
7			
8		其他可变荷载	风力
			雪重力
			温度影响力
9	偶然荷载		地震力
10			汽车撞击力

注：如构件主要为承受某种其他可变荷载而设置，则计算该构件时，所承荷载作为基本可变荷载。

3.1.3 人群设计荷载值及计算式应符合下列规定：

3.1.3.1 人行桥面板及梯（坡）道面板的人群荷载按 5kPa 或 1.5kN 竖向集中力作用在一块构件上计算。

3.1.3.2 梁、桁、拱及其他大跨结构，采用下列公式计算：

当加载长度为 20m 以下（包括 20m）时

$$W=5\cdot\frac{20-B}{20}(\text{kPa}) \quad (3.1.3\text{-}1)$$

当加载长度为 21～100m（100m 以上同 100m）时

$$W=\left(5-2\cdot\frac{L-20}{80}\right)\left(\frac{20-B}{20}\right)(\text{kPa}) \quad (3.1.3\text{-}2)$$

式中 W——单位面积的人群荷载，kPa；

L——加载长度，m；

B——半桥宽度，m。大于 4m 时仍按 4m 计。

3.1.4 结构物重力及桥面铺装、附属设备等外加重力均属结构重力，可按表 3.1.4 所列常用材料密度计算。

常用材料密度表 表 3.1.4

材料种类			密度（10^2kg/m³）
钢、铸钢			78.5
铸铁			72.5
锌			70.5
铅			114.0
黄铜			81.1
青铜			87.4
钢筋混凝土			25.0～26.0
混凝土或片石混凝土			24
砖石砌体桥面	浆砌块石或料石		24.0～25.0
	浆砌片石		23.0
	干砌块石或片石		21.0
	砖砌体		18.0
	沥青混凝土		23.0
	沥青碎石		22.0
填土			17.0～18.0
填石			19.0～20.0
石灰三合土			17.5
石灰土			17.5
木材	松 木	未防腐	6.0
		防 腐	7.5
	橡 木	未防腐	7.5
	落叶松	防 腐	9.0
	杉 木	未防腐	5.0
	枞 木	防 腐	7.0

注：1. 含筋量（以体积计）小于等于 2% 的钢筋混凝土，其密度采用 2500kg/m³。大于 2% 的采用 2600kg/m³；

2. 石灰三合土指石灰、砂、砾石；

3. 石灰土采用石灰 30%，土 70%。

3.1.5 预加应力在结构使用极限状态设计时，应作为永久荷载计算其效应，并考虑相应阶段的预应力损失，但不计由于偏心距增大引起的附加内力；在结构按承载能力极限状态设计时，预加应力不作为荷载，而将预应力钢筋作为结构抗力的一部分。

3.1.6 外部超静定的混凝土结构应考虑混凝土的收缩及徐变影响。混凝土收缩影响可作为相应于温度的降低考虑。

3.1.6.1 整体浇筑的混凝土结构的收缩影响力，对于一般地区相当于降温 20℃，干燥地区为 30℃；整体浇筑的钢筋混凝土结构的收缩影响力，相当于降低温度 15～20℃。

3.1.6.2 分段浇筑的混凝土或钢筋混凝土结构的收缩影响力，相当于降温 10～15℃。

3.1.6.3 装配式钢筋混凝土结构的收缩影响力，相当于降温 5～10℃。

混凝土徐变影响的计算，可采用混凝土应力与徐变变形为直线关系的假定。混凝土徐变系数可参照现行的《公路钢筋混凝土及预应力混凝土桥涵设计规范》（JTJ023）采用。

3.1.7 超静定结构当考虑由于地基压密等引起的支座长期变位影响时，应根据最终位移量按弹性理论计算构件截面的附加内力。

3.1.8 水浮力的计算应符合下列要求：

3.1.8.1 位于透水性地基上的天桥墩台基础，当验算稳定时，应采用设计水位的浮力；当验算地基应力时，仅考虑低水位的浮力，或不考虑水的浮力。

3.1.8.2 基础嵌入不透水性地基的基础时，可不考虑水的浮力。

3.1.8.3 当不能肯定地基是否透水时，应以透水或不透水两种情况与其他荷载组合，取其最不利者。

3.1.8.4 作用在桩基承台底面的浮力，应考虑全部底面积，但桩嵌入岩层并灌注混凝土者，在计算承台底面浮力时应扣除桩的截面积。

注：低水位系指枯水季节经常保持的水位。

3.1.9 计算天桥的强度和稳定时，风力计算应符合下列规定：

3.1.9.1 横向风力（横桥方向）

（1）横向风力为横向风压乘以迎风面积，横向风压按式（3.1.9）计算：

$$W=K_1\cdot K_2\cdot K_3\cdot K_4\cdot W_0(\text{Pa}) \quad (3.1.9)$$

式中 W_0——基本风压值，Pa。当有可靠风速记录时，按 $W_0=\frac{1}{1.6}v^2$ 计算；若无风速记录时，可参照《全国基本风压分布图》，并通过实地调查核实后采用；v 为设计风速（m/s），按平坦空旷地面离地面 20m 高，频率 1/100 的 10min，平均最大风速确定；

K_1——设计风速频率换算系数，采用 0.85；

K_2——风载体型系数，桥墩见表 3.1.9，其他构件为 1.3；

K_3——风压高度变化系数，采用 1.00；

K_4——地形、地理条件系数，采用 0.80。

桥墩风载体型系数 K_2 表 3.1.9

截面形状		长宽比值	体型系数 K_2
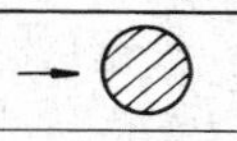	圆形截面	—	0.8
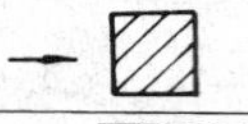	与风向平行的正方形截面	—	1.4
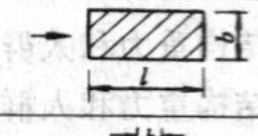	短边迎风的矩形截面	$l/b\leqslant1.5$	1.4
		$l/b>1.5$	0.9
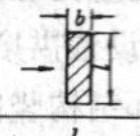	长边迎风的矩形截面	$l/b\leqslant1.5$	1.4
		$l/b>1.5$	1.3
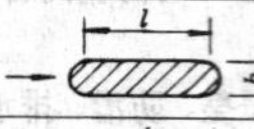	短边迎风的圆端形截面	$l/b\leqslant1.5$	0.3
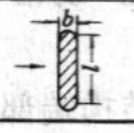	长边迎风的圆端形截面	$l/b\leqslant1.5$	0.8
		$l/b>1.5$	1.1

（2）设计桥墩时，风力在上部构造的着力点假定在迎风面积的形心上。

（3）天桥上部构件有可能被风力掀离支座时，应计算支座锚固的反力。

（4）桥台的纵、横向风力不计算。

（5）迎风面积可按结构物外轮廓线面积乘以下列折减系数计算：

两片钢桁架或钢拱架 0.4

三片及三片以上钢桁架以及桁拱两舷间的面积 0.5

桁拱下弦与系杆间的面积、上弦与桥面间的面积、空腹式拱上构造的面积以及斜拉桥的加劲桁架（或梁）与斜索间：

面积 0.2

栏杆 0.2

实体式桥梁结构 1.0

3.1.9.2 纵向风力（顺桥方向）

（1）桥墩上的纵向风力，可按横向风压的 70% 乘以桥墩迎风面积计算。

(2) 桁架式上部构造的纵向风力，可按横向风压的40%乘以桁架的迎风面积计算。

(3) 斜拉桥塔架上的纵向风力，可按横向风压乘以塔架的迎风面积计算。

(4) 由上部构造传至墩柱的纵向风力，在计算墩柱时，着力点在支座中心（或滚轴中心）或滑动支座、橡胶支座、摆动支座的底面上；计算刚构式天桥、拱式天桥时，则在桥面上，但不计因此而产生的竖向力和力矩。

(5) 由上部构造传至下部结构的纵向风力，在墩台上的分配，可根据上部构造支座条件进行。设有油毡支座或钢板支座的钢筋混凝土墩柱，其所受的纵向风力应按墩柱的刚度分配；设有板式橡胶支座墩柱，当符合下列条件时可按其联合作用计算：

$$\phi=\frac{K_n}{\overline{K}_n}\geqslant 1/10 \quad (3.1.9\text{-}1)$$

$$K_n=\frac{K'K''}{K'+K''} \quad (3.1.9\text{-}2)$$

式中 ϕ——支座与桥墩抗推刚度比；

K_n——支座抗推刚度；

K'、K''——分别为一孔桥两端支座的抗推刚度，当支座抗推刚度相等时，K_n 等于桥孔一端支座抗推刚度的1/2；

$\overline{K}_n$——桥墩抗推刚度。

3.1.10 温度影响力的计算应符合下列规定：

3.1.10.1 天桥各部构件受温度变化影响产生的变化值或由此引起的影响力，应根据当地具体情况、结构物使用的材料和施工条件等因素计算确定。

温度变化范围，应根据建桥地区的气温条件而定。钢结构可按当地最高和最低气温确定；钢筋混凝土及预应力混凝土结构，按当地月平均最高和最低气温确定；联合梁的钢梁与钢筋混凝土板的温度差，可参照现行的《公路桥涵钢结构及木结构设计规范》(JTJ025) 的有关规定。

钢筋混凝土及预应力混凝土天桥，必要时尚需考虑日照所引起的温度影响力。

3.1.10.2 气温变化值应自结构合拢时的温度起算。

3.1.11 栏杆水平推力

水平荷载为2.5kN/m，竖向荷载为1.2kN/m，不与其他活载迭加。

3.1.12 地震力的计算应符合下列规定：

3.1.12.1 天桥的抗震设防，不应低于下线工程的设计烈度，对于跨越特别重要的道路工程，经报请批准后，其设计烈度可比基本烈度提高一度使用。地震力的计算可参照现行的《公路工程抗震设计规范》进行。

3.1.12.2 计算地震力时同时考虑静载与1.0kN/m² 人群荷载组合。

3.1.13 汽车撞击力的计算应符合下列规定：

天桥墩柱在有可能被汽车撞击之处，应设置刚性防撞墩，防撞墩宜与天桥墩柱之间保留一定空隙，条件不具备时也可与墩柱浇注为一体。钢筋混凝土防撞墩可参照《高速公路交通安全设施设计及施工技术规范》(JTJ074) 设计。

汽车撞击力可按下式估算：

$$P=\frac{W\cdot v}{g\cdot T}(\mathrm{kN}) \quad (3.1.13)$$

式中 W——汽车重力，建议值150kN；

v——车速，建议值22.2m/s；

g——重力加速度，9.18m/s²；

T——撞击时间，建议值1.0s。

墩柱体上撞击力作用点位于路面以上1.8m处。

在快速路、主干道及次干道顺行车方向上，估算撞击力不足350kN，按350kN计；垂直行车方向则按175kN计。

3.1.14 有积雪地区须考虑雪荷载，结构顶面承受雪荷载按现行国家标准《建筑结构荷载规范》(GBJ9)“全国基本雪压分布图”进行。

3.2 建筑设计

3.2.1 总平面设计应符合规划要求，结合当地环境特征、交通状况、人流集散方向等因素进行。

3.2.2 天桥建筑应注意艺术性，在造型与色彩上应同环境形态和传统文化协调。

3.2.3 天桥建筑应按不同地域气候特点，采用防风雪、遮阳等造型构造设计。

3.2.4 建筑装修标准应以节约与效果相统一为原则。

3.2.5 天桥建筑设计应着重于主体结构的线型，体现工程结构的力度与材料的粗犷质感，体现桥、梯关系在总体环境中的空间形象。

3.2.6 梯道踏步规格应符合下列规定：

3.2.6.1 梯道踏步最小步宽以0.30m为宜，最大步高以0.15m为宜，螺旋梯内侧步宽可适当减小。

3.2.6.2 踏步的高宽关系按 $2R+T=0.6\mathrm{m}$ 的关系式计算，其中 R 为踏步高度，T 为踏步宽度。

3.2.7 考虑残疾人使用要求的建筑标准应符合现行《方便残疾人使用的城市道路和建筑物设计规范》(JGJ50) 规定。

3.3 结构选型

3.3.1 结构体系选择应对工程性质、环境特征、结构功能、造型需要、施工条件、技术力量、投资可能等因素进行综合分析，采用适合当时当地的新材料、新工艺和新技术，保证结构体系实施的可行性；

3.3.2 天桥结构造型应符合下列要求：

3.3.2.1 主体结构形式应服从于结构受力合理。

3.3.2.2 结构的高度、宽度、跨度有良好的三维比例，使天桥造型轻巧美观。

3.3.2.3 主桥墩柱布置应根据道路性质和断面形式、结构合理、造型艺术、行车通畅和施工条件等因素综合处理。

3.3.3 天桥结构应优先选用钢筋混凝土或预应力混凝土结构。

3.3.4 天桥需加设顶棚时，宜采用下承式钢桁架结构，但应符合下列要求：

3.3.4.1 应把杆件限制在最小的空间方向上，并使其布置有节奏，避免杂乱感。

3.3.4.2 各杆件截面高度力求一致，厚度和长度比要适当，以求轻巧纤细。

下承式桁架顶部横向风构也要布置得简单有序，使结构稳定，造型美观。

3.3.5 悬索结构作为天桥的方案时，应注意这种结构的振动特性给行人造成不舒适感的影响，并与斜拉桥做方案比较。

3.4 梯（坡）道、平台

3.4.1 梯道坡度不得大于1∶2。

3.4.2 手推自行车及童车的坡道坡度不宜大于1∶4。

3.4.3 残疾人坡道设置应符合下列要求：

3.4.3.1 残疾人坡道的设置应以手摇三轮车为主要出行工具，并考虑坐轮椅者、拐杖者、视力残疾者的使用和通行。

3.4.3.2 坡道不宜大于1∶12，有特殊困难时不应大于1∶10。

3.4.4 梯道宜设休息平台，每个梯段踏步不应超过18级，否则必须加设缓步平台，改向平台深度不应小于桥梯宽度，直梯（坡）平台，其深度不应小于1.5m；考虑自行车推行时，不应小于2m。自行车转向平台宜设不小于1.5m的转弯半径。

3.4.5 栏杆扶手应符合下列规定：

3.4.5.1 栏杆高度不应小于1.05m。

3.4.5.2 栏杆应以坚固、耐久的材料制作，并能承受3.1.11条规定的水平荷载。

3.4.5.3 栏杆构件间的最大净间距不得大于14cm，且不宜采用横线条栏杆。

3.4.5.4 考虑残疾人通行时，应在0.65m高度处另设扶手，在儿童通行较多处，应在0.8m高度处另设扶手。

3.4.5.5 梯宽大于6m，或冬季有积雪的地方，梯（坡）面有滑跌危险时，梯、坡道中间宜增设栏杆扶手。

3.5 照　明

3.5.1 天桥桥面、桥梯最低设计平均亮度（照度）应符合下列要求：非繁华地区敞开的天桥不低于0.3nt（≈5LX）；繁华地区敞开的天桥不低于0.7nt（≈10LX）；封闭式的天桥不低于2.2nt（≈30LX）。应合理选择和布设灯具，使照度均匀。

3.5.2 天桥的主梁和道路隔离带上的中墩立面的最低设计平均照度，应与所处道路路面的照度一致。

3.5.3 天桥照明灯具应与所处道路的路灯照明统筹安排。路段上的天桥可用调近路灯间距加高灯杆的办法解决天桥照明。路口的天桥照明应专门设置。天桥的照明不应对桥下车辆驾驶员的视觉造成不良影响。

3.6 结构设计

3.6.1 天桥采用钢筋混凝土、预应力混凝土结构时，应符合现行《公路钢筋混凝土及预应力混凝土桥涵设计规范》（JTJ025）的规定。

3.6.2 天桥采用钢结构及联合梁结构时，除本规范有特殊规定外，尚应符合现行《公路桥涵钢结构及木结构设计规范》（JTJ025）的有关规定。

3.6.3 天桥主体钢结构的钢材宜采用符合现行国标《普通碳素结构钢技术条件》要求的3号（A3）钢。在冬季气温低于－20℃的地区的焊接钢结构宜采用3号镇静钢。

3.6.4 天桥的钢结构应进行各种荷载组合下的强度、稳定、刚度和施工应力验算。同时，应满足构造规定和工艺要求。

3.6.5 天桥的钢结构各部分截面最小厚度（mm）应符合JTJ025规范规定。

3.6.6 天桥主体钢结构的型钢梁、板梁、联合梁等的设计计算、结构与细部构造按第3.6.2条执行。

3.6.7 天桥钢结构的主体结构允许采用箱梁、正交异性板梁、桁架、刚架以及预应力钢结构。这类结构，应在满足3.6.4条规定的条件下参照国家批准的专门规范或有关的规定进行设计，并应注意所选结构有利于养护维修。

3.6.8 天桥为梁式体系时宜采用联合梁结构。

3.7 地基与基础

3.7.1 天桥的地基与基础设计，除本规范有特别规定外，可采用现行的《公路桥涵地基与基础设计规范》（JTJ024）等规范。

3.7.2 天桥的地基与基础，应保证具有足够的强度、稳定性及耐久性。应验算基底压应力、地基下软弱土层的压应力、基底的倾覆稳定和滑动稳定等。有关地基的计算值均不得超过规范的限值。

对基础自身的结构强度、刚度、稳定性计算，视所用材料的不同，应符合本规范3.6和3.7节的规定。

3.7.3 天桥的基础应避开地下管线，其间距必须满足有关管线安全距离的规定；当基础无法避开地下管线时，经与有关单位协商，可采用移管线或骑跨管线的方法。修建天桥后，基础附近不再敷设管线时，可采用明挖浅基础；建桥后，基础附近有敷设管线可能时，宜采用桩基础，并适当加大桩长。

3.7.4 天桥允许采用柔性基础、条形基础、装配式墩的杯口基础等基础结构，并可参照国家有关规范进行设计。

3.8 防水与排水

3.8.1 桥面最小坡度应符合下列要求：

3.8.1.1 天桥桥面应设置纵坡与横坡。

3.8.1.2 天桥桥面最小纵坡不宜小于0.5%，必要时可设置桥面竖曲线。

3.8.1.3 天桥桥面应根据不同类型铺装设置横坡。横坡可采用双向坡，也可采用单向坡，最小横坡值可采用1%。

3.8.2 桥面及梯道（或坡道）排水应符合下列要求：

3.8.2.1 桥面排水可设置地漏，导入落水管；落水管可采用隐蔽布置方式。

3.8.2.2 梯道（或坡道）可采用自然排水方式；为防止行人滑跌，踏步面可做1%～2%的横坡。

3.8.3 桥面防水层应符合下列要求：

天桥桥面铺装层下应设防水层，视当地的气温、雨量、桥梁结构和桥面铺装的形式等具体情况确定防水层做法；采用装配式预制梁板结构时，对结构拼接缝应采取止水措施。

3.9 其　他

3.9.1 天桥的墩、柱应在墩边设防撞护栏。

3.9.2 天桥桥墩按汽车撞击力核算桥墩的整体强度和局部应力时撞击力只与永久荷载进行组合。

3.9.3 天桥应按现行《公路工程抗震设计规范》（JTJ004）的要求以及《中国地震烈度区划图》所规定的基本烈度进行设计。天桥的抗震强度和稳定性的安全度应满足本规范组合Ⅴ的要求。

3.9.4 设在非全封闭路段上的天桥应设交通护栏阻隔行人横穿机动车道。当桥梯口附近有公共交通停靠站时，宜在路中设交通护栏。当桥梯口附近无公共交通停靠站时宜在道路两侧设交通护栏。交通护栏设置范围应与交通管理部门商定。

3.9.5 挂有无轨电车馈电线的天桥，馈电线与天桥间应有双重绝缘设施，天桥应有接地设施。

3.9.6 天桥基础与各地下管线最小水平净距应满足施工、维修和安全的要求，遇特殊困难时需与有关部门协商解决。

3.9.7 天桥上可设交通标志牌或其他宣传牌。任何标志牌或宣传牌均不得侵入桥下道路净空界限，不得侵入桥上行人净空。所设标志牌或宣传牌应安装牢固，不得危及行人和交通安全。

3.9.8 天桥上任何标志牌或宣传牌应与天桥立面相协调，不损害景观。标志牌总长度不得大于1/2跨径。

3.9.9 所有标饰的设置在视觉方面应突出交通标志；严禁设置闪烁型灯光广告。

3.9.10 天桥桥面及梯（坡）道两侧原则上应设置10cm高的地袱或挡檐构造物；快速路机动车道范围，天桥两侧应设防护网罩。

3.9.11 天桥距房屋较近时，应根据需要设置视线遮板，并照顾到该房屋的日照问题。

3.9.12 天桥所用钢结构应慎重选择优质、耐老化的防腐涂料或油漆。

4 地道设计

4.1 荷　载

4.1.1 地道设计荷载分类应符合表4.1.1的规定。

4.1.2 设计地道时，应根据可能同时出现的作用荷载，选择下列荷载组合：

荷载分类表　表 4.1.1

编号	荷载分类	荷载名称
1	永久荷载（恒载）	结构重力
2		预加应力
3		土的重力及土侧压力
4		混凝土收缩及徐变影响力
5		基础变位影响力
6		水的浮力
7	可变荷载	汽　车
8		汽车引起的土侧压力
9		人　群
10		平板挂车或履带车
11		平板挂车或履带车引起的土侧压力
12	偶然荷载	地震力

注：如构件主要为承受某种其他可变荷载而设置，则计算该构件时，所承荷载作为基本可变荷载。

组合Ⅰ：可变荷载（平板挂车除外）的一种或几种与永久荷载的一种或几种相组合；

组合Ⅱ：平板挂车与结构重力、预应力、土的重力及土侧压力中的一种或几种相组合；

组合Ⅲ：在进行施工阶段的验算时，根据可能出现的施工荷载（如结构重力、材料机具等）进行组合；

构件在吊装时，构件重力应乘以动力系数 1.2 或 0.85，并可视构件具体情况作适当增减。

组合Ⅳ：结构重力、预应力、土重及土侧压力中的一种或几种与地震力相组合。

4.1.3 结构物重力及附属设备等外加重力均属结构重力，可按表 3.1.4 常用材料密度表计算。

4.1.4 预加应力可参照第 3.1.5 条进行计算

4.1.5 土的重力对地道的竖向和水平压力强度，可按下式计算：

竖向压力强度　$q_v = \gamma h$　(4.1.5-1)

水平压力强度　$q_H = \lambda \gamma h$　(4.1.5-2)

式中 γ—— 土的重力密度，kN/m^3；

h——计算截面至路面顶的高度；

λ——侧压系数，按下式计算：

$$\lambda = tg^2(45° - \phi/2)$$

ϕ—— 土的内摩擦角。

4.1.6 混凝土收缩及徐变影响力可参照第 3.1.6 条进行计算。

4.1.7 基础变位影响力可参照第 3.1.7 条进行计算。

4.1.8 水浮力可参照第 3.1.8 条进行计算。

4.1.9 车辆荷载的计算应符合下列要求：

4.1.9.1 车辆荷载引起的竖直土压力

计算地道顶上车辆荷载引起的竖向压力时，车轮或履带按着地面积的边缘向下做 30°角分布。当几个车轮或两履带的压力扩散线相重叠时，则扩散面积以最外边线为准。

4.1.9.2 车辆荷载引起的土侧压力

车辆荷载引起的土侧压力可换算成等代均布土层厚度按第 4.1.5 条土的水平压力强度公式来计算。

4.1.9.3 车辆荷载等级应根据在地道上面的道路使用任务、性质和将来的发展情况参照表 4.1.9 确定。

汽车、平板挂车、履带车的主要技术指标，参照现行的《公路桥涵设计通用规范》（JTJ021）第 2.3.1 条及其表 2.3.1 及第 2.3.5 条及其表 2.3.5 的有关规定。

4.1.10 人群荷载可按 $4kN/m^2$ 计算。

4.1.11 栏杆扶手上的竖向荷载 1.2kN/m；水平荷载 2.5kN/m。两者应分别考虑，且不与其他活载叠加。

城市桥梁设计车辆荷载等级选用表　表 4.1.9

荷载类别＼城市道路等级	快速路	主干路	次干路	支　路
计算荷载和验算荷载	汽车-超 20 级 挂车-120	汽车-20 级 挂车-100 或 汽车-超 20 级 挂车-120	汽车-15 级 挂车-80 或 汽车-20 级 挂车-100	汽车-15 级 挂车-80

注：表列城市道路等级系按“城市道路设计规范的分类划分”执行。小城市中支路根据具体情况也可考虑采用汽车-10 级、履带-50。

4.1.12 地震力可参照现行的有关抗震规范的规定计算。

4.2 建筑设计

4.2.1 总平面设计应符合规划要求，结合当地环境特征、交通状况、人流集散方向等因素进行。地道布局应结合特定的行政文化、体育娱乐、现有人防工程、商业活动地域等因素综合考虑，为远期逐步形成地下步行体系留有余地。

4.2.2 地道进出口是否设顶盖以及顶盖的建筑艺术，应遵循与环境协调的原则。

4.2.3 地道内可按其重要性和功能需要考虑设备、治安、卫生等工作用房。

4.2.4 建筑装修标准应以节约与效果相统一为原则。

4.2.4.1 合理选用装修材料，力求美观与耐久、维护与清洁相统一；宜选用表面光洁、不易沾染油污、耐酸碱、耐洗刷、易修复的材料；不得采用水泥拉毛墙面。

4.2.4.2 地道内的装修材料应采用阻燃材料。

4.2.5 梯道踏步规格同 3.2.6 条。

4.2.6 地道内长度、净宽与净高的比例应符合下列规定：

4.2.6.1 地道长度原则上按规划道路宽度确定，对较长通道或较宽通道应适当加大净高。

4.2.6.2 地道设计宽度应根据设计通行量及地道性质确定。

4.2.7 考虑残疾人使用的建筑标准应按现行《方便残疾人使用的城市道路和建筑物设计规范》（JGJ50）执行。

4.3 结构选型

4.3.1 地道结构体系选择应符合下列原则：

4.3.1.1 应满足使用要求和交通发展的需要，根据施工环境、交通条件、施工期限、施工条件和投资可能，结合施工工艺进行综合技术经济比较，选择结构体系。

在交通繁忙地区宜选择影响交通较少的暗挖工法及相应结构。

4.3.1.2 应根据水文、地质条件，按有利于结构安全和结构防水的原则进行选择。

4.4 梯（坡）道、平台与进出口

4.4.1 梯道、手推自行车及童车坡道的坡度应符合下列要求：

4.4.1.1 梯道坡度不应大于 1∶2。

4.4.1.2 手推自行车及童车的坡道坡度不应大于 1∶4。

4.4.2 残疾人坡道设置条件同 3.4.3 条。

4.4.3 雨水较多地区和有需要时，可设顶盖。

4.4.4 梯道休息平台的规定同 3.4.4 条。

4.4.5 扶手高度应符合下列要求：

4.4.5.1 扶手高度自踏步前缘线量起不宜小于 0.80m。

4.4.5.2 供轮椅使用的坡道两侧应设高度为 0.65m 的扶手。

4.4.5.3 增设中间扶手规定同 3.4.5.5 条。

4.5 照明通风

4.5.1 地道通道及梯道地面设计平均亮度（照度）不得小于2.2nt（≈30LX），应合理布设灯具，使照度均匀；地道进出口设计亮度（照度）不宜小于2.2nt（≈30LX）。

4.5.2 灯具距地面的高度不宜小于2.2m。当灯具低布时，必须采取防护措施。

4.5.3 地道照明电线的布设和配电箱宜考虑全部灯具照明、部分灯具照明、少量灯具深夜长明等不同要求，以节约用电。

4.5.4 地道主通道长度小于等于50m时，采用自然通风。

4.5.5 地道内应根据需要设置应急电源及应急照明装置。重要地道可考虑双路电源。

4.6 钢筋混凝土及预应力混凝土结构

4.6.1 地道的钢筋混凝土、预应力混凝土结构除应符合本规范规定外，尚应符合现行的《公路钢筋混凝土及预应力混凝土桥涵设计规范》（JTJ—023）的规定。

4.6.2 为行车平稳，地道上机动车行驶部分的覆盖层厚度宜大于30cm。覆盖厚度大于或等于50cm的地道不计汽车荷载的冲击力。

4.6.3 地道可沿纵向取一单位宽度作平面结构（刚架、部分铰接的刚架、拱等）计算，计算中应考虑车辆在地道上和在地道一侧填土上使平面结构控制截面产生不利效应的各种工况。

4.6.4 地道应根据其纵向的刚度和地基土的情况进行分段。每段长度不宜大于20m。地道各段间以及地道与门厅间应设置止水型沉降缝。

4.6.5 地道采用暗挖法、盖挖法、管棚法等工法施工时，应考虑所有施工阶段和体系转换过程的施工验算，确保施工和使用阶段的结构安全，并应满足有关地下工程规范的规定。

4.7 地基与基础

4.7.1 地道的地基与基础，可采用现行的《公路桥涵地基与基础设计规范》（JTJ024）

4.7.2 地道的基础应置于原状土层上。地基差时可采用置换地基土或进行地基加固。

4.8 防水与给排水

4.8.1 地道防水应符合下列要求：

4.8.1.1 地道防水按一级防水标准设计，即不应有渗水，围护结构无湿渍。

4.8.1.2 地道防水宜采用防水混凝土自防水结构，并根据结构与施工需要设置附加防水层或采用其他防水措施。

4.8.1.3 当地道设置变形缝、施工缝时，应采取加强措施，以满足防水、防漏要求。

4.8.1.4 地道的其他防水要求应符合现行《地下工程防水技术规范》（GBJ108）的规定。

4.8.2 地道排水及泵房设置应符合下列规定：

4.8.2.1 地道内排水应设置独立的排水系统。凡能采用自流方式排入地道外的城市排水管道的，应采用自流排水；否则需设置泵房，排水设计应符合现行的《给水排水工程结构设计规范》（GBJ69）和《室外排水设计规范》（GBJ14）的规定，也可采取其他排水措施。

4.8.2.2 地道内地面铺装层应设置横坡，必要时也可同时设置纵坡与横坡，以利排水。最小横坡值宜采用1%。

4.8.2.3 对于进出口未设置雨棚建筑的地道，除地道内铺装层设置纵横坡外，地面铺装两侧应设置排水边沟，并盖以格栅。

4.8.2.4 梯道踏步排水方式同3.8.2.2条。

4.8.3 进出口应有比原地面高出0.15m以上的阻水措施，视当地地面积水情况定。

4.8.4 地道内应设置给水，供地道冲洗用。

4.9 其他

4.9.1 地道应按现行《公路工程抗震设计规范》（JTJ004）进行设计并设防。

4.9.2 地道附近交通护栏的设置原则、位置、范围，与天桥的第3.9.4条相同。

4.9.3 人行地道的主通道宜采用埋深浅的结构，也可将进出口设在分隔带内，以便在非机动车道敷设管线。地道与各地下管线的最小水平净距与第3.9.6条同。

4.9.4 地道出入口以及地道内应根据需要设置导向牌；所有宣传性标志牌的设置不得妨碍地道通行能力。

5 施工

5.1 一般规定

5.1.1 天桥与地道施工应注重安全、优质、快速、文明，做到不影响或少影响当地交通。精心施工，保证质量。

5.1.2 施工前应对地下管线及地下设施做充分调查核实，确认其种类、埋深、位置、尺寸，并同这些管线、设施的主管部门现场核对，协商施工前、后的处理方法。

5.1.3 施工前应对施工地点现有交通做调查统计，与交通管理部门共同商定施工期间交通管理的方式和措施；商议时需与施工方法、施工机械的配置方案一并研究。

5.1.4 施工前应对施工地点的环境做细致调查，在决定施工方案时应减少对当地环境的尘土、噪音、振动等污染。

5.1.5 施工现场应有必要的围挡，确保行人、车辆通行安全，且有利于工地维持整洁。

5.1.6 施工挖掘过程要注意土体稳定和地面沉降问题，应有量测监控，随时监视可能危及施工安全和周围建筑安全的动态，并有应急措施。

5.1.7 天桥与地道的施工除本规范规定的处，尚应符合现行《公路桥涵施工技术规范》（JTJ041）、《市政桥梁工程质量检验评定标准》（CJJ2）和《混凝土强度检验评定标准》（GBJ107）的有关规定。

5.1.8 所用主要材料应符合现行国标、行标和本规范的规定。

5.2 基础工程

5.2.1 开工前应做好给水、排水、电力、电讯、煤气、热力等管线的拆迁或加固。

5.2.1.1 天桥或地道开工前应再次核实工程范围内各种管线和结构物的资料。

5.2.1.2 天桥或地道基础开槽施工遇有地下管线时，应根据管线的重要性，考虑迁改或加固过程中管线所受影响以及技术经济因素，做全面衡量后确定处理措施。

（1）仅在天桥、地道基础施工期间有矛盾、竣工后并无矛盾的情况下可按如下加固措施进行处理：

1）采用临时支架的办法，等工程完工后，管线仍可保持原有位置；

2）采用钢筋混凝土包封加固，混凝土强度不应低于C20级，包封的结构尺寸及配筋应根据结构计算确定；

3)采用做盖板沟保护的办法，在管缆两侧砌沟墙上面加盖板。

（2）在条件许可时，可采用局部改线的办法。

5.2.2 开挖基坑前应详细调查基坑开挖对附近建筑物安全的影响，并应采用相应预防措施。基坑顶有动载时，坑顶与动载间至少应留有1m宽的护道，若工程地质和水文地质不良或动载过大，应加宽护道或采取加固措施。

当坑壁不能保证适当稳定坡角时，基坑壁应采用支撑护壁或其他加固措施。

5.2.3 做好征地、拆迁树木移植、砍伐等的申报及协商工作。

5.2.4 做好交通临时管理措施（包括改道或建临时便线）的申报协商安排。

5.2.5 基坑顶面应设置防止地面水流入基坑的措施。

5.3 构 件 制 作

5.3.1 钢筋、混凝土材料的加工、制作、质量标准及验收等应符合现行的《市政桥梁工程质量检验评定标准》（CJJ2）和《公路桥涵施工技术规范》（JTJ041）的有关规定。

5.3.2 天桥主梁构件浇筑或预制时，应确保设计规定的预留拱度。

5.3.3 分段预制时，应考虑构件分段长度、宽度、重量、现场临时支架位置、拼接难度及工期等因素。

5.4 运 输 吊 装

5.4.1 天桥和地道预制构件的运输与吊装应按现行的《公路桥涵施工技术规范》（JTJ041）的有关规定执行。

5.4.2 运输吊装前应制定技术方案，对构件吊装方法、沿途道路障碍处理措施、交通疏导、现场的杆线和电车馈线停运与恢复时间及协作配合的指挥方式、安全措施等都应有安排。

5.4.3 安装分段预制的梁、组合梁、分段预制经体系转换而成的连续体系或空间结构，应制定技术方案和相应的施工验算，使最后形成的结构的内力、高程、线型与设计相符。

5.5 附 属 工 程

5.5.1 天桥与地道各梯（坡）道口地面铺装工程应与附近原步道铺装相协调，尤其在高程和坡度方面应方便行人。

5.5.2 天桥与地道竣工时应同时完成各种交通标志的施工安装以及全部配套交通护栏工程。

5.5.3 天桥与地道主体结构施工部门应与有关部门做好照明、通讯、电力、煤热、上下水、绿化及其他附属工程的施工配合。

5.5.4 天桥施工与电车架空线有配合关系时，施工部门应与公交部门密切合作，确保双方的工程安全和人身安全。架空电线需悬挂在桥体上时必须设置绝缘装置。

附录A 本规范用词说明

A.0.1 对执行条文严格程度的用词采用以下写法：

（1）表示很严格，非这样做不可的用词：

正面词采用“必须”；

反面词采用“严禁”。

（2）表示严格，在正常情况下均应这样做的用词：

正面词采用“应”；

反面词采用“不应”或“不得”。

（3）表示允许稍有选择，在条件许可时首先应这样做的用词：

正面词采用“宜”或“可”；

反面词采用“不宜”。

A.0.2 条文中应按指定的其他有关标准、规范的规定执行，其写法为“应按……执行”或“应符合……要求（或规定）”。

如非必须按指定的其他有关标准、规范的规定执行，其写法为“可参照……”。

附加说明

本规范主编单位、参加单位和主要起草人名单

主编单位：北京市市政工程研究院

参加单位：上海市城市建设设计院

广州市市政工程设计研究院

北京市市政专业设计院

主要起草人：石中柱 李 坚 张 靖 方志禾

欧阳立 许 平 罗景茂 史翠娣 范 良

中华人民共和国行业标准

城市人行天桥与人行地道技术规范

CJJ 69—95

条 文 说 明

前　　言

根据建设部建标［1990］407号文的要求，由北京市市政工程研究院主编，上海市城市建设设计院、广州市市政工程设计研究院、北京市市政专业设计院等单位参加共同编制的《城市人行天桥与人行地道技术规范》（CJJ 69－95），经建设部1996年3月14日建标［1996］144号文批准，业已发布。

为便于有关人员使用本规范时能正确理解和执行条文规定，《城市人行天桥与人行地道技术规范》编制组按章、节、条顺序，编制了本《条文说明》，供国内使用者参考。在使用中如发现本《条文说明》有欠妥之处，请将意见直接函寄北京市百万庄大街3号，北京市市政工程研究院《城市人行天桥与人行地道技术规范》管理组（邮编100037）。

本《条文说明》由建设部标准定额研究所组织出版，仅供国内使用，不得外传和翻印。

目　次

1 总 则

1.0.1 随着经济建设的发展，我国城市交通日趋发达，为提高城市路网的通行能力，确保行人过街安全、方便，城市人行天桥与地道的建设日益增多。已有经验表明，这种人行过街设施对提高车辆运行速度、实现人车争流、改善交通拥挤状况、提高城市居民步行质量等有良好交通和社会效益，因而越来越受到城市建设部门的重视。为使人行过街设施建设有章可循，避免盲目性，并能以最低的投入取得最佳效果，特制定本规范，以统一标准。

1.0.2 本规范适用于城市道路的人行过街设施，原则上也可供修建郊区公路上的人行天桥、地道时参考，厂矿及居住区的天桥与地道建设可参照使用。

但因车站、码头、航空港以及大型公共场所的内部人行天桥或地道设施在人流、荷载、建筑等方面有特殊性，故不在本规范适用范围之内。

1.0.3 由于天桥、地道一般都在市区，人流与交通繁忙，设计与施工时应该注意满足一些基本要求，使这类工程能在各个方面满足功能需要，方便行人和当地居民，为城市建设带来最大限度的社会和经济效益。

人行过街设施在城市建设项目中是小项目，但因为它直接为万千群众所使用，因而最易对群众产生影响，并受到评论。为此，天桥地道的设计与施工必须认真对待。

2 一般规定

2.1 设计通行能力

2.1.1 人行天桥与地道的设计通行能力，80 年代北京采用 3000P/(h·m)，上海、广州采用 2500P/(h·m)。为了与现行的《城市道路设计规范》(CJJ37-90) 一致，所以天桥与地道采用 2400P/(h·m)；车站、码头前的天桥、地道为 1850P/(h·m)。

2.2 净 宽

2.2.1 根据现行的《城市桥梁设计准则》、现行的《城市道路交通规划设计规范》和有关资料，一条人行带的标准宽度为 0.75m，而车站、码头区域内，因人力运输较多，故其人行带宽度取 0.9m。

2.2.2 因行人在通道上的步速大于梯道上攀登的步速，天桥与地道的梯（坡）道净宽应与通道相适应，且不应少于通道的人行带数。梯（坡）道净宽应大于通道净宽，与《城市道路设计规范》(CJJ37) 相一致。

2.3 净 高

2.3.1.2 跨铁路天桥桥下净高按现行的《标准轨距铁路建筑限界》(GB146.2) 规定与现行的《城市道路设计规范》一致。

2.3.1.3 桥下为非机动车道，一般桥下最小净高取 3.5m，与现行的《城市道路设计规范》(CJJ37) 相一致。但当两侧建筑物内驶出的普通汽车需经天桥下非机动车道进出机动车道时，桥下净空取 4.0m，不考虑电车和集装箱车，只考虑普通汽车，是从实际出发。

2.3.2.1 地道通道的最小净空为 2.5m，与现行的《城市道路设计规范》(CJJ37) 一致。

2.3.2.2 最小垂直净高为 2.4m，是按地道通道最小净高为 2.5m 和梯道坡度为 1∶2～1∶2.5，与现行的《城市道路设计规范》(CJJ37) 一致。极限净高 2.2m 与现行的《建筑楼梯模数协调标准》(GBJ162) 规定一致。

2.4 设 计 原 则

2.4.1 天桥与地道工程一般属永久建筑，建成后一般不轻易改建，因此在规划布局时，必须与城市道路网规划相一致，而且要适应交通需要才能较好起到应有作用。故应遵照本规范并参照有关道路交通规划设计规范的具体规定来规划天桥与地道。

2.4.1.6 在人流集散时间集中，对顽童、学生等需要倍加保护的地方，例如小学、中学校门口等，可设专用过街设施。

2.4.2 天桥和地道各具优缺点。天桥具有建筑结构简单、工期短、投资较少、施工较易、施工期基本不影响交通和附近建筑安全、与地下管线的矛盾较易解决、维护方便等优点，但是在与周围环境协调问题上要求较高，特别是附近有文物、重要建筑时更不易处理；其次是过街者一般不愿意走天桥，建天桥也常给道路改造带来困难，并且可能与将来修建立交桥和高架桥发生矛盾。地道的优点是与附近景观没有矛盾，净高比天桥要少些，一般与道路改造矛盾较少。但地道一般须设泵站排水，结构比较复杂，施工较难，影响交通，工期长，造价高，与地下管线矛盾较难处理，建成后还要专人管理，管理和维护费用大。因此在总体设计时，应对天桥与地道做详细全面的比较。

2.4.3 掌握使用者的动态是进行人行天桥或地道规划设计时的重要依据，应进行交通量调查、行人交通流动线规划等工作，然后具体确定天桥或地道的方案，平面布局合理组织人流，疏导交通。

2.4.4 城市道路两侧建筑比较复杂，要与周围环境协调，要不因建造天桥而破坏附近建筑，特别是文物和重要建筑的景观。而地道最易遇到与地下管线、地下构筑物的矛盾，要不因为建造地道而使地下管线或构筑物拆迁太多，造成工程造价过大。

在路上交通复杂，人与车、车与车、人与人都产生交织矛盾，要找出交通矛盾的主要方面，比较选择出效益好的交通设施（天桥、地道或立交桥），同时还要考虑建筑艺术，以求最大综合效益。

2.4.5 天桥与地道虽然是过街行人的安全设施，但是走天桥与穿地道，一般都较费力，行人不太乐意，因此要采取必要的方便行人、诱导行人以及带一定强制性的措施，如将公交车站与天桥或地道出入口相结合，在出入口各端道路的人行道边缘，用一段相当长的栏杆与车行道隔离，强制过街行人走天桥或穿地道等。

2.4.6 建造天桥或地道工程，主要是消除人流对交通干扰，以利机动车在车行道上连续通行，并使过街者得以安全过街。但是建造天桥或地道中须占用地面，尤其是升降设施占地面积较多，主要是占用人行道和妨碍附近建筑及出入口的交通，故应尽量减少占地，有条件的应充分利用邻近公共建筑设置升降设施。

2.4.7 天桥或地道工程一般都建立在交通繁忙、人流密集的地区，在施工期间一般都不能中断交通。因此天桥地道必须采用有利于快速施工的结构和施工工艺。

2.4.8 人行天桥不同于一般桥梁，它是当地行人和附近居民接触最频繁的建筑物，人们在近距离内看到它的机会很多，故应使人行天桥具有远观和近视美，把人行天桥的建筑造型与周围环境相协调，溶于周围环境之中。其次还要考虑天桥的色彩和铺装，不使天桥在现代化建筑或其他优美典雅建筑的对比之下，相形见绌。

2.4.9 商场、文体场（馆）、地铁站等大型人流集散点的行人很多都需要横过道路到其他地方去进行购物文娱等活动。因此，如在这些地方规划人行天桥，并与各场馆出入口联结，就能有效地将行人迅速集散到各目的地，减少行人上下桥梯的次数。

2.5 构 造 要 求

2.5.3 桥梁上部结构设置预拱度是为了补偿结构重力挠度，同时要求在无荷载时有拱度，以增加舒适感和美观，所以预拱度采用结构重力挠度加静活载挠度。对于连续梁的预拱度，应在结构重力作用下足以抵消结构重力产生的挠度，使桥面保持平顺。

当由静载和静活载产生的挠度不超过跨径的1/1600时，因天桥变形很小，可不设预拱度。

对于预应力混凝土桥梁，设置预拱度时要考虑预加应力引起的反拱值。反拱值的计算应用材料力学公式，刚度采用未开裂截面的$0.85E_nI_0$。此外，I_0为换算截面惯性矩，即把配筋的因素考虑在内。

2.6 附属设施

2.6.1.2 该条是根据交通管理部门的有关车辆载物规定而定的。其规定如下：

(1) 大型货车载物高度从地面起不准超过4m。

(2) 小型货车载物高度从地面起不准超过1.5m。

(3) 后三轮摩托车、电瓶车和三轮车载物高度从地面起不准超过2m。

(4) 机动车的挂车载物高度不准超过机动车载物高度规定（大型拖拉机的挂车不准超过3m，小型拖拉机的挂车不准超过2m)。

(5) 人力货车载物高度从地面起不准超过2.5m。

(6) 自行车载物高度从地面起不准超过1.5m。

2.6.4 条文中所说的"架空线距桥面不足安全距离"是指最低线条（最大弧垂时）至桥面的最小垂直空距或最小间距。

3 天桥设计

3.1 荷 载

3.1.1 关于荷载的分类，本规范仍按《公路桥涵设计通用规范》(JTJ021)，将恒载、人群荷载及其影响力、其他荷载和外力，按荷载的性质和可能发生的机率，划分为永久荷载、可变荷载（基本可变荷载和其他荷载）和偶然荷载3类。永久荷载是经常作用的数值不随时间变化或变化很微小的荷载（相当于以往习惯称呼的恒载)；可变荷载的数值是随时间变化的，按其对天桥结构的影响，又分为基本可变荷载（相当于以往惯称的活载）和其他可变荷载两类；偶然荷载作用的时间是短暂的，或者是属于灾害性的，发生的机率很小。

混凝土的收缩和徐变影响力在混凝土结构中是必然产生的，而且是长期作用的；水的浮力对结构也是长期作用的，只要地基透水，必然产生浮力。因此，本规范也仍按《公路桥涵设计通用规范》(JTJ021) 将此两项作用力列为永久荷载。

根据设计实际需要和工程实际出现的情况，将基础的变位影响力也列入永久荷载中。因为基础一旦发生变位后再回不到原来位置，它的作用力也是永久的。

地震力和汽车撞击力发生的机率小，故列为偶然荷载。

对于超静定结构，必须考虑温度变化产生的变形和由此引起的内力，它的大小应根据当地具体情况、结构物使用材料和施工条件等因素而定，本规范将它列为其他可变荷载。

3.1.2 荷载组合是关系到人行天桥经济与安全的重要问题，它涉及到多种因素，主要有：(1) 荷载的性质及其出现的机率；(2) 建桥地点的地质、水文、气候等条件；(3) 结构特性。因此在设计过程中，应加强调查研究工作，根据实际情况进行综合分析，把可能同时出现的各种荷载合理地加以组合。根据各种荷载同时发生的可能，本节对荷载组合做了5种规定。这几种规定，只指出了荷载组合要考虑的范围，其具体组合内容，尚需由设计者根据实际情况确定，规范不宜规定过死。

3.1.3 我国在设计公路桥涵时，人群荷载一般规定为3kPa，城、近郊区行人密集地区一般为3.5kPa，日本《立体过街设施技术规范》规定设计桥面板时为5kPa。考虑到我国人口特点以及桥面人群分布的不均匀性，本规范规定桥面板的人群荷载按5kPa取用。

设计公路桥涵时，当行人道板为钢筋混凝土板时，应以1.2kN集中竖向力作用在一块板上进行验算。而城市人行天桥常常地处人流密集的商业繁华地区，因此本规范规定取1.5kN集中竖向力作用在一块板上进行验算。

3.1.4 结构物重力可按照结构物实际体积或设计时所假设的体积及其材料的密度进行计算。

3.1.6 混凝土收缩的原因主要是水泥浆的凝缩和因环境干燥所产生的干缩。混凝土收缩有下列规律：

1. 随水灰比增长而增加；

2. 高标号水泥的收缩较大，采用某些外掺剂时也会加大收缩；

3. 增加填充集料可减少收缩，并随集料的种类、形状及颗粒组成的不同而异；

4. 收缩在凝结初期比较快，以后逐渐缓慢，但仍继续很长时间；

5. 环境湿度大的收缩小，干燥地区收缩大。

对于静不定结构（如拱式结构、框架等）和联合梁等，必须考虑由于混凝土收缩变形所引起赘余力的变化和截面内力的变化。但对于地道，此项影响力不大，一般可略去不计。

分段浇注的混凝土结构和钢筋混凝土结构，因收缩已在合拢前部分完成，故对混凝土收缩的影响可予酌减，拼装式结构也因同样理由予以酌减。

混凝土的收缩应变值，根据建筑科学研究院1963年试验资料，50号水泥拌制的30号混凝土，水灰比0.4，空气相对湿度93%～32%，210d的收缩系数为0.000308（混凝土温度每变化1℃的胀缩系数为0.00001)，故相当于降温30.8℃。当采用高标号水泥，且水灰比大或养生条件差时，可根据实测或经验确定，取用较上述收缩系数更大些的值。

3.1.7 在连续梁或刚架结构等超静定结构桥梁上，由于地基沉降等引起结构物基础下沉、水平位移或转动而使构件应力增大，故做了此条规定。

对于混凝土和钢筋混凝土桥，如果不考虑徐变影响进行计算时，可将变位内力计算值的50%作为设计截面力。但对于最初就考虑徐变影响的精确计算，则不受此规定限制。

钢桥按弹性理论所求得的截面力就是设计截面力。

墩高与梁跨长比很小的刚架结构，由于支点位移和转动在一些部位要引起大的应力，因而要特别注意。计算支点位移影响的内力时，容许力不能提高（即安全系数不能降低)。

3.1.8 水浮力为作用于建筑物基底面的由下向上的水压力，等于建筑物排开同体积的水重力。水浮力与地基的透水性、地基与基础的接触状态及水压大小（水头高低）和漫水时间等因素有关。

对于透水性土，如砂类土、碎石类土、粘砂土等，因其孔隙存在自由水，均应计算水浮力。粘土属非透水性土，可不考虑水浮力。由于水浮力对桥墩的稳定性不利，故在验算桥墩稳定时，应按设计频率水位计算；计算基底应力及基底偏心时，按常水位计算或不计浮力，这样考虑比较安全、合理。

完整岩石上的基础，当基础与基底岩石之间灌注混凝土且接触良好时，水浮力可以不计。但遇破碎的或裂隙严重的岩石，则应计入水浮力。作用在桩基承台座板底面的水浮力应予考虑，但管桩下沉嵌入岩层并灌注混凝土者，须扣除管柱载面。管柱亦不计水浮力。

计算水浮力时，基础襟边上的重力应采用浮容重力，且不计襟边上水柱重力。浮容重r'按下式计算：

$$r' = \frac{1}{1+e}(r_0 - 1)$$

式中 e——土的孔隙比；

r_0——土的固体颗粒密度，一般采用27kN/m³。

3.1.9 风力对天桥的稳定和强度有一定的影响，特别在我国东南沿海地区，因受台风袭击，容易造成结构破坏，故在设计天桥时必须考虑这一因素。

作用于天桥上的风力，可能来自各个方向，而以横桥轴方向最为危险，故通常按横桥向的不平风力计算。上部构造，除桁架式上部构造应计算纵向风力外，一般不计纵向风力。桥墩应计算纵向风力。风对于桥面的向上掀起力，也应予以考虑。

纵向风力的计算方法：对梁式桥上部构造，由于纵向迎风面积很小，一般不计算。桁架式上部构造的纵向风压按横向风压的0.4倍计算。斜拉桥塔架上的纵向风压取值与横向风压相同。桥墩纵向风压强度为横向风压强度的0.7倍。

3.1.10 用各种材料修建的天桥，在温度变化影响下，都要产生变形。对于简支梁、连续梁等桥墩结构，因为有活动支座和伸缩缝准其自由伸缩，因而温度变化在结构内部不产生应力。对于拱、刚构等，因温度变化产生的变形受到约束，结构内部要产生附加应力，设计时必须考虑。

温度每升高或降低1℃，单位长度构件的伸长或缩短量称为材料的膨胀系数。本规范列出了几种主要材料的线胀系数。

钢材由于具有较好的导热性能，对温度变化敏感，所以本规范按建桥地区的最高、最低气温采用。砖、石、混凝土和钢筋混凝土，对温度变化的敏感性较差，导热慢，故按建桥地区的最高、最低月平均气温采用。我国多数地区最高月平均气温是7月，最低月平均气温是1月，所以可按7月和1月的平均温度采用。

结构的温度变化，应从结构物合拢时起算，设计时应按当地实际情况确定合拢温度。

3.1.11 一般公路桥梁人群作用于栏杆上的水平推力规定为0.75kN/m，日本《立体过街设施技术规范》规定，作用于高栏顶部的水平力定为2.5kN/m，不增加允许应力。根据日本经验和我国的经验教训，本规范规定人群作用于栏杆上的水平推力为2.5kN/m，施力点在栏杆柱顶高度。

3.1.13 天桥墩柱时常有设置在道路分隔带上或离路缘较近的情况，因而有被汽车撞击之虞。为确保天桥不致因汽车撞击其墩柱而导致桥毁人亡、阻塞交通的事故，在上述墩柱周围有必要设置刚性防撞墩，以减轻被撞的损坏程度及汽车的毁坏程度。

根据交通部颁布的《高速公路交通安全设施及施工技术规范》(JTJ074—94)及条文说明，我国公路上10t以下中、小型汽车约占总数的80%，10t以上大型汽车占20%，主流车型是解放、东风等货运汽车。因此，计算撞击力的撞击车重力取100kN。又据统计，国产车平均最高车速为80km/h，一般撞击车速取其80%，即按64km/h计。由于本条文主要针对天桥安全，因此在建议值中汽车重力按150kN计，撞击速度按22.2m/s计。在没有试验资料时，撞击时间按《公路桥涵设计通用规范》的建议值1s计。

3.2 建筑设计

3.2.1 说明了天桥设计图纸表达要求，提出了天桥设计的建筑设计质量，进一步重视了天桥的总体线型设计及天桥的造型设计。

主要说明了有关天桥建筑设计的总体构思要素、天桥桥体的设计依据、设计深度。

3.2.2 人行天桥可用于旧城道路改造，提高道路通行能力，同时也可用于新建交通设施的跨线交通。条文中说明天桥设计的原则，既要注重传统历史文化的保存与改造，又要在设计中不拘泥传统，创出时代风貌，同时也说明天桥建筑造型与周围环境的关系，与不同地域的气候条件有关。

3.2.3 广告牌是环境艺术的重要部分，但必须统一规划设计，统一管理，否则会造成对环境的污染，造成城市环境景观的混乱。

3.2.4 说明建筑装修与周围环境的关系，装修在市政设施中不是主要手段，装修应该注重与环境的关系，应该与节约投资相统一。

3.2.5 提出的数据均为实践运用的经验数据，行车舒适的梯道应具有良好的攀登效率，并不是越平缓越好，条文规定几种不同使用功能坡度的控制值及踏步高宽比关系式，应用较普遍，且为一些国家的建筑规范所采用。目前国内有些梯道带坡道的人行天桥，因高宽比不符合人的跨步距离，行走不舒服，应引起注意。

3.3 结构选型

3.3.1 条文中有关意图简述如下：

工程性质：天桥工程具有很强的目的和功能特性，它的作用应该表现在能改善人车混杂交通的混乱状态，解决机动车得以继续通行和提高机动车的车速，消灭交通事故，保障行人过街的安全。所建天桥不致引起交通矛盾的转化，不因建桥而破坏周围环境或妨碍新建筑物的立面和今后建立交桥及道路改造的总体布局等。

环境特征：要使天桥结构体系与周围环境相协调，则要研究该地区的总体规划环境特征和现状条件。

不同地区城市建筑均有不同的特征和风格，人行天桥总体布置（包括平面、立面、横断面的布置）及结构体系的选择的关键问题是与城市环境的关系问题，城市环境的形成是一个长期积累和发展的过程，其风格和特征常常表现了一个城市的文化背景和传统习俗，城市环境所有的建筑和色彩是由该地区的风土人情所决定的，因此人行天桥不仅要改善城市交通问题和步行质量，而且还要与城市环境特征和人们的生活习俗相结合，才会被人们所接受和喜欢，并真正成为城市环境中不可缺少的因素。

道路平面：可分为直线形、三叉路口、十字交叉路口、复合（畸形）交叉口等，故天桥的平面布置大致有如下几种：①处在非交叉口的直线形道路一般采用一字形；②三叉路口有一字形、L形、∩形、Y形、△形、圆形等；③十字交叉口有一字形，L形、□形、X形、I形、正方形、菱形、圆形等；④复合（畸形）交叉口有一字形、圆形、S形、梯形、弧线形等。

道路横截面组成部分有车行道和人行道、绿化隔离带及道路周围的公用设施和空地等。

道路竖向则有平坦地形及起伏地形等。

根据道路性质应区别对待，如在主干道、快速干道和繁华商业街上建天桥，则应采用简洁的结构形体，明快的建筑处理，使天桥轻盈而挺拔，并与现代化的交通设施在风格上相统一，商业街的天桥结构形式必须充分考虑并把握建筑环境的风格、形象特征、空间形态、色彩轮廓及细部处理等因素。

要考虑交通状况和行人状况，不仅要与目前交通相一致，同时还应注意规划和发展的趋势。

3.3.2 我国目前已建的天桥结构造型设计基本遵循本条所述原则进行。

3.3.2.2 如广东省中山市中山路、孙文路交叉口天桥位于中山市进出口主要干道，天桥的规模较大，采用矩形空间刚架结构，造型美观、轻巧、通透，桥孔布置及主桥上下结构三维比例适宜，(跨径为4m×40m，跨中高跨比为1/44)，结构均衡稳定，线条圆顺而有力，桥下净空开阔，与周围环境协调，为当地街景增添景色，达到建筑结构功能完善，结构受力合理，造型美观轻巧，结构精炼富有创新精神，进入桥区给人以美的享受。

3.3.2.3（1） 如上海市南京路石门路人行天桥设计是一个使用功能与环境形态结合考虑得很好的例子，该天桥所处的交叉口是由K字形组成的复合形状，在转角处都以弧形形态转折，天桥整体设计考虑了环境和建筑形态的特征，以S形的弧形曲线使原来并无联系的多个交叉口组成了一个完整的整体。

3.3.2.3（2） 交叉口空间：即道路交叉口由建筑物所围合的空间，其空间特征是由交叉口建筑界面的形式及道路散口的大小来决定的。

当交叉口空间较小时，不宜采用扩展性的天桥形式，如十字形，应采用方形或圆形等闭合型较合适。如上海南京路西藏路人行天桥，采用椭圆形的形式达到较好的效果，同时将楼梯与周围建筑综合考虑，使通过天桥与购物观赏活动及休息结合起来，深得行人的好评，同时也增加了商场的营业额。

当交叉口空间较大时，空间显示了一种明朗和自由的开放感，人行天桥采用十字形，其四翼向开敞空间充分伸展和扩张，并同其造型结构所具有轻盈通透交织在一起，使其和环境相协调。

当交叉口开阔空间四周的建筑具有较为一致的风格特征，整个环境具有一种整体感时，此时采用闭合型天桥形式比较合适。

3.3.3 在条件许可时，天桥结构可尽量选用钢筋混凝土或预应力混凝土结构。

普通钢筋混凝土结构易于就地取材，耐久性好，刚度大，具有可模性等优点，适用范围非常广泛，当采用标准化、装配化的预制构件时更能保证工程质量和加快施工进度。预应力混凝土结构可使高强钢材和高标号混凝土的高强性能在结构中得到充分利用，降低结构自重，增大跨越能力。从我国广州、上海已建的天桥情况调查资料可以看出，天桥跨径在25m以上基本采用钢结构，20m以下有采用钢筋混凝土简支梁结构，20～25m（个别到29m）采用钢筋混凝土连续梁及双悬臂梁结构。1988年7月广州解放北路中国大酒店门口的天桥采用Y形钢筋混凝土空间刚架结构，广州的人行天桥从1985年后钢筋混凝土结构越来越广泛地被采用。

预应力混凝土结构与钢结构相比，要求施工场地开阔，施工队伍技术力量强，施工张拉设备、吊装设备要齐全，施工期限长。但预应力混凝土结构能适应大跨度的要求，维修工作量小，因此条件许可时仍应尽量选用，并做技术经济比较。

3.3.4 桁架结构天桥外形比较庞大，必须对其做建筑处理，使之与周围环境相协调，桁架结构的天桥在国外采用较多，在国内目前仅北京崇文门天桥和上海共和新路天桥等少数地方采用。这种结构跨越能力大，便于加顶棚。

3.3.5 作为人行天桥，悬索结构的振动特性常会给行人造成不舒适感，因而在做方案比较时应与具有相似跨越能力和立面效果的斜拉桥方案进行对比分析。近代在桥梁工程中斜拉桥得到了很大发展，在结构稳定性方面比悬索桥更具有优越性。斜拉桥斜张结构构思合理，轮廓悦目，结构简洁，结构组合变化多样，跨越能力大。对于人行天桥这种特殊桥梁来说，在条件许可和有此必要时可考虑选用此种结构形式。

目前国内在重庆市建造了第一座人行斜拉桥，在国外第一座人行斜拉桥建在德国跨越斯图加特的席勒力街上，近年来在日本建造了多座人行斜拉桥。

3.6 结构设计

3.6.1 人行天桥的工作条件介于建筑与公路桥之间，在《城市桥梁设计规范》公布之前，本规范应以现行《公路钢筋混凝土及预应力混凝土桥涵设计规范》（JTJ023）为标准。

承载能力极限状态设计法是以塑性理论为基础的，是指天桥结构达到极限承载能力，结构整体地或部分地丧失稳定性，在重复荷载作用下结构达到疲劳极限。避免出现这种极限状态是天桥结构安全可靠的前提，所以对天桥结构应进行承载能力极限状态计算。具体地说就是要进行结构强度、稳定性和疲劳计算。但公路上钢筋混凝土及预应力混凝土梁，不考虑重复荷载的疲劳影响，这是因为公路上的钢筋混凝土桥梁，尤其是预应力混凝土桥梁，其结构重力所占荷载比例很大，活载引起的疲劳影响较小，公路桥梁上通过的荷载不如铁路桥梁列车那样具有规律性振动。同样，钢筋混凝土和预应力混凝土人行天桥也不考虑重复荷载作用下的疲劳影响。

所谓正常使用极限状态是指结构在使用期内产生过大的变形或裂缝出现过早、开展过宽，从而使桥梁不能正常使用。因此，应根据桥梁结构的具体使用要求对其变形、抗裂性及裂缝宽度进行验算，以控制天桥在使用期间能正常工作。对于天桥设计，具体地说要进行以下内容验算：

（1）全预应力混凝土构件和部分预应力混凝土A类构件，要进行抗裂性验算，即限制混凝土的拉应力。在一般情况下，钢筋混凝土构件允许开裂，所以不要求进行抗裂性验算。

（2）钢筋混凝土构件和部分预应力混凝土B类构件（使用荷载弯矩M＞开裂弯矩M_f）要求进行裂缝宽度验算，后者采用混凝土拉应力来控制。

（3）所有构件要进行短期荷载作用下的变形计算。

3.6.2 人行天桥之钢结构工作条件介于建筑与公路桥之间，在《城市桥梁设计规范》公布之前，应以《公路桥梁钢结构及木结构设计规范》（JTJ025）为标准。

3.6.3 天桥主体钢结构的钢材宜采用3号镇静钢，因为镇静钢脱氧完全，性能较半镇静钢和沸腾钢优良。沸腾钢脱氧不完全，内部杂质较多，成分偏析较大，冲击韧性低，冷脆倾向及时效敏感性较大，焊接性能较差，所以不适宜在低温条件下施工和使用。

3.6.4 钢结构天桥必进行疲劳计算是因为结构重力所占总荷载比例很大，而人群活载所引起的疲劳影响较小；另外，人行天桥上通过的人群活载不如铁路桥梁裂车通过时那样具有规律性振动。

3.7 地基与基础

3.7.2 地基与基础要有足够的强度、稳定性及耐久性。因此在设计天桥建筑物之前，必须进行建筑场地的工程地质勘测，充分研究地基土（岩）层的成因及构造、物理力学性质、地下水情况以及是否存在或可能产生影响地基稳定性的不良地质现象，从而对场地的工程地质作出正确的评价。最后根据上部结构的使用要求，提出经济、合理的基本方案。

天桥基础的建造使地基中原有的应力状态发生变化。这就必须应力力学方法来研究荷载作用下地基基础。设计满足以下两主要条件。

（1）要求作用于地基的荷载不超过地基土的容许承载力；

（2）控制基础沉降使之不超过地基的容许变形值，保证天桥不因地基变形而损坏或影响其正常使用。

3.8 防水与排水

3.8.1 人行天桥桥面设置纵、横坡，以利迅速排除雨水，方便行人行走，减少雨水对桥面铺装层的渗透，延长桥梁的使用寿命。所以，最小纵坡不能小于0.5%，最小横坡值宜采用1%。

3.8.2 当天桥比较长时，为防止雨水积滞桥面，可在桥面设置地漏，导入落水管，经路面直接排入雨水系统。

4 地道设计

4.1 荷载

4.1.1 关于荷载的分类，本规范仍按《公路桥涵设计通用规范》（JTJ021）将恒载、车辆荷载及其影响力、其他荷载和外力，按荷载的性质和可能发生的机率，划分为永久荷载、可变荷载和偶然荷载3类。永久荷载是经常作用的数值不随时间变化或变化很微小的荷载（相当于以往习惯称呼的恒载）；可变荷载的数值是随时间变化的；偶然荷载作用的时间是短暂的，或者是属于灾害性的，发生的机率很小。

混凝土的收缩、徐变影响力在混凝土结构中是必然产生的，而且是长期作用的；水的浮力对结构物也是长期作用的，只要地基透水，必然产生浮力。因此，本规范仍按照《公路桥涵设计通用规范》(JTJ021) 将此两项作用力列为永久荷载。

根据设计实际需要和工程实际出现的情况，将基础的变位影响力也列入永久荷载中。因为基础一旦发生变位后，再回不到原来位置，它的作用力也是永久的。

地震力发生的机率小，故列为偶然荷载。

4.1.2 荷载组合是关系到人行地道经济与安全的重要问题，它涉及到多种因素，主要有：(1) 荷载的性质及其出现的机率；(2) 建设现场的地质、水文、气候条件；(3) 结构特性。因此，在测试过程中，应加强调查研究工作，根据实际情况进行综合分析，把可能同时出现的各种荷载合理地加以组合。根据各种荷载同时发生的可能，本条款对荷载组合做了 4 种规定，这几种规定只指出了荷载组合要考虑的范围，其具体组合内容，尚需由设计人根据实际情况确定，规范不宜规定过死。

4.1.3 可参照第 3.1.4 条条文说明。

4.1.5 填土对地道桥的土压力，分为竖向土压力和水平土压力两种。竖向压力的计算，目前有 3 种计算方法：(1) 用"等沉面"理论计算；(2) 用"卸荷拱"法计算；(3) 用"土柱"法计算。"等沉面"理论现在用得比较广泛，计算结果与实测结果比较接近；"卸荷拱"理论，由于其形成条件不易满足，在多数情况下用不上，只有沟埋式或顶管法施工的地道可以考虑采用；"土柱"法计算比较简便，计算结果在上述两法之间，与实测结果比较，一般偏小，但对高填土地道还是比较接近的。一般情况下都按"土柱"法计算。只要填土夯实了，还是可以用的，所以至今仍采用"土柱"法计算地道竖向土压力。

地道水平压力，一直采用主动土压力计算，现在仍不变。

4.1.6 可参照第 3.1.6 条条文说明。

4.1.7 可参照第 3.1.7 条条文说明。

4.1.8 可参照第 3.1.8 条条文说明。

4.1.9.1 车辆荷载作用在地道顶上所引起的竖向土压力，考虑到在高填土情况下，车辆荷载的影响不大，故规范规定不再考虑填土高度，一律采用车轮着地面积和向下 30°角扩散范围内的总荷载作为均布荷载。

4.2 建筑设计

4.2.1 条文扼要说明了地道图纸表达要求，提出了为确保设计质量而应考虑的因素，强调总体布局时的综合性分析。

4.2.3 所谓地道的重要性与功能要求主要指主要路口、重要地区、与车站、码头、体育娱乐及经贸商业活动中心相关的地下交通网络、地下商场步行体系。不规定通告时间的地道，必须设置治安值班室，其他服务性的或功能性的设备用房按实际需要确定。

4.2.5 条文说明参照第 3.2.5 条。

4.2.6 根据地道实际情况，条文规定了最小净宽与净高，市政设施不宜规定高宽比，宽度由设计通行量技术条件确定，高度主要由功能要求、人的心理因素及技术条件决定，高度的心理因素不是主要的，建筑上可以进行处理以产生空间的扩大感。另外人应该适应市政设施的特定尺度，在高度、尺寸上条文给予的是受长度与宽度影响的变数。

地道长度较难规定，只能从通风、安全、疏散及心理因素等角度进行考虑，根据实际使用情况和参照现行的《建筑设计防火规范》(GBJ16) 安全疏散距离，按净宽通行能力 2400P/(h·m) 考虑，一般疏散没有问题，因此条文中的距离主要从通风的心理因素上进行考虑。

条文提出设置采光井、下沉式庭园等是可行的，国内也有实例。

4.8 防水与给排水

4.8.1.1 (1) 防水混凝土可采用普遍防水混凝土或外加剂防水混凝土，配合成分应通过试验确定；试验时应考虑实际施工条件与试验室条件的差别。将抗渗压力值比设计规定的抗渗标号提高 0.2～0.4MPa。抗渗标号如设计无规定时，可按表 4.8.1.1 选用。

防水混凝土抗渗标号的选用 表 4.8.1.1

最大水头与防水混凝土厚度之比	<15	15～25	>25
设计抗渗标号 (MPa)	0.8	1.2	1.6

(2) 防水混凝土结构如处于侵蚀性环境，其耐蚀系数不应小于 0.8；

(3) 防水混凝土壁厚不得小于 20cm，近水面钢筋保护层不应小于 3.0cm；

(4) 防水混凝土结构应坐落在混凝土垫层上，垫层强度不应小于 10MPa，厚度应不小于 10cm；

(5) 所谓其他防水措施：即水泥砂浆防水层、卷材防水层、涂料防水层等，防水标高应高出最高地下水位 50～100cm，防水层顶面以上部位的防潮，可按一般桥涵的规定办理。

4.8.1.3 (1) 变形缝发生变形时将影响结构的防水能力，因此必须进行防水处理。当不受水压时，其变形缝应用氟化钠等防腐掺料的沥青浸过的麻丝或纤维板等填塞严密，并用有纤维掺料的沥青嵌缝膏或其他填缝材料封缝。不受水压部位的卷材防水层，应在变形缝处加铺两层抗拉强度较高的卷材，如沥青玻璃布、油毡或再生胶油毡。

当受水压时，其变形缝除填缝外，还应用塑料或橡胶止水带封缝。止水带可采用埋人法安装或在预埋螺栓上安装。

(2) 地道的通道所设变形缝宽一般为 2～3cm。

(3) 所谓防漏：即防水工程在设计、防水材料以及施工中，稍有不慎，就可能造成渗漏。渗漏后的补救措施，就是补漏。补漏之前，要查清原因以及所在部位，然后根据工程特点、漏水情况、工地条件，选择适当的工艺、材料和机具进行修补堵漏。

目前补漏方法和修补材料，有促凝灰浆、压力注浆和卷材贴面等。所使用材料有：快凝水泥、水玻璃、环氧树脂、丙凝及氧凝等。

5 施 工

5.1 一 般 规 定

5.1.1 文明施工是相对于野蛮施工、混乱施工而言的。文明施工的表征是施工现场清洁，井然有序，没有随地乱扔的废旧材料、工具等杂物。使用过程中多余的材料，短期内不再使用的及时归库，不随地乱搁。工人调度、安排随工程需要而定。没有因窝工而到处闲逛或聚坐长时间闲谈的情况。施工中的废水、废渣不随地乱排。能否做到文明施工，是施工单位施工管理水平的问题。

所谓快速，不影响或减少影响当地交通是指：凡是设人行天桥或人行地道的地方，都是交通要道、商业繁华地区、高速或快速路段，过往人流、车流相当集中。因此，一般都采用装配式钢筋混凝土桥、预应力混凝土桥和钢桥。天桥与地道的构件需尽量做到标准化、预制工厂化，利用夜间施工，快速拼装就位，力争做到不中断交通或减少中断交通。

所谓精心施工保证质量，是指除应满足本规范规定的条文要求外，还应满足现行的《市政桥梁工程质量检验评定标准》(CJJ2) 的规定。工程质量监理问题，按照"市政工程质量监理办法"的规定办理。

5.1.8 本条所述主要材料应符合设计规定是指钢材、混凝土材料、焊接材料的种类、强度等级、牌号、规格和各项力学性能等均应符合设计文件的规定。

5.2 基础工程

5.2.2 基坑顶的动荷载是指从基坑中挖出的弃土排水设备以及各种车辆或机械产生的附加荷载。这些动荷载离基坑顶边缘越近，则影响基坑边坡的稳定性越大，故应慎重对待。

5.2.3 当基础工程与树木发生矛盾时，若遇到古树，特别是具有文物价值的古树，需与设计单位交涉提出修改设计的建议。对于一般树木，在具有移植的条件下，尽可能移植，尽量保存树木。若在必须砍伐的情况下，则需申报园林、绿化、市容、拆迁等有关单位批准。

5.2.4 指当天桥、地道的基础工程在施工期间与交通发生矛盾时，须采用临时交通管理措施，如圈地、改道、修建临时便线等，并需申报市容、交通主管部门等有关单位批准。

5.2.5 基坑顶面设置防止地面水流入基坑的措施，以防止地面水集中冲刷基坑边坡，影响基坑边坡的稳定，并减少基坑内需要排出的水量。

5.3 构件制作

5.3.2 天桥主梁设置预拱度是为了补偿结构重力挠度，同时要求在无荷载时仍略有拱度，以增加舒适感和美观。所以，预拱度值采用结构重力挠度加人群荷载挠度。对于连续梁的预拱度，应在结构重力作用下足以抵消结构重力产生的挠度，使桥面保持平顺。

5.3.3 构件预制是装配式桥梁的主要工序之一，对质量要求很高，不仅强度应符合设计要求，同时，对构件的外形尺寸也应严格要求，否则就会给安装带来困难。因此，在选择装配式桥梁的合理形式时，既要考虑到构件尺寸、重量、现场吊装时临时支架位置以及拼装的难易程度、接头数目、运输方便、工期因素等等，还要做到少影响或不影响现况交通等一系列的问题。例如，要减少构件重量，就会使拼装接头数目增加；要采用构造简单的拼装接头，则在营运过程中容易遭到损坏；要使运输方便，拼装构件的分块就要小一些，则又往往会增加材料用量和施工工作量等等。因此，我们在选择装配式桥的合理形式，对预制构件进行分段时，要根据具体情况，因地制宜加以处理。

附录 标准目录

项目	标准号	标准名称
1	GB146.2	标准轨距铁路建筑限界
2	JTJ023	公路钢筋混凝土及预应力混凝土桥涵设计规范
3	JTJ025	公路桥涵钢结构及木结构设计规范
4	JTJ004	公路工程抗震设计规范
5	JGJ50	方便残疾人使用的城市道路和建筑物设计规范
6	GB700	普通碳素结构钢技术条件
7	JTJ024	公路桥涵地基与基础设计规范
8	JTJ021	公路桥涵设计通用规范
9	GBJ108	地下工程防水技术规范
10	GBJ69	给水排水工程结构设计规范
11	TJ14	室外排水设计规范
12	JTJ041	公路桥涵施工技术规范
13	GBJ107	混凝土强度检验评定标准
14	CJJ2	市政桥梁工程质量检验评定标准;

注：表中 GB、GBJ 代表工程建设国家标准；
JTJ 代表交通部标准；
JGJ、CJJ 代表建设部标准。

中华人民共和国行业标准

城市地下水动态观测规程

Specification for dynamic observation of groundwater in urban area

CJJ 76—2012

批准部门：中华人民共和国住房和城乡建设部
施行日期：2 0 1 2 年 5 月 1 日

中华人民共和国住房和城乡建设部
公　　告

第1228号

关于发布行业标准《城市地下水动态观测规程》的公告

现批准《城市地下水动态观测规程》为行业标准，编号为CJJ 76－2012，自2012年5月1日起实施。其中，第1.0.3条为强制性条文，必须严格执行。原行业标准《城市地下水动态观测规程》CJJ/T 76－98同时废止。

本规程由我部标准定额研究所组织中国建筑工业出版社出版发行。

中华人民共和国住房和城乡建设部
2011年12月26日

前　　言

根据住房和城乡建设部《关于印发〈2009年工程建设标准规范制订、修订计划〉的通知》（建标［2009］88号）的要求，规程编制组经广泛调查研究，认真总结实践经验，参考有关国内外标准，并在广泛征求意见的基础上，修订了本规程。

本规程的主要技术内容是：1. 总则；2. 术语；3. 基本规定；4. 观测网的布设；5. 观测孔结构设计与施工；6. 观测的内容与方法；7. 观测资料分析、整理与管理。

修订的主要技术内容是：1. 增加了服务于工程建设、环境评价、防灾减灾等方面的地下水观测内容；2. 调整了地下水动态观测点的布设密度，突出了城市地下水动态观测网的整体概念，将地下水动态观测分为日常观测和统一观测，弱化了统一观测网的概念；3. 将水质分析分为常规分析和专项分析，不仅使规程内容更清晰，逻辑更严密，而且更便于实施；4. 增加了孔隙水压力观测内容。

本规程由住房和城乡建设部负责管理和对强制性条文的解释，由建设综合勘察研究设计院有限公司负责具体技术内容的解释。执行过程中如有意见或建议，请寄送建设综合勘察研究设计院有限公司（地址：北京东直门内大街177号；邮编：100007）。

本规程主编单位：建设综合勘察研究设计院有限公司

本规程参编单位：北京市勘察设计研究院有限公司
西北综合勘察设计研究院
北京综建科技有限公司
上海岩土工程勘察设计研究院有限公司
中国建筑西南勘察设计研究院有限公司

本规程主要起草人员：周载阳　赵　刚　周宏磊　陈　晖　朱赫宇　赵治海　李海坤　郭小红　王亨林　王　峰　燕建龙　李晓勇

本规程主要审查人员：莫群欢　王笃礼　叶　超　熊巨华　化建新　闫德刚　金　淮　吴永红　周与诚

目　次

Contents

1 总 则

1.0.1 为规范城市地下水动态观测工作，统一基本技术要求，制定本规程。

1.0.2 本规程适用于城市的规划、建设、防灾减灾、地下水环境评价、地下水资源管理与保护等的地下水动态观测。

1.0.3 城市地下水动态观测网应纳入城市规划，并结合城市发展情况予以实施。利用地下水作为城市供水水源、有地下空间开发规划和有海水入侵、海平面上升、滑坡、岩溶塌陷、地面沉降等灾害影响的城市，均应进行地下水动态观测。

1.0.4 城市地下水动态观测除应符合本规程外，尚应符合国家现行有关标准的规定。

2 术 语

2.0.1 地下水动态观测点 groundwater dynamic observation point

用于长期或特定时间段内观测地下水水位、水质、水温、水量、孔隙水压力及其变化的观测点。

2.0.2 地下水动态观测网 groundwater dynamic observation net

地下水动态观测点组成的网络系统。

2.0.3 专门性观测网 special groundwater dynamic observation net

为满足特定需要而设置的地下水动态观测点组成的网络系统。

2.0.4 地下水动态统一观测 unite groundwater dynamic observation

每年指定时间，统一对地下水动态进行的观测，包括水位统一观测、水温统一观测和水质统一观测。

2.0.5 地下水水位日平均值 average groundwater day level

根据一天内水位观测数据，采用统计方法得到的当日水位平均值。

2.0.6 地下水水位月平均值 average groundwater month level

根据一个月内水位观测数据，采用统计方法得到的当月水位平均值。

2.0.7 地下水水位年平均值 average groundwater year level

根据一年内水位观测数据，采用统计方法得到的当年水位平均值。

3 基本规定

3.0.1 地下水动态观测网的布设应根据观测目的、城市的地形地貌条件、水文地质条件、地下水动态特征、人的活动影响情况确定，并应能满足城市的规划、建设、防灾减灾、地下水环境评价、地下水资源管理与保护等需要。

3.0.2 地下水动态观测网应覆盖整个城市规划区及有密切水力联系的相邻区域。

3.0.3 地下水动态观测网的布设应符合下列规定：

1 地下水动态观测点的布设应以水文地质单元为单位；

2 观测线应沿着地下水动力条件、水化学条件、污染途径及有害环境地质作用强度变化最大的方向布置；

3 在满足观测目的和要求的条件下，应充分利用已有的勘探孔、供水井、泉、矿井、地下水排水点及其他取水构筑物等作为地下水动态观测点；

4 地下水动态观测点应进行系统编号，并可分区或分类进行编号；

5 设置地下水动态观测点时，应测量其坐标、地面标高及固定点的标高。

3.0.4 对多层含水层地区，应根据需要确定观测目标层，并应分层观测。

3.0.5 地下水动态观测项目应包括水位、水量、水温、水质和孔隙水压力等。对于与地下水有密切水力联系的地表水体，应同时进行相应的观测。

3.0.6 地下水动态观测应及时、准确提供观测点的基础资料和地下水的水位、水量、水温、水质及孔隙水压力等实测数据及相关分析资料。

3.0.7 专门性观测网可根据需要进行设置，并应将其作为地下水动态观测网的一部分。

3.0.8 地下水动态观测方式应包括日常观测和统一观测。应选取有代表性的观测点作为统一观测点，统一观测点应固定。

3.0.9 地下水动态观测应积极采用新技术、新方法。有条件的地区，宜逐步建立自动化地下水动态监测系统。观测资料应根据需要分别汇总整理。

3.0.10 地下水动态观测网应定期维护，各观测孔宜每1年～2年定期检测1次，对于保护条件好的观测孔，也可每5年检测1次，对失效的地下水动态观测点应及时维修或重新布设，观测点的孔口高程或固定点高程应及时测量修正。

3.0.11 地下水动态观测点应设置保护设施，且保护设施上应有醒目的保护标识。

4 观测网的布设

4.0.1 地下水动态观测点应具有一种或多种观测功能，地下水动态观测网可根据需要划分为不同的功能区或类别。

4.0.2 地下水动态观测点应能控制不同的水文地质

单元，同一水文地质单元内至少应有1条水位观测线或3个水位观测点。

4.0.3 地下水水质观测点应根据本地区地下水类型分区、地下水流向、污染源分布状况、地下水开采强度分区以及咸淡水边界的区域展布等条件，采用网格法或放射法布设。

4.0.4 地下水动态观测点的密度应符合表4.0.4的规定：

表4.0.4 地下水动态观测点的密度

水文地质条件复杂程度	城市市区（点数/100km²）	城市郊区（点数/100km²）
复杂	≥12	≥7
中等	≥10	≥5
简单	≥7	≥3

注：表中水文地质条件复杂程度应按现行国家标准《供水水文地质勘察规范》GB 50027执行。

4.0.5 内陆地区城市地下水动态观测网应符合下列规定：

1 观测线宜平行或垂直地下水流向，垂直地貌界线、构造线及地表水体的岸边线，并应通过地下水位下降漏斗区、地下水污染区等；

2 在平行地貌（微地貌）界线方向上、泉水（或泉群）出露地段，可布设辅助性观测点；

3 地下水位下降漏斗区、地表水与地下水水力联系密切地区及地下水污染地区，应加密观测点；

4 地质构造复杂地段、地形地貌变化大的地段、地下水越流地段及地下水的补给、排泄边界等，应加密观测点。

4.0.6 滨海地区城市地下水动态观测网，除应符合本规程第4.0.5条的规定外，尚应符合下列规定：

1 观测线宜垂直海岸线布设2条～3条，平行海岸线布设1条～2条；

2 当海岸线距离城市或地下水集中开采区小于3km时，应加密观测点；

3 对已发生海水入侵的地区，当海水尚未侵入到城市规划区时，应在咸淡水分界面靠近城市的一侧，特别在河道或古河道地段加密观测点，并应监测咸淡水分界面的移动状况；

4 当咸淡水分界面已运移到城市规划区范围以内时，应在地下水集中开采区、地下水位下降漏斗地区加密观测点，全部观测点均应同时作为水位、水质观测点。

4.0.7 水源地专门性观测网的布设应符合下列规定：

1 观测点应主要布设在水源地保护区，观测点密度除应符合本规程第4.0.4条的规定外，尚应符合现行国家标准《供水水文地质勘察规范》GB 50027的规定；在水源地保护区的外围地区可根据需要布设辅助性观测点；

2 能满足水源地观测目的和要求的开采井，可作为观测点；

3 水源地水位下降漏斗中心地区应设置观测点，观测线宜沿地下水位下降漏斗的长轴及短轴方向分别布设1条～2条；

4 当观测点密度不能满足绘制水源地水位下降漏斗形状、分布范围及地下水污染范围的精度要求时，应根据情况增设观测点；

5 为满足建立城市地下水均衡计算模型或地下水管理模型的需要，可在边界处及计算分区内布设临时性观测点。

4.0.8 对于傍河水源地，当水源地开采井平行于河床成排布设时，应垂直河床布设2条～3条及平行河床布设1条～2条观测线（含连接开采井排的观测线）；当水源地开采井为其他形式布设时，应通过水源地中心并沿垂直和平行河床方向分别布设1条～3条观测线。近河床地带应加密观测点。当地下水位下降漏斗影响到河对岸时，应在河对岸加设观测点。

4.0.9 对于岩溶及其他基岩裂隙水源地，可根据水源地规模大小，在平行与垂直于地下水流向上，分别布设1条～2条观测线。观测线长度宜延伸到岩溶及其他基岩裂隙含水层边界。在岩溶及其他基岩裂隙含水层的边界以及对水源地地下水起控制作用的构造线上，应适当加密观测点。

4.0.10 对于冲洪积平原区水源地，宜平行与垂直于地下水流向分别布设1条～2条观测线，并可在开采井群（井排）以外增设辅助观测点。当水源地开采层为多个含水层时，应分层观测。

4.0.11 城市工程建设专门性观测网的布设应符合下列规定：

1 当地下水对地基基础及地下结构的设计、施工、安全使用等有重大影响时，应布设与工程建设有关的专门性观测网；

2 当工程建设影响深度范围内涉及上层滞水、潜水及承压水等多个含水层时，应设置代表性的观测点，分别对各主要含水层的地下水动态进行分层观测；

3 当工程建设区内有与地下水水力联系密切的地表水体存在时，应根据水力联系条件、地下水流向等在地表水体影响范围内布设观测点，观测线应垂直地表水体岸边线；

4 对于水平径流较强的山区及山前建设区，可沿地下水流向布设1条～2条观测线；对洪坡积的第四系松散层，可适当增设观测点；

5 对于以开采浅层地下水作为主要供水水源的城市，可直接收集已有的观测资料，为工程建设提供所需的地下水动态资料；在以深层地下水作为供水水源的城市，可利用已有的城市水源地地下水动态观测网，并依据工程建设对地下水动态观测的特殊要求，在一些建设地段对地下水动态观测网的密度进行调整或增设新的观测点；

6 在重点工程分布地区及对地下水动态观测有特殊要求的建设地段，可根据需要加密观测点；

7 当工程建设对地下水动态产生长期影响时，应布设地下水动态观测点。

4.0.12 对于易发生环境地质问题的地区，专门性观测网的布设应符合下列规定：

1 在因过量开采地下水而形成水位下降漏斗并导致地面沉降的区域内，应穿过漏斗中心按十字形布设观测线，其长度应超过漏斗范围；

2 在已经发生岩溶塌陷或可能发生塌陷的地区，应设置观测岩溶水及其上覆松散岩层孔隙水水位动态的观测点；

3 在由于地下水位升高而产生危害的地区，应设置专门性观测点；

4 在有可能产生滑坡地质灾害的地段，应根据具体情况布设专门性观测孔，观测对斜坡稳定有影响的地下水位和孔隙水压力的变化；

5 在滨海平原地区、内陆盐湖或盐池附近，以及咸淡水交替分布地区，应垂直岸边或边界并沿地下水流向布设观测线，控制地下淡水、地下咸水及淡水-咸水过渡带等部位；在因强烈开采中深层地下水而导致上层咸水下渗的地区，应选择代表性地段，设置咸水与淡水（开采层）分层观测点，观测咸水下移速度；

6 地下水污染区观测网的布设，应根据污染源的分布和污染物在地下水中的扩散形式，采取点面结合的方法，观测污染物质及其运移规律，且观测的重点应是供水水源地及易污染的浅层地下水。

4.0.13 地下水环境评价专门性观测网的布设应符合下列规定：

1 观测点应满足取水样的要求；

2 观测点应利用地下水水位动态观测点和地下水水质动态观测点，兼顾评价区及其上下游地下水流场及污染物运移特性，适当增补专门性观测点；

3 应考虑地下水在垂向上的空间展布及其对地下水环境评价的影响，当有多层地下水时，应设置地下水分层观测点。

5 观测孔结构设计与施工

5.1 观测孔结构设计

5.1.1 观测孔可利用生产井、试验井或专门设置，观测孔的结构应满足观测目的和要求。

5.1.2 观测孔的井管内径不宜小于 100mm，基岩观测孔裸孔井段的口径不应小于 108mm。生产井作为观测孔时，泵管与井管之间的间隙不应小于 50mm。

5.1.3 观测孔的深度应根据观测目的、含水层类型、含水层埋深和厚度确定，并应符合下列规定：

1 对承压含水层，观测孔宜深入整个含水层，当含水层厚度较大时，观测孔深入其厚度不宜少于 15m；

2 对潜水含水层，观测孔宜深入整个含水层，或深入最低动水位以下 7m～15m；

3 对上层滞水含水层，观测孔应深入整个含水层。

5.1.4 过滤器的安装宜符合下列规定：

1 当目标含水层厚度不超过 30m 时，可在动水位以下的含水层部位全部安装过滤器；

2 当目标含水层厚度超过 30m，岩性较均一时，宜在动水位以下的含水层部位安装长 7m～15m 的过滤器；目标含水层岩性不均时，宜在动水位以下的含水层部位全部安装过滤器。

5.1.5 在裂隙、岩溶含水层中宜采用裸孔架、缠丝过滤器或填砾过滤器；在卵石、圆（角）砾及粗中砂含水层中，宜采用缠丝过滤器或填砾过滤器；在粉细砂含水层中，宜采用填砾过滤器。

5.1.6 单层填砾过滤器的砾料规格应符合下列规定：

1 对于含水层的不均匀系数（η）小于 10 的砂土类含水层，砾料规格应按下式确定：

$$D_{50}=(6\sim 8)d_{50} \quad (5.1.6\text{-}1)$$

式中：D_{50}——填砾颗粒分布累积曲线上，过筛重量累积百分比为 50%时的颗粒粒径；

d_{50}——含水层颗粒分布累积曲线上，过筛重量累积百分比为 50%时的颗粒粒径。

当砂土含水层的 η 大于 10 时，应除去筛分样中的部分粗颗粒后重新筛分，直至 η 小于 10 为止，然后根据颗粒分布累积曲线确定 d_{50}，并按式（5.1.6-1）确定填砾规格。

2 对于含水层颗粒分布累积曲线上，过筛重量累积百分比为 20%时的颗粒粒径（d_{20}）小于 2mm 的碎石类含水层，砾石规格应按下式确定：

$$D_{50}=(6\sim 8)d_{20} \quad (5.1.6\text{-}2)$$

3 对于 d_{20} 大于或等于 2mm 的碎石类含水层，可填入 10mm～20mm 的砾石，也可不填砾。

4 填砾宜采用均匀砾石，填砾的不均匀系数应小于 2。

5 砂土含水层的不均匀系数应按下式计算：

$$\eta=d_{60}/d_{10} \quad (5.1.6\text{-}3)$$

式中：d_{60}、d_{10}——分别为含水层颗粒分布累积曲线上，过筛重量累积百分比为 60%和 10%时的颗粒粒径。

5.1.7 双层填砾过滤器的外层填砾规格，应按本规程第 5.1.6 条的规定确定，内层填砾的粒径宜为外层砾石粒径的 4 倍～6 倍。

5.1.8 对于单层填砾过滤器的填砾厚度，粗砂以上地层不应少于75mm，中砂、细砂、粉砂地层不应少于100mm。对于双层填砾过滤器的填砾厚度，内层应为30mm～50mm，外层应为100mm。

5.1.9 双层填砾过滤器的内层砾石网笼上下端，均应设四块弹簧钢板或其他保护网笼装置。

5.1.10 填砾过滤器骨架管的缠丝间距、不缠丝穿孔管的圆孔直径或条孔宽度（t），宜按下式确定：

$$t = D_{10} \quad (5.1.10)$$

式中：D_{10}——填砾的有效粒径（mm）。

5.1.11 填砾高度应根据过滤器的位置确定，底部宜低于过滤管下端但不应低于目标含水层底面，上部宜高出过滤器上端2m～3m，但不应高于目标含水层顶面。

5.1.12 对于兼作抽水井的观测孔，其井管底部应安装长度不小于4m的沉淀管，管底应用钢板焊接或其他方式封闭。当沉淀管中的沉积物厚度高出沉淀管而掩埋过滤管时，应及时洗井。

5.1.13 对于兼作观测孔的生产井、试验井，可在井管外的砾料层中设置水位观测管，也可在泵管与井管之间设置水位观测管，水位观测管的直径不小于30mm，水位观测管下端应低于观测孔最大动水位的埋藏深度。

5.1.14 观测孔井管的管材应根据地下水水质、管材强度、观测孔的口径与深度，以及技术经济等因素确定，并宜选用钢管、铸铁管、预制钢筋混凝土管及PVC管等。

5.1.15 在地下水具有强腐蚀性或地下水已被污染的地区，应采取下列防腐措施：

1 选用耐腐蚀性的管材；

2 缠丝宜采用不锈钢丝、铜丝或玻璃纤维增强聚乙烯等耐腐蚀性的滤水丝。

5.1.16 观测孔的孔口应符合下列规定：

1 应安装孔口保护装置，并应设置明显标识牌；

2 在孔口处地面应采取防渗措施；

3 观测孔附近不宜设置其他地下设施，地面不应堆放杂物。

5.1.17 观测孔使用的各种材料应无毒，并应具有足够的耐久性和化学稳定性，不得对环境产生不良影响。

5.1.18 对于多层含水层，应对目标层之外的地层严格止水，松散含水层宜用黏土球封闭，基岩裂隙宜用水泥浆封闭。止水段厚度不宜小于5.0m。同一观测孔分层止水时，应根据地下水的赋存条件确定透水段和止水段。

5.2 观测孔施工及孔隙水压力计埋设

5.2.1 观测孔宜采用清水钻进，当使用泥浆作冲洗介质时，泥浆的性能应根据地层的稳定情况、含水层的富水程度及水头高低、孔的深浅以及施工周期等因素，按现行行业标准《供水水文地质钻探与管井施工操作规程》CJJ 13的相关规定执行，并应在成孔后及时进行清洗。

5.2.2 钻进过程中应及时、详细、准确记录和描述地层岩性及变层深度，并应准确测定初见水位。岩土样采取与地层编录应符合下列规定：

1 采取鉴别地层的岩土样时，在非含水层中宜每3m～5m取1件，在含水层中宜每2m～3m取1件；变层时应加取。当有测井、扫描照相、井下电视配合工作时，鉴别地层的岩土样数量，可适当减少。

2 采取颗粒分析土样，当含水层厚度小于4m时，应取1件；当含水层厚度大于4m时，宜每4m取1件；每件土样的取样重量不宜少于表5.2.2-1的规定。

表 5.2.2-1 每件土样的取样重量

土样名称	重量（kg）
砂	1
圆砾（角砾）	3
卵石（碎石）	5

3 土样和岩样的描述内容应符合表5.2.2-2的规定。

表 5.2.2-2 土样和岩样的描述内容

类别	描述内容
碎石土类	名称、岩性成分、磨圆度、分选性、颗粒级配、胶结情况和充填物（砂、黏性土的含量）
砂土类	名称、颜色、矿物成分、分选性、胶结情况和包含物（黏性土、卵砾石等含量）
黏性土类	名称、颜色、湿度、有机物含量、可塑性和包含物
岩石类	地质年代、名称、颜色、矿物成分、结构、构造、胶结物、化石、岩脉、包裹物、风化程度、裂隙性质、裂隙和岩溶发育程度及其充填情况

5.2.3 观测孔钻至规定深度后应校验孔斜，且应在孔斜满足不大于1.5°的要求后，再根据井（孔）结构设计图向井（孔）中下井管。采用填砾过滤器的观测孔井管下入后，应立即按设计要求在管外回填砾料及止水材料。

5.2.4 生产井、试验井兼做观测孔时，应在砾料层中安装水位观测管，并应按设计要求在管外回填砾料和止水材料。水位观测管的下端应安装2m～5m长的过滤管，管口应加盖封。

5.2.5 下管、填砾、止水等结束后，应选用有效的方法及时洗井。洗井质量应符合现行行业标准《供水水文地质钻探与管井施工操作规程》CJJ 13 的有关规定。

5.2.6 观测孔、观测管施工完成后，应采用抽水试验或注水试验等进行渗透性测试。

5.2.7 观测孔、观测管施工及渗透性测试工作均应有详细记录，并应附成果图。

5.2.8 饱和弱透水层的孔隙水压力可通过埋设孔隙水压力计进行观测，根据观测目的、土层渗透性质、观测时间长短和量测精度，可选用封闭式孔隙水压力计或开口式孔隙水压力计，并应符合下列规定：

1 电测式孔隙水压力计可用于各种渗透性质的土层，流体压力式孔隙水压力计和开口式孔隙水压力计可用于渗透系数（k）大于 1×10^{-5}cm/s 的土层；

2 当量测误差要求不大于 2kPa 时，应使用电测式孔隙水压力计；当量测误差允许大于 2kPa 时，可选用液压式孔隙水压力计；当量测误差允许大于等于 10kPa 时，可选用气压式孔隙水压力计；

3 使用期大于 1 个月、测试深度大于 10m 或在一个观测孔中多点同时量测时，宜选用电测式孔隙水压力计；流体压力式孔隙水压力计使用期不宜超过 1 个月；

4 液压式孔隙水压力计不宜在环境温度低于 0℃的情况下使用。

5.2.9 孔隙水压力计量程不宜过大，且上限值宜比静水压力值与预估超孔隙水压力值之和大 100kPa～200kPa。

5.2.10 孔隙水压力计的埋设应根据测试孔、测点布设的数量及土的性质等条件，选用钻孔埋设法、压入埋设法和填埋法；在同一孔中设置多个孔隙水压力计时，宜采用钻孔埋设法。

5.2.11 在软弱土层中埋设单个孔隙水压力计时，宜采用压入埋设法，并应根据埋设深度和压入难易程度，直接将孔隙水压力计缓慢压入预定深度或钻进成孔到埋设预定深度以上 0.5m～1.0m 处，再将孔隙水压力计压到预定深度，其上孔段应用隔水填料全部填实封严。大填方中孔隙水压力计宜采用填埋法，可在填筑过程中按要求将孔隙水压力计埋入预定位置。

5.2.12 孔隙水压力计采用钻孔埋设法埋设时，钻孔应符合下列规定：

1 孔径宜为 110mm～130mm；

2 在填土层或其他松散不稳定的土层中，应下套管护孔，护孔套管应垂直；

3 当使用泥浆作冲洗介质时，应在成孔后及时进行清洗；

4 孔深应考虑沉渣的影响；

5 钻探应有完整的原始记录，并应包括回次进尺、地层分层深度和土的性质描述等。

5.2.13 在钻孔中埋设孔隙水压力计应符合下列规定：

1 孔隙水压力计安放前，应排除孔隙水压力计内及管路中的空气；

2 孔隙水压力计周围应回填透水填料，且透水填料宜选用干净的中粗砂、砾砂或粒径小于 10mm 的碎石，透水填料层高度宜为 0.6m～1.0m；

3 同一钻孔内上下两个孔隙水压力计之间应设置高度不小于 1m 的隔水层，隔水材料宜选用直径 2cm 左右的风干黏土球；

4 孔口应用隔水填料填实封严，防止地表水渗入；

5 孔隙水压力计导线应有防潮、防水措施；

6 埋设工作应有详细记录，并应附埋设柱状图。图中应标明各孔隙水压力计安放位置、透水填料层和黏土球隔水层的起止深度等。

6 观测的内容与方法

6.1 水位观测

6.1.1 根据现场观测点条件和测量精度与频率要求，水位观测可采用测绳、电测水位仪、自记水位仪或地下水多参数自动监测仪等。

6.1.2 地下水水位观测应符合下列规定：

1 水位观测应从固定点量起，并应将读数换算成从地面算起的水位埋深及标高；

2 每次测量水位时，应记录观测井近期是否曾抽过水，以及是否受到附近井的抽水影响；

3 采用测绳测量水位前，应对其伸缩性进行校核，并应消除误差；

4 采用电测水位仪时，应检查传感器的导线和测量用导线连接是否牢固，连接处应采用绝缘胶带仔细包扎，并应检查电源、音响及灯显装置是否正常，测量用导线应作好长度尺寸标记；

5 对安装自记水位仪的观测点，宜每个月用其他测量设备对水位实测 1 次，核对自记水位仪的记录结果，并应及时更换记录纸；

6 对安装自动监测仪的观测点，应在安装后第一个月及以后每半年，用其他测量设备实测 1 次水位，核对自动监测仪的记录结果；

7 当承压水水头高于地面时，可用压力表测量水位，当水头高出地面不多时，也可采用接长井管或测压管的方法测量水位。

6.1.3 水位观测频率应符合下列规定：

1 人工观测水位宜每 10d 观测 1 次。对于承压含水层，可每月观测 1 次。

2 安装有自动水位监测仪的观测孔，宜每日观测 4 次，观测时间宜为 6 时、12 时、18 时和 24 时。存于存储器内的数据可每月采集 1 次，也可根据需要随时采集。

3 当遇有中雨以上降雨时，潜水层中的观测点应从降雨开始加密观测次数至雨后5d。

4 对傍河的观测孔，洪水期每日观测1次，从洪峰到来起，应每日早、中、晚各观测1次，并应延续至洪峰过后48h为止。

5 对流量较稳定的泉水水位，应每10d观测1次；当泉水水位变化异常时，应每日观测1次，直至水位恢复正常为止。

6 当城市规划区内出现矿山突水或工程建设基坑排水时，附近的观测孔应加密观测次数，每日应观测1次～2次，直至水位变化接近突水（或排水）前时，再转入正常观测。

7 常年进行地下水人工回灌地区，宜每10d观测1次；非连续回灌地区，回灌期间宜每日观测1次，停灌后，可根据回灌水反向漏斗的消失速率，逐渐改为每10d观测1次。

8 确定地下水垂直补给量或消耗量的观测点，在补给期或消耗期应每天观测1次，其他时期宜每10d观测1次。

9 当需测定地下水与地表水之间的水力联系时，应对地下水水位与地表水水位同步进行观测，汛期及水位变化较大时，应每日观测1次。

6.1.4 地下水水位观测精度应符合下列规定：

1 水位观测数值应以米为单位，并应测记至小数点后三位；

2 人工观测水位时，同一测次应量测两次，间隔时间不应少于1min，并应取两次水位的平均值为观测结果，两次测量允许偏差应小于10mm；

3 自动监测水位仪精度误差不应大于10mm；

4 每次测量结果应当场核查，出现异常时应及时补测。

6.1.5 地下水位统一观测应符合下列规定：

1 地下水位统一观测每年不应少于2次，并应在枯水期、丰水期各进行1次；

2 统一观测点的结构、标记应完好，其坐标、标高资料应齐全；

3 统一观测水位前，应全面掌握统一观测点的水文地质资料，潜水井与承压水井、混合开采井与分层开采井应严格区分；

4 城市地区枯水期动态水位观测时，应同时记录生产井的单位时间涌水量；

5 水位统一观测应在2d内完成，观测时间内遇降大雨时，应另安排时间重测。

6.1.6 地表水体水位观测应按现行行业标准《水文普通测量规范》SL 58执行，并应按五等水准测量标准观测。

6.2 水量观测与调查

6.2.1 水量观测方法应根据观测对象、现场条件和测量精度要求等确定，可采用流量表法、流量计法、堰测法及流速仪法。

6.2.2 水量观测应符合下列规定：

1 水量观测应包括出水量及回灌量的观测，出水量应包括实测的泉水流量、各种生产井的开采量和工程施工及矿山的排水量等，回灌量应包括水井的人工回灌量、回扬量和渗水池的入渗量；

2 水量观测点应包括城市规划区内所有在用的生产井、排水井、回灌井及泉水等；

3 利用生产井进行流量观测时，每眼井均应装有流量表或自动流量监测仪，并应按规定时间观测累计开采量；

4 对不同地下水类型和含水层的生产井，应分别统计出水量；

5 对观测网内灌溉机井，应按灌溉期间记录的抽水井数、开泵时数、水泵规格或灌溉亩数等统计地下水开采量；

6 地下工程施工排水和矿山排水等的排水量，应按月进行统计；

7 地下水回灌点应安装流量计，并应记录回灌量、回扬量；渗水池的入渗量，宜根据池中水位标尺读数近似计算；

8 观测过程中流量表数据出现异常时，应及时检查，确保观测数据的准确性。

6.2.3 水量观测与调查频率应符合下列规定：

1 对城市水量观测孔，宜在每月末观测或调查一次累计出水量；

2 对专项抽水试验、施工降水及回灌井的观测，应调查相应月份的实际抽水量、排水量和回灌量；

3 对城市观测网范围内的矿山排水量及农田灌溉用水量，宜每月统计1次；

4 泉水流量宜每10d观测1次，遇流量变化大时，应每日观测1次，并应换算成月累计出水量。

6.2.4 水量观测精度应符合下列规定：

1 当使用堰测法或孔板流量计进行水量观测时，固定标尺读数应精确到1mm，其换算单位流量值应计算至小数点后两位；

2 流量表观测精度不应低于0.1m^3，对生产井月累计开采量统计值应精确至1m^3。

6.3 水温观测

6.3.1 根据工作要求，地下水水温可选用水银温度计、缓变温度计、热敏电阻温度计、电导温度计等进行观测；在条件允许时，可采用自动测温仪。

6.3.2 对下列地区应进行地下水温度观测：

1 地表水与地下水水力联系密切的地区；

2 进行回灌的地区；

3 有热污染及热异常的地区。

6.3.3 水温观测应符合下列规定：

1　当使用缓变温度计测量孔内水温时，温度计在水中停留时间不应少于3min；

2　当测量生产井、自流井中地下水及泉水水温时，可将水温计放在出水水流中心处，并应全部浸入水中，不得触及它物；

3　采用自动测温仪测量井内地下水温度时，探头位置应放于最低水位以下不小于3m处；

4　同一观测点宜采用同一个温度计进行测量，当更换其他温度计时，应注明仪器的型号及使用时间；

5　观察水银温度计应采用平视或正视，不得斜视；

6　观测水温的同时应记录当时环境下的气温值。

6.3.4　水温观测频率应符合下列规定：

1　每月应观测1次，当出现异常时，可每日观测1次，并应查明原因；

2　对安装自动测温仪的，可每日观测两次，观测时间可在5时和17时。存储器中的数据，可每月采集1次，并应及时输入计算机。

6.3.5　一般动态观测点水温观测精度应达到0.5℃，与水环境保护有关的观测点应达到0.1℃。

6.3.6　地下水温统一观测应每年1次，并可与枯水期水位统一观测同时进行。

6.4　水质监测

6.4.1　水质常规分析可分为简分析、全分析和特殊项目分析，并应符合下列规定：

1　简分析应包括色度、气味、pH值、钾离子、钠离子、钙离子、镁离子、三价铁、二价铁、铝离子、氨离子、氯离子、硫酸根、重碳酸根、碳酸根、硝酸根、亚硝酸根、氟离子、可溶性SiO_2、耗氧量、总硬度（暂时硬度、永久硬度、负硬度）、固形物（TDS）、游离CO_2、侵蚀性CO_2等指标。

2　全分析应包括下列指标：

1）物理指标：色度、气味、浑浊度、电导率（EC）、氧化还原电位（EH）、溶解氧（DO）等；

2）化学指标：pH值、钾离子、钠离子、钙离子、镁离子、三价铁、二价铁、铝离子、氨离子、氯离子、硫酸根、重碳酸根、碳酸根、硝酸根、亚硝酸根、氟离子、可溶性SiO_2、耗氧量、总硬度（暂时硬度、永久硬度、负硬度）、总碱度、酸度、游离CO_2、侵蚀性CO_2、H_2S、灼烧减量及固形物（TDS）、化学需氧量（COD）等。

3　特殊项目分析应包括生化需氧量（BOD）、挥发酚、氰化物、汞、铅、锌、锰、铜、镉、六价铬、砷、硒、铍、钡、镍、钼、钴、硼酸、磷酸盐等指标。

6.4.2　根据监测目的和需要，可选择增加下列专项分析项目：

1　饮用水分析项目：可按现行国家标准《生活饮用水卫生标准》GB 5749规定的项目选取；

2　工业用水分析项目：工业上用作冷却、冲洗和锅炉用水的地下水，可按本规程附录A的规定执行，其他工业用水应根据需要确定；

3　细菌分析项目：细菌总数、总大肠菌群、粪链球菌、铜绿假单胞菌、产气荚膜梭菌、铁细菌、硫酸盐还原菌；

4　放射性污染分析项目：总α放射性、总β放射性、镭、铀、氡等；

5　城郊、农村地下水分析项目：考虑施用化肥和农药的影响，可增加有机磷、有机氯农药及凯氏氮等项目；

6　盐碱区和沿海受潮汐影响的地区地下水分析项目：可增加溴化物和碘化物等监测项目；

7　矿泉水分析项目：应增加硒、锶、锑、偏硅酸、溴酸盐等反映矿泉水质量和特征的特种监测项目；

8　水源性地方病流行地区分析项目：应增加地方病成因物质监测项目。

6.4.3　水样采取应符合下列规定：

1　取水样点应分布均匀；

2　在严重污染地段和咸淡水分界区域，应加密取样点；

3　对孔隙水、裂隙水、岩溶水或潜水、承压水，应分别取样；

4　对地表水，水样应在城市附近河段的上、中、下游分别采取；

5　对城市内浅层含水层分布区，应增加对建筑材料腐蚀性分析样品的取样数量。

6.4.4　水样采取频率应符合下列规定：

1　应每月在水质观测点取水样1次进行水质常规分析；

2　每年枯水期应在水质统一观测点统一取水样1次，进行水质常规分析及必要的专项分析，且水质统一观测取样应3d内完成；

3　对于城市供水水源地，除应按本条第1和2款采取水样进行分析外，每季度还应取样1次，进行饮用水水质评价项目分析。当水质出现特殊变化时，应每周取水样1次，进行个别项目分析，查明引起变化的原因，待水质正常后，可恢复到正常监测频率；

4　对回灌水源，在回灌前应作全分析、特殊项目分析和细菌分析等，回灌用水水质应每10d取水样1次，进行简分析，回灌后的地下水水质应每月取水样1次，进行全分析；当长期回灌时，对地下水应每月取水样1次作全分析，且每半年应至少取1次水样作特殊项目分析及细菌分析；

5　对海水入侵地区，应每月取水样1次进行简分析，每半年取水样1次进行全分析及特殊项目分析；

6　对安装有多功能自动监测仪监测地下水电导率的观测孔，应每日观测两次，设定观测时间应为0时和12时。存于存储器中的数据，应每10d采集1次，出现异常时，应及时采取措施，并查明变化原因或取水样进行分析验证。

6.4.5　水样采取的数量应按水质分析的类别确定，并应符合下列规定：

1　简分析，每件水样应取1.0L～1.5L；

2　全分析，每件水样应取2.5L～3.0L；

3　特殊项目分析，每件水样应取2.0 L～3.0L；

4　细菌分析，每件水样应取0.5 L～1.0L；

5　有机痕量指标分析，每件水样应取2.5L～3.0L。

6.4.6　水样采取应符合下列规定：

1　采取水质监测水样时，应同步量测水温；

2　在生产井中采取水样时，可在泵房抽水时从出水管放水阀处采取，放水阀应是距生产井泵房最近的放水阀，取样前应把水管中存水放净；

3　当取水样点为长期不用水井时，取水前应进行洗井，抽出的水量应大于孔内存水量的2.0倍以上；

4　从自流井和泉水处取水样时，如出水口高于地面，可直接从出水口采取，如出水口低于地面，取样瓶口应距水面10cm以下采取水样；

5　盛水器应采用磨口玻璃或塑料瓶，且当水中含有油类及有机污染物时，不得采用塑料瓶；取含氟水样时，不得采用玻璃瓶；

6　除采取含石油类水样或细菌分析水样外，取水样前应先用拟取水冲洗容器（包括容器盖）至少3次；采取含石油类水样，可直接注入瓶内，并应留少量空间；

7　当采集测定溶解氧和生化需氧量的水样时，应注满水样瓶，且水样不得接触空气；

8　采取细菌分析水样，应用无菌玻璃瓶，取样前不得打开瓶盖，采样时严禁手指或异物碰到瓶口和接触水样；

9　在回灌井内采取地下水样时，应在开泵40min且待水清后再取样；

10　水样取好后，应立即封好瓶口，就地填好水样标签，标明取样时间、地点、孔号、水温、取样人签名，并应尽快送化验室；

11　水样长途运输时，应防止出现瓶口破损、水样瓶破裂及曝晒变质等不良后果；有机痕量指标样采集后及运输过程中，应一直放入冷藏箱中；

12　送样时应填好送样单，确定各种样品化验类别与要求，并应提交收样单位验收；

13　对于地下水中含不稳定成分的水样，其采取及保存方法应按本规程附录B执行。

6.4.7　统一观测时所取水样，应送水质化验室进行分析，并应抽出1/20～1/10的样品送到通过国家计量认证的城市供水水质监测站进行外检分析。

6.4.8　水样采取后，应在下列规定时间内送到化验室：

1　细菌分析水样：6h～9h，有冷藏条件时为24h；

2　建筑材料腐蚀性分析水样：24h；

3　放射性分析水样：24h；

4　特殊项目分析水样：72h，其中挥发酚、氰化物、六价铬为24h。

6.4.9　水样分析应符合现行国家标准《生活饮用水标准检验方法》GB 5750的规定。

6.5　孔隙水压力观测

6.5.1　孔隙水压力观测主要适用于饱和弱透水层中，应按照本规程第5.2.8、5.2.9条的规定选用合适的孔隙水压力计。

6.5.2　孔隙水压力观测的仪器设备应定期进行系统标定，且在使用前应经过检验。标定和检验结果应符合下列规定：

1　孔隙水压力无变化时，仪表指示的读数应稳定，标定曲线的3次重复误差应满足精度要求；

2　电测式孔隙水压力计应绝缘可靠，埋入土中的导线不宜有接头，所使用电源的电压值应在允许范围内；

3　液压式孔隙水压力计管路中不得有气泡，导管与接头不应渗漏，各部分连接应牢固。

6.5.3　孔隙水压力计应准确测定初始值，并应满足下列规定：

1　埋设结束后，应逐日定时量测，观测初始值的稳定性；

2　稳定标准：对于电测式、液压式应符合连续3d读数差小于2kPa；对于气压式应符合连续3d读数差小于10kPa；对于水位计应符合连续3d读数差小于5cm；

3　初始值应取稳定后读数的平均值或中值。

6.5.4　孔隙水压力观测应根据孔隙水压力变化规律，采用跟踪、逐日或多日等不同的观测频率，并应符合下列规定：

1　每次观测均应作好记录，完整填写日报表；

2　孔隙水压力上升期间，应逐日定时观测，当上升值接近控制值时，应进行跟踪观测并及时报警；

3　孔隙水压力消散期间的观测，可根据工作要求和消散规律确定观测频率；

4　测试过程中应随时计算、校核、分析测试数据，当出现异常值时，应及时复测，分析原因，并提出意见和建议。

7 观测资料分析、整理与管理

7.1 一般规定

7.1.1 观测资料记录、整理宜按本规程附录C～E的规定进行。

7.1.2 采用数据库管理系统时，采集的数据应及时入库。

7.1.3 应定期搜集城市规划区内的气象、水文资料，并应按时间顺序排列、整理。

7.1.4 每次实测的水位、水量、水质、水温、孔隙水压力等资料，应及时进行核查分析，当出现观测数据异常时，应查明原因，必要时应进行复测。经复查确认数据无误后，应及时汇总到地下水动态观测资料报表内。

7.1.5 全年的观测工作结束后，应根据需要分别计算和选定各观测项目的年平均值和极值等，并应绘制典型观测点地下水各动态要素的年变化曲线、多年变化曲线和该点的地下水动态综合曲线。

7.2 观测点基本特征资料

7.2.1 观测点宜按本规程附录C的表C.0.1的规定建立“地下水动态观测点基本特征资料登记表”。建网区内宜按本规程附录C的表C.0.2的规定建立“地下水动态观测点基本特征资料汇总表”。

7.2.2 对建网地区，应编制“××××年地下水动态观测点分布图”，实地观测点与图上标定的观测点的位置、标高等，应每年校对，当增加新观测点时，应补充在图上。

7.3 水位资料

7.3.1 水位资料统计应包括水位平均值，日、月、年水位变幅，最高、最低水位值及其发生的时间或日期。

7.3.2 当地下水位的日变幅较小时，可取当日观测水位的算术平均值作为地下水位日平均值；当地下水位的日变幅较大时，可采用时间加权平均法计算地下水位日平均值。

7.3.3 地下水位月平均值应按下列方法确定：

1 当月内观测不少于3次且观测时间间隔相同时，地下水位月平均值应采用算术平均法计算；观测时间间隔不等时，地下水位月平均值应采用时间加权平均法计算；

2 当月内观测少于3次时，地下水位月平均值可采用算术平均法计算，但该值应加括号。

7.3.4 地下水位年平均值可采用当年内地下水位月平均值的算术平均值。当年内缺少1个地下水位月平均值时，计算的地下水位年平均值应加括号；当年内缺少2个及以上的地下水位月平均值时，不宜计算地下水位年平均值。

7.3.5 地下水位观测资料汇总整理时，宜按本规程附录E的表E.0.1的规定编制水位观测点的“××××年地下水位观测资料年报”。

7.3.6 应根据地下水位动态观测数据绘制下列图件：

1 观测点的年与多年水位动态变化曲线，必要时绘制水位动态与影响因素综合分析曲线；

2 丰水期和枯水期地下水等水位线图与埋藏深度图；

3 地下水水位下降漏斗平面分布图、剖面图，必要时绘制历年地下水水位下降漏斗演变剖面图；

4 历年同期水位变化差值分布图，表示出水位上升区、下降区及其变化差值。

7.4 水量资料

7.4.1 地下水量观测资料汇总整理时，宜按本规程附录E的表E.0.2的规定编制水量观测点的“××××年地下水量观测资料年报”，应提供各观测点年总开采量、年总回灌量、月平均开采量、年内最大和最小月开采量及其发生的月份，并应根据各观测点的水量资料，统计全市的年总抽水量、总回灌量及总排水量。

7.4.2 根据开采量资料，宜按本规程附录E的表E.0.3的规定编制“××××年地下水开采强度分区表”。

7.4.3 应根据水量观测与调查数据编制下列图件：

1 观测孔抽水量、排水量或回灌量年动态变化历时曲线；

2 泉水流量年动态变化曲线；

3 年总抽水量、总排水量或总回灌量年及多年动态变化曲线；

4 开采强度分区图。

7.5 水温资料

7.5.1 地下水温度观测资料汇总整理时，宜按本规程附录E的表E.0.4的规定编制“××××年单孔地下水温度观测资料年报”。

7.5.2 同一含水层组，宜按本规程附录E的表E.0.5的规定编制“××××年地下水温度综合年报”。年内缺少3个及以上月水温时，不宜计算年平均水温。

7.5.3 应根据地下水温度观测数据编制下列图件：

1 地下水年平均温度、年最高或最低水温等值线图及年水温变幅图；

2 单孔不同含水层组、不同深度的地下水温度同一时轴综合曲线图；

3 月或年地下水温动态变化曲线图。

7.6 水质分析资料

7.6.1 水质分析资料整理时，宜按地下水类型或不同含水层组分别进行统计分析。

7.6.2 地下水质分析资料汇总整理时，宜按本规程附录E的表E.0.6的规定编制地下水水质监测点的"××××年地下水水质监测资料年报"。

7.6.3 根据观测区地下水实际遭受污染的程度，污染监测资料统计应分别采用下列方法：

1 单项有害物质的检出统计：应以水质观测点为单位，统计有害物质检出点数及超标的水样件数，并应计算其占观测点总数的百分数及最大超标率发生的时间，统计结果应按有害物质种类分别表示；

2 多种有害物质的检出统计：应按每个水质观测点中已检出的有害物质的种类数统计，并应计算出各类的百分数及最大超标率发生的时间；

3 卫生指标统计：应按饮用水卫生标准，选择典型的超标项目，统计检出的超标观测点数和超标水样件数，并应计算超标的百分数及最大超标率发生的时间。

7.6.4 水质分析资料分析整理时，应根据各观测点的水质分析资料，编制下列图件：

1 不同含水层水化学类型分区图；

2 矿化度、总硬度、硝酸根含量分区图；

3 主要化学成分含量分区图；

4 污染成分含量分区图；

5 无机指标超标项数分布图；

6 有机指标检出和超标项数分布图；

7 对同一观测点多年监测数据，宜绘制不同元素两两对应的点状图；

8 地下水水质年及多年动态变化曲线图；

9 必要时可将对地下水化学成分变化有影响的因素的量或质，增绘在同时轴的动态曲线图上；

10 对同一观测点的多层观测资料，宜编制地下水化学成分垂向变化图；

11 对污染区应依据有害物质或超标物质的检出情况，编制地下水污染现状图。当有害物质点分布呈面状时，宜用污染范围和污染程度分别表示；当有害物质点呈零星分布时，宜用实际检出点或超标点分别表示。

7.6.5 地下水对建筑材料腐蚀性评价，应按现行国家标准《岩土工程勘察规范》GB 50021的有关规定执行。

7.7 孔隙水压力资料

7.7.1 孔隙水压力现场量测后，应及时对原始资料进行核查、分析，并应根据率定曲线换算孔隙水压力值。

7.7.2 应绘制孔隙水压力的动态变化曲线。当同层或相邻含水层同步观测地下水位时，应同时绘制其地下水位动态变化曲线。

7.7.3 观测由工程施工引起的超孔隙水压力时，应同时记录对应的工程施工荷载动态变化情况，并应绘制孔隙水压力与荷载的关系曲线。

7.8 资 料 管 理

7.8.1 资料管理宜采用数据库管理系统，硬件配置应满足数据库管理系统运行的需要。

7.8.2 数据库管理系统应具有较好的兼容性，并应具有数据的输入、修改、导入与导出、传输、建库、数据处理、图件绘制与编辑、查询、报表和图件打印输出等功能。

7.8.3 数据库管理系统应包括下列数据库：

1 地下水动态观测点资料数据库；

2 地下水动态观测孔地层及井孔结构数据库；

3 地下水动态观测点基本特征数据库；

4 地下水水位、水温动态观测数据库；

5 孔隙水压力观测数据库；

6 地下水水量观测数据库；

7 地下水动态观测点水质分析数据库；

8 水文资料数据库；

9 气象资料数据库。

7.8.4 对生成的数据文件进行分析、处理时，应符合本规程第7.3～7.7节的规定。

7.8.5 下列资料应归档保存：

1 观测网和观测点的基本资料、原始观测记录、图表及编制说明；

2 原始观测资料的审查、校核、验收资料，审查通过后的验收意见、提交的正式报告；

3 观测数据、各种图表和成果报告的电子文件。

7.9 资料成果提交

7.9.1 根据地下水动态观测工作的目的和要求，应向主管部门提交整编资料及年度工作报告。

7.9.2 初建网地区的年度工作报告主要内容应包括工作目的、范围、完成的工作量、区域自然地理概况、水文地质与工程地质条件、观测手段和方法、地下水动态分析评价等。

7.9.3 建网后历年工作报告应包括下列主要内容：

1 工作概况：包括本年度观测的项目，使用的观测点数，同上年比较观测点、线及项目的调整与变动情况，完成的观测工作量的统计；

2 资料成果评价：包括对观测手段和方法的说明，观测频率、观测时间变更的说明，当年地下水动态变化特征，地下水与地表水水力联系评价，地下水水位、水温、水量及水质变化分析，动态变化对区内建筑物的影响评价，地下水动态的综合评价；

3 对下一年度地下水管理的建议。

7.9.4 地下水动态观测整编资料（含年报表）与工作报告，应在工作结束或年度结束后2～3个月内提交审查稿，经有关部门审查通过后，再提交正式报告。

7.9.5 对地下水动态观测有特殊要求的观测资料，资料的提交及管理应满足相关部门的专项要求。

7.9.6 地下水动态观测工作报告的目录可按下列顺序编排：

1 区域自然地理及水文地质条件；

2 地下水动态观测网现状；

3 地下水动态观测网的建设与维护；

4 地下水动态观测；

5 资料成果评价；

6 异常情况；

7 结论与建议；

8 附表及附图。

附录A 工业用水常规分析项目

表A 工业用水常规分析项目

测定项目	锅炉用水	冷却用水	工业过程用水	腐蚀性
水温	—	√	—	—
颜色	—	—	√	—
浑浊度	—	√	√	—
总残渣	√	√	√	—
可滤性残渣	√	√	√	—
非可滤性残渣	√	√	√	—
电导率	√	√	√	—
pH值	√	√	√	√
酸度	√	√	√	—
碱度	√	√	√	—
游离CO_2	√	—	—	√

续表A

测定项目	锅炉用水	冷却用水	工业过程用水	腐蚀性
侵蚀性CO_2	—	—	—	√
总CO_2	√	—	√	—
氯化物	√	√	—	√
硫化物	√	√	√	√
亚硫酸盐	√	√	√	—
硝酸盐	√	√	√	—
亚硝酸盐	√	—	—	√
硬度	√	√	√	—
碳酸盐硬度	—	√	—	√
钙	√	√	√	√
镁	√	√	√	√
钠+钾	√	√	√	—
三价铁	√	√	√	—
二价铁	√	√	√	√
二氧化硅	√	√	√	—
锰	—	√	√	—
铜	√	√	√	—
锌	√	√	√	—
六价铬	√	√	√	—
溶解氧	√	—	√	—
生化需氧量	—	—	—	—
化学需氧量	—	—	—	—
油脂	√	√	√	—
磷酸盐	√	√	√	—
氨	√	—	√	—
氟化物	—	√	√	—
余氯	—	√	√	—

注：“√”符号为应分析项目。

附录B 测定地下水中不稳定成分的水样采取及保存方法

表B 测定地下水中不稳定成分的水样采取及保存方法

项目名称	取样数量（L）	保存方法	允许保存时间	容 器	注意事项
侵蚀性CO_2	0.5	加2g～3g大理石粉	2d	硬质玻璃瓶或聚乙烯塑料瓶	现场固定
总硫化物	0.5	加10mL 1：3醋酸镉溶液或加25%的醋酸锌溶液2mL～3mL和14%的氢氧化钠溶液1mL	1d	硬质玻璃瓶	现场固定，标签上要注明加入溶液类别和体积

续表 B

项目名称	取样数量(L)	保存方法	允许保存时间	容器	注意事项
溶解氧	0.5	加 1mL～3mL 碱性碘化钾溶液，然后加 3mL 氯化锰，摇匀密封。当水样含有大量有机物及还原物质时，首先加入 0.5mL 溴水（或高锰酸钾溶液），摇匀放置 24h，然后加入 0.5mL 水杨酸溶液，再按上述工序进行	1d	硬质玻璃瓶或聚乙烯塑料瓶	现场固定，取样瓶内不得留有空气，并记录加入试剂总体积和水温
汞	0.5	每件水加入 1∶1 硝酸 20mL 和 20 滴重铬酸钾溶液	7d	硬质玻璃瓶或聚乙烯塑料瓶	现场固定
铅、铜、锌、镉、镍、钴、硼、铁、锰、硒、铝、锶、钡、锂	2.0～3.0	加 5mL 1∶1 盐酸溶液使 pH 值<2	10d	硬质玻璃瓶或聚乙烯塑料瓶	现场固定，所用盐酸不能含有欲测金属的离子，严格防止砂土粒混入
挥发酚及氰化物	1.0	每升水里加 2.0g 固体氢氧化钠使 pH 值>12；于 4℃保存	1d	硬质玻璃瓶	现场固定
氮	1.0		1d（尽快分析）	硬质玻璃瓶	瓶内不应留有空气

附录 C　地下水动态观测点基本特征资料

C.0.1　地下水动态观测点基本特征资料登记表宜采用表 C.0.1 的格式。

表 C.0.1　地下水动态观测点基本特征资料登记表

统一编号		原编号		建点时间		年　月　日
坐标	X： Y：	地面高程(m)		测点高程(m)		
钻孔口径(m)		原孔深(m)		现孔深(m)		
井孔类型		井管类型		地下水类型		
钻孔用途		观测内容	□水位 □水量 □水质 □水温 □孔隙水压力			
竣工验收时各项数据	初见水位标高(m)		稳定水位标高(m)			
	水位降深(m)		出水量(m^3/h)			
	矿化度(mg/L)		总硬度(mmol/L)			
现用抽水设备	水泵型号		水泵下入深度(m)			
	泵管外径(mm)		法兰外径(mm)			
	电机功率(kW)		额定出水量(m^3/h)			
井位置示意图	地质、井管结构示意图					
	地层时代	地层名称	层底深度(m)	地层厚度(m)	含水层层次	地质柱状与井管结构
所属单位		联系人		电话		
施工单位		竣工日期		备注		

制表单位　　　　制表人　　　　制表日期　　　　　　　　　　　　年　　月　　日

C.0.2 地下水动态观测点基本特征资料汇总表宜采用表C.0.2的格式。

表C.0.2 地下水动态观测点基本特征资料汇总表

第 页

顺序号	统一编号	原编号	观测孔位置	坐标		井（孔）深度（m）	井管直径（mm）	地面标高（m）	孔口标高（m）	井（孔）类型	地下水类型	井（孔）所属单位	井（孔）竣工日期	建点时间	观测项目				
				X	Y										水位	水量	水质	水温	孔隙水压力
备注：每个观测点的观测项目，分别在水位、水量、水质、水温格中画“√”																			

统计者　　校核者　　统计日期　　年　月　日

附录D 地下水动态观测资料记录

D.0.1 地下水动态人工观测记录宜采用表D.0.1的格式。

表D.0.1 地下水动态人工观测记录

孔号	观测时间			水位埋深（m）	水温（℃）	气温（℃）	取水样			
	日	时	分				分析类别	取样数量（L）	加稳定剂情况	
									名称	数量

观测者　　记录者　　校核者　　年　月　日

D.0.2 地下水多参数自动监测仪观测记录的数据宜　采用表 D.0.2 的格式。

表 D.0.2　地下水多参数自动监测仪观测记录

孔　号			年　月　日				观测点标高		(m)	
地　址										
项目 设定时间 日期	水位(m)				水温(℃)		电导率		pH 值	
	0 时	6 时	12 时	18 时	5 时	17 时	0 时	12 时	0 时	12 时
1										
2										
3										
4										
5										
6										
7										
8										
9										
10										
11										
12										
13										
14										
15										
16										
17										
18										
19										
20										
21										
22										
23										
24										
25										
26										
27										
28										
29										
30										
31										
月统计 平均										
月统计 最高										
月统计 最低										
备　注										

资料采集员　　　　　　　　　　录入员　　　　录入日期　　　　　　　　年　月　日

附录E 地下水动态观测资料年报表

E.0.1 地下水位观测资料年报宜采用表E.0.1的格式。

表E.0.1 ××××年地下水位观测资料年报

孔号 \ 日期 \ 月		1	2	3	4	5	6	7	8	9	10	11	12
	10												
	20												
	30												
	10												
	20												
	30												
	10												
	20												
	30												
	10												
	20												
	30												
月统计	最高												
	最低												
	平均埋深												
年统计	平均水位（m）	最高水位		月 日		变化幅度		（m）		最大埋深		（m）	
		最低水位		月 日		平均埋深		（m）		最小埋深		（m）	

整理者　　　　　　　　　　校核者　　　　统计日期　　　　　　　　年　月　日

E.0.2 地下水量观测资料年报宜采用表E.0.2的格式。

表E.0.2 ××××年地下水量观测资料年报　　　　单位：m^3

顺序号	月开采量 \ 月份 \ 观测孔号	1	2	3	4	5	6	7	8	9	10	11	12	年开采总量	月平均开采量

整理者　　　　　　　　　　校核者　　　　统计日期　　　　　　　　年　月　日

E.0.3 地下水开采强度分区宜采用表 E.0.3 的格式。

表 E.0.3 ××××年地下水开采强度分区表

评价分区	开采强度分区界线 [$m^3/(km^2 \cdot a)$]	分布范围	分布面积 (km^2)	开采量 (m^3/a)	开采强度 [$m^3/(km^2 \cdot a)$]	机井总数(眼)	机井密度 (眼/km^2)	水位埋深 (m)	备注
严重超采区									
超采区									
未超采区									
说明	根据城市水源勘探资料，首先求得允许开采强度(模数)，确定分区界线；相当于允许开采强度 1.5 倍以上者为严重超采区；相当于允许开采强度 1.0 倍～1.5 倍者为超采区，相当于允许开采强度的 0.5 倍～1.0 倍者为适宜开采区，低于允许开采强度 0.5 倍者为低开采区								

整理者　　　　校核者　　　　统计日期　　　　年　月　日

E.0.4 单孔地下水温度观测资料年报宜采用表 E.0.4 的格式。

表 E.0.4 ××××年单孔地下水温度观测资料年报

单位：℃

孔号			观测仪器					地下水类型			
地址								观测层位			
月 日	1	2	3	4	5	6	7	8	9	10	11	12
年统计	观测次数（次）				最高水温(℃)　月　日				变化幅度(℃)			
	平均水温(℃)				最低水温(℃)　月　日							
备　注												

整理者　　　　校核者　　　　统计日期　　　　年　月　日

E.0.5 地下水温度综合年报宜采用表 E.0.5 的格式。

表 E.0.5 ××××年地下水温度综合年报 单位：℃

顺序号	水温 / 月份 / 观测孔号	1	2	3	4	5	6	7	8	9	10	11	12	最高水温	最低水温	年平均水温

整理者 校核者 统计日期 年 月 日

E.0.6 地下水水质资料年报宜采用表 E.0.6 的格式。

表 E.0.6 ××××年地下水水质监测资料年报

孔号					孔位								
地下水类型					取样层位								
月 / 日/时 / 项目		1	2	3	4	5	6	7	8	9	10	11	12
阳离子（mg/L）	K^{+}												
	Na^{+}												
	Ca^{2+}												
	Mg^{2+}												
	NH_4^{+}												
	Fe^{3+}												
	Fe^{2+}												
	Al^{3+}												
	Mn^{2+}												
	合计												
阴离子（mg/L）	Cl^{-}												
	SO_4^{2-}												
	HCO_3^{-}												
	CO_3^{2-}												
	NO_3^{-}												
	NO_2^{-}												
	F^{-}												
	PO_4^{3-}												
	合计												

整理者 校核者 统计日期 年 月 日

续表 E.0.6

孔 号					孔 位								
地下水类型					取样层位								
月 日/时 项目		1	2	3	4	5	6	7	8	9	10	11	12
硬度（mg/L 以 $CaCO_3$ 计）	总硬度												
	永久硬度												
	暂时硬度												
	负硬度												
pH 值													
其他项目（mg/L）	总碱度												
	酸度												
	游离 CO_2												
	侵蚀性 CO_2												
	可溶性 CO_2												
	耗氧量												
	溶解氧												
	硫化氢												
	固形物												
	灼烧残渣												
特殊项目（mg/L）	挥发酚												
	氰化物												
	砷 As												
	汞 Hg												
	镉 Cd												
	铬 Cr^{6+}												
	铜 Cu												
	铅 Pb												
	锌 Zn												
	锰 Mn												
	银 Ag												
	硒 Se												
水化学分类（舒卡列夫分类法）													

整理者　　　　　　校核者　　　统计日期　　　　　　年　月　日

本规程用词说明

1 为便于在执行本规程条文时区别对待，对要求严格程度不同的用词说明如下：

1）表示很严格，非这样做不可的：
正面词采用“必须”；反面词采用“严禁”；

2）表示严格，在正常情况下均应这样做的：
正面词采用“应”；反面词采用“不应”或“不得”；

3）表示允许稍有选择，在条件许可时首先应这样做的：
正面词采用“宜”；反面词采用“不宜”；

4）表示有选择，在一定条件下可以这样做的，采用“可”。

2 条文中指明应按其他有关标准执行的写法为“应按……执行”或“应符合……的规定”。

引用标准名录

1 《岩土工程勘察规范》GB 50021

2 《供水水文地质勘察规范》GB 50027

3 《生活饮用水卫生标准》GB 5749

4 《生活饮用水标准检验方法》GB 5750

5 《供水水文地质钻探与管井施工操作规程》CJJ 13

6 《水文普通测量规范》SL 58

中华人民共和国行业标准

城市地下水动态观测规程

CJJ 76—2012

条　文　说　明

修 订 说 明

《城市地下水动态观测规程》CJJ 76－2012，经住房和城乡建设部2011年12月26日以第1228号公告批准、发布。

本规程是在《城市地下水动态观测规程》CJJ/T 76－98的基础上修订而成，上一版的主编单位是建设部综合勘察研究设计院，参编单位是陕西省综合勘察设计院、北京市勘察设计研究院，主要起草人员是马英林、张子文、牛晗、姚雨凤、刘蔼如、李连弟、颜明志。

本次修订的主要技术内容是：1. 根据规范编写的要求，对格式和章节进行重新调整；2. 明确了规程中的一些术语定义；3. 为满足城市建设与发展的需求，增加了服务于工程建设、环境评价、防灾减灾等方面的地下水观测内容；4. 适当调整了地下水动态观测点的布设密度，突出了城市地下水动态观测网的整体概念，将地下水动态观测分为日常观测和统一观测，弱化了统一观测网的概念；5. 将水质分析分为常规分析和专项分析，不仅使规程内容更清晰，逻辑更严密，而且更便于实施；6. 增加了孔隙水压力观测内容。

本规程修订过程中，编制组进行了地下水动态观测点布置和地下水水质监测的调查研究，总结了我国地下水动态观测的实践经验，同时参考了国外先进技术法规、技术标准。

为便于广大设计、施工、科研、学校等单位有关人员在使用本规程时能正确理解和执行条文规定，《城市地下水动态观测规程》编制组按章、节、条顺序编制了本规程的条文说明，对条文规定的目的、依据以及执行中需注意的有关事项进行了说明，还着重对强制性条文的强制性理由作了解释。但是，本条文说明不具备与规程正文同等的法律效力，仅供使用者作为理解和把握规程规定的参考。

目　次

1 总　　则

1.0.1 本规程是在《城市地下水动态观测规程》CJJ/T 76－98（以下简称“98规程”）基础上修订而成的。“98规程”是我国第一本城市地下水动态观测规程，自实施以来，对规范城市地下水动态观测工作，发挥了重要作用。近年来，随着我国城市建设突飞猛进的发展，对地下水动态观测工作提出了更多更高的要求，一批相关技术标准也已陆续制定、更新。因此，有必要对本标准进行补充、修订，以适应城市发展的要求，保持与相关标准的协调。

目前，我国656个建制的城市中，有400多个城市存在不同程度的缺水问题，其中136个城市缺水情况严重。1999年以来，我国水资源紧缺形势更加严峻，50%的城市地下水不同程度地遭到污染，有些城市出现了水资源危机。据专家预测，21世纪水的危机将成为人类生存所需各种资源危机中最主要的一项。为此，如何合理地利用和管理好有限的水资源，特别是北方的地下水资源，是城市供水节水管理部门的头等重要任务。而掌握地下水动态变化又是管理好水资源的首要任务。

我国地下水动态观测工作始于1956年，初期的目的主要是为了正确评价地下水资源，为城市、工矿企业提供可靠、优质的供水水源。现在看来，对地下水动态进行观测的目的不仅限于水资源评价的问题，而是要通过地下水动态的观测掌握现状，预测未来，为城市可持续发展提供科学的依据。

目前随着我国城市化进程加快，城市人口猛增，工业用水和生活用水越来越多地依靠地下水源来解决。由于大量而集中的抽取地下水，造成了许多不良的环境水文地质和工程地质问题，如地下水位持续下降、含水层疏干、水井枯竭、泉水断流、海水入侵、地面沉降以及由此引起的一系列市政设施、建（构）筑物的破坏等，严重影响国民经济建设的发展，加上大量工业废水与生活污水未经处理直接向地面排放，使得全国有50%以上的城市地下水水质遭受不同程度的污染和恶化，严重影响人民身体健康，甚至威胁生命安全。

随着城市建设的发展，地下空间的开发利用已经相当深入，地下水对地下工程的设计施工以及运营使用都会产生影响。而在山区，随着城市工程建设的开展，产生大量的边坡工程，地下水对边坡工程的稳定起着至关重要的作用。在西北黄土地区，地下水位的升高会引起湿陷性黄土地基的湿陷，造成建筑结构的破坏。此外在城市地区应用地源热泵技术开发浅层地热能，也对城市地下水动态监测提出了新的要求。随着我国经济的发展、人民生活水平的提高和环保意识的增强，我国对环境保护的力度逐年加大，对环境评价等咨询服务的需求也越来越多，由于地下水环境直接关系到国计民生，城市地下水环境评价对城市地下水水质的动态监测提出了新的更高的要求。

目前，我国设有长期观测网点的单位，有国土系统、水利系统、城建系统、环保系统及地震部门等有关单位，前两者多以大区域性的观测网点为主，其他部门均系专门性观测。

据国土部门资料记载，全国国土系统现有地下水动态观测孔23000余个，其中国家级观测孔为1400个；水利系统也有大批观测点，如西北六省与内蒙古部分地区即有3800余眼观测孔。目前，我国地震观测网中国家网及区域网有260余眼观测孔，地方网有700眼～800眼观测井分布在25个省、市、自治区内与地震有关的大的断裂带及构造带上。

我国20世纪60年代初，在上海、天津等重要城市开展了以控制地面沉降为目的的地下水动态观测工作；70年代中期，华北平原开展了以农业土壤改良为目的的地下水动态观测；专门为城市建设服务的地下水动态观测工作开展较早的城市有北京市、上海市等地，到80年代后期，其他部分大城市相继开展了城市地下水动态观测工作。目前，郑州等城市地下水动态监测工作进行得较系统、较完善。总之，现在国内已初步形成了多目标、多系统的地下水动态监测网络。

地下水动态观测本身是一项科学性、技术性、系统性很强的基础工作，必须要有一个统一的标准。为认真总结我国多年来地下水动态观测工作的经验，广泛吸收国际通用标准，大力推广采用新技术，满足国民经济可持续发展的需要，为城市水资源合理开发利用与管理，为城市规划、市政工程、建筑工程设计、水环境评价与保护、城市防灾减灾等提供地下水动态信息资料，特修订本规程。

1.0.2 “98规程”注重强调适用于城市供水及水资源管理服务为主导的动态观测。随着城市建设的发展，工程建设领域和水环境评价与保护等对地下水动态观测成果的需求也越来越多，要求也越来越高。

1.0.3 城市地下水无论对城市生活及工业用水、工程建设、城市公共安全都有巨大影响，因此城市地下水动态观测网纳入城市规划中是十分必要的，特别是利用地下水作为城市供水水源、有地下空间开发规划和有海水入侵、海平面上升、滑坡、岩溶塌陷、地面沉降等灾害影响的城市，建立城市地下水动态观测网就更有必要。

1.0.4 本规程是现行国家标准及行业标准《供水水文地质勘察规范》GB 50027、《岩土工程勘察规范》GB 50021、《建筑地基基础设计规范》GB 50007、《城市供水水文地质勘查规范》CJJ 16、《供水管井设计、施工及验收规范》CJJ 10及《供水水文地质钻探与管井施工操作规程》CJJ 13的配套文件。在上述的规范中有的单独规定了“地下水动态观测”的一些条文，在采用本规程时，尚应按上述规范中的有关原则规定执行。

2 术 语

2.0.1～2.0.4 长期以来地下水动态观测领域的术语不统一，有的称为地下水动态观测，有的称为地下水长期观测，地下水动态观测网的功能分类也是百花齐放。本次借规范修编之际，努力尝试规范和统一地下水动态观测的术语。本标准采用地下水动态观测术语，不再使用地下水长期观测术语。地下水动态观测网按功能划分可进一步细分为地下水水位动态观测网、地下水水质动态观测网、地下水水量动态观测网、地下水水温动态观测网、水源地专门性观测网、工程建设专门性观测网等。

3 基 本 规 定

3.0.1 地下水不仅是一种物质资源和能量资源，而且还是一种具有巨大潜力的信息资源。地下水动态观测则是发掘和应用地下水信息资源的重要手段。

根据系统论的观点，地下水动态可定义为地下水系统受外界输入作用而产生的一种综合响应。所谓外界输入作用，即是指影响地下水动态的因素。众所周知，影响地下水动态的因素很多，大致可归纳为自然因素和人为因素两大类。自然因素包括气象、水文、地理、地质、土壤、生物等因素；人为因素包括人工开采、排水、回灌及污水排放等。

地形不仅对水文地质条件起着控制作用，而且会对地下水动态的形成产生较大影响，如处在山前洪积平原的城市，距地下水补给区较近，地下水位变化幅度大，特别是处在岩溶裂隙类型地下水区的城市，上述特征更为明显。而在弱排泄平原区的城市，天然状态下潜水位具有埋藏浅，年变幅值小的特点；此外，地形起伏也可对地下水的分布起控制作用，往往可使城市地下水构成局部地下水子系统。

大气降水是地下水的主要补给来源，是地下水水文过程线形成的一个重要因素。蒸发作用是潜水排泄的一种方式，是引起浅埋潜水含水层水位昼夜周期变化的主要原因。大气压力增加或降低会引起井、孔中水位下降或上升。气温对地下水动态变化的影响至今还了解甚少。一些国家的地下水动态观测资料分析结果表明，在年平均为负温特征的城市，寒冬季节，土壤层冰冻，大气降水停止渗透。当融雪季节开始，正温月份到来时，即出现春季补给高峰，引起潜水水位上升及其化学成分和温度的明显变化。在整年正温或存在短期负温的地区，潜水在雨季得到补给，其他时间因地下水的蒸发量超过大气降水补给量，而使潜水得不到补给。

潮汐作用对滨海地区城市地下水动态影响很大，如我国海口市马村电厂水源地开采井地下水水文过程线，由于潮汐作用的影响而呈现出锯齿状。

土壤层及其包气带的厚度、生物对地下水特别是潜水的补给量及其化学组分的变化等对地下水起一定控制作用，因而对地下水动态有一定影响。

城市地下水动态强烈地受到人为因素，如人工开采、矿山和工程排水、地下水回灌及污水排放等因素的影响。这些因素既是造成城市环境地质灾害的主要原因，又是影响城市地下水动态形成及其特征的重要因素。由于影响地下水动态的自然及人为因素在各个城市不尽相同，故不同城市地下水动态表现为不同的变化特征及发生不同的环境地质问题。因此，查明地下水动态特征，解决环境地质问题，应是城市地下水动态观测网布设的重要目的之一。

城市的发展与建设中涉及的城市地下水资源的管理与保护、城市防灾减灾、水环境评价以及工程建设的需要等，均是城市地下水动态观测网布设应该考虑的重要因素。

3.0.2 由于水文地质单元的边界与行政区划边界不一致，地下水动态观测网在覆盖整个城市规划区的同时，还应满足控制完整水文地质单元的要求。

3.0.3 随着城市的发展，城市规划区往往跨越多个水文地质单元，水文地质的研究一般以水文地质单元为单位，对于地下水动态观测数据的分析利用也应以水文地质单元为单位进行，因此本条规定对城市地下水动态观测网的布置原则除应覆盖整个城市规划区外，还应以水文地质单元为基本单位，在每一单元内相对独立、自成体系，以能够观测不同水文地质单元、不同层位的地下水动态变化。

观测线是由连接一定方向上的观测点所构成的，其设置目的，在于查清和掌握城市（或其局部地区）一定方向上地下水动态的变化趋势及变化规律。

地下水动力条件、水化学条件、污染途径及有害环境地质作用强度变化最大的方向，是地下水动态变化最明显，也最具有代表性的方向。因此，本条规定要在这些方向上布设观测线。如在典型的动力条件变化最大的水源地、水化学条件变化大的地下水污染区，都要布设观测线或有观测线穿过。

以最少的人力、时间及资金投入，获取保证满足一定精度要求的地下水动态信息量是城市地下水动态观测网布设的一条原则。充分利用已有的勘探孔、供水井、泉、矿井、地下水排水点及取水构筑物等作为地下水动态观测点是这一原则的具体体现。

为方便统一管理，对所有观测点进行统一系统编号是必需的，观测点设置时应记录其基本资料，方便以后的观测与资料整理。

3.0.4 地下水储存于地下岩土层的空隙中，不同岩性构成的含水岩层其空隙具有不同的特点，这些空隙的空间分布，孔隙度和给水度有很大差别，同时不同含水层中地下水补给来源及补给路径也不尽相同，故它们储存、传输地下水的能力及地下水流动的水力性质、地下水中的核心组分等亦存在很大差别。所以本条规定，对多层含水层地段，应分层布设观测点。

3.0.5 目前，我国和世界各国对地下水动态观测的主要项目是水位、水量、水温和水质四项，孔隙水压力量测目前大多用于软土地基处理工程中，通过监测软土中孔隙水压力的变化来控制工程进度、评价软土处理效果等。随着城市的发展，尤其是山区的城市，其边坡数量越来越多，边坡的稳定成为城市建设和管理中面临的重要问题，边坡的监测是城市防灾减灾的重要手段之一。

对于山区土质边坡而言，其稳定性往往受控于软弱层，如淤泥、泥炭层等，这些软弱层又多是饱和弱透水地层，随着探头质量的提高，监测这些软弱层中的孔隙水压力变化成为边坡监测工作中重要且有效的手段。

此外，地下水对建筑物的浮力计算，尤其是基底位于相对隔水层中时的浮力计算已成为目前业界的热点和难点问题，有条件的地区可以通过基底下土层孔隙水压力的动态观测，总结规律、积累经验，为最终解决这一问题打下基础。

因此本规程在四项指标的基础上增加了孔隙水压力观测的内容。

3.0.6 城市地下水动态观测应以提供观测点的基础资料和实际观测数据为主，同时辅以必要的分析资料。

3.0.7 不同的目的和用途对地下水动态观测的关注点不同，对于一些特殊需要比如垃圾填埋场、大型制药厂、大型化工厂等附近需要专门布设地下水水质观测网。滨海城市为防止海水入侵，需要布设专门的地下水动态观测网，监测咸-淡水分界面的移动等。这些专门性观测网也应纳入城市地下水动态观测网统一管理，以发挥更大的效益。

3.0.8 地下水动态日常观测是按照规定的时间间隔对地下水动态观测点进行观测，以取得地下水动态变化规律。地下水统一观测是每年在特定的时间，比如丰水期、枯水期或指定的时间，对选定的观测点进行地下水动态集中统一观测，其目的是为评价和管理地下水资源提供完备的地下水动态资料。统一观测点应固定，以利于地下水动态的对比分析和变化规律的总结。

3.0.9 随着科技水平的进步，会出现许多新技术、新方法，本规程鼓励采用新技术和新方法。同时随着信息技术的发展和普及，地下水动态观测技术方法也应与时俱进。

3.0.10 重建设轻维护一直是我国工程建设中的通病，为保持地下水动态观测网的持续有效，必须加强日常维护。此外，由于多年超采地下水，许多城市都不同程度地发生地面沉降，严重地区的沉降量多达数米，地面沉降不可避免地影响到观测点的固定点高程准确，及时测量修正才能保证观测数据的准确。

4 观测网的布设

4.0.1 一点多用既可以节约投入，又有利于观测资料的统计和对比分析。同一个观测点可同时具有水位观测、水质观测、水量观测、水温观测等功能。地下水动态观测网根据需要可将其中具有相同功能的观测点划定为一个类别，如地下水位动态观测网、地下水质动态观测网等；或根据区域划分为不同的功能区，如水源地动态观测网等。由于一点多用，同一个观测点可能会同时属于不同的类别或功能区。

4.0.3 本条主要为针对地下水水质观测网布设的一些要求，从经济、合理及综合利用等角度考虑建议其尽可能与地下水水位观测网相结合。

4.0.4 本条对城市地下水动态观测网的密度作出了具体规定。这些规定是总结了国内不少城市的观测网密度布设方面成功的做法，并参照国土、水利等部门有关地下水动态观测的基本要求、规划要点等，同时结合城市地下水资源评价与管理方法的实际需要而作出的。

4.0.5 内陆地区分为平原区和山区，相对来讲山区地下水动态受地质构造和地形影响较大，观测点密度应适当加大。

4.0.6 滨海地区除应满足一般平原区的要求外，更需要关注的是海洋的影响，包括潮汐的影响和海水入侵问题。

4.0.7 水源地作为城市地下水的集中开采区，常因开采强度大，形成地下水位下降漏斗。因此，为刻画漏斗形状及圈定其范围，同时为满足水源地地下水资源评价与管理的需要，应设立地下水动态观测网，且观测点密度除应符合本规程表4.0.4的规定外，还应根据具体情况予以增加。

目前我国城市的水源地，多数建在城市规划区以内，但有些城市因地下水资源贫乏，不能满足需水要求，往往在远处找水，将水源地建在远离城市的地方，对这种水源地应单独建立观测网。

4.0.8 我国有不少城市为增加地下水的补给量，增大可供开采的地下水资源量，将水源地布设在近河地带，此种水源地称之为傍河水源地。傍河水源地主要有两种布井方式：平行河床方向开采井成排布置和开采井非成排布置。本条分别对这两种布井方式的水源地，提出布网要求。

4.0.9 由于岩溶及基岩裂隙在空间上发育程度的非均一性，决定了水源地的形状和规模。岩溶及基岩裂隙的发育，往往与构造作用密切相关。因此，此种水源地观测线长度应延伸到岩溶及基岩裂隙含水层边界，在岩溶及基岩裂隙含水层的边界以及对水源地地下水起控制作用的构造线上，宜适当加大观测点密度。

4.0.10 冲、洪积平原区含水层一般呈多层结构，且分布面积大，厚度较稳定。因此，处于这一地区的水源地，开采层亦具有多层次、分布广的特点。地下水开采量大的大、中型工业城市，多数座落在冲、洪积平原区。这些城市大量（或超量）开采地下水，致使水源地水位下降漏斗扩展到很大范围。根据需要可在开采井群（井排）以外增设辅助观测点，以圈定水源地水位下降漏斗范围。水源地开采层为多个含水层时，应分层设置观测孔。此外，目前已有单孔观测多层地下水的技术，有条件的地区可充分利用该技术，设置分层观测孔。

4.0.11 随着我国城市建设的快速发展，城市人口的加速膨胀，城市中高层及超高层建筑日渐增多，地下建筑及其基础埋置深度、基础复杂程度也日益增加。地下水对工程建设的影响作用，在更大的深度及广度上明显暴露出来。这种事实，已经使人们认识到地下水作为一种能量及信息资源，对城市规划及工程建设所产生的正负两方面的重要作用。因此在城市规划前期及工程项目的建设期、运营期对地下水动态进行全过程长期观测是非常必要的，它不仅能为工程建设的合理规划、合理投资提供科学依据，更能为构（建）筑物的安全建设、安全使用及其防护措施的制定提供宝贵的基础资料及预警信息。

4.0.12 随着我国大部分城市因地下水开采过量以及一些特殊地区因地下水位升高或降低而导致的环境地质问题日益增多，对其进行具体成因分析以及制定相应的避免或解决对策都已经被社会所关注，因此在易发生环境地质问题的地区设置专门性的观测网是非常必要的。本条即针对一些主要的环境地质问题提出布设地下水专门性观测网的要求。对于地下水污染区，最为关注的是供水水源地的污染情况，另外污染的地下水对该区建筑物基础及地下构筑物的腐蚀性也不可忽视。

4.0.13 近些年来，绿色人文、绿色生态被提出并不断强调和重视，因此对关系到国计民生的地下水环境的优劣进行合理评价及有效整治至关重要。为科学、合理、准确地对地下水环境进行分析、评价，设置专门性的地下水观测点是非常必要的，尤其是为准确判断地下水水质变化、地下水流场特性及地下水在垂向上的空间展布，进而为合理分析地下水水质动态和污染运移特点提供基础依据。

5 观测孔结构设计与施工

5.1 观测孔结构设计

5.1.1 充分利用生产井（含工程降水井及回灌井）、试验井作为观测孔是地下水动态观测点的布置原则，但为满足地下水动态观测的需要，其结构应满足观测目的和要求。观测孔结构参见图1。

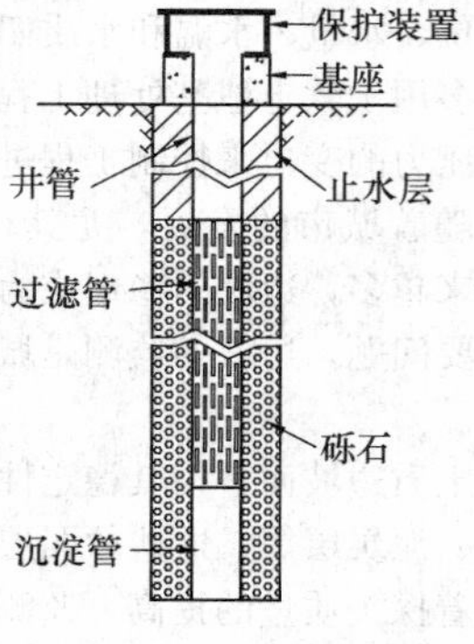

图1 观测孔结构示意图

5.1.2 观测实践证实，在内径不小于100mm的井管内，动态观测工作可以顺利进行，此外考虑到目前我国市场上管材的规格多为外径108mm、内径为100mm左右，为保证动态观测工作顺利实施，同时本着节约开凿经费和便于采购管材的原则，将观测孔井管的最小内径规定为内径不小于100mm，基岩裸孔井段的最小口径规定为108mm。

为了便于在选作观测孔的生产井中下入观测设备观测水位，防止因泵管与井管之间的间隙过小，给水位观测带来困难，故本条对这一间隙，作出不应小于50mm的规定。

5.1.4 观测孔过滤器的长度，应根据动态观测的目的和要求、含水层岩性与厚度、动水位埋深及技术经济等因素确定。

当含水层厚度小于30m时，为避免观测孔中的过滤管因长期暴露在空气中而被氧化、毁坏、降低孔的使用寿命，同时为节省建井（孔）经费，故在本条第1款规定，可在动水位以下的含水层部位，全部安装过滤器。

当含水层很厚（＞30m），岩性又较均一时，基于上述同样理由，并根据过滤器长度的等效作用，在本条第2款作了宜在动水位以下的含水层部位，安装7m～15m长的过滤器的规定。

5.1.6～5.1.11 观测孔的填砾规格、厚度及高度一般来讲应符合现行行业标准《供水管井设计、施工及验收规程》CJJ 10的相关规定，专门用于水位、水温和水质监测的观测孔与兼作生产井的要求并不完全一样，从减少经济投入的角度可适当降低专门的观测孔的要求，但应满足观测数据准确性的要求。

5.1.12 为了保证井（孔）质量及延长其寿命作了本条规定。井管下端安装沉淀管，是为容纳井（孔）在抽水过程中，由含水层进入管内的泥砂而设置的。其长度按我国供水管井建造实践，一般最少为4m（一根管的长度）；沉淀管底用钢板焊接或用其他方式封死，则完全是为了防止泥砂从沉淀管底部进入管内，淤塞过滤管而必须采取的措施。但井（孔）在长时间抽水过程中，进入井管内的泥砂势必在沉淀管内越堆越厚，当沉淀管内的泥砂堆积厚度高出沉淀管掩埋（堵塞）过滤管时，为保证井的出水量不致因此而减少，则必须及时进行洗井，一般可采用空压机洗井的方法，将管井内泥砂等沉淀物清除到井（孔）以外。

5.1.13 兼作观测孔的生产井、试验井，在观测孔井管外砾料层中，设置直径不小于30mm的水位观测管，并在该管中观测水位（或水头），才能获得高精度的水位观测值。对于承压水井，避免了井壁水跃值对水位观测值带来的影响。而对于潜水井，则可消除因井壁渗出面的存在，给潜水位的测量值造成较大误差。对选作观测孔的生产井，在条件许可的情况下，本条要求在泵管与井管之间安装水位观测管，目的是为了提高水位观测精度及保护水位观测仪器的使用安全。目前我国多数城市，至今仍然沿用电测水位仪（计）观测地下水位常因无观测管导向，井下电（缆）导线不垂直，而造成水位观测误差。即使采用自动水位监测仪也会产生同样问题。此外，水位观测管还能起到保护电（缆）线不被划破，水位计探头或传感器不被卡在井内的作用。总之，安装水位观测管既可提高水位观测精度，又可保证水位观测仪器的使用安全。

5.1.16 为了防止孔口地面上的污水从管外渗漏到含水层中污染地下水，本条规定了在孔口地面应采取防渗措施。具体做法可用黏土或三合土等，将孔口周围填实并铺设水泥地面。

孔口保护装置可参照下述方法制作：

1）砌筑水泥基座。为提高其强度和抗撞击性能，在水泥基座中安插钢筋笼，之后在基座模具内灌注混凝土至观测孔孔口，如图2和图3所示。

图2 安插钢筋笼

图3 砌筑水泥基座

2）将孔口保护装置的脚架及底盘植入水泥基座中，要求底盘应尽量水平、周正，拭去底盘上残留的混凝土，保持底盘清洁，如图4和图5所示。

图4 安装底盘（之一）

图5 安装底盘（之二）

3）待水泥基座凝固定型后，用螺母将孔口保护装置固定于脚架上，如图6和图

图6 安装保护装置（之一）

7所示。

图7 安装保护装置（之二）

4）在水泥基座外围喷漆，并在孔口保护装置上编号喷字，如图8和图9所示。

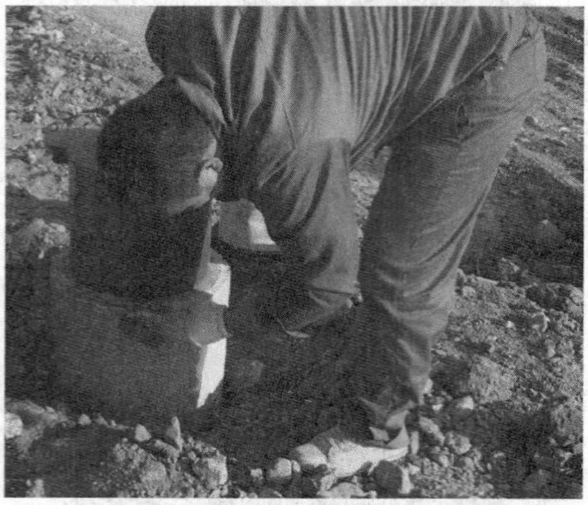

图8 基座刷漆

图9 保护箱喷字编号

5.1.17 本条规定出于对环保的需要，此外，亦是确保水质观测结果的真实性和准确性。

5.1.18 做好分层止水工作，是确保分层观测资料准确性的关键。因此，必须严格做好止水工作，并及时检查止水效果。

5.2 观测孔施工及孔隙水压力计埋设

5.2.1 观测孔在开凿过程中，应力求最大限度地保持含水层的天然结构及渗透性能不被破坏，以保证观测孔动态要素（特别是水位）的观测精度，故作出本条规定。

5.2.2 在观测孔钻进过程中，切实认真做好地层编录工作，是保证观测孔质量及其观测资料精度的最重要一环。因此，本条规定在钻进过程中，应及时、详细、准确地描述和记录地层岩性及变层深度，并应准确测定初见水位。

5.2.3 本条规定是在总结我国管井建造及钻孔施工的成功经验，并参考《供水管井设计、施工及验收规范》CJJ 10中有关规定制定的。

5.2.5 目前我国在继续沿用机械（空压机等）洗井方法的同时，也在应用化学洗井的方法，如二氧化碳洗井方法、压酸洗井方法及偏磷酸盐洗井方法等。实践证明，这些洗井方法效果较好。因此本条强调，应结合实际情况选用有效的洗井方法。

5.2.8 在饱和弱透水层中，由于相邻含水层中地下水位变化，或人为因素影响等，可导致孔隙水压力变化，对软土地基或边坡产生不利影响，必要时应进行孔隙水压力的观测工作。孔隙水压力计应根据量测的目的、岩土层的特点、要求的精度等选用合适的型号、量程等。

5.2.12 钻孔埋设孔隙水压力计，当采用泥浆钻进时，主要考虑消除泥浆及孔内沉渣的影响。消除泥浆的影响主要依靠成孔后的换浆清洗，而消除孔内沉渣影响可通过适当增加钻孔深度的方法，以保证孔隙水压力计探头埋设位置不受沉渣影响。

5.2.13 孔隙水压力计埋设时，保持孔隙水压力计的真空度是关键。在施工中，保证孔隙水压力计周围透水和上下段隔水是提高数据准确性的重要因素。

6 观测的内容与方法

6.1 水 位 观 测

6.1.1 随着科学技术的发展，先进的仪器和仪表在国际国内已逐渐普及，本规程所选用的设备有电测水位仪、半自动式自记水位仪和自动化的多参数监测仪等。后者在美国、英国、德国、荷兰和日本等许多发达国家已普遍采用，我国已有几个单位试制成功，并开始使用。建议在条件允许的地方，可安装一定比例的自动监测仪，它可以定时自动观测，自动存储数据，然后通过“黑匣子”或便携式计算机将一段时间的观测成果采集后输入室内计算机中。观测仪器设备可按表1选择。

表1　地下水位观测仪器设备

仪器种类		主要仪器设备	原理与使用方法	适用条件	设备特征
电测水位仪	灯显式、音响式、仪表式	1. 显示装置：有氖管、小灯泡、蜂鸣器、万用表或微安表等； 2. 井下导线； 3. 电极重锤； 4. 直流电源	1. 一般电线自制标尺的简易电测水位仪，单线或双线下入井内，见水后，电路接通，显示装置显示	适用于小口径，深度小于100m，细微读数要用尺量	应用最广泛，但井壁漏水或电极受潮易造成漏电产生误差
			2. 卷尺式直读水位仪，扁形导线上印有刻度，手柄旁有仪表或灯显装置	适用于小口径，测深小于100m，读数精度达0.5cm	国内及日本均有此产品
			3. 卷轴式直读水位仪，扁平导线上印有尺度，摇把附近有显示装置	适用于小口径观测孔，深度可达300m，读数精度为0.5cm	英国、德国、美国均有此产品
自记水位仪		由时钟、水位传动部分和井中浮标装置构成	钟表走时一个月。在井孔上安装后定时检查、换纸、校测，即可连续工作	适用于孔径大于200mm的观测点或无泵的井孔内观测	仪器长期稳定可靠，灵敏度尚可，但直流电池要经常更换
地下水多参数自动监测仪		1. 自动监测仪（内具多功能接收、监测及存储数据装置）； 2. 测线电缆； 3. 多功能探头	1. 测试传感器探头放入水中，通过导线把数据传入主机； 2. 在无人值守环境下，按每天设定时间，自动监测和数据储存； 3. 具有“查阅”和“自检”功能，可由仪器显示出测试的全部数据和有否故障及其部位； 4. 交流电在100V～250V均能正常工作，且具有过载短路保护功能	1. 全自动无人监测； 2. 自动存储数据； 3. 适用于水位年变幅≤20m； 4. 水位埋深≤100m； 5. 交直流两用AC220V、DC5V直流电池； 6. 监测项目有水位、水温、电导率和pH值	1. 分辨率1cm； 2. 精度0.5%； 3. 仪器长期稳定可靠，灵敏度高； 4. 数据保存可达10年，且停电不丢失； 5. 存储器可存入一年的观测数据（每日观测8个数据）
压力表法		压力表	压力表接于孔口，直接用压力表读数换算成水头高度，适用于压力较大的自流井	水头至少2m以上	精度较差

6.1.2　因目前测线（含电线）伸缩率可达0.1%～1%，故使用期间须经常对测线进行严格校准，使用测线时，在量测前应用钢尺校对尺寸标记；一般自动监测仪电缆的伸缩性较小，可半年校核一次；对自动水位仪的观测结果应定期进行校准。

6.1.3　水位观测频率：

1　对城市地下水水位动态观测，根据已有城市多年观测结果分析，在正常情况下每10日观测一次可以达到研究有关问题的需要。所谓正常情况，是指非雨天、非洪水期及其观测数据在常规变化之列。

2　对自动监测仪，水位测定时间，可根据各井开泵的规律和特点而定，对白天抽水、晚上停泵的井，每日设定四次，如开泵前的相对静止水位、抽水高峰期的水位等；对于长期开采井或非生产井的观测孔也可设定每日观测两次。其中一次与统测时段相符。

3　本款规定凡气象台预报有中雨（雨量规定为10mm～25mm）以上的降水，对潜水层中观测点应每日观测一次，到雨停后5d为止，对研究地下水补给、径流都有非常重要的实际意义。经过多年观测研究，当有效降水量每次达10mm～15mm时，发生降雨渗入补给。为此，规定中雨以上进行加测。另据野外实践得知，对于黄土盆地中埋深小的潜水层或平原盆地中有薄层黏性土覆盖的埋深小的潜水区，在降雨后3d～4d地下水位方可达到高峰值，故确定雨后5d停止加测。

4　一般来讲河水是地下水的重要补给源之一。洪峰期地表水流量骤增，水位增高，增加河流附近观测孔的观测次数，对研究地表水对地下水的补给强度、补给途径及滞后程度等，将起着重要作用。

6、7　地下水的补排量相当时，水位处于相对平衡状态，当开采量与补给量相差悬殊时，将会出现大幅度的水位下降或急速升高，造成生产井吊泵或地下建筑物的淹没等后果。矿山的大量突水，基础施工的大量排水或人工回灌都将出现新的不平衡，故在地下水长期观测中遇此过程要加密观测次数，以便准确掌握资料及时作出决策。

8、9　测定地下水垂直补给量或消耗量以及地下水与地表水之间水力联系的观测点，在补给期或消耗期以及汛期或水位变化较大时应加密观测次数，每日观测一次，以便准确掌握变化规律。

6.1.5　一般枯水期及丰水期是反映一年内区域地下水位最低和最高的时期，而水位的高低对城市供水、水质的变化及地下水对工程建设的影响又是非常重要的因素，为此本条规定统测时间每年选定在枯水期和丰水期进行。

6.2　水量观测与调查

6.2.1　观测仪器设备可按表2选择。对于地面泉水、自流水井或沟渠等地表水可采用堰测法或流速仪法，而对于生产井一般要求安装水表，直读其各月末的累计开采量。

表2　地下水量观测仪器设备

观测方法	主要仪器设备及结构原理	使用方法及适用条件	设备特征
堰测法	三角堰	1. 观测堰口水位，查三角堰流量表； 2. 在出水量较小时采用，一般适用于地面泉水	大流量时误差较大
	梯形堰	1. 观测堰口水位，查梯形堰流量表； 2. 在出水量较大时采用	水面波动大时误差较大
	矩形堰	1. 观测堰口水位，查矩形堰流量表； 2. 在出水量很大时采用	水面波动大时误差较大
流速仪法	旋杯式或旋桨式流速仪、水尺等	1. 在井、泉出水口流量较大具有明渠时，选择顺直地段，用流速仪测量断面上各点流速，计算流量； 2. 一般中小河流渗漏段，测量水流量可采用此法	详见有关河渠流量测量水文手册
水表测量法	叶轮式累计读数流量表	1. 为使水表正常工作，水流中不得含砂及砾石等杂物； 2. 无单位时间流量值； 3. 一般生产井常用的测试仪表	水表允许误差为±(2%～3%)
全自动流量仪	1. 涡轮流量传感器； 2. 信号放大整形器； 3. 单片机； 4. 数据保护电路； 5. 程序数据存储器； 6. 实时时钟； 7. 液晶显示器； 8. RS232串行接口	1. 流量计使用时接于管路中； 2. 观测时能记录抽水启动时间，抽水时间及停抽时间； 3. 随时视读单位时间平均流量和本次开泵后的累计流量； 4. 量程 $8m^3/h$～$120m^3/h$，$25m^3/h$～$200m^3/h$，$45m^3/h$～$300m^3/h$（由传感器决定）； 5. 测量精度2.5%； 6. 每月可记录256条数据，一个月采集一次数据，通过接口输入计算机中； 7. 不能设定时间，按要求存储流量数据	1. 仪器可采用市电及直流电，二者可自动切换，保证数据的安全可靠； 2. 安装要求与一般自来水管相同； 3. 停泵后可显示仪器内累计开采量的数据
孔板流量计法	1. 孔板用5mm～8mm厚钢制圆片或铜质圆片，中央有孔； 2. 管长500mm～700mm； 3. 根据流量大小选用不同孔眼孔板	1. 孔板流量计与出水管相接； 2. 距出水口250mm～300mm设一测压管，（可用胶皮管）其头部接10cm长的玻璃管，测压管旁立有刻度的标尺	1. 可就地加工； 2. 精度较高读误5mm仅差 $12m^3/d$； 3. 标尺0点要设在水管一侧中心线上； 4. 流量计要持水平

6.2.2 水量观测与调查要求：

1 本规程中提出的水量观测的目的就是要查明全年各月从各种不同类型含水层中开采出或排泄出的总水量以及回灌到含水层中的水量，以便评价全区开采程度、开采强度、补排均衡状态，对未来城市发展规划提供基础资料。

平原区在回灌过程中为防止管井和回灌层堵塞导致的回灌量减少，需在回灌一段时间后进行回扬，以抽汲走管井滤水管处的堵塞物（如悬浮物、混浊物等）。初期回灌回扬次数为1次/(2d～3d)（视含水层颗粒和回灌水的混浊度与悬浮物浓度而定），以后逐步延长回扬时间，因此，回灌量包括净回灌量和回扬量。

2～4 水量观测要把每月开采的地下水量全部统计出来，因此，城市地下水动态水量观测点应包括城市范围内所有在用的生产井、排水井和回灌井。

5 地下水开采量还包括农业灌溉井的开采量，但农业井基本不装水表，故只能用水泵规格及开泵时间来计算，为此，要求这一数据统计要准确无误。

6.2.3 水量观测与调查次数：

1 对生产井开采量的统计和施工排水及矿山排水量调查，要求每月进行一次，要把城市范围内所有井各月的开采量全部统计在内。从水表中读到的累积流量值要换算成本月开采量值。

4 泉水流量，用观测的单位时间流量值换算成月总流量值。

6.2.4 水量观测精度：

1 水量观测精度用堰测法测量水量时，标尺观测读数要求达到毫米，然后从三角堰流量表中查出单位涌水量数据再换算成总水量；

2 对于开采井每月统计开采量的精度达到立方米即可。

由于水量观测的目的是统计每个时间段内，从地下开采出的总水量，故不侧重于每眼井单位出水量的大小，因此，对专门做水位、水温项目观测的观测孔，不必专门做抽水试验去确定井的出水量。

6.3 水温观测

6.3.1 地下水温观测的仪器设备可以按表3选择。

表3 地下水温观测仪器设备

主要仪器设备	仪器构成及使用方法	适用条件	设备特征
水银温度计	放入水面下一定深度3min～5min后开始读数（读数时温度计不应提出水面）	适用于泉水、自流水、抽水试验井及有出水阀门的生产井	精度差，读数易受气温影响
缓变温度计	温度表在特制的金属壳内，放入水面下一定深度，3min后迅速取出读数	1. 观测孔口径要大于温度表壳的外径； 2. 适用于泉水、池水及地表水水温的观测	精度较差
热敏电阻温度计	1. 由感温探头、导线及平衡电桥等构成； 2. 每个感温探头都需预先进行标定，绘出特性曲线； 3. 观测时读出示温指针指出的电阻值，从特性曲线上查出温度	1. 适用于小口径孔的水温连续观测； 2. 每个测点所需时间由探头的感温性能而定，一般要15s～30s	热敏电阻易老化，应每年标定一次，观测精度为0.1℃
DWS型三用电导仪	电振荡器、分压器、放大器、检波器、指示器和井下电缆探头等构成	1. 可连续测井中的地下水位、水温、矿化度； 2. 使用环境的温度为－5℃～50℃，测温范围为0℃～50℃； 3. 仪器重（包括电缆）小于2kg，适用于野外调查使用	测温最大误差为－0.2℃～＋0.8℃，国内已有定型产品
自动测温仪	1. 自动测温仪（内置多功能检测及数据存储装置）； 2. 电缆及测温探头； 3. 探头置于井内水下一定深度，按设定时间自动测量地下水温	1. 可连续测量地下水温度； 2. 数据自动存入存储器； 3. 每月或随时采集观测数据，最长可存储一年的资料； 4. 每日可设定多次观测数据也可设定几日观测一次	精度为0.1℃满足一般对水温观测的要求，国内已有产品

6.3.2 本条指出在下列地区应加强地下水温观测：

1 地表水与地下水水力联系密切地区：通常地表水的温度年变幅值大，冬夏之间的温度差异显著，而地下水水温的变化很小，因此，在地表水补给地下水的地区对地下水温度动态的观测，能迅速地了解到地表水对地下水补给的范围和地段。

2 进行地下水回灌的地区：通过钻孔或渗水池进行人工补给地下水资源的地区。特别是冬灌夏用或夏灌冬用的地区，采用测温法，可以及时测定回灌水在时间和空间上的扩散速度和范围。

3 具有热污染或热异常地区：一旦发现观测孔中的水温超过背景温度时，可能出现了热污染，特别是在工业废水排放区、蒸发池、冷却池、尾矿坝周围及断裂带或地热发育地区，都具备了出现热污染或热异常的环境，应重视对水温的观测。

6.3.3 测量连续补给的水流温度，如自流井、泉水等，把测温计浸入水中，不触及它物即可，它受空气直接影响比较小；对于开采中的水井，可从泵房的排水阀处放水施测。对自动监测仪，一般测温探头应在最低水面以下3m处，不受气温影响。

6.3.4 一般情况下，地下水温度变化很小，特别是深层地下水，为此，每月测量一次即可，如发现异常可加密观测次数。若全区有几个自动监测控制点，则每日观测两次，随时能观测到水温变化趋势。

对于全区统测水温，每年枯水期与水位统测一并进行即可。

6.3.5 水温观测，对于专门研究地震、地壳构造活动等单位，需要较高的精度（达0.0001℃），在城市地下水动态观测中，一般达到0.1℃～0.5℃即可。

6.4 水质监测

由于城市及工农业的迅速发展，生态环境受到严重破坏，水质污染及水质恶化问题日趋严重，已成为威胁水资源可持续开发利用的主要危机。专家认为在地下水开发利用中，水质问题将愈来愈占主导地位，因而如何采取有效措施，防止水质污染，将成为21世纪在供水工作中的主要任务，进行水质监测，是防止城市地下水污染的前提条件。

水质的监测主要是研究地下水水质在自然与人为因素影响下的时空变化规律。因此，取样除在空间上进行控制外，主要应注意掌握时间上的变化规律。

6.4.1 城市地下水水质监测是长期的日常工作，需要有基本的统一监测内容，由于不同城市的自然条件和人为影响因素不同，不同城市或同一城市不同区域的水质监测内容又会有所不同和侧重。既要有统一要求又要满足个性需要，因此将水质监测划分为常规分析内容和专项分析内容，常规分析内容是日常监测工作中应作的，而专项分析内容可根据专门监测目的和对象实际需要选作。考虑到我国常用的水质分析类别，常规分析又分为三种：简分析、全分析及特殊项目分析。由于我国各行业或部门所颁布的标准对简分析、全分析的内容没有统一，为此本规程参照《生活饮用水卫生标准》GB 5749、《饮用天然矿泉水》GB 8537、《地下水环境监测技术规范》HJ/T 164、《地表水环境质量标准》GB 3838、《地下水监测规范》SL 183、《水环境监测规范》SL 219等，并结合实际操作情况对简分析、全分析和特殊项目分析均列出具体要求。多年来的地下水质监测数据与成果表明，简分析指标既不可太多也不可太少，简分析数据至少应能反映水质的主要成分、含量和水化学类型特征及部分污染物指标的含量变化特征，同时亦应满足地下水对建筑材料腐蚀性的评价等要求。全分析应能满足《地下水质量标准》GB/T 14848对地下水水质评价的要求。

6.4.2 根据城市自然条件的不同和可能的影响因素，提出8种专项分析内容，可根据具体需要进行选取。

细菌分析项目中前5个为饮用水标准指标，后2个指标主要针对地下水回灌工程，会引起管井损坏与地下水质变异。

6.4.3 取样点均匀分布主要是编制水化学图的需要，而对不同性质、不同类型的地下水要分开取样，不能混淆；河水一般对浅层地下水往往有直接补排关系，为此，对城市近郊区与地下水有联系的河水的上、中、下游分别取水样进行分析。

6.4.4 取样次数应符合下列要求：

本规程规定，全区统一取样时间每年一次，在枯水期。对自来水供水井一般每季度取样一次进行水质分析；对回灌水每10d取样一次；对海水入侵的观测孔则每月取样一次进行分析，目的是及时发现问题及时改正。

本条中提到安装多功能（带有电导率测定探头）自动监测仪，每天监测电导率的变化，可及时发现地下水中矿化度的变化情况，如有明显变化，马上取样化验验证，并找出原因。

6.4.5 考虑到我国现用的水样化验设备新旧并存的现状，同时为了保证化验结果的精度，需进行对比试验，对每个水样采取的水量可暂沿用以往的规定，今后随着水质化验新技术的应用，采样的数量可相应减少。

6.4.6 通常造成水质分析精度不准确的原因可归纳为下列三点：

1）采样时，违反了规定的注意事项，埋下误差根源。

2）不稳定组分在存放及运送过程中发生了变化。

3）实验室分析中所产生的误差。

为了避免上述误差的产生，确保水样分析的质量和精度，本规程详细列出了取水样的13款注意事项，对各种分析水样的采取方法、水样容器材料，水样的保存时间和方法，水样的包装运输等都作了详细规定，同时对水样分析质量提出了明确的要求。关于水样保存时间，在国家有关部委作出新的规定后，一律按新规定执行。

水样采集是水质监测工作的重要环节，但往往被忽视。目前，由于水质分析技术的迅速提高，水质分析可达到相当高的精确度，相比之下，在水样采集过程中，由于操作不慎及过失产生的误差远远超过分析本身的误差，甚至使最终的水质监测结果失去意义。因此，水质监测工作人员必须对样品采集给予足够的重视，认真按规定的程序操作，以确保采集的水样真实可靠。

采样容器普遍使用玻璃瓶和塑料瓶，由于容器对水样会有一定影响，使用时要考虑下列情况：玻璃易吸附痕量金属，也可与氟化物发生反应，塑料易吸附有机污染物。故在本条指出：当水中含有油类及有机污染物时，不宜采用塑料瓶；测定痕量金属和氟化物时，不宜采用玻璃瓶。

取细菌分析水样的消毒玻璃瓶应由卫生机关或专门试验室提供。

6.4.7 统取水样应抽出1/20～1/10的样品送到通过国家计量认证的城市供水水质监测站进行分析、外检。

6.5 孔隙水压力观测

6.5.2 孔隙水压力观测工作的成功与否取决于两个因素，其一为探头、量测设备质量，通过检验和标定来保证其可靠性；其二为埋设质量，详见本规程第5章的相关规定。

6.5.3 孔隙水压力计在埋设过程中，由于对土层的扰动而影响读数的稳定，一般须经一定的时间方可达到稳定。确定初始值应在施工前进行，以避免受施工影响而得不到稳定的初始值。

6.5.4 当孔隙水压力上升，总应力不变时则岩土的有效应力减小，抗剪强度降低，不稳定性增加，因此在孔隙水压力上升期间应逐日定时监测并采取相应的措施使孔隙水压力消散。当测定值接近允许的极限值时应进行跟踪观测、捕捉峰值，并向有关部门通报及建议采取相应的措施。

7 观测资料分析、整理与管理

7.1 一般规定

7.1.1 本次修编基本上沿用了上一版规范中的相关表格，局部作了适当修改。在实际应用中，可参考这些表格的格式，根据具体情况调整，但其中的基本内容应涵盖。

7.1.2 计算机和通讯技术的高速发展与应用为地下水动态观测数据库自动化建设提供了保障。有条件的城市和地区应建立地下水动态观测信息系统，包括：信息采集系统、传输系统、处理和储存系统、数据库管理系统等。自动化观测数据和人工录入数据都应进入统一的数据库，数据库应进行备份，以免数据丢失，储存数据库的设备应具有较好的兼容性。当需绘制相应的观测数据报表、图件时可从数据库中直接提取，数据库应便于数据增补、图形修改，地下水动态数据的统计分析，为全国地下水动态观测数据库网络提供基础资料。

数据库管理系统软件应经过国家行业主管部门组织的技术鉴定后方可使用。

7.1.4 鉴于地下水各动态要素时刻都在变化，甚至变化幅度很大，因此，每次观测结束后应及时核查观测资料，当发现观测数据异常及时查明原因，必要时进行复测，以免漏测而影响数据统计。

7.1.5 地下水动态综合曲线应包括地下水位、水量、水温及水化学成分随时间的变化过程及影响地下水动态的主要因素变化过程曲线。根据这种曲线图表可以分析地下水动态与影响因素的关系。

7.2 观测点基本特征资料

7.2.1 凡地下水动态观测点都应建立详细的档案，便于资料的管理。本规程规定对每个观测点应详细填写“地下水动态观测点基本特征资料登记表”，在登记表中应附地层资料及观测点位置示意图等。

7.2.2 “××××年地下水动态观测点分布图”的主要内容有：地形、地物、城市、乡村及河渠、水库、湖泊、泉的位置、坐标系统、观测点及编号、观测点类别、观测项目以及其他试验工作的实际布置等。

7.3 水位资料

7.3.2 有每天的逐时水位观测资料时，日水位平均值应由每天的观测资料确定。本次修订在确定水位日平均值时，均按一天内的观测数据作为统计依据，水位日变幅较小时，采用当日观测水位的算术平均值；水位日变幅较大时，采用时间加权平均法计算，其公式为：

$$h_{dp}=\frac{h_1t_1+h_2t_2+\cdots+h_nt_n}{t_1+t_2+\cdots+t_n} \quad (1)$$

式中 h_{dp}——水位日平均值（m）；

h_1、h_2、h_n——分别为本日各次水位值（m）；

t_1、t_2、t_n ——分别为各次监测之间的时间间隔（h）。

7.3.3 水位月平均值依据当月内若干次水位日观测结果进行计算，通常情况下每10d观测一次，可采用算术平均值。观测时间间隔不等时，水位月平均值采用时间加权平均法计算，其公式为：

$$h_{op}=\frac{h_1t_1+h_2t_2+\cdots+h_nt_n}{t_1+t_2+\cdots+t_n} \tag{2}$$

式中 h_{op} ——水位月平均值（m）；

h_1、h_2、h_n ——分别为本月各次水位值（m）；

t_1、t_2、t_n ——分别为各次监测之间的日期间隔（d）。

当月内观测次数少于3次时，计算的水位月平均值不具代表性，仅可作为参考。

7.3.4 水位年平均值依据水位月平均值进行计算，通常采用算术平均值。当缺少两个及以上的水位月平均值时，水位年平均值仅可作为参考。

7.3.6 按各地区地下水动态观测的目的和要求编制相应的地下水水位动态变化图件，条文中列举了常用的地下水水位动态变化图件，供选用。

与地下水水位动态变化密切相关的影响因素有大气降水、河水流量、回灌量、排水量、蒸发量等，需要时可编制地下水水位动态与影响因素综合分析曲线。

7.4 水量资料

7.4.3 利用地下水水量观测资料编制的基本图件，是地下水水量历时曲线和开采强度分区图。

7.5 水温资料

7.5.2 水温平均值可采用算术平均值也可采用时间加权平均值。当分层观测时，则应分层填报地下水温度年报表。

7.5.3 本条中列出的图件可根据实际需要选绘。

7.6 水质分析资料

7.6.1 考虑到不同含水层水质可能有较大差异，潜水含水层易受到污染，因此，水质监测应分层取样，统计分析亦应同层进行。

7.6.3 本条中列出的污染监测资料统计方法，是多数单位通用的统计方法，也可根据水质观测目的需要采用其他统计方法，提供其他统计指标，如单项指标的最大值、最小值、平均值等。

7.6.4 本条中列出的图件可根据实际需要选绘。

7.7 孔隙水压力资料

7.7.2 自然条件下饱和弱透水层中的孔隙水压力主要取决于其相邻含水层中地下水的水头，同步观测相邻含水层的地下水水位可了解其相互关系，为孔隙水压力动态变化的分析研究提供基础资料。

7.7.3 以孔隙水压力为纵坐标，荷载为横坐标绘制孔隙水压力与荷载的关系曲线，根据曲线可以了解和预测施工期间土体中孔隙水压力的变化情况，以便控制施工速度。一般情况下，开始时孔隙水压力随土体上部荷载增大而增大，当荷载达到某一限值时，孔隙水压力突然增大，曲线上形成拐点，此时土体发生剪切破坏。

7.8 资料管理

7.8.1 硬件配置关系到数据库管理系统运行质量，由于电子技术的更新较快，因此，各单位根据自身经济条件和实际工作需要选配硬件时，应注意设备的兼容性，保证数据能长期读取。

7.8.2 选购系统软件前应做好市场调查，了解软件所有功能和特点，购买设计合理、功能完善、符合规程要求、兼容性强、二次开发工作量少的软件。系统基本软件包括计算机操作系统、数据库系统及中文输入系统。

数据库管理系统的基本功能可为主管部门提供各种地下水动态报表及其相关图件、提供查询、分析地下水动态变化，并提供图表输出。

1）数据传输功能：解决数据采集器或采集系统与计算机的通信联机，实现数据的单向或双向传输。

2）建库及数据处理功能：能对所采集数据自动建库、分类、计算，并将同类数据点按照一定格式进行排列和处理，形成数据文件。对这些文件有进行查询、增删、修改和串联等功能。

3）图件绘制、编辑功能：能应用数据文件、标准图式符号库和中文字库绘制图件；能对自动生成的图件进行修改、增删、缩放和恢复，并将编辑后的图件存入相应数据文件等功能。

4）报表、图件打印输出功能：能把报表、图件按规定的格式要求打印输出。

7.9 资料成果提交

7.9.1 编制年度工作报告是对地下水动态观测资料进行综合分析的最有效手段，是对地下水动态观测成果的总结汇报，是相关部门管理决策的基本依据，因此年度工作报告内容一定要客观真实地反映地下水动态状况。

7.9.2、7.9.3 分别按建网时间不同（初建、建成后）提交各自的工作报告侧重点不同，对新建地下水动态观测网的城市，要求全面论述该区的地质、水文地质条件等情况，而对已建成观测网的城市，重点应放在对地下水动态观测资料的对比和综合分析上。

7.9.4 年度观测成果结束后要进行大量的数据汇总分析，一般需要（2～3）个月时间，因此，规定在本年度工作结束后（2～3）个月提交年度工作报告审查稿。地下水动态资料年报与报告书正式提交前必须经过审查，是保证观测成果质量的基本要求、国内惯用并行之有效的办法。审查稿上报前应先由编写人员、观测员、观测站负责人集体初审。

中华人民共和国行业标准

园林绿化工程施工及验收规范

Code for construction and acceptance of landscaping engineering

CJJ 82—2012

批准部门：中华人民共和国住房和城乡建设部
施行日期：2 0 1 3 年 5 月 1 日

中华人民共和国住房和城乡建设部
公　告

第1559号

住房城乡建设部关于发布行业标准《园林绿化工程施工及验收规范》的公告

现批准《园林绿化工程施工及验收规范》为行业标准，编号为CJJ 82－2012，自2013年5月1日起实施。其中，第4.1.2、4.3.2、4.4.3、4.10.2、4.10.5、4.12.3、4.15.3、5.2.4条为强制性条文，必须严格执行。原《城市绿化工程施工及验收规范》CJJ/T 82－99同时废止。

本规范由我部标准定额研究所组织中国建筑工业出版社出版发行。

中华人民共和国住房和城乡建设部

2012年12月24日

前　言

根据住房和城乡建设部《关于印发〈2008年工程建设标准规范制订、修订计划（第一批）〉的通知》（建标［2008］102号）的要求，规范编制组经广泛调查研究，认真总结实践经验，并在广泛征求意见的基础上，修订了本规范。

本规范的主要技术内容是：1. 总则；2. 术语；3. 施工准备；4. 绿化工程；5. 园林附属工程；6. 工程质量验收。

本次修订的主要内容包括：

1　工程施工准备阶段增加了施工现场建立健全质量保证体系，加强质量和技术管理，使工程质量事前进行控制。

2　增加了水湿生植物栽植、设施空间绿化、坡面绿化、重盐碱及重黏土土壤改良、施工期的植物养护以及园林附属工程的施工、验收要求。

3　提出了园林绿化工程项目的划分以及分项工程质量验收的主控项目和一般项目的质量要求。

4　统一了园林绿化工程施工质量、验收方法、质量标准和验收程序、检验批质量检验的抽样方案要求。

本规范中以黑体字标志的条文为强制性条文，必须严格执行。

本规范由住房和城乡建设部负责管理和对强制性条文的解释，由天津市市容和园林管理委员会负责具体技术内容的解释。执行过程中如有意见和建议，请寄送天津市市容和园林管理委员会（地址：天津市南开区宾水西道10号，邮政编码：300381）

本规范主编单位：天津市市容和园林管理委员会

本规范参编单位：北京市绿化园林局
上海市绿化和市容管理局
杭州市园林文物管理局
沈阳市城建局绿化管理处
天津市园林建设工程监理有限公司
天津市城市绿化服务中心

本规范主要起草人员：袁东升　陈召忠　王和祥　林广勋　陈　动　陈　林　张文生　李晓波　孙义干　张启俊　刘　林　徐建军

本规范主要审查人员：张树林　高国华　王磐岩　张乔松　贾祥云　方新阶　贾　虎　丁学军　戴　亮　胡卫军　荆晓梅

目次

Contents

1 总 则

1.0.1 为加强园林绿化工程施工质量管理，规范工程施工技术，统一园林绿化工程施工质量检验、验收标准，确保工程质量，制订本规范。

1.0.2 本规范适用于公园绿地、防护绿地、附属绿地及其他绿地的新建、扩建、改建的各类园林绿化工程施工及质量验收。

1.0.3 园林绿化工程的施工及验收除应符合本规范外，尚应符合国家现行有关标准的规定。

2 术 语

2.0.1 栽植土 planting soil

理化性状良好，适宜于园林植物生长的土壤。

2.0.2 客土 improved soil imported from other places

更换适合园林植物栽植的土壤。

2.0.3 地形造型 terrain modeling

一定的园林绿地范围内植物栽植地的起伏状况。

2.0.4 栽植穴、槽 planting hole (slot)

栽植植物挖掘的坑穴。坑穴为圆形或方形的称为栽植穴，长条形的称为栽植槽。

2.0.5 裸根苗木 bare root seedlings

挖掘时根部不带土或仅带护心土的苗木。

2.0.6 容器苗 seedling in container

将苗木种入软容器（软容器为可降解的材料）中，掩入土中常规养护，移植时连同软容器一起埋入土中。

2.0.7 分枝点高度 height of trunk

乔木从地表面至树冠第一个分枝点的高度。

2.0.8 胸径 diameter at breast height

乔木主干高度在1.3m处的树干直径。

2.0.9 地径 ground diameter

树木的树干贴近地面处的直径。

2.0.10 茎密度 stem density

草坪单位面积内向上生长茎的数量。

2.0.11 设施空间绿化 greening space of construction in urban

建筑物、地下构筑物的顶面、壁面及围栏等处的绿化。

2.0.12 栽植基层 plants growth space

非绿地绿化方式的植物栽植基础结构，它包括耐根穿刺防水层、排蓄水层、过滤层、栽植土层等。

2.0.13 栽植工程养护 maintain of planting projects

园林植物栽植后至竣工验收移交期间的养护管理。

2.0.14 观感质量 quality of appearance

园林绿化工程通过观察和必要的量测所反映的工程外在质量。

3 施 工 准 备

3.0.1 施工单位应依据合同约定，对园林绿化工程进行施工和管理，并应符合下列规定：

1 施工单位及人员应具备相应的资格、资质。

2 施工单位应建立技术、质量、安全生产、文明施工等各项规章管理制度。

3 施工单位应根据工程类别、规模、技术复杂程度，配备满足施工需要的常规检测设备和工具。

3.0.2 施工单位应熟悉图纸，掌握设计意图与要求，应参加设计交底，并应符合下列规定：

1 施工单位对施工图中出现的差错、疑问，应提出书面建议，如需变更设计，应按照相应程序报审，经相关单位签证后实施。

2 施工单位应编制施工组织设计（施工方案），应在工程开工前完成并与开工申请报告一并报予建设单位和监理单位。

3.0.3 施工单位进场后，应组织施工人员熟悉工程合同及与工程项目有关的技术标准。了解现场的地上地下障碍物、管网、地形地貌、土质、控制桩点设置、红线范围、周边情况及现场水源、水质、电源、交通情况。

3.0.4 施工测量应符合下列要求：

1 应按照园林绿化工程总平面或根据建设单位提供的现场高程控制点及坐标控制点，建立工程测量控制网。

2 各个单位工程应根据建立的工程测量控制网进行测量放线。

3 施工测量时，施工单位应进行自检、互检双复核，监理单位应进行复测。

4 对原高程控制点及控制坐标应设保护措施。

4 绿 化 工 程

4.1 栽 植 基 础

4.1.1 绿化栽植或播种前应对该地区的土壤理化性质进行化验分析，采取相应的土壤改良、施肥和置换客土等措施，绿化栽植土壤有效土层厚度应符合表4.1.1规定。

表 4.1.1 绿化栽植土壤有效土层厚度

项次	项目	植被类型		土层厚度（cm）	检验方法
1	一般栽植	乔木	胸径≥20cm	≥180	挖样洞，观察或尺量检查
		乔木	胸径＜20cm	≥150（深根） ≥100（浅根）	
		灌木	大、中灌木、大藤本	≥90	
		灌木	小灌木、宿根花卉、小藤本	≥40	
		棕榈类		≥90	
		竹类	大径	≥80	
		竹类	中、小径	≥50	
		草坪、花卉、草本地被		≥30	
2	设施顶面绿化	乔木		≥80	
		灌木		≥45	
		草坪、花卉、草本地被		≥15	

4.1.2 栽植基础严禁使用含有害成分的土壤，除有设施空间绿化等特殊隔离地带，绿化栽植土壤有效土层下不得有不透水层。

4.1.3 园林植物栽植土应包括客土、原土利用、栽植基质等，栽植土应符合下列规定：

1 土壤 pH 值应符合本地区栽植土标准或按 pH 值 5.6～8.0 进行选择。

2 土壤全盐含量应为 0.1%～0.3%。

3 土壤容重应为 $1.0g/cm^3$～$1.35g/cm^3$。

4 土壤有机质含量不应小于 1.5%。

5 土壤块径不应大于 5cm。

6 栽植土应见证取样，经有资质检测单位检测并在栽植前取得符合要求的测试结果。

7 栽植土验收批及取样方法应符合下列规定：

1）客土每 $500m^3$ 或 $2000m^2$ 为一检验批，应于土层 20cm 及 50cm 处，随机取样 5 处，每处 100g 经混合组成一组试样；客土 $500m^3$ 或 2000 m^2 以下，随机取样不得少于 3 处；

2）原状土在同一区域每 $2000mm^2$ 为一检验批，应于土层 20cm 及 50cm 处，随机取样 5 处，每处取样 100g，混合后组成一组试样；原状土 $2000m^2$ 以下，随机取样不得少于 3 处；

3）栽植基质每 $200m^3$ 为一检验批，应随机取 5 袋，每袋取 100g，混合后组成一组试样；栽植基质 $200m^3$ 以下，随机取样不得少于 3 袋。

4.1.4 绿化栽植前场地清理应符合下列规定：

1 有各种管线的区域、建（构）筑物周边的整理绿化用地，应在其完工并验收合格后进行。

2 应将现场内的渣土、工程废料、宿根性杂草、树根及其有害污染物清除干净。

3 对清理的废弃构筑物、工程渣土、不符合栽植土理化标准的原状土等应做好测量记录、签认。

4 场地标高及清理程度应符合设计和栽植要求。

5 填垫范围内不应有坑洼、积水。

6 对软泥和不透水层应进行处理。

4.1.5 栽植土回填及地形造型应符合下列规定：

1 地形造型的测量放线工作应做好记录、签认。

2 造型胎土、栽植土应符合设计要求并有检测报告。

3 回填土壤应分层适度夯实，或自然沉降达到基本稳定，严禁用机械反复碾压。

4 回填土及地形造型的范围、厚度、标高、造型及坡度均应符合设计要求。

5 地形造型应自然顺畅。

6 地形造型尺寸和高程允许偏差应符合表 4.1.5 的规定。

表 4.1.5 地形造型尺寸和高程允许偏差

项次	项目		尺寸要求	允许偏差（cm）	检验方法
1	边界线位置		设计要求	±50	经纬仪、钢尺测量
2	等高线位置		设计要求	±10	经纬仪、钢尺测量
3	地形相对标高（cm）	≤100	回填土方自然沉降以后	±5	水准仪、钢尺测量每 $1000m^2$ 测定一次
		101～200		±10	
		201～300		±15	
		301～500		±20	

4.1.6 栽植土施肥和表层整理应符合下列规定：

1 栽植土施肥应按下列方式进行：

1）商品肥料应有产品合格证明，或已经过试验证明符合要求；

2）有机肥应充分腐熟方可使用；

3）施用无机肥料应测定绿地土壤有效养分含量，并宜采用缓释性无机肥。

2 栽植土表层整理应按下列方式进行：

1）栽植土表层不得有明显低洼和积水处，花坛、花境栽植地 30cm 深的表土层必须疏松；

2）栽植土的表层应整洁，所含石砾中粒径大于 3cm 的不得超过 10%，粒径小于 2.5cm 不得超过 20%，杂草等杂物不应超过 10%；

土块粒径应符合表4.1.6的规定；

表4.1.6 栽植土表层土块粒径

项次	项目	栽植土粒径(cm)
1	大、中乔木	≤5
2	小乔木、大中灌木、大藤本	≤4
3	竹类、小灌木、宿根花卉、小藤本	≤3
4	草坪、草花、地被	≤2

3）栽植土表层与道路（挡土墙或侧石）接壤处，栽植土应低于侧石3cm～5cm；栽植土与边口线基本平直；

4）栽植土表层整地后应平整略有坡度，当无设计要求时，其坡度宜为0.3%～0.5%。

4.2 栽植穴、槽的挖掘

4.2.1 栽植穴、槽挖掘前，应向有关单位了解地下管线和隐蔽物埋设情况。

4.2.2 树木与地下管线外缘及树木与其他设施的最小水平距离，应符合相应的绿化规划与设计规范的规定。

4.2.3 栽植穴、槽的定点放线应符合下列规定：

1 栽植穴、槽定点放线应符合设计图纸要求，位置应准确，标记明显。

2 栽植穴定点时应标明中心点位置。栽植槽应标明边线。

3 定点标志应标明树种名称（或代号）、规格。

4 树木定点遇有障碍物时，应与设计单位取得联系，进行适当调整。

4.2.4 栽植穴、槽的直径应大于土球或裸根苗根系展幅40cm～60cm，穴深宜为穴径的3/4～4/5。穴、槽应垂直下挖，上口下底应相等。

4.2.5 栽植穴、槽挖出的表层土和底土应分别堆放，底部应施基肥并回填表土或改良土。

4.2.6 栽植穴、槽底部遇有不透水层及重黏土层时，应进行疏松或采取排水措施。

4.2.7 土壤干燥时应于栽植前灌水浸穴、槽。

4.2.8 当土壤密实度大于1.35g/cm^{3}或渗透系数小于10^{-4}cm/s时，应采取扩大树穴，疏松土壤等措施。

4.3 植物材料

4.3.1 植物材料种类、品种名称及规格应符合设计要求。

4.3.2 严禁使用带有严重病虫害的植物材料，非检疫对象的病虫害危害程度或危害痕迹不得超过树体的5%～10%。自外省市及国外引进的植物材料应有植物检疫证。

4.3.3 植物材料的外观质量要求和检验方法应符合表4.3.3的规定。

表4.3.3 植物材料外观质量要求和检验方法

项次	项目		质量要求	检验方法
1	乔木灌木	姿态和长势	树干符合设计要求，树冠较完整，分枝点和分枝合理，生长势良好	检查数量：每100株检查10株，每株为1点，少于20株全数检查。检查方法：观察、量测
		病虫害	危害程度不超过树体的5%～10%	
		土球苗	土球完整，规格符合要求，包装牢固	
		裸根苗根系	根系完整，切口平整，规格符合要求	
		容器苗木	规格符合要求，容器完整、苗木不徒长、根系发育良好不外露	
2	棕榈类植物		主干挺直，树冠匀称，土球符合要求，根系完整	
3	草卷、草块、草束		草卷、草块长宽尺寸基本一致，厚度均匀，杂草不超过5%，草高适度，根系好，草芯鲜活	检查数量：按面积抽查10%，4m^{2}为一点，不少于5个点。≤30m^{2}应全数检查。检查方法：观察
4	花苗、地被、绿篱及模纹色块植物		株型茁壮，根系基本良好，无伤苗，茎、叶无污染，病虫害危害程度不超过植株的5%～10%	检查数量：按数量抽查10%，10株为1点，不少于5个点。≤50株应全数检查。检查方法：观察
5	整型景观树		姿态独特、曲虬苍劲、质朴古拙，株高不小于150cm，多干式桩景的叶片托盘不少于7个～9个，土球完整	检查数量：全数检查。检查方法：观察、尺量

4.3.4 植物材料规格允许偏差和检验方法有约定的应符合约定要求，无约定的应符合表 4.3.4 规定。

表 4.3.4 植物材料规格允许偏差和检验方法

项次	项目			允许偏差（cm）	检查频率		检验方法
					范围	点数	
1	乔木	胸径	≤5cm	−0.2	每 100 株检查 10 株，每株为 1 点，少于 20 株全数检查	10	量测
			6cm～9cm	−0.5			
			10cm～15cm	−0.8			
			16cm～20cm	−1.0			
		高度	—	−20			
		冠径	—	−20			
2	灌木	高度	≥100cm	−10			
			<100cm	−5			
		冠径	≥100cm	−10			
			<100cm	−5			
3	球类苗木	冠径	<50cm	0	每 100 株检查 10 株，每株为 1 点，少于 20 株全数检查	10	量测
			50cm～100cm	−5			
			110cm～200cm	−10			
			>200cm	−20			
		高度	<50cm	0			
			50cm～100cm	−5			
			110cm～200cm	−10			
			>200cm	−20			
4	藤本	主蔓长	≥150cm	−10			
		主蔓径	≥1cm	0			
5	棕榈类植物	株高	≤100cm	0	每 100 株检查 10 株，每株为 1 点，少于 20 株全数检查	10	量测
			101cm～250cm	−10			
			251cm～400cm	−20			
			>400cm	−30			
		地径	≤10cm	−1			
			11cm～40cm	−2			
			>40cm	−3			

4.4 苗木运输和假植

4.4.1 苗木装运前应仔细核对苗木的品种、规格、数量、质量。外地苗木应事先办理苗木检疫手续。

4.4.2 苗木运输量应根据现场栽植量确定，苗木运到现场后应及时栽植，确保当天栽植完毕。

4.4.3 运输吊装苗木的机具和车辆的工作吨位，必须满足苗木吊装、运输的需要，并应制订相应的安全操作措施。

4.4.4 裸根苗木运输时，应进行覆盖，保持根部湿润。装车、运输、卸车时不得损伤苗木。

4.4.5 带土球苗木装车和运输时排列顺序应合理，捆绑稳固，卸车时应轻取轻放，不得损伤苗木及散球。

4.4.6 苗木运到现场，当天不能栽植的应及时进行假植。

4.4.7 苗木假植应符合下列规定：

1 裸根苗可在栽植现场附近选择适合地点，根据根幅大小，挖假植沟假植。假植时间较长时，根系应用湿土埋严，不得透风，根系不得失水。

2 带土球苗木的假植，可将苗木码放整齐，土球四周培土，喷水保持土球湿润。

4.5 苗 木 修 剪

4.5.1 苗木栽植前的修剪应根据各地自然条件，推广以抗蒸腾剂为主体的免修剪栽植技术或采取以疏枝为主，适度轻剪，保持树体地上、地下部位生长平衡。

4.5.2 乔木类修剪应符合下列规定：

1 落叶乔木修剪应按下列方式进行：

1）具有中央领导干、主轴明显的落叶乔木应保持原有主尖和树形，适当疏枝，对保留的主侧枝应在健壮芽上部短截，可剪去枝条的 1/5～1/3；

2）无明显中央领导干、枝条茂密的落叶乔木，可对主枝的侧枝进行短截或疏枝并保持原树形；

3）行道树乔木定干高度宜 2.8m～3.5m，第一分枝点以下枝条应全部剪除，同一条道路上相邻树木分枝高度应基本统一。

2 常绿乔木修剪应按下列方式进行：

1）常绿阔叶乔木具有圆头形树冠的可适量疏枝；枝叶集生树干顶部的苗木可不修剪；具有轮生侧枝，作行道树时，可剪除基部 2 层～3 层轮生侧枝；

2）松树类苗木宜以疏枝为主，应剪去每轮中过多主枝，剪除重叠枝、下垂枝、内膛斜生枝、枯枝及机械损伤枝；修剪枝条时基部应留 1cm～2cm 木橛；

3）柏类苗木不宜修剪，具有双头或竞争枝、病虫枝、枯死枝应及时剪除。

4.5.3 灌木及藤本类修剪应符合下列规定：

1 有明显主干型灌木，修剪时应保持原有树型，主枝分布均匀，主枝短截长度宜不超过 1/2。

2 从枝型灌木预留枝条宜大于 30cm。多干型灌木不宜疏枝。

3 绿篱、色块、造型苗木，在种植后应按设计高度整形修剪。

4 藤本类苗木应剪除枯死枝、病虫枝、过长枝。

4.5.4 苗木修剪应符合下列规定：

1 苗木修剪整形应符合设计要求，当无要求时，修剪整形应保持原树形。

2 苗木应无损伤断枝、枯枝、严重病虫枝等。

3 落叶树木的枝条应从基部剪除，不留木橛，剪口平滑，不得劈裂。

4 枝条短截时应留外芽，剪口应距留芽位置上方0.5cm。

5 修剪直径2cm以上大枝及粗根时，截口应削平应涂防腐剂。

4.5.5 非栽植季节栽植落叶树木，应根据不同树种的特性，保持树型，宜适当增加修剪量，可剪去枝条的1/2～1/3。

4.6 树木栽植

4.6.1 树木栽植应符合下列规定：

1 树木栽植应根据树木品种的习性和当地气候条件，选择最适宜的栽植期进行栽植。

2 栽植的树木品种、规格、位置应符合设计规定。

3 带土球树木栽植前应去除土球不易降解的包装物。

4 栽植时应注意观赏面的合理朝向，树木栽植深度应与原种植线持平。

5 栽植树木回填的栽植土应分层踏实。

6 除特殊景观树外，树木栽植应保持直立，不得倾斜。

7 行道树或行列栽植的树木应在一条线上，相邻植株规格应合理搭配。

8 绿篱及色块栽植时，株行距、苗木高度、冠幅大小应均匀搭配，树形丰满的一面应向外。

9 树木栽植后应及时绑扎、支撑、浇透水。

10 树木栽植成活率不应低于95%；名贵树木栽植成活率应达到100%。

4.6.2 树木浇灌水应符合下列规定：

1 树木栽植后应在栽植穴直径周围筑高10cm～20cm围堰，堰应筑实。

2 浇灌树木的水质应符合现行国家标准《农田灌溉水质标准》GB 5084的规定。

3 浇水时应在穴中放置缓冲垫。

4 每次浇灌水量应满足植物成活及生长需要。

5 新栽树木应在浇透水后及时封堰，以后根据当地情况及时补水。

6 对浇水后出现的树木倾斜，应及时扶正，并加以固定。

4.6.3 树木支撑应符合下列规定：

1 应根据立地条件和树木规格进行三角支撑、四柱支撑、联排支撑及软牵拉。

2 支撑物的支柱应埋入土中不少于30cm，支撑物、牵拉物与地面连接点的连接应牢固。

3 连接树木的支撑点应在树木主干上，其连接处应衬软垫，并绑缚牢固。

4 支撑物、牵拉物的强度能够保证支撑有效；用软牵拉固定时，应设置警示标志。

5 针叶常绿树的支撑高度应不低于树木主干的2/3，落叶树支撑高度为树木主干高度的1/2。

6 同规格同树种的支撑物、牵拉物的长度、支撑角度、绑缚形式以及支撑材料宜统一。

4.6.4 非种植季节进行树木栽植时，应根据不同情况采取下列措施：

1 苗木可提前环状断根进行处理或在适宜季节起苗，用容器假植，带土球栽植。

2 落叶乔木、灌木类应进行适当修剪并应保持原树冠形态，剪除部分侧枝，保留的侧枝应进行短截，并适当加大土球体积。

3 可摘叶的应摘去部分叶片，但不得伤害幼芽。

4 夏季可采取遮荫、树木裹干保湿、树冠喷雾或喷施抗蒸腾剂，减少水分蒸发；冬季应采取防风防寒措施。

5 掘苗时根部可喷布促进生根激素，栽植时可加施保水剂，栽植后树体可注射营养剂。

6 苗木栽植宜在阴雨天或傍晚进行。

4.6.5 干旱地区或干旱季节，树木栽植应大力推广抗蒸腾剂、防腐促根、免修剪、营养液滴注等新技术，采用土球苗，加强水分管理等措施。

4.6.6 对人员集散较多的广场、人行道，树木种植后，种植池应铺设透气铺装，加设护栏。

4.7 大树移植

4.7.1 树木的规格符合下列条件之一的均应属于大树移植。

1 落叶和阔叶常绿乔木：胸径在20cm以上。

2 针叶常绿乔木：株高在6m以上或地径在18cm以上。

4.7.2 大树移植的准备工作应符合下列规定：

1 移植前应对移植的大树生长、立地条件、周围环境等进行调查研究，制定技术方案和安全措施。

2 准备移植所需机械、运输设备和大型工具必须完好，确保操作安全。

3 移植的大树不得有明显的病虫害和机械损伤，应具有较好观赏面。植株健壮、生长正常的树木，并具备起重及运输机械等设备能正常工作的现场条件。

4 选定的移植大树，应在树干南侧做出明显标识，标明树木的阴、阳面及出土线。

5 移植大树可在移植前分期断根、修剪，做好移植准备。

4.7.3 大树的挖掘及包装应符合下列规定：

1 针叶常绿树、珍贵树种、生长季移植的阔叶乔木必须带土球（土台）移植。

2 树木胸径 20cm～25cm 时，可采用土球移栽，进行软包装。当树木胸径大于 25cm 时，可采用土台移栽，用箱板包装，并应符合下列要求：

1）挖掘高大乔木前应先立好支柱，支稳树木；

2）挖掘土球、土台应先去除表土，深度接近表土根；

3）土球规格应为树木胸径的 6 倍～10 倍，土球高度为土球直径的 2/3，土球底部直径为土球直径的 1/3；土台规格应上大下小，下部边长比上部边长少 1/10；

4）树根应用手锯锯断，锯口平滑无劈裂并不得露出土球表面；

5）土球软质包装应紧实无松动，腰绳宽度应大于 10cm；

6）土球直径 1m 以上的应作封底处理；

7）土台的箱板包装应立支柱，稳定牢固，并应符合下列要求：

①修平的土台尺寸应大于边板长度 5cm，土台面平滑，不得有砖石等突出土台；

②土台顶边应高于边板上口 1cm～2cm，土台底边应低于边板下口 1cm～2cm；边板与土台应紧密严实；

③边板与边板、底板与边板、顶板与边板应钉装牢固无松动；箱板上端与坑壁、底板与坑底应支牢、稳定无松动。

3 休眠期移植落叶乔木可进行裸根带护心土移植，根幅应大于树木胸径的 6 倍～10 倍，根部可喷保湿剂或蘸泥浆处理。

4 带土球的树木可适当疏枝；裸根移植的树木应进行重剪，剪去枝条的 1/2～2/3。针叶常绿树修剪时应留 1cm～2cm 木橛，不得贴根剪去。

4.7.4 大树移植的吊装运输，应符合下列规定：

1 大树吊装、运输的机具、设备应符合本规范第 4.4.3 条的规定。

2 吊装、运输时，应对大树的树干、枝条、根部的土球、土台采取保护措施。

3 大树吊装就位时，应注意选好主要观赏面的方向。

4 应及时用软垫层支撑、固定树体。

4.7.5 大树移栽时应符合下列规定：

1 大树的规格、种类、树形、树势应符合设计要求。

2 定点放线应符合施工图规定。

3 栽植穴应根据根系或土球的直径加大 60cm～80cm，深度增加 20cm～30cm。

4 种植土球树木，应将土球放稳，拆除包装物；大树修剪应符合本规范第 4.5.4 条的要求。

5 栽植深度应保持下沉后原土痕和地面等高或略高，树干或树木的重心应与地面保持垂直。

6 栽植回填土壤应用种植土，肥料应充分腐熟，加土混合均匀，回填土应分层捣实、培土高度恰当。

7 大树栽植后设立支撑应牢固，并进行裹干保湿，栽植后应及时浇水。

8 大树栽植后，应对新植树木进行细致的养护和管理，应配备专职技术人员做好修剪、剥芽、喷雾、叶面施肥、浇水、排水、搭荫棚、包裹树干、设置风障、防台风、防寒和病虫害防治等管理工作。

4.8 草坪及草本地被栽植

4.8.1 草坪和草本地被播种应符合下列规定：

1 应选择适合本地的优良种子；草坪、草本地被种子纯净度应达到 95%以上；冷地型草坪种子发芽率应达到 85%以上，暖地型草坪种子发芽率应达到 70%以上。

2 播种前应做发芽试验和催芽处理，确定合理的播种量，不同草种的播种量可按照表 4.8.1 进行播种。

表 4.8.1 不同草种播种量

草坪种类	精细播种量 (g/m^2)	粗放播种量 (g/m^2)
剪股颖	3～5	5～8
早熟禾	8～10	10～15
多年生黑麦草	25～30	30～40
高羊茅	20～25	25～35
羊胡子草	7～10	10～15
结缕草	8～10	10～15
狗牙根	15～20	20～25

3 播种前应对种子进行消毒，杀菌。

4 整地前应进行土壤处理，防治地下害虫。

5 播种时应先浇水浸地，保持土壤湿润，并将表层土耧细耙平，坡度应达到 0.3%～0.5%。

6 用等量沙土与种子拌匀进行撒播，播种后应均匀覆细土 0.3cm～0.5cm 并轻压。

7 播种后应及时喷水，种子萌发前，干旱地区应每天喷水 1～2 次，水点宜细密均匀，浸透土层

8cm～10cm，保持土表湿润，不应有积水，出苗后可减少喷水次数，土壤宜见湿见干。

8 混播草坪应符合下列规定：

1）混播草坪的草种及配合比应符合设计要求；

2）混播草坪应符合互补原则，草种叶色相近，融合性强；

3）播种时宜单个品种依次单独撒播，应保持各草种分布均匀。

4.8.2 草坪和草本地被植物分栽应符合下列规定：

1 分栽植物应选择强匍匐茎或强根茎生长习性草种。

2 各生长期均可栽植。

3 分栽的植物材料应注意保鲜，不萎蔫。

4 干旱地区或干旱季节，栽植前应先浇水浸地，浸水深度应达10cm以上。

5 草坪分栽植物的株行距，每丛的单株数应满足设计要求，设计无明确要求时，可按丛的组行距15cm～20cm ×15cm～20cm，成品字形；或以$1m^2$植物材料可按1∶3～1∶4的系数进行栽植。

6 栽植后应平整地面，适度压实，立即浇水。

4.8.3 铺设草块、草卷应符合下列规定：

1 掘草块、草卷前应适量浇水，待渗透后掘取。

2 草块、草卷运输时应用垫层相隔、分层放置，运输装卸时应防止破碎。

3 当日进场的草卷、草块数量应做好测算并与铺设进度相一致。

4 草卷、草块铺设前应先浇水浸地细整找平，不得有低洼处。

5 草地排水坡度适当，不应有坑洼积水。

6 铺设草卷、草块应相互衔接不留缝，高度一致，间铺缝隙应均匀，并填以栽植土。

7 草块、草卷在铺设后应进行滚压或拍打与土壤密切接触。

8 铺设草卷、草块，应及时浇透水，浸湿土壤厚度应大于10cm。

4.8.4 运动场草坪的栽植应符合下列规定：

1 运动场草坪的排水层、渗水层、根系层、草坪层应符合设计要求。

2 根系层的土壤应浇水沉降，进行水夯实，基质铺设细致均匀，整体紧实度适宜。

3 根系层土壤的理化性质应符合本规范第4.1.3条的规定。

4 铺植草块，大小厚度应均匀，缝隙严密，草块与表层基质结合紧密。

5 成坪后草坪层的覆盖度应均匀，草坪颜色无明显差异，无明显裸露斑块，无明显杂草和病虫害症状，茎密度应为2枚/cm^2～4枚/cm^2。

6 运动场根系层相对标高、排水坡降、厚度、平整度允许偏差应符合表4.8.4的规定。

表4.8.4 运动场根系层相对标高、排水坡降、厚度、平整度允许偏差

项次	项目	尺寸要求(cm)	允许偏差(cm)	检查数量		检验方法
				范围	点数	
1	根系层相对标高	设计要求	+2，0	$500m^2$	3	测量（水准仪）
2	排水坡降	设计要求	≤0.5%			
3	根系层土壤块径	运动型	≤1.0	$500m^2$	3	观察
4	根系层平整度	设计要求	≤2	$500m^2$	3	测量（水准仪）
5	根系层厚度	设计要求	±1	$500m^2$	3	挖样洞（或环刀取样）量取
6	草坪层草高修剪控制	4.5～6.0	±1	$500m^2$	3	观察、检查剪草记录

4.8.5 草坪和草本地被的播种、分栽，草块、草卷铺设及运动场草坪成坪后应符合下列规定：

1 成坪后覆盖度应不低于95%。

2 单块裸露面积应不大于$25cm^2$。

3 杂草及病虫害的面积应不大于5%。

4.9 花卉栽植

4.9.1 花卉栽植应按照设计图定点放线，在地面准确画出位置、轮廓线。花卉栽植面积较大时，可用方格线法，按比例放大到地面。

4.9.2 花卉栽植应符合下列规定：

1 花苗的品种、规格、栽植放样、栽植密度、栽植图案均应符合设计要求。

2 花卉栽植土及表层土整理应符合本规范第4.1.3条和第4.1.6条的规定。

3 株行距应均匀，高低搭配应恰当。

4 栽植深度应适当，根部土壤应压实，花苗不得沾泥污。

5 花苗应覆盖地面，成活率不应低于95%。

4.9.3 花卉栽植的顺序应符合下列规定：

1 大型花坛，宜分区、分规格、分块栽植。

2 独立花坛，应由中心向外顺序栽植。

3 模纹花坛应先栽植图案的轮廓线，后栽植内部填充部分。

4 坡式花坛应由上向下栽植。

5 高矮不同品种的花苗混植时，应先高后矮的顺序栽植。

6 宿根花卉与一、二年生花卉混植时，应先栽植宿根花卉，后栽一、二年生花卉。

4.9.4 花境栽植应符合下列规定：

1 单面花境应从后部栽植高大的植株，依次向前栽植低矮植物。

2 双面花境应从中心部位开始依次栽植。

3 混合花境应先栽植大型植株，定好骨架后依次栽植宿根、球根及一、二年生的草花。

4 设计无要求时，各种花卉应成团成丛栽植，各团、丛间花色、花期搭配合理。

4.9.5 花卉栽植后，应及时浇水，并应保持植株茎叶清洁。

4.10 水湿生植物栽植

4.10.1 主要水湿生植物最适栽培水深应符合表4.10.1的规定。

表4.10.1 主要水湿生植物最适栽培水深

序号	名 称	类别	栽培水深（cm）
1	千屈菜	水湿生植物	5～10
2	鸢尾（耐湿类）	水湿生植物	5～10
3	荷 花	挺水植物	60～80
4	菖 蒲	挺水植物	5～10
5	水 葱	挺水植物	5～10
6	慈 菇	挺水植物	10～20
7	香 蒲	挺水植物	20～30
8	芦 苇	挺水植物	20～80
9	睡 莲	浮水植物	10～60
10	芡 实	浮水植物	＜100
11	菱 角	浮水植物	60～100
12	荇 菜	漂浮植物	100～200

4.10.2 水湿生植物栽植地的土壤质量不良时，应更换合格的栽植土，使用的栽植土和肥料不得污染水源。

4.10.3 水景园、水湿生植物景点、人工湿地的水湿生植物栽植槽工程应符合下列规定：

1 栽植槽的材料、结构、防渗应符合设计要求。

2 槽内不宜采用轻质土或栽培基质。

3 栽植槽土层厚度应符合设计要求，无设计要求的应大于50cm。

4.10.4 水湿生植物栽植的品种和单位面积栽植数应符合设计要求。

4.10.5 水湿生植物的病虫害防治应采用生物和物理防治方法，严禁药物污染水源。

4.10.6 水湿生植物栽植后至长出新株期间应控制水位，严防新生苗（株）浸泡窒息死亡。

4.10.7 水湿生植物栽植成活后单位面积内拥有成活苗（芽）数应符合表4.10.7的规定。

表4.10.7 水湿生植物栽植成活后单位面积内拥有成活苗（芽）数

项次	种类、名称		单位	每m^2内成活苗（芽）数	地下部、水下部特征
1	水湿生类	千屈菜	丛	9～12	地下具粗硬根茎
		鸢尾（耐湿类）	株	9～12	地下具鳞茎
		落新妇	株	9～12	地下具根状茎
		地肤	株	6～9	地下具明显主根
		萱草	株	9～12	地下具肉质短根茎
2	挺水类	荷花	株	不少于1	地下具横生多节根状茎
		雨久花	株	6～8	地下具匍匐状短茎
		石菖蒲	株	6～8	地下具硬质根茎
		香蒲	株	4～6	地下具粗壮匍匐根茎
		菖蒲	株	4～6	地下具较偏肥根茎
		水葱	株	6～8	地下具横生粗壮根茎
		芦苇	株	不少于1	地下具粗壮根状茎
		茭白	株	4～6	地下具匍匐茎
		慈姑、荸荠、泽泻	株	6～8	地下具根茎
3	浮水类	睡莲	盆	按设计要求	地下具横生或直立块状根茎
		菱角	株	9～12	地下根茎
		大漂	丛	控制在繁殖水域以内	根浮悬垂水中

4.11 竹类栽植

4.11.1 竹苗选择应符合下列规定：

1 散生竹应选择一、二年生、健壮无明显病虫害、分枝低、枝繁叶茂、鞭色鲜黄、鞭芽饱满、根鞭健全、无开花枝的母竹。

2 丛生竹应选择竿基芽眼肥大充实、须根发达的1年～2年生竹丛；母竹应大小适中，大竿竹竿径宜为3cm～5cm；小竿竹竿径宜为2cm～3cm；竿基应有健芽4个～5个。

4.11.2 竹类栽植最佳时间应根据各地区自然条件确定。

4.11.3 竹苗的挖掘应符合下列规定：

1 散生竹母竹挖掘：

1）可根据母竹最下一盘枝杈生长方向确定来鞭、去鞭走向进行挖掘；

2）母竹必须带鞭，中小型散生竹宜留来鞭20cm～30cm，去鞭30cm～40cm；

3）切断竹鞭截面应光滑，不得劈裂；

4）应沿竹鞭两侧深挖40cm，截断母竹底根，挖出的母竹与竹鞭结合应良好，根系完整。

2 丛生竹母竹挖掘：

1）挖掘时应在母竹25cm～30cm的外围，扒开表土，由远至近逐渐挖深，应严防损伤竿基部芽眼，竿基部的须根应尽量保留；

2）在母竹一侧应找准母竹竿柄与老竹竿基的连接点，切断母竹竿柄，连蔸一起挖起，切断操作时，不得劈裂竿柄、竿基；

3）每蔸分株根数应根据竹种特性及竹竿大小确定母竹竿数，大竹种可单株挖蔸，小竹种可3株～5株成墩挖掘。

4.11.4 竹类的包装运输应符合下列规定：

1 竹苗应采用软包装进行包扎，并应喷水保湿。

2 竹苗长途运输应篷布遮盖，中途应喷水或于根部置放保湿材料。

3 竹苗装卸时应轻装轻放，不得损伤竹竿与竹鞭之间的着生点和鞭芽。

4.11.5 竹类修剪应符合下列规定：

1 散生竹竹苗修剪时，挖出的母竹宜留枝5盘～7盘，将顶梢剪去，剪口应平滑；不打尖修剪的竹苗栽后应进行喷水保湿。

2 丛生竹竹苗修剪时，竹竿应留枝2盘～3盘，应靠近节间斜向将顶梢截除；切口应平滑呈马耳形。

4.11.6 竹类栽植应符合下列规定：

1 竹类材料品种、规格应符合设计要求。

2 放样定位应准确。

3 栽植地应选择土层深厚、肥沃、疏松、湿润、光照充足，排水良好的壤土（华北地区宜背风向阳）。对较黏重的土壤及盐碱土应进行换土或土壤改良并符合本规范第4.1.3条的要求。

4 竹类栽植地应进行翻耕，深度宜30cm～40cm，清除杂物，增施有机肥，并做好隔根措施。

5 栽植穴的规格及间距可根据设计要求及竹蔸大小进行挖掘，丛生竹的栽植穴宜大于根蔸的1倍～2倍；中小型散生竹的栽植穴规格应比鞭根长40cm～60cm，宽40cm～50cm，深20cm～40cm。

6 竹类栽植，应先将表土填于穴底，深浅适宜，拆除竹苗包装物，将竹蔸入穴，根鞭应舒展，竹鞭在土中深度宜20cm～25cm；覆土深度宜比母竹原土痕高3cm～5cm，进行踏实及时浇水，渗水后覆土。

4.11.7 竹类栽植后的养护应符合下列规定：

1 栽植后应立柱或横杆互连支撑，严防晃动。

2 栽后应及时浇水。

3 发现露鞭时应进行覆土并及时除草松土，严禁踩踏根、鞭、芽。

4.12 设施空间绿化

4.12.1 建筑物、构筑物设施的顶面、地面、立面及围栏等的绿化，均应属于设施空间绿化。

4.12.2 设施顶面绿化施工前应对顶面基层进行蓄水试验及找平层的质量进行验收。

4.12.3 设施顶面绿化栽植基层（盘）应有良好的防水排灌系统，防水层不得渗漏。

4.12.4 设施顶面栽植基层工程应符合下列规定：

1 耐根穿刺防水层按下列方式进行：

1）耐根穿刺防水层的材料品种、规格、性能应符合设计及相关标准要求；

2）耐根穿刺防水层材料应见证抽样复验；

3）耐根穿刺防水层的细部构造、密封材料嵌填应密实饱满，粘结牢固无气泡、开裂等缺陷；

4）卷材接缝应牢固、严密符合设计要求；

5）立面防水层应收头入槽，封严；

6）施工完成应进行蓄水或淋水试验，24h内不得有渗漏或积水；

7）成品应注意保护，检查施工现场不得堵塞排水口。

2 排蓄水层按下列方式进行：

1）凹凸形塑料排蓄水板厚度、顺槎搭接宽度应符合设计要求，设计无要求时，搭接宽度应大于15cm；

2）采用卵石、陶粒等材料铺设排蓄水层的其铺设厚度应符合设计要求；

3）卵石大小均匀；屋顶绿化采用卵石排水的，粒径应为3cm～5cm；地下设施覆土绿化采用卵石排水的，粒径应为8cm～10cm；

4）四周设置明沟的，排蓄水层应铺至明沟

边缘；

5）挡土墙下设排水管的，排水管与天沟或落水口应合理搭接，坡度适当。

3 过滤层按下列方式进行：

1）过滤层的材料规格、品种应符合设计要求；

2）采用单层卷状聚丙烯或聚酯无纺布材料，单位面积质量必须大于150g/m²，搭接缝的有效宽度应达到10cm～20cm；

3）采用双层组合卷状材料：上层蓄水棉，单位面积质量应达到200g/m²～300g/m²；下层无纺布材料，单位面积质量应达到100g/m²～150g/m²；卷材铺设在排（蓄）水层上，向栽植地四周延伸，高度与种植层齐高，端部收头应用胶粘剂粘结，粘结宽度不得小于5cm，或用金属条固定。

4 栽植土层应符合本规范第4.1.1条和第4.1.3条的规定。

4.12.5 设施面层不适宜做栽植基层的障碍性层面栽植基盘工程应符合下列规定：

1 透水、排水、透气、渗管等构造材料和栽植土（基质）应符合栽植要求。

2 施工做法应符合设计和规范要求。

3 障碍性层面栽植基盘的透水、透气系统或结构性能良好，浇灌后无积水，雨期无沥涝。

4.12.6 设施顶面栽植工程植物材料的选择和栽培方式应符合下列规定：

1 乔灌木应首选耐旱节水、再生能力强、抗性强的种类和品种。

2 植物材料应首选容器苗、带土球苗和苗卷、生长垫、植生带等全根苗木。

3 草坪建植、地被植物栽植宜采用播种工艺。

4 苗木修剪应适应抗风要求，修剪应符合本规范第4.5.4条的规定。

5 栽植乔木的固定可采用地下牵引装置，栽植乔木的固定应与栽植同时完成。

6 植物材料的种类、品种和植物配置方式应符合设计要求。

7 自制或采用成套树木固定牵引装置、预埋件等应符合设计要求，支撑操作使栽植的树木牢固。

8 树木栽植成活率及地被覆盖度应符合本规范第4.6.1条第10款和第4.8.5条第1款的规定。

9 植物栽植定位符合设计要求。

10 植物材料栽植，应及时进行养护和管理，不得有严重枯黄死亡、植被裸露和明显病虫害。

4.12.7 设施的立面及围栏的垂直绿化应根据立地条件进行栽植，并符合下列规定：

1 低层建筑物、构筑物的外立面、围栏前为自然地面，符合栽植土标准时，可进行整地栽植。

2 建筑物、构筑物的外立面及围栏的立地条件较差，可利用栽植槽栽植，槽的高度宜为50cm～60cm，宽度宜为50cm，种植槽应有排水孔；栽植土应符合本规范第4.1.3条的规定。

3 建筑物、构筑物立面较光滑时，应加设载体后再进行栽植。

4 垂直绿化栽植的品种、规格应符合设计要求。

5 植物材料栽植后应牵引、固定、浇水。

4.13 坡面绿化

4.13.1 土壤坡面、岩石坡面、混凝土覆盖面的坡面等，进行绿化栽植时，应有防止水土流失的措施。

4.13.2 陡坡和路基的坡面绿化防护栽植层工程应符合下列规定：

1 用于坡面栽植层的栽植土（基质）理化性状应符合本规范第4.1.3条的规定。

2 混凝土格构、固土网垫、格栅、土工合成材料、喷射基质等施工做法应符合设计和规范要求。

3 喷射基质不应剥落；栽植土或基质表面无明显沟蚀、流失；栽植土（基质）的肥效不得少于3个月。

4.13.3 坡面绿化采取喷播种植时，应符合下列规定：

1 喷播宜在植物生长期进行。

2 喷播前应检查锚杆网片固定情况，清理坡面。

3 喷播的种子覆盖料、土壤稳定剂的配合比应符合设计要求。

4 播种覆盖应均匀无漏，喷播厚度均匀一致。

5 喷播应从上到下依次进行。

6 在强降雨季节喷播时应注意覆盖。

4.14 重盐碱、重黏土土壤改良

4.14.1 土壤全盐含量大于或等于0.5%的重盐碱地和土壤重黏地区的绿化栽植工程应实施土壤改良。

4.14.2 重盐碱、重黏土地土壤改良的原理和工程措施基本相同，也可应用于设施面层绿化。土壤改良工程应有相应资质的专业施工单位施工。

4.14.3 重盐碱、重黏土地的排盐（渗水）、隔淋（渗水）层工程应符合下列规定：

1 排盐（渗水）管沟、隔淋（渗水）层开槽按下列方式进行：

1）开槽范围、槽底高程应符合设计要求，槽底应高于地下水标高；

2）槽底不得有淤泥、软土层；

3）槽底应找平和适度压实，槽底标高和平整度允许偏差应符合表4.14.3的规定。

2 排盐管（渗水管）敷设按下列方式进行：

1）排盐管（渗水管）敷设走向、长度、间距及过路管的处理应符合设计要求；

2）管材规格、性能符合设计和使用功能要求，并有出厂合格证；

3）排盐（渗水）管应通顺有效，主排盐（渗水）管应与外界市政排水管网接通，终端管底标高应高于排水管管中 15cm 以上；

4）排盐（渗水）沟断面和填埋材料应符合设计要求；

5）排盐（渗水）管的连接与观察井的连接末端排盐管的封堵应符合设计要求；

6）排盐（渗水）管、观察井允许偏差应符合表 4.14.3 规定。

3 隔淋（渗水）层按下列方式进行：

1）隔淋（渗水）层的材料及铺设厚度应符合设计要求；

2）铺设隔淋（渗水）层时，不得损坏排盐（渗水）管；

3）石屑淋层材料中石粉和泥土含量不得超过 10%，其他淋（渗水）层材料中也不得掺杂黏土、石灰等粘结物；

4）排盐（渗水）隔淋（渗水）层铺设厚度允许偏差应符合表 4.14.3 的要求。

表 4.14.3 排盐（渗水）隔淋（渗水）层铺设厚度允许偏差

项次	项目		尺寸要求（cm）	允许偏差（cm）	检查数量		检验方法
					范围	点数	
1	槽底	槽底高程	设计要求	±2	1000m²	5~10	测量
		槽底平整度	设计要求	±3		5~10	
2	排盐管（渗水管）	每 100m 坡度	设计要求	≤1	200m	5	测量
		水平移位	设计要求	±3	200m	3	量测
		排盐(渗水)管底至排盐(渗水)沟底距离	12cm	±2	200m	3	量测
3	隔淋（渗水）层	厚度	16~20	±2	1000m²	5~10	量测
			11~15	±1.5			
			≤10	±1			

续表 4.14.3

项次	项目		尺寸要求（cm）	允许偏差（cm）	检查数量		检验方法
					范围	点数	
4	观察井	主排盐（渗水）管入井管底标高	设计要求	0 −5	每座	3	测量 量测
		观察井至排盐（渗水）管底距离		±2			
		井盖标高		±2			

4.14.4 排盐（渗水）管的观察井的管底标高、观察井至排盐（渗水）管底距离、井盖标高允许偏差应符合表 4.14.3 的规定。

4.14.5 排盐隔淋（渗水）层完工后，应对观察井主排盐（渗水）管进行通水检查，主排盐（渗水）管应与市政排水管网接通。

4.14.6 雨后检查积水情况。对雨后 24h 仍有积水地段应增设渗水井与隔淋层沟通。

4.15 施工期的植物养护

4.15.1 园林植物栽植后到工程竣工验收前，为施工期间的植物养护时期，应对各种植物精心养护管理。

4.15.2 绿化栽植工程应编制养护管理计划，并按计划认真组织实施，养护计划应包括下列内容：

1 根据植物习性和墒情及时浇水。

2 结合中耕除草，平整树台。

3 加强病虫害观测，控制突发性病虫害发生，主要病虫害防治应及时。

4 根据植物生长情况应及时追肥、施肥。

5 树木应及时剥芽、去蘖、疏枝整形。草坪应适时进行修剪。

6 花坛、花境应及时清除残花败叶，植株生长健壮。

7 绿地应保持整洁；做好维护管理工作，及时清理枯枝、落叶、杂草、垃圾。

8 对树木应加强支撑、绑扎及裹干措施，做好防强风、干热、洪涝、越冬防寒等工作。

4.15.3 园林植物病虫害防治，应采用生物防治方法和生物农药及高效低毒农药，严禁使用剧毒农药。

4.15.4 对生长不良、枯死、损坏、缺株的园林植物应及时更换或补栽，用于更换及补栽的植物材料应和原植株的种类、规格一致。

5 园林附属工程

5.1 园路、广场地面铺装工程

5.1.1 地面工程基层、面层所用材料的品种、质量、规格，各结构层纵横向坡度、厚度、标高和平整度应符合设计要求；面层与基层的结合（粘结）必须牢固，不得空鼓、松动，面层不得积水。园路的弧度应顺畅自然。

5.1.2 碎拼花岗岩面层（包括其他不规则路面面层）应符合下列要求：

1 材料边缘呈自然碎裂形状，形态基本相似，不宜出现尖锐角及规则形。

2 色泽及大小搭配协调，接缝大小、深浅一致。

3 表面洁净，地面不积水。

5.1.3 卵石面层应符合下列规定：

1 卵石面层应按排水方向调坡。

2 面层铺贴前应对基础进行清理后刷素水泥砂浆一遍。

3 水泥砂浆厚度不应低于 4cm，强度等级不应低于 M10。

4 卵石的颜色搭配协调、颗粒清晰、大小均匀、石粒清洁，排列方向一致（特殊拼花要求除外）。

5 露面卵石铺设应均匀，窄面向上，无明显下沉颗粒，并达到全铺设面 70％以上，嵌入砂浆的厚度为卵石整体的 60％。

6 砂浆强度达到设计强度的 70％时，应冲洗石子表面。

7 带状卵石铺装大于 6 延长米时，应设伸缩缝。

5.1.4 嵌草地面面层应符合下列规定：

1 块料不应有裂纹、缺陷，铺设平稳，表面清洁。

2 块料之间应填种植土，种植土厚度不宜小于 8cm，种植土填充面应低于块料上表面 1cm～2cm。

3 嵌草平整，不得积水。

5.1.5 水泥花砖、混凝土板块、花岗岩等面层应符合下列规定：

1 在铺贴前，应对板块的规格尺寸、外观质量、色泽等进行预选，浸水湿润晾干待用。

2 勾缝和压缝应采用同品种、同强度等级、同颜色的水泥，并做好养护和保护。

3 面层的表面应洁净，图案清晰，色泽一致，接缝平整，深浅一致，周边顺直，板块无裂缝、掉角和缺楞等缺陷。

5.1.6 冰梅面层应符合下列规定：

1 面层的色泽、质感、纹理、块体规格大小应符合设计要求。

2 石质材料要求强度均匀，抗压强度不小于 30MPa；软质面层石材要求细滑、耐磨，表面应洗净。

3 板块面宜五边以上为主，块体大小不宜均匀，符合一点三线原则，不得出现正多边形及阴角（内凹角）、直角。

4 垫层应采用同品种、同强度等级的水泥，并做好养护和保护。

5 面层的表面应洁净，图案清晰，色泽一致，接缝平整，深浅一致，留缝宽度一致，周边顺直，大小适中。

5.1.7 花街铺地面层应符合下列规定：

1 纹样、图案、线条大小长短规格应统一、对称。

2 填充料宜色泽丰富，镶嵌应均匀，露面部分不应有明显的锋口和尖角。

3 完成面的表面应洁净，图案清晰，色泽统一，接缝平整，深浅一致。

5.1.8 大方砖面层应符合下列规定：

1 大方砖色泽应一致，棱角齐全，不应有隐裂及明显气孔，规格尺寸符合设计要求。

2 方砖铺设面四角应平整，合缝均匀，缝线通直，砖缝油灰饱满。

3 砖面桐油涂刷应均匀，涂刷遍数应符合设计规定，不得漏刷。

5.1.9 压模面层应符合下列规定：

1 压模面层不得开裂，基层设计有要求的，按设计处理，设计无要求的，应采用双层双向钢筋混凝土浇捣。

2 路面每隔 10m，应设伸缩缝。

3 完成面应色泽均匀、平整，块体边缘清晰，无翘曲。

5.1.10 透水砖面层应符合下列规定：

1 透水砖的规格及厚度应统一。

2 铺设前必须先按铺设范围排砖，边沿部位形成小粒砖时，必须调整砖块的间距或进行两边切割。

3 面砖块间隙应均匀，色泽一致，排列形式应符合设计要求，表面平整不应松动。

5.1.11 小青砖（黄道砖）面层应符合下列规定：

1 小青砖（黄道砖）规格、色泽应统一，厚薄一致不应缺棱掉角，上面应四角通直均为直角。

2 面砖块间排列应紧密，色泽均匀，表面平整不应松动。

5.1.12 自然块石面层应符合下列规定：

1 铺设区域基底土应预先夯实、无沉陷。

2 铺设用的自然块石应选用具有较平坦大面的石块，块体间排列紧密，高度一致，踏面平整，无倾斜、翘动。

5.1.13 水洗石面层应符合下列要求：

1 水洗石铺装的细卵石（混合卵石除外）应色泽统一、颗粒大小均匀，规格符合设计要求。

2 路面的石子表面色泽应清晰洁净，不应有水泥浆残留、开裂。

3 酸洗液冲洗彻底，不得残留腐蚀痕迹。

5.1.14 园路、广场地面铺装工程的允许偏差和检验方法应符合表 5.1.14 的规定。

表 5.1.14　园路、广场地面铺装工程的允许偏差和检验方法

项次	项目	允许偏差（mm）																			检验方法
		基层				面层															
		土	混凝土、炉渣	砂、碎石	块石	碎拼花岗石	卵石	嵌草地面	水泥花砖	混凝土板块	花岗岩	侧石	冰梅	花街铺地	大方砖	压模	透水砖	小青砖（黄道砖）	自然块石	水洗石	
1	表面平整度	15	10	15	15	3	4	5	5	4	1	—	3	5	4	3	4	5	10	3	用 2m 靠尺和楔形塞尺检查
2	厚度	在个别地方不大于设计厚度的 1/10		−10%		—	—	—	—	—	—	—	—	3	8	—	3	3	—	—	尺量检查
3	标高	+0 −50	±10	±20	±30	—	—	—	—	—	—	—	—	—	—	—	—	—	—	—	用水准仪检查
4	缝格平直	—	—	—	—	—	—	3	3	3	2	—	—	3	3	—	3	3	8	—	拉 5m 线和尺量检查
5	接缝高低差	—	—	—	—	—	4	3	0.5	1.5	0.5	3	—	2	1	—	1	2	—	1	尺量和楔形塞尺检查
6	板块（卵石）间隙宽度	—	—	—	—	—	5	3	2	6	1	2	—	—	2	—	3	3	—	—	尺量检查
7	尺量偏差	—	—	—	—	—	—	—	—	—	—	—	—	—	3	—	3	3	—	—	尺量检查

5.1.15　侧石安装应符合下列规定：

1　底部和外侧应坐浆，安装稳固。

2　顶面应平整、线条应顺直。

3　曲线段应圆滑无明显折角。

4　侧石安装允许偏差应符合表 5.1.14 的规定。

5.2　假山、叠石、置石工程

5.2.1　假山叠石或在重要位置堆砌的峰石、瀑布，宜由设计单位或委托施工单位制作 1：25 或 1：50 的模型，经建设单位及有关专家评审认可后再进行施工。

5.2.2　假山叠石选用的石材质地应一致，色泽相近，纹理统一。石料应坚实耐压，无裂缝、损伤、剥落现象；峰石应形态完美，具有观赏价值。

5.2.3　施工放样应按设计平面图，经复核无误后，方可施工。无具体设计要求时，景石堆置和散置，可由施工人员用石灰在现场放样示意，并经有关单位现场人员认可。

5.2.4　假山叠石的基础工程及主体构造应符合设计和安全规定，假山结构和主峰稳定性应符合抗风、抗震强度要求。

5.2.5　假山叠石的基础应符合下列规定：

1　假山地基基础承载力应大于山石总荷载的 1.5 倍；灰土基础应低于地平面 20cm，其面积应大于假山底面积，外沿宽出 50cm。

2　假山设在陆地上，应选用 C20 以上混凝土制作基础；假山设在水中，应选用 C25 混凝土或不低于 M7.5 的水泥砂浆砌石块制作基础。根据不同地势、地质有特殊要求的可做特殊处理。

5.2.6　假山石拉底施工应做到统筹向背、曲折错落、断续相间、连接互咬；拉底石材应坚实、耐压，不得用风化石块做基石。

5.2.7　假山、叠石主体工程应符合下列规定：

1　主体山石应错缝叠压，纹理统一。叠石或景石放置时，应注意主面方向，掌握重心。山体最外侧的峰石底部应灌注1：2水泥砂浆。每块叠石的刹石不应少于 4 个受力点，刹石不应外露。每层之间应补缝填陷，并灌 1：2 水泥砂浆。

2　假山、叠石和景石布置后的石块间缝隙，应先填塞、连接、嵌实，用 1：2 的水泥砂浆进行勾缝。勾缝应做到自然平整、无遗漏。明缝不应超过 2cm 宽，暗缝应凹入石面 1.5cm～2cm，砂浆干燥后色泽应与石料色泽相近。

3　跌水、山洞的山石长度不应小于 150cm，整

块大体量山石应稳定不得倾斜。横向挑出的山石后部配重不小于悬挑重量的2倍，压脚石应确保牢固，粘结材料应满足强度要求。辅助加固构件（银锭扣、铁爬钉、铁扁担、各类吊架等）承载力和数量应保证达到山体的结构安全及艺术效果要求，铁件表面应做防锈处理。

4 假山山洞的洞壁凹凸面不得影响游人安全，洞内应有采光，不得积水。

5 假山、叠石、布置临路侧、山洞洞顶和洞壁的岩面应圆润，不得带锐角。

6 登山道的走向应自然，踏步铺设应平整、牢固，高度以14cm～16cm为宜，除特殊位置外，高度不得大于25cm，宽度不应小于30cm。

7 溪流景石的自然驳岸的布置，应体现溪流的自然感，并与周边环境协调。汀步安置应稳固，面平整。设计无要求时，汀步边到边距不应大于30cm，高差不宜大于5cm。

8 壁峰不宜过厚，应采用嵌入墙体为主，与墙体脱离部分应有可靠排水措施。墙体内应预埋铁件钩托石块，保证稳固。

9 假山、叠石、外形艺术处理应石不宜杂、纹不宜乱、块不宜匀、缝不宜多，形态自然完整。

5.2.8 假山收顶工程应符合下列要求：

1 收顶的山石应选用体量较大、轮廓和体态富于特征的山石。

2 收顶施工应自后向前、由主及次、自上而下分层作业。每层高度宜为30cm～80cm，不得在凝固期间强行施工，影响胶结料强度。

3 顶部管线、水路、孔洞应预埋、预留，事后不得凿穿。

4 结构承重受力用石必须有足够强度。

5.2.9 置石的主要形式有特置、对置、散置、群置、山石器设等。置石工程应符合下列规定：

1 置石石材、石种应统一，整体协调。

2 置石的材质、色泽、造型应符合设计要求。

3 特置山石应符合下列要求：

1）应选择体量较大、色彩纹理奇特、造型轮廓突出、具有动势的山石；

2）石高与观赏距离应保持1∶2～1∶3之间；

3）单块高度大于120cm的山石与地坪、墙基贴接处应用混凝土窝脚，亦可采用整形基座或坐落在自然的山石面上。

4 对置山石应以两块山石为组合，互相呼应。宜立于建筑门前两侧或道路入口两侧。

5 散置山石应有疏有密，远近结合，彼此呼应，不可众石纷杂，凌乱无章。

6 群置山石应石之大小不等、石之间距不等、石之高低不等，应主从有别，宾主分明，搭配适宜。

5.3 园林理水工程

5.3.1 水景水池应按设计要求预埋各种预埋件，穿过池壁和池底的管道应采取防渗漏措施，池体施工完成后，应进行灌水试验。灌水试验方法应符合现行国家标准《给水排水构筑物工程施工及验收规范》GB 50141的规定。

5.3.2 水景管道安装应符合下列规定：

1 管道安装宜先安装主管，后安装支管，管道位置和标高应符合设计要求。

2 配水管网管道水平安装时，应有2‰～5‰的坡度坡向泄水点。

3 管道下料时，管道切口应平整，并与管中心垂直。

4 各种材质的管材连接应保证不渗漏。

5.3.3 水景潜水泵规格应符合设计规定，安装应符合下列规定：

1 潜水泵应采用法兰连接。

2 同组喷泉用的潜水水泵应安装在同一高程。

3 潜水泵轴线应与总管轴线平行或垂直。

4 潜水泵淹没深度小于50cm时，在泵吸入口处应加装防护网罩。

5 潜水泵电缆应采用防水型电缆，控制开关应采用漏电保护开关。

5.3.4 水景喷泉工程应符合安全使用要求，喷头规格和射程及景观艺术效果应符合设计规定。

5.3.5 浸入水中的电缆应采用24V低压水下电缆，水下灯具和接线盒应满足密封防渗要求。

5.3.6 瀑布、跌水工程的出水量应符合设计要求，下水应形成瀑布状，出水应均匀分布于出水周边，水流不得渗漏其他叠石部位，不得冲击种植槽内的植物，并应符合设计的景观艺术效果。

5.3.7 水景喷泉的喷头安装应符合下列规定：

1 管网应在安装完成试压合格并进行冲洗后，方可安装喷头。

2 喷头前应有长度不小于10倍喷头公称尺寸的直线管段或设整流装置。

3 确定喷头距水池边缘的合理距离，溅水不得溅至水池外面的地面上或收水线以内。

4 同组喷泉用喷头的安装形式宜相同。

5 隐蔽安装的喷头，喷口出流方向水流轨迹上不应有障碍物。

5.3.8 水景水池表面颜色、纹理、质感应协调统一，吸水率、反光度等性能良好，表面不易被污染，色彩与块面布置应均匀美观。

5.3.9 园林驳岸工程应符合下列规定：

1 园林驳岸地基应相对稳定，土质应均匀一致，防止出现不均匀沉降。持力层标高应低于水体最低水位标高50cm。基础垫层按设计要求施工，设计未提出明确要求时，基础垫层应为10cm厚C15混凝土。其宽度应大于基础底宽度10cm。

2 园林驳岸基础的宽度应符合设计要求，设计未提出明确要求的，基础宽度应是驳岸主体高度的3/5～4/5，压顶宽度最低不得小于36cm，砌筑砂浆应采用1：3水泥砂浆。

3 园林驳岸视其砌筑材料不同，应执行不同的砌筑施工规范。采用石材为砌筑主体的石材应配重合理、砌筑牢固，防止水托浮力使石材产生移位。

4 驳岸后侧回填土不得采用黏性土，并应按要求设置排水盲沟与雨水排水系统相连。

5 较长的园林驳岸，应每隔20m～30m设置变形缝，变形缝宽度应为1cm～2cm；园林驳岸顶部标高出现较大高程差时，应设置变形缝。

6 以石材为主体材料的自然式园林驳岸，其砌筑应曲折蜿蜒、错落有致、纹理统一，景观艺术效果符合设计规定。

7 规则式园林驳岸压顶标高距水体最高水位标高不宜小于50cm。

8 园林驳岸溢水口的艺术处理，应与驳岸主体风格一致。

5.4 园林设施安装工程

5.4.1 座椅（凳）、标牌、果皮箱的安装应符合下列规定：

1 座椅（凳）、标牌、果皮箱的质量应符合相关产品标准的规定，并应通过产品检验合格。

2 座椅（凳）、标牌、果皮箱材质、规格、形状、色彩、安装位置应符合设计要求，标牌的指示方向应准确无误。

3 座椅（凳）、标牌、果皮箱的安装方法应按照产品安装说明或设计要求进行。

4 安装基础应符合设计要求。

5 座椅（凳）、果皮箱应安装牢固无松动，标牌支柱安装应直立不倾斜，支柱表面应整洁无毛刺，标牌与支柱连接、支柱与基础连接应牢固无松动。

6 金属部分及其连接件应做防锈处理。

5.4.2 园林护栏应符合下列规定：

1 竹木质护栏、金属护栏、钢筋混凝土护栏、绳索护栏等均应属于维护绿地及具有一定观赏效果的隔栏。

2 护栏高度、形式、图案、色彩应符合设计要求。

3 金属护栏和钢筋混凝土护栏应设置基础，基础强度和埋深应符合设计要求；设计无明确要求时，高度在1.5m以下的护栏，其混凝土基础尺寸不应小于30cm×30cm×30cm；高度在1.5m以上的护栏，其混凝土基础尺寸不应小于40cm×40cm×40cm。

4 园林护栏基础采用的混凝土强度不应低于C20。

5 现场加工的金属护栏应做防锈处理。

6 栏杆之间、栏杆与基础之间的连接应紧实牢固。金属栏杆的焊接应符合国家现行相关标准的要求。

7 竹木质护栏的主桩下埋深度不应小于50cm。主桩的下埋部分应做防腐处理。主桩之间的间距不应大于6m。

8 栏杆空隙应符合设计要求，设计未提出明确要求的，宜为15cm以下。

9 护栏整体应垂直、平顺。

10 用于攀援绿化的园林护栏应符合植物生长要求。

5.4.3 绿地喷灌的喷头安装和调试应符合下列规定：

1 管网应在安装完成试压合格并进行冲洗后，方可安装喷头，喷头规格和射程应符合设计要求，洒水均匀，并符合设计的景观艺术效果。

2 绿地喷灌工程应符合安全使用要求，喷洒到道路上的喷头应进行调整。

3 喷头定位应准确，埋地喷头的安装应符合设计和地形的要求。

4 喷头高低应根据苗木要求调整，各接头无渗漏，各喷头达到工作压力。

6 工程质量验收

6.1 一 般 规 定

6.1.1 园林绿化工程的质量验收，应按检验批、分项工程、分部（子分部）工程、单位（子单位）工程的顺序进行。园林绿化工程的分项、分部、单位工程可按附录A进行划分。

6.1.2 园林绿化工程施工质量验收应符合下列规定：

1 参加工程施工质量验收的各方人员应具备规定的资格。

2 园林绿化工程的施工应符合工程设计文件的要求。

3 园林绿化工程施工质量应符合本规范及国家现行相关专业验收标准的规定。

4 工程质量的验收均应在施工单位自行检查评定的基础上进行。

5 隐蔽工程在隐蔽前应由施工单位通知有关单位进行验收，并应形成验收文件。

6 分项工程的质量应按主控项目和一般项目验收。

7 关系到植物成活的水、土、基质，涉及结构安全的试块、试件及有关材料，应按规定进行见证取样检测。

8 承担见证取样检测及有关结构安全检测的单

位应具有相应资质。

6.1.3 园林绿化工程物资的主要原材料、成品、半成品、配件、器具和设备必须具有质量合格证明文件，规格型号及性能检测报告，应符合国家现行技术标准及设计要求。植物材料、工程物资进场时应做检查验收，并经监理工程师核查确认，形成相应的检查记录。

6.1.4 工程竣工验收后，建设单位应将有关文件和技术资料归档。

6.2 质量验收

6.2.1 本规范的分项、分部、单位工程质量等级均应为“合格”。

6.2.2 检验批质量验收应符合下列规定：

1 主控项目和一般项目的质量经抽样检验应合格。

2 应具有完整的施工操作依据、质量检查记录。

6.2.3 分项工程质量验收应符合下列规定：

1 分项工程质量验收的项目和要求，应符合本规范附录B的规定。

2 分项工程所含的检验批，均应符合合格质量的规定。

3 分项工程所含的检验批的质量验收记录应完整。

6.2.4 分部（子分部）工程质量验收应符合下列规定：

1 分部（子分部）工程所含分项工程的质量均应验收合格。

2 质量控制资料应完整。

3 栽植土质量、植物病虫害检疫，有关安全及功能的检验和抽样检测结果应符合有关规定。

4 观感质量验收应符合要求。

6.2.5 单位（子单位）工程质量验收应符合下列规定：

1 单位（子单位）工程所含分部（子分部）工程的质量均应验收合格。

2 质量控制资料应完整。

3 单位（子单位）工程所含分部工程有关安全和功能的检测资料应完整。

4 观感质量验收应符合要求。

5 乔灌木成活率及草坪覆盖率应不低于95%。

6.2.6 园林绿化工程的检验批、分项工程、分部（子分部）工程的质量验收记录应符合本规范附录C的规定。

6.2.7 园林绿化单位（子单位）工程质量竣工验收报告应符合本规范附录D的规定。

6.2.8 当园林绿化工程质量不符合要求时，应按下列规定进行处理：

1 经返工或整改处理的检验批应重新进行验收。

2 经有资质的检测单位检测鉴定能够达到设计要求的检验批，应予以验收。

3 经有资质的检测单位检测鉴定达不到设计要求，但经原设计单位和监理单位认可能够满足植物生长要求、安全和使用功能的检验批，可予以验收。

4 经返工或整改处理的分项、分部工程，虽然降低质量或改变外观尺寸但仍能满足安全使用、基本的观赏要求并能保证植物成活，可按技术处理方案和协商文件进行验收。

6.2.9 通过返修或整改处理仍不能保证植物成活、基本的观赏和安全要求的分部工程、单位（子单位）工程，严禁验收。

6.3 质量验收的程序和组织

6.3.1 检验批和分项工程的验收，应符合下列规定：

1 施工单位首先应对检验批和分项工程进行自检。自检合格后填写检验批和“分项工程质量验收记录”，施工单位项目机构专业质量检验员和项目专业技术负责人应分别在验收记录相关栏目签字后向监理单位或建设单位报验。

2 监理工程师组织施工单位专业质检员和项目专业技术负责人共同按规范规定进行验收并填写验收结果。

6.3.2 分部（子分部）工程的验收，应符合下列规定：

1 分部（子分部）工程验收应在各检验批和所有分项工程验收完成后进行验收；应在施工单位项目专业技术负责人签字后，向监理单位或建设单位进行报验。

2 总监理工程师（建设单位项目负责人）应组织施工单位项目负责人和项目技术、质量负责人及有关人员进行验收。

3 勘察、设计单位项目负责人，应参加园林建构筑的地基基础、主体结构工程分部（子分部）工程验收。

6.3.3 单位工程的验收，应在分部工程验收完成后，施工单位依据质量标准、设计文件等组织有关人员进行自检、评定，并确认下列要求：

1 已完成工程设计文件和合同约定的各项内容。

2 工程使用的主要材料、构配件和设备有进场试验报告。

3 工程施工质量符合规范规定。分项、分部工程检查评定合格符合要求后，施工单位向监理单位或建设单位提交工程质量竣工验收报告和完整质量资料，由监理单位或建设单位组织预验收。

6.3.4 单位工程竣工验收，应由建设单位负责人或项目负责人组织设计、施工单位负责人或项目负责人及施工单位的技术、质量负责人和监理单位总监理工程师均应参加验收，有质量监督要求的，应请质量监督部门参加，并形成验收文件。

6.3.5 单位工程有分包单位施工时，分包单位对所承包的工程项目，应按本规范规定的程序验收，总包单位派人参加。分包工程完成后，应将有关资料交总包单位。

6.3.6 在一个单位工程中，其中子单位工程已经完工，且满足生产要求或具备使用条件，施工单位、监理单位已经预验收合格，对该子单位工程，建设单位可组织验收；由几个施工单位负责施工的单位工程，其中的施工单位负责的子单位工程已按设计文件完成并自检及监理预验收合格，也可按规定程序组织验收。

6.3.7 当参加验收各方对工程质量验收意见不一致时，可请当地园林绿化工程建设行政主管部门或园林绿化工程质量监督机构协调处理。

6.3.8 单位工程验收合格后，建设单位应在规定时间内将工程竣工验收报告和有关文件，报园林绿化行政主管部门备案。

附录A 园林绿化单位（子单位）工程、分部（子分部）工程、分项工程划分

表A 园林绿化单位（子单位）工程、分部（子分部）工程、分项工程划分

单位（子单位）工程	分部（子分部）工程		分项工程
绿化工程	栽植基础工程	栽植前土壤处理	栽植土、栽植前场地清理、栽植土回填及地形造型、栽植土施肥和表层整理
		重盐碱、重黏土地土壤改良工程	管沟、隔淋（渗水）层开槽、排盐（水）管敷设、隔淋（渗水）层
		设施顶面栽植基层（盘）工程	耐根穿刺防水层、排蓄水层、过滤层、栽植土、设施障碍性面层栽植基盘
		坡面绿化防护栽植基层工程	坡面绿化防护栽植层工程（坡面整理、混凝土格构、固土网垫、格栅、土工合成材料、喷射基质）
		水湿生植物栽植槽工程	水湿生植物栽植槽、栽植土
	栽植工程	常规栽植	植物材料、栽植穴（槽）、苗木运输和假植、苗木修剪、树木栽植、竹类栽植、草坪及草本地被播种、草坪及草本地被分栽、铺设草块及草卷、运动场草坪、花卉栽植
		大树移植	大树挖掘及包装、大树吊装运输、大树栽植
		水湿生植物栽植	湿生类植物、挺水类植物、浮水类植物、栽植
		设施绿化栽植	设施顶面栽植工程、设施顶面垂直绿化
		坡面绿化栽植	喷播、铺植、分栽
	养护	施工期养护	施工期的植物养护（支撑、浇灌水、裹干、中耕、除草、浇水、施肥、除虫、修剪抹芽等）
园林附属工程	园路与广场铺装工程		基层，面层（碎拼花岗岩、卵石、嵌草、混凝土板块、侧石、冰梅、花街铺地、大方砖、压膜、透水砖、小青砖、自然石块、水洗石、透水混凝土面层）
	假山、叠石、置石工程		地基基础、山石拉底、主体、收顶、置石
	园林理水工程		管道安装、潜水泵安装、水景喷头安装
	园林设施安装		座椅（凳）、标牌、果皮箱、栏杆、喷灌喷头等安装

附录B 园林绿化分项工程质量验收项目和要求

表B 园林绿化分项工程质量验收项目和要求

序号	分项工程名称	主控项目	一般项目	检验方法	检查数量
1	栽植土	4.1.3条第1、2、3款	4.1.1条、4.1.3条第4、5款	经有资质检测单位测试	每$500m^3$或$2000m^2$为一检验批，随机取样5处，每处100g组成一组试样。$500m^3$或$2000m^2$以下，取样不少于3处
2	栽植前场地清理	4.1.4条第2、4款	4.1.4条第5、6款	观察、测量	$1000m^2$检查3处，不足$1000m^2$检查不少于1处
3	栽植土回填及地形造型	4.1.5条第2、4款	4.1.5条第3、5、6款	经纬仪、水准仪、钢尺测量	$1000m^2$检查3处，不足$1000m^2$检查不少于1处
4	栽植土施肥和表层整理	4.1.6条第1款	4.1.6条第2款	试验、检测报告、观察、尺量	$1000m^2$检查3处，不足$1000m^2$检查不少于1处
5	栽植穴、槽	4.2.3条第1款、4.2.4条、4.2.6条	4.2.5条、4.2.7条、4.2.8条	观察、测量	100个穴检查20个，不足20个全数检查
6	植物材料	4.3.1条、4.3.2条	4.3.3条、4.3.4条	观察、量测	每100株检查10株，少于20株，全数检查。草坪、地被、花卉按面积抽查10%，$4m^2$为一点，至少5个点，$\leqslant 30m^2$全数检查
7	苗木运输和假植	4.4.3条、4.4.6条	4.4.4条、4.4.5条、4.4.7条	观察	每车按20%的苗株进行检查
8	苗木修剪	4.5.4条第1、2款	4.5.4条第3、4、5款	观察、测量	100株检查10株，不足20株的全数检查
9	树木栽植	4.6.1条第2、6、7、10款	4.6.1条第3、4、5、8款、4.6.4条、4.6.5条	观察、测量	100株检查10株，少于20株的全数检查。成活率全数检查
10	浇灌水	4.6.2条第1、2、4款	4.6.2条第3、5、6款	测试及观察	100株检查10株，不足20株的全数检查
11	支撑	4.6.3条第2、3款	4.6.3条第4、5、6款	晃动支撑物	每100株检查10株，不足50株的全数检查
12	大树挖掘包装	4.7.3条第2款中的3)、4)	4.7.3条第2款中的5)、6)、7)	观察、尺量	全数检查
13	大树吊装运输	4.7.4条第1、2款	4.7.4条第3、4款	观察	全数检查
14	大树栽植	4.7.5条第1、2、5款	4.7.5条第3、4、6、7、8款	观察、尺量	全数检查
15	草坪和草本地被播种	4.8.1条第2、5、6、7款、4.8.5条	4.8.1条第1、3、4款	观察、测量及种子发芽试验报告	$500m^2$检查3处，每点面积为$4m^2$，不足$500m^2$检查不少于2处

续表B

序号	分项工程名称	主控项目	一般项目	检验方法	检查数量
16	喷播种植	4.13.3条第2、3款	4.13.3条第4、5、6款	检查种子覆盖料及土壤稳定剂合格证明，观察	1000m² 检查3处，每点面积为16m²，不足1000m²检查不少于2处
17	草坪和草本地被分栽	4.8.2条第3、4款、4.8.5条	4.8.2条第5、6款	观察、尺量	500m² 检查3处，每点面积为4m²，不足500m² 检查不少于2处
18	铺设草块和草卷	4.8.3条第4、7、8款、4.8.5条	4.8.3条第5、6款	观察、尺量查看施工记录	500m² 检查3处，每点面积为4m²，不足500m² 检查不少于2处
19	运动场草坪	4.8.4条第1、2、3款、4.8.5条	4.8.4条第4、5、6款	测量、环刀取样、观测	500m² 检查3处，不足500m² 检查不少于2处
20	花卉栽植	4.9.2条第1、2、5款	4.9.2条第3、4款	观察、尺量	500m² 检查3处，每点面积为4m²，不足500m² 检查不少于2处
21	水湿生植物栽植槽	4.10.3条第1、2款	4.10.3条第3款	材料检测报告、观察、尺量	100m² 检查3处，不足100m² 检查不少于2处
22	水湿生植物栽植	4.10.2条、4.10.4条	4.10.6条、4.10.7条	测试报告及栽植数、成活数记录报告	500m² 检查3处，不足500m² 检查不少于2处
23	竹类栽植	4.11.3条、4.11.6条第1、2、3款	4.11.4条、4.11.5条、4.11.6条第5、6款、4.11.7条	观察、尺量	100株检查10株，不足20株全数检查
24	耐根穿刺防水层	4.12.4条第1款1)、4)、6)	4.12.4条第1款2)、3)、5)、7)	观察、尺量	每50延米检查1处，不足50延米全数检查
25	排蓄水层	4.12.4条第2款1)、2)	4.12.4条第2款4)、5)	观察、尺量	每50延米长检查1处，不足50延米长全数检查
26	过滤层	4.12.4条第3款1)2)、3)	4.12.4条第3款	观察、尺量	每50延米长检查1处，不足50延米长全数检查
27	设施障碍性面层栽植基盘	4.12.5条第1、2款	4.12.5条第3款	观察、尺量	100m² 检查3处，不足100m² 检查不少于2处
28	设施顶面栽植工程	4.12.6条第6、7、8款	4.12.6条第9、10款	观察、尺量	100m² 检查3处，不足100m² 检查不少于2处
29	设施立面垂直绿化	4.12.7条第1、4款	4.12.7条第2、3、5款	观察、尺量	100株检查10株，不足20株全数检查
30	坡面绿化防护栽植层工程	4.13.2条第1、2款	4.13.2条第3款	观察、照片分析、尺量	500m² 检查3处，不足500m² 检查不少于2处
31	排盐（渗水）管沟隔淋（渗水）层开槽	4.14.3条第1款1)、2)	4.14.3条第1款3)	测量	1000m² 检查3个点，不足1000m² 检查不少于2个点
32	排盐（渗水）管敷设	4.14.3条第2款1)、2)、3)	4.14.3条第2款4)、5)、6)	测量	200m检查3个点，不足200m，检查不少于2个点

续表B

序号	分项工程名称	主控项目	一般项目	检验方法	检查数量
33	隔淋（渗水)层	4.14.3 条第 3 款 1)、2)	4.14.3 第 3 款 3)、4)	测量	$1000m^2$ 检查 3 个点，不足 $1000m^2$ 检查不少于 2 个点
34	施工期植物养护	4.15.2 条第 1、2、3、5、8 款	4.15.2 条第 4、6、7 款、4.15.4 条	检查施工日志、观察	$1000m^2$ 检查 3 处，$1000m^2$ 以下检查不少于 2 处，每处面积不小于 $50m^2$
35	碎拼花岗岩面层	5.1.1 条	5.1.2 条、5.1.14 条	靠尺、楔形塞尺、量测	$200m^2$ 检查 3 处，不足 $200m^2$ 检查不少于 1 处
36	卵石面层	5.1.1 条	5.1.3 条、5.1.14 条	靠尺、楔形塞尺，量测	$200m^2$ 检查 3 处，不足 $200m^2$ 检查不少于 1 处
37	嵌草地面	5.1.1 条	5.1.4 条、5.1.14 条	观察、尺量	$200m^2$ 检查 3 处，不足 $200m^2$ 检查不少于 1 处
38	水泥花砖混凝土板块面层	5.1.1 条	5.1.5 条、5.1.14 条	拉 5m 线、靠尺、楔形尺，量测	$200m^2$ 检查 3 处，不足 $200m^2$ 检查不少于 1 处
39	侧石安装	5.1.1 条	5.1.15 条、5.1.14 条	水准仪、尺量、观察	100 延米检查 3 处，不足 100 延米检查不少于 1 处
40	冰梅面层	5.1.1 条	5.1.6 条、5.1.14 条	靠尺、楔形塞尺，量测	$200m^2$ 检查 3 处，不足 $200m^2$ 检查不少于 1 处
41	花街铺地面层	5.1.1 条	5.1.7 条、5.1.14 条	观察、尺量	$200m^2$ 检查 3 处，不足 $200m^2$ 检查不少于 1 处
42	大方砖面层	5.1.1 条	5.1.8 条、5.1.14 条	拉 5m 线、靠尺、楔形塞尺，量测	$200m^2$ 检查 3 处，不足 $200m^2$ 检查不少于 1 处
43	压模面层	5.1.1 条	5.1.9 条、5.1.14 条	靠尺、楔形塞尺，量测	$200m^2$ 检查 3 处，不足 $200m^2$ 检查不少于 1 处
44	透水砖面层	5.1.1 条	5.1.10 条、5.1.14 条	5m 拉线、靠尺、楔形塞尺，量测	$200m^2$ 检查 3 处，不足 $200m^2$ 检查不少于 1 处
45	小青砖（黄道砖)面层	5.1.1 条	5.1.11 条、5.1.14 条	拉 5m 线、靠尺、观察，量测	$200m^2$ 检查 3 处，不足 $200m^2$ 检查不少于 1 处
46	自然块石面层	5.1.1 条	5.1.12 条、5.1.14 条	拉 5m 线、靠尺、观察，量测	$200m^2$ 检查 3 处，不足 $200m^2$ 检查不少于 1 处
47	水洗石面层	5.1.1 条	5.1.13 条、5.1.14 条	靠尺、楔形塞尺，量测	$200m^2$ 检查 3 处，不足 $200m^2$ 检查不少于 1 处
48	假山、叠石、置石工程	5.2.4 条、5.2.5 条、5.2.6 条、5.2.7 条第 4、5 款	5.2.7 条第 1、2、3、6、7、8、9 款、5.2.8 条、5.2.9 条	观察、尺量、锤击、查阅资料	假山叠石主体工程以一座叠石为一检验批，或以每 20 延米长为一检验批，全数检查
49	水景管道安装	5.3.2 条第 1、4 款	5.3.2 条第 2、3 款	观察、测量	50 延米检查 3 处，不足 50 延米检查不少于 2 处
50	水景潜水泵安装	5.3.3 条第 1、3 款	5.3.3 条第 2、4、5 款	观察、测量	全数检查

续表 B

序号	分项工程名称	主控项目	一般项目	检验方法	检查数量
51	水景喷泉的喷头安装	5.3.7 条第 1、2 款	5.3.7 条第3、4、5 款	观察、测量	全数检查
52	座椅（凳）、标牌、果皮箱安装	5.4.1 条第 1、2、5、6 款	5.4.1 条第 3、4 款	手动、观察	全数检查
53	园林护栏	5.4.2 条第 3、4、5、6、7 款	5.4.2 条第 1、8、9 款	观察、手动、尺量	100 延米检查 3 处，不足 100 延米检查不少于 2 处
54	喷灌喷头安装	5.4.3 条第 1、3 款	5.4.3 条第 2、4 款	手动、观察、尺量	全数检查

附录 C　检验批、分项工程、分部(子分部)工程质量验收记录

C.0.1　检验批质量验收记录应符合表 C.0.1 的规定。

表 C.0.1　检验批质量验收记录

单位工程名称		分项工程名称		验收部位	
施工单位		专业工长		项目负责人	
施工执行标准名称及编号					
分包单位		分包负责人		施工班组长	
	质量验收规范的规定		施工单位检查评定结果		监理单位验收记录
主控项目	1				
	2				
	3				
	4				
	5				
	6				
	7				
	8				
一般项目	1				
	2				
	3				
	4				
施工单位检查评定结果	项目专业质量检验：　年　月　日				
监理(建设)单位验收记录	监理工程师： (建设单位项目专业技术负责人)　年　月　日				

C.0.2 分项工程质量验收记录应符合表 C.0.2 的规定。

表 C.0.2 分项工程质量验收记录

单位 工程名称				检验批数	
施工单位		项目负责人		项目技术 负责人	
分包单位		分包单位 负责人		分包 项目负责人	

序号	检验批部位、 单项、区段	施工单位 检查评定结果	监理（建设）单位 验收结论
1			
2			
3			
4			
5			
6			
7			
8			
9			
10			
11			
12			
13			
14			
15			

检查结论	项目专业 技术负责人： 年　月　日	验收结论	监理工程师： （建设单位项目专业技术负责人） 年　月　日

C.0.3 分部(子分部)工程质量验收记录应符合表 C.0.3 的规定。

表 C.0.3 分部(子分部)工程质量验收记录

工程名称					
施工单位		技术部门负责人		质量部门负责人	
分包单位		分包单位负责人		分包技术负责人	
序号	分项工程名称	施工单位检查意见		验收意见	
1					
2					
3					
4					
5					
6					
质量控制资料					
结构实体检验报告					
观感质量验收					
验收单位	分包单位	项目经理		年 月 日	
	施工单位	项目经理		年 月 日	
	设计单位	项目负责人		年 月 日	
	监理(建设)单位	总监理工程师 (建设单位项目专业负责人)		年 月 日	

附录D 园林绿化单位(子单位)工程质量竣工验收报告

D.0.1 园林绿化单位(子单位)工程质量竣工验收报告应符合表D.0.1的规定。

表D.0.1 园林绿化单位(子单位)工程质量竣工验收报告

工程名称					
施工单位		技术负责人		开工日期	
项目负责人		项目技术负责人		竣工日期	
工程概况					
工程造价 工作量	万元		构筑物面积	m^2	
			绿化面积	m^2	
本次竣工验收工程概况描述：					

D.0.2 单位(子单位)工程质量竣工验收记录应符合表D.0.2的规定。

表D.0.2 单位(子单位)工程质量竣工验收记录

工程名称					
施工单位		技术负责人		开工日期	
项目负责人		项目技术负责人		竣工日期	
序号	项目	验收记录			验收结论
1	分部工程	共 分部，经查 分部 符合标准及设计要求 分部			
2	质量控制资料核查	共 项，经审查符合要求 项 经核定符合规范要求 项			
3	安全和主要使用功能及涉及植物成活要素核查及抽查结果	共核查 项，符合要求 项，共抽查 项，符合要求 项，经返工处理符合要求 项			
4	观感质量验收	共抽查 项，符合要求 项，不符合要求 项			
5	植物成活率	共抽查 项，符合要求 项，不符合要求 项			
6	综合验收结论				
参加验收单位	建设单位 (公章)	监理单位 (公章)	施工单位 (公章)	勘察、设计单位(公章)	
	单位(项目)负责人： 年 月 日	总监理工程师： 年 月 日	单位负责人： 年 月 日	单位(项目)负责人： 年 月 日	

D.0.3 单位(子单位)工程质量控制资料核查记录应符合表D.0.3的规定。

表D.0.3 单位(子单位)工程质量控制资料核查记录

<table>
<tr><th>序号</th><th>项目</th><th>资料名称</th><th>份数</th><th>核查意见</th><th>核查人</th></tr>
<tr><td>1</td><td rowspan="5">绿化工程</td><td>图纸会审、设计变更、洽商记录、定点放线记录</td><td></td><td></td><td rowspan="5"></td></tr>
<tr><td>2</td><td>园林植物进场检验记录以及材料、配件出厂合格证书和进场检验记录</td><td></td><td></td></tr>
<tr><td>3</td><td>隐蔽工程验收记录及相关材料检测试验记录</td><td></td><td></td></tr>
<tr><td>4</td><td>施工记录</td><td></td><td></td></tr>
<tr><td>5</td><td>分项、分部工程质量验收记录</td><td></td><td></td></tr>
<tr><td>1</td><td rowspan="13">园林附属工程</td><td>图纸会审、设计变更、洽商记录</td><td></td><td></td><td rowspan="13"></td></tr>
<tr><td>2</td><td>工程定位测量、放线记录</td><td></td><td></td></tr>
<tr><td>3</td><td>原材料出厂合格证书及进场检(试)验报告</td><td></td><td></td></tr>
<tr><td>4</td><td>施工试验报告及见证检测报告</td><td></td><td></td></tr>
<tr><td>5</td><td>隐蔽工程验收记录</td><td></td><td></td></tr>
<tr><td>6</td><td>施工记录</td><td></td><td></td></tr>
<tr><td>7</td><td>预制构件</td><td></td><td></td></tr>
<tr><td>8</td><td>地基基础</td><td></td><td></td></tr>
<tr><td>9</td><td>管道、设备强度试验、严密性实验记录</td><td></td><td></td></tr>
<tr><td>10</td><td>系统清洗、灌水、通水实验记录</td><td></td><td></td></tr>
<tr><td>11</td><td>分项、分部工程质量验收记录</td><td></td><td></td></tr>
<tr><td>12</td><td>工程质量事故及事故调查处理资料</td><td></td><td></td></tr>
<tr><td>13</td><td>新材料、新工艺施工记录</td><td></td><td></td></tr>
<tr><td colspan="3">结论：

施工单位项目负责人：
年　月　日</td><td colspan="3">结论：

总监理工程师：
(建设单位项目负责人)
年　月　日</td></tr>
</table>

D.0.4 单位(子单位)工程安全功能和植物成活要素检验资料核查及主要功能抽查记录应符合表D.0.4的规定。

表D.0.4 单位(子单位)工程安全功能和植物成活要素检验资料核查及主要功能抽查记录

工程名称			施工单位		
序号	安全和功能检查项目	份数	核查意见	抽查结果	核(抽)查人
1	有防水要求的淋(蓄)水试验记录				
2	山石牢固性检查记录				
3	喷泉水景效果检查记录				
4	排盐(渗水)管道通水试验记录				
5	土壤理化性质检测报告				
6	水理化性质检测报告				
7	种子发芽试验记录				
结论: 施工单位项目负责人: 年 月 日		总监理工程师: (建设单位项目负责人) 年 月 日			

注:抽查项目由验收组协商确定。

D.0.5 单位(子单位)工程观感质量检查记录应符合表D.0.5的规定。

表D.0.5 单位(子单位)工程观感质量检查记录

序号	项目		抽查质量状况										质量评价		
													好	一般	差
1	绿化工程	绿地的平整度及造型													
2		生长势													
3		植株形态													
4		定位、朝向													
5		植物配置													
6		外观效果													
1	园林附属工程	园路:表面洁净													
2		色泽一致													
3		图案清晰													
4		平整度													
5		曲线圆滑													
6		假山、叠石:色泽相近													
7		纹理统一													
8		形态自然完整													
9		水景水池:颜色、纹理、质感协调统一													
10		设施安装:防锈处理、色泽鲜明、不起皱皮及疙瘩													
观感质量综合评价															
检查结论	施工单位项目负责人签字: 年 月 日						总监理工程师签字: (建设单位项目负责人) 年 月 日								

注:质量评价为差的项目,应进行返修。

D. 0. 6 单位(子单位)工程植物成活覆盖率统计记录 应符合表 D. 0. 6 的规定。

表 D. 0. 6 单位(子单位)工程植物成活覆盖率统计记录

工程名称			施工单位		
序号	植物类型	种植数量	成活覆盖率	抽查结果	核(抽)查人
1	常绿乔木				
2	常绿灌木				
3	绿篱				
4	落叶乔木				
5	落叶灌木				
6	色块(带)				
7	花卉				
8	藤本植物				
9	水湿生植物				
10	竹子				
11	草坪				
12	地被				
13					
14					
15					
16					
结论： 施工单位项目负责人签字： 年 月 日			总监理工程师签字： (建设单位项目负责人) 年 月 日		

注：树木花卉按株统计；草坪按覆盖率统计。抽查项目由验收组协商确定。

本规范用词说明

1 为便于在执行本规范条文时区别对待，对要求严格程度不同的用词说明如下：

1) 表示很严格，非这样不可的：
正面词采用“必须”，反面词采用“严禁”；

2) 表示严格，在正常情况均应这样做的：
正面词采用“应”，反面词采用“不应”和“不得”；

3) 表示允许稍有选择，在条件许可时，首先应这样做的：
正面词采用“宜”，反面词采用“不宜”；

4) 表示允许有选择，在一定条件下可以这样做的，采用“可”。

2 在条文中指明应按其他有关标准执行的写法为“应符合……规定”或“应按……执行”。

引用标准名录

1 《给水排水构筑物工程施工及验收规范》GB 50141

2 《农田灌溉水质标准》GB 5084

中华人民共和国行业标准

园林绿化工程施工及验收规范

CJJ 82—2012

条 文 说 明

修 订 说 明

《园林绿化工程施工及验收规范》CJJ 82－2012，经住房和城乡建设部2012年12月24日以第1559号公告批准、发布。

本规范是在《城市绿化工程施工及验收规范》CJJ/T 82－99的基础上修订而成。上一版的主编单位是天津市园林局，主要起草人员是陈威、孙义干、王立新等人。

本次标准修订工作，针对城市园林绿化工程的实际情况进行调研，广泛收集资料，参考各省市园林绿化工程施工的经验和技术总结，吸纳当前国内外关于城市园林绿化工程施工及验收方面的成功经验和先进技术，充分发挥各参编单位的智慧，广泛征询园林行业专家意见，使修订后的技术规范更加合理、全面，形成具有先进性、科学性、实用性、可操作性的标准。

为便于广大设计、施工、科研、学校等单位有关人员在使用本规范时能正确理解和执行条文规定，《园林绿化工程施工及验收规范》编制组按章、节、条顺序编制了本规范的条文说明，对条文规定的目的、依据以及执行中需注意的有关事项进行了说明，还着重对强制性条文的强制性理由作出了解释。但是本条文说明不具备与规范正文同等的法律效力，仅供使用者作为理解和把握规范规定的参考。

目　次

1 总 则

1.0.1 园林绿化工程是现代化城市建设的重要内容。为了适应市场经济发展的需要，规范统一园林绿化工程施工及质量验收行为，执行国家法律、法规，依法进行施工。按照园林绿化工程的客观规律，使工程施工质量的全过程都处于受控状态，使园林绿化工程施工和管理进一步标准化、规范化、程序化。

1.0.2 本规范适用于城乡公园绿地、防护绿地、附属绿地及其他绿地新建、改建、扩建的工程施工及质量验收。各类绿地的具体内容可详见《城市绿地分类标准》CJJ/T 85－2002。

1.0.3 园林绿化工程的内容较多，除本规范规定的绿化栽植及附属工程等内容以外，尚包括园林建、构筑物，给水排水，供电照明工程等，所以除了符合本规范外，尚应遵守其相关标准和相关的强制性标准的规定。

2 术 语

本章共有14条术语，均系本规范有关章节所引用的。所列术语是从本规范的角度赋予其涵义的，涵义不一定是术语的定义，主要说明本术语所指的工程内容的涵义。同时，对中文术语还给出了相应的推荐性英文术语，该英文术语不一定是国际上的标准术语，仅供参考。

3 施工准备

3.0.1 园林绿化工程施工程序分为施工准备阶段、施工阶段、工程竣工验收阶段、养护阶段。当施工合同签订后，施工单位首先应建立施工现场项目管理机构，施工人员应具备相应资格、资质。建立健全质量、技术、安全、文明施工管理体系及各项管理制度，并配备满足施工质量需要的检测工具，使施工管理进一步规范化、科学化。

3.0.2 施工单位在施工准备阶段组织有关施工人员熟悉、审查施工图，才能掌握设计意图，参加设计交底。了解工程的重点和难点，加强工程质量管理。发现施工图缺陷时，可即时向有关方面提出建议，加以改进，使工程质量事前得到控制。通过熟悉了解施工图，才能编制好施工组织设计，对工程项目进行质量、进度、投资控制及加强合同、信息、安全和文明施工的管理，搞好现场施工协调工作。

3.0.3 施工人员了解施工合同，才能掌握建设单位对工期、质量、投资控制的要求。了解现场，便于掌握地上、地下障碍物情况、绿化种植的土壤情况，现场路通、水通、电通及施工现场平整的状况以及安排生产、生活设施的地点位置。

3.0.4 工程定位是园林绿化工程施工的先决条件，施工单位进场时应编制测量控制方案。根据建设单位提供的现场工程控制点及坐标控制，建立测量控制网，设置永久性的经纬坐标及水平基桩，并保护好原工程控制点及控制坐标。

4 绿化工程

4.1 栽植基础

4.1.1 土壤是园林植物生长的基础，在施工前进行土壤化验，根据化验结果，采取相应措施，改善土壤理化性质。土壤有效土层厚度影响园林植物的根系生长和成活，必须满足其生长成活的最低土层厚度。

4.1.2 绿化栽植的土壤含有害的成分（特别是化学成分）以及栽植层下有不透水层，影响植物根系生长或造成死亡，土壤中有害物质必须清除，不透水层影响园林植物扎根及土壤通气情况，必须进行处理，达到通透。

4.1.3 园林植物栽植土的理化性质影响园林植物的生长，根据各主要城市园林施工的实践，确定了栽植土的理化性质的主要标准。由于区域性比较复杂，理化性质差异性较大，可根据各地情况执行当地标准。

4.1.4～4.1.6 园林植物栽植前必须对栽植场地进行整理，并在栽植土回填、造型、表层土整理等施工过程中进行质量控制。

4.2 栽植穴、槽的挖掘

4.2.1～4.2.3 为防止挖掘栽植穴、槽时，损坏地下管线等设施，所以事先必须向有关部门了解地下管网情况。同时，栽植穴、槽与各种管线应保持一定距离，既不影响树木正常生长，又不造成地下管线损坏。栽植穴、槽的定点放线必须符合设计要求。

4.2.4、4.2.5 栽植穴、槽的规格主要根据苗木的土球和根幅的大小再加大40cm～60cm，确定为穴的直径。穴深为穴径的3/4～4/5，既保证苗木生长需要，也便于施工操作。

4.2.6～4.2.8 栽植穴、槽底部的不透水层，土壤干燥的穴、槽，土壤密实度较大的栽植穴、槽的技术处理措施。

4.3 植物材料

4.3.1 植物材料的质量直接影响景观效果，其品种规格必须符合设计要求，是工程质量控制的关键。

4.3.2 植物材料带有病虫害影响苗木质量，易引起扩散，为防止危险病虫害的传入，必须对国外及外省市的苗木进行检疫，有检疫证明。

4.3.3、4.3.4 苗木的外在质量主要表现为姿态和生长势、冠形、土球、裸根苗的根幅及病虫害等方面，作为验收的依据及验收时允许的规格偏差。

4.4 苗木运输和假植

4.4.1、4.4.2 苗木运输时，应核对品种、数量做到随运随栽，才能提高栽植成活率。

4.4.3 苗木运输的起吊设备和车辆涉及安全问题，必须满足苗木起吊、运输的要求。

4.4.4、4.4.5 裸根苗及带土球苗木运输的注意事项和要求。

4.4.6 苗木晾晒时间过长、易失水，影响成活率，当天不能栽植，所以应进行假植。

4.4.7 苗木根部暴露时间过长，影响其栽植成活率，提出了苗木假植的方法及注意事项。

4.5 苗木修剪

4.5.1 免修剪栽植能使树木得到较好的景观，应积极推广，但苗木挖掘时，当根系受到损伤，栽植前对苗木的根部和树冠进行适当修剪，可促进生长，提高栽植成活率。

4.5.2、4.5.3 正确执行乔木、花灌木、藤本等各类苗木修剪的原则、方法，促进苗木生长，提高景观效果。

4.5.4、4.5.5 规定了苗木修剪的质量要求及非栽植季节栽植树木的修剪方法。

4.6 树木栽植

4.6.1 树木栽植的注意事项及质量控制的要求，是提高树木成活率的保证。

4.6.2、4.6.3 树木栽植后及时做围堰、支撑、浇水才能提高栽植成活率。树木浇水时，必须保持水质，华北地区树木栽植后，一般浇三遍水进行封穴，南方地区树木栽植浇水后，可视天气情况进行浇水。

4.6.4、4.6.5 非种植季节栽植树木时，成活率较低，必须带土球栽植，必须采取疏枝、强剪、摘叶、断根、容器假植等措施，才能提高栽植成活率。干旱地区树木栽植时，可进行浸穴、苗木根部用生根激素处理等措施。

4.6.6 广场、人行道栽植树木的树池因践踏的频率较高，土壤密实度加大，不利树木生长，必须铺设透气铺装，加设护栏。

4.7 大树移植

4.7.1 胸径20cm以上乔木及株高6m以上的针叶常绿树，树冠、根幅都较大，树木的挖掘、包装、运输、栽植、养护等施工技术都不同于一般常规树木栽植，根据各地园林部门施工经验，划为大树移植范围。

4.7.2 大树移植的施工工艺较为复杂，要求移植前进行调查研究，制订移植技术方案，做好各种准备工作确保大树移植成活。

4.7.3、4.7.4 大树移植时的土球、土台的体积较大，必须进行软包装或箱板包装。运输时的吊装设备、车辆应满足其需要，严防发生安全事故。规定了大树挖掘及运输时注意事项。

4.7.5 落实移植大树的栽植、养护每个工序的质量控制，是确保大树移植成活的关键。

4.8 草坪及草本地被栽植

4.8.1 草坪、地被播种必须注意做好种子的处理、土壤处理、喷水等施工工艺及施工过程中的注意事项和质量控制的要求。

4.8.2、4.8.3 做好草坪和草本地被分栽、铺设草块、草卷的各项工序控制才能保证草坪的质量。

4.8.4 运动场草坪的排水层、渗水层、根系层、草坪层的工艺要求及检验方法和允许偏差，是运动草坪的质量保证。

4.8.5 草坪、地被播种、分栽、草块、草卷铺设各类草坪、草本地被建植的总体质量要求。

4.9 花卉栽植

4.9.1 花卉栽植，必须首先进行定点放线，确定各种花卉栽植的位置，才能达到栽植后层次分明，保证花卉的栽植景观效果。

4.9.2 花卉栽植的质量主要考核其规格、品种、植株生长势、栽植地和土壤整理、栽植配置及其成活率。

4.9.3～4.9.5 各种花坛花境栽植花卉时的施工工艺及花卉栽植后及时浇水及栽植的质量要求。

4.10 水湿生植物栽植

4.10.1 水湿生植物没有合适的水深难以生存，水湿生植物栽植后，必须满足最适水深的需要。

4.10.2 栽植土和肥料易造成水质污染，应加以防止。

4.10.3 栽植池（槽）的施工工艺有别于池塘栽植，应按设计要求进行施工。

4.10.4 水湿生植物栽植应按照设计要求施工，才能保证质量和景观效果。

4.10.5 水湿生植物的病虫害药物防治易造成水质污染，应予以防止，提倡生物和物理防治。

4.10.6、4.10.7 水湿生植物栽植后，应严格控制水位，防止水位不当，造成窒息死亡，并对成活率提出具体要求。

4.11 竹类栽植

4.11.1、4.11.2 选择植株健壮、根系发育良好，一、二年生的竹苗，栽植后成活率高、生长势好。由于各地自然条件差别大，栽植时间可不作统一要求。

4.11.3、4.11.4 根据散生竹、丛生竹的特性，进行竹苗挖掘，并应达到其规格要求。竹苗在运输过程中，应进行覆盖，注意根部保鲜，严防失水，影响栽植成活。

4.11.5、4.11.6 竹苗栽植前的修剪要求及栽植的品种、位置、土壤整理、栽植方法等方面的技术要求，保证竹苗栽植的质量。

4.11.7 竹苗栽植，应进行支撑、浇水，及时中耕、除草、松土，做好苗木栽后的养护工作，保证竹苗茁壮生长。

4.12 设施空间绿化

4.12.1 屋顶绿化、地下停车场绿化、立交桥绿化、建筑物外立面及围栏绿化统称设施绿化。设施绿化日益成为城市绿化的重要内容，应加强城市设施绿化的质量控制和管理。

4.12.2 设施顶面一般都有防水层，如利用原有防水层时必须作渗水试验，合格后方可利用。

4.12.3 设施顶面栽植基层包括耐根穿刺防水层、排蓄水层、过滤层、栽植土层。耐根穿刺防水层不能渗漏，确保设施使用功能。排蓄水层、过滤层使栽植土层透气保水，保证植物能正常生长。

4.12.4 明确了设施顶面栽植基层的耐根穿刺防水层、排蓄水层、过滤层的施工工艺及质量控制的要求。

4.12.5 为了保证园林植物能够正常生长及设施的保护，设施顶面、城市的交通岛、立交桥面层不适宜作栽植基层的设施障碍性面层可作栽植基盘进行绿化，并提出栽植基盘的质量控制要求。

4.12.6、4.12.7 由于设施顶面自然条件与一般绿地自然条件有很大区别，绿化的材料及施工方法也有所不同，必须明确设施顶面及立面植物材料栽植的质量控制和施工要求。

4.13 坡 面 绿 化

4.13.1 坡面一般易造成水土流失，进行坡面绿化时，防止水土流失的措施必须到位。

4.13.2 保护栽植层是坡面防止水土流失的重要措施，陡坡和路基的坡面绿化防护栽植层工程施工时按其内容进行质量控制。

4.13.3 喷播种植是坡面绿化较为先进的施工方法，按照喷播施工工艺进行操作，保证工程质量。

4.14 重盐碱、重黏土土壤改良

4.14.1 重盐碱、重黏土地不进行土壤改良，不采取排盐及渗水措施，园林植物很难成活。

4.14.2 重盐碱、重黏土地土壤改良的原理和技术措施相同，为保证工程质量，所以应有相应资质的专业施工单位施工。

4.14.3、4.14.4 采取敷设排盐管（渗水管）、隔淋（渗水）层是重盐碱、重黏土土壤改良的有效方法，是多年实践的经验总结，并明确了重盐碱、重黏土土层排盐（渗水）施工的方法、质量控制要求。

4.14.5、4.14.6 排盐主管（渗水主管）与市政排水管网接通，使其盐水（渗水）顺市政管网排走。局部地区雨后24h仍有积水，通过增设渗水井进行处理。

4.15 施工期的植物养护

4.15.1 栽植后对园林植物及时进行养护和管理才能使园林植物生长良好，提高栽植成活率，保证园林绿化工程质量。

4.15.2 园林植物养护的内容较多，应事先编制养护计划，按规定的园林植物养护计划，认真组织实施。

4.15.3 使用剧毒农药易造成环境污染，也关系到人身安全，所以必须禁用。

4.15.4 生长不良或死亡的园林植物及时补栽，才能达到验收要求。

5 园林附属工程

5.1 园路、广场地面铺装工程

5.1.1 园林的园路、广场地面铺装工程既有组织园内交通又有观赏的功能，地面的基层及面层材料的品种、规格、结构层的纵横坡度、厚度、标高、平整度及施工做法必须符合设计要求，保证地面工程质量。

5.1.2～5.1.5 碎拼花岗岩面层、卵石面层、嵌草地面面层、水泥花砖面层、混凝土块面层铺设时，施工做法都有不同操作要求，必须明确各自的施工工艺及质量要求。

5.1.6～5.1.13 冰梅面层、花街铺地面层、大方砖面层、压模面层、透水砖面层、小青砖面层、自然块石面层、水洗石面层的施工工艺及质量要求。

5.1.14 地面工程的标高、平整度、厚度等是园路、广场的主要质量指标。根据各地园路、广场施工经验，提出检验允许偏差及检验方法。

5.1.15 侧石安装是园路重要组成部分，针对施工过程常易出现的一些缺陷，提出了侧石安装的质量控制要求。

5.2 假山、叠石、置石工程

5.2.1～5.2.3 假山、叠石、置石工程开工前应做好施工单位选择、材料准备、施工放样等各种准备工作，并提出了开工准备工作的基本要求和施工注意事项。

5.2.4 假山、叠石、置石的基础和主体构造是工程的承重关键部位，必须按照设计要求和相关规范规定，精心施工，保证质量，符合抗风、抗震、安全的要求。

5.2.5、5.2.6 假山基础施工时，灰土基础操作及混凝土强度等级的选用应注意的事项，有利于假山基础

的承载。拉底时，应用的石材不能风化。

5.2.7 假山、叠石主体工程是假山工程的关键部分，主体山石的砌叠、石间缝隙处理、跌水、山洞的砌筑，登山道走向，假山、叠石外形处理等的施工工艺和质量要求。

5.2.8 假山的顶峰必须和假山整体相协调，对收顶山石的选择、施工工艺、质量要求，做出相应要求。

5.2.9 置石是园林绿化工程中造景常用的一种手法，根据置石的特置、对置、散置、群置等主要形式，分别提出各种置石时施工技术和质量要求。

5.3 园林理水工程

5.3.1 水景水池的混凝土工程在浇筑前，需将给水排水管道等各种预埋件处理好并符合设计要求，防止处理不好导致工程无法返工。水景水池完工之后必须灌水试验，防止渗漏。

5.3.2～5.3.5 水景工程的管道安装、潜水泵安装、喷泉的喷头安装、水下电缆铺设是水景工程重要的部位，明确了各施工部位的质量控制要求。

5.3.6～5.3.8 瀑布、跌水要求出水均匀分布，形成瀑布状，形成良好的景观效果。喷泉的喷头安装及水池外表装饰应满足艺术效果及安装质量要求。

5.3.9 驳岸是地面与水体的连接处，是陆地与水体交界处的构筑物，是园林水景的主要组成部分。驳岸工程的基础、墙体、压顶应按其各个部位的施工工艺及其质量要求进行施工。

5.4 园林设施安装工程

5.4.1 园林设施是园林工程的主要内容之一，针对座椅（凳）、标牌、果皮箱等几种常见的园林设施安装工程提出质量控制规定。

5.4.2 护栏是园林绿地的重要维护设施，针对竹木质护栏、金属护栏、钢筋混凝土等护栏的施工工艺及质量要求的具体规定。

5.4.3 绿地喷灌的喷头安装，要求定位准确，射程符合要求，接头无渗漏。

6 工程质量验收

6.1 一 般 规 定

6.1.1 规定了园林绿化工程质量验收的顺序。根据质量验收的顺序确定了园林绿化工程分部（子分部）工程、分项工程的划分。

6.1.2 园林绿化工程施工质量验收的主要依据为工程设计文件及相关标准、规范。工程质量验收首先由施工单位自检合格后才能向有关单位报验，参加工程质量验收的各方人员应具备相应的规定资格。对分项工程、隐蔽工程、有关材料的见证取样检测及观感质量的检查作出明确规定。

6.1.3 工程物资的质量是工程质量的主要因素，对工程物资进场必须加强检测验收。

6.1.4 工程质量验收应形成验收文件，工程竣工验收后，应将有关文件和技术资料归档。

6.2 质 量 验 收

6.2.1 本规范主要作为质量验收的依据，不作为质量评定等级，所以分项、分部、单位工程质量等级为合格。

6.2.2、6.2.3 检验批及分项工程质量验收必须合格，才能保证分部工程及单位工程合格。

6.2.4 分部（子分部）工程不合格，单位（子单位）工程不能验收，所以分部工程质量验收必须全部合格。

6.2.5 单位（子单位）工程是施工单位最终完成的合格产品，必须符合本条有关规定，才能向建设单位申报组织验收。

6.2.6、6.2.7 质量验收记录是工程质量的重要组成部分，按照检验批、分项工程、分部（子分部）工程、单位（子单位）工程质量验收的内容作出了明确规定。

6.2.8 园林绿化工程不合格时可进行整改及整改后的验收规定。

6.2.9 园林绿化的分部及单位工程质量验收不合格时应进行整改，仍不合格时不得验收。

6.3 质量验收的程序和组织

6.3.1～6.3.6 对检验批和分项工程质量验收、分部（子分部）工程质量验收、单位工程质量验收的要求程序和组织，进行了明确规定。

6.3.7、6.3.8 验收各方对工程质量验收意见不一致时，可请当地质量监管部门组织协调处理及园林绿化工程验收合格后报备的具体规定。

中华人民共和国行业标准

城市市政综合监管信息系统技术规范

Technical code for urban municipal supervision and management information system

CJJ/T 106—2010

批准部门：中华人民共和国住房和城乡建设部

施行日期：2 0 1 1 年 2 月 1 日

中华人民共和国住房和城乡建设部
公　告

第 698 号

关于发布行业标准《城市市政综合监管信息系统技术规范》的公告

现批准《城市市政综合监管信息系统技术规范》为行业标准，编号为 CJJ/T 106－2010，自 2011 年 2 月 1 日起实施。原行业标准《城市市政综合监管信息系统技术规范》CJJ/T 106－2005 同时废止。

本规范由我部标准定额研究所组织中国建筑工业出版社出版发行。

中华人民共和国住房和城乡建设部
2010 年 7 月 20 日

前　言

根据住房和城乡建设部《关于印发〈2008 年工程建设标准规范制订、修订计划（第一批）〉的通知》（建标［2008］102 号）的要求，规范编制组经广泛调查研究，认真总结实践经验，参考有关国际标准和国外先进标准，并在广泛征求意见的基础上，修订本规范。

本规范的主要技术内容是：1. 总则；2. 术语；3. 系统建设与运行模式；4. 地理空间数据；5. 系统功能与性能；6. 系统运行环境；7. 系统建设与验收；8. 系统维护。

本规范修订主要技术内容是：1. 对系统的建设与运行模式作了必要的扩展；2. 对地理空间数据的要求作了细化，并增加了地理空间框架数据、元数据、数据建库和数据更新等内容；3. 对系统的功能和性能要求作了进一步的描述；4. 对系统建设和验收的要求作了较多的修改和扩充。

本规范由住房和城乡建设部负责管理，由北京市东城区城市管理监督中心负责具体技术内容的解释。执行过程中如有意见或建议，请寄送北京市东城区城市管理监督中心（北京市东城区钱粮胡同 3 号，邮政编码：100010）。

本规范主编单位：北京市东城区城市管理监督中心

本规范参编单位：北京数字政通科技股份有限公司
建设综合勘察研究设计院有限公司
中国移动通信集团公司

本规范主要起草人员：高　萍　王　丹　吴强华
王洪深　李　晟　田　飞
崔媛媛　李海明　孔少楠

本规范主要审查人员：崔俊芝　郝　力　曲成义
蒋景曈　方　裕　陈向东
杨海英　郭　滨　张晓青

目次

Contents

1 总 则

1.0.1 为促进城市管理信息化建设，提高城市管理和公共服务水平，实现资源的整合与共享，规范城市市政综合监管信息系统建设，制定本规范。

1.0.2 本规范适用于城市市政综合监管信息系统的规划、实施、运行、维护和管理。

1.0.3 城市市政综合监管信息系统应使用全国建设事业公益服务专用电话号码12319。

1.0.4 城市市政综合监管信息系统建设中应注重整合和共享已有各种相关资源，并宜采用先进实用的新技术、新方法。

1.0.5 城市市政综合监管信息系统除应符合本规范外，尚应符合国家现行有关标准的规定。

2 术 语

2.0.1 城市市政综合监管信息系统 urban municipal supervision and management information system

基于计算机软硬件和网络环境，集成地理空间框架数据、单元网格数据、部件和事件数据、地理编码数据等多种数据资源，通过多部门信息共享、协同工作，实现对城市市政工程设施、市政公用设施、市容环境与环境秩序监督管理和对实施监督管理效果的专业部门进行综合绩效评价的计算机应用系统。本规范中简称为系统。

2.0.2 协同工作 cooperative work

将信息收集、案件建立、任务派遣、任务处理、处理反馈、核查结案、综合评价等环节相关联，实现监督中心、指挥中心、专业部门等之间的日常工作和相关信息协调一致的行为。

2.0.3 单元网格 basic management grid

城市市政监管的基本管理单元，是基于城市大比例尺地形数据，根据城市市政监管工作的需要，按照一定原则划分的、边界清晰的多边形实地区域（面积约为$10000m^2$）。

2.0.4 责任网格 duty grid

每个监督员负责巡查的单元网格的集合。

2.0.5 管理部件 management component

城市市政管理公共区域内的各项设施，包括公用设施类、道路交通类、市容环境类、园林绿化类、房屋土地类等市政工程设施和市政公用设施，简称部件。

2.0.6 事件 event

人为或自然因素导致城市市容环境和环境秩序受到影响或破坏，需要城市管理专业部门处理并使之恢复正常的现象和行为。

2.0.7 市政监管问题 urban municipal management problem

由监督员或公众发现并报告的管理部件丢失、损坏问题和事件问题的统称。

2.0.8 案件 case

需要处置的城市市政监管问题。

2.0.9 信息采集监督员 information collecting and supervising person

在指定网格内巡查、上报案件，以及对案件状况进行核实、核查的专门人员，简称监督员。

2.0.10 公众举报 citizen exposure

除监督员上报外，通过其他途径反映案件的方式，包括电话、网络、媒体曝光、领导批示、信访等。

2.0.11 监督中心 supervision center

按照城市市政监管需求，实现问题信息收集、问题处理结果监督及管理状况综合评价等功能的组织体系。

2.0.12 指挥中心 direction center

按照城市市政监管需求，实现指挥和协调专业部门、派遣问题处理任务、反馈问题处理结果等功能的组织体系。

2.0.13 专业部门 responsibility department

管理部件和事件问题的主管部门、部件的权属单位和养护单位。

2.0.14 监管数据无线采集设备 mobile device for supervise data capture

供监督员使用，实现城市市政综合监管数据的采集、报送，接收监督中心分配核实、核查任务信息的移动通信手持机。简称城管通。

2.0.15 地理空间数据 geospatial data

与地球上位置直接或间接相关的数据，包括地理空间框架数据、单元网格数据、部件和事件数据、地理编码数据以及相应的元数据等。

2.0.16 地理空间框架数据 urban geospatial framework data

基本的、公共的地理空间数据，包括行政区划、道路、建（构）筑物、水体、绿地、地名和地址数据以及数字正射影像数据等。

2.0.17 元数据 metadata

关于数据的数据，即数据的标识、覆盖范围、质量、空间和时间模式、空间参照系和分发等信息。

3 系统建设与运行模式

3.1 一 般 规 定

3.1.1 城市市政综合监管信息系统应在建立独立的监督制度、精细化的处置制度和量化的长效考核制度等基础上运行。

3.1.2 系统可根据城市的规模和管理现状建立相应的管理模式，宜从下列管理模式中选用一种：

1 市一级监督，市一级指挥；

2 市一级监督，市、区（县）两级指挥；

3 市、区（县）两级监督，两级指挥；

4 市一级监督，区（县）一级指挥。

3.1.3 系统宜采用市、区（县）一体化建设方式，实现资源共享。

3.1.4 系统的绩效评价考核结果应纳入城市管理相关行政效能监察考核体系。

3.2 系统建设与运行基本要求

3.2.1 应实现监督、管理功能分离与协同，并应具有下列功能：

1 通过监督中心实施市政监管问题的核查监督；

2 通过指挥中心实施市政监管问题的指挥处置；

3 支持相关专业部门根据指挥中心的指令，及时处置市政监管问题并反馈处理结果。

3.2.2 应构建以行政区、街道、社区和单元网格为基础的区域精细化分层管理体系，并应符合现行行业标准《城市市政综合监管信息系统　单元网格划分与编码规则》CJ/T 213 的规定。

3.2.3 应构建以问题发现、立案和核查结案为核心内容的市政监管问题监督体系，并应符合现行行业标准《城市市政综合监管信息系统　管理部件和事件分类、编码及数据要求》CJ/T 214 和《城市市政综合监管信息系统　监管案件立案、处置与结案》CJ/T 315 的规定。

3.2.4 应构建以处置职责明确、处置时限精准和处置结果规范为核心内容的市政监管问题处置执行体系，并应符合现行行业标准《城市市政综合监管信息系统　监管案件立案、处置与结案》CJ/T 315 的规定。

3.2.5 应以系统中相关数据分析生成的评价结果为依据，建立对区域、部门和岗位量化的长效考核体系，并应符合现行行业标准《城市市政综合监管信息系统　绩效评价》CJ/T 292 的规定。

3.3 系统业务流程

3.3.1 系统业务主要流程（图 3.3.1）应包括信息收集、案件建立、任务派遣、任务处理、处理反馈和核查结案 6 个阶段。

3.3.2 信息收集阶段的信息来源应包括监督员上报和公众举报，并应符合下列规定：

1 当监督员在所负责的责任网格内发现市政监管问题后，应能通过监管数据无线采集设备及时上报监督中心，上报内容应符合现行行业标准《城市市政综合监管信息系统　监管数据无线采集设备》CJ/T 293 的规定；

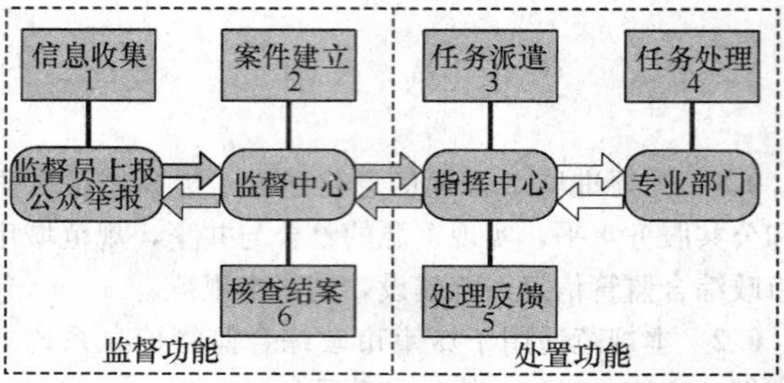

图 3.3.1　系统业务主要流程

2 对公众发现市政监管问题向监督中心的举报，监督中心应能登记公众举报信息，通知监督员现场核实，监督员应能通过监管数据无线采集设备上报核实结果；

3 有条件的城市，可通过自动信息采集技术发现市政监管问题，自动上报监督中心。

3.3.3 案件建立阶段，监督中心应审核接收的市政监管问题信息，立案后批转到指挥中心。

3.3.4 任务派遣阶段，指挥中心应接收从监督中心批转来的案件，并派遣至相关专业部门进行处置。

3.3.5 任务处理阶段，专业部门应按指挥中心的指令完成案件处置，并将处置结果反馈给指挥中心。

3.3.6 处理反馈阶段，指挥中心应将专业部门送达的案件处置结果反馈给监督中心。

3.3.7 核查结案阶段，监督中心应将案件的处置结果通知监督员进行核查；待监督员报送核查结果后，监督中心比对核查信息与处置信息，两者一致时应予以结案，否则应重新派遣处置。

4 地理空间数据

4.1 一 般 规 定

4.1.1 城市市政综合监管信息系统中的地理空间数据应包括地理空间框架数据、单元网格数据、部件和事件数据、地理编码数据，宜包括相应的元数据。地理空间数据应完整覆盖系统的监管范围。

4.1.2 地理空间数据的空间参照系应与所在城市基础测绘所用空间参照系一致。

4.1.3 地理空间数据的存储和交换格式应符合现行国家标准《地理空间数据交换格式》GB/T 17798 的规定，或使用商用地理信息系统（GIS）平台软件可接受的格式。

4.1.4 地理空间数据质量检查验收应符合下列规定：

1 检查验收内容应包括数据的完整性、位置精度、属性正确性、逻辑一致性和现势性。

2 数据生产单位应采取“两级检查、一级验收”的方式对所获取的数据进行质量检查和内部验收。

3 监理单位应对数据获取的全过程进行质量和进度监理，并对数据生产单位提交的成果进行质量抽检。

4 应采取适当方式对数据生产单位提交的数据成果进行检查验收。数据生产单位应按检查验收提出的意见，对数据进行整改，直至合格。

5 数据检查验收结果应形成相应的技术文档。

4.1.5 地理空间数据存储与使用的安全、保密要求应符合国家现行相关标准的规定。

4.2 地理空间框架数据

4.2.1 地理空间框架数据应能为系统的运行提供统一的地理空间公共数据，为单元网格划分、部件和地理编码数据普查等提供工作基础，并应为市政监管问题提供空间位置参照。

4.2.2 地理空间框架数据的内容应符合下列规定：

1 应包含行政区划、道路、建（构）筑物、水体、绿地和地名等数据；

2 宜包含地址、数字正射影像数据；

3 数据的组织应符合现行行业标准《城市地理空间框架数据标准》CJJ 103 和《城市基础地理信息系统技术规范》CJJ 100 的规定。

4.2.3 行政区划、道路、建（构）筑物、水体、绿地数据应符合下列规定：

1 应采用矢量数据，其位置信息应符合表 4.2.3 的规定。行政区划、道路、水体和绿地数据的基本属性信息应符合表 4.2.3 的规定；建（构）筑物数据的基本属性信息宜符合表 4.2.3 的规定。

表 4.2.3 行政区划、道路、建（构）筑物、水体和绿地数据要求

数据种类	矢量形式	位置信息	基本属性信息
行政区划	面	行政区划边界	行政区划名称；行政区划等级
道路	面或线	道路边线组成的闭合多边形或道路中心线	道路名称
建(构)筑物	面	建（构）筑物边界	建（构）筑物名称；门牌地址
水体	面	水体边界	水体名称
绿地	面	绿地边界	绿地名称

2 应基于 1：500～1：2000 比例尺城市基础地理信息数据进行加工处理，必要时应进行实地调查和修测。

4.2.4 地名和地址数据应符合下列规定：

1 应包括行政区划名称、街巷名称、地片和区片名称、标志物名称以及门牌地址等的位置信息和基本属性信息；

2 位置信息宜使用地名和地址所代表实体的中心点坐标描述；基本属性信息应包括地名和地址的名称及分类；

3 宜从城市地名数据库或基础地理信息数据库中提取，必要时应进行实地调查。

4.2.5 数字正射影像数据应符合下列规定：

1 空间分辨率宜为 0.1m～0.5m；

2 平面位置中误差不宜大于 2.5m；

3 影像应纹理清晰，反差适中，色调均匀，无重影和漏洞。

4.2.6 地理空间框架数据的质量检查与验收应符合现行国家标准《数字测绘成果质量检查与验收》GB/T 18316 的规定。

4.2.7 地理空间框架数据宜通过所在城市的公共地理信息平台实现共享。

4.2.8 有条件的城市，地理空间框架数据可与地面近景影像数据结合使用。

4.3 单元网格数据

4.3.1 单元网格的划分、编码、属性信息及图示表达等应符合现行行业标准《城市市政综合监管信息系统 单元网格划分与编码规则》CJ/T 213 的规定。

4.3.2 单元网格数据应建立拓扑关系。单元网格应采用闭合多边形表达。

4.3.3 单元网格的多边形顶点应利用城市 1：500～1：2000 比例尺基础地理信息数据、地理空间框架数据或地形图结合实地调查获得，其点位中误差不应大于 1.0m。

4.4 部件和事件数据

4.4.1 部件和事件数据的分类、编码、属性信息及精度要求等应符合现行行业标准《城市市政综合监管信息系统 管理部件和事件分类、编码及数据要求》CJ/T 214 的规定。

4.4.2 各城市可根据市政监管的需要，对部件和事件类型及其属性项进行扩展和删减，且应符合现行行业标准《城市市政综合监管信息系统 管理部件和事件分类、编码及数据要求》CJ/T 214 的规定。

4.4.3 部件数据普查应符合下列规定：

1 应利用城市 1：500、1：1000 比例尺基础地理信息数据或地理空间框架数据，实地进行各种部件类型及其属性信息的普查，并借助相关地物关系和简易测量工具确定部件的位置。必要时，可使用专业测绘设备进行部件位置测定。对正在施工或因其他原因不能进行普查的区域，应标出范围，注明原因。

2 在实地普查和测绘的基础上，应根据记录图表，进行数据录入和处理，分类建立部件数据文件。

3 对获得的部件数据应进行质量检查。检查的内容应包括分类代码的正确性、属性信息的完整性和准确性、部件的定位精度，以及作业过程文档等。数据的质量检查与验收宜根据现行国家标准《数字测绘成果质量检查与验收》GB/T 18316 的规定进行。

4.4.4 事件数据应基于单元网格编号、地理编码数据等进行空间定位，并应确定其类型代码和相关属性数据。

4.5 地理编码数据

4.5.1 地理编码数据的基本要求及表达方式应符合现行行业标准《城市市政综合监管信息系统 地理编码》CJ/T 215 的规定。

4.5.2 地理编码数据的密度宜为每 5m～10m 一条记录，其地点的空间位置精度宜与地理空间框架数据一致。

4.5.3 地理编码数据可和地理空间框架数据中建（构）筑物数据的门牌地址信息及地名和地址数据同时使用。当地名、地址数据能满足或部分满足市政监管工作需求时，可不单独采集或少采集地理编码数据。

4.6 元 数 据

4.6.1 各类地理空间数据在采集、处理和更新的同时，宜按数据集建立相应的元数据。

4.6.2 元数据应描述地理空间数据的内容、质量及状况等信息，并应为数据的管理、维护、检索和应用提供支持。元数据的内容应符合现行行业标准《城市地理空间信息共享与服务元数据标准》CJJ/T 144 的规定。

4.6.3 元数据可采用纯文本或可扩展标记语言（XML）格式存储，其文件名称宜与所描述的地理空间数据文件名称建立联系。

4.7 数 据 建 库

4.7.1 地理空间数据建库应包括地理空间框架数据库、单元网格数据库、部件数据库和地理编码数据库的建设，宜包括元数据库的建设。

4.7.2 根据系统的建设目标、任务和所在城市的实际，应按现行行业标准《城市基础地理信息系统技术规范》CJJ 100 的规定，对各类数据库进行详细设计，并应建立相应的设计文档。

4.7.3 地理空间框架数据库建设应符合下列规定：

1 应按行政区划、道路、建（构）筑物、水体、绿地、地名和地址等类型分别进行数据的组织和管理。当覆盖区域大时，各类数据可分区域管理；

2 数字正射影像数据可采用文件系统或影像数据库等方式进行组织管理。

4.7.4 单元网格数据库应包括单元网格的位置信息和属性信息。数据可按区域范围进行组织管理。

4.7.5 部件数据库应包括市政监管所涉及部件的位置信息和属性信息。数据可按部件类型或区域范围进行组织管理。

4.7.6 地理编码数据库应包括各类地理编码数据的位置信息和属性信息。数据可按覆盖的区域范围进行组织管理。

4.7.7 元数据库应包括与地理空间框架数据库、单元网格数据库、部件数据库和地理编码数据库对应的所有元数据。元数据库应与其描述的数据库建立对应关系。

4.7.8 数据入库前应进行检查。检查可采用程序辅助批量检查或人机交互检查方法进行，并应符合下列规定：

1 对矢量数据，应进行拓扑关系检查，并应检查相邻图幅之间要素几何图形及属性的物理接边或逻辑接边，保证数据无缝、要素关系正确和要素属性一致；

2 对数字正射影像数据，应对不同区域之间的影像进行必要的色调调整。

4.7.9 数据入库后的检查和测试应符合下列规定：

1 检查的内容应包括数据表中数据的规范性、入库后数据的完整性、拼接无缝及逻辑一致性等；

2 数据入库后，应建立高效率的数据索引；

3 应按数据库设计方案，对数据库中各类数据的数量、范围和内容以及数据之间的集成关系等进行测试，并建立相应的测试文档。

4.8 数 据 更 新

4.8.1 系统中的各种地理空间数据及其元数据应适时进行更新。

4.8.2 地理空间数据更新后的数据质量不应低于原有数据的质量。

4.8.3 地理空间框架数据的更新应符合下列规定：

1 宜与城市基础地理信息数据的更新同步进行，更新周期不宜超过 1 年；

2 对变化大的区域，应及时进行更新。

4.8.4 当覆盖区域的单元网格发生变动时，应及时进行单元网格数据的更新。

4.8.5 部件数据的更新应符合下列规定：

1 应定期进行更新，更新周期不宜超过 6 个月；

2 当监督员在日常监管巡查中发现新的部件、普查中遗漏的部件以及位置或属性发生变化的部件时，应报告相关部门。相关部门经核实后，应组织对这些部件数据及时进行更新。

4.8.6 地理编码数据的更新宜与部件数据更新同步进行。

4.8.7 当地理空间数据更新时，应同步更新相应的元数据。

4.8.8 更新后的各类地理空间数据，应进行质量检查验收。

4.8.9 数据更新后，应及时对相应的数据库进行更新和维护。

5 系统功能与性能

5.1 一 般 规 定

5.1.1 城市市政综合监管信息系统基本结构框架（图 5.1.1）应符合下列规定：

1 应包括监管数据无线采集、监督中心受理、协同工作、监督指挥、综合评价、地理编码、应用维护、基础数据资源管理等子系统；

2 当需与包括多级城市市政综合监管信息系统、各专业子系统等在内的外部信息系统进行数据交换时，应包括数据交换子系统；

3 可根据用户需求扩展其他子系统。

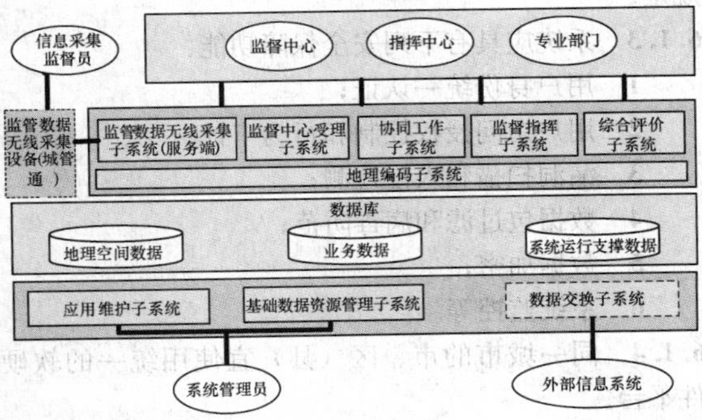

图 5.1.1 系统基本结构框架

5.1.2 系统的主要性能应符合下列规定：

1 市政监管问题空间位置查询和定位时间不宜超过 5s；

2 监督中心接收监督员上报市政监管问题传输和系统处理时间不宜超过 30s；

3 监督中心向监督员发送任务，系统处理和传输时间不宜超过 10s。

5.1.3 应保证各个子系统间的协同工作和数据的一致性。

5.1.4 系统运行中的业务数据库应符合下列规定：

1 应包含监督员上报、公众举报、监督员核实和核查、案件、流转、督办、业务表单、机构人员角色、绩效评价结果等数据；

2 应对这些数据的分类和属性项等进行定义。

5.1.5 系统运行支撑数据库应符合下列规定：

1 应包含机构人员角色配置、业务配置、工作流配置、工作表单定义、文号定义、数据字典定义、统计报表定义、物理图层配置、逻辑图层配置、专题图层配置、地图要素编码定义、地图使用配置、地图查询定义等数据；

2 应对这些数据的分类和属性项等进行定义；

3 运行支撑数据应由应用维护子系统和基础数据资源管理子系统配置生成。

5.1.6 系统应具有完备的信息安全保障体系。

5.2 监管数据无线采集子系统

5.2.1 监管数据无线采集子系统应包括服务器端和信息采集设备端，并应实现信息交互。

5.2.2 监管数据无线采集子系统应具有下列功能：

1 接收监管数据无线采集设备报送的市政监管问题信息；

2 下发监督中心分配的核实、核查、专项普查任务；

3 管理和发布当日提示信息；

4 提供信息查询、数据同步等功能。

5.2.3 监督员应配备使用监管数据无线采集设备采集数据。该设备的硬件和软件应符合现行行业标准《城市市政综合监管信息系统 监管数据无线采集设备》CJ/T 293 的规定。

5.3 监督中心受理子系统

5.3.1 监督中心受理子系统应包括案件受理、地图操作、查询统计和参数设置等模块。

5.3.2 案件受理模块应具有接收监督员上报和公众举报的市政监管问题信息、建立案件、同时发送至协同工作子系统和向监督员发送核实、核查工作任务等功能。

5.3.3 地图操作模块应具有地理空间数据浏览、查询定位功能，宜实现地图量算、分析和统计等功能。

5.3.4 查询统计模块应具有案件查询与统计、监督员在岗情况查询与统计等功能。

5.3.5 参数设置模块应具有系统参数设置和用户信息设置等功能。

5.4 协同工作子系统

5.4.1 协同工作子系统应包括协同处理、地图操作、查询统计和参数设置等模块，并应提供延期、缓办、作废等的申请授权和授权操作功能。

5.4.2 协同处理模块应具有将信息收集、案件建立、任务派遣、任务处置、处置反馈、核查结案、综合评价等环节进行关联，实现监督中心、指挥中心、专业部门和各级领导之间信息同步、协同工作和协同督办等功能。

5.4.3 地图操作、查询统计和参数设置等模块的功能应符合本规范第 5.3.3～5.3.5 条的规定。

5.5 监督指挥子系统

5.5.1 监督指挥子系统应具有整合地理空间数据和业务数据信息、实现基于地图的监督指挥等功能，并应能对发生市政监管问题的位置、处置过程、监督员在岗情况、处置结果、综合绩效评价等信息进行实时监控。

5.5.2 监督指挥子系统应能在适合多人共享的显示设备上显示，且宜分为地图显示区和信息显示区两部分。

5.6 综合评价子系统

5.6.1 综合评价子系统应基于市政监管问题的工作过程、责任主体、工作绩效等评价模型，具有对区域、部门、岗位等进行综合统计、计算评估和生成可视化评价结果等功能。

5.6.2 综合评价子系统的绩效评价模型及评价结果表达应符合现行行业标准《城市市政综合监管信息系统 绩效评价》CJ/T 292 的规定。

5.7 地理编码子系统

5.7.1 地理编码子系统应具有地址描述、地址查询和地址匹配等功能，应能为监管数据无线采集子系统、监督中心受理子系统、协同工作子系统等提供地理编码服务。

5.7.2 地理编码子系统的响应时间宜小于 1s。

5.8 应用维护子系统

5.8.1 应用维护子系统应具有对监督中心、指挥中心、专业部门、人员、业务、工作表单、地图、工作流等相关信息及查询、统计方式进行配置，完成系统的管理、维护和扩展的功能。

5.8.2 应用维护子系统应具有多级运行模式的工作流配置功能。

5.8.3 应用维护子系统应具有上级部门对下级部门的组织机构和权限等配置功能。

5.8.4 应用维护子系统的业务配置功能应符合现行行业标准《城市市政综合监管信息系统 监管案件立案、处置与结案》CJ/T 315 的规定。

5.9 基础数据资源管理子系统

5.9.1 基础数据资源管理子系统应具有地理空间数据管理和维护功能。

5.9.2 基础数据资源管理子系统应能对地理空间数据的查询、显示和统计功能进行配置和管理。

5.10 数据交换子系统

5.10.1 数据交换子系统应具有与多级城市市政综合监管信息系统、各专业子系统等进行数据交换的功能。交换的数据可包括案件数据、综合评价数据等。

5.10.2 数据交换子系统的数据传输应满足下列要求：

1 应支持超文本传输协议（HTTP）；

2 应支持简单对象访问协议（SOAP）；

3 应具备数据交换和传输的并发能力；

4 应保证数据传输的可靠性，避免传输的数据受到损失。

6 系统运行环境

6.1 一般规定

6.1.1 城市市政综合监管信息系统应具有基本的运行环境和安全保障功能。

6.1.2 系统基本运行环境宜应包括机房、网络、服务器、显示设备、存储及备份设备、安全设备、呼叫中心、操作系统、数据库及地理信息系统平台软件等，并应分别符合本规范第 6.2 节至第 6.9 节的规定。

6.1.3 系统应具有下列安全保障功能：

1 用户身份统一认证；

2 用户访问授权控制和行为审计；

3 漏洞扫描和入侵检测；

4 数据包过滤和病毒防范；

5 数据加密；

6 系统监控等。

6.1.4 同一城市的市、区（县）宜使用统一的软硬件平台。

6.2 机房

6.2.1 机房的技术指标应符合现行国家标准《电子信息系统机房设计规范》GB 50174、《电子计算机场地通用规范》GB/T 2887 和《计算站场地安全要求》GB 9361 的规定。

6.2.2 机房的消防系统应通过地方消防主管部门及其指定的消防检测部门的建筑工程消防验收。

6.2.3 机房应安装雷电防护系统，并应对其性能进行定期检测。

6.2.4 机房的供电系统应能提供可靠的电力保障。服务器和网络设备应配有高性能的不间断电源设备，电力供应中断时的维持时间不应低于 4h。

6.3 网络

6.3.1 网络环境应具有开放性、可扩充性、可靠性和安全性。

6.3.2 监督中心、指挥中心和专业部门之间应实现网络互联；网络带宽不应低于 2Mbps。

6.3.3 监督中心应实现与无线通信网络的互联；网络带宽不宜低于 2Mbps。

6.3.4 网络交换应采用多层结构。

6.3.5 应建立网络管理制度和网络运行保障支持体系。

6.4 服 务 器

6.4.1 根据并发用户数和系统运行预期数据量等指标，服务器的配置性能宜满足运行和数量要求。

6.4.2 服务器应至少配置包括数据库服务、地图应用服务、业务应用服务、数据无线采集服务、统一认证服务和备份服务。

6.4.3 应建立日常管理维护机制，保证服务器的可靠运行。

6.5 显 示 设 备

6.5.1 监督中心和指挥中心宜配置供多人共享的显示设备。具体配置应根据城市的实际需要和经济条件进行选择。

6.5.2 显示设备的技术指标应符合下列规定：

1 屏幕分辨率不应低于1024×768像素；

2 屏幕对比率不应低于600∶1；

3 屏幕亮度不应低于1000cd/m²；

4 水平视角不应低于150°，垂直视角不应低于60°。

6.6 存储及备份设备

6.6.1 存储设备应符合下列规定：

1 应具有良好的节点扩充性和高传输速率；

2 宜采用可伸缩的网络拓扑结构；

3 宜具有高传输速率的光通道直接连接方式。

6.6.2 备份设备应符合下列规定：

1 重要主机服务器应能进行无人值守备份；

2 应具有灵活的备份和恢复策略，具有集中化的备份策略管理及备份任务监督功能；部件和地理编码等数据应进行异地备份；

3 当系统出现意外损害时，应能快速及时地进行系统和数据的恢复。

6.7 呼 叫 中 心

6.7.1 呼叫中心应设在监督中心内，通过电话形式接受公众举报、与监督员通话联系。呼叫中心应符合下列规定：

1 应使用建设事业公益服务专用电话号码12319接入；

2 应允许多名话务员并行受理；

3 性能应稳定，易使用，易维护，并应具有可扩展性。

6.7.2 呼叫中心应具有基本坐席功能和特殊坐席功能，并应符合下列规定：

1 基本坐席功能应包括应答、保持、转接、呼出、咨询、会议等基本操作功能，并可实时显示主叫号码；

2 特殊坐席功能可包括话务质检、监听、协议跟踪、全程录音、放音、内部呼叫、强制插入、强制拆除、强制签出、强制示忙、强制示闲、拦截、服务指标统计等。

6.8 操 作 系 统

6.8.1 计算机操作系统应具有稳定可靠的性能。

6.8.2 监管数据无线采集设备的操作系统应符合现行行业标准《城市市政综合监管信息系统　监管数据无线采集设备》CJ/T 293的规定。

6.9 数据库及地理信息系统平台软件

6.9.1 数据库管理系统应具有下列功能：

1 统一存储和管理地理空间数据与属性数据；

2 数据库恢复；

3 历史数据管理；

4 数据备份和安全管理。

6.9.2 地理信息系统平台软件应符合下列规定：

1 应能管理海量地理空间数据，并支持地理空间数据和属性数据的统一操作；

2 应提供网络地理信息系统（WebGIS）服务，实现基于浏览器的地理空间数据查询、显示、分析；

3 应支持通用编程语言进行二次开发；

4 应支持常用数据格式的转换。

7 系统建设与验收

7.1 系 统 建 设

7.1.1 城市市政综合监管信息系统建设应具备下列基本条件：

1 应有明确的应用需求和经费保障；

2 系统监管范围宜选择城市基础设施建设趋于稳定的区域；

3 系统监管范围内应没有无线通信盲区。

7.1.2 系统建设应包括下列工作：

1 建立项目管理组织体系；

2 根据本规范第3.1.2条的规定选定建设与运行模式，制定项目总体方案，确定工作分工、进度安排和经费预算；

3 编写系统建设实施方案；

4 组建独立的监督中心和监督员队伍，组建指挥中心，落实处置体系，编制相关工作制度和实施办法；

5 确定系统各项工作的建设单位；

6 获取或制作地理空间框架数据，划分单元网格，开展部件和地理编码数据普查，建立相应的地理空间数据库；

7 组织开发应用系统软件；

8 采购监管数据无线采集设备，组织开发城管通软件；

9 设计、采购、安装、集成和调试系统运行环境；

10 测试系统运行环境、功能和性能；

11 系统岗位人员业务和技术培训；

12 系统试运行、验收和正式运行。

7.1.3 系统建设宜采取第三方监理方式对设备安装调试、地理空间数据建设、应用软件系统开发与系统集成的全过程进行监理。所有工作应形成相应的文档资料。

7.2 系统验收

7.2.1 系统验收应包括验收申请、现场考查和正式验收等环节。正式验收应在系统至少试运行3个月后进行。

7.2.2 系统正式验收的内容应包括建设与运行模式、地理空间数据、应用系统、运行效果和文档资料的验收。

7.2.3 建设与运行模式验收应包括下列内容：

1 建立了代表政府的、独立的城市管理监督考核和综合协调部门，实现了市政监管问题的处置和监督考核的职责分离；

2 组建了与城市监管范围、问题发生密度相适应的信息采集、呼叫中心和协调指挥的专职队伍；

3 建立了符合本规范第3.3节规定的城市管理业务流程，各环节做到了分工明确、衔接紧密；

4 建立并执行了有效的监督制度、处置制度、绩效评价制度，形成了城市管理长效机制。

7.2.4 地理空间数据验收应符合下列规定：

1 验收依据应符合现行行业标准《城市市政综合监管信息系统 单元网格划分与编码规则》CJ/T 213、《城市市政综合监管信息系统 管理部件和事件分类、编码及数据要求》CJ/T 214、《城市市政综合监管信息系统 地理编码》CJ/T 215的规定；

2 应提供数据采集、处理、建库的相关合同或协议、技术方案、技术总结报告、质量检查验收报告以及数据监理报告等文档；

3 可采用调阅相关技术文档、现场质询的方式进行验收；必要时，可进行数据的实地抽查。

7.2.5 应用系统验收应符合下列规定：

1 应对各个子系统的功能、性能及开发文档等进行验收；

2 各子系统的功能和性能应符合本规范第5章的规定；

3 应用系统应通过第三方软件测试。软件测试应符合现行行业标准《建设领域应用软件测评通用规范》CJJ/T 116的规定；

4 对未经第三方测试的应用系统，验收前应进行专门的测试；

5 开发文档应包括需求分析报告、总体设计书、详细设计书、用户手册、系统维护手册、系统测试报告等；

6 验收可采用调阅相关技术文档、现场演示、质询的方式进行。

7.2.6 运行效果验收应符合下列规定：

1 应对监管覆盖范围、专业部门接入和绩效评价结果进行验收；

2 监管范围宜至少覆盖城市（城区）主要建成区范围；

3 经过试运行，部件、事件问题的发现和处置达到合理的数量；

4 验收可采用现场系统实际案例演示和数据统计方式进行；

5 应对系统的绩效评价结果进行验收，并应符合现行行业标准《城市市政综合监管信息系统 绩效评价》CJ/T 292的规定。

7.2.7 文档资料验收应符合下列规定：

1 文档资料应包括系统建设与运行模式文档、建设过程文档和总结报告等；

2 系统建设与运行模式文档应包括项目建设、组织体系建设、运行管理、长效机制建立等相关的政府文件和管理制度文档；

3 建设过程文档应包括系统集成、地理空间数据建设、应用系统开发、软硬件采购和安装调试、网络建设、信息安全体系建设、场地机房装修、监理等全过程技术文档；

4 总结报告应针对验收评价的主要内容，重点说明项目概况、建设过程、组织体系建设、制度体系建设、信息系统建设、地理空间数据建设、试运行情况、运行效果，以及存在问题和进一步完善的方案等。

7.2.8 验收应由系统建设的上级主管部门组织相关专业专家进行，并应形成明确的书面验收意见。

8 系统维护

8.1 日常管理

8.1.1 应制定城市市政综合监管信息系统运行维护管理制度，配备系统管理员，监测系统运行状况、数据库状况、数据备份情况等。

8.1.2 应对操作系统、数据库系统、应用系统和网络设备设置权限，阻止非授权用户读取、修改、破坏或窃取数据。

8.1.3 应制定有效的备份管理制度，及时对各类地理空间数据和业务数据进行备份。在进行系统更新和维护时，应做好软件和数据的备份工作。

8.1.4 应定期分析应用系统日志、数据库日志和业务操作日志等系统运行日志，及时发现系统异常情况。

8.2 软件和数据维护

8.2.1 应通过应用维护子系统对系统进行维护，并通过基础数据资源管理子系统对地理空间数据进行管理和维护。

8.2.2 系统应具备快速适应能力。当机构、人员、工作流程、工作表单、地图等管理内容发生变化时，可通过应用维护子系统进行相应的调整，保证系统正常运行。

8.2.3 地理空间框架数据、单元网格数据、部件数据、地理编码数据的更新应符合本规范第4.8节的规定。

8.2.4 系统应具备对管理部件和事件类型进行扩展的能力。

8.3 应急预案

8.3.1 应制定有效的系统运行应急预案，并应由系统管理员定期组织演练。

8.3.2 应急预案应包括呼叫中心异常、网络异常、数据库服务器异常、应用服务器异常、磁盘阵列异常、平台软件系统异常、应用软件系统异常等情况的处置方案。

8.3.3 应急预案应能在系统出现异常后8h内恢复正常运行。

本规范用词说明

1 为便于在执行本规范条文时区别对待，对要求严格程度不同的用词说明如下：

1) 表示很严格，非这样做不可的：
正面用词采用“必须”，反面词采用“严禁”；

2) 表示严格，在正常情况下均应这样做的：
正面用词采用“应”，反面词采用“不应”或“不得”；

3) 表示允许稍有选择，在条件许可时首先应这样做的：
正面用词采用“宜”，反面词采用“不宜”；

4) 表示有选择，在一定条件下可以这样做的，采用“可”。

2 条文中指明应按其他有关标准执行的写法为：“应符合……的规定”或“应按……执行”。

引用标准名录

1 《电子信息系统机房设计规范》GB 50174

2 《电子计算机场地通用规范》GB/T 2887

3 《计算站场地安全要求》GB 9361

4 《地理空间数据交换格式》GB/T 17798

5 《数字测绘成果质量检查与验收》GB/T 18316

6 《城市基础地理信息系统技术规范》CJJ 100

7 《城市地理空间框架数据标准》CJJ 103

8 《建设领域应用软件测评通用规范》CJJ/T 116

9 《城市地理空间信息共享与服务元数据标准》CJJ/T 144

10 《城市市政综合监管信息系统 单元网格划分与编码规则》CJ/T 213

11 《城市市政综合监管信息系统 管理部件和事件分类、编码及数据要求》CJ/T 214

12 《城市市政综合监管信息系统 地理编码》CJ/T 215

13 《城市市政综合监管信息系统 绩效评价》CJ/T 292

14 《城市市政综合监管信息系统 监管数据无线采集设备》CJ/T 293

15 《城市市政综合监管信息系统 监管案件立案、处置与结案》CJ/T 315

中华人民共和国行业标准

城市市政综合监管信息系统技术规范

CJJ/T 106—2010

条 文 说 明

修 订 说 明

《城市市政综合监管信息系统技术规范》CJJ/T 106－2010 经住房和城乡建设部 2010 年 7 月 20 日以第 698 号公告批准、发布。

本规范是在《城市市政综合监管信息系统技术规范》CJJ/T 106－2005 的基础上修订而成。上一版的主编单位是北京市东城区人民政府，参编单位是北京数字政通科技有限公司、建设部信息中心、北京图盟科技有限公司、建设综合勘察研究设计院，主要起草人员是陈平、吴强华、郝力、高萍、倪东、董振宁、王丹、许欣、赵伟、霍文虎、张洁、陈大鹏、陈晔、赵铁汉、崔媛媛。

本次修订中，编制组进行了广泛的调查研究，认真总结了住房和城乡建设部在全国开展的三批共 51 个城市（城区）数字化城市管理新模式推广应用的经验，并积极吸收了相关科研和技术发展成果。

为便于广大城市管理以及数据生产、系统开发、科研、学校等单位有关人员在使用本规范时能正确理解和执行条文规定，《城市市政综合监管信息系统技术规范》编制组按章、节、条顺序编制了本规范的条文说明，对条文规定的目的、依据以及执行中需注意的有关事项进行了说明。但是，本条文说明不具备与规范正文同等的法律效力，仅供使用者作为理解和把握规范规定的参考。在使用中如果发现本条文说明有不妥之处，请将意见函寄北京市东城区城市管理监督中心。

目　次

1 总　　则

1.0.1 随着城市现代化建设进程的加快，城市面貌变化巨大。网格化城市管理模式对于提高城市综合治理能力和城市服务水平，推动城市管理体制创新，落实科学发展观，建立和谐社会都具有重要意义。目前已在许多城市推广运行。为了规范和指导全国城市市政综合监管信息系统建设，实现资源的整合与共享，提高城市信息化水平，经过对网格化城市管理模式，以及住房和城乡建设部已经验收的数字化城市管理试点城市（城区）的运行经验进行总结、分析，在遵循国家相关法规、标准的基础上，编制了本规范。

1.0.2 本规范作为指导城市市政综合监管信息系统建设的技术标准，规定了市政综合监管信息系统设计、建设、运行、维护和管理的基本要求。城市其他有关管理应用系统，如果实行基于单元网格的全方位、全时段的管理方式，也可以借鉴本规范。

1.0.3 根据原中华人民共和国信息产业部［2002］422号文件精神，在建设城市市政综合监管信息系统时，其呼叫中心应使用统一专用号码12319。同时在使用该号码时，需遵守信息产业主管部门和地方通信管理局有关号码资源的规定，不得擅自转让、出租该专用号码或改变号码用途。

1.0.4 基于网格化的城市管理模式是实现全时段监控、全方位覆盖的现代化城市管理模式。实现政府资源和社会公共资源的共享是城市市政综合监管信息系统运行的基础。随着计算机和通信技术的不断发展，在城市市政综合监管信息系统的建设中，应积极倡导采用先进的技术方法，节约资源，提升系统运行效率，提高城市监管能力。

1.0.5 本规范是以国家现行有关标准为基础而制定的，因此在建设城市市政综合监管信息系统时，还应符合国家现行有关标准的规定。

2 术　　语

本章对规范中使用的术语和涉及的一些重要概念，特别是城市市政综合监管信息系统运行模式中涉及的新概念作出定义，以便于对条文的理解和使用。这些术语考虑了与城市市政综合监管信息系统其他相关标准以及有关地理空间信息标准之间的协调。

3 系统建设与运行模式

3.1 一 般 规 定

3.1.1 城市市政综合监管信息系统的运行基础是网格化城市管理新模式，新模式的核心就是通过建立独立的监督制度、精细化的处置制度和量化的考核评价制度，保证城市管理问题及时发现和处置。独立的监督制度需要保证监督和管理处置的两轴分离；精细化的处置制度需要保证案件分类明确、处置主体责任明确；量化的考核评价制度需要保证考核评价信息来自系统实际运行数据。基于三个管理制度运行城市市政综合监管信息系统，才能保证全方位、全时段城市管理的长效化。

3.1.2 这里列举的4种管理模式，是在总结全国各类不同城市实施数字城管的实践基础上提炼出来的，各城市可根据自身城市的规模和管理现状选用。

3.1.3 系统采用市、区（县）一体化建设方式，可以节约投资，有利于实现系统与数据标准的统一，特别是系统效能的发挥。这里的一体化主要是指在一个城市中，系统应自上而下统一建设，市、区（县）应使用统一的网络系统。

3.1.4 绩效评价考核结果纳入城市管理相关行政效能监察考核体系，是系统能够持续良好运行的重要保障。

3.2 系统建设与运行基本要求

3.2.1～3.2.3 城市市政综合监管的监督、管理功能分离与协作原则，单元网格精细化管理原则，部件和事件精确化管理原则，是城市市政综合监管模式的三大基本原则，是全方位、全时段实施城市管理新模式的工作基础。

3.2.4～3.2.5 为使市政监管问题及时得到处置，并实现管理的长效化，应建立必要的实施方案，具体可包括指挥手册、绩效考核办法的制订等。

3.3 系统业务流程

3.3.1 本条说明了新模式业务流程中的6个阶段，也说明了新模式业务涉及的监督员和社会公众、监督中心、指挥中心和专业部门等4个环节。新模式业务流程的特别之处是一个闭环管理流程，而且每个环节都有回路，能够监督每个问题是否已经解决。本流程是一个基本流程，是一个市、区（县）两级一体化的应用系统，根据本规范第3.1.2条中采用的管理模式不同，在监督中心、指挥中心环节会略有不同。

3.3.2～3.3.7 具体说明监督中心、指挥中心和专业部门在各个阶段的主要工作内容。

4 地理空间数据

4.1 一 般 规 定

4.1.1 城市市政综合监管信息系统是一种城市空间信息管理系统。因此，系统的运行必须要有地理空间数据的支撑。这里的地理空间数据主要包括地理空间框架数据、单元网格数据、部件和事件数据以及地理编码数据。除这些数据外，应尽可能包括地理空间数据的元数据。本规范第 4.2 节至第 4.6 节对这些数据作了具体规定。为了保证市政监管问题能在系统中准确、完整定位，地理空间数据应完整地覆盖市政监管的整个区域范围。

4.1.2 城市地理空间数据与空间参照系密切相关。为了保证城市市政综合监管信息系统中地理空间数据的获取、更新、维护和应用，应该使用所在城市基础测绘所用的空间参照系。

4.1.3 国家标准《地理空间数据交换格式》GB/T 17798 规定了矢量数据转换格式、影像数据转换格式、数字高程模型数据转换格式，适用于矢量数据、影像数据和格网数据等的交换和存储。

4.1.4 关于地理空间数据的质量检查验收有以下几点说明：

1 "两级检查、一级验收"是数据生产单位为保证其所提供的数据质量符合要求而进行的检查和内部验收工作。"两级检查"指的是作业组检查和单位生产部门检查；"一级验收"指的是单位质检部门验收。

2 引入监理单位对数据获取全过程进行质量和进度监理是目前城市地理空间数据生产中较为普遍采用的方式，它对于保证最终成果的质量具有重要作用。

3 系统建设单位或监理单位形成的关于地理空间数据检查验收的技术文档一般应包括下列内容：

1）数据生产的基本情况，包括数据覆盖范围、数据内容和数量、利用的基础资料情况、执行的技术标准和方案、生产方法、使用的仪器设备、生产时间、生产单位名称和资质等级、生产单位内部检查验收结论等；

2）数据质量情况，包括数据生产监理的基本情况、数据质量抽检方法、样本数据质量统计和评价、发现的主要问题及处理情况、质量检查验收结论等。

4.2 地理空间框架数据

4.2.1 地理空间框架数据是城市的基本地理数据集，它为描述城市状况提供最基本的信息，为城市应用系统提供公用数据，并为非空间信息提供空间定位基准，以实现地理空间信息位置的整合。地理空间框架数据可以通过对基础地理信息数据进行加工和扩展来获得。

4.2.2 行政区划、道路、建（构）筑物、水体、绿地和地名数据是最基本的城市地理空间框架数据，也是城市市政综合监管信息系统运行中必不可少的信息内容。地址数据对于市政监管问题的定位具有重要作用，同时也可以减少地理编码数据的采集，因此在可能的条件下应尽量获取。现势性高的高分辨率数字正射影像数据可以为市政综合监管信息系统的运行和市政监管问题的定位提供更直观的支持，应尽可能获取。

4.2.3 目前绝大多数城市都有较高现势性的 1：500～1：2000比例尺基础地理信息数据。利用这些数据可以提取行政区划、道路、建（构）筑物、水体和绿地等数据。当数据的现势性较差或内容不足时，应通过实地调查测量的方式予以修测。

4.2.5 0.1m～0.5m 分辨率的数字正射影像数据对应于 1：1000～1：5000 比例尺地形图，分辨率过低将影响市政综合监管信息系统运行和市政监管问题定位的效果。平面位置中误差 2.5m 相当于城市 1：5000 比例尺地形图的平面精度要求。

4.2.7 从信息共享和经济性的角度考虑，为建设城市市政综合监管信息系统，地理空间框架数据应尽可能充分利用城市已有的基础地理信息数据或公共地理空间数据资源通过加工处理来获得。在建立公共地理信息平台的城市，宜直接通过该平台实现数据共享。

4.3 单元网格数据

4.3.1～4.3.3 有关单元网格数据的技术要求在现行行业标准《城市市政综合监管信息系统 单元网格划分与编码规则》CJ/T 213 中有明确具体的规定，建设市政综合监管信息系统时应严格执行。

4.4 部件和事件数据

4.4.1～4.4.4 有关部件和事件数据的技术要求在现行行业标准《城市市政综合监管信息系统管理部件和事件分类、编码及数据要求》CJ/T 214 中有明确具体的规定，建设市政综合监管信息系统时应严格执行。其中，数据的质量检查与验收等可以根据现行国家标准《数字测绘产品检查验收规定和质量评定》GB/T 18316 的相关规定结合系统建设技术方案的要求来进行。

4.5 地理编码数据

4.5.1～4.5.3 有关地理编码数据的技术要求在现行行业标准《城市市政综合监管信息系统 地理编码》CJ/T 215 中有明确具体的规定。为了保证市政监管问题的定位和处置，地理编码数据的密度不宜过稀，一般以每 5m～10m 一个记录为宜。需要说明的是，当地理空间框架数据中建筑物数据的门牌地址信息及地名和地址数据较多，能满足或部分满足市政监管工作需求时，可少采集甚至不单独采集地理编码数据。

4.6 元 数 据

4.6.1～4.6.3 元数据是关于数据的数据，包含有关于数据标识、覆盖范围、质量、空间和时间模式、空间参照系等特征描述性信息。它对于实现数据共享，更好地进行数据生产的组织和管理具有重要作用。为了保证元数据的质量和可用性，发挥元数据的应有作用，元数据在空间数据采集、处理和更新的同时建立并提供。元数据的内容应符合现行行业标准《城市地理空间信息共享与服务元数据标准》CJJ/T 144 的规定。该标准在条文说明中给出了城市部件数据采集的一个元数据示例，可供参考使用。

4.7 数据建库

4.7.2～4.7.7 地理空间数据库建设是城市市政综合监管信息系统建设的主要组成部分。有关数据库的设计、建设和检查等在现行行业标准《城市基础地理信息系统技术规范》CJJ 100 中有较详细的规定。对城市市政综合监管信息系统而言，根据数据的特点和容量以及数据库系统的情况，可以按数据类型、区域范围进行数据的组织和管理。

4.8 数据更新

4.8.3 地理空间框架数据是城市市政综合监管信息系统运行的重要基础数据。由于我国城市建设发展迅速，信息变化快，数据更新的周期不宜过长，一般以1年左右为宜。同时，框架数据的更新最好与城市基础地理信息或公共地理空间数据的更新同步进行。当然，对于监管范围内变化大的区域，应及时进行必要的数据更新。

4.8.5 部件数据是城市市政综合监管信息系统运行的核心数据之一，其现势性对于系统的运行效率具有重要影响，因此应及时更新。这里分为两种情况：一是定期更新，更新周期不宜超过6个月；二是日常更新，就是结合日常的监管巡查工作，对发现的新部件、普查中遗漏的部件以及位置或属性发生变化的部件，及时进行相应的更新。

5 系统功能与性能

5.1 一般规定

5.1.1 为满足数字化城市管理新模式实施的需要，系统建设应包括9大基本子系统，这里以图的形式表示出各子系统之间的关系及使用者。各城市进行系统建设时，可以根据实际需求扩展其他子系统，如专项普查子系统、视频监控子系统、移动督办子系统等。

5.1.2 这里的性能指标是根据系统需求及当前软硬件、网络环境实际性能状况制定的，能保证位置定位快速、信息传输及时。

5.1.3 城市市政综合监管信息系统中包含了多个子系统，系统设计时应基于统一的数据结构体系，以保证数据的一致性。

5.1.4、5.1.5 支撑数据和业务数据是系统运行中重要的两类数据，这里对其内容作了说明。

5.2 监管数据无线采集子系统

5.2.1～5.2.3 在《城市市政综合监管信息系统 监管数据无线采集设备》CJ/T 293 中详细说明了信息采集设备端的软硬件要求，这里着重说明监管数据无线采集子系统包括服务器端和信息采集设备端两部分及其两者之间的关系。

5.3 监督中心受理子系统

5.3.1～5.3.5 监督中心的工作人员主要使用监督中心受理子系统和本规范第6.7节所提到的呼叫中心。呼叫中心提供与社会公众和监督员通话功能，而监督中心受理子系统提供了与市政监管工作密切相关的案件受理模块，和其他辅助功能模块，包括地图操作、查询统计和参数设置。

5.4 协同工作子系统

5.4.1～5.4.3 协同工作子系统是城市市政综合监管信息系统核心子系统，是各级领导、各个部门业务人员主要使用的子系统，也是产生绩效评价数据的基础信息系统。在协同工作子系统中，可以使用地图操作、查询统计和参数设置等辅助功能模块。

5.5 监督指挥子系统

5.5.1、5.5.2 监督指挥子系统是信息实时监控和直观展示的可视化平台，提供给各级领导和业务人员进行现场监督指挥。系统的显示设备可以选择不同尺寸的大屏幕、投影仪或大画面平板电视，也可以使用一般计算机的显示器，各城市应根据经济条件和实际应用情况选择性价比合适的显示设备。

5.6 综合评价子系统

5.6.1、5.6.2 综合评价子系统是实现对城市市政综合监管工作中所涉及的监管区域、相关政府部门、岗位等实时的量化管理和绩效评价。具体的绩效评价体系及评价结果表达在现行行业标准《城市市政综合监管信息系统 绩效评价》CJ/T 292 中有明确规定。

5.7 地理编码子系统

5.7.1、5.7.2 地理编码子系统与其他几个子系统密切相关，该子系统通过标准接口，为其他子系统提供地理编码服务。

5.8 应用维护子系统

5.8.1～5.8.4 由于系统运行模式可能发生变化，市政监管的相关机构、人员、管理范畴、管理方式、业务流程在系统应用过程中可能逐步调整变化，因此，要求系统必须具有充分的适应能力，保证市政综合监管模式的各类要素变化时，可以快速通过应用维护子系统及时调整，满足系统发展的需要。同时，应用维护子系统必须能够支持根据相关标准要求进行的配置，如《城市市政综合监管信息系统　监管案件立案、处置与结案》CJ/T 315 所规定的处置标准。

5.9 基础数据资源管理子系统

5.9.1、5.9.2 系统建设包含各类空间数据的建设，一方面这些数据的类型和结构各不相同，另一方面这些数据在应用过程中需要不断更新和扩展，基础数据资源管理子系统可以适应空间数据管理和数据变化要求，通过配置完成空间数据库维护和管理工作。对于采用市区一体化集中式建设的系统，必须考虑到各区分别接入系统和更新系统时，按照区域范围更新数据的实际需求。

5.10 数据交换子系统

5.10.1、5.10.2 城市市政综合监管信息系统建设应实现与上一级市政综合监管信息系统和外部专业子系统的信息交换。通过数据交换子系统，可以实现不同信息系统之间市政监管问题、综合评价等信息的数据交换。在与其他系统进行数据交换时，应提供标准化的接口方案，要求与本系统进行交换的专业系统，应能按照数字化城市管理信息交换标准的要求进行数据交换，保证信息的转出和问题处置结果的转入。

6 系统运行环境

6.1 一般规定

6.1.1 系统运行环境是指支撑城市市政综合监管信息系统运行的软件、硬件和网络等设施，本规范对其主要技术基本要求进行了规定。在满足系统基本运行条件和实现安全保障的基础上，各城市可根据实际情况选择适当的设备配置。

6.1.2 本规范第 6.2 节至第 6.9 节对系统基本运行要求作了规定。

6.1.3 城市市政综合监管系统应该具备良好的安全保障功能。本条提出了最基本的安全保障要求。在系统建设中，应根据国家现有相关标准要求做好系统的安全工作。

6.1.4 从系统运行维护管理、信息共享和节约资源的角度看，同一个城市中，市级和区（县）级的系统最好能使用统一的软硬件平台。

6.2 机　房

6.2.1～6.2.4 关于信息系统建设中机房的技术指标规定，我国已制定了一系列技术标准。城市市政综合监管信息系统机房建设应遵守国家现行标准的规定。消防系统建设和验收除遵守国家现行标准外，还应符合地方相关消防主管部门的规定。由于机房的供电系统直接关系到城市市政综合监管信息系统的稳定性，且对系统运行、数据安全和完整性等有重要的影响，因此要求机房应采用可靠的电力保障措施，以确保系统在非正常运行条件或故障突发情况下，能够有足够的时间进行系统运行的维护工作，机房应配备较高性能的不间断电源设备。

6.3 网　络

6.3.1～6.3.5 应在已有或新建的网络基础上，建立一个覆盖所有涉及市政综合监管的相关部门并满足数据传输要求的网络环境，实现所有使用城市市政综合监管信息系统的部门之间的互联互通。网络建设应遵守国家现行标准的规定，有条件的城市可以根据实际需求采用更高的配置。监督中心和监督员（通过监管数据无线采集器）之间的数据传输主要依靠无线通信网络，因此需要建立监督中心与无线通信网络的互联。

6.4 服 务 器

6.4.1～6.4.3 服务器是系统运行环境中最主要组成部分之一。系统服务器分为数据服务器、网络服务器和应用服务器。服务器应能满足系统数据存储、安全性和数据吞吐等要求。各城市可结合自身需求，根据系统的用户数量和包含的数据量等实际状况对服务器的数量和配置等进行选择。

6.5 显示设备

6.5.1、6.5.2 这里所指的显示设备就是供多人共享的监督、指挥子系统的显示设备，可以是一块或多块组合的显示屏、一台或多台组合的显示器（监视器或电视机）、一台或多台组合的投影仪，也可以是一台或多台组合的计算机终端，主要安装在监督中心。本条规定了显示设备的基本参数要求，各城市根据城市的实际需要和经济条件进行适当选择，不应单纯求大求高；也可以考虑与城市已有的城市应急指挥系统大屏幕显示设备共享使用。

6.6 存储及备份设备

6.6.1、6.6.2 城市市政综合监管信息系统以数据为中心，因此系统的存储和备份设备十分重要。存储设备采用可伸缩的网络拓扑结构，通过具有高传输速率的连接方式，具有较高的节点扩充性和传输速率，同时要避免一些常见的网络瓶颈。各城市可按照各自实际需求，制定存储备份管理机制，如对备份结果进行验证，并对备份存储介质进行标识等。

部件数据、地理编码数据是系统建设和运行中十分重要的数据，需要花费较大的代价进行采集和更新，因此应对其进行异地备份。其他数据（如地理空间框架数据）也是系统建设和运行中不可或缺的数据，如果不能通过方便的信息共享方式获得这些数据，也应对其进行异地备份。

6.7 呼叫中心

6.7.1 呼叫中心的建设可结合城市实际情况确定经济实用的配置。

6.7.2 呼叫中心应具有基本坐席功能和特殊坐席功能。具体要求和主要功能应满足本规范中第6.7.2条的规定。呼叫中心的特殊席位的功能主要是为了向社会公众提供更好的语音服务，并且提供方便的管理功能。

6.8 操作系统

6.8.1、6.8.2 城市市政综合监管信息系统服务器端和终端所使用的操作系统应采用目前主流的商用操作系统，以保证系统的兼容性、可靠性和稳定性。

6.9 数据库及地理信息系统平台软件

6.9.1 城市市政综合监管信息系统中的数据需要通过数据库系统来进行管理。本条中对数据库系统的基本技术要求作了规定。

6.9.2 地理信息系统软件是城市市政综合监管信息系统的重要基础软件平台之一。它承担着海量空间数据的应用和管理工作，需要具备充分的空间数据管理、更新和服务能力，保证图文一体化的城市市政综合监管信息系统正常运转。本条对地理信息系统平台软件的基本功能要求作了规定。

7 系统建设与验收

7.1 系统建设

7.1.1 应用需求明确保证系统建设周期可控制。基础设施建设趋于稳定才能实现对部件的精细化管理。监管数据无线采集设备（城管通）是数字化城市管理新模式的重要技术创新，没有无线通信盲区才能保证无线采集能够覆盖监管范围。

7.1.2 本条所列的系统建设工作步骤、内容和要求，是在多个地区实施城市市政综合监管系统建设的经验基础上总结提炼出来的。

7.1.3 大量实践证明，在信息化建设中引入第三方监理能够为项目成功实施提供帮助。

7.2 系统验收

7.2.1 规定在系统至少运行3个月后进行正式验收是为了保证有足够长的时间来对应用系统、运行模式和数据成果进行磨合和检验。

7.2.2 本条规定了正式验收应包括的内容，可以分项验收，也可以总体策划和组织验收。

7.2.3 监管分离的组织机构建设和业务流程设计是系统建设与运行模式验收中应关注的重要内容。

7.2.4 地理空间数据符合标准才能够为系统运行提供良好的数据支撑。

7.2.5 应用系统是实施城市市政综合监管的技术基础和保障。对系统进行测试，保证系统稳定可靠运行。

7.2.6 对监管范围和专业部门接入情况进行验收，是为了保证系统具有一定的覆盖和应用范围；对绩效评价结果进行验收可以准确反映系统实际运行情况和运行效果。

7.2.7 翔实的文档资料能够为日后系统维护和扩展提供依据。

7.2.8 正式验收涉及的内容多，专业性较强，需要组织城市管理、地理空间信息技术、信息系统建设等方面的专家才能对系统建设进行全面考察和综合评价。

8 系统维护

8.1 日常管理

8.1.1 通过执行系统运行维护管理制度，明确系统管理员的工作内容和工作职责，使系统维护工作日常化、制度化。

8.1.2 系统中包含了大量重要的基础数据和业务数据，不同用户在系统中操作的内容不同，通过用户权限管理，对不同用户的数据访问严格控制。同时，还要充分利用操作系统、数据库、网络设备等提供的安全管理功能，配置合适的系统安全策略。

8.1.3 建立严格的数据备份机制，并根据数据类型的不同，制定合适的数据备份策略，对业务数据的备份周期要短，对基础数据的备份周期可以长一些，对一些重要的数据要采取异地备份的策略。

8.1.4 日常的系统维护就是要在问题出现前就解决问题，通过分析日志，可以及时发现系统异常情况及时解决问题。

8.2 软件和数据维护

8.2.1、8.2.2 在系统体系架构中包含应用维护子系统和基础数据资源管理子系统，这两个子系统都是提供给系统管理员使用的。系统中涉及机构、人员、业务、工作流、表单、地图使用等变化需求，需通过应用维护子系统进行配置维护；涉及地理空间框架、单元网格、部件、地理编码等数据变化通过基础数据资源管理子系统进行配置维护。

8.2.3 地理空间数据的更新是保证了数据的现势性，不同类型的地理空间数据更新方式和更新周期不同，应根据相关标准要求进行更新。

8.2.4 随着系统的逐步深化应用，系统中涉及的管理部件和事件类型也可能会逐步扩展。

8.3 应 急 预 案

8.3.1～8.3.3 城市市政综合监管信息系统已经成为各级政府实施网格化城市管理模式的基本工具，需要保证系统的持续稳定可靠运行，但仍有可能因为各种原因出现一些问题。为将因系统异常对城市管理工作的影响降至最低，必须制定周全的应急预案，使得系统出现异常后能在规定时间内恢复正常运行。

中华人民共和国行业标准

城镇排水系统电气与自动化工程技术规程

Technical specification of electrical & automation engineering for city drainage system

CJJ 120—2008
J 783—2008

批准部门：中华人民共和国建设部
施行日期：2 0 0 8 年 9 月 1 日

中华人民共和国建设部
公　　告

第 810 号

建设部关于发布行业标准《城镇排水系统电气与自动化工程技术规程》的公告

现批准《城镇排水系统电气与自动化工程技术规程》为行业标准，编号为 CJJ 120 - 2008，自 2008 年 9 月 1 日起实施。其中，第 3.10.11、5.8.1、6.11.5 条为强制性条文，必须严格执行。

本规程由建设部标准定额研究所组织中国建筑工业出版社出版发行。

中华人民共和国建设部

2008 年 2 月 26 日

前　　言

根据建设部建标［2004］66 号文件的要求，标准编制组在深入调查研究，认真总结国内外科研成果和大量实践经验，并在广泛征求意见的基础上，制定了本规程。

本规程的主要技术内容是：1. 泵站供配电；2. 泵站自动化系统；3. 污水处理厂供配电；4. 污水处理厂自动化系统；5. 排水工程的数据采集和监控系统。

本规程以黑体字标志的条文为强制性条文，必须严格执行。

本规程由建设部负责管理和对强制性条文的解释，由主编单位负责具体技术内容的解释。

本规程主编单位：上海市城市建设设计研究院（地址：上海浦东新区东方路 3447 号；邮政编码：200125）

本规程参编单位：上海电气自动化设计研究所有限公司

中国市政工程华北设计研究院

本规程主要起草人：陈　洪　李　红　戴孙放　郑效文　沈燕蓉　石　泉　黄建民　王　峰

目　次

1 总 则

1.0.1 为提高我国城镇排水行业电气自动化系统的技术水平，规范城镇排水和污水处理建设中电气自动化工程的建设标准，提高工程建设投资效益，改善生产和劳动环境，制定本规程。

1.0.2 本规程适用于城镇雨水与污水泵站、污水处理厂的供配电系统和自动化运行控制系统以及排水泵站群的数据采集和控制系统或区域性排水工程的中央监控系统的设计、施工、验收。

1.0.3 排水和污水处理工程的运行自动化程度，应根据管理的需要，设备器材的质量和供应情况，结合当地具体条件通过全面的技术经济比较确定。

1.0.4 城镇排水系统电气与自动化工程在设计、施工、验收中除应符合本规程的要求外，尚应符合国家现行有关标准的规定。

2 术语、符号与代号

2.1 术 语

2.1.1 瞬时流量 instantaneous flow rate

某一时刻的流量。

2.1.2 累积流量 accumulated flow rate

某一时间段的总流量。

2.1.3 操作界面 operation interface

操作人员和计算机进行工作交互的媒介。

2.1.4 数据采集 data acquisition

按预定的速率将现场信号（模拟量、离散量、频率）进行数字化送入计算机。

2.1.5 数据处理 data processing

将采集到的数据按照某一规律进行运算或变换。

2.1.6 接口 interface

两个不同系统的交接部分。

2.1.7 现场控制 site control

在设备安装位置附近实施设备控制箱上的手动控制（不依赖于自控系统的控制）。

2.1.8 配电盘控制 panel control

在电动机配电控制盘或MCC盘面上实施的手动控制。当电动机配电控制盘或MCC盘布置在现场设备附近时，可代替现场控制。

2.1.9 就地控制 local control

以PLC作为核心器件，完成本区域内相关的信息采集、指令执行以及监控方案实施等工作。

2.1.10 就地手动 local manual

利用现场控制站或RTU（remote terminal unit）柜面板上触摸屏或按钮，以人工按键操作控制设备。

2.1.11 就地自动 local automation

利用现场控制站的自动控制器和软件对设备进行控制。

2.1.12 远程控制 remote control

通过有线或无线通信，完成对远程区域内设备、仪表的数据采集、命令下达或控制功能。

2.1.13 就地控制站 local control station

一般以PLC作为核心器件，主要负责泵站或污水处理厂某一区域内涉及设备监控系统相关的信息收集、指令执行以及监控方案实施等工作的设备。

2.1.14 远程终端单元（RTU）remote terminal unit

一个控制系统中相对于控制中心所设置的控制站，一般以PLC作为核心器件，主要负责相对控制中心距离较远处设备的监控以及相关的信息收集、指令执行以及监控方案实施等工作。

2.1.15 设备层 equipment layer

现场的设备装置和现场仪表。以总线或硬接线的方式与控制层连接。

2.1.16 控制层 control layer

由分布在各区域的就地控制器与连接控制中心和该控制器的环网（或星型网）所组成。

2.1.17 信息层 information layer

整个系统中上层数据传输的链路及设备。

2.1.18 信息中心 information center

按排水系统或地域划分，管辖该系统或地域内的泵站和污水处理厂的设备状态、工艺参数等信息采集、处理、显示功能的场所。

2.1.19 区域监控中心 area control center

按地理位置划分，管辖部分泵站，具有信息采集、处理、显示和发布控制命令功能的场所，具有控制主站的功能。

2.1.20 远程子站 remote sub station

与主站相隔一定距离，通过有线或无线通信连接的远程终端。

2.1.21 系统软件 system software

一般指计算机操作系统，在购买计算机时由厂商提供。

2.1.22 编程语言 programming language

遵循特定的语法，编写程序所使用的语言。

2.1.23 应用软件 application software

使用编程语言编写的，解决某些特定问题的一个或一组程序，通常由用户程序和软件包组成。

2.1.24 图控组态软件 HMI software

提供图形方式对应用程序进行组态的一种操作界面，操作人员不需要掌握编程语言或语法就能进行应用软件的编程，国内通常称为图控组态软件。

2.1.25 事件登录 events login

设备、装置或者过程的状态发生变化，计算机记录此变化。

2.1.26 主站轮询 master station polling

主站按照某种顺序，轮流查询各从站的状态。

2.1.27 逢变则报（RBE）report by exception

从站的状态如有变化则上报，没有变化则不上报，这样可以允许主站采用较大的轮询周期（这就意味着可以访问更多的从站），但仍然能够保持较高的事件分辨率。

2.1.28 通信速率 baud rate

采用计算机通讯时，以每秒完成被传送数据的位数或字节数定义为数据传输的速率。

2.2 符 号

2.2.1 负荷

P_N——用电设备组的设备功率；

P_r——电动机额定功率；

P_{js}——有功计算功率；

Q_{js}——无功计算功率；

S_{js}——视在计算功率；

K_X——需要系数；

$K_{\Sigma P}$、$K_{\Sigma Q}$——有功功率、无功功率同时系数。

2.2.2 短路电路

I_{js}——计算电流；

i_{ch}——短路冲击电流；

I_{ch}——短路全电流最大有效值；

I''_2——两相短路电流的初始值；

I_{k2}——两相短路稳态电流；

I''_3——三相短路电流的初始值；

I_{k3}——三相短路稳态电流；

R_s、X_s——变压器高压侧系统的电阻、电抗；

R_T、X_T——变压器的电阻、电抗；

R_m、X_m——变压器低压侧母线段的电阻、电抗；

R_L、X_L——配电线路的电阻、电抗；

$\tan\phi$——用电设备功率因数角的正切值；

T_f——短路电流非周期分量缩减时间常数；

U_r——用电设备额定电压（线电压）；

U_n——网络标称电压（线电压）；

U_e——额定电压；

Z_k、R_k、X_k——短路电路总阻抗、总电阻、总电抗；

X_Σ——短路电路总电抗（假定短路电路没有电阻的条件下求得）；

R_Σ——短路电路总电阻（假定短路电路没有电抗的条件下求得）；

ε_r——电动机额定负载持续率；

C——电压系数，计算三相短路电流时取1.05。

2.2.3 照明负荷

P_{js}——照明计算负荷；

P_{max}——最大一相的装灯容量。

2.3 代 号

2.3.1 BOD（Biochemical Oxygen Demand）——生物需氧量

2.3.2 C/S（Client/Server）——客户机/服务器

2.3.3 COD（Chemical Oxygen Demand）——化学需氧量

2.3.4 C_2——氨氮、硝氮复合式检测的简称

2.3.5 CDMA（Code Division Multiple Access）——码分多址无线通信技术

2.3.6 DO（Dissolved Oxygen）——溶解氧

2.3.7 DDN（Digital Data Network）——数字式数据网

2.3.8 GPS（Global Positioning System）——全球定位系统

2.3.9 GSM（Global System for Mobile Communication）——全球移动通信系统

2.3.10 ISDN（Integrated Services Digital Network）——综合业务数字网

2.3.11 MCC（Motor Control Center）——马达控制中心

2.3.12 MTBF（Mean Time Between Failures）——平均故障间隔时间

2.3.13 MTTR（Mean Time to Repair）——平均修复时间

2.3.14 MIS（Management Information System）——管理信息系统

2.3.15 MLSS（Mixed Liquor Suspended Solids）——污泥浓度

2.3.16 NH_3-N（Ammonium Nitrogen）——氨氮

2.3.17 NO_3-N（Nitrate Nitrogen）——硝态氮

2.3.18 ORP（Oxidation-Reduction Potential）——氧化还原电位

2.3.19 PLC（Programmable Logic Controller）——可编程逻辑控制器

2.3.20 PSTN（Public Switched Telephone Network）——公共交换电话网络

2.3.21 pH/T（Pondus hydrogenii/Temperature）——酸碱度/温度

2.3.22 RTU（Remote Terminal Unit）——远程终端单元

2.3.23 SCADA（Supervisory Control and Data Acquisition）——数据采集和监视控制

2.3.24 SOE（Sequence of Events）——事件顺序记录

2.3.25 SS（Suspended Solid）——固体悬浮物浓度

2.3.26 TCP/IP（Transmission Control Protocol/Internet Protocol）——传输控制协议/网际协议

2.3.27 TOC（Total Organic Carbon）——总有机碳

2.3.28 TP（Total Phosphorus）——总磷

2.3.29 UPS（Uninterruptible Power Supply）——不间断电源

3 泵站供配电

3.1 负荷调查与计算

3.1.1 泵站负荷的设计调查应符合下列规定：

1 泵站规模的调查应根据城市雨水、污水系统专业规划和有关排水系统所规定的范围、设计标准，经工艺设计的综合分析计算后确定泵站的近期规模，包括泵站站址选择和总平面布置。

2 工艺的调查应包括工程性质、工艺流程图、工艺对电气控制的要求。

3 用电量的调查应包括机械设备正常工作用电（设备规格、型号、工作制）、仪表监控用电、正常工作照明、安全应急照明、室外照明、检修用电及其他场所的照明。

4 发展规划的调查应包括近期建设和远期发展的关系，远近结合，以近期为主，适当考虑发展的可能。

5 环境调查应包括周围环境对本工程的影响以及本工程实施后对居民生活可能造成的影响进行初步评估。

3.1.2 污水泵站、雨水泵站供电负荷等级应为二级负荷。特别重要的污水泵站、雨水泵站应定为一级负荷。

3.1.3 泵站负荷计算应符合下列规定：

1 负荷计算宜采用需要系数法。

2 在负荷计算时，应将不同工作制用电设备的额定功率换算成为统一计算功率。

3 泵站的水泵电机为主要设备，应按连续工作制考虑，其功率应按电机额定铭牌功率计算。

4 短时或周期工作制电动机的设备功率应统一换算到负载持续率（ε）为25%以下的有功功率，应按下式计算：

$$P_N = P_r\sqrt{\frac{\varepsilon_r}{0.25}} = 2P_r\sqrt{\varepsilon_r} \quad (3.1.3\text{-}1)$$

式中 P_N——用电设备组的设备功率（kW）；

P_r——电动机额定功率（kW）；

ε_r——电动机额定负载持续率。

5 采用需要系数法计算负荷，应符合下列要求：

1）设备组的计算负荷及计算电流应按下列公式计算：

$$P_{js} = K_X P_N \quad (3.1.3\text{-}2)$$

$$Q_{js} = P_{js}\tan\phi \quad (3.1.3\text{-}3)$$

$$S_{js} = \sqrt{P_{js}^2 + Q_{js}^2} \quad (3.1.3\text{-}4)$$

$$I_{js} = \frac{S_{js}}{\sqrt{3}U_r} \quad (3.1.3\text{-}5)$$

式中 P_{js}——用电设备有功计算功率（kW）；

K_X——需要系数，按表3.1.3的规定取值；

Q_{js}——用电设备无功计算功率（kvar）；

$\tan\phi$——用电设备功率因数角的正切值，按表3.1.3的规定取值；

S_{js}——用电设备视在计算功率（kva）；

I_{js}——计算电流（A）；

U_r——用电设备额定电压或线电压（kV）。

2）变电所的计算负荷应按下列公式计算：

$$P_{js} = K_{\sum P}\sum(K_X P_N) \quad (3.1.3\text{-}6)$$

$$Q_{js} = K_{\sum Q}\sum(K_X P_N\tan\phi) \quad (3.1.3\text{-}7)$$

$$S_{js} = \sqrt{P_{js} + Q_{js}} \quad (3.1.3\text{-}8)$$

式中 $K_{\sum P}$、$K_{\sum Q}$——有功功率、无功功率同时系数，分别取0.8～0.9和0.93～0.97。

表 3.1.3 用电设备需要系数

用电设备组名称	需要系数（K_X）	$\cos\phi$	$\tan\phi$
水泵	0.75～0.85	0.80～0.85	0.75～0.62
生产用通风机	0.75～0.85	0.80～0.85	0.75～0.62
卫生用通风机	0.65～0.70	0.80	0.75
闸门	0.20	0.80	0.75
格栅除污机、皮带运输机、压榨机等	0.50～0.60	0.75	0.88
搅拌机、刮泥机	0.75～0.85	0.80～0.85	0.75～0.62
起重器及电动葫芦（ε=25%）	0.20	0.50	1.73
仪表装置	0.70	0.70	1.02
电子计算机	0.60～0.70	0.80	0.75
电子计算机外部设备	0.40～0.50	0.50	1.73
照明	0.70～0.85	—	—

6 变电所或配电所的计算负荷，应为各配电干线计算负荷之和再乘以同时系数；计算变电所高压侧负荷时，应加上变压器的功率损耗。

3.1.4 变压器的选择应符合下列规定：

1 变压器的容量应根据泵站的计算负荷以及机组的启动方式、运行方式，并充分考虑变压器的节能运行要求等综合因素来确定。从节能角度考虑，变压器负载率宜控制在0.6～0.7。

2 变压器台数应根据负荷特点和经济运行进行选择。一般城镇排水泵站宜装设两台及以上变压器。

3 低压为0.4kV单台变压器的容量不宜大于1250kVA。当用电设备容量较大，负荷集中且运行合理时，可选用较大容量的变压器。

4 当泵站配置二台变压器时，型号和容量应相同。变压器容量宜按计算负荷100%的备用率选取。

5 雨水、污水合建泵站中，宜对雨水、污水泵分别设置供电变压器。

6 泵站变电所3000kVA以下容量变压器宜采用干式。在特别潮湿的环境中，不宜设置浸渍绝缘干式变压器。

3.1.5 对10（6）kV/0.4kV的变压器联结组标号宜选用D/Y_n-11接线。

3.1.6 干式变压器宜配防护罩壳、温控、温显装置。

3.2 供电电源

3.2.1 供电电压应根据工程的总用电量、主要用电设备的额定电压、供电距离、供电线路的回路数、当地供电网络现状和发展规划等因素综合考虑。

3.2.2 泵站宜采用二路电源供电，二路互为备用或一路常用一路备用。

3.2.3 在负荷较小或地区供电条件困难时，二级负荷可采用10kV及以上专用的架空线路或电缆供电。当采用架空线时，可采用一回架空线供电。当采用电缆线路时，应采用二根电缆组成的线路供电，每根电缆应能承受100%的二级负荷。

3.2.4 当供电电压为35kV及以上的工程，配电电压应采用10kV，当6kV用电设备的总容量较大，选用6kV经济合理时，宜采用6kV。

3.2.5 当供电电压为35kV/10kV，泵站内无额定电压为0.4kV以上的用电设备，可用0.4kV作为配电电压。

3.2.6 当泵站容量较小，有条件接入0.4kV电源时，可直接采用0.4kV电源供电。

3.3 系统结构

3.3.1 配电系统应根据工程用电负荷大小、对供电可靠性的要求、负荷分布情况等采用不同的接线方法。

3.3.2 对10kV/6kV配电系统宜采用放射式。

3.3.3 对泵站内的水泵电机应采用放射式配电。对无特殊要求的小容量负荷可采用树干式配电。

3.3.4 配电所、变电所的高压及低压母线接线方式宜采用单母线分段或单母线接线。

3.3.5 由地区电网供电的配电所电源进线处，应装设供计量用的电压、电流互感器。

3.3.6 变配电所的主接线应符合现行国家标准《10kV及以下变电所设计规范》GB 50053和《35～110kV变电所设计规范》GB 50059的有关规定。

3.4 无功功率补偿

3.4.1 当用电设备的自然功率因数达不到要求时，应采用并联电力电容器作为无功功率补偿装置，保证泵站计量侧的功率因数不应小于0.9。

3.4.2 在选择补偿方式时应考虑系统合理、节省投资以及控制、管理方便等因素。

3.4.3 为减少线路损失和电压损失，宜采用就地平衡补偿。

3.4.4 高压电机的无功功率宜采用单独就地补偿，高压电容器组宜在变电所内集中装设。补偿后的功率因数不应小于0.9。

3.4.5 低压电机的无功功率宜采用集中补偿或就地补偿，补偿装置的电容器组宜在变电所内集中设置。补偿后的高压侧功率因数不应小于0.9。

3.4.6 无功功率补偿装置宜采用自动投入电容器方式，保证补偿后的功率因数不应小于0.9。

3.4.7 补偿容量宜按无功功率曲线或无功功率补偿计算方法确定。

3.4.8 低压电容器组应接成三角形方式。高压电容器组应接成中性点不接地的星型方式。

3.4.9 电容器组应直接与放电装置连接，中间不应设置开关或熔断器。低压电容器组可设置自动接通的连锁装置，电容器分闸时应自动接通，合闸时应自动断开。

3.4.10 当系统中有高次谐波超过规定值时，应采取抑制谐波的措施。

3.4.11 电容器组的连接导线和开关设备的长期允许电流，高压不应小于电容器额定电流的1.35倍；低压不应小于电容器额定电流的1.5倍。

3.5 操作电源

3.5.1 对符合本规程第4.2.1条规定的特大、大、中型泵站变电所，宜采用直流操作电源。对主接线简单，且供电主开关操作不频繁的泵站变电所，可采用交流操作电源。

3.5.2 泵站变电所应选用免维护铅酸蓄电池直流屏为直流操作电源。

3.5.3 变电所的控制、保护、信号、自动装置等所需要的直流电源应保证不间断供电。

3.5.4 对符合本规程第4.2.1条规定的中、小型泵站的变电所，宜采用弹簧储能操动机构合闸和去分流分闸的全交流操作。

3.6 短路电流计算与继电保护

3.6.1 短路电流计算时所采用的接线方式，应为系统在最大及最小运行方式下导体和电器安装处发生短路电流的正常接线方式。短路电流计算宜符合下列要求：

1 在短路持续时间内，短路相数不变，如三相短路持续时间内保持三相短路不变，单相接地短路持续时间内保持单相接地短路不变；

2 具有分接开关的变压器，其开关位置均视为在主分接位置；

3 不计弧电阻。

3.6.2 高压电路短路电流计算时，应考虑对短路电流影响大的变压器、电抗器、架空线及电缆等的阻抗，对短路电流影响小的因素可不予考虑。

3.6.3 计算短路电流时，电路的分布电容不予考虑。

3.6.4 短路电流计算中应以系统在最大运行方式下三相短路电流为主；应以最大三相短路电流作为选择、校验电器和计算继电保护的主要参数。同时也需要计算系统在最小运行方式下的两相短路电流作为校验继电保护、校核电动机启动等的主要参数。

3.6.5 短路电流应采用以下计算方法：

1 以系统元件参数的标幺值计算短路电流，适用于比较复杂的系统。

2 以系统短路容量计算短路电流，适用于比较简单的系统。

3 以有名值计算短路电流，适用于1kV及以下的低压网络系统。

3.6.6 高压网络短路电流计算宜按下列步骤进行：

1 确定基准容量，$S_j = 100$MVA，确定基准电压$U_j = U_p$；

2 绘制主接线系统图，标出计算短路点；

3 绘制相应阻抗图，各元件归算到标幺值；

4 经网络变换等计算短路点的总阻抗标幺值；

5 计算三相短路周期分量及冲击电流等。

3.6.7 低压网络短路电流计算宜按下列步骤进行：

1 画出短路点的计算电路，求出各元件的阻抗（见图3.6.7）。

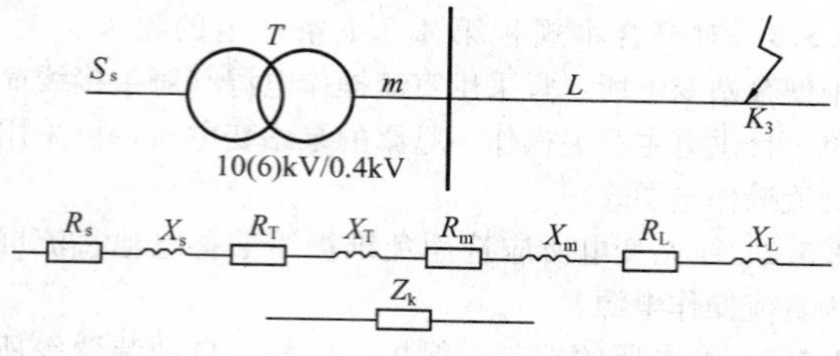

图3.6.7 三相短路电流计算电路

2 变换电路后画出等效电路图，求出总阻抗；

3 低压网络三相和两相短路电流周期分量有效值宜按下列公式计算：

$$I''_3 = \frac{\frac{CU_n}{\sqrt{3}}}{Z_k} = \frac{\frac{1.05U_n}{\sqrt{3}}}{\sqrt{R_k^2 + X_k^2}} = \frac{230}{\sqrt{R_k^2 + X_k^2}} \quad (3.6.7\text{-}1)$$

$$R_k = R_s + R_T + R_m + R_L \quad (3.6.7\text{-}2)$$

$$X_k = X_s + X_T + X_m + X_L \quad (3.6.7\text{-}3)$$

式中 I''_3——三相短路电流的初始值；

C——电压系数，计算三相短路电流时取1.05；

U_n——网络标称电压或线电压（V），220/380V网络为380V；

Z_k、R_k、X_k——短路电路总阻抗、总电阻、总电抗（mΩ）；

R_s、X_s——变压器高压侧系统的电阻、电抗（归算到400V侧）（mΩ）；

R_T、X_T——变压器的电阻、电抗（mΩ）；

R_m、X_m——变压器低压侧母线段的电阻、电抗（mΩ）；

R_L、X_L——配电线路的电阻、电抗（mΩ）；

I_k——短路电流的稳态值；

只要$\frac{\sqrt{R_T^2 + X_T^2}}{\sqrt{R_s^2 + X_s^2}} \geqslant 2$，变压器低压侧短路时的短路电流周期分量不衰减，$I_k = I''_3$。

4 短路冲击电流宜按下列公式计算：

$$i_{ch} = K_{ch}\sqrt{2}I''_3 \quad (3.6.7\text{-}4)$$

$$I_{ch} = I''_3\sqrt{1 + 2(K_{ch} - 1)^2} \quad (3.6.7\text{-}5)$$

$$K_{ch} = 1 + e^{0.01/T_f} \quad (3.6.7\text{-}6)$$

$$T_f = \frac{X_\Sigma}{314R_\Sigma} \quad (3.6.7\text{-}7)$$

式中 i_{ch}——短路冲击电流（kA）；

K_{ch}——短路电流冲击系数；

I_{ch}——短路全电流最大有效值（kA）；

T_f——短路电流非周期分量缩减时间常数s，当电网频率为50Hz时按式（3.6.7-7）取值；

X_Σ——短路电路总电抗（假定短路电路没有电阻的条件下求得）（Ω）；

R_Σ——短路电路总电阻（假定短路电路没有电抗的条件下求得）（Ω）。

5 两相短路电流按下列公式计算：

$$I''_2 = 0.866I''_3 \quad (3.6.7\text{-}8)$$

$$I_{K2} = 0.866I_{K3} \quad (3.6.7\text{-}9)$$

式中 I''_2——两相短路电路的初始值；

I_{K2}——两相短路稳态电流；

I_{K3}——三相短路稳态电流。

3.6.8 应按系统配置及供电部门提供的供电方案进行短路电流和保护计算，并确定保护方式，且应符合下列规定：

1 各类型继电保护设置原则应符合现行国家标准《电力装置的继电保护和自动装置设计规范》GB 50062的有关规定。

2 继电保护应确保可靠性，同时满足选择性、灵敏性和速动性的要求。

3 电力系统中应对电力变压器、电动机、电力电容器、母线、架空线或电缆线路、母线分段断路器及联络断路器、电源进线等设备配置继电保护装置。

4 继电保护装置宜采用带总线接口智能综合保护终端。

3.7 设备选择

3.7.1 泵站电动机的选择应符合下列规定：

1 电动机的选择应符合下列要求：

1）电动机的全部电气和机械参数，应满足水泵启动、制动、运行和控制要求。

2）电动机的类型和额定电压，应优选国家电压等级的分类要求。

3）电动机的结构形式、冷却方法、绝缘等级、允许的海拔高度等，应符合工作环境要求。

4）电动机的额定功率应与水泵及其他设备输入功率相匹配，并计入适当储备系数。

2 变负载运行的水泵电机，应采用调速装置，并应选用相应类型的电动机。

3 配置的异步电动机，应有良好的通风，户内防护等级应为IP4X，户外防护等级应为IP55。

4 潜水电动机防护等级必须为IP68。宜采用异步电动机。

5 电动机的额定电压应根据其额定功率和所在系统的配电电压确定，宜符合表3.7.1的规定。

表3.7.1 水泵交流电动机额定电压和容量

额定电压（V）	容量范围（kW）			
	鼠笼型		绕线型	
	最小	最大	最小	最大
380	0.37	320	0.6	320
6000	220	5000	220	5000
10000	220	5000	220	5000

注：1. 电动机额定电压和容量范围随着工程需要可以有所变化。
2. 当供电电压为6kV时，中等容量的电动机应采用6kV电动机。
3. 对于200～300kW额定容量的电动机，其额定电压，应经技术经济比较后确定采用低压或高压。
4. 对于大功率的潜水泵电动机其额定电压宜采用660V。

6 泵站电机台数的确定宜与单母线分段接线匹配，并使每分段的计算负荷保持平衡，提高运行可靠性。

3.7.2 高压配电装置（包括高压电容柜）的选择应符合下列规定：

1 应根据电力负荷性质及容量、环境条件、运行、安装维修、可靠性等工程经济技术要求合理地选用高压柜设备和制定布置方案。并应有利于分期扩建的需要。

2 同一泵站内高压配电装置型号应一致。配电装置应装设闭锁及连锁装置，必须配有防止带负荷拉、合隔离开关、防止误分（合）断路器、防止带电挂（合）接地线（开关）、防止带接地线（开关）合断路器（隔离开关）、防止误入带电间隔等设施。

3 应符合现行国家标准《3～110kV高压配电装置设计规范》GB 50060及《10kV及以下变电所设计规范》GB 50053的规定。

4 高压配电装置内宜设带数据通信接口的综合继电保护装置或留有点对点的硬接线信号界面。

3.7.3 低压配电装置（包括低压电容柜）的选择应符合下列规定：

1 设计、布置应便于安装、操作、搬运、检修、试验和监测。

2 应根据每个泵站变电所站址所处的位置和特点合理选择柜型。

3 进线柜宜设带有数据通信接口的智能型组合电量变送器或留有点对点的硬接线信号界面。

4 低压柜选择应符合现行国家标准《10kV及以下变电所设计规范》GB 50053的规定。

5 就地补偿电容器的容量应与电动机功率相匹配，安装位置应安全可靠，宜靠近被补偿的设备，并应符合柜体的安装要求。

3.7.4 电力电缆选择应符合下列规定：

1 宜选用铜芯电缆。

2 保护接地线（以下简称PE线）干线采用单芯铜导线时，芯线截面不应小于$10mm^2$；采用多芯电缆的芯线时，其截面不应小于$4mm^2$。

3 PE线采用单芯绝缘导线时，按机械强度要求，截面不应小于下列数值：

1）有机械性的保护时，为$2.5mm^2$；

2）无机械性的保护时，为$4mm^2$。

4 装置外的可导电部分严禁用作PE线。

5 1kV及其以下电源中性点直接接地的三相回路的电缆芯数选择应符合下列规定：

1）保护线与中性线合用一导体时，应采用四芯电缆。

2）保护线与中性线各自独立时，应采用五芯电缆。

3）受电设备外露可导电部位的接地与电源系统接地各自独立的情况下，应采用四芯电缆。

6 1kV及其以下电源中性点直接接地的单相回路的电缆芯数选择应符合下列规定：

1）保护线与中性线分开时，宜采用三芯电缆。

2）受电设备外露可导电部位的接地与电源系统接地各自独立的情况下，应采用两芯电缆。

7 直流供电回路宜采用两芯电缆。

8 电力电缆应正确地选择电缆绝缘水平，并应符合下列规定：

1）交流系统中电力电缆缆芯的相间额定电压不得低于使用回路的工作线电压。

2）交流系统中电力电缆缆芯与绝缘屏蔽或金属之间的额定电压的选择，应符合现行国家标准《电力工程电缆设计规范》GB 50217 的规定。

3）交流系统中电缆的冲击耐压水平应满足系统绝缘配合要求。

4）控制电缆额定电压的选择不应低于该回路工作电压，应满足可能经受的暂态和工频过电压作用要求，无特殊情况宜选用 0.45kV/0.75kV。

9 直埋敷设电缆的外护层选择应符合下列规定：

1）电缆承受较大压力或有机械损伤危险时，应有加强层或钢带铠装。

2）在流砂层、回填土地带等可能出现位移的土壤中，电缆应有钢丝铠装。

10 电缆截面应按允许通过电流、经济电流密度选择并满足允许压降、短路稳定等要求。

11 含有腐蚀性气体环境的泵站，电缆铠装外应包有外护套。

12 在有防火要求场所，应选用耐火型电缆，或在电缆外层涂覆防火涂料、缠绕防火包带，或敷设在耐火槽盒中。

13 在有鼠害或水淹可能的电缆夹层或电缆沟内敷设的电缆宜采用防水或防鼠电缆。

3.8 设备布置

3.8.1 泵站降压型变电所宜采用户内型布置。

3.8.2 变电所的设置应根据下列要求经技术经济比较后确定：

1 接近负荷中心；

2 进出线方便；

3 接近电源侧；

4 设备运输方便；

5 不应设在有剧烈震动的或高温的场所；

6 不宜设在多尘或有腐蚀气体的场所，如无法远离，不应设在污染源的主导风向的下风侧；

7 不应设在有爆炸危险环境或火灾危险环境的正上方和正下方；

8 变电所的辅助用房，应根据需要和节约的原则确定。有人值班的变电所应设单独的值班室。值班室与高压配电室宜直通或经过通道相通，值班室应有门直接通向户外或通向走道。

3.8.3 高压配电室布置应符合下列规定：

1 配电装置宜采用成套设备，型号应一致。配电柜应装设闭锁及连锁装置，以防止误操作事故的发生。

2 带可燃性油的高压开关柜，宜装设在单独的高压配电室内。当高压开关柜的数量为 6 台及以下时，可与低压柜设置在同一房间。

3 高压配电室长度超过 7m 时，应设置两扇向外开的防火门，并布置在配电室的两端。位于楼上的配电室至少应设一个安全出口通向室外的平台或通道。并应便于设备搬运。

4 高压配电装置的总长度大于 6m 时，其柜（屏）后的通道应有两个安全出口。

5 高压配电室内各种通道的最小宽度（净距）应符合表 3.8.3 的规定。

表 3.8.3 高压配电室内通道的最小宽度（净距）（m）

装置种类	操作走廊（正面）		维护走廊（背面）	通往防爆间隔的走廊
	设备单列布置	设备双列布置		
固定式高压开关柜	2.0	2.5	1.0	1.2
手车式高压开关柜	单车长+1.2	双车长+1.0	1.0	1.2

3.8.4 低压配电室布置应符合下列规定：

1 低压配电设备的布置应便于安装、操作、搬运、检修、试验和监测。

2 低压配电室长度超过 7m 时，应设置两扇门，并布置在配电室的两端。位于楼上的配电室至少应设一个安全出口通向室外的平台或通道。

3 成排布置的配电装置，其长度超过 6m 时，装置后面的通道应有两个通向本室或其他房间的出口，如两个出口之间的距离超过 15m 时，其间还应增加出口。

4 低压配电室兼作值班室时，配电装置前面距墙不宜小于 3m。

5 成排布置的低压配电装置，其屏前后的通道最小宽度应符合表 3.8.4 的规定。

表 3.8.4 低压配电装置室内通道最小宽度（m）

装置种类	单排布置		双排对面布置		双排背对背布置	
	屏前	屏后	屏前	屏后	屏前	屏后
固定式	1.5	1.0	2.0	1.0	1.5	1.5
抽屉式	2.0	1.0	2.3	1.0	2.0	1.5

3.8.5 电力变压器室布置应符合下列规定：

1 每台油量为 100kg 及以上的三相变压器，应装设在单独的变压器室内。

2 室内安装的干式变压器，其外廓与墙壁的净距 800kVA 以下不应小于 0.6m；干式变压器之间的距离不应小于 1m，并应满足巡视、维修的要求。

3 变压器室内可安装与变压器有关的负荷开关、隔离开关和熔断器。在考虑变压器布置及高、低压进出线位置时，应使负荷开关或隔离开关的操动机构装在近门处。

4 变压器室的大门尺寸应按变压器外形尺寸加0.5m。当一扇门的宽度为1.5m及以上时，应在大门上开宽0.8m、高1.8m的小门。

3.8.6 电容器室布置应符合下列规定：

1 室内高压电容器组宜装设在单独房间内。当容量较小时，可装设在高压配电室内。但与高压开关柜的距离不应小于1.5m。

2 成套电容器柜单列布置时，柜正面与墙面之间的距离不应小于1.5m；双列布置时，柜面之间的距离不应小于2m。

3 装配式电容器组单列布置时，网门与墙距离不应小于1.3m；双列布置时，网门之间距离不应小于1.5m。

4 长度大于7m的电容器室，应设两个出口，并宜布置在两端。门应向外开。

3.8.7 泵房内设备布置应符合下列规定：

1 根据水泵类型、操作方式、水泵机组配电柜、控制屏、泵房结构形式、通风条件等确定设备布置。

2 电动机的启动设备宜安装于配电室和水泵电机旁。

3 机旁控制箱或按钮箱宜装于被控设备附近，操作及维修应方便，底部距地面1.4m左右，可固定于墙、柱上，也可采用支架固定。

3.8.8 泵站场地内电缆沟、井的布置应符合下列规定：

1 泵房控制室、配电室的电缆应采用电缆沟或电缆夹层敷设，泵房内的电缆应采用电缆桥架、支架、吊架或穿管敷设。

2 电缆穿管没有弯头时，长度不宜超过50m，有一个弯头时，穿管长度不宜超过20m；有二个弯头时，应设置电缆手井，电缆手井的尺寸根据电缆数量而定。

3.8.9 泵站场地内的设备布置应符合下列规定：

1 格栅除污机、压榨机、水泵、闸门、阀门等设备的电气控制箱宜安装于设备旁，应采用防腐蚀材料制造，防护等级户外不应低于IP65，户内不应低于IP44。

2 臭气收集和除臭装置电气配套设施应采用耐腐蚀材料制造。

3.9 照 明

3.9.1 泵站应设置工作照明和应急照明。

3.9.2 工作照明电压应采用交流220V。工作照明电源应由厂用变电系统或低压的380/220V中性点直接接地的三相五线制系统供电。

3.9.3 应急照明电源应由照明器具内的可充电电池或由应急电源（EPS）集中供电，其标准供电时间不应小于30min。

3.9.4 主泵房和辅机房的最低照度标准应符合表3.9.4的规定。

表 3.9.4 最低照度标准

工作场所	工作面名称	规定照度的被照面	工作照度(lx)	事故照度(lx)
泵房间、格栅间	设备布置和维护地区	离地0.8m水平面	150	10
中控室	控制盘上表针，操作屏台，值班室	控制盘上表针面，控制台水平面	300 500	30
继电保护盘、控制屏	屏前屏后	离地0.8m水平面	150	15
计算机房、通信室	设备上	离地0.8m水平面	300	30
高低压配电装置、母线室	设备布置和维护地区	离地0.8m水平面	200	15
变压器室	—	离地0.8m水平面	100	15
主要楼梯和通道	—	地面	50	1.5
道路和场地	—	地面	30	—

3.9.5 泵站照明光源选择应符合下列规定：

1 宜采用高效节能新光源。

2 泵房、泵站道路等场地照明宜选用高压钠灯。

3 控制室、配电间、办公室等场所宜选用带节能整流器或电子整流器的荧光灯。

4 露天工作场地等宜选用金属卤化物灯。

3.9.6 泵站照明灯具选择应符合下列规定：

1 在正常环境中宜采用开启型灯具。

2 在潮湿场合应采用带防水灯头的开启型灯具或防潮型灯具。

3 灯具结构应便于更换光源。

4 检修用的照明灯具应采用Ⅲ类灯具，用安全特低电压供电，在干燥场所电压值不应大于50V；在潮湿场所电压值不应大于25V。

5 在有可燃气体和防爆要求的场合应采用防爆型灯具。

3.9.7 照明设备（含插座）布置应符合下列规定：

1 室外照明庭园灯高度宜为3.0～3.5m，杆间距宜为15～25m。路灯供电宜采用三芯或五芯直埋电缆。

2 变配电所灯具宜布置在走廊中央。灯具安装在顶棚下距地面高度宜为2.5～3.0m，灯间距宜为灯高度的1.8～2倍。

3 当正常照明因故停电，应急照明电源应能迅速地自动投入。

4 当照明线路中单相电流超过30A时，应以380/220V供电。每一单相回路不宜超过15A，灯具为单独回路时数量不宜超过25个；对高强气体放电灯单相回路电流不宜超过30A；插座应为单独回路，数量不宜超过10个（组）。

3.9.8 三相照明线路各相负荷的分配，宜保持平衡，在每个分照明箱中最大与最小的负荷电流不平均度不宜超过30%，照明负荷可按下式计算：

$$P_{js} = 3K_x P_{max} \quad (3.9.8)$$

式中 P_{js}——照明计算负荷（kW）；

K_x——需要系数，泵站内取0.7～0.85；

P_{max}——最大一相的装灯容量（kW）。

3.9.9 照明配电线路截面选择应满足负载终端电压降不超过5%的额定电压（Ue）。

3.9.10 插座回路应装设漏电保护开关。

3.9.11 在TN-C系统中，PEN线严禁接入开关设备。在TT或TN-S系统中，当需要断开N线时，应装设相线和N线能同时切断的四极保护电器。

3.9.12 配电室内裸导体的正上方，不应布置灯具和明敷线路。当在配电室裸导体上方布置灯具时，灯具与裸导体的水平净距不应小于1.0m。

3.9.13 安装时，照明配电箱底边离地不宜低于1.4m，灯具开关中心和风扇调速开关离地宜为1.3m，竖装荧光灯底边离地宜为1.8m，挂壁式空调插座离地宜2.2m，组合式插座离地宜为0.3m（或离地1.3m）。

3.9.14 照明开关应安装在入口处门框旁边，可采用一灯一开关，或功能相同的灯采用同一开关；对设有多个门的长房间或楼梯间宜采用双控开关。

3.9.15 照明配线应采用铜芯塑料绝缘导线穿管敷设，每管不宜超过6根电线。

3.10 接地和防雷

3.10.1 泵站应设有工作接地、保护接地和防雷接地。

3.10.2 防雷接地宜与交流工作接地、直流工作接地、安全保护接地共用一组接地装置，接地装置的接地电阻值必须按接入设备中要求的最小值确定。

3.10.3 系统设备由TN交流配电系统供电时，配电线路接地保护应采用TN-S或TN-C-S系统。

3.10.4 接地装置应优先利用泵房建筑物的主钢筋作为自然接地体，当自然接地体的接地电阻达不到要求时应增加人工接地体。

3.10.5 变电所的接地装置，除利用自然接地体外，还应敷设人工接地网。对10kV及以下变电所，当采用建筑物的基础作为接地体且接地电阻又满足规定值时，可不另设人工接地体。

3.10.6 人工接地体的材料可采用水平敷设的镀锌圆钢、扁钢、垂直敷设的镀锌角钢、圆钢等。接地装置的导体截面，应符合热稳定与均压的要求，规格应符合表3.10.6的规定。

表3.10.6 钢接地体和接地线的最小规格

类别		地上 屋内	地上 屋外	地下
圆钢直径（mm）		5	6	8
扁钢截面（mm^2）		24	48	48
扁钢厚度（mm）		3	4	4
角钢尺寸（mm）		25×2	25×2.5	40×4
钢管尺寸（mm）	作为接地体	Φ25 (b=2.5)	Φ25 (b=2.5)	Φ25 (b=2.5)
	作为接地线	Φ18 (b=1.6)	Φ18 (b=2.5)	Φ18 (b=2.5)

注：表中b为钢管管壁厚度

3.10.7 人工接地体在土壤中的埋设深度不应小于0.5m，宜埋设在冻土层以下。水平接地体应挖沟埋设，钢质垂直接地体宜直接打入地沟内，间距不宜小于其长度的2倍，并均匀布置。

3.10.8 人工接地体宜在建筑物四周散水坡外大于1m处埋设成环形接地体，并可作为总等电位连接带使用。

3.10.9 接地干线应在不同的两点及以上与接地网焊接，焊接点处应作防腐处理。

3.10.10 各电气设备的接地线应单独接到接地干线上，严禁几个设备接地端串联后，再与干线相接。

3.10.11 进出防雷保护区的金属线路必须加装防雷保护器，保护器应可靠接地。

3.10.12 电源防雷应符合下列规定：

1 B级，用于局部区域的总配电保护，10/350μs波形，100kA级。

2 C级，用于局部区域内各二级电气回路保护，8/20μs波形，40kA级。

3 D级，用于重要设备的重点保护，8/20μs波形，5kA级。

3.10.13 建筑物上的防雷设施采用多根引下线时，宜在各引下线距离地面1.5～1.8m处设置断接卡，断接卡应加保护措施。

3.10.14 配电装置的构架或屋顶上的避雷针应与接地网连接，并应在其附近装设集中接地装置。

3.10.15 下列电力装置的金属外壳应接地：

1 变压器、电机、手握式及移动式电器的金属外壳。

2 屋内、屋外配电装置金属构架、钢筋混凝土构架等。

3　配电屏、控制屏台的框架。

4　电缆的金属外皮及电缆的接线盒、终端盒。

5　配电线路的金属保护架、电缆支架、电缆桥架。

3.11　泵站电气施工及验收

3.11.1　高压电气设备和布线系统及继电保护系统的交接试验，必须符合现行国家标准《电气装置安装工程电气设备交接试验标准》GB 50150 的规定。

3.11.2　高压成套配电柜的施工验收应符合现行国家标准《电气装置安装工程高压电器施工及验收规范》GBJ 147 的规定。

3.11.3　变电所变压器的施工验收应符合现行国家标准《电气装置安装工程电力变压器、油浸电抗器、互感器施工及验收规范》GBJ 148 的规定。

3.11.4　变电站母线装置的施工验收应符合现行国家标准《电气装置安装工程母线装置施工及验收规范》GBJ 149 的规定。

3.11.5　旋转电机的施工验收应符合现行国家标准《电气装置安装工程旋转电机施工及验收规范》GB 50170 的规定。

3.11.6　1kV 及以下配电工程及电气照明装置的施工验收应符合现行国家标准《建筑电气工程施工质量验收规范》GB 50303 的规定。

3.11.7　电缆线路的施工验收应符合现行国家标准《电气装置安装工程电缆线路施工及验收规范》GB 50168 的规定。

3.11.8　低压成套配电柜、电气设备控制箱的施工验收应符合现行国家标准《电气装置安装工程盘、柜及二次回路结线施工及验收规范》GB 50171 及《电气装置安装工程低压电器施工及验收规范》GB 50254 的规定。

3.11.9　接地装置的施工验收应符合现行国家标准《电气装置安装工程接地装置施工及验收规范》GB 50169 的规定。

4　泵站自动化系统

4.1　一 般 规 定

4.1.1　泵站控制系统配置仪表的测量范围应根据工艺要求确定。

4.1.2　检测和测量仪表应按控制系统的要求提供 4～20mA 电流信号输出或现场总线通信接口。

4.1.3　现场设备控制箱应设置运行状态指示、手动操作按钮和手动/联动方式选择开关。

4.1.4　泵站自动化控制系统宜通过设备控制箱实施对设备的启动和停止控制，宜采用二对常开触点分别控制设备的启动和停止。

4.1.5　设备控制箱应按控制系统的要求提供现场总线通信接口或硬线信号接口。

4.2　泵站的等级划分

4.2.1　泵站应根据设计近期流量或泵站总输入功率划分等级，其级别应符合表 4.2.1 的规定。

表 4.2.1　排水泵站分级指标

泵站规模	分级指标		
	雨水泵站设计近期流量 F_r (m^3/s)	污水泵站、合流泵站设计近期流量 F_r (m^3/s)	总输入功率 P (kW)
特大型	$F_r>25$	$F_r>8$	$P>4000$
大型	$15<F_r\leqslant25$	$3<F_r\leqslant8$	$1600<P\leqslant4000$
中型	$5<F_r\leqslant15$	$1<F_r\leqslant3$	$500<P\leqslant1600$
小型	$F_r\leqslant5$	$F_r\leqslant1$	$P\leqslant500$

4.3　系 统 结 构

4.3.1　大型泵站和特大型泵站自动化控制系统宜采用信息层、控制层和设备层三层结构，应符合下列规定：

1　信息层设备设在泵站集中控制室，宜采用具有客户机/服务器（C/S）结构的计算机局域网，网络形式宜采用 10/100/1000M 工业以太网。

2　控制层由多台负责局部控制的 PLC 组成，相互间宜采用工业以太网或现场工业总线网络连接，以主/从、对等或混合结构的通信方式与信息层的监控工作站或主 PLC 连接。

3　设备层宜设置现场总线网络，或采用硬线电缆连接仪表和设备控制箱。

4.3.2　中小型泵站控制系统物理结构宜采用控制层和设备层二层结构，并应符合下列规定：

1　控制层设备设在泵站控制室，以一台 PLC 为主控制器，操作界面采用触摸式显示屏或工业计算机，并按管理要求设置打印机等。

2　设备层由现场总线、控制电缆、仪表和设备控制箱等组成，泵站内控制设备较多时，宜设置现场总线网络。

4.3.3　小型泵站可采用专用的水泵控制器，实现泵站的自动液位控制。

4.3.4　特大与大型重要泵站的自动化控制系统可采用冗余结构，包括控制器冗余、电源冗余和通信冗余。

4.4　系 统 功 能

4.4.1　运行监视范围应包括下列内容：

1 进水池液位和超高、超低液位报警；

2 非压力井形式的出水池液位和超高液位报警；

3 水泵运行状态和故障报警；

4 格栅除污机、输送机、压榨机的运行状态和故障报警；

5 电动闸门、阀门的阀位、运行状态和故障报警；

6 按工艺要求设置的瞬时流量和累积流量；

7 按工艺要求设置的调蓄池液位；

8 大型水泵的出水压力、轴承温度、绕组温度、冷却水温度、渗漏（潜水泵）以及大型水泵的润滑、液压等辅助系统的监视和报警；

9 排放口液位；

10 UPS电源设备；

11 雨水泵站地域的雨量。

4.4.2 运行控制范围应包括下列内容：

1 水泵；

2 格栅除污机、输送机、压榨机；

3 电动闸门、阀门；

4 水泵辅助运行设备；

5 泵房通风和排水设备（对于有特殊要求的泵房）；

6 除臭、空气净化设备；

7 其他与工艺设施运行有关的设备。

4.4.3 电力监测范围应包括下列内容：

1 各主要进线开关的状态和故障跳闸报警；

2 电源状态和备用电源的切换控制；

3 各段母线的电量监视和失压、过电压、过电流报警；

4 变压器的运行状态和高温报警；

5 各馈线的状态监视、主要馈线的电量监视和跳闸报警。

4.4.4 泵站自动化控制系统应具有环境与安全监控的功能，并应包括下列内容：

1 有毒、有害、易燃、易爆气体的检测和阈值报警；

2 当地环保部门有要求时，应设置有关水质监察系统；

3 无人值守泵站宜设置电视监视和安全防卫系统；

4 按消防要求设置的火灾报警。

4.4.5 当泵站自动化控制系统作为区域监控系统的一个远程子站时，应具有通信、数据采集及上报、按主站要求控制泵站设备的功能。

4.4.6 泵站自动化控制系统应设置就地控制操作界面，有人值班的泵站应具有运行统计、设备管理、报表管理等功能；无人值守泵站的就地控制操作界面用于设备维护和调试，运行管理功能由区域监控中心完成。

4.4.7 泵站自动化控制系统应具有手动、自动两种控制方式，方式转换宜在控制系统的操作界面上进行。当泵站自动化控制系统属于区域监控系统的一个远程子站时，还应具有远程控制方式。

4.4.8 操作界面应包括下列功能：

1 带中文、图形化操作界面。泵站供配电系统、开关状态、运行参数以及各工艺设备状态均能显示。

2 在泵站平面布置图上选中某一设备时，可对该设备进行操作，或进一步显示该设备的详细属性数据。

3 显示泵站的工艺流程和站内设备的相互关系，具有与泵站平面布置图相同的操作控制功能。

4 泵站的液位和各工艺设施的液位关系，提供泵站设备的操作控制功能。

5 当前正在报警的设备和报警内容。

6 设定自动化运行的控制参数。

4.4.9 操作界面应采用分类分层的显示和控制方式，从主菜单画面进入所需设备控制画面的层数不宜超过3层。

4.4.10 在操作界面上实施对现场设备的手动控制时，每次只允许针对一台设备的一个动作，经提示确认后再执行。

4.4.11 当泵站设备运行出现异常时，泵站自动化控制系统应立即响应，发出声和光的报警提示信号。声报警由蜂鸣器发声，可在人工确认后消除。光报警由安装于控制机柜面板上的光字牌闪光显示或在操作界面上以醒目的文字、色块显示，在泵站或设备运行恢复正常时自动消除。报警信号类别宜包括下列内容：

1 0.4kV侧过电流；

2 电动机过电流；

3 补偿电容器过电流；

4 水泵电机启动失败和泵组故障；

5 闸门故障和控制失败；

6 超高液位、超低液位；

7 格栅除污机故障和启动失败；

8 压榨机故障和启动失败；

9 主变压器高温报警；

10 断路器跳闸；

11 仪表、变送器故障；

12 UPS故障；

13 流量转换器故障；

14 潜水泵有关信号报警，包括定子温度、轴承温度、泄漏等。

4.5 检测和测量技术要求

4.5.1 液位和液位差测量应符合下列规定：

1 液位测量宜采用超声波液位计，不需要现场显示时，宜采用一体化超声波液位计。设置超声波液位计有困难时，液位测量可采用投入式静压液位计或其他具有电信号输出的液位计。

2 超声波液位计传感器的探测方向应与液面垂直，探测范围内不应存在障碍物。

3 液位差测量宜采用液位差计，当采用两台液位计测量并通过计算求得液位差时，两台液位计应属于同一类型，且具有相同的性能参数，安装在同一基准面上。

4 需要同时测量液位和液位差时，宜采用可同时输出液位值和液位差值的液位差计。

5 液位显示值应以当地绝对高程为基准，表示单位为m，液位计的测量误差应小于满量程的1%，液位计作为液位计量时测量误差应小于满量程的0.5%。

6 超声波传感器的防护等级不应低于IP67，投入式静压传感器的防护等级不应低于IP68，且能长期浸水工作；现场变送器、液位显示器的防护等级不应低于IP65。

7 液位计或液位差计应具有故障自检和故障信息传输的能力。

8 液位计或液位差计的不浸水的安装支架应采用不锈钢材质；投入式静压液位计应安装在耐腐蚀防护管内，并应具有安装深度定位装置；安装在室外的现场显示设备应配置遮阳板。

9 应设置专用的液位开关，防止水泵干运行。液位开关宜采用浮球式，安装在水流相对平稳处，且应便于维护和调整。

4.5.2 流量测量应符合下列规定：

1 泵站流量计量宜采用电磁流量计，其内衬材质和电极材料应在污水中稳定，应满足长期测量的要求。

2 电磁流量计应有工艺措施，保证其在测量管段内充满液体，传感器前后应有足够的直管段，且管道内不得有气泡聚集。

3 应包括下列输出信号：

1）瞬时流量和累计流量；

2）流量积算脉冲；

3）流量计故障状态；

4）流量计空管状态。

4 流量的测量误差应小于显示值的0.5%。瞬时流量表示单位是m^3/s，累计流量表示单位是m^3。

5 传感器的防护等级不应低于IP68，变送器的防护等级不应低于IP65。

6 应能自动切除空管干扰信号，传感器宜具有内壁污垢自动清除的功能。

7 信号变送器应靠近传感器安装，其连接电缆应采用专用电缆，单独穿钢管敷设。

4.5.3 压力测量应符合下列规定：

1 大型水泵出水管道的压力测量宜采用压力变送器，其材质应在污水中稳定，满足长期测量的要求。

2 压力的测量误差应小于显示值的1%。压力表示单位是kPa。

3 压力变送器固定在有振动的设备或管道上时，应采用减震装置。

4.5.4 温度测量应符合下列规定：

1 宜采用热电阻和温度变送器测量大型水泵轴承温度和电动机的轴承温度、绕组温度、冷却水温度，当不需要现场温度显示时，热电阻宜直接接入泵站控制系统的电阻测量输入端。

2 温度测量误差应小于满量程的2%，温度表示单位是℃。

4.5.5 硫化氢气体检测和报警应符合下列规定：

1 污水泵站封闭的工作环境必须设置固定式硫化氢气体检测报警装置，应24h连续监测空气中硫化氢浓度。

2 作业人员在危险场所应配带便携式硫化氢气体监测仪，检查工作区域硫化氢的浓度变化。

3 硫化氢气体检测报警装置的主要技术参数应符合表4.5.5的规定。

表4.5.5 硫化氢气体检测报警装置的主要技术参数

参数名称	固定式	便携式
监测范围（mg/m^3）	0～25	0～50
检测误差（%）	≤3	≤5
报警阈值（mg/m^3）	10	10
报警方式（dB）	电笛≥100、闪光	蜂鸣器、闪光
响应时间（s）	≤60（满量程90%）	≤30（满量程90%）

4 当硫化氢气体浓度超过设定的报警阈值时，必须在报警的同时立即启动通风设备。

4.5.6 雨量观测应符合下列要求：

1 当雨水泵站需要观测雨量时，宜采用翻斗式遥测雨量计，输出计数脉冲信号，计数分辨率应为0.1mm，测量误差不应超过4%。

2 雨量计的安装场地应平整，场地面积不宜小于4m×4m，场地内植物高度不应超过200mm，仪器口部30°仰角范围内不得有障碍物。

3 雨量计安装应符合国家现行标准《降水量观测规范》SL 21的规定。

4.6 设备控制技术要求

4.6.1 设备控制方式和优先级应符合下列规定：

1 泵站设备的控制优先级由高至低宜为：现场控制、配电盘控制、就地控制、远程控制，较高优先级的控制可屏蔽较低优先级的控制；每一级控制均应设置选择开关，以确定是否允许较低级别的控制，如

图 4.6.1 所示。

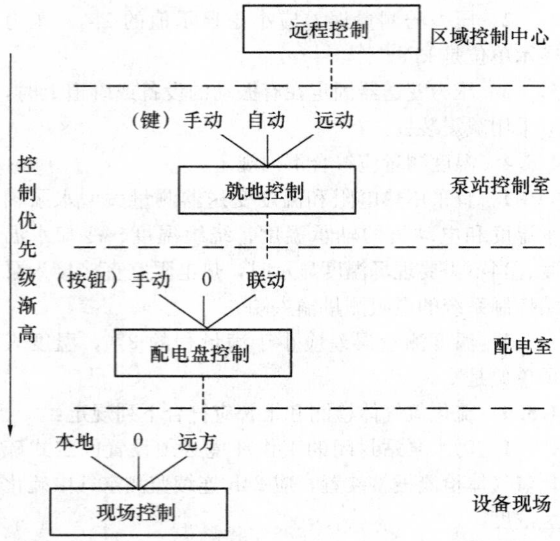

图 4.6.1 泵站设备控制优先级关系

2 现场控制（也称机旁控制）应是在设备安装位置附近实施手动控制，应具有最高的控制优先级。

3 配电盘控制应在电动机配电控制盘或 MCC 盘面上实施手动控制。当电动机配电控制盘或 MCC 盘布置在现场设备附近时，可代替现场控制。

4 现场控制和配电盘控制可由泵站供配电系统实施，可不依赖于泵站自动化控制系统而对泵站设备实施手动控制。

5 就地控制可通过泵站自动化控制系统实施控制，宜在泵站控制室内完成，可采用下列控制方式：

1）就地手动方式：通过泵站自动化控制系统的操作界面实施手动控制。

2）就地自动方式：由泵站自动化控制系统根据泵站液位、流量、设备状态等参数以及预定的控制要求对设备实施自动控制，不需人工干预。

6 远程控制应在区域监控中心实施。

7 在远程控制方式下，泵站自动化控制系统应提供站内设备的基本联动、连锁和保护控制。

4.6.2 水泵控制应符合下列规定：

1 宜在泵站配电室或现场设置水泵控制箱，实现水泵的启动控制和运行保护；当水泵容量较小或控制特别简单时，启动控制和运行保护元件可并入配电柜内；当一台水泵控制箱控制多台水泵时，每台水泵应设置独立的启动控制和运行保护。

2 应设置防止水泵干运行的超低水位保护，并应直接作用于每台水泵的启动控制回路。

3 当水泵控制设备距离水泵较远或控制需要时，可在水泵设备附近设置现场操作按钮箱以实现现场控制。

4 现场水泵控制箱除应符合本规程第 4.1.3 条的规定外，还应设置紧急停止按钮。

5 设在配电盘上的水泵控制应设置水泵运行状态指示、手动操作按钮和手动方式或联动方式选择开关。

6 水泵启动和停止过程所需要的辅助控制等应在水泵控制箱内完成。

7 水泵的工况和报警应以图形或文字方式显示在泵站控制系统的操作界面上，并可通过操作界面手动控制水泵的运行。

8 在就地自动方式下，泵站自动化控制系统应根据泵房集水池液位（格栅后液位）的信号自动控制水泵的运行，定速泵可按下列两种模式运行：

1）两点式如图 4.6.2-1 所示：液位达到开泵液位时，开 1 台水泵；经一段时间后液位仍高于开泵液位时，增开 1 台水泵；液位达到停泵液位时，停 1 台水泵，经一段时间后液位仍低于停泵液位时，再停 1 台水泵；液位达到超低液位时，停止所有水泵。

2）多点式如图 4.6.2-2 所示：液位每上升一定高度，增开 1 台水泵，液位每下降一定高度，停止 1 台水泵。

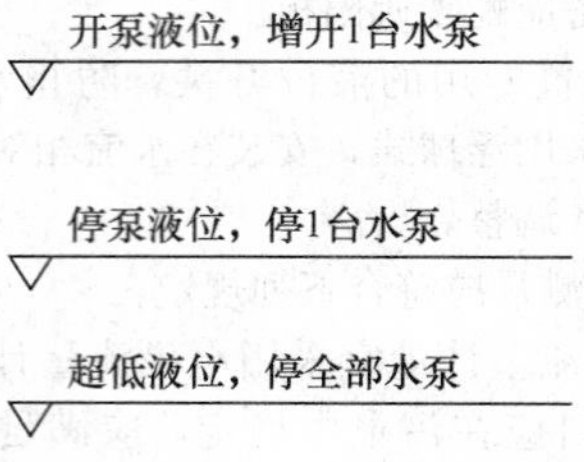

图 4.6.2-1 两点式运行模式

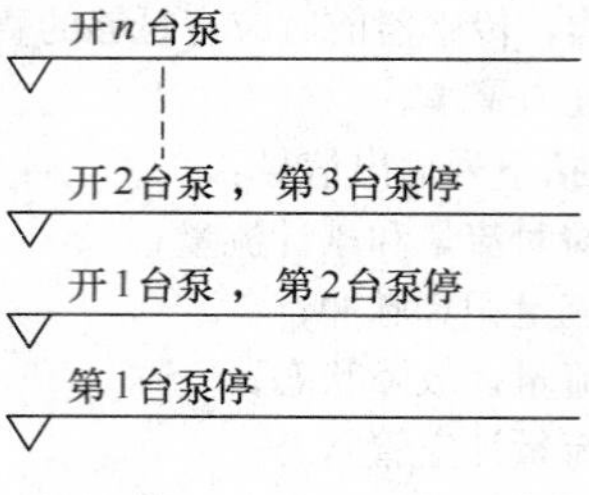

图 4.6.2-2 多点式运行模式

9 水泵调速宜采用变频调速。应按照经济运行和减少水泵启停次数的原则配置调速器，对设置调速泵台数大于四台的泵站，调速器不应小于 2 台。

10 水泵在一定时间间隔内的启停次数应符合水泵特性要求，当需要增加投运水泵数量时，应优先启动累计运行时间较短的水泵；当需要减少投运水泵数量时，应优先停止累计运行时间较长的水泵，使各水泵的运转时间趋于均等。

11 当泵站自动化控制系统属于区域监控系统的

一个远程子站时，水泵应属于远程监控的对象，水泵的启动和停止命令可由区域监控系统发出，实现区域监控中心（信息中心）对水泵的遥控。

12 当连续两次启动水泵失败，应自动启动下一台水泵，同时对故障水泵的状态信息进行标记并报警。

13 水泵运行与有关闸门、阀门的状态必须连锁，水泵的启动和运行控制逻辑应符合表4.6.2-1的规定，当出现表中状态之一时，严禁启动水泵，正在运行的水泵应立即停止。

表4.6.2-1 水泵控制逻辑表

检查项目	判定条件	开泵检查	运行检查	备注
泵房液位	超低液位	√	√	—
水泵控制箱	不可用、故障报警	√	√	内容参见表4.6.2-2
相关闸门或阀门位置	与工艺要求不符	√	√	—
泵站过电压	>10%	√	√	持续5s
泵站欠电压	<15%	√	—	持续10s
运行小电流	<50%	—	√	持续5s
单泵流量	<50%	—	√	启动过程除外
冷却、润滑、密封系统	故障报警	√	√	仅大型水泵设置

14 大型水泵机组应设置双向限位振动监测传感器，当振动幅度超过预定值时，应发出报警信号，当振动继续增加至更高的预定值时，应自动停泵。

15 大型水泵的润滑系统、冷却系统以及液压系统的压力监视宜采用压力开关或电接点压力表。大型水泵的冷却水循环状态检测宜采用水流开关。

16 水泵控制箱接口信号应符合表4.6.2-2的规定。当大型水泵机组设有冷却水系统、密封水系统或润滑系统时，应提供相应的监控信号接口。

表4.6.2-2 水泵控制箱接口信号

信号名称	信号方向	点数	备注
水泵运行、停止命令	下行	2	—
手动、联动方式状态	上行	2	—
水泵运行、停止状态	上行	2	—
断路器合、分、跳闸状态	上行	3	分闸：不可用，跳闸：故障
过载或过流保护动作状态	上行	1	综合电气故障
绕组高温报警	上行	1	中、大型水泵电机设置，3相综合
轴承高温报警	上行	1	中、大型水泵设置，水泵、电机综合
渗漏报警	上行	1	中、大型潜水泵设置
水泵电机工作电流	上行	1～3	中、小型水泵取B相，大型水泵取3相
软启动或软停止状态	上行	1	软启动泵设置
软启动装置旁路状态	上行	1	软启动泵设置
软启动装置故障报警	上行	1	软启动泵设置
转速设定	下行	1	变频泵设置
转速反馈	上行	1	变频泵设置
变频器故障状态报警	上行	1	变频泵设置
冷却、密封或润滑系统故障	上行	1	大型水泵机组设置，综合报警

4.6.3 格栅除污机、输送机、压榨机控制应符合下列规定：

1 启动控制和运行保护宜设置现场控制箱，当控制逻辑较简单时，可采用一台综合控制箱，但每台设备应设置独立的启动控制和运行保护。

2 格栅除污机的运行控制应具有定时和液位差两种模式。

3 格栅除污机的工况和报警应以图形或文字方式显示在泵站自动化控制系统的操作界面上，在就地手动模式下，可通过泵站自动化控制系统的操作界面手动控制格栅除污机的运行。

4 输送机、压榨机的运行控制应与格栅除污机联动。启动时，应按输送机、压榨机、格栅除污机的顺序依次启动设备，停止时，应按相反的顺序操作；两台设备先后启动和停止的时间间隔应按设备操作手册确定。

5 输送机、压榨机与格栅除污机合用一台控制箱时，与格栅除污机的联动控制应在格栅除污机控制箱内完成；当输送机、压榨机单独设置控制箱且与格栅除污机控制箱之间不存在联动逻辑关系时，可由泵站自动化控制系统实施联动控制。

6 格栅除污机、输送机、压榨机控制箱接口信号应符合表4.6.3的规定。

表 4.6.3 格栅除污机、输送机、压榨机控制箱接口信号

信号名称	信号方向	点数	备注
运行、停止命令	下行	2	—
手动、联动方式状态	上行	2	—
运行、停止状态	上行	2	—
断路器合、分状态	上行	2	分闸：不可用
故障报警	上行	1	综合电气、机械故障
清捞耙复位	上行	1	钢丝绳式格栅设置
档位控制	下行	按设备定	移动式格栅设置
档位反馈	上行	按设备定	移动式格栅设置

7 当一座泵站具有多台格栅除污机，其中任何一台格栅除污机运行时，输送机、压榨机应随之联动。

4.6.4 闸门、阀门控制应符合下列规定：

1 泵站内闸门、阀门的启闭宜采用电动操作方式，宜采用现场控制箱或一体化电动执行机构；当一台控制箱控制多台闸门、阀门时，每台闸门、阀门应设置独立的启动控制和运行保护。

2 闸门、阀门的启闭应提供机械的开度指示，当需要控制开度时，现场控制箱上应设开度指示仪表。

3 泵站自动化控制系统可通过闸门、阀门的现场控制箱实施对闸门、阀门的开启和关闭控制；当控制信号撤除时，闸门、阀门的运行应立即停止。对检修用或不常用的闸门和阀门可只设状态监视。

4 闸门、阀门启闭机的工况和报警应以图形或文字方式显示在泵站自动化控制系统的操作界面上，可通过泵站自动化控制系统的操作界面手动控制闸门、阀门的启闭动作。启闭过程可被手动暂停和继续。

5 闸门、阀门的启闭过程应设超时检验，超时时间宜为正常启闭时间的 1.2～2 倍，可在操作界面上修改。

6 当闸门、阀门在启闭过程中出现报警或超时，应立即暂停启闭过程，闭锁同方向的再次操作，但应允许反方向的操作，反方向操作成功时解除闭锁。

7 当泵站自动化控制系统属于区域控制系统的一个远程子站时，与泵站运行调度有关的闸门和阀门应属于远程控制的对象，相关闸门、阀门的启闭命令可由区域监控系统发出。

8 闸门、阀门控制箱接口信号应符合表 4.6.4 的规定。

表 4.6.4 闸门、阀门控制箱接口信号

信号名称	信号方向	点数	备注
开、闭命令	下行	2	—
手动、联动方式状态	上行	2	—
全开、全闭状态	上行	2	—
开、闭过程状态	上行	1	脉冲信号
断路器合、分状态	上行	2	分闸：不可用
故障报警	上行	1	综合电气、机械故障
开度控制	下行	1	需要控制开度时设
开度反馈	上行	1	需要控制开度时设

4.6.5 除臭装置控制应符合下列规定：

1 除臭装置宜由配套的现场控制箱实施启动控制、运行保护和内部设备联动控制，宜与硫化氢检测信号联动。

2 除臭装置控制箱接口信号应符合表 4.6.5 的规定。

表 4.6.5 除臭装置控制箱接口信号

信号名称	信号方向	点数	备注
运行、停止命令	下行	2	—
手动、联动方式状态	上行	2	—
运行、停止状态	上行	2	—
断路器合、分状态	上行	2	分闸：不可用
故障报警	上行	1	综合电气、机械故障

4.6.6 通风控制应符合下列规定：

1 泵站的主要通风设备宜设置现场控制箱实施启动控制、运行保护和内部设备联动控制。

2 风机控制箱接口信号应符合表 4.6.6 的规定。

表 4.6.6 风机控制箱接口信号

信号名称	信号方向	点数	备注
运行、停止命令	下行	2	—
手动、联动方式状态	上行	2	—
运行、停止状态	上行	2	
断路器合、分状态	上行	2	分闸：不可用
故障报警	上行	1	综合电气、机械故障

4.6.7 积水坑排水控制应符合下列规定：

1 泵站的积水坑排水泵宜设置现场控制箱实施启动控制和运行保护，并应采用液位开关实现自动排水控制。

2 积水坑排水泵控制箱接口信号应符合表4.6.7的规定。

表 4.6.7 积水坑排水泵控制箱接口信号

信号名称	信号方向	点数	备注
断路器合、分状态	上行	2	分闸：不可用
手动、自动方式状态	上行	2	—
运行、停止状态	上行	2	—
故障报警	上行	1	综合电气故障
超高水位报警	上行	1	—

4.7 电力监控技术要求

4.7.1 应设置泵站供配电设备运行监视系统，对异常的跳闸进行报警。当需要时，可设置远程控制。

4.7.2 泵站高压进线开关设备宜设置综合保护测控单元，以数据通信接口连接泵站自动化控制系统；当不采用综合保护测控单元时，应以辅助触点和变送器方式提供必要的信号接口，最低配置应符合表4.7.2的规定。

表 4.7.2 高压进线开关设备接口信号

信号名称	信号方向	点数	进线柜	母联柜	电压互感器柜	馈线柜	电动机控制柜	变压器保护柜	备注
主开关合、分位置	上行	2	✓	✓	—	✓	✓	✓	
本地、远方操作位置	上行	2	✓	✓	—	✓	✓	✓	需远动操作时设置
主开关合、分操作	下行	2	✓	✓	—	✓	✓	✓	需远动操作时设置
主开关跳闸	上行	2	✓	✓	—	✓	✓	✓	—
电压	上行	1	—	—	✓	—	—	—	需远动操作时设置
电流	上行	1	✓	—	—	✓	✓	✓	需远动操作时设置
变压器高温报警	上行	1	—	—	—	—	—	✓	
变压器高温跳闸	上行	1	—	—	—	—	—	✓	需远动操作时设置

4.7.3 泵站电力监控系统应进行电能管理，用于统计、分析和控制泵站能耗。

4.7.4 电能测量宜采用综合电量变送器，以数据通信接口连接泵站自动化控制系统。当泵站采用大型泵组或高压电动机时，综合电量变送器宜设在电动机控制柜内，每回路一台；在小型低压泵站，综合电量变送器宜设在低压进线柜内。

4.7.5 泵站低压开关设备宜设置智能化数字检测和显示仪表，以数据通信接口连接泵站自动化控制系统；当不采用数字检测和显示仪表时，应以辅助触点和变送器方式提供必要的信号接口，最低配置应符合表4.7.5的规定。

表 4.7.5 低压开关设备接口信号

信号名称	信号方向	点数	进线柜	母联柜	补偿电容器柜	主要馈线回路	电动机控制柜	备注
断路器合、分位置	上行	2	✓	✓	—	✓	✓	—
本地、远方操作位置	上行	2	✓	✓	—	✓	✓	需远动操作时设置
断路器合、分操作	下行	2	✓	✓	—	✓	✓	需远动操作时设置
断路器跳闸	上行	2	✓	✓	—	✓	✓	—
电压	上行	1	✓	—	—	—	—	—
电流	上行	1	✓	—	✓	✓	✓	—

4.7.6 泵站自动化控制系统应设置电力监控的显示和操作界面，以图形及数字方式表示供电系统的工况和运行参数，应包括各变电所的高压系统图、低压系统图、母线参数表、开关参数表、变压器参数表、故障报警清单等图形和表格，设备的不同工况应采用不同的图形和颜色直观表示，电流、电压、电量等参数应有数字显示。

4.7.7 当泵站自动化控制系统属于区域监控系统的一个远程子站时，泵站供配电系统的所有电量数据变化和设备状态变化以及报警应实时报送区域监控中心(信息中心)，并应带有时间标记。

4.8 防雷与接地

4.8.1 当电源接入安装控制设备或通信设备的机柜时，应设置防雷和浪涌吸收装置。当通信电缆接入通信机柜时，应设置与通信端口工作电平相匹配的防雷和浪涌吸收装置。当信号电缆接入控制机柜时，宜设置与信号工作电平相匹配的防雷和浪涌吸收装置。

4.8.2 泵站自动化控制系统的工作接地与低压供电系统的保护接地宜采用联合接地方式，接地电阻不应大于 1Ω。

4.8.3 连接外场设备屏蔽线缆接地应采用一点接地（又称单端接地）。

4.8.4 计算机网络系统、设备监控系统、安全防范系统、火灾报警控制系统、闭路电视系统的防雷与接地除应符合本规程第 4.8.1～4.8.3 条的规定外，还应符合现行国家标准《建筑物电子信息系统防雷技术规范》GB 50343 的有关规定。

4.9 控制设备配置要求

4.9.1 控制系统应采用工业级设备，应具备防尘、防潮、防霉的能力，并应符合相应的电磁兼容性要求。

4.9.2 对控制系统设备的防护等级要求，室内安装时不应低于 IP44，室外安装时不应低于 IP65，浸水安装时不应低于 IP68。

4.9.3 计算机、控制器及其软件系统应具有开放的协议和标准的接口。

4.9.4 现场总线应采用国际通用的开放的通信协议。

4.9.5 控制器宜采用模块式结构，应具有工业以太网、现场总线、远程 I/O 连接、远程通信、自检和故障诊断能力，并应具有带电插拔功能。

4.9.6 控制器应具有操作权限和口令保护及远程装载功能，支持梯型图、结构文本语言、顺序功能流程图等多种编程语言，应用程序应保存在非挥发存储器中。

4.9.7 操作界面宜采用背光彩色防水按压触摸液晶显示屏，具有 2 级汉字字库，3 级密码锁定功能。

4.9.8 当控制器设备采用晶体管输出时，应设置隔离继电器连接外部设备，继电器应具有封闭式外壳，带防松锁扣的插座安装，并应具有动作状态指示灯。

4.9.9 控制器的 I/O 接口设备应符合下列规定：

1 数字信号输入（DI）：DC24V，电流不应大于 50mA；

2 数字信号输出（DO）：继电器无源常开触点输出，AC250V/2A；

3 数字信号隔离能力：DC2000V 或 AC1500V；

4 模拟信号输入（AI）：4～20mA；

5 A/D 转换器：12bit，不应小于 100 次/s；

6 模拟信号输出（AO）：4～20mA，负载能力不应小于 350Ω；

7 D/A 转换器：不应小于 12bit；

8 模拟信号隔离能力：DC700V 或 AC500V。

4.9.10 泵站控制系统，应具有 10% 的备用输入、输出端口及完整的配线和连接端子。

4.9.11 泵站自动化控制系统应采用 UPS 作为后备电源，后备电源的供电时间宜为 30min，供电范围应包括下列设备：

1 控制室计算机及其网络系统设备（大屏幕显示设备除外）；

2 通信设备；

3 PLC 装置及其接口设备；

4 泵站仪表和报警设备。

4.9.12 UPS 应采用在线式，电池应为免维护铅酸蓄电池，负荷率不应大于 75%。

4.9.13 UPS 应提供监控信号接口，接口形式应根据泵站控制系统能提供的接口条件选择，监控应包括下列内容：

1 旁路运行状态；

2 逆变供电状态；

3 充电状态；

4 故障报警（综合报警信息）。

4.9.14 安装在污水泵房等现场的设备应具有防硫化氢气体腐蚀的能力。

4.9.15 当泵站需要设置大屏幕显示设备时，宜采用金属格栅镶嵌马赛克式模拟显示屏，屏面显示元素应采用光带、发光字牌、发光符号、字符显示窗、数字显示窗等制作，显示屏的尺寸以及与控制台的距离应符合人机工程学的要求。

4.10 安全和技术防卫

4.10.1 无人值守泵站宜设电视监视系统，监视范围应包括泵站内的主要工艺设施、重要设备、变电所和主要道路，视频图像应上传区域监控中心（信息中心）。

4.10.2 有人值班泵站可按管理要求设电视监视系统，对重要工艺设施和设备的运行进行实时监视和监听。

4.10.3 无人值守泵站宜设置红外线周界防卫系统，报警信号应与当地公安、保安部门或区域监控中心（信息中心）连接。

4.10.4 有人值班泵站可按管理要求设置周界防卫系统，控制主机和报警盘应设在值班室。

4.10.5 当需要在泵站设置火灾报警系统时，火灾报警控制器应设在值班室，无人值守泵站的火灾报警信号应与当地消防部门连接。

4.10.6 对特大型泵站的重要出入口通道可设置门禁系统。

4.11 控制软件

4.11.1 泵站自动化系统软件应满足功能需求，包括系统软件、通信软件、应用软件和二次开发所需要的软件。应采用商品化的系统软件，并具有类似工程的应用业绩。

4.11.2 操作系统应采用多任务、多用户网络操作系统、中文版本、配备 2 级中文字库、具有开放的软件接口。

4.11.3 数据库系统应具有面向对象、事件驱动和分布处理的特征，具有开放的标准的外部数据接口，能与其他控制软件和数据库交换数据。

4.11.4 运行监控画面宜采用商品化的图控软件进行组态设计，具有中文界面、操作提示和帮助系统，应用软件应包括下列功能：

1 泵站总平面布置图、局部平面布置图、工艺流程图、设备布置图、剖面图、电气接线图、报警清单等，并在图形界面上实现对设备的操作、控制和运行参数设定。

2 采集泵站运行过程中的各种数据信息，分类记录到相关数据库中，提供在线查询、统计、修改、趋势曲线显示、打印等功能。泵站运行数据库应能保存3年以上的运行数据。

3 事件驱动报表由随机事件触发生成，包括报警文件、事故记录等；统计报表对数据库各数据项进行组合生成，宜包括下列类型：

1）泵站和各泵组运行日报表、月报表、年报表；

2）各类事件/事故记录表；

3）操作记录表；

4）设备运行记录表。

4 提供系统设备和监控对象的在线监测及诊断，对各类设备运行情况进行在线监测，并存入相应的数据库，对设备的管理、维护、保养和故障处理提出建议。

5 对设备运行数据、流量数据、扬程数据、能耗数据进行记录和综合分析，提供节能运行建议。

6 分级授权操作、分级系统维护等。

4.12 控制系统接口

4.12.1 泵站控制系统与各相关设备和相关工程的接口技术要求应在设计文件、土建工程招标文件、设备采购招标文件、自动化系统工程招标文件中详细描述。

4.12.2 泵站自动化系统设备安装和电缆敷设所需的基础、预留孔、预埋管、预埋件等宜由土建工程实施，在相关招标文件和施工设计图纸中应明确描述其位置、尺寸、数量、材质、受力、防护、制作要求等技术数据。

4.12.3 泵站控制系统与电气设备和仪表的接口如图4.12.3所示，各接口的功能应符合表4.12.3的规定。在有关接口描述的文件中，应明确下列内容：

1 接口类型和通信协议；

2 物理参数；

3 电气参数；

4 接口信号内容；

5 其他需要说明的内容。

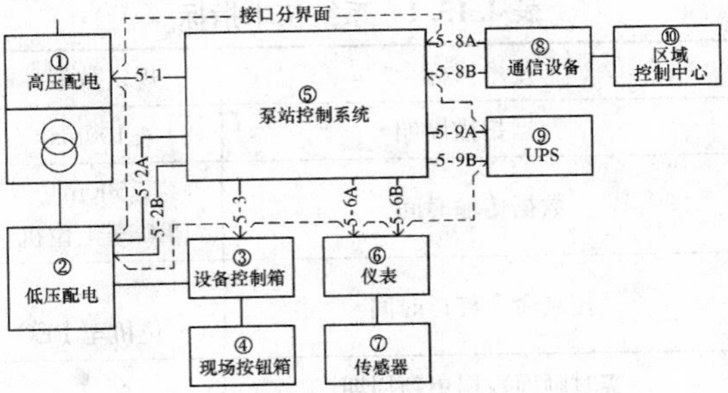

图4.12.3 泵站控制系统接口示意图

表4.12.3 泵站控制系统与电气设备和仪表的接口

编号	界面位置	功 能	备 注
5-1	高压开关柜二次端子排或信号插座	监控高压开关设备和变压器运行	参见本规程4.7节
5-2A	低压配电柜供电电缆馈出端	接取泵站控制系统的工作电源	—
5-2B	低压开关柜二次端子排或信号插座	监控低压开关设备运行	参见本规程4.7节
5-3	各机电设备控制箱的控制信号端子排或插座	监控设备运行	参见本规程4.6节
5-6A	仪表的工作电源端子排	提供仪表工作电源	参见本规程4.5节
5-6B	仪表的信号输出端子排或总线信号插座	采集仪表的检测数据和工作状态	参见本规程4.5节
5-8A	泵站控制机柜内的通信电源端子排	提供远程监控通信设备的工作电源	—
5-8B	泵站控制机柜内的远程监控通信插座	提供远程监控通信接口	参见本规程7.2节
5-9A	UPS的电源输入和电源输出端子排	提供和接取UPS电源	—
5-9B	UPS监控信号端子排或插座	监控UPS运行	参见本规程4.9.13条

4.13 系统技术指标

4.13.1 泵站自动化系统技术指标应符合表4.13.1的规定。

表 4.13.1 系统技术指标

<table>
<tr><th colspan="2">技术指标</th><th>规定数值</th></tr>
<tr><td colspan="2">数据扫描周期</td><td>≤100ms</td></tr>
<tr><td colspan="2">数据传输时间</td><td>≤500ms
(PLC至上位机)</td></tr>
<tr><td colspan="2">控制命令传送时间</td><td>≤1s
(上位机至PLC)</td></tr>
<tr><td colspan="2">实时画面数据更新周期</td><td>≤1s</td></tr>
<tr><td colspan="2">实时画面调用时间</td><td>≤3s</td></tr>
<tr><td colspan="2">平均故障间隔时间(MTBF)</td><td>≥17000h</td></tr>
<tr><td colspan="2">平均修复时间(MTTR)</td><td>≤1h</td></tr>
<tr><td colspan="2">双机切换到功能恢复时间</td><td>≤30s</td></tr>
<tr><td colspan="2">站内事件分辨率</td><td>≤10ms</td></tr>
<tr><td rowspan="2">计算机处理器的负荷率</td><td>正常状态下任意30min内</td><td><30%</td></tr>
<tr><td>突发任务时10s内</td><td><60%</td></tr>
<tr><td rowspan="2">LAN负荷率</td><td>正常状态下任意30min内</td><td><10%</td></tr>
<tr><td>突发任务时10s内</td><td><30%</td></tr>
<tr><td colspan="2">通信故障恢复时间</td><td>≤0.5s</td></tr>
</table>

4.14 设备安装技术要求

4.14.1 泵站自动化控制设备应安装在控制机柜内，中小型泵站宜设置一台控制机柜，控制机柜应符合下列规定：

1 室内控制机柜宜采用冷轧钢板制作，室外控制机柜宜采用不锈钢板或工程塑料制作，金属板材的厚度应符合表 4.14.1 的规定。

表 4.14.1 控制机柜板材厚度(mm)

机柜高度	<300	300~800	800~1500	>1500
材料厚度	≥1.2	≥1.5	≥2.0	≥2.5

2 控制机柜电源进线应设总开关，各用电回路应按负荷情况设配电开关，均应采用小型空气断路器。低压直流电源宜设熔丝保护。

3 控制机柜应设置可靠的保护接地装置及防雷防过电压保护装置，柜内应设置工作照明和单相检修电源插座。

4 柜内元件和设备应设置编号标识，安装间距应满足通风散热的要求，发热量大的设备应安装在机柜的上部。

5 面板上的各种开关、指示灯、表计均应设中文标签，标明其代表的回路号及功能，其中按钮和指示灯的颜色应符合现行国家标准《电工成套装置中的指示灯和按钮的颜色》GB 2682 的规定，面板仪表宜采用数字显示。

6 柜内连接导线宜采用 0.6kV 绝缘铜芯线，截面不应小于 0.75mm²，其中电流测量回路应采用截面不小于 2.5mm² 的多股铜导线。连接导线宜敷设在汇线槽内，两端应有导线编号，颜色选配应符合现行国家标准《电工成套装置中的导线颜色》GB 2681 的规定。

7 接线端子应标明编号，强、弱电端子宜分开排列，最下排端子距离机柜底板宜大于 350mm，有触电危险的端子应加盖保护板，并设置警示标记。

8 电流回路应设置试验端子，电流测量输入端子应设置短路压板，电压测量输入端子应设置保护熔丝。

4.14.2 控制机柜宜设置在泵站控制室，周围环境应干燥，无强烈振动，无强电磁干扰，无导电尘埃和腐蚀性气体，无爆炸危险性气体，避免阳光直射。

4.14.3 当控制室设置防静电地板时，高度宜为 300mm。可调量为±20mm。架空地板及工作台面的静电泄漏电阻值应符合国家现行标准《防静电活动地板通用规范》SJ/T 10796 的规定。控制机柜应采用有底座的固定安装，底座高度应与底板平齐。对从下部进出电缆的控制机柜落地安装时，控制机柜下部应设置电缆接线操作空间。

4.14.4 泵站控制室的温度宜控制在 18~28℃之间，相对湿度宜控制在 40%~75%之间。

4.14.5 泵站控制室应布设保护接地母线，整个控制室应构成一等电位体，所有可触及的金属部件均应可靠连接到接地母线上。

4.14.6 控制室操作台宜设置综合布线槽；台面设备布置应符合人机工程学的要求，便于操作；台面下柜内安装计算机设备时，应考虑通风散热措施。

4.14.7 泵站控制系统的连接电缆应采用铜芯电缆。

4.14.8 控制电缆宜采用 4 芯以上，备用芯不得少于 1 芯；当长度超过 200m 或存在较大干扰时，应采用铜网屏蔽电缆。

4.14.9 模拟量信号传输应采用铜网屏蔽双绞线，视频信号传输宜采用同轴电缆，通信电缆选用应与终端设备的特性相匹配。

4.14.10 系统供电电缆和仪表信号电缆应分开敷设。

4.14.11 屏蔽电缆宜采用单端接地，接地端宜设在内场或控制设备一侧。

4.14.12 电缆和光缆在室内可采用桥架、支架或穿管敷设，在室外宜采用穿预埋管敷设或沿电缆沟敷设；直埋敷设时应采用铠装电缆和光缆。

4.14.13 架空地板下的电缆应敷设在槽式电缆桥架或电缆托盘内，并应加设盖板。

4.14.14 钢质电缆桥架、电缆支架及其紧固件等均应进行热浸锌等防腐处理。浸锌厚度不应小于 20μm，电缆桥架宜采用冷轧钢板制作，板材厚度应符合表 4.14.14 的规定。

表 4.14.14 电缆桥架板材厚度（mm）

桥架宽度	＜400	400～800
材料厚度	≥1.5	≥2.0

4.14.15 电缆在梯式桥架或支架上敷设不宜超过一层，在槽式桥架或托盘内敷设不宜超过三层，两端及分支处应设置标识。

4.14.16 仪表设备的终端电缆保护管及需要缓冲的电缆保护管应采用挠性管，挠性管应采用不锈材质或防腐能力强的复合材料，并应设有防水弯。

4.14.17 电缆进户处、导线管的端头处、空余的导线管等均应作封堵处理，金属电缆桥架和金属导线管均应可靠接地。

4.14.18 自动化控制系统设备安装除应符合以上条文外，还应符合现行国家标准《自动化仪表工程施工及验收规范》GB 50093 的有关规定。

4.15 系统调试、验收、试运行

4.15.1 自动化系统调试前应编制完整的调试大纲。

4.15.2 泵站自动化系统调试应包括下列内容：

1 基本性能指标检测；

2 单项功能调试；

3 相关功能之间的配合性能调试；

4 系统联动功能调试。

4.15.3 调试中采用的计量和测试器具、仪器、仪表及泵站设备上安装的测量仪表的标定和校正应符合有关计量管理的规定。

4.15.4 泵站自动化系统的验收测试应以系统功能和性能检验为主，同时对现场安装质量、设备性能及工程实施过程中的质量记录进行抽查或复核。

4.15.5 上位机系统检验应包括下列内容：

1 在控制室实现对泵站内设备的运行监视和控制功能检验；

2 检查操作界面，应按设计意图、用户需求落实各工况的显示和操作画面；

3 报警、数据查询、报表、打印等功能的检验；

4 系统技术指标测试。

4.15.6 控制系统的检验应包括下列内容：

1 控制方式的切换和手动、自动方式下的控制功能检验；

2 故障和报警的响应，故障状态下的设备保护和控制功能检验；

3 操作界面的编排、内容、功能应符合设计意图和用户需求；

4 设备联动、自动运行功能检验；

5 技术指标测试。

4.15.7 外围设备检验应包括下列内容：

1 检测接地电阻值应符合设计要求；

2 防雷、防过电压措施应符合设计要求；

3 模拟显示屏安装的允许偏差和检查方法应符合表 4.15.7-1 的规定；

4 控制机柜、控制台和型钢底座安装的允许偏差和检查方法应符合表 4.15.7-2 的规定。

表 4.15.7-1 模拟显示屏安装的允许偏差和检查方法

检验项目	允许偏差	检查数量	检查方法
屏面垂直度	1mm/m	全数	吊线测量
屏面的平面度	$2mm/m^2$	全数	直尺测量
符号线条直线度	0.5mm/m	20%	吊线或拉线测量
单个拼块的平整度	0.1mm	5%	塞尺测量
相邻拼块平整度	0.2mm	5%	直尺与塞尺测量
拼块之间的间隙	0.1mm	5%	塞尺测量

表 4.15.7-2 控制机柜、控制台和型钢底座安装的允许偏差和检查方法

<table>
<tr><th colspan="3">检验项目</th><th>允许偏差</th><th>检查数量</th><th>检查方法</th></tr>
<tr><td rowspan="4">基础型钢底座</td><td rowspan="2">直线度</td><td>—</td><td>1mm/m</td><td rowspan="2">全数</td><td rowspan="2">拉线，用尺测量最大偏差处</td></tr>
<tr><td>全长</td><td>5mm</td></tr>
<tr><td rowspan="2">水平倾斜度</td><td>—</td><td>1mm/m</td><td rowspan="2">全数</td><td rowspan="2">拉线，用水平尺或水准仪测量</td></tr>
<tr><td>全长</td><td>5mm</td></tr>
<tr><td rowspan="6">控制机柜和控制台</td><td colspan="2">垂直度</td><td>1.5mm</td><td>全数</td><td>吊线，用尺测量</td></tr>
<tr><td colspan="2">单柜（台）顶部高差</td><td>2mm</td><td rowspan="2">全数</td><td rowspan="2">柜顶拉线，用尺或水平测量</td></tr>
<tr><td colspan="2">柜顶最大高差（柜间连接多于2处）</td><td>5mm</td></tr>
<tr><td rowspan="2">柜正面平面度</td><td>相邻柜（台）接缝处</td><td>1mm</td><td rowspan="2">全数</td><td rowspan="2">从柜上、中、下用拉线的方法测量</td></tr>
<tr><td>柜间连接（多于5处）</td><td>5mm</td></tr>
<tr><td colspan="2">柜（台）间接缝处</td><td>2mm</td><td>全数</td><td>用塞尺测量</td></tr>
</table>

4.15.8 仪表设备检验应符合下列规定：

1 量程选配与实际相符；

2 具有有效的计量检验合格证书；

3 测量范围内为线性，具有符合泵站控制系统要求的 4～20mA 模拟量输出或通信接口；

4 控制系统对仪表采样的显示值应与现场指示值一致。

4.15.9 泵站自动化控制系统应在调试完成，各项功能符合设计要求后，方可与工艺系统一起投入试运行。

4.15.10 连续联动调试运行时间不应小于 72h，应采用全自动控制方式，联动运行期间对任何仪表、传感器、通信装置、控制设备的故障应进行诊断和纠正。

5 污水处理厂供配电

5.1 负荷计算

5.1.1 装机容量统计应符合下列规定：

1 用需要系数法确定各类设备的计算负荷。

2 分变电所的计算负荷为各设备组负荷的计算之和乘以该区域内动力设备运行的同时系数。

3 总变电所的计算负荷为各分变电所计算负荷之和再乘以综合同时系数。

5.1.2 设备组的需要系数按功能区确定应符合表5.1.2的规定。

表 5.1.2 设备组的需要系数

用电设备组名称	需要系数（K_X）	cosϕ	tanϕ
水泵、泥泵、药泵等	0.75～0.85	0.80～0.85	0.70～0.62
风机	0.75～0.85	0.80～0.85	0.70～0.62
通风机、除臭设备	0.65～0.70	0.80	0.75
格栅除污机、皮带运输机、压榨机等	0.50～0.60	0.75	0.88
搅拌机、吸刮泥机等	0.75～0.85	0.80～0.85	0.70～0.62
消毒设备（紫外线、加氯机等）	0.80～0.90	0.50	1.73
起重器及电动葫芦（ε=25%）	0.10～0.15	0.50	1.73
控制系统设备	0.60～0.70	0.80	0.75
污泥脱水设备	0.70	0.70～0.80	0.80～0.75
污泥干化设备	0.80	0.90	0.48
干污泥输送设备（料仓）	0.65～0.70	0.80	0.75
电子计算机主机外部设备	0.40～0.50	0.50	1.73
试验设备（电热为主）	0.20～0.40	0.80	0.75
各类仪表	0.15～0.20	0.70	1.02
厂房照明（有天然采光）	0.80～0.90	—	—
厂房照明（无天然采光）	0.90～1.00	—	—
办公楼照明	0.70～0.80	—	—

5.1.3 污水处理厂负荷的计算应按本规程第3.1.3条执行，并应符合下列规定：

1 分变电所区域设备的有功功率同时系数 $K_{\Sigma P}$ 和无功功率同时系数 $K_{\Sigma Q}$ 应分别取0.85～1和0.95～1。

2 总变电所的综合同时系数 $K_{\Sigma P}$ 和 $K_{\Sigma Q}$ 应分别取0.8～0.9和0.93～0.97。

3 当简化计算时，同时系数 $K_{\Sigma P}$ 和 $K_{\Sigma Q}$ 均应取为 $K_{\Sigma P}$ 值。

5.2 系统结构

5.2.1 变电所设置根据负荷分布特点应符合下列规定：

1 变电所的形式和布置应根据负荷分布状况和周围环境确定。

2 当系统结构为分布式时，宜设总变电所和若干分变电站所。

3 供电负荷应为二级，对特别重要的污水处理厂应定为一级负荷。

4 二级负荷应由双电源供电，二路互为备用或一路常用一路备用。

5.2.2 总变电所和分变电所设置应符合下列规定：

1 含油浸式电力变压器的变电所内变压器室的耐火等级应为一级，其他房间的耐火等级应为二级。

2 总变电所和分变电所设置还应符合本规程第3.8.2条的规定。

5.2.3 总变电所系统设置应符合下列规定：

1 总变电所宜为独立式布置，设于污水处理厂负荷中心附近合适的位置，方便与各分变电所构成配电回路。

2 对35kV/10（6）kV变电所宜设为屋内式。

3 当35kV双电源供电在35kV侧切换时，宜采用内桥接线。10（6）kV母线和低压母线宜采用单母线或单母线分段接线。

4 总变电所对外的配电宜采用放射式和树干式相结合的配电方式。

5 当供电电压为10kV，厂区面积较大，负荷又比较分散的工程，可采用10kV和0.4kV两种电压混合配电方式。

6 总变电所的布置应符合本规程第3.8.3～3.8.6条的规定。

5.2.4 分变电所系统设置应符合下列规定：

1 设置应靠近各自供电区域负荷中心。宜设于较大机械设备房的一端。

2 对大部分用电设备为中小容量，无特殊要求的用电设备，可采用树干式配电。

3 对用电设备容量大，或负荷性质重要，或布置在有潮湿、腐蚀性环境的构筑物内的设备，宜采用放射式配电。

4 当总变电所向分变电所放射式供电时，分变电所的电源进线开关宜采用负荷开关。当分变电所需要带负荷操作或继电保护、自动装置有要求时，应采用断路器。

5 变压器低压侧电压为0.4kV的总开关应采用低压断路器。

5.3 操 作 电 源

5.3.1 污水处理厂主变电所操作电源应采用直流操作系统，应选用免维护铅酸蓄电池直流屏。

5.3.2 污水处理厂各个分变电所的操作宜采用简单的交流操作系统。

5.4 短路电流计算及保护

5.4.1 供配电系统短路电流计算及保护应符合本规程第3.6节的有关规定。

5.5 系统设备要求

5.5.1 供配电系统设备要求包括总线接口应符合本规程第3.7节的有关规定。

5.6 照 明

5.6.1 污水处理厂的照明计算、光源选择、建筑物和道路灯具选择应符合本规程第3.9节的有关规定。

5.6.2 初沉池、生物反应池、二沉池等大型户外构筑物群区的照明宜采用广照型的高杆灯。

5.7 接地与防雷

5.7.1 变电所接地的型式和布置应符合本规程第3.10.1～3.10.11条的有关规定。

5.7.2 防雷应符合下列规定：

1 防雷措施应包括建筑物防雷和电力设备过电压保护。

2 防雷装置的设置应符合现行国家标准《建筑物防雷设计规范》GB 50057的规定。

3 污泥消化池、沼气柜、沼气过滤间、沼气压缩机房、沼气火炬、加氯间等属于二类防雷建筑物的防爆危险场所，应采取防直击雷、防雷电感应和防雷电波侵入的措施。

4 对办公楼、泵房等属于三类防雷建筑物的场所，应采取防直击雷和防雷电波侵入的措施。

5 变电所的低压总保护柜内宜设第一级电源浪涌保护器；现场站总配电箱宜设二级电源浪涌保护器；供电末端重要的仪表配电箱宜设三级电源浪涌保护器。

6 浪涌保护器的设置应符合本规程第3.10.12条的规定。

5.8 防爆电器的应用

5.8.1 污泥消化池、沼气柜、沼气过滤间、沼气压缩机房、沼气火炬、加氯间等防爆场所的电气设备必须采用防爆电器，并应符合下列规定：

1 电动机应采用隔爆型或正压型鼠笼型感应电动机。

2 控制开关及按钮应采用本安型或隔爆型设备。

3 照明灯具应采用隔爆型设备。

5.8.2 控制盘、配电盘不应布置在防爆1区，布置在防爆2区的控制盘、配电盘应采用隔爆型设备。

5.8.3 防爆电器选择应符合现行国家标准《爆炸和火灾危险环境电力装置设计规范》GB 50058的规定。

5.9 电气施工及验收

5.9.1 电气施工及验收应符合本规程第3.11节的有关规定。

6 污水处理厂自动化系统

6.1 一 般 规 定

6.1.1 应根据污水处理厂规模、控制和节能要求配置数据采集和监视控制（SCADA）系统，实现污水处理自动化管理。

6.1.2 污水处理厂自动化程度和仪表配置要求、测量范围应根据工艺要求确定。

6.1.3 检测和测量仪表应按控制系统的要求提供4～20mA的标准电流信号输出或现场总线式的通信接口。

6.1.4 直接与污水、污泥、气体接触的仪表传感器防护等级应为IP68；室内变送器、控制器防护等级不应小于IP54；室外变送器、控制器的防护等级不应小于IP65。

6.1.5 现场设备控制箱应设置运行状态指示、手动操作按钮和手动/联动方式选择开关。

6.1.6 污水处理厂自动化系统应通过设备控制箱实施对现场设备的启动和停止控制；宜采用二对常开触点分别控制设备的启动和停止。

6.1.7 设备控制箱应按控制系统的要求提供现场总线通信接口或硬线信号接口。

6.1.8 所有安装在污水处理现场的仪表均应按照防潮、防腐要求配备保护箱、遮阳罩、不锈钢支架等附件，并应可靠接地。

6.2 规模划分与系统设置要求

6.2.1 污水处理厂工艺按流程和处理程序可划分为：预处理工艺；一级处理工艺；二级处理工艺；深度处理工艺；污泥处理工艺；最终的污泥处理等。

6.2.2 监控系统规模、工艺参数检测要求、检测点布设等均应根据污水处理厂的规模和工艺要求确定。

6.2.3 污水处理厂应设置生物池曝气量自动调节或生物工艺优化控制系统。

6.3 系统结构

6.3.1 污水处理厂的自动化控制系统宜采用三层结构，包括信息层、控制层和设备层，并应符合下列规定：

1 信息层设备布设在污水处理厂中控室，采用具有客户机/服务器（C/S）结构的计算机局域网，网络形式宜采用10/100/1000M以太网。

2 控制层宜采用光纤工业以太网或成熟的工业总线网络，以主/从、对等或混合结构的通信方式连接监控工作站、工程师站和厂内各就地控制站。

3 控制层设备设在各个现场控制站，控制器下可设远程I/O站；现场控制站宜为无人值守模式，操作界面采用触摸显示屏。

4 大、中型污水处理厂设备层宜采用现场总线网络，小型污水处理厂宜采用星型拓扑结构方式，以硬接线电缆连接仪表和设备控制箱。

6.3.2 重要污水处理厂的控制系统宜采用冗余结构。

6.4 系统功能

6.4.1 污水处理厂的运行监视功能可通过布设在各工艺构筑物中仪表及机械设备、控制箱、变配电柜内的传感器、变送器所采集的实时信息经就地控制器的收集、预处理以后上传到中控室统计、处理、存储。运行监视范围应包括下列内容：

1 物理量监视应为：

1）物位值及超高、超低物位报警；

2）瞬时流量、累积流量和故障报警；

3）温度及报警；

4）压力及报警；

5）污泥界面。

2 水质分析监视应为：

1）固体悬浮物浓度（SS）；

2）污泥浓度（MLSS）；

3）酸碱度/温度（pH/T）；

4）溶解氧（DO）；

5）总有机碳（TOC）；

6）总磷（TP）；

7）氨氮（NH_3-N）；

8）硝氮（NO_3-N）；

9）化学需氧量（COD）；

10）生化需氧量（BOD）；

11）氧化还原电位（ORP）；

12）余氯。

3 机械设备运行状态监视应为：

1）水泵运行状态和故障报警；

2）格栅除污机、输送机、压榨机的运行状态和故障报警；

3）电动闸门、阀门、堰门的位置、运行状态和故障报警；

4）沉砂池除砂装置运行状态和故障报警；

5）曝气设备运行状态和故障报警；

6）刮砂机、吸刮泥机的运行状态和故障报警；

7）搅拌机的运行状态和故障报警；

8）鼓风机、压缩机的运行状态和故障报警；

9）污泥消化设备机组运行状态和故障报警；

10）污泥浓缩机组运行状态和故障报警；

11）污泥脱水设备、输送设备、料仓设备运行状态和故障报警；

12）污泥耗氧堆肥处理系统运行状态和故障报警；

13）出水消毒装置运行状态和故障报警；

14）加药系统运行状态和故障报警。

4 自动化系统应有电力监控功能，技术要求应符合本规程第4.7节的有关规定。电力监控范围包括主变电所和分变电所。

6.4.2 污水处理厂中控室应将采集到的所有自动化信息为依据，经过数学模型计算或人工判断以后按周期发出各类运行控制命令到各就地控制站执行，运行控制对象应包括下列内容：

1 水泵（进水、出水）运行、调速；

2 格栅除污机、输送机、压榨机运行；

3 电动闸门、阀门、堰门开/闭、开度；

4 除砂装置运行；

5 曝气设备运行、曝气机浸没深度；

6 刮砂机、吸刮泥机运行；

7 搅拌机运行、调速；

8 鼓风机/压缩机运行（开启、调速、进口导叶片角度控制等）；

9 污泥消化池温度控制；

10 污泥消化池进泥量和搅拌；

11 污泥浓缩机系统运行、加药量控制；

12 污泥脱水机组、输送设备、料仓控制；

13 污泥耗氧堆肥处理系统运行、加料量控制；

14 发水消毒装置运行；

15 沼气脱硫运行；

16 其他与工艺有关的运行设备。

6.4.3 污水处理厂应设有环境与安全监控功能，应包括下列内容：

1 有毒、有害、易燃、易爆气体的监测；

2 厂区视频图像监视和安全防卫系统；

3 火灾报警系统。

6.4.4 中央控制室功能应符合下列规定：

1 应具有与上级区域监控中心通信的功能。

2 应通过模拟屏、操作终端等显示设备对污水处理厂生产过程进行监视。宜设置组合式显示屏，满足生产监视和视频图像综合显示的需要。

3 运行控制应通过操作终端实现对全厂的生产过程进行调节，对水质进行控制。通过布设在各区域的就地控制站实现。

4 应在中央控制室完成运行参数统计、设备管理、报表等运行管理功能。

5 应具有手动、自动两种控制方式转换功能。

6 操作界面应具有汉化的图形化人机接口。

7 操作画面应包括：污水处理厂总电气图和各分变电所的电气图、厂总平面布置图和每个单体的局部平面布置图、厂总工艺流程图和每个单体的局部工艺流程图、剖面图、高程图、报警清单、参数设定。

6.4.5 就地控制站功能应符合下列规定：

1 应具有数据采集、处理和控制功能。现场站操作画面包括：现场站的电气图、现场站平面布置图、区域工艺流程图、剖面图、高程图、报警清单、参数设定。

2 操作界面应具有手动、自动两种控制方式转换功能。

3 操作界面应具有汉化的图形化人机接口。

6.4.6 中控室和就地控制站的操作界面分类分层的显示和控制方式应符合本规程第4.4.9～4.4.11条的规定。

6.5 检测和监视点设置

6.5.1 进水水质和出水水质检测应包括下列内容：

1 酸碱度/温度（pH/T）；

2 总磷（TP）；

3 氨氮（NH_3-N）；

4 硝氮（NO_3-N）；

5 化学需氧量（COD）；

6 生化需氧量（BOD）。

6.5.2 集水池宜设置下列监视和控制点：

1 粗格栅池内设置液位计或液位差计，液位差值控制格栅的清污动作；

2 封闭的格栅间内设置硫化氢检测仪；

3 格栅除污机、输送机、压榨机和闸门的监视和控制。

6.5.3 进水泵房宜设置下列监视和控制点：

1 进水井内设超声波液位计，液位测量值作为进水泵的控制依据；

2 泵出水管设电磁流量计，作为污水处理厂的处理量的计量；

3 水泵监视和控制及泵出口阀的联动控制。

6.5.4 沉砂池宜设置下列监视和控制点：

1 细格栅池内设超声波液位差计，液位值作为沉砂池控制参数，控制细格栅的清污动作；

2 封闭的细格栅井内设分体式硫化氢检测仪，监测有害气体浓度；

3 出水井内设置固体悬浮物浓度（SS）检测；

4 出水井内设置酸碱度/温度（pH/T）、总磷（TP）检测；

5 电动闸门、阀门和除砂设备的监视和控制。

6.5.5 生物池宜设置下列监视和控制点：

1 厌氧区中间和生物池出水端设置污泥浓度（MLSS）检测仪；

2 好氧区曝气总管和分管上设气体流量计；

3 厌氧区和缺氧区分别设氧化还原电位（ORP）检测仪；

4 好氧区的鼓风曝气稳定区设溶解氧（DO）检测仪，机械曝气机下游稳定区设溶解氧（DO）检测仪；

5 厌氧区入口稳定区设溶解氧（DO）检测仪；

6 缺氧区入口稳定区设溶解氧（DO）检测仪；

7 生物池出水端设溶解氧（DO）检测仪；

8 厌氧区末端设氨氮（NH_3-N）、硝氮（NO_3-N）分析仪（或C_2综合分析仪）；

9 电动闸门、阀门、搅拌机、内回流泵、曝气机、气体调节阀、电动堰门的监视控制。

6.5.6 初沉池、二沉池宜设置下列监视和控制点：

1 二沉池设污泥界面计，检测污泥泥位；

2 吸刮泥机、配水/泥闸门或电动堰板、闸门、排泥阀门的监视和控制。

6.5.7 鼓风机房宜设置下列监视和控制点：

1 空气总管设压力变送器、温度变送器和气体流量计；

2 鼓风机风量、风压和过滤器的监视和控制；

3 鼓风机、变频器、导叶的运行监视和控制。

6.5.8 回流及剩余污泥泵房宜设置下列监视和控制点：

1 回流污泥浓度（MLSS）检测；

2 设分体式超声波液位计，控制污泥泵的运行；

3 设浮球液位开关，防止回流及剩余污泥泵的干运行；

4 回流污泥泵出泥管道上设电磁流量计，计量回流污泥和剩余污泥量；

5 回流污泥泵、剩余污泥泵及变频泵的监视和控制。

6.5.9 出口泵房及出水井宜设置下列监视和控制点：

1 前池内和出水井内设分体式超声波液位计；

2 设出水泵监视、运行控制或按需要设出水量调节系统（出水泵变频调速或导叶角调节）。

6.5.10 储泥池宜设置下列监视和控制点：

1 设置分体式超声波泥位计，根据泥位控制储泥池泥泵的运行循环及控制储泥池的进、排泥；

2 设搅拌机、浆液阀及泥泵监视和控制。

6.5.11 污泥浓缩池宜设置下列监视和控制点：

1 设污泥流量计和加药流量计，以污泥流量控制污泥浓缩机组的运行；

2 设污泥界面计，检测污泥泥位；

3 设污泥浓缩机组监视和控制。

6.5.12 污泥消化池宜设置下列监视和控制点：

1 进泥管设电磁流量计、温度变送器和 pH 变送器；

2 出泥管设温度变送器，池顶设雷达液位计，气相压力变送器；

3 中部设温度变送器；

4 产气管设沼气流量计；

5 可燃气体检测仪；

6 设有搅拌机、污泥泵和热水泵的监视和控制。池顶设压力和真空安全阀。

6.5.13 污泥浓缩脱水机房宜设置下列监视和控制点：

1 进泥管和加药管设流量计，控制脱水机进泥量和加药量；

2 设带双探头的硫化氢检测仪，检测探头分别设在工作间和污泥堆放间；

3 设脱水机监视和控制及污泥输送、储存、装车的监控。

6.5.14 沼气柜宜设置下列监视和控制点：

1 设甲烷探测器，以检测可燃气体的浓度；

2 设压力仪，检测压力并报警和连锁保护；

3 设沼气增压机气动蝶阀监视和控制。沼气柜高度和压力的监测、报警、连锁保护。

6.5.15 沼气锅炉房宜设置下列监视和控制点：

1 沼气进气管设沼气流量计；

2 设压力变送器和水位计，根据锅炉水位调节补水量；

3 进水管设温度变送器；

4 出水管设温度变送器、压力变送器和流量计，根据锅炉出水温度调节燃气流量；

5 储水池设超声波液位计，监测储水池液位；

6 设置甲烷探测器，检测可燃气体的浓度；

7 设沼气增压泵、沼气锅炉排水泵、循环泵的监视和控制。

6.5.16 污水处理厂应设置出水流量计量，计量排放水量。

6.5.17 出水高位井排放口宜设置分体式超声波液位计，监测排放口液位。

6.5.18 消毒池宜设置下列监视和控制点：

1 余氯检测仪（加氯消毒工艺）；

2 消毒装置的监视和控制（加氯消毒、紫外线消毒或其他消毒工艺）。

6.6 检测和测量技术要求

6.6.1 液位、泥位的测量宜采用超声波液位计或液位差计。技术要求应符合本规程第 4.5.1 条的规定。

6.6.2 污水管道满管流量测量宜采用电磁流量计。技术要求应符合本规程第 4.5.2 条的规定。

6.6.3 污水处理厂设备管道压力测量宜采用压力变送器。技术要求应符合本规程第 4.5.3 条的规定。

6.6.4 温度测量应符合本规程第 4.5.4 条的规定。

6.6.5 宜采用硫化氢检测仪测量封闭式格栅井和污泥脱水机房的硫化氢浓度。技术要求应符合本规程第 4.5.5 条的规定。

6.6.6 溶解氧（DO）检测应符合下列规定：

1 分辨率应为 0.05mg/L。信号表示单位是mg/L。

2 具有探头自动清洗功能。

3 传感器采用便于举升探头的池边安装支架；变送器采用单柱安装支架和遮阳板（罩）。

6.6.7 固体悬浮物浓度（SS）检测应符合下列规定：

1 分辨率应为 0.01mg/L。信号表示单位是mg/L。

2 传感器具有旋转刮片组成的自动清洁装置。

3 传感器采用池边安装支架或管道安装方式；变送器采用单柱安装支架。

6.6.8 氨氮（NH_3-N）、硝氮（NO_3-N）检测应符合下列规定：

1 精度应小于显示值±0.5％。信号表示单位是mg/L。

2 防护等级为：IP54，自动标定、自动清洗。

3 宜采用离子选择电极法或比色法；当采用离子选择电极法时，应在现场采用便于举升传感器的池边安装支架，变送器采用单柱安装且保护箱外应设遮阳装置。当采用比色法时，应同时成套提供可自动空气反吹清洗的完整的取样及预处理系统，包括从测量点取样用的取样泵（可选）、取样管道、各种附件等装置。进水水质分析必须提供粗、细过滤装置。

6.6.9 污泥泥位检测应符合下列规定：

1 精度应为显示值的1％，分辨率应为 0.03m。信号表示单位是 m。

2 传感器应具有自动清洗装置。

3 传感器采用池边安装支架；变送器采用单柱安装支架。

6.6.10 气体流量测量应符合下列规定：

1 精度应为显示值的 0.5％。信号表示单位是 m^3/s。

2 变送器防护等级为：IP65。沼气流量计应采用防爆形式。

3 宜采用热扩散气体检测原理。

6.6.11 酸碱度/温度（pH/T）值检测应符合下列规定：

1 精度应小于测量值的 0.75％，分辨率为：pH＝0.01，T＝0.1℃。T 信号表示单位是℃。

2 传感器采用池边安装不锈钢支架。

6.6.12 氧化还原电位 ORP 检测仪测量应符合下列

规定：

1 精度应小于显示值的 0.5%。信号表示单位是 mV。

2 传感器采用池边安装不锈钢支架。

6.6.13 甲烷检测和报警应符合下列要求：

1 沼气锅炉房采用甲烷探测器检测可燃气体的浓度。检测报警装置的主要技术参数应符合表 6.6.13 的规定。

表 6.6.13 甲烷可燃气体检测报警装置的主要技术参数

参数名称	选取值
监测范围 V/V%	0～10
显示方式	现场数字显示，控制室显示
检测误差（%）	≤3
报警阈值 V/V%	1
响应时间（s）	≤60（满量程 90%）
防爆性能	本安防爆

6.6.14 余氯分析的精度应为±5%。信号表示单位是 mg/L。

6.6.15 总磷（TP）分析应符合下列规定：

1 精度应为显示值的±2%。信号表示单位是 mg/L。

2 宜采用比色法并应同时提供可自动清洗的完整的取样及预处理系统，包括从测量点取样用的取样探头、取样管道、各种附件等装置。对于进水水质分析仪应提供粗、细两套过滤装置。

6.6.16 化学需氧量（COD）测量应符合下列规定：

1 当 COD 值大于 100mg/L 时，精度应小于显示值的±10%。当 COD 值小于或等于 100mg/L 时，精度应小于显示值±6mg/L，分辨率为 1mg/L。信号表示单位是 mg/L。

2 探头具有机械自清洗功能。

3 传感器采用池边安装不锈钢支架。

6.6.17 生化需氧量（BOD）测量应符合下列规定：

1 精度应为显示值的±10%，分辨率为 1mg/L。信号表示单位是 mg/L。

2 探头具有机械自清洗功能。

3 传感器采用池边安装不锈钢支架。

6.6.18 分析仪器试剂应选用低毒、无害和低耗量。

6.7 设备控制技术要求

6.7.1 设备的控制位置和优先级应符合下列规定：

1 污水处理厂设备的控制优先级由高至低依次为：现场控制/机旁控制、配电盘控制、就地（单体）控制、中央控制，较高优先级的控制可屏蔽较低优先级的控制；每一级控制均应设置选择开关（如图 6.7.1 所示）。

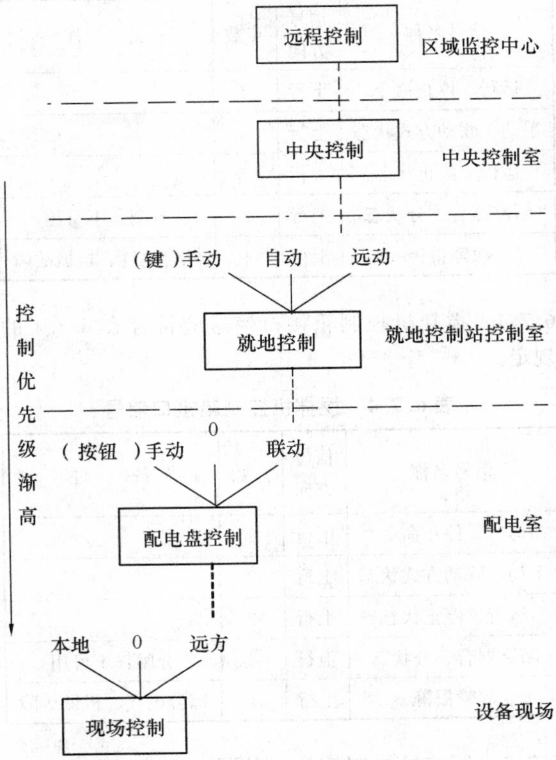

图 6.7.1 污水处理厂设备控制优先级关系

2 现场控制/机旁控制应符合本规程第 4.6.1 条第 1 款的规定。

3 配电盘控制应符合本规程第 4.6.1 条第 2 款的规定。

4 现场控制/机旁控制和配电盘控制由厂内供配电系统实施，可对现场站设备手动控制而不依赖于厂内自动化控制系统。

5 就地控制：一般在污水处理厂各现场的就地控制站内完成，是通过就地控制站自动化控制系统实施的控制，具有手动和自动两种控制方式。

6 中央控制：一般在污水处理厂综合楼的中央控制室内完成。宜通过中央控制系统操作界面的按键（或设定的功能键）完成调度和控制。系统控制水平高的污水处理厂则按照控制模型产生的控制模式自动地生成控制命令或由人工对控制模式确认以后下达控制命令，给相关的就地控制器执行。厂内各机械设备的联动亦由就地控制站的控制器根据要求完成。

7 污水处理厂应有与区域监控中心通信的功能。

6.7.2 水泵、格栅除污机、输送机、压榨机、闸门、阀门（包括配水/泥闸门、电动堰板排泥阀门）、除臭装置、通风、控制应符合本规程第 4.6.2～4.6.6 条的规定。

6.7.3 刮砂机、吸刮泥机控制箱接口信号应符合表 6.7.3 的规定。

表 6.7.3　刮砂机、吸刮泥机控制箱接口信号

信号名称	信号方向	点数	备　注
运行、停止命令	下行	2	—
手动、联动方式状态	上行	2	—
运行、停止状态	上行	2	—
断路器合、分状态	上行	2	分闸：不可用
故障报警	上行	1	综合电气、机械故障

6.7.4　搅拌机控制箱接口信号应符合表 6.7.4 的规定。

表 6.7.4　搅拌机控制箱接口信号

信号名称	信号方向	点数	备　注
运行、停止命令	下行	2	—
手动、联动方式状态	上行	2	—
运行、停止状态	上行	2	—
断路器合、分状态	上行	2	分闸：不可用
故障报警	上行	1	综合电气、机械故障

6.7.5　压缩机控制箱接口信号应符合表 6.7.5 的规定。

表 6.7.5　压缩机控制箱接口信号

信号名称	信号方向	点数	备　注
运行、停止命令	下行	2	—
手动、联动方式状态	上行	2	—
运行、停止状态	上行	2	—
断路器合、分状态	上行	2	分闸：不可用
故障报警	上行	1	综合电气、机械故障

6.7.6　鼓风机的控制应符合下列规定：

1　由配套的现场控制箱实施启动控制、运行保护和转速控制（变频）或进口导叶片角度控制以及风机组内部设备联动控制。

2　就地控制系统通过控制箱实施对鼓风机的启动停止和输出风量的调节控制。

3　控制箱接口信号应符合表 6.7.6 的规定。

表 6.7.6　鼓风机控制箱接口信号

信号名称	信号方向	点数	备　注
运行、停止命令	下行	2	—
手动、联动方式状态	上行	2	—
运行、停止状态	上行	2	—
断路器合、分状态	上行	2	分闸：不可用
故障报警	上行	1	综合电气、机械故障
鼓风机转速（变频）	下行	1	—
鼓风机出风量	下行	1	—
鼓风机电动机电流	上行	1	—
风机出风口压力	上行	1	—
控制给定	下行	1	—

6.7.7　电动调节阀的控制应符合下列规定：

1　采用曝气工艺的生物池相应的空气管道上应设置空气量检测和电动调节阀。

2　设置现场控制箱，按运行要求驱动电动调节阀控制生物池的进气量。

3　就地控制系统通过控制箱实施对调节阀的启动停止和开度的调节控制。

4　控制箱接口信号应符合表 6.7.7 的规定。

表 6.7.7　调节阀控制箱接口信号

信号名称	信号方向	点数	备　注
运行、停止命令	下行	2	—
手动、联动方式状态	上行	2	—
全开、全闭状态	上行	2	—
断路器合、分状态	上行	2	分闸：不可用
故障报警	上行	1	综合电气、机械故障
开启度反馈	上行	1	—

6.7.8　污泥泵控制箱接口信号应符合表 6.7.8 的规定。

表 6.7.8　污泥泵控制箱接口信号

信号名称	信号方向	点数	备　注
运行、停止命令	下行	2	—
手动、联动方式状态	上行	2	—
运行、停止状态	上行	2	—
断路器合、分状态	上行	2	分闸：不可用
故障报警	上行	1	综合电气、机械故障
污泥泵电动机电流	上行	1	—

6.7.9　污泥浓缩机组的控制应符合下列规定：

1　机组综合控制装置提供污泥浓缩机组的基本启动、停止逻辑控制和相关的污泥进料泵、加药泵、

混合装置、反应器、污泥浓缩机、厚浆泵、增压泵等设备的联动控制。

2 控制箱接口信号应符合表6.7.9的规定。

表6.7.9 污泥浓缩机组控制箱接口信号

信号名称	信号方向	点数	备注
运行、停止命令	下行	2	—
手动、联动方式状态	上行	2	—
断路器合、分状态	上行	2	分闸：不可用
进料泵运行、停止状态	上行	2	—
加药泵运行、停止状态	上行	1	—
混合装置运行、停止状态	上行	1	—
反应器运行、停止状态	上行	1	—
污泥浓缩机组运行、停止状态	上行	1	—
厚浆泵运行、停止状态	上行	1	—
增压泵运行、停止状态	上行	1	—
进料泵故障报警	上行	1	—
加药泵故障报警	上行	1	—
混合装置故障报警	上行	1	—
反应器故障报警	上行	1	—
污泥浓缩机组故障报警	上行	1	—
厚浆泵故障报警	上行	1	—
增压泵故障报警	上行	1	—

6.7.10 污泥脱水机组的控制应符合下列规定：

1 综合控制装置提供污泥脱水机组的基本启动、停止逻辑控制和相关的污泥切割机、污泥供料泵、加药泵、润滑、冷却、清洗等设备的联动控制。

2 脱水机组控制箱接口信号应符合表6.7.10的规定。

表6.7.10 脱水机组控制箱接口信号

信号名称	信号方向	点数	备注
运行、停止命令	下行	2	—
手动、联动方式状态	上行	2	—
断路器合、分状态	上行	2	分闸：不可用
故障报警	上行	2	综合电气、机械故障
润滑系统运行、停止状态	上行	1	—
润滑系统故障报警	上行	1	—
冷却系统运行、停止状态	上行	1	—
冷却系统故障报警	上行	1	—
清洗状态	上行	1	—
污泥切割机工作电流	上行	1	—
污泥供料泵工作电流	上行	1	—
污泥脱水机工作电流	上行	1	—
单组污泥脱水系统电量	上行	1	—
絮凝剂加注流量	上行	1	—

6.7.11 紫外线消毒装置接口信号应符合表6.7.11的规定。

表6.7.11 紫外线消毒装置控制箱接口信号

信号名称	信号方向	点数	备注
运行、停止命令	下行	2	—
手动、联动方式状态	上行	2	—
运行、停止状态	上行	2	—
断路器合、分状态	上行	2	分闸：不可用
故障报警	上行	1	综合电气、机械故障

6.7.12 加氯机控制箱接口信号应符合表6.7.12的规定。

表6.7.12 加氯机控制箱接口信号

信号名称	信号方向	点数	备注
运行、停止命令	下行	2	—
手动、联动方式状态	上行	2	—
运行、停止状态	上行	2	—
断路器合、分状态	上行	2	分闸：不可用
故障报警	上行	1	综合电气、机械故障

6.8 电力监控技术要求

6.8.1 电力监控技术要求应符合本规程第4.7节的有关规定。

6.9 防雷与接地

6.9.1 本安线路、本安仪表应可靠接地。本质安全型仪表系统的接地宜采用独立的接地极或接至信号回路的接地极上。

6.9.2 用电仪表的外壳、仪表盘、柜、箱、盒和电缆槽、保护管、支架地座等，在正常条件下不带电的金属部分由于绝缘破坏而有可能带电者，均应做保护接地。

6.9.3 信号回路的接地点应设在显示仪表侧。

6.9.4 控制系统宜建立统一接地体（总等电位连接板），综合控制箱、柜内的保护接地、信号回路接地、屏蔽接地应分别接到各自的接地母线上，再由各母线接到总等电位连接板。

6.9.5 防雷与接地还应符合本规程第4.8.1～4.8.4条的规定。

6.10 控制设备配置要求

6.10.1 污水处理厂控制设备配置要求应符合本规程第4.9节的有关规定。

6.10.2 工艺监控应配备2台工作站组成双机热备，1台用于正常工艺监控，另1台为备用。2台监控计算机的硬件和软件的配置应相同，功能和监控的对象应能互换。

6.10.3 污水处理厂电力监控宜专门配备1台工作站。运行故障时，应由工艺备用工作站替代工作。

6.10.4 生物池节能运转应独立配置控制模型运行和模拟的工作站1台。

6.10.5 数据管理宜由2台服务器组成双机热备。

6.10.6 污水处理厂中控室与各现场就地控制站间的光纤通信宜采用环形或星形组网方式。

6.10.7 大型污水处理厂中央控制系统宜考虑与工厂管理信息系统（MIS）互连。

6.11 安全和技术防范

6.11.1 污水处理厂应设置电视监控系统，并应符合下列规定：

1 厂内所有摄像机应连接视频矩阵切换器，将视频信号选择切换到主监视器。主监视器或数字录像机可以显示任何一台摄像机的视频信号。

2 安装在外场的摄像机应具有防振和防雷措施。

3 摄像机的选择应符合下列规定：

1）采用$\frac{1''}{4}$～$\frac{1''}{2}$CCD；

2）信号制式为PAL；

3）清晰度不应小于450TVL；

4）最低照度宜为1.0lx；

5）视频输出为1.0$V_{p\text{-}p}$；

6）阻抗75Ω（BNC）；

7）外罩应配置通风加热器、刮水器。

4 室外云台旋转角：水平宜为355°，垂直宜为±90°。

5 室外解码器控制输入接口可接受RS422、RS485或曼彻斯特码。通信速率宜为1200～19200bps。

6 视频矩阵切换器的选择应符合下列规定：

1）输入信号为1.0V_{p-p}±3dB，75Ω；

2）输出信号为1.0V_{p-p}±0.5dB，75Ω；

3）信噪比不应小于60dB；

4）控制接口可为RS232C或RS485；

5）应配操纵摇杆和编程键盘。

7 彩色监视器选择应符合下列规定：

1）清晰度不应小于450TVL；

2）输入信号为1.0$V_{p\text{-}p}$±3dB；

3）频率响应优于10MHz（−3dB）。

8 监视器应安装在固定的机架和机柜上；具有散热、电磁屏蔽性能；屏幕避免外来光直射；外部可调节部分易于操作和维护。

6.11.2 厂区周边的围墙可按管理要求设置周界防卫系统，控制主机和报警盘设在门卫室；发生报警时应与电视监控系统联动。

6.11.3 火灾报警控制器应根据消防要求设置，宜设在中央控制室。

6.11.4 根据管理要求，在污水处理厂重要的出入口通道可设置门禁系统。

6.11.5 在爆炸危险场所安装的自动化系统的仪表和材料，必须具有符合国家现行防爆质量标准的技术鉴定文件或防爆等级标志；其外部应无损伤和裂缝。

6.11.6 自动化系统的设备和仪表防爆应符合下列规定：

1 污泥消化池、沼气过滤间、沼气压缩机房、沼气脱硫间、沼气柜、沼气鼓风机、沼气火炬、沼气锅炉房、沼气发电机房、沼气鼓风机房等设备和防爆场所宜按1区考虑，仪表应选用本质安全型。

2 敷设在易爆炸和火灾危险场所的电缆（线）保护管应符合下列规定：

1）保护管与现场仪表、检测元件、仪表箱、接线盒和拉线连接时应安装隔爆密封管件，并做好充填密封；保护管应采用管卡固定牢固，不应焊接固定。密封管件与仪表箱、分线箱接线盒及拉线盒间的距离不应超过0.45m。

2）全部保护管系统必须确保密封。

3 安装在易爆炸和火灾危险场所的设备引入电缆时，应采用防爆密封填料进行密封。

4 沼气过滤间、压缩机房及污泥泵房均应考虑通风设施，并应防止沼气进入或从管道中漏出。

5 控制室电线电缆沟出口处应采取措施以防止室外沼气逸出后进入沟内。

6 沼气锅炉房应采用甲烷探测器检测可燃气体的浓度。

6.12 控 制 软 件

6.12.1 操作系统应选择多任务多用户网络操作系统，中文版本，具有开放式的软件接口。

6.12.2 关系型数据库应具有标准的外部数据接口，能与其他控制软件和数据库交换数据。

6.12.3 应用软件应包括下列功能：

1 采用图控软件组态设计中控室的运行监控软件，具有中文界面，操作提示和帮助系统。提供污水处理厂总平面布置图、局部平面布置图、工艺流程图、设备布置图、高程图、剖面图、电气接线图、报警清单等，并在图形界面上实现对设备的操作、控制和运行参数设定。

2 提供整个监控系统运行的各种数据参数、各机械电气设备状态以及各接口设备状态的实时数据库及历史数据库，并具有在线查询、修改、处理、打印等数据库管理软件，能与管理信息系统（MIS）联网操作。

3 具有强而有效的图形显示功能。在确定监控画面后，可对监控对象进行形象图符设计、组态、链接、生成完整的实时监控画面，使用户能在监视器（CRT）上查询到各种监控对象的动态信息及故障。

4 日常的数据管理，对采集到的各种数据经计算、处理、分类，自动生成各种数据库及报表，供实时监测、查询、修改、打印；数据管理还包括生成后的报表文件的修改或重组。

5 设备管理应符合本规程 4.11.4 条第 4 款的规定。

6 对设备运行数据、流量数据、扬程数据、能耗数据进行记录和综合分析，提供节能控制模型的模拟和节能运行建议。能耗管理宜包括下列内容：

1）电力消耗；

2）化学药剂消耗；

3）给水消耗；

4）燃料计量。

7 完成各类数据的采集和通信网络的管理。

6.13 控制系统接口

6.13.1 就地控制系统与电气设备和仪表的接口如图 6.13.1 所示，各接口的功能应符合表 6.13.1 的规定。

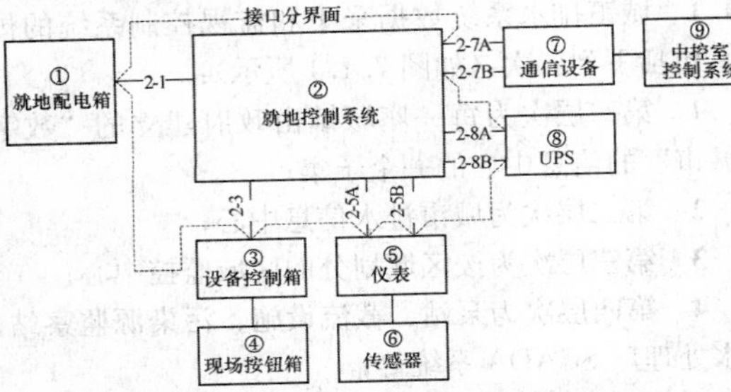

图 6.13.1 就地控制系统与电气设备和仪表的接口示意图

表 6.13.1 就地控制系统与电气设备和仪表的接口

编号	界面位置	功能	备注
2-1	就地配电箱供电电缆馈出端	接取就地控制系统的工作电源	—
2-3	各机电设备控制箱的控制信号端子排或插座	监控设备运行	参见本规程 6.7 节
2-5A	仪表的工作电源端子排	提供仪表工作电源	参见本规程 6.6 节
2-5B	仪表的信号输出端子排或插座	采集仪表的检测数据和工作状态	参见本规程 6.6 节
2-7A	就地控制站控制机柜内的通信电源端子排	提供中控室控制通信设备的工作电源	—
2-7B	就地控制站控制机柜内的远程监控通信插座	提供中控室控制通信接口	参见本规程 6.4.4 条
2-8A	UPS 的电源输入和电源输出端子排	提供和接取 UPS 电源	—
2-8B	UPS 监控信号端子排或插座	监控 UPS 运行	参见本规程 4.9.13 条

6.13.2 就地控制系统与电力设备的接口如图 6.13.2 所示，各接口的功能应符合表 6.13.2 的规定。

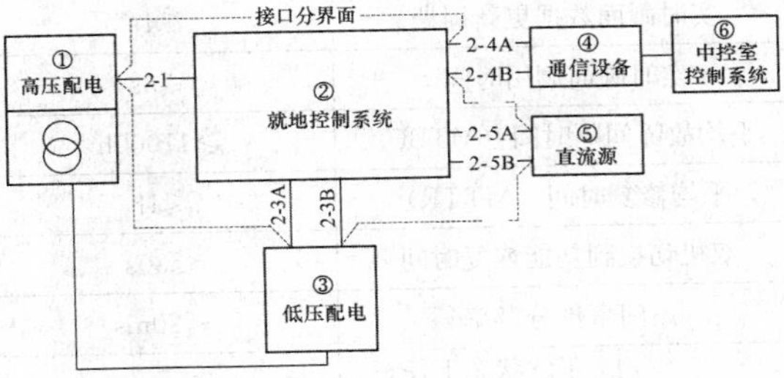

图 6.13.2 就地控制系统与电力设备的接口示意图

表 6.13.2 就地控制系统与电力设备的接口

编号	界面位置	功能	备注
2-1	高压开关柜二次端子排或信号插座	监控高压开关设备和变压器运行	参见本规程 4.7 节
2-3A	低压配电柜供电电缆馈出端	接取现场站控制系统的工作电源	—

续表 6.13.2

编号	界面位置	功能	备注
2-3B	低压开关柜二次端子排或信号插座	监控低压开关设备运行	参见本规程4.7节
2-4A	就地控制站控制机柜内的通信电源端子排	提供中控室控制通信设备的工作电源	—
2-4B	就地控制站控制机柜内的远程监控通信插座	提供中控室控制通信接口	参见本规程6.4.4条
2-5A	直流源的电源输入和电源输出端子排	提供和接取直流源电源	—
2-5B	直流源监控信号端子排或插座	监控直流源运行	—

6.13.3 在有关接口描述的文件中需明确的内容应符合本规程第4.12.3 条的规定。

6.14 系统技术指标

6.14.1 污水处理厂自动化系统技术指标应符合表6.14.1的规定。

表 6.14.1 系统技术指标

技术指标		规定数值
数据扫描周期		≤100ms
数据传输时间		≤500ms（PLC至上位机）
控制命令传送时间		≤1s（上位机至PLC）
实时画面数据更新周期		≤1s
实时画面调用时间		≤3s
平均故障间隔时间（MTBF）		≥17000h
平均修复时间（MTTR）		≤1h
双机切换到功能恢复时间		≤30s
站间事件分辨率		≤20ms
计算机处理器的负荷率	正常状态下任意30min内	<30%
	突发任务时10s内	<60%
LAN负荷率	正常状态下任意30min内	<10%
	突发任务时10s内	<30%
通信故障恢复时间		<0.5s

6.15 计 量

6.15.1 系统应对设备运行记录及控制模式进行综合考虑，使系统能在最低的消耗下发挥最大的效率。计量宜包括下列内容：

1 污水量；

2 污泥量；

3 给水量；

4 用电量；

5 用气量；

6 化学药剂（包括混凝剂、助凝剂、絮凝剂及其他添加剂等）量；

7 加氯量或其他消毒剂量。

6.15.2 计量应有记录、测算、显示和打印。

6.16 设备安装技术要求

6.16.1 中央控制室宜设在污水处理厂综合楼内，控制室应设置模拟屏、计算机（含工作站、服务器）、打印机、操作台椅、通信机柜、UPS和网络设备等。

6.16.2 就地控制站自动化设备（包括UPS）均应安装在控制机柜内，控制机柜要求应符合本规程第4.14.1条的规定。

6.16.3 中央控制室和就地控制站布置要求应符合本规程第4.14.2～4.14.6条的规定。

6.16.4 污水处理厂电缆和电缆桥架安装技术要求应符合本规程第4.14.7～4.14.16条的规定。

6.17 系统的调试、检验、试运行

6.17.1 自控设备、自动化仪表的调试、检验和试运行应符合本规程第4.15节的有关规定。

6.17.2 闭路监视电视系统安装施工质量的检验阶段、检验内容、检测方法及性能指标要求应符合现行国家标准《民用闭路监视电视系统工程技术规范》GB 50198的有关规定。

6.17.3 电视监控系统的检验应符合下列规定：

1 电视监控系统图像画面清晰、稳定。

2 电视监控系统与其他系统的联动功能达到设计的规定。

7 排水工程的数据采集和监控系统

7.1 系 统 建 立

7.1.1 城镇排水系统数据采集和监视控制系统的体系宜包括下列层次（如图7.1.1所示）：

1 第一层次为每一座城镇由政府建立的“数字化城市”的信息中心的一个子集；

2 第二层次为城市排水信息中心；

3 第三层次为按区域划分的区域监控中心；

4 第四层次为泵站、截流设施、污染源监察站、污水处理厂SCADA系统等；

5 第五层次为现场数据采集与监视控制的配置要求。

7.1.2 信息层次的选择与确定必须与排水系统管理体制相匹配，并应符合下列要求：

1 对小型城镇可不考虑第三层次的建立。

2 对大型城市除了在区域范围内按流域或片区的排水分系统建立若干区域监控中心，采集本系统内泵站、截流设施、污染源以及污水处理厂的各类信息并建立双向通信以外，在居民比较集中的区（县）级城镇宜建立相对独立的信息分中心。

3 对防汛雨水泵站和污水泵站分开管理的体系，可分别建立区域监控中心。

7.1.3 污染源的监测点应设在排放污染废水的源头。监测信号应直接传送到区域监控中心或排水信息中心。

7.2 系统结构

7.2.1 城镇排水系统数据采集和监视控制（SCADA）系统的网络拓扑结构宜为星形（见图7.1.1）。

7.2.2 SCADA系统中远程站（第四层次）与所属区域监控中心（或信息中心）之间的通信网络应根据远程站的具体位置、规模和数据量大小选择。

7.2.3 在长距离的广域通信中宜采用公共通信网络。

7.2.4 广域通信的网络拓扑结构为星形，采用的标准通信规约是IEC60870-5-101（基本远动配套标准）。宜配用“逢变则报”（RBE）原则，节约通信资源，提高通信效率。

7.2.5 通信信道应采用主、备配置方式以保证通信的可靠性。

7.2.6 现场设备与控制站之间的通信宜采用现场控制总线。

7.3 系统功能

7.3.1 排水信息中心应实现下列功能：

1 收集各区域监控中心上报经过统计处理以后的各区域排水系统的各项参数。包括泵站运行状态与设备状态；污水处理厂运行和控制状态以及设备状态；污染源的污染程度；按月、季、年上报的各类报表。

2 应按管理要求建立相应的数据库。

3 应向上级部门报告各项排水管理信息。

4 不宜直接向泵站或污水处理厂下达控制命令。

7.3.2 区域监控中心应实现下列功能：

1 收集所属各远程站（泵站、截流设施、污水处理厂、污染源）上报的经过预处理的各项参数，包括泵站运行状态、流量、雨量、设备状态；污水处理厂运行状态、处理流量、质量、设备状态等；污染源的污染值；按日、月上报的各类报表。

2 应对各被监视的参数实施报警功能，应实现设备状态失常或数据越限报警和记录。

3 对所管理的排水系统应实施排水管网的调度和控制模式的下载，宜采用的控制方式是下达控制命令，由接受方确认后执行。

4 不宜对所属泵站或污水处理厂的具体设备实施直接的操作或控制。

5 应按照管理要求建立相应的数据库。

6 应建立与排水信息中心的通信联系，并上报所规定的各类信息和报表。

7.3.3 远程站（泵站、截流设施、污染源、污水处理厂等）应实现下列功能：

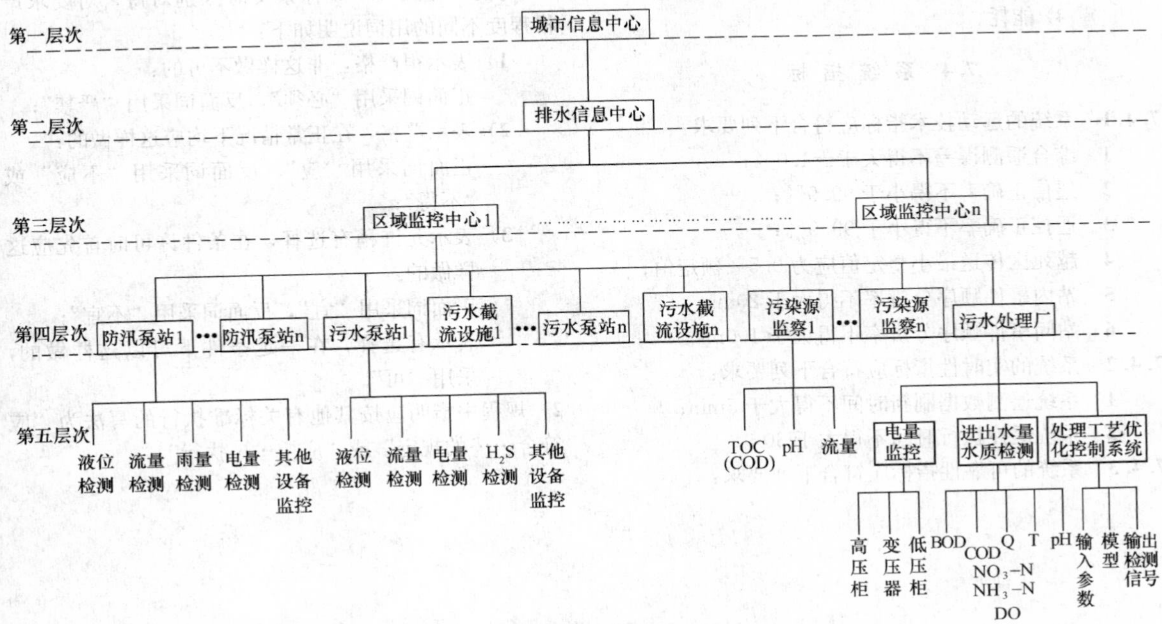

图7.1.1 排水系统数据采集和监视控制系统体系

1　远程站应按一定采样周期采集现场状态信号和数据信息。

2　远程站所采集的数据应作数字滤波。并按一定要求作预处理，包括统计、记录等。应有冗余备份或容错支持。

3　远程站应有就地逻辑控制功能，提供设备运行的联动、连锁和控制；提供泵站的闭环运行控制或污水处理厂按预定运行模式执行的正常控制。

4　泵站应有远程监视和控制及泵站运行参数的远程调整。

5　污水处理厂应有应急预案的处置和按节能模型执行的模拟程序，当远程站运行出现异常时应有报警处理。

7.3.4　远程站主要参数实时监视和数据采集应符合下列规定：

1　对泵站（截流设施）的监视控制点为：

1）进水液位、出水液位；

2）流量（仅指污水泵站）；

3）耗电量；

4）雨量；

5）闸门。

2　对污染源的监视控制点为：

1）TOC（COD）；

2）pH；

3）流量。

3　对污水处理厂控制点为：

1）进水水质（BOD、COD、pH）；

2）排放水质（BOD、COD、TOC、DO、TP、NO_3-N、NH_3-N）；

3）处理水量；

4）能耗。

7.4　系统指标

7.4.1　系统的远动技术指标应符合下列要求：

1　综合遥测误差不得大于±1.0%；

2　遥信正确率不得小于99.9%；

3　遥控正确率不得小于99.9%；

4　越死区传送最小整定值应为0.5%额定值；

5　站内事件顺序分辨率不得大于20ms；

6　站间事件顺序分辨率不得大于100ms。

7.4.2　系统的实时性指标应符合下列要求：

1　系统遥测数据刷新时间不得大于5min；

2　系统遥控执行时间不得大于30s。

7.4.3　系统的可靠性指标应符合下列要求：

1　电缆通信的信道误码率不得大于10^{-6}，光缆通信的信道误码率不得大于10^{-9}；

2　单机系统可用率不应小于95%；

3　双机系统可用率不应小于99.8%。

7.5　系统设备配置

7.5.1　信息中心（分中心）、区域监控系统应建立C/S结构形式的信息系统，并应符合下列规定：

1　冗余配置的服务器：视系统范围的大小计算数据容量并按性价比配置设备。

2　冗余的工作站：按信息中心的功能要求和系统远期容量配置处理点数和程序模块。

3　冗余的网络：建立基于10/100/1000M以太网的局域网。

4　设路由器：建立与上层信息中心的联系。

5　设网关与MIS系统建立联系。

6　设模拟屏及其控制器。

7　设打印机和UPS。

7.5.2　系统中所配置的各类设备技术要求应符合本规程第4.9节的规定。

7.5.3　信息中心（分中心）、区域监控系统、污水处理厂控制中心、泵站信息层软件系统应包括系统软件、应用软件和通信软件。

7.5.4　各就地控制站的软件应包括可编程序逻辑控制器（PLC）的编程软件及操作界面的通信软件。

本规程用词说明

1　为便于在执行本规程条文时区别对待，对要求严格程度不同的用词说明如下：

1）表示很严格，非这样做不可的：
正面词采用“必须”，反面词采用“严禁”；

2）表示严格，在正常情况下均应这样做的：
正面词采用“应”，反面词采用“不应”或“不得”；

3）表示允许稍有选择，在条件许可时首先应这样做的：
正面词采用“宜”，反面词采用“不宜”；
表示有选择，在一定条件下可以这样做的，采用“可”。

2　规程中指明应按其他有关标准执行的写法为“应符合……的规定”或“应按……执行”。

中华人民共和国行业标准

城镇排水系统电气与自动化工程技术规程

CJJ 120—2008

条 文 说 明

前　言

《城镇排水系统电气与自动化工程技术规程》CJJ 120－2008 经建设部 2008 年 2 月 26 日以建设部第 810 号公告批准、发布。

为便于广大设计、施工、科研、学校等单位有关人员在使用本规程时能正确理解和执行条文规定，《城镇排水系统电气与自动化工程技术规程》编制组按章、节、条顺序编制了本标准的条文说明，供使用者参考。在使用中如发现本条文说明有不妥之处，请将意见函寄上海市城市建设设计研究院（地址：上海浦东新区东方路 3447 号；邮政编码：200125）。

目　次

1 总 则

1.0.1 制定本规程的宗旨和目的。为了从整体上提高我国排水行业电气与自动化系统的建设与应用水平，进一步规范城镇排水行业电气与自动化系统的建设，保证系统的建设质量，为新建、扩建和改造城镇排水系统电气自动化工程提供可遵循的规程。

1.0.2 本规程适用范围为：

城镇中建设的雨水泵站、污水泵站的供配电系统。

城镇中建设的雨水泵站、污水泵站自动化系统所配置的仪表、数据采集和控制系统。

城镇中建设的污水处理厂的供配电系统。

城镇中建设的污水处理厂的自动化系统所配置的仪表、数据采集和控制系统。

城镇主干管网排水系统中所配置的若干泵站群和污水处理厂（或不含污水处理厂）的中央数据采集和控制系统或区域数据采集和控制系统。

本规程还适用于独立设置的污水截流设施。

本规程可在新建或更新改造城镇排水系统电气与自动化工程的全过程中参考使用。对项目的设计、施工、验收等各个阶段均有指导作用。

1.0.3 本规程在提出自动化系统程度和系统指标时，不仅考虑大型排水系统，亦考虑到大多数中小排水系统的实际需求。对操作繁重、影响安全、危害健康的工艺过程，应首先采用自动化设备。本规程不仅考虑电气与自动化的设计，亦考虑了施工和验收方面的需求。

3 泵站供配电

3.1 负荷调查与计算

3.1.1 泵站的供配电设计工程首先要确定泵站的用电负荷，应根据泵站的规模、工艺特点、泵站总用电量（包括动力设备用电和照明用电）等计算泵站负荷，所以设计前对这些因素必须进行调查。

1 泵站规模的调查应根据城市雨水、污水系统专业规划和有关排水系统所规定的范围、设计标准，工艺设计经综合分析计算后确定了泵站的近期规模，泵站站址应根据排水系统的特点，结合城市总体规划和排水工程专业规划确定。

5 一般不考虑外部环境对本泵站的影响。

3.1.2 电力负荷应根据对供电可靠性的要求及中断供电在政治、经济上所造成损失或影响的程度进行分级。

突然中断供电，给国民经济带来重大损失，使城市生活混乱者应为一级负荷。如大城市特别重要的污水、雨水泵站。

突然中断供电，停止供水或排水，将造成较大经济损失或给城市生活带来较大影响者，应为二级负荷。如大城市的大型泵站；中、小城市的主要水厂和大、中城市的污水、雨水泵站。

负荷的等级还应按工程规模和等级，所处环境确定，对于小容量、非重要或在周围难以取得相应电源的泵站可适当降低要求，以便节省投资。

3.1.4 本条主要介绍变压器选择的相关内容：

2 变压器的台数一般根据负荷性质、用电量和运行方式等条件综合考虑确定。排水泵站装设两台及以上变压器是考虑到变压器在故障和检修时，保证一、二级负荷的供电可靠性。同时当季节性负荷变化较大时，投入变压器的台数可根据实际负荷而定，做到经济运行，节约电能。

3 规定单台变压器的容量不宜大于1250kVA，一方面是由于选用1250kVA及以下的变压器对一般泵站的负荷密度来说更能接近负荷中心，另一方面低压侧总开关的断流容量也较容易满足。近几年来有些厂家已能生产大容量低压断路器及限流低压断路器，在民用建筑中采用1250kVA及1600kVA的变压器比较多，特别是1250kVA更多些，故推荐变压器的单台容量不宜大于1250kVA。

4 配置二台并联变压器，型号及容量相同便于运行和管理。

5 雨水、污水合建的泵站，雨水泵功率较大且不是经常使用，只有在汛期使用，而污水泵功率较小且经常使用，如合用一个变压器不够经济，所以将雨水、污水合建泵站的雨水泵和污水泵变压器分别设置比较合适。

3.1.5 关于10（6）kV/0.4kV的变压器联结组标号的规定。以D/Y_n-11和Y/Y_n-0结线的同容量的变压器相比较，尽管前者空载损耗与负载损耗略大于后者，但由于D/Y_n-11结线比Y/Y_n-0结线的零序阻抗要小得多，即增大了相零单相短路电流值，对提高单相短路电流动作断路器或熔断器的灵敏度有较大作用，有利于单相接地短路故障的切除，并且当用于单相不平衡负荷时，Y/Y_n-12结线变压器一般要求中性线电流不得超过低压绕组额定电流的15%，严重地限制了接用单相负荷的容量，影响了变压器设备能力的充分利用；由于三次及以上的高次谐波激磁电流在原边接成Δ形条件下，可在原边环流，有利于抑制高次谐波电流。因此推荐采用D/Y_n-11联结组标号变压器。

3.1.6 大容量的变压器应配有防护罩壳、风机和测温装置。测温装置应带有温度信号和高温报警信号输出。变压器柜应配测温装置。一旦变压器温度过高，自动打开风机通风降温，测温装置应有DC4～20mA模拟量温度信号和无源触点的高温报警信号输出至监控系统，并使中控室能及时了解变压器工况。

3.2 供电电源

3.2.1 选择供电电源不仅与负荷容量有关，与供电距离、供电线路的回路数有关。输送距离长，为降低线路电压损失，宜提高供电电压等级。供电线路回路多，则每回路的送电容量相应减少，可以降低供电电压等级。用电设备负荷波动大，宜由容量大的电网供电，也就是要提高供电电压的等级。用电单位所在地点的电网情况也是影响供电电压的因素。

3.2.2、3.2.3 对于二级负荷的供电方式，因其停电影响比较大，其服务范围也比一级负荷广，故应由两回路线路供电，供电变压器亦应有两台。只有当负荷较小或地区供电条件困难时，才允许由一回6kV及以上的专用架空线供电。这点主要考虑电缆发生故障后有时检查故障点和修复需时较长，而一般架空线路修复方便（此点和电缆的故障率无关）。当线路自配电所引出采用电缆线路时，必须要采用两根电缆组成的电缆线路，其每根电缆应能承受100％的二级负荷，且互为热备用。

3.2.4 我国电力系统已逐步由10kV取代6kV电压。因此，采用10kV有利于互助支援，有利于将来的发展。故当供电电压为35kV及以上时企业内部的配电电压宜采用10kV；且采用10kV配电电压可以节约有色金属，减少电能损耗和电压损失，显然是合理的。

当泵站有6kV用电设备时，如采用10kV配电，则其6kV用电设备一般经10kV/6kV中间变压器供电。目前大、中型泵站中，6kV高压电动机负荷较多，则所需的10/6kV中间变压器容量及其损耗就较大，开关设备和投资也增多，采用10kV配电电压反而不经济，而采用6kV是合理的。

对于35kV、10kV、6kV按电力系统对电压等级规定应称为“中压”，本规程为适应传统说法相对0.4kV低压而统称为高压。

3.2.6 国家对供电的电压等级有所规定，但是各个省市电网条件不同，不同等级供电电压的最大容量也不同。所以提出当泵站容量较小，且有条件接入0.4kV电源时，可直接采用0.4kV电源供电。

由于各泵站的性质、规模及用电情况不一，很难得出一个统一的规律，有关部门宜根据技术经济比较、发展远景及经验确定。

3.3 系统结构

3.3.1 常用的配电系统接线方式有放射式、树干式、环式或其他组合方式。

3.3.2 配电系统采用放射式，供电可靠性高，发生故障后的影响范围较小，切换操作方便，保护简单，便于管理，但所需的配电线路较多，相应的配电装置数量也较多，因而造价较高。

放射式配电系统接线又可分为单回路放射式和双回路放射式两种。前者可用于中、小城市的二、三级负荷给排水工程；后者多用于大、中城市的一、二级负荷给排水工程。

3.3.4 10kV及以下配电所母线绝大部分为单母线或单母线分段。因一般配电所出线回路较少，母线和设备检修或清扫可趁全厂停电检修时进行。此外，由于母线较短，事故很少，因此，对一般泵站建造的配、变电所，采用单母线或单母线分段的接线方式已能满足供电要求。

3.4 无功功率补偿

3.4.1 补偿无功功率，经常采用两种方法，一种是同步电动机超前运行，一种是采用电容器补偿。同步电动机价格高，操作控制复杂，本身损耗也较大，不仅采用小容量同步电动机不经济，即使容量较大而且长期连续运行的同步电动机也逐步为异步电动机加电容器补偿所代替。特殊操作工人往往担心同步电动机超前运行会增加维修工作量，经常将设计中的超前运行同步电动机作滞后运行，丧失了采用同步电动机的优点，因此一般无功功率补偿不宜选用同步电动机。

工业所用的并联电容器价格便宜，便于安装，维修工作量、损耗都比较小，可以制成各种容量且分组容易，扩建方便，既能满足目前运行要求，又能避免由于考虑将来的发展使目前装设的容量过大，因此推荐采用并联电力电容器作为无功功率补偿的主要设备。

3.4.2 补偿方式可分为：

1 集中补偿：电容器组集中装设在泵站总降压变电所的高压侧或低压侧母线上。这种方式只能使供电系统减少无功功率引起的损耗。

2 分散补偿：电容器组分设在功率因数较低的分变电所（对于大型泵站和污水处理厂设分变电所）高压侧或低压侧母线上。这种方式能减少分变电所以上变电系统内无功功率引起的损耗。

3 单独就地补偿：对个别功率因数低的大容量感应电动机进行单独补偿。当电动机启动时，随之电容器投运，亦称之为随动补偿。

3.4.3 在选择补偿方式时，一般为了尽量减少线损和电压损失，宜就地平衡补偿，即低压部分的无功功率宜在低压侧补偿，仅在高压部分产生的无功功率宜在高压侧补偿。

3.4.4 对于较大负荷，平稳且经常使用的水泵、风机等用电设备（一般采用高压电动机）无功功率的补偿电容器宜单独就地补偿。高压电容器组宜在变配电所内集中装设。

3.4.5 补偿无功功率的电容器组宜在变配电所内集中设置；在环境允许的分变电所内低压电容器宜分散

补偿。

3.4.10 在电力设备中，受电网高次谐波影响最大的是并联电容器，这是因为电容器容抗值与电压频率成反比，在高次谐波电压作用下，因电容器 n 次谐波容抗是基波容抗值的几分之一，即使谐波电压值不很高，也可产生显著的谐波电流，造成电容器过电流。更多的情况是投入的电容器容抗与系统阻抗或负荷阻抗产生谐振，放大了高次谐波，使电容器承担超过规定的高次谐波电流，加速了电容器损坏。消除谐振的根本办法是在电容器回路中串入电抗器，使电容器和电抗器串联回路对电网中含量最高的谐波而言成为感性回路而不是容性回路，以消除产生谐波振荡的可能性。

3.5 操作电源

3.5.1 一般来说，交流操作电源只能供给变、配电所在正常情况下断路器控制、信号和继电保护自动装置的用电。在事故情况下，特别是变、配电所发生短路故障时，交流操作电源的电压将急剧下降，难以保证变、配电所的继电保护装置和信号系统及自动化系统正常工作。因此，特大、大、中型泵站变电所宜采用直流操作电源。对于采用交流操作电源的变、配电所，如要求在事故情况下能保证系统和自动装置正常工作，则应配备能自动投入的低压备用电源。

3.5.2 泵站变电所应选用免维护铅酸蓄电池直流屏为直流操作电源。对一些主接线简单且供电可靠性要求不高的变、配电所，也可采用带电容储能的硅整流装置作为直流操作电源。

3.5.4 交流操作投资省，建设快，二次接线简单，运行维护方便。但采用交流操作保护装置时，电流互感器二次负荷增加，有时不能满足要求。此外，交流继电器不配套，使交流操作的采用受到限制，因此推荐交流操作系统用于能满足继电保护要求、出线回路少的一般中、小型泵站变配电所。

3.6 短路电流计算与继电保护

3.6.1 当电力系统中发生短路故障时，将破坏系统的正常运行或损坏电路元件。为消除或减轻短路所造成的后果，应根据短路电流正确选择和校验电器设备，进行继电保护整定计算和选择限制短路电流的元件。短路电流计算时所采用的接线方式，应为系统在最大及最小运行方式下导体和电器安装处发生短路电流的正常接线方式，而不考虑临时的变化接线方式(例如，只在切换操作过程中并列的母线)。

在计算短路电流时，根据不同用途需要计算最大和最小短路电流，用于选设备容量或额定值需要计算最大短路电流，选择熔断器、整定继电保护及校核电动机起动所需要的是最小短路电流。

3.6.2 高压电路短路电流计算时，只考虑对短路电流影响大的变压器、电抗器、架空线及电缆等的阻抗，对短路电流影响小的因素（例如开关触点的接触电阻）不予考虑。由于变压器、电抗器等元件的电阻远小于其本身电抗，其电阻也不予考虑，但是，当架空或电缆线路较长时，电路总电阻的计算值大于总电抗的 1/3 时，则在计算短路电流时需计入电阻。

3.6.4 一般电力系统中对单相及两相短路电流均已采取限制措施，使单相及两相短路电流一般不会超过三相短路电流，因而短路电流计算中以三相短路电流为主；同时也以三相短路电流作为选择、校验电器和计算继电保护的主要参数。

3.6.5 以系统元件参数的标幺值计算短路电流，一般适用于比较复杂的高压供电系统；以系统短路容量计算短路电流，一般适用于比较简单的单电源供电系统；1kV 及以下的低压网络系统，因需计入电阻对短路电流的影响，一般以有名值计算短路电流比较方便。

3.6.7 以系统短路容量计算短路电流举例：

系统接线见图 1，图中 1 号电源为常用电源，2 号电源为备用电源，试计算变压器分列运行和并列运行时 6kV、10kV 母线的断路数据（用短路容量法计算）。

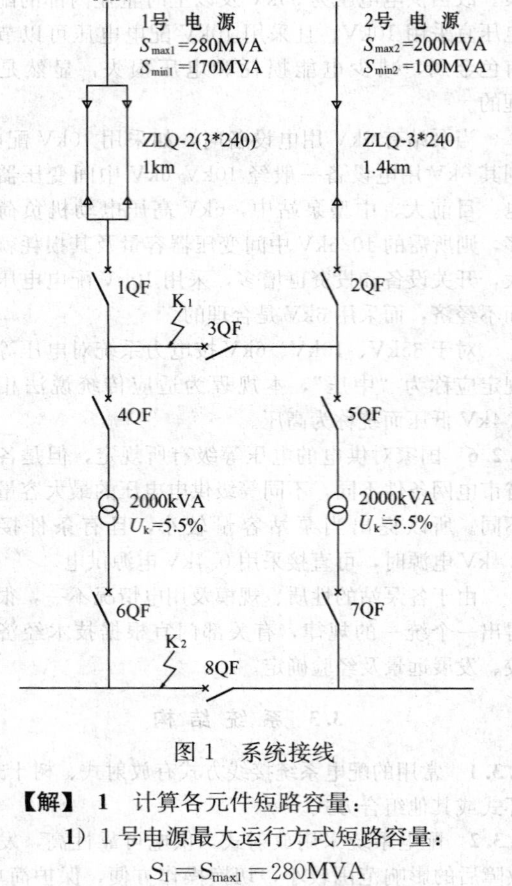

图 1 系统接线

【解】 1 计算各元件短路容量：

1）1 号电源最大运行方式短路容量：

$$S_1 = S_{max1} = 280\text{MVA}$$

2）1 号电源最小运行方式短路容量：

$$S_2 = S_{min1} = 170\text{MVA}$$

3）2 号电源最大运行方式短路容量：

$$S_3 = S_{max2} = 200\text{MVA}$$

4）2 号电源最小运行方式短路容量：

$$S_4 = S_{min2} = 100\text{MVA}$$

5）1kmZLQ-3×240 两条电缆并列短路容量：

$$S_5 = \frac{U_p^2}{Z} = \frac{10.5^2}{0.08/2} = 2756.25\text{MVA}$$

6）1.4kmZLQ-3×240 电缆短路容量：

$$S_6 = \frac{U_p^2}{Z} = \frac{10.5^2}{1.4\times0.08} = 984.4\text{MVA}$$

7）2000kVA 变压器短路容量：

$$S_7 = S_8 = \frac{100S_p}{U_k\%} = \frac{2}{5.5\%} = 36.36\text{MVA}$$

根据以上计算数据绘出系统等值短路容量见图 2。

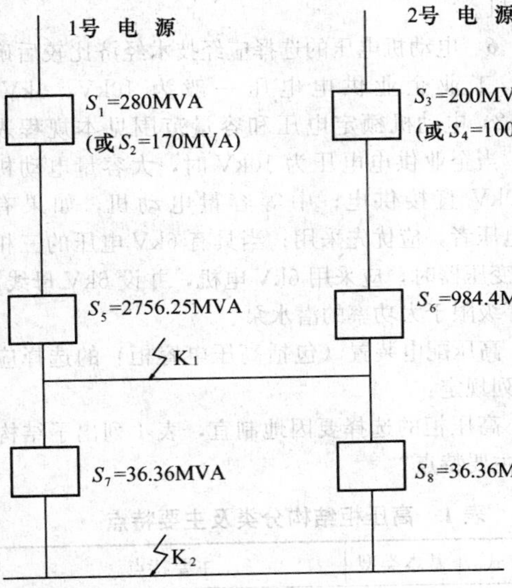

图 2 系统等值短路容量

2 变压器分列运行，K_1 点短路计算：1 号电源最大运行方式工作时，变压器分列运行，K_1 点短路的计算（等值短路容量见图 3）：

1）计算 K_1 点短路容量：

$$S_{d1max} = \frac{S_1 S_5}{S_1 + S_5} = \frac{280\times2756.25}{280+2756.25} = 254.18\text{MVA}$$

2）计算 K_1 点短路电流：

$$I_{d1max} = \frac{S_{d1max}}{\sqrt{3}U_p} = \frac{254.18}{\sqrt{3}\times10.5} = 13.98\text{kA}$$

$$i_{c1max} = 2.55\times I_{d1max} = 2.55\times13.98 = 35.65\text{kA}$$

3 变压器分列运行，K_2 点短路的计算：1 号电源最大运行方式工作时，变压器分列运行，K_2 点短路的计算（等值短路容量图见图 4）：

1）计算 K_2 点短路容量：

$$S_{d2max} = \frac{1}{\frac{1}{S_1}+\frac{1}{S_5}+\frac{1}{S_7}} = \frac{1}{\frac{1}{280}+\frac{1}{2756.25}+\frac{1}{36.36}}$$

$$= 31.81\text{MVA}$$

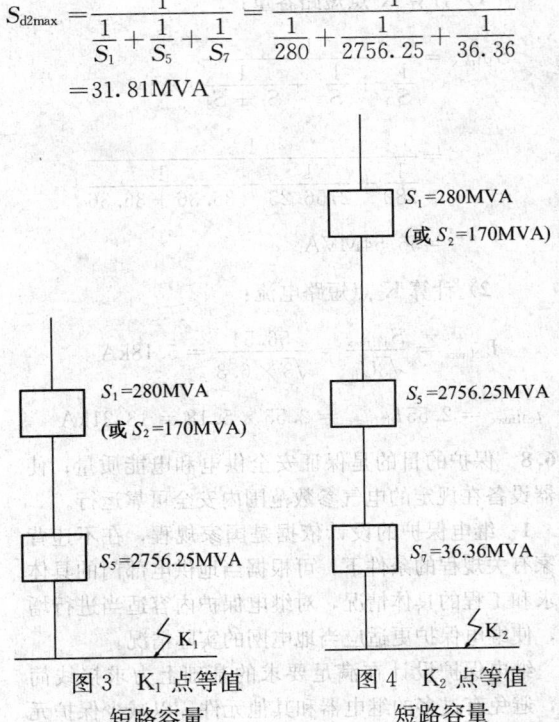

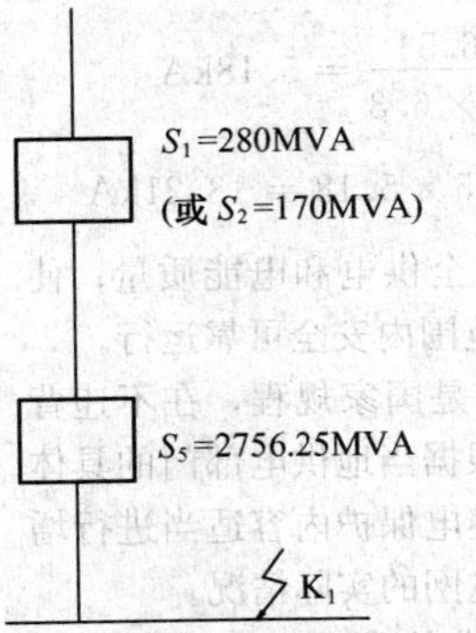

图 3 K_1 点等值短路容量

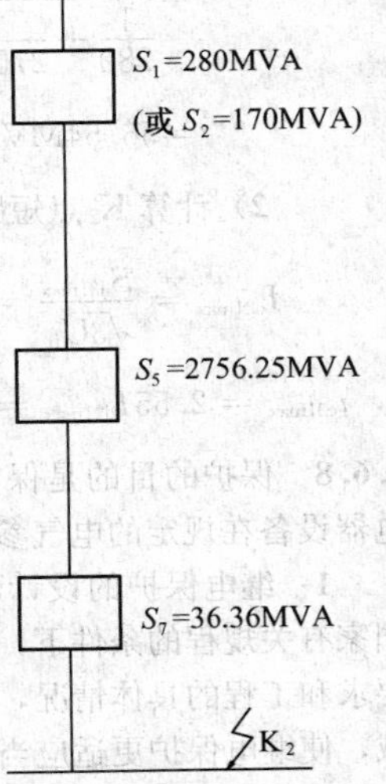

图 4 K_2 点等值短路容量

2）计算 K_2 点短路电流：

$$I_{d2max} = \frac{S_{d2max}}{\sqrt{3}U_p} = \frac{31.81}{\sqrt{3}\times6.3} = 2.92\text{kA}$$

$$i_{c2max} = 2.55\times I_{d2max} = 2.55\times2.92 = 7.43\text{kA}$$

4 两台变压器并列时，K_2 点短路的计算：1 号电源最大运行方式，两台变压器并列时，K_2 点短路的计算（等值短路容量见图 5）：

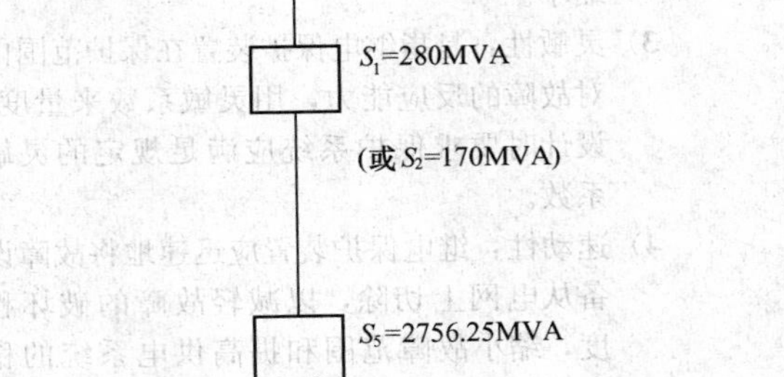

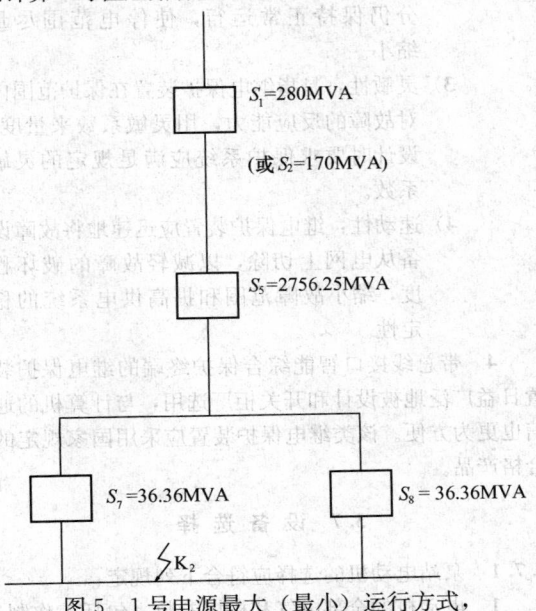

图 5 1 号电源最大（最小）运行方式，两台变压器并行运行等值短路容量

1）计算K_2点短路容量：

$$S_{d21max}=\frac{1}{\frac{1}{S_1}+\frac{1}{S_5}+\frac{1}{S_7+S_8}}$$

$$=\frac{1}{\frac{1}{280}+\frac{1}{2756.25}+\frac{1}{36.36+36.36}}$$

$$=56.54MVA$$

2）计算K_2点短路电流：

$$I_{d21max}=\frac{S_{d21max}}{\sqrt{3}U_p}=\frac{56.54}{\sqrt{3}\times 6.3}=5.18kA$$

$$i_{c21max}=2.55I_{d21max}=2.55\times 5.18=13.21kA$$

3.6.8 保护的目的是保证安全供电和电能质量；使电器设备在规定的电气参数范围内安全可靠运行。

1 继电保护的设计依据是国家规程，在不违背国家有关规程的条件下，可根据当地供电部门的具体要求和工程的具体情况，对继电保护内容适当进行增减，使继电保护更适应当地电网的实际情况。

继电保护设计在满足要求的基础上力求接线简单，避免有过多的继电器和其他元件，以减少保护元件引起的其他故障。

2 对继电保护的基本要求：

1）可靠性：继电保护装置在故障出现时，应能可靠地动作。其可靠性可以用拒动率和误动率来衡量，拒动率及误动率愈小，则保护的可靠性愈高。

2）选择性：动作于跳闸的继电保护装置应有选择性。短路故障时仅将与故障有关的部分从供电系统中切除，而让其他无故障部分仍保持正常运行，使停电范围尽量缩小。

3）灵敏性：是指继电保护装置在保护范围内对故障的反应能力，用灵敏系数来量度。设计时要求保护系统应满足规定的灵敏系数。

4）速动性：继电保护装置应迅速地将故障设备从电网上切除，以减轻故障的破坏程度，缩小故障范围和提高供电系统的稳定性。

4 带总线接口智能综合保护终端的继电保护装置日益广泛地被设计和开关柜厂选用，与计算机的通信也更为方便。该类继电保护装置应采用国家规定的合格产品。

3.7 设 备 选 择

3.7.1 泵站电动机的选择应符合下列规定：

1 电动机的全部电气和机械参数，包括工作制、额定功率、最大转矩、最小转矩、堵转转矩、飞轮矩、同步机的牵入转矩、转速（对直流电动机分基速和高速）、调速范围等，应满足水泵启动、制动、运行等各种运行方式的要求。电动机的类型和额定电压，应满足电网的要求，如电动机启动时应保持电网电压维持在一定水平，运行中应保持功率因数在合理的范围内。

电动机的额定容量应留有适当余量，负荷率应为0.8～0.9。选择过大的容量不仅造价增加且电机效率降低，同时对异步电动机会导致功率因数降低；此外，还可能因转矩过大需要增加机械设备的强度而提高设备造价。

电机容量应按水泵运行可能出现的最大轴功率配置，并留有一定的储备，储备系数宜为1.05～1.10。

2 机械对启动、调速及制动有特殊要求时，电动机类型及其调速方式应根据技术经济比较确定。在交流电动机不能满足机械要求的特殊性时，宜采用直流电动机。

5、6 电动机电压的选择应经技术经济比较后确定：1）工业企业供电电压一般为10kV、6kV、380V。2）电动机额定电压和容量范围见本规程表3.7.1。当企业供电电压为10kV时，大容量电动机采用10kV直接供电；中等容量电动机，如果有10kV电压者，应优先采用；当具有6kV电压的三相绕组主变压器时，应采用6kV电机，并设6kV母线。660V等级限于大功率的潜水泵。

3.7.2 高压配电装置（包括高压电容柜）的选择应符合下列规定：

2 高压柜的选择要因地制宜，表1列出了结构分类及主要特点。

表1 高压柜结构分类及主要特点

分类方式	基本类型	主要特点
按主开关的安装方式	固定式	主开关（如断路器）固定安装，柜内装有隔离开关，易于制造，成本较低
	手车式	主开关可移至柜外。采用隔离触头的实现可移开元件与固定回路的电气连通。主开关的更换与维修方便，结构紧凑，加工精度比较高
按开关柜隔室的构成型式	铠装型	主开关及其两端相联的元件均具有单独的隔室，隔室由接地的金属隔板构成。隔板均满足规定的防护等级要求。当柜内发生内部电弧故障时，可将故障限制在一个隔室中。在相邻隔室带电时也可使主开关室不带电，保证检修主开关人员的安全

续表 1

分类方式	基本类型	主要特点
按开关柜隔室的构成型式	间隔型	隔室的设置与铠装型相同，但隔室可由非金属板构成，结构比较紧凑
	箱型	隔室的数目少于铠装型和间隔型，或隔板的防护等级达不到规定的要求。结构比较简单，成本低
	半封闭型	母线室不封闭或外壳防护等级不满足规定的要求，安全可靠性低，结构简单成本低
按主线系统	单母线	检修主开关和母线时需对负载停电
	单母线带旁路母线	具有主母线和旁路母线，检修主开关时，可由旁路开关经旁路母线对负载供电
	双母线	具有两路主母线。当一路母线退出时，可由另一路母线供电
按柜内绝缘介质	空气绝缘	极间和极对地的绝缘强度靠空气间隙来保证，绝缘稳定性能好、造价低、但柜体体积较大
	复合绝缘	极间和极对地的绝缘强度靠固体绝缘材料加较小的空气间隙来保证。柜体体积小，造价高

4 高压配电装置和高压电容器柜的设计除符合本规程外，还应符合有关国家规定。并应注意运行管理自动化、智能化和无人值守的发展方向。

3.7.3 低压配电装置主要用于分断和接通额定电压值交流（频率 50Hz 或 60Hz）1000V 及以下，直流 1500V 及以下的电气设备。在电力系统中主要起开关、控制、监视、保护、隔离的作用。低压柜的型式有固定式和抽屉式，应根据工程特点合理选择，采用与工程要求相适应的设备。

低压柜带智能化检测仪应考虑与泵站控制器（例如基于 PLC 的 RTU 等）接口。

成套开关设备在同一回路的断路器、隔离开关、接地开关之间应设置连锁装置。

表 2 列出几种常用低压柜的型号。

表 2 低压柜结构分类及主要特点

型号	特点
PGL3	主进线与变压器母线出口位置相对应进出线方案灵活多样，汇流母线绝缘框为三相四线母线框，接地接零系统连续性好

续表 2

型号	特点
JK 系列	线路方案齐全选用灵活，进出线可以从顶部引出，也可以从下部引出
GGD	框体自下而上形成自然通风道，散热性好。进线方式灵活多样、可上、下侧进线，也可从柜顶左、中、右和柜后进出线
CUBIC、MNS、DOMINO 系列	用模数化的组合形式，有抽屉式和固定分隔式，开关柜的抽屉具有工作、试验、分离和移出四个位置，抽屉互换性好

3.7.4 本条主要介绍电力电缆选择的相关内容。

1 对于下列情况的电力电缆应采用铜芯：

1） 电机励磁、重要电源、移动式电气设备等需要保持连续具有高可靠性的回路。

2） 震动剧烈、有爆炸危险或对铝有腐蚀等严酷的工作环境。

3） 耐火电缆。

4） 控制、保护等二次回路。

另外电力电缆导体材质的选择，既需考虑其较大截面特点和包含连接部位的可靠性，又要统筹兼顾经济性，宜区别对待。此外，电源回路一般电流较大，采用铝芯要增加电缆数量，造成柜、盘内连接拥挤。重要的电源回路采用铜芯，可提高电缆回路的整体可靠性。

8 本款主要介绍电力电缆绝缘水平的相关内容。

2） 交流系统中电力电缆缆芯与绝缘屏蔽或金属之间的额定电压选择应注意中心点直接接地或低阻抗接地的系统当继电保护动作不超过 1s 切除故障时，应按 100% 的使用回路工作相电压。对于上述以外的供电系统，不宜低于 133% 的使用回路工作相电压；在单相接地故障可能持续 8h 以上，或发电机回路等安全性要求较高的情况，宜采取 173% 的使用回路工作相电压。

4） 无特殊情况是指当有较长线路，常规配置纵差保护、监测信号等需有控制电缆且紧邻平行敷设。一次系统单相接地时，感应在控制电缆上的工频过电压，可能超出常用控制电缆的绝缘水平，应选用相适合的额定电压。同时在高压配电装置中，空载切合、雷电波侵入的暂态和不对称短路的工频等情况，伴随由电磁、静电感应以及接地网电位升高诸途径作用，控制电缆上可能产生较高干扰电压，所以宜选用电压为 0.45kV/0.75V 的控制电缆。

3.8 设备布置

3.8.1 变电所分户内式、户外式。35kV 和 10kV 变电所宜采用户内式。户内式运行维护方便，占地面积少。在选择 35kV 和 10kV 总变电所的型式时，应考虑所在地区的地理情况和环境条件，因地制宜；技术经济合理时，应优先选用占地少的型式。考虑到排水泵站腐蚀性气体的影响，从环境保护角度来讲，户外型变电所很少采用。

3.8.2 变电所选择的要求，第一主要从安全运行角度考虑。第二是变电所的总体布置，适当安排建筑物内各房间的相对位置，使配电室的位置便于进出线。同时便于设备的操作、搬运、试验和巡视，还要考虑发展的可能。对于户内型变电所，根据当地气候条件，可考虑安装除湿机或空调设施。变电所的布置在满足电气连接和安全运行维护检修方便的情况下，应尽力将变配电部分的设备与相关动力设备靠近。

配电室、变压器室、电容器室的门应向外开启。相邻配电室之间有门时，该门应能双向开启。高压配电室应设不能开启的自然采光窗，窗台距室外地坪不宜低于 1.8m；低压配电室可设能开启的自然采光窗。配电室临街的一面不宜开窗。将高压开关柜、带保护柜的干式变压器和低压配电柜组合在一起的户内成套变电所，应结合控制室、生活设施布置。变配电所的防火、防汛、防小动物、防雨雪、防地震和充分通风应符合有关安全规程的要求。配电室可采用自然通风。当不能满足温度要求或发生事故后排烟有困难时，应增设机械通风装置。

3.8.3 高压室布置 1～2 款是高压室一般布置要求，3～5 款强调了高压室内设备安全净距、通道、围栏及出口的要求，除了这些要求外还应注意防火与蓄油设施，配电室的门应为向外开的防火门，门上应装有弹簧锁，严禁用插销。相邻配电室之间有门时，应能向两个方向开启。

配电装置室按事故排烟要求，可装设事故通风装置。事故通风装置的电源应由室外引来，其控制开关应安装在出口处外面。

3.8.4 低压配电室可设能开启的自然采光窗，应有防止雨、雪和小动物进入室内的措施。临街的一面不宜开窗。

成排布置的低压配电装置，当有困难时屏后的最小距离可以减小到 0.8m。

对于在配电室单列布置的高低压配电装置，当高压配电装置和低压配电装置顶面有裸露带电导体时，两者之间的净距不应小于 2m；当高压配电装置和低压配电装置的顶面外壳的防护等级符合 IP2X 时，两者可靠近布置。

3.8.5 在确定变压器室面积时，应考虑变电所负荷发展的可能性，一般按能装设大一级容量的变压器考虑。设置于变电所内的非封闭式干式变压器，还应装设高度不低于 1.7m 的固定遮拦，遮拦网孔不应大于 40mm×40mm，对于容量大于 1250kVA 的变压器，可适当放宽外廓与遮拦的净距不宜小于 0.8m。

对于需要就地检修的油浸式变压器，屋内高度可按吊芯所需的最小高度再加 700mm，宽度对 1000kVA 及以下的变压器可按变压器两侧各加 800mm 考虑。对 1250kVA 以上的变压器，按变压器两侧各加 1000mm 考虑。

3.8.6 电容器室布置除本条规定以外还应注意安装在室内的装配式高压电容器组，下层电容器的底部距离地面不应小于 0.2m，上层电容器的底部距离地面不宜大于 2.5m，电容器装置顶部到屋顶净距不应小于 1m。高压电容器布置不宜超过三层。

电容器外壳之间（宽面）的净距，不宜小于 0.1m。电容器的排间距离，不宜小于 0.2m。

3.8.8 本条主要介绍泵站场地内电缆沟、井的布置相关内容。

1 当泵房内电缆采用电缆沟敷设时应考虑排水措施，避免电缆长期泡于渍水中。

2 当户外电缆穿管敷设需要拐弯或超过一定长度时，应设置电缆手井，电缆手井尺寸单边不宜小于 300mm，但不宜太大，井的尺寸根据电缆数量而定。电缆井上面应有井盖。

3.8.9 对于格栅除污机、压榨机、水泵、闸门、阀门等设备的电气控制箱一般随机械设备放在室外，因为泵站有腐蚀性气体的影响，所以控制箱外壳应采用防腐蚀材料制造。户外型控制箱防护等级可根据南方和北方气候情况进行适当调整。

泵站格栅井敞开部分，有臭气，影响周围环境。对位于居民区及重要地段的泵站，应设置臭气收集和除臭装置。目前应用的除臭装置有生物除臭装置、活性炭除臭装置、化学除臭装置等。

3.9 照 明

3.9.1 泵站正常照明是指在正常情况下使用的固定安装的人工照明。应急照明是指在正常照明因故熄灭后，应急情况下继续工作及人员疏散用的照明。应急照明包括备用照明、安全照明和疏散照明三种。

3.9.2 正常照明一般由动力与照明公用的电力变压器供电，排水泵站的照明电源可接在低压配电屏的照明专用线路上。

3.9.3 应急照明电源可接在与正常照明分开的线路上，如无两个电源，则可采用可充电电池或应急电源（EPS）供电。一般宜采用自动投入方式。对于应急照明点灯时间要求应≥30min。如根据实际情况不能满足要求，可适当延长时间为≥60min。

3.9.5 选择光源时应考虑节能、寿命、照度、显色、室温及启动点燃和再起燃等特性指标。泵站照明应按不同场合采用不同的光源。泵站室外照明宜采用庭园灯，光源采用小功率高显色性高压钠灯、金属卤化物灯或紧凑型荧光灯。室内泵房宜采用开启式照明灯具如配照型灯、高压汞灯等。对于大型泵房也可采用混光灯具作照明。变配电所宜采用碗型灯、圆球灯等灯具。设备后的两侧走廊宜采用圆球型弯杆灯或半圆型天棚灯，也可采用各种形式壁灯。控制室采用方向性照明装置，在标准较高的场合可考虑采用低亮度漫射照明装置，光源采用单管或双管简式荧光灯。按节能要求，应该采用电子整流器。

3.9.9 照明配电线路截面应满足考虑了负载功耗、功率因数和谐波含量等因素以后的载流量，并留有必要的裕度。

3.10 接地和防雷

3.10.1 保护接地是指电气装置外露可导电部分或装置外可导电部分在故障情况下可能带电压，为了降低此电压，减少对人身的危害，应将其接地。例如电气装置的金属外壳的接地、母线金属支架的接地等。此外为了消除静电对电气装置和人身安全的危害须有防静电接地。

工作接地是指为了保证电网的正常运行，或为了实现电气装置的固有功能，提高其可靠性而进行的接地。例如电力系统正常运行需要的接地（如电源中性点接地）。

防雷接地即过电压保护接地是指为了防止过电压对电气装置和人身安全的危害而进行的接地。例如电气设备或线路的防雷接地、建筑物的防雷接地等。

3.10.2 共用接地系统是由接地装置和等电位连接网络组成。接地装置是由自然接地体和人工接地体组成。采用共用接地系统的目的是达到均压、等电位以减小各种接地设备间、不同系统之间的电位差。其接地电阻因采取了等电位连接措施，所以按接入设备中要求的最小值确定。

3.10.3 低压配电系统接地型式有 TN 系统（TN-S、TN-C、TN-C-S）、TT 系统和 IT 系统三种。

1 TN 系统是所有受电设备的外露可导电部分必须用保护线 PE（或保护中心线即 PEN 线）与电力系统的接地（即中心点）相连接。

2 TT 系统是共用同一接地保护装置的所有电气装置的外露可导电部分，必须用保护线与外露可导电部分共用的接地极连在一起（或与保护接地母线、总接地端子相连）。

3 IT 系统是任何带电部分（包括中心线）严禁直接接地。所有设备外露可导电部分均应通过保护线与接地极（或保护接地母线、总接地端子）连接，可采用公共的接地极，也可采用个别的或成组的单独接地极。

3.10.4 自然接地体是指兼做接地极用的直接与大地接触的金属构件、金属井、建造物、构筑物的钢筋混凝土基础内的钢筋等。

当基础采用硅酸盐水泥和周围土壤的含水量不低于 4%，基础外表面无防水层时，应优先利用基础内的钢筋作为接地装置。但如果基础被塑料、橡胶、油毡等防水材料包裹或涂有沥青质的防水层时，不宜利用在基础内的钢筋作为接地装置。

当有防水油毡、防水橡胶或防水沥青层的情况下，宜在建筑物外面四周敷设闭合连接的水平接地体。该接地体可埋设在建筑物散水坡及灰土基础 1m 以外的基础槽边。

对于设有多种电子信息系统的建筑物，同时又利用基础（筏基或箱基）底板内钢筋构成自然接地体时，无需另设人工闭合环行接地装置。但为了接入建筑物的各种线路、管道作等电位连接的需要，也可以在建筑物四周设置人工闭合环行接地装置。此时基础或地下室地面内的钢筋、室内等电位连接干线，宜每隔 5～10m 引出接地线与闭合环行接地装置连成一体，作为等电位连接的一部分。

3.10.8 由于建筑物散水坡一般距建筑外墙外 0.5～0.8m，散水坡以外的地下土壤也有一定的湿度，对电阻率的下降和疏散雷电流的效果较好，在某些情况下，由于地质条件的要求，建筑物基础放坡脚很大，超过散水坡的宽度，为物流施工及今后维修方便，因此规定宜敷设在散水坡外大于 1m 的地方。

3.10.11 防雷措施应包括防直击雷措施和防感应雷措施。所安装的电源、控制室、仪表、监视系统的设备应在电磁、静电和感应暂态电压以及其他可能出现的特殊情况下安全运行，并具有足够的防止过电压及抗雷电措施。我国处于温带多雷地区，每年平均雷击日为 25～100d，我国没有一个地方可免受雷灾，每年因雷电遭受的损失有数千万元之多。为了有效防御雷电灾害，本条为强制性条文。

3.10.12 按照雷电的作用形式，分为直击雷和感应雷两种；按照防雷措施，有电源防雷和信号防雷两种；按照保护对象，则有：人员、设备、设施、仪表、线路等。在本规程中，从防雷措施，即电源防雷和信号防雷这个角度叙述。电网上任何一点受到直接雷击或感应雷击，都会沿电网瞬间扩散到同一电网中很广泛的范围。

防直击雷措施：采用装设在建筑物上的避雷网（带）或避雷针或由其混合组成的接闪器。避雷网带应沿屋角、屋脊、屋檐和檐角等易受雷击的部位敷设，屋面避雷网格不大于 10m×10m 或 12m×8m。所有避雷针应与避雷带相互连接。引下线不应少于两根，并应沿建筑物四周均匀对称布置，其间距不应大于 18m。每根引下线的冲击接地电阻不应大于 10Ω。

防雷电波侵入措施：①低压线路全长采用埋地电缆或敷设在架空金属线槽内的电缆引入时，在入户端应将电缆金属外皮、金属线槽接地。②低压架空线转换金属铠装或护套电缆穿钢管直接埋地引入时，其埋地长度应大于或等于15m。入户端电缆的金属外皮、钢管应与防雷的接地装置相连。在电缆与架空线连接处尚应装设避雷器。避雷器、电缆金属外皮、钢管和绝缘子铁脚、金具等应连在一起接地，其冲击接地电阻不应大于10Ω。③低压架空线直接引入时，在入户处应加装避雷器，并将其与绝缘子铁脚、金具连在一起接到电气设备的接地装置上。靠近建筑物的两基电杆上的绝缘子铁脚应接地，其冲击接地电阻不应大于30Ω。

防雷电感应的措施：建筑物内的设备、管道、构架等主要金属物，应就近接至直击雷接地装置或电气设备的保护接地装置上，可不另设接地装置。连接处不少于两处。并行敷设的管道、构架和电缆金属外皮等长金属物，其净距小于100mm时应采用金属线跨接，跨接点间距不应小于30m；交叉净距小于100mm时，其交叉处亦应跨接。

4 泵站自动化系统

4.1 一般规定

4.1.3 设备控制箱上应设有启动（绿色）、停止（红色）按钮和启动（红色）、停止（绿色）、故障（黄色）指示灯，一般是设备配套提供。设备的控制有两种模式：手动模式和联动模式。选择开关设在设备控制箱上，手动模式优先级高于联动模式。联动包括就地点动、就地自动和遥控。手动模式由人工操作控制箱面板上的按钮，控制设备开启和关闭，此时不应执行来自PLC的控制命令。

4.1.4 泵站自动化控制系统对设备的控制通过控制箱实施，以实现远距离的监控。控制系统PLC输出宜带中间继电器，采用二对无源常开触点分别控制设备的启动和停止，当PLC发出一个信号时，其中一对触点闭合，带动设备。控制信号撤除时，设备运行应保持原状态不变。控制箱内需留有充足的状态及控制信号端子以及4～20mA信号或总线信号接口。

4.2 泵站的等级划分

4.2.1 泵站等级的划分系根据大城市雨水专业规划和污水专业规划中泵站规模（设计流量和总输入功率）的分布情况，考虑到泵站的流量越大，影响面越大，水流流态要求越高，总输入功率越大，操作维护方面等条件越复杂，故参照《城市排水工程规划规范》GB 50318和《城市污水处理厂工程项目建设标准》（修订）的规定，将泵站的规模按设计最大流量（m^3/s）划分为4级，以利于对不同级别的泵站采用不同的设计标准和控制要求。

4.3 系统结构

4.3.1 复杂的大型泵站和特大型泵站的自动化控制系统应采用当今世界上成熟的技术、结合最新可靠的硬件和软件产品所开发的、多层次的模块化系统结构。依次为：信息层、控制层和设备层。

1 信息层设备设在集中控制室并设置客户机/服务器（C/S）结构形式的计算机网络，以一台数据及网络服务器为核心，构成10/100/1000M交换式局域网络。包含服务器（按管理要求设置）、监控计算机、打印机、模拟屏和局域网设备。

2 由于以太网应用的广泛性和技术的先进性，已逐渐垄断了计算机的通信领域和过程控制领域中上层的信息管理与通信。控制层宜采用工业以太网或其他工业总线网，以主/从、多主、对等及混合结构的通信方式，连接信息层的监控工作站和PLC控制站。当监控工作站和PLC控制站的距离较长时可采用光环网。信息层的主PLC和控制层的PLC从兼容性和可维护性角度出发宜采用同品牌产品。

3 现场层采用现场总线建立现场机械设备控制箱（含PLC控制站）、高低压开关柜以及现场仪表的信号与控制站之间的通信，现场总线是连接现场智能设备和自动化控制设备的双向串行、数字式、多节点通信网络。作为泵站网络底层的现场总线还应对现场环境有较强的适应性。它支持双绞线、同轴电缆、光缆、无线和电力线等，具有较强的抗干扰能力。现场总线的选用应根据泵站自动化系统的要求、设备配置的条件、所选仪表接口等确定。

现场层也可采用星型拓扑结构的硬线联结PLC与外场设备控制箱包括过程仪表、机械设备控制箱和电气柜。

4.3.2 城镇中小型污水、雨水泵站监控系统应根据泵站规模、工艺要求和自动化程度等因素确定。泵站宜采用PLC来控制。自动化控制系统采用二层结构，控制层和设备层组成如下：

1 控制层宜考虑为单机系统，单机系统的配置宜以一台PLC为核心的控制器，在控制柜的柜面上采用触摸显示屏MMI作为操作界面。按管理部门提出的要求可设置上位计算机和打印机，供报表打印和管理之用。上位计算机宜采用不带软盘驱动器的工业计算机。

2 设备层宜采用星型拓扑结构形式的控制电缆直接与设备联结或采用现场总线联结设备控制箱组成。当泵站内控制设备和仪表较多时，宜设置现场总线网络。

4.3.3 对于控制设备数量少，仪表信号少，特别简单的小型泵站可不设PLC，采用专用的水泵控制器，利用液位来控制，液位自动控制装置将根据设置好的开泵液位和停泵液位自动控制水泵开启和停止。

4.3.4 为了提高数据安全性和可靠性。泵站的自动化控制系统可采用冗余结构，包括监控工作站、PLC的CPU（中央处理器）模块、电源模块和通信设备。两台监控工作站的硬件和软件的配置必须相同，为双机热备，并具有双机备份自动切换功能，当主CPU发生故障，备份CPU会替代主CPU工作。

4.4 系统功能

4.4.1 泵站控制系统通过模拟屏、操作终端、MMI操作界面等显示设备对泵站运行进行监视。运行监视范围应包括下列内容：

1 进水池液位及进水池超高、超低液位报警，信号由泵站就地控制器采样，进水池液位作为开泵条件之一。

2 非压力井形式的出水池液位及超高、超低液位报警，信号由泵站就地控制器采样。

3 水泵状态监视，包括水泵运行模式、工作电流、运行状态及各种故障报警，信号由泵站就地控制器采集，运行过程中出现异常情况，应立即发出报警信号。

4 电动格栅除污机、输送机、压榨机的状态监视，包括运行模式及运行状态，信号由泵站就地控制器采集。运行过程中出现异常情况（设备电气故障和机械故障），应立即发出报警信号。

5 电动闸门、阀门的状态监视，包括运行模式及运行状态，信号由泵站就地控制器采集。运行过程中出现异常情况（设备电气故障和机械故障），应立即发出报警信号。

6 当泵站工艺设计和管理要求设置电磁流量计时，应监视单泵瞬时流量、累积流量及故障信号，信号由泵站就地控制器采集。累积流量作为泵站计量的依据。

7 当工艺要求设置调蓄池时，应监视调蓄池液位，信号由就地控制器采样。

8 对于潜水泵以外的大型水泵管道应有压力变送器对进水压力和出水压力进行监视，以保证水泵的正常运行。信号由泵站就地控制器采样。

10 UPS电源工作状态进行采样，以确定是市电供电还是UPS供电。

11 按管理要求及泵站分布点设置雨水泵站的雨量计进行雨量监视，信号应纳入监控系统。

4.4.2 泵站应有就地逻辑控制功能，提供设备运行的联动、连锁和控制，控制对象包括：

1 当进水池液位高于某一设定值时，且相应设备状态满足连锁要求，符合开泵条件，应启动水泵的运行。

2 当格栅前后液位差大于某一值时，应启动电动格栅除污机、输送机、压榨机的运行。

3 水泵控制与有关闸门、阀门状态必须连锁，当需要开启水泵时，首先要控制相应闸门、阀门开启和关闭。

4 水泵辅助运行设备控制应包括冷却水控制系统和密封水控制系统。

5 自然通风条件差的地下式水泵间应设机械通风，并应对其风机状态进行监视和控制。对于泵房间集水坑应设排水设备，并应有监视和控制。

6 泵站格栅井及污水井敞开部分，有臭气逸出影响周围环境，应配置臭气收集和除臭设备，对除臭设备工作状态进行监视和控制。

4.4.3 本条主要介绍泵站电力监测范围的相关内容。

1 高压配电装置和低压配电装置进线开关的状态和跳闸报警，信号由泵站就地控制器采集。

2 电源状态和备用电源的切换控制，信号由泵站就地控制器采集。

3 高压母线和低压母线的电量监视。高压配电装置宜设综合测控单元，低压进线柜宜设智能综合电量变送器，通过现场总线或通信口与泵站就地控制器连接，信号由泵站就地控制器采集。

4 宜监视变压器三相绕组的温度，并设高温报警，信号由泵站就地控制器采集。

5 主要馈线的电量监视包括主泵电动机电流和补偿电容器电流；馈线的状态监视为各馈线开关的合/跳闸信号，以上信号均由泵站就地控制器采集。

4.4.4 泵站自动化系统除控制有关的设备外，监控范围还应包含环境与安全监控功能：

1 泵站对可能产生有毒、有害气体地方应设硫化氢（H_2S）检测仪，并监视其浓度和报警，对易燃、易爆气体场所设甲烷探测器，以检测可燃气体的浓度。信号由泵站就地控制器采集。

2 泵站应根据环保要求确定是否进行水质监视，对于实行水质监视的泵站应装设检测仪表，信号应纳入监控系统。

3 对于无人值守泵站宜装设视频图像监视，包括摄像机和监视器，周边围墙设红外线周界防卫系统，信号应纳入监控系统，由泵站就地控制器采集。

4 泵站应按消防要求设火灾报警控制系统，加强设备监控，确定各设备室的防火等级。装备消防设施和灭火器材。

4.4.6 按自动化系统的要求，每个泵站控制系统应设置操作界面，对于有人值守和无人值守泵站，其功能是不同的，对于有人值守的泵站，采集到的各种数据经计算、处理、分类，自动生成各种数据库及报表，供实时监测、查询、修改、打印。

泵站自动化系统能对组成系统的所有硬件设备及运行状态进行在线监测及自诊断，能对实时监控的所有对象的运行状态进行监测及诊断；对各类设备运行情况（如工作累计时间，最后保养日期）进行在线监测，并存入相应文档，以备维护、保养，能对设备故障提出处理意见，以供参考。

对于无人值守的泵站操作界面作为调试和设备维护的手段，其他运行功能宜在区域控制中心完成。

4.4.9 操作界面分层一般从总体流程图、总体平面图到每个设备的流程图和平面图，最后为局部流程图和平面图。

4.5 检测和测量技术要求

4.5.1 液位和液位差测量应符合下列规定：

1 采用超声波液位计测量泵站进水井液位，超声波液位计有一体式和分体式，分体式为传感器和变送器分开，且带现场显示仪。就地安装的显示仪表应在手动操作设备时便于观察仪表的表示值，同时应满足方便施工、使用和维护的要求。当不需要现场显示时，应采用一体化超声波液位计。超声波液位计的工作原理为传感器定时发出超声波脉冲信号，在被测液体的表面被反射，返回的超声波信号再由传感器接收。从发射超声波脉冲到接收、到反射信号所需的时间与传感器到液体表面的距离成正比，由此可计算出液位。液位为 4～20mA 电流信号表示或总线接口形式。

超声波液位计的特点是：能实现非接触的液位测量。特别适合于测量腐蚀性强、高黏度、密度不确定等液体的液位。

由于超声波液位计受传感器发射角范围的限制，在泵站进水井较小时安装有困难，泵站液位测量可采用投入式静压液位计。该液位计工作原理是当被测液体的密度不变时，处于被测液体中的传感器所受的静压力与被测液体的高度成正比例。通过测量位于一定深度液体之中作用于传感器之上的压力信号，即可计算出被测液体的深度。液体的深度为4～20mA 电流信号表示。

静压式液位计的特点是：测量范围大，最大测量深度可达 100m；安装方便，工作可靠；可用于测量黏度较高、易结晶、有固体悬浮物、有腐蚀性的液体测量。

2 超声波传感器安装在连通井内或池壁时，应考虑超声波扩散角的影响，离池壁距离应符合说明书要求。

3～5 当需要测量进水井格栅前后液位时，可采用双探头传感器和具有多路输出的液位差计，或两台液位计分别测量。测得液位作为泵站液位检测显示、记录、报警以及作为水泵自动运行的依据，也可作为格栅除污机自动控制的依据（按格栅前后液位差启动格栅除污机）。液位测量单位用 m 表示，液位差单位用 mm 表示。

8 当采用分体式超声波液位计时传感器支架应采用悬挑式不锈钢支架，变送器支架应采用不锈钢立柱，包括遮阳板。对于特别寒冷地区超声波液位计的安装防护要求必须作保温式防寒处理。同时应注意安装在通风良好，且不影响人行和邻近设备安装的场所。投入式液位计的引样管应采取防止堵塞和便于疏通的措施，并应附加重锤或悬挂链条，使本体在介质中位置固定并应加保护管缓冲。

9 使用超声波液位计和液位差计同时应设定一组液位开关，输出超高水位和超低水位报警，报警信号直接送至水泵控制器或 PLC，防止雨、污水冒溢和水泵干运行。安装液位开关用的连接管的长度，应保证浮球能在全量程范围内自由活动。

4.5.2 流量测量应符合下列规定：

管径在 10～3000mm 之间的满管流量检测宜采用电磁流量计，电磁流量计由传感器和转换器两部分组成。传感器基于法拉第电磁感应原理制成，它主要由内衬绝缘材料的测量管，穿通管壁安装的一对电极，测量管上、下安装的一对用于产生磁场的励磁线圈及一个磁通检测线圈等组成。转换器将传感器检测的感应电动势和磁通密度信号进行处理，转换成 4～20mA 的标准信号和 0～1kHz 的频率信号输出，作为瞬时流量和累积流量，供用户显示、记录和控制流量之用。流量测量有一定精度，超出范围要标定。瞬时流量单位用 m^3/s 表示，累计流量单位用 m^3 表示。

电磁流量计的传感器依靠法兰同相邻管道连接，可以安装在水平、垂直和倾斜的管道上，要求二电极的中心轴线处于水平状态。无论那种安装方式，都不能有不满管现象或大量气泡通过传感器。流量计、被测介质与管道三者之间应连成等电位接地。当周围有强磁场时，应采取防干扰措施。

传感器和变送器的连接应采用专用电缆，且不能转接。

当测量泵站总管流量而采用电磁流量计在安装上有困难时，可以采用超声波流量计或明渠流量计。

4.5.3 压力检测仪表主要用于检测水泵的进、出水压力，被测介质为污水，使用环境一般为室内，常温常压。压力变送器是利用被测压力推动弹性元件产生的位移或形变，通过转换部件转换成固有的物理特性，将被测压力转换为标准的电信号输出。压力变送器与二次仪表或 PLC 相连，实现压力信号的显示、记录和控制。压力单位用 kPa 表示。

压力变送器具有频率响应高、抗环境干扰能力强、测量精度高、体积小、具有良好的过载能力等特点。

压力变送器一般不应固定在有强烈震动的设备或管道上，当固定在有振动的设备或管道上时，应采用减震装置。

4.5.4 采用热电阻和温度变送器测量大型水泵和电动机的轴承温度、绕组温度、冷却水温度，温度传感器在安装时应注意与工艺管道的相对位置。温度单位用℃表示。

4.5.5 泵站对可能产生H_2S有害气体的地方应配置H_2S检测仪，连续监测空气中硫化氢浓度，并采取防患措施。

对泵站的格栅井下部，水泵间底部等易积聚H_2S的地方，可采用移动式H_2S检测仪去检测，也可装设在线式H_2S检测仪及报警装置。输出为标准4～20mA电流信号。

使用H_2S检测仪时，应注意报警阀值的设置，当测得的值大于设定值时应立即采取应急措施。

按照国家标准《工业场所有害因素职业接触限值》GBZ 2-2002的规定，工作场所硫化氢气体的最高容许浓度为10mg/m^3，所以本标准规定该值是报警阈值。

4.5.6 应按泵站的分布在雨水泵站中设置雨量计，用来计量雨量的大小，翻斗翻动一次，发出一个脉冲信号。对于量程范围为0～10mm的雨量计，收集管宜为1.2L，测量筒为200cm^3。雨量计安装场地应严格按照要求，其底盘应用螺钉固定在混凝土底座或木桩上，固定牢靠。盛水口水平度应符合产品说明要求。雨量单位用mm表示。

4.6 设备控制技术要求

4.6.1 本条主要介绍设备控制方式和优先级的相关内容。

2 受控设备的现场（机旁）控制箱上设有本地/远方选择开关，当选择开关处于本地位置时，只能由现场（机旁）控制箱上的按钮进行控制，远方配电盘不能对设备进行控制，当选择开关处于远方位置时，由配电盘上的按钮对设备进行控制。

3 在电动机配电控制盘或MCC盘面上设有手动/联动选择开关。当选择开关处于手动位置时，只能由配电盘或MCC盘面上的按钮对设备进行控制，就地控制器不能对设备进行控制，当选择开关处于联动位置时，应由就地控制器控制设备的运行。

4 现场控制和配电盘控制由泵站供配电系统实施，此时自动化系统的控制器属于无效状态。所有现场控制的电气保护应由现场电器自行完成

5 就地控制分就地手动和就地自动两种，这两种控制都应通过自动化控制系统控制器完成。

1）就地手动模式下由操作人员通过就地控制操作界面特定图控按钮控制设备运行。通过操作界面可以完成对设备的控制或对控制参数的调整。此时的操作通过PLC完成。

2）就地自动模式下由就地控制的PLC根据液位、流量等参数按原先内置的程序自动控制各机械设备，按正常运作的需求对水泵进行连锁保护。并保证各水泵的总体运行时间基本平衡，不需人工干预。

7 远程控制模式下由上级监控系统发布对泵站内主要机械设备的控制命令，包括泵站内的水泵、部分与总排放系统相关的闸门等设备。泵站内各机械设备的联动由就地控制PLC根据要求完成。

4.6.2 水泵控制应符合下列规定：

3 现场水泵按钮箱上应设有启动（绿色）、停止（红色）按钮和启动（红色）、停止（绿色）和故障（黄色）指示灯，水泵的控制有两种模式：本地模式和远方模式。本地模式是通过现场水泵按钮箱上的按钮来控制水泵运行。远方模式是由配电盘上的按钮控制水泵运行。选择开关设在现场按钮箱上，由人工切换，本地模式优先级高于远方模式。

5 配电盘水泵控制箱上应设有启动（绿色）、停止（红色）按钮和启动（红色）、停止（绿色）和故障（黄色）指示灯，水泵的控制有两种模式：手动模式和联动模式。选择开关设在配电盘水泵控制箱上，由人工切换，手动模式优先级高于联动模式。联动包括就地自动、就地点动和遥控。

7 监控系统的设备控制分为中央控制、就地控制、基本控制，而就地控制又可分为就地手动和就地自动，就地手动方式是通过操作界面特定的按键（图形或文字方式）手动控制水泵的运行。通过操作界面可以完成对设备的控制或对控制参数的调整。图控画面操作应有操作提示。操作提示可以是音响、监视器监控画面代表设备的符号交替闪动、信息打印等常规的方式，在监视器监控画面上应有简要文字提示报警内容和性质。

11 当泵站处于远程控制时，泵站应能够接收上级控制中心（信息中心）对泵站下达的控制命令，由上级控制中心（信息中心）遥控泵组的运行。使系统达到高效、经济的运行。但遥控的开泵或停泵命令必须得到就地控制的认可。

13 水泵运行与有关闸门、阀门的状态必须连锁，当需要启动水泵时，首先必须检查和开启相应管路的闸门和阀门等，若开启失败，禁止启动水泵。水泵的启动和运行控制逻辑应严格按照有关规定，当出现异常状态之一时，禁止启动水泵，正在运行的水泵应立即停止。水泵不可用是指水泵控制箱断路器处于分闸状态。水泵自动控制应符合以下条件：

1）进水闸门全开；

2）溢流闸门全关；

3）泵配电开关合闸；

4）泵无故障报警；

5）液位不在低液位报警；

6）水泵控制箱为自动模式；

7）PLC无泵失控报警；

8）泵不在运行状态。

14 大型水泵机组应设置双向限位振动监测传感

器，以保证水泵的稳定工作，当振动幅度超过预定值时发出报警信号，信号可通过硬接线或接口的方式与泵站PLC连接，检测水泵运行情况，当振动继续增加至更高的预定值时自动停泵。

15 大型水泵机组应设置冷却及润滑系统的保护，当冷却水和密封水中断应发出报警信号，同时应监视润滑水流量和轴承润滑油。

4.6.3 格栅除污机、输送机、压榨机控制应符合下列规定：

1 格栅除污机、输送机、压榨机由于控制逻辑比较简单，推荐其启动控制和运行保护设置在一台现场综合控制箱内，格栅除污机、输送机、压榨机应设置独立的启动控制和运行保护。当有多台格栅除污机时，综合控制箱的规模可根据现场条件和设备资金情况等确定。

2 定时和液位差两种运行模式分别为：

1）定时模式：按一定的时间间隔控制格栅除污机运行，间隔时间可以在泵站自动化控制系统操作界面上调整。

2）液位差模式：按格栅前后液位差值控制格栅除污机运行，液位差值可以在泵站自动化控制系统操作界面上调整，一般不宜大于0.1m。

格栅除污机每次启动应完成一个周期的清捞动作。对于钢丝绳式格栅除污机，一个周期是指清捞耙动作一次并回到上死点；对于回转式格栅除污机，一个周期是指清捞动作持续10min时间。

格栅除污机作一次清捞动作（运行一个周期）后，格栅前后液位差应小于设定值，否则应继续一次清捞动作。

3 格栅除污机的工况应显示在泵站控制系统的操作界面上，当设置为就地手动方式时，通过操作界面特定的按键（图形或文字方式）手动控制格栅机的运行。通过操作界面可以完成对设备的控制或对控制参数的调整。图控画面应有操作提示。格栅机自动控制应符合以下条件：

1）格栅机控制箱为自动模式；

2）设备无故障报警；

3）PLC无格栅机失控报警；

4）设备不在运行状态。

4.6.4 闸门、阀门控制应符合下列规定：

1 闸门、阀门的控制可设现场控制箱也可采用一体化电动操作方式，当采用一体化电动执行机构时，其内部应包含完整的控制回路，并应有相应信号输出。当采用阀门控制箱，并且一台控制箱控制多台闸门时，各设备应设有独立的控制回路。

3 泵站控制系统对闸门、阀门的控制宜通过闸门、阀门控制箱实施，以实现远距离的监控。控制系统PLC输出宜带中间继电器，采用2对无源常开触点分别控制闸门、阀门的上升和下降，当PLC发出一个信号时，其中一对触点闭合，带动闸门或阀门运行，当控制信号撤除时，闸门或阀门的运行应保持原状态不变。控制箱内需留有充足的状态及控制信号端子以及4～20mA信号或总线信号接口。但当闸门和阀门只作检修，不经常开启和关闭的，可监视其状态，不作控制。

4 闸门、阀门的工况应显示在泵站控制系统的操作界面上，当设置为就地手动方式时，通过操作界面特定的按键（图形或文字方式）手动控制闸门、阀门的运行。通过操作界面可以完成对设备的控制或对控制参数的调整。图控画面应有操作提示。闸门、阀门自动控制应符合以下条件：

1）闸门控制箱自动模式；

2）设备无故障报警；

3）PLC无闸门失控报警；

4）上升控制时不在全开位置；

5）下降控制时不在全关位置。

闸门的现行位置和状态应在控制系统的操作界面上以图形、颜色和文字方式显示，在闸门的启闭操作过程中，操作界面上应有图形符号和文字表示闸门的状态的动作方向。以实现远距离的监视，闸门、阀门在启闭过程中控制箱上的手动按钮可以暂停和继续启闭过程。

5 闸门、阀门的启闭过程应设超时检验，在规定的动作时间内若闸门没有到达预定位置或收到设备的故障报警信号，可认为闸门故障。

7 当泵站处于远程控制时，泵站应能够接收上一级控制对泵站下达的控制命令，由上一级控制遥控闸门、阀门的运行。但遥控的开或停命令必须得到就地控制的认可。

4.7 电力监控技术要求

4.7.1 泵站监控应对高低压开关柜等电气设备进行监视，一旦出现异常情况应立即报警。泵站自动化控制系统一般不对电气开关柜实行直接控制，除非管理上有特殊要求。

4.7.2 高压柜宜设综合继电保护装置，并应考虑与自动化系统的接口，以现场总线接口连接PLC，当高压柜不采用综合保护测控单元时，应以无源辅助触点和变送器输出4～20mA电流方式提供必要的信号接口，由PLC采样，以实现远距离的监视。

4.7.3 泵站电力监控系统应考虑电能管理，对采集到的各种电力数据经计算、处理、分类，自动生成各种数据库及报表，供实时监测、查询、修改、打印，生成后的报表文件能修改或重组。使电力系统能在最低消耗下，发挥最大效率。

4.7.4 电量信号应包括：

1 三相电压（V，kV）；

2 三相电流（A）；

3 有功功率（kW）；

4 无功功率（kvar）；

5 功率因数（cosΦ）；

6 有功电度（kWh）；

7 无功电度（kvarh）；

8 频率（Hz）。

4.8 防雷与接地

4.8.1 自动化控制系统所安装的电源、仪表以及其他设备应在电磁、静电和暂态电压以及其他可能出现的特殊情况下安全运行，并且有足够的防止过电压及抗雷电措施，有效防御雷电灾害。

4.8.2 控制系统建立一个接地电阻不大于1Ω的接地系统，作为各接地装置的统一接地体（当采用单独接地时的接地电阻≤4Ω）。接地排敷设至控制设备安装点，并留有端接排。用于设备至接地排之间的连接。

采用尽可能短的铜编织带把PLC、变送器、通信设备、机架等需要等电位连接的设备分别接到等电位接地网格上。

4.8.3 在敷设屏蔽电缆时，屏蔽层的接地是应特别注意的问题。不适当的接地方法不仅会把屏蔽层的作用抵消，而且还会产生新的环流噪声干扰。

4.9 控制设备配置要求

4.9.1 由于泵站工作环境较差，与其配套控制系统设备应采用工业级，应具有一定的抗干扰能力。控制系统设备应具有防水、防震、防尘、防腐蚀性气体等措施，工作温度：0～55℃，相对湿度：10%～99%无凝露。设备应有一定的使用寿命。

4.9.2 本条规定了户内、户外、浸水的安装要求，户外设备控制箱宜采用不锈钢材料制造。对于南方地区应考虑散热措施。

4.9.3 计算机监控工作站是控制系统的核心设备，在选择计算机和控制器时应考虑CPU主频，随着技术的不断发展，CPU的速度也将不断提高。计算机的内存容量也将根据需要增加。应具有支持3D图形处理，并具有内置SCSI硬盘，硬盘容量根据需要配置。除常规配置外还应有10/100Base-T以太网标准的接口等。设备具有技术先进、兼容性好，扩展性强，便于更新换代。

4.9.4 现场总线的选用应根据泵站自动化系统的要求、设备配置条件、所选仪表接口等确定，现场总线能采用总线形、树形、星形、冗余环形等拓扑结构连接现场的仪表和控制设备。推荐的现场总线类型有：DeviceNet，Profibus，ControlNet，Modbus，ControlLink等。推荐通信协议为IEC 60870-5-101、DNP3.0等国际通用的开放的通信协议。

4.9.5 控制器设备应符合下列规定：

1 结构形式宜为框架背板和功能模块的任意组合，背板可以扩展；

2 具有工业以太网、现场总线、远程I/O的连接和通信能力；

3 CPU的字长≥16位，处理能力和RAM的容量应适应各泵站的功能要求，应备有存贮器用以保存主站下载的而又能远方修改的参数；

4 处理器具有基本的控制和运算功能；

5 应有自检和故障诊断功能，有瞬时掉电后再启动的能力，时钟应有掉电时的支撑电池；

6 硬件模块均应配有防尘的保护盒，宜在线热插拔，并且要有明显的标签；

7 具有远程或就地设定控制参数的能力，具备可选用的链路规约，可组态的串行通信口，用于和主站通信以及人机界面（MMI）的接口；

8 用于编程/调试/诊断连接便携式PC机的接口；

9 PLC与户外通信电路的接口应采用光电隔离，现场输入输出信号必须进行电位隔离。PLC外部电源为交流220V，允许电压波动范围为195～264V，允许频率波动范围为47～53Hz；

10 平均故障间隔时间（MTBF）≥17000h。

4.9.6 控制器应支持梯型图、结构文本语言、顺序功能流程图等多种编程语言。具备可更换的锂电池、EEPROM（或FlashMemory）双重程序后备保护功能。PLC装置的处理器具有基本的控制和运算功能，包括开关量、数字量、脉冲量、模拟量输入和输出、计数器/定时器、中断控制、高速计数、逻辑运算、算术运算、函数运算、数据转换、数据保存、模糊控制、传送和比较、PID调节等。

4.9.7 操作界面MMI应符合下列规定：

1 显示器类型：背光彩色防水TFT显示屏：

2 屏幕尺寸：对角线不应小于10″；

3 解析度：640×480；

4 画面数：不应小于250；

5 显示文字：ASCII字符，二级汉字；

6 密码功能：3级密码设置；

7 操作保护：延迟保护、再确认功能。

4.9.8 控制器输出模块宜采用隔离继电器驱动外部设备，继电器选择应符合下列规定：

1 结构形式：封闭式，透明外壳，插座安装，带防松锁扣；

2 转换触点对数：2或3；

3 额定电压：AC 220V或DC 24V；

4 耗电量：交流不得大于1.2VA，直流不得大于0.9W；

5 触点容量：AC 250V，3A（阻性负载）；

6 机械寿命：50×10^6次（交流操作）；

7 电气寿命：2×10^5 次（DC30V，2A，阻性负载）。

4.9.9 控制器I/O设备分为数字输入、输出和模拟量输入、输出等类型。

数字信号输入（DI）模块可分为交流输入、直流输入和脉冲输入等。

直流输入模块主要用于外部电缆线路较短，且容易引起电磁场感应的场合。计算机内部与外部电路采用光电耦合器进行隔离。直流输入电压一般为DC10～48V。泵站宜采用直流输入模块。

对于有脉冲信号的设备宜采用脉冲输入模块，脉冲输入模块内设有脉冲计数器，对外部的输入脉冲进行计数，然后送往CPU。它又可分为单向、双向（加减）计数两种。使用时，不得超过规定最大脉冲频率。

数字信号输出（DO）模块可分为交流输出、直流输出和继电器输出等类型。

直流输出模块是一种采用晶体管或晶闸管的无触点输出模块，采用光电耦合器与外部电路隔离，同样具有动作速度快、寿命长的优点。

继电器输出模块通过继电器接点和线圈实现计算机与外部电路隔离，这种模块可交、直流两用。它不会产生漏电流现象，但模块内的继电器有寿命问题。

模拟信号输入（AI）模块通过内部A/D变换器可以将现场的电压、电流、温度、压力等控制量输入PLC，这种模块内的A/D变换时间大约在ms到数十ms之间。在要求快速响应的场合，可选用A/D变换时间短的模块。变换后的二进制数分8位、10位、12位不等，有的带符号位，有的不带符号位，可根据系统所需的精度来选择不同的A/D变换位数。

模拟信号输出（AO）模块可以输出供过程控制或仪表用的电压、电流。它把CPU内部运算的数字量经D/A变换器变成模拟量向外部输出。它同模拟量输入模块一样，D/A变换的时间有快、有慢。可根据系统所需的精度来选择不同的D/A变换位数。

4.9.11～4.9.13 自动化控制系统应采用UPS作为后备电源，供控制设备用电。UPS选择应考虑输入/输出电压；输出电压稳定性、频率稳定性、波形失真、负载功率、维持时间等技术指标。输入输出隔离型，输出波形为正弦波。

UPS的负载功率，应依据控制系统配置的各设备的最大消耗功率累加计算，并留出约25%的余量，并应考虑功率因数的问题。例如，负载功率为6kW，则UPS的容量应为：$\frac{6\times1.3}{0.8}=9.75$（kVA），实际选配UPS的容量为10kVA。

UPS宜工作在额定输出功率的70%～80%，此时的效率较高。在负载功率一定时，需要维持工作的时间越长，则要求电池的容量越大。

1 输入电压：AC 220V±20%，50Hz±10%；

2 输出电压：单相220V±2%，50Hz±0.2%；

3 输出功率：设备容量总和的150%；

4 输出波形：正弦波，谐波失真≤3%THD；

5 蓄电池供电时间：额定负载下放电60min；

6 蓄电池寿命：10年，免维护；

7 负荷峰值因数：5∶1；

8 过载能力：125%时10min，150%时30s；

9 在线式运行方式：自动切换旁路工作，无切换时间；

10 工作温度：0～50℃（室内）；

11 相对湿度：0～95%无凝露；

12 平均故障间隔时间（MTBF）：≥50000h。

中小型泵站UPS宜采用柜架式，安装在控制机柜内。

4.9.15 泵站需要设置大屏幕显示设备时，宜采用金属格栅镶嵌马赛克式模拟显示屏，模拟显示屏应符合下列规定：

1 具有现场总线或RS485串行接口，4位半LED数码管的数字显示器。

2 过程的状态显示及报警指示、报警信号闪烁指示。

3 模拟屏的适当位置宜设试验和复位按钮等。

4 模拟或数字指示应位于模拟屏上设备符号的附近。

5 在模拟屏的适当位置设数字式日历/时钟。

6 为考虑模拟屏马赛克显示面的平整和耐久以及承重等原因，模拟屏结构为金属格栅上镶嵌马赛克。每个模块单元不应小于25mm×25mm，字符高度不应小于15mm，图形符号的面积不小于15mm×15mm。拼装缝隙<0.05mm。

7 示图符宜用光带、发光字牌、发光符号、字符显示窗、数字显示窗等元素及这些元素的组合来制作。

8 亮度对比度≥10，屏面反射率<15%，刷新时间≤10s，发光器件寿命≥17000h，显示元件的亮度≥80cd/m^2。

9 模拟屏应有独立工作的控制器，其数据和信息宜通过自控系统局域网络（例如以太网）采集。按接口规约接受主站送来的信息，执行遥信选点上屏，执行调光、变位、闪光，报警等功能，并能锁存驱动上屏信息。

10 发光元件的接线应采用接插件，接插件应牢固可靠。

11 回路和屏架间绝缘电阻应大于5MΩ。

12 屏内配线应排列整齐，捆扎牢固，线路标志清晰。

13 强电与弱电端子应分开排列。屏内端子排应固定牢固，无损坏，绝缘良好；端子编号和电线编号字迹清晰，与图纸上编号一致。

4.10 安全和技术防卫

4.10.1 对于无人值守泵站，为了保护泵站内主要工艺设施，保证泵站内重要设备正常运行及变电所的安全。在泵站内、变电所和主要道路宜设电视监视设备，采用具有夜视或低照度功能的摄像机，并配备视频记录装置（例如数字录像机）；需要时，应具有图像分析及报警功能。视频图像应上传区域监控中心（信息中心），以便及时了解各泵站的情况。

4.10.3 周界防卫系统须在户外装设对射红外线探测器，信号送至控制器连接当地公安、保安部门或区域监控中心（信息中心）。围墙的角落可采用户外探头。

4.10.5 根据有关规范对在大型及重要的泵站应设置火灾报警系统，当不设置火灾报警系统时，应对建筑物、装饰材料及电气线路的防火提出一定要求，站内灭火器装置应符合现行国家标准《建筑灭火器配置设计规范》（GB 50140）的规定。

4.11 控 制 软 件

4.11.3 数据库应是开放的实时数据库，通过对监控对象的组态、对监控对象的实时监测和控制，自动生成操作记录表、遥信变位、事故记录等实时数据。实时数据库具有标准的外部数据接口，能与其他控制软件和数据库交换数据。

历史数据库能通过 DDL、DDE 及 OLE 等与其他应用软件交换数据，并带有标准的 SQL 接口和 ODBC（Open Data Base Connect）接口，提供系统维护和管理手段。

4.11.4 应用软件的操作界面应以方便使用为主，并做到风格统一、层次简洁。采用图控软件组态设计中控室的运行监控软件，具有中文界面、操作提示和帮助系统。应用软件包括的功能描述为：

1 运行监视和控制，提供泵站各种布置图和接线图。操作界面主要以流程图方式表示，从总体流程图直到每个单体的局部流程图。在流程图上显示的设备均可以点击进入，以了解该设备的进一步细节数据或对其进行控制。工艺过程、运行参数和设备状态均以图形方式直观表示。运行参数和目标控制参数可以点击进入，了解其属性或进行设定修改。通过操作界面上的按钮实现对设备的操作、控制和运行参数设定。

2 数据处理和数据库管理。提供整个监控系统运行的各种数据参数、各机械电气设备状态以及各接口设备状态的实时数据库及历史数据库，并能根据信息分类生成各种专用数据库，并具有在线查询、修改、处理、打印等数据库管理软件，可进行日常的操作及维护，利用 ODBC 功能，与其他关系数据库建立共享关系。

保存在内存中的实时数据库应存贮有各种监控对象的动态数据，数据刷新周期应可调，以保证关键数据的实时响应速度。短期历史数据库应能保存 7 天的实时数据和组合数据，并不断地予以刷新（其数据来自于实时数据库）。历史数据库中能存入各设备的运行参数、报警记录、事故记录、调度指令等。并具有提供存贮 3 年运行数据的能力。

4 能对组成系统的所有硬件设备及运行状态进行在线监测及自诊断，能对实时监控的所有对象的运行状态进行监测及自诊断，对各类设备运行情况（如工作累计时间、最后保养日期）进行在线监测，并存入相应文档，以备维护、保养，能对设备故障提出处理意见，以供参考。

5 软件系统应能对系统的设备运行记录及控制模式进行综合考虑，对能耗数据进行记录和综合分析，使系统能在最低的消耗下，发挥最大的效率。

对于泵站，能耗管理就是电力消耗的管理，主要体现在节能上。

6 对于按操作等级进行管理，一般情况下，至少应设置三级操作级，即观察级、控制操作级、维护级，每一级都需有访问控制。

4.12 控制系统接口

4.12.3 本条介绍泵站控制系统与电气设备和仪表的接口相关内容。

1 接口类型和通信协议指的是以太网、现场总线、低速串行通信、硬线连接等。

2 物理参数指的是光纤、电缆、接插件、端子、导线截面积、屏蔽等。

3 电气参数指的是周期、波长、脉冲宽度、电压、电流、电阻、电容、电抗、频率、触点容量等。

5 各界面的解释如下：

5-1 为高压配电装置与泵站控制系统的接口，由泵站控制系统监视高压配电装置设备状态和变压器运行。

5-2A 为低压配电装置向泵站控制系统提供电源。

5-2B 为低压配电装置与泵站控制系统的接口，由泵站控制系统监视低压配电装置设备状态。

5-3 为泵站内各设备控制箱与控制系统的接口，由泵站控制系统监视各设备的运行并对其进行控制。根据需要可设置现场按钮箱。③与④为现场设备与现场按钮箱的接口。

5-6A 为泵站控制系统向泵站仪表提供电源。

5-6B 为泵站内仪表与泵站控制系统的接口，由泵站控制系统采集仪表的检测数据和工作状态。如泵站仪表为分体式，⑥与⑦为变送器与传感器的接口。

5-8A 为泵站控制系统向泵站内远程通信设备提供工作电源。

5-8B　为泵站内远程通信设备与控制系统的接口。泵站监控系统与远程通信设备进行信息交换。当管理上要求与上级信息中心通信时，⑧与⑩为泵站与上级区域控制中心通信接口。

5-9A　UPS为泵站内监控设备提供工作电源。

5-9B　UPS与泵站控制系统接口，由泵站控制系统采集UPS运行状况。

4.14　设备安装技术要求

4.14.1　中小型泵站自动化控制系统的设备应安装在一台控制柜内，柜内应有一套可编程逻辑控制器（PLC）、人机界面（MMI）、电源（含UPS）、继电器、空气断路器、电气保护、电源防雷器、信号防雷器、柜内照明等设备。控制机柜应符合下列规定：

1　柜结构为前后单开门，前后门的密封材料需耐 H_2S 腐蚀。柜体、柜内安装板、柜内支架等表面需涂皱烘漆，漆层强度需经方格划痕试验（不能剥落）。

3　柜内有可靠的保护接地装置及防雷防过电压保护装置。

电源防雷器应按下列要求选择：

1）标称电压　220V/380V
2）额定电压　250V/440V
3）工作电流　≥16A
4）放电电流　L-L：3kA；L-N：3kA；N-PE：5kA
5）响应时间　≤25ns

信号防雷器应按下列要求选择：

1）标称电压　5V/24V（按端口配置）
2）额定电压　6V/26.8V
3）工作电流　≥500mA/100mA
4）放电电流　10kA
5）带宽　≥1M
6）响应时间　≤1ns

4　柜内设备布置应保持通风散热，当若干PLC安装在同一柜子里时，应符合下列规定：

1）两个PLC间距不应小于150mm，在PLC两侧的空隙不应小于100mm。
2）产生热量的设备应安装在PLC的上部。
3）当PLC安装垂直导轨上时，应使用导轨规定端子。

5　控制柜面板指示灯和按钮的颜色为：

1）指示灯颜色

电源接通	——	白色
正在运行	——	绿色
断开/报警	——	红色
准备启动	——	蓝色
状态（通、断等）	——	蓝色
报警（无紧急停止信号）	——	黄色

2）按钮颜色

停止、紧急停止	——	红色
启动	——	绿色
点动/慢速	——	黑色
重调（不作为停止）	——	蓝色
过载/报警接受	——	黄色

7　最下排端子距离机柜底板宜大于350mm是因为电缆进柜需在柜底下作固定，要留有一定操作距离。强、弱电端子宜分开布置；当有困难时，应有明显标志并设空端子隔开或设加强绝缘的隔板。回路电压超过400V者，端子板应有足够的绝缘并涂以红色标志。每个接线端子的每侧接线宜为一根，不得超过两根。

8　电流回路应经过试验端子，其他需断开的回路宜经特殊端子或试验端子。试验端子应接触良好。测量电流输入端子应装设有短路压板，测量电压输入端子应设有保护熔丝。

4.14.5　控制室内应布设PE接线排，以导体构成一个每孔为600mm×600mm的网络作为活动地板的支撑架。所有用电设备的金属外壳、计算机、设备机架、电缆桥架等都应连接到接地网络上。

4.14.6　控制室应配置操作台椅，操作台的尺寸和椅子数量应根据放置设备的数量和控制室的大小而定。操作台的布置宜分监视和操作装置两类，台面上宜布置CRT、打印机、电话等设备，键盘宜置于台面下部抽板内，计算机设备宜置于控制台下部柜内，柜应有门，可闭锁，装置应有通风设备，后侧宜布置插座、线槽。

4.14.7　为考虑电缆敷设时牵拉对电缆芯线的强度要求，电流测量回路的铜芯电缆截面面积不宜小于 $2.5mm^2$，其他控制回路的电缆截面面积不宜小于 $1.5mm^2$。

4.14.8　控制电缆宜采用4芯以上是因为电缆厂生产电缆规格为2芯、4芯、7芯等，在实际使用中至少有1根备用芯，所以选用4芯以上电缆。对传输开关量输入无源信号的电缆，当传输距离小于200m时，宜用普通控制电缆。对传输开关量输入无源信号的电缆，当传输距离大于400m时，宜用双绞铜网屏蔽电缆。对于强电信号均可使用普通控制电缆。对传输开关量输出是继电器、可控硅的触点或交流220V信号，宜用普通控制电缆。对传输开关量输出是继电器或可控硅的低电平信号，宜用铜带或铝箔屏蔽计算机用电缆。对于传输脉冲量输入信号的电缆，应选用双绞铜网屏蔽电缆。

4.14.9　模拟量是一种连续变化的信号，容差非常小，易受干扰的影响，对于模拟量输入/输出信号的传输电缆，应选择双绞铜网屏蔽计算机电缆。

计算机控制系统的通信信号一般为数字信号。为了克服线间电容对高速通信的影响，应使用计算机控制系统的专用电缆，当通信距离过长时应考虑使用光缆。

自控系统的电缆是系统与现场仪表或设备之间信息传递的通道。如果电缆选择不当会使很多形式的干扰通过这个通道进入到控制系统内部从而影响系统工作，所以合理选择电缆至为重要。

4.14.11 电子装置数字信号回路的控制电缆屏蔽层接地，应使在接地线上的电压降干扰影响尽量小，基于计算机这类仅1V左右的干扰电压，就可能引起逻辑错误，因而强调了对计算机监控系统的模拟信号回路控制电缆抑制干扰的要求，应实现一点接地，而一点接地可有多种实施方式，对于计算机监控系统，需满足避免接地环流出现的条件下，集中式的一点接地。

4.14.12 泵站的缆线敷设应严格按照设计要求，应按最短路径集中敷设，缆线包括电缆、电线、光缆的敷设，当采用电缆敷设时，应符合电缆敷设的要求。当采用光缆敷设时，应符合光缆敷设要求，应使线路不受损伤。光缆、电缆敷设时应符合下列规定：

1 布放光缆的牵引力不应超过光缆允许张力的80%，瞬间最大牵引力不得超过光缆允许张力的100%，主要牵引力应加在光缆的加强件（芯）上。一次牵引的直线长度不宜超过1km；光缆接头的预留长度不应小于8m。

2 布放光缆时，光缆必须由缆盘上方放出并保持松弛弧形；光缆布放过程中应无扭转，严禁打小圈等现象发生。

3 光缆的弯曲半径应不小于光缆外径的15倍，施工过程中不应小于20倍。

4 光缆布放完毕，应及时密封光缆端头，不得浸水。

5 管道敷设光缆时，无接头的光缆在直道上敷设应有人工逐个经人孔同步牵引。预先做好接头的光缆，其接头部分不得在管道内穿行，光缆断头应用塑料胶带包扎好，并盘成圈放置在托架高处。

6 光缆穿入管孔或管道拐弯或者交叉时，应采用引导装置或喇叭口保护，不得损伤光缆外护层。根据需要可在光缆周围涂中性滑润剂。

7 光缆经由走线架，拐弯点（前、后）应予固定；上下走道或爬墙的部位，应垫胶管固定，避免光缆受侧压。过沉降缝应有预留长度。

8 光缆的接头应由受过专门训练的人员采用专用设备操作，接续时应采用光功率计或其他仪器进行监视；接续后应做好接续保护，并安装好光缆接头护套。

9 信号电缆与强电磁场设备距离有屏蔽应大于0.8m，无屏蔽应大于1.5m。

10 控制电缆在敷设时尽量减少和避免接头。当必须采用电缆接头时，必须连接牢固，并留有余量，不应受到机械拉力。

11 控制电缆终端应包扎，并有防潮措施。

12 电缆敷设要有余度，终端余度是为了便于施工和维修。建筑物的伸缩缝和沉降缝处留出的补偿余度，是为了避免线路受损失。

13 在穿钢管敷设时钢管必须接地，禁止动力电缆和信号电缆共管敷设。

14 电缆穿管时，裸铠装控制电缆不得与其他外护层的电缆穿入同一根管内。

4.15 系统调试、验收、试运行

4.15.1 系统调试大纲应包括设备单体调试、测试和试运行，仪表、供电、设备监控和计算机等各子系统功能调试、测试及上述所有系统集成联动功能调试、测试。系统调试结束后，施工单位应提交调试报告。设备单机性能检查测试、调试及试运行，应在各子系统调试前完成，由施工单位负责实施，监理工程师旁站监督。各子系统调试、系统集成联动功能调试结束后，由建设单位项目技术负责人组织施工单位技术和质量负责人、设计单位有关专业技术负责人、总监理工程师对系统功能项目进行检测验收。

4.15.2 设备安装就位后应先进行检查，仔细检查并核对控制系统（设备）各部件的连接、电源线、地线、信号线是否连接正确。确认无误后，再检查各仪表和设备的电源，进行通电试验，待通电正常后，对各设备工作状态进行检测，保证系统性能达到预期的设计要求。

系统调试的工作量比较大，对保证系统性能与可靠运行起着非常关键的作用，应给予充分的重视，调试的一般步骤是：单体调试——相关功能之间的配合性能调试——系统联动功能调试——系统试运行。系统调试阶段的主要工作包括：

1 对系统进行初始化，输入各原始数据记录。

2 记录系统运行的数据和状况。

3 核对并校正系统的输出与输入端信息之间的偏差。

4 对实际系统的输入方式进行检查（是否方便，效率如何，安全可靠性、误操作性保护等）。

5 对系统实际运行响应速度（包括运算速度、传递速度、查询速度、输出速度等）进行现场实际的测试。

4.15.5 上位机系统检验应包括下列内容：

1 根据设计的要求中控室上位机应对泵站内的设备具有监视和控制功能，包括仪表、供配电系统和机械设备。

2 按设计要求进行流程画面的测试：画面显示应不受现场环境的干扰，测试检查每幅画面上的各种动态点是否正确，量程显示是否正确。检查控制结构和参数的设置与现场是否相符，调整控制结构参数值和备用回路的输入、输出及反馈值，并逐个回路进行调试、整定，检查是否满足设计指标要求。检查所有测量信号准确度是否满足设计指标要求。

键盘操作的容错测试：在操作站的键盘上操作任何未经定义的键时，系统不得出错或出现死机情况。

CPU 切换时的容错测试：人为退出控制站中正在运行的 CPU，此时备用的 CPU 应能自动投入工作，切换过程中，系统不得出错或出现扰动、死机情况。

备份机整体切换时的容错测试：人为退出控制站中正在运行的机器，此时备份机应能自动投入工作，切换过程中，系统不得出错或出现扰动、死机情况。

3 报警、保护及自启动功能测试：检查所有报警、保护及自启动功能是否满足设计指标要求。报表打印功能的测试：用打印机按照预定要求打印出每张报表，检查正确与否。

4 系统技术指标测试应包括系统平均故障间隔时间、系统可用率、系统可维护性、系统响应时间以及系统平均修复时间、主机联机启动时间等。

4.15.6 控制系统的检验应包括下列内容：

1 当按钮处于手动或自动方式时控制器能正确接收信息，控制器处于手动控制时，各种数据测量宜按以下方式：

1）数字量输入信号测试：由现场控制箱或人为发出信号，控制器应有正确的响应（与地址表相符合）。

2）数字量输出信号测试：由控制器根据地址表强制发出信号，现场应有正确的响应。

3）模拟量输入信号测试：用信号发生器由现场发出 4～20mA 信号（4～20mA 中均分 5 点），PLC 检测应有正确的响应，信号误差应在允许范围内。

4）模拟量输出信号测试：由 CPU 根据地址表强制发出 4～20mA 信号（4～20mA 中均分 5 点），现场检测仪应有正确的响应，信号误差应在允许范围内。

当控制器处于自动控制时，应进行调节功能的测试，调节功能测试应按功能流程图进行，检查闭环调节功能是否正确有效，输入、输出关系是否正确无误。

2 报警功能测试：模拟现场有报警信号时，控制器应能做出正确的响应。

3 控制系统操作画面应分层检测，从整个到局部。

4 按编制的程序，让系统进行自动运行，各设备应按要求启动和停止。

4.15.8 仪表检验的基本性能指标应符合下列规定：

为便于监控系统信息集成，要求检测仪表应具有与量程相匹配的 4～20mA 模拟量输出或带有开放协议通讯口输出功能，在设备选型时考虑检测仪具有现场就地采样数据显示功能，便于设备现场操作监视。

4.15.9 泵站自动化控制系统应按设计要求进行程序设计，对每一功能进行调试，在规定的时间内，系统要对内部（如时间中断）、外部（如开关到位）等信号做出响应，并完成预定的操作，当达到要求后才能与工艺一起投入试运行，系统投入运行后，控制系统应处于工作状态。同时要求系统软件考虑局部故障在线处理以及对组态的在线修改，即软件应具有在线调试能力。

4.15.10 系统连续试运行中，还应进行计算机考核包括下列内容：

1 CPU 平均负荷应小于 50%；

2 单机运行时系统运行率应不小于 99.6%；

3 双机热备运行时系统运行率应不小于 99.9%；

4 系统故障次数应小于三次；

5 软件系统全部功能 100%地投入。

5 污水处理厂供配电

5.2 系统结构

5.2.1 污水处理厂变电所应根据负荷分布特点设置。

1、2 对于大型污水处理厂，其厂区范围大，用电负荷多，而且分散，所以应设有总变电所和若干分变电所。

3、4 对于大城市的污水处理厂突然中断供电，将造成较大经济损失，给城市生活带来较大影响，所以供电等级应为二级负荷。二级负荷的供电要求是：应由二个电源供电，而且须做到在电力变压器或电力线路常见故障时不致中断供电，或中断后迅速恢复。当采用电缆供电时，应采用两根电缆组成的电缆线路供电，其每根电缆应能承受 100%的二级负荷。

5.2.3 总变电所系统设置应符合下列规定：

3 内桥接线方式一般用于双电源供电和两台变压器，且供电线路较长，不需经常切换变压器的变电所。用于一、二级负荷供电。

单母线接线方式一般用于单电源供电，且配电回路不超过三回的变电所。

单母线分段接线方式一般用于双电源供电，且配电回路超过三回的变电所。

4 总变电所对外的配电采用放射式和树干式两种方式混合在一起的配电方式，即在同一个配电系统中既有放射式配电，也有树干式配电；对较重要的用电设备采用放射式配电，对一般用电设备采用树干式配电。当厂区范围较大，用电设备多而分散时，采用这种配电方式，既可保证主要设备用电的可靠性，又可节约投资。

5 当供电电压为 10kV，厂区面积较大，负荷又比较分散的工程，可采用10kV和0.4kV两种电压混合配电方式。即将10kV作为一次配电电压，先用10kV线路将电力分配到几个负荷相对比较集中的地方，建立各自的10kV/0.4kV变电所，然后用0.4kV作为二次配电电压再向下一级用电设备配电。

5.2.4 分变电所系统设置应符合下列规定。

4 总配电所与分配电所属于同一部门管理，在操作上可统一调度指挥。此外，污水处理厂变电所一般都为电网的终端，保护时限小，从继电保护角度上考虑，即使在分变电所进户处装了断路器，由于时限配合不好，也不能增加一级保护。因此，一般装设隔离开关（固定式）或隔离触头（手车式）也能满足运行和检修的要求。

5 变压器低压侧总开关采用低压断路器，可在低压侧带负荷切断电源，断电后恢复送电也比较及时，可减少管理电工的往返联系，缩短停电时间。

当有继电保护或自动切换电源要求时，低压侧总开关和母线分段开关均应采用低压断路器。

5.7 接地与防雷

5.7.2 防雷应符合下列规定：

2 防直击雷、防雷电感应和防雷电侵入保护措施：

1）屋外配电装置装设防直击雷保护装置，一般采用避雷针或避雷线。

2）屋内配电装置装设防直击雷保护装置，当屋顶上有金属结构时，将金属部分接地；当屋顶为钢筋混凝土结构时，将其焊接成网接地；当屋顶为非导电结构时，采用避雷网保护，网格尺寸为（8～10）m×（8～10）m，每隔10～20m设引下线接地。引下线处应设集中接地装置并连接至接地网。

3）架空进线的35kV变电所，35kV架空线路应全线架设避雷线，若未沿全线架设，应在变电所1～2km的进线段架设避雷线，并装设避雷器。

4）35kV电缆进线时，在电缆与架空线的连接处应装设阀型避雷器，其接地端应与电缆的金属外皮连接。

5）变电所3～10kV配电装置（包括电力变压器），应在每组母线和每回架空线路上装设阀型避雷器。

有电缆段的架空线路，避雷器应装在架空线与连接电缆的终端头附近，其接地端应和电缆金属外皮相连。如各架空进线均有电缆段，避雷器与主变压器的最大电气距离不受限制。

避雷器应以最短的接地线与变电所的主接地网相连接（包括通过电缆金属外皮连接），还应在其附近装设集中接地装置。

3～10kV配电所，当无所用变压器时，可仅在每路架空进线上装设阀型避雷器。

6 污水处理厂自动化系统

6.2 规模划分与系统设置要求

6.2.1 预处理工艺应为城市污水处理厂的初级处理工艺，一般包括格栅处理、泵房抽升和沉砂处理。

一级处理工艺应以沉淀为主体的处理工艺，主要是比预处理增设了初次沉淀池，将污水中悬浮物和部分BOD沉降去除。

二级处理工艺应以生物处理为主体的处理工艺，主要是比一级处理增设了曝气池和二次沉淀池，通过微生物的新陈代谢将污水中大部分污染物变成CO_2和H_2O。

深度处理应是满足高标准的受纳水体要求或回用于工业等特殊用途而进行的进一步处理，通用的工艺有混凝沉淀、过滤、消毒等。

污泥处理和污泥最终处理主要包括浓缩、消化、脱水、堆肥或农用填埋等。

6.2.3 曝气池空气量自动调节系统是整个污水处理厂处理过程的一个重要环节。通过基于氨氮（NH_3-N）和硝酸盐（NO_3-N）等营养物质检测分析，并通过前馈控制的计算值来设定生物反应池中溶解氧（DO）值；按照一定的数学模型计算出曝气池上每个曝气支管上的阀门开度，实施曝气量的调节；在保持供气总管风压不变的条件下，由变频调速技术或调节鼓风机的进、出口导叶角度完成风机输出风量的控制。根据不同的工艺和排放标准确定影响曝气量的工艺参数，并选择适当的控制模型和控制模式与手段，完成空气量的调节，能明显体现污水处理厂节能效果和管理水平。

6.3 系统结构

6.3.1 整个系统为三层结构，宜分为信息层、控制层和设备层。在这个体系中，数据可以双向流通，层与层之间可以交换数据。

1 信息层宜使用以太网，它是一个开放的，全球公认的用于信息层互联的实施标准。这一层网络具有高速报文传送和高容量数据共享。

2 控制层宜采用光纤工业以太网，它具有支持I/O信息和报文的传送，能够设置信息的优先级，有效数据共享，支持多主机、对等及混合结构的通信方式。

3 控制层为多个就地控制站组成，控制层设备设在各个就地控制站，宜以PLC为核心设备组成控制器，对于距离较远且设备相对集中的地方可设远程

I/O站，如变电站等。现场站一般为无人值守，操作界面可采用触摸显示屏，根据管理要求有人值守时，操作界面应采用工业控制计算机，并按管理要求设置打印记录等设备。

4 设备层是由现场设备（仪表、电量变送器、测控单元、动力设备的控制器等）和控制器间的通信组成，对于大、中型污水处理厂距离较长宜采用现场总线网络，以尽可能快速又简单地完成数据的实时传输。中小型污水处理厂可采用现场总线或硬接线连接仪表和设备控制箱。

6.3.2 重要污水处理厂宜采用冗余结构。为提高系统可靠性，信息层的监控工作站设有2台监控计算机组成双机热备。主CPU和备份CPU同时工作，当主CPU发生故障时，备份CPU收不到主CPU的同步信号，这时备份CPU会替代主CPU工作直至最新收到主CPU的同步信号。

信息层应设有数据管理站（服务器）。考虑到系统的可靠性、安全性，数据管理站宜设有2台服务器组成双机热备。

就地控制站PLC装置、电源、通讯等设备宜采用冗余配置。通信宜设双环网络，以提高系统的可靠性。

6.4 系统功能

6.4.1 物位：液位，储泥池泥位，消化池泥位，干污泥料仓泥位等。

流量：污水流量，处理后水流量，空气流量，污泥流量等。

温度：污水温度，污泥温度，空气温度，轴承温度，电动机定子线包温度等。

压力：空气压力，润滑油压力等。

6.4.2 运行控制对象应包括下列内容：

1 水泵控制，当水池液位高于某一设定值时，且相应设备状态满足连锁要求，符合开泵条件，应启动水泵的运行。大型水泵辅助运行设备控制应包括冷却水控制系统和密封水控制系统。

2 当格栅前后液位差大于某一值时，应启动电动格栅除污机、输送机、压榨机的运行。

3 水泵控制与有关闸门、阀门状态必须连锁，当需要开启水泵时，首先要控制相应闸门、阀门开启或关闭。

4 除砂装置、机械曝气机、刮砂机、刮泥机、搅拌机、鼓风机、压缩机、污泥消化池温度、污泥消化池进泥量和搅拌、污泥浓缩脱水系统、污泥耗氧堆肥处理系统、紫外线消毒装置、二氧化氯发生器、加氯机、沼气脱硫设备的控制，根据工艺流程及控制要求由所在单体的现场控制站控制设备的运行。

6.4.3 污水处理厂应设有环境与安全监控功能，应包括下列内容：

2 污水处理厂强调设置电视监控和安全保卫系统是因为由于实现了运行自动化，工作人员相对比较少，而对于整个污水处理厂来讲不安全因素很多，所以应设置安防系统。通过摄像机将厂内现场情况实时、真实的通过图像和声音反映在控制中心的监视器上。以便工作人员及时了解整个厂区的情况。厂区周边的围墙设红外线周边防卫系统，红外信号进所属现场控制站，并与视频监视系统联动。

3 对确定有消防要求的污水处理厂宜在中央控制室、变电所、化验室、走廊等处设烟感式火灾报警探头。火灾报警控制器设在中央控制室。

火灾报警设备和周边防卫设备应采用国家专业认证产品。

6.4.4 本条说明中央控制室的功能：

1 污水处理厂应与上级信息中心建立通信。通信接口应为通用型，满足接口标准规定，以便能够与各种类型的主机交换数据。可由污水处理厂的中控室接收上级信息中心的调节控制命令，最终通过现场控制站控制器执行，配合信息中心实现调节控制功能。

2 污水处理厂控制系统通过模拟屏或投影屏、操作终端、MMI操作界面等显示设备，集中监视污水处理厂的运行，包括设备状态、工艺过程、进出口水质、流量、液位、电力参数、电量数据、事故报警等。对全厂工艺设备的工况进行实时监视。

3 中央控制室应根据全厂水量和水质状况进行运行调度、参数分配和信息管理，通过PLC控制全厂主要设备的运行。中央控制室向各现场控制站分配所在单体或节点的运行控制目标，根据全厂水量和水质状况，命令某组工艺设备投入或退出运行。

4 中央控制室应对现场控制站上报的各种数据经计算、处理、分类，自动生成各种数据库及报表，报表中应有实时数据和统计数据，各类报表包括即时报表、班报、日报、月报、季报、年报、各类趋势曲线。对于生成数据库及报表可供实时监测、查询、修改、打印，生成后的报表文件能修改或重组。

具有日常的网络管理功能，维持整个局网的运行，定时对各接口设备进行自检、异常时发出报警信号。

能对组成系统的所有硬件设备及运行状态进行在线监测及自诊断，能对实时监控的所有对象的运行状态进行监测及自诊断，对各类设备运行情况（如工作累计时间、最后保养日期）进行在线监测，并存入相应文档，以备维护、保养，能对设备故障提出处理意见，以供参考。

5 整个控制系统应有手动、自动两种控制方式。方式的转换设在中控室或就地控制站操作界面图控画面上，由人工切换图控画面上的按钮。当操作人员在中控室的操作界面上将图控按钮打到自动时，就地控制站的操作界面图控按钮和现场控制箱的按钮都必须打到自动，才能实现自动控制。厂内各现场站应有基本数据采集功能，对所属范围内的仪表、设备状态进行数据采集，并加以处理和控制。

6.5 检测和监视点设置

6.5.2 本条说明集水池监视和控制点设置的相关内容。

1 采用超声波液位计或液位差计检测集水池的液位值，当格栅前后液位值大于某一数值时，启动格栅机动作，直至格栅前后液位差小于设定值。当格栅前后使用两只液位计时，其液位数值直接输入现场站控制器，由控制器算出格栅前后液位值。当使用液位差计时，由液位差计直接算出格栅前后液位值。

2 检测井内易积聚硫化氢气体，硫化氢属于有害气体，所以在格栅井内设置硫化氢检测仪报警装置，检测有害气体浓度，当检测到硫化氢浓度大于某一设定值时，发出报警。

3 机械设备检测和控制为格栅除污机、输送机和压榨机，当启动格栅除污机，输送机和压榨机应随之联动。根据工艺要求控制闸门的上升和下降。

检测和机械设备检测信号宜上传到中控室，在中控室的计算机图控画面和模拟屏上显示。

6.5.3 本条说明进水泵房监视和控制点设置的相关内容。

1 超声波液位计测量进水井的液位，当液位大于设定值时，启动水泵运行，一般进水井设有数台水泵，当启动一台水泵液位没有明显下降时，可启动第二台水泵直至液位下降到设置值以下。液位测量值作为进水泵房水泵的控制依据。

2 在水泵出水管道上安装电磁流量计，当电磁流量计安装有困难时可采用超声波流量计，作为污水处理厂的处理能力计量。流量计应能显示瞬时流量外，还应带有积算器显示累积流量，并能记录瞬时流量。

3 水泵的监测和控制，用液位值作为水泵的控制依据以及与阀门的联动控制。

6.5.4 本条说明沉砂池监视和控制点设置的相关内容。

3 出水井内固体悬浮物浓度（SS）水质分析仪能监测污泥的性质和污泥的含量。通过对曝气池中悬浮固体的测量，并结合其他的测定数据，来改善过程控制的可靠性。

4 出水井用总磷分析仪来检测水中磷的浓度，当水中有大量的磷酸盐时，将引起藻类和水生繁殖，导致了水中氧气的严重消耗。所以通过使用多个分析仪器来监控污水处理过程，操作人员可以更快地优化工艺参数，从而降低操作费用，确保指标满足要求。

5 机械设备检测和控制为电动闸门、电动蝶阀和刮砂机。根据工艺要求控制电动闸门、电动蝶阀和刮砂机的开和关。

6.5.5 本条说明生物池监视和控制点设置（以 A^2O 工艺为例）的相关内容。

1～8 生物池的好氧区、厌氧区、缺氧区及生物池出水端都设置溶解氧（DO）检测仪。因为溶解氧是污水处理过程中非常关键的因素，它是控制曝气风机运行的重要因素并涉及到污水处理厂一些其他的处理过程。如果池中没有充足的溶解氧，缺氧会导致细菌死亡，从而降低了沉淀效率，导致固体物质从二沉池流出。这可能会导致工厂超过 BOD、SS 以及氨氮的允许排放值。氧气过多会导致产生大量泡沫和较差的污泥沉降性能，同时也导致能耗增加。

好氧区曝气总管和分管上设气体流量计，用于计量曝气风量，气体流量计带现场数字显示。设置水质分析仪是监测进水污染物负荷状况。

6.5.6 本条说明初沉池、二沉池监视和控制点设置的相关内容。

1 污泥界面计可以对污水处理的二沉池污泥界面进行连续的监测，污泥界面计通过发出一个信号，启动污泥循环泵，可以使操作人员能够准确地控制污泥回流过程。通过优化排泥过程和降低污泥界面高度，对污泥的回路量进行精确地控制。

2 吸刮泥机、排泥阀门根据沉淀池的工艺运行方式而定，一般有连续和间歇之分。可设置泥水界面计来控制排泥；对于连续运行，可设置污泥浓度计来限制排泥；对于控制要求不高的小型污水厂，通常没有设置排泥控制阀门，泥水界面计仅仅作为运行工况监视。

配水/泥闸门或堰板、闸门在大中型污水处理厂都配置电动执行机构，可以实现配水/排泥流量的远程控制，开启/关闭沉淀池的运行。

6.5.7 本条说明鼓风机房监视和控制点设置的相关内容。

1 鼓风机送出一定风压的空气作为曝气池气源或调节池混合搅拌的气源。所以在鼓风机空气总管设置压力变送器、温度变送器和气体质量流量计，测量压力、温度和流量，监视鼓风机的运行。检测仪表应有现场数字显示。

2 在大型污水处理厂曝气鼓风机，通常是多台并联运行，鼓风机负荷控制比较复杂。在保证曝气生物池空气量要求的前提下，鼓风机出力的平稳变化是必需的，通常采用总管压力控制方法。

6.5.8 本条说明回流及剩余污泥泵房监视和控制点设置的相关内容。

3、4 回流及剩余污泥泵房的集泥池内设置浮球液位开关，液位开关输出一超低液位报警信号，防止回流及剩余污泥泵的干运行。回流污泥泵出泥管道上设电磁流量计，当安装有困难时可考虑采用超声波流量计。

5　回流比的控制：根据进水量，通过控制回流污泥泵运行台数、运行时间来实现；也可采用调节阀的方案或采用变频调速方案，但要求最低配置两台变频器，有利于负荷平稳变化。

6.5.9　对于工艺设计中设置的出口泵房内设分体式超声波液位计，液位测量值作为水泵运行的控制参数。

6.5.11　本条说明污泥浓缩池监视和控制点设置的相关内容。

1、2　检测污泥流量计和加药流量计的流量值。这两种流量计可根据工艺要求设置。污泥界面计检测污泥泥位。

3　机械设备检测和控制为测得污泥流量控制污泥浓缩机组的运行。包括污泥进料泵的控制，加药泵的控制，混合装置的控制，反应器的控制，污泥浓缩机的控制，厚浆泵的控制，增压泵的控制。

6.5.12　本条说明污泥消化池监视和控制点设置的相关内容。

1　消化池的进泥管设 pH 变送器主要测试介质中由于溶解物质所发生的变化。

2、3　由于污泥消化池需加热，所以在进泥管、出泥管和中部都设有温度变送器测量温度。

4　产气管设置气体流量计测量沼气流量。污泥消化的温度控制一般有两种方式：第一种是根据消化池进泥温度，控制泥水热交换器进水流量。第二种是根据消化池污泥温度，控制泥水热交换器或热水泵运行时间。

6　污泥投配有连续或间歇（包括多池轮流）方式，一般通过控制电动或气动阀门来完成。机械设备检测和控制为搅拌机和污泥泵。根据工艺和控制要求控制搅拌机和污泥泵的开和关。

6.5.13　污水处理厂采用污泥储仓，是其他行业固体料仓的一种借鉴。控制内容有各种污泥输送机、卸料装置、装车机构等，料仓设有料位检测，实现料仓自动装料、储量分析、储卸预测等。

6.5.14　本条说明沼气柜监视和控制点设置的相关内容。

1　沼气属于可燃气体，在沼气柜周围容易有气体堆积处应设甲烷探测器，检测可燃气体的浓度值，当大于某一设定值时，发出报警。

2　通过监测沼气柜压力和高度（对水封式升降沼气柜才测量其升降高度），对其实施高低极限报警、连锁保护。连锁的对象有沼气火炬、沼气锅炉、沼气发电机、沼气鼓风机等，沼气柜高度和压力可以指导他们的运行连锁停车等。

3　机械设备检测和控制为沼气增压机和气动蝶阀。根据工艺和控制要求控制增压机和气动蝶阀的开和关。

6.5.15　本条说明沼气锅炉房监视和控制点设置的相关内容。

2　沼气锅炉设压力变送器和水位计。测量锅炉内的压力和水位，根据锅炉水位调节补水量。

4　出水管设温度变送器、压力变送器和流量计。测量出水温度、出水管压力和流量，根据锅炉出水温度调节燃气流量。

7　机械设备检测和控制对象是沼气增压泵、沼气锅炉排水泵、循环泵。根据工艺和控制要求控制沼气增压泵、沼气锅炉排水泵、循环泵的开和关。

6.5.16　计量井处宜设置电磁流量计，用于计量污水处理厂排放水量。当选用或安装有困难时，可考虑采用超声波流量计。

6.7　设备控制技术要求

6.7.1　设备控制位置和优先级应符合下列规定：

1　图 6.7.1 所表示的是污水处理厂控制设备之间比较全面的关系，对于中小型污水处理厂简单的控制系统可根据实际情况简化这些关系。

4　当污水处理厂内机械设备如水泵、格栅除污机配有现场控制箱和配电盘控制时，设备的控制可直接通过现场控制箱和配电盘上的按钮进行。

5　就地控制站是整个污水处理厂控制系统内各个现场工作点，它与仪表、电气控制执行机构相联接，实时采集现场设备的运行数据，并对现场设备进行控制。具有手动和自动两种控制方式。就地手动方式：通过就地控制站自动化控制系统的操作界面实施的手动控制。就地自动方式：由就地控制站自动化控制系统根据液位、流量、设备状态等参数以及预定的控制要求对设备实施的自动控制，不需人工干预。就地控制站的手动和自动的执行都应通过控制器来完成。

6　中央控制室根据全厂水量和水质状况进行运行调度、参数分配和信息管理，其控制是通过设在中央控制室的图控计算机特定按键完成，中央控制室向各就地控制站分配所在单体或节点的运行控制目标，根据全厂水量和水质状况，命令某组工艺设备投入或退出运行。对于中央控制室允许投入运行的设备或设备组，其具体的控制过程由所在就地控制站管理；对于被中央控制室禁止投入运行的设备或设备组，由所在就地控制站控制其退出运行，并不再对其启动。

6.7.6　本条说明鼓风机控制的相关内容。

2　在采用鼓风曝气工艺的污水处理厂中，鼓风机的能耗占全厂能耗的 70%以上，所以鼓风机输出风量的调节是污水处理厂节能的重要措施。

3　鼓风曝气风量调节的模型流程是：污水处理厂的进水流量、水质（BOD 或 COD、TP、pH/T、NH_3-N 等）—生化池的溶解氧 DO—生化池的空气需求量—生化池风管进气量—生化池进气管阀门的调节—空气总管气量的计算—空气总管气压的维持—鼓风机调速或导叶角度的调节、鼓风机台数的调整。

6.7.9 污泥浓缩机组的控制应符合下列规定：

1 一个污泥浓缩机组装置包含污泥进料泵、加药泵、混合装置、反应器、污泥浓缩机、厚浆泵和增压泵等设备的控制。这些设备的基本启动、停止的逻辑控制都通过浓缩机组装置完成。

2 污泥浓缩机组设备控制箱一般是与设备配套提供，浓缩机组装置不仅应提供基本启动、停止逻辑控制而且应提供相关的污泥进料泵、加药泵、混合装置、反应器、污泥浓缩机、厚浆泵、增压泵等设备的联动控制。选择开关设在设备控制箱面板上，手动模式优先级高于联动模式。联动包括就地点动、就地自动和遥控。手动模式由人工操作污泥浓缩机组装置控制箱面板上的按钮，控制污泥浓缩机组装置的开启和关闭，此时不应执行来自 PLC 的控制命令。

6.7.10 污泥浓缩脱水机组控制装置应提供污泥脱水机组的基本启动、停止逻辑控制和相关设备的联动控制。还应提供污泥脱水机组的手动控制和相关设备的手动控制。整个流程中任一环节出现故障，都必须自动进入停机程序。

污泥浓缩脱水机启动时，应确认加药装置已经先行启动并正常运行，只有在加药装置正常运行时，才允许启动污泥脱水机。污泥脱水机运行过程中，如加药装置意外停机或故障报警，应立即进入停机程序。

污泥脱水机启动及运行时，应随时检查污泥料仓和输送机的运行状态，当污泥料仓满负荷或输送机停止时，禁止启动污泥脱水机，已经运行的污泥脱水机应立即进入停机程序。

6.9 防 雷 与 接 地

6.9.4 由于计算机控制系统、仪表、设备制造厂家对接地方式和接地电阻规定不相同，对接地极的独立设置或共同的规定也不相同，因此，按照电气等电位联结原则，仪表与控制系统，包括综合控制系统的接地，最终应与电气系统的接地装置连接。

6.10 控制设备配置要求

6.10.6 由于污水处理厂现场站设置比较分散，与中控室之间有一定距离，为了保证系统可靠性和安全性，中控室与各就地控制站之间的通信宜采用冗余光纤环的工业以太网。当二节点间通信距离大于 2km，应采用单模光端机。

光端机应按下列要求选择：

1）组网方式：星形、环形；

2）光纤接口：100Base-FX；

3）终端子网接口：10/100BaseTX；

4）网络协议：IEEE802.3；

5）冗余环网自愈时间：≤0.3s；

6）电源：冗余配置；

7）平均故障间隔时间（MTBF）：≥50000h；

8）通信距离：≥100m。

6.10.7 MIS 系统的工作站宜由 2 台计算机组成双机热备，配通讯控制器、服务器和网关等设备。

6.11 安全和技术防范

6.11.1 电视监控系统应利用安装在现场的摄像机，将现场情况实时、真实的通过图像和声音反映在控制中心的监视器上，供观察、记录和处理。

中控室管理人员可借助操纵键盘和手柄调整摄像机的方位、视角和焦距，通过矩阵控制器和视频监视器对厂区进行巡视。

6.12 控 制 软 件

6.12.2 开放的实时数据库通过对监控对象的组态、对监控对象的实时监测和控制，自动生成操作记录表、遥信变位、事故记录等实时数据。

6.12.3 本条介绍应用软件应包括功能。

3 系统软件具有强而有效的图形显示功能，能画出总平面图、工艺流程图、设置布置图（平面、剖面）、电气主结线图等。在确定监控画面后，可对监控对象进行形象图符设计、组态、连接、生成完整的实时监控画面，使用户能在监视器（CRT）上查询到各种监控对象的动态信息及故障，其形式可以是图像、报表、曲线以及直方图等。

同时还应具有友好的汉化人机接口界面，采用图形、图标方式，使管理人员方便地使用鼠标及键盘对系统进行管理、控制，通过监控画面的切换，进行数据查询、状态查询、数据存贮、控制管理等各种操作。

4 日常的数据管理，对采集到的各种数据经计算、处理、分类，自动生成各种数据库及报表，供实时监测、查询、修改、打印；数据管理还包括生成后的报表文件的修改或重组。

软件系统的可靠性应能保证数据的绝对安全，防止数据的非法访问，特别是对原始数据的修改，按操作等级进行管理，一般情况下，至少应设置三级操作级，即观察级、控制操作级和维护级，每一级都需有访问控制。

具有日常的网络管理功能，维持整个局网的运行，定时对各接口设备进行自检，异常时发出报警信号。

6 化学药剂消耗包括混凝剂、助凝剂、絮凝剂及其他添加剂等。

6.13 控制系统接口

由于污水处理厂的设备和仪表比泵站多而且复杂，所以将污水处理厂控制系统的接口分为二个部分，第一部分为污水处理厂内设备、仪表与就地控制站接口。第二部分为电力设备（包括高低压配电、变压器等）与就地控制站的接口。

6.16 设备安装技术要求

6.16.1 中央控制室是操作管理人员对系统进行操作管理的主要场所。控制室应设置于厂内视野较好的建筑物内，控制室的布置应满足一定条件，使操作人员可以俯视全部或主要生产区域。控制室设有计算机（包括监控计算机、服务器、工程师站）、打印机、操作台椅、通信机柜（包括所有通信和网络）、UPS电源等设备，布置应使操作人员的视野最适宜，姿势最舒适，动作最便利。

6.16.3 为了充分发挥控制系统的全部功能，提高其可靠性，中控室和就地控制站在位置选择上应注意避免下列场合：

1 腐蚀和易燃易爆的场所。

2 大量灰尘、盐分的场所。

3 太阳光直射的场所。

4 直接震动和冲击的场所。

5 强磁场、强电场和有辐射的场所。

7 排水工程的数据采集和监控系统

7.1 系 统 建 立

7.1.1 本条说明城镇排水系统数据采集和监视控制系统的体系。

1 第一层次为系统结构中最高一级，是各种信息最全的资源库。信息中心网站将城镇政府决策者、各管理部门及工作人员终端联成局域网，共同构成综合管理级。并通过有线（城市公用宽带网、电话网等）或无线（城市公用无线数据网、无线以太网等）通信介质，联接分布在城市各处的子系统。

2、3 第二层和第三层为排水信息中心或为按区域划分的监控中心。通过这些系统，实现企业管理信息化、信息交换网络化和办公自动化，从而改变工作方式和提高工作效率。这些系统通常采用客户机/服务器（C/S）的LAN结构（局域网）。一般实时性要求不太强。但因信息资源珍贵、量大、存储时间长，故对系统的可靠性要求高，应具有足够的存储容量和信息交换速度。通过网络互联技术，由基础级获取实时生产信息，处理并存入历史数据库；与上级信息综合管理层实现信息交换和资源共享。

5 第五层包含了排水和污水处理过程的全部实时信息，是各级管理层需要信息的主要来源。

7.1.2 各信息层的建立必须按每座城市的实际需要，应与当地排水系统管理体制相匹配。应建立简单实用、结构合理的系统。

1 由于小型城镇泵站、截流设施、污染源以及污水处理厂相对来说比较少，可以将信息集中送排水信息中心，不考虑第三层次的建立。

2 对于大型城市在排水信息中心下可按区域划分成若干个信息分中心，收集各自区域的信息。将信息流分开传输，保证数据双向通信。

7.1.3 信息层次一般可以理解为五层，信息化建设过程中可根据当地实际情况（例如管理机构的设置、建设资金等）和信息流的大小简化信息层次，污染源信息可以直接纳入上一级信息中心，建立通信关系。

7.2 系 统 结 构

7.2.1 在星形结构中，主站通过不同的信道与各分站连接，星形结构的优点是主站能更快的更新数据、有更高的可靠性（每一信道损坏时只影响一个分站）、易于维修（每一信道的检修不影响其他分站）。

7.2.3 控制中心主站与远程（含泵站污水处理厂、截流设施）之间的通信宜根据排水工程规范、施工环境、公共通信的条件，采取不同的方法：

1 自敷光（电）缆通信：对于地理位置比较接近的2～3km范围内主站和远程站之间的通信，使用直接电缆或光缆进行连接，可以降低通讯建设和维护费用，而且通讯可靠。

2 共用有线网通信：根据条件及地理位置的许可，在水务系统或几个相关领域内共建自敷光（电）缆的专用通信网络，作为专用信息通信。这种方法一次性投资较大，但以后使用中花费较小。

3 公共有线网通信：对于距离较远，又没有条件自组专用网的通信，采用有线公共网络DDN、PSTN、ADSL等，宜以DDN为主通道，PSTN为辅助通道。

4 自建无线网通信：向城镇无线电管理部门申请频点自行组网（230MHz）通信或点对点通信。采用230MHz频段，频点间隔为25kHz，根据需要无线通信组网可采用二级网络，设一座通信主站和若干个通信分站，以降低各远程站的天线高度，可以将各远程站的信息先送到通信分站，再由通信分站传到通信主站。

5 公共无线网通信：在有线不能到达的地方，自组专用通信网较困难时，采用GSM、CDMA、GPRS等完成数据通信。

7.2.4 通信的网络结构为星形，通信规约是数据通信系统中共同规定和遵循的一套信息交换格式，是保证收发双方能正确地交换信息的规则，因此，应选用符合国际标准的通信协议。同时，为了充分提高信道的利用率，可采用支持轮询和自报相结合的通信协议。数据上报的形式为按主站查询上报，且只上报变化的数据。

7.2.5 提高通信的可靠性，主站与各分站的通信宜采用主、备两个信道。按各分站的具体位置、规模和数据的不同采用不同的方式。一般宜以有线和无线相结合。并应有自动信道检测，主备用信道自动切换功能。当主信道出现故障时，改用备用信道。信道的切换权在主站。

7.3 系统功能

7.3.1 排水信息中心能接收下属各个区域监控中心的信息和上报的各类报表，并建立实时开放的数据库。对整个系统实现运行监视。同时向上级部门报告各项排水管理信息。

7.3.2 区域监控中心将收集的运行数据结合气象、水文、季节、时间等因素进行汇总、记录、统计、显示、报警和打印等处理，根据一定的数学模型，生成调度策略，控制模式和全局的运行参数，向各远程站下载，实现对整个系统运行的监视和维护，并能对下载参数进行调整。

应建立实时开放的数据库，对监控对象的实时监测和控制，自动生成操作记录表、遥信变位、事故记录等实时数据。

7.3.3 远程站按一定的采样周期采集现场设备状态信号和数据信号，对过程数据自动进行巡回采集和存贮，以明了的图形或数字方式，显示泵站整体和各部分的实时数据，反映泵站的实时工况。

远程站所采集的数据应作整理，剔除干扰数据。并接受监控主站下载的控制参数，作为调节和控制的依据。数据暂存是指当通信受阻时，上报数据暂存在缓冲器内，待通信恢复时送出。

远程站上报数据有三种类型：变位上报（状态量）、超越极限值上报（报警）、越死区上报（模拟量），区域监控中心应对这些数据有报警和记录的功能。

远程站应能按主站的要求或提供的参数，通过就地 PLC 的逻辑控制功能，提供设备运行的联动、连锁和控制调节。当主站的遥控模式和设备状态相矛盾时，拒绝接受，并向主站返回拒绝原因。

当远程站运行出现异常时应发出报警信号，报警信号是由控制器的开关量输出，通过继电器动作来驱动，报警信号分声、光两种报警。声报警：由安装于 RTU 柜中的蜂鸣器发声并由人工消声。光报警：在安装于 RTU 柜屏面上的光字牌闪光显示或在操作界面上以醒目的颜色闪烁显示。

7.5 系统设备配置

7.5.1 信息中心应由一个具有客户机/服务器（C/S）结构的开放式计算机局域网构成，组成整个系统信息层。

信息层计算机局域网宜为双重百兆（或千兆）以太网，经通信控制器及通信专线与各分站交换数据、以 CRT、模拟屏和大屏幕投影仪作为显示设备，对收集的运行数据和状态数据进行汇总、记录、统计、显示、报警、打印和上报。

中华人民共和国行业标准

镇（乡）村排水工程技术规程

Technical specification of wastewater engineering for town and village

CJJ 124—2008
J 800—2008

批准部门：中华人民共和国住房和城乡建设部
施行日期：2 0 0 8 年 1 0 月 1 日

中华人民共和国住房和城乡建设部
公　告

第51号

关于发布行业标准《镇（乡）村排水工程技术规程》的公告

现批准《镇(乡)村排水工程技术规程》为行业标准，编号为CJJ 124-2008，自2008年10月1日起实施。其中，第4.2.3、4.2.7、4.2.10、4.2.11、4.2.12条为强制性条文，必须严格执行。

本规程由我部标准定额研究所组织中国建筑工业出版社出版发行。

中华人民共和国住房和城乡建设部
2008年6月13日

前　言

根据建设部《关于印发〈二〇〇四年度工程建设城建、建工行业标准制订、修订计划〉的通知》（建标［2004］66号）的要求，规程编制组经广泛调查研究，认真总结实践经验，参考有关国际标准和国外先进标准，并在广泛征求意见的基础上，制订了本规程。

本规程的主要技术内容包括：总则、术语和符号、镇（乡）排水、村排水、施工与质量验收。

本规程中以黑体字标志的条文为强制性条文，必须严格执行。

本规程由住房和城乡建设部负责管理和对强制性条文的解释，由上海市政工程设计研究总院负责具体技术内容的解释。在执行过程中如有需要修改和补充的建议，请将相关资料寄送主编单位上海市政工程设计研究总院标准研究所（邮编：200092，上海市中山北二路901号），以供修订时参考。

本规程主编单位：上海市政工程设计研究总院

本规程参编单位：广东省建筑科学研究院
上海市城市建设设计研究院
广州市市政工程设计研究院
四川省城乡规划设计研究院

本规程主要起草人：张　辰　朱广汉　吴晓瑜　张铁群　陈贻龙　邓竞成　徐　震　孙家珍　樊　晟　汪传新

目　次

1 总 则

1.0.1 为贯彻落实科学发展观，实现城乡统筹发展，达到保护环境，防治污染，提高人民健康水平和保障安全的要求，制定本规程。

1.0.2 本规程适用于县城以外且规划设施服务人口在 50000 人以下的镇（乡）（以下简称镇）和村的新建、扩建和改建的排水工程。

1.0.3 镇村排水工程建设应以批准的镇村规划为主要依据，从全局出发，根据规划年限、工程规模，综合考虑经济效益和环境效益；应正确处理近期与远期、集中与分散、排放与利用的关系；应充分利用现有条件和设施，因地制宜地选择安全可靠、运行稳定的排水技术。

1.0.4 位于地震、湿陷性黄土、膨胀土、多年冻土以及其他特殊地区的镇村排水工程建设，应符合国家现行相关标准的规定。

1.0.5 镇村排水工程建设，除应按本规程执行外，尚应符合国家现行有关标准的规定。

2 术语和符号

2.1 术 语

2.1.1 镇（乡） town

经省级人民政府批准设置的镇和乡。

2.1.2 村 village

农村居民生活和生产的聚居点。

2.1.3 镇区 seat of government of town

经省级人民政府批准设置的镇、乡人民政府驻地的建成区和规划建设发展区。

2.1.4 集流场 concentration area

收集雨水的场地，可分为屋面集流场和地面集流场。

2.1.5 沼气池 methane tank

进行粪便厌氧处理并产生沼气的构筑物。

2.1.6 化粪池 septic tank

将粪便污水分格沉淀，并将污泥进行厌氧消化的小型处理构筑物。

2.1.7 圩垸 polder

有堤垸防御外水的低洼平原，有的地方称围、圩或垸，统称圩垸。

2.1.8 均化池 equalization tank

用以减少污水处理设施进水水量波动和水质波动的储水或过水构筑物。

2.1.9 污水净化沼气池 methane tank-biofilter sewage purification system

一种污水厌氧处理构筑物，由前处理区和后处理区两部分组成，前处理区为两级厌氧沼气池，后处理区为折流式生物滤池，由滤板和填料组成。

2.1.10 人工湿地 constructed wetland, artificial wetland

人工建造的由填料和植物构成的具有一定净化功能的处理设施。本规程指竖流式人工湿地。

2.2 符 号

V——污水净化沼气池、化粪池的总有效容积；

V_1——污水净化沼气池、化粪池的污水区有效容积；

V_2——污水净化沼气池、化粪池的污泥区有效容积；

V_3——污水净化沼气池的气室有效容积；

α——实际使用生活污水净化沼气池、化粪池的人数与设计总人数的百分比；

n——生活污水净化沼气池、化粪池的设计总人数；

q_1——每人每天生活污水量；

t_1——污水在污水净化沼气池、化粪池中的停留时间；

q_2——每人每天污泥量；

t_2——污水净化沼气池、化粪池的污泥清掏周期；

b——新鲜污泥含水率；

m——清掏后污泥遗留量；

d——粪便发酵后污泥体积减量；

c——污水净化沼气池、化粪池中浓缩污泥含水率；

k——气室容积系数；

q——渗水量；

A_1——水池的水面面积；

A_2——水池湿面积；

H_1——测定水池水位的初读数；

H_2——初读后 24h 时测定水池水位的终读数；

h_1——测定 H_1 时，水箱水位读数；

h_2——测定 H_2 时，水箱水位读数。

3 镇（乡）排水

3.1 一 般 规 定

3.1.1 镇区的排水制度应因地制宜地选择。新建地区宜采用分流制；现有合流制排水地区，可随镇区的改造和发展以及对水环境要求的提高，逐步完善排水设施；干旱地区可采用合流制。

3.1.2 镇区的雨水宜由管渠收集后自流排出。地势平坦、河（湖）水位较高的镇，可结合周边农田防洪、除涝和灌溉等要求，设置圩垸。地势低洼、雨水难以自流排出的镇区，应采用泵排出雨水。

3.1.3 应按地形条件，分区建立污水收集和处理系统，处理水排放应符合国家现行有关污水排放标准的规定。

3.1.4 排入镇区污水收集和处理系统的工业废水或专业养殖场污水，其水质应符合国家现行有关污水排放标准的规定。

3.2 设计水量和设计水质

3.2.1 居民生活污水定额和综合生活污水定额应根据当地采用的相关用水定额，结合建筑物内部给排水设施水平等因素确定，可按当地相关用水定额的60%～90%采用。设计水量应与当地排水系统普及程度相适应。

3.2.2 综合生活污水量总变化系数宜按表3.2.2的规定取值。

表3.2.2 综合生活污水量总变化系数

污水平均日流量（L/s）	5	15	40	70	100
总变化系数	2.5	2.2	1.9	1.8	1.6

注：1 当污水平均日流量为中间数值时，总变化系数可用内插法求得。
2 当污水平均日流量大于100L/s时，总变化系数应按现行国家标准《室外排水设计规范》GB 50014采用。
3 当居住区有实际生活污水量变化资料时，可按实际数据采用。

3.2.3 设计暴雨强度，应采用当地或邻近气象条件相似地区的暴雨强度公式计算。

3.2.4 雨水管渠的设计重现期，应根据汇水地区性质、地形特点和气候特征等因素确定，可选用0.3～1.0年。短期积水即可能引起严重后果的地区，可选用1.0～2.0年。合流管渠的设计重现期可适当高于同一情况下分流制雨水管渠的设计重现期。

3.2.5 合流管渠的截流倍数 n_0 应根据旱流污水的水质、设计水量、排放水体的卫生要求、水文、气候、排水区域大小和经济条件等因素经计算确定，一般可选用0.5～2，特别重要地区的截流倍数宜大于3。

3.2.6 镇生活污水的设计水质宜以实测值为基础分析确定，在无实测资料时，可按现行国家标准《室外排水设计规范》GB 50014采用。工业废水和专业养殖场污水的设计水质宜调查确定，也可按同类型废水、污水水质资料采用。

3.3 排水管渠和附属构筑物

3.3.1 排水管渠应根据镇规划，充分结合当地条件，统一布置、分期建设。排水管渠断面宜按规划期内的最高日最高时设计流量设计。

3.3.2 管道的最小管径和最小设计坡度宜按表3.3.2的规定取值。

表3.3.2 最小管径和最小设计坡度

管 别	位 置	最小管径（mm）	最小设计坡度
污水管	在街坊和厂区内	200	0.004
	在街道下	300	0.003
雨水管和合流管	—	300	0.003
雨水口连接管	—	200	0.01

注：管道坡度不能满足上述要求时，可酌情减小，但应采取防淤、清淤措施。

3.3.3 雨水管道和合流管道应按满流计算。污水管道应按非满流计算，其最大设计充满度应按表3.3.3的规定取值。

表3.3.3 最大设计充满度

管径或渠高（mm）	最大设计充满度
200～300	0.60
350～450	0.70
500～900	0.75

3.3.4 管道宜埋设在非机动车道下。管道的最小覆土深度应根据外部荷载、管材强度和土壤冰冻情况等条件确定。在机动车道下不宜小于0.7m；在绿化带下或庭院内的管道覆土深度可酌情减小，但不宜小于0.4m。

3.3.5 当采用管道排水时，宜采用基础简单、接口方便、施工快捷的管道。位于机动车道下的塑料管，其环刚度不宜小于8kN/m²；位于非机动车道下、绿化带下、庭院内的塑料管，其环刚度不宜小于4kN/m²。

3.3.6 直线管段检查井的最大间距宜按表3.3.6的规定取值。当采用先进的疏通方法或具备先进的疏通工具时，最大间距可适当加大。

表3.3.6 直线管段检查井最大间距

管径或暗渠净高（mm）	检查井最大间距（m）	
	污水管道	雨水管道或合流管道
200～300	20	30
350～450	30	40
500～900	40	50

3.3.7 检查井宜采用砖砌井、条石井、钢筋混凝土井、钢筋混凝土预制井或非混凝土材质整体预制井。污水检查井应进行防渗漏处理。

3.3.8 雨水管道检查井宜设置沉泥槽。

3.3.9 排水管渠与其他地下管线（或构筑物）水平和垂直的最小净距宜符合《城市工程管线综合规划规范》GB 50289、《室外排水设计规范》GB 50014及国家现行有关标准的规定。

3.4 泵　站

Ⅰ　一般规定

3.4.1　排水泵站供电可按三级负荷等级设计，重要地区的泵站宜按二级负荷等级设计。

3.4.2　位于居民区和重要地区的污水泵站，其格栅井和污水敞开部分，宜设置臭气收集和处理装置。

3.4.3　排水泵站宜采用潜水泵。当采用干式泵站时，自然通风条件差的地下式水泵间应设置机械送排风系统。

3.4.4　对远离居民点并有人值守的泵站，宜设置值班室和工作人员的生活设施。

3.4.5　排水泵站应设置清洗设施。

Ⅱ　潜水泵站

3.4.6　集水池前宜设置沉砂池和拦截漂浮物的设施，格栅井宜与集水池合建。

3.4.7　集水池宜由集水坑和配水区等组成。

3.4.8　集水池的设计水位和有效容积应符合下列要求：

1　集水池的最高设计水位，雨水泵站宜为进水管管顶标高，污水泵站宜为进水管充满度对应的标高。

2　集水池有效容积不应小于单台潜水泵5min的出水量。

3　集水池的最低水位应满足水泵的最小淹没深度要求。

3.4.9　污水泵站的潜水泵可现场备用，也可库存备用。水泵台数不大于4台时，宜库存备用。

3.4.10　集水池可不设通风装置；但检修时，应设临时送排风设施，且换气次数不宜小于5次/h。

3.4.11　机组外缘与集水池壁的净距应根据设备技术参数确定，并应大于0.2m，两机组外缘之间的净距应大于0.2m。

3.4.12　集水池底坡向集水坑的坡度不宜小于0.1。

3.4.13　集水池上宜采用盖板，盖板上宜设吊装孔、人孔和通风孔。

3.4.14　出水管上宜设置防止水流倒灌的装置。

3.4.15　集水池上可不设上部建筑，但应考虑设备安装和安全防盗措施。

3.5 污水处理

Ⅰ　一般规定

3.5.1　镇污水处理宜根据镇的功能、人口、地形地貌和地质等特点，合理划分排水区域，可采用集中处理与分散处理相结合的模式。

3.5.2　镇污水处理宜根据当地经济水平和水体环境容量，因地制宜地选择简单、经济、有效的技术措施。

3.5.3　污水站位置的选择，应符合镇规划的要求，并应符合现行国家标准《室外排水设计规范》GB 50014的有关规定。

3.5.4　污水站的规模应按项目总规模控制并作出分期建设的安排，综合考虑现状水量和排水系统普及程度，合理确定近期规模。

3.5.5　镇污水处理程度和方法应根据现行的国家和地方有关排放标准、污染物性质、排入地表水域的环境功能和保护目标确定。缺水地区的镇，污水经处理后宜进行回用。

3.5.6　镇污水处理工艺应按照实用性、适用性、经济性、可靠性的原则，因地制宜地选择适合当地自然条件、技术水平和经济条件的工艺，并应符合下列要求：

1　镇污水处理工艺应根据处理规模、水质特性、受纳水体的环境功能及当地的实际情况和要求，经全面技术经济比较后确定。

2　应尽可能减少臭气和噪声对人居环境的影响。

3　应切合实际地确定污水进水水质，对污水的现状水质特性、污染物构成应进行详细调查或测定，作出合理的分析预测。在水质成分复杂或特殊时，应通过试验确定污水处理工艺。

4　污水站分期建设时，宜考虑工艺的连续性，各阶段宜采用同一种工艺。

3.5.7　镇污水处理工艺的处理效率，应根据采用的处理类别确定，并符合下列规定：

1　当处理工艺为去除碳污染物或具有硝化作用或污泥稳定时，可按表3.5.7的规定取值；

2　当采用稳定塘工艺时，其BOD_5预期处理效率应为30%～90%。

表3.5.7　污水站处理效率

处理类别	污泥负荷 $kgBOD_5$/(kg MLSS·d)	污泥浓度 kg MLSS/m^3	处理效率(%)	
			SS	BOD_5
去除碳污染物	0.20～0.40	2.5～4.5	70～90	85～92
具有硝化作用	0.10～0.15	2.5～4.5	70～90	≥95
污泥稳定	0.02～0.10	4.0～5.0	70～90	≥95

3.5.8　污水站的出水排入水体前，应设置消毒设施。

3.5.9　污水站可因地制宜地选择化验项目。

3.5.10　污水站的供电可按三级负荷等级设计。

Ⅱ　均化池

3.5.11　处理水水质或水量变化大时，宜设置均化池。

3.5.12　均化池在污水处理流程中的位置，应根据处理系统的具体情况确定。

3.5.13 均化池的容积应根据污水流量变化曲线确定，并应留有余地。

3.5.14 均化池应设置冲洗、溢流、放空、防止沉淀、排除漂浮物和泡沫等设施。

Ⅲ 污水净化沼气池

3.5.15 污水净化沼气池必须设在室外，其外壁距建筑物外墙不宜小于 5m，距水井等取水构筑物的距离不得小于 30m。

3.5.16 污水净化沼气池的池壁和池底应进行防渗漏处理，气相部分内壁应进行防腐处理。

3.5.17 污水净化沼气池应由前处理区和后处理区两部分组成。前处理区宜为两级厌氧沼气池；后处理区应为折流式生物滤池，宜分为四格，并应内设不同级配的填料。填料可采用不同形式；当采用颗粒填料时，第一、二格填料粒径宜为 5～40mm，第三格填料粒径宜为 5～20mm，第四格填料粒径宜为 5～15mm。每格填料高度宜为 0.45～0.5m，填料体积宜为后处理区容积的 30%。

3.5.18 污水净化沼气池的进、出水液位应据填料形式确定，其差不宜小于 60mm。

3.5.19 后处理区应设通风孔，孔径不宜小于100mm。

3.5.20 当粪便污水和其他生活污水分别进入池内时，宜采用下列工艺流程：

其他生活污水
↓
粪便污水→ 前处理区Ⅰ → 前处理区Ⅱ → 后处理区 →出流

3.5.21 当粪便污水和其他生活污水合并进入池内时，宜采用下列工艺流程：

粪便污水、其他生活污水→ 前处理区Ⅰ → 前处理区Ⅱ → 后处理区 →出流

3.5.22 前后处理区的容积比宜为 2∶1，前处理区Ⅰ与前处理区Ⅱ的容积比宜为 1∶1。

3.5.23 污水净化沼气池进水管道的最小设计坡度宜为 0.04。

3.5.24 污水净化沼气池的总有效容积宜按下列公式计算：

$$V = V_1 + V_2 + V_3 \qquad (3.5.24\text{-}1)$$

$$V_1 = \frac{\alpha n q_1 t_1}{24 \times 1000} \qquad (3.5.24\text{-}2)$$

$$V_2 = \frac{\alpha n q_2 t_2 (1-b)(1-d)(1+m)}{1000(1-c)} \qquad (3.5.24\text{-}3)$$

$$V_3 = k(V_1 + V_2) \qquad (3.5.24\text{-}4)$$

式中 V——污水净化沼气池的总有效容积（m^3）；

V_1——污水净化沼气池的污水区有效容积（m^3）；

V_2——污水净化沼气池的污泥区有效容积（m^3）；

V_3——污水净化沼气池的气室有效容积（m^3）；

α——实际使用污水净化沼气池的人数与设计总人数的百分比（%），可按表 3.5.24 确定；

n——污水净化沼气池的设计总人数（人）；

q_1——每人每天生活污水量[L/(人·d)]，当粪便污水和其他生活污水合并流入时，为 100～170L/(人·d)，当粪便污水单独流入时，为 20～30L/(人·d)。

t_1——污水在污水净化沼气池中的停留时间，可取 48～72h；

q_2——每人每天污泥量［L/（人·d）］，当粪便污水和其他生活污水合并流入时，为 0.8L/（人·d），当粪便污水单独流入时，为 0.5 L/（人·d）；

t_2——污水净化沼气池的污泥清掏周期，可取 360～720d；

b——新鲜污泥含水率（%），取 95%；

m——清掏后污泥遗留量（%），取 20%；

d——粪便发酵后污泥体积减量（%），取 20%；

c——污水净化沼气池中浓缩污泥含水率（%），取 90%；

k——气室容积系数，取 0.12～0.15。

表 3.5.24 污水净化沼气池及化粪池使用人数百分比 α

建筑物类别	百分比（%）
家庭住宅	100
村办医院、养老院、幼儿园（有住宿）	100
企业生活间、办公楼、教学楼	50

Ⅳ 人工湿地

3.5.25 当有可供利用的土地和适用的场地条件时，经环境影响评价和技术经济比较后，可采用人工湿地处理工艺。

3.5.26 人工湿地宜两组或两组以上并联运行。

3.5.27 污水进人工湿地前应预处理，也可进行沉淀处理。

3.5.28 人工湿地宜由进水管、出水管、透气管、砂砾或岩石填料构成的过滤层、底部不透水层和具有一定净化功能的水生植物组成。透气管宜埋入填料中，其管口应高出填料 300mm。

3.5.29 人工湿地倾向出水管的坡度不宜小于 0.01。

3.5.30 过滤层宜按一定级配布置填料。当采用竖流式时，自上而下填料级配宜为 8～12mm、12～16mm

和16～40mm；填料高度宜为0.20～0.30m、0.35～0.50m和0.25～0.30m。

3.5.31 人工湿地的表面有机负荷宜根据试验资料确定；在无试验资料时，可参照类似工程选择。

Ⅴ 稳 定 塘

3.5.32 当有可利用的池塘、沟谷等闲置土地或沿海滩涂等条件时，经环境影响评价和技术经济比较后，可采用稳定塘处理工艺。用作二级处理的稳定塘系统，处理规模不宜大于5000m³/d。塘址为池塘、沟谷时，应有排洪设施；塘址为沿海滩涂时，应考虑潮汐和风浪的影响。

3.5.33 污水进稳定塘前应预处理，也可进行沉淀处理。

3.5.34 稳定塘可布置为单级塘或多级塘。单级稳定塘应为兼性塘、好氧塘或曝气塘。单级塘应分格并联运行。

3.5.35 在污水BOD_5大于300mg/L时，宜在多级塘系统的首端设置厌氧塘。

3.5.36 厌氧塘进水口宜设置在距塘底0.6～1.0m处；出水口宜设置在水面下0.6m处，并应位于冰层和浮渣层之下。

3.5.37 第一级塘应设置排泥或清淤设施，并宜分格并联运行。

3.5.38 稳定塘系统出水水质，根据受纳水体的不同要求，应符合国家现行有关标准的规定。在二级及以上稳定塘后可设置养鱼塘，其水质必须符合国家现行的有关渔业水质的规定。

3.5.39 稳定塘的出水水位应根据当地防洪标准确定。

3.5.40 稳定塘的设计数据应由试验资料确定；当无试验资料时，根据污水水质、处理程度、当地气候和日照等条件，可按表3.5.40的规定取值。

表3.5.40 稳定塘典型设计参数

塘型		BOD_5表面负荷 kg BOD_5/(hm²·d) Ⅰ区	Ⅱ区	Ⅲ区	单元塘水力停留时间(d) Ⅰ区	Ⅱ区	Ⅲ区	有效水深(m)	BOD_5处理效率(%)
厌氧塘		200	300	400	3～7	2～5	1～3	3～5	30～70
兼性塘		30～50	50～70	70～100	20～30	15～20	5～15	1.2～1.5	60～80
好氧塘	常规处理塘	10～20	15～25	20～30	20～30	10～20	3～10	0.5～1.2	60～80
好氧塘	深度处理塘	<10	<10	<10		2～5		0.5～0.6	40～60
曝气塘	部分曝气塘	50～100	100～200	200～300		1～3		3～5	60～80
曝气塘	完全曝气塘	100～200	200～300	200～400		1～15		3～5	70～90

注：Ⅰ、Ⅱ、Ⅲ区分别适用于年平均气温在8℃以下地区、8～16℃地区和16℃以上地区。

3.6 污泥处理

Ⅰ 一 般 规 定

3.6.1 镇污水站产生的污泥经检测达到国家现行有关标准的应进行综合利用。

3.6.2 镇污水站产生的污泥宜采用重力浓缩、污泥自然干化场等方式处理。

3.6.3 采用污泥机械脱水处理时，可将多个污水站的污泥进行集中脱水处理，也可设置移动脱水机巡回脱水。

3.6.4 污泥作肥料时应进行堆肥处理，有害物质含量应符合国家现行有关标准的规定。

Ⅱ 污泥干化场

3.6.5 污泥干化场宜用于气候较干燥、有较多土地和环境卫生条件许可的地区。

3.6.6 污泥干化场的污泥固体负荷量，宜根据污泥性质、年平均气温、降雨量和蒸发量等因素，参照相似地区经验确定。

3.6.7 干化场分块数不宜少于3块；围堤高度宜采用0.5～1.0m，顶宽宜采用0.5～0.7m。

3.6.8 干化场宜设人工排水层，人工排水层填料可分为两层，每层厚度宜为0.2m。下层应采用粗矿渣、砾石或碎石，上层宜采用细矿渣或砂等。

3.6.9 排水层下宜设不透水层，不透水层宜采用黏土，其厚度宜为0.2～0.4m；也可采用厚度为0.10～0.15m的低强度等级混凝土或厚度为0.15～0.30m的灰土。不透水层坡向排水设施的坡度，宜为0.01～0.02。

3.6.10 污泥干化场应有排除上层污泥水的设施，上层污泥水应返回污水站处理，不得直接排放。

4 村 排 水

4.1 一 般 规 定

4.1.1 村排水宜采用雨、污分流制。

4.1.2 雨水沟渠宜与路边沟结合。

4.1.3 干旱、半干旱地区应收集利用雨水。

4.1.4 村居民污水量宜按照《镇（乡）村给水工程技术规程》CJJ 123的用水定额并结合当地用水习惯和用水条件等因素确定。

4.1.5 粪便污水不得直排，必须经沼气池或化粪池处理；处理后的熟污泥可供农田利用。

4.1.6 专业养殖户污水、工业废水必须处理，并应符合排放标准后排放或综合利用。

4.2 沼 气 池

4.2.1 沼气池宜用于年平均气温高于10℃的地区。

4.2.2 沼气池产生的可燃气体应用作燃料。

4.2.3 沼气池应设在室外，不得设在室内。

4.2.4 沼气池的池址宜选择在背风向阳、土质坚实、地下水位低、出料方便的地方，并应远离水井、树木和公路。

4.2.5 沼气池容积可根据家庭人口和饲养畜禽数量确定。户用沼气池容积宜为 $6\sim8m^3$，每户1池或2池；多户共用的沼气池容积应根据实际情况确定。

4.2.6 沼气池可选用圆筒形水压式池型，沼气池池墙、池底和水压间可采用混凝土结构，拱盖可采用无模拱法砖砌筑。

4.2.7 沼气池应密封，并应能承受沼气的工作压力。固定盖式沼气池应有防止池内产生负压的措施。

4.2.8 沼气池宜设检测气量和气压的设施。

4.2.9 沼气池池壁和池底应进行防渗漏处理，气相部分内壁应进行防腐处理。

4.2.10 沼气池出气管上应安装气体净化器。

4.2.11 沼气池溢流管出口不得放在室内，并必须有水封。沼气池出气管口应设回火防止装置。

4.2.12 沼气池输气管管道必须符合国家现行有关产品标准的规定，不得使用再生塑料管。采用金属管道时必须进行防腐处理，并应符合国家现行有关防腐标准的规定。

4.2.13 当输气管总长小于25m时，管径不宜小于8mm；当输气管总长为25～50m时，管径不宜小于10mm；当输气管总长超过50m时，管径不宜小于12mm。

4.2.14 室外输气管宜埋设在地下并设置积水器。输气管埋设深度宜在室外地坪150mm以下，坡度不宜小于0.01，并应坡向积水器。沼气管道与地下其他管道相交或平行时，至少应有100mm的间距。当采用软管时，管外宜套硬质涵管。

4.2.15 室内输气管安装时，坡度不应小于0.01，并应坡向立管；偏转角度大于90°时，应用弯头连接。

4.2.16 室内管道应固定，并且固定点间距应符合下列要求：立管不宜大于0.8m；横管不宜大于0.5m。

4.2.17 输气管不应与电线交叉；当与电线平行时，间距不宜小于0.1m。

4.2.18 输气管与烟囱距离不宜小于0.5m。

4.2.19 沼气开关应固定在方便操作和检查的位置。

4.2.20 积水器应安装在输气管的最低处并应操作方便。

4.2.21 沼气池应每年检查一次气密性，4～8年应进行一次维修。

4.2.22 输气管应经常检查是否漏气和堵塞，发现漏气或使用5年后应进行更换。

4.2.23 有条件的地区，可设置农村能源物业管理站，对沼气池的建设、安全运行和维修提供服务。

4.3 化 粪 池

4.3.1 化粪池宜用于使用水厕的场合。

4.3.2 化粪池宜设置在接户管下游且便于清掏的位置。

4.3.3 化粪池可每户单独设置，也可相邻几户集中设置。

4.3.4 化粪池应设在室外，其外壁距建筑物外墙不宜小于5m，并不得影响建筑物基础；如受条件限制设置于机动车道下时，池顶和池壁应按机动车荷载核算。

4.3.5 化粪池与饮用水井等取水构筑物的距离不得小于30m。

4.3.6 化粪池池壁和池底应进行防渗漏处理。

4.3.7 化粪池的构造应符合下列要求：

1 化粪池的有效深度不宜小于1.3m，宽度不宜小于0.75m，长度不宜小于1.0m，圆形化粪池直径不宜小于1.0m；

2 双格化粪池第一格的容量宜为总容量的75%；三格化粪池第一格的容量宜为总容量的50%，第二格和第三格宜分别为总容量的25%；

3 化粪池格与格、池与连接井之间应设通气孔；

4 化粪池进出水口应设置连接井，并应与进水管和出水管相连；

5 化粪池进出水口处应设置浮渣挡板；

6 化粪池顶板上应设有人孔和盖板。

4.3.8 化粪池的有效容积宜按下列公式计算：

$$V = V_1 + V_2 \tag{4.3.8-1}$$

$$V_1 = \frac{\alpha n q_1 t_1}{24 \times 1000} \tag{4.3.8-2}$$

$$V_2 = \frac{\alpha n q_2 t_2 (1-b)(1-d)(1+m)}{1000(1-c)} \tag{4.3.8-3}$$

式中 V——化粪池的有效容积（m^3）；

V_1——化粪池的污水区有效容积（m^3）；

V_2——化粪池的污泥区有效容积（m^3）；

α——实际使用化粪池的人数与设计总人数的百分比（%），按本规程表3.5.24取值；

n——化粪池的设计总人数（人）；

q_1——每人每天生活污水量[L/(人·d)]，当粪便污水和其他生活污水合并流入时，为100～170 L/(人·d)，当粪便污水单独流入时，为20～30 L/(人·d)。

t_1——污水在化粪池中停留时间，可取24～36h；

q_2——每人每天污泥量［L/（人·d)]，当粪便污水和其他生活污水合并流入时，为0.8L/（人·d），当粪便污水单独流入时，为0.5L/（人·d）；

t_2——化粪池的污泥清掏周期，可取90～360d；

b——新鲜污泥含水率（%），取95%；

m——清掏后污泥遗留量（%），取20%；

d——粪便发酵后污泥体积减量（%），取20%；

c——化粪池中浓缩污泥含水率（%），取90%。

4.4 雨水收集和利用

4.4.1 干旱、半干旱地区的村，雨水宜采用集流场收集，集流场可分为屋面集流场和地面集流场。

4.4.2 集流场收集的雨水宜采用水窖贮存，有条件地区也可在农家房前或田间采用露天敞口池收集贮存雨水。

4.4.3 收集的雨水可用于灌溉或杂用。

5 施工与质量验收

5.1 一般规定

5.1.1 施工前，应编制施工组织设计或施工方案，明确施工质量负责人和施工安全负责人，经批准后方可实施。

5.1.2 施工中，应作好材料设备、隐蔽工程和分项工程等中间环节的质量验收；隐蔽工程应经过验收合格后，方可进行下一道工序施工。

5.1.3 管道工程的施工和验收，除应按本规程执行外，尚应符合现行国家标准《给水排水管道工程施工及验收规范》GB 50268的有关规定；混凝土结构工程的施工和验收，尚应符合现行国家标准《混凝土结构工程施工质量验收规范》GB 50204的有关规定；砌体结构工程的施工和验收，尚应符合现行国家标准《砌体工程施工质量验收规范》GB 50203的有关规定；构筑物的施工和验收，尚应符合现行国家标准《给水排水构筑物施工及验收规范》GBJ 141的有关规定。

5.1.4 排水工程竣工验收后，建设单位应将有关设计、施工和验收的文件归档。

5.2 施　工

5.2.1 管道的施工应根据土的种类、水文地质情况、施工方法、施工环境、支撑条件、管渠断面尺寸、管渠长度和管渠埋深等情况，选择沟槽的开挖断面；开挖断面可为直槽、梯形槽和混合槽等形式。

5.2.2 沟槽开挖应保证基坑和边坡的稳定，并应留有足够的施工空间。管渠外壁到沟壁的净距不应小于表5.2.2的规定。

表5.2.2 管渠外壁到沟壁的最小距离

管径或渠高（mm）	最小距离（mm）
≤300	150
350～450	200
500～900	300

注：1 当有支撑或槽深大于3m时，最小距离应适当加大；

2 沟槽总宽度不宜小于600mm。

5.2.3 沟槽开挖、管道敷设和回填均应保证基坑不积水和相对干燥。

5.2.4 沟槽开挖宜按检查井间距分段进行，敞沟时间不宜过长；管道安装敷设验收合格后，方可回填。

5.2.5 具备沟槽回填条件时，应及时回填。从槽底至管顶以上0.5m范围内，回填土不得含有有机物、冻土以及粒径大于50mm的砖石等硬块；回填料、回填高度以及压实系数应符合相关要求。

5.2.6 回填应对称进行，除管顶以上0.5m范围内采用薄铺轻夯逐层夯实外，其余宜按200～250mm厚度分层夯实。

5.2.7 防渗漏处理和反滤层的施工，应作为关键工序进行单项验收；质量验收合格后，应注意保护。

5.2.8 沟槽或构筑物基坑超过一定深度或邻近有需要保护的建筑物、管道等时，应进行基坑设计或施工方案评审。

5.2.9 钢筋混凝土构筑物的施工，应做好钢筋保护层、变形缝的保护，应避免和减少施工冷缝，并控制好温度裂缝，应保证其水密性和耐久性。

5.2.10 混凝土构件浇筑前，钢筋工程必须验收合格。

5.2.11 砌体构筑物的壁与混凝土底板连接时，应使砌体壁嵌入底板20～30mm，或底部200～300mm高度的壁板采用混凝土与底板整体浇筑，连接处混凝土表面拉毛坐浆处理。

5.2.12 砌体构筑物的内外壁应做厚度不小于20mm的防水水泥砂浆抹面层，并应两次以上完成。

5.2.13 沼气池施工除应符合国家现行有关标准对一般构筑物土建施工的规定外，尚应符合现行国家标准《户用沼气池施工操作规程》GB/T 4752的规定。

5.3 质量验收

5.3.1 对污水管、合流污水管和湿陷性黄土、膨胀土地区的雨水管，在回填土前应按现行国家标准《给水排水管道工程施工及验收规范》GB 50268的有关规定进行严密性试验。

5.3.2 管渠竣工验收时，应核实竣工验收资料，并应进行复验和外观检查。应对下列项目作出鉴定，并填写竣工验收鉴定书：

1 管渠的位置和高程；

2 管渠和附属构筑物的断面尺寸；

3 外观；

4 其他。

5.3.3 在符合下列条件时，可进行水池满水试验：

1 池体的混凝土或砖石砌体的砂浆已达到设计强度；

2 现浇钢筋混凝土水池的防水层和防腐层施工及回填土以前；

3 装配式预应力混凝土水池施加预应力后，保护层喷涂前；

4 砖砌水池防水层施工后；

5 石砌水池勾缝后。

5.3.4 水池满水试验前应完成下列工作：

1 将池内清理干净，修补池内外缺欠，临时封堵预留孔洞、预埋管口和进出水口等，检查进水和排水闸阀，不得渗漏；

2 设置水位观测标尺；

3 准备现场测定蒸发量的设备；

4 宜采用清水作为充水水源，做好充水和放水系统的准备工作。

5.3.5 水池满水试验应符合下列要求：

1 向水池内充水宜分三次进行，第一次充水高度宜为设计水深的1/3，第二次充水至设计水深的2/3，第三次充水至设计水深；

2 充水时，水位上升速度不宜大于2m/h，相邻两次充水的间隔时间不宜小于24h；

3 每次充水宜测读24h水位下降值，并应计算渗水量；在充水过程中和充水后，应对水池作外观检查；当渗水量过大时，应停止充水，待处理后方可继续充水；

4 充水至设计水位进行渗水量测定时，宜采用水位测针和千分表测定水位；水位测针的读数精度宜为0.1mm；

5 测读水位的初读数与终读数之间的间隔时间宜为24h；

6 若第一天测定的渗水量符合标准，宜再测定一天；若第一天测定的渗水量超过标准，而以后的渗水量逐渐减少，可延长观测时间；

7 现场测量蒸发量的设备，可采用直径约为500mm，高约为300mm的敞口钢板水箱，并应设有测定水位的仪表，水箱不得渗漏；

8 水箱宜固定在水池上，水箱中充水深度可约为200mm，测定水池中水位的同时，应测定水箱中水位。

5.3.6 水池满水试验时，应无渗水现象，混凝土水池的渗水量应小于2L/(m²·d)，砌体水池的渗水量应小于3L/(m²·d)。

5.3.7 水池的渗水量宜按下式计算：

$$q=\frac{A_1}{A_2}[(H_1-H_2)]-(h_1-h_2)] \quad (5.3.7)$$

式中 q——渗水量[L/(m²·d)]；

A_1——水池的水面面积（m²）；

A_2——水池湿面积（m²）；

H_1——测定水池水位的初读数（mm）；

H_2——初读后24h时测定水池水位的终读数（mm）；

h_1——测定H_1时，水箱水位读数（mm）；

h_2——测定H_2时，水箱水位读数（mm）。

5.3.8 水池工程施工完毕后必须竣工验收，竣工验收宜由建设单位组织设计、施工、管理（使用）、质量监督、监理和有关单位联合进行。

5.3.9 水池工程验收宜包括下列内容：

1 底板、池壁、柱、梁和预埋管道的位置、高程、平面尺寸，管件的安装位置和数量；

2 水池的渗水量；

3 水池材料的各类强度和等级；

4 水池四周土的回填夯实和平整情况。

5.3.10 水池管配件工程验收宜包括下列内容：

1 管材、管径、长度、走向、埋深、坡度、连接方式和管线的位置；

2 管道的密封性，防腐情况；

3 闸、阀的数量和位置，启闭和密封情况。

5.3.11 沼气池验收除应符合国家现行有关标准对一般构筑物的土建质量验收规定外，尚应符合现行国家标准《户用沼气池质量检查验收规范》GB/T 4751的规定。

本规程用词说明

1 为便于在执行本规程条文时区别对待，对要求严格程度不同的用词说明如下：

1）表示很严格，非这样做不可的：
正面词采用"必须"，反面词采用"严禁"。

2）表示严格，在正常情况下均应这样做的：
正面词采用"应"，反面词采用"不应"或"不得"。

3）表示允许稍有选择，在条件许可时首先应这样做的：
正面词采用"宜"，反面词采用"不宜"；
表示有选择，在一定条件下可以这样做的，采用"可"。

2 本规程中指明应按其他有关标准执行的写法为："应符合……的规定"或"应按……执行"。

中华人民共和国行业标准

镇（乡）村排水工程技术规程

CJJ 124—2008

条 文 说 明

目　次

1 总 则

1.0.1 说明制定本规程的宗旨目的。

1.0.2 规定本规程的适用范围。

为促进环境保护与经济社会协调发展，国家发展和改革委员会会同建设部、国家环保总局发出《关于组织编制全国城镇污水处理及再生利用设施建设规划的通知》（发改办投资［2005］513号文），要求组织编制《全国城镇污水处理及再生利用设施建设规划》，规划范围包括地级以上城市、县级市、县城。而对于县城以外的镇、乡和村，由于其排水工程与城镇相比有一定的区别，故编制本规程。

本规程适用于县城以外的镇、乡和村的新建、扩建和改建的排水工程。由于规划设施服务人口超过50000人的镇，其规模较大，宜按现行国家标准《室外排水设计规范》GB 50014的规定执行。

1.0.3 规定排水工程建设的主要依据和基本任务。

为建设社会主义新农村，构筑和谐社会，让全国镇村的广大居民有一个良好的劳动和生活环境，建设部批准、发布了《镇规划标准》GB 50188。镇村的排水工程建设应以批准的镇村规划为主要依据，任何组织和个人不得擅自改变。

镇村排水工程建设的基本任务是根据建设工程的要求，对建设工程所需的技术、经济、资源、环境等条件进行综合分析、论证，因地制宜，充分利用现有条件和设施，凡是能利用的或经过改造能利用的设施都应加以利用，充分体现节地、节水、节能和节材的原则，选择安全可靠、运行稳定的排水技术。本规程规定了基本任务和应正确处理的有关方面关系。

1.0.4 关于特殊地区排水工程建设尚应符合国家现行相关标准的规定。

1.0.5 关于排水工程建设尚应执行现行有关标准的规定。

3 镇（乡）排水

3.1 一 般 规 定

3.1.1 规定镇区排水制度的采用原则。

我国可开发利用的淡水资源十分有限，随着经济的快速发展，水环境质量面临总体下降的趋势，因此保护水环境质量是经济建设过程中必须高度重视的问题。

选择分流制排放雨、污水，可以将污水系统收集的污水输入污水处理设施处理后排放，相对污水而言，较清洁的雨水就近排入河道，从而达到缩减污水处理设施规模、节约投资，有效控制污染物排放的目的。

目前我国多数镇区的排水系统很不完善，一些镇区排水管渠尚不健全，污水截流更无从谈起，镇区内部或周边的水体质量逐步下降。随着社会主义新农村建设的逐步推进，农村人口有逐步集中居住的趋势，镇区的规模也越来越大，产生的污水也随之逐步趋向集中。在城市化水平逐步提高的同时，完善排水管渠，有条件的地区增加污水截流、处理设施，将现有无序的排水体制逐步完善，对于镇区内部或周边水体质量的改善，创造良好的居住环境都是十分必要的。

干旱地区，年降雨量较小，如果单独建设雨水管渠，其使用频率较低，考虑目前镇区的经济条件，在干旱地区可采用合流制排水。

3.1.2 规定镇区雨水的排放原则。

选择由管渠收集雨水后再排放，可以提高排水速度，有效防止地面漫流对地表的冲刷，保护地表植被、建筑物和道路等。

镇区的地域范围不大，雨水排放距离不长，一般情况下，地面与周边水体水面的高差基本能满足雨水自流排放所需的水力坡降，因此镇区可选择雨水自流排放，节约能源。

在南方沿江滨湖和受潮汐影响的河口三角洲地区，为了解决防洪、除涝和灌溉等问题，常在低洼平原区域设置圩垸防御外水。圩垸内地势低平，地面高程一般低于汛期外河水位，自流排水条件差，容易渍涝成灾；在大水年份，还存在外河洪水泛滥威胁。设置圩垸后，圩垸内河、湖、池、塘的水位可以调控，具有很好的防洪、除涝和灌溉等功能。镇区的雨水排放工程可与水利工程相结合，减小雨水管渠的直径，节约投资。

有些地势低洼、周边水体水位较高的镇区，只有采用水泵排出雨水才是安全、有效的方式。

3.1.3 关于污水排放标准的规定。

3.1.4 规定工业废水的排放标准。

镇区内的工业企业往往规模较小、污染较重、单位产品耗水量较大，所排放的废水中污染物含量与生活污水差别较大，甚至含有一些有毒有害、腐蚀性物质和重金属，在排入管道前，应进行必要的处理，达到相关标准后才能排入，并确保污水处理设施的处理效果。

3.2 设计水量和设计水质

3.2.1 关于污水定额和设计水量的规定。

因镇区的城市化水平低于城镇地区，建筑物内部给排水设施水平也不及城镇地区，因此其相应的污水定额稍低，可按当地相关用水定额的60%～90%采用。设计水量应与当地排水系统普及程度相适应，普及程度高污水收集率就高，水量就大。

此外，气候条件也会影响居民生活污水定额和综合生活污水定额。干旱地区，水资源紧张，水的重复利用率较高，较清洁的洗涤水可作为绿化浇洒水、道路和广场冲洗水，得以进入镇区污水收集和处理系统的污水量相对较小。因此干旱地区的污水定额较低，可取上述范围的低值。

3.2.2 规定生活污水量总变化系数的采用原则。

相关统计资料是综合生活污水量总变化系数的来源，但就目前我国镇的排水现状和管理水平而言，还无法收集相关的统计资料。相对于城镇而言，镇的人口少，社会分工简单，人们的生产、生活规律较一致，污水的产生时段较集中，因此综合生活污水量的总变化系数高于《室外排水设计规范》GB 50014 中的数据。本规程充分考虑镇排水特点和经济条件，综合生活污水量总变化系数在《室外排水设计规范》GB 50014 的基础上作了适当放大。

3.2.3 规定设计暴雨强度的计算原则。

3.2.4 规定设计暴雨重现期的采用原则。

考虑镇的经济条件，相对于城镇而定，适当降低了镇设计暴雨重现期。

3.2.5 规定截流倍数的采用原则。

考虑镇的经济条件，相对于城镇而言，镇的用地规模较小，适当降低了镇合流管渠的截流倍数。

然而，由于镇的取水口可能就在镇域范围内，同样排水口也不可能设置得很远。当采用合流体制排水时，暴雨初期排出的合流污水会在短期内污染水环境，引起较严重的后果，因此本规程规定水源保护区等特别重要地区截流倍数宜大于 3。

3.2.6 规定生活污水、工业废水水质的确定原则。

3.3 排水管渠和附属构筑物

3.3.1 规定排水管渠的设计和分期建设原则。

管渠一般使用年限较长，改建困难，如仅根据当前需要设计，不考虑规划，在发展过程中会造成被动和浪费；但是管渠系统的基建投资和维护费用都很大，同时镇预测的不确定性较城镇大，因而设计期限不宜过长。综合考虑，排水管渠断面宜按规划期内的最高日最高时设计流量设计。

3.3.2 规定排水管渠最小管径和最小设计坡度的采用原则。

由于经济原因，规定排水管渠最小管径比城镇小。一般情况下，镇区内部对排水管渠的疏通养护水平不及城镇地区，可以适当增加管渠坡度，以减少污泥淤积，因此本条中管渠最小设计坡度大于《室外排水设计规范》GB 50014 的数据。

3.3.3 规定排水管渠最大设计充满度的设计原则。

由于经济原因，镇污水管渠设计充满度比城镇大。

3.3.4 规定管道的最小覆土厚度。

由于镇的经济能力有限，排水管渠宜采取浅埋形式。但在确定管道覆土厚度时，必须考虑以下因素：首先是管材的质量，其次是外部荷载情况，还必须考虑筑路时的临时荷载，冰冻地区还须考虑冰冻深度的影响。如管道覆土厚度不能满足本条规定，应对管道采取加固措施，确保管道安全。

3.3.5 规定管道的选用原则。

近年来，塑料排水管在城镇排水建设中得到广泛应用，它们具有粗糙度小，管道敷设坡度小，过水能力强，基础简单，接口方便，施工快捷等优点。鉴于镇的施工水平有限，宜选用施工过程相对简便的塑料排水管，例如聚乙烯管、聚氯乙烯管、聚丙烯管、玻璃纤维增强夹砂塑料管等排水管道。在选用上述塑料管排水时，应注意管道环刚度与荷载的关系，确保管道本身和路基的安全。位于机动车道下的塑料排水管道，其环刚度不宜小于 8kN/m^2，位于非机动车道下、绿化带下、庭院内的塑料排水管道，其环刚度不宜小于 4kN/m^2。

3.3.6 规定检查井的最大间距。

因镇排水管道的养护水平较低，为了减小养护难度，检查井的间距不宜太大。

3.3.7 规定检查井材质和防渗要求。

近年来，由于非混凝土材质排水管道的大规模应用，与之配套开发的整体预制井同样具有基础简单、接口方便、施工快捷的优点，也可用于镇排水管网的建设中。

为了防止污水渗漏污染地下水，影响镇的供水安全，本条规定污水检查井应进行防渗漏处理。

3.3.8 规定雨水管道检查井沉泥槽的设置原则。

沉泥槽有截留进入雨水管道的粗重物体的作用。镇的道路路面等级较低，泥砂、小颗粒碎石等容易随水流入雨水口。部分镇居民可能还从事着农业生产，有时会占用部分市政道路从事农业生产，例如晾晒农作物等。为了避免泥砂、小颗粒碎石、散落的农作物、飘落的树叶等杂物流入管道后沉积，阻塞下游排水管道，规定雨水管道的检查井宜设置沉泥槽。

3.3.9 规定管线交叉时的处理原则。

3.4 泵　　站

Ⅰ 一般规定

3.4.1 关于排水泵站供电负荷等级的规定。

供电负荷等级应根据对供电可靠性的要求和中断供电在环境、经济上所造成损失或影响程度来划分。若突然中断供电，造成较大环境、经济损失，给居民生活带来较大影响者应采用二级负荷等级设计。对于镇排水泵站，可采用三级负荷等级设计，对于重要地区的泵站，宜按二级负荷等级设计。

3.4.2 关于泵站除臭的规定。

污水、合流污水泵站的格栅井和污水敞开部分，有臭气逸出，影响周围环境。对位于居民区和重要地区的泵站，宜设置臭气收集和处理装置。目前我国应用的臭气处理装置有生物除臭、活性炭除臭和化学除臭等。

3.4.3 关于泵站形式和通风的规定。

潜水泵站占地省、操作管理方便、运行成本低，宜采用。当采用干式泵站，地下式水泵间有顶板结构时，其自然通风条件较差，宜设置机械送排风系统排除可能产生的有害气体和泵房内的余热、余湿，以保障操作人员的生命安全和健康。通风换气次数一般为5～10次/h，通风换气体积以地面为界。该条内容在《室外排水设计规范》GB 50014－2006中为强制性条文，由于镇的经济条件有限，本规程不作强制性规定，但在检修时，应设临时送排风设施，通风次数不应小于5次/h。

3.4.4 关于泵站管理人员辅助设施的规定。

值班室系指在泵房内单独隔开一间，供值班人员工作、休息等用。对远离居民点并经常有人值守的泵站，宜适当设置值守人员的生活设施。

3.4.5 关于排水泵站设置清洗设施的规定。

排水泵站应设置清洗设施，以便平时清洗集水池和潜水泵吊出时的清洗。

Ⅱ 潜水泵站

3.4.6 关于泵站设置沉砂池和拦截设施的规定。

集水池前宜通过沉砂池沉积泥砂、通过格栅拦截大块的悬浮或漂浮的污物，以保护水泵叶轮和管配件，避免堵塞或磨损，保证水泵正常运行。

集水池宜与格栅井合建，其优点为布置紧凑，占地少，起吊设备可共用。合建的集水池宜采用半封闭式，闸门和格栅处敞开，其余部分加盖板封闭，以减少污染。

3.4.7 关于集水池组成的规定。

潜水泵站的水泵电机机组在集水池内，成为水下的泵室。水泵吸水口的底部有集水坑，集水池的进水侧有配水区或前池。

3.4.8 关于集水池设计水位和有效容积的规定。

1 集水池的最高设计水位应根据泵站的性质分别计算，雨水泵站按进水管满流计算，与进水管管顶相平；污水泵站按进水管充满度计算，与进水管的水面相平。

2 集水池的最高设计水位与最低设计水位之间的容积为集水池有效容积。如有效容积过小，则水泵开启频繁；有效容积过大，则增加工程造价。根据淹没式电机的技术要求，潜水泵每小时的启动次数不宜大于12次，工作周期不宜小于300s。

3 潜水泵站的最低设计水位应满足潜水泵的最小淹没深度要求，否则，会吸入空气，引起汽蚀或过热等问题，影响泵站正常运行。

3.4.9 关于污水泵站潜水泵备用的规定。

由于潜水泵调换方便，备用泵可以就位安装，也可以库存备用。根据《室外排水设计规范》GB 50014－2006规定，当工作泵台数不大于4台时，备用泵宜为1台；本规程规定在此情况下，宜库存备用，以减少土建规模，节省投资。

3.4.10 关于集水池通风要求的规定。

潜水泵房的集水池可不设通风装置，但检修时，应设临时送排风设施，排除可能产生的有害气体以及泵房内的余热、余湿，以保障操作人员的生命安全和健康，换气次数不宜小于5次/h。

3.4.11 关于机组布置的规定。

机组的间距应满足安全防护和操作、检修的需要，并确保配件在检修时能够拆卸。

3.4.12 关于集水池底坡的规定。

为利于清池时排空，规定池底坡向集水坑的坡度不宜小于0.1。

3.4.13 关于集水池盖板的规定。

为了保证潜水泵安装和检修，盖板上宜设吊装孔、人孔和通风孔。

3.4.14 关于出水管的有关规定。

出水管安装止回阀、拍门等防止水流倒灌设施的目的是在水泵突然停运时，防止出水管的水流倒灌，或水泵发生故障时检修方便。

3.4.15 关于集水池不设上部建筑的规定。

由于潜水泵安装在集水池内，为节省造价，充分发挥潜水泵的特点，集水池上可不设上部建筑，仅在池顶设盖板，并留有吊装孔、人孔或通风孔。潜水泵的安装、维修起吊可通过临时起吊架或吊车来完成；也可只设工字钢，在使用时安装起吊葫芦；工字钢应有防锈措施，起吊葫芦平时应保存在仓库内，以防锈蚀。

3.5 污水处理

Ⅰ 一般规定

3.5.1 关于镇污水处理模式的规定。

镇污水处理一般需根据镇的功能、人口、地形地貌、地质特点和排放要求，以经济合理、污染控制、形成管网和提高污水系统效率为原则，对一个区域内的几个镇的污水站的设置进行统一规划。当一个区域内镇密集且距离较近时，应通过技术经济比较，确定集中和分散处理的范围，并明确集中处理的镇和分散处理的镇，按规划逐步达到各自的处理要求。

镇污水的分散处理有两种含义，其一是点源的分散处理，如远离镇区的住宅；其二是各镇相对独立的污水处理模式。

3.5.2 关于镇污水处理技术选择原则的规定。

镇污水处理具有规模小、建成投产后运行费用难以解决等特点，为此，镇污水处理应按因地制宜原则，选用处理效果好、投资少、运行和维护费用省的工艺技术方案，确保运行简便、安全、适用。尽可能采用“生态技术”和“绿色技术”，做到污水处理工艺能耗和物耗的最小化、环境污染的最小化和资源重复利用的最大化。

3.5.3 关于污水站位置选择的规定。

污水站位置的选择，应符合镇规划和排水工程专业规划的要求。在山区或丘陵地区，可考虑利用自然地形，采用因地制宜的处理技术，以节省能源。

3.5.4 关于污水站处理规模的规定。

污水站的规模应按项目总规模控制，并进行分期建设，近期规模应综合考虑现状污水量和排水系统的普及程度，合理确定近期规模，确保收集足够的污水，以满足污水站近期运转的需要。

3.5.5 关于镇污水处理程度的规定。

镇污水的处理程度应根据国家和地方现行的有关排放标准、污染物的来源及性质、排入地表水域的环境功能和保护目标确定。有回用要求时，处理程度还应同时满足相关的再生水标准。

3.5.6 关于镇污水处理工艺选择原则的规定。

镇污水处理的工艺多种多样，各种工艺和实施方式各异，应根据污水水质、水体对排放尾水的水质要求等因素，通过技术经济比较后确定。主要技术经济指标包括：处理单位水量投资、削减单位污染物投资、处理单位水量电耗和成本、削减单位污染物电耗和成本、占地面积、运行可靠性、管理维护难易程度和总体环境效益等。

镇污水站，一般不考虑除臭，但应通过总图布置，减少臭气和噪声对人居环境的影响。

3.5.7 关于污水站处理效率的规定。

根据国内污水厂处理效率的实践数据，并参考国外资料制定。

二级处理的处理效率包括一级处理，一级处理的效率主要是沉淀池的处理效率。

镇污水二级处理应根据污水水质和处理要求合理地设置构筑物。当污水中悬浮物浓度不高或采用氧化沟、序批式活性污泥法工艺时，可不设初沉池；当二级生物处理采用生物膜法、序批式活性污泥法工艺、组合式活性污泥法(集生物反应与沉淀于一池)工艺时，可不设置二次沉淀池。

3.5.8 关于污水站设置消毒设施的规定。

根据国家有关排放标准的要求，在污水处理后排入水体前应设置消毒设施。消毒设施的选择，应根据消毒效果、消毒剂的供应、消毒后的二次污染、操作管理、运行成本等综合考虑后决定。

3.5.9 关于污水站化验项目的规定。

污水站可因地制宜地选择化验项目，并尽量简化。对于有些化验项目，可采用几座污水站共用一个化验室，或委托其他单位化验，实现社会化服务。

3.5.10 关于污水站供电负荷等级的规定。

供电负荷等级应根据对供电可靠性的要求和中断供电在政治、经济上所造成损失或影响程度来划分。若突然中断供电，造成较大经济损失，给镇生活带来较大影响者应采用二级负荷等级设计。对于镇污水站，可按三级负荷等级设计，对于重要地区的污水站，宜按二级负荷等级设计。

Ⅱ 均 化 池

3.5.11 关于设置均化池的规定。

镇区污水的水量和水质变化幅度都较城镇大。为了保证处理构筑物和设备的正常运行，对于处理水水量和水质波动较大的镇区污水，宜设置均化池，以调节水量和水质，使后续处理构筑物在运行期间能得到均衡的进水量和稳定的水质，达到理想的处理效果。

3.5.12 关于均化池设置位置的规定。

均化池在污水处理工艺流程中的位置，应依据每个处理系统的具体情况确定。如把均化池设于初沉池之前，设计中应考虑设置混合设备，以防止固体沉淀。

3.5.13 关于均化池容积的规定。

实际中往往得不出规律性很强的流量变化曲线，故确定均化池容积时，应视实际情况确定，并应留有余地。

3.5.14 关于均化池设置冲洗等装置的规定。

据调查，均化池的池面会有漂浮物和泡沫，为防止漂浮物和泡沫影响出水水质和环境卫生，应设冲洗装置、溢流装置、排出漂浮物和泡沫的设施。同时，均化池内应增设放空设施，池底坡度不小于0.05，便于放空与清淤。

Ⅲ 污水净化沼气池

3.5.15 关于污水净化沼气池设置位置的规定。

3.5.16 关于污水净化沼气池防渗和防腐的规定。

3.5.17 关于污水净化沼气池组成和构造的规定。

污水净化沼气池由前处理区和后处理区两部分组成。

前处理区为两级厌氧沼气池，每10～12户居民的生活污水经净化沼气池处理，产生的沼气可供一个沼气炉或一盏沼气灯燃烧之用。因圆形池不易漏气，若收集、利用沼气，可采用圆形池；若不收集、利用沼气，也可采用矩形池。

后处理区为折流式生物滤池，由滤板和填料组成。滤池宜分为四格，第一、二格为粗滤池，填料粒径宜为5～40mm；第三格为中滤池，填料粒径宜为5～20mm；第四格为细滤池，填料粒径宜为5～15mm。每格填料高度宜为0.45～0.5m。污水净化沼气池后处理区，即折流式生物滤池示意图如图1所示。

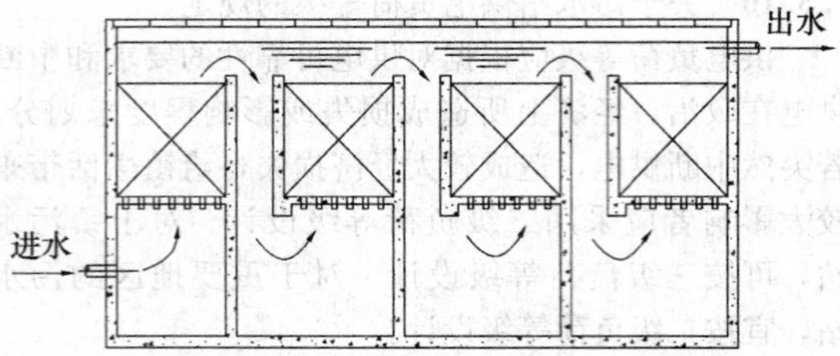

图1　折流式生物滤池示意图

3.5.18　关于液位差的规定。

为了保障水流通畅规定了液位差。

3.5.19　关于设置通风孔的规定。

后处理区会产生少量有毒和易燃、易爆气体，如硫化氢和甲烷等，及时将这些气体经通风孔排入大气，可避免中毒和爆炸事故的发生。

3.5.20　规定了粪便污水和其他生活污水分别流入时的工艺流程。

为了提高效率，可在第二级沼气池中添加半软性填料，加入量约为污水净化沼气池总池容的15%～20%；加入填料的缺点是易堵，因而应慎重考虑。

3.5.21　规定了粪便污水和其他生活污水合并流入时的工艺流程。

3.5.22　关于前后处理区容积比的规定。

3.5.23　关于污水净化沼气池进水管道最小设计坡度的规定。

根据江苏省的经验，为保障水流通畅，污水净化沼气池进水管道的最小设计坡度宜为0.04。

3.5.24　关于污水净化沼气池总有效容积计算公式的规定。

Ⅳ　人工湿地

3.5.25　关于人工湿地使用条件的规定。

本规程特指竖流式人工湿地。人工湿地由于其投资低、抗冲击力强、操作简单、建造和运行费用低、维护方便，同时可使污水处理与生态环境建设有机结合，在处理污水同时创造生态景观等特点，逐步被接受并得到应用，但人工湿地也有占地面积大、受气候影响大等缺点。

选用人工湿地时，必须考虑当地是否有合适的场地，并应对工程的环境影响、投资、运行费用和效益作全面的分析比较。

3.5.26　关于人工湿地并联运行的规定。

人工湿地运行的一个问题是填料堵塞。分成两组或两组以上，可分别进水。不进水的那组，在太阳照射下，填料上的生物膜会干化起壳而去除，这样填料不易堵塞，同时又利于氧气进入填料间，以提高处理效率。

3.5.27　关于人工湿地预处理的规定。

人工湿地处理系统的预处理，一般采用格栅和沉砂处理，也可进行沉淀处理。污水经预处理或一级处理后进人工湿地，可减少进水口附近积累的大量固体物，延长填料堵塞的时间。

3.5.28　关于人工湿地构造的规定。

人工湿地构造简单，包括进水管、出水管、透气管、过滤层、不透水层和具有一定净化功能的水生植物层。不透水层设于底部，采用不透水材料以防止污水渗漏；进水可采用多点进水以利于配水均匀；出水可采用沟排、管排、井排等方式；过滤层可选用砂、砾石、石灰石、石英砂、煤灰渣、高炉渣等填料。根据广东省深圳市某人工湿地的经验，设置透气管，有利于氧气进入填料间，从而提高处理效率。

3.5.29　关于人工湿地坡度的规定。

为了保证出水的顺畅，人工湿地倾向出水管的坡度不宜小于0.01。

3.5.30　关于过滤层填料的规定。

传统人工湿地的过滤层填料采用土壤、砂、砾石等，不同材料的填料对污染物的吸附性能和微生物附着性能不同。目前国内外正在研究的填料主要有：塑料，沸石，石灰石，石英砂，煤灰渣，高炉渣，草炭，粉煤灰，活性炭，陶瓷，蛭石，自然岩石与矿物材料等。所选填料都应满足：1)质轻；2)有足够的机械强度；3)比表面积大，孔隙率高；4)不含对人体健康和工业生产有害的物质，化学稳定性良好；5)水头损失小，形状系数好，吸附能力强；6)滤速高，工作周期长，产水量大，水质好。为了综合发挥各填料优势，人工湿地滤层往往由多种填料组成，填料级配十分重要，以有效去除各种污染物质，同时有效避免堵塞，提高运行周期。

3.5.31　关于人工湿地设计参数的规定。

人工湿地污水处理系统一般都是根据试验资料和现有的经验进行设计，通过对现有人工湿地处理系统成功运行经验的研究和总结，引导出具有普遍意义的设计参数和计算公式，在此基础上进行新系统的设计。温度对处理效率的影响很大，在寒冷地区的冰冻季节，人工湿地无法正常运行。表面有机负荷的取值也与温度有关，较冷地区可取较低负荷，较热地区可取较高负荷。如广东省深圳市某垂直流人工湿地采用 $500kgBOD_5/(hm^2 \cdot d)$ 负荷处理城市污水，江苏省宿迁市某垂直流人工湿地采用 $120kgBOD_5/(hm^2 \cdot d)$ 负荷处理生活污水，情况均良好。

Ⅴ　稳定塘

3.5.32　关于稳定塘选用原则和规模等的规定。

对于镇的污水，可考虑利用废旧池塘、沟谷等闲置土地，建设稳定塘污水处理系统。

稳定塘是接近自然的人工生态系统，它具有管理方便、能耗少等优点，但有占地面积大等缺点。稳定塘占地约为活性污泥法二级处理厂用地面积的13.3

～66.7倍。选用稳定塘时，必须考虑当地是否有足够的土地可供利用，并应对工程投资和运行费用作全面的经济比较。我国珠江三角洲地区地少价高，已有废弃稳定塘，建设活性污泥法处理厂的例子。国外稳定塘一般用于处理小水量的污水。如日本因稳定塘占地面积大，不推广应用；英国限定稳定塘用于三级处理；美国5000多座稳定塘总共处理污水量为898.9×$10^4m^3/d$，平均$1798m^3/d$，仅135座大于$3785m^3/d$。因此，稳定塘的规模不宜大于$5000m^3/d$。

3.5.33 关于稳定塘预处理的规定。

污水进入稳定塘前，应进行预处理，也可进行沉淀处理。预处理应视稳定塘系统的类别、污水水质而具体确定，一般为物理处理，其目的在于尽量去除污水中杂质或不利于后续处理的物质，减少塘中的积泥。常用的预处理有格栅、沉砂等。沉淀处理一般为初沉池处理。通过对许多稳定塘的运行调查，为方便运行管理，宜采用清污周期较长、管理简单的预处理设施。采用除砂渠和厌氧沉淀塘定期清淤比较符合实际情况。

3.5.34 关于稳定塘布置的规定。

稳定塘可布置为单级塘和多级塘。稳定塘分级越多，微生物群落分级也多，优势菌种越明显，降解速率越大，同时，流态越接近于推流，短流越少；但稳定塘串联级数过多，会增加工程造价，而效率提高有限。由于厌氧塘中仅发生水解、产酸和部分产气反应，出水五日生化需氧量浓度仍较高，故厌氧塘不应作为单级塘运行。为在故障和清淤时仍能处理污水，单级塘应分格并联运行。

3.5.35 关于厌氧塘设置条件的规定。

在污水五日生化需氧量浓度大于300mg/L时，采用厌氧塘处理较其他稳定塘能耗少，故作此规定。稳定塘中污水净化过程近似于自然水体的自净过程。污水刚进稳定塘时，污水中有机物浓度很高，溶解氧迅速消耗，初级塘中的溶解氧接近于零。随着污水在塘内缓慢流动，微生物降解有机物，溶解氧不断回升。所以厌氧塘一般布置在塘系统的首端。

3.5.36 关于厌氧塘进、出水口位置的规定。

由于上向流有利于提高厌氧处理效率，此规定有利于形成上向流。

3.5.37 关于第一级稳定塘排泥的规定。

进稳定塘的可沉悬浮物，大部分在第一级稳定塘内沉淀，并在塘底形成污泥沉积层，在沉积层内进行厌氧发酵反应，使污泥量减少，但这一进程缓慢，污泥沉积与降解不能平衡，并逐渐增厚。因此，第一级稳定塘应设置机械或重力的排泥或清淤措施；同时，为了保证清淤时不影响其他构筑物的运行，宜分格并联运行。

3.5.38 关于稳定塘出水水质的规定。

根据受纳水体功能的不同，对稳定塘净化污水可以有不同的要求。排放至水体时应符合《城镇污水处理厂污染物排放标准》GB 18918和《地表水环境质量标准》GB 3838的要求；应用于农田灌溉时应符合《农田灌溉水质标准》GB 5084的要求；应用于养鱼时应符合《渔业水质标准》GB 11607的要求。

3.5.39 关于稳定塘出水水位的规定。

稳定塘出水口的设计高程，应根据当地防洪标准确定，一般采用略高于某一重现期的最高洪水位或最高潮水位，以免受洪水和潮水的顶托。

3.5.40 关于稳定塘设计参数的规定。

我国幅员辽阔，条件各异，结合国内的具体条件，本规程按年均气温划分为8℃以下、8～16℃、16℃以上三个区域，规定不同地区、不同类型的工艺设计参数供设计人员选用。

3.6 污泥处理

Ⅰ 一般规定

3.6.1 关于污泥综合利用的规定。

综合利用方式包括：1)土地利用的绿化种植；2)土地利用的用于农田；3)填埋。污泥中含有大量植物生长所必需的肥分(N、P、K)、微量元素和土壤改良剂(有机腐殖质)，可增加土壤肥力，促进植物生长，故污泥的土地利用是一种积极有效的处置方式。但是，污泥中的重金属和其他有毒有害物质会在作物中富集，因而应慎重，且必须满足国家现行有关标准的规定。

3.6.2 规定镇污水站产生的污泥的处理方式。

3.6.3 关于污泥机械脱水的规定。

考虑到镇经济水平较低，污水站规模较小，故作此规定。

3.6.4 关于污泥用作肥料时，其有害物质含量应符合国家现行有关标准的规定。

因污泥中含有对植物及土壤有危害作用的病菌、寄生虫卵、难降解有机物、重金属和其他有毒有害物质，故规定污泥在用作肥料时，其中有害物质含量应符合国家现行标准的规定。

Ⅱ 污泥干化场

3.6.5 关于污泥干化场适用范围的规定。

污泥干化场的污泥主要靠渗滤、撇除上层污泥水和蒸发达到干化。蒸发量主要受当地自然气候条件，如平均气温、降雨量、蒸发量等因素影响。因而污泥干化场适用于降雨少、蒸发量大、气候较干燥的地区。污泥干化场占地较多，同时环境卫生条件较差，因而适用于有较多土地、周围无居民点和环境卫生条件许可的地区。

3.6.6 关于污泥干化场固体负荷量的规定。

由于污泥性质不同，各地气温、降雨量和蒸发量等气象条件不同，固体负荷量也不同，所以，固体负荷量宜充分考虑当地自然气候条件，参考相似地区的经验确定。在北方地区应考虑结冰期间，干化场储存污泥的能力。

3.6.7 规定干化场块数的划分和围堤尺寸。

干化场分块数不宜少于3块，系考虑进泥、干化和出泥能轮换进行，提高干化场的使用效率。

3.6.8 关于人工排水层的规定。

对脱水性能较好的污泥而言，污泥水的渗滤是干化场干化污泥的主要作用之一，设置人工排水层可加速污泥干化。我国已建干化场多设有人工排水层，国外规范也都是建议设人工排水层。但国内外建造的干化场也有不设排水层的。

3.6.9 关于设不透水层的规定。

为了防止污泥水渗入土壤深层和地下，造成二次污染，同时为了加速排水层中污泥水的排除，故在干化场的排水层下面设置不透水层。某些地下水较深，土壤渗透性又较差的地方，如果环评允许，可考虑不设不透水层。

3.6.10 关于设排除上层污泥水设施的规定。

污泥在干化场脱水干化中，有一个污泥沉降浓缩、析出污泥水的过程，及时将这部分污泥水排除，可以加速污泥脱水，提高干化场效率。

4 村 排 水

4.1 一 般 规 定

4.1.1 关于村排水制度的规定。

规定村排水制度宜采用分流制，但未作严格规定。对于城镇化水平较高的村，宜按镇的规定执行。

4.1.2 关于雨水沟渠布置的规定。

为节省投资，雨水沟渠宜与路边沟结合。

4.1.3 关于雨水收集利用的规定。

雨水资源是陆地淡水资源的主要形式和来源。我国是一个水资源缺乏的国家，我国西部、北部和西南局部地区都不同程度存在缺水现象。雨水的收集和利用可解决严重缺水地区的饮水问题，解决干旱、半干旱地区发展庭院经济和农作物补充灌溉用水问题。甘肃省定西市安定区青岚乡大坪村是缺水干旱地区，全村123户，约500余人。20世纪90年代开展121工程，即一户人家，二眼水窖，发展一处庭园经济。每户前院有菜地、水窖和截流雨水的场地。每眼水窖容积为30～40m^3，需200m^2的截流面积。每户二眼水窖基本够用。121工程为联合国组织的样板项目，每年都办培训班，学员来自亚非拉有关国家。因此在农村缺水地区宜对雨水进行收集、处理和综合利用。

4.1.4 关于污水量的规定。

4.1.5 关于粪便污水排放的规定。

村的粪便污水应优先考虑用作农肥，不得直接排放，必须经沼气池或化粪池处理；经沼气池或化粪池处理后的熟污泥可用作农肥。

4.1.6 关于专业养殖户污水和工业废水处理和排放的规定。

专业养殖户污水是指农村集体或专业户饲养畜禽所产生的污水，不含农户散养畜禽污水。

4.2 沼 气 池

4.2.1 关于沼气池适用范围的规定。

甘肃省定西市安定区青岚乡大坪村，年平均气温为10℃，有户6口之家，养了6头羊，2头猪和1条驴，粪便全部进沼气池。产生的沼气用作燃料，除冬季需补充其他燃料外，其他季节沼气基本够用。因而，年平均气温大于10℃的地区，采用沼气池是经济合理的。对于年平均气温低于10℃的地区，也可季节性使用沼气池，但需补充较多燃料。

4.2.2 关于可燃气体作燃料的规定。

沼气是一种清洁优质的能源，我国农村已广泛应用。使用沼气的农民弟兄说："种十亩田，不如建一个生态小家园。做饭不烧柴和炭，点灯不用油和电，烟熏火燎不再现，文明卫生真方便。"因而，作此规定。

4.2.3 关于沼气池设置位置的规定。

沼气是甲烷、二氧化碳和硫化氢等的混合气体，对人畜有危害，且遇明火有爆炸危险，故规定沼气池应在室外，不得设在室内。此处"室内"是指人居住的房间。

4.2.4 关于沼气池池址选择的规定。

4.2.5 关于沼气池容积的规定。

4.2.6 关于沼气池池型的规定。

水压式沼气池是我国推广最早数量最多的池型，故本规程推荐该种池型。

4.2.7 关于沼气池密封的规定。

沼气池是一个有内压的容器，工作时要维持一定气压。固定盖式沼气池在大量排泥时，池内可能产生较大负压，使空气进入池内，危及厌氧消化反应的进行，甚至有爆炸的危险性。故沼气池应有防止负压出现的措施。一般采用的措施为：进料和排泥同时进行；与贮气罐连通等。

4.2.8 关于沼气池检测气量和气压设施的规定。

在使用液柱式压力表时，通过调控器顶端的调节阀，将压力控制在工作区。压力太低，沼气灶点火困难，而且火力很小；压力太高，不容易点着火，且沼气燃烧不好，浪费沼气。

4.2.9 关于沼气池防渗和防腐的规定。

为防止污染地下水，应防止渗漏；沼气中含有二氧化碳和硫化氢等酸性气体，会腐蚀沼气池，规定气相部分内壁应进行防腐处理。

4.2.10 关于沼气池安装气体净化器的规定。

沼气中含有硫化氢，使用不当，会发生中毒事故。气体净化器主要功能是脱硫。

4.2.11 关于水封和回火防止器的规定。

主要从安全性考虑。

4.2.12 关于输气管材质的规定。

主要从安全性考虑，再生塑料管易破损而漏气。

4.2.13 关于输气管管径的规定。

主要从安全性和顺利输气考虑。

4.2.14 关于室外输气管埋设的规定。

为防止畜禽损害、老鼠咬破和车辆压伤输气管，输气管宜埋设在室外地坪150mm以下。沼气含有水分，沼气池温度一般比室温高，因而，沼气出池后会凝结产生水珠。为防止水珠积聚堵塞管道，规定了输气管的坡度和方向。从安全性考虑，规定了输气管道与地下其他管道相交或平行时，至少应有100mm的间距。

4.2.15 关于输气管安装的规定。

为防止管道偏转角度过大而压扁，从而影响输气，规定了偏转角度大于90°时，应用弯头连接。

4.2.16～4.2.18 关于室内管道固定点间距的规定。

4.2.19 关于沼气开关安装位置的规定。

4.2.20 关于积水器安装位置的规定。

4.2.21 关于沼气池气密性的规定。

主要从安全性考虑。

4.2.22 关于沼气输气管道的规定。

主要从安全性考虑。

4.2.23 关于沼气池管理的规定。

四川省农村建立了许多沼气物业管理站，对农村沼气池的建设和维修提供有偿服务。这些物业管理站基本能维持运行并略有节余。有条件的农村，也可设置农村沼气物业管理站进行市场化运作。

4.3 化粪池

4.3.1 关于化粪池适用场合的规定。

4.3.2 关于化粪池与接户管位置关系的规定。

4.3.3 关于化粪池设置的规定。

单门独户的住户可每户单独设置在庭院内。相邻住户可根据实际情况集中设置，其优点是有利于节约土地，管理方便。

4.3.4 关于化粪池设置位置的规定。

为满足环境卫生的要求，规定化粪池应设在室外。为确保不影响建筑物基础，其外壁距建筑物外墙不宜小于5m或池基础外缘与建筑物基础外缘的水平间距不应小于两者基础底高差的两倍。

4.3.5 关于化粪池与取水构筑物距离的规定。

4.3.6 关于化粪池防渗漏的规定。

为防止污染地下水，应防止渗漏。

4.3.7 关于化粪池构造的规定。

三格化粪池中各格容量与总容量的比值和设置挡板的规定与《建筑给水排水设计规范》GB 50015－2003的规定不同，这是根据江苏省经验作的修改。

4.3.8 关于化粪池有效容积计算公式的规定。

4.4 雨水收集和利用

4.4.1 关于村收集雨水形式的规定。

据干旱、半干旱地区收集雨水试验研究显示，修建了集流场的农户收集的雨水量比只修建水窖收集的雨水量多3～4倍，故规定宜采用集流场收集雨水；集流场应采用防渗材料修建；地面集流场防渗材料可采用混凝土、水泥土、塑料薄膜覆砂、黄土夯实、灰土等；屋面集流场的屋面可采用水泥瓦、机瓦、青瓦等。

4.4.2 关于贮存雨水的规定。

据干旱、半干旱地区的经验，用水窖贮存雨水较好，水窖可用混凝土浇筑，也可用陶制水窖。有条件地区也可在农家屋前或田间采用露天敞口池收集贮存雨水。

4.4.3 关于收集的雨水用途的规定。

收集的雨水可用于农田灌溉或杂用。在大气质量较好地区，经加矾沉淀和消毒后可作饮用水。甘肃省定西市安定区青岚乡大坪村，采用水窖贮存的雨水作饮用水。

5 施工与质量验收

5.1 一 般 规 定

5.1.1 关于施工前准备工作的规定。

5.1.2 关于施工中质量验收等的规定。

5.1.3 关于施工和验收尚应执行有关标准的规定。

5.1.4 关于工程竣工后文件归档的规定。

5.2 施 工

5.2.1 关于选择沟槽断面应考虑因素的规定。

5.2.2 关于沟槽开挖时基坑和边坡的有关规定。

保证基坑和边坡的稳定是沟槽开挖的基本要求，留有足够的施工空间是保证管道安装和沟槽回填质量的必要前提。

5.2.3～5.2.6 关于管道工程开挖、敷设和回填的规定。

保持沟槽的干燥是为避免基础底部变形影响管道敷设安装精度；采用分段施工和及时回填，是为避免沟槽暴露时间过久而回弹和雨水浸泡等不利影响。

5.2.7 关于防渗漏处理和反滤层施工的规定。

防渗漏处理和反滤层是化粪池、沼气池、污水净化沼气池、稳定塘等的关键部位，其直接影响使用和对环境的保护，应作单项验收和保护。

5.2.8 关于基坑设计或施工方案评审的规定。

不重视较深基坑开挖，会引发重大事故，教训是深刻的。基坑的安全等级和设计、施工、监测等应符合《建筑基坑支护技术规程》JGJ 120的规定。对于不具备条件的地区，应邀请有相关经验的人员对施工方案进行评审，保证安全。

5.2.9 关于钢筋混凝土构筑物施工的规定。

5.2.10 关于钢筋工程的规定。

5.2.11 关于砌体构筑物壁与混凝土底板连接的规定。

砌体构筑物的壁与混凝土底板连接处是较易渗漏的节点，因此，作此规定。

5.2.12 关于砌体构筑物内外壁处理的规定。

砌体结构相对于混凝土结构而言，其自防水性能差许多，为了提高结构耐久性，作此规定。

5.2.13 关于沼气池施工尚应执行有关标准的规定。

5.3 质 量 验 收

5.3.1 关于管道进行严密性试验的规定。

5.3.2 关于管道竣工验收的规定。

5.3.3 关于水池满水试验条件的规定。

5.3.4 关于水池满水试验前应完成工作的规定。

5.3.5 关于水池满水试验要点的规定。

5.3.6 关于水池满水试验渗水量的规定。

5.3.7 规定水池渗水量的计算公式。

5.3.8 关于水池竣工验收的规定。

5.3.9 关于水池验收内容的规定。

5.3.10 关于水池管配件工程验收内容的规定。

5.3.11 关于沼气池验收尚应执行有关标准的规定。

中华人民共和国行业标准

透水水泥混凝土路面技术规程

Technical specification for pervious cement concrete pavement

CJJ/T 135—2009

批准部门：中华人民共和国住房和城乡建设部
施行日期：2 0 1 0 年 7 月 1 日

中华人民共和国住房和城乡建设部
公　　告

第440号

关于发布行业标准《透水水泥混凝土路面技术规程》的公告

现批准《透水水泥混凝土路面技术规程》为行业标准，编号为CJJ/T 135—2009，自2010年7月1日起实施。

本规程由我部标准定额研究所组织中国建筑工业出版社出版发行。

中华人民共和国住房和城乡建设部

2009年11月16日

前　　言

根据住房和城乡建设部《关于印发〈2008年工程建设标准规范制订、修订计划(第一批)〉的通知》(建标[2008]102号)的要求，规程编制组在深入调查研究国内外科研成果，认真总结施工实践经验，并在广泛征求意见的基础上，制定了本规程。

本规程的主要技术内容是：1. 总则；2. 术语和符号；3. 材料；4. 结构组合与构造；5. 施工；6. 验收；7. 维护。

本规程由住房和城乡建设部负责管理，由江苏省建工集团有限公司负责具体技术内容的解释。执行过程中如有意见或建议，请寄送江苏省建工集团有限公司(地址：江苏省南京市江东北路301号1幢；邮政编码：210036)。

本规程主编单位：江苏省建工集团有限公司
河南省第一建筑工程集团有限责任公司

本规程参编单位：南京标美彩石建材有限公司
郑州市市政工程总公司
东南大学
长安大学
南京市市政公用局
江苏省国立建设发展有限公司
河南省第五建筑安装工程(集团)有限公司
江苏省建工集团装饰工程有限公司
南京大学

本规程主要起草人：许　平　王先华　胡伦坚　张　力　王明远　王　虎　王　懿　纪广强　刘　刚　刘忠宁　吴纪东　杜　军　张　林　张青山　沙学政　沙爱民　李　敬　范燕燕　季三荣　金少军　陈迪安　陆建彬　高建明　黄伟娟　谢晓鹏　裴建中

本规程主要审查人员：张　汎　温学钧　王今朝　王武祥　李　东　杨长辉　金孝权　谈至明　高秋利　黄晓东

目次

Contents

1 总　　则

1.0.1 为加强透水水泥混凝土路面工程质量，做到技术先进、经济合理、方便适用，制定本规程。

1.0.2 本规程适用于新建的城镇轻荷载道路、园林中的轻型荷载道路、广场和停车场等透水水泥混凝土路面的设计、施工、验收和维护。本规程不适用于严寒地区、湿陷性黄土地区、盐渍土地区、膨胀土地区的路面。

1.0.3 透水水泥混凝土路面的构造形式，应考虑地质条件、荷载等级、景观要求、环境情况、施工条件等因素。

1.0.4 本规程规定了透水水泥混凝土路面的设计、施工、验收和维护的基本技术要求。当本规程与国家法律、行政法规的规定相抵触时，应按国家法律、行政法规的规定执行。

1.0.5 透水水泥混凝土路面的设计、施工、验收和维护，除应符合本规程规定外，尚应符合国家现行相关标准的规定。

2 术语和符号

2.1 术　　语

2.1.1 透水水泥混凝土　pervious cement concrete

由粗集料及水泥基胶结料经拌合形成的具有连续孔隙结构的混凝土。

2.1.2 连续孔隙率　continuous void

透水水泥混凝土内部存在的连续孔隙的体积与透水水泥混凝土体积之百分比。

2.1.3 露骨透水水泥混凝土　water-washing pervious cement concrete

粗集料表面包裹的水泥基胶结料在终凝前经水冲洗后，表层粗集料露出本色原型的透水水泥混凝土。

2.1.4 增强料　reinforcer

用于改善粗集料和胶结料的粘结性能，提高透水水泥混凝土强度的添加剂。

2.1.5 透水系数　permeability coefficient

表示透水水泥混凝土透水性能的指标。

2.1.6 轻型荷载道路　light load road

仅允许轴载 40kN 以下车辆行驶的城镇道路和停车场、小区等道路。

2.1.7 全透水结构　total pervious structure

路表水能够直接通过道路的面层和基层向下渗透至路基土中的道路结构体系。

2.1.8 半透水结构　semi-pervious structure

路表水只能够渗透至面层，不渗透至路基土中的道路结构体系。

2.2 符　　号

h_1——透水水泥混凝土路面面层厚度；

h_2——透水水泥混凝土路面基层厚度；

M_a——每立方米透水水泥混凝土中外加剂用量；

$R_{W/C}$——水胶比；

R_{void}——设计孔隙率；

V_P——每立方米透水水泥混凝土中胶结料浆体体积；

W_C——每立方米透水水泥混凝土中水泥用量；

W_G——每立方米透水水泥混凝土中粗集料用量；

W_W——每立方米透水水泥混凝土中用水量；

ρ_C——水泥密度；

ρ_G——粗集料紧密堆积密度；

ν_C——粗集料紧密堆积孔隙率。

3 材　　料

3.1 原 材 料

3.1.1 水泥应采用强度等级不低于 42.5 级的硅酸盐水泥或普通硅酸盐水泥，质量应符合现行国家标准《通用硅酸盐水泥》GB 175 的要求。不同等级、厂牌、品种、出厂日期的水泥不得混存、混用。

3.1.2 外加剂应符合现行国家标准《混凝土外加剂》GB 8076 的规定。

3.1.3 透水水泥混凝土采用的增强料可分有机材料和无机材料二类，材料技术指标应符合表 3.1.3 的规定。

表 3.1.3　增强料的技术指标

聚合物乳液	含固量（%）	延伸率（%）	极限拉伸强度（MPa）
	40～50	≥150	≥1.0
活性 SiO_2	SiO_2 含量应大于 85%		

3.1.4 透水水泥混凝土采用的集料，必须使用质地坚硬、耐久、洁净、密实的碎石料，碎石的性能指标应符合现行国家标准《建筑用卵石、碎石》GB/T 14685 中的二级要求，并应符合表 3.1.4 规定。

表 3.1.4　集料的性能指标

项　目	计量单位	指　标		
		1	2	3
尺寸	mm	2.4～4.75	4.75～9.5	9.5～13.2
压碎值	%	<15.0		
针片状颗粒含量（按质量计）	%	<15.0		

续表 3.1.4

项目	计量单位	指标		
		1	2	3
含泥量（按质量计）	%	<1.0		
表观密度	kg/m³	>2500		
紧密堆积密度	kg/m³	>1350		
堆积孔隙率	%	<47.0		

3.1.5 透水水泥混凝土拌合用水应符合现行行业标准《混凝土用水标准》JGJ 63 的规定。

3.1.6 基层材料的要求应符合相关规范的规定。

3.2 透水水泥混凝土

3.2.1 透水水泥混凝土的性能应符合表 3.2.1 规定。

表 3.2.1 透水水泥混凝土的性能

项目		计量单位	性能要求	
耐磨性（磨坑长度）		mm	≤30	
透水系数（15℃）		mm/s	≥0.5	
抗冻性	25 次冻融循环后抗压强度损失率	%	≤20	
	25 次冻融循环后质量损失率	%	≤5	
连续孔隙率		%	≥10	
强度等级		—	C20	C30
抗压强度（28d）		MPa	≥20.0	≥30.0
弯拉强度（28d）		MPa	≥2.5	≥3.5

注：耐磨性与抗冻性性能检验可视各地具体情况及设计要求进行。

3.2.2 透水水泥混凝土耐磨性试验应符合现行国家标准《无机地面材料耐磨性能试验方法》GB/T 12988 的规定。

3.2.3 透水系数的测试方法应符合本规程附录 A 的要求。

3.2.4 抗冻性试验应符合现行国家标准《普通混凝土长期性能和耐久性能试验方法标准》GB/T 50082 的有关规定。

3.3 透水水泥混凝土配合比

3.3.1 透水水泥混凝土的配制强度，宜符合现行行业标准《普通混凝土配合比设计规程》JGJ 55 的规定。

3.3.2 透水水泥混凝土的配合比设计应符合本规程表 3.2.1 中的性能要求。

3.3.3 透水水泥混凝土配合比设计步骤宜符合下列规定：

1 单位体积粗集料用量应按下式计算确定：

$$W_G = \alpha \cdot \rho_G \tag{3.3.3-1}$$

式中 W_G——透水水泥混凝土中粗集料用量（kg/m^3）；

ρ_G——粗集料紧密堆积密度（kg/m^3）；

α——粗集料用量修正系数，取 0.98。

2 胶结料浆体体积应按下式计算确定：

$$V_P = 1 - \alpha \cdot (1 - \nu_C) - 1 \cdot R_{void} \tag{3.3.3-2}$$

式中 V_P——每立方米透水水泥混凝土中胶结料浆体体积（m^3/m^3）；

ν_C——粗集料紧密堆积孔隙率（%）；

R_{void}——设计孔隙率（%）。

3 水胶比应经试验确定，水胶比选择范围控制在 0.25～0.35，并应满足本规程表 3.2.1 中的技术要求。

4 单位体积水泥用量应按下式确定：

$$W_C = \frac{V_P}{R_{W/C} + 1} \cdot \rho_C \tag{3.3.3-3}$$

式中 W_C——每立方米透水水泥混凝土中水泥用量（kg/m^3）；

V_P——每立方米透水水泥混凝土中胶结料浆体体积（m^3/m^3）；

$R_{W/C}$——水胶比；

ρ_C——水泥密度（kg/m^3）。

5 单位体积用水量应按下式确定：

$$W_W = W_C \cdot R_{W/C} \tag{3.3.3-4}$$

式中 W_W——每立方米透水水泥混凝土中用水量（kg/m^3）；

W_C——每立方米透水水泥混凝土中水泥用量（kg/m^3）；

$R_{W/C}$——水胶比。

6 外加剂用量应按下式确定：

$$M_a = W_C \cdot a \tag{3.3.3-5}$$

式中 M_a——每立方米透水水泥混凝土中外加剂用量（kg/m^3）；

W_C——每立方米透水水泥混凝土中水泥用量（kg/m^3）；

a——外加剂的掺量（%）。

7 当掺用增强剂时，掺量应按水泥用量的百分比计算，然后将其掺量换算成对应的体积。

8 透水水泥混凝土配合比可采用每立方米透水水泥混凝土中各种材料的用量表示。

3.3.4 透水水泥混凝土配合比的试配应符合下列规定：

1 应按计算配合比进行试拌，并检验透水水泥混凝土的相关性能。当出现浆体在振动作用下过多坠落或不能均匀包裹集料表面时，应调整透水水泥混凝土浆体用量或外加剂用量，达到要求后再提出供透水水泥混凝土强度试验用的基准配合比。

2 透水水泥混凝土强度试验时，应选择 3 个不同的配合比，其中一个为基准配合比，另外两个配合比的水胶比宜较基准水胶比分别增减 0.05，用水量宜与基准配合比相同。制作试件时应目视确定透水水泥混凝土的工作性。

3 根据试验得到的透水水泥混凝土强度、孔隙率与水胶比的关系，应采用作图法或计算法求出满足孔隙率和透水水泥混凝土配制强度要求的水胶比，并应据此确定水泥用量和用水量，最终确定正式配合比。

4 结构组合与构造

4.1 结构组合设计

4.1.1 透水水泥混凝土路面结构使用寿命应与透水性能有效使用寿命一致。

4.1.2 路基应稳定、均质，并应为路面结构提供均匀的支承。

4.1.3 基层应具有足够的强度和刚度。

4.1.4 透水水泥混凝土路面基层横坡度宜为 1%～2%，面层横坡度应与基层横坡度相同。

4.1.5 透水水泥混凝土路面的结构类型应按表 4.1.5 选用。

表 4.1.5 透水水泥混凝土路面结构

类 别	适应范围	基层与垫层结构
全透水结构	人行道、非机动车道、景观硬地、停车场、广场	多孔隙水泥稳定碎石、级配砂砾、级配碎石及级配砾石基层
半透水结构	轻型荷载道路	水泥混凝土基层+稳定土基层或石灰、粉煤灰稳定砂砾基层

4.1.6 全透水结构的人行道（图 4.1.6-1）基层可采用级配砂砾、级配碎石及级配砾石基层，基层厚度不应小于 150mm。

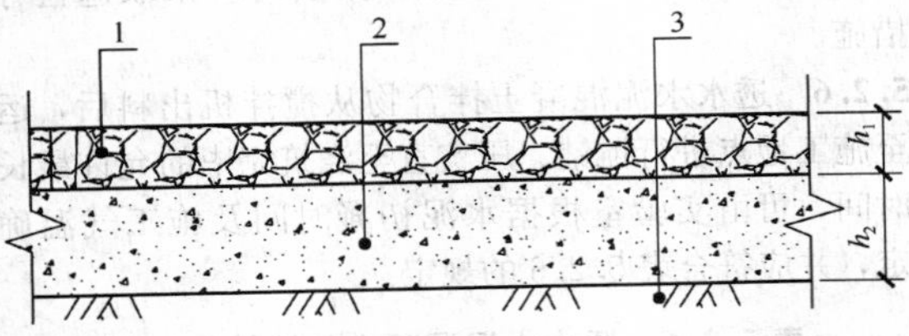

图 4.1.6-1 全透水结构的人行道

1—透水水泥混凝土面层；2—基层；3—路基

全透水结构的其他道路（图 4.1.6-2）级配砂砾、级配碎石及级配砾石基层上应增设多孔隙水泥稳定碎石基层，基层应符合下列规定：

1）多孔隙水泥稳定碎石基层不应小于 200mm。

2）级配砂砾、级配碎石及级配砾石基层不应小于 150mm。

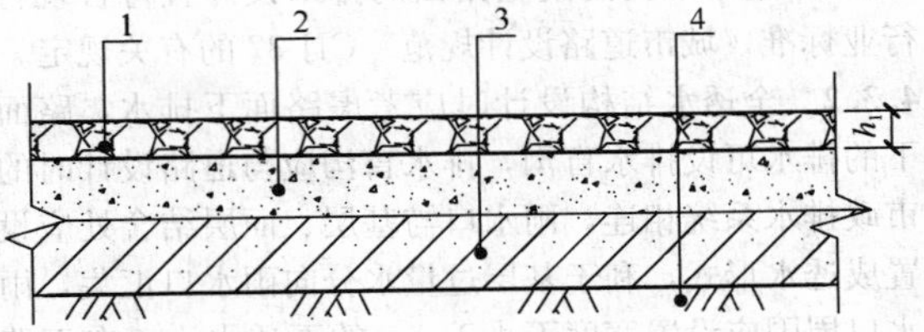

图 4.1.6-2 全透水结构的其他道路

1—透水水泥混凝土面层；2—多孔隙水泥稳定碎石基层

3—级配砂砾、级配碎石及级配砾石基层；4—路基

4.1.7 半透水结构（图 4.1.7）应符合下列要求：

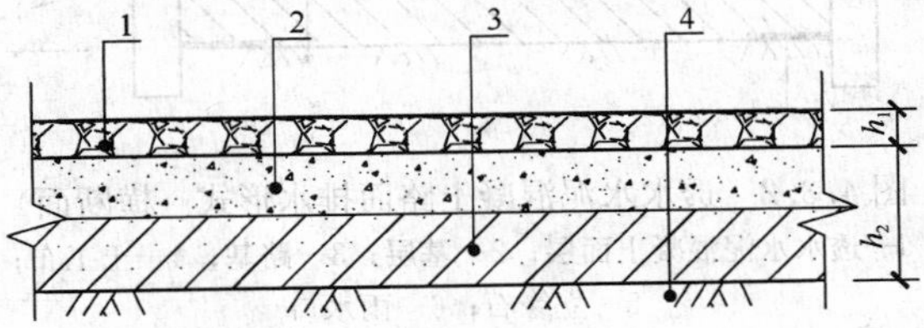

图 4.1.7 半透水结构形式

1—透水水泥混凝土面层；2—混凝土基层；

3—稳定土类基层；4—路基

1 水泥混凝土基层的抗压强度等级不应低于 C20，厚度不应小于 150mm。

2 稳定土基层或石灰、粉煤灰稳定砂砾基层厚度不应小于 150mm。

4.2 面 层 设 计

4.2.1 当人行道设计采用全透水结构形式时，其透水水泥混凝土面层强度等级不应小于 C20，厚度（h_1）不宜小于 80mm；当其他路面采用全透水水泥混凝土结构形式时，其透水水泥混凝土面层强度等级不应小于 C30，厚度（h_1）不宜小于 180mm；设计半透水结构，其透水水泥混凝土面层强度等级不应小于 C30，厚度（h_1）不宜小于 180mm。

4.2.2 透水水泥混凝土面层结构设计，宜分为单色层或双色组合层设计，当采用双色组合层时，其表面层厚度不应小于 30mm。

4.2.3 透水水泥混凝土面层应设计纵向和横向接缝。纵向接缝的间距应按路面宽度在 3.0～4.5m 范围内确定，横向接缝的间距宜为 4.0～6.0m；广场平面尺寸不宜大于 25m^2，面层板的长宽比不宜超过 1.3。当基层有结构缝时，面层缩缝应与其相应结构缝位置一致，缝内应填嵌柔性材料。

4.2.4 当透水水泥混凝土面层施工长度超过 30m，应设置胀缝。在透水水泥混凝土面层与侧沟、建筑物、雨水口、铺面的砌块、沥青铺面等其他构造物连接处，应设置胀缝。

4.3 排水系统设计

4.3.1 透水水泥混凝土路面的排水设计宜符合现行行业标准《城市道路设计规范》CJJ 37 的有关规定。

4.3.2 全透水结构设计时应考虑路面下排水，路面下的排水可设排水盲沟，排水盲沟应与道路设计时的市政排水系统相连，雨水口与基层、面层结合处应设置成透水形式，利于基层过量水分向雨水口汇集，雨水口周围应设置宽度不小于 1m 的不透水土工布于路基表面（图 4.3.2）。

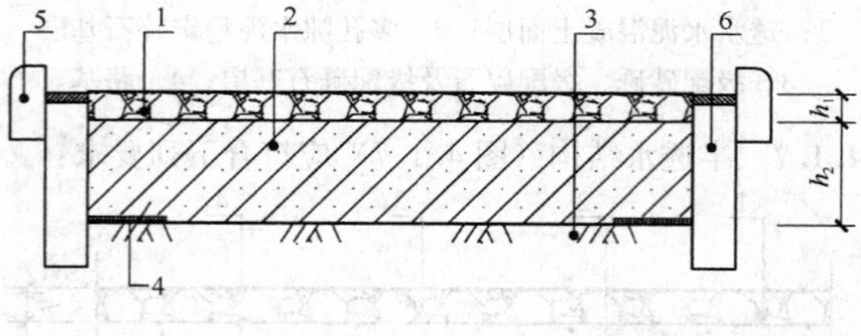

图 4.3.2 透水水泥混凝土路面排水形式（横断面）
1—透水水泥混凝土面层；2—基层；3—路基；4—土工布；5—立缘石；6—雨水口

4.3.3 设计排水系统时可利用市政排水沟或雨水口，透水水泥混凝土可直接铺设至市政排水沟或雨水口，面积较大的广场宜设置排水盲沟（图 4.3.3）。

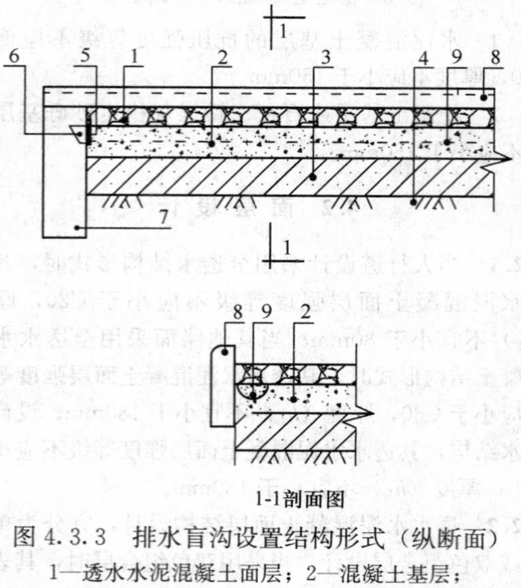

图 4.3.3 排水盲沟设置结构形式（纵断面）
1—透水水泥混凝土面层；2—混凝土基层；3—稳定土类基层；4—路基；5—不锈钢网；6—排水管；7—雨水口；8—立缘石；9—排水盲沟

5 施 工

5.1 一 般 规 定

5.1.1 施工前应查勘施工现场，复核地下隐蔽设施的位置和标高，根据设计文件及施工条件，确定施工方案，编制施工组织设计。

5.1.2 施工前应解决水电供应、交通道路、搅拌和堆放场地、工棚和仓库、消防等设施。施工现场应配备防雨、防潮的材料堆放场地，材料应分别按标识堆放，装卸和搬运时不得随意抛掷。

5.1.3 面层施工前应按规定对基层、排水系统进行检查验收，符合要求后方能进行面层施工。

5.1.4 在透水水泥混凝土面层施工前，应对基层作清洁处理，处理后的基层表面应粗糙、清洁、无积水，并应保持一定湿润状态。

5.1.5 施工现场应配备施工所需的辅助设备、辅助材料、施工工具，并应采取安全防护设施。

5.2 搅拌和运输

5.2.1 透水水泥混凝土宜采用强制性搅拌机进行搅拌，搅拌机的容量应根据工程量、施工进度、施工顺序和运输工具等参数选择。新拌混凝土出机至作业面运输时间不宜超过 30min。

5.2.2 进入搅拌机的原材料必须计量准确，并应符合下列要求：

1 袋装水泥应抽查袋重的准确性；

2 每台班拌制前应精确测定集料的含水率，并应根据集料的含水率，调整透水水泥混凝土配比中的用水量，由施工现场试验确定施工配合比；

3 透水水泥混凝土原材料（按质量计）的允许误差，不应超过下列规定：

水泥：±1%；

增强料：±1%；

集料：±2%；

水：±1%；

外加剂：±1%。

5.2.3 透水水泥混凝土的拌制宜先将集料和 50%用水量加入搅拌机拌合 30s，再加入水泥、增强料、外加剂拌合 40s，最后加入剩余用水量拌合 50s 以上。

5.2.4 当透水水泥混凝土面层采用双色组合层设计时，应采用不同搅拌机分别搅拌不同色彩的混凝土。

5.2.5 透水水泥混凝土拌合物运输时应防止离析，并应注意保持拌合物的湿度，必要时应采取遮盖等措施。

5.2.6 透水水泥混凝土拌合物从搅拌机出料后，运至施工地点进行摊铺、压实直至浇筑完毕的允许最长时间，可由实验室根据水泥初凝时间及施工气温确定，并应符合表 5.2.6 的规定。

表 5.2.6 透水水泥混凝土从搅拌机出料至浇筑完毕的允许最长时间

施工气温 T（℃）	允许最长时间（h）
$5 \leqslant T < 10$	2.0
$10 \leqslant T < 20$	1.5
$20 \leqslant T < 32$	1.0

5.3 透水水泥混凝土铺筑

5.3.1 普通透水水泥混凝土面层施工应符合下列规定：

1 模板的制作与立模应符合下列规定：

1）模板应选用质地坚实、变形小、刚度大的材料，模板的高度应与混凝土路面厚度一致；

2）立模的平面位置与高程应符合设计要求，模板与混凝土接触的表面应涂隔离剂。

3）透水水泥混凝土拌合物摊铺前，应对模板的高度、支撑稳定情况等进行全面检查。

2 透水水泥混凝土拌合物摊铺应均匀，平整度与排水坡度应符合要求，摊铺厚度应考虑松铺系数，其松铺系数宜为1.1。

3 透水水泥混凝土宜采用平整压实机，或采用低频平板振动器振动和专用滚压工具滚压。压实时应辅以人工补料及找平，人工找平时施工人员应穿上减压鞋进行操作。

4 透水水泥混凝土压实后，宜使用抹平机对透水水泥混凝土面层进行收面，必要时应配合人工拍实、整平。整平时必须保持模板顶面整洁，接缝处板面应平整。

5 模板的拆除，应符合下列规定：

1）拆模时间应根据气温和混凝土强度增长情况确定；

2）拆模不得损坏混凝土路面的边角，应保持透水水泥混凝土块体完好。

5.3.2 当采用彩色透水水泥混凝土双色组合层施工时，上面层应在下面层初凝前进行铺筑。

5.3.3 露骨透水水泥混凝土施工，应与普通透水水泥混凝土施工相同，摊铺平整后的工序应符合下列要求：

1 随时检查施工表面的初凝状况，有初凝现象时可均匀喷洒适量缓凝剂，选用塑料薄膜覆盖等方法养护，并应防止阳光直晒。

2 表层混凝土终凝前应及时采用高压水枪冲洗面层，除去表面的胶凝材料，均匀裸露出天然石材，以颗粒不松动为宜。

3 表层冲洗后应及时去除表面和气隙内的剩余浆料，并应覆盖塑料薄膜进行保湿养护。

5.4 接缝施工

5.4.1 路面缩缝切割深度宜为（1/2～1/3）h_1；路面胀缝应与路面厚度相同。施工中施工缝可代替缩缝。

5.4.2 施工中的缩缝、胀缝均应嵌入弹性嵌缝材料。

5.5 养护

5.5.1 透水水泥混凝土路面施工完毕后，宜采用塑料薄膜覆盖等方法养护。养护时间应根据透水水泥混凝土强度增长情况确定，养护时间不宜少于14d。

5.5.2 养护期间透水混凝土面层不得通车，并应保证覆盖材料的完整。

5.5.3 透水水泥混凝土路面未达到设计强度前不得投入使用。透水水泥混凝土路面的强度，应以透水水泥混凝土试块强度为依据。

5.6 季节性施工

5.6.1 施工中应根据工程所在地的气候环境，确定冬季、夏季和雨季的起止时间。

5.6.2 雨季施工应加强与气象部门联系，及时掌握气象条件变化，并应做好防范准备。

5.6.3 雨季施工应充分利用地形与现有排水设施，做好防雨及排水工作。

5.6.4 雨天不宜进行基层施工，透水水泥混凝土面层不应在雨天浇筑。

5.6.5 雨后摊铺基层时，应先对路基状况进行检查，符合要求后方可摊铺。

5.6.6 当室外日平均气温连续5天低于5℃时，透水水泥混凝土路面不得施工。

5.6.7 透水水泥混凝土路面夏季施工，应符合下列规定：

1 混凝土拌合物浇筑中应尽量缩短运输、摊铺、压实等工序时间，收面后应及时覆盖、洒水养护；

2 搅拌站应设有遮阳棚；模板和基层表面，在浇筑混凝土前应洒水湿润；

3 当遇阵雨时，应暂停施工并应及时采用塑料薄膜对已浇筑混凝土面进行覆盖。

5.6.8 当室外最高气温达到32℃及以上时，不宜施工。

6 验收

6.1 一般规定

6.1.1 透水水泥混凝土路面施工质量应按下列要求进行验收：

1 工程施工应符合工程勘察设计文件的要求；工程施工质量应符合本规程和相关专业验收规范的规定。

2 参加工程施工质量验收的各方人员应具备规定的资格。

3 工程质量的验收均应在施工单位自行检查评定合格的基础上进行。

4 隐蔽工程在隐蔽前，应由施工单位通知监理单位和相关单位进行隐蔽验收，确认合格后，应形成隐蔽验收文件。

5 监理单位应按规定对试块、试件和现场检测项目进行平行检测、见证取样检测。

6 检验批的质量应按主控项目和一般项目进行验收。

7 承担复验或检测的单位应为具有相应资质的独立第三方。

8 工程的外观质量应由验收人员通过现场检查共同确认。

6.1.2 施工中应收集下列资料：

1 设计文件和竣工资料；

2 竣工验收报告；

3 试件的试验报告；

4 工程施工和材料检查或材料试验记录；

5 检查记录；

6 工程重大问题处理文件。

6.1.3 当施工中对透水水泥混凝土的质量有怀疑或争议时，应在监理单位或建设单位的见证下，由施工单位组织实施实体检验。实体检验应委托具有相应资质等级的检测机构进行。

6.1.4 当透水水泥混凝土路面施工质量不符合要求时，应按下列规定进行处理：

1 经返工重做的，应重新进行验收。

2 经有资质的检测单位检测鉴定能够达到设计要求的，应予以验收。

3 经有资质的检测单位检测鉴定达不到设计要求，但经原设计单位核算认可能够满足结构安全和使用功能的，可予以验收。

4 经返修或加固处理的部分工程，虽然改变外形尺寸但仍能满足使用要求，可按技术处理方案和协商文件进行验收。

6.1.5 通过返修或加固处理仍不能满足安全使用要求的透水水泥混凝土路面，严禁验收。

6.2 质量检验标准

主 控 项 目

6.2.1 原材料质量应符合下列要求：

1 水泥品种、级别、质量、包装、储存，应符合国家现行有关标准的规定。

检查数量：按同一生产厂家、同一等级、同一品种、同一批号且连续进场的水泥，袋装水泥不超过200t为一批，散装水泥不超过500t为一批，每批抽样1次。

水泥出厂超过3个月时，应进行复验，复验合格后方可使用。

检验方法：检查产品合格证、出厂检验报告和进场复验报告。

2 混凝土中掺加外加剂的质量应符合现行国家标准《混凝土外加剂》GB 8076和《混凝土外加剂应用技术规范》GB 50119的规定。

检查数量：按进场批次和产品抽样检验方法确定。每批不少于1次。

检验方法：检查产品合格证、出厂检验报告和进场复验报告。

3 集料应采用质地坚硬、耐久、洁净的碎石和砾石，并应符合本规程表3.1.4的规定。

检查数量：同产地、同品种、同规格且连续进场的集料，每$400m^3$为一批，不足$400m^3$按一批计，每批抽检1次。

检验方法：检查试验报告。

6.2.2 透水水泥混凝土路面面层质量除应符合设计要求外，尚应符合下列要求：

1 透水水泥混凝土路面弯拉强度应符合设计规定。

检查数量：每$100m^3$同配合比的透水水泥混凝土，取样1次；不足$100m^3$时按1次计。每次取样应至少留置1组标准养护试件。同条件养护试件的留置组数应根据实际需要确定，最少1组。

检验方法：检查试件弯拉强度试验报告。

2 透水水泥混凝土路面抗压强度应符合设计规定。

检查数量：每$100m^3$同配合比的透水水泥混凝土，取样1次；不足$100m^3$时按1次计。每次取样应至少留置1组标准养护试件。同条件养护试件的留置组数应根据实际需要确定，最少1组。

检验方法：检查试件抗压强度试验报告。

3 透水水泥混凝土路面面层透水系数应达到设计要求。

检查数量：每$500m^2$抽测1组（3块）。

检验方法：检查试验报告。

4 透水水泥混凝土路面面层厚度应符合设计规定，允许误差为±5mm。

检查数量：每$500m^2$抽测1点。

检验方法：钻孔或刨坑，用钢尺量。

一 般 项 目

6.2.3 透水水泥混凝土路面面层应板面平整，边角应整齐，不应有石子脱落现象。

检查数量：全数检查。

检验方法：观察、量测。

6.2.4 路面接缝应垂直、直顺，缝内不应有杂物。

检查数量：全数检查。

检验方法：观察。

6.2.5 彩色透水水泥混凝土路面颜色应均匀一致。

检查数量：全数检查。

检验方法：观察。

6.2.6 露骨透水水泥混凝土路面表层石子分布应均匀一致，不得有松动现象。

检查数量：全数检查。

检验方法：观察。

6.2.7 透水水泥混凝土路面面层允许偏差应符合表6.2.7的规定。

表6.2.7 透水水泥混凝土路面面层允许偏差

项目	允许偏差（mm）		检验范围		检验点数	检验方法
	道路	广场	道路	广场		
高程（mm）	±15	±10	20m	施工单元①	1	用水准仪测量
中线偏位（mm）	≤20	—	100m	—	1	用经纬仪测量
平整度 最大间隙（mm）	≤5		20m	10m×10m	1	用3m直尺和塞尺连续量两处，取较大值
宽度（mm）	0 −20		40m	40m②	1	用钢尺量
横坡（%）	±0.30%且不反坡		20m		1	用水准仪测量
井框与路面高差（mm）	≤3	≤5	每座井		1	十字法，用直尺和塞尺量，取最大值
相邻板高差（mm）	≤3		20m	10m×10m	1	用钢板尺和塞尺量
纵缝直顺度（mm）	≤10		100m	40m×40m	1	用20m线和钢尺量
横缝直顺度（mm）	≤10		40m	40m×40m	1	

注：1 在每一单位工程中，以40m×40m定方格网，进行编号，作为量测检查的基本施工单元，不足40m×40m的部分以一个单元计。在基本施工单元中再以10m×10m或20m×20m为子单元，每基本施工单元范围内只抽一个子单元检查；检查方法为随机取样，即基本施工单元在室内确定，子单元在现场确定，量取3点取最大值计为检查频率中的1个点。

2 适用于矩形广场与停车场。

7 维 护

7.0.1 冬季透水水泥混凝土路面应采取及时清雪等措施防止路面结冰，不宜机械除冰，并不得撒砂或灰渣。

7.0.2 透水水泥混凝土路面投入使用后，为确保透水水泥混凝土的性能，可使用高压水（5MPa～20MPa）冲刷孔隙洗净堵塞物，或采用压缩空气冲刷孔隙使堵塞物去除，也可使用真空泵将堵塞孔隙的杂物吸出。

7.0.3 透水水泥混凝土路面出现裂缝和集料脱落的面积较大时，必须进行维修。维修时，应先将路面疏松集料铲除，清洗路面去除孔隙内的灰尘及杂物后，方可进行新的透水水泥混凝土铺装。

附录A 透水系数的测试方法

A.0.1 透水水泥混凝土透水系数的试验装置宜按图A.0.1设置。

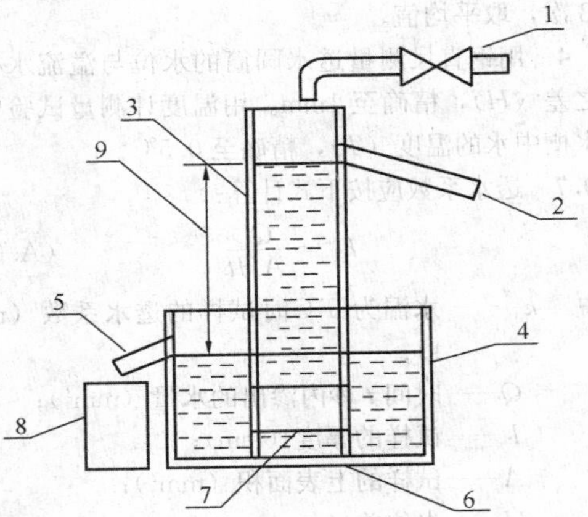

图A.0.1 透水系数试验装置示意图

1—供水系统；2—圆筒的溢流口；3—水圆筒；4—溢流水槽；5—水槽的溢流口；6—支架；7—试样；8—量筒；9—水位差

A.0.2 试验设备与装置应符合下列要求：

1 水圆筒：设有溢流口并能保持一定水位的圆筒。

2 溢流水槽：设有溢流口并能保持一定水位的水槽。

3 抽真空装置应能装下试样，并应保持90kPa以上真空度。

A.0.3 测量器具应符合下列要求：

1 量具：分度值为1mm的钢直尺及类似量具。

2 秒表：精度为1s。

3 量筒：容量为2L，最小刻度为1mL。

4 温度计：最小刻度为0.5℃。

A.0.4 试验用水应使用无气水，可采用新制备的蒸馏水进行排气处理，试验时水温宜为（20±3）℃。

A.0.5 应分别在样品上制取三个直径为100mm、高度50mm的圆柱作为试样。

A.0.6 试验宜按下列步骤进行：

1 用钢直尺测量圆柱试样的直径（D）和厚度（L），分别测量两次，取平均值，精确至1mm，计算试样的上表面面积（A）。

2 将试样的四周用密封材料或其他方式密封好，

使其不漏水，水仅从试样的上下表面进行渗透。

3 待密封材料固化后，将试样放入真空装置，抽真空至（90±1）kPa，并保持30min，在保持真空的同时，加入足够的水将试样覆盖并使水位高出试样100mm，停止抽真空，浸泡20min，将其取出，装入透水系数试验装置，将试样与透水圆筒连接密封好。放入溢流水槽，打开供水阀门，使无气水进入容器中，等溢流水槽的溢流孔有水流出时，调整进水量，使透水圆筒保持一定的水位（约150mm），待溢流水槽的溢流口和透水圆筒的溢流口的流水量稳定后，用量筒从出水口接水，记录5min流出的水量（Q），测量3次，取平均值。

4 用钢直尺测量透水圆筒的水位与溢流水槽水位之差（H），精确至1mm。用温度计测量试验中溢流水槽中水的温度（T），精确至0.5℃。

A.0.7 透水系数应按下式计算：

$$k_{\mathrm{T}}=\frac{QL}{AHt} \quad \text{(A.0.7)}$$

式中 k_{T}——水温为T℃时试样的透水系数（mm/s）；

Q——时间t秒内渗出的水量（mm^3）；

L——试样的厚度（mm）；

A——试样的上表面积（mm^2）；

H——水位差（mm）；

t——时间（s）。

试验结果以3块试样的平均值表示，计算精确至1.0×10^{-2}mm/s。

A.0.8 本试样以15℃水温为标准温度，标准温度下的透水系数应按下式计算：

$$k_{\mathrm{T}}=k_{15}\frac{\eta_{\mathrm{T}}}{\eta_{15}} \quad \text{(A.0.8)}$$

式中 k_{15}——标准温度时试样的透水系数（mm/s）；

η_{T}——T℃时水的动力黏滞系数（kPa·s）；

η_{15}——15℃时水的动力黏滞系数（kPa·s）；

$\frac{\eta_{\mathrm{T}}}{\eta_{15}}$——水的动力黏滞系数比。

本规程用词说明

1 为便于在执行本规程条文时区别对待，对要求严格程度不同的用词说明如下：

1）表示很严格，非这样作不可的用词：
正面词采用“必须”；
反面词采用“严禁”。

2）表示严格，在正常情况下均应这样做的用词：
正面词采用“应”；
反面词采用“不应”或“不得”。

3）表示允许稍有选择，在条件许可时首先应这样做的用词：
正面词采用“宜”；
反面词采用“不宜”。

4）表示有选择，在一定条件下可以这样做的，采用“可”。

2 条文中指明必须按其他有关标准、规范执行时，其一般写法为“应按……执行”或“应符合……的要求（或规定）”。

引用标准名录

1 《通用硅酸盐水泥》GB 175
2 《混凝土外加剂》GB 8076
3 《混凝土外加剂应用技术规范》GB 50119
4 《无机地面材料耐磨性能试验方法》GB/T 12988
5 《建筑用卵石、碎石》GB/T 14685
6 《普通混凝土配合比设计规程》JGJ 55
7 《混凝土用水标准》JGJ 63
8 《城镇道路工程施工与质量验收规范》CJJ 1
9 《城市道路设计规范》CJJ 37
10 《普通混凝土长期性能和耐久性能试验方法标准》GB/T 50082

中华人民共和国行业标准

透水水泥混凝土路面技术规程

CJJ/T 135—2009

条 文 说 明

制 订 说 明

《透水水泥混凝土路面技术规程》CJJ/T 135-2009经住房和城乡建设部2009年11月16日以第440号公告批准、发布。

本标准制订过程中，编制组进行了深入的调查研究，总结了我国透水水泥混凝土路面的实践经验，同时参考了国外先进技术法规、技术标准，通过透水水泥混凝土透水系数和物理性能试验，取得了透水水泥混凝土性能方面的重要技术参数。

为便于广大设计、施工、科研等有关单位人员在使用本规程时能正确理解及执行条文规定，《透水水泥混凝土路面技术规程》编制组按章、节、条顺序，编制了本规程的条文说明，对条文规定的目的、依据以及执行中需注意的有关事项进行了说明。但是，本条文说明不具备与标准正文同等的法律效力，仅供使用者作为理解和把握标准规定的参考。

目　次

1 总 则

1.0.1 透水水泥混凝土作为新型生态环保型产品，对城市生态环境的改善具有重要的意义。目前国内在透水水泥混凝土施工方面还没有相应的国家和行业标准。为贯彻国家节能减排、环境保护的政策，使透水水泥混凝土路面材料在设计、施工、监理和检验中统一管理，做到技术先进、经济合理、安全适用、统一规范，确保市政工程、室外工程、园林工程中透水混凝土路面施工质量，特制定本规程。

1.0.2 透水水泥混凝土在国内还处于发展阶段，目前还只应用在新建的市政工程、园林工程中的人行道、步行街、居住小区道路、非机动车道和一般轻型荷载道路、停车场等路面工程，扩建、改建的市政工程、室外工程可参照执行。随着研发的进一步深入，透水混凝土材料的改进，它的应用前景会更加宽广，并向高等级公路建设方向发展。因严寒地区、湿陷性黄土、盐渍土、膨胀土的特殊性，一般不适用透水水泥混凝土，如采用需做专门研究。

1.0.5 透水水泥混凝土的原材料、成品与普通混凝土的性质相差不多，所以其质量验收可参照相关现行国家、行业标准执行，凡有特殊要求的本规程作了补充规定。

2 术语和符号

本章给出的术语及符号，是本规程有关章节中所应用的。

在编写本章术语时，参考了《道路工程术语标准》GBJ 124、《城镇道路工程施工与质量验收规范》CJJ 1 等国家和行业标准的相关术语。

本规程的术语是从本规程的角度赋予其涵义的，但涵义不一定是术语的定义。同时还分别给出了相应的推荐性英文。

3 材 料

3.1 原 材 料

3.1.1、3.1.2 透水水泥混凝土采用的原材料主要有水泥、集料、外加剂及增强材料等。根据原材料的特性，本条款要求水泥、外加剂（粉剂）及增强材料在储存、运输、堆放时需要防潮，这是确保施工质量的一个重要环节。

3.1.3 透水水泥混凝土主要通过集料表面的胶结料之间的点接触连接成为整体，良好的增强料有利于改善集料接触点的粘结强度，从而提高透水水泥混凝土强度，延长使用寿命。目前市场上有各种类型增强料供配制透水水泥混凝土时使用。根据生产厂家的不同，增强料名称也不同（有的称增强胶结料，有的称胶结料），但其作用目的相同，因此无论何种产品，必须有厂方的合格证及使用说明，增强料的质量是确保透水水泥混凝土成品质量的关键。

3.1.4 透水水泥混凝土施工中使用的集料（碎石），要求选用符合《建筑用卵石、碎石》GB/T 14685 中的二级要求，见表 3.1.4。经过多次试验，得出碎石压碎值、含泥量、粒径、针片状的含量对透水水泥混凝土强度有重要影响。

碎石的粒径影响透水率，选择适当粒径的碎石视透水要求而定，粒径大透水率大，反之则小。根据已有的试验结果，建议碎石粒径采用单一级配。

3.1.6 透水水泥混凝土路面的质量好坏与基层有必然的联系，此条款主要是强调作为透水水泥混凝土路面施工时基层的质量要求。

3.2 透水水泥混凝土

3.2.1 本条明确了透水水泥混凝土的性能指标，国外资料显示，透水水泥混凝土大多采用透水系数来表征透水水泥混凝土路面透水性能。鉴于国内室外做透水性能试验时，结果偏差较大，故表 3.2.1 所列透水系数系采用现场钻芯取样，实验室试验获得。经过大量的试验证明，当透水水泥混凝土性能指标符合表 3.2.1 规定时，才能达到其预期的效果。

按经济适用的原则，针对不同的使用场合，宜选择适合的透水水泥混凝土强度等级。

3.2.2 根据路面使用特点，对透水水泥混凝土的耐磨性提出要求，参照普通混凝土路面规定了透水水泥混凝土耐磨性指标。

3.2.4 考虑到北方地区使用透水水泥混凝土，因此对透水水泥混凝土的抗冻性提出要求，从目前试验结果分析，正常情况下，透水水泥混凝土抗冻性均能满足表 3.2.1 要求。

3.3 透水水泥混凝土配合比

透水水泥混凝土的配制强度应满足设计要求，具体可参照普通混凝土配制强度的确定方法进行。根据国内外研究成果，透水水泥混凝土配合比设计时应考虑强度和孔隙率，但目前为止还没有建立透水混凝土强度与水胶比和孔隙率双参数关系式。本章给出了透水水泥混凝土配合比设计步骤，其基本设计原则是以体积填充法来进行试配，具体是以 $1m^3$ 透水水泥混凝土中集料所占的体积为已知，确定目标孔隙率，从而计算浆体材料所占的体积，再得出水泥和水的用量。本配合比设计的指导思想就是根据工程要求的强度和孔隙率，通过改变水胶比试验获得相同孔隙率下的不同强度，最后可用作图法或计算法求得要求配制强度的水胶比。

4 结构组合与构造

4.1 结构组合设计

4.1.4 由于透水水泥混凝土道路的透水性，雨水直接通过透水水泥混凝土路面向基层渗透，导致基层不稳，路面会因基层的不稳而受损，因此在设计透水水泥混凝土路面时，必须考虑路面与基层下的排水措施，保护基层的稳定，必须设置相关坡度。

4.1.5 根据不同的道路，本规程提供的表4.1.5透水水泥混凝土道路结构仅供参考，实际情况是一个多变数，所以基层的结构应根据具体实际情况决定或由设计定。

4.1.6 对人行道、园林道路等，既要满足人行要求，又要发挥透水混凝土的生态效应，可采用全透水结构形式，并提出基层最小厚度150mm的要求，具体要求可参考《城镇道路工程施工与质量验收规范》CJJ 1的规定。

对于全透水结构形式，多孔隙水泥稳定碎石的集料公称最大粒径宜为31.5mm或26.5mm。小于0.075mm的细粒含量不得大于2%；小于2.36mm的颗粒含量不宜大于5%；小于4.75mm的颗粒不宜大于10%，水泥剂量一般为9.5%～11%，水胶比0.39～0.43。

4.1.7 对轻型荷载道路，除按其承载要求选择强度等级，设计一定厚度的透水水泥混凝土面层外，同时还应考虑雨水对基层的影响。建议采用半透水结构，增加提高基层承载力和起隔水效果的混凝土结构层及附加稳定土基层。

4.2 面层设计

4.2.1 根据诸多的施工案例，为确保路面整体质量，基层为全透水结构的人行道、步行街、园林小道，其透水水泥混凝土面层强度等级应不小于C20，厚度应不小于80mm；基层为半透水结构，有一定的负载，透水水泥混凝土面层强度等级应不小于C30，厚度建议大于180mm。

4.2.2 透水水泥混凝土材料有系列彩色原材料和素色原材料，其造价不相同，同样厚度的彩色层造价高于素色层造价，因此，在设计中往往考虑造价因素，可分层设计，但面层的彩色层必须大于30mm，主要考虑面层色彩的整体质量、均匀性和耐久性，并根据地形地貌及周边自然景观的特点做到协调统一。

4.2.3 透水水泥混凝土性能与混凝土特性基本相似，设计透水水泥混凝土面层时应参照《城镇道路工程施工与质量验收规范》CJJ 1要求设置纵向与横向伸缩缝。透水水泥混凝土的热膨胀性比普通水泥混凝土大，因此建议透水水泥混凝土路面施工时胀缝设置间距要比普通水泥混凝土路面小些，约30m～50m设一处。同时透水水泥混凝土路面与其他构筑物的热膨胀性不一，所以要求与其他构筑物交界处均应设置胀缝。

4.3 排水系统设计

4.3.1 透水水泥混凝土路面的排水，分表面排水和透水水泥混凝土路面下的基层排水两种方式。透水水泥混凝土路面表面排水的设计可参照《城市道路设计规范》CJJ 37的有关规定。

4.3.2 根据透水水泥混凝土路面有透水及储水作用特性，当降雨强度超过渗透量及单位储存量时，雨水会集聚，过量雨水会影响基层，所以基层结构设计，尤其全透水基层设计时应考虑路面下的排水，防止雨季过量的雨水渗入基层。路面下的排水可设排水盲沟。设计的排水盲沟应与道路设计中的市政排水系统相连。

全透水基层设计与市政重要交通道路相接处，为防止影响交通道路基层，应在相应部位设一定的防护隔离措施。

4.3.3 设计排水系统时可利用市政排水沟或雨水口，透水水泥混凝土直接铺设至排水沟或雨水口。雨水通过透水水泥混凝土直接排入雨水口中，就是将排水沟或雨水口与透水水泥混凝土接触部分设置成透水结构，可不用砖砌，直接铺设透水水泥混凝土来进行排水。

5 施 工

5.1 一般规定

5.1.1 人行道、轻型荷载道路、广场等工地，施工比较集中，常交叉作业，边通车边施工等特点，施工单位必须根据设计文件的要求，查勘施工现场，复核地下隐蔽设施的位置和标高，根据施工现场的条件，制定施工方案，编制施工组织设计。

施工组织设计一般包括施工组织机构、场地的布置、工程进度计划、劳动力需用计划、材料运输与机械、水电供应、施工方案与技术措施、质量检查与安全措施等。

5.1.3 一般透水水泥混凝土施工单位仅施工面层，基层由其他专业队伍施工，而排水管及排水沟是设在碎石层或混凝土结构层处，故排水管及排水沟的铺设必须要与专业施工队伍密切配合、相互合作才能确保工程进行顺利，保证质量又减少浪费。

5.1.4 面层与基层之间的结合状况，对透水水泥混凝土面层的质量有影响，在面层施工前，基层作相应的界面处理，要求基层粗糙，保证清洁、无积水，并保持一定的湿润，必要时根据施工状况采用一定的胶粘剂。

5.2 搅拌和运输

5.2.1 透水水泥混凝土的搅拌必须采用机械搅拌。透水水泥混凝土初凝时间短，拌合后不宜过长时间停留，因此搅拌机容量的配置应根据工程大小、施工进度、施工顺序和运输工具等参数选择，运输工具必须要适应搅拌机的出料量。搅拌地点也须靠近透水水泥混凝土面层施工现场，才能保证运输时间不超过规定范围，保证施工质量。

5.2.2 透水水泥混凝土的配比计量是确保其强度的关键工序，所以计量是一个重要的质量控制环节。

1 袋装水泥本身有一定的误差，对它的抽查是为了保证计量的准确。

2 现场的集料中含水量对物料配比有一定的影响，因此测试集料中含水量是为了调整物料配比中的水胶比，以确保透水水泥混凝土的质量。

3 为保证成品质量，现场应专人负责物料配比计量，确保在误差范围内。

5.2.3 采用水泥裹石法拌制混凝土，先将石料和50%用水量加入强制式搅拌机拌合30s，再加入水泥拌合40s，最后加入剩余用水量拌合50s后出料。这样做，可以先润湿石料表面，防止水泥浆过稀、过多影响路面透水性，并且对透水水泥混凝土强度也有保证。

5.2.4 双色组合层面层施工，为保证上面层与下面层之间有良好的粘结，色泽一致，二层施工时间不应超过1h。因此双色组合层面层施工时，应设两台搅拌机同时搅拌，才能达到同时施工的目的，从而保证色彩一致，而且能确保质量。

5.2.6 施工气温对初凝时间有影响，提出适宜控制拌合物从搅拌机出料后，运输过程要随时注意保湿及防离析，运至铺筑地点进行摊铺、振捣、收面直至完成允许的最长时间，根据表5.2.6掌握。

5.3 透水水泥混凝土铺筑

5.3.1 普通透水水泥混凝土面层施工的规定：

1 摊铺前对基层与标高进行复验后进行立模制作要求，模板高度应符合设计路面的厚度，支撑稳定。

2 虽从透水水泥混凝土角度而言无需路面排水，但考虑到暴雨时为及时排除雨水，相关路面按设计要求应有排水坡度，有利于大量雨水排除。

松铺系数取1.1是为保证透水水泥混凝土施工达到一定密实度时确保一步到位的铺料厚度，避免二次铺料，影响路面施工质量。施工时对边角等细部位置处理要特别注意，发现有缺料现象，应及时补料人工压实。

3 透水水泥混凝土的压实宜采用专用低频振动压实机，其原理是低频振动带平移压实，既起压实作用又起平整作用。透水水泥混凝土面层施工期间，施工人员应穿上减压鞋，减少施工人员自重影响。

用低频平板振动器振动时，应防止在同一处振动时间过长而出现离析现象，以及过于密实而影响透水率。

减压鞋是透水水泥混凝土技术作业人员的专用工具，主要是增大接触面积，减少施工时对透水水泥混凝土面层的破坏。

4 与普通混凝土表面不同的是透水水泥混凝土表面为水泥浆包裹的细石颗粒，而非水泥砂浆。所以，在抹平作业时，采用抹平机械时应有一定的力度，抹板还要有足够的刚度。

5.3.2 单层彩色透水水泥混凝土施工的工序同本规程5.3.1条，双色组合层透水水泥混凝土施工时，为保证上、下面层的结合度，上面层与下面层铺设时间应小于水泥初凝时间是考虑上下面层的有效结合，同时避免上面层施工对下面层产生破坏。

5.3.3 露骨透水水泥混凝土路面是透水水泥混凝土的另一种艺术型产品，它是将透水水泥混凝土中的粗集料最表层，经过一定的施工工艺，冲洗出既不会掉颗粒，又能呈现出天然石料丰富色彩的一种艺术型透水水泥混凝土。它适用于点缀特殊装饰用途的场合。施工露骨透水水泥混凝土时，前面工序同本规程5.3.1条，在找平后以下工序有所不同：

1 掌握初凝状况，有初凝现象时即可喷洒适量调凝剂，适量、均匀、全覆盖，不能过多。喷完后立即覆盖塑料薄膜进行保湿养护，同时为防止露骨透水水泥混凝土颜色不一致，要采取措施防止阳光直晒，常规的做法是在塑料薄膜上面再盖上彩条布。

2 掌握好最佳时间是水洗透水水泥混凝土质量的关键之一，要准确、适宜。常规的做法是控制在混凝土终凝前，一般在施工后10h～20h左右。同时要重点控制冲洗水枪水压、水量和冲水的角度，只有这样才能冲洗出集料，又不松动颗粒。

3 冲洗后用水淋洗表面，淋去表面和孔隙内的剩余浆料，免于浆料堵塞孔隙，使外露集料的表面呈自然本色，有立体的清洁感和工艺感。

5.4 接缝施工

5.4.1 考虑透水水泥混凝土孔隙率较大，路面切割深度宜为（1/2～1/3）h_1，但透水水泥混凝土路面厚度一般较薄，切割深度一般控制在不小于30mm。

5.4.2 采用弹性材料填缝时，不能采用热流性的材料，因为热流性的材料容易渗透到透水水泥混凝土的孔隙中堵塞孔隙。所以，填缝材料应采用类似定型的橡树塑胶材料等。

5.5 养护

5.5.1 透水水泥混凝土，施工后必须进行保湿养护一定时间，使其强度在湿润状态下逐渐提高。透水水泥混凝土初凝时间短，施工后基本已初凝，为保湿与防止污染，施工后在透水水泥混凝土表面覆盖塑料薄膜并均匀洒水，保持透水水泥混凝土的湿润状态。洒水只能以淋的方式，不能用高压水冲洒。养护期视气温不同而不同，一般不低于14d。

5.5.2 透水水泥混凝土路面在养护期间，应禁止车辆通行，其目的有二：1）保持孔隙内清洁，不被泥土、油类等污染，以免降低透水率；2）防止在透水水泥混凝土未达到设计强度时受到重力而损坏，如不慎受到损坏，应立即修补。

5.5.3 透水水泥混凝土的强度达到设计要求后道路才能使用，是为了保证道路的使用寿命。

5.6 季节性施工

5.6.7 本条提出透水水泥混凝土路面夏季施工的有关规定，进入夏季施工应考虑采取相应的降温措施。

5.6.8 本条规定了透水水泥混凝土最高施工气温不超过32℃，否则会造成透水水泥混凝土离散，影响工程质量。如施工单位采取必要的措施，并经监理工程师（建设单位项目专业技术负责人）批准后可以进行一定的施工。

6 验　　收

6.2 质量检验标准

主 控 项 目

6.2.1 本条对透水水泥混凝土所用的原材料质量检验作出规定，其检验标准见相应的材料验收规范。

6.2.2 本条根据表3.2.1透水水泥混凝土性能要求，对透水水泥混凝土路面质量的检验内容和检查频率作出规定，同时对表3.2.1中透水水泥混凝土抗冻性和耐磨性二项指标，由于各地环境因素不一致，视具体情况而定是否做相应的检验，耐磨性试验按《无机地面材料耐磨性能试验方法》GB/T 12988执行，抗冻性试验按《普通混凝土长期性能和耐久性能试验方法标准》GB/T 50082执行。

一 般 项 目

6.2.7 本条对透水水泥混凝土路面面层允许偏差作出规定，并提出相应的检验频率和检查方法，施工应参照执行。

7 维　　护

7.0.1 透水水泥混凝土路面结冰造成冻胀和除冰都会受到破坏，应该采取防结冰措施。严禁使用会造成透水水泥混凝土路面孔隙阻塞的有关防冻措施。

7.0.2 路面使用后随时间增长，会出现孔隙堵塞，造成透水能力下降，可以使用高压水冲刷孔隙洗净堵塞物，或用压缩空气冲刷孔隙使堵塞物去除，或用真空泵吸出杂物等方法进行处理。当采用高压水冲刷时，对其水压力作了限制，严防水压过大，对路面产生破坏性影响。

7.0.3 在透水水泥混凝土路面出现裂缝、坑槽和集料脱落、飞散面积较大的情况下，必须进行维修。维修前，应根据透水水泥混凝土路面损坏情况制定维修施工方案；维修时，应先将路面疏松集料铲除，清洗路面去除孔隙内的灰尘及杂物后，才能进行新的透水水泥混凝土铺装。

中华人民共和国行业标准

建筑屋面雨水排水系统技术规程

Technical specification for raindrainage system of building roof

CJJ 142—2014

批准部门：中华人民共和国住房和城乡建设部
施行日期：2 0 1 4 年 9 月 1 日

中华人民共和国住房和城乡建设部
公　　告

第349号

住房城乡建设部关于发布行业标准《建筑屋面雨水排水系统技术规程》的公告

现批准《建筑屋面雨水排水系统技术规程》为行业标准，编号为CJJ 142－2014，自2014年9月1日起实施。其中，第3.1.2、3.1.9、3.4.5条为强制性条文，必须严格执行。

本规程由我部标准定额研究所组织中国建筑工业出版社出版发行。

中华人民共和国住房和城乡建设部

2014年3月27日

前　　言

根据住房和城乡建设部《关于印发〈2011年工程建设标准规范制订、修订计划〉的通知》（建标函【2011】17号）的要求，规程编制组经广泛调查研究，认真总结实践经验，参考有关国内外先进标准，并在广泛征求意见的基础上，编制本规程。

本规程的主要技术内容包括总则，术语和符号，基本规定，屋面集水沟设计，半有压屋面雨水系统设计，压力流屋面雨水系统设计，重力流屋面雨水系统设计，加压提升雨水系统设计，施工安装，工程验收和维护管理。

本规程中以黑体字标志的条文为强制性条文，必须严格执行。

本规程由住房和城乡建设部负责管理和对强制性条文的解释，由中国建筑设计研究院负责具体技术内容的解释。执行过程中如有意见或建议，请寄送中国建筑设计研究院（北京市西城区车公庄大街19号，邮编：100044）。

本规程主编单位：中国建筑设计研究院
深圳市建工集团股份有限公司

本规程参编单位：同济大学建筑设计研究院
福建省建筑设计研究院
广州市设计院
深圳华森建筑与工程设计顾问有限公司
中旭建筑设计有限责任公司
北京泰宁科创科技有限公司
捷流技术工程（广州）有限公司
上海吉博力房屋卫生设备工程技术有限公司
徐水县兴华铸造有限公司

本规程主要起草人员：赵　锂　赵世明　李　坚　朱跃云　归谈纯　赵　昕　钱江锋　程宏伟　赵力军　周克晶　周连祥　潘晓军　艾　旭　康立熙　刘　旸　吴克建

本规程主要审查人员：姜文源　王冠军　王　峰　郑大华　徐　凤　王　珏　方玉妹　杨政忠　孙　钢　黄显奎　杨铁荣

目　次

Contents

1 总 则

1.0.1 为规范建筑屋面雨水排水工程的设计、施工、验收及维护管理，做到安全可靠、经济合理、技术先进，制定本规程。

1.0.2 本规程适用于新建、扩建和改建的民用建筑、工业建筑的屋面以及与建筑相通的下沉广场、下沉庭院的雨水排水工程。

1.0.3 建筑屋面雨水排水工程设计、施工应与土建工程密切配合。

1.0.4 建筑屋面雨水排水系统应满足使用要求，并应为维护管理、维修检测以及安全保护等提供便利条件。

1.0.5 建筑屋面雨水排水工程设计、施工、验收及维护管理，除应执行本规程外，尚应符合国家现行有关标准的规定。

2 术语和符号

2.1 术 语

2.1.1 建筑屋面雨水排水工程 building roof rain drainage project

建筑屋面、雨棚、阳台、窗井、与建筑相通的下沉庭院和广场、地下室坡道等雨水排水工程的统称。

2.1.2 承雨斗 hopper

安装在侧墙的外挂式雨水集水斗。

2.1.3 87 型雨水斗 87 roof outlet

具有整流、阻气功能的雨水斗。其排水流量达到最大值之前，斗前水位变化缓慢；流量达到最大值之后，斗前水位急剧上升。

2.1.4 檐沟外排水 external drainage of gutter

采用成品檐沟或土建檐沟汇水排入雨水立管的排水方式。

2.1.5 承雨斗外排水 external drainage of rainwater hopper

屋面女儿墙上贴屋面设侧排排水口，侧墙设集水斗承接雨水的排水方式。

2.1.6 天沟排水 gutter drainage

天沟收集雨水，沟内设雨水斗的排水方式。依据雨水管道设置在室内和室外，分为天沟内排水和天沟外排水。

2.1.7 半有压屋面雨水系统 roof rainwater system of half-pressure flow

系统的设计流态处于重力输水无压流和有压流之间的屋面雨水系统，采用 87（79）型雨水斗或性能与之相当的雨水斗。

2.1.8 压力流屋面雨水系统 roof rainwater system of pressure flow

系统的设计流态为重力输水有压流的屋面雨水系统，并设置相应的专用雨水斗。当采用虹吸雨水斗时可称为虹吸式屋面雨水系统。

2.1.9 重力流屋面雨水系统 roof rainwater system of gravity storm system

系统的设计流态为重力输水无压流的屋面雨水系统。

2.1.10 密闭系统 closed system

在室内无任何敞开口的雨水排水系统。

2.1.11 内排水 internal drainage

雨水立管敷设在室内的雨水排水系统。

2.1.12 外排水 external drainage

雨水立管敷设在室外的雨水排水系统。

2.1.13 过渡段 transition zone

水流流态由虹吸满管压力流向重力流过渡的管段。过渡段设置在系统的排出管上，作为虹吸式屋面雨水排水系统水力计算的终点，在过渡段通常将系统的管径放大。

2.1.14 连接管 spigot pipe

雨水斗至悬吊管间的连接短管。

2.1.15 悬吊管 hang pipe

悬吊在屋架、楼板和梁下或架空在柱上的与连接管相连的雨水横管。

2.1.16 长沟 long gutter

集水长度大于 50 倍设计水深的屋面集水沟。

2.1.17 短沟 short gutter

集水长度等于或小于 50 倍设计水深的屋面集水沟。

2.2 符 号

2.2.1 流量、流速

Q——雨水设计流量；

q——设计暴雨强度；

Q_A——能在系统中形成虹吸的最小流量；

$Q_{A,min}$——在单斗、单立管系统（立管高度大于 4m）中形成虹吸的最小流量；

q_{cg}——水平长沟的设计排水流量；

q_{dg}——水平短沟的设计排水流量；

Q_q——溢流口服务面积内的最大溢流水量；

Q_s——被测试的虹吸雨水系统排水能力；

v——集水沟内水流速度；

v_x——计算点的流速；

W——径流总雨量。

2.2.2 时间和比重

P——设计重现期；

t——降雨历时；

t_1——汇水面汇水时间；

t_2——管渠内雨水流行时间；

T_s——排水时间；

ρ——4℃时水的密度。

2.2.3 水压、水头损失

h_2——悬吊管末端的最大负压；

R——水力半径；

R_1——水力坡降；

P_x——管路内任意断面 x 的压力；

ΔP——水头损失允许误差；

$\sum 9.81(lR+Z)$——雨水斗至计算点的总水头损失；

Z——管道的局部水头损失。

2.2.4 几何特征

A_z——沟的有效断面面积；

A_1——水流断面积；

b——溢流口宽度；

d_j——管道的计算直径；

F——汇水面面积；

h——溢流口高度；

h_{max}——屋面最大设计积水高度；

h_b——溢流口底部至屋面或雨水斗（平屋面时）的高差；

h_1——溢流口处的堰上水头；

I——集水沟坡度；

L——悬吊管的长度；

l——管道长度；

V_g——屋面天沟水容积；

Δh——雨水斗和悬吊管末端的几何高差；

ΔH——当计算对象为排出管时指室内地面与室外检查井处地面的高差；当计算对象为横干管时指横干管的敷设坡度；

Δh_{ver}——雨水斗顶面至排出管过渡段的几何高差；

Δh_x——雨水斗顶面至管路内任意断面 x 的几何高差；

ω——集水沟过水断面积。

2.2.5 计算系数

A、b、c、n——当地降雨参数；

g——重力加速度；

K——堰流量系数；

k——汇水系数；

K_n——绝对当量粗糙度；

k_{dg}——折减系数；

k_{df}——断面系数；

L_x——长沟容量系数；

m——折减系数；

N——溢流口宽度计算系数；

n——集水沟的粗糙系数；

Re——雷诺数；

S_x——深度系数；

X_x——形状系数；

λ——摩阻系数；

Ψ_m——径流系数；

ξ——局部阻力系数。

3 基 本 规 定

3.1 一 般 规 定

3.1.1 建筑屋面雨水排水系统应将屋面雨水排至室外非下沉地面或雨水管渠，当设有雨水利用系统的蓄存池（箱）时，可排到蓄存池（箱）内。

3.1.2 建筑屋面雨水积水深度应控制在允许的负荷水深之内，50年设计重现期降雨时屋面积水不得超过允许的负荷水深。

3.1.3 建筑屋面雨水应有组织排放，可采用管道系统加溢流设施或管道系统无溢流设施排放。采取承雨斗排水或檐沟外排水方式的建筑宜采用管道系统无溢流设施方式排放。

3.1.4 当设有溢流设施时，溢流排水不得危及建筑设施和人员安全。

3.1.5 屋面排水的雨水管道进水口设置应符合下列规定：

1 屋面、天沟、土建檐沟的雨水系统进水口应设置雨水斗；

2 从女儿墙侧口排水的外排水管道进水口应在侧墙设置承雨斗；

3 成品檐沟雨水管道的进水口可不设雨水斗。

3.1.6 设有雨水斗的雨水排放设施的总排水能力应进行校核，并应符合下列规定：

1 校核雨水径流量应按50年或以上重现期计算，屋面径流系数应取1.0；

2 压力流屋面雨水系统排水能力校核应进行水力计算，计算时雨水斗的校核径流量不得大于本规程表3.2.4中的数值；

3 半有压屋面雨水系统排水能力校核中，当溢流水位或允许的负荷水位对应的斗前水深大于本规程表3.2.4中的数值时，则雨水斗的校核径流量不得大于本规程表3.2.4中的数值。

3.1.7 建筑屋面雨水系统的横管或悬吊管应具有自净能力，宜设有排空坡度，且1年重现期5min降雨历时的设计管道流速不应小于自净流速。

3.1.8 屋顶供水箱溢水、泄水、冷却塔排水、消防系统检测排水以及绿化屋面的渗滤排水等较洁净的废水可排入屋面雨水排水系统。

3.1.9 建筑屋面雨水排水系统应独立设置。

3.2 雨 水 斗

3.2.1 建筑屋面雨水采用的雨水斗应符合下列规定：

1 可在雨水斗的顶端设置阻气隔板，控制隔板的高度，增强泄水能力；

2 对入流雨水应进行稳流或整流；

3 应抑制入流雨水的掺气；

4 应拦阻雨水中的固体物。

3.2.2 虹吸雨水斗应符合现行行业标准《虹吸雨水斗》CJ/T 245 的有关规定。雨水斗格栅罩应采用细槽状或孔状。

3.2.3 87 型雨水斗应符合下列规定：

1 雨水斗应由短管、导流罩（导流板和盖板）和压板（图 3.2.3）等组成；

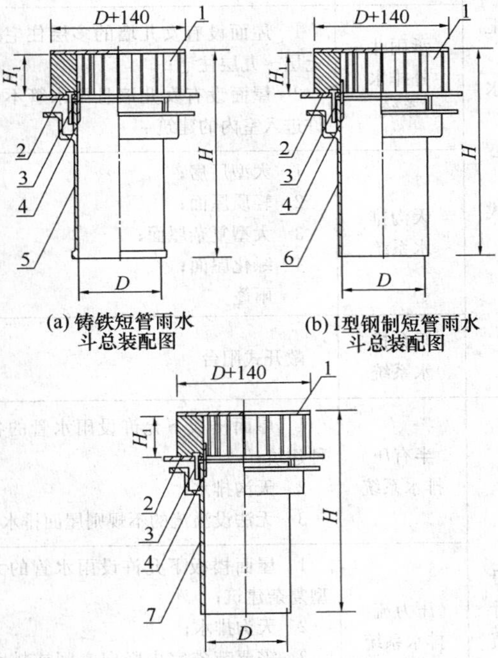

(a) 铸铁短管雨水斗总装配图

(b) Ⅰ型钢制短管雨水斗总装配图

(c) Ⅱ型钢制短管雨水斗总装配图

图 3.2.3 87 型雨水斗装配图

1—导流罩；2—压板；3—固定螺栓；4—定位柱；5—铸铁短管；6—钢制短管（Ⅰ型）；7—钢制短管（Ⅱ型）

2 导流板不应小于 8 片，进水孔的有效面积应为连接管横断面积的 2 倍～2.5 倍，雨水斗各部件尺寸应符合表 3.2.3 中的规定，导流板高度不宜大于表 3.2.3 中的数值；

3 盖板的直径不宜小于短管内径加 140mm；

4 雨水斗的材质宜采用碳钢、不锈钢、铸铁、铝合金、铜合金等金属材料。

表 3.2.3 87 型雨水斗各部件尺寸

序号	雨水斗规格（mm）	D(mm)		H(mm)		导流板高度H_1（mm）
		铸铁短管	钢制短管	铸铁短管/Ⅰ型钢制短管	Ⅱ型钢制短管	
1	75(80)	75	79	397	377	60
2	100	100	104	407	387	70
3	150	150	154	432	412	95
4	200	200	207	447	427	110

3.2.4 雨水斗的流量特性应通过标准试验取得，标准试验应按本规程附录 A 的规定进行，雨水斗最大排水流量宜符合表 3.2.4 的规定。

表 3.2.4 雨水斗最大排水流量

雨水斗规格（mm）		50	75	100	150
87 型雨水斗	流量（L/s）	—	21.8	39.1	72
	斗前水深（mm）≤	—	68	93	—
虹吸雨水斗	流量（L/s）	12.6	18.8	40.9	89
	斗前水深（mm）≤	47.6	59.0	70.5	—

3.2.5 雨水斗的最大设计排水流量取值应小于雨水斗最大排水流量，雨水斗最大设计排水流量宜符合表 3.2.5 的规定。

表 3.2.5 雨水斗最大设计排水流量（L/s）

雨水斗规格（mm）		50	75	100	150
87 型雨水斗	半有压系统	—	8	12～16	26～36
虹吸雨水斗	压力流系统	6	12	25	70

3.3 雨水径流计算

3.3.1 汇水面雨水设计流量应按下式计算：

$$Q = k\Psi_m qF \tag{3.3.1}$$

式中：Q——雨水设计流量（L/s）；

k——汇水系数，当采用天沟集水且沟沿在满水时会向室内渗漏水时取 1.5，其他情况取 1.0；

Ψ_m——径流系数；

q——设计暴雨强度（$L/s \cdot hm^2$）；

F——汇水面面积（hm^2）。

3.3.2 各种汇水面的径流系数宜按表 3.3.2 的规定确定，不同汇水面的平均径流系数应按加权平均进行计算。

表 3.3.2 各种汇水面的径流系数

汇水面种类	径流系数 Ψ_m
硬屋面、未铺石子的平屋面、沥青屋面	1.0
水面	1.0
混凝土和沥青地面	0.9
铺石子的平屋面	0.8
块石等铺砌地面	0.7
干砌砖、石及碎石地面	0.5
非铺砌的土地面	0.4
地下建筑覆土绿地（覆土厚度<500mm）	0.4
绿地	0.25
地下建筑覆土绿地（覆土厚度≥500mm）	0.25

3.3.3 各汇水面积应按汇水面水平投影面积计算并应符合下列规定：

1 高出汇水面积有侧墙时，应附加侧墙的汇水面积，计算方法应符合现行国家标准《建筑给水排水设计规范》GB 50015 的有关规定；

2 球形、抛物线形或斜坡较大的汇水面，其汇水面积应附加汇水面竖向投影面积的50%。

3.3.4 设计暴雨强度应按下式计算：

$$q=\frac{167A\ (1+c\lg P)}{(t+b)^n} \tag{3.3.4}$$

式中：P——设计重现期（a）；

t——降雨历时（min）；

A、b、c、n——当地降雨参数。

3.3.5 建筑屋面雨水系统的设计重现期应根据建筑物的重要性、汇水区域性质、气象特征、溢流造成的危害程度等因素确定。建筑降雨设计重现期宜按表3.3.5中的数值确定。

表 3.3.5 建筑降雨设计重现期

建筑类型	设计重现期（a）
采用外檐沟排水的建筑	1～2
一般性建筑物	3～5
重要公共建筑和工业厂房	10
窗井、地下室车库坡道	50
连接建筑出入口下沉地面、广场、庭院	10～50

注：表中设计重现期，半有压系统可取低限值，虹吸式系统宜取高限值。

3.3.6 设计降雨历时的计算应符合下列规定：

1 雨水管渠的设计降雨历时应按下式计算：

$$t=t_1+mt_2 \tag{3.3.6}$$

式中：t_1——汇水面汇水时间（min），根据距离长短、汇水面坡度和铺盖确定，可采用5min；

m——折减系数，取$m=1$；

t_2——管渠内雨水流行时间（min）。

2 屋面雨水收集系统的设计降雨历时按屋面汇水时间计算，可取5min。

3.4 系统选型与设置

3.4.1 建筑屋面雨水系统类型及适用场所可按表3.4.1的规定确定。

表 3.4.1 建筑屋面雨水系统类型及适用场所

分类方法	排水系统	适用场所
汇水方式	檐沟外排水系统	1 屋面面积较小的单层、多层住宅或体量与之相似的一般民用建筑； 2 瓦屋面建筑或坡屋面建筑； 3 雨水管不允许进入室内的建筑
	承雨斗外排水系统	1 屋面设有女儿墙的多层住宅或七层～九层住宅； 2 屋面设有女儿墙且雨水管不允许进入室内的建筑
	天沟排水系统	1 大型厂房； 2 轻质屋面； 3 大型复杂屋面； 4 绿化屋面； 5 雨篷
	阳台排水系统	敞开式阳台
设计流态	半有压排水系统	1 屋面楼板下允许设雨水管的各种建筑； 2 天沟排水； 3 无法设溢流的不规则屋面排水
	压力流排水系统	1 屋面楼板下允许设雨水管的大型复杂建筑； 2 天沟排水； 3 需要节省室内竖向空间或排水管道设置位置受限的工业和民用建筑
	重力流排水系统	1 阳台排水； 2 成品檐沟排水； 3 承雨斗排水； 4 排水高度小于3m的屋面排水

3.4.2 建筑屋面雨水系统应根据屋面形态进行选择。屋面雨水斗排水系统的设计流态，应根据排水安全、经济性、建筑竖向空间要求等因素综合比较确定。

3.4.3 高层建筑的裙房屋面的雨水应自成系统排放。

3.4.4 半有压屋面雨水系统宜采用87型雨水斗或性能类似的雨水斗，压力流屋面雨水系统应采用专用雨水斗。

3.4.5 民用建筑雨水内排水应采用密闭系统，不得在建筑内或阳台上开口，且不得在室内设非密闭检查井。

3.4.6 严寒地区宜采用内排水系统。当寒冷地区采用外排水系统时，雨水排水管道不宜设置在建筑北侧。

3.4.7 无特殊要求的工业厂房，雨水管道宜为明装。民用建筑中的雨水立管宜沿墙、柱明装，有隐蔽要求时，可暗装于管井内，并应留有检查口。

3.4.8 雨水管道敷设应符合下列规定：

1 不得敷设在遇水会引起燃烧、爆炸的原料、产品和设备的上面及住宅套内；

2 不得敷设在精密机械、设备、遇水会产生危害的产品及原料的上空，否则应采取预防措施；

3 不得敷设在对生产工艺或卫生有特殊要求的生产厂房内，以及食品和贵重商品仓库、通风小室、电气机房和电梯机房内；

4 不宜穿过沉降缝、伸缩缝、变形缝、烟道和风道，当雨水管道需穿过沉降缝、伸缩缝和变形缝时，应采取相应技术措施；

5 当埋地敷设时，不得布置在可能受重物压坏处或穿越生产设备基础；

6 塑料雨水排水管道不得布置在工业厂房的高温作业区。

3.4.9 塑料排水管道穿墙、楼板或有防火要求的部位时，应按国家现行有关标准的规定设置防火措施。

3.4.10 雨水斗位置应根据屋面汇水结构承载、管道敷设等因素确定，雨水斗的设置应符合下列规定：

1 雨水斗的汇水面积应与其排水能力相适应；

2 雨水斗位置应根据屋面汇水结构承载、管道敷设等因素确定；

3 在不能以伸缩缝或沉降缝为屋面雨水分水线时，应在缝的两侧分设雨水斗；

4 雨水斗应设于汇水面的最低处，且应水平安装；

5 雨水斗不宜布置在集水沟的转弯处；

6 严寒和寒冷地区雨水斗宜设在冬季易受室内温度影响的位置，否则宜选用带融雪装置的雨水斗。

3.4.11 绿化屋面的雨水斗可设置在雨水收集沟内或雨水收集井内。

3.4.12 一个汇水区域内雨水斗不宜少于2个，雨水立管不宜少于2根。

3.4.13 雨水立管的底部弯管处应设支墩或采取固定措施。

3.4.14 高层建筑雨水管排水至散水或裙房屋面时，应采取防冲刷措施。当大于100m的高层建筑的排水管排水至室外时，应将水排至室外检查井，并应采取消声措施。

3.4.15 当雨水横管和立管直线长度的伸缩量超过25mm时，应采取伸缩补偿措施。

3.4.16 雨水管道的连接应符合下列规定：

1 管道的交汇处应做顺水连接。当压力流系统的连接管接入悬吊管时，可按局部阻力平衡需求确定连接方式；

2 悬吊管与立管、立管与排出管的连接弯头宜采用2个45°弯头，不应使用内径直角的90°弯头；

3 连接管与悬吊管的连接应采用45°三通。

3.4.17 设雨水斗的屋面雨水排水管道系统应能承受正压和负压，正压承受能力不应小于工程验收灌水高度产生的静水压力，塑料管的负压承受能力不应小于80kPa。

3.4.18 建筑屋面雨水排水系统管材选用宜符合下列规定：

1 采用雨水斗的屋面雨水排水管道宜采用涂塑钢管、镀锌钢管、不锈钢管和承压塑料管，多层建筑外排水系统可采用排水铸铁管、非承压排水塑料管；

2 高度超过250m的雨水立管，雨水管材及配件承压能力可取2.5MPa；

3 阳台雨水管道宜采用排水塑料管或排水铸铁管，檐沟排水管道和承雨斗排水管道可采用排水管材；

4 同一系统的管材和管件宜采用相同的材质。

3.4.19 当建筑屋面雨水斗系统采用涂塑钢管时，应符合下列规定：

1 涂塑钢管应符合现行行业标准《给水涂塑复合钢管》CJ/T 120的有关规定；

2 虹吸系统负压区除外的涂塑钢管连接可采用沟槽或法兰连接方式。当采用法兰连接时，应对法兰焊缝作防腐处理。

3.4.20 当建筑屋面雨水斗系统采用镀锌钢管时，应符合下列规定：

1 镀锌钢管应符合现行国家标准《低压流体输送用焊接钢管》GB/T 3091的有关规定；

2 虹吸系统负压区除外的镀锌钢管连接应采用丝扣或沟槽连接方式。

3.4.21 当建筑屋面雨水斗系统采用不锈钢管时，应符合下列规定：

1 不锈钢管应符合现行国家标准《流体输送用不锈钢焊接钢管》GB/T 12771的有关规定；

2 不锈钢管最小壁厚应符合表3.4.21的规定；

3 不锈钢管应采用耐腐蚀性能牌号不低于S30408的材料；

4 管道宜采用沟槽式连接或对接氩弧焊连接方式；

5 当采用对接氩弧焊连接时，应有惰性气体保护。

表 3.4.21　不锈钢管最小壁厚

公称尺寸(mm)	DN50	DN80	DN100	DN125	DN150	DN200	DN250	DN300	DN350
管外径(mm)	57	89	108	133	159	219	273	325	377
最小壁厚 (mm)	2.0	2.0	2.0	3.0	3.0	4.0	4.0	4.5	4.5

3.4.22　当建筑屋面雨水斗系统采用高密度聚乙烯（HDPE）管时，应符合下列规定：

1　高密度聚乙烯（HDPE）管及管件应符合现行行业标准《建筑排水用高密度聚乙烯（HDPE）管材及管件》CJ/T 250 的有关规定；

2　管材的规格不应低于 S12.5 管系列；

3　管道应采用对接焊连接、电熔管箍连接方式；

4　检查口管件可采用法兰连接方式。

3.4.23　采用排水铸铁管、排水塑料管时，管材及管件应符合国家现行有关标准的规定。

4　屋面集水沟设计

4.1　集水沟设置

4.1.1　当坡度大于 5%的建筑屋面采用雨水斗排水时，应设集水沟收集雨水。

4.1.2　下列情况宜设置集水沟收集雨水：

1　当需要屋面雨水径流长度和径流时间较短时；

2　当需要减少屋面的坡向距离时；

3　当需要降低屋面积水深度时；

4　当需要在坡屋面雨水流向的中途截留雨水时。

4.1.3　集水沟设计应符合下列规定：

1　多跨厂房宜采用集水沟内排水或集水沟两端外排水。当集水沟较长时，宜采用两端外排水及中间内排水；

2　当瓦屋面有组织排水时，集水沟宜采用成品檐沟；

3　集水沟不应跨越伸缩缝、沉降缝、变形缝和防火墙。

4.1.4　天沟、边沟的结构应根据建筑、结构设计要求确定，可采用钢筋混凝土、金属结构。

4.1.5　雨水斗与天沟、边沟连接处应采取防水措施，并应符合下列规定：

1　当天沟、边沟为混凝土构造时，雨水斗应设置与防水卷材或涂料衔接的止水配件，雨水斗空气挡罩、底盘与结构层之间应采取防水措施；

2　当天沟、边沟为金属材质构造，且雨水斗底座与集水沟材质相同时，可采用焊接连接或密封圈连接方式；当雨水斗底座与集水沟材质不同时，可采用密封圈连接，不应采用焊接；

3　密封圈应采用三元乙丙橡胶（EPDM）、氯丁橡胶等密封材料，不宜采用天然橡胶。

4.1.6　金属沟与屋面板连接处应采取可靠的防水措施。

4.2　集水沟计算

4.2.1　集水沟的过水断面积应根据汇水面积的设计流量按下式计算：

$$\omega=\frac{Q}{v} \tag{4.2.1}$$

式中：ω——集水沟过水断面积（m^2）；

Q——雨水设计流量（m^3/s）；

v——集水沟水流速度（m/s）。

4.2.2　集水沟的设计水深应根据屋面的汇水面积、沟的坡度及宽度、雨水斗的斗前水深确定。排水系统的集水沟分水线处最小深度不应小于 100mm。

4.2.3　集水沟的沟宽和有效水深宜按水力最优矩形截面确定。沟的有效深度不应小于设计水深加保护高度；压力流排水系统的集水沟有效深度不宜小于 250mm。

4.2.4　集水沟的最小保护高度应符合表 4.2.4 中的规定。

表 4.2.4　集水沟的最小保护高度

含保护高度在内的沟深 h_z（mm）	最小保护高度（mm）
100～250	$0.3h_z$
＞250	75

4.2.5　集水沟净宽不宜小于 300mm，纵向坡度不宜小于 0.003；金属屋面的金属集水沟可无坡度。

4.2.6　集水沟宽度应符合雨水斗安装要求，压力流排水系统应保证雨水斗空气挡罩最外端距离沟壁距离不小于 100mm，可在雨水斗处局部加宽集水沟；混凝土屋面集水沟沟底落差不应大于 200mm，金属屋面集水沟可不大于 100mm。

4.2.7　集水沟内水流速度应按下式计算：

$$v=\frac{1}{n}R^{\frac{2}{3}}I^{\frac{1}{2}} \tag{4.2.7}$$

式中：n——集水沟的粗糙系数，各种材料的 n 值可按表 4.2.7 的规定确定；

R——水力半径（m）；

I——集水沟坡度。

表 4.2.7　各种材料的 n 值

壁面材料的种类	n 值
钢板	0.012
不锈钢板	0.011
水泥砂浆抹面混凝土沟	0.012～0.013
混凝土及钢筋混凝土沟	0.013～0.014

4.2.8　严寒地区不宜采用平坡集水沟。

4.2.9　水平短沟设计排水流量可按下式计算：

$$q_{dg}=k_{dg}k_{df}A_z^{1.25}S_xX_x \tag{4.2.9}$$

式中：q_{dg}——水平短沟的设计排水流量（L/s）；

k_{dg}——折减系数，取 0.9；

k_{df}——断面系数，各种沟形的断面系数应符合表 4.2.9 的规定；

A_z——沟的有效断面面积，在屋面天沟或边沟中有固定障碍物时，有效断面面积应按沟的断面面积减去固定障碍物断面面积进行计算（mm^2）；

S_x——深度系数，应根据本规程附录 B 的规定取值，半圆形或相似形状的短檐沟 $S_x=1.0$；

X_x——形状系数，应根据本规程附录 B 的规定取值，半圆形或相似形状的短檐沟 $X_x=1.0$。

表 4.2.9　各种沟形的断面系数

沟形	半圆形或相似形状的檐沟	矩形、梯形或相似形状的檐沟	矩形、梯形或相似形状的天沟和边沟
k_{df}	2.78×10^{-5}	3.48×10^{-5}	3.89×10^{-5}

4.2.10　水平长沟的设计排水流量可按下式计算：

$$q_{cg}=q_{dg}L_x \tag{4.2.10}$$

式中：q_{cg}——水平长沟的设计排水流量（L/s）；

L_x——长沟容量系数，平底或有坡度坡向出水口的长沟容量系数可按表 4.2.10 的规定确定。

表 4.2.10　平底或有坡度坡向出水口的长沟容量系数

$\frac{L_0}{h_d}$	容量系数 L_x				
	平底 0～3‰	坡度 4‰	坡度 6‰	坡度 8‰	坡度 10‰
50	1.00	1.00	1.00	1.00	1.00
75	0.97	1.02	1.04	1.07	1.09
100	0.93	1.03	1.08	1.13	1.18
125	0.90	1.05	1.12	1.20	1.27
150	0.86	1.07	1.17	1.27	1.37
175	0.83	1.08	1.21	1.33	1.46
200	0.80	1.10	1.25	1.40	1.55
225	0.78	1.10	1.25	1.40	1.55
250	0.77	1.10	1.25	1.40	1.55
275	0.75	1.10	1.25	1.40	1.55
300	0.73	1.10	1.25	1.40	1.55
325	0.72	1.10	1.25	1.40	1.55
350	0.70	1.10	1.25	1.40	1.55
375	0.68	1.10	1.25	1.40	1.55
400	0.67	1.10	1.25	1.40	1.55
425	0.65	1.10	1.25	1.40	1.55
450	0.63	1.10	1.25	1.40	1.55
475	0.62	1.10	1.25	1.40	1.55
500	0.60	1.10	1.25	1.40	1.55

注：L_0 为排水长度（mm）；h_d 为设计水深（mm）

4.2.11　当集水沟有大于 10°的转角时，计算的排水能力折减系数应取 0.85。

4.2.12　当集水沟的坡度小于等于 0.003 时，可按平沟设计。

4.3　溢流口计算

4.3.1　溢流口的最大溢流设计流量可按下列公式计算：

$$Q_q=385b\sqrt{2g}h^{\frac{3}{2}} \tag{4.3.1-1}$$

$$h=h_{max}-h_b \tag{4.3.1-2}$$

式中：Q_q——溢流口服务面积内的最大溢流水量（L/s）；

b——溢流口宽度（m）；

h——溢流口高度（m）；

g——重力加速度（m/s^2），取 9.81；

h_{max}——屋面最大设计积水高度（m）；

h_b——溢流口底部至屋面或雨水斗（平屋面时）的高差（m）。

4.3.2　溢流口的宽度可按下式计算：

$$b=\frac{Q_q}{N}h_1^{\frac{3}{2}} \tag{4.3.2}$$

式中：h_1——溢流口处的堰上水头（m），宽顶堰宜取 0.03m；

N——溢流口宽度计算系数，可取 1420～1680。

4.3.3　溢流口处堰上水头之上的保护高度不宜小于 50mm。

4.3.4　当溢流口采用薄壁堰时，其设计流量可按下式计算：

$$Q_q=Kb\sqrt{2g}h_1^{\frac{3}{2}} \tag{4.3.4}$$

式中：K——堰流量系数。

5　半有压屋面雨水系统设计

5.1　系 统 设 置

5.1.1　天沟末端或屋面宜设溢流口。

5.1.2　雨水斗设置应符合下列规定：

1　雨水斗可设于天沟内或屋面上；

2　多斗雨水系统的雨水斗宜以立管为轴对称布置，且不得设置在立管顶端；

3　当一根悬吊管上连接的几个雨水斗的汇水面积相等时，靠近立管处的雨水斗连接管管径可减小一号。

5.1.3　悬吊管设置应符合下列规定：

1　同一悬吊管连接的雨水斗宜在同一高度上，且不宜超过 4 个，当管道同程或同阻布置时，连接的雨水斗数量可根据水力计算确定；

2　当悬吊管长度超过 20m 时，宜设置检查口，检查口位置宜靠近墙、柱。

5.1.4 建筑物高、低跨的悬吊管，宜分别设置各自的立管。当雨水立管的设计流量小于最大设计排水能力时，可将不同高度的雨水斗接入同一立管，且最低雨水斗应在立管底端与最高雨水斗高差的2/3以上。

5.1.5 多根立管可汇集到一个横干管中，且最低雨水斗的高度应大于横干管与最高雨水斗高差的2/3以上。

5.1.6 立管下端与横管连接时，应在立管上设检查口或横管上设水平检查口。立管排出管埋地敷设时，应在立管上设检查口。

5.2 系统参数与计算

5.2.1 雨水悬吊管和横管的最大排水能力宜按下式计算：

$$Q = vA_1 \tag{5.2.1}$$

式中：A_1——水流断面积（m^2）。

5.2.2 悬吊管的水力坡度可按下式计算：

$$I=\frac{h_2+\Delta h}{L} \tag{5.2.2}$$

式中：h_2——悬吊管末端的最大负压（mH_2O），取0.5；

Δh——雨水斗和悬吊管末端的几何高差（m）；

L——悬吊管的长度（m）。

5.2.3 雨水横干管及排出管的水力坡度可按下式计算：

$$I=\frac{\Delta H+1}{L} \tag{5.2.3}$$

式中：ΔH——当计算对象为排出管时指室内地面与室外检查井处地面的高差；当计算对象为横干管时指横干管的敷设坡度（m）。

5.2.4 悬吊管的设计充满度宜取0.8，横干管和排出管宜按满流计算。

5.2.5 悬吊管和横管的敷设坡度宜取0.005，且不应小于0.003。

5.2.6 悬吊管和横管的水流速度不应小于0.75m/s，并不宜大于3.0m/s。排出管接入室外检查井的流速不宜大于1.8m/s，大于1.8m/s时应设置消能措施。

5.2.7 雨水斗连接管的管径不宜小于75mm，悬吊管的管径不应小于雨水斗连接管的管径，且下游管径不应小于上游管的管径。

5.2.8 雨水横干管的管径不应小于所连接立管的管径。

5.2.9 立管的最大设计排水流量应符合表5.2.9的规定。

表5.2.9 立管的最大设计排水流量（L/s）

公称尺寸（mm）	*DN*75	*DN*100	*DN*150	*DN*200	*DN*250	*DN*300
建筑高度≤12m	10	19	42	75	135	220
建筑高度>12m	12	25	55	90	155	240

6 压力流屋面雨水系统设计

6.1 系统设置

6.1.1 单个压力流雨水排水系统的最大设计汇水面积不宜大于2500m^2。

6.1.2 雨水斗顶面至过渡段的高差，当立管管径不大于*DN*75时，宜大于3m；当立管管径不小于*DN*90时，宜大于5m。

6.1.3 绿化屋面与非绿化屋面不应合用一套压力流雨水排水系统。当两个屋面共用排水天沟时可以合用一套系统。

6.1.4 同一系统的雨水斗宜设置在同一水平面上，且用于排除同一汇水区域的雨水。

6.1.5 压力流雨水排水系统的屋面应设溢流设施，且应设置在溢流时雨水能通畅流达的场所。当采用金属屋面、水平金属长天沟且沟檐溢水会进入室内时，宜在天沟两端设溢流口，无法设置溢流口时，可采用溢流管道系统。

6.1.6 溢流设施的最大溢水高度应低于建筑屋面允许的最大积水深度，天沟溢流口不应高于天沟有效深度。

6.1.7 当采用溢流管道系统溢流时，溢流水应排至室外地面，溢流管道系统不应直接排入市政雨水管网。

6.1.8 压力流系统排出管的雨水检查井宜采用钢筋混凝土检查井或消能井。检查井应能承受排出管水流的作用力，并宜采取排气措施。

6.1.9 雨水斗应设在天沟或集水槽内。当设于屋面时，雨水斗规格不应大于50mm。

6.1.10 雨水斗在天沟内宜均匀布置，其最大间距不应大于20m，并确保雨水能依自由水头均匀分配至各雨水斗。当天沟坡度大于0.01时，雨水斗应设在天沟的下沉小斗内，并宜在天沟末端加密布置。

6.1.11 雨水斗应设连接管和悬吊管与立管连接。多斗系统中雨水斗不得直接接在立管顶部。当悬吊管上连接多个雨水斗时，雨水斗宜对雨水立管做对称布置。

6.1.12 连接管垂直管段的内径不宜大于雨水斗出水短管内径。

6.1.13 雨水斗出水短管可采用焊接、螺纹、法兰等连接方式。当出现不同材质时，可采用法兰或卡箍连接；当采用相同材质时，可采用焊接或热熔连接。

6.1.14 压力流排水系统应设置过渡段，立管底部应设置检查口。

6.2 系统参数与计算

6.2.1 压力流排水系统的水力计算，应符合下列规定：

1 精确计算每一管路水力工况；

2 计算应包括设计暴雨强度、汇水面积、设计雨水流量；

3 应计算管段的管径、计算长度、流量、流速、节点压力等。

6.2.2 雨水斗至过渡段总水头损失与过渡段流速水头之和不得大于雨水斗顶面至过渡段的几何高差，也不得大于雨水斗顶面至室外地面的几何高差。

6.2.3 压力流排水系统管路内的压力应按下式计算：

$$P_x=\Delta h_x\rho g-\frac{v_x^2\rho}{2}-\sum 9.81\ (lR+Z) \quad (6.2.3)$$

式中：P_x——管路内任意断面 x 的压力（kPa）；

Δh_x——雨水斗顶面至管路内任意断面 x 的几何高差（m）；

v_x——计算点的流速（m/s）。

6.2.4 压力流排水管系的各雨水斗至系统过渡段的水头损失允许误差应小于雨水斗顶面与过渡段几何高差的10%，且不应大于10kPa。水头损失允许误差应按下式计算：

$$\Delta P=\Delta h_{ver}\rho g-\sum 9.81\ (lR_1+Z) \quad (6.2.4)$$

式中：ΔP——水头损失允许误差（kPa）；

Δh_{ver}——雨水斗顶面至排出管过渡段的几何高差（m）；

ρ——4℃时水的密度；

$\sum 9.81\ (lR_1+Z)$——雨水斗至计算点的总水头损失（kPa）；其中 lR_1 为沿程水头损失，Z 为局部水头损失；

l——管道长度（m）；

R_1——水力坡降；

Z——管道的局部水头损失（m）。

6.2.5 管道的水力坡降应按下列公式计算：

$$R_1=\lambda\frac{1}{d_j}\frac{v^2}{2g} \quad (6.2.5\text{-}1)$$

$$\frac{1}{\sqrt{\lambda}}=-2\lg\left[\frac{K_n}{3.71d_j}+\frac{2.51}{Re\sqrt{\lambda}}\right] \quad (6.2.5\text{-}2)$$

式中：λ——摩阻系数，按公式（6.2.5-2）计算；

d_j——管道的计算直径（m）；

Re——雷诺数；

K_n——绝对当量粗糙度。

6.2.6 管道的局部水头损失应按管道的连接方式，采用管（配）件当量长度法计算。当缺少管（配）件实验数据时，可按下式计算：

$$Z=\sum\xi\frac{v^2}{2g} \quad (6.2.6)$$

式中：ξ——局部阻力系数，管（配）件的局部阻力系数 ξ 应按表 6.2.6 的确定。

表 6.2.6 管（配）件的局部阻力系数 ξ

管件名称	15°弯头	30°弯头	45°弯头	70°弯头	90°弯头	三通	管道变径处
ξ	0.1	0.3	0.4	0.6	0.8	0.6	0.3

注：1 虹吸系统到过渡段的转换处宜按 ξ=1.8 估算。

2 雨水斗的 ξ 值应由产品供应商提供，无资料时可按 ξ=1.5 估算。

6.2.7 连接管设计流速不应小于 1.0m/s，悬吊管设计流速不宜小于 1.0m/s。

6.2.8 立管管径应经计算确定，可小于上游悬吊管管径。立管设计流速不宜小于 2.2m/s，且不宜大于 10m/s。

6.2.9 过渡段下游的管道应按重力流设计、计算，流速不宜大于 1.8m/s，否则应采取消能措施，且最大流速不应大于 3.0m/s。

6.2.10 过渡段的设置位置应通过计算确定，宜设在室外，且距检查井间距不宜小于3m。

6.2.11 当雨水斗顶面与悬吊管中心的高差小于 1m 时，应按下列公式校核：

$$Q_A>1.1Q_{A,min} \quad (6.2.11\text{-}1)$$

$$Q_A=Q\sqrt{\frac{\Delta h}{\Delta h_{ver}}} \quad (6.2.11\text{-}2)$$

式中：Q_A——能在系统中形成虹吸的最小流量（L/s）；

$Q_{A,min}$——在单斗、单立管系统（立管高度大于 4m）中形成虹吸的最小流量（L/s）；应由产品供应商实测获得；

6.2.12 系统的最大负压计算值应根据气象资料、管道及管件的材质、管材及管件的耐负压能力和耐气蚀能力确定，但不应小于－80kPa。

6.2.13 压力流排水系统应按系统内所有雨水斗以最大实测流量运行的工况，复核计算系统的最大负压。系统最大负压值不应小于－90kPa，且不低于管材及管件的最大耐负压值，最大实测流量应按本规程附录 A 规定的测试方法测定。

6.2.14 当压力流排水系统设置场所有可能发生雨水斗堵塞时，应按任一个雨水斗失效，系统中其他雨水斗以雨水斗最大实测流量运行的工况，复核计算系统的最大负压和天沟（或屋面）积水深度。

7 重力流屋面雨水系统设计

7.1 系 统 设 置

7.1.1 重力流雨水系统的雨水进水口应符合下列规定：

1 当位于阳台时，宜采用平箅雨水斗或无水封地漏；

2 当位于成品檐沟内时，可不设雨水斗；

3 当位于女儿墙外侧时，宜采用承雨斗。

7.1.2 阳台雨水排水立管不应连接屋面排水口，且不应与屋面雨水系统相连接。

7.1.3 阳台雨水立管底部应间接排水，檐沟排水、屋面承雨斗排水的管道排水口，宜排到室外散水或排水沟。

7.1.4 阳台排水、檐沟排水可将不同高度的排水口接入同一立管。

7.1.5 单个悬吊管连接的雨水进水口数量可按水力计算确定。

7.1.6 管材选用应符合下列规定：

1 阳台、檐沟、承雨斗雨水排水管道以及多层建筑外排水可采用排水铸铁管或排水塑料管；

2 建筑内排水系统的管材应采用镀锌钢管、涂（衬）塑镀锌钢管、承压塑料管；

3 高层建筑外排水系统的管材应采用镀锌钢管、涂（衬）塑镀锌钢管、排水塑料管。

7.2 系统参数与计算

7.2.1 悬吊管和横管的水力计算应按本规程第5.2.2、5.2.3条进行，其中水力坡度采用管道的敷设坡度。

7.2.2 悬吊管和横管的充满度不宜大于0.8，排出管可按满流计算。

7.2.3 悬吊管和其他横管的最小敷设坡度应符合下列规定：

1 塑料管应为0.005；

2 金属管应为0.01。

7.2.4 悬吊管和横管的流速应大于0.75m/s。

7.2.5 立管的最大泄流量应根据排水立管的附壁膜流公式计算，过水断面应取立管断面的1/4～1/3，重力流系统雨水立管的最大设计泄流量可按表7.2.5的规定确定。

表7.2.5 重力流系统雨水立管的最大设计泄流量

铸铁管		钢管		塑料管	
公称直径（mm）	最大泄流量（L/s）	公称外径×壁厚（mm）	最大泄流量（L/s）	公称外径×壁厚（mm）	最大泄流量（L/s）
75	4.30	108×4.0	9.40	75×2.3	4.50
100	9.50	133×4.0	17.10	90×3.2	7.40
				110×3.2	12.80
125	17.00	159×4.5	27.80	125×3.2	18.30
		158×6.0	30.80	125×3.7	18.00
150	27.80	219×6.0	65.50	160×4.0	35.50
				160×4.7	34.70
200	60.00	245×6.0	89.80	200×4.9	54.60
				200×5.9	62.80
250	108.00	273×7.0	119.10	250×6.2	117.00
				250×7.3	114.10
300	176.00	325×7.0	194.00	315×7.7	217.00
				315×9.2	211.00

7.2.6 重力流雨水系统的最小管径应符合下列规定：

1 下游管的管径不得小于上游管的管径；

2 阳台雨水立管的管径不宜小于*DN*50。

8 加压提升雨水系统设计

8.1 一般规定

8.1.1 地下室车库出入口坡道、与建筑相通的室外下沉式广场、局部下沉式庭院、露天窗井等场所应设置雨水加压提升排放系统。当排水口及汇水面高于室外雨水检查井盖标高时，可直接重力排入雨水检查井。

8.1.2 加压提升雨水系统应由雨水汇集设施、集水池、加压装置和排出管道构成。

8.1.3 连接建筑出入口的下沉地面、下沉广场、下沉庭院及地下车库出入口等，应采取防止设计汇水面以外的雨水进入的措施。

8.1.4 漫坡式下凹的广场或坡道，应设置地面雨水分水线。

8.1.5 连接建筑出入口的下沉地面、下沉广场、下沉庭院等地面应比室内地面低150mm～300mm以上。

8.1.6 室外下沉地面不宜承接屋面雨水排水。

8.2 雨水汇集设施

8.2.1 地下室车库出入口的敞开式坡道雨水汇集应符合下列规定：

1 与地下室地面的交接处应设带格栅的雨水排水沟，沟内雨水宜重力排入雨水集水池；

2 当车库坡道中途设置雨水截留沟且截留沟格栅面低于室外雨水检查井盖标高时，沟内雨水应排入地下室雨水集水池。

8.2.2 地下室的露天窗井中应设平箅雨水斗或无水封地漏，雨水应重力排入地下室雨水集水池。

8.2.3 与建筑相通的室外下沉广场、室外下沉庭院或室外下沉地面应设置雨水口、雨水斗或带格栅的排水沟，雨水应重力排入雨水集水池。

8.2.4 室外下沉广场、室外下沉庭院或室外下沉地面的埋地管道管顶覆土深度应根据管材强度、外部荷载、土壤冰冻深度和土壤性质等条件，结合当地埋管经验确定。管顶最小覆土深度宜符合下列规定：

1 人行道下不宜小于600mm；

2 车行道下不宜小于700mm；

3 室内埋地管道应设在覆土层内，不宜敷设在钢筋混凝土层内。

8.2.5 雨水汇集管道宜采用塑料排水管或铸铁排水管等。

8.3 雨水集水池

8.3.1 雨水集水池宜靠近雨水收集口。

8.3.2 地下室汽车坡道和地下室窗井的雨水集水池应设在室内，也可设于窗井内。收集室外雨水的集水池宜设在室外。

8.3.3 雨水集水池不应收集生活污水。

8.3.4 雨水集水池除满足有效容积外，还应满足水泵设置、水位控制器、格栅等安装和检修要求。

8.3.5 雨水集水池设计最低水位，应满足水泵吸水要求；雨水集水池的吸水坑和吸水管的布置可按现行国家标准《建筑给水排水设计规范》GB 50015中污废水集水池的要求布置。

8.3.6 雨水集水池底坡向泵位的坡度不宜小于0.05，吸水坑的深度及平面尺寸，应按泵类型确定。

8.3.7 雨水集水池应设置水位指示装置和超警戒水位报警装置，并应将信号引至物业管理中心。

8.4 水泵设置

8.4.1 雨水提升泵应采用排水污水泵，且宜采用自动耦合式潜水泵。

8.4.2 雨水集水池泵组应设备用泵，备用泵的容量不应小于最大一台工作泵的容量。排水泵不应少于2台，不宜大于8台，紧急情况下可同时使用。

8.4.3 水泵应有不间断的动力供应，并宜设置自冲洗管道。

8.4.4 水泵应由集水池中的水位自动控制运行。

8.4.5 当设计雨水排水量较大时，宜采用多台雨水泵并联工作模式。

8.4.6 单个雨水集水池的水泵出水管可合并成一条，且宜单独排出室外。当多个集水池的水泵出水管合并时，各支路在管道交汇点的水压宜相等。

8.4.7 水泵出水管上应设止回阀和阀门，位置应易于操作。寒冷地区应采取泄空措施。

8.4.8 水泵出水管宜采用涂塑钢管、焊接钢管和承压塑料管等。

8.5 系统计算

8.5.1 当车道、窗井与其上方的侧墙相通时，汇水面积应附加1/2的侧墙面积。下沉庭院和下沉广场周围的侧墙面积，应根据屋面侧墙的折算方式计入汇水面积。

8.5.2 雨水集水池的有效容积可按下列方法确定：

1 当集水池的有效容积取降雨历时为t的总径流雨量时，水泵设计流量可取降雨历时为t时的流量；

2 当水泵的设计流量取5min降雨历时的流量时，集水池的有效容积不应小于最大一台水泵5min的出水量；

3 当露天下沉地面汇水面积允许在设计降雨历时内积水时，下沉地面上的积水容积也可计入贮水容积。

8.5.3 雨水的总径流雨量应按下式计算：

$$W = 0.06\Psi_m qFt \quad (8.5.3)$$

式中：W——径流总雨量（m^3）。

9 施工安装

9.1 一般规定

9.1.1 施工前准备应符合下列规定：

1 施工图纸和其他技术文件齐全，并应经会审；

2 有批准的施工方案或施工工艺，应已进行技术交底；

3 施工人员应经过屋面雨水排水系统安装的技术培训；

4 施工人员应充分了解设计文件和施工方案；

5 材料、机具等应准备就绪。

9.1.2 材料进场验收应符合下列规定：

1 管材、管件、雨水斗等材料的规格、型号和性能应符合设计要求，并应有质量合格证明文件；

2 管材、管件等材料的表面应完好无损。钢管和管件表面应无裂纹、夹渣、重皮等缺陷；

3 排水铸铁管管材、管件应无裂缝、砂眼、飞刺和瘪陷等缺陷；

4 排水塑料管管材、管件应无裂缝、凹陷、分层和气泡等缺陷。

9.1.3 材料贮运应符合下列规定：

1 管材、管件、雨水斗等应分类堆放。管材应水平堆放在平整的地上，管件、雨水斗应逐层堆码，且不应超过国家现行有关标准规定的堆码高度；

2 管材装卸时，不得撞击和抛、摔、拖等；

3 塑料管道贮存堆放时，不得长时间暴晒，且应远离明火、热源。

9.1.4 管道敷设应符合下列规定：

1 雨水立管检查口设置应符合设计要求；

2 室内埋地管长度超过 30m 时，应设置检查口；

3 雨水管道位置应符合设计要求；

4 塑料管道穿过墙壁、楼板或有防火要求的部位时，应按设计要求设置防火措施；

5 当雨水管穿过墙壁和楼板时，应设置金属或塑料套管。公共卫生间和厨房内楼板的套管，顶部应高出装饰地面 50mm；其他区域内楼板的套管，顶部应高出装饰地面 20mm，底部与楼底面齐平。墙壁内的套管，两端应与饰面齐平。套管与管道之间的缝隙应采用阻燃密实材料填实；

6 管道和雨水斗的敞开口安装处，应采取临时封堵措施。

9.2 进场检验

9.2.1 雨水斗、主要管材及管件应进行进场检验。

9.2.2 雨水斗外观应无损坏，组件应完整，说明书、合格证应齐全。雨水斗材质、规格应符合设计要求。

9.2.3 管材、管件检验应符合下列规定：

1 管道的材质、规格、管径应符合设计要求。各类管材、管件应符合国家现行有关标准的规定；

2 塑料管材应进行燃烧性能试验。

9.2.4 雨水潜水泵外观应无损坏，组件应完整，产品合格证和安装使用说明书应齐全。流量、扬程和电机功率应符合设计要求。

9.3 雨水斗安装

9.3.1 雨水斗的进水口应水平安装。

9.3.2 雨水斗应按产品说明书的要求和顺序进行安装。

9.3.3 屋面结构施工时应按设计要求预留雨水斗预留孔。

9.3.4 安装在钢板或不锈钢板天沟、檐沟内的雨水斗，可采用氩弧焊等与天沟、檐沟焊接，也可采用其他防水连接方式。

9.3.5 当屋面防水施工完成、雨水管道确认畅通、清除流入短管内的密封膏后，再安装整流装置、导流罩等部件。

9.3.6 雨水斗安装后，雨水斗边缘与屋面相连处不应漏水。

9.4 管道安装

9.4.1 钢管安装应符合下列规定：

1 碳素钢管宜采用机械切割。当采用火焰切割时，应先清除表面的氧化物。不锈钢管应采用机械或等离子切割；

2 钢管切口表面应平整，并应与管道中心线垂直，不锈钢管焊接前应打坡口；

3 碳素钢管应采用法兰或沟槽式连接，内外表面应镀锌。不锈钢管应采用焊接、法兰或沟槽式连接；

4 当采用法兰连接时，法兰应垂直于管道中心线，两个法兰的表面应相互平行，紧固螺纹部分应做防腐处理；管径大于 *DN*100 的镀锌钢管应采用法兰或卡套式专用管件连接，镀锌钢管与法兰焊接处应二次镀锌；

5 不锈钢管焊接宜采用氩弧焊接、手工电焊或氩弧焊打底、手工电焊盖面，管内需充氩气保护的焊接工艺；

6 当不锈钢管采用氩弧焊时，环境温度不应低于−5℃；当温度过低时，应采取预热措施。不锈钢管焊接后，应根据设计要求及时对焊缝表面及周围进行酸洗钝化处理。

9.4.2 排水铸铁管安装应符合下列规定：

1 应采用机械切割，切口表面应平整无裂缝；

2 应采用机械接口或卡箍式连接；

3 当进行连接时，应先清除连接部位的沥青、砂、毛刺等杂物；

4 当采用机械接口时，在插口端应先套入法兰压盖，再套入橡胶密封圈，然后将插口端推入承口内，应对称交叉地紧固法兰压盖；

5 当采用卡箍式连接时，应将管道或管件的端口插入橡胶套筒和不锈钢节套内，然后拧紧节套上的螺栓。

9.4.3 高密度聚乙烯（HDPE）管安装应符合下列规定：

1 当采用切割机切割时，切口应垂直于管中心；

2 应采用热熔对焊或电熔连接；

3 预制管段不宜超过 10m，预制管段之间的连接应采用电熔、热熔对焊或法兰连接；

4 悬吊水平管宜采用电熔连接，且与固定件配合安装；

5 当管道对焊连接时，焊接压力应根据壁厚确定，对焊压力宜为截面积乘以 0.15MPa。

9.4.4 其他塑料管道安装应符合国家现行相关标准的要求。

9.4.5 排出管安装应符合下列规定：

1 管材选用及敷设应符合设计要求；

2 埋地管道不宜采用不锈钢管，当采用不锈钢管时，应采取防腐措施；

3 当埋地雨水管穿入检查井时，与井壁接触的管端部位应涂刷两道胶粘剂，并滚上粗砂，用水泥砂浆砌入，防止漏水。

9.5 雨水潜水泵安装

9.5.1 雨水潜水泵的规格、型号应符合设计要求，并应有产品合格证和安装使用说明书。

9.5.2 雨水潜水泵的安装应符合现行国家标准《机械设备安装工程施工及验收通用规范》GB 50231、《压缩机、风机、泵安装工程施工及验收规范》GB 50275 的有关规定。

9.5.3 每台雨水潜水泵出水管上应安装排水止回阀、控制阀、压力表和可曲挠接头，压力表量程应为工作压力的 2 倍～2.5 倍。

9.6 固定件安装

9.6.1 排水管道固定件设置应符合下列规定：

1 排水管道固定件应能承受满流管道的重量和水流作用力及管道热胀冷缩产生的轴向应力；

2 排水管道金属固定件的内、外层应采取防腐处理措施；

3 管道支吊架应固定在承重结构上，位置应正确，埋设应牢固。

9.6.2 钢管的支、吊架间距，横管钢管管道支架最大间距应符合表 9.6.2 的规定；立管应每层设置 1 个。

表 9.6.2 钢管管道支架最大间距

公称尺寸（mm）	*DN*50	*DN*80	*DN*100	*DN*125	*DN*150	*DN*200	*DN*250	*DN*300
保温管（m）	3.0	4.0	4.5	6.0	7.0	7.0	8.0	8.5
不保温管（m）	5.0	6.0	6.5	7.0	8.0	9.5	11.0	12.0

9.6.3 当采用不锈钢管时，不锈钢悬吊管支、吊架最大间距应符合表 9.6.3 的规定。

表 9.6.3 不锈钢管悬吊管支、吊架最大间距

公称尺寸（mm）	*DN*50	*DN*80	*DN*100	*DN*125	*DN*150	*DN*200	*DN*250	*DN*300
保温管（m）	2.0	2.5	3.0	3.0	3.5	4.0	5.0	5.0
不保温管（m）	3.0	3.0	4.0	4.0	5.0	6.0	6.0	6.0

9.6.4 排水铸铁管支、吊架的横管间距不应大于 2m，立管间距不应大于 3m。当楼层高度不大于 4m 时，立管可安装 1 个支架。

9.6.5 钢管沟槽式接口、排水铸铁管机械和卡箍接口，其支、吊架位置应靠近接口，但不得妨碍接口的拆装。

9.6.6 卡箍接口排水铸铁管在弯管处应安装拉杆装置进行固定。

9.6.7 高密度聚乙烯（HDPE）悬吊管固定应符合下列规定：

1 应采用方形钢导管固定，方形钢导管尺寸应符合表 9.6.7-1 的规定；

2 方形钢导管应沿 HDPE 悬吊管悬挂在建筑承重结构上，HDPE 悬吊管宜采用导向管卡和锚固管卡连接在方形钢导管上；

3 方形钢导管悬挂点间距和导向管卡、锚固管卡（图 9.6.7-1、图 9.6.7-2）的设置间距，HDPE 横管固定件最大间距应符合表 9.6.7-2 的规定。

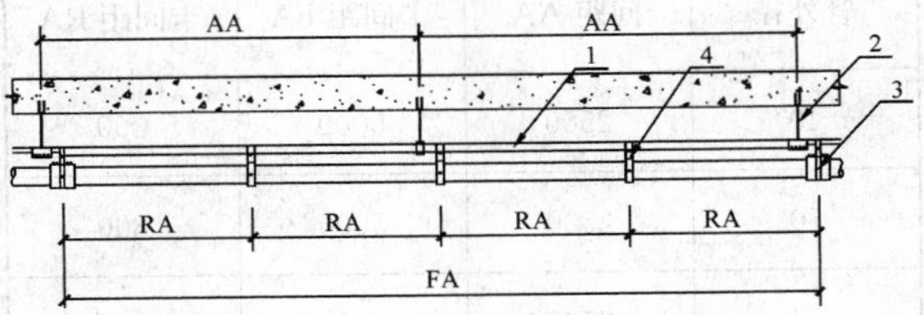

图 9.6.7-1 *DN*40～*DN*200 的 HDPE 管横管固定安装示意图

AA—悬挂点间距；FA—锚固管卡间距；

RA—导向管卡间距；

1—方形钢导管；2—悬挂点；

3—锚固管卡；4—导向管卡

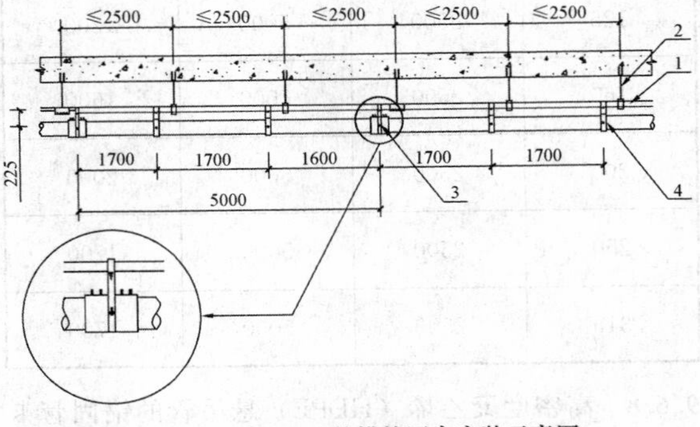

(a) *DN*250的HDPE管横管固定安装示意图

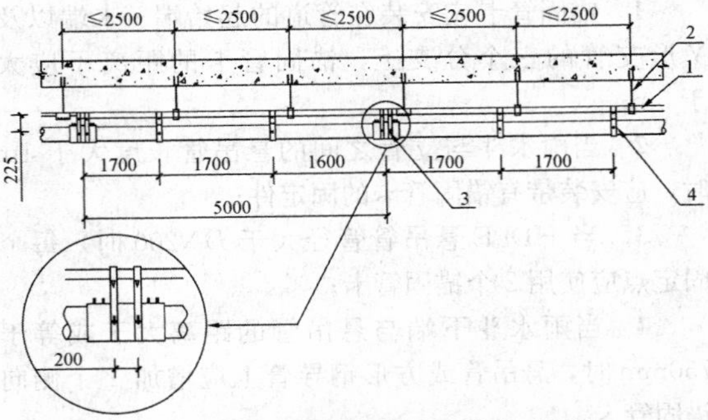

(b) *DN*315的HDPE管横管固定安装示意图

图 9.6.7-2 *DN*250、*DN*315 的 HDPE 管横管固定安装示意图

1—方形钢导管；2—悬挂点；

3—锚固管卡；4—导向管卡

表 9.6.7-1 方形钢导管尺寸（mm）

HDPE 管外径	方形钢导管尺寸 A×B
40～200	30×30
250～315	40×60

表 9.6.7-2 HDPE 横管固定件最大间距（mm）

HDPE 管外径	悬挂点间距 AA	锚固管卡间距 FA	导向管卡间距 RA
40	2500	5000	800
50	2500	5000	800
56	2500	5000	800
63	2500	5000	800
75	2500	5000	800
90	2500	5000	800
110	2500	5000	1100
125	2500	5000	1200
160	2500	5000	1600
200	2500	5000	2000
250	2500	5000	1700
315	2500	5000	1700

9.6.8 高密度聚乙烯（HDPE）悬吊管的锚固管卡设置应符合下列规定：

1 锚固管卡应安装在管道的起始端、末端以及Y形支管的三个分支上，锚固管卡的距离不应大于 5m；

2 当雨水斗与立管之间的悬吊管长度大于 1m 时，应安装带有锚固管卡的固定件；

3 当 HDPE 悬吊管管径大于 *DN*200 时，每个固定点应使用 2 个锚固管卡；

4 当雨水斗下端与悬吊管的距离大于或等于 750mm 时，悬吊管或方形钢导管上应增加 2 个侧向锚固管卡。

9.6.9 HDPE 立管的锚固管卡间距不应大于 5m，HDPE 导向管卡间距不应大于 15 倍管径（图 9.6.9）。

9.6.10 HDPE 管道固定件应与管材配套。

9.6.11 雨水立管的底部弯管处应按设计要求设支墩或采取其他固定措施。

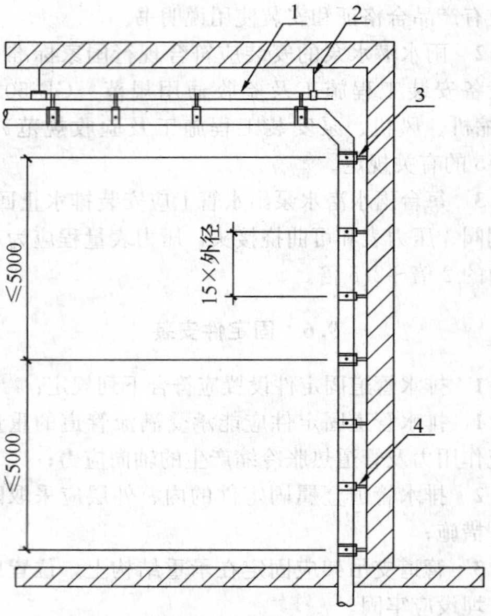

图 9.6.9 HDPE 管垂直固定安装示意图
1—方形钢导管；2—悬挂点；3—锚固管卡；4—导向管卡

10 工程验收和维护管理

10.1 一 般 规 定

10.1.1 工程验收时应具备下列文件：

1 竣工图和设计变更文件；

2 雨水斗、管材、管件等的质量合格证明文件；

3 主要器材的安装使用说明书；

4 中间试验和隐蔽工程验收记录。

10.1.2 压力流屋面雨水系统采用的塑料管材，应具备管材及管件耐正压和负压的检测报告。

10.2 安 装 验 收

10.2.1 雨水斗安装验收应符合下列规定：

1 雨水斗安装位置应符合设计要求，雨水斗边缘与屋面间连接处不应渗漏；

2 雨水斗内及周围不得遗留杂物、填充物或其他包装材料。

10.2.2 室内雨水管道安装偏差应符合现行国家标准《建筑给水排水及采暖工程施工质量验收规范》GB 50242 的有关规定。

10.2.3 固定件安装验收应符合下列规定：

1 固定件的安装应符合本规程第 9.6 节的规定；

2 管道固定件应固定在承重结构上；

3 固定件防腐、防锈措施应完整。

10.2.4 天沟验收应符合下列规定：

1 天沟位置、高度、宽度、坡度、溢流口及水流断面应符合设计要求；

2 沟内不得遗留杂物、填充物等；

3 金属天沟应无影响有效积水深度和水流断面的明显变形。

10.2.5 溢流措施应符合下列规定：

1 溢流口尺寸及设置高度应符合设计要求；

2 溢流系统应采用专用溢流雨水斗或雨水斗配合溢流堰方式，保证溢流系统在溢流工况下正常工作；

3 溢流措施周围不得遗留杂物、填充物等。

10.2.6 雨水潜水泵应能在设计要求的水位工况自动运行。

10.3 密封性能验收

10.3.1 密封性验收应对所有雨水斗进行封堵，并应向屋顶或天沟灌水，水位应淹没雨水斗并保持1h后，雨水斗周围屋面应无渗漏现象。

10.3.2 安装在室内的压力流、半有压系统雨水管道，应根据建筑高度进行灌水和通水试验。当立管高度小于或等于250m时，灌水高度应达到每个系统每根立管上部雨水斗位置；当立管高度大于250m时，应对下部250m高度管段进行灌水试验，其余部分应进行通水试验。灌水试验持续1h后，管道及其所有连接处应无渗漏现象。

10.4 竣工验收

10.4.1 屋面和天沟应清理干净，不得留有杂物，雨水斗处不得留有杂物。

10.4.2 溢流口或溢流设施应符合设计要求。

10.4.3 雨水系统应做通水试验，排水应畅通、无堵塞。

10.4.4 压力流屋面雨水系统做现场排水能力测试时，宜按照本规程附录C的规定进行。

10.5 维 护

10.5.1 雨水排水系统应定期维护，每年至少在雨季前做一次巡检。

10.5.2 雨水排水系统日常检查和维护应符合下列规定：

1 应检查格栅或空气挡罩固定于雨水斗上的情况；

2 应检查屋面雨水径流至雨水斗情况，并应及时清理屋面或天沟内杂物；

3 应定期检查雨水管道的功能和状态，并应清除雨水斗和管道中的杂质；

4 应检查固定系统；

5 有需要的场所应建立检查和维护档案。

10.5.3 除雨水以及屋顶供水箱溢水、泄水、冷却塔排水等较洁净的废水外，其他污废水不得排入雨水排水系统。

10.5.4 雨水排水系统备品备件应齐全。

10.5.5 对维护过程中发现的缺陷和问题应及时处理。

10.5.6 每年雨季前应对加压提升雨水系统的潜水泵进行巡检和试验。

附录A 雨水斗流量和斗前水深试验测试方法

A.0.1 试验装置（图A.0.1）应满足测试水槽均匀进水的要求，并应符合下列规定：

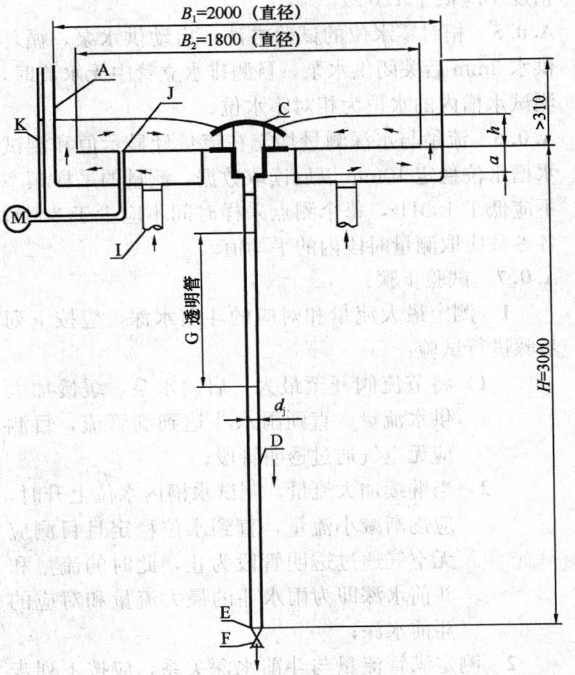

图A.0.1 流量和斗前水深试验装置图

A—测试水槽，槽底应水平安装；B—测试水槽尺寸（图上标注尺寸为最小值）；C—雨水斗；D—排水管；E—排水管末端；F—节流阀；G—透明管；H—雨水斗连接压板上沿与排水管末端出口之间的高度差；I—进水管；J—斗前水深测试取压孔；K—玻璃水位计；M—压力传感器；d_j—排水管内径；a—雨水斗深度；h—斗前水深

1 安装雨水斗的平板的水平安装偏差应为±4mm；

2 排水管末端设置节流阀；

3 透明管内径应与所配管内径相同，长应为1000mm；

4 雨水斗连接压板上沿与排水管末端出口之间的高度差应为3000mm；

5 应设置四个进水管，靠近测试水槽中心均布，且要求均匀分配流量；

6 斗前水深测试取压孔距测试水槽中心应为650mm。

A.0.2 试验装置中的排水管内径宜与雨水斗出水短管内径一致。排水管出口端安装用于调节系统阻力的节流阀，此阀门全开时应无明显阻力，且开度调整后不应自行改变。排水管上应设置一段透明管用于观察管中水流。

A.0.3 斗前水深宜采用压力传感器测量，压力传感器测量精度不应低于0.25级，并应采用液柱式水位计与之对比。传感器使用前应进行标定，计量误差应为±2.5mm水柱（±25Pa）。

A.0.4 流量计应安装在试验装置的供水管上，计量精度不应低于1.0级。

A.0.5 相对零水位的试验方法：启动供水泵，循环供水3min后关闭供水泵，目测排水立管中无水流时，测试水槽内的水位为相对零水位。

A.0.6 流量与水深测量均需在流量计显示值和测试水槽水位稳定10min以后读取数据，测量的采样频率不应低于100Hz，每个测点采样时间不应少于3min，各参数应取测量时段内的平均值。

A.0.7 试验步骤：

1 测定最大流量和对应的斗前水深，应按下列步骤进行试验：

1）将节流阀开至最大，启动水泵，缓慢加大供水流量，直到雨水斗达到满管流，目测应无空气通过透明管段；

2）当继续加大流量，测试水槽内水位上升时，应逐渐减小流量，直到水位稳定且目测应无空气通过透明管段为止，此时的流量和斗前水深即为雨水斗的最大流量和对应的斗前水深；

2 测定满管流量与斗前水深关系，应按下列步骤进行试验：

1）在最大流量和设定的最小流量区间内，应预设不少于10个测试流量值；

2）调节供水阀门，使流量接近预设的测试流量值后，应调节排水管出口处节流阀的开度，至排水管接近满流时固定节流阀的开度；

3）应缓慢调节供水流量，直到雨水斗达到满管流，此时的流量和斗前水深即为设定条件下满流流量和对应的斗前水深；

4）应按预设的流量值从大到小依次重复本款第2项、第3项操作，并应得到最大流量到设定的最小流量间一系列满流流量与对应的斗前水深值；

5）应关闭供水阀门、停水泵，并应放空测试水槽。

A.0.8 雨水斗满流流量与斗前水深关系曲线应依据本规程第A.0.7条取得的满流流量与对应的斗前水深值进行绘制。

附录B 深度系数和形状系数曲线

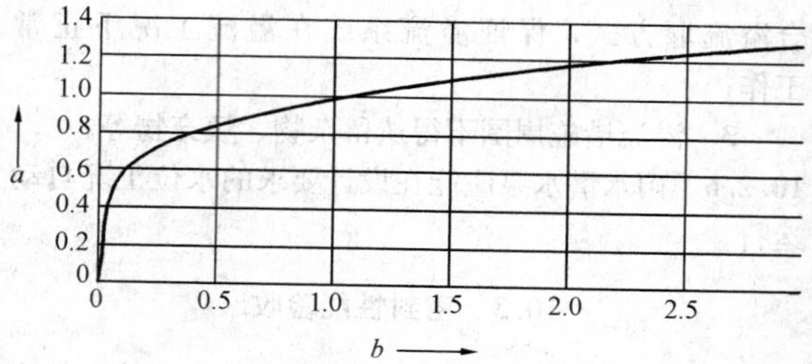

(a) 深度系数曲线

a—深度系数S_x；b—h_d/B_d；

h_d—设计水深(mm)；B_d—设计水位处的沟宽(mm)

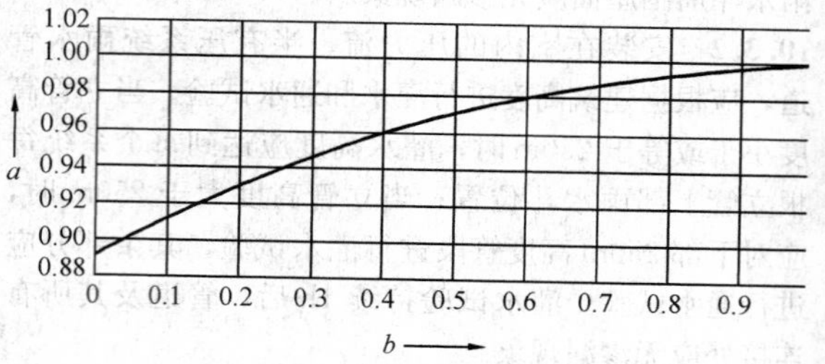

(b) 形状系数曲线

a—形状系数X_x；b—B/B_d；

B—沟底宽度(mm)；B_d—设计水位处的沟宽(mm)

图B 深度系数和形状系数曲线

附录C 压力流屋面雨水系统容积式测试法

C.0.1 当屋面本身有较大的蓄水容积时，可根据天沟内的雨水在单位时间内容积增减，确定系统排水能力。

C.0.2 测试应按下列步骤进行：

1 应先将该系统位于地面标高1.5m处的检查管段暂时拆除；

2 检查管段拆除后，应在该部位安装合适规格的阀门，在阀门上方应安装注水设施；

3 关闭阀门，并应将对应的屋面排水分区其他系统的雨水斗暂时封堵，并应设立储水区；

4 应在储水区段的天沟内观测天沟高度位置，并应做好标记线，天沟测试的人数不应少于3人，并应校对各测试人员的秒表；

5 应从阀门上方的注水管向储水区持续加水至可测试的水深高度；

6 在测试人员就位后，应打开阀门，检测人员应记录储水区的各标记段排水时间，并应取得不少于

3组的数值，应取其平均值作为单位时间内的排水能力，并应与该系统的设计排水量进行对比，与设计要求进行核对；

7 测试结束后，应开启其他系统的雨水斗、拆除阀门，并应将检查管段复位。

C.0.3 排水能力应按下式计算：

$$Q_s = \frac{V_g}{T_s} \qquad (C.0.3)$$

式中：Q_s——被测试的压力流屋面雨水系统排水能力（m^3/h）；

V_g——屋面天沟水容积（m^3）；

T_s——排水时间（h）。

本规程用词说明

1 为便于在执行本规程条文时区别对待，对要求严格程度不同的用词说明如下：

1） 表示很严格，非这样做不可的：

正面词采用“必须”，反面词采用“严禁”。

2） 表示严格，在正常情况下均应这样做的：

正面词采用“应”，反面词采用“不应”或“不得”。

3） 表示允许稍有选择，在条件许可时首先应这样做的：

正面词采用“宜”，反面词采用“不宜”。

4） 表示有选择，在一定条件下可以这样做的用词，采用“可”。

2 条文中指明应按其他有关标准执行的写法为“应符合……的规定”或“应按……执行”。

引用标准名录

1 《建筑给水排水设计规范》GB 50015

2 《机械设备安装工程施工及验收通用规范》GB 50231

3 《建筑给水排水及采暖工程施工质量验收规范》GB 50242

4 《压缩机、风机、泵安装工程施工及验收规范》GB 50275

5 《低压流体输送用焊接钢管》GB/T 3091

6 《流体输送用不锈钢焊接钢管》GB/T 12771

7 《给水涂塑复合钢管》CJ/T 120

8 《虹吸雨水斗》CJ/T 245

9 《建筑排水用高密度聚乙烯（HDPE）管材及管件》CJ/T 250

中华人民共和国行业标准

建筑屋面雨水排水系统技术规程

CJJ 142—2014

条 文 说 明

制 订 说 明

《建筑屋面雨水排水系统技术规程》CJJ 142－2014，经住房和城乡建设部2014年3月27日以公告349号批准、发布。

本规程编制过程中，编制组进行了深入、广泛的调查研究，总结了我国工程建设民用建筑屋面雨水排水设计的实践经验，同时参考了国外先进技术法规、技术标准，通过常用雨水斗和系统性能测试取得了重要技术参数。

为便于广大设计、施工、科研、学校等单位的有关人员在使用本规程时能正确理解和执行条文规定，《建筑屋面雨水排水系统技术规程》编写组按章、节、条顺序编写了本规程的条文说明，对条文规定的目的、依据以及执行中需注意的有关事项进行了说明，还着重对强制性条文的强制性理由做了解释。但是，本条文说明不具备与规程正文同等的法律效力，仅供使用者作为理解和把握规程规定的参考。

目　次

1 总 则

1.0.2 与建筑相通的下沉广场与下沉庭院，发生积水时雨水会流入建筑内部，造成水患。这部分区域的排水对于建筑而言和屋面排水的重要性相似，故本规程包含了这部分内容。

1.0.4 虹吸式屋面雨水排水系统的管径按重力输水有压流的计算方法确定，管径小、固体物多，且入水口裸露，很容易出现堵塞，因此必须做好维护管理。每年雨季到来之前或雨季期间，应重点做好屋面的清洁工作。

2 术语和符号

2.1.7、2.1.8、2.1.9 三种系统的流态名称采用了常用的通俗称呼，均未采用严谨的学术名称。

3 基 本 规 定

3.1 一 般 规 定

3.1.1 有些建筑在侧边设置下沉地面，低于室外小区地面，下沉面的雨水需要提升排除。屋面雨水应避免向这种下沉地面或该地面下的雨水管道排水，以便为雨水自流排到市政雨水管道创造条件。当向雨水利用的蓄存池排水时，不论水池是否设在下沉地面，都可向池内排水。

3.1.2 本条为强制性条文。允许的负荷水深指建筑和结构专业允许的积水深度。建筑屋面的积水深度限制主要来自于结构专业的荷载限制和建筑专业的屋面防水要求。为使积水深度不超过该限制值，可采取两种方法。方法一：控制溢流口设置高度，且有足够的泄流能力。方法二，雨水斗的排水流量(50 年重现期)所需要的斗前水深小于该允许值。雨水斗泄流量所对应的斗前水深根据标准试验确定。

3.1.3 对有组织排水的两种方式做选用规定。在目前运行的工程中有许多这样的情况，在无法设置溢流口的情况下，屋面雨水全部由雨水斗排水系统排除，应优先采用雨水排水管道系统加溢流管道系统的排水方式，采用加大雨水排水系统的重现期，雨水全部由雨水排水管道系统排除，在低重现期时，虹吸雨水系统会发生不能正常工作时的情况。这里需要注意不设溢流的建筑应满足本规程 3.1.6 条排水能力的校核计算和 3.1.7 条自净流速的要求。

3.1.4 溢流设施主要指溢流口，对于虹吸排水系统有时甚至要设溢流管道系统。当建筑屋面采用管道系统加溢流设施方式排水时，溢流下落的雨水不应砸伤行人或损坏室外地面。

3.1.5 屋面范围不包括侧墙和成品檐沟。

3.1.6 规定校核方法。

第 1 款 建筑的设计使用寿命都不小于 50 年，故此处规定按 50 年重现期降雨作为校核流量。檐沟外排水、承雨斗外落水、散排水无雨水斗，不需要校核。

第 2 款 压力流雨水系统的校核计算是对管径已经确定的系统进行排水能力计算，该排水能力一般高于设计工况的雨水径流量，故各雨水斗负担的校核流量可超过本规程表 3.2.5 中规定的最大设计流量，但不应大于本规程表 3.2.4 中规定的最大流量。

第 3 款 试验已经证明 87 型雨水斗系统在斗前水深达到一定高度时形成压力流，符合伯努利方程。半有压系统的校核计算中，如果溢流水位或允许的负荷水位对应的斗前水深大于本规程表 3.2.4 中的数值，则系统有条件形成压力流，这样，校核计算可采用伯努利方程计算系统的最大排水能力，并遵循压力流计算方法。在校核工况下，系统(包括雨水斗)的排水能力可大于设计工况的，因此各雨水斗负担的校核流量可大于本规程表 3.2.5 中的最大设计流量，但不应大于本规程表 3.2.4 中规定的最大流量。

3.1.7 屋面雨水管道作为排水管道，需要达到排水管道的自净流速要求，并且这种自净流速应在常年降雨中出现。自净流速一般取 0.75L/s。推荐雨水横管设置坡度的主要原因如下：

1 给排水的压力输水管道普遍要求设置排空坡度，不推荐无坡度设置；

2 规范要求的 10 年设计重现期中，设计工况降雨平均只出现一次，其余几百次可以产生径流的降雨都只能产生重力流排水或两相流排水，这对于北方风沙大、灰尘大的地区，无坡度会产生排水不畅、甚至横管堵塞。

3.1.9 本条为强制性条文。屋面雨水和建筑生活排水各自设置独立的管道排除，即使降雨量很小的干旱地区，或者室外采用合流制管网，屋面雨水也不应和室内生活污废水管道相连。此处建筑屋面雨水也含阳台雨水，阳台设洗衣机时，其排水不得进入阳台雨水立管。有顶棚的阳台雨水地漏可接入洗衣机排水管道。

3.2 雨 水 斗

3.2.1 条文规定的雨水斗性能是对我国几十年来屋面雨水排水文献资料及产品的归纳。

第 1 款中排水能力强指雨水斗的最大排水流量越大越好，相应的斗前水深越小越好，具体值参见 3.2.4 条。通常采取的措施是在雨水斗的顶端设置阻气隔板，并控制隔板的高度。

第 2 款中的稳流或整流，其目的是抑制雨水口形成漩涡，减少掺气量。通常采取的措施是设置整流格栅或整流罩。

第3款抑制入流雨水的掺气，其目的是增加水气比，提高雨水斗的排水能力。雨水斗顶端的阻气隔板、周边的整流格栅，都能抑制、减少入流雨水的掺气。

第4款拦阻雨水中的固体物由整流格栅实现，把可堵塞管道的较大固体物拦截住，如塑料袋、树叶等。

本条是对雨水斗的性能提出要求，依据的排水理念是：屋面雨水系统排水时掺气量越小越好、排水能力越大越好，即图1中右侧的折点做对应的流量应尽量大，斗前水深应较小。这样既提高屋面排水的安全性，又节省管道系统的材料。

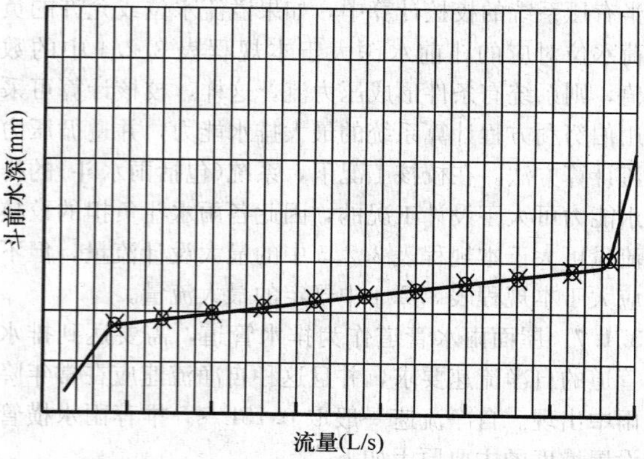

图1　雨水斗流量特性曲线

3.2.3　87(79)型雨水斗自20世纪70年代末期应用于工程，几十年来被广泛应用，是我国应用最普遍的雨水斗。但该产品一直未制定产品标准，故本规程对一些主要性能及构造做技术规定。技术内容主要参考了国家标准图和相关的设计手册。65型雨水斗的排水性能和87型雨水斗相近，但市场使用量已经较少，故不再列出。

3.2.4　雨水斗的最大排水能力指流量特性曲线（图1）中的折点流量，该曲线应根据现行行业标准《虹吸雨水斗》CJ/T 245规定的试验取得。表中的数据是试验测试结果。测试在北京建筑大学的实验装置上进行。87型雨水斗由河北徐水兴华铸造有限公司提供，虹吸雨水斗由北京泰宁科创科技有限公司提供。

3.2.5　雨水斗的最大设计排水流量取值应小于雨水斗最大排水流量，留有安全余量。按压力流设计时最大设计排水流量不宜大于雨水斗最大排水流量的80%；按半有压设计时最大设计排水流量不宜大于雨水斗最大排水流量的50%。表中的数据均分别小于80%和50%，以策安全。87型雨水斗用于排水高度（以室外地面计）小于12m的建筑，设计雨水流量不宜大于表中的低限值，用于排水高度大于12m的建筑，满足下列条件之一者可取上限值：

1　单斗系统；

2　对称布置的双斗系统；

3　系统同程布置或同阻布置的多斗系统；

4　多斗系统最靠近立管的雨水斗。

3.3　雨水径流计算

3.3.2　表中数据引自现行国家标准《建筑与小区雨水利用工程技术规范》GB 50400－2006表4.2.2中的流量径流系数参数。此外，本规程涉及地面为下沉的汇水面，设计降雨重现期较大，因此径流系数比现行国家标准《室外排水设计规范》GB 50014中的数值略高些。

3.3.3　竖向投影面积见图2所示。

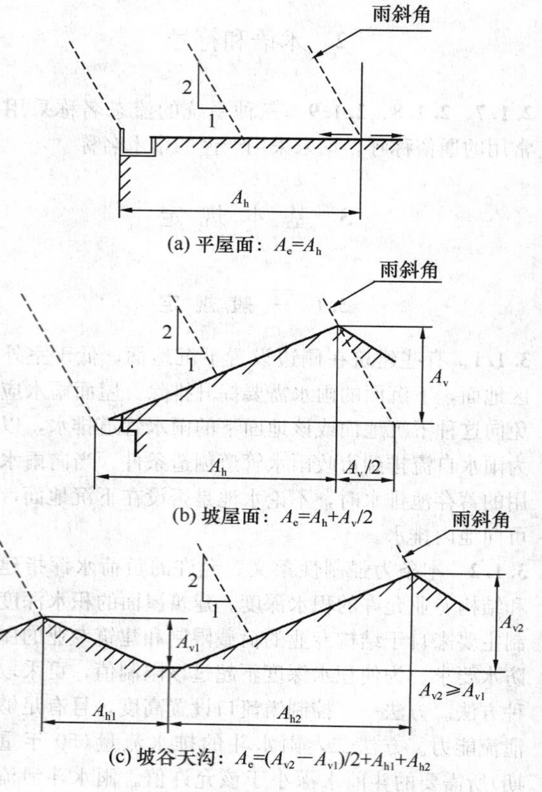

图2　屋面有效集水面积计算

A_e—计算汇水面积；A_h—汇水面水平投影面积；A_v—汇水面竖向投影面积

3.3.5　对设计重现期进行规定，重现期取值建议如下：

1　地下室坡道、窗井的雨水设计重现期不宜小于50年，当积水产生的影响较小时，可采用10年；

2　下沉广场、下沉庭院等露天下沉地面的雨水设计重现期不宜小于10年；

3　当下沉地面与室内地面相通且与室内地面的高差小于150mm时，设计重现期不宜小于50年。

连接建筑出入口的下沉地面、广场、庭院积水时可经由出入口进入建筑内，产生水患，故规定了较高的设计重现期。对于独立于建筑、积水不产生水患的下沉地面，可不执行此条而采用室外小区地面的设计重现期。

连接建筑出入口的下沉地面是指该地面比周围的地面低并且建筑设有门口供人员进出到该室外地面。该地面比相通的室内地面低一个踏步台阶时，降落到该地面的雨水有短时积水不会产生危害，重现期可取低限值。当该地面略低于室内地面甚至没有标高落差时，重现期应取高限值，当然出入门口设有挡水坎者可取低限重现期。

3.3.6 第1款的计算式在计算室外管道时需要，比如下沉广场的埋地管道。

3.4 系统选型与设置

3.4.2 排水安全包括屋面少积水、少溢流等，造价经济指系统的费用低。在建筑竖向空间允许时，应优先选用既安全、又经济的雨水系统。

3.4.4 条文中的专用雨水斗目前主要指虹吸雨水斗。

3.4.5 本条为强制性条文。条文中的非密闭检查井是指管道在检查井中开口并敞开，比如常规的污废水检查井。密闭检查井如图3所示，其中管道上的检查口用螺丝紧固，能承受管内的水压。

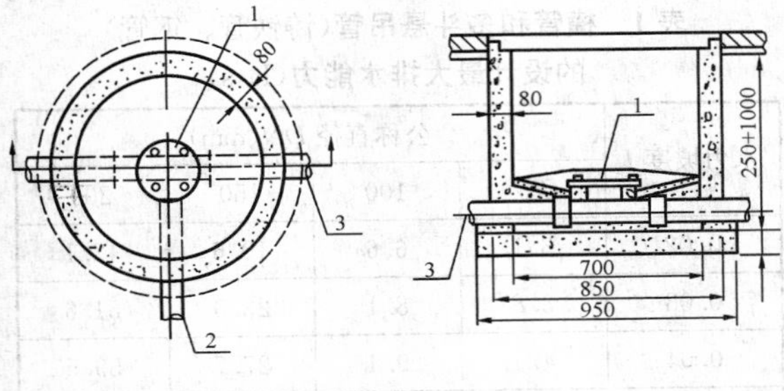

图3 密闭检查井示意

1—螺栓盖板；2—排出管；3—埋地管

屋面雨水管道系统在运行中遇到较大的降雨时会产生压力，在室内或阳台上开口会发生水患，我国已有很多这方面的经验教训。

当内排水系统向室内雨水利用收集池排水时，其设计方法应执行国家标准《建筑与小区雨水利用工程技术规范》GB 50400的规定。

3.4.8 此条第1款引自国家标准《建筑给水排水设计规范》GB 50015－2003(2009年版)3.5.8条和4.3.5条，国家标准《住宅建筑规范》GB 50368－2005中8.1.4条。

3.4.9 国家现行有关标准为：《建筑给水排水设计规范》GB 50015、《高层民用建筑设计防火规范》GB 50045等。防火措施包括阻火圈、防火胶带或防火套管等。

3.4.12 条文中一个汇水区域指在溢流水位时，雨水连通的区域。

3.4.14 散水面上的防冲刷一般采用混凝土浇筑水簸箕或水槽，雨水排入其内。超过100m的超高层建筑排入室外检查井可采取的消能措施为：采用钢筋混凝土检查井和格栅井盖，井盖与井座之间卡固在一起，使雨水不至于把井盖掀开，并通过格栅溢流至地面。

3.4.15 计算伸缩量时，内排水系统管道温差可取管道施工安装时的温度和运行时室内温度之间的差值，或取冬季排水温度和室内温度的差值。

3.4.18 高度超过250m的雨水管道系统，其承压能力限定在2.5MPa，主要考虑以下因素：第一，管道被污物堵塞时积水高度如果达到250m，堵塞物会被该水压冲走或冲开；第二，雨水管道采用的给排水配件，市场上能采购到的一般为2.5MPa公称压力及以内。

第3款中的排水管材指重力无压流排水管材，如生活排水管道等。

3.4.22 对于选用HDPE管材时，其承压一般考虑不超过0.5MPa。

3.4.23 国家现行有关标准有：《排水用柔性接口铸铁管、管件及附件》GB/T 12772、《建筑排水用柔性接口承插式铸铁管及管件》CJ/T 178(或《建筑排水用卡箍式铸铁管及管件》CJ/T 177)，《建筑排水用硬聚氯乙烯(PVC-U)管材》GB/T 5836.1和《建筑排水用硬聚氯乙烯(PVC-U)管件》GB/T 5836.2等。

4 屋面集水沟设计

4.1 集水沟设置

4.1.1 屋面坡度大时，设置集水沟可增加雨水斗的排水量。集水沟包括天沟、边沟和檐沟。

4.1.2 设置天沟能减少屋面放坡的坡度，有效降低屋面技术深度。在有条件时，应考虑设置屋面天沟。

4.1.4 天沟的荷载应提供给结构专业，荷载水深不应小于溢流口上沿和沟底的高差。

4.1.6 天沟与屋面板连接处应采取防水措施，应设置卷材或涂膜附加层，附加层伸入屋面宽度不小于250mm。

4.2 集水沟计算

4.2.2 考虑天沟设置坡度时，其深度为变化值，但其分水线处的最小深度不应低于100mm。

4.2.3 水力最优矩形截面是指沟宽为二倍时的水深。

4.2.5 一般金属屋面采用金属长天沟，施工时金属钢板之间焊接连接。当建筑屋面构造有坡度时，天沟沟底顺建筑屋面的坡度可以作出坡度。当建筑屋面构造无坡度时，天沟沟底的坡度难以实施，故可无坡度，靠天沟水位差进行排水。

4.2.6 天沟宽度不足，雨水斗空气挡罩距离沟壁太近，会造成雨水斗进水阻力增大，进水不均匀等工况。空气挡罩应保持和天沟壁最小距离要求。

4.2.8 严寒地区天沟积水会结冰，影响天沟过水断面，应设置天沟坡度保证天沟内积水能迅速排尽。

5 半有压屋面雨水系统设计

5.1 系统设置

5.1.1 半有压屋面雨水系统的设计最大排水流量只取最大排水能力的50%左右，预留了排除超设计重现期降雨的容量。设溢流口的作用是预防雨水斗或管道被树叶、塑料袋等杂物堵塞时紧急排水。

5.1.2 第2款为87型雨水斗的传统做法。引自国家标准《建筑与小区雨水利用工程技术规范》GB 50400。

雨水斗对立管做对称布置，含义包括了管道长度或者阻力的对称，即各斗接至立管的管道长度或阻力尽量相近。在流体力学规律支配下，距立管近的雨水斗和距立管远的雨水斗至立管的管道摩阻应保持相同，这就造成近斗与远斗泄流量差异很大。规定雨水斗宜与立管对称布置的目的是使各雨水斗的泄流量均衡，避免屋面积水。

多斗系统立管顶端不设置雨水斗的主要原因是立管顶端存在负压，立管顶端设置雨水斗，容易进入大量空气，增加立管中的掺气量，减小立管的排水能力。

多斗悬吊管靠近立管的雨水斗，到达立管的流程短，使得雨水斗泄流量大，甚至会在此处进气占据悬吊管内水流空间，从而抑制远端的雨水斗泄流量。缩小该雨水斗出水管径，可抑制其泄流量，使之与其他雨水斗的泄流量趋于均衡。

5.1.3 一个悬吊管上连接的雨水斗不超过4个是87型雨水斗的传统做法。限制雨水斗的数量主要是避免雨水斗之间的泄流量差异过大。雨水斗排水管道同程布置或同阻布置也可避免这种流量差异，并且雨水斗数量不受限制。

5.1.4、5.1.5 雨水斗的相对位置见图4。

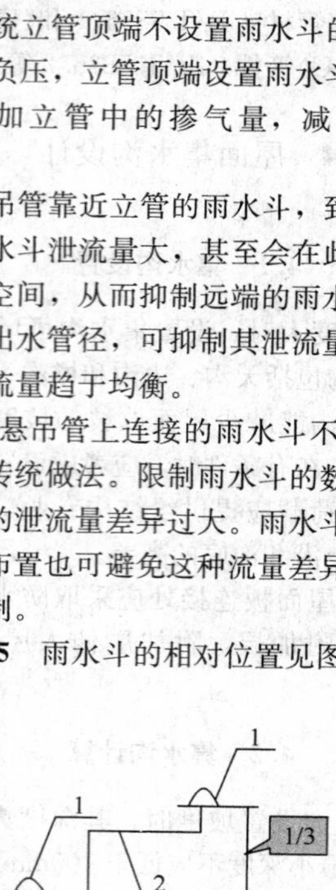

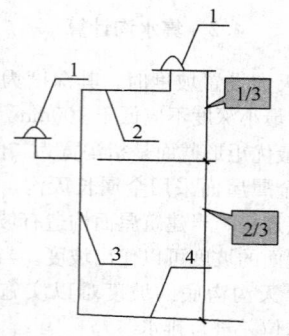

图4 雨水斗相对位置示意图

1—雨水斗；2—悬吊管；3—立管；4—排出管

5.2 系统参数与计算

5.2.1～5.2.4 我国雨水道试验研究证明，87型雨水斗排水系统在屋面溢流水位时会形成有压流，雨水斗呈淹没入流，管道内呈满流，水流遵循管道有压流公式。对于50年重现期的降雨，雨水斗被雨水淹没，系统可按有压流工况进行水力计算。当采用2年～10年重现期降雨量进行水力计算时，由于雨量计算值较小，水力计算可简化为表格法，雨水斗、悬吊管及横管、立管均按非满流计算，预留出足够的空间排超设计重现期雨水。表格法计算的系统尺寸要大于按50年重现期降雨有压流工况计算的系统尺寸，耗费的材料多些，但方便设计人员使用。本规程87型雨水斗系统的计算采用表格法。悬吊管及横管的管径可按表1选取，立管的管径可按表5.2.9选取。

悬吊管及横管的计算公式引自《全国民用建筑工程设计技术措施——给水排水》(2009版)。计算出水力坡度后，可根据表1查得管道的设计最大排水能力，表中数据根据5.2.1和4.2.7两式计算，管道坡度取水力坡度。

表1 横管和多斗悬吊管(铸铁管、钢管)**的设计最大排水能力**(L/s)

水力坡度 I	公称直径 DN(mm)			
	75	100	150	200
0.02	3.1	6.6	19.6	42.1
0.03	3.8	8.1	23.9	51.6
0.04	4.4	9.4	27.7	59.5
0.05	4.9	10.5	30.9	66.6
0.06	5.3	11.5	33.9	72.9
0.07	5.7	12.4	36.6	78.8
0.08	6.1	13.3	39.1	84.2
0.09	6.5	14.1	41.5	84.2
≥0.10	6.9	14.8	41.5	84.2

表1中的水力坡降指压力坡降，要明显大于管道敷设坡降。立管顶端的负压见试验曲线，最大负压值随流量的增加和立管高度的增加而变大(图5)。条文中偏保守取值−0.5m水柱(0.005MPa)，以便流量计算安全。

5.2.5 我国雨水道研究组的试验表明，悬吊管中的压(力)降比管道的坡降大得多(图6)。图中横坐标为悬吊管上测压点距排水雨水斗的长度，纵坐标为悬吊管内的压力(mmH_2O)。悬吊管内的水流运动主要是受水力坡降的影响，而不是管道敷设坡度。条文中的敷设坡度要求主要考虑排空要求和小雨量降雨时的排水需求。

5.2.9 表中数据来源于现行国家标准《建筑与小区雨水利用工程技术规范》GB 50400－2006中5.3.9条。

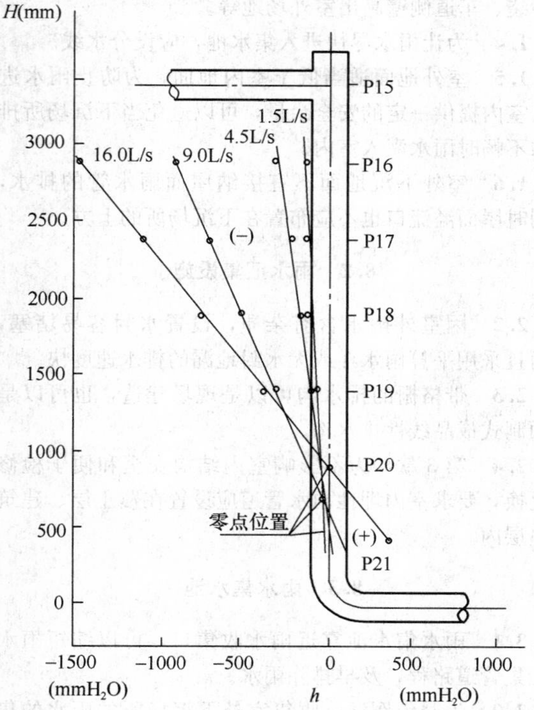

图5 立管压力分布曲线

H—高度；P—测压点；h—压强

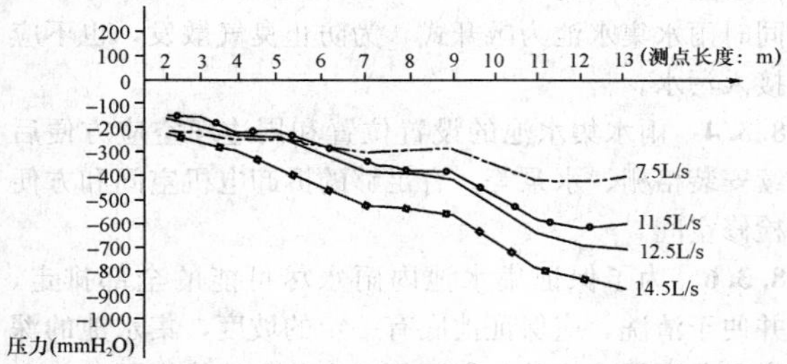

图6 悬吊管中压降

6 压力流屋面雨水系统设计

6.1 系 统 设 置

6.1.1 对于大型屋面，单套系统的服务面积不宜过大，以提高安全度。

6.1.2 当雨水斗顶面至过渡段的高差低于本条规定时，压力流排水系统的效率很低。

6.1.5 由于压力流排水系统的水力计算充分利用了雨水水头，系统的流量负荷未预留排除超设计重现期雨水的能力。为保证超设计重现期雨水有出路，这部分雨水必须通过溢流口或溢流系统排除。

6.1.7 实验表明，当压力流排水系统的出水管淹没出流时，会导致天沟的水深提高，造成室内进水危险。

6.1.8 压力流排水系统的水流中含有大量微小气泡。当含有微小气泡水流进入检查井时，由于减压作用，水中微小气泡从水中溢出，导致检查井内气压波动，检查井井盖被顶起。设置排气措施可有效消除检查井内气压波动。

6.1.9 雨水斗设于屋面指不设在天沟内或集水槽内，直接设置在屋面。50mm的小雨水斗形成满流时所需的积水深度较小，故允许不设在沟内。

6.1.10 雨水斗设置在天沟内，天沟坡度大于0.01时，天沟末端宜设2只雨水斗。

6.2 系统参数与计算

6.2.1 本条对压力流排水系统水力计算应包括的基本内容作了规定，系统供应商可根据其产品的设计流态、运行工况对计算内容作增补。

6.2.4 压力流排水系统的水力计算基于不可压缩流体的Bernoulli方程式。本规程公式6.2.3和公式6.2.4是根据Bernoulli方程式推导出来的。

6.2.5 管道水力坡降计算常用的公式有Hazen-Williams公式和Darcy-Weisbach公式。由于Hazen-Williams公式仅适用于常温下的管径大于50mm、流速小于3m/s的管中水流，为了保证计算精度，建议采用Darcy-Weisbach公式。

6.2.6 表6.2.6的管(配)件局部阻力系数供缺少实验数据时估算采用。系统供应商在做系统水力计算时，应采用其所用管(配)件的实测局部阻力系数或当量长度。

6.2.7 规定连接管、悬吊管设计最小流速是为了保证悬吊管能在自清流速下工作。根据国外研究资料，当悬吊管内的流速大于1.0m/s时，可保证沉积在管道底部的固体颗粒被水流冲走。

6.2.10 过渡段是水流流态由虹吸满管压力流向重力流过渡的管段。过渡段设置在系统的排出管上，为虹吸式屋面雨水排水系统水力计算的终点。过渡段的设置位置应通过计算确定。过渡段管道通常按重力流流态计算，将系统的管径放大，管道设有排水坡度。当过渡段设置在室外时，可减少出户管占用的建筑竖向空间。

6.2.12 各地不同海拔的大气压力和不同水温的汽化压力可按表2、表3的规定选用。

表2 不同海拔高度的大气压力

海拔高度(m)	0	500	1000	1500	2000	3000
大气压(kPa)	100.7	94.9	90.0	84.1	82.2	71.4

表3 不同水温的汽化压力

水温(℃)	0	5	10	15	20	25	30
大气压(kPa)	0.6	0.9	1.2	1.8	2.3	3.2	4.2

6.2.13 由于压力流雨水斗的最大设计排水流量为最大排水流量的80%左右，当系统运行于超设计重现期工况下，雨水斗的实际排水量可达到其实测最大排水流量。为确保系统最大负压值下，系统不产生气化，且不低于管材及管件的最大耐负压值，故要求作校核计算。

6.2.14 实际工程中，会发生一个雨水斗被杂物堵住的情况。此时，该汇水面积的雨量会自动分摊到其他雨水斗，本条要求对此进行系统的最大负压和天沟（或屋面）积水深度的复核计算。

7 重力流屋面雨水系统设计

7.1 系统设置

7.1.2 在降雨量较大时，屋面雨水系统内会产生较大压力。阳台雨水口若与屋面雨水管道相连，将从阳台溢水。当有合理可靠的防反溢措施（产品）时，可不受此条限制，减少立管设置。

7.1.4、7.1.5 阳台排水和成品檐沟排水一般不会产生超量的雨水进入，基本能保持系统的重力流排水状态，故雨水立管连接的各雨水口高度、悬吊管连接的雨水斗数量均不受限制。

7.2 系统参数与计算

7.2.5 表中的数据引自现行国家标准《建筑给水排水设计规范》GB 50015。

8 加压提升雨水系统设计

8.1 一般规定

8.1.1 本条规定了需要设置加压提升雨水系统的场所，这些场所的雨水大都不能重力自流入雨水管网，当下沉场所的汇水面高于外部场地的接纳雨水管顶时，为了确保当外部接纳雨水管道发生堵塞或外部场地积水时不造成倒灌，也应采取机械加压排水。对于坡地建筑等有地形高差可利用的情形，允许重力自流排水，此时若高差不大，排出口上宜设置鸭嘴阀等低开启压力的防倒灌措施。

8.1.2 本条规定了加压提升雨水系统的主要构成，包括雨水的收集、雨水的调蓄、雨水的提升和雨水的排放等设施，对于汇水面的杂质较多的情形，宜在雨水集水池前设沉砂、格栅等物理处理措施。

8.1.3 这些场所的雨水需要局部加压提升，一旦场外的雨水进入，不仅造成雨水径流增加，而且可以重力自排的雨水进入雨水收集池，既增加造价投资，也提升了雨水事故发生的可能性。因此，设计汇水面外的雨水涌入下沉场所，可能大大超过雨水泵的负荷，发生水淹的事故，造成较大经济损失。近几年，部分地区大暴雨后这种情况屡有发生。采取的措施有：车库坡道反坡抬高后再下坡、坡道入口设置防洪闸、备砂袋、车道侧壁高出室外场地等。

8.1.4 为让雨水尽快进入集水池，应设分水线。

8.1.5 室外地面适当低于室内地面，为防止雨水进入室内提供一定的安全余量，可以避免当下沉场所排水不畅时雨水灌入室内。

8.1.6 室外下沉地面不宜接纳屋面雨水管的排水，同时屋面溢流口也不应布置在下沉场所的上方。

8.2 雨水汇集设施

8.2.2 因室外雨水含有杂质，设置水封容易堵塞，而且采用平箅雨水斗或无水封地漏的排水速度快。

8.2.3 带格栅的排水沟可以是现场建造，也可以是预制式成品线性排水沟。

8.2.4 第3款，为不影响室内结构安全和便于检修更换，要求室内埋地雨水管道应设置在覆土层、建筑垫层内。

8.3 雨水集水池

8.3.1 雨水集水池靠近雨水收集口，可以缩短雨水汇集管道路程，及早排除雨水。

8.3.2 为避免倒灌，收集室外下沉场所的雨水的集水池应设于室外。

8.3.3 雨水和污水成分差别大，污水进入雨水收集池后直接排至自然水体，容易对自然水体造成污染，同时雨水集水池为敞开式，为防止臭气散发，也不应接入污水。

8.3.4 雨水集水池的设置位置和周边净空应方便后续安装格栅、水泵等，有足够的拆卸电机空间和方便检修空间。

8.3.6 为了保证集水池内雨水尽可能的全部排走，并便于清洗，应保证池底有一定的坡度，集水池的深度和平面尺寸应首先保证便于安装和检修水泵。

8.3.7 雨水集水池内水泵受水位自动控制，将水位信号实时传送至物业管理办公室或综合控制室，可以更好地掌握集水池内水位情况，及时发现水位异常等现象并采取措施。

8.4 水泵设置

8.4.1 雨水收集至集水池过程中，容易携带一些污物、泥沙等，不应采取清水泵，采用自动耦合式潜污泵便于安装、检修和维护水泵。

8.4.2 一座泵房内的水泵，如型号规格相同，则运行管理、维修养护均较方便。其工作泵的配置宜为2台～8台。台数少于2台，如遇故障，影响太大；台数大于8台，则进出水条件可能不良，影响运行管理。当流量变化大时，可配置不同规格的水泵，大小搭配，但不宜超过两种。

8.4.3 雨水排水泵应有不间断的动力供应，可以采用双电源或双回路供电。设置自动冲洗管道可以清洗淤积在池底的泥沙、污物等，自动冲洗管应利用水泵出口的压力，返回集水池内进行冲洗；不得用生活饮用水管道接入集水池进行冲洗，否则容易造成雨水回流污染饮用水水质。

8.4.4 雨水泵的启闭，应设置自动控制装置，通过水位控制装置将水位信号转换为电信号输送至水泵控制系统，主要有启泵水位、停泵水位和超警戒水位。当集水池内设置多台水泵时，可以设置多个水位，水泵分段投入运行。

8.4.5 多台水泵并联运行，可以降低单台水泵因故障导致的雨水事故，也可以减小水泵和管路的尺寸，但多台水泵应尽可能地交替运行以保证各自的使用寿命一致和提高排水安全性。

8.4.6 各自的雨水集水池宜单独排至室外，可以减少雨水泵同时工作时相互间的影响，提高安全性，多个雨水集水池共用出水总管时，交汇点附近的水压相等或相近，可以保证各自的排水流量符合设计要求，这主要取决于交汇点前的管道路程，不符合此要求时，应提升至统一高度后，使雨水重力自流入雨水检查井。

8.4.7 为了方便检修水泵和防止雨水倒灌，出水管上应沿水流方向顺序安装止回阀和启闭阀门。有结冻可能的管路上应设泄水装置。有条件时，水泵出水管应上升至高于室外地面的高度，再下弯至室外埋深高度穿出地下室外墙。图7为干式排水泵安装图。

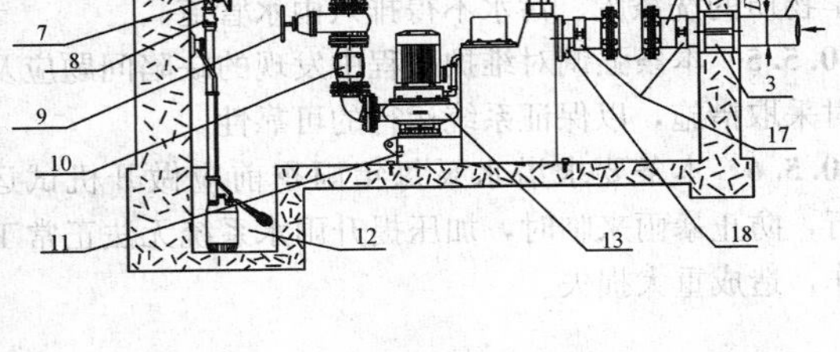

图7 干式排水泵安装图

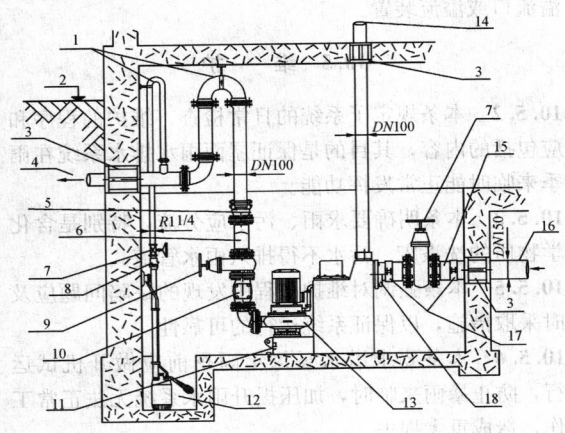

1—高于回流水平面；2—回流水平面；3—墙密封环；4—压力管道接下水道；5—压力管道柔性接口 *DN*100；6—二通裤形连管；7—阀门(附件)；8—止回阀(附件)；9—阀门(附件)；10—2个止回阀(附件)；11—放水罗盖或手动隔膜泵的接口；12—潜水泵，泵井；13—离心泵；14—通气管道接口 *DN*100，接房顶；15—法兰接口(附件)；16—进水口；17—管道连接环；18—偏心接口

8.4.8 水泵出水管呈有压流，宜采用焊接钢管、承压塑料管。

8.5 系 统 计 算

8.5.1 本条规定雨水汇水面积的计算原则，车道出入口及窗井侧墙，由于风力吹动，造成侧墙兜水，因此，汇水面积应附加1/2的侧墙面积，下沉庭院和下沉广场周围的侧墙面积，则应附加其最大受雨面正投影的一半作为有效汇水面积计算。

8.5.2 本条规定了雨水集水池的有效容积和水泵选型的原则。

第1款为集水池容积与水泵流量的对应关系，可简单描述为：集水池大，则水泵小；集水池小，则水泵大。比如，当集水池容积能蓄存降雨历时 $t=120\text{min}$ 内的降雨总径流时，选泵流量可按 $t=120\text{min}$ 的雨水流量计算；当集水池容积能蓄存降雨历时 $t=60\text{min}$ 内的降雨总径流时，选泵流量可按 $t=60\text{min}$ 的雨水流量计算。

降雨历时 t 内的降雨总径流量 W 按下式计算：

$$W = Qt$$

式中 Q 为 t 对应的径流流量。

计算例题：

某工程下沉地面1000m²，径流系数为1，需要设水泵提升排水。雨水径流计算如下：

降雨历时 $t=60\text{min}$ 时，降雨强度123.9L/(s·hm²)，下沉地面汇水。

汇水流量 $Q = 123.9\text{L/(s}\cdot\text{hm}^2 \times 0.1\text{hm}^2) = 12.4\text{L/s}$

汇水径流总量 $W = 12.4\text{L/s} \times 60 \times 60\text{s} = 44640\text{L} = 44.60\text{m}^3$

降雨历时 $t=120\text{min}$ 时，降雨强度79.05L/(s·hm²)，下沉地面汇水。

汇水流量 $Q = 79.05\text{L/(s}\cdot\text{hm}^2 \times 0.1\text{hm}^2) = 7.9\text{L/s}$

汇水径流总量 $W = 7.9\text{L/s} \times 120 \times 60\text{s} = 56880\text{L} = 56.88\text{m}^3$

如果集水池有效容积取44.60m³，则雨水提升泵流量可取12.4L/s。

如果集水池有效容积取56.88m³，则雨水提升泵流量可取7.9L/s。

第2款中取5min而未取《室外排水设计规范》GB 50014-2006(2011年版)中的30s，是考虑到和建筑室内相通的下沉广场一旦积水进入室内会造成灾害，应安全取值。

第3款为确定集水池容积时，可以利用下沉面的允许积水深度以减少集水池有效容积。

9 施 工 安 装

9.1 一 般 规 定

9.1.3 管材、管件的产品标准见本规程3.4.19～

3.4.23 条，雨水斗的产品标准为《虹吸雨水斗》CJ/T 245。

9.2 进场检验

9.2.3 第 1 款，相关标准为：《给水涂塑复合钢管》CJ/T 120、《低压流体输送用焊接钢管》GB/T 3091、《流体输送用不锈钢焊接钢管》GB/T 12771、《建筑排水用高密度聚乙烯（HDPE）管材及管件》CJ/T 250、《排水用柔性接口铸铁管、管件及附件》GB/T 12772、《建筑排水用柔性接口承插式铸铁管及管件》CJ/T 178（或《建筑排水用卡箍式铸铁管及管件》CJ/T 177），《建筑排水用硬聚氯乙烯（PVC-U）管材》GB/T 5836.1 和《建筑排水用硬聚氯乙烯（PVC-U）管件》GB/T 5836.2 等。

第 2 款，此处的燃烧试验主要检测燃烧后残留的无机物质量。其质量占原材料质量的百分比是否符合该塑料管材生产标准中对其他无机物添加比例的控制要求。

9.5 雨水潜水泵安装

9.5.3 每台雨水潜水泵出水管上的排水止回阀、控制阀、压力表和可曲挠接头等应安装于集水坑外部或专用阀门井内。

10 工程验收和维护管理

10.1 一般规定

10.1.2 条文中的塑料管材包括 HDPE 管。耐负压的检测目前已经实现，不应再用环刚度检测取代耐负压的检测。当压力流排水系统采用塑料管材时，由于系统工作状态下，管道系统会承受正压和负压，因此所采用的塑料管材必须能承受相应压力而不变形和破坏。其承受的最大可能正压及负压值不应大于供应商提供的管材、管件检测报告的耐压值。

10.2 安装验收

10.2.2 室内雨水管道安装偏差可按表 4 的规定执行。

10.2.4 第 3 款，金属天沟的施工质量对天沟的过水和蓄水能力影响较大。若出现天沟变形较大的情况，应对天沟的实际有效积水深度和水流断面做校核，并验证其能否保证屋面雨水排水系统正常运行。

10.2.5 溢流口或溢流装置是确保屋面安全的必要措施，应保证其畅通。

表 4 室内雨水管道安装时允许偏差和检验方法

<table>
<tr><th>项次</th><th colspan="4">项目</th><th>允许偏差 (mm)</th><th>检验方法</th></tr>
<tr><td>1</td><td colspan="4">坐标</td><td>15</td><td rowspan="12">用水准仪（水平尺）、直尺、拉线和尺量检查</td></tr>
<tr><td>2</td><td colspan="4">标高</td><td>±15</td></tr>
<tr><td rowspan="10">3</td><td rowspan="10">横管纵横方向弯曲</td><td rowspan="2">铸铁管</td><td colspan="2">每 1m</td><td>≤1</td></tr>
<tr><td colspan="2">全长（25m 以上）</td><td>≤25</td></tr>
<tr><td rowspan="4">钢管</td><td rowspan="2">每 1m</td><td>管径小于或等于 100mm</td><td>1</td></tr>
<tr><td>管径大于 100mm</td><td>1.5</td></tr>
<tr><td rowspan="2">全长（25m 以上）</td><td>管径小于或等于 100mm</td><td>≤25</td></tr>
<tr><td>管径大于 100mm</td><td>≤308</td></tr>
<tr><td rowspan="2">塑料管</td><td colspan="2">每 1m</td><td>1.5</td></tr>
<tr><td colspan="2">全长（25m 以上）</td><td>≤38</td></tr>
<tr><td colspan="4"></td><td></td></tr>
<tr><td colspan="4"></td><td></td></tr>
<tr><td rowspan="6">4</td><td rowspan="6">立管垂直度</td><td rowspan="2">铸铁管</td><td colspan="2">每 1m</td><td>3</td><td rowspan="6">吊线和尺量检查</td></tr>
<tr><td colspan="2">全长（5m 以上）</td><td>≤15</td></tr>
<tr><td rowspan="2">钢管</td><td colspan="2">每 1m</td><td>3</td></tr>
<tr><td colspan="2">全长（5m 以上）</td><td>≤10</td></tr>
<tr><td rowspan="2">塑料管</td><td colspan="2">每 1m</td><td>3</td></tr>
<tr><td colspan="2">全长（5m 以上）</td><td>≤15</td></tr>
</table>

10.3 密封性能验收

10.3.2 压力流、半有压系统雨水管道必须有一定的承压能力。有条件的项目，除按本条进行灌水试验外，还可以利用消防泵、生活泵等向屋面或天沟灌水，对系统进行模拟排水试验。

10.4 竣工验收

10.4.2 为保证屋面安全，应在每个汇水区域分别设溢流口或溢流装置。

10.5 维护

10.5.2 本条规定了系统的日常检查、维护的程序和应包括的内容，其目的是保证屋面雨水排水系统在雨季来临时能正常发挥功能。

10.5.3 本条明确要求雨、污水应分流，特别是含化学物质的洗涤废、污水不得排入雨水管道。

10.5.5 本条强调对维护过程中发现的缺陷问题应及时采取措施，以保证系统运行的可靠性。

10.5.6 本条要求潜水泵每年雨季前应做开机试运行，防止暴雨来临时，加压提升雨水系统无法正常工作，造成重大损失。

附录 A 雨水斗流量和斗前水深试验测试方法

A.0.5 相对零水位是斗前水深为零的水位，用于计算斗前水深。该数值在图 A.0.1 中的水位计 K 上显示。在雨水斗流量特性试验中，水位计上的读数减去相对零水位的读数即为斗前水深。

中华人民共和国行业标准

埋地塑料排水管道工程技术规程

Technical specification for buried plastic pipeline of sewer engineering

CJJ 143—2010

批准部门：中华人民共和国住房和城乡建设部
实施日期：2 0 1 0 年 1 2 月 1 日

中华人民共和国住房和城乡建设部
公　　告

第 569 号

关于发布行业标准《埋地塑料排水管道工程技术规程》的公告

现批准《埋地塑料排水管道工程技术规程》为行业标准，编号为 CJJ 143 - 2010，自 2010 年 12 月 1 日起实施。其中，第 4.1.8、4.5.2、4.5.4、4.5.5、4.5.9、4.6.3、5.3.6、5.5.11、6.1.1、6.2.1 条为强制性条文，必须严格执行。

本规程由我部标准定额研究所组织中国建筑工业出版社出版发行。

中华人民共和国住房和城乡建设部

2010 年 5 月 18 日

前　　言

根据原建设部《关于印发〈2006 年工程建设标准规范制订、修订计划（第一批）〉的通知》（建标［2006］77 号）的要求，规程编制组经广泛调查研究，认真总结实践经验，参考有关国际标准和国外先进标准，并在广泛征求意见的基础上，制定本规程。

本规程主要技术内容是：1. 总则；2. 术语和符号；3. 材料；4. 设计；5. 施工；6. 检验；7. 验收。

本规程中以黑体字标志的条文为强制性条文，必须严格执行。

本规程由住房和城乡建设部负责管理和对强制性条文的解释，由住房和城乡建设部科技发展促进中心负责具体技术内容的解释。在执行过程中如有意见或建议，请寄送住房和城乡建设部科技发展促进中心（地址：北京市海淀区三里河路 9 号；邮政编码：100835）。

本规程主编单位： 住房和城乡建设部科技发展促进中心
汕头市达濠市政建设有限公司

本规程参编单位： 北京市市政工程设计研究总院
上海市政交通设计研究院
福州市规划设计研究院
杭州市城乡建设设计院有限公司
深圳市水务（集团）有限公司
北京市城市排水集团有限责任公司

本规程参加单位： 广东联塑科技实业有限公司
浙江伟星新型建材股份有限公司
浙江枫叶集团有限公司
泉州兴源塑料有限公司
天津盛象塑料管业有限公司
永高股份有限公司
福建亚通新材料科技股份有限公司
哈尔滨工业大学星河实业有限公司
煌盛集团有限公司
武汉金牛经济发展有限公司
江苏法尔胜新型管业有限公司
四川金石东方新材料设备有限公司
成都国通实业有限责任公司
石家庄宝石克拉大径塑管有限公司
常州河马塑胶有限公司
北京嘉纳福新型建材有限公司

本规程主要起草人员：高立新　王乃震　马中驹
杨　毅　肖　峻　龙安平
林功波　蔡光辉　宋俊廷
朱平生　赵树林　王真杰
林文卓　王首标　薛华伟
陈　华　陈国南　陈　浩
张树峰　郑仁贵　李洪山
黄　剑　陈　鹊　牛铭昌
邵汉增　李广忠　朱剑锋
恽惠德　陈绍江　谢志树
牛建英　周敏伟　张　鹏

本规程主要审查人员：焦永达　陈湧城　赵远清
薛晓荣　范民权　李海珠
王秀朵　肖睿书　赵世明
贾　苇　张玉川

目　次

Contents

1 总 则

1.0.1 为了在埋地塑料排水管道工程设计、施工及验收中，做到技术先进、安全适用、经济合理、确保工程质量，制定本规程。

1.0.2 本规程适用于新建、扩建和改建的无压埋地塑料排水管道工程的设计、施工及验收。

1.0.3 埋地塑料排水管道输送的污水应符合现行行业标准《污水排入城市下水道水质标准》CJ 3082 的规定。

1.0.4 埋地塑料排水管道工程的设计、施工及验收除应符合本规程规定外，尚应符合国家现行有关标准的规定。

2 术语和符号

2.1 术 语

2.1.1 埋地塑料排水管道 buried plastic pipeline for sewer engineering

以聚氯乙烯或聚乙烯或聚丙烯树脂为主要原料，加入必要的添加剂，采用挤出成型工艺或挤出缠绕成型工艺等制成的，用于埋地排水工程的管道统称。本规程中的埋地塑料排水管道包括：硬聚氯乙烯（PVC-U）管、硬聚氯乙烯（PVC-U）双壁波纹管、硬聚氯乙烯（PVC-U）加筋管、聚乙烯（PE）管、聚乙烯（PE）双壁波纹管、聚乙烯（PE）缠绕结构壁管、钢带增强聚乙烯（PE）螺旋波纹管、钢塑复合缠绕管、双平壁钢塑缠绕管、聚乙烯（PE）塑钢缠绕管；不包括：玻璃纤维增强塑料夹砂管。

2.1.2 硬聚氯乙烯（PVC-U）管 unplasticized polyvinyl chloride（PVC-U）pipes

以聚氯乙烯树脂为主要原料，加入必要的添加剂，经挤出成型工艺制成的内外壁光滑、平整的管道。

2.1.3 硬聚氯乙烯（PVC-U）双壁波纹管 unplasticized polyvinyl chloride（PVC-U）double wall corrugated pipes

以聚氯乙烯树脂为主要原料，加入必要的添加剂，经两层复合共挤成型工艺制成的管壁截面为双层结构、内壁光滑平整、外壁为等距离排列的具有梯形或弧形波纹状中空结构肋的管道。

2.1.4 硬聚氯乙烯（PVC-U）加筋管 unplasticized polyvinyl chloride（PVC-U）ultra-rib pipes

以聚氯乙烯树脂为主要原料，加入必要的添加剂，经挤出成型工艺制成的内壁光滑平整、外壁带有等距离排列的环形实心肋（筋）的管道。

2.1.5 聚乙烯（PE）管 polyethylene（PE）pipes

以聚乙烯树脂为主要原料，加入必要的添加剂，经挤出成型工艺制成的内外壁光滑、平整的管道。

2.1.6 聚乙烯（PE）双壁波纹管 polyethylene double wall corrugated pipes

以聚乙烯树脂为主要原料，加入必要的添加剂，经两层复合共挤成型工艺制成的管壁截面为双层结构、内壁光滑平整、外壁为等距离排列的具有梯形或弧形波纹状中空结构肋的管道。

2.1.7 聚乙烯（PE）缠绕结构壁管 polyethylene spirally enwound structure-wall pipes

以聚乙烯树脂为主要原料，制成中空型材或挤出聚乙烯带包覆软管，采用缠绕成型工艺制成的管道，聚乙烯缠绕结构壁管分为A型和B型。A型内外壁平整，管壁中具有螺旋中空结构；B型内壁平整，外壁为有软管作为辅助支撑的中空螺旋形肋。

2.1.8 钢带增强聚乙烯（PE）螺旋波纹管 metal reinforced polyethylene（PE）spirally corrugated pipe

以高密度聚乙烯树脂为主要原料，用波形钢带作为主要支撑结构，采用缠绕成型工艺制成的内壁平整、外壁为包覆有增强钢带的中空波纹肋的管道。

2.1.9 钢塑复合缠绕管 spirally wound steel reinforced plastic pipe

由挤出成型的带有T型肋的聚乙烯带材与轧制成型的波形钢带，经缠绕成型工艺制成的内壁平整、外壁为螺旋状波形钢带的管道。

2.1.10 双平壁钢塑缠绕管 double plain wall spirally wound steel reinforced polyethylene pipe

由挤出成型的带有T型肋的聚乙烯带材与轧制成型的波形钢带，经缠绕成型和外包覆工艺制成的内外壁平整、中间层为螺旋状波纹钢带增强层的管道。

2.1.11 聚乙烯（PE）塑钢缠绕管 steel reinforced spirally wound polyethylene（PE）pipe

采用挤出工艺将钢带与聚乙烯复合成异型带材，再将异型带材螺旋缠绕并焊接成内壁平整、外壁为聚乙烯包覆钢带的螺旋肋的管道。

2.1.12 环刚度（环向弯曲刚度） ring stiffness

管道抵抗环向变形的能力，可采用测试方法或计算方法定值。

2.1.13 环柔度 ring flexibility

管材在不失去结构完整性基础上，承受径向变形的能力。

2.1.14 管侧土的综合变形模量 soil modulus

管侧回填土和沟槽两侧原状土共同抵抗变形能力的量度。

2.1.15 承插式弹性密封圈连接 gasket ring push-on connection

将管道的插口端插入相邻管端的承口端，并在承口和插口管端间的空隙内用配套的橡胶密封圈密封构成的连接。

2.1.16 双承口弹性密封圈连接 double socket gasket ring push-on connection

将管道的插口端插入双承口管件，并在承口和插口管端间的空隙内用配套的橡胶密封圈密封构成的连接。

2.1.17 卡箍（哈夫）连接 lathe dog connection

采用机械紧固方法和橡胶密封件将相邻管端连成一体的连接方法。卡箍连接是将相邻管端用卡箍包覆，并用螺栓紧固；哈夫连接是将相邻管端用两半外套筒包覆，并用螺栓紧固。卡箍、哈夫连接在套筒和管外壁间用配套的橡胶密封圈密封。

2.1.18 胶粘剂连接 solvent cement connection

采用聚氯乙烯管道专用胶粘剂涂抹在聚氯乙烯管道的承口和插口，使聚氯乙烯管道粘接成一体的连接方法。

2.1.19 热熔对接连接 butt fusion connection

采用专用热熔设备将管道端面加热、熔化，在外力作用下使其连成整体的连接方法。

2.1.20 承插式电熔连接 electric fusion connection

利用镶嵌在承口连接处接触面的电热元件通电后产生的高温将承、插口接触面熔融焊接成整体的连接方法。

2.1.21 电热熔带连接 electric fusion band connection

采用内埋电热丝的电热熔带包覆管端，通电加热，使两管端与电热熔带熔接成一体的方法。

2.1.22 热熔挤出焊接连接 weld connection

采用专用焊接工具和焊条（焊片或挤出焊料）将相邻管端加热，使其熔融成整体的连接方法。

2.1.23 土弧基础 shapped subgrade

圆形管道敷设在用砂砾土回填成弧形基础上的管道结构支承形式。

2.1.24 基础中心角 bedding angle

与回填密实的砂砾料紧密接触的管下腋角圆弧相对应的管截面中心角。用 2α 表示。在此范围内有土弧基础的支承反力作用，管道结构的支承强度与基础中心角大小成正比。

2.1.25 塑料检查井 plastics inspection chamber

利用塑料排水管材作为井筒，井座由塑料注塑、模压或焊接制成，连接排水管道，供管道清通、检查用的井状构筑物。

2.2 符 号

2.2.1 管材和土的性能

E_d——管侧土的综合变形模量；

E_p——管材弹性模量；

f——管道环向弯曲抗（拉）压强度设计值；

G_p——管道自重标准值；

S_p——管材环刚度；

ν_p——管材泊松比。

2.2.2 管道上的作用及其效应

$F_{cr,k}$——管壁失稳临界压力标准值；

$F_{fw,k}$——浮托力标准值；

$F_{G,k}$——抗浮永久作用标准值；

F_{vk}——管顶在各种作用下的竖向压力标准值；

$q_{sv,k}$——单位面积上管顶竖向土压力标准值；

q_{vk}——地面车辆荷载或地面堆积荷载传至管顶单位面积上的竖向压力标准值；

Q_{vk}——车辆的单个轮压标准值；

w_d——管道在外压作用下的长期竖向挠曲值；

$w_{d,max}$——管道在组合作用下的最大竖向变形量；

σ——管道最大环向（拉）压应力设计值；

σ_{cr}——管壁环向最大弯曲应力设计值；

ρ——管道竖向直径变形率；

$[\rho]$——管道允许竖向直径变形率。

2.2.3 几何参数

A_s——每延米管道管壁钢带的截面面积；

a——单个车轮着地长度；

B——管道沟槽底部的开挖宽度；

b——单个车轮着地宽度；

b_1——管道一侧的工作面宽度；

b_2——管道一侧的支撑厚度；

d_i——管道内径；

d_j——相邻两个轮压间的净距；

D_0——管道的计算直径；

D_1——管道外径；

DN——管道的公称直径；

H_s——管顶覆土深度；

H_w——管顶以上地下水的深度；

h_d——管底以下部分人工土弧基础的厚度；

I_p——管道纵截面每延米管壁的惯性矩；

y_0——管壁中性轴至管道外壁距离。

2.2.4 计算系数

D_f——形状系数；

D_L——变形滞后效应系数；

K_0——荷载系数；

K_d——管道变形系数；

K_f——管道的抗浮稳定性抗力系数；

K_s——管道的环向稳定性抗力系数；

γ_G——管顶覆土荷载分项系数；

γ_Q——管顶地面荷载分项系数；

γ_0——管道重要性系数；

γ_s——回填土的重力密度；

γ'——地下水范围内的覆土重力密度；

γ_w——地下水的重力密度；

ζ——管壁失稳计算系数；

μ_d——车辆荷载的动力系数；

ψ_q——可变荷载准永久值系数。

2.2.5 水力计算参数

A——过水断面面积；

I——水力坡度；

Q——流量；

Q_s——允许渗水量；

R——水力半径；

n——管壁粗糙系数；

v——流速。

3 材 料

3.1 管 材

3.1.1 埋地塑料排水管道系统所用的管材应符合下列规定：

1 硬聚氯乙烯（PVC-U）管应符合现行国家标准《无压埋地排污、排水用硬聚氯乙烯（PVC-U）管材》GB/T 20221的规定。

2 硬聚氯乙烯（PVC-U）双壁波纹管应符合现行国家标准《埋地排水用硬聚氯乙烯（PVC-U）结构壁管道系统　第1部分　双壁波纹管材》GB/T 18477.1的规定。

3 硬聚氯乙烯（PVC-U）加筋管应符合现行行业标准《埋地用硬聚氯乙烯（PVC-U）加筋管材》QB/T 2782的规定。

4 聚乙烯（PE）管物理力学性能应符合现行国家标准《给水用聚乙烯（PE）管材》GB/T 13663的规定。

5 聚乙烯（PE）双壁波纹管应符合现行国家标准《埋地用聚乙烯（PE）结构壁管道系统　第1部分　聚乙烯双壁波纹管材》GB/T 19472.1的规定。

6 聚乙烯（PE）缠绕结构壁管应符合现行国家标准《埋地用聚乙烯（PE）结构壁管道系统　第2部分　聚乙烯缠绕结构壁管材》GB/T 19472.2的规定。

7 钢带增强聚乙烯（PE）螺旋波纹管应符合现行行业标准《埋地排水用钢带增强聚乙烯（PE）螺旋波纹管》CJ/T 225的规定。

8 钢塑复合缠绕排水管应符合现行行业标准《埋地钢塑复合缠绕排水管材》QB/T 2783的规定。

9 双平壁钢塑缠绕管应符合现行行业标准《埋地双平壁钢塑复合缠绕排水管》CJ/T 329的规定。

10 聚乙烯（PE）塑钢缠绕管应符合现行行业标准《聚乙烯塑钢缠绕排水管》CJ/T 270的规定。

3.1.2 埋地塑料排水管道的力学性能应符合表3.1.2-1、表3.1.2-2的规定。

表3.1.2-1　热塑性塑料管材弹性模量及抗拉强度标准值、设计值（MPa）

管材名称	弹性模量	抗拉强度标准值	抗拉强度设计值
硬聚氯乙烯（PVC-U）管	3000	40	20.3
硬聚氯乙烯（PVC-U）双壁波纹管	3000		
硬聚氯乙烯（PVC-U）加筋管	3000		
聚乙烯（PE）管	758	20.7	16
聚乙烯（PE）双壁波纹管	758		
聚乙烯（PE）缠绕结构壁管	758		

表3.1.2-2　钢塑复合管钢带的弹性模量及抗压强度标准值、设计值（MPa）

管材名称	弹性模量	抗压强度标准值	抗压强度设计值
钢带增强聚乙烯（PE）螺旋波纹管	2.06×10^5	180～235	160～190
钢塑复合缠绕管			
双平壁钢塑复合缠绕管			
聚乙烯（PE）塑钢缠绕管			

注：钢带的抗压强度标准值、设计值应根据管材使用的具体钢材牌号取值。

3.2 配 件

3.2.1 弹性密封橡胶圈，应由管材供应商配套供应，并应符合下列规定：

1 弹性密封橡胶圈的外观应光滑平整，不得有气孔、裂缝、卷褶、破损、重皮等缺陷。

2 弹性密封橡胶圈应采用氯丁橡胶或其他耐酸、碱、污水腐蚀性能的合成橡胶，其性能应符合现行国家标准《橡胶密封件　给排水管及污水管道用接口密封圈　材料规范》GB/T 21873的规定。橡胶密封圈的邵氏硬度宜采用50±5；伸长率应大于400%；拉伸强度不应小于16MPa。

3.2.2 电热熔带应由管材供应商配套供应。电热熔带的外观应平整，电热丝嵌入应平顺、均匀、无褶皱、无影响使用的严重翘曲；电热熔带的基材应为管道用聚乙烯材料；中间的电热元件应采用以镍铬为主要成分的电热丝，电热丝应无短路、断路，电阻值不应大于20Ω。电热熔带的强度应符合国家现行相关产品标准的规定。

3.2.3 承插式电熔连接所用的电热元件应由管材供应商配套供应，应在管材出厂前预装在管体上。电热元件宜由黄铜线材制成，表面应光滑，无裂缝、起皮及断裂；呈折叠状的电热元件宜预装在承口端内表面，并应安装牢固。电热元件的强度应符合国家现行相关产品标准的规定。

3.2.4 热熔挤出焊接所用的焊接材料应采用与管材相同的材质。

3.2.5 卡箍（哈夫）连接所用的金属材料，其材质要求应符合国家现行有关标准的规定，并应作防腐、防锈处理。

3.2.6 聚氯乙烯管道连接所用的胶粘剂应符合现行行业标准《硬聚氯乙烯（PVC-U）塑料管道系统用溶剂型胶粘剂》QB/T 2568 的规定。

3.2.7 塑料检查井应符合现行行业标准《建筑小区排水用塑料检查井》CJ/T 233 和《市政排水用塑料检查井》CJ/T 326 的规定。

4 设　计

4.1 一般规定

4.1.1 塑料排水管道平面位置和高程应根据地形、土质、地下水位、道路情况和规划的地下设施以及管线综合、施工条件等因素综合考虑确定。

4.1.2 塑料排水管道宜采用直线敷设，当遇到特殊情况需进行折线或曲线敷设时，管口最大允许的偏转角度及管材最小允许的曲率半径应符合国家现行有关标准的要求。

4.1.3 塑料排水管道设计使用年限不应小于 50 年。

4.1.4 塑料排水管道结构设计应采用以概率理论为基础的极限状态设计法，以可靠指标度量管道结构的可靠度。除对管道验算整体稳定外，均应采用分项系数设计表达式进行计算。

4.1.5 塑料排水管道结构设计，应按下列两种极限状态进行计算和验算：

1 对承载能力极限状态，应包括管道结构环截面强度计算、环截面压屈失稳计算、管道抗浮稳定计算。

2 对正常使用极限状态，应包括管道环截面变形验算。

4.1.6 塑料排水管道应按无压重力流设计，并应按柔性管道设计理论进行管道的结构计算。

4.1.7 管道土弧或砂石基础计算中心角（2α）应在土弧或砂石基础设计中心角的基础上减 30°。管道土弧基础或砂石基础设计中心角不宜小于 120°。

4.1.8 塑料排水管道不得采用刚性管基基础，严禁采用刚性桩直接支撑管道。

4.1.9 对设有混凝土保护外壳结构的塑料排水管道，混凝土保护结构应承担全部外荷载，并应采取从检查井到检查井的全管段连续包封。

4.2 管道布置

4.2.1 塑料排水管道与其他地下管道、建筑物、构筑物等相互间位置应符合下列规定：

1 敷设和检修管道时，不应相互影响。

2 塑料排水管道损坏时，不应影响附近建筑物、构筑物的基础，不应污染生活饮用水。

3 塑料排水管道不应与其他工程管线在垂直方向重叠直埋敷设。

4 塑料排水管道不宜在建筑物或大型构筑物的基础下面穿越。

4.2.2 塑料排水管道与热力管道之间的水平净距和垂直净距不应小于表 4.2.2 的规定。

表 4.2.2 塑料排水管道与热力管道之间的水平净距和垂直净距限值（m）

项目			水平净距	垂直净距
热力管	直埋	热水	1.5	1.0 或 0.5 加套管
		蒸汽	2.0	
	在管沟内（至外壁）		1.5	0.5

4.2.3 塑料排水管道与其他地下管线之间的水平净距和垂直净距应符合现行国家标准《室外排水设计规范》GB 50014 和《建筑给水排水设计规范》GB 50015 的有关规定；与建筑物、构筑物外墙之间的水平净距应符合下列规定：

1 当塑料排水管道公称直径不大于 300mm 时，水平净距不应小于 1m。

2 当塑料排水管道公称直径大于 300mm 时，水平净距不应小于 2m。

4.2.4 塑料排水管道宜埋设在土壤冰冻线以下。在人行道下，管顶覆土厚度不宜小于 0.6m；在车行道下，管顶覆土厚度不宜小于 0.7m。

4.2.5 建筑小区外的市政塑料排水管道的最小管径与相应最小设计坡度宜符合表 4.2.5-1 的规定，建筑小区内塑料排水管道的最小管径与相应最小设计坡度宜符合表 4.2.5-2 的规定。

表 4.2.5-1 建筑小区外市政塑料排水管道的最小管径与相应最小设计坡度

管道类型	最小管径（mm）	最小设计坡度
污水管	300	0.002
雨水（合流）管	300	0.002

表 4.2.5-2 建筑小区内塑料排水管道的最小管径与相应最小设计坡度

管道类型		敷设位置	最小管径（mm）	最小设计坡度
生活排水管	支管	建筑物周围绿化带内或小区支路下	160	0.005
	进化粪池污水管	—	200	0.007
	干管	小区内主道路下	200	0.004

续表 4.2.5-2

管道类型		敷设位置	最小管径（mm）	最小设计坡度
雨水排水管	雨水口连接管	建筑物周围	200	0.010
		小区内主道路下		
	支管	建筑物周围	160	0.003
	干管	小区内主道路下	300	0.003

4.2.6 当塑料排水管道穿越铁路、高速公路时，应设置保护套管，套管内径应大于塑料管道外径300mm。套管设计应符合铁路、高速公路管理部门的有关规定。

4.2.7 当塑料排水管道穿越河流时，可采用河底穿越，并应符合下列规定：

1 塑料排水管道至规划河底的覆土厚度应根据水流冲刷条件确定。对不通航河流覆土厚度不应小于1.0m；对通航河流覆土厚度不应小于2.0m，同时还应考虑疏浚和抛锚深度。

2 在埋设塑料排水管道位置的河流两岸上、下游应设立警示标志。

4.2.8 当塑料排水管道用于倒虹管时，应符合现行国家标准《室外排水设计规范》GB 50014 的规定，并应采取相应技术措施。

4.2.9 塑料排水管道系统应设置检查井。检查井应设置在管道交汇处、转弯处、管径或坡度改变处、跌水处以及直线管段上每隔一定距离处。检查井在直线管段的最大间距宜符合表 4.2.9 的规定。

表 4.2.9 直线管段检查井最大间距

公称直径 DN（mm）	最大间距（m）	
	污水管	雨水（合流）管
$DN \leqslant 200$	20	30
$200 < DN \leqslant 500$	40	50
$500 < DN \leqslant 800$	60	70
$800 < DN \leqslant 1000$	80	90
$1000 < DN \leqslant 1500$	100	120
$1500 < DN \leqslant 2000$	120	120
$DN > 2000$	150	150

4.3 水力计算

4.3.1 塑料排水管道的流速、流量可按下列公式计算：

$$Q = Av \tag{4.3.1-1}$$

$$v = \frac{1}{n} R^{2/3} I^{1/2} \tag{4.3.1-2}$$

式中：Q——流量（m^3/s）；

A——过水断面面积（m^2）；

v——流速（m/s）；

n——管壁粗糙系数；

R——水力半径（m）；

I——水力坡度。

4.3.2 塑料排水管道的管壁粗糙系数 n 值的选取，应根据试验数据综合分析确定，可取 0.009～0.011。当无试验资料时，宜按 0.011 取值。

4.3.3 塑料排水管道的最大设计流速不宜大于5.0m/s。污水管道的最小设计流速，在设计充满度下不宜小于 0.6m/s；雨水管道和合流管道的最小设计流速，在满流时不宜小于 0.75m/s。

4.4 荷载计算

4.4.1 作用在塑料排水管道顶部的竖向土压力标准值可按下式计算：

$$q_{sv,k} = \gamma_s (H_s - H_w) + (\gamma' + \gamma_w) H_w \tag{4.4.1}$$

式中：$q_{sv,k}$——单位面积上管顶竖向土压力标准值（kN/m^2）；

γ_s——回填土的重力密度，可取 $18kN/m^3$；

γ'——地下水范围内的覆土重力密度，可取 $10kN/m^3$；

γ_w——地下水的重力密度，可取 $10kN/m^3$；

H_s——管顶覆土深度（m）；

H_w——管顶以上地下水的深度（m）。

4.4.2 塑料排水管道上的可变作用荷载应包括作用在管道上的地面车辆荷载和堆积荷载。车辆荷载与堆积荷载不应同时考虑，应选用荷载效应较大者。车辆荷载等级应按实际行车情况确定。

4.4.3 地面车辆荷载传递到塑料排水管道顶部的竖向压力标准值可按下列方法确定（其准永久值系数可取 $\psi_q = 0.5$）：

1 单个轮压传递到管顶部的竖向压力标准值（图 4.4.3-1），可按下式计算：

$$q_{vk} = \frac{\mu_d Q_{vk}}{(a + 1.4H_s)(b + 1.4H_s)} \tag{4.4.3-1}$$

2 两个以上单排轮压综合影响传递到管道顶部的竖向压力标准值（图 4.4.3-2），可按下式计算：

$$q_{vk} = \frac{n\mu_d Q_{vk}}{(a + 1.4H_s)\left(nb + \sum_{i}^{n-1} d_j + 1.4H_s\right)} \tag{4.4.3-2}$$

式中：q_{vk}——地面车辆荷载传至管顶单位面积上的竖向压力标准值（kN/m^2）；

μ_d——车辆荷载的动力系数，可按本规程表

4.4.3 的规定取值；

Q_{vk} ——车辆的单个轮压标准值（kN）；

a——单个车轮着地长度（m）；

b——单个车轮着地宽度（m）；

n——轮压数量；

d_j——相邻两个轮压间的净距（m）。

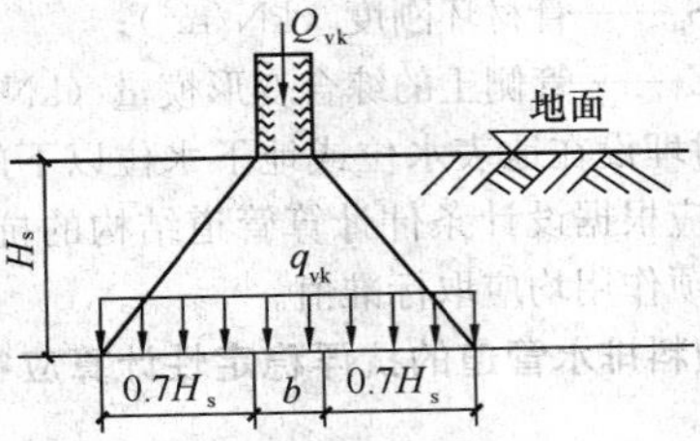

(a) 沿轮胎着地宽度方向的压力分布

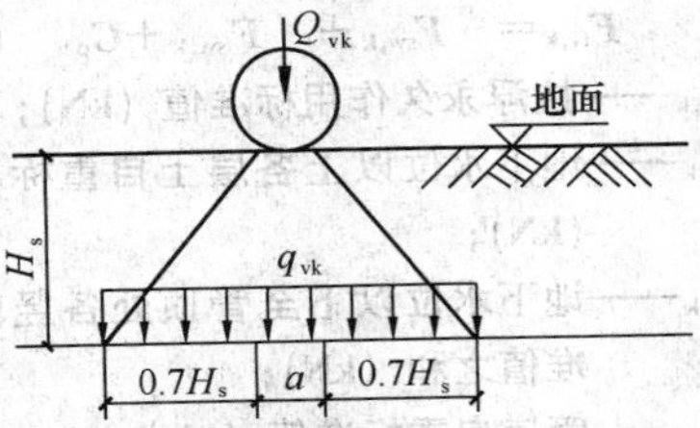

(b) 沿轮胎着地长度方向的压力分布

图 4.4.3-1 地面车辆单个轮压的传递分布

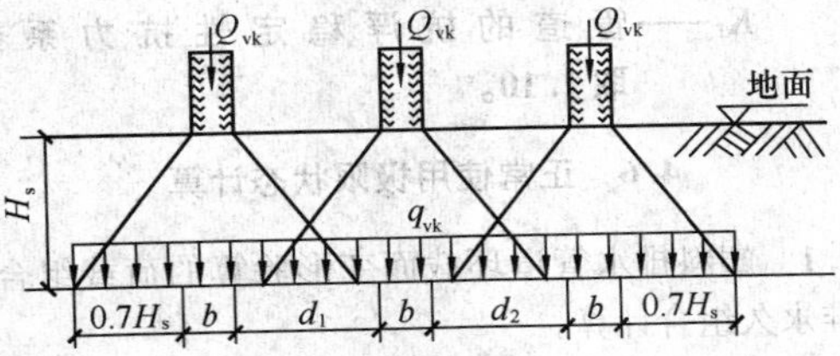

(a) 沿轮胎着地宽度方向的压力分布

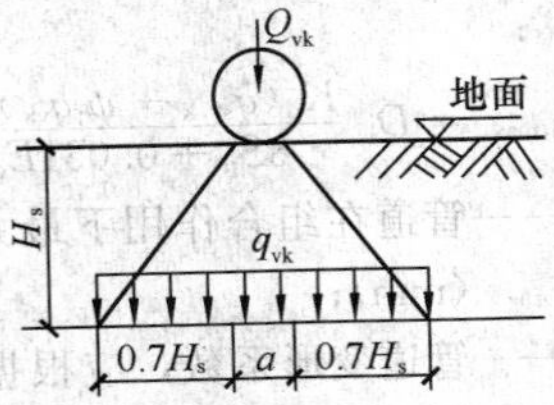

(b) 沿轮胎着地长度方向的压力分布

图 4.4.3-2 地面车辆两个以上单排轮压综合影响的传递分布

表 4.4.3 动力系数 μ_d

覆土厚度（m）	≤0.25	0.30	0.40	0.50	0.60	≥0.70
动力系数 μ_d	1.30	1.25	1.20	1.15	1.05	1.00

4.4.4 地面堆积荷载标准值 q_{vk} 可按 $10kN/m^2$ 计算；其准永久值系数可取 $\psi_q = 0.5$。

4.5 承载能力极限状态计算

4.5.1 塑料排水管道按承载能力极限状态进行管道环截面强度计算时，应按荷载基本组合进行，各项荷载均应采用荷载设计值。

4.5.2 塑料排水管道在外压荷载作用下，其最大环截面（拉）压应力设计值不应大于抗（拉）压强度设计值。管道环截面强度计算应采用下列极限状态表达式：

$$\gamma_0 \sigma \leqslant f \tag{4.5.2}$$

式中：σ——管道最大环向（拉）压应力设计值（MPa），可根据不同管材种类分别按本规程公式（4.5.3-1）、公式（4.5.3-3）计算；

γ_0——管道重要性系数，污水管（含合流管）可取 1.0；雨水管道可取 0.9；

f——管道环向弯曲抗（拉）压强度设计值（MPa），可按本规程表 3.1.2-1、表 3.1.2-2 的规定取值。

4.5.3 塑料排水管道最大环向弯曲应力设计值可分别按下列公式计算：

1 热塑性塑料管道应按下列式计算：

$$\sigma_{cr} = \frac{1.76 D_f E_p y_0 K_d (\gamma_G q_{sv,k} + \gamma_Q q_{vk}) D_1}{D_0^2 (8S_p + 0.061 E_d)} \tag{4.5.3-1}$$

$$S_p = \frac{E_p \cdot I_p}{D_0^3} \tag{4.5.3-2}$$

式中：D_f——形状系数，按本规程表 4.5.3 的规定取值；

K_d——管道变形系数，应根据土弧基础计算中心角 2α 按本规程表 4.6.2 的规定取值；

D_0——管道计算直径（m）；

D_1——管道外径（mm）；

S_p——管材环刚度（kN/m^2）；

y_0——管壁中性轴至管道外壁距离（mm）；

E_p——管材弹性模量（kN/m^2）；

I_p——管道纵截面每延米管壁的惯性矩（mm^4）；

E_d——管侧土的综合变形模量（kN/m^2），应由试验确定，当无试验资料时，可按本规程附录 A 的规定采用；

γ_G——管顶覆土荷载分项系数，取 1.27；

γ_Q——管顶地面荷载分项系数，取 1.40；

$q_{sv,k}$——单位面积上管顶竖向土压力标准值（kN/m^2），按本规程公式（4.4.1）计算；

q_{vk}——地面车辆荷载或地面堆积荷载传至管顶单位面积上的竖向压力标准值（kN/m^2），按本规程第 4.4.3 条和第 4.4.4 条的规定采用；

σ_{cr}——管壁环向最大弯曲拉应力设计值（kN/m^2）。

表 4.5.3　形状系数 D_f

管材环刚度 S_p (kN/m²)		2.5	4	5	6.3	8	10	12.5	15	16
砾石	中度至高度夯实（压实度≥0.90）	5.5	4.8	4.5	4.2	4.0	3.8	3.5	3.2	3.1
砂	中度至高度夯实（压实度≥0.90）	6.5	5.8	5.5	5.4	4.8	4.5	4.1	3.5	3.4

2　钢塑复合管道应按下式计算：

$$\sigma_{cr} = \frac{0.72K_0\ (\gamma_G q_{sv,k} + \gamma_Q q_{vk})\ D_1}{A_s} \tag{4.5.3-3}$$

式中：K_0——荷载系数，当管顶覆土深度 $H_s < D_1$ 时，$K_0 = 1.0$；当 $H_s \geqslant D_1$ 时，$K_0 = 0.86$；

A_s——每延米管道管壁钢带的截面面积（mm²/m）；

D_1——管道外径（mm）；

γ_G——管顶覆土荷载分项系数，取 1.27；

γ_Q——管顶地面荷载分项系数，取 1.40；

$q_{sv,k}$——管顶单位面积上的竖向土压力标准值（kN/m²），按本规程公式（4.4.1）计算；

q_{vk}——地面车辆荷载或地面堆积荷载传至管顶单位面积上的竖向压力标准值（kN/m²）或地面堆积荷载的标准值，按本规程第 4.4.3 条或第 4.4.4 条的规定采用；

σ_{cr}——管壁环向钢带的最大压应力设计值（kN/m²）。

4.5.4　塑料排水管道截面压屈稳定性应依据各项作用的不利组合进行计算，各项作用均应采用标准值，且环向稳定性抗力系数 K_s 不得低于 2.0。

4.5.5　在外部压力作用下，塑料排水管道管壁截面的环向稳定性计算应符合下式要求：

$$\frac{F_{cr,k}}{F_{vk}} \geqslant K_s \tag{4.5.5}$$

式中：$F_{cr,k}$——管壁失稳临界压力标准值（kN/m²），应按本规程公式（4.5.7）计算；

F_{vk}——管顶在各项作用下的竖向压力标准值（kN/m²），应按本规程公式（4.5.6）计算；

K_s——管道的环向稳定性抗力系数。

4.5.6　塑料排水管道管顶竖向作用不利组合标准值可按下式计算：

$$F_{vk} = q_{sv,k} + q_{vk} \tag{4.5.6}$$

4.5.7　塑料排水管道管壁失稳的临界压力标准值可按下式计算：

$$F_{cr,k} = \zeta\sqrt{\frac{S_p E_d}{1-\nu_p^2}} \tag{4.5.7}$$

式中：$F_{cr,k}$——管壁失稳临界压力标准值（kN/m²）；

ν_p——管材泊松比，对于热塑性塑料管取 $\nu_p = 0.4$；对于钢塑复合管取 $\nu_p = 0$；

ζ——管壁失稳计算系数，取 5.66；

S_p——管材环刚度（kN/m²）；

E_d——管侧土的综合变形模量（kN/m²）。

4.5.8　对埋设在地表水位或地下水位以下的塑料排水管道，应根据设计条件计算管道结构的抗浮稳定，计算时各项作用均应取标准值。

4.5.9　塑料排水管道的抗浮稳定性计算应符合下列要求：

$$F_{G,k} \geqslant K_f F_{fw,k} \tag{4.5.9-1}$$

$$F_{G,k} = F_{sw,k} + F'_{sw,k} + G_p \tag{4.5.9-2}$$

式中：$F_{G,k}$——抗浮永久作用标准值（kN）；

$F_{sw,k}$——地下水位以上各层土自重标准值之和（kN）；

$F'_{sw,k}$——地下水位以下至管顶处各竖向作用标准值之和（kN）；

G_p——管道自重标准值（kN）；

$F_{fw,k}$——浮托力标准值，等于管道实际排水体积与地下水密度之积（kN）；

K_f——管道的抗浮稳定性抗力系数，取 1.10。

4.6　正常使用极限状态计算

4.6.1　塑料排水管道环截面变形验算的荷载组合应按准永久组合计算。

4.6.2　塑料排水管道在外压作用下，其竖向变形量可按下式计算：

$$w_{d,max} = D_L \frac{K_d(q_{sv,k} + \psi_q q_{vk})D_1}{8S_p + 0.061E_d} \tag{4.6.2}$$

式中：$w_{d,max}$——管道在组合作用下最大竖向变形量（mm）；

K_d——管道变形系数，应根据管道的敷设基础计算中心角 2α 按表 4.6.2 的规定取值；

$q_{sv,k}$——管顶单位面积上的竖向土压力标准值（kN/m²），应按本规程公式（4.4.1）计算；

q_{vk}——地面车辆荷载或地面堆积荷载传至管顶单位面积上的竖向压力标准值（kN/m²），应按本规程第 4.4.3 条和第 4.4.4 条的规定采用；

D_L——变形滞后效应系数，可根据管道胸腔回填压实度取 1.20～1.50；

ψ_q——可变荷载的准永久值系数，取 0.5；

S_p——管材环刚度（kN/m²）；

E_d——管侧土的综合变形模量（kN/m^2），应由试验确定，当无试验资料时，可按本规程附录 A 的规定采用；

D_1——管道外径（mm）。

表 4.6.2　管道变形系数 K_d

土弧管基计算中心角 2α	20°	45°	60°	90°	120°	150°
变形系数	0.109	0.105	0.102	0.096	0.089	0.083

4.6.3　在外压荷载作用下，塑料排水管道竖向直径变形率不应大于管道允许变形率［ρ］=0.05，即应满足下式的要求。

$$\rho=\frac{w_d}{D_0}\leqslant[\rho] \qquad (4.6.3)$$

式中：ρ——管道竖向直径变形率；

［ρ］——管道允许竖向直径变形率；

w_d——管道在外压作用下的长期竖向挠曲值（mm），可按本规程公式（4.6.2）计算；

D_0——管道计算直径（mm）。

4.7　管道连接

4.7.1　塑料排水管道分为刚性连接和柔性连接两种方式。不同种类管道的连接方式可按表 4.7.1 选用。

表 4.7.1　塑料排水管道常用连接方式

管道类型	柔性连接			刚性连接				
	承插式弹性密封圈	双承口弹性密封圈	卡箍（哈夫）	胶粘剂	热熔对接	承插式电熔	电热熔带	热熔挤出焊接
硬聚氯乙烯（PVC-U）管	√	—	—	√	—	—	—	—
硬聚氯乙烯（PVC-U）双壁波纹管	√	⊿	⊿	—	—	—	—	—
硬聚氯乙烯加筋（PVC-U）管	√	—	—	—	—	—	—	—
聚乙烯（PE）管	√	—	—	—	√	—	—	—
聚乙烯（PE）双壁波纹管	√	⊿	⊿	—	—	—	—	—
聚乙烯（PE）缠绕结构壁管（A 型）	—	√	—	—	—	—	⊿	—
聚乙烯（PE）缠绕结构壁管（B 型）	—	—	—	—	—	√	—	⊿
钢塑复合缠绕管	—	—	⊿	—	—	—	⊿	√
双平壁钢塑复合缠绕管	—	√	⊿	—	—	—	√①	—
聚乙烯（PE）塑钢缠绕管	—	—	⊿	—	—	—	√②	—
钢带增强聚乙烯（PE）螺旋波纹管	⊿③	—	⊿	—	—	—	√	⊿

注：1　表中“√”表示优先采用；“⊿”表示可采用；
2　表中①表示内衬贴片后可采用电热熔带连接；
3　表中②表示内壁焊接后可采用电热熔带连接；
4　表中③表示加工成承插口后可采用承插式弹性密封圈。

4.7.2　当在场地土层变化较大、场地类别为Ⅳ类及地震设防烈度为 8 度及 8 度以上的地区敷设塑料排水管道时，应采用柔性连接。

4.7.3　当塑料排水管道与塑料检查井连接时，外径 1000mm 以上的管道宜采用柔性连接。

4.8　地基处理

4.8.1　塑料排水管道应敷设于天然地基上，地基承载能力特征值（f_{ak}）不应小于 60kPa。

4.8.2　塑料排水管道敷设当遇不良地质情况，应先按地基处理规范对地基进行处理后再进行管道敷设。

4.8.3　在地下水位较高、流动性较大的场地内敷设塑料排水管道，当遇管道周围土体可能发生细颗粒土流失的情况时，应沿沟槽底部和两侧边坡上铺设土工布加以保护，且土工布密度不宜小于 $250g/m^2$。

4.8.4　在同一敷设区段内，当遇地基刚度相差较大时，应采用换填垫层或其他有效措施减少塑料排水管道的差异沉降，垫层厚度应视场地条件确定，但不应小于 0.3m。

4.9　回填设计

4.9.1　塑料排水管道基础应采用中粗砂或细碎石土弧基础。管底以上部分土弧基础的尺寸，应根据管道结构计算确定；管底以下部分人工土弧基础的厚度可按下式计算确定，且不宜大于 0.3m。

$$h_d\geqslant 0.1(1+DN) \qquad (4.9.1)$$

式中：h_d——管底以下部分人工土弧基础的厚度（m）；

DN——管道的公称直径（m）。

4.9.2　塑料排水管道胸腔中心处的沟槽设计宽度，需根据管材的环刚度、围岩土质、相邻管道情况、回填土的种类及施工条件综合考虑，并应按本规程附录 A 确定回填土的压实度。

4.9.3　塑料排水管道管顶 0.5m 以上部位回填土的压实度，应按相应的场地或道路设计要求确定，不宜小于 90%；管顶 0.5m 以下各部位回填土应符合表 4.9.3 的规定。

表 4.9.3　沟槽回填土压实度与回填材料

填土部位		压实度（%）	回填材料
管道基础	管底基础	≥90	中砂、粗砂
	管道有效支撑角范围	≥95	
管道两侧		≥95	中砂、粗砂、碎石屑，最大粒径小于 40mm 的砂砾或符合要求的原土
管顶以上 0.5m 内	管道两侧	≥90	
	管道上部	≥85	
管顶以上 0.5m～1.0m		≥90	原土

注：回填土的压实度，除设计要求用重型击实标准外，其他皆以轻型击实标准试验获得最大干密度为 100%。

4.9.4 当塑料排水管道与检查井连接时，检查井基础与管道基础之间应设置过渡区段，过渡区段长度不应小于1倍管径，且不宜小于1.0m；直径较大的塑料排水管道，管顶部宜考虑设置卸压或减压构件。

5 施 工

5.1 一 般 规 定

5.1.1 塑料排水管道施工前，施工单位应编制施工组织设计并按规定程序审批后实施。

5.1.2 编制塑料排水管道施工组织设计时，应按设计规定的管顶最大允许覆土厚度，对管材环刚度、沟槽回填材料及其压实度、管道两侧原状土的情况进行核对，当发现与设计要求不符时，可要求变更设计或采取相应的保证管道承载能力的技术措施。

5.1.3 塑料排水管道应进行进场检验，应查验材料供应商提供的产品质量合格证和检验报告；应按设计要求对管材及管道附件进行核对；应按产品标准及设计要求逐根检验管道外观；应重点抽检规格尺寸、环刚度、环柔度、冲击强度等项目，符合要求方可使用。

5.1.4 塑料排水管道连接时，应对管道内杂物进行清理，每日完工时，管口应采取临时封堵措施。

5.1.5 塑料排水管道连接完成后，应进行接头质量检查。不合格者必须返工，返工后应重新进行接头质量检查。

5.1.6 塑料排水管道与检查井连接前，应首先对井底地基进行验收，当发现基底受到扰动、超挖、受水浸泡现象，或存在不良地基、不良土层时，应经处理达到设计要求后，方可进行检查井连接施工。

5.1.7 塑料排水管道与检查井连接时，管道连接段的管底超挖（挖空）部分，应在管道连接前及时用砾石或级配砂石分层回填夯实，压实度应符合本规程第4.9.3条的规定。

5.1.8 塑料排水管道在敷设、回填的过程中，槽底不得积水或受冻。在地下水位高于开挖沟槽槽底高程的地区，地下水位应降至槽底最低点以下不小于0.5m。

5.2 材料运输和储存

5.2.1 塑料排水管道的运输应符合下列规定：

1 搬运时应小心轻放，不得抛、摔、滚、拖。当采用机械设备吊装时，应采用非金属绳（带）吊装。

2 运输时应水平放置，并应采用非金属绳（带）捆扎、固定，堆放处不得有可能损伤管材的尖凸物，并宜有防晒措施。

5.2.2 塑料排水管道的储存应符合下列规定：

1 应存放在通风良好的库房或棚内，并远离热源；露天存放应有防晒措施。

2 严禁与油类或化学品混合存放，库区应有防火措施和消防设施。

3 应水平堆放在平整的支撑物或地面上，带有承口的管材应两端交替堆放，高度不宜超过3m，并应有防倒塌、防管道变形的安全措施。

4 应按不同规格尺寸和不同类型分别存放，并应遵守先进先出原则。

5 管材、管件不宜长期存放，自生产之日起库房存放时间不宜超过18个月。

5.3 沟槽开挖和地基处理

5.3.1 塑料排水管道沟槽开挖前，应对设置的临时水准点、管道轴线控制桩、高程桩进行复核。施工测量的允许偏差应符合现行国家标准《给水排水管道工程施工及验收规范》GB 50268的规定。

5.3.2 塑料排水管道沟槽底部的开挖宽度应符合设计要求，当设计无要求时，可按下式计算：

$$B = D_1 + 2(b_1 + b_2) \tag{5.3.2}$$

式中：B——管道沟槽底部的开挖宽度（mm）。

D_1——管道外径（mm）。

b_1——管道一侧的工作面宽度（mm），可按表5.3.2选取。当沟槽底需设排水沟时，b_1应按排水沟要求相应增加。

b_2——管道一侧的支撑厚度，可取150mm～200mm。

表 5.3.2 管道一侧的工作面宽度

管道外径 D_1（mm）	管道一侧的工作面宽度 b_1（mm）
$D_1 \leqslant 500$	300
$500 < D_1 \leqslant 1000$	400
$1000 < D_1 \leqslant 1500$	500
$1500 < D_1 \leqslant 3000$	700

5.3.3 塑料排水管道沟槽形式应根据施工现场环境、槽深、地下水位、土质情况、施工设备及季节影响等因素确定。

5.3.4 塑料排水管道沟槽侧向的堆土位置距槽口边缘不宜小于1.0m，且堆土高度不宜超过1.5m。

5.3.5 塑料排水管道沟槽的开挖应严格控制基底高程，不得扰动基底原状土层。基底设计标高以上0.2m～0.3m的原状土，应在铺管前用人工清理至设计标高。当遇超挖或基底发生扰动时，应换填天然级配砂石料或最大粒径小于40mm的碎石，并应整平夯实，其压实度应达到基础层压实度要求，不得用杂土回填。当槽底遇有尖硬物体时，必须清除，并用砂石回填处理。

5.3.6 塑料排水管道地基基础应符合设计要求，当管道天然地基的强度不能满足设计要求时，应按设计要求加固。

5.3.7 塑料排水管道系统中承插式接口、机械连接等部位的凹槽，宜在管道铺设时随铺随挖（图5.3.7）。凹槽的长度、宽度和深度可按管道接头尺寸确定。在管道连接完成后，应立即用中粗砂回填密实。

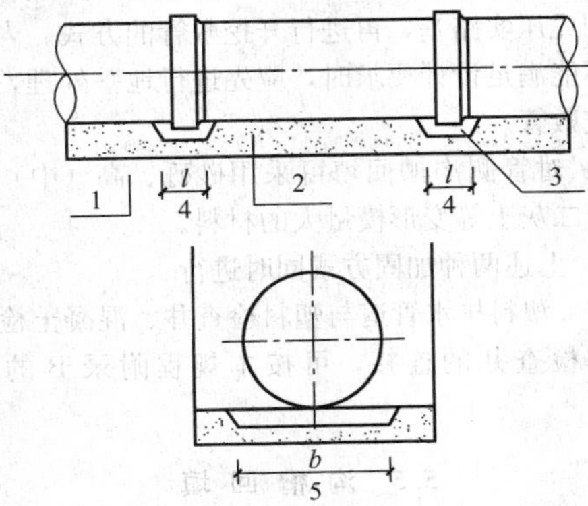

图 5.3.7 管道接口处的凹槽

1—原装土地基；2—中粗砂基础；3—凹槽；4—槽长；5—槽宽

5.3.8 塑料排水管道地基处理应符合下列规定：

1 对一般土质，应在管底以下原状土地基上铺垫150mm中粗砂基础层。

2 对软土地基，当地基承载能力小于设计要求或由于施工降水、超挖等原因，地基原状土被扰动而影响地基承载能力时，应按设计要求对地基进行加固处理，在达到规定的地基承载能力后，再铺垫150mm中粗砂基础层。

3 当沟槽底为岩石或坚硬物体时，铺垫中粗砂基础层的厚度不应小于150mm。

5.4 管道安装

5.4.1 塑料排水管道下管前，对应进行管道变形检测的断面，应首先量出该管道断面的实际直径尺寸，并做好标记。

5.4.2 承插式密封圈连接、双承口式密封圈连接、卡箍（哈夫）连接所用的密封件、紧固件等配件，以及胶粘剂连接所用的胶粘剂，应由管材供应商配套供应；承插式电熔连接、电热熔带连接、挤出焊接连接应采用专用工具进行施工。

5.4.3 塑料排水管道安装时应对连接部位、密封件等进行清洁处理；卡箍（哈夫）连接所用的卡箍、螺栓等金属制品应按相关标准要求进行防腐处理。

5.4.4 应根据塑料排水管道管径大小、沟槽和施工机具情况，确定下管方式。采用人工方式下管时，应使用带状非金属绳索平稳溜管入槽，不得将管材由槽顶滚入槽内；采用机械方式下管时，吊装绳应使用带状非金属绳索，吊装时不应少于两个吊点，不得串心吊装，下沟应平稳，不得与沟壁、槽底撞击。

5.4.5 塑料排水管道安装时应将插口顺水流方向，承口逆水流方向；安装宜由下游往上游依次进行；管道两侧不得采用刚性垫块的稳管措施。

5.4.6 弹性密封橡胶圈连接（承插式或双承口式）操作应符合下列规定：

1 连接前，应先检查橡胶圈是否配套完好，确认橡胶圈安放位置及插口应插入承口的深度，插口端面与承口底部间应留出伸缩间隙，伸缩间隙的尺寸应由管材供应商提供，管材供应商无明确要求的宜为10mm。确认插入深度后应在插口外壁做出插入深度标记。

2 连接时，应先将承口内壁清理干净，并在承口内壁及插口橡胶圈上涂覆润滑剂，然后将承插口端面的中心轴线对正。

3 公称直径小于或等于400mm的管道，可采用人工直接插入；公称直径大于400mm的管道，应采用机械安装，可采用2台专用工具将管材拉动就位，接口合拢时，管材两侧的专用工具应同步拉动。安装时，应使橡胶密封圈正确就位，不得扭曲和脱落。

4 接口合拢后，应对接口进行检测，应确保插入端与承口圆周间隙均匀，连接的管道轴线保持平直。

5.4.7 卡箍（哈夫）连接操作应符合下列规定：

1 连接前应对待连接管材端口外壁进行清洁处理。

2 待连接的两管端口应对正。

3 应正确安装橡胶密封件，对于钢带增强螺旋管必须在管端的波谷内加填遇水膨胀橡胶塞。

4 安装卡箍（哈夫），并应紧固螺栓。

5.4.8 胶粘剂连接操作应符合下列规定：

1 应检查管材质量，并应将插口外侧和承口内侧表面擦拭干净，不得有油污、尘土和水迹。

2 粘接前应对承口与插口松紧配合情况进行检验，并应在插口端表面划出插入深度的标线。

3 应在承、插口连接表面用毛刷涂上符合管材材性要求的专用胶粘剂，先涂承口内面，后涂插口外面，沿轴向由里而外均匀涂抹，不得漏涂或涂抹过量。

4 涂抹胶粘剂后，应立即校正对准轴线，将插口插入承口，并至标线处，然后将插入管旋转1/4圈，并保持轴线平直。

5 插接完毕应及时将挤出接口的胶粘剂擦拭干净，静止固化，固化期间不得在连接件上施加任何外力，固化时间应符合相关标准规定。

5.4.9 热熔对接连接操作应符合下列规定：

1 应根据管材或管件的规格，选用相应的夹具，将连接件的连接端伸出夹具，自由长度不应小于公称直径的10%，移动夹具使连接件端面接触，并校直对应的待连接件，使其在同一轴线上，错边不应大于壁厚的10%。

2 应将管材或管件的连接部位擦拭干净，并铣削连接件端面，使其与轴线垂直；连续切屑平均厚度不宜大于0.2mm，切削后的熔接面应防止污染。

3 连接件的端面应采用热熔对接连接设备加热，加热时间应符合相关标准规定。

4 加热时间达到工艺要求后，应迅速撤出加热板，检查连接件加热面熔化的均匀性，不得有损伤；并应迅速用均匀外力使连接面完全接触，直至形成均匀一致的对称翻边。

5 在保压冷却期间不得移动连接件或在连接件上施加任何外力。

5.4.10 承插式电熔连接操作应符合下列规定：

1 应将连接部位擦拭干净，并在插口端划出插入深度标线。

2 当管材不圆度影响安装时，应采用整圆工具进行整圆。

3 应将插口端插入承口内，至插入深度标线位置，并检查尺寸配合情况。

4 通电前，应校直两对应的连接件，使其在同一轴线上，并应采用专用工具固定接口部位。

5 通电加热时间应符合相关标准规定。

6 电熔连接冷却期间，不得移动连接件或在连接件上施加任何外力。

5.4.11 电热熔带连接操作应符合下列规定：

1 连接前应对连接表面进行清洁处理，并应检查电热熔带中电热丝是否完好，并应将待焊面对齐。

2 通电前应采用锁紧扣带将电热带扣紧，电流及通电时间应符合相关标准规定。

3 电熔带长度应不小于管材焊接部位周长的1.25倍。

4 对于钢带增强聚乙烯螺旋波纹管，必须对波峰钢带断开处进行挤塑焊接密封处理。

5 严禁带水作业。

5.4.12 热熔挤出焊接连接操作应符合下列规定：

1 连接前应对连接表面进行清洁处理，并对正焊接部位。

2 应采用热风机预热待焊部位，预热温度应控制在能使挤出的熔融聚乙烯能够与管材融为一体的范围内。

3 应采用专用挤出焊机和与管材材质相同的聚乙烯焊条焊接连接端面。

4 对公称直径大于800mm的管材，应进行内外双面焊接。

5.4.13 塑料排水管道在雨期施工或地下水位高的地段施工时，应采取防止管道上浮的措施。当管道安装完毕尚未覆土，遭水泡时，应对管中心和管底高程进行复测和外观检测，当发现位移、漂浮、拔口等现象时，应进行返工处理。

5.4.14 塑料排水管道施工和道路施工同时进行时，若管顶覆土厚度不能满足标准要求，应按道路路基施工机械荷载大小验算管侧土的综合变形模量值，并宜按实际需要采用以下加固方式：

1 对公称直径小于1200mm的塑料排水管道，可采用先压实路基，再进行开挖敷管的方式。当地基强度不能满足设计要求时，应先进行地基处理，然后再开挖敷管。

2 对管侧沟槽回填可采用砂砾、高（中）钙粉煤灰、二灰土等变形模量大的材料。

3 上述两种加固方式同时进行。

5.4.15 塑料排水管道与塑料检查井、混凝土检查井或砌体检查井的连接，可按本规程附录B的规定执行。

5.5 沟 槽 回 填

5.5.1 塑料排水管道敷设完毕并经外观检验合格后，应立即进行沟槽回填。在密闭性检验前，除接头部位可外露外，管道两侧和管顶以上的回填高度不宜小于0.5m；密闭性检验合格后，应及时回填其余部分。

5.5.2 回填前应检查沟槽，沟槽内不得有积水，砖、石、木块等杂物应清除干净。

5.5.3 沟槽回填应从管道两侧同时对称均衡进行，并应保证塑料排水管道不产生位移。必要时应对管道采取临时限位措施，防止管道上浮。

5.5.4 检查井、雨水口及其他附属构筑物周围回填应符合下列规定：

1 井室周围的回填，应与管道沟槽回填同时进行；不能同时进行时，应留阶梯形接槎。

2 井室周围回填压实时应沿井室中心对称进行，且不得漏夯。

3 回填材料压实后应与井壁紧贴。

4 路面范围内的井室周围，应采用石灰土、砂、砂砾等材料回填，且回填宽度不宜小于400mm。

5 严禁在槽壁取土回填。

5.5.5 塑料排水管道沟槽回填时，不得回填淤泥、有机物或冻土，回填土中不得含有石块、砖及其他杂物 。

5.5.6 塑料排水管道管基设计中心角范围内应采取中粗砂填充密实，并应与管壁紧密接触，不得用土或其他材料填充。

5.5.7 回填土或其他回填材料运入沟槽内，应从沟槽两侧对称运入槽内，不得直接回填在塑料排水管道上，不得损伤管道及其接口。

5.5.8 塑料排水管道每层回填土的虚铺厚度，应根据所采用的压实机具按表5.5.8的规定选取。

表5.5.8 每层回填土的虚铺厚度

压实机具	虚铺厚度（mm）
木夯、铁夯	≤200
轻型压实设备	200～250
压路机	200～300
振动压路机	≤400

5.5.9 当沟槽采用钢板桩支护时，应在回填达到规定高度后，方可拔除钢板桩。钢板桩拔除后应及时回填桩孔，并应填实。当采用砂灌填时，可冲水密实；当对周围环境影响有要求时，可采取边拔桩边注浆措施。

5.5.10 塑料排水管道沟槽回填时应严格控制管道的竖向变形。当管道内径大于800mm时，可在管内设置临时竖向支撑或采取预变形等措施。回填时，可利用管道胸腔部分回填压实过程中出现的管道竖向反向变形来抵消一部分垂直荷载引起的管道竖向变形，但应将其控制在设计规定的管道竖向变形范围内。

5.5.11 塑料排水管道管区回填施工应符合下列规定：

1 管底基础至管顶以上0.5m范围内，必须采用人工回填，轻型压实设备夯实，不得采用机械推土回填。

2 回填、夯实应分层对称进行，每层回填土高度不应大于200mm，不得单侧回填、夯实。

3 管顶0.5m以上采用机械回填压实时，应从管轴线两侧同时均匀进行，并夯实、碾压。

5.5.12 塑料排水管道回填作业每层土的压实遍数，应根据压实度要求、压实工具、虚铺厚度和含水量，经现场试验确定。

5.5.13 采用重型压实机械压实或较重车辆在回填土上行驶时，管顶以上应有一定厚度的压实回填土，其最小厚度应根据压实机械的规格和管道的设计承载能力，经计算确定。

5.5.14 岩溶区、湿陷性黄土、膨胀土、永冻土等地区的塑料排水管道沟槽回填，应符合设计要求和当地工程建设标准规定。

5.5.15 塑料排水管道回填土压实度与回填材料应符合本规程第4.9.3条的规定。

6 检 验

6.1 密闭性检验

6.1.1 污水、雨污水合流管道及湿陷土、膨胀土、流砂地区的雨水管道，必须进行密闭性检验，检验合格后，方可投入运行。

6.1.2 塑料排水管道密闭性检验应按检查井井距分段进行，每段检验长度不宜超过5个连续井段，并应带井试验。

6.1.3 塑料排水管道密闭性检验可采用闭水试验法。操作方法应按本规程附录C的规定采用。

6.1.4 塑料排水管道密闭性检验时，经外观检查，应无明显渗水现象。

6.1.5 管道最大允许渗水量应按下式计算：

$$Q_s = 0.0046 d_i \tag{6.1.5}$$

式中：Q_s——最大允许渗水量[$m^3/(24h \cdot km)$]；

d_i——管道内径（mm）。

6.2 变形检验

6.2.1 当塑料排水管道沟槽回填至设计高程后，应在12h～24h内测量管道竖向直径变形量，并应计算管道变形率。

6.2.2 当塑料排水管道内径小于800mm时，管道的变形量可采用圆形心轴或闭路电视等方法进行检测；当塑料排水管道内径大于等于800mm时，可采用人工进入管内检测，测量偏差不得大于1mm。

6.2.3 塑料排水管道变形率不应超过3%；当超过时，应采取下列处理措施：

1 当管道变形率超过3%，但不超过5%时，应采取下列措施：

1）挖出回填土至露出85%管道，管道周围0.5m范围内应采用人工挖掘；

2）检查管道，当发现有损伤时，应进行修补或更换；

3）采用能达到压实度要求的回填材料，按要求的压实度重新回填密实；

4）重新检测管道变形率，至符合要求为止。

2 当管道变形率超过5%时，应挖出管道，并会同设计单位研究处理。

6.3 回填土压实度检验

6.3.1 塑料排水管道沟槽回填土的压实度应符合本规程第4.9.3条的规定。

6.3.2 塑料排水管道系统其他部位回填土压实度应按现行国家标准《给水排水管道工程施工及验收规范》GB 50268的规定执行。

6.3.3 塑料排水管道沟槽回填土的压实度检验应根据具体情况选用检验方法。

7 验 收

7.0.1 塑料排水管道工程完工后应进行竣工验收，

验收合格后方可交付使用。

7.0.2 塑料排水管道工程竣工验收应在分项、分部、单位工程验收合格的基础上进行。验收程序应按国家现行相关法规和标准的规定执行，并应按要求填写中间验收记录表。

7.0.3 塑料排水管道竣工验收时，应核实竣工验收资料，进行必要的复验和外观检查。对管道的位置、高程、管材规格和整体外观等，应填写竣工验收记录。竣工技术资料不应少于以下内容：

1 施工合同。

2 开工、竣工报告。

3 经审批的施工组织设计及专项施工方案。

4 临时水准点、管轴线复核及施工测量放样、复核记录。

5 设计交底及工程技术会议纪要。

6 设计变更单、施工业务联系单、监理业务联系单、工程质量整改通知单。

7 管道及其附属构筑物地基和基础的验收记录。

8 回填土压实度的验收记录。

9 管道接口和金属防腐保护层的验收记录。

10 管道穿越铁路、公路、河流等障碍物的工程情况记录。

11 地下管道交叉处理的验收记录。

12 质量自检记录，分项、分部工程质量检验评定单。

13 工程质量事故报告及上级部门审批处理记录。

14 管材、管件质保书和出厂合格证明书。

15 各类材料试验报告、质量检验报告。

16 管道的闭水检验记录。

17 管道变形检验资料。

18 全套竣工图、初验整改通知单、终验报告单及验收会议纪要。

7.0.4 塑料排水管道工程质量检验项目和要求，应按现行国家标准《给水排水管道工程施工及验收规范》GB 50268 的规定执行。

7.0.5 验收合格后，建设单位应组织竣工备案，并将有关设计、施工及验收文件和技术资料立卷归档。

附录 A 管侧土的综合变形模量

A.0.1 管侧土的综合变形模量应根据管侧回填土的土质、压实密度和沟槽两侧原状土的土质，综合评价确定。

A.0.2 管侧填土的综合变形模量 E_d，可按下列公式计算：

$$E_d = \xi \cdot E_e \qquad (A.0.2\text{-}1)$$

$$\xi = \frac{1}{\alpha_1 + \alpha_2 \dfrac{E_e}{E_n}} \qquad (A.0.2\text{-}2)$$

式中：E_e——管侧回填土在要求压实密度时相应的变形模量（kN/m^2），应根据试验确定；当缺乏试验数据时，可按表 A.0.2-1 的规定取值；

E_n——沟槽两侧原状土的变形模量（kN/m^2），应根据试验确定；当缺乏试验数据时，可按表 A.0.2-1 的规定取值；

ξ——综合修正系数；

α_1、α_2——与 B_r（管中心处沟槽宽度）和 D_1（管外径）的比值有关的计算参数，可按表 A.0.2-2 的规定取值。

表 A.0.2-1 管侧回填土和沟槽侧原状土变形模量（kN/m^2）

回填土压实度（%）	原状土标准贯入锤击数 $N_{63.5}$	变形模量				
		砾砂、砂卵石	砂砾、砂卵石（细粒土含量≤12%）	砂砾、砂卵石（细粒土含量>12%）	黏性土或粉土（W_L<50%）（砂粒含量>25%）	黏性土或粉土（W_L<50%）（砂粒含量<25%）
85	4<N≤14	5000	3000	1000	1000	—
90	14<N≤24	7000	5000	3000	3000	1000
95	24<N≤50	10000	7000	5000	5000	3000
100	>50	20000	14000	10000	10000	7000

注：1 表中数值适用于10m以内覆土；当覆土超过10m时，表中数值偏低。

2 回填土的变形模量 E_e 可按要求的压实度采用；表中的压实度（%）系指设计要求回填土压实后的干密度与该土在相同压实能量下的最大干密度的比值。

3 基槽两侧原状土的变形模量 E_n 可按标准贯入度试验的锤击数确定。

4 W_L 为黏性土的液限。

5 细粒土系指粒径小于0.075mm的土。

6 砂粒系指粒径为(0.075～2.0)mm的土。

表 A.0.2-2 计算参数 α_1 及 α_2 的取值

B_r/D_1	1.5	2.0	2.5	3.0	4.0	5.0
α_1	0.252	0.435	0.572	0.680	0.838	0.948
α_2	0.748	0.565	0.428	0.320	0.162	0.052

A.0.3 对于填埋式敷设的管道，当 $B_r/D_1>5$ 时，可取 $\xi=1.0$ 计算。此时，B_r 应为管中心处按设计要求达到的压实密度的填土宽度。

附录B　塑料排水管道与检查井连接构造

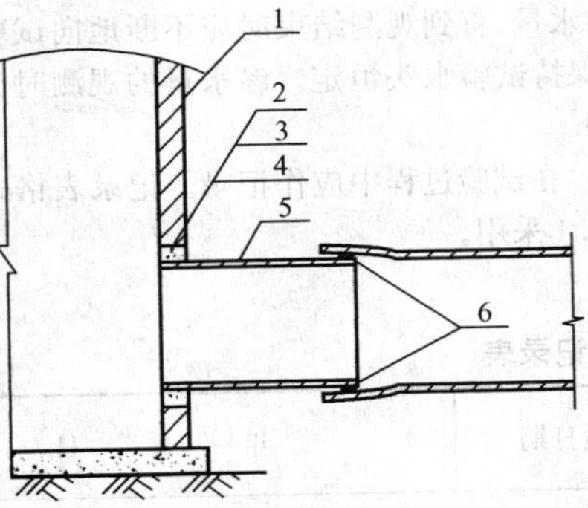

(a)

1—检查井；2—水泥砂浆；3—素灰浆；4—中介层；
5—管材；6—橡胶密封圈

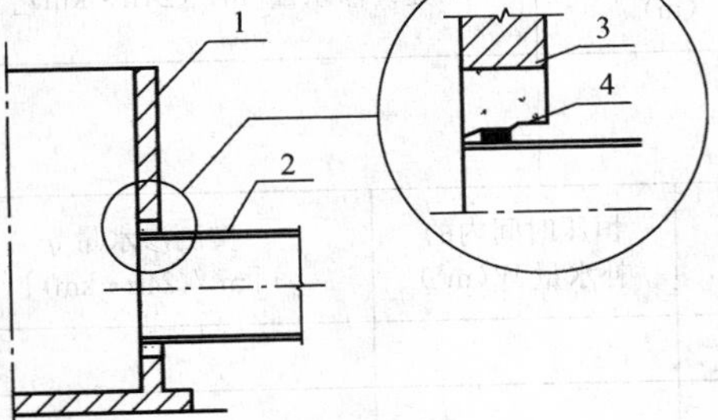

(b)

1—检查井；2—PVC-U管；3—混凝土套环；4—橡胶密封圈

图B　塑料排水管道与检查井连接构造示意(一)

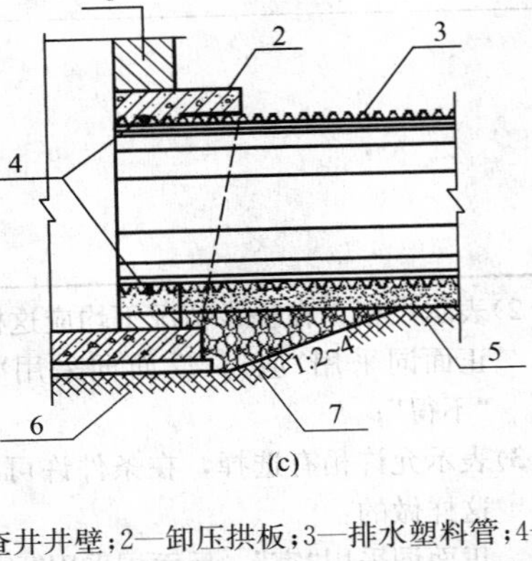

(c)

1—检查井井壁；2—卸压拱板；3—排水塑料管；4—橡胶密封圈；5—管基；6—原状土；7—渐变过渡区回填砾石或级配砂石(压实系数大于等于0.95)

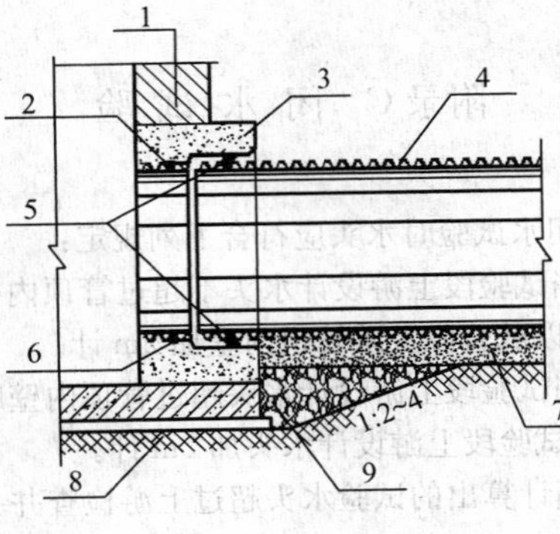

(d)

1—检查井井壁；2—遇水膨胀橡胶条；3—现浇混凝土刚性环梁；
4—排水塑料管；5—橡胶密封圈；6—遇水膨胀橡胶条；
7—管基；8—原状土；9—渐变过渡区回填砾石或
级配砂石(压实系数大于等于0.95)

图B　塑料排水管道与检查井连接构造示意(二)

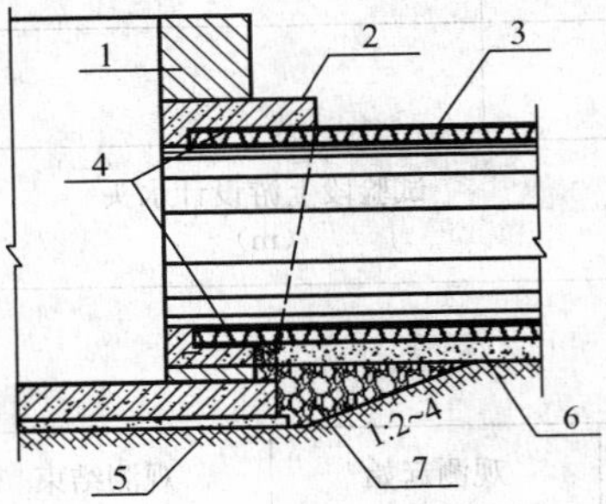

(e)

1—检查井井壁；2—卸压拱板；3—塑料管道；4—管外壁结合层；
5—原状土；6—管基；7—渐变过渡区回填砾石或
级配砂石(压实系数大于等于0.95)

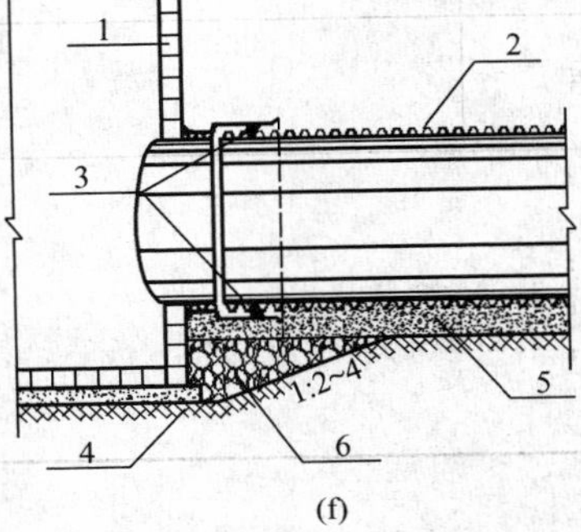

(f)

1—塑料检查井井壁；2—塑料管道；3—橡胶密封圈；
4—原状土；5—管基；6—渐变过渡区回填砾石或
级配砂石(压实系数大于等于0.95)

图B　塑料排水管道与检查井连接构造示意(三)

附录C　闭 水 试 验

C.0.1　闭水试验时水头应符合下列规定：

1　当试验段上游设计水头不超过管顶内壁时，试验水头应以试验段上游管顶内壁加2m计。

2　当试验段上游设计水头超过管顶内壁时，试验水头应以试验段上游设计水头加2m计。

3　当计算出的试验水头超过上游检查井井口时，试验水头应以上游检查井井口高度为准。

C.0.2　试验中，试验管段注满水后的浸泡时间不应少于24h。

C.0.3　当试验水头达到规定水头时开始计时，观测管道的渗水量，直到观测结束时应不断地向试验管段内补水，保持试验水头恒定。渗水量的观测时间不得小于0.5h。

C.0.4　在试验过程中应作记录。记录表格式可按照表C.0.4采用。

表C.0.4　管道闭水试验记录表

<table>
<tr><td colspan="2">工程名称</td><td colspan="2"></td><td>试验日期</td><td colspan="2">年　月　日</td></tr>
<tr><td colspan="2">管段位置</td><td colspan="5"></td></tr>
<tr><td colspan="2">管径(mm)</td><td colspan="2">管材种类</td><td>接口种类</td><td colspan="2">试验段长度(m)</td></tr>
<tr><td colspan="2"></td><td colspan="2"></td><td></td><td colspan="2"></td></tr>
<tr><td colspan="4">试验段上游设计水头(m)</td><td>试验水头(m)</td><td colspan="2">允许渗水量[m³/(24h·km)]</td></tr>
<tr><td colspan="4"></td><td></td><td colspan="2"></td></tr>
<tr><td rowspan="5">渗水量测定记录</td><td>次数</td><td>观测起始时间T_1</td><td>观测结束时间T_2</td><td>恒压时间T(h)</td><td>恒压时间内的补水量W(m³)</td><td>实测渗水量q[m³/(24h·km)]</td></tr>
<tr><td>1</td><td></td><td></td><td></td><td></td><td></td></tr>
<tr><td>2</td><td></td><td></td><td></td><td></td><td></td></tr>
<tr><td>3</td><td></td><td></td><td></td><td></td><td></td></tr>
<tr><td colspan="5">折合平均实际渗水量[m³/(24h·km)]</td><td></td></tr>
<tr><td colspan="2">外观记录</td><td colspan="5"></td></tr>
<tr><td colspan="2">评语</td><td colspan="5"></td></tr>
<tr><td colspan="4">施工单位：
监理单位：
使用单位：</td><td colspan="3">试验负责人：
设计单位：
记录员：</td></tr>
</table>

本规程用词说明

1　为便于在执行本规程条文时区别对待，对要求严格程度不同的用词说明如下：

1)表示很严格，非这样做不可的：

正面词采用“必须”，反面词采用“严禁”；

2)表示严格，在正常情况下均应这样做的：

正面词采用“应”，反面词采用“不应”或“不得”；

3)表示允许稍有选择，在条件许可时首先应这样做的：

正面词采用“宜”，反面词采用“不宜”；

4)表示有选择，在一定条件下可以这样做

的，采用“可”。

2 条文中指明应按其他有关标准执行的写法为：“应符合……的规定”或“应按……执行”。

引用标准名录

1 《室外排水设计规范》GB 50014

2 《建筑给水排水设计规范》GB 50015

3 《给水排水管道工程施工及验收规范》GB 50268

4 《给水用聚乙烯(PE)管材》GB/T 13663

5 《埋地排水用硬聚氯乙烯(PVC-U)结构壁管道系统 第1部分 双壁波纹管材》GB/T 18477.1

6 《埋地用聚乙烯(PE)结构壁管道系统 第1部分 聚乙烯双壁波纹管材》GB/T 19472.1

7 《埋地用聚乙烯(PE)结构壁管道系统 第2部分 聚乙烯缠绕结构壁管材》GB/T 19472.2

8 《无压埋地排污、排水用硬聚氯乙烯(PVC-U)管材》GB/T 20221

9 《橡胶密封件 给排水管及污水管道用接口密封圈 材料规范》GB/T 21873

10 《污水排入城市下水道水质标准》CJ 3082

11 《埋地排水用钢带增强聚乙烯(PE)螺旋波纹管》CJ/T 225

12 《建筑小区排水用塑料检查井》CJ/T 233

13 《聚乙烯塑钢缠绕排水管》CJ/T 270

14 《市政排水用塑料检查井》CJ/T 326

15 《埋地双平壁钢塑复合缠绕排水管》CJ/T 329

16 《硬聚氯乙烯(PVC-U)塑料管道系统用溶剂型胶粘剂》QB/T 2568

17 《埋地用硬聚氯乙烯(PVC-U)加筋管材》QB/T 2782

18 《埋地钢塑复合缠绕排水管材》QB/T 2783

中华人民共和国行业标准

埋地塑料排水管道工程技术规程

CJJ 143—2010

条 文 说 明

制 定 说 明

《埋地塑料排水管道工程技术规程》CJJ 143－2010经住房和城乡建设部2010年5月18日以第569号公告批准颁布。

在规程编制过程中，编制组对我国埋地塑料排水管道工程的实践经验进行了总结，对各种埋地塑料排水管道的设计、施工及验收等分别作出了规定。

为便于广大设计、施工、科研、院校等单位有关人员在使用本规程时能正确理解和执行条文规定，《埋地塑料排水管道工程技术规程》编制组按章、节、条顺序编制了本规程的条文说明，对条文规定的目的、依据以及执行中需注意的有关事项进行了说明，还着重对强制性条文的强制性理由作了解释。但是，本条文说明不具备与标准正文同等的法律效力，仅供使用者作为理解和把握标准规定的参考。

目　次

1 总 则

1.0.1 塑料排水管道具有重量轻、施工方便、耐腐蚀、使用寿命长、流阻小、过流量大、接口密封性能好等特点。近年来，在我国城镇排水工程中得到广泛应用。由于塑料排水管道与传统的钢筋混凝土排水管等相比，材料的物理力学性能相差较大，传统的设计方法和施工工艺不能完全满足塑料排水管道要求。因此，为确保埋地塑料排水管道工程质量，使工程设计、施工和验收做到技术先进、经济合理，制定本规程。

1.0.2 本规程适用于新建、扩建和改建的无内压作用的埋地塑料排水管道工程的设计、施工和验收。根据《给水排水管道工程施工及验收规范》GB 50268－2008 的规定，无压管道是指工作压力小于 0.1MPa 的管道，因此，本规程可适用于工作压力小于 0.1MPa 埋地塑料排水管道工程。

本规程中的埋地塑料排水管道包括：硬聚氯乙烯(PVC-U) 管、硬聚氯乙烯（PVC-U）双壁波纹管、硬聚氯乙烯（PVC-U）加筋管、聚乙烯（PE）管、聚乙烯（PE）双壁波纹管、聚乙烯（PE）缠绕结构壁管、钢带增强聚乙烯（PE）螺旋波纹管、钢塑复合缠绕管、双平壁钢塑复合缠绕管、聚乙烯（PE）塑钢缠绕管等。

本规程中的埋地塑料排水管道不包括玻璃纤维增强塑料夹砂管。

1.0.3 塑料管道对温度比较敏感，工作温度一般不宜超过 40℃；此外，芳香烃类化学物质对塑料管道有降解、溶胀作用，因此，埋地塑料排水管道对输送的污水的水温和水质要有要求，满足《污水排入城市下水道水质标准》CJ 3082 要求的污水，用塑料管道输送是安全的。

1.0.4 埋地塑料排水管道工程设计、施工和验收不仅要遵循本规程的规定，同时还要符合现行国家标准《城市工程管线综合规划规范》GB 50289、《室外排水设计规范》GB 50014、《建筑给水排水设计规范》GB 50015、《给水排水工程管道结构设计规范》GB 50332、《给水排水管道工程施工及验收规范》GB 50268 的规定。在地震区建设埋地塑料排水管时，还应符合国家标准《室外给水排水和燃气热力工程抗震设计规范》GB 50032；在岩溶区、湿陷性黄土、膨胀土、永冻土地区建设埋地塑料排水管时，还应符合国家现行有关标准的规定。

2 术语和符号

本章有关术语和符号是参考现行国家标准《热塑性管材、管件和阀门通用术语及其定义》GB/T 19278－2003、中国工程建设标准化协会标准《管道工程结构常用术语》CECS83：96、《给水排水工程管道结构设计规范》GB 50332－2002、《给水排水管道工程施工及验收规范》GB 50268－2008 等标准规范，以及国外文献中或国内生产企业引进国外技术所采用相应术语、定义和符号列出。

3 材 料

3.1 管 材

3.1.1 埋地塑料排水管道品种较多，且各自有自己的特点，为确保产品质量合格，要求其应符合相应产品标准的规定。

1 《无压埋地排污、排水用硬聚氯乙烯（PVC-U）管材》GB/T 20221－2006 规定排水用硬聚氯乙烯（PVC-U）管材为外径系列，直径范围为(110～1000)mm，物理力学性能见表 1。

表 1 硬聚氯乙烯（PVC-U）管材的物理力学性能

项目		单位	技术指标
密度		g/cm³	≤1.55
环刚度	*SN*2	kN/m²	≥2
	*SN*4		≥4
	*SN*8		≥8
落锤冲击（*TIR*）		%	≤10
维卡软化温度		℃	≥79
纵向回缩率		%	≤5，管材表面应无气泡和裂纹
二氯甲烷浸渍		—	表面无变化

2 《埋地排水用硬聚氯乙烯（PVC-U）结构壁管道系统 第 1 部分 双壁波纹管材》GB/T 18477.1－2007 规定排水用硬聚氯乙烯（PVC-U）双壁波纹管为分内径系列和外径系列二种，直径范围(100～1000)mm，物理力学性能见表 2。

表 2 硬聚氯乙烯（PVC-U）双壁波纹管材的物理力学性能

项目		要求
密度（kg/m³）		≤1550
环刚度（kN/m²）	*SN*2	≥2
	*SN*4	≥4
	*SN*8	≥8
	（*SN*12.5）	≥12.5
	*SN*16	≥16
冲击性能		*TIR*≤10%

续表 2

项　目		要　求
环柔性	试样圆滑，无破裂，两壁无脱开	DN≤400 内外壁均无反向弯曲
		DN>400 波峰处不得出现超过波峰高度 10% 的反向弯曲
烘箱试验		无分层，无开裂
蠕变比率		≤2.5

3 《埋地用硬聚氯乙烯（PVC-U）加筋管材》QB/T 2782-2006 规定硬聚氯乙烯（PVC-U）加筋管为内径系列，直径范围(150～1000)mm，物理力学性能见表 3。

表 3　硬聚氯乙烯（PVC-U）加筋管材的物理力学性能

项　目		指　标
密度（g/cm³）		≤1.55
环刚度（kN/m²）	SN4	≥4.0
	(SN6.3)[a]	≥6.3
	SN8	≥8.0
	(SN12.5)[a]	≥12.5
	SN16	≥16.0
维卡软化温度（℃）		≥79
冲击性能 TIR		≤10%
静液压试验[b]		无破裂，无渗漏
环柔性		试样圆滑，无反向弯曲，无破裂
烘箱试验		无分层、开裂、起泡
蠕变比率		≤2.5

注：[a]括号内为非首选环刚度。

[b]当管材用于低压输水灌溉时应进行此项试验。

4 埋地排水用聚乙烯（PE）管近几年用量在不断增加，尤其在非开挖施工中用量较多，执行的标准是《给水用聚乙烯（PE）管材》GB/T 13663-2000，工程应用效果良好。埋地排水用聚乙烯（PE）管材标准正在编制中，在其未颁布之前，本规程规定应符合《给水用聚乙烯（PE）管材》GB/T 13663 的相关规定。

5 《埋地用聚乙烯（PE）结构壁管道系统　第 1 部分　聚乙烯双壁波纹管材》GB/T 19472.1-2004 规定聚乙烯（PE）双壁波纹管分内径系列和外径系列二种，直径范围为(100～1200)mm，物理力学性能见表 4。

表 4　聚乙烯（PE）双壁波纹管材的物理力学性能

项　目		要　求
环刚度（kN/m²）	SN2	≥2.0
	SN4	≥4.0
	(SN6.3)[a]	≥6.3
	SN8	≥8.0
	(SN12.5)[a]	≥12.5
	SN16	≥16.0
冲击性能 TIR		≤10%
环柔性		试样圆滑，无反向弯曲，无破裂，两壁无脱开
烘箱试验		无分层、无开裂、无起泡
蠕变比率		≤4

注：[a]括号内数值为非首选的环刚度等级。

6 《埋地用聚乙烯（PE）结构壁管道系统　第 2 部分　聚乙烯缠绕结构壁管材》GB/T 19472.2-2004 规定聚乙烯（PE）缠绕结构壁管为内径系列，按结构形式分为 A 型和 B 型，直径范围为(150～3000)mm，物理力学性能见表 5。

表 5　聚乙烯(PE)缠绕结构壁管材的物理力学性能

项　目	要　求
纵向回缩率[a]	≤3%，管材应无分层、无破裂
烘箱试验[b]	管材熔缝处应无分层、无开裂
环刚度（kN/m²）	
SN2	≥2.0
SN4	≥4.0
(SN6.3)[c]	≥6.3
SN8	≥8.0
(SN12.5)[c]	≥12.5
SN16	≥16.0
冲击性能 TIR	≤10%
环柔性	无分层；无破裂；管材壁结构的任何部分在任何方向不发生永久性的屈曲变形，包括凹陷和突起
蠕变比率	≤4
缝的拉伸强度（N）	管材能承受的最小拉伸力
DN/ID≤300	380
400≤DN/ID≤500	510
600≤DN/ID≤700	760
DN/ID≥800	1020

注：[a]用于 A 型管材。

[b]用于 B 型管材。

[c]加括号的为非首选环刚度等级。

7 《埋地排水用钢带增强聚乙烯（PE）螺旋波纹管》CJ/T 225－2006规定钢带增强聚乙烯（PE）螺旋波纹管为内径系列，直径范围为(300～2000)mm，物理力学性能见表6。

表6 钢带增强聚乙烯（PE）螺旋波纹管的物理力学性能

序号	项目		指标	试验方法
1	环刚度（kN/m²）	*SN*8	≥8	GB/T 9647－2003
		*SN*12.5	≥12.5	
		*SN*16	≥16	
2	冲击性能		*TIR*≤10%	GB/T 14152
3	剥离强度（20℃±5℃）		≥70	
4	环柔性		无破裂，两壁无脱开	GB/T 8804
5	烘箱试验		无分层、无开裂	
6	缝的拉伸强度（N）		≥1460	GB/T 8804
7	蠕变比率		≤2	GB/T 18042

8 《埋地钢塑复合缠绕排水管材》QB/T 2783－2006规定钢塑复合缠绕排水管为内径系列，直径范围为(400～3000)mm，物理力学性能见表7。

表7 钢塑复合缠绕排水管材物理力学性能

项目		要求	
		PVC-U缠绕管	PE缠绕管
环刚度（kN/m²）	*SN*2	≥2.0	
	*SN*4	≥4.0	
	(*SN*6.3)[a]	≥6.3	
	*SN*8	≥8.0	
	(*SN*12.5)[a]	≥12.5	
	*SN*16	≥16.0	
冲击性能 *TIR*		≤10%	
环柔性		试样圆滑，无反向弯曲，无破裂，B2型缠绕管两壁应无脱开	
维卡软化温度（℃）		≥79	
二氯甲烷浸渍		内、外壁无分离，内外表面变化不劣于4L	—
烘箱试验		管材熔缝处无分层、开裂或起泡	
纵向回缩率（%）		≤5	≤3
蠕变比率		≤2.5	≤4
缝的拉伸强度		熔缝处能承受的最小拉伸力（N）	
		DN/*ID*≤300mm	≥380
		400mm≤*DN*/*ID*≤500mm	≥510
		600mm≤*DN*/*ID*≤800mm	≥760
		900mm≤*DN*/*ID*≤2000mm	≥1020
		DN/*ID*≥2200mm	≥1200
拉伸强度（MPa）		≥	
断裂伸长率（%）		—	≥300
钢肋与T形筋结合强度（B1型）（kN/m²）		≥405	
剥离强度（B2型）（N/cm）		—	≥70

注：[a]为非首选环刚度。

9 《埋地双平壁钢塑复合缠绕排水管》CJ/T 329－2010规定双平壁钢塑缠绕排水管为内径系列，直径范围为(300～3000)mm，物理力学性能见表8。

表8 双平壁钢塑复合缠绕排水管的物理力学性能

项目		要求	
环刚度（kN/m²）	*SN*8	≥8	
	*SN*12.5	≥12.5	
	*SN*16	≥16	
冲击性能 *TIR*		≤10%	
环柔性		试样圆滑，无反向弯曲，无破裂	
烘箱试验		管材熔缝处应无分层、无开裂	
蠕变比率		≤2	
缝的拉伸强度		公称直径（mm）	管材能承受的最小拉伸力（N）
		300≤*DN*/*ID*≤500	≥600
		600≤*DN*/*ID*≤800	≥840
		900≤*DN*/*ID*≤1900	≥1200
		2000≤*DN*/*ID*≥2600	≥1440

10 《聚乙烯塑钢缠绕排水管》CJ/T 270－2007规定聚乙烯塑钢缠绕排水管为内径系列，直径范围为(200～2600)mm，物理力学性能见表9。

表 9　聚乙烯塑钢缠绕排水管的物理力学性能

项　目	要　求	
环刚度 (kN/m^2)	$SN4$	≥4
	$SN8$	≥8
	$SN10$	≥10
	$SN12.5$	≥12.5
冲击性能 TIR	≤10%	
环柔性	试样圆滑，无反向弯曲，无破裂，加强筋与基体无脱开	
烘箱试验	管材熔缝处应无分层、无开裂	
蠕变比率	≤2	
缝的拉伸强度	公称直径（mm）	管材能承受的最小拉伸力（N）
	$200 \leqslant DN/ID \leqslant 300$	≥380
	$400 \leqslant DN/ID \leqslant 500$	≥600
	$600 \leqslant DN/ID \leqslant 800$	≥840
	$900 \leqslant DN/ID \leqslant 1900$	≥1200
	$2000 \leqslant DN/ID \geqslant 2600$	≥1440

3.1.2　为了便于塑料排水管道工程设计，对本规程所涉及的各种塑料管道列出其主要力学性能指标，主要包括：弹性模量、强度标准值、强度设计值等。

对于聚乙烯（PE）类管材，根据现行国家标准《高密度聚乙烯树脂》GB 11116－89 的规定，挤塑类高密度聚乙烯材料的抗拉屈服强度均在 21MPa 以上，此外，美国聚乙烯波纹管协会在《聚乙烯波纹管的结构设计方法》中推荐聚乙烯的抗拉强度按 20.7MPa 采用，综合考虑我国当前聚乙烯管材加工及使用情况，本规程采用美国聚乙烯波纹管协会的推荐值。

对于聚氯乙烯（PVC-U）类管材，管壁的弯曲抗拉强度在国标 GB/T 10002、GB/T 1916 和 ISO 4435 给水排水用 PVC-U 管材产品标准中未作规定。据日本财团国土开发研究中心在 20℃条件下实测数据资料和日本下水道协会 JSWAS，K-1 标准中的规定，PVC-U 管材的弯曲抗拉强度值分别为 84.31MPa 和 90MPa；国内一些单位的实测值为（78.43～98.04）MPa，相比可见我国的 PVC-U 管材的离散度相对要高一些。从工程安全的角度考虑，PVC-U 管材的短期弯曲抗拉强度值确定为 80MPa 是合适的，取管材 50 年的剩余弯曲抗拉强度值为短期弯曲抗拉强度的 50%，材料分项系数取 1.97(2.5/1.27)，则 PVC-U 管材的弯曲抗拉强度设计值为$80 \times 0.5/1.97 = 20.3$MPa。

对于钢塑复合管，《埋地排水用钢带增强聚乙烯(PE)螺旋波纹管》CJ/T 225－2006 规定钢带屈服强度为(160～210)MPa，《埋地钢塑复合缠绕排水管材》QB/T 2783－2006 对钢带屈服强度未作规定，《埋地双平壁钢塑复合缠绕排水管》CJ/T 329－2010 规定钢带屈服强度为(205～245)MPa，《聚乙烯塑钢缠绕排水管》CJ/T 270－2007 规定钢带屈服强度为(195～235)MPa。由于钢塑复合管生产企业在不同规格管材上使用的钢带牌号不尽相同，本规程参考《埋地排水用钢带增强聚乙烯螺旋波纹管管道工程技术规程》CECS 223：2007，以符合《深冲压用冷轧薄钢板及钢带》GB/T 5213 标准的 SC1、SC2、SC3 牌号钢材为基础上，给出钢塑复合管钢带的抗压强度标准值、设计值范围，对于采用其他牌号钢材，其抗压强度设计值可按屈服强度除以抗力分项系数 1.1 来确定。钢带抗压强度标准值即为钢带的屈服强度值。

3.2　配　件

3.2.1　弹性橡胶密封圈是塑料排水管道连接的重要材料，对确保接头可靠连接起着重要作用，本条规定了对弹性橡胶密封圈的质量要求，并提出应由管材生产企业配套供应。规定弹性橡胶密封圈应由管材生产企业配套供应，其目的是为了增强密封圈与管材的配套性，确保接头连接密封、可靠。

3.2.2　电热熔带连接是聚乙烯结构壁常用的连接方式之一，具有施工简单等特点。目前，国家或行业尚无电热熔带产品标准，本规程根据施工经验和参考其他有关标准，对电热熔带产品提出了基本要求。

3.2.3　承插式电熔连接方式是管材出厂前，将电热元件预装在管材承口上，该连接方式是聚乙烯缠绕结构壁管（B 管）主要连接方式，具有施工方便、连接可靠等特点。影响该连接方式的接头质量的关键是电热元件的材性，因此，在本规程中，根据施工经验和参考有关标准，对该连接方式的电热元件提出了基本要求。

3.2.4　本条规定"热熔挤出焊接所用的焊接材料应采用与管材相同的材质"，是根据聚乙烯材料"相似相熔"的原理，使接头焊接强度最大化，实现可靠连接目的。

3.2.5　本条规定当管道连接中有金属材料时，对金属材料的材质要求和防腐性能提出了要求，主要是考虑金属材料与土壤接触，容易腐蚀，影响管道连接的可靠性，因此，要求做好防腐、防锈工作，以提高其使用寿命。

3.2.6　胶粘剂连接是聚氯乙烯管道常用的连接方法，胶粘剂的黏度和粘结强度等性能指标对接头的密封性和可靠性至关重要，因此，本规程规定胶粘剂应符合《硬聚氯乙烯（PVC-U）塑料管道系统用溶剂型胶粘剂》QB/T 2568 的要求。

3.2.7　塑料检查井与塑料排水管道配套使用，对发挥塑料管道系统整体优势具有重要作用，在 2007 年建设部发布的《建设事业"十一五"推广应用和限制禁止使用技术（第一批）》（第 659 号公告）中规定：

塑料排水管道系统应优先采用塑料检查井。对于建筑小区使用的塑料检查井应符合《建筑小区排水用塑料检查井》CJ/T 233 的要求；对市政工程使用的塑料检查井应符合《市政排水用塑料检查井》CJ/T 326 的要求。

4 设 计

4.1 一 般 规 定

4.1.1 塑料排水管道应设计合理、方便施工，根据各种边界条件，综合考虑管径、管位、标高等因素，进行平面、横断面、纵断面等设计，确保地下各种市政管道、其他市政设施及道路的安全。

4.1.2 塑料管材为柔性管材，管材自身及接口对角变位有一定的适应性，但由于管道种类繁多，管壁结构形式和管材接口形式也各不相同，故本规程无法对此作出具体规定，设计人可参考所用管材的生产厂商提供的产品技术要求。

4.1.3 塑料排水管道在国外应用已有 50 年以上的经验，实践证明，按产品标准生产、按规范施工，埋地塑料排水管道的使用寿命不低于 50 年是可以保证的。

4.1.4 塑料排水管道结构设计是根据《工程结构可靠度设计统一标准》GB 50153－92 和《建筑结构可靠度设计统一标准》GB 50068－2001规定的原则，采用以概率理论为基础的极限状态设计方法，并符合《给水排水工程管道结构设计规范》GB 50332－2002 相关的规定。

4.1.5 参照《给水排水工程管道结构设计规范》GB 50332－2002 的相关条款制定，承载能力极限状态计算和验算是为了确保管道结构不致发生强度不足而破坏，以及结构失稳而丧失承载能力；正常使用极限状态计算和验算是为了控制管道结构在运行期间的安全可靠和必要的耐久性，其使用寿命符合规定要求。

4.1.7 管道土弧基础或砂石基础设计中心角不宜小于 120°是根据工程设计经验总结出来的，已被各大市政设计院普遍采用。

4.1.8 塑料排水管道是柔性管道，设计依据的是“管土共同工作”理论，如采用刚性管座基础将破坏围土的连续性，从而引起管壁应力的突变，并可能超出管材的极限抗拉强度导致破坏。

4.1.9 混凝土包封结构是为了弥补塑料排水管的强度或刚度不足，凡采用混凝土包封结构的管段，混凝土包封结构应按承担全部的外部荷载，若从结构专业设计划分，这显然不属于塑料管道结构设计范畴。本规程明确规定凡需混凝土包封的塑料排水管道，应采用全管段连续包封，目的同样是为了消除管壁应力集中的问题。

4.2 管 道 布 置

4.2.1 参照《城市工程管线综合规划规范》GB 50289－98 和《室外排水设计规范》GB 50014－2006 相关条款制定。

4.2.2 参照《埋地聚乙烯给水管道工程技术规程》CJJ 101－2004 和《聚乙烯燃气管道工程技术规程》CJJ 63－2008 相关条款制定，并根据热源在土壤中的温度场分布，用《传热学》中的源汇法，经计算和绘制的热力管的温度场分布图确定的。计算表明，保证热力管道外壁温度不高于 60℃条件下，距热力管道外壁水平净距 1m 处的土壤温度低于 40℃。东北某城市对不同管径、不同热水温度的热力管道周围土壤温度实测数据也表明，距热力管道外壁水平净距 1m 处的土壤温度远低于 40℃。当然，有条件的情况下，塑料排水管道与供热管道的水平净距应尽量加大一些，以避免各种不可预见的问题发生。

4.2.3 本条规定与建筑物、构筑物外墙之间的水平净距是为了防止当塑料排水管道发生漏水时，不对建筑物、构筑物产生较大影响，以及便于抢修和维护。

4.2.4 参照《城市工程管线综合规划规范》GB 50289－98 和《室外排水设计规范》GB 50014－2006 相关条款制定。

4.2.5 表 4.2.5-1 参照《室外排水设计规范》GB 50014－2006 相关条款制定，表 4.2.5-2 参照《建筑给水排水设计规范》GB 50015－2003相关条款制定。

4.2.6 设置保护套管首先是为了满足被穿越的铁路、高速公路等设施的安全方面的有关规定（这类规定也并不仅限于塑料排水管道），其次是便于塑料排水管道的常规维护管理。

4.2.7 参照《城市工程管线综合规划规范》GB 50289－98 有关条款制定，在 GB 50289－98 中规定：在一至五级航道下面敷设，应在河底设计高程 2m 以下；在其他河道下面敷设，应在河底设计高程 1m 以下；当在灌溉渠道下面敷设，应在渠底设计高程 0.5m 以下。

4.2.8 塑料排水管道用于倒虹管，需满足《室外排水设计规范》GB 50014－2006 的相关条款要求，并需符合河道管理部门对各类河道安全的有关规定。

4.2.9 参照《室外排水设计规范》GB 50014－2006 和《建筑给水排水设计规范》GB 50015－2003 的相关条款制定。

4.3 水 力 计 算

4.3.1 塑料排水管道的流速、流量计算公式是根据《室外排水设计规范》GB 50014－2006 确定。

4.3.2 塑料排水管管壁粗糙系数 n 值与管材的材质、结构形式有关。对于聚乙烯或聚氯乙烯实壁管，国内外推荐值均为 $n=0.009$。对于双壁波纹管或加筋管，天津市市政工程研究院曾对 $DN200$ 的 PVC-U 双壁波纹管在清水中进行水力特性试验，试验结果：管内壁的粗糙系数 n 值为 0.00789～0.00891；美国 PVC 管协会推荐：重力流污水管系统 n 值为 0.009；美国聚乙烯波纹管协会 CPPA 资料，犹他州州立大学水研究实验室确定的光滑内壁的聚乙烯波纹管 n 为 0.010～0.012；日本下水道协会JSWAS标准中 n 值采用 0.010。对于缠绕结构壁管，由于管道是采用缠绕工艺生产的，管道内壁有许多搭接缝，其管壁粗糙度要大于挤出成型的塑料管，目前没有具体试验数据，一般认为 $n \geqslant 0.011$。因此，本规程规定：塑料排水管道的管壁粗糙系数 n 值的选取，应根据试验数据综合分析确定，一般为 0.009～0.011。当无试验资料时，采用 $n=0.011$。

4.3.3 规定最大设计流速是为了防止排水对管壁的冲刷；规定最小设计流速是为了防止杂物在管内淤积。本规程的取值系按《室外排水设计规范》GB 50014－2006 的规定确定。

4.4 荷 载 计 算

4.4.1 管道顶部的竖向土压力标准值计算公式包含了地下水范围内的覆土，采用水土合算。

4.4.2 车辆荷载等级中的“实际情况”是指与道路桥涵的荷载等级一致。由于排水管道结构毕竟与道路桥涵有很大不同，更应关注的是车辆轴重或轮压力的大小。

4.4.3 本条是参照《给水排水工程管道结构设计规范》GB 50332－2002有关条款制定。作用在管道上的车辆荷载，其准永久值系数一般情况取 $\psi_q=0.5$，当管道敷设于某些特殊场合（例如大型停车场、堆料场等）时，亦可适当提高该系数。

4.4.4 本条的“地面堆积荷载”是指一般道路和绿地情况，可按 $10kN/m^2$ 计算。当管道用于某些特殊场合时，其取值应根据实际可能的堆积荷载确定。

4.5 承载能力极限状态计算

4.5.1、4.5.2 参照《给水排水工程管道结构设计规范》GB 50332－2002有关条款制定。

4.5.3 本条中“热塑性塑料管道”是指：硬聚氯乙烯（PVC-U）管、硬聚氯乙烯（PVC-U）双壁波纹管、硬聚氯乙烯（PVC-U）加筋管、聚乙烯（PE）管、聚乙烯（PE）双壁波纹管、聚乙烯（PE）缠绕结构壁管；“钢塑复合管道”是指钢带增强聚乙烯（PE）螺旋波纹管、钢塑复合缠绕管、双平壁钢塑复合缠绕管、聚乙烯（PE）塑钢缠绕管。

1 热塑性塑料管道：

热塑性塑料管道最大环向弯曲应力设计值计算公式是参照美国聚乙烯波纹管协会资料《聚乙烯波纹管的结构设计方法》的有关内容制定。管道环截面的强度按柔性管的理论计算，管两侧的侧向土抗力由管道在竖向荷载作用下管径侧变形的大小确定。侧向土抗力的图形采用 spangler 抛物线形，管道在外压力作用下的弯曲应力通过在竖向变形下管材的应变来计算。美国公式为：

$$\sigma=\frac{2D_{\mathrm{f}}E_{\mathrm{p}}y_0\Delta y(SF)}{4r_0^2} \tag{1}$$

式中：SF 为安全系数，原取 1.5，因美国公式中材料抗拉强度和荷载采用标准值，而本规程材料抗拉强度采用设计值，其比值为 20.7/16＝1.294，荷载采用基本组合，其值差一个荷载分项系数，综合原公式中的系数 2、安全系数 1.5、本公式中的荷载分项系数、材料抗拉强度标准值与设计值的比值，故调整系数取为 1.76。对于变形公式中的滞后效应系数取为 1.0，是考虑到黏弹性材料具有应力松弛的特性。

沟槽回填土夯实程度与密实度之间的对应关系：轻度夯实，85%≤密实度＜90%；中度夯实，90%≤密实度＜95%；高度夯实，密实度≥95%。

2 钢塑复合管道：

钢塑复合管道最大环向弯曲应力设计值计算公式是参照美国钢铁协会（AISI）出版的《排水和高速公路用钢结构产品手册》（1994）中有关波纹钢管的内容制定。

美国犹他州立大学曾对聚乙烯钢肋螺旋管埋地后的受力和变形情况作了大量的试验研究。试验成果表明，聚乙烯钢肋螺旋管的工作性状和荷载-变形曲线与低刚度的波纹钢管相类似。美国钢铁协会（AISI）在《排水和高速公路用钢结构产品手册》（1994）中载有波纹钢管的设计内容，其中给出了对圆形波纹钢管按圆拱压力理论进行强度设计的计算方法。该《手册》认为，强度设计应按下式进行：

$$\sigma=\frac{PD}{2A}=\frac{f_{\mathrm{b}}}{N} \tag{2}$$

式中：σ——管道环向应力；

P——管顶单位面积的土柱压力；

D——波纹钢管直径；

A——单位管长的管壁面积；

f_{b}——管壁材料的极限强度，当 $\frac{D}{r}<294$ 时，$f_{\mathrm{b}}=\sigma_{\mathrm{s}}$；

σ_{s}——管壁材料的屈服强度；

r——管壁波纹的回转半径，可近似地取波纹高度的一半；

N——安全系数。

由此，可得出以下表达式：

$$\sigma=\frac{NPD}{2A}\leqslant\sigma_{\mathrm{s}} \tag{3}$$

我国《钢结构设计规范》GB 50017－2003 中规定钢的屈服强度和强度设计值间有如下换算关系：

$$f_y = \frac{\sigma_s}{\gamma_R} \quad (4)$$

式中：f_y——钢材的设计强度；

γ_R——钢材的抗力分项系数。对 Q235 钢，γ_R =1.087；对 Q345 钢、Q390 钢、Q420 钢，γ_R =1.111。

由此，得出下列公式：

$$\sigma = \frac{NPD}{2A\gamma_R} \leqslant f_y \quad (5)$$

根据美国犹他州立大学对螺旋波纹管的试验成果，管顶覆土压力与管周回填土的密实度有关。据此，美国 AISI 在其手册中给出了回填土密实度与荷载系数的关系。

美国 AISI 建议安全系数取 2.0，认为该值适当，并偏安全；考虑到我国土压力采用计算值，有一分项系数 1.27，而美国AISI中土压力采用标准值；所以，综合考虑公式中采用系数 0.72。

4.5.4、4.5.6 参照国家标准《给水排水工程管道结构设计规范》GB 50332－2002 有关条款制定。

目前国内对热塑性塑料管道工程，设计几乎全部采用美国的管壁失稳临界压力计算公式：

$$F_{cr,k} = 4\sqrt{\frac{2S_p E_d}{1-\nu_p^2}} \quad (6)$$

4.5.7 本条是参照《给水排水工程管道结构设计规范》GB 50332－2002第 4.2.12 条和美国聚乙烯波纹管协会资料《聚乙烯波纹管的结构设计方法》有关内容制定的。管道环截面压屈失稳取决于管侧回填土变形模量和管材环刚度。美国公式为：

$$P_{cr} = \frac{0.772}{SF}\left[\frac{E_d PS}{1-V^2}\right]^{1/2} \quad (7)$$

式中：SF 为安全系数，原取 2.0，现压屈稳定系数也取 2.0；式中 PS 为美国 ASTM 标准中定义的管刚度，它与 ISO 标准中的环刚度的关系是：$S=0.0186PS=1/53.7PS$，故 $0.722\sqrt{PS}=4\sqrt{2S}$。其中，因钢带增强 PE 螺旋波纹管上的各项作用均由钢带承担，不考虑 PE 的作用，而钢带在其正交方向不连续，故取其泊松比为 0。

4.5.8、4.5.9 参照《给水排水工程管道结构设计规范》GB 50332－2002第 4.2.10 条制定。

根据 GB 50332－2002，埋地塑料排水管的抗浮稳定计算应符合下式要求：

$$\Sigma F_{Gk} \geqslant K_f F_{fw,k} \quad (8)$$

式中：ΣF_{Gk} 为各项抗浮永久作用标准值之和；$F_{fw,k}$ 为浮托力标准值；K_f 为管道的抗浮稳定性抗力系数，取 1.1。

4.6 正常使用极限状态计算

4.6.1 本条是参照《给水排水工程管道结构设计规范》GB 50332－2002 第 4.3.8 条制定。

4.6.2 本规程的变形公式采用了美国 spangler 公式，符合GB 50332－2002的规定。公式中的变形滞后效应系数可依沟槽管道胸腔部位回填土的密实度取值，密实度大取大值，密实度小取小值。

4.6.3 塑料排水管的允许直径变形率，在美国及欧洲的有关资料中都规定不大于 7.5%；本规程是按 GB 50332－2002 中不大于 5%的规定确定的。

4.7 管 道 连 接

4.7.1 本条提出了在工程设计中，埋地塑料排水管道接口连接形式的分类、特点及其选择原则和注意事项。其中的塑料排水管道的连接方法，是参考国内外不同结构形式塑料管道施工的有关规程、规定，并结合我国目前施工的实际情况作出了规定。

4.7.2 在抗震设防烈度≥8 度、设计地震加速度≥0.3g，场地土类别为Ⅳ类的地区应按《室外给水排水和燃气热力工程抗震设计规范》GB 50032－2003 第 5.5 节对埋地塑料管材进行抗震验算。验算时一般可仅考虑剪切波行进时对不同接口的管道产生的变位或应变。

聚乙烯塑料排水管道，自身有很好的变形适应性，无论是柔性连接还是所谓的刚性连接，只要连接可靠，管材自身的抗震性能是非常优越的。2008 年"5.12"汶川大地震过后，通过对城市市政管网震害调查中充分证实了这一点。在这方面，国外同样也有资料可以证明 PE 塑料管道的这一特性。

承插连接属柔性连接，接口施工安装方便、密封性能好；管接口允许的偏转角度大，对地基的不均匀沉降适应性好；管道连接处存在一定的孔隙，能消除由于温差作用导致的管道伸缩变形的影响。

PE 缠绕结构壁管和 PE 双壁波纹管，当不能采用单承口连接时，可采用双承口连接，双向承插弹性密封圈连接，安装也较方便。

4.7.3 塑料排水管道与检查井的连接有刚性连接与柔性连接两种方式。对于较大管径的塑料管道，当在场地土层变化较大、场地类别较差（如Ⅳ场地）或地震设防烈度为 8 度及 8 度以上的地区敷设塑料排水管道时应选用柔性连接，是为了获得管道局部较大的变形能力，对于较小直径的塑料管道自身的变形能力很强，可不受此规定限制。

从严格意义上讲，塑料排水管道与检查井井壁的连接都应是柔性连接，这是不同材料的性质所决定的，尤其是聚乙烯塑料管道，简单的刚性连接很难保证不渗漏的要求，因此在条件具备的情况下，应尽可能采用柔性连接。

4.8 地 基 处 理

4.8.1～4.8.4 地基处理方法宜由设计、施工单位根据土质条件制定。

对由于管道荷载、地层土质变化等因素可能产生管道纵向不均匀沉降的地段，应在管道敷设前对地基进行加固处理。塑料排水管管道地基处理宜采用砂桩、块石灌注桩等复合地基处理方法。不得采用打入桩、混凝土垫块、混凝土条基等刚性地基处理措施。

用土工布（土工织物）对敷设在高地下水位的软土地层中的塑料管道进行纵向及横向加固，这是一种比较有效的埋地塑料管道加固措施。具体做法如下：

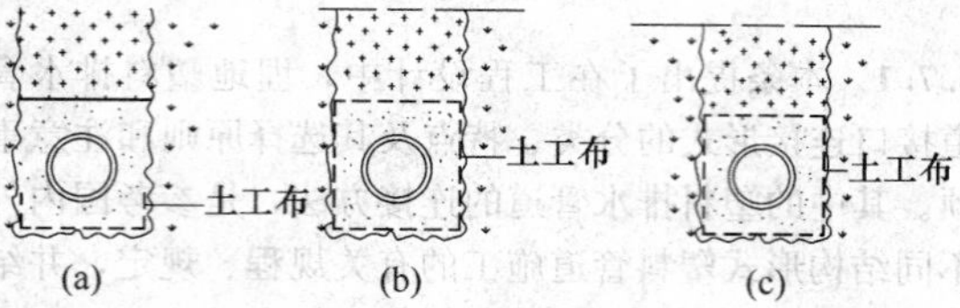

图 1　软土地层中管道的土工布加固方法

1　在地基土层变动部位防止或减少管道纵向不均匀沉降的敷设方法。土工布包覆后能起到地基梁的作用，可根据土质变化情况及范围采用图 1 中（a）、（b）、（c）的不同包覆方式。

2　防止高地下水位管道上浮的土工布包覆方法，见图 2。

3　防止土壤中细颗粒土因地下水流动而转移的土工布包覆方法，见图 3。

土工布的搭接，当采用熔接搭接时，搭接长度不小于 0.3m；当采用非熔接搭接时，搭接长度不小于 0.5m。

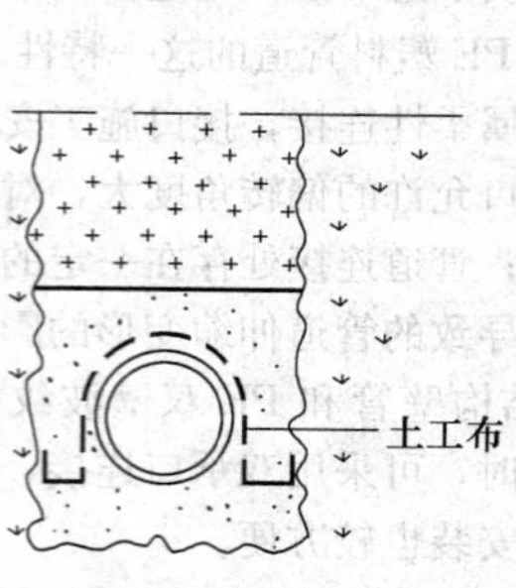

图 2　防管道上浮的土工布包覆方法

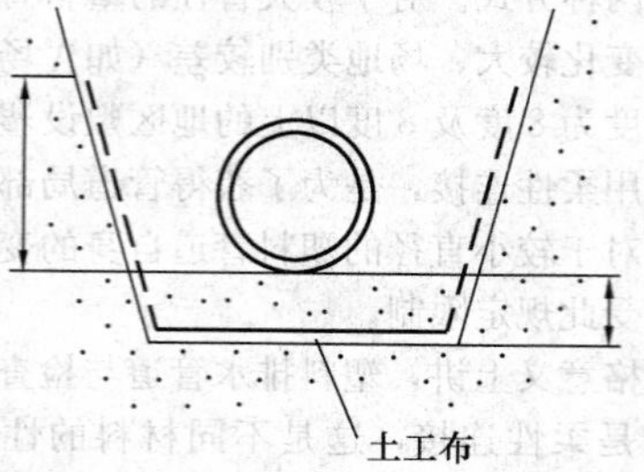

图 3　防细颗粒土流失的土工布包覆方法

4.9　回 填 设 计

4.9.1　塑料管属柔性管，对应的管道基础应采用土弧基础。国内外通常的做法都是采用砂砾石基础，土质良好的地方也可采用原土基础。为了便于控制管道高程，保证管底与基础的紧密结合，对于一般地基仍应敷设一层砂砾石基础层。在地质条件极差的软土地区，管道基础应按地质条件进行专门的设计，对地基进行改良和处理，当达到承载能力要求后方可铺设基础层。

4.9.3　塑料排水管道是按管土共同作用理论设计计算的，因此必须严格按设计要求的回填土进行沟槽回填。本条对沟槽各部位回填土密实度的要求是按《给水排水工程管道结构设计规范》GB 50332－2002 第 5.0.16 条的规定制定的，同时也符合《给水排水管道工程施工及验收规范》GB 50268－2008 第 4.6.3 条的规定。

4.9.4　管道与检查井连接处是管道由刚到柔的过渡，过渡区处理是设计人要慎重考虑的设计内容之一。较大直径的管道在此区段内设置卸压构件，是出于对该处管道受力复杂、施工难度很大、管基及回填土施工的质量不易保证的考虑。

5　施　　工

5.1　一 般 规 定

5.1.1　施工组织设计是保证塑料排水管道工程施工质量的重要文件之一，必须按规定程序审批后方能实施。

5.1.2　管顶最大覆土厚度是按本规程第 4 章“设计”中有关塑料排水管道结构设计的规定，根据埋设管道的地质条件，通过对埋设管道的强度和变形计算确定的。因此，在编制施工组织设计时，应对沿线土质进行核对。

5.1.3　本条规定了塑料排水管道进场检验的具体内容。

5.1.4　塑料排水管道施工应做到“做一段，清一段”，保证管内不残留杂物。

5.1.5　本条是为了保证每一管接头连接密封性能而提出的要求。

5.1.6　检查井的槽底一般比管道深，容易受到扰动、超挖、受水浸泡等，使槽底土的强度降低，导致管道与检查井之间产生较大的差异沉降和转角，最终影响管道与检查井的连接质量。出现上述情况时，应进行处理，使槽底地基土的强度满足设计要求。

5.1.7　本条规定了检查井与上下游管道连接段的管底超挖（挖空）部分回填要求，包括回填材料和压实度的要求，目的是确保基础稳固，提高接头连接可靠性。

5.1.8　槽底积水或受冻将影响塑料排水管道的施工质量，因此，要求塑料排水管道在敷设、回填的过程中，槽底不得积水或受冻。在地下水位高于开挖沟槽槽底高程的地区，地下水位应降至槽底最低点以下不小于 0.5m，目的也是如此。

5.2 材料运输和储存

5.2.1 本条规定是为了防止塑料排水管在运输过程中受到损伤。

1 在冬季或低温状态下塑料管道脆性增强，抛、摔或剧烈撞击容易产生裂纹和损伤。用非金属绳（带）吊装是考虑到塑料材质比较柔软，金属绳容易损伤管材。

2 由于塑料排水管刚性相对于金属管较低，运输途中平坦放置有利于减少管道局部受压和变形；管材在运输途中捆扎、固定是为了避免其相互移动的挫伤。堆放处不允许有尖凸物是防止在运输途中管材相对移动，尖凸物划伤、扎伤管材。

5.2.2 本条规定了塑料排水管的储存条件。

1 塑料材料受温度影响较大，长期受热会出现变形，以及产生热老化，会降低管道的性能。因此，塑料排水管应存放在通风良好的库房或棚内，远离热源，并有防晒、防雨淋的措施。

2 油类对管道在施工连接时有不利影响；化学品有可能对塑料材料产生溶胀，降低其物理力学性能；此外，塑料属可燃材料。因此，严禁与油类或化学品混合存放，库区应有防火措施。

3 规定管材堆放方式及高度，是由于塑料材料的刚度相对于金属管较低，因此，堆放处应尽可能平整，连续支撑为最佳。若堆放过高，由于重力作用，可能导致下层管材出现变形（椭圆），对施工连接不利，且堆放过高，易倒塌。

4 规定管材应按不同规格尺寸和不同类型分别存放，是为了便于管理和拿取方便，避免施工期间使用时拿错，影响施工进度和工程质量。遵守“先进先出”原则，是为了管材、管件储存不超过存放期。

5 规定存放时间不宜超过18个月，是为了保证管材质量，防止管材老化，性能降低。

5.3 沟槽开挖和地基处理

5.3.1 参照《给水排水管道工程施工及验收规范》GB 50268－2008的有关条款制定，其目的是确保沟槽开挖位置准确无误。

5.3.2 参照《给水排水管道工程施工及验收规范》GB 50268－2008的有关条款制定，槽底开挖宽度除考虑了管道外径，还考虑了管道两侧工作面宽度，以及有支撑要求时，管道两侧支撑厚度。

5.3.3 强调要综合考虑施工现场环境、条件确定沟槽形式，做到安全、经济、方便。

5.3.4 规定堆土位置和高度，是为了确保沟槽开挖安全。

5.3.5 本条强调沟槽开挖时，不得扰动基底原状土层。

5.3.6 本条强调地基基础应按设计要求处理，确保地基基础质量。

5.3.7 本条强调连接部位的凹槽宜随铺随挖，并及时回填，避免破坏基础层。

5.3.8 本条针对一般土质，提出了地基处理的常规做法，以确保地基基础质量。

5.4 管道安装

5.4.1 本条规定是为了便于管道变形检测和质量判定。

5.4.2 本条规定管道连接所需配件应由管材供应商配套供应，目的是提高管道连接时配件与管道的配套性，以及连接质量可追溯性，避免出现连接质量问题时，管材和配件供应商相互推诿。要求采用专用工具施工是为了避免人为因素影响管道安装质量。

5.4.3 安装时对连接部位、密封件进行清洁处理是为了避免杂质影响接头的密封性；对金属件进行防腐处理是为了提高金属件的使用寿命。

5.4.4 本条针对塑料管特点，提出了塑料排水管下管要求，避免野蛮施工。

5.4.5 本条规定承插接口顺水流方向是为了减少接头部位阻力，避免接口部位杂物淤积。

5.4.6 本条规定了弹性橡胶密封圈连接的操作要求，其关键点是插入深度要足够、橡胶密封圈要正确就位、连接的管道轴线要保持平直。

5.4.7 本条规定了卡箍（哈夫）连接操作要求，其关键点是接口要对正、橡胶密封件要正确就位。

5.4.8 本条规定了胶粘剂连接的操作要求，其关键点是承插口表面油污要擦净、胶粘剂涂抹要均匀、固化期间不得在连接件上施加任何外力。

5.4.9 本条规定了热熔对接连接的操作要求，其关键点是连接部位要擦拭干净、加热时间和焊接压力要适当、保压冷却期间不得在连接件上施加任何外力。

5.4.10 本条规定了承插式电熔连接的操作要求，其关键点是通电加热时间要适当、冷却期间不得在连接件上施加任何外力。

5.4.11 本条规定了电热熔带连接的操作要求，其关键点是通电加热时间要适当、严禁带水作业。

5.4.12 本条规定了热熔挤出焊接连接的操作要求，其关键点是要预热待焊部位、焊条材质要与管材聚乙烯材质相同。

5.4.13 本条是针对雨期施工或地下水位高的地段施工时，为保证施工质量而采取的措施。

5.4.14 本条是针对塑料排水管道施工和道路施工同时进行，塑料排水管道覆土厚度不能满足规定要求时，为提高埋设管道管侧土的抗力而提出的加固措施。

5.4.15 塑料排水管道与检查井的连接有如下几种形式：

1 塑料排水管道与塑料检查井的连接，分为刚性连接和柔性连接两种形式。

刚性连接：(1) PVC-U 平壁管的插口与 PVC-U 塑料检查井的承口采用 PVC 胶粘剂连接；(2) PE 缠绕结构壁管（A 型）与 PE 塑料检查井采用电热熔带、热收缩带或焊接连接；(3) PE 缠绕结构壁管（B 型）与 PE 塑料检查井采用承插式电熔连接。

柔性连接：各种材质的塑料管道与塑料检查井的承插式接口橡胶密封圈的连接方式。

2 塑料排水管道与混凝土检查井或砌体检查井的连接，分为刚性连接和柔性连接两种形式。

刚性连接：(1) 对外壁平整的塑料管材，如 PVC-U 平壁管等，为增加管材与检查井的连接效果，需对管道伸入检查井部位的管外壁预先作粗化处理，即用胶粘剂、粗砂预先涂覆于管外壁，经固化后，再用水泥砂浆将粗化处理的管端砌入检查井井壁上；(2) 对外壁不平整的管材，如双壁波纹管、加筋管、缠绕结构壁管等，采用现浇混凝土包封插入井壁的管端，再用水泥砂浆将包封的管端砌入检查井井壁上。

柔性连接：预制混凝土外套环，并用水泥砂浆将混凝土外套环砌筑在检查井井壁上，然后采用橡胶密封圈连接。

塑料排水管道与检查井的连接具体做法可按本规程附录 B 规定执行；建筑小区塑料排水管道与塑料检查井的连接可参考《建筑小区塑料检查井应用技术规程》CECS 227 的规定。

5.5 沟槽回填

5.5.1 规定立即回填是为了尽可能减小环境温度升降对已连接管道纵向伸缩的影响，以及防止管道受到意外损伤。

5.5.2 规定清除沟槽内杂物是为了防止砖、石等硬物损伤塑料排水管道。

5.5.3 规定从管道两侧对称均衡回填是为了防止回填时管道产生位移。

5.5.4 参照《给水排水管道工程施工及验收规范》GB 50268－2008 中对管道检查井及其他附属构筑物回填要求制定。

5.5.5 规定回填土中不得含有石块、砖及其他杂硬物体，是为了防止砖、石等硬物损伤塑料排水管道。

5.5.6 规定管基设计中心角范围内应采取中粗砂填充密实，是为了确保土弧基础的管土共同作用。

5.5.7 规定回填土应从沟槽两侧对称运入槽内，是为了防止回填时管道产生位移；规定回填土不得直接回填在塑料排水管道上，是为了防止损伤管道及其接口。

5.5.8 参照《给水排水管道工程施工及验收规范》GB 50268－2008 有关条款制定。

5.5.9 塑料排水管为柔性管，当采用钢板桩支护沟槽时，板桩中必须将桩孔回填密实，以保证管道两侧回填土具有符合要求的变形模量。上海某工程曾对拔桩前后埋设管道的变形进行检测，发现拔桩后 24h 内管道的竖向变形率增加了 0.5%。为此，应重视拔桩过程对埋设管道的附加变形的影响，宜从拔桩顺序、桩孔及时回填密实等多方面措施加以保证。

5.5.10 对于大口径塑料排水管道，回填时容易产生竖向变形，本条是控制埋地塑料管道竖向变形的一种施工技术措施。

5.5.11 塑料排水管道是柔性管道。按柔性管道设计理论，应按管土共同作用原理来承担外部荷载的作用力。管区回填从管道基础、管道与基础之间的三角区和管道两侧的回填材料及其压实度对管道受力状态和变形大小影响极大，必须严格控制，并按回填工艺要求进行分层回填，压实和压实度检验，使之符合设计要求。

5.5.12 回填作业每层土的压实遍数应根据实际情况确定，最终要保证每层压实度符合设计要求。

5.5.13 规定此条目的是为了控制施工机械作用对埋设管道产生不良影响。

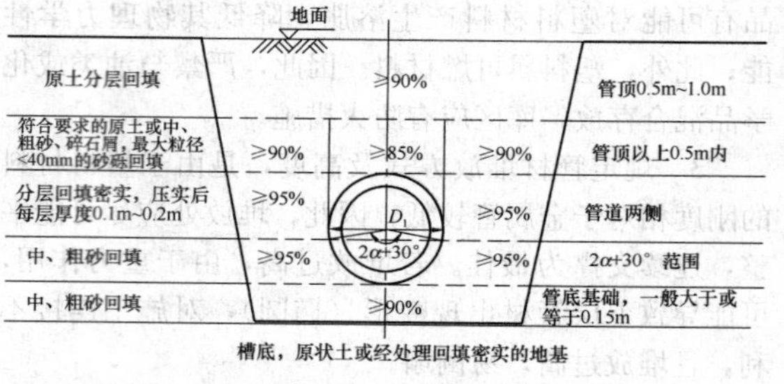

图 4 沟槽回填土压实度与回填材料示意

5.5.14 岩溶区、湿陷性黄土、膨胀土、永冻土等特殊地区的沟槽回填，不能完全采用上述回填方式，应根据设计要求和当地工程建设标准规定来做。

5.5.15 沟槽回填土压实度与回填材料示意见图 4。

6 检验

6.1 密闭性检验

6.1.1 塑料排水管道敷设完毕，投入运行前，进行密闭性检验。对于污水、雨污水合流管道以及湿陷土、膨胀土、流砂地区的雨水管道必须进行密闭性检验，对于一般雨水管道可不做密闭性检验。

6.1.2 参照《给水排水管道工程施工及验收规范》GB 50268－2008 有关条款制定。规定每个试验段长度不宜超过 5 个连续井段，是考虑可操作性和准确性。

6.1.3 参照《给水排水管道工程施工及验收规范》GB 50268－2008 有关条款制定，采用闭水法试验。

6.1.5 允许渗水量计算公式是参考美国《PVC 管设计施工手册》，也符合《给水排水管道工程施工及验收规范》GB 50268－2008的规定。管道最大渗水量不得超过该值。

6.2 变形检验

6.2.1 埋地塑料管道在施工安装运行过程中有以下三种变形，即施工变形、荷载变形和滞后变形。其中施工变形、荷载变形分别发生在施工安装阶段和沟槽回填至设计高程阶段；滞后变形是指沟槽胸腔回填土的密实度和天然土的密度随时间的变化而引起荷载重新调整过程产生的变形，这一变形的历时可以是几天到若干年，视土类、铺设条件及初始压实度而定。为了使变形检验尽量减少滞后变形因素的影响，故要求回填至设计高程后的12h～24h内，即刻测量管道竖向直径变形量，并计算管道初始变形率。

6.2.2 本条规定了埋地管道变形检测的常用手段和精度控制要求。当管道内径大于800mm，可采用人进入管内测量。

6.2.3 管道初始变形率不超过3%，是为了保证管道长期变形率控制在规范允许范围内。

1 当管道初始度变形率超过3%，但不超过5%时，挖出后基本可以恢复原状，对敷设过程进行纠正后，该管道的施工质量仍能得到保证。

2 当管道初始变形率超过5%时，管道有可能出现局部损坏或较大的残余变形，应慎重处理。

6.3 回填土压实度检验

6.3.1 塑料排水管道为柔性管，沟槽回填压实度对控制管道的变形有很大影响。为了保护管道结构安全，故作此项规定。

6.3.2 排水管道敷设完成后，沟槽部分或者恢复原地貌，或者修筑道路，故必须对管顶0.5m以上部分沟槽覆土的压实度作出规定。

6.3.3 沟槽回填土的压实度检验应根据具体情况选用检验方法，环刀法或灌砂法是沟槽回填土压实度常用检测方法。采用其他检测方法时，其压实度应通过对比试验确定。

7 验　　收

本章为管道工程验收必须遵守的程序，系根据《给水排水管道工程施工及验收规范》GB 50268－2008制定。

附录A　管侧土的综合变形模量

参照《给水排水工程管道结构设计规范》GB 50332－2002的附录A制定。

附录B　塑料排水管道与检查井连接构造

根据国内外塑料排水管工程应用经验总结出来的几个常见连接构造形式。

附录C　闭 水 试 验

参照《给水排水管道工程施工及验收规范》GB 50268－2008的附录D制定。

中华人民共和国行业标准

村庄污水处理设施技术规程

Technical specification of wastewater treatment facilities for village

CJJ/T 163—2011

批准部门：中华人民共和国住房和城乡建设部
施行日期：2 0 1 2 年 3 月 1 日

中华人民共和国住房和城乡建设部
公　　告

第 1069 号

关于发布行业标准《村庄污水处理设施技术规程》的公告

现批准《村庄污水处理设施技术规程》为行业标准，编号为 CJJ/T 163－2011，自 2012 年 3 月 1 日起实施。

本规程由我部标准定额研究所组织中国建筑工业出版社出版发行。

中华人民共和国住房和城乡建设部

2011 年 7 月 13 日

前　　言

根据住房和城乡建设部《关于印发〈2009 年工程建设标准规范制订、修订计划〉的通知》（建标［2009］88 号）的要求，规程编制组经广泛调查研究，认真总结实践经验，参考有关国际标准和国外先进标准，并在广泛征求意见的基础上，制定本规程。

本规程的主要技术内容是：1. 总则；2. 术语和符号；3. 基本规定；4. 处理技术；5. 分散型污水处理；6. 集中型污水处理；7. 施工与质量验收。

本规程由住房和城乡建设部负责管理，由中国科学院生态环境研究中心负责具体技术内容的解释。在执行过程中如有意见或建议，请寄送中国科学院生态环境研究中心（地址：北京市海淀区双清路 18 号，邮编：100085）。

本规程主编单位：中国科学院生态环境研究中心（住房和城乡建设部农村污水处理技术北方研究中心）

本规程参编单位：重庆大学
同济大学
东南大学
北京建筑工程学院
北京市市政工程设计研究总院

本规程主要起草人员：杨　敏　刘俊新　杭世珺　陈梅雪　郭雪松　何　强　李　田　张亚雷　李先宁　马文林　柴宏祥　翟　俊

本规程主要审查人员：彭永臻　鞠宇平　王　淦　尘　峰　孙德智　陈少华　罗安程　高大文　贾立敏　唐志坚　高鹏杰

目　次

Contents

1 总　　则

1.0.1 为实现水体污染控制与治理目标，满足改善农村人居生态环境、提高人民健康水平的要求，制定本规程。

1.0.2 本规程适用于规划服务人口在5000人以下村庄以及分散农户新建、扩建和改建的生活污水（包括居民厕所、盥洗和厨房排水等）处理及其设施的设计、施工和质量验收。

本规程不适用于专业养殖户、农产品加工、工业园区及乡镇企业等产生的废水的处理。

1.0.3 村庄污水处理及其设施的设计、施工和质量验收除应符合本规程规定外，尚应符合国家现行有关标准的规定。

2 术语和符号

2.1 术　　语

2.1.1 黑水　black water

指居民厕所污水，包括粪便、尿液和冲厕污水。

2.1.2 灰水　grey water

指盥洗污水和厨房排水。

2.1.3 调节池　equalization basin

均衡水量和水质的构筑物。

2.1.4 传统活性污泥法　activated-sludge process

污水生物处理的一种方法。该法是在人工条件下，对污水中的微生物群体进行连续混合和培养，形成悬浮态的活性污泥，分解去除污水中的污染物。然后使污泥与水分离，大部分污泥回流至生物反应池，多余部分作为剩余污泥排出活性污泥系统。

2.1.5 分散型污水处理　on-site wastewater treatment

指村庄单户或多户的污水处理。

2.1.6 集中型污水处理　concentrated wastewater treatment

指村庄污水集中收集后进行的污水处理。

2.2 符　　号

L_a——进水 BOD_5 浓度；

L_e——设计出水 BOD_5 浓度；

M——BOD_5 负荷；

N_w——生物滤池滤料容积负荷率；

n——服务人数；

Q——每人每天污水量；

V——有效容积。

3 基 本 规 定

3.0.1 村庄生活污水处理设施建设应以批准的当地水污染治理规划、国家有关村庄整治及新农村建设的政策为主要依据，应根据各地村庄的具体情况和要求，综合考虑经济发展与环境保护、污水的排放与利用等关系，充分利用现有条件和设施。

3.0.2 村庄生活污水处理应优先考虑资源化利用，并应符合国家现行相关标准的规定。

3.0.3 村庄生活污水的处理程度应根据国家现行排放标准确定。

3.0.4 村庄生活污水处理的模式应根据人口、地形地貌、地质特点、住宅分布及污水水质等情况确定，可采用集中型污水处理或分散型污水处理的模式。

3.0.5 村庄生活污水的处理应采用适合农村特征并与当地经济状况相适应的污水处理技术。

3.0.6 村庄生活污水的水质和水量宜以实测为基础分析确定。当无实测资料时，宜对当地用水现状、生活习惯、经济条件、地区规划等进行调查，并在此基础上确定。

3.0.7 村庄生活污水处理构筑物及化粪池应满足防水、防渗功能要求。

3.0.8 当采用生物法处理村庄生活污水时，产生的剩余污泥应定期处理和处置，对符合国家现行有关标准的应进行综合利用。

3.0.9 当村庄生活污水处理后的出水可能与人体接触或有其他安全要求时，应进行消毒处理。

3.0.10 村庄生活污水处理设施应定期维护管理，污水处理站应配备专人负责维护管理。

3.0.11 村庄生活污水处理设施位置的选择，应符合国家有关规定和相关规划的要求。

3.0.12 地埋式污水处理设备与饮用水井等取水构筑物的距离不得小于50m，且不得设置在水井上游。

3.0.13 村庄生活污水处理设施所产生臭气和噪声不应对人居环境产生影响。

3.0.14 当村庄生活污水水温低于4℃时，宜采用地埋式构筑物或采用其他保温设施。

3.0.15 村庄生活污水处理设施的池体可采用钢筋混凝土材质，设计、施工和质量验收应符合国家现行相关标准的规定；也可采用一体化处理设备。

3.0.16 村庄生活污水处理站供电可按三级负荷等级设计，重要地区的污水处理站宜按二级负荷等级设计。

4 处 理 技 术

4.1 一 般 规 定

4.1.1 根据当地的技术和经济条件，村庄生活污水处理技术可选用厌氧生物膜法、生物滤池、生物接触氧化法、氧化沟、传统活性污泥法、生物转盘、人工湿地、稳定塘、土地处理等。

4.1.2 当对处理后水质有特殊要求时，村庄生活污水的处理可选用其他适用技术。

4.2 厌氧生物膜法

4.2.1 厌氧生物膜法可用于村庄生活污水的初级处理。

4.2.2 厌氧生物膜池应设置于化粪池之后。

4.2.3 厌氧生物膜池中宜选用适宜的填料。

4.2.4 厌氧生物膜池的水力停留时间宜取2d～5d，排泥间隔时间应取3～12个月。

4.3 生物接触氧化法

4.3.1 村庄分散型污水处理或村庄集中型污水处理可采用生物接触氧化法。

4.3.2 生物接触氧化池宜按照污染物的去除功能分为好氧池和缺氧池；当采用以脱氮为目标的工艺时，应在好氧池的基础上增加缺氧池。

4.3.3 生物接触氧化池的有效容积宜按下式计算：

$$V = 1000 \times Q \times n \times (L_a - L_e)/M \quad (4.3.3)$$

式中：V——生物接触氧化池的有效容积(m^3)；

Q——每人每天污水量[m^3/(人·d)]；

n——服务人数（人）；

L_a——进水BOD_5浓度(mg/L)；

L_e——出水BOD_5浓度(mg/L)；

M——BOD_5容积负荷[$kgBOD_5/(m^3 \cdot d)$]，宜按表4.3.3确定。

表4.3.3 生物接触氧化池BOD_5容积负荷

处理能力(m^3/d)		0.1～5	5～20	≥20
好氧池Ⅰ		0.15～0.18	0.20～0.22	1.00～1.50
缺氧池+好氧池	好氧池Ⅱ	0.10～0.12	0.12～0.14	0.80～1.00
	缺氧池	0.06～0.08	0.10～0.14	1.00～1.50

注：好氧池Ⅰ为去除COD和BOD_5功能的处理方法，当有脱氮要求时将好氧池Ⅱ与缺氧池联合使用，反应池顺序为缺氧池、好氧池Ⅱ，并设置硝化液回流装置。

4.3.4 好氧生物接触氧化池（Ⅰ）污水的水力停留时间应取1.0d～1.5d；曝气总时间应取1.5h～3.0h，并宜采用间歇曝气方式，曝气时池中的溶解氧含量宜保持在2.0mg/L～3.5mg/L。

4.3.5 村庄集中型污水处理的接触氧化池应设计成二段式。

4.4 生物滤池

4.4.1 村庄集中型污水处理可采用生物滤池工艺。

4.4.2 生物滤池可采用普通生物滤池、高负荷生物滤池或曝气生物滤池。

4.4.3 普通生物滤池应由池体、滤料、布水装置和排水系统组成，并应符合下列规定：

1 滤料宜采用碎石、卵石或炉渣，粒径宜为25mm～100mm；

2 布水装置可采用固定式或移动式；

3 排水系统应设置渗水装置、集水沟和总排水沟。

4.4.4 高负荷生物滤池滤料粒径宜为40mm～100mm，并宜采用旋转布水器。

4.5 氧化沟

4.5.1 村庄集中型污水处理可采用氧化沟工艺。

4.5.2 氧化沟沟渠可采用圆形沟道、椭圆形沟道、直沟道或其组合；沟道横断面可采用矩形、梯形或圆弧形。

4.5.3 氧化沟曝气设备除应具有良好的充氧性能外，还应具有混合和推流作用，设备选型时应确保充氧与混合、推流之间协调。

4.5.4 氧化沟的技术参数宜根据试验资料确定；当无试验资料时，应采用类似工程的数据或按下列规定确定：

1 污水停留时间宜为6h～30h；

2 污泥龄宜为10d～30d；

3 沟内流速宜为0.25m/s～0.35m/s；

4 沟内污泥浓度宜为2000mg/L～4000mg/L；

5 氧化沟工艺二沉池的表面负荷宜为$0.5m^3/(m^2 \cdot h)$～$0.8m^3/(m^2 \cdot h)$；

6 一体化氧化沟固液分离器表面负荷宜为$0.6m^3/(m^2 \cdot h)$～$0.9m^3/(m^2 \cdot h)$；

7 氧化沟沟渠断面的宽度宜为1m～6m，氧化沟水深应根据曝气设备的性能参数确定。

4.6 生物转盘

4.6.1 村庄集中型污水处理可采用生物转盘。

4.6.2 村庄集中型污水处理宜采用单周多级转盘且不宜小于3级。

4.6.3 生物转盘的BOD_5面积负荷宜为$6gBOD_5/(m^2 \cdot d)$～$30gBOD_5/(m^2 \cdot d)$。

4.7 传统活性污泥法

4.7.1 村庄集中型污水处理可采用传统活性污泥法。

4.7.2 当采用传统活性污泥法时，污水进入曝气池之前应设置初沉池。

4.7.3 曝气池的技术参数宜根据试验资料确定；当无试验资料时，应采用类似工程的数据或按下列规定确定：

1 污泥龄宜为5d～15d；

2 污泥浓度宜为2000mg/L～4000mg/L；

3 曝气池的溶解氧含量应大于2mg/L；

4 当有脱氮要求时宜采用生物脱氮工艺，水力停留时间宜大于8h。

4.8 污水自然生物处理技术

4.8.1 在有条件的地区，村庄生活污水处理可采用自然生物处理技术，并应与村庄整治、环境美化、水资源利用相结合。

4.8.2 自然生物处理技术可选用人工湿地技术、土地处理技术、稳定塘（氧化塘）处理技术等，并应符合现行行业标准《镇（乡）村排水工程技术规程》CJJ 124 的有关规定。

4.8.3 当村庄生活污水进入自然生物处理技术单元前，除应经过化粪池或沼气池预处理外，还宜设置厌氧生物膜池作进一步处理。

4.8.4 自然生物处理技术应定期清淤和收割水生植物等，加强维护管理。

4.9 化学法除磷

4.9.1 当村庄生活污水经处理后出水总磷不能达到要求时，可采用絮凝沉淀化学法除磷。

4.9.2 絮凝沉淀化学法除磷的絮凝剂可选用铁盐絮凝剂、铝盐絮凝剂或石灰等。

4.9.3 当采用絮凝沉淀化学法除磷时，药剂的种类、剂量和投加点宜根据试验资料确定。当无试验资料时，可采用类似工程的数据或按下列规定确定：

1 当采用铝盐或铁盐时，投加混凝剂中所含的铝或铁与污水中总磷的摩尔比宜为 1.5～3。

2 当采用石灰时，应投加 400mg/L 以上石灰，并应加 25mg/L 左右的铁盐，准确投加量宜通过试验确定。

4.10 消 毒 技 术

4.10.1 村庄生活污水处理的消毒技术可采用二氧化氯、漂白粉、含氯消毒药片或其他能达到消毒要求的消毒剂。

4.10.2 各种消毒剂的投加量宜根据试验确定。当采用生物处理技术时，出水的加氯量宜为 5mg/L～10mg/L。

5 分散型污水处理

5.0.1 村庄分散型污水处理宜采用生物接触氧化法或自然生物处理技术。

5.0.2 当采用生物接触氧化法出水不能满足要求时，宜增加自然生物处理技术。

5.0.3 灰水可直接采用人工湿地进行处理后排放或综合利用。

5.0.4 污水进入生物接触氧化池前应进行预沉淀处理，可采用已建成的化粪池或沼气池作为沉淀处理单元，并应满足防水、防渗功能要求。

5.0.5 当以去除 COD 为目标时，村庄分散型污水处理设施可采用下列处理工艺流程（图 5.0.5-1、图 5.0.5-2）：

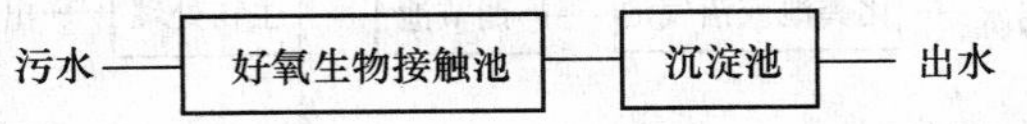

图 5.0.5-1 以去除 COD 为目标的村庄分散型污水处理设施处理工艺流程模式 1

图 5.0.5-2 以去除 COD 为目标的村庄分散型污水处理设施处理工艺流程模式 2

5.0.6 当以去除 COD 和总氮为目标时，村庄分散型污水处理设施可采用以下处理工艺流程（图 5.0.6）：

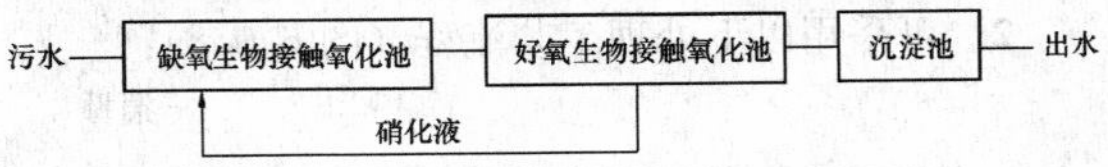

图 5.0.6 以去除 COD 和总氮为目标的村庄分散型污水处理设施处理工艺流程

5.0.7 当排水有消毒要求时，应设置消毒池或使用含氯消毒药片。

6 集中型污水处理

6.0.1 当农户集中居住，污水便于统一收集时，经环境影响评价和技术经济比较后，宜采用集中型污水处理模式，统一修建污水处理站。污水处理站可采用一体化设备或工程构筑物。

6.0.2 村庄集中型污水处理宜采用生物接触氧化池、生物滤池、氧化沟、厌氧生物膜、人工湿地和稳定塘等技术。

6.0.3 污水进入污水处理站前应进行预沉淀处理，可采用已建成的化粪池或沼气池作为预沉淀处理单元。化粪池或沼气池应进行防水、防渗功能检查，当达不到相应要求时应进行改造。未经过化粪池或沼气池预处理的污水，宜在污水处理站前增加厌氧和除渣预处理单元。

6.0.4 污水处理站宜设置消毒单元。

6.0.5 污水处理站可根据需要设置调节池。

6.0.6 污水处理站的水泵和风机等设备宜采用一用一备。

6.0.7 以 COD 为主要去除目的的污水处理站宜符合下列规定：

1 以生物处理技术为主体的污水处理站可采用以下处理工艺流程（图 6.0.7-1）：

2 以自然生物处理技术为主体的污水处理站可采用以下处理工艺流程（图 6.0.7-2）：

6.0.8 有总氮去除要求的污水处理站，宜采用生物接触氧化池、生物滤池、氧化沟或其他技术组合，并应符合下列规定：

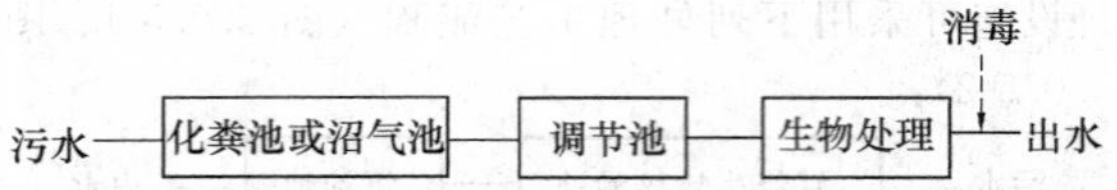

图 6.0.7-1　以生物处理技术为主体的污水处理站处理工艺流程

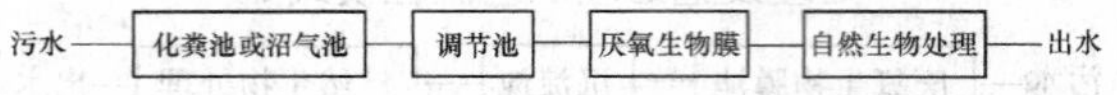

图 6.0.7-2　以自然生物处理技术为主体的污水处理站处理工艺流程

1　生物好氧处理单元溶解氧应保持在 2.0mg/L 以上，生物厌氧（缺氧）处理单元溶解氧应保持在 0.5mg/L 以下；

2　可采用以下处理工艺流程（图 6.0.8）：

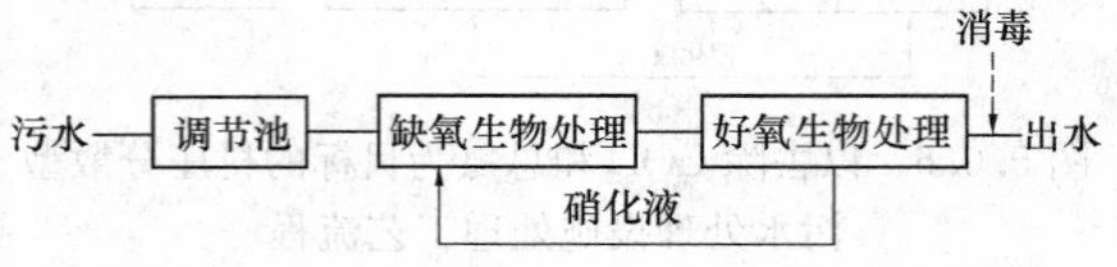

图 6.0.8　有总氮去除要求的污水处理站处理工艺流程

6.0.9　以去除 COD、总氮和总磷为目的的污水处理站，宜采用生物与自然生物技术组合，并应符合下列规定：

1　生物处理单元中的缺氧/厌氧生物处理单元宜采用生物膜单元；

2　好氧生物处理单元宜采用生物接触氧化池、生物滤池、氧化沟或其他技术；

3　自然生物处理单元宜采用人工湿地技术或土地渗滤等，并应以除磷和进一步提高出水水质为主；

4　可采用以下处理工艺流程（图 6.0.9）：

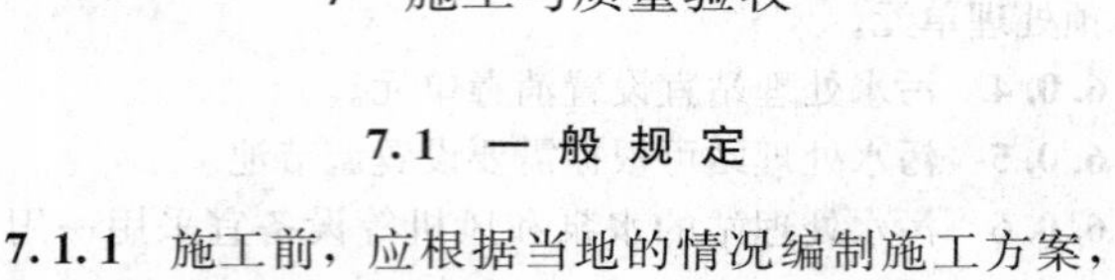

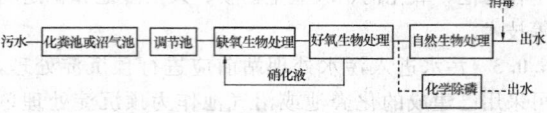

图 6.0.9　以去除 COD、总氮和总磷为目的的污水处理站处理工艺流程

7　施工与质量验收

7.1　一般规定

7.1.1　施工前，应根据当地的情况编制施工方案，经批准后方可实施。

7.1.2　施工中，应做好隐蔽工程的防水、防渗及防腐工程的质量验收。

7.1.3　管道工程施工与质量验收应符合现行行业标准《镇（乡）村排水工程技术规程》CJJ 124 的规定。

7.1.4　污水处理构筑物的施工与质量验收应符合现行国家标准《给水排水构筑物工程施工及验收规范》GB 50141 的有关规定。

7.1.5　经调试运行后的出水水质应符合设计出水水质要求。

7.1.6　污水处理工程竣工验收后，建设单位应将有关设计、施工与质量验收文件归档。

7.1.7　工程竣工验收后，应提供运行维护说明书。

7.2　施　　工

7.2.1　集中型污水处理站的地面构筑物的施工应符合国家现行相关标准的规定。

7.2.2　分散型污水处理设施的施工应符合下列规定：

1　基坑开挖应保证足够的施工空间；应根据现场具体情况增加地基处理和维护设施或进行施工排水。

2　吊装一体化设备应保证水平；回填前应向设备内注满水。

3　排水管不得形成逆向反坡，且设备水位应高于受纳水体水位。

4　当鼓风机、水泵等附属设备安装在室外时，设备噪声及电气配置应符合国家现行相关标准的规定。

7.3　质量验收

7.3.1　村庄污水处理设施施工完成后必须竣工验收，竣工验收宜由建设单位组织设计、施工、管理（使用）、质量管理、监理和有关单位联合进行。

7.3.2　一体化设备竣工验收应核实竣工验收资料、检查主体设备及附属设备的运行情况。

本规程用词说明

1　为便于在执行本规程条文时区别对待，对要求严格程度不同的用词说明如下：

1）表示很严格，非这样做不可的：
正面词采用“必须”，反面词采用“严禁”；

2）表示严格，在正常情况下均应这样做的：
正面词采用“应”，反面词采用“不应”或“不得”；

3）表示允许稍有选择，在条件许可时首先应这样做的：
正面词采用“宜”，反面词采用“不宜”；

4）表示有选择，在一定条件下可以这样做的，采用“可”。

2　条文中指明应按其他有关标准执行的写法为：“应符合……的规定”或“应按……执行”。

引用标准名录

1　《给水排水构筑物工程施工及验收规范》GB 50141

2　《镇（乡）村排水工程技术规程》CJJ 124

中华人民共和国行业标准

村庄污水处理设施技术规程

CJJ/T 163—2011

条 文 说 明

制 定 说 明

《村庄污水处理设施技术规程》CJJ/T 163－2011，经住房和城乡建设部2011年7月13日以第1069号公告批准、发布。

本规程制定过程中，编制组系统研究了国内村庄生活污水处理技术的适用性、经济性及可行性，进行了全国村庄污水处理技术现状的调查，总结了不同经济水平、地域特征地区村庄分散型生活污水处理工程建设的实践经验，同时参考了美国《分散型污水处理手册》及日本《合并处理净化槽的构造方法》等国外相关文献。

为便于广大设计、施工、科研、学校等单位有关人员在使用本规程时能正确理解和执行条文规定，《村庄污水处理设施技术规程》编制组按章、节、条顺序编制了本规程的条文说明，对条文规定的目的、依据以及执行中需注意的有关事项进行了说明。但是本条文说明不具备与规程正文同等的法律效力，仅供使用者作为理解和把握规程规定的参考。

目　次

1 总 则

1.0.1 说明制定本规程的宗旨目的。

1.0.2 规定本规程的适用范围。

为促进我国农村环境保护与经济社会的协调发展，住房和城乡建设部发布了《村庄整治技术规范》GB 50445－2008，针对5000人以下的村庄生活污水处理，由于其处理技术和工艺与城镇相比有一定的区别，故编制本规程。

1.0.3 关于村庄污水处理设施建设尚应执行现行有关标准的规定。

3 基本规定

3.0.1 村庄污水处理设施建设的原则。

我国目前有60万个行政村，而对生活污水进行某种程度处理的只占3%。随着农村生活水平的提高，水冲厕所在农户开始普及，洗涤用水增加，大量农村生活污水未经处理排出，已成为湖泊和河流富营养化等环境污染的主要原因之一。农村污水不治理，水体污染治理将事倍功半。另一方面，农村居民点分散，经济能力和管理能力低下，城市的污水处理技术和大规模的管网建设很难在农村实施。推广适合农村的分散型污水治理技术已十分迫切。与此同时，随着社会主义新农村建设的逐步推进，对于村容及周边卫生环境整治的需求也日益增强。与城市污水处理体系不同，大部分农村没有完善的排水管网体系，同时由于经济发展不平衡，村庄污水处理特别需要结合新农村建设的要求，将农村污染控制与村容整治、提高人居质量综合考虑。

根据目前农村污水处理现状，村庄污水处理应避免机械套用城镇污水处理工艺及其他已有工艺，并保障相应的出水水质要求。村庄污水处理应满足适用性、经济性的要求，充分利用已建排水设施，以降低投资成本。

3.0.2 根据农村的生产生活特征，生活污水中的污染物物质也是生产过程中的营养物质。因此，提倡污水的综合利用，不仅可以实现污水的原位消纳，还可实现污水的资源化利用。黑水、灰水分离的源分离技术可提高污水的资源化效率。在有条件的地区，黑水可通过堆肥、产沼气等资源化综合利用途径降低污水处理成本；灰水经处理后达到标准可回用或作为农灌用水。

3.0.3 污水的排放要求直接关系到污水处理程度和技术选择，因此，农村生活污水的排放要求需根据国家和地方的排放要求因地制宜地确定，以保证污染物消减目标的实现和降低成本。在没有排放要求的农村地区，针对地区的特征，建议按表1参考不同排水去向的排放要求。

表1 村庄污水排放执行的相关参照标准

排水用途	直接排放		灌溉用水		渔业用水	景观环境用水
参考标准	《污水综合排放标准》GB 8978－1996	《城镇污水处理厂污染物排放标准》GB 18918－2002	《农田灌溉水质标准》GB 5084－2005	《城市污水再生利用 农田灌溉用水水质》GB 20922－2007	《渔业水质标准》GB 11607－89	《城市污水再生利用景观环境用水水质》GB/T 18921－2002

3.0.4、3.0.5 规定村庄生活污水处理技术选择的依据。

管网建设是污水处理系统投资的主要构成部分，村庄污水处理应进行技术经济比较后确定集中型处理或分散型处理的模式。主要技术经济指标包括：处理单位水量投资、处理单位水量电耗和成本、运行可靠性、管理维护难易程度、占地面积和总体环境效益等。

3.0.6 由于我国幅员辽阔，各地农村生活排水的水质和水量差异较大，因此，在核定水质和水量时，要根据村庄卫生设施水平、排水系统完善程度等因素确定。农村居民的排水量根据实地调查结果确定，在没有调查数据的地区，采取如下方法确定排水量：洗浴和冲厕排水量可按相应用水量的70%～90%计算，洗衣污水为用水量的60%～80%（洗衣污水室外泼洒的农户除外），厨房排水则需要询问村民是否有他用（如喂猪等），如果通过管道排放则按用水量的60%～85%计算。同时，还应考虑到随着新农村建设的推进，农民生活水平日益提高，部分发达地区农村的用水量已接近城市居民用水量，因此，在确定用水量时，可参考城市居民用水量酌情确定。一般取较低值。

3.0.7 有关设施防水、防渗及防腐处理的规定。

本规定主要为防止污水对地下水的污染。调查表明，当前绝大多数已建化粪池的农户没有进行防水处理，这一方面造成地下水污染，另一方面使得后续污水处理设施无法保证正常运行水量，因此作此条文规定。

3.0.8 关于生物法产生的剩余污泥的规定。定期可由市政槽车抽吸外运处理，其他有效的处置方式也可采用，符合国家现行有关标准的可用作农肥。

3.0.9 为保证人或牲畜的卫生安全，提出关于污水处理设置消毒设施的规定。

3.0.10 关于污水处理设施运行维护的规定。

目前国内已建农村污水处理设施难以达到设计效果的最大问题是运行管理缺失，因此，为保障污水处理设施的正常运行，必须做到单户及多户小型处理设施定期维护，定期维护包括对进出水质的检验、设备检修与保养等。村庄污水处理站需配备专人负责日常维护管理。

3.0.11 关于污水处理设施位置选择的规定。

3.0.12 关于污水处理设施与饮用水井等取水构筑物的安全距离的规定。

3.0.13 关于污水处理设施臭气和噪音污染防止的规定。

3.0.14 关于污水处理设施防冻的规定。

3.0.15 关于污水处理设施构筑物选择的规定。

3.0.16 关于污水处理设施用电的规定。

供电负荷等级应根据对供电可靠性的要求和终端供电在环境、经济上所造成损失或影响程度来划分。若突然中断供电，造成较大环境、经济损失的应采用二级负荷等级设计，如出水排入国家重点流域水源地上游以及旅游区等地区需要考虑按二级负荷等级计算。

4 处 理 技 术

4.1 一 般 规 定

4.1.1 关于污水处理设施采用单元技术选择的规定。

由于各地农村经济发展水平、环境保护及村庄整治要求不同，根据各地区污水处理规划目标，可以选择本规程规定的单元技术及组合工艺，如表2所示。

表2 村庄污水处理适宜技术及组合参考

编号	处理目标	处理工艺	适宜处理规模(m^3/d)				
			0.1～1	1～10	10～100	100～500	500以上
1	去除COD	生物接触氧化池	■	■	■	■	
		氧化沟				■	■
		传统活性污泥法				■	■
		人工湿地(灰水)	■	■	■		
		厌氧生物膜池＋人工湿地	■	■	■		
		生物滤池			■	■	
		生物转盘		■	■	■	
2	去除COD和TN	缺氧＋好氧生物接触氧化池	■	■	■	■	
		氧化沟			■	■	■
		活性污泥法脱氮工艺				■	■
		厌氧生物膜池＋人工湿地	■	■	■		
		生物转盘		■	■	■	
3	去除COD、TN和TP	缺氧/厌氧＋好氧生物接触氧化池＋人工湿地/土地处理			■	■	
		氧化沟＋人工湿地/土地处理				■	■
		活性污泥脱氮＋人工湿地/土地处理				■	■

4.1.2 关于有特殊出水水质要求时，污水处理设施采用单元技术选择的规定。

4.2 厌氧生物膜法

4.2.1 关于厌氧生物膜法适用范围的规定。

4.2.2 关于厌氧生物膜池工艺连接的规定。

4.2.3 厌氧生物膜池是通过在厌氧池内填充生物填料强化厌氧处理效果的一种厌氧生物膜技术。污水中大分子有机物在厌氧池中被分解为小分子有机物，能有效降低后续处理单元的有机污染负荷，有利于提高污染物的去除效果。正常运行时，厌氧生物膜池对COD和SS的去除效果可达到40%～60%。具有投资省、施工简单、无动力运行、维护简便的优点；池体可埋于地下，其上方可覆土种植植物，美化环境。该处理单元对氮磷基本无去除效果，出水水质较差，须接后续处理单元进一步处理后排放。厌氧生物膜池典型结构如图1所示。其中填充的填料应有利于微生物生长，易挂膜，且不易堵塞，从而提高厌氧池对BOD_5和悬浮物的去除效果。厌氧生物膜池的反应区悬挂填料，强化厌氧处理效果，下层布置为污泥储存区，兼具厌氧反应和沉淀双重功能。

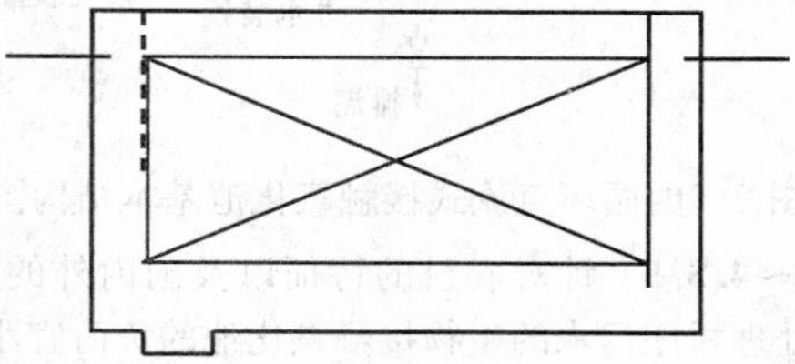

图1 厌氧生物膜池结构示意图

4.2.4 由于增加了填料，使微生物附着生长于填料上，脱落的生物膜污泥定期排放，其排泥时间可为3个月至12个月，具体可视污泥斗的容积和处理量而定。污泥斗的有效容积可取上层反应池有效容积的1/8～1/4。

4.3 生物接触氧化法

4.3.1 关于生物接触氧化法适用范围的规定。

4.3.2 生物接触氧化池是生物膜法的一种，主要是去除污水中的悬浮物、有机物、氨氮等污染物。生物接触氧化池工艺对水质、水量波动有较强的适应性，这已经在很多工程实际运行中得到证实。即使在运行时中断进水，对生物膜的净化功能也不会造成致命的影响，适合于村庄分散型污水处理。具有剩余污泥量低，易于沉淀，无污泥膨胀之忧，操作简单、运行方便、易于日常运行与维护等优点。

好氧生物接触氧化可去除COD，并将氨氮转化为硝酸盐氮，通过增加缺氧单元反硝化达到氮的去除。生物接触氧化池由池体、填料、支架及曝气装置、进出水装置以及排泥管道等部件组成。生物接触氧化池根据污水处理流程，可分为一级接触氧化、二级接触氧化和多级接触氧化。二级接触氧化和多级接触氧化可在各级接触氧化池中间设置中间沉淀池，延长接触氧化时间，提高出水水质。

根据曝气装置位置的不同，接触氧化池在形式上可分为分流式和直流式，分流式接触氧化池污水先在单独的隔间内充氧后，再缓缓流入装有填料的反应区，直流式接触氧化池是直接在填料底部曝气；若按水流特征，又可分为内循环和外循环式，内循环指单独在填料装填区进行循环，外循环指在填料体内、外形成循环。

内循环直流式接触氧化池的结构如图2所示。

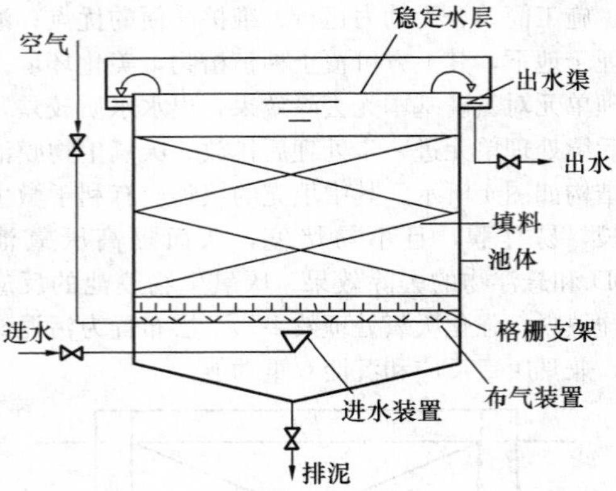

图2 内循环直流式接触氧化池基本结构图

4.3.3～4.3.5 针对农村的特征以及国内外的经验，用于处理村庄污水的生物接触氧化池的负荷宜小于城市污水处理厂，由于村庄污水具有分散性的特点，特别是小规模的处理设施往往不能每天进行专业维护管理，因此，参考日本小型净化槽的设计标准，适当将BOD_5负荷降低，保证污水在生物处理单元的停留时间大于24h，以提高处理设施的处理效果。20t/d以上的村庄污水处理站设计时，应考虑运行模式，如采用与城镇污水处理厂相同的连续曝气方式，可按本规程表4.3.3中大于20t/d的负荷选取，如采用每日曝气3h～4h的间歇式运行，应采用处理能力为5t/d～20t/d的参数设计。

本规程规定的生物接触氧化池的有效接触时间及曝气量为最低标准。设计和运行时，需要合理布置曝气系统，实现均匀曝气。正常运行时，需观察填料载体上生物膜生长与脱落情况，并通过适当的气量调节防止生物膜的整体大规模脱落。确定有无曝气死角，调整曝气头位置，保证均匀曝气。定期察看有无填料结块堵塞现象发生并予以及时疏通。

单户或多户规模的池体可用热塑性复合材料、PVC塑料材料、玻璃钢等材质，村庄集中型污水处理站的接触氧化池体应采用钢板焊接制成或用钢筋混凝土浇筑砌成。

采用二段式时，污水在第一池内的接触反应时间占总时间的2/3左右，第二段占1/3。

4.4 生物滤池

4.4.1 关于生物滤池适用范围的规定。

4.4.2 生物滤池有多种形式，要根据水质和水量状况选择，规模较小的村庄，可以采用普通生物滤池或高负荷生物滤池；污水相对集中、规模相对较大并有一定管理能力的村庄，可以采用曝气生物滤池，因为曝气生物滤池效率高但运行管理相对要求也高。不同类型的生物滤池具体设计参数可参考《室外排水设计规范》GB 50014-2006。曝气生物滤池目前应用较多，池型、滤料大小、流态都有不同，应用时除参考规范外，也可借鉴已有成熟应用的新技术和参数。曝气生物滤池与活性污泥法的串联应用也是提高出水水质的重要工艺途径。

4.4.3 普通生物滤池基本构造的要求，实际应用时可在满足基本构造要求的前提下，因地制宜，尽量采用本地材料。

4.4.4 对高负荷生物滤池基本构造的要求，因为负荷高，BOD容积负荷达到普通滤池的6倍～10倍，因此填料粒径相对要大一些，以避免堵塞，同时增加空隙率提高充氧效果。

4.5 氧化沟

4.5.1 关于氧化沟适用范围的规定。

氧化沟处理规模过小会造成设备不匹配，导致处理费用过高。因此，处理规模宜在$100m^3/d$以上。

4.5.2 关于氧化沟构型的规定。

4.5.3 关于氧化沟曝气设备的规定。

4.5.4 关于氧化沟参数的规定。

4.6 生物转盘

4.6.1 关于生物转盘适用范围的规定。

4.6.2 生物转盘主要由盘体、氧化槽、转动轴和驱动装置等部分组成。在处理村庄污水应用的中小型转盘可由一套驱动装置带动一组（3～4）级转盘工作。

4.6.3 关于生物转盘参数的规定。转盘直径可为2m～3m，盘片厚度为1mm～15mm。盘体与氧化槽表面的净距离不小于150mm。转盘的转速应为0.8r/min～3.0r/min，线速度为15m/min～18m/min。转盘浸没率为20%～40%。

4.7 传统活性污泥法

4.7.1 关于传统活性污泥法使用范围的规定。

4.7.2、4.7.3 关于传统活性污泥法选用原则和参数的规定。

普通曝气池和活性污泥法脱氮工艺为活性污泥法，应用于有专人维护管理的小型污水处理站，其设计参数可参考《给水排水设计手册》（第二版）。

4.8 污水自然生物处理技术

4.8.1 自然生物处理技术适合我国大部分气温适宜的村庄的污水处理。北方寒冷的冬季，需注意防止内部结冰降低处理效率。

4.8.2 人工湿地技术、土地处理技术、稳定塘处理技术参考《镇（乡）村排水工程技术规程》CJJ 124－2008及其他相关标准。此外，人工湿地技术往往与其他环境工程技术配合使用。

4.8.3 人工湿地技术等自然生物处理技术需要适当的预处理单元，如化粪池、沉淀池或塘、油水分离器等，主要用于暂时储存污水，为污染物的后续净化提供充分的沉淀和净化空间。同时，村庄污水根据排水要求的不同，可以与村容村貌整治相结合，采用人工湿地等技术达到村庄环境美化的作用。

4.8.4 人工湿地的维护包括三个主要方面：水生植物的调整与重新种植、杂草的去除和沉积物的清除。当水生植物不适应生活环境时，需调整植物的种类，并重新种植；植物种类的调整需要适时变换水位；杂草的过度生长给湿地植物的生长带来了许多问题，需及时清除以增强湿地的净化功能和经济价值。实践证明，人工湿地的植被种植完成以后，就开始建立良好的植物覆盖，进行杂草控制是最理想的管理方式。在春季或夏季，建立植物床的前三个月，用高于床表面5cm的水深淹没可控制杂草的生长。当植物经过三个生长季节，就可以与杂草竞争；由于污水中含有大量的悬浮物，在湿地床的进水区易产生沉积物堆积。运行一段时间，需清除沉积物，以保持稳定的湿地水文水力及净化效果。

稳定塘是一种利用水体自然净化能力处理污水的自然生物处理设施，它的设计简单、费用低、运行方便，所需要的维护工作较少，很适于中低污染物浓度的生活污水处理。稳定塘应尽量远离居民点，而且应该位于居民点长年风向的下方，防止水体散发臭气和滋生的蚊虫的侵扰。稳定塘应防止暴雨时期产生溢流，在稳定塘周围要修建导流明渠将降雨时的雨水引开。暴雨较多的地方，衬砌应做到塘的堤顶以防雨水反复冲刷。塘堤为减少费用可以修建为土堤。塘的底部和四周可作防渗处理，预防塘水下渗污染地下水。防渗处理有黏土夯实、土工膜、塑料薄膜衬面等。稳定塘的日常维护中要注意保护塘内生物的生长，但也不能让水生生物过度生长，特别是藻类的快速繁殖会使出水水质下降。塘是否出现渗漏是检查的重点，要注意对塘的出入水量进行定期测量，以查看有无渗漏。如果周边有地下井，也可抽取地下水进行检测，查看是否受到塘水的下渗污染。

寒冷地区自然生物处理系统需考虑冬季处理效果的维持。

4.9 化学法除磷

4.9.1 化学除磷方法的适用范围。

4.9.2 絮凝沉淀法除磷工艺分为前置沉淀工艺、同步沉淀工艺和后沉淀工艺三种工艺流程。前置沉淀工艺宜采用铁盐或铝盐作为絮凝剂，将药剂加在污水处理厂沉砂池中，或加在沉淀池的进水渠中，形成的化学污泥在初沉池中与污水中的污泥一同排除。若二级处理采用生物滤池，不允许使用Fe^{2+}。同步沉淀工艺宜采用铁盐或铝盐作为絮凝剂。将药剂投加在曝气池进水、出水或二沉池进水中，形成的化学污泥同剩余生物污泥一起排除。该工艺会增加剩余污泥产量。后沉淀工艺宜采用石灰作为絮凝剂，并用铁盐作为助凝剂。在生物处理系统二沉池出水后另建混凝沉淀池，将药剂投在其中，形成单独的处理系统。当污水中磷的含量较高时，采用石灰法后沉淀工艺，石灰采用高纯度粒状石灰。

4.9.3 关于药剂投放的规定。

4.10 消 毒 技 术

4.10.1 污水经过二级处理后，水质已得到明显改善，不仅悬浮物、有机物、氨氮等污染物浓度大大降低，而且细菌等病原微生物也得到了一定程度的去除。但是细菌总数仍然较大，存在病原菌的可能性很大。因此在对细菌总数有严格要求的地区，需要增加消毒单元。特别是位于水源地保护区及其周边的农村地区，风景旅游区农村，夏季或流行病的高发季节更应严格进行消毒操作，减少疾病发生概率。消毒技术的选择要与农村经济和技术水平相适应。

4.10.2 有关消毒剂投加量的规定。

5 分散型污水处理

5.0.1 关于村庄污水小型处理设施的适用技术的说明。

5.0.2 关于小型污水处理设施的处理工艺的规定。

生物接触氧化池是生物膜法中的一种常用技术，具有出水稳定、耐冲击负荷、易操作管理等优点，尤其适合于小型污水处理工程。

小型污水处理设施出水采用自然生物技术进行进一步处理，最终出水可满足更高的排放标准要求。

5.0.3 强调了分质收集系统，灰水采用的简单处理方法以及综合利用的要求。

5.0.4 生物接触氧化池前须进行预沉淀的规定。

化粪池和沼气池具有良好的沉淀、厌氧消化功能，若有已建成的相关设施可以作为预沉淀处理单元，要注意已建池体的结构应满足防水防渗要求；调节池具有水质调节、预沉淀和厌氧消化功能，在无化粪池和沼气池设施的情况下要设置在一体化设施内。

对于地埋式设施的防水、防腐、防渗漏和满足结构安全等要求的规定。一体化小型设施的池壁可以采用玻璃钢、增强型复合材料等材质，并达到表3的要求。

表3 一体化设施池壁材料的主要技术参数

基本参数	数值	单位
壁厚	3.5～10	mm
基体材料的拉伸强度	≥90	MPa
基体材料的弯曲强度	≥135	MPa
基体材料的缺口冲击	≥35	kJ/m²
密封渗漏性	满水负荷，72h无渗漏	
耐酸性	pH5溶液中保持72h，试样无软化、起泡、开裂、溶出现象	
耐碱性	pH8溶液中保持72h，试样无软化、起泡、开裂、溶出现象	
耐温性	可在－20℃～60℃温度条件下正常使用	

5.0.5 关于以去除COD为目标的分散型污水处理设施工艺流程选择的规定。

5.0.6 关于以去除COD和总氮为目标的分散型污水处理设施工艺流程选择的规定。污水采用厌氧膜、好氧生物接触氧化及回流，同时满足COD和总氮的去除要求。

5.0.7 有关消毒的规定。

6 集中型污水处理

6.0.1 关于统一修建村庄集中型污水处理站的规定。

农户居住比较集中，且污水收集管道易于铺设情况下，经环境影响评价和技术比较后，宜采用集中处理模式，统一修建污水处理站，对污水进行集中处理。污水处理站可采用设备化或工程化。污水的相对集中处理有利于降低污水处理站的建设和运行成本，并对污水处理站实施有效的运行管理。

6.0.2 村庄集中型污水处理站的适宜技术应具有投资省、运行管理方便等优点，本规定中的技术经过工程实践，比较适合目前农村的特征。

6.0.3 关于污水预处理的规定。

若污水未经化粪池或沼气池预处理，在污水处理站前设置厌氧和除渣等预处理设施，以去除农户排放污水中含有的砂粒、泥渣、漂浮物等易堵塞物质，达到有效降低有机负荷和防止后续处理设施发生堵塞的目的。

6.0.4 关于污水处理站设置消毒单元的规定。

污水经生物处理后，其中仍存在大量的细菌等微生物，并有存在病原菌的可能，因此农村污水处理出水有较高安全要求时，在污水处理站后设置消毒单元对处理出水进行消毒再行排放。目前常用的消毒剂有漂白粉、氯片、次氯酸钠等。

6.0.5 关于设置调节池的规定。

6.0.6 关于污水处理站设备配置的规定。

为避免水泵、曝气及其他电力设备发生故障时污水无法得到有效处理及出现其他不利情况，这类设备宜采用一用一备。

6.0.7 关于以去除COD为主要目的的污水处理站的规定。

处理站以去除COD为主，此时，主体处理工艺可不必考虑硝化液的回流及设置除磷单元。污水处理站的主体技术采用自然生物处理技术，如人工湿地、土地处理、塘系统或其他技术时，前面的生物处理单元宜采用厌氧技术或其他技术，以有效降低后续自然生物处理单元的有机负荷，在应用人工湿地以及土地处理等技术时为避免或减缓基质的堵塞，应设置多级格栅或沉淀池等装置。处理规模低于100m³/d并以生物技术为主体的污水站，宜采用生物接触氧化池、生物滤池技术；处理规模大于100m³/d时，宜采用生物接触氧化池、生物滤池和氧化沟。为保证处理效果，宜好氧处理，好氧池溶解氧保持在2.0mg/L以上。

6.0.8 关于有脱氮要求的污水处理站的规定。

对于有脱氮要求的污水处理站需包括厌氧单元和好氧单元，并需要提供硝化液回流，回流比100%以上。该模式是典型的A/O法脱氮工艺，又称前置反硝化生物脱氮系统，也是目前采用比较广泛的一种脱氮工艺。

6.0.9 关于有脱氮除磷要求的污水处理站的规定。

处理规模低于100m³/d，宜采用生物接触氧化池、生物滤池；处理规模大于100m³/d时，宜采用生物接触氧化池、生物滤池或氧化沟。调节池可与厌氧生物膜单元合建。人工湿地中磷的去除主要通过湿地填料吸附、植物和微生物吸收的协同作用完成。以磷为主要去除目的的深度处理单元可采用除磷效果较好的垂直流人工湿地或组合式人工湿地。人工湿地主要设计参数可参照表4，或根据具体实验资料确定。

表4 用作深度处理的人工湿地的主要设计参数

单床最小表面积	≥20m²
COD表面负荷	≤16g/(m²·d)
最大日流量时的水力负荷	＜100mm/d～300mm/d或＜100L/(m²·d)～300L/(m²·d)

土地处理技术作为后续单元，可有效地通过土壤吸附和沉淀去除污水中的磷，被吸附而储存于土壤中的磷扩散、移动性微弱，不容易流失，总磷的去除效果一般较好。

在有条件的地区，也可采用化学除磷。

7 施工与质量验收

7.1 一般规定

7.1.1 关于施工前准备工作的规定。

7.1.2 关于施工中质量验收等的规定。

7.1.3 关于管道工程施工与质量验收的规定。

7.1.4 关于污水处理构筑物的施工与验收的有关规定。

7.1.5 关于工程竣工后出水水质的规定。

7.1.6 关于工程竣工后文件归档的规定。

7.1.7 关于工程竣工后的规定。

7.2 施　工

7.2.1 关于集中村污水处理站的地面构筑物的施工规定。

7.2.2 关于一体化小型设施施工的有关规定。

地埋式一体化小型设施的地基施工非常重要。地基应该选择在土质坚实、地下水位较低，土层底部没有地道、地窖、渗井、泉眼、虚土等隐患之处；而且设备与树木、竹林或池塘要有一定距离，以免树根、竹根扎入设备内或池塘涨水时造成设备漏水。在坑底作承重处理时，可在坑底密集地铺上一层卵石或碎石，使其能够让一体化设备保持水平以及承受其重量而不下沉。施工中，应使一体化设备保持水平，免于土压或其他压力引起壳体的变形和损坏。

电气安装应按照相关标准执行；其电源必须是防水且接地。因鼓风机或其他设备在运行时容易会发生振动或噪声，必须安装在基础经过处理的适当地方。

7.3 质量验收

7.3.1 关于验收组织的规定。

7.3.2 关于一体化设备竣工验收的规定。

中华人民共和国行业标准

建筑排水复合管道工程技术规程

Technical specification for composite pipeline engineering of building drainage

CJJ/T 165—2011

批准部门：中华人民共和国住房和城乡建设部
实施日期：2 0 1 2 年 6 月 1 日

中华人民共和国住房和城乡建设部
公　告

第1180号

关于发布行业标准《建筑排水复合管道工程技术规程》的公告

现批准《建筑排水复合管道工程技术规程》为行业标准，编号为CJJ/T 165－2011，自2012年6月1日起实施。

本规程由我部标准定额研究所组织中国建筑工业出版社出版发行。

中华人民共和国住房和城乡建设部

2011年11月22日

前　言

根据住房和城乡建设部《关于印发〈2008年工程建设标准规范制订、修订计划（第一批）〉的通知》（建标［2008］102号）的要求，规程编制组经广泛调查研究，认真总结实践经验，参考有关国际标准和国外先进标准，并在广泛征求意见的基础上，编制本规程。

本规程主要技术内容是：1 总则；2 术语；3 材料；4 设计；5 施工；6 质量验收。

本规程由住房和城乡建设部负责管理，由中国建筑金属结构协会负责具体技术内容的解释。执行过程中如有意见或建议，请寄送中国建筑金属结构协会给水排水设备分会（地址：北京市海淀区紫竹院南路18号，邮编100048）。

本规程主编单位：中国建筑金属结构协会
上海城建建设实业（集团）有限公司

本规程参编单位：杭州纯源钢塑管有限公司
上海昊力涂塑钢管有限公司
湖南珠华管业有限公司
天津市利达钢管有限公司
浙江鸿翔建设集团有限公司
徐水县兴华铸造有限公司
中建（北京）国际设计顾问有限公司

本规程主要起草人员：华明九　姜文源　曹　捩
刘彦菁　余　琼　周红锤
高　磊　范晓敏　孙桢祥
罗建群　于立新　徐　佳
吴克建

本规程主要审查人员：左亚洲　赵　锂　高　静
程宏伟　刘巍荣　郑克白
刘建华　任向东　王冠军
刘德军　关兴旺

目　次

Contents

1 总 则

1.0.1 为使建筑排水复合管道工程的设计、施工及质量验收，做到技术先进、安全适用、经济合理、确保工程质量，制定本规程。

1.0.2 本规程适用于新建、扩建、改建的民用和工业建筑生活排水系统和屋面雨水排水系统中使用涂塑钢管、衬塑钢管、涂塑铸铁管、钢塑复合螺旋管、加强型钢塑复合螺旋管的管道工程的设计、施工及质量验收。

1.0.3 建筑排水复合管道工程的设计、施工及质量验收除应符合本规程的规定外，尚应符合国家现行有关标准的规定。

2 术 语

2.0.1 钢塑复合螺旋管 steel-plastic complex spiral pipe

内衬塑料管的内壁有凸出三角形螺旋肋的衬塑钢管。

2.0.2 加强型钢塑复合螺旋管 strengthening steel-plastic complex spiral pipe

内衬塑料管的内壁的螺旋肋在数量和螺距方面作了强化处理的衬塑钢管。

2.0.3 涂塑复合铸铁管 coating plastic cast iron pipes

在铸铁管内（外）壁涂覆一定厚度塑料树脂层复合而成的管材。

2.0.4 涂塑复合铸铁管件 coating plastic cast iron fittings

在铸铁管件内（外）壁涂覆一定厚度塑料树脂层复合而成的管件。

3 材 料

3.1 管材和管件

3.1.1 建筑排水复合管道管材、管件的材质、规格、尺寸、技术要求等均应符合国家现行有关标准的规定。

3.1.2 用于生活排水系统的建筑排水复合管道的管材可采用涂塑钢管、衬塑钢管、涂塑铸铁管、钢塑复合螺旋管和加强型钢塑复合螺旋管等。

3.1.3 用于屋面雨水排水系统的建筑排水复合管道的管材可采用涂塑钢管、衬塑钢管和涂塑铸铁管。

3.1.4 建筑排水钢塑复合螺旋管（图 3.1.4-1）和加强型钢塑复合螺旋管（图 3.1.4-2）的规格尺寸，应符合表 3.1.4 的规定。

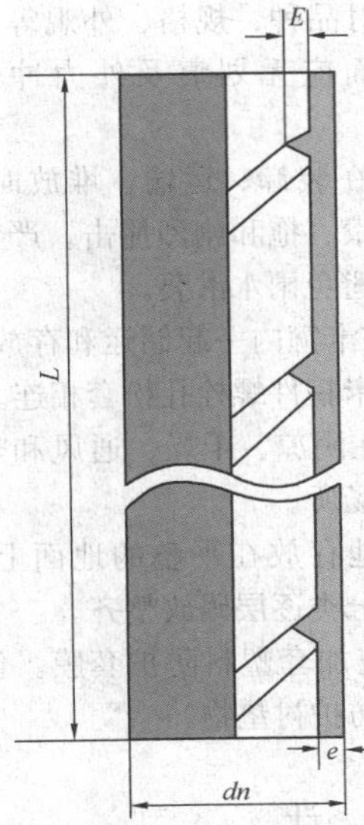

图 3.1.4-1 钢塑复合螺旋管

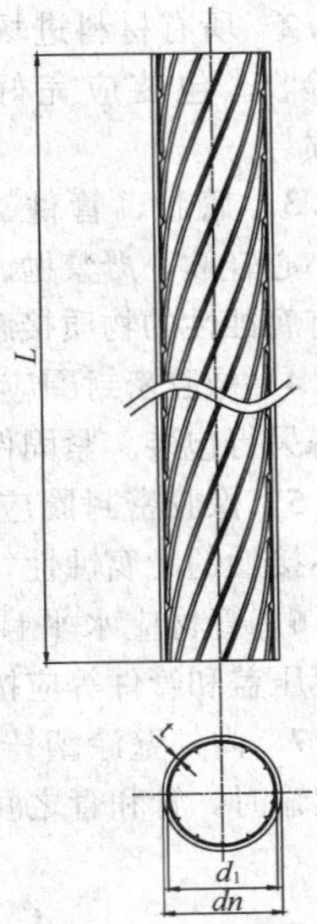

图 3.1.4-2 加强型钢塑复合螺旋管

表 3.1.4 钢塑复合螺旋管规格尺寸（mm）

公称尺寸 *DN*	外径 *dn*	壁厚 *t*	长度 *L* 钢塑复合螺旋管	长度 *L* 加强型钢塑复合螺旋管
90	89.1	3.9	4000 或 6000	5500
110	114.3	4.7		

3.1.5 涂塑复合铸铁管材、管件应符合国家现行标准《排水用柔性接口铸铁管、管件及附件》GB/T 12772、《建筑排水用柔性接口承插式铸铁管及管件》CJ/T 178 和《建筑排水用卡箍式铸铁管及管件》CJ/T 177 的规定。涂塑复合铸铁管材、管件涂塑涂层性能和涂层厚度应符合国家现行相关标准的规定。

3.1.6 建筑排水复合管配用的管件应采用排水管件，不得采用给水管件。

3.1.7 建筑排水复合管配用的管件可采用普通排水管件，也可采用特殊排水管件。

3.1.8 管件材质宜与管材材质相同。

3.1.9 建筑排水复合管配用的普通排水管件和特殊排水管件的材质可采用铸铁材质或涂塑铸铁材质，也可采用衬塑、涂塑钢制管件。

3.1.10 当采用法兰压盖柔性连接和橡胶密封圈柔性承插连接时，管件宜采用全承插方式。

3.2 材料管理、运输和储存

3.2.1 建筑排水复合管道工程所使用的主要材料、成品、半成品和配件必须具有中文质量合格证明文件，规格、型号及性能检测报告应符合国家现行标准或设计文件的要求。

3.2.2 所有材料进场时应对品种、规格、外观等进行验收。包装应完好，表面应无划痕及外力冲击破损。

3.2.3 管材、管件、附件在装卸、运输、堆放时，应小心轻放，严禁抛、摔、滚、拖和剧烈撞击。严禁与有腐蚀性的物质接触，应避免雨水淋袭。

3.2.4 橡胶密封圈应放置在卡箍内一起储运和存放，不得另行包装。紧固件应与卡箍件螺栓孔松套相连。

3.2.5 橡胶密封圈应存放在阴凉、干燥、通风和热源不接触的无腐蚀性气体的场所。

3.2.6 管材应水平且规则地存放在平整的地面上。法兰压盖和管件等应按规格分类逐层码放整齐。

3.2.7 内外壁涂塑铸铁管应加套塑料防护套膜。包装运输时，管和管之间应加防护衬垫物。

4 设 计

4.1 一 般 规 定

4.1.1 建筑排水复合管可用于重力排放或压力排放的生活排水系统和屋面雨水排水系统。用于生活排水系统的建筑排水复合管可用于普通单立管排水系统、特殊单立管排水系统和有通气立管排水系统。用于屋面雨水排水系统的建筑排水复合管可用于重力流屋面雨水排水系统、半有压流屋面雨水排水系统和虹吸式屋面雨水排水系统。

4.1.2 建筑排水复合管可用于污水合流系统和污水分流系统。

4.1.3 建筑排水复合管可用于同层排水方式和异层排水方式。

4.1.4 建筑排水复合管宜用于下列场合：

1 对防火阻火要求较高时；

2 对降噪要求较高时；

3 对防腐要求较高时；

4 对强度要求较高时。

4.1.5 钢塑复合螺旋管和加强型钢塑复合螺旋管可适用于下列系统：

1 特殊管材单立管排水系统；

2 特殊管件和特殊管材单立管排水系统。

4.1.6 建筑排水复合管中的钢塑复合管（涂塑钢管或衬塑钢管）和涂塑复合铸铁管可用于排水立管和排水横管（横支管、横干管）。

4.1.7 钢塑复合螺旋管和加强型钢塑复合螺旋管可用于生活排水系统的立管，不得用于排水横管和雨水排水系统。当采用钢塑复合螺旋管或加强型钢塑复合螺旋管作为排水立管时，其与垂直线夹角不得大于1°。

4.1.8 当建筑排水复合管内衬硬聚氯乙烯（PVC-U）时，连续排水温度不应大于40℃，瞬时排水温度不应大于70℃。

4.1.9 当采用特殊单立管排水系统，且要求排水立管排水能力大，防火阻火要求较高时，应采用加强型钢塑复合螺旋管。

4.1.10 当建筑排水系统采用建筑给水复合管材时，其管壁厚度应经计算确定。

4.1.11 用于屋面雨水排水系统的钢塑复合管，其钢管壁厚应符合下列规定：

1 当灌水试验的灌水高度达到立管上部的雨水斗时，壁厚应按雨水立管水柱总高度计算；

2 当灌水试验按分段方式进行时，壁厚应按分段水柱垂直高度计算。

4.2 管道布置和敷设

4.2.1 建筑排水系统的管道布置应符合下列规定：

1 排水立管宜靠近排水量最大的排水点，排水立管宜敷设在管道井内。

2 排水立管不得穿越卧室、住宅客厅、餐厅、病房等对卫生、安静有较高要求的房间，并不宜靠近与卧室相邻的内墙。

3 排水横支管应减少转弯，排水横支管的长度不宜大于8m。

4 排水管道不得穿过沉降缝、伸缩缝、变形缝、烟道和风道；当排水管道必须穿过沉降缝、伸缩缝和变形缝时，应采取相应技术措施。

5 排水管道不得敷设在变配电间、电梯机房和通风小室内；排水管道不宜穿越橱窗、壁柜。

6 排水管道不得穿越生活饮用水池（箱）部位的上方。

4.2.2 排水系统的立管应设伸顶通气管。

4.2.3 排水立管不宜偏置，当必须偏置时，设置应符合下列规定：

1 排水立管小偏置时，应符合现行国家标准《建筑给水排水设计规范》GB 50015 的规定。

2 排水立管大偏置时，可采取下列技术措施：

1）设置辅助通气管；

2）加大排水横干管直径；

3）增设伸顶通气管。

4.2.4 当建筑排水系统采用的大便器每次冲洗水量小于3L时，宜采用污、废水合流系统，大便器的位置宜设置于排水横支管的终端或直接接入排水立管。

4.2.5 管道布置的其他要求和附件的设置应符合现行国家标准《建筑给水排水设计规范》GB 50015 的规定。

4.3 排水管道计算

4.3.1 生活排水立管的最大设计排水能力和重力流屋面雨水排水复合立管的泄流量应符合现行国家标准《建筑给水排水设计规范》GB 50015 的有关规定。

4.3.2 压力流排水系统建筑排水复合管道水力计算，管道沿程水头损失和局部水头损失应按现行国家标准《建筑给水排水设计规范》GB 50015的有关规定进行计算。

4.3.3 建筑排水复合管道重力流排水横管应按下列公式进行水力计算：

$$v = \frac{1}{n} R^{2/3} I^{1/2} \tag{4.3.3-1}$$

$$q_p = 1000 v \cdot A \tag{4.3.3-2}$$

$$R = A/X \tag{4.3.3-3}$$

式中：v——流速（m/s）；

q_p——管道排水能力（L/s）；

R——水力半径（m）；

X——湿周（m）；

I——水力坡度，采用排水管的坡度；

n——管道粗糙度，内衬、内涂塑料可取0.009；

A——管道在设计充满度的水流过水断面积（m^2）。

4.3.4 卫生器具的排水流量、当量、排水管径以及建筑物生活排水设计秒流量的计算应符合现行国家标准《建筑给水排水设计规范》GB 50015的有关规定。

4.3.5 建筑物内重力流生活排水复合管道的坡度和最大设计充满度宜按表4.3.5确定。

表4.3.5 建筑物内重力流生活排水复合管道的坡度和最大设计充满度

管径	通用坡度	最小坡度	最大设计充满度
*DN*50	0.025	0.012	0.5
*DN*75	0.015	0.007	
*DN*100	0.012	0.004	
*DN*125	0.010	0.0035	
*DN*150	0.007	0.003	0.6
*DN*200	0.005	0.003	

4.3.6 生活排水复合管横管最小管径应符合现行国家标准《建筑给水排水设计规范》GB 50015的相关规定。

4.3.7 屋面雨水设计流量应按现行国家标准《建筑给水排水设计规范》GB 50015和《建筑与小区雨水利用工程技术规范》GB 50400的有关规定计算确定。

4.3.8 室内重力流雨水排水复合管道横管的管内流速不宜小于0.75m/s，悬吊管充满度不宜大于0.8，埋地管（排出管）可按满流排水设计。

4.3.9 用于虹吸式屋面雨水排水管道系统的复合管道应按恒定流能量方程逐一对系统中各管路的水力工况和水力平衡进行精确计算。

5 施 工

5.1 一般规定

5.1.1 建筑排水复合管道工程施工前应具备下列条件：

1 施工图和设计文件应齐全，已进行技术交底；

2 施工组织设计或施工方案已经批准；

3 施工人员已经专业培训；

4 施工场地的用水、用电、材料储放场地等临时设施能满足施工要求；

5 工程使用的管材、管件、附件、阀门等具有质量合格证书，其规格、型号及性能检测报告符合国家现行标准和设计的要求。

5.1.2 建筑排水复合管道工程与相关各专业之间，应进行交接质量检验，并应形成记录。

5.1.3 隐蔽工程应经验收各方检验合格后才能隐蔽，并应形成记录。

5.1.4 施工现场与材料储放场地温差较大时，应于安装前将管材和管件在现场放置一定时间，使其温度接近施工现场的环境温度。

5.1.5 管道安装前，应对管材、管件的适配性和公差进行检查。

5.1.6 管道安装间歇或完成后，敞口处应及时封堵。

5.1.7 在施工过程中，应防止管材、管件与酸、碱等有腐蚀性液体和污物接触。受污染的管材、管件，其内外污垢和杂物应清理干净后方可安装。

5.1.8 操作现场不得有明火，严禁对复合管材进行明火烘弯。

5.1.9 建筑排水复合管道施工除符合本规程外，还应符合现行国家标准《建筑给水排水及采暖工程施工质量验收规范》GB 50242的规定和《给水排水管道工程施工及验收规范》GB 50268的有关规定。

5.1.10 管道敷设的其他要求应符合国家现行标准《建筑给水排水设计规范》GB 50015、《建筑给水排水及采暖工程施工质量验收规范》GB 50242和《建筑排水金属管道工程技术规程》CJJ 127的规定。

5.2 管道连接

5.2.1 管道系统的配管与连接应按下列步骤进行：

1 按设计图纸规定的坐标和标高线绘制实测施工图；

2 按实测施工图进行配管；

3 制定管材和管件的安装顺序，进行预装配；

4 进行管道连接。

5.2.2 建筑排水复合管道连接可采用下列连接方式：

1 法兰压盖连接；

2 橡胶密封圈承插连接；

3 卡箍连接；

4 沟槽连接；

5 法兰连接。

5.2.3 建筑排水钢塑复合管之间的连接可采用下列连接方式：

1 沟槽连接；

2 卡箍连接；

3 法兰连接。

5.2.4 建筑排水钢塑复合管、钢塑复合螺旋管和加强型钢塑复合螺旋管与铸铁管件或涂塑复合铸铁管件的连接可采用法兰压盖连接或卡箍连接。

5.2.5 当排水立管为钢塑复合管（涂塑钢管或衬塑钢管）、钢塑复合螺旋管、加强型钢塑复合螺旋管或涂塑复合螺旋管时，排水横管可采用铸铁管件或涂塑复合铸铁管件连接，连接方式可采用法兰压盖连接，橡胶密封圈内径应与相应管材的外径匹配。

5.2.6 虹吸式屋面雨水排水系统的负压管段不得采用沟槽式连接方式。

5.2.7 当排水温度较高时，连接方式应采用耐温密封圈。

5.2.8 当有抗震要求时，法兰压盖连接应符合现行行业标准《建筑排水用柔性接口承插式铸铁管及管件》CJ/T 178 的规定。

5.2.9 法兰压盖连接、卡箍式连接应符合本规程附录A的规定。截管、沟槽式连接、法兰连接应符合现行行业标准《建筑给水复合管道工程技术规程》CJJ/T 155 的规定。

5.2.10 管道系统下列部位和情况的接头宜采用加强型卡箍：

1 生活排水管道系统立管管道的转弯处；

2 屋面雨水排水系统的雨水斗接口处和管道转弯处；

3 管道末端堵头处；

4 无支管接入的排水立管和雨落管，且管道不允许出现偏转角时。

5.2.11 涂塑钢管如在运输、搬运、装卸、施工安装过程中造成涂层缺损时，应采用局部修补等方法来弥补涂层缺陷。

5.2.12 涂塑钢管的局部修补应符合下列规定：

1 缺陷部位所有的锈斑、鳞屑、污垢和其他杂质及松脱的涂层应予清除。

2 应将缺陷部位打磨成粗糙面。

3 应用干燥的布、干燥的压缩空气和刷子将灰尘清除干净。

4 在管道下沟前应根据受损涂层的厚度决定是否修补，如保留涂层的厚度达到原涂层厚度的70%以上，则可以不修补。但在防腐厂或发现的任何损伤都应进行相应的处理。如业主有特殊要求，应按照特殊要求处理。

5 直径小于或等于25mm的缺陷部位，应用塑料粉末生产商推荐的热熔修补棒、双组分环氧树脂涂料或聚乙烯补伤片或业主同意使用的同等物料进行局部修补。

6 直径大于25mm且面积小于250cm^{2}的缺陷部位，可用塑料粉末生产厂推荐的双组分环氧树脂涂料或聚乙烯粉末进行局部修补。

7 所修补的涂层应满足涂塑钢管出厂检验的相关规定。

8 涂塑钢管施工完成后应用电火花检漏仪对管道进行检查，发现有缺损处，应按有关规定进行修补。

5.2.13 涂塑复合铸铁管如在运输、搬运、装卸、截管、施工安装过程中造成涂层缺损或金属本体裸露时，应采用局部修补等方法来弥补涂层缺陷。

5.2.14 涂塑复合铸铁管的局部修补应符合下列规定：

1 局部修补部位包括截断管材后裸露金属的断口，运输、装卸及安装过程中涂层缺损部位。

2 局部修补部位所有的锈斑、鳞屑、污垢和其他杂质及松脱的涂层应予清除。

3 应将局部修补部位打磨成粗糙面。

4 应用干燥的布、干燥的压缩空气和刷子将灰尘清除干净。

5 截断口及缺损部位可用环氧粉末生产厂推荐的同种颜色的双组分环氧树脂涂料进行局部修补。

5.3 支吊架安装

5.3.1 建筑排水复合管道支吊架的形式、材质、尺寸、质量和防腐要求等应符合国家现行有关标准的规定，并应按设计要求安装牢固，位置应正确。

5.3.2 钢塑复合管、钢塑复合螺旋管和加强型钢塑复合螺旋管的支吊架设置和安装应符合现行国家标准《建筑给水排水及采暖工程施工质量验收规范》GB 50242 的规定。

5.3.3 涂塑复合铸铁管的支吊架设置和安装应符合现行行业标准《建筑排水金属管道工程技术规程》CJJ 127 的规定

5.3.4 虹吸式屋面雨水排水系统的支吊架设置和安装应符合国家现行有关标准的规定。

6 质量验收

6.1 一般规定

6.1.1 管道系统应根据工程性质和特点进行中间验收和竣工验收。中间验收、竣工验收前，施工单位应对施工质量进行自检。

6.1.2 分项工程应按系统、区域、施工段或楼层等划分。分项工程应划分成若干个检验批次进行验收。

6.1.3 工程验收应作好记录。验收合格后，建设单位应将有关文件、资料立卷归档。

6.1.4 工程验收时应具备下列文件：

1 施工图、竣工图及变更文件；

2 管材、管件及其他主要材料的出厂合格证；

3 中间试验和隐蔽工程验收记录；

4 工程质量事故处理记录；

5 分项、分部及单项工程质量验收记录；

6 管道系统的通水能力检验和水压试验记录。

6.2 验收要求

6.2.1 建筑排水复合管道工程生活排水系统的验收，主控项目应包括下列内容：

1 灌水试验；

2 敷设坡度；

3 通球试验。

6.2.2 建筑排水复合管道工程生活排水系统的验收，一般项目应包括下列内容：

1 检查口、清扫口设置；

2 检查井设置；

3 支吊架、卡箍设置和固定件间距；

4 通气管连接、出屋面高度和防雷装置设置；

5 排水管穿墙壁和穿基础连接；

6 排出管与检查井的连接；

7 排水管连接处管件采用；

8 管道安装允许偏差。

6.2.3 建筑排水复合管道工程雨水系统的验收，主控项目应包括下列内容：

1 灌水试验；

2 敷设坡度。

6.2.4 建筑排水复合管道工程雨水系统的验收，一般项目应包括下列内容：

1 雨水管的连接；

2 雨水斗连接管的固定；

3 检查口间距；

4 管道安装允许偏差。

6.2.5 压力流建筑排水复合管道工程的验收，主控项目应包括下列内容：

1 水压试验；

2 通水试验。

6.2.6 压力流建筑排水复合管道工程的验收，一般项目应包括下列内容：

1 管道间距和位置；

2 敷设坡度；

3 管道安装允许偏差；

4 管道支吊架安装。

6.2.7 建筑排水复合管道工程主控项目和一般项目的检验方法应符合现行国家标准《给水排水管道工程施工及验收规范》GB 50268和《建筑给水排水及采暖工程施工质量验收规范》GB 50242的规定。

附录A 复合管的连接要求

A.1 法兰压盖连接

A.1.1 法兰压盖连接应按下列步骤进行：

1 应使用自动金属锯床（电动弧锯床、移动式带形锯床、带锯）垂直锯断管材，操作时应注意不要对锯齿施加负载；

2 应采用锉刀等去除切断面上的毛刺和毛边，并应进行管内外两面的倒角，外部倒角应达到1mm以上；

3 应清除附着在管内外面及端面上的水分、锯屑、尘土及异物；

4 在连接管端处应对插入量作出标记，插入量应符合表A.1.1-1的规定；

表 A.1.1-1 插入量（mm）

管径	50	75	90	110	160
插入量 s	37	42	46	52	64

5 对部件应进行组装，并应将法兰装入管内；

6 在垫层密封圈的内侧倒角部位应涂敷硅胶并进行防锈处理，硅胶不得涂敷在管子的外表面，不得涂敷在密封圈内侧；

7 硅胶涂敷量应符合表A.1.1-2的规定；

表 A.1.1-2 硅胶涂敷量

管径（mm）	50	75	90	110	160
涂敷量（g/部位）	2.1	2.7	3.1	4.0	5.8

8 应将垫层密封圈套入管端，并应尽量套至底部，当管材难以套入时，可在管子表面涂敷少量的肥皂水再进行套入；

9 应将管材插入管件主体，并应拧紧紧固螺栓，扭矩不得大于表A.1.1-3的规定。

表 A.1.1-3 扭 矩

管径（mm）	50	75	90	110	160
扭矩（kg·cm）	100	150	200	250	500

A.2 卡箍连接

A.2.1 卡箍连接应按下列步骤进行：

1 安装前，应将直管和管件内外污垢和杂物、接口处工作面上的泥沙等附着物清除干净。

2 连接时，应先取出卡箍内橡胶密封套；当卡箍为整圈不锈钢套环时，可将卡箍先套在接口一端的管材（管件）上。

3 在接口相邻管端的一端应套上橡胶密封套，并应使管口达到并紧贴在橡胶密封套中间肋的侧边上；应将橡胶密封套的另一端向外翻转。

4 应将连接管的管端固定，并应紧贴在橡胶密封套中间肋的另一侧边上；应再将橡胶密封套翻回套在连接管的管端上。

5 安装卡箍前，应将橡胶密封套擦拭干净；当卡箍产品要求在橡胶密封套上涂抹润滑剂时，可按产品要求涂抹；应采用卡箍生产厂配套提供的润滑剂。

6 在拧紧卡箍上的紧固螺栓前，应校准接头轴线使两管轴线在同一直线上；拧紧螺栓时，应分多次交替进行并使橡胶密封套均匀紧贴在管端外壁上。

本规程用词说明

1 为便于在执行本规程条文时区别对待，对要求严格程度不同的用词说明如下：

1）表示很严格，非这样做不可的：
正面词采用“必须”，反面词采用“严禁”；

2）表示严格，在正常情况下均应这样做的：
正面词采用“应”，反面词采用“不应”或“不得”；

3）表示允许稍有选择，在条件许可时首先应这样做的：
正面词采用“宜”，反面词采用“不宜”；

4）表示有选择，在一定条件下可以这样做的，采用“可”。

2 条文中指明应按其他有关标准执行的写法为“应符合……的规定”或“应按……执行”。

引用标准名录

1 《建筑给水排水设计规范》GB 50015

2 《建筑给水排水及采暖工程施工质量验收规范》GB 50242

3 《给水排水管道工程施工及验收规范》GB 50268

4 《建筑与小区雨水利用工程技术规范》GB 50400

5 《排水用柔性接口铸铁管、管件及附件》GB/T 12772

6 《建筑排水金属管道工程技术规程》CJJ 127

7 《建筑给水复合管道工程技术规程》CJJ/T 155

8 《建筑排水用卡箍式铸铁管及管件》CJ/T 177

9 《建筑排水用柔性接口承插式铸铁管及管件》CJ/T 178

中华人民共和国行业标准

建筑排水复合管道工程技术规程

CJJ/T 165—2011

条 文 说 明

制 定 说 明

《建筑排水复合管道工程技术规程》CJJ/T 165-2011，经住房和城乡建设部2011年11月22日以第1180号公告批准、发布。

在规程编制过程中，编制组对我国建筑排水复合管道工程的设计、施工等进行了调查研究，总结了复合管道在建筑排水工程建设中的实践经验，通过实验、验证取得了重要技术参数。

为便于广大设计、施工、科研、学校等单位有关人员在使用本规程时能正确理解和执行条文规定，《建筑排水复合管道工程技术规程》编制组按章、节、条顺序编制了本规程的条文说明，对条文规定的目的、依据以及执行中需注意的有关事项进行了说明。但是，本条文说明不具备与规程正文同等的法律效力，仅供使用者作为理解和把握规程规定的参考。

目　次

1 总　　则

1.0.1 建筑排水复合管的应用晚于建筑排水金属管和建筑排水塑料管，应用范围和场所以及工程案例也少于金属管和塑料管。

建筑排水复合管的应用在很大程度上是基于以下原因：

1 防火阻火要求；

2 降噪要求；

3 防腐要求；

4 提高表面光洁度要求；

5 强度要求。

建筑排水复合管的主要缺点是价格高于建筑排水塑料管和铸铁管，但在一些标志性建筑中应用情况良好，如上海目前最高的公共建筑——环球金融中心和上海目前价格最贵的住宅——汤臣一品都采用了钢塑排水复合管。

1.0.3 截至目前，由于种种原因（包括立项的困难、专利的保护等）建筑排水复合管材、管件等尚无相应的产品国家标准和行业标准，而只有企业标准或国外标准或只有建筑给水复合管材、管件标准。因此条文只笼统地规定应符合现行产品标准的规定，而不能具体引用标准名称和标准编号。

2 术　　语

2.0.2 普通型螺旋管 *dn*110mm 的管材，螺旋肋数量为 6 根，加强型螺旋管为 12 根。螺距普通型螺旋管为 1500mm～2500mm，加强型螺旋管为 600mm～760mm。因此加强型螺旋管在螺旋力度上有所加强，排水能力有所增加。

3 材　　料

3.1 管材和管件

建筑排水钢塑复合螺旋管是钢管和螺旋管复合而成，钢管为基管在外侧，螺旋管为衬管在里侧，上有加工的凸出三角形的螺旋肋，螺旋管材质为 PVC-U。

加强型钢塑复合螺旋管是钢管和加强型螺旋管复合而成。钢管为基管，位于外侧；加强型螺旋管为衬管，在里侧，材质为 PVC-U。与钢塑复合螺旋管的区别在于螺旋肋的数量和螺距，由于螺旋肋数量的增加，又采用了短螺距技术，排水流量明显增大。

3.1.6 排水管材和给水管材除了耐压要求不同，管壁厚度有差别外，没有什么大的区别，将给水管材用于排水系统毫无问题，但是排水管件完全不同于给水管件，如三通，给水可以采用正三通，而排水为了排水通畅，应采用 TY 型三通、顺水三通，四通有时要采用直角四通，当横支管数量增多时，还有排水五通和排水六通管件。同样，异径管，给水是同心异径管，偏心异径管只用水泵吸水管上，而排水只能用偏心异径管，管顶平接。弯头，给水采用的是同径弯头，排水立管底部一般采用变径弯头，而且还是大曲率半径、变断面的变径弯头。因此排水系统只能采用排水管件，而不能采用给水管件。

3.1.7 普通单立管排水系统、双立管排水系统和三立管排水系统都采用普通管件，特殊单立管排水系统的立管采用特殊管件，其排水横管（横支管和横干管）也采用普通排水管件。

特殊管件目前主要有两大系列，苏维托单立管排水系统采用苏维托特殊管件，旋流器单立管排水系统采用旋流器特殊管件，旋流器又分普通型、加强型。加强型旋流器分导流叶片型旋流器和螺旋肋旋流器。

3.1.8 我国传统做法，塑料管材配套采用塑料管件，铸铁管材配套铸铁管件，这是条文规定的要求，但规范用语不用“应”而用“宜”，原因在于也允许管件材质不同于管材材质，如在日本采用塑料管材配用铸铁管件，以及复合管材配用铸铁管件，这对发挥不同材质特长和阻火防火极为有效，这种做法在我国也开始实施，如上海汤臣一品住宅、上海环球金融中心工程等。因此，允许管材和管件采用不同材质，但要保证接口的密封性能。

4 设　　计

4.1 一 般 规 定

4.1.1 建筑排水系统按压力工况区分有重力流、压力流和真空流。建筑排水复合管目前主要用于重力排放的生活排水系统和虹吸式屋面雨水排水系统，由于钢塑复合管有较高的强度，因此也可以用于压力排放系统。但截至目前，尚不曾应用于真空排水系统，因此条文规定只限于重力排放和压力排放。

排水系统按立管数量区分有单立管排水系统、双立管排水系统和三立管排水系统。单立管排水系统为只有一根排水立管的系统；双立管排水系统为一根立管排水，一根立管通气的排水系统；三立管排水系统为污水排水立管和废水排水立管共用通气立管的排水系统。

单立管排水系统按管材和管件的不同，又分普通单立管排水系统和特殊单立管排水系统。采用普通管材和普通管件的排水系统为普通单立管排水系统。采用特殊管件或特殊管材，或同时采用特殊管件、特殊管材的排水系统为特殊单立管排水系统。

目前建筑排水复合管用于生活排水系统的主要为特殊单立管排水系统，如采用加强型钢塑复合螺旋管的AD型单立管排水系统，再如各种形式的特殊管件——加强型旋流器大多为涂塑复合铸铁管件。

我国涉及屋面雨水排水系统的国家标准有《建筑给水排水设计规范》GB 50015和《建筑和小区雨水利用工程技术规范》GB 50400。而两本规范关于雨水系统的分类并不一致。GB 50015只规定重力流和压力流；GB 50400规定了重力流、半有压流和虹吸流。本条文采纳GB 50400的规定。

4.1.3 建筑排水按排水横支管敷设方式区分有同层排水方式和异层排水方式（又称为隔层排水方式、不同层排水方式、下层排水方式）。异层排水方式以前多用于计划经济的福利分房的住宅中，同层排水方式多用于市场经济的商品房的住宅中，当采用特殊单立管排水系统时，同层排水方式的特殊管件位置往往正处于楼板位置，此时，如采用建筑排水复合管件对阻火防火性能更为优越。

4.1.7 螺旋管只能用于排水立管，可以改变水流流态，改善排水管系水力工况，而不能用于排水横管（横支管和横干管），不然极易造成水流不畅和堵塞现象，雨水系统也不曾采用过螺旋管。

4.1.8 建筑排水复合管中的衬塑钢管或钢塑复合螺旋管、加强型钢塑复合螺旋管都内衬硬聚氯乙烯（PVC-U），而塑料对排水温度有一定要求，本条文的连续排水温度和瞬时排水温度根据《建筑排水塑料管道工程技术规程》CJJ/T 29中硬聚氯乙烯（PVC-U）管的排水温度要求。

4.1.10 建筑给水复合管要承受内压和外压，内压力一般为0.6MPa、1.0MPa、1.6MPa和2.5MPa，而建筑排水复合管一般用于重力排放系统，管壁厚度可以适当减薄，因此规定，管壁厚度应经计算重新确定。

另外市场上供应的建筑给水复合管的壁厚有按钢管单独受力计算，管壁不予减薄的，也有按钢塑共同受力，钢管壁厚予以减薄的，这是管壁厚度可供选择的可行性。

4.1.11 屋面雨水排水系统在系统验收时要做灌水试验，要求灌水高度至立管上部的屋面雨水斗位置，即管道要承受的静水压力为雨水立管水柱总高度，按上海中心建筑高度632m计，为6.32MPa，显然一般建筑排水管材和接口是难以承受的，因此实际工程当超过一定高度时，都按欧洲标准分段进行灌水，即按协会标准《虹吸式屋面雨水排水系统技术规程》CECS 183：2005的方法进行，每30m高度分段灌水。

5 施　　工

5.2 管道连接

5.2.6 虹吸式屋面雨水排水系统在悬吊管接入排水立管处和排水立管的上部存在负压区，而沟槽式连接方式的密封圈为C型密封圈，靠正压保持密封状态，在负压作用下会破坏密封，从而改变管内压力工况，影响排水。因此，虹吸式屋面雨水排水系统的负压段不得采用沟槽式连接方式。

5.2.10 卡箍连接方式的优点是美观、安装方便、占用空间少，缺点是当内力较大时，会被冲开，因此在管道转弯处这些内压力较大的场所应采用加强型卡箍予以加强，防止脱落。加强型卡箍在产品标准中有具体规定。

中华人民共和国行业标准

城镇排水管道检测与评估技术规程

Technical specification for inspection and evaluation of urban sewer

CJJ 181—2012

批准部门：中华人民共和国住房和城乡建设部
施行日期：２０１２年１２月１日

中华人民共和国住房和城乡建设部
公　　告

第 1439 号

住房城乡建设部关于发布行业标准《城镇排水管道检测与评估技术规程》的公告

现批准《城镇排水管道检测与评估技术规程》为行业标准，编号为 CJJ 181－2012，自 2012 年 12 月 1 日起实施。其中，第 3.0.19、7.1.7、7.2.4、7.2.6 条为强制性条文，必须严格执行。

本规程由我部标准定额研究所组织中国建筑工业出版社出版发行。

中华人民共和国住房和城乡建设部

2012 年 7 月 19 日

前　　言

根据住房和城乡建设部《关于印发 2011 年工程建设标准规范制订、修订计划的通知》（建标［2011］17 号）的要求，规程编制组经广泛调查研究，认真总结实践经验，参考有关国际标准和国外先进标准，并在广泛征求意见的基础上，编制本规程。

本规程的主要技术内容是：1 总则；2 术语和符号；3 基本规定；4 电视检测；5 声纳检测；6 管道潜望镜检测；7 传统方法检查；8 管道评估；9 检查井和雨水口检查；10 成果资料。

本规程中以黑体字标志的条文为强制性条文，必须严格执行。

本规程由住房和城乡建设部负责管理和对强制性条文的解释，由广州市市政集团有限公司负责具体技术内容的解释。执行过程中如有意见或建议，请寄送广州市市政集团有限公司（地址：广州市环市东路 338 号银政大厦，邮编：510060）。

本规程主编单位：广州市市政集团有限公司

本规程参编单位：广东工业大学
香港管线学院
广州易探地下管道检测技术服务有限公司
上海乐通管道工程有限公司
上海市水务局
天津市排水管理处
哈尔滨排水有限责任公司
西安市市政设施管理局
管丽环境技术（上海）有限公司
重庆水务集团股份有限公司
广州市市政工程试验检测有限公司
中国城市规划协会地下管线专业委员会
中国地质大学
广东省标准化研究院
广州市污水治理有限责任公司

本规程主要起草人员：安关峰　王和平　黄　敬　谢广勇　朱　军　唐建国　宋亚维　王　虹　邓晓青　孙跃平　陆　磊　谢楚龙　丘广新　刘添俊　马保松　陈海鹏　李碧清　董海国

本规程主要审查人员：张　勤　朱保罗　吴学伟　邓小鹤　项久华　唐　东　王春顺　周克钊　余　健　丛天荣　樊建军

目　次

Contents

1 总 则

1.0.1 为加强城镇排水管道检测管理，规范检测技术，统一评估标准，制定本规程。

1.0.2 本规程适用于对既有城镇排水管道及其附属构筑物进行的检测与评估。

1.0.3 城镇排水管道检测采用新技术、新方法时，管道评估应符合本规程的要求。

1.0.4 城镇排水管道的检测与评估，除应符合本规程的要求外，尚应符合国家现行有关标准的规定。

2 术语和符号

2.1 术 语

2.1.1 电视检测 closed circuit television inspection (CCTV)

采用闭路电视系统进行管道检测的方法，简称CCTV检测。

2.1.2 声纳检测 sonar inspection

采用声波探测技术对管道内水面以下的状况进行检测的方法。

2.1.3 管道潜望镜检测 pipe quick view inspection (QV)

采用管道潜望镜在检查井内对管道进行检测的方法，简称QV检测。

2.1.4 时钟表示法 clock description

采用时钟的指针位置描述缺陷出现在管道内环向位置的表示方法。

2.1.5 直向摄影 forward-view inspection

电视摄像机取景方向与管道轴向一致，在摄像头随爬行器行进过程中通过控制器显示和记录管道内影像的拍摄方式。

2.1.6 侧向摄影 lateral inspection

电视摄像机取景方向偏离管道轴向，通过电视摄像机镜头和灯光的旋转/仰俯以及变焦，重点显示和记录管道一侧内壁状况的拍摄方式。

2.1.7 结构性缺陷 structural defect

管道结构本体遭受损伤，影响强度、刚度和使用寿命的缺陷。

2.1.8 功能性缺陷 functional defect

导致管道过水断面发生变化，影响畅通性能的缺陷。

2.1.9 结构性缺陷密度 structural defect density

根据管段结构性缺陷的类型、严重程度和数量，基于平均分值计算得到的管段结构性缺陷长度的相对值。

2.1.10 功能性缺陷密度 functional defect density

根据管段功能性缺陷的类型、严重程度和数量，基于平均分值计算得到的管段功能性缺陷长度的相对值。

2.1.11 修复指数 rehabilitation index

依据管道结构性缺陷的类型、严重程度、数量以及影响因素计算得到的数值。数值越大表明管道修复的紧迫性越大。

2.1.12 养护指数 maintenance index

依据管道功能性缺陷的类型、严重程度、数量以及影响因素计算得到的数值。数值越大表明管道养护的紧迫性越大。

2.1.13 管段 pipe section

两座相邻检查井之间的管道。

2.1.14 检查井 manhole

排水管道系统中连接管道以及供维护工人检查、清通和出入管道的附属设施的统称，包括跌水井、水封井、冲洗井、溢流井、闸门井、潮门井、沉泥井等。

2.1.15 传统方法检查 traditional method inspection

人员在地面巡视检查、进入管内检查、反光镜检查、量泥斗检查、量泥杆检查、潜水检查等检查方法的统称。

2.2 符 号

E——管道重要性参数；

F——管段结构性缺陷参数；

G——管段功能性缺陷参数；

K——地区重要性参数；

L——管段长度；

L_i——第 i 处结构性缺陷的长度；

L_j——第 j 处功能性缺陷的长度；

MI——管道养护指数；

m——管段的功能性缺陷数量；

n——管段的结构性缺陷数量；

P_i——第 i 处结构性缺陷分值；

P_j——第 j 处功能性缺陷分值；

RI——管道修复指数；

S——管段损坏状况参数，按缺陷点数计算的平均分值；

S_M——管段结构性缺陷密度；

S_{max}——管段损坏状况参数，管段结构性缺陷中损坏最严重处的分值；

T——土质影响参数；

Y——管段运行状况参数，按缺陷点数计算的功能性缺陷平均分值；

Y_{max}——管段运行状况参数，管段功能性缺陷中最严重处的分值；

Y_M——管段功能性缺陷密度；

α——结构性缺陷影响系数；

β——功能性缺陷影响系数。

3 基本规定

3.0.1 从事城镇排水管道检测和评估的单位应具备相应的资质，检测人员应具备相应的资格。

3.0.2 城镇排水管道检测所用的仪器和设备应有产品合格证、检定机构的有效检定（校准）证书。新购置的、经过大修或长期停用后重新启用的设备，投入检测前应进行检定和校准。

3.0.3 管道检测方法应根据现场的具体情况和检测设备的适应性进行选择。当一种检测方法不能全面反映管道状况时，可采用多种方法联合检测。

3.0.4 以结构性状况为目的的普查周期宜为 5a～10a，以功能性状况为目的的普查周期宜为 1a～2a。当遇到下列情况之一时，普查周期可相应缩短：

1 流砂易发、湿陷性土等特殊地区的管道；

2 管龄 30a 以上的管道；

3 施工质量差的管道；

4 重要管道；

5 有特殊要求管道。

3.0.5 管道检测评估应按下列基本程序进行：

1 接受委托；

2 现场踏勘；

3 检测前的准备；

4 现场检测；

5 内业资料整理、缺陷判读、管道评估；

6 编写检测报告。

3.0.6 检测单位应按照要求，收集待检测管道区域内的相关资料，组织技术人员进行现场踏勘，掌握现场情况，制定检测方案，做好检测准备工作。

3.0.7 管道检测前应搜集下列资料：

1 已有的排水管线图等技术资料；

2 管道检测的历史资料；

3 待检测管道区域内相关的管线资料；

4 待检测管道区域内的工程地质、水文地质资料；

5 评估所需的其他相关资料。

3.0.8 现场踏勘应包括下列内容：

1 查看待检测管道区域内的地物、地貌、交通状况等周边环境条件；

2 检查管道口的水位、淤积和检查井内构造等情况；

3 核对检查井位置、管道埋深、管径、管材等资料。

3.0.9 检测方案应包括下列内容：

1 检测的任务、目的、范围和工期；

2 待检测管道的概况（包括现场交通条件及对历史资料的分析）；

3 检测方法的选择及实施过程的控制；

4 作业质量、健康、安全、交通组织、环保等保证体系与具体措施；

5 可能存在的问题和对策；

6 工作量估算及工作进度计划；

7 人员组织、设备、材料计划；

8 拟提交的成果资料。

3.0.10 现场检测程序应符合下列规定：

1 检测前应根据检测方法的要求对管道进行预处理；

2 应检查仪器设备；

3 应进行管道检测与初步判读；

4 检测完成后应及时清理现场、保养设备。

3.0.11 管道缺陷的环向位置应采用时钟表示法。缺陷描述应按照顺时针方向的钟点数采用 4 位阿拉伯数字表示起止位置，前两位数字应表示缺陷起点位置，后两位数字应表示缺陷终止位置。如当缺陷位于某一点上时，前两位数字应采用 00 表示，后两位数字表示缺陷点位。

3.0.12 管道缺陷位置的纵向起算点应为起始井管道口，缺陷位置纵向定位误差应小于 0.5m。

3.0.13 检测系统设置的长度计量单位应为米，电缆长度计数的计量单位不应小于 0.1m。

3.0.14 每段管道检测前，应按本规程附录 A 的规定编写并录制版头。

3.0.15 管道检测影像记录应连续、完整，录像画面上方应含有“任务名称、起始井及终止井编号、管径、管道材质、检测时间”等内容，并宜采用中文显示。

3.0.16 现场检测时，应避免对管体结构造成损伤。

3.0.17 现场检测过程中宜采取监督机制，监督人员应全程监督检测过程，并签名确认检测记录。

3.0.18 管道检测工作宜与卫星定位系统配合进行。

3.0.19 排水管道检测时的现场作业应符合现行行业标准《城镇排水管道维护安全技术规程》CJJ 6 的有关规定。现场使用的检测设备，其安全性能应符合现行国家标准《爆炸性气体环境用电气设备》GB 3836 的有关规定。现场检测人员的数量不得少于 2 人。

3.0.20 排水管道检测时的现场作业应符合现行行业标准《城镇排水管渠与泵站维护技术规程》CJJ 68 的有关规定。

3.0.21 检测设备应做到定期检验和校准，并应经常维护保养。

3.0.22 当检测单位采用自行开发或引进的检测仪器及检测方法时，应符合下列规定：

1 该仪器或方法应通过技术鉴定，并具有一定的工程检测实践经验；

2 该方法应与已有成熟方法进行过对比试验；

3 检测单位应制定相应的检测细则；

4 在检测方案中应予以说明，必要时应向委托方提供检测细则。

3.0.23 现场检测完毕后，应由相关人员对检测资料进行复核并签名确认。

3.0.24 检测成果资料归档应按国家现行的档案管理的相关标准执行。

4 电视检测

4.1 一般规定

4.1.1 电视检测不应带水作业。当现场条件无法满足时，应采取降低水位措施，确保管道内水位不大于管道直径的20%。

4.1.2 当管道内水位不符合本规程第4.1.1条的要求时，检测前应对管道实施封堵、导流，使管内水位满足检测要求。

4.1.3 在进行结构性检测前应对被检测管道做疏通、清洗。

4.1.4 当有下列情形之一时应中止检测：

1 爬行器在管道内无法行走或推杆在管道内无法推进时；

2 镜头沾有污物时；

3 镜头浸入水中时；

4 管道内充满雾气，影响图像质量时；

5 其他原因无法正常检测时。

4.2 检测设备

4.2.1 检测设备的基本性能应符合下列规定：

1 摄像镜头应具有平扫与旋转、仰俯与旋转、变焦功能，摄像镜头高度应可以自由调整；

2 爬行器应具有前进、后退、空挡、变速、防侧翻等功能，轮径大小、轮间距应可以根据被检测管道的大小进行更换或调整；

3 主控制器应具有在监视器上同步显示日期、时间、管径、在管道内行进距离等信息的功能，并应可以进行数据处理；

4 灯光强度应能调节。

4.2.2 电视检测设备的主要技术指标应符合表4.2.2的规定。

表4.2.2 电视检测设备主要技术指标

项目	技术指标
图像传感器	≥1/4″CCD，彩色
灵敏度(最低感光度)	≤3勒克斯(lx)
视角	≥45°
分辨率	≥640×480
照度	≥10×LED
图像变形	≤±5%
爬行器	电缆长度为120m时，爬坡能力应大于5°
电缆抗拉力	≥2kN
存储	录像编码格式：MPEG4、AVI； 照片格式：JPEG

4.2.3 检测设备应结构坚固、密封良好，能在0℃～+50℃的气温条件下和潮湿的环境中正常工作。

4.2.4 检测设备应具备测距功能，电缆计数器的计量单位不应大于0.1m。

4.3 检测方法

4.3.1 爬行器的行进方向宜与水流方向一致。

4.3.2 管径不大于200mm时，直向摄影的行进速度不宜超过0.1m/s；管径大于200mm时，直向摄影的行进速度不宜超过0.15m/s。

4.3.3 检测时摄像镜头移动轨迹应在管道中轴线上，偏离度不应大于管径的10%。当对特殊形状的管道进行检测时，应适当调整摄像头位置并获得最佳图像。

4.3.4 将载有摄像镜头的爬行器安放在检测起始位置后，在开始检测前，应将计数器归零。当检测起点与管段起点位置不一致时，应做补偿设置。

4.3.5 每一管段检测完成后，应根据电缆上的标记长度对计数器显示数值进行修正。

4.3.6 直向摄影过程中，图像应保持正向水平，中途不应改变拍摄角度和焦距。

4.3.7 在爬行器行进过程中，不应使用摄像镜头的变焦功能；当使用变焦功能时，爬行器应保持在静止状态。当需要爬行器继续行进时，应先将镜头的焦距恢复到最短焦距位置。

4.3.8 侧向摄影时，爬行器宜停止行进，变动拍摄角度和焦距以获得最佳图像。

4.3.9 管道检测过程中，录像资料不应产生画面暂停、间断记录、画面剪接的现象。

4.3.10 在检测过程中发现缺陷时，应将爬行器在完全能够解析缺陷的位置至少停止10s，确保所拍摄的图像清晰完整。

4.3.11 对各种缺陷、特殊结构和检测状况应作详细判读和量测，并填写现场记录表，记录表的内容和格式应符合本规程附录B的规定。

4.4 影像判读

4.4.1 缺陷的类型、等级应在现场初步判读并记录。现场检测完毕后，应由复核人员对检测资料进行复核。

4.4.2 缺陷尺寸可依据管径或相关物体的尺寸判定。

4.4.3 无法确定的缺陷类型或等级应在评估报告中加以说明。

4.4.4 缺陷图片宜采用现场抓取最佳角度和最清晰图片的方式，特殊情况下也可采用观看录像截图的方式。

4.4.5 对直向摄影和侧向摄影，每一处结构性缺陷抓取的图片数量不应少于1张。

5 声纳检测

5.1 一般规定

5.1.1 声纳检测时，管道内水深应大于300mm。

5.1.2 当有下列情形之一时应中止检测：

1 探头受阻无法正常前行工作时；

2 探头被水中异物缠绕或遮盖，无法显示完整的检测断面时；

3 探头埋入泥沙致使图像变异时；

4 其他原因无法正常检测时。

5.2 检测设备

5.2.1 检测设备应与管径相适应，探头的承载设备负重后不易滚动或倾斜。

5.2.2 声纳系统的主要技术参数应符合下列规定：

1 扫描范围应大于所需检测的管道规格；

2 125mm范围的分辨率应小于0.5mm；

3 每密位均匀采样点数量不应小于250个。

5.2.3 设备的倾斜传感器、滚动传感器应具备在±45°内的自动补偿功能。

5.2.4 设备结构应坚固、密封良好，应能在0℃～+40℃的温度条件下正常工作。

5.3 检测方法

5.3.1 检测前应从被检管道中取水样通过实测声波速度对系统进行校准。

5.3.2 声纳探头的推进方向宜与水流方向一致，并宜与管道轴线一致，滚动传感器标志应朝正上方。

5.3.3 声纳探头安放在检测起始位置后，在开始检测前，应将计数器归零，并应调整电缆处于自然绷紧状态。

5.3.4 声纳检测时，在距管段起始、终止检查井处应进行2m～3m长度的重复检测。

5.3.5 承载工具宜采用在声纳探头位置镂空的漂浮器。

5.3.6 在声纳探头前进或后退时，电缆应保持自然绷紧状态。

5.3.7 根据管径的不同，应按表5.3.7选择不同的脉冲宽度。

表5.3.7 脉冲宽度选择标准

管径范围(mm)	脉冲宽度(μs)
300～500	4
500～1000	8
1000～1500	12
1500～2000	16
2000～3000	20

5.3.8 探头行进速度不宜超过0.1m/s。在检测过程中应根据被检测管道的规格，在规定采样间隔和管道变异处探头应停止行进，定点采集数据，停顿时间应大于一个扫描周期。

5.3.9 以普查为目的的采样点间距宜为5m，其他检查采样点间距宜为2m，存在异常的管段应加密采样。检测结果应按本规程附录B的格式填写排水管道检测现场记录表，并应按本规程附录C的格式绘制沉积状况纵断面图。

5.4 轮廓判读

5.4.1 规定采样间隔和图形变异处的轮廓图应现场捕捉并进行数据保存。

5.4.2 经校准后的检测断面线状测量误差应小于3%。

5.4.3 声纳检测截取的轮廓图应标明管道轮廓线、管径、管道积泥深度线等信息。

5.4.4 管道沉积状况纵断面图中应包括：路名（或路段名）、井号、管径、长度、流向、图像截取点纵距及对应的积泥深度、积泥百分比等文字说明。纵断面线应包括：管底线、管顶线、积泥高度线和管径的1/5高度线（虚线）。

5.4.5 声纳轮廓图不应作为结构性缺陷的最终评判依据，应采用电视检测方式予以核实或以其他方式检测评估。

6 管道潜望镜检测

6.1 一般规定

6.1.1 管道潜望镜检测宜用于对管道内部状况进行初步判定。

6.1.2 管道潜望镜检测时，管内水位不宜大于管径的1/2，管段长度不宜大于50m。

6.1.3 有下列情形之一时应中止检测：

1 管道潜望镜检测仪器的光源不能够保证影像清晰度时；

2 镜头沾有泥浆、水沫或其他杂物等影响图像质量时；

3 镜头浸入水中，无法看清管道状况时；

4 管道充满雾气影响图像质量时；

5 其他原因无法正常检测时。

6.1.4 管道潜望镜检测的结果仅可作为管道初步评估的依据。

6.2 检 测 设 备

6.2.1 管道潜望镜检测设备应坚固、抗碰撞、防水密封良好，应可以快速、牢固地安装与拆卸，应能够在0℃～＋50℃的气温条件下和潮湿、恶劣的排水管道环境中正常工作。

6.2.2 管道潜望镜检测设备的主要技术指标应符合表6.2.2的规定。

表6.2.2 管道潜望镜检测设备主要技术指标

项 目	技术指标
图像传感器	≥1/4″ CCD，彩色
灵敏度(最低感光度)	≤3勒克斯(lx)
视角	≥45°
分辨率	≥640×480
照度	≥10×LED
图像变形	≤±5%
变焦范围	光学变焦≥10倍，数字变焦≥10倍
存储	录像编码格式：MPEG4、AVI； 照片格式：JPEG

6.2.3 录制的影像资料应能够在计算机上进行存储、回放和截图等操作。

6.3 检 测 方 法

6.3.1 镜头中心应保持在管道竖向中心线的水面以上。

6.3.2 拍摄管道时，变动焦距不宜过快。拍摄缺陷时，应保持摄像头静止，调节镜头的焦距，并连续、清晰地拍摄10s以上。

6.3.3 拍摄检查井内壁时，应保持摄像头无盲点地均匀慢速移动。拍摄缺陷时，应保持摄像头静止，并连续拍摄10s以上。

6.3.4 对各种缺陷、特殊结构和检测状况应作详细判读和记录，并应按本规程附录B的格式填写现场记录表。

6.3.5 现场检测完毕后，应由相关人员对检测资料进行复核并签名确认。

7 传统方法检查

7.1 一 般 规 定

7.1.1 传统方法检查宜用于管道养护时的日常性检查，以大修为目的的结构性检查宜采用电视检测方法。

7.1.2 人员进入排水管道内部检查时，应同时符合下列各项规定：

1 管径不得小于0.8m；

2 管内流速不得大于0.5m/s；

3 水深不得大于0.5m；

4 充满度不得大于50%。

7.1.3 当具备直接量测条件时，应根据需要对缺陷进行测量并予以记录。

7.1.4 当采用传统方法检查不能判别或不能准确判别管道各类缺陷时，应采用仪器设备辅助检查确认。

7.1.5 检查过河倒虹管前，当需要抽空管道时，应先进行抗浮验算。

7.1.6 在检查过程中宜采集沉积物的泥样，并判断管道的异常运行状况。

7.1.7 检查人员进入管内检查时，必须拴有带距离刻度的安全绳，地面人员应及时记录缺陷的位置。

7.2 目 视 检 查

7.2.1 地面巡视应符合下列规定：

1 地面巡视主要内容应包括：

1）管道上方路面沉降、裂缝和积水情况；

2）检查井冒溢和雨水口积水情况；

3）井盖、盖框完好程度；

4）检查井和雨水口周围的异味；

5）其他异常情况。

2 地面巡视检查应按本规程附录B的规定填写检查井检查记录表和雨水口检查记录表。

7.2.2 人员进入管内检查时，应采用摄像或摄影的记录方式，并应符合下列规定：

1 应制作检查管段的标示牌，标示牌的尺寸不宜小于210mm×147mm。标示牌应注明检查地点、起始井编号、结束井编号、检查日期。

2 当发现缺陷时，应在标示牌上注明距离，将标示牌靠近缺陷拍摄照片，记录人应按本规程附录B的要求填写现场记录表。

3 照片分辨率不应低于300万像素，录像的分辨率不应低于30万像素。

4 检测后应整理照片，每一处结构性缺陷应配正向和侧向照片各不少于1张，并对应附注文字说明。

7.2.3 进入管道的检查人员应使用隔离式防毒面具，携带防爆照明灯具和通信设备。在管道检查过程中，管内人员应随时与地面人员保持通信联系。

7.2.4 检查人员自进入检查井开始，在管道内连续工作时间不得超过1h。当进入管道的人员遇到难以穿越的障碍时，不得强行通过，应立即停止

检测。

7.2.5 进入管内检查宜2人同时进行，地面辅助、监护人员不应少于3人。

7.2.6 当待检管道邻近基坑或水体时，应根据现场情况对管道进行安全性鉴定后，检查人员方可进入管道。

7.3 简易工具检查

7.3.1 应根据检查的目的和管道运行状况选择合适的简易工具。各种简易工具的适用范围宜符合表7.3.1的要求。

表7.3.1 简易工具适用范围

简易工具 \ 适用范围	中小型管道	大型以上管道	倒虹管	检查井
竹片或钢带	适用	不适用	适用	不适用
反光镜	适用	适用	不适用	不适用
Z字形量泥斗	适用	适用	适用	不适用
直杆形量泥斗	不适用	不适用	不适用	适用
通沟球（环）	适用	不适用	适用	不适用
激光笔	适用	适用	不适用	不适用

7.3.2 当检查小型管道阻塞情况或连接状况时，可采用竹片或钢带由井口送入管道内的方式进行，人员不宜下井送递竹片或钢带。

7.3.3 在管内无水或水位很低的情况下，可采用反光镜检查。

7.3.4 量泥斗可用于检测管口或检查井内的淤泥和积沙厚度。当采用量泥斗检测时，应符合下列规定：

1 量泥斗用于检查井底或离管口500mm以内的管道内软性积泥厚度量测；

2 当使用Z字形量泥斗检查管道时，应将全部泥斗伸入管口取样；

3 量泥斗的取泥斗间隔宜为25mm，量测积泥深度的误差应小于50mm。

7.3.5 当采用激光笔检测时，管内水位不宜超过管径的三分之一。

7.4 潜水检查

7.4.1 采用潜水方式检查的管道，其管径不得小于1200mm，流速不得大于0.5m/s。

7.4.2 潜水检查仅可作为初步判断重度淤积、异物、树根侵入、塌陷、错口、脱节、胶圈脱落等缺陷的依据。当需确认时，应排空管道并采用电视检测。

7.4.3 潜水检查应按下列步骤进行：

1 获取管径、水深、流速数据，当流速超过本规程第7.4.1条的规定时，应做减速处理；

2 穿戴潜水服和负重压铅，拴安全信号绳并通气作呼吸检查；

3 调试通信装置使之畅通；

4 缓慢下井；

5 管道接口处逐一触摸；

6 地面人员及时记录缺陷的位置。

7.4.4 当遇下列情形之一时，应中止潜水检查并立即出水回到地面。

1 遭遇障碍或管道变形难以通过；

2 流速突然加快或水位突然升高；

3 潜水检查员身体突然感觉不适；

4 潜水检查员接地面指挥员或信绳员停止作业的警报信号。

7.4.5 潜水检查员在水下进行检查工作时，应保持头部高于脚部。

8 管道评估

8.1 一般规定

8.1.1 管道评估应依据检测资料进行。

8.1.2 管道评估工作宜采用计算机软件进行。

8.1.3 当缺陷沿管道纵向的尺寸不大于1m时，长度应按1m计算。

8.1.4 当管道纵向1m范围内两个以上缺陷同时出现时，分值应叠加计算；当叠加计算的结果超过10分时，应按10分计。

8.1.5 管道评估应以管段为最小评估单位。当对多个管段或区域管道进行检测时，应列出各评估等级管段数量占全部管段数量的比例。当连续检测长度超过5km时，应作总体评估。

8.2 检测项目名称、代码及等级

8.2.1 本规程已规定的代码应采用两个汉字拼音首个字母组合表示，未规定的代码应采用与此相同的确定原则，但不得与已规定的代码重名。

8.2.2 管道缺陷等级应按表8.2.2规定分类。

表8.2.2 缺陷等级分类表

缺陷性质 \ 等级	1	2	3	4
结构性缺陷程度	轻微缺陷	中等缺陷	严重缺陷	重大缺陷
功能性缺陷程度	轻微缺陷	中等缺陷	严重缺陷	重大缺陷

8.2.3 结构性缺陷的名称、代码、等级划分及分值应符合表8.2.3的规定。

表 8.2.3　结构性缺陷名称、代码、等级划分及分值

缺陷名称	缺陷代码	定　　义	缺陷等级	缺陷描述	分值
破裂	PL	管道的外部压力超过自身的承受力致使管子发生破裂。其形式有纵向、环向和复合3种	1	裂痕——当下列一个或多个情况存在时： 1）在管壁上可见细裂痕； 2）在管壁上由细裂缝处冒出少量沉积物； 3）轻度剥落	0.5
			2	裂口——破裂处已形成明显间隙，但管道的形状未受影响且破裂无脱落	2
			3	破碎——管壁破裂或脱落处所剩碎片的环向覆盖范围不大于弧长60°	5
			4	坍塌——当下列一个或多个情况存在时： 1）管道材料裂痕、裂口或破碎处边缘环向覆盖范围大于弧长60°； 2）管壁材料发生脱落的环向范围大于弧长60°	10
变形	BX	管道受外力挤压造成形状变异	1	变形不大于管道直径的5％	1
			2	变形为管道直径的5％～15％	2
			3	变形为管道直径的15％～25％	5
			4	变形大于管道直径的25％	10
腐蚀	FS	管道内壁受侵蚀而流失或剥落，出现麻面或露出钢筋	1	轻度腐蚀——表面轻微剥落，管壁出现凹凸面	0.5
			2	中度腐蚀——表面剥落显露粗骨料或钢筋	2
			3	重度腐蚀——粗骨料或钢筋完全显露	5
错口	CK	同一接口的两个管口产生横向偏差，未处于管道的正确位置	1	轻度错口——相接的两个管口偏差不大于管壁厚度的1/2	0.5
			2	中度错口——相接的两个管口偏差为管壁厚度的1/2～1之间	2
			3	重度错口——相接的两个管口偏差为管壁厚度的1～2倍之间	5
			4	严重错口——相接的两个管口偏差为管壁厚度的2倍以上	10
起伏	QF	接口位置偏移，管道竖向位置发生变化，在低处形成洼水	1	起伏高/管径≤20％	0.5
			2	20％<起伏高/管径≤35％	2
			3	35％<起伏高/管径≤50％	5
			4	起伏高/管径>50％	10
脱节	TJ	两根管道的端部未充分接合或接口脱离	1	轻度脱节——管道端部有少量泥土挤入	1
			2	中度脱节——脱节距离不大于20mm	3
			3	重度脱节——脱节距离为20mm～50mm	5
			4	严重脱节——脱节距离为50mm以上	10
接口材料脱落	TL	橡胶圈、沥青、水泥等类似的接口材料进入管道	1	接口材料在管道内水平方向中心线上部可见	1
			2	接口材料在管道内水平方向中心线下部可见	3
支管暗接	AJ	支管未通过检查井直接侧向接入主管	1	支管进入主管内的长度不大于主管直径10％	0.5
			2	支管进入主管内的长度在主管直径10％～20％之间	2
			3	支管进入主管内的长度大于主管直径20％	5
异物穿入	CR	非管道系统附属设施的物体穿透管壁进入管内	1	异物在管道内且占用过水断面面积不大于10％	0.5
			2	异物在管道内且占用过水断面面积为10％～30％	2
			3	异物在管道内且占用过水断面面积大于30％	5

续表 8.2.3

缺陷名称	缺陷代码	定　义	缺陷等级	缺陷描述	分值
渗漏	SL	管外的水流入管道	1	滴漏——水持续从缺陷点滴出，沿管壁流动	0.5
			2	线漏——水持续从缺陷点流出，并脱离管壁流动	2
			3	涌漏——水从缺陷点涌出，涌漏水面的面积不大于管道断面的 1/3	5
			4	喷漏——水从缺陷点大量涌出或喷出，涌漏水面的面积大于管道断面的 1/3	10

注：表中缺陷等级定义区域 X 的范围为 $x\sim y$ 时，其界限的意义是 $x<X\leqslant y$。

8.2.4 功能性缺陷名称、代码、等级划分及分值应　符合表 8.2.4 的规定。

表 8.2.4　功能性缺陷名称、代码、等级划分及分值

缺陷名称	缺陷代码	定　义	缺陷等级	缺陷描述	分值
沉积	CJ	杂质在管道底部沉淀淤积	1	沉积物厚度为管径的 20%～30%	0.5
			2	沉积物厚度为管径的30%～40%	2
			3	沉积物厚度为管径的40%～50%	5
			4	沉积物厚度大于管径的 50%	10
结垢	JG	管道内壁上的附着物	1	硬质结垢造成的过水断面损失不大于 15%； 软质结垢造成的过水断面损失在 15%～25%之间	0.5
			2	硬质结垢造成的过水断面损失在 15%～25%之间； 软质结垢造成的过水断面损失在 25%～50%之间	2
			3	硬质结垢造成的过水断面损失在 25%～50%之间； 软质结垢造成的过水断面损失在 50%～80%之间	5
			4	硬质结垢造成的过水断面损失大于 50%； 软质结垢造成的过水断面损失大于 80%	10
障碍物	ZW	管道内影响过流的阻挡物	1	过水断面损失不大于 15%	0.1
			2	过水断面损失在 15%～25%之间	2
			3	过水断面损失在 25%～50%之间	5
			4	过水断面损失大于 50%	10
残墙、坝根	CQ	管道闭水试验时砌筑的临时砖墙封堵，试验后未拆除或拆除不彻底的遗留物	1	过水断面损失不大于 15%	1
			2	过水断面损失在 15%～25%之间	3
			3	过水断面损失在 25%～50%之间	5
			4	过水断面损失大于 50%	10
树根	SG	单根树根或是树根群自然生长进入管道	1	过水断面损失不大于 15%	0.5
			2	过水断面损失在 15%～25%之间	2
			3	过水断面损失在 25%～50%之间	5
			4	过水断面损失大于 50%	10
浮渣	FZ	管道内水面上的漂浮物（该缺陷需记入检测记录表，不参与计算）	1	零星的漂浮物，漂浮物占水面面积不大于 30%	—
			2	较多的漂浮物，漂浮物占水面面积为 30%～60%	—
			3	大量的漂浮物，漂浮物占水面面积大于 60%	—

注：表中缺陷等级定义的区域 X 的范围为 $x\sim y$ 时，其界限的意义是 $x<X\leqslant y$。

8.2.5 特殊结构及附属设施的名称、代码和定义应符合表 8.2.5 的规定。

表 8.2.5 特殊结构及附属设施名称、代码和定义

名 称	代码	定 义
修复	XF	检测前已修复的位置
变径	BJ	两检查井之间不同直径管道相接处
倒虹管	DH	管道遇到河道、铁路等障碍物，不能按原有高程埋设，而从障碍物下面绕过时采用的一种倒虹型管段
检查井（窨井）	YJ	管道上连接其他管道以及供维护工人检查、清通和出入管道的附属设施
暗井	MJ	用于管道连接，有井室而无井筒的暗埋构筑物
井盖埋没	JM	检查井盖被埋没
雨水口	YK	用于收集地面雨水的设施

8.2.6 操作状态名称和代码应符合表 8.2.6 的规定。

表 8.2.6 操作状态名称和代码

名 称	代码编号	定 义
缺陷开始及编号	KS××	纵向缺陷长度大于 1m 时的缺陷开始位置，其编号应与结束编号对应
缺陷结束及编号	JS××	纵向缺陷长度大于 1m 时的缺陷结束位置，其编号应与开始编号对应
入水	RS	摄像镜头部分或全部被水淹
中止	ZZ	在两附属设施之间进行检测时，由于各种原因造成检测中止

8.3 结构性状况评估

8.3.1 管段结构性缺陷参数应按下列公式计算：

当 $S_{max} \geqslant S$ 时， $F = S_{max}$ (8.3.1-1)

当 $S_{max} < S$ 时， $F = S$ (8.3.1-2)

式中：F——管段结构性缺陷参数；

S_{max}——管段损坏状况参数，管段结构性缺陷中损坏最严重处的分值；

S——管段损坏状况参数，按缺陷点数计算的平均分值。

8.3.2 管段损坏状况参数 S 的确定应符合下列规定：

1 管段损坏状况参数应按下列公式计算：

$$S = \frac{1}{n}\left(\sum_{i_1=1}^{n_1} P_{i_1} + \alpha \sum_{i_2=1}^{n_2} P_{i_2}\right) \quad (8.3.2\text{-}1)$$

$$S_{max} = \max\{P_i\} \quad (8.3.2\text{-}2)$$

$$n = n_1 + n_2 \quad (8.3.2\text{-}3)$$

式中：n——管段的结构性缺陷数量；

n_1——纵向净距大于 1.5m 的缺陷数量；

n_2——纵向净距大于 1.0m 且不大于 1.5m 的缺陷数量；

P_{i_1}——纵向净距大于 1.5m 的缺陷分值，按表 8.2.3 取值；

P_{i_2}——纵向净距大于 1.0m 且不大于 1.5m 的缺陷分值，按表 8.2.3 取值；

α——结构性缺陷影响系数，与缺陷间距有关。当缺陷的纵向净距大于 1.0m 且不大于 1.5m 时，$\alpha = 1.1$。

2 当管段存在结构性缺陷时，结构性缺陷密度应按下式计算：

$$S_M = \frac{1}{SL}\left(\sum_{i_1=1}^{n_1} P_{i_1} L_{i_1} + \alpha \sum_{i_2=1}^{n_2} P_{i_2} L_{i_2}\right) \quad (8.3.2\text{-}4)$$

式中：S_M——管段结构性缺陷密度；

L——管段长度（m）；

L_{i_1}——纵向净距大于 1.5m 的结构性缺陷长度（m）；

L_{i_2}——纵向净距大于 1.0m 且不大于 1.5m 的结构性缺陷长度（m）。

8.3.3 管段结构性缺陷等级的确定应符合表 8.3.3-1 的规定。管段结构性缺陷类型评估可按表 8.3.3-2 确定。

表 8.3.3-1 管段结构性缺陷等级评定对照表

等级	缺陷参数 F	损坏状况描述
Ⅰ	$F \leqslant 1$	无或有轻微缺陷，结构状况基本不受影响，但具有潜在变坏的可能
Ⅱ	$1 < F \leqslant 3$	管段缺陷明显超过一级，具有变坏的趋势
Ⅲ	$3 < F \leqslant 6$	管段缺陷严重，结构状况受到影响
Ⅳ	$F > 6$	管段存在重大缺陷，损坏严重或即将导致破坏

表 8.3.3-2 管段结构性缺陷类型评估参考表

缺陷密度 S_M	<0.1	0.1～0.5	>0.5
管段结构性缺陷类型	局部缺陷	部分或整体缺陷	整体缺陷

8.3.4 管段修复指数应按下式计算：

$$RI = 0.7 \times F + 0.1 \times K + 0.05 \times E + 0.15 \times T \quad (8.3.4)$$

式中：RI——管段修复指数；

K——地区重要性参数，可按表 8.3.4-1 的规定确定；

E——管道重要性参数，可按表 8.3.4-2 的规定确定；

T——土质影响参数，可按表 8.3.4-3 的规定确定。

表 8.3.4-1 地区重要性参数 K

地 区 类 别	K 值
中心商业、附近具有甲类民用建筑工程的区域	10
交通干道、附近具有乙类民用建筑工程的区域	6
其他行车道路、附近具有丙类民用建筑工程的区域	3
所有其他区域或 $F<4$ 时	0

表 8.3.4-2 管道重要性参数 E

管 径 D	E 值
$D>1500$mm	10
1000mm$<D\leqslant$1500mm	6
600mm$\leqslant D\leqslant$1000mm	3
$D<600$mm 或 $F<4$	0

表 8.3.4-3 土质影响参数 T

土质	一般土层或 $F=0$	粉砂层	湿陷性黄土			膨胀土			淤泥类土		红黏土
			Ⅳ级	Ⅲ级	Ⅰ，Ⅱ级	强	中	弱	淤泥	淤泥质土	
T 值	0	10	10	8	6	10	8	6	10	8	8

8.3.5 管段的修复等级应符合表 8.3.5 的规定。

表 8.3.5 管段修复等级划分

等级	修复指数 RI	修复建议及说明
Ⅰ	$RI\leqslant1$	结构条件基本完好，不修复
Ⅱ	$1<RI\leqslant4$	结构在短期内不会发生破坏现象，但应做修复计划
Ⅲ	$4<RI\leqslant7$	结构在短期内可能会发生破坏，应尽快修复
Ⅳ	$RI>7$	结构已经发生或即将发生破坏，应立即修复

8.4 功能性状况评估

8.4.1 管段功能性缺陷参数应按下列公式计算：

当 $Y_{max}\geqslant Y$ 时， $G=Y_{max}$ (8.4.1-1)

当 $Y_{max}<Y$ 时， $G=Y$ (8.4.1-2)

式中：G——管段功能性缺陷参数；

Y_{max}——管段运行状况参数，功能性缺陷中最严重处的分值；

Y——管段运行状况参数，按缺陷点数计算的功能性缺陷平均分值。

8.4.2 运行状况参数的确定应符合下列规定：

1 管段运行状况参数应按下列公式计算：

$$Y=\frac{1}{m}\left(\sum_{j_1=1}^{m_1}P_{j_1}+\beta\sum_{j_2=1}^{m_2}P_{j_2}\right) \quad (8.4.2\text{-}1)$$

$$Y_{max}=\max\{P_j\} \quad (8.4.2\text{-}2)$$

$$m=m_1+m_2 \quad (8.4.2\text{-}3)$$

式中：m——管段的功能性缺陷数量；

m_1——纵向净距大于 1.5m 的缺陷数量；

m_2——纵向净距大于 1.0m 且不大于 1.5m 的缺陷数量；

P_{j_1}——纵向净距大于 1.5m 的缺陷分值，按表 8.2.4 取值；

P_{j_2}——纵向净距大于 1.0m 且不大于 1.5m 的缺陷分值，按表 8.2.4 取值；

β——功能性缺陷影响系数，与缺陷间距有关；当缺陷的纵向净距大于 1.0m 且不大于 1.5m 时，$\beta=1.1$。

2 当管段存在功能性缺陷时，功能性缺陷密度应按下式计算：

$$Y_M=\frac{1}{YL}\left(\sum_{j_1=1}^{m_1}P_{j_1}L_{j_1}+\beta\sum_{j_2=1}^{m_2}P_{j_2}L_{j_2}\right) \quad (8.4.2\text{-}4)$$

式中：Y_M——管段功能性缺陷密度；

L——管段长度；

L_{j_1}——纵向净距大于 1.5m 的功能性缺陷长度；

L_{j_2}——纵向净距大于 1.0m 且不大于 1.5m 的功能性缺陷长度。

8.4.3 管段功能性缺陷等级评定应符合表 8.4.3-1 的规定。管段功能性缺陷类型评估可按表 8.4.3-2 确定。

表 8.4.3-1 功能性缺陷等级评定

等级	缺陷参数	运行状况说明
Ⅰ	$G\leqslant1$	无或有轻微影响，管道运行基本不受影响
Ⅱ	$1<G\leqslant3$	管道过流有一定的受阻，运行受影响不大
Ⅲ	$3<G\leqslant6$	管道过流受阻比较严重，运行受到明显影响
Ⅳ	$G>6$	管道过流受阻很严重，即将或已经导致运行瘫痪

表 8.4.3-2　管段功能性缺陷类型评估

缺陷密度 Y_M	<0.1	0.1~0.5	>0.5
管段功能性缺陷类型	局部缺陷	部分或整体缺陷	整体缺陷

8.4.4　管段养护指数应按下式计算：

$$MI = 0.8 \times G + 0.15 \times K + 0.05 \times E \tag{8.4.4}$$

式中：MI——管段养护指数；

K——地区重要性参数，可按表 8.3.4-1 的规定确定；

E——管道重要性参数，可按表 8.3.4-2 的规定确定。

8.4.5　管段的养护等级应符合表 8.4.5 的规定。

表 8.4.5　管段养护等级划分

养护等级	养护指数 MI	养护建议及说明
Ⅰ	$MI \leqslant 1$	没有明显需要处理的缺陷
Ⅱ	$1 < MI \leqslant 4$	没有立即进行处理的必要，但宜安排处理计划
Ⅲ	$4 < MI \leqslant 7$	根据基础数据进行全面的考虑，应尽快处理
Ⅳ	$MI > 7$	输水功能受到严重影响，应立即进行处理

9　检查井和雨水口检查

9.0.1　检查井检查应在管道检测之前进行。

9.0.2　检查井检查的基本内容应符合表 9.0.2-1 的规定，雨水口检查的基本内容应符合表 9.0.2-2 的规定。检查井和雨水口检查时应现场填写记录表格，并应符合本规程附录 B 的规定。

表 9.0.2-1　检查井检查的基本项目

	外部检查	内部检查
检查项目	井盖埋没	链条或锁具
	井盖丢失	爬梯松动、锈蚀或缺损
	井盖破损	井壁泥垢
	井框破损	井壁裂缝
	盖框间隙	井壁渗漏
	盖框高差	抹面脱落
	盖框突出或凹陷	管口孔洞
	跳动和声响	流槽破损
	周边路面破损、沉降	井底积泥、杂物
	井盖标示错误	水流不畅
	道路上的井室盖是否为重型井盖	浮渣
	其他	其他

表 9.0.2-2　雨水口检查的基本项目

	外部检查	内部检查
检查项目	雨水箅丢失	铰或链条损坏
	雨水箅破损	裂缝或渗漏
	雨水口框破损	抹面剥落
	盖框间隙	积泥或杂物
	盖框高差	水流受阻
	孔眼堵塞	私接连管
	雨水口框突出	井体倾斜
	异臭	连管异常
	路面沉降或积水	防坠网
	其他	其他

9.0.3　塑料检查井检查的内容除应符合本规程第 9.0.2 条的规定以外，还应检查井筒变形、接口密封状况。

9.0.4　当对检查井内两条及以上的进水管道或出水管道进行排序时，应符合下列规定：

1　检查井内出水管道应采用罗马数字Ⅰ、Ⅱ……按逆时针顺序分别表示；

2　检查井内进水管道应以出水管道Ⅰ为起点，按顺时针方向采用大写英文字母 A、B、C……顺序分别表示；

3　当在垂直方向有重叠管道时，应按其投影到井底平面的先后顺序进行排序；

4　各流向的管道编号应采用与之相连的下游井或上游井的编号标注。

10　成果资料

10.0.1　检测工作结束后应编写检测与评估报告。

10.0.2　检测与评估报告的基本内容应符合下列规定：

1　应描述任务及管道概况，包括任务来源、检测与评估的目的和要求、被检管段的平面位置图、被检管段的地理位置、地质条件、检测时的天气和环境、检测日期、主要参与人员的基本情况、实际完成的工作量等；

2　应记录现场踏勘成果，应按本规程附录 C 的要求绘制排水管道沉积状况纵断面图，应按本规程附录 D 的要求填写排水管道缺陷统计表、管段状况评估表、检查井检查情况汇总表；

3　应按本规程附录 D 的要求填写排水管道检测成果表；

4　应说明现场作业和管道评估的标准依据、采用的仪器和技术方法，以及其他应说明的问题及处理措施；

5 应提出检测与评估的结论与建议。

10.0.3 提交的检测与评估资料应包括下列内容：

1 任务书、技术设计书。

2 所利用的已有成果资料。

3 现场工作记录资料，包括：

1）检测单位、监督单位等代表签字的证明资料；

2）排水管道现场踏勘记录、检测现场记录表、检查井检查记录表、雨水口检查记录表、工作地点示意图、现场照片。

4 检测与评估报告。

5 影像资料。

附录A 检测影像资料版头格式和基本内容

A.0.1 当对每一管段摄影前，检测录像资料开始时，应编写并录制检测影像资料版头对被检测管段进行文字标注，检测影像资料版头格式和基本内容应按图A编制。当软件为中文显示时，可不录入代码。

任务名称/编号（RWMC/XX）：

检测地点（JCDD）：

检测日期（JCRQ）： 年 月 日

起始井编号-结束井编号：（X号井-Y号井）

检测方向（JCFX）：顺流（SL），逆流（NL）

管道类型（GDLX）：雨水（Y），污水（W），雨污合流（H）

管材（GC）：

管径（GJ/mm）：

检测单位：

检测员：

图A 检测影像资料版头格式和基本内容

附录B 现场记录表

B.0.1 排水管道检测现场记录应按表B.0.1填写。

表B.0.1 排水管道检测现场记录表

任务名称： 第 页 共 页

录像文件		管段编号		→		检测方法	
敷设年代		起点埋深				终点埋深	
管段类型		管段材质				管段直径	
检测方向		管段长度				检测长度	
检测地点						检测日期	

距离（m）	缺陷名称或代码	等级	位置	照片序号	备注
其他					

检测员： 监督人员： 校核员： 年 月 日

B.0.2 检查井检查记录应按表 B.0.2 填写。

表 B.0.2 检查井检查记录表

任务名称：　　　　　　　　　　　　　　　　　　第　页　共　页

检测单位名称							检查井编号		
埋设年代		性质		井材质		井盖形状		井盖材质	
检查内容									
	外部检查		内部检查						
1	井盖埋没		链条或锁具						
2	井盖丢失		爬梯松动、锈蚀或缺损						
3	井盖破损		井壁泥垢						
4	井框破损		井壁裂缝						
5	盖框间隙		井壁渗漏						
6	盖框高差		抹面脱落						
7	盖框突出或凹陷		管口孔洞						
8	跳动和声响		流槽破损						
9	周边路面破损、沉降		井底积泥、杂物						
10	井盖标示错误		水流不畅						
11	是否为重型井盖（道路上）		浮渣						
12	其他		其他						
备注									

检测员：　　记录员：　　校核员：　　检查日期：　　　　年　月　日

B.0.3 雨水口检查记录应按表 B.0.3 填写。

表 B.0.3 雨水口检查记录表

任务名称：　　　　　　　　　　　　　　　　　　第　页　共　页

检测单位名称					雨水口编号				
埋设年代		材质		雨水箅形式		雨水箅材质		下游井编号	
检查内容									
	外部检查		内部检查						
1	雨水箅丢失		铰或链条损坏						
2	雨水箅破损		裂缝或渗漏						
3	雨水口框破损		抹面剥落						
4	盖框间隙		积泥或杂物						
5	盖框高差		水流受阻						
6	孔眼堵塞		私接连管						
7	雨水口框突出		井体倾斜						
8	异臭		连管异常						
9	路面沉降或积水		防坠网						
10	其他		其他						

检测员：　　记录员：　　校核员：　　检查日期：　　　　年　月　日

附录C　排水管道沉积状况纵断面图格式

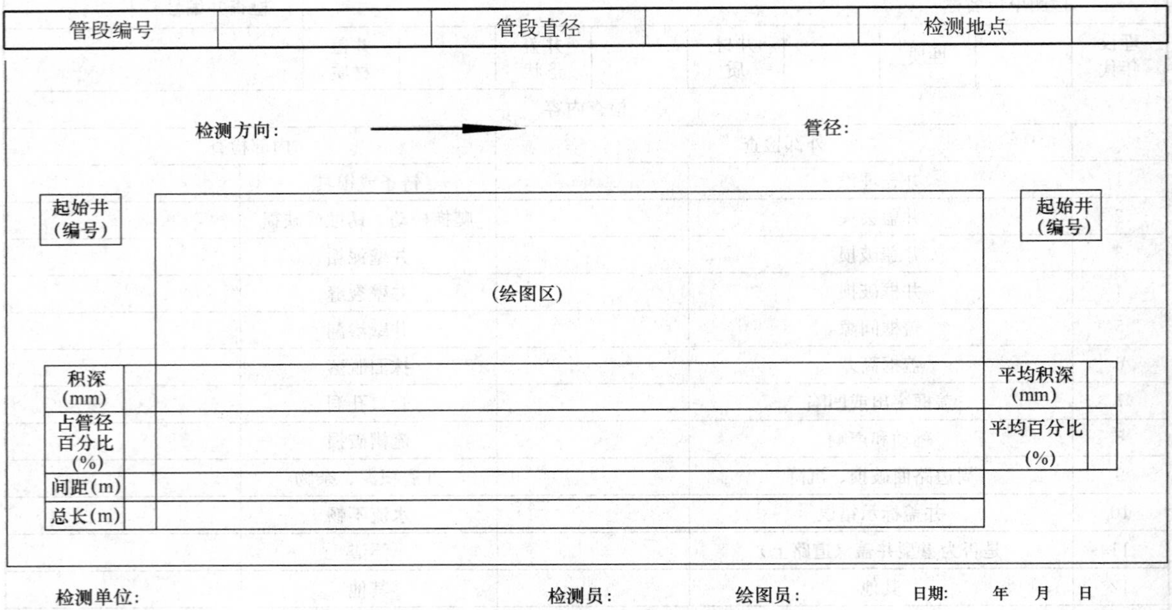

管段编号
管段直径
检测地点
检测方向:
管径:
起始井
(编号)
起始井
(编号)
(绘图区)
积深
(mm)
占管径
百分比
(%)
间距(m)
总长(m)
平均积深
(mm)
平均百分比
(%)
检测单位:
检测员:
绘图员:
日期:　年　月　日

图C　排水管道沉积状况纵断面图格式

附录D　检测成果表

D.0.1　排水管道缺陷统计应按表D.0.1填写。

表D.0.1　排水管道缺陷统计表

(结构性缺陷/功能性缺陷)

序号	管段编号	管径	材质	检测长度（m）	缺陷距离（m）	缺陷名称及位置	缺陷等级

D.0.2 管段状况评估应按表 D.0.2 填写。

表 D.0.2 管段状况评估表

任务名称： 第 页 共 页

管段	管径（mm）	长度（m）	材质	埋深（m）		结构性缺陷						功能性缺陷					
				起点	终点	平均值 S	最大值 S_{max}	缺陷等级	缺陷密度	修复指数 RI	综合状况评价	平均值 Y	最大值 Y_{max}	缺陷等级	缺陷密度	养护指数 MI	综合状况评价

检测单位：

D.0.3 检查井检查情况汇总应按表 D.0.3 填写。

表 D.0.3 检查井检查情况汇总表

任务名称： 第 页 共 页

序号	检查井类型	材质	单位	数量	其中非道路下数量	完好数量	井盖井座缺失数量	井内有杂物数量	井内有缺损数量	盖框突出或凹陷数量	井室周围填土有沉降数量	备注
1	雨水口											
2	检查井											
3	连接暗井											
4	溢流井											
5	跌水井											
6	水封井											
7	冲洗井											
8	沉泥井											
9	闸门井											
10	潮门井											
11	倒虹管											
12	其他											

检测单位：

D.0.4 排水管道检测成果应按表 D.0.4 填写。

表 D.0.4 排水管道检测成果表

序号：　　　　　　　　　　　　　　　　　　　　　　　　　　　　检测方法：

录像文件		起始井号		终止井号	
敷设年代		起点埋深		终点埋深	
管段类型		管段材质		管段直径	
检测方向		管段长度		检测长度	
修复指数		养护指数			
检测地点				检测日期	
距离（m）	缺陷名称代码	分值	等级	管道内部状况描述	照片序号或说明
备注					
照片1：			照片2：		

检测单位：

本规程用词说明

1　为便于在执行本规程条文时区别对待，对于要求严格程度不同的用词说明如下：

1）表示很严格，非这样做不可的用词：
正面词采用“必须”，反面词采用“严禁”；

2）表示严格，在正常情况下均应这样做的用词：
正面词采用“应”，反面词采用“不应”或“不得”；

3）表示允许稍有选择，在条件许可时首先应这样做的用词：
正面词采用“宜”，反面词采用“不宜”；

4）表示有选择，在一定条件下可以这样做的用词，采用“可”。

2　条文中指明应按其他有关标准执行的写法为“应按……执行”或“应符合……的规定”。

引用标准名录

1 《爆炸性气体环境用电气设备》GB 3836

2 《城镇排水管道维护安全技术规程》CJJ 6

3 《城镇排水管渠与泵站维护技术规程》CJJ 68

中华人民共和国行业标准

城镇排水管道检测与评估技术规程

CJJ 181—2012

条　文　说　明

制 订 说 明

《城镇排水管道检测与评估技术规程》CJJ 181-2012经住房和城乡建设部2012年7月19日第1439号公告批准、发布。

本规程制订过程中，编制组进行了认真细致的调查研究，总结了我国城镇排水管道检测与评估的实践经验，同时参考了国外先进技术法规、技术标准。

为便于广大设计、施工、科研、学校等单位有关人员在使用本规程时能正确理解和执行条文规定，《城镇排水管道检测与评估技术规程》编制组按章、节、条顺序编制了本规程的条文说明，对条文规定的目的、依据以及执行中需注意的有关事项进行了说明，还着重对强制性条文的强制性理由作了解释。但是，本条文说明不具备与规程正文同等的法律效力，仅供使用者作为理解和把握规程规定的参考。

目　次

1 总　　则

1.0.1 排水管道在施工和运营过程中，管道破坏和变形的情况时有发生。不均匀沉降和环境因素引起的管道结构性缺陷和功能性缺陷，致使排水管道不能发挥应有的作用，污水跑、冒、漏，阻断交通，给城市建设和人民生活带来不便。当暴雨来袭，雨水不能及时排除，大城市屡成泽国，很多特大城市几乎逢雨便淹，突显了管道排水不畅的问题。

为了能够最大限度地发挥现有管道的排水能力，延长管道的使用寿命，对现有的排水管道进行定期和专门性的检测，是及时发现排水管道安全隐患的有效措施，是制定管网养护计划和修复计划的依据。

传统的排水管道结构状况和功能状况的检查方法所受制约因素多，检查效果差，成本高。闭路电视（CCTV）等仪器检测技术，无需人员下井，能准确地检测出管道结构状况和功能状况。目前，CCTV 等内窥检测技术已不仅在旧管道状况普查中广泛使用，在新建排水管道移交验收检查中也得到了应用。

随着排水管道检测业务的增加，越来越多的企业进入了排水管道检测行业。不同企业的仪器设备和操作人员专业技能、管理制度差别较大。由于没有统一的检测规程和评估标准，对于同样的管道，检测结果和评估结论存在差别，这种状况不利于排水管道的修复和养护计划的制定。

为了发展和规范管道的内窥检测技术，规范行业的检测行为，保证检测质量，统一评估方法，保证检测成果的有效性，适应社会的发展需要，为管道修复和养护提供依据，保证城市排水管网安全运行，制定本规程。

1.0.2 本规程适用于公共排水管道的检测和评估，企事业单位、居住小区内部的排水管道可参照执行。

1.0.4 排水管道检测和评估是排水管道管理与维护的重要组成部分。检测和评估工作在实施的过程中，涉及施工、管理、检测、修复和养护，另外还涉及道路、交通、航运等相关行业。因此，排水管道的检测和评估除遵守本规程外，还应遵守国家及地方的相关标准。

2 术语和符号

2.1 术　　语

2.1.1 闭路电视系统是指通过闭路电视录像的形式，将摄像设备置于排水管道内，拍摄影像数据传输至计算机后，在终端电视屏幕上进行直观影像显示和影像记录存储的图像通信检测系统。检测系统一般包括摄像系统、灯光系统、爬行器、线缆卷盘、控制器、计算机及相关软件。

2.1.2 声纳检测是通过声纳设备以水为介质对管道内壁进行扫描，扫描结果经计算机处理得出管道内部的过水断面状况。声纳检测系统包括水下扫描单元（安装在漂浮、爬行器上）、声学处理单元、高分辨率彩色监视器和计算机。

2.1.3 管道潜望镜也叫电子潜望镜，它通过操纵杆将高放大倍数的摄像头放入检查井或隐蔽空间，能够清晰地显示管道裂纹、堵塞等内部状况。设备由探照灯、摄像头、控制器、伸缩杆、视频成像和存储单元组成。

2.1.4 排水管道检测主要是针对管道内部的检查，管道的缺陷位置定位描述是检测工作的成果体现，缺陷的环向位置定位描述是检测评估工作的重要内容之一，是管道修复和养护设计方案的重要依据。本条规定缺陷的环向位置采用时钟表示法。

2.1.6 当检测过程中发现疑点，此时摄像机的取景方向需偏离轴向观察管壁，即爬行器停止行进，定点拍摄的方式。

2.1.7 管道的结构性缺陷是指管体结构本身出现损伤，如变形、破裂、错口等。结构性缺陷需要通过修复才能消除。

2.1.8 管道的功能性缺陷是指影响排水管道过流能力的缺陷，如沉积、障碍物、树根等。功能性缺陷可以通过管道养护得到改善。

2.1.14 检查井又称窨井，是排水管道附属构筑物。为了与习惯称呼一致，本规程所指的检查井是排水管道上井类的附属构筑物，不仅指最常见的排水管道检查井，还包括排水管道上其他各种类型和用途的井。

3 基 本 规 定

3.0.1 鉴于检测与评估的技术含量较高，具有一定的风险性，本规程依据相关的法律法规，对从事检测的单位资质和人员资格进行规定，这既是规范行业秩序需要，也是保证检测成果质量的需要。

3.0.3 排水管道检查有多种方式，每种方式有一定的适用性。

电视检测主要适用于管道内水位较低状态下的检测，能够全面检查排水管道结构性和功能性状况。

声纳检测只能用于水下物体的检测，可以检测积泥、管内异物，对结构性缺陷检测有局限性，不宜作为缺陷准确判定和修复的依据。

管道潜望镜检测主要适用于设备安放在管道口位置进行的快速检测，对于较短的排水管可以得到较为清晰的影像资料，其优点是速度快、成本低，影像既可以现场观看、分析，也便于计算机储存。

传统方法检查中，人员进入管道内检测主要适用于管径大于 800mm 以上的管道。存在作业环境恶劣、劳动强度大、安全性差的缺点。

当需要时采用两种以上的方法可以互相取长补短。例如采用声纳检测和电视检测互相配合可以同时测得水面以上和水面以下的管道状况。

3.0.4 管道功能性状况检查的方法相对简单，加上管道积泥情况变化较快，所以功能性状况的普查周期较短；管道结构状况变化相对较慢，检查技术复杂、费用较高，故检查周期较长。本条规定参考了《城镇排水管渠与泵站维护技术规程》CJJ 68－2007 第3.3.4条。

3.0.8 本条所规定的现场踏勘内容是管道检测前现场调查的基本内容，是制定检测技术方案的基础资料。第3款所规定的内容，是管道内窥检测工作进行时对管网信息的核实和补充，是城市数字化管理必备的基础资料。

3.0.9 检测方案是检测任务实施的指导性文件，其中包括人员组成方案（负责人、检测人员、资料分析人员等）、技术方案（检测方法、封堵导流的措施、管道清洗方法、进度安排等）、安全方案（安全总体要求、现场危险因素分析、安全措施预案等）等。此外，根据任务量大小还有现场保护方案、后勤保障方案等等。对有些任务简单、时间短的管道检测可不制订复杂的方案。

3.0.10 在检测前根据检测方案对管道进行预处理是必需的一个程序，如封堵、吸污、清洗、抽水等。预处理的好坏对检测结果影响很大，甚至决定检测结果的准确性。

检测仪器和工具保持良好状态是确保检测工作顺利进行的必备条件。除了日常对检测仪器、工具的养护和定期检校以外，在现场检测前还要对仪器设备进行自检，确保其完好率达100%，以免影响检测作业的正常进行，从而保证检测成果的质量。

检测时，应在现场创造条件，使显示的图像清晰可见，为现场的初步判读提供条件。

检测结束后应清理和保养设备，施工后的现场应和施工前一样，不得在操作地点留下抛弃物。每天外出前和返回时，应核查物品，做到外出不遗忘回归不遗留。

3.0.11 管道缺陷所在环向位置用时钟表示的方法。前两位数字表示从几点（正点小时）位置开始，后两位表示到几点（正点小时）位置结束。如果缺陷处在某一点上就用00代替前两位，后两位数字表示缺陷点位，示例参见图1。

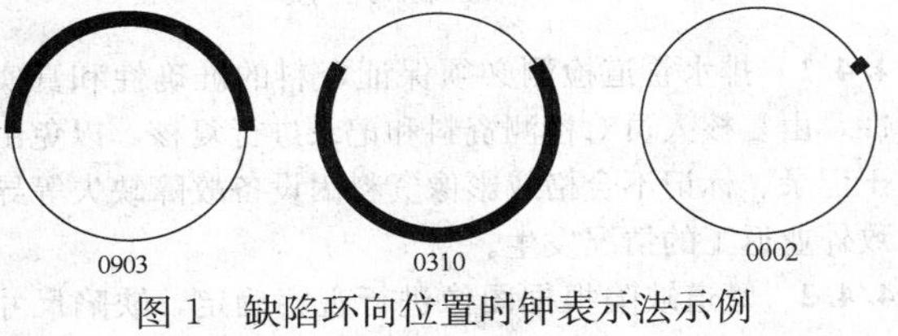

图1 缺陷环向位置时钟表示法示例

3.0.12 为了管道修复时在地面上对缺陷进行准确定位，误差不超过±0.5m，能够保证在1m的修复范围内找到缺陷。

3.0.13 检测时，缺陷纵向距离定位所用的计量单位应为米。对于进口仪器，原仪器的长度单位可能是英尺、码等，本条规定统一采用米为纵向距离的计量单位。电缆长度计数最低计量单位为0.1m的规定是保证缺陷定位精度的要求。

3.0.14 影像资料版头是指在每一管段采用电视检测或管道潜望镜检测等摄影之前，检测录像资料开始时，对被检测管段的文字标注。如果软件是中文显示，则无需录入代码。版头应录制在被检测管道影像资料的最前端，并与被检测管道的影像资料连续，保证被检测管道原始资料的真实性和可追溯性。

3.0.15 管道检测的影像记录应该连续、完整，不应有连接、剪辑的处理过程。在全部的影像记录画面上应始终含有本条所规定的同步镶嵌的文字内容，这是保证资料真实性的有效措施之一。如果不是中文操作系统，则应显示状态代码，例如检测结束时，应在画面上明显位置输入简写代码“JCJS”，检测中止时应在画面上明显位置输入简写代码“JCZZ”，并注明无法完成检测的原因。

3.0.17 为了保证管道检测成果的真实性和有效性，有条件的地方应该实行监督机制。监督方可以是业主，也可以是委托的第三方。

3.0.19 管道检测时，除了检测工作以外，现场还有大量准备性和辅助性的作业，例如堵截、吸污、清洗、抽水等。由于排水管道内部环境恶劣，气体成分复杂，常常存在有毒和易燃、易爆气体，稍有不慎或检测设备防爆性差，容易造成人员中毒或爆炸伤人事故；现场检测工作人员的数量不得少于2人，一是为了保证安全，二是为了工作方便，互相校核，保证资料的正确性和完整性。此条规定涉及人身安全和设施安全，是必须执行的强制性条款。

3.0.24 检测成果资料属于技术档案，是国家技术档案的重要组成部分。《建设工程文件归档整理规范》GB/T 50328、《城镇排水管渠与泵站维护技术规程》CJJ 68－2007和《城市地下管线探测技术规程》CJJ 61－2003等国家相关标准中对档案管理的技术要求都是排水管道检测资料归档管理的依据。

4 电视检测

4.1 一般规定

4.1.1 管道内水位是指管内底以上水面的高度。电视检测应具备的条件是管道内无水或者管道内水位很低。所以电视检测时，管道内的水位越低越好。但是水位降得越低，难度越大。经过大量的案例实践，将水位高规定为管道直径20%，能够解决90%以上的管道缺陷检查问题，相关费用也可以接受。

4.1.2 管道内水位太高，水面下部检测不到，检测效果大打折扣，检测前应对管道实施封堵和导流，使管内水位达到第4.1.1条规定的要求，主要是为了最大限度露出管道结构。管道检测前，封堵、吸污、清洗、导流等准备性和辅助性的作业都应该遵守《城镇排水管道维护安全技术规程》CJJ 6和《城镇排水管渠与泵站维护技术规程》CJJ 68的有关规定。

4.1.3 结构性检测是在管道内壁无污物遮盖的情况下拍摄管道内水面以上的内壁状况，疏通的目的是保证“爬行器”在管段全程内正常行走，无障碍物阻挡；清洗的目的是露出管道内壁结构，以便观察到结构缺陷。

4.1.4 管道在检测过程中可能遇到各种各样的问题，致使检测工作难以进行，如果强行进行则不能保证检测质量。因此，当碰到本条列举的现象（不局限于这几种现象）时，应中止检测，待排除故障后再继续进行。

4.2 检测设备

4.2.2 根据目前检测市场的状况，存在检测设备不能满足检测质量的基本要求，并且设备存在一定的操作危险性。所以本条对CCTV检测设备规定了基本要求。

电缆的抗拉力要求是为防止CCTV检测设备进入管道内部后不能自动退回，要求电缆线具备最小的收缩拉力，根据实际的作业情况，规定最小的抗拉力为2kN，以保证CCTV检测设备在必要时手动收回。

4.2.4 缺陷距管口的距离是描述管道缺陷的基本参数，也是制定管道修复和养护计划的依据。因此管道检测设备的距离测量功能和精度是基本的要求。

4.3 检测方法

4.3.1 爬行器的行进方向与水流方向一致，可以减少行进阻力，也可以消除爬行器前方的壅水现象，有利于检测进行，提高检测效果。

4.3.2 检测大管径时，镜头的可视范围大，行进速度可以大一些；但是速度过快可能导致检测人员无法及时发现管道缺陷，故规定管径不大于200mm时行进速度不宜超过0.1m/s，管径大于200mm时行进速度不宜超过0.15m/s。

4.3.3 我国的排水管道断面形状主要为圆形和矩形，蛋形管道国内少有，本条没有特别强调管道断面形状；圆形管道为“偏离应不大于管径的10%”，矩形管渠为“偏离应不大于短边的10%”。

4.3.4 由于视角误差，爬行器在管口存在位置差，补偿设置应按管径不同而异，视角不同时差别不同。如果某段管道检测因故中途停止，排除故障后接着检测，则距离应该与中止前检测距离一致，不应重新将计数器归零。

将载有镜头的爬行器摆放在检测起始位置后，在开始检测前，将计数器归零。对于大口径管道检测，应对镜头视角造成的检测起点与管道起始点的位置差做补偿设置。

摄像头从起始检查井进入管道，摄像头的中线与管道的轴线重合。计数器的距离设置为从管道在检查井的入口点到摄像头聚焦点的长度，这个距离随镜头的类型和排水管道的直径不同而异。

计数器归零的补偿设置方法示意参见图2。

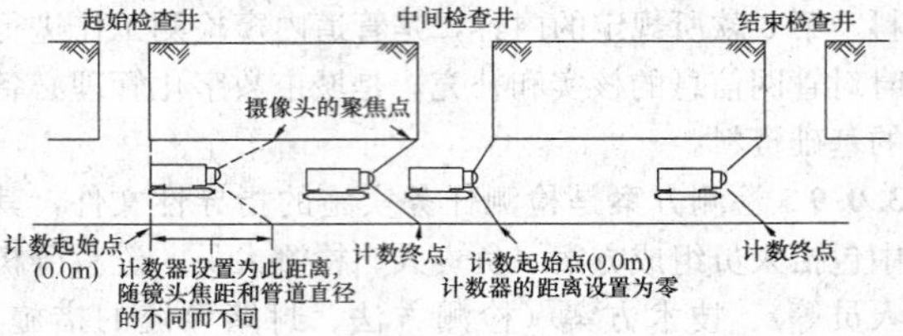

图2 计数器归零的补偿设置方法示意图

4.3.5 一段管道检测完毕后，计数器显示的距离数值可能与电缆上的标记长度有差异，为此应该进行修正，以减少距离误差。

4.3.6 在检测过程中，由于设备调整不当，会发生摄影的图像位置反向或变位，致使判读困难，故本条予以规定。

4.3.7 摄像镜头变焦时，图像则变得模糊不清。如果在爬行器行进过程中，使用镜头的变焦功能，则由于图像模糊，看不清缺陷情况，很可能将存在的缺陷遗漏而不能记录下来。所以当需要使用变焦功能协助操作员看清管道缺陷时，爬行器应保持在静止状态。镜头的焦距恢复到最短焦距位置是指需要爬行器继续行进时，应先将焦距恢复到正常状态。

4.3.9 本条规定检测的录像资料应连续完整，不能有画面暂停、间断记录、画面剪接的现象，防止发生资料置换、代用行为。

4.3.10 检测过程中发现缺陷时，爬行器应停止行进，停留10s以上拍摄图像，以确保图像的清晰和完整，为以后的判读和研究提供可靠资料。

4.3.11 现场检测工作应该填写记录表，这既是检测工作的需要，也是检测过程可追溯的依据之一。本规程规定了现场记录表的基本内容，以免由于记录的检测信息不完整或不合格而导致外业返工的情况发生。

4.4 影像判读

4.4.1 排水管道检测必须保证资料的准确性和真实性，由复核人员对检测资料和记录进行复核，以免由于记录、标记不合格或影像资料因设备故障缺失等导致外业返工的情况发生。

4.4.2 管道缺陷根据图像进行观察确定，缺陷尺寸无法直接测量。因此对于管道缺陷尺寸的判定，主要是根据参照物的尺寸采用比照的方法确定。

4.4.3 无法确定的缺陷类型主要是指本规程第 8 章所列缺陷没有包括或在同一处具有 2 种以上管道缺陷特征且又难以定论时，应在评估报告中加以说明。

4.4.4 由于在评估报告中需附缺陷图片，采用现场抓取时可以即时进行调节，直至获得最佳的图片，保证检测结果的质量。

5 声 纳 检 测

5.1 一 般 规 定

5.1.1 水吸收声纳波的能力很差，利用水和其他物质对声波的吸收能力不同，主动声纳装置向水中发射声波，通过接收水下物体的反射回波发现目标。目标距离可通过发射脉冲和回波到达的时间差进行测算，经计算机处理后，形成管道的横断面图，可直观了解管道内壁及沉积的概况。声纳检测的必要条件是管道内应有足够的水深，300mm 的水深是设备淹没在水下的最低要求。《城镇排水管渠与泵站维护技术规程》CJJ 68－2007 第 3.3.11 条也规定，“采用声纳检测时，管内水深不宜小于 300mm”。

5.2 检 测 设 备

5.2.1 为了保证声纳设备的检测效果，检测时设备应保持正确的方位。“不易滚动或倾斜”是指探头的承载设备应具有足够的稳定性。

5.2.2 声纳系统包括水下探头、连接电缆和带显示器声纳处理器。探头可安装在爬行器、牵引车或漂浮筏上，使其在管道内移动，连续采集信号。每一个发射/接收周期采样 250 点，每一个 360°旋转执行 400 个周期。探头的行进速度不宜超过 0.1m/s。

用于管道检测的声纳解析能力强，检测系统的角解析度为 0.9°（1 密位），即该系统将一次检测的一个循环（圆周）分为 400 密位；而每密位又可分解成 250 个单位；因此，在 125mm 的管径上，解析度为 0.5mm，而在直径达 3m 的上限也可测得 12mm 的解析度。

5.2.3 倾斜和滚动传感器校准在±45°范围内，如果超过这个范围所得读数将不可靠。在安装声纳设备时应严格按照要求，否则会造成被检测的管道图像颠倒。

5.3 检 测 方 法

5.3.1 声纳检测是以水为介质，声波在不同的水质中传播速度不同，反射回来所显示的距离也不同。故在检测前，应从被检管道中取水样，根据测得的实际声波速度对系统进行校准。

5.3.2 探头的推进方向除了行进阻力有差别外，顺流行进与逆流行进相比，更易于使探头处于中间位置，故规定“宜与水流方向一致”。

5.3.3 探头扫描的起始位置应设置在管口，将计数器归零。如果管道检测中途停止后需继续检测，则距离应该与中止前检测距离一致，不应重新将计数器归零。

5.3.4 在距管段起始、终止检查井处应进行 2m～3m 长度的重复检测，其目的是消除扫描盲区。

5.3.5 声纳探头的位置处采用镂空的漂浮器避免声波受阻的做法目前在国内外被普遍采用并取得良好效果。

5.3.7 脉冲宽度是扫描感应头发射的信号宽度，可在百万分之一秒内完成测量，它从 4μs 到 20μs 范围内被分为五个等级。本条列出的是典型的脉冲宽度和测量范围。

5.3.9 普查是为了某种特定的目的而专门组织的一次性全面调查，工作量大，费用高。根据实践，声纳用于管道沉积状况的检查时，普查的采样点间隔距离定为 5m，其他检查采样点的间距为 2m，一般情况下可以完整地反映管段的沉积状况。当遇到污泥堵塞等异常情况时，则应加密采样。排水管道沉积状况纵断面图示例参见图 3。

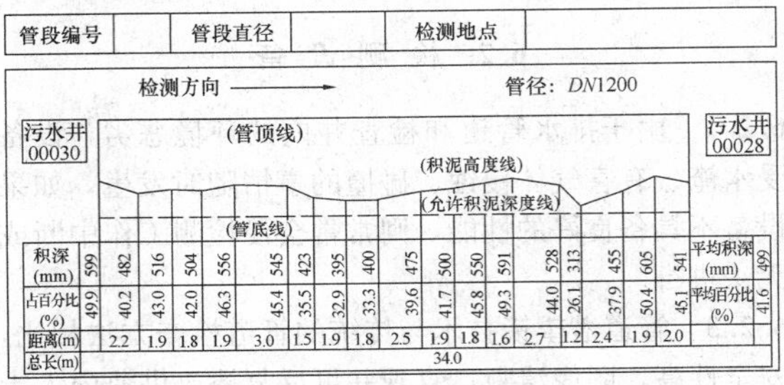

图 3 排水管道沉积状况纵断面图示例

5.4 轮 廓 判 读

5.4.1 声纳检测图形应现场捕捉，并进行数据保存，其目的是为了后续的内业进一步解读。规定的采样间隔应按本规程第 5.3.9 条设置，它是保证沉积纵断面图绘制质量的基本要求。

5.4.2 本条规定当绘制检测成果图时，图形表示的线性长度与实际物体线性长度的误差应小于 3%。

5.4.4 用虚线表示的管径 1/5 高度线即管内淤积的允许深度线，又称及格线。

5.4.5 声纳检测除了能够提供专业的扫描图像对管道断面进行量化外，还能结合计算确定管道淤积程度、淤泥体积、淤积位置，计算清淤工程量。这种方法用于检测管道内部过水断面，从而了解管道功能性缺陷。声纳检测的优势在于可不断流进行检测，不足之处在于其仅能检测水面以下的管道状况，不能检测管道的裂缝等细节的结构性问题，故声纳轮廓图不应作为结构性缺陷的最终评判依据。

6 管道潜望镜检测

6.1 一 般 规 定

6.1.2 管道潜望镜只能检测管内水面以上的情况，管内水位越深，可视的空间越小，能发现的问题也就越少。光照的距离一般能达到 30m～40m，一侧有效的观察距离大约仅为 20m～30m，通过两侧的检测便能对管道内部情况进行了解，所以规定管道长度不宜大于 50m。

6.1.4 管道潜望镜检测是利用电子摄像高倍变焦的技术，加上高质量的聚光、散光灯配合进行管道内窥检测，其优点是携带方便，操作简单。由于设备的局限，这种检测主要用来观察管道是否存在严重的堵塞、错口、渗漏等问题。对细微的结构性问题，不能提供很好的成果。如果对管道封堵后采用这种检测方法，能迅速得知管道的主要结构问题。对于管道里面有疑点的、看不清楚的缺陷需要采用闭路电视在管道内部进行检测，管道潜望镜不能代替闭路电视解决管道检测的全部问题。

6.2 检 测 设 备

6.2.1 由于排水管道和检查井内的环境恶劣，设备受水淹、有害气体侵蚀、碰撞的事情随时发生，如果设备不具备良好的性能，则常常会使检测工作中断或无法进行。

6.2.3 管道潜望镜技术与传统的管道检查方法相比，安全性高，图像清晰，直观并可反复播放供业内人士研究，及时了解管道内部状况。因此，对于管道潜望镜检测依然要求录制影像资料，并且能够在计算机上对该资料进行操作。

6.3 检 测 方 法

6.3.1 镜头保持在竖向中心线是为了在变焦过程中能比较清晰地看清楚管道内的整个情况，镜头保持在水面以上是观察的必要条件。

6.3.2 管道潜望镜检测的方法：将镜头摆放在管口并对准被检测管道的延伸方向，镜头中心应保持在被检测管道圆周中心（水位低于管道直径 1/3 位置或无水时）或位于管道圆周中心的上部（水位不超过管道直径 1/2 位置时），调节镜头清晰度，根据管道的实际情况，对灯光亮度进行必要的调节，对管道内部的状况进行拍摄。

拍摄管道内部状况时通过拉伸镜头的焦距，连续、清晰地记录镜头能够捕捉的最大长度，如果变焦过快看不清楚管道状况，容易晃过缺陷，造成缺陷遗漏；当发现缺陷后，镜头对准缺陷调节焦距直至清晰显示时保持静止 10s 以上，给准确判读留有充分的资料。

6.3.3 拍摄检查井内壁时，由于镜头距井壁的距离短，镜头移动速度对观察的效果影响很大，故应保持缓慢、连续、均匀地移动镜头，才能得到井内的清晰图像。

7 传统方法检查

7.1 一 般 规 定

7.1.1 排水管道检测已有很长的历史，传统的管道检查方法有很多，这些方法适用范围窄，局限性大，很难适应管道内水位很高的情况，几种传统检查方法的特点见表 1。

表 1 排水管道传统检查方法及特点

检查方法	适用范围和局限性
人员进入管道检查	管径较大、管内无水、通风良好，优点是直观，且能精确测量；但检测条件较苛刻，安全性差
潜水员进入管道检查	管径较大，管内有水，且要求低流速，优点是直观；但无影像资料、准确性差
量泥杆（斗）法	检测井和管道口处淤积情况，优点是直观速度快；但无法测量管道内部情况，无法检测管道结构损坏情况
反光镜法	管内无水，仅能检查管道顺直和垃圾堆集情况，优点是直观、快速，安全；但无法检测管道结构损坏情况，有垃圾堆集或障碍物时，则视线受阻

传统的排水管道养护检查的主要方法为打开井盖，用量泥杆（或量泥斗）等简易工具检查排水管道检查口处的积泥深度，以此判定整个管道的积泥情况。该方法不能检测管道内部的结构和功能性状况，如管道内部结垢、障碍物、破裂等。显然，传统方法已不能满足排水管道内部状况的检查。

新的管道检测技术与传统的管道检查技术相比，主要有安全性高、图像清晰、直观并可反复播放供业内人士研究的特点，为管道修复方案的科学决策提供了有力的帮助。但电视检测技术对环境要求很高，特别是在作管道结构完好性检查时，必须是在低水位条件下，且要求在检测前需对管道进行清洗，这需要相应的配合工作。

本条规定结构性检查“宜”采用电视检测方法，主要是考虑人员进入管内检查的安全性差和工作条件恶劣等情况，有条件时尽量不采用人员进入管内检查。当采用人员进入管道内检查时，则检查所测的数据和拍摄的照片同样是结构性检查的可靠成果。

7.1.2 由于维护作业人员躬身高度一般在1m左右，直径800mm是人员能够在管道内躬身行走的最小尺寸，且作业人员长时间在小于800mm的管道中躬身，行动不便、呼吸不畅、操作困难；流速大于0.5m/s时，作业人员无法站稳，行走困难，作业难度和危险性随之增加，作业人员的人身安全没有保障。本条引用《城镇排水管渠与泵站维护技术规程》CJJ 68—2007第3.3.8条。

7.1.3 人工进入管内检查时，主要是凭眼睛观察并对管道缺陷进行描述，但是对裂缝宽度等缺陷尺寸的确定，应直接量测，定量化描述。

7.1.4 有些传统检查方法仅能得到粗略的结果，例如观察同一管段两端检查井内的水位，可以确定管道是否堵塞；观察检查井内的水质成分变化，如上游检查井中为正常的雨污水，下游检查井内如流出的是黄泥浆水，说明管道中间有断裂或塌陷，但是断裂和塌陷的具体状况仅通过这种观察法不能确定，需另外采用仪器设备（如闭路电视、管道潜望镜等）进行确认检查。

7.1.5 过河管道在水面以下，受到水的浮力作用。由于过河管道上部的覆盖层厚度经过河水的冲刷可能变化较大，覆盖层厚度不足，一旦管道被抽空后，管顶覆土的下压力不足以抵抗浮力时，管道将会上浮，造成事故。因此，水下管道需要抽空进行检测时，首先应对现场的管道埋设情况进行调查，抗浮验算满足要求后才能进行抽空作业。

7.1.7 检查人员进入管内检查，应该拴有距离刻度的安全绳，一方面是在发生意外的情况下，帮助检查人员撤离管道，保障检查人员的安全；另一方面是检查人员发现管道缺陷向地面记录人员报告情况时，地面人员确定缺陷的距离。此条规定涉及人身安全，是必须执行的强制性条款。

7.2 目 视 检 查

7.2.1 地面巡视可以观察沿线路面是否有凹陷或裂缝及检查井地面以上的外观情况。第1款中“检查井和雨水口周围的异味”是指是否存在有毒和可燃性气体。

7.2.2 人员进入管道内观察检查时，要求采用摄影或摄像的方式记录缺陷状况。距离标示（包括垂直标线、距离数字）与标示牌相结合，所拍摄的影像资料才具有可追溯性的价值，才能对缺陷反复研究、判读，为制定修复方案提供真实可靠的依据。文字说明应按照现场检测记录表的内容详细记录缺陷位置、属性、代码、等级和数量。

7.2.3 隔离式防毒面具是一种使呼吸器官可以完全与外界空气隔绝，面具内的储氧瓶或产氧装置产生的氧气供人呼吸的个人防护器材。这种供氧面具可以提供充足的氧气，通过面罩保持了人体呼吸器官及眼面部与环境危险空气之间较好的隔绝效果，具备较高的防护系数，多用于环境空气中污染物毒性强、浓度高、性质不明或氧含量不足等高危险性场所和受作业环境限制而不易达到充分通风换气的场所以及特殊危险场所作业或救援作业。当使用供压缩空气的隔离式防护装具时，应由专人负责检查压力表，并做好记录。

氧气呼吸器也称储氧式防毒面具，以压缩气体钢瓶为气源，钢瓶中盛装压缩氧气。根据呼出气体是否排放到外界，可分为开路式和闭路式氧气呼吸器两大类。前者呼出气体直接经呼气活门排放到外界，由于使用氧气呼吸装具时呼出的气体中氧气含量较高，造成排水管道内的氧含量增加，当管道内存在易燃易爆气体时，氧含量的增加导致发生燃烧和爆炸的可能性加大。基于以上因素，《城镇排水管道维护安全技术规程》CJJ 6-2009第6.0.1条规定“井下作业时，应使用隔离式防护面具，不应使用过滤式防毒面具和半隔离式防护面具以及氧气呼吸设备”。

在管道检查过程中，地面人员应密切注意井下情况，不得擅自离开，随时使用有线或无线通信设备进行联系。当管道内人员发生不测时，及时救助，确保管内人员的安全。

7.2.4 下井作业工作环境恶劣，工作面狭窄，通气性差，作业难度大，工作时间长，危险性高，有的存有一定浓度的有毒有害气体，作业稍有不慎或疏忽大意，极易造成操作人员中毒的死亡事故。因此，井下作业如需时间较长，应轮流下井，如井下作业人员有头晕、腿软、憋气、恶心等不适感，必须立即上井休息。本条规定管内检查人员的连续工作时间不超过1h，既是保障检查人员身心健康和安全的需要，也是保障检测工作质量的需要。如果遇到难以穿越的障碍时强行通过，发生险情时则难以及时撤出和施救，对检查人员没有安全保障。此条规定涉及人身安全，是必须执行的强制性条款。

7.2.5 管内检查要求2人一组同时进行，主要是控制灯光、测量距离、画标示线、举标示牌和拍照需要互相配合，另外对于不安全因素能够及时发现，互相提醒；地面配备的人员应由联系观察人员、记录人员和安全监护人员组成。

7.2.6 基坑工程特别是深基坑工程，坑壁变形、坑壁裂缝、坑壁坍塌的事情时有发生，如果管道敷设在该影响区域内或毗邻水体，存在安全隐患，在未进行管道安全性鉴定的情况下，检查人员不得进入管内作业。此条是强制性条款。

7.3 简易工具检查

7.3.2 用人力将竹片、钢条等工具推入管道内，顶推淤积阻塞部位或扰动沉积淤泥，既可以检查管道阻塞情况，又可达到疏通的目的。竹片至今还是我国疏通小型管道的主要工具。竹片（玻璃钢竹片）检查或疏通适用于管径为 200mm～800mm 且管顶距地面不超过 2m 的管道。

7.3.3 通过反光镜把日光折射到管道内，观察管道的堵塞、错口等情况。采用反光镜检查时，打开两端井盖，保持管内足够的自然光照度，宜在晴朗的天气时进行。反光镜检查适用于直管，较长管段则不适合使用。镜检用于判断管道是否需要清洗和清洗后的评价，能发现管道的错口、径流受阻和塌陷等情况。

7.3.4 量泥斗在上海应用大约始于 20 世纪 50 年代，适用于检查稀薄的污泥。量泥斗主要由操作手柄、小漏斗组成；漏斗滤水小口的孔径大约 3mm，过小来不及漏水，过大会使污泥流失；漏斗上口离管底的高度依次为 5、7.5、10、12.5、15、17.5、20、22.5、25cm，参见图 4。量泥斗按照使用部位可分为直杆形和 Z 字形两种，前者用于检查井积泥检测，后者用于管内积泥检测；Z 字形量泥斗的圆钢被弯折成 Z 字形，其水平段伸入管内的长度约为 50cm；使用时漏斗上口应保持水平，参见图 5。

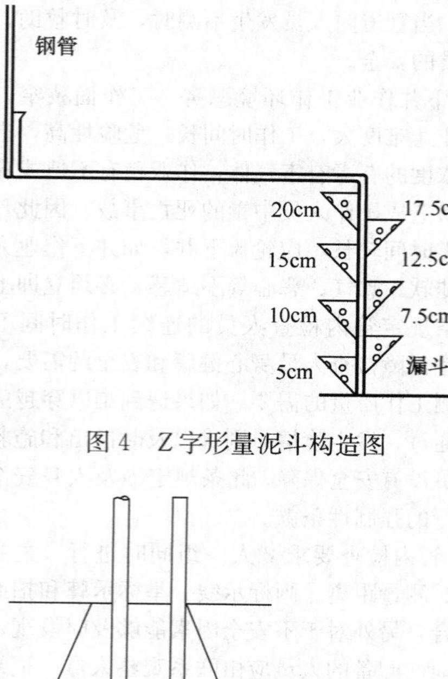

图 4　Z 字形量泥斗构造图

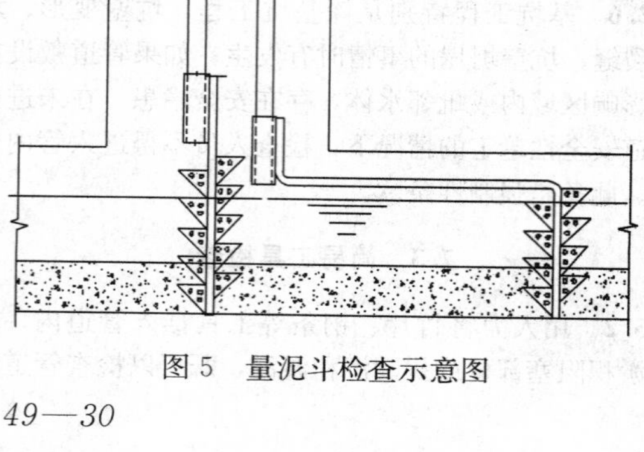

图 5　量泥斗检查示意图

7.3.5 激光笔是利用激光穿透性强的特点，在一端检查井内沿管道射出光线，另一端检查井内能否接收到激光点，可以检查管道内部的通透性情况。该工具可定性检查管道严重沉积、塌陷、错口等堵塞性的缺陷。

7.4 潜水检查

7.4.1 引自《城镇排水管渠与泵站维护技术规程》CJJ 68－2007 第 3.3.12 条。

7.4.2 大管径排水管道由于封堵、导流困难，检测前的预处理工作难度大，特别是满水时为了急于了解管道是否出现问题，有时采用潜水员触摸的方式进行检测。潜水检查一般是潜水员沿着管壁逐步向管道深处摸去，检查管道是否出现裂缝、脱节、异物等状况，待返回地面后凭借回忆报告自己检查的结果，主观判断占有很大的因素，具有一定的盲目性，不但费用高，而且无法对管道内的状况进行正确、系统的评估。故本条规定，当发现缺陷后应采用电视检测方法进行确认。

7.4.3 每次潜水作业前，潜水员必须明确了解自己的潜水深度、工作内容及作业部位。在潜水作业前，须对潜水员进行体格检查，并仔细询问饮食、睡眠、情绪、体力等情况。

潜水员在潜水前必须扣好安全信号绳，并向信绳员讲清操作方法和注意事项。潜水员发现情况时，应及时通过安全信号绳或用对讲机向地面人员报告，并由地面记录员当场记录。

当采用空气饱和模式潜水时，潜水员宜穿着轻装式潜水服，潜水员呼吸应由地面储气装置通过脐带管供给，气压表在潜水员下井前应进行调校。在潜水员下潜作业中，应由专人观察气压表。

当采用自携式呼吸器进行空气饱和潜水时，潜水员本人在下水前应佩带后仔细检查呼吸设备。

潜水员发现问题及时向地面报告并当场记录，目的是避免回到地面凭记忆讲述时会忘记许多细节，也便于地面指挥人员及时向潜水员询问情况。

7.4.4 本条所列的几种情况将影响到潜水员的生命安全，故规定出现这些情况时应中止检测，回到地面。

8　管道评估

8.1 一般规定

8.1.1 管道评估应根据检测资料进行。本条所述的检测资料包括现场记录表、影像资料等。

8.1.2 由于管道评估是根据检测资料对缺陷进行判读打分，填写相应的表格，计算相关的参数，工作繁琐。为了提高效率，提倡采用计算机软件进行管道的评估工作。

8.1.4 当缺陷是连续性缺陷（纵向破裂、变形、纵向腐蚀、起伏、纵向渗漏、沉积、结垢）且长度大于1m时，按实际长度计算；当缺陷是局部性缺陷（环向破裂、环向腐蚀、错口、脱节、接口材料脱落、支管暗接、异物穿入、环向渗漏、障碍物、残墙、坝根、树根）且纵向长度不大于1m时，长度按1m计算。当在1m长度内存在两个及以上的缺陷时，该1m长度内各缺陷分值叠加，如果叠加值大于10分，按10分计算，叠加后该1m长度的缺陷按一个缺陷计算（相当于一个综合性缺陷）。

8.2 检测项目名称、代码及等级

8.2.1 本规程的代码根据缺陷、结构或附属设施名称的两个关键字的汉语拼音字头组合表示，已规定的代码在本规程中列出。由于我国地域辽阔，情况复杂，当出现本规程未包括的项目时，代码的确定原则应符合本条的规定。代码主要用于国外进口仪器的操作软件不是中文显示时使用，如软件是中文显示时则可不采用代码。

8.2.2 本规程规定的缺陷等级主要分为4级，根据缺陷的危害程度给予不同的分值和相应的等级。分值和等级的确定原则是：具有相同严重程度的缺陷具有相同的等级。

8.2.3 结构性缺陷中，管道腐蚀的缺陷等级数量定为3个等级，接口材料脱落的缺陷等级数量定为2个等级。当腐蚀已经形成了空洞，钢筋变形，这种程度已经达到4级破裂，即将坍塌，此时该缺陷在判读上和4级破裂难以区分，故将第4级腐蚀缺陷纳入第4级破裂，不再设第4级腐蚀缺陷。接口材料脱落的缺陷，细微差别在实际工作中不易区别，胶圈接口材料的脱落在管内占的面积比例不高，为了方便判读，仅区分水面以上和水面以下胶圈脱落两种情况，分为两个等级，结构性缺陷说明见表2。

表2 结构性缺陷说明

缺陷名称	代码	缺陷说明	等级数量
破裂	PL	管道的外部压力超过自身的承受力致使管材发生破裂。其形式有纵向、环向和复合三种	4
变形	BX	管道受外力挤压造成形状变异，管道的原样被改变（只适用于柔性管）。 变形率=(管内径－变形后最小内径)÷管内径×100% 《给水排水管道工程施工及验收规范》GB 50268—2008第4.5.12条第2款“钢管或球墨铸铁管道的变形率超过3%时，化学建材管道的变形率超过5%时，应挖出管道，并会同设计单位研究处理”。这是新建管道变形控制的规定。对于已经运行的管道，如按照这个规定则很难实施，且费用也难以保证。为此，本规程规定的变形率不适用于新建管道的接管验收，只适用于运行管道的检测评估	4
腐蚀	FS	管道内壁受侵蚀而流失或剥落，出现麻面或露出钢筋。管道内壁受到有害物质的腐蚀或管道内壁受到磨损。管道水面上部的腐蚀主要来自于排水管道中的硫化氢气体所造成的腐蚀。管道底部的腐蚀主要是由于腐蚀性液体和冲刷的复合性的影响造成	3
错口	CK	同一接口的两个管口产生横向偏离，未处于管道的正确位置。两根管道的套口接头偏离，邻近的管道看似“半月形”	4
起伏	QF	接口位下沉，使管道坡度发生明显的变化，形成洼水。造成弯曲起伏的原因既包括管道不均匀沉降引起，也包含施工不当造成的。管道因沉降等因素形成洼水（积水）现象，按实际水深占管道内径的百分比记入检测记录表	3
脱节	TJ	两根管道的端部未充分接合或接口脱离。由于沉降，两根管道的套口接头未充分推进或接口脱离。邻近的管道看似“全月形”	4
接口材料脱落	TL	橡胶圈、沥青、水泥等类似的接口材料进入管道。进入管道底部的橡胶圈会影响管道的过流能力	2
支管暗接	AJ	支管未通过检查井而直接侧向接入主管	3
异物穿入	CR	非管道附属设施的物体穿透管壁进入管内。侵入的异物包括回填土中的块石等压破管道、其他结构物穿过管道、其他管线穿越管道等现象。与支管暗接不同，支管暗接是指排水支管未经检查井接入排水主管	3
渗漏	SL	管道外的水流入管道或管道内的水漏出管道。由于管内水漏出管道的现象在管道内窥检测中不易发现，故渗漏主要指来源于地下的（按照不同的季节）或来自于邻近漏水管的水从管壁、接口及检查井壁流入	4

8.2.4 功能性缺陷的有关说明见表3。管道结构性缺陷等级划分及样图见表4，管道功能性缺陷等级划分及样图见表5。

表3 功能性缺陷说明

缺陷名称	代码	缺陷说明	等级数量
沉积	CJ	杂质在管道底部沉淀淤积。水中的有机或无机物，在管道底部沉积，形成了减少管道横截面面积的沉积物。沉积物包括泥沙、碎砖石、固结的水泥砂浆等	4
结垢	JG	管道内壁上的附着物。水中的污物，附着在管道内壁上，形成了减少管道横截面面积的附着堆积物	4
障碍物	ZW	管道内影响过流的阻挡物，包括管道内坚硬的杂物，如石头、柴板、树枝、遗弃的工具、破损管道的碎片等。障碍物是外部物体进入管道内，单体具有明显的、占据一定空间尺寸的特点。结构性缺陷中的异物穿入，是指外部物体穿透管壁进入管内，管道结构遭受破坏，异物位于结构破坏处。支管暗接指另一根排水管道没有按照规范要求从检查井接入排水管道，而是将排水管道打洞接入。沉积是指细颗粒物质在管道中逐渐沉淀累积而成，具有一定的面积。结垢也是细颗粒污物附着在管壁上，在侧壁和底部均可存在	4
残墙、坝根	CQ	管道闭水试验时砌筑的临时砖墙封堵，试验后未拆除或拆除不彻底的遗留物	4
树根	SG	单个树根或树根群自然生长进入管道。树根进入管道必然伴随着管道结构的破坏，进入管道后又影响管道的过流能力。对过流能力的影响按照功能性缺陷计算，对管道结构的破坏按照结构性缺陷计算	4
浮渣	FZ	管道内水面上的漂浮物。该缺陷须记入检测记录表，不参与计算	3

表4 管道结构性缺陷等级划分及样图

缺陷名称：破裂	缺陷代码：PL		缺陷类型：结构性
定义：管道的外部压力超过自身的承受力致使管子发生破裂，其形式有纵向、环向和复合三种			
等级	缺陷描述	分值	样图
1	裂痕：当下列一个或多个情况存在时： 1）在管壁上可见细裂痕； 2）在管壁上由细裂缝处冒出少量沉积物； 3）轻度剥落	0.5	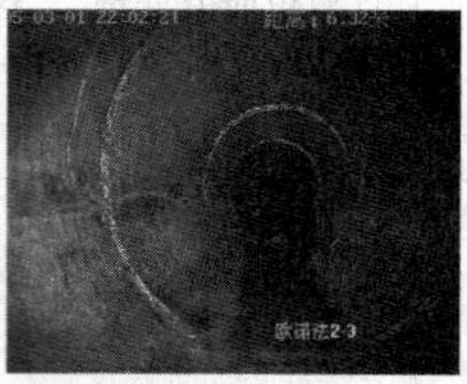
2	裂口：破裂处已形成明显间隙，但管道的形状未受影响且破裂无脱落	2	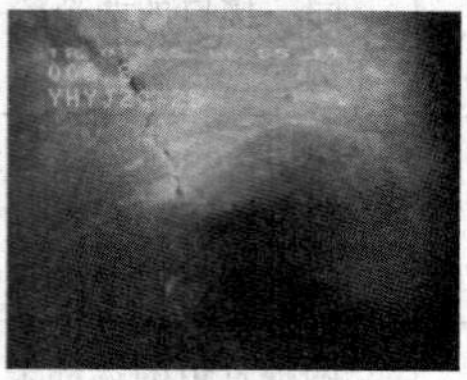
3	破碎：管壁破裂或脱落处所剩碎片的环向覆盖范围不大于弧长60°	5	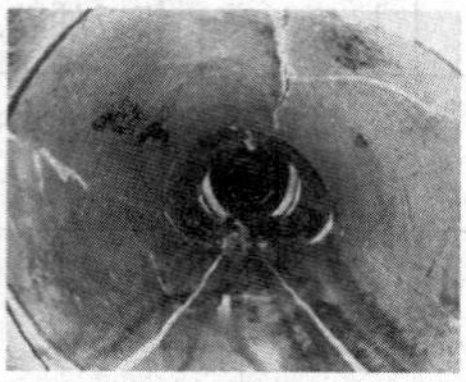
4	坍塌：当下列一个或多个情况存在时： 1）管道材料裂痕、裂口或破碎处边缘环向覆盖范围大于弧长60°； 2）管壁材料发生脱落的环向范围大于弧长60°	10	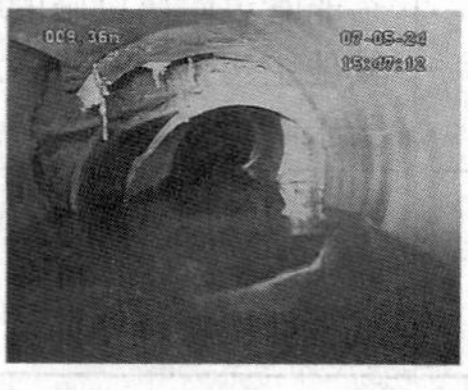

续表 4

缺陷名称：变形	缺陷代码：BX		缺陷类型：结构性
定义：管道受外力挤压造成形状变异			
等级	缺陷描述	分值	样图
1	变形不大于管道直径的 5%	1	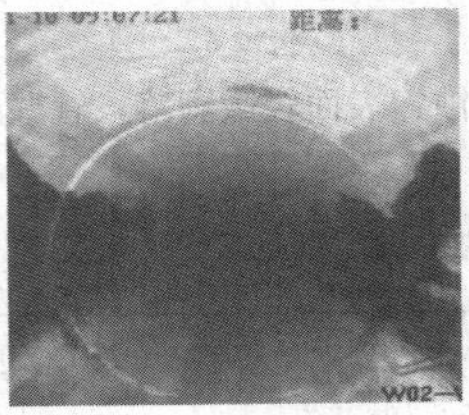
2	变形为管道直径的 5%～15%	2	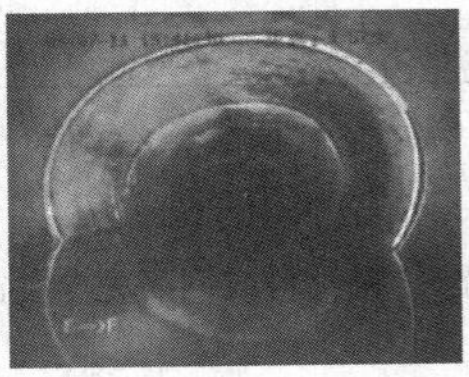
3	变形为管道直径的 15%～25%	5	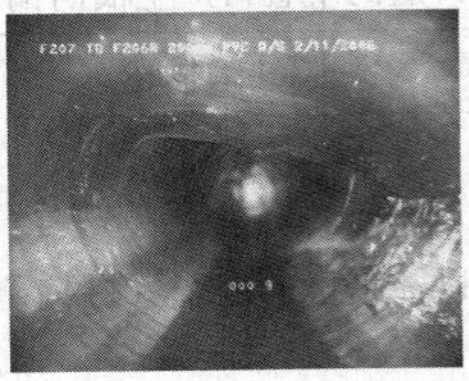
4	变形大于管道直径的 25%	10	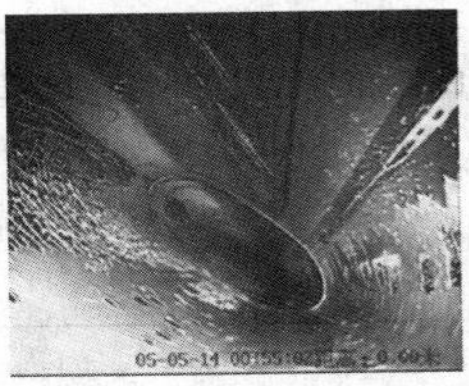
备注	1. 此类型的缺陷只适用于柔性管； 2. 变形的百分率确认需以实际测量为基础； 3. 变形率=(管内径－变形后最小内径)÷管内径×100%		

续表 4

缺陷名称：腐蚀	缺陷代码：FS		缺陷类型：结构性
定义：管道内壁受侵蚀而流失或剥落，出现麻面或露出钢筋			
等级	缺陷描述	分值	样图
1	轻度腐蚀：表面轻微剥落，管壁出现凹凸面	0.5	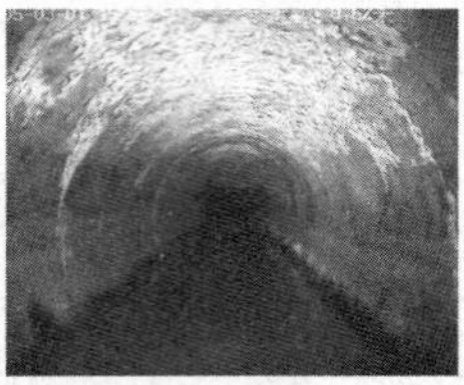
2	中度腐蚀：表面剥落显露粗骨料或钢筋	2	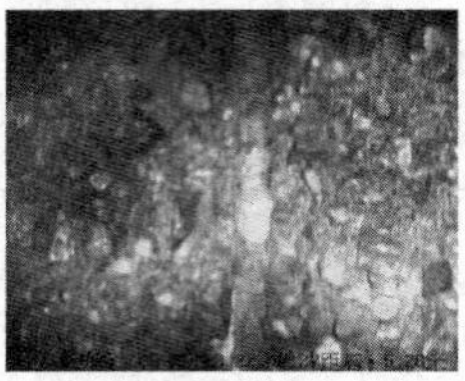
3	重度腐蚀：粗骨料或钢筋完全显露	5	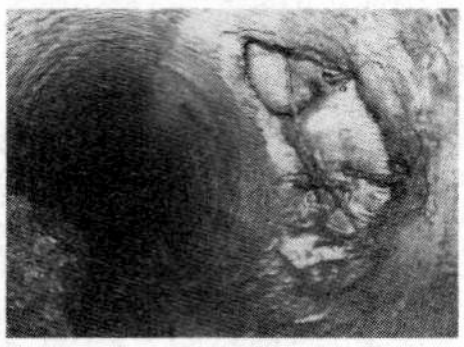

缺陷名称：错口	缺陷代码：CK		缺陷类型：结构性
定义：同一接口的两个管口产生横向偏差，未处于管道的正确位置			
等级	缺陷描述	分值	样图
1	轻度错口：相接的两个管口偏差不大于管壁厚度的 1/2	0.5	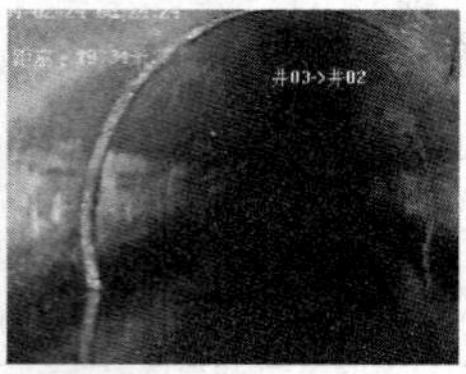
2	中度错口：相接的两个管口偏差为管壁厚度的 1/2～1 之间	2	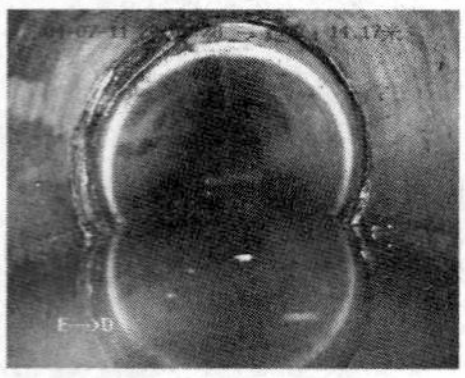
3	重度错口：相接的两个管口偏差为管壁厚度的 1～2 倍之间	5	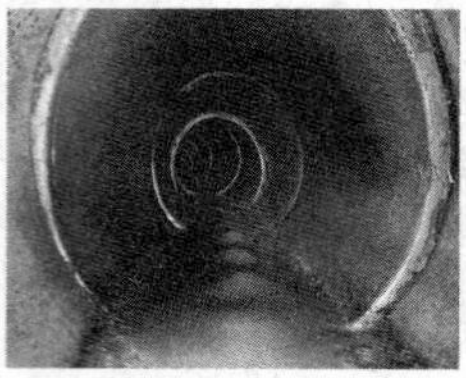
4	严重错口：相接的两个管口偏差为管壁厚度的 2 倍以上	10	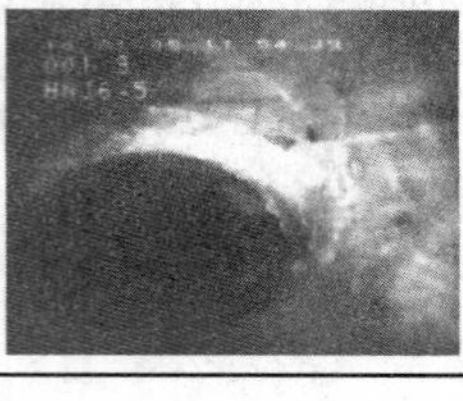

续表 4

缺陷名称：起伏	缺陷代码：QF		缺陷类型：结构性
定义：接口位置偏移，管道竖向位置发生变化，在低处形成洼水			
等级	缺陷描述	分值	样图
1	起伏高/管径≤20％	0.5	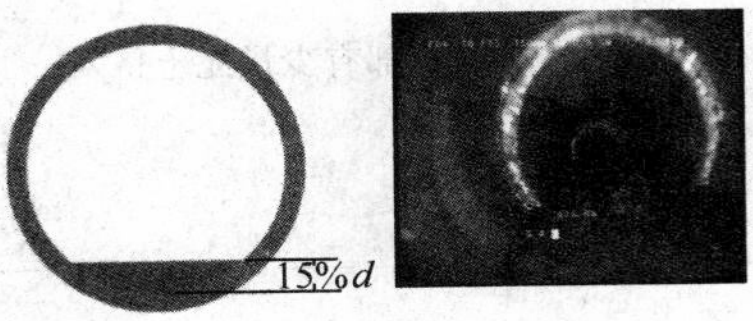
2	20％<起伏高/管径≤35％	2	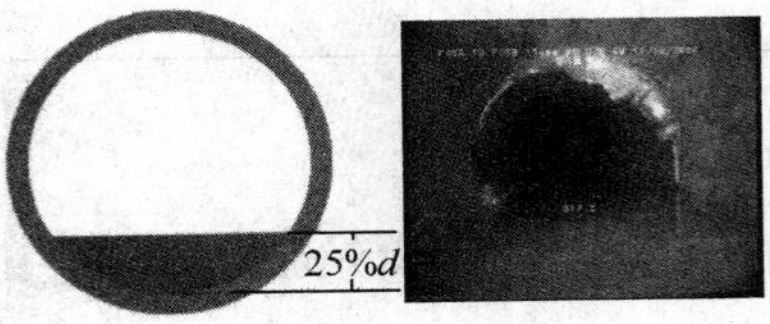
3	35％<起伏高/管径≤50％	5	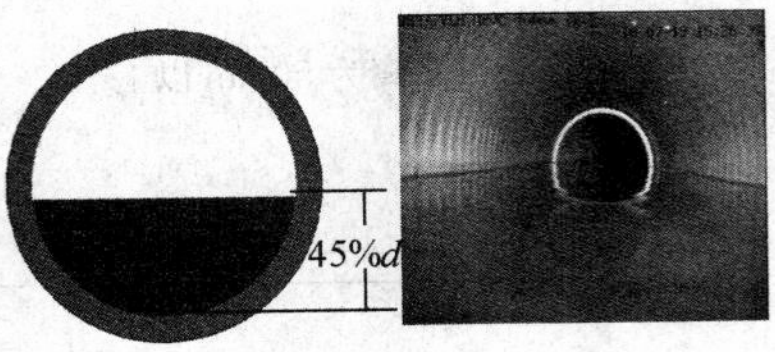
4	起伏高/管径>50％	10	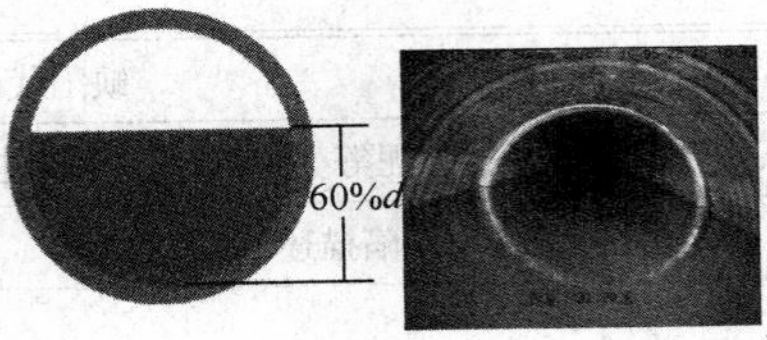
备注	 H 为起伏高，即管道偏离设计高度位置的大小		

续表 4

缺陷名称：脱节		缺陷代码：TJ	缺陷类型：结构性
定义：两根管道的端部未充分接合或接口脱离			
等级	缺陷描述	分值	样图
1	轻度脱节：管道端部有少量泥土挤入	1	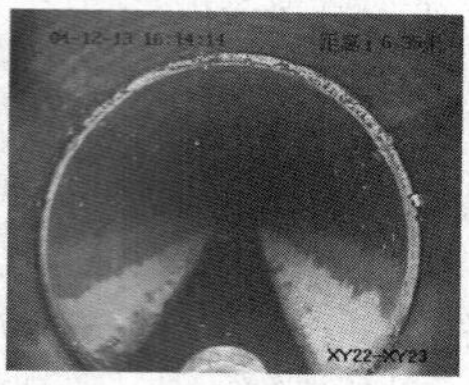
2	中度脱节：脱节距离不大于 20mm	3	
3	重度脱节：脱节距离为20mm～50mm	5	
4	严重脱节：脱节距离为 50mm 以上	10	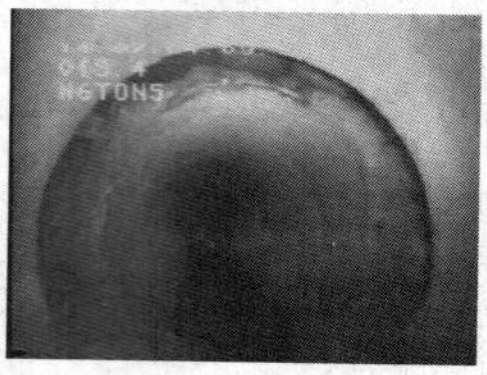
备注	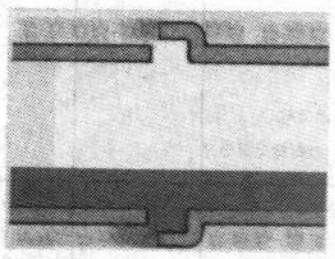 管道脱节示意图		

缺陷名称：接口材料脱落		缺陷代码：TL	缺陷类型：结构性
定义：橡胶圈、沥青、水泥等类似的接口材料进入管道			
等级	缺陷描述	分值	样图
1	接口材料在管道内水平方向中心线上部可见	1	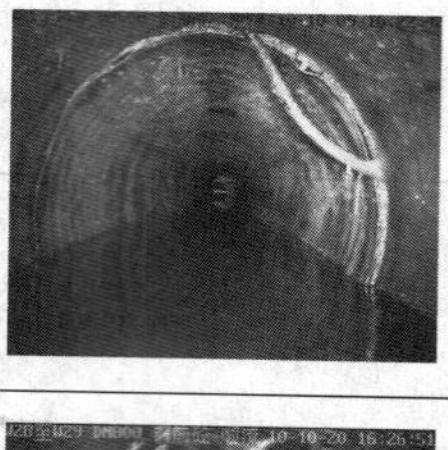
2	接口材料在管道内水平方向中心线下部可见	3	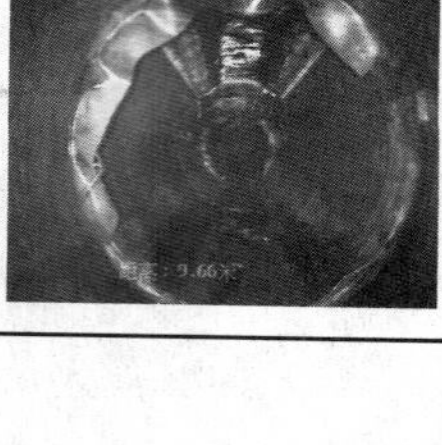

续表 4

缺陷名称：支管暗接	缺陷代码：AJ		缺陷类型：结构性
定义：支管未通过检查井直接侧向接入主管			
等级	缺陷描述	分值	样图
1	支管进入主管内的长度不大于主管直径 10%	0.5	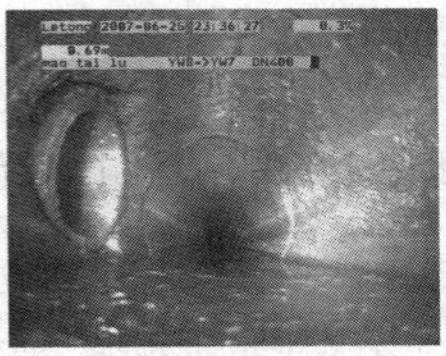
2	支管进入主管内的长度在主管直径 10%～20%之间	2	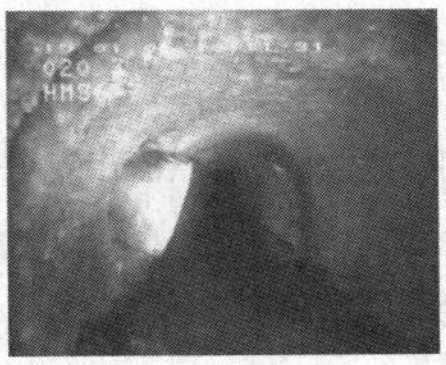
3	支管进入主管内的长度大于主管直径 20%	5	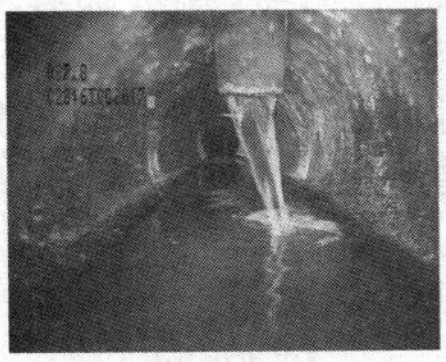

缺陷名称：异物穿入	缺陷代码：CR		缺陷类型：结构性
定义：非管道系统附属设施的物体穿透管壁进入管内			
等级	缺陷描述	分值	样图
1	异物在管道内且占用过水断面面积不大于 10%	0.5	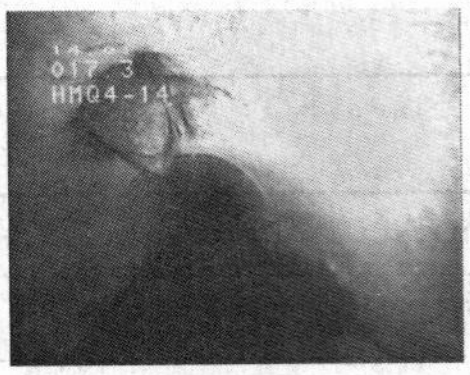
2	异物在管道内且占用过水断面面积为 10%～30%	2	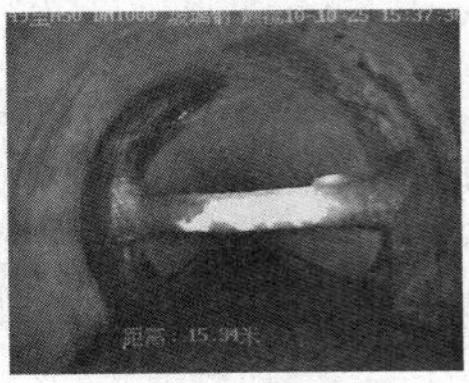
3	异物在管道内且占用过水断面面积大于 30%	5	

续表 4

缺陷名称：渗漏	缺陷代码：SL		缺陷类型：结构性
定义：管道外的水流入管道			
等级	缺陷描述	分值	样图
1	滴漏：水持续从缺陷点滴出，沿管壁流动	0.5	
2	线漏：水持续从缺陷点流出，并脱离管壁流动	2	
3	涌漏：水从缺陷点涌出，涌漏水面的面积不大于管道断面的 1/3	5	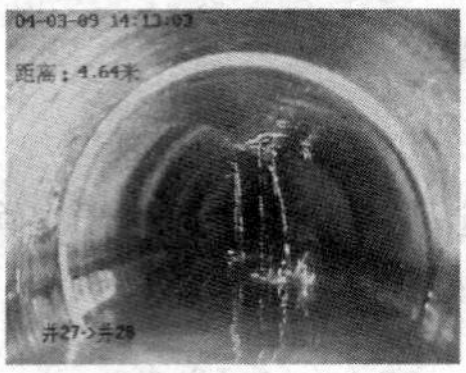
4	喷漏：水从缺陷点大量涌出或喷出，涌漏水面的面积大于管道断面的 1/3	10	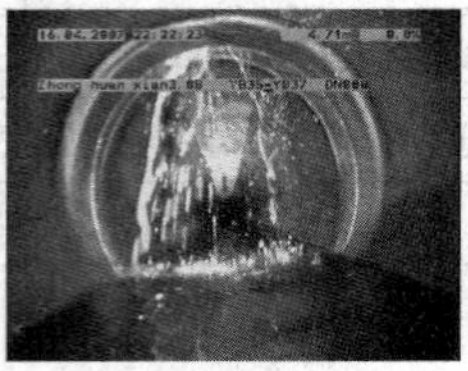

表 5　管道功能性缺陷等级划分及样图

缺陷名称：沉积	缺陷代码：CJ		缺陷类型：功能性
定义：杂质在管道底部沉淀淤积			
等级	缺陷描述	分值	样图
1	沉积物厚度为管径的 20%～30%	0.5	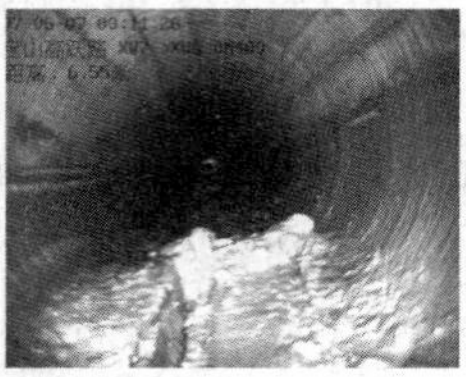
2	沉积物厚度为管径的 30%～40%	2	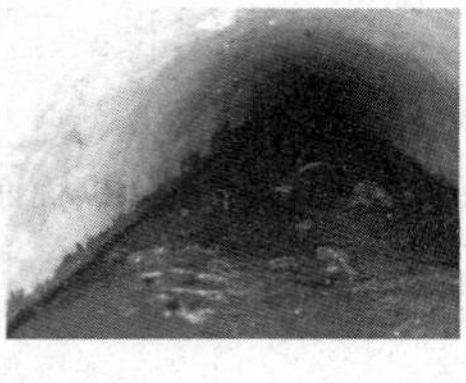

续表 5

缺陷名称：沉积	缺陷代码：CJ		缺陷类型：功能性
定义：杂质在管道底部沉淀淤积			
等级	缺陷描述	分值	样图
3	沉积物厚度为管径的 40%～50%	5	
4	沉积物厚度大于管径的 50%	10	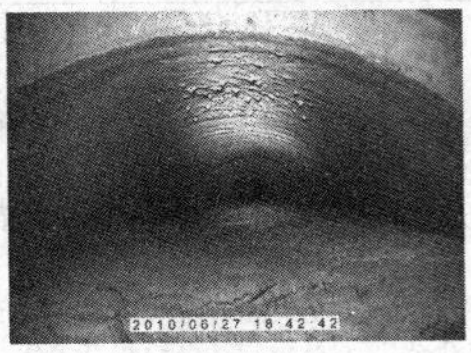
备注	1. 用时钟表示法指明沉积的范围； 2. 应注明软质或硬质； 3. 声纳图像应量取沉积最大值		

缺陷名称：结垢	缺陷代码：JG		缺陷类型：功能性
定义：管道内壁上的附着物			
等级	缺陷描述	分值	样图
1	硬质结垢造成的过水断面损失不大于 15%； 软质结垢造成的过水断面损失在 15%～25%之间	0.5	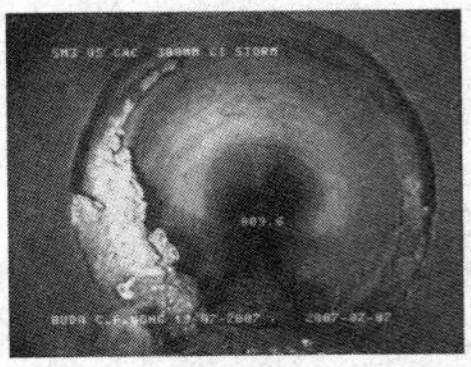
2	硬质结垢造成的过水断面损失在 15%～25%之间； 软质结垢造成的过水断面损失在 25%～50%之间	2	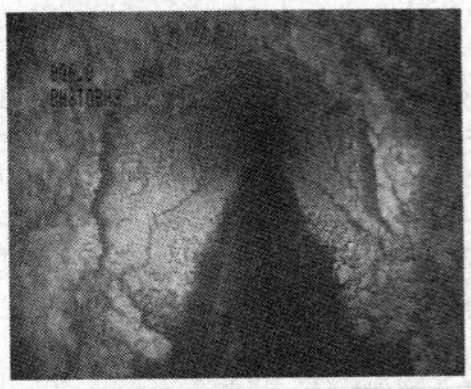
3	硬质结垢造成的过水断面损失在 25%～50%之间； 软质结垢造成的过水断面损失在 50%～80%之间	5	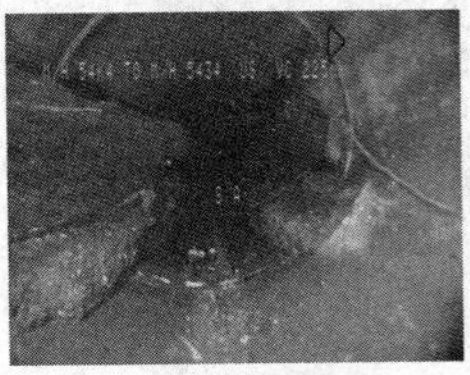
4	硬质结垢造成的过水断面损失大于 50%； 软质结垢造成的过水断面损失大于 80%	10	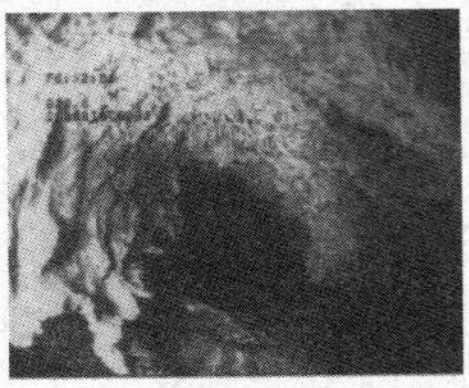
备注	1. 用时钟表示法指明结垢的范围； 2. 应计算并注明过水断面损失的百分比； 3. 应注明软质或硬质		

续表 5

缺陷名称：障碍物	缺陷代码：ZW		缺陷类型：功能性
定义：管道内影响过流的阻挡物			
等级	缺陷描述	分值	样图
1	过水断面损失不大于 15%	0.1	
2	过水断面损失在 15%～25%之间	2	
3	过水断面损失在 25%～50%之间	5	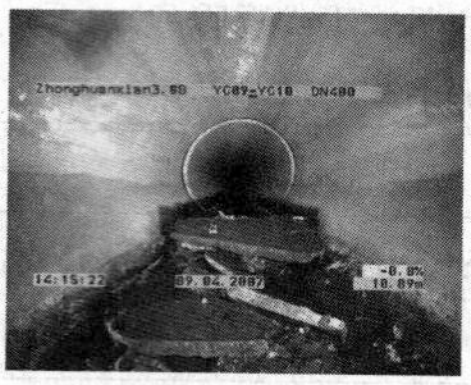
4	过水断面损失大于 50%	10	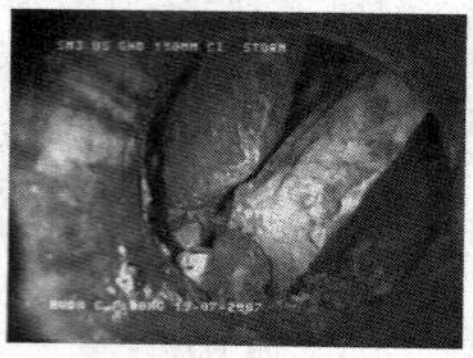
备注	应记录障碍物的类型及过水断面的损失率		

缺陷名称：残墙、坝根	缺陷代码：CQ		缺陷类型：功能性
定义：管道闭水试验时砌筑的临时砖墙封堵，试验后未拆除或拆除不彻底的遗留物			
等级	缺陷描述	分值	样图
1	过水断面损失不大于 15%	1	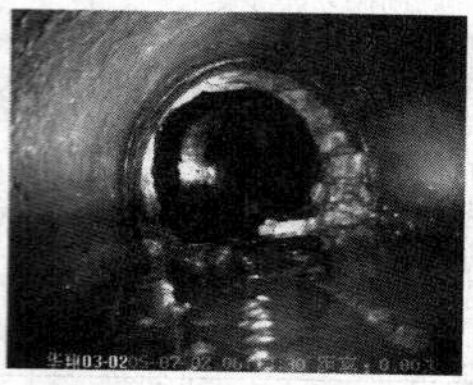
2	过水断面损失在 15%～25%之间	3	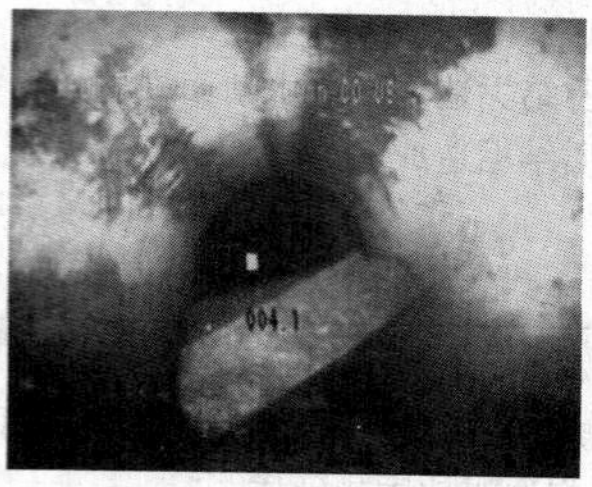

续表 5

缺陷名称：残墙、坝根		缺陷代码：CQ	缺陷类型：功能性
定义：管道闭水试验时砌筑的临时砖墙封堵，试验后未拆除或拆除不彻底的遗留物			
等级	缺陷描述	分值	样图
3	过水断面损失在 25%～50%之间	5	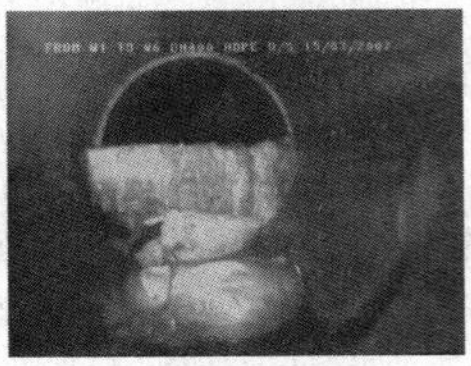
4	过水断面损失大于 50%	10	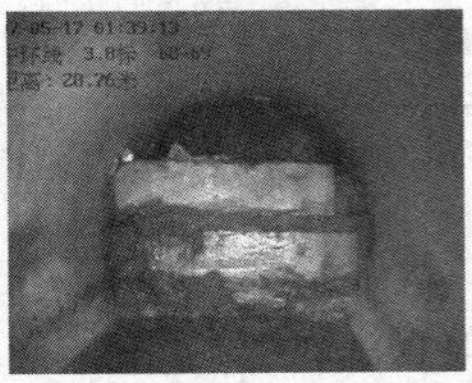

缺陷名称：树根		缺陷代码：SG	缺陷类型：功能性
定义：单根树根或是树根群自然生长进入管道			
等级	缺陷描述	分值	样图
1	过水断面损失不大于 15%	0.5	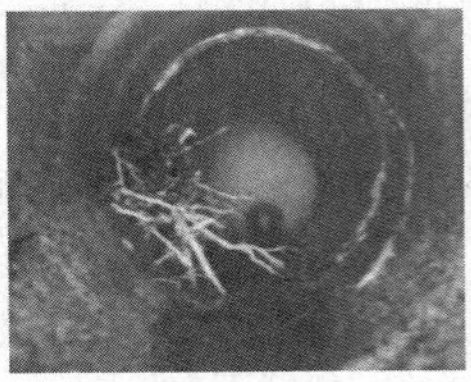
2	过水断面损失在 15%～25%之间	2	
3	过水断面损失在 25%～50%之间	5	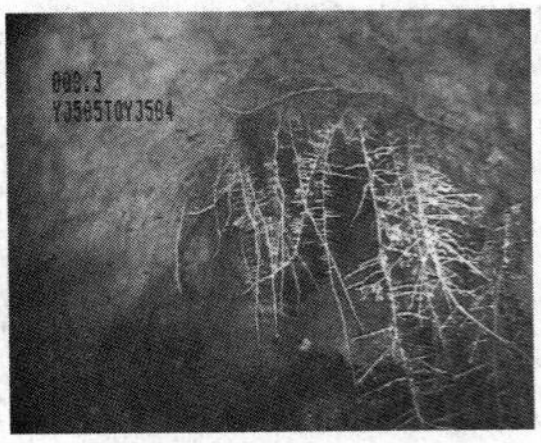
4	过水断面损失大于 50%	10	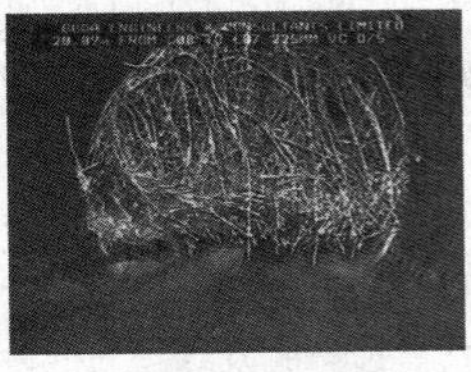

续表 5

缺陷名称：浮渣		缺陷代码：FZ	缺陷类型：功能性
定义：管道内水面上的漂浮物			
等级	缺陷描述	分值	样图
1	零星的漂浮物，漂浮物占水面面积不大于 30％	—	
2	较多的漂浮物，漂浮物占水面面积为 30％～60％	—	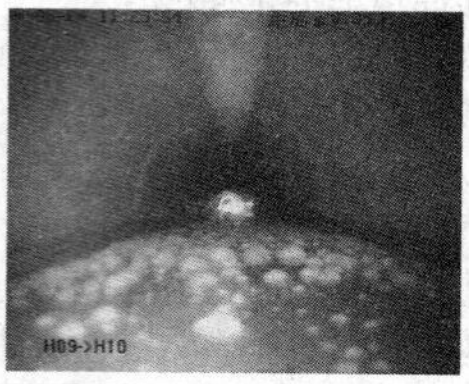
3	大量的漂浮物，漂浮物占水面面积大于 60％	—	
备注	该缺陷需记入检测记录表，不参与计算		

缺陷名称：沉积		缺陷代码：CJ	缺陷类型：功能性
定义：杂质在管道底部沉淀淤积			
等级	缺陷描述	分值	声纳检测样图
1	沉积物厚度为管径的 20％～30％	0.5	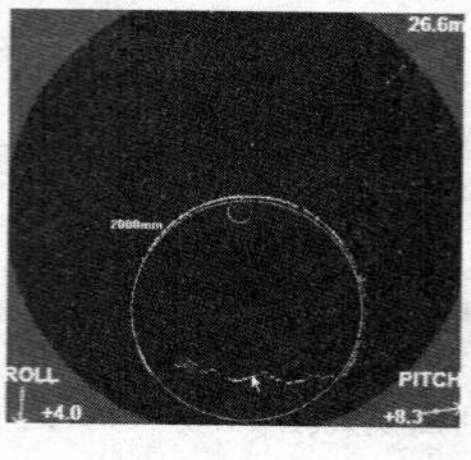
2	沉积物厚度为管径的 30％～40％	2	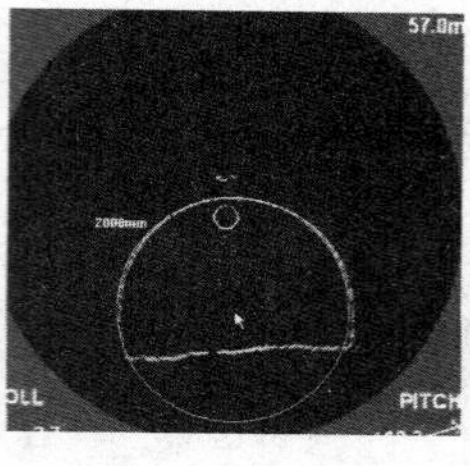

续表

缺陷名称：沉积		缺陷代码：CJ	缺陷类型：功能性
定义：杂质在管道底部沉淀淤积			
等级	缺陷描述	分值	声纳检测样图
3	沉积物厚度为管径的40%～50%	5	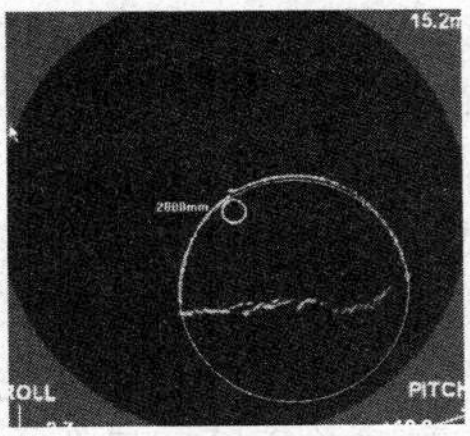
4	沉积物厚度大于管径的50%	10	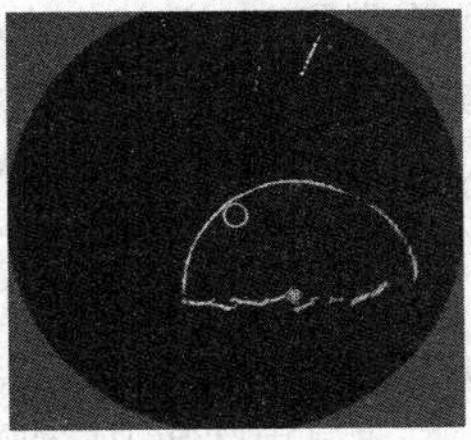

8.2.5 特殊结构及附属设施的代码主要用于检测记录表和影像资料录制时录像画面嵌入的内容表达。

8.2.6 操作状态名称和代码用于影像资料录制时设备工作的状态等关键点的位置记录。

8.3 结构性状况评估

8.3.1 管段结构性缺陷参数 F 的确定，是对管段损坏状况参数经比较取大值而得。本规程的管段结构性参数的确定是依据排水管道缺陷的开关效应原理，即一处受阻，全线不通。因此，管段的损坏状况等级取决于该管段中最严重的缺陷。

8.3.2 管段损坏状况参数是缺陷分值的计算结果，S 是管段各缺陷分值的算术平均值，S_{max} 是管段各缺陷分值中的最高分值。

管段结构性缺陷密度是基于管段缺陷平均值 S 时，对应 S 的缺陷总长度占管段长度的比值。该缺陷总长度是计算值，并不是管段的实际缺陷长度。缺陷密度值越大，表示该管段的缺陷数量越多。

管段的缺陷密度与管段损坏状况参数的平均值 S 配套使用。平均值 S 表示缺陷的严重程度，缺陷密度表示缺陷量的程度。

8.3.3 在进行管段的结构性缺陷评估时应确定缺陷等级，结构性缺陷参数 F 是比较了管段缺陷最高分和平均分后的缺陷分值，该参数的等级与缺陷分值对应的等级一致。管段的结构性缺陷等级仅是管体结构本身的病害状况，没有结合外界环境的影响因素。管段结构性缺陷类型指的是对管段评估给予局部缺陷还是整体缺陷进行综合性定义的参考值。

8.3.4 管段的修复指数是在确定管段本体结构缺陷等级后，再综合管道重要性与环境因素，表示管段修复紧迫性的指标。管道只要有缺陷，就需要修复。但是如果需要修复的管道多，在修复力量有限、修复队伍任务繁重的情况下，制定管道的修复计划就应该根据缺陷的严重程度和缺陷对周围的影响程度，根据缺陷的轻重缓急制定修复计划。修复指数是制定修复计划的依据。

地区重要性参数考虑了管道敷设区域附近建筑物重要性，如果管道堵塞或者管道破坏，建筑物的重要性不同，影响也不同。建筑类别参考了《建筑工程抗震设防分类标准》GB 50223－2008。该标准中第3.0.1条，建筑抗震设防类别划分考虑的因素："1建筑破坏造成的人员伤亡、直接和间接经济损失及社会影响的大小；2城镇的大小、行业的特点、工矿企业的规模；3建筑使用功能失效后，对全局的影响范围大小"。由于建筑抗震设防分类标准划分和本规程地区重要性参数中的建筑重要性具有部分相同的因素，所以本规程关于地区重要性参数的确定，考虑了管道附近建筑物的重要性因素。

管径大小基本可以反映管道的重要性，目前各国没有统一的大、中、小排水管道划分标准，本规程采用《城镇排水管渠与泵站维护技术规程》CJJ 68－2007第3.1.8条关于排水管道按管径划分为小型管、中型管、大型管和特大型管的标准。

埋设于粉砂层、湿陷性黄土、膨胀土、淤泥类土、红黏土的管道，由于土层对水敏感，一旦管道出现缺陷，将会产生更大的危害。

处于粉砂层的管道，如果管道存在漏水，则在水流的作用下，产生流砂现象，掏空管道基础，加速管道破坏。

湿陷性黄土是在一定压力作用下受水浸湿，土体结构迅速破坏而发生显著附加下沉，导致建筑物破坏。我国黄土分布面积达60万平方公里，其中有湿陷性的约为43万平方公里，主要分布在黄河中游的甘肃、陕西、山西、宁夏、河南、青海等省区，地理位置属于干旱与半干旱气候地带，其物质主要来源于沙漠与戈壁，抗水性弱，遇水强烈崩解，膨胀量较小，但失水收缩较明显。管道存在漏水现象时，地基迅速下沉，造成管道因不均匀沉降导致破坏。

在工程建设中，经常会遇到一种具有特殊变形性质的黏性土，其土中含有较多的黏粒及亲水性较强的蒙脱石或伊利石等黏土矿物成分，它具有遇水膨胀，失水收缩，并且这种作用循环可逆，具有这种膨胀和收缩性的土，称为膨胀土。管道存在漏水现象时，将会引起此种地基土变形，造成管道破坏。

淤泥类土是在静水或缓慢的流水（海滨、湖泊、沼泽、河滩）环境中沉积，经生物化学作用形成的含有较多有机物、未固结的饱和软弱粉质黏性土。我国淤泥类土按成因基本上可以分为两大类：一类是沿海沉积淤泥类土，一类是内陆和山区湖盆地及山前谷地沉积地淤泥类土。其特点是透水性弱、强度低、压缩性高，状态为软塑状态，一经扰动，结构破坏，处于流动状态。当管道存在破裂、错口、脱节时，淤泥被挤入管道，造成地基沉降，地面塌陷，破坏管道。

红黏土是指碳酸盐类岩石（石灰岩、白云岩、泥质泥岩等），在亚热带温湿气候条件下，经风化而成的残积、坡积或残—坡积的褐红色、棕红色或黄褐色的高塑性黏土。主要分布在云南、贵州、广西、安徽、四川东部等。有些地区的红黏土受水浸湿后体积膨胀，干燥失水后体积收缩，具有胀缩性。当管道存在漏水现象时，将会引起地基变形，造成管道破坏。

8.3.5 本条是根据修复指数确定修复等级，等级越高，修复的紧迫性越大。表8.3.5与本规程第8.3.3条配合使用。

8.4 功能性状况评估

8.4.2 管段运行状况系数是缺陷分值的计算结果，Y是管段各缺陷分值的算术平均值，Y_{max}是管段各缺陷分值中的最高分。

管段功能性缺陷密度是基于管段平均缺陷值Y时的缺陷总长度占管段长度的比值，该缺陷密度是计算值，并不是管段缺陷的实际密度，缺陷密度值越大，表示该管段的缺陷数量越多。

管段的缺陷密度与管段损坏状况参数的平均值Y配套使用。平均值Y表示缺陷的严重程度，缺陷密度表示缺陷量的程度。

8.4.4 在进行管段的功能性缺陷评估时应确定缺陷等级，功能性缺陷参数G是比较了管段缺陷最高分和平均分后的缺陷分值，该参数的等级与缺陷分值对应的等级一致。管段的功能性缺陷等级仅是管段内部运行状况的受影响程度，没有结合外界环境的影响因素。

管段的养护指数是在确定管段功能性缺陷等级后，再综合考虑管道重要性与环境因素，表示管段养护紧迫性的指标。由于管道功能性缺陷仅涉及管道内部运行状况的受影响程度，与管道埋设的土质条件无关，故养护指数的计算没有将土质影响参数考虑在内。如果管道存在缺陷，且需要养护的管道多，在养护力量有限、养护队伍任务繁重的情况下，制定管道的养护计划就应该根据缺陷的严重程度和缺陷发生后对服务区域内的影响程度，根据缺陷的轻重缓急制定养护计划。养护指数是制定养护计划的依据。

9 检查井和雨水口检查

9.0.1 检查井主要作为管线运行情况检查和疏通的操作空间，管线改变高程、改变坡度、改变管径、改变方向的衔接位置。同时，排水支管汇入主干管道也通过检查井完成连接。检查井是管道检测的出入口，在进行管道检测前，首先应对检查井进行检查，这不仅是因为检查井是管道系统检查的内容之一，还因为先对检查井进行检查是管道检测准备工作、安全工作和有效工作的基础条件。

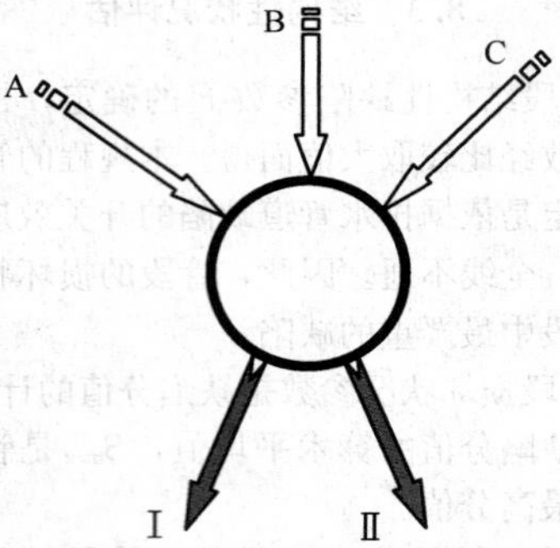

图6 检查井内管道排序方法

9.0.3 塑料检查井采用工业化生产，产品尺寸精确，施工安装较砖砌检查井简便，从基础施工到井体安装、连管安装的施工周期较砖砌检查井大为缩短，解决了塑料排水管道施工中普遍存在的“管道施工快，检查井施工慢”的问题，只有当检查井的施工速度也相应提高，才能充分体现塑料排水管道施工方便快速的优越性。随着塑料检查井的推广应用，塑料检查井的产品质量和施工安装工艺已基本成熟。建设部2007年第659号公告《建设事业“十一五”推广应用和限制禁止使用技术（第一批）》第124项规定，要优先采用塑料检查井。随着塑料检查井的大量使用，应该将其纳入检查的范围。根据塑料检查井的特点，井周围的回填材料和密实度对塑料检查井安全使用有重要影响，具体表现为井筒变形、井筒与管道连接处破裂或密封胶圈脱落。

9.0.4 一个检查井连接的进水管道或出水管道如果超过两条，当需要对管道排序时，排序方法见图6。

10 成 果 资 料

10.0.1 检测与评估报告是管道检测工作的成果体现。检测报告应根据检测的实际情况，文字应尽量做到简洁清晰、重点突出、文理通顺、结论明确。

10.0.2 检测与评估报告内容中包括4个主要内容：

1 管道概况包括检测任务的基本情况，检测实施的基本情况，检测环境的基本情况；

2 检测成果汇总情况。管段状况评估表是管道检测后基本状况汇总表，既包括管段的基本信息，这些信息有些是检测前已有的信息，有些可能是检测过程中补充的信息，也包括对结构性状况和功能性状况的综合评价，其信息内容包括最大缺陷值、平均缺陷值、缺陷等级、缺陷密度、修复（养护）指数；

3 排水管道检测成果表是经过对管段影像资料的判读结合现场记录对缺陷的诊断结果，并配有缺陷图片，是管段修复或养护的最基本依据；

4 技术措施是管道检测和评估所依据的标准、检测方法、采用仪器设备和技术方法。检测方法包括采用哪种检测方法，技术方法包括管道的封堵方法、临时排水方案、清洗方法，如采用仪器检测，还应包括设备在管道内移动的方法（例如声纳探头可安装在爬行器、牵引车或漂浮筏上）等。采用的仪器设备是对影像资料和工作质量的间接佐证，所以应在报告中体现。技术措施应该在检测前的技术方案中确定，但是现场的实际情况不同时可能有所调整，故报告中的技术措施应为实施的技术措施。

管道评估所采用的标准依据不同，则结论也不同。所以管道评估依据的标准是检测报告的内容之一。

10.0.3 检测资料是在管道检测过程中直接形成的具有归档保存价值的文字、图表、声像等各种形式的资料。管道检测过程的真实记录是管道检测后运行、管理、维修、改扩建、技改、恢复等工作的重要资料，只有真实准确、齐全完整、标准规范的资料才能为管道的维修、保养等提供不可替代的技术支持。

资料主要包括依据性文件、凭证资料、检测资料、成果资料等。任务书是接收委托、进行检测的依据性文件；技术设计书是检测设计方案，检测单位编制的检测方案经过委托单位审核认可后，即成为检测工作操作的依据性文件；凭证资料即检测的基础性资料，是指收集到的管线图、工程地质等现场自然状况资料。

影像资料（保存于录像光盘或其他外存储器）是检测结果的重要资料之一，根据拍摄的实际情况制作。在光盘（或其他外存储器）封面上应写明任务名称、管段编号及检测单位等相关信息。

检测与评估报告、检测记录表和影像资料是反映管道检测的主要资料，是管道检测任务验收和日常养护的重要依据。因此，检测工作结束后，检测资料应与检测与评估报告一并提交。

中华人民共和国行业标准

透水砖路面技术规程

Technical specification for pavement of water permeable brick

CJJ/T 188—2012

批准部门：中华人民共和国住房和城乡建设部
施行日期：2 0 1 3 年 3 月 1 日

中华人民共和国住房和城乡建设部
公　　告

第1530号

住房城乡建设部关于发布行业标准《透水砖路面技术规程》的公告

现批准《透水砖路面技术规程》为行业标准，编号为CJJ/T 188-2012，自2013年3月1日起实施。

本规程由我部标准定额研究所组织中国建筑工业出版社出版发行。

中华人民共和国住房和城乡建设部
2012年11月2日

前　　言

根据住房和城乡建设部《关于印发〈2009年工程建设标准规范制订、修订计划〉的通知》（建标［2009］88号）的要求，编制组经广泛调查研究，认真总结实践经验，参考相关标准，吸收了相关科研成果，并在广泛征求意见的基础上，编制本规程。

本规程的主要技术内容是：1. 总则；2. 术语和符号；3. 基本规定；4. 材料；5. 设计；6. 施工；7. 验收；8. 维护。

本规程由住房和城乡建设部负责管理，由大连九洲建设集团有限公司负责具体技术内容的解释。执行过程中如有意见或建议，请寄送至大连九洲建设集团有限公司（地址：辽宁省大连市中山区同兴街67号邮电万科大厦20层2004室，邮政编码：116001）。

本规程主编单位：大连九洲建设集团有限公司
北京城乡建设集团有限责任公司

本规程参编单位：住房和城乡建设部住宅产业化促进中心
中国建筑设计研究院
北京盛泰伟业科技发展有限公司
北京市市政工程科学技术研究所
大连市住宅产业化促进中心

本规程主要起草人员：刘敬疆　孔繁英　王丽华　张锡恒　魏秀洁　曾　雁　李圣勇　李　东　李长斌　姜玉砚　李庆新

本规程主要审查人员：张　汎　温学钧　丁建平　曹永康　王先华　李建民　王巨松　商国平　裴建中　胡伦坚　蔺承彬

目　次

Contents

1 总 则

1.0.1 为规范透水砖路面的设计、施工与验收标准，保证透水砖路面的承载、渗透和储水功能，制定本规程。

1.0.2 本规程适用于采用透水砖铺装的轻型荷载道路、停车场和广场及人行道、步行街的设计、施工、验收和维护。

1.0.3 透水砖路面的设计、施工、验收和维护，除应执行本规程外，尚应符合国家现行有关标准的规定。

2 术语和符号

2.1 术 语

2.1.1 透水砖路面 Pavement of Water Permeable Brick

具有一定厚度、空隙率及分层结构的以透水砖为面层的路面。主要包括：透水砖面层、找平层、基层和垫层。

2.1.2 透水混凝土基层 permeable concrete bedding

由粗骨料及其表面均匀包裹的水泥基胶结料形成的具有连续空隙结构的混凝土结构层。

2.1.3 透水系数 permeability coefficient

表示透水砖路面透水性能的指标。

2.1.4 连续孔隙率 continuous void

透水砖路面内部存在的连续空隙的体积与透水砖路面体积之百分比值。

2.1.5 轻型荷载道路 light load road

仅允许轴载 40kN 以下车辆行驶的城镇道路和停车场、小区等道路。

2.2 符 号

2.2.1 等效厚度换算

h_t——透水砖路面块体厚度；

h_l——沥青混凝土面层厚度；

h_s——水泥混凝土面层厚度；

α/β——换算系数。

2.2.2 透水、储水能力验算

H_a——透水路面结构厚度（不包括垫层的厚度）；

i——地区设计降雨强度；

t——降雨持续时间；

v—— 透水路面结构层的平均有效孔隙率。

2.2.3 道路冻结深度

a——道路结构层材料热物性系数；

b——道路填、挖方横断面系数；

c——路基潮湿类型道路湿度环境系数；

E——路面结构冻融模量；

F——当地最近 10 年冻结指数平均值；

H——按强度计算确定的路面厚度；

h_{kd}——路面防冻最小厚度；

h_{rx}——土基容许冻深；

h_d——从路表面算起的道路冻结深度；

K——地基土的冻胀率；

L——路面宽度；

ε_{jx}——道路面层极限相对延伸度；

δ——路面结构平均重度。

3 基本规定

3.0.1 透水砖路面的设计、施工，应根据当地的水文、地质、气候环境等条件，并结合雨水排放规划和雨洪利用要求，协调相关附属设施。

3.0.2 透水砖路面应满足荷载、透水、防滑等使用功能及抗冻胀等耐久性要求。

3.0.3 透水砖路面的设计应满足当地 2 年一遇的暴雨强度下，持续降雨 60min，表面不应产生径流的透（排）水要求。合理使用年限宜为 8 年～10 年。

3.0.4 透水砖路面结构层应由透水砖面层、找平层、基层、垫层组成。

3.0.5 透水砖路面下的土基应具有一定的透水性能，土壤透水系数不应小于 1.0×10^{-3}mm/s，且土基顶面距离地下水位宜大于 1.0m。当土基、土壤透水系数及地下水位高程等条件不满足本要求时，宜增加路面排水设计内容。

3.0.6 寒冷地区透水砖路面结构层宜设置单一级配碎石垫层或砂垫层，并应验算防冻厚度。路面最小防冻厚度应根据地区所在自然区划、路基潮湿类型、道路填挖情况、道路宽度、路面材料及基层混合料的物理性能计算确定。

3.0.7 透水砖路面无障碍设计应满足现行国家标准《无障碍设计规范》GB 50763 的规定。

4 材 料

4.1 透 水 砖

4.1.1 透水砖的透水系数不应小于等于 1.0×10^{-2} cm/s，外观质量、尺寸偏差、力学性能、物理性能等其他要求应符合现行行业标准《透水砖》JC/T 945 的规定。

4.1.2 用于铺筑人行道的透水砖其防滑性能（BPN）不应小于 60。耐磨性不应大于 35mm。使用除冰盐或融雪剂的透水砖路面，应增加抗盐冻性试验：经 25 次冻融循环，质量损失不应大于 0.50kg/m²，抗压强度损失不应大于 20%。

4.2 结构层中的原材料

4.2.1 水泥应符合现行国家标准《通用硅酸盐水泥》GB 175 的规定。

4.2.2 粗集料应使用质地坚硬、耐久、洁净的碎石、碎砾石、砾石。各级粗集料技术指标应符合现行行业标准《城镇道路工程施工与质量验收规范》CJJ 1 的规定。有抗盐冻要求的结构层使用粗集料不应低于Ⅱ级。Ⅰ级集料吸水率不应大于 1.0%，Ⅱ级集料吸水率不应大于 2.0%。

4.2.3 细集料宜采用机制砂。各级细集料技术指标应符合现行行业标准《城镇道路工程施工与质量验收规范》CJJ 1 的规定。有抗盐冻要求的结构层使用细集料不应低于Ⅱ级。

4.2.4 当垫层采用砂垫层时，应符合现行国家标准《建筑用砂》GB/T 14684 的规定。

4.2.5 施工用水应符合现行行业标准《混凝土用水标准》JGJ 63 的规定。

4.2.6 外加剂应符合现行国家标准《混凝土外加剂》GB 8076 的规定。

5 设 计

5.1 一 般 规 定

5.1.1 透水砖路面结构层的组合设计，应根据路面荷载、地基承载力、土基的均质性、地下水的分布以及季节冻胀等情况进行，并应满足结构层强度、透水、储水能力及抗冻性等要求。

5.1.2 设计轻型荷载的透水砖路面可采用汽车标准轴载 Bzz40、机动车交通量不大于 200veh/d 的标准；普通人行道（无停车）可采用 $5kN/m^2$ 的荷载标准。

5.1.3 当按荷载强度确定透水砖路面结构时，可采用等效厚度法计算；根据材料不同，应按沥青路面或水泥混凝土路面设计方法做修正计算，基层厚度宜按现行行业标准《城镇道路路面设计规范》CJJ 169 进行计算。

5.1.4 对半刚性基层和柔性基层的透水砖路面，应采用沥青路面设计方法，应以设计弯沉值为路面整体强度的设计指标，并应核算基层的弯拉应力。对反复荷载应计及疲劳应力，对静止荷载应计及容许应力，透水砖路面块体厚度应按下式计算：

$$h_t = h_l \times \alpha \quad (5.1.4)$$

式中：h_t——透水砖路面块体厚度(mm)；

h_l——沥青混凝土面层厚度(mm)；

α——换算系数可取 0.7～0.9，道路等级较高、交通量较大、透水砖规格尺寸较大时取较高值，透水砖抗压强度较高、规格尺寸较小时取较低值。

5.1.5 对刚性基层的透水砖路面，应采用水泥混凝土路面设计方法，透水砖路面块体厚度应按下式计算：

$$h_t = h_s \times \beta \quad (5.1.5)$$

式中：h_t——透水砖路面块体厚度(mm)；

h_s——水泥混凝土面层厚度(mm)；

β——换算系数可取 0.50～0.65，透水砖规格尺寸较小时取低值，透水砖规格尺寸较大时取高值。

5.1.6 结构层的厚度应按下式要求进行透水、储水能力验算。

$$H_a = (i - 36 \times 10^4)t/v \quad (5.1.6)$$

式中：H_a——透水路面结构厚度(不包括垫层的厚度)(mm)；

i——地区设计降雨强度(mm/h)；

t——降雨持续时间(s)；

v——透水路面结构层的平均有效孔隙率(%)。

5.1.7 透水砖路面防冻厚度可按相关规范进行计算，亦可按下列公式进行估算：

1 道路冻结深度应按下式估算：

$$h_d = abc\sqrt{F} \quad (5.1.7\text{-}1)$$

式中：h_d——从路表面算起的道路冻结深度(mm)；

a——道路结构层材料热物性系数，宜按表 5.1.7-1 取值；

b——道路填、挖方横断面系数，宜按表 5.1.7-2 取值；

c——路基潮湿类型道路湿度环境系数，宜按表 5.1.7-3 取值；

F——当地最近 10 年冻结指数平均值(冬季日平均负气温值的累积值)(℃·d)。

表 5.1.7-1 道路结构层材料热物性系数(a)

地区＼隔温层(m)	0～0.1	0.1～0.2	0.2～0.3	0.3～0.4	>0.4
东北	2.20	2.10～2.20	2.00～2.10	1.90～2.00	1.80～1.90
西北	2.10	2.00～2.10	1.90～2.00	1.80～1.90	1.70～1.80
华北	2.15	2.05～2.15	1.95～2.05	1.85～1.95	1.75～1.85

注：隔温材料性能好时取小值。

表 5.1.7-2 道路填、挖方横断面系数(b)

地区＼深度(m)	填方			挖方		
	0～0.5	0.5～2.0	>2.0	0～0.5	0.5～2.0	>2.0
东北	1.80～2.00	2.00～2.20	2.25	1.70～1.80	1.55～1.70	1.50
西北	1.90～2.10	2.10～2.30	2.35	1.80～1.90	1.65～1.80	1.60
华北	1.85～2.05	2.05～2.25	2.30	1.75～1.85	1.60～1.75	1.55

注：挖方深者取小值，填方高者取大值。

表 5.1.7-3 路基潮湿类型道路湿度环境系数(c)

地区＼潮湿类型	过 湿	潮 湿	中 湿
东北	1.00～1.05	1.05～1.07	1.07～1.10
西北	1.02～1.07	1.07～1.09	1.09～1.11
华北	1.01～1.06	1.06～1.08	1.08～1.10

注：路基湿度偏低时取大值。

2 道路冻结深度可按当地推荐的容许冻深计算，或按下式估算：

$$h_{rx} = 84\times10^{-2}\sqrt[4]{\frac{\delta H}{EK}}L + 95\times10^{-2}\sqrt[4]{\frac{\varepsilon_{jx}}{K}}L \tag{5.1.7-2}$$

式中：h_{rx}——土基容许冻深(m)；

ε_{jx}——道路面层极限相对延伸度；

δ——路面结构平均重度(kN / m^3)；

H——按强度计算确定的路面厚度(m)；

E——路面结构冻融模量(MPa)；

K——地基土的冻胀率(%)；

L——路面宽度(对四车道以上的道路，L 可取实际宽度的 50%)(m)。

3 路面防冻最小厚度应按下式估算：

$$h_{kd} = h_d - h_{rx} \tag{5.1.7-3}$$

式中：h_{kd}——路面防冻最小厚度(m)；

h_d——道路冻深(m)。

5.1.8 透水砖路面应根据实际情况并结合其他排水设施设置纵横坡度。

5.2 面 层

5.2.1 透水砖的强度等级应通过设计确定，可根据不同的道路类型按表 5.2.1 选用。

表 5.2.1 透水砖强度等级

道路类型	抗压强度(MPa)		抗折强度(MPa)	
	平均值	单块最小值	平均值	单块最小值
小区道路(支路)广场、停车场	≥50.0	≥42.0	≥6.0	≥5.0
人行道、步行街	≥40.0	≥35.0	≥5.0	≥4.2

5.2.2 透水砖面层应与周围环境相协调，其砖型选择、铺装形式应由设计人员根据铺装场所及功能要求确定。

5.2.3 透水砖的接缝宽度不宜大于 3mm。接缝用砂级配应符合表 5.2.3 的规定。

表 5.2.3 透水砖接缝用砂级配

筛孔尺寸(mm)	10.0	5.0	2.5	1.25	0.63	0.315	0.16
通过质量百分率(%)	0	0	0～5	0～20	15～75	60～90	90～100

5.3 找 平 层

5.3.1 透水砖面层与基层之间应设置找平层，其透水性能不宜低于面层所采用的透水砖。

5.3.2 找平层可采用中砂、粗砂或干硬性水泥砂浆，厚度宜为 20mm～30mm。

5.4 基 层

5.4.1 基层类型可包括刚性基层、半刚性基层和柔性基层，可根据地区资源差异选择透水粒料基层、透水水泥混凝土基层、水泥稳定碎石基层等类型，并应具有足够的强度、透水性和水稳定性。连续孔隙率不应小于 10%。

5.4.2 级配碎石基层应符合下列规定：

1 级配碎石可用于土质均匀，承载能力较好的土基。

2 基层顶面压实度按重型击实标准，应达到 95%以上。

3 级配碎石集料基层压碎值不应大于 26%；公称最大粒径不宜大于 26.5mm；集料中小于或等于 0.075mm 颗粒含量不应超过 3%。碎石级配可按表 5.4.2 采用。

表 5.4.2 级配碎石基层集料级配

筛孔尺寸(mm)	26.5	19.0	13.2	9.5	4.75	2.36	0.075
通过质量百分率(%)	100	85～95	65～80	55～70	55～70	0～2.5	0～2

5.4.3 透水水泥混凝土基层应符合下列规定：

1 透水水泥混凝土的性能要求应符合现行行业标准《透水水泥混凝土路面技术规程》CJJ/T 135 的规定。

2 基层集料压碎值不应大于 26%；公称最大粒径不宜大于 31.5mm；集料中小于或等于 2.36mm 颗粒含量不应超过 7%。透水水泥混凝土基层集料级配可按表 5.4.3 采用。

3 透水水泥混凝土基层的配比应通过试验确定，满足强度和透水性要求。

表 5.4.3 透水水泥混凝土基层集料级配

筛孔尺寸(mm)	31.5	26.5	19.0	9.5	4.75	2.36
通过质量百分率(%)	100	90～100	72～89	17～71	8～16	0～7

5.4.4 透水性水泥稳定碎石基层应符合下列规定：

1　透水水泥稳定碎石基层的设计抗压强度指标为：保湿养生6d、浸水1d后无侧限抗压强度应在2.5MPa～3.5MPa之间，冻融循环25次后不应小于2.5MPa。养护期间应封闭交通。

2　透水或水泥稳定碎石基层集料压碎值不应大于30%；公称最大粒径不宜大于31.5mm；集料中小于或等于0.075mm颗粒含量不应超过2%。透水性水泥稳定碎石基层集料级配可按表5.4.4采用。

3　透水水泥稳定碎石基层的配比应通过试验确定，并应达到强度和透水性要求。

表5.4.4　透水性水泥稳定碎石基层集料级配

筛孔尺寸（mm）	31.5	26.5	19.0	16.0	9.5	4.75	2.36
通过质量百分率（%）	100	70～100	50～85	35～60	20～35	0～10	0～2.5

5.5　垫　　层

5.5.1　当透水砖路面土基为黏性土时，宜设置垫层。当土基为砂性土或底基层为级配碎、砾石时，可不设置垫层。

5.5.2　垫层材料宜采用透水性能较好的砂或砂砾等颗粒材料，宜采用无公害工业废渣。其0.075mm以下颗粒含量不应大于5%。

5.6　土　　基

5.6.1　土基应稳定、密实、均质，应具有足够的强度、稳定性、抗变形能力和耐久性。

5.6.2　路槽底面土基设计回弹模量值不宜小于20MPa。特殊情况不得小于15MPa。土质路基压实应采用重型击实标准控制，土质路基压实度不应低于表5.6.2要求。

表5.6.2　土质路基压实度

填挖类型	深度范围（mm）	压实度（%）	
		次干路	支路、小区道路
填方	0～800	93	90
	＞800	90	87
挖方	0～300	93	90

5.7　排 水 设 计

5.7.1　当土基、土壤透水系数及地下水位等条件不满足本规程第3.0.5条的规定及降雨强度超过渗透量及单位储存量时，应增加透水砖路面的排水设计内容。

5.7.2　透水砖路面的排水可分表面排水和内部排水。应结合市政管网、绿化景观、生态建设及雨水综合利用系统进行综合设计，并应符合现行行业标准《城市道路工程设计规范》CJJ 37的规定。

5.7.3　透水砖路面内部雨水收集可采用多孔管道及排水盲沟等形式。广场路面应根据规模设置纵横雨水收集系统。管径应根据汇水区域雨水量进行水力计算。

5.7.4　应防止多孔管材及盲沟周围被雨水携带的颗粒堵塞。

6　施　　工

6.1　一 般 规 定

6.1.1　路基、垫层、基层及找平层的施工可按现行行业标准《城镇道路工程施工与质量验收规范》CJJ 1执行，其透水性及有效孔隙率应满足设计要求。

6.1.2　面层施工前应按规定对道路各结构层、排水系统及附属设施进行检查验收，符合要求后方可进行面层施工。

6.1.3　开工前，建设单位应组织设计、勘测单位向监理及施工单位移交现场测量地形、高程控制桩并形成文件。施工单位应结合实际情况，制定施工测量方案，建立测量控制网、线、点。

6.1.4　施工前应根据工程特点编制详细的施工专项方案，并应按现行行业标准《城镇道路工程施工与质量验收规范》CJJ 1的有关规定做准备工作。

6.1.5　透水路面施工前各类地下管线应先行施工完毕，施工中应对既有及新建地上杆线、地下管线等建（构）筑物采取保护措施。

6.1.6　施工地段应设置行人及车辆的通行与绕行路线的标志。

6.1.7　施工中采用的量具、器具应进行校对、标定，并应对进场原材料进行检验。

6.1.8　当在冬期或雨期进行透水砖路面施工时，应结合工程实际情况制定专项施工方案，经批准后实施。

6.2　透水砖面层施工

6.2.1　透水砖铺筑时，基准点和基准面应根据平面设计图、工程规模及透水砖规格、块形及尺寸设置。

6.2.2　透水砖的铺筑应从透水砖基准点开始，并以透水砖基准线为基准，按设计图铺筑。铺筑透水砖路面应纵横拉通线铺筑，每3m～5m设置基准点。

6.2.3　透水砖铺筑过程中，不得直接站在找平层上作业，不得在新铺设的砖面上拌合砂浆或堆放材料。

6.2.4　透水砖铺筑中，应随时检查牢固性与平整度，应及时进行修整，不得采用向砖底部填塞砂浆或支垫等方法进行砖面找平；应采用切割机械切割透水砖。

6.2.5　透水砖的接缝宽度应符合本规程第5.2.3条的要求，宜采用中砂灌缝。曲线外侧透水砖的接缝宽度不应大于 5mm、内侧不应小于 2mm；竖曲线透水砖接缝宽度宜为 2mm～5mm。

6.2.6 人行道、广场等透水砖路面的边缘部位应设有路缘石。

6.2.7 透水砖铺筑完成后，表面敲实，应及时清除砖面上的杂物、碎屑，面砖上不得有残留水泥砂浆。面层铺筑完成后基层未达到规定强度前，严禁车辆进入。

7 验 收

7.1 一 般 规 定

7.1.1 土基、基层等工序应分部、分项工程验收，质量检验和验收标准应符合本规程及现行行业标准《城镇道路工程施工与质量验收规范》CJJ 1 的规定。

7.1.2 透水砖路面分部验收时应提供下列资料：

1 工程采用的主要材料、半成品、成品的质量证明文件，透水砖性能检测报告及结构层的配合比报告；

2 施工或试验记录；

3 各检验批的主控项目、一般项目的验收记录；

4 施工质量控制资料；

5 修改设计的技术文件；

6 其他资料。

7.2 质量检验标准

7.2.1 透水砖路面质量检验主控项目应符合下列规定：

1 透水砖的透水性能、抗滑性、耐磨性、块形、颜色、厚度、强度等应符合设计要求。

检查数量：透水砖以同一块形，同一颜色，同一强度且以 20000m² 为一验收批；不足 20000m² 按一批计。每一批中应随机抽取 50 块试件。每验收批试件的主检项目应符合现行行业标准《透水砖》JC/T 945 的规定。

检查方法：检查合格证、出厂检验报告、进场复试报告。

2 结构层的透水性应逐层验收，其性能应符合设计要求。

检查数量：每 500m² 抽测 1 点。

检验方法：应按本规程附录 A 进行检验。

3 透水砖的铺筑形式应符合设计要求。

检查数量：全数检查。

检验方法：观察。

4 水泥、外加剂、集料及砂的品种、级别、质量、包装、储存等应符合国家现行有关标准的规定。

7.2.2 一般项目应符合下列规定：

1 透水砖铺砌应平整、稳固，不应有污染、空鼓、掉角及断裂等外观缺陷，不得有翘动现象，灌缝应饱满，缝隙一致。

检查数量：全数检查。

检验方法：观察、尺量。

2 透水砖面层与路缘石及其他构筑物应接顺，不得有反坡积水现象。

检查数量：全数检查。

检验方法：观察、尺量。

3 透水砖铺装允许偏差应符合表 7.2.2 的规定。

表 7.2.2 透水砖铺装允许偏差

序号	项 目	允许偏差(mm)	检验频率		检 验 方 法
			范围(m)	点数	
1	表面平整度(mm)	≤5	20	1	用 3m 直尺和塞尺连续量取两次取最大值
2	宽度	不小于设计规定	40	1	用钢尺量
3	相邻块高差(mm)	≤2	20	1	用塞尺量取最大值
4	横坡(%)	±0.3	20	1	用水准仪测量
5	道路中线偏位	≤20	100	1	用经纬仪测量
6	纵缝直顺度(mm)	≤10	40	1	拉 20m 小线量 3 点取最大值
7	横缝直顺度(mm)	≤10	20	1	沿路宽拉小线量 3 点取最大值
8	缝宽(mm)	±2	20	1	用钢尺量 3 点取最大值
9	井框与路面高差(mm)	≤3	每座	1	用塞尺量最大值
10	高层	±20	20m	1	用水准仪测量
11	各结构层厚度(mm)	±10	20m	1	用钢尺量 3 点取最大值

8 维 护

8.0.1 透水砖路面交付使用后应定期进行养护，保证其正常的透水功能。

8.0.2 当透水砖路面的透水功能减弱后，可利用高压水流冲洗透水砖表面或用利真空吸附法清洁透水砖表面进行恢复。

附录 A 透水系数检验方法

A.0.1 方法适用于用路面渗水仪测定碾压成型的沥

青混合料试件的渗水系数，以检验沥青混合料的配合比设计。

A.0.2 应包括下列主要仪具与材料：

1 路面渗水仪（图 A.0.2）上部盛水量筒由透明有机玻璃制成，容积 600mL，上有刻度，在 100mL 及 500mL 处有粗标线，下方通过 ϕ10mm 的细管与底座相接，中间有一开关。量筒通过支架联结，底座下方开口内径 ϕ150mm，外径 ϕ165mm，仪器附压重钢圈两个，每个质量约 5kg，内径 ϕ160mm。

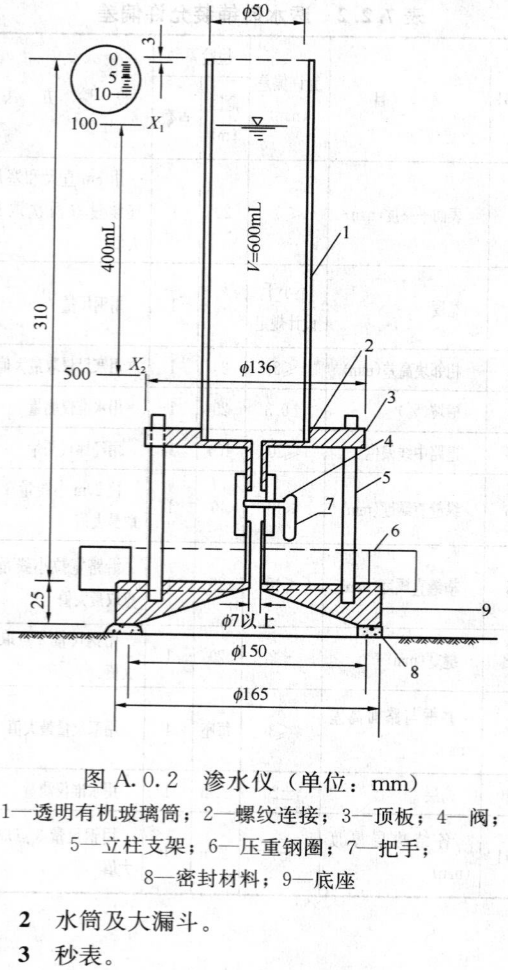

图 A.0.2 渗水仪（单位：mm）

1—透明有机玻璃筒；2—螺纹连接；3—顶板；4—阀；5—立柱支架；6—压重钢圈；7—把手；8—密封材料；9—底座

2 水筒及大漏斗。

3 秒表。

4 密封材料：黄油、玻璃腻子、油灰或橡皮泥等，也可采用其他任何能起到密封作用的材料。

5 接水容器。

6 其他：水、红墨水、粉笔、扫帚等。

A.0.3 检验方法应按下列步骤进行：

1 准备工作：

1）在洁净的水桶内滴入几点红墨水，使水成淡红色。

2）组合装路面渗水仪。

3）按现行行业标准《公路工程沥青及沥青混合料试验规程》JTJ E20 中 T0703—93 沥青混合料试件成型方法制作沥青混合料试件，试件尺寸为 30cm×30cm×5cm，脱模，揭去成型试件时垫在表面的纸。

2 试验步骤：

1）将试件放置于坚实的平面上，在试件表面上沿渗水仪底座圆圈位置抹一薄层密封材料，边涂边用手压紧，使密封材料嵌满试件表面混合料的缝隙，且牢固地粘结在试件上，密封料圈的内径与底座内径相同，约 150mm。将渗水试验仪底座用力压在试件密封材料圈上，再加上压重钢圈压住仪器底座。

2）用适当的垫块如混凝土试件或木块在左右两侧架起试件，试件下方放置一个接水容器。关闭渗水仪细管下方的开关，向仪器的上方量筒中注入淡红色的水至满，总量为 600mL。

3）迅速将开关全部打开，水开始从细管下部流出，待水面下降 100mL 时，立即开动秒表，每间隔 60s，读记仪器管的刻度一次，至水面下降 500mL 时为止。测试过程中，应观察渗水的情况。

4）按以上步骤对同一种材料制作 3 块试件测定渗水系数，取其平均值，作为检测结果。

A.0.4 沥青混合料试件的渗水系数应按下式计算，计算时以水面从 100mL 下降至 500mL 所需的时间为标准，若渗水时间过长，亦可采用 3min 通过的水量计算：

$$C_w = \frac{V_2 - V_1}{t_2 - t_1} \times 60 \qquad (A.0.4)$$

式中：C_w——沥青混合料试件的渗水系数，(mL/min)；

V_1——第一次读数时的水量（通常为 100mL）(mL)；

V_2——第二次读数时的水量（通常为 500mL），(mL)；

t_1——第一次读数时的时间，(s)；

t_2——第二次读数时的时间，(s)。

A.0.5 应报告每个试件的渗水系数及 3 个试件的平均值。若路面不透水，应在报告中注明。

本规程用词说明

1 为便于执行本规程条文时区别对待，对要求严格程度不同的用词说明如下：

1）表示很严格，非这样做不可的：

正面词采用“必须”，反面词采用“严禁”；

2）表示严格，在正常情况下均应这样做的：

正面词采用“应”，反面词采用“不应”或“不得”；

3）表示允许稍有选择，在条件许可时首先应这样做的：
正面词采用“宜”，反面词采用“不宜”；

4）表示有选择，在一定条件下可以这样做的采用“可”。

2 条文中指定应按其他有关标准执行的写法为：“应符合……的规定”或“应按……执行”。

引用标准名录

1 《无障碍设计规范》GB 50763

2 《通用硅酸盐水泥》GB 175

3 《混凝土外加剂》GB 8076

4 《建筑用砂》GB/T 14684

5 《混凝土用水标准》JGJ 63

6 《城镇道路工程施工与质量验收规范》CJJ 1

7 《城市道路工程设计规范》CJJ 37

8 《透水水泥混凝土路面技术规程》CJJ/T 135

9 《城镇道路路面设计规范》CJJ 169

10 《公路工程沥青及沥青混合料试验规程》JTJ E20

11 《透水砖》JC/T 945

中华人民共和国行业标准

透水砖路面技术规程

CJJ/T 188—2012

条 文 说 明

制 订 说 明

《透水砖路面技术规程》CJJ/T 188－2012，经住房和城乡建设部2012年11月2日以第1530号公告批准、发布。

本规程制订过程中，编制组进行了广泛的调查研究，认真总结实践经验，同时参考了国外先进技术法规、技术标准，通过大量的试验，取得了相应的重要技术参数。

为便于广大设计、施工等单位有关人员在使用本规程时能正确理解和执行条文规定，《透水砖路面技术规程》编制组按章、节、条顺序编制了本规程的条文说明，对条文规定的目的、依据以及执行中需注意的有关事项进行了说明。但是，本条文说明不具备与标准正文同等的法律效力，仅供使用者作为理解和把握规程规定的参考。

目　次

1 总　　则

1.0.1 随着城镇建设步伐的加快，城市地面逐渐被各类建筑物和各种天然石材、混凝土所覆盖。便捷的交通、平坦的道路给人们的出行带来了极大的方便，但这些不透水的路面也给城市的生态环境带来了诸多的负面影响。由于铺筑的路面缺乏透水性和透气性，雨水不能渗入地下，导致地表植物由于严重缺水而难以正常生长；不透气的路面很难与空气进行热量和水分的交换，缺乏对城市地表温度、湿度的调节能力，产生城市“热岛效应”。此外，不透水的道路表面容易积水，降低了道路的舒适性和安全性。当短时间内集中降雨时，雨水只能通过排水设施排入河流，大大加重了排水设施的负担。

早在20世纪80年代，在发达国家就推行了透水砖铺装和屋顶绿化及公路的透水铺装，大大减轻了“热岛效应”，城市雨水得到了充分的利用，如美国、法国等国家在这方面发展迅速。透水砖铺装与雨洪利用等组成了地表回灌系统并制定了相应的法律法规，对雨水利用给予了大力支持，有效地改善了生态环境。

我国于2001年开始启动利用透水砖回灌雨水试验工程，透水砖已有成熟产品问世，但由于缺乏相应的应用技术标准，现行的相关标准中没有针对透水铺装的技术要求作出相应的规定，其检测方法和手段也不符合雨水在铺装面上无水头的作用机理，使得通过透水砖回灌雨水的设想没有达到预期目的，因此，为了保护城镇水环境与水生态，减轻其排水设施负担，通过编制一套透水砖的应用技术规程，规范城镇透水铺装的施工过程，提高检测的科学性和实用性，同时为城市雨水利用工程设计提供依据，使得城市透水铺装达到承载和渗透双重功能。

1.0.2 本规程主要适用于透水路面的新建和改建工程，其他有条件建设透水性路面和场地可参照本规程执行。本规程对使用范围及荷载进行了限制，原则上不适用于市政道路的机动车道路面。

1.0.3 透水砖路面的原材料，各结构层的部分施工工艺以及质量验收和其他路面有一定的相似性，因此可参照现行国家、行业标准执行，本规程仅针对透水砖应用的特殊要求作了补充规定。

2 术语和符号

本章给出的术语和符号，是本规程有关章节中所应有的。

在编制本章术语时，参考了《道路工程术语标准》GBJ 124、《透水水泥混凝土路面技术规程》GJJ/T 135等国家和行业标准的相关术语。

本规程的术语是从本规程的角度赋予其涵义的，但涵义不一定是术语的定义。同时还分别给出了相应的推荐性英文。

3 基本规定

3.0.1 世界上许多国家对城市雨水资源利用非常重视，已将其作为第二水源。国外发达国家制定了一系列有关雨水利用的法律法规，建立了完善的雨水集蓄与透水地面组成的雨水利用和回灌系统。在我国，如北京、上海、大连、西安等大城市已经相继开展水资源利用方面的研究。政府明确提出要建设市区雨水利用工程，并制定了相关规划。因此，透水砖的应用应当和当地雨水排放规划和雨洪利用要求相结合，与小区等建筑规划相结合，使得透水砖的应用在雨水利用系统中占有重要地位。

另外，透水砖铺装路面设计与其他相关的道路设计、给水排水设计、管线设计等专业应密切配合、相互协调，由于降水在透水性路面的结构层及土基中渗透或储存，对原本按不透水路面设计的管线及附属设施会造成一定影响，因此，透水性路面下应尽量减少埋设各种管线，以保证土基压实均匀，不致形成薄弱点，造成路基水损；同时又由于路基的不均匀沉降而给埋设的各种管道造成威胁。同时，雨水利用系统不应对土壤环境、植物生长、地下含水层水质等造成危害。

3.0.2 透水砖路面面层不仅直接承受行人、车轮的作用而且直接受阳光、雨雪、冰冻等温度和湿度及其变化的作用，因此，应具有足够的结构强度；其次，为保证行人或车辆行驶的安全和舒适性，面层还应有足够的抗滑能力及良好的平整度。同时，基层主要起承重作用，应具有足够的强度和扩散荷载的能力并具有足够的水稳定性，作为透水基层当然还要具有透水和储水的功能。

3.0.3

1 透水砖路面的渗透性能实质上是解决雨水排放的问题，只是排水方式与传统的管道排水不同，故对于降雨强度的考虑，应与现行国家标准《室外排水设计规范》GB 50014相一致，不同室外汇水区域降雨强度设计重现期的规定见表1。

表1 室外汇水区域设计重现期

建筑物性质	设计重现期 P（a）
一般居住小区、训练场地、一般道路	1～3
广场、中心区、使馆区、车站、码头、机场、比赛场地等重要地区或积水造成严重损失区	2～5
大型运动会场地	5～10

续表1

建筑物性质	设计重现期 P (a)
国际比赛场地	10
明渠	0.5～1

本规程选取设计重现期为2年，符合规范要求。

2 暴雨强度的持续时间，则根据日本的相关资料及《北京市透水人行道设计施工技术指南》的研究成果，采用60min；按以下公式（1）计算暴雨强度。

$$q=2001(1+0.811\ lgP)/(t+8)0.711 \quad (1)$$

式中：q——暴雨强度，L/(s·ha)；

P——重现期，a；

t——降雨历时，min。

3 本条还采纳了现行行业标准《城镇道路路面设计规范》CJJ 169—2012中的规定，采用其下限值，将透水路面的使用年限规定为10年。

3.0.4 与普通路面相同，透水性路面也需要考虑强度要求和施工可行性，因此其基本组成应包括：面层、找平层、基层、甚至底基层和垫层。根据美国、日本等相关资料，由于面层材料不同而设置不同结构，但其基本组成相差不大。国外相关资料及实际工程中都设置垫层，主要目的是改善土基在饱和含水量时的承载力，并能有效阻止黏土粒料上浮或毛细现象发生，影响基层的使用功能。若土基的水稳定性较好（如砂土、砂性土等），则可不设置，故基本结构组成应根据实际情况选定。

3.0.5 本条对透水砖路面下的土基给出了基本要求。渗入道路内的雨水主要有三个去向：入渗、横流和蒸发。透水路面的设计应保证各结构层透水性能的连续，避免某些层次成为透水能力的瓶颈。影响降水的入渗量最主要是土基的透水系数。美国透水路面使用经验表明，地基的透水系数量级不低于 10^{-4} cm/s，存储在基层内的水能在72h内完全入渗时，透水道路的耐久性和稳定性表现良好。英国有资料推荐：地基的透水系数大于0.5in/h（即 3.5×10^{-4} cm/s）且基层内的水能在72h内渗完。软土（淤泥与淤泥质土）、未经处理的人工杂填土、湿陷性土、膨胀土等特殊土质上不适合铺设透水路面。在设计施工中，通常对于不满足路基用土规定的土类予以置换，置换用土采用一般黏性土或砂性土。当各方面条件不满足时，可结合雨水收集利用系统做路面内部的排水设计。

3.0.6 本条要求寒冷地区还应进行抗冻最小厚度验算。

3.0.7 透水砖人行道应满足现行国家标准《无障碍设计规范》GB 50763的规定。路口处盲道应铺设为无障碍形式，行进盲道砌块与提示盲道砌块不得混用，盲道必须避开树池、检查井、杆线等障碍物。

4 材　　料

4.1 透　水　砖

4.1.1 本条主要明确了透水砖最基本的性能，其他指标参照产品标准，透水系数是指在环境温度15℃下测得。

4.1.2 为了景观效果，国内某些地方的人行步道采用了表面很光滑的材料，在雨季或北方冬季积雪后路面非常光滑，行人较易滑倒，从“以人为本”的角度，增加了防滑的具体要求，北京市地方标准《城市道路混凝土路面砖》DB11/T 152—2003中规定，混凝土路面砖分为四级，防滑性能 *BPN* 最小不得小于60，最大不得小于80，同时日本对透水铺装人行路面 *BPN* 也作了相应规定，即 *BPN* 不小于60。各地方可根据实际情况采用执行。另本章节是采用磨坑长度指标来规定透水砖的耐磨性，以及在使用除冰盐和融雪剂时的抗盐冻性要求，包括质量和强度两项指标。

4.2 结构层中的原材料

4.2.1 本条所指的水泥主要是指生产透水混凝土基层及级配碎石基层所用的水泥。通常用普通硅酸盐水泥、矿渣硅酸盐水泥，若用其他品种水泥，则需在确保早期脱模强度及设计强度等级的前提下，通过试验确定。快硬水泥、早强水泥及受潮变质的水泥不得使用。每批水泥应进行水泥胶砂试验，确定初、终凝时间。

4.2.2、4.2.3 透水砖基层施工中使用的粗细集料，要符合现行行业标准的规定。材料质量中对碎石含泥量、粒径、针片状的含量有一定要求，否则对透水混凝土强度和质量将产生很大的影响。碎石的粒径影响透水率，选择适当粒径的碎石视透水要求而定的，粒径大透水率大，反之亦相反。

4.2.4～4.2.6 主要是对相关材料质量标准的规定，质量的优劣都将影响到透水路面的质量。

5 设　　计

5.1 一 般 规 定

5.1.1 本条主要是明确了透水砖路面和其他路面一样，在设计时应该考虑的各项指标以及应满足的要求，特别是透水性的要求。

5.1.2 确定轻型荷载路面的承载能力、交通流量以及普通人行道的最低荷载要求。

5.1.3～5.1.5 结构层强度是保证透水砖路面承载能力的主要指标，包括面层（即透水砖）的抗压和抗折强度、基层的抗压强度及压实度等指标，确定三种基层形式下厚度的技术方法。

5.1.6 与普通路面相同，透水性路面除考虑强度要求和施工可行性外，理想的透水路面还应具有足够的厚度，以便使设计降水量能在路面本身内贮存，并向路基土不断下渗。因此在具有合适的强度指标的同时，还应对储水透水能力进行验算。早在20世纪70年代，日本道路建设业协会针对轻型交通车道和人行道透水性路面的铺装，进行了长期大量的试用性研究及跟踪调查，编著了《透水性沥青路面》技术规定，书中推出了透水性路面结构厚度计算的公式，如式(5.1.6)所示。从以上可知，透水性人行道透水性能设计需要考虑以下条件：①地区降雨强度；②路面结构的透水能力及贮水能力；③路基土的渗透能力。

5.1.7 本条要求对寒冷地区透水路面的最小抗冻厚度进行验算。

5.2 面　层

5.2.1 本条对于有特殊要求的使用部位和特殊块型透水砖其最小厚度可由设计确定。并给出了不同道路类型（适用范围）使用的透水砖的最小抗压强度和抗折强度供参考。

5.2.2 透水砖铺装面层应表面平整、抗滑、耐磨、美观，并与周围环境相协调，对于透水砖的铺筑形式可由设计人员根据周围环境及设计效果确定，一般来讲人行步道和步行街采用正方形或长方形普通型混凝土砌块，铺筑形式不限；车行道、广场、停车场宜采用联锁型混凝土砌块，采用普通型混凝土砌块时，可采用"人字"形铺筑形式。

5.4 基　层

5.4.1 本条指出了基层的类型，虽然近年来透水砖发展较快，其基层类型多种多样。但常用的还是本条列出的三种形式。半刚性基层是指用无机结合料稳定粒料的材料铺筑一定厚度的基层。刚性基层是指用混凝土、贫混凝土、钢筋混凝土材料做的基层。柔性基层是指用热拌或冷拌沥青混合料、沥青贯入碎石以及不加任何结合料的粒料类等材料铺筑的基层，包括级配碎石、级配砾石、天然级配砂砾、部分砾石经轧制掺配而成的级配碎、砾石、填隙碎石等材料结构层。

本条同时指出材料的选用原则，首先是根据地区的差异性就地取材的原则，其次规定了几种常用基层材料的选择标准，要具有足够的强度、透水性能和良好的水稳定性。目前在工程建设中，无砂大孔隙混凝土作为透水基层得到了一定的应用。与其他材料基层相比，无论从强度、透水性能、材料来源以及使用情况来看，较适合做透水性基层。除此之外相关标准规定，底基层材料多选择未经处治的级配碎石。由于面层材料多采用孔隙率为15%左右的水泥混凝土透水砖，与之对应基层的孔隙率也不宜太大，否则对基层的强度会有较大的影响。根据已建工程经验，这类透水底基层有效孔隙率大于10%为宜。

5.4.2～5.4.4 本条规定了三种常用基层的设计要求。基层主要功能是透水、储水。因此采用级配碎石做基层时，应注意其级配。表5.4.2、表5.4.3、表5.4.4为经实践证明能满足要求的推荐级配。

5.5 垫　层

5.5.1、5.5.2 为改善土基在含水量饱和时的承载能力，并有效阻止黏土粒料上浮或毛细现象发生，致使对结构层产生不利影响，宜设置中砂垫层。垫层的主要作用为改善土基的湿度和温度状况，保证面层和基层的强度稳定性和抗冻胀能力，扩散由基层传来的荷载应力，以减小土基所产生的变形。垫层应具有一定的强度和良好的水稳定性。但当土基为砂性土或底基层为级配碎石时可不设置垫层。垫层主要用于地下水位高、排水不良、路基经常处于潮湿、过湿状态的路段，应具有一定的强度和良好的水稳定性。工程试验中采用中砂或粗砂垫层厚度40mm～50mm就能达到找平、反渗的效果。

5.6 土　基

5.6.1、5.6.2 路基必须密实、均匀、稳定。土质路基压实度应采用重型击实标准。压实度不应低于90%。参照现行行业标准《城市道路工程设计规范》CJJ 37的规定，土基的最小回弹模量应达到15MPa的规定。因此，透水性人行道的土基在雨水下渗浸泡一段时间后，其回弹模量应不小于15MPa的规定。

5.7 排水设计

5.7.1～5.7.4 由于透水性路面结构的透水性和空隙率较为均匀，所以，当路基渗水性较差，透水性路面在长时间储水状态时，结构内部储水由于重力的作用，会沿着道路纵坡的方向以一定的速度向道路低点运动。因此，本节表述在雨水不能有效地渗入土基，起不到回灌的作用，透水砖铺装路面，可以通过收集系统将雨水回收利用。

6 施　工

6.1 一般规定

6.1.1 由于在路基及基层以及其他管道、检查井、路缘石等附属设施方面的施工工艺及验收方法都比较齐全规范。因此本规程在这些结构的施工方面不再赘述，只是提出了相关透水性的指标方面要符合本规程的规定。

6.1.2 为了防止在面层施工完毕后才发现路面不透

水或造成其他的不必要的返工浪费，本条规定了在面层施工前，面层以下的部位要按照本规程及其他相关规范对主控项目和一般项目进行验收，合格后方可进行下道工序施工。

6.1.3 施工前应由建设单位组织设计单位会同勘察、测量单位向监理及施工单位交桩，办理交接桩手续，并由监理工程师验桩。根据设计图纸的要求，复测各主要控制点，包括临时水准点、侧石的顶高、转弯半径、平面位置等。根据设计标高和设计宽度精确地放出样桩，用模线放出边线。样桩间距不宜过密，以5m～10m一根为宜。

6.1.4 工程开工前，施工单位应根据合同文件、相关单位提供的施工界域内地下管线等建（构）筑物资料，工程水文地质资料等踏勘施工现场，依据工程特点编制专项施工方案，并按其管理程序进行审批。

6.1.5 与透水路面同期施工，敷设于路面下的新管线等构筑物，应按先深后浅的原则与道路配合施工。施工中应保护好既有及新建地上杆线、地下管线等建（构）筑物。施工范围内的各类管线、绿化设施及构筑物等，必须在面层施工前全部完成，外露的井盖高程必须调整至设计高程，井座四周需作特殊处理以保证面层正常铺筑。

6.1.6 施工前应与交通管理部门确定行人及车辆的运行与绕行路线。应制定必要的安全措施如禁止车辆通行的标志，行人通道、防护栏等，这主要有两方面原因，一方面是防止行人和车辆误入施工区造成危险；另一方面是避免对已完工程造成损坏。

6.1.7 施工中应按合同文件规定的施工技术标准与质量标准的要求，依照国家现行有关规范的规定，进行施工过程与成品质量控制。其中，量具、器具的检测工作与有关原材料的检验是质量控制的重要工作。

6.1.8 冬、雨期施工的工程应制定冬、雨期施工技术措施。

6.2 透水砖面层施工

6.2.2 透水砖的铺筑应从透水砖基准点开始，并以透水砖基准线为基准铺筑透水砖。透水砖基准线可视为透水砖接缝边线；也可视为透水砖中相互垂直的三个最远的顶角的连线（图1），这样两条垂直的透水砖基准线适合于任何一种块形的透水砖的铺筑。

6.2.3 本条规定了在铺筑透水砖时，施工人员一般是退着铺，不得站在已摊铺好的砂垫层上或站在刚铺筑的透水砖上作业，如在砂垫层上作业，会影响路面的质量。

6.2.4 透水砖铺设过程中一定要注意不得在铺设完成的路面上拌合砂浆、堆放水泥等材料，因为水泥在水化过程中形成胶凝材料，会造成透水砖透水结构的永久性损伤。

6.2.5 透水砖铺筑到路边、当墙边、踏步边、门口

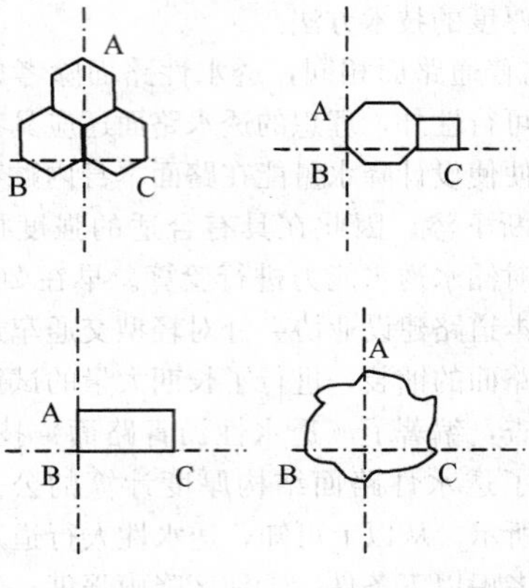

图1 三个最远顶角取法

等异形和特殊部位产生不大于20mm的缝隙时，如用水泥砂浆填补，水泥砂浆会因受透水砖的挤压而破坏，路面边缘失去约束作用，导致路面破坏。

7 验 收

7.1 一 般 规 定

7.1.1 透水砖路面的验收应按照施工工序进行分项、分部验收。现行规范除了透水性等指标外，对土基、基层在施工方法、施工工艺等方面通常都有成熟的验收标准可参照执行。

7.2 质量检验标准

7.2.1 本条将透水砖本身的性能检验、各结构层的透水性能、铺砌的形式以及组成结构层原材料的物理和化学性能等作为对透水砖路面主控项目来检查，并给出了相关规定和检查方法。

8 维 护

8.0.1 选取透水砖（使用5年）作为研究对象，取样本砖进行高压冲洗，采用行标规定定水头试验进行高压冲洗前后透水系数对比，以此来评判冲洗效果，其结果详见表2：

由上表可以看出，经高压水冲洗后，透水砖透水性能恢复较好，试验前各组试件透水系数已小于（15℃）1.0×10^{-2}cm/s，达不到透水砖标准，经高压水冲洗后除试件2未达到透水砖标准，试件1、3均达到透水砖标准，且两组试件透水性能恢复后，透水系数0.01794cm/s和0.01747cm/s数值非常接近。

如果是砂浆阻塞孔隙，则透水面层透水系数很难恢复，虽然实验表明透水砖的透水系数在使用一段时间后是可以恢复的，但恢复工作毕竟较费时费力。

因此为增加透水人行步道的使用寿命，从施工开始就应加以保护。避免人为因素引起的破坏发生。

表 2　高压水冲洗结果

名称		直径 D(cm)	面积 A(cm²)	厚度 L(cm)	时间 (s)	渗水量 Q(mL)	水位差 H(cm)	透水系数 (cm/s)	恢复率
试件1	冲洗前	7	38.4845	5.5	300	300	15	0.00953	1.88333
	冲洗后	7	38.4845	5.5	300	565	15	0.01794	
试件2	冲洗前	7	38.4845	5.5	300	32	15	0.00102	4.21875
	冲洗后	7	38.4845	5.5	300	135	15	0.00429	
试件3	冲洗前	7	38.4845	5.5	300	22	15	0.0007	25
	冲洗后	7	38.4845	5.5	300	550	15	0.01747	

8.0.2　真空吸附法，利用真空原理将阻塞孔隙的颗粒吸出。由于费用较高效率相对较低未能大范围使用。

高压水流冲洗法，利用高压水流冲洗透水砖表面，将阻塞其孔隙的颗粒冲走。

中华人民共和国行业标准

透水沥青路面技术规程

Technical specification for permeable asphalt pavement

CJJ/T 190—2012

批准部门：中华人民共和国住房和城乡建设部
施行日期：2 0 1 2 年 1 2 月 1 日

中华人民共和国住房和城乡建设部
公　　告

第 1447 号

住房城乡建设部关于发布行业标准《透水沥青路面技术规程》的公告

现批准《透水沥青路面技术规程》为行业标准，编号为 CJJ/T 190－2012，自 2012 年 12 月 1 日起实施。

本规程由我部标准定额研究所组织中国建筑工业出版社出版发行。

中华人民共和国住房和城乡建设部

2012 年 8 月 23 日

前　　言

根据住房和城乡建设部《关于印发〈2008 年工程建设标准规范制订、修订计划〉的通知》（建标［2008］102 号）的要求，编制组经广泛调查研究，认真总结实践经验，参考有关国际标准和国外先进标准，并在广泛征求意见的基础上，编制本规程。

本规程的主要技术内容是：1. 总则；2. 术语；3. 材料；4. 设计；5. 施工；6. 施工质量验收；7. 养护。

本规程由住房和城乡建设部负责管理，由长安大学负责具体技术内容的解释。执行过程中如有意见和建议，请寄送长安大学（地址：陕西省西安市南二环路中段；邮政编码：710064）。

本规程主编单位：长安大学

本规程参编单位：北京市市政工程设计研究总院
山东省交通运输厅公路局
河南省第一建筑工程集团有限责任公司
西安市政设计研究院有限公司
中国建筑材料科学研究总院
南京标美彩石建材有限公司

本规程主要起草人员：沙爱民　裴建中　胡力群　蒋　玮　李　东　叶远春　杨永顺　李英勇　胡伦坚　刘丽芬　高中俊　张忠伦　张　力　刘忠宁

本规程主要审查人员：徐　波　张金喜　柳　浩　王先华　李建民　童申家　陈为成　唐国荣　周亦新

目　次

Contents

1 总　　则

1.0.1 为适应城市道路建设需要，改善城市生态环境，提高道路行车安全性、舒适性，规范透水沥青路面设计、施工、验收和养护，制定本规程。

1.0.2 本规程适用于新建、扩建和改建城镇道路工程透水沥青路面的设计、施工、验收和养护。

1.0.3 透水沥青路面的类型应根据地质、荷载、气候、施工等因素综合选用。

1.0.4 透水沥青路面的设计、施工、验收和养护除应符合本规程外，尚应符合国家现行有关标准的规定。

2 术　　语

2.0.1 透水沥青路面　permeable asphalt pavement

由透水沥青混合料修筑、路表水可进入路面横向排出，或渗入至路基内部的沥青路面总称。

2.0.2 透水沥青混合料　permeable asphalt concrete (PAC)

空隙率为18%～25%的沥青混合料。

2.0.3 高黏度改性沥青　high viscosity asphalt

60℃动力黏度值不小于20000Pa·s的改性沥青。

2.0.4 析漏试验　binder drainage test

用以检测高温状态下沥青从沥青混合料中析出的一种试验方法。

2.0.5 飞散试验　cantabro test

用以评价沥青混合料抗矿料飞散性的一种试验方法。

2.0.6 渗透系数　permeability coefficient

表征沥青混合料透水性能的指标。

2.0.7 连通空隙率　connected air voids

透水沥青混合料中相互连通，并与外部空气相连通的空隙，其体积占全部混合料体积的百分率。

3 材　　料

3.0.1 透水沥青路面材料应就地取材，并应有利于自然环境和生态景观的保护。

3.0.2 透水沥青路面的透水面层应采用高黏度改性沥青作为结合料，基层可采用高黏度改性沥青、改性沥青或普通道路石油沥青。

3.0.3 高黏度改性沥青宜采用成品高黏度改性沥青，技术要求应符合表3.0.3的规定。试验方法应符合现行行业标准《公路工程沥青及沥青混合料试验规程》JTG E20的相关规定。

表3.0.3　高黏度改性沥青技术要求

试验项目	单　位	技术要求
针入度25℃	0.1mm	≥40
软化点	℃	≥80
延度15℃	cm	≥80
延度5℃	cm	≥30
闪点	℃	≥260
60℃动力黏度	Pa·s	≥20000
黏韧性	N·m	≥20
韧性	N·m	≥15
薄膜加热质量损失	%	≤0.6
薄膜加热针入度比	%	≥65

3.0.4 改性沥青和普通道路石油沥青的技术指标应符合现行行业标准《城镇道路路面设计规范》CJJ 169的规定。

3.0.5 透水沥青混合料中粗集料宜采用轧制碎石，技术要求应符合表3.0.5的规定。试验方法应符合现行行业标准《公路工程沥青及沥青混合料试验规程》JTG E20的相关规定。

表3.0.5　粗集料技术要求

试验项目	单位	层次位置	
		表面层	其他层次
石料压碎值	%	≤26	≤28
洛杉矶磨耗损失	%	≤28	≤30
表观相对密度	—	≥2.6	≥2.5
吸水率	%	≤2	
坚固性	%	≤8	≤10
针片状颗粒含量	%	≤10	≤15
水洗法＜0.075mm颗粒含量	%	≤1	
软石含量	%	≤3	≤5

3.0.6 粗集料的粒径规格应符合现行行业标准《公路沥青路面施工技术规范》JTG F40的规定。

3.0.7 透水沥青路面表面层粗集料磨光值及与沥青的黏附性应符合表3.0.7的规定。试验方法应符合现行行业标准《公路工程集料试验规程》JTG E42和《公路工程沥青及沥青混合料试验规程》JTG E20的相关规定。

表3.0.7　粗集料磨光值及与沥青的黏附性

雨量气候区	1(潮湿区)	2(湿润区)	3(半干区)	4(干旱区)
年降雨量(mm)	＞1000	1000～500	500～250	＜250

续表 3.0.7

雨量气候区		1(潮湿区)	2(湿润区)	3(半干区)	4(干旱区)
表面层粗集料的磨光值 PSV		≥42	≥40	≥38	≥36
粗集料与沥青的黏附性	表面层	≥5	≥5	≥5	≥4
	其他层次	≥5	≥5	≥4	≥4

3.0.8 透水沥青路面透水面层的细集料应采用机制砂，技术要求应符合表 3.0.8 的规定。试验方法应符合现行行业标准《公路工程集料试验规程》JTG E42 的相关规定。

表 3.0.8 细集料技术要求

试验项目	单 位	技术要求
表观相对密度	—	≥2.50
坚固性(>0.3mm 部分)	%	≥10
含泥量(小于 0.075mm 的含量)	%	≤1
砂当量	%	≥60
棱角性(流动时间)	s	≥30

3.0.9 透水沥青路面的透水基层细集料可采用天然砂和石屑，技术要求应符合现行行业标准《公路沥青路面施工技术规范》JTG F40 的规定。

3.0.10 透水沥青混合料的矿粉宜采用石灰岩矿粉，技术要求应符合现行行业标准《公路沥青路面施工技术规范》JTG F40 的规定。

3.0.11 透水沥青混合料中掺加的纤维可采用木质素纤维、矿物纤维等，技术要求应符合现行行业标准《公路沥青路面施工技术规范》JTG F40 的规定。

4 设 计

4.1 一 般 规 定

4.1.1 透水沥青混合料应满足道路路面使用功能，并应满足透水、抗滑、降噪要求。

4.1.2 透水基层可选用排水式沥青稳定碎石、级配碎石、大粒径透水性沥青混合料、骨架空隙型水泥稳定碎石和透水水泥混凝土。

4.1.3 透水基层的空隙率应满足透水功能的要求。

4.2 结构组合设计

4.2.1 透水沥青路面结构组合设计除应满足抗车辙、抗裂、抗疲劳、稳定性要求外，还应具有良好的透水功能。

4.2.2 透水沥青路面结构类型可采用下列分类方式：

1 透水沥青路面Ⅰ型(图 4.2.2-1)：路表水进入表面层后排入邻近排水设施；

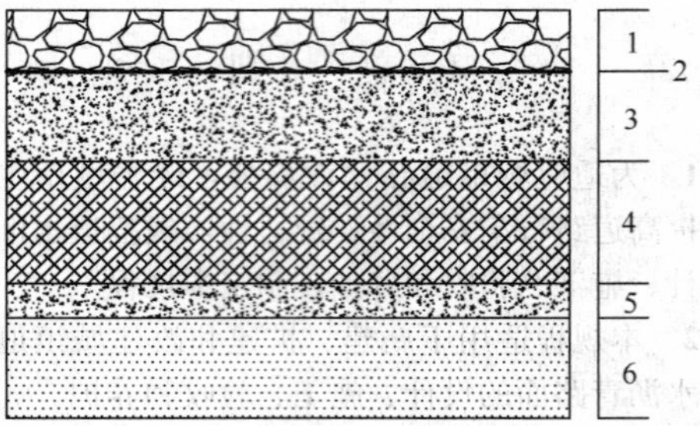

图 4.2.2-1 透水沥青路面Ⅰ型结构示意图

1—透水沥青上面层；2—封层；3—中下面层；4—基层；5—垫层；6—路基

2 透水沥青路面Ⅱ型(图 4.2.2-2)：路表水由面层进入基层(或垫层)后排入邻近排水设施；

3 透水沥青路面Ⅲ型(图 4.2.2-3)：路表水进入路面后渗入路基。

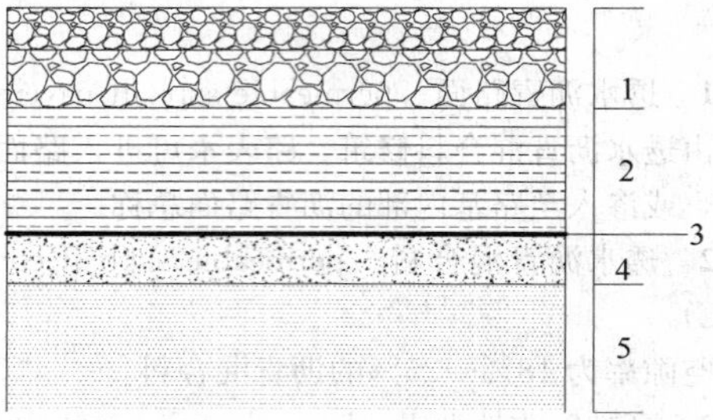

图 4.2.2-2 透水沥青路面Ⅱ型结构示意图

1—透水沥青面层；2—透水基层；3—封层；4—垫层；5—路基

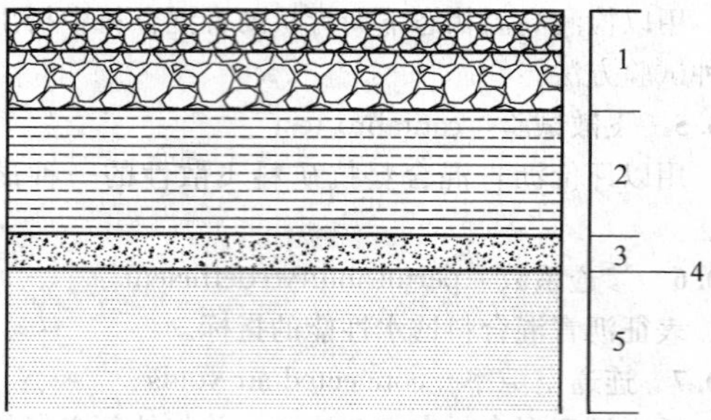

图 4.2.2-3 透水沥青路面Ⅲ型结构示意图

1—透水沥青面层；2—透水基层；3—透水垫层；4—反滤隔离层；5—路基

4.2.3 透水沥青路面结构形式可根据道路所处地域的年降雨量和道路使用环境选择。

对需要减小降雨时的路表径流量和降低道路两侧噪声的各类新建、改建道路，宜选用Ⅰ型；对需要缓解暴雨时城市排水系统负担的各类新建、改建道路，宜选用Ⅱ型；路基土渗透系数大于或等于 7×10^{-5} cm/s 的公园、小区道路，停车场，广场和中、轻型荷载道路，可选用Ⅲ型。

4.2.4 透水沥青路面的结构层材料可按表 4.2.4 选取。

表 4.2.4 不同结构透水路面的材料

路面结构类型	面 层	基 层
透水沥青路面Ⅰ型	透水沥青混合料面层	各类基层
透水沥青路面Ⅱ型	透水沥青混合料面层	透水基层
透水沥青路面Ⅲ型	透水沥青混合料面层	透水基层

4.2.5 透水沥青路面结构设计指标应符合现行行业标准《城镇道路路面设计规范》CJJ 169 的规定。

4.2.6 Ⅰ、Ⅱ型透水结构层下部应设置封层，封层材料的渗透系数不应大于 80mL/min，且应与上下结构层粘结良好。相关技术要求应符合现行行业标准《城镇道路路面设计规范》CJJ 169 和《城镇道路工程施工与质量验收规范》CJJ 1 的规定。

4.2.7 Ⅲ型透水路面的路基土渗透系数宜大于 7×10^{-5}cm/s，并应具有良好的水稳定性。

4.2.8 Ⅲ型透水路面的路基顶面应设置反滤隔离层，可选用粒料类材料或土工织物。

4.3 透水沥青混合料配合比设计

4.3.1 透水沥青混合料宜根据道路等级、气候及交通条件按表 4.3.1 确定工程设计级配范围。

表 4.3.1 透水沥青混合料矿料级配范围

级配类型		通过下列筛孔(mm)的质量百分率(%)											
		26.5	19.0	16.0	13.2	9.5	4.75	2.36	1.18	0.6	0.3	0.15	0.075
中粒式	PAC-20	100	95~100	—	64~84	—	10~31	10~20	—	—	—	—	3~7
	PAC-16	—	100	90~100	70~90	45~70	12~30	10~22	6~18	4~15	3~12	3~8	2~6
细粒式	PAC-13	—	—	100	90~100	50~80	12~30	10~22	6~18	4~15	3~12	3~8	2~6
	PAC-10	—	—	—	100	90~100	50~70	10~22	6~18	4~15	3~12	3~8	2~6

4.3.2 透水路面混合料设计可采用现行行业标准《公路沥青路面施工技术规范》JTG F40 中开级配抗滑磨耗层配合比设计方法，技术要求应符合表 4.3.2 的规定。连通空隙率测试方法应按本规程附录 A 进行。

表 4.3.2 透水沥青混合料技术要求

试验项目	单位	技术要求
马歇尔试件击实次数	次	两面击实 50 次
空隙率	%	18~25
连通空隙率	%	≥14
马歇尔稳定度	kN	≥5
流值	mm	2~4
析漏损失	%	<0.3
飞散损失	%	<15
渗透系数	mL/15s	800
动稳定度	次/mm	≥3500
冻融劈裂强度比	%	≥85

4.4 透水基层混合料配合比设计

4.4.1 排水式沥青稳定碎石的配合比设计和混合料技术指标应符合现行行业标准《公路沥青路面施工技术规范》JTG F40 的规定。

4.4.2 用于透水基层的级配碎石集料压碎值不应大于 26%。级配应符合表 4.4.2 的规定，且塑性指数应小于 6。级配碎石的空隙率宜大于 10%。

表 4.4.2 级配碎石的级配范围

通过下列筛孔(mm)的质量百分率(%)								
筛孔尺寸	31.5	26.5	19.0	9.5	4.75	2.36	0.6	0.075
通过率	100	80~95	65~85	30~60	20~40	10~22	3~12	1~6

4.4.3 大粒径透水性沥青混合料(LSPM)的公称最大粒径不宜小于 26.5mm，可按表 4.4.3-1 选用级配范围。LSPM 宜采用大马歇尔成型方法，混合料的技术要求应符合表 4.4.3-2 的规定。

表 4.4.3-1 大粒径透水性沥青混合料推荐级配范围

级配类型	通过下列筛孔(mm)的质量百分率(%)												
	37.5	31.5	26.5	19	13.2	9.5	4.75	2.36	1.18	0.6	0.3	0.15	0.075
LSPM-25	100	100	70~98	50~85	32~62	20~45	6~29	6~18	3~15	2~10	1~7	1~6	1~4
LSPM-30	100	90~100	70~95	40~76	28~58	19~39	6~29	6~18	3~15	2~10	1~7	1~6	1~4

表 4.4.3-2 大粒径透水性沥青混合料技术要求

技术指标	单 位	技术要求
击实次数(双面)	次	112
空隙率	%	13~18
析漏损失	%	<0.2
飞散损失	%	<20
参考沥青用量	%	3~3.5
动稳定度	次/mm	≥2600

注：用于动稳定度指标测试的车辙试件厚度为 8cm。

4.4.4 透水水泥混凝土的配合比设计、强度与空隙率应符合现行行业标准《透水水泥混凝土路面技术规程》CJJ/T 135 的规定。

4.4.5 骨架空隙型水泥稳定碎石可采用强度等级为 32.5 级或 42.5 级的普通硅酸盐水泥、矿渣硅酸盐水泥。水泥用量宜为 8%~12%，水灰比宜为 0.39~0.43。配合比设计应符合现行行业标准《公路水泥混凝土路面设计规范》JTG D40 的规定，技术指标应符合表 4.4.5 的规定。

表 4.4.5 骨架空隙型水泥稳定碎石基层材料的技术指标要求

试验项目	单位	技术要求
空隙率	%	15～23
7d 抗压强度	MPa	3.5～6.5

4.5 垫 层

4.5.1 Ⅲ型透水路面的垫层可采用粗砂、砂砾、碎石等透水性好的粒料类材料，且应符合现行行业标准《城镇道路路面设计规范》CJJ 169 的规定。

4.5.2 垫层厚度不宜小于 15cm，重冰冻地区潮湿、过湿路段可适当增厚。

4.6 路 基

4.6.1 透水沥青路面路基应符合现行行业标准《城镇道路路面设计规范》CJJ 169 的规定。

4.6.2 透水路基在浸水后应满足承载力的要求。对软土、膨胀土、湿陷性黄土、盐渍土、粉性土等地质条件特殊的路段，不宜直接铺筑Ⅲ型透水沥青路面。

4.7 排水设施

4.7.1 透水沥青路面边缘应设置纵向排水设施（图 4.7.1-1～图 4.7.1-3），排水能力应满足路面排水要求。

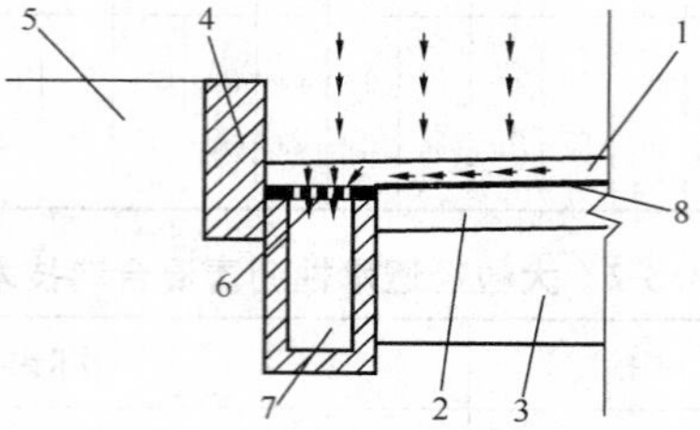

图 4.7.1-1 透水沥青路面Ⅰ型排水设施示意图（横断面）

1—透水沥青面层；2—中、下面层；3—基层；4—路缘石；5—人行道；6—透水盖板；7—排水沟；8—封层

注：透水盖板应满足路面结构荷载要求，透水孔尺寸适当，不使混合料落入排水沟。

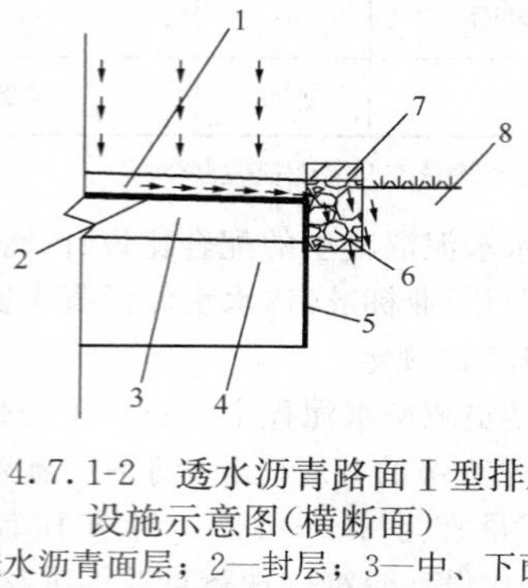

图 4.7.1-2 透水沥青路面Ⅰ型排水设施示意图（横断面）

1—透水沥青面层；2—封层；3—中、下面层；4—基层；5—防水材料；6—透水水泥混凝土；7—普通水泥混凝土；8—绿地

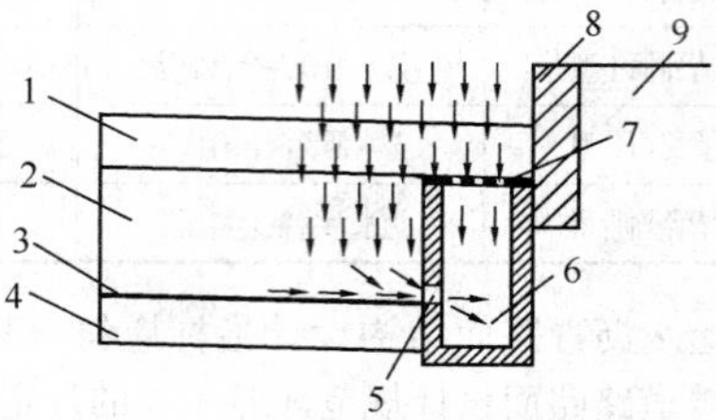

图 4.7.1-3 透水沥青路面Ⅱ型排水设施示意图（横断面）

1—透水面层；2—透水基层；3—封层；4—不透水基层（底基层）或土基；5—排水管；6—排水沟；7—透水盖板；8—路缘石；9—人行道

4.7.2 透水路面结构的排水设施应与市政排水系统相连。

4.7.3 排水系统应结合当地降雨量和周边排水系统的特点进行设计。

5 施 工

5.1 一 般 规 定

5.1.1 施工前进场的材料应符合现行行业标准《城镇道路工程施工与质量验收规范》CJJ 1 和本规程第 3 章的规定。

5.1.2 透水沥青路面工程开工前，宜铺筑单幅长度为 100m～200m 的试验路段，进行混合料的试拌、试铺和试压试验，并应据此确定合理的施工工艺。

5.1.3 当遇雨天或气温低于 15℃时，不得进行透水沥青路面施工。

5.1.4 高黏度改性沥青存放时应避免离析。

5.1.5 铺筑透水沥青混合料前，应检查下层结构的质量，对透水沥青路面Ⅰ型和Ⅱ型应检查封层质量，同时应对下层结构进行现场渗水试验。

5.2 透水路基、基层施工

5.2.1 路基施工应做好施工期临时排水方案，临时排水设施应与永久排水设施综合设置，并应与工程影响范围内的排水系统相协调。

5.2.2 路基和基层施工应符合现行行业标准《城镇道路工程施工与质量验收规范》CJJ 1 的规定，且渗透系数应符合设计要求。

5.3 透水面层施工

5.3.1 透水沥青混合料生产温度控制应符合表 5.3.1 的规定。烘干集料的残余含水量不得大于 1%。

表 5.3.1 透水沥青混合料生产温度控制

混合料生产温度	规定值(℃)	允许偏差(℃)
沥青加热温度	165	±5
集料加热温度	195	±5
混合料出厂温度	180	±5

5.3.2 采用普通沥青或改性沥青的透水沥青混合料，拌和、运输、摊铺过程应按现行行业标准《城镇道路工程施工与质量验收规范》CJJ 1的要求进行。

5.3.3 透水沥青混合料运输过程中，应采取保温措施。运送到摊铺现场的混合料温度不应低于175℃。

5.3.4 透水沥青混合料的摊铺应符合下列规定：

1 应采用沥青摊铺机摊铺。摊铺机受料前，应在料斗内涂刷防粘剂并在施工中经常将两侧板收拢。

2 铺筑透水沥青混合料时，一台摊铺机的铺筑宽度不宜超过6.0m(双车道)～7.5m(3车道以上)，宜采用两台或多台摊铺机前后错开10m～20m成梯队方式同步摊铺。

3 施工前，应提前0.5h～1.0h预热摊铺机熨平板，使其温度不宜低于100℃。铺筑过程中，熨平板的振捣或夯锤压实装置应具有适宜的振动频率和振幅。

4 摊铺机应缓慢、均匀、连续不间断地摊铺，不得随意变换速度或中途停顿。摊铺速度宜控制在1.5m/min～3.0m/min。

5 透水沥青混合料的摊铺温度不应低于170℃。

6 透水沥青混合料的松铺系数应通过试验段确定。摊铺过程中应随时检查摊铺层厚度及路拱、横坡。

5.3.5 透水沥青路面压实及成型应符合下列规定：

1 压实过程中，初压温度不应低于160℃。复压应紧接初压进行，复压温度不应低于130℃。终压温度不宜低于90℃。

2 压实机械组合方式和压实遍数应根据试验路段确定。

3 压路机吨位、速度及工艺应符合现行行业标准《公路沥青路面施工技术规范》JTG F40中对开级配抗滑磨耗层配合比的规定。

5.3.6 透水沥青混合料的接缝及渐变过渡段施工应符合现行行业标准《公路沥青路面施工技术规范》JTG F40的有关规定。

5.3.7 透水沥青路面与不透水沥青路面衔接处，应做好封水、防水处理。

5.3.8 施工后，当透水沥青路面表面温度降低到50℃以下后，方可开放交通。

6 施工质量验收

6.0.1 透水沥青混合料质量应符合下列规定：

1 道路用沥青的品种、标号应符合国家现行有关标准和本规程第3章的有关规定。

检查数量：按同一生产厂家、同一品种、同一标号、同一批号连续进场的沥青(石油沥青每100t为1批，改性沥青每50t为1批)每批次抽检1次。

检验方法：查出厂合格证，检验报告并进场复验。

2 透水沥青混合料所用粗集料、细集料、矿粉、纤维等材料的质量及规格应符合本规程第3章的有关规定。

检查数量：按不同品种产品进场批次和产品抽样检验方案确定。

检验方法：观察、检查进场检验报告。

3 透水沥青混合料生产温度应符合本规程第5.3.1条的有关规定。

检查数量：全数检查。

检验方法：查测温记录，现场检测温度。

4 透水沥青混合料品质应符合本规程第4.3.2条的技术要求。

检查数量：每日、每品种检查1次。

检验方法：现场取样试验。

6.0.2 透水沥青混合料面层质量检验应符合下列规定：

1 透水沥青混合料面层压实度，对城市快速路、主干路不应小于96%；对次干路及以下道路不应小于95%。

检查数量：每1000m^{2}测1点。

检验方法：查试验记录(马歇尔击实试件密度，试验室标准密度)。

2 透水沥青面层厚度应符合设计规定，允许偏差为+10mm～-5mm。

检查数量：每1000m^{2}测1点。

检验方法：钻孔或刨挖，用钢尺量。

3 弯沉值，应满足设计规定。

检查数量：每车道、每20m，测1点。

检验方法：弯沉仪检测。

4 透水沥青面层渗透系数应达到设计要求。

检查数量：每1000m^{2}抽测1点。

检验方法：查试验报告、复测。

5 透水沥青路面表面应平整、坚实，接缝紧密，无枯焦；不应有明显轮迹、推挤裂缝、脱落、烂边、油斑、掉渣等现象，不得污染其他构筑物。面层与路缘石、平石及其他构筑物应接顺，不得有积水现象。

检查数量：全数检查。

检验方法：观察。

6 透水沥青混合料面层允许偏差应符合表6.0.2的规定。

表 6.0.2 透水沥青混合料面层允许偏差

项目		允许偏差	检验频率 范围	点数		检验方法
纵断高程(mm)		±15	20m	1		用水准仪测量
中线偏位(mm)		≤20	100m	1		用经纬仪测量
平整度(mm)	标准差σ值	≤1.5	100m	路宽(m) <9	1	用测平仪检测
				9～15	2	
				>15	3	
	最大间隙	≤5	20m	路宽(m) <9	1	用3m直尺和塞尺连续量取两尺，取最大值
				9～15	2	
				>15	3	
宽度（mm）		不小于设计值	40m	1		用钢尺量
横坡		±0.3%且不反坡	20m	路宽(m) <9	2	用水准仪测量
				9～15	4	
				>15	6	
井框与路面高差（mm）		≤5	每座	1		十字法，用直尺、塞尺量取最大值
抗滑	摩擦系数	符合设计要求	200m	1		摆式仪
				全线连续		横向力系数车
	构造深度	符合设计要求	200m	1		砂铺法
						激光构造深度仪

注：1 测平仪为全线每车道连续检测每100m计算标准差σ；无测平仪时可采用3m直尺检测；表中检验频率点数为测线数；

2 平整度、抗滑性能也可采用自动检测设备进行检测；

3 底基层表面、下面层应按设计规定用量洒泼透层油、粘层油；

4 中面层、下面层仅进行中线偏位、平整度、宽度、横坡的检测；

5 十字法检查井框与路面高差，每座检查井均应检查。十字法检查中，以平行于道路中线，过检查井盖中心的直线做基线，另一条线与基线垂直，构成检查用十字线。

7 养护

7.0.1 透水沥青路面的养护，应符合现行行业标准《城镇道路养护技术规范》CJJ 36的规定。

7.0.2 养护时应及时清除表面存在的黏土类抛洒物。宜采用专用透水功能恢复车定期对路面的堵塞物质进行清除。

7.0.3 在冬季，透水沥青路面应及时清除积雪，并应采取防止路面结冰的措施。不宜采用机械除冰，不得撒灰或灰渣。

附录A 透水沥青混合料连通空隙率测试方法

A.0.1 测定透水沥青混合料的连通空隙率的主要试验器具宜包括：

1 天平：量程5kg以上，精度小于0.5g；

2 金属网篮：网孔5mm，笼径与高度各20cm；

3 溢流装置容器：能保持一定的水位，可将金属网篮完全浸入所盛水中；

4 挂件：用于测取水中重量的金属网篮悬挂于称计量盘中心位置的装置；

5 游标卡尺。

A.0.2 测试方法应按下列步骤进行：

1 一组试验应至少3个试件。试件宜为直径10cm的圆柱状物，可采用马歇尔标准击实试验在试验室内成型，或从透水沥青路面中钻取芯样进行试验。

2 用卡尺测取试件的直径与厚度（精确至0.1mm），测直径时选取2个位置，测厚度时取4个（交互90°），用各自的平均值计算试件的体积（V）。

3 将试件在室温下空气中静置至少1h后，测定常温、干燥状态下的试件质量（A）。当试件在制作或切取时与水接触，则应在通风良好的场所使之干燥，至质量不再发生变化后方可进行重量测定。

4 将试件置于常温下的水中约1min后，测定其水中重量（C）。测定时，用木槌轻轻敲打试件，将空隙中残存的空气排出。

A.0.3 连通空隙率应按下列公式进行计算：

$$VV'(\%)=\frac{V-V'}{V}\times100\% \quad (A.0.3\text{-}1)$$

$$V'=(A-C)/\rho_w \quad (A.0.3\text{-}2)$$

式中：VV'——连通空隙率（%）；

V'——混合料和封闭空隙的体积（mm^3）；

V——试件的体积（mm^3）；

A——试件常温、干燥状态下的质量（g）；

C——试件在水中的质量（g）；

ρ_w——常温水的密度（1.0g/cm^3）。

A.0.4 试验结果应以3个以上试件的连通空隙率平均值表示。

本规程用词说明

1 为便于在执行本规程条文时区别对待，对于要求严格程度不同的用词说明如下：

1）表示很严格，非这样做不可的：

正面词采用"必须"；反面词采用"严禁"。

2）表示严格，在正常情况下均应这样做的：

正面词采用“应”；反面词采用“不应”或“不得”。

3）表示允许稍有选择，在条件许可时首先应这样做的：

正面词采用“宜”；反面词采用“不宜”。

4）表示有选择，在一定条件下可以这样做的，采用“可”。

2 条文中指明应按其他有关标准执行的写法为“应符合……的规定”或“应按……执行”。

引用标准名录

1 《城镇道路工程施工与质量验收规范》CJJ 1

2 《城镇道路养护技术规范》CJJ 36

3 《透水水泥混凝土路面技术规程》CJJ/T 135

4 《城镇道路路面设计规范》CJJ 169

5 《公路工程沥青及沥青混合料试验规程》JTG E20

6 《公路水泥混凝土路面设计规范》JTG D40

7 《公路沥青路面施工技术规范》JTG F40

8 《公路工程集料试验规程》JTG E42

中华人民共和国行业标准

透水沥青路面技术规程

CJJ/T 190—2012

条　文　说　明

制 订 说 明

《透水沥青路面技术规程》CJJ/T 190－2012，经住房和城乡建设部 2012 年 8 月 23 日以第 1447 号公告批准、发布。

本规程制订过程中，编制组进行了透水沥青路面的调查研究，总结了我国透水沥青路面工程建设的实践经验，同时参考了日本道路协会的规范《透水性舗装ガイドブック2007》，通过试验取得了透水沥青路面设计、施工的重要技术参数。

为便于广大设计、施工、科研、学校等单位有关人员在使用本标准时能正确理解和执行条文规定，《透水沥青路面技术规程》编制组按章、节、条顺序编制了本标准的条文说明，对条文规定的目的、依据以及执行中需注意的有关事项进行了说明。但是，本条文说明不具备与标准正文同等的法律效力，仅供使用者作为理解和把握标准规定的参考。

目　次

1 总 则

1.0.1 透水沥青路面对改善城市生态环境和水平衡具有重要的意义。目前国内在透水沥青路面设计和施工方面还没有相应的国家和行业标准，为贯彻国家节能减排、环境保护的政策，使透水沥青路面在设计、施工、监理和检验中统一管理，做到技术先进、经济合理、安全适用、统一规范，确保道路工程、室外工程、园林工程中路面施工质量，特制定本规程。

1.0.2 透水沥青路面在国内还处于发展阶段，目前一般应用于新建、扩建、改建的轻交通道路、室外工程、园林工程中的人行道、步行街、居住小区道路、非机动车道和一般荷载的停车场等路面工程。随着透水路面材料研发的进一步深入，它的应用前景会更加宽广。

1.0.3 透水沥青路面在设计时，应对适用性进行综合考虑和评价，包括铺筑透水沥青路面的目的，道路交通量，土基的类型，排水设施的布设以及施工技术等因素。

2 术 语

本章给出的术语是本规程有关章节中所应用的。

在编写本章术语时，参考了《道路工程术语标准》GBJ 124、《城镇道路工程施工与质量验收规范》CJJ 1 等国家标准和行业标准的相关术语。

本规程的术语是从本规程的角度赋予其涵义的，但涵义不一定是术语的定义。同时还分别给出了相应的推荐性英文。

3 材 料

3.0.2 较之于密实型沥青混合料，透水沥青混合料更容易受到紫外线、水和空气等外界不利因素的影响。降雨时，车辆在高速行驶的过程中，轮胎和路面相互作用产生的动水压力，对裹覆混合料的沥青薄膜有剥离作用，如果沥青与集料的黏附性能差，则混合料容易发生松散。因此透水沥青混合料中，应选用高黏度的改性沥青。

3.0.3 目前国内使用的高黏度改性沥青主要有两大类：一类是成品高黏度改性沥青，另一类是将改性剂直接投放到沥青混合料内达到高黏度改性的目的。当采用高黏度沥青改性剂时，通过试验室制备高黏度改性沥青评价其技术指标，并应符合表 3.0.3 的规定。高黏度改性沥青试验方法应符合现行行业标准《公路工程沥青及沥青混合料试验规程》JTG E20 的相关规定，见表 1。

表 1 高黏度改性沥青对应的试验方法

试验项目	单位	技术要求	试验方法
针入度 25℃	0.1mm	≥40	T0604
软化点	℃	≥80	T0606
延度 15℃	cm	≥80	T0605
延度 5℃	cm	≥30	T0605
闪点	℃	≥260	T0611
60℃动力黏度	Pa·s	≥20000	T0620
黏韧性	N·m	≥20	T0624
韧性	N·m	≥15	T0624
薄膜加热质量损失	%	≤0.6	T0609 或 T0610
薄膜加热针入度比	%	≥65	T0609 或 T0610

3.0.5 透水沥青混合料形成的是骨架—空隙结构。与普通密级配沥青混凝土相比，粗集料用量明显增大，约占集料总质量的 85%，集料之间的接触面积大幅减少，接触点的应力提高，因此，对粗集料的压碎值提出了较高的要求。粗集料的针片状颗粒含量也是透水沥青混合料重要的控制指标之一。若集料中细长扁平状颗粒过多，在施工过程中容易被压路机压碎、折断，从而在沥青混合料内部留下没有被沥青覆盖的断面，降低混合料之间的粘结力，并且还会影响级配，导致空隙率堵塞变小，影响透水效果。这些断裂面还有可能成为混合料内部的微裂缝，在荷载作用下产生应力集中而导致路面加速开裂。粗集料试验方法应符合现行行业标准《公路工程沥青及沥青混合料试验规程》JTG E20 的相关规定，见表 2。

表 2 粗集料对应的试验方法

试验项目	单位	层次位置		试验方法
		表面层	其他层次	
石料压碎值	%	≤26	≤28	T0316
洛杉矶磨耗损失	%	≤28	≤30	T0317
表观相对密度	—	≥2.6	≥2.5	T0304
吸水率	%	≤2		T0304
坚固性	%	≤8	≤10	T0314
针片状颗粒含量	%	≤10	≤15	T0312
水洗法<0.075mm 颗粒含量	%	≤1		T0310
软石含量	%	≤3	≤5	T0320

3.0.7 当粗集料黏附性不符合规定时，宜掺加消石灰、水泥或用饱和石灰水处理后使用，必要时可同时在沥青中掺加耐热、耐水、长期性能好的抗剥落剂。

粗集料磨光值及与沥青的黏附性试验方法应符合现行行业标准《公路工程集料试验规程》JTG E42 和

《公路工程沥青及沥青混合料试验规程》JTG E20 的相关规定，见表 3。

表 3 粗集料磨光值及与沥青的黏附性对应的试验方法

雨量气候区		1(潮湿区)	2(湿润区)	3(半干区)	4(干旱区)	试验方法
年降雨量（mm）		＞1000	1000～500	500～250	＜250	—
表面层粗集料的磨光值 PSV		≥42	≥40	≥38	≥36	T0321
粗集料与沥青的黏附性	表面层	≥5	≥5	≥5	≥4	T0616
	其他层次	≥5	≥5	≥4	≥4	T0663

3.0.8 天然砂表面圆滑，与沥青的黏附性较差，使用太多对高温稳定性不利。石屑是石料破碎过程中表面剥落或撞击下的棱角、细粉，棱角性较好，但石屑中粉尘含量很多，强度很低、扁片含量比例较大，且施工性能较差，不易压实。因此，本规程中要求透水面层的细集料采用机制砂。细集料试验方法应符合现行行业标准《公路工程集料试验规程》JTG E42 的相关规定，见表 4。

表 4 细集料对应的试验方法

试验项目	单位	技术要求	试验方法
表观相对密度	—	≥2.50	T0328
坚固性（＞0.3mm 部分）	%	≥10	T0340
含泥量（小于 0.075mm 的含量）	%	≤1	T0333
砂当量	%	≥60	T0334
棱角性（流动时间）	s	≥30	T0345

3.0.11 纤维的掺加比例以沥青混合料总量的质量百分率计算，通常情况下木质素纤维不低于 0.3%，矿物纤维不低于 0.4%，必要时可适当增加纤维用量。纤维掺加量的允许误差为±5%。

4 设 计

4.1 一 般 规 定

4.1.1 与传统的密级配路面相比较，透水沥青路面在结构设计时需要更多的考虑透水、储水和排水功能对路面结构的影响。

4.1.2 透水沥青路面的基层主要考虑透水性能、承载力状况以及水稳定性，特别是水稳定性，要保证在设计的储水时间内强度改变不大，或者降低的幅度处于可接受范围之内，否则需重新设计基层材料。

透水基层设计时一般需要满足四个方面的要求：第一，具有足够的渗透能力，在规定的时间内能够排出进入路面结构内的雨水；第二，具有一定的稳定性支撑路面的施工操作；第三，具有足够的储水能力暂时储存未排出的雨水；第四，具有足够的强度以满足路面结构的总体性能。

4.2 结构组合设计

4.2.2 透水沥青路面适用于新建、扩建、改建的道路工程、市政工程、广场、停车场、人行道等。其中透水沥青路面Ⅰ型仅路面表面沥青层作为透水功能层，沥青表面层下设封层，雨水通过沥青表面层内部水平横向排出。其主要功能是排除路面积水、降低噪声、提高路面抗滑性能和行车安全性能。透水沥青路面Ⅰ型也包含路表水进入沥青表面层或进入沥青中下面层排到邻近排水设施的这种类型。透水沥青路面Ⅱ型是沥青面层和基层均具有透水能力，雨水降落到路面后，渗入路面直至基层，在基层底部横向排出，透水沥青路面Ⅱ型除了具备Ⅰ型所具备的功能外，还具有路面储水功能，减少地面径流量，减轻暴雨时城市排水系统的负担等功能。透水沥青路面Ⅲ型是整个路面结构即面层、基层和垫层都具有良好的透水性能，雨水在降雨结束后的一定时间内，通过路面结构渗入土基，透水沥青路面Ⅲ型除了具备透水沥青路面Ⅰ型和Ⅱ型的功能外，另一个重要的特点是补充城市地下水资源，改善道路周边的水平衡和生态条件，提供良好的人居环境。

透水沥青路面Ⅱ型可采用柔性基层和半刚性基层两种形式的结构，如图 1 所示。

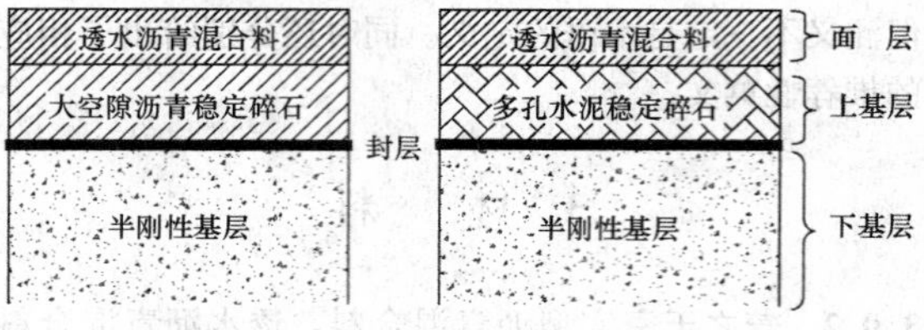

(a) 柔性基层　　(b) 半刚性基层

图 1 透水沥青路面Ⅱ型两种结构形式

4.2.3 透水沥青路面从结构上主要分为面层、基层和垫层，面层一般采用透水沥青混合料；透水基层在面层下，一方面参与路面结构的承载，具有力学强度，另一方面可以作为暂时的储水层；垫层不同于传统路面的垫层，在土基渗透性良好的路面结构如砂性土路基中可以不设置该层，可通过在垫层与土基之间设置土工织物，起到隔离土基细粒料堵塞透水层的过滤作用；当路基土渗透性一般如黏性土，为了改善土基的水温状况，提高路面结构的水稳性和抗冻胀能力，则应当设置砂垫层。

4.2.4 透水沥青路面Ⅱ型和Ⅲ型结构厚度的确定宜根据道路的等级，按照工程项目所在地重现期，降雨历时等气象条件，计算暴雨强度，以满足路面结构储水、透水功能要求。不同暴雨强度下所需满足的最小透水结构层厚度要求如表5所示。

表5 不同暴雨强度下透水结构层推荐厚度

暴雨强度（mm/min）	透水结构层推荐最小厚度（cm）
$q \leqslant 0.3$	15
$0.3 < q \leqslant 0.6$	30
$0.6 < q \leqslant 0.9$	45
$0.9 < q$	60

注：1 暴雨强度计算参数按重现期1年，降雨历时60min，参考当地相关经验公式进行计算；

2 对于Ⅱ型路面结构，透水结构层厚度为透水面层加透水基层；对于Ⅲ型路面结构，透水结构层厚度为面层、基层和垫层的总厚度。

4.3 透水沥青混合料配合比设计

4.3.2 在面层透水沥青混合料的配合比设计中，一般借鉴日本较为成熟的设计方法，以2.36mm筛孔的通过率在中值级配附近以±3%左右相差暂定3个级配，并按矿料表面黏附的沥青膜厚14μm，用经验公式计算暂定沥青用量。然后按照三个级配成型马歇尔试件（双面击实50次），测定试件的空隙率，确定试件的空隙率是否与目标空隙率一致或者目标空隙率在这三组级配得到的空隙率范围中，必要时根据2.36mm筛孔通过率同空隙率的关系对集料级配进行调整。根据混合料的析漏试验和马歇尔试件的飞散试验，确定最佳沥青用量，最后进行混合料性能验证。透水沥青混合料的试验方法应符合现行行业标准《公路沥青路面施工技术规范》JTG F40的相关规定，见表6。

表6 透水沥青混合料对应的试验方法

试验项目	单位	技术要求	试验方法
马歇尔试件击实次数	次	两面击实50次	T0702
空隙率	%	18～25	T0708
连通空隙率	%	≥14	附录A
马歇尔稳定度	kN	≥5	T0709
流值	mm	2～4	T0709
析漏损失	%	<0.3	T0732
飞散损失	%	<15	T0733
渗透系数	mL/15s	800	T0730
动稳定度	次/mm	≥3500	T0719
冻融劈裂强度比	%	≥85	T0729

4.4 透水基层混合料配合比设计

4.4.2 级配碎石透水基层是由各种大小不同粒径碎石按照一定级配组成的开级配混合料。在这种结构中，粗集料之间的内摩阻力和嵌挤力对混合料强度起决定作用。级配碎石透水基层虽然具有较好的高低温性和良好的透水性，但其强度低，模量小，永久变形大。因此如何提高级配碎石透水基层的强度成为能否成功应用的关键。为了提高级配碎石透水基层的强度，需要严格选材，控制碎石原材料强度、压碎值以及细料的塑性指数、针片状含量。

级配碎石的最大粒径为37.5mm时CBR值较高，但粒径越大在运输、施工过程中离析现象越严重。最大粒径为31.5mm特别是26.5mm的级配碎石相对不易离析，质量均匀，同时可以满足较高的CBR值和干密度，所以在设计中可推荐选用最大粒径为31.5mm或者26.5mm的碎石。

4.4.3 大粒径透水性沥青混合料的试验方法应符合现行行业标准《公路沥青路面施工技术规范》JTG F40的相关规定，见表7。

表7 大粒径透水性沥青混合料对应的试验方法

技术指标	单 位	技术要求	试验方法
击实次数（双面）	次	112	T0702
空隙率	%	13～18	T0708
析漏损失	%	<0.2	T0732
飞散损失	%	<20	T0733
参考沥青用量	%	3～3.5	—
动稳定度	次/mm	≥2600	T0719

4.5 垫 层

4.5.1 透水垫层介于透水基层与土基之间。可改善土基水温状况，提高路面结构的水稳性和抗冻胀能力，并扩散荷载，减小土基变形，扩大渗透面积，提高透水能力，还可以作为反滤层，防止土基材料进入透水基层。目前，透水垫层可采用粗砂、砂砾、碎石等透水性好的粒料类材料，通过0.075mm筛孔颗粒含量不宜大于5%。当土基受冻胀影响较小、且为渗透性较好的砂性土或者底基层为级配碎石时可不设垫层。

4.6 路 基

4.6.2 Ⅲ型透水沥青路面为全透水结构，雨水直接通过路面各结构层向路基渗透，湿陷性黄土、盐渍土、膨胀土等路基土因雨水直接渗入而不稳定，路面结构会因路基的不稳而受损，在此类路基土上不宜直接铺筑Ⅲ型透水沥青路面。

4.7 排水设施

4.7.1 Ⅰ、Ⅱ及Ⅲ型的路面结构排水系统图示如图2～图4所示：

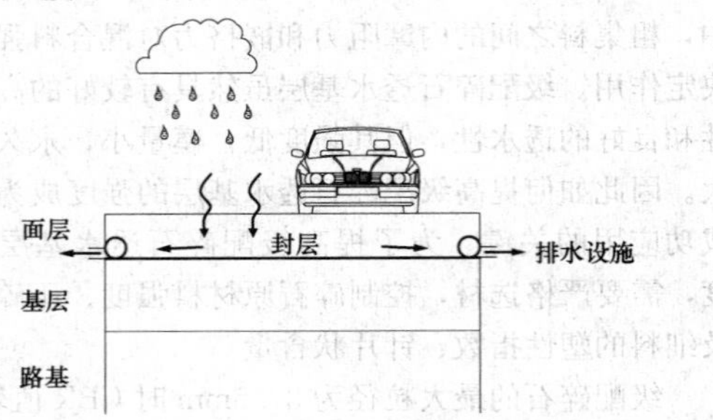

图2 透水沥青路面Ⅰ型排水系统图示

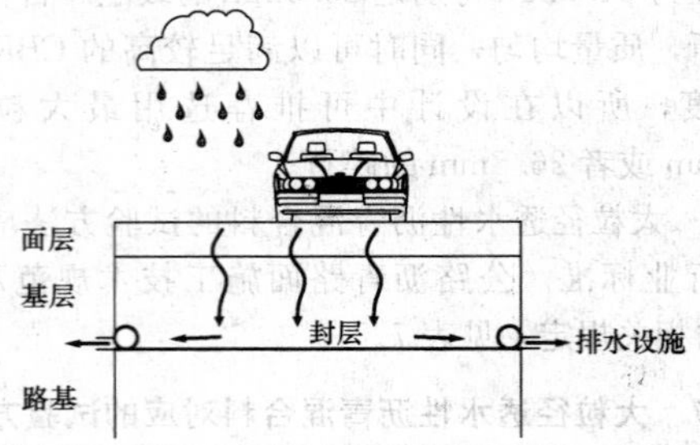

图3 透水沥青路面Ⅱ型排水系统图示

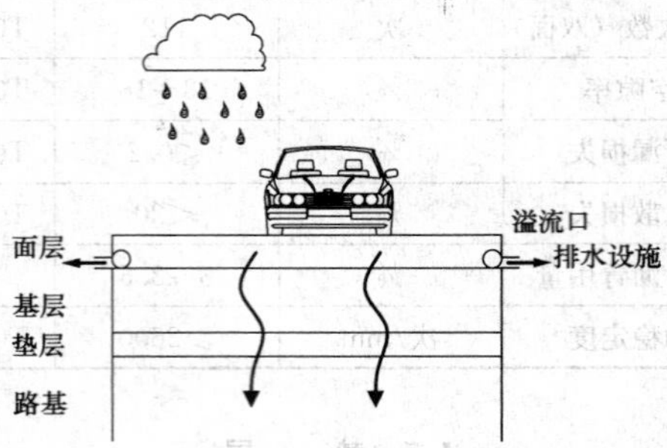

图4 透水沥青路面Ⅲ型排水系统图示

4.7.2 透水沥青路面排水应接入城市排水系统。在城市排水系统未建立时，应按临时排水设计。

5 施 工

5.1 一般规定

5.1.2 试验路段应开展如下工作：

1 确定拌和温度、拌和时间，验证矿料级配和沥青用量；

2 确定摊铺温度、摊铺速度、摊铺厚度与松铺系数；

3 确定压实温度、压路机类型、压实工艺及压实遍数；

4 检测试验路施工质量，不符合要求时应找出原因，采取纠正措施，重新铺筑试验路，直到满足要求为止。

5.1.5 面层与基层之间的结合状况，对透水沥青路面的质量有影响，在面层施工前，应对基层做清洁处理，保证基层清洁，无积水，有时候进行必要的界面清洁处理是保证二者的有效结合的保证。

5.2 透水路基、基层施工

5.2.1 路基开工前，应在全面理解设计要求和设计交底的基础上，对施工地段进行详细的现场调查研究与核对。

5.3 透水面层施工

5.3.1 当透水沥青混合料中采用高黏度改性沥青时，在进行配合比设计与施工时，不宜采取沥青的黏温关系确定混合料拌和与压实温度，而应修筑试验路采用实际试拌试铺的试验方法，确定各种施工温度。

5.3.3 透水沥青混合料温度过高，易产生沥青的流淌；温度过低则施工作业极为困难。因此施工中温度控制尤为重要，考虑由拌和厂至施工现场的运距及运输时间等因素，施工单位应采取严格的温度管理措施。

6 施工质量验收

6.0.1 透水沥青路面施工应根据全面质量管理的要求，建立健全有效的质量保证体系，对施工各工序的质量进行检查评定，达到规定的质量标准，确保施工质量的稳定性。

6.0.2 透水沥青路面应加强施工过程质量控制，实行动态质量管理。

7 养 护

7.0.2 采用高压水冲吸清洗透水路面改善路面空隙堵塞效果良好，一般通过路面清洗车实现，该车型作业方式为后置高压水幕冲刷沥青路面，冲刷后的污水泥沙由专用装置收集，通过污水泵泵入垃圾箱内，疏通堵塞的路面空隙，目前国内也有自主研发的透水路面清洗车。

7.0.3 透水沥青路面达到功能寿命后，路面可能被淤泥或者其他沉积物堵塞，需对表面层或者基层修补，路面坑槽和裂缝可使用常规的不透水沥青混合料修补，只要累计修补面积不超过整个透水面积的10%。在维护时，禁止在其表面铺筑密封物或者砂。与该路面邻近的其他工程也不能把泥浆等物接近透水表面。如果还是不能恢复透水功能，可能需要铣刨表面以及基层，甚至需重建。

中华人民共和国行业标准

城市道路路基设计规范

Code for design of urban road subgrades

CJJ 194—2013

批准部门：中华人民共和国住房和城乡建设部
施行日期：2 0 1 3 年 1 2 月 1 日

中华人民共和国住房和城乡建设部
公　　告

第 29 号

住房城乡建设部关于发布行业标准《城市道路路基设计规范》的公告

现批准《城市道路路基设计规范》为行业标准，编号为 CJJ 194－2013，自 2013 年 12 月 1 日起实施。其中，第 3.0.7 条为强制性条文，必须严格执行。

本规范由我部标准定额研究所组织中国建筑工业出版社出版发行。

中华人民共和国住房和城乡建设部

2013 年 5 月 13 日

前　　言

根据原建设部《关于印发〈2007 年工程建设标准规范制订、修订计划（第一批）〉的通知》（建标[2007] 125 号）的要求，本规范由同济大学会同有关单位共同编制而成。

本规范在编制过程中进行了深入调查研究，认真总结国内外科研成果和大量实践经验，并在广泛征求意见的基础上，最后经审查定稿。

本规范的主要技术内容是：1. 总则；2. 术语和符号；3. 基本规定；4. 一般路基；5. 路基排水；6. 路基防护与支挡；7. 特殊路基；8. 路基改建与扩建。

本规范以黑体字标志的条文为强制性条文，必须严格执行。

本规范由住房和城乡建设部负责管理和对强制性条文的解释，由同济大学负责具体技术内容的解释。在执行过程中，有关意见和建议请寄送同济大学（地址：上海市嘉定区曹安公路 4800 号；邮政编码：201804）。

本规范主编单位：同济大学

本规范参编单位：上海市城市建设设计研究总院
上海市政工程设计研究总院（集团）有限公司
北京市市政工程设计研究总院
天津市市政工程设计研究院
重庆市设计院

本规范主要起草人员：凌建明　刘伟杰　钱劲松　李　进　聂大华　王晓华　黄琴龙　陈希昌　徐一峰　袁胜强　段铁铮　严西华　朱自力　崔新书　徐宏跃　李　伟

本标准主要审查人员：温学钧　徐　波　吴万平　康　平　冯守中　曹亚东　韩　萍　张孟喜　吴立坚

目　次

Contents

1 总 则

1.0.1 为适应城市道路发展的需要，使城市道路路基工程设计符合安全适用、技术经济合理的要求，制定本规范。

1.0.2 本规范适用于新建、改建和扩建的各级城市道路的路基设计。

1.0.3 城市道路路基设计应根据城市中长期发展规划，综合考虑社会效益、环境效益与经济效益的协调统一，合理采用技术标准。

1.0.4 城市道路路基设计除应符合本规范外，尚应符合国家现行有关标准的规定。

2 术语和符号

2.1 术 语

2.1.1 路基 subgrade

按照道路路线位置和横断面要求修筑的带状结构物，是路面结构的基础，承受由路面传来的行车荷载。

2.1.2 路床 roadbed

路面结构底面以下0.80m范围内的路基部分，分为上路床（0～0.30m）和下路床（0.30m～0.80m）。

2.1.3 一般路基 ordinary subgrade

在工程地质和水文地质均良好的路段修筑的填方高度和挖方深度不大的路基。

2.1.4 特殊路基 special subgrade

位于特殊岩土地段、不良地质地段的路基，或者高填、深挖的路基，或者其性能受自然因素影响强烈的路基。

2.1.5 路基回弹模量 subgrade modulus

路基重复加-卸载试验中，某一应力级位条件下，卸载阶段的竖向应力与对应回弹应变的比值。

2.1.6 CBR（加州承载比） California bearing ratio

表征路基填料抵抗局部荷载压入变形能力的一种强度指标，即标准击实试件在水中浸泡4昼夜后，在规定贯入量时所施加的单位压力与标准碎石在相同贯入量时所施加的单位压力之比值，以百分数表示。

2.1.7 压实度 degree of compaction

路基压实后的实测干密度与标准击实试验所得的最大干密度之比，以百分率表示。

2.1.8 路基湿度 subgrade moisture

路基中水的含量状态，可用含水率、稠度、饱和度等表示。

2.1.9 路基稠度 subgrade consistency

表征路基湿度状态的一种指标，即路基土的含水率与液限之差和塑限与液限之差的比值。

2.1.10 路基临界高度 critical height of subgrade

在最不利季节，路基分别处于干燥、中湿或潮湿状态时，路床顶面距地下水位或地表长期积水位的最小高度。

2.1.11 路基相对高度 relative height of subgrade

路基边缘高出地下水位或地表长期积水位的高度。

2.1.12 填石路基 rock-filled subgrade

用粒径大于40mm、含量超过70%的石料填筑的路基。

2.2 符 号

2.2.1 路基湿度

H——路基相对高度；

H_1——路基干燥与中湿分界状态对应的临界高度；

H_2——路基中湿与潮湿分界状态对应的临界高度；

H_3——路基潮湿与过湿分界状态对应的临界高度；

w_L——土的液限；

w_P——土的塑限；

w_c——路床顶面以下80cm深度内的平均稠度；

w_{c1}——干燥和中湿状态路基的分界稠度；

w_{c2}——中湿和潮湿状态路基的分界稠度；

w_{c3}——潮湿和过湿状态路基的分界稠度。

2.2.2 路基回弹模量及其测定方法

E——室内试验法回弹模量实测值；

E_{0D}——路基回弹模量设计值；

E_{0S}——室内试验法考虑试筒尺寸约束修正后的回弹模量测试结果；

λ——室内试验法试筒尺寸约束修正系数；

K——考虑不利季节和路基干湿类型的回弹模量综合影响系数；

Z——考虑保证率的回弹模量折减系数；

E_{0b}——现场承载板法测试计算值；

D——承载板直径；

P——现场承载板法的荷载；

l——现场承载板法检测的回弹变形；

μ——泊松比；

l_{0D}——路基设计弯沉值；

p——测定车轮胎接地压强；

δ——测定车轮胎当量圆半径；

μ_0——均匀体弯沉系数；

K_1——不利季节影响系数；

Z_a——保证率系数。

2.2.3 支挡结构

S——作用（或荷载）效应的组合设计值；

$R(\cdot)$——支挡结构结构抗力函数；
R_k——抗力材料的强度标准值；
γ_f——结构材料、岩土性能的分项系数；
γ_{Q1}——恒载或车辆荷载、人群荷载的主动土压力分项系数；
γ_{Q2}——被动土压力分项系数；
γ_{Q3}——水浮力分项系数；
γ_{Q4}——静水压力分项系数；
γ_{Q5}——动水压力分项系数；
α_d——结构或结构构件几何参数的设计值；
γ_0——结构重要性系数；
h_0——换算土层厚度；
q——车辆荷载附加荷载强度；
γ——墙背填土的重度；
e_0——偏心距；
B——支挡结构基础宽度；
$[f_a]$——基底容允承载力；
K_c——抗滑动稳定安全系数；
K_0——抗倾覆稳定安全系数。

2.2.4 软土地区路基

S——总沉降；
S_d——瞬时沉降；
S_c——主固结沉降；
S_s——次固结沉降；
S_z——桩长深度内地基的沉降；
m_s——沉降系数；
U_t——地基平均固结度；
σ——滑动面处桩体的竖向应力；
φ_c——粒料桩内摩擦角；
m——桩对土的置换率；
τ_p——桩的抗剪强度；
τ_s——地基土的抗剪强度；
τ_{ps}——复合地基的抗剪强度；
E_p——桩体压缩模量；
E_s——土体压缩模量；
E_{ps}——复合地基的压缩模量；
α——滑动面倾角；
D_p——桩的直径；
B_p——桩间距；
μ_s——桩间土应力折减系数；
n——桩土应力比；
$E_{sj,i}$——桩端平面下第 j 层土第 i 个分层在自重应力至自重应力加附加应力作用段的压缩模量；
$\Delta_{hj,i}$——桩端平面下第 j 层第 i 分层的厚度；
$\sigma_{j,i}$——桩端平面下第 j 层第 i 分层的竖向附加应力；
ψ_p——桩基沉降计算经验系数。

2.2.5 季节性冰冻地区路基

Z_j——路基冻胀值；
h_i——路基冻深内不同土层厚度；
η_i——路基不同土层土的冻胀率；
h_τ——冻胀土路基临界高度；
Z_{max}——道路多年最大冻深；
h_ε——冻结水上升高度。

2.2.6 岩溶地区路基

L——溶洞坍塌时的影响范围；
H_k——溶洞顶板厚度；
β——坍塌扩散角；
K_s——安全系数；
φ——岩石内摩擦角。

3 基 本 规 定

3.0.1 路基设计应与城市规划和沿线自然景观相协调，有效利用原有地形，避免高填深挖，防止诱发地质灾害，并应充分评估对沿线重要建筑、市政设施和历史古迹的影响。

3.0.2 路基设计应保证路基足够的强度、整体稳定性、抗变形能力和耐久性。

3.0.3 路基设计前应进行调查和勘察，获取路基设计所需的各项水文、地质、气象资料和岩土物理力学参数。

3.0.4 路基土的分类应采用统一分类法，并应符合现行行业标准《公路土工试验规程》JTG E40 的规定。

3.0.5 岩质边坡的岩体分类应符合现行国家标准《建筑边坡工程技术规范》GB 50330 的规定。

3.0.6 路基排水设计应按所在排水系统的规划要求，并应符合现行国家标准《室外排水设计规范》GB 50014 的规定。

3.0.7 快速路的机动车道内严禁设置管道检查井。

3.0.8 路基防护应根据当地水文、气象、地形、地质条件及筑路材料分布情况，合理采取植物防护或（和）工程防护措施，防治路基病害。条件许可时，宜优先采用有利于生态环境保护的防护措施。

4 一 般 路 基

4.1 一 般 规 定

4.1.1 路基土石方的取、弃应结合当地城市规划，兼顾土石方用量、土石质类型、用地情况及运输条件等因素，合理选择取、弃地点。

4.1.2 路基设计应因地制宜，合理利用当地材料、工业废渣与建筑渣土。生活垃圾不得用于路基填筑。

4.2 路基干湿类型

4.2.1 路基干湿类型可采用分界稠度划分，并应符合

表 4.2.1-1 的规定；当缺少资料时，也可根据路基相对高度，按表 4.2.1-2 确定。路基临界高度可按本规范附录 A 进行划分。

表 4.2.1-1 路基干湿状态的分界稠度值

土质类别	干湿状态			
	干燥	中湿	潮湿	过湿
	$w_c \geqslant w_{c1}$	$w_{c1} > w_c \geqslant w_{c2}$	$w_{c2} > w_c \geqslant w_{c3}$	$w_c < w_{c3}$
土质砂	$w_c \geqslant 1.20$	$1.20 > w_c \geqslant 1.00$	$1.00 > w_c \geqslant 0.85$	$w_c < 0.85$
黏质土	$w_c \geqslant 1.10$	$1.10 > w_c \geqslant 0.95$	$0.95 > w_c \geqslant 0.80$	$w_c < 0.80$
粉质土	$w_c \geqslant 1.05$	$1.05 > w_c \geqslant 0.90$	$0.90 > w_c \geqslant 0.75$	$w_c < 0.75$

注：w_{c1}、w_{c2}、w_{c3}分别为干燥和中湿、中湿和潮湿、潮湿和过湿状态路基的分界稠度，w_c为路床顶面以下 80cm 深度内的平均稠度。

表 4.2.1-2 路基干湿状态的路基相对高度判定标准

路基干湿类型	路基相对高度 H	一 般 特 征
干燥	$H \geqslant H_1$	路基干燥、稳定，路面强度和稳定性不受地下水和地表积水的影响
中湿	$H_2 \leqslant H < H_1$	路基上部土层处于地下水或地表积水影响的过渡带区内
潮湿	$H_3 \leqslant H < H_2$	路基上部土层处于地下水或地表积水毛细影响区内
过湿	$H < H_3$	路基上部土层处于地下水或地表积水毛细影响区内

注：H_1、H_2、H_3为路基干燥与中湿、中湿与潮湿、潮湿与过湿分界状态对应的临界高度。

4.2.2 对快速路和主干路，路基应处于干燥或中湿状态；对次干路和支路，路基宜处于干燥或中湿状态。否则，应采取翻晒、换填、改良或设置隔水层、降低地下水位等措施。

4.3 填 方 路 基

4.3.1 填方路基应优先选用级配较好的砾类土、砂类土等粗粒土作为填料，填料最大粒径应小于 150mm。

4.3.2 强膨胀土、泥炭、淤泥、有机质土、冻土（及含冰的土）、易溶盐超过允许含量的土以及液限大于 50%、塑性指数大于 26 的细粒土等，不得直接用于填筑路基。

4.3.3 浸水路基应选用渗水性良好的材料填筑，不宜采用粉质土填筑。当采用细砂、粉砂作填料时，应避免振动液化。

4.3.4 当采用细粒土填筑路基时，填料最小强度应符合表 4.3.4 的规定。当不能满足要求时，可采用石灰、水泥或其他稳定材料进行处治。

表 4.3.4 填方路基填料最小强度

路床顶面以下深度（m）	填料最小强度（CBR）（%）		
	快速路、主干路	次干路	支路
0.8～1.5	4	3	3
>1.5	3	2	2

4.3.5 当采用石料填筑路基时，最大粒径应小于摊铺层厚的 2/3，过渡层碎石料粒径应小于 150mm。易溶性岩石、膨胀性岩石、崩解性岩石、盐化岩石等均不得用于路堤填筑。

4.3.6 当采用粉煤灰填筑路基时，应预先调查料源并进行必要的室内试验。用于快速路和主干路的粉煤灰烧失量宜小于 20%、含硫量宜小于 3%，超过标准的粉煤灰应做对比试验，经分析论证后方可采用。

4.3.7 当填方路基的地质条件良好，边坡高度不大于 20m 时，边坡设计应符合下列规定：

1 填土路基的边坡坡率不宜大于表 4.3.7-1 的规定值。

表 4.3.7-1 填土路基边坡坡率

填料类别	边坡坡率	
	上部高度（$H \leqslant 8$m）	下部高度（$H \leqslant 12$m）
细粒土	1∶1.5	1∶1.75
粗粒土	1∶1.5	1∶1.75
巨粒土	1∶1.3	1∶1.5

2 填石路基的边坡坡率不宜大于表 4.3.7-2 的规定值。中硬和硬质石料的填石路基应进行边坡码砌，码砌石块应采用强度大于 30MPa、尺寸不小于 300mm 的规则石块。填高小于 5m 时，码砌厚度不应小于 1m；填高为 5m～12m 时，码砌厚度不应小于 1.5m；填高大于 12m 时，码砌厚度不应小于 2m。

表 4.3.7-2 填石路基边坡坡率

填石料类型	边坡坡率	
	上部高度（$H \leqslant 8$m）	下部高度（$H \leqslant 12$m）
硬质岩石	1∶1.1	1∶1.3
中硬岩石	1∶1.3	1∶1.5
软质岩石	1∶1.5	1∶1.75

3 吹（填）砂和粉煤灰路基的边坡应采取土质坡（包边土）保护措施，土质坡厚度不宜小于 1m。

4.3.8 填方路基地基表层处理应符合下列规定：

1 当地基顶面存在滞水时，应根据积水深度及水下淤泥层的范围和厚度，采取排水疏干、挖除淤泥、抛石挤淤或砂砾石等处理措施。

2 当地面横坡缓于1∶5时，在清除地表草皮、腐殖土后，可直接在天然地面上填筑路基。

3 当地面横坡为1∶5～1∶2.5时，原地面应开挖台阶，台阶宽度不宜小于2m，并应设置2%的反向坡；当基岩面上的覆盖层较薄时，宜先清除覆盖层再开挖台阶；当覆盖层较厚且稳定时，可予保留。

4 当地下水影响路堤稳定时，应采取拦截、引排地下水或在路堤底部设置渗水性好的隔断层等措施。

5 地基表层应碾压密实。在一般土质地段，快速路和主干路基底的压实度（重型）不应小于90%；次干路和支路不应小于85%。路基填土高度小于路面和路床总厚度时，应将地基表层土进行超挖并分层回填压实，压实度不得小于本规范表4.6.2中"零填及挖方路基"的规定值。

4.3.9 对边坡高度超过20m或地面坡率陡于1∶2.5的斜坡上的填方路基，以及不良地质、特殊地段的填方路基，应按本规范第6.2节的规定，进行稳定、变形计算和个别设计。

4.4 挖方路基

4.4.1 土质挖方路基的边坡形式及坡率应根据实际工程地质与水文地质条件、边坡高度、排水措施和施工方法，并根据当地同类稳定自然山坡和人工边坡的调查及力学分析结果综合确定。对边坡高度不大于20m的土质挖方边坡，坡率不宜大于表4.4.1的规定值。

表4.4.1 土质挖方路基边坡坡率

土的类别		边坡坡率
细粒土		1∶1.0
中密以上的中砂、粗砂、砾砂		1∶1.5
卵石土、碎石土、圆砾土、角砾土	胶结和密实	1∶0.75
	中 密	1∶1.0

注：黄土、红黏土、高液限土、膨胀土等特殊路基挖方边坡形式及坡率应按本规范第7章的有关规定确定。

4.4.2 岩质挖方路基边坡的形式及坡率应根据现场工程地质与水文地质条件、地形地貌、边坡高度、岩性、岩体结构、结构面产状、风化程度和施工方法，并参考当地稳定岩质自然边坡和人工边坡的调查结果综合确定。必要时可采用稳定性分析方法予以检算。对高度不大于30m且无外倾软弱结构面的岩质挖方边坡，其坡率可按表4.4.2确定。

表4.4.2 岩质挖方路基边坡坡率

边坡岩体类型	风化程度	边坡坡率	
		$H<15m$	$15m\leqslant H<30m$
Ⅰ	未风化、微风化	1∶0.1～1∶0.3	1∶0.1～1∶0.3
	弱风化	1∶0.1～1∶0.3	1∶0.3～1∶0.5
Ⅱ	未风化、微风化	1∶0.1～1∶0.3	1∶0.3～1∶0.5
	弱风化	1∶0.3～1∶0.5	1∶0.5～1∶0.75
Ⅲ	未风化、微风化	1∶0.3～1∶0.5	—
	弱风化	1∶0.5～1∶0.75	—
Ⅳ	弱风化	1∶0.5～1∶1	—
	强风化	1∶0.75～1∶1	—

注：1 有可靠的资料和经验时，可不受本表限制；

2 Ⅳ类强风化包括各类风化程度的极软岩。

4.4.3 高度超过20m的土质挖方边坡，有外倾软弱结构面或坡顶边缘附近有较大荷载或边坡高度超过本规范表4.4.2适用范围的岩质挖方边坡，应根据本规范第6.2节的规定，进行稳定性分析和个别设计。

4.4.4 当挖方边坡较高时，可根据不同的土质、岩质和稳定要求开挖成折线形或台阶形边坡。边沟外侧应设置碎落台，其宽度不宜小于1.0m；台阶形边坡中部应设置边坡平台，其宽度不宜小于2.0m。

4.4.5 边坡坡顶、坡面、坡脚和边坡中部平台应设置地表排水系统。当边坡有积水湿地、地下水渗出或地下水露头时，应根据实际情况设置地下渗沟、边坡渗沟或仰斜式排水孔，或在上游沿垂直地下水流向设置拦截地下水的排水隧洞等设施。

4.5 路 床

4.5.1 路床顶面横坡应与路拱横坡一致。

4.5.2 路床填料最大粒径应小于100mm，最小强度应符合表4.5.2的规定。

表4.5.2 路床填料最小强度

路床顶面以下深度（m）	填料最小强度（CBR）（%）		
	快速路、主干路	次干路	支路
0～0.3	8	6	5
0.3～0.8	5	4	3

4.5.3 路床顶面设计回弹模量值，对快速路和主干路不应小于30MPa；对次干路和支路不应小于20MPa。当不满足上述要求时，应进行处治。回弹模量测定方法宜符合本规范附录B的规定。

4.5.4 路床处治应根据路床土质、含水率、降水条件、地下水类型及埋藏深度、加固材料来源等，经比选，采用就地碾压、外来材料改善、土质改良、加强地下排水、土工合成材料加筋等措施。

4.6 路基压实

4.6.1 路基应分层压实、均匀密实。

4.6.2 土质路基压实度不应低于表4.6.2的规定。对以下情形，可通过试验路检验或综合论证，在保证路基强度和稳定性的前提下，适当降低路基压实度标准：

1 特殊干旱或特殊潮湿地区，路基压实度可比表4.6.2的规定降低1%～2%；

2 专用非机动车道、人行道，可按支路标准执行。

表4.6.2 路基压实度要求

项目分类	路床顶面以下深度（m）	压实度（%）			
		快速路	主干路	次干路	支路
填方路基	0～0.8	96	95	94	92
	0.8～1.5	94	93	92	91
	＞1.5	93	92	91	90
零填及挖方路基	0～0.3	96	95	94	92
	0.3～0.8	94	93	—	—

注：表中数值均为重型击实标准。

4.6.3 当采用细粒土作填料时，土的压实含水率应控制在最佳含水率±2%范围内。

4.6.4 填石路基应通过铺筑试验路段合理确定分层填筑的厚度、压实工艺及压实控制标准。宜采用孔隙率与施工参数同时作为压实质量控制指标，并应按表4.6.4的规定执行。

表4.6.4 填石路基压实质量控制标准

石料类型	路基顶面以下深度（m）	摊铺厚度（mm）	孔隙率（%）
硬质石料	0.8～1.5	≤400	≤23
	1.5以下	≤600	≤25
中硬石料	0.8～1.5	≤400	≤22
	1.5以下	≤500	≤24
软质石料	0.8～1.5	≤300	≤20
	1.5以下	≤400	≤22

4.7 特殊部位的路基填筑与压实

4.7.1 与相邻路基存在显著刚度差异或不均匀连续的特殊部位，路基应充分压实，使其在一定范围内与周边路基的强度和刚度基本一致。

4.7.2 沟槽回填与压实应符合下列规定：

1 管道沟槽回填土的压实度应符合本规范第4.6.2条的规定。当沟槽回填压实确有困难时，上路床以下的回填土可按相关管道设计或施工规范的规定执行。

2 沟槽底至管顶以上0.5m范围内宜采用渗水性好、容易密实的砂、砾等填料，填料最大粒径应小于50mm。

3 当回填细粒土含水率较高且不具备降低含水率条件、难以达到压实要求时，应采用石灰、水泥、粉煤灰等无机结合料进行处治。

4.7.3 管道检查井部位的处理应符合下列规定：

1 市政公用管线检查井位置宜避开机动车轮迹带。

2 管道检查井周边回填土的压实度应符合本规范第4.6.2条的规定。

3 管道检查井周边路基回填应采用渗水性好、容易密实的砂、砾等填料。

4 软土地区主干路和次干路的机动车道范围内的管道检查井，宜设置具有卸荷作用的防沉降井盖。

4.7.4 掘路工程中的路基回填修复应符合下列规定：

1 路基回填修复应遵循整体性原则，在保证交通安全和施工安全的条件下进行，并宜缩短修复周期，减少掘路修复对交通的影响。对于城市爆管、过街掘路，以及特别重要或交通特别繁忙的路段，应实施快速修复。

2 回填路基的回弹模量应达到与新建道路相同的标准。

3 路基回填宜选用强度高、级配良好、水稳定性好、便于获取和压实的材料，亦可采用经过处治的钢渣、矿渣等工业废渣。对于应急掘路的快速修复，应采用沉陷量小，易于压实或结硬，或者自密实的材料回填。

4 回填路基的压实度应符合表4.7.4的规定。

5 路基回填时，应采取设置台阶、铺设加筋材料等措施，保证开挖与非开挖区域路基接触面的良好结合。

表4.7.4 回填路基压实度标准

路床顶以下深度（cm）			压实度（%）			
			快速路	主干路	次干路	支路
填方	上路床	0～30	95/	95/98	93/95	90/93
	下路床	30～80	95/98	95/98		
	上路堤	80～150	93/95	93/95	90/93	87/90
	下路堤	＞150	90/93	90/93		
零填及挖方		0～30	95/	95/98	93/95	90/93

注：表中数字，/线左侧为重型击实标准，/线右侧为轻型击实标准。

4.7.5 城市高架桥梁承台周边的路基填筑与压实应符合下列规定：

1 承台在平面布置时不宜伸入地面道路的机动车道范围。当受条件限制时，承台应深埋，埋深不宜小于1.5m。

2 在机动车道范围内的承台基坑回填应采用渗水性好、易密实的填料，并应符合路基压实度要求。

4.7.6　桥涵台背的路基填筑与压实应符合下列规定：

1　路堤与桥台、横向构筑物（箱涵、地道）的连接处应设置过渡段，并应依据填料强度、地基处理、台背防排水系统等进行综合设计。过渡段长度宜按2倍～3倍路基填土高度确定，路基压实度不应小于96%。

2　桥涵台背、挡土墙墙背应选用渗水性好、易密实的填料。当采用细粒土填筑时，宜采用石灰、水泥、粉煤灰等无机结合料进行处治。

4.7.7　路基填挖交界的处理应符合下列规定：

1　填方区应符合本规范第4.3节的规定，挖方区应符合本规范第4.4节的规定。

2　对于半填半挖路基，当挖方区为土质时，填方区应优先采用渗水性好的材料填筑，并应对挖方区进行超挖回填碾压；当挖方区为坚硬岩石时，填方区宜采用填石路基。

3　纵向填挖交界处应设置过渡段，土质地段过渡段可采用级配较好的砾类土、砂类土或无机结合料处治土填筑，岩质地段过渡段可采用填石路基。

4　有地下水出露时，宜在填挖之间设置横向或纵向渗沟。

4.7.8　地铁等浅埋结构物上方路基的回填应符合下列规定：

1　地铁等浅埋结构上方的路基设计，应符合结构物的承载力和变形控制要求。

2　路基附加荷载大于浅埋结构物要求时，应采用轻质材料置换。

3　地铁浅埋结构上方路基回填部分压实度应符合本规范第4.6.2条的规定，否则应采取处理措施。

4　路床顶面以下60cm范围内不宜有基坑维护等坚硬的结构物，否则应采取处理措施。

5　路 基 排 水

5.1　一般 规 定

5.1.1　路基排水设计应采取排、疏、防相结合的原则，并应与路面排水系统、边坡防护、地基处理等其他措施相互协调，保证路基稳定，避免道路水损害。

5.1.2　路基排水设施应与道路工程同步设计、同步实施。

5.1.3　路基施工临时性排水设施，应与永久性排水设施相结合。各类排水设施的设计应满足使用功能要求，且应结构安全可靠，便于施工、检查和养护维修。

5.2　地 表 水

5.2.1　城市建成区内道路宜采用管道、偏沟、雨水口和连接管等排水设施；郊区道路可采用边沟、排水沟、截水沟、急流槽和涵洞等排水设施。

5.2.2　地表排水设施的布设应充分利用城市排水系统、天然水系和地形，选择和处理进出口位置，并应使水流顺畅，不宜出现堵塞、淤积、冲刷、溢流、渗漏、冻结等。

5.2.3　排水沟管排放的水流不得直接排入饮用水水源。

5.2.4　当道路雨水以自流的形式排放时，排水管出水口应设护坡等防冲刷措施，并根据需要设置标志。当出水口跌水较大时，应设计消能措施。

5.2.5　地表水的雨水径流量应按设计暴雨强度进行计算。暴雨强度的重现期应根据排水方式、道路类别和重要程度等因素确定。当采用管道排水方式时，重现期取值应满足表5.2.5-1的要求；当采用边沟排水方式时，重现期取值应满足表5.2.5-2的要求。当地表排水设施服务于周边地块时，重现期取值还应符合地块规划要求。

表 5.2.5-1　管道排水暴雨强度设计重现期（年）

<table>
<tr><th>道路等级
城市级别</th><th>快速路</th><th>主干路</th><th>次干路</th><th>支路</th></tr>
<tr><td>大城市</td><td rowspan="2">3～6</td><td>2～4</td><td>1～2</td><td>0.5～1</td></tr>
<tr><td>中小城市</td><td>1～3</td><td>0.5～1</td><td>0.5</td></tr>
</table>

表 5.2.5-2　边沟排水暴雨强度设计重现期（年）

道路等级	快速路	主干路	次干路	支路
设计重现期	15	15	10	10

5.2.6　排水设施的泄水能力应满足地表排水的要求；各种沟管和泄水口的泄水能力，其断面形状和尺寸应满足排泄设计流量的要求；沟管内水流的最大和最小流速应在允许流速范围内。

5.2.7　当采用边沟排水方式时，应符合下列规定：

1　在路线纵坡平缓、汇水量不大、路基较低，且边坡不会受到冲刷的情况下，填方路基边坡可采取横向漫流方式排水；其他情况应在外侧设置拦水带，汇集路面表面水，然后通过泄水口和急流槽排除。

2　边沟沟底纵坡不宜小于0.3%。困难情况下不宜小于0.1%。出水口间距多雨地区不宜大于300m，一般地区不宜大于500m。

5.2.8　分隔带、人行道的绿化带排水设计应符合下列规定：

1　分隔带表面水的防排水设计应根据所在地区降雨量、道路等级及分隔带宽度等因素综合考虑，防止雨水进入路基内部。

2　分隔带部分被连续高架桥遮挡的路段可不设置分隔带排水设施。

3　绿化带宜设置横坡，坡率不宜小于2%。

5.3 地 下 水

5.3.1 当路基范围内地下水位较高、路基干湿状态不满足要求，且路基标高受限时，应采用地下排水设施，以降低地下水位或将地下水引至路基范围外。

5.3.2 路基地下排水可采用暗沟（管）、渗沟、排水隔离层等设施。地下排水设施的类型、位置及尺寸应根据工程地质和水文地质条件确定，并应与地表排水设施相协调。

5.3.3 当地下水排入雨水管道时，其流量应单独计算。接入部分构筑物的设计应符合现行国家标准《室外排水设计规范》GB 50014 的规定。

5.3.4 地下排水设施的沟（管）底纵坡，应保证水流通畅，不得淤积，也不得引起冲刷。

5.3.5 当路基范围内有泉水或承压水时，应将水流引至路基范围外。当不能设置明沟时，应设置暗沟或暗管。暗沟或暗管的设计应符合下列规定：

1 暗沟的沟底纵坡不应小于1%，当采用暗管排水时，管底纵坡不宜小于0.5%。

2 暗沟或暗管顶应敷设反滤层，出口处水位应高于排入水体最高水位20cm以上，防止倒灌。

3 泉水流量可根据丰水季节流量观测或历史流量记录确定。

4 暗沟或暗管的结构强度应保证路基的稳定，暗沟或暗管顶面的埋深不应小于50cm。冰冻地区暗沟应埋置于当地冰冻线以下的土层中或采取保温措施。

5.3.6 当道路所经地段有潜水、层间水，挖方路基底部出现地下水，或地下水位较高，影响路基或路堑稳定时，可修建渗沟将水排除。渗沟的设计应符合下列规定：

1 渗沟的构造可根据水量选用填石渗沟、管式渗沟或洞式渗沟。

2 用于截断地下水的渗沟的轴线宜与渗流方向垂直布置。

3 渗沟的流量可根据含水层厚度、渗沟内的水流深度、含水层材料的渗透系数、地下水位降落曲线等因素计算确定。

4 填石渗沟可用于流量不大、流程不长的路段，其纵坡不应小于1%，一般可采用5%。沟内可采用石质坚硬的较大粒料填充，填充高度不应小于0.3m，并应高出原地下水位。

5 管式渗沟可用于地下引水较长的地段，但渗沟过长时应加设横向渗沟。管径由水力计算确定，内径不宜小于20cm。纵坡宜为1%～3%，且不应小于0.5%。管道可采用陶土、混凝土、石棉或聚氯乙烯带孔塑料管等材料。冬季管内水流结冰的地段，可采用较大直径的水管，并应加设保温层。

6 洞式渗沟可在地下水流量较大的路段或缺乏管材时使用。洞身大小应依据水流量确定。洞身应设在不透水层内，纵坡宜为1%～3%，且不应小于0.5%，有条件时可采用较大纵坡。

7 渗沟的基底应埋入不透水层，沟壁迎水一侧应设反滤层汇集水流。当含水层较厚，沟底不能埋入不透水层时，沟壁两侧均应设反滤层。

8 渗沟排水层（或管、洞）与沟壁之间应设置反滤层。

9 渗沟的埋置深度应根据路基冻结深度、毛细水上升高度、路基范围内地下水的降落曲线等因素确定。

10 每隔30m～50m或在平面转折和坡度由陡变缓处宜设置检查井。

5.3.7 当挖方路基部分地下水进入路基时，可采用将两侧混凝土支挡结构与防水地板相结合的混凝土U形槽。U形槽沿道路的纵向设置范围宜满足地下水位的最高历史纪录和远景年的估计最高水位的要求。混凝土U形槽的结构设计及防水设计应符合混凝土结构相关规范的要求。

5.3.8 在承压地下水或地下水丰富的地区修筑路基时，可在原地面与路基交界处设排水隔离层，也可在路基内部设排水隔离层，将地下水引出路基外或将由路面渗透而来的水隔离。用于排水的隔离层应符合下列规定：

1 隔离层的土工织物最小抗拉强度不应小于50kN/m，土工织物搭接长度宜为100cm。

2 隔离材料可选用矿渣、碎石或砾石，其最大粒径宜为30cm，通过20mm筛孔的材料不得大于10%，通过0.074mm筛孔的材料其塑性指数不得大于6%。

3 排水隔离层顶面应高出设计地下水位30cm或30cm以上。

6 路基防护与支挡

6.1 一 般 规 定

6.1.1 路基坡面防护工程应在稳定的边坡上设置。对路基稳定性不足和存在不良地质因素的路段，应进行路基边坡防护与支挡加固的综合设计。

6.1.2 在地下水较为发育的路段，应进行边坡防护与地下防排水措施的综合设计。在多雨地区，用砂类土、细粒土等填筑的路基，应采取坡面防护和防排水的综合措施。

6.1.3 路基支挡结构设计应满足各种设计荷载组合下支挡结构的稳定、坚固和耐久；支挡结构的类型选择及位置确定应符合安全可靠、经济合理、便于施工养护等要求。

6.1.4 路基支挡结构和防护工程宜与相邻建筑物相

协调。

6.1.5 路基施工过程中的边坡临时防护工程宜与永久防护工程相结合。

6.1.6 高填方路基、深挖方路基及不良地质和特殊地段的路基，应进行重点路段的路基稳定和变形的监测设计。

6.2 路基稳定与变形计算

6.2.1 高度超过 20m 或地面斜坡坡率大于 1∶2.5 的填方路基及不良地质、特殊地段的填方路基，稳定性验算应符合下列规定：

1 填方路基稳定性、填方路基和地基的整体稳定性宜采用简化毕肖普法进行分析计算。软土地基上的路基稳定性验算应符合本规范第 7.2.3 条的规定。

2 填方路基沿斜坡地基或软弱层滑动的稳定性可采用不平衡推力法进行分析计算。

6.2.2 填方路基稳定性分析的强度参数取值应符合现行行业标准《公路路基设计规范》JTG D30 的规定。

6.2.3 填方路基稳定安全系数不得小于表 6.2.3 的规定。

表 6.2.3 填方路基稳定安全系数

分析内容	地基情况	采用的地基平均固结度及强度指标	稳定安全系数
填方路基稳定性	—		1.35
填方路基和地基的整体稳定性	地基土渗透性差、排水条件不好	取 $U=0$，采用直剪固结快剪或三轴固结不排水剪指标	1.20
		按实际固结度，采用直剪固结快剪或三轴固结不排水剪指标	1.40
	地基土渗透性好、排水条件良好	取 $U=1$，采用直剪固结快剪或三轴固结不排水剪指标	1.45
		取 $U=1$，采用快剪指标	1.35
填方路基沿斜坡地基或软弱层滑动的稳定性	—	采用直剪快剪或三轴不排水剪指标	1.30

6.2.4 对边坡高度大于 20m 的土质挖方路基、边坡高度超过本规范表 4.4.2 适用范围或有外倾软弱结构面的岩质挖方边坡、坡顶边缘附近有较大荷载的边坡，宜综合采用工程地质类比法、图解分析法、极限平衡法和数值分析法进行稳定性评价。定量计算方法应根据边坡可能的破坏形式，按下列方法确定：

1 对规模较大的碎裂结构岩质边坡和土质边坡宜采用简化毕肖普法计算。

2 对可能产生直线形破坏的边坡宜采用平面滑动面解析法进行计算。

3 对可能产生折线形破坏的边坡宜采用不平衡推力法计算。

4 对结构复杂的岩质边坡，可配合采用赤平投影法和实体比例投影法分析及楔形滑动面法进行计算。

5 当边坡破坏机制复杂时，宜结合数值分析法进行分析。

6.2.5 挖方路基边坡稳定性计算的强度参数取值应符合现行国家标准《建筑边坡工程技术规范》GB 50330 的规定。

6.2.6 挖方路基边坡稳定安全系数不得小于表 6.2.6 的规定，并可按下列工况划分：

1 正常工况：边坡处于天然状态下的工况。

2 非正常工况Ⅰ：边坡处于暴雨或连续降雨状态下的工况。

3 非正常工况Ⅱ：边坡处于地震等荷载作用状态下的工况。

表 6.2.6 挖方路基边坡稳定安全系数

道路等级	工 况	稳定安全系数
快速路、主干路	正常工况	1.20～1.30
	非正常工况Ⅰ	1.10～1.20
	非正常工况Ⅱ	1.05～1.10
次干路、支路	正常工况	1.15～1.25
	非正常工况Ⅰ	1.05～1.15
	非正常工况Ⅱ	1.02～1.05

注：表中稳定安全系数取值应与计算方法对应。

6.2.7 对高度超过 20m 或不良地质、特殊地段的填方路基，应进行路基变形计算，并应符合下列规定：

1 不良地质和特殊地段的地基沉降计算应符合本规范第 7 章的规定。

2 高填方路基工后压缩变形可根据当地实际经验确定。

6.2.8 路基容许工后变形应符合表 6.2.8 的规定。

表 6.2.8 路基容许工后变形

工程位置 / 道路等级	桥台与路堤相邻处	涵洞、通道处	一般路段
快速路、主干路	≤0.10m	≤0.20m	≤0.30m
次干路、支路	≤0.20m	≤0.30m	≤0.50m

注：1 当路基中有其他管线及构造物时，应按管线等构造物的沉降要求进行设计，并应与相邻路基良好过渡；

2 对主辅路并行且主辅路间设侧分带的路基，可按主辅路相应的等级分别进行工后变形控制。

6.3 路 基 防 护

6.3.1 坡面防护设计应符合下列规定：

1 对受自然因素作用易产生破坏的边坡坡面，应根据边坡的土质、岩性、水文地质条件、坡率、高度，以及环境保护与水土保持要求等，选用适宜的防护措施。

2 软硬岩层相间的挖方边坡应根据岩层情况采用全部防护或局部防护措施。

3 采用植物或喷护、挂网喷护等防护措施的，以及年平均降水量大于400mm地区较高的土质挖方边坡路段，宜在坡脚处设高1m～2m浆砌片石护坡或护墙。

4 当浆砌片石护墙高度大于12 m、浆砌片石护坡和骨架护坡高度大于15m时，宜在适当高度处设平台，平台宽度不宜小于2m。

5 浆砌片石护墙、护坡的基础应埋置在路肩线以下不小于1m，并不应高于侧沟砌体底面；当地基为冻胀土时，应埋置在冻结深度以下不小于0.25m。

6 封闭式的坡面应在防护砌体上设泄水孔和伸缩缝。当坡面有地下水出露时，应采取措施将水引排。

7 土质和易风化岩石的挖方高边坡，宜在坡脚处设置挡土墙。当挡土墙墙顶上方坡面设有浆砌片石护墙、护坡时，墙顶应设置边坡平台，平台宽度不宜小于2m。

6.3.2 沿河路基防护设计应符合下列规定：

1 沿河路基应根据河流特性、水流性质、沿河地貌、地质等因素，结合路基位置，选用适宜的坡面防护、导流或改河工程。

2 防护工程基底应埋设在冲刷深度以下不小于1 m或嵌入基岩内。冲刷深度应根据公式计算、河床地层冲淤分析和类似工程的实践资料综合分析确定。当冲刷深度较深、水下施工困难时，可采用桩基、沉井基础或适宜的平面防护或与设桥方案进行比较。

3 冲刷防护工程应与上下游岸坡平顺连接、端部嵌入岸壁足够深度。

4 当改移河道时，应根据河流特性及其演变规律，因势利导，慎重对待，并应与设桥方案进行经济比较。改河的起点和终点应与原河床顺接。在改河入口处加大纵坡并设置拦河坝或顺坝。新河槽断面应按设计洪水频率的流量计算确定。

6.4 支 挡 加 固

6.4.1 当受地形、地物或占地等限制而需收缩坡脚，采用较陡的边坡，或为保证路基边坡稳定性而需采取措施以增加抗滑力时，应设置边坡支挡结构。

6.4.2 城市道路路基边坡的支挡工程设计，应查明路基边坡和支挡结构地基的工程地质、水文地质条件及环境条件等，并取得设计必要的岩土物理力学参数。

6.4.3 支挡工程的安全等级的确定，应符合下列规定：

1 当保护对象主要为路基，边坡滑塌影响范围无重要建（构）筑物、管线或人群密集的使用场地时，应根据支挡工程损坏后可能造成的破坏后果的严重性和边坡高度等因素，按表6.4.3确定安全等级。

表 6.4.3 城市路基边坡支挡工程安全等级

破坏后果	边坡高度 H	安全等级
很严重	$H \geqslant 15$m（岩质边坡），$H \geqslant 8$m（土质边坡）	一级
	$H < 15$m（岩质边坡），$H < 8$m（土质边坡）	二级
严重	$H \geqslant 25$m（岩质边坡），$H \geqslant 15$m（土质边坡）	一级
	$15\text{m} \leqslant H < 25$m（岩质边坡），$8\text{m} \leqslant H < 15$m（土质边坡）	二级
	$H < 15$m（岩质边坡），$H < 8$m（土质边坡）	三级
不严重	$H \geqslant 25$m（岩质边坡），$H \geqslant 15$m（土质边坡）	二级
	$H < 25$m（岩质边坡），$H < 15$m（土质边坡）	三级

注：1 一个城市路基边坡支挡工程的各段，可根据实际情况采用不同的安全等级；

2 对危害性极严重、环境和地质条件复杂的特殊边坡支挡工程，其安全等级应根据工程情况适当提高。

2 当保护对象主要为邻近的建（构）筑物，或保护范围内有管线或人群密集时，安全等级的确定应符合现行国家标准《建筑边坡工程技术规范》GB 50330的规定。

6.4.4 应根据工程地质、水文地质、冲刷深度、荷载情况、边坡高度、支挡结构受力特点、环境条件、施工条件及工程造价等因素，合理选择路基边坡支挡与加固措施。

6.4.5 支挡结构应采用以极限状态设计的分项系数法为主的设计方法，构件承载能力极限状态设计宜满足下式要求：

$$\gamma_0 S \leqslant R\left(\frac{R_k}{\gamma_f}, \alpha_d\right) \tag{6.4.5}$$

式中：S——作用效应的组合设计值（kN）；

$R(\cdot)$——支挡结构结构抗力函数（kN）；

R_k——抗力材料的强度标准值（kPa）；

γ_f——结构材料、岩土体性能的分项系数；

α_d——结构或结构构件几何参数的设计值，当无可靠数据时，可采用几何参数标准值；

γ_0——结构重要性系数，按表6.4.5的规定采用。

表 6.4.5 结构重要性系数 γ_0

支挡工程安全等级	结构重要性系数 γ_0
一级	≥1.1
二级	≥1.0
三级	≥1.0

6.4.6 作用于支挡结构上的荷载计算应符合下列规定：

1 应根据作用于支挡结构上的荷载确定作用效应的组合设计值，支挡结构上的作用应符合表 6.4.6-1 的规定。

表 6.4.6-1 支挡结构上的作用

作用分类		作用名称
永久作用		支挡结构重力
		填土（包括基础襟边以上土）重力
		填土侧压力
		墙顶上的有效永久荷载
		墙顶与第二破裂面之间的有效荷载
		计算水位的浮力及静水压力
		预加力
		混凝土收缩及徐变
		基础变位影响力
		邻近建（构）筑物传来的永久荷载
可变作用	基本可变作用	车辆荷载引起的侧压力
		人群荷载、人群荷载引起的侧压力
		邻近建（构）筑物传来的可变荷载（使用活荷载和风荷载等）
	其他可变作用	水位退落时的动水压力
		流水压力
		波浪压力
		冻胀压力和冰压力
		温度影响力
	施工荷载	与各类型挡土墙施工有关的临时荷载
偶然作用		地震作用力
		滑坡、泥石流的冲击作用力
		作用于墙顶护栏上的车辆碰撞力

2 对一般地区，可只采用永久作用和基本可变作用的组合；浸水地区、地震动峰值加速度值不小于 0.2g 的地区及产生冻胀力的地区，作用组合还应计取其他可变作用和偶然作用，作用组合可按表 6.4.6-2 确定。

表 6.4.6-2 作 用 组 合

组合	荷　　载
Ⅰ	挡土墙结构重力、墙顶上的有效永久荷载、填土重力、填土侧压力及其他永久荷载组合
Ⅱ	组合Ⅰ与基本可变荷载相组合
Ⅲ	组合Ⅱ与其他可变荷载、偶然荷载相组合

注：组合时，不同时考虑洪水与地震力的组合，冻胀力、冰压力与流水压力或波浪压力的组合，以及车辆荷载与地震力的组合。

3 当支挡结构上受地震力作用时，应符合现行行业标准《公路桥梁抗震设计细则》JTG/T B02-01 的规定。

4 作用于支挡结构上的土压力的计算应符合现行国家标准《建筑边坡工程技术规范》GB 50330 的规定。一般情况下，支挡结构前的被动土压力可不计算，当基础埋置较深且地层稳定、不受水流冲刷和扰动破坏时，可计入被动土压力。

5 车辆荷载作用在挡土墙墙背填土上所引起的附加土体侧压力，可按下式换算成等代均布土层厚度：

$$h_0 = \frac{q}{\gamma} \tag{6.4.6}$$

式中：h_0——换算土层厚度（m）；

q——车辆荷载附加荷载强度（kN/m^2），当墙高小于 2m 时，取 20kN/m^2；墙高大于 10m 时，取 10kN/m^2；墙高为 2m～10m 之间时，采用线性内插法计算；

γ——墙背填土的重度（kN/m^3）。

6 作用于墙顶或墙后填土上的人群荷载强度应根据实际情况确定，可取 3kN/m^2；作用于挡墙栏杆顶的水平推力可采用 0.75kN/m；作用于栏杆扶手上的竖向力可采用 1kN/m。

7 当浸水挡土墙墙背为岩块和粗粒土（除粉砂外）时，可不计墙身两侧静水压力和墙背动水压力。

8 墙身所受浮力，应根据地基地层的浸水情况按下列原则确定：

1）砂类土、碎石类土和节理很发育的岩石地基，按计算水位的 100%计算。

2）岩石地基按计算水位的 50%计算。

9 当按承载能力极限状态设计时，除另有规定外，常用作用分项系数可按表 6.4.6-3 的规定采用。

表 6.4.6-3 承载能力极限状态作用分项系数

情况		荷载增大对挡土墙结构起有利作用时		荷载增大对挡土墙结构起不利作用时	
组合		Ⅰ，Ⅱ	Ⅲ	Ⅰ，Ⅱ	Ⅲ
分项系数	垂直恒载 γ_G	0.90		1.20	
	恒载或车辆荷载、人群荷载的主动土压力 γ_{Q1}	1.00	0.95	1.40	1.30
	被动土压力 γ_{Q2}	0.30		0.50	
	水浮力 γ_{Q3}	0.95		1.10	
	静水压力 γ_{Q4}	0.95		1.05	
	动水压力 γ_{Q5}	0.95		1.20	

6.4.7 支挡结构基础稳定性计算与设计应符合下列规定：

1　支挡结构宜采用明挖基础。当基底位于坡度大于5%的纵向斜坡上时，基底应设计为台阶式。当基础位于横向斜坡地面上时，墙趾埋入地面的深度和距地表的水平距离应满足表6.4.7-1的要求。

表6.4.7-1　斜坡地面基础埋置条件

土层类别	最小埋入深度 h（m）	距地表水平距离 L（m）
较完整的硬质岩石	0.25	0.25～0.50
一般硬质岩石	0.60	0.60～1.50
软质岩石	1.00	1.00～2.00
土质	≥1.00	1.50～2.50

2　支挡结构基础应有一定埋置深度，可根据地基岩土特性、承载能力、冻结深度、水流冲刷情况和岩石风化程度等因素确定，并应符合下列规定：

1）一般地区，基础最小埋置深度，对土质地基不应小于1m，对软质岩石地基不应小于0.8m。在风化层不厚的硬质岩石地基上，基底应置于基岩表面风化层以下。

2）季节性冰冻地区，当冻结深度小于或等于1m时，基底应在冻结线以下不小于0.25m，且基础埋置深度不应小于1m。当冻结深度超过1m时，基底最小埋置深度不得小于1.25m，还应将基底至冻结线以下0.25m深度范围的地基土换填为冻胀或弱冻胀材料。

3）当受水流冲刷时，应按路基设计洪水频率计算冲刷深度，基底应置于局部冲刷线以下，且基础埋置深度不应小于1m。

4）路堑式挡土墙基础顶面应低于挖方路基边沟底面不小于0.5m。

3　支挡结构地基稳定性计算中，各类作用组合下作用效应组合设计值中的作用分项系数，除被动土压力分项系数 γ_{Q2} 可取0.3外，其余作用的分项系数应取1。

4　基底合力的偏心距 e_0，对土质地基不应大于基底宽度 B 的1/6倍；对岩石地基不应大于基底宽度 B 的1/4倍。

5　基底压应力不应大于基底的容许承载力 $[f_a]$；$[f_a]$ 的取值应符合现行行业标准《公路桥涵地基与基础设计规范》JTG D63的规定。

6　支挡结构的抗滑动和抗倾覆稳定安全系数不宜小于表6.4.7-2的规定值。对设置于不良土质地基、表土下为倾斜岩质地基或斜坡上的支挡结构，尚应对支挡结构地基及填土的整体稳定性进行验算，其稳定安全系数不应小于1.25。

表6.4.7-2　支挡结构抗滑动和抗倾覆的稳定安全系数

荷载情况	验算项目	稳定安全系数	
荷载组合Ⅰ、Ⅱ	抗滑动	K_c	1.3
	抗倾覆	K_0	1.5
荷载组合Ⅲ	抗滑动	K_c	1.3
	抗倾覆	K_0	1.3
施工阶段验算	抗滑动	K_c	1.2
	抗倾覆	K_0	1.2

6.4.8　支挡结构和加固结构的设计计算及构造要求应符合现行行业标准《公路路基设计规范》JTG D30的规定。

6.5　路基监测

6.5.1　对高填方路基和特殊地基上的填方路基，应实行填筑过程中和填筑以后的变形监测。设计应明确监测路段、监测项目（内容）、监测点的数量及其布设，并应确定路基稳定和变形的监测控制标准。

6.5.2　对路基挖方高边坡及不良地质、特殊岩土地段的挖方边坡，应提出施工方案的特殊要求和监测要求，且应根据边坡变形与稳定监测的反馈信息，及时对原设计进行校核、修改和调整，并应符合下列规定：

1　监测的内容可包括：边坡变形及不稳定的范围，位移的方向、大小和历时特征，地下水位及其变化，爆破震动，支挡结构和加固设施的受力与变形等。

2　监测周期应根据道路等级、边坡及其支挡结构的特点、变形及其发展情况确定。对快速路重点高边坡，监测周期应从边坡开挖开始，至道路建成营运后不少于一年。

6.5.3　在既有城市道路下进行暗挖施工时，道路顶面位移不应大于道路构筑物的允许沉降，且应保证行车安全。应根据工程地质及水文地质条件、暗挖施工结构及其埋深、道路等级及管线情况以及监测工作的经济性，进行路表变形监测。监测工作应符合下列规定：

1　监测范围应根据道路情况、土层特性和结构埋深等确定，宜为暗挖结构物外沿两侧各30m范围内。

2　测点可根据工程性质确定，每个道路监测横断面上的测点不宜少于7个。

3　监测频率不宜低于表6.5.3的规定。

表 6.5.3 路基顶面位移监测频率

阶 段	频 率
掘进面距监测断面小于或等于 20m	(1次～2次)/天
掘进面距监测断面大于 20m，小于或等于 50m	1次/2天
掘进面距监测断面大于 50m	1次/7天
根据数据分析确定沉降稳定后 3 个月内	1次/30天

7 特殊路基

7.1 一般规定

7.1.1 特殊路基设计应进行综合地质勘察，查明具体的特殊条件及特殊岩土或地质体的性质、参数、成因、规模、稳定状况及趋势。特殊路基设计所需的物理力学参数，宜采用原位测试数据，并应结合室内试验资料综合分析确定。

7.1.2 特殊路基设计应明确地质和环境等因素对路基的影响，遵循以防为主、防治结合的原则，采取合理的整治方案和工程措施。

7.2 软土地区路基

7.2.1 软土的鉴别宜符合表 7.2.1 的规定。

表 7.2.1 软土鉴别指标

土 类	天然含水率(%)		天然孔隙比	直剪内摩擦角(°)	十字板剪切强度(kPa)	压缩系数 $a_{0.1\sim0.2}$ (MPa^{-1})
黏质土、有机质土	≥35	≥液限	≥1.00	<5°	<35	>0.5
粉质土	≥30		≥0.90	<8°		>0.3

7.2.2 软土地区路基设计宜包含路基稳定验算、路基沉降计算、地基处理措施及路基监测设计等内容。

7.2.3 软土地区路基的稳定验算应符合下列规定：

1 宜采用瑞典圆弧滑动法中的固结有效应力法或改进总强度法，有条件时也可采用简化毕肖普法、简布普遍条分法。

2 验算时应按施工期和营运期的荷载分别计算稳定安全系数。施工期的荷载应包括路堤自重及施工机械荷载，营运期的荷载应包括路堤自重、路面结构荷载及行车荷载。营运期的行车荷载宜换算为静止的当量土柱作用。

3 稳定验算中的水平向地震力应符合现行行业标准《公路桥梁抗震设计细则》JTG/T B02－01 的规定。

4 稳定安全系数不应小于表 7.2.3 的规定，否则应针对稳定性进行地基处理。

表 7.2.3 稳定安全系数

安全系数 / 验算方法 / 指标选取	固结有效应力法		改进总强度法		简化毕肖普法、简布法
	不考虑固结	考虑固结	不考虑固结	考虑固结	
直接快剪	1.1	1.2	—	—	—
静力触探、十字板剪	—	—	1.2	1.3	—
三轴有效剪切指标	—	—	—	—	1.4

注：当需考虑地震力时，表中稳定安全系数可减少 0.1。

7.2.4 软土地基沉降计算应符合下列规定：

1 主固结沉降 S_c 应采用分层总和法计算。

2 总沉降宜按下式计算确定：

$$S = m_s S_c \quad (7.2.4\text{-}1)$$

式中：S——总沉降（m）；

m_s——沉降系数，与地基条件、荷载强度、加荷速率等因素有关，取值范围 1.1～1.7，应根据现场沉降观测资料和当地经验确定；

S_c——主固结沉降（m）。

3 总沉降也可由瞬时沉降 S_d、主固结沉降 S_c 及次固结沉降 S_s，按下式计算确定：

$$S = S_d + S_c + S_s \quad (7.2.4\text{-}2)$$

4 任意时刻地基的沉降量可按下式计算确定：

$$S_t = (m_s - 1 + U_t)S_c \quad (7.2.4\text{-}3)$$

或

$$S_t = S_d + S_c U_t + S_s \quad (7.2.4\text{-}4)$$

式中：U_t——t 时间的地基平均固结度，天然地基采用太沙基一维固结理论解计算；对砂井、塑料排水板等竖向排水体处理的地基，固结度宜按巴隆给出的太沙基-伦杜立克固结理论轴对称条件固结方程在等应变条件下的解来计算。

5 软土地基沉降计算的土层深度应以其底面附加应力与自重应力之比值不大于 15%确定。

6 软土地基上的低填路基，当重载车型较多时，还应计入行车荷载产生的路基永久变形。

7 软土地基路基工后变形应符合本规范第 6.2.8 条的规定，否则应按变形控制对地基进行处理。

7.2.5 软土地基路基填筑应符合下列规定：

1 当填方路基为中湿、潮湿状态时，底部宜设置透水垫层，厚度宜为 0.50m，并宜设 2%～3%的横坡。

2 特别软弱地基上的路基或软土地基上的高路基，可采用粉煤灰、泡沫聚苯乙烯（EPS）块等轻质材料填筑，并应符合下列规定：

1）采用粉煤灰填筑时，应采取黏土包边等措施防止粉煤灰流失。粉煤灰材料应符合本规范第 4.3.6 条的规定。

2）采用泡沫聚苯乙烯（EPS）填筑时，应验算堤身的压缩变形和抗浮稳定性，且顶层EPS的密度不宜小于0.3kN/m³。

3 路基加筋应采用抗拉强度大于50kN/m、延伸率小于10%、耐老化的土工合成材料。

4 不宜采用反压护道。采用反压护道时，其高度不宜超过路基高度的1/2，宽度应通过稳定验算确定。

7.2.6 对软土层厚度小于3m、埋深较浅的软土地基，宜采用无机结合料浅层拌合、挖除换填、抛石挤淤等浅层地基处理措施，并应符合下列规定：

1 当采用水泥、石灰等无机结合料拌合处理措施时，应根据试验确定无机结合料的掺入量。

2 浅层地基换填宜采用透水性较好的碎石或中粗砂等粒料，换填料应高出地下水位以上不小于0.50m、宽出路基两侧不小于0.50m。

3 抛石挤淤的抛石高度应高出软土、淤泥层顶及地表水位不小于0.50m，宽出路基两侧0.50m～1.00m；抛石顶面应采用粒径小于10cm的块石或级配碎石填平、碾压密实。抛石挤淤不宜用于快速路和主干路的路基工程。

7.2.7 软土层较厚、路基填土高度超过地基极限填土高度时，应采用排水固结法、粒料桩、加固土桩、刚性桩等深层地基处理措施。

7.2.8 排水固结法设计应符合下列规定：

1 可用于淤泥、淤泥质黏土及充填土等饱和软土。

2 应根据软土性质、填土高度、沉降计算与稳定验算结果、施工工期等，确定采用砂垫层、塑料排水板、砂井、堆载预压、真空预压和真空联合堆载预压等措施。

3 预压期应根据允许工后沉降量或要求的地基固结度确定，不宜小于6个月。

4 采用真空联合堆载预压法时，应在地基中设置塑料排水板或砂井等竖向排水体，真空预压密封膜下的真空度不宜小于75kPa。

5 排水固结法设计不应对周围重要建筑物、管线等造成影响。

6 桥头引道采用排水固结法处理时，应先预压，再开挖施工桥梁桩基和承台。

7.2.9 粒料桩法应符合下列规定：

1 振冲粒料桩可用于十字板抗剪强度大于15kPa的地基；沉管粒料桩可用于十字板抗剪强度大于10kPa的地基。

2 粒料桩的直径、深度和间距应经稳定、沉降验算后确定，对较薄的软土层，应贯穿；相邻桩净距不应大于4倍桩径。

3 计算设有粒料桩复合地基的路基整体滑动稳定安全系数时，复合地基内滑动面上的抗剪强度应采用复合地基抗剪强度，并应按下列公式计算：

$$\tau_{ps} = m\tau_p + (1-m)\tau_s \quad (7.2.9\text{-}1)$$

$$\tau_p = \sigma\cos\alpha\tan\varphi_c \quad (7.2.9\text{-}2)$$

$$m = 0.907\left(\frac{D}{B}\right)^2 \quad (7.2.9\text{-}3)$$

$$m = 0.785\left(\frac{D}{B}\right)^2 \quad (7.2.9\text{-}4)$$

式中：τ_{ps}——复合地基抗剪强度（kPa）；
τ_p——粒料桩抗剪强度（kPa）；
τ_s——桩间土抗剪强度（kPa）；
σ——滑动面处桩体的竖向应力（kPa）；
φ_c——粒料桩的内摩擦角，桩料为碎石时可取38°，桩料为砂砾时可取35°；
m——桩对土的置换率，桩在平面上按等边三角形布置时，按式（7.2.9-3）计算确定；桩在平面上按正方形布置时，按式（7.2.9-4）计算确定；
α——滑动面倾角（°）；
D_p——桩的直径（m）；
B_p——桩间距（m）。

4 粒料桩桩长深度内地基的沉降应按下列公式计算：

$$S_z = \mu_s S \quad (7.2.9\text{-}5)$$

$$\mu_s = \frac{1}{1+m(n-1)} \quad (7.2.9\text{-}6)$$

式中：S_z——桩长深度内复合地基的沉降（m）；
S——粒料桩桩长深度内未加固地基（天然地基）的沉降（m）；
μ_s——桩间土应力折减系数；
n——桩土应力比；宜经工程试验确定。当无资料时，n可取2～5，当桩底土质好、桩间土质差时取高值，否则取低值。

7.2.10 加固土桩法应符合下列规定：

1 深层搅拌法可用于加固十字板抗剪强度不小于10kPa的软土地基。用于处理有机质土、泥炭土、塑性指数大于25的黏土，以及地下水具有腐蚀性的地基时，应通过现场试验确定其适用性。

2 当采用粉喷桩法加固软土地基时，深度不应超过14m，并应评估对周围环境污染的影响。当地基天然含水率小于30%、大于70%或地下水的pH值小于4时不宜采用粉喷桩法。

3 加固土桩的直径、深度和间距应经稳定性验算确定，并应满足工后沉降的要求，对较薄的软土层，应贯穿。相邻桩的净距不应大于4倍桩径。

4 计算设有加固土桩复合地基的路基整体滑动稳定安全系数时，复合地基内滑动面上的抗剪强度应采用复合地基抗剪强度，并应按下列公式计算：

$$\tau_{ps} = m\tau_p + (1-m)\tau_s \quad (7.2.10\text{-}1)$$

式中：τ_{ps}——复合地基抗剪强度（kPa）；
τ_p——加固土桩抗剪强度（kPa）；

τ_s——桩间土抗剪强度（kPa）。

5 加固土桩的抗剪强度宜以90d龄期的强度为标准强度，可按钻取试验路段的原状试件所测无侧限抗压强度的1/2计取；也可按设计配合比由室内制备的加固土试件测得的无侧限抗压强度的0.3倍计取。

6 加固土桩复合地基的沉降量应按复合地基加固区的沉降量和加固区下卧层的沉降量两部分来计算。加固区的沉降量应采用复合地基压缩模量法计算；下卧层的沉降量宜采用压缩模量法计算。复合地基压缩模量应按下列公式计算：

$$E_{ps}=mE_p+(1-m)E_s \qquad (7.2.10\text{-}2)$$

式中：E_{ps}——复合地基压缩模量（MPa）；

E_p——桩体压缩模量（MPa），可根据无侧向抗压强度按经验公式取值；

E_s——土体压缩模量（MPa）。

7.2.11 刚性桩法应符合下列规定：

1 刚性桩适用于深厚软土地基上荷载较大、变形要求较严格的高填方路堤段、桥头引道或通道与路堤的衔接部位、新老路堤拼接的拓宽区域。

2 刚性桩桩顶应设置托板、加筋垫层。

3 刚性桩的设置深度和间距应经稳定性、工后沉降验算后确定。

4 当计算刚性桩复合地基的路堤整体抗剪稳定安全系数时，复合地基滑动面上的抗剪强度应采用复合地基抗剪强度，计算方法同加固土桩法。

5 刚性桩处理地基的最终沉降量计算，可不考虑桩间土压缩变形对沉降的影响，并应按下式计算：

$$S=\psi_P\sum_{j=1}^{m}\sum_{i=1}^{n_j}\frac{\sigma_{j,i}\Delta h_{j,i}}{E_{sj,i}} \qquad (7.2.11)$$

式中：S——最终沉降量（mm）；

m——桩端平面以下压缩量范围内土层总数；

$E_{sj,i}$——桩端平面下第j层土第i个分层在自重应力至自重应力加附加应力作用段的压缩模量（MPa）；

n_j——桩端平面下第j层土的计算分层数；

$\Delta h_{j,i}$——桩端平面下第j层第i分层的厚度（m）；

$\sigma_{j,i}$——桩端平面下第j层第i分层的竖向附加应力（kPa），采用明德林应力公式计算，按现行国家标准《建筑地基基础设计规范》GB 50007的规定执行；

ψ_P——桩基沉降计算经验系数，应根据当地的工程实测资料统计对比确定。

6 当采用锤击法沉桩时，不应因振动造成对周围建筑物的影响。

7.2.12 软土地基路基横断面设计应符合下列规定：

1 预压期结束时，路基高度不宜小于其设计高度，即实际路基填筑高度应等于路基设计高度与预压期间的沉降量之和。

2 预压填方路基底面宜加宽，每侧的加宽量应按下列公式计算：

$$\Delta d=mS_f \qquad (7.2.12\text{-}1)$$

式中：Δd——一侧的加宽量（m）；

m——软基路堤的设计边坡值（坡率的倒数）；

S_f——路堤坡脚处预压期末的沉降量（m）。

3 预压填方路基的边坡值应按下列公式计算：

$$n=\left(1-\frac{S_j}{H+S_f}\right)m \qquad (7.2.12\text{-}2)$$

式中：n——预压填方路基的边坡值；

S_j——路肩处预压期末的沉降量（m）；

H——路基中心高度（m）。

7.2.13 高填方路基或桥头引道应按本规范第6.5.1条的规定，进行路基稳定与变形监测设计，路基填土速率应符合下列规定：

1 填筑时间不应小于地基抗剪强度增长所需要的固结时间。

2 路基中心沉降量每昼夜不得大于10mm～15mm，边桩位移量每昼夜不得大于5mm。

7.2.14 路面铺筑应在沉降稳定后进行，采用双标准控制，即要求推算的工后沉降量符合本规范第6.2.8条的规定；同时要求连续2个月观测的沉降量每月不超过5mm。

7.3 红黏土与高液限土地区路基

7.3.1 红黏土与高液限土地区的路基设计，应查明沿线红黏土或高液限土的分布范围、成因类型、土体结构、湿度状态及其垂直分带、土体中裂隙分布特征、地下水分布情况、物理力学性质及胀缩性等。

1 红黏土的结构可按表7.3.1-1的规定进行分类，复浸水特性可按表7.3.1-2的规定进行分类。

2 当红黏土与高液限土具有明显膨胀性时，应按膨胀土路基进行设计。

表 7.3.1-1 红黏土的结构分类

土体结构	裂隙发育特征	S_t
致密状结构	偶见裂隙（<1条/m）	>1.2
巨块状结构	较多裂隙（1～2条/m）	0.8～1.2
碎块状结构	富裂隙（>5条/m）	<0.8

注：S_t为红黏土的天然状态与保湿扰动状态土样的无侧限抗压强度之比。

表 7.3.1-2 红黏土的复浸水特性分类

类别	I_r与I'_r关系	复浸水特性
Ⅰ	$I_r\geq I'_r$	收缩后复浸水膨胀，能恢复到原位
Ⅱ	$I_r< I'_r$	收缩后复浸水膨胀，不能恢复到原位

注：$I_r=w_L/w_p$，$I'_r=1.4+0.0066\,w_L$；w_L—液限；w_p—塑限。

7.3.2 红黏土与高液限土地区填方路基应符合下列规定：

1 当红黏土用作路基填料时，其最小强度应满足本规范表4.3.4的规定，否则应进行处治。压缩系数大于0.5MPa^{-1}的红黏土路基不得用于填筑路基。

2 满足最小强度要求但未经处理的红黏土填筑路基高度不宜大于10m。

3 高液限土不宜直接作为路基填料。当利用挖方路段的挖方高液限土填筑路基时，应进行处治。

4 高度小于10m的填方路基边坡坡率宜为1∶1.5～1∶1.75，当边坡高度大于6m时，宜设置边坡平台，其宽度不宜小于2m。当边坡高度超过10m时，应按高边坡设计，并应通过路基稳定性分析计算确定路堤横断面形式、边坡坡度及路堤加固与防护措施等。

5 在确定路基土的最佳含水率和最大干密度时，宜采用湿土法重型击实试验。

6 路基基底应设置排水隔离垫层，厚度宜为0.50m，应采用渗水性良好的砂砾或碎石填筑，其顶面应设置反滤层。

7 经改性处理的红黏土或高液限土路基，或者用黏土外包封闭的路基可按一般路基进行防护设计。

7.3.3 红黏土与高液限土地区挖方路基应符合下列规定：

1 应分析复浸水Ⅰ类红黏土的开挖面土体干缩导致裂隙发展及复浸水使土质产生变化的不利影响。边坡稳定性计算宜采用饱水剪切试验和重复慢剪试验等强度指标，对裂隙发育的土应采用三轴剪切试验或无侧限抗压强度试验指标，必要时可进行收缩试验和复浸水试验。

2 挖方边坡高度不宜超过20m，边坡坡率及平台宽度可按表7.3.3确定，当边坡高度超过6m时，挖方路基宜采用台阶式断面。若地形允许，宜放缓边坡。

表7.3.3 红黏土与高液限土挖方边坡坡率

边坡高度（m）	边坡坡率	边坡平台宽度（m）
<6	1∶1.25～1∶1.5	—
6～10	1∶1.25～1∶1.5	2.0
10～20	1∶1.5～1∶1.75	≥2.0

3 应根据红黏土或高液限土的工程性质、道路等级，对路床顶面下0.80m范围内的红黏土或高液限土进行超挖，并应换填渗水性良好的砂砾、碎石土或采用石灰、水泥等无机结合料进行处治。

4 应进行路基防排水系统的综合设计。

5 挖方边坡的坡面防护与支挡加固应综合设计。

7.4 膨胀土地区路基

7.4.1 膨胀土地区的路基设计应查明沿线膨胀土的分布范围、成因类型、土体结构、地下水分布与赋存条件，以及膨胀土的矿物成分、物理力学性质和胀缩特性等。

7.4.2 膨胀土地区的路基设计应以防止水分侵蚀、防止风化、保持路基湿度稳定为主，结合坡面防护，降低边坡高度，分段连续施工，及时封闭路床和坡面。道路与建筑、广场之间的绿化带和坡面，应采取半封闭的相对保湿、防渗透措施。道路先于建筑实施时，应对城市道路沿线两侧一定范围内未开发土地采取临时保湿、防渗、排水措施。

7.4.3 膨胀土地区路基的边坡及其防护加固应符合下列规定：

1 当可能发生浅层破坏时，宜采取半封闭的保湿防渗措施。

2 当可能发生深层破坏时，应采取边坡稳定加固措施，并应进行边坡防护。

3 膨胀土强度指标应采用低于峰值强度值，可采用反算和经验指标。

4 支挡结构基础埋深应大于气候影响层深度，反滤层应适当加厚。

5 防护工程宜采用柔性结构。

7.4.4 膨胀土地区的填方路基设计应符合下列规定：

1 当路基填土高度小于路面与路床的总厚度，基底为膨胀土时，宜挖除地表0.30m～0.60m的膨胀土，并应将路床换填成非膨胀土或作掺灰处理。若为强膨胀土，挖除深度应达到大气影响深度。大气影响深度的确定应符合现行国家标准《膨胀土地区建筑技术规范》GB 50112的规定。

2 强膨胀土不得作为路基填料。中等膨胀土应经改良处理后方可用于路基填筑。当采用弱膨胀土作为路堤填料，胀缩总率不超过0.7%时，可直接填筑，但应采取防水、保温、封闭、坡面防护等措施；否则，应按道路等级、气候、水文特点、填土层位等具体情况，结合实践经验对弱膨胀土进行处治。

3 膨胀土填筑的路基，应及时碾压密实，路基压实度应符合本规范第4.6.2条的规定。在确定路堤填筑的最佳含水率和最大干密度时，宜采用湿土法重型击实试验。

4 路基边坡坡率应根据路堤边坡的高度、填料重塑后的性质、区域气候特点和既有的路基工程经验综合确定。路基高度不宜大于6m。对边坡高度不大于10m的路基边坡，其坡率和边坡平台的设置可按表7.4.4-1确定。

表7.4.4-1 膨胀土填方路基边坡坡率和边坡平台宽度

膨胀性 / 边坡高度（m）	边坡坡率		边坡平台宽度（m）	
	弱膨胀	中等膨胀	弱膨胀	中等膨胀
<6	1∶1.5	1∶1.5～1∶1.75	可不设	
6～10	1∶1.75	1∶1.75～1∶2.0	2.0	≥2.0

5 路堤边坡的防护应根据工程地质条件及填土高度，按表7.4.4-2确定。

表7.4.4-2 膨胀土填方路基边坡防护措施

边坡高度（m）	弱膨胀土	中膨胀土
≤6	植物	骨架植物
>6	植被防护，骨架植物	支撑渗沟加拱形骨架植物

7.4.5 膨胀土地区的挖方路基设计应符合下列规定：

1 边坡坡率应根据边坡土体的性质、软弱层和裂隙的组合关系、气候特点、水文地质条件，以及当地自然山坡、人工边坡的稳定坡率等综合确定。

2 边坡设计应放缓坡率、设置平台。边坡坡率及平台宽度可按表7.4.5-1确定。边坡高度大于10m时应进行个别设计。

表7.4.5-1 膨胀土边坡坡率和平台宽度

膨胀土类别	边坡高度（m）	边坡坡率	边坡平台宽度（m）	碎落台宽度（m）
弱膨胀土	<6	1∶1.5	—	1.0
	6～10	1∶1.5～1∶2.0	1.5～2.0	1.5～2.0
中等膨胀土	<6	1∶1.5～1∶1.75	—	1.0～2.0
	6～10	1∶1.75～1∶2.0	2.0	2.0
强膨胀土	<6	1∶1.75～1∶2.0	—	2.0
	6～10	1∶2.0～1∶2.5	≥2.0	≥2.0

3 应对路床0.80m范围内的膨胀土进行超挖换填，或采取土质改良等措施。对强膨胀土、地下水发育、运营中处理困难的挖方路基，换填深度应加深至1.0m～1.5m，并应采取地下防排水措施。

4 边坡应设置完善的排水系统，及时引排地面水和地下水。

5 挖方边坡的防护和加固类型依据工程地质条件、环境因素和边坡高度可按表7.4.5-2及表7.4.5-3确定，边坡开挖后应及时防护封闭。边坡植物防护时，不应采用阔叶树种。圬工防护时，墙背应设置缓冲层。

表7.4.5-2 膨胀土挖方路基边坡防护措施

边坡高度(m)	弱膨胀土	中等膨胀土
≤6	植物	骨架植物
>6	骨架植物、植物防护、浆砌片石护坡	拱形骨架植物、支撑渗沟加拱形骨架植物

表7.4.5-3 膨胀土挖方路基边坡加固措施

边坡高度（m）	弱膨胀土	中等膨胀土	强膨胀土
≤6	不设	坡脚墙	护墙、挡土墙
>6	护墙、挡土墙	挡土墙、抗滑桩	桩基承台挡土墙、抗滑桩、边坡锚固

7.5 黄土地区路基

7.5.1 黄土地区路基设计应查明沿线黄土的分布范围、厚度及其变化、成因类型和地层特征，各种不同地层黄土的物理、力学性质、湿陷性类型和湿陷等级，以及路线所处的地貌单元及地表水、地下水等情况，并应符合下列规定：

1 黄土塬梁地区，当路基遇到有滑坡、崩塌、陷穴群、冲沟发育、地下水出露的塬梁边缘和斜坡地段，应有充分依据和切实可行的工程措施，对该区域进行综合治理，消除路基危害。

2 位于冲沟沟头和陷穴附近的路基，应分析评价其发展趋势及对路基的危害程度和对路基稳定性的影响。

3 湿陷性黄土地区的路基宜设在湿陷性轻微、湿陷土层较薄、排水条件较好的地段。

4 饱和黄土地基，应按软土地区路基的有关要求进行路基设计和地基处理。

7.5.2 黄土地区路基设计应加强排水，并应采取拦截、分散的措施，宜设置防冲刷、防渗漏和有利于水土保持的综合排水设施及防护工程。

7.5.3 黄土地区填方路基设计应符合下列规定：

1 当地基情况良好或经过处理、边坡高度不大于20m时，断面形式及边坡坡率可按表7.5.3选用。

2 当边坡高度大于20m时，应按照本规范第6.2节的规定进行个别设计，并宜与桥梁方案相比较。

3 对高度大于20m的路基，应按工后沉降量预留路基顶面加宽值；工后沉降量可按路堤高度的0.7%～1.5%进行估算。

表7.5.3 黄土填方路基断面形式及边坡坡率

断面形式	路基以下边坡分段坡率		
	$0<H\leqslant 8$m	$8<H\leqslant 15$m	$15<H\leqslant 20$m
折线形	1∶1.5	1∶1.75	1∶2.0
台阶形	1∶1.5	1∶1.75	1∶1.75

注：台阶形断面适用于年降水量大于500mm的地区；在边坡高15m处设宽为2.0m～2.5m的平台。边坡平台宜设截水沟，并作防渗加固处理。

7.5.4 黄土地区挖方路基设计应符合下列规定：

1 边坡形式应根据黄土类别、均匀性及边坡高度按表7.5.4-1确定。边坡小平台应根据年平均降水量设置。年平均降水量小于300mm的地区应每高12m设一级，300mm～500mm的地区应每高10m设一级，500mm～700mm的地区应每高8m设一级。边坡大平台宜设在边坡的中部。非均质土层平台或变坡点的位置应结合不同土层分界面和钙质结核层的位置综合确定。边坡平台宽应根据稳定性计算确定，小平台宽度宜为2.0m～2.5m，大平台宽度宜为4.0m～6.0m。年平均降水量大于250mm的地区，边坡平台应设截水沟，其底宽及深度均不应小于0.4m，并应采取防护措施。

表 7.5.4-1 黄土挖方路基边坡形式及适用条件

边坡形式		适用条件
直线形		1）均质土层，Q_4、Q_3黄土边坡高度 $H \leqslant 15m$；Q_2、Q_1黄土边坡高度 $H \leqslant 20m$； 2）非均质土层，边坡高度 $H \leqslant 10m$
折线形（上缓下陡）		非均质土层，边坡高度 $H \leqslant 15m$
台阶形	小平台	1）均质土层，Q_4、Q_3黄土边坡高度 $15m < H \leqslant 30m$；Q_2、Q_1黄土边坡高度 $20m < H \leqslant 30m$； 2）非均质土层，边坡高度 $15m < H \leqslant 30m$
	大平台	边坡高度 $H > 30m$

2 当挖方边坡高度不大于30m时，边坡坡率应根据黄土的地貌单元、时代成因、构造节理、地下水分布、降雨量、边坡高度、施工方法，并结合当地自然或人工稳定边坡坡率按表7.5.4-2确定。

3 当挖方边坡高度超过30m时，应按本规范第6.2节的规定进行个别设计，并宜与隧道方案作比较。

4 对设有大平台的深挖方路基，必须对高边坡作整体稳定验算，并应对大平台毗邻的上下分段边坡作局部稳定验算。

5 在有地下水活动的挖方路段，应采取截排地下水及防止地面水渗漏等措施，并应设置必要的防护工程。

表 7.5.4-2 黄土挖方边坡坡率

分区	分类		边坡高度（m）			
			≤6	6～12	12～20	20～30
Ⅰ 东南区	新黄土 Q_3 Q_4	坡积	1:0.5	1:0.5～1:0.75	1:0.75～1:1.0	—
		洪积	1:0.2～1:0.3	1:0.3～1:0.5	1:0.5～1:0.75	1:0.75～1:1.0
	新黄土 Q_3		1:0.3～1:0.5	1:0.4～1:0.6	1:0.6～1:0.75	1:0.75～1:1.0
	老黄土 Q_2		1:0.1～1:0.3	1:0.2～1:0.4	1:0.3～1:0.5	1:0.5～1:0.75
Ⅱ 中部区	新黄土 Q_3 Q_4	坡积	1:0.5	1:0.5～1:0.75	1:0.75～1:1.0	—
		洪积、冲积	1:0.2～1:0.3	1:0.3～1:0.5	1:0.5～1:0.75	1:0.75～1:1.0
	新黄土 Q_3		1:0.3～1:0.4	1:0.4～1:0.5	1:0.5～1:0.75	1:0.75～1:1.0
	老黄土 Q_2		1:0.1～1:0.3	1:0.2～1:0.4	1:0.3～1:0.5	1:0.5～1:0.75
	红色黄土 Q_1		1:0.1～1:0.2	1:0.2～1:0.3	1:0.3～1:0.4	1:0.4～1:0.6
Ⅲ 西部区	新黄土 Q_3 Q_4	坡积	1:0.5～1:0.75	1:0.75～1:1.0	1:1.0～1:1.25	—
		洪积、冲积	1:0.2～1:0.4	1:0.4～1:0.6	1:0.6～1:0.75	1:0.75～1:1.0
	新黄土 Q_3		1:0.4～1:0.5	1:0.5～1:0.75	1:0.75～1:1.0	1:1.0～1:1.25
	老黄土 Q_2		1:0.1～1:0.3	1:0.2～1:0.4	1:0.3～1:0.5	1:0.5～1:0.75
Ⅳ 北部区	新黄土 Q_3 Q_4	坡积	1:0.5～1:0.75	1:0.75～1:1.0	1:1.0～1:1.25	—
		洪积、冲积	1:0.2～1:0.4	1:0.4～1:0.6	1:0.6～1:0.75	1:0.75～1:1.0
	新黄土 Q_3		1:0.3～1:0.5	1:0.5～1:0.6	1:0.6～1:0.75	1:0.75～1:1.0
	老黄土 Q_2		1:0.1～1:0.3	1:0.2～1:0.4	1:0.3～1:0.5	1:0.5～1:0.75
	红色黄土 Q_1		1:0.1～1:0.2	1:0.2～1:0.3	1:0.3～1:0.4	1:0.4～1:0.6

注：表内边坡值为设平台后的平均值。

6 边坡防护类型应根据城市规划的景观要求，结合土质、降雨量、气候条件、边坡高度及坡度、防护材料来源等经方案比选，选择合理、经济、美观的边坡防护类型。

7.5.5 湿陷性黄土地基处理应符合下列规定：

1 黄土地基湿陷类型和湿陷等级的判定，以及地基沉降计算和稳定性验算，应符合现行国家标准《湿陷性黄土地区建筑规范》GB 50025的规定。

2 当地基沉降计算值不符合本规范第6.2.8条的规定时，应采取减少或消除湿陷性的处理措施。

3 湿陷性黄土地基的处理深度应通过验算确定。填方路段的处理宽度应至坡脚排水沟外侧不小于1m；挖方路段应为路基的整个开挖面；非自重湿陷性黄土地基的挡土墙路段应处理至挡土墙基础底面外侧不小于1m，自重湿陷性黄土地基的挡土墙路段应处理至挡土墙基础底面外侧不小于2m。

4 黄土地基的湿陷性处理，应按现行国家标准《湿陷性黄土地区建筑规范》GB 50025的规定，根据地基特征、处理深度、施工设备、材料来源和对周围环境的影响等因素，处理措施选择，必要时可通过试验确定其可行性、设计参数和施工工艺。当采用强夯法时，应评估其对周边沉降和环境的影响。

5　对危害路基稳定的陷穴应进行处理。对外露的陷穴，在路堤坡脚或路堑坡顶线外上方侧 50m 以内，下方侧 10m～20m 内，应全部处理，处理深度自地面至陷穴底。对横穿路基隐蔽的暗穴，自路堤坡脚或路堑坡脚向外侧按（$45°+\varphi/2$）向下扩展至需处理的暗穴底。对流向陷穴的地面水，应采取拦截引排措施；对路堑坡顶附近的裂缝和积水洼地，应填平夯实。

7.6　盐渍土地区路基

7.6.1　盐渍土地区路基设计应查明沿线盐渍土的分布范围、含盐特征及地下水与地表水等情况，分析可能产生的路基病害。盐渍土根据含盐性质可按表 7.6.1-1 的规定分类，盐渍化程度可按 7.6.1-2 的规定分类。

表 7.6.1-1　盐渍土按含盐性质分类

盐渍土名称	离子含量比值	
	Cl^-/SO_4^{2-}	$(CO_3^{2-}+HCO_3^-)/(Cl^-+SO_4^{2-})$
氯盐渍土	＞2	—
亚氯盐渍土	1～2	—
亚硫酸盐渍土	0.3～＜1.0	—
硫酸盐渍土	＜0.3	—
碳酸盐渍土	—	＞0.3

注：离子含量以 1 kg 土中离子的毫摩尔数计（mmol/kg）。

表 7.6.1-2　盐渍土按盐渍化程度分类

盐渍土名称	细粒土 土层的平均含盐量（%）		粗粒土 通过 10mm 筛孔土的平均含盐量（%）	
	氯盐渍土及亚氯盐渍土	硫酸盐渍土及亚硫酸盐渍土	氯盐渍土及亚氯盐渍土	硫酸盐渍土及亚硫酸盐渍土
弱盐渍土	0.3～＜1.0	0.3～＜0.5	2.0～＜5.0	0.5～＜1.5
中盐渍土	1.0～＜5.0	0.5～＜2.0	5.0～＜8.0	1.5～＜3.0
强盐渍土	5.0～8.0	2.0～5.0	8.0～10.0	3.0～6.0
过盐渍土	＞8.0	＞5.0	＞10.0	＞6.0

注：离子含量以 100g 干土内的含盐总质量计。

7.6.2　盐渍土地区路基宜为填方路基。当受高程条件限制采用挖方时，应根据当地水文条件适当超挖，并应回填渗水性填料或设置隔断层。

7.6.3　盐渍土地区路基必须进行路基排水设计，并进行现场调查和核对，排水应畅通。

7.6.4　盐渍土地区填方路基应符合下列规定：

1　路基高度应在满足城市规划高程基础上，使路床处于干燥或中湿状态。路基相对高度不应低于表 7.6.4-1 的规定，否则应采取换填、设置隔断层等措施。

表 7.6.4-1　盐渍土地区最小路基相对高度

土质类别	高出地面（m）		高出地下水位或地表长期积水位（m）	
	弱、中盐渍土	强、过盐渍土	弱、中盐渍土	强、过盐渍土
砾类土	0.4	0.6	1.0	1.1
砂类土	0.6	1.0	1.3	1.4
黏质土	1.0	1.3	1.8	2.0
粉质土	1.3	1.5	2.1	2.3

注：快速路、Ⅰ级主干路按表中值（1.5～2）倍计；Ⅱ级主干路、Ⅰ级次干道按（1.2～1.5）倍计。

2　盐渍土用作路堤填料的可用性，应根据不同道路等级和路堤填筑部位以及当地气候特征、水文地质条件，按表 7.6.4-2 确定，否则应外掺石灰等材料处治合格后方可利用。当采用碳酸盐渍土作路基填料时，碳酸盐含量不应超过 0.50%。

表 7.6.4-2　盐渍土作路基填料的可用性

土类及盐渍化程度 ＼ 道路等级 / 填土层位		快速路、主干路			次干路			支路	
		0～0.80m	0.80m～1.50m	1.50m以下	0～0.80m	0.80m～1.50m	1.50m以下	0～0.80m	0.80m～1.50m
粗粒土	弱盐渍土	×	○	○	$\triangle^{1}$	○	○	○	○
	中盐渍土	×	$\triangle^{1}$	○	$\triangle^{1}$	○	○	$\triangle^{3}$	○
	强盐渍土	×	×	$\triangle^{1}$	×	$\triangle^{2}$	$\triangle^{3}$	×	$\triangle^{1}$
	过盐渍土	×	×	×	×	×	$\triangle^{2}$	×	$\triangle^{2}$
细粒土	弱盐渍土	×	$\triangle^{1}$	○	$\triangle^{1}$	○	○	$\triangle^{1}$	○
	中盐渍土	×	×	$\triangle^{1}$	×	$\triangle^{1}$	○	×	$\triangle^{4}$
	强盐渍土	×	×	×	×	×	$\triangle^{2}$	×	$\triangle^{2}$
	过盐渍土	×	×	×	×	×	$\triangle^{2}$	×	×

注：○：可用；△：部分可用；×：不可用；$\triangle^{1}$：氯盐渍土及亚氯盐渍土可用；$\triangle^{2}$：强烈干旱地区的氯盐渍土及亚氯盐渍土经过论证可用；$\triangle^{3}$：粉土质（砂）、黏土质（砂）不可用；$\triangle^{4}$：水文地质条件差时的硫酸盐渍土及亚硫酸盐渍土不可用。

3　当基底为过湿地段时，应排除积水，挖除表层湿土后换填，换填厚度不应小于 0.50m；受地面水或地下毛细水影响的路基，应设置隔断层；软弱地基应作特殊处理设计。

4　隔断层设置层位应高出地面和地表长期积水位且不应小于 0.20m，可采用砾（碎）石、风积砂、河砂、复合隔水土工膜等材料。

5 盐渍土地区路堤边坡坡率，应根据填筑材料的土质和盐渍化程度，按表 7.6.4-3 确定。

表 7.6.4-3 盐渍土地区路堤边坡坡率

土质类别	填料盐渍化程度	
	弱、中盐渍土	强盐渍土
砾类土	1∶1.5	1∶1.5
砂类土	1∶1.5	1∶1.5～1∶1.75
粉质土	1∶1.5～1∶1.75	1∶1.75～1∶2.00
黏质土	1∶1.5～1∶1.75	1∶1.75～1∶2.00

7.7 季节性冰冻地区路基

7.7.1 季节性冰冻地区路基设计应调查道路沿线的水文和水文地质状况，调查宜于冰冻前进行，调查宜包括下列主要内容：

1 对路基产生影响的地表常年积水距路面的距离及水深。

2 地下水位及其随季节变化情况。

3 道路施工期及建成后可能对路基路面造成冻害的各种水源。

7.7.2 季节性冻土地区各级道路的路基设计除满足路基强度要求外，最不利时期路基容许总冻胀值不应超过表 7.7.2 所列的数值。

表 7.7.2 满足道路平整度要求的路基容许总冻胀值 Z_y（mm）

道路等级＼路面类型	现浇水泥混凝土	沥青混凝土
快速路、主干路	20	50
其他道路	30	60

7.7.3 路基总冻胀值可根据路基冻深（道路冻深减去路面厚度）和土的冻胀率，按下列公式计算：

$$Z_j = \sum_{i=1}^{n} h_i \eta_i \quad (7.7.3)$$

式中：Z_j——路基冻胀值（mm）；

h_i——路基冻深内不同土层的厚度（mm）；

η_i——路基不同土层土的冻胀率；

n——不同土层数。

7.7.4 路基土冻深范围内各层土质填料应根据路基高度、干湿类型、冻土区划、容许总冻胀值及路面结构类型等因素选取，宜采用干燥的砂砾、碎石、砂性土或矿渣、炉渣、粉煤灰等抗冻性良好的材料。

7.7.5 强冻胀土路基距地下水或地表常年积水的高度不应小于冻土路基临界高度。路基临界高度可按式（7.7.5）计算确定。否则应采用降排水、换填、设置保温层或隔断层等措施。

$$h_\tau = Z_{max} + h_\varepsilon \quad (7.7.5)$$

式中：h_τ——冻胀土路基临界高度（m）；

Z_{max}——道路多年最大冻深（m）；

h_ε——冻结水上升高度（m），如无实际观测值，可按表 7.7.5 确定。

表 7.7.5 各种土质的冻结水上升高度（m）

土质类别	含细粒土砾石、含细粒土砂	细粒土质砾、黏土质砂	粉土质砂	粉质土	黏质土
冻结水上升高度	0.6～0.8	0.7～0.9	0.8～1.0	1.2～1.5	2.0～2.5

7.7.6 冻胀土路段应及时排出浸入水及春融期路基中的融化水，季冻地区道路凹形竖曲线的底部、低洼路段、平曲线超高段宜作特殊排水设计。

7.7.7 冻胀土路基可设置防冻隔温层。防冻隔温层应根据路面结构强度、路基土质和干湿类型确定，并应满足结构强度和耐久性要求。

7.8 岩溶地区路基

7.8.1 岩溶地区的路基设计应采用遥感、物探、钻探及其他有效方法进行综合勘察，取得岩溶地貌、岩溶发育程度、发展规律、溶洞围岩分级以及地面水、地下水活动规律等方面的资料。

7.8.2 隐伏岩溶对路基工程的危害程度，应按下列规定进行判别：

1 当顶板岩层未被节理裂隙切割，或虽被切割但胶结良好时，溶洞顶板的安全厚度可按厚跨比法确定。当厚度与路基跨越溶洞长度之比值大于 0.8 时，溶洞的顶板岩层可不做处理。

2 当岩溶地貌位于路基两侧时，可根据坍塌扩散角，按式（7.8.2）计算确定其岩溶影响范围；地下溶洞顶板岩层上有覆盖土层，可自土层底部采用表 7.8.2 中所列角度或者统一采用 45°角向上绘斜线，求出其与地面的交点以确定影响范围。路基坡脚处于溶洞坍塌扩散的影响范围之外时，该溶洞可不作处理。

$$L = H_k \cot \beta \quad (7.8.2\text{-}1)$$

$$\beta = \frac{45° + \frac{\varphi}{2}}{K_s} \quad (7.8.2\text{-}2)$$

式中：L——溶洞坍塌时的影响范围（m）；

H_k——溶洞顶板厚度（m）；

β——坍塌扩散角（°）；

K_s——安全系数，取 1.10～1.25（快速路、主干路应取大值）；

φ——岩石内摩擦角（°）。

表 7.8.2 覆盖土层稳定（休止）角

覆盖土层土组	细粒土质砂	黏质土	碎石土
覆盖土层稳定（休止）角	35°～45°	35°～55°	40°～55°

7.8.3 岩溶处治设计应符合下列规定：

1 路基上方的岩溶泉和冒水洞，宜采用排水沟将水截流至路基外。对路基基底的岩溶泉和冒水洞，宜设置集水明沟或渗沟，将水排出路基。

2 对位于路基基底的开口干溶洞，当其体积不大，深度较浅时，宜回填夯实；当其体积较大或深度较深时，宜采用构造物跨越。对有顶板但顶板强度不足的干溶洞，可炸除顶板后进行回填，或设置构造物跨越。

3 通过溶洞围岩分级或计算判断隐伏溶洞有坍塌可能时，宜采用下列方法进行加固：

1）对洞径大、洞内施工条件好的无充填溶洞，宜采用干砌片石、浆砌片石或钢筋混凝土支撑垛、支撑墙、支撑柱进行加固。

2）对溶洞较深而直径较小，不便于洞内加固时，宜采用石盖板或钢筋混凝土盖板跨越可能的破坏区。

3）对顶板较薄的溶洞，当采取地表构造物跨越有困难或不经济时，可炸除顶板，按明洞的方式进行处理。

4）对有填充物的溶洞，宜采用注浆法、旋喷法等进行加固；当不能满足设计要求时宜采用构造物跨越。

5）当需保持洞内流水通畅时，应设置排水通道。

4 对路基范围内的土洞应先判明土洞的发展状况。对已停止发展的土洞可按一般地基进行评价，需加固时宜采用注浆、复合地基等方法进行处理；对还在发展中的土洞，宜采用构造物跨越。

7.9 浸水路基

7.9.1 沿河路基设计标高的确定应符合下列规定：

1 路基边缘标高，不应低于路基设计洪水频率的水位加壅水高、波浪侵袭高度和 0.5m 的安全高度。

2 路基设计洪水频率应符合现行国家标准《防洪标准》GB 50201 的规定。

7.9.2 路基浸水部分或受水位涨落影响部分，填筑材料宜选用渗水性、水稳性好的粗粒料。重黏土、浸水后容易崩解的岩石、风化的石块、盐渍土均不应用于浸水部分路基的填筑。

7.9.3 路基边坡应适当放缓。在设计水位以下宜为 1∶1.75～1∶2.0；在常水位以下宜为 1∶2.0～1∶3.0；当采用渗水性较好的土填筑路基或采用砌石防护时，边坡可稍陡。当路基较高，应在设计水位以上 0.5m 处设置护坡道。

7.9.4 路基边坡防护应符合本规范第 6.3.2 条的规定。对可能出现管涌或流砂（土）的边坡，可采取放缓下游一侧边坡，或在下游设置滤水趾并设反滤层；若路基填土渗透性小，则可在下游路堤坡脚线以外基底土层上铺设滤水护坦，或在上游铺设黏土隔渗层，或在坡脚或基底下设置防渗墙或止水幕等。

7.9.5 浸水路基稳定性验算时应计入水的浮力、渗透动水压力的不利影响。土的强度参数应按水位高度以上和以下分别采用夯后快剪和夯后饱和快剪试验值，物理参数应分别取值。

7.10 滨海路基

7.10.1 滨海路基设计应根据路基所处的地形、地貌、地质等条件以及水文、气象等因素，结合施工条件及材料供应情况，合理确定路基设计高程，选择适宜的路基断面和防护形式。路基应具有整体稳定性、耐久性、耐腐蚀性。

7.10.2 当滨海路基两侧有较大的水头差时，宜设置过水构造物。当堤身或地基可能发生管涌、潜蚀时，应在低水位一侧边坡下部设置排水设施、放缓边坡或设置护坡道，或在路堤中心设置防渗墙等防渗加固措施。

7.10.3 路基填料应选择渗水性好的材料，可采用下层抛石，上层填石的形式。若当地缺乏石料，亦可采用粗砂、砾石、碎石作为填筑材料，但建成后的路堤填石料不可被海水冲移。当有困难时，设计高水位以上路堤部分可采用细粒土，并应采用适当的防护和加固措施。

7.10.4 滨海路基设计标高的确定应符合下列规定：

1 路基边缘标高不应低于路基设计潮水频率的水位加壅水高、波浪侵袭高度和 0.5m 的安全高度。

2 路基设计潮水频率应符合现行国家标准《防洪标准》GB 50201 的规定。

7.10.5 滨海斜坡式路基的构造应符合下列规定：

1 边坡坡率应根据填料性质、路堤高度、浸水深度、防护形式及海洋水文条件等综合确定，堤身设计应符合现行行业标准《海堤工程设计规范》SL 435 的要求。

2 坡面防护应根据水深、波浪特点、施工条件及材料情况等采用条石、块石、混凝土异型块体、土工合成材料等护坡。可在堤前采用防浪凌台、顺坝及潜坝等措施。各种防护工程应能抗海水及生物侵蚀，在寒冷地区应具有耐冻和承受冰凌撞击的能力。

3 外海侧护坡底部应设抛石棱体，外海侧坡脚应根据冲刷深度、地形、基础形式等采取合适的护底措施。

7.10.6 滨海直墙式路堤的构造应符合下列规定：

1　直墙应有足够的刚度和良好的整体性，并应与基床连接牢固。

2　直墙应根据地基地质的变异及墙身高度、墙身断面的变化情况，设置沉降缝。

7.10.7　滨海路堤稳定性验算应符合下列规定：

1　斜坡式路堤应根据其整体稳定性，采用圆弧滑动面或复合滑动面进行验算。路基浸水部分的边坡，进行稳定性验算时应计入水的浮力、渗透动水压力的不利影响。同时应设计确定护坡块体稳定质量、护坡厚度、人工块体个数和用量、护坡垫层块石和护底块石质量等参数。

2　直墙式路堤应根据其沿基底和基床顶面验算抗倾覆稳定性、抗滑稳定性、地基表面和基床顶面应力，以及直墙式路堤的整体稳定性。同时应设计确定路堤墙混凝土方块最小质量、明基床的基肩和坡面块体稳定质量、堤前护底块石稳定质量、堤前最大波浪底流速等参数。

8　路基改建与扩建

8.1　一 般 规 定

8.1.1　城市道路路基改建与扩建设计，应根据既有道路路基路面的性状，结合沿线的地形、地貌、工程地质与水文地质条件、街区和邻近建筑物情况等，采取合理的技术方案和工程措施。

8.1.2　城市道路路基的改建与扩建，路基路面应协调设计；拓宽路基与既有路基之间应衔接良好，并应采取措施减小拓宽路基与既有路基之间的差异沉降和变形。

8.1.3　当规划建设的快速路和主干路近期交通量不大、初期建设资金不足时，可按一次设计、分期修建的原则进行设计，但整体式路基不宜采用分幅分期修建方案。

8.2　既有路基性状调查与评价

8.2.1　既有路基调查应采取资料收集、现场调查和勘探试验相结合的综合方法。

8.2.2　路基改建与扩建设计前，应收集既有道路的地基及路基勘察、设计、施工、竣工、运营和维护等方面的资料。

8.2.3　既有路基现场调查与勘探试验应符合下列规定：

1　应根据既有道路的路况进行分段，对各段选择代表性断面，对道路各结构层及地基进行勘探试验。

2　应选择有代表性的路段，进行路基几何尺寸、弯沉、承载板测试，确定其回弹模量。

3　应对既有填方路基和挖方路基的路床土进行基本物理、力学试验，包括含水率、密度、土粒相对密度、粒径组成、液限、塑限、重型击实、加州承载比、直接快剪等，为设计提供可靠的物理力学性质指标。

4　应调查既有路基支挡结构的基础形式、地基地质条件和使用状况，必要时应对支挡结构地基进行勘探试验。

8.2.4　既有路基的分析评价应符合下列规定：

1　应确定既有路基的填料强度和压实度，并与本规范第4.3.4条、第4.6.2条中路基填料最小强度和路基压实度既有要求作对比分析。

2　应确定既有路基的干湿状态，并与本规范第4.2.2条的要求作对比分析。

3　应分析评价路基边坡的稳定状态、各种防护排水设施的有效性及改进措施。

4　应分析评价既有路基病害的类型、分布范围、规模、成因，以及既有路基病害整治工程设施的效果，并提出路基病害整治措施。

8.2.5　软土地区既有路基的分析评价除应符合本规范第8.2.4条的规定外，还应符合下列规定：

1　应确定既有路基下各种地基处理路段的软土地基固结度、固结系数、压缩变形发展规律，分析各路段软土地基的固结度和剩余沉降量。

2　应分析评价既有软土地基处理方法的效果及其改进措施。

3　应分析评价拓宽改建路基与既有路基之间的稳定性和差异沉降、对既有路基沉降和稳定的影响程度，确定扩建或改建路基的地基处理措施。

8.3　既有路基利用与处治

8.3.1　路基改扩建工程，应根据既有路基病害的类型、特征、成因及危害程度，结合当地水文、水文地质、工程地质等条件，选择合理、有效、经济的病害处治方案。

8.3.2　既有路基的利用应与既有路面的利用和加铺设计相结合，应根据路基病害的成因及对拓宽结构的影响程度，采取针对性的处治措施，并应符合下列规定：

1　当既有路基回弹模量不满足新建路基的要求，但既有路面未出现破损且拓宽后通过加铺设计可满足路面设计要求时，宜充分利用既有路基。

2　当既有路基回弹模量不满足新建路基的要求，且路面出现严重破损时，可根据含水率、压实度和填料类型的分析评价，分别采取改善排水措施、补充碾压、换填处治等措施。

3　当条件受限不能翻挖既有路基时，可采取注浆等路基补强措施。

8.3.3　当路基填筑高度受限，干湿状态不能满足本规范第4.2.2条的要求时，应增设排水垫层或布设地下排水设施等。

8.4 路 基 拓 宽

8.4.1 城市道路路基的拓宽改建应根据道路等级和技术指标，结合沿线地形、地质、水文、街区和邻近建筑物情况选择适宜的路基横断面形式。

8.4.2 拓宽路基的地基处理、路基基底处理、路基填料的最小强度和压实度等应满足改建后相应等级道路的技术要求。

8.4.3 填方路基拓宽应符合下列规定：

1 路基填料宜选用与既有路基相同、且符合要求的填料，或较既有路基渗水性更强的填料。当采用细粒土填筑时，应进行新老路基之间的排水设计，必要时，可设置横向排水盲沟。

2 应对既有路基边坡开挖台阶，台阶宽度不宜小于 1.0m，当加宽拼接宽度小于 0.75m 时，可采取超宽填筑或翻挖既有路基等工程措施。

3 拓宽路堤边坡形式和坡率应按本规范第 4.3 节的规定选用。

8.4.4 挖方路基拓宽应符合下列规定：

1 挖方路基拓宽时，挖方边坡形式与坡率可按本规范第 4.4 节规定或按原有挖方路基稳定边坡确定。

2 对原有挖方边坡经多年整治病害已经稳定的路段，改建时宜减少拆除工程，不宜触动原边坡。

8.4.5 软土地基上的路基拓宽除应符合本规范第 8.4.3 条的规定外，还应符合下列规定：

1 既有路基与拓宽路基拼接时，差异沉降引起的工后路拱坡度增大值不应大于 0.5%。

2 当原软土地基采用排水固结法处理时，路基拓宽不得降低既有路基下的地下水位；对水塘、河流、水库等路段进行排水清淤时，必须采取防渗和隔水措施后方可降水。

3 拓宽路基与既有路基拼接时，路基拓宽范围的软土地基处理宜采用复合地基，不宜采用排水固结法、强夯法。

4 当新老路基分离设置，且距离小于 20m 时，可采取隔离措施或对新建路基的地基进行处理。

8.4.6 对既有路基结构物的处理应符合下列规定：

1 因抬高或降低路基、改移中线而需改动既有支挡结构物的路段，当既有支挡结构物无明显损坏且强度及稳定性满足改建要求时，应全部利用既有支挡结构物；当既有支挡结构物部分损坏或不满足改建要求时，可加固利用、改建或拆除重建。

2 加固利用的既有路基结构物，新、旧混凝土或砌体应紧密连接，形成整体。

8.4.7 当快速路、主干路拓宽施工期间不能封闭交通时，路基拓宽设计应采取行车安全和施工安全的保障措施。岩石挖方路段，宜采用光面爆破或预裂爆破方法，并应采取相关防护措施。

附录 A 路基临界高度

表 A.0.1 路基临界高度

土组 / 路床面至各水位临界水深(m) / 自然区划	细粒土质砂								
	地下水			地面长期积水			地面临时积水		
	H_1	H_2	H_3	H_1	H_2	H_3	H_1	H_2	H_3
Ⅱ$_1$									
Ⅱ$_2$									
Ⅱ$_3$	1.9～2.2	1.3～1.6							
Ⅱ$_4$									
Ⅱ$_5$	1.1～1.5	0.7～1.1							
Ⅲ$_1$									
Ⅲ$_2$	1.3～1.6	1.1～1.3	0.9～1.1	1.1～1.3	0.9～1.1	0.6～0.9	0.9～1.1	0.6～0.9	0.4～0.6
Ⅲ$_3$	1.3～1.6	1.1～1.3	0.9～1.1	1.1～1.3	0.9～1.1	0.6～0.9	0.9～1.1	0.6～0.9	0.4～0.6
Ⅲ$_4$									
Ⅲ$_{1a}$									
Ⅲ$_{2a}$	1.4～1.7	1.0～1.3							
Ⅳ$_1$、Ⅳ$_{1a}$									
Ⅳ$_2$									

续表 A.0.1

自然区划 ＼ 路床面至各水位临界水深(m) ＼ 土组	细粒土质砂								
	地下水			地面长期积水			地面临时积水		
	H_1	H_2	H_3	H_1	H_2	H_3	H_1	H_2	H_3
IV_3									
IV_4	1.0～1.1	0.7～0.8							
IV_5									
IV_6	1.0～1.1	0.7～0.8							
IV_{6a}									
IV_7				0.9～1.0	0.7～0.8	0.6～0.7			
V_1	1.3～1.6	1.1～1.3	0.9～1.1	1.1～1.3	0.9～1.1	0.6～0.9	0.9～1.1	0.6～0.9	0.4～0.6
V_2、V_{2a}(紫色土)									
V_3									
V_2、V_{2a}（黄壤土、现代冲积土）									
V_4、V_5、V_{5a}									
VI_1	(2.1)	(1.7)	(1.3)	(1.8)	(1.4)	(1.0)	0.7	0.3	
VI_{1a}	(2.0)	(1.6)	(1.2)	(1.7)	(1.3)	(1.0)	(1.0)	(0.5)	
VI_2	1.4～1.7	1.1～1.4	0.9～1.1	1.1～1.4	0.9～1.1	0.6～0.9	0.9～1.1	0.76～0.9	0.4～0.6
VI_3	(2.1)	(1.7)	(1.3)	(1.9)	(1.5)	(1.1)			
VI_4	(2.2)	(1.8)	(1.4)	(1.9)	(1.5)	(1.2)	0.8		
VI_{4a}	(1.9)	(1.5)	(1.1)	(1.6)	(1.2)	(0.9)	(0.5)		
VI_{4b}	(2.0)	(1.6)	(1.2)	(1.7)	(1.3)	(1.0)			
VII_1	(2.2)	(1.9)	(1.6)	(2.1)	(1.6)	(1.3)	(0.8)	(0.4)	
VII_2									
VII_3	1.5～1.8	1.2～1.5	0.9～1.2	1.2～1.5	0.9～1.2	0.6～0.9	0.9～1.2	0.7～0.9	0.4～0.6
VII_4	(2.1)	(1.6)	1.3	(1.8)	(1.4)	1.0	(0.9)		
VII_5	(3.0)	(2.4)	1.9	(2.4)	(2.0)	1.6	(1.5)	(1.1)	(0.5)
VII_{6a}									
II_1	2.9	2.2							
II_2	2.7	2.0							
II_3	2.5	1.8							
II_4	2.4～2.6	1.9～2.1	1.2～1.4						
II_5	2.1～2.5	1.6～2.0							
III_1									
III_2	2.2～2.75	1.7～2.2	1.3～1.7	1.75～2.2	1.3～1.75	0.9～1.3	1.3～1.75	0.9～1.3	0.45～0.9
III_3	2.1～2.5	1.6～2.1	1.2～1.6	1.6～2.1	1.2～1.6	0.9～1.2	1.2～1.6	0.9～1.2	0.55～0.9
III_4									
III_{1a}									
III_{2a}									
IV_1、IV_{1a}	1.7～1.9	1.2～1.3	0.8～0.9						
IV_2	1.6～1.7	1.1～1.2	0.8～0.9						
IV_3	1.5～1.7	1.1～1.2	0.8～0.9	0.8～0.9	0.5～0.6	0.3～0.4			
IV_4	1.7～1.8	1.0～1.2	0.8～1.0						

续表 A.0.1

土组 / 路床面至各水位临界水深(m) / 自然区划	细粒土质砂								
	地下水			地面长期积水			地面临时积水		
	H_1	H_2	H_3	H_1	H_2	H_3	H_1	H_2	H_3
Ⅳ$_5$	1.7～1.9	1.3～1.4	0.9～1.0	1.0～1.1	0.6～0.7	0.3～0.4			
Ⅳ$_6$	1.8～2.0	1.3～1.5	1.0～1.2	0.9～1.0	0.5～0.6	0.3～0.4			
Ⅳ$_{6a}$	1.6～1.7	1.1～1.2	0.7～0.8						
Ⅳ$_7$	1.7～1.8	1.4～1.5	1.1～1.2	1.0～1.1	0.7～0.8	0.4～0.5			
Ⅴ$_1$	2.0～2.4	1.6～2.0	1.2～1.6	1.6～2.0	1.2～1.6	0.8～1.2	1.2～1.6	0.8～1.2	0.45～0.8
Ⅴ$_2$、Ⅴ$_{2a}$(紫色土)	2.0～2.2	0.9～1.1	0.4～0.6						
Ⅴ$_3$	1.7～1.9	0.8～1.0	0.4～0.6						
Ⅴ$_2$、Ⅴ$_{2a}$（黄壤土、现代冲积土）	1.7～1.9	0.7～0.9	0.3～0.5						
Ⅴ$_4$、Ⅴ$_5$、Ⅴ$_{5a}$	1.7～1.9	0.9～1.1	0.4～0.6						
Ⅵ$_1$	(2.3)	(1.9)	(1.6)	(2.1)	(1.7)	(1.3)	0.9	0.5	
Ⅵ$_{1a}$	(2.2)	(1.9)	(1.5)	(2.0)	(1.6)	(1.2)	(0.9)	(0.5)	
Ⅵ$_2$	2.2～2.75	1.65～2.2	1.2～1.65	1.65～2.2	1.2～1.65	0.75～1.2	1.2～1.65	0.75～1.2	0.45～0.75
Ⅵ$_3$	(2.4)	(2.0)	(1.6)	(2.1)	(1.7)	(1.4)	(0.8)	(0.6)	
Ⅵ$_4$	2.4	2.0	1.6	(2.2)	(1.7)	(1.3)	1.0	0.6	
Ⅵ$_{4a}$	(2.2)	(1.7)	(1.4)	(1.9)	(1.4)	(1.1)	0.7		
Ⅵ$_{4b}$	(2.3)	(1.8)	(1.4)	(2.0)	(1.6)	(1.2)	(0.8)		
Ⅶ$_1$	2.2	(1.9)	(1.5)	(2.1)	(1.6)	(1.2)	(0.9)	(0.5)	
Ⅶ$_2$	(2.3)	(1.9)	(1.6)	1.8	1.4	1.1	0.8	0.4	
Ⅶ$_3$	2.3～2.85	1.75～2.3	1.3～1.75	1.75～2.3	1.3～1.75	0.75～1.3	1.3～1.75	0.75～1.3	0.45～0.75
Ⅶ$_4$	(2.1)	(1.6)	(1.3)	(1.8)	(1.4)	(1.1)	(0.7)		
Ⅶ$_5$	(3.3)	(2.6)	(2.1)	(2.4)	(2.0)	(1.6)	(1.5)	(1.1)	(0.5)
Ⅶ$_{6a}$	(2.8)	2.4	1.9	2.5	2.0	1.6	1.4	(0.8)	
Ⅱ$_1$	3.8	3.0	2.2						
Ⅱ$_2$	3.4	2.6	1.9						
Ⅱ$_3$	3.0	2.2	1.6						
Ⅱ$_4$	2.6～2.8	2.1～2.3	1.4～1.6						
Ⅱ$_5$	2.4～2.9	1.8～2.3							
Ⅲ$_1$	2.4～3.0	1.7～2.4							
Ⅲ$_2$	2.4～2.85	1.9～2.4	1.4～1.9	1.9～2.4	1.0～1.9	1.0～1.4	1.4～1.9	1.0～1.4	0.5～1.0
Ⅲ$_3$	2.3～2.75	1.8～2.3	1.4～1.8	1.8～2.3	1.4～1.8	1.0～1.4	1.4～1.8	1.0～1.4	0.55～1.0
Ⅲ$_4$	2.4～3.0	1.7～2.4							
Ⅲ$_{1a}$	2.4～3.0	1.7～2.4							
Ⅲ$_{2a}$	2.4～3.0	1.7～2.4							
Ⅳ$_1$、Ⅳ$_{1a}$	1.9～2.1	1.3～1.4	0.9～1.0						
Ⅳ$_2$	1.7～1.9	1.2～1.3	0.8～0.9						
Ⅳ$_3$	1.7～1.9	1.2～1.3	0.8～0.9	0.9～1.0	0.6～0.7	0.3～0.4			
Ⅳ$_4$									
Ⅳ$_5$	1.79～2.1	1.3～1.5	0.9～1.1						
Ⅳ$_6$	2.0～2.2	1.5～1.6	1.0～1.1						

续表 A.0.1

土组 / 路床面至各水位临界水深(m) / 自然区划	细粒土质砂								
	地下水			地面长期积水			地面临时积水		
	H_1	H_2	H_3	H_1	H_2	H_3	H_1	H_2	H_3
Ⅳ$_{6a}$	1.8～2.0	1.3～1.4	0.9～1.1						
Ⅳ$_7$									
Ⅴ$_1$	2.2～2.65	1.7～2.2	1.3～1.7	1.7～2.2	1.3～1.7	0.9～1.3	1.3～1.7	0.9～1.3	0.55～0.9
Ⅴ$_2$、Ⅴ$_{2a}$(紫色土)	2.3～2.5	1.4～1.6	0.5～0.7						
Ⅴ$_3$	1.9～2.1	1.3～1.5	0.5～0.7						
Ⅴ$_2$、Ⅴ$_{2a}$(黄壤土、现代冲积土)	2.3～2.5	1.4～1.6	0.5～0.7						
Ⅴ$_4$、Ⅴ$_5$、Ⅴ$_{5a}$	2.2～2.5	1.4～1.6	0.5～0.7						
Ⅵ$_1$	(2.5)	(2.0)	(1.6)	(2.3)	(1.8)	(1.3)	(1.2)	0.7	0.4
Ⅵ$_{1a}$	(2.5)	(2.0)	(1.5)	(2.2)	(1.7)	(1.2)	0.6		
Ⅵ$_2$	2.3～2.15	1.85～2.3	1.4～1.85	1.85～2.3	1.4～1.85	0.9～1.4	1.4～1.85	0.9～1.4	0.5～0.9
Ⅵ$_3$	(2.6)	(2.1)	(1.6)	(2.4)	(1.8)	(1.4)	(1.3)	(0.7)	
Ⅵ$_4$	(2.6)	(2.2)	1.7	2.4	1.9	1.4	1.3	0.8	
Ⅵ$_{4a}$	(2.4)	(1.9)	1.4	2.1	1.6	1.1	1.0	0.5	
Ⅵ$_{4b}$	(2.5)	1.9	1.4	(2.2)	(1.7)	(1.2)	1.0	0.5	
Ⅶ$_1$	(2.5)	(2.0)	(1.5)	(2.4)	1.8	1.3	1.1	0.6	
Ⅶ$_2$	(2.5)	(2.1)	(1.6)	(2.2)	(1.6)	(1.1)	0.9	0.4	
Ⅶ$_3$	2.4～3.1	2.0～2.4	1.6～2.0	(2.0～2.4)	(1.6～2.0)	(1.0～1.6)	(1.6～2.0)	1.0～1.6	0.55～1.0
Ⅶ$_4$	(2.3)	(1.8)	(1.3)	(2.1)	(1.6)	(1.1)			
Ⅶ$_5$	(3.8)	(2.2)	(1.6)	(2.9)	(2.2)	(1.5)		(1.3)	(0.5)
Ⅶ$_{6a}$	(2.9)	(2.5)	1.8	(2.7)	2.1	1.5	1.6	1.1	

注：1　Ⅵ、Ⅶ区有横线者，表示实测资料较少；有括号者，表示没有实测资料，根据规律推算的；

2　缺少资料的二级区，可在论证基础上参考相邻二级区数值，并调研积累本地区的资料。

附录 B　路基回弹模量确定方法

B.0.1　路基回弹模量宜根据室内试验法、现场实测法、换算法、查表法等，经综合分析、论证后确定。

B.0.2　当采用室内试验法确定路基回弹模量时，确定方法及步骤应符合下列规定：

1　应选择实际使用的路基土料场取土，按重型击实标准确定的最佳含水率、最大干密度准备试件，并应按现行行业标准《公路土工试验规程》JTG E40 规定的承载板法或强度仪法测定路基土的回弹模量。回弹模量测试结果应采用下式修正：

$$E_{0S} = \lambda E \tag{B.0.2-1}$$

式中：E_{0S}——路基土回弹模量修正值(MPa)；

E——路基土回弹模量室内试验值(MPa)；

λ——试筒尺寸约束修正系数，50mm 直径承载板取 0.78，100mm 直径承载板取 0.59。

2　路基回弹模量设计值，应根据道路等级、不利季节和路基干湿类型的影响，采用下式计算：

$$E_{0D} = \frac{Z}{K}E_{0S} \tag{B.0.2-2}$$

式中：E_{0D}——路基回弹模量设计值(MPa)；

E_{0S}——路基土回弹模量修正值(MPa)；

Z——考虑保证率的折减系数，快速路、主干路为 0.66，次干路为 0.59，支路为 0.52；

K——考虑不利季节和路基干湿类型的综合影响系数，宜按表 B.0.2 选取，或者根据室内试验测定的路基土回弹模量与稠度的关系分析确定，或者根据当地经验确定。

表 B.0.2　综合影响系数 K

土基稠度值 w_c	$w_c \geqslant w_{c1}$	$w_{c1} > w_c \geqslant w_{c2}$	$w_c < w_{c2}$
综合影响系数	1.3	1.6	1.9

B.0.3　当采用现场实测法确定路基回弹模量时，确

定方法应符合下列规定：

1 现场实测法适用于已建成的路基，宜采用承载板法。

2 承载板测点处的路基回弹模量值应按下式计算：

$$E_{0b}=\frac{\sum P_i}{D\sum l_i}(1-\mu_0^2)\times 10^5 \quad \text{(B.0.3-1)}$$

式中：E_{0b}——现场承载板法测定的测点路基回弹模量计算值(MPa)；

D——承载板直径(mm)；

P_i、l_i——第 i 级荷载(kN)及其相应的实测回弹变形(0.01mm)；

μ_0——路基土的泊松比，可取 0.35。

3 某路段路基回弹模量设计值应按下式计算：

$$E_{0D}=(\overline{E}_0-Z_aS)/K_1 \quad \text{(B.0.3-2)}$$

式中：E_{0D}——某路段路基回弹模量设计值(MPa)；

$\overline{E}_0$、S——路段上各测点实测路基回弹模量的平均值(MPa)和均方差(MPa)；

Z_a——保证率系数，快速路、主干路为 2，次干路为 1.648，支路为 1.5；

K_1——不利季节影响系数，可根据当地经验确定。

B.0.4 当采用换算法确定路基回弹模量时，应通过现场测定的路基回弹模量值与压实度、路基稠度，室内试验测定的路基土回弹模量值与室内路基土加州承载比值等指标的相关性，建立换算关系，利用换算关系计算现场路基回弹模量。

B.0.5 当采用查表法确定路基回弹模量时，应根据道路所属二级区划、拟定路基土的土组类别和路基的平均稠度，可按表 B.0.5 估计路基回弹模量设计值。

表 B.0.5 二级自然区划各土组路基回弹模量参考值(MPa)

区划	稠度 / 土组	0.80	0.90	1.00	1.05	1.10	1.15	1.20	1.30	1.40	1.70	2.00
Ⅱ$_1$	黏质土	19.0	22.0	25.0	26.5	28.0	29.5	31.0	—	—	—	—
	粉质土	18.5	22.5	27.0	29.0	31.5	33.5	—	—	—	—	—
Ⅱ$_2$	黏质土	19.5	22.5	26.0	28.0	29.5	31.5	33.5	—	—	—	—
	粉质土	20.0	24.5	29.0	31.5	34.0	36.5	—	—	—	—	—
Ⅱ$_{2a}$	粉质土	19.0	22.5	26.0	27.5	29.5	31.0	—	—	—	—	—
Ⅱ$_3$	土质砂	21.0	23.5	26.0	27.5	29.0	30.0	31.5	34.5	37.0	45.5	—
	黏质土	23.5	27.5	32.0	34.5	36.5	39.0	41.5	—	—	—	—
	粉质土	22.5	27.0	32.0	34.5	37.0	40.0	—	—	—	—	—
Ⅱ$_4$	黏质土	23.5	30.0	35.5	39.0	42.0	45.5	50.5	57.0	65.0	—	—
	粉质土	24.5	31.5	39.0	43.0	47.0	51.5	56.0	66.0	—	—	—
Ⅱ$_5$	土质砂	29.0	32.5	36.0	37.5	39.0	41.0	42.5	46.0	49.5	59.0	69.0
	黏质土	26.5	32.0	38.5	41.5	45.0	48.5	52.0	—	—	—	—
	粉质土	27.0	34.5	42.5	46.5	51.0	56.0	—	—	—	—	—
Ⅱ$_{5a}$	粉质土	33.5	37.5	42.5	44.5	46.5	49.0	—	—	—	—	—
Ⅲ$_1$	粉质土	27.0	36.5	48.0	54.0	61.0	68.5	76.5	—	—	—	—
Ⅲ$_2$	土质砂	35.0	38.0	41.5	43.0	44.5	46.0	47.5	50.5	53.5	62.0	70.0
	黏质土	27.0	31.5	36.5	39.0	41.5	44.0	46.5	52.0	57.5	—	—
	粉质土	27.0	32.5	38.5	42.0	45.0	48.5	51.5	59.0	—	—	—
Ⅲ$_{2a}$	土质砂	37.0	40.0	43.0	44.5	46.0	47.5	49.0	52.0	54.5	62.5	70.0
Ⅲ$_3$	土质砂	36.0	39.0	42.5	44.0	45.5	47.0	48.5	51.5	54.5	63.0	71.0
	黏质土	26.0	30.0	34.5	36.5	38.5	41.0	46.0	47.5	52.0	—	—
	粉质土	26.5	32.0	37.0	40.0	43.0	46.0	49.0	55.0	—	—	—
Ⅲ$_4$	粉质土	25.0	34.0	45.0	51.5	58.5	66.0	74.0	—	—	—	—
Ⅳ$_1$	黏质土	21.5	25.5	30.0	32.5	35.0	37.5	40.5	—	—	—	—

续表 B.0.5

区划	稠度 土组	0.80	0.90	1.00	1.05	1.10	1.15	1.20	1.30	1.40	1.70	2.00
Ⅳ1a	粉质土	22.0	26.5	32.0	35.0	37.5	40.5	—	—	—	—	—
Ⅳ2	黏质土	19.5	23.0	27.0	29.0	31.0	33.0	35.0	—	—	—	—
	粉质土	31.0	36.5	42.5	45.5	48.5	51.5	—	—	—	—	—
Ⅳ3	黏质土	24.0	28.0	32.5	35.0	37.5	39.5	42.0	—	—	—	—
	粉质土	24.0	29.5	36.0	39.0	42.5	46.0	—	—	—	—	—
Ⅳ4	土质砂	28.0	30.5	33.5	35.0	36.5	38.0	39.5	42.0	45.0	53.0	61.0
	黏质土	25.0	29.5	34.0	36.5	38.5	41.0	43.5	—	—	—	—
	粉质土	23.0	28.0	33.5	36.0	39.0	42.0	—	—	—	—	—
Ⅳ5	土质砂	24.0	26.0	28.0	29.0	30.0	30.5	31.5	33.5	35.0	40.0	44.5 皖、浙、赣
	黏质土	22.0	27.0	32.5	33.5	38.5	41.5	44.5	—	—	—	—
	黏质土	28.5	34.0	39.5	42.5	45.5	48.5	51.5	—	—	—	—
	粉质土	26.5	31.0	36.5	39.0	42.0	45.0	—	—	—	—	—
Ⅳ6	土质砂	33.5	37.0	41.0	43.0	44.5	46.5	48.5	52.0	55.5	66.5	77.0
	黏质土	27.5	33.0	38.0	41.0	44.0	46.5	50.5	—	—	—	—
	粉黏土	26.5	31.5	36.5	39.0	42.0	45.0	—	—	—	—	—
Ⅳ6a	土质砂	31.5	35.0	38.5	40.0	42.0	43.5	45.0	48.5	52.0	62.0	72.0
	黏质土	26.0	31.0	35.5	38.0	40.5	43.5	46.0	—	—	—	—
	粉质土	28.0	34.5	41.0	44.5	48.5	52.0	—	—	—	—	—
Ⅳ7	土质砂	35.0	39.0	43.0	45.0	47.0	49.0	51.0	55.0	59.0	70.5	82.0
	黏质土	24.5	29.5	34.5	37.0	40.0	42.5	44.5	—	—	—	—
	粉质土	27.5	33.5	40.0	43.5	47.5	51.0	—	—	—	—	—
Ⅴ7	土质砂	27.5	31.5	35.5	37.5	39.5	41.5	43.5	48.0	52.0	65.0	78.5
	黏质土	27.0	32.0	37.0	39.0	42.5	45.5	48.0	54.0	60.0	—	—
	粉质土	28.5	34.0	40.0	43.0	46.0	49.5	52.5	59.5	—	—	—
Ⅴ1	紫色黏质土	22.5	26.0	30.0	32.0	34.0	36.0	38.0	—	—	—	—
Ⅴ2	紫色粉质土	22.5	27.5	33.5	36.5	40.0	43.0	—	—	—	—	—
	黄壤黏质土	25.0	29.0	33.0	35.5	37.5	40.0	42.0	—	—	—	—
Ⅴ2a	黄壤粉质土	24.5	30.5	37.5	41.0	45.0	49.0	—	—	—	—	—
Ⅴ3	黏质土	25.0	29.0	33.0	35.5	37.5	39.5	42.0	—	—	—	—
	粉质土	24.5	30.5	37.5	41.0	45.0	48.5	—	—	—	—	—
Ⅴ4 （四川）	红壤黏质土	27.0	32.0	38.0	41.0	44.0	47.0	50.5	—	—	—	—
	红壤粉质土	22.0	27.0	32.5	35.5	38.5	41.5	—	—	—	—	—
Ⅵ	土质砂	51.0	54.0	57.0	58.5	60.0	61.0	62.0	64.5	67.0	73.5	80.0
	黏质土	33.5	37.0	41.0	42.5	44.0	45.5	47.2	50.5	—	—	—
	粉质土	34.0	38.0	42.0	44.0	46.0	48.0	50.0	—	—	—	—
Ⅵ1a	土质砂	52.5	55.0	58.0	59.0	60.5	61.5	62.5	65.0	67.0	73.0	79.0
	黏质土	27.0	31.0	34.5	36.0	38.0	40.0	42.0	45.5	—	—	—
	粉质土	31.5	36.5	41.5	44.0	46.5	49.0	51.5	—	—	—	—
Ⅵ2	土质砂	42.0	45.5	49.0	50.5	52.0	53.5	55.5	58.5	61.5	69.0	78.0
	黏质土	27.0	30.5	33.5	35.0	37.0	38.0	40.0	43.0	46.5	—	—
	粉质土	25.5	30.5	35.5	38.0	41.0	43.5	46.0	52.0	—	—	—
Ⅵ3	土质砂	46.0	50.0	53.5	55.0	56.5	58.5	60.0	63.0	66.0	75.0	83.0
	黏质土	29.5	33.5	37.5	39.5	44.0	44.0	46.8	50.0	—	—	—
	粉质土	29.5	35.0	41.0	43.5	49.5	49.5	52.5	—	—	—	—

续表 B.0.5

区划	稠度 土组	0.80	0.90	1.00	1.05	1.10	1.15	1.20	1.30	1.40	1.70	2.00
Ⅵ$_{4}$	土质砂	51.0	53.5	56.5	57.5	59.0	60.0	61.0	63.5	65.5	72.0	77.5
	黏质土	28.5	32.0	36.0	37.5	39.5	41.5	43.5	47.5	—	—	—
	粉黏土	30.5	34.5	39.0	41.0	43.5	45.5	48.0	—	—	—	—
Ⅵ$_{4a}$	土质砂	45.5	49.0	52.5	54.0	56.0	57.5	59.0	62.0	65.0	73.5	81.5
	黏质土	31.0	34.5	38.0	40.0	42.0	44.0	45.5	49.5	—	—	—
	粉质土	33.0	38.5	44.0	47.0	50.0	52.0	56.0	—	—	—	—
Ⅵ$_{4b}$	土质砂	49.5	52.5	55.5	57.0	58.5	59.5	61.0	63.5	65.5	72.5	78.5
	黏质土	30.0	33.0	36.5	38.0	39.5	41.0	42.5	45.5	—	—	—
	粉质土	31.0	35.5	40.5	43.0	45.5	48.5	51.0	—	—	—	—
Ⅶ$_{1}$	土质砂	52.0	55.0	58.0	59.5	61.0	62.0	63.5	66.0	69.0	76.0	82.5
	黏质土	26.5	31.5	36.5	39.5	42.0	45.0	48.0	54.0	—	—	—
	粉质土	30.5	37.0	44.0	47.5	51.5	55.0	59.0	—	—	—	—
Ⅶ$_{2}$	土质砂	48.0	51.0	54.0	55.0	56.5	58.0	59.0	61.5	64.0	71.0	77.0
	黏质土	25.5	29.5	33.0	35.0	37.0	39.0	41.5	45.5	—	—	—
	粉质土	28.0	33.5	39.0	42.0	45.0	48.5	51.5	—	—	—	—
Ⅶ$_{3}$	土质砂	42.5	45.5	49.0	50.5	52.5	53.5	55.0	58.0	60.5	68.5	76.5
	黏质土	20.5	24.5	28.5	30.5	32.5	35.0	37.0	41.5	—	—	—
	粉质土	23.5	28.0	33.0	36.0	38.5	41.0	44.0	—	—	—	—
Ⅶ$_{4}$	土质砂	47.0	50.0	53.0	54.5	56.0	57.0	58.5	61.0	63.5	70.5	77.0
Ⅶ$_{6a}$	黏质土	22.0	25.5	29.0	30.5	32.5	34.5	36.0	40.0	—	—	—
	粉质土	27.5	32.5	37.5	40.5	43.0	46.0	49.0	—	—	—	—
Ⅶ$_{5}$	土质砂	45.5	49.0	52.0	53.0	54.5	56.0	57.5	60.0	62.5	70.0	76.5
	黏质土	30.0	33.0	37.5	39.5	41.5	43.5	45.0	49.0	—	—	—
	粉质土	32.5	38.0	43.5	46.0	49.0	51.5	54.5	—	—	—	—

本规范用词说明

1 为便于在执行本规范条文时区别对待，对于要求严格程度不同的用词说明如下：

1）表示很严格，非这样做不可的：
正面词采用“必须”；反面词采用“严禁”。

2）表示严格，在正常情况下均应这样做的：
正面词采用“应”；反面词采用“不应”或“不得”。

3）表示允许稍有选择，在条件许可时首先应这样做的：
正面词采用“宜”；反面词采用“不宜”。

4）表示有选择，在一定条件下可以这样做的，采用“可”。

2 条文中指明应按其他标准、规范执行的写法为“按……执行”或“应符合……的规定”。

引用标准名录

1 《建筑地基基础设计规范》GB 50007
2 《室外排水设计规范》GB 50014
3 《湿陷性黄土地区建筑规范》GB 50025
4 《膨胀土地区建筑技术规范》GB 50112
5 《防洪标准》GB 50201
6 《建筑边坡工程技术规范》GB 50330
7 《公路桥梁抗震设计细则》JTG/T B02－01
8 《公路路基设计规范》JTG D30
9 《公路桥涵地基与基础设计规范》JTG D63
10 《公路土工试验规程》JTG E40
11 《海堤工程设计规范》SL 435

中华人民共和国行业标准

城市道路路基设计规范

CJJ 194—2013

条 文 说 明

制 订 说 明

《城市道路路基设计规范》CJJ 194－2013，经住房和城乡建设部2013年5月13日以第29号公告批准、发布。

本规范制订过程中，编制组进行了城市道路路基设计方法的调查研究，总结了我国道路工程建设的实践经验，同时参考了《公路路基设计规范》JTG D30。

为便于广大设计、施工、科研、学校等单位有关人员在使用本规范时能正确理解和执行条文规定，编制组按章、节、条顺序编制了本规范的条文说明，对条文规定的目的、依据以及执行中需注意的有关事项进行了说明。但是，本条文说明不具备与标准正文同等的法律效力，仅供使用者作为理解和把握标准规定参考。

目　次

1 总 则

1.0.1 随着国民经济的快速发展、城市化进程的不断推进，城市内交通量激增且过境重载车辆增加，使城市道路工程的设计与施工面临挑战。为统一城市道路路基工程设计标准，使其满足安全与经济的要求，特制定本规范。

1.0.2 本规范适用范围为各级新建、改建城市道路的路基设计，其他路基设计亦可参照使用。

1.0.3 环境保护是我国的基本国策之一，并颁布了专门法规。城市道路路基工程也需尽量做到与自然环境相协调，在设计和施工中应采取各种措施，营造与环境和谐的氛围，减少对城市生态环境的影响。应通过工程实践，总结行之有效的环保措施，提高城市道路路基工程的环境质量。

3 基 本 规 定

3.0.2 城市道路路基由路基本体与路基附属设施组成。路基本体是指路面结构下路基工作区深度的岩土结构物；路基附属设施是指为确保路基本体的稳定性和抗变形能力而采用的必要的附属工程设施，包括边坡、排水设施、防护、支挡与加固设施。路基是路面的基础，需要足够的强度和模量为路面提供良好的支撑条件；必须确保路基长期稳定，防止产生病害影响路面使用性能。因此，必须避免将路基工程当成一般土石方工程的简单化概念，真正将路基工程视为与路面、桥隧工程同等重要的结构工程。

3.0.3 详细的调查是路基设计的重要基础。调查是为了查明公路沿线及临近地段的地貌特征和地质现象，并配合勘察工作收集其他地质资料，对道路路线和其他重要人工构造物的稳定性和适宜性作出评价。详细调查包括：

1 查明沿线的岩土类别，并确定其分布范围。取代表性土样测定其颗粒组成、天然含水率及液限、塑限；判断岩石的成因、风化程度、破碎程度及节理发育程度和裂隙走向。

2 调查该地区不良地质现象（滑坡、泥石流、地震），查明不良地质体范围、性质和分布特征。

3 查明沿线被掩埋的古湖盆、古河道、古池塘、古冲沟、古坟场、生活垃圾与建筑垃圾填埋场的分布情况及其对路基均匀性的影响。

4 调查沿线地表水来源、有无地表积水和积水时期长短，以及沿河道路的河道水位、河床坡度和河流冲淤情况。

5 调查沿线浅层地下水类型、地下水位及其变化规律，判断地下水对路基的影响程度。

6 调查本地区气温、降水、蒸发量、湿度、冰冻深度、冻结与融化时间，确定路基强度的不利季节。

7 调查临近地区原有道路路基的实际情况，作为新建道路路基设计的借鉴。

8 调查沿线地下工程和有关管线的位置、埋深。

3.0.4 《土的工程分类标准》GB/T 50145 适用于土的基本分类。《公路土工试验规程》JTG E40 在前者的基础上，针对公路岩土工程制订了专门分类标准，尤其包含了特殊土的鉴别和分类方法。因此，条文中规定按照《公路土工试验规程》JTG E40 的方法执行。

3.0.7 管道检查井部位的病害是困扰城市道路建设的顽疾。其病害主要表现为检查井及周围路面开裂或沉陷、井盖松动或破损、井室结构脆弱，以及井体下沉等。受施工操作面的限制，检查井周边的路基压实质量一般难以得到保证；经车辆荷载反复作用，该部位易发生局部沉陷，影响行车舒适性；同时，车辆高速经过时，不平整所产生的瞬间冲击也将加速路面破损。因此，路基设计中应按照本规范的要求，对检查井周边的路基提出明确的压实要求，或者采用渗水性好、容易密实的填料。对于设计车速较高的快速路，井盖松动更是行车安全的潜在威胁，故条文中明确禁止在行车道范围内设置检查井。

4 一 般 路 基

4.1 一 般 规 定

4.1.2 城市建设和旧城区改造都会产生大量建筑渣土，如何科学有效地利用建筑渣土已成为城市建设中的一项难题。利用建筑渣土作为城市道路路基填筑填料，不仅可以减少废弃污染，而且可以保护土地资源、降低工程造价。上海市已明确规定建筑渣土经适当筛选或处治后可用于各种等级道路路基。但是各地的建筑渣土在材料组成、压实性能等方面差异明显，应在试验或修筑试验路的基础上，借鉴已有工程经验，论证使用，并不断总结成功经验。同时，建筑渣土和工业废渣的利用，不得对周边环境产生污染。

生活垃圾压缩性大、强度低，且可能污染环境，故不得用于路基填筑。当路基必须经过垃圾填埋场时，可视之为软弱地基，进行换填或采取其他措施进行处理。

4.2 路基干湿类型

4.2.1 路基土湿度状况并非路基压实时的含水率，而是路基使用期间受自然环境影响而趋于平衡时的含水率，应在最不利季节测定计算。最不利季节为一个地区一年中路基湿度最大的时期，此时路基稠度最小，偏于安全。如当地有非不利季节与最不利季节的路基湿度换算关系，则可在非不利季节测定路基稠度，再换算为最不利季节的稠度值。原《城市道路设计规范》CJJ 37－90中，路基干湿类型分界稠度值与土质类型无关。考虑到近十几年来我国城市道路快速发展，客观上对路基变形与稳定性提出了更高的要求，条文规定依据《公路沥青路面设计规范》JTG D50制订。

4.3 填方路基

4.3.4 原《城市道路设计规范》CJJ 37－90并未对路基填料作出强度要求，目前也存在*CBR*测试饱水状态与路基实际干湿状态不符的争议。考虑到*CBR*作为路基填料选择的重要依据，对保证路基填筑质量起到重要作用，本规范参考国外以及我国公路行业标准，对路基填料最小强度（CBR）提出了规定要求。*CBR*实质上表征的是土或粒料抵抗局部压入变形的能力，因而间接反映了填料在一定应力级位上的抗变形能力和局部抗剪强度。国内外大量研究也表明，*CBR*与动态回弹模量具有良好的相关性。在相同试验条件下，*CBR*值作为填料选型的判定指标是合理的。$CBR<3$的土，一般属于特殊土。

4.3.5 一些填石路堤工程病害调查表明，易溶性岩石、膨胀性岩石、崩解性岩石、盐化岩石等填筑的路基，后期稳定性较差，工程性质也很容易因外界环境改变和时间推移而发生不利变化，所以，本规范规定上述岩石不得应用于路堤填筑。

4.3.6 粉煤灰是火力发电厂煤粉燃烧后回收的一种粉末，在道路工程中的应用广泛。公路行业对粉煤灰作出了烧失量不宜超过20%的规定。有工程实践和文献表明，近年来部分电厂的生产流程中增加了环保脱硫工艺，且将脱硫后的灰渣重新拌入粉煤灰中，导致含硫量显著高于未实行环保工艺的普通粉煤灰，遇水后可发生显著膨胀。因此，进行粉煤灰选材时尚需考虑含硫量对路基体积稳定和强度的影响。

4.3.7 条文中，填石料的类型系根据公路行业的标准进行分类，如表1所示。

表1 岩石分类表

类型	单轴饱和抗压强度（MPa）	代表性岩石
硬质岩石	≥60	1 花岗岩、闪长岩、玄武岩等岩浆岩类； 2 硅质、铁质胶结的砾岩及砂岩、石灰岩、白云岩等沉积岩类； 3 片麻岩、石英岩、大理岩、板岩、片岩等变质岩类
中硬岩石	30～60	
软质岩石	5～30	1 凝灰岩等喷出岩类； 2 泥砾岩、泥质砂岩、泥质页岩、泥岩等沉积岩类； 3 云母片岩或千枚岩等变质岩类

4.3.8 地基顶面的滞水和淤泥，不利于施工压实与质量控制，并将影响路基的整体稳定和长期性能，需要进行处理。快速路、主干路路基范围内的淤泥应全部处理；次干路、支路等级的道路应根据地质条件、路基填土高度、交通荷载及经济性综合分析是否处理。采用开挖回填处理的淤泥路段，应将淤泥清除干净，回填压实度不应低于本规范表4.6.2的要求。

路基填土高度小于路面和路床总厚度时，应将地基表层土进行超挖并分层回填压实。一般而言，超挖回填深度为重型汽车荷载作用的工作区深度。城市道路标高受城市规划限制，路基多采用零填或低填路基，以工作区深度作为超挖回填深度将显著增大工程量，并且在潮湿地区开挖后常面临基底土体含水率更高甚至饱和的情况，增加了处理难度；同时，城市道路的交通荷载水平相对较小，故条文中结合本规范第4.6.2条，规定快速路和主干路必须对路床范围内进行超挖回填，而其他道路可仅处理上路床部分。

4.6 路基压实

4.6.2 路基压实度是选好路基填料后控制路基性能的重要指标。在路基工作区范围内，压实度越高，回弹模量越高，行车荷载作用下的永久变形越小；对填方路基而言，压实度越高，路堤自身的压密变形越小。调研表明，目前各城市交通荷载特征较20世纪80年代有了较大的改变，且行驶车速的增加对道路平整度和抗变形能力的要求显著提高。因此，条文在原《城市道路设计规范》CJJ 37－90的基础上，取消了轻型击实方法，并提高了压实标准。

另外，为增强条文的适用性和经济性，考虑了以下三方面因素：(1) 路基处于特殊气候地区，以及存在管线保护要求等而使压实受限时，标准实施确有困难。条文规定在不影响路基基本性能的前提下，本着操作可行、经济可靠的原则，适当放宽重型击实的标准。(2) 专用非机动车道和人行道的荷载水平相对较低，故压实度标准可按支路的规定执行，但必须避免不同部位压实度差异可能造成的稳定性隐患或者不均匀变形。(3) 对于零填方、挖方以及填方高度小于80cm路段，在整个路床（0～80cm）范围内按照一个压实度标准来控制压实，操作难度大或者不经济，考虑车辆荷载沿路基深度的分布特征，建议采用"过渡性压实"的方法来控制不同深度的路基压实标准，下路床部分的压实标准比上路床部分略有降低。

4.6.4 条文关于填石路基的压实质量控制标准参考《公路路基设计规范》JTG D30制订。实际工程中，还常采用沉降差、沉降率、石料最大粒径、分层填筑厚度等指标控制填石路基压实质量。压实沉降差为采用施工碾压时的重型振动压路机（14t以上）按规定碾压参数（强振，4km/h以下速度）碾压两遍后各测点的高程差。大量工程实践表明，压实沉降差与碾压遍数以及填石料的压实干密度有较好的相关关系，而且测点能够在压实层表面随机布置，较好反映了压实层整体密实情况。《公路路基设计规范》JTG D30 建议的压实沉降差标准为平均值不大于 5mm，标准差不大于 3mm。但必须注意的是，压实沉降差应与施工参数同时进行控制，才能有效地控制填石路堤的压实质量。沉降率指标是以路基压实层沉降量与层厚的比值来评价填石路基压实效果，但在保证良好压实效果的前提下，沉降率的合理控制范围如何制定，目前尚无定论。

4.7 特殊部位的路基填筑与压实

4.7.2 城市道路路基范围内的管线一般有电力排管、给水管、照明电缆、雨水管、污水管、电信管道、燃气管道等。这些管线分属不同的建设单位。设计单位和施工单位也不同，且管线沟槽回填的压实要求也不尽一致，给道路路基施工及施工质量的保证带来了困难。《通信管道与通道工程设计规范》GB 50373、《通信管道工程施工及验收规范》GB 50374 和《给水排水管道工程施工及验收规范》GB 50268 等规范对管道沟槽的回填压实要求均低于本规范表 4.6.2 的要求。因此，为保证城市道路的路基性能，对于路基范围内的各种管线，应向各管线设计提出沟槽回填压实度要求，尤其要求确保上路床的压实质量。由于管道受压能力有限，柔性管道管顶以上碾压困难而不能满足压实度要求时，可采用水泥混凝土外包，提高管道受压能力。外包厚度可由计算确定。

4.7.4 路基修复区域与临近区域的横向联系比较薄弱，受行车荷载作用更易出现损坏，故要求路基回弹模量按新建路基标准，以恢复路基的整体性能。受压实条件的限制，修复材料应易于密实。利用工矿企业产生的工业废渣修筑路基，既可解决筑路材料的来源问题，又可解决工矿企业废物排放问题，但不应采用膨胀性强、易对环境造成污染的材料。工业废渣种类很多，各地应根据其化学成分确定相应的处治方法。经过处治的工业废渣用于路基回填修复时，应具有较高的强度、刚度，且整体性和水稳性较好。

回填路基压实标准系综合《给水排水管道工程施工及验收规范》GB 50268 和《城市道路掘路修复技术标准》SZ-C-D03－2007 的相关规定编写的。《给水排水管道工程施工及验收规范》GB 50268 规定：管道两侧和管顶以上 50cm 范围内，应采用轻夯压实。因此本规范在规定重型击实标准的同时，亦制定了轻型击实标准。

管线两侧的回填路基，一直是机械压实的难点，易留下较大空隙，路基修复中可沿着接触界面向两侧贯入水泥净浆，形成水泥处治土，提高界面摩阻力。对于大深度开挖采用钢板支撑的情况，在回填钢板桩留下的空隙时，可灌入水泥浆或水泥砂浆，以利黏结周边的回填料，增强开挖界面摩阻力，提高路基强度。

4.7.5 一些工程实践表明，伸入地面机动车道路基的高架承台部位，在运行一段时间后出现凸起，影响车辆行车安全和舒适性，也影响城市道路形象。其主要成因是高架承台桩基深，沉降很小，而承台周边基坑的回填压实困难，工后沉降较大；同时，承台埋深较浅，承台部位的路基强度、刚度远大于承台外路段。加大承台埋深，可减少承台范围内外路基强度和刚度的差异，并通过一定厚度压实良好的填土发挥土拱效应，减少路基顶面差异变形。另外，在保证承台埋深的条件下，桥梁承台顶面也可以采用斜面设计，斜面顺着机动车行车方向，可进一步改善路面凸起的曲率，减缓车辆行驶过程中的冲击效应。

5 路基排水

5.1 一般规定

5.1.1 水是影响路基性能最为重要的环境因素，路基的失稳和各种变形绝大多数是由地表水和地下水的冲刷、渗入或浸湿引起的。为了保证路基的稳定性，提高路基的抗变形能力，必须采取相应的防排水措施。路基排水的根本目的就是消除或减轻地表水和地下水的危害，使路基湿度状况处于工程容许的范围内。路基排水设计包括路界范围内的绿化带排水、路基坡面防排水、可能进入路界的其他地表水的排除，以及由地表渗入路基地表水和地下水的排除。

5.2 地表水

5.2.5 城市建成区的路基边坡，在填方边坡底部一般会适当设置边沟等排水设施排除坡面地表水，挖方边坡顶部必要时也会设置截水沟拦截边坡外的地表水。考虑到雨水冲刷、入渗对路基边坡稳定的影响程度更高，故条文中对于采用边沟排水方式的暴雨强度重现期，参考了《公路排水设计规范》JTG/T D33，并规定了较高的取值。

5.2.8 分隔带的排水措施可根据表 2 和表 3 进行选取。

表 2 分隔带雨水防排措施

方式类型	设置措施
A	设置纵向排水渗沟或排水沟（明沟、暗沟），并隔 40m～80m 的间距通过横向排水管将沟内的水排引出
B	采用现浇混凝土或预制混凝土块等方式封闭分隔带表面，采用向两侧外倾的横坡排水，避免雨水进入路基内部
C	在分隔带内铺设防渗土工布，防止雨水渗入路基
D	在分隔带表面植草或植树等，减少雨水渗入路基内部

表 3　分隔带雨水防排方式的选择

地区类型	道路等级	分隔带宽度（m）	方式的选择	
			推荐方式	可选方式
多雨地区	快速路、主干路	≥2.0	A	B
	次干路、支路		—	A、B、C
	快速路、主干路	<2.0	B	A、C
	次干路、支路		D	B、C
一般地区	快速路、主干路	≥3.0	A	B
	次干路、支路		—	A、B、C
	快速路、主干路	<3.0	B	A、C
	次干路、支路		D	B、C

5.3　地　下　水

5.3.1　城市道路的水损害，除来自地表降雨外，地下水的侵害往往不容忽视，尤其是南方多雨地区。在北方，立交区域的下挖道路，常常也要考虑地下水的损害。设计前应进行充分的地质勘探，当土质路床位于毛细水上升高度范围内时，应考虑抬高道路纵断面或设计地下排水设施。

5.3.4　地表排水系统一般按降雨强度、流域面积、排除时间等计算，与地下水排水的流量计算完全是两个体系，所以不能因为地下水流量小而忽略地下排水设施的流量与水力计算。宜将地下排水出水管与地表排水的出水管进行综合设计，以减少工程造价。

5.3.6　渗沟的流量计算分三种情形：

（1）当渗沟的基底埋入不透水层，且不透水层顶面横向坡度较小时（图 1），可按下式计算每延米长渗沟由一侧壁流入渗沟的流量：

$$Q_s = \frac{k(H_c^2 - h_g^2)}{2r_s} \tag{1}$$

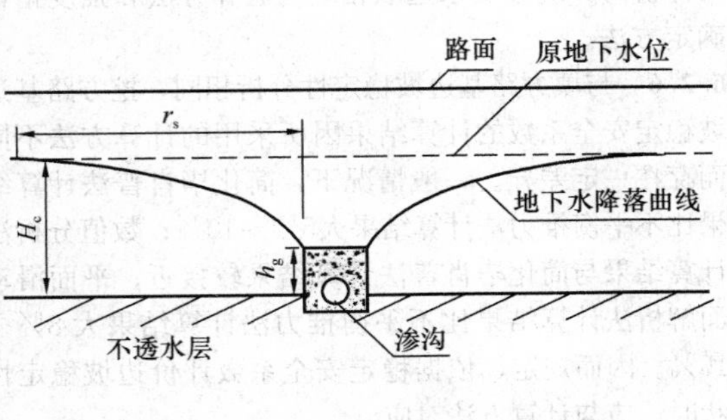

图 1　不透水层顶面坡度平缓的渗沟

式中：

$$h_g = \frac{I_0}{2 - I_0} H_c \tag{2}$$

$$r_s = \frac{H_c - h_g}{I_0} \tag{3}$$

$$I_0 = \frac{1}{3000\sqrt{k}} \tag{4}$$

式中：Q_s——每延米长渗沟由一侧沟壁渗入的流量［m^3/（s·m）］；

H_c——含水层厚度（m）；

h_g——渗沟内的水流深度（m）；

k——含水层材料的渗透系数（m/s）；

r_s——地下水位受渗沟影响而降落的水平距离（m）；

I_0——地下水位降落曲线的平均坡度。

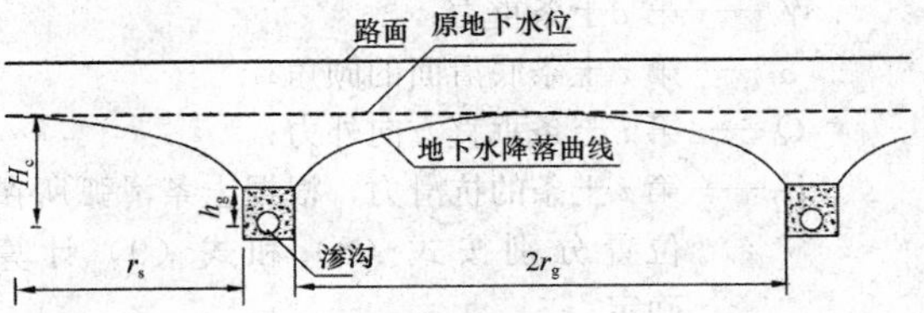

图 2　不透水层较厚时的渗沟

（2）　当不透水层较厚时（图 2），单位长度渗沟的流量可按下式计算：

$$Q_s = \frac{\pi k H_g}{2\ln\left(\frac{2r_s}{r_g}\right)} \tag{5}$$

式中：r_g——两相邻渗沟间距之半（m）；

H_g——渗沟位置处地下水的下降幅度（m）。

（3）当不透水层顶面坡度较陡时（图 3），可按下式计算每延米长渗沟由一侧沟壁流入渗沟的流量：

$$Q_s = k i_h H_g \tag{6}$$

式中：i_h——不透水层顶面的横向坡度。

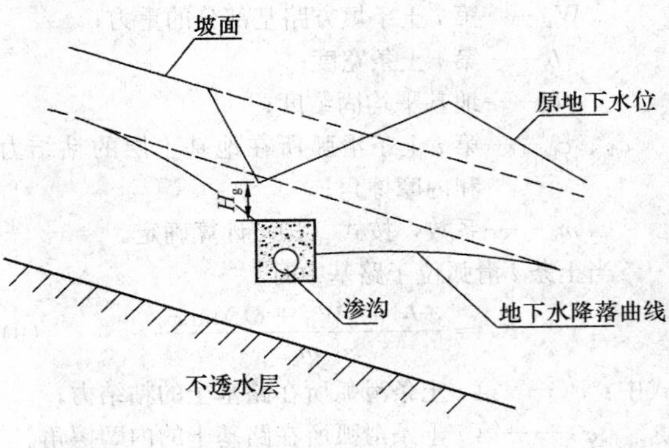

图 3　不透水层顶面坡度较陡时的渗沟

5.3.7　U 形槽的设置长度宜满足远景年的估计最高水位的要求，是为了避免丰水年水位高过 U 形槽底板时，水越过 U 形槽端部，沿道路纵向侵入路面结构。实际上，远景年最高水位的估计并不准确，因此，U 形槽的设置长度还需综合考虑经济性和可靠性等因素来确定。

6 路基防护与支挡

6.2 路基稳定与变形计算

6.2.1 简化毕肖普法稳定安全系数 F_s 按下式计算确定，计算图示如图4：

$$F_s=\frac{\Sigma K_i}{\Sigma(W_i+Q_i)\sin\alpha_i} \tag{7}$$

式中：F_s——稳定安全系数；

W_i——第 i 土条重力；

α_i——第 i 土条底滑面的倾角；

Q_i——第 i 土条垂直方向外力；

K_i——第 i 土条的抗滑力，根据土条滑弧所在位置分别按式（8）和式（9）计算确定。

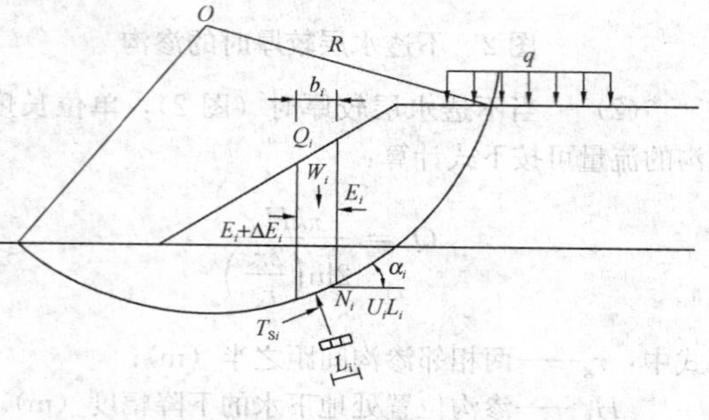

图4 简化毕肖普法计算图示

当土条 i 滑弧位于地基中时

$$K_i=\frac{c_{di}b_i+W_{di}\tan\varphi_{di}+U(W_{ti}+Q_i)\tan\varphi_{di}}{m_{\alpha i}} \tag{8}$$

式中：W_{di}——第 i 土条地基部分的重力；

W_{ti}——第 i 土条填方路基部分的重力；

b_i——第 i 土条宽度；

U——地基平均固结度；

c_{di}、φ_{di}——第 i 土条滑弧所在地基土层的粘结力和内摩擦角；

$m_{\alpha i}$——系数，按式（10）计算确定。

当土条 i 滑弧位于路基中时

$$K_i=\frac{c_{ti}b_i+(W_{ti}+Q_i)\tan\varphi_{ti}}{m_{\alpha i}} \tag{9}$$

式中：c_{ti}——第 i 土条滑弧所在路基土的粘结力；

φ_{ti}——第 i 土条滑弧所在路基土的内摩擦角。

$$m_{\alpha i}=\cos\alpha_i+\frac{\sin\alpha_i\tan\varphi_i}{F_s} \tag{10}$$

式中：φ_i——第 i 土条滑弧所在土层的内摩擦角，滑弧位于地基中时取地基土的内摩擦角，滑弧位于路基中时取路堤土的内摩擦角。

不平衡推力法先按规定要求选取稳定安全系数 F_s，按式（11）和式（12）从1到 n 逐条计算剩余下滑力，计算图示见图5，当第 n 土条的剩余下滑力为负时，表明路基稳定性满足要求，否则路基稳定性不满足要求。

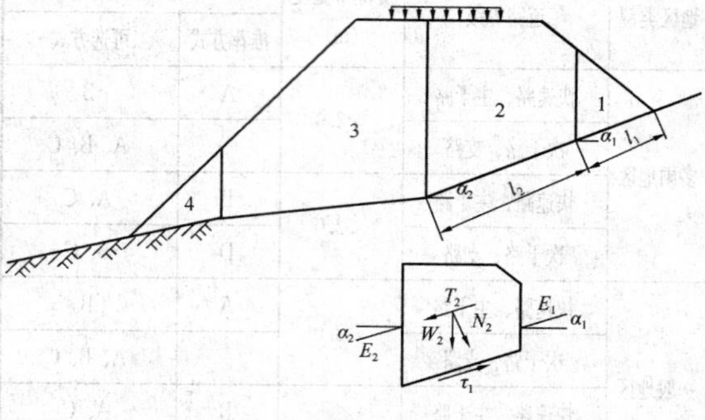

图5 不平衡推力法计算图示

$$E_i=W_{Qi}\sin\alpha_i-\frac{c_il_i+W_{Qi}\cos\alpha\tan\varphi_i}{F_s}+E_{i-1}\psi_{i-1} \tag{11}$$

$$\psi_{i-1}=\cos(\alpha_{i-1}-\alpha_i)-\frac{\tan\varphi_i}{F_s}\sin(\alpha_{i-1}-\alpha_i) \tag{12}$$

式中：E_i——第 i 土条传递给第 $i+1$ 土条的剩余下滑力；

E_{i-1}——第 $i-1$ 土条传递给第 i 土条的剩余下滑力；

F_s——稳定安全系数；

W_{Qi}——第 i 土条的重力与外加竖向力之和；

α_{i-1}、α_i——第 i 土条底滑面的倾角；

c_i、φ_i——第 i 土条底的粘结力和内摩擦角；

l_i——第 i 土条底滑面的长度。

6.2.3 以极限平衡理论为基础的各种条分法是路基稳定性分析最为经典的基本方法，不同的分析方法所得到的安全系数有所差异。但相对于分析方法，对分析结果影响更为显著的是抗剪强度。因此，以表6.2.3所列的稳定安全系数为标准进行边坡稳定分析与评价时，应按要求选取相应的验算方法和强度指标确定方法。

6.2.6 与填方路基边坡稳定性分析相同，挖方路基边坡稳定安全系数的计算结果因所采用的计算方法不同而存在一定差异。一般情况下，简化毕肖普法计算结果比不平衡推力法计算结果大5%～10%；数值分析法计算结果与简化毕肖普法计算结果较接近；平面滑动面解析法计算结果比不平衡推力法计算结果大8%～16%。因而规定，依据稳定安全系数评价边坡稳定性状时，应与计算方法对应。

《公路路基设计规范》JTG D30 结合我国三峡工程边坡稳定性的计算工况划分，给出了挖方边坡稳定性定量计算工况划分的原则，本规范予以采纳。计算分析中应根据工程所在地区的气候条件、地震烈度条件以及其他特殊荷载条件，选择合适的计算工况。边坡岩土体计算参数也应根据计算工况区别对待：按正常工况计算时，应采用天然状态下的参数；按非正常工况Ⅰ计算时，应采用饱水状态下的参数；按非正常工况Ⅱ计算时，应采用饱水状态下的参数，同时应考虑地震等特殊荷载。

6.2.7、**6.2.8** 随着现代交通对行车舒适与安全要求的提高，路基的变形控制日益重要；同时，大量工程实践表明，诸多路面结构的损坏均与过量的路基变形或者不均匀变形有关。因此，条文中增加了对路基变形计算的要求，并参照《公路路基设计规范》JTG D30，对工后变形控制标准进行了明确规定。

路基变形主要包括地基沉降变形、路基自身压缩变形和行车荷载引起的累积塑性变形。对于地基沉降、特别是软土路基的地基沉降，国内外已开展了大量的理论研究和工程实证，成果集中体现在原《公路软土地基路堤设计与施工技术规范》JTJ 017 中，后为《公路路基设计规范》JTG D30 所采纳。

对于高填方路基，在自重荷载作用下填土自身的压缩较为显著，且受路基高度、填料类型、排水条件、压实条件及预压时间等众多因素的影响。目前，关于高路堤自身压缩变形的相关理论分析尚不成熟，尤其是非饱和粗粒土和巨粒土的变形计算和预估。利用工程类比和统计分析方法建立的经验模型主要包括两类。第一类是以路基高度为变量进行预估分析，如西班牙在对 20 多处铁路路基的工后沉降进行跟踪观测后得出，工后沉降约为路基高度的 0.4%～1.0%；我国机场高填方工后沉降可按填方高度的 0.01‰～0.10‰估计；我国西部交通建设科技项目“高填路堤沉降变形规律研究及压实技术”根据砂岩、泥岩填料试验资料，对 10m 至 35m 范围内的路堤进行了自身沉降计算，认为典型填料自身沉降与填方高度之间符合直线关系；《公路路基设计规范》JTG D30 提出高填黄土路基工后沉降约为填高的 0.7%～1.5%；德国和日本提出的工后沉降估算公式见式（13），及劳斯和列特斯公式，见式（14）等。

$$S = H^2/3000 \tag{13}$$

$$S = 0.001H^{3/2} \tag{14}$$

式中：S——路基工后沉降量（m）；

H——路基高度（m）。

第二类是以路基高度和变形模量为变量进行预估分析。如我国水利部门提出了根据已建坝原型监测成果来估算新坝坝顶的沉降值，见式（15）；谢春庆等对贵州和云南等高填方地基沉降观测资料的分析研究后，提出了高填方地基工后沉降预估公式，见式（16）。

$$S_2 = \left(\frac{H_2}{H_1}\right)^2 \cdot \left(\frac{E_1}{E_2}\right) \cdot S_1 \tag{15}$$

式中：S_1——待建坝的预计沉降值（m）；

S_2——已建坝原型观测的坝顶沉降值（m）；

E_1——已建坝的变形模量（MPa）；

E_2——待建坝的变形模量（MPa），可参考类比工程选用；

H_2、H_1——分别为待建和已建坝的坝高（m）。

$$S = H^2 / \sqrt[3]{E^2} \tag{16}$$

比较上述两种方法可以看出，仅以 H 为自变量的预估方法适用性较为有限，需要具备相似的路基填料类型、相似的压实程度等条件，如铁路路基和机场地基的预估系数相差极大，就在于铁路路基的填料及压实控制远没有机场地基那样严格。而以 H 和 E 为变量的预估方法，则既考虑了填方自身高度的影响，又能反映不同压缩体刚度差异对变形的影响。另外，从变形产生的机理分析，变形与压缩体的应力和压缩层厚均成正比，应力主要取决于自重，它和层厚都是路基高度的函数，可见高填方路基压缩变形量应接近于 H^2 的函数，故采用后一种经验预估方法从理论上讲更为合理。但由于现有城市道路高填方路基工后变形观测数据积累的缺乏，各地需要根据实际情况选用。

6.3 路基防护

6.3.1、**6.3.2** 坡面防护和沿河路基防护工程类型众多，设计选型可参考表 4、表 5 进行。

表 4 坡面防护工程常用类型及适用条件

防护类型	结构形式	适用条件	注意事项
植物防护	种草或液压喷播植草	土质边坡。坡率缓于 1∶1.25	当边坡较高时，可用土工网、土工网垫与种草结合防护
	铺草皮	土质和强风化、全风化的岩石边坡。坡率不陡于 1∶1	草皮可为天然草皮，亦可为人工培植的土工网草皮
	种植灌木	土质、软质岩和全风化的硬质岩石边坡。坡率不陡于 1∶1.5	树种应为根系发达、枝叶茂盛、适合当地迅速生长之低矮灌木
	喷混植生	漂石土、块石土、卵石土、碎石土、粗粒土和强风化、弱风化的岩石挖方边坡。坡率不陡于 1∶0.75	种植基材应通过配合比试验或小范围工程试验确定，边坡高度不宜大于 10m
	客土植生	漂石土、块石土、卵石土、碎石土、粗粒土和强风化的软质岩及强风化、全风化的硬质岩石挖方边坡，或由其弃渣填筑的填方边坡，坡率不陡于 1∶1	边坡高度不宜大于 8m
喷护	喷混凝土，厚度≥8cm，材料为砂、水泥、砾石	易风化但未遭强风化、全风化的岩石挖方边坡。坡率不陡于 1∶0.5	选好材料配合比和水灰比，一般应通过试喷

续表 4

防护类型	结构形式	适用条件	注意事项
挂网喷护	锚杆铁丝网（或土工格栅）喷混凝土或喷浆。锚固深度为（1.0～2.0）m，网距为（20～25）cm，其他同喷护	喷混凝土或喷浆防护的岩石边坡。当坡面岩体破碎时，为加强防护的稳定性而采用	锚孔深度应比锚固深度深 20cm，其他同喷护
干砌片石护坡	一般厚度为 30cm，其下设≥10cm 厚砂砾石垫层	土质填方边坡；有少量地下水渗出的局部挖方边坡；局部土质挖方边坡嵌补。坡率不陡于 1∶1.25	基础应选用较大的石块，应自下而上地进行栽砌，接缝要错开，缝隙要填满塞紧
浆砌片石护坡	厚度为（30～40）cm，水泥砂浆砌筑	易风化的岩石边坡和土质边坡。坡率不陡于 1∶1	
浆砌片石或混凝土骨架护坡	骨架宜用带排水槽的拱形骨架，也可采用人字形、方格形。骨架内铺草皮、液压喷播植草或干砌片石等	土质和全风化的岩石边坡，当坡面受雨水冲刷严重或潮湿时。坡率不陡于 1∶1	护坡四周需用浆砌片石或混凝土镶边，混凝土骨架视情况在节点处加锚杆，多雨地区采用带排水槽的拱形骨架，骨架埋深不小于 0.4m
浆砌片石护墙	等截面厚度为 50cm；变截面顶宽为 40cm，底宽视墙高而定	土质和易风化剥落的岩石边坡。坡率不陡于 1∶0.5	等截面护墙高不宜超过 6m，当坡度较缓时，不宜超过 10m。变截面护墙，单级不宜超过 12m，超过时宜设平台、分级砌筑

表 5　冲刷防护工程常用类型及适用条件

防护类型	结构形式	适用条件	
		容许流速（m/s）	水流方向、河道地貌等
植物防护	铺草皮	1.2～1.8	水流方向与线路近乎平行；不受各种洪水主流冲刷的浅滩地段路堤边坡防护
	种植防护林、挂柳		有浅滩地段的河岸冲刷防护
干砌片石护坡	单层厚（0.25～0.35）m；双层厚：上层（0.25～0.35）m，下层 0.25m	2～3	水流方向较平顺的河岸滩地边缘；不受主流冲刷的路堤边坡；无漂浮物和滚石的河段

续表 5

防护类型	结构形式	适用条件	
		容许流速（m/s）	水流方向、河道地貌等
浆砌片石护坡	厚（0.3～0.6）m	4～8	主流冲刷及波浪作用强烈处的路堤边坡
混凝土护坡	厚（0.08～0.2）m		
抛石	石块尺寸根据流速、波浪大小计算，不宜小于 0.3m	3	水流方向较平顺，无严重局部冲刷的河段；已浸水的路堤边坡与河岸
石笼	镀锌钢丝制成箱形或圆形，笼内装石块	4～5	受洪水冲刷但无滚石河段和大石料缺少地区
大型砌块	2m×2m×2m 3m×3m×2m	5～8	受主流冲刷严重的河段
浸水挡土墙		5～8	峡谷急流和水流冲刷严重的河段

6.4　支 挡 加 固

6.4.4　综合考虑地质条件、边坡重要性及安全等级、施工可行性和经济性，选择合理的支挡设计方案是关键。表 6 为边坡支挡结构的常用类型及其适用条件。

表 6　边坡支挡结构常用类型及适用条件

支挡结构类型	适　用　条　件
重力式挡墙	适用于一般地区、浸水地区和地震地区的路肩、路堤和路堑等支挡工程。墙高不宜超过 12m，干砌挡土墙的高度不宜超过 6m。场地允许，坡顶无重要建（构）筑物。土方开挖后边坡稳定较差时不应采用
半重力式挡墙	适用于不宜采用重力式挡土墙的地下水位较高或较软弱的地基上。墙高不宜超过 8m
悬臂、扶壁式挡墙	适用于石料缺乏、地基承载力较低的填方路段采用。挡墙高度对悬臂式挡墙不宜超过 6m，对扶壁式挡墙不宜超过 12m。土层较差或对挡墙变形要求较高时也不宜采用。不良地质地段或地震动峰值加速度不小于 0.2g 的地区边坡不应采用
板肋式或格构式锚杆挡墙	适用于边坡高度较大的岩质边坡。可采用单级或多级支挡，每级高度不宜大于 8m，多级的上、下级支挡结构之间应设置宽度不小于 2m 的平台。坡高较大或稳定性较差时宜采用逆作法施工。对挡墙变形有较高要求的土质边坡，宜采用预应力锚杆

续表 6

支挡结构类型	适 用 条 件
桩板式挡墙	适用于坡顶建（构）筑物需要保护且场地狭窄、表土及强风化层较薄的岩质地基、施工开挖可能失稳的岩土边坡以及工程滑坡。桩的悬臂长度不宜超过 15m。当桩悬臂长、边坡推力较大且有锚固条件时或对挡墙变形有较高要求的土质边坡，桩可与锚杆（索）联合使用
锚定板挡墙	适用于石料缺乏、地基承载力较低的路肩墙或路堤式挡土墙，不应用于滑坡、坍塌、软土及膨胀土地区。可采用肋柱式或板壁式，墙高不宜超过 10m。肋柱式锚定板挡土墙可采用单级墙或双级墙，每级墙高不宜大于 6m，上、下级挡墙之间应设置宽度不小于 2m 的平台。上、下两级墙的肋柱宜交错布置
加筋土挡墙	适用于一般地区的路肩式挡土墙、路堤式挡土墙，不应修建在滑坡、水流冲刷、崩塌等不良地质地段（受水浸泡及冲刷以及边坡变形控制严格时不应采用）。快速路和主干路挡墙高度不宜大于 12m，次干路及支路不宜大于 20m。当采用多级墙时，每级墙高不宜大于 10m，上、下级墙体之间应设置宽度不小于 2m 的平台。可与其他支挡结构联合使用
岩石锚喷支护	适用于整体稳定性的岩质边坡。边坡高度，对Ⅰ、Ⅱ类岩质边坡不宜大于 30m，对Ⅲ类岩质边坡宜小于 15m。膨胀性岩石的边坡和具有严重腐蚀性的边坡不应采用锚喷支护
土钉支护	适用于高度不大于 18m 的硬塑或坚硬的黏性土、胶结或弱胶结的粉土、砂土、砾石、软岩和风化岩层等挖方边坡的临时支护和永久支护。标贯击数 $N<9$、相对密度 $D_r<0.3$ 的松散砂土，液性指数大于 0.5 的软塑、流塑黏性土，以及含有大量有机物或工业废料的低强度回填土、新填土、强腐蚀性土，不宜设置永久土钉支护

6.4.5、6.4.6 支挡结构超过某一特定状态，致使不能正常使用或在正常维护下不能达到正常使用要求，该特定状态称为功能的极限状态。极限状态分为承载能力极限状态和正常使用极限状态。

承载能力极限状态是指对应于结构、结构构件达到最大承载能力或出现不适于继续承载的变形或变位的状态。当结构或结构构件出现下列状态之一时，应认为超过了承载能力极限状态：1）结构或结构的一部分作为刚体失去平衡；2）结构、结构构件或其连接因超过材料强度而破坏，或因过度的塑性变形而不能继续承载；3）结构转变为机动体系；4）结构或结构构件丧失稳定。

正常使用极限状态是指对应于结构或结构构件达到正常使用或耐久性的某项限值的状态。当结构或结构构件出现下列状态之一时，应认为超过了正常使用极限状态：1）影响正常使用或外观的变形；2）影响正常使用或耐久性的局部损坏；3）影响正常使用的振动；4）影响正常使用的其他特定状态。

本规范参考公路行业标准，根据支挡结构的荷载效应组合特点，列出了按承载能力极限状态设计时的设计表达式，未列入结构正常使用极限状态的设计表达式，而后者主要用于钢筋混凝土的构件计算。

6.4.7 路基支挡结构地基稳定性计算与设计的条文中，考虑地基设计可靠性分析的技术储备尚不成熟。事实上仍以容许承载力法为基础，仅采用极限状态设计表达式的形式与术语，即规定除被动土压力分项系数 γ_{Q2} 取 0.3 外，其余作用的分项系数规定均等于 1，据此验算偏心距、基底压力，以及抗滑动和抗倾覆稳定系数。

抗滑动稳定系数 K_c 可按下式计算：

$$K_c=\frac{[N+(E_x-E'_p)\tan\alpha_0]\mu_f+E'_p}{E_x-N\tan\alpha_0} \tag{17}$$

式中：N ——作用于基底上合力的竖向分力（kN），浸水挡土墙应计浸水部分的浮力；

E'_p ——墙前被动土压力水平分量的 0.3 倍（kN）；

E_x ——墙后主动土压力的水平分量（kN）；

α_0 ——基底倾斜角（°），基底为水平时，$\alpha_0=0$；

μ_f ——基底与地基间的摩擦系数，当缺乏可靠试验资料时，可按表 7 采用。

表 7 基底与地基间的摩擦系数 μ_f

地基土的分类	摩擦系数 μ_s
软塑黏土	0.25
硬塑黏土	0.30
砂类土、黏砂土、半干硬的黏土	0.30～0.40
砂类土	0.40
碎石类土	0.50
软质岩石	0.40～0.60
硬质岩石	0.60～0.70

挡墙的抗倾覆稳定系数 K_0 可按下式计算：

$$K_0=\frac{GZ_G+E_yZ_x+E'_pZ_p}{E_xZ_y} \tag{18}$$

式中：Z_G ——为墙身重力、基础重力、基础上填土的重力及作用于墙顶的其他荷载的竖向力合力重心到墙趾的距离（m）；

Z_x ——为墙后主动土压力的竖向分量到墙趾的距离（m）；

Z_y ——为墙后主动土压力的水平分量到墙趾

的距离（m）；

Z_p——为墙前被动土压力的水平分量到墙趾的距离（m）。

6.5 路 基 监 测

6.5.1 高填方路基稳定和沉降观测可参考表8进行设计。

表8 高填方路基稳定和沉降观测

观测项目	仪具名称	观测目的
地表水平位移量及隆起量	地表水平位移桩（边桩）	用于稳定监控，确保路基施工安全和稳定
地下土体分层水平位移量	地下水平位移计（测斜管）	用于稳定监控与研究，掌握分层位移量，推定土体剪切破坏位置。必要时采用
路基顶沉降量	地表沉降计（沉降板或桩）	用于工后沉降监控，预测工后沉降趋势，确定路面施工时间

6.5.2 挖方路基边坡或滑坡监测可参考表9进行设计，预应力锚固工程原位监测内容和项目见表10。

表9 挖方路基边坡或滑坡监测

监测内容		监测方法	监测目的
地表监测	水平位移监测	全站仪、光电测距仪	观测地表位移、变形发展情况
	垂直变形监测	水准仪	
	裂缝监测	标桩、直尺或裂缝计	观测裂缝发展情况
地下位移监测		测斜仪	探测相对于稳定地层的地下岩体位移，证实和确定正在发生位移的构造特征，确定潜在滑动面深度，判断主滑方向，定量分析评价边（滑）坡的稳定状况，评判边（滑）坡加固工程效果
地下水位监测		人工测量	观测地下水位变化与降雨关系，评判边坡排水措施的有效性
支挡结构变形、应力		测斜仪、分层沉降仪，压力盒、钢筋应力计	支挡构造物岩土体的变形观测，支挡构造物与岩土体间接触压力观测

6.5.3 近年来，我国城市轨道交通已进入快速发展时期，北京、上海、南京等城市的地铁线路已投入运营，杭州、成都等地正在加紧地铁建设的施工，全国还有多个城市申请建设地铁工程。另外，现有道路下面的管道顶进法施工在各城市也十分普遍。地铁的浅埋暗挖法、盾构法和管道顶进法施工过程中，上方道路的变形控制成为工程中的关键环节之一。由于监控一般由地铁施工单位实施，所以地铁设计过程中，应对下穿现有道路的地段提出变形预测与评估报告，对暗挖工程影响范围内路基土的稳定、沉降情况做出评价。本条文实际上是道路专业对暗挖工程提出的要求。

表10 预应力锚固工程原位监测内容和项目

预应力锚杆工作阶段	监测对象	监测内容	监测项目
施工阶段	锚杆体材料	锚杆的工作状态 锚杆的施工质量	锚杆张拉力； 锚杆伸长值； 预应力损失
	锚固对象	加固效果	被锚固体的位移和变形
工程运营阶段	锚杆体	锚杆的工作状态	预应力值变化
	锚固对象	锚固工程安全状况	被锚固体的位移与地下水状态

7 特 殊 路 基

7.1 一 般 规 定

7.1.1 特殊路基包括特殊土（岩）路基、不良地质地段的路基，以及其他特殊条件下的路基。

7.2 软土地区路基

7.2.4 通常情况下，行车荷载对路基变形的影响可不予考虑。但对于软弱地基上的低路基，国内一些城市快速路的工程实践表明，由于车辆载重的增加和路基高度的降低，部分软弱地基已处于路基工作区范围以内，行车荷载反复作用下可产生显著的动力变形，并导致严重车辙、局部沉陷和路面开裂。

目前，路基永久变形的主流估算方法是根据永久应变与荷载作用次数的关系，采用分层总和法进行计算。永久应变与荷载作用次数的关系以经验公式为主，具有代表性的经验公式如下：

$$\varepsilon_p = AN^b \tag{19}$$

式中：ε_p——永久应变（%）；

N——荷载作用次数；

A、b——回归得到的材料参数，综合反映了土的应力状态、物理状态和土的类型等因素的影响。

$$\varepsilon_p = a\left(\frac{q_d}{q_f}\right)^m N^b \tag{20}$$

式中：q_d——行车荷载引起的动偏应力；

q_f——静力破坏偏应力；

a、b、m——材料参数。

$$\varepsilon_{\mathrm{p}}=a\left(\frac{q_{\mathrm{d}}}{q_{\mathrm{f}}}\right)^{m}\left(1+\frac{q_{\mathrm{s}}}{q_{\mathrm{f}}}\right)^{n}N^{b} \tag{21}$$

式中：q_s——初始静偏应力；

a、b、m、n——材料参数。

由以上经验公式可以看出，荷载应力水平对永久变形的累积具有显著影响。一般而言，城市道路交通中货车占的比例小，而小汽车荷载作用下产生的地基永久变形问题并不严重，因此条文中规定仅当重载车型较多时，需重视行车荷载产生的路基变形问题。另外，不管采用何种经验公式，为准确预估行车荷载作用下的永久变形，都需要进行室内重复动三轴试验以获取公式中的材料参数。

值得注意的是，行车荷载作用于湿软路基，往往由于交通荷载在横断面上分布的不均匀性，且路床部分的路基含水率偏高，极易形成显著的不均匀变形，进而引发严重的车辙、局部沉陷和路面开裂。因此，对于重载交通的城市快速路，应加强路基排水、地基处理和路基处治的设计。规范条文也作了明确规定，即路基填土高度小于路面和路床总厚度时，应将地基表层土进行超挖并分层回填压实，压实度不得小于零填及挖方路基的规定值。

7.2.5 EPS不仅可以用于填筑轻质路基，而且可用于置换浅层软土地基，以减小地基中的附加应力。但条文对EPS轻质路基最顶层EPS材料的最小密度作了规定；因为最上一层EPS所受荷载较大，且与混凝土板存在介质突变，若施工不当，易产生应力集中，如果EPS密度不高，易产生压密变形甚至碎裂。另外，EPS的弹性模量与密度存在良好的相关性，JohnS. Horvath、Megnan、Eriksson、凌建明等人提出的EPS弹性模量与密度的相关关系分别如式（22）～式（25）所示。因此，为保证路基具有足够的顶面当量回弹模量，在路基顶面宜填筑高密度的EPS，而底部EPS密度可适当降低。

$$E=0.45\rho-3.0 \tag{22}$$

$$E=0.479\rho-2.875 \tag{23}$$

$$E=0.0097\rho^{2}-0.014\rho+1.8 \tag{24}$$

$$E=0.36\rho-1.1 \tag{25}$$

式中：E——EPS弹性模量（MPa）；

ρ——EPS密度（kg/m^3）。

EPS轻质材料具有较好的耐压性，压缩强度随密度而变化，通常情况下，材料弹性范围内的压缩强度可达$60kN/m^2$～$140kN/m^2$。日本工业标准JISK7220规定：以应变$\varepsilon=5\%$时的压应力作为EPS的抗压强度；当$\varepsilon=2\%$～4%时，材料已经进入塑性变形状态；$\varepsilon\leqslant1\%$时，材料处于弹性状态，并以$\varepsilon=1\%$时的压应力作为允许压应力。EPS处于弹性状态时，即使在荷载反复作用下，也不会出现蠕变变形。所以EPS路堤堤身的压缩变形基本可以忽略。

由于EPS填料属超轻质材料，当EPS板材处于地下水位以下时，必须进行抗浮稳定性验算。抗浮稳定性系数F_s宜大于1.1～1.5，若不能满足，应变更EPS铺设厚度，增加填土的重量，或采取降排水措施。

7.2.7 考虑到强夯施工会产生强烈的震动和噪声，从而对周边建筑物和沿线居民生活造成严重影响，因此未在条文中推荐采用强夯法。

7.2.8 排水固结法易引起道路周边的地基沉降，因而措施选择和方案设计时需充分评估道路地基排水固结对附近区域（20m左右）的影响。当附近区域内存在对沉降要求较为严格的重要建筑或管线时，不宜采用。

7.2.10 在《公路路基设计规范》JTG D30及《建筑地基处理技术规范》JGJ 79中，均采用90d龄期的强度作为加固土标准强度。从当前的施工情况看，在加固土桩完成后90d，设计荷载一般也不会完全施加，所以采用90d龄期强度进行稳定计算仍是偏安全的。为了与其他相关标准统一，条文也规定采用90d龄期强度作为标准强度。但实际上，选用90d龄期强度作为标准强度，给室内试验和现场检测带来一定的困难。目前普遍的解决方法是根据短龄期（7d或28d）的试验、检测数据，按强度增长经验公式推测90d的强度值。一些水泥加固土的强度-龄期经验关系式如表11所示。

表11 不同地区水泥加固土强度与龄期的关系式

代表地区和资料来源	关系式	备注
天津、福建、连云港、南通地区第一公路设计院	$q_{u28}=2.37q_{u7}-0.19$ ($r=0.87$, $n=12$) $q_{u90}=1.14q_{u28}+0.85$ ($r=0.79$, $n=15$)	
《粉体喷搅法加固软弱土层技术规范》TB 10113-96	$q_{u28}=1.49q_{u7}$；$q_{u90}=1.97q_{u7}$； $q_{u90}=1.33q_{u28}$	q_{u7}、q_{u28}、q_{u90}分别表示7d、28d和90d无侧限抗压强度。
天津地区 天津港湾工程研究所“水泥鉴别土工程特性研究”（研究报告）	淤泥：$q_{u7}=0.364q_{u90}$ $q_{u28}=0.652q_{u90}$ 淤泥质黏土：$q_{u7}=0.262q_{u90}$ $q_{u28}=0.485q_{u90}$	r、S、n分别表示相关系数、标准差和统计组数
上海地区 《地基处理》叶书麟	$q_{u7}=0.56q_{u28}$ ($r=0.98$, $S=0.059$, $n=15$) $q_{u90}=1.63q_{u28}$ ($r=0.98$, $S=0.143$, $n=9$)	

7.2.11 相对于其他地基处理措施，刚性桩法造价较高，但具有施工速度快、总沉降量和工后沉降小的优势，适用于施工周期有限、对沉降控制要求高的情形。刚性桩法在路基工程地基处理中的应用普遍基于“复合地基”原理，因而强调桩与桩间土共同受力、

协调变形。考虑到刚性桩的刚度较大，为增大桩体承担荷载的比例、充分利用桩体的承载潜能，应在桩顶设置桩托和（加筋）垫层。另外，如果刚性桩进入持力层较多，桩体沉降很小，会使桩顶部和桩间土产生较大的差异沉降，因此刚性桩的设置深度宜通过沉降计算确定。桩和桩间土的差异沉降一方面可以通过桩托和垫层缓解，另一方面为避免路面“蘑菇状”突起，还要求在桩顶以上填筑有足够厚度的填土。

7.2.13 高填方路基或桥头引道应进行沉降与稳定监测设计，以保证路基填筑施工的安全。特别是当填土高度超过软土地基的极限填土高度时，必须控制填土速率，保证地基固结时间，以提高地基土的抗剪强度和路基的稳定性。填筑速率常常以边桩位移速率和地面沉降速率进行控制，边桩位移量每昼夜不得大于5mm，路基中心沉降量每昼夜不得大于10mm～15mm，并应结合位移和沉降发展趋势进行综合分析。在现场施工过程中，对于一般路堤，在极限填土高度以内，填筑速率一般应小于1.5m/月；大于极限填土高度时，若采用排水固结法处理地基，则应控制原地面沉降速率小于10mm/昼夜；若采用水泥搅拌桩等复合地基进行处理，则应控制地面沉降速率小于15mm/昼夜；若采用刚性桩进行处理，应控制原地面沉降速率小于5mm/昼夜。

7.3 红黏土与高液限土地区路基

7.3.1～7.3.3 红黏土和高液限土具有渗透性差、吸水膨胀、失水收缩、施工压实难度大等特性。这类地区的许多新建道路在施工过程中就出现各种工程问题，有的路段一边施工开挖，一边溜塌、坍塌。

坍塌是由于边坡浅层高液限土体，在湿胀干缩效应与风化作用影响下形成裂隙切割，兼之水的入渗，导致土体强度衰减，丧失稳定。因此条文中规定了较缓的边坡坡率，对于挖方路基，宜采用更缓的边坡坡率。

另外，边坡浅表强风化层内的土体，吸水过饱和，在重力与渗透压力作用下，将沿坡面向下产生溜塌。溜塌常发生在雨季，可以在边坡浅表的任何部位发生，与边坡坡率无关，需要进行路基排水和边坡防护的综合设计，及时引排地表水和地下水。

7.4 膨胀土地区路基

7.4.2、7.4.3 膨胀土地区路堑边坡的破坏形式多样，但根据破坏的深度，可划分为浅层破坏和深层破坏两大类。浅层破坏是指发生在大气影响层内的变形，超过这一厚度的边坡变形和破坏即为深层破坏。在进行边坡稳定分析和防护加固设计时，应该针对这两种破坏类型区分对待。

浅层边坡的膨胀土特性主要是受气候变化、风化程度、裂隙发育程度等因素影响，其抗剪强度明显低于深层土体。在边坡整体设计中，如果不需要边坡加固，则需按浅层土质特征进行边坡防护设计；如果边坡需要加固，则浅层工程地质问题已基本得到解决，主要按深部地层强度设计边坡坡度。因此，膨胀土边坡设计应做好防水、排水、保湿、防风化等，并结合浅层和深层土体特征，采取防护、支挡及减少开挖面等措施。

7.5 黄土地区路基

7.5.2 黄土地区路基排水与防护工程的设计要以防冲刷、防渗、有利于水土保持和环境保护为原则，“早接远送”是措施，而处理好进出水口则是关键。否则会引起土体滑坍、坡面冲沟、地基湿陷等病害。

7.6 盐渍土地区路基

7.6.4 一些滨海地区的道路建设常遇到氯盐或亚氯盐弱盐渍土，这类盐渍土的盐胀和溶蚀问题均较轻，因此，在缺乏其他优质填料的情况下，通过相关实验论证，可以直接或经石灰等处治后用于路基甚至路床部位的填筑。

7.7 季节性冰冻地区路基

7.7.1 温度在0℃以下，且含有冰的土（岩石）称为冻土。天然条件下，地面以下这种冻结不融的状态保持三年或三年以上者，称为多年冻土；而每年冬季冻结，春季融化且冻结状态持续1个月以上的冻土称为季节性冻土。我国的季节性冻土地区分布广阔，遍布长江以北的十余个省份，约占国土面积的53.5%。季节性冻土地区道路路基的冻胀、翻浆融沉等病害严重影响道路的使用性能和使用寿命，给交通安全带来隐患，所以应充分重视。

7.7.2 季节性冻土地区路基不同土层土的冻胀率由试验测定，无冻胀实测数据时，按下式确定：

$$\eta=\left(\frac{R_m}{R}\times W-W_0\right)\lambda+2 \tag{26}$$

式中：η——土的平均冻胀率（%）；

W——调查时土的含水率（%）；

R_m——近10年最大年降水量（mm）；

R——调查年份降水量（mm）；

W_0——起始冻胀含水率（%），可取（0.80～0.84）W_p（土的塑限含水率）或按表12选用；

λ——系数，细粒土取0.25，粗粒土取0.28。

表12 不同土质的起始冻胀含水率（%）

土的名称	黏质土	粉质土	粉土质砂	细粒土质砾、黏土质砂	含细粒土质砾（砂）
土的起始冻胀含水率W_0（%）	12～17	10～14	9～11	8～10	6～8

根据土的平均冻胀率，可按表13，将土分为五类：

表13 土的冻胀性分类

冻胀类型	不冻胀土	弱冻胀土	冻胀土	强冻胀土	特强冻胀土
土的平均冻胀率η	$\eta\leqslant1$	$1<\eta\leqslant3.5$	$3.5<\eta\leqslant6$	$6<\eta\leqslant12$	$\eta>12$

7.7.6 挖方路段，低洼路段常常排水不畅，季节性冻土地区的路基春融期间含水率增大，强度和模量显著下降，边坡也易产生局部滑塌，故须足够重视，并应采取换填、加强排水、保护坡面等措施。

7.8 岩溶地区路基

7.8.1 岩溶是水对可溶性岩石进行以溶蚀作用为主的综合地质作用及由此形成的各种地质现象的总称。岩溶地区路基勘察方法应根据岩溶发育程度、地形条件、勘察阶段要求的内容和深度、所勘察的道路等级、工程规模及其工作难易程度的不同进行选择和布置。岩溶勘察应重点关注以下几点：

1 重视工程地质分析。要查明岩溶形态，不能只依赖于勘探手段，必须注重对岩溶发育规律的工程地质分析，在工作程序上应以工程地质调查和测绘为先导。

2 岩溶发育规律研究和勘探工作布置，应遵循从面到点、先地表后地下、先定性后定量、先控制后一般、先疏后密的工作准则。

3 应有针对性地选择勘探手段。如勘察场地的岩溶发育规律、基岩埋深等可采用综合物探；勘察浅层岩溶可采用槽探；勘察土洞可用钎探；勘察深埋土洞可采用静力触探；勘察岩溶洞穴可用钻探等。

4 提倡综合物探，用多种方法相互印证，不宜以未经验证的物探成果作为路基设计以及地基处理的依据。

7.8.2、7.8.3 岩溶评价与处治对道路路基工程和安全运营至关重要，特别是隐状岩溶。有的岩溶经查明，其危害性很小或其影响范围有限不会危及路基安全，则可以不作处理；在岩溶发育程度和溶蚀强度很高的地区，岩溶的影响和危害情况往往不易查清，因而可以遵循避重就轻，防害兴利的原则，在选线时根据岩溶发育的规律和岩溶带的分布情况，通过路线的合理布局进行绕避，以减少岩溶的影响；当很难完全绕避时，可经技术经济比较后，采用适宜的处治措施。

对路基有显著影响的岩溶不均匀性只表现在一定尺寸范围内。不同尺度的岩溶形态带来的病害性质和危害程度不一，因此病害防治措施手段也不尽相同。表14是根据实际工程经验得到的不同尺度岩溶的危害性和处治对策。

表14 不同尺度岩溶的危害性和处治对策

岩溶尺度规模等级	平面尺寸R	深径比h/R范围			
小	$0\leqslant R<1$m	0～1	大于1	—	—
中等	1m$\leqslant R<$6m	0～0.1	0.1～1	大于1	—
大	6m$\leqslant R<$20m	0～0.05	0.05～0.25	大于0.25	—
巨大	20m$\leqslant R<$50m	0～0.03	0.03～0.1	0.1～1	大于1
危害性大小		无	一般	大	非常严重
对应不同尺度的处治对策		不处理	一般处理	重点处理	无法处理

注：R为岩溶形态平面影响范围，取病害易于处理的方向上的长度，如溶洞的直径、溶槽的宽度；深径比h/R为岩溶形态起伏尺寸与其平面尺寸的比值，如溶沟（或揭穿后溶洞）的深度与其宽度比值，石牙高与基底宽度比，反映了岩溶不均匀性的大小，深径比越大，不均匀性也就越强，危害性也越高，但不同规模的岩溶形态划分危害性的深径比范围也不同。

8 路基改建与扩建

8.1 一般规定

8.1.1 城市道路路基改建或扩建设计前的野外调查、勘探和必要的测试是道路勘测的重要组成部分，应重点收集既有道路的地基、路基填料及处治措施，以便在改扩建设计中采取适宜的工程处治方案，保证道路路基改建或扩建后的整体使用性能。

8.1.2 既有道路地基在路堤荷载和车辆荷载作用下，地基沉降已基本稳定。路堤拓宽后，新老路基之间存在特性差异。为避免新老路基差异沉降引起路基纵向开裂，应对新拼接道路的地基进行处治，减小地基沉降，同时应注意路堤本身的压实，以减小路堤自身压密变形。

8.2 既有路基性状调查与评价

8.2.4 如何评价老路路基是既有设施利用与处治的前提。原则上要求既有路基满足改扩建后相应等级路基的技术标准。已建公路路基土的含水率调查结果表明，经过干湿循环、冻融循环后，路基土的含水率比竣工时含水率普遍偏高，回弹模量和压实度明显降低。若沿用新建路基的回弹模量标准，往往需要进行大规模翻挖和处治。因此，可根据工程实际特点，与路面利用和加铺设计相结合，并根据路基病害的产生原因和对拓宽结构的影响程度，采取针对性的处治措施。

8.4 路基拓宽

8.4.1 拓宽改建道路的路基横断面形式应根据道路等级，本着“技术可行、经济合理”的原则，结合道路沿线的地形、地貌、水文、地质、填筑情况来确定是单侧拓宽还是双侧拓宽。拓宽的路基和改线新建道路路基的设计标准均按新建道路的标准执行。

8.4.3 老路边坡开挖台阶的基本形式包括标准式台阶、内倾式台阶、竖倾式台阶和内挖式台阶，如图6、表15所示。《公路路基设计规范》JTG D30 第6.3.4条规定台阶宽度不应小于1.0m。从已有的一些公路拓宽工程来看，台阶开挖的高度、宽度、倾角等几何形状存在很大差异，见表16。关于台阶面上的内倾角，国内高速公路扩建工程中大多采用2%～4%的内倾角，出发点是利用内倾角的嵌锁作用增强新老路基的衔接，但是沪宁高速公路江苏段建议不设置内倾角，理由是内倾角的存在影响台阶面的压实效果，且不利于排水，故采用竖倾式台阶。鉴于城市道路施工平台较为有限，条文中规定台阶的宽度不宜小于1.0m。

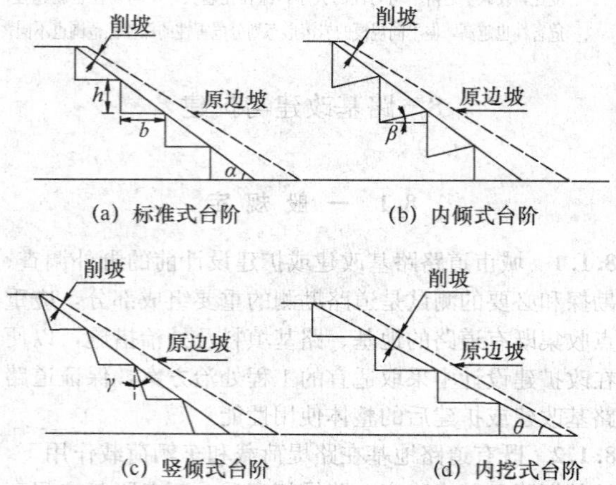

图6 台阶的基本形式

表15 各种台阶形式的优缺点

台阶形式	优 点	缺 点
标准式台阶	开挖施工方便，台阶压实效果较好	开挖效果受路基边坡坡度影响较大
内倾式台阶	增加新老路基的嵌锁作用，增强新老路基的衔接	影响台阶面的压实效果，内侧角隅部位容易积水，施工难度有所增加
竖倾式台阶	便于台阶内侧角隅部位的压实，特别适于不加筋台阶	相同条件下减少了锚固长度，施工难度也有所增加
内挖式台阶	可以同时满足拼接部位填土的压实要求和格栅锚固长度的要求	开挖工程量有所增大

表16 既有公路改扩建工程台阶拼接设计方案

扩建工程名称	台阶拼接设计方案
广佛高速	粉喷桩地基处理路段：第一阶段按1：0.8坡率开挖，第二阶段按1：0.5坡率开挖；旋喷桩地基处理路段：按1：0.5坡率开挖

续表16

扩建工程名称	台阶拼接设计方案
沪杭甬高速	按1：1.2的坡度削坡，内倾式台阶，高度(0.9～1.0)m，宽度不小于1.0m，顶面内倾2%～4%
沈大高速	按1：0.5的坡度削坡，内倾式台阶，高度不大于0.8m，顶面内倾3%
沪宁高速江苏段	内倾式台阶，高(0.6～0.7)m，宽大于1.0m，顶部台阶尺寸为1.0m×1.5m；粉煤灰、粉土等路基采用高度为0.6m×0.9m的竖倾式小台阶，坡比为10：1
武汉绕城与京珠公路拼接段	按1：1.75的坡度削坡，内倾式＋竖倾式台阶，宽度2.0m，顶面内倾5%，台阶竖面向内倾斜
南京绕城高速	高度80cm，宽度(100～200)cm
沪宁—锡澄高速公路拼接段	内倾式台阶，高度0.8m，宽度1.2m，顶面内倾2%
海南环岛东线高速	内倾式台阶，高度(1.0～1.5)m，宽度(2.0～3.0)m，顶面内倾2%～4%
叶信高速东段	内倾式台阶，高度不小于1.0m，宽度不小于2.0m，顶面内倾3%
石黄高速	内倾式台阶，高度(30～60)cm
安阳至新乡高速	内倾式台阶，高度100cm，宽度150m，顶面内倾3%

新拼接路基宜选用透水性好、强度高、级配良好的粗粒土作为路基填料，当采用细粒土作为填料时，应满足路基土最小强度的要求，并加强路基内部，特别是新老路基结合部的排水。必要时，可设置横向排水盲沟，排除路基内部积水。

为保证拓宽路基的压实度，当拓宽路基的宽度不足一个压实宽度时，应采用超宽填筑或翻挖既有路基等措施，当路基填筑、压实施工完毕后，再进行削坡处理，形成最终的路基断面，严禁出现贴坡现象。

8.4.5 对于软土地基上的路基拓宽改建，在拓宽路基荷载作用下，原路基的地基将产生新的附加应力，并对原有路基路面产生一定影响。由于拓宽路基填筑过程中发生的沉降将直接影响原有路基的沉降变形，因此排水固结法不再适用。强夯法由于在施工过程中会对既有路基的性状和稳定造成影响，故条文中也不予推荐。另外，当拓宽路基位于水塘、河流、水库等路段，需要排水清淤时，必须采取防渗和隔水措施后方可降水，以免使既有地基产生附加沉降从而导致路面开裂。

中华人民共和国行业标准

塑料排水检查井应用技术规程

Technical specification for application of plastics manholes and inspection chambers for sewerage

CJJ/T 209—2013

批准部门：中华人民共和国住房和城乡建设部
施行日期：2 0 1 4 年 6 月 1 日

中华人民共和国住房和城乡建设部
公　告

第231号

住房城乡建设部关于发布行业标准《塑料排水检查井应用技术规程》的公告

现批准《塑料排水检查井应用技术规程》为行业标准，编号为CJJ/T 209-2013，自2014年6月1日起实施。

本规程由我部标准定额研究所组织中国建筑工业出版社出版发行。

中华人民共和国住房和城乡建设部

2013年12月3日

前　言

根据住房和城乡建设部《关于印发〈2011年工程建设标准规范制订、修订计划〉的通知》（建标[2011]17号）的要求，规程编制组经广泛调查研究，认真总结实践经验，参考有关国际标准和国内标准，并在广泛征求意见的基础上，编制本规程。

本规程的主要技术内容：1. 总则；2. 术语和符号；3. 材料要求；4. 系统设计；5. 结构设计；6. 施工与安装；7. 质量检验与验收；8. 维护保养。

本规程由住房和城乡建设部负责管理，由昆明普尔顿环保科技股份有限公司负责具体技术内容的解释。执行过程中如有意见或建议，请寄送昆明普尔顿环保科技股份有限公司（地址：云南省昆明市高新区科华路1号山灞大厦，邮编650106）。

本规程主编单位：昆明普尔顿环保科技股份有限公司
云南巨和建设集团有限公司

本规程参编单位：北京市市政工程设计研究总院
北京市建设工程物资协会建筑管道分会
国家化学建筑材料测试中心
上海市政交通设计研究院有限公司
云南省设计院
云南省城乡规划设计研究院
昆明市政工程设计科学研究院有限公司
常州市河马塑胶有限公司
成都美沃实机电科技有限公司
福建亚通新材料科技股份有限公司
合肥瑞瑶环保建材科技有限公司
四川天鑫塑胶管业有限公司
四川亚塑新材料有限公司
浙江天井塑业有限公司

本规程主要起草人员：周听昌　胡云良　吴道敏　陈　重　童　薇　肖　峻　魏若奇　王真杰　杨　伟　穆　卫　陆　泳　周佰兴　代　星　叶后富　朱　隶　唐祥红　陈　鹊　张应中

本规程主要审查人员：刘雨生　高立新　苏耀军　安关峰　黄显奎　郑克白　张玉川　邹积军　罗万申　王春顺

目　次

Contents

1 总 则

1.0.1 为在城镇排水工程中，正确使用塑料排水检查井，做到技术先进、安全适用，确保质量，制定本规程。

1.0.2 本规程适用于新建、扩建和改建的埋地排水系统中井径不大于1000mm、埋深不大于6m、排水水温不大于40℃的塑料排水检查井的设计、施工、验收及维护保养。

1.0.3 塑料排水检查井的设计、施工、验收及维护保养除应执行本规程外，尚应符合国家现行有关标准的规定。

2 术语和符号

2.1 术 语

2.1.1 塑料排水检查井 plastics manhole and inspection chamber for sewerage

以高分子聚合物为主要基材制成的用于埋地排水管道的连接、清通、检查的井状构筑物。通常采用组合结构，由井底座、井筒、井盖等组成，简称"检查井"。

2.1.2 井底座 base

检查井底部连接排水管和井筒的部件。

2.1.3 井筒 riser shaft

连接检查井井底座或收口锥体，并通向地面的筒状部件。

2.1.4 井径 base diameter

检查井井底座的直径。

2.1.5 收口锥体 cone

检查井结构中用以缩小井径的锥形过渡连接部件。

2.1.6 分离式检查井 separative manhole or inspection chamber

地面荷载不直接作用于井筒上的检查井。一般检查井的井盖下设置承压圈及褥垫层，并且井筒与承压圈之间保持一定的间隙，以避免井筒直接承受地面荷载作用。

2.1.7 非分离式检查井 unseparative manhole or inspection chamber

地面荷载可能直接作用于井筒上的检查井。一般检查井的井盖下不设承压圈及褥垫层，该检查井主要用于绿化带下面。

2.1.8 连接管件 connection

辅助检查井与排水管道连接的配件总称，包括过渡连接管件、井筒活接头、汇流接头、变径接头等检查井连接配件。

2.1.9 过渡连接管件 connection pipe fitting

一端与井底座承插口相连，另一端与排水管相接的过渡连接件。

2.1.10 井筒活接头 additive connection

井筒现场开孔时，用于接入排水支管的连接部件。

2.1.11 汇流接头 confluence connection

将来自同一平面同一方向的2～3根排水支管汇合于一体的部件。

2.1.12 变径接头 change-diametral joint

检查井井底座的预制接口直径大于排水管直径时，用以连接二者的变径连接件。

2.1.13 承压圈 bearing cap

支撑井盖座，并将道路路面的动荷载均匀地传递到井筒周围土壤的预制钢筋混凝土板或现场浇筑的钢筋混凝土垫层。通常用于分离式检查井。

2.1.14 褥垫层 cushion

用于支撑承压圈的垫层。

2.2 符 号

2.2.1 材料性能

E_a——井筒材料的长期轴向受压弹性模量；

E_{ad}——井底座材料的长期轴向受压弹性模量；

E_d——井侧土的综合变形模量；

E_n——井侧的原状土变形模量；

E_t——井筒材料的长期环向受压弹性模量；

f——检查井结构的抗压强度或抗拉强度设计值；

I_t——井筒水平截条竖向横截面对竖向形心轴的惯性矩；

SN——井筒的长期环刚度；

W——井筒1mm长度轴向截面绕纵向轴的最小抗弯模量；

ν_a——井筒材料的长期轴向受压的泊松比。

2.2.2 作用及作用效应

$F_{b,k}$——冻土胀拔力标准值；

$F_{kb,k}$——检查井抗拔力标准值；

F_d——回填土下曳力设计值；

$F_{d,k}$——下曳力标准值；

F_{ep}——侧向主动土压力设计值；

$F_{ep,k1}$——作用于检查井井筒顶部的侧向土压力标准值；

$F_{ep,k2}$——作用于检查井井筒底部的侧向土压力标准值；

$F_{ep,k3}$——作用于检查井地下水位线处的侧向土压力标准值；

$F_{ep,k4}$——冰冻线界面处作用于井筒的水平土压力标准值；

$F_{ep,k5}$——冰冻线界面之下作用于井筒底部水平土压力标准值；

F_L——可变作用设计值；

$F_{L,k}$——可变作用标准值；

F_r——径向压力设计值；

F_{sv}——结构自重和土的竖向压力设计值；

$F_{sv,k}$——收口锥体上竖向土压力标准值；

F_w——地下水压力设计值；

$F_{w,k}$——地下水对检查井的浮托力标准值；

$F_{kw,k}$——检查井抗浮力标准值；

G_k、G——检查井自重标准值、设计值；

M_e——回填土不均匀导致的附加弯矩设计值；

$N_{acr,k}$——轴向的临界压力标准值；

N_t——径向压力在截面内产生的环向压力设计值；

$N_{t,k}$——检查井井筒每延米环向压力标准值；

$N_{tcr,k}$——检查井井筒每延米的环向临界压力标准值；

$T_{a,k}$——无地下水时检查井井筒单位面积上的平均下曳力标准值；

$T_{b,k}$——地下水位之下检查井筒单位面积上的平均下曳力标准值；

$T_{c,k}$——冻土线以下回填土与井筒之间平均摩擦力；

σ——作用效应的基本组合压应力或拉应力设计值；

σ_a——井筒轴向压应力设计值；

σ_f——冻胀法向应力标准值；

σ_q——冻土切向应力标准值；

σ_t——井筒的环向压应力设计值。

2.2.3 几何参数

A_a——井筒的横截面净面积，须扣除孔洞面积；

A_t——井筒1mm长度轴向截面的净面积，对中空壁管应扣除孔洞的面积；

DN——公称直径；

D_1——井底座外径；

D_2——收口锥体上部井筒的外径；

H——井底以上回填土的高度；

H_c——检查井收口锥体底部的覆土高度；

H_d——冻土层中回填土与井筒接触高度；

H_w——井底以上的浸水高度；

h_d——标准冻土深度；

R_0——检查井的计算半径（井筒中性轴半径）。

2.2.4 计算系数及其他

B'——弹性支撑经验系数；

K_a——主动土压力系数；

K_f——检查井抗浮稳定性抗力系数；

R——浮力折减系数；

α——冻深系数；

γ_0——结构重要性系数；

γ_s——回填土的重力密度；

γ_w——水的重力密度；

μ——检查井井筒与回填土之间的摩擦系数。

3 材料要求

3.1 一般规定

3.1.1 检查井除应符合本规程的规定外，尚应符合现行行业标准《市政排水用塑料检查井》CJ/T 326和《建筑小区排水用塑料检查井》CJ/T 233的有关规定。

3.1.2 检查井可由井底座、井筒、收口锥体、井盖和相关配件组成，包括分离式直壁检查井（图3.1.2-1）、非分离式直壁检查井（图3.1.2-2）、分离式收口检查井（图3.1.2-3）、非分离式收口检查井（图3.1.2-4）。

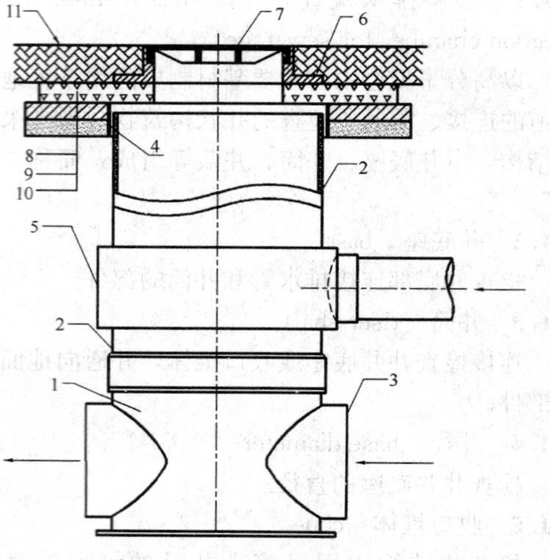

图3.1.2-1 分离式直壁检查井示意图

1—井底座；2—井筒；3—井底座接口；4—挡圈；5—井筒连接管件；6—盖座；7—井盖；8—承压圈；9—混凝土垫层；10—碎石垫层；11—地面

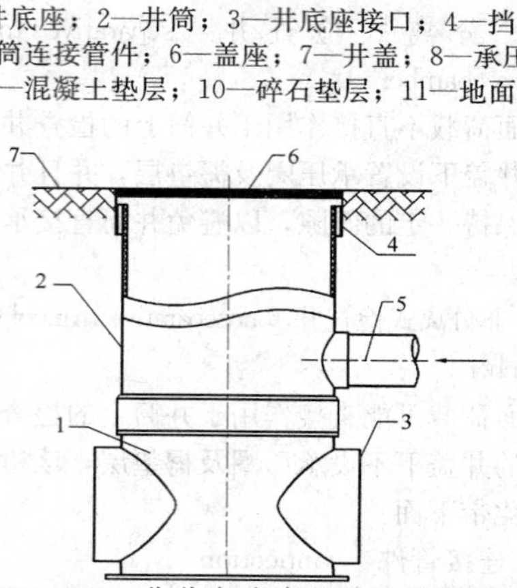

图3.1.2-2 非分离式直壁检查井示意图

1—井底座；2—井筒；3—井底座接口；4—挡圈；5—井筒活接头；6—井盖；7—地面

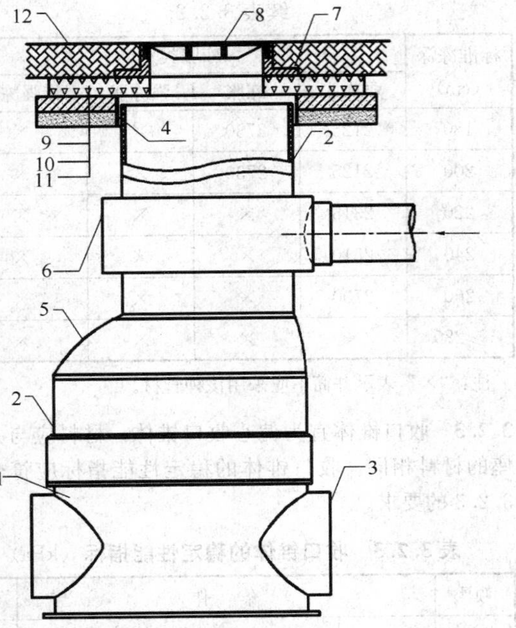

图 3.1.2-3 分离式收口检查井示意图

1—井底座；2—井筒；3—井底座接口；4—挡圈；5—收口锥体；6—井筒连接管件；7—盖座；8—井盖；9—承压圈；10—混凝土垫层；11—碎石垫层；12—地面

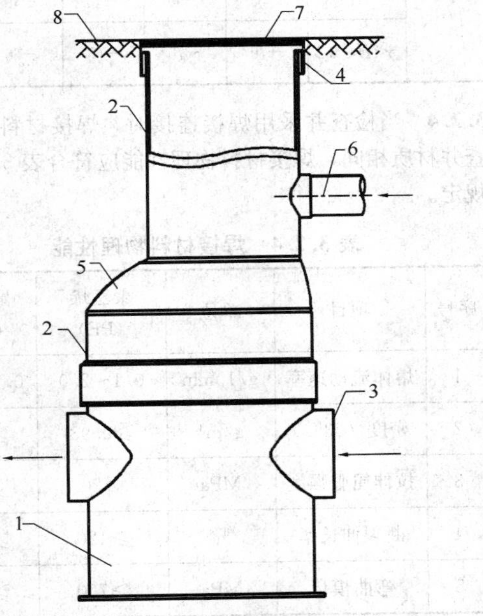

图 3.1.2-4 非分离式收口检查井示意图

1—井底座；2—井筒；3—井底座接口；4—挡圈；5—收口锥体；6—井筒活接头；7—井盖；8—地面

3.1.3 井盖应符合现行国家标准《检查井盖》GB/T 23858 的有关规定。

3.1.4 连接管件与配件的材质宜与检查井的材质相适应，物理力学性能应满足国家现行有关标准的要求。

3.1.5 承压圈应为钢筋混凝土预制构件，并应进行结构设计。

3.1.6 挡圈可采用塑料管材、板材等柔性材料加工而成，也可为钢筋混凝土预制构件。

3.2 性 能 要 求

3.2.1 井底座构造应符合现行国家标准《室外排水设计规范》GB 50014 和《建筑给水排水设计规范》GB 50015 的有关规定，除必要的制造脱模斜度，其直径应与井底座内径相同。井底座性能和试验应符合下列规定：

1 井底座轴向静荷载试验压力应符合表 3.2.1-1 的规定；

表 3.2.1-1 井底座轴向静荷载试验压力（kN）

井径 DN（mm）	井埋深 H（m）						
	H= 0.6～0.7	0.7＜H ≤1	1＜H ≤2	2＜H ≤3	3＜H ≤4	4＜H ≤5	5＜H ≤6
300≤DN ≤500	10	10	20	—			
600≤DN ≤800	15	20	35	50	75	105	145
900≤DN ≤1000	20	20	40	65	100	145	190

2 稳定性试验压力应符合表 3.2.1-2 的规定；

表 3.2.1-2 稳定性试验压力（kPa）

井埋深 H（m）	地下水位埋深 z_w（m）					
	0≤z_w ＜1	1≤z_w ＜2	2≤z_w ＜3	3≤z_w ＜4	4≤z_w ＜5	5≤z_w ≤6
0.6≤H≤1	−30	−25	−25	−25	−25	−25
1＜H≤2	−30	−25	−20	−20	−20	−20
2＜H≤3	−45	−40	−30	−25	−25	−25
3＜H≤4	−60	−50	−45	−35	−30	−30
4＜H≤5	−70	−65	−55	−50	−45	−35
5＜H≤6	—	—	−70	−65	−55	−50

注："—"表示应由其他可靠方法或由结构计算确定其稳定性。

3 井底座的主要性能指标应符合表 3.2.1-3 的规定。

表 3.2.1-3 井底座的主要性能指标

项目	条 件	结果
轴向静荷载	符合本条第 1 款的规定，试验时间为 1000h	不塌陷、不开裂，轴向变形率≤1.5%

续表 3.2.1-3

项目	条件					结果
	温度（℃）	压力			时间（h）	
		材料	因素 R	（kPa）		
耐久性	60±2	PVC	3.5	0.1H/R	1000	不塌陷、不开裂
		PP	3.4			
		PE	4.1			
稳定性	符合本条第2款的规定，试验温度为20℃～25℃，时间为1000h					不塌陷、不开裂，流槽外推50年竖向变形值不大于主管外径的5%和30mm的较小值，水平变形值不大于主管外径的10%和60mm的较小值
烘箱试验	150℃±2℃，30min（厚度＜10mm）；60min（厚度11mm～20mm）					裂缝深度、长度不超过壁厚的50%（仅对PVC材质）
抗冲击	20℃±2℃，锤重1kg，d90型落锤，高2.5m					无裂缝、不影响流槽功能
适用性试验	管径 DN≤315mm，偏转角度2°，温度（23±2）℃，测试压力5kPa					无漏
	管径315＜DN≤630mm，偏转角度1.5°，温度（23±2）℃，测试压力50kPa					无漏
	管径 DN＞630mm，偏转角度1°，温度（23±2）℃，测试压力－30kPa					≤－27kPa
	径向变形量管道10%、井底座承口5%，温度（23±2）℃，测试压力5kPa					无漏
	径向变形量管道10%、井底座承口5%，温度（23±2）℃，测试压力50kPa					无漏
	径向变形量管道10%、井底座承口5%，温度（23±2）℃，测试压力－30kPa					≤－27kPa
抗剪切性	温度为（23±2）℃，荷载 F 数值上等于25乘以公称管径 DN，时间为15min					无裂缝

注：抗剪切性试验荷载 F 数值上等于"25×DN（公称管径）"，公称直径单位为毫米（mm），荷载单位为牛（N）。

3.2.2 井筒材料宜采用外平壁型管材，并应符合国家现行有关标准的规定，其环刚度不应小于4kN/m²。在寒冷地区和严寒地区，当井筒采用聚乙烯缠绕结构壁A型管材时，井筒管材的力学性能指标中，缝的拉伸强度最低值应符合表3.2.2的要求。

表 3.2.2 缝的拉伸强度最低值（N）

标准冻深（cm）	冻胀类别			
	弱冻胀	冻胀	强冻胀	特强冻胀
60	1020	1055	1425	1825
80	1065	1335	1825	2360
100	1280	1611	2225	×
120	1490	1890	2630	×
140	1700	2170	×	×
160	1915	2450	×	×

续表 3.2.2

标准冻深（cm）	冻胀类别			
	弱冻胀	冻胀	强冻胀	特强冻胀
180	2125	2730	×	×
200	2125	2730	×	×
220	2315	×	×	×
240	2510	×	×	×
260	2700	×	×	×
≥280	×	×	×	×

注："×"表示井筒不应采用该种管材。

3.2.3 收口锥体宜为偏心收口锥体，材料应与井底座的材料相同。收口锥体的稳定性能指标应符合表3.2.3的要求。

表 3.2.3 收口锥体的稳定性能指标（kPa）

项目	条件					要求
	收口锥体覆土深 H_c（m）	地下水位埋深 z_w（m）				
		$0\leqslant z_w<1$	$1\leqslant z_w<2$	$2\leqslant z_w<3$	$3\leqslant z_w\leqslant4.2$	
稳定性能	$0.7\leqslant H\leqslant1$	－45	－40	－40	－40	不塌陷、无裂缝
	$1<H\leqslant2$	－40	－35	－30	－30	
	$2<H\leqslant3$	－55	－50	－45	－40	
	$3<H\leqslant4.2$	－70	－70	－65	－60	

3.2.4 当检查井采用焊接连接时，焊接材料应与检查井材质相同，焊接材料物理性能应符合表3.2.4的规定。

表 3.2.4 焊接材料物理性能

序号	项目	单位	聚乙烯（PE）	聚丙烯（PP）
1	熔体流动速率	g/10min	0.1～2.0	0.1～4.0
2	密度（23℃）	g/m³	≥0.93	≥0.9
3	拉伸屈服强度	MPa	≥20	≥20
4	断裂伸长率	%	≥120	≥200
5	弯曲模量	MPa	≥700	≥750

3.2.5 检查井连接使用的橡胶密封圈应配套供应，性能应符合现行国家标准《橡胶密封件 给、排水管及污水管道用接口密封圈材料规范》GB/T 21873的有关规定。

3.2.6 检查井连接使用的热收缩带（套）应配套供应，性能应符合现行行业标准《埋地钢质管道聚乙烯防腐层》GB/T 23257的有关规定。

4 系统设计

4.1 一般规定

4.1.1 检查井设计应符合现行国家标准《室外排水设计规范》GB 50014和《建筑给水排水设计规范》GB 50015的有关规定。

4.1.2 排水工程应在出户管接入处、管道交汇处、转弯处、管径或坡度改变处、跌水处以及直线管段上每隔一定距离处设置检查井。

4.1.3 检查井的规格应根据所连接管道的管径、数量、埋设深度和地质条件以及检查井的使用功能和维护保养需要等因素确定。

4.1.4 当接入检查井的接户管或连接管管径大于300mm时，支管数不宜超过3根。

4.1.5 当地下水位超过检查井井底标高时应进行抗浮计算，必要时应采取抗浮措施。

4.1.6 检查井应根据地面荷载情况选用分离式或非分离式检查井，并应符合下列规定：

1 当检查井设置在机动车道路上时，应设置分离式检查井，并应根据道路荷载等级配置井盖。

2 当检查井设置在绿地、人行道上时，可设置非分离式检查井。

4.1.7 当检查井设在道路路面处时，井盖表面应与路面持平；当设在绿化带上时，井盖表面应高出土层表面0.10m～0.15m。

4.2 检查井设计选用

4.2.1 井底座规格选择应根据连接排水管的数量、管径、埋深以及检查井交汇角度等确定。当水流在检查井处转向时，应根据水流偏转角度选择90°弯头、135°弯头的井底座；当直线排水管段上有汇入管接入井底座时，可根据汇入管道接入的角度选择90°三通、斜三通（15、22.5、45°）、90°汇合三通、90°汇合四通、45°斜四通的井底座。

4.2.2 建筑小区的建筑排出管起始检查井的设置应符合下列规定：

1 当排出管管径小于或等于160mm、排出管与接户管的管顶覆土深度相近时，宜设置水平弯头井底座。

2 当排出管管径小于或等于160mm，排出管与接户管的管顶覆土深度高差大于0.5m时，宜设置直立弯头井底座。

4.2.3 建筑小区的建筑接户管检查井的设置，应符合下列规定：

1 当排出管1～2根、管径小于或等于160mm、管底标高与接户管检查井井底标高高差接近且排出管间距较小时，宜设置斜四通井底座，或设置小于或等于3根支管的汇流接头合流后再与三通井底座连接。

2 当排出管1～3根、管径小于或等于160mm、管底标高与接户管检查井井底标高高差大于0.50m且排出管间距较小时，可设置汇流接头合流后，再与直通井底座上下串接。

3 当排出管1～2根、管径小于或等于160mm、管底标高与接户管检查井井底标高接近且排出管间距不受限时，可分别设置三通井底座。

4 当排出管2～3根、管径小于或等于160mm、管底标高与接户管检查井井底标高接近且排出管间距较小时，可设置汇流接头合流后，再与三通井底座连接。

5 当排出管管底标高与接户管检查井井底标高不一致且高差小于1m时，可采用井筒活接头接入排出管或采用其他不影响水利条件的方法。

4.2.4 当检查井井径小于或等于700mm时，宜选用直壁式检查井；当井径大于700mm时，宜选用收口式检查井，收口检查井的检修室高度不宜低于1.8m，污水检查井检修室高度应由流槽顶起算，雨水（合流）检查井检修室高度应由管内底起算。

4.2.5 污水排水系统应选用带流槽的井底座；雨水排水系统应选用有沉泥室的井底座或带流槽的井底座。

4.2.6 排水系统上，沉泥井的设置应符合下列规定：

1 排水支管接入排水主管道的前一检查井，应设为沉泥井。

2 进入泵站的前一检查井，宜设置为沉泥井。

3 倒虹管进水井的前一检查井，应设为沉泥井。

4 排水管道每隔适当距离的检查井，宜设置为沉泥井。

4.2.7 排水系统上，跌水井的设置应符合下列规定：

1 当管道跌水水头为1.0m～2.0m时，宜设跌水井。

2 当跌水水头大于2.0m时，应设跌水井；管道转弯处不宜设跌水井。

4.2.8 起始井、转角井宜采用下人检查井，其井筒直径应大于或等于700mm。

4.2.9 寒冷地区或严寒地区，井筒应采用耐低温塑料材质。

4.2.10 井筒与井底座、收口锥体等部件的连接应采用承插连接或焊接，必要时可采用热收缩带（套）补强。

4.2.11 收口锥体底部的覆土深度不应大于4.2m，车行道下检查井的收口锥体顶部距地面的高度不宜小于0.7m；非机动车道下检查井的收口锥体顶部覆土厚度不宜小于0.6m。

4.2.12 下人检查井宜根据用户或设计要求设置爬梯，爬梯可分为固定爬梯和活动爬梯。固定爬梯应符合下列规定：

1　爬梯构件宜为矩形塑料型材，其截面不应小于40mm×40mm。

2　爬梯的竖向间距应为 360mm，爬梯错步中心距应为 300mm。

3　爬梯与井筒壁应采用热熔连接，焊接应牢固。

4.3　承压圈及褥垫层

4.3.1　承压圈宜为钢筋混凝土预制构件，结构应按检查井所受外部荷载进行设计，并应符合现行国家标准《混凝土结构设计规范》GB 50010 和《混凝土工程施工质量验收规范》GB 50204 的有关规定。

4.3.2　褥垫层结构应符合下列规定：

1　褥垫层厚度不应小于 300mm，褥垫层材料可分两层，应分别采用碎石垫层和 C20 混凝土垫层。

2　褥垫层每边宽度应大于承压圈外径 100mm 以上。

3　褥垫层的厚度应大于或等于 150mm（图 4.3.2)。

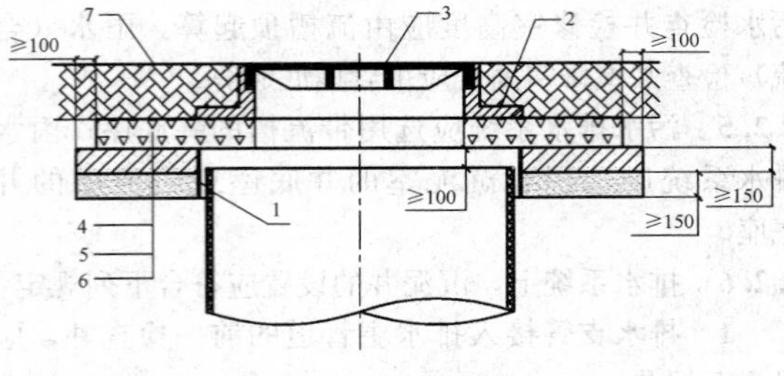

图 4.3.2　褥垫层及承压圈结构示意图
1—挡圈；2—盖座；3—井盖；4—承压圈；
5—混凝土垫层；6—碎石垫层；7—地面

4.4　检查井与管道连接

4.4.1　检查井与塑料排水管道连接应采用弹性橡胶密封圈承插连接或焊接、过渡连接管件连接、变径接头连接，必要时可采用热收缩带（套）补强。连接处底部应平接，不应有台阶。

4.4.2　当检查井与金属管道、水泥管道连接时，应设置专用过渡接头，并宜采用热收缩带（套）进行补强。

4.4.3　检查井与排水管道连接处，应采取防止不均匀沉降的措施。

5　结 构 设 计

5.1　一 般 规 定

5.1.1　检查井的结构设计应采用以概率理论为基础的极限状态设计方法，以可靠指标度量结构构件的可靠度；当按承载能力极限状态计算时，除对结构稳定性验算外均采用含分项系数的设计表达式进行设计。

5.1.2　结构设计使用年限不得低于 50 年。

5.1.3　结构设计应计算下列两种极限状态：

1　承载能力极限状态：包括结构构件的强度计算、压曲稳定计算、抗浮计算和抗拔计算。

2　正常使用极限状态：包括井体结构的变形计算。

5.1.4　检查井的计算分析模型应符合下列原则：

1　按弹性体系计算，不应考虑分析由非弹性变形所产生的塑性内力重分布。

2　井筒应按上端自由，下端弹性固定的柱壳体计算。

5.1.5　检查井在准永久组合作用下的径向最大允许变形率应为 5%，轴向最大允许变形率应为 1.5%。

5.1.6　检查井底板在准永久组合下的最大挠度不应超过底板水平投影直径的 2%。

5.1.7　井筒管材符合下列规定之一时，可不按本规程第 5.6、第 5.7 节的规定进行结构计算：

1　井筒管材符合国家现行标准《埋地用聚乙烯(PE)结构壁管道系统　第 2 部分：聚乙烯缠绕结构壁管材》GB/T 19472.2 及《市政排水用塑料检查井》CJ/T 326 的有关规定，井埋深不超过 5m。

2　井筒管材符合现行国家标准《无压埋地排污、排水用硬聚氯乙烯（PVC-U）管材》GB/T 20221 及本规程第 3.2.2 条的规定，或符合现行国家标准《给水用聚乙烯（PE）管材》GB/T 13663 的有关规定。

3　井筒管材符合现行国家标准《埋地排水用硬聚氯乙烯（PVC-U）结构壁管道系统　第 3 部分：双层轴向中空壁管材》GB/T 18477.3 及本规程第 3.2.2 条的规定，井筒采用 PVC-U 双层轴向中空壁管材时的最大埋深应符合表 5.1.7 的要求。

表 5.1.7　井筒采用 PVC-U 双层轴向中空壁管材时的最大埋深（mm）

公称尺寸 DN/OD	315	400	500	630	800	1000
井最大埋深 H_{max}	1000		2000		5000	5000

5.1.8　当对井底座和收口锥体进行强度计算时，应采用三维模型进行结构内力分析，当井底座和收口锥体符合本规程第 3.2.1 条、第 3.2.3 条的轴向静荷载试验和稳定性试验的要求时，可不按本规程第 5.6 节、第 5.7 节的规定进行计算。

5.1.9　检查井的地基处理应按现行行业标准《建筑地基处理技术规范》JGJ 79 的有关规定执行，地基处理方案应与管道地基处理方案协调一致。

5.2　永久作用标准值

5.2.1　结构自重的标准值，可按结构的设计尺寸与材料单位体积的自重计算确定。

5.2.2　作用在收口锥体上的竖向土压力可按下式计算：

$$F_{sv,k}=\pi/4\cdot(D_1^2-D_2^2)H_c\cdot\gamma_s F_{sv,k} \quad (5.2.2)$$

式中：$F_{sv,k}$——作用于收口锥体上的竖向土压力标准值（kN）；

D_1——井底座外径（m）；

D_2——收口锥体上部井筒外径（m）；

γ_s——土的重力密度（kN/m³）；

H_c——收口锥体底部的覆土高度（m）。

5.2.3 作用在检查井上的侧向土压力应按现行国家标准《给水排水工程构筑物结构设计规范》GB 50069有关规定进行计算。

5.2.4 作用在检查井井筒上的下曳力标准值可按下列公式计算：

1 无地下水时：

$$F_{d,k}=T_{a,k}\pi D_1 H \quad (5.2.4\text{-}1)$$

$$T_{a,k}=\mu(F_{ep,k1}+F_{ep,k2})/2 \quad (5.2.4\text{-}2)$$

式中：$F_{d,k}$——下曳力标准值（kN）；

D_1——井底座的外径（m）；

H——井底以上填土高度（m）；

$T_{a.k}$——无地下水时检查井井筒单位面积上的平均下曳力标准值（kPa）；

$F_{ep,k1}$——作用于检查井井筒顶部的侧向土压力标准值（kPa）；

$F_{ep,k2}$——作用于检查井井筒底部的侧向土压力标准值（kPa）；

μ——检查井井筒与回填土之间的摩擦系数，应根据试验资料确定，当缺乏试验资料时，若井外壁光滑，摩擦系数μ可按表5.2.4选用。

表5.2.4 检查井井筒与回填土之间的摩擦系数μ

回填土类别		μ
黏性土、粉土	无地下水	0.2
	有地下水	0.1
砂土	无地下水	0.25
	有地下水	0.075

注：井壁周围回填中、粗砂后，摩擦系数按砂土取值。

2 有地下水时：

$$F_{d,k}=\pi D_1[\mu(F_{ep,k1}+F_{ep,k3})(H-H_w)/2+T_{b,k}H_w] \quad (5.2.4\text{-}3)$$

$$T_{b,k}=\mu(F_{ep,k2}+F_{ep,k3})/2 \quad (5.2.4\text{-}4)$$

式中：H_w——井底以上浸水高度（m）；

$T_{b,k}$——地下水位之下检查井井筒单位面积上的平均下曳力标准值（kPa）；

$F_{ep,k3}$——作用于检查井地下水位线处的侧向土压力标准值（kPa）。

5.2.5 作用在检查井内的水压力应按设计水位的静水压力计算。对雨水检查井，水的重度标准值可取10kN/m³；对污水检查井，水的重度标准值可取10kN/m³～10.8kN/m³。

5.3 可变作用标准值、准永久值系数

5.3.1 地面堆积荷载标准值可取10kN/m² 计算，准永久值系数可取0.5。

5.3.2 车辆荷载可按现行行业标准《城市桥梁设计规范》CJJ 11选取，车辆荷载的准永久值系数可取0.5。

5.3.3 地面堆积荷载与车辆荷载不应同时计算，应选用荷载效应较大者。

5.3.4 地下水对井筒作用的标准值应按下列条件确定：

1 井筒上的水压力应按静水压力计算。

2 水压力标准值的相应设计水位，应根据地勘报告确定。对于可能出现的最高和最低水位，应结合近期变化及工程设计基准期内可能的发展趋势确定。

3 水压力标准值的相应设计水位，应根据对结构的荷载效应确定取最高水位或最低水位。当取最高水位时，相应的准永久值系数可取平均水位与最高水位的比值；当取最低水位时，相应的准永久值系数应取1.0。

4 地下水对检查井的浮托力，应按下式计算：

$$F_{w,k}=\pi/4\cdot D_1^2\cdot\gamma_w H_w \quad (5.3.4)$$

式中：$F_{w,k}$——地下水对检查井的浮托力标准值（kN）；

γ_w——水的重度标准值。

5.3.5 冻土胀拔力应按下式计算：

$$F_{b,k}=\pi D_1 H_d \alpha\, \sigma_q \quad (5.3.5)$$

式中：$F_{b,k}$——冻土胀拔力标准值（kN）；

H_d——冻土层中回填土与井筒接触高度（m）；

α——冻深系数，应按表5.3.5-1选用；

σ_q——冻土切向应力标准值（kPa），应按表5.3.5-2选用。

表5.3.5-1 冻深系数α

标准冻深h_d（m）	$h_d<2.0$	$2.0\leqslant h_d\leqslant3.0$	$h_d>3.0$
α	1.0	0.9	0.8

表5.3.5-2 冻土切向应力标准值σ_q（kPa）

土壤类别	弱冻胀	冻胀	强冻胀	特强冻胀
黏性土、粉土	19～38	38～50	50～72	72～96
砂土、砂砾土	<6.0	13～20	26～52	60～128

5.4 抗浮计算

5.4.1 检查井的抗浮计算，应满足下式要求：

$$F_{kw,k}\geqslant K_f F_{w,k} \quad (5.4.1)$$

式中：K_f——检查井抗浮稳定性抗力系数，当抗浮力

以下曳力为主时不低于1.3，当抗浮力以竖向土压力或抗浮混凝土为主时不低于1.1；

$F_{kw,k}$——抗浮力标准值（kN）；

$F_{w,k}$——浮托力标准值（kN），应按本规程第5.3.4条确定。

5.4.2 检查井抗浮力标准值可按下式计算：

$$F_{kw,k} = G_k + F_{d,k} + F_{sv,k} \quad (5.4.2)$$

式中：$F_{kw,k}$——检查井抗浮力标准值（kN）；

G_k——检查井自重标准值（kN）；

$F_{sv,k}$——作用于收口锥体上的竖向土压力标准值（kN），可根据本规程公式（5.2.2）计算。

5.5 抗拔计算

5.5.1 检查井的抗拔计算，应满足下式要求：

$$F_{kb,k} \geqslant 1.1F_{b,k} \quad (5.5.1)$$

式中：$F_{kb,k}$——抗拔力标准值（kN）。

5.5.2 检查井的抗拔力可按下列公式计算：

$$F_{kb,k} = \pi T_{c,k} D_1 (H - H_d) \quad (5.5.2\text{-}1)$$

$$T_{c,k} = \mu(F_{ep,k4} + F_{ep,k5})/2 \quad (5.5.2\text{-}2)$$

$$F_{ep,k4} = K_a(\gamma_s H_d + \sigma_f) \quad (5.5.2\text{-}3)$$

$$F_{ep,k5} = K_a(\gamma_s H + \sigma_f) \quad (5.5.2\text{-}4)$$

式中：$F_{kb,k}$——检查井抗拔力标准值（kN）；

$T_{c,k}$——冻土线以下回填土与井筒之间平均摩擦力（kPa）；

$F_{ep,k4}$——冰冻线界面处作用于井筒的水平土压力标准值（kPa）；

$F_{ep,k5}$——冰冻线界面之下作用于井筒底部水平土压力标准值（kPa）；

K_a——冰冻线之下回填土主动土压力系数；

γ_s——回填土的重力密度（kN/m^3）；

σ_f——冻胀法向应力标准值（kPa），可按现行行业标准《冻土地区建筑地基基础设计规范》JGJ 118确定。

5.6 强度计算

5.6.1 检查井的截面强度计算应采用下列极限状态设计表达式：

$$\gamma_0 \sigma \leqslant f \quad (5.6.1)$$

式中：γ_0——结构重要性系数；

σ——作用效应基本组合压应力或拉应力设计值；

f——结构抗压强度或抗拉强度设计值，可按表5.6.1采用。

表5.6.1 材料的强度设计值和弹性模量（MPa）

名称	抗压强度设计值	抗拉强度设计值	弹性模量
PE100	≥8	≥6.4	≥800
PP-B	≥6.9	≥5.5	≥1000
PVC-U	≥12.4	≥10	≥3000

注：当温度大于20℃但不超过40℃时，PE100、PP-B、PVC-U材料的强度设计值应分别乘以0.74、0.68、0.70的温度折减系数。

5.6.2 井筒的环向压应力可按下列公式计算：

$$\sigma_t = \frac{N_t}{A_t} + \frac{M_e}{W} \quad (5.6.2\text{-}1)$$

$$N_t = F_r R_0 \quad (5.6.2\text{-}2)$$

$$F_r = F_{ep} + F_w \quad (5.6.2\text{-}3)$$

$$M_e = 0.025 R_0 N_t \quad (5.6.2\text{-}4)$$

式中：σ_t——井筒的环向压应力设计值（MPa）；

A_t——井筒、井筒1mm长度轴向截面的净面积，对中空壁管应扣除孔洞的面积（mm^2）；

W——井筒1mm长度轴向截面绕纵向轴的最小抗弯模量（mm^3）；

N_t——径向压力在截面内产生的环向压力设计值（N/mm）；

M_e——回填土不均匀导致的附加弯矩设计值（Nmm/mm）；

R_0——井筒计算半径（mm）；

F_r、F_{ep}、F_w——径向压力、侧向土压力、地下水压力设计值（MPa）。

5.6.3 井筒的轴向压应力可按下式计算：

$$\sigma_a = (G + F_d + F_L + F_{sv})/A_a \quad (5.6.3)$$

式中：σ_a——井筒轴向压应力设计值（MPa）；

G——检查井自重设计值（N）；

F_d——回填土下曳力设计值（N）；

F_L——可变作用设计值（N）；

F_{sv}——结构自重和土的竖向压力设计值（N）；

A_a——井筒的横截面净面积（mm^2），应扣除孔洞面积。

5.6.4 强度计算作用组合工况可按表5.6.4规定执行。

表5.6.4 强度计算作用组合

工况	永久作用				可变作用		
	结构自重	竖向土压力	侧向土压力	井筒下曳力	车辆荷载	堆积荷载	地下水压力
工况1	√	√	√	√	√	—	√
工况2	√	√	√	√	—	√	√

5.7 压曲稳定计算

5.7.1 检查井井筒的环截面压曲稳定计算应符合下列规定：

1 井筒环截面压曲稳定应满足下式要求：

$$N_{tcr,k}/N_{t,k} \geqslant 2.0 \quad (5.7.1\text{-}1)$$

$$N_{t,k} = F_{r,k}R_0 \quad (5.7.1\text{-}2)$$

式中：$N_{tcr,k}$——检查井井筒每延米的环向临界压力标准值（N/mm）；

$N_{t,k}$——检查井井筒每延米的环向压力标准值（N/mm）。

2 地下水位以上井筒的环截面压曲失稳的临界压力可按下式计算：

$$N_{tcr,k} = 1.4R_0 \cdot SN^{1/3} \cdot E_n^{2/3} \quad (5.7.1\text{-}3)$$

式中：SN——井筒的长期环刚度（MPa）；

E_n——井侧原状土的变形模量（MPa），由试验确定，当缺乏试验数据时，可按现行国家标准《给水排水工程管道结构设计规范》GB 50332 确定。

3 地下水位以下井筒的环截面压曲失稳的临界压力可按下式计算：

$$N_{tcr,k} = 5.65R_0\sqrt{SN \cdot R \cdot B' \cdot E_d} \quad (5.7.1\text{-}4)$$

式中：R——浮力折减系数，$R=1-0.33H_w/H$；

B'——弹性支撑经验系数，$B'=1/(1+4e^{-0.213H})$；

E_d——井侧土综合变形模量（MPa），由试验确定，当缺乏试验数据时，可按现行国家标准《给水排水工程管道结构设计规范》GB 50332 确定。

4 对于实壁管，井筒的长期环刚度 SN 可按下式计算：

$$SN = E_t I_t/(8R_0^3) \quad (5.7.1\text{-}5)$$

式中：E_t——为井筒环向受压的长期弹性模量（MPa）；

I_t——井筒水平截条竖向横截面对竖向形心轴的惯性矩（mm^4/mm）。

5.7.2 检查井的轴向压曲稳定计算应符合下列规定：

1 检查井的轴向压曲稳定应满足下式要求：

$$N_{acr,k}/(G_k + F_{d,k} + F_{L,k} + F_{sv,k}) \geqslant 2.0 \quad (5.7.2\text{-}1)$$

式中：$N_{acr,k}$——轴向临界压力标准值（N）；

G_k、$F_{d,k}$、$F_{L,k}$、$F_{sv,k}$——结构自重、下曳力、可变作用、竖向土压力标准值（N）。

2 检查井轴向压曲失稳的临界压力可按下式计算：

$$N_{acr,k} = \frac{\sqrt[3]{12I_t} \cdot E_a \cdot A_a}{R_0\sqrt{3(1-v_a^2)}} \quad (5.7.2\text{-}2)$$

式中：E_a——井筒材料长期轴向受压弹性模量（MPa），可取本规程表 5.6.1 中弹性模量的 0.2～0.5 倍；

v_a——井筒材料长期轴向受压的泊松比，PE100、PP-B 可取 0.4，PVC-U 可取 0.38；

A_a——井筒的横截面净面积，应扣除孔洞面积（mm^2）。

5.8 基础设计

5.8.1 检查井的地基基础设计应按现行国家标准《建筑地基基础设计规范》GB 50007 的有关规定执行。当进行地基基础计算时，应以检查井为满水状态进行计算。

5.8.2 检查井基础应根据地勘资料经结构设计确定，并应符合下列规定：

1 宜采用砂、砾石垫层基础，基础总厚度不应小于 100mm；基础结构层可采用下层不小于 50mm 的砾石、上层为 50mm 的中粗砂，或直接采用 100mm 厚的中粗砂基础。

2 软土地基应用砂、砾石置换，其基础总厚度不应小于 200mm；基础结构层可分两层铺设，下层宜为粒径 5mm～40mm 的砾石，厚度不宜小于 100mm～150mm，上层宜为 50mm 厚的中粗砂。

3 砂、砾石垫层平面最小尺寸不应小于检查井井底座直径加每侧不小于 200mm 基础尺寸铺垫。

5.8.3 砂石垫层的厚度不宜小于管道垫层的厚度，压实系数不宜小于 0.95。

5.9 回填设计

5.9.1 检查井沿管道方向的回填长度，每侧应为井筒管径的 3 倍；回填的横向宽度，至两侧槽帮，且每侧回填材料的宽度不应小于 400mm。

5.9.2 回填材料不得采用淤泥、淤泥质土、湿陷性土、膨胀土、冻土，最大粒径不得超过 40mm，同时不得夹杂石块、砖头等尖硬的物体。

5.9.3 回填土的压实系数不应小于 0.95，并不应小于道路或地面设计要求。

5.9.4 在寒冷地区或严寒地区，在井筒周围不小于 100mm 宽的范围内，宜采用中粗砂、砂卵石、炉渣或炉渣石灰土等非冻胀性材料进行回填。当井筒采用聚乙烯缠绕结构壁管时，在井筒周围不小于 100mm 宽的范围内，应采用非冻胀性材料进行回填。

6 施工与安装

6.1 一般规定

6.1.1 检查井的施工与安装应符合现行国家标准

《给水排水管道工程施工及验收规范》GB 50268 的有关规定。

6.1.2 检查井各部件的规格型号、位置尺寸应按设计要求进行加工制作，与管道连接方式和尺寸应与连接管道匹配，且位置正确。检查井安装前应进行相应的技术交底工作。

6.1.3 施工单位应编制施工方案，其主要内容应包括工程概况、汇入和流出管道（包括支连管）位置及连接形式、检查井安装连接形式、主要施工方法、主要机械设备的配置、施工质量和安全的保证措施等。施工方案应按规定程序批准后方可实施。

6.1.4 检查井井底座下沟前应对井底座基础进行验收。当地基被扰动、超挖、受水浸泡，或存在不良地基、土层时，应及时处理达到设计要求后，方可继续施工。

6.1.5 当检查井井底座与管道连接时，井底座基坑超挖部位应及时用砾石或级配砂石回填夯实，并应符合设计要求。

6.1.6 当检查井井底座与管道连接时，应采用专用机具连接，不得对已连接的管道造成不良影响。

6.1.7 检查井各部件连接以及检查井与管道连接，应采取有效措施，保证其接口密封性能可靠，且检查井与管道之间的差异沉降不得影响管道接口的密封性能。

6.1.8 检查井在安装、回填过程中，井坑底部不得有积水或冰冻。

6.1.9 检查井井盖安装应与道路路面施工同时进行。井盖未安装封闭前，检查井井口应有防坠落安全措施。

6.1.10 检查井安装前应进行井底座、收口锥体等主要部件的预拼装，并应做好标记。

6.2 运输与贮存

6.2.1 检查井的吊装运输应符合下列规定：

1 当搬运时，应轻拿轻放，不得滚、拖、抛。

2 当采用机械设备吊装时，应采用非金属绳（带）吊装。

3 当运输时，应竖直放置，应采用非金属绳（带）捆绑固定，并应采取防晒措施。

6.2.2 检查井贮存应符合下列规定：

1 应放置在通风良好的仓库内，应远离热源，并应有防火措施。

2 当露天临时存放时，应采取防晒措施，且不宜长期露天存放。

3 当水平摆放时应有水平支撑物，并有防止承口变形、损坏的措施。

4 不得与油类或化学品混合存放。

6.3 井 坑 开 挖

6.3.1 井坑开挖应符合下列规定：

1 井坑开挖应与管道沟槽同时进行，并应保持井底座主管道与管沟中的管道在同一轴线上。

2 井坑开挖应保证安全施工，应根据地质条件按现行国家标准《给水排水管道工程施工及验收规范》GB 50268 的有关规定放坡开挖或采取支护措施。

3 当开挖时，临时堆土或施加其他荷载不得影响井坑的稳定性，堆土高度及其距井坑边缘的距离应符合现行国家标准《给水排水管道工程施工及验收规范》GB 50268 的有关规定。

4 井坑开挖施工工作面宽度应符合施工要求。井坑最小净尺寸应按下式计算：

$$B = D + 2b \qquad (6.3.1)$$

式中：B——井坑底部净尺寸（mm）；

D——井底座外径（mm）；

b——检查井底座一侧工作面宽度（mm），可按表 6.3.1 选取；当井坑底需设排水沟时，工作面宽度应按排水沟宽度加宽。

表 6.3.1 检查井底座一侧工作面宽度

井底座公称直径 DN（mm）	工作面宽度 b（mm）
$DN \leqslant 500$	300
$500 < DN \leqslant 1000$	400

6.3.2 当地下水位高于坑底时，应把地下水降至井坑最低点 500mm 以下。检查井安装连接完毕后，应回填至满足检查井抗浮稳定的高度后方能停止降水。当检查井安装结束尚未回填遭水淹，发生位移、漂浮或拔口时，应返工处理。

6.3.3 井坑底部的砖、石等坚硬物体应清除。

6.3.4 当施工时发生井坑被水浸泡，应将水排除，清除被浸泡的土层，换填砂砾石或中粗砂，夯实达到设计要求后再进行下道工序。

6.4 地基与基础施工

6.4.1 检查井应安装在符合设计要求的地基及基础上。

6.4.2 砂、砾石垫层应按沿管道方向及沿管道垂直方向应采用不小于检查井直径加 400mm 的基础尺寸铺垫，并应摊平、压实，其压实系数不应小于 0.95。

6.5 井底座安装

6.5.1 井底座安装前应符合下列规定：

1 复核井底座编号、规格、接管管径。

2 不得扰动检查井基础，当检查井基础受到损坏时，应采取有效的补救措施。

3 对带有倒空腔的井底座，宜采用泡沫混凝土或类似材料填充倒空腔，固化后方可下沟安装。

6.5.2 井底座安装应符合下列规定：

1 应按井→管→井→管顺序安装。

2 井底座中心定位后，应将井底座置于井坑基础上，调整井底标高和接管位置符合设计要求后接管安装。

6.5.3 井底座与排水管道连接应符合下列规定：

1 当进行安装时，应将待安装的管道或井底座向已安装的井底座或管道方向连接，不得逆向安装；连接作业应按安装操作说明执行。

2 当汇入管径小于井底座预制接口的管径时，应采用管顶平接；当井底座排出管接口大于下游管道时，应采用管内底平接。

3 汇入管道管底不应低于检查井的流槽底部。

4 当检查井与金属管道、混凝土管道、钢带增强聚乙烯螺旋管或其他材质管道相连接时，应设置专用过渡接头，并应采用弹性橡胶密封圈柔性连接的方式进行连接；必要时可采用热收缩带（套）补强。

5 在闭合管段进行井和管的连接时，应采用套筒等特殊管件连接。

6.6 井筒及收口锥体安装

6.6.1 井筒、收口锥体的规格、尺寸应符合设计要求。收口式检查井的收口锥体偏心安装位置应符合设计要求，并与井筒中心轴线方向一致。

6.6.2 施工安装前应复核井筒长度。当地面或路面标高难以确定时，井筒长度可适当预留余量。

6.6.3 当井筒与井底座或收口锥体连接、收口锥体与井底座连接时应保持垂直，并应使用专用收紧工具，不得使用重锤敲击。

6.6.4 当采用热收缩带（套）密封补强时，应从热收缩带（套）中间开始，沿环向进行加热，至收缩带（套）完全贴合在管道表面、边缘有热熔胶溢出为止。热收缩带完全收缩后，沿轴向均匀来回加热，使内层的热熔胶充分融化，以达到更好的粘结效果。回火时间应根据环境气温、温差大小调整。

6.7 连接管件与配件安装

6.7.1 连接管件与配件的安装宜在现场制作安装。

6.7.2 当井筒上接入排水支、连管时，可根据支、连管的数量，采用井筒接管件或井筒活接头进行连接。

6.7.3 当采用井筒活接头接入排水支管时，应按下列步骤进行：

1 井底座安装就位后，应截取符合设计高度要求的井筒，并应根据接入支管管底标高确定开孔位置。

2 应采用专用工具在井筒上开孔。

3 可采用弹性橡胶密封垫与螺纹丝扣压紧连接、热熔连接、焊接连接等方式将活接头安装至井筒上。

4 应将井筒活接头与管道连接，可采用熔接连接、焊接连接、弹性密封圈承插式连接或热收缩带（套）连接等。

6.7.4 井筒活接头开孔时应符合下列规定：

1 开孔直径不应超过活接头管件外径 6mm。

2 需多处开孔时，开孔边缘相互净间距不应小于 100mm。

3 支管、连管接入不得倒坡。

6.7.5 当采用井筒接管件接入排水支管时，安装高度、尺寸符合要求，安装的密封性应符合要求。

6.7.6 当采用井筒接管件接入排水支管时，应符合下列规定：

1 在井筒的同一高程处，当需接入来自不同方向的 1 根～3 根排水支管时，应采用井筒接管件。

2 在井筒的同一高程处，当需接入来自同一方向的 2 根～3 根排水支管时，宜采用汇流接管件合流后，再通过井筒接管件接入检查井。

3 当进行安装时，应采用专用的收紧机具进行连接，不得使用重锤敲打。

4 支管、连管接入不得倒坡。

6.8 回　　填

6.8.1 回填应按照设计要求在管道和检查井验收合格后进行。当遇雨季或地下水位较高时应及时回填。

6.8.2 井坑回填应按现行行业标准《埋地塑料排水管道工程技术规程》CJJ 143 的有关规定执行，并应符合下列规定：

1 应从检查井圆周底部分层、对称回填、夯实，并应与管道沟槽的回填同步进行，每层厚度不宜超过 300mm。

2 连接管件下部应夯实至规定压实系数。

3 回填应采用电动打夯机或木夯等轻型夯实工具对称夯实，不得使检查井产生位移和倾斜，不得机械回填，回填密实度应符合设计要求。

4 回填时井坑内应无积水，不得带水回填，不得回填淤泥、湿陷性土、膨胀土及冻土；回填土中不得含有石块、砖块及其他硬杂物。

5 当雨季或地下水位较高地区施工时，应采取防止检查井上浮的措施。

6.8.3 当检查井位于道路路基范围内时，应采用石灰土、砂、砂砾等材料回填，其每侧回填宽度不宜小于 400mm。

6.9 挡圈及承压圈安装

6.9.1 检查井回填完成后应安装挡圈，并应符合下列规定：

1 承压圈褥垫层铺设前，应在井筒外侧放置挡圈，在井筒与挡圈的间隙中应选用柔性密封材料封严。

2 挡圈尺寸依照褥垫层厚度和井筒与承压圈之间的间隙确定。

6.9.2 承压圈的安装应在挡圈安装完成后进行，并应符合下列规定：

1 承压圈、褥垫层的结构、尺寸应符合本规程第4.3节的规定和设计要求。

2 安装后，承压圈底部与井筒顶部之间的间隙不应小于100mm。

3 承压圈应水平安装，圆心应与井筒中心轴线同心。

6.10 井 盖 安 装

6.10.1 井盖安装前应测量井筒的长度，并应切割井筒的多余部分。切割后的井筒顶面应水平、平整。

6.10.2 安装井盖应按检查井的输送介质性质确定，污水井盖和雨水井盖等不得混淆。

6.10.3 安装井盖时，井盖不能偏移，并与井筒的轴心对准，安装后应将周围均匀回填至设计要求高度。

7 质量检验与验收

7.1 一 般 规 定

7.1.1 检查井工程质量控制除应符合现行国家标准《给水排水管道工程施工及验收规范》GB 50268的有关规定外，还应符合下列规定：

1 检查井各部件、连接管件与配件、主要原材料等进入施工现场，应进行进场验收，进场验收不合格的不得使用。

2 每道工序完成后应进行施工检验，上下道工序之间应进行交接检验，工程隐蔽前应进行隐蔽验收，检验、验收不合格的不得进行下道工序施工。

3 检查井安装施工与交接检验记录应按本规程附录A的规定执行；各分项工程完成后应按本规程规定进行验收。

4 所有施工检验、工程验收、隐蔽验收、测量复核等应有记录，并应进行检查确认。

7.1.2 检查井工程可按排水管道单位工程中的一个分部工程进行验收，施工质量验收应在施工单位自检合格的基础上，按分项工程、验收批、分部工程顺序进行。

7.1.3 检查井分项工程、验收批、分部工程的质量验收记录应按现行国家标准《给水排水管道工程施工及验收规范》GB 50268的有关规定填写。检查井工程质量验收划分应按表7.1.3的规定执行。支护开挖分项工程的质量验收应按现行国家标准《给水排水构筑物工程施工及验收规范》GB 50141的有关规定执行。

表7.1.3 检查井工程质量验收划分

分部工程	分项工程	验收批
塑料检查井	1）井坑开挖（放坡、撑板支撑的井坑开挖，钢板桩支护的井坑开挖，其他支护结构的井坑开挖） 2）检查井基础 3）井底座、收口锥体与井筒安装 4）挡圈与承压圈、井盖与盖座安装 5）井坑回填 6）检查井构筑物	每座井

注：其他支护结构应为水泥土搅拌桩、型钢搅拌桩、钻孔灌注桩、地下连续墙及预制钢筋混凝土板桩等支护结构。

7.1.4 检查井各验收批施工质量验收合格应满足下列条件：

1 主控项目的质量经抽样检验应合格。

2 一般项目的质量经抽样检验应合格，其中采用量测检验方式进行计数实测的允许偏差项目合格率应达到80%及以上，且不合格点的偏差值应不超过允许偏差值的1.5倍。

3 主要工程材料的进场验收应合格；相关施工检测、试验检验应合格。

4 主要工程材料的产品质量保证资料以及相关检验资料应齐全、正确；并应具有完整的施工操作依据、施工记录、施工检验记录、试验检测报告、质量验收记录。

7.1.5 检查井各分项工程质量验收合格应满足下列条件：

1 分项工程所含的验收批质量均应验收合格。

2 分项工程所含的验收批的质量验收记录应完整、正确；有关质量保证资料和检验资料应齐全、正确。

7.1.6 检查井分部工程质量验收合格应满足下列条件：

1 分部工程所含分项工程的质量均应验收合格。

2 质量控制资料应完整。

3 分部工程中，地基与基础、混凝土、管道连接、检查井接口连接、密闭性检验、井径向变形、回填等涉及有关结构安全及使用功能的施工检测结果应合格。

4 观感质量验收应符合要求。

7.1.7 检查井工程验收合格后，附属构筑物分部工程应与排水管道其他分部工程汇总进行单位工程质量验收。单位工程质量验收应按现行国家标准《给水排水管道工程施工及验收规范》GB 50268的有关规定执行。

7.1.8 对外观质量不符合要求的检查井，应返修处理，经返修处理后的产品应重新组织验收。进入现场的检查井成品应符合下列规定：

1 井筒内外壁应光滑平整，无气泡、裂缝、凹陷和破损变形。

2 检查井色泽应基本一致，同时接口应完好，无裂纹变形。

3 检查井相关连接管件与配件等应齐全，并应与各部件匹配一致，表面无明显缺陷。

4 产品质量合格证、出厂检验报告应齐全。

5 进入施工现场的产品应按同一厂家、同一规格取样，进行下列复试：

1）井底座的轴向静荷载、稳定性、抗冲击性；

2）井筒的环刚度、环柔性；

3）收口锥体的稳定性等。

7.2 施工质量检验

7.2.1 放坡、撑板支撑的井坑开挖分项工程质量验收应符合下列规定：

主 控 项 目

1 井坑坑底应无超挖和扰动现象，天然地基应符合设计要求；当发生超挖、扰动或天然地基不符合要求时，应按设计要求进行地基处理。

检查方法：逐井检查，观察；对照设计文件检查施工记录、地基处理记录及相关地基检测报告；用钢尺、水准仪或全站仪测量井坑坑底标高和回填厚度，用环刀法检验回填压实度。

2 井坑开挖断面形式、撑板支撑材料和支撑方式应符合设计要求，撑板支撑时应与同步施工的管道沟槽形成整体支撑体系。

检查方法：逐井检查，观察；检查施工方案与施工技术措施资料、施工记录。

3 井坑坑底应密实平整，无隆沉、渗水现象；边坡应稳定，撑板支撑应稳固；井坑坑壁应无变形、渗水等现象。

检查方法：逐井检查，观察；检查施工方案与施工技术措施资料、施工记录、监测记录。

一 般 项 目

4 井坑降排水设施应运行正常，明排水布置应合理有效。

检查方法：逐井检查。观察；检查施工方案、技术处理资料、施工记录。

5 撑板支撑构件安装应牢固、位置正确，横撑不得妨碍检查井拼接安装。

检查方法：逐井检查，观察；检查施工记录。

6 放坡开挖、撑板支撑的井坑开挖允许偏差应符合表7.2.1的规定。

7.2.2 钢板桩支护的井坑开挖分项工程质量验收应符合下列规定：

表7.2.1 放坡开挖、撑板支撑的井坑开挖允许偏差

检查项目			允许偏差（mm）或要求	检查数量		检查方法
				范围	点数	
1	井坑开挖	坑底高程	0，−20	每座井	5	用水准仪量测，纵向、横向中线各2点，中心1点
		坑底纵向、横向中线每侧宽度	不小于规定		4	挂中线用尺量测，每侧各2点
		坑壁边坡	不陡于规定			用坡度尺量测，每侧等分2点
		坑底平整度	20		2	用2m直尺和塞尺量测，纵向、横向各1点
2	撑板安装	撑板垂直度	≤1.5%		4	用垂线、钢尺量测，每侧等分2点
		撑板平顺度	≤30			用小线、钢尺量测，每侧等分2点

主 控 项 目

1 钢板桩及其支撑系统的材质规格、围护支撑方式应符合设计要求，桩体不应弯曲、锁口不应有缺损和变形；钢板桩及钢制构件的接头焊缝质量不低于Ⅱ级焊缝要求，同一截面内（竖向1m范围）桩身接头不应超过50%。

检查方法：全数观察；检查施工方案、材料质量保证资料、施工记录。

2 井坑坑底应无未超挖和扰动现象，天然地基应符合设计要求；若发生超挖、扰动或天然地基不符合要求，应按设计要求进行地基处理。

检查方法：逐井检查。观察；对照设计文件检查施工记录、地基处理记录及相关地基检测报告；用钢尺、水准仪或全站仪测量井坑坑底标高和回填厚度，用环刀法检验回填压实度。

3 井坑钢板桩支撑方式应符合规范规定和设计要求，并应与同步施工的管道沟槽形成整体支撑体系。

检查方式：逐井检查。观察；检查施工方案与施工技术措施资料、施工记录。

4 井坑坑底应密实平整，无隆沉、渗水现象；支护体系应稳定，无变形、渗水等现象。

检查方式：逐井检查。观察；检查施工方案与施工技术措施资料、施工记录、监测记录。

一 般 项 目

5 钢板桩排桩线形应直顺、垂直，锁口咬合应紧密；钢制斜牛腿节点焊缝检查应符合设计要求；钢围檩与钢板桩整体联系应紧密，安装位置应正确。

检查方法：逐井检查。观察，用钢尺、小线、水准仪、经纬仪等辅助检查；对照设计文件检查检验记录、施工记录。

6 降排水设施应运行正常，明排水布置应合理有效。

检查方法：逐井检查。观察；检查施工方案、施工记录。

7 钢板桩支护的井坑开挖允许偏差应符合表7.2.2的规定。

表7.2.2 钢板桩支护的井坑开挖允许偏差

检查项目				允许偏差（mm）或要求	检查数量 范围	检查数量 点数	检验方法
1	钢板桩挡墙	轴线位置		0，+50	每座井	4	用经纬仪、全站仪及钢尺量测，每侧各2点
		桩顶标高		±100			用水准仪量测，每侧各2点
		桩长		±100		4	用钢尺量测，每侧各2点
		桩垂直度		1/100			用线锤及直尺量测，每侧各2点
2	井坑开挖	坑底标高		0，−20		5	用水准仪量测，纵向、横向中线各2点，中心1点
		坑底纵向、横向中线每侧宽度		不小于规定		4	挂中线用尺量测，每侧各2点
		坑底平整度		20		2	用2m直尺和塞尺量测，纵向、横向各1点
3	钢支撑系统	支撑位置	标高	±30	每根	2	用水准仪量测
			平面	±30		2	用钢尺量测
		围檩与支撑的节点偏差		≤15		2	用小线、钢尺量测
		围檩标高（mm）		30		2	用水准仪量测

注：表中L为支撑构件的长度，单位为mm。

7.2.3 检查井基础分项工程质量验收应符合下列规定：

主 控 项 目

1 井坑开挖分项工程应经质量验收合格，坑底地基处理应符合设计要求，且不得受水浸泡和扰动。

检查方法：逐井检查。观察；对照设计文件检查井坑开挖分项工程（验收批）质量验收记录及相关地基处理检验报告等，检查施工记录。

2 基础所用砂、石材料应符合设计要求。

检查方法：逐井检查。观察；对照设计文件检查砂石材料的质量保证资料、复试报告。

3 砂、石基础的厚度、压实度应符合设计要求；设计未要求时，基础压实系数不应小于0.95，基础厚度允许偏差为10mm。

检查方法：逐井检查。观察；对照设计文件检查砂、石压实度试验报告；用钢尺、水准仪量测基础厚度（纵向中心线每侧应不少于2点），用环刀法或密实度检测仪等检验基础压实度（不少于2处）。

一 般 项 目

4 砂、石基础应按设计要求尺寸铺垫，并应摊平压实。

检查方法：逐井检查。观察；检查施工记录。

5 砂石基础应与井底座底部、相邻连接管道底部接触均匀，无空隙。

检查方法：逐井检查。观察；检查施工记录。

6 检查井基础的允许偏差应符合表7.2.3的规定。

表7.2.3 检查井基础的允许偏差

检查项目			允许偏差（mm）或要求	检查数量 范围	检查数量 点数	检查方法
1	基础中心位置		±10	每座井	1	挂中心线用经纬仪或全站仪量测
2	基础顶面高程		0，−15		5	用水准仪量测，纵向、横向中线各2点，中心1点
3	基础顶面平整度		10		2	用2m直尺和塞尺量测，纵向、横向各1点
4	基础宽度	纵向两侧	0，10		4	挂中心线用钢尺量测，每侧2点
		横向两侧	0，10		4	挂中心线用钢尺量测，每侧2点

7.2.4 井底座、收口锥体与井筒安装分项工程质量验收应符合下列规定：

主 控 项 目

1 井底座、收口锥体与井筒以及相关连接管件与配件等产品规格尺寸、制造质量应符合相关产品技术标准的规定和设计要求；检查井基础分项工程应经质量验收合格。

检查方法：逐井检查。观察；对照设计文件检查相关产品进场验收记录、检查井基础分项工程（验收批）质量验收记录，检查相关产品的出厂质量合格证书、性能检验报告、使用说明书。

2 井底座安装应就位稳固，连接方向应与管道一致；井底高程、井中心安装允许偏差应符合表7.2.4的规定。

检查方法：逐井检查。观察；对照设计文件检查施工记录、检验记录；按表7.2.4的规定量测。

3 井底座、收口锥体、井筒等部件预拼装检验合格；安装时各部件连接处、与各汇入和流出管道连接处的接口安装到位；安装后各部件径向变形、井筒垂直度应符合表7.2.4的规定。

检查方法：逐井检查。观察；检查预拼装检验记录、施工记录、检验记录；按表7.2.4的规定量测。

一 般 项 目

4 管道与井底座连接应正确，接口胶圈应无脱落，管道应无倒坡现象，井及管道内应无杂物。

检查方法：逐井检查。观察；检查施工记录。

5 各类连接管件安装应正确、接口连接应紧密可靠，相关接口应按设计要求采用热收缩带（套）密封补强。

检查方法：逐井检查。观察；对照设计文件检查接口连接记录、施工记录。

6 井底座、收口锥体与井筒安装允许偏差应符合表7.2.4的规定。

表7.2.4 井底座、收口锥体与井筒安装允许偏差

		检查项目		允许偏差（mm）或要求	检查数量 范围	检查数量 点数	检查方法
1	主控项目	井底高程		±10	每座井	5	用水准仪或全站仪量测，沿井内径量测纵向、横向中线各2点及中心1点
2	主控项目	井中心位置		≤15	每座井	1	挂中心线用经纬仪或全站仪量测
3	主控项目	安装后各部件径向变形率		≤1%	每部件	2	用钢尺量测并计算，每部件取距上下连接端面100mm的2个断面
4	主控项目	安装后井筒垂直度		≤0.3%	每座井	1	挂垂线用钢尺量测并计算，环向等分四点取最大值1点
5		各部件相邻错口		≤5	每相邻部件	2	用钢尺、靠尺等量测，取最大值2点
6	一般项目	井底座接口与管道相对位置	高差	±10	每座井	每接口	用钢尺或水准仪量测计算
			水平	±10			用经纬仪或挂中线用钢尺量测计算
7		井筒顶面高程		±10		4	用水准仪量测，纵向、横向中线各2点

7.2.5 井坑回填分项工程质量验收应符合下列规定：

主 控 项 目

1 回填材料应符合设计要求。

检查方法：观察；对照设计文件检查回填材料的质量保证资料（取样检测应不少于两组，回填材料来源变化时应分别取样检测）。

2 沟槽不得带水回填，回填应密实。

检查方法：逐井检查。观察；检查施工记录。

3 检查井径向变形率不得超过设计要求；设计未要求时，径向变形率不应大于2%。

检查方法：逐井检查。观察，用钢尺分别量测井底座、收口锥体、井筒内径断面；对照设计文件检查施工记录、检测记录、技术处理资料。

4 回填土压实度应符合设计要求，设计无要求时，应符合本规程第6.8.2条的规定。

检查方法：逐井检查。观察；对照设计文件检查回填压实试验报告、施工记录；用环刀法或密实度检测仪等检验回填压实度，300mm为一层，每层2点。

一 般 项 目

5 井坑回填应分层对称回填、夯实。

检查方法：逐井检查。观察；检查施工方案、施工记录。

6 回填应达到设计高程，表面应平整。

检查方法：逐井检查。观察；用水准仪测量（每座井1点，允许偏差为±30mm）。

7 回填时检查井及管道应无损伤、沉降、位移。

检查方法：逐井检查。观察，有疑问处检测、监测。

7.2.6 挡圈与承压圈、井盖与盖座安装分项工程质量验收应符合下列规定：

主 控 项 目

1 挡圈、承压圈、井盖、盖座及配件等产品规格尺寸、制造质量应符合相关产品技术标准的规定和设计要求；井底座、收口锥体与井筒安装分项工程应经质量验收合格。

检查方法：逐井检查。观察；对照设计文件检查相关产品进场验收记录，检查井底座、收口锥体与井筒安装分项工程（验收批）质量验收记录，检查相关产品的出厂质量合格证书、性能检验报告、使用说明书、复试报告。

2 挡圈、承压圈、井盖、盖座应安装稳固、位置正确，高度应满足道路或地面设计要求。井盖高程允许偏差：位于车行道上为－5 mm ～0mm，非车行道上为±10mm。

检查方法：逐井检查。观察；对照设计文件检查施工记录、检验记录；用水准仪或全站仪量测（每座井1点）。

3 挡圈与井筒之间防渗措施应符合设计要求；现浇钢筋混凝土承压圈的褥垫层的平面尺寸、厚度以及混凝土强度、砂石压实度应符合设计要求。

检查方法：逐井检查。观察；对照设计文件检查承压圈、褥垫层原材料质量保证资料、混凝土强度报告、砂石压实度检验报告、施工记录、检验记录；用钢尺量测尺寸。

一 般 项 目

4 承压圈底部与井筒顶部之间的间隙不应小于100mm。

检查方法：逐井检查。观察；检查施工方案、施工记录。

5 道路上的井盖应与路面保持一致坡度；检查井内盖应盖好，并有橡胶圈密封。

检验方法：逐井检查。观察；检查施工方案、施工记录。

6 挡圈与承压圈、井盖与盖座安装允许偏差应符合表7.2.6的规定。

表7.2.6 挡圈与承压圈、井盖与盖座安装允许偏差

检查项目			允许偏差（mm）或要求	检查数量		检查方法
				范围	点数	
1	挡圈、承压圈中心位置		≤15	每座井	1	挂中心线用经纬仪或全站仪量测
2	挡圈、承压圈顶面高程		±10		4	用水准仪量测，纵向、横向中线各2点
3	盖板与井筒之间间隙		±5		4	用钢尺量测，纵向、横向各2点
4	承压圈基础尺寸	平面	±10		2	用钢尺量测，纵向、横向各1点
		厚度	0，5		4	用钢尺量测，纵向、横向各2点

7.2.7 检查井构筑物分项工程质量验收应符合下列规定：

主 控 项 目

1 相关分项工程质量应验收合格。

检查方法：逐井检查。观察；检查各安装分项工程（验收批）质量验收记录、检验记录。

2 检查井的拼装连接平顺，无变形、损伤现象；检查井各部件连接处、井与各汇入和流出管道接口连接处无渗水现象。

检查方法：逐井检查。观察；检查施工记录、检验记录、技术处理资料，检查密闭性试验记录。

3 检查井构筑物主控项目的允许偏差应符合表7.2.7的规定。

检查方法：逐井检查。观察，用钢尺分别量测井底座、收口锥体、井筒内径断面；对照设计文件检查施工记录、检测记录、技术处理资料。

一 般 项 目

4 检查井内部构造应符合设计和水力工艺要求，且部位位置及尺寸应正确，无建筑垃圾等杂物；流槽应平顺、圆滑、光洁。

检查方法：逐井检查。观察。

5 井盖、盖座使用规格应正确，外形应完整无损，安装应稳固。

检查方法：逐井检查。观察。

6 检查井构筑物一般项目的允许偏差应符合表7.2.7的规定。

7.3 功能性检验

7.3.1 检查井施工完成后，应按下列要求进行检查井初始径向变形率检验：

1 井坑回填至设计标高后，在12h～24h内应测量检查井的井底座、收口锥体、井筒的径向变形，每个部件测量不应少于2个断面；

2 计算检查井初始变形率，其值均不得大于检查井最大径向允许变形率的2/3。当不符合规定时，应查明原因，重新回填、更换或重新安装回填。

7.3.2 检查井施工完成后，应进行检查井密闭性试验，其试验要求应符合下列规定：

1 检查井的密闭性试验应采用无压管道的闭水或闭气试验法进行。

2 密闭性试验应在管道、检查井安装检验合格后进行。

3 密闭性试验前，应对检查井预留接口进行封闭。

4 密闭性试验的检验方法、频率和允许渗水量应与管道要求相同。

5 闭水试验的试验水头应按现行行业标准《埋地塑料排水管道工程技术规程》CJJ 143 的有关规定执行。

表 7.2.7 检查井构筑物施工安装的允许偏差

检查项目				允许偏差（mm）或要求	检查数量		检查方法
					范围	点数	
1	主控项目	井底高程		±15	每座井	5	用水准仪或全站仪量测，沿井内径量测纵向、横向中线各2点及中心1点
2		井底座承插口	高程	±15	每承插口	1	用水准仪或全站仪量测
			内径	+10，−15		2	用钢尺量测，垂直向、水平向各1点
3		井盖高程	车行道	−5，0	每座井	1	用水准仪或全站仪量测井盖中心1点
			非车行道	±10			
4		井中心位置		≤15		1	挂中心线用经纬仪或全站仪量测
5		最大径向变形率		≤3%	每座井、每部件	2	用钢尺量测并计算，每部件取距上下连接端面100mm的2个断面
6		井筒垂直度		≤0.5%	每座井	2	挂垂线用钢尺量测并计算，环向等分4点取最大值2点
7		检查井内径		±10		4	用钢尺量测两个断面，各取2点
8		井位偏转角		±2°		1	全站仪或经纬仪测量
9	一般项目	流槽宽度或沉泥室深度		±10		2	用钢尺量测，取最大值2点
10		与支连管连接	高程	±15	每处	1	用水准仪或全站仪量测
			内径	+10，−15		2	用钢尺量测，垂直向、水平向各1点

7.4 竣工验收

7.4.1 检查井应与管道工程竣工验收同时进行，并应按现行国家标准《给水排水管道工程施工及验收规范》GB 50268 的有关规定，组织验收、签署验收意见。

7.4.2 当检查井工程竣工验收时，现场应主要检查检查井的安装位置和高程、规格尺寸、变形率、渗漏水、沉降位移以及承压圈和挡圈安装位置、井内处理、井盖安装、收工清理等情况。

7.4.3 检查井工程竣工验收资料主要应包括下列内容：

1 竣工图纸和设计变更文件。

2 井底座、井筒连接件、过渡连接件、密封材料等各类部件的出厂合格证明、性能检验报告和进场验收记录。

3 井底座和井筒等的初始径向变形率检验记录文件。

4 施工检验记录、隐蔽工程验收记录及相关资料。

5 密闭性试验记录文件。

6 工程返工记录、质量事故处理记录文件。

7 其他必要的文件和记录。

7.4.4 检查井分部工程竣工验收后，应将相关文件和技术资料按档案规定立卷编号。

7.4.5 检查井的竣工验收资料应与管道工程相关文件一同归档备案。

8 维护保养

8.0.1 根据检查井使用地区的环境情况，应定期对检查井进行检查、清通及清淤。当对排水管道系统进行养护作业时，应按现行行业标准《城镇排水管道维护安全技术规程》CJJ 6 的有关规定进行，不得在无任何安全保护措施的条件下进行养护作业，应确保人身安全。

8.0.2 在打开检查井井盖的同时，在井口应设立警示标志。作业完成后应盖好井盖，不得遗忘。

8.0.3 当检查井进行维护保养时，宜采用反光镜、电视摄像等辅助手段进行检查，使用充气管塞进行封堵。

8.0.4 检查井宜采用专业的水力疏通工具或机械，和管道系统一起清通。不得使用有损塑料检查井的清通工具。

8.0.5 雨水检查井内的淤泥、沙粒，宜采用吸泥机具、高压水枪进行清理或清通。

8.0.6 爬梯应定期检查，发现问题应及时修理。

8.0.7 检查井井盖应定期检查，当发现破损时应及时更换。

附录 A　塑料检查井安装施工检验、交接检验记录

表 A　塑料检查井安装施工检验、交接检验记录

工程名称		检查井编号	
施工单位		监理单位	

检查井规格尺寸	井底座	井筒	收口锥体	井盖	井部件连接方式	管道承插口形式	专用连接管件

检验项目		允许偏差（mm）	施工单位检验评定记录				监理单位检验记录			
△井底高程		安装后：±10								
		回填后：±15								
△井中心位置		安装后：≤15								
		回填后：≤15								
△井径向变形率	井底座	安装后：≤1%								
		回填后：≤3%								
	井筒	安装后：≤1%								
		回填后：≤3%								
△井筒垂直度		安装后：≤0.3%								
		回填后：≤0.5%								
井筒顶面高程		±10								
挡圈高程		±10								
承压圈		±10								
挡圈、承压圈中心位置		≤15								
△井盖顶面高程		车行道−5，0 非车行道±10								
△接口密封性能		不渗漏								
流槽尺寸		±10								
连接管件	内径	+10，−15								
	管内底标高	±15								
	偏转角	±2°								

合格率	△项目：	施工单位结论		监理单位结论	
	非△项目：				

检验人员	施工单位	相关工序施工班组长：　　年　　月　　日
		施工员：　　年　　月　　日
		质量员：　　年　　月　　日
		质量（技术）负责人：　　年　　月　　日
	监理单位	监理员：年　　月　　日
		专业监理工程师：　　年　　月　　日

注：本表用于工序施工检验、交接检验记录。表中打“△”项目为主控项目。

本规程用词说明

1　为便于在执行本规程条文时区别对待，对于要求严格程度不同的用词说明如下：

1）表示很严格，非这样做不可的：
正面词采用“必须”，反面词采用“严禁”；

2）表示严格，在正常情况下均应这样做的：
正面词采用“应”，反面词采用“不应”或“不得”；

3）表示允许稍有选择，在条件许可时首先应这样做的：
正面词采用“宜”或“可”，反面词采用“不宜”；

4）表示有选择，在一定条件下可以这样做的，采用“可”。

2　条文中指明应按其他有关标准执行的写法为“应按……执行”或“应符合……的规定”。

引用标准名录

1《建筑地基基础设计规范》GB 50007

2《混凝土结构设计规范》GB 50010

3《室外排水设计规范》GB 50014

4《建筑给水排水设计规范》GB 50015

5《给水排水工程构筑物结构设计规范》GB 50069

6《给水排水构筑物工程施工及验收规范》GB 50141

7《混凝土工程施工质量验收规范》GB 50204

8《给水排水管道工程施工及验收规范》GB 50268

9《给水排水工程管道结构设计规范》GB 50332

10《给水用聚乙烯（PE）管材》GB/T 13663

11《埋地排水用硬聚氯乙烯（PVC-U）结构壁管道系统　第3部分：双层轴向中空壁管材》GB/T 18477.3

12《埋地用聚乙烯（PE）结构壁管道系统　第2部分：聚乙烯缠绕结构壁管材》GB/T 19472.2

13《无压埋地排污、排水用硬聚氯乙烯（PVC-U）管材》GB/T 20221

14《橡胶密封件 给、排水管及污水管道用接口密封圈材料规范》GB/T 21873

15《检查井盖》GB/T 23858

16《城镇排水管道维护安全技术规程》CJJ 6

17《城市桥梁设计规范》CJJ 11

18《埋地塑料排水管道工程技术规程》CJJ 143

19《建筑地基处理技术规范》JGJ 79

20《冻土地区建筑地基基础设计规范》JGJ 118

21《建筑小区排水用塑料检查井》CJ/T 233

22《市政排水用塑料检查井》CJ/T 326

23《埋地钢质管道聚乙烯防腐层》GB/T 23257

中华人民共和国行业标准

塑料排水检查井应用技术规程

CJJ/T 209—2013

条 文 说 明

制 订 说 明

《塑料排水检查井应用技术规程》CJJ/T 209－2013经住房和城乡建设部2013年12月3日以第231号公告批准、发布。

在规程编制过程中，编制组对我国城镇排水管网采用塑料检查井技术工程的实践经验进行了总结，对各种塑料检查井的技术要求、设计、施工安装及验收、维护保养等分别做出了规定。

为便于广大设计、施工、科研、院校等单位有关人员在使用本规程时能正确理解和执行条文规定，《塑料排水检查井应用技术规程》编制组按章、节、条顺序编制了本规程的条文说明，对条文规定的目的、依据以及执行中需注意的有关事项进行了说明。但是，本条文说明不具备与标准正文同等的法律效力，仅供使用者作为理解和把握标准规定的参考。

目　次

1 总 则

1.0.1 本规程所指检查井属于高分子材料，具有重量轻、耐腐蚀、密封性能好、使用寿命长、运输安装方便和施工速度快等特点。塑料检查井在国外已有多年的应用经验，近几年塑料检查井也在我国的给水排水工程中有了较多应用，产生了很好的经济效益和社会效益。为了加快塑料检查井的推广应用，确保工程质量、提高施工技术水平，安全合理使用塑料检查井，需要制定相应的技术规程。

1.0.2 说明本规程的适用范围。本规程中检查井井径小于等于 1m、埋深小于等于 6m，如遇井径大于 1m 或埋深大于 6m 的特殊情况需另行设计计算。排入管道的水温根据污水排入城市下水道水质标准的规定，最高温度为 35℃，考虑到有些污水排出的温度可能略高，塑料检查井的材料又允许耐 45℃，且管道的连续排水温度一般均在 40℃以下，因此水温规定在 40℃以内。

1.0.3 在执行本规程过程中，还应符合相应的工程和产品标准，例如在湿陷性黄土地区还应符合现行国家标准《湿陷性黄土地区建筑设计规范》GB 50025 的规定等。

3 材 料 要 求

3.1 一 般 规 定

3.1.2 规定了检查井的主要组成部分。

3.1.4 检查井连接管件是塑料排水检查井应用中不可缺少的元件。为适应管道连接时变角、变坡、变径等需要，生产企业可根据工程需要开发便于施工的管件与配件。管件根据生产工艺的不同，可分为焊制管件和注塑管件。焊制管件多为 HDPE 缠绕结构壁管焊制成型的管件，应符合现行国家标准《埋地用聚乙烯（PE）结构壁管道系统　第 2 部分：聚乙烯缠绕结构壁管材》GB/T 19472.2 的有关规定；注塑管件应符合现行行业标准《市政排水用塑料检查井》CJ/T 326 和《建筑小区排水用塑料检查井》CJ/T 233 的有关规定。

3.1.6 挡圈的规格尺寸应根据生产商提供的技术文件确定。

3.2 性 能 要 求

3.2.1 井底座是检查井的核心构件，本条参照现行国家规范规定了检查井的主要构造，为排水系统创造良好的水力条件。

塑料检查井在生产的脱模过程中，必须设计一定的脱模斜度，就是拔模斜度，是为了方便出模而在模膛两侧设计的斜度。塑件脱模斜度的大小，与塑件的性质、收缩率、摩擦因数、塑件壁厚和几何形状有关，通常为 3°～5°。为了保证检查井的通水能力和井底座的空间，防止为降低成本而故意加大检查井斜度的行为，作此规定。

井底座部件的机械物理性能是决定塑料检查井使用年限的关键因素。其性能指标考虑如下：

轴向静荷载试验和稳定性试验的试验压力是根据检查井的埋设深度、井径、地面车辆荷载、土压力以及地下水的状况等因素，依据现行国家标准《给水排水工程管道结构设计规范》GB 50332 的规定，经计算确定的。

由于塑料检查井的井底座和收口锥体是复杂的空间结构，难以建立可靠、简便的力学模型进行结构计算。目前，国内外尚无相关结构设计方法可资借鉴。在实际工程中，井底座和收口锥体数量众多、形式各异，全部靠建立电脑三维模型进行结构分析工作量巨大，是结构设计工作难以承受的；另一方面，与混凝土材料或砌体材料不同的是，塑料在成型过程中可能产生次应力，这也是结构计算难以考虑的一个因素。因此，本规程寄希望于通过荷载试验来代替井底座和收口锥体的结构设计。这样做既能客观合理地反映井底座和收口锥体在设计条件下的承载能力和使用性能，同时也大大减少了结构设计工作量。

轴向静荷载试验压力的确定：本规程考虑到国内产品规格的现状，根据现行国家标准《给水排水工程管道结构设计规范》GB 50332 的规定，计算了公称井径 *DN*300、*DN*400、*DN*450、*DN*500、*DN*600、*DN*630、*DN*700、*DN*800、*DN*900、*DN*1000 在不同埋深下的最大轴向压力（下曳力）设计值，作为井底座的轴向静荷载试验压力值。埋深 0.6m～6.0m，分为 7 档（埋深 1.0m 以上每隔 1.0m 为一档）。按照回填土为砂土且无地下水（该情况下下曳力最大）、地面车辆荷载为城-A 级或堆积荷载 10kPa（二者取大值）的情况计算下曳力。根据计算结果综合归纳整理，得到轴向静荷载试验压力值。井径 *DN*300～*DN*500 的检查井仅适用于埋深小于等于 2.0m 的条件，埋深大于 2.0m 情况均不宜使用。

轴向静荷载实验主要操作流程：

试样要求：

由井底座和井筒组成试样，外接井筒自由长度 $l \geqslant 300$mm，井筒环刚度值应不小于 4kN/m^2。

试验步骤：

1）将试样竖直居中放置于试验机工作台上，测量井底座的高度 H_0，精确到 1mm。

2）启动试验机以 100N/s～500N/s 的速度均匀加载至规定荷载，并保持 1000h，规定荷载见本规程表 3.2.1-1 的规定。

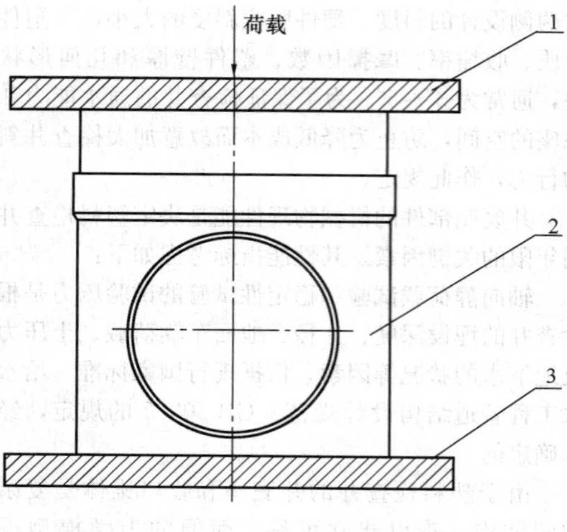

图1　轴向静荷载试验示意图

1—压板；2—试样；3—工作台

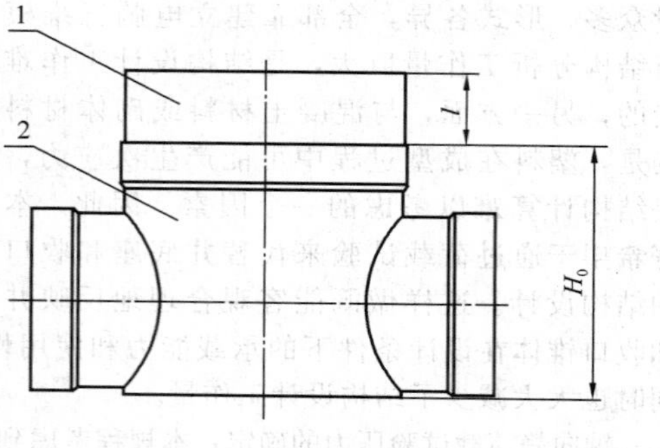

图2　试样示意图

1—井筒；2—井底座

3）试验终止时，在荷载条件下测量井底座的高度 H_1，精确到1mm，并观察井底座变形、塌陷、起鼓、裂缝或银纹等现象。

按下式计算井底座的轴向变形率，结果保留1位小数：

$$\varepsilon_H = \frac{H_0 - H_1}{H_0} \times 100\% \quad (1)$$

式中：ε_H——轴向变形率；

H_0——井底座初始测量高度（mm）；

H_1——井底座试验完成时的测量高度（mm）。

井底座的稳定性试验和耐久性试验是引用欧洲标准《埋地塑料（PVC-U、PP、PE）排水管道系统第2部分道路检查井》BS EN 13598-2:2009 中表3的相关数值和要求。其测试方法在 BS EN 14830 和 BS EN 13598-2:2009 作了详细的规定。因井底座是埋在地面以下，受到多种不同荷载的作用，会使井底座流槽变形，影响检查井的通水能力；同时，也会影响检查井的使用寿命。这是欧洲国家经过三十多年的工程应用得出的技术数据，值得借鉴。本规程吸取欧洲相关标准的技术数据，为确保塑料排水检查井使用的安全性，必须进行这两项相关性能的检测。本规程稳定性试验的试验压力与欧标不同，差别在于：欧标负压试验压力采用的是5m水头水压力标准值（50kPa），本规程采用的是径向压力标准值，是地面活荷载、水平土压力、地下水压力产生的径向压力的叠加，计算严格按照现行国家标准《给水排水工程管道结构设计规范》GB 50332 的规定执行，井埋深0.6m～6.0m，分为6档（埋深1.0m以上每隔1.0m为一档），地下水位埋深0～6.0m，也分为6档（每隔1.0m为一档），给出了不同井埋深、不同地下水位埋深各种组合情况下的径向压力标准值作为稳定性试验的试验压力。应该指出的是，理论上合理的试验压力值应该是径向压力设计值而非标准值。但是，由于稳定性试验方法本身的局限性，负压不可能超过100kPa（绝对真空），在实际操作中，负压超过70kPa对设备的要求已经相当高了，而计算表明，当井埋深6m、地下水位埋深在2m以内时，径向压力设计值大于100kPa，显然，负压试验无法满足用径向压力设计值进行试验的要求。本规程编制组经过多次讨论，决定试验压力采用径向压力标准值，但将试验持续时间延长至不小于1000h，这样，无论是压力取值还是试验持续时间都比欧标要求高很多，再考虑到负压试验的试验条件比外压试验苛刻，配合轴向静荷载试验和其他试验能在一定程度上反映井底座的承载能力和正常使用性能。

关于稳定性试验的试件性能要求，欧盟标准《Plastics piping systems for nonpressure underground drainage and sewerage-Unplasticized poly（vinyl chloride)(PVC-U)，polypropylene（PP）and polyethylene（PE）Part 2：Specifications for manholes and inspection chambers in traffic areas and deep underground installations》BS EN 13598-2：2009 的描述为“不塌陷、不开裂，流槽外推50年竖向变形率不大于主管外径的5%，水平变形率不大于主管外径的10%”。显然，当主管的口径较大时，上述变形限值是比较大的，例如：主管内径为1m时，竖向和水平向变形限值将分别超过50mm和100mm，流槽变形过大对流态、淤积、检修的影响有可能会超出排水专业设计或管理养护可接受的程度。虽然欧洲标准中对稳定性试验中接入管的直径并没有限制，但截至目前，欧洲塑料排水检查井的应用实例主要还是集中在小口径塑料排水管上，大口径塑料排水管道系统中应用塑料检查井的经验和积累的数据并不多，因此，本规程为稳妥起见，规定了流槽竖向变形限值为 $5\%H$ 和30mm的较小值，水平向变形限值为 $10\%W$ 和60mm的较小值。美国标准《埋地HDPE检查井设计规程》ASTM F1759中对于有平板型底板的检查井，当井径不超过1.5m时，“为了使泵等检修设备能够在底板上稳定地放置”，底板在地下水扬压力作用下的挠曲率限值为 $2\%D$，直径1.5m的底板对应的最大变形限值为 $1500\times2\%=30$mm，与本规程的上述规定在概念上是一致的。

稳定性和耐久性试验主要操作流程：

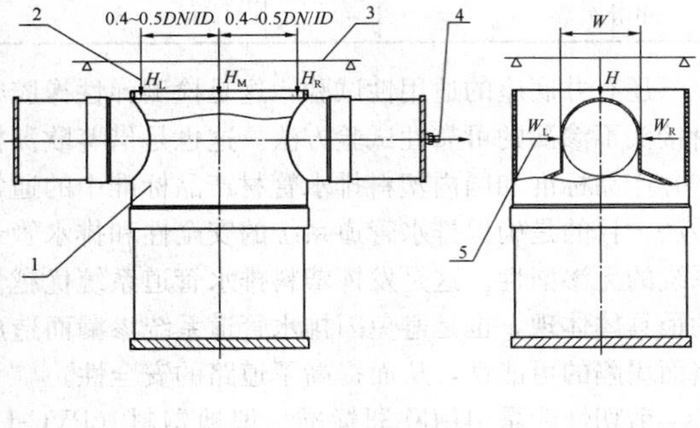

图 3　稳定性试验示意图

1—试样；2—垂直变形测量点；3—参照基准；
4—真空吸口；5—水平变形测量

图注：在井底座是非球形的情况中，如果采用单点测试，井底座的相对垂直变形可以从一连接 H_L 和 H_R 点的刚性梁直接测量；如果采用三点测试，在测试中应测量 H_L、H_R 和 H_M 点的数据，最后的变形用 Y_V 表示：

$$Y_v = \frac{H_L + H_R}{2} - H_M \tag{2}$$

流槽宽度的变形用 Y_H 表示：

$$Y_H = W_L + W_R \tag{3}$$

试样要求：

检查井宜选用没有侧入口的直通井井底座，将井底座每个承口分别插接上井筒和管道，插接井筒和管道宜选用实壁管，其自由长度 $l \geqslant DN$（DN 为井筒或管道公称直径），见下图：

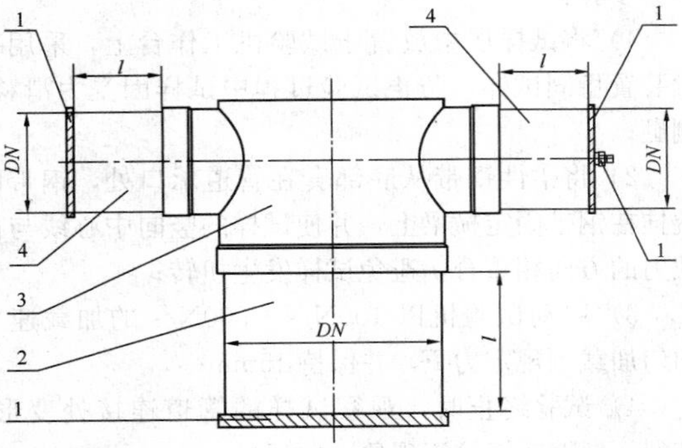

图 4　试样示意图

1—封头；2—井筒；3—井底座；4—管道

试验步骤：

1）试样在生产 21d 后进行测试，测试前应在 18℃～28℃的环境中静置 6h 以上，产品标准另有规定除外；

2）在其中一个封头上设置一个真空吸口，并保证其密封性；

3）用封头密封试样井筒口和管道管口；

4）将试样倒置，井筒口向下，测量流槽外径 W，精确到 1mm；

5）将变形测量系统的测头分别置于检查井井底座流槽底部及两侧相应检测点处；

6）启动负压控制系统，试样内部压力值见本规程表 3.2.1-2、表 3.2.1-3、表 3.2.3 的规定，保持时间在 1000h 以上。在此过程中自动测量并记录井底座流槽随时间的变形状况，分别读取 0.1h、1h、4h、24h、168h、336h、504h、600h、696h、864h 和 1008h 时的变形量，精确到 0.1mm；

7）试验终止时，观察试样的变形、塌陷、裂缝或银纹等现象。

变形计算：

试样的垂直变形率和水平变形率的计算，如下式：

$$垂直变形率\ \varepsilon_v = \frac{Y_v}{W} \times 100\% \tag{4}$$

$$水平变形率\ \varepsilon_h = \frac{Y_H}{W} \times 100\% \tag{5}$$

式中：ε_v——径向变形率；

ε_h——水平变形率；

Y_v——井底座流槽外底部变形量（mm）；

Y_H——井底座流槽外部两侧变形量之和（mm）；

W——井底座流槽外径宽度（mm）。

烘箱试验是依据现行国家标准《无压埋地排污、排水用硬聚氯乙烯（PVC-U）管材》GB/T 20221 的产品标准，以及国外相关标准中通用要求提出来的；

抗冲击性能是引用欧洲标准《埋地塑料（PVC-U、PP、PE）排水管道系统　第 2 部分：道路检查井》BS EN 13598-2:2009 中表 3 的相关数值。这个数值与国内的塑料制品的要求基本一致。但测试过程中有些细节还是有些差别的。

抗冲击试验主要操作流程：

表 1　落锤锤头尺寸

锤头形式	曲率半径 R_s（mm）	直径 d（mm）	转角半径 R（mm）	锤体 d_s（mm）	倾角 α（°）
d90	50±0.10	90	5	任意	任意

试样要求：

以完整的井底座为试样。

试验步骤：

1）试样在生产 21 天后进行测试，测试前应在 18℃～28℃的环境中静置 6h 以上，试验温度在 20℃

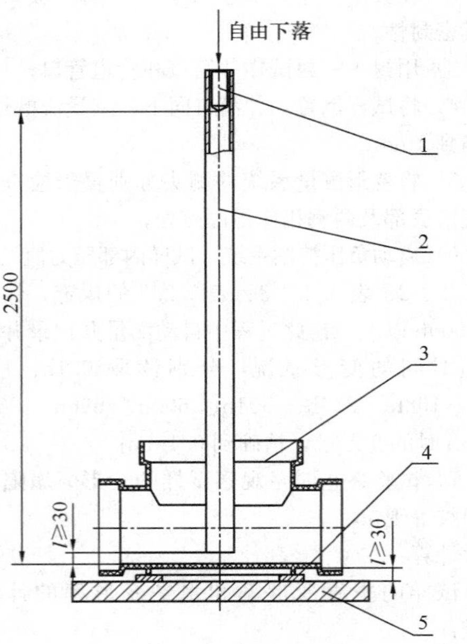

图 5　抗冲击试验示意图

1— 落锤；2—直管；3—试样；
4—试样垫块；5—工作台

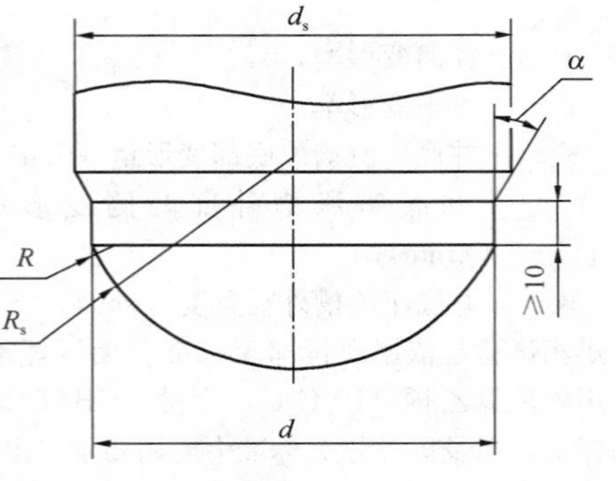

图 6　落锤头部尺寸

～25℃之间，产品标准另有规定除外；

2）将试样井口向上居中放置于试验机工作台上，冲击点处试样底部与工作台表面之间留有 30mm 以上间距，冲击前稳固试样；

3）将直管从井底座井口伸入到井底座主流槽中间，直管下端距主流槽底部内壁间距不小于 30mm；

4）释放落锤，落锤从距冲击点 2.5m 的高度自由下落，冲击试样流槽底部，冲击后及时捕捉落锤，禁止二次冲击，实测冲击速度若小于理论速度的 95％应重新试验；

5）观察试样流槽有无破裂或其他有碍井底座性能的损伤，并记录。

冲击次数要求：

以检查井中心部位为重点，沿流槽每隔 200mm 冲击 1 次。冲击次数见下表。冲击点均不得发生破坏。

表 2　检查井冲击次数表

检查井井径 mm	≤700	800～1000
冲击次数	1	3

还有井底座的适用性试验，这是检测弹性橡胶密封接头不渗漏的可靠性试验方法。这也是借鉴欧洲检查井产品标准和国内塑料排水管材产品标准中的通常做法。目的是确保排水管道系统的安全性和排水管道系统的无渗漏性。这是发挥塑料排水管道系统优越性的最具体体现，也是避免因排水管道系统渗漏而造成路面塌陷的可能性，从而提高了道路的安全性。

剪切性能是引用欧洲标准《埋地塑料（PVC-U、PP、PE）排水管道系统　第 2 部分道路检查井》EN 13598-2：2009 中表 5 的规定。

剪切试验主要操作流程：

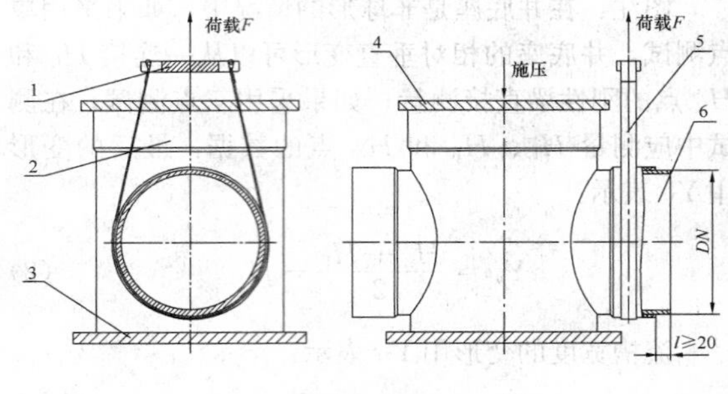

图 7　剪切试验示意图

1— 钢带固定横梁；2—井底座；
3—工作台；4—夹紧装置稳固压板；
5—钢带；6—刚性支撑环

试样要求：

以完整的井底座为试样，在管道承口内插入一段刚性支撑环，支撑环伸出承口长度 $l \geq 20$mm。

试验步骤：

1）将试样居中放置于试验机工作台上，采用夹紧装置稳固试样，防止试验过程中试样因受力滑移、侧翻；

2）将柔性钢带从底部套在管道承口处，钢带两端挂在钢带固定横梁上，并使试样的竖向中心线与荷载力的方向相重合，避免试样发生扭转；

3）启动试验机以 100N/s～500N/s 的加载速率均匀加载到规定力 F，并保持 15min；

4）试验终止时，观察试样的管道连接处变形、破裂、裂缝或银纹等现象，并记录。

试验力：

试验力 F 按下式计算：

$$F = 25 \times DN$$

式中：F——作用在井底座的管道承口处的剪切力（N）；

DN——管道的公称直径（mm）。

3.2.2 考虑我国目前产品的实际情况，规定了井筒的最小环刚度，对保证工程质量有利。

采用HDPE中空壁缠绕管，管材应符合《埋地用聚乙烯（PE）结构壁管道系统 第2部分：聚乙烯缠绕结构壁管材》GB/T 19472.2的要求；采用PVC平壁实壁管，管材应符合现行国家标准《无压埋地排污、排水用硬聚氯乙烯（PVC-U）管材》GB/T 20221的要求；采用双层轴向中空壁管，管材应符合《埋地排水用硬聚氯乙烯（PVC-U）结构壁管道系统 第3部分：双层轴向中空壁管材》GB/T 18477.3的要求。

聚乙烯缠绕结构壁管用于井筒时缝的拉伸强度最低值要求基于如下考虑：现行国家标准《埋地用聚乙烯（PE）结构壁管道系统 第2部分：聚乙烯缠绕结构壁管材》GB/T 19472.2“表9管材力学性能”中“缝的拉伸强度”指标偏低，仅相当于母材的20%～50%。当管材用于井筒时，井筒管壁纵向可能产生两种拉应力的叠加，一方面，井筒垂直度偏差（本规程规定最大0.5%）会在管壁纵向产生拉应力。以满足本规程表5.1.7的*DN*800井筒埋深6m为例（为最不利的情况），顶部位移考虑到地震等不利因素按1%（60mm）考虑，管壁纵向最大拉应力标准值为0.86MPa，对应的缝的拉伸式样宽度上的拉力标准值为0.86×(15×4.5×2)＝116N；另一方面，在寒冷和严寒地区，冻土胀拔力也会在管壁纵向产生拉应力，该拉应力取表5.3.5-2中黏性土、粉土各种冻胀类别时冻土切向力的上限，例如：“冻胀”情况下取50kPa，标准冻深为1m，则上述拉伸式样宽度上的冻胀力标准值为15×1.0×50＝750N(本规程公式5.3.5)，两项标准值叠加为116＋750＝866N，考虑PE100的长期强度折减系数：$\sigma_{100h}/\sigma_{50y}=12.4/10=1.24$，参考美国聚乙烯波纹管协会《聚乙烯波纹管的结构设计方法》，安全系数取1.5，纵向弯曲井筒的最大拉应力设计值为866×1.24×1.5 ＝1611N，表3.2.2中的数据即按此方法得出。母材抗拉强度标准值取20.7 MPa，缝的拉伸试样中母材最大拉力标准值为20.7×(15×4.5×2)＝2795N，缝的拉伸试验强度不应超过该值，超过该值时，井筒不应采用聚乙烯缠绕管。

3.2.3 偏心收口锥体便于检修人员进出检查井。

本条是收口锥体的力学性能指标，它与3.2.2条的条文解释类似，不同之处仅在于：收口锥体最大覆土深度6－1.8＝4.2m，收口锥体荷载组合设计值根据水平荷载设计值和竖向荷载设计值的合力，大致相当于侧向主动土压力的$\sqrt{3}$倍再加上地下水压力。

3.2.4 检查井井体各部件组合时可采用焊接连接。为保证连接处焊接质量，焊接时必须在220℃～240℃和连接结合面处于等温条件下，以及结合表面已处于熔融状态，其熔融深度达0.5mm～1mm情况下实现焊接连接。

3.2.5 检查井井底座与管道、井筒采用承插连接时，必然用到密封材料，可使用橡胶密封圈承插连接。

4 系统设计

4.1 一般规定

4.1.4 检查井接入管径大于300mm以上的支管过多，维护管理工人会操作不便，故予以规定。管径小于300mm的支管对维护管理影响不大，在符合结构安全条件下适当将支管集中，有利于减少检查井数量和维护工作量。

4.1.6 这条是检查井设置的基本要求，归纳为两种情况：

1 设置在机动车通行的道路上的检查井，由于活动荷载大，必须设有承压圈来分散车辆荷载，不让荷载直接作用井筒上，应采用分离式检查井和铸铁井盖。

2 设置在绿地、人行道上的检查井，即设置在非机动车道上的检查井，由于活动荷载不大，可采用非分离式检查井和复合井盖。

4.1.7 这条是道路工程、广场铺设的通常要求。防止绿化草地上的雨水或灌溉水进入检查井，同时也不能给操作管理人员带来不便。所以，要高出地面，但又不能太高。

4.2 检查井设计选用

4.2.4 检修室的高度应遵循现行国家标准《室外排水设计规范》GB 50014的要求。

4.2.5 污、废水排水系统的井底座，应采用有流槽的井底座，以改善排水水力条件。雨水排水系统的井底座可以采用有沉泥室的井底座以沉淀污泥，也可采用有流槽的井底座，当处于系统下游，雨水的污泥已在前面的有沉泥室的井底座中沉积时，可以采用。

4.2.7 本节是现行国家标准《室外排水设计规范》GB 50014中4.5节的有关要求。

4.2.8 依据现行国家标准《室外排水设计规范》GB 50014、现行行业标准《城镇排水管道维护安全技术规程》CJJ 6以及标准图集《排水检查井》02S515中的相关要求。检查井要下人进行维修，井筒内径要等于大于700mm。

4.2.11 检查井覆土深度取6m，计算出收口锥体深度不大于6－1.8＝4.2m（1.8m为井室最小高度）。参考现行工程建设标准化协会标准《埋地聚乙烯排水管管道工程技术规程》CECS 164，管道车行道下覆土厚度不宜小于0.7m，非车行道下覆土厚度不宜小于0.6m。

4.2.12 固定爬梯的尺寸和承载能力，参照现行行业标准《市政排水用塑料检查井》CJ/T 326 的要求。

4.3 承压圈及褥垫层

4.3.2 褥垫层是支撑承压圈的基础层，一般分为二层，碎石垫层是指用粒径小于40mm的中粗砂、碎石硝夯实而成。C20混凝土垫层厚度根据需要而定。

4.4 检查井与管道连接

4.4.3 检查井与管道的连接时，在连接处经常需要挖操作坑，而操作坑的回填密实度很难达到规定要求，故容易造成不均匀沉降。所以在施工回填的过程中要尤其注意检查井与管道的连接处的回填方案，采取有效的措施以防止不均匀沉降造成管网破坏，如水夯。

5 结构设计

5.1 一般规定

5.1.2 结构设计使用年限50年，是根据现行国家标准《工程结构可靠性设计统一标准》GB 50153所规定的原则确定的，与一般排水管道、构筑物的设计使用年限一致。

5.1.3 塑料检查井结构设计的原则规定遵照现行国家标准《给水排水工程管道结构设计规范》GB 50332。

5.1.5 最大径向变形率不超过5%参考现行行业标准《埋地塑料排水管道工程技术规程》CJJ 143确定。最大轴向变形率1.5%是根据井壁竖向最大压缩变形不超过100mm确定的，以保证井筒上端不会脱离井盖座垫层（分离式）或井盖座产生较大沉降变形（非分离式），并非结构强度的要求。

5.1.6 底板最大挠度的规定参照美国标准AST MF1759。

5.1.7 本条按照第5.6节、5.7节的要求对井筒采用的4种国家标准管材进行了强度计算、压曲稳定验算和变形验算，计算条件为：环刚度取4kN/m²；温度40℃；计算径向压力的地下水位位于地表；计算轴向压力时无地下水，井外壁摩擦系数取0.25，井埋深超过1.8m时考虑收口锥体上方覆土自重对下曳力的增大作用，收口锥体上方井筒直径按800mm考虑。给出了4种管材作为井筒时可不进行第5.6节～5.7节的结构计算的最低要求。

1 计算表明，井筒采用聚乙烯缠绕结构壁A型管材时，在同时满足现行国家标准《埋地用聚乙烯（PE）结构壁管道系统 第2部分：聚乙烯缠绕结构壁管材》GB/T 19472.2的空腔部分下最小内层壁厚$e_{5,\min}$的要求及现行行业标准《市政排水用塑料检查井》CJ/T 326表2、表3规定的肋厚和结构高度的要求，环刚度不小于4kN/m²，缝的拉伸强度符合表3.3.2的要求，且埋深不超过5m时，可不进行结构计算。

2 计算表明，符合现行国家标准《无压埋地排污、排水用硬聚氯乙烯（PVC-U）管材》GB/T 20221和《给水用聚乙烯（PE）管材》GB/T 13663、环刚度不小于4kN/m²的井筒均能满足第5.6节～5.7节的结构计算要求，不须再进行相关计算。

3 计算表明，符合现行国家标准《埋地排水用硬聚氯乙烯（PVC-U）结构壁管道系统 第3部分：双层轴向中空壁管材》GB/T 18477.3、环刚度不小于4kN/m²的井筒在满足表5.1.7的最大埋深要求时，可不必按照第5.6节～5.7节进行结构计算。

5.2 永久作用标准值

5.2.1～5.2.3 本部分内容遵照现行国家标准《给水排水工程管道结构设计规范》GB 50332和现行国家标准《给水排水工程构筑物结构设计规范》GB 50069的相应规定。

5.2.4 由于井筒周围径向压力的存在，以及回填土在夯实过程中的沉降和后期的沉降作用，井筒外壁受到回填土的向下的剪应力作用。由于径向土压力沿高度呈三角形或梯形分布，该剪应力沿高度也呈三角形或梯形分布，公式（5.2.4-2）、公式（5.2.4-4）给出的是平均剪应力值。回填土与井筒的摩擦系数是根据现行行业标准《建筑桩基技术规范》JGJ 94中单桩摩擦系数值，按混凝土桩表面粗糙度与塑料井筒表面粗糙度比折算，再对平壁管在回填土、管外壁周围填100mm中、粗砂，以及在模拟有地下水和无地下水情况下进行拉拔测试，并经整理而成。检查井的回填土总下曳力即是回填土对井筒外壁的总摩擦力。回填土下曳力分成地下水之上和地下水之下两段分别计算后叠加。在地下水位之下，回填土处于饱和状态，土的重力密度、内摩擦角和井筒外壁摩擦系数有所改变。由于在地下水中回填土的内摩擦角无依据资料，其变化因素包含在回填土与井筒外壁摩擦系统之中。

5.3 可变作用标准值、准永久值系数

5.3.1～5.3.4 本部分内容遵照现行国家标准《给水排水工程管道结构设计规范》GB 50332、现行行业标准《城市桥梁设计规范》CJJ 11的相应规定。为了避免集中力直接作用在井筒上，检查井设置了钢筋混凝土承压圈，当车轮位于承压圈范围内时，因为可能存在偏心作用，承压圈的底部反力不一定是均匀的，可近似按照材料力学公式计算承压圈的底部反力。

5.3.5 本条规定冻土胀拔力是冻土的切向应力与井筒与冻土的接触面积的乘积。冻深系数和冻胀切向应力，摘自现行行业标准《冻土地区建筑地基基础设计规范》JGJ 118。由于回填土的冻胀性能与自然土冻

胀有区别，该规范建议根据实际回填质量应乘以折减系数，本规程取0.6左右的折减系数。

5.4 抗浮计算

5.4.1 检查井设置在地下水位较高的地段时，水的浮力可能造成检查井浮起。其浮力即为井底部的地下水扬压力，其抗浮力为井的自重和回填土对井筒造成的下曳力，以及收口锥体上方的竖向土压力。一般平壁管的井筒与回填土之间摩阻小，特别在有地下水情况下，其抗浮力相对较小，故当检查井浮力大于抗浮力时，应采取抗浮措施。可采用浇注混凝土增大抗浮力的措施。

5.5 抗拔计算

抗拔力是指冰冻线以下不冻土层对井筒的下曳力。由于上层冻土产生三种力，一种是胀升的切向应力；一种是冻土对不冻土层呈均布应力，即冻土的重力密度与冻土深度的乘积；另外上层冰冻土还产生法向胀应力，对下层不冻土呈均布应力，而在冻土层中原先回填土的主动土压力、摩擦力、静水压力、浮力均消逝。故在冰冻线下的不冻土层的水平压力附加了冻土层重量及法向胀应力作用，通过不冻土的土质内摩擦角转化为水平土压力，进而在井筒上产生下曳力。这个下曳力即为抗拔力。

5.6 强度计算

5.6.1 塑料排水检查井与埋地管道相比，既有类似之处，又有很大不同。塑料排水检查井结构形式复杂，井底座、收口锥体为空间受力结构，受力状态非常复杂，且受环境温度影响较大，其总使用（设计）系数应该不低于甚至高于相同材质的埋地管道；从环向内力状态来看，无压管道以弯曲受拉、弯曲受压为主，环向应力分布很不均匀，而压力管道以环向受拉为主，环向应力分布接近均匀。再看井筒，只要回填质量符合本规程要求，在回填土、地下水压力和地面活荷载作用下，井筒的环向内力状态接近均匀环向受压，其内力状态显著不同于无压管道，而与压力管道的受力状态类似，区别仅在于内力方向相反，而这种区别可以由抗拉强度设计值、抗压强度设计值的取值不同来综合反映。美国标准《埋地HDPE检查井设计规程》ASTM F1759-1997（2010）采用的就是这种思路。ASTM F1759以20℃、50年HDPE管道的HDB值为基准，抗拉强度设计值、抗压强度设计值均从该基准值通过采用不同的总使用（设计）系数而得到。其抗拉强度的总使用（设计）系数取为2.0，抗压强度的总使用（设计）系数取为1.6，即抗压强度等于抗拉强度的2.0/1.6＝1.25倍。考虑到20℃下HDPE压力管道抗拉强度的总使用（设计）系数为1.25。因此，HDPE井筒的总使用（设计）系数为HDPE压力管道的2.0/1.25＝1.6倍。本规程三种热塑性材料（PE100、PP-B、PVC-U）均采用上述两个倍数关系，即：抗压强度等于抗拉强度的1.25倍，井筒的总使用（设计）系数为相同材质压力管道的1.6倍。依据我国现行可靠度理论，采用校准法综合确定材料分项系数，考虑荷载的综合分项系数为1.27，PE100井筒的环向抗压强度的材料分项系数＝2.0×1.27＝1.57，参考现行行业标准《埋地聚乙烯给水管道工程技术规程》CJJ 101，PE100管材环向长期抗拉强度标准值取为10N/mm^2（50年），可以算出：环向长期抗压强度标准值＝10×1.25＝12.5N/mm^2，环向长期抗压强度设计值＝12.5×1.57＝8N/mm^2。同理得到三种材料的强度指标列于下表中。

表3 PE100、PP-B、PVC-U三种材料的强度指标
（20℃、50年、预测概率97.5%）

材料	塑料检查井					压力管道		参考标准
	总使用（设计）系数	抗压强度分项系数	50年抗压强度标准值	50年抗压强度设计值	50年抗拉强度设计值	总使用（设计）系数	50年抗拉强度标准值	
PE100	2.0	1.57	12.5	8	6.4	1.25	10	CJJ 101、ASTM F1759
PP-B	2.0	1.57	10.9	6.9	5.5	1.25	8.7	GB/T 18742
PVC-U	3.2	2.52	31.3	12.4	9.9	2.0	25	BS EN ISO 1452-1-2009

表中PP-B、PVC-U管材的强度标准值分别参考现行国家标准《冷热水用聚丙烯管道系统　第一部分：总则》GB/T 18742.1-2002、欧洲标准《给水及埋地或架空排水塑料管道系统未增塑聚氯乙烯（PVC-U）第1部分：总则》BS EN ISO 1452-1-2009。

当周围介质温度超过20℃时，热塑性塑料的强度随温度的升高而降低。表5.6.1注中给出的温度折减系数对应温度为40℃，分别参考现行国家标准《冷热水用聚丙烯管道系统　第一部分：总则》GB/T 18742.1-2002及欧洲标准《Plastics piping systems for water supply-Polyethylene(PE)-Part1：General》BS EN 12201-1-2003、《Plastics piping systems for water supply and for buried and above-ground drainage and sewerage under pressure-Unplasticized poly(vinyl chloride)(PVC-U) Part 2：Pipes（ISO 1452-2：2009)》BS EN ISO 1452-2-2009。

表5.6.1中列出的材料弹性模量为短期弹性模量，取值参考表中所列的几本标准。应该说明的是，弹性模量、泊松比应采用长期值，从国外资料来看，美国、欧洲、澳洲标准中的长期弹性模量仅相当于短

期弹性模量的20%～50%，且各国间取值差别较大，折减系数大致为：0.2～0.3(PE100)、0.3～0.5(PP-B)、0.4～0.5(PVC-U)，可供结构设计参考。我国现行材料标准、产品标准、工程标准中均没有弹性模量、泊松比长期值的相关数据，国内化学建材行业在这方面还有许多工作要做。

5.6.2 本条规定了井筒在组合作用下环向压应力的计算方法。

井筒简化为平面应变问题，其环向压应力根据材料力学公式计算，由两部分叠加而成，一部分为径向压力产生的环向均匀压应力，另一部分由偏心弯矩产生。径向压力根据现行国家标准《给水排水工程构筑物结构设计规范》GB 50069 第5.2.3条、本规程5.3.4条计算，偏心弯矩考虑计算直径5%的偏心距，即：$e=0.05R_0$，$M_{e,k}=0.5eN_{t,k}=0.025R_0N_{t,k}$，须要特别说明的是，本条并不包括地面活荷载的作用，设计尚应考虑地面车辆荷载或堆积荷载产生的附加径向压力。

5.6.3 本条规定井筒在组合作用下轴向压应力的计算方法，回填土的下曳力是其主要部分。

5.6.4 本条列出了分别考虑地面车辆荷载和堆积荷载两种荷载组合工况，实际上还有闭水试验情况下的内水外空工况，该工况下井筒处于环向受拉状态，而且，由于试验条件均要严格控制，理论上可取较低的安全系数，一般情况下该工况不起控制作用，故未列出。

5.7 压曲稳定计算

5.7.1 Moore I.D. 和 Selig E.T. 根据连续介质理论推导了无地下水时，埋地井筒的环截面压曲失稳的临界压力计算公式（5.7.1-3）。无地下水时和有地下水时的失稳机理有所不同，计算公式也是不一样的。无地下水时，由于井筒结构在径向压力作用下向内的微小变形会使周围土体产生拱的作用，而使径向压力有所减小，而有地下水时，水的流体特性使水压力并不会随结构的变形而有所减小，因而其临界压力要比无地下水时更低。目前还没有基于连续介质理论推导的有地下水时的临界压力计算公式，工程上应用得比较多的是AWWA C-950推荐的Luscher's公式，即下式：

$$N_{tcr,k}=2.825R_0\sqrt{\frac{R\cdot B'\cdot E_d\cdot E_tI_t}{D_0}} \qquad (6)$$

将$E_tI_t=D_0^3\cdot SN$及$D_0=2R_0$代入上式整理即得式（5.7.1-4）。

井侧土综合变形模量、井侧填土的变形模量、井侧原状土的变形模量的近似确定方法参考现行国家标准《给水排水管道工程结构设计规范》GB 50332-2002附录A。因为井筒的敷设方向不同于管道，它是沿竖向敷设的，因此，B_r取井1/2埋深处的开槽宽度，以此反应E_e、E_n对E_d的综合影响。

5.7.2 这里参考Timoshenko和Gere给出的轴向压曲失稳的临界压力计算公式。该公式没有考虑填土对井筒轴向稳定的有利约束作用，因此被认为是偏于保守的，当填土种类、密实度符合要求时，可取安全系数1.0，但当回填土质量较差时，应取大于1.0的安全系数，但最大不超过2.0。本规程直接采用2.0。

5.8 基础设计

5.8.2 本条明确规定检查井基础应由结构设计确定，并提出了基础做法的最低要求。

5.9 回填设计

5.9.1 由于回填材料和压实度对保证井筒的安全和使用性能至关重要，本条规定了检查井与管道的回填范围分界，在本条文规定范围以外按照管道的回填要求进行回填，这样规定既有利于保证检查井的回填质量，也便于回填施工操作和验收。

5.9.2 本条规定了对回填材料和压实度的具体要求。明确要求不得采用淤泥、淤泥质土、湿陷性土、膨胀土、冻土等劣质的回填材料。同时回填材料中不得有尖硬物体。因塑料井筒是柔性材质，不能长期抵御尖硬物体侵入。一旦检查井受到伤害后，会影响检查井的使用寿命。回填材料的压实度不达标，井筒周围的土压力就不均匀，并易于产生不均匀沉降。这对井筒的工作状态和路基或地面的安全不利。

5.9.4 在寒冷地区或严寒地区，井筒会引冻胀而被抬高甚至拔起，欧洲的塑料检查井就发生过这样的工程案例。本条规定是为了减小冻土胀拔力对井筒的不利影响。当井筒采用聚乙烯缠绕结构壁管时，由于管材的缝的拉伸强度较低，采用非冻胀性材料回填对井筒的安全有利。

6 施工与安装

6.1 一般规定

6.1.2 由于排水系统工程的特点，工程中每个检查井的深度、接管数和管径均有所不同，所以安装前应进行必要的施工准备，特别应由设计单位进行技术交底，以核实每个检查井的技术参数，避免返工和影响工程质量。

6.1.5 检查井和排水管道之间连接时，井底座基坑超挖时的处理要求。由于塑料管道埋设时对回填材料与压实度有严格的要求。本规程要求用砾石或级配砂石回填。

6.1.6 检查井井底座和排水管道之间连接时，对连接机具的要求。本规程要求采用的专用机具可由检查井的生产企业协助提供。

6.1.7 检查井部件之间以及与管道之间的连接，必须保持长期的密封性能，并不得渗漏。同时，在有一定的不均匀沉降量时，也不会渗漏。

6.1.8 检查井在安装和回填时，井坑底部的水或冰可能引起基础的不均匀沉降。

6.1.9 井盖与道路路面施工同步进行便于井盖与地面的高度保持一致。

6.2 运输与贮存

根据塑料制品的特性，为保证塑料检查井及其配件的质量不受损害，参考现行工程建设标准化协会标准《埋地聚乙烯排水管管道工程技术规程》CECS 164 制定本节。

6.3 井坑开挖

6.3.1 本条强调井坑开挖的一般要求。

1 井坑开挖与埋地管道的沟槽开挖同时进行，井的主轴线应与管道主轴线保持一致。

4 参考现行行业标准《埋地塑料排水管道工程技术规范》CJJ 143 的有关条款制定。

6.3.2 本条参考现行行业标准《埋地塑料排水管道工程技术规范》CJJ 143 的有关条款制定。

6.3.3、6.3.4 检查井的井坑一般比管道深，容易受扰动、超挖、受水浸泡，使井坑原土基础强度降低，导致检查井和管道之间产生较大差异沉降，最终影响管网施工质量。出现上述情况应及时处理，使井坑基土满足设计要求。

6.4 地基与基础施工

本节参照现行国家标准《给水排水管道工程施工及验收规范》GB 50268、现行行业标准《埋地塑料排水管道工程技术规程》CJJ 143 以及现行工程建设标准化协会标准《建筑小区塑料排水检查井应用技术规程》CECS 227 对检查井地基基础施工提出要求。

采用砂砾石垫层，既是与管道基础协调，也有利于检查井底受力。为避免尖锐物直接接触检查井结构，地基顶面宜铺砂层。

6.5 井底座安装

6.5.1 本条规定了检查井安装的基本要求。

3 对带倒腔的注塑型井底座的要求。因注塑工艺的原因，井底座背面一般都有空腔。安装过程中空腔的密实度往往达不到设计要求，会使井筒周围土壤下沉，造成管道与检查井的不均匀沉降，所以，在埋设前应对它进行预先填实。

6.5.2 本条规定了检查井与管道的安装顺序。井底座下沟后应先确定井中心及标高，确定就位后方可同管道连接。

6.5.3 本条规定了井底座与排水管道连接的具体要求。

6.6 井筒及收口锥体安装

6.6.2 本条规定了在管材上截取管段作为井筒时，确定其截取的长度。一般绿地有高低起伏，路面也有坡度，难以精确定位，故井筒适当截长些，待完全施工后根据检查井所在地面的情况再截去多余部分。

6.6.3 排水管道均有坡度，不呈水平，但井筒要保持垂直，此间必有一个不成垂直的角度。在一般地势平坦的地方，按接头处允许最大偏转角转折，完全能满足要求。如果地面坡度较大时，宜在井筒上加可变角接头、球形接头或弯头，使井筒仍保持垂直。施工过程不可使用重锤敲打井筒或收口锥体。

6.6.4 热收缩带（套）的安装可参照热收缩带生产厂家的产品说明书的要求。采用热收缩带时，周向搭接口应朝下。安装过程中，宜控制火焰强度，缓慢加热，但不应对热收缩带（套）上任意一点长时间烘烤。收缩过程中应用指压法检查胶的流动性，手指压痕应自动消失。

6.7 连接管件与配件安装

6.7.4 本条规定了检查井与连接管件连接时的开孔要求，开孔过大或两孔之间的距离太小，都会严重减小井筒的强度，影响工程质量。

6.8 回 填

6.8.1 本条规定了检查井回填必须按照设计要求进行。

6.8.2 本条规定了检查井回填的原则要求：

2 由于连接管件下部的回填施工较困难，假如连接管件下部填土不夯填密实，连接管件的不均匀沉降将造成检查井损坏和管道连接破坏。因此连接管件下部的回填应严格要求，确保连接管件下部填土夯填密实，保证工程质量。

3 与管道不同的是，井筒的初始椭圆度在地下水作用下有增大的趋势，在周围土体抗力的反作用下趋于稳定，因此，井筒的初始变形量是影响井筒最终变形量的决定因素。要求井筒周围采用人工回填、夯实，是为了保证回填质量，并尽可能减小井筒的初始变形量。对于寒冷地区或严寒地区的抗拔措施，回填的具体做法是：用薄钢板制的套筒，其内径不小于(d_e+100×2)mm；由于每层需铺回填土厚度不大于300mm，故套筒的高度约400mm以上，回填时先在套筒内灌中、粗黄砂，四周再回填优质土，待回填表土夯实后将套筒提升，再进行上一层次的回填，这样能保证井筒四周填砂宽度不小于100mm。

6.8.3 本条规定来自现行国家标准《给水排水管道工程施工及验收规范》GB 50268。

6.9 挡圈及承压圈安装

6.9.1 本条规定了挡圈及承压圈安装的原则：

1 挡圈设置在井盖座承压圈的褥垫层中，一是可以使井筒在土壤结冻时或地面沉降时，可上下自由移动；二是在井筒与挡圈之间填入防水材料时，可以有效阻止地面的水经过井盖渗入井盖座承压圈的褥垫层中，防止道路路地的局部不均匀沉降。

2 承压圈宜采用钢筋混凝土板，俗称大盖板。由于检查井结构刚度相对较小，不能直接承受汽车轮压等集中应力作用，需要设置承压圈，将集中力转化为均布荷载传递给检查井周围土体。

3 承压圈下边缘与井筒上边缘之间要保持不小于100mm的间距。这样，可以满足日后土壤或道路的沉降需要。

4 承压圈的吊装就位的做法。吊装就位的关键是要使承压圈与井筒保持圆心。其施工方法就是采用小木桩进行定位。

6.10 井 盖 安 装

6.10.2 检查井井盖的正确安装是保证安全的必要措施，不同场所、不同用途的井盖应严格区分，不得混淆。

7 质量检验与验收

7.1 一 般 规 定

7.1.8 规定了检查井在施工安装前所必须进行的质量检验项目，要求对到达现场的检查井根据各项指标进行检验，对质量不达标的产品一律不得使用。

7.2 施工质量检验

本节规定了检查井工程验收必须遵循的程序。检查井应作为一个隐蔽工程进行验收，并对验收过程进行详细记录。

7.3 功能性检验

塑料检查井安装完毕后应随同管道系统进行功能性试验。

7.4 竣 工 验 收

竣工资料的收集对工程质量的验收以及日后系统的维护、维修有着重要的指导作用，这一程序必不可少。

8 维 护 保 养

塑料排水检查井具有体积小，不便下井操作的特点，另外为了维护人员的安全，不宜下井观察和清淤，也不能采用传统的清通方法。国外一般采用水力清通和真空吸泥法。

中华人民共和国行业标准

城镇排水管道非开挖修复更新工程技术规程

Technical specification for trenchless rehabilitation and renewal of urban sewer pipeline

CJJ/T 210－2014

批准部门：中华人民共和国住房和城乡建设部

施行日期：2 0 1 4 年 6 月 1 日

中华人民共和国住房和城乡建设部
公　　告

第 303 号

住房城乡建设部关于发布行业标准《城镇排水管道非开挖修复更新工程技术规程》的公告

现批准《城镇排水管道非开挖修复更新工程技术规程》为行业标准，编号为 CJJ/T 210－2014，自 2014 年 6 月 1 日起实施。

本规程由我部标准定额研究所组织中国建筑工业出版社出版发行。

中华人民共和国住房和城乡建设部

2014 年 1 月 22 日

前　　言

根据住房和城乡建设部《关于印发〈2009 年工程建设标准规范制订、修订计划〉的通知》（建标［2009］88 号）的要求，规程编制组经广泛调查研究，认真总结实践经验，参考有关国内外标准，并在广泛征求意见的基础上，编制本规程。

本规程的主要技术内容：1. 总则；2. 术语和符号；3. 基本规定；4. 材料；5. 设计；6. 施工；7. 工程验收。

本规程由住房和城乡建设部负责管理，由中国地质大学（武汉）负责具体技术内容的解释。在执行过程中，如有意见和建议，请寄送中国地质大学（武汉）（地址：湖北省武汉市洪山区鲁磨路 388 号，邮编：430074）。

本规程主编单位：中国地质大学（武汉）

本规程参编单位：城市建设研究院
武汉市城市排水发展有限公司
管丽环境技术（上海）有限公司
杭州市排水有限公司
成都市兴蓉投资有限公司
河南中拓石油工程技术股份有限公司
上海市排水管理处
山东柯林瑞尔管道工程有限公司
河北肃安实业集团有限公司
上海乐通管道工程有限公司
陶氏化学（中国）有限公司
杭州诺地克科技有限公司
广州市市政集团有限公司
武汉地网非开挖科技有限公司
天津盛象塑料管业有限公司
迈佳伦（天津）国际工贸有限公司
中国京冶工程技术有限公司
厦门市安越非开挖工程技术有限公司

本规程主要起草人员：马保松　吕士健　田中凯　孙跃平　宋正华　颜学贵　徐效华　安关峰　周长山　王明岐　张煜伟　李佳川　王鲁麓　许　珂　逄仲森　田　颖　何　善　吴忠诚　吴　瑛　廖宝勇　孔耀祖

本规程主要审查人员：高立新　王乃震　宋序彤　吴学伟　李树苑　项久华　王长祥　苏耀军　王春顺　邝　诺　谌伟宁

目　次

Contents

1 总 则

1.0.1 为使城镇排水管道非开挖修复更新工程做到技术先进、安全可靠、经济合理、确保质量和保护环境，制定本规程。

1.0.2 本规程适用于城镇排水管道非开挖修复更新工程的设计、施工及验收。

1.0.3 城镇排水管道非开挖修复更新工程的设计、施工及验收，除应符合本规程的规定外，尚应符合国家现行有关标准的规定。

2 术语和符号

2.1 术 语

2.1.1 非开挖修复更新工程 trenchless rehabilitation and renewal

采用少开挖或不开挖地表的方法进行排水管道修复更新的工程。

2.1.2 穿插法 slip lining

采用牵拉或顶推的方式将内衬管直接置入原有管道的管道修复方法。

2.1.3 碎（裂）管法 pipe bursting/splitting

采用碎(裂)管设备从内部破碎或割裂原有管道，将原有管道碎片挤入周围土体形成管孔，并同步拉入新管道的管道更新方法。

2.1.4 原位固化法 cured-in-place pipe (CIPP)

采用翻转或牵拉方式将浸渍树脂的软管置入原有管道内，固化后形成管道内衬的修复方法。

2.1.5 折叠内衬法 fold-and-form lining

采用牵拉的方法将压制成"C"形或"U"形的管道置入原有管道中，然后通过加热、加压等方法使其恢复原状形成管道内衬的修复方法。

2.1.6 缩径内衬法 deformed-and-reformed lining

采用牵拉方法将经压缩管径的新管道置入原有管道内，待其直径复原后形成与原有管道紧密贴合的管道内衬的修复方法。

2.1.7 机械制螺旋缠绕法 mechanical spiral wound lining

采用机械缠绕的方法将带状型材在原有管道内形成一条新的管道内衬的修复方法。

2.1.8 管片内衬法 splice segment lining

将片状型材在原有管道内拼接成一条新管道，并对新管道与原有管道之间的间隙进行填充的管道修复方法。

2.1.9 局部修复 localized repair

对原有管道内的局部破损、接口错位、局部腐蚀等缺陷进行修复的方法。本规程主要指点状原位固化法和不锈钢套筒法。

2.1.10 点状原位固化法 spot cured-in-place pipe

采用原位固化法对管道进行局部修复的方法。

2.1.11 不锈钢套筒法 stainless steel foam sleeve

采用外包止水材料的不锈钢套筒膨胀后形成管道内衬，止水材料在原有管道和不锈钢套筒之间形成密封性接触的管道局部修复方法。

2.1.12 半结构性修复 semi-structural rehabilitation

新的内衬管依赖于原有管道的结构，在设计寿命之内仅需要承受外部的静水压力，而外部土压力和动荷载仍由原有管道支撑的修复方法。

2.1.13 结构性修复 structural rehabilitation

新的内衬管具有不依赖于原有管道结构而独立承受外部静水压力、土压力和动荷载作用的性能的修复方法。

2.1.14 软管 tube

由一层或多层聚酯纤维毡或同等性能材料缝制而成的外层包覆非渗透性塑料薄层的柔性管材。

2.1.15 内衬管 liner

通过各种非开挖修复更新方法在原有管道内形成的管道内衬。

2.1.16 折叠管 folded pipe

将圆形管材通过压制、折叠而成的"C"形或"U"形断面的管道。

2.2 符 号

2.2.1 尺寸

D——螺旋缠绕内衬管平均直径；

D_L——闭气试验管道内径；

D_{max}——原有管道的最大内径；

D_{min}——原有管道的最小内径；

D_O——内衬管管道外径；

D_I——内衬管管道内径；

D_E——原有管道平均内径；

H_S——管顶覆土厚度；

H_w——管顶以上地下水位高度；

H——管道敷设深度；

I——内衬管单位长度管壁惯性矩；

L——工作坑长度；

R——管材允许弯曲半径；

SDR——管道的标准尺寸比；

t——内衬管的壁厚。

2.2.2 系数

B'——弹性支撑系数；

C——椭圆度折减系数；

K——圆周支持率；

K_t——系数；

N——安全系数；

n——粗糙系数；

n_e——原有管道的粗糙系数；
n_l——内衬管的粗糙系数；
q——原有管道的椭圆度；
R_w——水浮力系数；
S——管道坡度；
μ——泊松比。

2.2.3 荷载和压力

F——允许拖拉力；
P——地下水压力；
P_i——压力管道内部压力；
q_t——管道总的外部压力；
W_S——活荷载。

2.2.4 模量和强度

E——初始弹性模量；
E_L——长期弹性模量；
E'_S——管侧土综合变形模量；
σ——管材的屈服拉伸强度；
σ_L——内衬管长期弯曲强度；
σ_{TL}——内衬管长期抗拉强度。

2.2.5 其他符号

B——管道修复前后过流能力比；
Q——流量；
Q_e——允许渗水量；
V_e——渗漏速率；
γ——土的重度。

3 基本规定

3.0.1 敷设于交通繁忙、新建道路、环境敏感等地区的排水管道的修复更新应优先选用非开挖修复更新技术。

3.0.2 非开挖修复更新工程应根据管道安全检测评估鉴定报告进行设计，并确定修复或更新方法。

3.0.3 管道结构性修复更新后的使用期限不得低于50年；利用原有管道结构进行半结构性修复的管道，其设计使用年限应按原有管道结构的剩余设计使用期限确定，对于混凝土管道，半结构性修复后的最长设计使用年限不宜超过30年。

3.0.4 非开挖修复更新工程所用的管材、管件、构（配）件等材料应符合国家现行标准，并应具有质量合格证书、性能检测报告和使用说明书。

3.0.5 非开挖修复更新工程施工时应采取安全措施，并应符合现行行业标准《城镇排水管道维护安全技术规程》CJJ 6的有关规定。

3.0.6 当施工需进行局部开挖时，开挖前应取得相关部门的批准。

3.0.7 管道修复更新完成后，应对内衬管与检查井的接口处进行处理。

3.0.8 非开挖修复更新工程所产生的污物、噪声及振动应符合国家有关环境保护的规定。

3.0.9 非开挖修复工程应在验收合格后投入使用。

4 材 料

4.0.1 当非开挖修复更新工程选用PE管材时，应选择PE80或PE100管材，PE管材性能应满足表4.0.1的要求。

表4.0.1 PE管材性能

性能	MDPE PE80	HDPE PE80	HDPE PE100	试验方法
屈服强度（MPa）	>18	>20	>22	《塑料 拉伸性能的测定 第2部分：模塑和挤塑塑料的试验条件》GB/T 1040.2
断裂伸长率（%）	>350	>350	>350	《塑料 拉伸性能的测定 第2部分：模塑和挤塑塑料的试验条件》GB/T 1040.2
弯曲模量（MPa）	600	800	900	《塑料 弯曲性能的测定》GB/T 9341

4.0.2 原位固化法使用的软管应符合下列规定：

1 软管可由单层或多层聚酯纤维毡或同等性能的材料组成，并应与所用树脂兼容，且应能承受施工的拉力、压力和固化温度；

2 软管的外表面应包覆一层与所采用的树脂兼容的非渗透性塑料膜；

3 多层软管各层的接缝应错开，接缝连接应牢固；

4 软管的横向与纵向抗拉强度不得低于5MPa；

5 玻璃纤维增强的纤维软管应至少包含两层夹层，软管的内表面应为聚酯毡层加苯乙烯内膜组成，外表面应为单层或多层抗苯乙烯或不透光的薄膜；

6 软管的长度应大于待修复管道的长度，软管直径的大小应保证在固化后能与原有管道的内壁紧贴在一起；

7 应提供软管固化后的初始结构性能检测报告，并应符合本规程第7.1.10条的规定。

4.0.3 机械制螺旋缠绕法所用型材应为带状型材，可由PVC-U或加钢片的复合材料制成，带状型材的性能应满足设计要求。

4.0.4 管片内衬法所用片状型材可由不锈钢或PVC-

U制成，型材表面应光滑，并应具有耐久性及抗腐蚀性。

4.0.5 当采用折叠内衬法、缩径内衬法时，所用PE管材进行折叠、缩径后应进行复原试验及性能检测。螺旋缠绕带状型材以及管片内衬所用片状型材应进行抽样检测，试验要求和抽样检测应符合本规程附录A的规定，刚度系数和接口严密性测试应按本规程附录B中所规定的方法进行。

4.0.6 在同一个修复更新管段内应使用相同型号、同一生产厂家的管材或型材，管材或型材不得存在可见的裂缝、孔洞、划伤、夹杂物、气泡、变形等缺陷。

4.0.7 非开挖修复更新工程所用成品管道或型材应有清晰的标注，折叠管的标注间距不应大于3m。带状型材的标注间距不应大于5m，片状型材应每片进行标注。

4.0.8 内衬管或型材的运输和储存应符合下列规定：

1 工厂预制折叠管应采用非金属缠绕带进行捆扎并缠绕在卷筒上进行运输，缠绕带的层数和间距应根据管道的直径、壁厚、材料等级、环境温度等因素确定。

2 机械制螺旋缠绕法使用PVC-U带状型材应连续地缠绕在卷筒上储存和运输。

3 内衬管或型材的储存和运输应符合现行行业标准《埋地塑料排水管道工程技术规范》CJJ 143的有关规定。

4.0.9 不锈钢套筒法所采用的材料应符合下列规定：

1 所用材料应无毒、无刺激性气味、不溶于水、对环境无污染。

2 止水材料应符合下列规定：

1）止水材料可由海绵、发泡胶或橡胶材料组成；

2）发泡胶应采用双组分，在作业现场混合使用；

3）发泡胶固化时间应可控，固化时间宜在30min～120min；

4）橡胶材料应做成筒状，附在不锈钢套筒的外侧，橡胶筒的两端应设置止水圈。

3 不锈钢套筒应符合下列规定：

1）不锈钢套筒应采用T304及以上材质；

2）不锈钢套筒的厚度应根据选用的材质和管径来确定；

3）不锈钢套筒的两端应加工成喇叭状或锯齿形边口等，边口宽度宜为20mm；

4）止回扣应能保证卡住后不发生回弹，且不应对修复气囊造成破坏。

5 设　计

5.1 一般规定

5.1.1 非开挖修复更新工程设计前应详细调查原有管道的基本概况、工程地质和水文地质条件、现场施工环境。

5.1.2 对原有管道的缺陷应进行检测与评估，并应符合现行行业标准《城镇排水管道检测与评估技术规程》CJJ 181的有关规定。当管段结构性缺陷等级大于Ⅲ级时应采用结构性修复，当管段结构性缺陷类型为整体缺陷时应采用整体修复。

5.1.3 非开挖修复更新工程的设计应符合下列规定：

1 当原有管道地基不满足要求时，应进行处理；

2 修复后管道的结构应满足受力要求；

3 修复后管道的过流能力应满足要求；

4 修复后管道应满足清疏技术对管道的要求。

5.1.4 非开挖修复更新方法的工法特征可按表5.1.4的规定选取。

表5.1.4 非开挖修复更新方法的工法特征

非开挖修复更新方法	适用范围和使用条件						
	适应管径（mm）	内衬管材质	对工作坑的需求	注浆需求	最大允许转角	可修复原有管道截面形状	局部或整体修复
穿插法	≥200	PE、PVC-U、玻璃钢、金属管等	需要	根据设计要求	0°	圆形	整体修复
原位固化法	翻转式：200～2700 拉入式：200～2400	玻璃纤维、针状毛毡、树脂等	不需要	不需要	45°	圆形、蛋形、矩形等	整体修复
碎（裂）管法	200～1200	PE	需要	不需要	7°	圆形	整体更新

续表 5.1.4

非开挖修复更新方法		适用范围和使用条件						
		适应管径（mm）	内衬管材质	对工作坑的需求	注浆需求	最大允许转角	可修复原有管道截面形状	局部或整体修复
折叠内衬法	工厂折叠	200～450	PE	不需要或小量开挖	不需要	15°	圆形	整体修复
	现场折叠	200～1400	PE	需要	不需要	15°	圆形	整体修复
缩径内衬法		200～1100	PE	需要	不需要	15°	圆形	整体修复
机械制螺旋缠绕法		200～3000	PVC-U、PE 型材	不需要	根据设计要求	15°	圆形、矩形、马蹄形等	整体修复
管片内衬法		800～3000	PVC-U 型材、填充材料	不需要	需要	15°	圆形、矩形、马蹄形等	整体修复
不锈钢套筒法		200～1500	止水材料、不锈钢套筒等	不需要	不需要	—	圆形	局部修复
点状原位固化法		200～1500	玻璃纤维、针状毛毡、树脂等	不需要	不需要	—	圆形、蛋形、矩形等	局部修复

5.1.5 对相同直径且管道转角符合本规程表 5.1.4 的规定的管道，可按同一个修复段进行设计，否则应按不同管段进行设计。

5.1.6 非开挖管道修复更新工程所用管材直径的选择应符合下列规定：

1 穿插法所用内衬管的外径应小于原有管道的内径，但其减少量不宜大于原有管道内径的 10%，且减少量不应大于 50mm；

2 机械制螺旋缠绕法内衬管的内径不宜小于原有管道内径的 90%；

3 折叠内衬法内衬管外径应与原有管道内径相一致，缩径内衬法内衬管复原后宜与原有管道形成紧密配合；

4 原位固化法所用软管外径应与原有管道内径相一致。

5.2 内衬管设计

5.2.1 当采用穿插法、原位固化法、折叠内衬法或缩径内衬法进行管道半结构性修复时，内衬管最小壁厚应符合下列规定：

1 内衬管壁厚应按下列公式计算：

$$t=\frac{D_{\mathrm{O}}}{\left[\frac{2KE_{\mathrm{L}}C}{PN(1-\mu^{2})}\right]^{\frac{1}{3}}+1} \tag{5.2.1-1}$$

$$C=\left[\frac{\left(1-\frac{q}{100}\right)}{\left(1+\frac{q}{100}\right)^{2}}\right]^{3} \tag{5.2.1-2}$$

$$q=100\times\frac{(D_{\mathrm{E}}-D_{\min})}{D_{\mathrm{E}}}\ 或\ q=100\times\frac{D_{\max}-D_{\mathrm{E}}}{D_{\mathrm{E}}} \tag{5.2.1-3}$$

式中：t——内衬管壁厚（mm）；

D_{O}——内衬管管道外径（mm）；

K——圆周支持率，取值宜为 7.0；

E_{L}——内衬管的长期弹性模量（MPa），宜取短期模量的 50%；

C——椭圆度折减系数；

P——内衬管管顶地下水压力（MPa），地下水位的取值应符合现行国家标准《给水排水工程管道结构设计规范》GB 50332 的有关规定；

N——安全系数，取 2.0；

μ——泊松比，原位固化法内衬管取 0.3，PE 内衬管取 0.45；

q——原有管道的椭圆度（%），可取 2%；

D_E——原有管道的平均内径（mm）；

D_{min}——原有管道的最小内径（mm）；

D_{max}——原有管道的最大内径（mm）。

2 当内衬管管道位于地下水位以上时，原位固化法内衬管的标准尺寸比（SDR）不得大于 100，PE 内衬管的标准尺寸比（SDR）不得大于 42。

3 当内衬管椭圆度不为零时，按式（5.2.1-1）计算的内衬管的壁厚最小值不应小于下列公式计算结果：

$$1.5\frac{q}{100}\left(1+\frac{q}{100}\right)SDR^2-0.5\left(1+\frac{q}{100}\right)$$

$$SDR=\frac{\sigma_L}{PN} \quad (5.2.1\text{-}4)$$

$$SDR=\frac{D_O}{t} \quad (5.2.1\text{-}5)$$

式中：SDR——管道的标准尺寸比；

σ_L——内衬管材的长期弯曲强度（MPa），宜取短期强度的 50%。

5.2.2 当采用穿插法、原位固化法、折叠内衬法或者缩径内衬法进行管道结构性修复时，内衬管最小壁厚应符合下列规定：

1 内衬管壁厚应按下列公式计算：

$$t=0.721D_O\left[\frac{\left(\frac{N\times q_t}{C}\right)^2}{E_L\times R_W\times B'\times E'_S}\right]^{\frac{1}{3}} \quad (5.2.2\text{-}1)$$

$$q_t=0.00981H_w+\frac{\gamma\times H_S\times R_w}{1000}+W_S \quad (5.2.2\text{-}2)$$

$$R_w=1-0.33\times\frac{H_w}{H_S} \quad (5.2.2\text{-}3)$$

$$B'=\frac{1}{1+4e^{-0.213H}} \quad (5.2.2\text{-}4)$$

式中：q_t——管道总的外部压力（MPa），包括地下水压力、上覆土压力以及活荷载；

R_w——水浮力系数，最小取 0.67；

B'——弹性支撑系数；

E'_S——管侧土综合变形模量（MPa），可按现行国家标准《给水排水工程管道结构设计规范》GB 50332 的规定确定；

H_w——管顶以上地下水位高（m）；

γ——土的重度（kN/m^3）；

H——管道敷设深度；

H_S——管顶覆土厚度（m）；

W_S——活荷载（MPa），应按现行国家标准《给水排水工程管道结构设计规范》GB 50332 的规定确定。

2 内衬管最小壁厚还应满足下式规定：

$$t\geqslant\frac{0.1973D_O}{E^{1/3}} \quad (5.2.2\text{-}5)$$

式中：E——内衬管初始弹性模量（MPa）。

3 结构性修复内衬管的最小厚度还应同时满足本规程公式（5.2.1-1）和（5.2.1-4）的要求。

5.2.3 当采用碎（裂）管法更新管道时，应按新建管道的要求设计管道壁厚，更新管道标准尺寸比的最大取值应符合表 5.2.3 的规定。

表 5.2.3 更新管道标准尺寸比的最大取值

覆土深度（m）	SDR
0～5.0	21
＞5.0	17

5.2.4 机械制螺旋缠绕法内衬管刚度系数应符合下列规定：

1 采用内衬管贴合原有管道机械制螺旋缠绕法半结构性修复时，内衬管最小刚度系数应按下列公式计算：

$$E_LI=\frac{P(1-\mu^2)D^3}{24K}\cdot\frac{N}{C} \quad (5.2.4\text{-}1)$$

$$D=D_O-2(h-\bar{y}) \quad (5.2.4\text{-}2)$$

式中：E_L——内衬管的长期弹性模量（MPa）；

I——内衬管单位长度管壁惯性矩（mm^4/mm）；

D——内衬管平均直径（mm）；

K——圆周支持率，取值宜为 7.0；

h——带状型材高度（mm）；

$\bar{y}$——带状型材内表面至带状型材中性轴的距离（mm）；

μ——泊松比，取 0.38。

2 采用内衬管不贴合原有管道机械制螺旋缠绕法半结构性修复时，内衬管与原有管道间的环状空隙应进行注浆处理，且内衬管最小刚度系数应按下列公式计算：

$$E_LI=\frac{PND^3}{8(K_1^2-1)C} \quad (5.2.4\text{-}3)$$

$$\sin\frac{K_1\varphi}{2}\cos\frac{\varphi}{2}=K_1\sin\frac{\varphi}{2}\cos\frac{K_1\varphi}{2} \quad (5.2.4\text{-}4)$$

式中：φ——未注浆角度（图 5.2.4）；

K_1——与未注浆角度 φ 相关的系数，K_1 取值与未注浆角度的关系应符合表 5.2.4 的规定。

表 5.2.4 K_1 取值与未注浆角度的关系

2φ（°）	10	20	30	40	50	60	70	80	90
K_1	51.5	25.76	17.18	12.9	10.33	8.62	7.4	6.5	5.78
2φ（°）	100	110	120	130	140	150	160	170	180
K_1	5.22	4.76	4.37	4.05	3.78	3.54	3.34	3.16	3.0

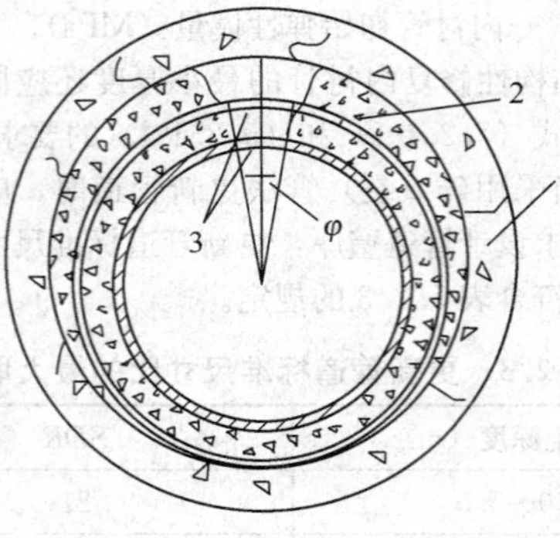

图 5.2.4　未灌浆角度示意图

1—原有管道；2—浆体；3—螺旋缠绕内衬管；
φ—未注浆角度

3　当采用内衬管贴合原有管道机械制螺旋缠绕法结构性修复时，最小刚度系数应按下式计算：

$$E_L I = \frac{(q_t N/C)^2 D^3}{32 R_w B' E'_S} \qquad (5.2.4\text{-}5)$$

4　当采用内衬管不贴合原有管道机械制螺旋缠绕法结构性修复时，应对环状空隙内进行注浆，原有管道、并应确认内衬管、注浆体和原有管道组成的复合结构能承受作用在管道上的总荷载。

5　当采用机械制螺旋缠绕内衬法进行结构性修复时，内衬管最小刚度系数 $E_L I$ 还应同时满足公式（5.2.4-1）的要求。

5.3　水力计算

5.3.1　管道内流量可按下式计算：

$$Q = 0.312\frac{D_E^{\frac{8}{3}} \times S^{\frac{1}{2}}}{n} \qquad (5.3.1)$$

式中：Q——管道的流量（m^3/min）；

D_E——原有管道平均内径（m）；

S——管道坡度；

n——管道的粗糙系数。

5.3.2　修复后管道的过流能力与修复前管道的过流能力的比值应按下式计算：

$$B = \frac{n_e}{n_l} \times \left(\frac{D_l}{D_E}\right)^{\frac{8}{3}} \times 100\% \qquad (5.3.2)$$

式中：B——管道修复前后过流能力比；

n_e——原有管道的粗糙系数；

D_l——内衬管管道内径（m）；

n_l——内衬管的粗糙系数。

5.3.3　部分管材的粗糙系数可按表 5.3.3 取值。

表 5.3.3　粗糙系数

管材类型	粗糙系数 n
原位固化内衬管	0.010
PE 管	0.009
PVC-U 管	0.009
螺旋缠绕内衬管	0.010
混凝土管	0.013
砖砌管	0.016
陶土管	0.014

注：本表所列粗糙系数是指管道在完好无损的条件下的粗糙系数。

5.4　工作坑设计

5.4.1　当需开挖工作坑时，工作坑的位置应符合下列规定：

1　工作坑的坑位应避开地上建筑物、架空线、地下管线或其他构筑物；

2　工作坑不宜设置在道路交汇口、医院入口、消防入口处；

3　工作坑宜设计在管道变径、转角或检查井处。

5.4.2　工作坑的大小应满足施工空间的要求。连续管道穿插法进管工作坑（图 5.4.2）最小长度应按下式计算：

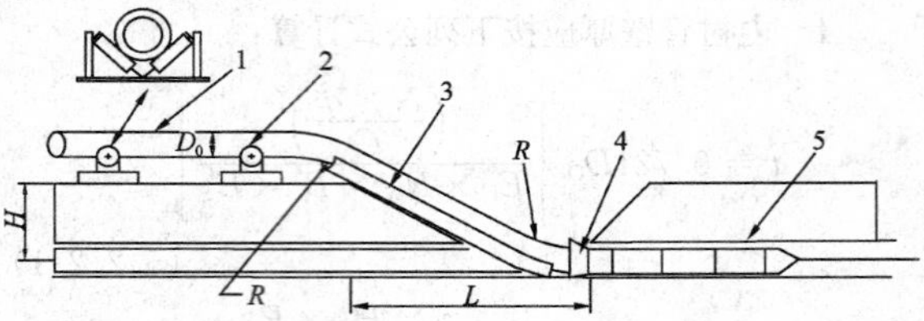

图 5.4.2　连续管道进管工作坑布置示意图

1—内衬管；2—地面滚轮架；3—防磨垫；
4—喇叭形导入口；5—原有管道

$$L = [H \times (4R - H)]^{\frac{1}{2}} \qquad (5.4.2)$$

式中：L——工作坑长度（m）；

R——管材许用弯曲半径（m），且 $R \geqslant 25D_O$。

5.4.3　当工作坑较深时，应按现行国家标准《给水排水管道工程施工及验收规范》GB 50268 的有关规定设计放坡或支护。

6　施　　工

6.1　一般规定

6.1.1　施工前应取得安全施工许可证，并应遵循有关施工安全、劳动防护、防火、防毒的法律、法规，建立安全生产保障体系。

6.1.2　施工前应编制施工组织设计，施工组织设计应审批后执行。

6.1.3　施工设备应根据工程特点合理选用，并应有总体布置方案。对于不宜间断的施工方法，应有满足施工要求备用的动力和设备。

6.1.4 当管道内需采取临时排水措施时，应符合下列规定：

1 应按现行行业标准《城镇排水管渠与泵站维护技术规程》CJJ 68 的有关规定对原有管道进行封堵；

2 当管堵采用充气管塞时，应随时检查管堵的气压，当管堵气压降低时应及时充气；

3 当管堵上、下游有水压力差时，应对管堵进行支撑；

4 临时排水设施的排水能力应能确保各修复工艺的施工要求。

6.1.5 PE 管道的连接施工应符合下列规定：

1 连接前应进行外观检查，管道外表面划痕深度不应大于壁厚的 10%，管道不应有过度弯曲导致的屈曲，管道内表面不应有任何磨损和切削；

2 PE 管的连接宜采用热熔对接的方法，热熔对接应符合现行国家标准《塑料管材和管件聚乙烯（PE）管材/管材或管材/管件热熔对接组件的制备操作规范》GB 19809 的有关规定。

6.1.6 在内衬管穿插前，应采用一个与待插管直径相同、材质相同、长度不小于 3m 的试穿管段进行试通，并检测试穿管段表面损伤情况，划痕深度不应大于内衬管壁厚的 10%。

6.1.7 使用的计量器具和检测设备，应经计量检定、校准合格后方可使用。

6.2 原有管道预处理

6.2.1 非开挖修复更新工程施工前，应对原有管道进行预处理，并应符合下列规定：

1 预处理后的原有管道内应无沉积物、垃圾及其他障碍物，不应有影响施工的积水；当采用原位固化法和点状原位固化法进行管道整体或局部修复时，原有管道内不应有渗水现象；

2 管道内表面应洁净，应无影响衬入的附着物、尖锐毛刺、突起现象；

3 当采用碎（裂）管法时，可不对原有管道内表面进行处理，但原有管道内应有牵引拉杆或钢丝绳穿过的通道；

4 当采用局部修复法时，原有管道待修复部位及其前后 500mm 范围内管道内表面应洁净，无附着物、尖锐毛刺和突起。

6.2.2 管道宜采用高压水射流进行清洗，清洗产生的污水和污物应从检查井内排出，污物应按现行行业标准《城镇排水管渠与泵站维护技术规程》CJJ 68 的有关规定处理。

6.2.3 管内影响内衬施工的障碍宜采用专用工具或局部开挖的方式进行清除。

6.2.4 有内钢套的原有管道，应对内钢套进行预处理。

6.2.5 管道变形或破坏严重、接头错位严重的部位，应按经批准的施工组织设计进行预处理。

6.2.6 漏水严重的原有管道，应对漏水点进行止水或隔水处理。

6.3 穿 插 法

6.3.1 内衬管道可通过牵引、顶推或两者结合的方法置入原有管道中。

6.3.2 连续管道穿插施工应符合下列规定：

1 管道牵拉速度不宜大于 0.3m/s，在管道弯曲段或变形较大的管道中施工应减慢速度；

2 牵拉过程中牵拉力不应大于内衬管允许拉力的 50%；

3 牵拉操作应一次完成，不应中途停止；

4 内衬管伸出原有管道端口的距离应满足内衬管应力恢复和热胀冷缩的要求；

5 内衬管道宜经过 24h 的应力恢复后进行后续操作。

6.3.3 不连续管道穿插工艺应符合下列规定：

1 当采用机械承插式接头连接的短管时，可允许带水作业，水位宜控制在管道起拱线之下；

2 当采用热熔连接的 PE 管时，连接设备应干燥，且应满足本规程第 6.1.5 条的规定；

3 当不需开挖工作坑时，短管的长度宜能够进入检查井；

4 当需开挖工作坑时，工作坑应满足本规程第 5.4 节的规定；

5 短管进入工作坑或检查井时不应造成损伤。

6.3.4 在内衬管穿插时应采取下列保护措施：

1 应在原有管道端口设置导滑口，防止原有管道端口对内衬管的损伤；

2 应对内衬管的牵拉端或顶推端采取保护措施；

3 当连续管道穿插时，地面上管道应置于滚轮架传送，工作坑中管道外壁底部应铺设防磨垫。

6.3.5 内衬管穿插完成后，在修复管道端部处应采用具有弹性和防水性能的材料对原有管道和内衬管之间的环状间隙进行密封处理。

6.3.6 当管道环状间隙需注浆时应符合下列规定：

1 当内衬管不足以承受注浆压力时，注浆前应对内衬管进行支护或采取其他保护措施；

2 当有支管存在时，注浆前应打通内衬管的支管连接并采取保护措施，注浆时浆液不得进入支管；

3 注浆孔或通气孔应设置在两端密封处或支管处，也可在内衬管上开孔；

4 浆液应具有较强的流动性、固化过程收缩小、放热量低的特性，固化后应具有一定的强度；

5 宜采用分段注浆工艺；

6 注浆完成后应密封内衬管上的注浆孔，且应对管道端口进行处理，使其平整。

6.3.7 穿插法施工应对牵引或顶推力大小和速度、内衬管长度和拉伸率、贯通后静置时间、内衬管与原有管道间隙注浆量等进行记录和检验。

6.4 翻转式原位固化法

6.4.1 软管的树脂浸渍及运输应符合下列规定：

1 树脂可采用热固性的聚酯树脂、环氧树脂或乙烯基树脂；

2 树脂应能在热水、热蒸汽作用下固化，且初始固化温度应低于80℃；

3 在浸渍软管之前应计算树脂的用量，树脂的各种成分应进行充分混合，实际用量应比理论用量多5%～15%；

4 树脂和添加剂混合后应及时进行浸渍，停留时间不得超过20min，当不能及时浸渍时，应将树脂冷藏，冷藏温度应低于15℃，冷藏时间不得超过3h；

5 软管应在抽成真空状态下充分浸渍树脂，且不得出现干斑或气泡；

6 浸渍过树脂的软管应储存在不高于20℃的环境中，运输过程中应记录软管暴露的温度和时间。

6.4.2 可采用水压或气压的方法将浸渍树脂的软管翻转置入原有管道，施工过程应符合下列规定：

1 当翻转时，应将软管的外层防渗塑料薄膜向内翻转成内衬管的内膜，与软管内水或蒸汽相接触；

2 翻转压力应控制在使软管充分扩展所需最小压力和软管所能承受的允许最大内部压力之间，同时应能使软管翻转到管道的另一端点，相应压力值应符合产品说明书的规定；

3 翻转过程中宜用润滑剂减少翻转阻力，润滑剂应为无毒的油基产品，且不得对软管和相关施工设备等产生影响；

4 翻转完成后，浸渍树脂软管伸出原有管道两端的长度宜大于1m。

6.4.3 翻转完成后可采用热水或热蒸汽对软管进行固化，并应符合下列规定：

1 热水供应装置和蒸汽发生装置应装有温度测量仪，固化过程中应对温度进行跟踪测量和监控；

2 在修复段起点和终点，距离端口大于300mm处，应在浸渍树脂软管与原有管道之间安装监测管壁温度变化的温度感应器；

3 热水宜从标高较低的端口通入，蒸汽宜从标高较高的端口通入；

4 固化温度应均匀升高，固化所需的温度和时间以及温度升高速度应根据树脂材料说明书的规定，并应根据修复管段的材质、周围土体的热传导性、环境温度、地下水位等情况进行适当调整；

5 固化过程中软管内的水压或气压应能使软管与原有管道保持紧密接触，并保持该压力值直到固化结束；

6 可通过温度感应器监测的树脂放热曲线判定树脂固化的状况。

6.4.4 固化完成后内衬管的冷却应符合下列规定：

1 应先将内衬管的温度缓慢冷却，热水宜冷却至38℃；蒸汽宜冷却至45℃；冷却时间应根据树脂材料说明书的规定；

2 可采用常温水替换软管内的热水或蒸汽进行冷却，替换过程中内衬管内不得形成真空；

3 应待冷却稳定后方可进行后续施工。

6.4.5 当端口处内衬管与原有管道结合不紧密时，应在内衬管与原有管道之间充填树脂混合物进行密封，且树脂混合物应与软管浸渍的树脂材料相同。

6.4.6 内衬管端头应切割整齐。

6.4.7 翻转式原位固化法施工应对树脂储存温度、冷藏温度和时间、树脂用量、软管浸渍停留时间和使用长度、翻转时的压力和温度、软管的固化温度、时间和压力、内衬管冷却温度、时间、压力等进行记录和检验。

6.5 拉入式原位固化法

6.5.1 软管浸渍所用树脂应为热固性树脂或光固性树脂，树脂浸渍应符合本规程第6.4.1条的规定。

6.5.2 拉入软管之前应在原有管道内铺设垫膜，垫膜应置于原有管道底部，并应覆盖大于1/3的管道周长，且应在原有管道两端进行固定。

6.5.3 软管的拉入应符合下列规定：

1 应沿管底的垫膜将浸渍树脂的软管平稳、缓慢地拉入原有管道，拉入速度不得大于5m/min；

2 在拉入软管过程中，不得磨损或划伤软管；

3 软管的轴向拉伸率不得大于2%；

4 软管两端应比原有管道长出300mm～600mm；

5 软管拉入原有管道之后，宜对折放置在垫膜上。

6.5.4 软管的扩展应采用压缩空气，并应符合下列规定：

1 充气装置宜安装在软管入口端，且应装有控制和显示压缩空气压力的装置；

2 充气前应检查软管各连接处的密封性，软管末端宜安装调压阀；

3 压缩空气压力应能使软管充分膨胀扩张紧贴原有管道内壁，压力值应根据产品说明书确定。

6.5.5 采用蒸汽固化时应符合本规程第6.4.3条和第6.4.4条的规定。

6.5.6 采用紫外光固化时应符合下列规定：

1 紫外光固化过程中内衬管内应保持空气压力，使内衬管与原有管道紧密接触；

2 应根据内衬管管径和壁厚控制紫外光灯的前进速度；

3 内衬管固化完成后，应缓慢降低管内压力至大气压。

6.5.7 固化完成后内衬管端头应按本规程第6.4.5条和第6.4.6条的规定进行密封和切割处理。

6.5.8 拉入式原位固化法施工应对软管拉入长度、扩展压缩空气压力、软管固化温度、时间和压力、紫外线灯的巡航速度、内衬管冷却温度、时间、压力等进行记录和检验。

6.6 碎（裂）管法

6.6.1 采用静拉碎（裂）管法进行管道更新施工应符合下列规定：

1 应根据管道直径及材质选择不同的碎（裂）管设备；

2 当碎（裂）管设备包含裂管刀具时，应从原有管道底部切开，切刀的位置应处于与竖直方向成30°夹角的范围内。

6.6.2 采用气动碎管法进行管道更新施工时，应符合下列规定：

1 采用气动碎管法时，碎裂管设备与周围其他管道距离不应小于0.8m，且不应小于待修复管道的直径，与周围其他建筑设施的距离不应小于2.5m，否则应对周围管道和建筑设施采取保护措施；

2 气动碎管设备可与钢丝绳或拉杆连接，在碎（裂）管过程中，可通过钢丝绳或拉杆给气动碎管设备施加一个恒定的牵拉力；

3 在碎管设备到达出管工作坑之前，施工不宜终止。

6.6.3 新管道在拉入过程中应符合下列规定：

1 新管道应连接在碎（裂）管设备后随碎（裂）管设备一起拉入；

2 新管道拉入过程中宜采用润滑剂降低新管道与土层之间的摩擦力；

3 当施工过程中牵拉力陡增时，应立即停止施工，查明原因后方可继续施工；

4 管道拉入后自然恢复时间不应小于4h。

6.6.4 在进管工作坑及出管工作坑中应对新管道与土体之间的环状间隙进行密封，密封长度不应小于200mm。

6.6.5 碎（裂）管法施工应对牵拉力、速度、内衬管长度和拉伸率、贯通后静置时间等进行记录和检验。

6.7 折叠内衬法

6.7.1 折叠管的压制应符合下列规定：

1 管道折叠变形应采用专用变形机，缩径量应控制在30%～35%。

2 折叠过程中，折叠设备不得对管道产生划痕等破坏，折叠应沿管道轴线进行，不得出现管道扭曲和偏移现象等；

3 管道折叠后，应立即用非金属缠绕带进行捆扎，管道牵引端应连续缠绕，其他位置可间断缠绕；

4 折叠管的缠绕和折叠速度应保持同步，宜控制在5m/min～8m/min。

6.7.2 折叠管的拉入应符合下列规定：

1 管道不得被坡道、操作坑壁、管道端口划伤；

2 应仔细观察管道入口处等弯曲部位折叠管情况，防止管道发生过度弯曲或起皱；

3 管道拉入过程应满足本规程第6.3.2条的规定。

6.7.3 工厂预制PE折叠管的复原及冷却过程应符合设计和产品使用说明书的要求，并应符合下列规定：

1 应在管道起止端安装温度测量仪监测折叠管外的温度变化，温度测量仪应安装在内衬管与原有管道之间；

2 折叠管中通入蒸汽的温度宜控制在112℃～126℃之间，然后加压最大至100kPa，当管外周温度达到85℃±5℃后，应增加蒸汽压力，最大至180kPa；

3 维持蒸汽压力时间，直到折叠管完全膨胀复原；

4 折叠管复原后，应先将管内温度冷却到38℃以下，然后再慢慢加压至228kPa，同时用空气或水替换蒸汽继续冷却直到内衬管降到周围环境温度；

5 折叠管冷却后，应至少保留80mm的内衬管伸出原有管道。

6.7.4 现场折叠管的复原过程应符合设计和产品使用说明书的要求，并应符合下列规定：

1 当复原时应控制注水速度，折叠管应能完全复原且不得损坏；

2 折叠管恢复原形并达到水压稳定后，应保持压力不少于24h。

6.7.5 折叠管复原后，应将管道两端切割整齐。

6.7.6 折叠内衬法施工应对折叠缠绕和折叠的速度、折叠管复原温度、压力和时间以及内衬管冷却温度、时间、压力等进行记录和检验。

6.8 缩径内衬法

6.8.1 径向均匀缩径内衬法施工应符合下列规定：

1 PE管道直径的缩小量不应大于15%；

2 缩径过程中不得对管道造成损伤。

6.8.2 拉拔缩径内衬法施工应符合下列规定：

1 PE管道直径的缩小量不应大于15%；

2 当环境温度低于5℃时，对PE管道进行拉拔缩径前应先预热。

6.8.3 管道拉入过程中，应符合下列规定：

1 管道缩径与拉入应同步进行，且不得中断；

2 拉入速度宜为3m/min～5m/min，且不得超过8m/min；

3 拉入过程中不得对PE管道造成损伤；

4 拉入过程还应满足本规程第6.3.2条的相关规定。

6.8.4 缩径管拉入完毕后，采用自然恢复时，恢复时间不应少于24h；采用加热加压方式时，恢复时间不应少于8h。

6.8.5 内衬管复原后，应将管道两端切割整齐。

6.8.6 缩径内衬法施工应对缩径量、缩径预热温度、管道牵拉力、牵拉速度、内衬管复原温度、时间、内衬管伸长量变化等进行记录和检验。

6.9 机械制螺旋缠绕法

6.9.1 机械制螺旋缠绕法所用缠绕机应能拆分组装。

6.9.2 固定设备内衬管螺旋缠绕工艺应符合下列规定：

1 螺旋缠绕设备应固定在起始工作坑中，且其轴线应与管道轴线一致；

2 内衬管的缠绕成型及推入过程应同步进行，直到内衬管到达目标工作坑或检查井；

3 内衬管缠绕过程中，应在主锁扣和次锁扣中分别注入密封剂和胶粘剂，对于需扩张贴合原有管道的工艺应在主锁扣和次锁扣间放置钢丝；

4 内衬管在扩张前应将端口固定；

5 扩张工艺的钢丝抽拉和螺旋缠绕操作应交替进行，直至整个修复段内衬管扩张完毕。

6.9.3 移动设备内衬管螺旋缠绕工艺应符合下列规定：

1 螺旋缠绕设备的轴线应与待修复管道轴线对正；

2 可通过调整螺旋缠绕设备获得所需要的内衬管直径；

3 螺旋缠绕设备的缠绕与行走应同步进行；

4 内衬管缠绕过程中，应在主锁扣和次锁扣中分别注入密封剂和胶粘剂。

6.9.4 螺旋缠绕作业应平稳、匀速进行，锁扣应嵌合、连接牢固。

6.9.5 内衬管两端与原有管道间的环状空隙应进行密封处理，且密封材料应与内衬管道相兼容。

6.9.6 螺旋内衬管道贴合原有管道的环状空隙宜进行注浆处理，内衬管不贴合原有管道的环状间隙应进行注浆处理，注浆工艺应符合本规程第6.3.6条的规定。

6.9.7 机械制螺旋缠绕法施工应对缠绕和行走速度、主锁口密封剂和次锁口胶粘剂注入量、内衬管与原有管道间隙注浆量等进行记录和检验。

6.10 管片内衬法

6.10.1 当管片进入检查井及原有管道时不得对管片造成损伤。

6.10.2 管片拼装宜采用人工方法。

6.10.3 当管片之间采用螺栓连接或焊接连接时，应在连接部位注入与管片材料相匹配的密封胶或胶粘剂。

6.10.4 内衬管两端与原有管道间的环状空隙应进行密封处理，密封材料应与片状型材兼容。

6.10.5 管片拼装完后应对内衬管与原有管道间的环状空隙进行注浆，且应符合下列规定：

1 注浆材料性能宜满足表6.10.5的规定，且应具有抗离析、微膨胀、抗开裂等性能；

2 注浆工艺应符合本规程第6.3.6条的规定。

表6.10.5 注浆材料性能

性 能	指 标
抗压强度等级	＞C30
流动度（mm）	＞270

6.10.6 管片内衬法施工应对管片安装连接、密封胶和胶粘剂注入量、内衬管与原有管道间隙注浆量等进行记录和检验。

6.11 不锈钢套筒法

6.11.1 不锈钢套筒制作应符合下列规定：

1 不锈钢及海绵的长度应能覆盖整个待修复的缺陷，且前后应比待修复缺陷至少长100mm；

2 发泡胶的涂抹应在现场阴凉处完成，用量应为海绵体积的80%。

6.11.2 修复过程应符合下列规定：

1 应分别在始发井和接收井各安装一个卷扬机牵引不锈钢套筒运载车和电视检测（CCTV）设备；

2 将运载车牵引到管内待修复位置；

3 运载车被牵拉到达待修复位置后，应缓慢向气囊内充气，使不锈钢套筒和海绵缓慢扩展开并紧贴原有管道内壁，气囊压力不得破坏不锈钢套筒的卡锁机构，最大压力宜控制在400kPa以下；

4 当确认不锈钢套筒完全扩展开并锁定后，缓慢释放气囊内的气压，并收回运载车和电视检测（CCTV）等设备。

6.11.3 不锈钢套筒法施工应对不锈钢和海绵、橡胶筒的安装位置、发泡胶用量、气囊压力、卡锁锁定等进行记录和检验。

6.12 点状原位固化法

6.12.1 内衬管的长度应能覆盖待修复缺陷，且前后应比待修复缺陷至少长 200mm；

6.12.2 浸渍树脂应符合下列规定：

1 当采用常温固化树脂时，树脂的固化时间宜为 2h～4h，且不得小于 1h；

2 树脂的浸渍宜按本规程第 6.4 节的规定进行，或根据实际情况采取特殊的浸渍工艺；

3 软管浸渍完成后，应立即进行修复施工，否则应将软管保存在适宜的温度下，且不应受灰尘等杂物污染。

6.12.3 软管的安装应符合下列规定：

1 软管应绑扎在可膨胀的气囊上，气囊应由弹性材料制成，并应能承受一定的水压或气压，应有良好的密封性能；

2 通过气囊或小车将浸渍树脂软管运送到待修复位置，并应采用电视检测（CCTV）设备实时监测、辅助定位；

3 气囊的工作压力和修补管径范围应符合气囊设备规定的技术要求。

6.12.4 软管的膨胀及固化应符合下列规定：

1 当采用常温固化树脂时，气囊宜充入空气进行膨胀；

2 当采用加热固化树脂时，应先采用空气或水使软管膨胀，再置换成热蒸汽或热水进行固化；

3 气囊内气体或水的压力应能保证软管紧贴原有管道内壁，但不得超过软管材料所能承受的最大压力；

4 当采用常温固化树脂体系时，应根据修复段的直径、长度和现场条件确定固化时间；

5 当采用加热固化树脂体系时，应按本规程第 6.4 节的规定进行操作；

6 固化完成后应缓慢释放气囊内的气体；当采用加热固化法，应先将气囊内气体或水的温度降到 38°后，然后缓慢释放气囊内的气体或水。

6.12.5 点状原位固化法应对树脂用量、软管浸渍停留时间和使用长度、气囊压力、软管固化温度、时间和压力以及内衬管冷却温度、时间、压力等进行记录和检验。

7 工 程 验 收

7.1 一 般 规 定

7.1.1 城镇排水管道非开挖修复更新工程的质量验收应符合现行国家标准《给水排水管道工程施工及验收规范》GB 50268 的有关规定。

7.1.2 城镇排水管道非开挖修复更新工程的分项、分部、单位工程划分应符合表 7.1.2 的规定。

表 7.1.2 城镇排水管道非开挖修复更新工程的分项、分部、单位工程划分

<table>
<tr><td colspan="3">单位工程
（可按 1 个施工合同或视工程规模按 1 个路段、1 种施工工艺，分为 1 个或若干个单位工程）</td></tr>
<tr><td>分部工程</td><td>分项工程</td><td>分项工程验收批</td></tr>
<tr><td rowspan="4">两井之间</td><td>工作井（围护结构、开挖、井内布置）</td><td>每座</td></tr>
<tr><td>原有管道预处理</td><td rowspan="3">两井之间</td></tr>
<tr><td>PE 管道接口连接</td></tr>
<tr><td>（各类施工工艺）修复更新管道</td></tr>
</table>

注：当工程规模较小时，如仅 1 个井段，则该分部工程可视同单位工程。

7.1.3 单位工程、分部工程、分项工程以及分项工程验收批的质量验收记录应符合现行国家标准《给水排水管道工程施工及验收规范》GB 50268 的有关规定。

7.1.4 工作井分项工程质量验收应按现行国家标准《给水排水管道工程施工及验收规范》GB 50268 的有关规定执行。

7.1.5 PE 管道接口连接的分项工程质量验收应按现行国家标准《给水排水管道工程施工及验收规范》GB 50268 的有关规定执行。

7.1.6 根据不同的修复更新工艺对施工过程中需检查验收的资料应进行核实，符合设计、施工要求的管道方可进行管道功能性试验。

7.1.7 进入施工现场所用的主要原材料、各类型材和管材的规格、尺寸、性能等应符合本规程第 4 章的规定和设计要求，每一个单位工程的同一生产厂家、同一批次产品均应按设计要求进行性能复测，并应符合下列规定：

1 PE 管材的性能复测应包括管环刚度、环柔性、拉伸屈服应力等，PVC-U 管材的性能复测应包括管环刚度、环柔性、抗冲击强度和密度；

2 PVC-U 带状和片状型材应符合本规程附录 A 的规定。

7.1.8 当采用折叠内衬法、缩径内衬法和原位固化法施工时，每一个单位工程在相同施工条件下的同一批次产品均应现场制作样品管进行取样检测。采用原位固化法、管片内衬法进行局部修复施工时，每一个单位工程在相同施工条件下的同一批次产品应现场制作样品板进行取样检测。

当单位工程规模较小，在相同施工条件下进行多个单位工程施工时，同一批次产品每5个单位工程应至少取一组样品管进行检测；当少于5个单位工程时，应取一组样品管进行检测。

7.1.9 采用折叠内衬法、缩径内衬法和原位固化法施工的样品管现场取样应符合下列规定：

1 应在原有管道管端安装一段与原有管道内径相同的拼合管进行样品管制备，拼合管的长度应使样品管能满足测试试样的数量和尺寸要求，且长度不应小于原有管道一倍直径；

2 在拼合管的周围应堆积沙包或采取其他措施保证和实际修复的管道处于同样的工况环境条件；

3 在管道修复过程中，应同时对拼合管进行内衬，待内衬管复原冷却或固化冷却后，打开拼合管，截取样品管。

7.1.10 折叠内衬、缩径内衬和原位固化内衬管的尺寸、性能检测应符合下列规定：

1 壁厚检验应按现行国家标准《塑料管道系统 塑料部件尺寸的测定》GB/T 8806 的有关规定执行，壁厚应符合设计要求。

2 折叠内衬法、缩径内衬法内衬管样品的检测应按本规程附录A的规定执行，并应符合下列规定：

1）折叠内衬法应在样品管折叠时的最小半径处复原后的位置切取试样进行检测；

2）测试内衬管的弯曲性能应按现行国家标准《塑料　弯曲性能的测定》GB/T 9341 执行，并应满足本规程第4.0.1条的规定。

3 不含玻璃纤维原位固化法内衬管的短期力学性能和测试方法应符合表7.1.10-1的规定，含玻璃纤维的原位固化法内衬管的短期力学性能要求和测试方法应符合表7.1.10-2的规定；内衬管的长期力学性能应根据设计要求进行测试，且不应小于初始性能的50%。

表7.1.10-1 不含玻璃纤维原位固化法内衬管的短期力学性能要求和测试方法

性能		测试标准
弯曲强度（MPa）	>31	《塑料 弯曲性能的测定》GB/T 9341
弯曲模量（MPa）	>1724	《塑料 弯曲性能的测定》GB/T 9341
抗拉强度（MPa）	>21	《塑料 拉伸性能的测定　第2部分：模塑和挤塑塑料的试验条件》GB/T 1040.2

注：本表只适用于原位固化法内衬管初始结构性能的评估。

表7.1.10-2 含玻璃纤维原位固化法内衬管的短期力学性能要求和测试方法

性能		测试标准
弯曲强度（MPa）	>45	《纤维增强塑料弯曲性能试验方法》GB/T 1449
弯曲模量（MPa）	>6500	《纤维增强塑料弯曲性能试验方法》GB/T 1449
抗拉强度（MPa）	>62	《塑料　拉伸性能的测定　第4部分：各向同性和正交各向异性纤维增强复合材料的试验条件》GB/T 1040.4

注：本表只适用于原位固化法内衬管的初始结构性能的评估。

4 原位固化法内衬管应进行耐化学腐蚀试验，试验方法应按现行国家标准《塑料耐液体化学试剂性能的测定》GB/T 11547 有关规定执行，并应符合下列规定：

1）耐化学性的检测浸泡时间宜为28d，试验温度宜为23℃；

2）样品浸泡完成后，应分别按本条第3款的规定检测试样的弯曲强度和弯曲模量，检测结果不应小于样品初始弯曲强度和弯曲模量的80%。

7.1.11 修复更新后的管道内应无明显湿渍、渗水，严禁滴漏、线漏等现象。

7.1.12 修复更新管道内衬管表面质量应符合下列规定：

1 内衬管表面应光洁、平整，无局部划伤、裂纹、磨损、孔洞、起泡、干斑、褶皱、拉伸变形和软弱带等影响管道结构、使用功能的损伤和缺陷；

2 当采用折叠内衬法、缩径内衬法、原位固化法、管片内衬法、不锈钢套筒法、点状原位固化法时，内衬管应与原有管道贴附紧密；

3 当采用管片内衬法、不锈钢套筒法和点状原位固化法时，内衬管应与原管道贴附紧密，管内应无明显突起、凹陷、错台、空鼓等现象；内衬应完整、搭接平顺、牢固；

4 当采用机械制螺旋缠绕法时，接缝应嵌合严密、连接牢固，并应无明显突起、凹陷、错台等现象，不得出现纵向隆起、环向扁平、接缝脱离等现象。

7.1.13 工程完工后应按现行行业标准《城镇排水管道检测与评估技术规程》CJJ 181 的有关规定对修复更新管道进行检测。

7.2 原有管道预处理

Ⅰ 主控项目

7.2.1 原有管道经检查，其损坏程度、修复更新施工方案应满足设计要求。

检查方法：按现行行业标准《城镇排水管道检测与评估技术规程》CJJ 181 的有关规定进行检查；对照设计文件检查施工方案；检查原有管道检测与评估报告、与设计的洽商记录等。

7.2.2 原有管道经预处理后，应无影响修复更新施工工艺的缺陷，管道内表面应符合本规程第 6.2.1 条的规定。

检查方法：全数观察，电视检测（CCTV）辅助检查；检查预处理施工记录、相关技术处理记录。

Ⅱ 一般项目

7.2.3 原有管道的预处理应符合设计和施工方案的要求。

检查方法：对照设计文件和施工方案检查管道预处理记录，检查施工材料质量保证资料和施工检验记录或报告。

7.2.4 原有管道范围内的检查井、工作井经处理应满足施工要求；应按要求已进行管道试通，并应满足修复更新施工要求。

检查方法：观察；检查施工记录、试穿管段试通记录、相关技术处理记录。

7.2.5 应按要求已进行管道内表面基面处理、周边土体加固处理，且应符合设计和施工方案的要求。

检查方法：检查施工记录、技术处理方案和施工检验记录或报告。

7.2.6 应按要求已完成拼合管制作，现场拼合管工况条件应符合样品管（板）的制备要求。

检查方法：观察；检查施工材料质量保证资料、施工记录等。

7.3 修复更新管道

Ⅰ 主控项目

7.3.1 管材、型材、原材料的规格、尺寸、性能应符合本规程第 4 章的规定和设计要求，质量保证资料应齐全。

检查方法：对照设计文件全数检查；检查质量保证资料、厂家产品使用说明等。

7.3.2 管材、型材、主要材料的主要技术指标经进场检验应符合本规程第 4 章的规定和设计要求。

检查方法：同一批次产品现场取样不少于 1 组；对照设计文件检查取样检测记录、复测报告等；折叠、缩径和原位固化法的内衬管检查方法应按本规程第 7.1.8～7.1.10 条执行。

7.3.3 PE 管接口连接经质量检验应符合本规程第 6.1.5 条的规定；内衬管表面质量应符合本规程第 7.1.12 条的规定。

检查方法：全数观察，电视检测（CCTV）辅助检查；检查 PE 管接口连接分项工程质量验收记录等；检查施工记录、现场检测记录或电视检测（CCTV）记录等。

7.3.4 折叠内衬法、缩径内衬法、原位固化法、点状原位固化法、不锈钢套筒法内衬管的平均壁厚不得小于设计值。穿插法、机械制螺旋缠绕法、管片内衬法导致原有管道的缩小量应符合设计要求。

检查方法：对照设计文件用测厚仪、卡尺等量测，并检查样品管或样品板检验记录；检查管材、型材、相关原材的进场检验记录，并应符合下列规定：

1 对于穿插法、机械制螺旋缠绕法、管片内衬法，当管内径大于 800mm 时，应在管道内量测，每 5m 为 1 个断面，每个断面测垂直方向 4 点，取平均值为该断面的代表值；当管内径小于或等于 800mm 时，应量测管道两端各 1 个断面，每个断面测垂直方向 4 点，取平均值为该断面的代表值。

2 对于折叠内衬法、缩径内衬法、原位固化法、点状原位固化法、不锈钢套筒法内衬管，现场取样后应按现行国家标准《塑料管道系统 塑料部件尺寸的测定》GB/T 8806 的有关规定执行。

Ⅱ 一般项目

7.3.5 管道线形应和顺，接口、接缝应平顺，新老管道过渡应平缓；管道内应无明显湿渍。

检查方法：全数观察，电视检测（CCTV）辅助检查；检查施工记录、电视检测（CCTV）记录等。

7.3.6 内衬管与原有管道之间的环状间隙需进行注浆充填的，注浆固结体应充满间隙，应无松散、空洞等现象。

检查方法：观察；对照设计文件和施工方案检查施工记录、注浆记录等。

7.3.7 采用不锈钢套筒法、点状原位固化法施工，原有管道缺陷应被修复材料完全覆盖，且套筒或内衬管长度应符合本规程第 6.11.1 条或第 6.12.1 条的规定；采用管片内衬法施工，管片搭接宽度应符合设计要求，密封胶或胶粘剂应饱满密实。

检查方法：全数观察；检查施工记录等。

7.3.8 内衬管两端与原有管道间的环状空隙密封处理应符合设计要求，且应密封良好。

检查方法：全数观察；对照设计文件检查施工记录等。

7.3.9 修复更新管道的检查井及井内施工应符合设计要求，并应无渗漏水现象。

检查方法：全数观察；对照设计文件和施工方案检查施工记录等。

7.4 管道功能性试验

7.4.1 内衬管安装完成、内衬管冷却到周围土体温度后，应进行管道严密性检验。检验可采用下列两种方法之一：

1 闭水试验应按现行国家标准《给水排水管道工程施工及验收规范》GB 50268 无压管道闭水试验的有关规定进行。实测渗水量应小于或等于按下式计算的允许渗水量：

$$Q_e = 0.0046 D_L \quad (7.4.1)$$

式中：Q_e——允许渗水量[$m^3/(24h \cdot km)$]；

D_L——试验管道内径（mm）。

2 闭气法试验应按本规程附录C的规定进行。

7.4.2 当管道处于地下水位以下，管道内径大于1000mm，且试验用水源困难或管道有支、连管接入，且临时排水有困难时，可按现行国家标准《给水排水管道工程施工及验收规范》GB 50268 混凝土结构无压管道渗水量测与评定方法的有关规定进行检查，并应做好记录。经检查，修复更新管道应无明显渗水，严禁水珠、滴漏、线漏等现象。

7.4.3 局部修复管道可不进行闭气或闭水试验。

7.4.4 管道严密性检验合格后应及时回填工作坑，并应清理施工现场。工作坑的回填应符合现行国家标准《给水排水管道工程施工及验收规范》GB 50268 的有关规定。

7.5 工程竣工验收

7.5.1 城镇排水管道非开挖修复更新工程质量验收应符合现行国家标准《给水排水管道工程施工及验收规范》GB 50268 的有关规定。

7.5.2 城镇排水管道非开挖修复更新工程竣工验收应符合下列规定：

1 单位工程、分部工程、分项工程及其分项工程验收批的质量验收应全部合格；

2 工程质量控制资料应完整；

3 工程有关安全及使用功能的检测资料应完整；

4 外观质量验收应符合要求。

7.5.3 工程竣工验收的感观质量检查应包括下列内容：

1 管道位置、线形及渗漏水情况；

2 管道附属构筑物位置、外形、尺寸及渗漏水情况；

3 检查井管口处理及渗漏水情况；

4 合同、设计工程量的实际完成情况；

5 相关排水管道的接入、流出及临时排水施工后处理等情况；

6 沿线地面、周边环境情况。

7.5.4 工程竣工验收的安全及使用功能检查应包括下列内容：

1 工程内容、要求与设计文件相符情况；

2 修复更新前、后的管道检测与评估情况；

3 管道功能性试验情况；

4 管道位置贯通测量情况；

5 管道环向变形率情况；

6 管道接口连接检测、修复更新有关施工检验记录等汇总情况；

7 涉及材料、结构等试件试验以及管材、型材试验的检验汇总情况；

8 涉及土体加固、原有管道预处理以及相关管道系统临时措施恢复等情况。

7.5.5 工程竣工验收的质量控制资料应包括下列内容：

1 建设基本程序办理资料及开工报告；

2 原有管道管竣工图纸等相关资料，工程沿线勘察资料；

3 修复更新前对原有管道的检测和评定报告及电视检测（CCTV）记录；

4 设计施工图及施工组织设计（施工方案）；

5 工程原材料、各类型材、管材等材料的质量合格证、性能检验报告、复试报告等质量保证资料；

6 所有施工过程的施工记录及施工检验记录；

7 所有分项工程验收批、分项工程、分部工程、单位工程的质量验收记录；

8 修复更新后管道的检测和评定报告及电视检测（CCTV）记录；

9 施工、监理、设计、检测等单位的工程竣工质量合格证明及总结报告；

10 管道功能性试验、管道位置贯通测量、管道环向变形率等涉及工程安全及使用功能的有关检测资料；

11 相关工程会议纪要、设计变更、业务洽商等记录；

12 质量事故、生产安全事故处理资料；

13 工程竣工图和竣工报告等。

附录A 折叠管、缩径管复原试验及型材抽样检测

A.1 PE折叠管复原试验

A.1.1 每一批次折叠管应至少抽检1组样品。

A.1.2 折叠管的复原试验应按下列步骤进行：

1 将一段小于3m的折叠管道安装到拼合管道模型中并将两端固定；

2 将模型置于一个封闭的容器内进行加热，保持温度在93℃以上，不少于15min；

3 将温度升高到121℃，同时将管道内部压力升至100kPa，维持时间不少于2min；

4 保持温度不变，继续升高压力至180kPa，并维持时间不少于2min；

5 保持压力不变，用空气替换蒸汽，使温度冷

却到 38℃以下；

6 现场折叠管的复原通过水压进行；

7 将复原后的管道样品从管道模型中取出。

A.1.3 在加热加压的过程中，应采取相应的安全防护措施。

A.1.4 试样管道的性能检测应符合下列规定：

1 管道的外径和壁厚应符合设计要求，其检测方法应按现行国家标准《塑料管道系统 塑料部件尺寸的测定》GB/T 8806 的有关规定执行；

2 管材的屈曲强度、断裂强度和断裂伸长率应符合本规程第 4.0.1 条的规定，其检测方法应按现行国家标准《塑料 拉伸性能的测定 第 1 部分：总则》GB/T 1040.1 的有关规定执行；

3 管材的弯曲模量应符合本规程第 4.0.1 条的规定，其检测方法应按现行国家标准《塑料 弯曲性能的测定》GB/T 9341 的有关规定执行；

4 折叠 PE 管试样应由具备资质的认证机构进行检测。

A.1.5 样品的复测应符合下列规定：

1 当样品测试结果中有任何指标不能满足本规范的要求时，均应对该指标进行复测；

2 复测应按本规范中所规定的测试方法进行，复测时的温度和湿度容许偏差分别应为±1℃和±2%，并且应达到本规范对产品的要求。如果复测仍然未能通过，则应判定所选用的管道不能满足要求。

A.2 缩径管复原试验

A.2.1 施工前应对每一修复段应至少取 1 组样品进行检测。

A.2.2 缩径 PE 管材的取样应按下列步骤进行：

1 取标准长度的 PE 管进行缩径；

2 缩径后的 PE 管经过 24h 的自然恢复后，截取具有代表性的管段作为试样进行测试。

A.2.3 试样的检测应按本规程第 A.1.3 条和第 A1.4 条的规定执行。

A.3 PVC-U 带状型材抽样检测

A.3.1 应分别对机械制螺旋缠绕法不同生产批次的带状型材应分别进行抽样检测。

A.3.2 带状型材的检测应符合下列规定：

1 样品应由具备资质的认证机构进行检测，并应提供检测结果报告；

2 机械制螺旋缠绕法使用带状型材的宽度、高度和壁厚应按现行国家标准《塑料管道系统塑料部件尺寸的测定》GB/T 8806 中有关规定的方法检测，检测结果应满足产品说明书中的要求。

A.4 PVC-U 片状型材抽样检测

A.4.1 管片内衬法不同生产批次的片状型材应分别进行抽样检测。

A.4.2 PVC-U 片状型材性能指标应符合表 A.4.2 的规定。

表 A.4.2 PVC-U 片状型材性能

性　能		测试标准
纵向拉伸强度（MPa）	＞44.4	《塑料 拉伸性能的测定 第 2 部分：模塑和挤塑塑料的试验条件》GB/T 1040.2
纵向弯曲强度（MPa）	＞75.0	《塑料 弯曲性能的测定》GB/T 9341
热塑性塑料维卡软化温度（℃）	＞75.4	《热塑性塑料维卡软化温度（VST）的测定》GB/T 1633

附录 B 带状型材测试方法

B.1 刚度系数测试

B.1.1 机械制螺旋缠绕带状产品的刚度系数检验应采用本测试方法。

B.1.2 机械制螺旋缠绕法带状型材样品应从平整的带状型材中取样。样品放置（图 B.1.2）应符合要求，取样时，不宜切割到肋状物，带状型材的接合处应处在样品的中间位置。

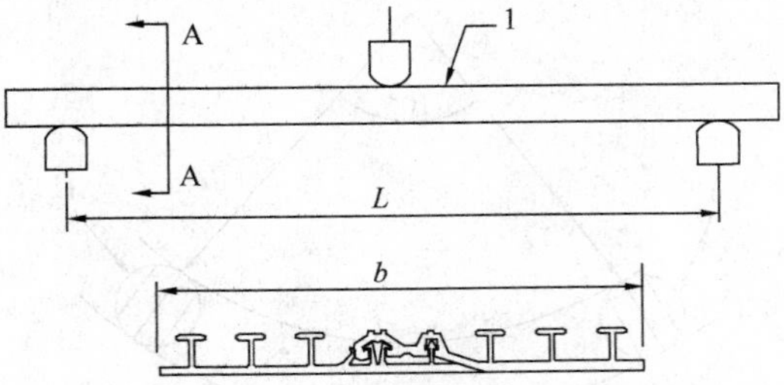

A–A剖面图

图 B.1.2 机械制螺旋缠绕法带状型材样品测试示意图

1—测试样品

B.1.3 样品的宽度不应小于 305mm。

B.1.4 载荷应施加在样品带有肋状物的一侧。

B.1.5 试验步骤应符合现行国家标准《塑料 弯曲性能的测定》GB/T 9341 的有关规定。刚度系数应按下式计算：

$$EI = \frac{L^3 \times m}{48b} \quad \text{(B.1.5)}$$

式中：EI——刚度系数（$MPa \cdot mm^3$）；

L——两支撑点间的距离（m）；

m——加载变形曲线初始直线段的切线斜率；

　　b——测试样品的宽度，等于带状型材的宽度*W*（*m*）。

B.1.6　试验得到的刚度系数不宜用于计算管道整体的刚度系数。

B.2　管道接口严密性压力测试

B.2.1　用于严密性试验的机械制螺旋缠绕内衬管样品的长度不应小于内衬管外径的6倍。

B.2.2　直线状态下接口严密型测试应按下列步骤进行：

　　1　安装内衬管及测试装置，两端出口用管塞等方法进行密封（图B.2.2）；

　　2　按本规程第B.2.5条和第B.2.6条规定的水压和真空试验法进行试验。

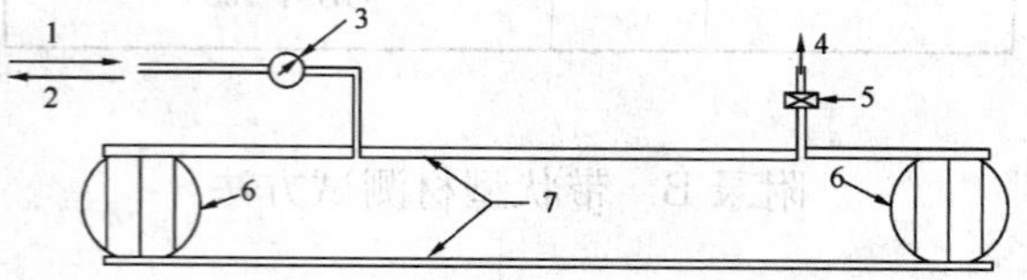

图B.2.2　直线状态下接口严密型测试示意图

1—进水口；2—排气管；3—压力表；4—出水口；5—封闭阀；6—管塞；7—螺旋缠绕管

B.2.3　弯曲状态下接口严密性测试应按下列步骤进行：

　　1　按产品规定的弯曲半径弯曲管道，弯曲角度不小于10°，两端出口用管塞等方法进行密封（图B.2.3）；

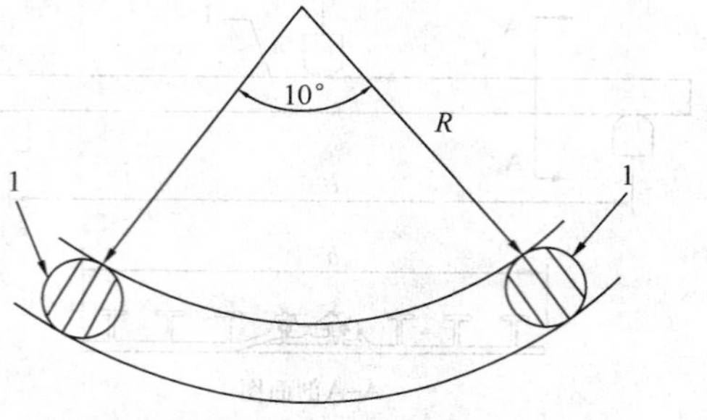

图B.2.3　弯曲状态下接口严密性测试示意图

1—管塞

　　2　保持该弯曲状态，然后按本规程第B.2.5条和第B.2.6条规定的水压和真空试验法进行试验。

B.2.4　剪切变形状态下接口严密性测试应按下列步骤进行：

　　1　固定内衬管两端，并在管道中间施加荷载直至施加荷载的部位向下凹的位移达到管道外径的5%，两端出口用管塞等方法进行密封（图B.2.4）；

　　2　保持这种状态，然后按本规程第B.2.5条和第B.2.6条中规定的水压和真空试验法进行试验。

B.2.5　水压试验应按下列步骤进行：

　　1　将内衬管中充满水；

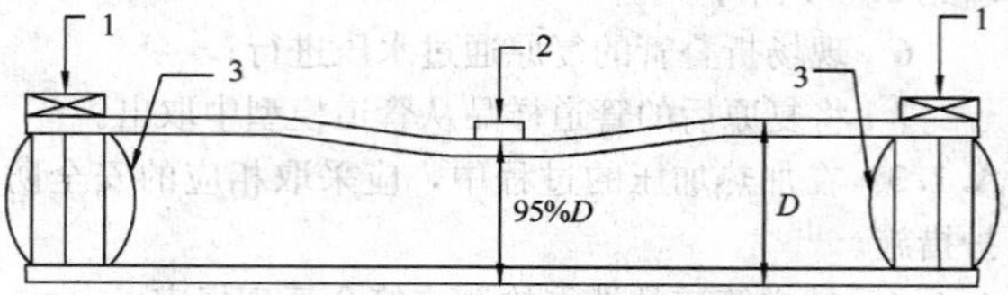

图B.2.4　剪切变形状态下接口严密性测试示意图

1—约束荷载；2—施加荷载；3—管塞

　　2　缓慢增加水压，直至74kPa，维持该压力10min；

　　3　观察管外壁，连接处不应出现明显可见的泄漏。

B.2.6　真空试验应按下列步骤进行：

　　1　采用真空泵将内衬管内空气压力抽至74kPa；

　　2　关闭通气阀门、移走真空管线，观察管内压力变化情况，10min后，压力变化不超过3kPa；

　　3　若在该10min内压力达到试验要求，继续记录管内压力值变化情况；

　　4　第二个10min内管内压力值改变量不超过17kPa。

B.2.7　对于不能承受74kPa的测试压力的带状型材材料，可对管道壁进行加固，但接口处不得加固。对管壁进行加固处理的内衬管如果满足本规程第B.2.5条和第B.2.6条中压力测试的要求，则应认为其接口严密性合格。

B.2.8　本试验方法不宜作为常规工程质量控制的必检手段。

附录C　闭气法试验方法

C.0.1　采用低压空气测试塑料排水管道的严密性应采用本办法。

C.0.2　闭气法试验应包括试压和主压两个步骤。

C.0.3　试压应按下列步骤进行：

　　1　向内衬管内充气，直到管内压力达到27.5kPa，关闭气阀，观察管内气压变化；

　　2　当压力下降至24kPa时，向管内补气，使压力保持在24kPa～27.5kPa之间并且持续时间不小于2min。

C.0.4　试压步骤结束后，应进入主压步骤。主压应按下列步骤进行：

　　1　缓慢增加压力直到27.5kPa，关闭气阀停止供气；

　　2　观察管内压力变化，当压力下降至24kPa时，开始计时；

　　3　记录压力表压力从24kPa下降至17kPa所用的时间。

C.0.5 闭气试验结果应按下列方法判定：

1 比较实际时间与规定允许的时间，如果实际时间大于规定的时间，则管道闭气试验合格，反之为不合格；

2 如果所用时间超过规定允许时间，而气压下降量为零或小于 7kPa，则也应判定管道闭气试验合格。

C.0.6 测试允许最短时间应按下列公式计算：

$$T = 0.00102\frac{D\times K_t}{V_e} \quad (C.0.6\text{-}1)$$

$$K_t = 5.4085\times10^{-5}D\times L \quad (C.0.6\text{-}2)$$

式中：T——压力下降 7 kPa 允许最短时间（s），应按表 C.0.6 取值；

D——管道平均内径（mm）；

K_t——系数，不应小于 1.0；

V_e——渗漏速率，取 0.45694×10^{-3}［渗漏量/（时间×管道内表面面积），m^3/（min·m^2）］；

L——测试段长度（m）。

表 C.0.6 气压下降 7kPa 所用时间允许的最小值

管道内径（mm）	最小时间（min：s）	最小时间管道长度（m）	测试管道长度（m）								
			30	50	70	100	120	150	170	200	300
100	3：43	185.0	3：43	3：43	3：43	3：43	3：43	3：43	3：43	4：01	6：02
200	7：26	92.0	7：26	7：26	7：26	8：03	9：40	12：4	13：41	16：06	24：09
300	11：10	62.0	11：10	11：10	12：41	18：07	21：44	27：10	30：47	36：13	54：20
400	14：53	46.0	14：53	16：06	22：32	32：12	38：38	48：18	54：44	64：23	96：35
500	18：36	37.0	18：36	25：09	35：13	50：18	60：22	75：27	85：31	100：36	150：54
600	22：19	31.0	22：19	36：13	50：42	72：26	86：56	108：39	123：9	144：53	217：19
700	26：3	26.4	29：35	49：18	69：1	98：36	118：19	147：54	167：37	197：12	295：47
800	29：46	23.0	38：38	64：23	90：9	128：47	154：32	193：10	218：55	257：33	386：20
900	33：29	20.5	48：54	81：30	114：05	162：59	195：35	244：29	277：05	325：58	488：57
1000	37：12	18.5	60：22	100：37	140：51	201：13	241：28	301：50	342：04	402：26	603：39

注 1 表中对于管道长度值可以采取插值法获取其他长度的最小允许时间；对于管道直径不可采取插值法。

2 表中包括规定的压力从 24kPa 下降到 17kPa 允许的最小时间，采用的允许渗漏速率为 $0.45694\times10^{-3}m^3$/（min·m^2）。最大渗漏量不应超过 $635V_e$。

C.0.7 如果测试不合格，应检查渗漏点并进行修复。修复之后，应再次进行闭气试验，并应达到试验的要求。

C.0.8 对于长距离大直径的管道，宜采用压力下降 3.5kPa 的方法。气压下降 3.5kPa 所用时间允许的最小值应满足表 C.0.8 的要求。

表 C.0.8 气压下降 3.5kPa 所用时间允许的最小值

管道内径（mm）	最小时间（min：s）	最小时间管道长度（m）	测试管道长度（m）								
			30	50	70	100	120	150	170	200	300
100	1：52	92.5	1：52	1：52	1：52	1：515	1：52	1：52	1：52	2：01	3：01
200	3：43	46.0	3：43	3：43	3：43	4：015	4：50	6：20	6：51	8：03	12：05
300	5：35	31.0	5：35	5：35	6：21	6：035	10：52	13：35	15：24	18：07	27：10
400	7：27	23.0	7：27	8：03	11：16	16：06	19：19	24：09	27：22	32：12	48：18
500	9：18	18.5	9：18	12：35	17：37	25：09	30：11	37：44	42：46	50：18	75：27
600	11：10	15.5	11：10	18：07	25：21	36：13	43：28	54：20	66：35	72：27	108：40
700	13：15	13.2	14：43	24：39	34：31	49：18	59：10	73：57	83：49	98：36	147：54
800	14：53	11.5	19：19	32：12	45：45	64：235	77：16	96：35	109：28	128：47	193：10
900	16：45	10.3	24：27	40：45	57：03	81：295	97：48	122：15	138：33	162：59	244：29
1000	18：36	9.3	30：11	50：19	70：26	100：365	120：44	150：55	171：02	201：13	301：50

注：表中对于管道长度值可以采取插值法获取其他长度的最小允许时间；对于管道直径不可以采取插值法。

本规程用词说明

1　为便于在执行本规程条文时区别对待，对要求严格程度不同的用词说明如下：

1）表示很严格，非这样做不可的：
正面词采用“必须”，反面词采用“严禁”；

2）表示严格，在正常情况下均应这样做的：
正面词采用“应”，反面词采用“不应”或“不得”；

3）表示允许稍有选择，在条件许可时首先应这样做的：
正面词采用“宜”，反面词采用“不宜”；

4）表示有选择，在一定条件下可以这样做的，采用“可”。

2　条文中指明应按其他有关标准执行的写法为：“应符合……的规定”或“应按……执行”。

引用标准名录

1　《给水排水管道工程施工及验收规范》GB 50268

2　《给水排水工程管道结构设计规范》GB 50332

3　《塑料 拉伸性能的测定　第 1 部分：总则》GB/T 1040.1

4　《塑料 拉伸性能的测定　第 2 部分：模塑和挤塑塑料的试验条件》GB/T 1040.2

5　《塑料 拉伸性能的测定　第 4 部分：各向同性和正交各向异性纤维增强复合材料的试验方法》GB/T 1040.4

6　《纤维增强塑料弯曲性能试验方法》GB/T1449

7　《热塑性塑料维卡软化温度（VST）的测定》GB/T1633

8　《塑料管道系统 塑料部件尺寸的测定》GB/T 8806

9　《塑料 弯曲性能的测定》GB/T 9341

10　《塑料耐液体化学试剂性能的测定》GB/T 11547

11　《塑料管材和管件聚乙烯（PE）管材/管材或管材/管件热熔对接组件的制备操作规范》GB 19809

12　《城镇排水管道维护安全技术规程》CJJ 6

13　《城镇排水管渠与泵站维护技术规程》CJJ 68

14　《埋地塑料排水管道工程技术规范》CJJ 143

15　《城镇排水管道检测与评估技术规程》CJJ 181

中华人民共和国行业标准

城镇排水管道非开挖修复更新工程技术规程

CJJ/T 210—2014

条 文 说 明

制 订 说 明

《城镇排水管道非开挖修复更新工程技术规程》CJJ/T 210－2014 经住房和城乡建设部 2014 年 1 月 22 日以第 303 号公告批准、颁布。

在规程编制过程中，编制组对我国城镇排水管道非开挖修复更新工程的实践经验进行了总结，对管道检测与清洗、非开挖修复更新工程设计、施工及验收等要求等作了规定。

为便于广大设计、施工、科研、院校等单位有关人员在使用本规程时能正确理解和执行条文规定，《城镇排水管道非开挖修复更新工程技术规程》编制组按章、节、条顺序编制了本规程的条文说明，对条文规定的目的、依据以及执行中需注意的有关事项进行了说明。但是，本条文说明不具备与规程正文同等的法律效力，仅供使用者作为理解和把握规程规定的参考。

目 次

1 总 则

1.0.1 排水管道及其他市政管线被称为城市的“生命线”，然而随着城市建设的发展，我国排水管道即将面临老化严重、事故频发的问题。目前，国内用非开挖修复技术对排水管道进行修复的工程日趋增多，保证修复工程的质量对于排水管道的安全运行显得尤为重要。在采用非开挖技术对排水管道进行修复更新时，应以安全可靠为基础，确保工程质量和不影响环境。

1.0.2 本规程中的排水管道是指收集、输送污水或雨水的管道，包括内压不大于 0.1MPa 的压力输送污水或雨水的管道。对于内压超过 0.1MPa 的排水管道，应参照有关压力管道内衬修复规范进行设计和施工。

2 术语和符号

2.1 术 语

2.1.1 本规程规定的非开挖修复更新方法分为整体修复、局部修复和管道更新。整体修复工法包括穿插法、原位固化法、折叠内衬法、缩径内衬法、机械制螺旋缠绕法、管片内衬法；局部修复工法包括不锈钢套筒法和点状原位固化法；碎(裂)管法为管道更新方法。

2.1.2 本规程中定义的穿插法包括连续穿插法(图 1)和不连续穿插法两种施工工艺，本规程中不连续穿插法涵盖了短管内衬工艺。

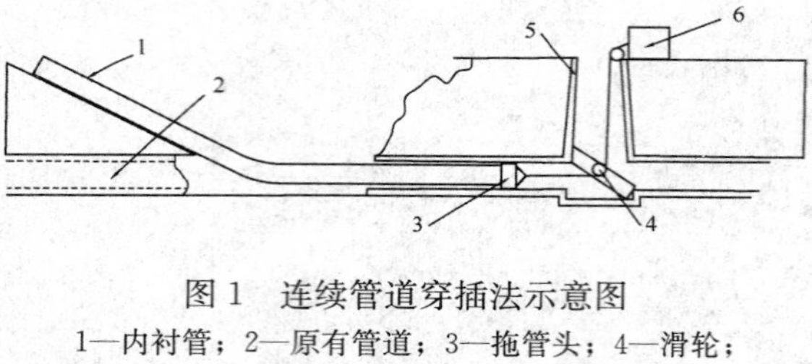

图 1 连续管道穿插法示意图

1—内衬管；2—原有管道；3—拖管头；4—滑轮；5—检查井；6—牵拉装置

2.1.3 碎(裂)管法主要有静拉碎(裂)管法和气动碎管法两种工艺，静拉碎(裂)管法是在静拉力的作用下破碎原有管道或通过切割刀具切开原有管道，然后再用膨胀头将其扩大；气动碎管法是靠气动冲击锤产生的冲击力作用破碎原有管道。

2.1.4 根据软管置入原有管道方式的不同，原位固化法分为翻转式原位固化法和拉入式原位固化法，分别如图 2、图 3 所示。

原位固化法中采用的树脂体系一般是热固性或光固性的树脂体系，考虑到树脂体系及固化方式的进一步发展，本条没有对树脂体系及其固化方式作出具体规定。

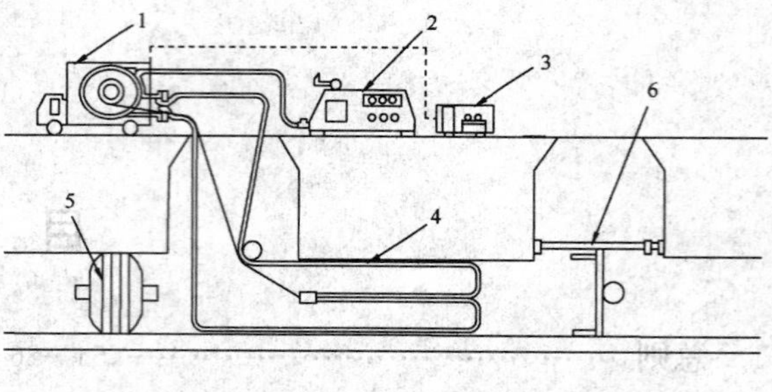

图 2 翻转式原位固化法示意图

1—翻转设备；2—空压机；3—控制设备；4—软管；5—管塞；6—挡板

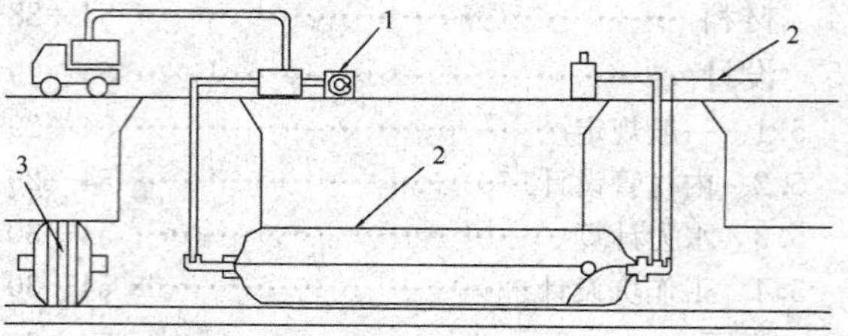

图 3 拉入式原位固化法示意图

1—空压机；2—软管；3—管塞

2.1.5 折叠内衬法分为工厂折叠内衬和现场折叠内衬，折叠管的折叠过程和穿插如图 4 所示。

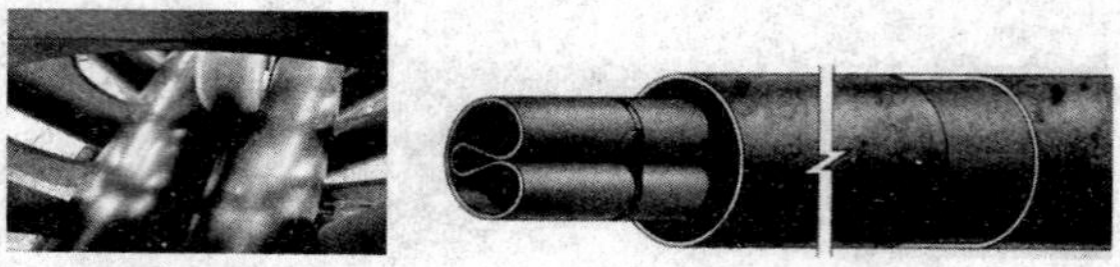

(a) (b)

图 4 折叠内衬法

2.1.6 缩径内衬法的原理是利用中密度或高密度的聚合链结构在没有达到屈服点之前材料结构的临时变化并不影响其性能这一特点，使衬管临时性的缩小，以方便置入原有管道内形成内衬。衬管直径的减小可采用径向均匀压缩法和拉拔法，图 5 为缩径内衬法的示意图。

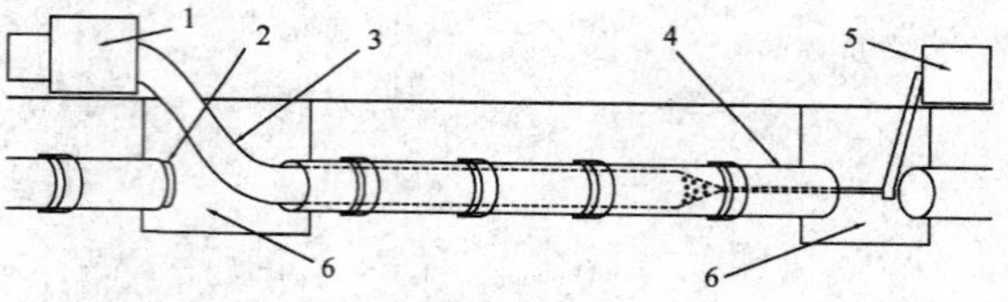

图 5 缩径内衬法示意图

1—缩径机；2—膨胀的内衬管；3—缩径的内衬管；4—原有管道；5—牵引装置；6—工作坑

2.1.7 螺旋缠绕内衬管分为贴合原有管壁和非贴合原有管壁两种工艺，前者称为可扩充螺旋管，安装在井内的制管机先将带状型材绕制成比原有管道略小的螺旋管，推送到终端后继续旋转使其膨胀，直到和原有管壁贴合；后者则需向管壁之间的环状空隙注入水泥浆使内衬管与原有管道结合成整体。

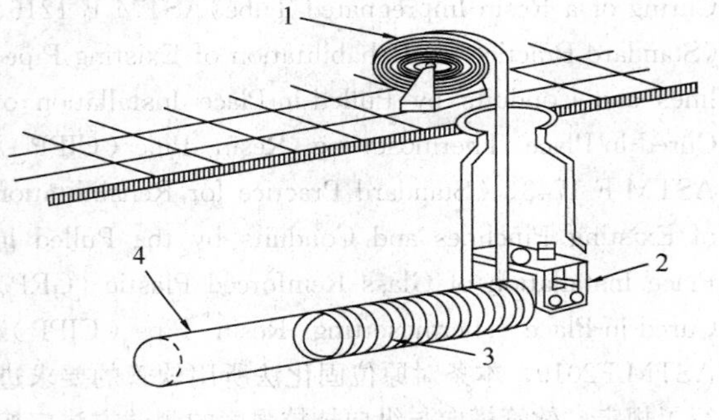

图6　机械制螺旋缠绕法示意图

1—带状型材；2—螺旋缠绕机；3—螺旋缠绕内衬管；4—原有管道

按照缠绕机的工作状态可分为固定设备内衬和移动设备内衬两种工艺。固定设备内衬过程中螺旋缠绕机在工作井内施工，缠绕管沿管道推进，如图6所示；移动设备内衬过程中螺旋缠绕机随着螺旋缠绕管的形成沿管道移动。

2.1.8　管片内衬法是采用管内组装管片的方法修复破损的排水管道。该技术采用的主要材料为PVC-U材质的管片和灌浆料，通过使用连接件将管片在原有管道内连接拼装，然后在原有管道和拼装而成的内衬管之间填充灌浆料，使内衬管和原有管道连成一体，达到修复原有管道的目的，如图7所示。

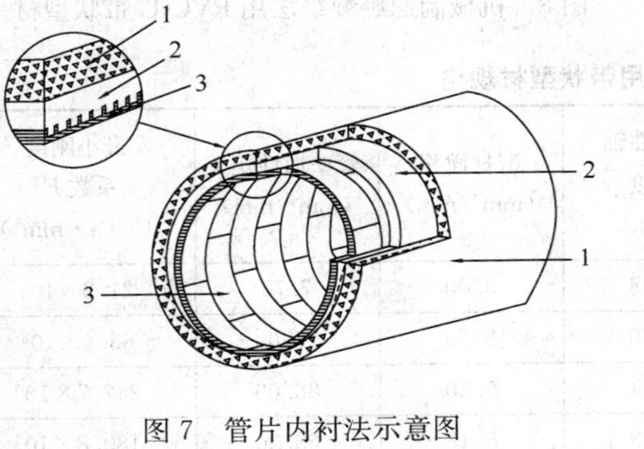

图7　管片内衬法示意图

1—原有管道；2—灌浆料；3—PVC管片

2.1.9　本规程仅对较先进的不锈钢套筒法和点状原位固化法法作了规定，其他常规的排水管道局部非开挖修复方法包括接口嵌补、注浆法、套环法、局部树脂固化法等，也可在合适的条件下选择使用。

2.1.11　目前不锈钢套筒法所用止水材料一般是海绵、发泡胶和橡胶等。施工时将不锈钢套筒直接通过检查井送入管道待修复位置，然后使其膨胀、发泡，在修复部位形成一道密封良好的不锈钢内衬。

2.1.12、2.1.13　参照《Standard Practice for Rehabilitation of Existing Pipelines and Conduits by the Inversion and Curing of a Resin-Impregnated Tube》ASTM F 1216中关于内衬管的设计分类“Partially Deteriorated Pipe”和“Fully Deteriorated Pipe”制定了第2.1.11和2.1.11两条，其为内衬管设计的基础，由于管道的破坏程度难以界定，根据这两种管道的设计条件，并且按照国内习惯本规程采用“半结构性修复”和“结构性修复”来描述。

2.1.14　软管的作用是在原位固化法施工和固化过程中浸渍并携带树脂。

2.1.16　折叠内衬管可以在现场压制或工厂预制，其管材一般是HDPE，PVC-U、钢管等也可进行折叠，但国内应用尚不普遍，因此本规程中只对HDPE管的折叠作了规定。

3　基本规定

3.0.1　非开挖技术可用于管道修复更新现有几乎所有管材类型的排水管道，但由于该类技术目前仍属于新技术，市场还没有普及，工程造价比传统方法稍高。所以，对于交通繁忙、新建道路、环境敏感等不适合进行开挖修复地区应优先选用非开挖修复更新工程进行修复更新技术；在工程造价合理的条件下，对城镇排水管道修复更新也建议优先选用非开挖技术。

3.0.3　要求管道结构性修复更新后使用寿命不得低于50年是与工程结构可靠度统一标准一致；如果原有管道的剩余结构强度无法满足对半结构性修复内衬管在使用期限内进行有效的支撑，应按结构性修复设计内衬管。

3.0.4　非开挖修复更新工程中材料的性能是确保工程质量的重要因素，因此要求非开挖修复更新工程中所用材料必须具有相应的合格证书、性能检测报告及使用说明，由于某些工艺尚依赖于国外进口，因此对进口产品进行了相关规定。CIPP进口软管的质量检测可依据本规程中第7.1.10条的规定进行，带状型材、片状型材的质量检测可依据本规程第4.0.5条的规定进行。

3.0.5　非开挖修复更新工程需在地面、检查井内进行操作，部分工艺尚需进入管道。《城镇排水管道维护安全技术规程》CJJ 6中对地面作业，井下作业的通风、气体检测、照明通信等安全措施进行了详细规定，进行非开挖修复更新工程时应按照该规程制定安全防护措施，并在施工时严格遵守。

3.0.6　非开挖修复更新工程中的局部开挖：一方面是指某些工艺需开挖工作坑进行施工，如穿插法、碎(裂)管法、折叠内衬法等；另一方面，管道修复前，需要对原有管道的缺陷进行预处理，对于不能通过管道内部进行处理的缺陷宜通过局部开挖的方式进行处理。

3.0.7　管道修复完后，检查井处的内衬管端口与原有管道之间应进行处理，以确保地下水不从检查井进入原有管道与内衬管间的环状空隙，同时应防止检查井处内衬管与原有管道脱离，对于不同的施工方法其处理措施不同。

4 材 料

4.0.1 聚乙烯管道是非开挖修复更新工程使用的主要管材之一，对于聚乙烯材料，密度越高，刚性越好；密度越低，柔性越好。进行内衬修复或内衬防腐的材料既要有较好的刚性，同时还要有较好的柔韧性。通常将 PE 分为低密度聚乙烯（简称 LDPE，密度为 0.910g/cm³ ～ 0.925g/cm³）、中密度聚乙烯（简称 MDPE，密度为 0.926g/cm³～0.940g/cm³）、高密度聚乙烯（简称 HDPE，密度为 0.941g/cm³～0.965g/cm³）。按照《塑料管道系统 用外推法确定热塑性塑料材料以管材形式的长期静液压强度》GB/T 18252 中确定的20℃、50 年、预测概率 97.5%相应的静液压强度，常用聚乙烯可分为 PE63、PE80、PE100。其中，中密度 PE80、高密度 PE80 和高密度 PE100 从材料性能上能满足管道内衬的要求。参照《采用聚乙烯内衬修复管道施工技术规范》SYT 4110－2007 和《给水用聚乙烯（PE）管材》GB/T 13663－2000 对非开挖修复更新工程所用 PE 管的性能进行了规定，其中断裂伸长率是按照《给水用聚乙烯（PE）管材》GB/T 13663－2000 中规定的性能选取，《采用聚乙烯内衬修复管道施工技术规范》SYT 4110－2007 中规定 MDPE 80、HDPE 80、HDPE 100 的屈服强度依次为 18、20、22。

4.0.2 根据《Standard Practice for Rehabilitation of Existing Pipelines and Conduits by the Inversion and Curing of a Resin-Impregnated Tube》ASTM F 1216、《Standard Practice for Rehabilitation of Existing Pipelines and Conduits by Pulled-in-Place Installation of Cured-in-Place Thermosetting Resin Pipe（CIPP）》ASTM F 1743、《Standard Practice for Rehabilitation of Existing Pipelines and Conduits by the Pulled in Place Installation of Glass Reinforced Plastic（GRP）Cured-in-Place Thermosetting Resin Pipe（CIPP）》ASTM F2019，本条对原位固化法所用软管的要求进行了规定，软管横向与纵向抗拉强度的测试方法应按现行国家标准《纺织品 织物拉伸性能第 1 部分 断裂强度和断裂伸长率的测定 条样法》GB/T 3923.1 的规定执行。

4.0.3 常用 PVC-U 带状型材如图 8 所示。在大直径管道修复中，为了增加 PVC-U 带状型材的刚度，可以在 PVC-U 带状型材内部增加钢片。ASTM 标准中规定了螺旋缠绕法常用带状型材规格，如表 1 所示。

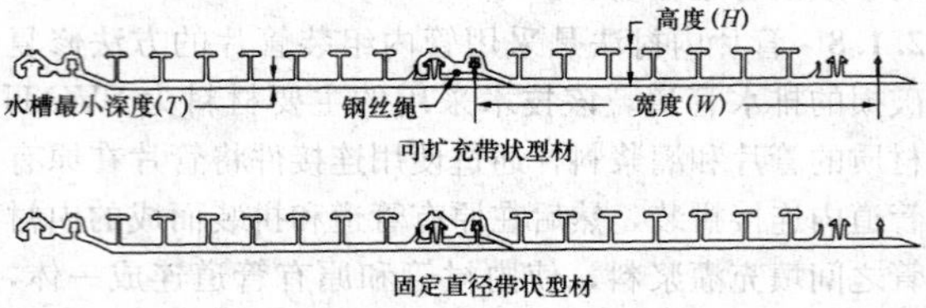

图 8 机械制螺旋缠绕法用 PVC-U 带状型材

表 1 螺旋缠绕法常用带状型材规格

带状型材	最小宽度 W（mm）	最小高度 h（mm）	水槽最小壁厚 T（mm）	到中性轴的深度 $\overline{y}$（mm）	型材面积（mm²/mm）	管壁惯性矩 I（mm⁴/mm）	最小刚度系数 EI（MPa·mm³）
1	51.0	5.5	1.60	1.98	3.00	7.70	21.2×10³
2	80.0	8.0	1.60	3.30	3.70	23.00	63.4×10³
3	121.0	13.0	2.10	5.24	5.20	88.00	242.7×10³
4	110.0	12.2	1.00	5.08	3.18	63.30	180.8×10³
5	203.2	12.4	1.50	4.57	3.18	65.50	180.8×10³
6	304.8	12.4	1.50	4.57	3.18	65.50	180.8×10³

注：1 可能用到使用增强添加剂或加钢片的其他类型的型材，需咨询制造商；
2 肋的间隙根据不同的型材类型可能不同；
3 列出的刚度系数是制造商所提供的型材的最小刚度值。

4.0.4 常用管片内衬法的片状型材如图 9 所示。

4.0.7 标注一般包括生产商的名称或商标、产品编号、产地、生产设备、生产日期、型号、材料等级和生产产品所依据的规范名称等详细信息。

4.0.8 为保证内衬管材或型材在运输存储过程中不产生机械损伤、超过 10%壁厚的划痕等损伤，特制定本条。

4.0.9 不锈钢套筒法的材料主要为不锈钢和止水材料，目前应用的止水材料主要为橡胶和海绵，不锈钢材料质量可参照现行国家标准《不锈钢冷轧钢板和钢带》GB/T 3280、《不锈钢热轧钢板和钢带》GB/T 4237 的相关规定，止水材料可参照现行国家标准

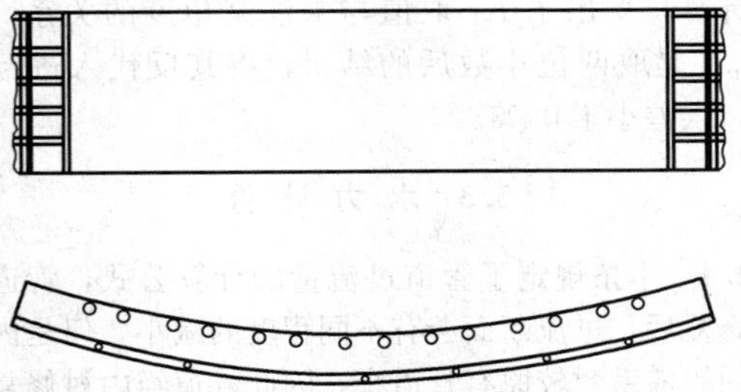

图9 管片内衬法用PVC-U片状型材

《高分子防水材料》GB 18173、《高聚物多孔弹性材料 海绵与多孔橡胶制品》GB/T 18944.1的相关规定。

5 设 计

5.1 一 般 规 定

5.1.1 原有管道的基本概况包括管道用途、直径、材质、埋深；工程地质和水文地质条件包括管道所处地基情况、覆土类型及其重度、地下水位等；现场环境主要包括：原有管道区域内交通情况以及既有管线、构（建）筑物与原有管道的相互位置关系及其他属性。

5.1.2 《城镇排水管道检测与评估技术规程》CJJ 181中对管道缺陷的名称、代码、等级划分以及结构性状况评估作了详细规定，其以管道缺陷参数 F 来决定管段结构性缺陷等级，以缺陷密度 S_M 来决定管段结构性缺陷类型。本条根据该规程中的管段结构性缺陷等级来区分结构性修复和半结构性修复，以管段结构性缺陷类型来区分局部修复和整体修复。

5.1.3 本条规定了修复更新工程的设计原则，原有管道地基不满足要求主要是指管道地基失稳或发生不均匀沉降的情况。

5.1.4 根据《室外排水设计规范》GB 50014－2006（2011年版）中的规定，街区和厂区内污水管道最小管径为200mm，街道下为300mm。雨水管道的最小管径为300mm，雨水口连接管最小管径为200mm。而各施工方法的最小修复管道直径都可以达到200mm。

最大允许转角是管道修复更新方法修复弯曲管道能力的表达，考虑到城镇排水管道实际弯曲角度，该值比各工法适用的修复弯曲能力偏小。

碎（裂）管法是唯一可进行管道扩容的非开挖管道更新技术；PE管连续穿插需要工作坑，但采用短管插入法时一般不需要工作坑；各种非开挖修复更新方法对原有管道材质无特殊要求；各种方法适应原有管道病害的情况可参考表6.2.1中各种方法对原有管道预处理的要求。

5.1.5 本条是为以后的计算服务，确定了内衬管外径，进而再进行内衬管壁厚或刚度系数的计算。其中穿插法内衬管10%的直径减小量能够满足穿插操作的空隙要求，同时也可以使原有管道75%到100%的过流能力得到保留，修复后的实际过流能力应通过计算获得。对于直径大于500mm的管道，为了确保修复后管道的过流能力，本条穿插法内衬管的最大直径减小量不应大于50mm；机械制螺旋缠绕法内衬管的直径减小量参考了穿插法的规定。

5.2 内衬管设计

5.2.1 本条参照《Standard Practice for Rehabilitation of Existing Pipelines and Conduits by the Inversion and Curing of a Resin-Impregnated Tube》ASTM F 1216、《Standard Practice for Insertion of Flexible Polyethylene Pipe into Existing Sewers》ASTM F 585-94、《Standard Practice for Installation of Folded Poly (Vinyl Chloride) (PVC) Pipe into Existing Sewers and Conduits》ASTM F 1947进行规定。非开挖修复更新工程内衬管与新建埋地管道的受力区别是很大的，修复后的埋地管道所受荷载主要由原有管土系统进行支撑，内衬管随后的变形可以认为非常微小，如果在长期、足够的压力作用下，内衬管道可能会发生变形，继而发生严重的屈曲失效。因此，非开挖修复更新工程柔性内衬管的设计采用屈曲破坏准则，半结构性内衬管的设计以Timoshenko等人的屈曲理论为基础；考虑到长期蠕变效应，Timoshenko屈曲方程中的弹性模量被改为长期弹性模量。另外还考虑了安全系数和椭圆度的影响。

式（5.2.1-4）是当管道为椭圆形时，作用力将在内衬管上产生弯矩，必须保证内衬管所受的力不超过管道的长期弯曲强度。

内衬管长期力学性能的取值，ASTM标准中规定咨询管材生产商，通过给定管道寿命周期内的荷载情况下实验确定。德国标准中则是通过对样品内衬管的顶压试验，在一定形变的情况下保持10000h的试验，最后确定其长期性能。工程实际中长期性能一般取短期性能的一半。

5.2.2 本条根据《Standard Practice for Rehabilitation of Existing Pipelines and Conduits by the Inversion and Curing of a Resin-Impregnated Tube》ASTM F1216和《Standard Practice for Rehabilitation of Existing Pipelines and Conduits by Pulled-in-Place Installation of Cured-in-Place Thermosetting Resin Pipe (CIPP)》ASTM F1743的规定，采用修正的AWWA C950设计方程作为重力流管道结构性修复的设计方程。

活荷载按照现行国家标准《给水排水工程管道结构设计规范》GB 50332中的规定进行选取。E'_s国外称为"modulus of soil reaction"，是修正后的Lowa方程中的参数，该参数是一个经验参数，仅能在已知其他参数的情况下通过Lowa方程反算求出。很多学者对E'_S的取值进行了研究；McGrath建议用侧限压缩模量M_s替代E'_S。《Standard Practice for Rehabilitation of Existing Pipelines and Conduits by the Inversion and Curing of a Resin-Impregnated Tube》ASTM F1216中建议E'_S参照《Standard Guide for Underground Installation of "Fiberglass"(Glass-FiberReinforced Thermosetting-Resin) Pipe》ASTM D3839中的规定，而《Standard Guide for Underground Installation of "Fiberglass"(Glass-FiberReinforced Thermosetting－Resin) Pipe》ASTM D3839中采用了McGrath的研究成果；澳大利亚标准中区分了回填土、管侧原状土的E'_S模量，分别称为E'_e、E'_n，埋地柔性管道设计中需综合考虑回填土和管侧原状土的E'_S。现行国家标准《给水排水工程管道结构设计规范》GB 50332及其相关埋地塑料管道标准中E'值称为管侧回填土的综合变形模量，以E_d表示，其与澳大利亚标准规定的相同。本标准中E'_S参考现行国家标准《给水排水工程管道结构设计规范》GB 50332中的规定进行选取。

5.2.3 碎（裂）管应按新管道的要求进行设计，根据美国非开挖研究中心TTC编制的《Guidelines for Pipe Bursting》中的规定选择新管的*SDR*值。

5.2.4 本条参照《Standard Practice for Installation of Machine Spiral Wound Poly (Vinyl Chloride) (PVC) Liner Pipe for Rehabilitation of Existing Sewers and Conduits》ASTM F1741中机械制螺旋缠绕法的设计规定。由于螺旋缠绕内衬管由带有肋的带状型材缠绕形成，其缠绕管不能用管道壁厚t进行设计，所以应对内衬管的刚度系数进行设计规定。螺旋缠绕法带状型材相应参数如图10所示。

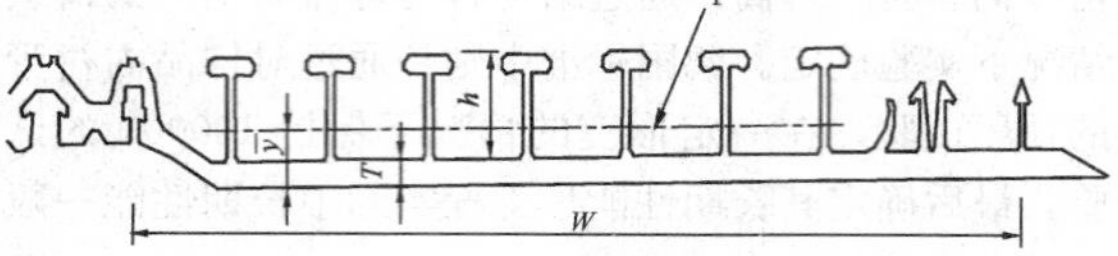

图10 螺旋缠绕带状型材示意图

1—中性轴

由于I和D的值都取决于所采用的带状型材，因此在设计过程中可以采用反复尝试的方法来选择满足要求的带状型材。由于原有管道平均内径D_E与内衬管的平均直径D非常接近，因此可以取D_E的值进行首次尝试计算。

灌浆系数K_1的选取，ASTM标准中只给出了计算公式，但没有给出具体值，《Standard Test Method for Determining the Insulation Resistance of a Membrane Switch》ASTM F1689中规定当φ为9°时K_1的取值为25，但将其反代入进行验算，误差为2.0607。因此为方便设计人员的参照应用，通过二分法进行迭代计算，得出了K_1取值与未注浆角度的关系，表5.2.4是取两位小数后的结果，将其反代入进行验算，误差小于0.03。

5.3 水力计算

5.3.1 本条规定了管道过流量的计算公式，管道内衬修复后，过流断面会有不同程度的减小。但是内衬管的粗糙系数较原有管道小，因此管道经内衬修复后的过流量一般可以满足原有管道的设计流量要求，或者大于原有管道的设计流量。

5.4 工作坑设计

5.4.1 考虑到工作坑的开挖对周围建筑物安全、人们正常生活的影响以及非开挖修复更新工程设计对工作坑位置的特殊要求制定本条。

5.4.2 选择工作坑大小时，应考虑设备、管材起吊或拉入原有管道、管材性能及人员作业的施工空间，当设备需放到工作坑里面时尚应对工作坑底部进行处理，如铺设砾石垫层等。按照《城镇燃气管道非开挖修复更新工程技术规程》CJJ/T 147中的规定对连续管进管工作坑的长度进行了规定。

6 施 工

6.1 一般规定

6.1.4 非开挖修复更新工程一般都需采取临时排水措施，现行行业标准《城镇排水管渠与泵站维护技术规程》CJJ 68中对排水管道的封堵顺序、管塞的类型，以及相应的安全措施进行了规定。

对于不容许水流存在的修复更新工艺，如原位固化法，临时排水设施的能力应根据原有管道中的水量确定，且应抽干修复管段中的污水；对于容许一定水流存在的修复工艺，如机械制螺旋缠绕法，临时排水设施的排水能力可适当减小，且不必抽出修复管段中的污水。局部修复时管道内水位不应超过管道内径的10%，必要时应按本条规定采取临排措施。

6.1.5 本条参照《Standard Practice for Insertion of Flexible Polyethylene Pipe Into Existing Sewers》ASTM F585－94规定了拉入前聚乙烯管道的连接方式及相关安全措施。本条对PE管的热熔对接引用了现行国家标准《塑料管材和管件聚乙烯（PE）管材/管材或管材/管件热熔对接组件的制备操作规范》GB19809中的规定。

6.1.6 本条的规定主要是针对需要穿插内衬管的施工工艺，如穿插法、折叠内衬法和缩径法，为了避免管内遗留杂物对内衬管可能造成的影响，把施工损失降低到最低点，在正式插入前，参照《Standard Practice for Insertion of Flexible Polyethylene Pipe Into Existing Sewers》ASTM F 585－94 标准，施工前应插入一段长度不小于 3m 的试验管道，并检查管段外观，符合要求后再进行正式施工。

6.2 原有管道预处理

6.2.1 非开挖修复更新工程施工前应对原有管道进行预处理，预处理措施包括管道清洗、障碍物的清除，以及对现有缺陷的处理。

6.2.2 管道清洗技术主要包括高压水射流清洗、化学清洗等。其中高压水射流清洗目前是国际上工业及民用管道清洗的主导设备，使用比例约占 80％～90％，国内该项技术也有较多应用。

6.2.3 影响管道内衬施工障碍主要包括不能通过清洗方法清除的固体、伸入管道内的支管、压碎的管段、管内的树根等。可通过专门的工具（如管道机器人）进行清除，对于不能通过这些工具进行清除的应进行开挖处理。

6.3 穿 插 法

6.3.1 对于连续管道施工工艺，应采用牵引工艺进行穿插法施工；对于不连续管道施工工艺应采用顶推工艺施工；由于厚壁超长聚乙烯管重量较大，施工中所受的摩阻力也较大，为了避免施工对管道结构的损伤，可以用顶进和牵拉组合的工艺进行施工。

6.3.3 当采用具有机械承插式接头短管进行穿插施工时，可允许带水作业，原有管道内的水流减小了管道推入的阻力同时可以减少或避免临时排水设施的使用，为了能有效地减小管道推入的摩擦力，原有管道中的水位宜控制在管道起拱线之下，管道起拱线是指管道开始向上形成拱弧的位置。

不连续的 PE 管道可在工作坑内进行连接，然后插入原有管道。PE 管的连接需在工作坑内进行，如图 11（a）所示，应在施工现场预备水泵和临时排水设施排出工作坑内水流，保证管道连接设备干燥和工作环境的干燥。

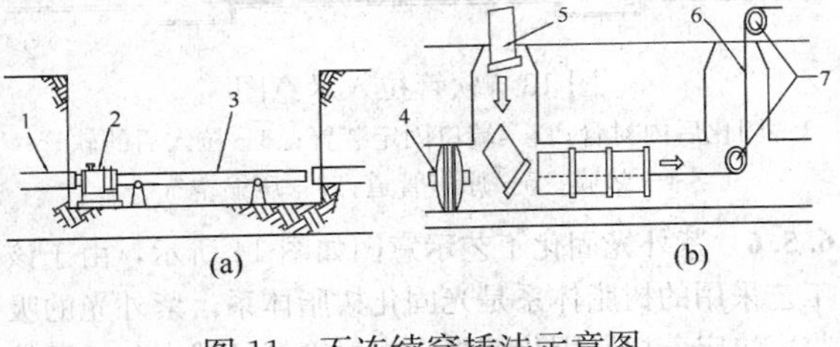

图 11 不连续穿插法示意图

1—原有管道；2—内衬管连接设备；3—内衬管；4—管塞；5—短管；6—钢丝绳；7—滑轮

本规程将短管内衬包含在穿插法中，如图 11（b）所示，在施工中不需开挖工作坑，但要求短管的长度能方便进入检查进内。应缓慢将短管送入工作坑或检查井，防止造成短管损伤。

6.3.4 在牵引聚乙烯管进入原有管道时，端口处的毛边容易对聚乙烯管造成划伤，可安装一个导滑口，既避免划伤也减少阻力；内衬管的牵拉端和顶推端是容易损坏的地方，应采取保护措施；连续穿插施工中在地面安装滚轮架、工作坑中安装防磨垫可减少内衬管与地面的摩擦。

6.3.6 根据施工经验，对于直径 800mm 以上管道，环状空隙较大，为保证内衬管使用过程中的稳定，必须进行注浆处理。800mm 以下的管道，考虑到环状空隙较小，不易注浆，应根据设计要求进行处理，确保管道稳定。

如果所需要的注浆压力大于管道所能承受的压力，应在内衬管内部进行支撑，也可向内衬管道里面注入具有一定压力（略高于注浆压力）的水进行保护。注浆材料应满足以下要求：

1 较强的流动性，以填满整个环面间隙；

2 较小的收缩性（低于 1％），以防止固化以后在环面上形成空洞；

3 水合作用时发热量低，使水泥浆混合物内不同成分剥落的危险性最小。

为了满足以上要求，建议水泥浆的混合比例是 1∶3。该配比水泥浆密度约为水的 1.5 倍，最小的强度为 5MPa。

注浆材料理论上应注满整个环状空隙。根据《Standard Practice for Installation of Machine Spiral Wound Poly（Vinyl Chloride）（PVC）Liner Pipe for Rehabilitation of Existing Sewers and Conduits》ASTM F1741，注浆有两种方法：一种是连续注浆，施工过程中应合理控制注浆压力，防止注浆压力过大超过内衬管的承受能力，注浆压力合理值应咨询生产商；另一种是分段注浆，第一次注浆后内衬管不应在浮力作用下脱离内衬管底部，第二次注浆应不引起内衬管的变形。分段注浆能够确保通过观察泥浆搅拌器旁边的压力表监控环面是否完全被水泥浆灌满，推荐使用该方法。

6.4 翻转式原位固化法

6.4.1 本条中相应参数根据《Standard Practice for Rehabilitation of Existing Pipelines and Conduits by the Inversion and Curing of a Resin-Impregnated Tube》ASTM F1216、《Standard Practice for Rehabilitation of Existing Pipelines and Conduits by Pulled-in-Place Installation of Cured-in-Place Thermosetting Resin Pipe（CIPP）》ASTM F1743、《Standard Practice for Rehabilitation of Existing Pipelines and Conduits by the Pulled in Place Installation of Glass Reinforced Plastic（GRP）Cured-in-Place Thermosetting Resin Pipe（CIPP）》ASTM F2019 的规定选取。翻转式原位固化法所用树脂一般为热固性的聚酯树脂、环

氧树脂或乙烯基树脂。由于树脂的聚合、热胀冷缩以及在翻转过程中会被挤向原有管道的接头和裂缝等位置，因此树脂的用量应比理论用量多5%～15%。为防止树脂提前固化，树脂混合后应及时浸渍。树脂应注入抽成真空状态的软管中进行浸渍，并通过一些相隔一定间距的滚轴碾压，通过调节滚轴的间距来确保树脂均匀分布并使软管全部浸渍树脂，避免软管出现干斑或气泡。浸渍树脂后的软管应按本条中的规定储存和运输。

6.4.2 翻转式原位固化法一般通过水压或气压的方法进行，图12为水压翻转示意图。翻转压力应足够大以使浸渍软管能翻转到管道的另一端，翻转过程中软管与原有管道管壁紧贴在一起。翻转压力不得超过软管的最大允许张力，其合理值应咨询管材生产商。《城镇燃气管道非开挖修复更新工程技术规程》CJJ/T 147－2010中根据施工经验规定翻转速度宜控制在2m/min～3m/min，翻转压力应控制在0.1MPa下。翻转过程中使用的润滑剂应不会滋生细菌，不影响液体的流动。翻转完成后两端宜预留1m左右的长度以方便后续的固化操作，特殊情况下内衬管的预留长度可以适当减小。当用压缩空气进行翻转时，应防止高压空气对施工人员造成伤害。

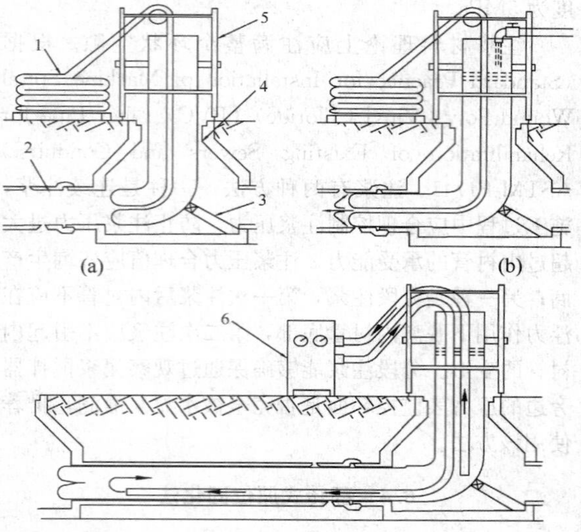

图12 水压翻转原位固化法示意图

1—浸渍树脂的软管；2—原有管道；3—翻转弯头；4—检查井；5—支架；6—锅炉和泵

6.4.3 翻转固化工艺一般采用热水或热蒸汽进行软管固化。固化过程中应对温度、压力进行实时监测。热水宜从标高低的端口通入，以排除管道里面的空气；蒸汽宜从标高高的端口通入，以便在标高低的端口处理冷凝水。树脂固化分为初始固化和后续硬化两个阶段。当软管内水或蒸汽的温度升高时，树脂开始固化，当暴露在外面的内衬管变的坚硬，且起、终点的温度感应器显示温度在同一量级时，初始固化终止。之后均匀升高内衬管内水或蒸汽的温度直到后续硬化温度，并保持该温度一定时间。其固化温度和时间应咨询软管生产商。树脂固化时间取决于：工作段的长度、管道直径、地下情况、使用的蒸汽锅炉功率以及空气压缩机的气量等。

6.4.4 固化完成后应先将内衬管内的温度自然冷却到一定的温度下，热水固化应为38℃，蒸汽固化应为45℃；然后再通过向内衬管内注入常温水，同时排出内衬管内的热水或蒸汽，该过程中应避免形成真空造成内衬管失稳。

6.5 拉入式原位固化法

6.5.2 本条根据《Standard Practice for Rehabilitation of Existing Pipelines and Conduits by the Pulled in Place Installation of Glass Reinforced Plastic（GRP）Cured-in-Place Thermosetting Resin Pipe（CIPP）》ASTM F2019制定，铺设垫膜的目的是减少软管拉入过程中的摩擦力和避免对软管的划伤，垫膜应铺设于原有管道底部，覆盖面积应大于原有管道1/3的周长。

6.5.3 本条参照《Standard Practice for Rehabilitation of Existing Pipelines and Conduits by the Pulled in Place Installation of Glass Reinforced Plastic（GRP）Cured-in-Place Thermosetting Resin Pipe（CIPP）》ASTM F2019对软管的拉入作了规定，保证软管比原有管道长300mm～600mm，是为了安装进入口集合管，其在固化过程中将与进出蒸汽的软管相连，并安装温度压力传感器，图13为软管拉入后的示意图。

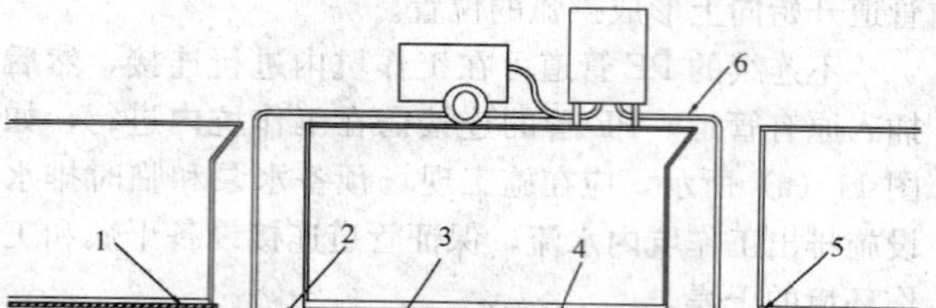

图13 软管拉入示意图

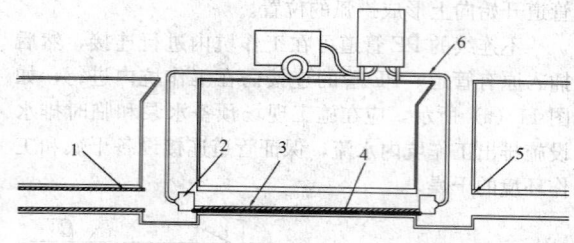

1—固化后内衬管；2—端口固定装置；3—拉入后的软管；4—垫膜；5—原有管道；6—压缩空气

6.5.6 紫外光固化工艺示意图如图14所示，由于该工艺采用的树脂体系是光固化树脂体系，紫外光的吸收率决定着树脂固化效果，内衬管管径越大、壁厚越厚越不利于树脂的固化，因此应通过合理控制紫外光灯前进速度使树脂充分固化。

6.6 碎（裂）管法

6.6.1 静拉碎（裂）管施工示意图如图15所示，施工过程中应根据管材材质选择不同的碎（裂）管设

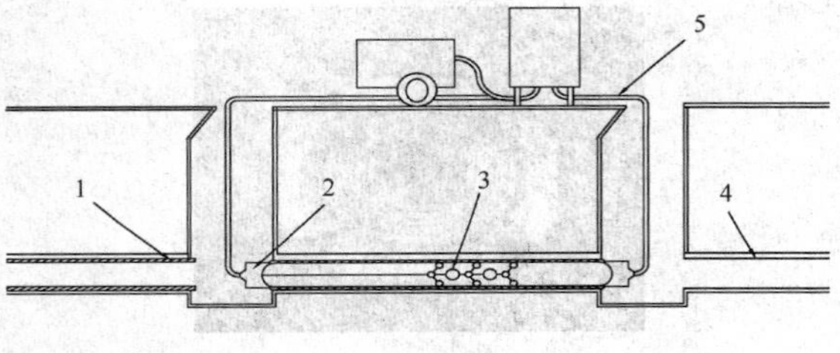

图 14　紫外光固化示意图

1—固化后内衬管；2—端口固定装置；3—紫外光灯链；4—原有管道；5—压缩空气

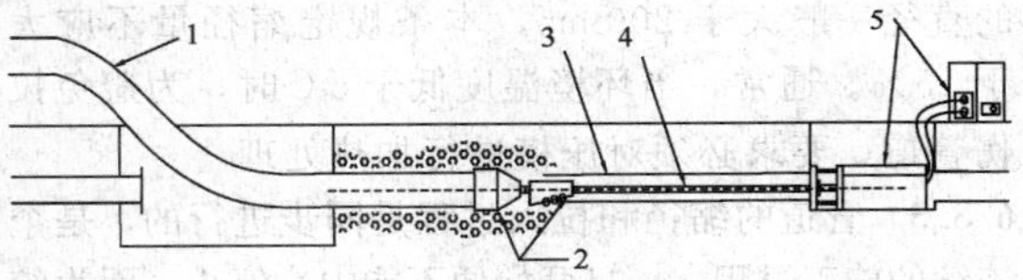

图 15　静拉碎（裂）管法示意图

1—内衬管；2—静压碎（裂）管工具；3—原有管道；4—拉杆；5—液压碎（裂）管设备

备。图 16 为一种适用于延性破坏的管道或钢筋加强的混凝土管道的碎（裂）管工具，由一个裂管刀具和胀管头组成，该类管道具有较高的抗拉强度或中等伸长率，很难破碎成碎片，得不到新管道所需的空间，因此需用裂管刀具沿轴向切开原有管道，然后用胀管头撑开原有管道形成新管道进入的空间。原有管道切开后一般向上张开，包裹在新管道外对新管道起到保护作用，因此根据现行行业标准《城镇燃气管道非开挖修复更新工程技术规程》CJJ/T 147 对切刀的位置进行了规定。

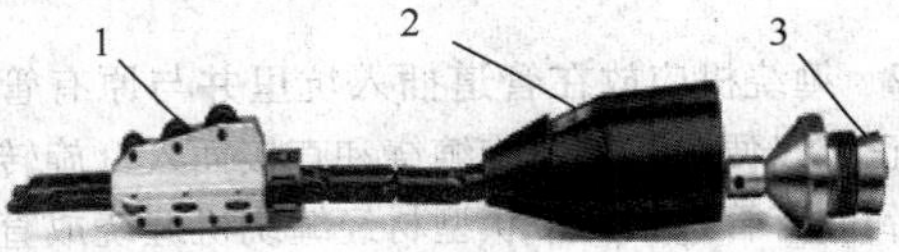

图 16　静拉碎（裂）管工具

1—裂管刀具；2—胀管头；3—管道连接装置

6.6.2　气动碎管法中，碎管工具是一个锥形胀管头，并由压缩空气驱动在（180～580）次/min 的频率下工作，图 17 为气动碎管法示意图。气动锤对碎管工具的每一次敲击都将对管道产生一些小的破碎，因此持续的冲击将破碎整个原有管道。气动碎管法一般适用于脆性管道，主要是排水管道中的混凝土管道和铸铁管道。

气动碎管法施工过程中由于气动锤的敲击，对周围地面造成振动，为了防止对周围管道或建筑造成影响，参照 TTC 制定的《Guidelines for Pipe Bursting》中的规定对碎（裂）管设备与周围管道和设施的安全距离作了规定，超过该距离应采取相应的措施，如开挖待修复管道与原有管道之间的土层，卸除对周围管

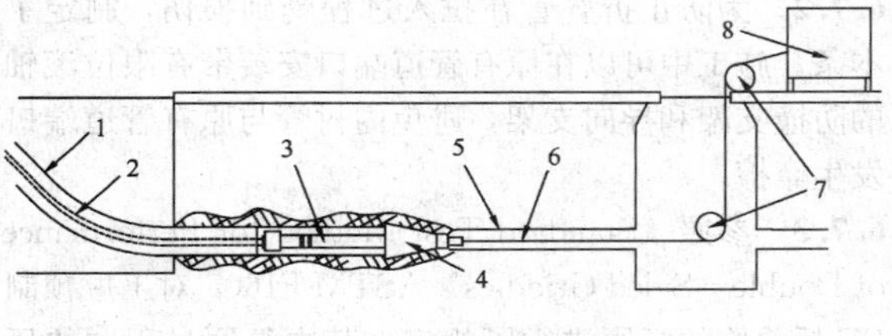

图 17　气动碎管示意图

1—内衬管；2—供气管；3—气动锤；4—膨胀头；5—原有管道；6—钢丝绳；7—滑轮；8—液压牵引设备

道的应力。

6.6.3　管道拉入过程中润滑是为了降低新管道与土层之间的摩擦力。应参考地层条件和原有管道周围的环境，来确定润滑泥浆的混合成分、掺加比例以及混合步骤。一般地，膨润土润滑剂用于粗粒土层（砂层和砾石层），膨润土和聚合物的混合润滑剂可用于细粒土层和黏土层。

拉入过程中应时刻监测拉力的变化情况，为了保障施工过程中的安全，当拉力突然陡增时，应立即停止施工，查明原因后方可继续施工。

根据 TTC 制定的《Guidelines for Pipe Bursting》中的规定，新管道拉入后的冷却收缩和应力恢复的时间应为 4h。

6.6.4　应力恢复完后，在进管工作坑及出管工作坑中应对新管道与土体之间的环状间隙进行密封处理以形成光滑、防水的接头，密封长度不应小于 200mm。确保新管道与检查井壁恰当连接是至关重要的。

6.7　折叠内衬法

6.7.1　折叠管压制过程是通过调整压制机的上下和左右压辊来调整折叠管的缩径量的，在压制过程中 U-HDPE 管下方两侧不得出现死角或褶皱现象，否则必须切除此段，并在调整左右限位滚后重新工作。捆扎带缠绕的速度过快，会造成捆扎带不必要的浪费，如果缠绕速度过慢，会造成缠绕力不够，可能导致折叠管在回拉过程中意外爆开。根据现行行业标准《城镇燃气管道非开挖修复更新工程技术规程》CJJ/T 147 对折叠管的折叠速度和缠绕速度进行了规定，现场折叠管的折叠速度应与折叠管的直径有关。为防止捆扎带与原有管道内壁发生摩擦产生断裂，一般在机械缠绕后，操作人员每隔 50cm～100cm 人工补缠捆扎带数匝。图 18 为现场折叠管的压制图片。

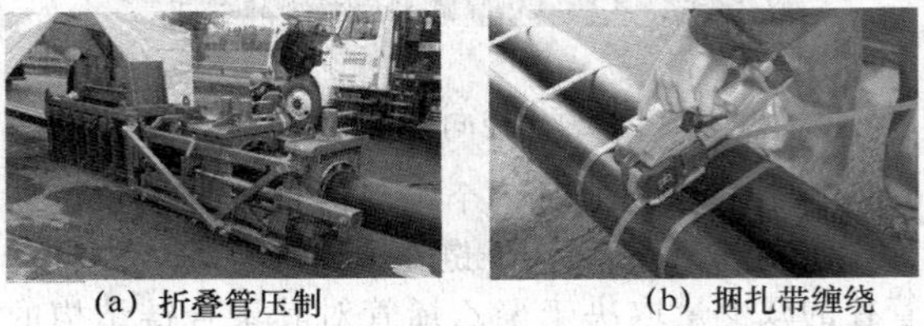

（a）折叠管压制　（b）捆扎带缠绕

图 18　现场折叠管压制及捆扎带缠绕

6.7.2 为防止折叠管在拉入过程受到损伤，制定了本条。施工中可以在原有管道端口安装带有限位滚轴的防撞支架和导向支架，避免内衬管与原有管道端口发生摩擦。

6.7.3 参照《Standard Test Method for Performance of Double－Sided Griddles》ASTM F1605 对工厂预制PE折叠管的复原进行了规定。其中复原过程中的压力值应根据现场条件和内衬管的DR值来调整。折叠管冷却后应至少保留80mm的内衬管伸出原有管道两端，用于内衬管温度降到周围温度后的收缩。折叠管的复原示意图如图19所示；本条中的温度、压力值不适用于PVC-U折叠管的复原，其复原参数应咨询生产商。

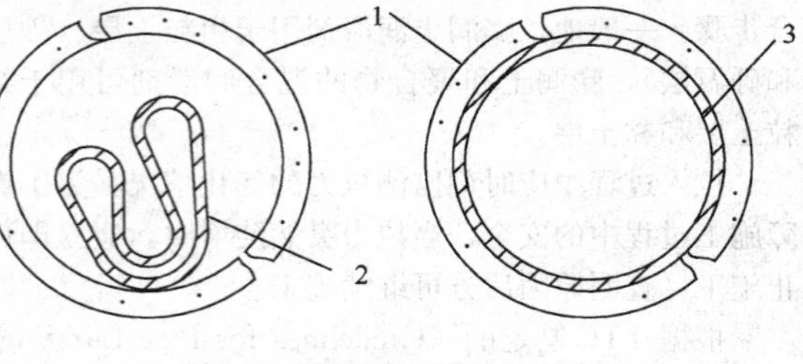

图19 折叠管复原示意图

1—原有管道；2—折叠内衬管；3—复原后内衬管

6.7.4 参照现行行业标准《城镇燃气管道非开挖修复更新工程技术规程》CJJ/T 147对现场折叠管的复原过程作了规定。应严格控制复原速度，首先应计算出复原后PE管的水容积，复原时在不加压情况下使水充满折叠后的聚乙烯管的空间，并准确测量注入水量。复原后的水容积与无压注入水量之差就是复原时需压入的水量。水不可压缩，通过控制加压注水的速度即可控制折叠管的复原速度。

6.8 缩径内衬法

6.8.1 径向均匀缩径是通过专门设计的滚轮缩径机完成的，如图20、图21所示。为确保缩径后的内衬管能恢复原形，根据实际经验，缩径量不应大于15%。

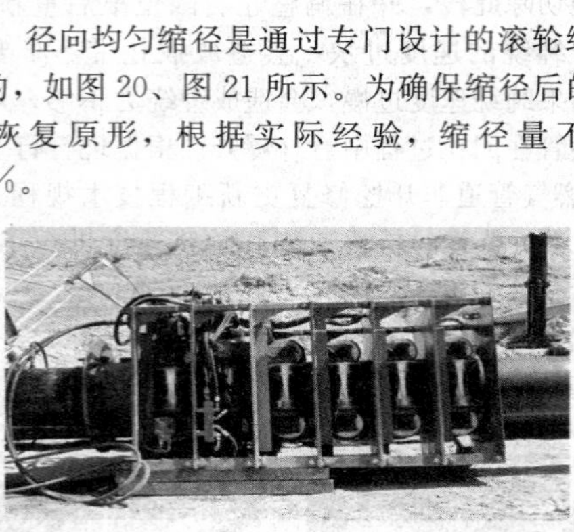

图20 径向缩径设备

6.8.2 拉拔法是通过一个锥形的钢制拉模拉拔新管，使塑料管的长分子链重新组合，管径减小。管径的减少量取决于聚乙烯管对其聚合链结构的记忆功能，对大直径的管道，直径的减少量约为

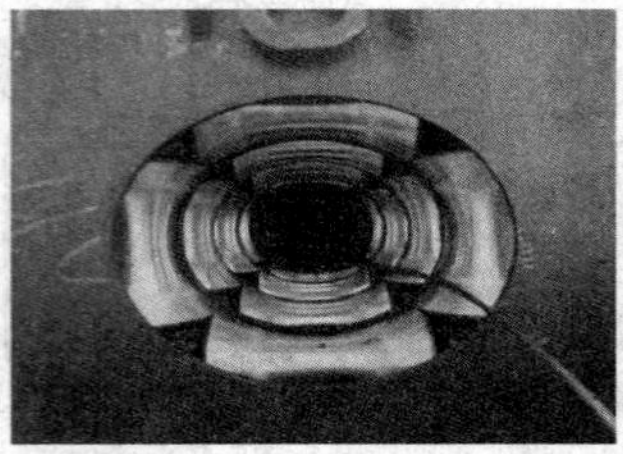

图21 径向缩径滚轮

7%～15%；而对小直径的衬管，该值可能更大，如直径100mm的管道可达20%，考虑到排水管道的直径一般大于200mm，本条规定缩径量不应大于15%。通常，当环境温度低于5℃时，为避免拉伤管道，要求必须对压模进行加热处理。

6.8.3 管道的缩径和拉入过程是同步进行的，是个连续的施工过程，一旦开始便不能中途停止，因为绞车停止牵拉时变形管就会开始恢复形状，因而难以置入原有管道内。

拉入过程中不应对PE管造成损伤，其措施可参照本规程6.3.4条和6.7.2条的规定。拉入过程的拉力、伸长率、超出原有管道的长度以及应力恢复时间可参考本规程6.3.2条的规定。

6.8.4 缩径内衬管就位后，依靠塑料分子链对原始结构的记忆功能，在管道的轴向拉力卸除之后，可逐渐自然恢复到原来管道的形状和尺寸，并与原有管道内壁形成紧配合，该自然恢复过程一般需24h。通过加热加压的方式可促使其快速复原，减少复原的时间，但不应少于8h。

6.9 机械制螺旋缠绕法

6.9.2 缠绕机应放在管道插入坑里并与原有管道轴线对正，以便内衬管螺旋缠绕和直接插入（旋转并推进）到原有管道里。带状型材经缠绕机缠绕成直径满足要求的内衬管，同时将内衬管沿原有管道推进直到修复管段终点（见图22）。当带状型材在缠绕机中形成内衬管时，应该向带状型材边缘的主锁扣和次锁扣锁定装置中注入密封剂或胶粘剂，对于可扩张螺旋缠绕工艺，同时还应将钢线放在主锁扣和次锁扣锁定装置之间。可扩张螺旋缠绕工艺内衬管推进到终点时，

图22 固定直径螺旋缠绕工艺

1—密封胶；2—主锁扣；3—次锁扣；4—胶粘剂；5—转轴；6—型材；7—缠绕机；8—检查井；9—水泥浆

应在新管端口处打孔并插入钢筋固定以防止新管转动。通过将钢线从互锁接缝中拉出，从而割断次锁使带状型材沿连接的主锁方向自由滑动。不断拉出钢线同时继续缠绕，使型材不断地沿径向增加或扩张，直到螺旋缠绕内衬管的非固定端紧紧地贴在原有管道内壁（见图23）。

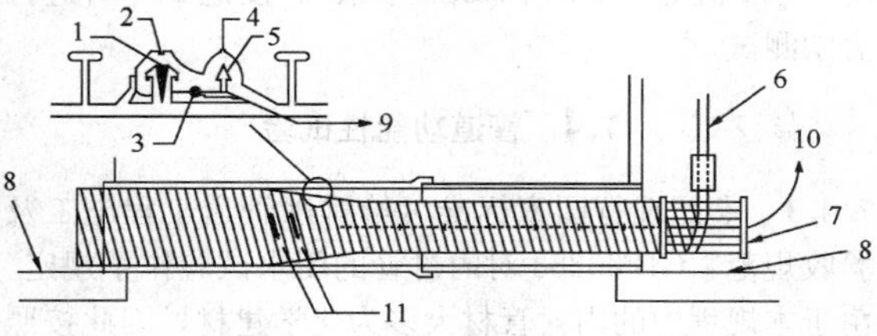

图23　内衬管直径可扩张螺旋缠绕工艺

1—密封胶；2—主锁扣；3—钢丝；4—次锁扣；
5—胶粘剂；6—型材；7—缠绕机；8—检查井；
9—拉出钢丝、次缩扣拉断、衬管扩张；
10—牵拉钢丝；11—型材滑动

6.9.3　当带状型材在缠绕机里形成内衬管时，应向带状型材边缘的次锁扣锁定装置中注入密封剂、胶粘剂或这两种物品的混合物。移动设备螺旋缠绕工艺可分别缠绕形成与原有管道贴合型和非贴合型的内衬管，分别如图24、图25所示。

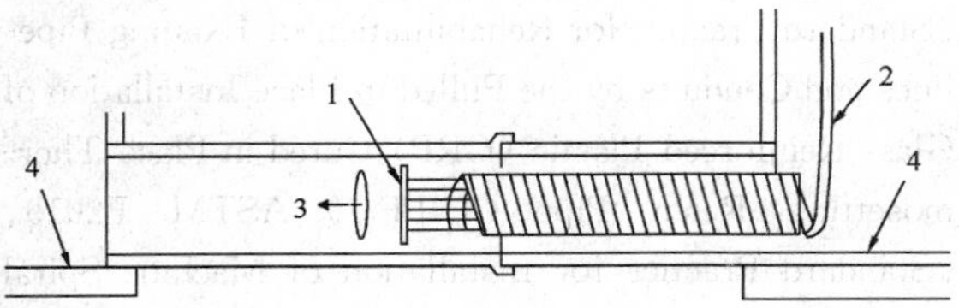

图24　非贴合螺旋缠绕工艺

1—缠绕机；2—带状型材；3—螺旋缠绕机前进方向；4—检查井

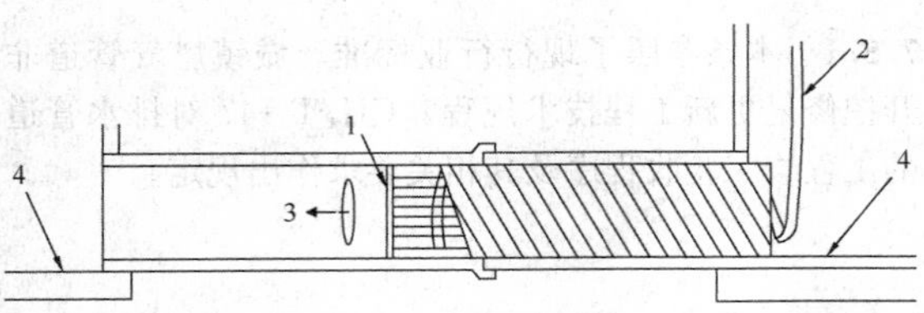

图25　贴合型螺旋缠绕工艺

1—缠绕机；2—带状型材；3—螺旋缠绕机前进方向；4—检查井

6.9.6　螺旋内衬管道贴合原有管道，由于设计是由内衬管完全承受荷载，因此可不进行注浆处理；当内衬管不贴合原有管道时，所以必须对环状间隙进行注浆处理，将内衬管、注浆体和原有管道作为复合管结构。

6.10　管片内衬法

6.10.1　管片进入检查井时，应避免管片与井壁和原有管道端口的碰撞，以免对管片造成损伤。

6.10.2　目前，管片一般通过人工在原有管道内进行拼装，图26为某公司生产的管片拼装后形成的内衬管。

(a)　圆形　　(b) 方形

图26　管片拼装后的形成的内衬管道

6.10.5　管片内衬法是由管片、浆体和原有管道共同来承受荷载，因此对注浆材料的性能具有一定的要求，表6.10.5中的相关性能为试验所得，并成功运用于施工中。

6.11　不锈钢套筒法

6.11.1　典型不锈钢套筒如图27所示。

图27　不锈钢套筒

6.11.2　不锈钢套筒法的施工示意图如图28所示。

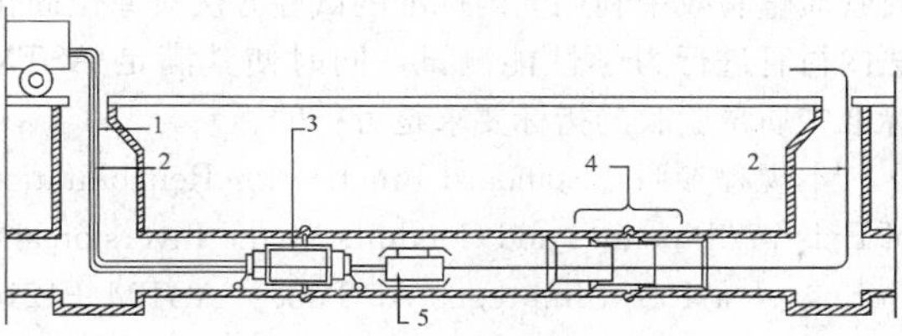

图28　不锈钢套筒法施工示意图

1—软管；2—拖线；3—不锈钢套筒；
4—连续多套筒安装；5—闭路电视

6.12　点状原位固化法

6.12.2　点状原位固化法可以采用加热固化或常温固化。聚酯树脂一般在常温下就可以固化，但其固化前会受到水的不利影响；环氧树脂一般需要加热固化，其不溶入水，但造价较高，且固化条件要求较高。软管的浸渍一般在现场进行，也可以预先在工厂浸渍好后再运送到修复现场。现场浸渍软管过程中，应当谨慎操作，避免环境风险和化学药品溢漏。树脂混合及浸渍时，应该尽量做好密封措施，混入空气将对材料产生损害作用，如果混入空气过多，固化后树脂会含有比较多的孔隙，因此有些修复系统为了尽量避免空气混入，而采用真空浸渍技术。

6.12.3 对于大口径修复，采用小车将浸渍树脂的软管运送到待修复位置。

6.12.4 气囊一般是弹性材料（如橡胶）制成。内压先使气囊膨胀，之后将软管挤压在原有管道管壁上。常温固化法多采用压缩空气使软管膨胀，加热固化工艺中常采用混合的空气和蒸汽，或者使用热水，加热介质在气囊和地面上的加热设备间往复循环。需要注意的是不能加压过大，气囊既受到静水压作用，还受到泵压作用。

固化时间与树脂配方、内衬管厚度、气囊内温度（加热固化时）、原有管道管壁温度有关。地下水位高，可能形成吸热源，降低内衬管外表面温度，将会延长固化时间。

7 工程验收

7.1 一般规定

7.1.10 ASTM 标准中规定了内衬管试样试验的标准，国内标准与 ASTM 标准在试样的尺寸和试验过程上不尽相同。通过试验分析对比，表明按照 ASTM 标准测试的弯曲性能（弯曲强度和弯曲模量）比按照国内标准测试的结果要偏高，也就是说采用 ASTM 标准规定的性能要求是相对保守的。拉伸试验的测试结果则相差不大。因此，排水管道原位固化法修复内衬管质量验收中利用国内标准的试验方法对原位固化法内衬管进行力学性能测试，同时使其满足 ASTM 标准中质量验收的指标要求是可行的。

本规程参照《Standard Practice for Rehabilitation of Existing Pipelines and Conduits by the Inversion and Curing of a Resin-Impregnated Tube》ASTM F1216 对排水管道修复中 CIPP 内衬管抗化学腐蚀测试作了规定，试验方法应按现行国家标准《塑料耐液体化学试剂性能的测定》GB/T 11547 的规定。德国标准中则规定对于固化后的树脂材料应在固化完成一周后，分别取 5 件样品放入三种不同酸碱环境的液体中（水、5%浓度的 pH 值等于 10 的 NaOH 溶液、5%浓度的 pH 值等于 1 的 H_2SO_4 溶液），浸泡 28d 后进行力学测试。

7.4 管道功能性试验

7.4.1 参照现行国家标准《给排水管道工程施工及验收规范》GB 50268 对内衬管的闭水试验作了规定。由于本规程中的内衬管材大多为化学建材，因此按照现行国家标准《给排水管道工程施工及验收规范》GB 50268 的要求其渗水量应满足式（7.4.1）的要求。

关于闭气试验，参照了美国标准《Standard Test Method for Installation Acceptance of Plastic Gravity Sewer Lines Using Low-Pressure Air》ASTM F1417 对非开挖修复更新工程的内衬管闭气试验进行了规定。

7.4.2 根据《Standard Practice for Rehabilitation of Existing Pipelines and Conduits by the Inversion and Curing of a Resin-Impregnated Tube》ASTM F1216、《Standard Practice for Rehabilitation of Existing Pipelines and Conduits by the Pulled in Place Installation of Glass Reinforced Plastic（GRP）Cured-in-Place Thermosetting Resin Pipe（CIPP）》ASTM F2019、《Standard Practice for Installation of Machine Spiral Wound Poly（Vinyl Chloride）（PVC）Liner Pipe for Rehabilitation of Existing Sewers and Conduits》ASTM F1741 的规定，对于直径大于 900mm 的管道进行渗漏测试是不实际的，因此制定了本条规定。

7.5 工程竣工验收

7.5.1 本条参照了现行行业标准《城镇燃气管道非开挖修复更新工程技术规程》CJJ/T 147 对排水管道的工程竣工验收程序及其相关要求作出规定。